Umrechnungstabellen

Länge

1 in. = 2,54 cm
1 cm = 0,394 in.
1 ft = 30,5 cm
1 m = 39,37 in. = 3,28 ft
1 Meile = 5280 ft = 1,61 km
1 km = 0,621 Meilen
1 nautische Meile (US) = 1,15 Meilen = 6076 ft = 1,852 km
1 fermi = 1 Femtometer (fm) = 10^{-15} m
1 Ångström (Å) = 10^{-10} m
1 Lichtjahr (Lj.) = $9{,}46 \cdot 10^{15}$ m
1 parsec = 3,26 Lj. = $3{,}09 \cdot 10^{16}$ m

Volumen

1 Liter (l) = 1000 ml = 1000 cm^3 = 10^{-3} m^3 = 1,057 Quart (US) = 61,02 $in.^3$
1 Gallone (US) = 4 qt. (US) = 231 $in.^3$ = 3,79 l = 0,83 gal (Imperial)
1 m^3 = 35,31 ft^3

Geschwindigkeit

1 mph = 1,47 ft/s = 1,609 km/h = 0,447 m/s
1 km/h = 0,278 m/s = 0,621 mph
1 ft/s = 0,305 m/s = 0,682 mph
1 m/s = 3,28 ft/s = 3,60 km/h
1 Knoten = 1,151 mph = 0,5144 m/s

Winkel

1 Radiant (rad) = 57,30° = 57°18′
1° = 0,01745 rad
1 U/min. = 0,1047 rad/s

Zeit

1 Tag = $8{,}64 \cdot 10^4$ s
1 Jahr = $3{,}156 \cdot 10^7$ s

Masse

1 atomare Masseneinheit (u) = $1{,}6605 \cdot 10^{-27}$ kg
1 kg = 0,0685 slug
[1 kg hat ein Gewicht von 2,20 lb, dabei ist $g = 9{,}81\ m/s^2$.]

Kraft

1 lb = 4,45 N
1 N = 10^5 dyn = 0,225 lb

Arbeit und Energie

1 J = 10^7 erg = 0,738 ft·lb
1 ft·lb = 1,36 J = $1{,}29 \cdot 10^{-3}$ Btu = $3{,}24 \cdot 10^{-4}$ kcal
1 kcal = $4{,}186 \cdot 10^3$ J = 3,97 Btu
1 eV = $1{,}602 \cdot 10^{-19}$ J
1 kWh = $3{,}60 \cdot 10^6$ J = 860 kcal

Leistung

1 W = 1 J/s = 0,738 ft·lb/s = 3,42 Btu/h
1 PS = 550 ft·lb/s = 746 W

Druck

1 atm = 1,013 bar = $1{,}013 \cdot 10^5$ N/m^2 = 14,7 lb/$in.^2$ = 760 torr
1 lb/$in.^2$ = $6{,}90 \cdot 10^3$ N/m^2
1 Pa = 1 N/m^2 = $1{,}45 \cdot 10^{-4}$ lb/$in.^2$

Abgeleitete SI-Einheiten und ihre Abkürzungen

Größe	Einheit	Abkürzung	Basiseinheit[1]
Kraft	Newton	N	$kg{\cdot}m/s^2$
Arbeit und Energie	Joule	J	$kg{\cdot}m^2/s^2$
Leistung	Watt	W	$kg{\cdot}m^2/s^3$
Druck	Pascal	Pa	$kg/(m{\cdot}s^2)$
Frequenz	Hertz	Hz	s^{-1}
Elektrische Ladung	Coulomb	C	$A{\cdot}s$
Elektrische Spannung	Volt	V	$kg{\cdot}m^2/(A{\cdot}s^3)$
Elektrischer Widerstand	Ohm	Ω	$kg{\cdot}m^2/(A^2{\cdot}s^3)$
Elektrische Kapazität	Farad	F	$A^2{\cdot}s^4/(kg{\cdot}m^2)$
Magnetische Flussdichte	Tesla	T	$kg/(A{\cdot}s^2)$
Magnetischer Fluss	Weber	Wb	$kg{\cdot}m^2/(A{\cdot}s^2)$
Induktivität	Henry	H	$kg{\cdot}m^2/(s^2{\cdot}A^2)$

[1] kg = Kilogramm (Masse), m = Meter (Länge), s = Sekunde (Zeit), A = Ampere (elektrischer Strom)

Metrische (SI) Vielfache

Vorsatz	Abkürzung	Wert	Vorsatz	Abkürzung	Wert
Exa	E	10^{18}	Dezi	d	10^{-1}
Peta	P	10^{15}	Zenti	c	10^{-2}
Tera	T	10^{12}	Milli	m	10^{-3}
Giga	G	10^{9}	Mikro	μ	10^{-6}
Mega	M	10^{6}	Nano	n	10^{-9}
Kilo	k	10^{3}	Piko	p	10^{-12}
Hekto	h	10^{2}	Femto	f	10^{-15}
Deka	da	10^{1}	Atto	a	10^{-18}

Physik

3., aktualisierte Auflage

ph
physik

Douglas C. Giancoli

Physik

3., aktualisierte Auflage

Aus dem Amerikanischen von Micaela Krieger-Hauwede,
Karen Lippert, Ulrike Pahlkötter und Detlef Scholz

Deutsche Bearbeitung von Oliver Eibl,
Jörg Ihringer und Ulrich Behn

PEARSON
Studium

ein Imprint von Pearson Education
München • Boston • San Francisco • Harlow, England
Don Mills, Ontario • Sydney • Mexico City
Madrid • Amsterdam

Bibliografische Information Der Deutschen Bibliothek

Die Deutsche Bibliothek verzeichnet diese Publikation in der Deutschen Nationalbibliografie; detaillierte bibliografische Daten sind im Internet über <http://dnb.ddb.de> abrufbar.

10 9 8 7 6 5 4 3 2 1

08 07 06

ISBN-13: 978-3-8273-7157-7
ISBN-10: 3-8273-7157-0

ein Imprint der Pearson Education Deutschland GmbH,
Martin-Kollar-Straße 10–12, D-81829 München/Germany

www.pearson-studium.de
Übersetzung: Dipl.-Phys. Micaela Krieger-Hauwede, Leipzig (Kapitel 37–45);
Dr. Karen Lippert, Leipzig (Kapitel 22–36);
Dipl.-Übers. Ulrike Pahlkötter, Hilter (Kapitel 2–14);
Dipl.-Phys. Detlef Scholz, München (Kapitel 1, 15–21)
Fachlektorat: Prof. Dr. Oliver Eibl (Institut für Angewandte Physik, Universität Tübingen);
Prof. Dr. Jörg Ihringer (Institut für Angewandte Physik, Universität Tübingen);
Prof. Dr. Ulrich Behn (Institut für Theoretische Physik, Universität Leipzig)
Lektorat: Dr. Stephan Dietrich, sdietrich@pearson.de
Korrektorat: Martin Asbach, München
Einbandgestaltung: adesso 21, Thomas Arlt, München
Herstellung: Philipp Burkart, pburkart@pearson.de
Satz: LE-TeX Jelonek, Schmidt & Vöckler GbR, Leipzig
Gesamtherstellung: Kösel, Krugzell (www.KoeselBuch.de)

Printed in Germany

Inhaltsübersicht

Inhaltsverzeichnis

Kapitel 37 Spezielle Relativitätstheorie 1221

Kapitel 38 Frühe Quantentheorie und Atommodelle 1263

Kapitel 39 Quantenmechanik 1301

Kapitel 40 Quantenmechanik von Atomen 1333

Kapitel 41 Moleküle und Festkörper 1367

Kapitel 42 Kernphysik und Radioaktivität 1407

Kapitel 43 Kernenergie; Auswirkungen und Anwendungsmöglichkeiten der Strahlung 1437

Vorwort

Allgemeiner Ansatz

Dieses Buch bietet eine detaillierte Darstellung der physikalischen Zusammenhänge. Im Gegensatz zur üblichen trockenen, dogmatischen Herangehensweise, bei der Themen zunächst formal und abstrakt behandelt werden und der Stoff erst später in Beziehung zu den eigenen Erfahrungen des Lesers gesetzt wird, basiert die Herangehensweise in diesem Buch auf der Erkenntnis, dass die Physik eine Beschreibung der Realität ist. Daher stehen am Beginn der Behandlung eines jeden Themas konkrete Beobachtungen und Erfahrungen, zu denen der Leser einen direkten Bezug herstellen kann. Dann gehen wir weiter zu den Verallgemeinerungen und einer formaleren Behandlung des Themas. Das macht den Stoff nicht nur interessanter und leichter verständlich, sondern es kommt der Art und Weise, wie die Physik tatsächlich praktiziert wird, näher.

Dieses Lehrbuch zielt darauf ab, die Physik lesbar und interessant sowie verständlich und klar zu erklären. Die Studenten sollen unterrichtet werden, indem man ihre Bedürfnisse und Schwierigkeiten vorhersieht, ohne zu stark zu vereinfachen. Physik umgibt uns ständig. Ziel dieses Buches ist es folglich, Studenten dabei zu helfen, „die Welt mit den Augen der Physik zu sehen“.

Das Buch enhält ein breites Spektrum an Beispielen und Anwendungen aus der Technologie, Technik, Architektur, den Geowissenschaften, der Umwelt, Biologie, Medizin und dem Alltagsleben. Einige Anwendungen dienen lediglich als Beispiele, die physikalische Gesetze illustrieren. Andere werden ausführlich behandelt. Aber die Anwendungen dominieren den Text nicht – dies ist schließlich ein Lehrbuch für Physik. Sie sind sorgfältig ausgesucht und in den Text integriert worden, damit sie die Entwicklung der physikalischen Themen nicht stören, sondern sie erläutern. Sie finden hier keine Zusatzinformationen. Die Anwendungen sind direkt in die physikalischen Zusammenhänge integriert. Damit man die Anwendungen leicht erkennen kann, wurde ein Randvermerk *Angewandte Physik* eingeführt.

Es wird vorausgesetzt, dass die Studenten bereits mit der Integralrechnung vertraut sind. Die Integralrechnung wird jedoch zu Beginn sehr behutsam behandelt, damit die Studenten nicht überfordert werden. Im Text werden durchgehend SI-Einheiten (SI = *Système International*) verwendet. Auf signifikante Stellen muss besonders geachtet werden. Wenn ein bestimmter Wert, z. B. 3, mit seinen Einheiten angegeben ist, meinen wir 3, nicht 3,0 oder 3,00. Wenn wir 3,00 meinen, schreiben wir 3,00. Das ist wichtig, damit die Studenten sich der Ungenauigkeit eines Messwertes bewusst sind und die Genauigkeit eines numerischen Ergebnisses nicht überschätzen.

Dieses Physikbuch beginnt nicht mit einem Kapitel über Mathematik; stattdessen sind viele mathematische Werkzeuge, wie z. B. Addition und Multiplikation von Vektoren, dort direkt in den Text eingefügt, wo sie zum ersten Mal angewendet werden. Außerdem enthält der Anhang eine Übersicht über viele mathematische Themen, wie z. B. trigonometrische Gleichungen, Integrale und die binomischen (und andere) Reihen. Ein Thema für Fortgeschrittene befindet sich ebenfalls im Anhang: Integrieren zur Bestimmung der auf die Massenverteilung einer Kugel zurückzuführenden Gravitationskraft.

Es ist notwendig, genau und ausführlich vorzugehen, insbesondere bei der Herleitung eines wichtigen Ergebnisses. Wir haben uns bemüht, alle Schritte bei einer Herleitung einzubeziehen und deutlich zu machen, welche Gleichungen allgemeingültig sind und welche nicht. Die Einschränkungen wichtiger Gleichungen sind in Klammern direkt neben der Gleichung angegeben, z. B.

$$x = x_0 + v_0 t + \frac{1}{2}at^2 \,. \quad \text{(konstante Beschleunigung)}$$

Die ausführlichere Einführung der Newton'schen Axiome und ihrer Anwendung ist von entscheidender didaktischer Bedeutung. Die zahlreichen ausgearbeiteten Beispiele sind anfangs recht einfach und beinhalten eine genaue, schrittweise Analyse der Vorgehensweise bei der Lösung von Aufgaben aus dem Gebiet der Dynamik. Bei jedem folgenden Beispiel wird ein neuer Aspekt oder eine Änderung hinzugefügt und so eine größere Komplexität erreicht. Wir hoffen, dass dieses Vorgehen auch weniger gut vorbereiteten Studenten die Möglichkeit eröffnet, die Fertigkeiten für die richtige Anwendung der Newton'schen Axiome zu erwerben. Wenn Studenten diese entscheidende Hürde nicht überwinden, bleibt die restliche Physik unter Umständen unerreichbar.

Struktur

Im Allgemeinen behält dieses Lehrbuch die traditionelle Reihenfolge der Themen bei: Mechanik (Kapitel 1 bis 12), Fluide, Schwingungen, Wellen und Schall (Kapitel 13 bis 16), Kinetik und Thermodynamik (Kapitel 17 bis 20). Der Text wird mit Elektrizität und Magnetismus (Kapitel 21 bis 32), Licht (Kapitel 33 bis 36) und moderner Physik (Kapitel 37 bis 45) fortgesetzt. Es sind damit fast alle Themen, die normalerweise in Einführungskursen zur Physik behandelt werden, abgedeckt.

Die Tradition, mit der Mechanik zu beginnen, ist vernünftig, weil die Mechanik historisch als erster Themenbereich entwickelt wurde und weil so viele andere Dinge in der Physik von ihr abhängen. Innerhalb der Mechanik gibt es verschiedene Möglichkeiten, die Themen in einer bestimmten Reihenfolge zu präsentieren. Dieses Buch bietet aber auch eine große Flexibilität. Wir behandeln z. B. zwar die Statik nach der Dynamik, zum Teil, weil viele Studenten Schwierigkeiten damit haben, ohne Bewegung mit Kräften zu arbeiten. Außerdem ist die Statik ein spezieller Fall der Dynamik – wir befassen uns mit der Statik, um zu verhindern, dass Gefüge dynamisch werden (zusammenfallen) – und dieses Gefühl, sich an der Grenze der Dynamik zu befinden, ist intuitiv hilfreich. Dennoch kann das Thema Statik (Kapitel 12), falls gewünscht, nach einer kurzen Einführung in die Vektoraddition auch früher, d. h. vor der Dynamik, durchgenommen werden. Eine andere Wahlmöglichkeit bietet das Thema Licht, das wir hinter Elektrizität und Magnetismus sowie elektromagnetische Wellen platziert haben. Licht könnte aber auch direkt nach den Kapiteln über Wellen (Kapitel 15 und 16) behandelt werden. Spezielle Relativität ist das Thema in Kapitel 37, könnte aber stattdessen zusammen mit der Mechanik – z. B. nach Kapitel 9 – erörtert werden.

Einige Lehrkräfte halten dieses Buch möglicherweise für zu umfangreich, weil es mehr Material enthält, als sie in ihren Kursen behandeln können. Aber der Text bietet bezüglich der Auswahl der Themen eine große Flexibilität. Es gibt viele Abschnitte mit Stoff aus Bereichen der Physik für etwas fortgeschrittenere Studenten oder Material, das normalerweise nicht in typischen Kursen behandelt wird, sowie interessante Anwendungen. Diese Abschnitte enthalten keinen Stoff, auf den in späteren Kapiteln zurückgegriffen wird. Für einen Schnellkurs können große Teile der Kapitel 11, 13, 16, 26, 30, 31 und 36 und ausgewählte Teile der Kapitel 9, 12, 19, 20, 32, 34 sowie der Kapitel über Moderne Physik weggelassen werden. Nicht in der Vorlesung behandelte Themen können eine wertvolle Quelle für spätere Studien sein. In der Tat stellt dieses Buch ein nützliches Nachschlagewerk dar, das Studenten auf Grund seines breiten Spektrums jahrelang benutzen können.

Moderne Didaktik

Die Didaktik dieses Lehrbuchs basiert auf modernen Untersuchungen darüber, wie Studenten lernen. Für die Vermittlung der anspruchsvollen Inhalte der klassischen und modernen Physik sind folgende Elemente entwickelt worden:

Beispiele zur Begriffsbildung typischerweise 1 oder 2 pro Kapitel, manchmal auch mehr, sind eine Art kurzes, sokratisches Frage- und Antwortspiel. Sie sollen den Leser durch die Frage zum Nachdenken oder Überlegen und zum Finden einer Antwort anregen – bevor er die gegebene Antwort liest. Hier einige Beispiele:

- Anwendung von Symmetrie (Kapitel 1, 44 u. a.)
- Was übt die Kraft aus, die ein Auto in Bewegung setzt? (Kapitel 4)
- Welcher Körper rollt eine schiefe Ebene schneller hinunter? (Kapitel 10)
- Dehnen sich Löcher thermisch aus? (Kapitel 17)
- Ladung im Innenraum eines Leiters (Kapitel 22)
- Überlastung eines Motors (Kapitel 29)
- Wie groß muss ein Vollspiegel sein? (Kapitel 33)

Abschätzungsbeispiele ca. 10% aller Beispiele, sollen die Fähigkeit fördern, Abschätzungen bezüglich der Größenordnung vorzunehmen, selbst wenn die Angaben nur spärlich sind und man sich nicht hat vorstellen können, dass überhaupt ein Ergebnis möglich ist.

Problemlösungskästen sind in den ersten Kapiteln konzentrierter zu finden, kommen aber im ganzen Buch vor. Jeder von ihnen gibt einen Überblick über ein schrittweises Vorgehen bei der Lösung von Problemen im Allgemeinen und/oder speziell für das behandelte Thema. Die leistungsstarken Studenten mögen diese Kästen unnötig halten (sie können sie überspringen), aber viele Studenten werden es hilfreich finden, an die allgemeine Herangehensweise und an Schritte erinnert zu werden, die sie zum Einstieg in die Problemlösung ergreifen können. Außerdem sollen diese Kästen helfen, Vertrauen in die eigenen Fähigkeiten aufzubauen. So ist z. B. der allgemeine Problemlösungskasten in Abschnitt 4.8 an einer Stelle platziert, nachdem die Studenten schon einige Erfahrung mit der Bearbeitung von Aufgaben haben, so dass sie in starkem Maße motiviert sind, den Kasten mit großer Aufmerksamkeit durchzulesen.

Beispiele Dieses Lehrbuch enthält viele durchgerechnete Beispiele, die alle mit Überschriften versehen sind, um das Interesse zu wecken und sich leicht auf ein bestimmtes Beispiel beziehen zu können. Es gibt sogar zwei besondere Kategorien von Beispielen: Beispiele zur Begriffsbildung und Abschätzungen, wie oben beschrieben, sowie normale Beispiele, die als Übungsaufgaben dienen. Der Hauptgedanke ist, „mit den Studenten laut zu denken" und sie so dazu zu bringen, ein Verständnis für die Aufgaben zu entwickeln. Die Anzahl der durchgerechneten Beispielen ist in den ersten Kapiteln wesentlich höher als in späteren. Dort ist Übung zur Entwicklung von Fertigkeiten und einer Vielzahl von Herangehensweisen besonders wichtig. Das Niveau der durchgerechneten Beispiele steigt für die meisten Themen allmählich an. Dabei haben die schwierigeren Beispiele denselben Schwierigkeitsgrad wie die schwierigsten Aufgaben am Ende jedes Kapitels, so dass die Studenten lernen können, wie man an komplexe Aufgaben herangeht. Viele Beispiele zeigen wichtige Anwendungen für die Technik, andere verwandte Bereiche sowie für den Alltag auf.

Aufgaben Jedes Kapitel enthält eine große Anzahl von Aufgaben, die nach Abschnitten und nach Schwierigkeitsgrad unterteilt sind: Aufgaben des Schwierigkeitsgrades I sind einfach und sollen den Studenten Sicherheit geben. Aufgaben der Stufe II sind „normale" Aufgaben, die eine größere Herausforderung darstellen und häufig die Kombination zweier verschiedener Begriffe beinhalten. Stufe III umfasst die kompliziertesten Aufgaben, in denen typischerweise verschiedene Probleme kombiniert sind. Dieser Schwierigkeitsgrad stellt auch für leistungsstarke Studenten eine Herausforderung dar. Die Unterteilung nach Abschnitten bedeutet lediglich, dass sich diese Aufgaben auf die bis zu und in dem jeweiligen Abschnitt behandelten Themen beziehen; auch zuvor behandelte Punkte können einbezogen werden. Lösungen zu den Aufgaben mit ungerader Nummerierung finden sich in Anhang E

Allgemeine Aufgaben Ungefähr 70% der Aufgaben sind nach Schwierigkeitsgrad (I, II, III) unterteilt und abschnittweise angeordnet. Am Schluss jedes Kapitels folgen noch allgemeine Aufgaben, die nicht unterteilt sind. Durchschnittlich hat jedes Kapitel ca. 90 Aufgaben. Im Anhang des Buches sind die Antworten für die Aufgaben mit ungerader Nummerierung aufgeführt.

Anwendungen Wichtige Anwendungen aus Alltagsleben, Technik und anderen Bereichen wie z. B. der Geologie und der Medizin, fördern die Motivation der Studenten und bieten der Lehrkraft die Möglichkeit, die Relevanz der Physik aufzuzeigen. Anwendungsbeispiele sind eine gute Antwort auf die Frage „Warum Physik studieren?".

Randvermerke Kurze Anmerkungen sind auf nahezu jeder Seite an den Rand gedruckt. Es gibt vier Arten: (a) normale Anmerkungen (die Mehrzahl), die als eine Art Übersicht über den Text dienen und Ihnen dabei helfen sollen, später wichtige Begriffe und Gleichungen wiederzufinden; (b) Anmerkungen, die sich auf die bedeutenden Gesetze und Prinzipien der Physik beziehen und zur Hervorhebung in Großbuchstaben gedruckt sind; (c) Anmerkungen, die sich auf einen Hinweis oder ein Verfahren zur Problemlösung beziehen, der bzw. das im Text behandelt wird – diese Anmerkungen haben den Titel „Problemlösung"; (d) Anmerkungen, die sich auf eine physikalische Anwendung im Text oder in einem Beispiel beziehen und als „Angewandte Physik" bezeichnet werden.

Anhänge Die Anhänge enthalten nützliche mathematische Formeln (wie z. B. Ableitungen und Integrale, trigonometrische Gleichungen, Flächen und Volumen, Erweiterungen) und eine Isotopentabelle mit Atommassen und anderen Angaben. Tabellen mit nützlichen Angaben befinden sich auch auf den Innenseiten des Bucheinbands.

Farbcode Dieses Buch ist durchgängig vierfarbig gedruckt – aber nicht nur, um es attraktiver zu machen. Die Farbe wird vor allem in den Abbildungen benutzt, damit sie für unsere Analyse deutlicher dargestellt werden und ein leichteres Lernen der jeweiligen physikalischen Prinzipien ermöglicht wird. Die nachfolgende Liste fasst die Verwendungsweise der Farben in den Abbildungen zusammen und zeigt, welche Farben für die verschiedenen Arten von Vektoren, für Feldlinien und für andere Symbole und Körper verwendet werden. Diese Farben werden durchgängig im ganzen Buch verwendet.

FARBCODE

Vektoren

- Allgemeine Vektoren
  - Resultierende Vektoren (Vektoraddition)
  - Komponenten von Vektoren
- Weg (**s**)
- Geschwindigkeit (**v**)
- Beschleunigung (**a**)
- Kraft (**F**)
  - Kraft auf einen zweiten oder dritten Körper in der gleichen Abbildung
- Impuls (**p** oder m**v**)
- Drehimpuls (**L**)
- Winkelgeschwindigkeit (**ω**)
- Drehmoment (**M**)
- Elektrisches Feld (**E**)
- Magnetisches Feld (**B**)

Elektrizität und Magnetismus

- Elektrische Feldlinien
- Äquipotenziallinien
- Magnetische Feldlinien
- Elektrische Ladung (+) — + oder ● +
- Elektrische Ladung (–) — – oder ● –

Stromkreis

- Draht
- Widerstand
- Kondensator
- Induktionsspule
- Batterie

Optik

- Lichtstrahlen
- Objekt
- Reales Bild
- Virtuelles Bild

Sonstige

- Energieniveau
- Messlinien — 1,0 m
- Weg eines Körpers in Bewegung
- Richtung einer Bewegung oder eines Stroms

Zusatzmaterialien im Web

Zu diesem Buch gibt es eine Companion Website. Unter *www.pearson-studium.de* finden Dozenten die Abbildungen aus dem Buch elektronisch zum Download. Ferner können sich die Leser hier über die Lösungen zu den Übungsaufgaben informieren und weitere Aufgaben zur Überprüfung ihres Lernerfolgs bearbeiten.

Einführung, Messungen, Abschätzungen

1

ÜBERBLICK

In diesem Kapitel werden Sie Grundlegendes über Wissenschaft und ihre Theorien sowie über Messungen und Einheiten kennen lernen. Außerdem erfahren Sie, wie man anhand von alltäglichen Beobachtungen etwas abschätzt – beispielsweise den Erdradius. Das Foto der Erde hier wurde aus etwa 36 000 km *Entfernung aufgenommen. Nord- und Südamerika sind klar unter den Wolken zu erkennen. Die Aufnahme wurde mittels Computer nachbearbeitet.*

1. Einführung, Messungen, Abschätzungen

Physik ist die grundlegendste aller Wissenschaften. Sie handelt von dem Verhalten und der Struktur der Materie und Strahlung. Gewöhnlich unterteilt man die Physik in die Gebiete klassische Mechanik, Strömungslehre, Thermodynamik, Akustik, Optik, Elektrizität und Magnetismus – die klassische Physik. Hinzu kommt die moderne Physik mit den Bereichen Quantenmechanik, Relativitätstheorie, Atom-, Festkörper-, Kern-, Teilchen- und Astrophysik.

Die Grundlagen der Physik müssen von all jenen verstanden werden, die einen wissenschaftlichen oder technischen Beruf ergreifen wollen: Physiker, Ingenieure, Chemiker, Astronomen, Mathematiker, Geologen und Biologen. Alle Wissenschaften nutzen die Physik als fundamentale Basis, auch die Ingenieurwissenschaften. Beispielsweise müssen Ingenieure wissen, wie man sich die Gesetze der Thermodynamik zunutze macht, um eine Heizung zu entwerfen; sie müssen etwas von Optik und Elektromagnetismus verstehen, um medizinische Abbildungssysteme zu konstruieren; und sie müssen die in einem Bauwerk wirksamen Kräfte berechnen können, damit es nicht einstürzt (▶ Abbildung 1.1). In Kapitel 12 werden wir anhand eines Beispiels sehen, wie eine einfache physikalische Rechnung – oder gar auf einem Verständnis physikalischer Kräfte basierende Intuition – das Leben Hunderter Menschen gerettet hätte. Wir werden in diesem Buch anhand vieler Beispiele die Nützlichkeit der Physik in anderen Wissenschaften und im alltäglichen Leben aufzeigen.

Abbildung 1.1 (a) Dieses römische Aquädukt wurde vor 2000 Jahren gebaut und steht noch immer. (b) Ebenso die Golden Gate Bridge, gebaut 1937. (c) Eingestürztes Bürgerzentrum (Civic Center) in Hartford, zwei Jahre nach Bauende.

Das grundlegende Ziel aller Wissenschaften inklusive der Physik wird allgemein als die Suche nach Ordnung in den Beobachtungen der uns umgebenden Welt angegeben. Viele Menschen glauben, dass Wissenschaft nur aus einem mechanischen Prozess der Wissensansammlung und Theoriebildung besteht. Doch ganz so einfach ist es nicht. Wissenschaft ist eine kreative Aktivität, die in vielerlei Hinsicht anderen kreativen Aktivitäten des menschlichen Geistes ähnelt.

1.1 Das Wesen der Wissenschaft

Beobachtung

Ein wichtiger Aspekt der Wissenschaft ist die **Beobachtung** von Ereignissen, was das Ersinnen und Ausführen von Experimenten mit einschließt. Doch erfordern Beobachtung und Experiment Vorstellungskraft, da Wissenschaftler niemals alles, was sie beobachten, auch beschreiben können. Somit müssen Wissenschaftler Entscheidungen darüber treffen, was relevant ist in ihren Beobachtungen und Experimenten. Betrachten Sie zum Beispiel, wie zwei Geistesgrößen, Aristoteles (384–322 v.C.) und Galileo (1564–1642), die Bewegung entlang einer ebenen Fläche interpretierten. Aristoteles sagte, dass auf einer Fläche liegende Körper, die einen Stoß erhalten, mit der Zeit langsamer werden und schließlich ganz zur Ruhe kommen. Konsequenterweise argumentierte Aristoteles, dass der natürliche Zustand eines Körpers die Ruhe ist. Als Galileo die Fragestellung der geradlinigen Bewegung fast 2000 Jahre später wieder aufnahm, ging er von der idealisierten Annahme einer reibungsfreien Bewegung aus. Galileos Gedanke war, dass wenn Reibung ausgeschlossen werden könnte, ein Körper mit einem anfänglichen Stoß auf einer geraden Fläche sich endlos weiter bewegen würde – ohne je von allein anzuhalten. Er zog den Schluss, dass für einen Körper die Bewegung ein ebenso natürlicher Zustand ist wie die Ruhe. Durch diesen neuen Denkansatz begründete Galileo unsere moderne Bewegungstheorie (Kapitel 2, 3 und 4). Es war ein großer Sprung in seiner Vorstellungskraft. Er machte ihn rein konzeptionell, ohne tatsächlich die Reibung zu eliminieren.

Theorien

Beobachtung, umsichtige Experimente und Messungen sind eine Seite der Wissenschaft. Die andere Seite ist das Ersinnen oder Kreieren von **Theorien**, die die Beobachtungen erklären und ordnen. Theorien, das muss betont werden, werden nicht direkt aus Beobachtungen abgeleitet. Diese mögen eine Theorie inspirieren, und Theorien werden auf der Basis von Beobachtung und Experiment akzeptiert oder verworfen.

Prüfen (kann niemals erschöpfend sein)

Die großen wissenschaftlichen Theorien lassen sich als kreative Errungenschaften mit großen Werken aus Kunst und Literatur vergleichen. Doch wie unterscheidet sich Wissenschaft von anderen kreativen Tätigkeiten? Ein wichtiger Unterschied ist, dass Wissenschaft die **Prüfung** ihrer Ideen oder Theorien erfordert, um zu sehen, ob deren Vorhersagen dem Experiment standhalten.

Obgleich das Überprüfen ihrer Theorien ein wesentliches Unterscheidungsmerkmal der Wissenschaft von anderen kreativen Disziplinen ist, sollte man doch nicht glauben, dass eine überprüfte Theorie schon bewiesen ist. Zunächst einmal ist kein Messinstrument perfekt, somit ist eine exakte Bestätigung unmöglich. Zweitens lässt sich eine Theorie niemals unter allen möglichen Umständen überprüfen. Folglich kann eine Theorie nicht absolut verifiziert werden. Die Wissenschaftsgeschichte zeigt uns vielmehr, dass langlebige Theorien durch neue ersetzt werden können.

1.2 Modelle, Theorien und Gesetze

Modelle

Wenn Wissenschaftler eine Ansammlung von Phänomenen verstehen wollen, machen sie häufig Gebrauch von Modellen. Im wissenschaftlichen Sinn ist ein **Modell** eine Art von Analogie oder mentalem Bild eines Phänomens in der Sprache von etwas uns Bekanntem. Ein Beispiel dafür ist das Wellenmodell des Lichts. Wir können Lichtwellen nicht so sehen wie Wasserwellen. Doch es ist sinnvoll sich

Licht als aus Wellen bestehend vorzustellen, da Experimente zeigen, dass sich Licht in vielerlei Hinsicht wie Wasserwellen verhält.

Der Zweck eines Modells ist es, uns eine näherungsweise mentale oder visuelle Vorstellung zu geben – etwas, woran wir uns orientieren können –, wenn wir nicht sehen können, was tatsächlich geschieht. Modelle vermitteln uns oft ein tieferes Verständnis: Aus der Analogie zu einem bekannten System (wie im obigen Beispiel Wasserwellen) ergeben sich neue durchführbare Experimente und Ideen, welche anderen Phänomene sonst noch auftreten können.

Theorien (vs. Modelle)

Vielleicht fragen Sie sich nun, was der Unterschied zwischen einer Theorie und einem Modell ist. Manchmal werden die Begriffe synonym gebraucht. Normalerweise aber ist ein Modell relativ simpel und liefert uns eine strukturelle Ähnlichkeit mit dem in Frage stehenden Phänomen. Eine **Theorie** dagegen ist breiter angelegt und detaillierter, sie versucht einen ganzen Satz von Problemen zu lösen, oftmals mit großer Präzision. Es gibt auch Fälle, in denen ein Modell weiter entwickelt und modifiziert wird und bei einer großen Anzahl von Phänomenen sehr gut mit dem Experiment übereinstimmt. Dann kann man sich darauf auch als Theorie beziehen. Ein Beispiel dafür ist die Atomtheorie der Materie, ebenso die Wellentheorie des Lichts.

Modelle können sehr hilfreich sein, oft führen sie zu wichtigen Theorien. Doch ist es wichtig, ein Modell oder eine Theorie nicht mit dem realen System oder den Phänomenen selbst zu verwechseln.

Gesetze

Wissenschaftler verleihen bestimmten prägnanten, doch allgemeinen Aussagen über das Verhalten der Materie den Titel **Gesetz** (beispielsweise dass die Energie erhalten bleibt). Manchmal nimmt die Aussage die Form einer Beziehung oder Gleichung zwischen Größen an (so wie Newtons zweites Axiom $\mathbf{F} = m\mathbf{a}$).

Wissenschaftliche Gesetze unterscheiden sich von politischen Gesetzen darin, dass letztere *präskriptiv* sind: Sie sagen uns, wie wir uns zu verhalten haben. Wissenschaftliche Gesetze sind *deskriptiv*: Sie sagen nicht, wie sich die Materie verhalten sollte, sondern beschreiben, wie sie sich verhält. Wie Theorien lassen sich auch Gesetze nicht unter allen möglichen Umständen überprüfen. Wir können somit nicht sicher sein, dass irgendein Gesetz absolut wahr ist. Wir benutzen den Ausdruck „Gesetz“ dann, wenn seine Gültigkeit über einen breiten Bereich an Anwendungsfällen überprüft worden ist, und wenn jegliche Begrenzungen und der Gültigkeitsbereich selber klar verstanden sind. Und selbst dann können, wenn neue Informationen verfügbar sind, bestimmte Gesetze modifiziert oder verworfen werden.

Normalerweise tun Wissenschaftler so, als wären die akzeptierten Gesetze und Theorien wahr. Doch sind sie verpflichtet ein offenes Ohr für Informationen zu haben, die die Gültigkeit eines beliebigen Gesetzes oder einer beliebigen Theorie in Frage stellen könnten.

1.3 Messungen und Messfehler; signifikante Stellen

In dem Bestreben, die uns umgebende Welt zu verstehen, suchen Wissenschaftler nach Beziehungen zwischen messbaren physikalischen Größen.

Messfehler

Jede Messung hat eine bestimmte Unsicherheit

Genaue Messungen sind ein wichtiger Teil der Physik. Doch keine Messung ist absolut genau. Mit jeder Messung ist ein Messfehler verbunden. Messfehler entstehen aus verschiedenen Ursachen. Die wichtigsten (Falschmessungen ausgenommen) sind die begrenzte Genauigkeit jedes Messinstruments und die Schwierigkeit, eine Instrumentenskala jenseits der kleinsten Einteilung abzulesen. Wenn Sie beispielsweise die Breite eines Holzbretts mit einem Zentimetermaß bestimmen wollen (► Abbildung 1.2), können Sie das Resultat mit einer Genauigkeit von 1 mm angeben, die kleinste Einteilung des Maßes (die Hälfte davon wäre auch noch in Ordnung). Der Grund dafür ist die Schwierigkeit des Beobachters, zwischen den

Abbildung 1.2 Messung der Breite eines Holzbretts mit dem Zentimetermaß. Die Genauigkeit beträgt ± 1 mm.

kleinsten Teilstrichen zu interpolieren. Des Weiteren wird wohl auch das Zentimetermaß selbst mit einer Präzision hergestellt sein, die nicht viel besser ist als die angegebene Ungenauigkeit[1].

Die Angabe eines Messergebnisses sollte unbedingt auch die Genauigkeit oder den **geschätzten Fehler** der Messung enthalten. Beispielsweise könnte die Breite als $8{,}8 \pm 0{,}1$ cm aufgeschrieben werden. Die $\pm 0{,}1$ cm („plus oder minus 0,1 cm") stehen für die abgeschätzten Messfehler der Messung, so dass die tatsächliche Breite höchstwahrscheinlich zwischen 8,7 und 8,9 cm liegt. Der **relative Messfehler** in Prozent ist einfach das Verhältnis des Messfehlers zum gemessenen Wert multipliziert mit 100. Lautet das Messergebnis beispielsweise 8,8 cm und beträgt der Messfehler etwa 0,1 cm, so ist der relative Messfehler

$$\frac{0{,}1}{8{,}8} \times 100\% \approx 1\%$$

wobei $\approx$ „ungefähr gleich" bedeutet.

Angenommene Unsicherheit

Oft wird der Messfehler eines gemessenen Wertes nicht explizit angegeben. In solchen Fällen nimmt man an, dass der Messfehler eine, zwei (oder sogar drei) Einheiten der letzten angegeben Dezimalstelle des Messwertes beträgt. Wenn beispielsweise die Länge mit 8,8 cm angegeben wurde, so kann man von einem Messfehler von 0,1 cm (oder 0,2 cm) ausgehen. In so einem Fall ist es dann wichtig, nicht etwa 8,80 cm zu schreiben. Dies würde einen Messfehler in der Größenordnung von 0,01 cm implizieren; es würde suggerieren, dass die wahre Länge höchstwahrscheinlich zwischen 8,79 und 8,81 cm liegt, während Sie eigentlich den tatsächlichen Wert zwischen 8,7 und 8,9 cm vermuten.

Signifikante Stellen

Welche Ziffern sind signifikant?

Die Anzahl der sicheren Stellen einer Zahl wird die Anzahl **signifikanter Stellen** genannt. Es gibt demzufolge vier signifikante Stellen in der Zahl 23,21 cm und zwei in der Zahl 0,062 (die Nullen sind bloße Platzhalter, die dem Dezimalpunkt seinen Platz zuweisen). Die Anzahl signifikanter Stellen muss nicht immer klar bestimmt sein. Nehmen Sie beispielsweise die Zahl 80. Ist es nur eine oder sind es zwei signifikante Stellen? Sagen wir, es liegen *ungefähr* 80 km zwischen zwei Städten, so gibt es nur eine signifikante Stelle (die 8), da die Null nur ein Platzhalter ist. Sind es jedoch exakt 80 km mit einem Messfehler von 1 oder 2 km, dann hat die 80 zwei signifikante Stellen. Beträgt der Messfehler 0,1 km, so schreiben wir 80,0 km.

Bei Messungen oder Berechnungen sollten Sie der Versuchung widerstehen, mehr Stellen im Endergebnis anzugeben als gerechtfertigt sind. Beispielsweise errechnet sich die Fläche eines Rechtecks mit den Seitenlängen 11,3 cm und 6,8 cm zu 76,84 cm^2. Doch dieses Ergebnis hat ganz gewiss nicht den Messfehler 0,01 cm^2, da (man macht eine Fehlerrechnung und benutzt die Messfehler der Einzelmessungen) das Resultat zwischen $11{,}2\,\text{cm} \cdot 6{,}7\,\text{cm} = 75{,}04\,\text{cm}^2$ und $11{,}4\,\text{cm} \cdot 6{,}9\,\text{cm} = 78{,}66\,\text{cm}^2$ liegen könnte. Bestenfalls können wir das Ergebnis

1 Es gibt einen technischen Unterschied zwischen einem„zufälligen Fehler" und einem „systematischen Fehler". Der zufällige Fehler bezieht sich auf die Wiederholbarkeit einer Messung mit einem gegebenen Messinstrument. Wenn Sie zum Beispiel die Breite eines Holzbretts mehrere Male messen und Sie erhalten die Messwerte 8,81 cm, 8,85 cm, 8,78 cm, 8,82 cm (Interpolationen zwischen den Markierungen als jeweils beste Schätzung), können Sie sagen, dass der *relative Fehler* der Messreihe etwas besser ist als 0,1 cm. Der *systematische Fehler* bezieht sich dagegen darauf, wie nah eine Messung an den wahren Wert heranreicht. Wenn beispielsweise der Zentimeterstab aus ► Abbildung 1.2 mit einer Fehlertoleranz von 2% hergestellt wurde, so wäre der systematische Fehler der Messung der Breite (etwa 8,8 cm) rund 2% von 8,8 cm, also ungefähr 0,2 cm. Der abgeschätzte Messfehler berücksichtigt sowohl den systematischen als auch den zufälligen Fehler.

mit 77 cm^2 angeben, was mit einem Fehler von etwa 1 bis 2 cm^2 einhergeht. Die anderen beiden Ziffern der Zahl 76,84 fallen weg, da sie nicht signifikant sind. Als Faustregel (d. h. bei Außerachtlassung einer detaillierten Betrachtung von Messfehlern) gilt: *Das Endergebnis einer Multiplikation oder Division sollte nur so viele Stellen haben wie die Zahl mit der kleinsten in der Rechnung vorkommenden Signifikanz.* In unserem Beispiel hat 6,8 die kleinste Signifikanz, nämlich 2. Somit müssen wir das Ergebnis 76,84 cm^2 auf 77 cm^2 aufrunden.

Ganz ähnlich gilt: Wenn wir Zahlen addieren oder subtrahieren, so kann das Ergebnis nicht genauer sein als die Zahl mit der kleinsten Signifikanz in der Rechnung. Beispielsweise ist das Resultat der Subtraktion 3,6 minus 0,57 gleich 3,0 (und nicht 3,03).

Behalten Sie bei Benutzung eines Taschenrechners im Hinterkopf, dass nicht alle Ziffern, die er herausgibt, signifikant sein können. Wenn Sie 2,0 durch 3,0 teilen, so lautet die korrekte Antwort 0,67 und nicht etwa so etwas wie 0,66666666. Stellen sollten nur dann im Endergebnis ausgeschrieben werden, wenn sie signifikant sind. Um aber ein möglichst genaues Resultat zu erhalten, sollten Sie normalerweise eine oder zwei zusätzliche Stellen in der Rechnung berücksichtigen und nur das Ergebnis runden. Beachten Sie auch, dass Taschenrechner manchmal zu wenige signifikante Stellen angeben. Wenn Sie zum Beispiel $2{,}5 \cdot 3{,}2$ mit dem Rechner ausrechnen, so erhalten Sie als Antwort eine einfache 8. Doch das Ergebnis ergibt zwei signifikante Stellen, somit heißt das korrekte Ergebnis 8,0.

PROBLEMLÖSUNG

Notieren Sie im Endergebnis nur die korrekte Anzahl signifikanter Stellen. Eine oder zwei Extrastellen können während der Rechnung mitgenommen werden.

Geben Sie in Antworten nur signifikante Stellen an

Bei Rechnungen sind eine oder zwei zusätzliche Stellen mitzunehmen

Wissenschaftliche Schreibweise

Zehnerpotenzen

Gewöhnlich notieren wir Zahlen in Potenzen von Zehn, oder in wissenschaftlicher Schreibweise – zum Beispiel 36 900 als $3{,}69 \cdot 10^4$ oder 0,0021 als $2{,}1 \cdot 10^{-3}$. Ein Vorteil der wissenschaftlichen Schreibweise ist, dass sie die Anzahl signifikanter Stellen klar auszudrücken gestattet. Beispielsweise sieht man der Zahl 36 900 nicht an, ob sie drei, vier oder fünf signifikante Stellen hat. In der Schreibweise mit Zehnerpotenzen lässt sich diese Mehrdeutigkeit vermeiden: Hat die Zahl drei signifikante Stellen, so schreiben wir $3{,}69 \cdot 10^4$, hat sie hingegen vier, so wird daraus $3{,}690 \cdot 10^4$.

Relativer Messfehler

Die Regel der signifikanten Stellen gilt nur näherungsweise und kann in einigen Fällen zu einer Unterschätzung der Genauigkeit einer Antwort führen. Nehmen Sie beispielsweise an, wir dividierten 97 durch 92:

$$\frac{97}{92} = 1{,}05 \approx 1{,}1\ .$$

Sowohl 97 als auch 92 haben zwei signifikante Stellen und so besagt die Regel, als Ergebnis 1,1 anzugeben. Doch die beiden Zahlen 97 und 92 implizieren einen Messfehler von ± 1, wenn kein anderer Messfehler angegeben ist. 92 ± 1 und 97 ± 1 implizieren jeweils eine Genauigkeit von 1% ($1/92 \approx 0{,}01 = 1\%$). Doch das Endergebnis mit zwei signifikanten Stellen ist 1,1, mit einem impliziten Messfehler von $\pm 0{,}1$, was einem relativen Messfehler von $(0{,}1/1{,}1 \approx 0{,}1) \approx 10\%$ entspricht. In diesem Fall ist es besser, als Antwort 1,05 anzugeben, was drei signifikanten Stellen entspricht. Warum? Weil 1,05 einem Messfehler von $\pm 0{,}01$ entspricht, was $(0{,}01/1{,}05) \times 100\% \approx 1\%$ ist, also gerade gleich dem ursprünglichen Fehler in den Zahlen 92 und 97.

VORSCHLAG: Benutzen Sie die Regel signifikanter Stellen, doch ziehen Sie auch den relativen Fehler in Betracht. Wenn sich eine realistischere Abschätzung des Messfehlers ergibt, fügen Sie eine zusätzliche Stelle hinzu.

Beispiel 1.1 · Begriffsbildung **Ist das Ihr Diamant?**

Eine Freundin bittet Sie, ihr Ihren kostbaren Diamanten für einen Tag zu leihen, um ihn ihrer Familie zeigen zu können. Sie sind etwas besorgt und so wiegen Sie den Diamanten und lesen 8,17 Gramm von der Waagenskala ab. Die Skalengenauigkeit wird mit ±0,05 Gramm angegeben. Am Tag darauf wiegen Sie den zurückgebrachten Diamanten erneut und wiegen 8,09 Gramm. Ist es Ihr Diamant?

Lösung

Das Ablesen der Waagenskala entspricht einer Messung, die nicht zwangsläufig den „wahren“ Wert für die Masse ergibt. Jedes Messergebnis könnte um bis zu 0,05 Gramm höher oder niedriger liegen. Die tatsächliche Masse Ihres Diamanten liegt höchstwahrscheinlich zwischen 8,12 Gramm und 8,22 Gramm. Die Masse des zurückgebrachten Diamanten liegt zwischen 8,04 Gramm und 8,14 Gramm. Die beiden Bereiche überlappen sich, und so gibt es keinen Grund zu zweifeln, dass der zurückgebrachte Diamant Ihrer ist, zumindest nicht aufgrund seiner Masse.

1.4 Einheiten, Standards und das SI-System

Messungen aller physikalischen Größen enthalten zwei Angaben – Zahl und Einheit. Die Einheit muss zusammen mit der Zahl angegeben werden. Zum Beispiel können wir die Länge in den Einheiten Inch, Fuß, Meilen oder im metrischen System in Zentimeter, Meter und Kilometer messen. Die Längenangabe 18,6 für einen bestimmten Körper ist sinnlos. Die Angabe der Einheit ist zwingend erforderlich: 18,6 m ist etwas ganz anderes als 18,6 inches oder 18,6 mm.

Länge

Im SI-Einheitssystem ist die Längeneinheit das Meter, m. Der erste internationale Standard war der Meter (abgekürzt m), 1790 von der französischen Akademie der Wissenschaften eingeführt als Standard für die Länge. Im Geiste der Rationalität wurde der Meter ursprünglich festgelegt als der zehnmillionste Teil der Entfernung zwischen Äquator und den Polen[2]. Ein Platinstab dieser Länge wurde angefertigt. 1889 wurde das Meter etwas genauer definiert als der Abstand zwischen zwei fein eingravierten Markierungen auf einem Platin-Iridium-Stab. 1960 wurde die Definition des Meters auf eine vollkommen neue, wesentlich genauere Grundlage gestellt: Ein Meter ist das 1 650 763,73-fache einer Wellenlänge im orangefarbenen Bereich des sichtbaren Spektrums des Lichts, emittiert von dem Gas Krypton 86. 1983 schließlich wurde das Meter erneut definiert, dieses Mal in Begriffen der Lichtgeschwindigkeit (deren bester gemessener Wert in der alten Meterdefinition 299 792,458 m/s war, mit einem Messfehler von 1 m/s). Die neue Definition lautet: „Der Meter ist die Wegstrecke, die das Licht im Vakuum während einer Zeit von 1/299 792,458 Sekunde zurücklegt.“[3]

Britische Längeneinheiten (Inch, Fuß, Meile) werden in Meter umgerechnet. Das Inch (in.) ist definiert als exakt 2,54 cm. Andere Umrechnungsfaktoren stehen in den Tabellen in den Buchdeckeln. Tabelle 1.1 gibt einige charakteristische Längen an. Beachten Sie auch ► Abbildung 1.3.

2 Die damals angenommene Länge weicht nur um rund ein Fünfzigstel eines Prozents von modernen Messungen des Erdumfangs ab. Nicht schlecht!

3 Die neue Definition des Meters ergibt, dass die Lichtgeschwindigkeit exakt den Wert 299 792,458 m/s hat.

Tabelle 1.1

Einige typische Längenabstände (Größenordnung)

Körper	Länge (oder Abstand)
Neutron oder Proton (Radius)	10^{-15} m
Atom	10^{-10} m
Virus (► Abbildung 1.3)	10^{-7} m
Papierbogen (Dicke)	10^{-4} m
Fingerdicke	10^{-2} m
Fußballfeldlänge	10^{2} m
Höhe des Mount Everest (► Abbildung 1.3)	10^{4} m
Erddurchmesser	10^{7} m
Erde – Sonne	10^{11} m
Nächster Fixstern	10^{16} m
Nächste Galaxie	10^{22} m
Fernste sichtbare Galaxie	10^{26} m

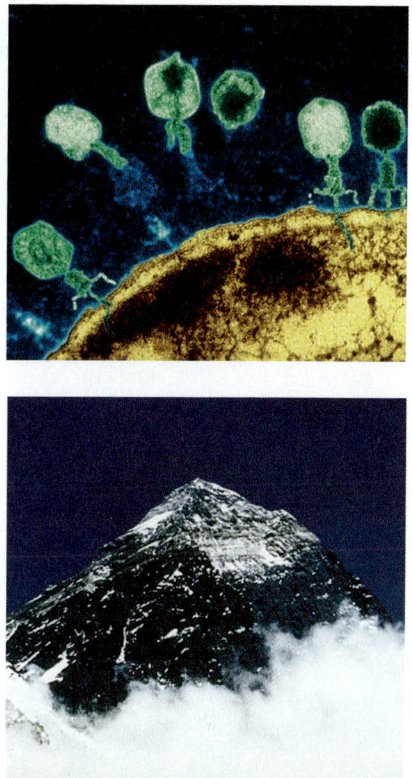
(a) (b)

Abbildung 1.3 Einige Längen: (a) Viren (etwa 10^{-7} m lang) attackieren eine Zelle; (b) Die Höhe des Mount Everest liegt in der Größenordnung von 10^4 m (8850 m, um genau zu sein).

Zeit

Die Standardeinheit für die **Zeit** im SI-Einheitensystem ist die **Sekunde** (s). Viele Jahre lang war die Sekunde definiert als 1/86 400 eines mittleren Sonnentages. Die Standardsekunde ist heute genauer definiert mit Hilfe der Frequenz bzw. Periode der Strahlung von Cäsium-Atomen, die sie beim Übergang zwischen zwei bestimmten Elektronen-Zuständen aussenden. (Genauer: Eine Sekunde ist definiert als die Zeit von 9 192 631,770 Perioden der elektromagnetischen Strahlung beim Übergang zwischen zwei Elektronenzuständen des Cäsium 133). Es gibt per Definition 60 s in einer Minute (min) und 60 Minuten in einer Stunde (h, von engl. *hour*). In Tabelle 1.3 sind einige gemessene Zeitintervalle angegeben.

Masse

Die Einheit für die **Masse** im SI-Einheitensystem ist das **Kilogramm** (kg). Die Standardmasse ist ein besonderer Platin-Iridium-Zylinder (► Abbildung 1.4), der im internationalen Büro für Gewichte und Messungen in Sevèrs bei Paris steht. Seine Masse ist definiert als 1 kg. Einige typische Massen sind in Tabelle 1.2 angegeben.

Wenn man Atom- und Molekülmassen ausdrücken will, wird gewöhnlich die **atomare Masseneinheit** (u) verwendet. In Kilogramm ausgedrückt ist

$$1\,\mathrm{u} = 1{,}6605 \cdot 10^{-27}\,\mathrm{kg}\,.$$

Die Definitionen anderer Einheiten folgen in den entsprechenden Kapiteln.

Abbildung 1.4 Das Standardkilogramm.

Dezimalvorsätze

Im metrischen System sind die größeren und kleineren Einheiten in Vielfachen von 10 in Bezug auf die Standardeinheit definiert. Das macht Berechnungen besonders einfach. Somit ist 1 Kilometer (km) 1000 m, 1 Zentimeter (cm) ist 1/100 m und 1 Millimeter (mm) ist 1/1000 m oder 1/10 cm, und so weiter. Die Vorsilben

Tabelle 1.2

Einige Massen

Körper	Masse (Näherungswerte)
Elektron	10^{-30} kg
Proton, Neutron	10^{-27} kg
DNA-Molekül	10^{-17} kg
Bakterium	10^{-15} kg
Mücke	10^{-5} kg
Pflaume	10^{-1} kg
Person	10^{2} kg
Schiff	10^{8} kg
Erde	$6 \cdot 10^{24}$ kg
Sonne	$2 \cdot 10^{30}$ kg
Galaxis	10^{41} kg

Tabelle 1.3

Einige typische Zeitintervalle

Zeitintervall	Sekunden (Näherungswerte)
Lebensdauer extrem instabiler subatomarer Teilchen	10^{-23} s
Lebensdauer radioaktiver Elemente	10^{-22} bis 10^{28} s
Lebensdauer eines Muon	10^{-6} s
Zeit zwischen Herzschlägen beim Menschen	10^{0} s (= 1 s)
Ein Tag	10^{5} s
Ein Jahr	$3 \cdot 10^{7}$ s
Menschliche Lebensspanne	$2 \cdot 10^{9}$ s
Aufgezeichnete Geschichte	10^{11} s
Menschen auf Erden	10^{14} s
Alter der Erde	10^{17} s
Alter des Universums	10^{18} s

Tabelle 1.4

Metrische Vorsilben

Vorsilbe	Abkürzung	Wert
exa	E	10^{18}
peta	P	10^{15}
tera	T	10^{12}
giga	G	10^{9}
mega	M	10^{6}
kilo	k	10^{3}
hecto	h	10^{2}
deka	da	10^{1}
deci	d	10^{-1}
centi	c	10^{-2}
milli	m	10^{-3}
mikro	µ	10^{-6}
nano	n	10^{-9}
pico	p	10^{-12}
femto	f	10^{-15}
atto	a	10^{-18}

„Zenti-“, „Kilo-“ und weitere sind in **Tabelle 1.4** aufgelistet. Sie können nicht nur auf die Längeneinheit, sondern auch auf die Einheiten Rauminhalt, Masse und jede weitere metrische Einheit bezogen werden. Beispielsweise ist ein Zentiliter (cl) 1/100 Liter (l) und ein Kilogramm (kg) ist 1000 Gramm (g).

Einheiten-Systeme

Wenn man mit den Gesetzen und Gleichungen der Physik zu tun hat, ist es sehr wichtig, ein konsistentes Einheiten-System zu benutzen. Mehrere Einheiten-Systeme sind über viele Jahre hinweg in Gebrauch gewesen. Das wichtigste System heutzutage ist das Système International (französisch für internationales System), abgekürzt SI. In SI-Einheiten ist die Einheit der Länge das Meter, die Einheit für die Zeit ist die Sekunde und die Einheit der Masse ist das Kilogramm. Man nennt dieses System das mks-System (Meter-Kilogramm-Sekunde).

Ein weiteres metrisches System ist das **cgs-System**. In ihm sind das Zentimeter, das Gramm und die Sekunde die Standardeinheiten für Länge, Masse und Zeit, wie die Abkürzung andeutet.

SI-Einheiten sind die heute in der Wissenschaft maßgeblich verwendeten Einheiten. Wir werden in diesem Buch daher fast ausschließlich von ihnen Gebrauch machen. Wir geben jedoch die cgs-Einheiten für verschiedene Größen an, wenn sie eingeführt werden.

Basisgrößen und abgeleitete Größen

Physikalische Größen lassen sich in zwei Kategorien einteilen: *Basisgrößen* und *abgeleitete Größen*. Die dazu korrespondierenden Einheiten heißen *Basiseinheiten* und *abgeleitete Einheiten*. Eine **Basisgröße** muss als Standard definiert werden. Wissenschaftler, stets an Einfachheit interessiert, wünschen die kleinste mögliche Anzahl an Basisgrößen, die konsistent mit einer vollständigen Beschreibung der physikalischen Welt ist. Es werden sieben Basisgrößen benötigt, und die im SI benutzten Größen zeigt **Tabelle 1.5**. Alle anderen Größen können mittels dieser

Basisgrößen[4] ausgedrückt werden und werden demnach als **abgeleitete Größen** bezeichnet. Ein Beispiel für eine abgeleitete Größe ist die Geschwindigkeit, die definiert ist als zurückgelegte Wegstrecke dividiert durch die Zeit, die während der Bewegung verstrichen ist.

1.5 Umrechnungseinheiten

Jede Größe, die wir messen – beispielsweise Länge, Geschwindigkeit oder elektrischer Strom – besteht aus einer Zahl und einer Einheit. Oft erhalten wir eine Größe in einer bestimmten Einheit, doch wir wollen sie in einer anderen ausdrücken. Nehmen Sie beispielsweise an, dass ein Tisch 21,5 inch breit ist, und wir wollen das in Zentimeter ausdrücken. Dann müssen wir einen Umrechnungsfaktor anwenden, der in diesem Fall

$$1\,\text{inch} = 2{,}54\,\text{cm}$$

beträgt. Anders ausgedrückt erhalten wir

$$1 = 2{,}54\,\text{cm/inch}\,.$$

Da Multiplizieren mit eins nichts verändert, ergibt sich für die Tischbreite in cm:

$$21{,}5\,\text{inch} = 21{,}5\,\cancel{\text{inch}} \cdot \left(2{,}54\,\frac{\text{cm}}{\cancel{\text{inch}}}\right) = 54{,}6\,\text{cm}$$

Beachten Sie, wie sich die Einheiten (hier inch) herauskürzen. Eine Tabelle mit zahlreichen Umrechnungsfaktoren befindet sich in den Innenseiten der Buchdeckel.

Tabelle 1.5

Basisgrößen

Größe	Einheit	Abkürzung der Einheit
Länge	Meter	m
Zeit	Sekunde	s
Masse	Kilogramm	kg
Elektrischer Strom	Ampere	A
Temperatur	Kelvin	K
Stoffmenge	Mol	mol
Lichtstärke	Candela	cd

Beispiel 1.2 **100-Meter-Lauf**

Wie viel Yards legt ein 100-m-Läufer zurück?

Lösung

Wir nehmen an, dass die Distanz exakt bekannt ist mit vier signifikanten Stellen, also 100,0 m. Ein Yard (yd) ist exakt 3 Fuß (36 inch), somit können wir schreiben

$$1\,\text{yd} = 3\,\text{ft} = 36\,\cancel{\text{inch}} = 36\,\cancel{\text{inch}} \cdot \left(2{,}54\,\frac{\text{cm}}{\text{inch}}\right) = 91{,}44\,\text{cm} = 0{,}9144\,\text{m}\,.$$

Wir können dieses Ergebnis auch aufschreiben als

$$1\,\text{m} = \frac{1\,\text{yd}}{0{,}9144} = 1{,}094\,\text{yd}\,.$$

Damit wird

$$100\,\text{m} = 100\,\cancel{\text{m}}\left(1{,}094\,\frac{\text{yd}}{\cancel{\text{m}}}\right) = 109{,}4\,\text{yd}\,,$$

somit ist ein 100-m-Lauf 9,4 yd länger als ein 100-yd-Lauf.

Wir hätten diese Umrechnung auch in einer Zeile schreiben können:

$$100\,\text{m} = 100\,\cancel{\text{m}}\left(\frac{100\,\cancel{\text{cm}}}{1\,\cancel{\text{m}}}\right)\left(\frac{1\,\cancel{\text{inch}}}{2{,}54\,\cancel{\text{cm}}}\right)\left(\frac{1\,\text{yd}}{36\,\cancel{\text{inch}}}\right) = 109{,}4\,\text{yd}\,.$$

ANGEWANDTE PHYSIK

Wie viele Yards werden beim 100-m-Lauf zurückgelegt?

4 Die einzigen Ausnahmen gelten für Winkel (Bogenmaß – siehe Kapitel 10) und Raumwinkel (Steradiant). Es konnte keine Übereinkunft darüber erzielt werden, ob diese Größen abgeleitete oder Basisgrößen sind.

Beispiel 1.3 **Fläche eines Halbleiterchips**

Ein Siliziumchip hat eine Fläche von 1,25 Quadratinch. Drücken Sie das in Quadratzentimeter aus.

Lösung

Wegen 1 inch = 2,54 cm ist 1 inch^2 = (2,54 cm^2) = 6,45 cm^2. Somit wird

$$1{,}25\,\text{inch}^2 = 1{,}25\,\text{inch}^2\left(2{,}54\frac{\text{cm}}{\text{inch}}\right)^2 = 1{,}25\,\cancel{\text{inch}^2}\left(6{,}45\frac{\text{cm}^2}{\cancel{\text{inch}^2}}\right)$$
$$= 8{,}06\,\text{cm}^2\,.$$

Beispiel 1.4 **Höchstgeschwindigkeit**

Die vorgeschriebene Höchstgeschwindigkeit auf einer amerikanischen Autobahn beträgt 55 Meilen pro Stunde (mi/h oder mph). Wie groß ist diese Geschwindigkeit (a) in Meter pro Sekunde (m/s) und (b) in Kilometer pro Stunde (km/h)?

Lösung

a Wir schreiben 1 Meile als

$$1\,\text{mi} = 5280\,\cancel{\text{ft}}\left(12\frac{\cancel{\text{inch}}}{\cancel{\text{ft}}}\right)\left(2{,}54\frac{\cancel{\text{cm}}}{\cancel{\text{inch}}}\right)\left(\frac{1\,\text{m}}{100\,\cancel{\text{cm}}}\right) = 1609\,\text{m}\,.$$

Umrechnungsfaktoren = 1

Beachten Sie, dass jeder Umrechnungsfaktor gleich 1 ist. Wir wissen auch, dass 1 Stunde gleich (60 min/h) · (60 s/min) = 3600 s/h ist, also

$$55\frac{\text{mi}}{\text{h}} = \left(55\frac{\cancel{\text{mi}}}{\cancel{\text{h}}}\right)\left(1609\frac{\text{m}}{\cancel{\text{mi}}}\right)\left(\frac{1\,\cancel{\text{h}}}{3600\,\text{s}}\right) = 24{,}6\frac{\text{m}}{\text{s}}\,.$$

b Nun nutzen wir die Beziehung 1 mi = 1609 m = 1,609 km aus:

$$55\frac{\text{mi}}{\text{h}} = \left(55\frac{\cancel{\text{mi}}}{\text{h}}\right)\left(1{,}609\frac{\text{km}}{\cancel{\text{mi}}}\right) = 88{,}5\frac{\text{km}}{\text{h}}\,.$$

PROBLEMLÖSUNG

Die Umrechnung von Einheiten ist falsch, wenn Einheiten sich nicht herauskürzen.

Wenn Sie einen Wechsel der Einheiten in einer Berechnung vornehmen, müssen Sie nur darauf achten, dass sie sich genau herauskürzen, so vermeiden Sie Fehler. Wenn wir beispielsweise in der Umrechnung von 1 mi in 1609 m in Beispiel 1.4(a) den Faktor $(\frac{100\,\text{cm}}{1\,\text{m}})$ anstelle von $(\frac{1\,\text{m}}{100\,\text{cm}})$ verwendet hätten, so hätten sich die Meter-Einheiten nicht korrekt herausgekürzt. Am Schluss wären keine Meter dabei herausgekommen.

1.6 Größenordnung: Schnelle Abschätzung

Manchmal sind wir lediglich an einer groben Abschätzung einer Größe interessiert. Der Grund dafür könnte sein, dass eine genaue Berechnung zu viel Zeit beanspruchen oder zusätzliche Daten erfordern würde, die aber nicht verfügbar sind. In anderen Fällen könnten wir eine Grobabschätzung dazu nutzen, das Ergebnis einer genauen Rechnung mit dem Taschenrechner zu überprüfen, um sicher zu gehen, dass keine Fehler bei der Zahleneingabe passiert sind.

Bei einer Grobabschätzung werden alle Zahlen bis auf eine signifikante Stelle gerundet und als Zehnerpotenzen aufgeschrieben. Nach der Berechnung wird wiederum nur eine signifikante Stelle behalten. Solch eine Schätzung heißt **Abschätzung der Größenordnung** und ist innerhalb des Faktors 10 genau, oftmals sogar besser. Tatsächlich bezieht sich der Ausdruck „Abschätzung der Größenordnung“ manchmal nur auf die Zehnerpotenz.

Wie sinnvoll und nützlich Grobabschätzungen sein können, wollen wir anhand einiger Beispiele aufzeigen.

PROBLEMLÖSUNG

Wie man eine Grobabschätzung macht.

Beispiel 1.5 · Abschätzung — Volumen eines Sees

Schätzen Sie, wie viel Wasser ein bestimmter See enthält (▸ Abbildung 1.5a). Er ist näherungsweise kreisrund, hat etwa 1 km Durchmesser und eine durchschnittliche Tiefe von 10 m.

Lösung

Kein See ist vollkommen kreisrund und hat einen perfekt flachen Grund. Wir schätzen lediglich ab. Um das Volumen abzuschätzen, legen wir ein Zylindermodell des Sees zugrunde: Wir multiplizieren die durchschnittliche Tiefe des Sees mit der näherungsweise kreisrunden Oberfläche, als wäre der See ein Zylinder (▸ Abbildung 1.5b). Das Volumen V eines Zylinders ist das Produkt seiner Höhe h mit seiner Grundfläche: $V = h\pi r^2$, wobei r der Radius der kreisrunden Grundfläche ist. Der Radius r ist $\frac{1}{2}$ km $= 500$ m, damit wird das Volumen näherungsweise

$$V = h\pi r^2 \approx 10\,\text{m} \cdot 3 \cdot (5 \cdot 10^2\,\text{m})^2 \approx 8 \cdot 10^6\,\text{m}^3 \approx 10^7\,\text{m}^3\ ,$$

ANGEWANDTE PHYSIK

Schätzung der Wassermasse eines Sees (siehe ▸ Abbildung 1.5)

(a)

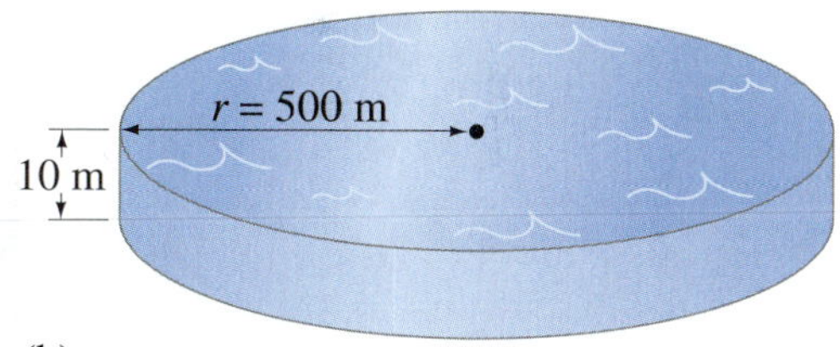

(b)

Abbildung 1.5 (a) Wie viel Wasser enthält der See? (Die Abbildung zeigt einen der Rae Seen in der Sierra Nevada in Kalifornien.) (b) Modell des Sees als Zylinder. (Wir könnten einen Schritt weiter gehen und die Masse oder das Gewicht des Sees abschätzen. Später werden wir sehen, dass Wasser eine Dichte von circa 1000 kg/m^3 hat, womit dieser See eine Masse von ungefähr $(10^3\,\text{kg/m}^3)(10^7\,\text{m}^3) \approx 10^{10}$ kg hat. Das sind 10 Millarden kg.)

wobei π auf 3 abgerundet wurde. Somit liegt das Seevolumen in der Größenordnung von 10^7 m^3, zehn Millionen Kubikmeter. Wegen all der Schätzungen in der Rechnung sollte man besser die Größenordnung (10^7 m^3) als die Zahl $8 \cdot 10^6$ m^3 notieren.

PROBLEMLÖSUNG

Benutzen Sie, wenn möglich, Symmetrien

Beispiel 1.6 · Abschätzung — Dicke einer Seite

Schätzen Sie die Dicke einer Seite dieses Buchs.

Lösung

Zunächst könnten Sie glauben, ein spezielles Messinstrument wie eine Schieblehre oder Mikrometerschraube sei notwendig, um die Seitendicke zu messen, da ein Lineal sich wohl kaum dafür eignen würde. Doch wir können einen Trick anwenden, oder, um es in physikalischen Begriffen auszudrücken, wir machen uns die *Symmetrie* zunutze: Dazu gehen wir von der vernünftigen Annahme aus, dass alle Buchseiten gleich dick sind. Dann können wir Hunderte von Blatt auf einmal mit einem Lineal messen. Wenn Sie die Dicke der ersten 500 Seiten (Seite 1 bis 500) messen, erhalten Sie einen Wert so um die 1,5 cm. Beachten Sie, dass eine Seitenzahl von 500 250 Blatt ergibt. Damit lässt sich die Dicke einer Seite zu ungefähr

$$\frac{1{,}5\,\text{cm}}{250\,\text{Blatt}} \approx 6 \cdot 10^{-3}\,\text{cm} = 6 \cdot 10^{-2}\,\text{mm}$$

oder dünner als ein Zehntel Millimeter (0,1 mm) bestimmen.

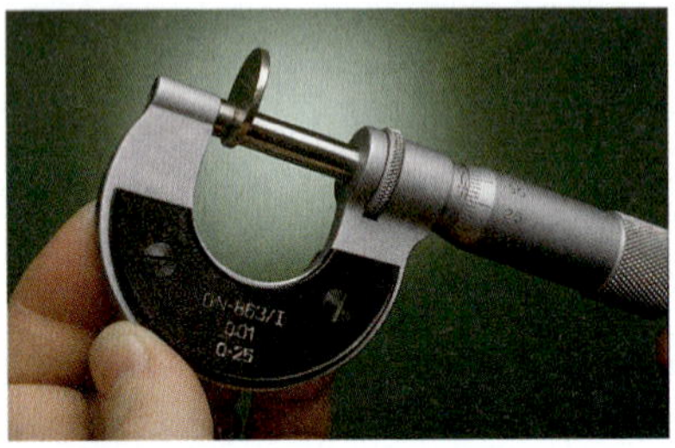

Abbildung 1.6 Eine Mikrometerschraube dient der Messung kleiner Dicken.

Nun wollen wir uns anhand eines einfachen Beispiels die Nützlichkeit einer Skizze für eine Schätzung klarmachen. Man kann nicht oft genug betonen, wie wichtig die Anfertigung einer Skizze für die Lösung physikalischer Probleme ist.

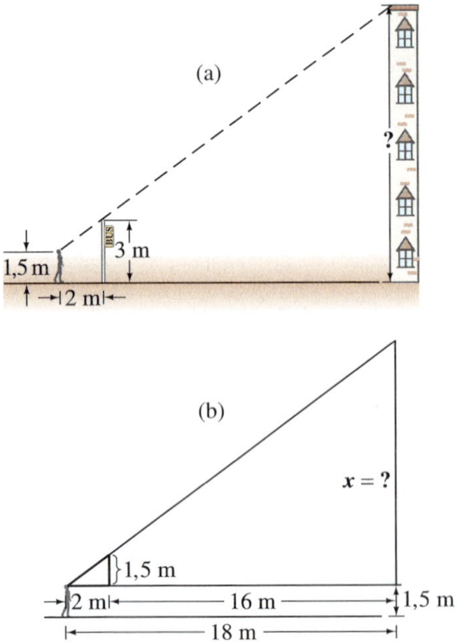

Abbildung 1.7 Beispiel 1.7. Skizzen sind äußerst nützlich!

Beispiel 1.7 · Abschätzung — Höhenbestimmung durch trigonometrische Berechnungen

Schätzen Sie die Höhe des Gebäudes, das in ► Abbildung 1.7a abgebildet ist. Benutzen Sie dazu ein Verkehrsschild und führen Sie eine trigonometrische Rechnung durch.

Lösung

Indem Sie Ihren Freund bitten, sich neben das Verkehrsschild zu stellen, schätzen Sie die Höhe des Schildes auf 3 m. Anschließend bewegen Sie sich so weit vom Verkehrsschild fort, bis die Spitze des Schildes und die Gebäudespitze auf einer Geraden liegen (► Abbildung 1.7a). Sie sind 1,68 m groß, somit beträgt Ihre Augenhöhe etwa 1,5 m. Ihr Freund ist größer als Sie und wenn er einen Arm ausstreckt und Sie mit den Fingerspitzen berührt, während der andere ausgestreckte Arm das Schild berührt, schätzen Sie den Abstand zwischen Ihnen und dem Schild auf 2 m (► Abbildung 1.7a). Dann schreiten Sie die Distanz vom Verkehrsschild bis zum Gebäude mit großen, etwa 1 m langen Schritten ab und zählen 16 Schritte. Nun fertigen Sie eine Skizze an, wie in ► Abbildung 1.7b gezeigt, und tragen die geschätzten Zahlenwerte ein. Sie können jetzt direkt aus der Skizze die unbekannte Seite (Gebäudehöhe) mit etwa $x = 13$ m bestimmen. Alternativ lassen sich ähnliche Dreiecke zur Bestimmung der Höhe x nutzen:

$$\frac{1{,}5\,\text{m}}{2\,\text{m}} = \frac{x}{18\,\text{m}} \Rightarrow x \approx 13{,}5\,\text{m}\,.$$

Nun müssen Sie noch ihre Augenhöhe von 1,5 m dazurechnen um das Ergebnis zu erhalten: Das Gebäude ist etwa 15 m hoch.

Beispiel 1.8 · Abschätzung

Abschätzung des Erdradius

Um sich von der Kugelgestalt der Erde zu überzeugen, beobachte man, wie an einem windstillen Tag ein Schiff hinter der Horizontlinie verschwindet. Ob Sie es glauben oder nicht: Man kann den Erdradius abschätzen, ohne dafür in den Weltraum zu fliegen (siehe das Foto am Kapitelanfang). Sie können dabei folgendermaßen vorgehen: Sie messen, dass der Abstand des Decks eines vor Anker liegenden Segelboots zum Wasserspiegel 2,0 m beträgt. Dann begeben Sie sich an eine Stelle, wo Sie einen weiten Blick aufs Meer haben und etwa 4,4 km von dem Segelboot entfernt sind. Nun legen Sie sich direkt am Wasser hin und schätzen, dass Sie nur $\frac{1}{4}$ des Rumpfes vom Segelboot sehen können. Das bedeutet, $\frac{3}{4}$ des Segelbootes, das sind 1,5 m, sind hinter dem Horizont verschwunden. Mit ▸ Abbildung 1.8, in der $h = 1{,}5$ m beträgt, schätzen wir den Erdradius nun ab.

Lösung

Wir nutzen den Satz des Pythagoras für rechtwinklige Dreiecke in ▸ Abbildung 1.8, wobei R der Erdradius, $h + R$ näherungsweise die Hypotenuse, $d = 4{,}4$ km und $h = 1{,}5$ m ist:

$$R^2 + d^2 \approx (R + h)^2$$
$$\approx R^2 + 2hR + h^2 \Rightarrow$$

$$R \approx \frac{d^2 - h^2}{2h} = \frac{(4400\,\text{m})^2 - (1{,}5\,\text{m})^2}{3{,}0\,\text{m}} \approx 6500\,\text{km}\,.$$

Präzise Messungen ergeben einen Radius von 6380 km. Doch erwägen Sie einmal Ihre Leistung: Mittels einiger grober Messungen und einfacher Geometrie können Sie eine recht gute Abschätzung des Erdradius durchführen. Sie müssen weder ins All fliegen, noch benötigen Sie ein riesiges Längenmaß.

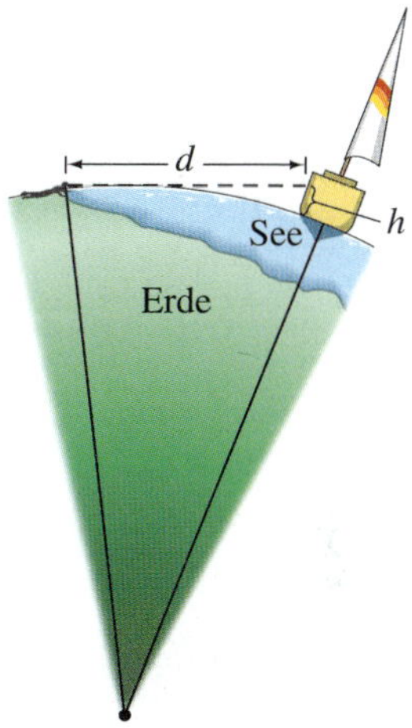

Abbildung 1.8 Ein Boot verschwindet hinter dem Horizont (nicht maßstabsgetreu). R ist der Radius der Erde. Sie befinden sich in einer Entfernung von $d = 4{,}4$ km vom Segelboot, wobei Sie nur $\frac{1}{4}$ seines Rumpfes sehen.

Eine andere Technik für das Abschätzen wurde von Enrico Fermi bekannt gemacht, der seinen Studenten zeigte, wie man die Anzahl der Klavierstimmer in einer Stadt wie Chicago abschätzt. Um die Größenordnung der Anzahl der Klavierstimmer heute in San Francisco, einer Stadt mit 700 000 Einwohnern, zu bestimmen, schätzen wir die Anzahl der funktionstüchtigen Klaviere, wie oft jedes Klavier gestimmt wird und wie viele Klaviere jeder Klavierstimmer stimmen kann. Für die Abschätzung der Anzahl der Klaviere bemerken wir zunächst, dass sicher nicht jeder ein Klavier besitzt. Die Annahme, dass eine von drei Familien ein Klavier besitzt, bedeutet, dass auf zwölf Personen ein Klavier kommt, wenn durchschnittlich vier Personen in einem Haushalt leben. Als Angabe für die Größenordnung können wir der einfacheren Rechnung halber von einem Klavier pro zehn Personen ausgehen. So gelangen wir dann zu dem Schätzwert, dass es 70 000 Klaviere in San Francisco gibt. Ein Klavierstimmer braucht eine oder zwei Stunden, um ein Klavier zu stimmen; er kann somit vier bis fünf Klaviere am Tag stimmen. Ein

Klavier muss ein oder zwei Mal im Jahr gestimmt werden, einigen wir uns auf ein Mal im Jahr. Ein Klavierstimmer, der vier Klaviere am Tag stimmt, fünf Tage in der Woche und 50 Wochen im Jahr arbeitet, kann 1000 Klaviere im Jahr stimmen. Damit benötigt San Francisco mit seinen 70 000 Klavieren grob geschätzt 70 Klavierstimmer. Das ist natürlich nur eine sehr grobe Schätzung[5]. Sie sagt uns aber, dass es viel mehr als zehn Klavierstimmer und sicher bedeutend weniger als 1000 geben muss.

1.7 Einheiten und Einheitenüberprüfung

Wenn wir von den Dimensionen einer Größe sprechen, beziehen wir uns auf die physikalische Einheit. Die Dimension einer Fläche beispielsweise ist immer das Längenquadrat, abgekürzt $[\mathrm{m}^2]$ und in eckige Klammern gesetzt. Die Geschwindigkeit kann in Einheiten von km/h, m/s oder anderern Einheiten gemessen werden, doch die Dimension ist immer Länge [m] geteilt durch Zeit [s]; also [m/s]. Die Formel für eine Größe kann je nach Fall verschieden sein, doch die Dimension bleibt unverändert. Beispielsweise ist die Fläche eines Dreiecks mit der Grundlinie b und der Höhe h gegeben durch $A = \frac{1}{2}bh$, wohingegen die Fläche eines Kreises mit dem Radius r durch $A = \pi r^2$ gegeben ist. Die Formeln sind in beiden Fällen unterschiedlich, doch die physikalische Einheit ist in beiden Fällen gleich: $[\mathrm{m}^2]$

Wenn wir die physikalische Einheit einer Größe spezifizieren, so geben wir dafür normalerweise die Basisgrößen an, nicht aber die abgeleiteten Größen. Beispielsweise hat die Kraft, wie wir später sehen werden, die Einheiten Masse [kg] mal Beschleunigung $[\mathrm{m/s}^2]$, also $[\mathrm{kg \cdot m/s}^2]$.

Einheiten können beim Herausfinden von Beziehungen zwischen physikalischen Größen nützlich sein, so einen Vorgang nennen wir **Einheiten-Analyse**[6]. Einheiten erweisen sich als sehr hilfreich, wenn man eine Gleichung oder Beziehung auf Richtigkeit überprüfen will. Hier gilt eine einfache Regel: Wir addieren oder subtrahieren Größen nur dann, wenn sie dieselben Einheiten haben (wir addieren nicht Zentimeter und Gramm). Das impliziert, dass die Größen auf beiden Seiten einer Gleichung dieselben physikalischen Einheiten haben müssen.

Betrachten Sie zum Beispiel die Gleichung $v = v_0 + \frac{1}{2}at^2$. Dabei ist v die Geschwindigkeit eines Körpers nach einer Zeit t, v_0 ist seine Anfangsgeschwindigkeit und a seine Beschleunigung. Wir wollen nun eine Einheitenüberprüfung anwenden, um die Korrektheit der Gleichung zu überprüfen. Wir schreiben dazu die Gleichung in ihren Einheit noch einmal auf und berücksichtigen, dass Geschwindigkeit die Einheit [m/s] und Beschleunigung die Einheit $[\mathrm{m/s}^2]$ hat (all das sehen wir noch in Kapitel 2):

$$\left[\frac{\mathrm{m}}{\mathrm{s}}\right] = \left[\frac{\mathrm{m}}{\mathrm{s}}\right] + \left[\frac{\mathrm{m}}{\mathrm{s}^2}\right] \cdot [\mathrm{s}^2] = \left[\frac{\mathrm{m}}{\mathrm{s}}\right] + [\mathrm{m}] \; .$$

Wie man sieht, sind die Einheiten falsch: Auf der rechten Seite steht die Summe zweier Größen mit unterschiedlichen Einheiten. Somit können wir den Schluss ziehen, dass bei der Ableitung der Gleichung ein Fehler gemacht worden sein muss.

Wenn andererseits die Einheitenüberprüfung keine Fehler ergibt, beweist das noch nicht die Richtigkeit der Gleichung. Beispielsweise könnte ein dimensionsloser numerischer Faktor (wie $\frac{1}{2}$ oder 2π) falsch sein. Eine Einheitenüberprüfung

5 Ein Blick in die Gelben Seiten von San Francisco zeigt ungefähr 50 Einträge. Hinter jedem dieser Einträge mag sich mehr als ein Klavierstimmer verbergen. Auf der anderen Seite stimmen sie nicht nur Klaviere, sie führen auch Reparaturarbeiten aus. Jedenfalls ist unser Schätzwert realistisch.

6 Die in den nächsten Absätzen beschriebene Technik erschließt sich besser, nachdem man ein paar Kapitel des Buchs gelesen hat. Dieser Abschnitt soll zunächst einen Überblick über das Thema verschaffen, später kann man dann bei Bedarf darauf zurückgreifen.

sagt also nur, ob eine Beziehung falsch ist. Ist sie laut Einheiten-Analyse nicht falsch, so ist sie deswegen nicht notwendigerweise richtig.

Eine Einheitenüberprüfung kann man auch als Schnelltest für eine Gleichung benutzen, bei der Sie sich nicht sicher sind. Nehmen Sie beispielsweise an, Sie würden sich nicht mehr an die Formel für die Periode T (die Zeit für ein Mal hin- und herschwingen) eines eindimensionalen Pendels mit der Länge l erinnern. Lautet sie $T = 2\pi\sqrt{\frac{l}{g}}$ oder $T = 2\pi\sqrt{\frac{g}{l}}$? g ist in dieser Gleichung die Fallbeschleunigung und hat wie alle Beschleunigungen die Dimension $[\mathrm{m/s^2}]$. (Machen Sie sich keine Sorgen wegen dieser Formeln – sie werden in **Kapitel 14** hergeleitet. Uns interessiert im Moment nur die Person, die nicht weiß, ob die Formel l/g oder g/l enthält.) Eine Einheitenüberprüfung zeigt, dass die erste Formel richtig ist:

$$[\mathrm{s}] = \sqrt{\frac{[\mathrm{m}]}{[\mathrm{m/s^2}]}} = \sqrt{[\mathrm{s^2}]} = [\mathrm{s}]\,.$$

Die zweite dagegen ist falsch:

$$[\mathrm{s}] \neq \sqrt{\frac{[\mathrm{m/s^2}]}{[\mathrm{m}]}} = \sqrt{\frac{1}{[\mathrm{s^2}]}} = \frac{1}{[\mathrm{s}]}\,.$$

Beachten Sie, dass die Konstante 2π dimensionslos ist und somit nicht zur Einheiten-Analyse beitragen kann.

Z U S A M M E N F A S S U N G

Wissenschaftler ersinnen oft Modellvorstellungen für physikalische Phänomene. Ein **Modell** ist eine Art von Bild oder Analogie, die das Phänomen zu erklären scheint. Eine **Theorie** erwächst häufig aus Modellvorstellungen und ist gewöhnlich tiefer und komplexer als das einfache Modell.

Ein wissenschaftliches **Gesetz** ist eine prägnante Formulierung, oft in der Form einer Gleichung ausgedrückt, die einen bestimmten Bereich von Phänomenen, der sich über ein breites Spektrum von Anwendungsfällen erstreckt, beschreibt.

Messungen spielen eine entscheidende Rolle in der Physik, können jedoch niemals absolut präzise sein. Es ist wichtig den **Messfehler** eines Experiments anzugeben, entweder direkt durch die ± Angabe und/oder durch Einhaltung der korrekten Anzahl **signifikanter Stellen**.

Physikalische Größen werden immer relativ zu einer besonderen **Einheit** spezifiziert. Die benutzte Einheit sollte immer angegeben werden. Das allgemein akzeptierte Einheiten-System ist das **Système International** (SI). In ihm sind die Standardeinheiten von Länge, Masse und Zeit **Meter**, **Kilogramm** und **Sekunde**.

Die Grobabschätzung, vor allem die **Abschätzung der Größenordnung**, ist eine sehr nützliche Methode in der Wissenschaft wie auch im alltäglichen Leben.

Die **Einheit** einer physikalischen Größe bezieht sich auf die Kombination der Basisgrößen, die sie bilden. Zum Beispiel hat die Geschwindigkeit die Einheit [Länge/Zeit] oder [m/s]. Indem man nur die Einheiten der verschiedenen Größen einer gegebenen Beziehung betrachtet, kann man die Beziehung auf korrekte Form überprüfen. Dieser Test heißt auch **Einheiten-Analyse**.

Z U S A M M E N F A S S U N G

Verständnisfragen

1 Es ist vorteilhaft, dass fundamentale Standards für Länge und Zeit leicht zugänglich (leicht vergleichbar), unveränderlich (sie bleiben gleich), unzerstörbar und reproduzierbar sind. Diskutieren Sie, warum das Vorteile sind und ob ein oder mehrere dieser Kriterien unvereinbar mit anderen sein können.

2 Was sind die Vor- und Nachteile, wenn man den Fuß einer Person als Standard setzt? Diskutieren Sie das Problem im Hinblick auf die unter 1. erwähnten Kriterien. Betrachten Sie für das Problem sowohl (a) den Fuß einer bestimmten Person als auch (b) jedermanns Fuß.

3 Wenn Sie durch die Berge reisen, sehen Sie manchmal Schilder, auf denen Höhenangaben wie „914 m (3000 ft)" zu lesen sind. Kritiker des metrischen Systems argumentieren, dass solche Zahlen die Kompliziertheit desselben beweisen. Wie würden Sie als Befürworter eines Wechsels zum metrischen System solche Schilder ändern?

4 Schlagen Sie eine Möglichkeit vor, die Distanz zwischen Erde und Sonne zu messen.

5 Was stimmt nicht mit folgendem Straßenschild: Memphis 7 mi (11,263 km)?

6 Können Sie einen kompletten Satz Basisgrößen wie in Tabelle 1.5 angeben, der nicht die Länge enthält?

7 Schreiben Sie die Annahmen auf, die nützlich sind für eine Abschätzung der Anzahl der Automechaniker in (a) San Francisco und (b) Ihrer Heimatstadt und geben Sie anschließend den Schätzwert an.

8 Schätzen Sie die Anzahl der Stunden, die Sie bis jetzt insgesamt in der Schule verbracht haben.

9 Diskutieren Sie, wie die Symmetrie dazu genutzt werden kann, die Anzahl der Murmeln in einem Ein-Liter-Glas zu schätzen.

10 Sie messen den Radius eines Rades und erhalten 4,16 cm. Wenn Sie, um den Durchmesser zu erhalten, mit 2 multiplizieren, sollte dann das Ergebnis eher als 8 cm oder als 8,32 cm aufgeschrieben werden? Begründen Sie Ihre Antwort.

Aufgaben zu 1.3

Die Aufgaben am Ende jedes Kapitels sind unterteilt in I, II oder III, je nach ihrem voraussichtlichen Schwierigkeitsgrad. Dabei ist I die leichteste Stufe. Die Aufgaben sind nach Abschnitten geordnet. Das bedeutet, dass der Leser bis einschließlich des betreffenden Abschnittes alles gelesen haben sollte und nicht nur den betreffenden Abschnitt – Aufgaben bauen häufig auf früherem Stoff auf. Schließlich gibt es eine Gruppe „Allgemeine Aufgaben", die nicht unterteilt und nicht nach Abschnitten geordnet sind.

1 (I) Das Alter des Universums beträgt etwa 10 Milliarden Jahre. Schreiben Sie diesen Ausdruck in Zehnerpotenzen (a) in Jahren und (b) in Sekunden. Gehen Sie von nur einer signifikanten Stelle aus.

2 (I) Wie viele signifikante Stellen hat jede der folgenden Zahlen: (a) 2142; (b) 81,60; (c) 7,63; (d) 0,03; (e) 0,0086; (f) 3236 und (g) 8700?

3 (I) Schreiben Sie die folgenden Zahlen als Zehnerpotenzen: (a) 1,156; (b) 21,8; (c) 0,0068; (d) 27,635; (e) 0,219; und (f) 22.

4 (I) Schreiben Sie die folgenden Zahlen voll aus mit Dezimalstellen und korrekter Anzahl der Nullen: (a) $8{,}69 \cdot 10^4$; (b) $7{,}1 \cdot 10^3$; (c) $6{,}6 \cdot 10^{-1}$; (d) $8{,}76 \cdot 10^2$ und (e) $8{,}62 \cdot 10^{-5}$.

5 (I) Wie groß ist der relative Messfehler in dem Messergebnis $3{,}26 \cdot 0{,}25$ m?

6 (I) Wie groß ist näherungsweise der relative Messfehler für ein Messergebnis von 1,28 m?

7 (I) Zeitmessungen mit einer Stoppuhr haben typischerweise eine Unsicherheit von 0,2 s, zurückführbar auf die menschliche Reaktionszeit zu Beginn und Ende der Messung. Wie groß ist die prozentuale Unsicherheit folgender handgestoppter Messungen: (a) 5 s; (b) 50 s; (c) 5 min?

8 (II) Multiplizieren Sie $2{,}079 \cdot 10^2$ mit $0{,}072 \cdot 10^{-1}$ unter Berücksichtigung der signifikanten Stellen.

9 (II) Addieren Sie $9{,}2 \cdot 10^3$ s $+ 8{,}3 \cdot 10^4$ s $+ 0{,}008 \cdot 10^6$ s.

10 (II) Wie groß sind die Fläche und der relative Messfehler eines Kreises mit dem Radius $3{,}8 \cdot 10^4$ cm?

11 (II) Wie groß ist der relative Messfehler des Volumens einer Kugel mit dem Radius $r = 2{,}86 \pm 0{,}08$ m?

Aufgaben zu 1.4 und 1.5

12 (I) Drücken Sie folgende Größen durch Präfixe aus Tabelle 1.4 aus: (a) 10^6 Volt; (b) 10^{-6} m; (c) $6 \cdot 10^3$ Tage; (d) $18 \cdot 10^2$ Dollar; und (e) $8 \cdot 10^{-9}$ Teile.

13 (I) Schreiben Sie die folgenden Größen als volle Dezimalzahlen mit Standardeinheiten: (a) 286,6 mm; (b) 85 μV; (c) 760 mg; (d) 60,0 Picosekunden; (e) 22,5 Femtometer; und (f) 2,50 Gigavolt.

14 (I) Wie viele Autos sind 50 Hektoautos? Was müssten Sie sein, um einen Megadollar pro Jahr zu verdienen?

15 (I) Bestimmen Sie Ihre Größe in Meter.

16 (I) Der Sonnenabstand von der Erde beträgt 93 Millionen Meilen. Wie viele Meter sind das? Drücken Sie das Ergebnis in (a) Zehnerpotenzen und mit (b) einem metrischen Präfix aus.

17 (I) Wie groß ist der Umrechnungsfaktor zwischen (a) ft^2 und yd^2; (b) m^2 und ft^2?

18 (II) Die Concorde flog mit circa 2300 km/h. Wie lange brauchte sie für eine Meile?

19 (II) Ein typisches Atom hat einen Durchmesser von ungefähr $1{,}0 \cdot 10^{-10}$ m. (a) Wie viel inch sind das? (b) Wie viele Atome gibt es entlang einer 1,0 cm langen Geraden?

20 (II) Drücken Sie die folgende Summe mit der korrekten Anzahl signifikanter Stellen aus: $2{,}00\,\text{m} + 142{,}5\,\text{cm} + 7{,}24 \cdot 10^5\,\mu\text{m}$.

21 (II) Bestimmen Sie den Umrechnungsfaktor zwischen (a) km/h und mi/h; (b) m/s und ft/s und (c) km/h und m/s.

22 (II) Um wie viel (prozentuell) ist ein Ein-Meilen-Rennen länger als ein 1500-m-Rennen („metrische Meile")?

23 (II) Ein Lichtjahr ist die Distanz, die das Licht (Geschwindigkeit $= 2{,}998 \cdot 10^8$ m/s) in einem Jahr zurücklegt. (a) Wie viele Meter sind 1,00 Lichtjahre? (b) Eine astronomische Einheit (AU) ist die Durchschnittsentfernung zwischen Erde und Sonne, sie beträgt $1{,}50 \cdot 10^8$ km. Wie viele AU enthält ein Lichtjahr? (c) Wie groß ist die Lichtgeschwindigkeit ausgedrückt in der Einheit AU/h?

24 (II) Der Durchmesser des Mondes beträgt 3480 km. Wie groß ist seine Oberfläche und wie groß ist sie verglichen mit der Erdoberfläche?

Aufgaben zu 1.6

(*Bemerkung*: Erinnern Sie sich daran, dass bei Grobabschätzungen sowohl in der Rechnung als auch im Endergebnis nur gerundete Zahlen verwendet werden.)

25 (I) Schätzen Sie die Größenordnung (Zehnerpotenz) von: (a) 2800; (b) $86{,}30 \cdot 10^2$; (c) 0,0076 und (d) $15{,}0 \cdot 10^8$.

26 (II) Schätzen Sie, wie viel Zeit ein guter Langstreckenläufer für die Strecke New York Kalifornien benötigen würde.

27 (II) Schätzen Sie den prozentualen Anteil einer Hauswand, die aus Fensterflächen besteht.

28 (II) Schätzen Sie, wie oft ein menschliches Herz im Leben schlägt.

29 (II) Geben Sie eine grobe Schätzung Ihres Körpervolumens in cm^3 an.

30 (II) Schätzen Sie die Zeit, um von Peking nach Paris zu fahren (a) heute und (b) 1906, als ein großes Autorennen zwischen den beiden Städten stattfand.

31 (II) Schätzen Sie die Anzahl der Zahnärzte (a) in San Francisco und (b) in Ihrer Heimatstadt.

32 (II) Schätzen Sie, wie lang eine Person mit einem Handrasenmäher brauchen würde, um ein Fußballfeld zu mähen.

33 (II) Der Reifenabrieb belastet mit Schmutzpartikeln die Atmosphäre. Schätzen Sie, wie viel Abrieb (in kg) jedes Jahr die Luft in den USA verschmutzt. Die Profiltiefe eines neuen Reifens misst schätzungsweise 1 cm. Die Dichte von Gummi beträgt etwa $1200\,\text{kg/m}^3$.

34 (II) Schätzen Sie, wie viele Bücher in eine Universitätsbibliothek mit 1500 Quadratmeter Regalfläche passen.

35 (III) Sie befinden sich in einem Heißluftballon 200 m über den flachen Ebenen von Texas. Sie blicken zum Horizont. Wie weit können Sie sehen, oder anders ausgedrückt: Wie weit ist der Horizont entfernt? Der Erdradius misst ungefähr 6400 km.

Aufgaben zu 1.7

36 (I) Die Geschwindigkeit v eines Körpers ist gegeben durch die Gleichung $v = At^3 - Bt$, wobei t die Zeit ist. Wie lauten die Dimensionen von A und B?

37 (I) Wie lauten die SI-Einheiten für die Konstanten A und B in Aufgabe 36?

38 (II) Drei Studenten leiten die folgenden Gleichungen ab, in denen x die zurückgelegte Entfernung, v die Geschwindigkeit, a die Beschleunigung (m/s^2), t die Zeit, der tiefgestellte Index $_0$ die Größe zum Zeitpunkt $t = 0$ bezeichnen: (a) $x = vt^2 + 2at$; (b) $x = v_0t + \frac{1}{2}at^2$ und (c) $x = v_0t + 2at^2$. Welche dieser Gleichungen ist möglicherweise korrekt gemäß einer Einheitenüberprüfung?

Allgemeine Aufgaben

39 Ein Angström (Symbol Å) ist eine alte Längeneinheit, definiert als 10^{-10} m. (a) Wie viele Nanometer hat ein Angström? (b) Wie viele Femtometer oder Fermi (die gebräuchliche Längeneinheit in der Kernphysik) hat ein Angström? (c) Wie viele Angström enthält ein Meter? (d) Wie viele Angström enthält ein Lichtjahr (siehe **Aufgabe 23**)?

40 Benutzen Sie **Tabelle 1.3** für die Abschätzung der Gesamtzahl der Protonen oder Neutronen, die in (a) einem Bakterium, (b) einem DNA-Molekül, (c) im menschlichen Körper und (d) in unserer Galaxis enthalten sind.

41 (a) Wie viele Sekunden hat 1,00 Jahr? (b) Wie viele Nanosekunden hat 1,00 Jahr? (c) Wie viele Jahre sind in 1,00 Sekunde enthalten?

42 Ein Hektar ist definiert als $10^4\,\text{m}^2$. Ein Morgen ist $4 \cdot 10^4\,\text{ft}^2$. Wie viele Morgen enthält ein Hektar?

43 Schätzen Sie die Anzahl der Busfahrer (a) in Washington D.C. und (b) in Ihrer Heimatstadt.

44 Computerchips (▸ **Abbildung 1.9**) werden auf kreisrunden Siliziumscheiben (Wafer) der Dicke 0,60 mm geätzt, die von einem zylinderförmigen Siliziumkristall mit einer Länge von 30 cm geschnitten werden. Wenn jeder Wafer 100 Chips enthalten kann, wie viele Chips können dann maximal aus einem Siliziumzylinder hergestellt werden?

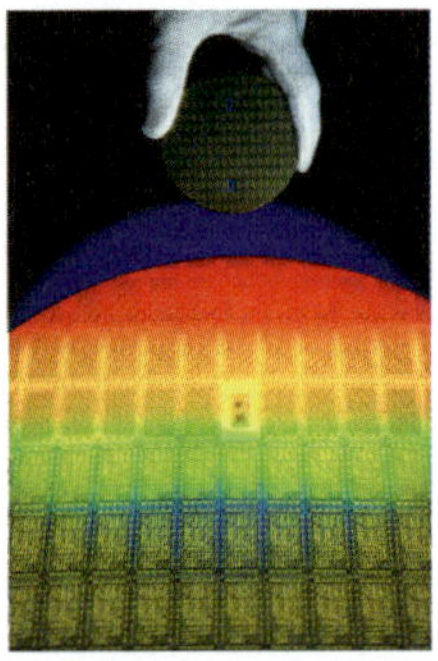

Abbildung 1.9 Aufgabe 44. Die in der Hand (oben) gehaltene Siliziumscheibe ist unten vergrößert und mit farbigem Licht ausgeleuchtet abgebildet. Man erkennt Reihen integrierter Schaltkreise (Chips).

45 Schätzen Sie, wie viel Liter Benzin sämtliche Autofahrer der USA pro Jahr verbrauchen.

46 Schätzen Sie die Menge der Kaugummikugeln in dem Automaten aus ▸ **Abbildung 1.10**.

47 Eine vierköpfige Durchschnittsfamilie verbraucht ungefähr 1200 Liter Wasser (etwa 300 Gallonen) pro Tag. (Ein Liter = $1000\,\text{cm}^3$) Wie viel an Tiefe würde ein See jährlich verlieren, wenn er eine gleichförmige Fläche von 50 Quadratkilometer hat und 40 000 Menschen mit Wasser versorgen müsste? Berücksichtigen Sie nur den Wasserbedarf der Bevölkerung, Verdunstung usw. wird vernachlässigt.

Abbildung 1.10 Aufgabe 46. Schätzen Sie die Menge der Kaugummikugeln.

48 Welchen Rauminhalt hat eine Tonne Fels? Schätzen Sie den Durchmesser eines Felsblocks, der eine Tonne wiegt. Machen Sie aber zuerst eine Spontanschätzung: Beträgt er 0,3 m, 0,6 m oder hat er die Größe eines Autos? (*Hinweis*: Fels hat etwa dreimal so viel Masse pro Volumen wie Wasser, dessen Dichte 1 kg pro Liter ($10^3\,\text{cm}^3$) beträgt.)

49 Ein heftiger Regenschauer geht auf eine Stadt mit den Ausmaßen 5 km · 8 km nieder und bringt ihr in zwei Stunden 1 cm Regen. Wie viel kg Wasser sind auf die Stadt gefallen? (1 cm^3 Wasser hat eine Masse von 1 Gramm = 10^{-3} kg.)

50 Halten Sie einen Bleistift so vor ihren Augen, dass die stumpfe Spitze den Mond ausblendet (▸ **Abbildung 1.11**). Machen Sie nun passende Messungen, um den Durchmesser des Mondes zu bestimmen. Der Abstand Erde Mond beträgt $3{,}8 \cdot 10^5$ km.

Abbildung 1.11 Aufgabe 50. Wie groß ist der Mond?

51 Schätzen Sie, wie lange es dauern würde, einmal um die Erde zu laufen.

52 Noahs Arche war 300 Ellen lang, 50 Ellen breit und 30 Ellen hoch. Die Elle war ein Einheitsmaß, das der Länge des menschlichen Unterarms einschließlich der Fingerspitzen entsprach. Drücken Sie die Abmessungen der Arche in Meter aus.

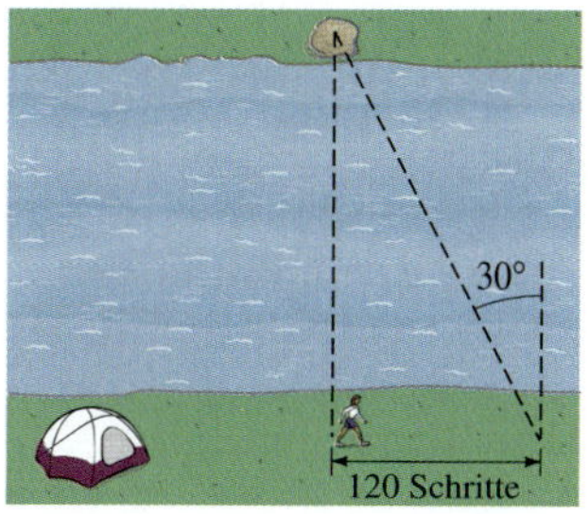

Abbildung 1.12 Aufgabe 53.

53 Jean campiert an einem breiten Fluss und fragt sich, wie breit er ist. Sie nimmt einen großen Felsen am anderen Ufer direkt ihr gegenüber als Bezugspunkt und geht dann flussaufwärts bis sie glaubt, dass der Winkel zwischen ihr und dem Felsen, den sie noch klar erkennen kann, nun 30° beträgt (▶ **Abbildung 1.12**). Jean nimmt ihre Schrittlänge als etwa ein Yard an. Auf dem Weg zurück zum Lager zählt sie 120 Schritte. Wie breit ist der Fluss (in Meter und Yards)?

54 Ein Liter (1000 cm^3) Öl wird auf eine glatte Seeoberfläche gegossen. Nehmen Sie an, dass sich das Öl gleichförmig über die Wasserfläche ausbreitet, bis der Ölfilm nur noch eine Molekülllage dick ist, so dass sich die aneinander grenzenden Moleküle gerade noch berühren. Schätzen Sie den Durchmesser des Ölfilms unter der Annahme, dass Moleküle einen Durchmesser von $2 \cdot 10^{10}$ m haben.

55 Vergleichen Sie die prozentuale Unsicherheit in θ und $\sin\theta$, wenn (a) $\theta = 15{,}0° \pm 0{,}5°$ und (b) $\theta = 75{,}0° \pm 0{,}5°$ ist.

56 Sie liegen auf dem Sand am Rande des Meeres und beobachten ein Segelboot. Wenn Sie wissen, dass die Entfernung von der Wasseroberfläche bis zum oberen Ende des Rumpfes 2,5 m beträgt, schätzen Sie, wie weit das Boot weg ist, wenn Sie den Rumpf nicht mehr sehen können (dazu benutzen Sie ein Fernrohr). Der Erdradius beträgt $6{,}38 \cdot 10^6$ m.

Beschreibung von Bewegungen – Kinematik in einer Raumrichtung

2

ÜBERBLICK

Ein Rennwagen hat einen Fallschirm ausgelöst, um seine Geschwindigkeit schnell zu reduzieren. Die Richtungen der Geschwindigkeit und der Beschleunigung des Fahrzeugs werden durch den grünen (v) bzw. durch den goldenen (a) Pfeil dargestellt. Beachten Sie, dass v und a in unterschiedliche Richtungen zeigen. Bewegung wird mithilfe der Begriffe Geschwindigkeit und Beschleunigung beschrieben. Wir sehen hier, dass die Beschleunigung a manchmal in die entgegengesetzte Richtung wie die Geschwindigkeit v verlaufen kann. Wir werden auch Bewegung mit konstanter Beschleunigung genau untersuchen, einschließlich der vertikalen Bewegung von Körpern, die unter dem Einfluss der Schwerkraft fallen.

2. Beschreibung von Bewegungen – Kinematik in einer Raumrichtung

Abbildung 2.1 Der Kieferzapfen bei (a) erfährt beim Fallen eine reine Translationsbewegung, während er bei (b) sowohl eine Dreh- als auch eine Translationsbewegung macht.

Die Bewegung von Körpern – Bälle, Kraftfahrzeuge, Jogger und selbst Sonne und Mond – gehört zum alltäglichen Leben. Erst im 16. und 17. Jahrhundert etablierte sich unser modernes Verständnis von Bewegung. Viele trugen zu diesem Verständnis bei, insbesondere Galileo Galilei (1564–1642) und Isaac Newton (1642–1727).

Die Untersuchung der Bewegung von Körpern sowie der verwandten Begriffe Kraft und Energie bilden den Bereich der **Mechanik**. Die Mechanik wird normalerweise in zwei Bereiche unterteilt: die **Kinematik**, die die Bewegungen von Körpern beschreibt, und die **Dynamik**, die sich mit der Kraft und mit der Frage beschäftigt, warum sich Körper in einer bestimmten Art und Weise bewegen. Dieses und das nächste Kapitel befassen sich mit der Kinematik.

Wir beginnen mit der Erörterung von Körpern, die sich ohne Drehimpuls bewegen (▸ Abbildung 2.1a). Eine solche Bewegung nennt man **Translationsbewegung**. In diesem Kapitel beschäftigen wir uns mit der Beschreibung eines Körpers, der sich an einer geraden Linie entlang bewegt. Hierbei handelt es sich um eine eindimensionale Bewegung. In Kapitel 3 untersuchen wir, wie Translationsbewegungen in zwei (oder drei) Raumrichtungen zu beschreiben sind.

Wir werden häufig von dem Begriff oder Modell eines **Massenpunktes** Gebrauch machen, der als mathematischer Punkt betrachtet wird und keine räumliche Ausdehnung (keine Größe) hat. Ein Massenpunkt kann ausschließlich eine Translationsbewegung ausführen. Die Abstraktion eines Körpers auf einen Massenpunkt ist für viele reale Situationen nützlich, bei denen uns nur die Translationsbewegung interessiert und die Größe des Körpers keine Rolle spielt. Wir könnten z. B. eine Billiardkugel oder auch ein Raumfahrzeug, das zum Mond fliegt, als Massenpunkt für viele Anwendungen betrachten.

2.1 Bezugssystem und Weg

Alle Messungen werden in Bezug auf ein Bezugssystem durchgeführt

Jede Messung eines Ortes, eines Weges oder einer Geschwindigkeit muss mittels eines **Bezugssystems** durchgeführt werden. Wenn Sie z. B. mit dem Zug mit einer Geschwindigkeit von 80 km/h reisen, könnten Sie eine Person bemerken, die mit einer Geschwindigkeit von z. B. 5 km/h in Richtung der Spitze des Zuges an Ihnen vorbeigeht (▸ Abbildung 2.2). Natürlich ist dies die Geschwindigkeit der Person in Bezug auf den Zug als Bezugssystem. In Bezug auf den Erdboden bewegt sich diese Person mit einer Geschwindigkeit von 80 km/h + 5 km/h = 85 km/h. Bei der Angabe einer Geschwindigkeit ist die Angabe des Bezugssystems immer wichtig. Im Alltag meinen wir „in Bezug auf die Erde", ohne überhaupt darüber nachzudenken. Dort, wo Unklarheiten bestehen könnten, muss jedoch das Bezugssystem angegeben werden.

Abbildung 2.2 Eine Person bewegt sich mit einer Geschwindigkeit von 5 km/h in Richtung des Anfangs eines Zuges. Der Zug bewegt sich mit einer Geschwindigkeit von 80 km/h in Bezug auf die Erde, so dass die Geschwindigkeit der gehenden Person in Bezug auf den Erdboden 85 km/h beträgt.

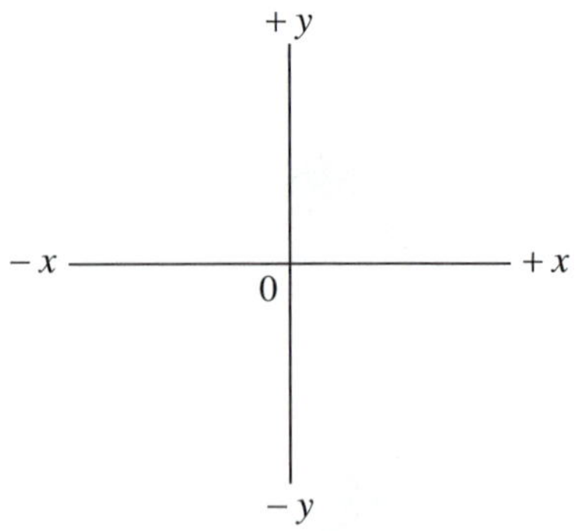

Abbildung 2.3 Ein Standardsystem mit x- und y-Koordinatenachsen.

Wenn wir die Bewegung eines Körpers angeben, ist nicht nur die Angabe der Geschwindigkeit, sondern auch die Angabe der Bewegungsrichtung wichtig. Wir können häufig eine Richtung mithilfe der Himmelsrichtungen Nord, Süd, Ost und West und durch „aufwärts" und „abwärts" angeben. In der Physik zeichnen wir zur Darstellung eines Bezugssystems ein **Koordinatensystem**, wie in ▸ Abbildung 2.3 veranschaulicht. Wir können den Ursprung 0 und die Richtungen der x- und y-Achse beliebig wählen. Die x- und die y-Achse stehen immer senkrecht zueinander. Für Körper, die rechts vom Koordinatenursprung (0) an der x-Achse positioniert sind, wählen wir normalerweise eine positive x-Koordinate. Dann haben Punkte links von 0 eine negative x-Koordinate. Die y-Koordinate ist positiv, wenn sich der Massenpunkt oberhalb von 0 befindet, und negativ, wenn er sich unterhalb von 0 befindet. Jeder Punkt in der Ebene kann durch Angabe seiner x- und y-Koordinate genau angegeben werden. Bei drei Raumrichtungen wird eine z-Achse, die senkrecht zur x- und y-Achse verläuft, hinzugefügt.

Bei einer Bewegung entlang nur einer Raumrichtung, einer eindimensionalen Bewegung, wählen wir häufig die x-Achse als die Gerade, entlang der die Bewegung stattfindet. Dann ist der **Ort** eines Massenpunktes in jedem beliebigen Moment durch seine x-Koordinate gegeben.

Weg

Der **Weg** ist eine Größe, die sowohl einen Betrag als auch eine Richtung hat. Solche Größen werden **Vektoren** genannt und in Diagrammen durch Pfeile dargestellt. In ▸ Abbildung 2.4 stellt der blaue Pfeil z. B. den Weg dar, der einen Betrag von 40 m besitzt und dessen Richtung nach rechts verläuft. Der Betrag eines Vektors ist seine Länge, also eine Zahl. Eine Zahl bezeichnet man auch als **Skalar**.

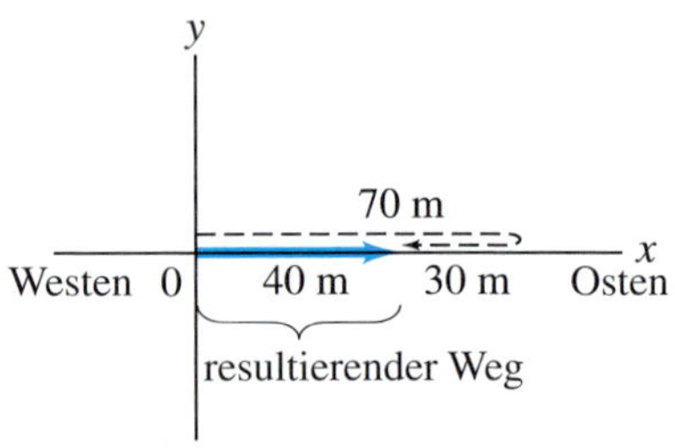

Abbildung 2.4 Eine Person geht 70 m nach Osten, dann 30 m nach Westen. Der gesamte resultierende Weg beträgt 100 m (schwarzer Pfeil), die Verschiebung (blauer Pfeil) beträgt 40 m in östlicher Richtung.

Wenn wir das Symbol für einen Vektor schreiben, verwenden wir immer Fettdruck. So schreiben wir für die Geschwindigkeit **v**. (Bei handschriftlich verfassten Arbeiten kann das Symbol für einen Vektor durch einen Pfeil über dem Buchstaben dargestellt werden, ein $\vec{v}$ für Geschwindigkeit.) Wenn wir es nur mit dem Betrag von Vektoren zu tun haben, schreiben wir einfach v in kursiver Schrift.

In Kapitel 3 werden wir uns ausführlicher mit Vektoren befassen. Vektoren haben stets so viele Komponenten, wie die Zahl der für eine Aufgabenstellung betrachteten Raumrichtungen: eindimensional – eine Vektorkomponente, zweidimensional – zwei Vektorkomponenten, drei dimensional – drei Vektorkomponenten. Hier beschäftigen wir uns nur mit eindimensionaler Bewegung entlang einer Geraden, und in diesem Fall haben Vektoren, die in eine Richtung zeigen, ein positives Vorzeichen, während Vektoren, die in die entgegengesetzte Richtung zeigen, ein negatives Vorzeichen haben.

Betrachten wir die Bewegung eines Körpers über einen bestimmten Zeitraum. Nehmen wir an, dass sich ein Massenpunkt zu einem beliebigen Anfangszeitpunkt t_1 am Punkt x_1 auf der x-Achse in dem in ▸ Abbildung 2.5 dargestellten Koordinatensystem befindet. Nehmen wir weiter an, dass sich der Massenpunkt zu einem späteren Zeitpunkt t_2 am Punkt x_2 befindet. Der Weg unseres Massenpunktes beträgt $x_2 - x_1$ und wird durch den Pfeil, der in ▸ Abbildung 2.5 nach rechts zeigt, dargestellt. Die folgende Schreibweise ist üblich:

$$s = x_2 - x_1 = \Delta x\,,$$

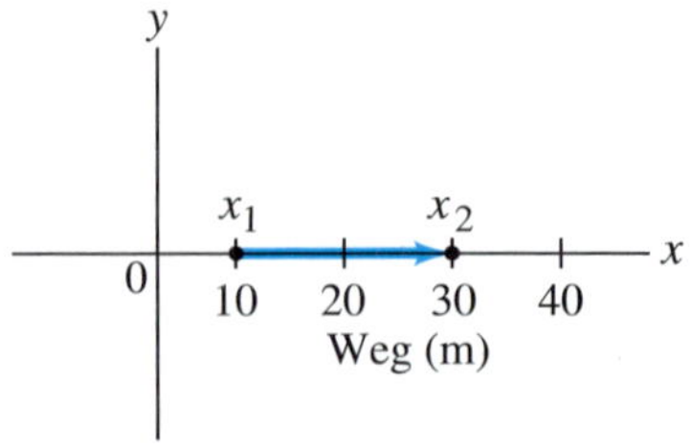

Abbildung 2.5 Der Pfeil stellt die Verschiebung $x_2 - x_1$ dar. Wege sind in m angegeben.

wobei das Symbol Δ (der griechische Buchstabe Delta) „Änderung in" bedeutet. Dann bedeutet Δx „die Änderung in x", die als Weg s bezeichnet wird. Beachten Sie, dass die „Änderung in" einer Größe den Endwert dieser Größe minus dem Anfangswert bedeutet.

Nehmen wir als konkretes Beispiel $x_1 = 10{,}0\,\mathrm{m}$ und $x_2 = 30{,}0\,\mathrm{m}$. Dann gilt

$$s = x_2 - x_1 = 30{,}0\,\mathrm{m} - 10{,}0\,\mathrm{m} = 20{,}0\,\mathrm{m}\,.$$

Siehe ▸ Abbildung 2.5.

Jetzt betrachten wir einen Massenpunkt, der sich, wie in ▸ Abbildung 2.6 dargestellt, nach links bewegt. Hier ist der Ausgangspunkt eines Massenpunktes, z. B. das Fußende einer Person, bei $x_1 = 30{,}0\,\text{m}$. Die Person bewegt sich nach links bis zum Punkt $x_1 = 10{,}0\,\text{m}$. In diesem Fall gilt

$$s = x_2 - x_1 = 10{,}0\,\text{m} - 30{,}0\,\text{m} = -20{,}0\,\text{m}$$

und der blaue Pfeil, der den Weg darstellt, zeigt nach links. Dieses Beispiel veranschaulicht, dass bei der Betrachtung einer eindimensionalen Bewegung ein Vektor, der nach rechts zeigt, einen positiven Wert hat, während ein Vektor, der nach links zeigt, einen negativen Wert besitzt.

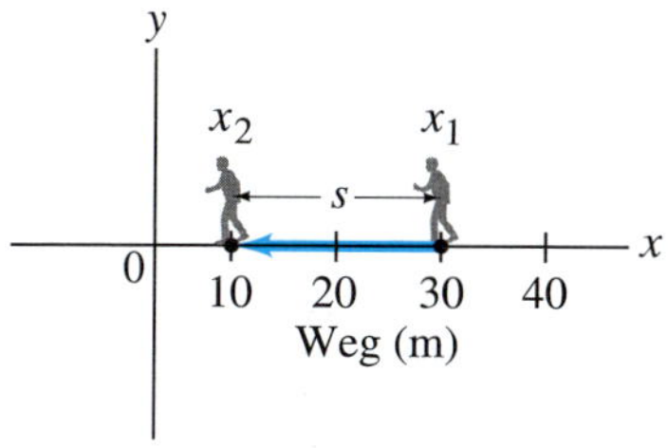

Abbildung 2.6 Bei dem Weg $s = x_2 - x_1 = 10{,}0\,\text{m} - 30{,}0\,\text{m}$ zeigt der Wegvektor nach links.

2.2 Durchschnittsgeschwindigkeit

Bewegte Körper unterscheiden sich von ruhenden durch eine von null verschiedene Geschwindigkeit. Wie der Weg auch, ist die Geschwindigkeit eine vektorielle Größe, jedoch wird im Deutschen für die Geschwindigkeit als Vektor und die Geschwindigkeit als Skalar (Zahl), die den Betrag des Vektors ausdrückt, **ein** Begriff, nämlich „Geschwindigkeit“, verwendet.

Im Englischen drückt „velocity“ die vektorielle Größe und „speed“ die skalare Größe aus. Im Unterschied zum Deutschen weiß man also durch die Wortwahl, ob die vektorielle oder skalare Größe gemeint ist.

Durchschnittsgeschwindigkeit (skalar)

Der Betrag der Geschwindigkeit bringt zum Ausdruck, wie schnell sich ein Körper in einem gegebenen Zeitraum unabhängig von der Richtung bewegt. Wenn ein Auto in 3 Stunden 240 Kilometer (km) zurücklegt, sprechen wir von einer Durchschnittsgeschwindigkeit von 80 km/h. Im Allgemeinen wird die **Durchschnittsgeschwindigkeit** eines Massenpunktes als *Quotient aus dem zurückgelegten Gesamtweg und der Zeit, die für diesen Weg benötigt wird*, definiert:

$$\text{Betrag der Durchschnittsgeschwindigkeit} = \frac{\text{zurückgelegter Weg}}{\text{verstrichene Zeit}}\,. \tag{2.1}$$

Die **Durchschnittsgeschwindigkeit** ist anstatt mit dem zurückgelegten Weg mit dem *gesamten Weg* definiert:

$$\begin{aligned}\text{Durchschnittsgeschwindigkeit} &= \frac{\text{gesamter Weg}}{\text{verstrichene Zeit}}\\ &= \frac{\text{Endposition} - \text{Anfangsposition}}{\text{verstrichene Zeit}}\,.\end{aligned}$$

Für die Betrachtung der eindimensionalen Bewegung eines Körpers im Allgemeinen nehmen wir an, dass sich ein Massenpunkt zu einem bestimmten Zeitpunkt t_1 am Punkt x_1 auf der x-Achse in einem Koordinatensystem befindet, und zu einem späteren Zeitpunkt t_2 am Punkt x_2. Die verstrichene Zeit ist $t_2 - t_1$, und während dieses Zeitintervalls betrug der Weg unseres Massenpunktes $\Delta s = x_2 - x_1$. Dann kann die Durchschnittsgeschwindigkeit, die als *Quotient aus dem Wegelement (Weg) und dem verstrichenen Zeitintervall* definiert ist, geschrieben werden als

Durchschnittsgeschwindigkeit (vektoriell)

$$\overline{v} = \frac{x_2 - x_1}{t_2 - t_1} = \frac{\Delta s}{\Delta t}\,, \tag{2.2}$$

wobei v für Geschwindigkeit (velocity) steht und der Strich über dem v das Standardsymbol für „Durchschnitt“ ist.

Gewöhnlich wählt man die Koordinatenachsen so, dass die positive x-Achse nach rechts verläuft. Wenn nun x_2 kleiner als x_1 ist, sich der Massenpunkt also nach links bewegt, dann ist $\Delta s = x_2 - x_1$ kleiner als null. Das Vorzeichen des Weges und somit das Vorzeichen der Geschwindigkeit zeigt die Richtung an: bei einem Massenpunkt, der sich entlang der positiven x-Achse nach rechts bewegt, ist die Durchschnittsgeschwindigkeit positiv, bei einem Massenpunkt, der sich nach links bewegt, negativ. Die Richtung der Durchschnittsgeschwindigkeit ist immer dieselbe wie die Richtung des Weges.

PROBLEMLÖSUNG

Das + oder – Zeichen kann die Richtung für eine lineare Bewegung anzeigen

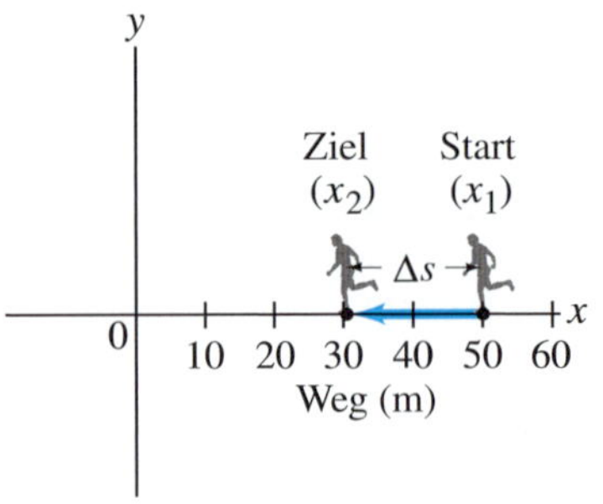

Abbildung 2.7 Beispiel 2.1. Eine Person läuft von $x_1 = 50{,}0$ m nach $x_2 = 30{,}5$ m. Der Weg beträgt $-19{,}5$ m.

Beispiel 2.1 Durchschnittsgeschwindigkeit eines Läufers

Der Ort eines Läufers in Abhängigkeit von der Zeit wird als Bewegung entlang der x-Achse eines Koordinatensystems aufgezeichnet. Während eines Zeitintervalls von 3,00 s verändert sich der Ort des Läufers von $x_1 = 50{,}0$ m zu $x_2 = 30{,}5$ m, wie in ▶ Abbildung 2.7 dargestellt. Welche Durchschnittsgeschwindigkeit lief der Läufer?

Lösung

Die Durchschnittsgeschwindigkeit ist der Quotient aus dem Weg und dem verstrichenen Zeitintervall. Der Weg ist $\Delta s = x_2 - x_1 = 30{,}5\,\text{m} - 50{,}0\,\text{m} = -19{,}5\,\text{m}$. Das Zeitintervall beträgt $\Delta t = 3{,}00$ s. Somit beträgt die Durchschnittsgeschwindigkeit

$$\overline{v} = \frac{\Delta s}{\Delta t} = \frac{-19{,}5\,\text{m}}{3{,}00\,\text{s}} = -6{,}50\,\text{m/s}\,.$$

Der Weg und die Durchschnittsgeschwindigkeit sind negativ. Diese Tatsache sagt uns (falls wir es nicht bereits wissen), dass sich der Läufer entlang der x-Achse nach links bewegt, wie der Pfeil in ▶ Abbildung 2.7 anzeigt. So können wir sagen, dass der Läufer mit einer Durchschnittsgeschwindigkeit von 6,50 m/s nach links lief.

Beispiel 2.2 Weg, den eine Radfahrerin zurücklegt

Wie weit kann eine Radfahrerin in 2,5 h auf einer geraden Straße fahren, wenn sie mit einer Durchschnittsgeschwindigkeit von 18 km/h fährt?

Lösung

Wir möchten den zurückgelegten Weg berechnen, deshalb verwenden wir die Gleichung 2.2. Dabei ist Δs der Weg und $\overline{v}$ die Durchschnittsgeschwindigkeit. Dies können wir schreiben als

$$\Delta s = \overline{v}\Delta t = (18\,\text{km/h})(2{,}5\,\text{h}) = 45\,\text{km}\,.$$

2.3 Momentangeschwindigkeit

Wenn man mit einem Auto auf einer geraden Straße in 2,0 h 150 km fährt, dann ist der Betrag der Durchschnittsgeschwindigkeit 75 km/h. Es ist allerdings unwahrscheinlich, dass man jederzeit genau 75 km/h gefahren ist. Zur Beschreibung dieser Situation benötigen wir den Begriff der *Momentangeschwindigkeit*, der die Geschwindigkeit in jedem beliebigen Moment bezeichnet. (Hierbei handelt es sich um den Betrag, den ein Tacho normalerweise anzeigt.) Genauer gesagt, ist die **Momentangeschwindigkeit** in jedem beliebigen Moment definiert als *die Durchschnittsgeschwindigkeit über ein unendlich kleines Zeitintervall.* Das bedeutet, dass die Gleichung 2.2 unter Berücksichtigung der Tatsache, dass der Grenzwert von Δt extrem klein wird und gegen Null geht, berechnet werden muss. Wir können die Definition der Momentangeschwindigkeit v für eine eindimensionale Bewegung schreiben als

Momentangeschwindigkeit

$$v = \lim_{\Delta t \to 0} \frac{\Delta s}{\Delta t}\,. \qquad (2.3)$$

Die Schreibweise $\lim_{\Delta t \to 0}$ bedeutet, dass der Quotient $\Delta s/\Delta t$ unter Berücksichtigung der Tatsache, dass der Grenzwert von Δt gegen Null geht, berechnet werden muss. Wir setzen in dieser Definition allerdings nicht einfach $\Delta t = 0$, denn dann wäre Δs ebenfalls Null und wir hätten eine nicht definierte Zahl. Wir betrachten vielmehr den *Quotienten* $\Delta s/\Delta t$ als Ganzes. Wenn wir Δt gegen Null gehen lassen, geht Δs ebenfalls gegen Null. Der Quotient $\Delta s/\Delta t$ nähert sich jedoch einem definierten Wert, der die Momentangeschwindigkeit in einem gegebenen Moment angibt.

Für die Momentangeschwindigkeit wird das Symbol v, für die Durchschnittsgeschwindigkeit $\overline{v}$ mit einem Strich verwendet. Im weiteren Verlauf dieses Buches beziehen wir uns bei Verwendung des Begriffes „Geschwindigkeit" auf die Momentangeschwindigkeit. Wenn die Durchschnittsgeschwindigkeit gemeint ist, werden wir dies durch Hinzufügen des Wortes „Durchschnitt" deutlich machen.

Wenn sich ein Massenpunkt mit gleichförmiger (d. h. konstanter) Geschwindigkeit über ein bestimmtes Zeitintervall bewegt, dann ist seine Momentangeschwindigkeit in jedem beliebigen Moment dieselbe wie seine Durchschnittsgeschwindigkeit (siehe ► **Abbildung 2.8a**). In vielen Situationen ist dies jedoch nicht der Fall. Ein Auto kann z. B. aus dem Stillstand starten, auf 50 km/h beschleunigen, für eine bestimmte Zeit mit dieser Geschwindigkeit weiterfahren, dann in einem Verkehrsstau auf 20 km/h abbremsen und schließlich an seinem Zielort anhalten, nachdem es insgesamt 15 km in 30 Minuten zurückgelegt hat. Diese Fahrt ist in der Kurve in ► **Abbildung 2.8b** aufgezeichnet. Die Durchschnittsgeschwindigkeit (gestrichelte Linie), die $\overline{v} = \Delta s/\Delta t = 15\ \mathrm{km}/0{,}50\ \mathrm{h} = 30\ \mathrm{km/h}$ beträgt, ist ebenfalls in der Abbildung dargestellt.

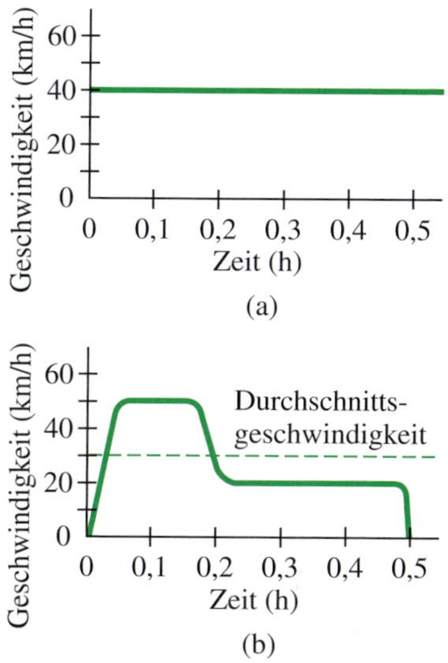

Abbildung 2.8 Geschwindigkeit eines Autos in Abhängigkeit von der Zeit:
(a) bei konstanter Geschwindigkeit;
(b) bei variierender Geschwindigkeit.

Zum besseren Verständnis der Momentangeschwindigkeit betrachten wir eine Weg-Zeit-Kurve, in der der Ort eines Massenpunktes im Verhältnis zur Zeit (x im Verhältnis zu t), wie in ► **Abbildung 2.9** veranschaulicht, dargestellt wird. (Beachten Sie, dass diese Darstellung sich von der Darstellung der „Bahn" eines Massenpunktes in einer $x-y$-Kurve unterscheidet.) Zum Zeitpunkt t_1 befindet sich der Massenpunkt im Ort x_1 und zum Zeitpunkt t_2 im Ort x_2. In der Kurve stellen P_1 und P_2 diese beiden Punkte dar. Eine vom Punkt P_1 (x_1, t_1) zum Punkt P_2 (x_2, t_2) gezogene Gerade bildet die Hypotenuse eines rechtwinkligen Dreiecks, dessen Seiten Δs und Δt sind. Der Quotient $\Delta s/\Delta t$ ist die **Steigung** der Geraden P_1P_2. Aber $\Delta s/\Delta t$ ist auch die Durchschnittsgeschwindigkeit des Massenpunktes während des Zeitintervalls $\Delta t = t_2 - t_1$. Daher folgern wir, dass die Durchschnittsgeschwindigkeit eines Massenpunktes während eines beliebigen Zeitintervalls $\Delta t = t_2 - t_1$ gleich der Steigung der Geraden (oder *Sehne*) ist, die die beiden Punkte (x_1, t_1) und (x_2, t_2) auf einer Weg-Zeit-Kurve verbindet.

Die Steigung der Sehne, die 2 Punkte auf einer Weg-Zeit-Kurve miteinander verbindet, entspricht der Durchschnittsgeschwindigkeit

Betrachten wir nun einen Zeitpunkt t_i in der Mitte zwischen t_1 und t_2, zu dem sich der Massenpunkt am Ort x_i befindet (► **Abbildung 2.10**). In diesem Fall ist die Steigung der Geraden P_1P_i kleiner als die Steigung von P_1P_2. Somit ist die Durchschnittsgeschwindigkeit während des Zeitintervalls $t_i - t_1$ kleiner als die Durchschnittsgeschwindigkeit während des Zeitintervalls $t_2 - t_1$.

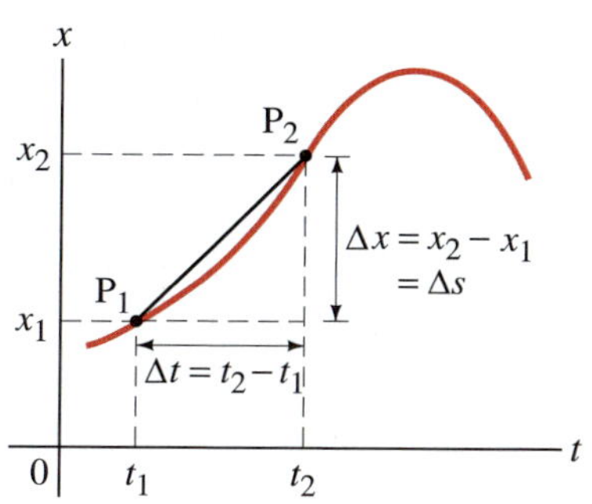

Abbildung 2.9 Weg-Zeit-Kurve eines Massenpunktes. Die Steigung der Geraden P_1P_2 stellt die Durchschnittsgeschwindigkeit des Massenpunktes während des Zeitintervalls $\Delta t = t_2 - t_1$ dar.

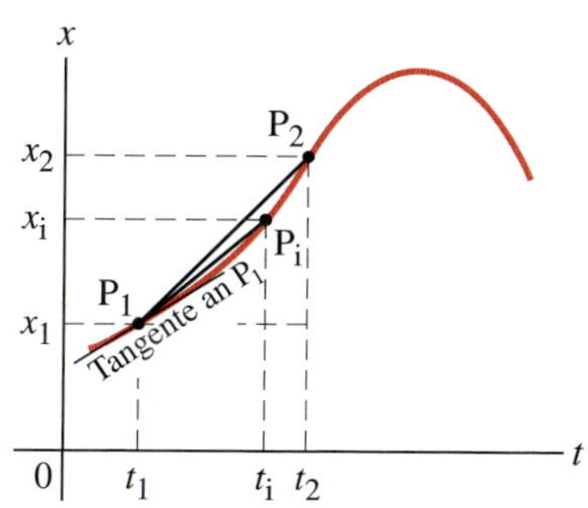

Abbildung 2.10 Dieselbe Weg-Zeit-Kurve wie in **Abbildung 2.9**. Beachten Sie aber, dass die Durchschnittsgeschwindigkeit im Zeitintervall $t_i - t_1$ (Steigung von P_1P_i) kleiner ist als die Durchschnittsgeschwindigkeit im Zeitintervall $t_2 - t_1$. Die Steigung der dünn eingezeichneten Tangente an der Kurve im Punkt P_1 ist identisch mit der Momentangeschwindigkeit zum Zeitpunkt t_1.

Die Steigung der Tangente an die Weg-Zeit-Kurve ist gleich der Momentangeschwindigkeit

Stellen wir uns nun vor, dass der Punkt P_i in ▶ Abbildung 2.10 immer näher an den Punkt P_1 heranrückt. Das bedeutet, dass wir das Zeitintervall $t_i - t_1$, das wir jetzt Δt nennen, immer kleiner werden lassen. Die Steigung der Geraden, die die beiden Punkte verbindet, nähert sich immer mehr der Steigung einer Tangente an die Kurve im Punkt P_1 an. Da wir Δt als immer kleiner annehmen, nähert sich die Durchschnittsgeschwindigkeit (gleich der Steigung der Sehne) der Steigung der Tangente im Punkt P_1 an. Die Definition der Momentangeschwindigkeit (Gleichung 2.3) ist der Grenzwert der Durchschnittsgeschwindigkeit, wenn Δt gegen Null geht. Somit *ist die Momentangeschwindigkeit gleich der Steigung der Tangente an die Kurve* in diesem Punkt (die wir einfach als „Steigung der Kurve" in diesem Punkt bezeichnen können).

In Gleichung 2.3 wird der Grenzwert als $\Delta t \to 0$ in Differenzialschreibweise als $\mathrm{d}s/\mathrm{d}t$ geschrieben und als *Ableitung* von x nach t bezeichnet. So können wir die Gleichung 2.3 in Differenzialschreibweise schreiben als:

Momentangeschwindigkeit

$$v = \lim_{\Delta t \to 0} \frac{\Delta x}{\Delta t} = \frac{\mathrm{d}x}{\mathrm{d}t} = \frac{\mathrm{d}s}{\mathrm{d}t} \,. \tag{2.4}$$

Diese Gleichung ist die Definition der Momentangeschwindigkeit für eindimensionale Bewegungen.

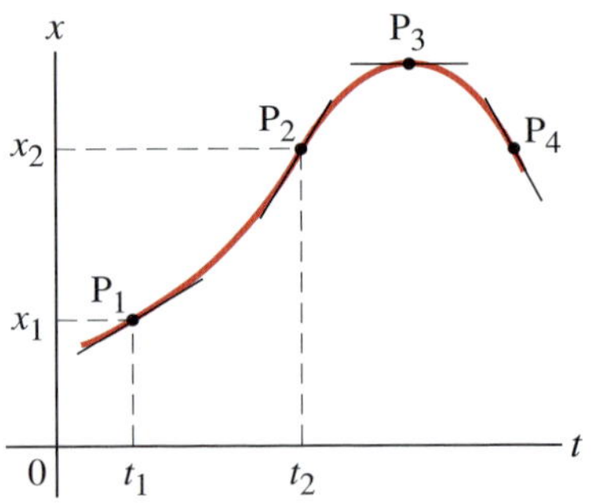

Abbildung 2.11 Dieselbe Weg-Zeit-Kurve wie in Abbildung 2.9 und Abbildung 2.10. Hier wird die Steigung allerdings in vier verschiedenen Punkten gezeigt: in P_3 ist die Steigung gleich Null, d. h. $v = 0$. In P_4 ist die Steigung negativ, d. h. $v < 0$.

Da die Geschwindigkeit in jedem beliebigen Moment gleich der Steigung der Tangente an die Weg-Zeit-Kurve in diesem Moment ist, ist die Geschwindigkeit in jedem beliebigen Zeitpunkt aus einer solchen Kurve ersichtlich. So nimmt z. B. in ▶ Abbildung 2.11 (in der dieselbe Kurve wie in ▶ Abbildung 2.9 und ▶ Abbildung 2.10 dargestellt ist) die Steigung kontinuierlich zu, wenn unser Massenpunkt sich von x_1 nach x_2 bewegt. Somit nimmt auch die Geschwindigkeit zu. Für Zeiten nach t_2 nimmt die Steigung allerdings langsam ab und erreicht im Punkt P_3 in ▶ Abbildung 2.11, wenn x sein Maximum erreicht, null (d. h. $v = 0$). Nach diesem Punkt, z. B. im Punkt P_4, ist die Steigung negativ. Folglich ist die Geschwindigkeit negativ, was Sinn macht, da x jetzt abnimmt – der Massenpunkt bewegt sich auf abnehmende x-Werte zu, d. h. er bewegt sich in einer xy-Weg-Kurve nach links.

Wenn sich ein Massenpunkt mit konstanter Geschwindigkeit über ein bestimmtes Zeitintervall bewegt, ist seine Momentangeschwindigkeit gleich seiner Durchschnittsgeschwindigkeit. In diesem Fall ist die Weg-Zeit-Kurve eine Gerade, deren Steigung gleich der Geschwindigkeit ist. Die Kurve in ▶ Abbildung 2.9 hat keine geraden Abschnitte, d. h. es gibt keine Zeitintervalle, in denen die Geschwindigkeit konstant ist.

Beispiel 2.3 Weg-Zeit-Funktion

Ein Düsentriebwerk bewegt sich auf einer Versuchsstrecke (die wir x-Achse nennen) wie in ▶ Abbildung 2.12a dargestellt. Wir behandeln das Triebwerk wie einen Massenpunkt. Sein Ort in Abhängigkeit der Zeit ist gegeben durch die Gleichung $x = At^2 + B$, wobei $A = 2{,}10\,\mathrm{m/s^2}$ und $B = 2{,}80\,\mathrm{m}$. Diese Gleichung ist in ▶ Abbildung 2.12b dargestellt.

a Ermitteln Sie den Weg des Triebwerkes während des Zeitintervalls von $t_1 = 3{,}00\,\mathrm{s}$ nach $t_2 = 5{,}00\,\mathrm{s}$.

b Ermitteln Sie die Durchschnittsgeschwindigkeit während dieses Zeitintervalls.

c Ermitteln Sie den Betrag der Momentangeschwindigkeit bei $t = 5{,}00\,\mathrm{s}$.

Lösung

a Bei $t_1 = 3{,}00\,\text{s}$ ist der Ort (Punkt P_1 in ▶ Abbildung 2.12b)

$$x_1 = At_1^2 + B = (2{,}10\,\text{m/s}^2)(3{,}00\,\text{s})^2 + 2{,}80\,\text{m} = 21{,}7\,\text{m}\,.$$

Bei $t_2 = 5{,}00\,\text{s}$ ist der Ort (P_2 in ▶ Abbildung 2.12b)

$$x_2 = (2{,}10\,\text{m/s}^2)(5{,}00\,\text{s})^2 + 2{,}80\,\text{m} = 55{,}3\,\text{m}\,.$$

Der Weg beträgt somit

$$\Delta s = 55{,}3\,\text{m} - 21{,}7\,\text{m} = 33{,}6\,\text{m}\,.$$

b Der Betrag der Durchschnittsgeschwindigkeit kann dann berechnet werden als

$$\overline{v} = \frac{x_2 - x_1}{t_2 - t_1} = \frac{33{,}6\,\text{m}}{2{,}00\,\text{s}} = 16{,}8\,\text{m/s}\,.$$

Dies ist gleich der Steigung der Geraden, die die Punkte P_1 und P_2, wie in ▶ Abbildung 2.12b dargestellt, verbindet.

c Die Momentangeschwindigkeit bei $t = t_2 = 5{,}00\,\text{s}$ ist gleich der Steigung der Tangente an die Kurve im Punkt P_2, wie in ▶ Abbildung 2.12b dargestellt, und wir könnten diese Steigung außerhalb des Graphen messen, um t_2 zu erhalten. Wir können v genauer und für jeden beliebigen Zeitpunkt t unter Verwendung der gegebenen Formel

$$x = At^2 + B$$

bestimmen. Dies ist der Ort x des Triebwerkes zum Zeitpunkt t. Wenn wir die Formeln für Ableitungen verwenden, ergibt sich

$$\frac{\mathrm{d}}{\mathrm{d}t}(Ct^n) = nCt^{n-1} \quad \text{und} \quad \frac{\mathrm{d}C}{\mathrm{d}t} = 0\,,$$

wobei C jede beliebige Konstante ist. Dann gilt

$$v = \frac{\mathrm{d}x}{\mathrm{d}t} = \frac{\mathrm{d}}{\mathrm{d}t}(At^2 + B) = 2At\,.$$

$A = 2{,}10\,\text{m/s}^2$, daher gilt bei $t = t_2 = 5{,}00\,\text{s}$

$$v_2 = 2At = 2(2{,}10\,\text{m/s}^2)(5{,}00\,\text{s}) = 21{,}0\,\text{m/s}\,.$$

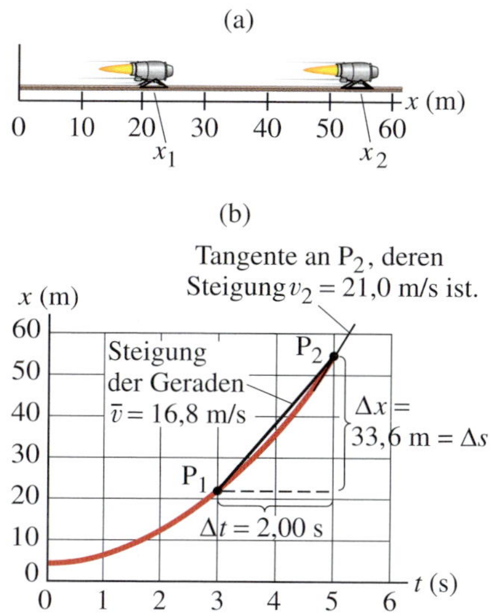

Abbildung 2.12 Beispiel 2.3. (a) Ein Triebwerk, das auf einer geraden Strecke fährt. (b) Weg-Zeit-Kurve: $x = At^2 + B$.

2.4 Beschleunigung

Wenn ein Massenpunkt seine Geschwindigkeit ändert, spricht man von Beschleunigung. Ein Auto, dessen Geschwindigkeit betragsmäßig von Null auf 80 km/h ansteigt, beschleunigt. Das bedeutet, dass die Beschleunigung anzeigt, wie schnell sich die Geschwindigkeit eines Massenpunktes ändert.

Durchschnittsbeschleunigung

Die **Durchschnittsbeschleunigung** ist definiert als Quotient aus der Geschwindigkeitsänderung und der für diese Änderung benötigten Zeit:

Durchschnittsbeschleunigung

$$\text{Durchschnittsbeschleunigung} = \frac{\text{Geschwindigkeitsänderung}}{\text{verstrichene Zeit}}\,.$$

In Symbolen ist die Durchschnittsbeschleunigung $\overline{a}$ über ein Zeitintervall $\Delta t = t_2 - t_1$, in dem sich die Geschwindigkeit um $\Delta v = v_2 - v_1$ ändert, definiert als

$$\overline{a} = \frac{v_2 - v_1}{t_2 - t_1} = \frac{\Delta v}{\Delta t}\,. \tag{2.5}$$

Bei der Beschleunigung handelt es sich auch um einen Vektor. Für eindimensionale Bewegungen benötigen wir allerdings nur ein Plus- oder Minuszeichen, um die Richtung in Bezug auf ein ausgewähltes Koordinatensystem anzugeben.

Beispiel 2.4 Durchschnittsbeschleunigung

Ein Auto beschleunigt auf einer geraden Straße in 5,0 s aus dem Stillstand auf 75 km/h, ▸ Abbildung 2.13. Welchen Betrag hat seine Durchschnittsbeschleunigung?

Lösung

Das Auto startet aus dem Stillstand, also gilt $v_1 = 0$. Die Endgeschwindigkeit beträgt $v_2 = 75$ km/h. Ausgehend von der Gleichung 2.5 ist die Durchschnittsbeschleunigung

$$\overline{a} = \frac{75\,\text{km/h} - 0\,\text{km/h}}{5{,}0\,\text{s}} = 15\,\frac{\text{km/h}}{\text{s}} = 4{,}17\,\frac{\text{m}}{\text{s}^2}\,.$$

Dies liest man als „fünfzehn Stundenkilometer pro Sekunde" und es bedeutet, dass die Geschwindigkeit sich durchschnittlich um 15 km/h während jeder Sekunde geändert hat. Unter der Annahme, dass die Beschleunigung konstant war, heißt das, dass die Geschwindigkeit des Autos in der ersten Sekunde von Null auf 15 km/h zunahm. Während der nächsten Sekunde erhöhte sich die Geschwindigkeit um weitere 15 km/h auf 30 km/h etc., ▸ Abbildung 2.13. (Natürlich könnten diese Zahlen anders aussehen, wenn die Momentanbeschleunigung nicht konstant war.)

Achtung: Nicht Geschwindigkeit und Beschleunigung miteinander verwechseln

Bitte beachten Sie, dass die *Beschleunigung anzeigt, wie schnell die Geschwindigkeit sich ändert,* während *die Geschwindigkeit anzeigt, wie schnell sich der Ort ändert.* In diesem letzten Beispiel enthielt die berechnete Beschleunigung zwei verschiedene Zeiteinheiten: Stunden und Sekunden. Normalerweise verwenden wir eher nur Sekunden. Dafür können wir km/h in m/s umrechnen (siehe Abschnitt 2.5 und Beispiel 2.4):

$$75\,\text{km/h} = \left(75\,\frac{\cancel{\text{km}}}{\cancel{\text{h}}}\right)\left(\frac{1000\,\text{m}}{1\,\cancel{\text{km}}}\right)\left(\frac{1\,\cancel{\text{h}}}{3600\,\text{s}}\right) = 20{,}8\,\text{m/s}\,.$$

Dann ergibt sich

$$\overline{a} = \frac{20{,}8\,\text{m/s} - 0{,}0\,\text{m/s}}{5{,}0\,\text{s}} = 4{,}16\,\frac{\text{m/s}}{\text{s}} = 4{,}16\,\frac{\text{m}}{\text{s}^2}\,.$$

Wir schreiben diese Einheiten immer als m/s^2 (Meter pro Sekunde zum Quadrat). Entsprechend der obigen Berechnung änderte sich die Geschwindigkeit in Beispiel 2.4 (▸ Abbildung 2.13) durchschnittlich um 4,16 m/s während jeder Sekunde bei einer Gesamtänderung von 20,8 m/s über 5,0 s.

Beispiel 2.5 · Begriffsbildung Geschwindigkeit und Beschleunigung

(a) Wenn die Geschwindigkeit eines Massenpunktes null ist, bedeutet dies, dass auch die Beschleunigung null ist? (b) Wenn die Beschleunigung null ist, bedeutet dies, dass auch die Geschwindigkeit null ist?

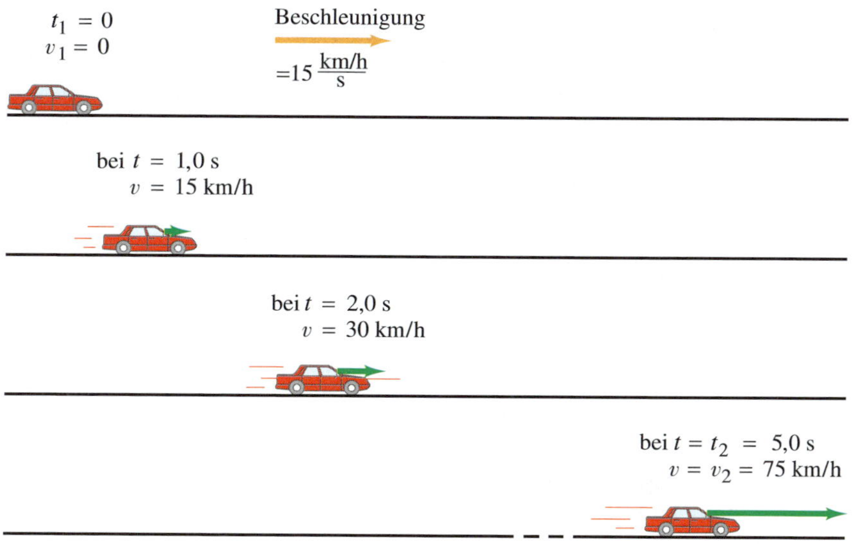

Abbildung 2.13 Beispiel 2.4. Das Auto wird am Start bei $v_1 = 0$ zum Zeitpunkt $t_1 = 0$ gezeigt. Es wird weitere drei Male gezeigt, bei $t = 1{,}0$ s, bei $t = 2{,}0$ s und bei $t = t_2 = 5{,}00$ s. Wir nehmen an, dass die Beschleunigung konstant und gleich 15 km/h/s ($= 4{,}17$ m/s^2) ist. Die grünen Pfeile stellen die Geschwindigkeitsvektoren dar. Ihre jeweilige Länge zeigt den Betrag der Geschwindigkeit in dem Zeitpunkt an. Der Beschleunigungsvektor ist der orangefarbene Pfeil. Wege können aus dieser Kurve nicht direkt bestimmt werden.

Lösung

Eine Geschwindigkeit von null bedeutet nicht zwangsläufig, dass auch die Beschleunigung null ist, und eine Beschleunigung von null bedeutet nicht, dass die Geschwindigkeit null ist.

a Wenn Sie z. B. mit dem Fuß das Gaspedal Ihres Autos, das sich im Stillstand befindet, betätigen, beginnt die Geschwindigkeit bei null, die Beschleunigung ist aber ungleich null, da sich die Geschwindigkeit des Autos verändert. (Wie sonst könnte sich Ihr Auto in Bewegung setzen, wenn sich seine Geschwindigkeit nicht verändern würde – d. h. wenn seine Beschleunigung null wäre?)

b Wenn Sie mit einer konstanten Geschwindigkeit von 100 km/h auf einer geraden Straße fahren, ist Ihre Beschleunigung null.

Beispiel 2.6 Ein Auto wird langsamer

Ein Kraftfahrzeug bewegt sich auf einer geraden Straße nach rechts, die wir als positive x-Achse annehmen (► Abbildung 2.14) und der Fahrer betätigt die Bremse. Welche Durchschnittsbeschleunigung hatte das Auto bei einer Anfangsgeschwindigkeit von $v_1 = 15{,}0$ m/s, wenn das Auto 5,0 s benötigt, um auf $v_2 = 5{,}0$ m/s abzubremsen?

Lösung

Die Durchschnittsbeschleunigung ist gleich dem Quotienten aus der Geschwindigkeitsänderung und der verstrichenen Zeit, Gleichung 2.5. Nennen wir den Anfangszeitpunkt $t_1 = 0$. Dann ist $t_2 = 5{,}0$ s. (Beachten Sie, dass unsere Wahl von $t_1 = 0$ die Berechnung von $\overline{a}$ nicht beeinflusst, da in der Gleichung 2.5 nur $\Delta t = t_2 - t_1$ erscheint.) Dann gilt

$$\overline{a} = \frac{5{,}0\,\text{m/s} - 15{,}0\,\text{m/s}}{5{,}0\,\text{s}} = -2{,}0\,\text{m/s}^2\,.$$

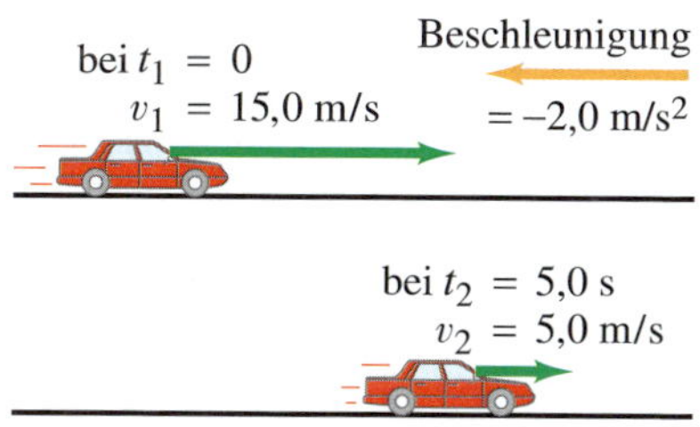

Abbildung 2.14 Beispiel 2.6, das den Ort des Autos zu den Zeitpunkten t_1 und t_2 sowie die Geschwindigkeit des Autos zeigt, die durch die grünen Pfeile dargestellt ist. Der Beschleunigungsvektor (orange) zeigt nach links.

Das negative Vorzeichen ist dadurch begründet, dass die Endgeschwindigkeit kleiner als die Anfangsgeschwindigkeit ist. In diesem Fall verläuft die Richtung der Beschleunigung nach links (in negativer x-Richtung) – obwohl die Geschwindigkeit immer nach rechts gerichtet ist. Wir sagen, dass die Beschleunigung $2{,}0\,\mathrm{m/s^2}$ nach links beträgt. In ► Abbildung 2.14 ist sie als orangefarbener Pfeil dargestellt.

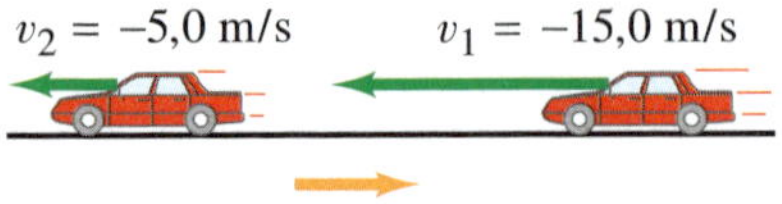

Abbildung 2.15 Dasselbe Auto wie in Beispiel 2.6, das sich jetzt aber nach links bewegt und bremst. Die Berechnung der Beschleunigung ist in der Abbildung dargestellt.

Wenn ein Massenpunkt langsamer wird, sprechen wir manchmal davon, dass er gebremst wird. Aber Vorsicht: Langsamer werden bedeutet *nicht*, dass die Beschleunigung zwangsläufig negativ ist. Bei einem Massenpunkt, der sich an der positiven x-Achse nach rechts bewegt und langsamer wird (wie in ► Abbildung 2.14), *ist* die Beschleunigung negativ. Aber wenn sich dasselbe Auto nach links bewegt (x wird kleiner) und langsamer wird, ist die Beschleunigung, die nach rechts gerichtet ist, positiv, wie in ► Abbildung 2.15 dargestellt. Wir haben immer dann ein Abbremsen, wenn die Geschwindigkeit und die Beschleunigung in entgegengesetzte Richtungen gerichtet sind.

Momentanbeschleunigung

Die **Momentanbeschleunigung** a ist definiert als der *Grenzwert der Durchschnittbeschleunigung, wenn* Δt gegen Null geht:

$$a = \lim_{\Delta t \to 0} \frac{\Delta v}{\Delta t} = \frac{dv}{dt}\,. \qquad (2.6)$$

Dieser Grenzwert, dv/dt, ist die Ableitung von v nach t. Den Begriff „Beschleunigung" verwenden wir für den momentanen Wert. Zur Erörterung der Durchschnittsbeschleunigung werden wir immer das Wort „Durchschnitt" hinzufügen.

Wenn wir eine Kurve zeichnen, die die Geschwindigkeit v in Abhängigkeit der Zeit t darstellt, wie in ► Abbildung 2.16 veranschaulicht, dann wird die Durchschnittsbeschleunigung über ein Zeitintervall $\Delta t = t_2 - t_1$ durch die Steigung der Geraden dargestellt, die die beiden Punkte P_1 und P_2, wie gezeigt, miteinander verbindet. [Vergleichen Sie diese Kurve mit der Weg-Zeit-Kurve aus ► Abbildung 2.9, bei der die Steigung der Geraden die Durchschnittsgeschwindigkeit darstellt.] Die Momentanbeschleunigung zu einem beliebigen Zeitpunkt t_1 ist die Steigung der Tangente an die Geschwindigkeit-Zeit-Kurve zu diesem Zeitpunkt, die auch in ► Abbildung 2.16 gezeigt wird. Wir werden diese Tatsache für die in ► Abbildung 2.16 dargestellte Geschwindigkeit-Zeit-Kurve benutzen. Wenn wir uns von Zeitpunkt t_1 nach Zeitpunkt t_2 bewegen, steigt die Geschwindigkeit kontinuierlich an, die Beschleunigung (die Rate, mit der sich die Geschwindigkeit ändert) nimmt dagegen ab, da die Steigung der Kurve abnimmt.

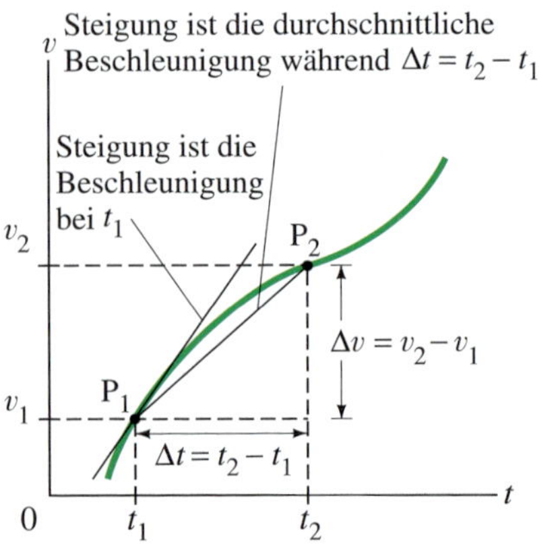

Abbildung 2.16 Geschwindigkeit-Zeit-Kurve eines Massenpunktes. Die Durchschnittsbeschleunigung während eines Zeitintervalls $\Delta t = t_2 - t_1$ ist die Steigung der Geraden P_1P_2: $\bar{a} = \Delta v/\Delta t$. Die Momentanbeschleunigung zum Zeitpunkt t_1 ist die Steigung der Geschwindigkeit-Zeit-Kurve zu diesem Zeitpunkt.

Beispiel 2.7 **Gegebene Beschleunigung $x(t)$**

Ein Massenpunkt bewegt sich auf einer Geraden, so dass sein Ort gegeben ist durch die Beziehung $x = (2{,}10\,\mathrm{m/s^2})t^2 + (2{,}80\,\mathrm{m})$, wie in Beispiel 2.3. Berechnen Sie (a) seine Durchschnittsbeschleunigung während des Zeitintervalls von $t_1 = 3{,}00$ s bis $t_2 = 5{,}00$ s, und (b) seine Momentanbeschleunigung in Abhängigkeit der Zeit.

Lösung

a Wir haben in Beispiel 2.3c gesehen, dass zu jedem beliebigen Zeitpunkt t die Geschwindigkeit $v = dx/dt = (4{,}20\,\mathrm{m/s^2})t$ ist. Daher ist bei $t_1 =$

3,00 s $v_1 = (4{,}20\,\mathrm{m/s^2})\,(3{,}00\,\mathrm{s}) = 12{,}6\,\mathrm{m/s}$ und bei $t_2 = 5{,}00$ s $v_2 = 21{,}0\,\mathrm{m/s}$. Daher gilt:

$$\overline{a} = \frac{21{,}0\,\mathrm{m/s} - 12{,}6\,\mathrm{m/s}}{5{,}00\,\mathrm{s} - 3{,}00\,\mathrm{s}} = 4{,}20\,\mathrm{m/s^2}\,.$$

b Bei $v = (4{,}20\,\mathrm{m/s^2})t$ beträgt die Momentanbeschleunigung

$$a = \frac{\mathrm{d}v}{\mathrm{d}t} = \frac{\mathrm{d}}{\mathrm{d}t}\left[(4{,}20\,\mathrm{m/s^2})t\right] = 4{,}20\,\mathrm{m/s^2}\,.$$

In diesem Beispiel ist die Beschleunigung konstant. Sie hängt nicht von der Zeit ab. ▶ Abbildung 2.17 zeigt Graphen, die folgendes darstellen: (a) Weg-Zeit-Kurve (dieselbe wie in ▶ Abbildung 2.12b), (b) Geschwindigkeit-Zeit-Kurve, wie oben berechnet, linear ansteigend, und (c) Beschleunigung-Zeit-Kurve, eine waagerechte Linie, da a = konstant ist.

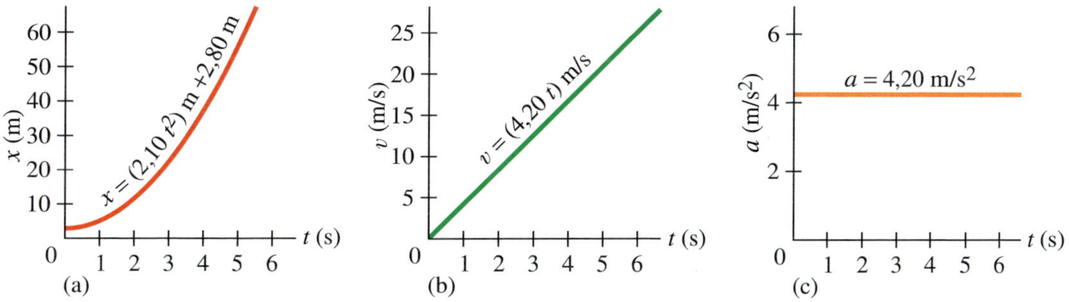

Abbildung 2.17 Graphen, die folgendes darstellen: (a) Weg-Zeit-Kurve, (b) Geschwindigkeit-Zeit-Kurve und (c) Beschleunigung-Zeit-Kurve für die Bewegung $x = At^2 + B$. Beachten Sie, dass v linear mit t ansteigt und dass die Beschleunigung a konstant ist. Außerdem ist v die Steigung der Weg-Zeit-Kurve und a die Steigung der Geschwindigkeit-Zeit-Kurve.

Ort, Geschwindigkeit und Beschleunigung eines Massenpunktes hängen voneinander ab. So wie die Geschwindigkeit die zeitliche Änderung des Ortes (Weges) mit der Zeit ist, so ist die Beschleunigung die Änderung der Geschwindigkeit mit der Zeit. Diese Abhängigkeiten können durch folgende Gleichung ausgedrückt werden: da $a = \mathrm{d}v/\mathrm{d}t$ und $v = \mathrm{d}x/\mathrm{d}t$, gilt

$$a = \frac{\mathrm{d}v}{\mathrm{d}t} = \frac{\mathrm{d}}{\mathrm{d}t}\left(\frac{\mathrm{d}s}{\mathrm{d}t}\right) = \frac{\mathrm{d}^2 s}{\mathrm{d}t^2} = \frac{d^2 x}{\mathrm{d}t^2}\,.$$

Hier ist $d^2x/\mathrm{d}t^2$ die *zweite Ableitung* von s, dem Ort eines Massenpunktes, nach der Zeit: zunächst nehmen wir die Ableitung von s nach der Zeit $(\mathrm{d}s/\mathrm{d}t)$ und dann nehmen wir erneut die Ableitung nach der Zeit $(\mathrm{d}/\mathrm{d}t)(\mathrm{d}s/\mathrm{d}t)$, um die Beschleunigung zu erhalten.

2.5 Bewegung bei konstanter Beschleunigung

Es gibt viele Anwendungen, in denen die Beschleunigung konstant oder nahezu konstant ist. Die Fallbeschleunigung nahe der Erdoberfläche ist ein solches Beispiel. Wir sprechen hier vom „freien Fall“ und nehmen an, dass der Betrag der Beschleunigung konstant ist und die Bewegung in einer geraden Linie verläuft. Im freien Fall sind die Momentanbeschleunigung und die Durchschnittsbeschleunigung identisch.

Wir nehmen a = konstant an

Zur Vereinfachung unserer Schreibweise nehmen wir an, dass die Anfangszeit null ist: $t_0 = 0$. (Bei t_0 beginnt praktisch eine Stoppuhr zu laufen.) Dann können wir $\Delta t = t$ als verstrichene Zeit annehmen. Der Anfangsort (x_1) und die Anfangsgeschwindigkeit (v_1) eines Körpers werden jetzt durch x_0 und v_0 dargestellt. Zum Zeitpunkt t werden der Ort und die Geschwindigkeit mit x und v bezeichnet (und nicht mit x_2 und v_2). Die Durchschnittsgeschwindigkeit während der Zeit Δt beträgt (siehe Gleichung 2.2)

$x(t = 0) = x_0$
$v(t = 0) = v_0$

$$\overline{v} = \frac{x - x_0}{t - t_0} = \frac{x - x_0}{\Delta t} = \frac{\Delta s}{\Delta t} = \frac{\Delta s}{t}$$

da $t_0 = 0$ ist. Und die Beschleunigung, die als konstant angenommen wird, beträgt (siehe Gleichung 2.5)

$$a = \frac{v - v_0}{\Delta t} = \frac{v - v_0}{t} \, .$$

Eine allgemeine Aufgabenstellung ist die Bestimmung der Geschwindigkeit eines Massenpunktes nach einer bestimmten Zeit, wenn die Beschleunigung gegeben ist. Wir können solche Aufgaben lösen, indem wir die letzte Gleichung nach v auflösen und erhalten:

v im Verhältnis zu a und t (a = konstant)

$$v = v_0 + at \, . \quad \text{[konstante Beschleunigung]} \tag{2.7}$$

Die Beschleunigung eines bestimmten Motorrades beträgt $4{,}0\,\mathrm{m/s^2}$. Wie schnell fährt es z. B. nach 6,0 s? Nehmen wir an, dass es von dem Ort ($v_0 = 0$) startet. Nach 6,0 s beträgt die Geschwindigkeit $v = at = 4{,}0\,\mathrm{m/s^2})(6{,}0\,\mathrm{s}) = 24\,\mathrm{m/s}$.

Nun untersuchen wir als nächstes, wie der Ort eines Massenpunktes nach einer Zeit t bei konstanter Beschleunigung zu berechnen ist. Die Definition der Durchschnittsgeschwindigkeit (Gleichung 2.2) ist $\overline{v} = (x - x_0)/t$. Dies können wir umschreiben als

$$x = x_0 + \overline{v}t \, . \tag{2.8}$$

Da die Geschwindigkeit mit der Zeit gleichmäßig (linear) ansteigt, liegt die Durchschnittsgeschwindigkeit $\overline{v}$ in der Mitte zwischen der Anfangs- und der Endgeschwindigkeit:

Durchschnittsgeschwindigkeit (bei konstanter Beschleunigung)

$$\overline{v} = \frac{v_0 + v}{2} \, . \quad \text{[konstante Beschleunigung]} \tag{2.9}$$

(Achtung: Die Gleichung 2.9 ist nicht zwangsläufig gültig, wenn die Beschleunigung nicht konstant ist.) Wir fügen die beiden letzten Gleichungen mit Gleichung 2.7 zusammen und erhalten

$$\begin{aligned} x &= x_0 + \overline{v}t \\ &= x_0 + \left(\frac{v_0 + v}{2}\right) t \\ &= x_0 + \left(\frac{v_0 + v_0 + at}{2}\right) t \end{aligned}$$

oder

x im Verhältnis zu a und t (a = konstant)

$$x = x_0 + v_0 t + \frac{1}{2} a t^2 \, . \quad \text{[konstante Beschleunigung]} \tag{2.10}$$

Die Gleichungen 2.7, 2.9 und 2.10 sind drei der vier nützlichsten Gleichungen für Bewegungen mit konstanter Beschleunigung. Wir leiten jetzt die vierte Gleichung her, die in Situationen nützlich ist, in denen die Zeit t nicht bekannt ist. Wir beginnen mit Gleichung 2.8 und ersetzen in Gleichung 2.9:

$$x = x_0 + \overline{v}t = x_0 + \left(\frac{v + v_0}{2}\right) t \, .$$

Dann lösen wir Gleichung 2.7 nach t auf und erhalten

$$t = \frac{v - v_0}{a} \, .$$

Wenn wir dies in die obige Gleichung einsetzen, ergibt sich

$$x = x_0 + \left(\frac{v + v_0}{2}\right)\left(\frac{v - v_0}{a}\right) = x_0 + \frac{v^2 - v_0^2}{2a} \, .$$

Wir lösen diese Gleichung nach v^2 auf und erhalten

v im Verhältnis zu a und x (a = konstant)

$$v^2 = v_0^2 + 2a(x - x_0) \, . \quad \text{[konstante Beschleunigung]} \tag{2.11}$$

Dies ist die brauchbare Gleichung, die wir gesucht haben.

Jetzt haben wir vier Gleichungen bezüglich Ort, Geschwindigkeit, Beschleunigung und Zeit, wenn die Beschleunigung a konstant ist. Wir haben sie hier für die weitere Verwendung zusammengestellt (der braune Hintergrund soll ihre Nützlichkeit unterstreichen):

$$v = v_0 + at \qquad a = [\text{konstant}] \qquad (2.12a)$$

$$x = x_0 + v_0 t + \frac{1}{2}at^2 \qquad a = [\text{konstant}] \qquad (2.12b)$$

$$v^2 = v_0^2 + 2a(x - x_0) \qquad a = [\text{konstant}] \qquad (2.12c)$$

$$\overline{v} = \frac{v + v_0}{2} \qquad a = [\text{konstant}] \qquad (2.12d)$$

Kinematische Gleichungen für konstante Beschleunigung (die wir häufig benutzen werden)

Diese Gleichungen sind nur gültig, wenn a konstant ist. In vielen Fällen können wir $x_0 = 0$ setzen, was die obigen Gleichungen vereinfacht. Beachten Sie, dass x den Ort, nicht den Weg, darstellt und $x - x_0$ den Weg darstellt.

Beispiel 2.8 Planung einer Start- und Landebahn

ANGEWANDTE PHYSIK

Technischer Entwurf

Sie planen einen Flughafen für kleine Flugzeuge. Ein Flugzeugtyp, der diesen Flugplatz möglicherweise benutzen wird, muss vor dem Abheben eine Geschwindigkeit von mindestens 27,8 m/s (100 km/h) erreichen und kann mit 2,00 m/s² beschleunigen. (a) Kann das Flugzeug die richtige Geschwindigkeit zum Abheben erreichen, wenn die Startbahn 150 m lang ist? (b) Wenn nicht, wie lang muss die Startbahn mindestens sein?

Lösung

a Die Beschleunigung des Flugzeugs ist uns bekannt ($a = 2{,}00\,\text{m/s}^2$) und wir wissen, dass das Flugzeug einen Weg von 150 m zurücklegen kann. Wir möchten seine Geschwindigkeit ermitteln, um herauszufinden, ob sie mindestens 27,8 m/s beträgt. Wir möchten v ermitteln und haben folgendes gegeben:

Bekannt	Gesucht
$x_0 = 0$	v
$v_0 = 0$	
$x = 150\,\text{m}$	
$a = 2{,}00\,\text{m/s}^2$	

PROBLEMLÖSUNG

Die Gleichungen 2.12a–2.12d sind nur gültig, wenn die Beschleunigung konstant ist, was wir für dieses Beispiel annehmen.

Von den obigen vier Gleichungen erhalten wir mithilfe von Gleichung 2.12c v, wenn v_0, a, x und x_0 bekannt sind:

$$v^2 = v_0^2 + 2a(x - x_0) = 0 + 2(2{,}0\,\text{m/s}^2)(150\,\text{m}) = 600\,\text{m}^2/\text{s}^2$$

$$v = \sqrt{600\,\text{m}^2/\text{s}^2} = 24{,}5\,\text{m/s}\,.$$

Die Länge der Startbahn ist *nicht* ausreichend.

b Wir möchten jetzt $(x - x_0)$ ermitteln. Gegeben sind $v = 27{,}8\,\text{m/s}$ und $a = 2{,}00\,\text{m/s}^2$. Daher benutzen wir Gleichung 2.12c und schreiben diese um zu

$$s = (x - x_0) = \frac{v^2 - v_0^2}{2a} = \frac{(27{,}8\,\text{m/s})^2 - 0}{2(2{,}0\,\text{m/s}^2)} = 193\,\text{m}\,.$$

2.6 Problemlösungen

In diesem Abschnitt beschäftigen wir uns mit einigen weiter ausgearbeiteten Beispielen von Massenpunkten, die sich mit konstanter Beschleunigung bewegen. Zunächst wollen wir erörtern, wie man generell an eine Problemlösung herangeht. Wichtig ist festzustellen, dass die Physik *keine* Sammlung von Gleichungen ist, die man auswendig lernen muss. (Anstatt die sehr nützlichen Gleichungen 2.12a–2.12d auswendig zu lernen, ist es in der Tat besser zu verstehen, wie man sie aus den Definitionen von Geschwindigkeit und Beschleunigung herleitet, wie wir dies oben getan haben.) Die einfache Suche nach einer Gleichung, die passen könnte, kann verheerend sein und zu einem falschen Ergebnis führen. Ganz sicher hilft sie nicht dabei, Physik zu verstehen. Eine bessere Herangehensweise an das Lösen von Problemen ist die Verwendung des folgenden (grob umrissenen) Verfahrens, das wir in einem speziellen „Kasten“ aufgeführt haben:

Problemlösung

1. **Lesen** Sie die gesamte Aufgabenstellung *zweimal* sorgfältig durch, bevor Sie versuchen, die Lösung zu finden.
2. **Zeichnen** Sie eine **Kurve** oder eine Skizze von der Aufgabenstellung, wenn möglich, mit Koordinatenachsen. [Sie können den Koordinatenursprung und die Achsen nach Belieben so positionieren, dass ihre Berechnungen einfacher werden. Sie wählen auch, welche Richtung positiv und welche negativ ist. Normalweise wählen wir die x-Achse nach rechts als positiv, aber Sie könnten positiv auch nach links wählen.]
3. **Schreiben** Sie **auf**, welche Größen „bekannt“ oder „gegeben“ sind und was Sie wissen *wollen*.
4. Denken Sie darüber nach, welche Grundsätze der Physik auf diese Aufgabenstellung zutreffen. Planen Sie dann die Herangehensweise:
5. Überlegen Sie, welche Gleichungen (und/oder Definitionen) sich auf die jeweiligen Größen beziehen. Stellen Sie vor der Anwendung von Gleichungen sicher, dass ihr **Gültigkeitsbereich** Ihre Aufgabenstellung mit einschließt (die Gleichungen 2.12a–2.12d sind z. B. nur gültig, wenn die Beschleunigung konstant ist). Wenn Sie eine passende Gleichung finden, die nur bekannte Größen und eine gewünschte unbekannte Größe enthält, **lösen** Sie die Gleichung algebraisch nach der unbekannten Größe **auf**. In vielen Beispielen sind möglicherweise mehrere aufeinanderfolgende Rechenvorgänge oder eine Kombination von Gleichungen erforderlich. Häufig ist es von Vorteil, nach der gewünschten unbekannten Größe algebraisch aufzulösen, bevor numerische Werte eingesetzt werden.
6. Führen Sie die **Berechnung** durch, wenn es sich um eine numerische Aufgabenstellung handelt. Behalten Sie während der Rechenvorgänge eine oder zwei Extraziffern, aber runden Sie die endgültigen Antworten auf die richtige Anzahl signifikanter Zahlen auf oder ab (Abschnitt 1.3).
7. Denken Sie sorgfältig über das erhaltene Ergebnis nach: Ist es **plausibel**? Macht es nach Ihrem eigenen Empfinden und Ihrer eigenen Erfahrung Sinn? Ein gutes Prüfungsverfahren ist eine grobe Abschätzung, bei der nur Zehnerpotenzen verwendet werden, wie in Abschnitt 1.6 erörtert. Häufig ist es besser, zu *Beginn* einer Rechenaufgabe eine grobe Abschätzung durchzuführen, da dies helfen kann, die Aufmerksamkeit auf das Finden eines Lösungsweges zu lenken.
8. Ein sehr wichtiger Aspekt bei der Bearbeitung von Aufgaben ist, auf die **Einheiten** zu achten. Ein Gleichheitszeichen bedeutet, dass die Einheiten, wie auch die Zahlen, auf beiden Seiten gleich sein müssen. Wenn die Einheiten sich nicht ausgleichen, wurde ein Fehler gemacht. Dies kann zur **Überprüfung** Ihrer Lösung dienen (es zeigt Ihnen allerdings nur an, dass Sie einen Fehler gemacht haben, nicht, dass Sie richtig gerechnet haben). Und: benutzen Sie immer einen einheitlichen Satz Einheiten, möglichst die SI-Einheiten.

Beispiel 2.9 Beschleunigung eines Autos

Wie lange braucht ein Auto, um über eine 30,0 m breite Kreuzung zu fahren, nachdem die Ampel auf Grün geschaltet hat, wenn das Auto aus dem Stillstand mit konstanten 2,00 m/s^2 beschleunigt?

Lösung

Zunächst fertigen wir eine Skizze an, ▶ Abbildung 2.18. Dann machen wir eine Tabelle, die am Rand abgebildet ist und wählen $x_0 = 0$. Wir nehmen an, dass sich das Auto an der positiven x-Achse nach rechts bewegt, und beachten, dass „Starten bei Stillstand" bedeutet, dass $v = 0$ bei $t = 0$ ist. Das bedeutet, dass $v_0 = 0$ ist. Da a konstant ist, können wir die Gleichungen 2.12a bis 2.12d benutzen. Die Gleichung 2.12b passt perfekt, da die einzige unbekannte Größe t ist und wir diese Größe suchen. Wenn wir $v_0 = 0$ und $x_0 = 0$ setzen, können wir die Gleichung 2.12b, $s = \frac{1}{2}at^2$, nach t auflösen:

$$t = \sqrt{\frac{2x}{a}} = \sqrt{\frac{2(30{,}0\,\mathrm{m})}{2{,}00\,\mathrm{m/s^2}}} = 5{,}48\,\mathrm{s}\,.$$

Wir können die Plausibilität unserer Antwort durch Berechnen der Endgeschwindigkeit v überprüfen: $v = a = (2{,}00\,\mathrm{m/s^2})(5{,}48\,\mathrm{s}) = 10{,}96\,\mathrm{m/s}$, dann erhalten wir $x = x_0 + \overline{v}t = 0 + \frac{1}{2}(10{,}96\,\mathrm{m/s} + 0)\,(5{,}48\,\mathrm{s}) = 30{,}0\,\mathrm{m}$ heraus und das ist der zurückgelegte Weg s.

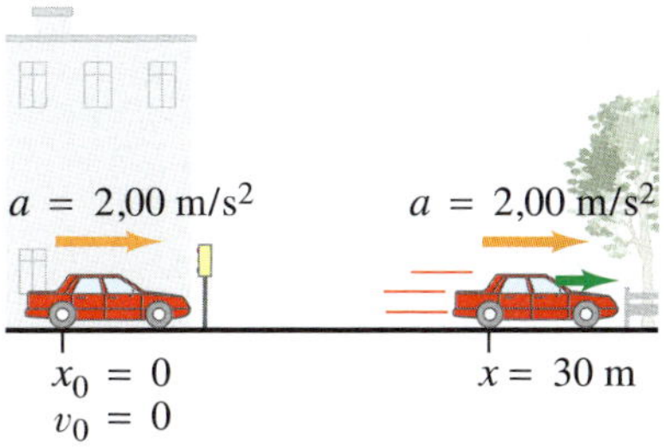

Abbildung 2.18 Beispiel 2.9.

Bekannt	**Gesucht**
$x_0 = 0$	t
$s = x = 30{,}0\,\mathrm{m}$	
$a = 2{,}00\,\mathrm{m/s^2}$	
$v_0 = 0$	

Beispiel 2.10 · Abschätzung — Bremswege

Das Abschätzen eines minimalen Anhalteweges eines Autos ist sowohl für die Verkehrssicherheit, als auch für die Verkehrstechnik von Bedeutung. An die Aufgabenstellung geht man am besten in zwei Teilschritten heran: (1) die Zeit zwischen der Entscheidung, die Bremsen zu betätigen, und ihrer tatsächlichen Betätigung (die „Reaktionszeit"), während derer wir $a = 0$ annehmen; und (2) die tatsächliche Bremszeit, in der das Fahrzeug langsamer wird ($a \neq 0$). Der Anhalteweg hängt von der Reaktionszeit des Fahrers, von der Anfangsgeschwindigkeit des Autos (die Endgeschwindigkeit ist Null) und der Beschleunigung des Autos ab. Bei trockener Straße und guten Reifen können gute Bremsen ein Auto mit $5\,\mathrm{m/s^2}$ bis $8\,\mathrm{m/s^2}$ bremsen. Berechnen Sie den gesamten Anhalteweg bei einer Anfangsgeschwindigkeit von 50 km/h (14 m/s ≈ 31 mph) unter der Annahme, dass die Beschleunigung des Autos $-6{,}0\,\mathrm{m/s^2}$ beträgt (das Minuszeichen erscheint, weil angenommen wird, dass die Geschwindigkeit in positiver x-Richtung verläuft und ihr Betrag abnimmt). Die Reaktionszeit für normale Fahrer liegt zwischen vielleicht 0,3 s und ca. 1,0 s. Nehmen wir an, sie beträgt 0,50 s.

ANGEWANDTE PHYSIK

Bremswege

Lösung

Das Auto bewegt sich nach rechts in positiver x-Richtung. Für den ersten Teil der Aufgabenstellung, in dem das Auto mit einer konstanten Geschwindigkeit von 14 m/s während der Reaktionszeit (0,50 s) fährt, nehmen wir $x_0 = 0$ an. Siehe ▶ Abbildung 2.19 und Tabelle am Rand. Um s zu ermitteln, verwenden

Teil 1: Reaktionszeit

Bekannt	**Gesucht**
$t = 0{,}50\,\mathrm{s}$	s
$v_0 = 14\,\mathrm{m/s}$	
$v = 14\,\mathrm{m/s}$	
$a = 0$	
$x_0 = 0$	

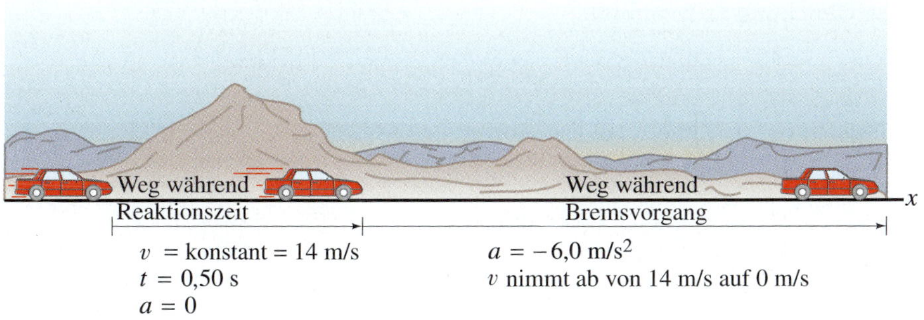

Abbildung 2.19 Beispiel 2.10: Anhalteweg für ein bremsendes Auto.

Teil 2: Bremsen

Bekannt	Gesucht
$x_0 = 7{,}0\,\text{m}$	s
$v_0 = 14\,\text{m/s}$	
$v = 0$	
$a = -6{,}0\,\text{m/s}^2$	

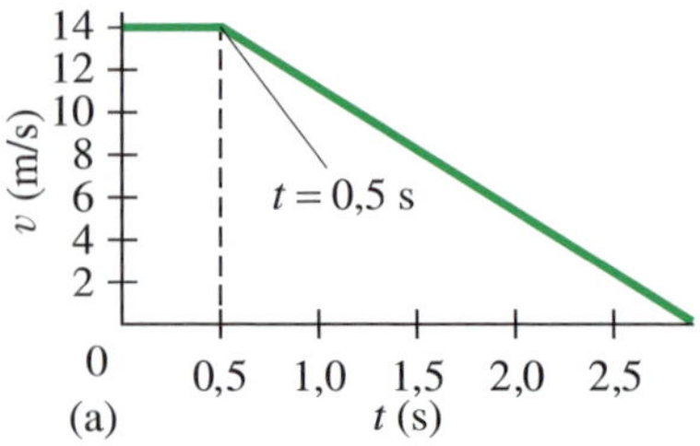

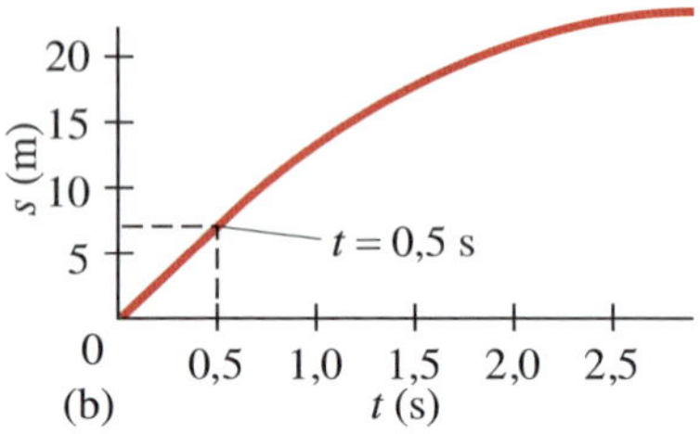

Abbildung 2.20 Geschwindigkeit-Zeit-Kurve und Weg-Zeit-Kurve für Beispiel 2.10.

wir die Gleichung 2.12b:

$$s = x = v_0 t + 0 = (14\,\text{m/s})(0{,}50\,\text{s}) = 7{,}0\,\text{m}\,.$$

Das Auto fährt während der Reaktionszeit des Fahrers bis zu dem Moment, in dem die Bremsen betätigt werden, 7,0 m.

Nun zum zweiten Teil, in dem die Bremsen betätigt werden und das Auto zum Stehen gebracht wird. Wir nehmen jetzt $x_0 = 7{,}0\,\text{m}$ (Ergebnis des ersten Teils) an: siehe Tabelle rechts. Die Gleichung 2.12a enthält x nicht. Die Gleichung 2.12b enthält x, aber auch die unbekannte Größe t. Die Gleichung 2.12c, $v^2 - v_0^2 = 2a(x - x_0)$, ist das, was wir brauchen. Wir lösen nach s auf, nachdem wir $x_0 = 7{,}0\,\text{m}$ gesetzt haben:

$$\begin{aligned} s &= x_0 + \frac{v^2 - v_0^2}{2a} \\ &= 7{,}0\,\text{m} + \frac{0 - (14\,\text{m/s})^2}{2(-6{,}0\,\text{m/s}^2)} = 7{,}0\,\text{m} + \frac{-196\,\text{m}^2/\text{s}^2}{-12\,\text{m/s}^2} \\ &= 7{,}0\,\text{m} + 16\,\text{m} = 23\,\text{m}\,. \end{aligned}$$

Während der Reaktionszeit des Fahrers fuhr das Auto 7,0 m und weitere 16 m während der Bremszeit, bevor es zum Stehen kam. Der gesamte zurückgelegte Weg s betrug also 23 m. Geschwindigkeit-Zeit-Kurve und Weg-Zeit-Kurve, siehe ▸ Abbildung 2.20.

Bei nassen oder vereisten Straßen kann der Wert für a nur ein Drittel des Wertes bei trockener Straße betragen, da die Bremsen wegen der Rutschgefahr nicht so stark betätigt werden können. Die Anhaltewege sind daher erheblich länger. Beachten Sie ebenfalls, dass sich der Anhalteweg nach Betätigung der Bremse um das *Quadrat* der Geschwindigkeit verlängert und nicht nur linear mit der Geschwindigkeit zunimmt: Wenn Sie doppelt so schnell fahren, ist der Anhalteweg viermal länger.

ANGEWANDTE PHYSIK

Sicherheit im Auto – Airbags

Beispiel 2.11 · Abschätzung Airbags

Nehmen wir an, wir möchten ein Airbag-System entwerfen, das den Fahrer im Falle eines Frontalzusammenstoßes bei einer Geschwindigkeit von 100 km/h schützen kann. Schätzen Sie ab, wie schnell der Airbag aufgeblasen werden muss, um den Fahrer effektiv zu schützen. Nehmen wir an, das Auto wird durch den Stoß über eine Entfernung von ca. 1 m zusammengedrückt. Wie wirkt sich die Benutzung eines Sicherheitsgurtes für den Fahrer aus?

Lösung

Das Auto verzögert in sehr kurzer Zeit und über eine sehr kurze Entfernung (1 m) von 100 km/h auf null km/h. Wenn wir beachten, dass $100\,\text{km/h} = 100 \cdot 10^3\,\text{m}/3600\,\text{s} = 28\,\text{m/s}$ sind, dann können wir die Beschleunigung aus der Gleichung 2.12c ermitteln:

$$a = -\frac{v_0^2}{2s} = -\frac{(28\,\text{m/s})^2}{2{,}0\,\text{m}} = -390\,\text{m/s}^2\,.$$

Diese starke Beschleunigung findet in einem Zeitraum statt, der gegeben ist durch (Gleichung 2.12a):

$$t = \frac{v - v_0}{a} = \frac{0 - 28\,\text{m/s}}{-390\,\text{m/s}^2} = 0{,}07\,\text{s}\,.$$

Der Airbag müsste, um wirksam zu sein, in kürzerer Zeit aufgeblasen sein.

Was macht der Airbag? Zunächst verteilt er die Kraft über eine größere Fläche im Brustbereich. Dies ist besser, als von der Lenksäule durchbohrt zu werden. Außerdem wird der Druck im Airbag kontrolliert, um die maximale Verzögerung, die auf den Kopf wirkt, zu minimieren. Der Sicherheitsgurt hält die Person in der richtigen Position gegenüber dem auslösenden Airbag.

Zwei Körper in Bewegung

Wir befassen uns jetzt mit einem Beispiel, das etwas komplizierter ist.

Beispiel 2.12 · Abschätzung **Ergreifung eines Rasers**

Ein Auto rast mit 130 km/h an einem versteckten Polizeifahrzeug vorbei, das sofort die Verfolgung aufnimmt. Schätzen Sie ab, wie lange es dauert, bis das Polizeifahrzeug den Raser überholt, unter der einfachen Annahme, dass dieser mit konstanter Geschwindigkeit weiterfährt. Schätzen Sie dann die Geschwindigkeit des Polizeifahrzeugs in dem Moment ab und entscheiden Sie, ob die Vermutungen plausibel waren.

Lösung

Wenn das Polizeifahrzeug losfährt, beschleunigt es, und die einfachste Vermutung ist, dass seine Beschleunigung konstant ist. Das ist möglicherweise nicht plausibel, aber schauen wir, was passiert. Auf Grund von Werbeanzeigen für Kraftfahrzeuge, die behaupten, dass Autos von null auf 90 km/h in 6 Sekunden beschleunigen können, können wir die Beschleunigung abschätzen. Somit könnte die mittlere Beschleunigung des Polizeifahrzeugs ca.

$$a_P = \frac{90\,\mathrm{km/h}}{6\,\mathrm{s}} = 15\,\frac{\mathrm{km}}{\mathrm{h{\cdot}s}}$$

betragen. Wir sollten vielleicht die Einheiten in richtige SI-Einheiten umwandeln, aber sparen wir Zeit und arbeiten mit diesen gemischten Einheiten. Wir müssen die kinematischen Gleichungen aufstellen, um die unbekannten Größen zu bestimmen. Da es sich hier um zwei Körper in Bewegung handelt, benötigen wir zwei getrennte Gleichungssätze. Wir zeigen den Ort des rasenden Autos bei x_S und den Ort des Polizeifahrzeugs bei x_P an. Da wir eine Lösung für den Zeitpunkt, wenn die beiden Fahrzeuge an derselben Stelle auf der Straße eintreffen, möchten, verwenden wir für jedes Auto die Gleichung 2.12b:

$$x_S = v_{0S}t = \left(130\,\frac{\mathrm{km}}{\mathrm{h}}\right) t$$

$$x_P = v_{0P}t + \frac{1}{2}a_P t^2 = \frac{1}{2}\left(15\,\frac{\mathrm{km}}{\mathrm{h{\cdot}s}}\right) t^2$$

wobei wir $v_{0P} = 0$ und $a_S = 0$ gesetzt haben (es wird angenommen, dass der Raser mit konstanter Geschwindigkeit fährt). Wir möchten den Zeitpunkt ermitteln, an dem die Autos sich treffen und setzen deshalb $x_S = x_P$ und lösen nach t auf:

$$\left(130\,\frac{\mathrm{km}}{\mathrm{h}}\right) t = \left(7{,}5\,\frac{\mathrm{km}}{\mathrm{h{\cdot}s}}\right) t^2 .$$

Die Lösungen lauten

$$t = 0 \text{ und } t = \frac{130\,\frac{\text{km}}{\text{h}}}{7{,}5\,\frac{\text{km}}{\text{h}\cdot\text{s}}} = 17{,}3\,\text{s}\,.$$

Die erste Lösung gibt den Moment an, in dem der Raser an dem Polizeifahrzeug vorbeifährt. Das zweite Ergebnis zeigt an, wann das Polizeifahrzeug den Raser einholt, 17,3 s später. Dies ist unsere Antwort, aber ist sie plausibel? Die Geschwindigkeit des Polizeifahrzeugs bei $t = 17{,}3$ s beträgt

$$v_{\text{P}} = v_{0\text{P}} + a_{\text{P}}t = 0 + \left(15\frac{\text{km}}{\text{h}\cdot\text{s}}\right)(17{,}3\,\text{s}) = 260\,\text{km/h}\,.$$

Vorsicht: Anfängliche Vermutungen müssen auf ihre Plausibilität überprüft werden

Nicht plausibel und in höchstem Maße gefährlich. Es ist vernünftiger, die Vermutung, dass die Beschleunigung konstant ist, aufzugeben. Das Polizeifahrzeug kann bei solchen Geschwindigkeiten sicherlich keine konstante Beschleunigung aufrechterhalten. Außerdem würde der Raser, wenn er vernünftig wäre, beim Bemerken der Polizeisirene langsamer werden. ▸ Abbildung 2.21 zeigt (a) die Weg-Zeit-Kurve und (b) die Geschwindigkeit-Zeit-Kurve, und zwar ausgehend von der ursprünglichen Vermutung, dass $a_{\text{P}} =$ konstant ist. (c) zeigt dagegen die Geschwindigkeit-Zeit-Kurve unter plausibleren Annahmen.

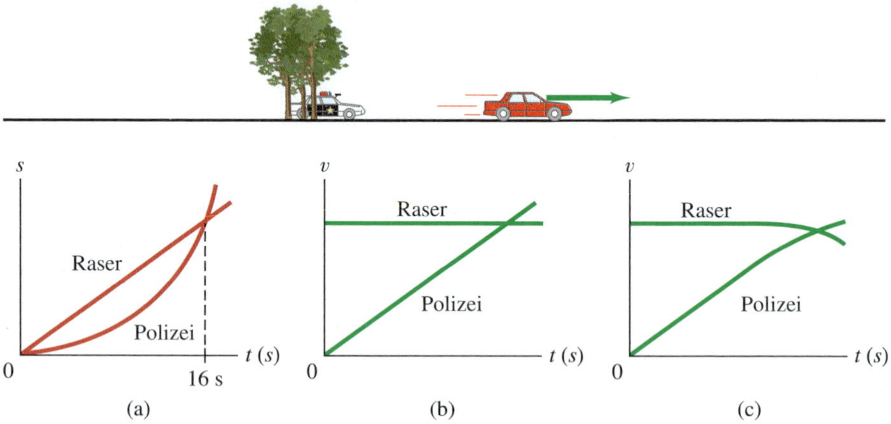

Abbildung 2.21 Beispiel 2.12.

2.7 Der freie Fall

Abbildung 2.22 Galileo Galilei (1564–1642).

Eine der häufigsten Anwendungen für die gleichförmig beschleunigte Bewegung ist das Beispiel eines Massenpunktes, der nahe dem Erdboden im freien Fall fällt. Zunächst erscheint es nicht offensichtlich, dass ein fallender Massenpunkt eine Beschleunigung erfährt. Bis zu Galileis (▸ Abbildung 2.22) Zeit wurde angenommen, dass schwere Körper schneller fallen als leichte und dass die Fallgeschwindigkeit proportional zum Gewicht des Körpers ist. Dies ist aber falsch!

Galileis Analyse machte Gebrauch von seiner neuen und kreativen Methode, sich vorzustellen, was in idealisierten (vereinfachten) Fällen passieren würde. Für den freien Fall vertrat er die These, dass alle Körper ohne Luft- oder anderen Widerstand mit *derselben konstanten Beschleunigung* fallen würden. Er zeigte, dass diese These vorhersagt, dass bei einem Körper, der aus dem Stillstand fällt, der zurückgelegte Weg proportional zum Quadrat der Zeit sein wird (▸ Abbildung 2.23), d.h. d proportional t^2. Dies ist aus der Gleichung 2.12b ersichtlich, Galilei war jedoch der Erste, der diese mathematische Beziehung hergeleitet hat.

Um seine Behauptung, dass die Geschwindigkeit von fallenden Körpern während des Falls zunimmt, zu unterstützen, benutzte Galilei ein kluges Argument: ein schwerer Stein, der aus einer Höhe von 2 m fallen gelassen wird, drückt einen

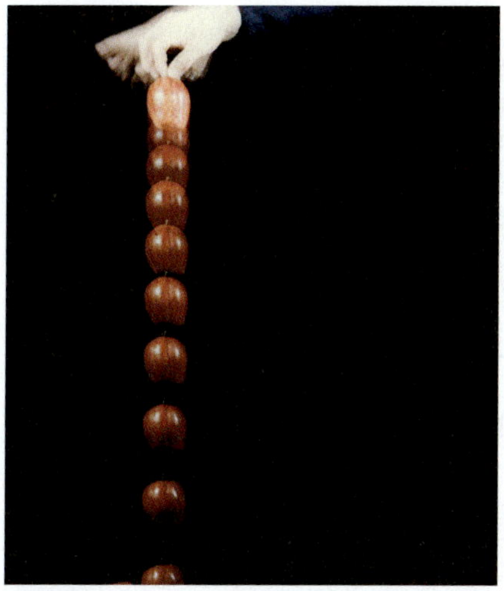

Abbildung 2.23 Mehrfach belichtete Blitzlichtaufnahme eines fallenden Apfels, der in gleichen Zeitintervallen fotografiert wurde. Beachten Sie, dass der Apfel in jedem folgenden Zeitintervall weiter fällt, was bedeutet, dass er eine Beschleunigung erfährt.

Abbildung 2.24 (a) Ein Ball und ein leichtes Stück Papier werden gleichzeitig fallen gelassen. (b) Wiederholung mit zusammengeknülltem Papier.

Pfahl wesentlich weiter in den Erdboden als derselbe Stein, der nur aus einer Höhe von 0,2 m fallen gelassen wird. Offensichtlich muss sich der Stein schneller bewegt haben, als er aus einer größeren Höhe fiel.

Wie wir sehen, hat Galilei auch behauptet, dass *alle* Körper, leicht oder schwer, mit *derselben* Beschleunigung fallen, zumindest beim Nichtvorhandensein von Luft. Wenn man ein Stück Papier waagerecht in einer Hand hält und ein schwererer Körper – z. B. einen Baseball – in der anderen und beide gleichzeitig loslässt, wie in ▸ Abbildung 2.24a, erreicht der schwerere Körper zuerst den Boden. Wenn man aber das Experiment wiederholt, jetzt aber das Papier zu einem kleinen Papierknäuel zusammenknüllt (siehe ▸ Abbildung 2.24b), sieht man, dass die beiden Körper fast gleichzeitig den Boden erreichen.

Galilei war sicher, dass Luft bei sehr leichten Körpern mit großer Oberfläche wie ein Widerstand wirkt. Unter vielen normalen Bedingungen kann dieser Luftwiderstand allerdings vernachlässigt werden. In einer Kammer, aus der die Luft abgepumpt wurde, fallen auch leichte Körper wie eine Feder oder ein waagerecht gehaltenes Stück Papier mit derselben Beschleunigung wie jeder andere Körper (siehe ▸ Abbildung 2.25). Eine solche Demonstration in einem Vakuum war zu Galileis Zeit natürlich nicht möglich, was Galileis Leistung nur größer macht. Galilei wird häufig als der „Vater der modernen Wissenschaft" bezeichnet, und zwar nicht nur bezüglich des Inhalts seiner Wissenschaft (astronomische Entdeckungen, Trägheit, freier Fall), sondern auch wegen seiner Herangehensweise an die Wissenschaft (Idealisierung und Vereinfachung, Mathematisierung der Theorie, Theorien, die prüfbare Auswirkungen haben, Experimente, um theoretische Vorhersagen zu prüfen).

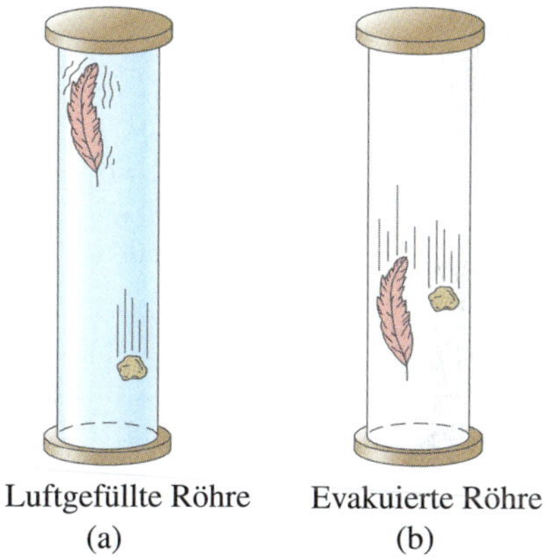

Abbildung 2.25 Ein Stein und eine Feder werden gleichzeitig fallen gelassen (a) in Luft, (b) in einem Vakuum.

Galileis spezieller Beitrag zu unserem Verständnis der Bewegung von fallenden Körpern kann wie folgt zusammengefasst werden:

An einem festen Ort auf der Erde und ohne Vorhandensein von Luftwiderstand fallen alle Körper mit derselben konstanten Beschleunigung.

Wir nennen diese Beschleunigung **Fallbeschleunigung** (Erdbeschleunigung, Gravitationsbeschleunigung) und geben ihr das Symbol g. Sie beträgt ungefähr

Fallbeschleunigung

$$g = 9{,}80\,\mathrm{m/s^2}\ .$$

Tatsächlich schwankt g leicht je nach Breitengrad und Höhe über dem Meeresspiegel, aber diese Schwankungen sind so minimal, dass wir sie in den meisten Fällen ignorieren werden. Die Auswirkungen des Luftwiderstandes sind häufig gering, so dass wir sie zunächst vernachlässigen werden. Der Luftwiderstand wird allerdings selbst bei einem recht schweren Körper wahrnehmbar, wenn die Geschwindigkeit groß wird.[1] Die Fallbeschleunigung ist ein Vektor, wie jede Beschleunigung, und sie ist nach unten auf den Erdmittelpunkt hin gerichtet.

Bei der Behandlung von frei fallenden Körpern können wir die Gleichungen 2.12a–2.12d verwenden, in denen wir für a den oben angegebenen Wert von g verwenden. Da die Bewegung vertikal ist, werden wir außerdem x durch y und x_0 durch y_0 ersetzen. Wenn nichts anderes angegeben ist, nehmen wir $y_0 = 0$ an. *Es spielt zunächst keine Rolle, ob wir y als positiv nach oben oder nach unten wählen. Wir müssen die getroffene Wahl aber während einer Problemlösung konsequent anwenden.*

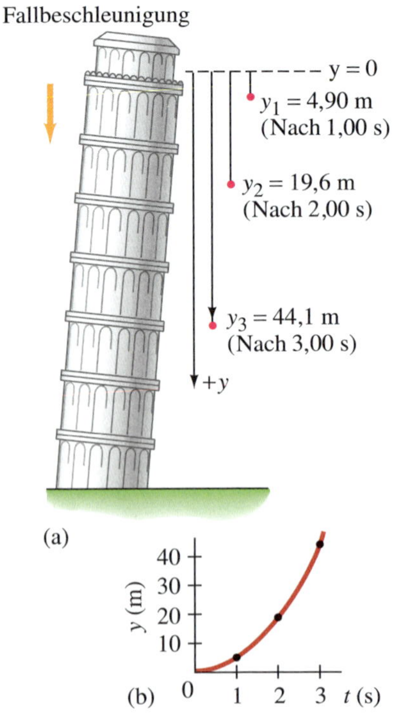

Abbildung 2.26 Beispiel 2.13. (a) Ein Körper (Massenpunkt), der von einem Turm fallen gelassen wird, fällt mit stetig ansteigender Geschwindigkeit und legt in jeder aufeinanderfolgenden Sekunde einen größeren Weg zurück. (siehe auch Abbildung 2.23). (b) Weg-Zeit-Kurve.

Beispiel 2.13 Freier Fall von einem Turm

Nehmen wir an, dass ein Ball von einem 70,0 m hohen Turm fallen gelassen wird. Wie weit wird er nach 1,00 s, 2,00 s und 3,00 s gefallen sein? Nehmen wir an, dass y positiv nach unten verläuft. Den Luftwiderstand vernachlässigen wir.

Lösung

Die Beschleunigung ist gegeben, $a = g = +9{,}80\,\mathrm{m/s^2}$. Sie ist positiv, da wir abwärts als positiv gewählt haben. Da wir den Fallweg bei gegebener Zeit t bestimmen möchten, ist die Gleichung 2.12b die richtige mit $v_0 = 0$ und $y_0 = 0$. Dann ist der Weg des Balls nach 1,00 s

$$y_1 = s = \frac{1}{2}at^2 = \frac{1}{2}(9{,}80\,\mathrm{m/s^2})(1{,}00)^2 = 4{,}90\,\mathrm{m}\,,$$

so dass der Ball nach 1,00 s einen Weg von 4,90 m gefallen ist. Ebenso nach 2,00 s

$$y_2 = s = \frac{1}{2}at^2 = \frac{1}{2}(9{,}80\,\mathrm{m/s^2})(2{,}00)^2 = 19{,}6\,\mathrm{m}\,,$$

und nach 3,00 s

$$y_3 = s = \frac{1}{2}at^2 = \frac{1}{2}(9{,}80\,\mathrm{m/s^2})(3{,}00)^2 = 44{,}1\,\mathrm{m}\,.$$

Beispiel 2.14 Wurf von einem Turm

Nehmen wir an, dass der Ball aus Beispiel 2.13 mit einer Anfangsgeschwindigkeit von 3,00 m/s herunter*geworfen* und nicht fallen gelassen wird. (a) An welchem Ort befindet er sich nach 1,00 s und 2,00 s? (b) Wie groß wäre seine Geschwindigkeit nach 1,00 s und 2,00 s? Vergleichen Sie diese Ergebnisse mit den Geschwindigkeiten eines frei fallenden Balls.

Lösung

a Wir können an diese Lösung in gleicher Weise wie in Beispiel 2.13 herangehen und die Gleichung 2.12b verwenden. Dieses Mal ist allerdings v_0 nicht Null, sondern $v_0 = 3{,}00\,\mathrm{m/s}$. Somit ist der Ort des Balls zum

1 Die Geschwindigkeit eines in Luft (oder in einem anderen Fluid) fallenden Körpers nimmt nicht unbegrenzt zu. Wenn der Körper weit genug fällt, erreicht er eine maximale Geschwindigkeit, die die **Endgeschwindigkeit** genannt wird.

Zeitpunkt $t = 1{,}00\,\mathrm{s}$

$$y = v_0 t + \frac{1}{2}at^2 = (3{,}00\,\mathrm{m/s})(1{,}00\,\mathrm{s}) + \frac{1}{2}(9{,}80\,\mathrm{m/s^2})(1{,}00)^2 = 7{,}90\,\mathrm{m}\,,$$

und zum Zeitpunkt $t = 2{,}00\,\mathrm{s}$

$$y = v_0 t + \frac{1}{2}at^2 = (3{,}00\,\mathrm{m/s})(2{,}00\,\mathrm{s}) + \frac{1}{2}(9{,}80\,\mathrm{m/s^2})(2{,}00)^2 = 25{,}6\,\mathrm{m}\,.$$

Wie erwartet fällt der Ball in jeder Sekunde weiter, als im freien Fall, in dem er mit $v_0 = 0$ fällt.

b Die Geschwindigkeit erhält man ohne weiteres aus der Gleichung 2.12a:

$$\begin{aligned} v &= v_0 + at \\ &= 3{,}00\,\mathrm{m/s} + (9{,}80\,\mathrm{m/s^2})(1{,}00\,\mathrm{s}) = 12{,}8\,\mathrm{m/s} \quad [\text{bei } t = 1{,}00\,\mathrm{s}] \\ &= 3{,}00\,\mathrm{m/s} + (9{,}80\,\mathrm{m/s^2})(2{,}00\,\mathrm{s}) = 22{,}6\,\mathrm{m/s} \quad [\text{bei } t = 2{,}00\,\mathrm{s}] \end{aligned}$$

Wenn der Ball frei fällt ($v_0 = 0$), ist der erste Term in den obigen Gleichungen null, so dass gilt:

$$\begin{aligned} v &= 0 + at \\ &= (9{,}80\,\mathrm{m/s^2})(1{,}00\,\mathrm{s}) = 9{,}80\,\mathrm{m/s} \quad [\text{bei } t = 1{,}00\,\mathrm{s}] \\ &= (9{,}80\,\mathrm{m/s^2})(2{,}00\,\mathrm{s}) = 19{,}6\,\mathrm{m/s} \quad [\text{bei } t = 2{,}00\,\mathrm{s}] \end{aligned}$$

Wir sehen, dass die Geschwindigkeit eines frei fallenden Balls linear in Abhängigkeit der Zeit zunimmt. (In Beispiel 2.13 haben wir gesehen, dass der Fallweg als *Quadrat* der Zeit zunimmt.) Die Geschwindigkeit des hinuntergeworfenen Balls nimmt ebenfalls linear zu ($\Delta v = 9{,}80\,\mathrm{m/s}$ jede Sekunde), aber seine Geschwindigkeit ist in jedem beliebigen Moment stets $3{,}0\,\mathrm{m/s}$ (seine Anfangsgeschwindigkeit) höher als die eines frei fallenden Balls

Beispiel 2.15 Ein hochgeworfener Ball

Eine Person wirft einen Ball mit einer Anfangsgeschwindigkeit von $15{,}0\,\mathrm{m/s}$ *nach oben* in die Luft. Berechnen Sie, (a) wie hoch der Ball fliegt, und (b) wie lange der Ball in der Luft ist, bevor er in die Hand zurückfällt. Das Werfen als solches interessiert hier nicht, wir befassen uns nur mit der Bewegung des Balls, *nachdem* er die Hand des Werfers verlassen hat (► Abbildung 2.27).

Lösung

Wählen wir y als positiv aufwärts und negativ abwärts. (Achtung: Es gibt hier einen Definitionsunterschied zu den Beispielen 2.13 und 2.14.) Dann hat die Fallbeschleunigung ein negatives Vorzeichen, $a = -9{,}80\,\mathrm{m/s^2}$. Beachten Sie, dass die Geschwindigkeit des Balls, wenn er hochfliegt, abnimmt, bis der Ball den höchsten Punkt erreicht (B in ► Abbildung 2.27), an dem seine Geschwindigkeit für einen Moment null ist. Dann fällt er mit zunehmender Geschwindigkeit nach unten.

a Zur Bestimmung der maximalen Höhe berechnen wir den Ort des Balls, wenn seine Geschwindigkeit null ist ($v = 0$ am höchsten Punkt). Bei $t = 0$ (Punkt A in ► Abbildung 2.27) ist $y_0 = 0, v_0 = 15{,}0\,\mathrm{m/s}$ und $a = -9{,}80\,\mathrm{m/s^2}$. Zum Zeitpunkt t (maximale Höhe) ist $v = 0$, $a =$

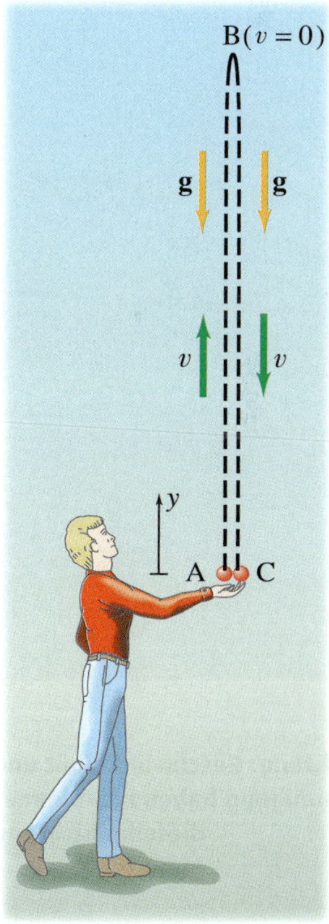

Abbildung 2.27 Ein Ball (Massenpunkt), der in die Luft geworfen wird, verlässt bei A die Hand der Werfers, erreicht bei B seine maximale Höhe und kehrt bei C zu seiner Ausgangshöhe zurück. Beispiel 2.15 Beispiel 2.16 und Beispiel 2.17

$-9{,}80\,\mathrm{m/s^2}$ und wir möchten y ermitteln. Wir wenden die Gleichung 2.12c an (und ersetzen x durch y) und lösen nach y auf:

$$v^2 = v_0^2 + 2ay$$

$$y = \frac{v^2 - v_0^2}{2a} = \frac{0 - (15{,}0\,\mathrm{m/s})^2}{2(-9{,}80\,\mathrm{m/s^2})} = 11{,}5\,\mathrm{m}\,.$$

Der Ball erreicht eine Höhe von 11,5 m über der Hand.

b Jetzt müssen wir berechnen, wie lange der Ball in der Luft ist, bevor er in die Hand zurückfällt. Wir könnten diese Rechnung in zwei Teilen durchführen und zuerst die Zeit ermitteln, die der Ball benötigt, bis er seinen höchsten Punkt erreicht hat, und dann die Zeit berechnen, die er braucht, um wieder zurückzufallen. Es ist allerdings einfacher, die Bewegung von A nach B nach C (▸ Abbildung 2.27) in einem Schritt zu betrachten und die Gleichung 2.12b zu benutzen. Dies können wir tun, da y (oder x) den Ort darstellt und nicht den zurückgelegten Gesamtweg. So ist an den beiden Punkten A und C $y = 0$. Wir verwenden die Gleichung 2.12b mit $a = -9{,}80\,\mathrm{m/s^2}$ und erhalten

$$y = v_0 t + \frac{1}{2}at^2$$

$$0 = (15{,}0\,\mathrm{m/s})t + \frac{1}{2}(-9{,}80\,\mathrm{m/s^2})t^2\,.$$

In dieser Gleichung können wir ein t ausklammern und erhalten dann

$$(15{,}0\,\mathrm{m/s} - 4{,}90\,\mathrm{m/s^2}\,t)t = 0\,.$$

Es gibt zwei Lösungen:

$$t = 0 \quad \text{und} \quad t = \frac{15{,}0\,\mathrm{m/s}}{4{,}90\,\mathrm{m/s^2}} = 3{,}06\,\mathrm{s}\,.$$

Die erste Lösung ($t = 0$) entspricht dem Anfangspunkt A in ▸ Abbildung 2.27, an dem der Ball zuerst geworfen wurde und $y = 0$ war. Die zweite Lösung, $t = 3{,}06\,\mathrm{s}$, entspricht dem Punkt C, an dem der Ball zu $y = 0$ zurückgekehrt ist. Somit ist der Ball 3,06 s lang in der Luft.

Beispiel 2.16 · Begriffsbildung — Zwei weit verbreitete falsche Annahmen

Erklären Sie den Fehler in diesen beiden weit verbreiteten falschen Annahmen: (1) Beschleunigung und Geschwindigkeit verlaufen immer in derselben Richtung und (2) ein in die Höhe geworfener Körper hat im höchsten Punkt (B in ▸ Abbildung 2.27) die Beschleunigung Null.

Lösung

Achtung: Geschwindigkeit und Beschleunigung haben nicht immer dieselbe Richtung

Beide sind falsch. (1) Geschwindigkeit und Beschleunigung verlaufen *nicht* zwangsläufig in derselben Richtung. Wenn ein Ball nach unten fällt, haben seine Geschwindigkeit und seine Beschleunigung dieselbe Richtung. Aber wenn ein Ball nach oben geworfen wird, wie in Beispiel 2.15, ist seine Geschwindigkeit aufwärts gerichtet, während seine Beschleunigung abwärts in die entgegengesetzte Richtung verläuft. (2) Im höchsten Punkt (B in ▸ Abbildung 2.27) hat der Ball für einen Moment die Geschwindigkeit Null. Ist die Beschleunigung in diesem Punkt ebenfalls null? Nein. Die Schwerkraft wirkt auch hier, deshalb ist $a = -g = -9{,}80\,\mathrm{m/s^2}$. Der Gedanke, dass $a = 0$ im Punkt B ist, würde zu der Schlussfolgerung führen, dass der Ball bei Errei-

Achtung: $a \neq 0$ selbst im höchsten Punkt einer Flugbahn

chen von Punkt B schweben würde. Denn wenn die Beschleunigung (= die zeitliche Änderung der Geschwindigkeit) null wäre, würde die Geschwindigkeit null bleiben und der Ball könnte dort oben bleiben, ohne herunterzufallen.

Beispiel 2.17 Ein hochgeworfener Ball II

Betrachten wir noch einmal den in die Höhe geworfenen Ball aus Beispiel 2.15 und stellen drei weitere Berechnungen an. Wir berechnen, (a) wie viel Zeit der Ball benötigt, um die maximale Höhe zu erreichen (Punkt B in ► Abbildung 2.27), (b) die Geschwindigkeit des Balls bei seiner Rückkehr in die Hand des Werfers (Punkt C) und (c) zu welchem Zeitpunkt t der Ball einen Punkt in einer Höhe von 8,00 m über der Hand der Person durchläuft.

Lösung

Wir nehmen y wieder als positiv aufwärts an.

a Beide Gleichungen 2.12a und 2.12b enthalten die Zeit t mit anderen bekannten Größen. Nehmen wir die Gleichung 2.12a mit $a = -9{,}80\ \mathrm{m/s^2}$, $v_0 = 15{,}0\ \mathrm{m/s}$ und $v = 0$:

$$v = v_0 + at$$

so dass

$$t = -\frac{v_0}{a} = -\frac{15{,}0\ \mathrm{m/s}}{-9{,}80\ \mathrm{m/s^2}} = 1{,}53\ \mathrm{s}\,.$$

Dies ist genau die halbe Zeit, die der Ball braucht, um hochzufliegen und an seinen Ausgangspunkt zurückzufallen [3,06 s in Teil (b) von Beispiel 2.15 berechnet]. Somit benötigt der Ball zum Erreichen der maximalen Höhe dieselbe Zeit wie für die Rückkehr zu seinem Ausgangspunkt.

b Wir verwenden die Gleichung 2.12a mit $v_0 = 15{,}0\ \mathrm{m/s}$ und $t = 3{,}06\ \mathrm{s}$ (die in Beispiel 2.15 für die Rückkehr des Balls in die Hand berechnete Zeit):

$$v = v_0 + at = 15{,}0\ \mathrm{m/s} - (9{,}80\ \mathrm{m/s^2})(3{,}06\ \mathrm{s}) = -15{,}0\ \mathrm{m/s}\,.$$

Die Geschwindigkeit des Balls hat bei der Rückkehr des Balls zum Ausgangspunkt und zu Anfang denselben Betrag, verläuft aber in entgegengesetzter Richtung (das zeigt das negative Vorzeichen an). Somit sehen wir, wie wir aus Teil (a) gefolgert haben, dass die Bewegung symmetrisch um die maximale Höhe ist.

Achten Sie auf die Symmetrie: die Geschwindigkeit ist in jeder beliebigen Höhe beim Hochfliegen und Herunterfallen dieselbe

c Wir möchten die Flugzeit t ermitteln, wenn $y = 8{,}00\ \mathrm{m}$, $y_0 = 0\ \mathrm{m}$, $v_0 = 15{,}0\ \mathrm{m/s}$ und $a = -9{,}80\ \mathrm{m/s^2}$ gegeben sind. Wir verwenden die Gleichung 2.12b:

$$y = y_0 + v_0 t + \frac{1}{2}at^2$$

$$8{,}00\ \mathrm{m} = 0 + (15{,}0\ \mathrm{m/s})t + \frac{1}{2}(-9{,}80\ \mathrm{m/s^2})t^2\,.$$

Für die Lösung von quadratischen Gleichungen der Form $at^2 + bt + c = 0$, wobei a, b und c Konstanten sind, gibt die **quadratische Formel**

$$t = \frac{-b \pm \sqrt{b^2 - 4ac}}{2a}$$

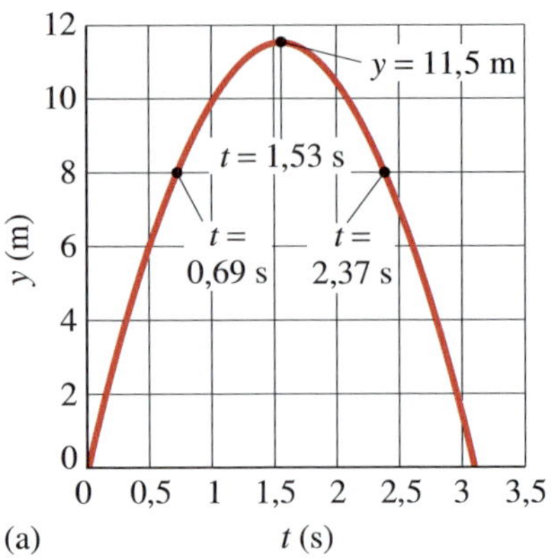

Abbildung 2.28 Weg-Zeit-Kurve (a) und (b) Geschwindigkeit-Zeit-Kurve für einen hochgeworfenen Ball, Beispiel 2.15 und Beispiel 2.17.

die zwei möglichen Lösungen an. Wir schreiben unsere Gleichung in der Standardform:

$$(4{,}90\,\mathrm{m/s^2})t^2 - (15{,}0\,\mathrm{m/s})t + (8{,}00\,\mathrm{m}) = 0\,.$$

So ist der Koeffizient $a = 4{,}90\,\mathrm{m/s^2}$, b ist -15,0 m/s und c beträgt 8,00 m. Wenn wir diese Werte in die quadratische Formel einsetzen, erhalten wir

$$t = \frac{15{,}0\,\mathrm{m/s} \pm \sqrt{(15{,}0\,\mathrm{m/s})^2 - 4(4{,}90\,\mathrm{m/s^2})(8{,}00\,\mathrm{m})}}{2(4{,}90\,\mathrm{m/s^2})}\,.$$

Somit ist $t = 0{,}69$ s und $t = 2{,}37$ s. Warum gibt es zwei Lösungen? Sind sie beide gültig? Ja, weil der Ball $y = 8{,}00$ m durchläuft, wenn er hochfliegt und wenn er hinunterfällt.

► Abbildung 2.28 zeigt die Weg-Zeit-Kurve und die Geschwindigkeit-Zeit-Kurve für den Ball, der in ► Abbildung 2.27 hochgeworfen wird, sowie die Ergebnisse der Beispiele 2.15 und 2.17.

Beispiel 2.18 Ein Ball, der am Rand einer Klippe in die Höhe geworfen wird

Nehmen wir an, dass die Person aus den Beispielen 2.15 und 2.17 am Rand einer 50,0 m hohen Klippe steht, so dass der Ball zum Fuß der Klippe, wie in ► Abbildung 2.29 dargestellt, hinunterfallen kann. (a) Wie lange braucht der Ball, bis er den Fuß der Klippe erreicht? (b) Welchen Gesamtweg hat der Ball zurückgelegt?

Lösung

a Wir benutzen wieder die Gleichung 2.12b mit $a = -9{,}80\,\mathrm{m/s^2}$, $v_0 = 15{,}0\,\mathrm{m/s}$ und $y_0 = 0$. Dieses Mal setzen wir allerdings $y = -50{,}0$ m, was dem unteren Ende der Klippe entspricht und 50,0 m unter der Ausgangsposition ($y = 0$) liegt:

$$y = y_0 + v_0 t + \frac{1}{2}at^2$$
$$-50{,}0\,\mathrm{m} = 0 + (15{,}0\,\mathrm{m/s})t - \frac{1}{2}(9{,}80\,\mathrm{m/s^2})t^2\,.$$

Dies schreiben wir um in die Standardform und erhalten

$$(4{,}90\,\mathrm{m/s^2})t^2 - (15{,}0\,\mathrm{m/s})t - (50{,}0\,\mathrm{m/s}) = 0\,. \quad (2.13)$$

Unter Verwendung der quadratischen Formel erhalten wir die Lösungen $t = 5{,}07$ s und $t = -2{,}01$ s. Die erste Lösung $t = 5{,}07$ s ist die Antwort für unsere Aufgabenstellung. Dies ist die Zeit, die der Ball benötigt, bis er seinen höchsten Punkt erreicht und dann zum Fuß der Klippe hinunterfällt. Die Zeit für das Hochfliegen und Zurückkehren bis zum oberen Ende der Klippe betrug 3,06 s (Beispiel 2.15). Dann dauerte es weitere 2,01 s, bis der Ball bis zum Fuß der Klippe hinuntergefallen war. Aber was bedeutet die andere Lösung $t = -2{,}01$ s? Hierbei handelt es sich um einen Zeitpunkt vor dem Beginn unserer Aufgabenstellung. Die Lösung ist daher für unsere Aufgabenstellung nicht relevant[2].

b Der Ball aus Beispiel 2.15 bewegt sich 11,5 m in die Höhe, fällt 11,5 m zurück bis zum oberen Ende des Klippe und dann weitere 50,0 m hinunter bis zum Fuß der Klippe und hat somit insgesamt einen Weg von 73,0 m

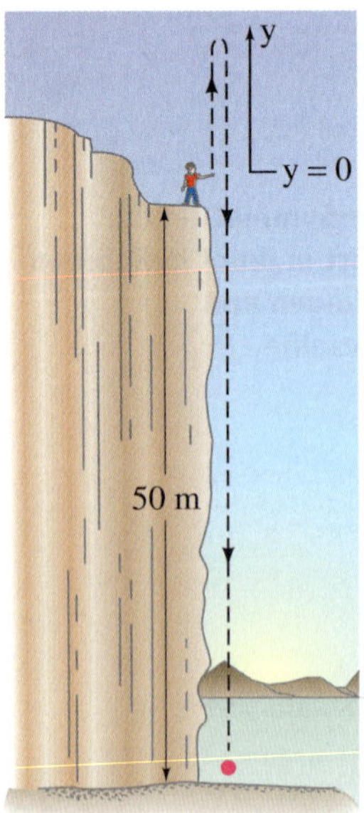

Abbildung 2.29 Beispiel 2.18: die Person in Abbildung 2.27 steht am Rand einer Klippe. Der Ball fällt zum Fuß der Klippe.

zurückgelegt. Beachten Sie, dass die *Verschiebung* allerdings −50,0 m betrug.

▸ Abbildung 2.30 zeigt die Weg-Zeit-Kurve für diese Situation.

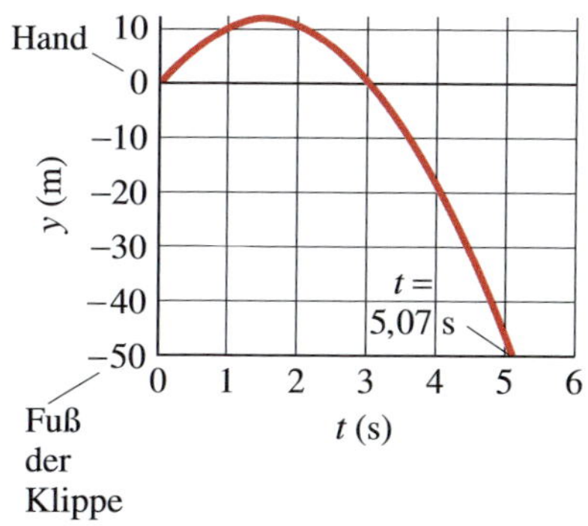

Abbildung 2.30 Beispiel 2.18, die Weg-Zeit-Kurve.

Die Beschleunigung eines Körpers, insbesondere von Raketen und schnellen Flugzeugen, wird häufig als ein Vielfaches von $g = 9{,}80\,\mathrm{m/s^2}$ angegeben. Ein Flugzeug z. B., das aus einem Sturzflug herauskommt und mit 3,00 g fliegt, hätte eine Beschleunigung von $(3{,}00)(9{,}80\,\mathrm{m/s^2}) = 29{,}4\,\mathrm{m/s^2}$. Die in Beispiel 2.11 berechnete Beschleunigung bei einem Zusammenstoß könnte als $(390\,\mathrm{m/s^2})/(9{,}8\,\mathrm{m/s^2}) = 40\,g$ ausgedrückt werden.

2.8 Einsatz der Integralrechnung; Ungleichförmige Beschleunigung

In diesem kurzen Abschnitt verwenden wir die Integralrechnung, um die kinematischen Gleichungen für konstante Beschleunigung, die Gleichungen 2.12a und 2.12b, herzuleiten. Wir zeigen außerdem, wie die Integralrechnung verwendet werden kann, wenn die Beschleunigung nicht konstant ist. Wenn Integration in Ihrem Mathematikkurs noch nicht behandelt wurde, können Sie diesen Abschnitt auch auf später verschieben.

Herleitung der kinematischen Gleichungen unter Verwendung der Integralrechnung

Zunächst leiten wir die Gleichung 2.12a her und beginnen dabei mit der Definition der Momentanbeschleunigung, $a = \mathrm{d}v/\mathrm{d}t$. Dies schreiben wir um zu

$$\mathrm{d}v = a\,\mathrm{d}t\,.$$

Wir nehmen das bestimmte Integral beider Seiten dieser Gleichung und verwenden dabei dieselbe Schreibweise wie in Abschnitt 2.5 ($v = v_0$ bei $t = 0$):

$$\int_{v=v_0}^{v} \mathrm{d}v = \int_{t=0}^{t} a\,\mathrm{d}t\,.$$

Das ergibt, da a = konstant ist,

$$v - v_0 = at\,.$$

Gleichung 2.12a

Dies ist die Gleichung 2.12a, $v = v_0 + at$.

Dann leiten wir die Gleichung 2.12b her und beginnen dabei mit der Definition der Momentangeschwindigkeit, Gleichung 2.4, $v = \mathrm{d}s/\mathrm{d}t$. Wir schreiben dies um zu

$$\mathrm{d}x = v\,\mathrm{d}t = \mathrm{d}s\,.$$

Gleichung 2.12b

Wir ersetzen die obige Gleichung 2.12a, $v = v_0 + at$, und integrieren:

$$\int_{x=x_0}^{x} \mathrm{d}s = \int_{t=0}^{t} (v_0 + at)\,\mathrm{d}t$$

$$s = x - x_0 = \int_{t=0}^{t} v_0\,\mathrm{d}t + \int_{t=0}^{t} at\,\mathrm{d}t$$

$$s = x - x_0 = v_0 t + \frac{1}{2}at^2$$

2 Die Lösung $t = -2{,}01$ s könnte in einer anderen physikalischen Situation von Bedeutung sein. Nehmen wir an, dass eine Person, die oben an einer 50,0 m hohen Klippe steht, sieht, wie ein Stein zum Zeitpunkt $t = 0$ mit 15,0 m/s nach oben an ihr vorbeifliegt. Wann hat der Stein den Fuß der Klippe verlassen und wann kam er wieder zum Fuß der Klippe zurück? Die Gleichungen sind genau dieselben wie für unser Ausgangsproblem und die Antworten $t = -2{,}01$ s und $t = 5{,}07$ s sind die richtigen Antworten. Beachten Sie, dass wir nicht sämtliche Informationen für eine Aufgabenstellung mathematisch verpacken können, deshalb müssen wir die relevanten Ergebnisse von den für die Aufgabenstellung nicht relevanten Ergebnissen unterscheiden können.

da v_0 und a konstant sind. Dieses Ergebnis stellt genau die Gleichung 2.12b, $x = x_0 + v_0 t + \frac{1}{2}at^2$, dar.

Lassen Sie uns zum Schluss die Integralrechnung benutzen, um Geschwindigkeit und Weg zu ermitteln, wenn eine Beschleunigung gegeben ist, die zeitlich nicht konstant ist, sondern in Abhängigkeit der Zeit variiert.

Beispiel 2.19 Integrieren mit zeitabhängiger Beschleunigung

Ein Versuchsfahrzeug startet vom Stillstand ($v_0 = 0$) bei $t = 0$ und beschleunigt mit einer angegebenen Beschleunigung von $a = (7{,}00\,\mathrm{m/s^3})t$. Wie groß ist (a) seine Geschwindigkeit und (b) sein Weg 2,00 s später?

Lösung

a Die Gleichungen 2.12a–2.12d können wir nicht benutzen, da a nicht konstant ist. Stattdessen ermitteln wir unter Verwendung der Integralrechnung v als Funktion von t. Aus der Definition der Beschleunigung, $a = \mathrm{d}v/\mathrm{d}t$ ergibt sich

$$\mathrm{d}v = a\,\mathrm{d}t\,.$$

Wir nehmen das Integral beider Seiten von $v = 0$ bei $t = 0$ für die Geschwindigkeit v bei einer beliebigen Zeit t:

$$\int_0^v \mathrm{d}v = \int_0^t a\,\mathrm{d}t$$

$$v(t) = \int_0^t (7{,}00\,\mathrm{m/s^3})\,t\,\mathrm{d}t$$

$$= (7{,}00\,\mathrm{m/s^3})\left(\frac{t^2}{2}\right)\Big|_0^t = (7{,}00\,\mathrm{m/s^3})\left(\frac{t^2}{2} - 0\right) = (3{,}50\,\mathrm{m/s^3})\,t^2\,.$$

Bei $t = 2{,}00$ s ist $v = (3{,}50\,\mathrm{m/s^3})(2{,}00\,\mathrm{s})^2 = 14{,}00\,\mathrm{m/s}$.

b Um den Weg zu ermitteln, nehmen wir $x_0 = 0$ an und beginnen mit $v = \mathrm{d}x/\mathrm{d}t$. Das schreiben wir um zu $\mathrm{d}x = v\,\mathrm{d}t = \mathrm{d}s$. Dann integrieren wir von $x = 0$ bei $t = 0$ zum Ort x zum Zeitpunkt t:

$$\int_0^x \mathrm{d}s = \int_0^t v\,\mathrm{d}t$$

$$x(t) = \int_0^{2{,}00\,\mathrm{s}} (3{,}50\,\mathrm{m/s^3})\,t^2\,\mathrm{d}t = (3{,}50\,\mathrm{m/s^3})\frac{t^3}{3}\Big|_0^{2{,}00\,\mathrm{s}} = 9{,}33\,\mathrm{m} = s(t)\,.$$

Zusammengefasst gesagt ist bei $t = 2{,}00$ s $v = 14{,}00\,\mathrm{m/s}$ und $s = 9{,}33$ m.

ZUSAMMENFASSUNG

[Die Zusammenfassung, die am Ende jedes Kapitels in diesem Buch erscheint, gibt einen kurzen Überblick über die Hauptthemen des Kapitels. Die Zusammenfassung *kann nicht* zum Verstehen des Stoffes dienen. Dafür ist ein genaues Durchlesen des Kapitels unerlässlich.]

Die **Kinematik** befasst sich mit der Beschreibung der Bewegung von Körpern. Die Beschreibung der Bewegung von Körpern muss stets in Bezug auf ein spezielles **Bezugssystem** erfolgen.

Der **Weg** eines Körpers ist die Änderung im Ort des Körpers.

Die **Durchschnittsgeschwindigkeit** ist der Quotient aus dem zurückgelegten Weg und der verstrichenen Zeit. Die **Durchschnittsgeschwindigkeit** eines Körpers über ein bestimmtes Zeitintervall Δt ist der Quotient aus dem Weg Δs und Δt:

$$\overline{v} = \frac{\Delta x}{\Delta t} = \frac{\Delta s}{\Delta t}\,.$$

Die **Momentangeschwindigkeit** ist die Durchschnittsgeschwindigkeit eines unendlich kurzen Zeitintervalls (Δt darf gegen Null gehen):

$$v = \lim_{\Delta t \to 0} \frac{\Delta x}{\Delta t} = \frac{\mathrm{d}x}{\mathrm{d}t} = \frac{\mathrm{d}s}{\mathrm{d}t}\,,$$

wobei $\mathrm{d}x/\mathrm{d}t$ die Ableitung von x nach t ist.

Auf einer Weg-Zeit-Kurve ist die *Steigung* gleich der Momentangeschwindigkeit.

Beschleunigung ist die Änderung der Geschwindigkeit pro Zeiteinheit. Die **Durchschnittsbeschleunigung** eines Körpers über ein Zeitintervall Δt beträgt

$$\overline{a} = \frac{\Delta v}{\Delta t}\,,$$

wobei Δv die Änderung der Geschwindigkeit während des Zeitintervalls Δt ist.

Die **Momentanbeschleunigung** ist die durchschnittliche Beschleunigung über ein unendlich kurzes Zeitintervall:

$$a = \lim_{\Delta t \to 0} \frac{\Delta v}{\Delta t} = \frac{\mathrm{d}v}{\mathrm{d}t}\,.$$

Wenn ein Körper sich auf einer Geraden mit konstanter Beschleunigung bewegt, stehen die Geschwindigkeit v und der Ort x in Beziehung zu der Beschleunigung a, der verstrichenen Zeit t, dem Ausgangsort x_0 und der Anfangsgeschwindigkeit v_0, siehe Gleichungen 2.12a– 2.12d:

$$v = v_0 + at\,, \qquad x = x_0 + v_0 t + \frac{1}{2}at^2\,,$$

$$v^2 = v_0^2 + 2a(x - x_0)\,, \qquad \overline{v} = \frac{v + v_0}{2}\,.$$

Körper, die sich nahe der Erdoberfläche vertikal bewegen, sei es, dass sie frei fallen oder senkrecht nach oben oder unten geworfen wurden, bewegen sich mit konstanter nach unten gerichteter **Fallbeschleunigung** mit einem Betrag von ca. $g = 9{,}80\,\mathrm{m/s^2}$, wenn der Luftwiderstand vernachlässigt werden kann.

Z U S A M M E N F A S S U N G

Verständnisfragen

1 Misst der Tacho eines Autos die Geschwindigkeit als Vektor, als skalare Größe oder beides?

2 Kann ein Körper eine variierende skalare Geschwindigkeit haben, wenn seine vektorielle Geschwindigkeit konstant ist? Wenn ja, führen Sie Beispiele an.

3 Unterscheidet sich die Durchschnittsgeschwindigkeit eines Körpers während eines beliebigen Zeitintervalls von seiner Momentangeschwindigkeit, wenn sich dieser Körper mit konstanter Geschwindigkeit bewegt?

4 Ist es bei einem Dragsterrennen möglich, dass das Auto mit der höchsten erreichten Geschwindigkeit das Rennen verliert? Erklären Sie warum.

5 Wenn ein Körper eine höhere Geschwindigkeit als ein zweiter Körper hat, hat der erste Körper dann auch zwangsläufig eine größere Beschleunigung? Erklären Sie und geben Sie Beispiele.

6 Vergleichen Sie die Beschleunigung eines Motorrades, das von 80 km/h auf 90 km/h beschleunigt, mit der Beschleunigung eines Fahrrades, das in derselben Zeit von Null auf 10 km/h beschleunigt.

7 Kann ein Körper eine nach Norden gerichtete Geschwindigkeit und eine nach Süden gerichtete Beschleunigung haben? Erklären Sie warum.

8 Kann die Geschwindigkeit eines Körpers negativ sein, wenn seine Beschleunigung positiv ist? Gilt auch die Umkehrung?

9 Geben Sie ein Beispiel, in dem sowohl die Geschwindigkeit, als auch die Beschleunigung negativ sind.

10 Zwei Autos fahren nebeneinander aus einem Tunnel heraus. Auto A fährt mit einer Geschwindigkeit von 60 km/h und hat eine Beschleunigung von 40 km/h/min. Auto B fährt mit einer Geschwindigkeit von 40 km/h und einer Beschleunigung von 60 km/h/min. Welches Auto überholt das andere beim Herausfahren aus dem Tunnel? Erklären Sie Ihren Gedankengang.

11 Kann die Geschwindigkeit eines Körpers zunehmen, während seine Beschleunigung abnimmt? Wenn ja, geben Sie ein Beispiel. Wenn nicht, erklären Sie dies.

12 Ein Körper, der senkrecht nach oben geworfen wird, kehrt mit derselben Geschwindigkeit, die er zu Anfang hatte, in seine Ausgangsposition zurück, wenn der Luftwiderstand vernachlässigt werden kann. Ändert sich das Ergebnis, wenn der Luftwiderstand berücksichtigt wird, und wenn ja, wie? [*Hinweis*: Die auf Luftwiderstand zurückzuführende Beschleunigung verläuft immer in der entgegengesetzten Richtung zur Bewegung.]

13 Wie verändert sich die Fallbeschleunigung eines frei fallenden Körpers, während der Körper schneller wird? Nimmt die Fallbeschleunigung zu, nimmt sie ab oder bleibt sie gleich?

14 Wie würden Sie die maximale Höhe abschätzen, die Sie einen Ball senkrecht nach oben werfen könnten? Wie würden Sie die maximale Geschwindigkeit abschätzen, die Sie dem Ball geben könnten?

15 Ein Stein wird mit der Geschwindigkeit v vom Rand einer Klippe nach oben geworfen. Ein zweiter Stein wird mit derselben Anfangsgeschwindigkeit senkrecht nach unten geworfen. Welcher Stein hat bei Erreichen des unteren Endes der Klippe die größere Geschwindigkeit? Lassen Sie die Auswirkung des Luftwiderstandes außer Acht.

16 Sie fahren in einem Auto mit einer konstanten Geschwindigkeit von 70 km/h von Punkt A nach Punkt B. Dann fahren Sie dieselbe Entfernung nach Punkt C, und zwar mit einer konstanten Geschwindigkeit von 90 km/h. Beträgt die Durchschnittsgeschwindigkeit für die gesamte Fahrt von A nach C 80 km/h? Erklären Sie, warum oder warum nicht.

17 Beschreiben Sie in Worten die Bewegung, die in ► Abbildung 2.31 mit der Weg-Zeit- und Geschwindigkeit-Zeit-Kurve dargestellt ist. [*Hinweis*: Versuchen Sie zunächst, die aufgezeichnete Bewegung durch Abschreiten oder Handbewegung nachzuahmen.]

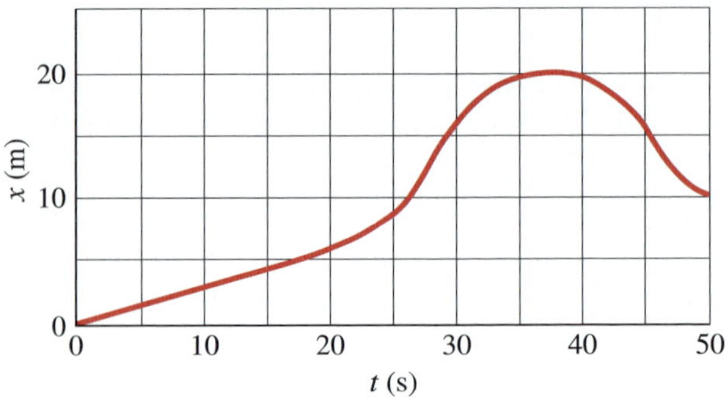

Abbildung 2.31 Frage 17, Aufgaben 11, 12 und 84.

18 Beschreiben Sie in Worten die Bewegung des Körpers, dessen Kurve in ► Abbildung 2.32 abgebildet ist.

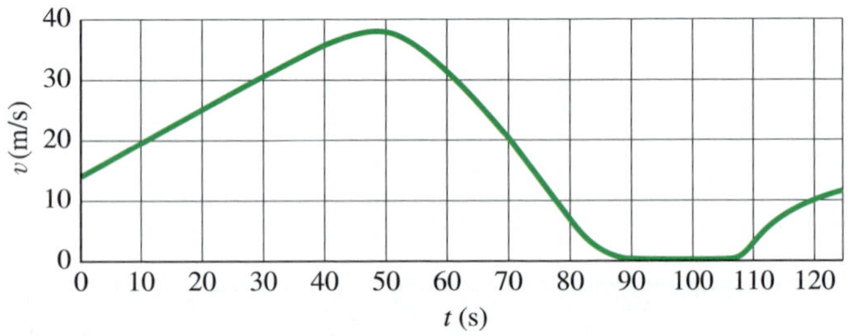

Abbildung 2.32 Frage 18 und Aufgabe 22.

Aufgaben zu 2.1 bis 2.3

[Die Aufgaben am Ende jedes Kapitels sind unterteilt in I, II oder III, je nach ihrem voraussichtlichen Schwierigkeitsgrad. Dabei ist I die leichteste Stufe. Die Aufgaben sind nach Abschnitten geordnet. Das bedeutet, dass der Leser bis einschließlich des betreffenden Abschnittes alles gelesen haben sollte und nicht nur den betreffenden Abschnitt – Aufgaben bauen häufig auf früherem Stoff auf. Schließlich gibt es eine Gruppe „Allgemeine Aufgaben“, die nicht unterteilt und nicht nach Abschnitten geordnet sind.]

1 (I) Ein Vogel fliegt mit einer Geschwindigkeit von 15 km/h. Wie lange braucht er für 75 km?

2 (I) Welche Durchschnittsgeschwindigkeit muss Ihr Auto fahren, um in 3,2 h 280 km zurückzulegen?

3 (I) Wenn Sie mit 110 km/h auf einer geraden Straße fahren und für 2,0 s zur Seite schauen, wie weit fahren Sie während dieser Zeit der Unaufmerksamkeit?

4 (I) Ein rollender Ball bewegt sich zwischen den Zeitpunkten $t_1 = 3{,}0\,\text{s}$ und $t_2 = 6{,}1\,\text{s}$ von $x_1 = 3{,}4\,\text{cm}$ nach $x_2 = -4{,}2\,\text{cm}$. Wie groß ist seine Durchschnittsgeschwindigkeit?

5 (I) Ein Massenpunkt ist zum Zeitpunkt $t_1 = -2{,}0\,\text{s}$ bei $x_1 = 3{,}4\,\text{cm}$ und zum Zeitpunkt $t_2 = 4{,}5\,\text{s}$ bei $x_1 = 8{,}5\,\text{cm}$. Wie groß ist seine Durchschnittsgeschwindigkeit?

6 (II) Sie fahren von der Schule ruhig mit 105 km/h 210 km nach Hause. Dann beginnt es zu regnen und Sie reduzieren die Geschwindigkeit auf 90 km/h. Nach 3 Stunden und 20 Minuten Fahrzeit kommen Sie zu Hause an. (a) Wie weit liegt Ihre Heimatstadt von der Schule entfernt? (b) Wie hoch war Ihre Durchschnittsgeschwindigkeit?

7 (II) Nach einer Faustregel geben jeweils fünf Sekunden zwischen einem Blitz und dem darauffolgenden Donner die Entfernung eines Gewitters in Meilen an. Schätzen Sie die Geschwindigkeit des Schalls in m/s auf der Grundlage dieser Regel und unter der Annahme ab, dass das Blitzlicht ohne Verzögerung den Beobachter erreicht.

8 (II) Eine Person läuft acht komplette Runden auf einer Viertelmeilenbahn (402,3 m) in einer Gesamtzeit von 12,5 min. Berechnen Sie die Durchschnittsgeschwindigkeit in m/s.

9 (II) Ein Pferd galoppiert in einer geraden Linie in 17,0 s 160 m weit von seinem Trainer weg. Dann dreht es plötzlich um und galoppiert in 6,8 s die halbe Strecke zurück. Berechnen Sie seine Durchschnittsgeschwindigkeit für den gesamten Lauf.

10 (II) Zwei Lokomotiven nähern sich einander auf parallelen Spuren. Jede hat eine Geschwindigkeit von 95 km/h in Bezug auf den Erdboden. Wie lange dauert es, bis sie einander erreichen, wenn sie anfangs 8,5 km voneinander entfernt sind? (siehe ► Abbildung 2.33).

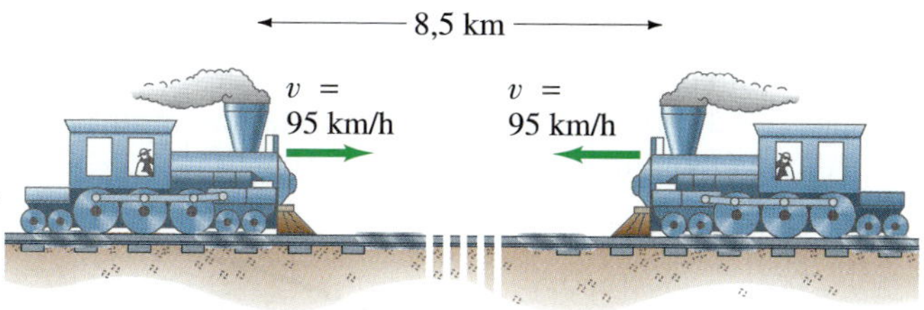

Abbildung 2.33 Aufgabe 10.

11 (II) Der Ort eines Kaninchens in einem geraden Tunnel ist in ► Abbildung 2.31 in Abhängigkeit der Zeit dargestellt. Wie groß ist seine Geschwindigkeit (a) bei $t = 10{,}0$ s und (b) bei $t = 30{,}0$ s? Wie groß ist seine Durchschnittsgeschwindigkeit (c) zwischen $t = 0$ und $t = 5{,}0$ s, (d) zwischen $t = 25{,}0$ und $t = 30{,}0$ s und (e) zwischen $t = 40{,}0$ s und $t = 50{,}0$ s?

12 (II) (a) Während welcher Zeitintervalle ist, falls zutreffend, die Geschwindigkeit des Kaninchens in ► Abbildung 2.31 konstant? (b) Zu welchem Zeitpunkt ist seine Geschwindigkeit am größten? (c) Zu welchem Zeitpunkt ist, falls zutreffend, die Geschwindigkeit Null? (d) Läuft das Kaninchen während der dargestellten Zeit in seinem Tunnel in eine oder in beide Richtungen?

13 (II) Ein Hund läuft in 8,4 s in einer geraden Linie 100 m von seinem Herrchen weg und dann in einem Drittel der Zeit die Hälfte der Strecke zurück. Berechnen Sie seine Durchschnittsgeschwindigkeit.

14 (II) Der Ort eines Balls, der in einer geraden Linie rollt, ist durch $x = 2{,}0 - 4{,}6\,t + 1{,}1\,t^2$ gegeben, wobei x in Metern und t in Sekunden angegeben sind. (a) Bestimmen Sie den Ort des Balls bei $t = 1{,}0$ s, 2,0 s und 3,0 s. (b) Wie groß ist die Durchschnittsgeschwindigkeit während des Intervalls zwischen $t = 1{,}0$ s und $t = 3{,}0$ s? (c) Wie groß ist seine Momentangeschwindigkeit bei $t = 2{,}0$ s und $t = 3{,}0$ s?

15 (II) Ein Auto, das mit 90 km/h fährt, fährt 100 m hinter einem Lkw, der mit 75 km/h fährt. Wie lange dauert es, bis das Auto den Lkw erreicht hat?

16 (II) Ein Flugzeug fliegt 2100 km mit einer Geschwindigkeit von 800 km/h und hat dann Rückenwind, der seine Geschwindigkeit für die nächsten 1800 km auf1000 km/h ansteigen lässt. Wie lange dauert der Flug insgesamt? Wie groß war die Durchschnittsgeschwindigkeit des Flugzeugs auf diesem Flug? [*Hinweis*: Denken Sie sorgfältig nach, bevor Sie die Gleichung 2.12d benutzen.]

17 (II) Berechnen Sie die Durchschnittsgeschwindigkeit einer Rundreise, bei der die ersten 200 km mit 90 km/h gefahren werden, dann eine einstündige Mittagspause gemacht wird und anschließend der Rückweg mit 50 km/h gefahren wird.

18 (II) Ein Kraftfahrzeug, das mit 90 km/h fährt, überholt einen 1,10 km langen Zug, der in derselben Richtung auf einer Spur fährt, die parallel zur Straße verläuft. Wie lange dauert es, bis das Auto den Zug überholt hat, wenn der Zug mit einer Geschwindigkeit von 80 km/h fährt, und wie weit ist das Auto in dieser Zeit gefahren? Siehe ► Abbildung 2.34. Welche Ergebnisse ergeben sich, wenn das Auto und der Zug in entgegengesetzte Richtungen fahren?

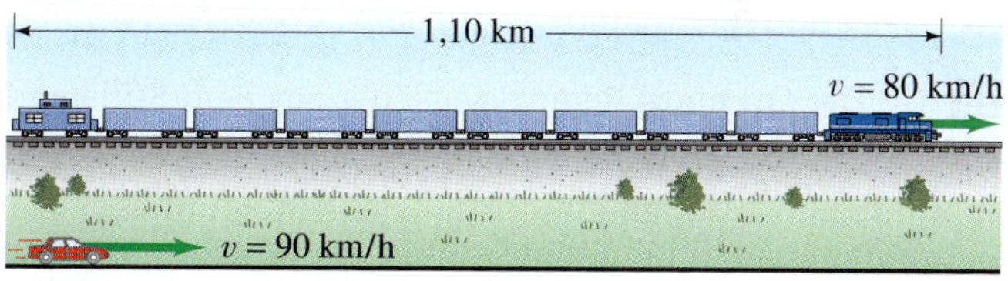

Abbildung 2.34 Aufgabe 18.

19 (II) Eine Bowlingkugel, die mit konstanter Geschwindigkeit rollt, trifft die Kegel am Ende einer 16,5 m langen Bowlingbahn. Der Bowlingspieler hört das Geräusch, mit dem der Ball die Kegel trifft, 2,50 s, nachdem er die Kugel losgelassen hat. Welche Geschwindigkeit hat die Kugel? Die Geschwindigkeit des Schalls beträgt 340 m/s.

Aufgaben zu 2.4

20 (I) Ein Sportwagen beschleunigt in 6,2 Sekunden von null auf 95 km/h. Welches ist seine Durchschnittsbeschleunigung in m/s^2?

21 (I) Bei Geschwindigkeiten, wie sie auf Bundesstraßen üblich sind, kann ein bestimmtes Kraftfahrzeug mit 1,6 m/s^2 beschleunigen. Wie lange dauert es mit dieser Beschleunigung, um von 80 km/h auf 110 km/h zu beschleunigen?

22 (I)► Abbildung 2.32 zeigt die Geschwindigkeit eines Zuges in Abhängigkeit der Zeit. (a) Zu welchem Zeitpunkt war seine Geschwindigkeit am größten? (b) Während welcher Intervalle war, falls zutreffend, die Geschwindigkeit konstant? (c) Während welcher Intervalle, falls zutreffend, war die Beschleunigung konstant? (d) Wann war der Betrag der Beschleunigung am größten?

23 (II) Die Werbung für einen Sportwagen behauptet, dass dieser Wagen bei einer Geschwindigkeit von 100 km/h innerhalb von 55 m anhalten kann. Welches ist seine Beschleunigung in m/s^2? Wie viele g sind das (g = 9,80 m/s^2)?

24 (II) Ein bestimmtes Kraftfahrzeug kann ungefähr so beschleunigen, wie es in der Geschwindigkeit-Zeit-Kurve in ► Abbildung 2.35 gezeigt ist. (Die kurzen Unstetigkeiten in der Kurve stellen das Schalten dar.) Schätzen Sie die Durchschnittsbeschleunigung des Autos im zweiten und im vierten Gang ab.

25 (II) Schätzen Sie die Durchschnittsbeschleunigung des Autos in der vorhergehenden Aufgabe (► Abbildung 2.35) ab, wenn es (a) im ersten Gang, (b) im dritten Gang und (c) im fünften Gang fährt.

26 (II) Der Ort eines Rennwagens, der aus dem Stillstand zum Zeitpunkt t = 0 startet und sich in einer geraden Linie bewegt, wurde in Abhängigkeit der Zeit gemessen, wie in der nachstehenden Tabelle aufgeführt. Schätzen Sie (a) seine Geschwindigkeit und (b) seine Beschleunigung in Abhängigkeit der Zeit ab. Erstellen Sie für beide Größen eine Tabelle und fertigen Sie Kurven an.

t(s)	0	0,25	0,50	0,75	1,00	1,50	2,00	2,50
x(m)	0	0,1	0,46	1,06	1,94	4,62	8,55	13,75
t(s)	3,00	3,50	4,00	4,50	4,00	5,50	6,00	
x(m)	20,36	28,31	37,65	48,37	60,30	73,26	87,16	

27 (II) Ein Massenpunkt bewegt sich entlang der x-Achse. Seine Weg-Zeit-Kurve ist gegeben durch $x = 6{,}0\,t + 8{,}5\,t^2$, wobei t in Sekunden und x in Metern angegeben ist. Wie groß ist die Beschleunigung in Abhängigkeit der Zeit?

28 (II) Der Ort eines Körpers ist gegeben durch $x = At + 6Bt^3$, wobei x in Metern und t in Sekunden angegeben ist. (a) Welche Einheiten haben A und B? (b) Wie groß ist die Beschleunigung in Abhängigkeit der Zeit? (c) Wie groß sind die Geschwindigkeit und die Beschleunigung bei t = 5,0 s? (d) Wie groß ist die Geschwindigkeit in Abhängigkeit der Zeit, wenn $x = At + Bt^{-3}$?

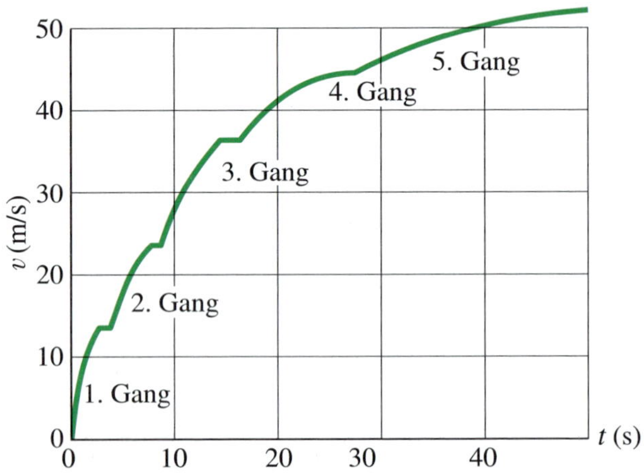

Abbildung 2.35 Die Geschwindigkeit eines Rennwagens als Funktion der Zeit, beginnend an einem Anschlag. Die Unstetigkeiten in der Steigung der Kurve stellen die Schaltvorgänge dar. Aufgaben 24 und 25.

Aufgaben zu 2.5 und 2.6

29 (I) Ein Auto beschleunigt in 6,0 s von 12 m/s auf 21 m/s. Wie groß war seine Beschleunigung? Wie weit ist es in dieser Zeit gefahren? Nehmen Sie eine konstante Beschleunigung an.

30 (I) Ein Auto kommt innerhalb eines Weges von 75 m von 25 m/s zum Stehen. Wie groß war seine Beschleunigung unter der Voraussetzung, dass die Beschleunigung konstant war?

31 (I) Ein Leichtflugzeug muss zum Abheben eine Geschwindigkeit von 32 m/s erreichen. Wie lang muss die Startbahn sein, wenn die (konstante) Beschleunigung 3,0 m/s^2 beträgt?

32 (II) Beim Baseball wird ein Ball mit einer Geschwindigkeit von 44 m/s losgeworfen. Schätzen Sie die Durchschnittsbeschleunigung des Balls während der Wurfbewegung ab. Der Baseball wird über einen Weg von3,5 m von einem Punkt hinter dem Körper bis zum dem Punkt, an dem der Werfer ihn loslässt, beschleunigt (▶ Abbildung 2.36).

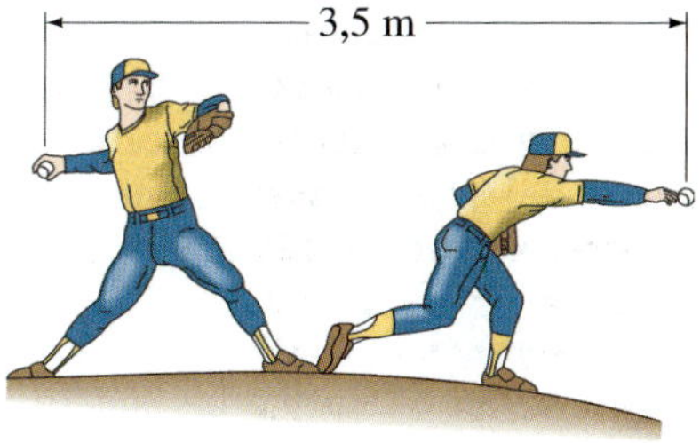

Abbildung 2.36 Aufgabe 32.

33 (II) Eine Weltklassesprinterin kann auf den ersten 15,0 m eines Laufes eine Spitzengeschwindigkeit (von ca. 11,5 m/s) erreichen. Wie groß ist die Durchschnittsbeschleunigung dieser Sprinterin und wie lange braucht sie, um diese Geschwindigkeit zu erreichen?

34 (II) Zeigen Sie, dass $\overline{v} = (v + v_0)/2$ (siehe Gleichung 2.12d) nicht gültig ist, wenn die Beschleunigung $a = A + Bt$ ist, wobei A und B Konstanten sind.

35 (II) Ein Auto bremst in 5,00 s gleichmäßig von einer Geschwindigkeit von 22,0 m/s bis zum Stillstand ab. Wie weit ist es in dieser Zeit gefahren?

36 (II) Beim Anhalten hinterlässt ein Auto Bremsspuren von 75 m Länge auf der Bundesstraße. Schätzen Sie die Geschwindigkeit des Autos direkt vor dem Bremsmanöver unter der Annahme einer Verzögerung von 7,00 m/s^2 ab.

37 (II) Ein Auto, das mit 55 km/h fährt, wird mit konstanten 0,50 m/s^2 abgebremst, indem „der Fahrer den Fuß vom Gas nimmt". Berechnen Sie (a) die Entfernung, die das Auto dahinrollt, bevor es zum Stehen kommt, (b) die Zeit, die es zum Anhalten braucht, und (c) den Weg, den es zwischen der ersten und der fünften Sekunde zurücklegt.

38 (II) Ein Auto, das mit 95 km/h fährt, fährt an einen Baum. Das vordere Ende des Autos wird zusammengedrückt und der Fahrer kommt nach 0,80 m zum Stehen. Wie groß war die Durchschnittsbeschleunigung des Fahrers während des Zusammenstoßes? Drücken Sie die Antwort in g aus, wobei 1,00 $g \mathrel{\widehat{=}}$ 9,80 m/s^2.

39 (II) Bestimmen Sie die Anhaltewege für ein Kraftfahrzeug mit einer Anfangsgeschwindigkeit von 90 km/h und einer menschlichen Reaktionszeit von 1,0 s: (a) bei einer Beschleunigung von $a = -4{,}0$ m/s^2; (b) bei $a = -8{,}0$ m/s^2.

40 (II) Ein Raumfahrzeug beschleunigt gleichmäßig von 65 m/s bei $t = 0$ auf 162 m/s bei $t = 10{,}0$ s. Wie schnell hat es sich zwischen $t = 2{,}0$ s und $t = 6{,}0$ s bewegt?

41 (II) Ein 75 m langer Zug beschleunigt gleichmäßig aus dem Stillstand. Wenn das vordere Ende des Zuges an einem Bahnarbeiter 140 m weiter an der Spur mit 25 m/s vorbeifährt, wie groß ist dann die Geschwindigkeit des letzten Wagens, wenn dieser den Arbeiter passiert?

42 (II) Zeigen Sie, dass die Gleichung für den Anhalteweg eines Autos $d_S = v_0 t_R - v_0^2/(2a)$ ist, wobei v_0 die Anfangsgeschwindigkeit des Autos, t_R die Reaktionszeit des Fahrers und a die konstante Beschleunigung (und negativ) ist.

43 (II) Bei der Planung von Ampeln muss das gelbe Licht lange genug leuchten, damit ein Fahrer anhalten oder weiter- und dabei über die ganze Kreuzung fahren kann. So muss, wenn ein Fahrer weniger als den Anhalteweg d_S (berechnet in Aufgabe 42) von der Kreuzung entfernt ist, das Licht lange genug leuchten, damit er diesen Weg plus die Breite der Kreuzung d_I zurücklegen kann. (a) Zeigen Sie, dass das gelbe Licht für eine Zeit $t = t_R - v_0/(2a) + d_I/v_0$ leuchten sollte, wobei v_0 eine typische zu erwartende Geschwindigkeit eines Autos, das sich der Kreuzung nähert, ist und a und t_R wie in Aufgabe 42 definiert anzusehen sind. (b) Ein Verkehrsingenieur nimmt an, dass sich Autos einer 14,4 m breiten Kreuzung mit Geschwindigkeiten zwischen 30,0 und 60,0 km/h nähern. Aus Sicherheitsgründen berechnet er die Zeit für beide Geschwindigkeiten und nimmt $t_R = 0{,}5$ s und $a = -4{,}00$ m/s^2 an. Aus Gründen der Sicherheit wählt er die längste Zeit. Wie lautet sein Ergebnis?

44 (II) Ein ziviles Polizeifahrzeug, das mit einer konstanten Geschwindigkeit von 95 km/h fährt, wird von einem Raser, der 140 km/h fährt, überholt. Genau 1,00 s, nachdem der Raser überholt hat, tritt der Polizist auf das Gaspedal. Wie viel Zeit vergeht, bevor das Polizeifahrzeug den Raser (unter der Annahme, dass dieser sich mit konstanter Geschwindigkeit bewegt) überholt, wenn die Beschleunigung des Polizeifahrzeugs 2,00 m/s^2 beträgt?

45 (III) Nehmen wir für Aufgabe 44 an, dass die Geschwindigkeit des Rasers nicht bekannt ist. Wie groß war die Geschwindigkeit des Rasers, wenn das Polizeifahrzeug gleichmäßig, wie oben angegeben, beschleunigt und den Raser nach einer Beschleunigungszeit von 6,0 s überholt?

46 (III) Ein Läufer hofft, den 10 000 m Lauf in weniger als 30,0 min zu absolvieren. Nach genau 27,0 min, in denen er mit konstanter Geschwindigkeit gelaufen ist, sind noch 1100 m zu laufen. Für wie viele Sekunden muss der Läufer um 0,20 m/s^2 beschleunigen, damit er die gewünschte Zeit erreicht?

Aufgaben zu 2.7 [Luftwiderstand vernachlässigen]

47 (I) Wie lange braucht ein Auto, das sanft ($v_0 = 0$) eine senkrechte Klippe hinunterrollt, um 100 km/h zu erreichen?

48 (I) Ein Stein wird vom oberen Ende einer Klippe fallen gelassen. Man sieht, dass er nach 2,75 s auf dem Boden aufschlägt. Wie hoch ist die Klippe?

49 (I) Berechnen Sie, (a) wie lange King Kong brauchte, um vom Empire State Building (380 m hoch) herunterzufallen, und (b) wie groß seine Geschwindigkeit direkt vor der „Landung" war.

50 (II) Ein Baseball wird mit einer Geschwindigkeit von ca. 20 m/s nahezu gerade hoch in die Luft geschlagen. (a) Wie hoch fliegt er? (b) Wie lange ist er in der Luft?

51 (II) Ein Känguru springt 2,55 m senkrecht in die Luft. Wie lange ist es in der Luft, bis es auf den Erdboden zurückkehrt?

52 (II) Ein Ballspieler fängt einen Ball 3,1 s, nachdem er ihn senkrecht hochgeworfen hat, auf. Mit welcher Geschwindigkeit hat er ihn geworfen und welche Höhe hat der Ball erreicht?

53 (II) Schätzen Sie die maximale Geschwindigkeit ab, mit der Sie einen Körper gerade hoch in die Luft werfen können. Beschreiben Sie ihre Vorgehensweise, wie Sie zu der Abschätzung gekommen sind.

54 (II) Die besten Rebounder im Basketball haben eine senkrechte Sprunghöhe (d. h. die senkrechte Bewegung eines Fixpunktes an ihrem Körper) von ca. 120 cm. (a) Welches ist ihre anfängliche Absprunggeschwindigkeit? (b) Wie lange sind sie in der Luft?

55 (II) Ein Hubschrauber steigt mit einer Geschwindigkeit von 5,60 m/s senkrecht nach oben. In einer Höhe von 115 m über dem Erdboden wird ein Päckchen aus einem Fenster fallen gelassen. Wie lange dauert es, bis das Päckchen den Erdboden erreicht?

56 (II) Zeigen Sie, dass bei einem aus dem Stillstand frei fallenden Körper der während jeder aufeinanderfolgenden Sekunde zurückgelegte Weg im Verhältnis der aufeinander folgenden ungeraden ganzen Zahlen (1, 3, 5, etc.) zunimmt. (Galilei hat dies als erster gezeigt) Siehe ► Abbildung 2.23 und ► Abbildung 2.26.

57 (II) Zeigen Sie (algebraisch) unter Vernachlässigung des Luftwiderstandes, dass ein mit einer Geschwindigkeit v_0 senkrecht nach oben geworfener Ball dieselbe Geschwindigkeit v_0 hat, wenn er zu seinem Ausgangspunkt zurückfällt.

58 (II) Ein Stein wird mit einer Geschwindigkeit von 23,0 m/s senkrecht nach oben geworfen. (a) Wie schnell bewegt er sich, wenn er eine Höhe von 12,0 m erreicht? (b) Wie viel Zeit ist erforderlich, um diese Höhe zu erreichen? (c) Warum gibt es bei (b) zwei Antworten?

59 (II) Schätzen Sie die Zeit zwischen jeder Blitzlichtaufnahme des Apfels in ► Abbildung 2.23 (oder Anzahl der Blitze pro Sekunde) ab. Nehmen Sie an, dass der Apfel einen Durchmesser von ca. 10 cm hat.

60 (II) Eine Rakete steigt senkrecht aus dem Stillstand mit einer Beschleunigung von 3,2 m/s^2, bis sie in einer Höhe von 1200 m ausgebrannt ist. Nach diesem Punkt ergibt sich ihre Beschleunigung als die nach unten gerichtete Fallbeschleunigung. (a) Welche Geschwindigkeit hat die Rakete, wenn ihr der Treibstoff ausgeht? (b) Wie lange dauert es, bis dieser Punkt erreicht ist? (c) Welche maximale Höhe erreicht die Rakete? (d) Wie lange dauert es (insgesamt), bis die maximale Höhe erreicht ist? (e) Mit welcher Geschwindigkeit trifft sie auf der Erde auf? (f) Wie lange ist sie (insgesamt) in der Luft?

61 (II) Ein hinunterfallender Stein braucht 0,30 s, um an einem 2,2 m großen Fenster vorbeizufliegen (► Abbildung 2.37). Aus welcher Höhe über dem Fenster begann der freie Fall des Steins?

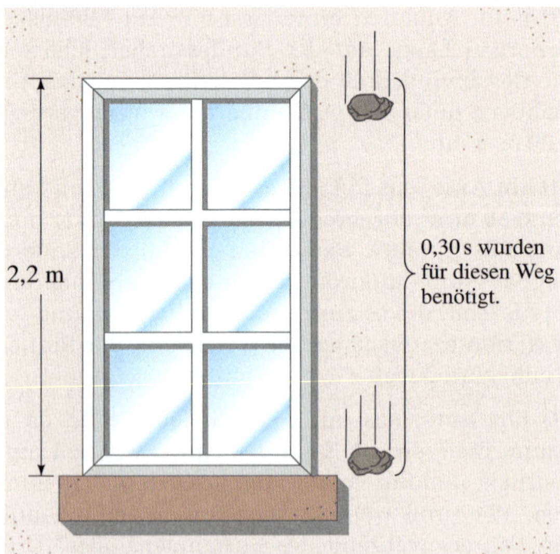

Abbildung 2.37 Aufgabe 61.

62 (II) Nehmen wir an, Sie stellen die Düse Ihres Gartenschlauches auf einen harten Wasserstrahl ein. Sie richten die Düse in einer Höhe von 1,5 m über dem Boden senkrecht nach oben (► Abbildung 2.38). Wenn Sie die

Düse schnell aus der vertikalen Position herausbewegen, hören Sie weitere 2,0 s das Wasser neben sich auf den Boden prasseln. Mit welcher Geschwindigkeit tritt das Wasser aus der Düse aus?

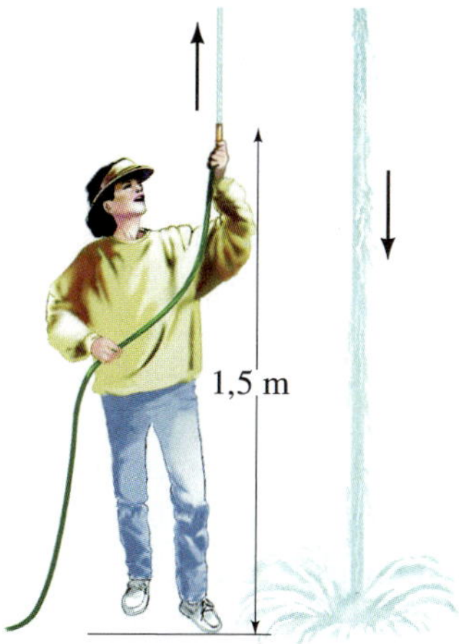

Abbildung 2.38 Aufgabe 62.

62 (III) Ein Stein wird von einer Meeresklippe fallen gelassen und das Geräusch, wie er auf das Wasser auftrifft, ist 3,4 s später zu hören. Wie hoch ist die Klippe, wenn die Geschwindigkeit des Schalls 340 m/s beträgt?

63 (III) Ein Stein wird mit einer Geschwindigkeit von 12,0 m/s senkrecht in die Höhe geworfen. Genau 1,00 s später wird ein Ball mit einer Geschwindigkeit von 20,0 m/s auf derselben Wurfbahn senkrecht nach oben geworfen. (a) Wann treffen sie aufeinander? (b) In welcher Höhe wird der Zusammenstoß erfolgen? (c) Beantworten Sie (a) und (b) unter umgekehrten Voraussetzungen: der Ball wird 1,00 s vor dem Stein geworfen.

64 (III) Eine Spielzeugrakete fliegt an einem 2,0 m hohen Fenster vorbei, dessen Sims sich 10,0 m über dem Boden befindet. Die Rakete benötigt 0,15 s, um die Fensterhöhe von 2,0 m zu passieren. Wie groß war die Abschussgeschwindigkeit der Rakete und wie hoch fliegt sie? Nehmen Sie an, dass der Treibstoff sehr schnell während des Zündens verbrennt.

Aufgaben zu 2.8

66 (II) Gegeben ist $v(t) = 25+18t$, wobei v in m/s und t in s angegeben ist. Verwenden Sie die Integralrechnung, um den gesamten Weg zwischen $t_1 = 1{,}5$ s und $t_2 = 3{,}5$ s zu bestimmen.

67 (III) Der Luftwiderstand, der auf einen fallenden Körper wirkt, kann durch die Näherungsbeziehung für die Beschleunigung berücksichtigt werden:

$$a = \frac{dv}{dt} = g - kv\,,$$

wobei k eine Konstante ist. (a) Leiten Sie eine Formel für die Geschwindigkeit des Körpers in Abhängigkeit der Zeit her und nehmen Sie dabei an, dass er aus dem Stillstand ($v = 0$ und $t = 0$) startet. [*Hinweis*: Ändern Sie die Variablen, indem Sie $u = g - kv$ setzen.] (b) Ermitteln Sie einen Ausdruck für die Endgeschwindigkeit, die den Maximalwert, den die Geschwindigkeit erreicht, darstellt.

68 (III) Die Beschleunigung eines Massenpunktes ist gegeben durch $a = A\sqrt{t}$, wobei $A = 2{,}0\,\mathrm{m/s^{5/2}}$ ist. Bei $t = 0$ ist $v = 10$ m/s und $x = 0$. (a) Wie groß ist die Geschwindigkeit in Abhängigkeit der Zeit? (b) Wie groß ist der Weg in Abhängigkeit der Zeit? (c) Wie groß sind die Beschleunigung, Geschwindigkeit und der Weg bei $t = 5{,}0$ s?

Allgemeine Aufgaben

69 Die Fallbeschleunigung beträgt auf dem Mond ungefähr ein Sechstel der Fallbeschleunigung auf der Erde. Wie viel Mal höher würde ein Körper, der auf dem Mond senkrecht nach oben geworfen würde, als auf der Erde bei gleicher Anfangsgeschwindigkeit fliegen?

70 Eine Person springt 15,0 m über dem Sprungtuch der Feuerwehr aus einem Fenster im vierten Stock. Die überlebende Person dehnt das Tuch 1,0 m, bevor beide zur Ruhe kommen, ► Abbildung 2.39. (a) Welche durchschnittliche Verzögerung hat die überlebende Person erfahren, als sie vom Tuch aufgefangen wurde? (b) Was würden Sie tun, um das Tuch „sicherer" zu machen (d. h. um eine geringere Verzögerung zu erzeugen): würden Sie es versteifen oder dehnbarer machen? Erklären Sie.

71 Eine Person, die ordnungsgemäß durch einen Schultergurt gesichert ist, hat gute Chancen, einen Fahrzeugzusammenstoß zu überleben, wenn die Verzögerung nicht größer als 30 g ($1{,}00\,g = 9{,}80\,\mathrm{m/s^2}$) ist. Berechnen Sie unter der Annahme einer gleichmäßigen Ab-

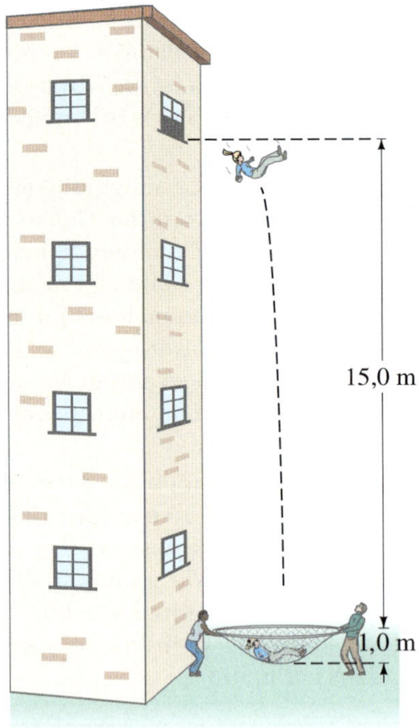

Abbildung 2.39 Aufgabe 70.

nahme dieses Wertes die Knautschzone für das vordere Ende des Autos, wenn ein Zusammenstoß das Auto von 100 km/h zum Stehen bringt.

72 Ein Rennwagenfahrer muss während eines Zeittestes, der zehn Runden dauert, durchschnittlich 200,0 km/h fahren. Welche Durchschnittsgeschwindigkeit muss für die letzte Runde aufrechterhalten bleiben, wenn die ersten neun Runden mit 199,0 km/h gefahren wurden?

73 Ein Autohersteller testet seine Fahrzeuge bezüglich Frontalzusammenstößen, indem er sie an einem Kran hochzieht und sie aus einer bestimmten Höhe fallen lässt. (a) Zeigen Sie, dass die Geschwindigkeit direkt vor dem Aufschlagen des Autos auf dem Boden, das aus dem Stillstand eine senkrechte Entfernung H hinuntergefallen ist, gegeben ist durch $\sqrt{2gH}$. Welche Höhe entspricht einem Zusammenstoß bei (b) 50 km/h? (c) 100 km/h?

74 ► Abbildung 2.40 ist eine Weg-Zeit-Kurve für die Bewegung eines Körpers entlang der x-Achse. Wenn sich der Körper von A nach B bewegt: (a) Bewegt sich der Körper in positiver oder negativer Richtung? (b) Wird der Körper schneller oder langsamer? (c) Ist die Beschleunigung des Körpers positiv oder negativ? Dann für das Zeitintervall von D bis E: (d) Bewegt sich der Körper in positiver oder negativer Richtung? (e) Wird der Körper schneller oder langsamer? (f) Ist die Beschleunigung des Körpers positiv oder negativ? (g) Beantworten Sie schließlich dieselben drei Fragen für das Zeitintervall von C bis D.

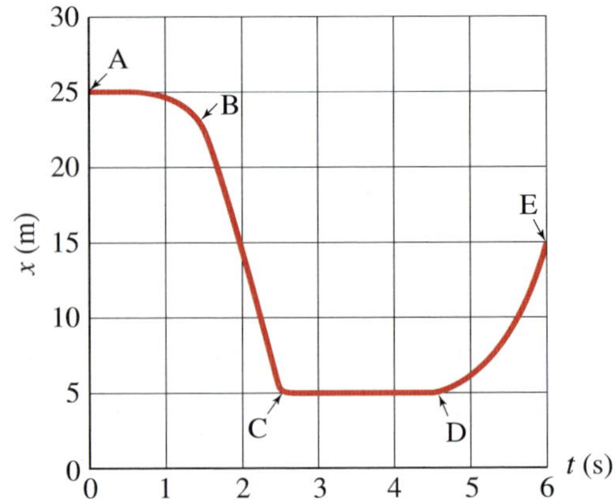

Abbildung 2.40 Aufgabe 74.

75 Zwei Kinder spielen auf zwei Trampolinen. Das erste Kind kann anderthalb Mal so hoch springen wie das zweite Kind. Die anfängliche Geschwindigkeit nach oben des zweiten Kindes beträgt 5,0 m/s. (a) Ermitteln Sie die maximale Höhe, die das zweite Kind erreicht. (b) Wie groß ist die Anfangsgeschwindigkeit des ersten Kindes? (c) Wie lange war das erste Kind in der Luft?

76 Ein 90 m langer Zug beschleunigt aus dem Stillstand gleichmäßig. Das vordere Ende des Zuges hat eine Geschwindigkeit von 20 m/s, wenn es an einem Bahnarbeiter vorbeifährt, der 180 m von der Stelle, an der das vordere Ende des Zuges losgefahren ist, entfernt steht. Welche Geschwindigkeit hat der letzte Wagen, wenn er an dem Arbeiter vorbeifährt? (Siehe ► Abbildung 2.41).

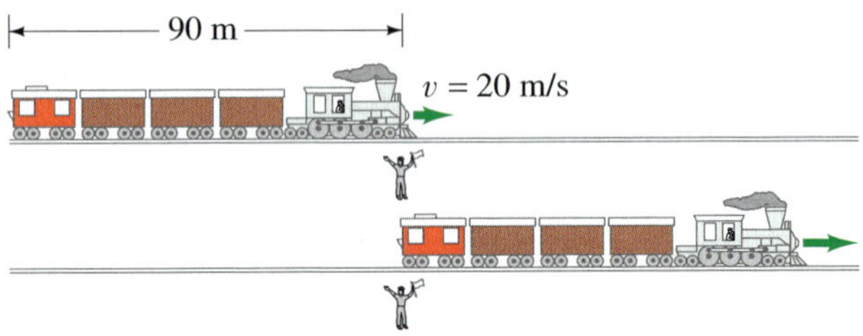

Abbildung 2.41 Aufgabe 76.

77 Ein erster Stein wird vom Dach eines Gebäudes fallen gelassen. 2,00 s später wird ein zweiter Stein mit einer Anfangsgeschwindigkeit von 30,0 m/s gerade nach unten geworfen. Man sieht, dass die beiden Steine gleichzeitig auf dem Boden aufkommen. (a) Wie lange brauchte der erste Stein, bis er auf dem Boden aufkam? (b) Wie hoch ist das Gebäude? (c) Welche Geschwindigkeiten haben die beiden Steine direkt vor dem Auftreffen auf dem Boden?

78 Ein Polizeifahrzeug im Stillstand wird von einem Raser, der mit einer konstanten Geschwindigkeit von 110 km/h fährt, überholt und nimmt die Verfolgung auf. Unter Beibehaltung einer konstanten Beschleunigung holt der Polizeibeamte den Raser nach 700 m ein. (a) Zeichnen Sie die Weg-Zeit-Kurve für beide Autos vom Zeitpunkt, zu dem das Polizeifahrzeug losfährt, bis zum Einholpunkt. (b) Berechnen Sie, wie lange es gedauert hat, bis der Polizeibeamte den Raser überholt hat, (c) berechnen Sie die erforderliche Beschleunigung des Polizeifahrzeugs und (d) berechnen Sie die Geschwindigkeit des Polizeifahrzeugs am Überholpunkt.

79 Bei der Planung eines S-Bahn-Systems muss die Durchschnittsgeschwindigkeit eines Zuges an die Entfernungen zwischen den Haltestellen angepasst werden. Je mehr Haltestellen es gibt, desto geringer ist die Durchschnittsgeschwindigkeit des Zuges. Um eine Vorstellung von dieser Aufgabenstellung zu bekommen, berechnen Sie, wie lange ein Zug braucht, um eine 36 km lange Fahrt zu machen, und zwar in zwei Situationen: (a) die Stationen, an denen die Züge halten müssen, liegen 0,80 km auseinander; und (b) die Stationen liegen 3,0 km auseinander. Nehmen Sie an, dass der Zug an jeder Station mit $1{,}1\ \mathrm{m/s^2}$ beschleunigt, bis er 90 km/h erreicht, dann auf dieser Geschwindigkeit bleibt, bis seine Bremsen wegen der Ankunft in der nächsten Station betätigt werden und er mit $-2{,}0\ \mathrm{m/s^2}$ abbremst. Nehmen Sie an, dass er an jeder Zwischenstation 20 s hält.

80 Betrachten Sie die Straßenanordnung in ▸ Abbildung 2.42. Jede Kreuzung hat eine Ampel und die Geschwindigkeitsbegrenzung beträgt 50 km/h. Nehmen Sie an, Sie kommen aus Richtung Westen, und wenn Sie 10 m von der ersten Kreuzung entfernt sind, schalten alle drei Ampeln auf grün. Jede Ampel ist 13 s lang auf grün. (a) Schaffen Sie es, alle drei Ampeln zu überqueren ohne anzuhalten? (b) Ein anderes Auto stand an der ersten Ampel, als alle Ampeln auf grün schalteten. Es kann mit $2{,}0\ \mathrm{m/s^2}$ bis zum Tempolimit beschleunigen. Kann das zweite Auto alle drei Ampeln überqueren ohne anzuhalten?

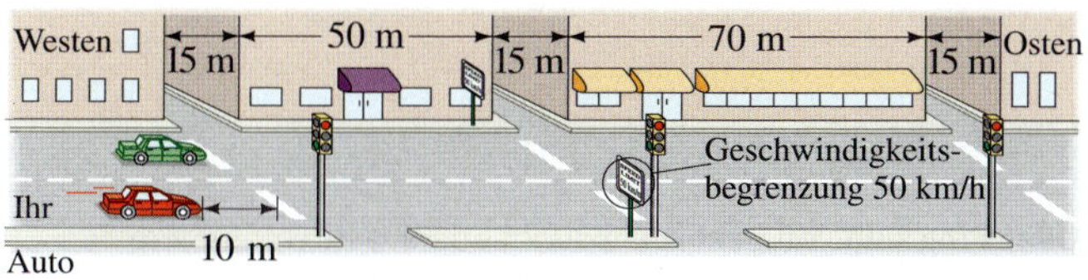

Abbildung 2.42 Aufgabe 80.

81 Ein Baseball fliegt mit einer vertikalen Geschwindigkeit von 14 m/s nach oben an einem Fenster vorbei, das sich 25 m über der Straße befindet. Der Ball wurde von der Straße aus geworfen. (a) Wie groß war seine Anfangsgeschwindigkeit? (b) Welche Höhe erreicht er? (c) Wann wurde er geworfen? (d) Wann erreicht er wieder die Straße?

82 Eine flüchtige Person versucht, einen Güterzug zu erreichen, der mit einer konstanten Geschwindigkeit von 6,0 m/s fährt. Gerade als ein leerer Güterwagen an der flüchtigen Person vorbeifährt, fängt diese aus dem Stillstand an zu laufen und beschleunigt mit $a = 4{,}0\ \mathrm{m/s^2}$ bis zu ihrer Maximalgeschwindigkeit von 8,0 m/s. (a) Wie lange braucht die Person, bis sie den leeren Güterwagen erreicht? (b) Welchen Weg legt sie zurück, um den Güterwagen zu erreichen?

83 Ein Stein wird mit einer Geschwindigkeit von 10,0 m/s vom Rand einer 65,0 m hohen Klippe senkrecht nach oben geworfen (▸ Abbildung 2.43). (a) Wie viel später erreicht er das untere Ende der Klippe? (b) Welche Geschwindigkeit hat er direkt vor dem Aufschlagen? (c) Welchen Gesamtweg hat er zurückgelegt?

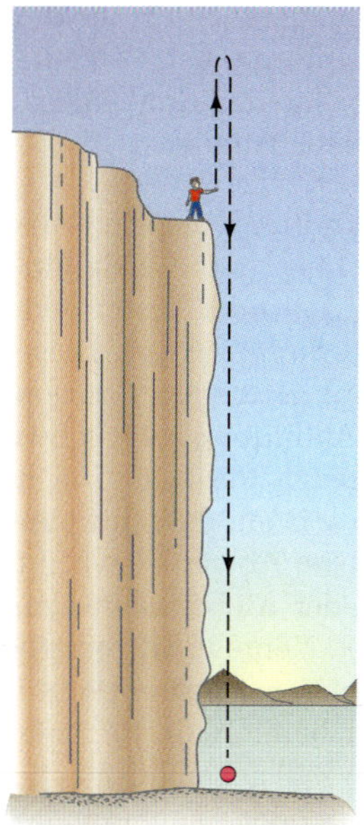

Abbildung 2.43 Aufgabe 83.

84 Zeichnen Sie die Geschwindigkeit-Zeit-Kurve für einen Körper, dessen Weg-Zeit-Funktion durch ▸ Abbildung 2.31 gegeben ist.

85 Eine Person, die ihr Auto mit 50 km/h fährt, nähert sich einer Kreuzung, als die Ampel auf gelb schaltet. Sie weiß, dass das gelbe Licht nur 2,0 s leuchtet, bevor die Ampel auf rot umschaltet, und sie ist 30 m von der nächstgelegenen Seite der Kreuzung entfernt (▸ Abbildung 2.44). Sollte sie versuchen anzuhalten oder sollte sie durchfahren? Die Kreuzung ist 15 m breit. Die maximale Verzögerung ihres Autos beträgt $-6{,}0\ \mathrm{m/s^2}$, während das Auto in 6,0 s von 50 km/h auf 70 km/h beschleunigen kann. Vernachlässigen Sie die Länge ihres Autos sowie ihre Reaktionszeit.

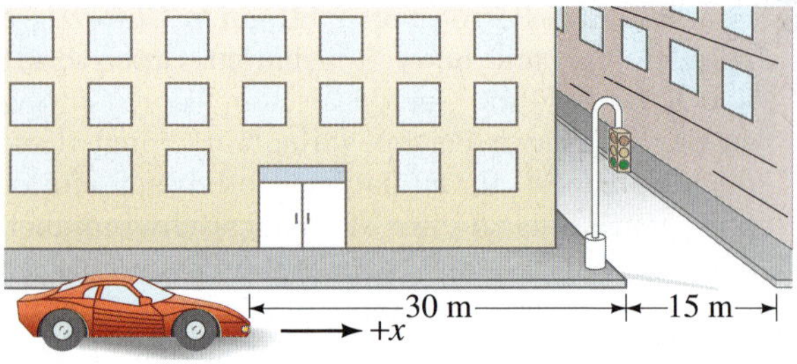

Abbildung 2.44 Aufgabe 85.

86 Pelikane verstecken ihre Flügel und fallen im freien Fall senkrecht nach unten, wenn sie nach Fischen tauchen. Nehmen Sie an, ein Pelikan beginnt seinen Sturzflug in einer Höhe von 16,0 m und kann seine einmal eingeschlagene Flugbahn nicht ändern. In welcher Mindesthöhe muss ein Fisch, der 0,20 s braucht, umein Ausweichmanöver durchzuführen, den Pelikan entdecken, um zu entkommen? Nehmen Sie an, dass sich der Fisch an der Wasseroberfläche befindet.

87 Beim Einlochen wird die Kraft, mit der ein Golfspieler einen Ball schlägt, so berechnet, dass der Ball in geringer Entfernung, z. B. 1,0 m, vor oder hinter dem Loch liegen bleibt, falls der Putt verfehlt wird. Dieses Einlochen ist aus einer bergauf gelegenen Position (d. h. Einlochen bergab, siehe ▸ **Abbildung 2.45**) schwieriger als aus einer bergab gelegenen Position. Um herauszufinden, warum, nehmen wir an, dass auf einem bestimmten Grün der Ball bei der Abwärtsbewegung konstant mit $2{,}0\,m/s^2$ und bei der Aufwärtsbewegung mit konstant $3{,}0\,m/s^2$ abbremst. Nehmen wir eine bergauf gelegene Position, die 7,0 m vom Loch entfernt ist, an. Berechnen Sie den Toleranzbereich für die Anfangsgeschwindigkeit, die wir dem Ball geben dürfen, damit er in dem Bereich von 1,0 m vor oder hinter dem Loch liegen bleibt. Führen Sie dieselbe Berechnung durch für eine bergab gelegene Position, die 7,0 m von dem Loch entfernt ist, durch. Welche Details in Ihren Ergebnissen lassen vermuten, dass das Einlochen abwärts schwieriger ist?

88 Ein Auto befindet sich hinter einem Lkw, der mit 25 m/s auf der Bundesstraße fährt. Der Fahrer wartet auf eine Gelegenheit zum Überholen. Er nimmt an, dass sein Auto mit $1{,}0\,m/s^2$ beschleunigen kann, und er schätzt, dass er den 20 m langen Lkw, plus 10 m Abstand hinter dem Lkw und weitere 10 m vor dem Lkw zurückzulegen hat. Auf der Gegenfahrbahn sieht er ein Auto kommen, das wahrscheinlich auch mit 25 m/s fährt.Er schätzt, dass das Auto ca. 400 m entfernt ist. Sollte er ein Überholmanöver versuchen? Geben Sie Einzelheiten an.

89 Ein Stein wird vom Dach eines hohen Gebäudes fallen gelassen. Ein zweiter Stein wird 1,50 s später fallen gelassen. Wie weit sind die Steine voneinander entfernt, wenn der zweite eine Geschwindigkeit von 12,0 m/s erreicht hat?

90 James Bond steht auf einer Brücke 10 m über der Straße, die darunter verläuft, und seine Verfolger kommen ihm bedrohlich nah. Er bemerkt einen Pritschenwagen, der mit Matratzen beladen ist und sich mit 30 m/s nähert. Er rechnet dies aus, weil er weiß, dass die Telegrafenmasten, an denen der Pritschenwagen vorbeifährt, in diesem Land jeweils 20 m auseinander stehen. Die Pritsche des Wagens befindet sich 1,5 m über der Straße. Bond rechnet schnell aus, wie viele Masten der Wagen entfernt sein sollte, wenn er von der Brücke auf den Wagen springt, um zu entkommen. Wie viele Masten sind es?

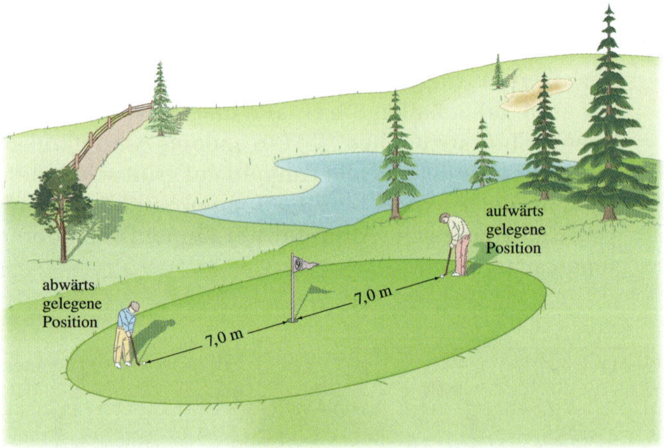

Abbildung 2.45 Aufgabe 87. Golf an einem Mittwoch morgen.

Kinematik in zwei Raumrichtungen; Vektoren

3

ÜBERBLICK

Diese mehrfach belichtete Aufnahme eines Tischtennisballs zeigt eine Bewegung in zwei Raumrichtungen. Die Flugbahnen des Tischtennisballs sind Parabeln, die eine „Wurfbewegung“ darstellen. Galilei analysierte die Wurfbewegung in ihren horizontalen und vertikalen Komponenten unter der Einwirkung der Schwerkraft (der goldene Pfeil zeigt die abwärts gerichtete Fallbeschleunigung **g** *an). Wir werden erörtern, wie Vektoren zu behandeln und zu addieren sind. Neben der Untersuchung von Wurfbewegungen werden wir außerdem gleichförmige Kreisbewegungen analysieren und untersuchen, wie man mit Relativgeschwindigkeiten arbeitet.*

3. Kinematik in zwei Raumrichtungen; Vektoren

In Kapitel 2 haben wir uns mit Bewegungen entlang einer Geraden befasst. Jetzt betrachten wir die Beschreibung der Bewegung von Körpern, die sich auf Bahnen in zwei (oder drei) Raumrichtungen bewegen. Dafür müssen wir uns zunächst mit Vektoren und ihrer Addition beschäftigen. Anschließend werden wir die Beschreibung von Bewegung im Allgemeinen untersuchen und danach uns mit einigen interessanten Anwendungen beschäftigen, einschließlich der Bewegung von Geschossen nahe der Erdoberfläche und von Körpern, die gezwungen sind, sich entlang eines Kreises zu bewegen.

3.1 Vektoren und Skalare

In Kapitel 2 haben wir darauf hingewiesen, dass sich der Begriff *Geschwindigkeit* nicht nur darauf bezieht, wie schnell sich etwas bewegt, sondern auch, in welche Richtung. Eine Größe wie die Geschwindigkeit, die sowohl *Richtung* als auch *Betrag* besitzt, ist eine **Vektor**größe. Andere Größen, die auch Vektoren sind, sind Verschiebung, Kraft und Impuls. Viele Größen wie z. B. Masse, Zeit und Temperatur haben allerdings keine mit ihnen in Zusammenhang stehende Richtung. Sie sind allein durch zugewiesene Zahlen und Einheiten gekennzeichnet. Solche Größen heißen **Skalare.**

Abbildung 3.1 Ein Auto fährt auf einer Straße. Die grünen Pfeile stellen den Geschwindigkeitsvektor in jeder Position dar.

In der Physik ist es immer hilfreich, von einer bestimmten physikalischen Aufgabenstellung eine Zeichnung anzufertigen. Dies gilt insbesondere, wenn man es mit Vektoren zu tun hat. In einer Zeichnung wird jeder Vektor durch einen Pfeil dargestellt. Der Pfeil wird immer so gezeichnet, dass er in die Richtung der Vektorgröße zeigt, die er darstellt. Die Länge des Pfeils wird proportional zum Betrag der Vektorgröße gezeichnet. In ► Abbildung 3.1 z. B. wurden Pfeile gezeichnet, die die Geschwindigkeit eines Autos an verschiedenen Punkten beim Durchfahren einer Kurve darstellen. Der Betrag der Geschwindigkeit in jedem Punkt kann aus dieser Abbildung abgelesen werden, indem man unter Verwendung des angegebenen Maßstabes (1 cm = 90 km/h) die Länge des jeweiligen Pfeils misst.

Vektorsymbole im Fettdruck

Wenn wir das Symbol für einen Vektor schreiben, benutzen wir immer Fettdruck. So schreiben wir für Geschwindigkeit **v**. (Bei handschriftlich verfassten Texten kann das Symbol für einen Vektor durch einen Pfeil über dem Symbol angezeigt werden, ein $\vec{v}$ für Geschwindigkeit.) Wenn wir uns nur mit dem Betrag des Vektors befassen, schreiben wir einfach v in Kursivschrift.

3.2 Vektoraddition – Grafische Methoden

Da Vektoren Größen sind, die sowohl eine Richtung als auch einen Betrag besitzen, müssen sie auf besondere Weise addiert werden. In diesem Kapitel werden wir uns hauptsächlich mit Ortsvektoren befassen, für die wir jetzt das Symbol **s** benutzen, sowie mit Geschwindigkeitsvektoren **v**. Die Ergebnisse gelten jedoch auch für andere Vektoren, die uns später begegnen werden.

Für das Addieren von Skalaren verwenden wir die einfache Arithmetik. Die einfache Arithmetik kann auch für die Addition von Vektoren benutzt werden, wenn sie dieselbe Richtung haben. Wenn eine Person z. B. an einem Tag 8 km nach Osten geht und am nächsten Tag 6 km nach Osten, befindet sich die Person 8 km + 6 km = 14 km vom Ausgangspunkt entfernt. Wir sagen, dass der *resultierende* Weg 14 km nach Osten beträgt (► Abbildung 3.2a). Wenn andererseits die Person am ersten Tag 8 km nach Osten geht und am zweiten Tag 6 km nach Westen (in die entgegengesetzte Richtung), dann befindet sich die Person schließlich 2 km

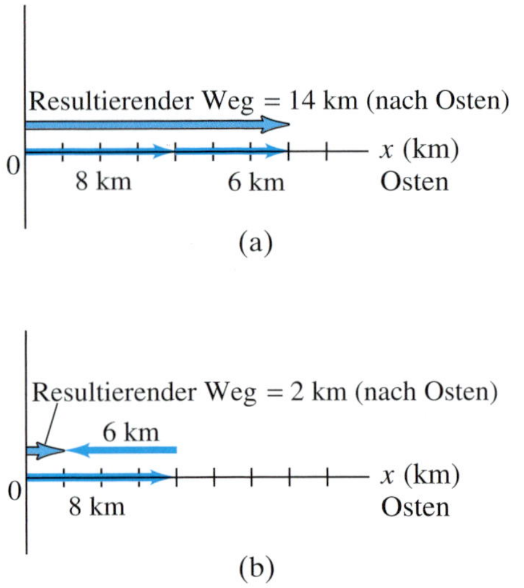

Abbildung 3.2 Kombination von Vektoren in einer Raumrichtung.

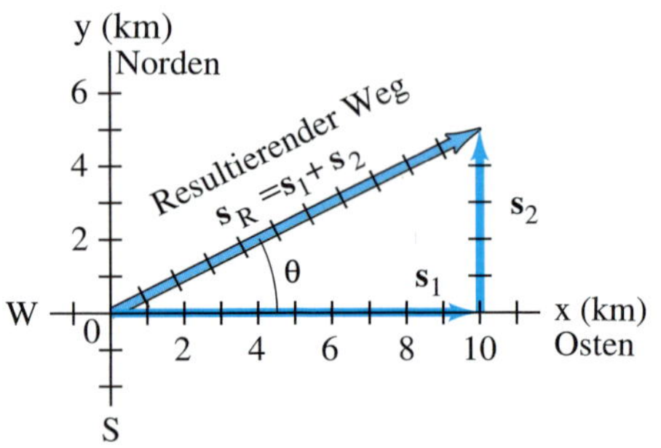

Abbildung 3.3 Eine Person geht 10,0 km nach Osten und dann 5,0 km nach Norden. Diese beiden Wege werden durch die Vektoren $\mathbf{s}_1$ und $\mathbf{s}_2$ dargestellt, die als Pfeile abgebildet sind. Der resultierende Weg $\mathbf{s}_R$, der die Vektorsumme aus $\mathbf{s}_1$ und $\mathbf{s}_2$ ist, ist ebenfalls abgebildet. Eine Messung in der Zeichnung mit Lineal und Winkelmesser zeigt, dass $\mathbf{s}_R$ einen Betrag von 11,2 km hat und in einem Winkel von $\theta = 27°$ nach Nordosten zeigt.

vom Ausgangspunkt entfernt (► Abbildung 3.2b), so dass der resultierende Weg 2 km nach Osten beträgt. In diesem Fall erhält man den resultierenden Weg durch Subtraktion: 8 km − 6 km = 2 km.

Einfache Arithmetik kann jedoch nicht benutzt werden, wenn die beiden Vektoren nicht an derselben Geraden verlaufen. Nehmen wir z. B. an, eine Person geht 10 km nach Osten und dann 5 km nach Norden. Diese Wege können in einem Graphen dargestellt werden, in dem die positive y-Achse nach Norden und die positive x-Achse nach Osten zeigt, ► Abbildung 3.3. In diesem Graphen zeichnen wir einen Pfeil, $\mathbf{s}_1$, um den Ortsvektor des Weges von 10,0 km nach Osten darzustellen. Dann zeichnen wir einen zweiten Pfeil, $\mathbf{s}_2$, um den Weg von 5,0 km nach Norden darzustellen. Beide Vektoren werden maßstabsgerecht gezeichnet, wie in ► Abbildung 3.3.

Nach diesem Spaziergang befindet sich die Person jetzt 10,0 km östlich und 5,0 km nördlich vom Ausgangspunkt entfernt. Der **resultierende Weg** ist durch den Pfeil mit der Bezeichnung $\mathbf{s}_R$ in ► Abbildung 3.3 dargestellt. Mit einem Lineal und einem Winkelmesser können Sie in dieser Zeichnung messen, dass die Person sich 11,2 km vom Ausgangspunkt in einem Winkel von 27° in nordöstlicher Richtung befindet. Mit anderen Worten, der resultierende Weg hat einen Betrag von 11,2 km und bildet mit der positiven x-Achse einen Winkel von $\theta = 27°$. Der Betrag (die Länge) von $\mathbf{s}_R$ kann in diesem Fall auch mithilfe des Satzes des Pythagoras ermittelt werden, da $\mathbf{s}_1$, $\mathbf{s}_2$ und $\mathbf{s}_R$ ein rechtwinkliges Dreieck mit $\mathbf{s}_R$ als Hypotenuse bilden. Somit gilt

$$s_R = \sqrt{s_1^2 + s_2^2} = \sqrt{(10{,}0\,\text{km})^2 + (5{,}0\,\text{km})^2} = \sqrt{125\,\text{km}^2} = 11{,}2\,\text{km}\,.$$

Man kann den Satz des Pythagoras nur verwenden, wenn die Vektoren *senkrecht* zueinander stehen.

Der resultierende Weg $\mathbf{s}_R$ ist die Summe der Vektoren $\mathbf{s}_1$ und $\mathbf{s}_2$. Das heißt

$$\mathbf{s}_R = \mathbf{s}_1 + \mathbf{s}_2\,.$$

Dies ist eine *Vektor*gleichung. Ein wichtiges Merkmal bei der Addition zweier Vektoren, die nicht entlang derselben Geraden verlaufen, ist die Tatsache, dass der Betrag des resultierenden Vektors nicht mit der Summe der Beträge der beiden einzelnen Vektoren identisch, sondern kleiner ist als ihre Summe:

$$s_R < s_1 + s_2\,. \qquad \text{[Vektoren verlaufen nicht entlang derselben Geraden]}$$

In unserem Beispiel (► Abbildung 3.3) ist $s_R = 11{,}2$ km, während $s_1 + s_2$ 15 km sind. In der Regel sind wir nicht an $s_1 + s_2$ interessiert. Uns interessiert vielmehr die *Vektor*summe der beiden Vektoren und ihr Betrag s_R. Beachten Sie auch, dass wir $\mathbf{s}_R$ nicht gleich 11,2 km setzen können, weil es sich um eine Vektorgleichung handelt und 11,2 km nur ein Teil des resultierenden Vektors, nämlich sein Betrag, ist. Wir könnten allerdings alternativ für $\mathbf{s}_R$ schreiben: $\mathbf{s}_R = \mathbf{s}_1 + \mathbf{s}_2 = (11{,}2\,\text{km}, 27°\,\text{NO})$.

► Abbildung 3.3 veranschaulicht die allgemeinen Regeln für die grafische Addition zweier Vektoren, um ihre Vektorsumme zu erhalten, unabhängig davon, welche Winkel sie bilden. Die Regeln lauten wie folgt:

1 Zeichnen Sie in einer Zeichnung einen der Vektoren – nennen Sie ihn $\mathbf{s}_1$ – maßstabsgerecht.

2 Zeichnen Sie dann den zweiten Vektor $\mathbf{s}_2$ maßstabsgerecht und setzen Sie dabei seinen Anfangspunkt an den Endpunkt des ersten Vektors. Stellen Sie sicher, dass seine Richtung korrekt ist.

3 Der Pfeil, der vom Anfangspunkt des ersten Vektors zum Endpunkt des zweiten Vektors gezeichnet wird, stellt die Summe oder **Resultierende** der beiden Vektoren dar.

Beachten Sie, dass Vektoren parallel zu sich selbst verschoben werden können, um diese Operationen durchzuführen. Die Länge der Resultierenden kann mit einem Lineal gemessen und mit dem Maßstab verglichen werden. Winkel können mit einem Winkelmesser gemessen werden. Dieses Verfahren bezeichnen wir als **Vektoraddition (Methode 1)**.

Beachten Sie, dass es unwichtig ist, in welcher Reihenfolge die Vektoren addiert werden. Ein Weg von 5,0 km in nördlicher Richtung, zu dem ein Weg von 10,0 km in östlicher Richtung addiert wird, ergibt z. B. eine Resultierende von 11,2 km und einen Winkel von $\theta = 27°$ (siehe ▶ Abbildung 3.4), dasselbe Ergebnis, als wenn sie in umgekehrter Reihenfolge (▶ Abbildung 3.3) addiert werden. Das heißt

$$\mathbf{V}_1 + \mathbf{V}_2 = \mathbf{V}_2 + \mathbf{V}_1 \,. \qquad \text{[Kommutativgesetz]} \qquad (3.1a)$$

Die **Vektoraddition (Methode 1)** kann auf drei oder mehr Vektoren ausgedehnt werden (▶ Abbildung 3.5) und, wie in der Abbildung veranschaulicht, gilt

$$\mathbf{V}_1 + (\mathbf{V}_2 + \mathbf{V}_3) = (\mathbf{V}_1 + \mathbf{V}_2) + \mathbf{V}_3 \,. \qquad \text{[Assoziativgesetz]} \qquad (3.1b)$$

Die linke Seite dieser Gleichung bedeutet, dass wir zunächst $\mathbf{V}_2$ und $\mathbf{V}_3$ und dann $\mathbf{V}_1$ zu dieser Summe addieren, um die Gesamtsumme zu ermitteln. Auf der rechten Seite wird $\mathbf{V}_1$ zu $\mathbf{V}_2$ addiert und diese Summe dann zu $\mathbf{V}_3$. Wir sehen, dass die Reihenfolge, in der zwei oder mehr Vektoren addiert werden, keinen Einfluss auf das Ergebnis hat.

Es gibt eine **zweite Methode für die Addition zweier Vektoren**. Ihr Ergebnis entspricht voll und ganz der ersten Methode der Vektoraddition. Bei dieser Methode werden die beiden Vektoren von einem gemeinsamen Ursprung aus gezeichnet. Mit diesen beiden Vektoren als nebeneinander liegende Seiten wird ein **Parallelogramm** konstruiert, wie in ▶ Abbildung 3.6b dargestellt. Die Resultierende ist die Diagonale, die von dem gemeinsamen Ursprung aus gezeichnet wird. In ▶ Abbildung 3.6a wird die Vektoraddition Methode 1 veranschaulicht, und es ist klar, dass beide Methoden dasselbe Ergebnis liefern. Es ist ein weit verbreiteter Fehler, den Summenvektor als Diagonale zwischen den Spitzen der beiden Vektoren zu zeichnen, wie in ▶ Abbildung 3.6c dargestellt. *Dies ist falsch*: Sie stellt nicht die Summe der beiden Vektoren dar. (Tatsächlich stellt sie deren Differenz $\mathbf{V}_2 - \mathbf{V}_1$ dar, wie wir im nächsten Abschnitt sehen werden.)

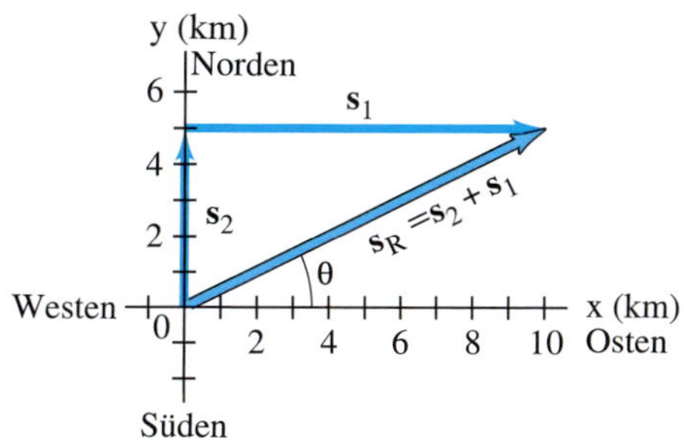

Abbildung 3.4 Wenn die Vektoren in umgekehrter Reihenfolge addiert werden, ist die Resultierende dieselbe (vgl. Abbildung 3.3).

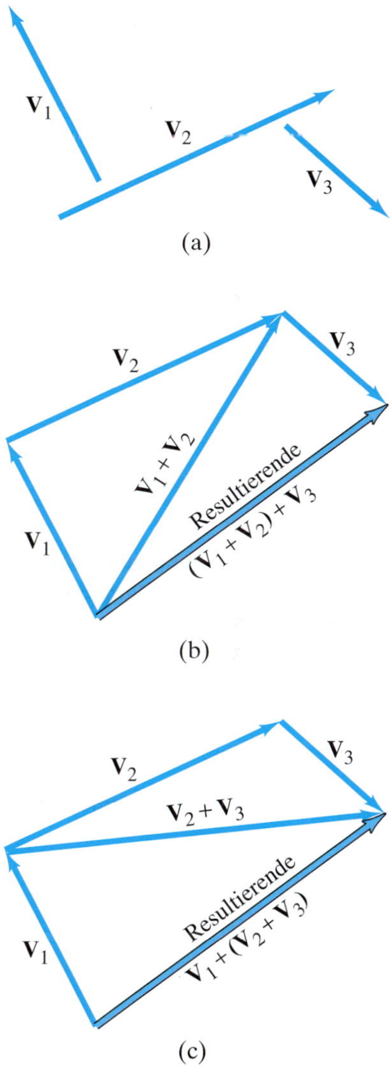

Abbildung 3.5 Die drei Vektoren in (a) können in beliebiger Reihenfolge addiert werden und liefern immer dasselbe Ergebnis, $\mathbf{V}_1 + \mathbf{V}_2 + \mathbf{V}_3$. Es ist deutlich zu sehen, dass $\mathbf{V}_R = (\mathbf{V}_1 + \mathbf{V}_2) + \mathbf{V}_3$ in (b) dasselbe Ergebnis liefert wie $\mathbf{V}_R = \mathbf{V}_1 + (\mathbf{V}_2 + \mathbf{V}_3)$ in (c). Das schreiben wir jetzt in vereinfachter Form ohne Klammern als $\mathbf{V}_R = \mathbf{V}_1 + \mathbf{V}_2 + \mathbf{V}_3$.

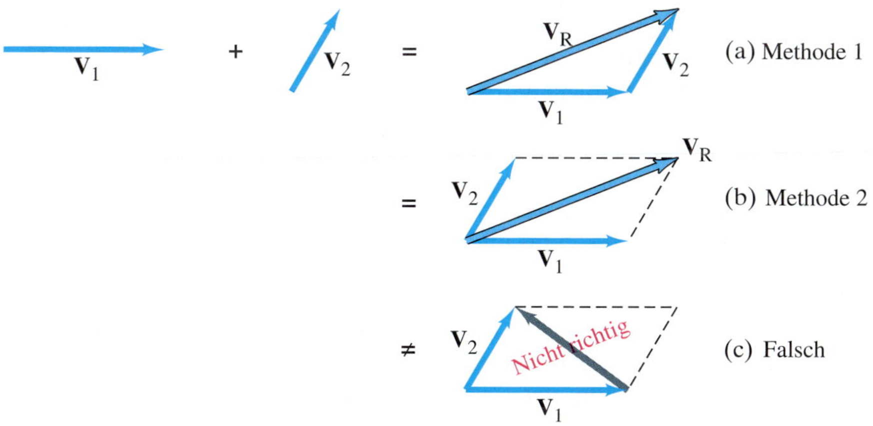

Abbildung 3.6 Vektoraddition mit zwei verschiedenen Methoden, (a) und (b). Teil (c) ist falsch.

3.3 Subtraktion von Vektoren und Multiplikation eines Vektors mit einem Skalar

Wenn ein Vektor $\mathbf{V}$ gegeben ist, definieren wir seinen *Negativen* $(-\mathbf{V})$ als einen Vektor, der denselben Betrag wie $\mathbf{V}$, aber die entgegengesetzte Richtung besitzt, ▶ Abbildung 3.7. Beachten Sie jedoch, dass kein Vektor jemals einen negativen

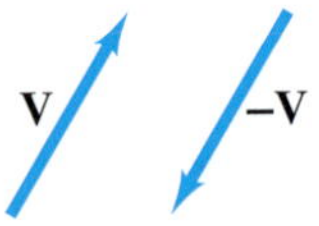

Abbildung 3.7 Der Negative eines Vektors ist ein Vektor, der dieselbe Länge, aber die entgegengesetzte Richtung besitzt.

Betrag hat: Der Betrag jedes Vektors ist positiv. Ein Minuszeichen zeigt lediglich seine Richtung an.

Jetzt können wir die Subtraktion eines Vektors von einem anderen definieren: die Differenz zwischen zwei Vektoren, $\mathbf{V}_2 - \mathbf{V}_1$, ist definiert als

$$\mathbf{V}_2 - \mathbf{V}_1 = \mathbf{V}_2 + (-\mathbf{V}_1)\,.$$

Das heißt, dass die Differenz zwischen zwei Vektoren gleich der Summe des ersten plus dem Negativen des zweiten Vektors ist. Somit können unsere Regeln für die Addition von Vektoren, wie in ► Abbildung 3.8 gezeigt, mittels Vektoraddition angewendet werden.

Abbildung 3.8 Subtraktion zweier Vektoren: $\mathbf{V}_2 - \mathbf{V}_1$.

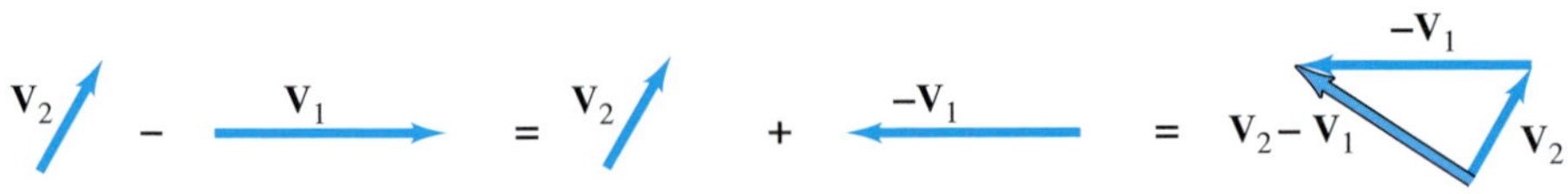

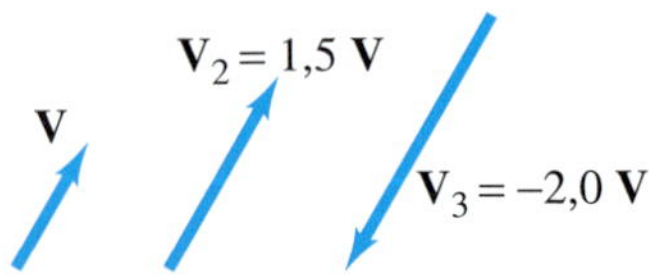

Abbildung 3.9 Die Multiplikation eines Vektors **V** mit einem Skalar c ergibt einen Vektor, dessen Betrag c-mal größer ist und der dieselbe Richtung besitzt wie **V** (oder die entgegengesetzte Richtung, wenn c negativ ist).

Ein Vektor **V** kann mit einem Skalar c multipliziert werden. Wir definieren dieses Produkt so, dass $c\mathbf{V}$ dieselbe Richtung wie **V** hat und der Betrag cV ist. Das bedeutet, dass die Multiplikation eines Vektors mit einem positiven Skalar c den Betrag des Vektors um einen Faktor c verändert, nicht jedoch die Richtung. Wenn c ein negativer Skalar ist, ist der Betrag des Produktes $c\mathbf{V}$ trotzdem cV (ohne das Minuszeichen), die Richtung ist allerdings zu der von **V** entgegengesetzt. Siehe► Abbildung 3.9.

3.4 Vektoraddition in Komponentenschreibweise

Das grafische Addieren von Vektoren mit Lineal und Winkelmesser ist häufig nicht genau genug und nicht praktisch bei Vektoren in drei Raumrichtungen. Wir erörtern jetzt eine überzeugendere und genauere Methode der Vektoraddition.

Zerlegung eines Vektors in Komponenten

Zunächst betrachten wir einen Vektor **V**, der in einer bestimmten Ebene liegt. Er kann als Summe zweier anderer Vektoren ausgedrückt werden, die die **Komponenten** des ursprünglichen Vektors genannt werden. Die Komponenten werden normalerweise so gewählt, dass sie senkrecht aufeinander stehen. Um die Komponenten eines Vektors zu bestimmen, **zerlegen** wir ihn in seine Komponenten. Ein Beispiel ist in ► Abbildung 3.10 dargestellt. Der Vektor **V** könnte ein Verschiebungsvektor sein, der in einem Winkel von $\theta = 30°$ in nordöstliche Richtung zeigt. Dabei haben wir die positive x-Achse als östliche Richtung und die positive y-Achse als nördliche Richtung gewählt. Dieser Vektor **V** wird in seine x- und y-Komponenten zerlegt, indem man gestrichelte Linien von der Spitze (A) des Vektors zeichnet und zwar senkrecht zur x- und zur y-Achse (Strecken AB und AC). Dann stellen die Strecken 0B und 0C die x- bzw. y-Komponente von **V** dar, wie in ► Abbildung 3.10 zu sehen ist. Diese *Vektorkomponenten* werden als $\mathbf{V}_x$ und $\mathbf{V}_y$ geschrieben. Wir stellen Vektorkomponenten im Allgemeinen als Pfeile, wie Vektoren, dar, aber gestrichelt. Die *Komponenten* V_x und V_y sind Zahlen mit Einheiten, die ein positives oder negatives Vorzeichen haben, abhängig davon, ob sie entlang der positiven oder der negativen x- oder y-Achse verlaufen. Wie aus

Vektorkomponenten

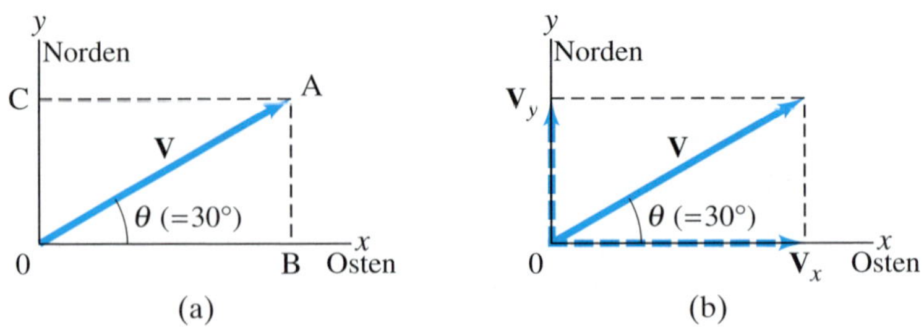

Abbildung 3.10 Zerlegung eines Vektors **V** in seine Komponenten entlang eines beliebig gewählten Koordinatensystems mit x- und y-Achse. Beachten Sie, dass die Komponenten, wenn sie einmal gefunden sind, selbst den Vektor darstellen. Das heißt, die Komponenten enthalten so viel Information wie der Vektor selbst.

► Abbildung 3.10 ersichtlich ist, ergibt sich durch die Methode 2 für die Vektoraddition $\mathbf{V}_x + \mathbf{V}_y = \mathbf{V}$.

Der uns umgebende Raum ist dreidimensional und manchmal ist es erforderlich, einen Vektor entlang dreier zueinander senkrechten Richtungen in Komponenten zu zerlegen. Im rechtwinkligen Koordinatensystem sind die Komponenten $\mathbf{V}_x$, $\mathbf{V}_y$ und $\mathbf{V}_z$ und es gilt

$$\mathbf{V} = \mathbf{V}_x + \mathbf{V}_y + \mathbf{V}_z \,.$$

Die Zerlegung eines Vektors in drei Raumrichtungen ist lediglich eine Erweiterung des obigen Verfahrens. In den meisten Fällen haben wir es mit Situationen zu tun, in denen die Vektoren in einer Ebene liegen und nur zwei Komponenten notwendig sind.

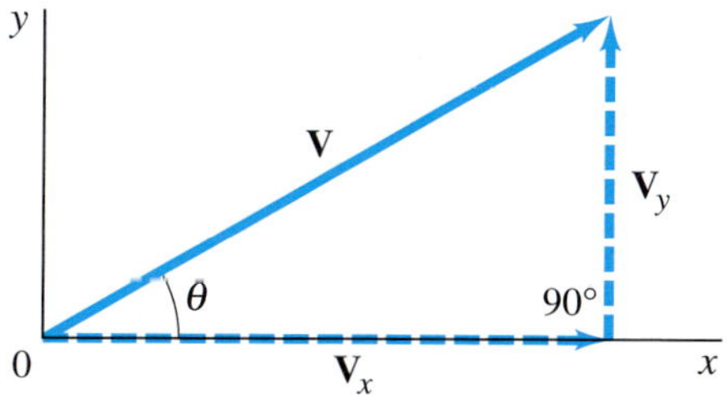

$$\sin\theta = \frac{V_y}{V}$$
$$\cos\theta = \frac{V_x}{V}$$
$$\tan\theta = \frac{V_y}{V_x}$$
$$V^2 = V_x^2 + V_y^2$$

Abbildung 3.11 Das Finden der Komponenten eines Vektors mithilfe trigonometrischer Funktionen, wobei θ der Winkel mit der x-Achse ist.

Die Verwendung trigonometrischer Funktionen für das Finden der Komponenten eines Vektors ist in ► Abbildung 3.11 dargestellt. Hier kann man sehen, dass man sich einen Vektor und seine beiden Komponenten als rechtwinkliges Dreieck vorstellen kann. Wir können erkennen, dass der Sinus, Kosinus und Tangens des Winkels θ wie in der Abbildung gegeben sind. Folglich sind die x- und y-Komponenten eines Vektors **V**

Komponenten eines Vektors

$$V_y = V \sin\theta \tag{3.2a}$$

$$V_x = V \cos\theta \,. \tag{3.2b}$$

Beachten Sie, dass θ (üblicherweise) als der Winkel gewählt wird, den der Vektor mit der positiven x-Achse einschließt.

Die Komponenten eines gegebenen Vektors verändern sich, wenn unterschiedliche Koordinatensysteme gewählt werden. Es ist deshalb entscheidend, bei Angabe der Komponenten eines Vektors die Wahl des Koordinatensystems mit anzugeben. Beachten Sie, dass es zwei Methoden gibt, einen Vektor in einem gegebenen Koordinatensystem anzugeben:

Zwei Methoden zur Angabe eines Vektors

1 Wir können seine Komponenten V_x und V_y angeben.

2 Wir können seinen Betrag V und den Winkel θ angeben, den er mit der positiven x-Achse einschließt.

Unter Verwendung der Gleichungen 3.2a und b und für den umgekehrten Fall unter Verwendung des Satzes des Pythagoras[1] und der Definition des Tangens (siehe ► Abbildung 3.11) können wir von einer Beschreibung eines Vektors zur anderen wechseln:

Betrags- und richtungsabhängige Komponenten

$$V = \sqrt{V_x^2 + V_y^2} \tag{3.3a}$$

$$\tan\theta = \frac{V_y}{V_x} \,. \tag{3.3b}$$

1 In drei Raumrichtungen wird der Satz des Pythagoras zu $V = \sqrt{V_x^2 + V_y^2 + V_z^2}$, wobei V_z die Komponente entlang der dritten oder z-Achse ist.

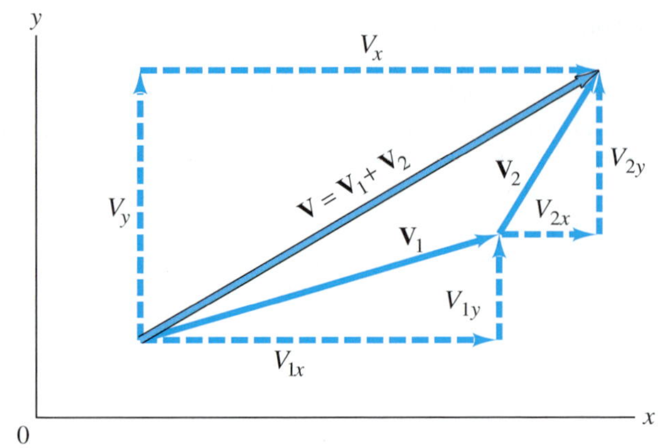

Abbildung 3.12 Die Komponenten von $\mathbf{V} = \mathbf{V}_1 + \mathbf{V}_2$ sind $V_x = V_{1x} + V_{2x}$ und $V_y = V_{1y} + V_{2y}$.

Wir können jetzt die Vektoraddition mithilfe der Komponenten der Vektoren erörtern. Der erste Schritt ist die Zerlegung jedes Vektors in seine Komponenten. Danach können wir aus der ► Abbildung 3.12 sehen, dass die Addition zweier beliebiger Vektoren $\mathbf{V}_1$ und $\mathbf{V}_2$ zur Ermittlung einer Resultierenden, $\mathbf{V} = \mathbf{V}_1 + \mathbf{V}_2$ voraussetzt, dass

Analytische Vektoraddition (mit Komponenten)

$$V_x = V_{1x} + V_{2x}$$
$$V_y = V_{1y} + V_{2y} \tag{3.4}$$

Das heißt, dass die Summe der Komponenten in x-Richtung gleich der Komponente in x-Richtung der Resultierenden des Vektors ist. Gleiches gilt für die y-Richtung. Durch eine sorgfältige Untersuchung von ► Abbildung 3.12 kann überprüft werden, dass dieses gültig ist. Aber beachten Sie, dass wir alle x-Komponenten der Einzelvektoren addieren, um die x-Komponente des resultierenden Vektors zu erhalten. Ebenso addieren wir alle y-Komponenten, um die y-Komponente des resultierenden Vektors zu erhalten. Wir addieren *nicht* x-Komponenten zu y-Komponenten.

Der Betrag und die Richtung des resultierenden Vektors können mithilfe der Gleichungen 3.3a und 3.3b berechnet werden.

Die Wahl der Achsen kann Vereinfachung bedeuten

Die Wahl eines Koordinatensystems ist zunächst immer beliebig. Man kann häufig den Arbeitsaufwand bei der Vektoraddition durch eine geeignete Koordinatensystemwahl reduzieren – z. B. indem man eine der Achsen in derselben Richtung wählt, in der einer der Vektoren verläuft. Dann hat dieser Vektor nur eine Komponente ungleich null.

Beispiel 3.1 Weg einer Postbotin

Eine Postbotin auf dem Lande verlässt das Postamt und fährt 22,0 km in nördlicher Richtung in die nächste Stadt. Sie fährt dann 47,0 km weit 60,0° in südöstlicher Richtung in eine andere Stadt (► Abbildung 3.13a). Wie weit ist sie am Ende des zurückgelegten Weges vom Postamt entfernt?

Lösung

Wir wollen ihren resultierenden Weg vom Ausgangspunkt ermitteln. Wir wählen die positive x-Achse für die östliche Richtung und die positive y-Achse fürdie nördliche Richtung und zerlegen jeden Verschiebungsvektor in seine Komponenten (► Abbildung 3.13b). Da $\mathbf{s}_1$ den Betrag 22,0 km hat und nach Norden zeigt, hat er nur eine y-Komponente:

$$s_{1x} = 0, \; s_{1y} = 22{,}0\,\text{km}$$

während $\mathbf{s}_2$ sowohl eine x- als auch eine y-Komponente hat:

$$s_{2x} = (+47{,}0\,\text{km})(\cos 60^\circ) = (+47{,}0\,\text{km})(0{,}500) = +23{,}5\,\text{km}$$

$$s_{2y} = (-47{,}0\,\text{km})(\sin 60^\circ) = (-47{,}0\,\text{km})(0{,}866) = -40{,}7\,\text{km}\,.$$

Beachten Sie, dass s_{2y} negativ ist, da diese Vektorkomponente entlang der negativen y-Achse verläuft. Der resultierende Vektor $\mathbf{s}$ hat folgende Komponenten:

$$s_x = s_{1x} + s_{2x} = 0\,\text{km} + 23{,}5\,\text{km} = +23{,}5\,\text{km}$$

$$s_y = s_{1y} + s_{2y} = 22{,}0\,\text{km} + (-40{,}7\,\text{km}) = -18{,}7\,\text{km}\,.$$

Dadurch kann man den resultierenden Vektor genau angeben:

$$s_x = 23{,}5\,\text{km}, s_y = -18{,}7\,\text{km}\,.$$

Unter Verwendung der Gleichungen 3.3a und 3.3b können wir den resultierenden Vektor auch durch Angabe seines Betrages und seines Winkels bezeichnen:

$$s = \sqrt{s_x^2 + s_y^2} = \sqrt{(23{,}5\,\text{km})^2 + (-18{,}7\,\text{km})^2} = 30{,}0\,\text{km}$$

$$\tan\theta = \frac{s_y}{s_x} = \frac{-18{,}7\,\text{km}}{23{,}5\,\text{km}} = -0{,}796\,.$$

Ein Taschenrechner mit einer INV TAN oder TAN^{-1} Taste gibt $\theta = \tan^{-1}(-0{,}796) = -38{,}5^\circ$ an. Das Minuszeichen bedeutet $\theta = 38{,}5^\circ$ unterhalb der x-Achse, ► Abbildung 3.13c.

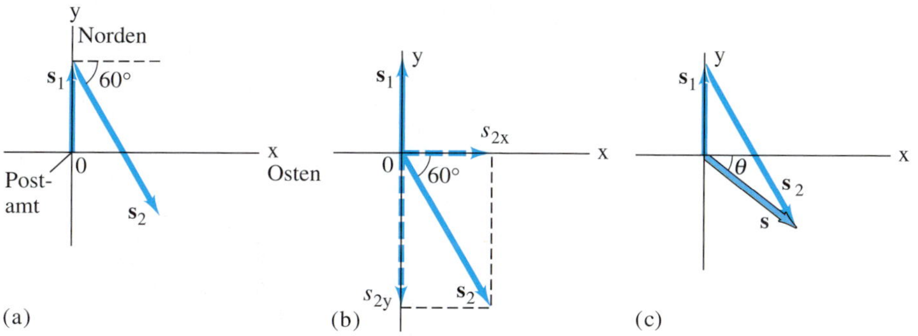

Abbildung 3.13 Beispiel 3.1

Die Vorzeichen von trigonometrischen Funktionen hängen davon ab, in welchen „Quadranten“ der Winkel fällt: der Tangens ist z. B. im ersten und dritten Quadranten (zwischen 0° und 90° und zwischen 180° und 270°) positiv, im zweiten und vierten Quadranten negativ; siehe Anhang A. Die beste Methode, Winkel zu kontrollieren und ein Vektorergebnis zu überprüfen, ist immer das Zeichnen eines Vektordiagramms. Mit einem Vektordiagramm haben Sie etwas Greifbares vor Augen, wenn Sie eine Aufgabenstellung analysieren, das außerdem zur Überprüfung der Ergebnisse dient.

PROBLEMLÖSUNG

Überprüfung des Quadranten

Problemlösung — Vektoraddition in Komponentenschreibweise

Hier ist eine kurze Zusammenfassung, wie man zwei oder mehr Vektoren mithilfe der Komponenten addiert.

1 Fertigen Sie eine Zeichnung an und addieren Sie die Vektoren grafisch.

2 Wählen Sie die x- und y-Achse. Wählen Sie sie möglichst so, dass Sie ihre Arbeit vereinfachen. (Wählen Sie z. B. eine Achse entsprechend der Richtung eines der Vektoren, so dass dieser Vektor nur eine Komponente hat.)

3 Zerlegen Sie jeden Vektor in seine x- und y-Komponenten und stellen Sie jede Komponente entlang ihrer entsprechenden Achse (x oder y) als (gestrichelten) Pfeil dar.

4 Berechnen Sie jede Komponente (falls sie nicht gegeben ist) mithilfe von Sinus und Kosinus. Wenn θ_1 der Winkel ist, den der Vektor $\mathbf{V}_1$ mit der x-Achse bildet, dann gilt:

$$V_{1x} = V_1 \cos\theta_1 \ , V_{1y} = V_1 \sin\theta_1 \ .$$

Achten Sie auf die Vorzeichen: jede Komponente, die entlang der negativen x- oder y-Achse verläuft, bekommt ein Minuszeichen.

5 Addieren Sie die x-Komponenten, um die x-Komponente der Resultierenden zu erhalten. Gleiches gilt für y-Komponenten. n gibt die Anzahl der Vektoren an.

$$V_x = V_{1x} + V_{2x} + \ldots + V_{nx}$$
$$V_y = V_{1y} + V_{2y} + \ldots + V_{ny} \ .$$

V_x und V_y geben die Komponenten des resultierenden Vektors an.

6 Wenn Sie den Betrag und die Richtung des resultierenden Vektors ermitteln möchten, verwenden Sie die Gleichungen 3.3a und 3.3b:

$$V = \sqrt{V_x^2 + V_y^2}, \quad \tan\theta = \frac{V_y}{V_x}.$$

Das Vektordiagramm, das Sie bereits gezeichnet haben, hilft bei der Ermittlung der richtigen Position (Quadrant) des Winkels θ.

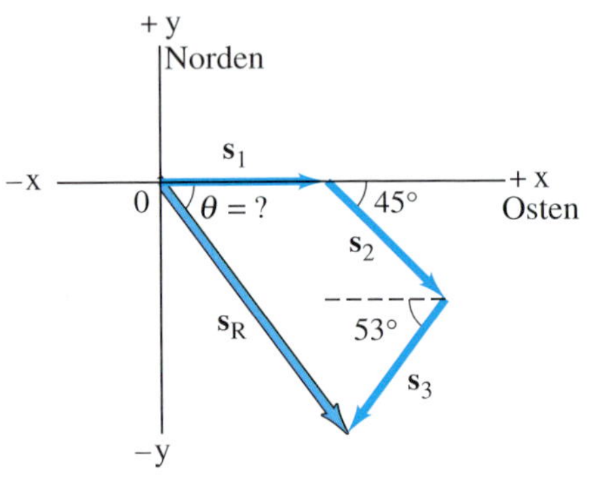

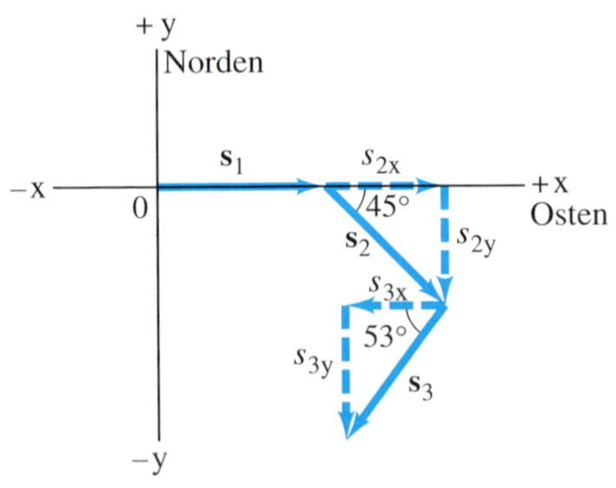

Abbildung 3.14 Beispiel 3.2

Vektor	Komponenten x (km)	y (km)
$\mathbf{s}_1$	620	0
$\mathbf{s}_2$	311	−311
$\mathbf{s}_3$	−331	−439
$\mathbf{s}_R$	600	−750

Beispiel 3.2 Drei Kurzflüge

Ein Flug besteht aus drei Teilstrecken mit zwei Zwischenlandungen, wie in ► Abbildung 3.14a dargestellt. Die erste Teilstrecke geht 620 km direkt nach Osten, die zweite 440 km nach Südosten (45°) und die dritte 550 km in einem Winkel von 53° Richtung Südwesten, wie abgebildet. Wie groß ist der Gesamtweg des Flugzeugs?

Lösung

Wir folgen den Schritten in dem obigen Kasten zur Problemlösung.

(1) und (2): Bereits in ► Abbildung 3.14a dargestellt, wo wir die x-Achse als östliche Richtung gewählt haben (dann hat $\mathbf{s}_1$ nur eine x-Komponente).

(3): Es muss unbedingt eine gute Zeichnung angefertigt werden. Die Komponenten sind aus ► Abbildung 3.14b ersichtlich. Wie Sie sehen, haben wir hier nicht alle Vektoren von einem gemeinsamen Ursprung aus gezeichnet, wie in ► Abbildung 3.13b, sondern stattdessen die erste Methode der Vektoraddition verwendet, die ebenso gültig ist und die Veranschaulichung vielleicht vereinfacht.

(4): Jetzt berechnen wir die Komponenten:

$$\mathbf{s}_1 : s_{1x} = +s_1 \cos 0° = s_1 = 620\,\text{km}$$
$$s_{1y} = +s_1 \sin 0° = 0\,\text{km}$$
$$\mathbf{s}_2 : s_{2x} = +s_2 \cos 45° = +(440\,\text{km})(0{,}707) = +311\,\text{km}$$
$$s_{2y} = -s_2 \sin 45° = -(440\,\text{km})(0{,}707) = -311\,\text{km}$$
$$\mathbf{s}_3 : s_{3x} = -s_3 \cos 53° = -(550\,\text{km})(0{,}602) = -331\,\text{km}$$
$$s_{3y} = -s_3 \sin 53° = -(550\,\text{km})(0{,}799) = -439\,\text{km} \ .$$

Beachten Sie, dass wir jede Komponente, die in ► Abbildung 3.14b in die negative x- oder y-Richtung zeigt, mit einem Minuszeichen versehen haben. Wir sehen, warum eine gute Zeichnung so wichtig ist. Wir fassen die Komponenten in der Tabelle am Rand zusammen.

(5) Das ist einfach:

$$s_x = s_{1x} + s_{2x} + s_{3x} = 620\,\text{km} + 311\,\text{km} - 331\,\text{km} = 600\,\text{km}$$
$$s_y = s_{1y} + s_{2y} + s_{3y} = 0\,\text{km} - 311\,\text{km} - 439\,\text{km} = -750\,\text{km} \ .$$

Die x- und y-Komponenten sind 600 km und -750 km. Sie zeigen nach Osten bzw. Süden. Dies ist eine Möglichkeit, die Aufgabe zu lösen.

(6): Wir können die Antwort auch wie folgt geben:

$$s_R = \sqrt{s_x^2 + s_y^2} = \sqrt{(600)^2 + (-750)^2}\,b\text{km} = 960\,\text{km}$$

$$\tan\theta = \frac{s_y}{s_x} = \frac{-750\,\text{km}}{600\,\text{km}} = -1{,}25\,, \quad \text{so dass} \quad \theta = -51°\,,$$

wobei wir nur zwei signifikante Stellen annehmen. Somit hat der Gesamtweg den Betrag 960 km und verläuft 51° unterhalb der x-Achse (südöstlich), wie es in unserer ursprünglichen Skizze, ▸ Abbildung 3.14a, dargestellt war.

3.5 Einheitsvektoren

Ein **Einheitsvektor** ist als ein Vektor definiert, der gerade den Wert eins (1) besitzt. Es ist zweckmäßig, Einheitsvektoren zu definieren, die entlang Koordinatenachsen verlaufen. In einem rechtwinkligen Koordinatensystem werden diese Vektoren mit **i**, **j** und **k** bezeichnet. Sie zeigen entlang der positiven x- bzw. y- bzw. z-Achse, wie in ▸ Abbildung 3.15 dargestellt. Wie andere Vektoren müssen **i**, **j** und **k** nicht unbedingt am Ursprung angesetzt werden, sondern können anderswo positioniert werden, solange die Richtung und die Länge unverändert bleiben. Manchmal sieht man Einheitsvektoren mit einem „Dach" geschrieben: $\hat{\mathbf{i}}, \hat{\mathbf{j}}, \hat{\mathbf{k}}$.

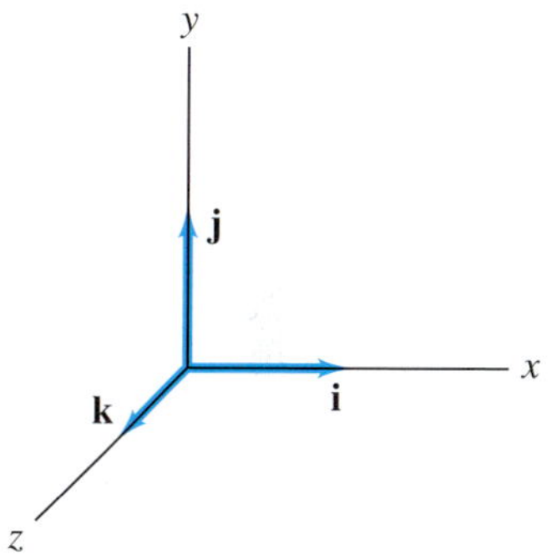

Abbildung 3.15 Einheitsvektoren **i**, **j** und **k** entlang der x-, y- und z-Achse.

Auf Grund der Definition der Multiplikation eines Vektors mit einem Skalar (Abschnitt 3.3) können die Komponenten eines Vektors **V** geschrieben werden als $\mathbf{V}_x = \mathbf{V}_x\mathbf{i}, \mathbf{V}_y = \mathbf{V}_y\mathbf{j}$ und $\mathbf{V}_z = \mathbf{V}_z\mathbf{k}$. Folglich kann jeder Vektor **V** in Komponentenschreibweise geschrieben werden als

$$\mathbf{V} = V_x\mathbf{i} + V_y\mathbf{j} + V_z\mathbf{k}\,. \tag{3.5}$$

Einheitsvektoren sind bei der analytischen Addition von Vektoren mithilfe der Komponenten hilfreich. Die Richtigkeit der Gleichung 3.4 ist z. B. durch Verwendung der Einheitsvektorschreibweise für jeden Vektor ersichtlich (wir benutzen sie für den zweidimensionalen Fall, aber die Erweiterung auf drei Raumrichtungen ist einfach):

$$\begin{aligned}
\mathbf{V} &= (V_x)\mathbf{i} + (\mathbf{V}_y)\mathbf{j} \\
&= \mathbf{V}_1 + \mathbf{V}_2 \\
&= (V_{1x}\mathbf{i} + V_{1y}\mathbf{j}) + (V_{2x}\mathbf{i} + V_{2y}\mathbf{j}) \\
&= (V_{1x} + V_{2x})\mathbf{i} + (V_{1y} + V_{2y})\mathbf{j}\,.
\end{aligned}$$

Wenn wir die erste Zeile mit der vierten vergleichen, erhalten wir die Gleichung 3.4.

Beispiel 3.3 Verwendung von Einheitsvektoren

Schreiben Sie die Vektoren aus dem Beispiel 3.1 als Einheitsvektoren und führen Sie die Addition durch.

Lösung

In Beispiel 3.1 haben wir $\mathbf{s}_1$ und $\mathbf{s}_2$ in Komponenten zerlegt und es ergab sich

$$s_{1x} = 0, s_{1y} = 22{,}0\,\text{km} \quad \text{und} \quad s_{2x} = 23{,}5\,\text{km} \quad \text{sowie} \quad s_{2y} = -40{,}7\,\text{km}\,.$$

Somit gilt

$$\mathbf{s}_1 = 0\,\mathbf{i} + 22{,}0\,\text{km}\,\mathbf{j}$$
$$\mathbf{s}_2 = 23{,}5\,\text{km}\,\mathbf{i} - 40{,}7\,\text{km}\,\mathbf{j}\,.$$

Dann ergibt sich

$$\mathbf{s}_1 + \mathbf{s}_2 = (0 + 23{,}5)\text{km}\,\mathbf{i} + (22{,}0 - 40{,}7)\text{km}\,\mathbf{j} = 23{,}5\,\text{km}\,\mathbf{i} - 18{,}7\,\text{km}\,\mathbf{j}\,.$$

Die Komponenten des resultierenden Weges **s** sind $s_x = 23{,}5$ km und $s_y = -18{,}7$ km.

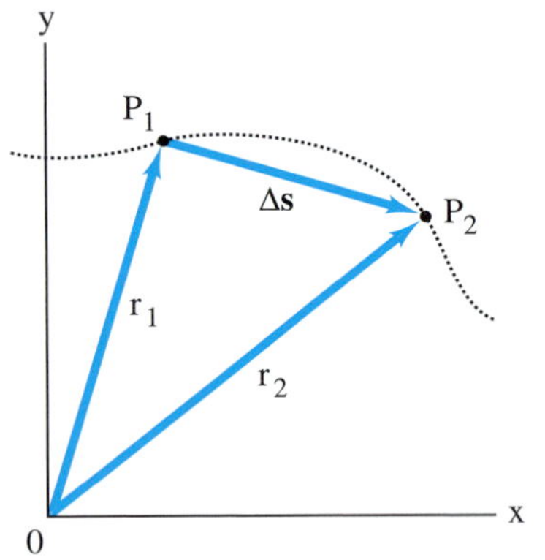

Abbildung 3.16 Bahn eines Massenpunktes in der xy-Ebene. Zum Zeitpunkt t_1 befindet sich der Massenpunkt im Punkt P_1, der durch den Ortsvektor $\mathbf{r}_1$ gegeben ist. Zum Zeitpunkt t_2 befindet sich der Massenpunkt im Punkt P_2, der durch den Ortsvektor $\mathbf{r}_2$ gegeben ist. Der Ortsvektor für das Zeitintervall $t_2 - t_1$ ist $\Delta\mathbf{s} = \mathbf{r}_2 - \mathbf{r}_1$.

3.6 Bewegung in zwei und drei Raumrichtungen

Jetzt können wir unsere Definitionen für Geschwindigkeit und Beschleunigung formal auf die zwei- und dreidimensionalen Bewegungen ausdehnen. Nehmen wir an, ein Massenpunkt folgt einer Bahn in der xy-Ebene, wie in ► Abbildung 3.16 dargestellt. Zum Zeitpunkt t_1 befindet er sich im Punkt P_1 und zum Zeitpunkt t_2 im Punkt P_2. Der Vektor $\mathbf{r}_1$ ist der Ortsvektor des Massenpunktes zum Zeitpunkt t_1 (er gibt den Weg des Massenpunktes vom Ursprung des Koordinatensystems an). $\mathbf{r}_2$ ist der Ortsvektor zum Zeitpunkt t_2.

In einer Raumrichtung haben wir den Weg als *Ortsänderung* eines Massenpunktes definiert. In dem häufigeren Fall von zwei oder drei Raumrichtungen ist der **Wegvektor** definiert als der Vektor, der die Ortsänderung darstellt. Wir nennen ihn $\Delta\mathbf{s}$, wobei

$$\Delta\mathbf{s} = \mathbf{r}_2 - \mathbf{r}_1$$

ist[2]. Dies stellt den Weg während des Zeitintervalls $\Delta t = t_2 - t_1$ dar. In der Schreibweise mit Einheitsvektoren können wir schreiben:

$$\mathbf{r}_1 = x_1\mathbf{i} + y_1\mathbf{j} + z_1\mathbf{k}\,, \tag{3.6a}$$

wobei x_1, y_1 und z_1 die Koordinaten des Punktes P_1 sind (► Abbildung 3.16). Ebenso gilt

$$\mathbf{r}_2 = x_2\mathbf{i} + y_2\mathbf{j} + z_2\mathbf{k}\,.$$

Folglich ist

$$\Delta\mathbf{s} = (x_2 - x_1)\mathbf{i} + (y_2 - y_1)\mathbf{j} + (z_2 - z_1)\mathbf{k}\,. \tag{3.6b}$$

Wenn die Bewegung nur entlang der x-Achse verläuft, ist $y_2 - y_1 = 0, z_2 - z_1 = 0$ und der Betrag des Weges ist $\Delta s = x_2 - x_1$, was mit unserer früheren eindimensionalen Gleichung (Abschnitt 2.1) übereinstimmt. Selbst in einer Raumrichtung ist der Weg, wie auch Geschwindigkeit und Beschleunigung, ein Vektor.

Der **Vektor der Durchschnittsgeschwindigkeit** $\overline{\mathbf{v}}$ über dem Zeitintervall $\Delta t = t_2 - t_1$ ist definiert als

$$\overline{\mathbf{v}} = \frac{\Delta\mathbf{s}}{\Delta t}\,. \tag{3.7}$$

Da $\mathbf{v}$ ein Produkt des Vektors $\Delta\mathbf{s}$ mal einem Skalar $(1/\Delta t)$ ist, hat $\mathbf{v}$ dieselbe Richtung wie $\Delta\mathbf{s}$ und sein Betrag ist $\Delta\mathbf{s}/\Delta t$.

Als Nächstes betrachten wir immer kürzere Zeitintervalle, d. h. wir lassen Δt gegen Null gehen, so dass die Entfernung zwischen den Punkten P_2 und P_1 auch

2 An früherer Stelle in diesem Kapitel haben wir für den Verschiebungsvektor das Symbol **s** zur Veranschaulichung der Vektoraddition verwendet. Die neue Schreibweise $\Delta\mathbf{s}$ hier betont, dass es sich um die Differenz zwischen zwei Ortsvektoren handelt.

gegen Null geht. Wir definieren den **Vektor der Momentangeschwindigkeit** als Grenzwert der Durchschnittsgeschwindigkeit, wenn Δt gegen Null geht:

$$\mathbf{v} = \lim_{\Delta t \to 0} \frac{\Delta \mathbf{s}}{\Delta t} = \frac{\Delta \mathbf{s}}{\mathrm{d}t} \tag{3.8}$$

Die Richtung von $\mathbf{v}$ verläuft in jedem beliebigen Moment entlang der Geraden, die Tangente an die Bahn in dem jeweiligen Moment ist (▶ Abbildung 3.17).

Beachten Sie, dass der Betrag der vektoriellen Durchschnittsgeschwindigkeit in ▶ Abbildung 3.16 nicht gleich der skalaren Durchschnittsgeschwindigkeit ist, die dem Quotienten aus dem tatsächlich zurückgelegten Weg Δs und Δt entspricht. In einigen speziellen Fällen ist die skalare Durchschnittsgeschwindigkeit gleich der vektoriellen Durchschnittsgeschwindigkeit (wie z. B. bei einer Bewegung entlang einer Geraden in einer Richtung), aber im Allgemeinen gilt dies nicht. Bei dem Grenzwert $\Delta t \to 0$, nähert sich $\Delta \mathbf{s}$ allerdings immer Δs, so dass die skalare Momentangeschwindigkeit *immer* gleich dem Betrag der vektoriellen Momentangeschwindigkeit in jedem Moment ist.

Die vektorielle Momentangeschwindigkeit (Gleichung 3.8) ist gleich der Ableitung des Ortsvektors nach der Zeit. Die Gleichung 3.8 kann in Komponentenschreibweise ausgedrückt werden. Dabei beginnt man mit der Gleichung 3.6a wie folgt;

$$\begin{aligned}\mathbf{v} &= \frac{\mathrm{d}\mathbf{s}}{\mathrm{d}t} = \frac{\mathrm{d}x}{\mathrm{d}t}\mathbf{i} + \frac{\mathrm{d}y}{\mathrm{d}t}\mathbf{j} + \frac{\mathrm{d}z}{\mathrm{d}t}\mathbf{k} \\ &= v_x\mathbf{i} + v_y\mathbf{j} + v_z\mathbf{k}\,,\end{aligned} \tag{3.9}$$

wobei $v_x = \mathrm{d}x/\mathrm{d}t, v_y = \mathrm{d}y/\mathrm{d}t, v_z = \mathrm{d}z/\mathrm{d}t$ die x-, y- und z-Komponenten der Geschwindigkeit sind. Beachten Sie, dass $\mathrm{d}\mathbf{i}/\mathrm{d}t = \mathrm{d}\mathbf{j}/\mathrm{d}t = \mathrm{d}\mathbf{k}/\mathrm{d}t = 0$ sind, da sowohl der Betrag, als auch die Richtung dieser Einheitsvektoren konstant sind.

Die Beschleunigung in zwei oder drei Raumrichtungen wird in ähnlicher Weise behandelt. Der **Vektor der Durchschnittsbeschleunigung** $\bar{\mathbf{a}}$ über ein Zeitintervall $\Delta t = t_2 - t_1$ ist definiert als

$$\bar{\mathbf{a}} = \frac{\Delta \mathbf{v}}{\Delta t} = \frac{\mathbf{v}_2 - \mathbf{v}_1}{t_2 - t_1}\,, \tag{3.10}$$

wobei $\Delta \mathbf{v}$ die Änderung im Vektor der Momentangeschwindigkeit während dieses Zeitintervalls ist: $\Delta \mathbf{v} = \mathbf{v}_2 - \mathbf{v}_1$. Beachten Sie, dass in vielen Fällen, wie z. B. in ▶ Abbildung 3.18a, $\mathbf{v}_2$ nicht dieselbe Richtung wie $\mathbf{v}_1$ hat. Folglich kann $\bar{\mathbf{a}}$ eine andere Richtung als $\mathbf{v}_1$ oder $\mathbf{v}_2$ besitzen (▶ Abbildung 3.18b). Außerdem können $\mathbf{v}_2$ und $\mathbf{v}_1$ denselben Betrag, aber unterschiedliche Richtungen haben, und die Differenz zweier solcher Vektoren ist nicht Null. Somit kann sich die Beschleunigung entweder aus einer Änderung im Betrag der Geschwindigkeit oder aus einer Änderung in der Richtung der Geschwindigkeit oder aus beiden ergeben.

Der **Vektor der Momentanbeschleunigung** ist definiert als der Grenzwert des Vektors der Durchschnittsbeschleunigung, wenn das Zeitintervall Δt gegen Null geht:

$$\mathbf{a} = \lim_{\Delta t \to 0} \frac{\Delta \mathbf{v}}{\Delta t} = \frac{\mathrm{d}\mathbf{v}}{\mathrm{d}t}\,, \tag{3.11}$$

und ist somit die Ableitung von $\mathbf{v}$ nach t. Unter Verwendung der Komponenten ergibt sich

$$\begin{aligned}\mathbf{a} &= \frac{\mathrm{d}\mathbf{v}}{\mathrm{d}t} = \frac{\mathrm{d}v_x}{\mathrm{d}t}\mathbf{i} + \frac{\mathrm{d}v_y}{\mathrm{d}t}\mathbf{j} + \frac{\mathrm{d}v_z}{\mathrm{d}t}\mathbf{k} \\ &= a_x\mathbf{i} + a_y\mathbf{j} + a_z\mathbf{k}\,,\end{aligned} \tag{3.12}$$

wobei $a_x = \mathrm{d}v_x\,\mathrm{d}t$ etc. Die Momentanbeschleunigung ist nicht nur dann ungleich null, wenn der Betrag der Geschwindigkeit sich ändert, sondern auch, wenn seine Richtung sich ändert. Eine Person z. B., die mit einem Auto mit konstanter Geschwindigkeit durch eine Kurve fährt, oder ein Kind, das in einem Karussell fährt,

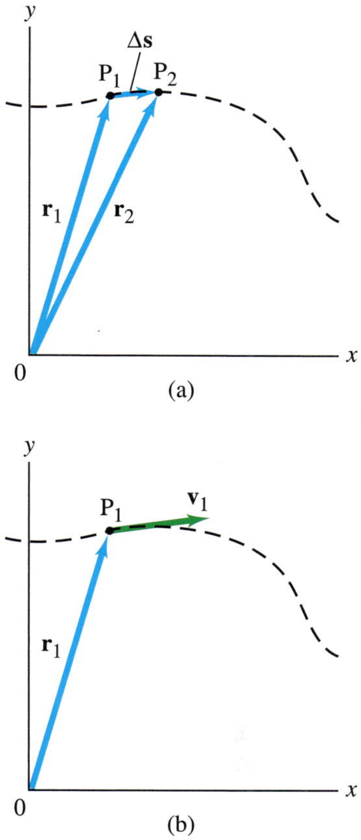

Abbildung 3.17 Wenn wir Δt und $\Delta \mathbf{s}$ immer kleiner werden lassen [vgl. Abbildung 3.16 und Teil (a) dieser Abbildung], sehen wir, dass die Richtung von $\Delta \mathbf{s}$ und der Momentangeschwindigkeit ($\Delta \mathbf{s}/\Delta t$, wobei $\Delta t \to 0$) die Tangente an die Kurve im Punkt P_1 ist (Teil b).

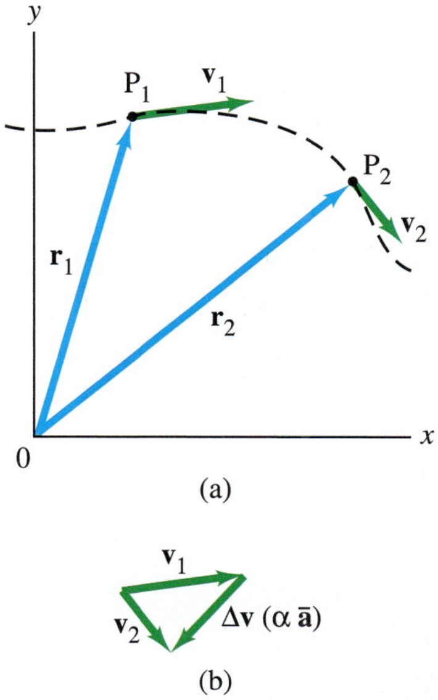

Abbildung 3.18 (a) Geschwindigkeitsvektoren $\mathbf{v}_1$ und $\mathbf{v}_2$ zu den Zeitpunkten t_1 und t_2 für den Massenpunkt aus Abbildung 3.16 (b) Richtung der Durchschnittsbeschleunigung in diesem Fall, $\bar{\mathbf{a}} = \Delta \mathbf{v}/\Delta t$.

erfahren beide eine Beschleunigung auf Grund einer Änderung in der Richtung der Geschwindigkeit, obwohl ihr Betrag konstant bleiben kann (später mehr dazu).

Im Allgemeinen verwenden wir die Begriffe „Geschwindigkeit" und „Beschleunigung" für die Momentanwerte. Wenn wir die Durchschnittswerte erörtern möchten, benutzen wir das Wort „Durchschnitt".

Konstante Beschleunigung

In Kapitel 2 haben wir eindimensionale Bewegung untersucht, bei der die Beschleunigung eine Konstante ist. Jetzt betrachten wir zwei- oder dreidimensionale Bewegungen, bei denen der Beschleunigungsvektor **a** einen konstanten Betrag und eine konstante Richtung hat. Das bedeutet, dass a_x = konstant, a_y = konstant und a_z = konstant sind. In diesem Fall ist die Durchschnittsbeschleunigung in jedem Moment gleich der Momentanbeschleunigung. Die Gleichungen, die wir in Kapitel 2 für eine Raumrichtung hergeleitet haben, die Gleichungen 2.12a, 2.12b und 2.12c gelten getrennt für jede senkrechte Komponente einer zwei- oder dreidimensionalen Bewegung. Bei zwei Raumrichtungen lassen wir $\mathbf{v}_0 = v_{x0}\mathbf{i} + v_{y0}\mathbf{j}$ die Anfangsgeschwindigkeit sein und wenden die Gleichungen 3.6a, 3.9 und 3.12 für den Ortsvektor **r**, die Geschwindigkeit **v** und die Beschleunigung **a** an. Wir können dann die Gleichungen 2.12a, 2.12b und 2.12c für zwei Raumrichtungen, wie in Tabelle 3.1 dargestellt, schreiben.

Tabelle 3.1

Kinematische Gleichungen für konstante Beschleunigung in zwei Raumrichtungen

x-Komponente (horizontal)		y-Komponente (vertikal)
$v_x = v_{x0} + a_x t$	Gleichung 2.12a	$v_y = v_{y0} + a_y t$
$x = x_0 + v_{x0} t + \frac{1}{2} a_x t^2$	Gleichung 2.12b	$y = y_0 + v_{y0} t + \frac{1}{2} a_y t^2$
$v_x^2 = v_{x0}^2 + 2a_x(x - x_0)$	Gleichung 2.12c	$v_y^2 = v_{y0}^2 + 2a_y(y - y_0)$

Die ersten beiden Gleichungen in Tabelle 3.1 können in Vektorschreibweise formeller wie folgt ausgedrückt werden (siehe Gleichungen 3.6a, 3.9 und 3.12):

$$\mathbf{v} = \mathbf{v}_0 + \mathbf{a}t \qquad [\mathbf{a} = \text{konstant}] \qquad (3.13a)$$

$$\mathbf{r} = \mathbf{r}_0 + \mathbf{v}_0 t + \frac{1}{2}\mathbf{a}t^2 \qquad [\mathbf{a} = \text{konstant}]\,. \qquad (3.13b)$$

Hier ist **r** der Ortsvektor zu jeder beliebigen Zeit und $\mathbf{r}_0$ der Ortsvektor zum Zeitpunkt $t = 0$. Diese Gleichungen für die Bewegung in ein, zwei oder drei Raumrichtungen entsprechen den Gleichungen 2.12a und 2.12b für die Bewegung in einer Raumrichtung. In der Praxis verwenden wir normalerweise die in Tabelle 3.1 dargestellte Komponentenschreibweise.

Diese Gleichungen und ihr Einsatz werden klarer, wenn wir sie benutzen. Als Nächstes behandeln wir verschiedene Arten von Bewegungen in einer Ebene, mit denen wir im Alltagsleben zu tun haben: die Wurfbewegung und die Kreisbewegung.

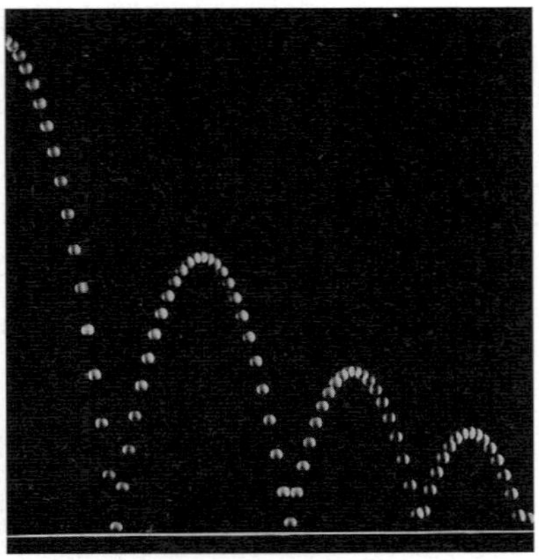

Abbildung 3.19 Dieses stroboskopische Foto eines Balls, der mehrmals aufprallt, zeigt die charakteristische „parabelförmige" Bahn der Wurfbewegung.

3.7 Wurfbewegung

In Kapitel 2 haben wir die Bewegung von Körpern in einer Raumrichtung im Hinblick auf Weg, Geschwindigkeit und Beschleunigung untersucht, einschließlich der rein senkrechten Bewegung von fallenden Körpern, die eine Fallbeschleunigung erfahren. Jetzt beschäftigen wir uns mit der allgemeineren Bewegung von Körpern, die sich in zwei Raumrichtungen nahe der Erdoberfläche durch die Luft bewegen, wie z. B. ein Golfball, ein geworfener oder geschlagener Baseball, geschossene Fußbälle, durch die Luft sausende Kugeln und Athleten, die Weitsprung oder Hochsprung betreiben. Alle diese Beispiele sind Beispiele einer **Wurfbewegung** (siehe ▸ Abbildung 3.19), die wir als zweidimensional beschreiben können. Obwohl der Luftwiderstand häufig eine große Rolle spielt, kann seine Auswirkung in vielen Fällen vernachlässigt werden. In der folgenden Analyse werden wir ihn außer Acht lassen. Wir werden uns jetzt nicht mit dem Prozess, der für das Werfen oder Schießen des Körpers ausschlaggebend ist, befassen. Wir betrachten lediglich seine Bewegung, *nachdem* er geworfen wurde und sich frei durch die Luft bewegt und nur der Schwerkraft ausgesetzt ist. Somit ist die Beschleunigung des Körpers die Fallbeschleunigung, die mit dem Betrag $g = 9{,}80\,\mathrm{m/s^2}$ abwärts gerichtet ist. Wir nehmen sie als konstant an[3].

Getrennte Analyse von horizontaler und vertikaler Bewegung

Galilei hat als erster Wurfbewegungen genau beschrieben. Er hat gezeigt, dass man sie durch die getrennte Analyse der horizontalen und vertikalen Komponenten der Bewegung verständlich machen konnte. Aus praktischen Gründen nehmen wir an, dass die Bewegung zum Zeitpunkt $t = 0$ am Ursprung eines xy-Koordinatensystems (d. h. $x_0 = y_0 = 0$) beginnt.

Schauen wir uns einen (kleinen) Ball an, der mit einer Anfangsgeschwindigkeit von v_{x0} in horizontaler (x) Richtung von einem Tisch hinunterrollt. Siehe ▸ Abbildung 3.19, in der ein Körper, der senkrecht fällt, zum Vergleich dargestellt ist. Der Geschwindigkeitsvektor $\mathbf{v}$ in jedem Moment zeigt in die Richtung der Bewegung des Balls in dem Moment und ist immer Tangente an die Bahn. Entsprechend Galileis Vorstellung behandeln wir die horizontale und vertikale Komponente der Geschwindigkeit, v_x und v_y, getrennt. Für jede Komponente können wir die kinematischen Gleichungen (Gleichungen 2.12a bis 2.12c einschließlich) anwenden.

3 Dies beschränkt uns auf Körper, deren zurückgelegter Weg und maximale Höhe über der Erde im Vergleich zum Erdradius (6400 km) klein sind.

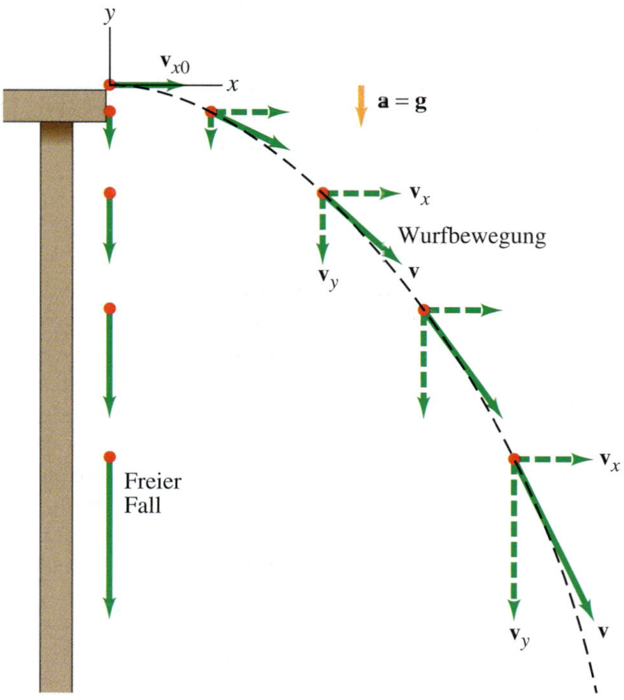

Abbildung 3.20 Wurfbewegung. (Zum Vergleich ist links ein Körper dargestellt, der senkrecht hinunterfällt.)

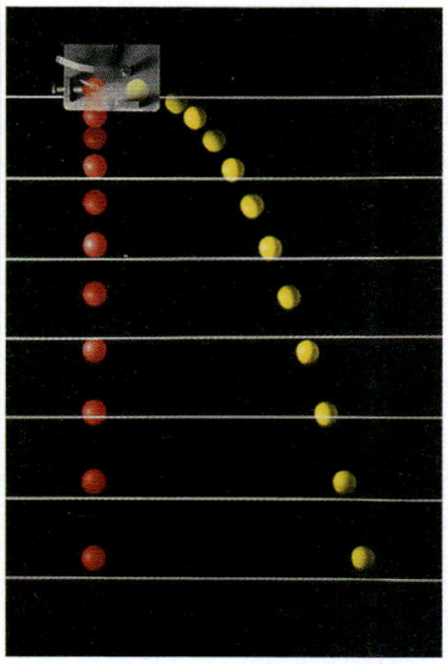

Abbildung 3.21 Mehrfach belichtete Aufnahme, die die Positionen von zwei Bällen in gleichen Zeitintervallen zeigt. Ein Ball fällt aus dem Stillstand frei, der andere wurde gleichzeitig horizontal geworfen. Man sieht, dass die vertikale Position jedes Balls die gleiche ist.

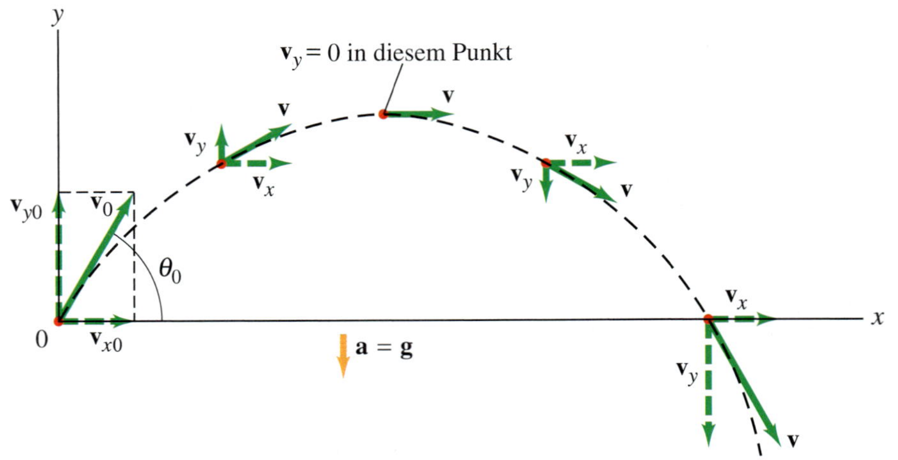

Abbildung 3.22 Bahn eines mit der Anfangsgeschwindigkeit $\mathbf{v}_0$ im Winkel θ zur Horizontalen abgefeuerten Geschosses. Die Flugbahn ist in schwarz dargestellt, die Geschwindigkeitsvektoren sind grüne Pfeile und die Geschwindigkeitskomponenten sind gestrichelt.

Vertikale Bewegung (a_y = konstant)

Zuerst untersuchen wir die vertikale (y) Komponente der Bewegung. Wenn der Ball den Tisch verlässt (zum Zeitpunkt $t = 0$), erfährt er eine senkrecht nach unten gerichtete Beschleunigung, g, die Fallbeschleunigung. Somit ist v_y anfangs Null ($v_{y0} = 0$), nimmt jedoch ständig in der Abwärtsrichtung zu (bis der Ball auf dem Boden auftrifft). Nehmen wir $y$als positiv aufwärts gerichtet an. Dann gilt $a_y = -g$ und entsprechend der Gleichung 2.12a können wir $v_y = -gt$ schreiben, da wir $y_0 = 0$ gesetzt haben.

Horizontale Bewegung ($a_x = 0$, v_x = konstant)

In der horizontalen Richtung gibt es andererseits keine Beschleunigung. So bleibt die horizontale Komponente der Geschwindigkeit v_x konstant und identisch mit ihrem Anfangswert v_{x0} und hat somit in jedem Punkt der Bahn denselben Betrag. Die beiden Vektorkomponenten $\mathbf{v}_x$ und $\mathbf{v}_y$ können vektoriell addiert werden, um für jeden Punkt auf der Bahn die Geschwindigkeit $\mathbf{v}$ zu erhalten, wie in ▸ Abbildung 3.20 dargestellt.

Ein Ergebnis dieser Analyse, das Galilei selbst vorausgesagt hat, ist die Tatsache, dass *ein Körper, der horizontal geworfen wird, den Boden in derselben Zeit erreicht, wie ein Körper, der senkrecht frei fällt.* Das ist darauf zurückzuführen, dass die vertikalen Bewegungen in beiden Fällen dieselben sind, wie in ▸ Abbildung 3.19 dargestellt. ▸ Abbildung 3.19 zeigt eine mehrfach belichtete Aufnahme eines Experimentes, das dies bestätigt.

Nach oben geworfener Körper

Wenn ein Körper in einem Winkel nach oben geworfen wird, wie in ▸ Abbildung 3.22, ist die Analyse ähnlich, allerdings gibt es jetzt eine anfängliche vertikale Komponente der Geschwindigkeit v_{y0}. Auf Grund der abwärts gerichteten Fallbeschleunigung nimmt v_y ständig ab, bis der Körper den höchsten Punkt auf seiner Bahn in ▸ Abbildung 3.22 erreicht. In diesem Punkt ist $v_y = 0$. Dann nimmt v_y in Abwärtsrichtung zu (d. h. wird negativ), wie veranschaulicht. v_x bleibt, wie zuvor, konstant.

Galileis fast vierhundert Jahre alte Analyse ist genau äquivalent zur getrennten Anwendung der Gleichungen 2.12a bis 2.12c für die horizontale (x) und vertikale (y) Komponente, wie in Tabelle 3.1 (Abschnitt 3.6) angegeben. Jetzt ist die konstante Beschleunigung nur die abwärtsgerichtete Fallbeschleunigung. Wie aus ▸ Abbildung 3.22 ersichtlich ist, verläuft bei einem nach oben in einem Winkel θ geworfenen Körper die Beschleunigung in einer (konstanten) Richtung. Die Geschwindigkeit hat dagegen zwei Komponenten, von denen eine (v_y) sich ständig ändert, während die andere (v_x) konstant bleibt.

Wir können die Gleichungen 2.12 (Tabelle 3.1) zur Anwendung bei Wurfbewegungen vereinfachen, indem wir $a_x = 0$ setzen. Siehe Tabelle 3.2, die annimmt, dass y positiv in Aufwärtsrichtung und somit $a_y = -g = -9{,}80\,\text{m/s}^2$ ist. Beachten Sie auch, dass, wenn θ wie in ▸ Abbildung 3.22 gewählt wird, die Anfangsgeschwindigkeit folgende Komponenten hat:

$$v_x = v_0 \cos\theta \,,$$

$$v_y = v_0 \sin\theta \,.$$

Tabelle 3.2

Kinematische Gleichungen für Wurfbewegungen

Horizontale Bewegung ($a_x = 0$, v_x = konstant)		Vertikale Bewegung ($a_y = -g$ = konstant)[a]
$v_x = v_{x0}$	Gleichung 2.12a	$v_y = v_{y0} - gt$
$x = x_0 + v_{x0}t$	Gleichung 2.12b	$y = y_0 + v_{y0}t - \frac{1}{2}gt^2$
	Gleichung 2.12c	$v_y^2 = v_{y0}^2 - 2gy$

[a] Wenn y positiv aufwärts gerichtet ist, werden aus den Minuszeichen Pluszeichen.

3.8 Lösung von Aufgaben mit Wurfbewegungen

Wir werden jetzt einige Beispiele von Wurfbewegungen durchrechnen. Zunächst fassen wir die Herangehensweise für diese Art von Aufgaben zusammen.

Problemlösung **Wurfbewegung**

Die Herangehensweise für die Lösung von Aufgaben, die wir in Abschnitt 2.6 erörtert haben, gilt auch hier. Das Lösen von Aufgaben mit Wurfbewegungen kann jedoch etwas Kreativität erfordern und funktioniert nicht durch einfaches Befolgen einiger Regeln. Ganz sicher dürfen Sie nicht einfach Zahlen in Gleichungen stecken, die zu „funktionieren" scheinen.

Lesen Sie wie immer sorgfältig und fertigen Sie eine genaue **Zeichnung** an.

1. Wählen Sie einen Ursprung und ein xy-Koordinatensystem.
2. Analysieren Sie die horizontale (x) Bewegung und die vertikale (y) Bewegung getrennt. Wenn die Anfangsgeschwindigkeit gegeben ist, möchten Sie sie vielleicht in ihre x- und y-Komponenten zerlegen.
3. Listen Sie die bekannten und unbekannten Größen auf und wählen Sie $a_x = 0$ und $a_y = -g$ oder $+g$, wobei $g = 9{,}80\,\mathrm{m/s^2}$, abhängig davon, ob Sie y positiv in Aufwärts- oder Abwärtsrichtung wählen. Denken Sie daran, dass v_x sich während der gesamten Flugbahn nicht ändert und dass $v_y = 0$ im höchsten Punkt jeder Flugbahn ist, die in Abwärtsrichtung zurückläuft. Die Geschwindigkeit direkt vor dem Auftreffen auf dem Boden ist im Allgemeinen nicht null.
4. Denken Sie eine Minute nach, bevor Sie die Gleichungen anwenden. Etwas Planung braucht ihre Zeit. Wenden Sie die entsprechenden Gleichungen (Tabelle 3.2) an und kombinieren Sie Gleichungen, falls erforderlich. Möglicherweise müssen Sie Komponenten eines Vektors kombinieren, um Betrag und Richtung zu erhalten (Gleichungen 3.3a und 3.3b).

Beispiel 3.4 **Hinunterfahren von einer Klippe**

Ein Stuntfahrer rast für einen Kinofilm auf einem Motorrad waagerecht von einer 50,0 m hohen Klippe. Wie schnell muss das Motorrad beim Verlassen des oberen Klippenendes sein, wenn es auf ebenem Boden 90,0 m vom Fuß der Klippe entfernt, wo die Kameras stehen, aufkommen soll (► Abbildung 3.23)?

Lösung

Wir nehmen die y-Richtung als positiv aufwärts gerichtet und das obere Ende der Klippe mit $y_0 = 0$ an, so dass das untere Ende bei $y = -50{,}0\,\mathrm{m}$ liegt.

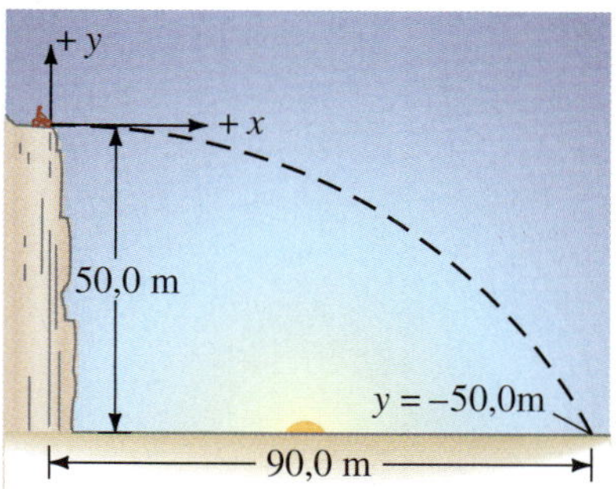

Abbildung 3.23 Beispiel 3.4.

Zunächst ermitteln wir, wie lange das Motorrad braucht, um den Boden unten zu erreichen. Wir wenden die Gleichung 2.12b für die vertikale (y) Richtung (Tabelle 3.2) mit $y_0 = 0$ und $v_{y0} = 0$ an:

$$y = -\frac{1}{2}gt^2 \, .$$

Das lösen wir nach t auf und setzen $y = -50{,}0\,\text{m}$:

$$t = \sqrt{\frac{2y}{-g}} = \sqrt{\frac{2(-50{,}0\,\text{m})}{-9{,}80\,\text{m/s}^2}} = 3{,}19\,\text{s} \, .$$

Um die Anfangsgeschwindigkeit v_{x0} zu berechnen, verwenden wir wieder die Gleichung 2.12b, dieses Mal aber für die horizontale (x) Richtung mit $a_x = 0$ und $x_0 = 0$:

$$x = v_{x0}t$$

$$v_{x0} = \frac{x}{t} = \frac{90{,}0\,\text{m}}{3{,}19\,\text{s}} = 28{,}2\,\text{m/s} \, ,$$

was 101 km/h entspricht.

ANGEWANDTE PHYSIK

Sport

Beispiel 3.5 Ein geschossener Fußball

Ein Fußball wird in einem Winkel von $\theta_0 = 37{,}0°$ mit einer Geschwindigkeit von 20,0 m/s, wie in ▸ Abbildung 3.24 dargestellt, geschossen. Berechnen Sie (a) die maximale Höhe, (b) die Zeit für den Weg, den der Fußball zurücklegt, bevor er auf dem Boden aufkommt, (c) wie weit entfernt er auf dem Boden aufkommt, (d) den Geschwindigkeitsvektor bei der maximalen Höhe und (e) den Beschleunigungsvektor in maximaler Höhe. Nehmen Sie an, dass der Ball den Fuß auf Bodenhöhe verlässt und lassen Sie den Luftwiderstand außer Acht (obwohl dies nicht sehr realistisch ist).

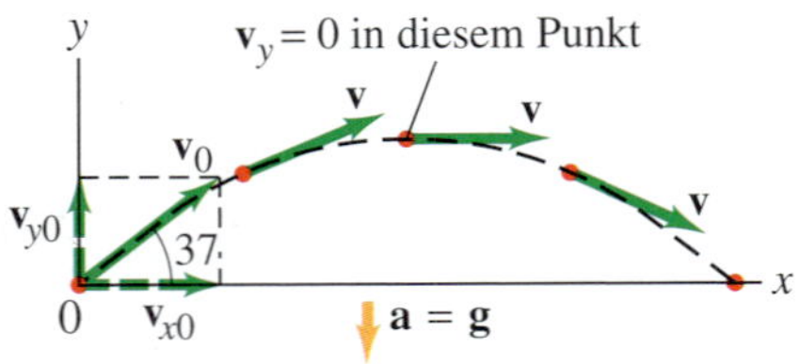

Abbildung 3.24 Beispiel 3.5 (siehe auch Abbildung 3.22).

Lösung

Wir nehmen die y-Richtung als positiv aufwärts gerichtet an. Die Komponenten der Anfangsgeschwindigkeit sind (▸ Abbildung 3.24):

$$v_{x0} = v_0 \cos 37{,}0° = (20{,}0\,\text{m/s})(0{,}799) = 16{,}0\,\text{m/s}$$
$$v_{y0} = v_0 \sin 37{,}0° = (20{,}0\,\text{m/s})(0{,}602) = 12{,}0\,\text{m/s} \, .$$

a In maximaler Höhe ist die Geschwindigkeit horizontal (▸ Abbildung 3.24), so dass $v_{y0} = 0$ ist. Dies tritt ein (siehe Gleichung 2.12a in Tabelle 3.2) zum Zeitpunkt

$$t = \frac{v_{y0}}{g} = \frac{12{,}0\,\text{m/s}}{9{,}80\,\text{m/s}^2} = 1{,}22\,\text{s} \, .$$

Aus der Gleichung 2.12b mit $y_0 = 0$ haben wir

$$y = v_{y0}t - \frac{1}{2}gt^2$$
$$= (12{,}0\,\text{m/s})(1{,}22\,\text{s}) - \frac{1}{2}(9{,}80\,\text{m/s}^2)(1{,}22\,\text{s})^2 = 7{,}35\,\text{m} \, .$$

Alternativ hätten wir die Gleichung 2.12c nach y aufgelöst anwenden und

$$y = \frac{v_{y0}^2 - v_y^2}{2g} = \frac{(12{,}0\,\text{m/s})^2 - (0\,\text{m/s})^2}{2(9{,}80\,\text{m/s}^2)} = 7{,}35\,\text{m}$$

ermitteln können.

b Um herauszufinden, wie lange der Ball braucht, um auf den Boden zurückzukehren, wenden wir die Gleichung 2.12b mit $y_0 = 0$ an und setzen $y = 0$ (Erdbodenhöhe):

$$y = y_0 + v_{y0}t - \frac{1}{2}gt^2$$
$$0 = 0 + (12{,}0\,\mathrm{m/s})t - \frac{1}{2}(9{,}80\,\mathrm{m/s^2})t^2\,.$$

Dies ist eine Gleichung, die leicht in Faktoren zerlegt werden kann:

$$\left[\frac{1}{2}(9{,}80\,\mathrm{m/s^2})t - 12{,}0\,\mathrm{m/s}\right] t = 0\,.$$

Es gibt zwei Lösungen, $t = 0$ (die dem Ausgangspunkt y_0 entspricht), und

$$t = \frac{2(12{,}0\,\mathrm{m/s})}{(9{,}80\,\mathrm{m/s^2})} = 2{,}45\,\mathrm{s}\,.$$

Das ist das Ergebnis, das wir gesucht haben. Beachten Sie, dass die Zeit $t =$ 2,45 s genau die doppelte Zeit ist wie die Zeit, die wir für das Erreichen des höchsten Punktes in (a) berechnet haben. Das bedeutet, dass die Zeit für das Aufsteigen identisch ist mit der Zeit für das Herunterfallen bis auf dieselbe Höhe – Luftwiderstand außer Acht gelassen.

Beachten Sie die Symmetrie

c Der in x-Richtung zurückgelegte Gesamtweg wird durch Anwendung der Gleichung 2.12b mit $x_0 = 0$, $a_x = 0$, $v_{x0} = 16{,}0\,\mathrm{m/s}$ ermittelt:

$$x = v_{x0}t = (16{,}0\,\mathrm{m/s})(2{,}45\,\mathrm{s}) = 39{,}2\,\mathrm{m}\,.$$

d Im höchsten Punkt ist die vertikale Geschwindigkeitskomponente gleich null. Es gibt nur die horizontale Komponente (die während des Fluges konstant bleibt), so dass $v = v_{x0} = v_0 \cos 37{,}0° = 16{,}0\,\mathrm{m/s}$.

e Der Beschleunigungsvektor ist im höchsten Punkt derselbe wie während des gesamten Fluges, und zwar $9{,}80\,\mathrm{m/s^2}$ in Abwärtsrichtung.

Beispiel 3.6 · Begriffsbildung — Wo landet der Apfel?

Ein Kind sitzt aufrecht in einem Wagen, der sich, wie in ► Abbildung 3.25 dargestellt, mit konstanter Geschwindigkeit nach rechts bewegt. Das Kind streckt seine Hand aus und wirft einen Apfel senkrecht nach oben (aus seiner Sicht, ► Abbildung 3.25a), während der Wagen mit konstanter Geschwindigkeit weiter vorwärts fährt. Wird der Apfel (a) hinter dem Wagen, (b) im Wagen oder (c) vor dem Wagen landen, wenn man den Luftwiderstand außer Acht lässt?

Lösung

Das Kind wirft den Apfel aus seiner Sicht direkt nach oben mit einer Anfangsgeschwindigkeit von $\mathbf{v}_{0y}$ (► Abbildung 3.25a). Wenn allerdings jemand vom Boden aus dies beobachtet, so hat der Apfel auch eine anfängliche horizontale Geschwindigkeitskomponente, die der skalaren Geschwindigkeit des Wagens $\mathbf{v}_{0x}$ entspricht. Somit folgt der Apfel aus Sicht einer Person auf dem Erdboden der Bahn eines Geschosses, wie in ► Abbildung 3.25b dargestellt. Der Apfel erfährt keine horizontale Beschleunigung, so dass $\mathbf{v}_{0x}$ konstant bleibt und mit der Geschwindigkeit des Wagens identisch ist. Während der Apfel seiner bogenförmigen Bahn folgt, befindet sich der Wagen immer direkt unter dem Apfel, da beide dieselbe horizontale Geschwindigkeit haben. Wenn der Apfel herunterfällt, fällt er direkt in den Wagen in die ausgestreckte Hand des Kindes. Die Antwort ist also (b).

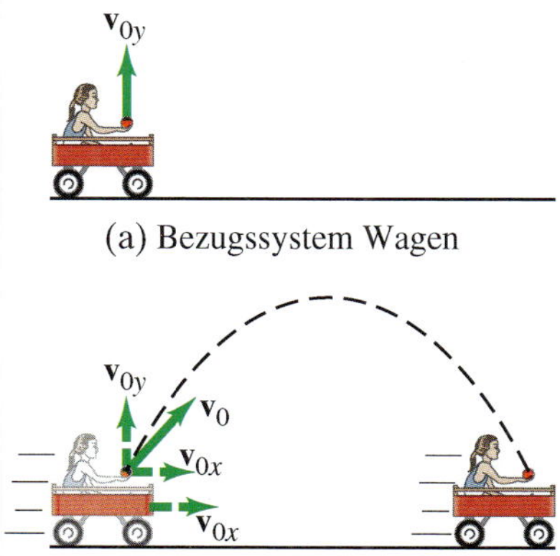

(a) Bezugssystem Wagen

(b) Bezugssystem Boden

Abbildung 3.25 Beispiel 3.6 Begriffsbildung.

Beispiel 3.7 · Begriffsbildung — Die falsche Strategie

Ein Junge auf einem kleinen Hügel richtet die Schleuder für seinen mit Wasser gefüllten Ballon waagerecht direkt auf einen zweiten Jungen, der in einer Entfernung d vom Ast eines Baumes herunterhängt, ► Abbildung 3.26. In dem Moment, in dem der Wasserballon losgelassen wird, lässt der zweite Junge los und fällt vom Baum herunter in der Hoffnung, nicht getroffen zu werden. Zeigen Sie, dass er die falsche Bewegung gemacht hat. (Er hat noch keinen Physikunterricht gehabt.)

Lösung

Sowohl der Wasserballon, als auch der Junge im Baum fangen im selben Moment an zu fallen und in einer Zei t fallen beide denselben vertikalen Weg $y = \frac{1}{2}gt^2$ (siehe ► Abbildung 3.21). In der Zeit, die der Wasserballon braucht, um die horizontale Entfernung d zurückzulegen, hat der Ballon denselben y-Ort wie der fallende Junge. Klatsch. Wenn der Junge im Baum geblieben wäre, hätte er sich die Demütigung erspart.

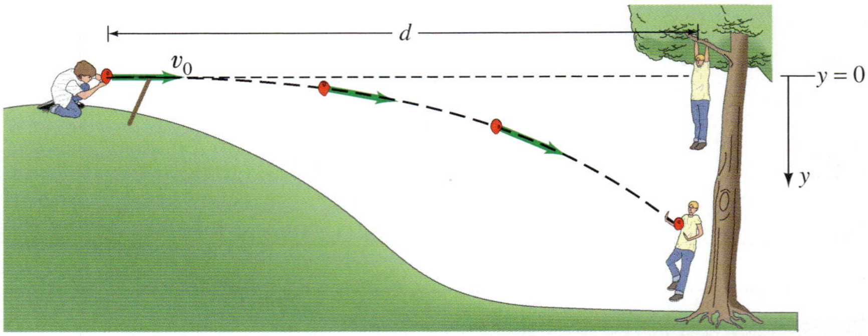

Abbildung 3.26 Beispiel 3.7.

ANGEWANDTE PHYSIK

Horizontale Reichweite eines Geschosses

Beispiel 3.8 — Horizontale Reichweite

(a) Leiten Sie eine Formel für die horizontale Reichweite R eines Geschosses in Abhängigkeit seiner Anfangsgeschwindigkeit v_0 und des Winkels θ_0 her. Die horizontale Reichweite ist definiert als der horizontale Weg, den das Geschoss zurücklegt, bevor es in seine Ausgangshöhe, normalerweise der Erdboden, zurückkehrt, das heißt y (Endwert) $= y_0$, siehe ► Abbildung 3.27. (b) Nehmen wir an, eine von Napoleons Kanonen hatte eine Mündungsgeschwindigkeit v_0 von 60 m/s. In welchem Winkel hätte sie ausgerichtet werden müssen, um ein Ziel in 320 m Entfernung zu treffen (ohne Berücksichtigung des Luftwiderstandes)?

Lösung

a Wir setzen $x_0 = 0$ und $y_0 = 0$ zum Zeitpunkt $t = 0$. Nachdem das Geschoss einen horizontalen Weg R zurückgelegt hat, kehrt es auf dieselbe Höhe, $y = 0$, den Endpunkt, zurück. Um einen allgemeinen Ausdruck für R zu finden, setzen wir deshalb in der Gleichung 2.12b für die vertikale Bewegung $y = 0$ und $y_0 = 0$ und erhalten

$$v_{y0}t - \frac{1}{2}gt^2 = 0\,.$$

Wir lösen nach t auf und erhalten zwei Lösungen: $t = 0$ und $t = 2v_{y0}/g$. Die erste Lösung entspricht dem Anfang der Wurfbewegung und die zweite ist der Zeitpunkt, an dem das Geschoss nach $y = 0$ zurückkehrt. Die Reichweite R ist gerade der Weg x zum Zeitpunkt $t = 2v_{y0}/g$ und diesen Wert von t setzen wir in die Gleichung 2.12b für die horizontale Bewegung ($s_x = v_{x0}t$ bei $x_0 = 0$) ein. Somit ergibt sich

$$R = s_x = v_{x0}t = v_{x0}\left(\frac{2v_{y0}}{g}\right) = \frac{2v_{x0}v_{y0}}{g} = \frac{2v_0^2 \sin\theta_0 \cos\theta_0}{g} \qquad [y_0 = 0]$$

wobei wir $v_{x0} = v_0 \cos\theta_0$ und $v_{y0} = v_0 \sin\theta_0$ geschrieben haben. Nach diesem Ergebnis haben wir gesucht. Es kann unter Verwendung der trigonometrischen Gleichung $2\sin\theta\cos\theta = \sin 2\theta$ (Anhang A) zu

$$R = \frac{v_0^2 \sin 2\theta_0}{g}$$

umgeschrieben werden.

Formel für die Reichweite [y (Endwert) $= y_0$]

Wir sehen, dass man die maximale Reichweite für eine gegebene Anfangsgeschwindigkeit v_0 erhält, wenn der Sinus seinen Maximalwert von 1,0 erreicht. Dies ist bei $2\theta_0 = 90°$ der Fall. Deshalb gilt

$$\theta_0 = 45° \quad \text{bei maximaler Reichweite und} \quad R_{max} = v_0^2/g\,.$$

[Wenn der Luftwiderstand nicht vernachlässigbar ist, ist die Reichweite bei einer gegebenen Geschwindigkeit v_0 geringer und die maximale Reichweite wird bei einem Winkel, der kleiner als 45° ist, erreicht.] Beachten Sie, dass sich die maximale Reichweite um das Quadrat von v_0 erhöht, so dass die Verdoppelung der Mündungsgeschwindigkeit einer Kanone ihre maximale Reichweite vervierfacht.

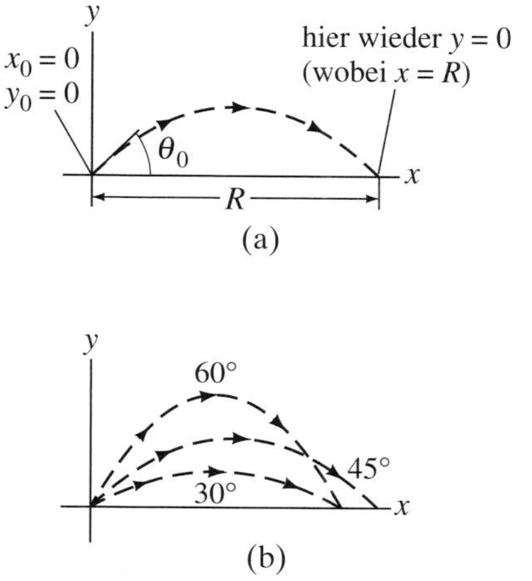

Abbildung 3.27 Beispiel 3.8. (a) Die Reichweite R eines Geschosses; (b) zeigt, wie es im Allgemeinen zwei Winkel θ_0 gibt, die dieselbe Reichweite ergeben. Können Sie aufzeigen, dass, wenn ein Winkel θ_{01} ist, der andere $\theta_{02} = 90° - \theta_{01}$ ist?

b Aus der gerade hergeleiteten Gleichung ergibt sich, dass Napoleons Kanone (ohne Berücksichtigung des Luftwiderstandes) in einem Winkel θ_0 ausgerichtet sein sollte, der gegeben ist durch

$$\sin 2\theta_0 = \frac{Rg}{v_0^2} = \frac{(320\,\text{m})(9{,}80\,\text{m/s}^2)}{(60{,}0\,\text{m/s})^2} = 0{,}871\,.$$

Wir möchten nach einem Winkel θ_0 auflösen, der zwischen 0° und 90° liegt. Das bedeutet, dass $2\theta_0$ in dieser Gleichung maximal 180° betragen kann. Somit ist sowohl $2\theta_0 = 60{,}6°$, als auch $2\theta_0 = 180° - 60{,}6° = 119{,}4°$ eine Lösung (siehe Anhang A). Im Allgemeinen gibt es zwei Lösungen, die in Napoleons Fall gegeben sind durch

$$\theta_0 = 30{,}3° \quad \text{oder} \quad 59{,}7°\,.$$

Jeder Winkel ergibt dieselbe Reichweite. Nur bei $\sin 2\theta_0 = 1$ (d. h. $\theta_0 = 45°$) gibt es für beide Lösungen einen identischen Wert.

Beispiel 3.9 Ein Volleyschuss

Nehmen wir an, dass der Fußball in Beispiel 3.5 ein Volleyschuss war und den Fuß des Spielers in einer Höhe von 1,00 m über dem Erdboden verlassen hat. Wie weit ist der Fußball geflogen, bevor er auf dem Boden auftraf? Setzen Sie $x_0 = 0, y_0 = 0$.

ANGEWANDTE PHYSIK

Sport

Lösung

Wir können die Formel für die Reichweite aus Beispiel 3.8 nicht benutzen, weil sie nur gültig ist, wenn y (Endwert) $= y_0$ ist. Das ist hier nicht der Fall.

PROBLEMLÖSUNG

Verwenden Sie Formeln nur, wenn Sie sicher sind, dass ihr Gültigkeitsbereich auf die Aufgabe zutrifft. Die Formel für die Reichweite gilt hier nicht, da $y \neq y_0$.

Wir haben $y_0 = 0$ und der Fußball trifft bei $y = -1{,}00\,\text{m}$ (siehe ► Abbildung 3.28) auf dem Boden auf. Wir können x aus der Gleichung 2.12b, $x = v_{x0}t$, erhalten, da wir wissen, dass $v_{x0} = 16{,}0\,\text{m/s}$ ist. Zunächst müssen wir jedoch den Zeitpunkt t ermitteln, an dem der Ball auf dem Boden auftrifft. Bei $y = -1{,}00\,\text{m}$ und $v_{y0} = 12{,}0\,\text{m/s}$ (siehe Beispiel 3.5) verwenden wir die Gleichung

$$y = y_0 + v_{y0}t - \frac{1}{2}gt^2$$

und erhalten

$$-1{,}00\,\text{m} = 0 + (12{,}0\,\text{m/s})t - (4{,}90\,\text{m/s}^2)t^2\ .$$

Wenn wir diese Gleichung in die Standardform $(ax^2 + bx + c = 0)$ bringen, erhalten wir

$$(4{,}90\,\text{m/s}^2)t^2 - (12{,}0\,\text{m/s})t - 1{,}00\,\text{m} = 0\ ,$$

und die Quadratformel ergibt

$$t = \frac{12{,}0\,\text{m/s} \pm \sqrt{(-12{,}0\,\text{m/s})^2 - 4(4{,}90\,\text{m/s}^2)(-1{,}00\,\text{m})}}{2(4{,}90\,\text{m/s}^2)}$$
$$= 2{,}53\,\text{s} \quad \text{oder} \quad -0{,}081\,\text{s}\ .$$

Die zweite Lösung würde einem Zeitpunkt vor dem Schuss entsprechen, deshalb gilt sie hier nicht. Bei $t = 2{,}53\,\text{s}$ für den Zeitpunkt, an dem der Ball den Boden berührt, beträgt der Weg, den der Ball zurückgelegt hat (wobei wir aus Beispiel 3.5 $v_{x0} = 16{,}0\,\text{m/s}$ setzen):

$$s_x = v_{x0}t = (16{,}0\,\text{m/s})(2{,}53\,\text{s}) = 40{,}5\,\text{m}\ .$$

Beachten Sie, dass unsere Annahme in Beispiel 3.5, dass der Ball den Fuß in Höhe des Erdbodens verlässt, zu einer Unterschätzung des zurückgelegten Weges um ca. 1,3 m führt.

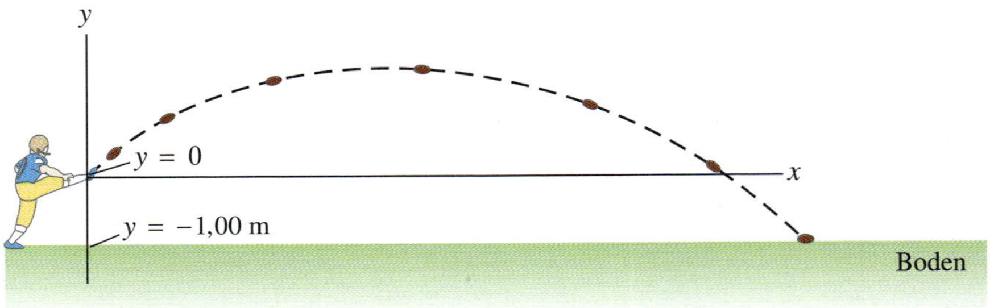

Abbildung 3.28 Beispiel 3.9: der Fußball verlässt den Fuß des Spielers bei $y = 0$ und erreicht den Erdboden bei $y = -1{,}00\,\text{m}$.

ANGEWANDTE PHYSIK

Erreichen eines Ziels aus einem Flugzeug in Bewegung

Beispiel 3.10 Rettungsflugzeug wirft Versorgungsgüter ab

Ein Rettungsflugzeug soll Vorräte zu abgeschnittenen Bergsteigern, die sich auf einem Felsgrat 200 m unter dem Flugzeug befinden, abwerfen. (a) Wie weit vor den Empfängern (horizontaler Weg) müssen die Vorräte abgeworfen werden, wenn das Flugzeug waagerecht mit einer Geschwindigkeit von 250 km/h (69 m/s) fliegt (► Abbildung 3.29a)? (b) Nehmen wir stattdessen an, dass das Flugzeug die Vorräte in einer horizontalen Entfernung von 400 m vor den Bergsteigern abwirft. Wie groß sollte die vertikale Geschwindigkeit (auf- oder abwärts) der Versorgungsgüter sein, damit sie genau an der Position der Bergsteiger landen (► Abbildung 3.29b)? (c) Mit welcher Geschwindigkeit landen die Vorräte im letzteren Fall?

Lösung

a Die vertikale Bewegung (nehmen wir $+y$ aufwärts gerichtet an) hängt nicht von der horizontalen Bewegung ab, so dass wir die Zeit, die benötigt wird, um die Bergsteiger zu erreichen, mithilfe der vertikalen Entfernung von 200 m ermitteln können. Die Vorräte werden „fallen gelassen", so dass sie anfangs die Geschwindigkeit des Flugzeugs haben, $v_{x0} = 69\,\mathrm{m/s}$, $v_{y0} = 0$. Da $y = -\frac{1}{2}gt^2$, ergibt sich dann

$$t = \sqrt{\frac{-2y}{g}} = \sqrt{\frac{-2\,(-200\,\mathrm{m})}{9{,}80\,\mathrm{m/s^2}}} = 6{,}39\,\mathrm{s}\,.$$

Die horizontale Bewegung der fallenden Versorgungsgüter erfolgt bei der konstanten Geschwindigkeit von 69 m/s. Somit ergibt sich

$$s_x = v_{x0}t = (69\,\mathrm{m/s})(6{,}39\,\mathrm{s}) = 440\,\mathrm{m}\,.$$

b Wir haben $s_x = 400\,\mathrm{m}$, $v_{x0} = 69\,\mathrm{m/s}$ und $y = -200\,\mathrm{m}$ gegeben und möchten v_{y0} ermitteln (siehe ► Abbildung 3.29b). Wie bei den meisten Aufgabenstellungen gibt es auch bei dieser verschiedene Herangehensweisen. Anstatt nach einer oder zwei Formeln zu suchen, lassen Sie uns einfach folgern, und zwar auf der Grundlage dessen, was wir in Teil (a) gemacht haben. Wenn wir t kennen, können wir vielleicht v_{y0} ermitteln. Da die horizontale Bewegung der Versorgungsgüter bei konstanter Geschwindigkeit erfolgt (wenn sie einmal abgeworfen sind, spielt es keine Rolle mehr, was das Flugzeug macht), haben wir $s_x = v_{x0}t$, so dass gilt

$$t = \frac{s_x}{v_{x0}} = \frac{400\,\mathrm{m}}{69\,\mathrm{m/s}} = 5{,}80\,\mathrm{s}\,.$$

Nun lassen Sie uns versuchen, mithilfe der vertikalen Bewegung v_{y0} zu ermitteln: $y = y_0 + v_{y0}t - \frac{1}{2}gt^2$. Da $y_0 = 0$ und $y = -200\,\mathrm{m}$, können wir nach v_{y0} auflösen:

$$v_{y0} = \frac{y + \frac{1}{2}gt^2}{t} = \frac{-200\,\mathrm{m} + \frac{1}{2}(9{,}80\,\mathrm{m/s^2})(5{,}80\,\mathrm{s})^2}{5{,}80\,\mathrm{s}} = -6{,}1\,\mathrm{m/s}\,.$$

Damit die Versorgungsgüter genau an der Position der Bergsteiger ankommen, müssen sie somit vom Flugzeug aus mit einer Geschwindigkeit von 6,1 m/s *nach unten* geworfen werden.

c Wir möchten v der Versorgungsgüter zum Zeitpunkt $t = 5{,}80\,\mathrm{s}$ ermitteln. Die Komponenten sind:

$$v_x = v_{x0} = 69\,\mathrm{m/s}$$

$$v_y = v_{y0} - gt = -6{,}1\,\mathrm{m/s} - (9{,}80\,\mathrm{m/s^2})(5{,}80\,\mathrm{s}) = -63\,\mathrm{m/s}\,.$$

Somit beträgt $v = \sqrt{(69\,\mathrm{m/s})^2 + (-63\,\mathrm{m/s})^2} = 93\,\mathrm{m/s}$. (Es wäre wohl besser, die Versorgungsgüter nicht aus einer solchen Höhe abzuwerfen bzw. einen Fallschirm zu benutzen.)

Abbildung 3.29 Beispiel 3.10.

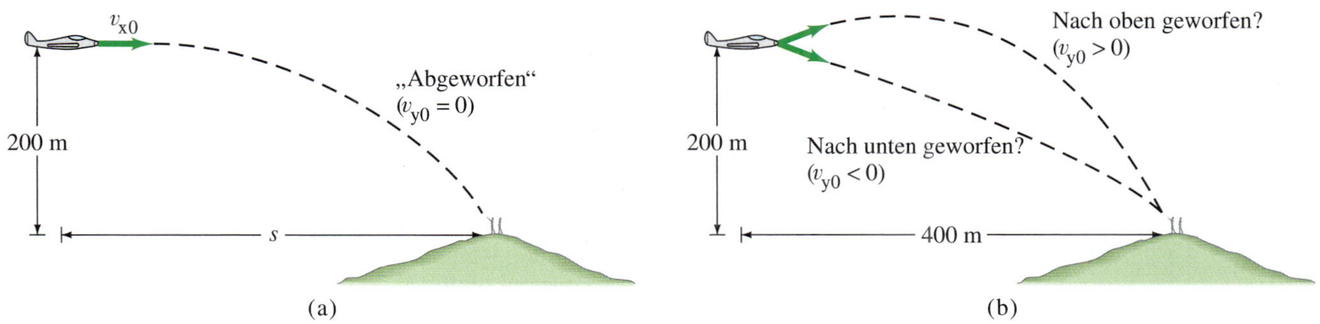

Abbildung 3.30 Beispiele für Wurfbewegungen – Funken (kleine, heiß glühende Metallteilchen), Wasser und Feuerwerk. Alle zeigen die parabelförmige Bahn, die für Wurfbewegungen charakteristisch ist, obwohl die Auswirkungen des Luftwiderstandes den Verlauf mancher Flugbahnen erheblich verändern können.

Die Wurfbewegung ist eine Parabel

Wir zeigen jetzt, dass die Bahn, die ein Geschoss fliegt, eine *Parabel* ist, wenn wir den Luftwiderstand vernachlässigen und annehmen können, dass **g** konstant ist. Dafür müssen wir y als Funktion von s_x durch Eliminieren von t zwischen den beiden Gleichungen für horizontale und vertikale Bewegung (Gleichung 2.12b in Tabelle 3.2) ermitteln. Außerdem setzen wir $x_0 = y_0 = 0$:

$$s_x = v_{x0}t$$
$$y = v_{y0}t - \frac{1}{2}gt^2 .$$

Aus der ersten Gleichung haben wir $t = s_x/v_{x0}$. Dies setzen wir in die zweite Gleichung ein und erhalten

$$y = \left(\frac{v_{y0}}{v_{x0}}\right) s_x - \left(\frac{g}{2v_{x0}^2}\right) s_x^2 .$$

Wir sehen, dass y als Funktion von x die Form

Die Gleichung für die Wurfbewegung ist eine Parabel

$$y(s_x) = As_x - Bs_x^2$$

hat, wobei A und B Konstanten für eine bestimmte Wurfbewegung sind. Hierbei handelt es sich um die bekannte Gleichung für eine Parabel. Siehe ► Abbildung 3.19 und ► Abbildung 3.30.

Die Vorstellung, dass Wurfbewegungen parabelförmig sind, stand zu Zeiten Galileis an der Spitze der physikalischen Forschung. Heute erörtern wir sie in Kapitel 3 der Einführung in die Physik!

3.9 Gleichförmige Kreisbewegung

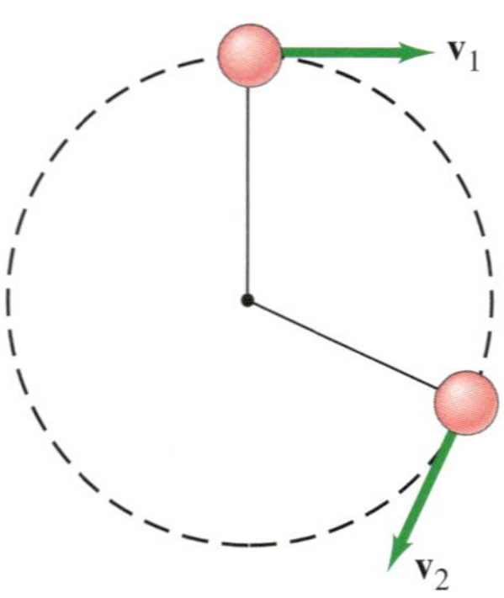

Abbildung 3.31 Ein Massenpunkt bewegt sich auf einer Kreisbahn und zeigt dabei, wie die Geschwindigkeit ihre Richtung ändert. Beachten Sie, dass in jedem Punkt die Momentangeschwindigkeit eine Richtungstangente an die Kreisbahn bildet.

Ein Körper, der sich mit konstanter Geschwindigkeit v auf einer Kreisbahn bewegt, führt eine **gleichförmige Kreisbewegung** aus. Beispiele sind ein Ball am Ende einer Schnur, den man um den Kopf schwingt, und die nahezu gleichförmige Kreisbewegung des Mondes um die Erde. Der *Betrag* der Geschwindigkeit bleibt in diesem Fall konstant, aber die *Richtung* der Geschwindigkeit ändert sich ständig (► Abbildung 3.31). Da die Beschleunigung als Änderung in der Geschwindigkeit definiert ist, bedeutet eine Änderung in der Richtung der Geschwindigkeit ebenso wie eine Änderung im Betrag, dass eine Beschleunigung auftritt. Somit beschleunigt ein Körper, der eine gleichförmige Kreisbewegung ausführt, selbst wenn die Geschwindigkeit konstant bleibt ($v_1 = v_2$). Wir untersuchen jetzt diese Beschleunigung quantitativ.

Die Beschleunigung ist definiert als

$$\mathbf{a} = \lim_{\Delta t \to 0} \frac{\Delta \mathbf{v}}{\Delta t} = \frac{d\mathbf{v}}{dt},$$

wobei $\Delta \mathbf{v}$ die Änderung in der Geschwindigkeit während des kurzen Zeitintervalls Δt darstellt. Wir werden schließlich den Fall Δt gegen null betrachten und so die Momentanbeschleunigung ermitteln. Damit eine geeignete Zeichnung angefertigt werden kann, betrachten wir jedoch ein Zeitintervall ungleich null (▶ Abbildung 3.32). Während der Zeit Δt bewegt sich der Massenpunkt in ▶ Abbildung 3.32a von Punkt A nach Punkt B und legt dabei einen kleinen Weg Δs *auf dem Kreisbogen* zurück, der einen kleinen Winkel $\Delta\theta$ abgrenzt. Die Änderung im Geschwindigkeitsvektor beträgt $\mathbf{v}_2 - \mathbf{v}_1 = \Delta\mathbf{v}$ und ist in ▶ Abbildung 3.32b dargestellt.

Wenn Δt sehr klein ist (gegen null geht), dann sind Δs und $\Delta\theta$ auch sehr klein. In diesem Fall ist $\mathbf{v}_2$ fast parallel zu $\mathbf{v}_1$ und $\Delta\mathbf{v}$ steht praktisch senkrecht zu ihnen (▶ Abbildung 3.32c). Somit ist $\Delta\mathbf{v}$ zum Kreismittelpunkt hin gerichtet. Da $\mathbf{a}$ laut Definition in dieselbe Richtung zeigt wie $\Delta\mathbf{v}$, muss auch $\mathbf{a}$ zum Kreismittelpunkt hin gerichtet sein. Deshalb wird diese Beschleunigung **Zentripetalbeschleunigung** („mittelpunktsuchende" Beschleunigung) oder **Radialbeschleunigung** (da sie entlang des Radius zum Kreismittelpunkt hin gerichtet ist) genannt und wir bezeichnen sie mit $\mathbf{a}_R$.

Als nächstes bestimmen wir den Betrag der Zentripetalbeschleunigung $\mathbf{a}_R$. Aus der Tatsache, dass CA senkrecht zu $\mathbf{v}_1$ und CB senkrecht zu $\mathbf{v}_2$ steht, folgt, dass der Winkel $\Delta\theta$, der als der Winkel zwischen CA und CB in ▶ Abbildung 3.32a definiert ist, auch der Winkel zwischen $\mathbf{v}_1$ und $\mathbf{v}_2$ ist. Folglich bilden die Vektoren $\mathbf{v}_2$, $\mathbf{v}_1$ und $\Delta\mathbf{v}$ in ▶ Abbildung 3.32b ein Dreieck, das dem Dreieck CAB in ▶ Abbildung 3.32a geometrisch ähnelt. Wenn wir $\Delta\theta$ klein annehmen (Δt ist dabei sehr klein) und $v = v_1 = v_2$ setzen, da wir voraussetzen, dass sich der Betrag der Geschwindigkeit nicht ändert, können wir schreiben:

$$\frac{\Delta v}{v} \approx \frac{\Delta s}{r}.$$

Exakte Gleichheit wird hier erreicht, wenn Δt gegen Null geht, denn die Bogenlänge Δl ist mit der Streckenlänge AB identisch. Da wir die Momentanbeschleunigung ermitteln wollen, bei der Δt gegen null geht, schreiben wir den obigen Ausdruck als Gleichung und lösen nach Δv auf:

$$\Delta v = \frac{v}{r}\Delta s.$$

Um die Zentripetalbeschleunigung a_R zu erhalten, dividieren wir Δv durch Δt:

$$a_R = \lim_{\Delta t \to 0} \frac{\Delta v}{\Delta t} = \lim_{\Delta t \to 0} \frac{v}{r}\frac{\Delta s}{\Delta t}.$$

Und da

$$\lim_{\Delta t \to 0} \frac{\Delta s}{\Delta t}$$

die Geschwindigkeit v des Körpers ist, erhalten wir

$$a_R = \frac{v^2}{r}. \tag{3.14}$$

Zentripetalbeschleunigung

Zusammenfassend sei gesagt, dass *ein Körper, der sich auf einem Kreis mit dem Radius r mit konstanter Geschwindigkeit v bewegt, zum Kreismittelpunkt hin mit dem Betrag* $a_R = v^2/r$ *beschleunigt wird.* Es ist nicht überraschend, dass diese Beschleunigung von v und r abhängt. Denn je größer die Geschwindigkeit v ist, desto schneller ändert die Geschwindigkeit die Richtung, und je größer der Radius ist, desto langsamer ändert die Geschwindigkeit die Richtung.

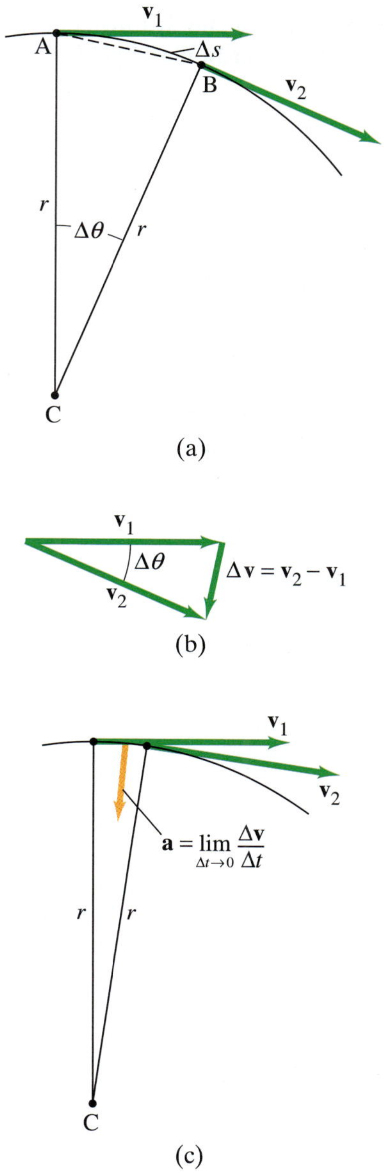

Abbildung 3.32 Bestimmung der Änderung in der Geschwindigkeit $\Delta\mathbf{v}$ bei einem Massenpunkt, der sich auf einer Kreisbahn bewegt.

Beschleunigung und Geschwindigkeit haben nicht dieselbe Richtung

Der Beschleunigungsvektor ist zum Kreismittelpunkt hin gerichtet. Der Geschwindigkeitsvektor zeigt jedoch immer in die Bewegungsrichtung, die tangential zur Kreisbahn verläuft. Somit verlaufen bei gleichförmigen Kreisbewegungen der Geschwindigkeitsvektor und der Beschleunigungsvektor in jedem Punkt der Bahn senkrecht zueinander (siehe ▸ Abbildung 3.7). Dies ist ein weiteres Beispiel, das den Denkfehler, dass Beschleunigung und Geschwindigkeit immer dieselbe Richtung haben, veranschaulicht. Bei einem Körper, der senkrecht fällt, verlaufen **a** und **v** tatsächlich parallel. Aber bei der Kreisbewegung sind **a** und **v** nicht parallel – und auch nicht bei der Wurfbewegung (Abschnitt 3.7), wo die Beschleunigung **a** = **g** immer abwärts gerichtet ist, der Geschwindigkeitsvektor jedoch verschiedene Richtungen haben kann (▸ Abbildung 3.20 und 3.22).

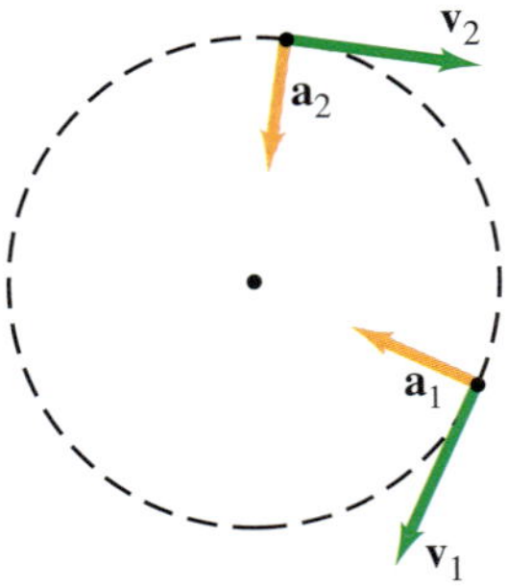

Abbildung 3.33 Bei einer gleichförmigen Kreisbewegung ist **a** immer senkrecht zu **v**.

Eine Kreisbewegung wird häufig als **Frequenz** f mit einer bestimmten Anzahl von Umdrehungen pro Sekunde beschrieben. Die **Periode** T eines Körpers, der sich auf einer Kreisbahn dreht, ist die Zeit, die für eine komplette Umdrehung benötigt wird. Periode und Frequenz stehen zueinander in Beziehung:

$$T = \frac{1}{f} \,. \tag{3.15}$$

Wenn sich ein Körper z. B. mit einer Frequenz von 3 Umdrehungen pro Sekunde dreht, dauert jede Umdrehung $\frac{1}{3}$ s. Für einen Körper, der sich mit konstanter Geschwindigkeit v dreht, können wir schreiben:

$$v = \frac{2\pi r}{T}$$

da der Körper bei einer Drehung den Kreisumfang ($= 2\pi r$) einmal zurücklegt.

Beispiel 3.11 Beschleunigung eines sich drehenden Balls

Ein Ball mit einer Masse von 150 g am Ende einer Schnur dreht sich gleichförmig auf einer horizontalen Kreisbahn mit einem Radius von 0,600 m. Der Ball macht 2,00 Umdrehungen in einer Sekunde. Wie groß ist seine Zentripetalbeschleunigung?

Lösung

Die Zentripetalbeschleunigung ist $a_R = v^2/r$. Zunächst bestimmen wir die Geschwindigkeit v des Balls. Der Ball macht zwei komplette Umdrehungen pro Sekunde, d. h. seine Periode ist $T = 0{,}500$ s. In dieser Zeit legt er einmal den Umfang des Kreises, $2\pi r$, zurück. Somit hat der Ball die Geschwindigkeit

$$v = \frac{2\pi r}{T} = \frac{2(3{,}14)(0{,}600\,\text{m})}{(0{,}500\,\text{s})} = 7{,}54\,\text{m/s}\,.$$

Die Zentripetalbeschleunigung beträgt

$$a_R = \frac{v^2}{r} = \frac{(7{,}54\,\text{m/s})^2}{(0{,}600\,\text{m})} = 94{,}8\,\text{m/s}^2\,.$$

Die Beschleunigung des Mondes zur Erde hin

Beispiel 3.12 Die Zentripetalbeschleunigung des Mondes

Die nahezu kreisförmige Umlaufbahn des Mondes um die Erde hat einen Radius von ca. 384 000 km und eine Periode T von 27,3 Tagen. Bestimmen Sie die zur Erde gerichtete Beschleunigung des Mondes.

Lösung

Auf seiner Umlaufbahn um die Erde legt der Mond einen Weg von $2\pi r$ zurück, wobei $r = 3{,}84 \cdot 10^8$ m der Radius seiner kreisförmigen Bahn ist. Die Geschwindigkeit des Mondes auf seiner Umlaufbahn um die Erde beträgt $v = 2\pi r/T$. Die Periode T in Sekunden beträgt $T = (27{,}3\text{ Tage})\,(24{,}0\text{ h/Tag})\,(3600\text{ s/h}) = 2{,}36 \cdot 10^6$ s. Deshalb gilt

$$a_R = \frac{v^2}{r} = \frac{(2\pi r)^2}{T^2 r} = \frac{[2(3{,}14)(3{,}84 \cdot 10^8\text{ m})]^2}{(2{,}36 \cdot 10^6\text{ s})^2(3{,}84 \cdot 10^8\text{ m})}$$
$$= 0{,}00272\text{ m/s}^2 = 2{,}72 \cdot 10^{-3}\text{ m/s}^2\,.$$

Dies können wir mit $g = 9{,}80\text{ m/s}^2$ (Fallbeschleunigung an der Erdoberfläche) schreiben als

$$a = 2{,}72 \cdot 10^{-3}\text{ m/s}^2 \left(\frac{g}{9{,}80\text{ m/s}^2}\right)$$
$$= 2{,}78 \cdot 10^{-4}\,g\,.$$

3.10 Relativgeschwindigkeit

Wir untersuchen jetzt, wie Beobachtungen, die in verschiedenen Bezugssystemen gemacht werden, zueinander in Beziehung stehen. Wir betrachten z. B. zwei Züge, die sich jeweils mit einer Geschwindigkeit von 80 km/h relativ (in Bezug) zur Erde einander nähern. Beobachter auf der Erde neben den Bahnstrecken messen für jeden der Züge eine Geschwindigkeit von 80 km/h. Beobachter in einem der Züge (ein anderes Bezugssystem) messen für den Zug, der sich ihnen nähert, eine Geschwindigkeit von 160 km/h. Genauso hat ein Auto, das mit 90 km/h ein zweites Auto, das mit einer Geschwindigkeit von 75 km/h in dieselbe Richtung fährt, überholt, eine Geschwindigkeit von 90 km/h − 75 km/h = 15 km/h relativ zu dem zweiten Auto.

Wenn die Geschwindigkeiten entlang derselben Geraden verlaufen, erhält man mittels einfacher Addition oder Subtraktion die Relativgeschwindigkeit. Verlaufen die Geschwindigkeiten aber nicht entlang derselben Geraden, müssen wir auf die Vektoraddition zurückgreifen. Wir weisen, wie in Abschnitt 2.1 bereits erwähnt, nochmals darauf hin, dass bei Angabe einer Geschwindigkeit auch die Angabe des Bezugssystems wichtig ist.

Bei der Bestimmung der Relativgeschwindigkeit werden leicht dadurch Fehler gemacht, dass die falschen Geschwindigkeiten addiert oder subtrahiert werden. Deshalb ist es sinnvoll, eine genaue Beschriftung vorzunehmen, damit keine Unklarheiten bestehen. Jede Geschwindigkeit wird mit *zwei tiefgestellten Indizes* gekennzeichnet: *der erste bezieht sich auf den Körper, der zweite auf das Bezugssystem, in dem er diese Geschwindigkeit besitzt.* Wir nehmen z. B. an, dass ein Boot über einen Fluss übersetzen soll, wie in ▶ Abbildung 3.1 dargestellt. Die Geschwindigkeit des **B**ootes in Bezug auf das **W**asser bezeichnen wir mit $\mathbf{v}_{BW}$. (Dies wäre auch die Geschwindigkeit des Bootes in Bezug auf das Ufer, wenn keine Bewegung im Wasser wäre.) Ebenso ist $\mathbf{v}_{BU}$ die Geschwindigkeit des **B**ootes in Bezug auf das **U**fer und $\mathbf{v}_{WU}$ die Geschwindigkeit des **W**assers in Bezug auf das **U**fer (dies ist die Strömung des Flusses). Beachten Sie, dass $\mathbf{v}_{BW}$ die Motorleistung des Bootes (gegen das Wasser) ist, während $\mathbf{v}_{BU}$ gleich $\mathbf{v}_{BW}$ plus der Strömungswirkung ist. Folglich ist die Geschwindigkeit des Bootes relativ zum Ufer (siehe Vektordiagramm, ▶ Abbildung 3.34)

$$\mathbf{v}_{BU} = \mathbf{v}_{BW} + \mathbf{v}_{WU}\,. \tag{3.16}$$

Wir schreiben die tiefgestellten Indizes üblicherweise wie oben und sehen, dass die inneren Indizes (die beiden W) auf der rechten Seite der Gleichung 3.16 dieselben sind, während die äußeren Indizes auf der rechten Seiten der Gleichung 3.16 (das B und das U) mit den beiden Indizes für den Summenvektor auf

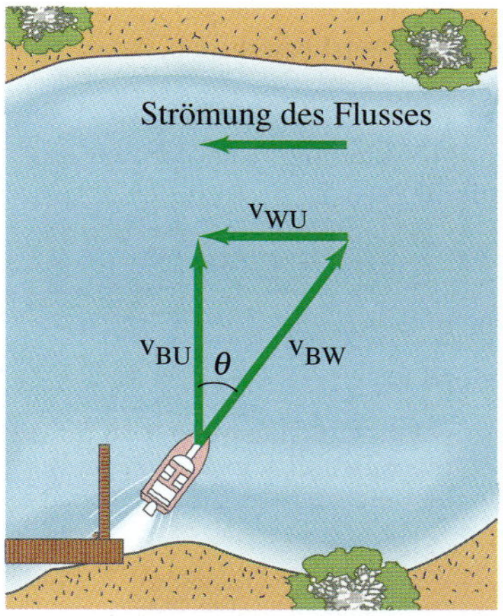

Abbildung 3.34 Das Boot muss in einem Winkel von θ stromaufwärts losfahren, um direkt über den Fluss überzusetzen. Die Geschwindigkeitsvektoren sind als grüne Pfeile dargestellt:

$\mathbf{v}_{BU}$ = Geschwindigkeit des **B**ootes in Bezug auf das **U**fer
$\mathbf{v}_{BW}$ = Geschwindigkeit des **B**ootes in Bezug auf das **W**asser
$\mathbf{v}_{WU}$ = Geschwindigkeit des **W**assers in Bezug auf das **U**fer (Strömung des Flusses)

PROBLEMLÖSUNG

Tiefgestellte Indizes für die Addition von Geschwindigkeiten: erster Index für den Körper; zweiter Index für das Bezugssystem

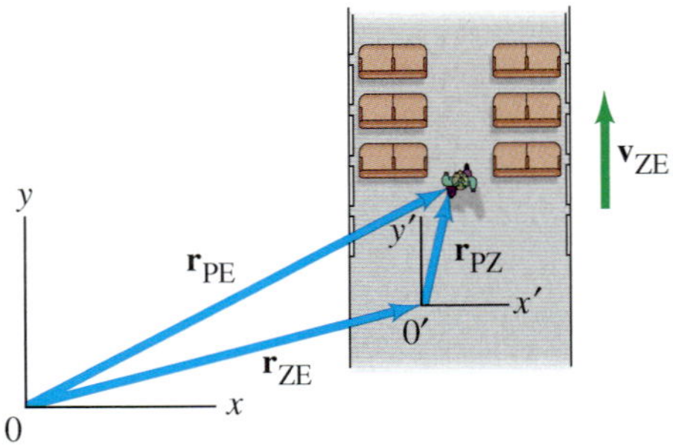

Abbildung 3.35 Ableitung der Gleichung für die Relativgeschwindigkeit (Gleichung 3.16), hier für eine Person, die den Gang in einem Zug entlanggeht. Wir schauen von oben auf den Zug und es sind zwei Bezugssysteme dargestellt: *xy* auf der Erde und *x′y′* fest im Zug. Wir haben

$\mathbf{r}_{PZ}$ = Ortsvektor der Person (P) relativ zum Zug (Z)

$\mathbf{r}_{PE}$ = Ortsvektor der Person (P) relativ zur Erde (E)

$\mathbf{r}_{ZE}$ = Ortsvektor des Koordinatensystems des Zuges (Z) relativ zur Erde (E)

Aus der Zeichnung ist ersichtlich, dass

$$\mathbf{r}_{PE} = \mathbf{r}_{PZ} + \mathbf{r}_{ZE} .$$

Wir bilden die Ableitung nach der Zeit und erhalten

$$\frac{\mathrm{d}}{\mathrm{d}t}(\mathbf{r}_{PE}) = \frac{\mathrm{d}}{\mathrm{d}t}(\mathbf{r}_{PZ}) + \frac{\mathrm{d}}{\mathrm{d}t}(\mathbf{r}_{ZE})$$

oder, da $\mathrm{d}\mathbf{r}/\mathrm{d}t = \mathbf{v}$,

$$\mathbf{v}_{PE} = \mathbf{v}_{PZ} + \mathbf{v}_{ZE} .$$

Dies ist äquivalent zur Gleichung 3.16 für die hier betrachtete Anwendung „Person im Zug" (prüfen Sie die tiefgestellten Indizes!).

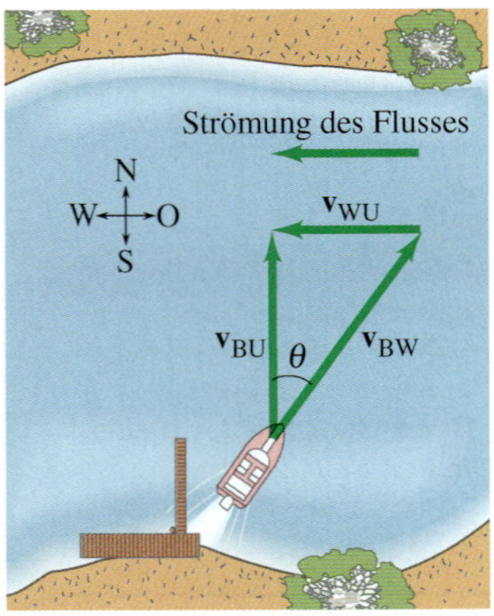

Abbildung 3.36 Beispiel 3.13.

der linken Seite, $\mathbf{v}_{BU}$, identisch sind. Durch Befolgen dieser Schreibweise (erster Index für den Körper, zweiter für das Bezugssystem) kann man die korrekte Gleichung, die Geschwindigkeiten in verschiedenen Bezugssystemen in Beziehung setzt, schreiben[4]. ► Abbildung 3.35 zeigt eine Ableitung der Gleichung 3.16, die im Allgemeinen gültig ist und auf drei oder mehr Geschwindigkeiten erweitert werden kann. Wenn z. B. ein Fischer auf einem Boot mit einer Geschwindigkeit von $\mathbf{v}_{FB}$ relativ zum Boot geht, beträgt seine Geschwindigkeit relativ zum Ufer $\mathbf{v}_{FU} = \mathbf{v}_{FB} + \mathbf{v}_{BW} + \mathbf{v}_{WU}$. Die Gleichungen, die die Relativgeschwindigkeit betreffen, sind richtig, wenn benachbarte innere Indizes identisch sind und wenn die äußersten Indizes genau den beiden Indizes der Geschwindigkeit auf der linken Seite der Gleichung entsprechen. Das funktioniert allerdings nur mit Pluszeichen (auf der rechten Seite), nicht mit Minuszeichen.

Für zwei beliebige Körper oder Bezugssysteme A und B habe die Geschwindigkeit von A relativ zu B denselben Betrag, aber die entgegengesetzte Richtung wie die Geschwindigkeit von B relativ zu A, dann gilt:

$$\mathbf{v}_{BA} = -\mathbf{v}_{AB} . \tag{3.17}$$

Wenn z. B. ein Zug mit 100 km/h relativ zur Erdoberfläche in eine bestimmte Richtung fährt, dann sieht es für einen Beobachter in dem Zug so aus, als wenn sich Körper auf der Erde (wie Bäume) mit 100 km/h in die entgegengesetzte Richtung bewegen.

Beispiel 3.13 Fahrt flussaufwärts

Die Geschwindigkeit eines Bootes in stehendem Wasser beträgt $v_{BW} = 1{,}85\,\mathrm{m/s}$. In welchem Winkel muss das Boot losfahren, wenn es direkt in Richtung Norden über den Fluss übersetzen soll, dessen Strömung eine Geschwindigkeit von $v_{WU} = 1{,}20\,\mathrm{m/s}$ in westlicher Richtung hat?

Lösung

Die Strömung wird das Boot nach Westen treiben. Um dieser Bewegung entgegenzuwirken, muss das Boot flussaufwärts in nordöstlicher Richtung losfahren, wie in ► Abbildung 3.36 dargestellt. In der ► Abbildung 3.36 zeigt $\mathbf{v}_{BU}$, die Geschwindigkeit des **B**ootes relativ zum **U**fer, direkt über den Fluss, da man annimmt, dass sich das Boot in diese Richtung bewegen wird. (Beachten Sie, dass $\mathbf{v}_{BU} = \mathbf{v}_{BW} + \mathbf{v}_{WU}$.) Somit zeigt $\mathbf{v}_{BW}$ flussaufwärts in einem Winkel θ, wie abgebildet, wobei

$$\sin\theta = \frac{v_{WU}}{v_{BW}} = \frac{1{,}20\,\mathrm{m/s}}{1{,}85\,\mathrm{m/s}} = 0{,}6486 .$$

Das bedeutet, dass $\theta = 40{,}4°$ ist, so dass das Boot in einem Winkel von 40,4° flussaufwärts ablegen muss.

Beispiel 3.14 Fahrt direkt über den Fluss

Dasselbe Boot ($v_{BW} = 1{,}85\,\mathrm{m/s}$) fährt nun direkt über den Fluss los, dessen Strömung immer noch 1,20 m/s beträgt. (a) Wie groß ist die Geschwindigkeit (Betrag und Richtung) des Bootes relativ zum Ufer? (b) Wie lange dauert die

4 So würden wir durch Überprüfung herausfinden, dass z. B. die Gleichung $\mathbf{v}_{BW} = \mathbf{v}_{BU} + \mathbf{v}_{WU}$ falsch ist.

Überfahrt und wie weit flussabwärts befindet sich das Boot dann, wenn der Fluss 110 m breit ist?

Lösung

a Wie in ▸ Abbildung 3.37 dargestellt, wird das Boot von der Strömung flussabwärts getrieben. Die Geschwindigkeit des Bootes in Bezug auf das Ufer, $\mathbf{v}_{BU}$, ist die Summe seiner Geschwindigkeit in Bezug auf das Wasser, $\mathbf{v}_{BW}$, plus die Geschwindigkeit des Wassers in Bezug auf das Ufer, $\mathbf{v}_{WU}$:

$$\mathbf{v}_{BU} = \mathbf{v}_{BW} + \mathbf{v}_{WU} ,$$

wie vorher. Da $\mathbf{v}_{BW}$ direkt über den Fluss gerichtet ist, verläuft sie senkrecht zu $\mathbf{v}_{WU}$, und wir können mithilfe des Satzes des Pythagoras v_{BU} ermitteln:

$$v_{BU} = \sqrt{v_{BW}^2 + v_{WU}^2} = \sqrt{(1{,}85\,\text{m/s})^2 + (1{,}20\,\text{m/s})^2} = 2{,}21\,\text{m/s} .$$

Wir können den Winkel (beachten Sie, wie θ in der Zeichnung definiert ist) wie folgt bestimmen:

$$\tan\theta = v_{WU}/v_{BW} = (1{,}20\,\text{m/s})/(1{,}85\,\text{m/s}) = 0{,}6486 .$$

Ein Taschenrechner mit INV TAN oder TAN^{-1} Taste gibt $\theta = \tan^{-1}(0{,}6486) = 33{,}0°$ an. Beachten Sie, dass dieser Winkel *nicht* gleich dem in Beispiel 3.13 berechneten Winkel ist.

b Mit der gegebenen Flussbreite von $d = 110\,\text{m}$ und unter Verwendung der Definition der Geschwindigkeit lösen wir nach $t = d/v_{BW}$ auf. Dabei benutzen wir die Geschwindigkeitskomponente in der Richtung von d, so dass gilt $t = (110\,\text{m})/(1{,}85\,\text{m/s}) = 60\,\text{s}$. In dieser Zeit wird das Boot einen Weg von

$$s = v_{WU}t = (1{,}20\,\text{m/s})/(60\,\text{s}) = 72\,\text{m}$$

zurücklegen.

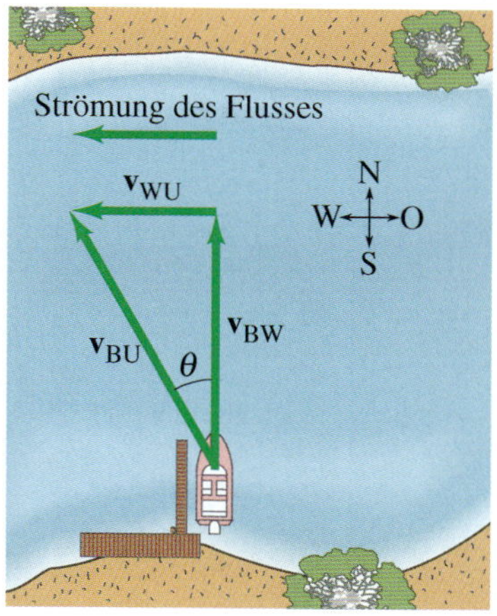

Abbildung 3.37 Beispiel 3.14: ein Boot fährt direkt über einen Fluss, dessen Strömung 1,20 m/s beträgt, los.

Beispiel 3.15 Kfz-Geschwindigkeiten

Zwei Autos nähern sich im rechten Winkel zueinander mit derselben Geschwindigkeit von 40,0 km/h (= 11,1 m/s) einer Straßenecke, wie in ▸ Abbildung 3.38a dargestellt. Wie groß ist die Relativgeschwindigkeit des einen Autos in Bezug zum anderen? Das heißt, bestimmen Sie die Geschwindigkeit von Auto 1 aus der Sicht von Auto 2.

Lösung

▸ Abbildung 3.38a zeigt die Situation in einem festen Bezugssystem zur Erde. Wir möchten die Situation aber von einem Bezugssystem aus betrachten, in dem Auto 2 sich im Stillstand befindet. Dies ist in ▸ Abbildung 3.38 dargestellt. In diesem Bezugssystem (die Welt aus Sicht des Fahrers von Auto 2) bewegt sich die Erde mit der Geschwindigkeit $\mathbf{v}_{E2}$ (40,0 km/h), die gleich mit und entgegengesetzt zu $\mathbf{v}_{2E}$ ist, der Geschwindigkeit von Auto 2 in Bezug auf die Erde (Gleichung 3.17), auf das Auto 2 zu:

$$\mathbf{v}_{2E} = -\mathbf{v}_{E2} .$$

Dann beträgt die Geschwindigkeit von Auto 1 aus der Sicht von Auto 2

$$\mathbf{v}_{12} = \mathbf{v}_{1E} + \mathbf{v}_{E2}$$

oder (da $\mathbf{v}_{E2} = -\mathbf{v}_{2E}$)

$$\mathbf{v}_{12} = \mathbf{v}_{1E} - \mathbf{v}_{2E} .$$

Das bedeutet, dass die Geschwindigkeit von Auto 1 aus der Sicht von Auto 2 die Differenz ihrer Geschwindigkeiten $\mathbf{v}_{1E} - \mathbf{v}_{2E}$, beide gemessen relativ zur Erde (siehe ▸ Abbildung 3.38), ist. Da die Beträge von $\mathbf{v}_{1E}, \mathbf{v}_{2E}$ und $\mathbf{v}_{E2}$ identisch sind (40,0 km/h = 11,1 m/s) sehen wir (▸ Abbildung 3.38), dass $\mathbf{v}_{12}$ in einem Winkel von 45° auf Auto 2 gerichtet ist. Die Geschwindigkeit beträgt

$$v_{12} = \sqrt{(11{,}1\,\mathrm{m/s})^2 + (11{,}1\,\mathrm{m/s})^2} = 15{,}7\,\mathrm{m/s}\,(= 56{,}5\,\mathrm{km/h}) .$$

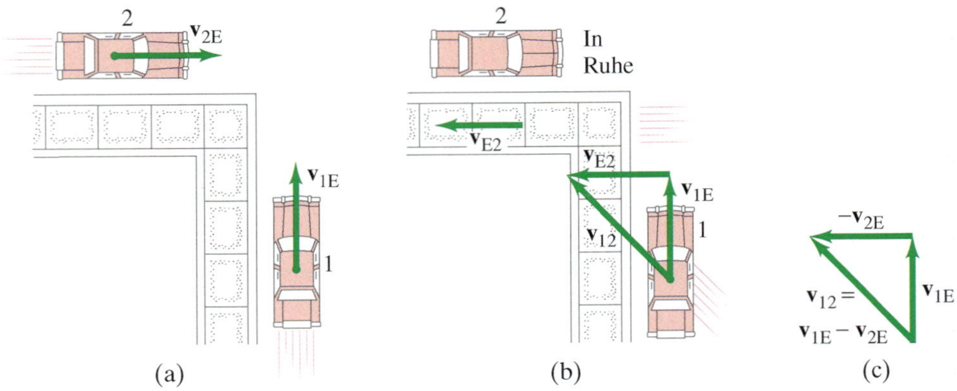

Abbildung 3.38 Beispiel 3.15

ZUSAMMENFASSUNG

Eine Größe, die sowohl einen Betrag, als auch eine Richtung besitzt, nennt man **Vektor**. Eine Größe, die nur einen Betrag besitzt, heißt **Skalar**.

Vektoren können grafisch addiert werden, indem man den Anfangspunkt jedes aufeinanderfolgenden Pfeils (der jeweils einen Vektor darstellt) an den Endpunkt des vorhergehenden setzt. Die Summe oder der **resultierende Vektor** ist der Pfeil, der vom Anfangspunkt des ersten zum Endpunkt des letzten gezogen wird. Genauer kann man Vektoren addieren, indem man das analytische Verfahren der Addition ihrer **Komponenten** entlang gewählter Achsen mithilfe trigonometrischer Funktionen anwendet. Ein Vektor mit dem Betrag V, der mit der x-Achse einen Winkel θ bildet, hat die Komponenten

$$V_x = V\cos\theta \; V_y = V\sin\theta .$$

Wenn die Komponenten gegeben sind, können wir den Betrag und die Richtung aus

$$V = \sqrt{V_x^2 + V_y^2}, \quad \tan\theta = \frac{V_y}{V_x}$$

ermitteln. Häufig ist es hilfreich, einen Vektor in seinen Komponenten entlang ausgewählter Achsen unter Verwendung von **Einheitsvektoren** auszudrücken. Einheitsvektoren sind Vektoren mit einheitlicher Länge entlang der ausgewählten Koordinatenachsen. Für kartesische Koordinaten werden die Einheitsvektoren entlang der x-, y- und z-Achse mit **i**, **j** und **k** bezeichnet.

Die allgemeinen Definitionen für die **Momentangeschwindigkeit v** und die **Beschleunigung a** eines Massenpunktes (in einer, zwei oder drei Raumrichtungen) lauten wie folgt:

$$\mathbf{v} = \frac{\mathrm{d}\mathbf{s}}{\mathrm{d}t} = \frac{\mathrm{d}\mathbf{r}}{\mathrm{d}t} \text{ und } \mathbf{a} = \frac{\mathrm{d}\mathbf{v}}{\mathrm{d}t},$$

wobei **r** der Ortsvektor und **s** der Wegvektor des Massenpunktes ist. Die kinematischen Gleichungen für Bewegung mit konstanter Beschleunigung können jeweils für die x-, y- und z-Komponenten der Bewegung geschrieben werden und haben dieselbe Form wie die Gleichungen für eindimensionale Bewegung (Gleichungen 2.12a– 2.12c). Man kann sie auch in der folgenden gebräuchlicheren Vektorform schreiben:

$$\mathbf{v} = \mathbf{v}_0 + \mathbf{a}t$$

$$\mathbf{r} = \mathbf{r}_0 + \mathbf{v}_0 t + \frac{1}{2}\mathbf{a}t^2 .$$

Die **Wurfbewegung** eines Körpers, der sich nahe der Erdoberfläche in der Luft bewegt, kann als zwei separate Bewegungen aufgefasst werden, wenn man den Luftwiderstand vernachlässigt. Die horizontale Komponente der Bewegung hat eine konstante Geschwindigkeit, während die vertikale Komponente eine konstante Beschleunigung g hat, wie ein Körper, der unter dem Einfluss der Schwerkraft senkrecht nach unten fällt.

Ein Körper, der sich mit konstanter Geschwindigkeit v auf einer Kreisbahn mit dem Radius r bewegt, führt eine **gleichförmige Kreisbewegung** aus und erfährt eine zum Kreismittelpunkt hin gerichtete **Radial-** oder **Zentripetalbeschleunigung** a_R mit dem Betrag

$$a_R = \frac{v^2}{r} \, .$$

Die Frequenz f ist die Anzahl der vollständigen Umdrehungen pro Sekunde. Die Periode T ist die Zeit, die für eine vollständige Umdrehung benötigt wird, und steht durch

$$T = \frac{1}{f}$$

in Beziehung zur Frequenz.

Die Geschwindigkeit eines Körpers relativ zu einem Bezugssystem kann durch Vektoraddition ermittelt werden, wenn seine Geschwindigkeit relativ zu einem zweiten Bezugssystem sowie die **Relativgeschwindigkeit** der beiden Bezugssysteme bekannt sind.

Z U S A M M E N F A S S U N G

Verständnisfragen

1 Ein Auto fährt mit 40 km/h direkt nach Osten und ein zweites Auto fährt mit 40 km/h nach Norden. Sind ihre Geschwindigkeiten identisch? Erklären Sie.

2 Können Sie aus der Tatsache, dass der Tachometer eines Autos gleichbleibend 60 km/h anzeigt, schließen, dass das Auto nicht beschleunigt?

3 Können Sie mehrere Beispiele für die Bewegung eines Körpers angeben, in denen ein großer Weg zurückgelegt wird, die Verschiebung aber Null ist?

4 Kann der Verschiebungsvektor für einen Massenpunkt, der sich in zwei Raumrichtungen bewegt, jemals länger als die Länge des von dem Massenpunkt in demselben Zeitintervall zurückgelegten Weges sein? Kann er jemals kürzer sein? Erörtern Sie.

5 Beim Baseballtraining schlägt der Schlagmann einen sehr hohen Flugball und läuft dann in einer geraden Linie und fängt ihn. Hatte der Spieler oder der Ball den größeren Weg?

6 Wenn $\mathbf{V} = \mathbf{V}_1 + \mathbf{V}_2$, ist V dann zwangsläufig größer als V_1 und/oder V_2? Erörtern Sie.

7 Zwei Vektoren haben die Längen $V_1 = 3{,}5$ km und $V_2 = 4{,}0$ km. Welche maximalen und minimalen Beträge hat ihre Vektorsumme?

8 Können zwei Vektoren mit ungleichem Betrag addiert werden und so den Nullvektor ergeben? Funktioniert dies bei *drei* ungleichen Vektoren? Unter welchen Bedingungen?

9 Kann der Betrag eines Vektors jemals (a) identisch mit einer seiner Komponenten oder (b) kleiner sein als sie?

10 Kann ein Körper mit konstanter skalarer Geschwindigkeit beschleunigen? Was gilt, wenn er eine konstante vektorielle Geschwindigkeit hat?

11 Kann ein Vektor mit dem Betrag Null eine Komponente ungleich Null haben?

12 Misst der Kilometerzähler eines Autos eine Skalar- oder Vektorgröße? Wie sieht es beim Tacho aus?

13 Ein Kind möchte herausfinden, wie groß die Geschwindigkeit ist, die eine Steinschleuder einem Stein verleiht. Wie kann das mithilfe eines Zollstocks, eines Steins und einer Steinschleuder geschehen?

14 Ist es bei einer Wurfbewegung erforderlich, die Bewegung in drei Raumrichtungen zu betrachten, wenn man den Luftwiderstand vernachlässigt? Was, wenn der Luftwiderstand nicht vernachlässigt werden kann? Erörtern Sie.

15 Welche physikalischen Faktoren sind für einen Weitspringer wichtig? Wie sieht es beim Hochsprung aus?

16 In welchem Punkt seiner Flugbahn hat ein Geschoss die geringste Geschwindigkeit?

17 Es wurde berichtet, dass im Ersten Weltkrieg ein französischer Pilot, der in einer Höhe von 2 km flog, eine auf sein Flugzeug abgefeuerte Kugel mit bloßen Händen gefangen hat! Erklären Sie, wie dies geschehen konnte, und verwenden Sie dabei die Tatsache, dass eine Kugel auf Grund des Luftwiderstandes erheblich langsamer wird.

18 Ein Auto fährt mit konstanten 50 km/h durch eine Kurve. Hat es eine andere Beschleunigung, wenn es dieselbe Kurve mit konstanten 70 km/h durchfährt? Erklären Sie.

19 Ist die Beschleunigung eines Autos dieselbe, wenn es eine scharfe Kurve mit 60 km/h durchfährt und wenn es mit derselben Geschwindigkeit eine leichte Kurve passiert? Erklären Sie.

20 In einigen Freizeitparks steigen die Fahrer von fahrenden „Autos“ zunächst auf ein Laufband und dann in die Autos selbst. Warum?

21 Wenn Sie in einem Zug fahren, der hinter einem anderen Zug hinterher rast, der sich auf einer benachbarten Spur in dieselbe Richtung bewegt, hat es den Anschein, dass der andere Zug rückwärts fährt. Warum?

22 Wenn Sie bei starkem Regen bewegungslos unter einem Schirm stehen und der Regen senkrecht fällt, bleiben Sie relativ trocken. Wenn Sie jedoch zu laufen beginnen, fängt der Regen an, auf Ihre Beine zu schlagen, selbst wenn diese unter dem Schirm bleiben. Warum?

23 Zwei Autos fahren mit derselben Geschwindigkeit im rechten Winkel zueinander auf eine Kreuzung zu. Stoßen sie zwangsläufig zusammen? Betrachten Sie die Situation in einem Koordinatensystem, das sich mit einem der Autos mitbewegt und in diesem Koordinatensystem ruht. Zeigen Sie, dass, wenn die Geschwindigkeit (Vektor) des jeweils anderen Autos parallel zum Ortsvektor dieses Autos verläuft, die nautische Maxime „zeitlich konstanter Kurs bedeutet Kollision“ gilt.

24 Eine Person, die in einem geschlossenen Eisenbahnwaggon sitzt, der sich mit konstanter Geschwindigkeit bewegt, wirft einen Ball in ihrem Bezugssystem gerade nach oben in die Luft. (a) Wo landet der Ball? Wie lautet Ihre Antwort, wenn (b) der Wagen beschleunigt, (c) langsamer wird, (d) durch eine Kurve fährt, (e) sich mit konstanter Geschwindigkeit bewegt, aber offen ist?

25 Zwei Ruderer, die in stehendem Wasser mit derselben Geschwindigkeit rudern können, starten gleichzeitig zur Überquerung eines Flusses. Einer fährt geradeaus über den Fluss los und wird von der Strömung etwas flussabwärts getrieben. Der andere fährt in einem Winkel flussaufwärts los, um gegenüber vom Ausgangspunkt anzukommen. Welcher Ruderer erreicht die gegenüberliegende Seite als erster?

Aufgaben zu 3.1 bis 3.5

1 (I) Ein Auto fährt 200 km in Richtung Westen, dann 80 km in südwestlicher Richtung. Wie groß ist die Verschiebung des Autos vom Ausgangspunkt (Betrag und Richtung)? Fertigen Sie eine Zeichnung an.

2 (I) Ein Lieferwagen fährt 18 Blocks nach Norden, 10 Blocks nach Osten und 16 Blocks nach Süden. Wie groß ist seine Verschiebung vom Ausgangspunkt? Nehmen Sie an, dass die Blocks gleich lang sind.

3 (I) Zeigen Sie, dass der in ▸ Abbildung 3.6c mit „falsch“ bezeichnete Vektor tatsächlich die Differenz der beiden Vektoren ist. Ist er $\mathbf{V}_2 - \mathbf{V}_1$ oder $\mathbf{V}_1 - \mathbf{V}_2$?

4 (I) Bestimmen Sie den Betrag und die Richtung von $\mathbf{V}$, wenn $V_x = 8.80$ Einheiten und $V_y = -6{,}40$ Einheiten ist.

5 (I) Bestimmen Sie grafisch die Resultierende der drei folgenden Verschiebungen: (1) 14 m, 30° von Osten aus in Richtung Norden; (2) 18 m, 37° von Norden aus in Richtung Osten und (3) 20 m, 30° von Süden aus in Richtung Westen.

6 (II) Der Vektor $\mathbf{V}_1$ ist 6,0 Einheiten lang und verläuft entlang der negativen x-Achse. Der Vektor $\mathbf{V}_2$ ist 4,5 Einheiten lang und verläuft in einem Winkel von +45° zur positiven x-Achse. (a) Welche x- und y-Komponenten hat jeder Vektor? (b) Bestimmen Sie die Summe $\mathbf{V}_1 + \mathbf{V}_2$ (Betrag und Winkel).

7 (II) $\mathbf{V}$ ist ein Vektor mit einem Betrag von 14,3 Einheiten und verläuft in einem Winkel von 34,8° oberhalb der negativen x-Achse. (a) Skizzieren Sie diesen Vektor. (b) Ermitteln Sie V_x und V_y. (c) Verwenden Sie V_x und V_y, um (wieder) den Betrag und die Richtung von $\mathbf{V}$ zu erhalten. [*Anmerkung*: Teil (c) ist eine gute Methode, um zu überprüfen, ob Sie Ihren Vektor richtig zerlegt haben.]

8 (II) ▸ Abbildung 3.39 zeigt zwei Vektoren, $\mathbf{A}$ und $\mathbf{B}$, deren Beträge $A = 6{,}8$ Einheiten und $B = 5{,}5$ Einheiten sind. Bestimmen Sie $\mathbf{C}$, wenn (a) $\mathbf{C} = \mathbf{A} + \mathbf{B}$, (b) $\mathbf{C} = \mathbf{A} - \mathbf{B}$, (c) $\mathbf{C} = \mathbf{B} - \mathbf{A}$. Geben Sie jeweils den Betrag und die Richtung an.

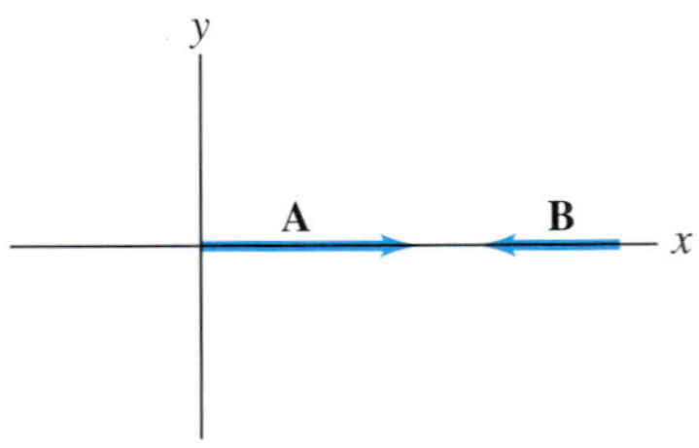

Abbildung 3.39 Aufgabe 8.

9 (II) Ein Flugzeug fliegt mit 635 km/h 41,5° in nordwestlicher Richtung (▸ Abbildung 3.40). (a) Ermitteln Sie die Komponenten des Geschwindigkeitsvektors in nördlicher und westlicher Richtung. (b) Wie weit nördlich und wie weit westlich ist das Flugzeug nach 3 Stunden geflogen?

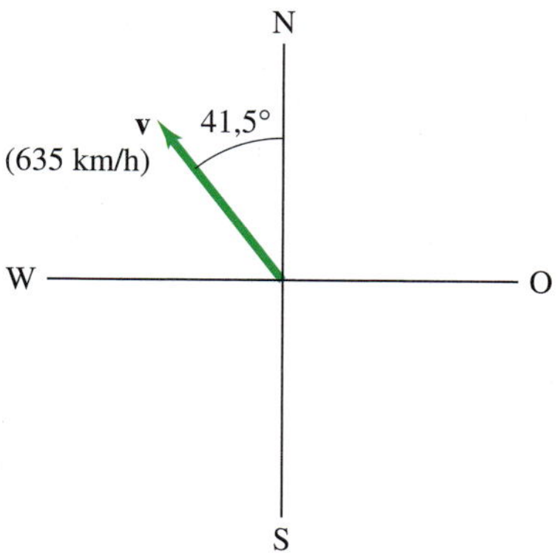

Abbildung 3.40 Aufgabe 9.

10 (II) $\mathbf{V}_1 = -6{,}0\mathbf{i} + 8{,}0\mathbf{j}$ und $\mathbf{V}_2 = 4{,}5\mathbf{i} - 5{,}0\mathbf{j}$ sind gegeben. Bestimmen Sie den Betrag und die Richtung von (a) $\mathbf{V}_1$, (b) $\mathbf{V}_2$, (c)$\mathbf{V}_1 + \mathbf{V}_2$ und (d) $\mathbf{V}_2 - \mathbf{V}_1$.

11 (II) (a) Bestimmen Sie den Betrag und die Richtung der Summe der drei Vektoren $\mathbf{V}_1 = 4\mathbf{i} - 8\mathbf{j}$, $\mathbf{V}_2 = \mathbf{i} + \mathbf{j}$ und $\mathbf{V}_3 = -2\mathbf{i} + 4\mathbf{j}$. (b) Bestimmen Sie $\mathbf{V}_1 - \mathbf{V}_2 + \mathbf{V}_3$.

12 (II) In ▶ Abbildung 3.41 sind drei Vektoren abgebildet. Ihre Beträge sind in beliebigen Einheiten angegeben. Bestimmen Sie die Summe der drei Vektoren. Geben Sie die Resultierende (a) in Komponentenschreibweise, (b) mit Betrag und Winkel mit der x-Achse an.

13 (II) (a) Gegeben sind die Vektoren **A** und **B**, die in ▶ Abbildung 3.41 dargestellt sind. Bestimmen Sie **B**−**A**. (b) Bestimmen Sie **A**−**B**, verwenden Sie dabei nicht Ihre Antwort aus (a). Vergleichen Sie dann Ihre Ergebnisse und prüfen Sie, ob Sie entgegengesetzt sind.

14 (II) Bestimmen Sie für die in ▶ Abbildung 3.41 gegebenen Vektoren (a) **A**−**B**+**C**, (b) **A**+**B**−**C** und (c) **C**−**A**−**B**.

15 (II) Bestimmen Sie für die in ▶ Abbildung 3.41 gegebenen Vektoren (a) **B** − 2**A**, (b) 2**A** − 3**B** + 2**C**.

16 (II) Der Gipfel eines Berges, 2450 m über dem Basislager, liegt laut Karte 4580 m entfernt in einer Richtung 32,4° westlich von Norden. Welche Komponenten hat der Verschiebungsvektor vom Lager zum Gipfel? Wie groß ist sein Betrag? Wählen Sie die x-Achse in östlicher Richtung, die y-Achse in nördlicher Richtung und die z-Achse nach oben gerichtet.

17 (III) Sie haben einen Vektor in der xy-Ebene gegeben, der einen Betrag von 90,0 Einheiten und eine y-Komponente von −35,0 Einheiten hat. (a) Welche beiden Möglichkeiten gibt es für seine x-Komponente? (b) Geben Sie unter der Annahme, dass bekannt ist, dass die x-Komponente positiv ist, den Vektor an, der bei Addition zu dem Ursprungsvektor einen resultierenden Vektor ergeben würde, der 80,0 Einheiten lang ist und ganz in die negative x-Richtung zeigt.

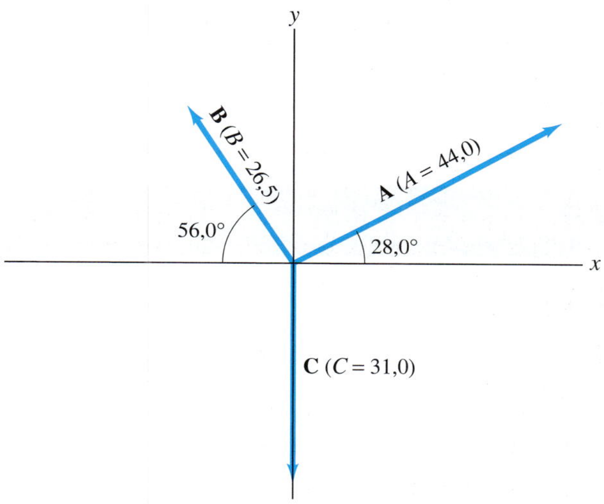

Abbildung 3.41 Aufgaben 12, 13, 14 und 15. Die Vektorbeträge sind in beliebigen Einheiten angegeben.

Aufgaben zu 3.6

18 (I) Der Ort eines bestimmten Massenpunktes in Abhängigkeit der Zeit ist gegeben durch $\mathbf{r} = (7{,}60\,t\,\mathbf{i} + 8{,}85\,\mathbf{j} - t^2\,\mathbf{k})$ m. Bestimmen Sie die Geschwindigkeit und die Beschleunigung des Massenpunktes in Abhängigkeit der Zeit.

19 (I) Wie groß war die Durchschnittsgeschwindigkeit des Massenpunktes in ▶ Abbildung 3.1 zwischen $t = 1{,}00$ s und $t = 3{,}00$ s? Wie groß ist der Betrag der Geschwindigkeit bei $t = 2{,}00$ s?

20 (II) Welche Form hat die Bahn des Massenpunktes in Aufgabe 18?

21 (II) Ein Auto bewegt sich zunächst mit einer Geschwindigkeit von 18,0 m/s direkt nach Süden und 8 s später mit 27,5 m/s direkt nach Osten. Bestimmen Sie für dieses Zeitintervall (a) seine Durchschnittsgeschwindigkeit, (b) seine Durchschnittsbeschleunigung (Betrag und Richtung für beide Fälle) und (c) seine skalare Durchschnittsgeschwindigkeit. [*Hinweis*: Können Sie dies alles aus den gegebenen Informationen bestimmen?]

22 (II) (a) Eine Skifahrerin beschleunigt beim Herunterfahren eines Berges, der eine Neigung von 30° hat, mit 3,80 m/s² (▶ Abbildung 3.42). Wie groß ist

Abbildung 3.42 Aufgabe 22.

die vertikale Komponente ihrer Beschleunigung? (b) Wie lange braucht sie, um den Fuß des Berges zu erreichen, wenn sie aus dem Stillstand startet und gleichförmig beschleunigt und wenn der Höhenunterschied 250 m beträgt?

23 (II) Bei $t = 0$ startet ein Massenpunkt aus dem Stillstand und bewegt sich in der xy-Ebene mit einer Beschleunigung von $\mathbf{a} = (4{,}0\,\mathbf{i} + 3{,}0\,\mathbf{j})\,\text{m/s}^2$. Bestimmen Sie in Abhängigkeit der Zeit (a) die x- und y-Komponenten der Geschwindigkeit, (b) die skalare Geschwindigkeit des Massenpunktes und (c) den Ort des Massenpunktes. (d) Berechnen Sie alles bei $t = 2{,}00$ s.

24 Ein Massenpunkt startet vom Ausgangspunkt bei $t = 0$ mit einer Anfangsgeschwindigkeit von 5,0 m/s entlang der positiven x-Achse. Bestimmen Sie die Geschwindigkeit und den Ort des Massenpunktes in dem Moment, in dem er seine maximale x-Koordinate erreicht, wenn die Beschleunigung $(-3{,}0\,\mathbf{i} + 4{,}5\,\mathbf{j})\,\text{m/s}^2$ beträgt.

25 (III) Der Ort eines Massenpunktes ist gegeben durch $\mathbf{r} = (6{,}0\cos 3{,}0\,t\,\mathbf{i} + 6{,}0\sin 3{,}0\,t\,\mathbf{j})\,\text{m}$. Bestimmen Sie (a) den Geschwindigkeitsvektor $\mathbf{v}$ und (b) den Beschleunigungsvektor $\mathbf{a}$. (c) Welche Bahn hat dieser Massenpunkt? [*Hinweis*: Bestimmen Sie $r = |\mathbf{r}|$.] (d) Welche Beziehung besteht zwischen r und a (geben Sie eine Formel an) und zwischen $\mathbf{r}$ und $\mathbf{a}$ (geben Sie einen Winkel an)? (e) Zeigen Sie, dass $a = v^2/r$ ist.

Aufgaben zu 3.7 und 3.8

26 (I) Ein Tigerweibchen springt horizontal mit einer Geschwindigkeit von 4,0 m/s von einem 6,5 m hohen Felsen. Wie weit vom Fuß des Felsens entfernt wird es auf der Erde aufkommen?

27 (I) Ein Klippenspringer, der 2,1 m/s läuft, springt horizontal vom Rand einer senkrechten Klippe und erreicht das Wasser unter ihm 3,0 s später. Wie hoch war die Klippe und wie weit vom unteren Ende der Klippe entfernt ist der Klippenspringer in das Wasser eingetaucht?

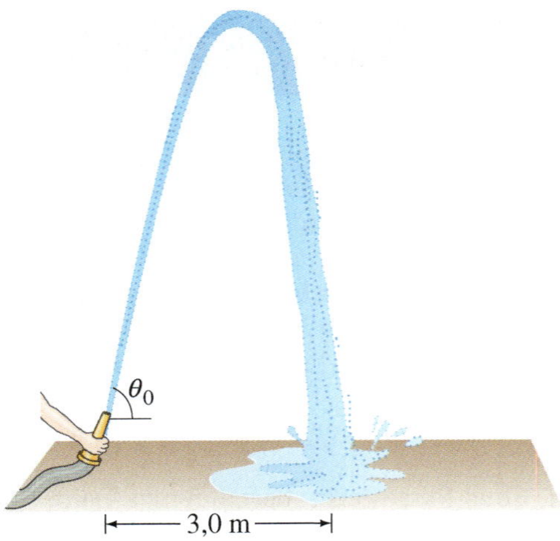

Abbildung 3.43 Aufgabe 29.

28 (I) Bestimmen Sie, wie viel weiter eine Person auf dem Mond als auf der Erde springen kann, wenn die Absprunggeschwindigkeit und der Absprungwinkel gleich sind. Die Fallbeschleunigung auf dem Mond beträgt ein Sechstel der Fallbeschleunigung auf der Erde.

29 (I) Aus einem Feuerwehrschlauch, der in der Nähe des Erdbodens gehalten wird, spritzt Wasser mit einer Geschwindigkeit von 5,5 m/s. In welchem/n Winkel/n sollte die Düse gehalten werden, damit das Wasser 3 m entfernt aufkommt (▶ Abbildung 3.43)? Warum gibt es zwei unterschiedliche Winkel? Skizzieren Sie die beiden Flugbahnen.

30 (II) Ein Ball wird horizontal vom Dach eines 9,0 m hohen Gebäudes geworfen und landet 8,5 m vom Fuß des Gebäudes entfernt. Wie groß war die Anfangsgeschwindigkeit des Balls?

31 (II) Ein Fußball wird in Bodenhöhe mit einer Geschwindigkeit von 18,0 m/s in einem Winkel von 32,0° zur Horizontalen geschossen. Wie viel später kommt er auf dem Boden auf?

32 (II) Ein Ball, der horizontal mit einer Geschwindigkeit von 22,2 m/s vom Dach eines Gebäudes geworfen wird, landet 36,0 m vom Fuß des Gebäudes entfernt. Wie hoch ist das Gebäude?

33 (II) Ein Kugelstoßer stößt die Kugel (Masse = 7,3 kg) mit einer Anfangsgeschwindigkeit von 14 m/s in einem Winkel von 40° zur Horizontalen. Berechnen Sie den horizontalen Weg, den die Kugel zurücklegt, wenn sie die Hand des Athleten in einer Höhe von 2,2 m über dem Erdboden verlässt.

34 (II) Zeigen Sie, dass die Zeit, die ein Geschoss benötigt, um seinen höchsten Punkt zu erreichen, identisch ist mit der Zeit, die es braucht, um zu seiner Ausgangshöhe zurückzukehren.

35 (II) Ein Geschoss wird mit einer Anfangsgeschwindigkeit von 30,0 m/s abgefeuert. Stellen Sie seine Flugbahn für die Anfangsschusswinkel $\theta = 15°, 30°, 45°, 60°, 75°$ und 90° auf Millimeterpapier grafisch dar. Zeichnen Sie mindestens 10 Punkte für jede Kurve.

36 (II) Wilhelm Tell muss den Apfel auf dem Kopf seines Sohnes aus einer Entfernung von 25,0 m spalten. Wenn er direkt auf den Apfel zielt, ist der Pfeil waagerecht. In welchem Winkel muss er auf ihn zielen, damit der Pfeil den Apfel trifft, wenn der Pfeil mit einer Geschwindigkeit von 22,5 m/s fliegt?

37 (II) Der Pilot eines Flugzeuges, das mit einer Geschwindigkeit von 160 km/h fliegt, möchte Versorgungsgüter für Hochwasseropfer, die auf einem Stückchen Land 160 m unter ihm isoliert sind, abwerfen. Wie viele Sekunden, bevor das Flugzeug direkt über dem Stückchen Land ist, sollten die Versorgungsgüter abgeworfen werden?

38 (II) Ein Weitspringer springt in einem Winkel von 33,0° vom Boden ab und springt 7,80 m weit. (a) Wie groß war seine Absprunggeschwindigkeit? (b) Wie viel weiter würde er springen, wenn diese Geschwindigkeit um nur 5,0 Prozent gesteigert würde?

39 (II) Ein Geschoss wird mit einer Anfangsgeschwindigkeit von 51,2 m/s in einem Winkel von 44,5° über der Horizontalen auf einer langen flachen Schussbahn abgefeuert. Bestimmen Sie (a) die maximale Höhe, die das Geschoss erreicht, (b) die Gesamtzeit, die es in der Luft ist, (c) den zurückgelegten horizontalen Gesamtweg (d. h. die Reichweite) und (d) die Geschwindigkeit des Geschosses 1,5 s nach dem Abschuss.

40 (II) Ein Geschoss wird vom Rand einer Klippe 125 m über dem Erdboden mit einer Anfangsgeschwindigkeit von 65 m/s in einem Winkel von 37,0° zur Horizontalen, wie in ► Abbildung 3.44 dargestellt, abgefeuert. (a) Bestimmen Sie die Zeit, die das Geschoss benötigt, um im Punkt P auf dem Erdboden aufzuschlagen. (b) Bestimmen Sie die Reichweite X des Geschosses, gemessen vom Fuß der Klippe. Ermitteln Sie (c) die horizontalen und vertikalen Komponenten der Geschwindigkeit des Geschosses, (d) den Betrag der Geschwindigkeit und (e) den Winkel, den der Geschwindigkeitsvektor mit der Horizontalen bildet, für den Moment direkt vor dem Aufschlagen des Geschosses im Punkt P.

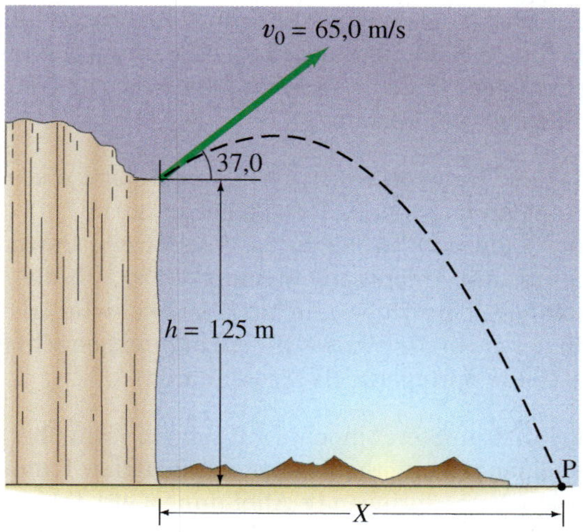

Abbildung 3.44 Aufgabe 40.

41 (II) Schauen Sie sich noch einmal das Beispiel 3.7 zur Begriffsbildung an und nehmen Sie an, dass sich der Junge mit der Steinschleuder *unter* dem Jungen im Baum befindet (► Abbildung 3.45) und daher *nach oben* direkt auf den Jungen im Baum zielt. Zeigen Sie, dass auch in diesem Fall der Junge im Baum einen Fehler macht, wenn er in dem Moment, in dem der Wasserballon geschossen wird, loslässt.

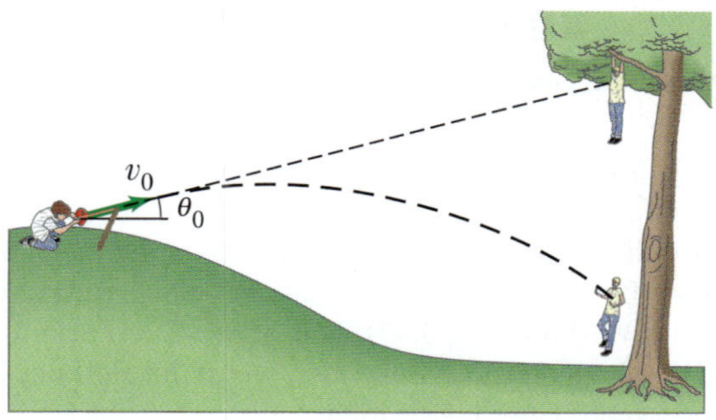

Abbildung 3.45 Aufgabe 41.

42 (II) Bei welchem Abschusswinkel ist die Reichweite eines Geschosses mit seiner maximalen Höhe identisch?

43 (II) Nehmen Sie an, dass der Schussversuch in Beispiel 3.5 36,0 m von den Torpfosten entfernt erfolgt. Die Querlatte befindet sich 3,00 m über dem Erdboden. Wenn der Ball genau zwischen die Torpfosten gelenkt wird, fliegt er dann über die Latte und wird somit ein Feldtor erzielt? Zeigen Sie, warum oder warum nicht. Wenn nicht, aus welcher horizontalen Entfernung muss dieser Schuss erfolgen, damit er über die Latte fliegt und damit ein Tor erzielt wird?

44 (II) Genau 3,0 s nach dem Abschuss vom Boden in die Luft hat ein Geschoss eine Geschwindigkeit $\mathbf{v} = (7{,}6\,\mathbf{i} + 4{,}8\,\mathbf{j})$ m/s. Dabei ist die x-Achse horizontal und die y-Achse positiv nach oben gerichtet. Bestimmen Sie (a) die horizontale Reichweite des Geschosses, (b) seine maximale Höhe über dem Erdboden und (c) seine Geschwindigkeit sowie den Winkel direkt vor dem Auftreffen auf dem Boden.

45 (II) Eine Turmspringerin springt vom Rand eines 5-m-Turms ab und taucht 1,3 s später in 3,0 m Entfernung vom Rand des Turmes in das Wasser ein. Bestimmen Sie (a) ihre Anfangsgeschwindigkeit $\mathbf{v}_0$, (b) die maximale erreichte Höhe und (c) die Geschwindigkeit $\mathbf{v}_f$, mit der sie in das Wasser eintaucht, und betrachten Sie dabei die Springerin als Massenpunkt.

46 (II) Ein Stuntfahrer möchte mit seinem Auto über 8 nebeneinander unterhalb einer horizontalen Rampe geparkte Autos springen (► Abbildung 3.46). (a) Mit welcher Mindestgeschwindigkeit muss er von der horizontalen Rampe abspringen? Die vertikale Höhe der Rampe beträgt 1,5 m über den Autos und der Stuntman muss einen horizontalen Weg von 20 m überspringen. (b) Wie groß muss die neue Mindestgeschwindigkeit des Autos sein, wenn die Rampe nun nach oben gerichtet ist, so dass der „Absprungwinkel" 10° über der Horizontalen beträgt, und sonst nichts geändert wurde?

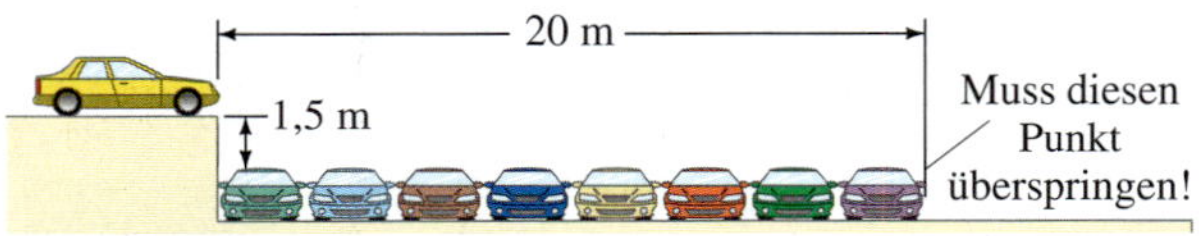

Abbildung 3.46 Aufgabe 46.

47 (III) Ein Ball wird mit einer Anfangsgeschwindigkeit von v_0 (bei $t = 0$) waagerecht vom oberen Ende einer Klippe geworfen. In jedem beliebigen Moment bildet seine Bewegungsrichtung einen Winkel θ zur Horizontalen (► Abbildung 3.47). Leiten Sie eine Formel für θ in Abhängigkeit der Zeit t her, wenn der Ball der Flugbahn eines Geschosses folgt.

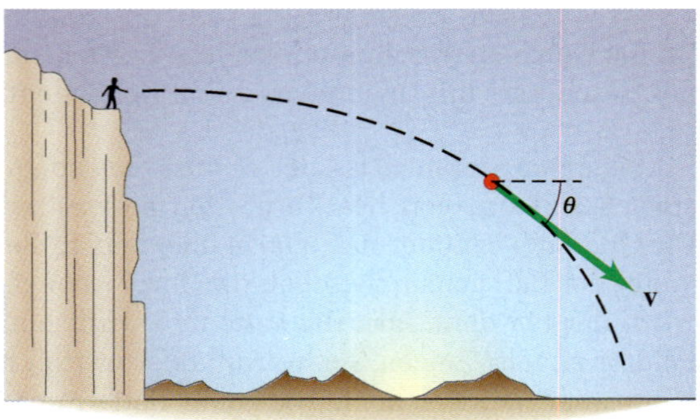

Abbildung 3.47 Aufgabe 47.

48 (III) Leiten Sie eine Formel für die horizontale Reichweite R eines Geschosses her, wenn es in einer Höhe h über seinem Ausgangspunkt landet. (Bei $h < 0$ kommt es in einer Entfernung von $-h$ unter seinem Ausgangspunkt auf.) Nehmen Sie an, dass es in einem Winkel von θ_0 und mit einer Anfangsgeschwindigkeit von v_0 abgeschossen wird.

49 (III) Eine Person steht am Fuß eines Berges, der einen geraden Abhang darstellt und einen Winkel ϕ mit der Horizontalen bildet (► Abbildung 3.48). In welchem Winkel θ (zur Horizontalen) sollten Körper bei einer gegebenen Anfangsgeschwindigkeit v_0 geworfen werden, so dass die Entfernung d, in der sie oben weiter am Berg landen, möglichst groß ist?

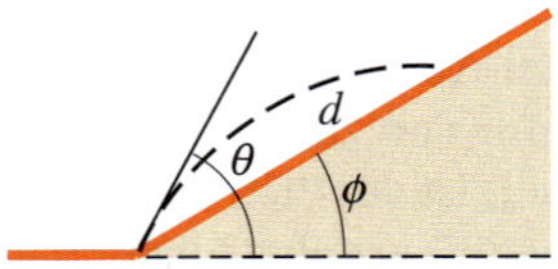

Abbildung 3.48 Aufgabe 49. Gegeben sind ϕ und v_0, bestimmen Sie θ, so dass d möglichst groß ist.

50 (III) Bei $t = 0$ schlägt der Schlagmann einen Baseball mit einer Anfangsgeschwindigkeit von 32 m/s in einem Winkel von 55° zur Horizontalen. Ein Außenfeldspieler befindet sich bei $t = 85$ m von dem Schlagmann entfernt und vom Schlagmal aus gesehen bildet die Sichtlinie zum Außenfeldspieler einen horizontalen Winkel von 22° mit der Ebene, in der sich der Ball bewegt (siehe ► Abbildung 3.49). Mit welcher Geschwindigkeit und in welche Richtung muss der Fänger laufen, um den Ball in derselben Höhe zu fangen, aus der er geschlagen wurde? Geben Sie den Winkel zwischen der Sichtlinie des Außenfeldspielers zum Schlagmal an.

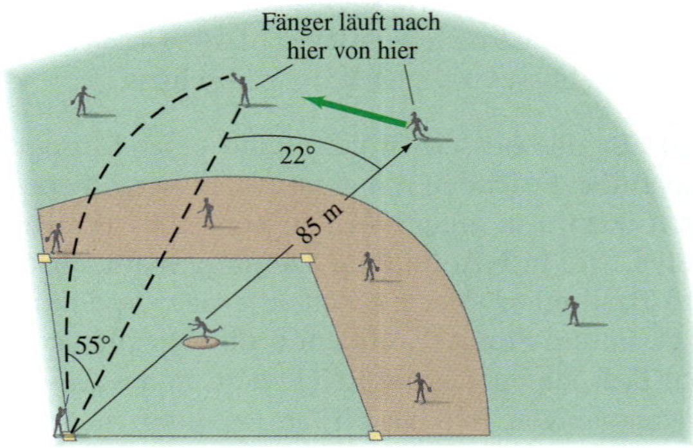

Abbildung 3.49 Aufgabe 50.

Aufgaben zu 3.9

51 (I) Ein Düsenflugzeug, das mit einer Geschwindigkeit von 1800 km/h (500 m/s) fliegt, kommt aus einem Sturzflug heraus und bewegt sich dabei in einem Bogen mit einem Radius von 3,50 km. Wie groß ist die Beschleunigung des Flugzeugs angegeben in „g“?

52 (I) Wie groß ist die Zentripetalbeschleunigung eines Kindes, das sich 3,6 m vom Mittelpunkt eines Karussells entfernt befindet? Die Geschwindigkeit des Kindes beträgt 0,85 m/s.

53 (I) Berechnen Sie die Zentripetalbeschleunigung der Erde auf ihrer Umlaufbahn um die Sonne. Nehmen Sie an, dass die Umlaufbahn der Erde einen Radius von $1{,}5 \cdot 10^{11}$ m hat.

54 (II) Wie groß ist die Beschleunigung eines Lehmspritzers am Rand einer Töpferscheibe, die sich mit 45 U/min. (Umdrehungen pro Minute) dreht und einen Durchmesser von 30 cm hat?

55 (II) Nehmen Sie an, dass sich das Raumschiff auf einer Umlaufbahn 400 km über der Erdoberfläche befindet und die Erde ca. einmal in 90 Minuten umkreist. Ermitteln Sie die Zentripetalbeschleunigung des Raumschiffes auf seiner Umlaufbahn. Geben Sie Ihre Antwort in g, der Fallbeschleunigung an der Erdoberfläche, an.

56 (II) Da die Erde eine Umdrehung pro Tag um ihre eigene Achse macht, ist die tatsächliche Fallbeschleunigung am Äquator etwas geringer als sie in dem Fall wäre, wenn die Erde sich nicht drehen würde. Schätzen Sie den Betrag dieses Effektes ab. Welchen Bruchteil von g stellt der Betrag dar?

57 (II) Wenden Sie die Dimensionsanalyse (Abschnitt 1.7) an, um die Form für die Zentripetalbeschleunigung $a_R = v^2/r$ zu erhalten.

58 (III) Der Ort eines Massenpunktes, der sich in der xy-Ebene bewegt, ist gegeben durch $\mathbf{r} = \mathbf{i}\,2.0\,\cos 3{,}0\,t + \mathbf{j}\,2{,}0\,\sin 3{,}0\,t$, wobei r in m und t in s angegeben ist. (a) Zeigen Sie, dass es sich hier um eine Kreisbewegung mit einem Radius von 2,0 m um den Ursprung handelt. (b) Bestimmen Sie den Beschleunigungs- und Geschwindigkeitsvektor in Abhängigkeit der Zeit. (c) Bestimmen Sie die Geschwindigkeit und den Betrag der Beschleunigung. (d) Zeigen Sie, dass $a = v^2/r$ ist. (e) Zeigen Sie, dass der Beschleunigungsvektor immer zum Kreismittelpunkt hin gerichtet ist.

Aufgaben zu 3.10

59 (I) Huck Finn geht mit einer Geschwindigkeit von 1,0 m/s über sein Floß (d. h. er geht senkrecht zur Bewegung des Floßes relativ zum Ufer). Das Floß bewegt sich mit einer Geschwindigkeit von 2,5 m/s relativ zum Flussufer auf dem Mississippi flussabwärts (► Abbildung 3.50). Wie groß ist die Geschwindigkeit (Betrag und Richtung) von Huck relativ zum Flussufer?

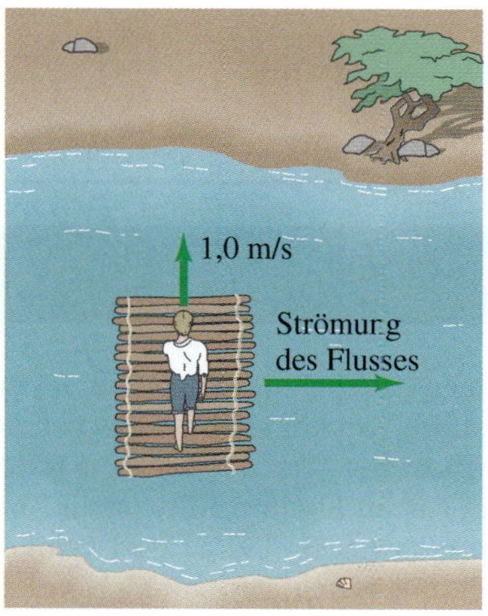

Abbildung 3.50 Aufgabe 59.

60 (II) Ein Boot kann 2,20 m/s in stehendem Wasser fahren. (a) Wie groß ist die Geschwindigkeit (Betrag und Richtung) des Bootes relativ zum Ufer, wenn es direkt über einen Fluss fährt, der eine Strömung von 1,20 m/s hat? (b) Welchen Ort erreicht das Boot relativ zu seinem Ausgangspunkt nach 3,00 s? (Siehe ► Abbildung 3.37).

61 (II) Zwei Flugzeuge fliegen direkt aufeinander zu. Jedes fliegt mit einer Geschwindigkeit von 780 km/h und als sie einander bemerken, sind sie zunächst 10,0 km voneinander entfernt. Wie viel Zeit haben die Piloten für ein Ausweichmanöver?

62 (II) Ein Flugzeug fliegt mit einer Geschwindigkeit von 550 km/h direkt nach Süden. Berechnen Sie unter der Vorgabe, dass ein Wind aus südwestlicher Richtung mit einer (durchschnittlichen) Geschwindigkeit von 90,0 km/h aufkommt, (a) die Geschwindigkeit (Betrag und Richtung) des Flugzeuges relativ zum Erdboden und (b) wie weit es nach 12,0 Minuten vom Kurs abgekommen ist, wenn der Pilot keine Korrekturen durchführt. [*Hinweis*: Fertigen Sie zunächst eine Zeichnung an.]

63 (II) Bestimmen Sie die Geschwindigkeit des Bootes aus Beispiel 3.13 in Bezug auf das Ufer.

64 (II) Ein Passagier auf einem Boot, das sich mit einer Geschwindigkeit von 1,80 m/s auf einem ruhigen See bewegt, geht mit einer Geschwindigkeit von 0,60 m/s eine Treppe hinauf, ► Abbildung 3.51. Die Treppe bildet zur Bewegungsrichtung einen Winkel von 45°, wie abgebildet. Wie groß ist die Geschwindigkeit des Passagiers relativ zum Wasser?

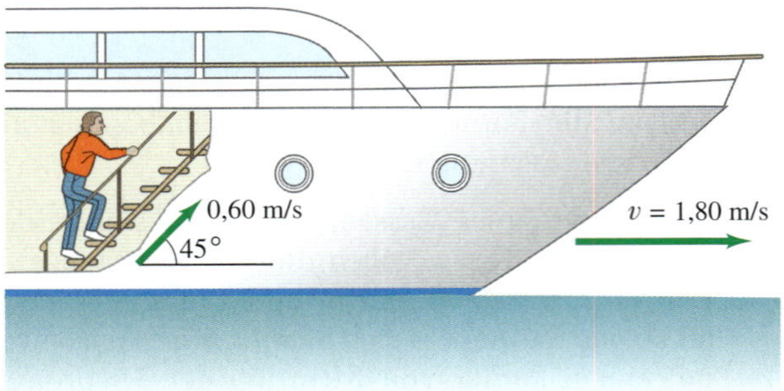

Abbildung 3.51 Aufgabe 64.

65 (II) Ein Motorboot, dessen Geschwindigkeit in stehendem Wasser 3,70 m/s beträgt, muss in einem Winkel von 29,5° (in Bezug auf eine Gerade senkrecht zum Ufer) flussaufwärts fahren, um direkt über den Fluss überzusetzen. (a) Wie groß ist die Geschwindigkeit der Strömung? (b) Wie groß ist die resultierende Geschwindigkeit des Bootes in Bezug auf das Ufer? (Siehe ► Abbildung 3.34)

66 (II) Ein Boot, dessen Geschwindigkeit in stehendem Wasser 2,40 m/s beträgt, muss über einen 280 m breiten Fluss übersetzen und 120 m flussaufwärts von seinem Ausgangspunkt ankommen (► Abbildung 3.52). Deshalb muss der Kapitän das Boot in einem Winkel von 45° flussaufwärts steuern. Wie groß ist die Geschwindigkeit der Strömung?

67 (II) Eine Schwimmerin kann 1,00 m/s in stehendem Wasser schwimmen. (a) Wie weit flussabwärts (von einem Punkt gegenüber ihrem Ausgangspunkt) wird sie am Ufer ankommen, wenn sie direkt durch einen 75 m breiten Fluss schwimmt, dessen Strömung 0,80 m/s beträgt? (b) Wie lange braucht sie, um die andere Seite zu erreichen?

68 (II) In welchem Winkel stromaufwärts muss die Schwimmerin aus Aufgabe 67 schwimmen, wenn sie an einem Ort direkt gegenüber ihrem Ausgangspunkt ankommen soll?

69 (II) Zwei Autos nähern sich einer Straßenecke im rechten Winkel zueinander. Auto 1 fährt 30 km/h, Auto 2 50 km/h. Wie groß ist die Relativgeschwindigkeit von Auto 1 aus Sicht von Auto 2? Wie groß ist die Geschwindigkeit von Auto 2 relativ zu Auto 1?

70 (III) Es wird angenommen, dass ein Flugzeug, dessen Fluggeschwindigkeit 680 km/h beträgt, auf einer geraden Linie 35,0° NO fliegt. Aber es bläst ein anhaltender Wind mit 120 km/h aus Richtung Norden. In welche Richtung sollte das Flugzeug gesteuert werden?

71 (III) Ein Motorrad, das mit 95,0 km/h fährt, nähert sich einem Auto, das mit 75,0 km/h in dieselbe Richtung fährt. Als das Motorrad 60,0 m hinter dem Auto ist, beschleunigt der Motorradfahrer gleichförmig und überholt das Auto 10,0 s später. Wie groß war die Beschleunigung des Motorrades?

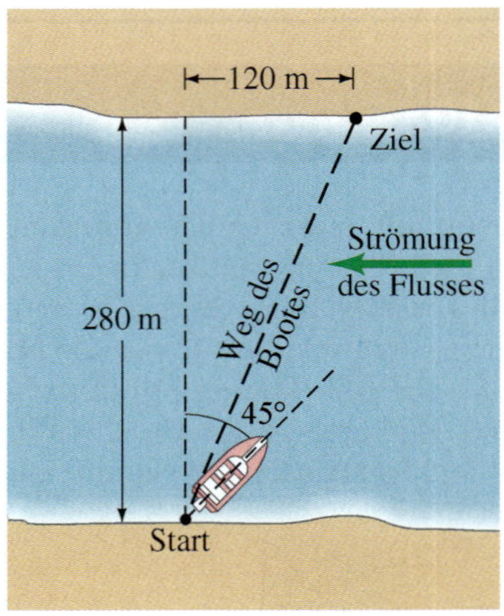

Abbildung 3.52 Aufgabe 66.

Allgemeine Aufgaben

72 Zwei Vektoren $\mathbf{V}_1$ und $\mathbf{V}_2$ ergeben bei der Addition einen resultierenden Vektor von $\mathbf{V} = \mathbf{V}_1 + \mathbf{V}_2$. Beschreiben Sie $\mathbf{V}_1$ und $\mathbf{V}_2$, wenn (a) $V = V_1 + V_2$, (b) $V^2 = V_1^2 + V_2^2$, (c) $V_1 + V_2 = V_1 - V_2$.

73 Ein Klempner steigt aus seinem Wagen, geht 60 m in Richtung Osten und dann 35 m in Richtung Süden. Dann nimmt er einen Aufzug und fährt 12 m tief in den Keller eines Gebäudes, wo ein schlimmes Leck aufgetreten ist. Wie groß ist der Weg des Klempners relativ zu seinem Wagen? Geben Sie Ihre Antwort in Komponentenschreibweise sowie als Betrag und Winkel an. Nehmen Sie x Richtung Osten, y Richtung Norden und z in Aufwärtsrichtung an.

74 Auf abschüssigen gebirgigen Straßen gibt es manchmal neben der Straße Notwege für Lkw, deren Bremsen versagen. Berechnen Sie die horizontalen und vertikalen Komponenten der Beschleunigung eines Lkw, der von 120 km/h in 12 s zum Stehen kommt, unter der Annahme einer konstanten Steigung von 30°. Siehe ▸ Abbildung 3.53.

Abbildung 3.53 Aufgabe 74.

75 Romeo wirft Kieselsteine hoch an Julias Fenster. Er möchte, dass die Kieselsteine nur mit einer horizontalen Geschwindigkeitskomponente auf das Fenster treffen. Er steht am Rande eines Rosengartens 8,0 m unter ihrem Fenster und 9,0 m vom Fuß der Wand entfernt (▸ Abbildung 3.54). Wie schnell sind die Kieselsteine, wenn sie auf ihr Fenster treffen?

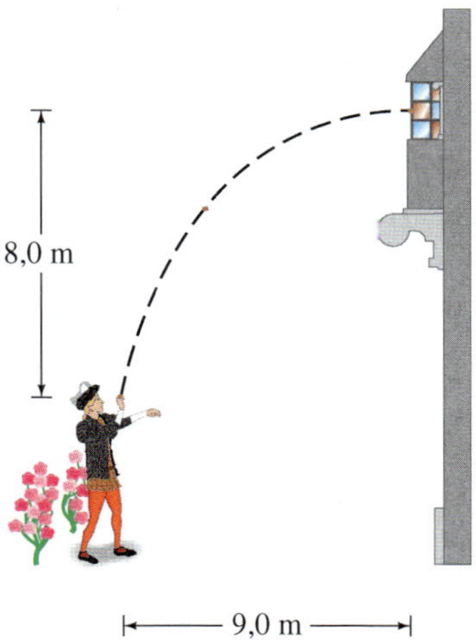

Abbildung 3.54 Aufgabe 75.

76 Ein Jäger zielt direkt auf ein Ziel (in gleicher Höhe) in 65,0 m Entfernung. (a) Um wie viel wird die Kugel ihr Ziel verfehlen, wenn sie mit einer Geschwindigkeit von 145 m/s das Gewehr verlässt? (b) In welchem Winkel sollte das Gewehr gerichtet sein, damit das Ziel getroffen wird?

77 Welche y-Komponente hat ein Vektor in der xy-Ebene, der einen Betrag von 52,8 und eine x-Komponente von 46,4 besitzt? Welche Richtung hat dieser Vektor (Winkel, den er mit der x-Achse bildet)?

78 Beim Hinausschauen aus dem Fenster eines fahrenden Zuges bilden Regentropfen mit der Vertikalen einen Winkel θ (▸ Abbildung 3.55). Wie groß ist die Geschwindigkeit der Regentropfen im Bezugssystem der Erde, in dem sie nach Vorgabe senkrecht hinunterfallen, wenn die Geschwindigkeit des Zuges v_Z ist?

Abbildung 3.55 Aufgabe 78.

79 Ein Leichtflugzeug fliegt mit einer Geschwindigkeit von 240 km/h relativ zu stillstehender Luft direkt nach Süden. Nach einer Stunde bemerkt der Pilot, dass er nur 180 km zurückgelegt hat und nicht nach Süden, sondern nach Südosten fliegt. Wie groß ist die Geschwindigkeit des Windes?

80 Ein Olympiaweitspringer kann 8,0 m springen. Wie lange ist er in der Luft und wie weit springt er, wenn seine horizontale Geschwindigkeit beim Absprung 9,2 m/s beträgt? Nehmen Sie an, dass er aufrecht landet – d. h. in derselben Weise, in der er abgesprungen ist.

81 Apollo-Astronauten nahmen einen „Nine Iron" mit zum Mond und schlugen einen Golfball ca. 180 m weit. Schätzen Sie die Fallbeschleunigung an der Mondoberfläche ab, wenn Schwung, Abschlagwinkel etc. dieselben wie auf der Erde sind, wo derselbe Astronaut den Ball nur 30 m weit schlagen konnte. (Auf der Erde vernachlässigen wir den Luftwiderstand, auf dem Mond gibt es keinen Luftwiderstand.)

82 Babe Ruth schlug einen Ball über den 12 m hohen Zaun auf der rechten Seite eines Feldes 92 m vom Schlagmal entfernt. Überschlagen Sie, wie groß die Mindestgeschwindigkeit des Balls war, als er das Schlagholz verließ. Nehmen Sie an, dass der Ball 1,0 m über dem Boden geschlagen wurde und seine Flugbahn anfangs einen Winkel von 40° mit dem Erdboden bildete.

83 Die Klippenspringer von Acapulco springen waagerecht von Felsenvorsprüngen ca. 35 m über dem Wasser ab, müssen jedoch über Felsnasen auf der Wasser- linie hinüberspringen, die direkt unter ihrem Absprungpunkt 5,0 m vom Fuß der Klippe ins Wasser ragen.

Siehe ▶ Abbildung 3.56. Wie groß ist die dafür erforderliche Mindestabsprunggeschwindigkeit? Wie lange sind die Springer in der Luft?

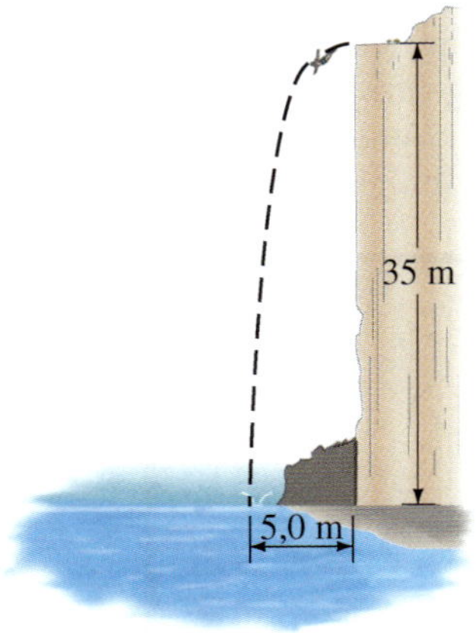

Abbildung 3.56 Aufgabe 83.

84 Beim Aufschlag will ein Tennisspieler den Ball horizontal treffen. Wie groß muss die Mindestgeschwindigkeit des Balls sein, damit er über das 0,90 m hohe Netz in einen Bereich von ca. 15,0 m vom Aufschläger entfernt fliegt, wenn der Ball aus einer Höhe von 2,50 m geschlagen wird? Wo kommt der Ball auf, wenn er gerade über das Netz fliegt (und ist er „gut" in dem Sinne, dass er innerhalb von 7,0 m vom Netz entfernt aufkommt)? Wie lange ist er in der Luft? Siehe ▶ Abbildung 3.57.

85 Die Geschwindigkeit eines Bootes in stehendem Wasser ist v. Das Boot soll eine Rundfahrt auf einem Fluss machen, dessen Strömung die Geschwindigkeit u hat. Leiten Sie eine Formel her für die für eine Rundfahrt mit dem Gesamtweg D benötigte Zeit, wenn das Boot die Rundfahrt (a) flussaufwärts und zurück flussabwärts macht und (b) direkt über den Fluss und zurück fährt. Wir müssen $u < v$ annehmen. Warum?

86 Ein Flugzeug, dessen Fluggeschwindigkeit 200 km/h beträgt, fliegt direkt nach Norden. Aber plötzlich kommt ein 100 km/h starker Nordostwind (d. h. aus nordöstlicher Richtung) auf. Wie groß ist die resultierende Geschwindigkeit des Flugzeugs in Bezug auf den Erdboden?

87 James Bond, der waagerecht in einem tief fliegenden Hubschrauber mit einer konstanten Geschwindigkeit von 200 km/h fliegt, möchte geheime Unterlagen in den offenen Wagen seiner Kontaktperson abwerfen, der mit 150 km/h auf einer ebenen Straße 78,0 m unter ihm fährt. In welchem Winkel (mit der Horizontalen) sollte Bond das Auto sehen, wenn er das Päckchen abwirft (▶ Abbildung 3.58)?

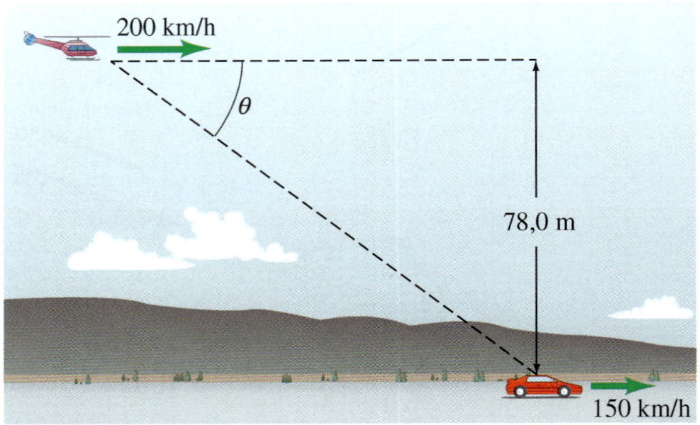

Abbildung 3.58 Aufgabe 87.

88 Ein Basketball verlässt die Hand des Spielers in einer Höhe von 2,10 m über dem Boden. Der Korb befindet sich 2,60 m über dem Boden. Der Spieler möchte den Ball in einem Winkel von 38,0° werfen. In welchem Bereich muss die Anfangsgeschwindigkeit des Balls liegen, um den Korb zu machen, wenn der Wurf aus einer horizontalen Entfernung von 11,00 m ausgeführt wird und eine Genauigkeit von (horizontal) 0,22 m haben muss?

89 Wie groß ist die Geschwindigkeit eines Ortes (a) am Äquator der Erde, (b) auf 40° nördlicher Breite auf Grund der täglichen Erdrotation?

90 Ein Geschoss wird vom Erdboden zum oberen Ende einer Klippe, die 195 m entfernt und 155 m hoch ist, abgeschossen (siehe ▶ Abbildung 3.59). Ermitteln Sie die Anfangsgeschwindigkeit des Geschosses (Betrag und Richtung), wenn das Geschoss 7,6 s nach dem Abschuss oben auf der Klippe auftrifft. Lassen Sie den Luftwiderstand außer Acht.

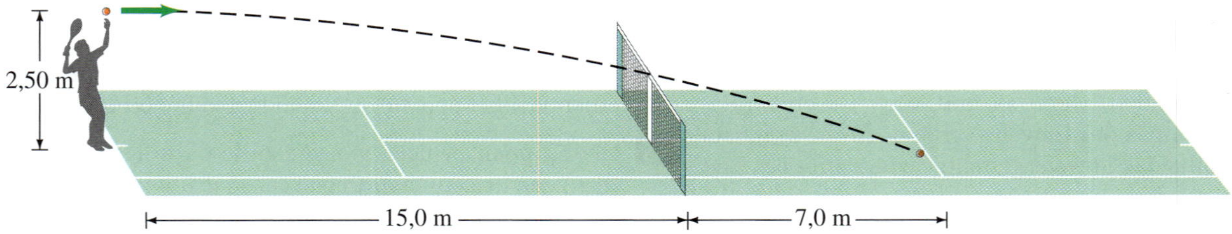

Abbildung 3.57 Aufgabe 84.

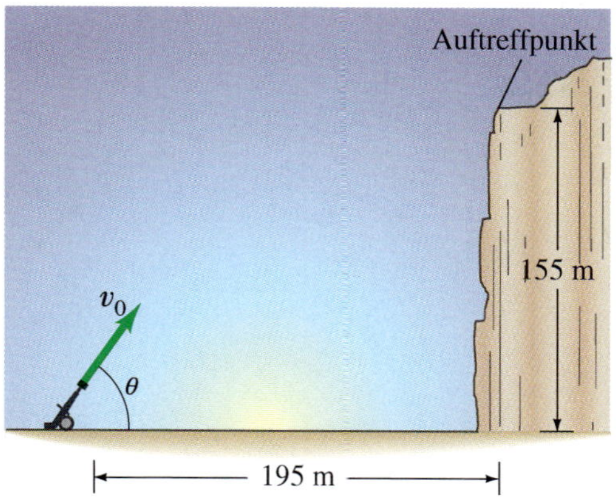

Abbildung 3.59 Aufgabe 90.

91 Bei einer heißen Verfolgungsjagd muss Agent Logan vom FBI in möglichst kurzer Zeit über einen 1600 m breiten Fluss gelangen. Die Strömung des Flusses beträgt 0,80 m/s, er kann ein Boot 1,50 m/s schnell rudern und er kann 3,00 m/s schnell laufen. Beschreiben Sie den Weg, den er für die kürzestmögliche Überfahrtzeit nehmen sollte (Rudern plus Laufen am Ufer entlang), und bestimmen Sie die kürzestmögliche Zeit.

92 Eine Person, die morgens auf einem Kreuzfahrtschiff joggt, läuft in Richtung Bug (vorderes Ende) des Schiffes mit einer Geschwindigkeit von 2,0 m/s, während sich das Schiff mit 8,5 m/s vorwärts bewegt. Wie groß ist die Geschwindigkeit des Joggers relativ zum Wasser? Später läuft der Jogger in Richtung Heck (hinteres Ende) des Schiffes. Wie groß ist die Geschwindigkeit des Joggers relativ zum Wasser jetzt?

93 Eine geplante Raumstation besteht aus einem kreisförmigen Rohr, das sich um seinen Mittelpunkt dreht (wie ein röhrenförmiger Fahrradreifen, ▸ Abbildung 3.60). Der von dem Rohr gebildete Kreis hat einen Durchmesser von ca. 1,1 km. Wie groß muss die Drehgeschwindigkeit (Umdrehungen pro Tag) sein, damit ein Effekt, der mit der Schwerkraft an der Erdoberfläche (1 g) identisch ist, spürbar wird?

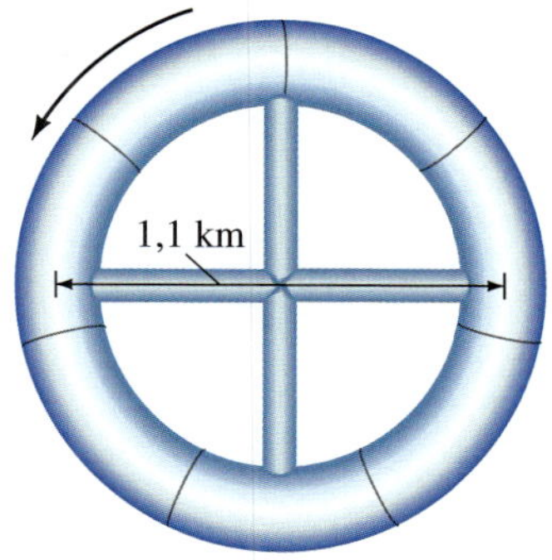

Abbildung 3.60 Aufgabe 93.

94 Ein Jetpilot macht mit seinem Flugzeug einen senkrechten Looping (▸ Abbildung 3.61). Bestimmen Sie den Mindestradius des Kreises, so dass die Beschleunigung im niedrigsten Punkt nicht größer ist als 6 g, wenn der Düsenjet mit einer Geschwindigkeit von 700 km/h im niedrigsten Punkt der Schleife fliegt.

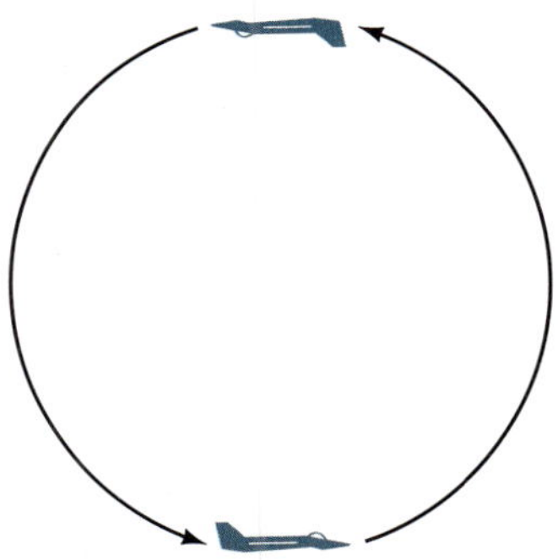

Abbildung 3.61 Aufgabe 94.

Dynamik: Die Newton'schen Axiome

4

ÜBERBLICK

Dieses Flugzeug startet gerade. Es beschleunigt und seine Geschwindigkeit nimmt rasch zu. Dafür muss gemäß dem zweiten Newton'schen Axiom, $\sum \mathbf{F} = m\mathbf{a}$, *eine Kraft auf das Flugzeug ausgeübt werden. Was übt diese Kraft aus? Die aus den Düsentriebwerken nach hinten ausgestoßenen Gase üben eine Kraft auf die Düsentriebwerke aus, die starr mit dem Flugzeug verbunden sind. Nach dem dritten Newton'schen Axiom ist die Kraft, die auf die Gase wirkt, gleich groß, aber entgegengesetzt der Kraft, die auf das Düsentriebwerk und damit auf das Flugzeug wirkt. Die durch die Gase auf das Flugzeug wirkenden Kräfte* $\mathbf{F}_{FG}$ *beschleunigen das Flugzeug.*

4. Dynamik: Die Newton'schen Axiome

Wir haben erörtert, wie Bewegung mit Geschwindigkeit und Beschleunigung beschrieben wird. Jetzt geht es um die Frage, *warum* sich Körper so bewegen, wie sie es tun: Was setzt einen ruhenden Körper in Bewegung? Warum beschleunigt oder bremst ein Körper ab? Welche Kräfte führen zu einer kreisförmigen Bewegung eines Körpers? In allen Fällen können wir antworten, dass eine Kraft erforderlich ist. In diesem Kapitel[1] untersuchen wir die Verbindung zwischen Kraft und Bewegung, ein Thema, das **Dynamik** genannt wird.

4.1 Kraft

Intuitiv erleben wir **Kraft** als eine Art von Zug oder Schub auf einen Körper. Schiebt man ein liegen gebliebenes Auto oder einen Einkaufswagen (▸ Abbildung 4.1), so übt man eine Kraft darauf aus. Wenn ein Motor einen Aufzug bewegt oder ein Hammer auf einen Nagel schlägt oder der Wind die Blätter auf einem Baum bewegt, wirkt eine Kraft. Wir sagen, dass ein Körper auf Grund der *Schwerkraft (Gravitationskraft)* fällt. Kräfte bewirken nicht immer eine Bewegung. Man kann z. B. sehr intensiv gegen einen schweren Schreibtisch drücken, ohne dass er sich bewegt.

Abbildung 4.1 Kraft, die auf einen Einkaufswagen ausgeübt wird – in diesem Fall von einem Kind.

Wenn sich ein Körper im Stillstand befindet, bedarf es einer Kraft, um ihn in Bewegung zu setzen – d. h. um ihn von der Geschwindigkeit null auf eine Geschwindigkeit ungleich null zu beschleunigen. Bewegt sich ein Körper bereits, bedarf es zur Änderung seiner Geschwindigkeit – entweder in der Richtung oder im Betrag – wiederum einer Kraft. Mit anderen Worten, zur Beschleunigung eines Körpers wird eine Kraft benötigt. In Abschnitt 4.4 erörtern wir die genaue Beziehung zwischen Kraft und Beschleunigung, das zweite Newton'sche Axiom.

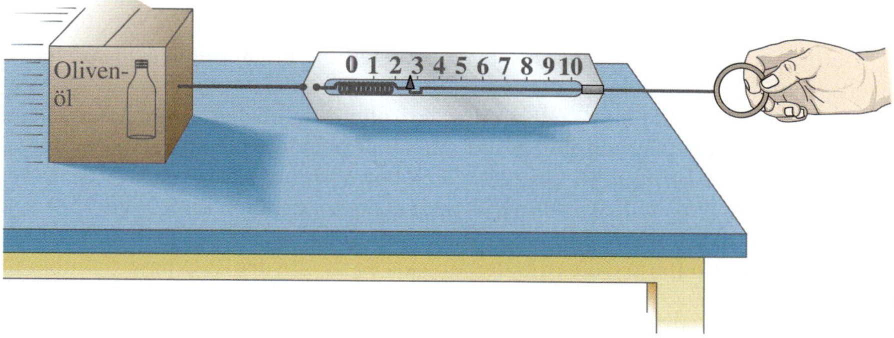

Abbildung 4.2 Eine zur Messung einer Kraft verwendete Federwaage.

Messen einer Kraft

Zur Messung des Betrages einer Kraft kann z. B. eine Federwaage (▸ Abbildung 4.2) verwendet werden. Man kann mit einer Federwaage auch das Gewicht eines Körpers messen. Mit Gewicht meinen wir die auf den Körper wirkende Gravitationskraft (Abschnitt 4.6). Die einmal kalibrierte Federwaage kann auch für die Messung anderer Kräfte eingesetzt werden, z. B. der in ▸ Abbildung 4.2 dargestellten Zugkraft.

1 Wir behandeln hier jegliche Art von Körpern aus unserem alltäglichen Leben. Die submikroskopische Welt der Atome und Moleküle muss gesondert behandelt werden. Auch sehr hohe Geschwindigkeiten, die nahezu Lichtgeschwindigkeit ($3{,}0 \cdot 10^8$ m/s) erreichen, müssen mithilfe der Relativitätstheorie (Kapitel 37) untersucht werden.

Eine Kraft hat sowohl eine Richtung als auch einen Betrag und ist ein Vektor, der den in Kapitel 3 erörterte Regeln der Gesetze der Vektoraddition folgt. In einer Zeichnung können wir jede Kraft durch einen Vektorpfeil darstellen, ebenso wie die Geschwindigkeit. Die Richtung des Vektorpfeils ist die Richtung der Kraft und seine Länge wird proportional zum Betrag der Kraft gezeichnet.

4.2 Das erste Newton'sche Axiom

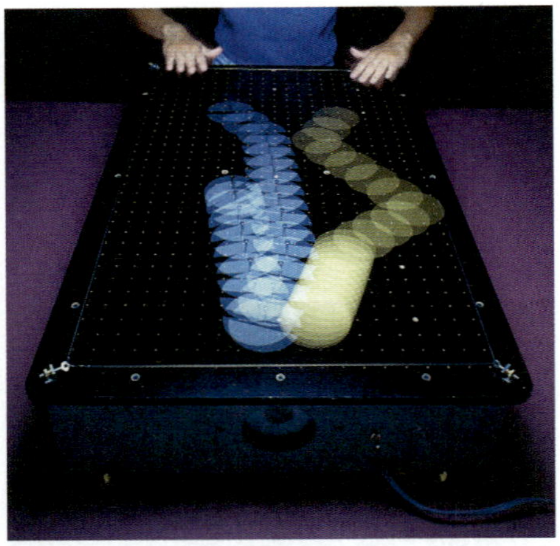

Abbildung 4.3 Foto eines Luftkissentisches. Luft, die aus vielen kleinen Öffnungen austritt, bildet eine dünne Schicht zwischen dem Tisch und einem Puck, der sich nach einem kleinen Anstoß mit nahezu konstanter Geschwindigkeit in einer geraden Linie bewegt (bis er auf eine Wand oder einen anderen Puck trifft).

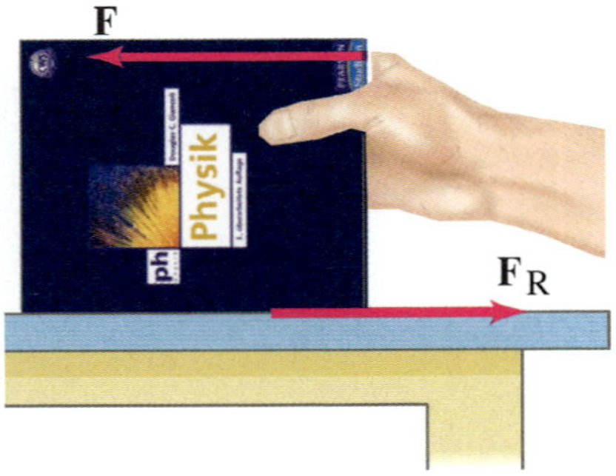

Abbildung 4.4 **F** stellt die Kraft dar, die von der Person ausgeübt wird, und $\mathbf{F}_R$ ist die Reibungskraft.

Abbildung 4.5 Isaac Newton (1642–1727)

Welcher Bezug besteht zwischen Kraft und Bewegung? Aristoteles (384–322 v. Chr.) glaubte, dass eine Kraft notwendig sei, um einen Körper entlang einer horizontalen Ebene (senkrecht zur Richtung der Fallbeschleunigung) in Bewegung zu halten. Laut Aristoteles wäre der natürliche Zustand eines Körpers die Ruhelage und man glaubte, dass eine Kraft benötigt würde, um einen Körper in Bewegung zu halten. Außerdem behauptete Aristoteles, dass je größer die auf den Körper ausgeübte Kraft, desto größer seine Geschwindigkeit sei.

Rund 2000 Jahre später vertrat Galileo Galilei (1564–1642) eine andere Meinung und behauptete, dass es für einen Körper ebenso natürlich sei, sich mit konstanter Geschwindigkeit in horizontaler Richtung (senkrecht zur Richtung der Fallbeschleunigung) zu bewegen wie sich in der Ruhelage zu befinden.

Um Galileis Idee zu verstehen, betrachten wir folgende Beobachtungen bezüglich der Bewegung entlang einer horizontalen Ebene. Um einen Körper mit einer rauen Oberfläche mit konstanter Geschwindigkeit über eine Tischplatte zu bewegen, bedarf es einer bestimmten Kraft. Um einen gleich schweren Körper mit einer sehr glatten Oberfläche mit derselben Geschwindigkeit über den Tisch zu schieben, wird weniger Kraft benötigt. Wenn eine Ölschicht oder ein anderes Schmiermittel zwischen der Oberfläche des Körpers und dem Tisch aufgetragen wird, wird fast keine Kraft benötigt, um den Körper zu bewegen. Beachten Sie, dass bei jedem weiteren Schritt weniger Kraft erforderlich ist. Als nächstes können wir uns eine Situation vorstellen, in der der Körper den Tisch gar nicht berührt – oder in der sich ein perfektes Schmiermittel zwischen dem Körper und dem Tisch befindet – und können die Theorie aufstellen, dass sich der Körper, wenn er einmal in Bewegung gesetzt wurde, mit konstanter Geschwindigkeit *ohne* Krafteinwirkung über den Tisch bewegen würde. Ein Stahlkugellager auf einer harten horizontalen Fläche kommt dieser Situation nahe. Aber auch ein Puck auf einem Luftkissentisch (▶ Abbildung 4.3), auf dem eine dünne Luftschicht die Reibung auf nahezu null reduziert, ist ein Beispiel.

Galileis Intelligenz verdanken wir die Vorstellung einer solchen idealisierten Welt – in diesem Fall einer Welt, in der keine Reibung existiert – und die Erkenntnis, dass diese idealisierte Welt eine praktischere Sicht der realen Welt bieten könnte. Diese Idealisierung führte ihn zu seiner bemerkenswerten Schlussfolgerung, dass, wenn keine Kraft auf einen sich bewegenden Körper einwirkt, dieser Körper sich mit konstanter Geschwindigkeit auf einer geraden Linie weiterbewegt. Ein Körper wird nur dann langsamer, wenn eine Kraft auf ihn ausgeübt wird. Galileo Galilei interpretierte daher die Reibung als Kraft, die der Zug- bzw. Schubkraft ähnelt.

Einen Körper mit konstanter Geschwindigkeit über einen Tisch zu schieben, erfordert eine Kraft von Ihrer Hand, nur um die Reibungskraft auszugleichen (▶ Abbildung 4.4). Wenn sich der Körper mit konstanter Geschwindigkeit bewegt, ist der Betrag ihrer Schubkraft gleich dem Betrag der Reibungskraft. Diese beiden Kräfte haben allerdings entgegengesetzte Richtungen, so dass die auf den Gegenstand wirkende *Netto*kraft (die Vektorsumme der beiden Kräfte) null ist. Diese Tatsache entspricht Galileis Ansicht, da sich der Körper mit konstanter Geschwindigkeit weiterbewegt, wenn keine Nettokraft auf ihn wirkt.

Auf dieser Grundlage baute Isaac Newton (▶ Abbildung 4.5) seine berühmte Bewegungstheorie auf. Newtons Bewegungsanalyse wird in seinen berühmten „Drei Gesetzen der Bewegung" zusammengefasst. In seinem großen Werk *Principia* (1687) erkennt Newton seine Schuld gegenüber Galilei bereitwillig an. Tatsächlich ist das **erste Newton'sche Axiom** sehr nah an Galileis Schlussfolgerungen. Es besagt, dass

DAS ERSTE NEWTON'SCHE AXIOM

> ***jeder Körper so lange im Zustand der Ruhe oder der gleichförmigen, geradlinigen Bewegung verharrt, wie keine Nettokraft auf ihn einwirkt.***

Trägheit

Die Tendenz eines Körpers, den Zustand der Ruhe oder der gleichförmigen, geradlinigen Bewegung beizubehalten, nennt man **Trägheit**. Folglich wird das erste Newton'sche Axiom häufig als **Trägheitsgesetz** bezeichnet.

Inertialsysteme

Das erste Newton'sche Axiom gilt nicht in jedem Bezugssystem. Wenn sich Ihr Bezugssystem z. B. fest in einem Auto befindet und das Auto beschleunigt, beginnt ein Körper wie z. B. eine Flasche, die sich im Fahrzeug befindet, möglicherweise, in Ihre Richtung zu rollen (so lange die Geschwindigkeit des Autos konstant war, blieb sie in der Ruhelage). Die Flasche hat in Ihre Richtung beschleunigt, obwohl weder Sie noch irgendjemand eine Kraft auf sie in dieser Richtung ausgeübt hat. In einem solchen beschleunigten Bezugssystem gilt das erste Newton'sche Axiom nicht. Bezugssysteme, in denen das erste Newton'sche Axiom gilt, werden **Inertialsysteme** genannt – in ihnen gilt das Trägheitsgesetz. In den meisten Fällen können wir normalerweise davon ausgehen, dass die fest auf der Erde befindlichen Bezugssysteme sich wie Inertialsysteme verhalten. Auf Grund der Erdrotation ist dies nicht exakt richtig, aber normalerweise eine gute Näherung. Jedes Bezugssystem (z. B. ein Auto oder ein Flugzeug), das sich mit konstanter Geschwindigkeit relativ zu einem Inertialsystem bewegt, ist ebenfalls ein Inertialsystem. Bezugssysteme, in denen das Trägheitsgesetz *nicht* gilt, wie z. B. das oben genannte beschleunigende Bezugssystem, werden **nichtinertiale Bezugssysteme** genannt. Wie können wir sicher sein, ob es sich um ein Inertialsystem oder um ein nichtinertiales System handelt? Durch eine Prüfung, ob das erste Newton'sche Axiom gilt. Somit dient das erste Newton'sche Axiom auch als Definition von Inertialsystemen.

4.3 Masse

Das zweite Newton'sche Axiom, das wir im nächsten Abschnitt erörtern, verwendet den Begriff Masse. Newton benutzte den Begriff *Masse* als Synonym für die *Stoffmenge*. Diese intuitive Vorstellung der Masse eines Körpers ist nicht sehr genau, da der Begriff „Stoffmenge" nicht sehr gut definiert ist. Genauer formuliert können wir sagen, dass **Masse** ein *Maß für die Trägheit eines Körpers* ist. Je mehr Masse ein Körper hat, desto mehr Kraft ist notwendig, um ihm eine bestimmte Beschleunigung zu geben. Es ist schwieriger, ihn aus der Ruhelage in Bewegung zu setzen, ihn während der Bewegung zum Anhalten zu bringen oder seine Geschwindigkeit zur Seite aus einer geradlinigen Bahn zu verändern. Ein Lastwagen (Lkw) hat eine wesentlich größere Trägheit als ein Fußball, der sich mit derselben Geschwindigkeit bewegt, und es bedarf wesentlich mehr Kraft, um die Geschwindigkeit des Lkw im gleichen Verhältnis zu verändern. Er hat folglich viel mehr Masse. Im nächsten Abschnitt wird erläutert, wie wir Masse in Bezug zur Trägheit definieren.

Masse als Trägheit

Um den Begriff Masse quantitativ zu messen, müssen wir einen Standard definieren. Die SI-Einheit der Masse ist **Kilogramm** (kg), wie wir in Abschnitt 1.4 erläutert haben.

Die Begriffe *Masse* und *Gewicht* werden oft verwechselt. Dabei ist es wichtig, zwischen beiden zu unterscheiden. Masse ist eine Eigenschaft des Körpers selbst – sie ist ein Maß der Trägheit des Körpers oder seiner „Stoffmenge". *Gewicht* ist dagegen *eine Kraft*, und zwar die auf den Körper wirkende Schwerkraft (Gravitationskraft). Um den Unterschied zu verdeutlichen, nehmen wir an, wir nehmen einen Körper mit auf den Mond. Der Körper wiegt nur etwa ein Sechstel von seinem Gewicht auf der Erde, da die Gravitationskraft am Mond schwächer

Masse vs. Gewicht

ist. Seine Masse jedoch bleibt gleich. Er wird dieselbe Stoffmenge und ebenso viel Trägheit besitzen – denn bei Nichtvorhandensein von Reibung wird es genauso schwierig sein, ihn in Bewegung zu setzen bzw. ihn anzuhalten, wenn er erst in Bewegung ist. (Weitere Informationen zum Gewicht siehe Abschnitt 4.6.)

4.4 Das zweite Newton'sche Axiom

Abbildung 4.6 Der Bob beschleunigt, weil das Team eine Kraft auf ihn ausübt.

Das erste Newton'sche Axiom besagt, dass, wenn keine Nettokraft auf einen Körper wirkt, der Körper in der Ruhelage verharrt, oder wenn der Körper sich bewegt, er mit konstanter Geschwindigkeit in einer geradlinigen Bewegung bleibt. Aber was passiert, wenn eine Nettokraft auf einen Körper ausgeübt wird? Newton fand heraus, dass sich die Geschwindigkeit ändert (▶ Abbildung 4.6). Eine auf einen Körper ausgeübte Nettokraft bewirkt, dass seine Geschwindigkeit zunimmt oder, wenn die Nettokraft in entgegengesetzter Richtung zur Bewegung ausgeübt wird, dass die Geschwindigkeit abnimmt. Wenn die Nettokraft seitlich auf einen sich bewegenden Körper wirkt, ändert sich die *Richtung* der Geschwindigkeit (und möglicherweise auch der Betrag). Da eine Änderung in der Geschwindigkeit eine Beschleunigung darstellt (Kapitel 2, Absatz 2.4), können wir sagen, dass *eine Nettokraft eine Beschleunigung verursacht.*

Wie genau sieht die Beziehung zwischen Beschleunigung und Kraft aus? Alltägliche Erfahrungen können diese Frage beantworten. Betrachten Sie die Kraft, die erforderlich ist, einen Einkaufswagen zu schieben, dessen Reibung vernachlässigt werden kann. Betrachten Sie die *Netto*kraft, d. h. die von Ihnen ausgeübte Kraft abzüglich der Reibungskraft, wenn Reibung vorhanden ist. Wenn Sie jetzt für eine bestimmte Zeit mit geringer, aber konstanter Kraft schieben, bewirken Sie, dass der Einkaufswagen aus dem Stillstand auf eine bestimmte Geschwindigkeit, z. B. 3 km/h, beschleunigt. Wenn Sie mit der doppelten Kraft schieben, werden Sie sehen, dass der Wagen die Geschwindigkeit von 3 km/h in der halben Zeit erreicht. Das bedeutet, dass die Beschleunigung doppelt so groß ist. Wenn sie die Kraft verdoppeln, verdoppelt sich die Beschleunigung. Wenn Sie die Kraft verdreifachen, verdreifacht sich die Beschleunigung etc. Daher ist die Beschleunigung eines Körpers direkt proportional zur einwirkenden Nettokraft.

Aber die Beschleunigung hängt auch von der Masse des Körpers ab. Wenn Sie einen leeren Einkaufswagen mit derselben Kraft wie einen vollen Einkaufswagen schieben, werden Sie feststellen, dass der Einkaufswagen mit der größeren Masse langsamer beschleunigt. Je größer die Masse, desto kleiner die Beschleunigung bei derselben Nettokraft. Die mathematische Beziehung, so argumentierte Newton, besagt, dass die Beschleunigung eines Körpers umgekehrt proportional zu seiner Masse ist. Diese Beziehungen gelten im Allgemeinen und können wie folgt zusammengefasst werden:

DAS ZWEITE NEWTON'SCHE AXIOM

Die Beschleunigung eines Körpers ist direkt proportional zu der auf ihn einwirkenden Nettokraft und umgekehrt proportional zu seiner Masse. Die Richtung der Beschleunigung ist die Richtung der auf den Körper wirkenden Nettokraft.

Dies ist das **zweite Newton'sche Axiom**. Als Gleichung können wir schreiben:

$$\mathbf{a} = \frac{\sum \mathbf{F}}{m},$$

wobei **a** für die Beschleunigung steht, m für die Masse, und $\sum \mathbf{F}$ für die *Nettokraft*. Das Symbol $\sum$ (Griechisch „Sigma") steht für „die Summe aus". **F** steht für Kraft, also bedeutet $\sum \mathbf{F}$ die *Vektorsumme aller auf den Körper einwirkenden Kräfte*, die wir als **Nettokraft** definieren.

Nettokraft

Wir stellen diese Gleichung um, um die vertraute Darstellung des zweiten Newton'schen Axioms zu erhalten:

DAS ZWEITE NEWTON'SCHE AXIOM

$$\sum \mathbf{F} = m\mathbf{a} \tag{4.1}$$

Das zweite Newton'sche Axiom setzt die Beschreibung von Bewegung mit der Ursache der Bewegung, der Kraft, in Beziehung. Hierbei handelt es sich um eine der grundlegendsten Beziehungen in der Physik. Aus dem zweiten Newton'schen Axiom können wir die Definition der **Kraft** als einen *Prozess, der die Beschleunigung eines Körpers verursachen kann*, ableiten.

Definition der Kraft

Jede Kraft **F** ist ein Vektor mit Betrag und Richtung. Die Gleichung 4.1 ist eine Vektorgleichung, die in jedem Inertialsystem Gültigkeit hat. Sie kann in Komponentenschreibweise für ein rechtwinkliges Koordinatensystem wie folgt geschrieben werden:

$$\sum F_x = ma_x\,, \quad \sum F_y = ma_y\,, \quad \sum F_z = ma_z\,.$$

Wenn die Bewegung entlang einer Geraden stattfindet (eindimensional), können wir die tiefgestellten Indizes weglassen und einfach $\sum F = ma$ schreiben.

Die SI-Einheit der Masse ist Kilogramm, die der Kraft ist **Newton** (N). Ein Newton ist die Kraft, die erforderlich ist, um eine Beschleunigung von 1 m/s^2 auf eine Masse von 1 kg zu übertragen. Daher gilt 1 N = 1 kg · m/s^2.

Maßeinheit der Kraft: Newton

Die cgs-Einheit der Masse ist Gramm (g), wie bereits erwähnt.[2] Die Einheit der Kraft ist *dyn*, die als die Nettokraft definiert ist, die dazu benötigt wird, eine Beschleunigung von 1 cm/s^2 auf eine Masse von 1 g zu übertragen. Daher gilt 1 dyn = 1 g · cm/s^2. Es ist einfach aufzuzeigen, dass 1 dyn = 10^{-5} N ist. Tabelle 4.1 fasst die Einheiten in den verschiedenen Systemen zusammen.

Es ist sehr wichtig, dass bei einer Berechnung oder einer Aufgabe nur ein Satz Einheiten verwendet wird, vorzugsweise die SI-Einheiten. Wenn die Kraft z. B. in Newton und die Masse in Gramm angegeben ist, muss vor der Berechnung der Beschleunigung in SI-Einheiten die Masse in Kilogramm umgerechnet werden. Wenn z. B. die Kraft mit 2,0 N entlang der x-Achse angegeben ist und die Masse 500 g beträgt, rechnen wir Letztere in 0,50 kg um. Dann wird bei Anwendung des zweiten Newton'schen Axioms automatisch die Beschleunigung in m/s^2 berechnet:

PROBLEMLÖSUNG

Verwenden Sie einheitliche Maßeinheiten

$$a_x = \frac{\sum F_x}{m} = \frac{2{,}0\,\text{N}}{0{,}50\,\text{kg}} = \frac{2{,}0\,\text{kg·m}}{0{,}50\,\text{kg·s}^2} = 4{,}0\,\text{m/s}^2\,.$$

Beispiel 4.1 · Abschätzung **Kraft zur Beschleunigung eines schnellen Autos**

Schätzen Sie die Nettokraft ab, die erforderlich ist, um (a) ein Auto mit einer Masse von 1000 kg mit $\frac{1}{2}g$, (b) einen Apfel (Masse 200 g) mit derselben Beschleunigung zu beschleunigen.

Lösung

a Die Beschleunigung des Autos ist $a = \frac{1}{2}g = \frac{1}{2}\,(9{,}8\,\text{m/s}^2) \approx 5\,\text{m/s}^2$. Um die Nettokraft zu berechnen, die erforderlich ist, um diese Beschleunigung zu erreichen, wenden wir das zweite Newton'sche Axiom an:

$$\sum F = ma \approx (1000\,\text{kg})(5\,\text{m/s}^2) = 5000\,\text{N}\,.$$

b Für den Apfel gilt

$$\sum F = ma \approx (0{,}200\,\text{kg})(5\,\text{m/s}^2) = 1\,\text{N}\,.$$

Tabelle 4.1

Einheiten für Masse und Kraft

System	Masse	Kraft (einschließlich Gewicht)
SI	Kilogramm (kg)	Newton (N) (= kg·m/s^2)
Cgs	Gramm (g)	dyn (= g·cm/s^2)
Umrechnungsfaktoren: 1 dyn = 10 · 10^{-5} N.		

2 Achtung: Verwechseln Sie die Bezeichnung g für Gramm nicht mit der Bezeichnung g für die Fallbeschleunigung. Letztere ist immer in Kursivschrift (oder als Vektor im Fettdruck) angegeben.

Beispiel 4.2 Kraft zum Abbremsen eines Autos

Welche konstante Nettokraft ist erforderlich, um ein Auto (Masse 1500 kg) von einer Geschwindigkeit von 100 km/h innerhalb von 55 m zum Stehen zu bringen?

Lösung

Wir wenden das zweite Newton'sche Axiom an, $\sum F = ma$. Zunächst müssen wir jedoch die Beschleunigung a bestimmen, die konstant ist, da die Nettokraft konstant ist. Wir nehmen an, dass die Bewegung entlang der positiven x-Achse (▶ Abbildung 4.7) stattfindet. Die Anfangsgeschwindigkeit ist mit $v_0 = 100\,\text{km/h} = 28\,\text{m/s}$, die Endgeschwindigkeit mit $v = 0$ und der zurückgelegte Weg mit $x - x_0 = 55\,\text{m}$ angegeben. Aus der Gleichung 2.12c haben wir

$$v^2 = v_0^2 + 2a(x - x_0)\,.$$

Daher gilt

$$a = \frac{v^2 - v_0^2}{2(x - x_0)} = \frac{0 - (28\,\text{m/s})^2}{2(55\,\text{m})} = -7{,}1\,\text{m/s}^2\,.$$

Die erforderliche Nettokraft beträgt dann

$$\sum F = ma = (1500\,\text{kg})(-7{,}1\,\text{m/s}^2) = -1{,}1 \cdot 10^4\,\text{N}\,.$$

Die Kraft muss in der der Anfangsgeschwindigkeit *entgegengesetzten* Richtung ausgeübt werden. Dies wird durch das Minuszeichen ausgedrückt.

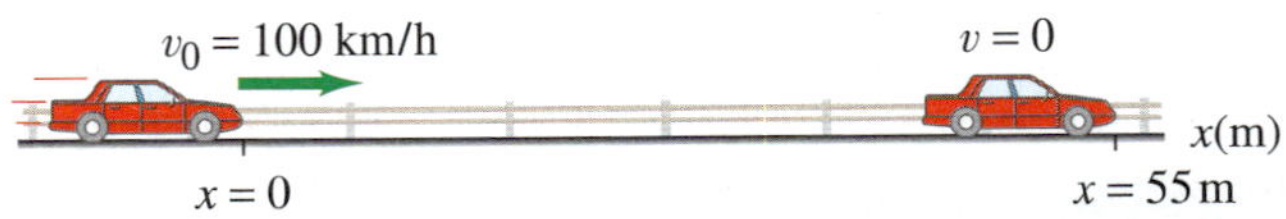

Abbildung 4.7 Beispiel 4.2

Wie bereits in Abschnitt 4.3 erwähnt, können wir den Begriff Masse durch Verwendung seiner Definition als Maß der Trägheit quantitativ messen. Wie man das macht, ist aus der Gleichung 4.1 ersichtlich. Dort wird deutlich, dass die Beschleunigung eines Körpers umgekehrt proportional zu seiner Masse ist. Wenn dieselbe Nettokraft $\sum F$ wirkt, um zwei Massen m_1 und m_2 zu beschleunigen, kann das Verhältnis ihrer Massen als das umgekehrte Verhältnis ihrer Beschleunigungen definiert werden:

Definition der Masse

$$\frac{m_2}{m_1} = \frac{a_1}{a_2}\,.$$

Wenn eine der Massen bekannt ist (dies könnte das Standardkilogramm sein) und die beiden Beschleunigungswerte genau gemessen werden, ergibt sich die unbekannte Masse aus dieser Gleichung. Wenn z. B. $m_1 = 1{,}00\,\text{kg}$ ist und für eine bestimmte Kraft $a_1 = 3{,}00\,\text{m/s}^2$ und $a_2 = 2{,}00\,\text{m/s}^2$ gilt, dann ist $m_2 = 1{,}50\,\text{kg}$.

Das zweite Newton'sche Axiom ist wie das erste nur in Inertialsystemen gültig. In den nichtinertialen Systemen eines beschleunigenden Autos z. B. beginnt sich eine Flasche zu bewegen – zu beschleunigen –, obwohl die auf sie wirkende Nettokraft null beträgt. Somit funktioniert $\sum F = ma$ in einem solchen beschleunigenden Bezugssystem nicht.

4.5 Das dritte Newton'sche Axiom

Eine Kraft wirkt *auf* einen Körper und wird *von* einem anderen Körper ausgeübt

Das zweite Newton'sche Axiom beschreibt quantitativ, wie Kräfte Bewegungen beeinflussen. Aber wo, können wir fragen, kommen die Kräfte her? Beobachtungen deuten darauf hin, dass eine auf einen Körper wirkende Kraft immer *von einem anderen Körper* ausgeübt wird. Ein Pferd zieht einen Wagen, eine Person schiebt einen Einkaufswagen, ein Hammer schlägt auf einen Nagel, ein Magnet zieht eine Büroklammer an. In jedem dieser Beispiele wirkt eine Kraft *auf* einen Körper und diese Kraft wird *von* einem anderen Körper ausgeübt. Die *auf* den Nagel ausgeübte Kraft wird z. B. *von* dem Hammer ausgeübt.

Aber Newton erkannte, dass die Dinge nicht ganz so einseitig sind. Sicherlich übt der Hammer eine Kraft auf den Nagel aus (▶ Abbildung 4.8). Aber offensichtlich übt auch der Nagel wiederum eine Kraft auf den Hammer aus, da die Geschwindigkeit des Hammers bei Kontakt schnell auf null sinkt. Nur eine starke Kraft könnte ein solch rapides Abbremsen des Hammers bewirken. Daher, so Newton, müssen beide Körper gleich behandelt werden. Der Hammer übt eine Kraft auf den Nagel aus und der Nagel übt wieder eine Kraft auf den Hammer aus. Dies ist der Inhalt des **dritten Newton'schen Axioms:**

DAS DRITTE NEWTON'SCHE AXIOM

Wenn ein Körper auf einen zweiten Körper eine Kraft ausübt, übt auch der zweite Körper eine gleich große, aber entgegengerichtete Kraft auf den ersten Körper aus.

Aktion und Reaktion wirken auf verschiedene Körper

Dieses Gesetz wird manchmal in etwas abgewandelter Form wiedergegeben: „auf jede Aktion folgt eine gleich starke und entgegengerichtete Reaktion". Dies ist absolut richtig. Aber um Verwechslungen zu vermeiden, ist es wichtig, daran zu denken, dass die „Aktions"-Kraft und die „Reaktions"-Kraft auf *verschiedene* Körper wirken.

Als Beweis der Gültigkeit des dritten Newton'schen Axioms schauen Sie sich Ihre eigene Hand an, wenn Sie einen Einkaufswagen schieben oder gegen die Kante eines Tisches drücken, ▶ Abbildung 4.9. Die Form Ihrer Hand ist verzerrt, ein klarer Beweis dafür, dass eine Kraft auf sie wirkt. Sie können *sehen*, wie die Kante des Tisches in Ihre Hand drückt. Sie können sogar *fühlen*, dass der Tisch eine Kraft auf Ihre Hand ausübt: es tut weh! Je stärker Sie gegen den Tisch drücken, desto stärker drückt auch der Tisch gegen Ihre Hand. (Beachten Sie, dass Sie nur die Kräfte fühlen, die *auf* Sie selbst wirken, nicht die, die Sie auf andere Körper ausüben.)

Zur weiteren Veranschaulichung des dritten Newton'schen Axioms betrachten Sie die Schlittschuhläuferin in ▶ Abbildung 4.10a. Da zwischen ihren Schlittschuhen und dem Eis nur eine sehr geringe Reibung vorhanden ist, wird sie sich frei bewegen, wenn eine Kraft auf sie einwirkt. *Sie* drückt sich an der Bande ab und beginnt dann *selbst*, sich rückwärts zu bewegen. Zweifellos muss eine Kraft auf sie wirken, damit sie sich bewegt. Die Kraft, die sie auf die Bande ausübt, kann *sie* nicht in Bewegung setzen, denn diese Kraft wirkt auf die Bande. Eine Kraft muss auf sie einwirken, die sie in Bewegung setzt, und diese Kraft kann nur von der Bande ausgeübt werden. Die Kraft, die die Bande auf sie ausübt, ist gemäß dem dritten Newton'schen Axiom gleich der Kraft, die sie auf die Bande ausübt, und dieser Kraft entgegengerichtet.

Abbildung 4.8 Mehrfach belichtete Aufnahme eines Hammers, der auf einen Nagel schlägt. Nach dem dritten Newton'schen Axiom übt der Hammer eine Kraft auf den Nagel aus und der Nagel wiederum eine Kraft auf den Hammer. Letztere bremst den Hammer ab und bringt ihn zum Stillstand.

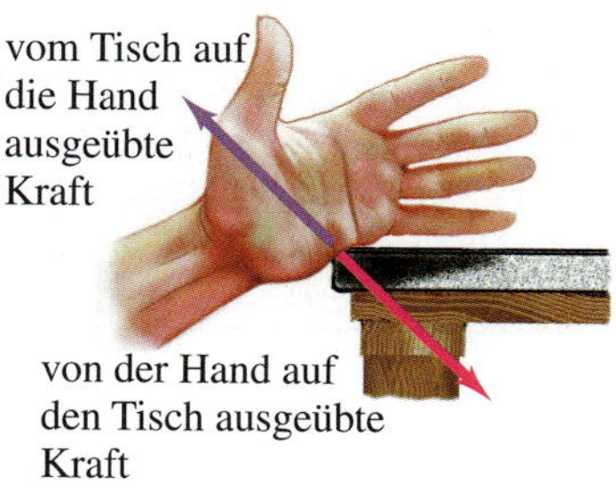

Abbildung 4.9 Wenn Ihre Hand gegen die Kante eines Tisches drückt (der Kraftvektor ist in rot dargestellt), drückt auch der Tisch wieder gegen Ihre Hand (dieser Kraftvektor ist in violett dargestellt, um zu verdeutlichen, dass diese Kraft auf einen anderen Körper wirkt).

(a)

(b)

Abbildung 4.10 Zwei Beispiele für das dritte Newton'sche Axiom. (a) Wenn eine Schlittschuhläuferin gegen die Bande drückt, drückt die Bande zurück und diese Kraft veranlasst die Läuferin, sich von der Bande weg zu bewegen. (b) Start einer Rakete. Das Triebwerk der Rakete stößt die Gase aus und die Gase üben eine gleich große und entgegengerichtete Kraft zurück auf die Rakete aus und beschleunigen sie auf diese Weise.

Wenn eine Person ein Paket aus einem Boot (das sich anfangs im Stillstand befindet) wirft, beginnt das Boot, sich in die entgegengesetzte Richtung zu bewegen. Die Person übt eine Kraft auf das Paket aus. Das Paket übt seinerseits wieder eine gleich große und entgegengerichtete Kraft auf die Person aus und diese Kraft treibt die Person (und das Boot) leicht rückwärts. Der Antrieb einer Rakete ist ebenfalls mithilfe des dritten Newton'schen Axioms zu erklären (▸ Abbildung 4.10b). Eine weit verbreitete falsche Annahme ist die Vorstellung, dass Raketen beschleunigen, weil die Gase, die aus dem Triebwerk austreten, gegen den Boden oder die Atmosphäre drücken. Falsch. Tatsächlich übt die Rakete eine starke Kraft auf die Gase aus und stößt sie auf diese Weise aus. Die Gase üben eine gleich große und entgegengerichtete Kraft *auf die Rakete* aus. Diese Kraft treibt die Rakete an. Daher wird ein Raumfahrzeug im luftleeren Raum gesteuert, indem man seine Raketen in die Richtung abfeuert, die der Richtung, in die das Raumfahrzeug beschleunigen soll, entgegengesetzt ist.

ANGEWANDTE PHYSIK

Wie beschleunigt eine Rakete?

Betrachten wir, wie wir gehen. Eine Person beginnt zu gehen, indem sie mit ihrem Fuß gegen den Boden drückt. Der Boden übt dann eine gleich große und entgegengerichtete Kraft auf die Person aus (▸ Abbildung 4.11). Diese *auf* die Person wirkende Kraft bewegt die Person vorwärts. (Wenn Sie dies bezweifeln, versuchen Sie, auf sehr glattem, rutschigem Eis zu gehen.) In ähnlicher Weise fliegt ein Vogel vorwärts. Der Vogel übt auf die Luft eine Kraft aus und die Luft drückt wiederum auf die Flügel des Vogels, der auf diese Weise vorwärts getrieben wird.

Abbildung 4.11 Wir können vorwärts gehen, weil, wenn ein Fuß nach hinten gegen den Boden drückt, der Boden diesen Fuß nach vorn schiebt. Die beiden dargestellten Kräfte *wirken auf verschiedene Körper*.

Beispiel 4.3 · Begriffsbildung **Was übt die Kraft auf ein Auto aus?**

Was veranlasst ein Auto, sich vorwärts zu bewegen?

Lösung

Eine übliche Antwort ist, dass der Motor das Auto vorwärts bewegt. Aber so einfach ist es nicht. Der Motor sorgt dafür, dass die Räder sich drehen. Doch was nutzt das, wenn sie sich auf rutschigem Eis oder im Schlamm befinden? Sie drehen sich einfach nur. Ein Auto bewegt sich vorwärts auf Grund der Reibungskraft, die der Boden auf die Reifen ausübt. Diese Kraft ist wiederum eine Reaktion auf die Kraft, die die Reifen auf den Boden ausüben.

Ruhende Körper können Kräfte ausüben

Wir neigen dazu, Kräfte mit sich bewegenden Körpern wie Menschen, Tiere, Maschinen oder einem Körper in Bewegung wie z. B. einem Hammer zu assoziieren.

Es ist häufig schwierig sich vorzustellen, wie ein ruhender Körper, wie eine Wand oder ein Tisch, eine Kraft ausüben kann. Die Erklärung liegt in der Tatsache, dass jeder feste Stoff unabhängig von seiner Festigkeit (Härte) elastisch ist, zumindest bei kleinen Dehnungen. Niemand kann bestreiten, dass ein gedehntes Gummiband auf ein Papierknäuel eine Kraft ausüben und es quer durch den Raum schießen kann. Andere Materialien dehnen sich nicht so leicht wie Gummi, aber sie dehnen sich, wenn eine Kraft auf sie einwirkt. Und ebenso wie ein gedehntes Gummiband eine Kraft ausübt, übt auch ein(e) gedehnte(r) Wand, Tisch oder Kotflügel eine Kraft aus.

Aus den oben erörterten Beispielen ist klar, dass es sehr wichtig ist zu wissen, *auf* welchen Körper eine gegebene Kraft wirkt und *von* welchem Körper diese Kraft ausgeübt wird. Das bedeutet, dass eine Kraft die Bewegung eines Körpers nur beeinflusst, wenn sie *auf* diesen Körper wirkt. Eine *von* einem Körper ausgeübte Kraft beeinflusst diesen Körper nicht. Sie beeinflusst nur den anderen Körper, *auf* den sie einwirkt. Um Verwechslungen zu vermeiden, müssen daher die beiden Präpositionen *auf* und *von* immer – und zwar sorgfältig – benutzt werden.

PROBLEMLÖSUNG

Seien Sie sich bei jeder Kraft darüber im Klaren, auf welchen Körper sie wirkt und von welchem Körper sie ausgeübt wird. $\sum \mathbf{F} = m\mathbf{a}$ gilt nur für Kräfte, die auf einen Körper wirken

Um die Übersicht darüber zu behalten, welche Kraft auf welchen Körper wirkt, verwenden wir doppelte tiefgestellte Indizes. Die Kraft, die in ▸ Abbildung 4.11 von dem **B**oden auf die **P**erson ausgeübt wird, kann z. B. mit $\mathbf{F}_{PB}$ bezeichnet werden, wie in ▸ Abbildung 4.12 dargestellt. Die von der Person auf den Boden ausgeübte Kraft ist $\mathbf{F}_{BP}$. Beachten Sie, dass wir unterschiedliche Farben für die Kraftvektoren verwenden, wenn sie auf verschiedene Körper wirken. Nach dem dritten Newton'schen Axiom gilt

$$\mathbf{F}_{BP} = -\mathbf{F}_{PB} \,. \tag{4.2}$$

DAS DRITTE NEWTON'SCHE AXIOM

$\mathbf{F}_{BP}$ und $\mathbf{F}_{PB}$ haben denselben Betrag. Das Minuszeichen erinnert uns daran, dass diese beiden Kräfte in entgegengesetzte Richtungen wirken.

Beachten Sie genau, dass die beiden in ▸ Abbildung 4.11 oder ▸ Abbildung 4.12 dargestellten Kräfte auf verschiedene Körper wirken. Deshalb haben wir für die Pfeile, die die Kräfte darstellen, leicht unterschiedliche Farben verwendet. Diese beiden Kräfte würden nie gemeinsam in einer Kräftesumme im zweiten Newton'schen Axiom, $\sum \mathbf{F} = m\mathbf{a}$, erscheinen. Warum nicht? Weil $\mathbf{a}$ die Beschleunigung eines bestimmten Körpers ist und $\sum \mathbf{F}$ nur die Kräfte beinhalten darf, die auf diesen Körper wirken.

Abbildung 4.12 Das dritte Newton'sche Axiom. Tiefgestellte Indizes an den Vektorsymbolen der Kräfte zeigen uns, auf welchen Körper eine Kraft wirkt und von welchem Körper sie ausgeübt wird.

Beispiel 4.4 · Begriffsbildung — Erklärung des dritten Axioms

Michelangelos Gehilfe soll einen Marmorblock mithilfe eines Schlittens bewegen (▸ Abbildung 4.13). Er sagt zu seinem Chef: „Wenn ich eine vorwärts gerichtete Kraft auf den Schlitten ausübe, übt der Schlitten eine gleich große und entgegengerichtete, also rückwärts gerichtete Kraft aus. Wie soll ich den Schlitten also jemals in Bewegung setzen? Ganz egal, wie kräftig ich ziehe, die rückwärts gerichtete Reaktionskraft ist immer gleich meiner vorwärts gerichteten Kraft. Die Nettokraft muss demnach null sein. Ich werde diese Last niemals bewegen können." Ist dies ein Fall von gefährlichem Unwissen? Erklären Sie, warum.

Lösung

Ja. Obwohl es richtig ist, dass die Kraft und die Gegenkraft (Reaktionskraft) denselben Betrag haben, hat der Gehilfe vergessen, dass die Kräfte auf verschiedene Körper wirken. Die vorwärts gerichtete Kraft wird von dem Gehilfen auf den Schlitten ausgeübt (▸ Abbildung 4.13), während die rückwärts gerichtete Reaktionskraft von dem Schlitten auf den Gehilfen ausgeübt wird. Um zu ermitteln, ob sich der *Gehilfe* bewegt oder nicht, müssen wir nur die Kräfte,

PROBLEMLÖSUNG

Eine Untersuchung des zweiten und dritten Newton'schen Axioms

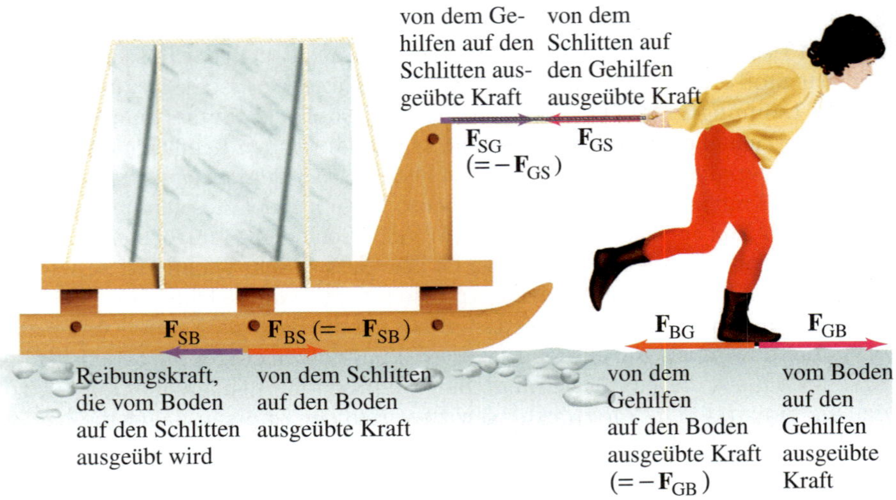

Abbildung 4.13 Der 17jährige Michelangelo hat einen schönen Marmorblock für seine nächste Skulptur ausgesucht. Hier ist sein Gehilfe abgebildet, der den Block gerade auf einem Schlitten aus dem Steinbruch zieht. Die auf den Gehilfen wirkenden Kräfte sind als magentafarbene Pfeile dargestellt. Die auf den Schlitten wirkenden Kräfte sind als violette Pfeile, die auf den Boden wirkenden Kräfte als orangefarbene Pfeile dargestellt. Kräfte und Gegenkräfte, die gleich groß, aber entgegengerichtet sind, haben dieselben tiefgestellten Indizes, aber in umgekehrter Reihenfolge (wie z. B. $\mathbf{F}_{BG}$ und $\mathbf{F}_{GB}$) und sind farblich unterschiedlich dargestellt, da sie auf unterschiedliche Körper wirken. (Es sind nur horizontale Kräfte abgebildet.)

Abbildung 4.14 Die auf den Gehilfen wirkenden Kräfte aus Beispiel 4.4.

die *auf den Gehilfen* wirken, betrachten und dann $\sum \mathbf{F} = m\mathbf{a}$ anwenden. Dabei ist $\sum \mathbf{F}$ die *auf den Gehilfen* wirkende Nettokraft, $\mathbf{a}$ ist die Beschleunigung des Gehilfen und m seine Masse. Es gibt zwei Kräfte, die auf den Gehilfen wirken und seine Vorwärtsbewegung beeinflussen. Diese Kräfte sind als magentafarbene Pfeile in der ► Abbildung 4.13 und 4.14 dargestellt: es sind (1) die horizontale Kraft $\mathbf{F}_{GB}$, die von dem Boden auf den Gehilfen ausgeübt wird (je stärker er nach hinten gegen den Boden drückt, desto stärker schiebt der Boden ihn vorwärts – das dritte Newton'sche Axiom) und (2) die Kraft $\mathbf{F}_{GS}$, die von dem Schlitten auf den Gehilfen ausgeübt wird und die den Gehilfen nach hinten zieht, siehe ► Abbildung 4.14. Wenn der Boden den Gehilfen stärker vorwärts schiebt als der Schlitten ihn rückwärts zieht, beschleunigt der Gehilfe vorwärts (zweites Newton'sches Axiom). Der Schlitten beschleunigt seinerseits vorwärts, wenn die auf *ihn* von dem Gehilfen ausgeübte Kraft größer ist als die rückwärts gerichtete Reibungskraft (d. h. wenn $\mathbf{F}_{SG}$ einen größeren Betrag hat als $\mathbf{F}_{SB}$ in ► Abbildung 4.13).

Die Verwendung von doppelten tiefgestellten Indizes zur Erklärung des dritten Newton'schen Axioms kann umständlich werden. Normalerweise werden wir sie nicht auf diese Weise benutzen. Wenn Ihnen eine gegebene Kraft nicht klar ist, benutzen Sie sie trotzdem, um deutlich zu machen, *auf* welchen Körper eine Kraft wirkt und *von* welchem Körper sie ausgeübt wird.

Beispiel 4.5 · Begriffsbildung

Anwendung des zweiten und dritten Newton'schen Axioms bei einem Zusammenstoß

Ein schwerer Lastwagen kollidiert frontal mit einem kleinen Sportwagen. Welches Fahrzeug erfährt die größere Aufprallkraft? Welches Fahrzeug erfährt die größere Beschleunigung? Welches Newton'sche Axiom ist nützlich, um die richtige Antwort zu erhalten?

Lösung

Die Aufprallkraft, die der Lkw und der Sportwagen erfahren, hat denselben Betrag (drittes Newton'sches Axiom). Das Auto erfährt beim Anhalten eine wesentlich größere Beschleunigung als der Lkw, da die Masse des Sportwagens sehr viel geringer ist (zweites Newton'sches Axiom).

4.6 Gewicht – Die Gravitationskraft

Galileo Galilei behauptete, dass Körper, die in der Nähe der Erdoberfläche frei fallen, alle mit derselben Beschleunigung $\mathbf{g}$ fallen, wenn der Luftwiderstand vernachlässigt werden kann. Die Kraft, die diese Beschleunigung verursacht, wird Gravitationskraft genannt. Wir wenden jetzt das zweite Newton'sche Axiom auf die Gravitationskraft an und für die Beschleunigung $\mathbf{a}$ verwenden wir die nach unten gerichtete Fallbeschleunigung $\mathbf{g}$. Somit kann die auf einen Körper wirkende Gravitationskraft $\mathbf{F}_G$, deren Betrag normalerweise als ihr **Gewicht** bezeichnet wird, geschrieben werden als

$$\mathbf{F}_G = m\mathbf{g}\,. \tag{4.3}$$

Gewicht = Gravitationskraft

Diese Kraft ist nach unten auf den Erdmittelpunkt hin gerichtet. Wenn die y-Achse eines Koordinatensystems aufwärts gerichtet ist, können wir $\mathbf{F}_G = -mg\mathbf{j}$ schreiben. $\mathbf{j}$ ist der Einheitsvektor parallel zur positiven y-Richtung.

In SI-Einheiten gilt $g = 9{,}80\,\mathrm{m/s^2} = 9{,}80\,\mathrm{N/kg}$[3], so dass das Gewicht einer Masse von 1,00 kg auf der Erde $1{,}00\,\mathrm{kg} \cdot 9{,}80\,\mathrm{m/s^2} = 9{,}80\,\mathrm{N}$ beträgt. Wir werden uns hauptsächlich mit dem Gewicht von Körpern auf der Erde beschäftigen, aber wir nehmen zur Kenntnis, dass das Gewicht einer gegebenen Masse auf dem Mond, auf anderen Planeten oder im Weltraum unterschiedlich ist. Auf dem Mond beträgt die Fallbeschleunigung z. B. ungefähr ein Sechstel der Fallbeschleunigung auf der Erde und eine Masse von 1,0 kg nur 1,7 N.

Die Gravitationskraft wirkt auf einen Körper, wenn er frei fällt. Wenn sich ein Körper auf der Erde in der Ruhelage befindet, verschwindet die auf ihn wirkende Gravitationskraft nicht. Dies ist zu erkennen, wenn man den Körper auf einer Federwaage wiegt. Dieselbe Kraft, die durch die Gleichung 4.3 gegeben ist, wirkt weiter. Warum bewegt sich der Körper dann nicht? Aus dem zweiten Newton'schen Axiom wissen wir, dass die Nettokraft, die auf einen Körper wirkt, der sich im Stillstand befindet, null ist. Es muss eine andere Kraft auf den Körper wirken, um die Gravitationskraft auszugleichen. Bei einem Körper, der auf einem Tisch ruht, übt der Tisch diese aufwärts gerichtete Kraft aus, siehe ► Abbildung 4.15. Der Tisch wird unter dem Körper leicht zusammengedrückt und auf Grund seiner Elastizität drückt er, wie dargestellt, nach oben auf den Körper. Die vom Tisch ausgeübte Kraft wird häufig als **Kontaktkraft** bezeichnet, da sie auftritt, wenn zwei Körper sich miteinander in Kontakt befinden. (Die Kraft Ihrer Hand, die einen Einkaufswagen schiebt, ist auch eine Kontaktkraft.) Wenn eine Kontaktkraft *senkrecht* zur normalen Auflagefläche wirkt, wird sie als **Normalkraft** bezeichnet („normal" bedeutet senkrecht). Wir bezeichnen sie mit $\mathbf{F}_N$.

Die beiden in ► Abbildung 4.15a dargestellten Kräfte wirken beide auf die Statue, die in der Ruhelage bleibt. Daher muss die Vektorsumme dieser beiden Kräfte null sein (das zweite Newton'sche Axiom: wenn $\mathbf{a} = 0$, dann ist $\sum \mathbf{F} = 0$). Folglich müssen $\mathbf{F}_G$ und $\mathbf{F}_N$ denselben Betrag, aber entgegengesetzte Richtungen haben. Sie sind aber *nicht* die gleich großen und entgegengerichteten Kräfte, von denen im dritten Newton'schen Axiom die Rede ist. Die Kräfte und Gegenkräfte im dritten Newton'schen Axiom wirken auf *verschiedene Körper*, die beiden in ► Abbildung 4.15a dargestellten Kräfte dagegen auf *denselben* Körper. Für jede der in ► Abbildung 4.15a dargestellten Kräfte können wir fragen: „Welche Gegenkraft ist vorhanden?" Die nach oben gerichtete Kraft $\mathbf{F}_N$ wird vom Tisch auf die Statue ausgeübt. Die Gegenkraft zu dieser Kraft ist eine von der Statue auf den Tisch ausgeübte Kraft. Sie ist in ► Abbildung 4.15b dargestellt, in der sie mit $\mathbf{F}'_N$ bezeichnet ist. Nach dem dritten Newton'schen Axiom ist diese von der Statue auf den Tisch ausgeübte Kraft $\mathbf{F}'_N$ die Gegenkraft zu $\mathbf{F}_N$. Was ist mit der anderen Kraft, die auf die Statue wirkt, der Gravitationskraft $\mathbf{F}_G$? Können Sie sich vorstellen, welche Gegenkraft diese Kraft hat? (Wir werden in Kapitel 6 sehen, dass die Gegenkraft auch eine Gravitationskraft ist, die von der Statue auf die Erde ausgeübt wird und als im Erdmittelpunkt wirkend betrachtet werden kann.)

3 Da $1\,\mathrm{N} = 1\,\mathrm{kg{\cdot}m/s^2}$ (Abschnitt 4.4), ist $1\,\mathrm{m/s^2} = 1\,\mathrm{N/kg}$.

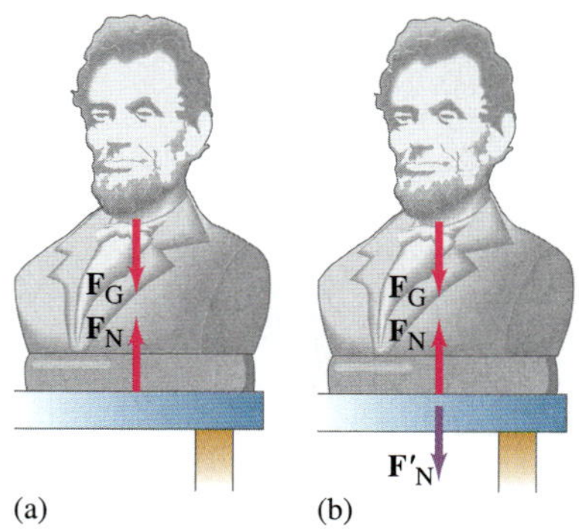

Abbildung 4.15 (a) Gemäß dem zweiten Newton'schen Axiom ist die Nettokraft, die auf einen ruhenden Körper wirkt, null. Deshalb muss die nach unten gerichtete Gravitationskraft ($\mathbf{F}_G$), die auf einen Körper wirkt, durch eine nach oben gerichtete Kraft (die Normalkraft $\mathbf{F}_N$), die in diesem Fall von dem Tisch ausgeübt wird, ausgeglichen werden. (b) Gemäß dem dritten Newton'schen Axiom ist $\mathbf{F}'_N$ die von der Statue auf den Tisch ausgeübte Kraft und die Gegenkraft zu $\mathbf{F}_N$. ($\mathbf{F}'_N$ ist in einer anderen Farbe dargestellt, um zu verdeutlichen, dass sie auf einen anderen Körper wirkt.) Es gilt: $\mathbf{F}_N = -\mathbf{F}_G = -\mathbf{F}'_N$.

Beispiel 4.6 Gewicht und Normalkraft

Ein Freund hat Ihnen ein besonderes Geschenk gemacht, eine Kiste mit einer Masse von 10,0 kg und einer geheimen Überraschung darin. Es ist eine Belohnung für Ihr gutes Abschneiden in der Abschlussprüfung in Physik. Die Kiste steht auf der glatten (reibungsfreien) horizontalen Fläche eines Tisches, ▸ Abbildung 4.16. (a) Bestimmen Sie das Gewicht der Kiste und die auf sie wirkende Normalkraft. (b) Jetzt drückt Ihr Freund die Kiste mit einer Kraft von 40,0 N, wie in ▸ Abbildung 4.16b dargestellt, nach unten. Bestimmen Sie wieder die Normalkraft, die auf die Kiste wirkt. (c) Wie groß ist die auf die Kiste wirkende Normalkraft, wenn Ihr Freund die Kiste mit einer Kraft von 40,0 N (▸ Abbildung 4.16c) nach oben zieht?

Lösung

a Die Kiste ruht auf dem Tisch. Das Gewicht der Kiste beträgt $mg = (10{,}0\,\text{kg})(9{,}80\,\text{m/s}^2) = 98{,}0\,\text{N}$ und diese Kraft ist nach unten gerichtet. Die einzige andere Kraft, die auf die Kiste einwirkt, ist die Normalkraft, die von dem Tisch auf die Kiste nach oben ausgeübt wird, wie in ▸ Abbildung 4.16a dargestellt. Wir wählen die Aufwärtsrichtung als positive y-Richtung. Dann beträgt die Nettokraft $\sum F_y$, die auf die Kiste einwirkt, $\sum F_y = F_\text{N} - mg$. Da sich die Kiste in der Ruhelage befindet, muss die auf sie wirkende Nettokraft null sein ($\sum F_y = ma_y$ und $a_y = 0$). Somit gilt

$$\sum F_y = F_\text{N} - mg = 0 \,,$$

das bedeutet, dass

$$F_\text{N} = mg$$

ist.

Die von dem Tisch auf die Kiste ausgeübte Normalkraft beträgt 98,0 N und ist nach oben gerichtet. Ihr Betrag ist mit dem Gewicht der Kiste identisch.

b Ihr Freund drückt die Kiste mit einer Kraft von 40,0 N nach unten. Wie in ▸ Abbildung 4.16b dargestellt, gibt es jetzt drei Kräfte, die auf die Kiste wirken. Das Gewicht der Kiste beträgt immer noch $mg = 98{,}0\,\text{N}$. Die Nettokraft beträgt $\sum F_y = F_\text{N} - mg - 40{,}0\,\text{N}$ und ist gleich null, da die Kiste in der Ruhelage bleibt. Da $a = 0$, ergibt sich nach dem zweiten Newton'schen Axiom

$$\sum F_y = F_\text{N} - mg - 40{,}0\,\text{N} = 0 \,.$$

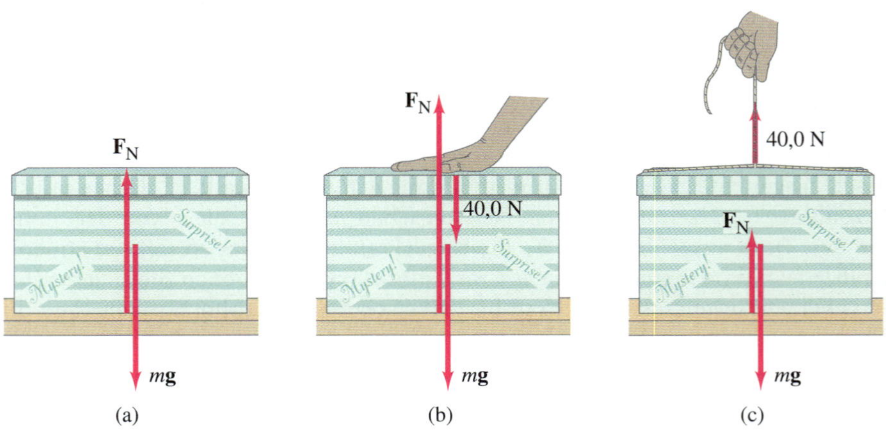

Abbildung 4.16 Beispiel 4.6. (a) Eine Geschenkkiste (Masse 10,0 kg) ruht auf einem Tisch. (b) Eine Person drückt die Kiste mit einer Kraft von 40,0 N nach unten. (c) Eine Person zieht die Kiste mit einer Kraft von 40,0 N nach oben. Die Kräfte wirken alle entlang einer Geraden. Sie sind leicht versetzt dargestellt, damit sie in der Zeichnung zu unterscheiden sind. Es sind nur die Kräfte dargestellt, die auf die Kiste wirken.

Folglich beträgt die Normalkraft jetzt

$$F_N = mg + 40{,}0\,N = 98{,}0\,N + 40{,}0\,N = 138{,}0\,N\,.$$

Diese Kraft ist größer als in (a). Der Tisch drückt also mit mehr Kraft zurück.

Der Betrag der Normalkraft ist nicht immer gleich dem Gewicht

c Das Gewicht der Kiste beträgt immer noch 98,0 N und ist nach unten gerichtet. Die von Ihrem Freund ausgeübte Kraft und die Normalkraft sind beide nach oben gerichtet (in positiver Richtung), wie in ▸ Abbildung 4.16c dargestellt. Die Kiste bewegt sich nicht, da die aufwärts gerichtete Kraft Ihres Freundes kleiner ist als das Gewicht. Die Nettokraft ist wieder auf null gesetzt und beträgt

$$\sum F_y = F_N - mg + 40{,}0\,N = 0\,.$$

Das bedeutet, dass

$$F_N = mg - 40{,}0\,N = 98{,}0\,N - 40{,}0\,N = 58{,}0\,N$$

ist.

Diese Kraft ist kleiner als in (a). Der Tisch drückt also mit weniger Kraft zurück.

Beispiel 4.7 Beschleunigung einer Kiste

Was geschieht, wenn eine Person die Kiste in Beispiel 4.6 mit einer Kraft nach oben zieht, die gleich dem oder größer als das Gewicht der Kiste ist, z. B. $F_P = 100{,}0\,N$ anstatt der 40,0 N, die in ▸ Abbildung 4.16c dargestellt sind?

Lösung

Die Nettokraft beträgt jetzt

$$\sum F_y = F_N - mg + F_P = F_N - 98{,}0\,N + 100{,}0\,N\,.$$

Wenn wir dies gleich null setzen würden, würden wir $F_N = -2{,}0\,N$ erhalten. Das ist Unsinn, da das Minuszeichen bedeutet, dass F_N nach unten gerichtet ist. Der Tisch kann aber sicher nicht die Kiste nach unten ziehen (es sei denn, es befindet sich Klebstoff auf dem Tisch). F_N kann allenfalls null sein, wie in diesem Fall. Was wirklich geschieht hier, ist klar: die Kiste beschleunigt in Aufwärtsrichtung, da die Nettokraft ungleich null ist. Sie beträgt

$$\sum F_y = F_P - mg = 100{,}0\,N - 98{,}0\,N = 2{,}0\,N$$

und ist nach oben gerichtet. Siehe ▸ Abbildung 4.17. Das bedeutet, dass sich die Kiste mit einer Beschleunigung mit einem Betrag von

$$a_y = \sum F_y / m = 2{,}0\,N/10{,}0\,kg = 0{,}20\,m/s^2$$

nach oben bewegt.

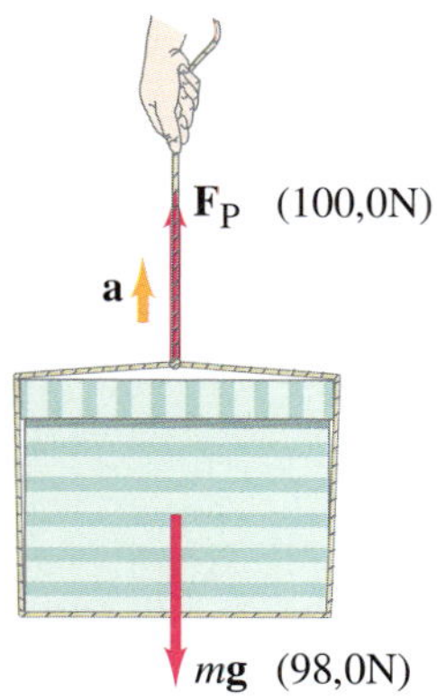

Abbildung 4.17 Beispiel 4.7. Die Kiste beschleunigt nach oben, da $F_P > mg$.

Beispiel 4.8 Ungewollter Gewichtsverlust?

Eine Frau (Masse 65 kg) fährt in einem Aufzug nach unten. Dieser Aufzug beschleunigt beim Verlassen eines Stockwerkes kurz mit 0,20 *g*. (a) Wie groß

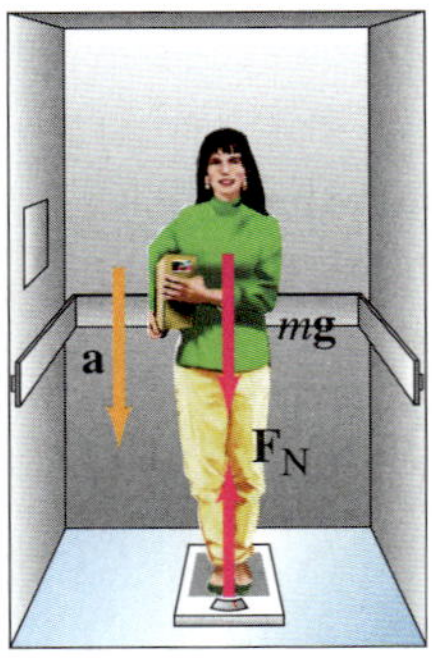

Abbildung 4.18 Beispiel 4.8.

ist das Gewicht der Frau und was zeigt die Waage an, wenn sie während dieser Beschleunigung auf einer Waage steht? (b) Was zeigt die Waage an, wenn der Aufzug mit einer konstanten Geschwindigkeit von 2,0 m/s nach unten fährt?

Lösung

a ► Abbildung 4.18 zeigt alle Kräfte (und nur die Kräfte), die auf die Frau wirken. Die Beschleunigung ist nach unten gerichtet. Diese Richtung nehmen wir als positive Richtung. Nach dem zweiten Newton'schen Axiom gilt

$$\sum F = ma$$

$$mg - F_N = 0{,}20\,mg$$

$$F_N = mg - 0{,}20\,mg = 0{,}80\,mg\,.$$

Die Normalkraft $\mathbf{F}_N$ ist die Kraft, die die Waage auf die Person ausübt. Sie ist identisch mit der Kraft, die die Person auf die Waage ausübt, und dieser Kraft entgegengerichtet, $\mathbf{F}'_N = -0{,}80\,m\mathbf{g}$. Das Gewicht der Person (die auf sie wirkende Gravitationskraft) beträgt immer noch $mg = (65\,\text{kg})(9{,}8\,\text{m/s}^2) = 640\,\text{N}$. Aber die Waage, die nur eine Kraft von $0{,}80\,mg$ ausüben muss, zeigt ihre Masse als $0{,}80\,m = 52\,\text{kg}$ an.

b Jetzt gibt es keine Beschleunigung, d. h. $a = 0$. Nach dem zweiten Newton'schen Axiom ist $mg - F_N = 0$ und $F_N = mg$. Die Waage zeigt ihre richtige Masse von 65 kg an.

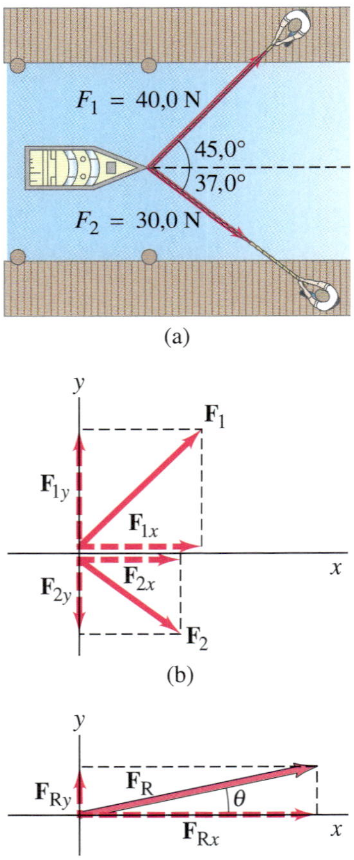

Abbildung 4.20 Zwei Kraftvektoren wirken auf ein Boot (Beispiel 4.9).

4.7 Das Lösen von Aufgaben mit den Newton'schen Axiomen: Kräfteparallelogramme

Das zweite Newton'sche Axiom besagt, dass die Beschleunigung eines Körpers proportional zu der auf den Körper wirkenden *Nettokraft* ist. Die bereits zuvor erwähnte **Nettokraft** ist die *Vektorsumme* aller auf den Körper wirkenden Kräfte. In der Tat haben umfangreiche Experimente gezeigt, dass sich Kräfte als Vektoren genau nach den in Kapitel 3 aufgezeigten Regeln addieren. ► Abbildung 4.19: zeigt z. B. zwei Kräfte mit demselben Betrag (jeweils 100 N), die im rechten Winkel zueinander auf einen Körper einwirken. Intuitiv können wir erkennen, dass der Körper sich in einem Winkel von 45° bewegen wird und die Nettokraft daher in einem Winkel von 45° wirkt. Genau das besagen die Regeln der Vektoraddition. Nach dem Satz des Pythagoras ist der Betrag der resultierenden Kraft $F_R = \sqrt{(100\,\text{N})^2 + (100\,\text{N})^2} = 141\,\text{N}$.

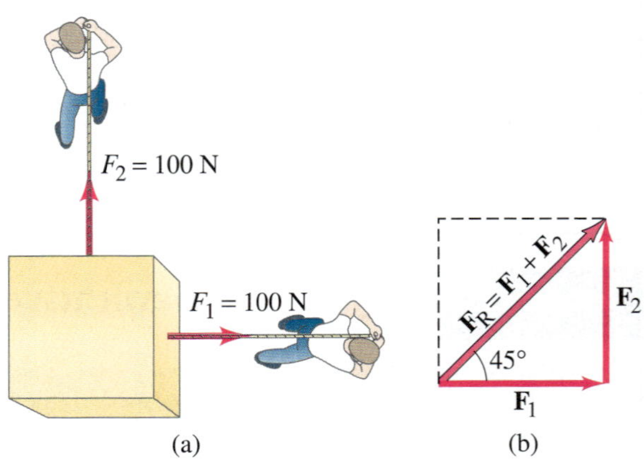

Abbildung 4.19 (a) Zwei Kräfte $\mathbf{F}_1$ und $\mathbf{F}_2$ wirken auf einen Körper. (b) Die Summe oder Resultierende von $\mathbf{F}_1$ und $\mathbf{F}_2$ ist $\mathbf{F}_R$.

Beispiel 4.9 Addition von Kraftvektoren

Berechnen Sie die Summe der beiden auf das Boot wirkenden Kräfte, die in ▸ Abbildung 4.20a dargestellt sind.

Lösung

Diese beiden Kräfte sind in ▸ Abbildung 4.20b zerlegt dargestellt. Wir addieren die Kräfte mithilfe der Komponentenmethode. Die Komponenten von $\mathbf{F}_1$ sind

$$F_{1x} = F_1 \cos 45{,}0^\circ = (40{,}0\,\mathrm{N})(0{,}707) = 28{,}3\,\mathrm{N}\,,$$
$$F_{1y} = F_1 \sin 45{,}0^\circ = (40{,}0\,\mathrm{N})(0{,}707) = 28{,}3\,\mathrm{N}\,.$$

Die Komponenten von $\mathbf{F}_2$ sind

$$F_{2x} = +F_2 \cos 37{,}0^\circ = +(30{,}0\,\mathrm{N})(0{,}799) = +24{,}0\,\mathrm{N}\,,$$
$$F_{2y} = -F_2 \sin 37{,}0^\circ = -(30{,}0\,\mathrm{N})(0{,}602) = -18{,}1\,\mathrm{N}\,.$$

F_{2y} ist negativ, da sie entlang der negativen y-Achse verläuft. Die Komponenten der resultierenden Kraft sind (siehe ▸ Abbildung 4.20c)

$$F_{\mathrm{R}_x} = F_{1x} + F_{2x} = 28{,}3\,\mathrm{N} + 24{,}0\,\mathrm{N} = 52{,}3\,\mathrm{N}\,,$$
$$F_{\mathrm{R}_y} = F_{1y} + F_{2y} = 28{,}3\,\mathrm{N} - 18{,}1\,\mathrm{N} = 10{,}2\,\mathrm{N}\,.$$

Um den Betrag der resultierenden Kraft zu ermitteln, wenden wir den Satz des Pythagoras an:

$$F_\mathrm{R} = \sqrt{F_{\mathrm{R}x}^2 + F_{\mathrm{R}y}^2} = \sqrt{(52{,}3)^2 + (10{,}2)^2} = 53{,}3\,\mathrm{N}\,.$$

Die einzige verbleibende Frage ist, welchen Winkel θ die Nettokraft $\mathbf{F}_\mathrm{R}$ mit der x-Achse bildet. Wir wenden Folgendes an:

$$\tan\theta = \frac{F_{\mathrm{R}y}}{F_{\mathrm{R}x}} = \frac{10{,}2\,\mathrm{N}}{52{,}3\,\mathrm{N}} = 0{,}195\,,$$

und $\tan^{-1}(0{,}195) = 11{,}0^\circ$.

Bei der Lösung von Aufgaben, die die Newton'schen Axiome und die Kraft betreffen, ist es sehr wichtig, eine Zeichnung anzufertigen, in der alle Kräfte, die *auf jeden* Körper wirken, dargestellt sind. Eine solche Zeichnung nennt man **Kräfteparallelogramm**: Zeichnen Sie einen Pfeil zur Darstellung jeder einzelnen Kraft, die auf einen gegebenen Körper wirkt, und stellen Sie sicher, dass *alle* Kräfte, die auf diesen Körper wirken, darin enthalten sind. Kräfte, die der Körper auf *andere* Körper ausübt, stellen Sie nicht dar. Wenn es sich nur um eine Translationsbewegung handelt, können alle auf einen gegebenen Körper einwirkenden Kräfte so gezeichnet werden, als ob sie im Mittelpunkt des Körpers wirken, d. h. der Körper wird wie ein Massenpunkt behandelt. Bei Aufgaben, in denen Drehungen oder Drehmomente eine Rolle spielen, ist jedoch auch der Ort, *wo* jede einzelne Kraft wirkt, von Bedeutung, wie wir sehen werden.

Beispiel 4.10 · Begriffsbildung Der Hockeypuck

Ein Hockeypuck gleitet mit konstanter Geschwindigkeit über eine flache horizontale Eisfläche. Man nimmt an, dass die Fläche reibungsfrei ist. Welche der Skizzen in ▸ Abbildung 4.21 ist das korrekte Kräfteparallelogramm für diesen Puck? Wie würde Ihre Antwort lauten, wenn der Puck langsamer würde?

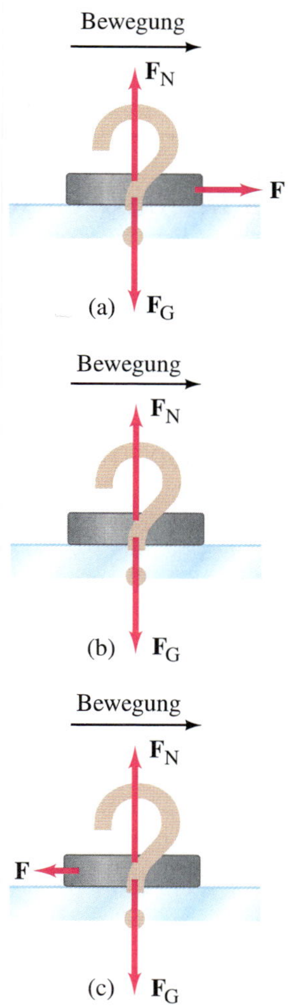

Abbildung 4.21 Welches der Kräfteparallelogramme ist das richtige für einen Hockeypuck, der über eine reibungsfreie Eisfläche gleitet (Beispiel 4.10)?

Lösung

Haben Sie (a) gewählt? Wenn ja, können Sie die Frage beantworten, wer oder was die horizontale Kraft mit der Bezeichnung **F** ausübt? Wenn Sie antworten, dass dies die Kraft ist, die benötigt wird, um die Bewegung aufrechtzuerhalten (wie die alten Griechen meinten), dann fragen Sie sich, wer oder was diese Kraft ausübt? Rufen Sie sich in Erinnerung, dass ein anderer Körper irgendeine Kraft ausüben muss – und hier gibt es ja nur den Puck und die Unterlage (Eisfläche), die beide diese Kraft nicht ausüben. Deshalb ist (a) falsch. Außerdem würde die Kraft **F** in ▸ **Abbildung 4.21a** nach dem zweiten Newton'schen Axiom eine Beschleunigung verursachen. (b) ist die richtige Antwort, solange es keine Reibung gibt. Es wirkt keine Nettokraft auf den Puck ein und der Puck gleitet mit konstanter Geschwindigkeit über das Eis.

Sollte jemand darauf bestehen, dass wir uns aus unserer idealisierten, reibungsfreien Welt in die reale Welt begeben, in der selbst glattes Eis zumindest eine sehr kleine Reibungskraft ausübt, dann wäre (c) die richtige Antwort. Die sehr kleine Reibungskraft ist der Bewegung entgegengerichtet (sie müsste mit $\mathbf{F}_R$, nicht einfach mit **F** bezeichnet werden) und verringert die Geschwindigkeit des Pucks, wenn auch sehr langsam.

Hier jetzt eine kurze Zusammenfassung über die Herangehensweise bei Aufgaben, in denen die Newton'schen Axiome angewendet werden:

Problemlösung – Die Newton'schen Axiome und Kräfteparallelogramme

1. Fertigen Sie eine Skizze von der Aufgabenstellung an.
2. Betrachten Sie jeweils nur einen Körper und zeichnen Sie für diesen Körper ein **Kräfteparallelogramm**, in dem *alle* Kräfte, die *auf diesen Körper* wirken, dargestellt sind, einschließlich aller unbekannten Kräfte, die Sie ermitteln sollen. Kräfte, die der Körper auf andere Körper ausübt, stellen Sie nicht dar. Zeichnen Sie für jeden Kraftvektor den Vektorpfeil zur Darstellung von Richtung und Betrag genau ein. Benennen Sie jede Kraft, einschließlich der Kräfte, die Sie ermitteln sollen, nach ihrem Ursprung (anderer Körper, Gravitation, Normalkraft, Reibung etc.). Wenn mehrere Körper betroffen sind, zeichnen Sie für jeden Körper ein *eigenes* Kräfteparallelogramm, in dem *alle* Kräfte (und *nur* die Kräfte), die *auf diesen Körper* wirken, dargestellt sind. Für jede einzelne Kraft müssen Sie sich über folgendes im Klaren sein: *auf* welchen Körper wirkt diese Kraft und *von* welchem Körper wird diese Kraft ausgeübt. Nur für Kräfte, die *auf* einen Körper wirken, gilt $\sum \mathbf{F} = m\mathbf{a}$ für diesen Körper.
3. Das zweite Newton'sche Axiom enthält Vektoren und normalerweise ist es wichtig, Vektoren in ihre Komponenten zu zerlegen. Wählen Sie eine x- und y-Achse so, dass die Berechnung vereinfacht wird.
4. Für jeden Körper kann das zweite Newton'sche Axiom jeweils getrennt für die x- und y-Komponenten angewendet werden. Das bedeutet, dass die x-Komponente der auf einen Körper wirkenden Nettokraft zu der x-Komponente der Beschleunigung dieses Körpers in Beziehung gesetzt wird: $\sum \mathbf{F}_x = m\mathbf{a}_x$. Gleiches gilt für die y-Richtung.
5. Lösen Sie die Gleichung bzw. Gleichungen nach der/n unbekannten Größe/n auf.

Dieser Kasten zur Problemlösung sollte nicht als Vorschrift angesehen werden. Er ist vielmehr eine Zusammenstellung von vorbereitenden Tätigkeiten, damit Sie den Einstieg in die Aufgabenstellung leichter finden.

In den folgenden Beispielen nehmen wir an, dass alle Flächen sehr glatt sind, so dass die Reibung vernachlässigt werden kann. (Reibung und damit zusammenhängende Beispiele werden im nächsten Kapitel erörtert.)

Beispiel 4.11 Ziehen der geheimnisvollen Kiste

Nehmen wir an, eine Freundin bittet Sie, die Kiste (Masse 10,0 kg), die Sie bekommen haben (Beispiel 4.6, ▸ Abbildung 4.16), zu untersuchen in der Hoffnung, den Inhalt zu erraten. Sie antworten: „Klar, zieh die Kiste zu Dir rüber." Sie zieht die Kiste daraufhin an dem daran befestigten Band (bzw. an der daran befestigten Schnur) über die glatte Fläche des Tisches, wie in ▸ Abbildung 4.22a dargestellt. Der Betrag der Kraft ist $F_P = 40{,}0\,\text{N}$. Sie wird, wie dargestellt, in einem Winkel von 30,0° ausgeübt. Berechnen Sie (a) die Beschleunigung der Kiste und (b) den Betrag der von dem Tisch auf die Kiste ausgeübten, aufwärts gerichteten Kraft F_N. Nehmen Sie an, dass die Reibung vernachlässigt werden kann.

Lösung

▸ Abbildung 4.22b zeigt das Kräfteparallelogramm der Kiste. Das bedeutet, dass wir *alle* Kräfte darstellen, die auf die Kiste einwirken, und *nur* diese Kräfte. Dies sind: die Gravitationskraft $m\mathbf{g}$, die von dem Tisch ausgeübte Normalkraft $\mathbf{F}_N$ und die von der Person ausgeübte Kraft $\mathbf{F}_P$. Wir sind nur an Translationsbewegungen interessiert, daher können wir die drei Kräfte darstellen, als würden sie auf einen Massenpunkt einwirken, siehe ▸ Abbildung 4.22c. Mit der y-Achse in vertikaler und der x-Achse in horizontaler Richtung hat die Zugkraft von 40,0 N folgende Komponenten:

$$F_{P_x} = (40{,}0\,\text{N})(\cos 30{,}0°) = (40{,}0\,\text{N})(0{,}866) = 34{,}6\,\text{N}\,,$$
$$F_{P_y} = (40{,}0\,\text{N})(\sin 30{,}0°) = (40{,}0\,\text{N})(0{,}500) = 20{,}0\,\text{N}\,.$$

a In der horizontalen (x) Richtung haben $\mathbf{F}_N$ und $m\mathbf{g}$ Nullkomponenten. Somit ist die horizontale Komponente der Nettokraft F_{P_x}. Nach dem zweiten Newton'schen Axiom $\sum F_x = ma_x$ ist

$$F_{P_x} = ma_x\,,$$

so dass gilt

$$a_x = \frac{F_{Px}}{m} = \left(\frac{34{,}6\,\text{N}}{10{,}0\,\text{kg}}\right) = 3{,}46\,\text{m/s}^2\,.$$

Die Beschleunigung der Kiste beträgt folglich 3,46 m/s² nach rechts.

b Bei der Anwendung des zweiten Newton'schen Axioms auch auf die vertikale (y) Richtung, bei der wir die Aufwärtsrichtung als positiv annehmen, ist

$$\sum F_y = ma_y$$
$$F_N - mg + F_{P_y} = ma_y\,.$$

Nun ist, wie wir oben berechnet haben, $mg = (10{,}0\,\text{kg})(9{,}80\,\text{m/s}^2) = 98{,}0\,\text{N}$ und $F_{P_y} = 20{,}0\,\text{N}$. Da außerdem $F_{P_y} < mg$, bewegt sich die Kiste vertikal nicht, so dass $a_y = 0$ ist. Folglich gilt

$$F_N - 98{,}0\,\text{N} + 20{,}0\,\text{N} = 0\,.$$

Dies sagt uns, dass die Normalkraft

$$F_N = 78{,}0\,\text{N}$$

beträgt.

Beachten Sie, dass F_N kleiner als mg ist. Der Tisch drückt nicht gegen das volle Gewicht der Kiste, da ein Teil des durch die Person ausgeübten Zuges in Aufwärtsrichtung erfolgt. Vergleichen Sie dies mit Beispiel 4.6, Teil (c).

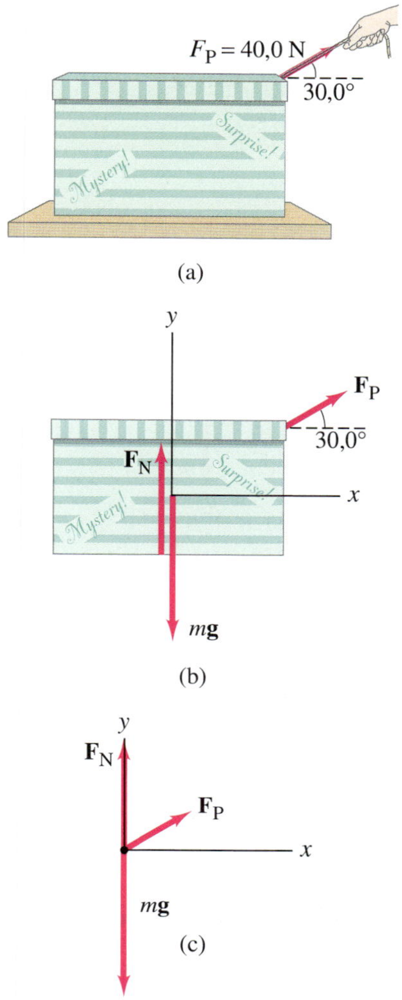

Abbildung 4.22 (a) Ziehen einer Kiste, Beispiel 4.11; (b) ist das Kräfteparallelogramm für die Kiste und (c) ist das Kräfteparallelogramm mit allen Kräften, die in einem Punkt wirken (funktioniert nur bei einer Translationsbewegung, die hier vorliegt).

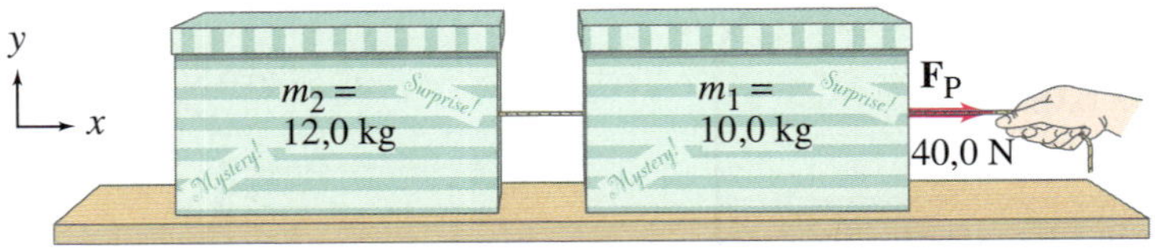

(a)

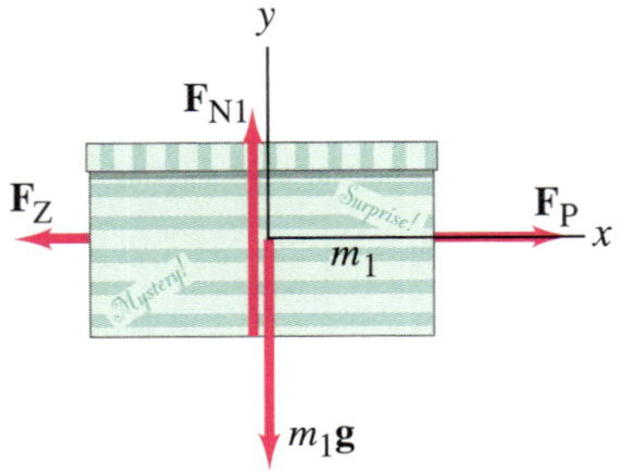

(b)

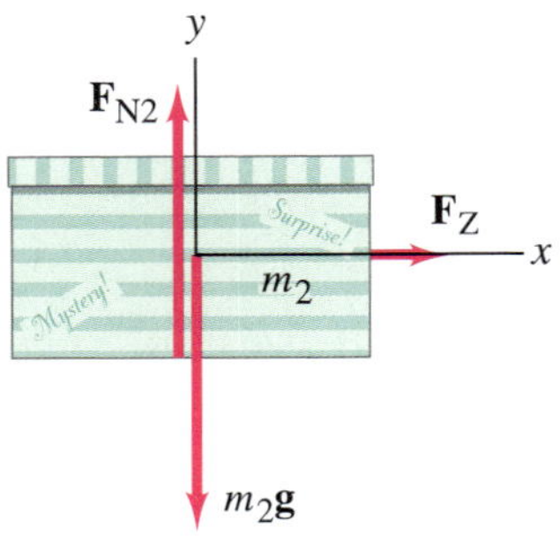

(c)

Abbildung 4.23 Beispiel 4.12; (a) Zwei Kisten sind durch ein Seil verbunden, Eine Person zieht horizontal mit der Kraft $\mathbf{F}_P = 40{,}0$ N an Kiste 1. (b) Kräfteparallelogramm für Kiste 1. (c) Kräfteparallelogramm für Kiste 2.

Zugkraft in einem Seil

Wenn ein elastisches Seil an einem Körper zieht, spricht man davon, dass sich das Seil unter **Zugspannung** befindet. Die Kraft, die diese Zugspannung auf den Körper ausübt, ist die Zugkraft $\mathbf{F}_Z$. Wenn das Seil eine vernachlässigbare Masse hat, wird die an dem einen Ende ausgeübte Kraft unvermindert an jedes angrenzende Stück Seil entlang der gesamten Länge zum anderen Ende übertragen. Warum? Weil für das Seil $\sum \mathbf{F} = m\mathbf{a} = 0$ gilt, wenn m null (vernachlässigbar) ist, unabhängig davon, wie groß $\mathbf{a}$ ist. Folglich müssen die an den beiden Enden des Seils ziehenden Kräfte null ergeben ($\mathbf{F}_Z$ und $-\mathbf{F}_Z$). Beachten Sie, dass elastische Seile oder Schnüre nur ziehen können. Drücken können sie nicht, da sie nachgeben.

Beispiel 4.12 Zwei Kisten, die durch ein Seil verbunden sind

Zwei Kisten sind durch ein leichtes Seil miteinander verbunden und ruhen auf einem glatten Tisch. Die Kisten haben Massen von 12,0 kg und 10,0 kg. Auf die Kiste mit einer Masse von 10,0 kg wird von einer Person, wie in ► Abbildung 4.23a dargestellt, eine horizontale Kraft F_P von 40,0 N ausgeübt. Ermitteln Sie (a) die Beschleunigung jeder Kiste und (b) die Zugkraft in dem Seil.

Lösung

a Die jeweiligen Kräfteparallelogramme für jede der Kisten sind in ► Abbildung 4.23b und c dargestellt. Wir betrachten jede Kiste für sich, so dass das zweite Newton'sche Axiom auf jede Kiste angewendet werden kann. Das Seil ist leicht, deshalb vernachlässigen wir seine Masse im Vergleich zur Masse der Kisten. Die Kraft F_P wirkt auf Kiste 1. Kiste 1 übt eine Kraft F_Z auf das Verbindungsseil aus und das Seil übt eine entgegengerichtete Kraft F_Z mit demselben Betrag auf Kiste 1 aus (drittes Newton'sches Axiom). Diese auf Kiste 1 einwirkenden Kräfte sind in ► Abbildung 4.23b dargestellt. Da das Seil als masselos angenommen wird, ist die Zugkraft an jedem Ende identisch, wie wir oben gesehen haben. Folglich übt das Seil eine Kraft F_Z auf die zweite Kiste aus. ► Abbildung 4.23c zeigt die auf Kiste 2 wirkenden Kräfte. Es gibt nur eine horizontale Bewegung. Wir nehmen die positive x-Achse nach rechts an und verwenden die tiefgestellten Indizes 1 und 2 für die beiden Kisten. Wenn wir $\sum F_x = ma_x$ auf Kiste 1 anwenden, ergibt sich

$$\sum F_x = F_P - F_Z = m_1 a_1 \,. \qquad \text{(Kiste 1)}$$

Bei Kiste 2 ist die einzige horizontale Kraft F_Z, so dass gilt

$$\sum F_x = F_Z = m_2 a_2 \,. \qquad \text{(Kiste 2)}$$

Die beiden Kisten sind verbunden und wenn das Seil gespannt bleibt und sich nicht dehnt, haben die beiden Kisten dieselbe Beschleunigung a. Somit ist $a_1 = a_2 = a$ und wir erhalten $m_1 = 10{,}0$ kg und $m_2 = 12{,}0$ kg. Wir addieren die beiden obigen Gleichungen und es ergibt sich

$$(m_1 + m_2)a = F_P - F_Z + F_Z = F_P$$

oder

$$a = \frac{F_P}{m_1 + m_2} = \frac{40{,}0\,\text{N}}{22{,}0\,\text{kg}} = 1{,}82\,\text{m/s}^2\,.$$

Danach haben wir gesucht. Beachten Sie, dass wir dasselbe Ergebnis erhalten hätten, wenn wir nur ein einziges System mit der Masse $m_1 + m_2$ betrachtet hätten, auf das eine horizontale Nettokraft wirkt, die gleich F_P ist. (Die Zugkräfte F_Z würden in diesem Fall als in dem ganzen System befindlich betracht werden. Ihre Addition würde auf die auf das *ganze* System ausgeübte Nettokraft keinen Einfluss haben.)

b Aus der obigen Gleichung für Kiste 2 ($F_Z = m_2a_2$) ergibt sich für die Zugkraft in dem Seil

$$F_Z = m_2a = (12{,}0\,\text{kg})(1{,}82\,\text{m/s}^2) = 21{,}8\,\text{N}\,.$$

Somit ist F_Z, wie wir erwartet haben, kleiner als F_P (= 40,0 N), da F_Z nur wirkt, um m_2 zu beschleunigen.

PROBLEMLÖSUNG

Eine alternative Lösung

Beispiel 4.13 Aufzug und Gegengewicht (Rolle mit zwei Gewichten)

ANGEWANDTE PHYSIK

Aufzug (als Rolle mit zwei Gewichten)

Zwei mithilfe eines Seils über einer Rolle aufgehängte Massen, wie in ► Abbildung 4.24a dargestellt, ergeben einen Aufzug (m_1) und sein Gegengewicht (m_2). Um die von einem Motor zum sicheren Heben und Senken des Aufzuges zu verrichtende Arbeit zu minimieren, haben m_1 und m_2 ähnliche Massen. Bei dieser Berechnung beziehen wir den Motor nicht in das System mit ein und nehmen an, dass die Masse des Seils vernachlässigt werden kann und dass die Masse der Rolle[4] sowie die Reibung klein und vernachlässigbar sind. Diese Voraussetzungen stellen sicher, dass die Zugkraft F_Z in dem Seil auf beiden Seiten der Rolle denselben Betrag hat. Nehmen wir die Masse des Gegengewichtes mit $m_2 = 1000$ kg an. Nehmen wir außerdem an, dass die Masse des leeren Aufzuges 850 kg beträgt und seine Masse, wenn er vier Personen befördert, $m_1 = 1150$ kg ist. Berechnen Sie für den letzteren Fall ($m_1 = 1150$ kg) (a) die Beschleunigung des Aufzuges und (b) die Zugkraft in dem Seil.

Lösung

a Die ► Abbildung 4.24b und c zeigen die Kräfteparallelogramme für die beiden Massen. Es ist klar, dass m_1 nach unten beschleunigt, da sie die schwerere Masse ist, und m_2 nach oben. Die Beträge ihrer Beschleunigungen sind gleich (dabei nehmen wir an, dass sich das Seil nicht dehnt). Für das Gegengewicht gilt $m_2g = (1000\,\text{kg})(9{,}80\,\text{m/s}^2) = 9800\,\text{N}$, so dass F_Z größer als 9800 N sein muss (damit m_2 nach oben beschleunigt). Für den Aufzug gilt $m_1g = (1150\,\text{kg})(9{,}80\,\text{m/s}^2) = 11\,300\,\text{N}$. Diese Kraft muss einen größeren Betrag als F_Z haben, damit m_1 nach unten beschleunigt. Das bedeutet, dass unsere Berechnung für F_Z einen Wert zwischen 9800 N und 11 300 N ergeben muss. Um F_Z sowie die Beschleunigung a zu ermitteln, wenden wir auf jede Masse $\sum F = ma$ an. Dabei nehmen wir für beide Massen die Aufwärtsrichtung als positive y-Richtung an. Bei dieser Achsenwahl ist $a_2 = a$ und $a_1 = -a$. Daher gilt

$$F_Z - m_1g = m_1a_1 = -m_1a$$
$$F_Z - m_2g = m_2a_2 = +m_2a\,.$$

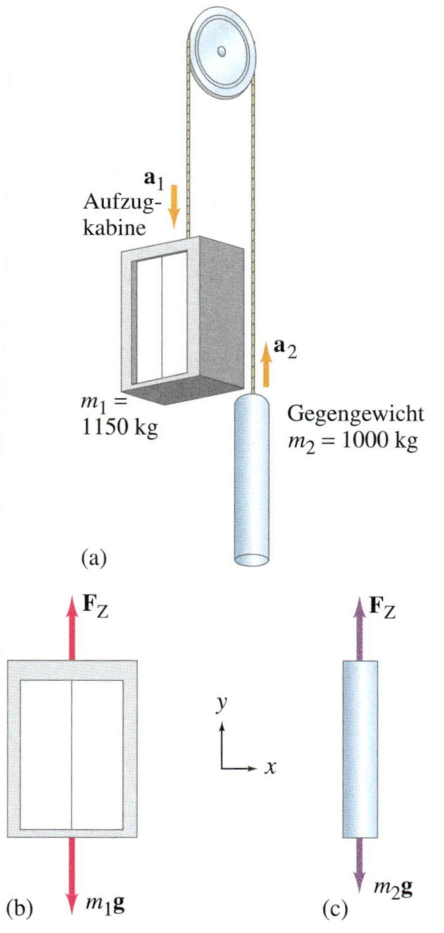

Abbildung 4.24 Beispiel 4.13. (a) Aufzug mit Gegengewicht. (b) und (c) Kräfteparallelogramme für die beiden Massen.

4 In Kapitel 10 werden wir sehen, wie eine drehende Rolle mit Masse zu behandeln ist.

Wir subtrahieren die erste Gleichung von der zweiten und erhalten

$$(m_1 - m_2)g = (m_1 + m_2)a\ .$$

Dies lösen wir nach a auf:

$$a = \frac{m_1 - m_2}{m_1 + m_2}g = \frac{1150\,\text{kg} - 1000\,\text{kg}}{1150\,\text{kg} + 1000\,\text{kg}}g = 0{,}070\,g = 0{,}68\,\text{m/s}^2\ .$$

Der Aufzug (m_1) beschleunigt mit $a = 0{,}070\,g = 0{,}68\,\text{m/s}^2$ nach unten (und das Gegengewicht m_2 nach oben).

b Die Zugkraft in dem Seil F_Z kann aus einer der beiden $\sum F = ma$-Gleichungen ermittelt werden. Dabei setzen wir $a = 0{,}070\,g = 0{,}68\,\text{m/s}^2$:

$$F_Z = m_1 g - m_1 a = m_1(g - a) = 1150\,\text{kg}\,(9{,}80\,\text{m/s}^2 - 0{,}68\,\text{m/s}^2)$$
$$= 10\,500\,\text{N}\ ,$$
$$F_Z = m_2 g + m_2 a = m_2(g + a) = 1000\,\text{kg}\,(9{,}80\,\text{m/s}^2 + 0{,}68\,\text{m/s}^2)$$
$$= 10\,500\,\text{N}\ .$$

Diese Ergebnisse stimmen überein. Wir können unsere Gleichung für die Beschleunigung a in diesem Beispiel überprüfen, indem wir feststellen, dass, wenn die Massen gleich wären ($m_1 = m_2$), unsere obige Gleichung für a, wie erwartet, $a = 0$ ergeben würde. Und wenn eine der Massen null wäre (z. B. $m_1 = 0$), würde die andere Masse ($m_2 \neq 0$) laut unserer Gleichung mit $a = g$ beschleunigen, wiederum wie erwartet.

PROBLEMLÖSUNG

Überprüfen Sie Ihr Ergebnis, indem Sie untersuchen, ob es in Situationen funktioniert, in denen man die Antwort leicht vermuten kann.

Beispiel 4.14 · Begriffsbildung — Kraftverstärkung durch einen Flaschenzug

Ein Umzugsunternehmer versucht, ein Klavier (langsam) in eine Wohnung im zweiten Stock zu heben (► Abbildung 4.25). Er verwendet ein Seil, das über zwei Rollen läuft. Dies bezeichnet man als Flaschenzug. Welche Kraft muss er auf das Seil ausüben, um das Gewicht des Klaviers von 2000 N langsam zu heben?

Lösung

Schauen Sie sich die Kräfte an, die auf die untere Rolle am Klavier wirken. Das Gewicht des Klaviers zieht nach unten. Die Zugkraft in dem Seil, das über diese Rolle läuft, zieht an jeder Seite der Rolle, also *zweimal*, nach oben. Somit ergibt das zweite Newton'sche Axiom

$$2F_Z - mg = ma\ .$$

Um das Klavier mit konstanter Geschwindigkeit ($a = 0$) zu bewegen, ist eine Zugkraft in dem Seil von $F_Z = mg/2 = 1000\,\text{N}$ erforderlich. Der Umzugsunternehmer übt eine Kraft aus, die gleich dem halben Gewicht des Klaviers ist. Wir sagen, dass die Rolle eine **mechanische Kraftverstärkung** von 2 ergeben hat, da der Umzugsunternehmer ohne die Rolle zweimal so viel Kraft hätte aufwenden müssen.

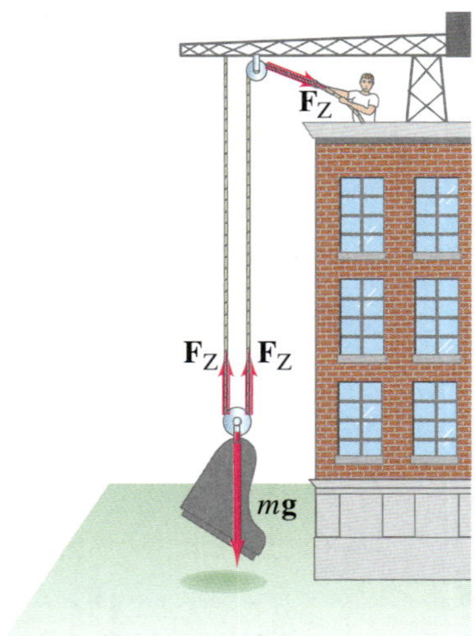

Abbildung 4.25 Beispiel 4.14.

Beispiel 4.15 — Ein Auto aus dem Schlamm ziehen

Als eine clevere Absolventin eines guten Physikkurses mit ihrem Auto im Schlamm stecken bleibt, bindet sie das eine Ende eines starken Seils an die hintere Stoßstange des Autos und das andere Ende an einen Baum, wie in ▸ Abbildung 4.26a dargestellt. Sie drückt am Mittelpunkt des Seils mit ihrer ganzen Kraft, die, so schätzt sie, einer Kraft von $F_P \approx 300\,\text{N}$ entspricht. Das Auto beginnt sich zu bewegen, als das Seil einen Winkel θ bildet (siehe Abbildung), der nach ihrer Abschätzung 5° beträgt. Wie groß ist die Kraft, mit der das Seil am Auto zieht? Vernachlässigen Sie die Masse des Seils.

Lösung

Nehmen Sie zunächst zur Kenntnis, dass die Zugkraft in einem Seil immer entlang des Seils verläuft. Jede zu dem Seil senkrecht verlaufende Komponente würde dazu führen, dass das Seil durchbiegt oder nachgibt (wie es hier dort geschieht, wo $\mathbf{F}_P$ wirkt). Mit anderen Worten, ein Seil kann eine Zugkraft nur entlang seiner Länge bewirken. Nehmen wir $\mathbf{F}_{Z1}$ und $\mathbf{F}_{Z2}$ als die Kräfte an, die das Seil auf den Baum und auf das Auto ausübt, wie in ▸ Abbildung 4.26a dargestellt. Als unseren „freien Körper" wählen wir den kleinen Abschnitt des Seils, wo sie drückt. Das Kräfteparallelogramm, das sowohl $\mathbf{F}_P$, als auch die Zugkräfte in dem Seil zeigt (beachten Sie, dass wir das dritte Newton'sche Axiom angewendet haben), ist in ▸ Abbildung 4.26b dargestellt. In dem Moment, in dem sich das Auto bewegt, ist die Beschleunigung im Grunde immer noch null, also $\mathbf{a} = 0$. Für die x-Komponente von $\sum F = m\mathbf{a} = 0$ in diesem kleinen Abschnitt des Seils gilt

$$\sum F_x = F_{Z1}\cos\theta - F_{Z2}\cos\theta = 0\,.$$

Folglich ist $F_{Z1} = F_{Z2}$ und wir können $F_Z = F_{Z1} = F_{Z2}$ schreiben. Die Kräfte, die in der y-Richtung wirken, sind $\mathbf{F}_P$ und die Komponenten von $\mathbf{F}_{Z1}$ und $\mathbf{F}_{Z2}$, die in die negative y-Richtung zeigen (jeweils gleich $F_Z \sin\theta$). Das bedeutet, dass sich für die y-Komponente von $\sum F = m\mathbf{a}$ ergibt:

$$\sum F_y = F_P - 2F_Z\sin\theta = 0\,.$$

Wir lösen nach F_Z auf und setzen $F_P \approx 300\,\text{N}$ ein, das gegeben war:

$$F_Z = \frac{F_P}{2\sin\theta} \approx \frac{300\,\text{N}}{2\sin 5°} \approx 1700\,\text{N}\,.$$

Durch diese Vorgehensweise konnte sie ihre Kraft fast um das Sechsfache vergrößern! Beachten Sie die Symmetrie der Aufgabenstellung, die garantiert, dass $F_{Z1} = F_{Z2}$ ist.

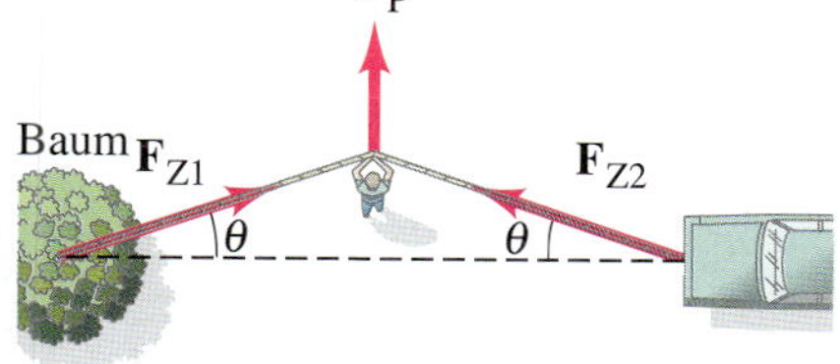

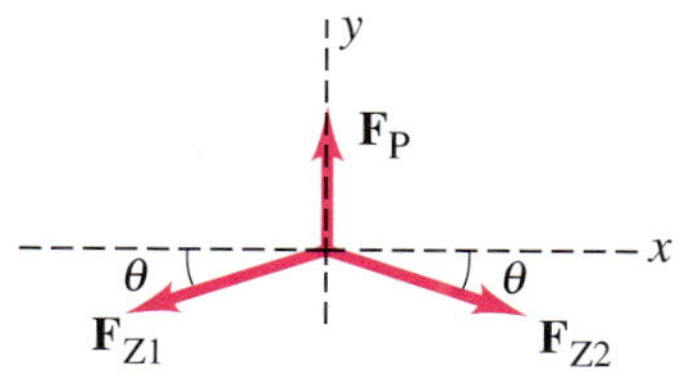

Abbildung 4.26 Beispiel 4.15. Ein Auto aus dem Schlamm ziehen.

PROBLEMLÖSUNG

Verwenden Sie jede vorhandene Symmetrie zur Vereinfachung einer Aufgabenstellung

Beispiel 4.16 Beschleunigungsmesser

Eine kleine Masse m hängt an einem dünnen Faden und kann wie ein Pendel schwingen. Sie befestigen sie über dem Fenster in Ihrem Auto, wie in ▸ Abbildung 4.27a dargestellt. Wenn das Auto sich im Stillstand befindet, hängt der Faden senkrecht nach unten. Welchen Winkel θ bildet der Faden, wenn (a) das Auto mit konstanten $a = 1{,}20\,\text{m/s}^2$ beschleunigt und (b) das Auto mit einer konstanten Geschwindigkeit von $v = 90\,\text{km/h}$ fährt?

Lösung

a ▸ Abbildung 4.27b zeigt das Pendel im Winkel θ und die Kräfte, die auf das Pendel einwirken: $m\mathbf{g}$ nach unten gerichtet und die Zugkraft $\mathbf{F}_Z$ in dem Faden. Diese Kräfte ergeben bei ihrer Addition nicht null, wenn $\theta \neq 0$, und da wir eine Beschleunigung a haben, erwarten wir, dass $\theta \neq 0$

ANGEWANDTE PHYSIK

Beschleunigungsmesser

Abbildung 4.27 Beispiel 4.16.

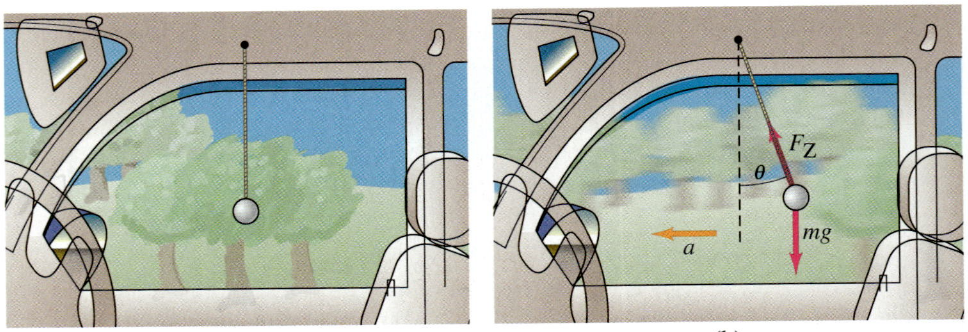

(a) (b)

ist. Beachten Sie, dass θ der Winkel in Bezug auf die Senkrechte ist. Die Beschleunigung $a = 1{,}20\,\text{m/s}^2$ verläuft in horizontaler Richtung, so dass nach dem zweiten Newton'schen Axiom für die horizontale Komponente gilt:

$$ma = F_Z \sin\theta \,.$$

Für die vertikale Komponente ergibt sich

$$0 = F_Z \cos\theta - mg \,.$$

Aus diesen beiden Gleichungen erhalten wir

$$\tan\theta = \frac{F_Z \sin\theta}{F_Z \cos\theta} = \frac{ma}{mg} = \frac{a}{g}$$

oder

$$\tan\theta = \frac{1{,}20\,\text{m/s}^2}{9{,}80\,\text{m/s}^2} = 0{,}122 \,,$$

so dass

$$\theta = 7{,}0^\circ \,.$$

b Die Geschwindigkeit ist konstant, so dass $a = 0$ und $\tan\theta = 0$. Folglich hängt das Pendel senkrecht ($\theta = 0^\circ$). Diese einfache Vorrichtung ist ein **Beschleunigungsmesser** – sie kann zum Messen der Beschleunigung benutzt werden.

Gute Wahl des Koordinatensystems vereinfacht die Berechnung

Nun schauen wir, was geschieht, wenn ein Körper eine schiefe Ebene, wie z. B. einen Abhang oder eine Rampe, hinuntergleitet. Solche Aufgabenstellungen sind interessant, da die Gravitationskraft die beschleunigende Kraft ist, die Beschleunigung aber nicht senkrecht gerichtet ist. Das Lösen solcher Aufgaben ist normalerweise einfacher, wenn wir das xy-Koordinatensystem so wählen, dass die x-Achse entlang der schiefen Ebene verläuft und die y-Achse senkrecht zu der schiefen Ebene steht, wie in ▸ Abbildung 4.28a dargestellt. Beachten Sie auch, dass die Normalkraft nicht vertikal verläuft, sondern senkrecht zu der Ebene, ▸ Abbildung 4.28b.

Bewegung auf einer schiefen Ebene

Beispiel 4.17 Eine Kiste gleitet eine schiefe Ebene hinunter

Eine Kiste mit der Masse m wird auf eine glatte (reibungsfreie) schiefe Ebene gestellt, die einen Winkel θ mit der Horizontalen bildet, wie in ▸ Abbildung 4.28a dargestellt. (a) Bestimmen Sie die auf die Kiste wirkende Normalkraft. (b) Bestimmen Sie die Beschleunigung der Kiste. (c) Führen Sie die Berechnung für eine Masse $m = 10$ kg und eine Neigung $\theta = 30°$ durch.

Lösung

Das Kräfteparallelogramm für die Kiste ist in ▶ Abbildung 4.28b dargestellt. Die auf die Kiste wirkenden Kräfte sind ihr senkrecht nach unten gerichtetes Gewicht mg, das in seine Komponenten parallel und senkrecht zur schiefen Ebene zerlegt dargestellt ist, und die Normalkraft F_N. Die schiefe Ebene erlaubt nur eine Bewegung entlang ihrer Fläche. Da wir wissen, dass die Bewegung entlang der schiefen Ebene verläuft, wählen wir, wie dargestellt, die x-Achse nach unten gerichtet entlang der schiefen Ebene (die Bewegungsrichtung) und die y-Achse senkrecht zur schiefen Ebene nach oben gerichtet. Es gibt keine Bewegung in y-Richtung, so dass $a_y = 0$. Die Normalkraft F_N stellt dies sicher. Bei Anwendung des zweiten Newton'schen Axioms ergibt sich

$$F_y = ma_y$$
$$F_N - mg\cos\theta = 0\,,$$

wobei F_N und die y-Komponente der Gravitationskraft ($mg\cos\theta$) alle Kräfte sind, die in y-Richtung auf die Kiste einwirken.

a Somit ist die Antwort für Teil (a), dass die Normalkraft gegeben ist durch

$$F_N = mg\cos\theta\,.$$

Beachten Sie genau, dass F_N einen kleineren Betrag als das Gewicht mg hat, es sei denn, $\theta = 0°$.

b Die einzige in x-Richtung wirkende Kraft ist die x-Komponente von mg. Diese ist, wie aus der Zeichnung ersichtlich, $mg\sin\theta$. Die Beschleunigung a verläuft in x-Richtung, so dass gilt

$$F_x = ma_x$$
$$mg\sin\theta = ma\,.$$

Wir sehen, dass die auf der Ebene nach unten gerichtete Beschleunigung

$$a = g\sin\theta\,.$$

ist. Das heißt, dass die Beschleunigung entlang einer schiefen Ebene immer kleiner als g ist, außer bei $\theta = 90°$. In diesem Fall gilt $\sin\theta = 1$ und $a = g$. Dies macht natürlich Sinn, da $\theta = 90°$ reinen senkrechten Fall bedeutet. Bei $\theta = 0°$ ist $a = 0$. Auch das macht Sinn, da $\theta = 0°$ bedeutet, dass die Ebene horizontal ist, so dass die Gravitationskraft keine Beschleunigung verursacht. Beachten Sie auch, dass die Beschleunigung nicht von der Masse m abhängt.

c Bei $\theta = 30°$ ist $\cos\theta = 0{,}866$ und $\sin\theta = 0{,}500$, so dass

$$F_N = 0{,}866mg = 85\ \mathrm{N}$$

und

$$a = 0{,}500g = 4{,}9\ \mathrm{m/s^2}\,.$$

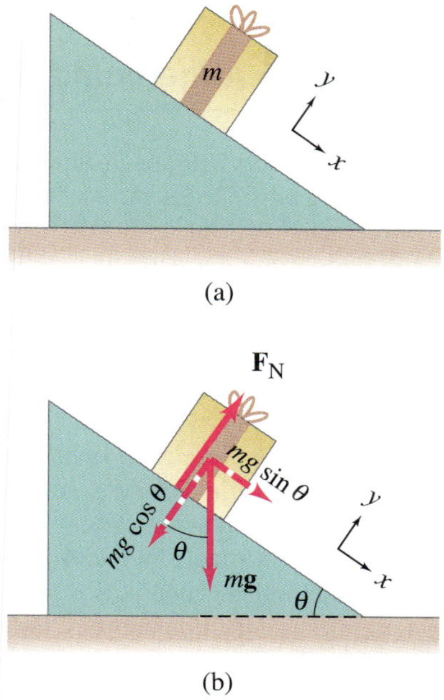

Abbildung 4.28 Beispiel 4.17. (a) Eine Kiste gleitet auf einer schiefen Ebene. (b) Kräfteparallelogramm der Kiste.

$F_N < mg$, wenn $\theta \neq 0°$

Im nächsten Kapitel, in dem die Reibung mit einbezogen wird, werden wir weitere Beispiele für Bewegung auf einer schiefen Ebene erörtern.

4.8 Problemlösung – Allgemeine Herangehensweise

Ein wesentlicher Teil eines Physikkurses ist die erfolgreiche Lösung von Problemen (Aufgaben). Die hier erörterte Herangehensweise betont zwar die Newton'schen Axiome, kann aber allgemein auch auf andere in diesem Buch behandelte Bereiche angewendet werden.

Problemlösung

Allgemeine Hinweise

1 **Lesen** Sie schriftliche Aufgabenstellungen sorgfältig mehrmals durch. Es ist ein weit verbreiteter Fehler, beim Lesen ein oder zwei Wörter auszulassen. Das kann die Bedeutung der Aufgabenstellung völlig verändern.

2 **Fertigen** Sie eine genaue **Zeichnung** der Aufgabenstellung **an**. (Dieser Punkt wird am häufigsten übersehen, obwohl er der entscheidende Teil für die Lösung des Problems ist.) Verwenden Sie Pfeile zur Darstellung von Vektoren wie Geschwindigkeit oder Kraft und kennzeichnen Sie die Vektoren mit passenden Symbolen. Wenn Sie sich mit Kräften befassen und die Newton'schen Axiome anwenden, stellen Sie sicher, dass alle auf einen gegebenen Körper wirkenden Kräfte, einschließlich der unbekannten, einbezogen werden, und machen Sie sich klar, welche Kräfte auf welchen Körper wirken (andernfalls machen Sie möglicherweise einen Fehler bei der Bestimmung der auf einen Körper wirkenden *Nettokraft*). Für jeden betroffenen Körper muss ein eigenes **Kräfteparallelogramm** gezeichnet werden, das *alle* auf einen gegebenen Körper (und nur auf diesen Körper) wirkenden Kräfte zeigt. Stellen Sie keine Kräfte dar, die der Körper auf andere Körper ausübt.

3 Wählen Sie ein passendes xy-**Koordinatensystem** (wählen Sie ein System, das Ihre Berechnungen einfacher macht). Vektoren müssen in Komponenten entlang der Achsen zerlegt werden. Wenden Sie beim Einsatz des zweiten Newton'schen Axioms $\sum \mathbf{F} = m\mathbf{a}$ getrennt auf die x- und y-Komponenten an. Bedenken Sie dabei, dass sich Kräfte in x-Richtung auf a_x beziehen und Kräfte in y-Richtung auf a_y etc.

4 Stellen Sie die Unbekannten fest – d. h. die Größen, die Sie versuchen zu ermitteln – und entscheiden Sie, was Sie brauchen, um die Unbekannten zu bestimmten. Für die Aufgaben in diesem Kapitel wenden wir die Newton'schen Axiome an. Im Allgemeinen mag es hilfreich sein zu schauen, ob es ein oder mehrere **Verhältnisse** (oder **Gleichungen**) gibt, die die unbekannten Größen zu den bekannten in Beziehung setzen. Stellen Sie aber sicher, dass jede Beziehung in dem vorliegenden Fall auch gültig ist. Es ist sehr wichtig, die Einschränkungen für jede Formel oder Beziehung zu kennen – wann sie gültig ist und wann nicht. In diesem Buch sind die allgemeineren Gleichungen nummeriert, aber auch sie können einen begrenzten Gültigkeitsbereich haben (häufig kurz in Klammern rechts neben der Gleichung angegeben).

5 Versuchen Sie, das Problem näherungsweise zu lösen, um zu sehen, ob es machbar (Überprüfung, ob genügend Informationen gegeben sind) und plausibel ist. Benutzen Sie Ihre Intuition und stellen Sie **grobe Berechnungen** an – siehe „Abschätzen der Größenordnung" in Abschnitt 1.6. Eine grobe Berechnung oder eine plausible Vermutung über den Bereich der endgültigen Antworten ist sehr nützlich. Außerdem kann die endgültige Antwort mithilfe der groben Berechnung überprüft werden, um Rechenfehler wie z. B. ein Dezimalkomma oder die Zehnerpotenzen aufzudecken.

6 **Lösen** Sie die Aufgabe. Dies kann algebraische Umformungen von Gleichungen und/oder numerische Berechnungen beinhalten. Erinnern Sie sich an die mathematische Regel, dass Sie so viele unabhängige Gleichungen brauchen, wie Unbekannte vorhanden sind. Wenn es drei unbekannte Größen gibt, benötigen Sie z. B. drei unabhängige Gleichungen. Normalerweise ist es am besten, zunächst mit algebraischen Symbolen zu rechnen, bevor die Zahlen eingesetzt werden. Warum? Weil (a) Sie dann eine ganze Gruppe ähnlicher Aufgaben mit verschiedenen numerischen Werten lösen können, (b) Sie Ihr Ergebnis für bereits klare Aufgabenstellungen überprüfen können (z. B. $\theta = 0°$ oder $90°$), (c) es Streichungen oder andere Vereinfachungen geben kann, (d) die Gefahr von Rechenfehlern normalerweise geringer ist und (e) weil Sie ein besseres Verständnis für die Aufgabenstellung bekommen können.

7 Achten Sie auf die **Einheiten**, denn sie können zur Überprüfung dienen (sie müssen auf beiden Seiten einer Gleichung gleich sein).

8 Überlegen Sie erneut, ob Ihre Antwort plausibel ist. Die in Abschnitt 1.7 beschriebene Dimensionsanalyse kann auch zur Überprüfung vieler Aufgabenstellungen verwendet werden.

ZUSAMMENFASSUNG

Die **drei Newton'schen Axiome** sind die Grundgesetze für die Beschreibung von Bewegungen der klassischen Mechanik.

Das **erste Newton'sche Axiom** (Trägheitsgesetz) besagt, dass, wenn die auf einen Körper einwirkende Nettokraft null ist, ein Körper, der sich ursprünglich im Zustand der

Ruhe befindet, in diesem Zustand verharrt, und ein Körper, der sich in Bewegung befindet, mit konstanter Geschwindigkeit in einer geradlinigen Bewegung verharrt.

Das **zweite Newton'sche Axiom** besagt, dass die Beschleunigung eines Körpers direkt proportional zu der auf ihn einwirkenden Nettokraft ist und umgekehrt proportional zu seiner Masse:

$$\sum \mathbf{F} = m\mathbf{a} \,.$$

Das zweite Newton'sche Axiom ist eines der wichtigsten und grundlegendsten Gesetze der klassischen Physik.

Das **dritte Newton'sche Axiom** besagt, dass immer dann, wenn ein Körper auf einen zweiten Körper eine Kraft ausübt, der zweite Körper stets auch eine Kraft auf den ersten Körper ausübt, die denselben Betrag hat, aber entgegengerichtet ist:

$$\mathbf{F}_{12} = -\mathbf{F}_{21} \,.$$

Das Bestreben eines Körpers, sich einer Änderung in seiner Bewegung zu widersetzen, nennt man **Trägheit**. **Masse** ist ein Maß für die Trägheit eines Körpers.

Gewicht ist die auf einen Körper wirkende Gravitationskraft und gleich dem Produkt aus der Masse m des Körpers und der Fallbeschleunigung **g**:

$$\mathbf{F}_G = m\mathbf{g} \,.$$

Kraft, ein Vektor, kann als Zugspannung oder Schub betrachtet oder nach dem zweiten Newton'schen Axiom als eine Aktion definiert werden, die eine Beschleunigung verursachen kann. Die auf einen Körper wirkende **Nettokraft** ist die Vektorsumme aller auf ihn wirkenden Kräfte.

Zur Lösung von Aufgaben, in denen auf einen oder mehrere Körper wirkende Kräfte eine Rolle spielen, ist es wichtig, ein **Kräfteparallelogramm** für jeden Körper zu zeichnen, das alle die auf diesen Körper wirkenden Kräfte zeigt. Das zweite Newton'sche Axiom ist eine Vektorgleichung, d. h. auch die einzelnen Komponenten der enthaltenen Vektoren erfüllen diese Gleichung.

Z U S A M M E N F A S S U N G

Verständnisfragen

1 Warum scheint ein Kind in einem Wagen nach hinten zu fallen, wenn Sie kräftig an dem Wagen ziehen?

2 Eine Kiste ruht auf der glatten Ladefläche eines Lkw. Der Lkw-Fahrer startet den Lkw und beschleunigt in Vorwärtsrichtung. Die Kiste beginnt plötzlich, auf der Ladefläche nach hinten zu rutschen. Erörtern Sie die Bewegung der Kiste entsprechend den Newton'schen Axiomen (a) aus der Sicht von Andrea, die auf dem Boden neben dem Lkw steht und (b) aus der Sicht von David, der auf dem Lkw mitfährt (► Abbildung 4.29). Nehmen Sie an, dass die Auflageflächen zwischen der Kiste und der Ladefläche des Lkw so glatt sind, dass die Reibung vernachlässigt werden kann.

Abbildung 4.29 Frage 2

3 Wirken auf einen Körper, dessen Beschleunigung null ist, keine Kräfte?

4 Warum treten Sie stärker in die Pedale eines Fahrrades, wenn Sie losfahren, als wenn Sie sich mit konstanter Geschwindigkeit bewegen?

5 Es wirkt nur eine Kraft auf einen Körper. Kann der Körper dann eine Beschleunigung von null haben? Kann er eine Geschwindigkeit von null haben?

6 Wenn ein Golfball auf Asphalt fällt, springt er wieder nach oben. (a) Ist eine Kraft erforderlich, damit er wieder zurückspringt? (b) Wenn ja, wer oder was übt die Kraft aus?

7 Welcher der folgenden Körper wiegt ca. 1 N: (a) ein Apfel, (b) ein Moskito, (c) dieses Buch, (d) Sie selbst?

8 Warum könnte Ihr Fuß wehtun, wenn Sie gegen einen schweren Tisch oder eine Wand treten?

9 Wenn Sie schnell laufen und anhalten wollen, müssen Sie schnell abbremsen. (a) Woher stammt die Kraft, die Sie zum Anhalten bringt? (b) Schätzen Sie (aus Ihrer eigenen Erfahrung heraus) die maximale Abbremsung einer mit Spitzengeschwindigkeit laufenden Person ab, damit sie zum Stehen kommt.

10 Ein Stein hängt an einem dünnen Faden von der Decke und ein Teil desselben Fadens baumelt vom unteren Ende des Steins herunter (► Abbildung 4.30). Wo reißt der Faden wahrscheinlich, wenn eine Person an dem baumelnden Faden kräftig zieht: unter oder über dem Stein? Was passiert, wenn die Person langsam und stetig zieht? Erklären Sie Ihre Antworten.

Abbildung 4.30 Frage 10

11 Die auf einen Stein (Masse 2 kg) wirkende Gravitationskraft ist zweimal so groß wie die, die auf einen Stein (Masse 1 kg) wirkt. Warum fällt der schwerere Stein dann nicht schneller?

12 Beobachten Sie die Bewegung der sich bewegenden Scheiben eines Lufthockeyspiels. Erklären Sie, wie das erste, zweite und dritte Newton'sche Axiom Anwendung finden. Die Scheiben schwimmen auf einer Luftschicht, wobei die Luft aus kleinen Löchern ausgeblasen wird, so dass die Reibung auf ein sehr kleines Maß reduziert wird.

13 Vergleichen Sie den Aufwand (oder die Kraft), der erforderlich ist, um einen Körper (Masse 10 kg) auf dem Mond zu heben, mit der Kraft, die erforderlich ist, um ihn auf der Erde zu heben. Vergleichen Sie die Kraft auf dem Mond und auf der Erde, die erforderlich ist, um einen Körper mit einer Masse von 2 kg mit einer gegebenen Geschwindigkeit horizontal zu werfen.

Abbildung 4.31 Ein Tauziehen. Beschreiben Sie die auf jede Mannschaft und auf das Tau wirkenden Kräfte. Frage 14.

14 Nach dem dritten Newton'schen Axiom zieht beim Tauziehen (► Abbildung 4.31) jede Mannschaft mit gleicher Kraft an der anderen Mannschaft. Worauf kommt es an, damit eine Mannschaft gewinnt, wenn beide Mannschaften mit gleicher Kraft ziehen?

15 Manchmal entsteht durch einen Autounfall, bei dem das Auto des Unfallopfers von hinten einen starken Stoß erleidet, ein Schleudertrauma. Erklären Sie, warum der Kopf des Opfers in dieser Situation scheinbar nach hinten geworfen wird. Wird er es tatsächlich?

16 Warum bewegt sich ein Baumstamm, der auf einem See schwimmt, wenn Sie auf diesem Baumstamm gehen, in die entgegengesetzte Richtung?

17 Maria übt eine nach oben gerichtete Kraft von 40 N aus, um eine volle Einkaufstasche festzuhalten. Beschreiben Sie die „Reaktions“-Kraft (drittes Newton'sches Axiom), indem Sie (a) ihren Betrag und (b) ihre Richtung angeben sowie darlegen, (c) *auf* welchen Körper sie wirkt und (d) *von* welchem Körper sie ausgeübt wird.

18 Wie groß ist die Kraft, die der Boden auf Sie ausübt, wenn Sie still auf dem Boden stehen? Warum bewirkt diese Kraft nicht, dass Sie sich nach oben bewegen?

19 In einigen Nationalparks wird eine so genannte „Bärenschlinge“ benutzt (► Abbildung 4.32), um die Essensvorräte der Rucksacktouristen außerhalb der Reichweite der Bären unterzubringen. Erklären Sie, warum die für das Hochziehen des Rucksacks erforderliche Kraft größer wird, je höher der Rucksack kommt. Ist es möglich, das Seil so stramm zu ziehen, dass es überhaupt nicht durchhängt?

Abbildung 4.32 Frage 19.

Aufgaben zu 4.4 bis 4.6

1 (I) Zeigen Sie, dass ein Butterwürfel mit einer Masse von $\frac{1}{8}$ kg ungefähr 1 N wiegt.

2 (I) Eine Nettokraft von 255 N beschleunigt ein Fahrrad und seinen Fahrer mit 2,20 m/s^2. Wie groß ist die Masse des Fahrrades und seines Fahrers?

3 (I) Wie viel Kraft ist erforderlich, um einen Körper mit einer Masse von 7,0 g mit 10 000g (z. B. in einer Zentrifuge) zu beschleunigen?

4 (I) Wie viel Zugkraft (Zugfestigkeit) muss ein Seil besitzen, wenn es dazu benutzt wird, ein Auto (Masse 1250 kg) horizontal mit 1,30 m/s^2 zu beschleunigen? Vernachlässigen Sie die Reibung.

5 (I) Wie groß ist das Gewicht eines Astronauten (Masse 58 kg) (a) auf der Erde, (b) auf dem Mond ($g = 1{,}7$ m/s^2), (c) auf dem Mars ($g = 3{,}7$ m/s^2), (d) im Weltraum, wenn er sich mit konstanter Geschwindigkeit bewegt?

6 (II) Wie groß ist die durchschnittliche Kraft, die erforderlich ist, um ein Auto (Masse 1050 kg), das mit einer Geschwindigkeit von 90 km/h fährt, in 7,0 s zum Halten zu bringen?

7 (II) Wie groß ist die durchschnittliche Kraft, die erforderlich ist, um eine Kugel (Masse 6,25 g) über eine Entfernung von 0,700 m entlang des Gewehrlaufes aus der Ruhelage auf 155 m/s zu beschleunigen?

8 (II) Eine Kiste (Masse 30,0 kg) ruht auf einem Tisch. (a) Wie groß sind das Gewicht der Kiste und die auf sie wirkende Normalkraft? (b) Eine Kiste (Masse 20,0 kg) wird oben auf die Kiste (Masse 30,0 kg) gestellt, wie in ► Abbildung 4.33: dargestellt. Bestimmen Sie die Normalkraft, die der Tisch auf die Kiste (Masse 30,0 kg) ausübt, und die Normalkraft, die die Kiste (Masse 30,0 kg) auf die Kiste (Masse 20,0 kg) ausübt.

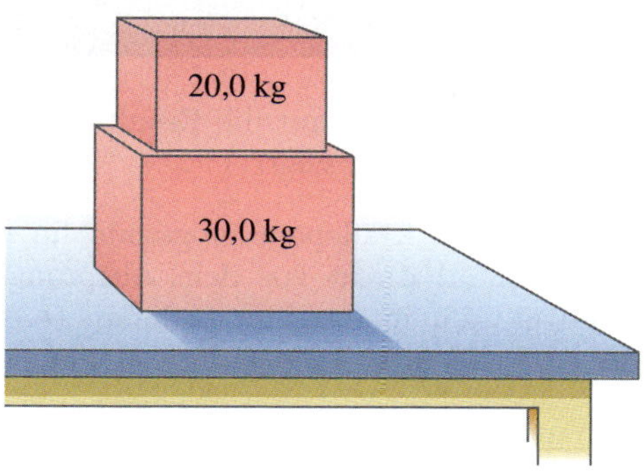

Abbildung 4.33 Aufgabe 8.

9 (II) Superman muss einen 100 km/h schnellen Zug innerhalb von 150 m zum Stehen bringen, um zu verhindern, dass er mit einem auf den Schienen liegengebliebenen Auto zusammenstößt. Wie viel Kraft muss er ausüben, wenn die Masse des Zuges $3{,}6 \cdot 10^5$ kg beträgt? Vergleichen Sie diese Kraft mit dem Gewicht des Zuges.

10 (II) Betrachten Sie eine Kiste, die auf einer reibungsfreien Fläche ruht. Während eines vorgegebenen Zeitraums wirkt eine konstante Kraft auf die Kiste und beschleunigt sie bis zu einer bestimmten Endgeschwindigkeit. Dann wird dieser Vorgang mit einer anderen Kiste wiederholt, die die zweifache Masse der ersten Kiste hat. Vergleichen Sie die Endgeschwindigkeit der schwereren Kiste mit der der ersten Kiste.

11 (II) Ein Angler zieht einen Fisch mit einer Beschleunigung von 3,5 m/s^2 aus dem Wasser und verwendet dabei eine ganz leichte Angelschnur mit einer Bruchfestigkeit von 25 N. Leider verliert der Angler den Fisch, als die Schnur reißt. Was können Sie über die Masse des Fisches sagen?

12 (II) Ein Baseball (Masse 0,140 kg), der sich mit 41,0 m/s bewegt, trifft den Handschuh des Fängers. Der Handschuh schnellt 12,0 cm zurück, als er den Ball zum Stillstand bringt. Wie groß war die durchschnittliche Kraft, die der Ball auf den Handschuh ausgeübt hat?

13 (II) Schätzen Sie die durchschnittliche Kraft ab, die ein Kugelstoßer auf eine Kugel (Masse 7,0 kg) ausübt, wenn die Kugel über einen Weg von 2,8 m gestoßen und mit einer Geschwindigkeit von 13 m/s losgelassen wird.

14 (II) Wie viel Zugkraft muss ein Seil widerstehen, wenn es dazu benutzt wird, ein Auto (Masse 1200 kg) mit 0,80 m/s^2 senkrecht nach oben zu beschleunigen?

15 (II) Ein Eimer (Masse 7,50 kg) wird an einem Seil heruntergelassen, in dem eine Zugkraft von 63,0 N wirkt. Welche Beschleunigung hat der Eimer? Ist sie nach oben oder unten gerichtet?

16 (II) Ein Aufzug (Masse 4125 kg) soll so konzipiert werden, dass die maximale Beschleunigung $0{,}0600g$ beträgt. Wie groß ist die maximale bzw. minimale Kraft, die der Motor auf das Tragseil ausüben sollte?

17 (II) Ein kleiner Dieb (Masse 65 kg) will aus einem Gefängnisfenster im dritten Stock fliehen. Leider kann ein Notseil aus zusammengebundenen Laken nur eine Masse von 57 kg tragen. Wie könnte der Dieb dieses „Seil“ für seine Flucht benutzen? Geben Sie eine quantitative Antwort.

18 (II) Eine Person steht in einem ruhenden Aufzug auf einer Personenwaage. Als der Aufzug sich in Bewegung setzt, zeigt die Waage kurz nur 0,75 des regulären Gewichtes der Person an. Berechnen Sie die Beschleunigung des Aufzuges und ermitteln Sie die Richtung der Beschleunigung.

19 (II) Das Seil, das einen Aufzug (Masse 2100 kg) zieht, hat eine maximale Zugfestigkeit von 21 750 N. Welche maximale aufwärts gerichtete Beschleunigung kann es dem Aufzug geben, ohne zu reißen?

20 (II) Ein bestimmter Rennwagen kann eine Viertelmeile (402 m) in 6,40 Sekunden zurücklegen. Er startet aus dem Stillstand. Welche Beschleunigung erfährt der Fahrer unter der Annahme, dass diese konstant ist? Wie groß ist die horizontale Kraft, die die Straße auf die Reifen ausüben muss, wenn der Fahrer und das Auto zusammen eine Masse von 280 kg haben?

21 (II) Eine Saturn-V-Rakete hat eine Masse von $2{,}75 \cdot 10^6$ kg und übt eine Kraft von $33 \cdot 10^6$ N auf die Gase, die sie ausstößt, aus. Bestimmen Sie (a) die anfängliche vertikale Beschleunigung der Rakete, (b) ihre Geschwindigkeit nach 8,0 s und (c) wie lange sie braucht, um eine Höhe von 9500 m zu erreichen. Vernachlässigen Sie die Masse der ausgestoßenen Gase (nicht realistisch) und nehmen Sie an, dass die Fallbeschleunigung konstant ist.

22 (II) (a) Wie groß ist die Beschleunigung von zwei frei fallenden Fallschirmspringern (Masse 120,0 kg einschließlich Fallschirm), wenn die aufwärts gerichtete Kraft des Luftwiderstandes identisch mit einem Viertel ihres Gewichtes ist? (b) Nach dem Öffnen des Fallschirms gleiten die Fallschirmspringer ruhig mit konstanter Geschwindigkeit auf die Erde zurück. Wie groß ist jetzt die auf die Fallschirmspringer und ihren Fallschirm einwirkende Kraft des Luftwiderstandes? Siehe ▸ Abbildung 4.34.

Abbildung 4.34 Aufgabe 22.

23 (II) Bei einem außergewöhnlichen Sprung aus dem Stand würde eine Person 0,80 m vom Boden abheben. Wie groß ist die Kraft, die eine Person (Masse 61 kg) dafür gegen den Boden ausüben muss? Nehmen Sie an, die Person geht vor dem Sprung 0,20 m in die Hocke, so dass die aufwärts gerichtete Kraft über diesen Weg wirken muss, bevor die Person abspringt.

24 (III) Eine Person springt vom Dach eines 3,5 m hohen Hauses. Wenn sie unten auf dem Boden aufkommt, beugt sie ihre Knie, so dass ihr Rumpf über einen ungefähren Weg von 0,70 m abbremst. Ermitteln Sie (a) ihre Geschwindigkeit direkt vor dem Auftreffen ihrer Füße auf dem Boden und (b) die von ihren Beinen während des Abbremsens auf ihren Rumpf ausgeübte durchschnittliche Kraft. Gehen Sie von der Voraussetzung aus, dass die Masse ihres Rumpfes (ohne Beine) 43 kg beträgt.

25 (III) Die besten Sprinter der Welt laufen die 100 m in 10,0 s. Ein Sprinter (Masse 62 kg) beschleunigt auf den ersten 45 m gleichförmig, bis er seine Spitzengeschwindigkeit erreicht, die er dann für die restlichen 55 m beibehält. (a) Wie groß ist die horizontale Komponente der durchschnittlichen Kraft, die während der Beschleunigung vom Boden auf seine Füße ausgeübt wird? (b) Wie groß ist die Geschwindigkeit des Sprinters auf den letzten 55 m des Rennens (d. h. seine Spitzengeschwindigkeit)?

Aufgaben zu 4.7

26 (I) Eine Kiste mit einem Gewicht von 85 N ruht auf einem Tisch. Ein an der Kiste befestigtes Seil läuft senkrecht nach oben über eine Rolle. An dem anderen Seilende hängt ein Gewicht (▸ Abbildung 4.35). Bestimmen Sie die Kraft, die der Tisch auf die Kiste ausübt, wenn das Gewicht auf der anderen Seite der Rolle (a) 30 N, (b) 60 N und (c) 90 N wiegt.

27 (I) Eine Kraft von 750 N wirkt in nordwestlicher Richtung. In welche Richtung muss eine zweite Kraft von 750 N ausgeübt werden, damit die Resultierende der beiden Kräfte nach Westen zeigt?

28 (I) Zeichnen Sie das Kräfteparallelogramm für einen Basketballspieler (a) direkt vor dem Absprung und (b) während er sich in der Luft befindet. (▸ Abbildung 4.36)

29 (I) Skizzieren Sie das Kräfteparallelogramm für einen Baseball (a) in dem Moment, in dem er vom Schlagholz getroffen wird, und (b) nochmals, nachdem er

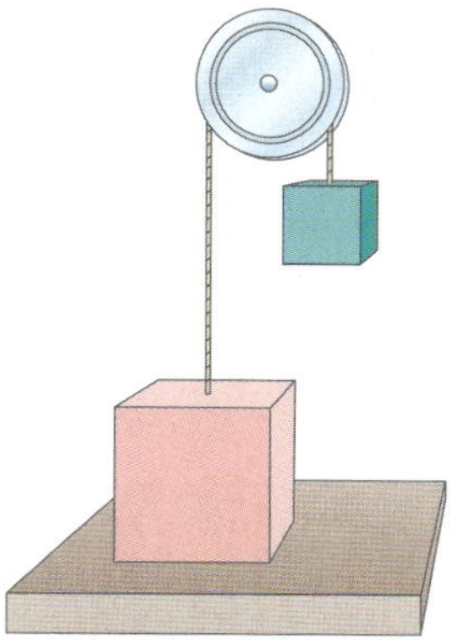

Abbildung 4.35 Aufgabe 26.

Abbildung 4.36 Aufgabe 28.

das Schlagholz verlassen hat und in Richtung Außenfeld fliegt.

30 (II) Bei Beginn eines Rennens hat ein Sprinter (Masse 57 kg) auf den Startblock eine Kraft von 80 N in einem Winkel von 22° in Bezug auf den Boden ausgeübt. (a) Wie groß war die horizontale Beschleunigung des Sprinters? (b) Mit welcher Geschwindigkeit ist der Sprinter aus dem Startblock gestartet, wenn die Kraft 0,34 s lang ausgeübt wurde?

31 (II) Die beiden in ▸ Abbildung 4.37a dargestellten Kräfte $\mathbf{F}_1$ und $\mathbf{F}_2$ wirken auf einen Körper (Masse 29,0 kg) auf einer reibungsfreien Tischplatte. Ermitteln Sie die auf den Körper wirkende Nettokraft sowie seine jeweilige Beschleunigung für (a) und (b), wenn $\mathbf{F}_1 = 20{,}2\,\text{N}$ und $\mathbf{F}_2 = 26{,}0\,\text{N}$.

32 (II) Eine Person schiebt einen Rasenmäher (Masse 13,0 kg) mit konstanter Geschwindigkeit und einer Kraft von 78,0 N, die entlang dem Griff geführt wird. Der Griff befindet sich in einem Winkel von 45,0° zur Horizontalen (▸ Abbildung 4.38). (a) Zeichnen Sie das Kräfteparallelogramm, das alle Kräfte, die auf den Mäher wirken, zeigt. Berechnen Sie (b) die auf den Mäher wirkende horizontale Verzögerungskraft, (c) die nach oben gerichtete, vom Boden auf den Mäher ausgeübte Normalkraft und (d) die Kraft, die die Person auf den Rasenmäher ausüben muss, um ihn aus dem Stillstand in 2,0 Sekunden auf 1,2 m/s (unter Annahme derselben Verzögerungskraft) zu beschleunigen.

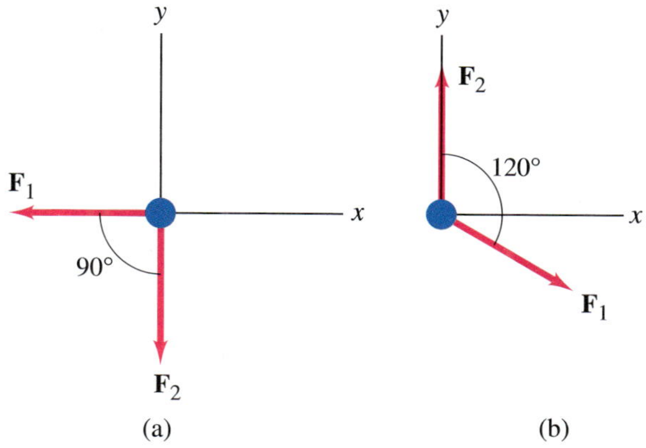

Abbildung 4.37 Aufgabe 31.

33 (II) Rechnen Sie noch einmal Beispiel 4.13, aber bauen Sie (a) die Gleichungen so auf, dass die Richtung der Beschleunigung **a** für jeden Körper mit der Bewegungsrichtung des jeweiligen Körpers identisch ist.(In Beispiel 4.13 haben wir **a** für beide Massen als positiv nach oben gerichtet angenommen.) (b) Lösen Sie die Gleichungen so, dass Sie dieselben Antworten wie in Beispiel 4.13 erhalten.

34 (II) Ein Helikopter (Masse 7500 kg) beschleunigt mit $0{,}52\,\text{m/s}^2$ nach oben, während er ein Auto (Masse 1200 kg) hebt. (a) Wie groß ist die Auftriebskraft, die von der Luft auf die Rotoren ausgeübt wird? (b) Wie groß ist die Zugkraft in dem Seil (vernachlässigen Sie seine Masse), das das Auto mit dem Helikopter verbindet?

Abbildung 4.38 Aufgabe 32.

35 (II) Ein Farbeimer (Masse 3,5 kg) hängt an einem masselosen Seil von einem anderen Farbeimer (Masse 3,5 kg) herunter, der ebenfalls an einem masselosen Seil hängt, wie in ► Abbildung 4.39: dargestellt. (a) Wie groß ist die Zugkraft in jedem Seil, wenn sich die Eimer in Ruhelage befinden? (b) Berechnen Sie die Zugkraft in jedem Seil, wenn die beiden Eimer mit einer Beschleunigung von 1,60 m/s^2 an dem oberen Seil nach oben gezogen werden.

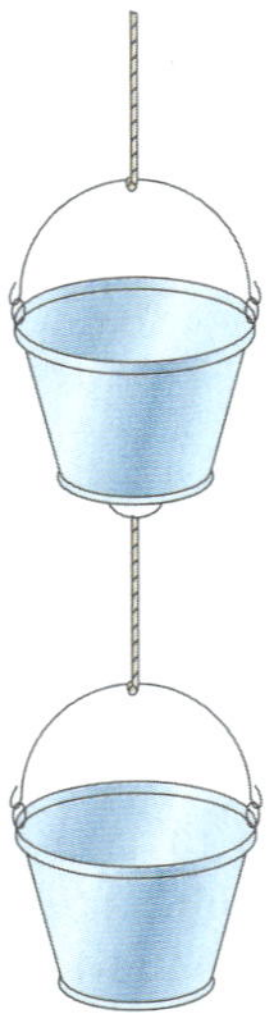

Abbildung 4.39 Aufgaben 35 und 44.

36 (II) Eine Fensterputzerin zieht sich selbst mithilfe eines Eimer-Flaschenzuges, wie in ► Abbildung 4.40 dargestellt, nach oben. (a) Wie stark muss sie nach unten ziehen, um sich selbst mit konstanter Geschwindigkeit hochzuziehen? (b) Wie groß ist ihre Beschleunigung, wenn sie diese Kraft um zehn Prozent erhöht? Die Masse der Person und des Eimers beträgt insgesamt 58 kg.

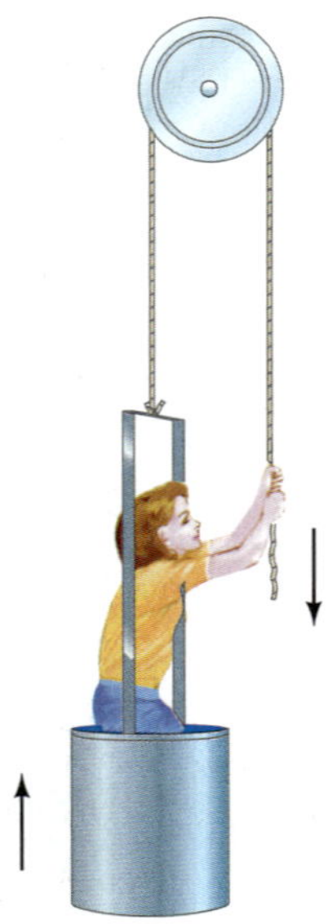

Abbildung 4.40 Aufgabe 36.

37 (II) Lena soll über ein „Hochseil", das horizontal zwischen zwei 10,0 m voneinander entfernten Gebäuden gespannt ist, balancieren. Das Seil sollte, wenn sie sich auf der Mitte befindet, nicht mehr als 10° durchhängen, wie in ► Abbildung 4.41 dargestellt. Wie groß muss die Zugkraft in dem Seil sein, wenn ihre Masse 50,0 kg beträgt?

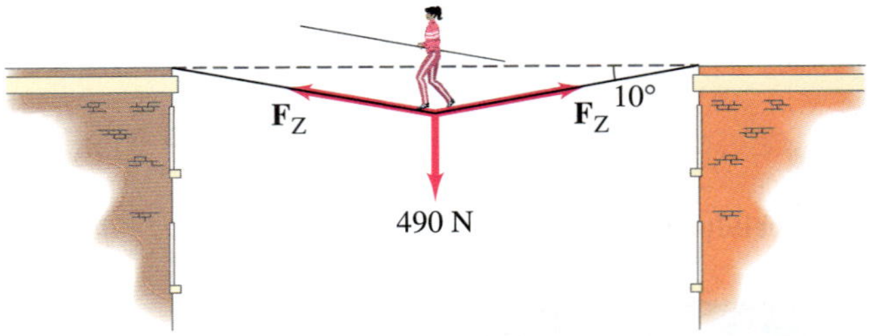

Abbildung 4.41 Aufgabe 37.

38 (II) Toms Gleitflieger trägt sein Gewicht mithilfe der sechs in ► Abbildung 4.42 dargestellten Seile. Jedes Seil ist so ausgelegt, dass es einen gleichen Teil von Toms Gewicht trägt. Tom hat eine Masse von 70,0 kg. Wie groß ist die Zugkraft in jedem der Tragseile?

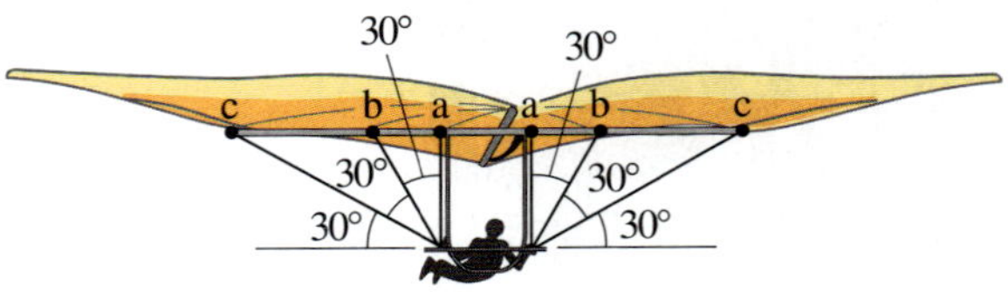

Abbildung 4.42 Aufgabe 38.

39 (II) Zwei Pistenraupen ziehen ein Haus zu einem Standort in McMurdo Base, Antarctica, wie in ► Abbildung 4.43: dargestellt. Die Summe der auf das Haus von den horizontalen Seilen ausgeübten Kräfte $\mathbf{F}_A$ und $\mathbf{F}_B$ ist parallel zu der Geraden L. $F_A = 4500$ N. Bestimmen Sie F_B und den Betrag von $\mathbf{F}_A + \mathbf{F}_B$.

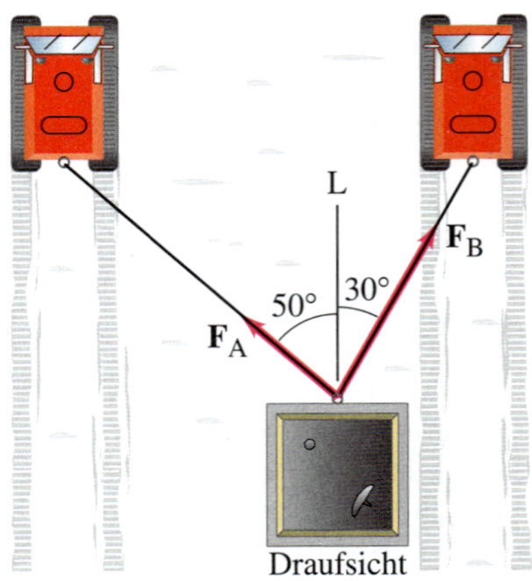

Abbildung 4.43 Aufgabe 39.

40 (II) Der in ▸ Abbildung 4.44 dargestellte Block hat eine Masse von $m = 7{,}0$ kg und liegt auf einer glatten, reibungsfreien schiefen Ebene, die mit der Horizontalen einen Winkel von $\theta = 22{,}0°$ bildet. (a) Bestimmen Sie die Beschleunigung des Blocks, wenn er die Ebene hinuntergleitet. (b) Wie groß ist die Geschwindigkeit des Blocks bei Erreichen des Fußes des schiefen Ebene, wenn er aus der Ruhelage 12,0 m über dem Fuß der Ebene startet?

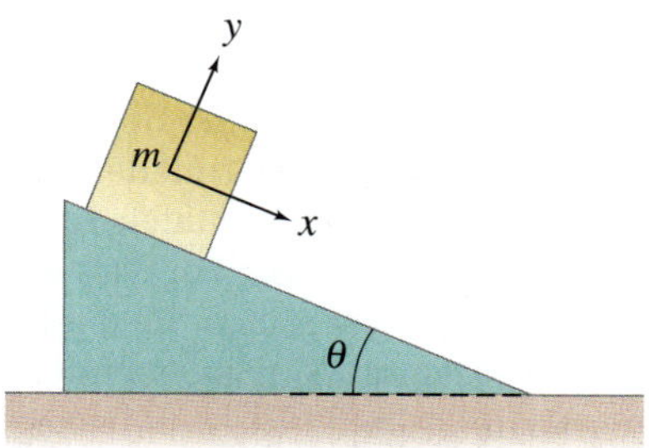

Abbildung 4.44 Block auf schiefer Ebene. Aufgaben 40 und 41.

41 (II) Ein Block bekommt eine Anfangsgeschwindigkeit von 4,0 m/s, um sich die in ▸ Abbildung 4.44 dargestellte Ebene mit einem Neigungswinkel von 22° hoch zu bewegen. (a) Wie weit nach oben kommt der Block? (b) Wie viel Zeit vergeht, bis er zu seinem Ausgangspunkt zurückkehrt? Vernachlässigen Sie die Reibung.

42 (II) Ein Kronleuchter (Masse 27 kg) hängt an einem senkrechten, 4,0 m langen Kabel von einer Decke. (a) Welche horizontale Kraft wäre erforderlich, um ihn um 0,10 m zu einer Seite zu bewegen? (b) Wie groß ist die Zugkraft in dem Kabel?

43 (II) Eine Masse m befindet sich bei $t = 0$ im Stillstand. Dann wirkt eine konstante Kraft F_0 für eine Zeit t_0 auf sie. Plötzlich verdoppelt sich die Kraft auf $2F_0$ und bleibt konstant, bis $t = 2t_0$. Bestimmen Sie den zurückgelegten Gesamtweg zwischen $t = 0$ und $t = 2t_0$.

44 (II) Die Seile, die die Eimer in Aufgabe 35 beschleunigen (▸ Abbildung 4.39) sind jeweils 1,0 m lang und haben jeweils ein Gewicht von 2,0 N. Bestimmen Sie die Zugkraft in jedem Seil an ihren Befestigungspunkten (höchste und niedrigste Punkte).

45 (II) Eine Lokomotive zieht zwei Wagen mit derselben Masse. Zeigen Sie, dass bei jeder Beschleunigung des Zuges ungleich null die Zugkraft in der Kupplung zwischen der Lokomotive und dem ersten Wagen doppelt so groß ist wie zwischen dem ersten und dem zweiten Wagen.

46 (II) Drei Blöcke auf einer reibungsfreien, horizontalen Fläche befinden sich miteinander in Kontakt, wie in ▸ Abbildung 4.45 dargestellt. Auf Block 1 (Masse m_1) wird eine Kraft **F** ausgeübt. (a) Zeichnen Sie ein Kräfteparallelogramm für jeden Block. Bestimmen Sie (b) die Beschleunigung des Systems (in Bezug auf m_1, m_2 und m_3), (c) die auf jeden Block wirkende Nettokraft und (d) die Kontaktkraft, die jeder Block auf seinen Nachbarblock ausübt. (e) Geben Sie numerische Antworten zu (b), (c) und (d) für $m_1 = m_2 = m_3 = 12$ kg und $F = 96{,}0$ N. Überprüfen Sie, ob Ihre Antworten Sinn machen?

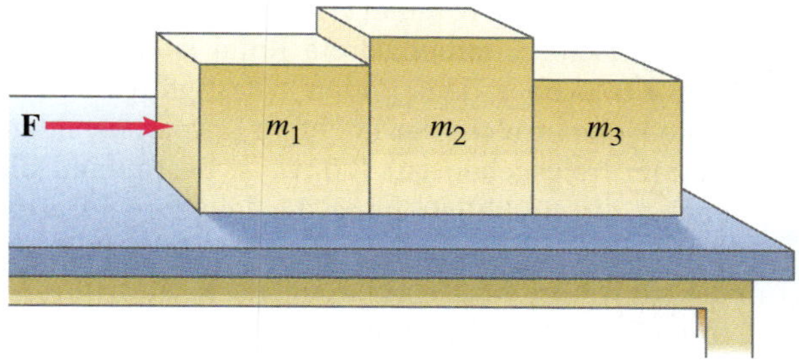

Abbildung 4.45 Aufgabe 46.

47 (II) ▸ Abbildung 4.46 zeigt einen Block (Masse m_1) auf einer glatten, horizontalen Fläche. Der Block ist mittels eines dünnen Seils, das über eine Rolle läuft, mit einem zweiten Block (m_2), der senkrecht nach unten hängt, verbunden. (a) Zeichnen Sie für jeden Block ein Kräfteparallelogramm, das die auf jeden Block wirkende Gravitationskraft, die von dem Seil ausgeübte (Zug-)Kraft und jede Normalkraft zeigt. (b) Bestimmen Sie Formeln für die Beschleunigung des Systems und für die Zugkraft in dem Seil. Vernachlässigen Sie die Reibung und die Massen der Rolle und des Seils.

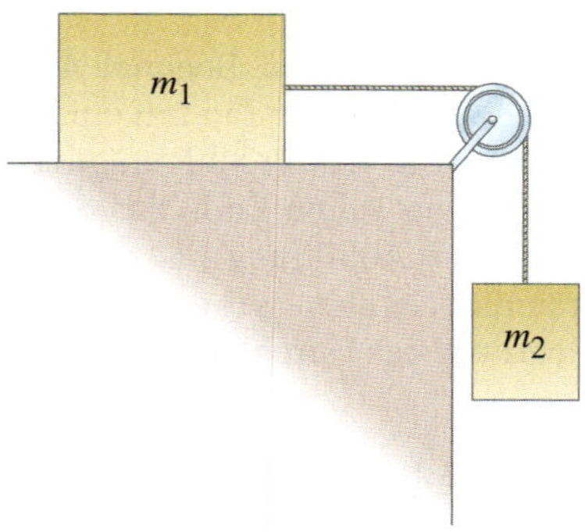

Abbildung 4.46 Masse m_1 ruht auf einer glatten, horizontalen Fläche, m_2 hängt senkrecht nach unten. Aufgaben 47, 48, 49 und 57.

48 (II) (a) Bestimmen Sie die Beschleunigung jedes Blocks aus ▸ Abbildung 4.46, wenn $m_1 = 13{,}0$ kg und $m_2 = 6{,}0$ kg. (b) Wie lange dauert es, bis m_1 die Kante des Tisches erreicht, wenn sich das System frei bewegen kann und m_1 sich anfangs 1,250 m von der Tischkante entfernt in der Ruhelage befindet? (c) Wie groß muss m_1 sein, wenn $m_2 = 1{,}0$ kg und die Beschleunigung des Systems auf $\frac{1}{100}g$ gehalten werden soll? (g ist die Fallbeschleunigung im Gegensatz zur Gewichtseinheit g.)

49 (III) Bestimmen Sie eine Formel für die Beschleunigung des in ► Abbildung 4.46 dargestellten Systems (siehe Aufgabe 47), wenn das Seil eine nicht vernachlässigbare Masse m_S hat. Geben Sie sie in Bezug auf l_1 und l_2 an, die Seillängen von den jeweiligen Massen bis zu der Rolle. (Die gesamte Seillänge beträgt $l = l_1 + l_2$.)

50 (III) Die beiden in ► Abbildung 4.47 dargestellten Massen befinden sich anfangs 1,80 m über dem Boden. Die masselose, reibungsfreie Rolle ist in einer Höhe von 4,8 m über dem Boden befestigt. Welche maximale Höhe erreicht der leichtere Körper, nachdem das System freigegeben ist? [*Hinweis*: Bestimmen Sie zunächst die Beschleunigung der leichteren Masse und dann seine Geschwindigkeit zu dem Zeitpunkt, an dem die schwerere Masse auf dem Boden auftrifft. Dies ist ihre „Start"-Geschwindigkeit. Setzen Sie voraus, dass sie nicht die Rolle trifft.]

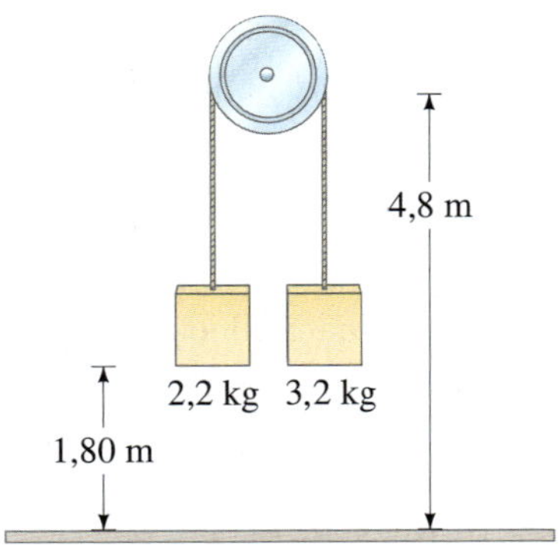

Abbildung 4.47 Aufgabe 50.

51 (III) Nehmen wir an, das Seil in Beispiel 4.12 und ► Abbildung 4.23 ist ein schweres Tau mit einer Masse von 1,0 kg. Berechnen Sie die Beschleunigung jeder Kiste und die Zugkraft an jedem Ende des Seils. Verwenden Sie dabei die in ► Abbildung 4.48 dargestellten Kräfteparallelogramme. Nehmen wir an, dass das Seil recht fest ist, so dass wir das Durchhängen vernachlässigen können.

52 (III) Nehmen wir an, die Rolle in ► Abbildung 4.49 ist an einem Seil S aufgehängt. Bestimmen Sie die Zugkraft in diesem Seil nach der Freigabe der Masse und bevor die Masse auf dem Boden auftrifft. Vernachlässigen Sie die Masse der Rolle.

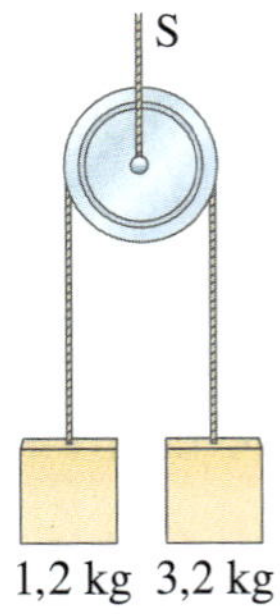

Abbildung 4.49 Aufgabe 52.

53 (III) Ein kleiner Block mit der Masse m ruht auf der geneigten Seite eines dreieckigen Blocks mit der Masse M, der selbst wiederum auf einem horizontalen Tisch ruht, wie in 4.50 dargestellt. Nehmen Sie an, dass alle Flächen reibungsfrei sind und bestimmen Sie die Kraft F, die auf M ausgeübt werden muss, damit m in einer relativ zu M festen Position bleibt (d. h. m bewegt sich auf der schiefen Ebene nicht).

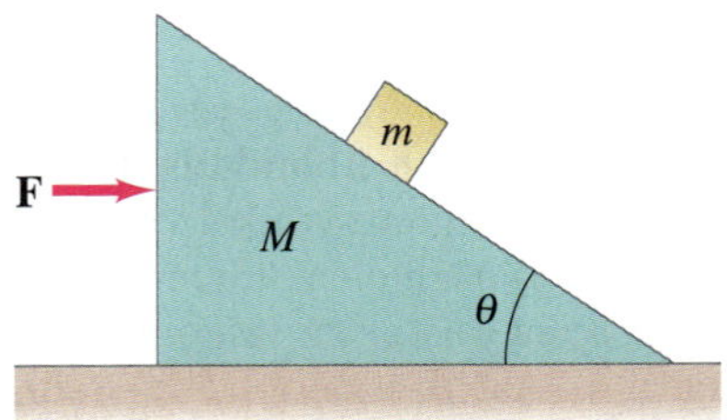

Abbildung 4.50 Aufgabe 53.

54 (III) Bestimmen Sie eine Formel für den Betrag der auf den großen Block (m_3) in ► Abbildung 4.51 ausgeübten Kraft **F**, so dass die Masse m_1 sich relativ zu m_3 nicht bewegt. Vernachlässigen Sie die Reibung. Nehmen Sie an, dass $m_2 m_3$ nicht berührt.

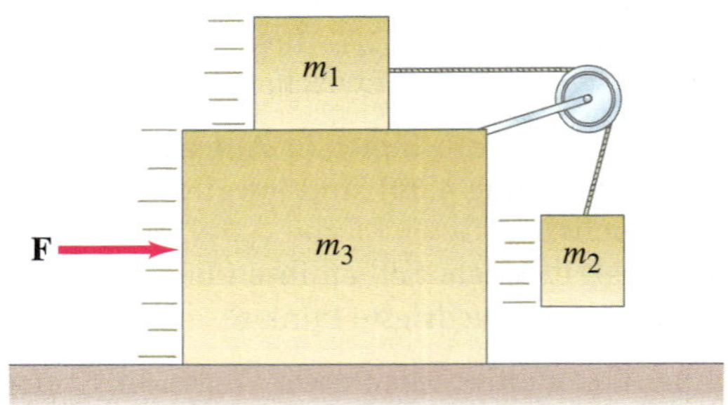

Abbildung 4.51 Aufgabe 54.

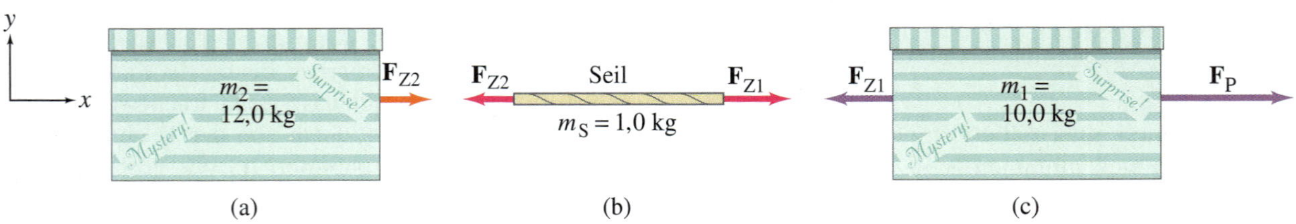

Abbildung 4.48 Aufgabe 51. Kräfteparallelogramme für jeden der Körper des in Abbildung 4.23a gezeigten Systems. Die vertikalen Kräfte $\mathbf{F}_N$ und $\mathbf{F}_G$ sind nicht dargestellt.

55 (III) Der in ► Abbildung 4.52 dargestellte doppelte Flaschenzug hat reibungsfreie, masselose Rollen und Seile. Bestimmen Sie (a) die Beschleunigung der Massen m_1, m_2 und m_3 und (b) die Zugkräfte F_{Z1} und F_{Z3} in den Seilen.

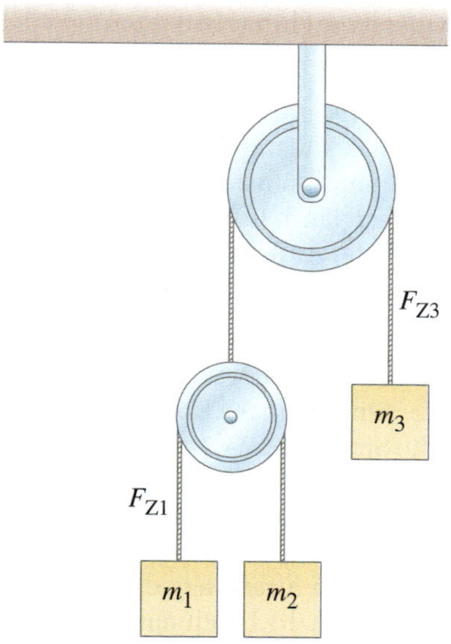

Abbildung 4.52 Aufgabe 55.

56 (III) Ein Massenpunkt mit der Masse m, der sich anfangs in Ruhe befindet, wird von einer Kraft beschleunigt, die in Abhängigkeit der Zeit als $F = Ct^2$ zunimmt. Bestimmen Sie seine Geschwindigkeit v und seinen Ort x in Abhängigkeit der Zeit.

57 (III) Bestimmen Sie eine Formel für die Geschwindigkeit v der in ► Abbildung 4.46 (siehe Aufgabe 49) dargestellten Massen und nehmen Sie dabei an, dass das Seil die Masse m_S hat und homogen ist. Bei $t = 0$ ist $v = 0$ und die Masse m_2 befindet sich an der Rolle, während die Masse m_1 eine Entfernung l von der Rolle entfernt ist. Nehmen Sie an, dass die Rolle sehr klein ist (vernachlässigen Sie ihren Durchmesser) und vernachlässigen Sie die Reibung. [*Hinweis*: Wenden Sie die Kettenregel $dv/dt = (dv/dy)(dy/dt)$ an und integrieren Sie.]

58 (III) Ein schweres Stahlseil mit der Länge L und der Masse M läuft über eine kleine masselose, reibungsfreie Rolle. (a) Berechnen Sie die Beschleunigung des Seils in Abhängigkeit von y, wenn eine Länge y über eine Seite der Rolle hängt (so dass $L-y$ auf der anderen Seite herunterhängt). (b) Bestimmen Sie die Geschwindigkeit v_f zu dem Zeitpunkt, an dem das ganze Seil von der Rolle heruntergerollt ist unter der Annahme, dass das Seil aus der Ruhelage mit der Länge y_0 auf der einen Seite der Rolle startet. (c) Berechnen Sie v_f für $y_0 = \frac{2}{3}L$. [*Hinweis*: Wenden Sie die Kettenregel $dv/dt = (dv/dy)(dy/dt)$ an und integrieren Sie.]

Allgemeine Aufgaben

59 Gemäß einem vereinfachten Modell des Herzens eines Säugetiers werden bei jedem Pulsschlag ca. 20 g Blut in einem Zeitraum von 0,10 s von 0,25 m/s auf 0,35 m/s beschleunigt. Wie groß ist der Betrag der vom Herzmuskel ausgeübten Kraft?

60 Eine Person hat eine realistische Chance, einen Autounfall zu überleben, wenn die Abbremsung nicht größer als 30g ist. Berechnen Sie die für diese Beschleunigung notwendige Kraft, wenn die Person eine Masse von 70 kg hat. Welcher Weg wird zurückgelegt, wenn diese Person von 90 km/h zum Stillstand gebracht wird? (g ist die Fallbeschleunigung im Gegensatz zur Gewichtseinheit g.)

61 Ein Portemonnaie (Masse 2,0 kg) fällt vom schiefen Turm von Pisa 55 m frei nach unten und erreicht den Boden mit einer Geschwindigkeit von 29 m/s. Wie groß war die durchschnittliche Kraft des Luftwiderstandes?

62 Ein Angler in einem Boot benutzt eine Angelschnur mit einer Zugfestigkeit von 45 N. (a) Wie schwer kann ein Fisch sein, wenn der Angler ihn mit konstanter Geschwindigkeit senkrecht nach oben zieht? (b) Wie groß kann das maximale Gewicht eines Fisches sein, wenn der Angler ihn mit 2,0 m/s^2 nach oben beschleunigt?

63 Ein Aufzug in einem Hochhaus darf mit einer maximalen Geschwindigkeit von 3,5 m/s nach unten fahren. Wie groß muss die Zugkraft in dem Seil sein, um diesen Aufzug über eine Entfernung von 3,0 m anzuhalten, wenn er, einschließlich Fahrgästen, eine Masse von 1300 kg hat?

64 Die Laufkatze eines Krans im Punkt P in ► Abbildung 4.53 bewegt sich mit konstanter Geschwindigkeit

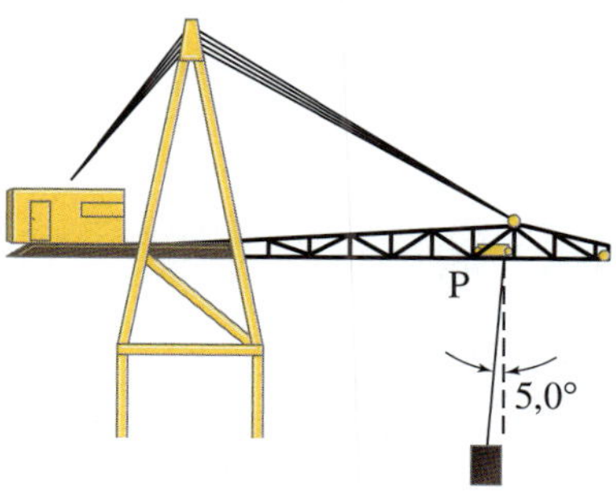

Abbildung 4.53 Aufgabe 64.

nach rechts und die Last (Masse 800 kg) hängt in einem Winkel von 5° zur Vertikalen, wie dargestellt. Wie groß ist die Beschleunigung der Laufkatze und der Last?

63 Ein nasses Stück Seife ($m = 150$ g) gleitet frei eine 3,0 m lange Rampe mit einem Neigungswinkel von 9,5° hinunter. Wie lange dauert es, bis das Stück den Boden erreicht? Wie würde sich die Antwort verändern, wenn das Stück Seife eine Masse von 300 g hätte?

64 Ein Block (Masse m_1) liegt auf einer reibungsfreien schiefen Ebene und ist mittels eines masselosen Seils, das über eine Rolle läuft, mit einer Masse m_2 verbunden, wie in ▶ Abbildung 4.54 dargestellt. (a) Bestimmen Sie eine Formel für die Beschleunigung des Systems in Bezug auf m_1, m_2, θ und g. (b) Welche Bedingungen gelten für die Massen m_1 und m_2, wenn die Beschleunigung in einer Richtung (z. B. m_1 die Ebene hinunter) oder in entgegengesetzter Richtung verlaufen soll?

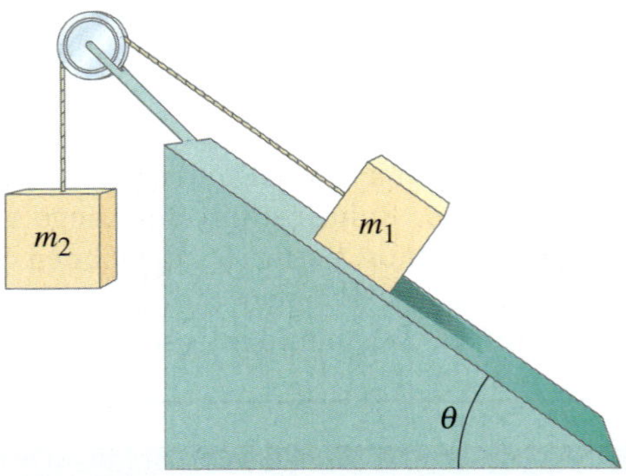

Abbildung 4.54 Aufgaben 66 und 67.

65 (a) Wie groß ist die Beschleunigung des Systems in ▶ Abbildung 4.54, wenn $m_1 = m_2 = 1{,}00$ kg und $\theta = 30°$? (b) Wie groß muss die Masse m_2 sein, wenn $m_1 = 1{,}00$ kg und $\theta = 30°$ und das System im Stillstand verharrt? (c) Berechnen Sie die Zugkraft im Seil für (a) und (b).

66 Die Massen m_1 und m_2 gleiten auf den glatten (reibungsfreien) schiefen Ebenen, die in ▶ Abbildung 4.55 dargestellt sind. (a) Bestimmen Sie eine Formel für die Beschleunigung des Systems in Bezug auf m_1, m_2, θ_1, θ_2 und g. (b) Welcher Wert für m_2 würde das System im Stillstand halten, wenn $\theta_1 = 30°$, $\theta_2 = 20°$ und $m_1 = 5{,}00$ kg? Wie groß wäre in diesem Fall die Zugkraft in dem Seil?

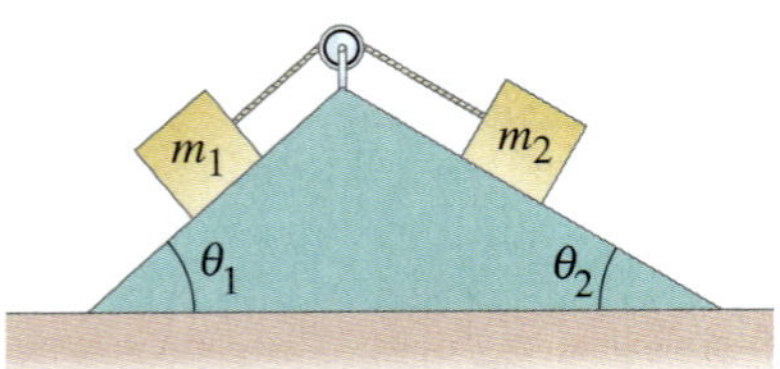

Abbildung 4.55 Aufgabe 68.

67 Wenn ein Radfahrer mit einer Masse von 65 kg (einschließlich Fahrrad) einen Hügel mit einer Neigung von 6° mit einer gleich bleibenden Geschwindigkeit von 6,0 km/h auf Grund des Luftwiderstandes hinunterrollen kann, wie viel Kraft muss dann ausgeübt werden, um den Hügel mit derselben Geschwindigkeit (und bei gleichem Luftwiderstand) hinaufzufahren?

68 Eine Person (Masse 75,0 kg) steht in einem Aufzug auf einer Waage. Was zeigt die Waage (in N und in kg) an, wenn (a) sich der Aufzug im Stillstand befindet, (b) der Aufzug mit einer konstanten Geschwindigkeit von 3,0 m/s nach oben fährt, (c) der Aufzug mit 3,0 m/s nach unten fährt, (d) der Aufzug mit 3,0 m/s^2 nach oben beschleunigt, (e) der Aufzug mit 3,0 m/s^2 nach unten beschleunigt?

69 Ein Städteplaner arbeitet an der Neuplanung eines hügeligen Stadtteils. Ein wichtiger Gesichtspunkt ist die Frage, wie steil die Straßen sein dürfen, damit auch Autos mit leistungsschwächeren Motoren die Hügel hinaufkommen, ohne langsamer zu werden. Tatsache ist, dass ein bestimmtes kleines Auto mit einer Masse von 1100 kg auf einer ebenen Straße aus dem Stillstand in 14,0 s auf 21 m/s (75 km/h) beschleunigen kann. Berechnen Sie unter Verwendung dieser Angaben die maximale Steilheit eines Hügels.

70 Ein Radfahrer kann einen Hügel mit einer Neigung von 5,0° mit einer konstanten Geschwindigkeit von 6,0 km/h hinunterrollen. Berechnen Sie (a) den Wert der Konstanten c und (b) die durchschnittliche Kraft, die ausgeübt werden muss, um den Hügel mit 20,0 km/h hinunterzufahren, wenn die Kraft des Luftwiderstandes proportional zur Geschwindigkeit v ist, so dass $F_{\text{Luft}} = cv$. Die Masse von Radfahrer und Fahrrad beträgt 80,0 kg.

71 Franziska, die Physikexperimente mag, lässt ihre Armbanduhr an einem dünnen Stück Faden baumeln, während das Düsenflugzeug, in dem sie sich befindet, vom Dulles Airport abhebt (▶ Abbildung 4.56). Sie bemerkt, dass der Faden mit der Vertikalen einen Winkel von 25° bildet, als das Flugzeug beim Start beschleunigt, was ca. 18 Sekunden dauert. Schätzen Sie die Geschwindigkeit des Flugzeugs beim Abheben ab.

Abbildung 4.56 Problem 75.

74 Bei der Planung eines Supermarktes sollen mehrere Rampen vorgesehen werden, die verschiedene Teile des Ladens miteinander verbinden. Kunden werden Einkaufswagen die Rampen hochschieben müssen und dies sollte sicher nicht zu schwer sein. Der Planer hat eine Umfrage durchgeführt und herausgefunden, dass sich fast niemand beschwert, wenn die erforderliche Kraft nicht mehr als 20 N beträgt. In welchem maximalen Winkel θ sollten die Rampen gebaut werden? Gehen Sie von einem vollen Einkaufswagen (Masse 20,0 kg) aus und vernachlässigen Sie die Reibung.

75 (a) Welche minimale Kraft F ist erforderlich, um das Klavier (Masse M) zu heben, wenn dabei der in ▶ Abbildung 4.57 dargestellte Flaschenzug verwendet wird? (b) Bestimmen Sie die Zugkraft in jedem Seilabschnitt: F_{Z1}, F_{Z2}, F_{Z3} und F_{Z4}.

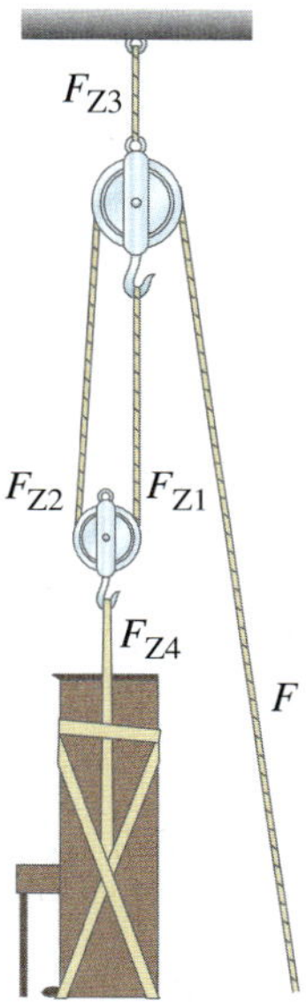

Abbildung 4.57 Aufgabe 75.

76 Ein Düsenflugzeug steigt in einem Winkel von 45° über der Horizontalen und beschleunigt mit 4,5 m/s^2. Wie groß ist die Gesamtkraft, die der Cockpitsitz auf den Piloten (Masse 75 kg) ausübt?

77 Beim Planungsprozess für einen Kindersitz berücksichtigt der Planer folgende Bedingungen: Ein Kind (Masse 12 kg) fährt in dem Sitz, der an einem Autositz sicher befestigt ist (▶ Abbildung 4.58). Nehmen wir an, das Auto ist in einen Frontalzusammenstoß mit einem anderen Fahrzeug verwickelt. Die Anfangsgeschwindigkeit v_0 des Autos beträgt 50 km/h und diese Geschwindigkeit wird während der Kollisionszeit von 0,20 s auf null reduziert. Nehmen Sie eine konstante Abbremsung des Autos während der Kollision an und schätzen Sie die horizontale Nettokraft F ab, die die Gurte des Kindersitzes auf das Kind ausüben müssen, damit es im Sitz gehalten wird. Behandeln Sie das Kind wie einen Massenpunkt und geben Sie alle zusätzlichen Vermutungen an, die Sie während Ihrer Analyse anstellen.

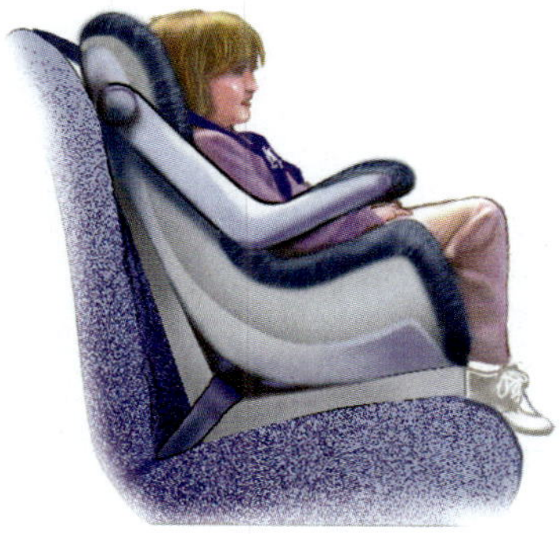

Abbildung 4.58 Aufgabe 77.

78 Ein Helikopter soll auf einer Baustelle einen Magnesiumrahmen (Masse 600 kg) heben, wie in ▶ Abbildung 4.59 dargestellt. Wie groß ist der Betrag der Zugkraft F_Z in dem Seil, wenn der Helikopter mit $0,15g$ nach oben beschleunigt? (g ist die Fallbeschleunigung im Gegensatz zur Gewichtseinheit g.)

79 Ein neuer italienischer Hochgeschwindigkeitszug mit 12 Wagen hat eine Masse von 660 000 kg. Er kann eine maximale Kraft von 400 kN auf die Schienen ausüben. Bei maximaler Geschwindigkeit (300 km/h) übt er eine Kraft von ca. 150 kN aus. Berechnen Sie (a) seine maximale Beschleunigung und schätzen Sie (b) die Kraft des Luftwiderstandes bei Spitzengeschwindigkeit ab.

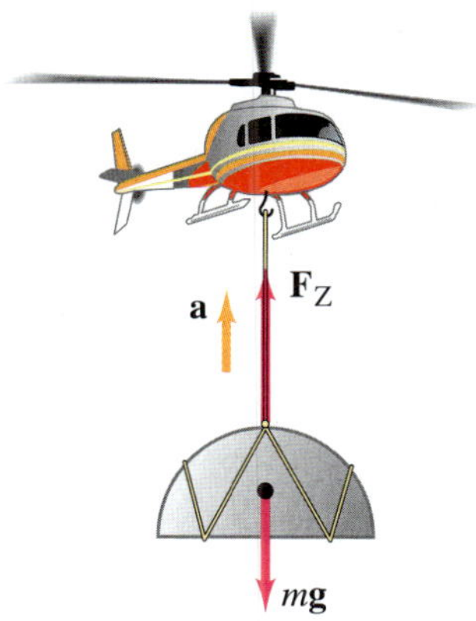

Abbildung 4.59 Aufgabe 78.

Weitere Anwendungen der Newton'schen Axiome

5

ÜBERBLICK

Die Newton'schen Axiome sind Grundlagen der Physik und dieses Kapitel beschäftigt sich mit verschiedenen Anwendungen. Diese Fotos zeigen zwei Situationen, in denen einige neue Elemente zu den im vorhergehenden Kapitel erörterten hinzukommen. Die Abfahrtsläuferin veranschaulicht **Reibung** *auf einer schiefen Ebene, obwohl sie den Schnee nicht berührt. Sie wird lediglich durch den Luftwiderstand abgebremst, der eine geschwindigkeitsabhängige Kraft ist. Die Menschen in dem drehenden Kettenkarussell auf dem rechten Foto veranschaulichen die Dynamik der Kreisbewegung.*

5. Weitere Anwendungen der Newton'schen Axiome

In diesem Kapitel wird unsere Untersuchung der Newton'schen Axiome fortgesetzt. Gleichzeitig wird die grundlegende Bedeutung dieser Gesetze für die Physik hervorgehoben. Wir behandeln einige wichtige Anwendungen der Newton'schen Axiome, die die Reibung und den wichtigen Aspekt der Dynamik von Kreisbewegungen (ihre Kinematik war unser Thema in Kapitel 3) umfassen. Obwohl Einiges in diesem Kapitel eine Wiederholung der in Kapitel 4 behandelten Themen zu sein scheint, werden auch viele neue Elemente einbezogen.

5.1 Anwendungen der Newton'schen Axiome – Reibung

Bisher haben wir die Reibung vernachlässigt, aber in den meisten praktischen Situationen muss sie berücksichtigt werden. Reibung existiert zwischen zwei festen Oberflächen, da selbst die glatteste Fläche mikroskopisch betrachtet ziemlich rau ist, ▸ Abbildung 5.1. Wenn wir versuchen, einen Körper über eine andere Fläche zu schieben, erschweren diese winzigen Unebenheiten die Bewegung. Was genau auf diesem atomaren Niveau geschieht, ist immer noch nicht vollständig geklärt. Man glaubt, dass sich die Atome an der Unebenheit einer Fläche möglicherweise so dicht den Atomen der anderen Fläche nähern, dass elektrische Anziehungskräfte zwischen den Atomen eine winzige Verbindung zwischen den beiden Flächen herstellen könnten. Das Schieben eines Körpers über eine Fläche erfolgt häufig ruckartig, eventuell auf Grund der Entstehung und Unterbrechung dieser Verbindungen. Selbst wenn man einen runden Körper über eine Fläche rollt, gibt es Reibung, die so genannte *Rollreibung*. Sie ist allerdings in der Regel wesentlich geringer, als wenn ein Körper über eine Fläche gleitet. Wir richten unsere Aufmerksamkeit jetzt auf die *Gleitreibung*.

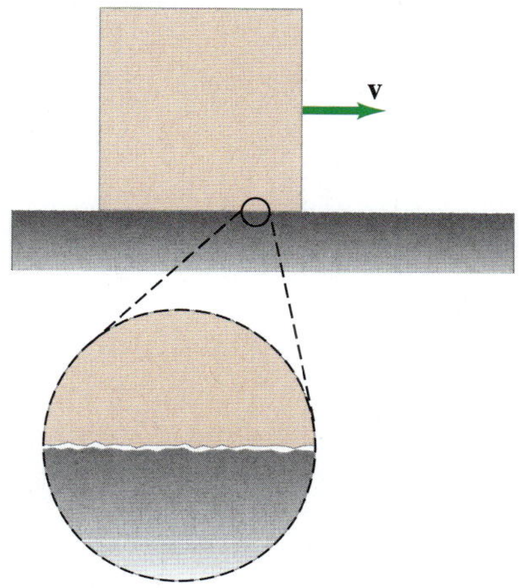

Abbildung 5.1 Ein Körper bewegt sich auf einem Tisch oder auf dem Boden nach rechts. Die beiden Berührungsflächen sind rau, zumindest aus mikroskopischer Sicht.

Wenn ein Körper über eine raue Fläche gleitet, wirkt die Gleitreibungskraft entgegengesetzt zu der Richtung der Geschwindigkeit des Körpers. Der Betrag der Gleitreibungskraft hängt von der Beschaffenheit der beiden Gleitflächen ab. Ein Experiment zeigt, dass bei gegebenen Oberflächen die Reibungskraft annähernd proportional zu der *Normalkraft* zwischen den beiden Oberflächen ist. Die Normalkraft ist die Kraft, die jeder Körper auf den anderen senkrecht zu ihrer gemeinsamen Berührungsfläche (siehe ▸ Abbildung 5.2) ausübt. Die Reibungskraft zwischen harten Oberflächen hängt nur geringfügig von der gesamten Berührungsfläche ab. Das bedeutet, dass die auf dieses Buch wirkende Reibungskraft ungefähr dieselbe ist, unabhängig davon, ob es auf seiner breiten Seite oder auf seinem Rücken geschoben wird, vorausgesetzt, die Oberflächen haben dieselbe Beschaffenheit. Daher betrachten wir ein plausibles Reibungsmodell, bei dem wir eine von der Fläche unabhängige Reibungskraft annehmen. Durch Einfügen einer Proportionalitätskonstante μ_G können wir dann die Proportionalität zwischen der Reibungskraft F_R und der Normalkraft F_N als Gleichung schreiben:

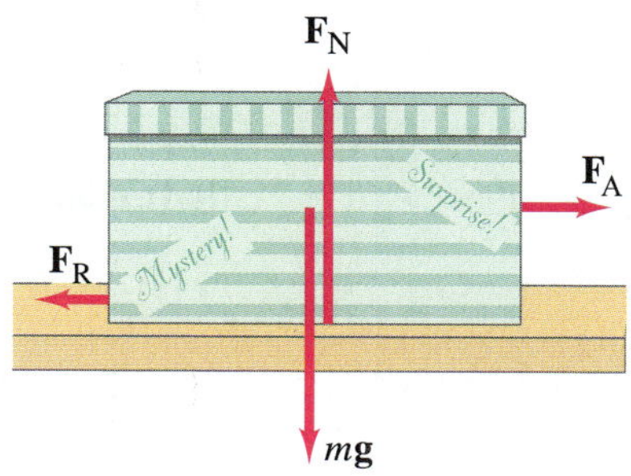

Abbildung 5.2 Wenn ein Körper durch eine ausgeübte Kraft ($\mathbf{F}_A$) über eine Fläche gezogen wird, wirkt die Reibungskraft $\mathbf{F}_R$ der Bewegung entgegen. Der Betrag von $\mathbf{F}_R$ ist proportional zum Betrag der Normalkraft $\mathbf{F}_N$.

Gleitreibung

$$F_R = \mu_G F_N \,.$$

Diese Beziehung ist kein fundamentales Gesetz, sondern eine nützliche Beziehung zwischen dem Betrag der Reibungkraft $\mathbf{F}_R$, die parallel zu den beiden Oberflächen wirkt, und dem Betrag der Normalkraft $\mathbf{F}_N$, die senkrecht zu den Oberflächen wirkt. Es handelt sich *nicht* um eine Vektorgleichung, da die beiden Kräfte senkrecht zueinander wirken. Der Term μ_G ist die **Gleitreibungszahl** und ihr Wert hängt von der Beschaffenheit der beiden Oberflächen ab. In Tabelle 5.1 sind Messwerte für eine Auswahl von verschiedenen Oberflächen angegeben. Es handelt sich allerdings

$F_R \perp F_N$

Tabelle 5.1

Reibungszahlen[a]

Oberflächen	Haftreibungszahl μ_H	Gleitreibungszahl μ_G
Holz auf Holz	0,4	0,2
Eis auf Eis	0,1	0,03
Metall auf Metall (eingefettet)	0,15	0,07
Stahl auf Stahl (nicht eingefettet)	0,7	0,6
Gummi auf trockenem Beton	1,0	0,8
Gummi auf nassem Beton	0,7	0,5
Gummi auf anderen festen Oberflächen	1–4	1
Teflon auf Teflon in Luft	0,04	0,04
Teflon auf Stahl in Luft	0,04	0,04
Geschmierte Kugellager	< 0,01	< 0,01
Junctura synovialis (in menschlichen Gelenken)	0,01	0,01

[a] Die Werte sind Näherungswerte und lediglich als Richtwerte gedacht.

nur um Näherungswerte, da μ_G davon abhängt, ob die Oberflächen nass oder trocken sind, in welchem Maße sie abgeschmirgelt oder abgeschliffen wurden, ob noch Grate vorhanden sind etc. Ganz allgemein gesagt ist μ_G aber unabhängig von der Gleitgeschwindigkeit und der Berührungsfläche.

Haftreibung

Bisher haben wir die *Gleitreibung* erörtert, wenn ein Körper über einen anderen gleitet. Es gibt auch eine **Haftreibung**, die sich auf eine Kraft parallel zu den beiden Oberflächen bezieht, die auch auftreten kann, wenn die Oberflächen nicht gleiten. Nehmen wir an, ein Körper, z. B. ein Tisch, steht auf einem waagerechten Boden. Wenn keine horizontale Kraft auf den Tisch ausgeübt wird, gibt es auch keine Reibungskraft. Nehmen wir jetzt aber an, Sie versuchen, den Tisch zu schieben und er bewegt sich nicht. Sie üben eine horizontale Kraft aus, aber der Tisch bewegt sich nicht. Es muss also eine andere Kraft auf den Tisch wirken, die ihn daran hindert, sich zu bewegen (bei einem Körper, der sich nicht bewegt, ist die Nettokraft null). Hierbei handelt es sich um die *Haftreibungs*kraft, die der Boden auf den Tisch ausübt. Wenn Sie mit mehr Kraft schieben, der Tisch sich aber weiterhin nicht bewegt, hat die Haftreibungskraft auch zugenommen. Wenn Sie kräftig genug schieben, wird der Tisch sich schließlich bewegen, und die Gleitreibung gewinnt die Oberhand. An diesem Punkt haben sie die maximale Haftreibungskraft übertroffen, die gegeben ist durch $F_R(\max) = \mu_H F_N$. Dabei ist μ_H die **Haftreibungszahl** (Tabelle 5.1). Da die Haftreibungskraft zwischen null und diesem maximalen Wert liegen kann, schreiben wir

$$F_R \leq \mu_H F_N .$$

Sie haben vielleicht bemerkt, dass es häufig leichter ist, einen schweren Körper in Bewegung zu halten, wie z. B. beim Schieben eines Tisches, als ihn anfangs in *Bewegung zu setzen*. In der Tat ist aus Tabelle 5.1 ersichtlich, dass μ_H in der Regel größer als μ_G ist.

Beispiel 5.1 Gleit- und Haftreibung

Unsere Zauberkiste mit einer Masse von 10,0 kg ruht auf einem waagerechten Boden. Die Haftreibungszahl ist $\mu_H = 0{,}40$ und die Gleitreibungszahl $\mu_G = 0{,}30$. Bestimmen Sie die Reibungskraft F_R, die auf die Kiste wirkt, wenn von außen eine horizontale Kraft F_A mit dem Betrag (a) 0, (b) 10 N, (c) 20 N, (d) 38 N und (e) 40 N ausgeübt wird.

Lösung

Das Kräfteparallelogramm der Kiste ist in ▸ Abbildung 5.2 dargestellt. Schauen Sie es sich genau an. In der vertikalen Richtung ist keine Bewegung vorhanden, deshalb ergibt $\sum F_y = ma_y = 0$ $F_N - mg = 0$. Folglich ist die Normalkraft in allen Fällen

$$F_N = mg = (10{,}0\,\mathrm{kg})(9{,}80\,\mathrm{m/s^2}) = 98{,}0\,\mathrm{N}\,.$$

a Da in diesem ersten Fall keine Kraft ausgeübt wird, bewegt sich die Kiste nicht und es gilt $F_R = 0$.

b Die Haftreibungskraft wirkt jeder ausgeübten Kraft bis zu einem Höchstwert von

$$\mu_H F_N = (0{,}40)(98{,}0\,\mathrm{N}) = 39\,\mathrm{N}$$

entgegen.

Die ausgeübte Kraft ist $F_A = 10\,\mathrm{N}$. Daher bewegt sich die Kiste nicht. Da $\sum F_x = F_A - F_R = 0$ ist, gilt $F_R = 10\,\mathrm{N}$.

c Eine ausgeübte Kraft von 20 N ist ebenfalls nicht ausreichend, um die Kiste zu bewegen. So ist $F_R = 20\,\mathrm{N}$, um die ausgeübte Kraft auszugleichen.

d Die ausgeübte Kraft von 38 N ist immer noch nicht groß genug, um die Kiste zu bewegen. Die Reibungskraft ist jetzt auf 38 N gestiegen, um die Kiste im Stillstand zu halten.

e Eine Kraft von 40 N wird die Kiste in Bewegung setzen, da diese Kraft größer ist als die maximale Haftreibungskraft $\mu_H F_N = (0{,}40)(98{,}0\,\mathrm{N}) = 39\,\mathrm{N}$. Anstelle der Haftreibung liegt jetzt eine Gleitreibung vor. Ihr Betrag ist

$$F_R = \mu_G F_N = (0{,}30)(98{,}0\,\mathrm{N}) = 29\,\mathrm{N}\,.$$

Es gibt jetzt eine auf die Kiste wirkende (horizontale) Nettokraft mit dem Betrag $F = 40\,\mathrm{N} - 29\,\mathrm{N} = 11\,\mathrm{N}$, so dass die Kiste eine Beschleunigung von

$$a_x = \sum F/m = 11\,\mathrm{N}/10\,\mathrm{kg} = 1{,}1\,\mathrm{m/s^2}$$

hat, so lange die ausgeübte Kraft 40 N beträgt. ▸ Abbildung 5.3 zeigt eine Kurve, die dieses Beispiel zusammenfasst.

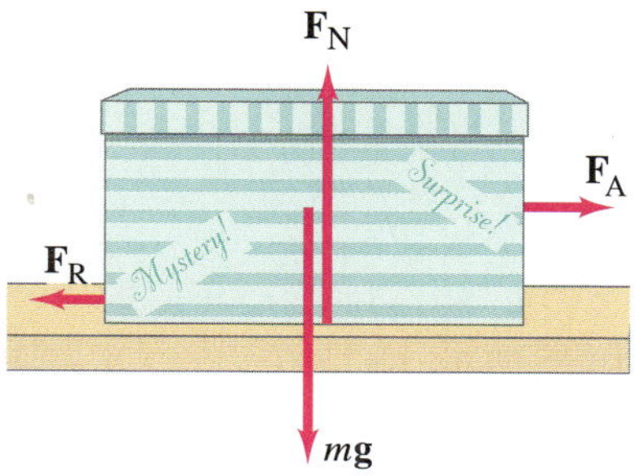

Abbildung 5.2 Wiederholung für Beispiel 5.1.

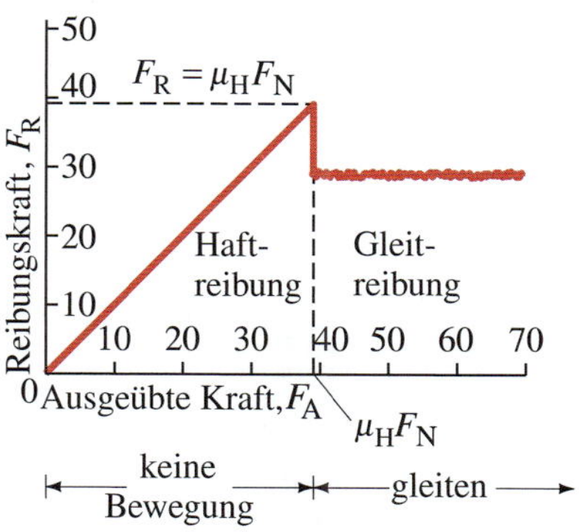

Abbildung 5.3 Der Betrag der Reibungskraft in Abhängigkeit der von außen auf einen Körper ausgeübten Kraft, der sich zunächst im Stillstand befindet. Wenn der Betrag der ausgeübten Kraft erhöht wird, nimmt die Haftreibungskraft linear zu, bis die ausgeübte Kraft gleich $\mu_H F_N$ ist. Nimmt die ausgeübte Kraft weiter zu, beginnt der Körper, sich zu bewegen, und die Reibungskraft fällt auf einen nahezu konstanten Wert, der für die Gleitreibung charakteristisch ist.

Wir schauen uns jetzt einige Beispiele für die Gleitreibung in verschiedenen Anwendungen an. Beachten Sie, dass es sich sowohl bei der Normalkraft, als auch bei der Reibungskraft um Kräfte handelt, die eine Fläche auf eine andere ausübt. Die eine Kraft (die Normalkraft) wirkt senkrecht zu den Berührungsflächen, die andere (die Reibungskraft) parallel.

Beispiel 5.2 · Begriffsbildung

Einen Schlitten schieben oder ziehen?

Ihre kleine Schwester möchte mit ihrem Schlitten fahren. Üben Sie weniger Kraft aus, wenn Sie sie auf dem Schlitten auf ebenem Untergrund ziehen oder schieben? Siehe ► Abbildung 5.4a und b. Nehmen Sie für jeden Fall denselben Winkel θ an.

Lösung

In der ► Abbildung 5.4c und d sind Kräfteparallelogramme abgebildet. Wenn Sie Ihre Schwester schieben und $\theta > 0$ ist, gibt es eine senkrecht abwärts gerichtete Komponente zu Ihrer Kraft. Folglich ist die nach oben vom Boden ausgeübte Normalkraft größer als mg (wobei m die Masse der Schwester plus Schlitten ist). Wenn Sie sie ziehen, hat Ihre Kraft eine senkrecht aufwärts gerichtete Komponente, so dass die Normalkraft F_N kleiner als mg sein kann. Da die Reibungskraft proportional zur Normalkraft ist, ist sie geringer, wenn Sie Ihre Schwester ziehen. Das bedeutet, dass Sie weniger Kraft ausüben, wenn Sie Ihre Schwester ziehen.

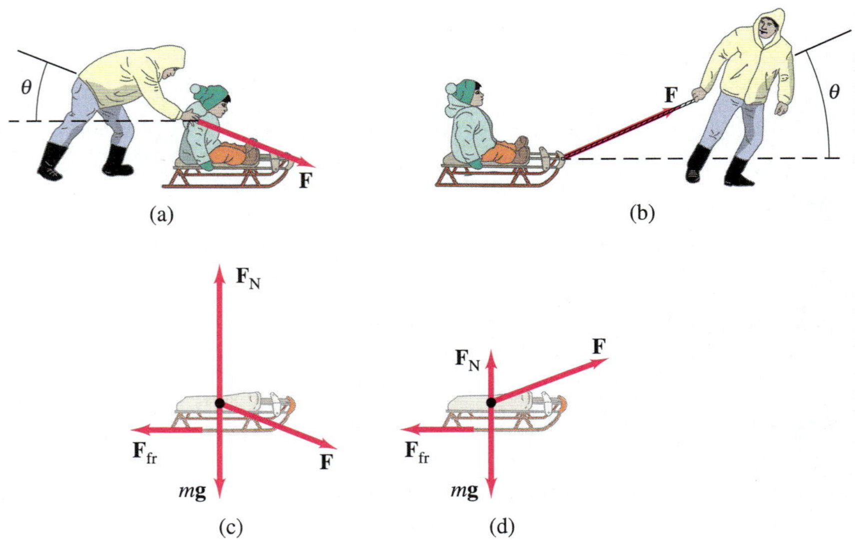

Abbildung 5.4 Beispiel 5.2.

Beispiel 5.3 · Begriffsbildung

Kiste gegen Wand

Sie können eine Kiste gegen eine raue Wand halten (► Abbildung 5.5) und sie am Herunterrutschen hindern, indem Sie kräftig in horizontaler Richtung drücken. Wie hält die Ausübung einer horizontalen Kraft einen Körper davon ab, sich in senkrechter Richtung zu bewegen?

Lösung

Dies funktioniert nicht gut, wenn die Wand rutschig ist. Sie brauchen Reibung. Auch wenn Sie nicht kräftig genug drücken, rutscht die Kiste. Die horizontale Kraft, die Sie ausüben, erzeugt eine Normalkraft, die von der Wand auf die Kiste ausgeübt wird (warum?). Die Gravitationskraft mg, die nach unten auf

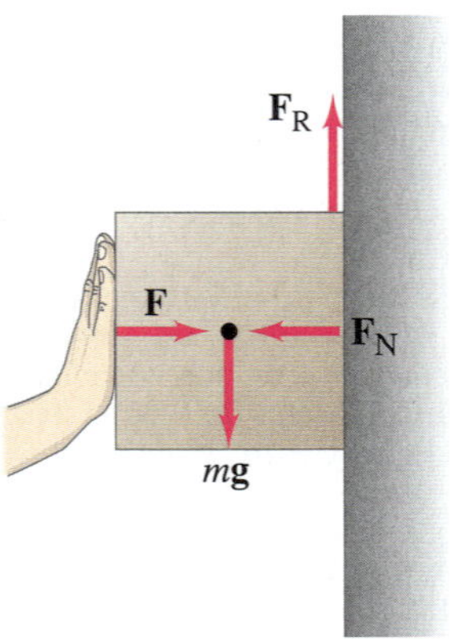

Abbildung 5.5 Beispiel 5.3.

die Kiste wirkt, kann jetzt durch eine aufwärts gerichtete Reibungskraft ausgeglichen werden, deren Betrag proportional zu der Normalkraft ist. Je stärker Sie drücken, desto größer ist F_N und desto größer kann F_R sein. Wenn Sie nicht kräftig genug drücken, dann ist $mg > \mu_H F_N$ und die Kiste beginnt zu rutschen.

Beispiel 5.4 Ziehen gegen Reibung

Eine Kiste mit einer Masse von 10,0 kg wird auf einer horizontalen Fläche mit einer Kraft von F_P von 40,0 N gezogen, die in einem Winkel von 30,0° ausgeübt wird. Hier wird das Beispiel 4.11 aus dem vorhergehenden Kapitel wieder verwendet, nur dass jetzt eine Reibung vorhanden ist. Wir nehmen dafür eine Gleitreibungszahl von 0,30 an. Das Kräfteparallelogramm ist in ► Abbildung 5.6 dargestellt. Berechnen Sie die Beschleunigung.

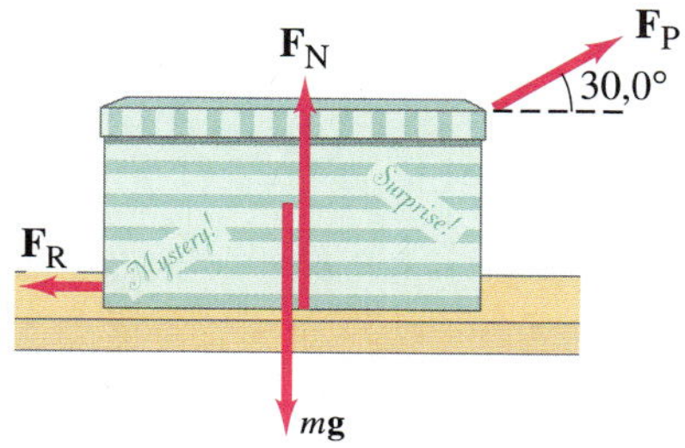

Abbildung 5.6 Beispiel 5.4.

Lösung

Die auf die Kiste ausgeübte Gleitreibungskraft wirkt der Bewegungsrichtung entgegen und verläuft parallel zu den Berührungsflächen. Die Berechnung der vertikalen (y) Richtung ist dieselbe wie zuvor (Beispiel 4.11): es ist keine Bewegung in vertikaler Richtung vorhanden, da $F_{Py} = F_y \sin 30° = (40{,}0\,\text{N})(\sin 30{,}0°) = 20{,}0\,\text{N}$ kleiner ist als das Gewicht der Kiste $mg = (10{,}0\,\text{kg})(9{,}80\,\text{m/s}^2) = 98{,}0\,\text{N}$. Wenn wir y als positiv aufwärts gerichtet annehmen, ergibt sich

$$F_N - mg + F_{Py} = ma_y$$
$$F_N - 98{,}0\,\text{N} + 20{,}0\,\text{N} = 0$$

und die Normalkraft ist $F_N = 78{,}0\,\text{N}$. Als nächstes wenden wir das zweite Newton'sche Axiom für die horizontale (x) Richtung an (positiv nach rechts):

$$F_{Px} - F_R = ma_x\,.$$

Die Reibungskraft ist so lange eine Gleitreibungskraft, wie $F_R = \mu_G F_N$ kleiner als F_{Px} ist. Das ist der Fall, weil

$$F_R = \mu_G F_N = (0{,}30)(78{,}0\,\text{N}) = 23{,}4\,\text{N}$$

und

$$F_{Px} = F_P \cos 30{,}0° = (40{,}0\,\text{N})(0{,}866) = 34{,}6\,\text{N}\,.$$

[Was würden Sie folgern, wenn $\mu_G F_N$ größer als F_{Px} wäre?] Folglich beschleunigt die Kiste:

$$a_x = \frac{F_{Px} - F_R}{m} = \frac{34{,}6\,\text{N} - 23{,}4\,\text{N}}{10{,}0\,\text{kg}} = 1{,}1\,\text{m/s}^2\,.$$

Bei Nichtvorhandensein von Reibung wäre, wie wir in Beispiel 4.11 gesehen haben, die Beschleunigung wesentlich größer. Beachten Sie, dass unsere endgültige Antwort nur zwei signifikante Stellen haben sollte, da unser niedrigstwertiger Eingabewert ($\mu_G = 0{,}30$) auch nur zwei hat.

Beispiel 5.5 Reibungskraft und Gewichtskraft

In ► Abbildung 5.7a sind zwei Kisten durch ein Seil, das über eine Rolle läuft, miteinander verbunden. Die Gleitreibungszahl zwischen Kiste I und dem

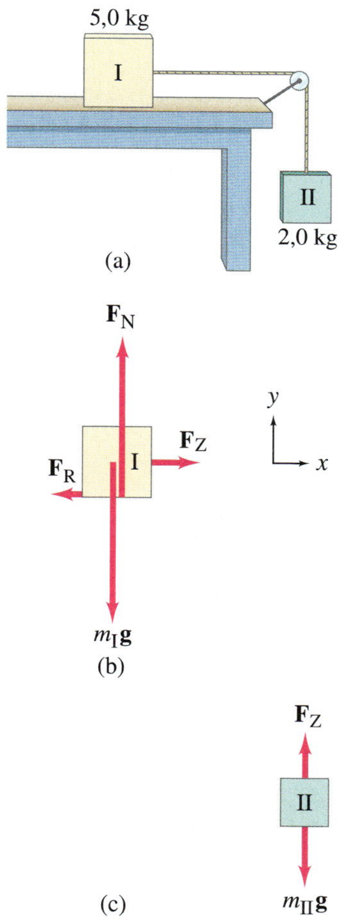

Abbildung 5.7 Beispiel 5.5.

Tisch beträgt 0,20. Wir vernachlässigen die Masse des Seils und der Rolle sowie die Reibung in der Rolle. Deshalb können wir annehmen, dass eine an einem Ende des Seils ausgeübte Kraft am anderen Ende denselben Betrag hat. Wir möchten die Beschleunigung a des Systems ermitteln. Sie hat für beide Kisten denselben Betrag, vorausgesetzt, das Seil dehnt sich nicht. Wenn Kiste II sich nach unten bewegt, bewegt sich Kiste I nach rechts.

Lösung

Die Kräfteparallelogramme sind für jede Kiste in ► Abbildung 5.7b und c dargestellt. Kiste I bewegt sich nicht in senkrechter Richtung, so dass die Normalkraft gerade das Gewicht ausgleicht:

$$F_N = m_I g = (5{,}0\,\mathrm{kg})(9{,}8\,\mathrm{m/s^2}) = 49\,\mathrm{N}\,.$$

In horizontaler Richtung wirken zwei Kräfte auf Kiste I (► Abbildung 5.7b): F_Z, die Zugkraft in dem Seil (deren Wert wir nicht kennen) und die Reibungskraft

$$F_R = \mu_G F_N = (0{,}20)(49\,\mathrm{N}) = 9{,}8\,\mathrm{N}\,.$$

Wir möchten die horizontale Beschleunigung ermitteln. Wir wenden das zweite Newton'sche Axiom in der x-Richtung an, $\sum F_{Ix} = m_I a_x$. Das wird (wenn wir die positive Richtung nach rechts annehmen und $a_{Ix} = a$ setzen) zu:

$$\sum F_{Ix} = F_Z - F_R = m_I a\,. \quad \text{[Kiste I]}$$

Betrachten wir als nächstes Kiste II. Die Gravitationskraft $F_G = m_{II} g = 19{,}6\,\mathrm{N}$ zieht nach unten und das Seil zieht mit einer Kraft F_Z nach oben. So können wir das zweite Newton'sche Axiom für Kiste II (wenn wir die Abwärtsrichtung als positiv annehmen) wie folgt schreiben:

$$\sum F_{IIy} = m_{II} g - F_Z = m_{II} a\,. \quad \text{[Kiste II]}$$

(Beachten Sie hier, dass, wenn $a \neq 0, F_Z$ nicht gleich mit $m_{II} g$ ist.) Wir haben zwei Unbekannte, a und F_Z, und zwei Gleichungen. Wir lösen die Gleichung für Kiste I nach F_Z auf:

$$F_Z = F_R + m_I a$$

und setzen dies in die Gleichung für Kiste II ein:

$$m_{II} g - F_R - m_I a = m_{II} a\,.$$

Jetzt lösen wir nach a auf und setzen Zahlenwerte ein:

$$a = \frac{m_{II} g - F_R}{m_I + m_{II}} = \frac{19{,}6\,\mathrm{N} - 9{,}8\,\mathrm{N}}{5{,}0\,\mathrm{kg} + 2{,}0\,\mathrm{kg}} = 1{,}4\,\mathrm{m/s^2}\,.$$

Dies ist die Beschleunigung von Kiste I nach rechts und von Kiste II nach unten. Mithilfe der ersten Gleichung können wir auch F_Z berechnen:

$$F_Z = F_R + m_I a = 9{,}8\,\mathrm{N} + (5{,}0\,\mathrm{kg})(1{,}4\,\mathrm{m/s^2}) = 17\,\mathrm{N}\,.$$

Als Nächstes betrachten wir ein Beispiel eines Körpers, der sich eine schiefe Ebene hinunterbewegt, wie in Beispiel 4.17 in Kapitel 4. Allerdings beziehen wir jetzt die Reibung mit ein.

Beispiel 5.6 Die Skifahrerin

ANGEWANDTE PHYSIK

Sport

Die Skifahrerin in ▶ Abbildung 5.8a hat gerade begonnen, den Abhang (schiefe Ebene) mit einem Neigungswinkel von 30° hinunterzufahren. Berechnen Sie (a) ihre Beschleunigung und (b) die Geschwindigkeit, die sie nach 4,0 s erreicht haben wird. Nehmen Sie dabei eine Gleitreibungszahl von 0,10 an.

Lösung

Zunächst zeichnen wir das Kräfteparallelogramm, das alle auf die Skifahrerin einwirkenden Kräfte zeigt, ▶ Abbildung 5.8b: ihr nach unten gerichtetes Gewicht ($\mathbf{F}_G = m\mathbf{g}$) und die beiden vom Schnee auf ihre Skier ausgeübten Kräfte – die senkrecht zur Schneefläche (schiefen Ebene) wirkende Normalkraft und die parallel zu der Ebene wirkende Reibungskraft. Diese drei Kräfte sind in ▶ Abbildung 5.8b aus Gründen der Zweckmäßigkeit so dargestellt, dass sie in einem Punkt wirken. Ebenfalls aus Gründen der Zweckmäßigkeit wählen wir die x-Achse parallel zur schiefen Ebene und dabei die positive Richtung bergab und die y-Achse senkrecht zu der Fläche. Bei dieser Wahl müssen wir nur einen Vektor in seine Komponenten zerlegen, und zwar das Gewicht. Seine Komponenten sind in ▶ Abbildung 5.8c als gestrichelte Linien dargestellt. Sie sind gegeben durch

$$F_{Gx} = mg\sin\theta\,,$$

$$F_{Gy} = -mg\cos\theta\,.$$

An dieser Stelle wählen wir noch die allgemeingültige Ausdrucksweise, da wir θ anstatt 30° schreiben.

a Für die Berechnung ihrer Beschleunigung bergab, a_x, wenden wir das zweite Newton'sche Axiom auf die x-Richtung an:

$$\sum F_x = ma_x$$

$$mg\sin\theta - \mu_G F_N = ma_x\,.$$

Dabei sind die beiden Kräfte die Komponente der Gravitationskraft (positive x-Richtung) und die Reibungskraft (negative x-Richtung). Wir möchten den Wert für a_x ermitteln, kennen aber noch nicht F_N in der letzten Gleichung. Schauen wir, ob wir F_N aus der y-Komponente des zweiten Newton'schen Axioms erhalten können:

$$\sum F_y = ma_y$$

$$F_N - mg\cos\theta = ma_y = 0\,.$$

Dabei setzen wir $a_y = 0$, da es keine Bewegung in y-Richtung (senkrecht zur schiefen Ebene) gibt. So können wir nach F_N auflösen:

$$F_N = mg\cos\theta\,.$$

Dies können wir in unsere obige Gleichung für ma_x einsetzen:

$$mg\sin\theta - \mu_G(mg\cos\theta) = ma_x\,.$$

Jeder Term enthält ein m, so dass wir die Gleichung durch m dividieren können und erhalten (wenn wir $\theta = 30°$ und $\mu_G = 0{,}10$ setzen):

$$a_x = g\sin 30° - \mu_G g\cos 30° = 0{,}50\,g - (0{,}10)(0{,}866)g = 0{,}41\,g\,.$$

Die Beschleunigung der Skifahrerin ist 0,41 g. In Zahlen ausgedrückt bedeutet das: $a = (0{,}41)(9{,}8\,\mathrm{m/s^2}) = 4{,}0\,\mathrm{m/s^2}$. Es ist interessant, dass hier die Masse nicht mehr eingeht. So ergibt sich die praktische Schlussfolgerung, dass die *Beschleunigung* der Skifahrerin *nicht von der Masse abhängt*.

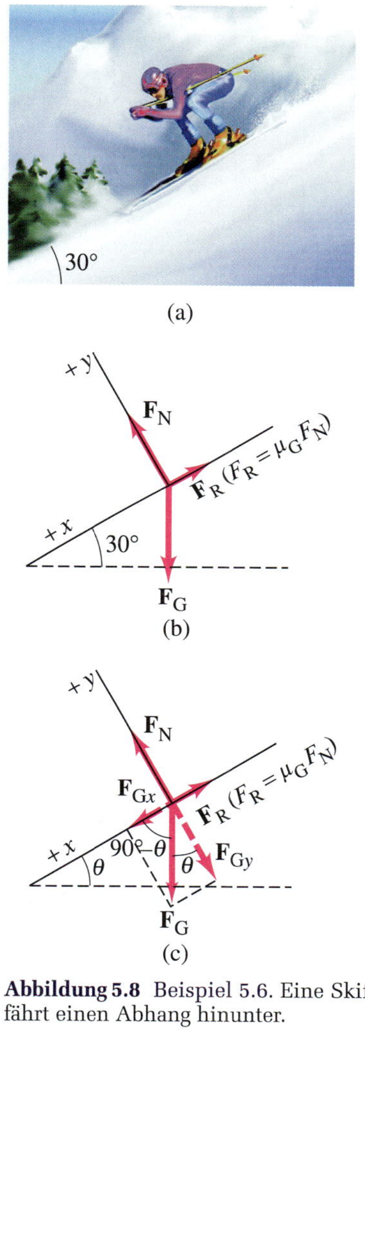

Abbildung 5.8 Beispiel 5.6. Eine Skifahrerin fährt einen Abhang hinunter.

PROBLEMLÖSUNG

Es ist häufig hilfreich, die Zahlen erst zum Schluss einzusetzen.

Hier wird ein großer Vorteil des Arbeitens mit algebraischen Gleichungen sichtbar: Wir sehen zunächst, von welchen Größen die Beschleunigung der Skifahrerin abhängt und setzen erst dann konkrete Zahlen ein, um die Beschleunigung als Wert zu berechnen.

b Da die Beschleunigung konstant ist, kann die Gesc0hwindigkeit nach 4,0 s mithilfe der Gleichung 2.12a ermittelt werden:

$$v = v_0 + at = 0 + (4{,}0\,\mathrm{m/s^2})(4{,}0\,\mathrm{s}) = 16\,\mathrm{m/s}\ .$$

Dabei haben wir einen Start aus dem Stillstand angenommen.

Beispiel 5.7 Messen von μ_G

Nehmen wir für Beispiel 5.6 an, dass der Schnee matschig ist und die Skifahrerin den Abhang (schiefe Ebene) mit einem Neigungswinkel von 30° mit konstanter Geschwindigkeit hinunterfährt. Was können Sie über die Reibungszahl μ_G sagen?

Lösung

Jetzt bewegt sich die Skifahrerin den Abhang mit konstanter Geschwindigkeit hinunter und wir möchten μ_G ermitteln. Das Kräfteparallelogramm und die $\sum F = ma$ – Gleichungen für die x- und y-Komponenten sind dieselben wie oben, nur dass wir jetzt $a_x = 0$ gegeben haben. Somit gilt

$$\sum F_y = F_N - mg\cos\theta = ma_y = 0$$

$$\sum F_x = mg\sin\theta - \mu_G F_N = ma_x = 0\ .$$

Aus der ersten Gleichung haben wir $F_N = mg\cos\theta$. Dies setzen wir in die zweite Gleichung ein:

$$mg\sin\theta - \mu_G(mg\cos\theta) = 0\ .$$

Nun lösen wir nach μ_G auf:

$$\mu_G = \frac{mg\sin\theta}{mg\cos\theta} = \frac{\sin\theta}{\cos\theta} = \tan\theta\ .$$

Das bedeutet für $\theta = 30°$

Eine Methode zur Bestimmung von μ_G

$$\mu_G = \tan\theta = \tan 30° = 0{,}58\ .$$

Nehmen Sie zur Kenntnis, dass wir die Gleichung

$$\mu_G = \tan\theta$$

unter einer Vielzahl von Bedingungen zur Bestimmung von μ_G anwenden können. Wir müssen nur beobachten, in welchem Neigungswinkel die Skifahrerin mit konstanter Geschwindigkeit hinunterfährt. Hier wird ein weiterer Grund für die Vorgehensweise deutlich, Zahlen erst am Schluss einzusetzen: Wir haben ein auch für andere Anwendungen allgemeingültiges Ergebnis erhalten.

Beispiel 5.8 Eine Kiste auf einer schiefen Ebene

Eine Kiste mit der Masse $m_1 = 10{,}0$ kg ruht auf einer schiefen Ebene, die mit der Horizontalen einen Winkel von $\theta = 37°$ bildet. Sie ist mittels eines leichten Seils, das über eine masselose und reibungsfreie Rolle läuft, mit einer zweiten Kiste mit der Masse m_2 verbunden, die frei hängt, wie in ▸ Abbildung 5.9a dargestellt. (a) Bestimmen Sie den Wertebereich für die Masse m_2, der das System in der Ruhelage hält, wenn die Haftreibungszahl $\mu_H = 0{,}40$ ist. (b) Bestimmen Sie die Beschleunigung des Systems für eine Gleitreibungszahl von $\mu_G = 0{,}30$ und $m_2 = 10{,}0$ kg.

Lösung

a ▸ Abbildung 5.9b zeigt zwei Kräfteparallelogramme für Kiste m_1. Die vom Seil ausgeübte Zugkraft ist mit $\mathbf{F}_Z$ bezeichnet. Die Reibungskraft kann den entlang der schiefen Ebene hinauf oder hinab wirken. Wir zeigen beide Möglichkeiten in ▸ Abbildung 5.9b: (i) wenn $m_2 = 0$ oder klein genug wäre, würde m_1 die schiefe Ebene hinunterrutschen. Dann wäre $\mathbf{F}_R$ die schiefe Ebene hinauf gerichtet; (ii) wenn m_2 groß genug ist, würde m_1 die Ebene hinaufgezogen werden, so dass $\mathbf{F}_R$ die Ebene hinunter gerichtet wäre. Für beide Fälle ist das zweite Newton'sche Axiom für die y-Richtung (senkrecht zur Ebene) dasselbe:

$$F_N - m_1 g \cos\theta = m_1 a_y = 0\,,$$

da es keine Bewegung in y-Richtung gibt. Somit gilt

$$F_N = m_1 g \cos\theta\,.$$

Nun schauen wir uns die x-Bewegung an. Wir betrachten zunächst den Fall (i), für den $\sum F = ma$

$$m_1 g \sin\theta - F_Z - F_R = m_1 a_x$$

ergibt.

Wir möchten, dass $a_x = 0$ ist, und lösen nach F_Z auf, da F_Z durch $F_Z = m_2 g$ (siehe ▸ Abbildung 5.9c) zu m_2 (deren Wert wir suchen) in Beziehung steht. So ergibt sich

$$m_1 g \sin\theta - F_R = F_Z = m_2 g\,.$$

Da F_R höchstens $\mu_H F_N = \mu_H m_1 g \cos\theta$ sein kann, beträgt der Mindestwert, den m_2 annehmen kann, um eine Bewegung zu verhindern ($a_x = 0$) nach Division durch g

$$\begin{aligned} m_2 &= m_1 \sin\theta - \mu_H m_1 \cos\theta \\ &= (10{,}0\,\text{kg})(\sin 37° - 0{,}40 \cos 37°) = 2{,}8\,\text{kg}\,. \end{aligned}$$

Folglich wird Kiste 1 die schiefe Ebene hinunterrutschen, wenn $m_2 < 2{,}8$ kg.

Nun schauen wir uns Fall (ii) an. Das zweite Newton'sche Axiom besagt:

$$m_1 g \sin\theta + F_R - F_Z = m a_x = 0\,.$$

Dann ist der maximale Wert, den m_2 annehmen kann, ohne eine Beschleunigung zu verursachen, gegeben durch

$$F_Z = m_2 g = m_1 g \sin\theta + \mu_H m_1 g \cos\theta$$

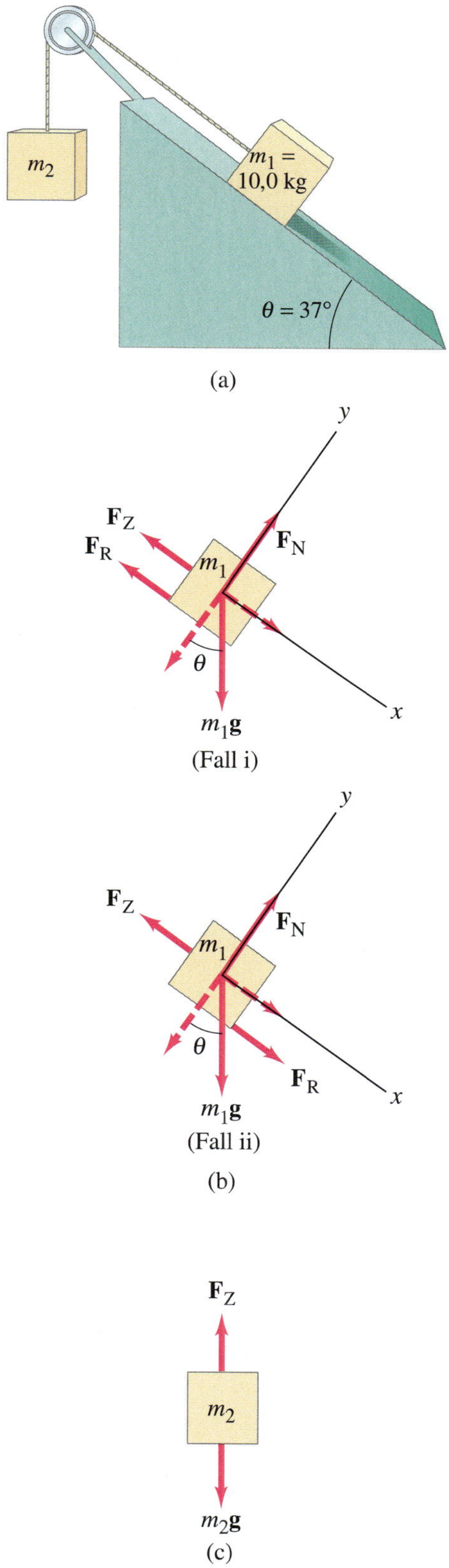

Abbildung 5.9 Beispiel 5.8.

oder

$$m_2 = m_1 \sin\theta + \mu_H m_1 \cos\theta$$
$$= (10{,}0\,\text{kg})(\sin 37° + 0{,}40 \cos 37°) = 9{,}2\,\text{kg}\,.$$

Kiste 1 wird an ihrem Ort verharren, wenn folgende Bedingungen erfüllt sind:

$$2{,}8\,\text{kg} < m_2 < 9{,}2\,\text{kg}\,.$$

b Wenn $m_2 = 10{,}0$ kg und $\mu_G = 0{,}30$, dann fällt m_2 und m_1 bewegt sich auf der Ebene nach oben, und zwar mit einer Beschleunigung a, die gegeben ist durch

$$m_1 a = F_Z - m_1 g \sin\theta - \mu_G F_N\,.$$

Da m_2 auch beschleunigt, ist $F_Z = m_2 g - m_2 a$ (siehe ► Abbildung 5.9c). Dies setzen wir in die obige Gleichung ein:

$$m_1 a = m_2 g - m_2 a - m_1 g \sin\theta - \mu_G F_N\,.$$

Wir lösen nach der Beschleunigung a auf und setzen $F_N = m_1 g \cos\theta$ und dann $m_1 = m_2 = 10{,}0$ kg ein. So erhalten wir

$$a = \frac{m_2 g - m_1 g \sin\theta - \mu_G m_1 g \cos\theta}{m_1 + m_2}$$
$$= \frac{(9{,}8\,\text{m/s}^2)(10{,}0\,\text{kg})(1 - \sin 37° - 0{,}30 \cos 37°)}{20{,}0\,\text{kg}}$$
$$= 0{,}079\,g = 0{,}78\,\text{m/s}^2.$$

Reibung kann sich als Hindernis erweisen. Sie verlangsamt sich bewegende Körper und verursacht Erhitzen und Blockieren von beweglichen Maschinenteilen. Reibung kann durch die Verwendung von Schmiermitteln wie Öl reduziert werden. Ein effektivere Methode zur Verringerung der Reibung zwischen zwei Flächen besteht in der Schaffung einer Schicht aus Luft oder einem anderen Gas zwischen diesen beiden Flächen. Geräte, die dieses Konzept benutzen, das für die meisten Anwendungen nicht praktikabel ist, sind Luftkissenbahnen oder Luftkissentische (oder -spiele), bei denen die Luftschicht dadurch aufrechterhalten wird, dass Luft durch viele kleine Löcher gedrückt wird. Ein anderes Verfahren zur Aufrechterhaltung der Luftschicht ist das Aufhängen von Körpern in der Luft durch die Verwendung von magnetischen Feldern („Magnetschwebetechnik"). Auf der anderen Seite kann Reibung auch hilfreich sein. Unsere Fähigkeit zu gehen hängt von der Reibung zwischen unseren Schuh- oder Fußsohlen und dem Boden ab. (Handelt es sich beim Gehen um Haft- oder Gleitreibung?) Die Bewegung und auch die Stabilität eines Autos hängen von der Reibung ab. Wenn die Reibung gering ist, wie z. B. auf Eis, wird sicheres Gehen oder Fahren schwierig.

5.2 Dynamik der gleichförmigen Kreisbewegung

In Abschnitt 3.9 haben wir gesehen, dass ein Massenpunkt, der auf einer Kreisbahn mit dem Radius r mit der gleichförmigen Geschwindigkeit v rotiert, eine Radial- (oder Zentripetal-) Beschleunigung erfährt, die zu jedem Zeitpunkt gegeben ist durch

$$a_r = \frac{v^2}{r}\,.$$

Diese Beschleunigung a_r wird Radial- oder Zentripetalbeschleunigung genannt, weil sie zum Kreismittelpunkt hin gerichtet ist. Bei einer gleichförmigen Kreisbewegung (v = konstant) ist der Betrag der Beschleunigung konstant, während sich ihre Richtung ständig ändert. Folglich ist der Beschleunigungsvektor $\mathbf{a}_r$ eine ungleichförmige Beschleunigung. $\mathbf{a}_r$ ist immer senkrecht zur Geschwindigkeit $\mathbf{v}$ gerichtet. (Die Gleichung $a_r = v^2/r$ ist auch gültig, wenn v nicht konstant ist. Wir werden diesen Fall in Abschnitt 5.4 behandeln.)

Zur Erzeugung einer Zentripetalbeschleunigung ist Kraft erforderlich

Auf einen Körper, der sich gleichförmig auf einer Kreisbahn bewegt, wie z. B. ein Ball, der am Ende einer Schnur horizontal geschwungen wird, muss eine Nettokraft einwirken, damit er sich weiterhin auf der Kreisbahn bewegt anstatt geradewegs davonzufliegen. Das bedeutet, dass eine Nettokraft erforderlich ist, um ihm eine Zentripetalbeschleunigung zu geben. Der Betrag der erforderlichen Nettokraft kann unter Anwendung des zweiten Newton'schen Axioms für die radiale Komponente, $\sum F_r = ma_r$, berechnet werden. Dabei ist $a_r = v^2/r$ die Zentripetalbeschleunigung und $\sum F_r$ die Gesamt-(netto-)kraft in der radialen Richtung:

$$\sum F_r = ma_r = m\frac{v^2}{r}\ . \quad \text{(Kreisbewegung)} \tag{5.1}$$

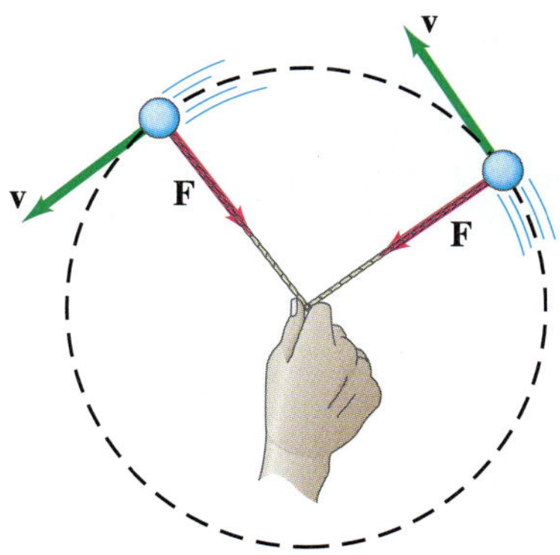

Abbildung 5.10 Es ist eine Kraft erforderlich, damit sich ein Körper weiter auf einer Kreisbahn bewegt. Wenn die Geschwindigkeit konstant ist, ist die Kraft auf den Kreismittelpunkt hin gerichtet.

Da a_r zu jedem Zeitpunkt entlang des Radius zum Kreismittelpunkt hin gerichtet ist, *muss* bei einer gleichförmigen Kreisbewegung (v = konstant) *die Nettokraft auch zum Kreismittelpunkt hin gerichtet sein*. Eine Nettokraft ist zweifellos erforderlich, da andernfalls, wenn keine Nettokraft auf den Körper ausgeübt würde, dieser sich nicht auf einer Kreisbahn, sondern entlang einer Geraden bewegen würde, wie das erste Newton'sche Axiom besagt. Es ist eine zur Seite wirkende Nettokraft erforderlich, um einen Körper aus seiner „natürlichen" geradlinigen Bahn herauszuziehen. Bei einer gleichförmigen Kreisbewegung muss diese seitliche Nettokraft auf den Kreismittelpunkt hin wirken (siehe ► Abbildung 5.10). Die Richtung der Kraft ändert sich folglich ständig so, dass sie immer zum Kreismittelpunkt hin gerichtet ist. Diese Kraft wird manchmal Zentripetalkraft („auf den Mittelpunkt zielend") genannt. Aber seien Sie sich darüber im Klaren, dass diese „Zentripetalkraft" keine neue Art von Kraft darstellt. Der Begriff beschreibt lediglich die Richtung der Kraft: dass die Nettokraft auf den Kreismittelpunkt hin gerichtet ist. Die Kraft *muss von anderen Körpern ausgeübt werden*. Wenn eine Person z. B. einen Ball am Ende einer Schnur auf einer Kreisbahn schwingt, dann zieht die Person an der Schnur und die Schnur übt die Kraft auf den Ball aus.

Achtung: Die Zentripetalkraft ist keine neue Kraft

Achtung: Hüten Sie sich vor der missverständlichen „Zentrifugalkraft"

Es ist ein weit verbreitetes Missverständnis, dass auf einen Körper, der sich auf einer Kreisbahn bewegt, eine nach außen gerichtete Kraft, eine so genannte Zentrifugal-(„Flieh-")Kraft, wirkt. Betrachten Sie z. B. eine Person, die einen Ball am Ende einer Schnur um ihren Kopf herum schwingt (► Abbildung 5.11). Wenn Sie das jemals selbst versucht haben, dann wissen Sie, dass Sie eine Kraft fühlen, die Ihre Hand nach außen zieht. Das Missverständnis entsteht, wenn dieser Zug als nach außen gerichtete „Zentrifugalkraft" interpretiert wird, die an dem Ball zieht und entlang der Schnur auf Ihre Hand übertragen wird. Das ist nicht das, was hier geschieht. Um den Ball weiter auf der Kreisbahn in Bewegung zu halten, ziehen Sie an der Schnur nach innen. Die Schnur wiederum übt die Kraft auf den Ball aus. Der Ball übt eine gleich große und entgegengerichtete Kraft auf Ihre Hand aus (drittes Newton'sches Axiom) und *dies* ist die Kraft, die Ihre Hand fühlt (siehe ► Abbildung 5.11). Die *auf den Ball* wirkende Kraft ist die *nach innen* von der Schnur auf den Ball ausgeübte Kraft.

Als noch überzeugenderen Beweis dafür, dass keine „Zentrifugalkraft" auf den Ball einwirkt, betrachten Sie, was geschieht, wenn Sie die Schnur loslassen. Wenn eine Zentrifugalkraft wirken würde, würde der Ball nach außen fliegen, wie in ► Abbildung 5.12a dargestellt. Das geschieht aber nicht. Der Ball fliegt am Rande in die Richtung der Geschwindigkeit, die er zum Zeitpunkt des Loslassens hatte (► Abbildung 5.12b), da die nach innen gerichtete Kraft nicht mehr wirkt. Versuchen Sie es!

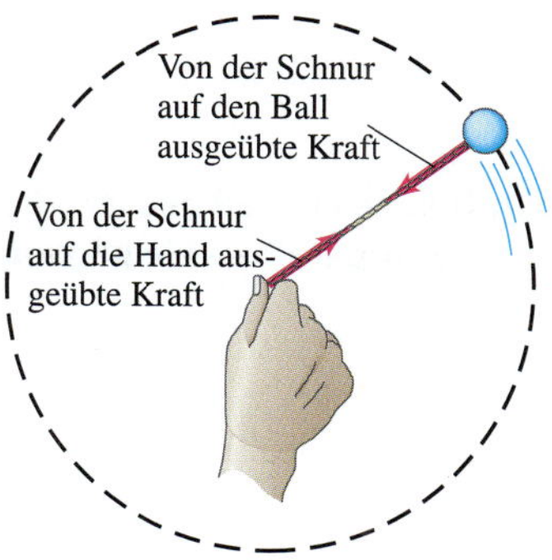

Abbildung 5.11 Das Kreisen eines Balls am Ende einer Schnur.

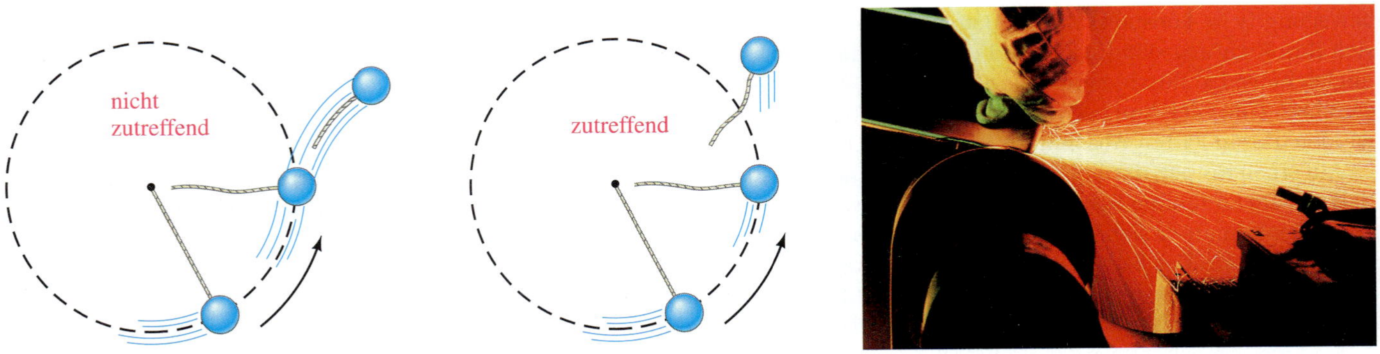

(a) (b) (c)

Abbildung 5.12 Wenn eine Zentrifugalkraft vorhanden wäre, würde der Ball beim Loslassen wegfliegen wie in (a). Tatsächlich fliegt er am Rande weg wie in (b). In gleicher Weise fliegen Funken in geradlinigen Bahnen am Rande von der Kante einer rotierenden Schleifscheibe weg (c).

Beispiel 5.9 Auf einen (horizontal) rotierenden Ball wirkende Kraft

Schätzen Sie die Kraft, die eine Person auf eine Schnur, die an einem Ball mit einer Masse von 0,150 kg befestigt ist, ausüben muss, ab, damit der Ball auf einer horizontalen Kreisbahn mit einem Radius von 0,600 m rotiert. Der Ball macht 2,00 Umdrehungen pro Sekunde ($T = 0{,}500\,\mathrm{s}$), wie in unserem Beispiel 3.11 an früherer Stelle in diesem Buch.

Lösung

Zunächst zeichnen wir das Kräfteparallelogramm für den Ball, ▸ Abbildung 5.13, das die beiden auf den Ball einwirkenden Kräfte zeigt: die Gravitationskraft $m\mathbf{g}$ und die Zugkraft $\mathbf{F}_Z$, die die Schnur ausübt (die auftritt, weil die Person dieselbe Kraft auf die Schnur ausübt). Das Gewicht des Balls macht die Sache komplizierter und unmöglich, den Ball mit horizontaler Schnur zu drehen. Aber wenn das Gewicht klein genug ist, können wir es vernachlässigen. Dann wirkt $\mathbf{F}_Z$ nahezu horizontal ($\phi \approx 0$ in ▸ Abbildung 5.13) und liefert die für die Zentripetalbeschleunigung des Balles erforderliche Kraft. Wir wenden das zweite Newton'sche Axiom auf die Radialrichtung, die jetzt horizontal ist, an und nennen sie x:

$$\sum F_x = ma_x\,.$$

Dabei ist $a_x = v^2/r$ und $v = 2\pi r/T = 2\pi(0{,}600\,\mathrm{m})/(0{,}500\,\mathrm{s}) = 7{,}54\,\mathrm{m/s}$. Somit gilt

Die Zugkraft in einem Seil bewirkt die Zentripetalbeschleunigung

$$F_{Zx} = m\frac{v^2}{r} = (0{,}150\,\mathrm{kg})\frac{(7{,}54\,\mathrm{m/s})^2}{(0{,}600\,\mathrm{m})} \approx 14\,\mathrm{N}\,.$$

Hier haben wir abgerundet, da unsere Abschätzung das Gewicht des Balls vernachlässigt. Wir behalten in unserer Antwort hier nur zwei signifikante Stellen, da $mg = (0{,}150\,\mathrm{kg})(9{,}80\,\mathrm{m/s^2}) = 1{,}5\,\mathrm{N}$ ungefähr ein Zehntel unseres Ergebnisses und damit zwar klein, aber nicht so klein ist, dass die Angabe einer genaueren Antwort gerechtfertigt wäre, da wir die Wirkung von mg vernachlässigt haben. (Wenn Sie die Wirkung von mg hier einbeziehen möchten, zerlegen Sie $\mathbf{F}_Z$ in ▸ Abbildung 5.13 in Komponenten und setzen Sie die horizontale Komponente von $\mathbf{F}_Z$ mit mv^2/r und die vertikale Komponente mit mg gleich – wie im nachstehenden Beispiel 5.10.)

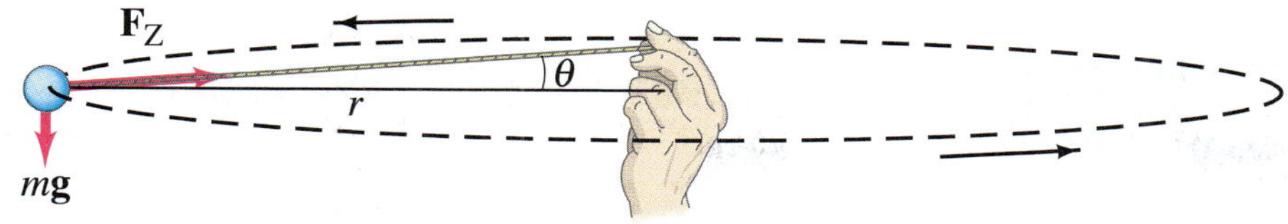

Abbildung 5.13 Beispiel 5.9.

Beispiel 5.10 Konisches Pendel

Ein kleiner Ball mit der Masse m, der an einer Schnur mit der Länge L aufgehängt ist, rotiert auf einer Kreisbahn mit dem Radius $r = L\sin\theta$. Dabei ist θ der Winkel, den die Schnur mit der Vertikalen bildet (▸ Abbildung 5.14). (a) Welche Richtung hat die Beschleunigung des Balls und welche Ursache hat die Beschleunigung? (b) Berechnen Sie die Geschwindigkeit und die Periode (die für eine Umdrehung benötigte Zeit) des Balls, ausgedrückt mit L, θ, g und m.

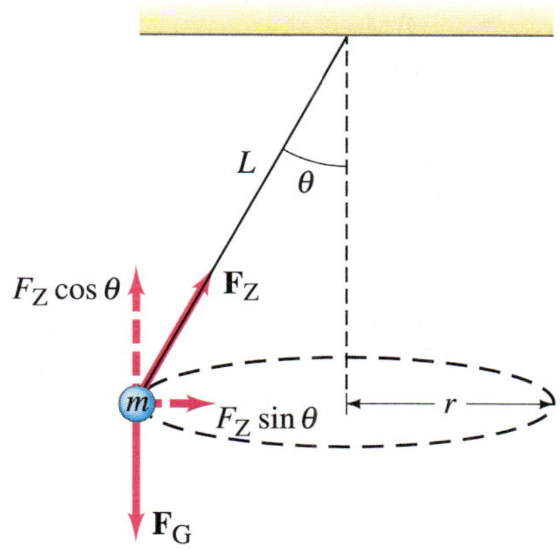

Abbildung 5.14 Beispiel 5.10. Konisches Pendel.

Lösung

a Die Beschleunigung ist horizontal auf den Mittelpunkt der Kreisbahn des Balls (nicht entlang der Schnur) hin gerichtet. Die für die Beschleunigung ursächliche Kraft ist die *Netto*kraft, die hier die Vektorsumme der auf die Masse m wirkenden Kräfte ist: ihr Gewicht $\mathbf{F}_G$ (mit dem Betrag $F_G = mg$) und die von der Zugkraft in der Schnur ausgeübte Kraft F_Z. Letztere hat eine horizontale und vertikale Komponente mit dem Betrag $F_Z \sin\theta$ bzw. $F_Z \cos\theta$. Wir wenden das zweite Newton'sche Axiom auf die horizontale und vertikale Richtung an. In der vertikalen Richtung ist keine Bewegung vorhanden, folglich ist die Beschleunigung null und die Nettokraft in der vertikalen Richtung ist ebenfalls null:

$$F_Z \cos\theta - mg = 0\,.$$

In der horizontalen Richtung gibt es nur eine Kraft mit dem Betrag $F_Z \sin\theta$, die auf den Kreismittelpunkt hin wirkt und die Beschleunigung v^2/r bewirkt. Das zweite Newton'sche Axiom besagt:

$$F_Z \sin\theta = m\frac{v^2}{r}\,.$$

b Wir lösen die beiden obigen Gleichungen nach v auf, indem wir F_Z zwischen ihnen eliminieren (und $r = L\sin\theta$ verwenden):

$$v = \sqrt{\frac{rF_Z \sin\theta}{m}} = \sqrt{\frac{r}{m}\left(\frac{mg}{\cos\theta}\right)\sin\theta} = \sqrt{\frac{Lg\sin^2\theta}{\cos\theta}}\,.$$

Die Periode T ist die Zeit, die für eine Umdrehung, d. h. für einen Weg von $2\pi r = 2\pi L\sin\theta$, benötigt wird. Die Geschwindigkeit v kann somit als $v = 2\pi L\sin\theta/T$ geschrieben werden. Dann gilt

$$T = \frac{2\pi L\sin\theta}{v} = \frac{2\pi L\sin\theta}{\sqrt{\frac{Lg\sin^2\theta}{\cos\theta}}} = 2\pi\sqrt{\frac{L\cos\theta}{g}}\,.$$

Beispiel 5.11 Rotierender Ball (vertikale Kreisbahn)

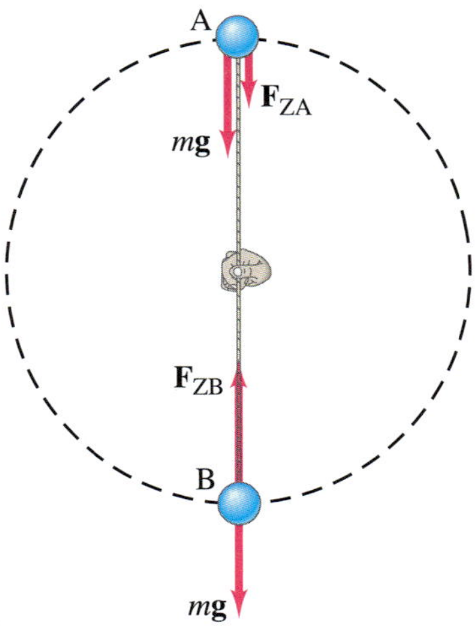

Abbildung 5.15 Beispiel 5.11 mit Kräfteparallelogrammen für die beiden Positionen.

Ein Ball mit einer Masse von 0,150 kg am Ende einer 1,10 m langen Schnur (vernachlässigbare Masse) wird auf einer *vertikalen* Kreisbahn geschwungen. (a) Bestimmen Sie die Mindestgeschwindigkeit, die der Ball im höchsten Punkt des Kreisbogens haben muss, damit er sich weiter auf einer Kreisbahn bewegt. (b) Berechnen Sie die Zugkraft in der Schnur im tiefsten Punkt des Kreisbogens, wenn der Ball sich mit der zweifachen Geschwindigkeit aus (a) bewegt.

Lösung

Das Kräfteparallelogramm für beide Situationen ist in ▶ Abbildung 5.15 dargestellt.

a Im höchsten Punkt (Punkt A) können zwei Kräfte auf den Ball wirken: $m\mathbf{g}$, sein Gewicht, und $\mathbf{F}_{ZA}$, die Zugkraft, die die Schnur im Punkt A ausübt. Beide sind nach unten gerichtet und ihre Vektorsumme gibt dem Ball seine Zentripetalbeschleunigung a_r. Wir wenden das zweite Newton'sche Axiom an für die vertikale Richtung und wählen nach unten (zum Mittelpunkt hin gerichtet) als positive Richtung:

Gewichtskraft und Zugkraft der Schnur bewirken zusammen die Zentripetalbeschleunigung

$$\sum F_r = ma_r$$

$$F_{ZA} + mg = m\frac{v_A^2}{r} .$$

Aus dieser Gleichung können wir sehen, dass, wie erwartet, die Zugkraft F_{ZA} im Punkt A zunimmt, wenn v_A (die Geschwindigkeit des Balls im höchsten Punkt der Kreisbahn) zunimmt. Wir sollen jedoch die *Mindest*geschwindigkeit ermitteln, damit der Ball auf der Kreisbahn bleibt. Die Schnur bleibt straff gespannt, so lange Zugkraft in ihr vorhanden ist. Wenn allerdings die Zugkraft verschwindet (weil v_A zu klein ist), kann die Schnur schlaff werden und der Ball fällt aus seiner Kreisbahn heraus. Das bedeutet, dass die Mindestgeschwindigkeit auftritt, wenn $F_{ZA} = 0$ ist. Dafür gilt $mg = mv_A^2/r$. Daraus ergibt sich:

Gewichtskraft allein bewirkt die Zentripetalbeschleunigung

$$v_A = \sqrt{gr} = \sqrt{(9{,}80\,\mathrm{m/s^2})(1{,}10\,\mathrm{m})} = 3{,}28\,\mathrm{m/s} .$$

Dies ist die Mindestgeschwindigkeit im höchsten Punkt der Kreisbahn, wenn der Ball sich weiter auf der Kreisbahn bewegen soll.

b Im tiefsten Punkt der Kreisbahn (siehe ▶ Abbildung 5.15) übt die Schnur ihre Zugkraft F_{ZB} nach oben aus, während die Gravitationskraft $m\mathbf{g}$ nach unten gerichtet ist. Somit ergibt sich aus dem zweiten Newton'schen Axiom, wenn wir in diesem Fall die positive Richtung *nach oben* (auf den Mittelpunkt hin) gerichtet wählen:

Zugkraft und Gewichtskraft, die entgegengerichtet sind, bewirken die Zentripetalbeschleunigung

$$\sum F_r = ma_r$$

$$F_{ZB} - mg = m\frac{v_B^2}{r} .$$

Die Geschwindigkeit v_B beträgt das Zweifache des Ergebnisses in (a), und zwar 6,56 m/s. (Beachten Sie, dass sich die Geschwindigkeit hier ändert, weil die Gravitation auf den Ball entlang des gesamten Bahn wirkt, die Gleichung 5.1, $\sum F_r = mv^2/r$, aber gültig bleibt.)

Wir lösen die letzte Gleichung nach F_{ZB} auf:

$$F_{ZB} = m\frac{v_B^2}{r} + mg$$

$$= (0{,}150\,\text{kg})\frac{(6{,}56\,\text{m/s})^2}{(1{,}10\,\text{m})} + (0{,}150\,\text{kg})(9{,}80\,\text{m/s}^2) = 7{,}34\,\text{N}\,.$$

Beachten Sie, dass die Zugkraft der Schnur nicht nur die Zentripetalbeschleunigung bewirkt, sondern sogar größer als ma_r sein muss, um die nach unten gerichtete Gewichtskraft auszugleichen.

Problemlösung

Gleichförmige Kreisbewegung

1. Zeichnen Sie ein Kräfteparallelogramm, in dem alle auf jeden betrachteten Körper wirkenden Kräfte dargestellt sind. Stellen Sie sicher, dass Sie die Ursache jeder Kraft (Zugkraft in einem Seil, Gravitationskraft der Erde, Reibung, Normalkraft etc.) identifizieren können, so dass Sie nichts einsetzen, was dort nicht hin gehört (wie eine Zentrifugalkraft).
2. Bestimmen Sie die Kräfte oder die Komponenten, die die Zentripetalbeschleunigung bewirken – d.h. alle Kräfte oder Komponenten, die radial auf den Kreismittelpunkt hin oder von ihm weg wirken. Die Summe dieser Kräfte (oder Komponenten) bewirkt die Zentripetalbeschleunigung $a_r = v^2/r$.
3. Wählen Sie ein Koordinatensystem und die positive und negative Richtung und wenden Sie das zweite Newton'sche Axiom auf die radiale Komponente an:

$$\sum F_r = ma_r = m\frac{v^2}{r}\,. \quad \text{(Radiale Richtung)}$$

Beziehen Sie nur radiale Kraftkomponenten ein.

5.3 Erhöhte und nicht erhöhte Straßenkurven

Ein Beispiel für eine Zentripetalbeschleunigung ist ein Auto, das durch eine Kurve fährt. In einer solchen Situation kann man das Gefühl bekommen, dass man nach außen gedrückt wird. Es gibt aber keine mysteriöse Zentrifugalkraft, die Sie zieht. Folgendes geschieht: Auf Grund der Trägheit verharren Sie zunächst in einer gleichförmigen Bewegung, während das Auto begonnen hat, dem Kurvenverlauf zu folgen. Damit auch Sie sich auf der kurvenförmigen Bahn bewegen, übt der Sitz (Reibung) oder die Autotür (direkter Kontakt) eine Kraft auf Sie aus (► Abbildung 5.16). Auf das Auto selbst muss eine nach innen gerichtete Kraft ausgeübt werden, damit es sich auf einer Kurvenbahn bewegt. Auf einer flachen

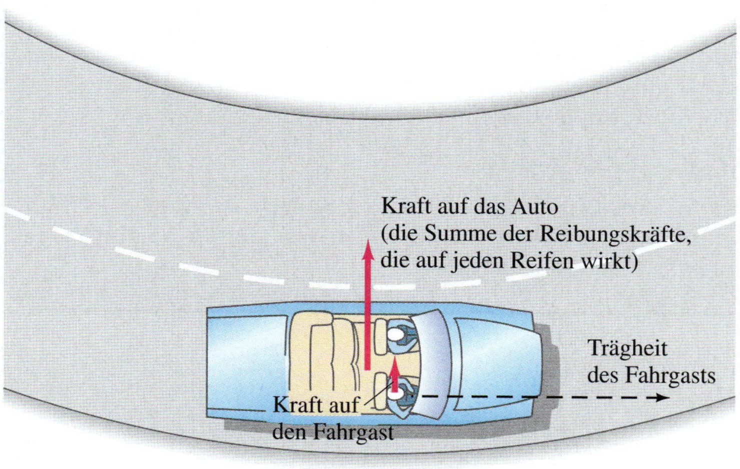

Abbildung 5.16 Die Straße übt eine nach innen gerichtete Kraft (Reibung gegen die Reifen) auf das Auto aus, damit es sich auf einer Kreisbahn bewegt. Das Auto übt eine nach innen gerichtete kraft auf den Fahrgast aus.

Abbildung 5.17 Rennwagen, der in eine Kurve hineinfährt. Aus den Reifenspuren ist zu erkennen, dass die meisten Autos eine ausreichende Reibungskraft erfahren haben, um die erforderliche Zentripetalbeschleunigung zu bekommen, damit sie sicher durch die Kurve fahren konnten. Es sind aber auch ein paar Reifenspuren von Autos zu sehen, auf die nicht genügend Kraft ausgeübt wurde – und die einer eher nahezu geradlinigen Bahn gefolgt sind.

Straße wird diese Kraft von der Reibung zwischen den Reifen und dem Straßenbelag bewirkt.

Wenn die Räder und Reifen des Autos normal ohne Rutschen rollen, befindet sich das untere Ende des Reifens zu jedem Zeitpunkt gegenüber der Straße im Stillstand. Das bedeutet, dass die Reibungskraft, die die Straße auf die Reifen ausübt, eine Haftreibung ist. Wenn allerdings die Haftreibungskraft nicht groß genug ist wie z. B. bei vereisten Straßen, kann keine ausreichende Reibungskraft ausgeübt werden und das Auto wird aus der Kreisbahn auf eine eher nahezu geradlinige Bahn wegrutschen (siehe ▶ Abbildung 5.17). Kommt ein Auto einmal ins Rutschen oder Schleudern, wird aus der Haftreibung eine Gleitreibung, die geringer als die Haftreibung ist.

Beispiel 5.12 In einer Kurve schleudern

Ein Auto mit einer Masse von 1000 kg fährt mit einer Geschwindigkeit von 50 km/h (14 m/s) auf einer flachen Straße durch eine Kurve mit einem Radius von 50 m. Wird das Auto die Kurve schaffen oder wird es ins Schleudern kommen, wenn (a) der Straßenbelag trocken ist und die Haftreibungszahl $\mu_H = 0{,}60$ beträgt, (b) der Straßenbelag vereist ist und $\mu_H = 0{,}25$ beträgt?

Lösung

▶ Abbildung 5.18 zeigt das Kräfteparallelogramm für das Auto. Die auf das Auto wirkende Normalkraft F_N ist gleich dem Gewicht, da die Straße flach und keine vertikale Beschleunigung vorhanden ist:

$$F_N = mg = (1000\,\text{kg})(9{,}8\,\text{m/s}^2) = 9800\,\text{N}\,.$$

Die einzige Kraft in horizontaler Richtung ist die Reibung. Wir müssen sie mit der für die Erzeugung der Zentripetalbeschleunigung erforderlichen Kraft vergleichen, um zu sehen, ob sie ausreicht. Die horizontale Nettokraft, die erforderlich ist, damit das Auto sich weiter auf einer Kreisbahn durch die Kurve bewegt, ist

$$\sum F_r = ma_r = m\frac{v^2}{r} = (1000\,\text{kg})\frac{(14\,\text{m/s})^2}{(50\,\text{m})} = 3900\,\text{N}\,.$$

Natürlich hoffen wir, dass die maximale Gesamtreibungskraft (die Summe der Reibungskräfte, die auf jeden der vier Reigen wirken) wenigstens diesen Wert erreicht. Bei (a) beträgt $\mu_H = 0{,}60$ und die erreichbare maximale Reibungskraft (erinnern Sie sich aus Abschnitt 5.1, dass $F_R \leq \mu_H F_N$) ist

$$(F_R)_{max} = \mu_H F_N = (0{,}60)(9800\,\text{N}) = 5900\,\text{N}\,.$$

Da nur eine Kraft von 3900 N erforderlich ist, d. h. so viel Kraft wird als Haftreibungskraft von der Straße ausgeübt, kommt das Auto gut durch die Kurve. Aber bei (b) beträgt die mögliche maximale Reibungskraft

$$(F_R)_{max} = \mu_H F_N = (0{,}25)(9800\,\text{N}) = 2500\,\text{N}\,.$$

Das Auto wird ins Schleudern kommen, da der Boden nicht genügend Kraft ausüben kann (3900 sind erforderlich), damit das Auto sich weiter durch eine Kurve mit einem Radius von 50 m bewegt.

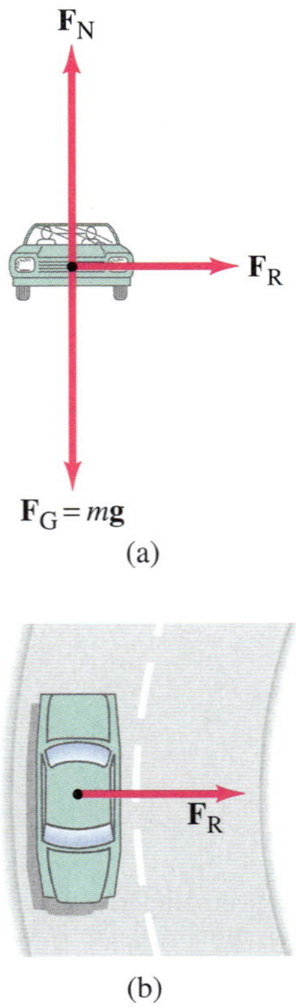

Abbildung 5.18 Kräfte, die auf ein Auto wirken, das auf einer flachen Straße durch eine Kurve fährt. Beispiel 5.12. (a) Vorderansicht, (b) Draufsicht.

Die Situation verschlimmert sich noch, wenn die Räder bei zu starker Betätigung der Bremsen blockieren (sich nicht mehr drehen). Wenn die Räder rollen, ist Haftreibung vorhanden. Aber wenn die Räder blockieren, rutschen die Reifen und die Reibungskraft, die jetzt eine Gleitreibung ist, ist geringer. Bei nassen oder vereisten Straßen blockieren die Räder schon, wenn weniger Kraft auf der Bremspedal ausgeübt wird, da weniger Straßenreibung vorhanden ist, damit die Räder sich weiter drehen und nicht ins Rutschen kommen. Es wurden Antiblockiersysteme (ABS) entwickelt, die den Bremsdruck durch empfindliche Sensoren und einen schnellen Computer genau vor dem Punkt reduzieren, an dem das Auto ins Schleudern käme.

ANGEWANDTE PHYSIK

Antiblockiersystem (ABS)

Die Erhöhung von Kurven kann das Schleuderrisiko verringern, weil die Normalkraft der Straße, die senkrecht zur Straße wirkt, eine zum Kreismittelpunkt hin gerichtete Komponente hat (▶ Abbildung 5.19) und so die Abhängigkeit von der Reibung reduziert. Bei einem Neigungswinkel θ gibt es eine Geschwindigkeit, bei der keine Reibung erforderlich ist. Dies ist der Fall, wenn die horizontale Komponente der auf den Kurvenmittelpunkt hin gerichteten Normalkraft, $F_N \sin\theta$ (siehe ▶ Abbildung 5.19) genau gleich der Kraft ist, die erforderlich ist, um einem Fahrzeug seine Zentripetalbeschleunigung zu geben – d. h. wenn

$$F_N \sin\theta = m\frac{v^2}{r} .$$

Der Neigungswinkel einer Straße θ wird so gewählt, dass diese Bedingung für eine bestimmte Geschwindigkeit zutrifft.

Beispiel 5.13 Neigungswinkel

(a) Bestimmen Sie für ein Auto, das mit der Geschwindigkeit v durch eine Kurve mit dem Radius r fährt, eine Formel für den Winkel, um den eine Straße geneigt sein muss, damit das Auto ohne Reibung auf der Straße gehalten wird. (b) Wie groß ist dieser Winkel für eine Rampenkurve mit einem Radius von 50 m auf einer Schnellstraße bei einer angenommenen Geschwindigkeit von 50 km/h?

Lösung

Wir wählen unsere x- und y-Achse horizontal und vertikal, so dass die Beschleunigung a_r, die horizontal gerichtet ist, entlang der x-Achse verläuft. Die Komponenten von F_N sind in ▶ Abbildung 5.19 dargestellt.

a Für die horizontale Richtung ergibt $\sum F_r = ma_r$

$$F_N \sin\theta = \frac{mv^2}{r} .$$

In der vertikalen Richtung wirkt $F_N \cos\theta$ nach oben (▶ Abbildung 5.19) und das Gewicht des Autos (mg) nach unten. Da es keine vertikale Bewegung gibt, ist die y-Komponente der Beschleunigung null, so dass $\sum F_y = ma_y$

$$F_N \cos\theta - mg = 0$$

ergibt. Somit ist

$$F_N = \frac{mg}{\cos\theta} .$$

(Beachten Sie in diesem Fall, dass $F_N \geq mg$ ist, da $\cos\theta \leq 1$ ist.) Wir setzen diese Relation für F_N in die Gleichung für die horizontale Bewegung

$$F_N \sin\theta = m\frac{v^2}{r}$$

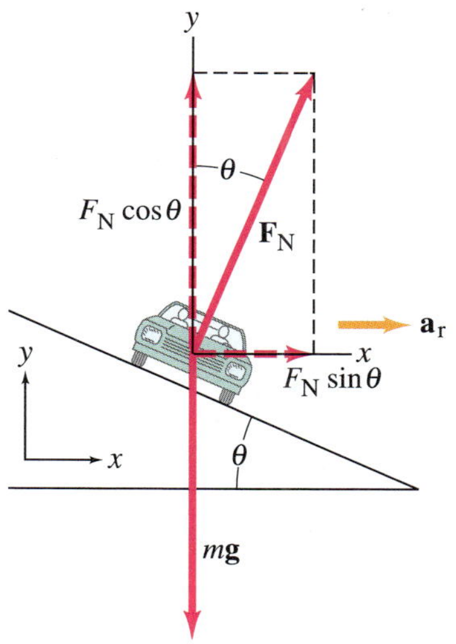

Abbildung 5.19 Die auf ein durch eine erhöhte Kurve fahrendes Auto wirkende Normalkraft, zerlegt in ihre horizontale und vertikale Komponente. Beachten Sie, dass die Zentripetalbeschleunigung horizontal wirkt (und nicht parallel zu der geneigten Straße). Die auf die Reifen wirkende Reibungskraft ist nicht dargestellt. Sie könnte die Schräge hinauf oder hinab gerichtet sein, je nach Geschwindigkeit des Autos. Bei einer bestimmten Geschwindigkeit ist die Reibungskraft null.

Die horizontale Komponente der Normalkraft bewirkt allein die Zentripetalbeschleunigung (die Reibung soll null sein – andernfalls würde auch sie zur Zentripetalbeschleunigung beitragen)

ein und erhalten

$$\frac{mg}{\cos\theta}\sin\theta = m\frac{v^2}{r}$$

oder

$$mg\tan\theta = m\frac{v^2}{r},$$

so dass

$$\tan\theta = \frac{v^2}{rg}$$

ist. Dies ist die Formel für den Neigungswinkel θ.

b Für $r = 50\,\mathrm{m}$ und $v = 50\,\mathrm{km/h}$ (oder $14\,\mathrm{m/s}$) gilt

$$\tan\theta = \frac{(14\,\mathrm{m/s})^2}{(50\,\mathrm{m})(9{,}8\,\mathrm{m/s^2})} = 0{,}40\,,$$

so dass $\theta = 22°$ ist.

5.4 Ungleichförmige Kreisbewegung

Wenn sich die Geschwindigkeit eines Massenpunktes, der auf einer Kreisbahn rotiert, ändert, ist sowohl eine Tangentialbeschleunigung $\mathbf{a}_{\mathrm{tan}}$ als auch eine Radial-(Zentripetal-)beschleunigung $\mathbf{a}_{\mathrm{r}}$ vorhanden. Die Tangentialbeschleunigung entsteht durch die Änderung im Betrag der Geschwindigkeit:

$$a_{\mathrm{tan}} = \frac{\mathrm{d}v}{\mathrm{d}t}\,, \tag{5.2}$$

während die Radialbeschleunigung durch die Änderung in der Richtung der Geschwindigkeit entsteht und, wie wir bereits wissen, den Betrag

$$a_{\mathrm{r}} = \frac{v^2}{r}$$

hat. Die Tangentialbeschleunigung verläuft immer tangential an die Kreisbahn und in Bewegungsrichtung (parallel zu $\mathbf{v}$), wenn die Geschwindigkeit zunimmt, wie in ▸ Abbildung 5.20 für einen Massenpunkt, der sich gegen den Uhrzeigersinn bewegt, dargestellt. Wenn die Geschwindigkeit abnimmt, sind $\mathbf{a}_{\mathrm{tan}}$ und $\mathbf{v}$ entgegengerichtet. In jedem Fall sind $\mathbf{a}_{\mathrm{tan}}$ und $\mathbf{a}_{\mathrm{r}}$ immer senkrecht zueinander und ihre Richtungen ändern sich ständig, wenn der Massenpunkt sich auf seiner Kreisbahn bewegt. Der Vektor der Gesamtbeschleunigung $\mathbf{a}$ ist die Summe dieser beiden:

$$\mathbf{a} = \mathbf{a}_{\mathrm{tan}} + \mathbf{a}_{\mathrm{r}}\,. \tag{5.3}$$

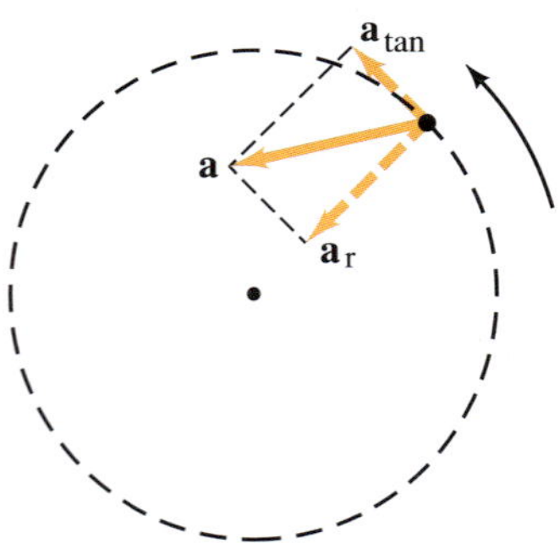

Abbildung 5.20 Bei einer ungleichförmigen Kreisbewegung hat die Beschleunigung eine tangentiale Komponente ($\mathbf{a}_{\mathrm{tan}}$) und eine radiale Komponente ($\mathbf{a}_{\mathrm{r}}$).

Da $\mathbf{a}_{\mathrm{r}}$ und $\mathbf{a}_{\mathrm{tan}}$ immer senkrecht zueinander stehen, ist der Betrag von $\mathbf{a}$ zu jedem Zeitpunkt

$$a = \sqrt{a_{\mathrm{tan}}^2 + a_{\mathrm{r}}^2}\,.$$

Beispiel 5.14 **Zwei Beschleunigungskomponenten**

Ein Rennwagen startet aus dem Stillstand in der Boxengasse und beschleunigt gleichmäßig in 11 s auf eine Geschwindigkeit von 35 m/s. Dabei bewegt er sich auf einer Kreisbahn mit einem Radius von 500 m. Ermitteln Sie (a) die Tangentialbeschleunigung und (b) die Radialbeschleunigung zu dem Zeitpunkt, zu dem die Geschwindigkeit $v = 15\,\mathrm{m/s}$ beträgt, und erneut, wenn $v = 30\,\mathrm{m/s}$ beträgt. Nehmen Sie dabei eine konstante Tangentialbeschleunigung an.

Lösung

a $\mathbf{a}_{\mathrm{tan}}$ ist konstant und hat den Betrag

$$a_{\mathrm{tan}} = \frac{\mathrm{d}v}{\mathrm{d}t} = \frac{(35\,\mathrm{m/s} - 0\,\mathrm{m/s})}{11\,\mathrm{s}} = 3{,}2\,\mathrm{m/s^2}\,,$$

und zwar für beide Zeitpunkte.

b Für den früheren Zeitpunkt gilt

$$a_{\mathrm{r}} = \frac{v^2}{r} = \frac{(15\,\mathrm{m/s})^2}{(500\,\mathrm{m})} = 0{,}45\,\mathrm{m/s^2}\,.$$

Für den zweiten Zeitpunkt gilt

$$a_{\mathrm{r}} = \frac{(30\,\mathrm{m/s})^2}{(500\,\mathrm{m})} = 1{,}8\,\mathrm{m/s^2}\,.$$

Die Radialbeschleunigung nimmt konstant zu, obwohl die Tangentialbeschleunigung konstant bleibt.

Diese Begriffe können für jeden Körper verwendet werden, der sich auf einer Kurvenbahn bewegt, wie in ► Abbildung 5.21 dargestellt. Wir können jeden Teil der Kurve wie einen Kreisbogen mit einem Krümmungsradius r behandeln. Die Geschwindigkeit in einem Punkt ist immer Tangente an die Bahn. Die Beschleunigung kann allgemein als Summe zweier Komponenten, der tangentialen Komponente $a_{\mathrm{tan}} = \mathrm{d}v/\mathrm{d}t$ und der radialen (zentripetalen) Komponente $a_{\mathrm{r}} = v^2/r$, geschrieben werden.

Eine Kreisbewegung mit konstanter Geschwindigkeit tritt auf, wenn die auf einen Körper ausgeübte Nettokraft zum Kreismittelpunkt hin gerichtet ist. Wenn die Nettokraft nicht zum Kreismittelpunkt hin gerichtet ist, sondern in einem Winkel, wie in ► Abbildung 5.22 dargestellt, wirkt, hat die Kraft zwei Komponenten. Die zum Kreismittelpunkt hin gerichtete Komponente $\mathbf{F}_{\mathrm{r}}$ bewirkt die Zentripetalbeschleunigung $\mathbf{a}_{\mathrm{r}}$ und hält den sich bewegenden Körper auf der Kreisbahn. Die Komponente $\mathbf{F}_{\mathrm{tan}}$, Tangente an die Kreisbahn, bewirkt die Zunahme (oder Abnahme) der Geschwindigkeit und somit die Tangentialbeschleunigung (► Abbildung 5.20).

Wenn Sie beginnen, einen Ball am Ende einer Schnur um Ihren Kopf zu schwingen, müssen Sie ihm eine Tangentialbeschleunigung geben. Dies geschieht, indem Sie mit der Hand, die sich nicht im Kreismittelpunkt befindet, an der Schnur ziehen. In der Leichtathletik beschleunigt ein Hammerwerfer den Hammer in ähnlicher Weise tangential, damit das Wurfgerät vor dem Loslassen eine hohe Geschwindigkeit erreicht.

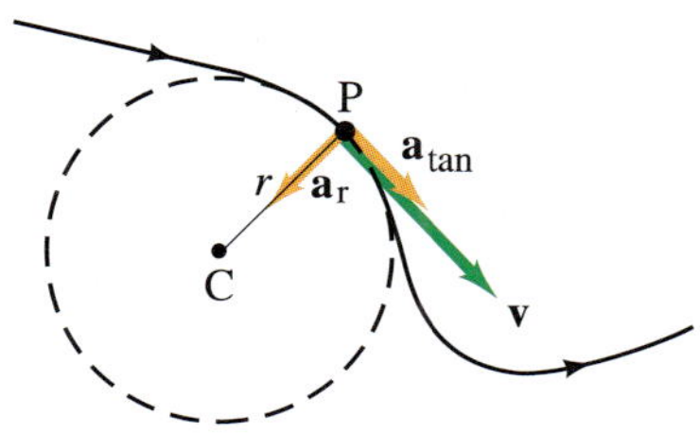

Abbildung 5.21 Ein Massenpunkt folgt einer Kurvenbahn. Im Punkt P hat die Bahn einen Krümmungsradius r. Der Massenpunkt hat die Geschwindigkeit $\mathbf{v}$, die Tangentialbeschleunigung $\mathbf{a}_{\mathrm{tan}}$ (die Geschwindigkeit des Massenpunktes nimmt zu) und die Radial-(Zentripetal-)beschleunigung $\mathbf{a}_{\mathrm{r}} = v^2/r$, die zum Krümmungsmittelpunkt hin gerichtet ist.

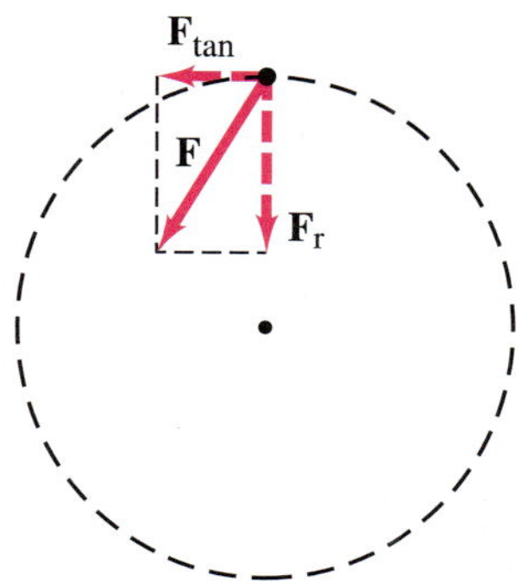

Abbildung 5.22 Die Geschwindigkeit eines Massenpunktes, der sich auf einer Kreisbahn bewegt, ändert sich, wenn die auf ihn wirkende Nettokraft eine tangentiale Komponente hat.

5.5 Geschwindigkeitsabhängige Kräfte; Endgeschwindigkeit

Wenn ein Körper über eine Fläche gleitet, ist die auf den Körper wirkende Reibungskraft nahezu unabhängig von der Geschwindigkeit des Körpers. Andere Arten von Widerstandskräften hängen allerdings sehr wohl von der Geschwindigkeit des Körpers ab. Das wichtigste Beispiel ist ein Körper, der sich durch eine Flüssigkeit oder ein Gas, wie z. B. Luft, bewegt. Das Fluid leistet einen Widerstand gegen die Bewegung des Körpers und diese Widerstandskraft auf Grund von Reibung hängt von der Geschwindigkeit des Körpers ab[1]. Wir bezeichnen diese Reibungskraft auch als **Strömungswiderstand** und kennzeichnen sie mit dem Symbol F_{W}.

1 Auftriebskräfte (Kapitel 13) werden in diesem Abschnitt vernachlässigt.

Die Art und Weise, in der der Strömungswiderstand in Abhängigkeit der Geschwindigkeit variiert, ist im Allgemeinen kompliziert. Bei kleinen Körpern mit sehr geringen Geschwindigkeiten kann allerdings häufig eine gute Näherung erreicht werden, indem man annimmt, dass der Strömungswiderstand F_W direkt proportional zu der Geschwindigkeit v ist:

$$F_W = -bv \, . \tag{5.4}$$

Das Minuszeichen ist notwendig, da der Strömungswiderstand der Bewegung entgegengerichtet ist. b ist hier eine Konstante (Näherungswert), die von der Viskosität des Fluids und der Größe und Form des Körpers abhängt. Das funktioniert bei kleinen Körpern, die sich mit geringer Geschwindigkeit in einer zähen Flüssigkeit bewegen, und bei sehr kleinen Körpern, die sich mit sehr geringer Geschwindigkeit in der Luft bewegen, wie z. B. Staubteilchen. Bei Körpern, die sich mit hoher Geschwindigkeit bewegen, wie z. B. ein Flugzeug, ein Fallschirmspringer, ein Baseball oder ein Auto, kann eine bessere Näherung erzielt werden, indem man annimmt, dass die Kraft des Luftwiderstandes proportional zu v^2 ist:

$$F_W \propto v^2 \, .$$

Für genauere Berechnungen müssen jedoch im Allgemeinen kompliziertere Formen und numerische Integration angewendet werden. Bei Körpern, die sich durch Flüssigkeiten bewegen, kann die Gleichung 5.4 gut für alltägliche Anwendungen, bei denen sich Körper mit geringen Geschwindigkeiten bewegen (z. B. ein Boot im Wasser), benutzt werden.

Lassen Sie uns einen Körper betrachten, der aus dem Stillstand durch die Luft oder ein anderes Fluid unter der Einwirkung der Gravitation und einer Widerstandskraft, die proportional zu v ist, frei fällt. Die auf den Körper wirkenden Kräfte sind die nach unten gerichtete Gravitationskraft mg und der nach oben gerichtete Strömungswiderstand $-bv$ (▸ Abbildung 5.23a). Da die Geschwindigkeit $\mathbf{v}$ nach unten gerichtet ist, nehmen wir die Abwärtsrichtung als positive Richtung. Dann kann die auf den Körper wirkende Nettokraft geschrieben werden als

$$\begin{aligned} \sum F &= mg + F_W \\ &= mg - bv \, . \end{aligned}$$

Nach dem zweiten Newton'schen Axiom $\sum F = ma$ ist

$$mg - bv = m\frac{\mathrm{d}v}{\mathrm{d}t} \, . \tag{5.5}$$

Dabei haben wir die Beschleunigung gemäß ihrer Definition als Änderung der Geschwindigkeit $a = \mathrm{d}v/\mathrm{d}t$ geschrieben. Bei $t = 0$ ist $v = 0$ und die Beschleunigung $\mathrm{d}v/\mathrm{d}t = g$. Wenn aber der Körper frei fällt und die Geschwindigkeit zunimmt, nimmt die Widerstandskraft zu und dadurch wird die Beschleunigung $\mathrm{d}v/\mathrm{d}t$ verringert (siehe ▸ Abbildung 5.23b). Die Geschwindigkeit nimmt weiter zu, allerdings langsamer. Schließlich wird die Geschwindigkeit so groß, dass der Betrag der Widerstandskraft $-bv$ sich dem der Gravitationskraft mg nähert. Wenn beide gleich sind, gilt

$$mg - bv = 0 \, . \tag{5.6}$$

In diesem Punkt ist $\mathrm{d}v/\mathrm{d}t = 0$ und die Geschwindigkeit des Körpers nimmt nicht mehr zu. Er hat seine **Endgeschwindigkeit** erreicht und fällt weiter mit dieser konstanten Geschwindigkeit, bis er auf dem Boden auftrifft. Diese Abfolge von Ereignissen ist in der Kurve in ▸ Abbildung 5.23b dargestellt. Der Wert der Endgeschwindigkeit v_e ergibt sich aus Gleichung 5.6:

$$v_e = \frac{mg}{b} \, . \tag{5.7}$$

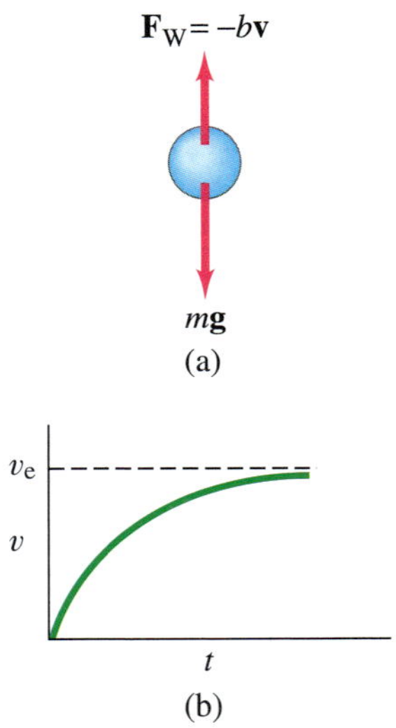

Abbildung 5.23 (a) Kräfte, die auf einen nach unten frei fallenden Körper wirken. (b) Geschwindigkeitskurve eines Körpers, der in Luft frei fällt, wenn die Widerstandskraft des Luftwiderstandes $F_W = -bv$ ist. Anfangs ist $v = 0$ und $\mathrm{d}v/\mathrm{d}t = g$, aber nach einer gewissen Zeit nimmt $\mathrm{d}v/\mathrm{d}t$ (= Steigung der Kurve) auf Grund von F_W ab. Schließlich nähert sich v einem Maximalwert, v_e, der Endgeschwindigkeit, die auftritt, wenn F_W denselben Betrag wie mg hat.

Wenn die Widerstandskraft als proportional zu v^2 oder einer höheren Potenz von v angenommen wird, ist die Abfolge von Ereignissen ähnlich und es wird eine Endgeschwindigkeit erreicht. Diese ist allerdings nicht durch die Gleichung 5.7 gegeben.

Beispiel 5.15 Kraft proportional zu Geschwindigkeit

Bestimmen Sie die Geschwindigkeit in Abhängigkeit der Zeit für einen Körper, der aus der Ruhelage frei fällt, wenn eine Widerstandskraft vorhanden ist, die linear proportional zu v ist.

Lösung

Wir beginnen mit der Gleichung 5.5 und schreiben

$$\frac{\mathrm{d}v}{\mathrm{d}t} = g - \frac{b}{m}v\,.$$

Es gibt die beiden Variablen v und t. Wir stellen Variablen gleichen Typs auf einer der beiden Seiten der Gleichung zusammen:

$$\frac{\mathrm{d}v}{g - \frac{b}{m}v} = \mathrm{d}t \quad \text{oder}$$

$$\frac{\mathrm{d}v}{v - \frac{mg}{b}} = -\frac{b}{m}\mathrm{d}t\,.$$

Jetzt können wir integrieren und erinnern uns dabei, dass bei $t = 0$ $v = 0$ ist:

$$\int_0^v \frac{\mathrm{d}v}{v - \frac{mg}{b}} = -\frac{b}{m}\int_0^t \mathrm{d}t$$

$$\ln\left(v - \frac{mg}{b}\right) - \ln\left(-\frac{mg}{b}\right) = -\frac{b}{m}t$$

oder

$$\ln\frac{v - mg/b}{-mg/b} = -\frac{b}{m}t\,.$$

Wir potenzieren jede Seite [beachten Sie, dass der natürliche Logarithmus die Umkehrfunktion der Exponentialfunktion darstellt: $\mathrm{e}^{\ln x} = x$ oder $\ln(\mathrm{e}^x) = x$] und erhalten

$$v - \frac{mg}{b} = -\frac{mg}{b}\mathrm{e}^{-\frac{b}{m}t} \quad \text{oder schließlich} \quad v = \frac{mg}{b}\left(1 - \mathrm{e}^{-\frac{b}{m}t}\right)\,.$$

Diese Beziehung gibt die Geschwindigkeit v in Abhängigkeit der Zeit an und entspricht der Kurve in ▶ Abbildung 5.23b. Als Überprüfung beachten Sie, dass bei $t = 0$ $v = 0$ ist und

$$a(t = 0) = \frac{\mathrm{d}v}{\mathrm{d}t} = \frac{mg}{b}\frac{\mathrm{d}}{\mathrm{d}t}\left(1 - \mathrm{e}^{-\frac{b}{m}t}\right) = \frac{mg}{b}\left(\frac{b}{m}\right) = g\,,$$

wie erwartet (siehe auch Gleichung 5.5). Wenn t groß ist, geht $\mathrm{e}^{-\frac{b}{m}t}$ gegen null, so dass sich $v mg/b$ nähert, was, wie wir oben gesehen haben, der Endgeschwindigkeit v_e entspricht. Wenn wir $\tau = mg/b$ setzen, ist $v = v_\mathrm{e}(1 - \mathrm{e}^{-t/\tau})$. Somit ist $\tau = mg/b$ die Zeit, die die Geschwindigkeit benötigt, um 63 Prozent ihrer Endgeschwindigkeit zu erreichen (da $\mathrm{e}^{-1} = 0{,}37$).

ZUSAMMENFASSUNG

Wenn zwei Körper übereinander gleiten, kann die **Reibung**skraft, die sie aufeinander ausüben, näherungsweise geschrieben werden als $F_R = \mu_G F_N$. Dabei ist F_N die **Normalkraft** (die Kraft, die jeder Körper auf den anderen senkrecht zu ihrer Berührungsfläche ausübt) und μ_G die **Gleitreibung**szahl. Wenn sich die Körper relativ zueinander im Stillstand befinden, ist F_R gerade groß genug, um sie im Stillstand zu halten, und erfüllt die Ungleichung $F_R < \mu_H F_N$. Dabei ist μ_H die **Haftreibung**szahl.

Auf einen Massenpunkt, der mit konstanter Geschwindigkeit v auf einer Kreisbahn mit dem Radius r rotiert, muss eine Nettokraft wirken, die zu jedem Zeitpunkt zum Kreismittelpunkt hin gerichtet ist. Der Betrag dieser Nettokraft muss das Produkt aus der Masse m des Massenpunktes und seiner Zentripetalbeschleunigung v^2/r ergeben.

ZUSAMMENFASSUNG

Verständnisfragen

1 Skilangläufer bevorzugen Skier mit einer großen Haftreibungszahl und einer kleinen Gleitreibungszahl. Erklären Sie, warum. (*Hinweis*: Denken Sie an Steigungen und Abfahrten.)

2 Warum ist es sicherer, wenn die Räder Ihres Autos nicht blockieren, wenn Sie sehr schnell bremsen müssen? Warum ist es beim Befahren von rutschigen Straßen ratsam, langsam zu bremsen?

3 Warum ist der Anhalteweg eines Lkws wesentlich kürzer als der eines Zuges, der mit derselben Geschwindigkeit fährt?

4 Kann eine Reibungszahl größer als 1,0 sein?

5 Einem Block wird ein Stoß gegeben, so dass er eine schiefe Ebene hinaufgleitet. Wenn der Block seinen höchsten Punkt erreicht, gleitet er zurück nach unten. Warum hat er bei der Abwärtsbewegung eine geringere Beschleunigung als bei der Aufwärtsbewegung?

6 Eine schwere Kiste ruht auf der Ladefläche eines Pritschenwagens. Wenn der Wagen beschleunigt, ändert die Kiste auf dem Wagen ihre Position nicht, d. h. sie beschleunigt auch. Welche Kraft bewirkt, dass die Kiste beschleunigt?

7 Das Spiel „Tetherball" wird mit einem mittels einer Schnur an einer Stange befestigten Ball gespielt. Wenn der Ball getroffen wird, wirbelt er um die Stange herum, wie in ▶ Abbildung 5.24 dargestellt. Welche Richtung und welche Ursache hat die Beschleunigung des Balls?

8 Mit welcher der folgenden Methoden kann man ein Auto auf trockener Straße am schnellsten zum Halten bringen? (a) Eine Vollbremsung machen, die Räder blockieren und zum Halten *rutschen*. (b) Die Bremsen möglichst stark betätigen, ohne die Räder zu blockieren, und zum Halten *rollen*. Erklären Sie, warum.

9 Manchmal wird gesagt, dass Wasser aus Kleidungsstücken in einer Wäscheschleuder durch die Zentrifugalkraft entfernt wird, die das Wasser aus der Kleidung hinausschleudert. Ist das richtig? Erörtern Sie.

10 In technischen Berichten sind häufig nur die U/min für Zentrifugenversuche angegeben. Warum ist diese Angabe unzureichend?

11 Nehmen Sie an, ein Auto bewegt sich mit konstanter Geschwindigkeit auf einer Gebirgsstraße. An welchen der folgenden Stellen übt es die größte bzw. die geringste Kraft auf die Straße aus: (a) auf der Spitze eines Berges, (b) in einer Senke zwischen zwei Bergen, (c) auf einem ebenen Stück in der Nähe des Fußes eines Berges?

12 Ein Fahrgast in einem Riesenrad bewegt sich mit konstanter Geschwindigkeit v auf einer vertikalen Kreisbahn mit dem Radius r (▶ Abbildung 5.25). Ist die Normalkraft, die der Sitz auf den Fahrgast ausübt, im höchsten Punkt der Kreisbahn (a) geringer als, (b) größer als oder (c) gleich der Kraft, die der Sitz im tiefsten Punkt der Kreisbahn ausübt? Erklären Sie.

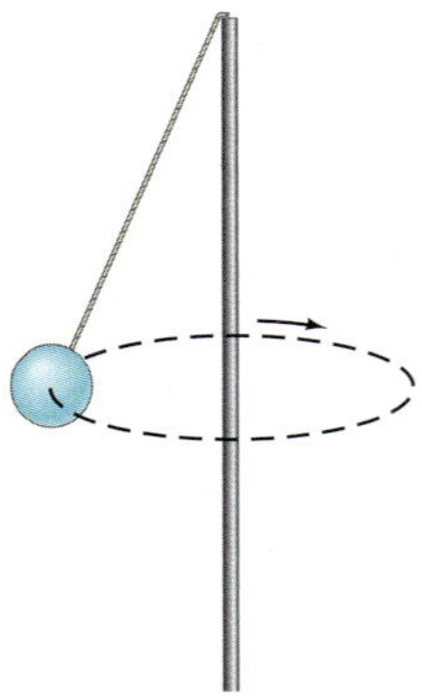

Abbildung 5.24 Frage 7.

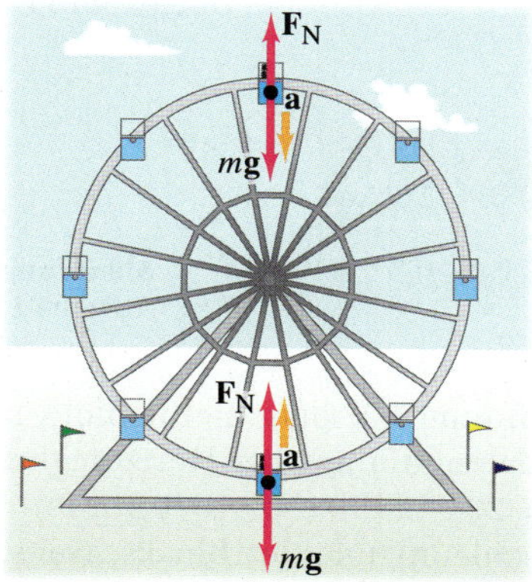

Abbildung 5.25 Frage 12.

13 Beschreiben Sie alle Kräfte, die auf ein Kind wirken, das in einem Karussell auf einem Pferd reitet. Welche dieser Kräfte bewirkt die Zentripetalbeschleunigung des Kindes?

14 Warum lehnen sich Radfahrer nach innen, wenn sie mit hoher Geschwindigkeit durch eine Kurve fahren?

15 Ein Eimer mit Wasser kann auf einer vertikalen Kreisbahn herumgewirbelt werden, ohne dass selbst im obersten Punkt der Kreisbahn, wenn der Eimer auf dem Kopf steht, Wasser herausschwappt. Erklären Sie, warum.

16 Die Schwerelosigkeit könnte sich auf Astronauten, die lange Zeit im Weltraum bleiben, negativ auswirken. Eine Möglichkeit, Gravitation zu simulieren, besteht darin, dem Raumschiff das Aussehen eines Fahrradreifens zu geben, der sich wie ein Rad um eine Achse dreht. Dabei bewegen sich die Astronauten auf der Innenseite des „Reifens". Erklären Sie, wie diese Methode Gravitation simuliert. Betrachten Sie (a) wie Körper frei fallen, (b) die Kraft, die wir an unseren Füßen fühlen, und (c) alle anderen Aspekte der Gravitation, die Ihnen einfallen.

17 Warum gehen Flugzeuge in die Schräglage, wenn sie eine Kurve fliegen? Wie würden Sie den Neigungswinkel berechnen, wenn die Fluggeschwindigkeit und der Radius der Kurve gegeben sind?

Aufgaben zu 5.1

1 (I) Welche horizontale Kraft ist erforderlich, um eine Kiste mit gleich bleibender Geschwindigkeit über den Fußboden zu bewegen, wenn die Gleitreibungszahl zwischen der Kiste mit einer Masse von 12,0 kg und dem Fußboden 0,30 beträgt? Welche horizontale Kraft ist erforderlich, wenn μ_G null ist?

2 (I) Es wird eine Kraft von 25,0 N benötigt, um eine Kiste mit einer Masse von 6,0 kg über einen horizontalen Betonfußboden in Bewegung zu setzen. (a) Wie groß ist die Haftreibungszahl zwischen der Kiste und dem Fußboden? (b) Wenn die Kraft von 25,0 N weiter ausgeübt wird, beschleunigt die Kiste mit 0,50 m/s^2. Wie groß ist die Gleitreibungszahl?

3 (I) (a) Eine Kiste ruht auf einer rauen schiefen Ebene mit einem Neigungswinkel von 37°. Zeichnen Sie das Kräfteparallelogramm, in dem alle auf die Kiste wirkenden Kräfte dargestellt sind. (b) Wie würde sich das Kräfteparallelogramm verändern, wenn die Kiste die Ebene hinabgleiten würde? (c) Wie würde es sich verändern, wenn die Kiste nach einem anfänglichen Stoß die Ebene hinaufgleiten würde?

4 (I) Die Reibungszahl zwischen Hartgummi und normalem Straßenbelag beträgt ca. 0,8. Wie steil darf ein Hügel sein (maximaler Winkel), damit Sie Ihr Auto dort parken können?

5 (I) Nehmen Sie an, Sie stehen in einem Zug, der mit 0,20 g beschleunigt. Wie groß muss die Haftreibungszahl zwischen Ihren Füßen und dem Boden mindestens sein, damit Sie nicht rutschen?

6 (I) Wie groß ist die maximale Beschleunigung, die ein Auto erfahren kann, wenn die Haftreibungszahl zwischen den Reifen und dem Boden 0,80 beträgt?

7 (II) Eine Kiste mit einer Masse von 15,0 kg wird auf einer schiefen Ebene mit einem Neigungswinkel von 30° losgelassen und beschleunigt die Ebene hinunter mit 0,30 m/s^2. Ermitteln Sie die Reibungskraft, die die Bewegung erschwert. Wie groß ist die Gleitreibungszahl?

8 (II) Ein Auto kann auf einer ebenen Straße mit −4,80 m/s^2 abbremsen, ohne beim Anhalten ins Schleudern zu kommen. Wie groß wäre seine Abbremsung, wenn die Straße eine Steigung von 13° hätte? Nehmen Sie dieselbe Haftreibungskraft an.

9 (II) Wie groß muss die Masse von Kiste I in dem in ► Abbildung 5.7 (Beispiel 5.5) dargestellten System sein, damit jegliche Bewegung verhindert wird? Nehmen Sie $\mu_H = 0{,}25$ an.

10 (II) Ein nasses Stück Seife gleitet frei eine 9,0 m lange schiefe Ebene mit einem Neigungswinkel von 8° hinunter. Wie lange dauert es, bis das Stück den Boden erreicht hat? Nehmen Sie $\mu_G = 0{,}060$ an.

11 (II) Einer Kiste wird ein Stoß gegeben, so dass sie über den Fußboden gleitet. Wie weit gleitet sie, vorausgesetzt, dass die Gleitreibungszahl 0,25 beträgt und der Stoß eine Anfangsgeschwindigkeit von 2,5 m/s verleiht?

12 (II) Bestimmen Sie eine Formel für die Beschleunigung des in ▸ Abbildung 5.7 dargestellten Systems, ausgedrückt in m_{I}, m_{II} und der Masse des Seils, m_{S}. Definieren Sie alle anderen benötigten Variablen.

13 (II) Ein Auto mit einer Masse von 1000 kg zieht einen Anhänger mit einer Masse von 350 kg. Das Auto übt eine horizontale Kraft von $3{,}5 \cdot 10^3$ N auf den Boden aus, um zu beschleunigen. Wie groß ist die Kraft, die das Auto auf den Anhänger ausübt? Die Anhängerräder sind nicht reibungsfrei. Schätzen Sie deshalb die auf den Anhänger wirkende Nettoreibungskraft ab und verwenden Sie dabei eine effektive Reibungszahl von 0,15.

14 (II) (a) Zeigen Sie, dass der minimale Anhalteweg für ein Auto, das mit einer Geschwindigkeit v fährt, identisch ist mit $v^2/2\,_{\mathrm{H}}g$ ist, wobei μ_{H} die Haftreibungszahl zwischen den Reifen und der Straße und g die Fallbeschleunigung ist. (b) Wie groß ist dieser Weg bei einem Auto mit einer Masse von 1200 kg, das mit 95 km/h fährt, wenn $\mu_{\mathrm{H}} = 0{,}75$ ist? (c) Wie groß wäre der Weg, wenn sich das Auto auf dem Mond befände (die Fallbeschleunigung auf dem Mond beträgt ca. $g/6$) und alle anderen Bedingungen gleich wären?

15 (II) Schneehaufen auf rutschigen Dächern können gefährliche Geschosse werden, wenn sie schmelzen. Betrachten Sie einen Schneebrocken auf dem First eines Daches mit einem Neigungswinkel von 30°. (a) Wie groß muss die Haftreibungszahl mindestens sein, damit der Schnee nicht hinunterrutscht? (b) Wenn der Schnee zu schmelzen beginnt, nimmt die Haftreibungszahl ab und der Schnee rutscht schließlich weg. Berechnen Sie die Geschwindigkeit des Schneebrockens beim Hinunterrutschen vom Dach und nehmen Sie dabei an, dass der Weg zwischen Schneebrocken und Dachkante 5,0 m beträgt und dass die Gleitreibungszahl 0,20 ist. (c) Wie groß ist die Geschwindigkeit des Schnees, wenn er auf dem Boden auftrifft, unter der Annahme, dass sich die Dachkante 10,0 m über dem Boden befindet?

16 (II) Polizisten untersuchen den Ort eines Unfalls, an dem zwei Autos beteiligt waren. Dabei messen sie die Bremsspuren eines der Autos, das vor dem Zusammenstoß fast zum Stehen gekommen ist, und stellen fest, dass sie 80 m lang sind. Die Gleitreibungszahl zwischen Gummi und dem Straßenbelag beträgt ca. 0,8. Schätzen Sie die Anfangsgeschwindigkeit des Autos ab.

17 (II) Zwei Kisten mit einer Masse von 80 kg bzw. 210 kg berühren sich und ruhen auf einer horizontalen Fläche (▸ Abbildung 5.26). Auf die Kiste mit einer Masse von 80 kg wird eine Kraft von 750 N ausgeübt. Berechnen Sie (a) die Beschleunigung des Systems und (b) die Kraft, die die Kisten aufeinander ausüben, wenn die Gleitreibungszahl 0,12 beträgt. (c) Wiederholen Sie die Berechnung mit den Kisten in umgekehrter Anordnung.

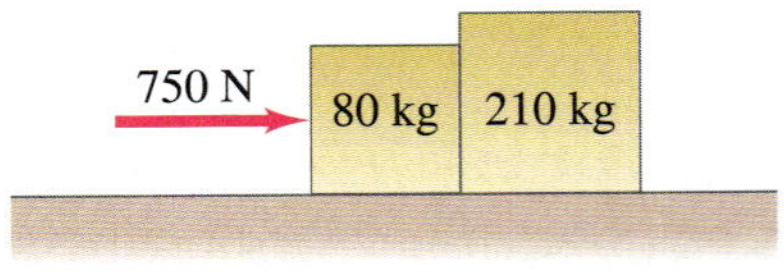

Abbildung 5.26 Aufgabe 17.

18 (II) Der in ▸ Abbildung 5.27 dargestellte Block liegt auf einer schiefen Ebene, die mit der Horizontalen einen Winkel von $\theta = 22{,}0°$ bildet. $\mu_{\mathrm{G}} = 0{,}17$. (a) Bestimmen Sie die Beschleunigung des Blocks, wenn er die Ebene hinuntergleitet. (b) Wie groß ist die Geschwindigkeit des Blocks beim Erreichen des Fußes der schiefen Ebene, wenn er 9,3 m über dem Fuß der Ebene aus dem Stillstand startet?

19 (II) Für die Aufwärtsbewegung auf der in ▸ Abbildung 5.27 dargestellten schiefen Ebene mit einem Neigungswinkel von 22,0° wird einem Block eine Anfangsgeschwindigkeit von 3,0 m/s gegeben. (a) Wie weit bewegt er sich die Ebene hoch? (b) Wie viel Zeit vergeht, bis er in seine Ausgangsposition zurückkehrt? Nehmen Sie $\mu_{\mathrm{G}} = 0{,}17$ an.

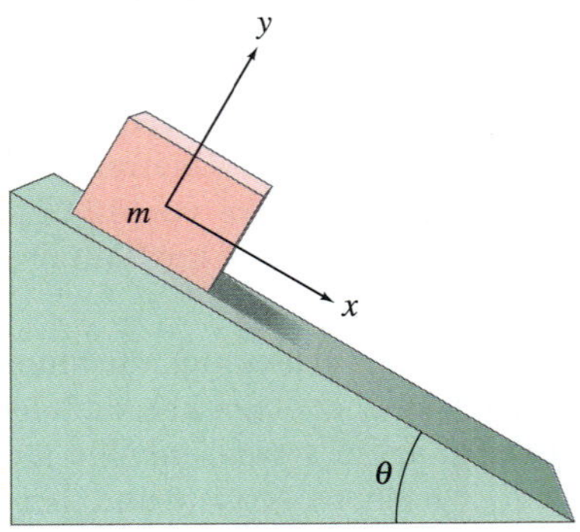

Abbildung 5.27 Block auf schiefer Ebene. Aufgaben 18 und 19.

20 (II) Rundfunktechniker errichten einen Fernmeldeturm, der 18 m hoch ist. Bei der Aufstellung stabilisieren sie den Turm mit 30 m langen Seilen, die von der Turmspitze bis zum Boden reichen. Die Verankerungen bestehen aus Betonblöcken, an denen die Seile befestigt werden können. Jeder Block wiegt 1600 N. Wie groß kann die maximale Zugkraft in einem Seil sein, bevor das Risiko entsteht, dass sich die Verankerung des Seils löst, wenn die Haftreibungszahl zwischen einem Block und dem Boden 0,80 beträgt?

21 (II) Zwei Blöcke aus unterschiedlichen Materialien, die durch ein dünnes Seil miteinander verbunden sind, gleiten eine schiefe Ebene hinunter, die mit der Horizontalen einen Winkel θ bildet, wie in ▸ Abbildung 5.28 dargestellt (Block 2 befindet sich oberhalb von Block 1). Die Massen der Blöcke sind m_1 und m_2 und die Reibungszahlen μ_1 und μ_2. Bestimmen Sie (a) die Beschleunigung der Blöcke und (b) die Zugkraft in dem Seil für einen Winkel von $\theta = 30°$, wenn $m_1 = m_2 = 5{,}0$ kg und $\mu_1 = 0{,}120$ und $\mu_2 = 0{,}30$.

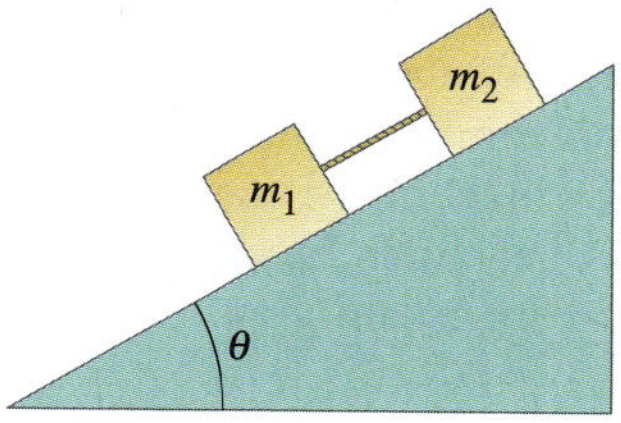

Abbildung 5.28 Aufgaben 21, 22 und 23.

22 (II) Beschreiben Sie die Bewegung für zwei durch ein Seil verbundene Blöcke, die die in ► Abbildung 5.28 dargestellte schiefe Ebene hinuntergleiten (siehe Aufgabe 21), wenn (a) $\mu_1 < \mu_2$ und (b) $\mu_1 > \mu_2$. (c) Bestimmen Sie eine Formel für die Beschleunigung jedes Blocks und die Zugkraft F_Z in dem Seil, ausgedrückt in m_1, m_2 und θ. Interpretieren Sie Ihre Ergebnisse angesichts Ihrer Antworten für (a) und (b).

23 (II) Lösen Sie Aufgabe 21 erneut, aber nehmen Sie jetzt an, dass die beiden Blöcke, die die schiefe Ebene hinuntergleiten (► Abbildung 5.28) durch eine starre Stange anstatt eines Seils miteinander verbunden sind.

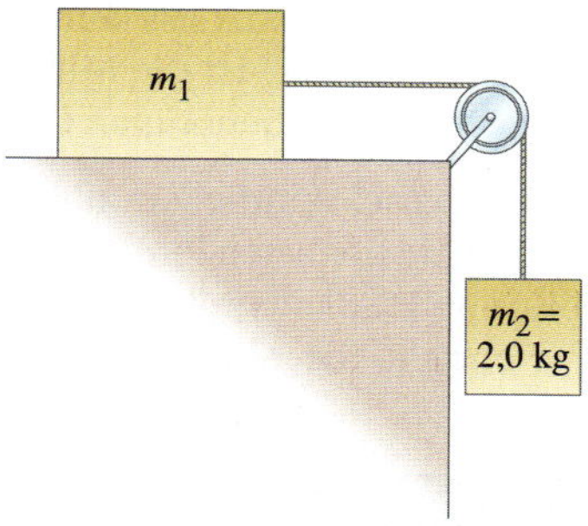

Abbildung 5.29 Aufgabe 24.

24 (II) In ► Abbildung 5.29 beträgt die Haftreibungszahl zwischen der Masse m_1 und dem Tisch 0,40, die Gleitreibungszahl 0,30. (a) Welcher Mindestwert für m_1 wird das System davon abhalten, sich in Bewegung zu setzen? (b) Welche(r) Wert(e) für m_1 wird/werden das System mit konstanter Geschwindigkeit in Bewegung halten?

25 (II) Einem kleinen Block mit der Masse m wird für die Aufwärtsbewegung auf einer schiefen Ebene, die mit der Horizontalen einen Winkel θ bildet, eine Anfangsgeschwindigkeit v_0 mitgegeben. Er bewegt sich einen Weg d die schiefe Ebene hinauf und kommt zum Stillstand. (a) Bestimmen Sie eine Formel für die Gleitreibungszahl zwischen dem Block und der schiefen Ebene. (b) Was können Sie über den Wert der Haftreibungszahl sagen?

26 (II) An einem frostigen Tag bereitet Ihnen der Gedanke Sorgen, Ihr Auto in Ihrer Einfahrt, die einen Neigungswinkel von 12° hat, zu parken. Die Einfahrt Ihres Nachbarn Ralf hat einen Neigungswinkel von 9,0° und Barbaras Einfahrt gegenüber hat einen Neigungswinkel von 6,0°. Die Haftreibungszahl zwischen dem Reifengummi und Eis beträgt 0,15. In welcher/n Einfahrt/en kann man am sichersten parken?

27 (II) Wie groß ist die Beschleunigung des in ► Abbildung 5.30 dargestellten Systems, wenn die Gleitreibungszahl 0,10 beträgt? Nehmen Sie an, dass der Block aus dem Stillstand startet und dass (a) $m_1 = 5{,}0$ kg und (b) $m_1 = 2{,}0$ kg.

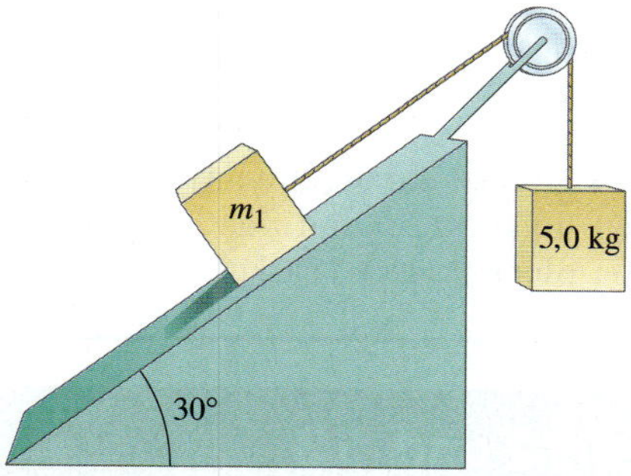

Abbildung 5.30 Aufgaben 27 und 28.

28 (II) Welchen Minimal- bzw. Maximalwert muss m_1 in ► Abbildung 5.30 haben, damit das System nicht beschleunigt? Nehmen Sie $\mu_H = \mu_G = 0{,}50$ an.

29 (II) Ein Kind rutscht eine Rutsche mit einem Neigungswinkel von 28° hinunter. Am Ende der Rutsche ist seine Geschwindigkeit genau halb so groß wie sie gewesen wäre, wenn die Rutsche reibungsfrei gewesen wäre. Berechnen Sie die Gleitreibungszahl zwischen der Rutsche und dem Kind.

30 (III) Auf einem Förderband werden Kisten von der Füllstation zur 10 m entfernten Packstation befördert. Zu Beginn ruht das Band und am Ende muss seine Geschwindigkeit null sein. Der schnellste Transport findet statt, wenn das Band den halben Weg beschleunigt und dann auf der zweiten Hälfte des Transportes abbremst. Wie groß ist die Mindesttransportzeit für jede Kiste, wenn die Haftreibungszahl zwischen einer Kiste und dem Band 0,60 beträgt?

31 (III) Ein Radfahrer kann einen Hügel mit einem Gefälle von 7° mit konstanten 9,5 km/h hinunterrollen. Setzen Sie voraus, dass die Widerstandskraft proportional zum Quadrat der Geschwindigkeit v ist, so dass $F_W = cv^2$ gilt. Berechnen Sie dann (a) den Wert der Konstanten c und (b) die durchschnittliche Kraft, die ausgeübt werden muss, um den Hügel mit 25 km/h hinunterzufahren. Die Masse des Radfahrers plus Fahrrad beträgt 80,0 kg. Vernachlässigen Sie andere Reibungsarten.

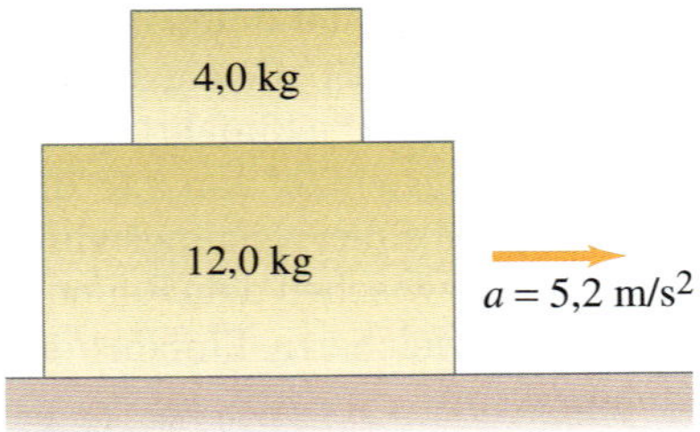

Abbildung 5.31 Aufgabe 32.

32 (III) Ein Block mit einer Masse von 4,0 kg wird auf einen Block mit einer Masse von 12,0 kg gestapelt, der auf einem horizontalen Tisch mit $a = 5{,}2\ \text{m/s}^2$ beschleunigt (▸ Abbildung 5.31). Nehmen Sie $\mu_G = \mu_H = \mu$ für die Reibung des Blocks auf der Tischplatte. (a) Wie groß ist die minimale Reibungszahl μ zwischen den beiden Blöcken, die verhindert, dass der Block (Masse 4,0 kg) abrutscht? Wie groß ist die Beschleunigung des Blocks (Masse 4,0 kg) (b) in Bezug auf den Tisch und (c) in Bezug auf den Block (Masse 12,0 kg), wenn μ nur den halben Mindestwert hat? (d) Wie groß ist die Kraft, die auf den Block (Masse 12,0 kg) in (a) und (b) ausgeübt werden muss, wenn der Tisch reibungsfrei ist?

33 (III) Ein kleiner Block mit der Masse m ruht auf der rauen, geneigten Seite eines dreieckigen Blocks mit der Masse M, der wiederum auf einem horizontalen, reibungsfreien Tisch ruht, wie in ▸ Abbildung 5.32 dargestellt. Bestimmen Sie die minimale horizontale Kraft F, die auf M ausgeübt werden muss, damit der kleine Block m beginnt, sich die schiefe Ebene hinauf zu bewegen, wenn die Haftreibungszahl μ ist.

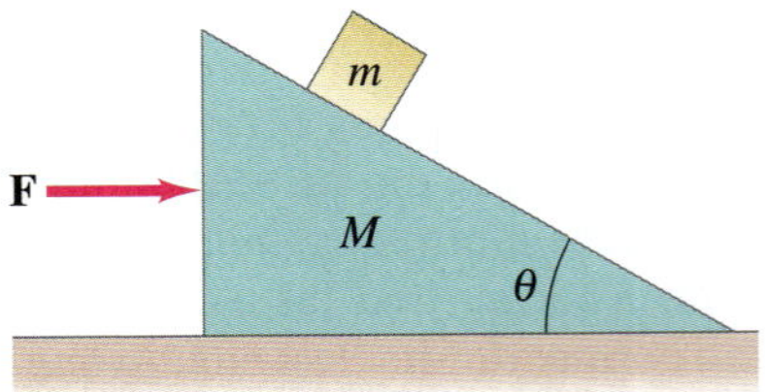

Abbildung 5.32 Aufgabe 33.

Aufgaben zu 5.2 und 5.3

34 (I) Berechnen Sie die Zentripetalbeschleunigung der Erde auf ihrer Umlaufbahn um die Sonne und die auf die Erde ausgeübte Nettokraft. Was übt diese Kraft auf die Erde aus? Nehmen Sie die Umlaufbahn der Erde als einen Kreis mit einem Radius von $1{,}50 \cdot 10^{11}$ m an.

35 (I) Wie groß ist die maximale Geschwindigkeit, mit der ein Auto mit einer Masse von 1200 kg auf einer flachen Straße durch eine Kurve mit einem Radius von 80,0 m fahren kann, wenn die Haftreibungszahl zwischen den Reifen und der Straße 0,55 beträgt? Ist dieses Ergebnis unabhängig von der Masse des Autos?

36 (I) Auf einen Diskus mit einer Masse von 2,00 kg, der gleichmäßig auf einer horizontalen Kreisbahn (in Reichweite des Arms) mit einem Radius von 1,00 m gedreht wird, wird eine horizontale Kraft von 60,0 N ausgeübt. Berechnen Sie die Geschwindigkeit des Diskus.

37 (I) Ein Kind bewegt sich mit einer Geschwindigkeit von 1,50 m/s, wenn es sich 9,0 m vom Mittelpunkt eines Karussells entfernt befindet. Berechnen Sie (a) die Zentripetalbeschleunigung des Kindes und (b) die auf das Kind (Masse = 25 kg) ausgeübte horizontale Nettokraft.

38 (II) Wie schnell (in U/min.) muss eine Zentrifuge sich drehen, wenn ein Massenpunkt 9,0 cm von der Drehachse entfernt eine Beschleunigung von 100 000 g erfahren soll?

39 (II) Ist es möglich, einen Eimer Wasser auf einer vertikalen Kreisbahn so schnell zu drehen, dass kein Wasser herausschwappt? Wenn ja, wie groß ist die Mindestgeschwindigkeit? Definieren Sie alle benötigten Größen.

40 (II) Mit welcher Mindestgeschwindigkeit muss eine Achterbahn beim Looping im höchsten Punkt der Kreisbahn fahren (▸ Abbildung 5.33), damit die Fahrgäste nicht herausfallen? Nehmen Sie einen Krümmungsradius von 8,0 m an.

Abbildung 5.33 Aufgabe 40.

41 (II) Eine Münze wird 12,0 cm von der Achse einer Drehscheibe mit variabler Geschwindigkeit entfernt abgelegt. Wenn die Geschwindigkeit der Drehscheibe langsam erhöht wird, bleibt die Münze fest auf der Drehscheibe, bis 50 U/min. erreicht sind. Jetzt rutscht die Münze hinunter. Wie groß ist die Haftreibungszahl zwischen der Münze und der Drehscheibe?

42 (II) Die Planung einer neuen Straße umfasst ein gerades Streckenstück, das horizontal und flach ist, aber plötzlich in einen steilen Abhang mit einem Gefälle von 22° übergeht. Mit welchem Mindestradius sollte der Übergang abgerundet werden, so dass Autos, die mit 90 km/h fahren, nicht von der Straße abheben (▶ Abbildung 5.34)?

Abbildung 5.34 Aufgabe 42.

43 (II) Auf einer Eisbahn fassen sich zwei Schlittschuhläufer mit identischer Masse an den Händen und drehen sich gegenseitig alle drei Sekunden im Kreis. Wie stark müssen sie in der Drehbewegung aneinander ziehen, wenn wir annehmen, dass ihre Arme jeweils 0,80 m lang sind und ihre Masse jeweils 60,0 kg beträgt?

44 (II) Tarzan will eine Schlucht überqueren, indem er sich in einem Bogen von einer hängenden Liane schwingt. Wie groß ist die maximale Geschwindigkeit, die er im tiefsten Punkt seines Schwungs aushalten kann, wenn seine Arme auf das Seil eine Kraft von 1400 N ausüben können? Seine Masse beträgt 80 kg und die Weinranke ist 4,8 m lang.

45 (II) Arbeiten Sie Beispiel 5.9 nochmals genau durch und berücksichtigen Sie dieses Mal das Gewicht des Balls. Ermitteln Sie den Betrag von $\mathbf{F}_Z$ und den Winkel, den die Schnur mit der Horizontalen bildet.

46 (II) Ein Ball mit einer Masse von 0,35 kg, der am Ende einer horizontalen Schnur befestigt ist, wird auf einer Kreisbahn mit einem Radius von 1,0 m auf einer reibungsfreien, horizontalen Fläche gedreht. Wie groß ist die mögliche maximale Geschwindigkeit des Balls, wenn die Schnur reißt, wenn die in ihr vorhandene Zugkraft 80 N übersteigt? Wie verändert sich Ihre Antwort, wenn Reibung vorhanden wäre?

47 (II) Ein Sportwagen mit einer Masse von 1000 kg, der mit 20 m/s fährt, überquert die Kuppe eines Hügels (Radius = 100 m). Bestimmen Sie (a) die auf den Wagen wirkende Normalkraft, (b) die auf den Fahrer (Masse 70 kg) wirkende Normalkraft und (c) die Geschwindigkeit des Wagens, bei der die Normalkraft null ist.

48 (II) Zwei Massen m_1 und m_2, die durch Seile miteinander und mit einem zentralen Pfosten, wie in ▶ Abbildung 5.35 dargestellt, verbunden sind, rotieren um den Pfosten mit der Frequenz f (Umdrehungen pro Sekunde) auf einer reibungsfreien, horizontalen Fläche inden Abständen r_1 und r_2 von dem Pfosten. Leiten Sie einen algebraischen Ausdruck für die Zugkraft in jedem Seilabschnitt her.

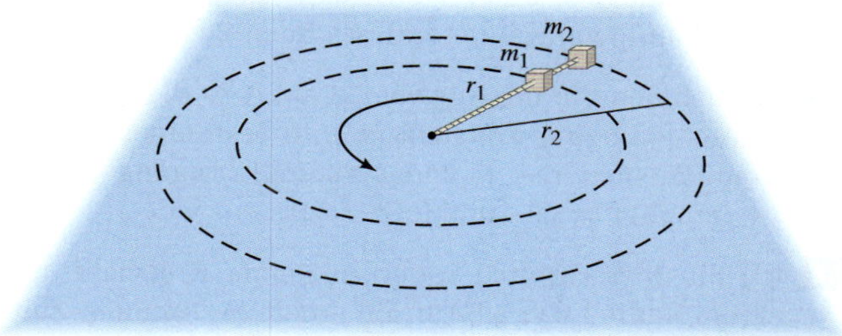

Abbildung 5.35 Aufgabe 48.

49 (III) Ein dünner, kreisförmiger, horizontaler Reifen mit der Masse m und dem Radius R rotiert mit der Frequenz f um eine senkrechte Achse in seinem Mittelpunkt (▶ Abbildung 5.36). Bestimmen Sie die Zugkraft in dem Reifen. [*Hinweis*: Betrachten Sie einen kleinen Reifenabschnitt.]

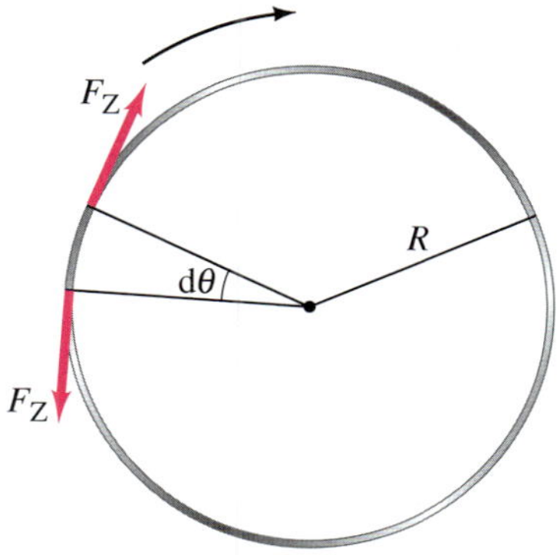

Abbildung 5.36 Aufgabe 49.

50 (III) Wie groß muss die Haftreibungszahl sein, damit ein Auto, das mit 100 km/h durch eine Kurve mit einem Radius von 65 m fährt, die für ein mit 70 km/h fahrendes Auto passend erhöht wurde, nichts ins Schleudern kommt?

51 (III) Eine Kurve mit einem Radius von 60 m wird für eine Auslegungsgeschwindigkeit von 90 km/h erhöht. In welchem Geschwindigkeitsbereich kann ein Auto sicher durch die Kurve fahren, wenn die Haftreibungszahl (bei nassem Straßenbelag) 0,30 beträgt?

Aufgaben zu 5.4

52 (II) Ein Massenpunkt startet aus dem Stillstand und rotiert mit gleichmäßig zunehmender Geschwindigkeit im Uhrzeigersinn auf einer Kreisbahn in der xy-Ebene. Der Kreismittelpunkt befindet sich im Ursprung eines xy-Koordinatensystems. Bei $t = 0$ befindet sich der Massenpunkt bei $x = 0{,}0, y = 2{,}0$ m. Bei $t = 2{,}0$ s hat er eine viertel Drehung zurückgelegt und befindet sich bei $x = 2{,}0$ m, $y = 0{,}0$. Bestimmen Sie (a) seine Geschwindigkeit bei $t = 2{,}0$ s, (b) den Vektor der Durchschnittsgeschwindigkeit und (c) den Vektor der Durchschnittsbeschleunigung während dieses Intervalls.

53 (II) Nehmen Sie für Aufgabe 52 an, dass die Tangentialbeschleunigung konstant ist und bestimmen Sie die Komponenten der Momentanbeschleunigung bei (a) $t = 0{,}0$, (b) $t = 1{,}0$ s und (c) $t = 2{,}0$ s.

54 (II) Ein Massenpunkt rotiert auf einer Kreisbahn mit einem Radius von 3,60 m. Zu einem bestimmten Zeitpunkt beträgt seine Beschleunigung 0,210 g in einer Richtung, die mit seiner Bewegungsrichtung einen Winkel von 28,0° bildet. Bestimmen Sie seine Geschwindigkeit (a) zu diesem Zeitpunkt und (b) 2,00 s später und nehmen Sie dabei eine konstante Tangentialbeschleunigung an.

55 (II) Ein Körper bewegt sich auf einer Kreisbahn mit einem Radius von 20 m. Seine Geschwindigkeit ist gegeben durch $v = 3{,}6 + 1{,}5t^2$. Dabei ist v in Meter pro Sekunde und t in Sekunden angegeben. Ermitteln Sie (a) die Tangentialbeschleunigung und (b) die Radialbeschleunigung bei $t = 3{,}0$ s.

56 (III) Ein Körper mit der Masse m ist gezwungen, sich auf einer Kreisbahn mit dem Radius r zu bewegen. Seine Tangentialbeschleunigung in Abhängigkeit der Zeit ist gegeben durch $a_{\text{tan}} = b + ct^2$. Dabei sind b und c Konstanten. Bestimmen Sie die tangentiale und die radiale Komponente der Kraft, F_{tan} und F_{r}, die zu jedem Zeitpunkt $t > 0$ auf den Körper wirkt, wenn $v = v_0$ bei $t = 0$.

Aufgaben zu 5.5

57 (I) Wenden Sie in Beispiel 5.15 die Dimensionsanalyse an, um zu bestimmen, ob für die Zeitkonstante τ, $\tau = m/b$ oder $\tau = b/m$ gilt.

58 (II) Die Endgeschwindigkeit eines Regentropfens mit einer Masse von $3 \cdot 10^{-5}$ kg beträgt ca. 9 m/s. Bestimmen Sie (a) den Wert der Konstanten b und (b) die Zeit, die ein solcher Tropfen braucht, bis er 63 Prozent seiner Endgeschwindigkeit erreicht hat, wenn er aus dem Stillstand zu fallen beginnt. Nehmen Sie einen Strömungswiderstand von $F_{\text{W}} = -bv$ an.

59 (II) Für einen sich vertikal bewegenden Körper gilt $\mathbf{v} = \mathbf{v}_0$ bei $t = 0$. Bestimmen Sie eine Formel für seine Geschwindigkeit in Abhängigkeit der Zeit und berücksichtigen Sie dabei die Erdanziehung durch Gravitation sowie eine Widerstandskraft von $F = -bv$ für (a) $\mathbf{v}_0$ verläuft parallel zur Fallbeschleunigung und (b) $\mathbf{v}_0$ verläuft antiparallel zur Fallbeschleunigung (nach oben).

60 (II) Der auf große Körper wie sich durch die Luft bewegende Autos, Flugzeuge und Fallschirmspringer wirkende Strömungswiderstand berechnet sich näherungsweise zu $F_{\text{W}} = -bv^2$. (a) Bestimmen Sie für diese quadratische Abhängigkeit von v eine Formel für die Endgeschwindigkeit v_{e} eines senkrecht frei fallenden Körpers. (b) Ein Fallschirmspringer mit einer Masse von 75 kg hat eine Endgeschwindigkeit von ca. 60 m/s. Bestimmen Sie den Wert der Konstanten b. (c) Zeichnen Sie eine Kurve wie die in ► Abbildung 5.23 für diesen Fall mit $F_{\text{W}} \alpha v^2$. Würde diese Kurve bei gleicher Endgeschwindigkeit über oder unter der Kurve in ► Abbildung 5.23 liegen? Erklären Sie, warum.

61 (III) Zwei Widerstandskräfte wirken auf ein Fahrrad und seinen Fahrer: F_{W1}, im Wesentlichen geschwindigkeitsabhängig und auf den Rollwiderstand zurückzuführen, und F_{W2}, proportional zu v^2 und auf den Luftwiderstand zurückzuführen. Für ein bestimmtes Fahrrad plus Fahrer mit einer Masse von insgesamt 80 kg gilt $F_{\text{W1}} \approx 4{,}0$ N und bei einer Geschwindigkeit von 2,2 m/s ist $F_{\text{W2}} \approx 1{,}0$ N. (a) Zeigen Sie, dass die Gesamtwiderstandskraft

$$F_{\text{W}} = 4{,}0 + 0{,}21v^2$$

ist und der Bewegung entgegengerichtet ist. v ist in m/s und F_{W} in N angegeben. (b) Bestimmen Sie den Neigungswinkel θ , in dem das Fahrrad plus Fahrer mit einer konstanten Geschwindigkeit von 10 m/s einen Berg hinunterrollen kann.

62 (III) Bestimmen Sie eine Formel für den Ort und die Beschleunigung eines frei fallenden Körpers in Abhängigkeit der Zeit, wenn der Körper aus dem Stillstand bei $t = 0$ zu fallen beginnt und eine Widerstandskraft von $F = -bv$ erfährt, wie in Beispiel 5.15.

63 (III) Ein Motorboot, das mit einer Geschwindigkeit von 2,4 m/s fährt, schaltet seine Maschine bei $t = 0$ ab. Wie weit fährt es, bevor es zum Stillstand kommt, wenn nach 3,0 s seine Geschwindigkeit auf den halben Ausgangswert gefallen ist? Nehmen Sie an, dass der Strömungswiderstand des Wasser proportional zu v ist.

64 (III) Ein Block gleitet über eine horizontale Fläche, die mit dickflüssigem Öl geschmiert ist, das einen Strömungswiderstand proportional zur Quadratwurzel der Geschwindigkeit bewirkt:

$$F_W = -bv^{\frac{1}{2}} .$$

Bestimmen Sie v und x in Abhängigkeit der Zeit, wenn $\mathbf{v} = \mathbf{v}_0$ bei $t = 0$.

Allgemeine Aufgaben

65 Eine Besteckschublade mit einer Masse von 2,0 kg lässt sich nicht öffnen. Der Besitzer zieht mit immer mehr Kraft und als die ausgeübte Kraft 8,0 N erreicht, geht die Schublade plötzlich auf und alle Teile fallen auf den Boden. Wie groß ist die Haftreibungszahl zwischen der Schublade und dem Schrank?

66 Überlegen Sie sich ein Verfahren zur Messung der Haftreibungszahl μ_H zwischen zwei Flächen unter Verwendung einer schiefen Ebene.

67 Rennwagenreifen, die auf einer Asphaltfläche aufliegen, haben wahrscheinlich eine der höchsten Haftreibungszahlen überhaupt. Schätzen Sie die Haftreibungszahl für einen Rennwagen, der 400 m in 6,0 s zurücklegt, ab und nehmen Sie an, dass die Beschleunigung konstant ist und die Reifen nicht rutschen.

68 Eine Kaffeetasse auf dem Armaturenbrett eines Autos rutscht auf dem Armaturenbrett nach vorn, wenn der Fahrer in 3,5 s oder weniger von 45 km/h zum Stehen kommt, aber nicht, wenn er über einen längeren Zeitraum abbremst. Wie groß ist die Haftreibungszahl zwischen der Tasse und dem Armaturenbrett? Nehmen Sie an, dass die Straße und das Armaturenbrett eben (horizontal) sind.

69 Eine Kiste mit einer Masse von 18,0 kg wird auf einer schiefen Ebene mit einem Neigungswinkel von 37,0° losgelassen und beschleunigt die Ebene hinunter mit 0,270 m/s². Ermitteln Sie die Reibungskraft, die ihre Bewegung erschwert. Wie groß ist die Reibungszahl?

70 Ein Pritschenwagen transportiert eine schwere Kiste. Die Haftreibungszahl zwischen der Kiste und der Ladefläche des Wagens beträgt 0,75. Wie stark kann der Fahrer maximal abbremsen, ohne dass die Kiste gegen das Führerhaus rutscht?

71 Bei einem Erdbeben beschleunigt der Erdboden mit einem maximalen Wert von a_{max} in horizontaler Richtung. (a) Zeigen Sie, dass ein Körper, der „seine Position halten soll" auf dem Erdboden, eine Haftreibungszahl in Bezug auf den Erdboden von mindestens $\mu_H = a_{max}/g$ haben muss. (b) Das berühmte Loma-Prieta-Erdbeben, das 1989 die World Series (Anm. d. Übers.: jährliches Endspiel zwischen den Gewinnern der beiden großen Baseballligen in den USA) stoppte, erreichte maximale Erdbodenbeschleunigungen von bis zu 4,0 m/s² im Bereich der San Francisco Bay. Würde ein Stuhl auf Ihrem Linoleumfußboden bei einer Haftreibungszahl von 0,25 ins Rutschen kommen?

72 Eine Achterbahn erreicht die Spitze der steilsten Rampe mit einer Geschwindigkeit von 6,0 km/h. Dann rast sie die Rampe, die einen durchschnittlichen Winkel von 45° hat und 45,0 m lang ist, hinunter. Wie groß ist ihre Geschwindigkeit, wenn sie den Fuß der Rampe erreicht? Nehmen Sie $\mu_G = 0,12$ an.

73 Ein Motorradfahrer lässt seine Maschine bei ausgeschaltetem Motor mit einer gleich bleibenden Geschwindigkeit von 20,0 m/s dahinrollen, kommt dann aber auf einen sandigen Streckenabschnitt, wo die Gleitreibungszahl 0,80 beträgt. Kommt der Motorradfahrer aus dem sandigen Abschnitt heraus, ohne den Motor starten zu müssen, wenn dieser Abschnitt 15 m lang ist? Wenn ja, wie groß ist die Geschwindigkeit beim Herausrollen aus dem Sand?

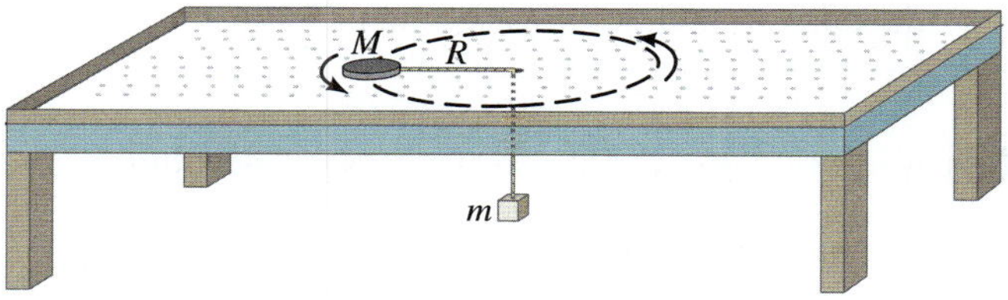

Abbildung 5.37 Aufgabe 74.

74 Ein flacher Puck (Masse M) wird auf einer Kreisbahn auf einem (reibungsfreien) Hockey-Luftkissentisch gedreht und durch eine Schnur, die durch das Mittelloch, wie in ► Abbildung 5.37 dargestellt, mit einer herabhängenden Masse (Masse m) verbunden ist, auf dieser Umlaufbahn gehalten. Zeigen Sie, dass die Geschwindigkeit des Pucks gegeben ist durch

$$v = \sqrt{\frac{mgR}{M}} .$$

75 Eine Vorrichtung für das Training von Astronauten und Düsenjägerpiloten ist so konzipiert, dass die auszubildende Person auf einer horizontalen Kreisbahn mit einem Radius von 10,0 m rotiert wird. Wie schnell rotiert die Person, wenn die von ihr gefühlte Kraft 7,75mal ihr Körpergewicht ist? Drücken Sie Ihre Antwort sowohl in m/s, als auch in U/s aus.

76 Auf einem Volksfest zahlen Leute Geld dafür, dass sie im „Rotor-Ride", einem Zylinder, der sich um seine vertikale Achse dreht, an dessen innerer Mantelfläche stehen und gedreht werden (siehe ▸ Abbildung 5.38). Wie groß ist die minimale Haftreibungszahl, die verhindert, dass die Leute hinunterrutschen, wenn der Zylinder einen Radius von 5,0 m hat und die Drehfrequenz 0,50 Umdrehungen pro Sekunde beim Abheben vom Boden beträgt? Die Leute berichten nach dieser Fahrt, dass sie „gegen die Wand gedrückt wurden". Stimmt das? Gibt es tatsächlich eine nach außen gerichtete Kraft, die sie gegen die Wand drückt? Wenn ja, welche Ursache hat diese Kraft? Wenn nicht, wie lautet die richtige Beschreibung ihrer Situation (abgesehen von der Übelkeit)?

Abbildung 5.38 Aufgabe 76.

77 Bestimmen Sie die tangentiale und zentripetale Komponente der (vom Boden) auf ein Auto ausgeübten Nettokraft, wenn seine Geschwindigkeit 30 m/s beträgt und es in 9,0 s aus dem Stillstand auf diese Geschwindigkeit in einer Kurve mit einem Radius von 450 m beschleunigt hat. Das Auto hat eine Masse von 1000 kg.

78 Ein Auto mit einer Masse von 1000 kg fährt durch eine Kurve mit einem Radius von 80 m, die um einen Winkel von 14° erhöht ist. Ist eine Reibungskraft erforderlich, wenn das Auto mit 80 km/h fährt? Wenn ja, wie groß und in welcher Richtung ist sie?

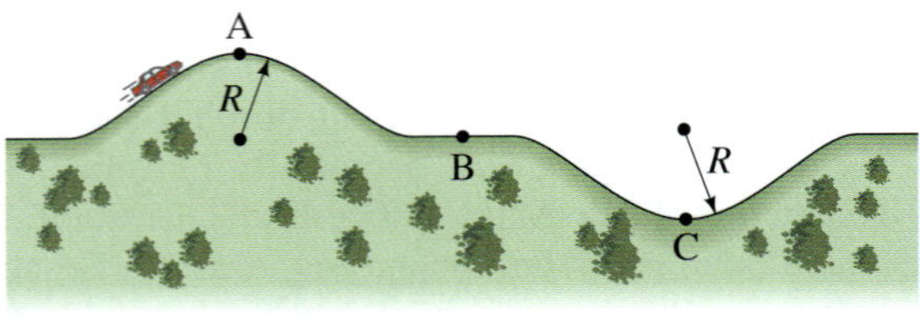

Abbildung 5.39 Aufgabe 79.

79 Ein Auto fährt mit konstanter Geschwindigkeit v über Berg und Tal, wie in ▸ Abbildung 5.39 dargestellt. Sowohl Berg, als auch Tal haben einen Krümmungsradius R. (a) Wie sind die auf das Auto in den Punkten A, B und C wirkenden Normalkräfte vergleichbar? (Welches ist die größte, die kleinste?) Erklären Sie. (b) Wo würde sich der Fahrer am schwersten fühlen? Am leichtesten? Erklären Sie. (c) Wie schnell kann das Auto fahren, ohne im Punkt A von der Straße abzuheben?

80 Beim 500-Meilen-Rennen von Indianapolis beschleunigt ein Wagen gleichmäßig aus der Boxengasse aus dem Stillstand auf 320 km/h in einem halbkreisförmigen Bogen mit einem Radius von 200 m. Bestimmen Sie die Tangential- und Radialbeschleunigung des Autos, wenn es die Kurve halb durchfahren hat. Nehmen Sie dabei eine konstante Beschleunigung an. Wie groß müsste die Haftreibungszahl zwischen den Reifen und dem Straßenunterbau bei einer flachen Kurve sein, um diese Beschleunigung ohne Rutschen oder Schleudern zu bewirken?

81 Ein Massenpunkt rotiert auf einer horizontalen Kreisbahn mit einem Radius von 2,70 m. Zu einem bestimmten Zeitpunkt beträgt seine Beschleunigung 1,05 m/s^2 in einer Richtung, die mit seiner Bewegungsrichtung einen Winkel von 32,0° bildet. Bestimmen Sie seine Geschwindigkeit (a) zu diesem Zeitpunkt und (b) 2,00 s später und nehmen Sie dabei eine konstante Tangentialbeschleunigung an.

82 Die Katze Figaro (5,0 kg) hängt an der Tischdecke und zieht das Glas von Goldfisch Cleo (11 kg) zur Tischkante (▸ Abbildung 5.40). Die Gleitreibungszahl zwischen der Tischdecke (vernachlässigen Sie ihre Masse) unter dem Fischglas und dem Tisch beträgt 0,44. (a) Wie groß ist die Beschleunigung von Figaro und dem Fischglas? (b) Wie lange braucht Figaro, um Cleo vom Tisch herunterzuziehen, wenn sich das Fischglas 0,90 m von der Tischkante entfernt befindet?

Abbildung 5.40 Aufgabe 82.

83 Eine kleine Masse m wird auf die Oberfläche einer Kugel gesetzt, ▸ Abbildung 5.41. Bei welchem Winkel ϕ würde die Masse zu rutschen beginnen, wenn die Haftreibungszahl $\mu_H = 0{,}60$ ist.

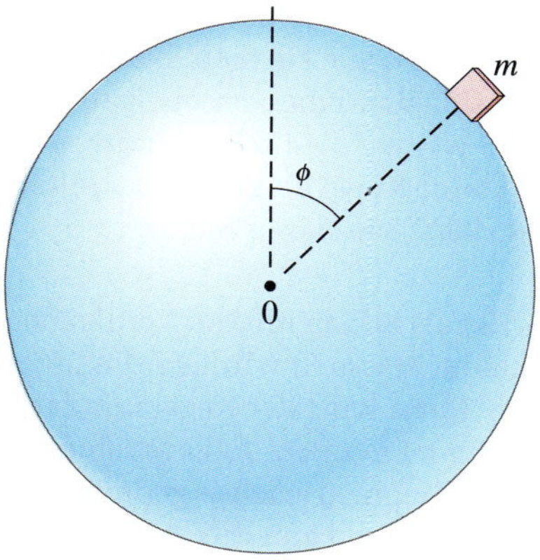

Abbildung 5.41
Aufgabe 83.

84 Der Kletterer mit einer Masse von 70,0 kg in ▸ Abbildung 5.42 wird durch die auf seine Schuhe und seinen Rücken ausgeübten Reibungskräfte in dem „Kamin" gehalten. Die Haftreibungszahl zwischen seinen Schuhen und der Wand bzw. zwischen seinem Rücken und der Wand beträgt 0,80 bzw. 0,60. Wie groß ist die minimale Normalkraft, die er ausüben muss? Nehmen Sie an, dass die Wände vertikal sind und die Haftreibungszahlen jeweils ihre Maximalwerte erreicht haben, $F_R = \mu_H F_N$.

Abbildung 5.42
Aufgabe 84.

85 Ein Freund wirft Ihnen einen Baseball mit einer horizontalen Anfangsgeschwindigkeit von 30 m/s zu. Die Flugbahn des Balls ist parabelförmig, aber wir können in jedem Punkt einen *Krümmungsradius*bestimmen. (a) Definieren Sie eine Methode zur Bestimmung des Krümmungsradius? (b) Wie groß ist dieser Krümmungsradius, direkt nachdem der Baseball die Hand Ihres Freundes verlassen hat?

86 Ein Block mit einer Masse von 28,0 kg ist durch ein Seil, das über eine reibungsfreie Rolle läuft, mit einem leeren Eimer mit einer Masse von 1,0 kg verbunden (▸ Abbildung 5.43). Die Haftreibungszahl zwischen dem Tisch und dem Block beträgt 0,450 und die Gleitreibungszahl zwischen dem Tisch und dem Block 0,320. Es wird langsam Sand in den Eimer geschüttet, bis das System beginnt, sich zu bewegen. (a) Berechnen Sie die Masse Sand, die in den Eimer geschüttet wurde. (b) Berechnen Sie die Beschleunigung des Systems.

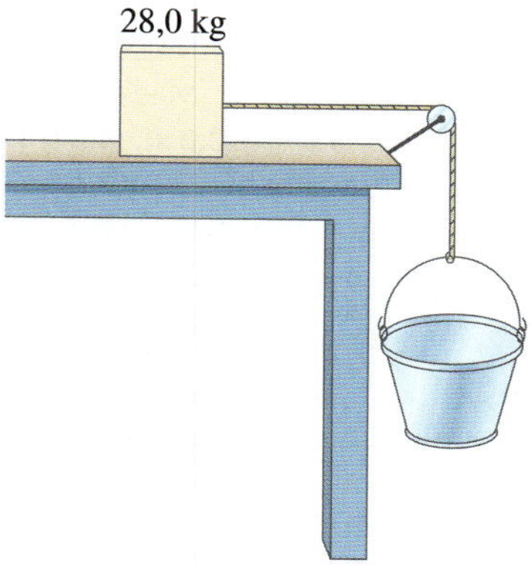

Abbildung 5.43
Aufgabe 86.

87 Ein Flugzeug, das mit 520 km/h fliegt, muss umkehren. Der Pilot beschließt deshalb, das Flugzeug in eine Schräglage von 38° zu bringen. (a) Ermitteln Sie die Zeit, die für die Kursänderung erforderlich ist. (b) Welche zusätzliche Kraft wirkt auf die Passagiere während dieser Kurve? [*Hinweis*: Nehmen Sie eine aerodynamische „Auftriebskraft" an, die senkrecht zu den flachen Tragflächen wirkt, siehe ▸ Abbildung 5.44.]

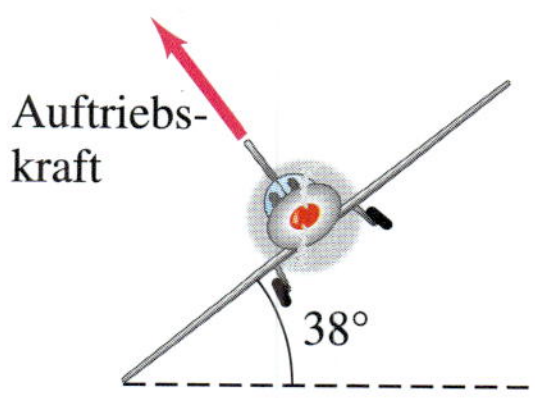

Abbildung 5.44 Aufgabe 87.

88 Eine kreisförmige Kurve mit dem Radius R einer neuen Bundesstraße ist so ausgelegt, dass ein Auto, das mit einer Geschwindigkeit v_0 fährt, die Kurve bei Glatteis (Reibung null) sicher passieren kann. Wenn ein Auto zu langsam fährt, rutscht es zum Kreismittelpunkt hin. Fährt es zu schnell, rutscht es vom Kreismittelpunkt weg. Die Zunahme der Haftreibungszahl ermöglicht einem Auto, auf der Straße zu bleiben, während es mit einer Geschwindigkeit in dem Bereich zwischen v_{min} und v_{max} fährt. Leiten Sie Formeln für v_{min} und v_{max} in Abhängigkeit von μ_H, v_0 und R her.

89 Ein mit konstanter Geschwindigkeit fahrender Zug fährt durch eine Kurve mit einem Radius von 275 m. Ein Pendel, das von der Decke hängt, schwenkt in der Kurve bis zu einem Winkel von 17,5° aus. Wie groß ist die Geschwindigkeit des Zuges?

90 Die auf einen schnell frei fallenden Körper wirkende Kraft des Luftwiderstandes hat die Form $F = -kv^2$, so dass das auf einen solchen Körper angewandte zweite Newton'sche Axiom

$$m\frac{\mathrm{d}v}{\mathrm{d}t} = mg - kv^2$$

lautet, wenn die Abwärtsrichtung als positiv angenommen wird. Bestimmen Sie Geschwindigkeit und Ort eines Fallschirmspringers mit einer Masse von 75 kg innerhalb von 20,0 s (Zeitintervall 2,0 s), nachdem er aus dem Stillstand zu fallen beginnt. Nehmen Sie k mit $k = 0{,}22$ kg/m an. Zeigen Sie auch, dass der Körper schließlich eine gleich bleibende Geschwindigkeit, die *Endgeschwindigkeit*, erreicht, und erklären Sie, warum.

91 Nehmen Sie an, dass eine Nettokraft von $F = -mg - kv^2$ während der vertikalen Aufwärtsbewegung einer Rakete mit einer Masse von 250 kg wirkt, beginnend zum Zeitpunkt ($t = 0$), wenn der Treibstoff ausgebrannt ist und die Rakete eine nach oben gerichtete Geschwindigkeit von 120 m/s hat. Nehmen Sie $k = 0{,}65$ kg/m an. Berechnen Sie die maximale Höhe, die die Rakete erreicht. Vergleichen Sie dies mit Freiflugbedingungen ohne Luftwiderstand ($k = 0$).

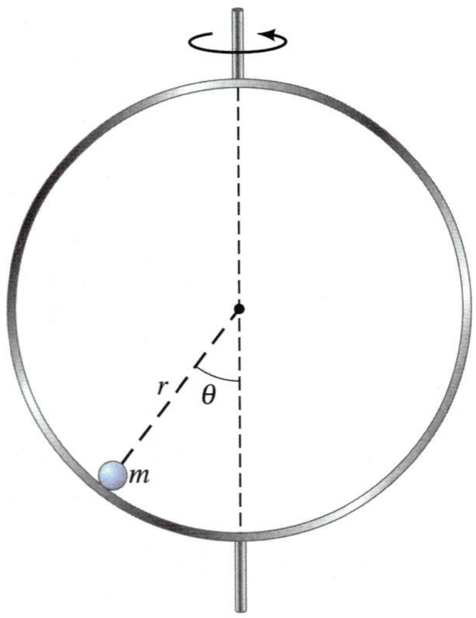

Abbildung 5.45 Aufgabe 92.

92 Eine kleine Kugel mit der Masse m gleitet ohne Reibung in einem kreisförmigen Reifen mit dem Radius r, der um eine vertikale Achse mit einer Frequenz f rotiert (▸ Abbildung 5.45). Welche Kräfte wirken neben der Schwerkraft auf die Kugel? (a) Bestimmen Sie den Winkel θ, bei dem sich die kleine Kugel im Gleichgewicht befindet – d. h. bei dem sie nicht bestrebt ist, sich entlang des Reifens nach unten oder oben zu bewegen. (b) Wie groß ist θ, wenn $f = 4{,}0$ U/s und $r = 20$ cm? (c) Kann sich die kleine Kugel bis zum Kreismittelpunkt hoch bewegen ($\theta = 90°$)? Erklären Sie.

93 Die Seiten eines Kegels bilden mit der Vertikalen einen Winkel ϕ. Eine kleine Masse m wird auf die Innenseite des Kegels gesetzt. Dann wird der Kegel mit der Spitze nach unten mit einer Frequenz f (Umdrehungen pro Sekunde) um seine Symmetrieachse gedreht. An welchen Stellen auf dem Kegel kann die Masse angebracht werden, ohne auf dem Kegel zu rutschen, wenn die Haftreibungszahl μ_H ist? (Geben Sie die maximale und minimale Entfernung r von der Achse an.)

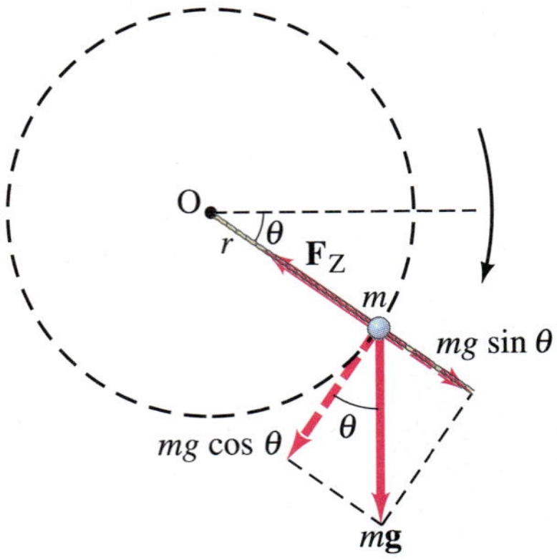

Abbildung 5.46 Aufgabe 94.

94 Ein Ball mit einer Masse $m = 1{,}0$ kg am Ende einer dünnen Schnur mit der Länge $r = 0{,}80$ m rotiert auf einer vertikalen Kreisbahn um den Punkt O, wie in ▸ Abbildung 5.46 dargestellt. Während unserer Beobachtungszeit sind die einzigen Kräfte, die auf den Ball wirken, die Gravitation und die Zugkraft in der Schnur. Die Bewegung ist zwar kreisförmig, aber auf Grund der Gravitation nicht gleichförmig. Die Geschwindigkeit des Balls nimmt zu, wenn er sich nach unten bewegt, und nimmt ab, wenn er sich auf der anderen Seite der Kreisbahn nach oben bewegt. Zu dem Zeitpunkt, an dem die Schnur einen Winkel von $\theta = 30°$ unter der Horizontalen bildet, beträgt die Geschwindigkeit des Balls 6,0 m/s. Bestimmen Sie die Tangentialbeschleunigung, die Radialbeschleunigung und die Zugkraft in der Schnur F_Z zu diesem Zeitpunkt. Nehmen Sie τ, wie dargestellt, als nach unten zunehmend an.

Gravitation und das Newton'sche Gravitationsgesetz

6

ÜBERBLICK

Die Astronauten in der linken oberen Bildhälfte arbeiten an der Raumfähre. Auf ihrer Umlaufbahn um die Erde erfahren sie – bei ziemlich hoher Geschwindigkeit – scheinbare Schwerelosigkeit. Der Mond im Hintergrund bewegt sich ebenfalls mit großer Geschwindigkeit auf einer Umlaufbahn um die Erde. Was hält den Mond und die Raumfähre (und ihre Astronauten) davon ab, sich in einer geraden Linie von der Erde weg zu bewegen? Die Gravitationskraft. Nach dem Newton'schen Gravitationsgesetz übt jeder Körper auf jeden anderen Körper eine Anziehungskraft aus, die proportional zu den Massen der Körper und umgekehrt proportional zum Quadrat des Abstandes zwischen ihnen ist.

6. Gravitation und das Newton'sche Gravitationsgesetz

Sir Isaac Newton stellte nicht nur die drei bedeutenden Axiome der Bewegung auf, er ist auch der geistige Vater eines anderen bedeutenden Gesetzes zur Beschreibung einer der grundlegenden natürlichen Kräfte, der Gravitation, und er wendete dieses Gesetz an, um die Bewegung der Planeten zu verstehen. Dieses neue Gesetz, 1687 in seinem großen Buch *Philosophiae Naturalis Principia Mathematica* (kurz *Principia*) veröffentlicht, wird das Newton'sche Gravitationsgesetz genannt. Es war das Schlussstück von Newtons Analyse der Welt der Physik. In der Tat ist die Newton'sche Mechanik mit ihren drei Axiomen der Bewegung und dem Gravitationsgesetz seit Jahrhunderten Grundlage des Verständnisses der Bewegungen im Universum.

6.1 Das Newton'sche Gravitationsgesetz

Zu den zahlreichen großen Leistungen Sir Isaac Newtons gehört die Untersuchung der Bewegung von Himmelskörpern – der Planeten und des Mondes. Er suchte insbesondere nach der Art der Kraft, die wirken muss, damit der Mond auf seiner nahezu kreisförmigen Umlaufbahn um die Erde bleibt.

Newton beschäftigte sich außerdem mit dem Problem der Gravitation. Aus der Tatsache, dass frei fallende Körper beschleunigen, hatte Newton gefolgert, dass auf sie eine Kraft wirken muss, die wir Gravitationskraft nennen. Wann immer eine Kraft *auf* einen Körper ausgeübt wird, wird diese Kraft *von* einem anderen Körper ausgeübt. Aber welche Quelle *übt* die Gravitationskraft *aus*? Jeder Körper auf der Erdoberfläche fühlt die Gravitationskraft und unabhängig davon, wo sich der Körper befindet, ist die Kraft zum Erdmittelpunkt hin gerichtet (▸ Abbildung 6.1). Newton kam zu dem Schluss, dass die Erde selbst die Gravitationskraft auf Körper, die sich auf ihrer Oberfläche befinden, ausüben muss.

Einem frühen Bericht zufolge saß Newton in seinem Garten und sah, wie ein Apfel vom Baum fiel. Er soll plötzlich eine Eingebung gehabt haben: Wenn die Gravitation in Baumspitzen und sogar auf Berggipfeln wirkt, wirkt sie vielleicht auf der ganzen Strecke bis zum Mond! Ob diese Geschichte nun wahr ist oder nicht, auf jeden Fall liefert sie ein Bild von Newtons logischem Denken und seiner Inspiration. Mit diesem Gedanken, dass es die Erdanziehungskraft ist, die den Mond auf seiner Umlaufbahn hält, entwickelte Newton seine berühmte Gravitationstheorie. (Zu seiner Zeit war sie allerdings umstritten. Viele hatten Probleme mit der Vorstellung, dass eine Kraft „in einiger Entfernung wirkt". Typische Kräfte wirken über Berührung – Ihre Hand schiebt einen Einkaufswagen und zieht einen Karren, das Schlagholz trifft einen Ball etc. Aber Gravitation wirkt ohne Berührung, so Newton: Die Erde übt auf einen frei fallenden Apfel und auf den Mond eine Kraft aus, auch wenn es keine Berührung gibt und die beiden Körper sehr weit voneinander entfernt sind.)

Der Newton'sche Apfel

Newton machte sich daran, den Betrag der Gravitationskraft, die die Erde auf den Mond ausübt, im Vergleich zu der Gravitationskraft, die auf Körper an der Erdoberfläche wirkt, zu bestimmen. An der Erdoberfläche beschleunigt die Gravitationskraft Körper mit 9,80 m/s². Aber wie groß ist die Zentripetalbeschleunigung des Mondes? Da sich der Mond in einer nahezu gleichförmigen Kreisbewegung bewegt, kann die Beschleunigung aus $a_R = v^2/r$ berechnet werden. Wir haben diese Berechnung bereits in Beispiel 3.12 durchgeführt und $a_R = 0{,}00272\ \mathrm{m/s^2}$ ermittelt.

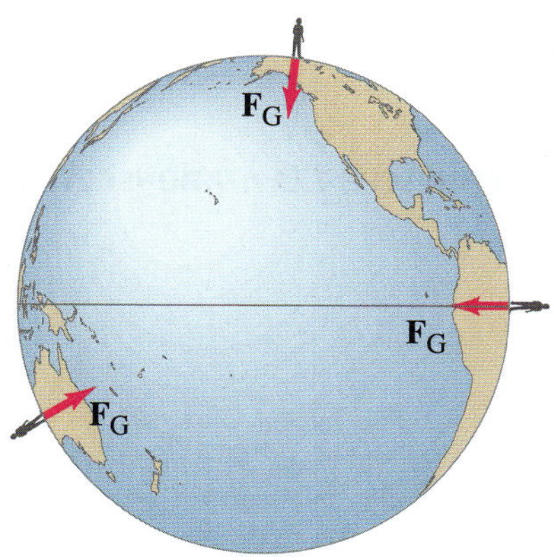

Abbildung 6.1 Überall auf der Erde, ob in Alaska, Australien oder Peru, ist die Gravitationskraft nach unten zum Erdmittelpunkt hin gerichtet.

Die zur Erde hin gerichtete Beschleunigung des Mondes

Als Fallbeschleunigung an der Erdoberfläche g ausgedrückt, ist dies äquivalent zu

$$a_R \approx \frac{1}{3600} g \,.$$

Das bedeutet, dass die zur Erde hin gerichtete Beschleunigung des Mondes ca. $\frac{1}{3600}$ mal so groß ist wie die Beschleunigung von Körpern an der Erdoberfläche. Der Mond ist 384 000 km von der Erde entfernt. Das entspricht ca. dem 60fachen Erdradius von 6380 km. Das heißt, dass der Mond 60mal weiter vom Erdmittelpunkt entfernt ist als Körper an der Erdoberfläche. Aber $60 \cdot 60 = 60^2 = 3600$. Wieder die Zahl 3600! Newton folgerte, dass die von der Erde auf einen Körper ausgeübte Gravitationskraft mit dem Quadrat seines Abstandes r vom Erdmittelpunkt abnimmt:

$$\text{Gravitationskraft} \propto \frac{1}{r^2} \,.$$

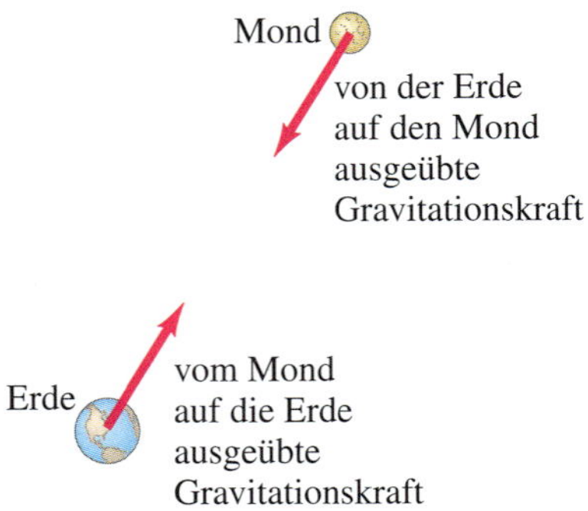

Abbildung 6.2 Die Gravitationskraft, die ein Körper auf einen zweiten Körper ausübt, ist zum ersten Körper hin gerichtet, gleich der von diesem zweiten Körper auf den ersten Körper ausgeübten Kraft und ihr entgegengerichtet.

In einer Entfernung von 60 Erdradien erfährt der Mond eine Gravitationskraft, die nur $\frac{1}{60^2} = \frac{1}{3600}$ mal so stark ist, wie er sie an der Erdoberfläche erfahren würde. Jeder Körper, der 384 000 km von der Erde entfernt positioniert würde, würde dieselbe Fallbeschleunigung wie der Mond erfahren: $0{,}00272\,\mathrm{m/s^2}$.

Newton erkannte, dass die auf einen Körper wirkende Gravitationskraft nicht nur vom Abstand, sondern auch von der Masse des Körpers abhängt. Tatsächlich ist sie direkt proportional zu seiner Masse, wie wir gesehen haben. Nach dem dritten Newton'schen Axiom übt, wenn die Erde ihre Gravitationskraft auf einen Körper, wie z. B. den Mond, ausübt, dieser Körper eine gleich große und entgegengerichtete Kraft auf die Erde aus (► Abbildung 6.2) Auf Grund dieser Symmetrie, begriff Newton, muss der Betrag der Gravitationskraft proportional zu *beiden* Massen sein. Somit gilt:

$$F \propto \frac{m_E m_K}{r^2} \,.$$

Dabei ist m_E die Masse der Erde, m_K die Masse des anderen Körpers und r der Abstand zwischen dem Erdmittelpunkt und dem Mittelpunkt des anderen Körpers.

Newton ging bei seiner Analyse der Gravitation einen Schritt weiter. Bei seiner Untersuchung der Umlaufbahnen der Planten kam er zu der Schlussfolgerung, dass sich die Kraft, die erforderlich ist, damit die verschiedenen Planeten auf ihren Umlaufbahnen um die Sonne bleiben, mit dem umgekehrten Quadrat ihres Abstandes von der Sonne zu verringern scheint. Dies führte ihn zu der Annahme, dass auch hier die Gravitationskraft zwischen der Sonne und jedem der Planeten wirkt und die Planeten so auf ihren Umlaufbahnen gehalten werden. Und wenn zwischen diesen Körpern die Gravitation wirkt, warum dann nicht zwischen allen Körpern? So formulierte er sein berühmtes Gravitationsgesetz, das wie folgt lautet:

DAS NEWTON'SCHE GRAVITATIONSGESETZ

Jeder Körper im Universum übt auf jeden anderen Körper eine Anziehungskraft aus, die proportional zum Produkt ihrer Massen und umgekehrt proportional zum Quadrat des Abstandes zwischen ihnen ist. Diese Kraft wirkt entlang der Geraden, die die beiden Körper verbindet.

Der Betrag der Gravitationskraft kann geschrieben werden als

$$F = G\frac{m_1 m_2}{r^2} \,. \tag{6.1}$$

Dabei sind m_1 und m_2 die Massen der beiden Körper, r ist der Abstand zwischen ihnen und G ist eine universelle Konstante, die experimentell gemessen werden muss und für alle Körper denselben numerischen Wert hat.

Der Wert von G muss sehr klein sein, da die Anziehungskraft zwischen Körpern des täglichen Gebrauchs, wie z. B. zwei Fußbällen, nicht spürbar ist, sie ist zu klein. Die Kraft zwischen zwei Körpern mit vergleichsweise geringen Massen, die genau gemessen werden konnten, wurde zum ersten Mal 1798 von Henry Cavendish über 100 Jahre nach der Veröffentlichung des Newton'schen Gesetzes gemessen. Um die unglaublich kleine Kraft festzustellen und zu messen, benutzte er eine Vorrichtung, wie sie in ▶ Abbildung 6.3 dargestellt ist. Cavendish bestätigte Newtons Hypothese, dass zwei Körper sich gegenseitig anziehen und dass die Gleichung 6.1 diese Anziehungskraft genau beschreibt. Da er F, m_1, m_2 und r genau messen konnte, war er außerdem in der Lage, auch den Wert der Konstanten G zu bestimmen. Der anerkannte Wert lautet heute

$$G = 6{,}67 \cdot 10^{-11}\,\mathrm{N{\cdot}m^2/kg^2}\,.$$

Genau gesagt gibt die Gleichung 6.1 den Betrag der Gravitationskraft an, die ein Massenpunkt auf einen zweiten Massenpunkt ausübt, der einen Abstand r von dem ersten Massenpunkt hat. Bei einem ausgedehnten Körper (d. h. kein Punkt) müssen wir überlegen, wie der Abstand r zu messen ist. Sie könnten möglicherweise denken, dass r der Abstand zwischen den Mittelpunkten der Körper sei. Dies ist häufig zutreffend und selbst, wenn es nicht ganz richtig ist, häufig eine gute Näherung. Aber um eine genaue Berechnung durchzuführen, muss jeder ausgedehnte Körper als eine Ansammlung von winzigen Massenpunkten betrachtet werden. Die Gesamtkraft ist dann die Summe aller von diesen Massenpunkten bewirkten Kräfte. Die Summe all dieser Massenpunkte wird häufig am besten unter Verwendung der Integralrechnung gebildet, die Newton selbst erfand. Newton zeigte, dass die Gleichung 6.1 bei zwei homogenen Kugeln die korrekte Kraft angibt. Dabei ist r der Abstand zwischen ihren Mittelpunkten. (Die Ableitung ist in Anhang C angegeben.) Wenn ausgedehnte Körper im Vergleich zu dem Abstand zwischen ihnen klein sind (wie beim Erde-Sonne-System), entstehen kleine Ungenauigkeiten dadurch, dass man sie als Massenpunkte betrachtet.

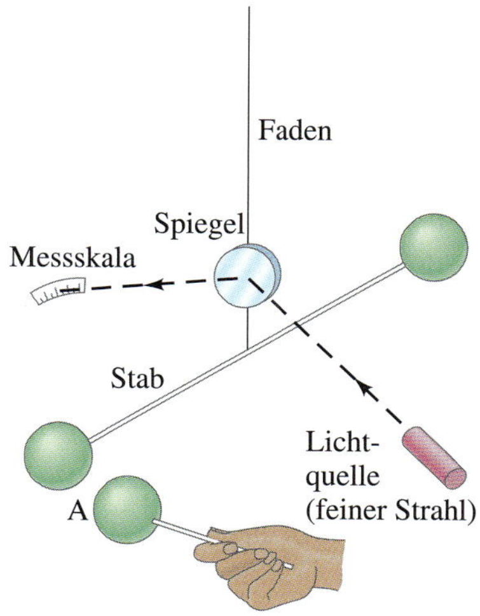

Abbildung 6.3 Schematische Darstellung der Cavendish-Vorrichtung. Zwei Kugeln sind an einem leichten waagerechten Stab befestigt, der in der Mitte an einem dünnen Faden hängt. Wenn sich eine dritte Kugel mit der Bezeichnung A einer der beiden aufgehängten Kugeln nähert, bewirkt die Gravitationskraft, dass sich letztere bewegt. Dadurch wird der Faden leicht verdreht. Die winzige Bewegung wird durch einen feinen Lichtstrahl, der auf einen an dem Faden angebrachten Spiegel gerichtet wird, vergrößert. Der Strahl reflektiert das Licht auf eine Messskala. Die vorherige Bestimmung der Stärke der Kraft, die den Faden verdreht, ermöglicht dann bei einer gegebenen Größe, den Betrag der Gravitationskraft zwischen zwei Körpern zu bestimmen.

Beispiel 6.1 · Abschätzung **Können Sie auf eine andere Person eine Gravitationskraft ausüben?**

Zwei Personen, eine mit einer Masse von 50 kg und eine andere mit einer Masse von 75 kg, sitzen auf einer Bank. Ihre Mittelpunkte sind 50 cm voneinander entfernt. Schätzen Sie den Betrag der Gravitationskraft ab, die die eine Person auf die andere ausübt.

Lösung

Wir wenden die Gleichung 6.1 an, die Folgendes ergibt:

$$F = \frac{(6{,}67 \cdot 10^{-11}\,\mathrm{N{\cdot}m^2/kg^2})(50\,\mathrm{kg})(75\,\mathrm{kg})}{(0{,}50\,\mathrm{m})^2} = 1{,}0 \cdot 10^{-6}\,\mathrm{N}\,.$$

Dieses Ergebnis ist so klein, dass es nur mit sehr empfindlichen Instrumenten gemessen werden kann.

Beispiel 6.2 **Raumschiff bei $2r_E$**

Wie groß ist die Gravitationskraft, die auf ein Raumschiff mit einer Masse von 2000 kg wirkt, das sich auf einer Umlaufbahn um die Erde befindet, die zwei Erdradien vom Erdmittelpunkt (d. h. in einem Abstand von $r_E = 6380$ km über der Erdoberfläche, ▶ Abbildung 6.4) entfernt ist? Die Masse der Erde ist $M_E = 5{,}98 \cdot 10^{24}$ kg.

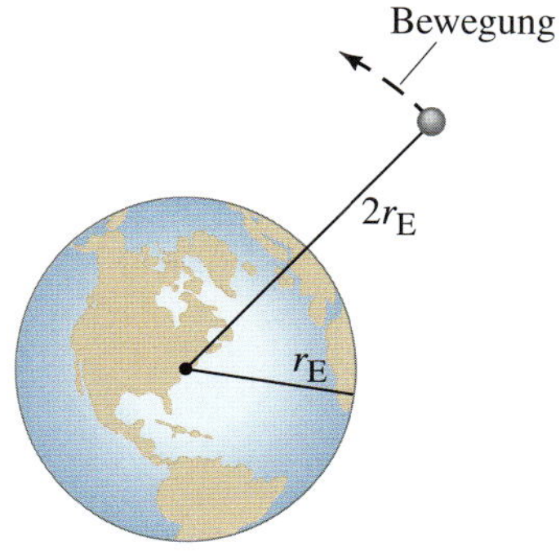

Abbildung 6.4 Beispiel 6.2.

Lösung

Wir könnten alle Zahlen in die Gleichung 6.1 einsetzen, aber es gibt eine einfachere Herangehensweise. Das Raumschiff ist doppelt so weit von der Erde entfernt, als wenn es sich an der Erdoberfläche befände. Da die Gravitationskraft mit dem Quadrat des Abstandes abnimmt (und $\frac{1}{2^2} = \frac{1}{4}$), beträgt folglich die auf das Raumschiff wirkende Gravitationskraft nur ein Viertel seines Gewichtes an der Erdoberfläche:

$$F_G = \frac{1}{4}mg = \frac{1}{4}(2000\,\text{kg})(9{,}80\,\text{m/s}^2) = 4900\,\text{N}\,.$$

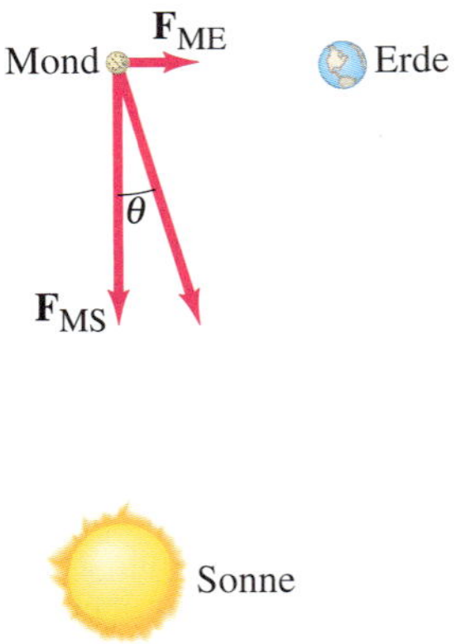

Abbildung 6.5 Position von Sonne (S), Erde (E) und Mond (M) für Beispiel 6.3 (nicht maßstabsgerecht).

Beispiel 6.3 Auf den Mond wirkende Kraft

Ermitteln Sie die auf den Mond wirkende Nettokraft ($m_M = 7{,}35 \cdot 10^{22}$ kg), die sowohl auf die Anziehungskraft der Erde ($m_E = 5{,}98 \cdot 10^{24}$ kg), als auch auf die Anziehungskraft der Sonne ($m_S = 1{,}99 \cdot 10^{30}$ kg) zurückzuführen ist. Nehmen Sie dabei an, dass die Anziehungskräfte im rechten Winkel zueinander wirken (▶ Abbildung 6.5).

Lösung

Wir müssen die beiden Kräfte vektoriell addieren. Zunächst berechnen wir ihre Beträge. Die Erde ist $3{,}84 \cdot 10^5$ km $= 3{,}84 \cdot 10^8$ m vom Mond entfernt, so dass F_{ME} (die von der Erde auf den Mond ausgeübte Kraft)

$$F_{ME} = \frac{(6{,}67 \cdot 10^{-11}\,\text{N·m}^2/\text{kg}^2)(7{,}35 \cdot 10^{22}\,\text{kg})(5{,}98 \cdot 10^{24}\,\text{kg})}{(3{,}84 \cdot 10^8\,\text{m})^2}$$
$$= 1{,}99 \cdot 10^{20}\,\text{N}$$

ist. Die Sonne ist $1{,}50 \cdot 10^8$ km von der Erde und vom Mond entfernt, so dass F_{MS} (die von der Sonne auf den Mond ausgeübte Kraft)

$$F_{MS} = \frac{(6{,}67 \cdot 10^{-11}\,\text{N·m}^2/\text{kg}^2)(7{,}35 \cdot 10^{22}\,\text{kg})(1{,}99 \cdot 10^{30}\,\text{kg})}{(1{,}50 \cdot 10^{11}\,\text{m})^2}$$
$$= 4{,}34 \cdot 10^{20}\,\text{N}$$

ist. Da die beiden Kräfte in dem betrachteten Fall im rechten Winkel zueinander wirken (▶ Abbildung 6.5), beträgt die Gesamtkraft

$$F = \sqrt{(1,99)^2 + (4,34)^2} \cdot 10^{20}\,\text{N} = 4{,}77 \cdot 10^{20}\,\text{N}\,.$$

Diese Gesamtkraft wirkt in einem Winkel $\theta = \tan^{-1}(1{,}99/4{,}34) = 24{,}6°$.

6.2 Vektorielle Form des Newton'schen Gravitationsgesetzes

In Vektorschreibweise gilt für das Newton'sche Gravitationsgesetz:

$$\mathbf{F}_{12} = -G\frac{m_1 m_2}{r_{21}^2}\hat{\mathbf{r}}_{21}\,. \tag{6.2}$$

Dabei ist $\mathbf{F}_{12}$ die von Massenpunkt 2 (mit der Masse m_2) auf den Massenpunkt 1 (mit der Masse m_1) ausgeübte Vektorkraft und Massenpunkt 2 hat zu Massenpunkt 1 einen Abstand von r_{21}. $\hat{\mathbf{r}}_{21}$ ist ein Einheitsvektor, der von Massenpunkt 2 zu Massenpunkt 1 entlang einer Verbindungslinie zwischen den Massenpunkten gerichtet ist, so dass $\hat{\mathbf{r}}_{21} = \mathbf{r}_{21}/r_{21}$ gilt. Dabei ist $\mathbf{r}_{21}$ der in ▶ Abbildung 6.6 dargestellte Verschiebungsvektor. Das Minuszeichen in Gleichung 6.2 ist erforderlich, weil die von Massenpunkt 2 auf Massenpunkt 1 ausgeübte Kraft zu m_2 hin gerichtet ist, d. h. in die $\hat{\mathbf{r}}_{21}$ entgegengesetzte Richtung. Der Verschiebungsvektor $\mathbf{r}_{12}$ hat denselben Betrag wie $\mathbf{r}_{21}$, zeigt aber in die entgegengesetzte Richtung, so dass gilt:

$$\mathbf{r}_{12} = -\mathbf{r}_{21} \; .$$

Nach dem dritten Newton'schen Axiom muss die von m_1 auf m_2 ausgeübte Kraft $\mathbf{F}_{21}$ denselben Betrag wie $\mathbf{F}_{12}$ haben, ist jedoch entgegengerichtet (▶ Abbildung 6.7), so dass gilt:

$$\mathbf{F}_{21} = -\mathbf{F}_{12} = G\frac{m_1 m_2}{r_{21}^2}\hat{\mathbf{r}}_{21}$$
$$= -G\frac{m_2 m_1}{r_{12}^2}\hat{\mathbf{r}}_{12} \; .$$

Die auf einen Massenpunkt von einem zweiten Massenpunkt ausgeübte Gravitationskraft ist immer zum zweiten Massenpunkt hin gerichtet, wie in ▶ Abbildung 6.6. Wenn viele Massenpunkte aufeinander einwirken, ist die gesamte auf einen gegebenen Massepunkt wirkende Gravitationskraft die Vektorsumme der von allen anderen Massenpunkten ausgeübten Kräfte. Die auf den Massenpunkt Nummer 1 wirkende Gesamtkraft beträgt z. B.

$$\mathbf{F}_1 = \mathbf{F}_{12} + \mathbf{F}_{13} + \mathbf{F}_{14} + \ldots + \mathbf{F}_{1n} = \sum_{i=2}^{n} \mathbf{F}_{1i} \; . \qquad (6.3)$$

Dabei ist $\mathbf{F}_{1i}$ die von dem Massenpunkt i auf den Massenpunkt 1 ausgeübte Kraft und n die Gesamtanzahl der Massenpunkte.

Diese Vektorschreibweise kann sehr hilfreich sein, insbesondere wenn die Summe vieler Massenpunkte benötigt wird. In vielen Fällen müssen wir allerdings nicht so formell arbeiten und können durch die Anfertigung genauer Zeichnungen Richtungen direkt bestimmen.

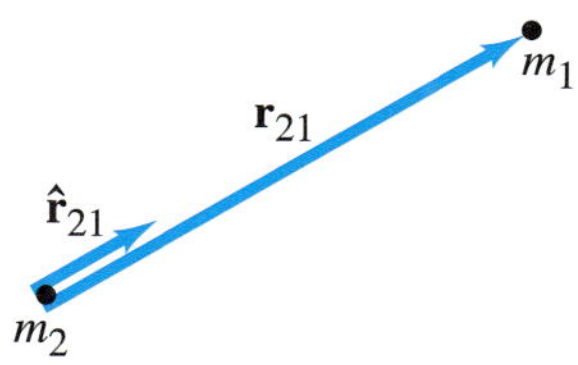

Abbildung 6.6 Der Verschiebungsvektor $\mathbf{r}_{21}$ ist vom Massenpunkt mit der Masse m_2 zum Massenpunkt mit der Masse m_1 gerichtet. Der dargestellte Einheitsvektor $\hat{\mathbf{r}}_{21}$ hat dieselbe Richtung wie $\mathbf{r}_{21}$, ist aber als Vektor mit der Länge Eins definiert.

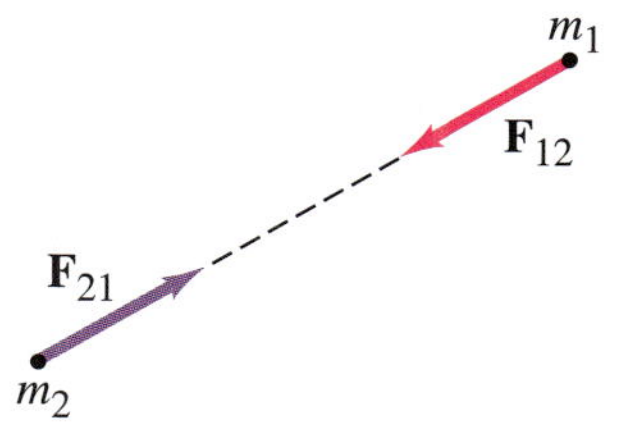

Abbildung 6.7 Nach dem dritten Newton'schen Axiom ist die von Massenpunkt 2 auf Massenpunkt 1 ausgeübte Kraft $\mathbf{F}_{12}$ gleich der von Massenpunkt 1 auf Massenpunkt 2 ausgeübten Kraft $\mathbf{F}_{21}$ und ihr entgegengerichtet. Das bedeutet, dass $\mathbf{F}_{21} = -\mathbf{F}_{12}$ ist.

6.3 Gravitation in der Nähe der Erdoberfläche – Geophysikalische Anwendungen

Wenn man die Gleichung 6.1 auf die Gravitationskraft zwischen der Erde und einem Körper an ihrer Oberfläche anwendet, wird m_1 die Masse der Erde m_{E}, m_2 die Masse des Körpers m und r der Abstand des Körpers vom Erdmittelpunkt[1], der der Radius der Erde r_{E} ist. Diese von der Erde ausgeübte Gravitationskraft ist die Gewichtskraft des Körpers, die wir als mg geschrieben haben. Somit gilt:

$$mg = G\frac{m m_{\mathrm{E}}}{r_{\mathrm{E}}^2} \; .$$

Folglich ist

$$g = G\frac{m_{\mathrm{E}}}{r_{\mathrm{E}}^2} \; . \qquad (6.4)$$

***g* in *G* ausgedrückt**

Das bedeutet, dass die Fallbeschleunigung an der Erdoberfläche, g, durch m_{E} und r_{E} bestimmt wird. (Achtung: Verwechseln Sie G nicht mit g. Es handelt sich um sehr unterschiedliche Größen, die allerdings durch die Gleichung 6.4 in Beziehung zueinander stehen.)

1 Die Tatsache, dass der Abstand vom Erdmittelpunkt gemessen wird, bedeutet nicht, dass die Gravitationskraft von diesem einen Punkt ausgeht. Vielmehr üben alle Teile der Erde eine Anziehungskraft aus, die Nettowirkung ist jedoch eine Kraft, die zum Erdmittelpunkt hin gerichtet ist (siehe Anhang C).

Die Masse der Erde war unbekannt, bis G gemessen wurde. Sobald G gemessen war, konnte die **Gleichung 6.4** benutzt werden, um die Masse der Erde zu berechnen. Cavendish war der Erste, der diese Berechnung durchführte. Da $g = 9{,}80\,\mathrm{m/s^2}$ und der Radius der Erde $r_\mathrm{E} = 6{,}38 \cdot 10^6\,\mathrm{m}$ ist, ergibt sich aus **Gleichung 6.4**

Masse der Erde

$$m_\mathrm{E} = \frac{g r_\mathrm{E}^2}{G} = \frac{(9{,}80\,\mathrm{m/s^2})(6{,}38 \cdot 10^6\,\mathrm{m})^2}{6{,}67 \cdot 10^{-11}\,\mathrm{N{\cdot}m^2/kg^2}} = 5{,}98 \cdot 10^{24}\,\mathrm{kg}$$

für die Masse der Erde.

Wenn wir uns mit der Gewichtskraft von Körpern an der Erdoberfläche befassen, können wir einfach mg weiter benutzen. Wenn wir die auf einen Körper in einem bestimmten Abstand von der Erde wirkende Gravitationskraft oder die von einem anderen Himmelskörper ausgeübte Kraft, wie z. B. die vom Mond oder einem Planeten ausgeübte Kraft, berechnen möchten, können wir den effektiven Wert von g mithilfe der **Gleichung 6.4** ermitteln, indem wir r_E (und m_E) durch den entsprechenden Abstand (und die entsprechende Masse) ersetzen. Wir können allerdings auch die **Gleichung 6.1** direkt anwenden.

Beispiel 6.4 · Abschätzung

Gravitation auf dem Mount Everest

Schätzen Sie den effektiven Wert von g auf dem Gipfel des Mount Everest in 8848 m Höhe über der Erdoberfläche ab. Anders ausgedrückt, wie groß ist die Fallbeschleunigung von Körpern, die in dieser Höhe frei fallen?

Lösung

Nennen wir die Fallbeschleunigung in dem gegebenen Punkt g'. Wir wenden die **Gleichung 6.4** an und ersetzen r_E durch $r = 6380\,\mathrm{km} + 8{,}8\,\mathrm{km} = 6389\,\mathrm{km} = 6{,}389 \cdot 10^6\,\mathrm{m}$:

$$g' = G\frac{m_\mathrm{E}}{r^2} = \frac{(6{,}67 \cdot 10^{-11}\,\mathrm{N{\cdot}m^2/kg^2})(5{,}98 \cdot 10^{24}\,\mathrm{kg})}{(6{,}389 \cdot 10^6\,\mathrm{m})^2} = 9{,}77\,\mathrm{m/s^2}\,.$$

Dies bedeutet eine Reduzierung um ca. drei Tausendstel (0,3%). Wir haben allerdings die Gesamtmasse unter dem Berggipfel vernachlässigt.

Beachten Sie, dass die **Gleichung 6.4** keine genauen Werte für g an verschiedenen Orten liefert, da die Erde keine vollkommene Kugel ist. Die Erde hat Berge und Täler sowie Wölbungen am Äquator, außerdem ist ihre Masse nicht gleichmäßig verteilt (siehe **Tabelle 6.1**). Die Erdrotation beeinflusst den Wert von g ebenfalls, wie im nachstehenden **Beispiel 6.5** erörtert wird.

ANGEWANDTE PHYSIK

Geologie – Mineral- und Ölvorkommen

Auf Grund von Unregelmäßigkeiten und Felsenschichten unterschiedlicher Dichte kann der Wert von g lokal auf der Erdoberfläche variieren. Solche Schwankungen von g, die als „Schwereanomalien" bekannt sind, sind sehr klein – in der Größenordnung von 10^{-6} oder 10^{-7} im Wert von g. Aber sie können gemessen werden (Gravimeter können heute Schwankungen in g bis zu 10^{-9} erkennen). Geophysiker verwenden solche Messungen bei ihren Untersuchungen der Struktur der Erdkruste und von Mineral- und Ölvorkommen. Mineralvorkommen weisen z. B. häufig eine größere Dichte als das umgebende Material auf. Auf Grund der größeren Masse in einem gegebenen Volumen kann g oben auf einer solchen Lagerstätte einen geringfügig höheren Wert als an ihren Seiten haben. So genannte „Salzdome", unter denen häufig Erdöl gefunden wird, haben eine unterdurchschnittliche Dichte und die Suche nach einer geringfügigen Reduzierung des Wertes von g an bestimmten Orten hat zur Entdeckung von Öl geführt.

Tabelle 6.1

Fallbeschleunigung an verschiedenen Orten auf der Erde

Ort	Höhe (m)	g (m/s^2)
New York	0	9,803
San Francisco	100	9,800
Denver	1650	9,796
Pikes Peak	4300	9,789
Äquator	0	9,780
Nordpol (berechnet)	0	9,832

Beispiel 6.5

Auswirkung der Erdrotation auf *g*

Ermitteln Sie, wie die Erdrotation den Wert von g am Äquator im Vergleich zu seinem Wert an den Polen beeinflusst und nehmen Sie dabei die Erde als perfekte Kugel an.

Lösung

► Abbildung 6.8 zeigt eine Masse m, die an zwei Orten auf der Erde an einer Federwaage hängt. Am Nordpol wirken zwei Kräfte auf die Masse m: die Gravitationskraft $\mathbf{F}_G = mg$ und die Kraft $\mathbf{w}$, mit der die Feder die Masse nach oben zieht. Wir bezeichnen diese letztere Kraft mit w, weil sie das Gewicht des Körpers ist, das die Waage anzeigt. Nach dem dritten Newton'schen Axiom ist sie gleich der Kraft, mit der die Masse die Feder nach unten zieht. Da die Masse nicht beschleunigt, besagt das zweite Newton'sche Axiom

$$mg - w = 0\,.$$

Folglich ist $w = mg$. Somit ist das Gewicht w, das die Feder anzeigt, gleich mg und das ist keine Überraschung. Als Nächstes betrachten wir die Kräfte, die am Äquator wirken. Dort tritt infolge der Erdrotation eine Beschleunigung auf. Dieselbe Gravitationskraft $\mathbf{F}_G = mg$ ist nach unten gerichtet (g stellt die Fallbeschleunigung bei Nichtvorhandensein von Rotation dar und die leichte Wölbung am Äquator wird vernachlässigt). Die Feder zieht mit einer Kraft von w' nach oben. w' ist auch die Kraft, mit der die Masse an der Feder zieht (drittes Newton'sches Axiom) und folglich das auf der Federwaage angezeigte Gewicht. Aus dem zweiten Newton'schen Axiom ergibt sich jetzt (siehe ► Abbildung 6.8):

$$mg - w' = m\frac{v^2}{r_E}\,.$$

Dabei ist $r_E = 6{,}38 \cdot 10^6$ m der Erdradius und v die durch die tägliche Drehung der Erde (1 Tag = (24 h)(3600 s/h) = $8{,}64 \cdot 10^4$ s) bewirkte Geschwindigkeit, die identisch ist mit

$$v = 2\pi r_E/1\text{Tag} = 6,28)(6{,}38 \cdot 10^6\ \text{m})/(8{,}64 \cdot 10^4\ \text{s}) = 4{,}64 \cdot 10^2\ \text{m/s}\,.$$

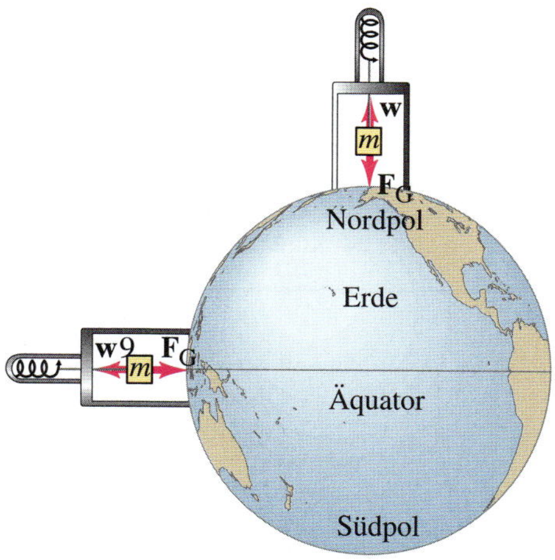

Abbildung 6.8 Beispiel 6.5

Abbildung 6.9 Ein Satellit auf seiner Umlaufbahn um die Erde.

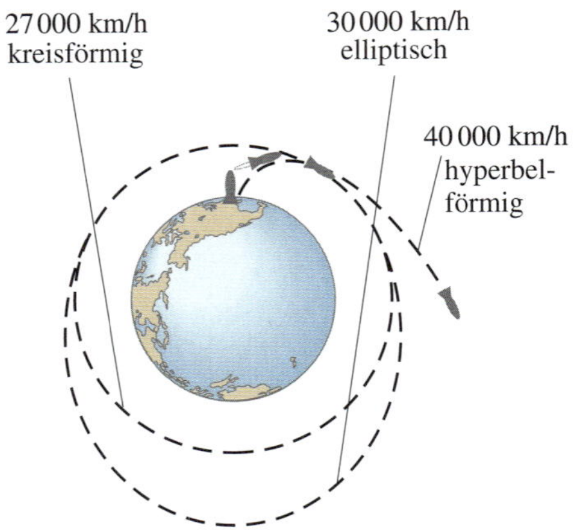

Abbildung 6.10 Künstliche Satelliten, die mit verschiedenen Geschwindigkeiten gestartet wurden.

ANGEWANDTE PHYSIK

Künstliche Erdsatelliten

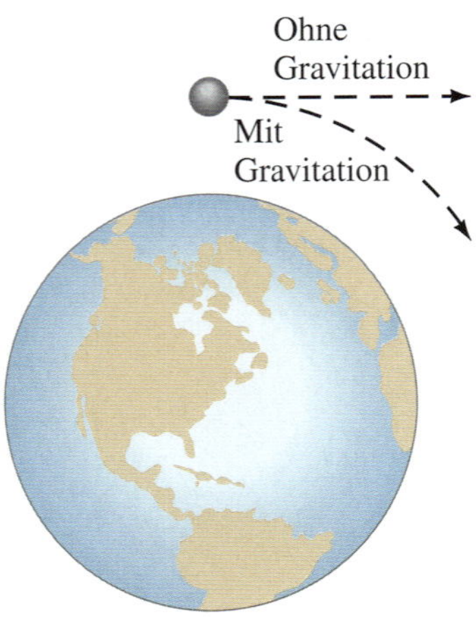

Abbildung 6.11 Ein Satellit in Bewegung „fällt" aus einer geradlinigen Bahn zur Erde hin.

Das effektive Gewicht ist w'. Folglich ist der effektive Wert von g, den wir mit g' bezeichnen, $g' = w'/m$. Wenn wir die obige Gleichung nach w' auflösen, ergibt sich dann

$$w' = m(g - v^2/r_E) ,$$

so dass

$$g' = \frac{w'}{m} = g - \frac{v^2}{r_E} .$$

Folglich gilt:

$$\Delta g = g - g' = v^2/r_E = (4{,}64 \cdot 10^2\ \mathrm{m/s})^2/(6{,}38 \cdot 10^6\ \mathrm{m}) = 0{,}0337\ \mathrm{m/s^2} .$$

Aus Tabelle 6.1 ist ersichtlich, dass die Differenz tatsächlich größer ist als dieses Ergebnis: $(9{,}832 - 9{,}780)\ \mathrm{m/s^2} = 0{,}052\ \mathrm{m/s^2}$. Diese Abweichung ergibt sich, weil die Erde am Äquator etwas dicker ist (um 21 km) als an den Polen. Die Berechnung des Wertes von g auf anderen Breitengraden als an den Polen oder am Äquator ist ein zweidimensionales Problem, da $\mathbf{F}_G$ radial zum Erdmittelpunkt hin gerichtet ist, während die Zentripetalbeschleunigung senkrecht zur Drehachse parallel zum Äquator verläuft, und das bedeutet, dass ein Lot (die tatsächliche Richtung von g) außer am Äquator und an den Polen nicht genau senkrecht zur Oberfläche steht.

6.4 Satelliten und „Schwerelosigkeit"

Satelliten, die die Erde umkreisen, werden heute vielfältig eingesetzt (▸ Abbildung 6.9). Ein Satellit wird auf eine Umlaufbahn gebracht, indem man ihn mithilfe einer Rakete, wie in ▸ Abbildung 6.10 dargestellt, auf eine ausreichend hohe Tangentialgeschwindigkeit beschleunigt. Wenn die Geschwindigkeit zu hoch ist, reicht die Erdanziehungskraft nicht aus um die notwendige Zentripetalkraft aufzubringen, und das Raumschiff verlässt die Erde ohne zurückzukehren. Wenn die Geschwindigkeit zu niedrig ist, kehrt es zur Erde zurück. Normalerweise werden Satelliten auf kreisförmige (oder annähernd kreisförmige) Umlaufbahnen gebracht, da diese die geringste Startgeschwindigkeit erfordern. Manchmal wird die Frage gestellt: „Was hält einen Satelliten oben?" Die Antwort lautet: seine hohe Geschwindigkeit. Wenn ein Satellit sich nicht mehr bewegen würde, würde er natürlich direkt auf die Erde zurückfallen. Aber bei der hohen Geschwindigkeit eines Satelliten würde er schnell in den Weltraum fliegen (▸ Abbildung 6.11), wenn die Gravitationskraft der Erde ihn nicht in die Umlaufbahn ziehen würde. Tatsächlich *fällt* ein Satellit (und beschleunigt zur Erde hin), aber seine hohe Tangentialgeschwindigkeit ergibt eine Zentripetalkraft, die gerade der Gravitationskraft durch die Erde entspricht.

Bei Satelliten, die sich auf einer (zumindest annähernd) kreisförmigen Bahn bewegen, beträgt die erforderliche Beschleunigung v^2/r. Die Kraft, die diese Beschleunigung einem Satelliten verleiht, ist die Gravitationskraft und da sich ein Satellit in beträchtlichem Abstand von der Erde befinden kann, müssen wir für die auf ihn wirkende Kraft die Gleichung 6.1 verwenden. Wenn wir das zweite Newton'sche Axiom, $\sum F_r = ma_r$, anwenden, ergibt sich

$$G\frac{mm_E}{r^2} = m\frac{v^2}{r} . \qquad (6.5)$$

Dabei ist m die Masse des Satelliten. Diese Gleichung setzt den Abstand des Satelliten vom Erdmittelpunkt, r, zu seiner Geschwindigkeit v in Beziehung. Beachten Sie, dass nur eine Kraft – die Gravitation – auf den Satelliten wirkt und dass r die Summe des Erdradius r_E und der Höhe h des Satelliten über der Erde ist: $r = r_E + h$.

Beispiel 6.6 Geostationärer Satellit

ANGEWANDTE PHYSIK

Geostationäre Satelliten

Ein *geostationärer* Satellit ist ein Satellit, der über demselben Punkt auf der Erde verweilt. Das ist nur über einem Punkt am Äquator möglich. Solche Satelliten werden für Fernsehübertragungen via Kabel, Wettervorhersagen und als Kommunikationsrelais benutzt. Bestimmen Sie (a) die Höhe der Umlaufbahn eines solchen Satelliten über der Erdoberfläche und (b) die Geschwindigkeit eines solchen Satelliten. (c) Vergleichen Sie den Wert mit der Geschwindigkeit eines Satelliten, der sich auf einer Umlaufbahn in einer Höhe von 200 km über der Erdoberfläche befindet.

Lösung

a Die einzige auf den Satelliten wirkende Kraft ist die Gravitation. Deshalb wenden wir die Gleichung 6.5 an und nehmen an, dass sich der Satellit auf einer Kreisbahn befindet:

$$G\frac{m_{\text{Sat}}m_{\text{E}}}{r^2} = m_{\text{Sat}}\frac{v^2}{r} \; .$$

Diese Gleichung hat scheinbar zwei unbekannte Größen, r und v. Wir wissen allerdings, dass v so groß sein muss, dass der Satellit sich mit derselben Umlaufzeit um die Erde dreht, mit der sich die Erde um ihre Achse dreht, also einmal in 24 Stunden. Somit muss die Geschwindigkeit des Satelliten

$$v = \frac{2\pi r}{T}$$

sein. Dabei ist $T = 1\,\text{Tag} = (24\,\text{h})(3600\,\text{s/h}) = 86\,400\,\text{s}$. Wir setzen dies in die erste der obigen Gleichungen ein und erhalten (nach Streichung von m_{Sat} auf beiden Seiten):

$$G\frac{m_{\text{E}}}{r^2} = \frac{(2\pi r)^2}{rT^2} \; .$$

Wir lösen nach r auf:

$$r^3 = \frac{Gm_{\text{E}}T^2}{4\pi^2} = \frac{(6{,}67\cdot 10^{-11}\,\text{N}{\cdot}\text{m}^2/\text{kg}^2)(5{,}98\cdot 10^{24}\,\text{kg})(86\cdot 10^4\,\text{s})^2}{4\pi^2}$$
$$= 7{,}54\cdot 10^{22}\,\text{m}^3 \; ,$$

und wenn wir die Kubikwurzel ziehen, ist $r = 4{,}23\cdot 10^7$ m oder 42 300 km vom Erdmittelpunkt entfernt. Wir subtrahieren den Erdradius von 6380 km und finden heraus, dass der Satellit die Erde in einer Höhe von ca. 36 000 km (ca. 6 r_{E}) über der Erdoberfläche umkreisen muss.

b Wir lösen die Gleichung 6.5 nach v auf:

$$v = \sqrt{\frac{Gm_{\text{E}}}{r}} = \sqrt{\frac{(6{,}67\cdot 10^{-11}\,\text{N}{\cdot}\text{m}^2/\text{kg}^2)(5{,}98\cdot 10^{24}\,\text{kg})}{(4{,}23\cdot 10^7\,\text{m})}} = 3070\,\text{m/s} \; .$$

Wir erhalten dasselbe Ergebnis, wenn wir $v = 2\pi r/T$ benutzen.

c Die letzte der obigen Gleichungen für v zeigt, dass $v \propto \sqrt{1/r}$. Somit erhalten wir für $r = r_{\text{E}} + h = 6380\,\text{km} + 200\,\text{km} = 6580\,\text{km}$

$$v' = v\sqrt{r/r'} = (3070\,\text{m/s})\sqrt{(4{,}23\cdot 10^4\,\text{km})/(6{,}58\cdot 10^3\,\text{km})} = 7780\,\text{m/s} \; .$$

Beispiel 6.7 · Begriffsbildung

Einfangen eines Satelliten

Sie sind ein Astronaut in einer Raumfähre und verfolgen einen Satelliten, der repariert werden muss. Sie befinden sich auf einer kreisförmigen Umlaufbahn mit demselben Radius wie der Satellit, aber 30 km hinter ihm. Wie können Sie ihn einholen?

Lösung

Wir haben in Beispiel 6.6 (oder Gleichung 6.5) gesehen, dass die Geschwindigkeit proportional zu $1/\sqrt{r}$ ist. Das bedeutet, dass Sie versuchen müssen, eine kleinere Umlaufbahn zu erreichen und gleichzeitig Ihre Geschwindigkeit zu erhöhen. Beachten Sie, dass Sie nicht einfach Ihre Geschwindigkeit erhöhen können, ohne Ihre Umlaufbahn zu ändern.

„Schwerelosigkeit" in einem frei fallenden Aufzug

Man sagt, dass Menschen und andere Körper, die sich in einem Satelliten befinden, der die Erde umkreist, scheinbare Schwerelosigkeit erfahren. Bevor wir uns mit einem Satelliten befassen, lassen Sie uns zunächst den einfacheren Fall eines frei fallenden Aufzuges betrachten. In ▶ Abbildung 6.12a sehen wir einen Aufzug in Ruhelage, in dem eine Tasche an einer Federwaage hängt. Die Anzeige auf der Waage zeigt die nach unten gerichtete, von der Tasche auf die Waage ausgeübte Kraft an. Diese *auf* die Waage ausgeübte Kraft ist gleich der *von* der Waage nach oben auf die Tasche ausgeübten Kraft und ihr entgegengerichtet. Wir bezeichnen diese Kraft mit **w**. Da die Masse m nicht beschleunigt, wenden wir $\sum F = ma$ auf die Tasche an und erhalten

$$w - mg = 0 \,.$$

Dabei ist mg das Gewicht der Tasche. Da $w = mg$ und die Waage die von der Tasche auf sie ausgeübte Kraft w anzeigt, registriert die Waage somit eine Kraft, die erwartungsgemäß gleich dem Gewicht der Tasche ist. Wenn nun der Aufzug eine Beschleunigung a hat und wir dann $\sum F = ma$ auf die Tasche anwenden, gilt

$$w - mg = ma \,.$$

Das lösen wir nach w auf und erhalten

$$w = mg + ma \,.$$

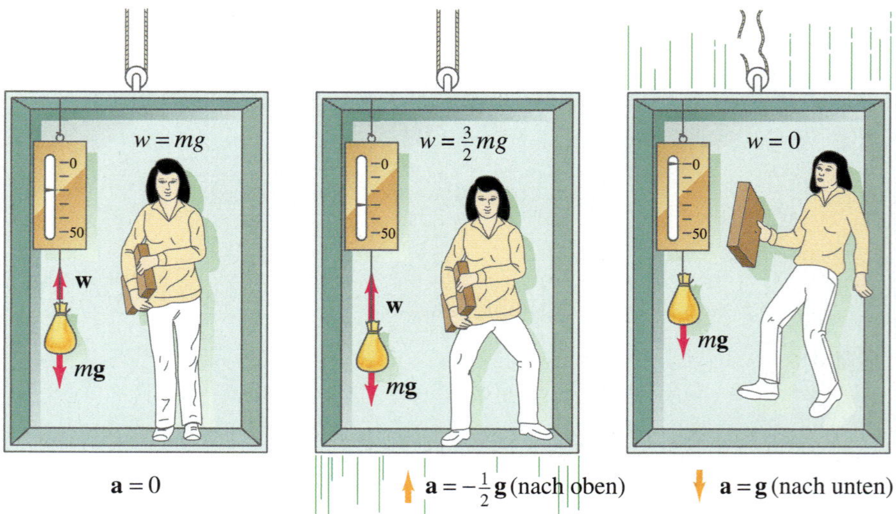

Abbildung 6.12 (a) Ein Körper in einem Aufzug in Ruhelage übt eine Kraft auf eine Federwaage aus, die gleich seinem Gewicht ist. (b) In einem Aufzug, der mit $\frac{1}{2}g$ nach oben beschleunigt, ist die scheinbare Gewichtskraft des Körpers $1\frac{1}{2}$ mal größer. (c) In einem frei fallenden Aufzug erfährt der Körper „Schwerelosigkeit" und die Waage zeigt null an.

Als positive Richtung haben wir die Aufwärtsrichtung gewählt. Das bedeutet, dass a positiv ist, wenn die Beschleunigung a nach oben gerichtet ist, und die Waage, die w misst, zeigt mehr als mg an. Wir nennen w die *scheinbare Gewichtskraft* der Tasche, die hier größer als ihr tatsächliches Gewicht (mg) ist. Wenn der Aufzug nach unten beschleunigt, ist a negativ und w, die scheinbare Gewichtskraft, ist kleiner als mg. Beachten Sie, dass die Richtung der Geschwindigkeit v keinen Einfluss hat. Nur die Richtung der Beschleunigung **a** beeinflusst die Anzeige der Waage.

Wenn die Beschleunigung des Aufzuges z. B. $\frac{1}{2}g$ in Aufwärtsrichtung beträgt, ergibt sich $w = mg + m(\frac{1}{2}g) = \frac{3}{2}mg$. Das bedeutet, dass die Waage das $1\frac{1}{2}$-fache des tatsächlichen Gewichtes anzeigt (► Abbildung 6.12b). Die scheinbare Gewichtskraft der Tasche beträgt das $1\frac{1}{2}$-fache ihres tatsächlichen Gewichtes. Das gleiche gilt für die Person: ihre scheinbare Gewichtskraft (identisch mit der auf sie vom Boden des Aufzuges ausgeübten Normalkraft) beträgt das $1\frac{1}{2}$-fache ihres tatsächlichen Gewichtes. Man kann sagen, dass sie $1\frac{1}{2}g$ erfährt, ebenso wie Astronauten beim Start einer Rakete ein Vielfaches von g erfahren.

Wenn stattdessen die Beschleunigung des Aufzuges $-\frac{1}{2}g$ (nach unten gerichtet) beträgt, gilt $w = mg - \frac{1}{2}mg = \frac{1}{2}mg$. Das bedeutet, dass die Waage die Hälfte des tatsächlichen Gewichtes anzeigt. Wenn sich der Aufzug im *freien Fall* befindet (z. B. wenn die Seile reißen), dann ist $a = -g$ und $w = mg - mg = 0$. Die Waage zeigt den Wert null an! Siehe ► Abbildung 6.12c. Die Tasche scheint schwerelos zu sein. Wenn die Person in dem Aufzug z. B. einen Bleistift fallen lassen würde, würde dieser nicht auf den Boden fallen. Der Bleistift würde zwar mit der Beschleunigung g fallen, aber der Boden des Aufzuges und die Person ebenfalls. Der Bleistift würde direkt vor der Person schweben. Dieses Phänomen wird *scheinbare Schwerelosigkeit* genannt, weil die Gravitation tatsächlich noch auf den Körper einwirkt und sein Gewicht immer noch mg ist. Die Körper scheinen nur deshalb schwerelos zu sein, weil sich der Aufzug im freien Fall befindet.

Abbildung 6.13 Dieser Astronaut führt eine Reparatur am Hubble-Weltraumteleskop durch. Er muss sich sehr frei fühlen, weil er scheinbare Schwerelosigkeit erfährt.

„Schwerelosigkeit" in einem Satelliten

Die von Menschen auf einer Satellitenumlaufbahn nahe der Erde (► Abbildung 6.13) erfahrene „Schwerelosigkeit" ist dieselbe scheinbare Schwerelosigkeit, die Menschen in einem frei fallenden Aufzug erfahren. Zunächst mag es merkwürdig erscheinen, sich einen Satelliten als frei fallend vorzustellen. Aber ein Satellit fällt tatsächlich im freien Fall zur Erde hin, wie in ► Abbildung 6.11 dargestellt. Die Gravitationskraft bewirkt, dass der Satellit nicht einer geradlinigen Bahn folgt, sondern eine Kreisbahn ausführt. Die Beschleunigung, die zu dieser Kreisbahn führt, entspricht der Fallbeschleunigung am Ort des Satelliten. (Wir haben dies zur Herleitung der Gleichung 6.5 benutzt.) Obwohl die Gravitationskraft auf Körper innerhalb des Satelliten wirkt, erfahren die Körper somit eine scheinbare Schwerelosigkeit, weil sie und der Satellit wie im freien Fall beschleunigen.

Abbildung 6.14 zeigt einige Beispiele des „freien Falls" oder scheinbarer Schwerelosigkeit, die Menschen auf der Erde für kurze Momente erfahren.

Eine völlig andere Situation entsteht, wenn sich ein Raumschiff im Weltraum weit entfernt von der Erde, vom Mond und anderen Körpern, die eine Anziehungs-

(a) (b) (c)

Abbildung 6.14 Erfahrung von Schwerelosigkeit auf der Erde.

kraft ausüben, befindet. Die von der Erde und anderen Himmelskörpern ausgeübte Gravitationskraft ist dann auf Grund der bestehenden Abstände recht klein und Menschen in einem solchen Raumschiff erfahren wirkliche Schwerelosigkeit.

Die Auswirkungen der Schwerelosigkeit (ob wirklicher oder scheinbarer spielt keine Rolle) auf Menschen sind interessant. Unter normalen Umständen können Menschen z. B. ziemlich ermüden, wenn sie ihre Arme waagerecht ausstrecken. Aber für eine Person, die Schwerelosigkeit erfährt, ist keine Anstrengung erforderlich. Die Arme „schweben" einfach dort, da es kein Gewichtsgefühl gibt. Dieser Effekt hat in der Leichtathletik viele Anwendungen (▶ Abbildung 6.14). Während eines Sprunges oder Kopfsprunges auf einem Trampolin oder sogar zwischen den Schritten beim Laufen erfährt eine Person scheinbare Schwerelosigkeit oder freien Fall, wenn auch nur für kurze Zeit. Während dieser kurzen Intervalle können die Gliedmaßen sehr viel leichter bewegt werden, da nur die Trägheit überwunden werden muss. Der Verlust der Kontrolle auf Grund des Kontaktverlustes zum Boden wird durch die erhöhte Beweglichkeit ausgeglichen. Ein längerer Aufenthalt in Schwerelosigkeit im Weltraum kann allerdings Gesundheitsschäden verursachen. Die Anzahl der roten Blutkörperchen nimmt ab, es sammelt sich Blut im Brustraum an, die Knochen verlieren Kalzium und werden brüchig und die Muskeln verlieren ihren Tonus. Diese Auswirkungen werden sorgfältig untersucht.

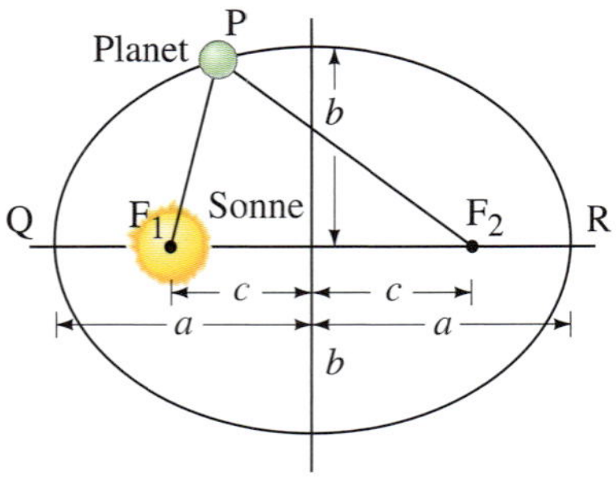

Abbildung 6.15 Erstes Kepler'sches Gesetz. Eine Ellipse ist eine geschlossene Kurve, bei der die Summe der Abstände von einem Punkt P auf der Kurve zu zwei Fixpunkten (Brennpunkte, F_1 und F_2, genannt) konstant bleibt. Das bedeutet, dass die Summe der Abstände, $F_1P + F_2P$, für alle Punkte auf der Kurve dieselbe ist. Ein Kreis ist eine besondere Form der Ellipse, bei der die beiden Brennpunkte im Kreismittelpunkt zusammenfallen. Die große Halbachse ist a (d. h. die lange Achse ist $2a$) und die kleine Halbachse b, wie dargestellt. Die Exzentrizität e ist so definiert, dass $c = e \cdot a$ der Abstand vom Mittelpunkt zu jedem Brennpunkt ist. Die Erde und die meisten anderen Planeten haben nahezu kreisförmige Umlaufbahnen. Für die Erde gilt $e = 0{,}017$.

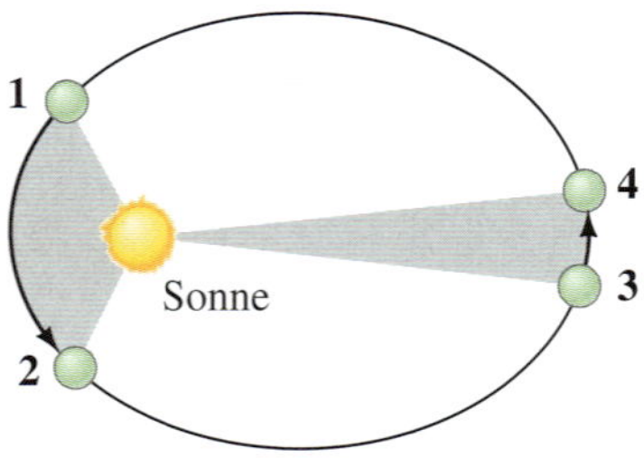

Abbildung 6.16 Zweites Kepler'sches Gesetz. Die beiden schattierten Bereiche haben gleiche Flächen. Der Planet bewegt sich von Punkt 1 zu Punkt 2 in der gleichen Zeit wie von Punkt 3 zu Punkt 4. Planeten bewegen sich in dem Teil ihrer Umlaufbahn am schnellsten, in dem sie sich am nächsten an der Sonne befinden. Die Exzentrizität der Ellipse ist zur besseren Verdeutlichung grob gewählt worden.

6.5 Kepler'sche Gesetze und Newton'sches Gravitationsgesetz

Mehr als ein halbes Jahrhundert, bevor Newton seine drei Axiome der Bewegung und sein Gravitationsgesetz formulierte, hatte der deutsche Astronom Johannes Kepler (1571–1630) eine Reihe astronomischer Arbeiten verfasst, in denen eine detaillierte Beschreibung der Bewegung der Planeten um die Sonne zu finden ist. Keplers Arbeit entstand teilweise aus den jahrelangen Untersuchungen von Daten, die Tycho Brahe (1546–1601) über die Positionen der Planeten in ihrer Bewegung am Himmel gesammelt hatte. Zu Keplers Werken gehören drei empirische Entdeckungen, die wir heute als die **Kepler'schen Gesetze der Planetenbewegung** bezeichnen. Sie werden wie folgt zusammengefasst und zusätzlich in der ▶ Abbildung 6.15 und der ▶ Abbildung 6.16 erklärt:

Erstes Kepler'sches Gesetz: Alle Planeten bewegen sich auf Ellipsenbahnen um die Sonne, in deren einem Brennpunkt die Sonne steht (▶ Abbildung 6.15).

Zweites Kepler'sches Gesetz: Jeder Planet bewegt sich so, dass die imaginäre Verbindungslinie zwischen der Sonne und dem Planeten (Leitstrahl) in gleichen Zeiten gleiche Flächen überstreicht (▶ Abbildung 6.16).

Drittes Kepler'sches Gesetz: Die Quadrate der Umlaufzeiten zweier Planeten, die sich um die Sonne drehen, verhalten sich wie die dritten Potenzen ihrer großen Halbachsen. (Die große Halbachse ist die Hälfte der langen Achse der Umlaufbahn, wie in ▶ Abbildung 6.15 veranschaulicht, und stellt den mittleren Abstand des Planeten von der Sonne dar.[2]) Das bedeutet, dass, wenn T_1 und T_2 die Umlaufzeiten (die für eine Drehung um die Sonne benötigte Zeit) für zwei beliebige Planeten und a_1 und a_2 ihre großen Halbachsen darstellen, gilt:

$$\left(\frac{T_1}{T_2}\right)^2 = \left(\frac{a_1}{a_2}\right)^3 .$$

2 Die große Halbachse ist in dem Sinne mit dem mittleren Abstand des Planeten zur Sonne identisch, als sie mit dem Durchschnittswert aus dem nächsten und dem entferntesten Abstand von der Sonne (die Punkte Q und R in ▶ Abbildung 6.15) identisch ist. Die meisten Planetenumlaufbahnen sind annähernd kreisförmig und bei einer Kreisbahn ist die große Halbachse gleich dem Radius des Kreises.

Tabelle 6.2

Planetendaten in Anwendung auf das dritte Kepler'sche Gesetz

Planet	Mittlerer Abstand von der Sonne, a (10^6 km)	Umlaufzeit, T (Erdjahre)	a^3/T^2 (10^{24} km^3/y^2)
Merkur	57,9	0,241	3,34
Venus	108,2	0,615	3,35
Erde	149,6	1,0	3,35
Mars	227,9	1,88	3,35
Jupiter	778,3	11,86	3,35
Saturn	1427	29,5	3,34
Uranus	2870	84,0	3,35
Neptun	4497	165	3,34
Pluto	5900	248	3,33

Dies können wir umschreiben zu

$$\frac{a_1^3}{T_1^2} = \frac{a_2^3}{T_2^2} \,.$$

Das bedeutet, dass a^3/T^2 für alle Planeten gleich sein sollte. Heutige Daten sind in Tabelle 6.2 aufgeführt (siehe letzte Spalte).

Kepler kam durch genaue Versuchsdatenanalyse zu seinen Gesetzen. Fünfzig Jahre später war Newton in der Lage aufzuzeigen, dass die Kepler'schen Gesetze mathematisch vom Gravitationsgesetz und den Axiomen der Bewegung hergeleitet werden konnten. Er zeigte ebenfalls, dass für jede plausible Form für das Gravitationsgesetz nur eine, die vom umgekehrten Quadrat des Abstandes abhängig ist, mit den Kepler'schen Gesetzen übereinstimmt. Er verwendete somit die Kepler'schen Gesetze als Beweis für sein Gravitationsgesetz, Gleichung 6.1.

Herleitung des dritten Kepler'schen Gesetzes

Wir werden das zweite Kepler'sche Gesetz in Kapitel 11 herleiten, wenn wir die Erhaltung des Drehimpulses untersuchen. An dieser Stelle leiten wir das dritte Kepler'sche Gesetz her, und zwar für den besonderen Fall einer kreisförmigen Umlaufbahn, in dem die große Halbachse der Radius r der Kreisbahn ist. (Beachten Sie, dass die meisten Planetenumlaufbahnen einer Kreisform nahe kommen.) Zunächst schreiben wir das zweite Newton'sche Axiom der Bewegung, $\sum F = ma$, auf. Dann setzen wir für F das Gravitationsgesetz, Gleichung 6.1, und für a die Zentripetalbeschleunigung, v^2/r, ein:

$$\sum F = ma$$

$$G\frac{m_1 M_S}{r_1^2} = m_1 \frac{v_1^2}{r_1} \,.$$

Hier ist m_1 die Masse eines bestimmten Planeten, r_1 sein Abstand von der Sonne und v_1 seine Durchschnittsgeschwindigkeit auf der Umlaufbahn. M_S ist die Masse der Sonne, da es die Anziehungskraft der Sonne ist, die jeden Planeten auf seiner Umlaufbahn hält. Die Umlaufzeit T_1 des Planeten ist die für einen vollständigen Umlauf, einen mit $2\pi r$ identischen Weg, den Umfang des Kreises, benötigte Zeit. Folglich gilt

$$v_1 = \frac{2\pi r_1}{T_1} \,.$$

Wir setzen diese Formel für v_1 in die obige Gleichung ein:

$$G\frac{m_1 M_S}{r_1^2} = m_1 \frac{4\pi^2 r_1}{T_1^2} \ .$$

Dies stellen wir um und erhalten:

$$\frac{T_1^2}{r_1^3} = \frac{4\pi^2}{GM_S} \ . \qquad (6.6)$$

Wir haben dies für einen beliebigen Planeten (z. B. Mars) hergeleitet. Dieselbe Herleitung würde auch für einen anderen zweiten Planeten (z. B. Saturn) gelten:

$$\frac{T_2^2}{r_2^3} = \frac{4\pi^2}{GM_S} \ .$$

Dabei sind T_2 und r_2 die Umlaufzeit bzw. der Radius der Umlaufbahn für den zweiten Planeten. Da die rechten Seiten der beiden vorhergehenden Gleichungen identisch sind, gilt $T_1^2/r_1^3 = T_2^2/r_2^3$ oder nach Umstellung

Das dritte Kepler'sche Gesetz

$$\left(\frac{T_1}{T_2}\right)^2 = \left(\frac{r_1}{r_2}\right)^3 , \qquad (6.7)$$

das dritte Kepler'sche Gesetz. Die Gleichungen 6.6 und 6.7 besitzen auch für elliptische Umlaufbahnen Gültigkeit, wenn wir r durch die große Halbachse a ersetzen.

Die Herleitungen der Gleichungen 6.6 und 6.7 (drittes Kepler'sches Gesetz) sind allgemeingültig genug, um sie auf andere Systeme anzuwenden. Wir könnten z. B. aus der Gleichung 6.6 die Masse der Erde unter Verwendung der Umlaufzeit des Mondes um die Erde und des Abstandes des Mondes von der Erde oder die Masse des Jupiter aus der Umlaufzeit und des Abstandes eines seiner Monde bestimmen (so werden tatsächlich Massen bestimmt; siehe Aufgaben). Wir können die Gleichungen 6.6 und 6.7 auch verwenden, um Körper zu vergleichen, die andere anziehende Mittelpunkte umkreisen, wie den Mond und einen Wettersatelliten, der die Erde umkreist. Aber verwenden Sie die Gleichung 6.7 nicht, um z. B. die Umlaufbahn des Mondes um die Erde mit der Umlaufbahn des Mars um die Sonne zu vergleichen, da sie von unterschiedlichen anziehenden Mittelpunkten abhängen.

In den folgenden Beispielen nehmen wir an, dass die Umlaufbahnen kreisförmig sind, obwohl dies in der Regel nicht ganz zutrifft.

Beispiel 6.8 Wo ist der Mars?

Kepler stellte als Erster fest, dass die Umlaufzeit des Mars (sein „Jahr") ca. 687 Tage (Erdtage) beträgt, also (687 Tage/365 Tage) = 1,88 Jahre. Bestimmen Sie den Abstand des Mars von der Sonne und verwenden Sie dabei die Erde als Bezugspunkt.

Lösung

Die Umlaufzeit der Erde ist $T_E = 1$ Jahr und der Abstand der Erde von der Sonne $r_{ES} = 1{,}50 \cdot 10^{11}$ m. Nach dem dritten Kepler'schen Gesetz (Gleichung 6.7) gilt:

$$\frac{r_{MS}}{r_{ES}} = \left(\frac{T_M}{T_E}\right)^{\frac{2}{3}} = \left(\frac{1{,}88 \text{ Jahre}}{1 \text{ Jahr}}\right)^{\frac{2}{3}} = 1{,}52 \ .$$

Somit ist der Abstand des Mars von der Sonne 1,52mal so groß wie der Abstand der Erde von der Sonne oder $2{,}28 \cdot 10^{11}$ m.

Beispiel 6.9 **Bestimmung der Masse der Sonne**

ANGEWANDTE PHYSIK

Bestimmung der Masse der Sonne

Bestimmen Sie die Masse der Sonne, wenn der Abstand der Erde von der Sonne mit $r_{ES} = 1{,}50 \cdot 10^{11}$ m gegeben ist.

Lösung

Wir können die Gleichung 6.6 anwenden und nach M_S auflösen:

$$M_S = \frac{4\pi^2 r_{ES}^3}{G T_E^2} = \frac{4\pi^2 (1{,}5 \cdot 10^{11}\,\text{m})^3}{(6{,}67 \cdot 10^{-11}\,\text{N}\cdot\text{m}^2/\text{kg}^2)(3{,}16 \cdot 10^7\,\text{s})^2} = 2{,}0 \cdot 10^{30}\,\text{kg}\,.$$

Dabei haben wir die Tatsache genutzt, dass

$$T_E = 1\,\text{Jahr} = \left(365\frac{1}{4}\,\text{Tage}\right)(24\,\text{h/Tag})(3600\,\text{s/h}) = 3{,}16 \cdot 10^7\,\text{s}$$

ist.

Beispiel 6.10 · Abschätzung **Geostationärer Satellit in vereinfachter Form**

Ein *geostationärer* Satellit der Erde (wie in Beispiel 6.6 erwähnt) ist ein Satellit, der über demselben Punkt am Äquator der Erde verweilt. Schätzen Sie die für einen geostationären Wettersatelliten erforderliche Höhe über der Erdoberfläche ab. (Dies soll, verglichen mit unserer früheren Berechnung in Beispiel 6.6, lediglich eine schnelle Abschätzung sein.)

Lösung

Um das dritte Kepler'sche Gesetz anzuwenden, müssen wir den Satelliten mit einem anderen Körper vergleichen, der die Erde umkreist. Am einfachsten ist der Vergleich mit dem Mond, da wir seine Umlaufzeit und seinen Abstand kennen. Die Umlaufzeit des Mondes beträgt ca. $T_M \approx 27$ Tage und sein Abstand von der Erde ca. $r_{ME} \approx 380\,000$ km. Die Umlaufzeit des Wettersatelliten muss $T_{Sat} = 1$ Tag betragen, damit er über demselben Platz auf der Erde verweilt. Folglich gilt:

$$r_{Sat} = r_{ME}\left(\frac{T_{Sat}}{T_M}\right)^{\frac{2}{3}} = r_{ME}\left(\frac{1\,\text{Tag}}{27\,\text{Tage}}\right)^{\frac{2}{3}} = r_{ME}\left(\frac{1}{3}\right)^2 = \frac{r_{ME}}{9}\,.$$

(Wie schön, dass die annähernde Umlaufzeit des Mondes sich als dritte Potenz von 3 erweist.) Ein geostationärer Satellit muss einen Abstand von $\frac{1}{9}$ des Abstandes zum Mond haben. Das entspricht 42 000 km vom Erdmittelpunkt entfernt oder 36 000 km über der Erdoberfläche, d. h. ca. 6 Erdradien hoch.

Genaue Messungen über die Umlaufbahnen der Planeten haben gezeigt, dass sie nicht exakt den Kepler'schen Gesetzen folgen. Es wurden z. B. leichte Abweichungen von genau elliptischen Umlaufbahnen beobachtet. Newton war sich bewusst, dass das auf Grund des Gravitationsgesetzes („jeder Körper im Universum übt auf jeden anderen Körper eine Anziehungskraft aus…") zu erwarten war, da jeder Planet eine Gravitationskraft auf die anderen Planeten ausübt. Da die Masse der Sonne sehr viel größer ist als die jedes anderen Planeten, ist die auf einen Planeten von einem anderen Planeten ausgeübte Kraft klein im Vergleich zu der auf ihn von der Sonne ausgeübten Kraft. (Die Ableitung exakt elliptischer Umlaufbahnen vernachlässigt die von anderen Planeten ausgeübten Kräfte.) Aber auf

ANGEWANDTE PHYSIK

Störungen von Umlaufbahnen und die Entdeckung von Planeten

Grund dieser kleinen Kraft würde jede Planetenumlaufbahn von einer exakten Ellipsenbahn abweichen, insbesondere, wenn sich ein zweiter Planet in der Nähe befindet. Solche Abweichungen von exakten Ellipsenbahnen, oder **Störungen**, wie sie genannt werden, werden in der Tat beobachtet. Newton erkannte Störungen in der Umlaufbahn des Saturn und folgerte richtig, dass alle Körper (übrige Planeten) eine Anziehungskraft auf einen Körper (Saturn) ausüben. Später führten die Beobachtung anderer Störungen zur Entdeckung von Neptun und Pluto. Abweichungen in der Umlaufbahn des Uranus z. B. konnten nicht alle durch Störungen durch die anderen bekannten Planeten erklärt werden. Sorgfältige Berechnungen im neunzehnten Jahrhundert zeigten, dass diese Abweichungen zu erklären wären, wenn es weiter draußen im Sonnensystem einen weiteren Planeten geben würde. Die Position dieses Planeten wurde auf Grund der Abweichungen in der Umlaufbahn des Uranus vorhergesagt und Teleskope, die auf diese Himmelsregion gerichtet waren, entdeckten ihn schnell. Der neue Planet wurde Neptun genannt. Ähnliche, allerdings kleinere Störungen in der Umlaufbahn des Neptun führten zur Entdeckung des Pluto im Jahre 1930.

ANGEWANDTE PHYSIK

Planeten um andere Sterne

In jüngerer Zeit wurden im Jahre 1996 Planeten, die um entfernte Sterne kreisen (▶ Abbildung 6.17), auf Grund des auf die Anziehungskraft des kreisenden Planeten zurückzuführenden regelmäßigen Schwingens („Wobbelns“) jedes Sterns entdeckt.

Newtons Synthese

Die Entwicklung des Gravitationsgesetzes und der drei Axiome der Bewegung durch Newton war eine große intellektuelle Leistung. Denn mithilfe dieser Gesetze konnte Newton die Bewegung von Körpern auf der Erde und am Himmel beschreiben. Man erkannte, dass die Bewegungen von Himmelskörpern und von Körpern auf der Erde denselben Gesetzen folgen (eine Tatsache, die zuvor nicht allgemein anerkannt war, obwohl Galilei und Descartes bereits diese These vertreten hatten). Aus diesem Grund und auch weil Newton die Ergebnisse früherer Arbeiten (z. B. Keplers) in sein System integrierte, sprechen wir auch von der Newton'schen „Synthese“.

Kausalität

Newtons Arbeit war so umfassend, dass sie eine Theorie des Universums darstellte und die Philosophie und andere Bereiche beeinflusste. Man nennt die von Newton formulierten Gesetze **Kausalgesetze**. Unter **Kausalität** verstehen wir die Vorstellung, dass ein Ereignis ein anderes verursachen kann. Wir haben z. B. wiederholt beobachtet, dass, wenn ein Stein ein Fenster trifft, das Fenster fast sofort zerbricht. Wir folgern daraus, dass der Stein das Zerbrechen des Fensters *verursacht*. Diese Vorstellung von „Ursache und Wirkung“ gewann durch die Newton'schen Gesetze an Bedeutung. Denn man erkannte, dass die Bewegung – oder vielmehr die Beschleunigung – jedes Körpers von der auf ihn einwirkenden Nettokraft *verursacht* wird. Als Folge stellten viele Wissenschaftler und Philosophen

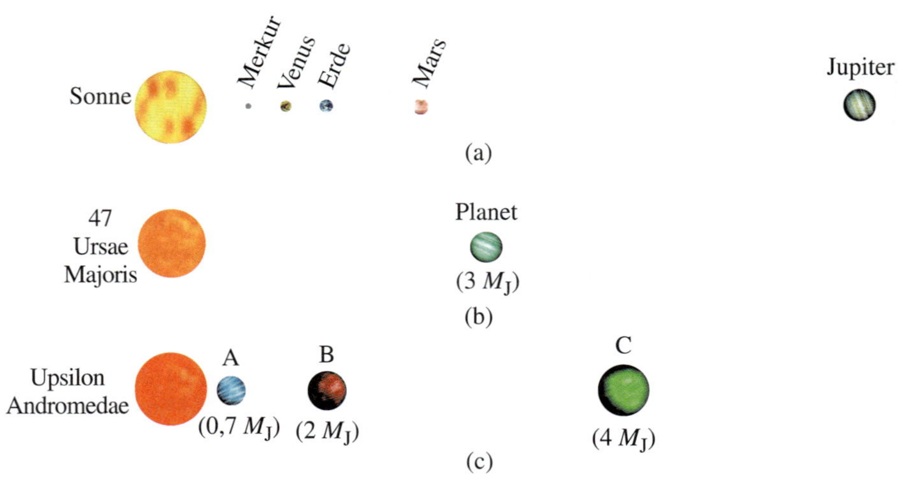

Abbildung 6.17 (a) Unser Sonnensystem im Vergleich zu kürzlich entdeckten Planeten, die (b) den Stern 47 Ursae Majoris und (c) den Stern Upsilon Andromedae mit wenigstens drei Planeten umkreisen. M_J ist die Masse des Jupiter. (Die Abstände der Planeten sind nicht maßstabsgerecht.)

das Universum als eine große Maschine dar, deren Teile sich in vorbestimmter Weise – nach natürlichen Gesetzen – bewegen. Diese *deterministische* Sichtweise des Universums musste allerdings von Wissenschaftlern im zwanzigsten Jahrhundert modifiziert werden.

6.6 Gravitationsfeld

Aus einer Entfernung wirkende Kraft

Die meisten Kräfte, denen wir im Alltag begegnen, sind Kontaktkräfte: Sie schieben oder ziehen einen Rasenmäher, ein Tennisschläger übt auf einen Tennisball eine Kraft aus, wenn sie miteinander in Kontakt kommen, oder ein Ball übt auf ein Fenster eine Kraft aus, wenn ein Kontakt zwischen beiden entsteht. Aber die Gravitationskraft (und auch die elektromagnetische Kraft, wie wir später sehen werden) wirkt über eine Entfernung: Es ist eine Kraft vorhanden, selbst wenn die zwei Körper keinen Kontakt miteinander haben. Die Erde übt z. B. eine Kraft auf einen frei fallenden Apfel aus. Auch auf den Mond, der 384 000 km entfernt ist, übt sie eine Kraft aus. Und die Sonne übt auf die Erde eine Gravitationskraft aus. Für frühe Denker war die Vorstellung, dass eine Kraft *aus einer Entfernung wirkt*, schwierig. Newton selbst fühlte sich bei dieser Vorstellung unwohl, als er sein Gravitationsgesetz veröffentlichte.

Feld

Ein weiterer Gesichtspunkt, der einige dieser begrifflichen Schwierigkeiten vermeidet, ist die Vorstellung eines **Feldes**, die im neunzehnten Jahrhundert von Michael Faraday (1791–1867) zum Verständnis des Elektromagnetismus entwickelt wurde. Erst später wurde sie auf die Gravitation angewendet. Nach dem Feldkonzept umgibt jeden massebehafteten Körper ein **Gravitationsfeld**, das jeden Raum durchdringt. Ein zweiter Körper, der sich an einem bestimmten Ort in der Nähe des ersten Körpers befindet, erfährt eine Kraft, die von dem dort vorhandenen Gravitationsfeld bewirkt wird. Da man das Gravitationsfeld am Ort der zweiten Masse als direkt auf diese Masse wirkend betrachtet, sind wir etwas näher an der Vorstellung einer Kontaktkraft.

Quantitativ können wir das **Gravitationsfeld** als Gravitationskraft pro Masseeinheit in jedem Punkt im Raum definieren. Wenn wir das Gravitationsfeld in einem Punkt messen möchten, bringen wir eine kleine „Probemasse" m in diesem Punkt an und messen die auf sie ausgeübte Kraft **F** (dabei stellen wir sicher, dass nur Gravitationskräfte wirken). Dann ist das Gravitationsfeld **g** in diesem Punkt definiert als

Gravitationsfeld (Definition)

$$\mathbf{g} = \frac{\mathbf{F}}{m} . \qquad (6.8)$$

g wird in N/kg angegeben.

Das Gravitationsfeld, das ein Körper erfährt, hat denselben Betrag wie die Fallbeschleunigung in diesem Punkt. (Wenn wir von Beschleunigung sprechen, benutzen wir allerdings die Einheiten $\mathrm{m/s^2}$. Das ist äquivalent zu N/kg, da $1\,\mathrm{N} = 1\,\mathrm{kg \cdot m/s^2}$.)

Wenn das Gravitationsfeld von einem einzigen Körper mit der Masse M (z. B. wenn m sich nahe der Erdoberfläche befindet) bewirkt wird, dann hat das Gravitationsfeld in einem Abstand r zu M den Betrag

$$g = \frac{1}{m} G \frac{mM}{r^2} = G \frac{M}{r^2} .$$

In Vektorschreibweise gilt

Gravitationsfeld in Abhängigkeit zur Masse *M*

$$\mathbf{g} = -\frac{GM}{r^2} \hat{\mathbf{r}} .$$

Dabei ist $\hat{\mathbf{r}}$ ein Einheitsvektor, der von der Masse M radial nach außen gerichtet ist, und das Minuszeichen erinnert uns daran, dass das Feld zur Masse M zeigt (siehe Gleichungen 6.1, 6.2 und 6.4). Wenn mehrere verschiedene Körper in bedeutendem Maße zu diesem Gravitationsfeld beitragen, schreiben wir **g** als Vektorsumme aller Beiträge. Im interplanetarischen Raum ist **g** z. B. in jedem Punkt im Raum die

Vektorsumme von Termen, die von der Erde, der Sonne, vom Mond und anderen beitragenden Körpern bewirkt werden. Das Gravitationsfeld **g** in einem Punkt im Raum hängt nicht vom Wert unserer in diesem Punkt angebrachten Probemasse m ab. **g** hängt nur von den Massen (und Orten) der Körper ab, die das Feld dort erzeugen.

6.7 Fundamentale Wechselwirkungen

Wir haben bereits erörtert, dass Newtons Gravitationsgesetz, Gleichung 6.1, beschreibt, wie eine bestimmte Art von Kraft – die Gravitation – vom Abstand zwischen den beteiligten Körpern und ihren Massen abhängt. Das zweite Newton'sche Axiom, $\sum \mathbf{F} = m\mathbf{a}$, erklärt andererseits, wie ein Körper auf Grund *jeder* Art von Kraft beschleunigt. Aber welche Arten von Kraft treten neben der Gravitation außerdem in der Natur auf?

Im zwanzigsten Jahrhundert erkannten Physiker vier verschiedene fundamentale Kräfte in der Natur: (1) die Gravitationskraft; (2) die elektromagnetische Kraft (wir werden später sehen, dass elektrische und magnetische Kräfte eng miteinander verbunden sind); (3) die starke Wechselwirkung; und (4) die schwache Wechselwirkung. In diesem Kapitel haben wir die Gravitationskraft eingehend behandelt. Die Beschaffenheit der elektromagnetischen Kraft wird in den Kapiteln 21 bis 32 genau erörtert. Die starke und die schwache Kernkraft wirken im Atomkern, und obwohl sie sich in Phänomenen wie Radioaktivität und Nuklearenergie manifestieren, sind sie in unserem Alltagsleben weit weniger offensichtlich.

Elektroschwache Theorie und GUT-Theorie

Physiker arbeiten an Theorien, die diese vier Kräfte vereinheitlichen würden – das bedeutet, man würde einige dieser Kräfte oder alle als verschiedene Erscheinungsformen derselben Basiskraft betrachten. Bis jetzt wurden die elektromagnetische Kraft und die schwache Wechselwirkung theoretisch zu einer erfolgreichen *elektroschwachen* Theorie vereinheitlicht, in der die elektromagnetische Kraft und die schwache Wechselwirkung als zwei verschiedene Erscheinungsformen einer einzigen *elektroschwachen Wechselwirkung* angesehen werden. Versuche einer weiteren Vereinheitlichung der Wechselwirkungen, wie z. B. in GUT-Theorien (GUT = **Grand Unified Theories** = Große Vereinheitlichte Theorien), sind heute aktuelle Forschungsthemen.

Kontaktkräfte

Aber wie passen Alltagskräfte in dieses Bild? Kräfte, wie sie z. B. beim Schieben und Ziehen auftreten, die als Kontaktkräfte (z. B. Reibung) eingeführt wurden, beruhen auf der elektromagnetischen Wechselwirkung, die auf den Oberflächen auf atomarer Skala wirkt. Die Kraft, die Ihre Finger auf einen Bleistift ausüben, ist z. B. die Folge einer elektrischen Abstoßung zwischen den äußeren Elektronen der Atome Ihres Fingers und denen des Bleistiftes.

6.8 Schwere Masse – Träge Masse – Äquivalenzprinzip

Wir haben uns mit zwei Aspekten des Begriffs Masse beschäftigt. In Kapitel 4 haben wir die Masse als Maß der Trägheit eines Körpers definiert. Das zweite Newton'sche Axiom setzt die auf einen Körper wirkende Kraft zu seiner Beschleunigung und seiner **trägen Masse**, wie wir es nennen, in Beziehung. Wir könnten sagen, dass die träge Masse einen Widerstand gegen jede Kraft darstellt. In diesem Kapitel haben wir die Masse als eine von der Gravitationskraft abhängige Eigenschaft behandelt – das bedeutet, dass die Masse eine Größe ist, die die Stärke des Gravitationsfeldes zwischen zwei Körpern bestimmt. Dies nennen wir die **schwere Masse**.

Nun ist es keineswegs offensichtlich, dass die träge Masse eines Körpers gleich seiner schweren Masse sein sollte. (Die Gravitationskraft hätte möglicherweise von einer ganz anderen Eigenschaft eines Körpers abhängen können, wie die elektrische Kraft von einer Eigenschaft, die als elektrische Ladung bezeichnet wird, abhängt.) Die Versuche von Newton und Cavendish zeigten, dass diese beiden Arten von Masse bei einem Körper gleich sind, und moderne Experimente bestätigen dies mit einer Genauigkeit von 1 zu 10^{12}.

Der experimentelle Beweis, dass die schwere und die träge Masse gleich (oder zumindest proportional) sind, ist bemerkenswert. Die Äquivalenz zwischen schwerer und träger Masse wurde von Albert Einstein (1879–1955) zu einem Naturprinzip erhoben. Einstein nannte es einfach **Äquivalenzprinzip** und verwendete es als Grundlage für seine allgemeine Relativitätstheorie (1916). Das Äquivalenzprinzip, wie Einstein es formulierte, kann auch anders ausgedrückt werden: Beobachter können experimentell nicht feststellen, ob eine Beschleunigung, die sie erfahren, auf Grund der Gravitation oder aber auf Grund eines beschleunigten Bezugssystems auftritt. Wenn Sie sich z. B. weit draußen im Weltraum befänden und ein Apfel auf den Boden Ihres Raumschiffes fiele, könnten Sie annehmen, dass eine Gravitationskraft auf den Apfel wirkt. Andererseits wäre es auch möglich, dass der Apfel fiel, weil Ihr Raumschiff in Aufwärtsrichtung (relativ zu einem Inertialsystem) beschleunigt hat. Nach dem Äquivalenzprinzip wären die Auswirkungen nicht zu unterscheiden, weil die schwere und die träge Masse des Apfels – die bestimmen, wie ein Körper auf äußere Einflüsse „reagiert“ – gleich und deshalb nicht zu unterscheiden sind.

Äquivalenzprinzip

6.9 Gravitation als Raumkrümmung – Schwarze Löcher

Das Äquivalenzprinzip kann benutzt werden, um zu zeigen, dass auf Grund der Gravitationskraft eines massereichen Körpers Licht abgelenkt werden müsste. Lassen Sie uns ein Gedankenexperiment in einem Aufzug im freien Raum, in dem keine Gravitation wirkt, betrachten. Wenn in der Seite des Aufzuges ein Loch vorhanden ist und ein Lichtstrahl von außen eindringt, verläuft der Strahl gerade durch den Aufzug und verursacht einen Punkt auf der gegenüberliegenden Seite, wenn sich der Aufzug im Stillstand befindet (► Abbildung 6.18a). Wenn der Aufzug nach oben beschleunigt wie in ► Abbildung 6.18b, verläuft der Lichtstrahl immer noch gerade, wie in dem ursprünglichen Bezugssystem im Stillstand beobachtet. In dem nach oben beschleunigenden Aufzug sieht man jedoch, dass der Strahl nach unten gekrümmt ist. Warum? Weil in der Zeit, in der das Licht sich von der einen Seite des Aufzuges zur anderen bewegt, der Aufzug mit stetig ansteigender Geschwindigkeit nach oben fährt.

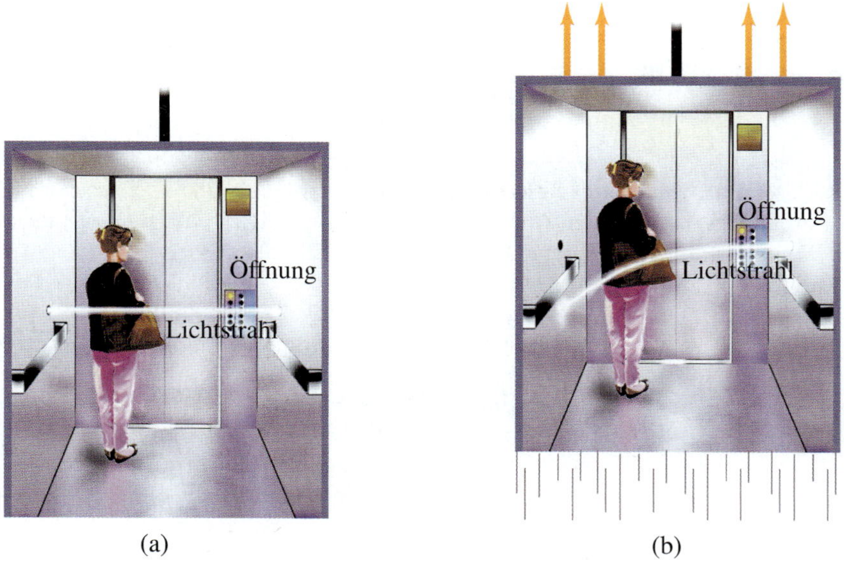

Abbildung 6.18 (a) Der Lichtstrahl verläuft gerade durch einen Aufzug (von rechts nach links), der nicht beschleunigt. (b) In einem in Aufwärtsrichtung beschleunigenden Aufzug ist der Lichtstrahl gekrümmt (übertrieben dargestellt).

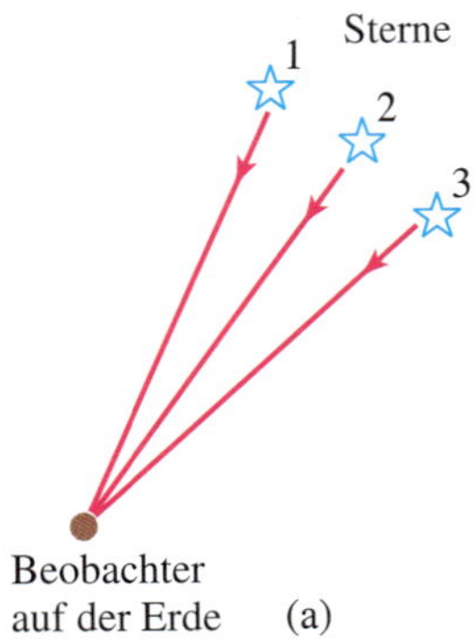

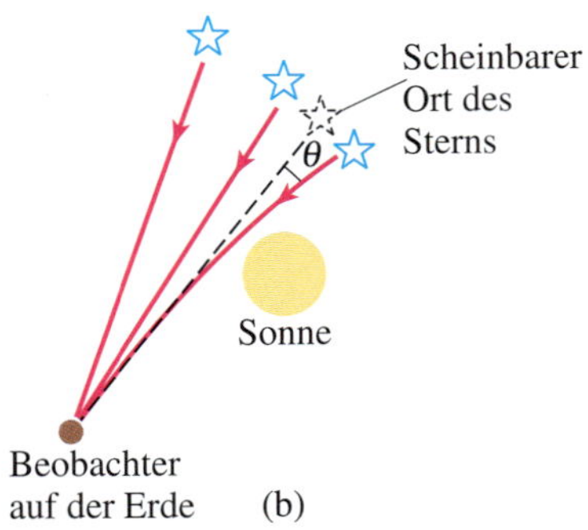

Abbildung 6.19 (a) Drei Sterne am Himmel. (b) Wenn das Licht von einem dieser Sterne sehr nah an der Sonne, deren Gravitation den Lichtstrahl krümmt, vorbeiläuft, erscheint der Stern höher, als er wirklich ist.

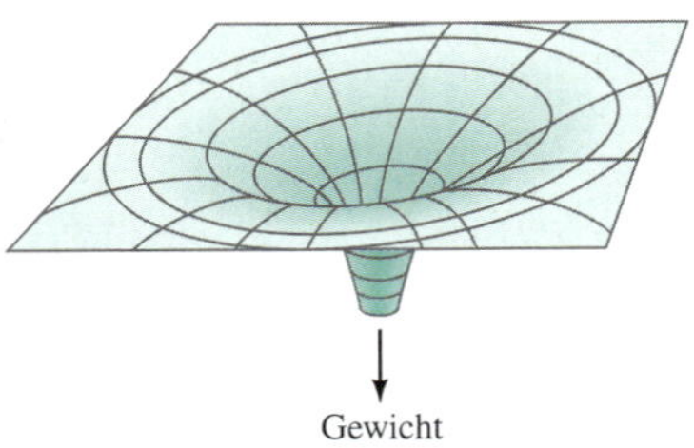

Abbildung 6.20 Gummiplatte in Analogie zum Raum (eigentlich Raum-Zeit), der durch eine Masse gekrümmt ist.

Nach dem Äquivalenzprinzip ist ein nach oben beschleunigendes Bezugssystem äquivalent zu einem nach unten gerichteten Gravitationsfeld. Folglich können wir uns den gekrümmten Weg des Lichtes in ▸ Abbildung 6.18b als Auswirkung eines Gravitationsfeldes vorstellen. Somit erwarten wir, dass die Gravitation eine Kraft auf einen Lichtstrahl ausübt und ihn aus einer geradlinigen Bahn biegt!

Einstein hat in seiner allgemeinen Relativitätstheorie genau das vorhergesagt, dass nämlich Licht durch Gravitation beeinflusst wird. Man berechnete, dass Licht von einem fernen Stern beim Passieren der Sonne um 1,75″ eines Bogens abgelenkt würde (klein, aber feststellbar), wie in ▸ Abbildung 6.19 dargestellt. Eine solche Ablenkung wurde im Jahre 1919 während einer Sonnenfinsternis gemessen. (Die Finsternis verringerte die Helligkeit der Sonne, so dass die mit ihrem Rand in einer Reihe befindlichen Sterne in diesem Moment sichtbar waren.)

Ein Lichtstrahl bewegt sich auf dem kürzesten und direktesten Weg zwischen zwei Punkten. Wenn er dies nicht täte, könnte ein anderer Körper den Weg zwischen den beiden Punkten in kürzerer Zeit zurücklegen und somit eine größere Geschwindigkeit als die Lichtgeschwindigkeit haben. Das würde der speziellen Relativitätstheorie widersprechen. Wenn ein Lichtstrahl einer gekrümmten Bahn folgen kann (wie oben erörtert), dann muss diese gekrümmte Bahn der kürzeste Weg zwischen den beiden Punkten sein. Dies deutet darauf hin, dass der *Raum selbst gekrümmt ist* und dass das Gravitationsfeld die Krümmung verursacht. Die Krümmung ist in der Nähe sehr massereicher Körper am größten. Zur Veranschaulichung dieser Krümmung des Raums können wir uns den Raum als dünne Gummiplatte vorstellen. Wenn ein schweres Gewicht daran hängt, biegt sie sich durch, wie in ▸ Abbildung 6.20 dargestellt. Das Gewicht entspricht einer sehr großen Masse, die bewirkt, dass der Raum (der Raum selbst!) sich krümmt.

Die in ▸ Abbildung 6.20 dargestellte extreme Raum-Zeit-Krümmung könnte von einem **schwarzen Loch** verursacht werden. Ein schwarzes Loch ist ein ungeheuer massereicher Stern, der so dicht und so massereich ist, dass die Gravitation so stark ist, dass selbst Licht nicht entweichen kann. Das Licht würde durch die Gravitationskraft wieder hineingezogen. Da aus einem solchen massereichen Stern kein Licht entweichen kann, können wir ihn nicht sehen – er ist schwarz. Ein Körper könnte ihn passieren und von seinem Gravitationsfeld abgelenkt werden, aber wenn der Körper ihm zu nahe käme, würde er verschluckt werden und nie wieder auftauchen. Daher der Name für diese hypothetischen schwarzen Löcher. Experimentell gibt es gute Beweise für ihre Existenz, obwohl einige Wissenschaftler vorsichtig bleiben. Eine Möglichkeit ist, dass es im Zentrum unserer Galaxie und vielleicht im Zentrum anderer Galaxien ein großes schwarzes Loch gibt.

Z U S A M M E N F A S S U N G

Das Newton'sche **Gravitationsgesetz** besagt, dass jeder Massenpunkt im Universum auf jeden anderen Massenpunkt eine Anziehungskraft ausübt, die proportional zum Produkt der Massen und umgekehrt proportional zum Quadrat des Abstandes zwischen ihnen ist:

$$F = G\frac{m_1 m_2}{r^2}\,.$$

Diese Kraft ist entlang der Verbindungslinie zwischen den beiden Massenpunkten gerichtet. Genau diese Gravitationskraft hält den Mond in seiner Umlaufbahn um die Erde und die Planeten in ihren Umlaufbahnen um die Sonne.

Die gesamte auf einen Körper wirkende Gravitationskraft ist die Vektorsumme der von allen anderen Körpern ausgeübten Kräfte. Häufig müssen lediglich die Auswirkungen von einem oder zwei Körpern berücksichtigt werden.

Die Gravitationskraft hält die Satelliten auf ihrer Kreisbahn und ergibt die notwendige Zentripetalkraft.

Die drei Newton'schen Axiome der Bewegung und das Newton'sche Gravitationsgesetz stellten eine Theorie der Bewegung im Universum dar. Mit ihrer Hilfe konnte die Bewegung von Körpern auf der Erde und am Himmel genau beschrieben werden. Außerdem lieferten sie eine theoretische Grundlage für die **Kepler'schen Gesetze** über Planetenbewegungen.

Die Gravitationskraft ist eine Kraft, die ohne Berührung zweier Körper wirkt. Sie legt die Einführung eines Feldkonzepts nahe. Nach dem **Feld**konzept ist jeder massebehaftete Körper von einem **Gravitationsfeld** umgeben, das allen Raum durchdringt. Das Gravitationsfeld in jedem Punkt im Raum ist die Vektorsumme der durch alle massereichen Körper erzeugten Felder und kann definiert werden als

$$\mathbf{g} = \frac{\mathbf{F}}{m}\,.$$

Dabei ist **F** die Kraft, die auf eine kleine, in diesem Punkt angebrachte „Probemasse" m wirkt.

Z U S A M M E N F A S S U N G

Verständnisfragen

1 Übt ein Apfel eine Gravitationskraft auf die Erde aus? Wenn ja, wie groß ist diese Kraft? Betrachten Sie einen Apfel, der (a) an einem Baum hängt und der (b) frei fällt.

2 Die von der Sonne auf die Erde ausgeübte Anziehungskraft ist wesentlich größer als die des Mondes. Dennoch ist der Mond hauptsächlich für die Gezeiten verantwortlich. Erklären Sie. [*Hinweis*: Betrachten Sie den Unterschied zwischen der gravitationsbedingten Anziehungskraft auf der einen Seite der Erde und der anderen.]

3 Hat ein Körper am Äquator oder an den Polen ein größeres Gewicht? Welche beiden Effekte wirken? Sind sie einander entgegengerichtet?

4 Warum benötigt ein Raumschiff für den Flug von der Erde zum Mond mehr Treibstoff als für den Rückweg vom Mond zur Erde?

5 Die von der Erde auf den Mond ausgeübte Gravitationskraft beträgt nur etwa die Hälfte der von der Sonne auf den Mond ausgeübten Kraft (siehe **Beispiel 6.3**). Warum wird der Mond nicht von der Erde weggezogen?

6 Wie könnten Sie in einem Satelliten, der sich auf einer Umlaufbahn um die Erde befindet, gehen, trinken oder eine Schere auf einen Tisch legen?

7 Eine Antenne an einem Satelliten, der sich auf einer kreisförmigen Umlaufbahn um die Erde befindet, wird locker und löst sich schließlich. Beschreiben Sie die anschließende Bewegung der Antenne. Wenn sie auf der Erde landet, beschreiben Sie, wo. Wenn nicht, beschreiben Sie, wie sie dazu gebracht werden könnte, auf der Erde zu landen?

8 Beschreiben Sie, wie genaue Messungen der Schwankungen in g in der Nähe eines Erzvorkommens zur Abschätzung der Menge des vorhandenen Erzes genutzt werden könnten.

9 Um Mitternacht steht die Sonne direkt unter uns in einer Linie mit dem Erdmittelpunkt. Sind wir dann auf Grund der von der Sonne auf uns ausgeübten Gravitationskraft um Mitternacht schwerer als um 12 Uhr mittags? Erklären Sie.

10 Wann ist Ihre scheinbare Gewichtskraft, gemessen von einer Waage in einem sich bewegenden Aufzug, am größten: wenn der Aufzug (a) nach unten beschleunigt, (b) nach oben beschleunigt, (c) sich im freien Fall befindet oder (d) sich mit konstanter Geschwindigkeit nach oben bewegt? In welchem Fall wäre Ihr Gewicht am geringsten? Wann wäre es dasselbe, als wenn Sie sich auf dem Boden befinden würden?

11 Inwieweit würde sich die Umlaufbahn des Mondes verändern, wenn die Masse der Erde doppelt so groß wäre, wie sie ist?

12 Die Quelle des Mississippi befindet sich näher am Erdmittelpunkt als seine Mündung in Louisiana (da die Erde am Äquator dicker als an den Polen ist). Erklären Sie, wie der Mississippi „bergauf" fließen kann.

13 Die Leute fragen manchmal: „Was hält einen Satelliten auf seiner Umlaufbahn um die Erde?" Was würden Sie antworten?

14 Erklären Sie, wie ein Läufer zwischen den Schritten freien Fall oder scheinbare Schwerelosigkeit erfährt.

15 Die Erde bewegt sich auf ihrer Umlaufbahn um die Sonne im Dezember schneller als im Juni. Ist sie im Juni oder im Dezember näher an der Sonne? Beeinflusst dies die Jahreszeiten? Erklären Sie.

16 Die Masse des Planeten Pluto war bis zur Entdeckung der Tatsache, dass er einen Mond hat, unbekannt. Erklären Sie, wie man nach dieser Entdeckung die Masse des Pluto abschätzen konnte.

17 Fühlt Ihr Körper direkt ein Gravitationsfeld? (Vergleichen Sie mit dem Gefühl, das Sie im freien Fall empfinden würden.)

18 Erörtern Sie die konzeptuellen Unterschiede zwischen **g** als Fallbeschleunigung und **g** als Gravitationsfeld.

19 Beschreiben Sie ein allgemeines Verfahren zur Bestimmung der Masse eines Planeten auf Grund von Beobachtungen der Umlaufbahn eines seiner Satelliten.

20 Übt die Erde auf den Mond oder der Mond auf die Erde eine größere Anziehungskraft aus? Beschleunigt die Erde oder der Mond mehr?

Aufgaben zu 6.1 bis 6.3

1 (I) Berechnen Sie die auf ein Raumschiff in 12 800 km (2 Erdradien) über der Erdoberfläche wirkende Gravitationskraft, wenn das Raumschiff eine Masse von 1400 kg hat.

2 (I) Berechnen Sie die Fallbeschleunigung auf dem Mond. Der Radius des Mondes beträgt ca. $1{,}74 \cdot 10^6$ m und seine Masse $7{,}35 \cdot 10^{22}$ kg.

3 (I) Ein hypothetischer Planet hat einen Radius, der 2,5mal so groß wie der Erdradius ist, aber dieselbe Masse wie die Erde. Wie groß ist die Fallbeschleunigung nahe seiner Oberfläche?

4 (I) Ein hypothetischer Planet hat eine Masse, die 3,0mal so groß ist wie die Masse der Erde, aber denselben Radius wie die Erde. Wie groß ist g nahe seiner Oberfläche?

5 (II) Sie erklären Freunden, warum sich Astronauten, die sich in einer Raumfähre auf einer Umlaufbahn befinden, schwerelos fühlen und sie antworten, dass sie dachten, dass die Gravitation dort oben einfach erheblich schwächer sei. Überzeugen Sie sie und sich selbst, dass dies nicht der Fall ist, indem Sie berechnen, wie viel schwächer die Gravitation 300 km über der Erdoberfläche ist.

6 (II) Berechnen Sie den effektiven Wert von g, der Fallbeschleunigung, (a) 3200 m und (b) 3200 km über der Erdoberfläche.

7 (II) Vier Kugeln mit einer Masse von 8,5 kg befinden sich an den Ecken eines Quadrates mit einer Seitenlänge von 0,70 m. Berechnen Sie den Betrag und die Richtung der Gravitationskraft, die von drei Kugeln auf die vierte ausgeübt wird.

8 (II) Alle paar hundert Jahre befinden sich die meisten Planeten in einer Reihe auf derselben Seite der Sonne. Berechnen Sie die von Venus, Jupiter und Saturn auf die Erde ausgeübte gesamte Nettokraft und nehmen Sie dabei an, dass sich alle vier Planeten in einer Reihe befinden, ▸ Abbildung 6.21. Die Massen betragen jeweils $M_V = 0{,}815\ M_E$, $M_J = 318\ M_E$, $M_{Sa} = 95{,}1\ M_E$, und ihre mittleren Abstände von der Sonne sind 108, 150, 778 und 1430 Mio. km.

Abbildung 6.21 Aufgabe 8 (nicht maßstabsgerecht).

9 (II) Vier Massen sind, wie in ▸ Abbildung 6.22 dargestellt, angeordnet. Bestimmen Sie die x- und y-Komponente der auf die Masse im Ursprung (m) wirkenden Gravitationskraft. Schreiben Sie die Kraft in Vektorschreibweise (**i**, **j**).

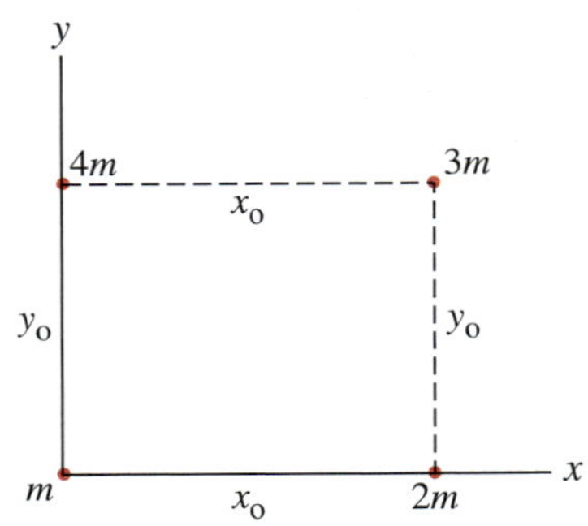

Abbildung 6.22 Aufgabe 9.

10 (II) Nehmen Sie an, ein Raumschiff fliegt mit konstanter Geschwindigkeit direkt von der Erde zum Mars (an dessen Oberfläche $g = 3{,}7\ \text{m/s}^2$ ist). Zeichnen Sie die Kurve des Gewichtes eines Passagiers mit einer Masse von 70 kg (die auf ihn wirkende Nettogravitationskraft) in Abhängigkeit des Abstandes zwischen den beiden Planeten. Nehmen Sie an, dass die Beschleunigung vernachlässigt werden kann.

11 (II) Nehmen Sie an, die Masse der Erde würde sich verdoppeln, sie würde aber dieselbe Dichte und dieselbe Kugelform behalten. Wie würde sich das Gewicht von Körpern an der Erdoberfläche ändern?

12 (II) Die Gleichung 6.4 kann auf andere Körper, wie z. B. andere Planeten angewendet werden, um nützliche

Informationen zu bekommen, wenn passende Variablen benutzt werden. Nehmen Sie z. B. an, ein Raumschiff auf dem Weg zum Mars hat an der Marsoberfläche g gemessen und als Ergebnis $g_{\text{Mars}} = 3{,}7\,\text{m/s}^2$ erhalten. Astronomische Beobachtungen ergeben, dass der Radius des Mars $r_{\text{Mars}} = 3{,}4 \cdot 10^6$ m ist. Bestimmen Sie unter Verwendung dieser Informationen die Masse des Mars.

13 (II) In welchem Abstand von der Erde erfährt ein Raumschiff auf dem Weg zum Mond eine von diesen beiden Körpern bewirkte Nettokraft gleich null, weil Erde und Mond eine identische und entgegengerichtete Anziehungskraft ausüben?

14 (II) Bestimmen Sie die Masse der Sonne unter Verwendung der bekannten Werte für die Umlaufzeit der Erde und ihren Abstand von der Sonne. [*Anmerkung*: Vergleichen Sie Ihre Antwort mit der Antwort, die als Ergebnis in Beispiel 6.9 unter Anwendung der Kepler'schen Gesetze ermittelt wurde.]

15 (III) (a) Wenden Sie die binomische Reihe

$$(1 \pm x)^n = 1 \pm nx + \frac{n(n-1)}{2}x^2 \pm \ldots$$

an und zeigen Sie, dass sich der Wert von g in einer Höhe von Δr über der Erdoberfläche ungefähr um

$$\Delta g \approx -2g\frac{\Delta r}{r_{\text{E}}}$$

ändert, so lange $\Delta r \ll r_{\text{E}}$ ist. r_{E} ist der Radius der Erde. (b) Welche Bedeutung hat das Minuszeichen in dieser Relation? (c) Verwenden Sie dieses Ergebnis, um den effektiven Wert von g 100 km über der Erdoberfläche zu berechnen. Vergleichen Sie mit einer direkten Anwendung der Gleichung 6.1.

16 (III) Bestimmen Sie den Betrag und die Richtung des effektiven Wertes von **g** in 45° geografischer Breite auf der Erde. Nehmen Sie die Erde als rotierende Kugel an.

17 (III) Ein Schiff fährt mit der Geschwindigkeit v den Äquator entlang. Zeigen Sie, dass die scheinbare Gewichtskraft w eines Körpers auf dem Schiff gewogen näherungsweise durch $w = w_0(1 \pm 4\pi f v/g)$ gegeben ist. Dabei ist f die Rotationsfrequenz (Umdrehungen/Sekunde) der Erde. Warum ergibt sich das ±-Zeichen? w_0 ist das gemessene Gewicht des Körpers, wenn das Schiff sich relativ zur Erde im Stillstand befindet.

Aufgaben zu 6.4

18 (I) Berechnen Sie die Geschwindigkeit eines Satelliten, der auf einer stabilen, kreisförmigen Umlaufbahn in einer Höhe von 5200 km die Erde umkreist.

19 (I) Die Raumfähre setzt 600 km über der Erde einen Satelliten in eine kreisförmige Umlaufbahn aus. Wie schnell muss sich die Fähre (relativ zur Erde) im Moment des Aussetzens bewegen?

20 (II) Ein Affe mit einer Masse von 16,0 kg hängt an einem Seil, das in einem Aufzug von der Decke herunterhängt. Das Seil kann einer Zugkraft von 200 N standhalten und reißt, als der Aufzug beschleunigt. Wie groß war die Mindestbeschleunigung (Betrag und Richtung) des Aufzuges?

21 (II) Berechnen Sie die Umlaufzeit eines Satelliten, der den Mond in einer Höhe von 100 km über der Mondoberfläche umkreist. Vernachlässigen Sie Auswirkungen der Erdanziehungskraft. Der Radius des Mondes beträgt 1740 km.

22 (II) Bestimmen Sie die Zeit, die ein Satellit für eine Umkreisung der Erde auf einer „erdnahen", kreisförmigen Umlaufbahn benötigt. Eine „erdnahe" Umlaufbahn ist definiert als eine Umlaufbahn in einer Höhe über der Erdoberfläche, die im Vergleich zum Erdradius sehr gering ist. Sie können die Fallbeschleunigung als im Wesentlichen identisch mit der Fallbeschleunigung auf der Oberfläche annehmen. Hängt Ihr Ergebnis von der Masse des Satelliten ab?

23 (II) Welches Gewicht zeigt eine Federwaage für eine Frau mit einer Masse von 56 kg in einem Aufzug an, der sich (a) mit einer konstanten Geschwindigkeit von 3,0 m/s nach oben bewegt, (b) mit einer konstanten Geschwindigkeit von 3,0 m/s nach unten bewegt, (c) mit einer nach oben gerichteten Beschleunigung von 0,33 g bewegt, (d) mit einer nach unten gerichteten Beschleunigung von 0,33 g bewegt, und (e) im freien Fall befindet?

24 (II) Ein Riesenrad mit einem Durchmesser von 27,5 m macht alle 10,5 s eine Umdrehung. Wie ändert sich die scheinbare Gewichtskraft einer Person in Bruchteilen (a) im höchsten Punkt und (b) im niedrigsten Punkt, verglichen mit ihrem Gewicht, wenn das Riesenrad still steht?

25 (II) Wie groß ist die scheinbare Gewichtskraft eines Astronauten mit einer Masse von 75 kg in 4100 km Entfernung vom Mondmittelpunkt in einem Raumfahrzeug, (a) das sich mit konstanter Geschwindigkeit bewegt, und (b) das zum Mond hin mit 2,6 m/s^2 beschleunigt? Geben Sie in jedem Fall die „Richtung" der Kraft an.

26 (II) Wie lang dauerte ein Tag, wenn sich die Erde so schnell drehen würde, dass Körper am Äquator schwerelos wären?

27 (II) Zwei Sterne mit identischer Masse behalten einen konstanten Abstand von $8{,}0 \cdot 10^{10}$ m voneinander bei und rotieren um einen Punkt in der Mitte zwischen ihnen mit einer Umdrehung pro 12,6 Jahre. (a) Warum stoßen die beiden Sterne nicht auf Grund der zwischen ihnen wirkenden Gravitationskraft zusammen? (b) Wie groß muss die Masse jedes der Sterne sein?

28 (II) (a) Zeigen Sie, dass, wenn ein Satellit einen Planeten sehr nahe an der Oberfläche des Planeten mit der Umlaufzeit T umkreist, die Dichte (= Masse pro Volumeneinheit) des Planeten $\rho = m/V = 3\pi/GT^2$ ist. (b) Schätzen Sie die Dichte der Erde anhand der Information ab, dass ein Satellit die Erde nahe der Oberfläche mit einer Umlaufzeit von ca. 90 Minuten umkreist.

29 (II) Mit welcher horizontalen Geschwindigkeit müsste ein Satellit vom Gipfel des Mount Everest gestartet werden, damit er auf eine kreisförmige Umlaufbahn um die Erde gelangt?

30 (II) Sie sind ein Astronaut in einer Raumfähre, die einen Satelliten verfolgt, der repariert werden muss. Sie befinden sich auf einer kreisförmigen Umlaufbahn mit demselben Radius wie der Satellit, aber 30 km hinter ihm. (a) Wie lange dauert es, bis Sie den Satelliten erreichen, wenn Sie den Radius Ihrer Umlaufbahn um 1,0 km verringern? (b) Um wie viel müssen Sie den Radius Ihrer Umlaufbahn verkleinern, um den Satelliten in 8,0 Stunden einzuholen?

31 (III) Drei Körper mit der identischen Masse M bilden die Scheitelpunkte eines gleichseitigen Dreiecks mit der Seitenlänge L und rotieren auf kreisförmigen Umlaufbahnen um den Mittelpunkt des Dreiecks. Durch ihre gegenseitige Gravitation werden sie in ihren Positionen gehalten. Wie groß ist die Geschwindigkeit jedes Körpers?

32 (III) Eine schiefe Ebene, die an der Innenseite eines Aufzuges befestigt ist, bildet mit dem Fußboden einen Winkel von 30°. Eine Masse m gleitet auf der Ebene ohne Reibung. Wie groß ist die Beschleunigung relativ zur Ebene, wenn der Aufzug (a) mit $0{,}50\,g$ nach oben beschleunigt, (b) mit $0{,}50\,g$ nach unten beschleunigt, (c) frei fällt oder (d) sich mit konstanter Geschwindigkeit nach oben bewegt?

Aufgaben zu 6.5

33 (I) Benutzen Sie die Kepler'schen Gesetze und die Umlaufzeit des Mondes (27,4 Tage), um die Umlaufzeit eines künstlichen Satelliten zu bestimmen, der die Erde sehr nah an ihrer Oberfläche umkreist.

34 (I) Der Asteroid Icarus umkreist, obwohl er nur ein paar hundert Meter im Durchmesser misst, wie die anderen Planeten die Sonne. Seine Umlaufzeit beträgt ca. 410 Tage. Wie groß ist sein mittlerer Abstand von der Sonne?

35 (I) Neptun hat einen mittleren Abstand von $4{,}5 \cdot 10^9$ km von der Sonne. Schätzen Sie die Dauer eines Neptun-Jahres unter Verwendung der Tatsache ab, dass die Erde durchschnittlich $1{,}50 \cdot 10^8$ km von der Sonne entfernt ist.

36 (I) Berechnen Sie aus der bekannten Umlaufzeit und dem bekannten Abstand des Mondes die Masse der Erde.

37 (II) Unsere Sonne rotiert in einem Abstand von ca. $3 \cdot 10^4$ Lichtjahren (1 lj = $3 \cdot 10^8$ m/s $\cdot$ $3{,}16 \cdot 10^7$ s/J um den Mittelpunkt der Galaxie ($M \approx 4 \cdot 10^{41}$ kg). Welche Umlaufzeit hat unsere Kreisbewegung um den Mittelpunkt der Galaxie?

38 (II) In Tabelle 6.3 sind die mittleren Werte für den Abstand, die Umlaufzeit und die Masse für die vier größten Jupitermonde (die Monde, die Galilei 1609 entdeckte) aufgeführt. (a) Bestimmen Sie die Masse des Jupiter und verwenden Sie dabei die für Io angegebenen Daten. (b) Bestimmen Sie die Masse des Jupiter und verwenden Sie dabei die für jeden der anderen

Tabelle 6.3

Hauptmonde des Jupiter (Aufgaben 38 und 39)

Mond	Masse (kg)	Umlaufzeit (Erdjahre)	Mittlerer Abstand zum Jupiter (km)
Io	$8{,}9 \cdot 10^{22}$	1,77	$422 \cdot 10^3$
Europa	$4{,}9 \cdot 10^{22}$	3,55	$671 \cdot 10^3$
Ganymed	$15 \cdot 10^{22}$	7,16	$1070 \cdot 10^3$
Callisto	$11 \cdot 10^{22}$	16,7	$1883 \cdot 10^3$

drei Monde angegebenen Daten. Stimmen die Ergebnisse überein?

39 (II) Bestimmen Sie für jeden der Jupitermonde den mittleren Abstand zum Jupiter und verwenden Sie dabei den Abstand des Io und die Umlaufzeiten, die in Tabelle 6.3 angegeben sind. Vergleichen Sie mit den Werten in der Tabelle.

40 (II) Der Asteroidengürtel zwischen Mars und Jupiter besteht aus vielen Fragmenten, die, so nimmt man an, früher einmal einen Planeten gebildet haben. (a) Wie lange hätte dieser hypothetische Planet benötigt, um die Sonne zu umkreisen, wenn der Massenmittelpunkt des Asteroidengürtels ca. 3mal weiter von der Sonne entfernt wäre als die Erde? (b) Können wir diese Angaben verwenden, um daraus die Masse dieses Planeten abzuleiten?

Abbildung 6.23 Aufgabe 41.

41 (III) Ein Science-Fiction-Roman beschreibt einen künstlichen „Planeten" in Form eines Bandes, in dessen Mittelpunkt eine Sonne steht, wie in ▸ Abbildung 6.23 dargestellt. Die Bewohner leben auf der inneren Oberfläche (dort ist es immer Mittag). Stellen Sie sich vor, dass die Sonne genau wie unsere Sonne ist, dass der Abstand zu dem Band derselbe ist wie der Abstand Erde-Sonne (das bedeutet gemäßigtes Klima) und dass der Ring schnell genug rotiert, um eine scheinbare Gravitation von einem g, wie auf der Erde, zu erzeugen. Wie groß ist die Umlaufzeit des Bandes für eine Umdrehung, also das Jahr des Planeten, in Erdtagen?

42 (III) (a) Verwenden Sie das zweite Kepler'sche Gesetz, um zu zeigen, dass das Verhältnis der Geschwindigkeiten eines Planeten in seinem nächsten und entferntesten Punkt zur Sonne identisch ist mit dem umgekehrten Verhältnis des kleinsten und des größten Abstandes: $v_N/v_E = d_E/d_N$. (b) Bestimmen Sie die minimale und maximale Geschwindigkeit der Erde auf ihrer Umlaufbahn um die Sonne, wenn der Abstand der Erde von der Sonne zwischen 1,47 und $1{,}52 \cdot 10^{11}$ m variiert.

43 (III) Der vor kurzem entdeckte Komet Hale-Bopp hat eine Umlaufzeit von 3000 Jahren. (a) Wie groß ist sein mittlerer Abstand von der Sonne? (b) Der kleinste Abstand des Kometen von der Sonne beträgt ca. 1 AE (1 AE = Abstand von der Erde zur Sonne). Wie groß ist sein größter Abstand? (c) Wie ist das Verhältnis der Geschwindigkeit im nächsten Punkt zur Geschwindigkeit im entferntesten Punkt?

Aufgaben zu 6.6

44 (II) Welchen Betrag und welche Richtung hat das Gravitationsfeld auf halbem Weg zwischen Erde und Mond? Vernachlässigen Sie die Anziehungskraft der Sonne.

45 (II) (a) Welches Gravitationsfeld erzeugt die Sonne an der Erdoberfläche? (b) Wird dadurch Ihr Gewicht gravierend beeinflusst?

46 (III) Zwei identische Massenpunkte, jeweils mit der Masse m, befinden sich auf der x-Achse bei $x = +x_0$ und $x = -x_0$. (a) Bestimmen Sie eine Formel für das von diesen beiden Massenpunkten bewirkte Gravitationsfeld für Punkte auf der y-Achse, d. h. schreiben Sie $\mathbf{g}$ in Abhängigkeit von y, m, x_0 etc. (b) In welchem Punkt (oder in welchen Punkten) auf der y-Achse hat der Betrag von $\mathbf{g}$ einen Maximalwert und welchen Wert hat er dort? (*Hinweis*: Verwenden Sie die Ableitung $d\mathbf{g}/dy$.)

Allgemeine Aufgaben

47 Wie weit über der Erdoberfläche ist die Fallbeschleunigung halb so groß wie an der Oberfläche?

48 An der Oberfläche eines bestimmten Planeten hat die Fallbeschleunigung g einen Betrag von 12,0 m/s^2. Eine Messingkugel mit einer Masse von 3,0 kg wird zu diesem Planeten transportiert. (a) Wie groß ist die Masse der Messingkugel auf der Erde und auf dem Planeten und (b) wie groß ist das Gewicht der Messingkugel auf der Erde und auf dem Planeten?

49 Eine exotische Ausgabe massereicher Sterne ist ein Neutronenstern, der fünfmal so viel Masse besitzen kann wie unsere Sonne. Diese Masse ist in eine Kugel mit einem Radius von ca. 10 km verpackt! Schätzen Sie die Gravitation an der Oberfläche dieses Monsters ab.

50 Wie groß ist der Abstand zwischen dem Erdmittelpunkt und einem Punkt außerhalb der Erde, in dem die Fallbeschleunigung $\frac{1}{10}$ ihres Wertes an der Erdoberfläche beträgt?

51 Ein typischer Weißer Zwerg war einmal ein durchschnittlicher Stern wie unsere Sonne, befindet sich jetzt allerdings im letzten Stadium seiner Evolution und hat die Größe unseres Mondes, aber die Masse unserer Sonne. Schätzen Sie die Gravitation an der Oberfläche dieses Sterns ab. (Wahlweise: Wie groß wäre Ihr Gewicht auf diesem Stern?)

52 Während einer *Apollo*-Mondlandemission umkreiste die Kommandokapsel weiter in einer Höhe von ca. 100 km den Mond. Wie viel Zeit benötigte sie für eine Mondumkreisung?

53 Schätzen Sie ab, welchen Wert G haben müsste, damit Sie tatsächlich „fühlen" könnten, wie jemand in Ihrer Nähe eine gravitationsbedingte Anziehungskraft auf Sie ausübt. Stellen Sie plausible Vermutungen an.

54 (a) Berechnen Sie die von der Sonne und die vom Mond auf die Erde ausgeübte Gravitationskraft. (b) Warum ist die Anziehungskraft des Mondes eher als die Sonne der ausschlaggebende Mechanismus für die Gezeiten?

55 Die Ringe des Saturn bestehen aus Eisbrocken, die den Planeten umkreisen. Der innere Radius der Ringe beträgt 73 000 km, der äußere 170 000 km. Ermitteln Sie die Umlaufzeit eines auf dem inneren Radius kreisenden Eisbrockens und die Umlaufzeit eines auf dem äußeren Radius kreisenden Eisbrockens. Vergleichen Sie Ihre Zahlen mit der mittleren Umlaufzeit des Saturn von 10 Stunden und 39 Minuten. Die Masse des Saturn beträgt $5{,}69 \cdot 10^{26}$ kg.

56 Das NAVSTAR *Global Positioning System* (GPS) benutzt eine Gruppe von 24 Satelliten, die die Erde umkreisen. Durch Anwendung von „Triangulation" und Verwendung von Signalen, die diese Satelliten senden, kann die Position eines Empfängers auf der Erde mit einer Genauigkeit von wenigen Zentimetern bestimmt werden. Die Umlaufbahnen der Satelliten sind gleichmäßig um die Erde verteilt. In jeder der sechs Umlaufbahnen befinden sich vier Satelliten, so dass ständige „Navigationszuordnungen" möglich sind. Die Satelliten befinden sich auf ihren Umlaufbahnen in einer Höhe von ca. 11 000 Seemeilen [1 Seemeile = 1,852 km]. (a) Bestimmen Sie die Geschwindigkeit jedes Satelliten. (b) Bestimmen Sie die Umlaufzeit jedes Satelliten.

57 Die NASA hat den Near Earth Asteroid Rendevous (NEAR) gestartet, der nach einer Reise von 1,3 Mrd. Meilen den Asteroiden Eros in einer Höhe von ca. 15 km umkreisen soll. Eros hat die Form einer Kartoffel: 40 km · 6 km · 6 km. Nehmen Sie an, dass Eros eine Dichte (Masse/Volumen) von ca. $2{,}3 \cdot 10^3$ kg/m^3 hat. (a) Welche Umlaufzeit hat NEAR, wenn er Eros umkreist? (b) Nehmen Sie an, dass Eros eine Kugel mit identischer Masse und Dichte ist. Welchen Radius hätte er? (c) Wie groß wäre g an der Oberfläche dieses kugelförmigen Eros?

58 Nehmen Sie ein Sternensystem an, das aus zwei Sternen mit identischer Masse besteht. Beobachtungen zeigen, dass sie 360 Mio. km voneinander entfernt sind und dass sie 5,0 Erdjahre benötigen, um einmal den Mittelpunkt des Systems zu umkreisen. Wie groß ist die Masse jedes der Sterne?

59 Der Halley'sche Komet umkreist die Sonne ungefähr einmal in 76 Jahren. In seinem nächsten Punkt kommt er der Oberfläche der Sonne sehr nahe (► Abbildung 6.24). Wie weit ist er ungefähr in seinem entferntesten Punkt von der Sonne entfernt? Verwenden Sie zur Abschätzung das dritte Kepler'sche Gesetz und nehmen Sie Bezug zur Erde. Befindet er sich noch „im" Sonnensystem? Welche Planetenbahn liegt am nächsten, wenn er sich dort draußen befindet?

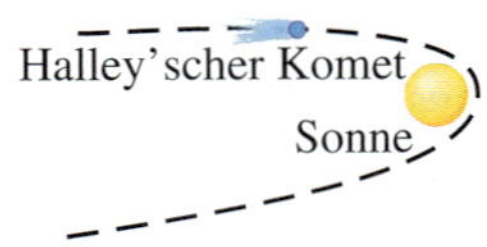

Abbildung 6.24 Aufgabe 59.

60 Die Sonne rotiert um den Mittelpunkt der Milchstraße (► Abbildung 6.25 in einem Abstand von ca. 30 000 Lichtjahren vom Mittelpunkt entfernt (1 lj = $9{,}5 \cdot 10^{15}$ m). Schätzen Sie die Masse unserer Galaxie ab, wenn eine Umdrehung 200 Mio. Jahre dauert. Nehmen Sie an, dass die Massenverteilung unserer Galaxie sich hauptsächlich in einer zentralen, homogenen Kugel konzentriert. Wie viel Sterne gäbe es in unserer Galaxie, wenn alle Sterne ungefähr die Masse unserer Sonne ($2 \cdot 10^{30}$ kg) hätten?

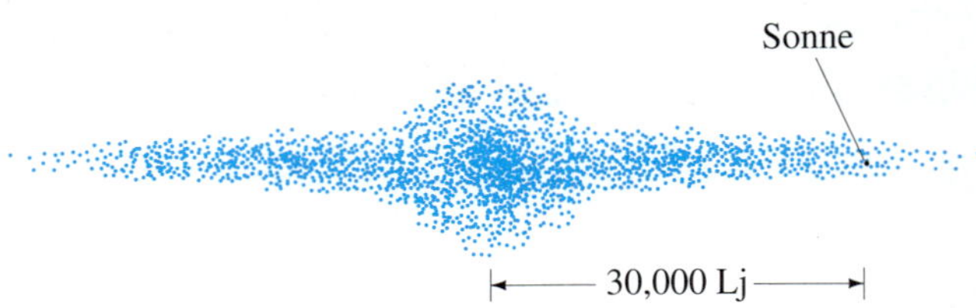

Abbildung 6.25 Querschnitt unserer Galaxie. Aufgabe 60.

61 Der Planet Jupiter ist ca. 320-mal so massereich wie die Erde. So ist behauptet worden, dass ein Mensch auf dem Jupiter von der Gravitationskraft zerdrückt würde, da Menschen nicht mehr als ein paar g überleben können. Berechnen Sie das Vielfache g, das ein Mensch erfahren würde, wenn er am Äquator des Jupiter stehen könnte. Verwenden Sie folgende astronomische Daten für den Jupiter: Masse $= 1{,}9 \cdot 10^{27}$ kg, Radius am Äquator $= 7{,}1 \cdot 10^4$ km, Umlaufzeit 9 h 55 Min. Berücksichtigen Sie die Zentripetalbeschleunigung.

62 Astronomen, die mit dem Hubble-Weltraumteleskop arbeiten, haben vor kurzem die Existenz eines extrem massereichen Kerns in der fernen Galaxie M87 festgestellt, der so dicht ist, dass es sich um ein Schwarzes Loch handeln könnte (aus dem kein Licht entweicht). Sie haben die Geschwindigkeit von Gaswolken, die den Kern in einem Abstand von 60 Lichtjahren ($5{,}7 \cdot 10^{17}$ m) umkreisen, mit 780 km/s gemessen. Leiten Sie die Masse des Kerns daraus ab und vergleichen Sie sie mit der Masse unserer Sonne.

63 Leiten Sie eine Formel für die Masse eines Planeten her als Funktion seines Radius r, der Fallbeschleunigung an seiner Oberfläche g_P und der Gravitationskonstanten G.

64 Ein Lot wird durch einen nahegelegenen, massereichen Berg um einen Winkel θ aus der Vertikalen abgelenkt (► Abbildung 6.26). (a) Ermitteln Sie eine Näherungsformel für θ, als Funktion der Masse des Berges, M_B, des Abstandes zu seinem Mittelpunkt, D_B, und des Radius und der Masse der Erde. (b) Stellen Sie eine grobe Abschätzung über die Masse des Mount Everest an und nehmen Sie dabei an, dass er z. B. die Form einer gleichseitigen Pyramide (oder eines gleichseitigen Kegels) 4000 m über seinem Fuß hat. Nehmen sie außerdem seine spezifische Dichte mit 3000 kg pro m^3 an. Dann schätzen Sie (c) den Winkel θ der Pendelkugel ab, wenn sie sich 5 km vom Mittelpunkt des Mount Everest entfernt befindet.

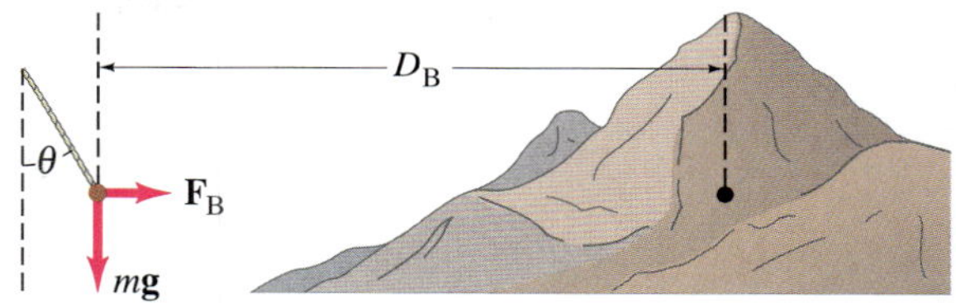

Abbildung 6.26 Aufgabe 64.

65 Zeigen Sie, dass sich Ihr Gewicht mit

$$-2G\frac{M_E m}{r^3}v$$

ändert, wenn Sie sich mit der konstanten Geschwindigkeit v direkt von der Erde weg bewegen. Ihre Masse ist m und r ist Ihr Abstand vom Erdmittelpunkt zu jedem Zeitpunkt.

66 Ein Geologe, der nach Öl sucht, findet heraus, dass die Gravitation an einem bestimmten Ort $2 \cdot 10^{-7}$ kleiner ist als der durchschnittliche Wert auf dieser geografischen Breite. Nehmen Sie an, dass sich an dem Ort ein Ölvorkommen befindet und dass das Öl 2000 m unter der Erdkruste lagert. Schätzen Sie die Größe des Vorkommens ab. Nehmen Sie die Dichte (Masse pro Volumeneinheit) des Gesteins mit 3000 kg/m^3 und die des Öls mit 1000 kg/m^3 an.

67 Ein Massenpunkt wird in einer Höhe r_E (Erdradius) über der Erdoberfläche losgelassen. Bestimmen Sie seine Geschwindigkeit beim Auftreffen auf der Erde. Vernachlässigen Sie den Luftwiderstand. (*Hinweis*: Wenden Sie das zweite Newton'sche Axiom, das Gravitationsgesetz und die Kettenregel an und integrieren Sie.)

Arbeit und Energie

7

ÜBERBLICK

Dieser Werfer beim Baseball beschleunigt gerade den Baseball auf eine hohe Geschwindigkeit, indem er eine Kraft auf ihn ausübt. Bei der Ausübung der Kraft über einen Weg von vielleicht wenigen Metern von einem Punkt hinter seinem Kopf bis zu der Stelle, an der er den Ball mit ausgestreckten Armen an einem Punkt vor seinem Körper loslässt, verrichtet er Arbeit an dem Ball. Die Arbeit, die er an dem Ball verrichtet, ist gleich der kinetischen Energie ($\frac{1}{2}mv^2$), die er dem Ball verleiht, einem Ergebnis. Arbeit ist also eine Form von Energie.

7. Arbeit und Energie

Bisher haben wir die Translationsbewegung eines Körpers im Rahmen der drei Newton'schen Axiome der Bewegung untersucht. Bei dieser Analyse hat die *Kraft* als die Bewegung bestimmende Größe eine zentrale Rolle gespielt. In diesem und in den beiden folgenden Kapiteln erörtern wir eine alternative Analyse der Bewegung eines Körpers unter Verwendung der Größen *Energie* und *Impuls*. Diese Größen sind deshalb so wichtig, weil es sich hierbei um *Erhaltungsgrößen* handelt. Das bedeutet, dass sie unter ganz allgemeinen Bedingungen konstant bleiben. Die Tatsache, dass es Größen gibt, die erhalten bleiben, gestattet uns nicht nur einen tieferen Einblick in die Beschaffenheit der Welt, sondern ermöglicht uns auch eine andere Herangehensweise an praktische Probleme.

Die Erhaltungssätze von Energie und Impuls sind besonders wertvoll bei der Behandlung von Systemen mit vielen Körpern, bei denen eine detaillierte Betrachtung der beteiligten Kräfte schwierig oder unmöglich wäre. Diese Sätze gelten für viele Phänomene, einschließlich der atomaren und subatomaren Welt, in dem die Newton'schen Gesetze selbst keine Gültigkeit besitzen.

Dieses Kapitel ist dem sehr wichtigen Begriff der *Energie* und dem eng damit verbundenen Begriff der *Arbeit* gewidmet. Diese beiden Größen sind skalare Größen und haben folglich keine mit ihnen verbundene Richtung. Das macht das Arbeiten mit ihnen häufig leichter als mit Vektorgrößen wie Beschleunigung und Kraft. Aus zwei Gründen ist die physikalische Größe Energie von großer Bedeutung: (i) sie ist eine Erhaltungsgröße, (ii) die Energie ist eine physikalische Größe, die nicht nur bei der Untersuchung von Bewegung nützlich ist, sondern auch in allen Bereichen der Physik und anderer Naturwissenschaften. Bevor wir allerdings die Energie selbst erörtern, untersuchen wir zunächst den Begriff der Arbeit.

Wir betrachten zuerst nur die Translationsbewegung und nehmen, wenn nichts anderes erwähnt ist, an, dass es sich um starre und folglich massenpunktähnliche Körper ohne komplizierte innere Bewegung handelt.

7.1 Durch eine konstante Kraft verrichtete Arbeit

Das Wort *Arbeit* hat in der Umgangssprache eine Vielzahl von Bedeutungen. In der Physik ist dem Wort jedoch eine sehr spezifische Bedeutung zugeordnet: Es beschreibt, was durch die Einwirkung einer Kraft, die über eine bestimmte Strecke auf einen Körper einwirkt, erreicht wird. Die an einem Körper durch eine konstante Kraft (sowohl konstanter Betrag als auch konstante Richtung) verrichtete **Arbeit** ist definiert als *das Produkt aus dem Betrag des Weges und der Komponente der Kraft parallel zum Weg.* Als Gleichung können wir dafür schreiben:

$$W = F_{||}s .$$

Dabei ist $F_{||}$ die Komponente der konstanten Kraft **F** parallel zum Weg **s**. Wir können auch schreiben:

$$W = Fs\cos\theta . \qquad (7.1)$$

Definition der Arbeit (bei konstanter Kraft)

Dabei ist F der Betrag der konstanten Kraft, s der Betrag des Weges des Körpers und θ der Winkel zwischen der Richtung der Kraft und der Richtung des Weges. Der Faktor $\cos\theta$ erscheint in der Gleichung 7.1, weil $F\cos\theta (= F_{||})$ die Komponente von **F** parallel zu **s** ist. Siehe ► Abbildung 7.1. Arbeit ist eine skalare Größe – sie hat nur einen Betrag, der positiv oder negativ sein kann.

Lassen Sie uns zunächst den Fall betrachten, in dem die Bewegung und die Kraft in derselben Richtung verlaufen, so dass $\theta = 0$ und $\cos\theta = 1$ und dann $W = Fs$ ist. Wenn Sie z. B. einen beladenen Einkaufswagen über einen Weg von

Abbildung 7.1 Eine Person zieht eine Kiste über den Boden. Die durch die Kraft **F** verrichtete Arbeit ist $W = Fs\cos\theta$. Dabei ist **s** der Weg.

50 m durch Ausüben einer horizontalen Kraft von 30 N auf den Wagen schieben, dann verrichten Sie an dem Wagen eine Arbeit von $30\,\mathrm{N} \cdot 50\,\mathrm{m} = 1500\,\mathrm{N} \cdot \mathrm{m}$.

Einheit der Arbeit: Joule

Wie dieses Beispiel zeigt, ist die SI-Einheit für die Arbeit Newtonmeter. Der spezielle Name für diese Einheit lautet **Joule** (J): $1\,\mathrm{J} = 1\,\mathrm{N} \cdot \mathrm{m}$. Im cgs-System ist die Einheit der Arbeit das „*erg*" und definiert als $1\,\mathrm{erg} = 1\,\mathrm{dyn} \cdot \mathrm{cm}$. $1\,\mathrm{dyn} = 10^{-5}\,\mathrm{N}$, $1\,\mathrm{erg} = 10^{-7}\,\mathrm{J}$.

Kraft ohne Arbeit

Eine Kraft kann auf einen Körper ausgeübt werden, ohne dass Arbeit verrichtet wird. Wenn Sie z. B. eine schwere Einkaufstasche in Ruhe in Ihren Händen halten, verrichten Sie keine Arbeit an der Tasche. Es wird eine Kraft ausgeübt, aber der Weg ist gleich null und deshalb ist die Arbeit $W = 0$. Sie verrichten ebenfalls keine Arbeit an der Einkaufstasche, wenn Sie sie tragen und dabei horizontal mit konstanter Geschwindigkeit über den Boden gehen, wie ▸ Abbildung 7.2 dargestellt. Es ist keine horizontale Kraft erforderlich, um die Tüte mit konstanter Geschwindigkeit zu bewegen. Dennoch übt die in ▸ Abbildung 7.2 dargestellte Person eine nach oben gerichtete Kraft $\mathbf{F}_\mathrm{P}$ auf die Tüte aus, die gleich deren Gewicht ist. Aber diese nach oben gerichtete Kraft verläuft senkrecht zu der horizontalen Bewegung der Tüte und hat somit nichts mit dieser Bewegung zu tun. Folglich verrichtet die nach oben gerichtete Kraft keine Arbeit. Diese Schlussfolgerung ergibt sich aus unserer Definition der Arbeit, Gleichung 7.1: $W = 0$, weil $\theta = 90°$ und $\cos 90° = 0$ ist. Deshalb wird keine Arbeit durch eine Kraft verrichtet, wenn diese bestimmte Kraft senkrecht zu der Bewegung verläuft. (Wenn Sie beginnen oder aufhören zu gehen, gibt es eine horizontale Beschleunigung und Sie üben kurz eine horizontale Kraft aus und verrichten somit Arbeit.)

Wenn man sich mit der Arbeit oder auch mit der Kraft befasst, muss man angeben, ob man über die Arbeit spricht, die *durch* einen bestimmten Körper oder *an* einem bestimmten Körper verrichtet wird. Außerdem ist es wichtig anzugeben, ob die verrichtete Arbeit auf eine bestimmte Kraft (und welche) oder auf die gesamte (Netto-)Arbeit, die durch die *Nettokraft* an dem Körper verrichtet wird, zurückzuführen ist.

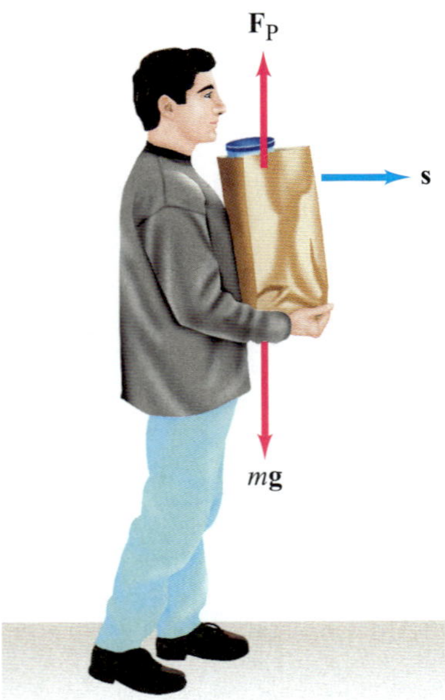

Abbildung 7.2 Die an der Einkaufstüte durch die Person verrichtete Arbeit ist in diesem Fall null, da $\mathbf{F}_\mathrm{P}$ senkrecht zu dem Weg **s** verläuft.

Beispiel 7.1 An einer Kiste verrichtete Arbeit

Eine Kiste mit einer Masse von 50 kg wird durch eine von einer Person ausgeübte konstante Kraft $F_\mathrm{P} = 100\,\mathrm{N}$, die, wie in ▸ Abbildung 7.3 dargestellt, in einem Winkel von 37° wirkt, 40 m über einen horizontalen Boden gezogen. Der Boden ist rau und übt eine Reibungskraft von $F_\mathrm{R} = 50\,\mathrm{N}$ aus. Bestimmen

Sie die durch jede auf die Kiste wirkende Kraft verrichtete Arbeit und die an der Kiste verrichtete Nettoarbeit.

Lösung

Wir wählen unser Koordinatensystem so, dass die x-Achse horizontal verläuft und der Weg von 40 m parallel zur x-Achse liegt. Es sind vier Kräfte, die auf die Kiste einwirken und in ▸ Abbildung 7.3, dem Kräfteparallelogramm, dargestellt sind: die von der Person ausgeübte Kraft $\mathbf{F}_\mathrm{P}$, die Reibungskraft $\mathbf{F}_\mathrm{R}$, die Gewichtskraft der Kiste $m\mathbf{g}$ und die vom Boden nach oben ausgeübte Normalkraft $\mathbf{F}_\mathrm{N}$. Die durch die Gravitationskraft und durch die Normalkraft verrichtete Arbeit ist jeweils null, da beide senkrecht zum Weg $\mathbf{s}$ ($\theta = 90°$ in Gleichung 7.1) verlaufen:

$$W_\mathrm{G} = mgs\cos 90° = 0$$
$$W_\mathrm{N} = F_\mathrm{N}s\cos 90° = 0\,.$$

Die durch $\mathbf{F}_\mathrm{P}$ verrichtete Arbeit ist

$$W_\mathrm{P} = F_\mathrm{P}s\cos\theta = (100\,\mathrm{N})(40\,\mathrm{m})\cos 37° = 3200\,\mathrm{J}\,.$$

Die durch die Reibungskraft verrichtete Arbeit ist

$$W_\mathrm{R} = F_\mathrm{R}s\cos 180° = (50\,\mathrm{N})(40\,\mathrm{m})(-1) = -2000\,\mathrm{J}\,.$$

Der Winkel zwischen dem Weg $\mathbf{s}$ und $\mathbf{F}_\mathrm{R}$ beträgt 180°, weil sie in entgegengesetzte Richtungen zeigen. Da die Reibungskraft der Bewegung entgegengerichtet ist (und $\cos 180° = -1$), verrichtet sie eine *negative* Arbeit an der Kiste.

Schließlich kann die Nettoarbeit auf zwei äquivalente Arten berechnet werden:

1 Die an einem Körper verrichtete Nettoarbeit ist die algebraische Summe der durch alle einzelnen Kräfte verrichteten Arbeit, da Arbeit eine skalare Größe ist:

$$W_\mathrm{net} = W_\mathrm{G} + W_\mathrm{N} + W_\mathrm{P} + W_\mathrm{R} = 0 + 0 + 3200\,\mathrm{J} - 2000\,\mathrm{J} = 1200\,\mathrm{J}\,.$$

W_net ist die Arbeit, die durch alle auf den Körper wirkenden Kräfte verrichtet wird

2 Man kann die Nettoarbeit auch berechnen, indem man zunächst die auf den Körper wirkende Nettokraft bestimmt und dann ihre Komponente entlang dem Weg dazunimmt: $(F_\mathrm{net})_s = F_\mathrm{P}\cos\theta - F_\mathrm{R}$. Dann beträgt die Nettoarbeit

$$W_\mathrm{net} = (F_\mathrm{net})_s s = (F_\mathrm{P}\cos\theta - F_\mathrm{R})s = (100\,\mathrm{N}\cos 37° - 50\,\mathrm{N})(40\,\mathrm{m}) = 1200\,\mathrm{J}\,.$$

In der vertikalen (y) Richtung gibt es keinen Weg und es wird keine Arbeit verrichtet.

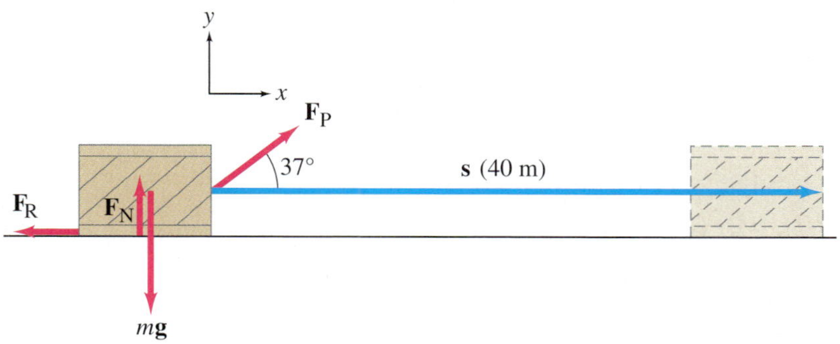

Abbildung 7.3 Beispiel 7.1: eine Kiste mit einer Masse von 50 kg wird über einen Boden gezogen.

Negative Arbeit In Beispiel 7.1 haben wir gesehen, dass Reibung negative Arbeit verrichtet hat. In der Regel ist eine durch eine Kraft verrichtete Arbeit negativ, wenn die Kraft (oder die Komponente der Kraft $F_{||}$) in der der Bewegungsrichtung entgegengesetzten Richtung wirkt.

Beispiel 7.2 Arbeit an einem getragenen Rucksack

(a) Bestimmen Sie die Arbeit, die ein Wanderer an einem Rucksack mit einer Masse von 15,0 kg verrichten muss, um ihn einen Berg mit einer Höhe von $h = 10{,}0\,\text{m}$ hinaufzutragen, wie in ▸ Abbildung 7.4a dargestellt. Bestimmen Sie (b) auch die durch die Gravitation an dem Rucksack verrichtete Arbeit und (c) die an dem Rucksack verrichtete Nettoarbeit. Nehmen Sie der Einfachheit halber an, dass es sich um eine gleichförmige Bewegung mit konstanter Geschwindigkeit handelt (d. h. die Beschleunigung kann vernachlässigt werden).

Lösung

a Die auf den Rucksack wirkenden Kräfte sind in ▸ Abbildung 7.4b dargestellt: die nach unten gerichtete Gravitationskraft $m\mathbf{g}$ und $\mathbf{F}_W$, die Kraft, die der Wanderer in Aufwärtsrichtung ausüben muss, um den Rucksack zu tragen. Da wir annehmen, dass die Beschleunigung vernachlässigt werden kann, kann die horizontale Nettokraft ebenfalls vernachlässigt werden. In vertikaler (y) Richtung wählen wir die Aufwärtsrichtung als positive Richtung. Auf den Rucksack angewandt ergibt das zweite Newton'sche Axiom

$$\sum F_y = ma_y$$
$$F_W - mg = 0\,.$$

Folglich ist

$$F_W = mg = (15{,}0\,\text{kg})(9{,}80\,\text{m/s}^2) = 147\,\text{N}\,.$$

Zur Berechnung der durch den Wanderer an dem Rucksack verrichteten Arbeit kann die Gleichung 7.1 geschrieben werden als

$$W_W = F_W(s\cos\theta)$$

und wir sehen aus ▸ Abbildung 7.4a, dass $s\cos\theta = h$ ist. So kann die durch den Wanderer verrichtete Arbeit geschrieben werden als

$$W_W = F_W(s\cos\theta) = F_W h = mgh$$
$$= (147\,\text{N})(10{,}0\,\text{m}) = 1470\,\text{J}\,.$$

Beachten Sie, dass die verrichtete Arbeit nur von der Änderung in der Höhe und nicht von dem Winkel θ des Berges abhängt. Um den Rucksack dieselbe Höhe h senkrecht hoch zu tragen, würde dieselbe Arbeit verrichtet werden.

b Die durch die Gravitation verrichtete Arbeit beträgt (aus Gleichung 7.1 und ▸ Abbildung 7.4c)

$$W_G = (F_G)(s)\cos(180° - \theta)\,.$$

Da $\cos(180° - \theta) = -\cos\theta$, ergibt sich

$$W_G = (F_G)(s)(-\cos\theta) = mg(-s\cos\theta)$$
$$= -mgh$$
$$= -(15{,}0\,\text{kg})(9{,}80\,\text{m/s}^2)(10{,}0\,\text{m}) = -1470\,\text{J}\,.$$

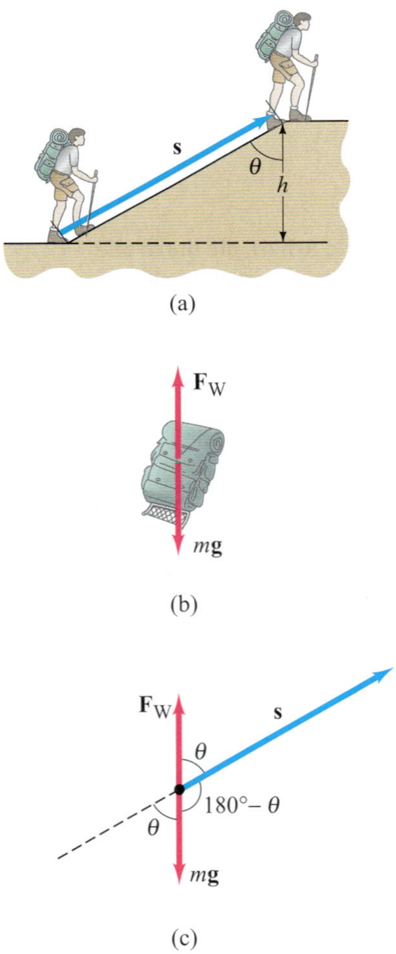

Abbildung 7.4 Beispiel 7.2.

Beachten Sie, dass die durch die Gravitation verrichtete Arbeit nicht von dem Neigungswinkel, sondern nur von der vertikalen Höhe h des Berges abhängt. Der Grund ist, dass die Gravitation nur in vertikaler Richtung wirkt. Wir werden dieses wichtige Ergebnis später nutzen.

c Die an dem Rucksack verrichtete *Netto*arbeit ist $W_{\text{net}} = 0$, da die auf den Rucksack wirkende Nettokraft null ist (die Beschleunigung wird als unbedeutend angenommen). Wir können die verrichtete Nettoarbeit auch bestimmen, indem wir schreiben

$$W_{\text{net}} = W_{\text{G}} + W_{\text{W}} = -1470\,\text{J} + 1470\,\text{J} = 0\,.$$

Das ist erwartungsgemäß dasselbe Ergebnis.

Beachten Sie in diesem Beispiel, dass der Wanderer an dem Rucksack eine Arbeit von 1470 J verrichtet, obwohl die an dem Rucksack verrichtete *Netto*arbeit null ist.

Die durch die Gravitation verrichtete Arbeit hängt von der Höhe des Berges und nicht von seinem Neigungswinkel ab.

Beispiel 7.3 · Begriffsbildung

Verrichtet die Erde Arbeit am Mond?

Der Mond rotiert auf einer annähernd kreisförmigen Umlaufbahn um die Erde und wird durch die von der Erde ausgeübte Gravitationskraft auf dieser Bahn gehalten. Verrichtet die Gravitation (a) eine positive Arbeit, (b) eine negative Arbeit oder (c) überhaupt keine Arbeit am Mond?

Lösung

Die auf den Mond wirkende Gravitationskraft (▶ Abbildung 7.5) ist (als Zentripetalkraft) zur Erde hin gerichtet und wirkt nach innen entlang des Radius der Mondumlaufbahn. Der Weg des Mondes verläuft zu jedem Zeitpunkt entlang der Kreisbahn in Richtung seiner Geschwindigkeit und senkrecht zum Radius sowie senkrecht zur Gravitationskraft. Folglich beträgt der Winkel θ zwischen der Kraft $\mathbf{F}_{\text{G}}$ und dem momentanen Weg des Mondes 90°. Deshalb ist die durch die Gravitation verrichtete Arbeit gleich null ($\cos 90° = 0$). Das ist der Grund, warum der Mond ebenso wie künstliche Satelliten ohne Treibstoffverbrauch auf seiner Umlaufbahn bleiben kann: Es muss keine Arbeit gegen die Gravitationskraft verrichtet werden.

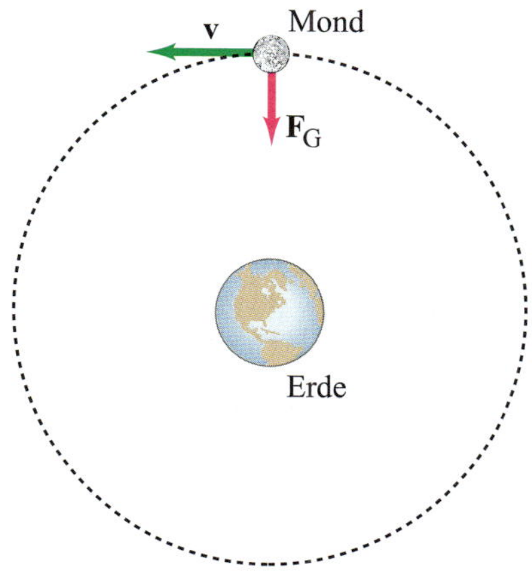

Abbildung 7.5 Beispiel 7.3 zur Begriffsbildung.

Problemlösung

Methoden zur Arbeit

1 Wählen Sie ein xy-Koordinatensystem. Wenn sich der Körper in Bewegung befindet, mag es zweckmäßig sein, die Bewegungsrichtung als eine der Koordinatenrichtungen zu wählen. (So könnten Sie bei einem Körper auf einer schiefen Ebene eine Koordinatenachse parallel zur Ebene verlaufend wählen.)

2 Zeichnen Sie ein Kräfteparallelogramm, in dem alle auf den Körper wirkenden Kräfte dargestellt sind.

3 Bestimmen Sie unter Anwendung der Newton'schen Gesetze alle unbekannten Kräfte.

4 Ermitteln Sie die *durch* eine bestimmte Kraft *an* dem Körper verrichtete Arbeit durch Anwendung von $W = Fs\cos\theta$. Beachten Sie, dass die verrichtete Arbeit negativ ist, wenn eine Kraft die Tendenz hat, dem Weg entgegenzuwirken.

5 Zur Ermittlung der an dem Körper verrichteten *Netto*arbeit ermitteln Sie entweder (a) die durch jede einzelne Kraft verrichtete Arbeit und addieren die Ergebnisse algebraisch oder Sie ermitteln (b) die auf den Körper wirkende Nettokraft F_{net} und verwenden sie zur Ermittlung der verrichteten Nettoarbeit, die bei einer konstanten Kraft F_{net}

$$W_{\text{net}} = F_{\text{net}}s\cos\theta$$

beträgt.

7.2 Skalarprodukt zweier Vektoren

Obwohl die Arbeit eine skalare Größe ist, beinhaltet sie das Produkt zweier vektorieller Größen, der Arbeit und des Weges. Deshalb untersuchen wir jetzt die Multiplikation von Vektoren, die in diesem ganzen Buch nützlich sein wird.

Da Vektoren sowohl Richtung, als auch Betrag haben, können sie nicht in derselben Weise wie Skalare multipliziert werden. Stattdessen müssen wir *definieren*, was die Operation der Vektormultiplikation bedeutet. Zu den zahlreichen Möglichkeiten der Definition der Multiplikation von Vektoren gehören drei, die wir in der Physik für nützlich halten: (1) die Multiplikation eines Vektors mit einem Skalar, die bereits in Abschnitt 3.3 erörtert wurde, (2) die Multiplikation eines Vektors mit einem zweiten Vektor, bei der das Produkt einen Skalar ergibt, (3) die Multiplikation eines Vektors mit einem zweiten Vektor, bei der das Produkt einen weiteren Vektor ergibt. Die dritte Möglichkeit, das *Vektorprodukt* genannt, wird später in Abschnitt 11.1 erörtert.

Wir erörtern jetzt die zweite Möglichkeit, die als *Skalarprodukt* bezeichnet wird. Wenn wir zwei Vektoren **A** und **B** haben, dann ist ihr **Skalarprodukt** definiert als

Skalarprodukt

$$\mathbf{A} \cdot \mathbf{B} = AB\cos\theta \,. \tag{7.2}$$

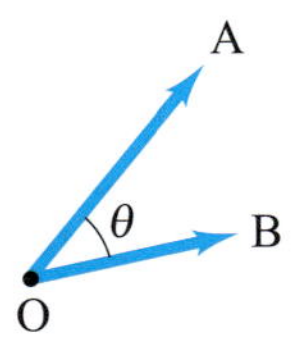

Abbildung 7.6 Das Skalarprodukt zweier Vektoren **A** und **B** ist $\mathbf{A} \cdot \mathbf{B} = AB\cos\theta$.

Dabei sind A und B die Beträge der Vektoren und θ ist der Winkel zwischen ihnen, siehe ► Abbildung 7.6. Da A, B und $\cos\theta$ Skalare sind, ist auch ihr Skalarprodukt $\mathbf{A} \cdot \mathbf{B}$ ein Skalar. Diese Definition, Gleichung 7.2, lässt sich sofort für die Berechnung der durch eine konstante Kraft verrichteten Arbeit (Gleichung 7.1) anwenden. Das bedeutet, dass wir die durch eine konstante Kraft verrichtete Arbeit als das Skalarprodukt von Kraft und Weg schreiben können:

$$W = \mathbf{F} \cdot \mathbf{s}\cos\theta \,. \tag{7.3}$$

In der Tat wird die Definition eines Skalarproduktes, Gleichung 7.2, so gewählt, weil viele physikalisch wichtige Größen, wie z. B. Arbeit (und andere, die uns später begegnen werden), als Skalarprodukt zweier Vektoren beschrieben werden können.

Eine äquivalente Definition des Skalarproduktes ist die, dass es sich um das Produkt des Betrages eines Vektors (z. B. A) und der Komponenten des anderen Vektors entlang der Richtung des ersten Vektors ($B\cos\theta$) handelt.

Da A, B und $\cos\theta$ Skalare sind, spielt es keine Rolle, in welcher Reihenfolge sie multipliziert werden. Folglich ist das Skalarprodukt invariant bei der Vertauschung der beiden Vektoren und es erfüllt das **Kommutativ**gesetz:

Kommutativgesetz

$$\mathbf{A} \cdot \mathbf{B} = \mathbf{B} \cdot \mathbf{A} \,.$$

Es ist einfach zu zeigen, dass auch das **Distributiv**gesetz gilt (Beweis siehe Aufgabe 29):

Distributivgesetz

$$\mathbf{A} \cdot (\mathbf{B} + \mathbf{C}) = \mathbf{A} \cdot \mathbf{B} + \mathbf{A} \cdot \mathbf{C} \,.$$

Wir nutzen diese Eigenschaften und schreiben jeden Vektor mit Einheitsvektoren ausgedrückt in seinen rechtwinkligen Komponenten (Abschnitt 3.5, Gleichung 3.5):

Skalarprodukt (in Komponentenschreibweise)

$$\mathbf{A} = A_x\mathbf{i} + A_y\mathbf{j} + A_z\mathbf{k} \quad \text{und} \quad \mathbf{B} = B_x\mathbf{i} + B_y\mathbf{j} + B_z\mathbf{k} \,.$$

Daraus ergibt sich:

$$\mathbf{A} \cdot \mathbf{B} = A_xB_x + A_yB_y + A_zB_z \,, \tag{7.4}$$

da die Einheitsvektoren **i**, **j** und **k** senkrecht zueinander stehen, so dass gilt:

$$\mathbf{i} \cdot \mathbf{i} = \mathbf{j} \cdot \mathbf{j} = \mathbf{k} \cdot \mathbf{k} = 1 \,, \qquad \mathbf{i} \cdot \mathbf{j} = \mathbf{i} \cdot \mathbf{k} = \mathbf{j} \cdot \mathbf{k} = 0 \,.$$

Die Gleichung 7.4 ist besonders nützlich.

Wenn **A** senkrecht zu **B** steht, gibt Gleichung 7.2 $\mathbf{A} \cdot \mathbf{B} = 0$ an. Aber für das Gegenteil, wenn $\mathbf{A} \cdot \mathbf{B} = 0$ gegeben ist, gibt es drei verschiedene Möglichkeiten: $\mathbf{A} = 0$, $\mathbf{B} = 0$ oder $\mathbf{A} \perp \mathbf{B}$.

Abbildung 7.7 Die durch eine im Winkel θ zum Boden wirkende Kraft $\mathbf{F}_P$ verrichtete Arbeit beträgt $W = \mathbf{F}_P \cdot \mathbf{s}$.

Beispiel 7.4 **Anwendung des Skalarproduktes**

Die in ▸ Abbildung 7.7 dargestellte Kraft hat einen Betrag von $F_P = 20\,\text{N}$ und bildet mit dem Boden einen Winkel von 30°. Berechnen Sie unter Anwendung der Gleichung 7.4 die durch diese Kraft verrichtete Arbeit, wenn der Wagen 100 m über den Boden gezogen wird.

Lösung

Wir wählen die x-Achse horizontal nach rechts und die y-Achse vertikal nach oben. Dann gilt:

$$\mathbf{F}_P = F_x\mathbf{i} + F_y\mathbf{j} = (F_P \cos 30°)\mathbf{i} + (F_P \sin 30°)\mathbf{j} = (17\,\text{N})\mathbf{i} + (10\,\text{N})\mathbf{j}\,,$$

während $\mathbf{s} = (100\,\text{m})\mathbf{i}$ ist. Dann ergibt sich unter Anwendung der Gleichung 7.4:

$$W = \mathbf{F}_P \cdot \mathbf{s} = (17\,\text{N})(100\,\text{m}) + (10\,\text{N})(0) + (0)(0) = 1700\,\text{J}\,.$$

Beachten Sie, dass wir durch die Wahl der x-Achse entlang $\mathbf{s}$ die Rechnung vereinfacht haben, da $\mathbf{s}$ nur eine Komponente hat.

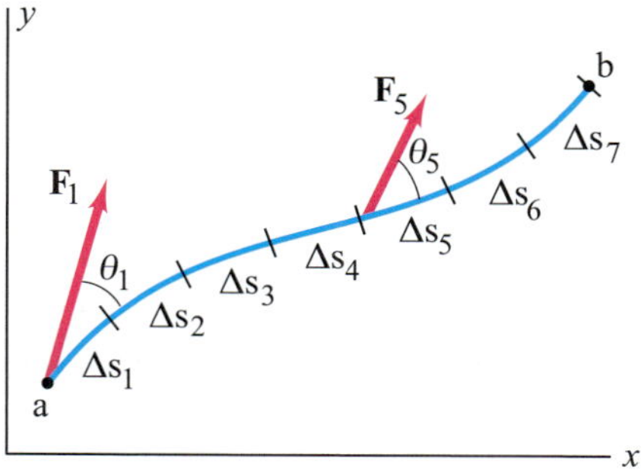

Abbildung 7.8 Ein Massenpunkt, auf den eine veränderliche Kraft **F** wirkt, bewegt sich entlang der dargestellten Bahn von Punkt a nach Punkt b.

7.3 Durch eine veränderliche Kraft verrichtete Arbeit

Wenn die auf einen Körper wirkende Kraft konstant ist, kann die durch diese Kraft verrichtete Arbeit mithilfe der Gleichung 7.1 berechnet werden. In vielen Fällen verändert sich jedoch während eines Prozesses der Betrag oder die Richtung einer Kraft. Wenn eine Rakete sich z. B. von der Erde entfernt, wird Arbeit verrichtet, um die Gravitationskraft zu überwinden, die als umgekehrtes Quadrat des Abstandes vom Erdmittelpunkt variiert. Andere Beispiele sind die von einer Feder ausgeübte Kraft, die mit dem Ausmaß der Dehnung zunimmt, oder die durch eine veränderliche Kraft verrichtete Arbeit, wenn eine Kiste oder ein Wagen einen unebenen Berg hinaufgezogen wird.

▸ Abbildung 7.8 zeigt die Bahn eines Körpers in der xy-Ebene während seiner Bewegung von Punkt a nach Punkt b. Die Bahn wurde in kurze Intervalle mit der jeweiligen Länge $\Delta s_1, \Delta s_2, \ldots \Delta s_7$ aufgeteilt. In jedem Punkt auf der Bahn wirkt eine Kraft **F**, die in zwei Punkten als $\mathbf{F}_1$ und $\mathbf{F}_5$ angegeben ist. Während jedes kurzen Intervalls Δs ist die Kraft annähernd konstant. So verrichtet die Kraft im ersten Intervall eine Arbeit ΔW von ungefähr (siehe Gleichung 7.1)

$$\Delta W \approx F_1 \cos\theta_1 \Delta s_1\,.$$

Im zweiten Intervall beträgt die verrichtete Arbeit ungefähr $F_2 \cos\theta_2 \Delta s_2$ etc. Die gesamte bei der Bewegung des Massenpunktes über die gesamte Entfernung $s = \Delta s_1 + \Delta s_2 + \ldots + \Delta s_7$ verrichtete Arbeit ist die Summe aller Terme:

$$W \approx \sum_{i=1}^{7} F_i \cos\theta_i \Delta s_i\,. \qquad (7.5)$$

Wir können Gleichung 7.5 grafisch untersuchen, indem wir die Kraft-Weg-Kurve, wie in ▸ Abbildung 7.9a dargestellt, zeichnen. Der Weg s wurde in dieselben sie-

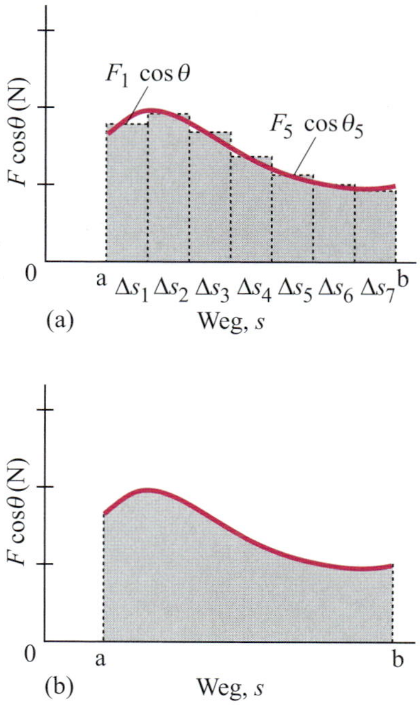

Abbildung 7.9 Die durch eine Kraft **F** verrichtete Arbeit ist (a) annähernd gleich mit der Summe der Flächen der Rechtecke, (b) genau gleich mit der Fläche unter der Kraft-Weg-Kurve.

ben Intervalle unterteilt, die durch die gestrichelten vertikalen Linien dargestellt sind. Der Wert von $F\cos\theta$ in der Mitte jedes Intervalls ist durch die gestrichelten horizontalen Linien dargestellt. Jedes der schattierten Rechtecke hat eine Fläche $(F_i\cos\theta)(\Delta s_i)$, die die während des Intervalls verrichtete Arbeit anzeigt. Somit ist der durch die Gleichung 7.5 gegebene Wert der verrichteten Arbeit gleich der Summe der Flächen aller Rechtecke. Wenn wir den Weg in eine größere Anzahl von Intervallen unterteilen, so dass jedes Δs_i kleiner ist, wird der durch die Gleichung 7.5 gegebene Näherungswert der verrichteten Arbeit genauer (die Annahme, dass F während jedes Intervalls konstant ist, ist genauer). Wenn wir jedes Δs_i gegen null gehen lassen (und uns somit einer unendlichen Anzahl von Intervallen nähern), erhalten wir ein exaktes Ergebnis für die verrichtete Arbeit:

$$W = \lim_{\Delta s_i \to 0} \sum F_i \cos\theta_i \Delta s_i = \int_a^b F\cos\theta\,\mathrm{d}s\,. \tag{7.6}$$

Dieser Grenzwert, wenn $\Delta s_i \to 0$ geht, ist das *Integral* von $(F\cos\theta\Delta s)$ von Punkt a nach Punkt b. Das Symbol für das Integral, $\int$, ist ein langgezogenes S, um eine unendliche Summe anzuzeigen. Δs wurde durch $\mathrm{d}s$ ersetzt und das bedeutet einen unendlich kleinen Weg.

In diesem Grenzwertebereich, in dem Δs gegen null geht, nähert sich die Gesamtfläche der Rechtecke (▶ Abbildung 7.9a) der Fläche zwischen der Kraft-Kurve und der s-Achse von a nach b, die in ▶ Abbildung 7.9b schattiert dargestellt ist. Das bedeutet, dass *die durch eine veränderliche Kraft bei der Bewegung eines Körpers zwischen zwei Punkten verrichtete Arbeit gleich der Fläche unter der Kraft-Weg-Kurve zwischen diesen beiden Punkten ist.*

W = Fläche unter der Kraft-Weg-Kurve

In dem Grenzwertebereich, in dem Δs gegen null geht, ist der unendlich kleine Weg $\mathrm{d}s$ gleich dem Betrag des unendlich kleinen Verschiebungsvektors $\mathbf{ds}$.[1] Die Richtung des Vektors $\mathbf{ds}$ verläuft entlang der Tangente an die Kurve in diesem Punkt, so dass θ der Winkel zwischen $\mathbf{F}$ und $\mathbf{ds}$ in jedem Punkt ist. Somit können wir die Gleichung 7.6 als Skalarprodukt neu schreiben:

Allgemeine Definition der Arbeit

$$W = \int_a^b F\cos\theta\,\mathrm{d}s = \int_a^b \mathbf{F}\cdot\mathbf{ds}\,. \tag{7.7}$$

Dies ist die *allgemeingültigste Definition der Arbeit.* Das Integral in Gleichung 7.7 nennt man *Linienintegral*, da es sich um das Integral von $F\cos\theta$ entlang der Linie, die die Bahn des Körpers darstellt, handelt. (Die Gleichung 7.1 für eine konstante Kraft ist ein Sonderfall der Gleichung 7.7.) Für ein rechteckiges Koordinatensystem kann die Kraft geschrieben werden als

$$\mathbf{F} = F_x\mathbf{i} + F_y\mathbf{j} + F_z\mathbf{k}$$

und der Weg $\mathbf{ds}$ als

$$\mathbf{ds} = \mathrm{d}x\mathbf{i} + \mathrm{d}y\mathbf{j} + \mathrm{d}z\mathbf{k}\,.$$

Dann kann die verrichtete Arbeit folgendermaßen geschrieben werden:

$$W = \int_a^b F_x\,\mathrm{d}x + \int_a^b F_y\,\mathrm{d}y + \int_a^b F_z\,\mathrm{d}z\,.$$

Es gibt mehre Alternativen, um die Gleichungen 7.6 oder 7.7 zur Berechnung der Arbeit wirklich anzuwenden. (1) Wenn $F\cos\theta$ in Abhängigkeit des Ortes be-

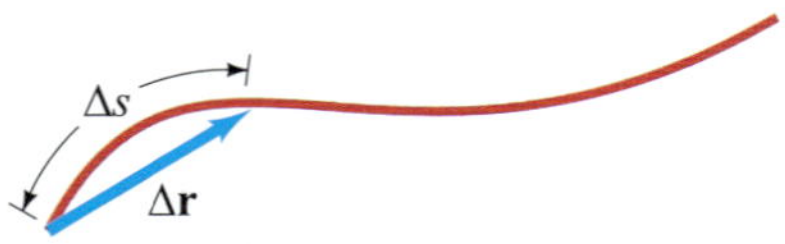

Abbildung 7.10 Der Betrag des Verschiebungsvektors $\Delta\mathbf{r}$ ist nicht unbedingt identisch mit dem zurückgelegten Weg Δs.

1 Der Weg Δs entlang einer Kurve ist nicht generell gleich dem Betrag des Weges $\Delta\mathbf{r}$, wie in ▶ Abbildung 7.10 dargestellt. Im unendlich kleinen Grenzwertebereich sind beide Größen jedoch gleich: $\mathrm{d}s = \mathrm{d}r$ und in diesem Grenzwertebereich ist der Vektor $\mathbf{ds} = \mathbf{dr}$. Beachten Sie, dass wir keinen Vektor $\Delta\mathbf{s}$ definieren können, da wir ihm bei einer kurvenförmigen Bahn keine eindeutige Richtung zuordnen können. Wir können eine Richtung für $\mathbf{ds}$ definieren – und zwar die Richtung der Tangente an die Kurve in diesem Punkt, so dass $\mathbf{ds} = \mathbf{dr}$ und $\mathrm{d}s = \mathrm{d}r$ gilt.

kannt ist, kann eine Kurve wie die in ▸ Abbildung 7.9b gezeichnet und die Fläche grafisch bestimmt werden. (2) Eine andere Möglichkeit ist die Anwendung numerischer Integration (numerisches Addieren), eventuell mithilfe eines Computers oder Taschenrechners. (3) Eine dritte Alternative ist die Anwendung der analytischen Methoden der Integralrechnung. Dafür müssen wir **F** in Abhängigkeit des Ortes schreiben können, $F(x, y, z)$ und wir müssen die Kurve kennen.

Betrachten wir als Beispiel eine eindimensionale Aufgabenstellung zur analytischen Bestimmung der durch eine Spiralfeder verrichteten Arbeit, wie in ▸ Abbildung 7.11 dargestellt. Damit eine Person eine Feder um einen Betrag x aus ihrer normalen (nicht gedehnten) Länge dehnen oder zusammendrücken kann, braucht diese Person eine Kraft F_P, die direkt proportional zu x ist. Das bedeutet, dass

$$F_P = kx$$

ist. Dabei ist k eine Konstante, die *Federkonstante*, und ein Maß für die Steifigkeit der jeweiligen Feder. Die Feder selbst übt eine Kraft in entgegengesetzter Richtung aus (▸ Abbildung 7.11):

Federkraft

$$F_F = -kx\,. \qquad (7.8)$$

Diese Kraft wird manchmal „Rückstellkraft" genannt, weil die Feder ihre Kraft in der dem Weg entgegengesetzten Richtung ausübt (daher das Minuszeichen), um sich wieder in ihre Ausgangslage zurückzustellen. Die Gleichung 7.8 ist als **Hook'sches Gesetz** (siehe Kapitel 12) bekannt und gilt für Federn, so lange x nicht zu groß ist.

Berechnen wir die Arbeit, die eine Person verrichtet, um eine Feder aus ihrer Ausgangslage $x_a = 0$ auf eine andere Länge $x_b = x$ zu dehnen (oder zusammenzudrücken). Wir nehmen an, dass das Dehnen langsam erfolgt, so dass die Beschleunigung praktisch gleich null ist. Die Kraft $\mathbf{F}_P$ wird parallel zur Federachse entlang der x-Achse ausgeübt, so dass $\mathbf{F}_P$ und $d\mathbf{s}$ parallel sind. Da in diesem Fall $d\mathbf{s} = dx\mathbf{i}$ ist, beträgt die durch die Person verrichtete Arbeit[2]

$$W_P = \int_{x_a=0}^{x_b=x} [F_P(s)\mathbf{i}] \cdot [ds\mathbf{i}] = \int_0^x F_P(s)\,ds = \int_0^x ks\,ds = \frac{1}{2}ks^2\,\Big|_0^x = \frac{1}{2}kx^2\,.$$

(Häufig wird statt der Variablen **s** bzw. s auch die Variable **x** bzw. x für den Weg verwendet, wie beispielsweise in Gleichung 7.8.) So sehen wir, dass die erforderliche Arbeit proportional zum Quadrat des gedehnten (oder komprimierten) Weges x ist. Wir können dasselbe Ergebnis erhalten, wenn wir die Fläche unter der Kraft-Weg-Kurve (mit $\cos\theta = 1$ in diesem Fall) berechnen, wie in ▸ Abbildung 7.12 dargestellt. Da die Fläche ein Dreieck mit der Höhe kx und der Basis x bildet, beträgt die mit der Fläche identische Arbeit, die eine Person verrichtet, um eine Feder um einen Betrag x zu dehnen oder zusammenzudrücken,

$$W = \frac{1}{2}(x)(kx) = \frac{1}{2}kx^2\,.$$

Das ist dasselbe Ergebnis wie zuvor.

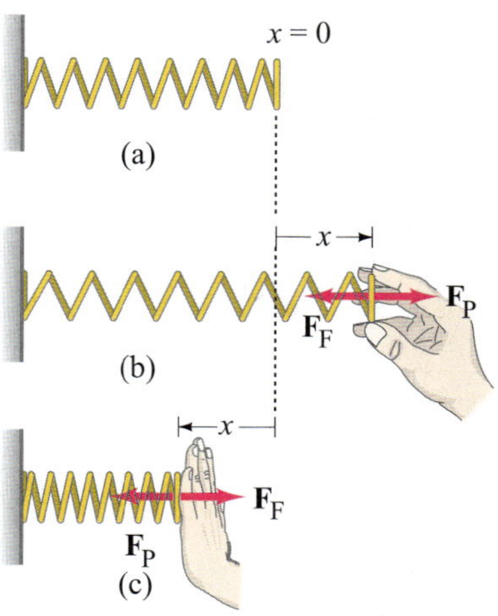

Abbildung 7.11 (a) Eine Feder in ihrer Ausgangslage, ohne dass eine Kraft auf sie einwirkt. (b) Die Feder wird von einer Person gedehnt, die eine Zugkraft $\mathbf{F}_P$ nach rechts (in positiver Richtung) ausübt. Die Feder zieht mit einer Kraft $\mathbf{F}_F$ zurück. Dabei gilt $F_F = -kx$. (c) Die Person drückt die Feder zusammen ($x < 0$) und die Feder drückt mit einer Druckkraft $F_F = -kx$ zurück. Dabei ist $F_F > 0$, da $x < 0$.

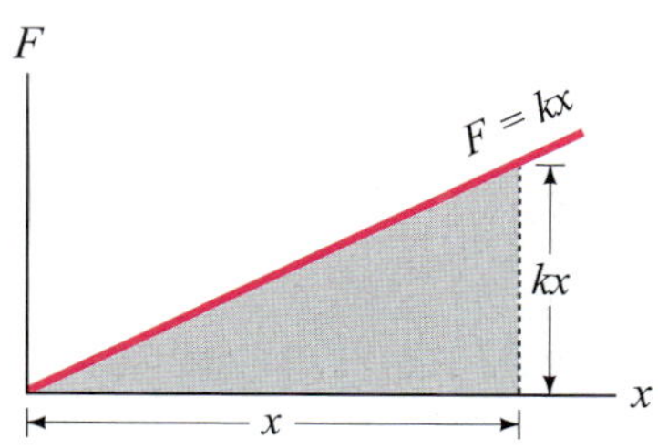

Abbildung 7.12 Die zur Dehnung einer Feder um einen Weg x verrichtete Arbeit ist gleich der dreieckigen Fläche unter der Kurve, $F = kx$. Die Fläche des Dreiecks beträgt $\frac{1}{2}$ · Basis · Höhe, so dass $W = \frac{1}{2}(x)(kx) = \frac{1}{2}kx^2$ ist.

Beispiel 7.5 An einer Feder verrichtete Arbeit

(a) Eine Person zieht an der Feder aus ▸ Abbildung 7.11 und dehnt sie um 3,0 cm. Dafür ist eine maximale Kraft von 75 N erforderlich. Wie viel Arbeit verrichtet die Person? (b) Wie viel Arbeit verrichtet die Person, wenn sie die Feder um 3,0 cm zusammendrückt?

2 Siehe Integraltabelle, Anhang B.

Lösung

a Zunächst müssen wir die Federkonstante k berechnen:

$$k = \frac{F_{max}}{x_{max}} = \frac{75\,\text{N}}{0{,}030\,\text{m}} = 2{,}5 \cdot 10^3\,\text{N/m}\,.$$

Dann beträgt die durch die Person an der Feder verrichtete Arbeit

$$W = \frac{1}{2}kx_{max}^2 = \frac{1}{2}(2{,}5 \cdot 10^3\,\text{N/m})(0{,}030\,\text{m})^2 = 1{,}1\,\text{J}\,.$$

b Die Kraft, die die Person ausübt, ist immer noch $F_P = kx$, obwohl jetzt sowohl x, als auch F_P negativ sind (x ist positiv nach rechts). Die verrichtete Arbeit beträgt

$$W_P = \int_{x=0}^{x=-0{,}030\,\text{m}} F_P(s)\,\text{d}s = \int_0^{x=-0{,}030\,\text{m}} ks\,\text{d}s = \frac{1}{2}kx^2\Big|_0^{-0{,}030\,\text{m}}$$
$$= \frac{1}{2}(2{,}5 \cdot 10^3\,\text{N/m})(-0{,}030\,\text{m})^2 = 1{,}1\,\text{J}\,.$$

Das ist dasselbe Ergebnis wie bei der Dehnung.

Beachten Sie, dass wir bei einer Feder nicht $W = Fd$ (Gleichung 7.1) benutzen können, da die Kraft nicht konstant ist.

Beispiel 7.6 **Kraft in Abhängigkeit vom Weg (x)**

Ein Roboterarm, der die Position einer Videokamera (▸ Abbildung 7.13) in einem automatischen Überwachungssystem steuert, wird über einen Servomotor betätigt, der eine Kraft auf eine Stößelstange ausübt. Die Kraft ist gegeben durch

$$F(x) = F_0\left(1 + \frac{1}{6}\frac{x^2}{x_0^2}\right)\,.$$

Dabei ist $F_0 = 2{,}0\,\text{N}$, $x_0 = 0{,}0070\,\text{m}$ und x die Position des Endes der Stößelstange. Wie viel Arbeit verrichtet der Servomotor, wenn sich die Stößelstange von $x_1 = 0{,}010\,\text{m}$ nach $x_2 = 0{,}050\,\text{m}$ bewegt?

Lösung

Die von dem Motor ausgeübte Kraft ist keine lineare Funktion des Weges x. Wir können das Integral $\int F(x)\,\text{d}x$ oder die Fläche unter der Kraft-Weg-Kurve (in ▸ Abbildung 7.14 dargestellt) bestimmen. Um die durch den Motor verrichtete Arbeit zu ermitteln, integrieren wir:

$$W_M = F_0\int_{x_1}^{x_2}\left(1 + \frac{x^2}{6x_0^2}\right)\text{d}x = F_0\int_{x_1}^{x_2}\text{d}x + F_0\int_{x_1}^{x_2}\frac{x^2\,\text{d}x}{6x_0^2}$$
$$= F_0\left(x + \frac{1}{3}\frac{x^3}{6x_0^2}\right)\Big|_{x_1}^{x_2}\,.$$

Wir setzen die gegebenen Werte ein und erhalten

$$W_M = 2{,}0\,\text{N}\left[(0{,}050\,\text{m} - 0{,}010\,\text{m}) + \frac{(0{,}050\,\text{m})^3 - (0{,}010\,\text{m})^3}{(3)(6)(0{,}0070\,\text{m})^2}\right]$$
$$= 0{,}361\,\text{J}\,.$$

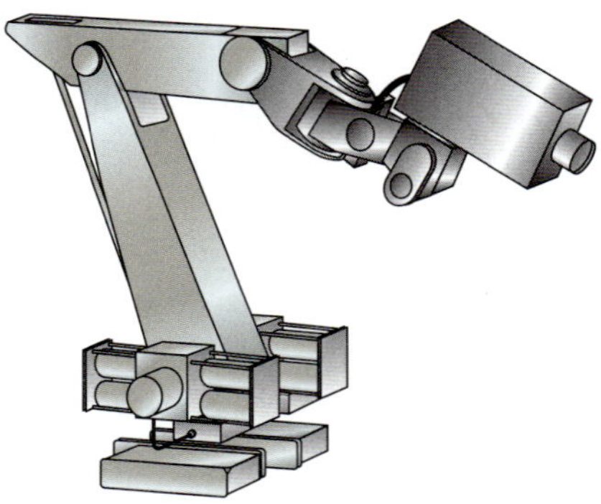

Abbildung 7.13 Roboterarm positioniert eine Videokamera.

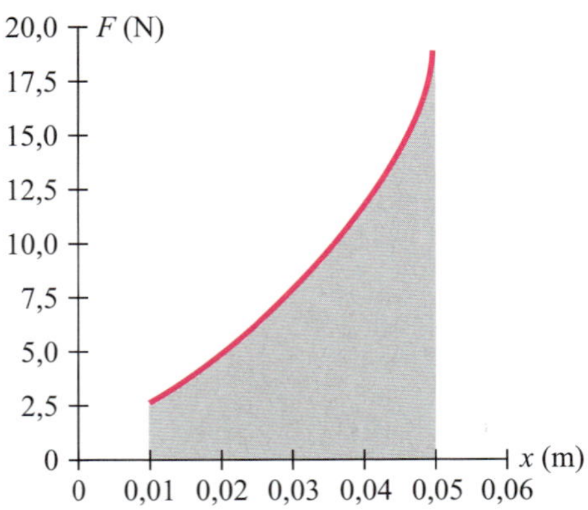

Abbildung 7.14 Beispiel 7.6.

7.4 Arbeit und Kinetische Energie

Der Begriff *Energie* ist einer der wichtigsten naturwissenschaftlichen Begriffe. Dennoch können wir nicht einfach eine allgemeingültige Definition von *Energie* in wenigen Worten abgeben. Allerdings kann jede einzelne Form von Energie recht einfach definiert werden. In diesem Kapitel definieren wir die kinetische Energie der Translationsbewegung. Im nächsten Kapitel befassen wir uns mit der potenziellen Energie. Später werden wir andere Formen von Energie definieren, z. B. Wärmeenergie (Kapitel 19 und 20). Wenn wir ein physikalisches System betrachten, werden unterschiedliche Formen von Energie auftreten und ihre Summe wird die Gesamtenergie des Systems bilden. Laufen nun Zustandsänderungen in diesem System ab, so bleibt die Gesamtenergie erhalten, wenn dem System von der Umgebung keine Energie zugeführt wird. Mit diesem Thema werden wir uns später ausführlicher beschäftigen.

In diesem Kapitel beschäftigen wir uns mit der Energieform „Arbeit“ und wollen untersuchen, wie sie mit der mechanischen Energie eines Körpers zusammenhängt. Wir definieren und erörtern jetzt eine der Grundarten der Energie, die kinetische Energie.

Ein in Bewegung befindlicher Körper kann an einem anderen Körper, mit dem er zusammenstößt, Arbeit verrichten. Eine fliegende Kanonenkugel verrichtet Arbeit an einer Ziegelsteinmauer, in die sie einschlägt. Ein in Bewegung befindlicher Hammer verrichtet Arbeit an einem Nagel, den er trifft. In jedem Fall übt ein Körper, der sich in Bewegung befindet, auf einen zweiten Körper eine Kraft aus und bewegt ihn über eine Strecke. Ein in Bewegung befindlicher Körper hat die Fähigkeit, Arbeit zu verrichten, und somit kann man sagen, dass er Energie besitzt. Die Bewegungsenergie wird **kinetische Energie** genannt, in Anlehnung an das griechische Wort *kinetikos*, das „Bewegung“ bedeutet.

Um eine quantitative Definition für die kinetische Energie zu bekommen, betrachten wir einen Massenpunkt mit der Masse m, der sich geradlinig mit einer Anfangsgeschwindigkeit v_1 bewegt. Damit er gleichförmig auf eine Geschwindigkeit v_2 beschleunigt wird, wird auf ihn parallel zu seinem Weg s eine konstante Nettokraft F_{net} ausgeübt, siehe ▸ Abbildung 7.15. Dann beträgt die an dem Körper verrichtete Nettoarbeit $W_{\text{net}} = F_{\text{net}}s$. Wir wenden das zweite Newton'sche Axiom, $F_{\text{net}} = ma$, an und verwenden die Gleichung 2.12c, die wir jetzt als $v_2^2 = v_1^2 + 2as$ schreiben. Dabei ist v_1 die Anfangsgeschwindigkeit und v_2 die Endgeschwindigkeit. Dann ergibt sich:

$$W_{\text{net}} = F_{\text{net}}s = mas = m\left(\frac{v_2^2 - v_1^2}{2s}\right)s$$

oder

$$W_{\text{net}} = \frac{1}{2}mv_2^2 - \frac{1}{2}mv_1^2\,. \tag{7.9}$$

Wir *definieren* die Größe $\frac{1}{2}mv^2$ als **kinetische Energie der Translationsbewegung** E_{kin} des Körpers:

Definition der kinetischen Energie der Translationsbewegung

$$E_{\text{kin}} = \frac{1}{2}mv^2 \tag{7.10}$$

(Wir nennen diese kinetische Energie „kinetische Energie der Translationsbewegung“, um sie von der kinetischen Energie der Rotationsbewegung zu unterscheiden. Letztere erörtern wir später in Kapitel 10.) Wir können die Gleichung 7.9 umschreiben zu

$$W_{\text{net}} = E_{\text{kin2}} - E_{\text{kin1}}$$

oder

$$W_{\text{net}} = \Delta E_{\text{kin}}\,. \tag{7.11}$$

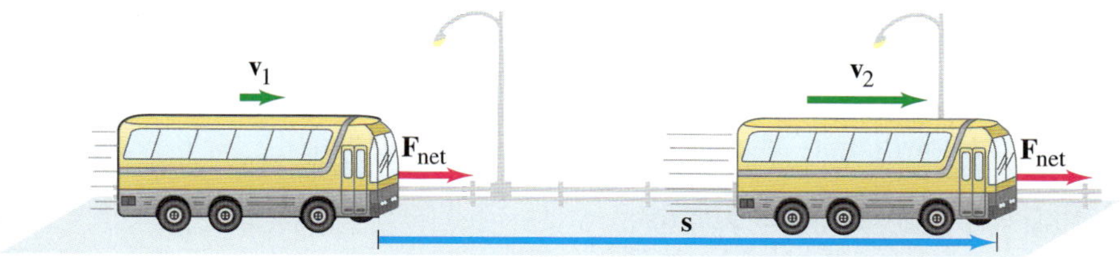

Abbildung 7.15 Eine konstante Nettokraft F_{net} beschleunigt einen Bus über eine Strecke s von der Geschwindigkeit v_1 auf eine Geschwindigkeit v_2. Die verrichtete Arbeit beträgt $W = F_{\text{net}}s$.

Die Gleichung 7.11 (oder die Gleichung 7.9) ist ein wichtiges Ergebnis. Sie kann folgendermaßen in Worten ausgedrückt werden:

ENERGIEERHALTUNGSSATZ

Die an einem Körper verrichtete Arbeit ist gleich der Änderung seiner kinetischen Energie.

Dieser Satz ist eine einfache Formulierung des **Energieerhaltungssatzes** für die Translationsbewegung. Beachten Sie jedoch, dass wir das zweite Newton'sche Axiom, $F_{\text{net}} = ma$, angewendet haben, bei dem F_{net} die *Netto*kraft ist – die Summe aller auf den Körper wirkenden Kräfte. Der Energieerhaltungssatz besitzt somit nur Gültigkeit, wenn W die an dem Körper verrichtete *Nettoarbeit* ist – d. h. die durch alle auf den Körper wirkenden Kräfte verrichtete Arbeit.

Der Energieerhaltungssatz besagt, dass, wenn an einem Körper eine (positive) Nettoarbeit W verrichtet wird, seine kinetische Energie um einen Betrag W zunimmt. Dieser Satz gilt auch für die umgekehrte Situation: Wenn an dem Körper eine negative Arbeit W verrichtet wird, nimmt seine kinetische Energie um einen Betrag W ab. Das bedeutet, dass eine auf einen Körper entgegengesetzt zu seiner Bewegungsrichtung ausgeübte Nettokraft die Geschwindigkeit und die kinetische Energie des Körpers reduziert.

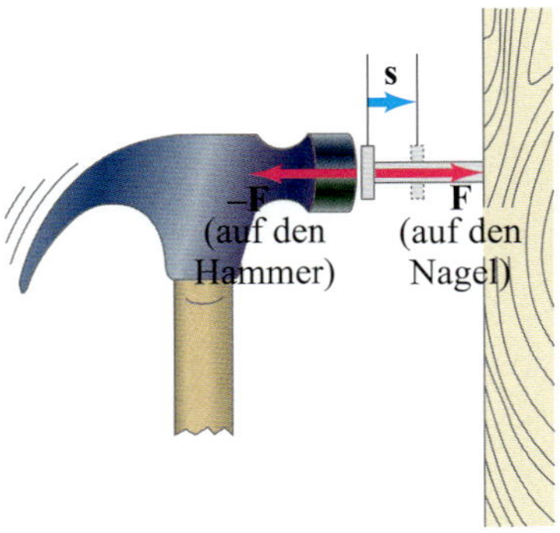

Abbildung 7.16 Ein in Bewegung befindlicher Hammer schlägt auf einen Nagel und kommt zum Stillstand. Der Hammer übt auf den Nagel eine Kraft F aus. Der Nagel übt auf den Hammer eine Kraft $-F$ aus (drittes Newton'sches Axiom). Die durch den Hammer an dem Nagel verrichtete Arbeit ist positiv ($W_N = Fs > 0$). Die an dem Hammer verrichtete Arbeit ist negativ ($W_H = -Fs$).

Ein Beispiel ist ein in Bewegung befindlicher Hammer (► Abbildung 7.16), der auf einen Nagel schlägt. Die auf den Hammer ausgeübte Nettokraft (in der Abbildung $-\mathbf{F}, \mathbf{F}$ wird einfachheitshalber als konstant angenommen) wirkt nach links, während der Weg **s** nach rechts gerichtet ist. So ist die an dem Hammer verrichtete Nettoarbeit $W_H = (F)(s)(\cos 180°) = -Fs$ negativ und die kinetische Energie des Hammers nimmt ab (normalerweise bis auf den Wert null).

► Abbildung 7.16 veranschaulicht auch, wie Energie als die Fähigkeit, Arbeit zu verrichten, betrachtet werden kann. Wenn der Hammer langsamer wird, verrichtet er an dem Nagel eine positive Arbeit: Wenn der Nagel eine Kraft $-\mathbf{F}$ auf den Hammer ausübt, damit er langsamer wird, übt der Hammer eine Kraft $+\mathbf{F}$ über die Strecke s auf den Nagel aus (drittes Newton'sches Axiom). Folglich ist die durch den Hammer an dem Nagel verrichtete Arbeit $W_N = (+F)(+s) = Fs = -W_H$ und W_N ist positiv. Somit ist die Abnahme der kinetischen Energie des Hammers gleich der Arbeit, die der Hammer an einem anderen Körper verrichten kann – das entspricht der Definition der Energie als der Fähigkeit, Arbeit zu verrichten.

Beachten Sie, dass die kinetische Energie der Translationsbewegung ($= \frac{1}{2}mv^2$) direkt proportional zu der Masse des Körpers, aber proportional zum *Quadrat* der Geschwindigkeit ist. Wenn die Masse verdoppelt wird, verdoppelt sich also auch die kinetische Energie. Wenn allerdings die Geschwindigkeit verdoppelt wird, hat der Körper viermal so viel kinetische Energie und kann deshalb viermal so viel Arbeit verrichten.

Zusammenfassend gesagt gilt die Verbindung zwischen Arbeit und kinetischer Energie (Gleichung 7.11) in beide Richtungen. Wenn die an einem Körper verrichtete Nettoarbeit W positiv ist, dann nimmt die kinetische Energie des Körpers zu. Wenn die an einem Körper verrichtete Nettoarbeit W negativ ist, dann nimmt die kinetische Energie des Körpers ab. Wenn die an einem Körper verrichtete Nettoarbeit null ist, bleibt die kinetische Energie des Körpers konstant (und das bedeutet auch, dass seine Geschwindigkeit konstant ist).

Allgemeine Herleitung des Energieerhaltungssatzes

Wir haben den Energieerhaltungssatz, Gleichung 7.11, für Bewegungen in einer Raumrichtung bei einer konstanten Kraft hergeleitet. Er ist ebenfalls gültig, wenn die Kraft veränderlich ist und die Bewegung in zwei oder drei Raumrichtungen erfolgt, wie wir jetzt zeigen werden. Nehmen wir an, dass sich sowohl der Betrag, als auch die Richtung der auf einen Körper wirkenden Nettokraft $\mathbf{F}_{\text{net}}$ verändert und dass der Körper eine kurvenförmige Bahn hat, wie in ► Abbildung 7.8 dargestellt. Die Nettokraft kann als Funktion von s, dem Weg entlang der Kurve, betrachtet werden. Die verrichtete Nettoarbeit beträgt (Gleichung 7.6):

$$W_{\text{net}} = \int F_{\text{net}} \cos\theta \, \mathrm{d}s = \int F_{\parallel} \, \mathrm{d}s \, .$$

Dabei ist $F_{||}$ die Komponente der Nettokraft parallel zu der Kurve in jedem Punkt. Nach dem zweiten Newton'schen Axiom

$$F_{||} = ma_{||} = m\frac{\mathrm{d}v}{\mathrm{d}t} ,$$

ist $a_{||}$, die Komponente von a parallel zu der Kurve in jedem Punkt, gleich der Geschwindigkeitsänderung $\mathrm{d}v/\mathrm{d}t$. Wir können uns v als Funktion von s vorstellen und nach Anwendung der Kettenregel für Ableitungen ergibt sich

$$\frac{\mathrm{d}v}{\mathrm{d}t} = \frac{\mathrm{d}v}{\mathrm{d}s}\frac{\mathrm{d}s}{\mathrm{d}t} = v\frac{\mathrm{d}v}{\mathrm{d}s} ,$$

da $\mathrm{d}s/\mathrm{d}t$ die Geschwindigkeit v ist. Somit gilt (wenn sich 1 und 2 jeweils auf die Anfangs- bzw. die Endgröße beziehen):

$$W_{\text{net}} = \int_1^2 F_{||}\,\mathrm{d}s = \int_1^2 m\frac{\mathrm{d}v}{\mathrm{d}t}\,\mathrm{d}s = \int_1^2 mv\frac{\mathrm{d}v}{\mathrm{d}s}\,\mathrm{d}s = \int_1^2 mv\,\mathrm{d}v .$$

Das wird integriert zu

$$W_{\text{net}} = \frac{1}{2}mv_2^2 - \frac{1}{2}mv_1^2 = \Delta E_{\text{kin}} .$$

Dies ist wieder der Energieerhaltungssatz, den wir jetzt für Bewegungen in drei Raumrichtungen bei veränderlicher Nettokraft hergeleitet haben. Beachten Sie im Übrigen, dass es sich bei dem Energieerhaltungssatz nicht um ein neues, unabhängiges Gesetz handelt. Es wurde vielmehr aus den Definitionen von Arbeit und kinetischer Energie unter Anwendung des zweiten Newton'schen Axioms hergeleitet.

Beachten Sie bei dieser Herleitung, dass nur die Komponente von $\mathbf{F}_{\text{net}}$ parallel zum Weg, $F_{||}$, zu der Arbeit beiträgt. Tatsächlich verrichtet eine Kraft (oder die Komponente einer Kraft), die senkrecht zum Geschwindigkeitsvektor steht, keine Arbeit. Eine solche Kraft verändert nur die Richtung der Geschwindigkeit. Sie beeinflusst nicht den Betrag der Geschwindigkeit. Ein Beispiel hierfür ist die gleichförmige Kreisbewegung, bei der auf einen Körper, der sich mit konstanter Geschwindigkeit auf einer Kreisbahn bewegt, eine („Zentripetal"-)Kraft wirkt, die zum Kreismittelpunkt hin gerichtet ist. Diese Kraft verrichtet keine Arbeit an dem Körper, weil (wie wir in Beispiel 7.3 gesehen haben) sie immer senkrecht zum Weg des Körpers $\mathrm{d}\mathbf{s}$ wirkt.

Zentripetalkraft verrichtet keine Arbeit

Auf Grund der direkten Verbindung zwischen Arbeit und kinetischer Energie, Gleichung 7.11, wird die Energie in denselben Einheiten wie die Arbeit gemessen: im SI-System in Joule, im cgs-System in erg. Wie die Arbeit ist die kinetische Energie eine skalare Größe. Die kinetische Energie einer Gruppe von Körpern ist die (skalare) Summe der kinetischen Energien der einzelnen Körper.

Einheit der Energie: Joule

Beispiel 7.7 Ein Baseball

Ein Baseball mit einer Masse von 145 g wird mit einer Geschwindigkeit von 25 m/s geworfen. (a) Wie groß ist seine kinetische Energie? (b) Wie viel Arbeit wurde verrichtet, um diese Geschwindigkeit aus der Ruhelage zu erreichen?

Lösung

a Die kinetische Energie beträgt

$$E_{\text{kin}} = \frac{1}{2}mv^2 = \frac{1}{2}(0{,}145\ \text{kg})(25\ \text{m/s})^2 = 45\ \text{J} .$$

b Da die kinetische Anfangsenergie null war, ist die verrichtete Nettoarbeit gleich der kinetischen Endenergie, 45 J.

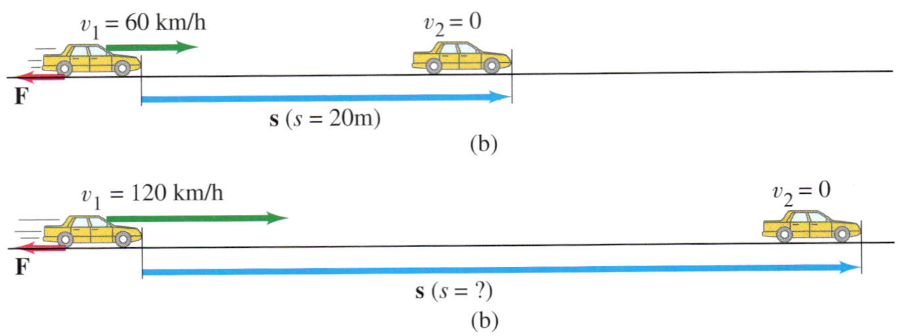

Abbildung 7.17 Beispiel 7.8.

Beispiel 7.8 · Begriffsbildung — Arbeit zum Anhalten eines Autos

Ein Auto, das mit 60 km/h fährt, kann innerhalb von 20 m zum Stehen kommen (▶ Abbildung 7.17a). Wie lang ist der Anhalteweg, wenn das Auto doppelt so schnell, also 120 km/h, fährt (▶ Abbildung 7.17b)? Die maximale Bremskraft ist nahezu unabhängig von der Geschwindigkeit.

Lösung

Wir behandeln das Auto wie einen Massenpunkt oder einen einfachen starren Körper. Da die Bremskraft F annähernd konstant ist, ist die zum Anhalten des Autos erforderliche Arbeit Fs proportional zum zurückgelegten Weg. Wir wenden den Energieerhaltungssatz an und beachten dabei, dass **F** und **s** entgegengerichtet sind und dass die Endgeschwindigkeit des Autos null ist:

$$W_{\text{net}} = Fs\cos 180^\circ = -Fs$$
$$= \Delta E_{\text{kin}} = 0 - \frac{1}{2}mv^2 \,.$$

Da die Kraft und die Masse konstant sind, können wir hier erkennen, dass der Anhalteweg s mit dem Quadrat der Geschwindigkeit zunimmt:

Der Anhalteweg ∝ ist proportional zum Quadrat der Anfangsgeschwindigkeit

$$s \propto v^2 \,.$$

Wenn die Anfangsgeschwindigkeit des Autos verdoppelt wird, ist der Anhalteweg $(2)^2 = 4$ viermal so groß, d. h. 80 m.

Beispiel 7.9 — Eine zusammengedrückte Feder

Eine horizontale Feder hat eine Federkonstante $k = 360\,\text{N/m}$. (a) Wie viel Arbeit ist erforderlich, um die Feder aus ihrer Ausgangslage ($x = 0$) auf $x = 11{,}0$ cm zusammenzudrücken? (b) Wie groß ist die Geschwindigkeit eines Blocks mit einer Masse von 1,85 kg, der gegen die Feder gedrückt wird und sich, wenn die Feder losgelassen wird, bei $x = 0$ von der Feder löst? Vernachlässigen Sie die Reibung. (c) Wiederholen Sie (b), aber nehmen Sie nun an, dass der Block sich wie in ▶ Abbildung 7.18 auf einem Tisch bewegt und dass die Gleitreibungszahl $\mu_G = 0{,}38$ ist.

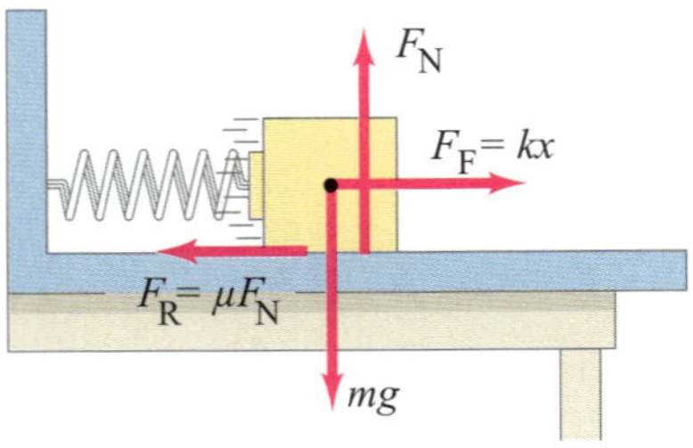

Abbildung 7.18 Beispiel 7.9.

Lösung

a In Abschnitt 7.3 haben wir gesehen, dass die für die Dehnung oder Kompression einer Feder um einen Weg x erforderliche Nettoarbeit $W = \frac{1}{2}kx^2$

beträgt. Deshalb ist die erforderliche Arbeit für eine Kompression der Feder um einen Weg $x = 0{,}110\,\text{m}$

$$W = \frac{1}{2}(360\,\text{N/m})(0{,}110\,\text{m})^2 = 2{,}18\,\text{J}\,.$$

Wir benutzen SI-Einheiten.

b Bei ihrer Rückkehr in ihre Ausgangslage verrichtet die Feder eine Arbeit von 2,18 J an dem Block (dieselbe Berechnung wie in (a), nur umgekehrt). Nach dem Energieerhaltungssatz erreicht der Block eine kinetische Energie von 2,18 J. Da $E_{\text{kin}} = \frac{1}{2}mv^2$, muss die Geschwindigkeit des Blocks

$$v = \sqrt{\frac{2E_{\text{kin}}}{m}} = \sqrt{\frac{2(2{,}18\,\text{J})}{1{,}85\,\text{kg}}} = 1{,}54\,\text{m/s}$$

betragen.

c Es wirken nun zwei Kräfte auf den Block: die von der Feder ausgeübte Kraft und die von der Reibung ausgeübte Kraft. Die Feder verrichtet eine Arbeit von 2,18 J an dem Block. Da die Normalkraft F_{N} gleich der Gewichtskraft mg ist (es gibt keine vertikale Bewegung), ist die durch die Reibungskraft $\mu_{\text{G}} F_{\text{N}} = \mu_{\text{G}} mg$ an dem Block verrichtete Arbeit

$$W_{\text{R}} = (-\mu_{\text{G}} mg)(x) = -(0{,}38)(1{,}85\,\text{kg})(9{,}8\,\text{m/s}^2)(0{,}110\,\text{m}) = -0{,}76\,\text{J}\,.$$

Diese Arbeit ist negativ, weil die Reibungskraft dem Weg x entgegengerichtet ist. Die an dem Block verrichtete Nettoarbeit ist $W_{\text{net}} = 2{,}18\,\text{J} - 0{,}76\,\text{J} = 1{,}42\,\text{J}$. Aus dem Energieerhaltungssatz, Gleichung 7.9, (mit $v_2 = v$ und $v_1 = 0$) ergibt sich

$$v = \sqrt{\frac{2W_{\text{net}}}{m}} = \sqrt{\frac{2(1{,}42\,\text{J})}{1{,}85\,\text{kg}}} = 1{,}24\,\text{m/s}\,.$$

Beispiel 7.10 Arbeit, um ein Auto zu beschleunigen

Wie viel Arbeit ist erforderlich, um ein Auto mit einer Masse von 1000 kg von 20 m/s auf 30 m/s zu beschleunigen? Siehe ► Abbildung 7.19.

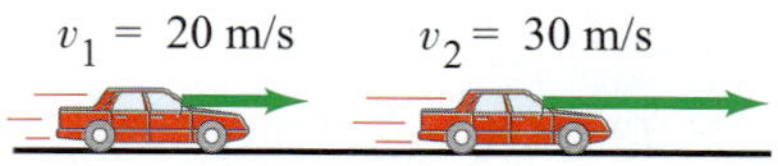

Abbildung 7.19 Beispiel 7.10.

Lösung

Wir müssen vorsichtig sein, denn hier haben wir (bei genauem Hinsehen) eine komplizierte Aufgabenstellung. Wenn wir allerdings das Auto wie einen Massenpunkt behandeln, können wir schreiben, dass die erforderliche Nettoarbeit gleich der Zunahme in der kinetischen Energie des Autos ist:

$$\begin{aligned} W_{\text{net}} &= \frac{1}{2}mv_2^2 - \frac{1}{2}mv_1^2 \\ &= \frac{1}{2}(1000\,\text{kg})[(30\,\text{m/s})^2 - (20\,\text{m/s})^2] = 2{,}5 \cdot 10^5\,\text{J}\,. \end{aligned}$$

Diese Schlussfolgerung ist nützlich. Schwieriger wird es beim genaueren Hinsehen. Zunächst nehmen wir zur Kenntnis, dass die Nettokraft, die das Auto beschleunigt, die Reibungskraft ist, die die Straße auf die Reifen ausübt (die Reaktion darauf, dass die Reifen gegen die Straße drücken). In Wirklichkeit verrichtet diese Kraft keine Arbeit, weil die Reifen nicht gleiten und keine Bewegungskomponente parallel zur Straße oder zur Reibungskraft haben. Wichtig ist hier, dass wir ein nützliches Ergebnis bei unserer obigen Berechnung erhalten, in der wir das Auto als Massenpunkt (oder einfachen starren Körper) behandeln, der eine Translationsbewegung macht.

Dieses letzte Beispiel ist zwar nützlich, zeigt uns aber auch, dass der Begriff der Arbeit allein nicht ausreicht, um physikalische Probleme vollständig zu verstehen. Wir hatten versucht, einen Körper mit inneren Freiheitsgraden zu untersuchen, ohne diese inneren Bewegungen genauer zu verstehen. Um das Beispiel des Autos zu vertiefen, um sich mit dem Motor, dem Getriebe und den Verbindungen zu den Rädern zu befassen, müssen wir den Energieerhaltungssatz und die unterschiedlich auftretenden Energieformen berücksichtigen. Mit der Energie in ihren verschiedenen Formen können wir über die im Benzin gespeicherte Energie sprechen, die an einem Kolben des Motors Arbeit verrichtet, sowie über die Energie, die schließlich auf die Räder übertragen wird. Im nächsten Kapitel werden wir unsere Erörterung des Energiebegriffes auf andere Energieformen, insbesondere auf die potenzielle Energie, ausweiten. Energie ist ein zentraler Begriff in der Physik und auch in späteren Kapiteln wird dieser Begriff vielfach auftauchen. Ein wichtiges Ergebnis, das im nächsten Kapitel erörtert wird, ist die Tatsache, dass sich Energie von einer Energieart in eine andere umwandeln lässt, dass aber die Gesamtenergie niemals zu- oder abnimmt. Dies ist der Energieerhaltungssatz, eines der wichtigsten Gesetze der Physik.

7.5 Kinetische Energie bei sehr hohen Geschwindigkeiten

Einsteins spezielle Relativitätstheorie, die wir in Kapitel 37 erörtern werden, weist auf einige Schwierigkeiten mit der klassischen Newton'schen Mechanik hin. Einsteins große Theorie, die 1905 zum ersten Mal veröffentlicht wurde, hat uns veranlasst, einige Aspekte der Mechanik neu zu bewerten. An dieser Stelle müssen wir nur darauf hinweisen, dass nach der Relativitätstheorie die kinetische Energie eines Massenpunktes mit der Masse m, der sich mit der Geschwindigkeit v bewegt, gegeben ist durch

$$E_{\text{kin}} = mc^2\left(\frac{1}{\sqrt{1-\frac{v^2}{c^2}}}-1\right) . \quad \text{(Relativistische kinetische Energie)} \qquad (7.12)$$

Dabei ist c die Lichtgeschwindigkeit, $c = 3{,}00 \cdot 10^8\ \text{m/s}$. Einsteins Formel, Gleichung 7.12, ergibt nur dann ein erheblich von der einfacheren, klassischen Form, $E_{\text{kin}} = \frac{1}{2}mv^2$, abweichendes Ergebnis, wenn die Geschwindigkeit des Körpers v extrem hoch ist, größer als ca. $\frac{1}{10}c$. Tatsächlich reduziert sich die Gleichung 7.12 auf die klassische Gleichung, wenn $v \ll c$ ist. Das ist anhand der binomischen Erweiterung leicht zu demonstrieren:

$$(1+x)^n = 1 + nx + n(n-1)x^2/2! + \cdots .$$

Wenn wir nun $n = -\frac{1}{2}$ und $x = -v^2/c^2$ setzen, dann wird die Gleichung 7.12 für $v \ll c$ zu

$$E_{\text{kin}} = mc^2\left(\frac{1}{\sqrt{1-\frac{v^2}{c^2}}}-1\right) = mc^2\left(1+\frac{1}{2}\frac{v^2}{c^2}+\cdots-1\right) \approx \frac{1}{2}mv^2 .$$

Dabei vernachlässigen wir höhere Terme in der Erweiterung, da sie sehr klein sind, wenn $v/c \ll 1$ ist.

Experimente mit subatomaren Massenpunkten (▶ Abbildung 7.20), wie Elektronen und Protonen, bestätigen die Gleichung 7.12. Ein interessanter Aspekt der Gleichung 7.12 ist die Tatsache, dass Geschwindigkeiten gleich der oder größer als die Lichtgeschwindigkeit c nicht möglich sind. Warum nicht? Wenn v gleich c wäre, würde der Nenner in dem ersten Term, $\sqrt{1-v^2/c^2}$, null. Dann wäre die kinetische Energie unendlich. Das würde bedeuten, dass zur Beschleunigung eines Körpers mit einer Masse ungleich null auf $v = c$ eine unendliche Menge Arbeit erforderlich wäre. Und wenn v größer als c wäre, wäre der Faktor $\sqrt{1-v^2/c^2}$ die Quadratwurzel einer negativen Zahl. Das ist imaginär und unserer Meinung nach unphysikalisch. In der Tat bestätigen Versuche, dass kein Massenpunkt Lichtgeschwindigkeit erreicht (oder überschreitet).

(a)

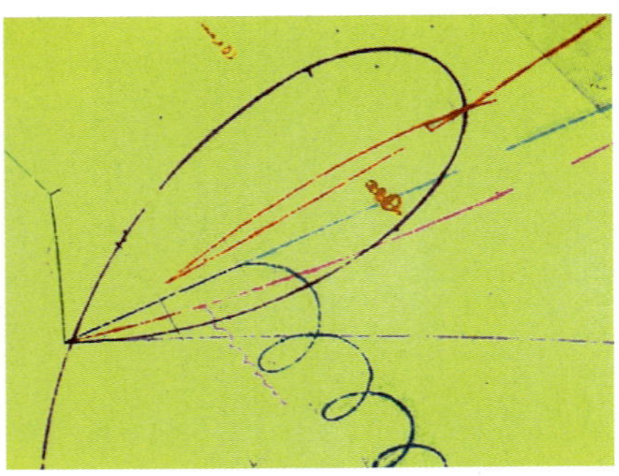

(b)

Abbildung 7.20 (a) Foto des Inneren des Stanford-Linearbeschleunigers. (b) Foto der Blasenkammer in Brookhaven, die Spuren winziger Elementarteilchen sichtbar macht.

ZUSAMMENFASSUNG

Arbeit wird durch eine Kraft an einem Körper verrichtet, wenn diese Kraft auf den Körper einwirkt, während sie den Körper über einen bestimmten Weg bewegt. Der Weg **s** muss dabei eine Komponente in Richtung der Kraft aufweisen, damit Arbeit verrichtet wird. Ist die Kraft entlang des Weges konstant, so können wir für die verrichtete **Arbeit** W schreiben:

$$W = \mathbf{F} \cdot \mathbf{s} = Fs\cos\theta\ .$$

θ ist der Winkel zwischen **F** und **s**.

Der letzte Ausdruck wird als Skalarprodukt von **F** und **s** bezeichnet. Allgemein ist das **Skalarprodukt** zweier Vektoren **A** und **B** definiert als

$$\mathbf{A} \cdot \mathbf{B} = AB\cos\theta\ .$$

θ ist der Winkel zwischen **A** und **B**. Für ein rechtwinkliges Koordinatensystem können wir auch $\mathbf{A} \cdot \mathbf{B} = A_x B_x + A_y B_y + A_z B_z$ schreiben.

Der allgemeinere Fall ist nun, dass sich die Kraft entlang des Weges in der Richtung und der Größe verändert. Dann müssen wir die Arbeit als Integral von Kraft mal Weg berechnen und es gilt:

$$W = \int_a^b \mathbf{F(s)} \cdot \mathrm{d}\mathbf{s} = \int_a^b F\cos\theta\,\mathrm{d}s\ .$$

Der Körper bewegt sich dabei vom Ort a nach Ort b. Dabei stellt d**s** einen unendlich kleinen Weg entlang der Bahn des Körpers und θ den Winkel zwischen d**s** und **F** in jedem Punkt der Bahn des Körpers dar.

Die **kinetische Energie** E_{kin} der Translationsbewegung eines Körpers mit der Masse m, der sich mit der Geschwindigkeit v bewegt, ist definiert als

$$E_{\mathrm{kin}} = \frac{1}{2}mv^2\ .$$

Arbeit ist eine Form von Energie. Die durch eine resultierende Nettokraft an einem Körper verrichtete Nettoarbeit ist gleich der Veränderung in der kinetischen Energie des Körpers:

$$W_{\mathrm{net}} = \frac{1}{2}mv_2^2 - \frac{1}{2}mv_1^2\ .$$

ZUSAMMENFASSUNG

Verständnisfragen

1 In welchen Bereichen ist das Wort „Arbeit“ in der Alltagssprache mit der physikalischen Definition des Begriffes „Arbeit“ identisch? In welchen Bereichen ist es unterschiedlich?

2 Eine Frau, die in einem schnell fließenden Fluss flussaufwärts schwimmt, bewegt sich in Bezug zum Ufer nicht. Verrichtet sie Arbeit? Wird an ihr Arbeit verrichtet, wenn sie aufhört zu schwimmen und sich einfach treiben lässt?

3 Ist die durch eine Gleitreibungskraft verrichtete Arbeit immer negativ? [*Hinweis*: Überlegen Sie, was mit dem Geschirr geschieht, wenn Sie unter Mutters bestem Porzellan die Tischdecke wegziehen.]

4 Hängt das Skalarprodukt zweier Vektoren von der Wahl des Koordinatensystems ab?

5 Kann ein Skalarprodukt negativ sein? Wenn ja, unter welchen Bedingungen?

6 Wenn $\mathbf{A} \cdot \mathbf{C} = \mathbf{B} \cdot \mathbf{C}$ gilt, ist dann auch zwangsläufig $\mathbf{A} = \mathbf{B}$ wahr?

7 Hat das Skalarprodukt zweier Vektoren sowohl Richtung als auch Betrag?

8 Kann die auf einen Körper wirkende Normalkraft Arbeit verrichten? Erklären Sie.

9 Sie haben zwei Federn, die gleich lang sind, jedoch ist Feder 1 steifer als Feder 2 ($k_1 > k_2$). An welcher Feder wird mehr Arbeit verrichtet: (a) wenn sie mit derselben Kraft gedehnt werden, (b) wenn sie denselben Weg gedehnt werden?

10 Kann kinetische Energie negativ sein? Erklären Sie.

11 Um welchen Faktor nimmt die Geschwindigkeit eines Massenpunktes zu, wenn seine kinetische Energie verdoppelt wird?

12 Um welchen Faktor nimmt die kinetische Energie eines Massenpunktes zu, wenn seine Geschwindigkeit verdreifacht wird?

13 In Beispiel 7.9 wurde gesagt, dass der Block sich von der zusammengedrückten Feder löst, wenn die Feder ihre Gleichgewichtslänge ($x = 0$) erreicht hat. Erklären Sie, warum die Loslösung nicht vor (oder nach) diesem Punkt stattfindet.

14 Zwei Kugeln werden zum selben Zeitpunkt mit derselben kinetischen Energie abgefeuert. Welche der Kugeln hat die größere Geschwindigkeit und um welchen Faktor ist die Geschwindigkeit größer, wenn eine Kugel die doppelte Masse der anderen hat? Welche Kugel kann die meiste Arbeit verrichten?

15 Hängt die an einem Massenpunkt verrichtete Nettoarbeit von der Wahl des Bezugssystems ab? Wie beeinflusst dies den Energieerhaltungssatz?

16 Eine Hand übt eine konstante, horizontale Kraft auf einen Block aus, der frei auf einer reibungsfreien Fläche gleiten kann, wie in ▸ Abbildung 7.21 dargestellt. Der Block startet aus der Ruhelage in Punkt A. Wenn er den Weg s bis zu Punkt B zurückgelegt hat, bewegt er sich mit einer Geschwindigkeit v_B. Ist seine Geschwindigkeit nach zurückgelegtem Weg s bis zu Punkt C größer als, kleiner als oder gleich $2v_B$? Erklären Sie Ihren Gedankengang.

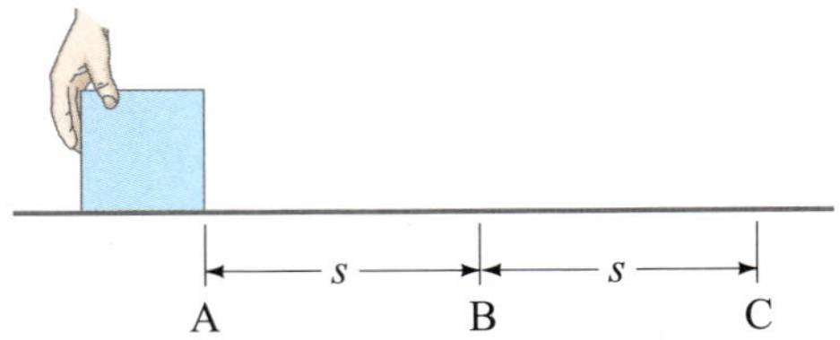

Abbildung 7.21 Frage 16.

Aufgaben zu 7.1

1 (I) Wie viel Arbeit wird durch die Gravitationskraft verrichtet, wenn eine Ramme mit einer Masse von 250 kg 2,80 m frei fällt?

2 (I) Wie viel Arbeit wird durch die durchschnittliche Bremskraft eines Autos verrichtet, wenn diese Kraft 535 N beträgt und das Auto 1,25 km fährt?

3 (I) Ein Feuerwehrmann mit einer Masse von 65 kg klettert eine Treppe 20,0 m hoch. Wie viel Arbeit ist erforderlich?

4 (I) Eine Kiste mit einem Gewicht von 1200 N ruht auf dem Boden. Wie viel Arbeit ist erforderlich, um sie mit konstanter Geschwindigkeit (a) gegen eine Reibungskraft von 230 N 4,0 m über den Boden zu bewegen und (b) 4,0 m vertikal zu bewegen?

5 (I) Wie viel Arbeit haben die Umzugshelfer verrichtet, als sie eine Kiste mit einer Masse von 160 kg ohne Beschleunigung (horizontal) 10,3 m über einen rauen Boden schoben, wenn die effektive Reibungszahl 0,50 betrug?

6 (I) Wie hoch fliegt ein Stein mit einer Masse von 1,85 kg, wenn er von jemandem direkt nach oben geworfen wird, der eine Arbeit von 80,0 J an ihm verrichtet? Vernachlässigen Sie den Luftwiderstand.

7 (I) Bestimmen Sie den Umrechnungsfaktor zwischen Joule (SI) und erg (cgs).

8 (I) Ein Hammerkopf mit einer Masse von 2,0 kg darf aus einer Höhe von 0,50 m auf einen Nagel herunterfallen. Wie groß ist die maximale Arbeit, die er an dem Nagel verrichten könnte? Warum lässt man ihn nicht einfach „fallen", sondern beschleunigt ihn durch die eigene Kraft, wenn er fällt?

9 (II) Schätzen Sie die Arbeit ab, die Sie verrichten, um eine Rasenfläche von 10 m mal 20 m zu mähen. Nehmen Sie an, Sie schieben mit einer Kraft von ca. 15 N.

10 (II) Wie groß ist die minimale Arbeit, die erforderlich ist, um ein Auto mit einer Masse von 950 kg 310 m eine schiefe Ebene mit einem Neigungswinkel von 9° hinaufzuschieben? (a) Vernachlässigen Sie die Reibung. (b) Nehmen Sie eine effektive Reibungszahl von 0,25 an, die das Auto abbremst.

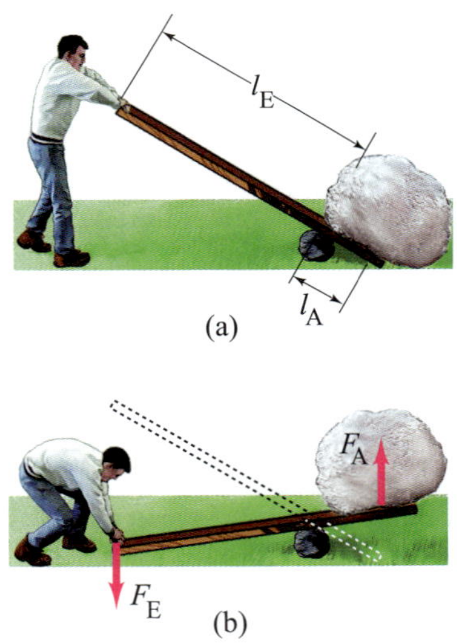

Abbildung 7.22 Aufgabe 11. Ein einfacher Hebel.

11 (II) Ein Hebel, wie der in ► Abbildung 7.22 dargestellte, kann zum Heben von Gegenständen benutzt werden, die wir sonst nicht heben könnten. Zeigen Sie, dass das Verhältnis der Ausgangskraft F_A zur Eingangskraft F_E von den Abständen l_E und l_A vom Drehpunkt durch $F_A/F_E = l_E/l_A$ abhängig ist (vernachlässigen Sie die Reibung und die Masse des Hebels), vorausgesetzt Arbeitsleistung ist gleich Arbeitseinsatz.

12 (II) Acht Bücher, jedes 4,3 cm dick und mit einer Masse von 1,7 kg, liegen flach auf einem Tisch. Wie viel Arbeit ist erforderlich, um sie aufeinander zu stapeln?

13 (II) Ein Klavier mit einer Masse von 380 kg gleitet eine schiefe Ebene mit einem Neigungswinkel von 27° 3,5 m hinunter und wird durch einen Mann, der es *parallel zu der schiefen Ebene* zurückschiebt, davon abgehalten zu beschleunigen (► Abbildung 7.23). Die effektive Gleitreibungszahl beträgt 0,40. Berechnen Sie (a) die von dem Mann ausgeübte Kraft, (b) die durch den Mann an dem Klavier verrichtete Arbeit, (c) die durch die Reibungskraft verrichtete Arbeit, (d) die durch die Gravitationskraft verrichtete Arbeit und (e) die an dem Klavier verrichtete Nettoarbeit.

Abbildung 7.23 Aufgabe 13.

14 (II) Ein Düsenjet mit einer Masse von 20 000 kg startet mithilfe eines Katapultes von einem Flugzeugträger (► Abbildung 7.24a). Die Triebwerke des Jets üben eine konstante Kraft von 130 kN auf den Jet aus. Die von dem Katapult auf den Jet ausgeübte Kraft ist in ► Abbildung 7.24b grafisch dargestellt. Bestimmen Sie (a) die durch die Triebwerke während des Starts an dem Jet verrichtete Arbeit und (b) die durch das Katapult während des Starts an dem Jet verrichtete Arbeit.

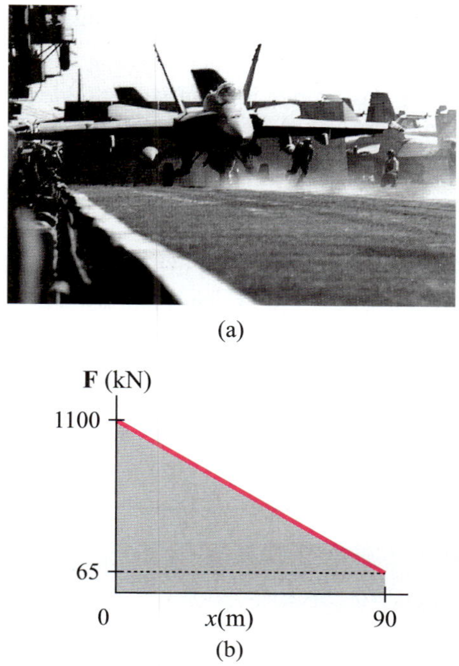

Abbildung 7.24 Aufgabe 14.

15 (II) Ein Einkaufswagen mit einer Masse von 18 kg wird mit konstanter Geschwindigkeit durch eine in einem Winkel von 20° zur Horizontalen wirkende Kraft $F_P = 14$ N einen Gang entlang geschoben. Ermitteln Sie die durch jede der auf den Wagen wirkenden Kräfte ($m\mathbf{g}, \mathbf{F}_N, \mathbf{F}_P, \mathbf{F}_R$) verrichtete Arbeit, wenn der Gang 15 m lang ist.

16 (II) (a) Ermitteln Sie die Kraft, die erforderlich ist, um einen Helikopter mit einer Masse M mit 0,10 g nach oben zu beschleunigen. (b) Ermitteln Sie die durch diese Kraft verrichtete Arbeit, wenn der Helikopter sich einen Weg h nach oben bewegt.

Aufgaben zu 7.2

17 (I) Zeigen Sie für einen Vektor $\mathbf{V} = V_x\mathbf{i} + V_y\mathbf{j} + V_z\mathbf{k}$, dass

$$V_x = \mathbf{i} \cdot \mathbf{V},\, V_y = \mathbf{j} \cdot \mathbf{V},\, V_z = \mathbf{k} \cdot \mathbf{V}\,.$$

18 (I) Berechnen Sie den Winkel zwischen den Vektoren:

$$\mathbf{A} = 6{,}8\mathbf{i} + 4{,}6\mathbf{j} + 6{,}2\mathbf{k} \text{ und}$$
$$\mathbf{B} = 8{,}2\mathbf{i} + 2{,}3\mathbf{j} - 7{,}0\mathbf{k}\,.$$

19 (I) Zeigen Sie, dass $\mathbf{A} \cdot (-\mathbf{B}) = -\mathbf{A} \cdot \mathbf{B}$.

20 (I) Vektor $\mathbf{V}_1$ zeigt entlang der z-Achse und hat den Betrag $\mathbf{V}_1 = 75$. Vektor $\mathbf{V}_2$ liegt in der xz-Ebene, hat den Betrag $\mathbf{V}_2 = 50$ und bildet mit der x-Achse einen Winkel von $-48°$ (verläuft unterhalb der x-Achse). Wie groß ist das Skalarprodukt $\mathbf{V}_1 \cdot \mathbf{V}_2$?

21 (II) Bestimmen Sie (a) $\mathbf{A}\cdot(\mathbf{B}+\mathbf{C})$, (b) $(\mathbf{A}+\mathbf{C})\cdot\mathbf{B}$, (c) $(\mathbf{B}+\mathbf{A})\cdot\mathbf{C}$, wenn $\mathbf{A} = 7{,}0\mathbf{i}-8{,}5\mathbf{j}$, $\mathbf{B} = -8{,}0\mathbf{i}+8{,}1\mathbf{j}+4{,}2\mathbf{k}$ und $\mathbf{C} = 6{,}8\mathbf{i} - 7{,}2\mathbf{j}$.

22 (II) Beweisen Sie, dass $\mathbf{A}\cdot\mathbf{B} = A_xB_x + A_yB_y + A_zB_z$. Gehen Sie dabei von der Gleichung 7.2 aus und wenden Sie das Distributivgesetz an (Beweis in Aufgabe 29).

23 (II) Gegeben sind die Vektoren $\mathbf{A} = -4{,}8\mathbf{i} + 7{,}8\mathbf{j}$ und $\mathbf{B} = 9{,}6\mathbf{i} + 6{,}7\mathbf{j}$. Bestimmen Sie den Vektor **C**, der in der *xy*-Ebene senkrecht zu **B** liegt und dessen Skalarprodukt mit **A** 20,0 beträgt.

24 (II) Zeigen Sie, dass die Summe zweier nicht paralleler Vektoren, die denselben Betrag haben, senkrecht zu der Differenz der beiden Vektoren stehen muss.

25 (II) $\mathbf{V} = 20{,}0\mathbf{i} + 12{,}0\mathbf{j} - 14{,}0\mathbf{k}$. Welchen Winkel bildet dieser Vektor jeweils mit *x*-, *y*- und *z*-Achse?

26 (II) Verwenden Sie das Skalarprodukt, um den Kosinussatz für ein Dreieck zu beweisen:

$$c^2 = a^2 + b^2 - 2ab\cos\theta\,.$$

Dabei sind a, b und c die Seitenlängen eines Dreiecks und θ ist der der Seite c gegenüberliegende Winkel.

27 (II) Die Vektoren **A** und **B** liegen in der *xy*-Ebene und ihr Skalarprodukt beträgt 20,0 Einheiten. Was können Sie über die Richtung von **B** sagen, wenn **A** mit der *x*-Achse einen Winkel von 30° bildet und einen Betrag von $A = 12{,}0$ Einheiten und **B** einen Betrag von $B = 4{,}0$ Einheiten hat?

28 (II) **A** und **B** sind zwei Vektoren in der *xy*-Ebene, die einen Winkel α bzw. β mit der *x*-Achse bilden. Berechnen Sie das Skalarprodukt von **A** und **B** und leiten Sie die folgende trigonometrische Identität ab: $\cos(\alpha-\beta) = \cos\alpha\cos\beta + \sin\alpha\sin\beta$.

29 (III) Zeigen Sie, dass das Skalarprodukt zweier Vektoren distributiv ist: $\mathbf{A}\cdot(\mathbf{B}+\mathbf{C}) = \mathbf{A}\cdot\mathbf{B} + \mathbf{A}\cdot\mathbf{C}$. [*Hinweis*: Verwenden Sie eine Zeichnung, in der alle drei Vektoren in einer Ebene dargestellt sind und geben Sie in der Zeichnung Skalarprodukte an.]

Aufgaben zu 7.3

30 (I) Beim Radfahren bergauf übt ein Radfahrer bei jedem Tritt eine nach unten gerichtete Kraft von 470 N aus. Berechnen Sie, wie viel Arbeit bei jedem Tritt verrichtet wird, wenn der Durchmesser des von jedem Pedal beschriebenen Kreises 36 cm beträgt.

31 (I) Eine Feder hat eine Federkonstante $k = 84$ N/m. Fertigen Sie eine Zeichnung wie in ► Abbildung 7.12 an und verwenden Sie sie, um die Arbeit zu bestimmen, die erforderlich ist, um die Feder von $x = 3{,}0$ cm auf $x = 5{,}5$ cm zu dehnen. Wenn die Feder ihre Ausgangslänge hat (nicht gedehnt ist), ist $x = 0$.

Abbildung 7.25 Aufgabe 32.

32 (II) Nehmen Sie an, dass der Berg in Beispiel 7.2 (► Abbildung 7.4) keine gleichmäßige Steigung, sondern einen unregelmäßigen Kurvenverlauf wie in ► Abbildung 7.25 hat, und zeigen Sie, dass man dasselbe Ergebnis wie in Beispiel 7.2 erhalten würde, nämlich, dass die durch die Gravitation verrichtete Arbeit nur von der Höhe des Berges und nicht von seiner Form oder von dem gewählten Weg abhängt.

33 (II) Die auf einen Massenpunkt ausgeübte Nettokraft wirkt in positiver *x*-Richtung. Ihr Betrag nimmt linear von null bei $x = 0$ auf 300 N bei $x = 3{,}0$ m zu. Er bleibt konstant 300 N von $x = 3{,}0$ m bis $x = 7{,}0$ m und nimmt dann linear bis auf null bei $x = 11{,}0$ m ab. Bestimmen Sie die zur Bewegung des Massenpunktes von $x = 0$ nach $x = 11{,}0$ m verrichtete Arbeit, indem Sie grafisch die Fläche unter der Kraft-Weg-Kurve bestimmen.

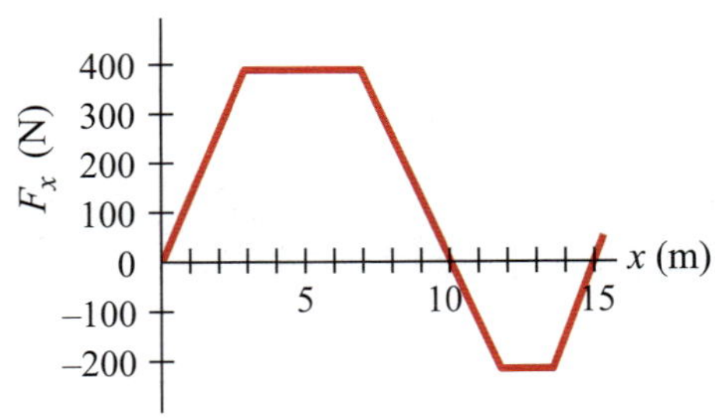

Abbildung 7.26 Aufgabe 34.

34 (II) Die entlang der *x*-Achse wirkende, auf einen Massenpunkt ausgeübte Kraft verändert sich, wie in ► Abbildung 7.26 dargestellt. Bestimmen Sie die durch diese Kraft verrichtete Arbeit zur Bewegung des Massenpunktes entlang der x-Achse (a) von $x = 0{,}0$ nach $x = 10{,}0$ m, (b) von $x = 0{,}0$ nach $x = 15{,}0$ m.

35 (II) Nehmen Sie für ► Abbildung 7.9 an, dass die Wegachse linear ist und dass $a = 10{,}0$ m und $b = 30{,}0$ m. Schätzen Sie die durch diese Kraft für die Bewegung eines Körpers mit einer Masse von 2,50 kg von a nach b verrichtete Arbeit ab.

36 (II) Der Widerstand eines Verpackungsmaterials gegen einen scharfkantigen Körper, der es durchdringt, ist eine Kraft, die proportional zur vierten Potenz der Eindringtiefe x ist: $\mathbf{F} = kx^4\mathbf{i}$. Berechnen Sie die Arbeit, die verrichtet werden muss, um den scharfkantigen Körper über einen Weg s zu bewegen.

37 (II) Die Kraft, die benötigt wird, um eine bestimmte Feder um einen Betrag x aus ihrer Ausgangslänge zusammengedrückt zu halten, ist gegeben durch $F = kx + ax^3 + bx^4$. Wie viel Arbeit muss verrichtet werden, um sie um einen Betrag X, beginnend bei $x = 0$, zusammenzudrücken?

38 (III) Eine 3,0 m lange Stahlkette wird oben auf einem horizontalen Gerüst auf einer Baustelle so ausgebreitet, dass 2,0 m der Kette oben auf dem Gerüst liegen und 1,0 m senkrecht nach unten hängen, ► Abbildung 7.27. In diesem Punkt ist die auf den hängenden Abschnitt wirkende Kraft groß genug, um die ganze Kette über den Rand zu ziehen. Ist die Kette einmal in Bewegung, ist die Gleitreibung so klein, dass sie vernachlässigt werden kann. Wie viel Arbeit wird durch die Gravitationskraft an der Kette verrichtet, wenn die Kette von dem Punkt, an dem 2,0 m der Kette auf dem Gerüst liegen bleiben, bis zu dem Punkt, an dem die ganze Kette das Gerüst verlassen hat, fällt? (Nehmen Sie an, dass die Kette ein Gewicht pro Länge von 20 N/m hat.)

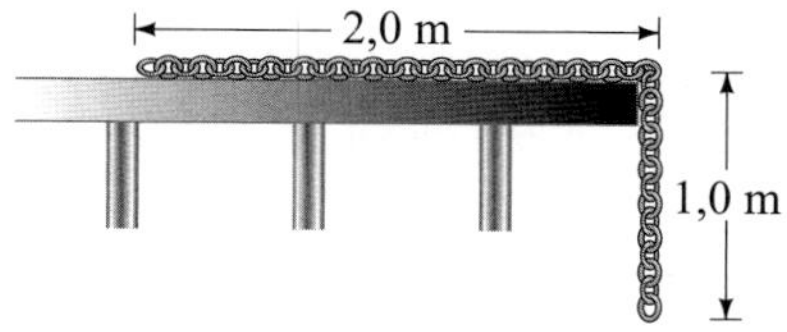

Abbildung 7.27 Aufgabe 38.

39 (III) Ein Raumfahrzeug mit einer Masse von 2500 kg, das sich anfangs in der Ruhelage befindet, fällt aus einer Höhe von 3000 km über der Erdoberfläche senkrecht nach unten. (a) Bestimmen Sie die Arbeit, die durch die Gravitationskraft verrichtet wird, um das Raumfahrzeug auf die Erdoberfläche zu bringen. Zeichnen Sie dabei zunächst eine Kraft-Weg-Kurve (unter Verwendung der Gleichung 7.1), bei der r der Abstand vom Erdmittelpunkt ist. Bestimmen Sie dann die Arbeit grafisch mit einer Genauigkeit von 3%. (b) Wiederholen Sie diese Aufgabe mit Integration.

Aufgaben zu 7.4

40 (I) Bei Zimmertemperatur hat ein Sauerstoffmolekül mit einer Masse von $5{,}31 \cdot 10^{-26}$ kg typischerweise eine kinetische Energie von ca. $6{,}21 \cdot 10^{-21}$ J. Wie schnell bewegt es sich?

41 (I) (a) Um welchen Faktor hat die Geschwindigkeit eines Massenpunktes zugenommen, wenn sich seine kinetische Energie verdreifacht? (b) Um welchen Faktor ändert sich die kinetische Energie eines Massenpunktes, wenn seine Geschwindigkeit halbiert wird?

42 (I) Wie viel Arbeit ist erforderlich, um ein Elektron ($m = 9{,}11 \cdot 10^{-31}$ kg) anzuhalten, das sich mit einer Geschwindigkeit von $1{,}70 \cdot 10^6$ m/s bewegt?

43 (I) Wie viel Arbeit muss verrichtet werden, um ein Auto mit einer Masse von 1300 kg, das mit 100 km/h fährt, zum Stehen zu bringen?

44 (I) Ein Pfeil mit einer Masse von 85 g wird von einem Bogen abgefeuert, dessen Sehne eine durchschnittliche Kraft von 105 N über einen Weg von 80 cm auf den Pfeil ausübt. Wie groß ist die Geschwindigkeit des Pfeils, wenn er den Bogen verlässt?

45 (II) Ein Baseball ($m = 145$ g), der mit 32 m/s fliegt, bewegt den Handschuh eines Fängers beim Auffangen des Balls 25 cm nach hinten. Wie groß war die durchschnittliche Kraft, die der Ball auf den Handschuh ausgeübt hat?

46 (II) Um welchen Faktor nimmt der minimale Bremsweg eines Autos zu, wenn seine Geschwindigkeit um 50% erhöht wird? Nehmen Sie alle anderen Bedingungen als gleich bleibend an und vernachlässigen Sie die Reaktionszeit des Fahrers.

47 (II) An einem Unfallort auf ebener Straße ergeben die Messungen der Ermittler, dass die Bremsspuren eines Autos 78 m lang sind. Es war ein regnerischer Tag und die Reibungszahl wurde auf 0,38 geschätzt. Verwenden Sie diese Angaben, um die Geschwindigkeit des Autos zu dem Zeitpunkt zu bestimmen, als der Fahrer eine

Vollbremsung gemacht (und die Bremsen blockiert) hat. (Warum spielt die Masse des Autos keine Rolle?)

48 (II) Ein Auto hat die doppelte Masse eines zweiten Autos, aber nur halb so viel kinetische Energie. Wenn beide Autos ihre Geschwindigkeit um 7,0 m/s erhöhen, haben sie dieselbe kinetische Energie. Wie groß waren die ursprünglichen Geschwindigkeiten der beiden Autos?

49 (II) Eine Kraft von 6,0 N wird benutzt, um eine Masse von 1,0 kg aus dem Stillstand über einen Weg von 12 m zu beschleunigen. Die Kraft wird in Bewegungsrichtung ausgeübt. Die Gleitreibungszahl beträgt 0,30. Wie groß ist (a) die durch die ausgeübte Kraft, (b) die durch die Reibung verrichtete Arbeit? (c) Wie groß ist die kinetische Energie an der 12 m-Marke?

50 (II) Ein Auto mit einer Masse von 1200 kg, das über eine horizontale Fläche rollt, hat eine Geschwindigkeit von $v = 60$ km/h, als es mit einer horizontalen Spiralfeder zusammenstößt und innerhalb von 2,2 m zum Stehen kommt. Wie groß ist die Federkonstante der Feder?

51 (II) Eine Kiste mit einer Masse von 66,0 kg wird aus dem Stillstand mit einer konstanten horizontalen Kraft von 225 N über einen Boden gezogen. Auf den ersten 11,0 m ist der Boden reibungsfrei, auf den nächsten 10,0 m beträgt die Reibungszahl 0,20. Wie groß ist die Endgeschwindigkeit der Kiste, nachdem sie diese 21,0 m gezogen wurde?

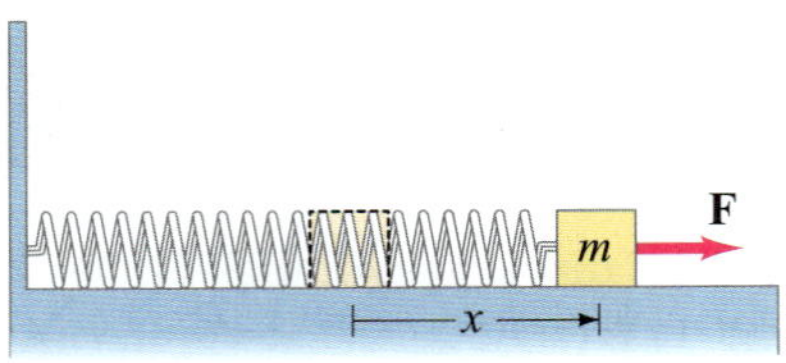

Abbildung 7.28 Aufgaben 52 und 53.

52 (II) Eine Masse m ist an einer Feder befestigt, die durch eine Kraft F über einen Weg x gedehnt gehalten (► Abbildung 7.28) und dann losgelassen wird. Die Feder wird zusammengedrückt und zieht dabei die Masse. Bestimmen Sie die Geschwindigkeit der Masse m, wenn die Feder sich zurückstellt: (a) auf ihre normale Länge ($x = 0$), (b) bis zu ihrer halben Ausdehnung ($x/2$). Nehmen Sie an, dass keine Reibung vorhanden ist.

53 (II) Nehmen Sie an, dass in der vorhergehenden Aufgabe Reibung vorhanden ist und dass die Masse am Ende der gedehnten Feder in ► Abbildung 7.28 nach dem Loslassen genau dann zur Ruhe kommt, wenn sie die Gleichgewichtslage der Feder erreicht hat. Bestimmen Sie die Reibungszahl μ_G, ausgedrückt in F, x, g und m.

54 (II) Eine Last von 355 kg wird von einem einzigen Seil mit einer Beschleunigung von $a = 0{,}15g$ 33,0 m senkrecht gehoben. Bestimmen Sie (a) die Zugkraft in dem Seil, (b) die an der Last verrichtete Nettoarbeit, (c) die durch das Seil an der Last verrichtete Arbeit, (d) die durch die Gravitation an der Last verrichtete Arbeit, (e) die Endgeschwindigkeit der Last unter der Annahme, dass sie aus dem Stillstand startet.

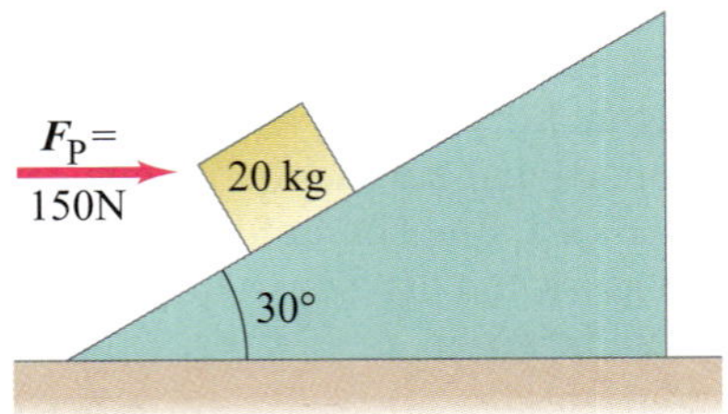

Abbildung 7.29 Aufgaben 55 und 56.

55 (II) (a) Wie viel Arbeit wird durch die horizontale Kraft $F_P = 150$ N an dem 20 kg-Block in ► Abbildung 7.29 verrichtet, wenn die Kraft den Block auf der reibungsfreien schiefen Ebene mit einem Neigungswinkel von 30° 5,0 m hinaufschiebt? (b) Wie viel Arbeit wird durch die Gravitationskraft an dem Block während dieses Weges verrichtet? (c) Wie viel Arbeit wird durch die Normalkraft verrichtet? (d) Wie groß ist die Geschwindigkeit des Blocks (angenommen, sie beträgt anfangs null) nach diesem Weg?

56 (II) Wiederholen Sie Aufgabe 55 mit einer Reibungszahl von $\mu_G = 0{,}10$.

57 (III) Das Seil eines Aufzuges reißt, als sich eine Aufzugkabine mit einer Masse von 755 kg 22,5 m über dem oberen Ende einer großen Feder ($k = 8{,}00 \cdot 10^4$ N/m) unten im Schacht befindet. Berechnen Sie (a) die durch die Gravitation an der Aufzugkabine verrichtete Arbeit, bevor sie auf die Feder trifft, (b) die Geschwindigkeit der Aufzugkabine direkt vor dem Aufprall auf der Feder, (c) den Betrag, um den die Feder zusammengedrückt wird (beachten Sie, dass hier sowohl durch die Feder, als auch durch die Gravitation Arbeit verrichtet wird).

58 (III) Normalerweise vernachlässigen wir die Masse einer Feder, wenn sie im Vergleich zu der an der Feder befestigten Masse klein ist. Aber bei einigen Anwendungen muss die Masse der Feder berücksichtigt werden. Betrachten Sie eine Feder mit der Ausgangslänge (nicht gedehnten Länge) L und der Masse M_F. Diese Masse ist gleichmäßig auf die Länge der Feder verteilt. Eine Masse m wird an dem Ende der Feder befestigt. Das eine Ende der Feder ist fixiert und die Masse m kann horizontal ohne Reibung schwingen (siehe

► Abbildung 7.30). Jeder Punkt an der Feder bewegt sich mit einer Geschwindigkeit, die proportional zu dem Abstand zwischen diesem Punkt und dem fixierten Ende ist. Wenn sich die Masse an dem Ende z. B. mit der Geschwindigkeit v bewegt, dann bewegt sich der Mittelpunkt der Feder mit der Geschwindigkeit $v/2$. Zeigen Sie, dass die kinetische Energie der Masse plus Feder, wenn sich die Masse mit der Geschwindigkeit v bewegt,

$$E_{\text{kin}} = \frac{1}{2}Mv^2$$

beträgt. Dabei ist $M = m + \frac{1}{3}M_F$ die „effektive Masse" des Systems.

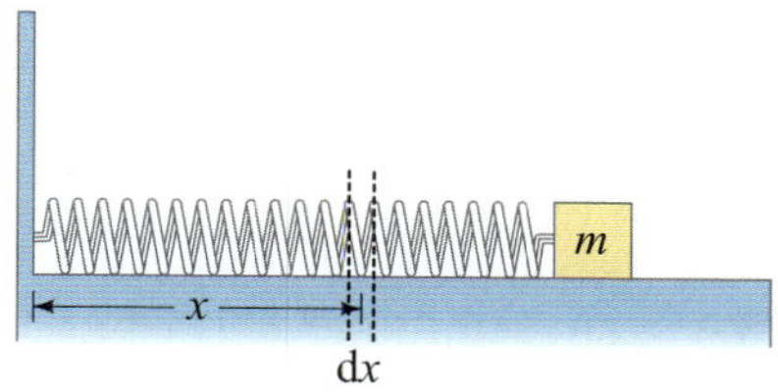

Abbildung 7.30 Aufgabe 58.

Aufgaben zu 7.5

59 (II) In zwei separaten Experimenten wird ein Proton (mit einer Masse von $1{,}67 \cdot 10^{-27}$ kg) und ein Elektron (mit einer Masse von $9{,}1 \cdot 10^{-31}$ kg) jeweils durch eine Vorrichtung beschleunigt, die eine Arbeit von $3{,}2 \cdot 10^{-13}$ J an jeden Massenpunkt verrichtet. Bestimmen Sie unter Verwendung der relativistischen Formel für die kinetische Energie die resultierende Geschwindigkeit jedes Massenpunktes. Vergleichen Sie Ihre Berechnungen mit den Ergebnissen, die mit der klassischen Formel erzielt worden wären.

60 (II) Berechnen Sie auf drei Stellen genau die kinetische Energie eines Massenpunktes mit der Masse m, der sich mit einer Geschwindigkeit von (a) $3{,}00 \cdot 10^4$ m/s, (b) $3{,}00 \cdot 10^6$ m/s (1% der Lichtgeschwindigkeit) und (c) $3{,}00 \cdot 10^7$ m/s ($= 0{,}1\,c$) bewegt. Vergleichen Sie jedes Ergebnis mit einer klassischen Berechnung.

Allgemeine Aufgaben

61 In einer Bibliothek befindet sich das erste Regalbrett 12,0 cm über dem Boden und die restlichen vier Regalbretter jeweils 33,0 cm über dem vorhergehenden. Wie viel Arbeit ist erforderlich, um das leere Bücherregal zu füllen, vorausgesetzt, die Bücher liegen zu Beginn alle flach auf dem Boden und ein durchschnittliches Buch hat eine Masse von 1,60 kg sowie eine Höhe von 22,0 cm und auf ein durchschnittliches Regalbrett passen (senkrecht stehend) 25 Bücher?

62 (a) Eine Heuschrecke mit einer Masse von 3,0 g erreicht während ihres Sprunges eine Geschwindigkeit von 3,0 m/s. Wie groß ist ihre kinetische Energie bei dieser Geschwindigkeit? (b) Wie viel Energie ist für den Sprung erforderlich, wenn die Heuschrecke Energie mit 40%iger Effizienz in Arbeit umwandelt?

63 Ein Block mit einer Masse von 6,0 kg wird durch eine horizontale Kraft von 75 N 7,0 m eine raue schiefe Ebene mit einem Neigungswinkel von 37° hinauf geschoben. Berechnen Sie unter der Voraussetzung, dass die Anfangsgeschwindigkeit des Blocks (die Ebene hinauf) 2,2 m/s beträgt und eine konstante Gleitreibungskraft von 25 N der Bewegung entgegenwirkt, (a) die kinetische Anfangsenergie des Blocks, (b) die durch die Kraft von 75 N verrichtete Arbeit, (c) die durch die Reibungskraft verrichtete Arbeit, (d) die durch die Gravitation verrichtete Arbeit, (e) die durch die Normalkraft verrichtete Arbeit, (f) die kinetische Endenergie des Blocks.

64 Eine Masse m gleitet auf einer horizontalen Kreisbahn mit dem Radius R, ► Abbildung 7.31. Ihre Anfangsgeschwindigkeit beträgt v_0, aber nach einer Umdrehung ist die Geschwindigkeit auf Grund der Reibung auf $0{,}75v_0$ gefallen. Bestimmen Sie (a) die durch die Reibung während einer Umdrehung verrichtete Arbeit, (b) die Reibungszahl, (c) die Anzahl der Umdrehungen, die die Masse machen wird, bevor sie zum Stillstand kommt.

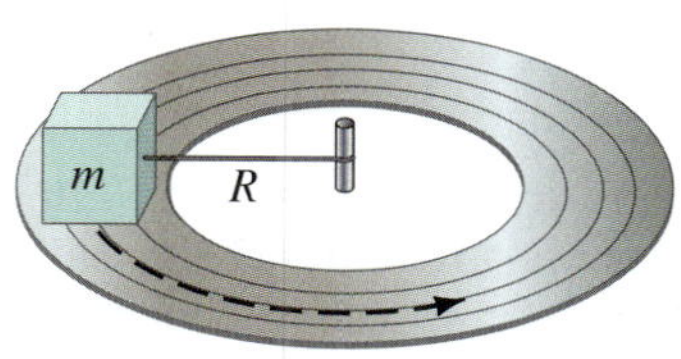

Abbildung 7.31 Aufgabe 64.

65 Zwei Kräfte, $\mathbf{F}_1 = (1{,}50\mathbf{i} - 0{,}80\mathbf{j} + 0{,}70\mathbf{k})N$ und $\mathbf{F}_2 = (-0{,}70\mathbf{i} + 1{,}20\mathbf{j})N$, werden auf einen in Bewegung befindlichen Körper mit einer Masse von 0,20 kg ausgeübt. Durch die beiden Kräfte wird der Körper verschoben, der Verschiebungsvektor ist $\mathbf{s} = (8{,}0\mathbf{i} + 6{,}0\mathbf{j} + 5{,}0\mathbf{k})m$. (a) Wie groß ist die durch die beiden Kräfte verrichtete Arbeit? (b) Wie groß ist die verrichtete Nettoarbeit, wenn eine Reibungskraft durch $\mathbf{F}_R = -0{,}20\mathbf{F}_1$ gegeben ist? (c) Wie groß ist die durch die Reibungskraft in (b) verrichtete Arbeit?

66 Die Rohre der 16-Zoll-Kanonen (Kaliber = 16 Zoll = 41 cm) auf dem Schlachtschiff USS Massachusetts im Zweiten Weltkrieg waren jeweils 15 m lang. Die Geschosse hatten jeweils eine Masse von 1250 kg und wurden mit ausreichend Sprengstoff abgefeuert, so dass sie eine Mündungsgeschwindigkeit von 750 m/s erreichten. Wenden Sie den Energieerhaltungssatz an, um die Sprengkraft (unter der Voraussetzung, dass es sich um eine Konstante handelt) zu bestimmen, die im Lauf der Kanone auf ein Geschoss ausgeübt wurde.

67 Eine Kraft $\mathbf{F} = (10{,}0\mathbf{i} + 9{,}0\mathbf{j} + 12{,}0\mathbf{k})$ kN wirkt auf einen kleinen Körper mit einer Masse von 100 g. Ermitteln Sie die durch die Kraft verrichtete Arbeit, wenn der Weg des Körpers $\mathbf{s} = (5{,}0\mathbf{i} + 4{,}0\mathbf{j})$ m beträgt. Wie groß ist der Winkel zwischen **F** und **s**?

68 Die Kristallstruktur von Zink ist eine „hexagonale dichteste Kugelpackung". Drei der nächsten Nachbarn sind an den folgenden (x, y, z)–Koordinaten, angegeben in Nanometer (10^{-9} m), zu finden: Atom 1 befindet sich bei (0, 0, 0), Atom 2 bei (0,230, 0,133, 0), Atom 3 bei (0,077, 0,133, 0,247). Ermitteln Sie den Winkel zwischen folgenden zwei Vektoren: einer verbindet Atom 1 mit Atom 2 und ein anderer verbindet Atom 1 mit Atom 3.

69 Eine veränderliche Kraft ist gegeben durch $F = A\mathrm{e}^{-kx}$, wobei x der Ort ist. A und k sind Konstanten, die in N bzw. in m^{-1} angegeben sind. Wie groß ist die verrichtete Arbeit, wenn x von 0,10 m bis unendlich geht?

70 Die Kraft, die erforderlich ist, um eine fehlerhafte horizontale Feder um einen Betrag x zusammenzudrücken, ist gegeben durch $F = 150x + 12x^3$. Dabei ist x in Meter und F in Newton angegeben. Wie groß ist die Geschwindigkeit, die die Feder einem Ball mit einer Masse von 3,0 kg verleiht, der gegen sie gedrückt und dann losgelassen wird, wenn die Feder 2,0 m zusammengedrückt wird?

71 Ein Ball mit einer Masse von 0,25 kg wird mit 110 km/h losgeworfen. Bis er das Mal erreicht, hat sich seine Geschwindigkeit um ca. 10% verringert. Schätzen Sie die durchschnittliche Kraft des Luftwiderstandes während eines Wurfes ab, wenn der Abstand zwischen dem Mal und dem Werfer ca. 15 m beträgt. Vernachlässigen Sie die Gravitation.

72 Die Autos von heute haben „8 km/h-Stoßstangen", die so konstruiert sind, dass sie bei Geschwindigkeiten unter 8 km/h elastisch zusammengedrückt werden und wieder zurückfedern, ohne dass ein materieller Schaden entsteht. Wie groß muss die effektive Federkonstante des Stoßstangenmaterials sein, wenn sich das Material nach einer Kompression von 1,5 cm ständig verformt, aber sich bis zu diesem Punkt wie eine elastische Feder verhält, angenommen, das Auto hat eine Masse von 1150 kg und prallt im Test gegen eine massive Wand?

73 Wie groß sollte die Federkonstante k einer Feder sein, die dafür konzipiert ist, ein Auto mit einer Masse von 1300 kg von einer Geschwindigkeit von 90 km/h so zum Stehen zu bringen, dass die Insassen eine maximale Beschleunigung von 5,0 g erfahren?

74 Der Pilot eines Flugzeugs fiel 370 m im freien Fall, nachdem sich sein Fallschirm bei einem Sprung nicht geöffnet hatte. Er landete in einer Schneewand und verursachte einen 1,1 m tiefen Krater, überlebte aber mit nur leichten Verletzungen. Nehmen Sie an, dass der Pilot eine Masse von 80 kg hatte und seine Endgeschwindigkeit 50 m/s betrug und schätzen Sie (a) die durch den Schnee verrichtete Arbeit ab, als er ihn zum Stillstand gebracht hat, (b) die vom Schnee auf ihn ausgeübte durchschnittliche Kraft, um ihn zum Stillstand zu bringen und (c) die durch den Luftwiderstand an ihm verrichtete Arbeit, während er sich im freien Fall befand.

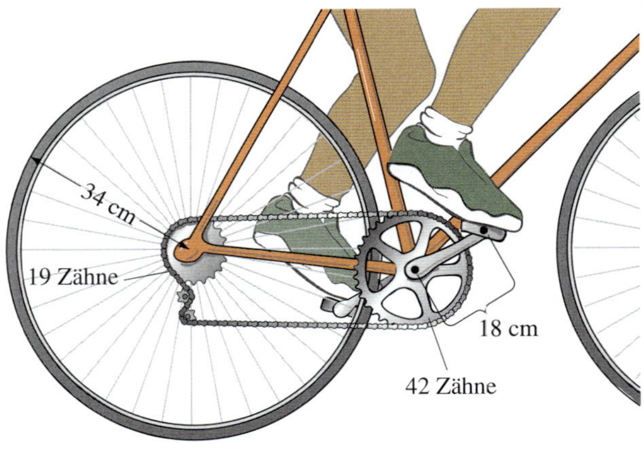

Abbildung 7.32 Aufgabe 75.

75 Nehmen Sie an, dass ein Radfahrer mit der Gewichtskraft mg eine durchschnittliche Kraft von 0,90 mg auf die Pedale ausüben kann. Wenn die Pedale auf einem Kreis mit einem Radius von 18 cm rotieren, haben die Räder einen Radius von 34 cm und das vordere und hintere Zahnrad, über das die Kette läuft, hat 42 bzw. 19 Zähne (▸ Abbildung 7.32). Bestimmen Sie unter diesen Voraussetzungen die maximale Steilheit eines Berges, die der Radfahrer mit konstanter Geschwindigkeit hinauffahren kann. Nehmen Sie an, dass die Masse des Fahrrades 12 kg und die des Radfahrers 60 kg beträgt. Vernachlässigen Sie die Reibung. Nehmen Sie weiter an, dass die durchschnittliche Kraft des Radfahrers immer (a) nach unten, (b) tangential zur Bewegung der Pedalen gerichtet ist.

76 Ein einfaches Pendel besteht aus einem kleinen Körper mit der Masse m (dem Pendelgewicht), der an einer Schnur mit der Länge L und einer vernachlässigbaren Masse aufgehängt ist (▸ Abbildung 7.33). In horizontaler Richtung wird eine Kraft $\mathbf{F}$ ausgeübt (so dass $\mathbf{F} = F\mathbf{i}$), die das Pendelgewicht sehr langsam bewegt, so dass die Beschleunigung praktisch null ist. (Beachten Sie, dass der Betrag von $\mathbf{F}$ sich mit dem Winkel θ ändern muss, den die Schnur zu jedem Zeitpunkt mit der Vertikalen bildet.) (a) Bestimmen Sie die durch diese Kraft $\mathbf{F}$ verrichtete Arbeit, um das Pendel von $\theta = 0$ nach $\theta = \theta_0$ zu bewegen. (b) Bestimmen Sie die durch die Gravitationskraft $\mathbf{F}_G = m\mathbf{g}$ an dem Pendelgewicht verrichtete Arbeit und die durch die von der Schnur auf das Pendelgewicht ausgeübte Kraft $\mathbf{F}_Z$ verrichtete Arbeit.

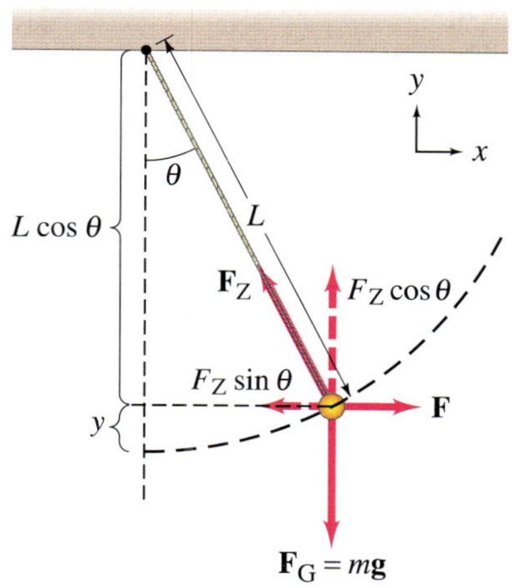

Abbildung 7.33 Aufgabe 76.

Energieerhaltung

8

ÜBERBLICK

Ein Stabhochspringer, der auf die hohe Latte zu läuft, verfügt über kinetische Energie. Wenn er den Stab aufsetzt und mit seinem Gewicht belastet, wird seine kinetische Energie umgewandelt: zunächst in die elastische Energie des gebogenen Stabes und dann in die potenzielle Energie, wenn sich sein Körper nach oben bewegt. Wenn er die Latte überspringt, ist der Stab gerade und hat seine gesamte elastische Energie an die potenzielle Energie des Athleten abgegeben. Fast die gesamte kinetische Energie des Stabhochspringers ist verschwunden und ebenfalls in die potenzielle Energie seines Körpers bei der großen Höhe der Latte (Weltrekord über 6 m) umgewandelt worden. Genau das will der Athlet. Bei dieser und allen anderen Energieumwandlungen, die ständig in der Welt geschehen, bleibt die Gesamtenergie immer erhalten. Die Erhaltung von Energie ist eines der bedeutendsten Gesetze in der Physik und findet in einer ganzen Reihe anderer Bereiche Anwendung.

8. Energieerhaltung

Dieses Kapitel führt die im vorangegangenen Kapitel begonnene Erörterung der Begriffe Arbeit und Energie fort und stellt zusätzliche Energieformen vor, insbesondere die potenzielle Energie. Nun werden wir sehen, warum der Energiebegriff so wichtig ist. Der Grund dafür ist die Tatsache, dass Energie erhalten bleibt – die Gesamtenergie bleibt in jedem Prozess konstant. Die Tatsache, dass eine solche Größe, die, soweit unsere besten Versuche belegen können, erhalten bleibt, definiert werden kann, ist eine erstaunliche Aussage über die Natur. Der Energieerhaltungssatz ist in der Tat einer der großen vereinigenden Grundsätze der Naturwissenschaften.

Der Energieerhaltungssatz stellt uns auch ein weiteres Werkzeug zur Lösung von Problemen zur Verfügung. Es gibt viele Aufgabenstellungen, für die eine auf den Newton'schen Gesetzen basierende Analyse schwierig oder unmöglich wäre – die Kräfte sind möglicherweise unbekannt oder nicht messbar. Aber häufig können diese Aufgabenstellungen unter Anwendung des Energieerhaltungssatzes und in manchen Fällen anderer Erhaltungssätze (z. B. des Impulserhaltungssatzes) behandelt werden.

In diesem Kapitel werden wir Körper als Massenpunkte betrachten, die lediglich Translationsbewegungen ohne innere Bewegungen oder Rotationsbewegungen ausführen können.

8.1 Konservative und nichtkonservative Kräfte

Für uns ist es wichtig, Kräfte in zwei Kategorien zu unterteilen: konservative und nichtkonservative. Laut Definition bezeichnen wir eine Kraft als **konservative Kraft**, wenn

Definition der konservativen Kraft

die durch die Kraft an einem sich von einem Punkt zu einem anderen bewegenden Körper verrichtete Arbeit nur von der Anfangs- und Endposition abhängt und von dem gewählten Weg unabhängig ist.

Wir können zeigen, dass die Gravitationskraft eine konservative Kraft ist. Die auf einen Körper mit der Masse m wirkende Gravitationskraft nahe der Erdoberfläche ist $\mathbf{F} = m\mathbf{g}$. Dabei ist $\mathbf{g}$ eine Konstante. In Kapitel 7 (siehe Beispiel 7.2) haben wir gesehen, dass die durch die Gravitationskraft nahe der Erdoberfläche verrichtete Arbeit $W_G = Fh = mgh$ ist. Dabei ist h die vertikale Höhe, die ein Körper mit der Masse m fällt (siehe ▸ Abbildung 8.1a). Nehmen wir nun an, dass ein Körper statt der vertikalen Auf- oder Abwärtsbewegung eine beliebige Bahn in der xy-Ebene nimmt, wie in ▸ Abbildung 8.1b dargestellt. Der Körper startet bei einer vertikalen Höhe y_1 und erreicht eine Höhe y_2, wobei $y_2 - y_1 = h$ ist. Um die durch die Gravitation verrichtete Arbeit W_G zu berechnen, wenden wir die Gleichung 7.7 an:

$$W_G = \int_1^2 \mathbf{F}_G \cdot d\mathbf{s} = \int_1^2 m\,g\cos\theta\,ds\,.$$

Jetzt gehen wir davon aus, dass $\alpha = 180° - \theta$ der Winkel zwischen $d\mathbf{s}$ und seiner vertikalen Komponente dy ist, wie in ▸ Abbildung 8.1b dargestellt. Da $\cos\theta = -\cos\alpha$ und $dy = ds\cos\alpha$, ergibt sich dann

$$W_G = -\int_{y_1}^{y_2} mg\,dy = -mg(y_2 - y_1)\,. \tag{8.1}$$

Da $(y_2 - y_1)$ die vertikale Höhe h ist, sehen wir, dass die verrichtete Arbeit nur von der vertikalen Höhe und *nicht* von dem gewählten Weg abhängt! Folglich ist die Gravitationskraft laut Definition eine konservative Kraft. (Beachten Sie, dass in dem in ▸ Abbildung 8.1b dargestellten Fall $y_2 > y_1$ und daher die durch die

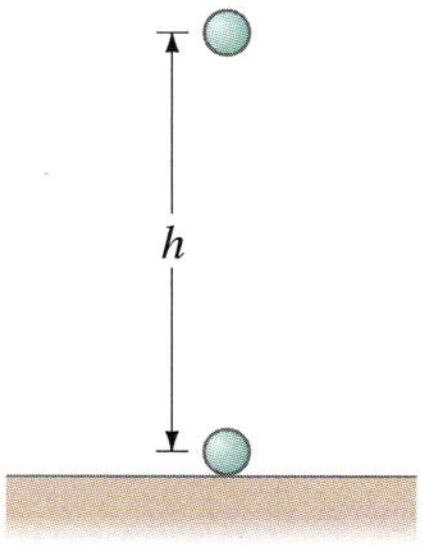

(a)

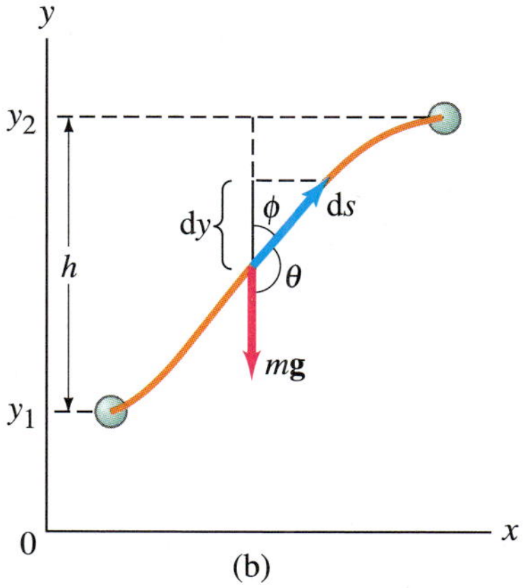

(b)

Abbildung 8.1 Ein Körper mit der Masse m: (a) fällt frei vertikal eine Höhe h; (b) wird entlang eines beliebigen zweidimensionalen Weges hochgehoben.

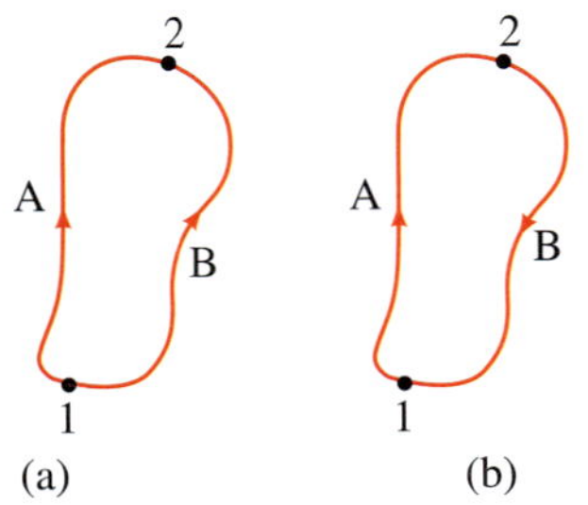

Abbildung 8.2 (a) Ein Massenpunkt bewegt sich zwischen den beiden Punkten 1 und 2 über zwei verschiedene Wege A und B. (b) Der Körper legt einen Rundweg zurück, über Weg A von Punkt 1 nach Punkt 2 und über Weg B zurück zu Punkt 1.

Gravitation verrichtete Arbeit negativ ist. Wenn dagegen $y_2 < y_1$ ist, so dass der Körper frei fällt, dann ist W_G positiv.)

Wir können eine konservative Kraft auf andere, ganz äquivalente Weise definieren: eine Kraft ist konservativ, wenn

die durch die Kraft an einem sich auf einem geschlossenen Weg bewegenden Körper verrichtete Nettoarbeit null ist.

Um zu sehen, warum dies zu unserer früheren Definition äquivalent ist, betrachten wir einen Massenpunkt, der sich in ▶ Abbildung 8.2a auf einem der beiden mit A und B bezeichneten Wege von Punkt 1 nach Punkt 2 bewegt. Wenn wir davon ausgehen, dass eine konservative Kraft auf den Körper wirkt, dann ist nach unserer ersten Definition die durch diese Kraft verrichtete Arbeit dieselbe, unabhängig davon, ob der Körper Weg A oder Weg B wählt. Wir bezeichnen die Arbeit, um von Punkt 1 nach Punkt 2 zu gelangen, mit W. Betrachten wir jetzt den in ▶ Abbildung 8.2b dargestellten Rundweg. Der Körper bewegt sich über Weg A von Punkt 1 nach Punkt 2 und unsere Kraft verrichtet die Arbeit W. Unser Körper kehrt dann über Weg B zu Punkt 1 zurück. Wie viel Arbeit wird während des Rückweges verrichtet? Bei der Bewegung von Punkt 1 nach Punkt 2 über Weg B ist die verrichtete Arbeit W, die laut Definition identisch ist mit $\int_1^2 \mathbf{F}\cdot d\mathbf{s}$. Im umgekehrten Fall bei der Bewegung von Punkt 2 nach Punkt 1 ist die Kraft **F** in jedem Punkt dieselbe, aber d**s** ist genau entgegengerichtet. Folglich hat $\mathbf{F} \times \mathbf{s}$ in jedem Punkt das entgegengesetzte Vorzeichen, so dass die auf dem Rückweg von 2 nach 1 verrichtete Gesamtarbeit $-W$ sein muss. Daher ist die verrichtete Gesamtarbeit für den Bewegung von Punkt 1 nach Punkt 2 und wieder zurück zu Punkt 1 $W + (-W) = 0$. Dies beweist die Äquivalenz der beiden obigen Definitionen für eine konservative Kraft.

Die zweite Definition einer konservativen Kraft beleuchtet einen wichtigen Aspekt einer solchen Kraft: Die *durch eine konservative Kraft verrichtete Arbeit lässt sich zurückgewinnen*, und zwar in dem Sinne, dass, wenn positive Arbeit an einem Körper auf einem Teil eines geschlossenen Weges verrichtet wird, eine äquivalente Menge negativer Arbeit (Energie) durch den Körper auf seinem Rückweg erhalten wird.

Wie wir oben gesehen haben, ist die Gravitationskraft konservativ, und man kann auf einfache Weise demonstrieren, dass auch die Federkraft ($F = -kx$) konservativ ist.

Aber nicht alle Kräfte sind konservativ. Die Reibungskraft z. B. ist eine **nichtkonservative** Kraft. Die Arbeit, die verrichtet wird, um eine schwere Kiste über einen ebenen Boden zu bewegen, ist gleich dem Produkt der (konstanten) Reibungskraft und dem zurückgelegten Gesamtweg, da die Reibungskraft der Bewegungsrichtung genau entgegengerichtet ist. Folglich hängt die Arbeit, die zur Bewegung des Körpers zwischen zwei Punkten verrichtet wird, von der Weglänge ab. Die entlang einer Geraden verrichtete Arbeit ist kleiner als die entlang eines kurvenförmigen Weges zwischen zwei Punkten verrichtete Arbeit, wie in ▶ Abbildung 8.3 dargestellt.

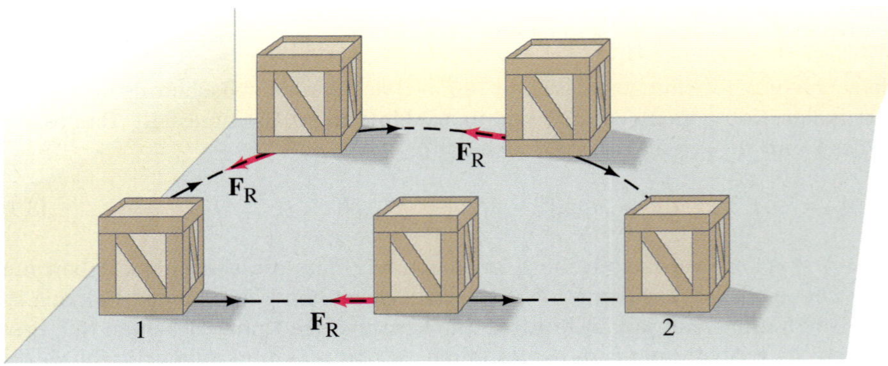

Abbildung 8.3 Eine Kiste wird entlang zweier Wege, einem geradlinigen und einem kurvenförmigen Weg, über den Boden von Position 1 zu Position 2 gezogen. Die Reibungskraft ist immer der Bewegungsrichtung genau entgegengerichtet. Daher gilt bei einer Reibungskraft mit konstantem Betrag F_R für die Arbeit $W_R = -F_R s$, d. h. wenn s größer ist (wie bei dem kurvenförmigen Weg), ist auch W_R größer.

Beachten Sie bei diesem Beispiel der Gleitreibung auch, dass, da die Reibungskraft immer der Bewegungsrichtung entgegengerichtet ist, die an einem Körper durch Reibung verrichtete Arbeit negativ ist. Wenn ein Körper auf einem Rundweg z. B. von Punkt 1 nach Punkt 2 und zurück zu Punkt 1 bewegt wird, ist somit die durch die Reibung verrichtete Gesamtarbeit niemals null – sie ist immer negativ. Daher lässt sich die durch eine nichtkonservative Kraft verrichtete Arbeit nicht, wie bei einer konservativen Kraft, zurückgewinnen.

8.2 Potenzielle Energie

In Kapitel 7 haben wir die mit einem in Bewegung befindlichen Körper verbundene Energie, die wir als seine kinetische Energie $E_{\text{kin}} = \frac{1}{2}mv^2$ bezeichnen, erörtert. Nun führen wir die **potenzielle Energie** ein, die Energie, die mit dem Ort oder der Anordnung eines Körpers (oder mehrerer Körper) verknüpft ist. Verschiedene Formen von potenzieller Energie können definiert werden und jede Form ist mit einer bestimmten konservativen Kraft verbunden.

Die aufgezogene Feder einer Uhr ist ein Beispiel für potenzielle Energie. Die Uhrfeder hat ihre potenzielle Energie dadurch erhalten, dass durch die Person, die die Uhr aufgezogen hat, Arbeit *an* ihr verrichtet wurde. Wenn die Spannung der Feder nachlässt, übt sie eine Kraft aus und verrichtet Arbeit, um die Zeiger der Uhr zu bewegen.

Potenzielle Energie als Folge der Gravitation

Das vielleicht gebräuchlichste Beispiel für potenzielle Energie ist die *potenzielle Energie als Folge der Gravitation*. Im Folgenden verwenden wir den Begriff „potenzielle Energie“ als jene potenzielle Energie, die durch die Gravitation bedingt ist. Ein schwerer Ziegelstein, der hoch in die Luft gehalten wird, verfügt auf Grund seines Ortes relativ zur Erde über potenzielle Energie. Er besitzt die Fähigkeit, Arbeit zu verrichten, da er, wenn er losgelassen wird, auf Grund der Gravitationskraft auf den Boden fällt und Arbeit verrichten kann, z. B. an einem Pfahl, den er in die Erde treibt. Wir bestimmen zuerst die potenzielle Energie eines Körpers **nahe** der Erdoberfläche. Zum vertikalen Anheben eines Körpers mit der Masse m muss eine aufwärts gerichtete Kraft, die seiner Gewichtskraft mg entspricht, z. B. durch eine menschliche Hand, auf ihn ausgeübt werden. Um ihn ohne Beschleunigung auf eine Höhe h vom Ort y_1 auf den Ort y_2 in ▶ Abbildung 8.4 (Aufwärtsrichtung als positiv gewählt) anzuheben, muss eine Person Arbeit verrichten, die mit dem Produkt aus der erforderlichen externen Kraft, $F_{\text{ext}} = mg$ nach oben gerichtet, und dem vertikalen Weg h identisch ist. Das bedeutet, dass

$$W_{\text{ext}} = \mathbf{F}_{\text{ext}} \cdot \mathbf{s} = mgh\cos 0° = mgh = mg(y_2 - y_1)\,.$$

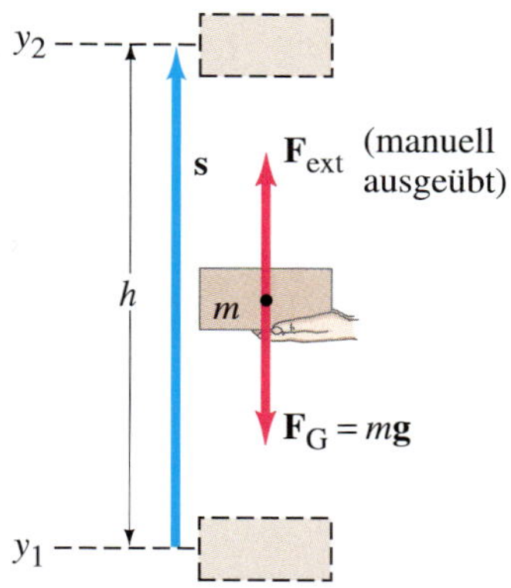

Abbildung 8.4 Eine Person übt eine nach oben gerichtete Kraft $F_{\text{ext}} = mg$ aus, um einen Ziegelstein von y_1 nach y_2 hochzuheben.

Dabei sind $\mathbf{F}_{\text{ext}}$ und $\mathbf{s}$ beide nach oben gerichtet. Die Gravitation wirkt auch auf den Körper, während er sich von y_1 nach y_2 bewegt, und verrichtet eine Arbeit an ihm, die identisch ist mit

$$W_G = \mathbf{F}_G \cdot \mathbf{s} = mgh\cos 180° = -mgh = -mg(y_2 - y_1)\,.$$

Da $\mathbf{F}_G$ abwärts und $\mathbf{s}$ aufwärts gerichtet ist, ist W_G negativ. Wenn der Körper einem beliebigen Weg folgt, wie in ▶ Abbildung 8.1b, hängt die durch die Gravitation verrichtete Arbeit weiterhin nur von der Änderung in der vertikalen Höhe ab (siehe Gleichung 8.1):

$$W_G = -mg(y_2 - y_1) = -mgh\,.$$

Wenn wir als Nächstes den Körper aus einer Ruhelage unter dem Einfluss der Gravitation frei fallen lassen, erreicht er eine durch $v^2 = 2gh$ (Gleichung 2.12c) gegebene Geschwindigkeit, nachdem er um eine Höhe h gefallen ist. Er verfügt dann über eine kinetische Energie von $\frac{1}{2}mv^2 = \frac{1}{2}m(2gh) = mgh$. Wenn der frei fallende Körper nun auf einen Pfahl trifft, kann er eine Arbeit an dem Pfahl verrichten, die mit mgh identisch ist (Energieerhaltung, siehe Abschnitt 7.4). Daher ist zum Heben eines Körpers mit der Masse m auf eine Höhe h eine Arbeit *erforderlich*, die mit mgh identisch ist. Wenn der Körper einmal die Höhe h erreicht hat, besitzt er die *Fähigkeit*, eine Arbeit zu verrichten, die mit mgh identisch ist. Wir können sagen, dass die beim Anheben des Körpers verrichtete Arbeit in die potenzielle Energie übergegangen ist.

Tatsächlich können wir die *Änderung in der potenziellen Energie* E_{pot} bei der Bewegung eines Körpers von einer Höhe y_1 auf eine andere Höhe y_2 als gleich der durch eine externe Kraft verrichteten Arbeit (Beschleunigung = 0) definieren:

$$\Delta E_{pot} = E_{pot,2} - E_{pot,1} = W_{ext} = mg(y_2 - y_1) .$$

Entsprechend können wir die Änderung in der potenziellen Energie als gleich dem negativen Wert der durch die Gravitation verrichteten Arbeit definieren:

Änderung in der potenziellen Energie

$$\Delta E_{pot} = E_{pot,2} - E_{pot,1} = -W_G = mg(y_2 - y_1) . \tag{8.2}$$

Die Gleichung 8.2 definiert die Differenz der potenziellen Energie zweier Punkte bzw. Orte nahe der Erdoberfläche. Die potenzielle Energie E_{pot} kann in jedem Punkt in einer vertikalen Höhe y über einem Bezugspunkt definiert werden als

Potenzielle Energie

$$E_{pot} = mgy . \qquad \text{[nur Gravitation]} \tag{8.3}$$

Beachten Sie, dass die potenzielle Energie mit der Gravitationskraft zwischen der Erde und der Masse m verbunden ist. Folglich stellt E_{pot} die potenzielle Energie nicht nur der Masse m allein, sondern des Masse-Erde-Systems dar.

Wir könnten die potenzielle Energie in einem Punkt als

$$E_{pot} = mgy + C$$

definieren. Dabei ist C eine Konstante. Dies stimmt mit der Gleichung 8.2 überein (die Konstanten C heben sich auf, wenn wir $E_{pot,1}$ von $E_{pot,2}$ subtrahieren). Normalerweise wählen wir aus praktischen Gründen C gleich null, da E_{pot} von der Wahl des Koordinatensystems abhängt (d. h. davon abhängt, wo wir y gleich null wählen). Die potenzielle Energie eines Buches, das hoch über einem Tisch gehalten wird, hängt z. B. davon ab, ob wir y von der Oberfläche des Tisches, vom Fußboden oder von einem anderen Bezugspunkt aus messen. Nur die *Änderung* der potenziellen Energie ist physikalisch von Bedeutung, da diese Änderung in Bezug zur verrichteten Arbeit steht. Wir können somit die potenzielle Energie in einem beliebigen Punkt, der zweckmäßig ist, gleich null wählen, müssen aber während einer gegebenen Aufgabenstellung diesen Punkt konsequent beibehalten. Die *Änderung* in der potenziellen Energie zwischen zwei beliebigen Punkten hängt nicht von der Wahl des Bezugspunktes ab.

Die Änderung der potenziellen Energie ist physikalisch von Bedeutung

Beispiel 8.1 Die potenzielle Energie ändert sich bei einer Achterbahn

Ein Achterbahnwagen mit einer Masse von 1000 kg bewegt sich von Punkt A, siehe ► Abbildung 8.5, nach Punkt B und dann nach Punkt C. (a) Wie groß ist seine potenzielle Energie in B und C relativ zu Punkt A? Nehmen Sie $y = 0$

im Punkt A an. (b) Wie groß ist die Änderung in der potenziellen Energie, wenn sich der Wagen von B nach C bewegt? (c) Wiederholen Sie (a) und (b), aber nehmen Sie an, dass der Bezugspunkt ($y = 0$) bei Punkt C liegt.

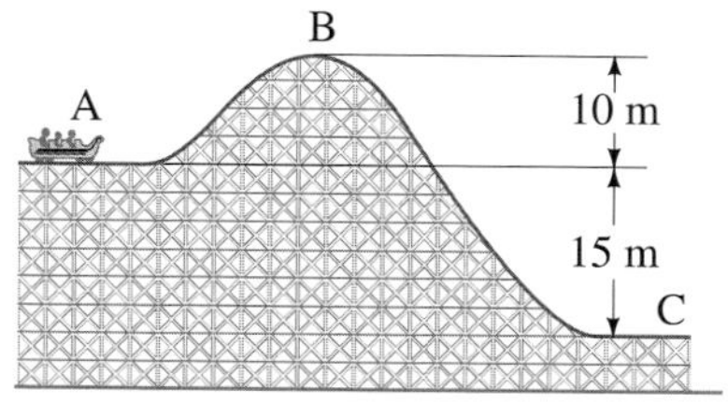

Abbildung 8.5 Beispiel 8.1.

Lösung

a Wir nehmen die Aufwärtsrichtung als positive Richtung und messen die Höhen von Punkt A aus. Das bedeutet zunächst, dass die potenzielle Energie null ist. Im Punkt B, wo $y_B = 10\,\text{m}$ ist, gilt

$$E_{\text{pot,B}} = mgy_B = (1000\,\text{kg})(9{,}8\,\text{m/s}^2)(10\,\text{m}) = 9{,}8 \cdot 10^4\,\text{J}\,.$$

Im Punkt C ist $y_C = -15\,\text{m}$, da C unter A liegt. Daher gilt

$$E_{\text{pot,C}} = mgy_C = (1000\,\text{kg})(9{,}8\,\text{m/s}^2)(-15\,\text{m}) = -1{,}5 \cdot 10^5\,\text{J}\,.$$

b Bei der Bewegung von B nach C beträgt die Änderung in der potenziellen Energie

$$E_{\text{pot,C}} - E_{\text{pot,B}} = (-1{,}5 \cdot 10^5\,\text{J}) - (9{,}8 \cdot 10^4\,\text{J}) = -2{,}5 \cdot 10^5\,\text{J}\,.$$

Die potenzielle Energie nimmt um $2{,}5 \cdot 10^5$ J ab.

c In diesem Beispiel ist im Punkt A $y_A = +15\,\text{m}$, so dass die potenzielle Energie (bei A) anfangs identisch ist mit

$$E_{\text{pot,A}} = (1000\,\text{kg})(9{,}8\,\text{m/s}^2)(15\,\text{m}) = 1{,}5 \cdot 10^5\,\text{J}\,.$$

Bei B ist $y_B = 25\,\text{m}$, so dass die potenzielle Energie

$$E_{\text{pot,B}} = 2{,}5 \cdot 10^5\,\text{J}$$

beträgt. Bei C ist $y_C = 0$, so dass $E_{\text{pot,C}} = 0$ ist. Die Änderung in der potenziellen Energie auf dem Weg von B nach C beträgt

$$E_{\text{pot,C}} - E_{\text{pot,B}} = 0 - 2{,}5 \cdot 10^5\,\text{J} = -2{,}5 \cdot 10^5\,\text{J}\,.$$

Das ist dasselbe Ergebnis wie in Aufgabe (b).

Allgemeine potenzielle Energie

Wir haben die Änderung der potenziellen Energie (Gleichung 8.2) als gleich dem negativen Wert der durch die Gravitation[1] verrichteten Arbeit definiert, wenn sich der Körper von der Höhe y_1 nach y_2 bewegt:

$$\Delta E_{\text{pot}} = -W_G = -\int_1^2 \mathbf{F}_G \cdot \mathbf{ds}\,.$$

Neben der potenziellen Energie der Gravitation gibt es andere Formen von potenzieller Energie. Im Allgemeinen definieren wir die *mit einer bestimmten konservativen Kraft* **F** *verbundene Änderung in der potenziellen Energie als den negativen Wert der durch diese Kraft verrichteten Arbeit:*

Allgemeine Definition der potenziellen Energie

$$\Delta E_{\text{pot}} = E_{\text{pot,2}} - E_{\text{pot,1}} = -\int_1^2 \mathbf{F} \cdot \mathbf{ds} = -W\,. \qquad (8.4)$$

Diese Definition können wir jedoch nicht benutzen, um eine potenzielle Energie für alle möglichen Kräfte zu definieren. Sie macht lediglich für konservative Kräfte wie z. B. die Gravitationskraft Sinn, für die das Integral nur von den Endpunkten

1 Dies ist gleichbedeutend mit der Aussage, dass die Änderung in der potenziellen Energie, ΔE_{pot}, gleich der Arbeit (nicht ihrem negativen Wert) ist, die durch eine zweite, z. B. von einer Person zum Anheben des Körpers gegen die Gravitationskraft ausgeübten Kraft (mit demselben Betrag) verrichtet wird.

und nicht von dem gewählten Weg abhängt. Sie gilt nicht für nichtkonservative Kräfte wie die Reibung, da das Integral in der Gleichung 8.4 keinen von den Endpunkten 1 und 2 abhängigen eindeutigen Wert hätte. Das bedeutet, dass ΔE_{pot} wegabhängig wäre und wir nicht sagen könnten, dass E_{pot} in jedem Punkt im Raum einen bestimmten Wert hätte. So ist der Begriff der potenziellen Energie bei einer nichtkonservativen Kraft ohne Bedeutung.

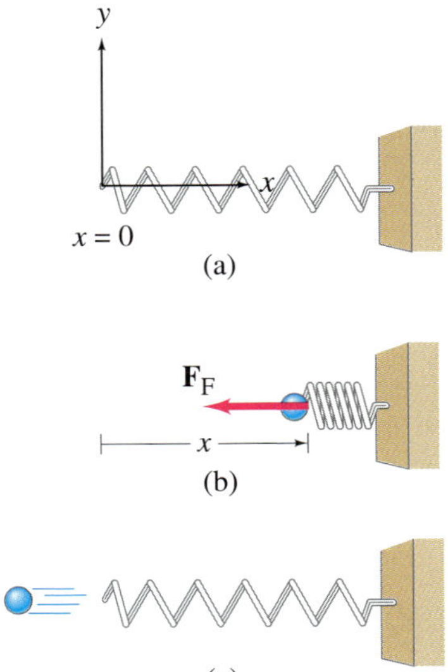

Abbildung 8.6 (a) Eine Feder kann (b) Energie speichern (potenzielle Energie einer Feder), wenn sie zusammengedrückt wird, die (c) dazu benutzt werden kann, Arbeit zu verrichten, wenn sie losgelassen wird.

Potenzielle Energie einer Feder

Nun betrachten wir eine andere Form der potenziellen Energie, und zwar die mit elastischen Stoffen oder Körpern verbundene Energie. Diese umfasst eine Vielzahl praktischer Anwendungen.

Betrachten wir eine Feder, wie die in ▶ Abbildung 8.6 dargestellte Spiralfeder. Wenn die Feder zusammengedrückt (oder gedehnt) wird, verfügt sie über potenzielle Energie, denn wenn sie losgelassen wird, kann sie, wie dargestellt, Arbeit an einem Ball verrichten. Wie andere elastische Stoffe oder Körper wird eine Feder durch das Hooke'sche Gesetz beschrieben (wie bereits in Abschnitt 7.3 erörtert), solange die Auslenkung x nicht zu groß ist. Wir wählen unser Koordinatensystem so, dass das Ende der entspannten Feder bei $x = 0$ liegt (▶ Abbildung 8.6a) und x positiv nach rechts verläuft. Um die Feder über einen Weg x zusammengedrückt (oder gedehnt) zu halten, muss eine Person eine Kraft $F_P = kx$ ausüben und die Feder drückt mit einer Kraft zurück (drittes Newton'sches Axiom):

$$F_F = -kx\,.$$

Das negative Vorzeichen erscheint, weil die Kraft F_F dem Weg x entgegengerichtet ist (siehe ▶ Abbildung 8.6b). Aus der Gleichung 8.4 ergibt sich für die Änderung in der potenziellen Energie der Feder zwischen $x_1 = 0$ (Ausgangslage) und $x_2 = x$

$$\Delta E_{pot} = E_{pot}(x) - E_{pot}(0) = -\int_1^2 \mathbf{F}\cdot d\mathbf{s} = -\int_0^x (-ks)\,ds = \frac{1}{2}kx^2\,.$$

Hier bedeutet $E_{pot}(x)$ die potenzielle Energie bei x und $E_{pot}(0)$ bedeutet E_{pot} bei $x = 0$. Normalerweise ist es zweckmäßig, die potenzielle Energie bei $x = 0$ gleich null zu wählen: $E_{pot}(0) = 0$, so dass die potenzielle Energie einer um einen Betrag x aus der Gleichgewichtslage zusammengedrückten oder gedehnten Feder

Potenzielle Energie einer Feder

$$E_{pot}(x) = \frac{1}{2}kx^2 \quad \text{[elastisch]} \tag{8.5}$$

ist.

Potenzielle Energie – Zusammenfassung

In jedem der vorstehenden Beispiele potenzieller Energie – potenzielle Energie als Folge der Gravitation oder potenzielle Energie einer Feder – besitzt ein Körper die Fähigkeit oder das *Potenzial*, Arbeit zu verrichten, selbst wenn er im Moment keine Arbeit verrichtet. Daher verwenden wir den Begriff „potenzielle“ Energie. Aus diesen Beispielen ist auch ersichtlich, dass Energie in Form von potenzieller Energie für eine spätere Verwendung gespeichert werden kann. Beachten Sie, dass die mathematische Form jeder Art von potenzieller Energie von der beteiligten Kraft abhängt.

Fassen wir hier die wichtigen Aspekte der potenziellen Energie zusammen:

1. Eine potenzielle Energie ist immer mit einer konservativen Kraft verbunden und die Differenz in der potenziellen Energie zwischen zwei Punkten ist definiert als der negative Wert der durch diese Kraft verrichteten Arbeit, Gleichung 8.4.

2. Die Wahl, an welchem Ort $E_{pot} = 0$ ist, ist beliebig. Sie kann so erfolgen, wie es am zweckmäßigsten ist.

3 Da eine Kraft immer von einem Körper auf einen anderen Körper ausgeübt wird (die Erde übt eine Gravitationskraft auf einen fallenden Stein aus, eine zusammengedrückte Feder übt eine Kraft auf einen Ball aus, etc.), hat ein Körper nicht durch sich selbst potenzielle Energie, sondern sie ergibt sich auf Grund der Wechselwirkung (Kraft) zwischen zwei oder mehreren Körpern.

Für den Fall einer Raumrichtung, in dem eine konservative Kraft z. B. in Abhängigkeit von x geschrieben werden kann, kann die potenzielle Energie wie folgt geschrieben werden:

$$E_{\text{pot}}(x_2) - E_{\text{pot}}(x_1) = -\int_{x_1}^{x_2} F(x)\,\mathrm{d}x\,. \tag{8.6}$$

Diese Beziehung gibt uns an, wie wir $E_{\text{pot}}(x)$ erhalten, wenn $F(x)$ gegeben ist. Wenn stattdessen $E_{\text{pot}}(x)$ gegeben ist, können wir $F(x)$ ermitteln, indem wir die obige Gleichung umkehren: d. h., wir nehmen die Ableitung beider Seiten und erinnern uns daran, dass Integration und Ableitung entgegengesetzte Operationen sind:

$$\frac{\mathrm{d}}{\mathrm{d}x}\int F(x)\,\mathrm{d}x = F(x)\,.$$

Somit gilt

$$F(x) = -\frac{\mathrm{d}E_{\text{pot}}(x)}{\mathrm{d}x}\,. \tag{8.7}$$

(Für drei Raumrichtungen können wir die Beziehung zwischen $\mathbf{F}(x, y, z)$ und E_{pot} schreiben als

$$F_x = -\frac{\partial E_{\text{pot}}}{\partial x}\,, \quad F_y = -\frac{\partial E_{\text{pot}}}{\partial y}\,, \quad F_z = -\frac{\partial E_{\text{pot}}}{\partial z}$$

oder

$$\mathbf{F}(x, y, z) = -\mathbf{i}\frac{\partial E_{\text{pot}}}{\partial x} - \mathbf{j}\frac{\partial E_{\text{pot}}}{\partial y} - \mathbf{k}\frac{\partial E_{\text{pot}}}{\partial z}\,.$$

Hier heißen $\partial/\partial x$ etc. partielle Ableitungen. $\partial/\partial x$ bedeutet z. B., dass wir die Ableitung nur in Bezug auf x nehmen und dabei die anderen Variablen konstant halten, obwohl E_{pot} eine Funktion von x, y und z, geschrieben $E_{\text{pot}}(x, y, z)$, sein kann.)

Beispiel 8.2

Bestimmung von F aus E_{pot}

Nehmen wir an, dass $E_{\text{pot}}(x) = -ax/(b^2 + x^2)$ ist, wobei a und b Konstanten sind. Wie lautet F in Abhängigkeit von x?

Lösung

Da $E_{\text{pot}}(x)$ nur von x abhängt, handelt es sich hier um ein Problem in einer Raumrichtung und wir brauchen keine partiellen Ableitungen, so dass

$$F(x) = -\frac{\mathrm{d}E_{\text{pot}}}{\mathrm{d}x} = -\frac{\mathrm{d}}{\mathrm{d}x}\left[-\frac{ax}{b^2 + x^2}\right] = \frac{ax}{b^2 + x^2} - \frac{ax}{(b^2 + x^2)^2}2x$$
$$= \frac{a(b^2 - x^2)}{(b^2 + x^2)^2}\,.$$

8.3 Mechanische Energie und ihre Erhaltung

Betrachten wir ein konservatives System (das bedeutet, dass nur konservative Kräfte Arbeit verrichten), in dem kinetische Energie in potenzielle Energie oder umgekehrt umgewandelt wird. Wieder müssen wir ein System betrachten, da potenzielle Energie bei einem einzelnen Körper nicht vorhanden ist. Unser System könnte eine Masse m sein, die am Ende einer Feder schwingt oder die sich in dem Gravitationsfeld der Erde bewegt.

Nach dem Energieerhaltungssatz (Gleichung 7.11) ist die an einem Körper verrichtete Nettoarbeit W_{net} gleich der Änderung in der kinetischen Energie:

$$W_{\text{net}} = \Delta E_{\text{kin}} \, .$$

(Wenn an mehr als einem Körper in unserem System Arbeit verrichtet wird, können W_{net} und ΔE_{kin} die Summe für alle darstellen.) Da wir von einem konservativen System ausgehen, können wir die verrichtete Nettoarbeit als potenzielle Gesamtenergie ausdrücken (siehe Gleichungen 7.7 und 8.4):

$$\Delta E_{\text{pot,ges}} = -\int_1^2 \mathbf{F}_{\text{net}} \cdot d\mathbf{s} = -W_{\text{net}} \, . \tag{8.8}$$

Wir verbinden die beiden vorhergehenden Gleichungen und nehmen dabei E_{pot} als potenzielle Gesamtenergie:

$$\Delta E_{\text{kin}} + \Delta E_{\text{pot}} = 0 \qquad \text{(nur konservative Kräfte)} \tag{8.9a}$$

oder

$$(E_{\text{kin},2} - E_{\text{kin},1}) + (E_{\text{pot},2} - E_{\text{pot},1}) = 0 \, . \tag{8.9b}$$

Definition der mechanischen Gesamtenergie

Wir definieren jetzt eine Größe E, die als **mechanische Gesamtenergie** unseres Systems bezeichnet wird, als Summe aus der kinetischen Energie und der potenziellen Energie des Systems zu jedem Zeitpunkt:

$$E = E_{\text{kin}} + E_{\text{pot}} \, .$$

Jetzt können wir die Gleichung 8.9b umschreiben zu

$$E_{\text{kin},2} + E_{\text{pot},2} = E_{\text{kin},1} + E_{\text{pot},1} \qquad \text{(nur konservative Kräfte)} \tag{8.10a}$$

oder

$$E_{\text{kin2}} = E_{\text{kin1}} = \text{konstant} \, . \qquad \text{(nur konservative Kräfte)} \tag{8.10b}$$

Die Gleichungen 8.10 bringen ein nützliches und tiefgreifendes Prinzip bezüglich der mechanischen Gesamtenergie zum Ausdruck – nämlich, dass es sich hierbei um eine **Erhaltungsgröße** handelt. Die mechanische Gesamtenergie E bleibt konstant, solange keine nichtkonservativen Kräfte Arbeit verrichten: $(E_{\text{kin}} + E_{\text{pot}})$ zu einem beliebigen Anfangspunkt 1 ist gleich $(E_{\text{kin}} + E_{\text{pot}})$ zu einem späteren Punkt 2. Mit anderen Worten, betrachten wir die Gleichung 8.9, die besagt, dass $\Delta E_{\text{pot}} = -\Delta E_{\text{kin}}$. Das bedeutet, dass, wenn die kinetische Energie E_{kin} zunimmt, die potenzielle Energie E_{pot} als Ausgleich um die gleiche Menge abnehmen muss. So bleibt die Summe $E_{\text{kin}} + E_{\text{pot}}$ konstant. Dies nennt man den **Energieerhaltungssatz der Mechanik** für konservative Kräfte:

ERHALTUNG DER MECHANISCHEN ENERGIE

Wenn nur konservative Kräfte Arbeit verrichten, nimmt die mechanische Gesamtenergie eines Systems während eines Prozesses weder zu noch ab. Sie bleibt konstant – sie bleibt erhalten.

Wir erkennen jetzt den Grund für den Begriff „konservative Kraft" – da die mechanische Energie bei solchen Kräften erhalten („konserviert") wird.

Wenn nur ein Körper eines Systems[2] über eine wesentliche kinetische Energie verfügt, werden die Gleichungen 8.10 zu

$$E = \frac{1}{2}mv^2 + E_{pot} = \text{konstant}\,. \qquad \text{(nur konservative Kräfte)} \quad (8.11a)$$

Wenn v_1 und $E_{pot,1}$ die Geschwindigkeit und die potenzielle Energie zu einem bestimmten Zeitpunkt und v_2 und $E_{pot,2}$ diese zu einem zweiten Zeitpunkt darstellen, können wir dies umschreiben zu

$$\frac{1}{2}mv_1^2 + E_{pot,1} = \frac{1}{2}mv_2^2 + E_{pot,2}\,. \qquad \text{(konservatives System)} \quad (8.11b)$$

Aus dieser Gleichung ist erneut ersichtlich, dass es keine Rolle spielt, wo wir die potenzielle Energie gleich null wählen: die Addition einer Konstanten zu E_{pot} (wie in Abschnitt 8.2 erörtert) fügt lediglich eine Konstante auf beiden Seiten der obigen Gleichung hinzu, und diese heben sich auf. Eine Konstante beeinflusst auch nicht die aus der Gleichung 8.7 ermittelte Kraft $F = -E_{pot}/\mathrm{d}x$, da die Ableitung einer Konstanten null ist. Da wir uns nur mit Änderungen in der potenziellen Energie befassen, ist der absolute Wert von E_{pot} hier ohne Bedeutung.

8.4 Anwendungen des Energieerhaltungssatzes der Mechanik

Ein einfaches Beispiel für die Erhaltung mechanischer Energie ist ein Stein, den man unter dem Einfluss der Gravitation aus einer Höhe h frei fallen lässt (ohne Berücksichtigung des Luftwiderstandes), wie in ▸ Abbildung 8.7 dargestellt. In dem Moment, in dem der Stein, der aus der Ruhelage zu fallen beginnt, losgelassen wird, verfügt er anfangs nur über potenzielle Energie. Während des freien Falls nimmt seine potenzielle Energie ab (weil y abnimmt), seine kinetische Energie nimmt als Ausgleich dagegen zu, so dass die Summe beider konstant bleibt. In jedem beliebigen Punkt entlang des Weges ist die mechanische Gesamtenergie gegeben durch

$$E = E_{kin} + E_{pot} = \frac{1}{2}mv^2 + mgy\,.$$

Dabei ist y die Höhe des Steins über dem Boden zu einem gegebenen Zeitpunkt und v seine Geschwindigkeit in diesem Punkt. Wenn wir den Stein in einem bestimmten Punkt auf seinem Weg (z. B. im Anfangspunkt) mit dem tiefgestellten Index 1 bezeichnen und die 2 ihn in einem anderen Punkt darstellt, können wir schreiben:

$$\frac{1}{2}mv_1^2 + mgy_1 = \frac{1}{2}mv_2^2 + mgy_2 \quad \text{(nur Gravitation)}\,. \qquad (8.12)$$

Unmittelbar bevor der Stein auf dem Boden auftrifft ($y_2 = 0$) ist die potenzielle Energie gleich null: Die gesamte potenzielle Anfangsenergie ist in kinetische Energie umgewandelt worden.

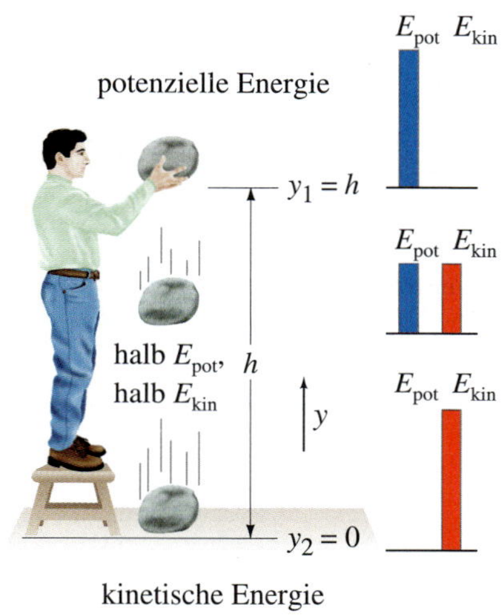

Abbildung 8.7 Während der Stein frei fällt, wandelt sich seine potenzielle Energie in kinetische Energie um. Beachten Sie die Balkendiagramme, die die potenzielle Energie E_{pot} und die kinetische Energie E_{kin} für die drei verschiedenen Positionen darstellen.

2 Die kinetische Energie der Erde kann bei einem sich unter dem Einfluss der Gravitation der Erde bewegenden Körper normalerweise vernachlässigt werden, solange die Masse des Körpers im Vergleich zur Masse der Erde klein ist. Bei einer Masse, die z. B. am Ende einer Feder schwingt, kann die Masse der Feder und damit ihre kinetische Energie häufig vernachlässigt werden.

Beispiel 8.3 Ein Stein im freien Fall

Berechnen Sie die Geschwindigkeit des Steins, wenn seine ursprüngliche Höhe in ► Abbildung 8.7 $y_1 = h = 3{,}0\,\mathrm{m}$ ist und er bis auf eine Höhe von 1,0 m über dem Boden hinuntergefallen ist.

Lösung

Da $v_1 = 0$ (der Moment des Loslassens), $y_1 = 3{,}0\,\mathrm{m}$, $y_2 = 1{,}0\,\mathrm{m}$ und $g = 9{,}8\,\mathrm{m/s^2}$ sind, ergibt die Gleichung 8.12

$$\frac{1}{2}mv_1^2 + mgy_1 = \frac{1}{2}mv_2^2 + mgy_2$$

$$0 + (m)(9{,}8\,\mathrm{m/s^2})(3{,}0\,\mathrm{m}) = \frac{1}{2}mv_2^2 + (m)(9{,}8\,\mathrm{m/s^2})(1{,}0\,\mathrm{m})\,.$$

Wir können die Gleichung durch m dividieren und wenn wir nach v_2^2 auflösen (das, wie wir sehen, nicht von m abhängt) ergibt sich

$$v_2^2 = 2[(9{,}8\,\mathrm{m/s^2})(3{,}0\,\mathrm{m}) - (9{,}8\,\mathrm{m/s^2})(1{,}0\,\mathrm{m})] = 39{,}2\,\mathrm{m^2/s^2}$$

und

$$v_2 = \sqrt{39{,}2}\,\mathrm{m/s} = 6{,}3\,\mathrm{m/s}\,.$$

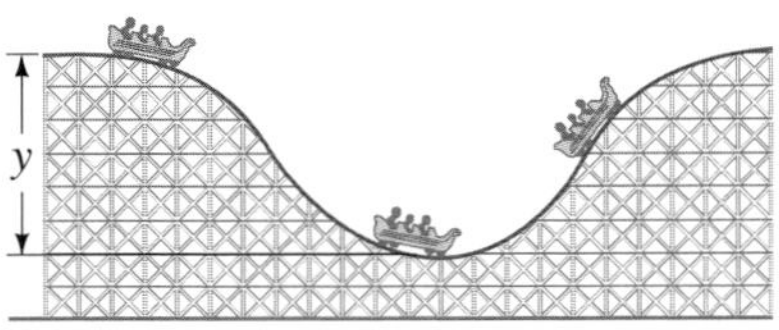

Abbildung 8.8 Ein Achterbahnwagen, der sich ohne Reibung bewegt, veranschaulicht die Erhaltung mechanischer Energie.

Die Gleichung 8.12 ist für jeden Körper gültig, der sich ohne Reibung unter dem Einfluss der Gravitation in Bewegung befindet. Die ► Abbildung 8.8 zeigt z. B. einen Achterbahnwagen, der aus dem Stillstand von der Spitze eines Berges startet und ohne Reibung zum Fuß des Berges hinunterrollt und auf der anderen Seite den Berg wieder hinaufrollt. Sicher, neben der Gravitation wirkt noch eine andere Kraft auf den Wagen, und zwar die durch die Schienen ausgeübte Normalkraft. Aber diese „Zwangskraft" wirkt senkrecht zur Bewegungsrichtung in jedem Punkt und verrichtet daher keine Arbeit. Wir vernachlässigen die Rotationsbewegung der Wagenräder und behandeln den Wagen wie einen Massenpunkt, der eine einfache Translationsbewegung erfährt. Anfangs verfügt der Wagen nur über potenzielle Energie. Während er den Berg hinunterrollt, verliert er jedoch potenzielle Energie und gewinnt kinetische Energie, die Summe beider bleibt allerdings konstant. Am Fuß des Berges hat er seine maximale kinetische Energie erreicht und während er auf der anderen Seite hinauffährt, wandelt sich die kinetische Energie wieder in potenzielle Energie um. Wenn der Wagen wieder zum Stillstand kommt, verfügt er wieder nur über potenzielle Energie. Wenn die potenzielle Energie proportional zur Höhe ist, besagt die Energieerhaltung, dass der Wagen (bei Nichtvorhandensein von Reibung) in einer Höhe zum Stillstand kommt, die gleich seiner Ausgangshöhe ist. Wenn beide Berge gleich hoch sind, wird der Wagen gerade die Spitze des zweiten Berges erreichen, ehe er anhält. Wenn der zweite Berg niedriger ist als der erste, wird nicht die gesamte kinetische Energie des Wagens in potenzielle Energie umgewandelt und der Wagen kann über die Spitze hinaus auf der anderen Seite wieder hinunterfahren. Wenn der zweite Berg höher ist, wird der Wagen an diesem Berg nur eine Höhe erreichen, die seiner Ausgangshöhe am ersten Berg entspricht ist. Wenn keine Reibung vorhanden ist, ist diese Aussage unabhängig davon wahr, wie steil der Berg ist, da die potenzielle Energie nur von der vertikalen Höhe abhängt.

Beispiel 8.4 Die Geschwindigkeit einer Achterbahn unter Nutzung der Energieerhaltung

Nehmen Sie an, dass der Berg in ▸ Abbildung 8.8 40 m hoch ist und der Achterbahnwagen auf der Spitze aus dem Stillstand startet. Berechnen Sie unter diesen Voraussetzungen (a) die Geschwindigkeit des Achterbahnwagens am Fuß des Berges und (b) bei welcher Höhe er die Hälfte dieser Geschwindigkeit hat. Nehmen Sie am Fuß des Berges $y = 0$ (und $E_{pot} = 0$) an.

Lösung

a Wir verwenden die Gleichung 8.12 mit $v_1 = 0$, $y_1 = 40\,\text{m}$ und $y_2 = 0$. Dann ergibt sich

$$\frac{1}{2}mv_1^2 + mgy_1 = \frac{1}{2}mv_2^2 + mgy_2$$

$$0 + (m)(9{,}8\,\text{m/s}^2)(40\,\text{m}) = \frac{1}{2}mv_2^2 + 0\,.$$

Wir dividieren durch m und erhalten $v_2 = \sqrt{2(9{,}8\,\text{m/s}^2)(40\,\text{m})} = 28\,\text{m/s}$.

b Wir wenden dieselbe Gleichung an, aber jetzt ist $v_2 = 14\,\text{m/s}$ (die Hälfte von $28\,\text{m/s}$) und y_2 unbekannt:

$$\frac{1}{2}mv_1^2 + mgy_1 = \frac{1}{2}mv_2^2 + mgy_2$$

$$0 + (m)(9{,}8\,\text{m/s}^2)(40\,\text{m}) = \frac{1}{2}(m)(14\,\text{m/s})^2 + (m)(9{,}8\,\text{m/s}^2)(y_2)\,.$$

Wir dividieren durch m, lösen nach y_2 auf und ermitteln, dass $y_2 = 30\,\text{m}$ ist. Das bedeutet, dass der Wagen eine Geschwindigkeit von 14 m/s hat, wenn er sich sowohl beim Hinunterfahren des linken Berges, als auch beim Hinauffahren des rechten Berges in ▸ Abbildung 8.8 30 Meter über dem tiefsten Punkt befindet.

Die Mathematik dieses Beispiels ist nahezu dieselbe wie in Beispiel 8.3. Es gibt jedoch einen wichtigen Unterschied zwischen beiden. Beispiel 8.3 hätte unter Anwendung von Kraft und Beschleunigung gelöst werden können. Aber in diesem Beispiel, in dem die Bewegung nicht vertikal ist, wäre die Anwendung von $\mathbf{F} = m\mathbf{a}$ sehr schwierig gewesen. Mithilfe der Energieerhaltung erhalten wir dagegen die Antwort ohne weiteres.

Beispiel 8.5 · Begriffsbildung Geschwindigkeiten auf zwei Wasserrutschen

Zwei Wasserrutschen an einem Wasserbecken haben verschiedene Formen, sind aber gleich lang und beginnen in derselben Höhe h (▸ Abbildung 8.9). Zwei Kinder, Paul und Kathrin, starten zum gleichen Zeitpunkt aus dem Stillstand auf verschiedenen Rutschen. (a) Rutscht Paul oder Kathrin schneller nach unten? (b) Wer kommt als erster unten an? Vernachlässigen Sie die Reibung.

Lösung

a Die potenzielle Anfangsenergie mgh jedes der beiden Kinder wird in kinetische Energie umgewandelt, so dass sich die Geschwindigkeit v am

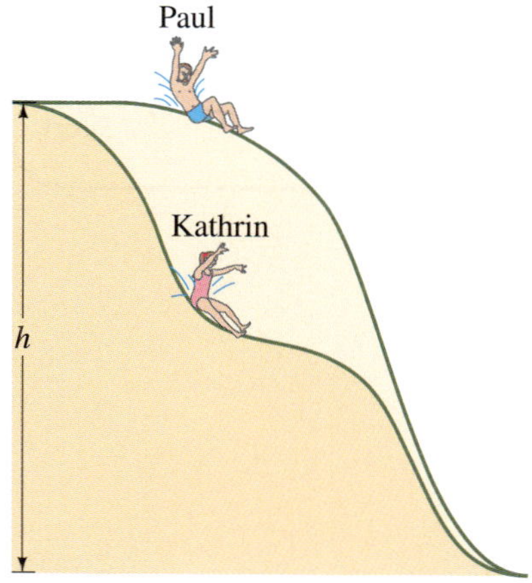

Abbildung 8.9 Beispiel 8.5.

Abbildung 8.10 Umwandlung von Energie während eines Stabhochsprunges.

Abbildung 8.11 Durch das Krümmen ihrer Körper können Stabhochspringer ihren Massenmittelpunkt so niedrig halten, dass er sogar unter der Latte her gleiten könnte. Durch die so erfolgende Umwandlung ihrer kinetischen Energie (des Anlaufens) in potenzielle Energie ($= mgy$) können Stabhochspringer über eine höhere Latte springen, als wenn die Umwandlung in potenzielle Energie ohne das vorsichtige Krümmen des Körpers erfolgen würde.

Fuß der Rutsche aus $\frac{1}{2}mv^2 = mgh$ ergibt. Die Masse hebt sich in dieser Gleichung auf und so ist die Geschwindigkeit dieselbe, unabhängig von der Masse des Kindes. Da beide Kinder dieselbe vertikale Höhe hinabrutschen, ist ihre Geschwindigkeit gleich, wenn sie unten ankommen.

b Beachten Sie, dass Kathrin sich während des gesamten Weges zu jedem Zeitpunkt ständig auf einer niedrigeren Höhe als Paul befindet. Das bedeutet, dass sie ihre potenzielle Energie früher in kinetische Energie umgewandelt hat. Folglich rutscht sie auf dem gesamten Weg schneller als Paul, bis auf das Ende, an dem Paul schließlich dieselbe Geschwindigkeit erreicht. Da Kathrin fast den gesamten Weg schneller rutscht und die Entfernung dieselbe ist, kommt Kathrin als Erste unten an.

Im Sport gibt es viele interessante Beispiele für die Erhaltung von Energie. Eines davon ist der in ► Abbildung 8.10 veranschaulichte Stabhochsprung. Häufig müssen wir Näherungen vornehmen, aber in diesem Fall ist die Abfolge von Ereignissen grob umrissen folgendermaßen: Die kinetische Energie des anlaufenden Athleten wird in elastische Energie eines gebogenen Stabes und beim Absprung des Athleten in potenzielle Energie umgewandelt. Wenn der Stabhochspringer die Spitze erreicht und der Stab wieder gerade ist, ist die gesamte Energie in potenzielle Energie umgewandelt worden (wenn wir die geringe horizontale Geschwindigkeit des Stabhochspringers über der Latte vernachlässigen). Der Stab liefert keine Energie, wirkt aber als Instrument für das *Speichern* von Energie und hilft somit bei der Umwandlung von kinetischer Energie in potenzielle Energie, die das Nettoergebnis darstellt. Die für das Überspringen der Latte erforderliche Energie hängt davon ab, wie hoch der Massenmittelpunkt[3] des Stabhochspringers gehoben werden muss. Stabhochspringer halten ihren Massenmittelpunkt durch das Krümmen ihres Körpers so niedrig, dass er tatsächlich knapp unter der Latte her gleiten kann (► Abbildung 8.11). Dies ermöglicht es den Springern, höher zu springen.

ANGEWANDTE PHYSIK

Sport

Beispiel 8.6 · Abschätzung **Stabhochsprung**

Schätzen Sie die kinetische Energie und die Geschwindigkeit ab, die ein Stabhochspringer mit einer Masse von 70 kg benötigt, um eine 5,0 m hohe Latte gerade zu überspringen. Nehmen Sie an, dass sich der Massenmittelpunkt des Springers anfangs 0,90 m über dem Boden befindet und seine maximale Höhe in Höhe der Latte erreicht.

Lösung

Wir setzen die Gesamtenergie, unmittelbar bevor der Springer das Ende des Stabes auf dem Boden aufsetzt (und der Stab sich zu biegen beginnt und potenzielle Energie speichert), mit der Gesamtenergie des Springers beim Überspringen der Latte gleich (wir vernachlässigen die geringe kinetische Energie in diesem Punkt). Die Anfangsposition des Massenmittelpunktes des Springers wählen wir bei $y_1 = 0$. Der Körper des Stabhochspringers muss dann auf

3 Der Massenmittelpunkt eines Körpers ist der Punkt, in dem die gesamte Masse des Körpers zwecks Beschreibung seiner Translationsbewegung als konzentriert betrachtet werden kann. (Dieses Thema wird in Kapitel 9 erörtert.) In der Gleichung 8.12 stellt y die Lage des Massenmittelpunktes dar.

eine Höhe von $y_2 = 5{,}0\,\mathrm{m} - 0{,}9\,\mathrm{m} = 4{,}1\,\mathrm{m}$ angehoben werden. So ergibt sich unter Verwendung der Gleichung 8.12

$$\frac{1}{2}mv_1^2 + 0 = 0 + mgy_2$$

und

$$E_{\mathrm{kin},1} = \frac{1}{2}mv_1^2 = mgy_2 = (70\,\mathrm{kg})(9{,}8\,\mathrm{m/s^2})(4{,}1\,\mathrm{m}) = 2{,}8 \cdot 10^3\,\mathrm{J}\,.$$

Die Geschwindigkeit beträgt

$$v_1 = \sqrt{\frac{2E_{\mathrm{kin},1}}{m}} = \sqrt{\frac{2(2800\,\mathrm{J})}{70\,\mathrm{kg}}} = 8{,}9\,\mathrm{m/s}\,.$$

Dies ist ein Näherungswert, da wir die Geschwindigkeit des Springers beim Überqueren der Latte, die umgewandelte mechanische Energie beim Aufsetzen des Stabes und die durch den Springer am Stab verrichtete Arbeit nicht genau berücksichtigt haben.

Betrachten wir als weiteres Beispiel für die Erhaltung von mechanischer Energie eine Masse m, die mit einer horizontalen Feder verbunden ist, deren eigene Masse vernachlässigt werden kann und deren Federkonstante k ist. Die Masse m hat zu jedem Zeitpunkt die Geschwindigkeit v und die potenzielle Energie des Systems beträgt $\frac{1}{2}kx^2$. Dabei ist x die Auslenkung der Feder aus ihrer ungedehnten Lage. Wenn weder Reibung noch eine andere Kraft wirkt, besagt der Energieerhaltungssatz, dass

Erhaltung mechanischer Energie (nur Federkraft)

$$\frac{1}{2}mv_1^2 + \frac{1}{2}kx_1^2 = \frac{1}{2}mv_2^2 + \frac{1}{2}kx_2^2\,. \qquad \left(\begin{array}{c}\text{nur potenzielle}\\ \text{Energie einer Feder}\end{array}\right) \qquad (8.13)$$

Dabei beziehen sich die tiefgestellten Index 1 und 2 auf die Geschwindigkeit und den Weg (die Auslenkung) in zwei verschiedenen Punkten.

Beispiel 8.7 Spielzeugpistole

Ein Pfeil mit einer Masse von 0,100 kg wird gegen die Feder einer Spielzeugpistole gedrückt, wie in ▸ Abbildung 8.12 dargestellt. Die Feder (mit einer Federkonstanten von $k = 250\,\mathrm{N/m}$ wird 6,0 cm zusammengedrückt und losgelassen. Wie groß ist die Geschwindigkeit, die der Pfeil erreicht, wenn er sich in dem Moment von der Feder löst, in dem diese ihre Ausgangslänge ($x = 0$) erreicht?

Lösung

In horizontaler Richtung wirkt nur die von der Feder ausgeübte Kraft auf den Pfeil (die Reibung vernachlässigen wir). Vertikal wird die Gravitation durch die von dem Pistolenlauf auf den Pfeil ausgeübte Normalkraft ausgeglichen. (Nachdem der Pfeil den Lauf verlassen hat, folgt er der Bahn eines Geschosses unter Einwirkung der Gravitation.) Wir wenden die Gleichung 8.13 an. Dabei befindet sich Punkt 1 bei maximaler Kompression der Feder, so dass $v_1 = 0$ (Pfeil noch nicht losgelassen) und $x_1 = -0{,}060\,\mathrm{m}$. Punkt 2 wählen wir für den Moment, in dem der Pfeil vom Ende der Feder wegfliegt (▸ Abbildung 8.12),

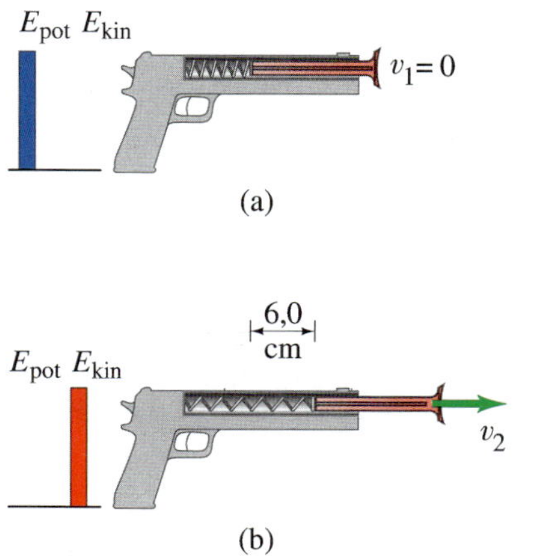

Abbildung 8.12 Beispiel 8.7. (a) Ein Pfeil wird gegen eine Feder gedrückt und drückt sie 6,0 cm zusammen. Dann wird der Pfeil losgelassen und verlässt (b) die Feder mit hoher Geschwindigkeit (v_2).

so dass $x_2 = 0$ ist und wir v_2 ermitteln wollen. So kann die Gleichung 8.13 geschrieben werden als

$$0 + \frac{1}{2}kx_1^2 = \frac{1}{2}mv_2^2 + 0\,,$$

so dass

$$v_2 = \sqrt{\frac{kx_1^2}{m}} = \sqrt{\frac{(250\,\mathrm{N/m})(0{,}060\,\mathrm{m})^2}{0{,}100\,\mathrm{kg}}} = 3{,}0\,\mathrm{m/s}\,.$$

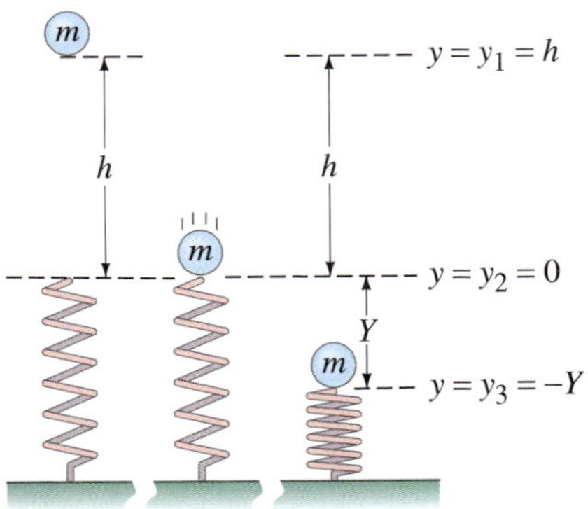

Abbildung 8.13 Beispiel 8.8.

Beispiel 8.8 Zwei Formen potenzieller Energie

Ein Ball mit einer Masse $m = 2{,}60\,\mathrm{kg}$, der aus der Ruhelage startet, fällt einen vertikalen Weg $h = 55{,}0\,\mathrm{cm}$, bevor er auf eine vertikal angeordnete Spiralfeder trifft, die er um einen Betrag $Y = 15{,}0\,\mathrm{cm}$ zusammendrückt (siehe ▸ Abbildung 8.13). Bestimmen Sie die Federkonstante der Feder. Nehmen Sie an, dass die Masse der Feder vernachlässigt werden kann. Messen Sie alle Wege von dem Punkt aus, in dem der Ball zum ersten Mal auf die entspannte Feder trifft ($y = 0$ in diesem Punkt).

Lösung

Da die Bewegung vertikal ist, verwenden wir y anstatt x (y positiv in Aufwärtsrichtung). Wir teilen diese Lösung in zwei Teile auf. (Siehe auch nachstehende alternative Lösung.)

Teil 1: Betrachten wir zunächst die Energieänderungen des Balls, während er aus einer Höhe $y_1 = h = 0{,}55\,\mathrm{m}$, ▸ Abbildung 8.13a, auf eine Höhe $y_2 = 0$, direkt bevor er die Feder berührt, ▸ Abbildung 8.13b, fällt. Unser System besteht aus dem Ball, auf den die Gravitationskraft wirkt (bisher ist die Feder untätig), so dass gilt

$$\frac{1}{2}mv_1^2 + mgy_1 = \frac{1}{2}mv_2^2 + mgy_2$$

$$0 + mgh = \frac{1}{2}mv_2^2 + 0$$

und

$$v_2 = \sqrt{2gh} = \sqrt{2(9{,}80\,\mathrm{m/s^2})(0{,}550\,\mathrm{m})} = 3{,}28\,\mathrm{m/s}\,.$$

Teil 2: Wenn der Ball die Feder zusammendrückt, ▸ Abbildung 8.13b bis c, wirken zwei konservative Kräfte auf den Ball – die Gravitation und die Federkraft. So wird unsere Energiegleichung zu

Erhaltung von Energie: potenzielle Energie als Folge der Gravitation und potenzielle Energie einer Feder

$$E\ \text{(Ball berührt Feder)} = E\ \text{(Feder zusammengedrückt)}$$

$$\frac{1}{2}mv_2^2 + mgy_2 + \frac{1}{2}ky_2^2 = \frac{1}{2}mv_3^2 + mgy_3 + \frac{1}{2}ky_3^2\,.$$

Wir nehmen Punkt 2 als den Zeitpunkt, an dem der Ball die Feder gerade berührt, so dass $y_2 = 0$ und $v_2 = 3{,}28\,\mathrm{m/s}$. Punkt 3 stellt den Zeitpunkt dar, an dem der Ball zur Ruhe kommt und die Feder vollständig zusammengedrückt ist, so dass $v_3 = 0$ und $y_3 = -Y = -0{,}150\,\mathrm{m}$ (gegeben). Wenn wir dies in die obige Energiegleichung einsetzen, erhalten wir

$$\frac{1}{2}mv_2^2 + 0 + 0 = 0 - mgY + \frac{1}{2}kY^2\,.$$

m, v_2 und Y sind bekannt, so dass wir nach k auflösen können:

$$k = \frac{2}{Y^2}\left[\frac{1}{2}mv_2^2 + mgY\right]$$
$$= \frac{m}{Y^2}\left[v_2^2 + 2gY\right]$$
$$= \frac{2{,}60\,\text{kg}}{(0{,}150\,\text{m})^2}[(3{,}28\,\text{m/s})^2 + 2(9{,}80\,\text{m/s}^2)(0{,}150\,\text{m})] = 1580\,\text{N/m}\,.$$

Alternative Lösung

Statt die Aufgabe in zwei Teilschritten zu lösen, können wir die Lösung auch in einem Schritt durchführen. Schließlich haben wir die Möglichkeit zu wählen, welche beiden Punkte auf der linken und auf der rechten Seite der Energiegleichung benutzt werden. Schreiben wir die Energiegleichung für die Punkte 1 und 3 (▸ Abbildung 8.13). Punkt 1 ist der Anfangspunkt, direkt bevor der Ball zu fallen beginnt (▸ Abbildung 8.13a), so dass $v_1 = 0$, $y_1 = h = 0{,}550\,\text{m}$, und Punkt 3 ist der Zeitpunkt, an dem die Feder vollständig zusammengedrückt ist (▸ Abbildung 8.13c), so dass $v_3 = 0$ und $y_3 = -Y = -0{,}150\,\text{m}$. Die in diesem Prozess auf den Ball wirkenden Kräfte sind die Gravitation und (zumindest zeitweise) die Federkraft. So besagt die Energieerhaltung, dass

$$\frac{1}{2}mv_1^2 + mgy_1 + \frac{1}{2}k(0)^2 = \frac{1}{2}mv_3^2 + mgy_3 + \frac{1}{2}ky_3^2$$
$$0 + mgh + 0 = 0 - mgY + \frac{1}{2}kY^2\,.$$

Dabei haben wir im Punkt 1 für die Feder $y = 0$ gesetzt, weil die Feder entspannt, also weder zusammengedrückt noch gedehnt ist in diesem Punkt. Wir lösen nach k auf:

$$k = \frac{2mg(h+Y)}{Y^2} = \frac{2(2{,}60\,\text{kg})(9{,}80\,\text{m/s}^2)(0{,}550\,\text{m} + 0{,}150\,\text{m})}{(0{,}150\,\text{m})^2} = 1580\,\text{N/m}\,.$$

Dies ist dasselbe Ergebnis wie bei der ersten Lösungsmethode.

PROBLEMLÖSUNG
Alternative Lösung

Beispiel 8.9 Ein Bungeesprung

David springt mit einem Bungeeseil (ein schweres, dehnbares Seil) um seinen Knöchel von einer Brücke (▸ Abbildung 8.14). Er fällt 15 Meter frei, bevor das Bungeeseil sich zu dehnen beginnt. David hat eine Masse von 75 kg und wir nehmen an, dass das Seil dem Hooke'schen Gesetz, $F = -kx$, mit $k = 50\,\text{N/m}$, unterliegt. Schätzen Sie ab, wie weit David von der Brücke hinunterfällt, bevor er zum Stillstand kommt, und vernachlässigen Sie dabei den Luftwiderstand. Vernachlässigen Sie ebenfalls die Masse des Seils (das ist allerdings nicht realistisch).

Lösung

David beginnt mit potenzieller Energie, die während seines freien Falls in kinetische und die potenzielle Energie einer Feder umgewandelt wird. Unter der Annahme, dass keine Reibungskräfte auf unser System wirken, muss die Gesamtenergie zu Beginn dieselbe Gesamtenergie sein wie am Ende. Wenn wir unser Koordinatensystem so definieren, dass $y = 0$ im tiefsten Punkt von Davids Sprung ist, und die Dehnung des Seils in diesem Punkt durch Δy darstellen, beträgt der gesamte Fall (siehe ▸ Abbildung 8.14)

$$h = 15\,\text{m} + \Delta y\,.$$

ANGEWANDTE PHYSIK
Bungeesprung

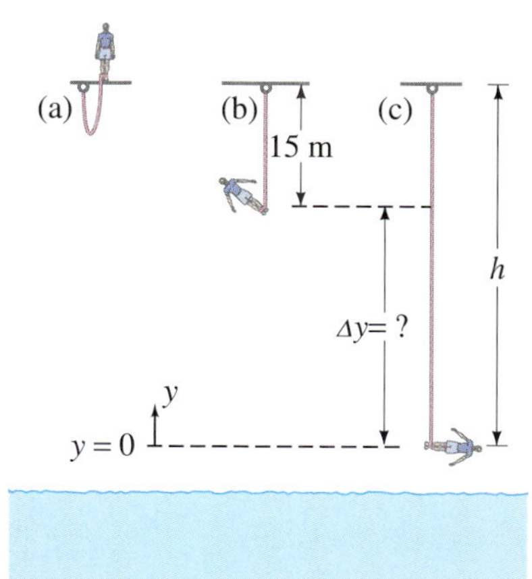

Abbildung 8.14 Beispiel 8.9. (a) Bungeespringer kurz vor dem Absprung. (b) Bungeeseil in ungedehnter Länge. (c) Maximale Dehnung des Seils.

Die Energieerhaltung ergibt dann:

$$E_{kin,1} + E_{pot,1} = E_{kin,2} + E_{pot,2}$$

$$0 + mg(15\,\text{m} + \Delta y) = 0 + \frac{1}{2}k(\Delta y)^2 \,.$$

Wir wenden die quadratische Formel an, um nach Δy aufzulösen, und erhalten zwei Lösungen:

$$\Delta y = 40\,\text{m} \quad \text{und} \quad \Delta y = -11\,\text{m}\,.$$

Die negative Lösung ist physikalisch nicht relevant, so dass der Weg, den David bei seinem Fall frei fällt

$$h = 15\,\text{m} + 40\,\text{m} = 55\,\text{m}$$

beträgt.

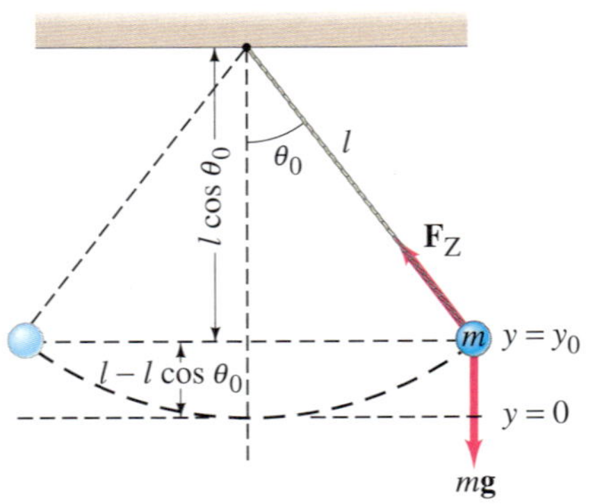

Abbildung 8.15 Beispiel 8.10. Ein Fadenpendel. y wird positiv in Aufwärtsrichtung gemessen.

Beispiel 8.10 Ein schwingendes Pendel

Das in ► Abbildung 8.15 dargestellte Fadenpendel besteht aus einem kleinen Pendelgewicht mit der Masse m, das an einem masselosen Faden mit der Länge l aufgehängt ist. Das Pendelgewicht wird (ohne Schub) bei $t = 0$ losgelassen, wenn der Faden mit der Vertikalen einen Winkel $\theta = \theta_0$ bildet. (a) Beschreiben Sie die Bewegung des Pendelgewichtes, ausgedrückt in kinetischer und potenzieller Energie. Bestimmen Sie dann die Geschwindigkeit des Pendelgewichtes (b) in Abhängigkeit von θ, während es hin- und herschwingt, und (c) im tiefsten Punkt der Schwingungsbewegung. (d) Ermitteln Sie die Zugkraft $\mathbf{F}_Z$ in dem Seil. Vernachlässigen Sie Reibung und Luftwiderstand.

Lösung

a Zum Zeitpunkt des Loslassens befindet sich das Pendelgewicht im Stillstand, so dass $E_{kin} = 0$. Wenn das Pendelgewicht fällt, verliert es potenzielle Energie und gewinnt kinetische Energie. Im tiefsten Punkt hat seine kinetische Energie einen Maximalwert und die potenzielle Energie einen Minimalwert. Das Pendelgewicht schwingt weiter, bis es auf der anderen Seite eine identische Höhe und einen identischen Winkel (θ_0) erreicht. In diesem Punkt hat die potenzielle Energie einen Maximalwert und $E_{kin} = 0$. Das Pendelgewicht schwingt weiter in der Folge $E_{pot} \to E_{kin} \to E_{pot}$ etc., es kann aber nie höher schwingen als $\theta = \pm\theta_0$ (Erhaltung der mechanischen Energie).

b Der Faden wird als masselos angenommen. So brauchen wir uns nicht mit der Energie des Fadens zu befassen, sondern nur mit der kinetischen und der potenziellen Energie des Pendelgewichtes. Zwei Kräfte wirken zu jedem Zeitpunkt auf das Pendelgewicht: die Gravitation mg und die Kraft $\mathbf{F}_Z$, die das Seil auf das Gewicht ausübt. Letztere wirkt immer senkrecht zur Bewegung und verrichtet folglich keine Arbeit. Wir müssen uns nur mit der Gravitation befassen, für die wir die potenzielle Energie schreiben können. Die mechanische Energie des Systems ist

$$E = \frac{1}{2}mv^2 + mgy\,.$$

Dabei ist y die vertikale Höhe des Pendelgewichtes zu jedem Zeitpunkt. Wir nehmen $y = 0$ im tiefsten Punkt der Schwingungsbewegung des Pendelgewichtes. Folglich gilt bei $t = 0$

$$y = y_0 = l - l\cos\theta_0 = l(1 - \cos\theta_0)\,,$$

wie aus der Zeichnung ersichtlich ist. Zum Zeitpunkt des Loslassens ist

$$E = mgy_0\,,$$

da $v = v_0 = 0$. In jedem anderen Punkt der Schwingungsbewegung gilt

$$E = \frac{1}{2}mv^2 + mgy = mgy_0\,.$$

Dies lösen wir nach v auf:

$$v = \sqrt{2g(y_0 - y)}\,.$$

Ausgedrückt im Winkel θ des Fadens können wir schreiben:

$$v = \sqrt{2gl(\cos\theta - \cos\theta_0)}\,,$$

da $y = l - l\cos\theta$ und $y_0 = l - l\cos\theta_0$.

c Im tiefsten Punkt ist $y = 0$, so dass

$$v = \sqrt{2gy_0} \quad \text{oder} \quad v = \sqrt{2gl(1 - \cos\theta_0)}\,.$$

d Die Zugkraft in dem Faden ist die Kraft $\mathbf{F}_Z$, die der Faden auf das Pendelgewicht ausübt. Wie wir gesehen haben, verrichtet diese Kraft keine Arbeit. Aber wir können die Kraft berechnen, indem wir einfach das zweite Newton'sche Axiom, $\sum\mathbf{F} = m\mathbf{a}$, anwenden und beachten, dass die nach innen gerichtete Radialbeschleunigung des Pendelgewichtes in jedem Punkt v^2/l ist, da das Pendelgewicht gezwungen wird, sich auf einem Kreisbogen zu bewegen. In radialer Richtung wirkt $\mathbf{F}_Z$ nach innen und eine Komponente der Gravitation, die gleich $mg\cos\theta$ ist, wirkt nach außen. Folglich gilt:

$$m\frac{v^2}{l} = F_Z - mg\cos\theta\,.$$

Wir lösen nach $\mathbf{F}_Z$ auf und benutzen für v^2 das Ergebnis aus Teil (b):

$$F_Z = m\left(\frac{v^2}{l} + g\cos\theta\right) = 2mg(\cos\theta - \cos\theta_0) + mg\cos\theta$$
$$= (3\cos\theta - 2\cos\theta_0)mg\,.$$

8.5 Der Energieerhaltungssatz

Wir berücksichtigen jetzt nichtkonservative Kräfte wie die Reibung, da sie in realen Situationen wichtig sind. Betrachten wir z. B. erneut den Achterbahnwagen in ► Abbildung 8.8, beziehen aber dieses Mal die Reibung mit ein. In diesem Fall wird der Wagen auf Grund der Reibung am zweiten Berg nicht dieselbe Höhe wie am ersten Berg erreichen.

Dissipative Kräfte

In diesem und anderen Prozessen bleibt die mechanische Energie (die Summe aus kinetischer und potenzieller Energie) nicht konstant, sondern nimmt ab. Da Reibungskräfte die mechanische Gesamtenergie reduzieren, werden sie **dissipative Kräfte** genannt. Historisch gesehen verhinderte das Vorhandensein von dissipativen Kräften die Formulierung eines umfassenden Energieerhaltungssatzes bis weit in das neunzehnte Jahrhundert hinein. Erst dann wurde Wärme, die immer entsteht, wenn Reibung vorhanden ist (reiben Sie einfach Ihre Hände aneinander), als eine Form von Energie interpretiert. Untersuchungen von Wissenschaftlern des neunzehnten Jahrhunderts (Kapitel 19) zeigten, dass, wenn **Wärme** als Energieform betrachtet wird, die Gesamtenergie in jedem Prozess erhalten bleibt. Wenn der Achterbahnwagen in ► Abbildung 8.8 z. B. Reibungskräften ausgesetzt ist, ist

Abbildung 8.16 Das Verbrennen von Kraftstoff (eine chemische Reaktion) setzt Energie für das Kochen von Wasser in dieser Dampflokomotive frei. Der erzeugte Dampf dehnt sich gegen einen Kolben aus und verrichtet Arbeit, indem er die Räder dreht.

die gesamte Anfangsenergie des Wagens in jedem Punkt seines Weges gleich der Summe aus kinetischer Energie, potenzieller Energie und der in dem Prozess erzeugten Menge an Wärme. Die durch eine konstante Reibungskraft F_R erzeugte Wärme ist gleich der durch diese Kraft verrichteten Arbeit. Ein Block, der frei über einen Tisch gleitet, kommt z. B. auf Grund der Reibung zum Stillstand. Seine gesamte kinetische Anfangsenergie wird in Wärme umgewandelt. Der Block und der Tisch sind als Folge dieses Prozesses beide etwas wärmer. Ein deutlicheres Beispiel für die Umwandlung von kinetischer Energie in Wärme beobachtet man, wenn man einige Male kräftig mit einem Hammer auf einen Nagel schlägt und den Nagel anschließend vorsichtig mit dem Finger berührt.

In Kapitel 18 werden wir sehen, dass ein Temperaturanstieg eines Körpers einer Zunahme der durchschnittlichen kinetischen Energie der Moleküle entspricht. Als *innere Energie* eines Körpers oder Stoffes bezeichnen wir die Energie von Atomen und Molekülen, aus denen dieser aufgebaut ist. Aus mikroskopischer Sicht kann innere Energie[4] nicht nur die kinetische Energie von Molekülen beinhalten, sondern auch potenzielle Energie (elektrischer Art) auf Grund der relativen Positionen von Atomen innerhalb der Moleküle. Das Phänomen der Reibung stellt makroskopisch aus Sicht eines Körpers eine nichtkonservative Kraft dar, mikroskopisch jedoch ist Energie in Form von kinetischer und potenzieller Energie von Atomen und Molekülen an der Grenzfläche zweier Körper oder Stoffe verteilt und die wirkenden Kräfte sind überwiegend konservativ. Die in Lebensmitteln oder in Kraftstoff wie Benzin gespeicherte Energie kann z. B. als auf Grund der relativen Positionen der Atome innerhalb eines Moleküls gespeicherte potenzielle Energie betrachtet werden. Damit diese Energie dazu verwendet werden kann, Arbeit zu verrichten, muss sie freigesetzt werden, normalerweise durch eine chemische Reaktion (▶ Abbildung 8.16). Dies ähnelt einer zusammengedrückten Feder, die nach dem Loslassen Arbeit verrichten kann.

Zur Aufstellung des verallgemeinerten Energieerhaltungssatzes mussten die Physiker des neuzehnten Jahrhunderts die elektrische, chemische und andere Formen von Energie neben der Wärme erkennen und herausfinden, ob diese tatsächlich einem Erhaltungsgesetz unterliegen. Es ist immer möglich gewesen, für jede Form von Kraft, ob konservativ oder nichtkonservativ, eine Energieform zu definieren, die der durch eine solche Kraft verrichteten Arbeit entspricht. Außerdem fand man durch Versuche heraus, dass die Gesamtenergie E immer konstant bleibt. Das bedeutet, dass die Änderung in der Gesamtenergie, kinetische plus potenzielle plus alle anderen Energieformen, gleich null ist:

$$\Delta E_{\text{kin}} + \Delta E_{\text{pot}} + (\text{Änderung in allen anderen Energieformen}) = 0\,. \tag{8.14}$$

Dies ist eines der wichtigsten Prinzipien in der Physik. Man bezeichnet es als **Energieerhaltungssatz** und er kann wie folgt formuliert werden:

ENERGIEERHALTUNGSSATZ

Die Gesamtenergie nimmt in einem Prozess niemals zu oder ab. Energie kann von einer Form in eine andere umgewandelt und von einem Körper auf einen anderen übertragen werden, aber der Gesamtbetrag bleibt konstant.

Bei konservativen mechanischen Systemen kann dieser Satz aus den Newton'schen Gesetzen (Abschnitt 8.3) abgeleitet werden und ist daher äquivalent zu ihnen. Aber in seiner vollen Allgemeingültigkeit beruht die Gültigkeit des Energieerhaltungssatzes auf experimenteller Beobachtung. Und obwohl sich die Newton'schen Gesetze im submikroskopischen Bereich des Atoms als nicht gültig herausgestellt haben, hat man festgestellt, dass sich der Energieerhaltungssatz in diesem Bereich sowie in allen bisher durchgeführten Versuchen als zutreffend erwiesen hat.

4 Der Begriff *innere Energie* kann auch für kinetische und potenzielle Energie der inneren Teile eines Körpers verwendet werden, wie z. B. Schwingung, wenn wir in erster Linie an der Bewegung des Körpers als Ganzem interessiert sind.

8.6 Energieerhaltung mit dissipativen Kräften – Problemlösungen

In Abschnitt 8.4 haben wir mehrere Beispiele für den Energieerhaltungssatz bei konservativen Systemen erörtert. Betrachten wir nun einige Beispiele genauer, in denen nichtkonservative Kräfte beteiligt sind.

Nehmen wir z. B. an, dass der Achterbahnwagen, der über die Berge in ► Abbildung 8.8 rollt, Reibungskräften ausgesetzt ist. Auf dem Weg von einem Punkt 1 zu einem zweiten Punkt 2 beträgt die durch die auf den Wagen wirkende Reibungskraft $\mathbf{F}_R$ verrichtete Arbeit $W_R = \int_1^2 \mathbf{F}_R \, d\mathbf{s}$. Wenn $\mathbf{F}_R$ einen konstanten Betrag hat, ist $W_R = -F_R s$. Dabei ist s der tatsächlich von dem Körper von Punkt 1 nach Punkt 2 entlang der Bahn zurückgelegte Weg. (Das Minuszeichen ist dadurch begründet, dass $\mathbf{F}_R$ der Bewegung und somit $d\mathbf{s}$ entgegengerichtet ist.) Laut dem Energieerhaltungssatz (Gleichung 7.11) ist die an einem Körper verrichtete Nettoarbeit W_{net} gleich der Änderung in seiner kinetischen Energie:

$$\Delta E_{kin} = W_{net} \,.$$

Die Kräfte, die im vorliegenden Fall Arbeit an dem Wagen verrichten, sind die Gravitation und die Reibung (die von dem Unterbau oder den Schienen auf den Wagen ausgeübte Normalkraft verrichtet keine Arbeit, da sie senkrecht zur Bewegung wirkt). Folglich können wir schreiben:

$$W_{net} = W_k + W_{nk} \,.$$

Dabei steht W_k für die durch konservative Kräfte (Gravitation bei unserem Wagen) verrichtete Arbeit und W_{nk} für die durch nichtkonservative Kräfte (Reibung) verrichtete Arbeit. In Abschnitt 8.2 (Gleichung 8.4) haben wir gesehen, dass die durch eine konservative Kraft wie die Gravitation verrichtete Arbeit als potenzielle Energie ausgedrückt werden kann:

$$W_k = \int_1^2 \mathbf{F} \cdot d\mathbf{s} = -\Delta E_{pot} \,.$$

Folglich können wir schreiben

$$\Delta E_{kin} = -\Delta E_{pot} + W_{nk}$$

oder

$$\Delta E_{kin} + \Delta E_{pot} = W_{nk} \,. \qquad (8.15)$$

Energieerhaltung (Energieerhaltungssatz: allgemeine Form)

Diese Gleichung stellt die allgemeine Form des Energieerhaltungssatzes dar. Bei unserem Wagen ist W_{nk} die durch die Reibungskraft verrichtete Arbeit und stellt Wärme dar. Die Gleichung 8.15 besagt, dass die Änderung in der mechanischen Energie, $\Delta(E_{kin} + E_{pot})$, die hier eine Abnahme ist, da $W_{nk} < 0$ ($\mathbf{F}_R$ und $d\mathbf{s}$ wirken in entgegengesetzten Richtungen), in Wärme übergeht. Aber die Gleichung 8.15 ist allgemeingültig. W_{nk} muss auf der rechten Seite der Gleichung 8.15 die durch alle Kräfte verrichtete Gesamtarbeit sein, die nicht in dem Term der potenziellen Energie, ΔE_{pot}, auf der linken Seite enthalten sind.[5] Der Term der potenziellen Energie, E_{pot}, sollte alle wirkenden konservativen Kräfte enthalten.

Erhaltung von Energie mit Gravitation und Reibung

Schreiben wir die Gleichung 8.15 für unseren Achterbahnwagen aus ► Abbildung 8.8, der hier in ► Abbildung 8.17 dargestellt ist, um und setzen, wie oben

5 Eine konservative Kraft könnte, falls gewünscht, eher als eine Arbeit verrichtende Kraft betrachtet werden (und deshalb in W_{nk} auf der rechten Seite in Gleichung 8.15 mit einbezogen werden) als eine Änderung in der potenziellen Energie. Nichtkonservative Kräfte (wie die Reibung) *müssen* dagegen in dem Arbeitsterm W_{nk} enthalten sein. Es ist darauf hinzuweisen, dass alle auf einen Körper wirkenden Kräfte in irgendeinem Term enthalten sein müssen. Aber machen Sie nicht den Fehler, dieselbe Kraft zweimal einzubeziehen, einmal in den Term der potenziellen Energie E_{pot} und ein zweites Mal in dem Arbeitsterm W.

Abbildung 8.17 Rollender Achterbahnwagen, wie in Abbildung 8.8, aber jetzt mit Reibung. Beispiel 8.11.

erörtert, $W_{nk} = -F_R s$:

$$W_R = -F_R s = \Delta E_{kin} + \Delta E_{pot} = \left(\frac{1}{2}mv_2^2 - \frac{1}{2}mv_1^2\right) + (mgy_2 - mgy_1)$$

oder

$$\frac{1}{2}mv_1^2 + mgy_1 = \frac{1}{2}mv_2^2 + mgy_2 + F_R s\,. \quad \begin{pmatrix}\text{Gravitation und}\\ \text{Reibung wirken}\end{pmatrix} \tag{8.16}$$

Diese letzte Gleichung können wir schreiben als

Anfangsenergie = Endenergie (einschließlich Wärme) .

Auf der linken Seite haben wir die mechanische Anfangsenergie des Systems. Sie ist gleich der mechanischen Energie in jedem folgenden Punkt des Weges plus dem Betrag an in dem Prozess erzeugter Wärme (oder innerer Energie).

Beispiel 8.11 Reibung an der Achterbahn

Der Achterbahnwagen in Beispiel 8.4, der in einer Höhe $y_1 = 40$ m startet, erreicht am zweiten Berg nur eine vertikale Höhe von 25 m, bevor er zum Stillstand kommt (▶ Abbildung 8.17). Er hat einen Gesamtweg von 400 m zurückgelegt. Schätzen Sie die auf den Wagen wirkende durchschnittliche Reibungskraft (nehmen Sie sie als konstant an) ab. Der Wagen hat eine Masse von 1000 kg.

Lösung

Wir nutzen die Energieerhaltung, hier in Form der Gleichung 8.16, und nehmen Punkt 1 als den Zeitpunkt, an dem der Wagen zu rollen beginnt, und Punkt 2 als den Zeitpunkt, an dem er anhält. Dann ist $v_1 = 0$, $y_1 = 40$ m, $v_2 = 0$, $y_2 = 25$ m und $s = 400$ m. Somit gilt

$$0 + (1000\,\text{kg})(9{,}8\,\text{m/s}^2)(40\,\text{m}) = 0 + (1000\,\text{kg})(9{,}8\,\text{m/s}^2)(25\,\text{m}) + F_R(400\,\text{m})\,.$$

Das lösen wir nach F_R auf und erhalten $F_R = 370$ N.

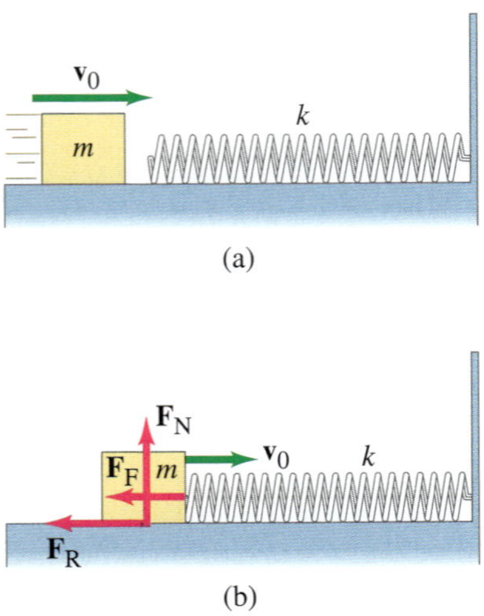

Abbildung 8.18 Beispiel 8.12.

Beispiel 8.12 Reibung bei einer Feder

Ein Block mit der Masse m gleitet mit einer Geschwindigkeit v_0 über eine raue horizontale Fläche, als er frontal auf eine masselose Feder trifft (siehe ▶ Abbildung 8.18) und die Feder um einen maximalen Weg X zusammendrückt. Bestimmen Sie die Gleitreibungszahl zwischen Block und Fläche, wenn die Feder eine Federkonstante k hat.

Lösung

Im Moment des Zusammenstoßes hat der Block $E_{kin} = \frac{1}{2}mv_0^2$ und die Feder ist entspannt, so dass $E_{pot} = 0$. Anfangs beträgt die mechanische Energie des Systems $\frac{1}{2}mv_0^2$. Wenn die Feder ihre maximale Kompression erreicht, ist $E_{kin} = 0$ und $E_{pot} = \frac{1}{2}kX^2$. In der Zwischenzeit hat die Reibungskraft ($= \mu_G F_N = \mu_G mg$) eine Arbeit $W = -\mu_G mgX$ verrichtet, die in Wärme übergeht. Auf der Grundlage der Energieerhaltung können wir schreiben:

Energie (Anfang) = Energie (Ende)

$$\frac{1}{2}mv_0^2 = \frac{1}{2}kX^2 + \mu_G mgX\,.$$

Wir lösen nach μ_G auf und erhalten

$$\mu_G = \frac{v_0^2}{2gX} - \frac{kX}{2mg}\,.$$

Problemlösung ist kein Prozess, der einfach durch Befolgen einiger Regeln durchgeführt werden kann. Der folgende Kasten zur Problemlösung ist daher wie alle anderen auch *kein* Rezept, sondern eine Zusammenfassung, die Ihnen helfen soll, einen Lösungsansatz für Aufgaben, die mit Energieerhaltung zu tun haben, zu finden.

Problemlösung

Erhaltung von Energie

1. Fertigen Sie eine Zeichnung an.
2. Bestimmen Sie das System, bei dem Energie erhalten bleibt: den oder die Körper und die wirkenden Kräfte. Kennzeichnen Sie alle Kräfte, die Arbeit verrichten.
3. Fragen Sie sich selbst, welche Größe sie suchen, und entscheiden Sie, welches die Anfangsposition (Punkt 1) und die Endposition (Punkt 2) ist.
4. Wenn der zu untersuchende Körper seine Höhe in der Aufgabenstellung ändert, wählen Sie für die potenzielle Energie einen Ort für $y = 0$. Diese Wahl kann nach dem Aspekt der Zweckmäßigkeit erfolgen. Der tiefste Punkt in der Aufgabenstellung ist häufig eine gute Wahl.
5. Wenn Federn beteiligt sind, wählen Sie die ungedehnte Federposition für x (oder y) = 0.
6. Wenn keine Reibung oder andere nichtkonservative Kräfte wirken, wenden Sie die Energieerhaltung der Mechanik an:

   $$E_{\text{kin},1} + E_{\text{pot},1} = E_{\text{kin},2} + E_{\text{pot},2}\,.$$

7. Lösen Sie nach der unbekannten Größe auf.
8. Wenn Reibung oder andere nichtkonservative Kräfte vorhanden und wesentlich sind, wird ein zusätzlicher Term, W_{nk}, benötigt:

   $$E_{\text{kin},1} + E_{\text{pot},1} = E_{\text{kin},2} + E_{\text{pot},2} + W_{\text{nk}}\,.$$

   Denken Sie darüber nach, welches Vorzeichen W_{nk} erhalten muss oder auf welche Seite der Gleichung der Term zu setzen ist: Nimmt die mechanische Gesamtenergie E in dem Prozess zu oder ab?

8.7 Potenzielle Energie und Fluchtgeschwindigkeit

Bisher haben wir uns in diesem Kapitel mit der potenziellen Energie unter der Annahme befasst, dass die Gravitationskraft konstant ist, $\mathbf{F} = m\mathbf{g}$. Hierbei handelt es sich um eine Näherung für Körper, die sich nahe der Erdoberfläche befinden. Aber für eine allgemeinere Erörterung der Gravitation für Punkte, die weit von der Erdoberfläche entfernt sind, müssen wir berücksichtigen, dass die von der Erde auf einen Massenpunkt mit der Masse m ausgeübte Gravitationskraft umgekehrt zum Quadrat des Abstandes r vom Erdmittelpunkt abnimmt. Die genaue Beziehung ist durch das Newton'sche Gravitationsgesetz (Abschnitte 6.1 und 6.2) gegeben:

$$\mathbf{F} = -G\frac{mM_E}{r^2}\hat{\mathbf{r}} \qquad (r > r_E)\,.$$

Dabei ist M_E die Masse der Erde und $\hat{\mathbf{r}}$ ein Einheitsvektor (im Ort von m), der radial vom Erdmittelpunkt weg gerichtet ist. Das Minuszeichen zeigt an, dass die auf m wirkende Kraft zum Erdmittelpunkt hin gerichtet und $\hat{\mathbf{r}}$ entgegengerichtet ist. Diese Gleichung kann auch angewendet werden, um die auf eine Masse m

in der Nähe anderer Himmelskörper, wie den Mond, Planeten oder die Sonne, wirkende Gravitationskraft zu beschreiben. In diesem Fall muss M_E durch die Masse des jeweiligen Körpers ersetzt werden.

Durch Gravitation verrichtete Arbeit

Nehmen wir an, ein Körper mit der Masse m bewegt sich entlang eines beliebigen Weges von einem Ort zu einem anderen (► Abbildung 8.19), so dass sich sein Abstand vom Erdmittelpunkt von r_1 auf r_2 ändert. Die durch die Gravitationskraft verrichtete Arbeit beträgt

$$W = \int_1^2 \mathbf{F}\,\mathrm{d}\mathbf{s} = -GmM_E \int_1^2 \frac{\hat{\mathbf{r}}\,\mathrm{d}\mathbf{s}}{r^2} .$$

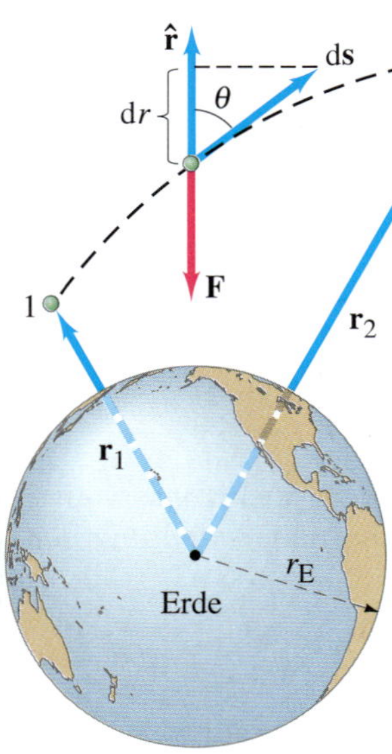

Abbildung 8.19 Beliebiger Weg eines Massenpunktes mit der Masse m, der sich von Punkt 1 nach Punkt 2 bewegt.

Dabei stellt $\mathrm{d}\mathbf{s}$ einen unendlichen kleinen Weg dar. Da $\hat{\mathbf{r}}\,\mathrm{d}\mathbf{s} = \mathrm{d}r$ die Komponente von $d\mathbf{s}$ entlang $\hat{\mathbf{r}}$ ist (siehe ► Abbildung 8.19), gilt

$$W = -GmM_E \int_{r_1}^{r_2} \frac{\mathrm{d}r}{r^2} = GmM_E \left(\frac{1}{r_2} - \frac{1}{r_1}\right)$$

oder

$$W = \frac{GmM_E}{r_2} - \frac{GmM_E}{r_1} .$$

Da der Wert des Integrals nur von dem Ort der Endpunkte (r_1 und r_2) und nicht von dem gewählten Weg abhängt, ist die Gravitationskraft eine konservative Kraft. Wir können daher den Begriff der potenziellen Energie für die Gravitationskraft verwenden. Da die Änderung in der potenziellen Energie immer als negativer Wert der durch die Kraft verrichteten Arbeit definiert ist (Abschnitt 8.2), ergibt sich

$$\Delta E_{pot} = E_{pot,2} - E_{pot,1} = -\frac{GmM_E}{r_2} + \frac{GmM_E}{r_1} . \qquad (8.17)$$

Potenzielle Energie als Folge der Gravitation

Ausgehend von der Gleichung 8.17 kann die potenzielle Energie in einem Abstand r vom Erdmittelpunkt geschrieben werden als:

$$E_{pot}(r) = -\frac{GmM_E}{r} + C .$$

Dabei ist C eine Konstante. Normalerweise wählt man $C = 0$, so dass

$$E_{pot}(r) = -\frac{GmM_E}{r} \qquad \text{(Gravitation } (r > r_E)) \qquad (8.18)$$

ist. Bei dieser Wahl für C ist $E_{pot} = 0$ bei $r = \infty$. Wenn sich ein Körper der Erde nähert, nimmt seine potenzielle Energie ab und ist immer negativ (► Abbildung 8.20).

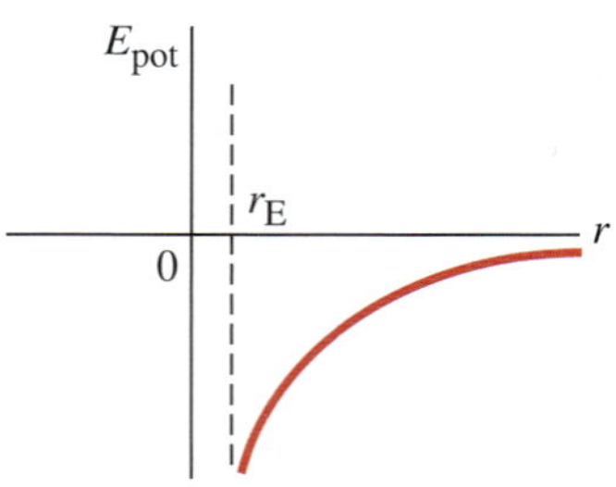

Abbildung 8.20 Die potenzielle Energie, dargestellt in Abhängigkeit von r, dem Abstand vom Erdmittelpunkt. Gültig nur für Punkte $r > r_E$, dem Erdradius.

Die Gleichung 8.17 reduziert sich auf die Gleichung 8.2, $\Delta E_{pot} = mg(y_2 - y_1)$, für Körper nahe der Erdoberfläche (siehe Aufgabe 40).

Die Gesamtenergie eines Massenpunktes mit der Masse m, der nur die Gravitationskraft der Erde spürt, bleibt erhalten, da die Gravitation eine konservative Kraft ist. Deshalb können wir schreiben:

$$\frac{1}{2}mv_1^2 - G\frac{mM_E}{r_1} = \frac{1}{2}mv_2^2 - G\frac{mM_E}{r_2} = \text{konstant} \qquad \text{(nur Gravitation)} \qquad (8.19)$$

Beispiel 8.13 Paket wird aus einer Hochgeschwindigkeitsrakete abgeworfen

Eine Kiste mit leeren Filmdosen wird aus einer Rakete, die mit einer Geschwindigkeit von 1800 m/s außerhalb des Gravitationsfeldes der Erde fliegt, abgeworfen, als sie sich 1600 km über der Erdoberfläche befindet. Das Paket fällt schließlich auf die Erde. Schätzen Sie seine Geschwindigkeit direkt vor dem Aufprall ab. Vernachlässigen Sie den Luftwiderstand.

Lösung

Das Paket hat zu Beginn relativ zur Erde eine Geschwindigkeit, die gleich der Geschwindigkeit der Rakete, aus der es abgeworfen wird, ist. Wir wenden die Energieerhaltung an:

$$\frac{1}{2}mv_1^2 - G\frac{mM_E}{r_1} = \frac{1}{2}mv_2^2 - G\frac{mM_E}{r_2} .$$

Dabei ist $v_1 = 1{,}80 \cdot 10^3$ m/s, $r_1 = 1{,}60 \cdot 10^6$ m $+ 6{,}38 \cdot 10^6$ m $= 7{,}986$ m und $r_2 = 6{,}38 \cdot 10^6$ m (der Erdradius). Wir lösen nach v_2 auf:

$$\begin{aligned} v_2 &= \sqrt{v_1^2 - 2GM_E\left(\frac{1}{r_1} - \frac{1}{r_2}\right)} \\ &= \sqrt{\begin{aligned}&(1{,}80 \cdot 10^3\,\text{m/s})^2 - 2(6{,}67 \cdot 10^{-11}\,\text{N}\cdot\text{m}^2/\text{kg}^2)(5{,}98 \cdot 10^{24}\,\text{kg}) \\ &\times\left(\frac{1}{7{,}98 \cdot 10^6\,\text{m}} - \frac{1}{6{,}38 \cdot 10^6\,\text{m}}\right)\end{aligned}} \\ &= 5320\,\text{m/s} .\end{aligned}$$

Tatsächlich ist die Geschwindigkeit auf Grund des Luftwiderstandes etwas geringer als unser Ergebnis. Beachten Sie, dass die Richtung der Geschwindigkeit in der Aufgabenstellung nie eine Rolle gespielt hat. Das ist einer der Vorteile bei der Verwendung des Energieerhaltungssatzes. Die Rakete könnte von der Erde weg oder zur Erde hin oder in einem anderen Winkel zur ihr fliegen, das Ergebnis wäre dasselbe.

Wenn ein Körper von der Erde aus in die Luft geschossen wird, kehrt er zur Erde zurück, es sei denn, seine Geschwindigkeit ist sehr groß. Aber wenn seine Geschwindigkeit groß genug *ist*, wird er weiter in den Weltraum fliegen und nie zur Erde zurückkehren (vorausgesetzt, es wirken keine anderen Kräfte oder Zusammenstöße auf ihn ein). Die minimale Anfangsgeschwindigkeit, die benötigt wird, um einen Körper an der Rückkehr zur Erde zu hindern, wird **Fluchtgeschwindigkeit**, v_F, von der Erde genannt. Zur Bestimmung von v_F von der Erdoberfläche (unter Vernachlässigung des Luftwiderstandes) wenden wir die Gleichung 8.19 mit $v_1 = v_F$ und $r_1 = r_E = 6{,}38 \cdot 10^6$ m, dem Erdradius, an. Da wir die minimale Fluchtgeschwindigkeit ermitteln möchten, muss der Körper $r_2 = \infty$ mit einer Geschwindigkeit von null, $v_2 = 0$, erreichen. Die Anwendung der Gleichung 8.19 ergibt

Fluchtgeschwindigkeit

$$\frac{1}{2}mv_F^2 - G\frac{mM_E}{r_E} = 0 + 0$$

oder

$$v_F = \sqrt{2GM_E/r_E} = 1{,}12 \cdot 10^4\,\text{m/s} \tag{8.20}$$

oder

$$11{,}2\,\text{km/s} .$$

Obwohl eine Masse aus dem Gravitationsfeld der Erde (oder aus dem Sonnensystem) entweichen und niemals wiederkehren kann, ist die auf sie auf Grund des Gravitationsfeldes der Erde wirkende Kraft bei einem endlichen Wert für r niemals wirklich gleich null. Allerdings wird die Kraft sehr klein und kann normalerweise bei großen Abständen vernachlässigt werden.

Beispiel 8.14 **Entweichen aus dem Gravitationsfeld der Erde oder des Mondes**

(a) Vergleichen Sie die Fluchtgeschwindigkeiten einer Rakete für das Entweichen aus dem Gravitationsfeld der Erde und aus dem Gravitationsfeld des Mondes. (b) Vergleichen Sie die für den Start der Raketen erforderlichen Energien. Für den Mond gilt $M_M = 7{,}35 \cdot 10^{22}$ kg und $r_M = 1{,}74 \cdot 10^6$ m und für die Erde $M_E = 5{,}97 \cdot 10^{24}$ kg und $r_E = 6{,}38 \cdot 10^6$ m.

Lösung

a Unter Anwendung der Gleichung 8.20 ergibt sich für das Verhältnis der Fluchtgeschwindigkeiten

$$\frac{v_F(\text{Erde})}{v_F(\text{Mond})} = \sqrt{\frac{M_E}{M_M}\frac{r_M}{r_E}} = 4{,}7\,.$$

Um aus dem Gravitationsfeld der Erde zu entweichen, ist eine 4,7mal so große Geschwindigkeit erforderlich wie für das Entweichen aus dem Gravitationsfeld des Mondes.

b Der Treibstoff, der verbrannt werden muss, stellt Energie proportional zu v^2 ($E_{kin} = \frac{1}{2}mv^2$) bereit. Für den Start einer Rakete, die aus dem Gravitationsfeld der Erde entweichen soll, benötigt man somit $(4{,}7)^2 = 22$mal so viel Energie wie für das Entweichen aus dem Gravitationsfeld des Mondes.

8.8 Leistung

Definition der Leistung

Leistung ist definiert als die Geschwindigkeit, mit der Arbeit verrichtet wird. Wenn eine Arbeit W in einer Zeit t verrichtet wird, ist die *durchschnittliche Leistung* $\overline{P}$

$$\overline{P} = \frac{W}{t}\,. \tag{8.21a}$$

Die *Leistung* P ist

$$P = \frac{\mathrm{d}W}{\mathrm{d}t}\,. \tag{8.21b}$$

Die in einem Prozess verrichtete Arbeit ist gleich der von einer Form in eine andere umgewandelte oder von einem Körper auf einen anderen übertragene Energie. Da z. B. die in der Feder in ► Abbildung 8.6b gespeicherte potenzielle Energie in kinetische Energie des Balls umgewandelt wird, verrichtet die Feder Arbeit an dem Ball. Ebenso wird, wenn Sie einen Ball werfen oder einen Einkaufswagen schieben, *immer Energie umgewandelt oder von einem Körper auf einen anderen übertragen, wenn Arbeit verrichtet wird.* Folglich können wir auch sagen, dass Leistung die *Rate ist, mit der Energie umgewandelt wird*:

Wenn Arbeit verrichtet wird, wird Energie umgewandelt

$$P = \frac{\mathrm{d}E}{\mathrm{d}t}\,. \tag{8.21c}$$

Die Leistung eines Pferdes bezieht sich darauf, wie viel Arbeit es pro Zeiteinheit verrichten kann. Die Nennleistung eines Motors bezieht sich darauf, wie viel chemische oder elektrische Energie pro Zeiteinheit in mechanische Energie umgewandelt werden kann. Im SI-System wird die Leistung in Joules pro Sekunde gemessen. Dieser Wert wird in einer speziellen Einheit angegeben, und zwar in **Watt** (W): 1 W = 1 J/s. Mit der Maßeinheit Watt sind wir sehr vertraut, wenn es darum geht, die Rate zu messen, mit der eine elektrische Glühbirne oder ein elektrischer Heizofen elektrische Energie in Licht oder Wärme umwandelt. Aber

Einheit: Watt (1 W = 1 J/s)

sie wird auch für andere Arten von Energieumwandlung verwendet. Aus praktischen Gründen wird häufig eine größere Einheit, die **Pferdestärke**, benutzt. Eine Pferdestärke[6] (PS) entspricht 735,5 Watt.

Die Pferdestärke (1 PS = 735,5 W)

Betrachten Sie das folgende Beispiel, damit der Unterschied zwischen Energie und Leistung deutlich wird. Eine Person ist bezüglich der Arbeit, die sie verrichten kann, nicht nur durch die erforderliche Gesamtarbeit, sondern auch durch die pro Zeiteinheit geleistete Arbeit eingeschränkt, d. h. durch die Leistung. Eine Person ist z. B. vielleicht in der Lage, einen langen Weg zu gehen oder viele Treppen hinaufzusteigen, bevor sie anhalten muss, weil so viel Energie verbraucht wurde. Andererseits fühlt sich eine Person, die Treppen sehr schnell hinaufläuft, möglicherweise schon nach einer oder zwei Treppen erschöpft. In diesem Fall ist sie durch die Leistung, die Rate, mit der ihr Körper chemische Energie in mechanische Energie umwandeln kann, eingeschränkt.

Unterschied zwischen Energie und Leistung

Beispiel 8.15 Leistung beim Treppensteigen

Ein Jogger mit einer Masse von 70 kg läuft eine lange Treppe in 4,0 s hoch. Die vertikale Höhe der Treppe beträgt 4,5 m. (a) Schätzen Sie die Leistungsabgabe des Joggers in Watt und PS ab. (b) Wie viel Energie ist dafür erforderlich?

Lösung

a Die Arbeit wird gegen die Gravitation verrichtet und ist gleich $W = mgy$. Dann betrug die durchschnittliche Leistungsabgabe

$$\bar{P} = \frac{W}{t} = \frac{mgy}{t} = \frac{(70\,\text{kg})(9{,}8\,\text{m/s}^2)(4{,}5\,\text{m})}{4{,}0\,\text{s}} = 770\,\text{W}\,.$$

Da 1 PS = 735,5 W, verrichtet der Jogger eine Leistung von etwas über 1 PS.

b Die erforderliche Energie beträgt $E = \bar{P}t = (770\,\text{J/s})(4{,}0\,\text{s}) = 3100\,\text{J}$. (Beachten Sie, dass die Person mehr Energie als diesen Wert umwandeln musste. Die von einer Person oder einer Maschine umgewandelte Energie schließt immer etwas Wärme ein – denken Sie daran, wie warm Ihnen wird, wenn Sie eine Treppe hinauflaufen.)

Kraftfahrzeuge verrichten Arbeit, um die Reibungskraft (und den Luftwiderstand) zu überwinden, um Berge hinaufzufahren und um zu beschleunigen. Ein Auto braucht vor allem dann Leistung, wenn es Berge hinauffährt und wenn es beschleunigt. Im nächsten Beispiel werden wir berechnen, wie viel Leistung ein Auto angemessener Größe dafür benötigt. Selbst wenn ein Auto mit konstanter Geschwindigkeit auf ebener Straße fährt, braucht es etwas Leistung, damit es Arbeit verrichten kann, um die Verzögerungskräfte der inneren Reibung und den Luftwiderstand zu überwinden. Diese Kräfte hängen von den Bedingungen und von der Geschwindigkeit des Autos ab, liegen aber typischerweise im Bereich zwischen 400 N und 1000 N.

ANGEWANDTE PHYSIK

Leistungsbedarf eines Autos

Häufig ist es zweckmäßig, die Leistung ausgedrückt in der auf einen Körper ausgeübten Nettokraft **F** und der Geschwindigkeit **v** des Körpers anzugeben. Da

6 Die Einheit wurde zuerst von James Watt (1736–1819) ausgewählt, der die Leistung seiner neu entwickelten Dampfmaschinen angeben wollte. Er fand durch Versuche heraus, dass ein leistungsfähiges Pferd den ganzen Tag Arbeit mit einer durchschnittlichen Rate von ca. 490 W verrichten kann. Damit man ihn beim Verkauf seiner Dampfmaschinen nicht der Übertreibung bezichtigte, multiplizierte er dies ungefähr mit $1\frac{1}{2}$, als er die PS definierte.

$P = \mathrm{d}W/\mathrm{d}t$ und $\mathrm{d}W = \mathbf{F}\,\mathrm{d}\mathbf{s}$ (Gleichung 7.7), gilt

$$P = \frac{\mathrm{d}W}{\mathrm{d}t} = \mathbf{F} \cdot \frac{\mathrm{d}\mathbf{s}}{\mathrm{d}t} = \mathbf{F} \cdot \mathbf{v}\,. \quad (8.22)$$

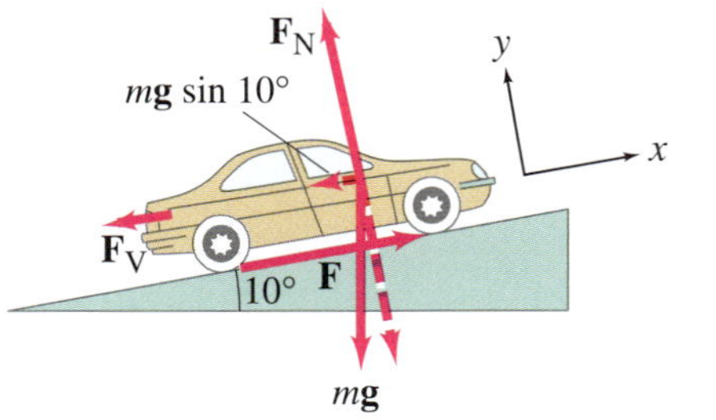

Abbildung 8.21 Beispiel 8.16: Berechnung des Leistungsbedarfs eines Autos, (a) um einen Berg hinaufzufahren, (b) um ein anderes Auto zu überholen.

Beispiel 8.16 Leistungsbedarf eines Autos

Berechnen Sie den Leistungsbedarf eines Autos mit einer Masse von 1400 kg unter den folgenden Bedingungen: (a) das Auto fährt mit konstanten 80 km/h einen Berg mit einem Neigungswinkel von 10° (einen ziemlich steilen Berg) hinauf, (b) das Auto beschleunigt auf ebener Straße in 6,0 s von 90 auf 110 km/h, um ein anderes Auto zu überholen. Nehmen Sie an, dass die auf das Auto wirkende Verzögerungskraft durchweg $F_V = 700\,\mathrm{N}$ beträgt. Siehe ► Abbildung 8.21. (Achten Sie darauf, dass Sie $\mathbf{F}_V$, die auf den Luftwiderstand und auf die Reibung zurückzuführen ist, die die Bewegung verzögern, nicht mit der Kraft **F** verwechseln, die zum Beschleunigen des Autos benötigt wird. Die Kraft **F** ist die von der Straße auf die Reifen ausgeübte Reibungskraft – die Reaktionskraft auf das Drücken der motorangetriebenen Reifen gegen die Straße.)

Lösung

a Um sich mit konstanter Geschwindigkeit den Berg hinaufzubewegen, muss das Auto eine Kraft ausüben, die mit der Summe aus der Verzögerungskraft, 700 N, und der parallel zum Berg verlaufenden Komponente der Gravitation, $mg \sin 10° = (1400\,\mathrm{kg})(9{,}80\,\mathrm{m/s^2})(0{,}174) = 2400\,\mathrm{N}$ identisch ist. Da $\overline{v} = 80\,\mathrm{km/h} = 22\,\mathrm{m/s}$ und parallel zu **F** ist, gilt (Gleichung 8.22):

$$P = Fv = (2400\,\mathrm{N} + 700\,\mathrm{N})(22\,\mathrm{m/s}) = 6{,}80 \cdot 10^4\,\mathrm{W}\,.$$

Dies entspricht 92 PS.

b Das Auto beschleunigt von 25,0 m/s auf 30,6 m/s (von 90 km/h auf 110 km/h). Somit muss das Auto eine Kraft ausüben, die die Verzögerungskraft von 700 N plus der Kraft, die erforderlich ist, um dem Auto eine Beschleunigung von $\overline{a}_x = (30{,}6\,\mathrm{m/s} - 25{,}0\,\mathrm{m/s})/6{,}0\,\mathrm{s} = 0{,}93\,\mathrm{m/s^2}$ zu geben, überwindet. Wir wenden das zweite Newton'sche Axiom an und nehmen x als Bewegungsrichtung:

$$ma_x = \sum F_x = F - F_V\,.$$

Dann beträgt die erforderliche Kraft F

$$F = ma_x + F_V = (1400\,\mathrm{kg})(0{,}93\,\mathrm{m/s^2}) + 700\,\mathrm{N} = 2000\,\mathrm{N}\,.$$

Da $P = \mathbf{F} \times \mathbf{v}$ ist, nimmt die erforderliche Leistung mit der Geschwindigkeit zu und der Motor muss in der Lage sein, eine maximale Leistungsabgabe von

$$\overline{P} = (2000\,\mathrm{N})[30{,}6\,\mathrm{m/s}] = 6{,}12 \cdot 10^4\,\mathrm{W}$$

zu erbringen. Dies entspricht 83 PS. Wenn man die Tatsache berücksichtigt, dass nur 60 bis 80 Prozent der Leistungsabgabe des Motors die Räder erreichen, wird aus diesen Berechnungen deutlich, dass unter praktischen Gesichtspunkten ein Motor mit 100 bis 150 PS mehr als angemessen ist.

In dem vorstehenden Beispiel haben wir erwähnt, dass nur ein Teil der Ausgangsenergie eines Automotors die Räder erreicht. Es geht nicht nur einiges an

Energie auf dem Weg vom Motor zu den Rädern verloren, sondern im Motor selbst verrichtet ein großer Teil der Eingangsenergie (aus dem Benzin) keine nutzbare Arbeit. Ein wichtiges Merkmal aller Motoren ist ihr Gesamtwirkungsgrad η, der als das Verhältnis der abgegebenen nutzbaren Leistung des Motors, P_{aus}, zu der aufgenommenen Leistung P_{ein} definiert ist:

Wirkungsgrad

$$\eta = \frac{P_{aus}}{P_{ein}} \, .$$

Der Wirkungsgrad beträgt immer weniger als 1,0, weil keine Maschine Energie erzeugen und nicht einmal Energie von einer Form in eine andere umwandeln kann, ohne dass eine gewisse Energiemenge in Reibung, Wärme oder andere nutzlose Energieformen übergeht. Ein Kfz-Motor wandelt z. B. beim Verbrennen von Benzin freigesetzte chemische Energie in mechanische Energie um, die die Kolben und schließlich die Räder bewegt. Aber fast 85% der Eingangsenergie geht als Wärme, die durch den Auspuff ausgestoßen wird, und als Reibung in den bewegten Teilen „verloren“. Somit haben Automotoren nur einen Wirkungsgrad von ungefähr 15%. Den Wirkungsgrad werden wir in Kapitel 20 im Einzelnen erörtern.

8.9 Potenzielle Energie – Stabiles und labiles Gleichgewicht

Wir können viel über die Bewegung eines Körpers erfahren, auf den nur eine konservative Kraft wirkt, indem wir die Funktion der potenziellen Energie $E_{pot}(x)$ in Abhängigkeit vom Ort x untersuchen. Die Funktion $E_{pot}(x)$ bezeichnen wir auch als Potenzialfunktion. Ein Beispiel für eine Potenzialfunktion ist in ▸ Abbildung 8.22 dargestellt. Die Gesamtenergie $E = E_{kin} + E_{pot}$ ist konstant und kann in dieser Zeichnung als waagerechte Linie dargestellt werden. Für E sind vier verschiedene mögliche Werte angegeben, die mit E_0, E_1, E_2 und E_3 bezeichnet sind. Der tatsächliche Wert von E für ein gegebenes System hängt von den Anfangsbedingungen ab. (Die Gesamtenergie E einer am Ende einer Feder schwingenden Masse hängt z. B. von dem Maß ab, in dem die Feder anfangs zusammengedrückt oder gedehnt wird.) Da $E = E_{kin} + E_{pot} = \text{konstant}$, muss $E_{pot}(x)$ in allen Aufgabenstellungen kleiner als oder gleich E sein: $E_{pot}(x) \leq E$. Somit ist E_0 der Minimalwert, den die Gesamtenergie für die in ▸ Abbildung 8.22 dargestellte potenzielle Energie annehmen kann. Bei diesem Wert von E kann sich die Masse nur in Ruhe bei $x = x_0$ befinden. Sie hat dann potenzielle Energie, aber keine kinetische Energie.

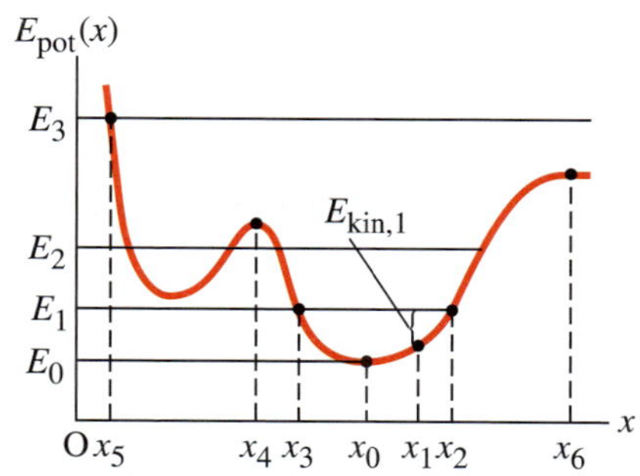

Abbildung 8.22 Eine Potenzialfunktion.

Wenn die Gesamtenergie E größer als E_0 ist, z. B. E_1 in unserer Zeichnung, kann der Körper sowohl über potenzielle, als auch über kinetische Energie verfügen. Da Energie eine Erhaltungsgröße ist, gilt

$$E_{kin} = E - E_{pot}(x) \, .$$

Da die Potenzialfunktion $E_{pot}(x)$ bei jedem x darstellt, wird die kinetische Energie bei einem beliebigen x-Wert durch den Abstand zwischen der horizontalen E-Geraden und der $E_{pot}(x)$-Kurve bei diesem x-Wert dargestellt. In der Zeichnung wird die kinetische Energie eines Körpers bei x_1 und einer Gesamtenergie des Körpers von E_1 durch die Bezeichnung $E_{kin,1}$ angegeben.

Ein Körper mit der Energie E_1 kann nur zwischen den Punkten x_2 und x_3 hin- und herschwingen, und zwar aus folgendem Grund: wenn $x > x_2$ oder $x > x_3$, wäre die potenzielle Energie größer als E. Das würde $E_{kin} = \frac{1}{2}mv^2 < 0$ bedeuten, v wäre dann imaginär und somit unmöglich. Bei x_2 und x_3 ist die Geschwindigkeit null, da in diesen Punkten $E = E_{pot}$. Daher werden x_2 und x_3 die **Wendepunkte** der Bewegung genannt. Wenn sich der Körper bei x_0 befindet und sich z. B. nach rechts bewegt, nimmt seine kinetische Energie (und seine Geschwindigkeit) ab, bis sie bei $x = x_2$ null erreicht. Dann ändert der Körper seine Richtung, bewegt sich nach links und nimmt an Geschwindigkeit zu, bis er wieder x_0 durchläuft. Der Körper bewegt sich weiter, nimmt an Geschwindigkeit ab, bis er $x = x_3$ erreicht. In diesem Punkt ist wieder $v = 0$ und der Körper ändert erneut seine Richtung.

Wendepunkte

Wenn der Körper in ► Abbildung 8.22 eine Energie von $E = E_2$ hat, gibt es vier Wendepunkte. Der Körper kann sich nur in einem der beiden potenziellen Energietäler bewegen, abhängig davon, wo er sich anfangs befindet. Auf Grund der Barriere zwischen den Tälern kann er nicht von einem Tal in das andere gelangen – z. B. in einem Punkt wie x_4, in dem $E_{pot} > E_2$, was bedeutet, dass v imaginär wäre.[7] Für die Energie E_3 gibt es nur einen Wendepunkt, da $E_{pot}(x) < E_3$ für alle $x > x_5$. Wenn unser Körper sich anfangs nach links bewegt, schwankt somit seine Geschwindigkeit beim Durchlaufen der potenziellen Täler, schließlich aber hält er an und wendet bei $x = x_5$. Dann bewegt er sich nach rechts und kehrt nicht mehr zurück.

Woher wissen wir, dass ein Körper in den Wendepunkten seine Richtung ändert? Auf Grund der auf ihn ausgeübten Kraft. Die Kraft F steht durch die Gleichung 8.7, $F = -\mathrm{d}E_{pot}/\mathrm{d}x$, in Beziehung zu der potenziellen Energie E_{pot}. Die Kraft F ist gleich dem negativen Wert der Steigung der Potenzialfunktion in jedem Punkt x. Bei $x = x_2$ ist die Steigung z. B. positiv und die Kraft folglich negativ. Das bedeutet, dass die Kraft nach links gerichtet ist (in Richtung abnehmende x-Werte) und somit der Bewegungsrichtung des Körpers entgegenwirkt.

Bei $x = x_0$ ist die Steigung null, so dass $F = 0$. Man sagt, dass sich der Körper in einem solchen Punkt in der **Gleichgewichtslage** befindet. Dieser Begriff bedeutet einfach, dass die auf den Körper wirkende Nettokraft null ist. Folglich ist seine Beschleunigung null und wenn er sich anfangs im Stillstand befunden hat, bleibt er im Stillstand. Wenn der sich bei $x = x_0$ in Ruhe befindliche Körper etwas nach links oder rechts bewegt würde, würde eine Kraft ungleich null in der Richtung auf ihn wirken, dass er zurück nach x_0 bewegt würde. Ein Körper, der in seine Gleichgewichtslage zurückkehrt, wenn er aus dieser ausgelenkt wird, befindet sich in einem Punkt des **stabilen Gleichgewichtes**. Jedes *Minimum* in der Potenzialfunktion stellt einen Punkt des stabilen Gleichgewichtes dar.

Stabiles Gleichgewicht

Ein Körper bei $x = x_4$ befände sich auch in der Gleichgewichtslage, da $F = -\mathrm{d}E_{pot}/\mathrm{d}x = 0$. Wenn der Körper etwas zu einer Seite von x_4 ausgelenkt würde, würde eine Kraft wirken, die den Körper von seiner Gleichgewichtslage *weg* ziehen würde. Punkte wie x_4, wo die Potenzialfunktion ein Maximum hat, sind Punkte **labilen Gleichgewichtes**. Der Körper kehrt *nicht* in seine Gleichgewichtslage zurück, wenn er etwas ausgelenkt wird, sondern bewegt sich stattdessen weiter weg.

Labiles Gleichgewicht

Wenn sich ein Körper in einem Bereich befindet, in dem E_{pot} konstant ist, wie z. B. bei $x = x_6$ in ► Abbildung 8.22, ist die Kraft über eine bestimmte Strecke null. Der Körper befindet sich in der Gleichgewichtslage und wenn er leicht zu einer Seite verschoben wird, ist die Kraft immer noch null. Man sagt, dass sich der Körper in diesem Bereich im **indifferenten Gleichgewicht** befindet.

Indifferentes Gleichgewicht

7 Obwohl dies nach der Newton'schen Physik wahr ist, sagt die moderne Quantenmechanik voraus, dass Körper eine solche Barriere „tunneln“ können; solche Prozesse werden im atomaren und subatomaren Bereich beobachtet.

ZUSAMMENFASSUNG

Konservativ nennen wir eine **Kraft**, wenn die durch sie verrichtete Arbeit zur Bewegung eines Körpers von einem Ort zu einem anderen nur von den beiden Orten und nicht von dem gewählten Weg abhängt. Die durch eine konservative Kraft verrichtete Arbeit lässt sich zurückgewinnen. Das gilt nicht für nichtkonservative Kräfte, wie z. B. die Reibung.

Potenzielle Energie ist eine Energie, die mit dem Ort oder der Anordnung von Körpern verknüpft ist. Beispiele sind: die potenzielle Energie nahe der Erdoberfläche

$$E_{\mathrm{pot}} = mgy\,,$$

wobei m die Masse und y die Höhe über einem Bezugspunkt ist; die potenzielle Energie einer Feder

$$E_{\mathrm{pot}} = \frac{1}{2}kx^2\,,$$

wie z. B. eine Feder mit einer Federkonstante k, die um einen Weg x aus ihrer Gleichgewichtslage gedehnt oder zusammengedrückt wird; sowie die chemische, elektrische und nukleare Energie. Potenzielle Energie ist immer mit einer konservativen Kraft verbunden und die Änderung in der potenziellen Energie, ΔE_{pot}, zwischen zwei Punkten unter Einwirkung einer konservativen Kraft **F** ist definiert als der negative Wert der durch die Kraft verrichteten Arbeit:

$$\Delta E_{\mathrm{pot}} = E_{\mathrm{pot},2} - E_{\mathrm{pot},1} = -\int_1^2 \mathbf{F}\,\mathrm{d}\mathbf{s}\,.$$

Umgekehrt können wir für eine Raumrichtung schreiben:

$$F = -\frac{\mathrm{d}E_{\mathrm{pot}}(x)}{\mathrm{d}x}\,.$$

Physikalisch von Bedeutung sind nur *Änderungen* in der potenziellen Energie, so dass die Wahl, wo $E_{\mathrm{pot}} = 0$ ist, beliebig je nach Zweckmäßigkeit erfolgen kann. Potenzielle Energie ist keine Eigenschaft eines Körpers, sondern seiner Lage, wenn er mit anderen Körpern wechselwirkt.

Wenn nur konservative Kräfte wirken, bleibt die **mechanische Gesamtenergie** E, definiert als die Summe aus kinetischer und potenzieller Energie, erhalten:

$$E = E_{\mathrm{kin}} + E_{\mathrm{pot}} = \text{konstant}\,.$$

Wenn auch nichtkonservative Kräfte, d. h. dissipative Kräfte, wirken, sind weitere Energieformen, wie z. B. Wärme, beteiligt. Durch Versuche fand man heraus, dass die Gesamtenergie erhalten bleibt, wenn alle Energieformen einbezogen sind. Dies ist der **Energieerhaltungssatz**:

$$\Delta E_{\mathrm{kin}} + \Delta E_{\mathrm{pot}} = W_{\mathrm{nk}}\,.$$

Die Gravitationskraft, wie sie im Newton'schen Gravitationsgesetz beschrieben ist, ist eine konservative Kraft. Die potenzielle Energie eines Körpers mit der Masse m, die auf die auf den Körper von der Erde ausgeübte Gravitationskraft zurückzuführen ist, ist gegeben durch

$$E_{\mathrm{pot}}(r) = -GmM_{\mathrm{E}}/r\,.$$

Dabei ist M_{E} die Masse der Erde und r der Abstand des Körpers vom Erdmittelpunkt ($r \geq$ Erdradius).

Leistung ist definiert als Arbeit pro Zeiteinheit oder aber als Energieänderung pro Zeiteinheit, wenn Energie von einer Form in eine andere umgewandelt wird: $P = \frac{\mathrm{d}W}{\mathrm{d}t} = \frac{\mathrm{d}E}{\mathrm{d}t}$ oder $P = \mathbf{F} \times \mathbf{v}$.

ZUSAMMENFASSUNG

Verständnisfragen

1 Fertigen Sie eine Liste alltäglicher Kräfte an, die nicht konservativ sind, und erklären Sie, warum sie es nicht sind.

2 Sie heben ein schweres Buch von einem Tisch auf ein hohes Regal. Listen Sie die während dieses Vorganges auf das Buch wirkenden Kräfte auf und geben Sie jeweils an, ob es sich um eine konservative oder nichtkonservative Kraft handelt.

3 Die auf einen Massenpunkt wirkende Nettokraft ist konservativ und erhöht die kinetische Energie um 300 J. Wie groß ist der Änderung in (a) der potenziellen Energie und (b) der Gesamtenergie des Massenpunktes?

4 Kann ein „Superball" in eine größere Höhe als seine Ausgangshöhe zurückprallen, wenn er fallen gelassen wird?

5 Ein Berg hat eine Höhe h. Ein Kind auf einem Schlitten (Gesamtmasse m) rutscht von oben aus der Ruhelage hinunter. Hängt die Geschwindigkeit unten von dem Neigungswinkel des Berges ab, wenn er (a) vereist und keine Reibung vorhanden ist und wenn (b) Reibung vorhanden ist (Tiefschnee)?

6 Warum ist es anstrengend, kräftig gegen eine massive Wand zu drücken, obwohl keine Arbeit verrichtet wird?

7 Analysieren Sie die Bewegung eines einfachen schwingenden Pendels, ausgedrückt in Energie, (a) unter Vernachlässigung der Reibung und (b) unter Berücksichtigung der Reibung. Erklären Sie, warum eine Standuhr aufgezogen werden muss.

8 Beschreiben Sie genau, was in der berühmten Zeichnung von Escher, die in ▶ Abbildung 8.23 zu sehen ist, physikalisch „falsch" ist.

Abbildung 8.23 Frage 8.

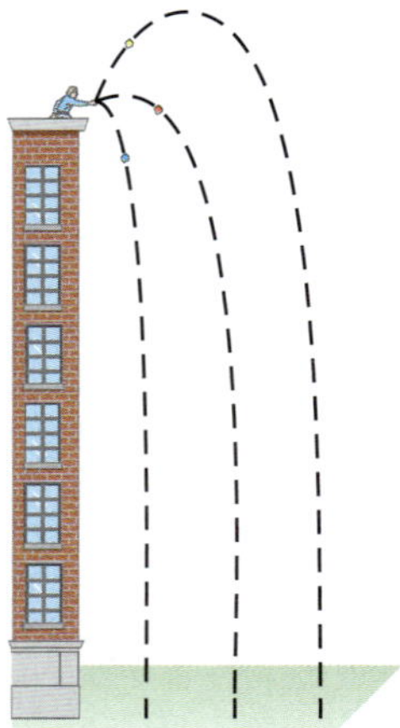

Abbildung 8.24 Frage 9.

9 In ▶ Abbildung 8.24 werden mit Wasser gefüllte Luftballons vom Dach eines Gebäudes mit derselben Geschwindigkeit, jedoch in unterschiedlichen Abwurfwinkeln geworfen. Welcher Ballon hat beim Aufprall die höchste Geschwindigkeit? Vernachlässigen Sie den Luftwiderstand.

10 Nehmen Sie an, Sie heben einen Koffer vom Boden auf einen Tisch. Hängt die von Ihnen an dem Koffer verrichtete Arbeit davon ab, (a) ob Sie ihn direkt oder über einen komplizierteren Weg hochheben, (b) wie lange das Hochheben dauert, (c) wie hoch der Tisch ist und/oder (d) wie groß das Gewicht des Koffers ist?

11 Eine Spiralfeder mit der Masse m ruht aufrecht auf einem Tisch. Kann die Feder den Tisch tatsächlich verlassen, wenn Sie durch Herunterdrücken Ihrer Hand die Feder zusammendrücken und diese anschließend loslassen? Erklären Sie unter Anwendung des Energieerhaltungssatzes.

12 Was geschieht mit der potenziellen Energie, wenn Wasser von der oberen Kante eines Wasserfalls nach unten in den Tümpel fällt?

13 Wie groß ist die Änderung in Ihrer potenziellen Energie ungefähr, wenn Sie so hoch springen, wie Sie können?

14 Erfahrene Wanderer ziehen es vor, über einen auf dem Weg liegenden Baumstamm zu steigen als auf ihn zu treten und auf der anderen Seite hinunterzuspringen. Erklären Sie.

15 Betrachten Sie zwei Beobachter, die sich in verschiedenen Inertialsystemen befinden, die sich mit einer Geschwindigkeit v relativ zueinander bewegen. Beide beobachten einen Körper, der über eine raue horizontale Fläche gezogen wird. Sind sie einer Meinung in Bezug auf den Wert (a) der kinetischen Energie des Körpers, (b) der an dem Körper verrichteten Gesamtarbeit, (c) der Menge der auf Grund der Reibung von mechanischer Energie in Wärme umgewandelten Energie? Widerspricht Ihre Antwort auf (c) (a) und (b)? Erklären Sie, warum.

16 (a) Woher stammt die kinetische Energie, wenn ein Auto gleichmäßig aus dem Stillstand beschleunigt? (b) In welcher Beziehung steht die Zunahme an kinetischer Energie zu der Reibungskraft, die die Straße auf die Reifen ausübt?

17 Die Erde ist der Sonne im Winter (nördliche Halbkugel) am nächsten. Wann ist die potenzielle Energie am größten?

18 Kann die mechanische Gesamtenergie $E = E_{\text{kin}} + E_{\text{pot}}$ negativ sein? Erklären Sie.

19 Nehmen Sie an, Sie möchten eine Rakete von der Erdoberfläche aus so starten, dass sie aus dem Gravitationsfeld der Erde entweicht. Dabei wollen Sie so wenig Treibstoff wie möglich verbrauchen. Von welchem Punkt auf der Erdoberfläche aus sollten Sie die Rakete abschießen und in welcher Richtung? Sind der Ort und die Richtung des Starts wichtig? Erklären Sie, warum.

20 Erinnern Sie sich aus Kapitel 4, Beispiel 4.14, daran, dass Sie mithilfe einer Rolle und Seilen (Flaschenzug) die Kraft, die zum Anheben einer schweren Last erforderlich ist, reduzieren können (siehe ▶ Abbildung 8.25). Wie viel Meter Seil müssen für jeden Meter, den die Last angehoben wird, nach oben gezogen werden? Lässt sich mit dem Flaschenzug auch Arbeit beim Heben einsparen?

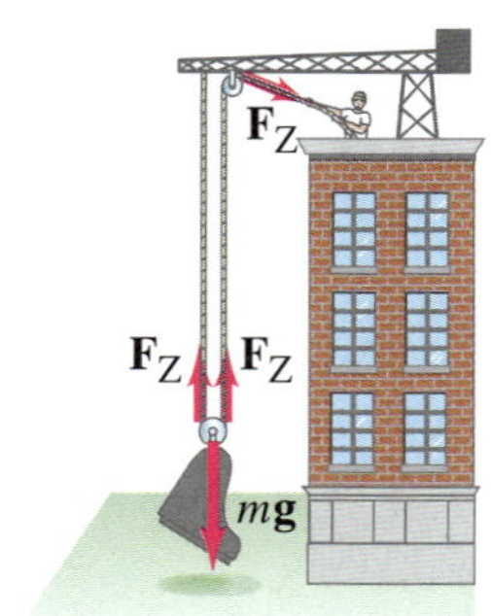

Abbildung 8.25 Frage 20.

21 Zwei identische Pfeile, von denen einer doppelt so schnell fliegt wie der andere, werden in einen Heuballen geschossen. Wie viel tiefer wird der schnellere Pfeil als der langsamere in den Heuballen eindringen unter der Voraussetzung, dass das Heu eine konstante „Reibungskraft" auf die Pfeile ausübt? Erklären Sie.

22 Warum ist es einfacher, einen Berg in Serpentinen hinaufzuklettern als direkt hoch zu klettern?

23 Nennen Sie einige Beispiel für stabiles, labiles und indifferentes Gleichgewicht.

24 In welchem Gleichgewichtszustand befindet sich ein Würfel, (a) wenn er auf einer seiner Flächen ruht, (b) wenn er auf einer seiner Kanten steht?

25 (a) Beschreiben Sie detailliert die Geschwindigkeitsänderungen eines Massenpunktes mit der Energie E_3 in ▸ Abbildung 8.22, wenn er sich von x_6 nach x_5 und zurück nach x_6 bewegt. (b) In welchem Punkt ist seine kinetische Energie am größten bzw. am geringsten?

26 Nennen Sie die Art von Gleichgewichtszustand für jede Position der Bälle in ▸ Abbildung 8.26.

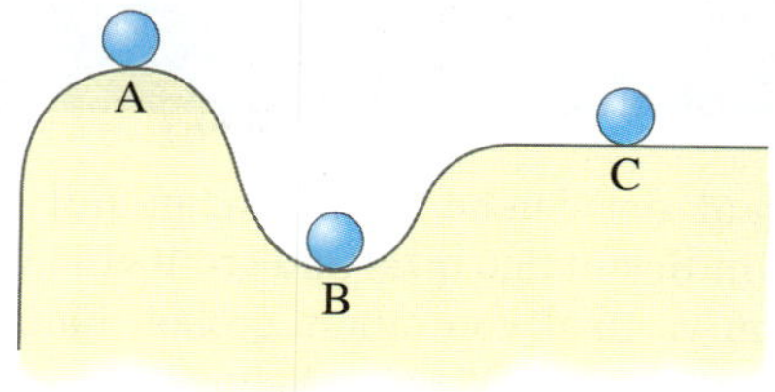

Abbildung 8.26 Frage 26.

27 ▸ Abbildung 8.27 zeigt eine Potenzialfunktion $E_{pot}(x)$. (a) In welchem Punkt hat die Kraft den größten Betrag? (b) Geben Sie für jeden gekennzeichneten Punkt an, ob die Kraft nach links oder rechts wirkt oder ob sie gleich null ist. (c) Wo gibt es einen Gleichgewichtszustand und welcher Art ist er?

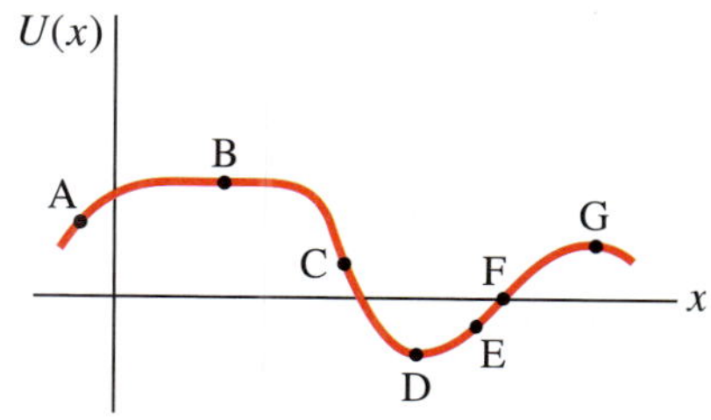

Abbildung 8.27 Frage 27.

Aufgaben zu 8.1 und 8.2

1 (I) Eine Feder hat eine Federkonstante k von 82,0 N/m. Wie weit muss diese Feder zusammengedrückt werden, um eine potenzielle Energie von 35,0 J zu speichern?

2 (I) Ein Affe mit einer Masse von 5,0 kg schwingt von einem Ast zu einem anderen, 1,5 m höher hängenden Ast. Wie groß ist die Änderung in der potenziellen Energie?

3 (I) Um wie viel verändert sich die potenzielle Energie als Folge der Gravitation einer Stabhochspringerin mit einer Masse von 58 kg, wenn sich ihr Massenmittelpunkt während des Sprunges um ca. 3,8 m nach oben bewegt?

4 (I) Ein Wanderer mit einer Masse von 66,5 kg beginnt seine Wanderung in einer Höhe von 1500 m und klettert bis zur Spitze eines 2660 m hohen Gipfels. (a) Wie groß ist die Änderung in der potenziellen Energie des Wanderers? (b) Wie groß ist die erforderliche Mindestarbeit des Wanderers? (c) Kann die tatsächlich verrichtete Arbeit größer sein? Erklären Sie.

5 (I) Zu Beginn einer Übung hebt eine 1,70 m große Person ein Buch mit einer Masse von 2,20 kg vom Boden hoch, bis es sich 2,40 m über dem Boden befindet. Wie groß ist die potenzielle Energie des Buches relativ zu (a) dem Boden und (b) dem oberen Ende des Kopfes der Person? (c) In welcher Beziehung steht die durch die Person verrichtete Arbeit zu den Antworten in den Teilen (a) und (b)?

6 (II) Wie groß ist die Kraft **F** am Ort (x, y, z), wenn $E_{pot} = 3x^2 + 2xy + 4y^2z$?

7 (II) Eine bestimmte Feder unterliegt dem Kraftgesetz $\mathbf{F} = (-kx + ax^3 + bx^4)\mathbf{i}$. (a) Ist diese Kraft konservativ? Erklären Sie, warum oder warum nicht. (b) Wenn sie konservativ ist, bestimmen Sie die Form der Potenzialfunktion.

8 (II) Der Luftwiderstand kann durch eine Kraft, die proportional zur Geschwindigkeit **v** eines Körpers ist, dargestellt werden: $\mathbf{F} = -k\mathbf{v}$. Ist diese Kraft konservativ? Erklären Sie.

9 (II) (a) Eine Feder mit der Federkonstanten k wird anfangs um einen Weg x_0 aus ihrer Ausgangslage zusammengedrückt. Wie groß ist die Änderung in der potenziellen Energie, wenn die Feder bis zu einem Betrag x aus ihrer Ausgangslage zusammengedrückt wird? (b) Nehmen Sie an, dass die Feder dann um einen Weg x_0 aus ihrer Ausgangslage *gedehnt* wird. Wie groß ist die Änderung in der potenziellen Energie im Vergleich zur Komprimierung um einen Betrag x_0?

Aufgaben zu 8.3 und 8.4

10 (I) Jane läuft auf der Suche nach Tarzan mit einer Spitzengeschwindigkeit (5,0 m/s) und greift eine Weinranke, die 4,0 m vertikal von einem großen Baum im Dschungel herunterhängt. Wie weit kann sie nach oben schwingen? Beeinflusst die Länge der Weinranke (oder des Seils) Ihre Antwort?

11 (I) Eine Skifahranfängerin, die aus dem Stillstand startet, gleitet einen reibungsfreien Abhang mit einem Neigungswinkel von 32° und einer vertikalen Höhe von 105 m hinunter. Wie schnell fährt sie wenn sie unten ankommt?

12 (I) Ein Schlitten gleitet einen reibungsfreien Abhang mit einem Neigungswinkel von 25,0° hinauf. Der Schlitten erreicht eine maximale vertikale Höhe, die 1,22 m höher liegt als seine Startposition. Wie hoch war seine Anfangsgeschwindigkeit?

13 (II) Beim Hochsprung wird die kinetische Energie eines Athleten ohne die Hilfe eines Stabes in potenzielle Energie umgewandelt. Mit welcher Mindestgeschwindigkeit muss der Athlet vom Boden abspringen, um seinen Massenmittelpunkt 2,10 m anzuheben und die Latte mit einer Geschwindigkeit von 0,70 m/s zu überspringen?

14 (II) Ein Trampolinartist mit einer Masse von 75 kg springt mit einer Geschwindigkeit von 5,0 m/s vom oberen Ende einer Plattform senkrecht nach oben. (a) Wie schnell ist er, wenn er auf dem Trampolin 2,0 m tiefer aufkommt (▸ Abbildung 8.28)? (b) Wie weit drückt er das Trampolin ein, wenn sich das Trampolin wie eine Feder mit einer Federkonstanten von $5{,}2 \cdot 10^4$ N/m verhält?

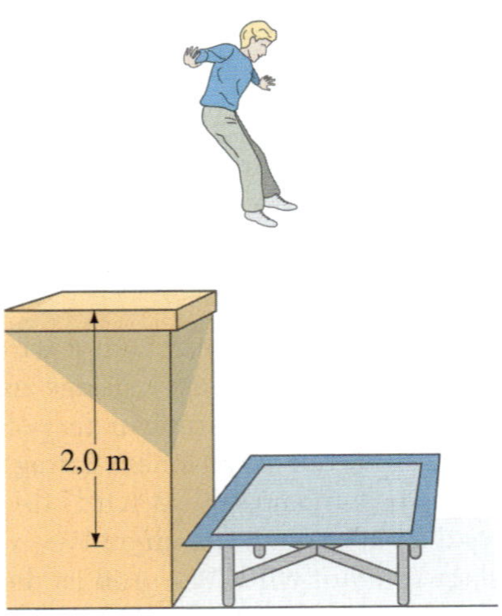

Abbildung 8.28 Aufgabe 14.

15 (II) Eine Bungeespringerin mit einer Masse von 60 kg springt von einer Brücke. Sie ist an einem Bungeeseil befestigt, das im ungedehnten Zustand 12 m lang ist, und fällt insgesamt 31 m. (a) Berechnen Sie die Federkonstante k des Bungeeseils und nehmen Sie dabei an, dass das Hooke'sche Gesetz gilt. (b) Berechnen Sie die von der Springerin erfahrene maximale Beschleunigung.

16 (II) Eine in ▸ Abbildung 8.29 dargestellte Achterbahn wird bis zu Punkt A hochgezogen, wo sie und ihre schreienden Insassen aus dem Stillstand losgelassen werden. Berechnen Sie die Geschwindigkeit in den Punkten B, C und D und gehen Sie dabei davon aus, dass keine Reibung vorhanden ist.

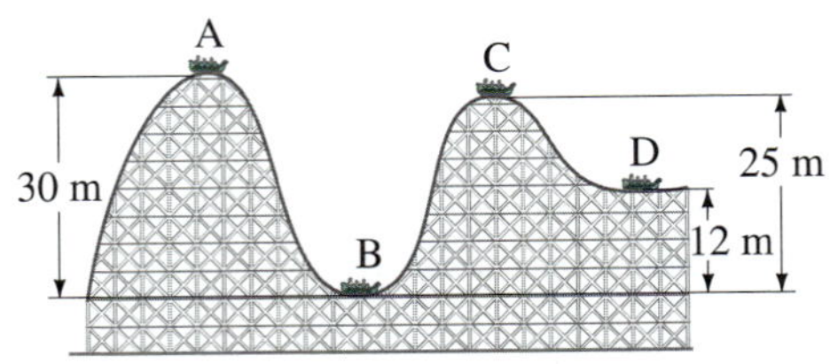

Abbildung 8.29 Aufgaben 16 und 30.

17 (II) Eine vertikale Feder (vernachlässigen Sie ihre Masse), deren Federkonstante 900 N/m beträgt, ist an einem Tisch befestigt und wird um 0,150 m nach unten zusammengedrückt. (a) Welche Aufwärtsgeschwindigkeit kann sie einem Ball mit einer Masse von 0,300 kg verleihen, wenn sie losgelassen wird? (b) Wie hoch über seine Ausgangsposition (zusammengedrückte Feder) fliegt der Ball?

18 (II) Ein Ball mit einer Masse von 0,40 kg wird mit einer Geschwindigkeit von 10 m/s in einem Winkel von 30° geworfen. (a) Wie groß ist seine Geschwindigkeit in seinem höchsten Punkt und (b) wie hoch fliegt er? (Wenden Sie die Energieerhaltung an).

19 (II) Eine Masse m ist am Ende einer Feder (Konstante k), wie in ▸ Abbildung 8.30 dargestellt, befestigt. Die Masse wird anfangs um x_0 aus der Gleichgewichtslage

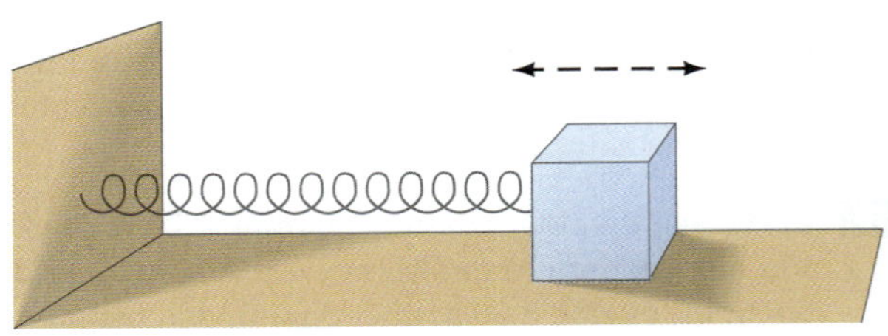

Abbildung 8.30 Aufgaben 19, 33 und 34.

verschoben und ihr wird eine Anfangsgeschwindigkeit v_0 gegeben. Vernachlässigen Sie die Reibung und die Masse der Feder und wenden Sie den Energieerhaltungssatz an, um (a) ihre Höchstgeschwindigkeit und (b) die maximale Auslenkung aus der Gleichgewichtslage, ausgedrückt in den gegebenen Größen, zu ermitteln.

20 (II) Ein Radfahrer beabsichtigt, einen Berg mit einem Neigungswinkel von 9,50° und einer vertikalen Höhe von 92,0 m hinaufzufahren. Die Pedale drehen sich in einem Kreis mit einem Durchmesser von 36,0 cm. Nehmen Sie an, dass die Masse des Fahrrades plus Person 75,0 kg beträgt. (a) Berechnen Sie, wie viel Arbeit gegen die Gravitation verrichtet werden muss. (b) Berechnen Sie die durchschnittliche Kraft, die auf die Pedale tangential zu ihrem kreisförmigen Weg ausgeübt werden muss, wenn jede volle Umdrehung der Pedalen das Fahrrad um 5,10 m auf dem Weg weiterbringt. Vernachlässigen Sie die durch die Reibungskraft verrichtete Arbeit und andere Verluste.

21 (II) Ein 2,00 m langes Pendel wird (aus dem Stillstand) in einem Winkel $\theta_0 = 30{,}0°$ (▸ Abbildung 8.15) losgelassen. Bestimmen Sie die Geschwindigkeit des Pendelgewichtes mit einer Masse von 70,0 g (a) im tiefsten Punkt ($\theta = 0$), (b) bei $\theta = 15{,}0°$, (c) bei $\theta = -15{,}0°$ (d. h. auf der gegenüberliegenden Seite). (d) Bestimmen Sie die Zugkraft des Fadens in jedem dieser drei Punkte. (e) Berechnen Sie die Geschwindigkeiten für (a), (b) und (c) erneut, wenn dem Pendelgewicht eine Anfangsgeschwindigkeit von $v_0 = 1{,}20$ m/s verliehen wird und es bei $\theta = 30{,}0°$ losgelassen wird.

22 (II) Welche Federkonstante k sollte eine Feder haben, die dafür konzipiert ist, ein Auto mit einer Masse von 1200 kg von einer Geschwindigkeit von 100 km/h so zum Stillstand zu bringen, dass die Insassen eine maximale Beschleunigung von $5{,}0g$ erfahren?

23 (III) Ein Ingenieur plant eine Feder, die in einem Aufzugschacht unten angebracht werden soll. Die Federkonstante soll so gewählt werden, dass die Passagiere beim Abbremsen eine Beschleunigung von maximal $5g$ erfahren, wenn das Aufzugseil reißt und sich dabei der Aufzug in einer Höhe h über dem oberen Ende der Feder befindet. Berechnen Sie die Federkonstante k. M ist die Gesamtmasse des Aufzuges und der Passagiere.

24 Ein Skifahrer mit der Masse m startet aus dem Stillstand vom oberen Ende einer massiven Kugel mit dem Radius r aus und gleitet ihre reibungsfreie Oberfläche hinunter. (a) In welchem Winkel θ (▸ Abbildung 8.31) wird der Skifahrer die Kugel verlassen? (b) Würde der Skifahrer in einem größeren oder kleineren Winkel von der Kugel weg fliegen, wenn Reibung vorhanden wäre?

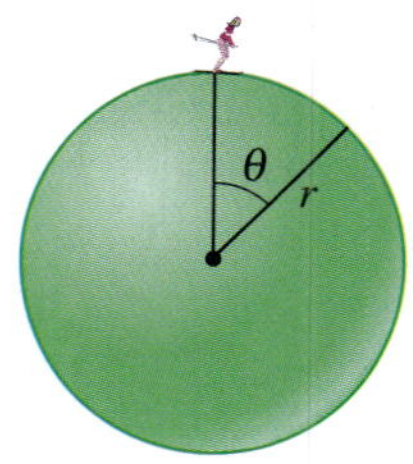

Abbildung 8.31 Aufgabe 24.

Aufgaben zu 8.5 und 8.6

25 (I) Zwei Eisenbahnwaggons, jeder mit einer Masse von 6500 kg, die mit einer Geschwindigkeit von 95 km/h fahren, stoßen frontal zusammen und kommen zum Stillstand. Wie viel Energie wird bei dieser Kollision umgewandelt?

26 (I) Ein Kind mit einer Masse von 16,0 kg rutscht eine 2,50 m hohe Rutsche hinunter und kommt mit einer Geschwindigkeit von 2,25 m/s unten an. Wie viel Wärme wurde in diesem Prozess auf Grund von Reibung erzeugt?

27 (II) Ein Ski rutscht aus dem Stillstand einen Abhang mit einem Neigungswinkel von 10° 100 m hinunter. (a) Wie hoch ist die Geschwindigkeit des Skis am Fuß des Abhanges, wenn die Reibungszahl 0,090 beträgt? (b) Wie weit wird der Ski entlang der ebenen Schneefläche weiter gleiten, wenn der Schnee am Fuß des Abhanges eben ist und dieselbe Reibungszahl besitzt? Wenden Sie den Energieerhaltungssatz an.

28 (II) Ein Baseball mit einer Masse von 145 g wird in 12,0 m Höhe über dem Boden aus einem Baum fallen gelassen. (a) Mit welcher Geschwindigkeit würde er auf dem Boden auftreffen, wenn der Luftwiderstand vernachlässigt werden könnte? (b) Wie groß ist die durchschnittliche vom Luftwiderstand auf den Baseball ausgeübte Kraft, wenn der Baseball tatsächlich mit einer Geschwindigkeit von 8,00 m/s auf dem Boden auftrifft?

29 (II) Eine Kiste mit einer Masse von 90 kg wird aus dem Stillstand mit einer konstanten horizontalen Kraft von 350 N über einen Boden gezogen. Auf den ersten 15 m ist der Boden reibungsfrei und auf den folgenden 15 m beträgt die Reibungszahl 0,25. Wie hoch ist die Endgeschwindigkeit der Kiste?

30 (II) Nehmen Sie an, dass die Achterbahn in ▸ Abbildung 8.29 Punkt A mit einer Geschwindigkeit von 1,70 m/s durchfährt. Mit welcher Geschwindigkeit erreicht sie Punkt B, wenn die durchschnittliche Reibungskraft mit einem Fünftel ihres Gewichtes identisch ist? Der zurückgelegte Weg beträgt 45,0 m.

31 (II) Ein Skifahrer, der mit einer Geschwindigkeit von 11,0 m/s fährt, erreicht den Fuß eines Abhanges mit einem gleichmäßigen Neigungswinkel von 17° und gleitet diesen Abhang 12 m hoch, bevor er zum Stillstand kommt. Wie groß war die durchschnittliche Reibungszahl?

32 (II) Betrachten Sie die Spur in ▸ Abbildung 8.32. Die Teilstrecke AB stellt ein Viertel eines Kreises mit einem Radius von 2,0 m dar und ist reibungsfrei. Die Teilstrecke BC ist ein 3,0 m langer horizontaler Abschnitt mit einer Gleitreibungszahl $\mu_G = 0{,}25$. Die Teilstrecke CD unter der Feder ist reibungsfrei. Ein Block mit einer Masse von 1,0 kg wird in Punkt A aus dem Stillstand losgelassen. Nachdem er die Spur entlang geglitten ist, drückt er die Feder um 0,20 m zusammen. Bestimmen Sie (a) die Geschwindigkeit des Blockes in Punkt B, (b) die durch die Reibung verrichtete Arbeit, während der Block von B nach C gleitet, (c) die Geschwindigkeit des Blockes in Punkt C, (d) die Federkonstante k für die Feder.

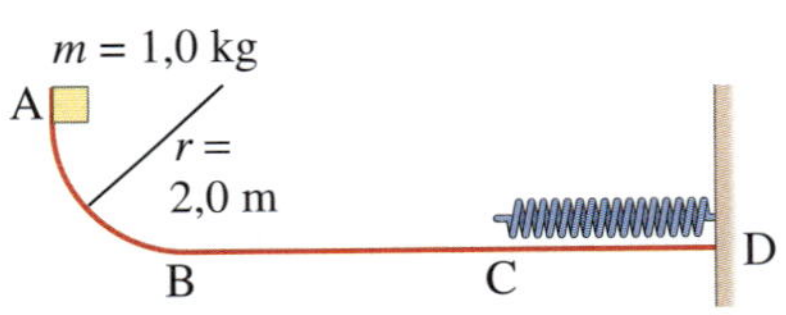

Abbildung 8.32 Aufgabe 32.

33 (II) Ein Holzblock mit einer Masse von 0,620 kg ist fest an einer sehr leichten horizontalen Feder (k = 180 N/m) befestigt, wie in ▸ Abbildung 8.30 dargestellt. Der Block wird um 5,0 cm aus der Ausgangslage, bei der die Feder entspannt ist, verschoben und danach losgelassen. Nach dem Loslassen entspannt sich die Feder und wird infolge der Trägheit des Körpers wieder gedehnt, erreicht aber nur noch eine maximale Auslenkung von 2,3 cm. Wie groß ist die Gleitreibungszahl zwischen dem Block und dem Tisch?

34 (II) Ein Holzblock mit einer Masse von 180 g ist fest an einer sehr leichten horizontalen Feder befestigt, ▸ Abbildung 8.30. Der Block kann einen Tisch mit einer Reibungszahl von 0,30 entlang rutschen. Eine Kraft von 22 N drückt die Feder 18 cm zusammen. Wie weit wird die Feder sich in der ersten Schwingungsperiode über die Gleichgewichtslage hinaus dehnen, wenn sie aus dieser Position losgelassen wird?

35 (III) Ein Block mit einer Masse von 2,0 kg gleitet eine horizontale Fläche mit einer Gleitreibungszahl von $\mu_G = 0{,}30$ entlang. Der Block hat eine Geschwindigkeit von $v = 1{,}3$ m/s, als er frontal auf eine masselose Feder trifft (wie in ▸ Abbildung 8.18). (a) Wie weit wird die Feder zusammengedrückt, wenn sie eine Federkonstante von $k = 120$ N/m hat? (b) Welcher Mindestwert der Haftreibungszahl μ_H garantiert, dass die Feder in der maximalen Kompressionsposition zusammengedrückt bleibt? (c) Wie groß ist die Geschwindigkeit des Blockes, wenn er sich von der entspannenden Feder weg bewegt, wenn μ_H kleiner als dieser Wert ist? (*Hinweis*: Das Ablösen geschieht, wenn die Feder ihre Ausgangslage erreicht ($x = 0$). Erklären Sie, warum.)

36 (III) In den frühen Testflügen für die Raumfähre unter Einsatz eines „Gleiters" (Masse von 1000 kg einschließlich Pilot) wurde festgestellt, dass der Gleiter nach einem horizontalen Start bei 500 km/h in einer Höhe von 3500 m schließlich mit einer Geschwindigkeit von 200 km/h landete. (a) Wie hoch wäre seine Landegeschwindigkeit gewesen, wenn kein Luftwiderstand vorhanden gewesen wäre? (b) Wie groß wäre die durchschnittliche auf den Gleiter ausgeübte Kraft des Luftwiderstandes, wenn er sich in einem konstanten Gleitflug in einem Winkel von 10° der Erde nähern würde?

Aufgaben zu 8.7

37 (I) Bestimmen Sie für einen Satelliten mit der Masse m_S auf einer kreisförmigen Umlaufbahn mit einem Radius von r_S (a) seine kinetische Energie E_{kin}, (b) seine potenzielle Energie E_{pot} ($E_{pot} = 0$ bei Unendlichkeit) und (c) das Verhältnis E_{kin}/E_{pot}.

38 (I) Jana und ihre Freunde haben eine kleine Rakete gebaut, die kurz nach dem Start eine Geschwindigkeit von 850 m/s erreicht. Wie hoch über die Erde kann sie fliegen? Vernachlässigen Sie die Luftreibung.

39 (II) Bestimmen Sie die Fluchtgeschwindigkeit für einen Körper, der aus dem Gravitationsfeld der Sonne entweichen soll, (a) auf der Sonnenoberfläche ($r = 7{,}0 \cdot 10^5$ km, $M = 2{,}0 \cdot 10^{30}$ kg) und (b) im durchschnittlichen Abstand von der Erde ($1{,}50 \cdot 10^8$ km). Vergleichen Sie mit der Geschwindigkeit der Erde auf ihrer Umlaufbahn.

40 (II) Zeigen Sie, dass sich die **Gleichung 8.17** für die potenzielle Energie für Körper nahe der Erdoberfläche auf **Gleichung 8.2**, $\Delta E_{pot} = mg(y_2 - y_1)$ reduziert.

41 (II) Zeigen Sie, dass die Änderung in der potenziellen Energie eines Körpers an der Erdoberfläche und in einer Höhe h über der Erdoberfläche

$$\Delta E_{pot} \approx \frac{mgh}{1 + h/r_E}$$

beträgt. Dabei ist r_E der Erdradius.

42 (II) (a) Zeigen Sie, dass die mechanische Gesamtenergie eines Satelliten (Masse m), der die Erde in einem Abstand r vom Mittelpunkt der Erde (Masse M_E), umkreist,

$$E = -\frac{1}{2}\frac{GmM_E}{r}$$

ist, wenn $E_{pot} = 0$ bei $r = \infty$. (b) Zeigen Sie, dass, obwohl die Reibung dazu führt, dass der Wert von E langsam abnimmt, die kinetische Energie tatsächlich zunehmen muss, wenn die Umlaufbahn kreisförmig bleibt.

43 (II) Zeigen Sie, dass die Fluchtgeschwindigkeit für jeden Satelliten auf einer kreisförmigen Umlaufbahn $\sqrt{2}$ mal seine Geschwindigkeit beträgt.

44 (II) Der Abstand der Erde von der Sonne schwankt während des Jahres zwischen $1{,}471 \cdot 10^8$ km und $1{,}521 \cdot 10^8$ km. Bestimmen Sie die Differenz in (a) der potenziellen Energie, (b) der kinetischen Energie der Erde und (c) der Gesamtenergie zwischen diesen Extrempunkten. Gehen Sie davon aus, dass sich die Sonne in der Ruhelage befindet.

45 (II) Berücksichtigen Sie die Rotationsgeschwindigkeit der Erde (1 Umdrehung/Tag) und bestimmen Sie die Geschwindigkeit in Bezug auf die Erde, die erforderlich ist, damit eine Rakete, die von der Erde am Äquator (a) in östlicher Richtung, (b) in westlicher Richtung, (c) senkrecht nach oben gestartet wird, aus dem Gravitationsfeld der Erde entweichen kann.

46 (II) Bestimmen Sie eine Gleichung für die maximale Höhe h, die eine Rakete erreicht, wenn sie von der Erdoberfläche aus mit einer Geschwindigkeit $v_0 (< v_F)$ senkrecht nach oben gestartet wird. Drücken Sie die Formel in v_0, r_E, M_E und G aus. (b) Wie hoch fliegt eine Rakete, wenn $v_0 = 8{,}2$ km/s? Vernachlässigen Sie den Luftwiderstand und die Erdrotation.

47 (II) (a) Bestimmen Sie das Verhältnis dv_F/dr, in dem sich die Fluchtgeschwindigkeit für das Entweichen aus dem Gravitationsfeld der Erde mit der Höhe über der Erdoberfläche ändert. (b) Verwenden Sie die Näherung $\Delta v \approx (dv/dr)\Delta r$, um die Fluchtgeschwindigkeit für ein Raumschiff zu berechnen, das die Erde in einer Höhe von 300 km umkreist.

48 (II) Ein Meteorit hat eine Geschwindigkeit von 90,0 m/s, als er sich in einer Höhe von 800 km über der Erde befindet. Er fällt vertikal (vernachlässigen Sie den Luftwiderstand) und schlägt in ein Sandbett ein, in dem er nach 3,25 m zum Stillstand kommt. (a) Wie groß ist seine Geschwindigkeit, direkt bevor er auf dem Sand aufkommt? (b) Wie viel Arbeit verrichtet der Sand, um den Meteoriten anzuhalten (Masse = 575 kg)? (c) Wie groß ist die durchschnittliche von dem Sand auf den Meteorit ausgeübte Kraft? (d) Wie viel Energie wird beim Aufprall umgewandelt?

49 (II) Wie viel Arbeit wäre erforderlich, um einen Satelliten mit der Masse m von einer kreisförmigen Umlaufbahn mit dem Radius $r_1 = 2r_E$ über der Erde in eine andere kreisförmige Umlaufbahn mit dem Radius $r_2 = 3r_E$ zu bringen (r_E ist der Erdradius)?

50 (II) (a) Nehmen Sie an, wir haben drei Massen m_1, m_2 und m_3, die anfangs unendlich weit voneinander entfernt sind. Zeigen Sie, dass die Arbeit, die erforderlich ist, um die Massen in die in ► **Abbildung 8.33** dargestellten Positionen zu bringen,

$$W = -G\left(\frac{m_1 m_2}{r_{12}} + \frac{m_1 m_3}{r_{13}} + \frac{m_2 m_3}{r_{23}}\right)$$

beträgt. (b) Können wir sagen, dass diese Gleichung auch die potenzielle Energie des Systems oder die potenzielle Energie eines oder zwei der Körper angibt? (c) Ist W identisch mit der Bindungsenergie des Systems – d. h. identisch mit der Energie, die erforderlich ist, um die Komponenten unendlich weit voneinander zu trennen? Erklären Sie.

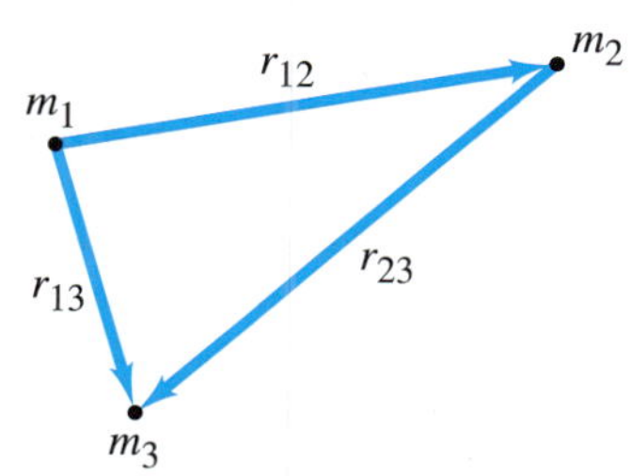

Abbildung 8.33 Aufgabe 50.

51 (II) Ein Satellit der ESA hat gerade einen Asteroiden beobachtet, der sich auf Kollisionskurs mit der Erde befindet. Ausgehend von seiner Größe hat der Asteroid eine geschätzte Masse von $5 \cdot 10^9$ kg. Er nähert sich der Erde mit einer Geschwindigkeit von 600 m/s relativ zur Erde frontal und ist jetzt noch $5{,}0 \cdot 10^6$ km entfernt. Mit welcher Geschwindigkeit wird er auf der Erdoberfläche aufschlagen, wenn man die Reibung mit der Atmosphäre vernachlässigt?

52 (II) Eine Kugel mit dem Radius r_1 hat einen konzentrischen runden Hohlraum mit dem Radius r_2 (▶ Abbildung 8.34). Nehmen Sie an, dass diese Kugelschale mit der Stärke $r_1 - r_2$ homogen ist und eine Gesamtmasse M hat. Zeigen Sie, dass die potenzielle Energie mit einer Masse m in einem Abstand r vom Mittelpunkt der Schale ($r > r_1$) gegeben ist durch

$$E_{pot} = -\frac{GmM}{r} .$$

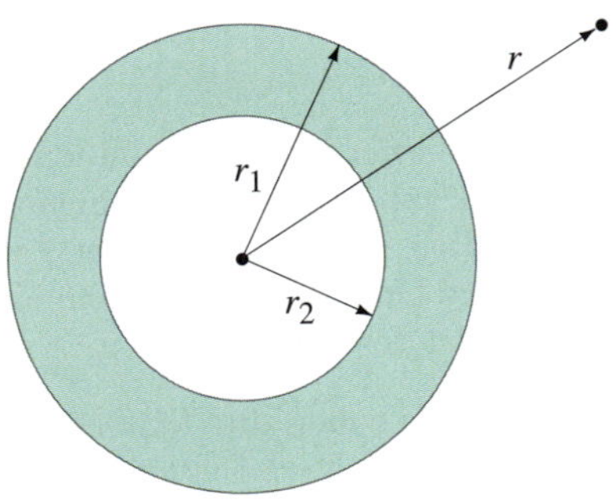

Abbildung 8.34 Aufgabe 52.

53 (III) Um aus dem Sonnensystem zu entweichen, muss ein interstellares Raumschiff sowohl die Anziehungskraft der Erde, als auch der Sonne überwinden. Vernachlässigen Sie die Auswirkungen anderer Körper im Sonnensystem. (a) Zeigen Sie, dass die Fluchtgeschwindigkeit

$$v = \sqrt{v_E^2 + (v_S - v_0)^2} = 16{,}7\ \text{km/s}$$

beträgt. Dabei stehen die Variablen für: v_E ist die Fluchtgeschwindigkeit für das Entweichen aus dem Gravitationsfeld der Erde (Gleichung 8.20), $v_S = \sqrt{2GM_S/r_{SE}}$ ist die Fluchtgeschwindigkeit für das Entweichen aus dem Gravitationsfeld der Sonne auf der Umlaufbahn der Erde, aber weit entfernt vom Einfluss der Erde (r_{SE} ist der Abstand Sonne-Erde), und v_0 ist die Umlaufgeschwindigkeit der Erde um die Sonne. (b) Zeigen Sie, dass die erforderliche Energie $1{,}40 \cdot 10^8$ J pro Kilogramm Raumschiffmasse beträgt. [*Hinweis*: Stellen Sie die Energiegleichung für das Entweichen aus dem Gravitationsfeld der Erde mit v' als Geschwindigkeit relativ zur Erde, aber weit entfernt von der Erde, auf. Dann nehmen Sie $v' + v_0$ als die Fluchtgeschwindigkeit für das Entweichen aus dem Gravitationsfeld der Sonne an].

Aufgaben zu 8.8

54 (I) Wie lange braucht ein 1750 W-Motor, um ein Klavier mit einer Masse von 285 kg zu einem Fenster im sechsten Stock 16,0 m hoch zu heben?

55 (I) Wie groß muss die durchschnittliche auf ein Auto ausgeübte Verzögerungskraft sein, wenn das Auto bei einer konstanten Geschwindigkeit von 90 km/h 18 PS erzeugt?

56 (I) Wie groß die PS-Leistung einer 100 W Glühbirne?

57 (I) Ein Fußballspieler mit einer Masse von 80 kg, der 5,0 m/s läuft, wird in 1,0 s durch einen Gegenspieler gestoppt. (a) Wie groß ist die ursprüngliche kinetische Energie des Spielers? (b) Welche durchschnittliche Leistung ist erforderlich, um ihn zu stoppen?

58 (II) Wie viel PS muss ein Motor mindestens haben, um eine Kiste mit einer Masse von 300 kg über einen ebenen Boden mit einer Geschwindigkeit von 1,20 m/s ziehen zu können, wenn die Reibungszahl 0,45 beträgt?

59 (II) Eine Fahrerin bemerkt, dass ihr Auto mit einer Masse von 1000 kg im Leerlauf auf ebenem Boden in ca. 6,0 s von 90 km/h auf 70 km/h abbremst. Welche Leistung (Watt und PS) ist näherungsweise erforderlich, um das Auto beim Fahren auf einer konstanten Geschwindigkeit von 80 km/h zu halten?

60 (II) Wie viel Arbeit kann ein 3,0 PS Motor in 1,0 h verrichten?

61 (II) Ein Kugelstoßer beschleunigt eine Kugel mit einer Masse von 7,3 kg aus dem Stillstand auf 14 m/s. Welche durchschnittliche Leistung wurde erbracht, wenn diese Bewegung 1,5 s dauert?

62 (II) Eine Pumpe muss 18,0 kg Wasser pro Minute über eine Höhe von 3,50 m fördern. Welche Ausgangsleistung (Watt) sollte der Pumpenmotor besitzen?

63 Während eines Trainings liefen die Fußballspieler der Nationalmannschaft die Stadiontreppe in 61 s hinauf. Die Treppe ist 140 m lang und hat einen Neigungswinkel von 30°. Schätzen Sie die durchschnittliche Ausgangsleistung auf dem Weg nach oben ab, ausgehend von der Annahme, dass ein typischer Spieler eine Masse von 105 kg hat. Vernachlässigen Sie die Reibung und den Luftwiderstand.

64 (II) Ein Auto mit einer Masse von 1000 kg hat eine maximale Ausgangsleistung von 120 PS. Wie steil kann ein Berg sein, den es mit einer konstanten Geschwindigkeit von 70 km/h hinauffährt, wenn die Summe der Reibungskräfte 600 N beträgt?

65 (II) Das Skigebiet von Squaw Valley in Kalifornien nimmt für sich in Anspruch, dass seine Lifte 47 000 Menschen pro Stunde transportieren können. Schätzen Sie die erforderliche maximale Gesamtleistung der Liftanlagen ab, wenn der durchschnittliche Lift die Menschen ca. 200 m (vertikal) höher transportiert.

66 (III) Ein Fahrradfahrer rollt einen Berg mit einem Neigungswinkel von 7,0° mit einer konstanten Geschwindigkeit von 5,0 m/s hinunter. Nehmen Sie eine Gesamtmasse von 75 kg (Fahrrad plus Fahrer) an und berechnen Sie, wie groß die Leistungsabgabe des Fahrradfahrers sein muss, um denselben Berg mit derselben Geschwindigkeit hinaufzufahren.

67 (III) Der Ort eines Körpers mit einer Masse von 280 g ist durch $x = 5{,}0t^3 - 8{,}0t^2 - 30t$ gegeben (in Meter), wobei t in Sekunden angegeben ist. Bestimmen Sie die Nettoarbeit, die an diesem Körper verrichtet wird, (a) bei $t = 2{,}0$ s und (b) bei $t = 4{,}0$ s. (c) Wie groß ist die durchschnittliche Nettoleistung während des Zeitintervalls zwischen $t = 0$ s und $t = 2{,}0$ s und zwischen $t = 2{,}0$ s und $t = 4{,}0$ s?

Aufgaben zu 8.9

68 (II) Zeichnen Sie die Potenzialfunktion und analysieren Sie die Bewegung einer Masse m, die auf einem reibungsfreien horizontalen Tisch ruht und mit einer horizontalen Feder mit der Federkonstanten k verbunden ist. Die Masse wird einen Weg nach rechts verschoben, so dass die Feder anfangs um einen Weg x_0 gedehnt ist. Dann wird die Masse aus dem Stillstand losgelassen.

69 (II) Die Feder aus Aufgabe 68 hat eine Federkonstante von $k = 160$ N/m. Die Masse $m = 5{,}0$ kg wird aus dem Stillstand losgelassen, wenn die Feder um einen Weg $x_0 = 1{,}0$ m aus der Gleichgewichtslage gedehnt ist. Bestimmen Sie (a) die Gesamtenergie des Systems, (b) die kinetische Energie, wenn $x = \frac{1}{2}x_0$, (c) die maximale kinetische Energie, (d) die maximale Geschwindigkeit und an welchen Stellen sie auftritt, (e) die maximale Beschleunigung und wo sie auftritt.

70 (III) Die potenzielle Energie (Potenzialfunktion) der beiden Atome in einem zweiatomigen (mit zwei Atomen) Molekül kann geschrieben werden als

$$E_{\text{pot}}(r) = -\frac{a}{r^6} + \frac{b}{r^{12}} .$$

Dabei ist r der Abstand zwischen den beiden Atomen und a und b sind positive Konstanten. (a) Bei welchen Werten von r ist $E_{\text{pot}}(r)$ ein Minimum? Ein Maximum? (b) Bei welchen Werten von r ist $E_{\text{pot}}(r) = 0$? (c) Zeichnen Sie $E_{\text{pot}}(r)$ in Abhängigkeit von r zwischen $r = 0$ und r bei einem Wert, der groß genug ist, um alle Eigenschaften in (a) und (b) darzustellen. (d) Beschreiben Sie die Bewegung eines Atoms in Bezug auf das zweite Atom, wenn $E < 0$ und für $E > 0$. (e) Nehmen Sie F als die Kraft, die ein Atom auf das andere ausübt. Bei welchen Werten von r gilt $F > 0$, $F < 0$, $F = 0$? (f) Bestimmen Sie F in Abhängigkeit von r.

71 (III) Die *Bindungsenergie* eines Systems zweier Massenpunkte ist als die Energie definiert, die erforderlich ist, um die zwei Massenpunkte aus ihrem Abstand bei minimaler Energie unendlich weit auseinander zu bringen. Bestimmen Sie die Bindungsenergie für das in Aufgabe 70 behandelte Molekül.

Allgemeine Aufgaben

72 Ein Geschoss wird in einem aufwärts gerichteten Winkel von 45,0° vom oberen Ende einer 165 m hohen Klippe mit einer Geschwindigkeit von 180 m/s abgefeuert. Wie groß ist die Geschwindigkeit des Geschosses, wenn es unten auf dem Boden aufschlägt (Wenden Sie die Energieerhaltung an).

73 In einem Film über den berühmten Weitsprung von Jesse Owens bei den Olympischen Spielen 1936 kann man sehen, dass sich sein Massenmittelpunkt vom Absprungpunkt aus um 1,1 m bis zum höchsten Punkt des Bogens hob. Wie groß war die Mindestgeschwindigkeit, die er beim Absprung benötigte, wenn er an der höchsten Stelle des Bogens eine Geschwindigkeit von 6,5 m/s erreicht hatte?

74 Wie schnell muss ein Fahrradfahrer einen Berg mit einem Neigungswinkel von 12° hinauffahren, um eine Ausgangsleistung von 0,20 PS beizubehalten? Vernachlässigen Sie die Reibung und nehmen Sie an, dass die Masse von Fahrer und Rad 85 kg beträgt.

75 Wie groß ist die durchschnittliche Ausgangsleistung eines Aufzuges, der 850 kg in 11,0 s eine vertikale Höhe von 32,0 m hoch hebt?

76 Ein Tannenzapfen mit einer Masse von 0,20 kg fällt von einem Ast, der sich 18 m über dem Boden befindet. (a) Mit welcher Geschwindigkeit würde er auf dem Boden auftreffen, wenn der Luftwiderstand vernachlässigt werden könnte? (b) Wie hoch war die durchschnittliche auf ihn ausgeübte Kraft des Luftwiderstandes, wenn er tatsächlich mit einer Geschwindigkeit von 10,0 m/s auf den Boden auftrifft?

77 Eine Skispringerin mit einer Masse von 60 kg startet aus dem Stillstand von einer Sprungschanze, im Punkt A in ▸ Abbildung 8.35, und fährt die Rampe hinunter. Bestimmen Sie (a) ihre Geschwindigkeit v_B, wenn sie das horizontale Ende der Sprungschanze bei B erreicht.

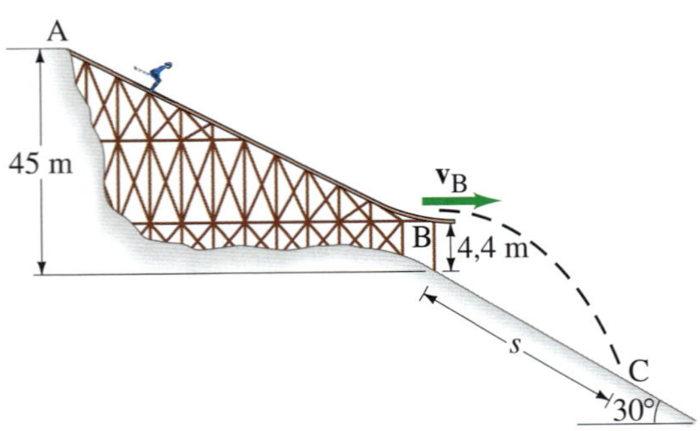

Abbildung 8.35 Aufgaben 77 und 78.

Vernachlässigen Sie dabei die Reibung und den Luftwiderstand. (b) Bestimmen Sie den Weg s bis zu der Stelle, an der sie bei C auf dem Boden aufkommt.

78 Wiederholen Sie Aufgabe 77, aber nehmen Sie jetzt an, dass die Skispringerin bei Erreichen von Punkt B nach oben abspringt und eine vertikale Geschwindigkeitskomponente (bei B) von 3,0 m/s erreicht.

79 Ein Ball ist an einem horizontalen Seil mit der Länge L befestigt, dessen anderes Ende fixiert ist, ▸ Abbildung 8.36. (a) Welche Geschwindigkeit hat der Ball im tiefsten Punkt seines Weges, wenn er losgelassen wird? (b) Ein Stift befindet sich in einem bestimmten Abstand h direkt unterhalb des Befestigungspunktes des Seils. Wie groß ist die Geschwindigkeit des Balls, wenn er den obersten Punkt seiner kreisförmigen Bahn um den Stift herum erreicht, wenn $h = 0{,}80L$ ist?

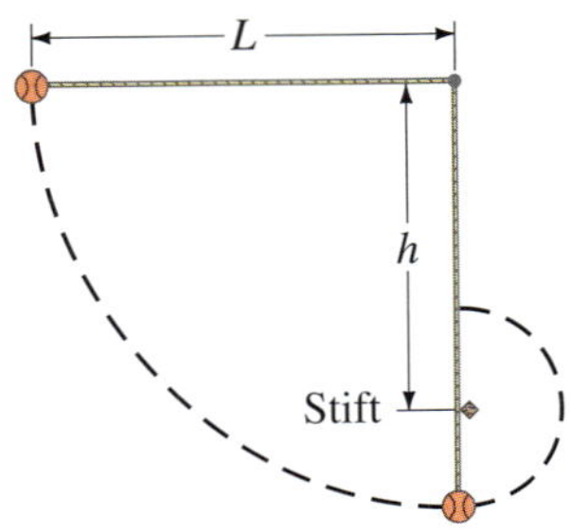

Abbildung 8.36 Aufgaben 79 und 80.

80 Zeigen Sie, dass der Ball in ▸ Abbildung 8.36 nur dann einen kompletten Kreis um den Stift beschreiben kann, wenn $h \geq 0{,}60L$ ist.

81 Ein Wanderer mit einer Masse von 65 kg klettert auf den Gipfel eines 3900 m hohen Berges. Die Klettertour beginnt in einer Höhe von 2200 m und dauert 5,0 h. Berechnen Sie (a) die durch den Wanderer gegen die Gravitation verrichtete Arbeit, (b) die durchschnittliche Ausgangsleistung in Watt und PS und (c) welche Eingangsenergie erforderlich war unter der Annahme, dass der Körper einen Wirkungsgrad von 15% besitzt.

82 Die kleine Masse m, die reibungsfrei entlang der in ▸ Abbildung 8.37 dargestellten Loopingbahn gleitet, muss zu jedem Zeitpunkt auf der Bahn bleiben, selbst an der höchsten Stelle des Loopings mit dem Radius r. (a) Berechnen Sie, ausgedrückt in den gegebenen Größen, die minimale Höhe h, bei der der Körper losgelassen werden kann, um zu jedem Zeitpunkt auf der Bahn zu bleiben. Berechnen Sie dann für eine tatsächliche Höhe von $2h$ (b) die von der Bahn im tiefsten Punkt des Loopings ausgeübte Normalkraft, (c) die von der Bahn im höchsten Punkt des Loopings ausgeübte Normalkraft und (d) die von der Bahn ausgeübte Normalkraft, nachdem der Block den Looping verlassen hat und sich auf dem flachen Abschnitt befindet.

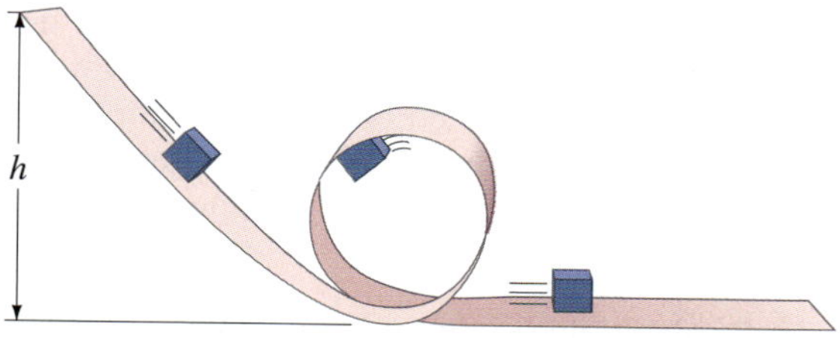

Abbildung 8.37 Aufgabe 82.

83 Wasser fließt mit einem Massenstrom von 550 kg/s über eine Staumauer und fällt 80 m vertikal nach unten, bevor es auf die Turbinenschaufeln trifft. Berechnen Sie (a) die Geschwindigkeit des Wassers unmittelbar vor dem Auftreffen auf die Turbinenschaufeln (vernachlässigen Sie den Luftwiderstand) und (b) die Leistung, die sich auf Grund der Übertragung von mechanischer Energie auf die Turbinenschaufeln ergibt. Nehmen Sie einen Wirkungsgrad von 60% an.

84 Ein Fahrradfahrer mit einer Masse von 75 kg (einschließlich Fahrrad) kann mit einer konstanten Geschwindigkeit von 10,0 km/h einen Berg mit einem Neigungswinkel von 4,0° hinabrollen. Wenn der Radfahrer hart in die Pedale tritt, kann er den Berg mit einer Geschwindigkeit von 30,0 km/h hinunterfahren. Mit welcher Geschwindigkeit kann der Fahrradfahrer denselben Berg hinauffahren, wenn er dieselbe Leistung erbringt? Nehmen Sie an, dass die Reibungskraft proportional zum Quadrat der Geschwindigkeit v ist, d. h. $F_R = bv^2$, wobei b eine Konstante ist.

85 Zeigen Sie, dass bei einer Achterbahn mit einem kreisförmigen, vertikalen Looping (▸ Abbildung 8.38) die Differenz in Ihrem scheinbaren Gewicht im höchsten und im tiefsten Punkt des Loopings das Sechsfache Ihres Gewichtes beträgt. Vernachlässigen Sie die Reibung. Zeigen Sie auch, dass diese Antwort weder von der Größe des Loopings noch von Ihrer Durchfahrgeschwindigkeit abhängt, solange Ihre Geschwindigkeit über dem erforderlichen Mindestwert liegt.

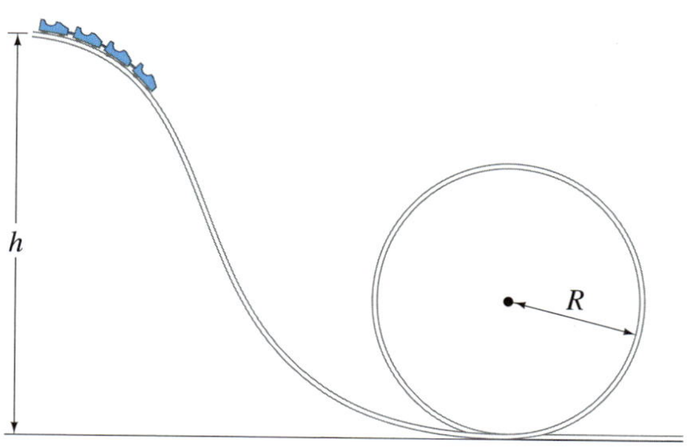

Abbildung 8.38 Aufgabe 85.

86 Wenn Sie auf einer Personenwaage stehen, wird die sich darin befindliche Feder um 0,50 mm zusammengedrückt und zeigt Ihnen an, dass Ihr Gewicht 700 N beträgt. Welchen maximalen Wert zeigt die Waage an, wenn Sie jetzt aus einer Höhe von 1,0 m auf die Waage springen?

87 Ein Student mit einer Masse von 75 kg läuft mit einer Geschwindigkeit von 5,0 m/s, greift ein herunterhängendes Seil und schwingt sich hinaus über einen See (▸ Abbildung 8.39). Er lässt das Seil los, wenn seine Geschwindigkeit null beträgt. (a) Wie groß ist der Winkel θ, wenn er das Seil loslässt? (b) Wie groß ist die Zugkraft in dem Seil, unmittelbar bevor er es loslässt? (c) Wie groß ist die maximale Zugkraft in dem Seil?

Abbildung 8.39 Aufgabe 87.

88 Beim Seilklettern klettert ein Athlet mit einer Masse von 70 kg einen Weg von 5,0 m in 9,0 s senkrecht nach oben. Welche Leistung erbringt der Athlet?

89 Die Kraft zwischen zwei Neutronen in einem Atomkern wird näherungsweise durch das Yukawa-Potenzial beschrieben:

$$E_{pot}(r) = -E_0 \frac{r_0}{r} e^{-r/r_0} \, .$$

Dabei ist r der Abstand zwischen den Neutronen und $E_{pot,0}$ und r_0 ($\approx 10^{-15}$ m) sind Konstanten. (a) Bestimmen Sie die Kraft $F(r)$. (b) Wie ist das Verhältnis $F(3r_0)/F(r_0)$? (c) Berechnen Sie dasselbe Verhältnis für die Kraft zwischen zwei Punktladungen, für die $E_{pot}(r) = -C/r$, mit C als Konstante, ist. Warum spricht man bei der Yukawa-Kraft von einer „Nahwirkungskraft"?

90 Ein Schlitten mit einer Masse von 20 kg beginnt, einen Abhang mit einem Neigungswinkel von 30° mit einer Geschwindigkeit von 2,4 m/s hinaufzufahren. Die Gleitreibungszahl ist $\mu_G = 0,25$. (a) Wie weit fährt der Schlitten den Abhang hinauf? (b) Welche Bedingung müssen Sie für die Haftreibungszahl vorgeben, damit der Schlitten nicht an dem in (a) bestimmten Punkt stehen bleibt? (c) Wie groß ist die Geschwindigkeit des Schlittens bei Erreichen seines Ausgangspunktes, wenn der Schlitten zurückrutscht?

91 Ein Feuerwehrschlauch zur Verwendung in Stadtgebieten muss einen Wasserstrahl bis zu einer maximalen Höhe von 30 m spritzen können. Das Wasser verlässt den Schlauch in Bodenhöhe in einem kreisförmigen Strahl mit einem Durchmesser von 3,0 cm. Welche Mindestleistung ist erforderlich, um einen solchen Wasserstrahl zu erzeugen? Ein Kubikmeter Wasser hat eine Masse von 1000 kg.

92 Die richtige Planung von Kfz-Bremssystemen muss einen möglichen Hitzestau bei starkem Bremsen berücksichtigen. Berechnen Sie die Wärmemenge, die die Bremsen eines Autos mit einer Masse von 1500 kg beim Hinunterfahren eines Berges mit einem Neigungswinkel von 20° abgeben. Das Auto beginnt bei einer Geschwindigkeit von 90 km/h zu bremsen und reduziert die Geschwindigkeit innerhalb eines auf der Straße gemessenen Weges von 0,30 km auf 30 km/h.

93 Die Mondlandefähre könnte sicher landen, wenn ihre vertikale Geschwindigkeit beim Aufprall 3,0 m/s oder weniger betragen würde. Nehmen Sie an, Sie wollten die größte Höhe h bestimmen, bei der der Pilot den Motor abschalten könnte, wenn die Geschwindigkeit der Landefähre relativ zur Oberfläche (a) null, (b) 2,0 m/s nach unten gerichtet, (c) 2,0 m/s nach oben gerichtet wäre. Wenden Sie die Energieerhaltung an, um h in jedem Fall zu bestimmen. Die Fallbeschleunigung an der Oberfläche des Mondes beträgt 1,62 m/s^2.

94 Manche Stromversorgungsunternehmen verwenden Wasser, um Energie zu speichern. Wasser wird mittels umschaltbarer Kreiselpumpen von einem unteren in ein oberes Speicherbecken gepumpt. Wie viel Kubikmeter Wasser müssen aus dem unteren in das obere Becken gepumpt werden, wenn wir die von einem (elektrischen) 100 MW Kraftwerk in 1,0 h erzeugte Energie speichern möchten? Nehmen Sie an, dass das obere Becken 500 m höher liegt als das untere und dass wir die kleine Änderung der Wasserstände in jedem Becken vernachlässigen können. Wasser hat eine Masse von 1000 kg pro 1,0 m^3.

95 Als Raumplaner müssen Sie die zum Pumpen des Wassers aus einem neuen Brunnen erforderliche Leistung abschätzen. Der Brunnen ist 400 m tief und der geschätzte Bedarf liegt bei 1 000 000 kg pro Tag. Der Pumpenmotor hat einen Wirkungsgrad von ca. 80% bei der Umwandlung von elektrischer Energie in mechanische Energie.

96 Schätzen Sie die Energie ab, die Treibstoff bereitstellen muss, um einen Satelliten mit einer Masse von 12 000 kg in eine Umlaufbahn 1000 km über der Erdoberfläche zu schießen. Betrachten Sie zwei Fälle: (a) Der Satellit wird von einem Punkt am Erdäquator aus in eine äquatoriale Umlaufbahn geschossen und (b) er wird vom Nordpol aus in eine polare Umlaufbahn geschossen.

97 Ein Satellit befindet sich auf einer elliptischen Umlaufbahn um die Erde (► Abbildung 8.40) Seine Geschwindigkeit im Punkt A beträgt 8650 m/s. (a) Wenden Sie die Energieerhaltung an, um seine Geschwindigkeit bei B zu bestimmen. Der Radius der Erde beträgt 6380 km. (b) Wenden Sie die Energieerhaltung an, um die Geschwindigkeit im Punkt C zu bestimmen.

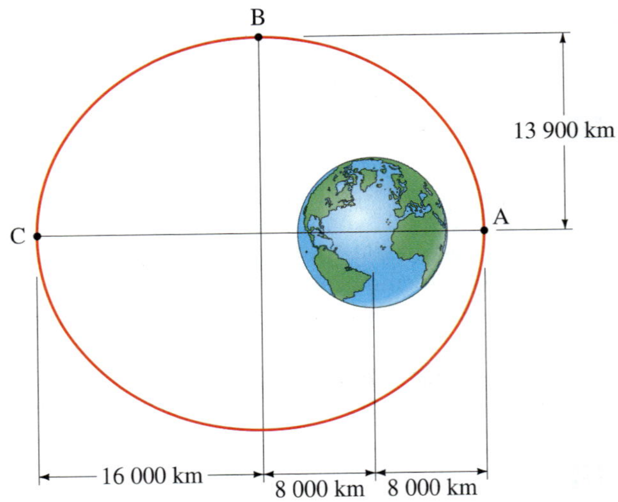

Abbildung 8.40 Aufgabe 97.

98 Ein Massenpunkt bewegt sich dort, wo seine potenzielle Energie durch $E_{pot}(r) = E_0[(2/r^2) - (1/r)]$ gegeben ist. (a) Skizzieren Sie näherungsweise die Form von $E_{pot}(r)$ in Abhängigkeit von r. Wo schneidet die Kurve die $E_{pot}(r) = 0$-Achse? Bei welchem Wert von r tritt der Minimalwert von $E_{pot}(r)$ auf? (b) Nehmen Sie an, dass der Massenpunkt eine Energie von $E = -0,050\, E_{pot,0}$ hat. Skizzieren Sie näherungsweise die „Wendepunkte" der Bewegung des Massenpunktes in Ihrer Zeichnung. Wie groß ist die maximale kinetische Energie des Massenpunktes und bei welchem Wert von r tritt sie auf?

Impuls und Stöße

9

ÜBERBLICK

Die Impulserhaltung ist ein weiterer bedeutender Erhaltungssatz der Physik. Stöße zwischen Billardkugeln veranschaulichen dieses Vektorgesetz sehr gut: Der Gesamtimpulsvektor ($\sum m_i \mathbf{v}_i$) vor dem Stoß ist gleich dem Gesamtimpulsvektor unmittelbar nach dem Stoß. Auf diesem Foto trifft die sich bewegende Spielkugel auf eine der ruhenden Kugeln. Beide Kugeln bewegen sich nach dem Stoß in bestimmten Winkeln, aber die Summe ihrer Impulsvektoren ist gleich dem Anfangsimpuls der ankommenden Spielkugel. Wir werden sowohl elastische Stöße (bei denen die kinetische Energie auch erhalten bleibt) als auch inelastische Stöße untersuchen. Außerdem werden wir uns mit dem Begriff des Massenmittelpunktes und mit der Frage beschäftigen, wie dieser Begriff zu einer einfacheren Analyse und einem einfacheren Verständnis komplexer Bewegungen beitragen kann.

9. Impuls und Stöße

Der Energieerhaltungssatz, den wir im vorhergehenden Kapitel erörtert haben, ist einer von mehreren bedeutenden Erhaltungssätzen in der Physik. Zu den weiteren Erhaltungsgrößen gehören der Impuls, der Drehimpuls und die elektrische Ladung. Wir werden auf alle eingehen, weil die Erhaltungssätze zu den wichtigsten naturwissenschaftlichen Gesetzen gehören. In diesem Kapitel befassen wir uns mit der Impulserhaltung, außerdem werden wir den Energie- und den Impulserhaltungssatz auf die Behandlung von Stößen anwenden. Tatsächlich ist der Impulserhaltungssatz bei der Untersuchung von zwei oder mehr Körpern, die miteinander wechselwirken, wie z. B. bei Stößen, besonders nützlich.

Bisher galt unser Hauptinteresse der Bewegung eines einzelnen Körpers. In diesem Kapitel werden wir uns mit Systemen mit zwei oder mehr Körpern beschäftigen. Ein wichtiger Begriff für diese Untersuchung ist der des Massenmittelpunktes, auf den wir später in diesem Kapitel zurückkommen.

9.1 Impuls und seine Beziehung zur Kraft

Der **Impuls** eines Körpers ist definiert als das Produkt aus seiner Masse und seiner Geschwindigkeit. Der Impuls wird normalerweise mit dem Symbol $\mathbf{p}$ bezeichnet. Wenn m die Masse eines Körpers und $\mathbf{v}$ seine Geschwindigkeit darstellt, dann ist sein Impuls $\mathbf{p}$

$$\mathbf{p} = m\mathbf{v} \,. \qquad (9.1)$$

Impuls

Da die Geschwindigkeit ein Vektor ist, ist auch der Impuls eine vektorielle Größe. Die Richtung des Impulses ist die Richtung der Geschwindigkeit und der Betrag des Impulses ist $p = mv$. Da $\mathbf{v}$ von dem Bezugssystem abhängt, muss dieses Bezugssystem genau angegeben werden. Die Einheit des Impulses ist einfach die des Produktes aus Masse · Geschwindigkeit, d. h. in SI-Einheiten kg · m/s. Es gibt keine spezielle Bezeichnung für diese Einheit.

Der alltägliche Gebrauch des Begriffes *Impuls* stimmt mit der obigen Definition überein. Entsprechend der Gleichung 9.1 hat ein schnell fahrendes Auto mehr Impuls als ein langsam fahrendes mit derselben Masse und ein schwerer Lkw verfügt über mehr Impuls als ein leichtes Auto, das mit derselben Geschwindigkeit fährt. Je größer der Impuls eines Körpers ist, desto schwieriger ist es, den Körper zum Stillstand zu bringen, und desto größer ist seine Wirkung, wenn er durch Schlag oder Stoß zum Stillstand gebracht wird. Ein Rugbyspieler ist wahrscheinlich eher geschockt, wenn er von einem schweren Gegenspieler, der mit Spitzengeschwindigkeit läuft, angegriffen wird, als wenn er von einem leichteren oder langsamer laufenden Angreifer attackiert wird. Ein schwerer, schnell fahrender Lkw kann mehr Schaden verursachen als ein langsam fahrendes Motorrad.

Für die Änderung des Impulses eines Körpers ist eine Kraft erforderlich. Dabei spielt es keine Rolle, ob der Impuls zunehmen, abnehmen (z. B. um einen Körper, der sich in Bewegung befindet, zum Stillstand zu bringen) oder seine Richtung ändern soll. Newton drückte sein zweites Axiom ursprünglich in Abhängigkeit des Impulses aus (obwohl er das Produkt mv „Bewegungsgröße" nannte). Nach heutigem Sprachgebrauch formuliert man das **zweite Newton'sche Axiom der Bewegung** folgendermaßen:

Das Maß der Änderung des Impulses eines Körpers ist gleich der auf den Körper ausgeübten Nettokraft.

Dies können wir als Gleichung schreiben:

$$\sum \mathbf{F} = \frac{\mathrm{d}\mathbf{p}}{\mathrm{d}t} \,. \qquad (9.2)$$

ZWEITES NEWTON'SCHES AXIOM

Dabei ist $\sum \mathbf{F}$ die auf den Körper ausgeübte Nettokraft (die Vektorsumme aller auf ihn wirkenden Kräfte). Die bekannte Form des zweiten Axioms, $\sum \mathbf{F} = m\mathbf{a}$, können wir für den Fall einer konstanten Masse leicht aus der Gleichung 9.2 ableiten. Wenn $\mathbf{v}_0$ die Anfangsgeschwindigkeit eines Körpers und $\mathbf{v}$ seine Geschwindigkeit nach einer Zeit $\mathrm{d}t$ ist, dann gilt

$$\sum \mathbf{F} = \frac{\mathrm{d}\mathbf{p}}{\mathrm{d}t} = \frac{\mathrm{d}(m\mathbf{v})}{\mathrm{d}t} = m\frac{\mathrm{d}\mathbf{v}}{\mathrm{d}t} = m\mathbf{a}\,, \quad \text{(konstante Masse)}$$

weil laut Definition $\mathbf{a} = \mathrm{d}\mathbf{v}/\mathrm{d}t$ ist. Newtons Aussage, Gleichung 9.2, ist tatsächlich allgemeiner als die bekannte Form, weil sie die Prozesse mit einschließt, bei der sich die Masse ändern kann. Dies ist unter bestimmten Bedingungen, wie z. B. bei Raketen, die beim Verbrennen von Treibstoff (Abschnitt 9.10) Masse verlieren, und in der Relativitätstheorie (Kapitel 37) von Bedeutung.

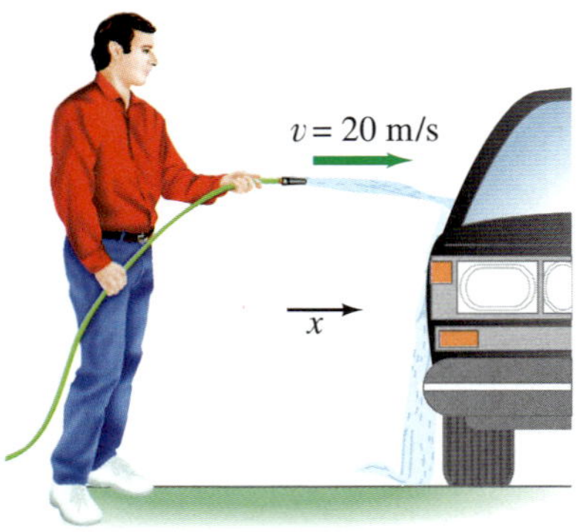

Abbildung 9.1 Beispiel 9.1.

Beispiel 9.1 Autowäsche: Impulsänderung und Kraft

Wasser verlässt einen Schlauch mit einer Menge von 1,5 kg/s bei einer Geschwindigkeit von 20 m/s und ist auf die Seite eines Autos gerichtet. Die Seite des Autos stoppt das Wasser, ► Abbildung 9.1, (d. h. wir vernachlässigen ein mögliches Zurückspritzen von Wasser). Wie groß ist die Kraft, die das Wasser auf das Auto ausübt?

Lösung

Wir nehmen die x-Richtung positiv nach rechts. In jeder Sekunde wird Wasser mit einem Impuls von $p_x = mv_x = (1{,}5\,\mathrm{kg})(20\,\mathrm{m/s}) = 30\,\mathrm{kg\cdot m/s}$ in dem Moment, in dem es auf dem Auto auftrifft, zum Stillstand gebracht. Der Betrag der (als konstant angenommenen) Kraft, die das Auto ausüben muss, um den Impuls des Wassers um diese Summe zu ändern, ist

$$F = \frac{\Delta p}{\Delta t} = \frac{p_{\mathrm{end}} - p_{\mathrm{anf}}}{\Delta t} = \frac{0 - 30\,\mathrm{kg\cdot m/s}}{1{,}0\,\mathrm{s}} = -30\,\mathrm{N}\,.$$

Das Minuszeichen zeigt an, dass die auf das Wasser wirkende Kraft der ursprünglichen Geschwindigkeit des Wassers entgegengerichtet ist. Das Auto übt eine Kraft von 30 N nach links aus, um das Wasser zum Stillstand zu bringen. Nach dem dritten Newton'schen Axiom übt folglich das Wasser eine Kraft von 30 N auf das Auto aus.

Beispiel 9.2 · Begriffsbildung Wasser spritzt zurück

Was geschieht, wenn das Wasser in Beispiel 9.1 von dem Auto zurückspritzt? Wäre die auf das Auto wirkende Kraft größer oder kleiner?

Lösung

Wenn das Wasser in Richtung Schlauch zurückspritzt, ist der Betrag der Impulsänderung und somit auch der Betrag der auf das Auto wirkenden Kraft größer. Beachten Sie, dass in diesem Fall $\mathbf{p}_{\mathrm{Ende}}$ in negativer x-Richtung verläuft, wie in ► Abbildung 9.2 dargestellt (im Gegensatz zu Beispiel 9.1, in dem $\mathbf{p}_{\mathrm{Ende}}$ null ist). Das Ergebnis für F (siehe Gleichung in Beispiel 9.1) ist ein Betrag größer als 30 N mit negativem Vorzeichen (d. h. −35 bis −40 N, je nach der Rückprallgeschwindigkeit des Wassers). Einfach gesagt: Das Auto übt nicht nur eine Kraft aus, um das Wasser zum Stillstand zu bringen, sondern auch eine zusätzliche Kraft, um die Richtung des Impulses zu ändern.

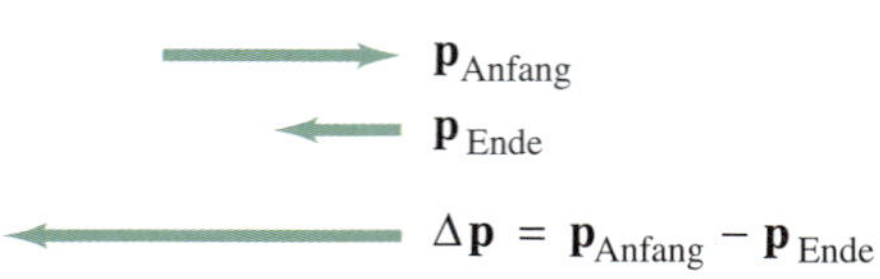

Abbildung 9.2 Beispiel 9.2. Impuls des Wassers vor und nach dem Zurückspritzen und $\Delta\mathbf{p}$.

9.2 Impulserhaltung

Mitte des siebzehnten Jahrhunderts, kurz vor Newtons Zeit, war beobachtet worden, dass die Vektorsumme der Impulse zweier Körper, die aneinander stoßen, konstant bleibt. Betrachten wir z. B. den zentralen Stoß zwischen zwei Billardkugeln, der in ▸ Abbildung 9.3 dargestellt ist. Wir nehmen an, dass die auf dieses aus zwei Kugeln bestehende System wirkende äußere Nettokraft null ist – d. h. die einzigen wesentlichen Kräfte sind die, die jede Kugel während des Stoßes auf die andere ausübt. Obwohl sich der Impuls jeder der beiden Kugeln als Folge des Stoßes ändert, ist die *Summe* ihrer Impulse vor und nach dem Stoß dieselbe. Wenn $m_1\mathbf{v}_1$ der Impuls von Kugel 1 und $m_2\mathbf{v}_2$ der Impuls von Kugel 2 ist, jeweils vor dem Stoß gemessen, dann beträgt der Gesamtimpuls der beiden Kugeln vor dem Stoß $m_1\mathbf{v}_1 + m_2\mathbf{v}_2$. Nach dem Stoß hat jede Kugel eine andere Geschwindigkeit und einen anderen Impuls. Diese Tatsache stellen wir durch einen „Strich" an der Geschwindigkeitsvariablen dar: $m_1\mathbf{v}_1'$ und $m_2\mathbf{v}_2'$. Der Gesamtimpuls nach dem Stoß beträgt $m_1\mathbf{v}_1' + m_2\mathbf{v}_2'$. Unabhängig davon, welche Geschwindigkeiten und Massen beteiligt sind, ist der Gesamtimpuls vor dem Stoß derselbe wie nach dem Stoß, solange keine äußere Nettokraft wirkt. Dabei spielt es keine Rolle, ob es sich um einen zentralen Stoß handelt oder nicht.

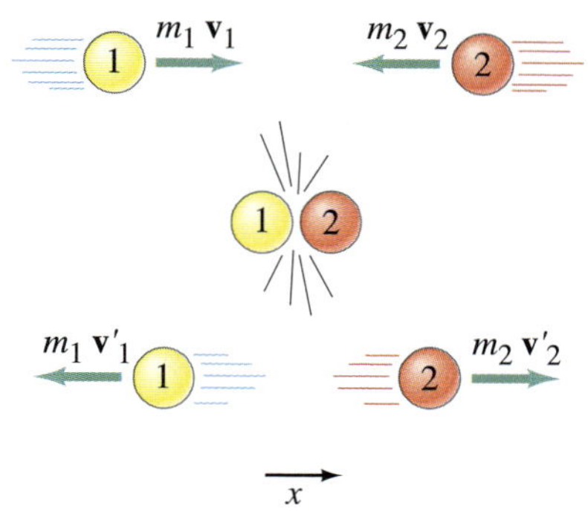

Abbildung 9.3 Beim Stoß zwischen zwei Kugeln bleibt der Impuls erhalten.

Impuls vorher = Impuls nachher

oder

IMPULSERHALTUNG (zwei Körper stoßen zusammen)

$$\begin{aligned} m_1\mathbf{v}_1 + m_2\mathbf{v}_2 &= m_1\mathbf{v}_1' + m_2\mathbf{v}_2' \\ \mathbf{p}_1 + \mathbf{p}_2 &= \mathbf{p}_1' + \mathbf{p}_2' \end{aligned} \tag{9.3}$$

Das bedeutet, dass der Vektor des Gesamtimpulses des Systems der beiden Kugeln erhalten bleibt: er bleibt konstant.

Obwohl der Impulserhaltungssatz sich durch Versuche ergeben hat, ist er eng mit den Newton'schen Axiomen der Bewegung verbunden. Es kann bewiesen werden, dass sie äquivalent sind. Diesen Beweis werden wir jetzt erbringen.

Betrachten wir zwei Körper mit der Masse m_1 bzw. m_2, die vor ihrem Zusammenstoß einen Impuls von $\mathbf{p}_1$ bzw. $\mathbf{p}_2$ und nach dem Zusammenstoß einen Impuls von $\mathbf{p}_1'$ bzw. $\mathbf{p}_2'$ haben, wie in ▸ Abbildung 9.4 dargestellt. Nehmen wir an, dass die von Körper 1 während des Stoßes auf Körper 2 ausgeübte Kraft zu jedem Zeitpunkt $\mathbf{F}$ ist. Dann beträgt nach dem dritten Newton'schen Axiom die von Körper 2 auf Körper 1 ausgeübte Kraft $-\mathbf{F}$. Wir nehmen an, dass während der kurzen Stoßzeit keine anderen (äußeren) Kräfte wirken (oder dass $\mathbf{F}$ wesentlich größer ist als alle anderen wirkenden äußeren Kräfte). Wir schreiben Gleichung 9.2 um zu $\mathrm{d}\mathbf{p} = \mathbf{F}\,\mathrm{d}t$ und integrieren beide Seiten dieser Gleichung für das kurze Zeitintervall des Stoßes von t_a bis t_e:

$$\int_{t_\mathrm{a}}^{t_\mathrm{e}} \mathrm{d}\mathbf{p} = \int_{t_\mathrm{a}}^{t_\mathrm{e}} \mathbf{F}\,\mathrm{d}t\,.$$

Dies wenden wir zunächst auf den Körper 2 an, auf den die Kraft $\mathbf{F}$ wirkt (▸ Abbildung 9.4):

$$\Delta\mathbf{p}_2 = \mathbf{p}_2' - \mathbf{p}_2 = \int_{t_\mathrm{a}}^{t_\mathrm{e}} \mathbf{F}\,\mathrm{d}t\,. \tag{9.4a}$$

Die auf den Körper 1 wirkende Kraft ist $-\mathbf{F}$, so dass

$$\Delta\mathbf{p}_1 = \mathbf{p}_1' - \mathbf{p}_1 = -\int_{t_\mathrm{a}}^{t_\mathrm{e}} \mathbf{F}\,\mathrm{d}t\,. \tag{9.4b}$$

Wir vergleichen diese beiden Gleichungen und sehen, dass

$$\begin{aligned} \Delta\mathbf{p}_1 &= -\Delta\mathbf{p}_2 \\ \mathbf{p}_1' - \mathbf{p}_1 &= -(\mathbf{p}_2' - \mathbf{p}_2)\,. \end{aligned}$$

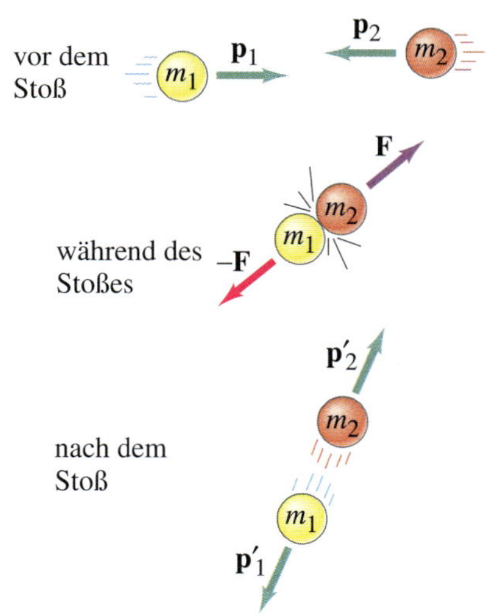

Abbildung 9.4 Stoß zwischen zwei Körpern. Vor dem Stoß sind ihre Impulse $\mathbf{p}_1$ und $\mathbf{p}_2$, danach $\mathbf{p}_1'$ und $\mathbf{p}_2'$. Zu jedem Zeitpunkt während des Stoßes übt jeder Körper auf den anderen eine Kraft mit demselben Betrag, aber entgegengesetzter Richtung aus.

Eine Umstellung liefert

$$\mathbf{p}_1 + \mathbf{p}_2 = \mathbf{p}'_1 + \mathbf{p}'_2 \,.$$

Dies ist die Gleichung 9.3, der Impulserhaltungssatz.

Wir haben diese Ableitung in Zusammenhang mit einem Stoß gesetzt. Solange keine äußeren Kräfte wirken, sind die Gleichungen 9.4 in jedem beliebigen Zeitintervall gültig, und die Impulserhaltung ist immer gültig, solange keine äußeren Kräfte wirken. In der Realität wirken allerdings äußere Kräfte: Reibung wirkt auf Billardkugeln, die Gravitation wirkt auf einen Baseball etc. So könnte man denken, dass die Impulserhaltung nicht angewendet werden kann. Oder kann man sie doch anwenden? Bei einem Stoß wirkt die Kraft, die jeder Körper auf den anderen ausübt, nur während eines sehr kurzen Zeitintervalls und sie ist sehr stark. Während des kurzen Intervalls ist $\mathbf{F}$ in den Gleichungen 9.4 wesentlich größer als die anderen wirkenden Kräfte (Gravitation, Reibung). Wenn wir die Impulse direkt vor und direkt nach dem Stoß messen, bleibt der Impuls nahezu erhalten. Wir können nicht darauf warten, dass die äußeren Kräfte ihre Wirkung erzeugen, bevor wir $\mathbf{p}'_1$ und $\mathbf{p}'_2$ messen.

Wenn z. B. beim Tennis der Schläger den Ball oder beim Baseball das Schlagholz den Ball trifft, bewegt sich der Ball vor und nach dem Stoß wie ein Geschoss unter Einwirkung der Gravitation und des Luftwiderstandes. Während dieses kurzen Intervalls des Stoßes, wenn der Schläger oder das Schlagholz auf den Ball trifft, sind diese äußeren Kräfte jedoch unbedeutend im Vergleich zu der Stoßkraft, die das Schlagholz auf den Ball ausübt (und umgekehrt). Aus den Gleichungen 9.4 ist dann ersichtlich, dass der Impuls erhalten bleibt (oder nahezu), solange wir $\mathbf{p}_1$ und $\mathbf{p}_2$ direkt vor und $\mathbf{p}'_1$ und $\mathbf{p}'_2$ sofort nach dem Stoß messen.

Unsere Herleitung der Impulserhaltung mittels der Gleichungen 9.4 kann auf jede beliebige Anzahl von miteinander wechselwirkenden Körpern erweitert werden. $\mathbf{P}$ stellt den Gesamtimpuls eines Systems mit n miteinander wechselwirkenden Körpern dar:

$$\mathbf{P} = m_1\mathbf{v}_1 + m_2\mathbf{v}_2 + \cdots + m_n\mathbf{v}_n = \sum \mathbf{p}_i \,.$$

Dies leiten wir nach der Zeit ab:

$$\frac{\mathrm{d}\mathbf{P}}{\mathrm{d}t} = \sum \frac{\mathrm{d}\mathbf{p}_i}{\mathrm{d}t} = \sum \mathbf{F}_i \,. \qquad (9.5)$$

Dabei stellt $\mathbf{F}_i$ die auf den i-ten Körper wirkende *Netto*kraft dar. Die Kräfte können zwei unterschiedliche Formen haben: (1) auf die Körper des Systems wirkende *äußere Kräfte*, die von Körpern außerhalb des Systems ausgeübt werden, und (2) *innere Kräfte*, die Körper innerhalb des Systems auf andere Körper in dem System ausüben. Nach dem dritten Newton'schen Axiom treten die inneren Kräfte paarweise auf: Wenn ein Körper auf einen zweiten Körper eine Kraft ausübt, übt der zweite Körper eine gleich große und entgegengerichtete Kraft auf den ersten Körper aus. Somit heben sich alle inneren Kräfte in der Summe aller Kräfte in Gleichung 9.5 paarweise auf. Das liefert:

ZWEITES NEWTON'SCHES AXIOM (bei einem System von Körpern)

$$\frac{\mathrm{d}\mathbf{P}}{\mathrm{d}t} = \sum \mathbf{F}_{\text{ext}} \,. \qquad (9.6)$$

Dabei ist $\sum \mathbf{F}_{\text{ext}}$ die Summe aller auf unser System wirkenden Kräfte. Wenn die äußere Nettokraft null ist, dann ist $\mathrm{d}\mathbf{P}/\mathrm{d}t = 0$, so dass $\Delta\mathbf{P} = 0$ oder $\mathbf{P} =$ konstant ist. Folglich gilt:

IMPULSERHALTUNGSSATZ

Wenn die auf ein System wirkende äußere Nettokraft null ist, bleibt der Gesamtimpuls konstant.

Dies ist der **Impulserhaltungssatz**. Man kann ihn auch folgendermaßen formulieren:

Der Gesamtimpuls eines abgeschlossenen Systems von Körpern bleibt konstant.

Ein **abgeschlossenes System** ist ein System, auf das keine äußeren Kräfte wirken. Die einzigen wirkenden Kräfte sind die Kräfte, die zwischen Körpern des Systems wirken.

Wenn eine äußere Nettokraft auf ein System wirkt, gilt der Impulserhaltungssatz nicht. Wenn aber das „System“ neu definiert werden kann, so dass die anderen Körper, die diese Kräfte ausüben, dann mit in das System einbezogen werden, gilt der Impulserhaltungssatz. Bei einem frei fallenden Stein z. B., den wir als unser System annehmen, bleibt der Impuls nicht erhalten, da eine äußere Kraft, die von der Erde ausgeübte Gravitationskraft, auf den Stein wirkt und sein Impuls sich ändert. Wenn wir allerdings die Erde in das System mit einbeziehen, bleibt der Gesamtimpuls des Steins und der Erde erhalten. (Das bedeutet natürlich, dass sich die Erde nach oben bewegt, um den Stein zu berühren. Da die Masse der Erde so groß ist, ist ihre nach oben gerichtete Geschwindigkeit sehr klein.)

Wie bei der Energie liegt die Bedeutung des Impulsbegriffes darin, dass der Impuls unter ganz allgemeinen Bedingungen erhalten bleibt. Obwohl der Impulserhaltungssatz, wie wir gesehen haben, aus dem zweiten Newton'schen Axiom folgt, ist er tatsächlich allgemeiner als die Newton'schen Gesetze. In der mikroskopischen Welt des Atoms gelten die Newton'schen Gesetze nicht, die bedeutenden Sätze über die Erhaltung von Energie, Impuls, Drehimpuls und elektrischer Ladung waren dagegen in jeder untersuchten Versuchssituation aufrechtzuerhalten. Aus diesem Grund sind die Erhaltungssätze grundlegender als die Newton'schen Gesetze.

Beispiel 9.3 Zusammenstoß von Eisenbahnwaggons: Der Impuls bleibt erhalten

Ein Eisenbahnwaggon mit einer Masse von 10 000 kg, der sich mit einer Geschwindigkeit von 24,0 m/s bewegt, trifft auf einen gleich schweren Waggon in Ruhe. Wie groß ist die gemeinsame Geschwindigkeit der Waggons nach dem Stoß, wenn sie infolge des Stoßes aneinander haften bleiben? Siehe ► Abbildung 9.5.

Lösung

Der anfängliche Gesamtimpuls beträgt einfach $m_1 v_1$ (da $v_2 = 0$) nach rechts in positiver x-Richtung. Nach dem Stoß ist der Gesamtimpuls derselbe und ist auf beide Waggons aufgeteilt. Da die beiden Waggons aneinander haften, haben sie dieselbe Geschwindigkeit, die wir v' nennen. Dann gilt:

$$(m_1 + m_2)v' = m_1 v_1$$

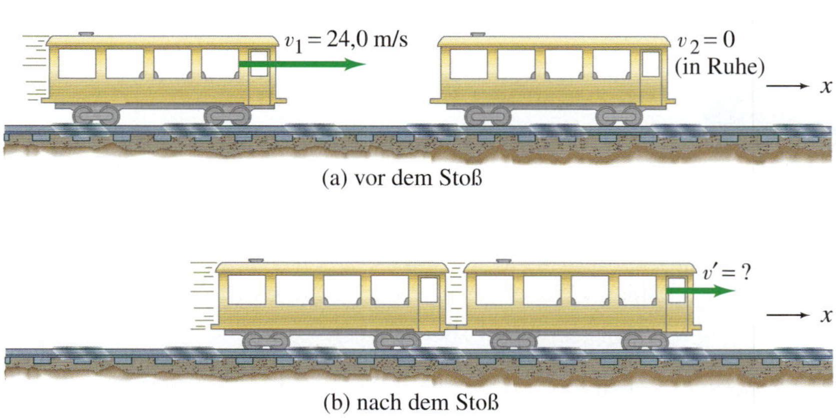

Abbildung 9.5 Beispiel 9.3.

$$v' = \frac{m_1}{m_1 + m_2} v_1 = \frac{1}{2} v_1 = 12{,}0\,\text{m/s}$$

nach rechts. Ihre gemeinsame Geschwindigkeit nach dem Stoß beträgt die Hälfte der Anfangsgeschwindigkeit von Waggon 1.

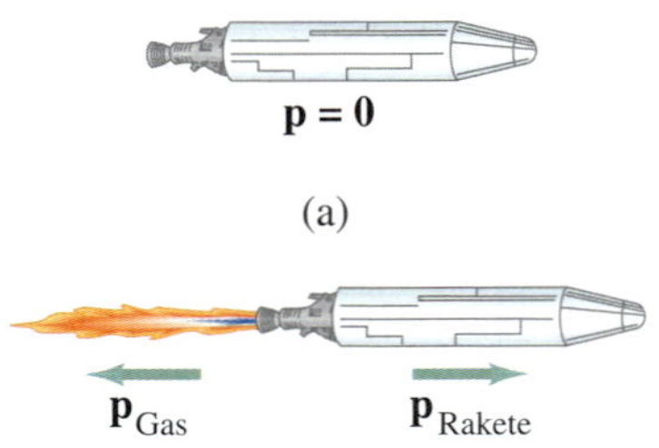

Abbildung 9.6 (a) Eine Rakete, die Treibstoff enthält, in einem Bezugsrahmen in der Ruhelage. (b) In demselben Bezugssystem zündet die Rakete und an ihrem hinteren Ende werden Gase mit hoher Geschwindigkeit ausgestoßen. Der Vektor des Gesamtimpulses, $\mathbf{p}_{\text{Gas}} + \mathbf{p}_{\text{Rakete}}$, bleibt null.

Der Impulserhaltungssatz ist besonders nützlich, wenn wir recht einfache Systeme wie Stöße und bestimmte Arten von Explosionen untersuchen. Ein *Raketenantrieb*, der, wie wir in Kapitel 4 gesehen haben, auf der Grundlage von Aktion und Reaktion zu verstehen ist, kann z. B. auch auf der Grundlage der Impulserhaltung erklärt werden. Bevor eine Rakete abgefeuert wird, beträgt der Gesamtimpuls der Rakete plus Treibstoff null. Während der Treibstoff verbrannt wird, bleibt der Gesamtimpuls unverändert: Der Rückstoßimpuls der ausgestoßenen Gase wird durch den Vorwärtsimpuls, den die Rakete selbst erlangt, gerade ausgeglichen (siehe ▶ Abbildung 9.6). So kann eine Rakete im Vakuum beschleunigen. Die ausgestoßenen Gase brauchen nicht gegen die Erde oder die Luft zu drücken (wie manchmal irrtümlich angenommen wird), wie wir bereits in Kapitel 4 erörtert haben. Ähnliche Beispiele sind der Rückstoß einer Schusswaffe und das Werfen eines Paketes aus einem Boot (siehe Aufgabe 9.12).

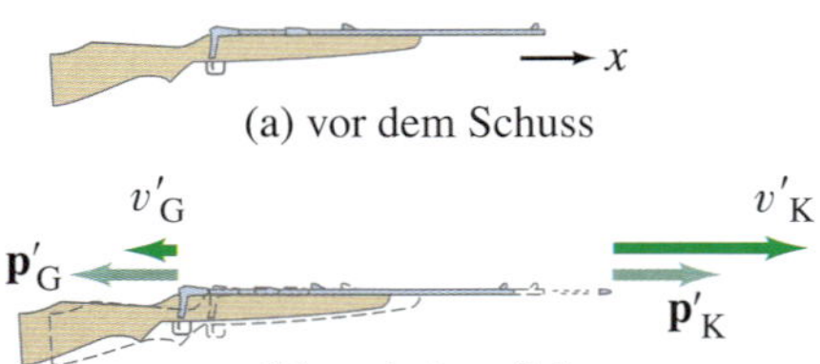

Abbildung 9.7 Beispiel 9.4.

Beispiel 9.4 Rückstoß eines Gewehrs

Berechnen Sie die Rückstoßgeschwindigkeit eines Gewehrs mit einer Masse von 5,0 kg, das eine Kugel mit einer Masse von 0,050 kg mit einer Geschwindigkeit von 120 m/s abfeuert, ▶ Abbildung 9.7.

Lösung

Der Gesamtimpuls des Systems bleibt erhalten. Der tiefgestellte Index K steht für die Kugel, G für das Gewehr. Die Endgeschwindigkeiten sind durch Striche dargestellt. Dann liefert die Impulserhaltung in x-Richtung:

$$\begin{aligned} m_K v_K + m_G v_G &= m_K v'_K + m_G v'_G \\ 0 + 0 &= (0{,}050\,\text{kg}) \cdot (120\,\text{m/s}) + (5{,}0\,\text{kg}) \cdot (v'_G) \\ v'_G &= -1{,}2\,\text{m/s}\,. \end{aligned}$$

Da das Gewehr eine wesentlich größere Masse als die Kugel hat, ist seine (Rückstoß-)Geschwindigkeit wesentlich kleiner als die der Kugel. Das Minuszeichen zeigt an, dass die Geschwindigkeit (und der Impuls) des Gewehrs in negativer x-Richtung verlaufen, entgegengerichtet zu Geschwindigkeit und Impuls der Kugel. Beachten Sie, dass die *Vektorsumme* der Impulse erhalten bleibt.

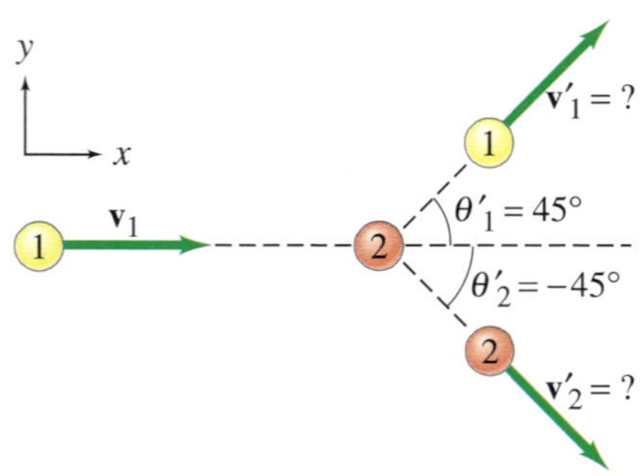

Abbildung 9.8 Beispiel 9.5.

Beispiel 9.5 Stoß zwischen Billardkugeln in zwei Raumrichtungen

Eine Billardkugel, die sich mit einer Geschwindigkeit $v_1 = 3{,}0\,\text{m/s}$ in positiver x-Richtung bewegt (▶ Abbildung 9.8), trifft auf eine Kugel mit gleicher Masse, die sich anfangs in der Ruhelage befindet. Man kann beobachten, dass die beiden Kugeln sich in einem Winkel von 45° voneinander weg bewegen, Kugel 1 oberhalb, Kugel 2 unterhalb der x-Achse. Das bedeutet, dass $\theta'_1 = 45°$ und $\theta'_2 = -45°$ in ▶ Abbildung 9.8. Wie groß sind die Geschwindigkeiten der beiden Kugeln nach dem Stoß?

Lösung

Wir richten ein xy-Koordinatensystem ein, wie in ► Abbildung 9.8 dargestellt. Aus der Symmetrie könnte man schließen, dass die beiden Kugeln dieselbe Geschwindigkeit haben. Aber gehen wir jetzt nicht von dieser Annahme aus. Wenden wir stattdessen die Impulserhaltung an. Gegeben ist $m_1 = m_2(= m)$, so dass

$$\mathbf{P}_{\text{anf}} = \mathbf{P}_{\text{end}}$$
$$m\mathbf{v}_1 = m\mathbf{v}_1' + m\mathbf{v}_2'$$

ist. Der Impulsvektor bleibt erhalten und das bedeutet, dass jede Komponente erhalten bleibt. Wir können die x- und y-Komponenten dieser Vektorgleichung als

$$mv_1 = mv_1' \cos(45°) + mv_2' \cos(-45°)$$

und

$$0 = mv_1' \sin(45°) + mv_2' \sin(-45°)$$

schreiben. Die m-Terme heben sich in beiden Gleichungen auf. Die zweite Gleichung liefert (denken Sie an $\sin(-\theta) = -\sin\theta$):

$$v_2' = -v_1' \frac{\sin(45°)}{\sin(-45°)} = -v_1' \left(\frac{\sin 45°}{-\sin 45°}\right) = v_1' \,.$$

Das bedeutet, dass, wie wir anfangs vermutet haben, ihre Geschwindigkeiten gleich sind. Die Gleichung der x-Komponenten liefert (denken Sie an $\cos(-\theta) = -\cos\theta$):

$$v_1 = v_1' \cos(45°) + v_2' \cos(-45°) = 2v_1' \cos(45°)\,,$$

so dass

$$v_1' = v_2' \frac{v_1}{2\cos(45°)} = \frac{3{,}0\ \text{m/s}}{2(0{,}707)} = 2{,}1\ \text{m/s}\,.$$

9.3 Stöße und Kraftstoß

Die Impulserhaltung ist ein sehr nützliches Werkzeug bei der Untersuchung von Stoßprozessen, wie wir bereits in den Beispielen im vorhergehenden Abschnitt gesehen haben. Stöße sind ein alltägliches Geschehen: ein Tennisschläger oder ein Baseball-Schlagholz, die auf einen Ball treffen, zwei Billardkugeln, die zusammenstoßen, ein Eisenbahnwaggon, der auf einen anderen auffährt, ein Hammer, der auf einen Nagel schlägt. Im subatomaren Bereich sammeln Wissenschaftler durch genaue Untersuchung von Stößen zwischen Atomkernen und/oder Elementarteilchen Erkenntnisse über die Struktur von Atomkernen und ihrer Bestandteile.

Bei einem Stoß zwischen zwei normalen Körpern werden beide Körper auf Grund der beteiligten großen Kräfte (► Abbildung 9.9) häufig erheblich verformt. Beim Stoß springt die Kraft normalerweise innerhalb sehr kurzer Zeit von null zum Zeitpunkt des Kontaktes auf einen sehr hohen Wert und wird dann abrupt wieder null. Eine Kurve des Betrages der Kraft, die ein Körper während eines Stoßes auf den anderen ausübt, in Abhängigkeit der Zeit hat etwa das Aussehen der roten Kurve in ► Abbildung 9.10. Das Zeitintervall Δt ist normalerweise scharf begrenzt und klein.

Nach dem zweiten Newton'schen Axiom ist die auf einen Körper wirkende *Netto*kraft gleich der Änderung seines Impulses:

$$\mathbf{F} = \frac{d\mathbf{p}}{dt}\,.$$

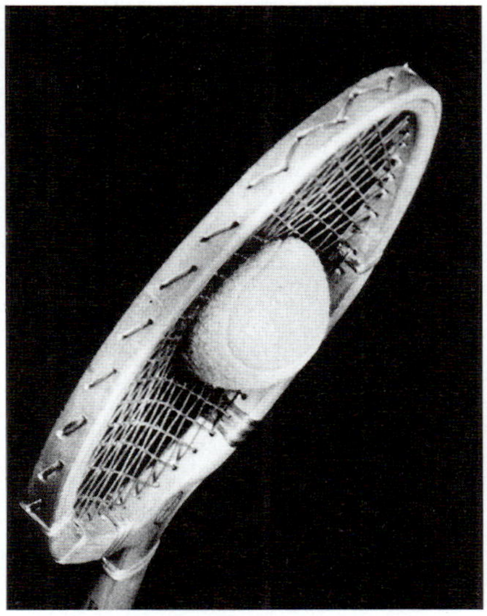

Abbildung 9.9 Ein Tennisschläger trifft auf einen Ball. Achten Sie auf die Verformung des Balls und des Schlägers auf Grund der großen Kraft, die jeder Körper auf den anderen ausübt.

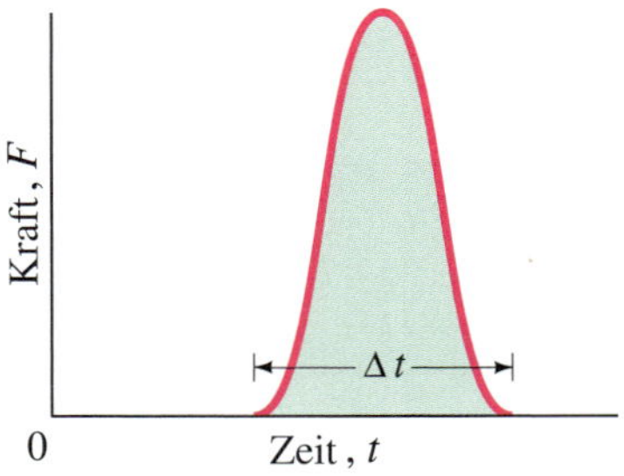

Abbildung 9.10 Kraft-Zeit-Kurve für einen typischen Stoß

(Wir haben $\mathbf{F}$ anstatt $\sum\mathbf{F}$ für die Nettokraft geschrieben, die, so nehmen wir an, vollständig auf die kurze, aber große Kraft, die während des Stoßes wirkt, zurückzuführen ist.) Diese Gleichung gilt natürlich für *jeden* der an einem Stoß beteiligten Körper. Während des unendlich kleinen Zeitintervalls dt ändert sich der Impuls um

$$d\mathbf{p} = \mathbf{F}\,dt\,.$$

Wenn wir dies über die Dauer eines Stoßes integrieren, ergibt sich

$$\int_{a}^{e} d\mathbf{p} = \mathbf{p}_e - \mathbf{p}_a = \int_{t_a}^{t_e} \mathbf{F}\,dt\,.$$

Dabei sind $\mathbf{p}_a$ und $\mathbf{p}_e$ die Impulse des Körpers direkt vor und direkt nach dem Stoß. Das Integral der Kraft in dem Zeitintervall, während dessen sie wirkt, nennt man **Kraftstoß**, $\mathbf{F}\Delta t$:

$$\mathbf{F}\Delta t = \int_{t_a}^{t_e} \mathbf{F}\,dt\,.$$

Somit ist die Änderung des Impulses eines Körpers, $\Delta\mathbf{p} = \mathbf{p}_e - \mathbf{p}_a$, gleich dem auf ihn wirkenden Kraftstoß:

Kraftstoß

$$\Delta\mathbf{p} = \mathbf{p}_e - \mathbf{p}_a = \int_{t_a}^{t_e} \mathbf{F}\,dt = \mathbf{F}\Delta t\,. \tag{9.7}$$

Die SI-Einheiten für den Kraftstoß sind dieselben wie für den Impuls, $kg \cdot m/s$ (oder $N \cdot s$). Da $\mathbf{F}\Delta t = \int \mathbf{F}\,dt$, können wir sagen, dass der Kraftstoß $\mathbf{F}\Delta t$ einer Kraft gleich der Fläche unter der Kraft-Zeit-Kurve, dem in ▸ Abbildung 9.10 schattiert dargestellten Bereich, ist.

Die Gleichung 9.7 ist nur gültig, wenn $\mathbf{F}$ die auf den Körper wirkende *Netto*kraft ist. Sie besitzt für jede Nettokraft $\mathbf{F}$ Gültigkeit, bei der $\mathbf{p}_a$ und $\mathbf{p}_e$ genau den Zeitpunkten t_a und t_e entsprechen. Aber der Begriff des Kraftstoßes ist vor allem für *Stoßkräfte* nützlich – d. h. Kräfte, die wie die in ▸ Abbildung 9.10 dargestellte Kraft, während eines kurzen Zeitintervalls einen großen Betrag haben und außerhalb dieses Zeitintervalls praktisch gleich null sind. Bei den meisten Stoßprozessen ist die Stoßkraft wesentlich größer als jede andere wirkende Kraft. Die anderen Kräfte können deshalb vernachlässigt werden. Dann ist die Stoßkraft praktisch die Nettokraft und die Änderung des Impulses eines Körpers während eines Stoßes ist nahezu vollständig auf die Stoßkraft zurückzuführen. Bei einer solchen Stoßkraft ist das Zeitintervall, für das wir das Integral in Gleichung 9.7 bilden, nicht entscheidend, solange wir vor t_a beginnen und nach t_e enden, da $\mathbf{F}$ außerhalb dieses Zeitintervalls $\Delta t = t_e - t_a$ praktisch null ist. (Natürlich gewinnt die Wirkung der anderen Kräfte an Bedeutung, wenn das gewählte Zeitintervall zu groß ist – wie z. B. der Flug eines Tennisballs, der nach der durch den Schläger ausgeübten Stoßkraft langsam unter dem Einfluss der Gravitation zu fallen beginnt.)

Manchmal ist es nützlich, die durchschnittliche Kraft $\mathbf{F}$ während eines Stoßes zu betrachten. Sie ist definiert als die konstante Kraft, die, wenn sie während desselben Zeitintervalls $\Delta t = t_e - t_a$ wie die tatsächliche Kraft wirken würde, denselben Kraftstoß und dieselbe Impulsänderung erzeugen würde. Somit gilt

$$\overline{\mathbf{F}}\Delta t = \int_{t_a}^{t_e} \mathbf{F}\,dt\,.$$

▸ Abbildung 9.11 zeigt den Betrag der durchschnittlichen Kraft $\overline{F}$ für die Stoßkraft aus ▸ Abbildung 9.10. Die rechteckige Fläche $\overline{F}\Delta t$ ist gleich der Fläche unter der Kurve der Stoßkraft.

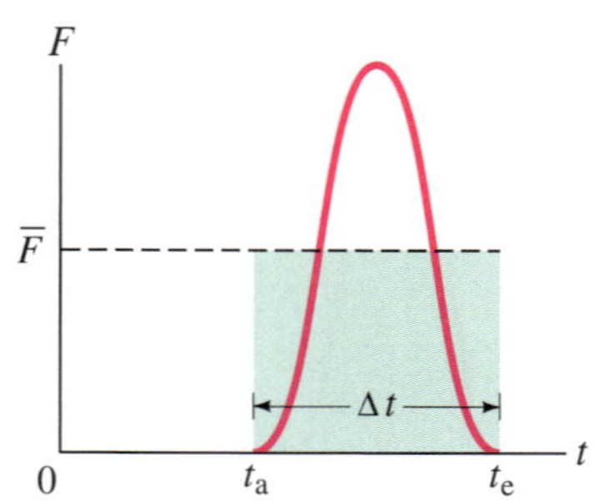

Abbildung 9.11 Die durchschnittliche Kraft $\overline{F}$ über Δt liefert denselben Kraftstoß $\overline{F}\Delta t$ wie die tatsächliche Kraft.

Beispiel 9.6 Bei der Landung in die Knie gehen

(a) Berechnen Sie den Kraftstoß, den eine Person mit einer Masse von 70 kg erfährt, wenn sie nach einem Sprung aus einer Höhe von 3,0 m auf festem

Untergrund landet. Dann schätzen Sie die vom Boden auf die Füße der Person ausgeübte durchschnittliche Kraft ab, wenn die Landung (b) mit durchgedrückten Knien und (c) mit gebeugten Knien erfolgt. Gehen Sie davon aus, dass sich der Körper im ersten Fall während des Aufpralls 1,0 cm und im zweiten Fall, wenn die Beine gebeugt sind, ca. 50 cm bewegt.

Lösung

a Wir kennen F nicht und können den Kraftstoß $\overline{\mathbf{F}}\Delta t = \int \mathbf{F}\,dt$ nicht direkt berechnen, aber wir können uns die Tatsache zunutze machen, dass der Kraftstoß gleich der Änderung des Impulses des Körpers ist. Wir müssen die Geschwindigkeit der Person direkt vor dem Auftreffen auf dem Boden bestimmen. Dazu können wir die Energieerhaltung (Gleichung 8.9), $\Delta E_{kin} = -\Delta E_{pot}$ anwenden:

$$\frac{1}{2}mv^2 - 0 = -mg(y - y_0)\,.$$

Dabei nehmen wir an, dass die Person aus dem Stillstand gestartet ist ($v_0 = 0$). $y_0 = 3{,}0$ m und $y = 0$. Somit beträgt die Geschwindigkeit der Person nach einem freien Fall von 3,0 m direkt vor dem Aufkommen auf dem Boden

$$v = \sqrt{2g(y_0 - y)} = \sqrt{2(9{,}8\ \mathrm{m/s^2})(3{,}0\ \mathrm{m})} = 7{,}7\ \mathrm{m/s}\,.$$

Wenn die Person auf dem Boden aufkommt, wird der Impuls schnell null, siehe ► Abbildung 9.12. Der auf die Person wirkende Kraftstoß ist

$$\begin{aligned}\mathbf{F}\Delta t = \overline{F}\Delta t &= \Delta p = p_e - p_a \\ &= 0 - (70\ \mathrm{kg})(7{,}7\ \mathrm{m/s}) = -540\ \mathrm{N{\cdot}s}\,.\end{aligned}$$

Das Minuszeichen zeigt an, dass die Kraft dem ursprünglichen Impuls entgegengerichtet ist – d. h. die Kraft wirkt nach oben.

b Während der Körper zum Stillstand kommt, bremst er auf einem Weg von $s = 1{,}0\ \mathrm{cm} = 1{,}0 \cdot 10^{-2}$ m von 7,7 m/s auf null ab. Die durchschnittliche Geschwindigkeit während dieses kurzen Zeitraums beträgt

$$\overline{v} = (7{,}7\ \mathrm{m/s} + 0\ \mathrm{m/s})/2 = 3{,}8\ \mathrm{m/s}\,.$$

Somit dauert der Stoß

$$\Delta t = \frac{s}{\overline{v}} = \frac{(1{,}0 \cdot 10^{-2}\ \mathrm{m})}{(3{,}8\ \mathrm{m/s})} = 2{,}6 \cdot 10^{-3}\ \mathrm{s}\,.$$

Da der Betrag des Kraftstoßes $\overline{F}\Delta t = 540$ N· s und $\Delta t = 2{,}6 \cdot 10^{-3}$ s ist, hat die durchschnittliche Nettokraft $\overline{F}$ den Betrag

$$\overline{F} = \frac{\mathbf{F}\Delta t}{\Delta t} = \frac{540\ \mathrm{N{\cdot}s}}{2{,}6 \cdot 10^{-3}\ \mathrm{s}} = 2{,}1 \cdot 10^5\ \mathrm{N}\,.$$

Die Kraft $\overline{F}$ ist die auf die Person wirkende, nach oben gerichtete *Netto*kraft (die wir aus dem zweiten Newton'schen Axiom berechnet haben). $\overline{F}$ ist die Summe aus der vom Boden auf die Beine ausgeübten, nach oben gerichteten durchschnittlichen Kraft F_B, die wir als positiv annehmen, und der nach unten gerichteten Gravitationskraft $-mg$ (siehe ► Abbildung 9.13):

$$\overline{F} = F_B - mg\,.$$

Da $mg = (70\ \mathrm{kg})(9{,}8\ \mathrm{m/s^2}) = 690$ N, gilt

$$F_B = \overline{F} + mg = 2{,}1 \cdot 10^5\ \mathrm{N} + 0{,}690 \cdot 10^3\ \mathrm{N} \approx 2{,}1 \cdot 10^5\ \mathrm{N}\,.$$

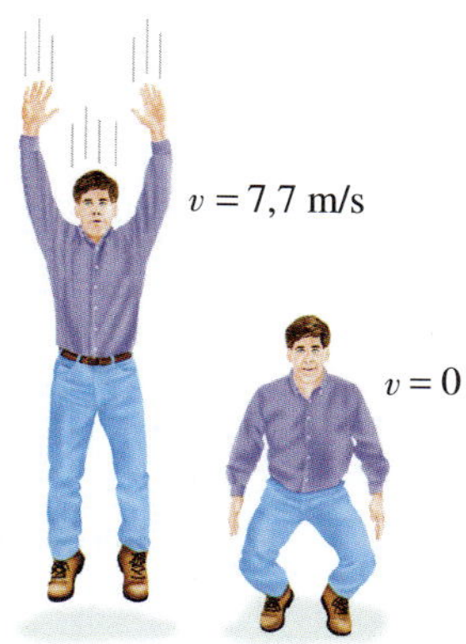

Abbildung 9.12 Zeitraum, während dessen der Kraftstoß wirkt (Beispiel 9.6).

Abbildung 9.13 Wenn die Person auf dem Boden aufkommt, ist die durchschnittliche Nettokraft während des Aufpralls $\overline{F} = F_B - mg$. Dabei ist F_B die Kraft, die der Boden nach oben auf die Person ausübt.

c Dieser Teil gleicht (b), außer dass $s = 0{,}50\,\text{m}$, so dass $\Delta t = (0{,}50\,\text{m})/(3{,}8\,\text{m/s}) = 0{,}13\,\text{s}$ und

$$\overline{F} = \frac{540\,\text{N}\cdot\text{s}}{0{,}13\,\text{s}} = 4{,}2\cdot 10^3\,\text{N}$$

ist. Die nach oben gerichtete, vom Boden auf die Füße der Person ausgeübte Kraft beträgt wie in Teil (b)

$$F_\text{B} = \overline{F} + mg = 4{,}2\cdot 10^3\,\text{N} + 0{,}69\cdot 10^3\,\text{N} = 4{,}9\cdot 10^3\,\text{N}\,.$$

Zweifellos ist die auf die Füße und die Beine wirkende Kraft wesentlich geringer, wenn die Knie gebeugt sind. Tatsächlich ist die spezifische Festigkeit des Beinknochens (siehe Kapitel 12, Tabelle 12.2) nicht groß genug, um die in Teil (b) berechnete Kraft auszuhalten, so dass das Bein bei einer solchen steifen Landung wahrscheinlich brechen würde. In Teil (c) wäre das Risiko dagegen gering.

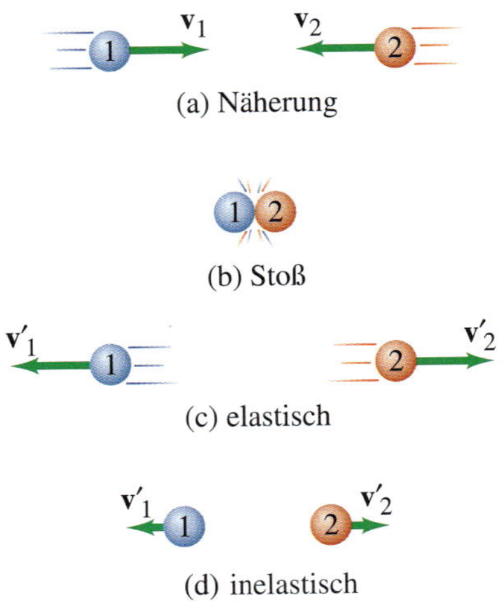

Abbildung 9.14 Zwei Körper mit gleicher Masse (a) bewegen sich mit gleichen Geschwindigkeiten aufeinander zu, (b) stoßen zusammen und (c) prallen dann mit gleichen Geschwindigkeiten in entgegengesetzte Richtungen voneinander ab, wenn der Stoß elastisch ist, oder (d) prallen weit weniger oder gar nicht voneinander ab, wenn der Stoß inelastisch ist.

9.4 Energie- und Impulserhaltung bei Stößen

Elastischer Stoß

Bei den meisten Stößen wissen wir normalerweise nicht, wie die Stoßkraft über einen Zeitraum variiert, und daher wird die Analyse unter Anwendung des zweiten Newton'schen Axioms schwierig oder unmöglich. Allerdings können wir immer noch viel über die Bewegung nach einem Stoß herausfinden, wenn die Anfangsbewegung gegeben ist und wir die Erhaltungssätze für Energie und Impuls anwenden. In Abschnitt 9.2 haben wir gesehen, dass der Gesamtimpuls beim Stoß zwischen zwei Körpern, wie z. B. Billardkugeln, erhalten bleibt, solange alle anderen „äußeren“ Kräfte vernachlässigt werden können. Wenn die beiden Körper starr sind und beim Stoß keine Wärme erzeugt wird, bleibt die kinetische Energie ebenfalls erhalten. Damit meinen wir, dass die Summe der kinetischen Energien beider Körper nach dem Stoß dieselbe ist wie vorher. Natürlich wird während des kurzen Moments, während dessen die beiden Körper Kontakt haben, ein Teil der (oder die ganze) Energie kurz in Form von elastischer Deformationsenergie gespeichert. Aber wenn wir die gesamte kinetische Energie vor dem Stoß mit der nach dem Stoß vergleichen, sehen wir, dass sie gleich sind. Einen Stoß, bei dem die gesamte kinetische Energie erhalten bleibt, bezeichnet man als **elastischen Stoß**. Wenn wir für die beiden Körper die tiefgestellten Indizes 1 und 2 verwenden, können wir die Gleichung für die Erhaltung der gesamten kinetischen Energie schreiben als

$$\frac{1}{2}m_1 v_1^2 + \frac{1}{2}m_2 v_2^2 = \frac{1}{2}m_1 v_1'^2 + \frac{1}{2}m_2 v_2'^2\,. \quad \text{(elastischer Stoß)} \qquad (9.8)$$

In dieser Gleichung bedeuten die Größen mit Strich (′) nach dem Stoß und ohne Strich vor dem Stoß, wie in der Gleichung 9.3 zur Impulserhaltung.

Im atomaren Bereich sind die Stöße zwischen Atomen und Molekülen häufig elastisch. Aber in der „makroskopischen“ Welt normaler Körper ist der elastische Stoß ein Idealfall, der nie ganz erreicht wird, da immer zumindest eine geringe Menge an Wärme (und vielleicht Schallenergie oder andere Energieformen) während eines Stoßes erzeugt wird. Stöße zwischen zwei Luftkissentisch-Pucks oder zwei festen elastischen Kugeln, wie Billardkugeln, kommen dem vollständig elastischen Stoß sehr nahe und wir behandeln sie häufig als solche. Selbst wenn die kinetische Energie nicht erhalten bleibt, bleibt die *Gesamt*energie natürlich immer erhalten.

Stöße, bei denen die kinetische Energie nicht erhalten bleibt, werden als inelastische Stöße bezeichnet. Die kinetische Energie, die verloren geht, wird in andere Energieformen umgewandelt, häufig in Wärme, so dass die Gesamtenergie (wie immer) erhalten bleibt. In diesem Fall können wir schreiben, dass

$$E_{\text{kin},1} + E_{\text{kin},2} = E'_{\text{kin},1} + E'_{\text{kin},2} + \text{Wärmeenergie und andere Energieformen}\,.$$

Siehe ► Abbildung 9.14.

9.5 Elastische Stöße in einer Raumrichtung

Wir wenden jetzt die Erhaltungssätze für Impuls und kinetische Energie auf einen elastischen Stoß zwischen zwei kleinen Körpern an, die zentral zusammenstoßen, so dass die gesamte Bewegung entlang einer Geraden verläuft. Wir beschäftigen uns hier nur mit Translationsbewegungen, aber unsere Analyse gilt auch für feste Billardkugeln, weil die Rollbewegung im Moment des Stoßes wenig Auswirkung hat. Nehmen wir an, dass sich beide Körper anfangs mit den Geschwindigkeiten v_1 und v_2 entlang der x-Achse bewegen, siehe ► Abbildung 9.15a. Nach dem Stoß sind ihre Geschwindigkeiten v'_1 und v'_2, siehe ► Abbildung 9.15b. Bei $v > 0$ bewegt sich der Körper nach rechts (zunehmende x-Werte), bei $v < 0$ bewegt der Körper dagegen nach links (in Richtung abnehmender x-Werte).

Die Impulserhaltung liefert

Impulserhaltung

$$m_1 v_1 + m_2 v_2 = m_1 v'_1 + m_2 v'_2 \,.$$

Da der Stoß als elastisch angenommen wird, bleibt die kinetische Energie ebenfalls erhalten:

Erhaltung der kinetischen Energie

$$\frac{1}{2} m_1 v_1^2 + \frac{1}{2} m_2 v_2^2 = \frac{1}{2} m_1 v_1'^2 + \frac{1}{2} m_2 v_2'^2 \,.$$

Wir haben zwei Gleichungen, also können wir nach zwei Unbekannten auflösen. Wenn wir die Massen und die Anfangsgeschwindigkeiten kennen, können wir diese beiden Gleichungen nach den Geschwindigkeiten nach dem Stoß, v'_1 und v'_2, auflösen. Dies werden wir gleich anhand einiger Beispiele durchführen. Zunächst leiten wir aber ein nützliches Ergebnis her. Dafür schreiben wir die Impulsgleichung um zu

$$m_1(v_1 - v'_1) = m_2(v'_2 - v_2) \,. \qquad \text{(i)}$$

Die Gleichung für die kinetische Energie schreiben wir um zu

$$m_1(v_1^2 - v_1'^2) = m_2(v_2'^2 - v_2^2)$$

oder (da $(a - b)(a + b) = a^2 - b^2$) zu

$$m_1(v_1 - v'_1)(v_1 + v'_1) = m_2(v'_2 - v_2)(v'_2 + v_2) \,. \qquad \text{(ii)}$$

Wir dividieren Gleichung (ii) durch Gleichung (i) und erhalten (unter der Annahme, dass $v_1 \neq v'_1$ und $v_2 \neq v'_2$)[1]

$$v_1 + v'_1 = v'_2 + v_2 \,.$$

Diese Gleichung können wir umschreiben zu

$$\begin{aligned} v_1 - v_2 &= v'_2 - v'_1 \\ &= -(v'_1 - v'_2) \,. \quad \text{(elastischer zentraler Stoß)} \end{aligned} \qquad (9.9)$$

Dies ist ein interessantes Ergebnis: Es besagt, dass bei jedem elastischen zentralen Stoß die relative Geschwindigkeit der beiden Körper nach dem Stoß denselben Betrag (aber die entgegensetzte Richtung) wie vorher hat, unabhängig von den Massen.

Schauen wir uns nun einige spezielle Fälle von elastischen zentralen Stößen an. Wir nehmen an, dass v_1, v_2, m_1 und m_2 bekannt sind und wir nach v'_1 und v'_2, den Geschwindigkeiten der beiden Körper nach dem Stoß, auflösen möchten.

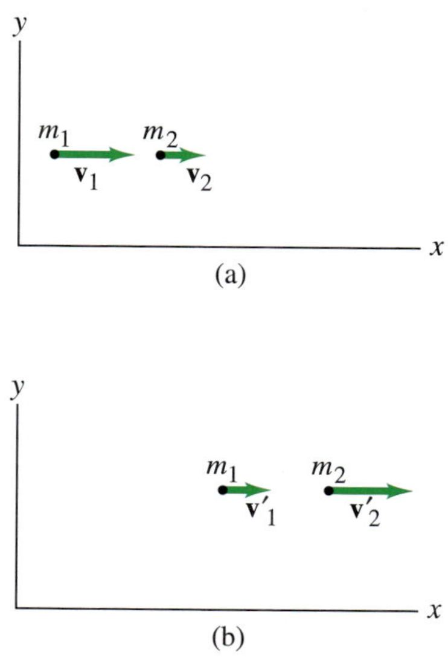

Abbildung 9.15 Zwei kleine Körper mit den Massen m_1 und m_2 (a) vor dem Stoß und (b) nach dem Stoß.

1 Beachten Sie, dass die Gleichungen (i) und (ii), die die Erhaltungssätze für Impuls und kinetische Energie sind, beide durch die Lösung $v'_1 = v_1$ und $v'_2 = v_2$ gelöst sind. Dies ist eine gültige, aber nicht sehr interessante Lösung. Sie entspricht dem Fall, dass überhaupt kein Stoß stattfindet, wenn die beiden Körper sich verfehlen.

Abbildung 9.16 Auf diesem mehrfach belichteten Foto eines zentralen Stoßes zwischen zwei Kugeln mit gleicher Masse wird die weiße Spielkugel durch den Queue aus dem Stillstand beschleunigt und trifft dann auf die anfangs ruhende rote Kugel. Die weiße Kugel hält auf ihrer Bahn an und die rote Kugel (mit gleicher Masse) bewegt sich mit derselben Geschwindigkeit weiter, die die weiße Kugel vor dem Stoß hatte. Siehe Beispiel 9.7.

Beispiel 9.7 Gleiche Massen

Eine Billardkugel mit der Masse m, die sich mit der Geschwindigkeit v bewegt, stößt zentral mit einer zweiten Kugel mit der gleichen Masse zusammen. Wie groß sind die Geschwindigkeiten der beiden Kugeln nach dem Stoß, wenn es sich um einen elastischen Stoß handelt? Nehmen Sie an, dass (a) sich beide Kugeln bewegen und (b) Kugel 2 anfangs ruht ($v_2 = 0$).

Lösung

a Da $m_1 = m_2 = m$ ist, liefert die Impulserhaltung

$$v_1 + v_2 = v_1' + v_2' .$$

Wir brauchen eine zweite Gleichung, da hier zwei Unbekannte, v_1' und v_2', vorliegen. Wir könnten die Gleichung für die Erhaltung der kinetischen Energie oder die einfachere, oben hergeleitete Gleichung 9.9 anwenden:

$$v_1 - v_2 = v_2' - v_1' .$$

Nun addieren wir diese beiden Gleichungen und erhalten

$$v_2' = v_1$$

und subtrahieren dann die beiden Gleichungen. Dies liefert

$$v_1' = v_2 .$$

Das bedeutet, dass die Kugeln als Folge des Stoßes die Geschwindigkeiten austauschen: Kugel 2 nimmt die Geschwindigkeit an, die Kugel 1 vor dem Stoß hatte, und umgekehrt.

b Wenn Kugel 2 anfangs ruht, so dass $v_2 = 0$, gilt

$$v_2' = v_1 \quad \text{und} \quad v_1' = 0 .$$

Das bedeutet, das Kugel 1 durch den Stoß zum Stillstand gebracht wird, während Kugel 2 die ursprüngliche Geschwindigkeit von Kugel 1 annimmt. Dieses Ergebnis wird häufig von Billard- und Poolbillardspielern beobachtet und ist nur dann gültig, wenn die beiden Kugeln gleiche Massen haben (und den Kugeln kein Drehimpuls gegeben wird). Siehe ► Abbildung 9.16.

In Bewegung befindlicher Körper stößt mit zweitem Körper, der anfangs ruht, zusammen.

Beispiel 9.8 Ungleiche Massen, ruhendes Ziel

Eine sehr verbreitete praktische Aufgabenstellung ist ein in Bewegung befindlicher Körper (m_1), der auf einen zweiten Körper (m_2), der sich in der Ruhelage befindet ($v_2 = 0$), trifft. Nehmen Sie an, dass die Körper ungleiche Massen haben und dass der Stoß entlang einer Geraden (zentral) geschieht. (a) Leiten Sie Gleichungen für v_1' und v_2' in Abhängigkeit der Anfangsgeschwindigkeit v_1 der Masse m_1 und der Massen m_1 und m_2 her. (b) Bestimmen Sie die Endgeschwindigkeiten, wenn die Masse des vor dem Stoß in Bewegung befindlichen Körpers, m_1, wesentlich größer als m_2 ist ($m_1 \gg m_2$). (c) Bestimmen Sie die Endgeschwindigkeiten, wenn die Masse m_2 wesentlich größer als m_1 ist ($m_1 \ll m_2$).

Lösung

a Wir kombinieren die Impulsgleichung (mit $v_2 = 0$)

$$m_2 v_2' = m_1(v_1 - v_1')$$

mit der Gleichung 9.9, umgeschrieben zu $v_1 + v_1' = v_2'$, und erhalten

$$v_2' = v_1 \left(\frac{2m_1}{m_1 + m_2}\right)$$
$$v_1' = v_1 \left(\frac{m_1 - m_2}{m_1 + m_2}\right) .$$

Zur Prüfung nehmen wir $m_1 = m_2$ und erhalten

Gleiche Massen: Kugel 2 nimmt die Geschwindigkeit von Kugel 1 an

$$v_2' = v_1 \quad \text{und} \quad v_1' = 0 .$$

Dies ist der gleiche Fall wie in Beispiel 9.7 und wir erhalten dasselbe Ergebnis: Bei Körpern mit gleichen Massen, von denen sich einer anfangs in der Ruhelage befindet, wird die Geschwindigkeit des einen in Bewegung befindlichen Körpers vollständig auf den ursprünglich ruhenden Körper übertragen.

Schwerer Körper in Bewegung, leichter Körper ruht

b Wir nehmen $v_2 = 0$ und $m_1 \gg m_2$. Ein sehr schwerer, in Bewegung befindlicher Körper trifft auf einen leichten Körper, der sich in der Ruhelage befindet. Die Anwendung der obigen Relationen für v_2' und v_1' liefert

$$v_2' \approx 2v_1$$
$$v_1' \approx v_1 .$$

Somit ist die Geschwindigkeit des ankommenden schweren Körpers praktisch unverändert, während der leichte Körper, der sich ursprünglich in der Ruhelage befand, mit der doppelten Geschwindigkeit des schweren Körpers wegfliegt. Die Geschwindigkeit einer schweren Bowlingkugel wird z. B. kaum durch das Auftreffen auf die wesentlich leichteren Bowlingkegel beeinflusst.

Leichter Körper in Bewegung, schwerer Körper ruht

c Zum Schluss nehmen wir $v_2 = 0$ und $m_1 \ll m_2$. Ein in Bewegung befindlicher leichter Körper trifft auf einen sehr massereichen Körper in Ruhe. In diesem Fall wenden wir die Gleichungen aus Teil (a) an:

$$v_2' \approx 0 , \quad v_1' \approx -v_1 .$$

Der massive Körper bleibt praktisch in der Ruhelage und der sehr leichte, ankommende Körper prallt praktisch mit derselben Geschwindigkeit in die entgegengesetzte Richtung zurück. Ein Tennisball z. B., der zentral mit einer ruhenden Bowlingkugel zusammenstößt, beeinflusst die Bowlingkugel kaum, prallt aber mit nahezu derselben Geschwindigkeit, die er anfangs hatte, zurück, als wenn er auf eine harte Wand getroffen wäre.

Für jeden elastischen zentralen Stoß lässt sich ohne Weiteres zeigen (siehe Aufgabe 40), dass

$$v_2' = v_1 \left(\frac{2m_1}{m_1 + m_2}\right) + v_2 \left(\frac{m_2 - m_1}{m_1 + m_2}\right)$$

Diese Gleichungen nicht merken

und

$$v_1' = v_1 \left(\frac{m_1 - m_2}{m_1 + m_2}\right) + v_2 \left(\frac{2m_2}{m_1 + m_2}\right) .$$

Man muss sich diese Gleichungen allerdings nicht merken. Sie können immer schnell aus den Erhaltungssätzen hergeleitet werden. Bei vielen Aufgaben ist es am einfachsten, von vorne anzufangen, wie wir es in den oben behandelten speziellen Fällen getan haben und wie das nächste Beispiel zeigt.

ANGEWANDTE PHYSIK

Stoß zweier Atomkerne

Beispiel 9.9 **Stoß zweier Atomkerne**

Ein Proton mit einer Masse von 1,01 u (u = atomare Masseneinheit), das sich mit einer Geschwindigkeit von $3{,}60 \cdot 10^4$ m/s bewegt, hat einen elastischen zentralen Stoß mit einem Helium(He)-Kern ($m_{\text{He}} = 4{,}00$ u), der sich anfangs in der Ruhelage befindet. Wie groß sind die Geschwindigkeiten des Protons und des Heliumkerns nach dem Stoß? (Wie in Kapitel 1 erwähnt, ist $1\,\text{u} = 1{,}66 \cdot 10^{-27}$ kg.)

Lösung

Nehmen Sie als anfängliche Bewegungsrichtung die positive x-Richtung. Wir haben $v_2 = v_{\text{He}} = 0$ und $v_1 = v_{\text{P}} = 3{,}60 \cdot 10^4$ m/s. Wir möchten die Geschwindigkeiten v'_{P} und v'_{He} nach dem Stoß ermitteln. Die Impulserhaltung liefert

$$m_{\text{P}} v_{\text{P}} + 0 = m_{\text{P}} v'_{\text{P}} + m_{\text{He}} v'_{\text{He}} \,.$$

Da es sich um einen elastischen Stoß handelt, bleibt die kinetische Energie erhalten, und wir können die Gleichung 9.9 anwenden. Diese wird zu

$$v_{\text{P}} - 0 = v'_{\text{He}} - v'_{\text{P}} \,.$$

Somit ist

$$v'_{\text{P}} = v'_{\text{He}} - v'_{\text{P}} \,.$$

Dies setzen wir in die Impulsgleichung ein und erhalten

$$m_{\text{P}} v_{\text{P}} = m_{\text{P}} v'_{\text{He}} - m_{\text{P}} v_{\text{P}} + m_{\text{He}} v'_{\text{He}} \,.$$

Die Auflösung nach v'_{He} liefert

$$v'_{\text{He}} = \frac{2 m_{\text{P}} v_{\text{P}}}{m_{\text{P}} + m_{\text{He}}} = \frac{2(1{,}01\,\text{u})(3{,}60 \cdot 10^4\,\text{m/s})}{5{,}01\,\text{u}} = 1{,}45 \cdot 10^4\,\text{m/s} \,.$$

Die andere Unbekannte ist v'_{P}, die wir jetzt aus

$$\begin{aligned} v'_{\text{P}} &= v'_{\text{He}} - v_{\text{P}} \\ &= 1{,}45 \cdot 10^4\,\text{m/s} - 3{,}60 \cdot 10^4\,\text{m/s} = -2{,}15 \cdot 10^4\,\text{m/s} \end{aligned}$$

erhalten. Das Minuszeichen zeigt an, dass das Proton beim Stoß die Richtung ändert, und wir sehen, dass seine Geschwindigkeit geringer ist als seine Anfangsgeschwindigkeit (siehe ► Abbildung 9.17). Aus der Erfahrung mit makroskopischen Objekten macht dieses Ergebnis Sinn: Man würde erwarten, dass das leichtere Proton von dem massereicheren Heliumkern „zurückprallt", aber nicht mit seiner vollen ursprünglichen Geschwindigkeit, so wie es von einer starren Wand (die einer extrem großen oder unendlichen Masse entsprechen würde) zurückprallen würde.

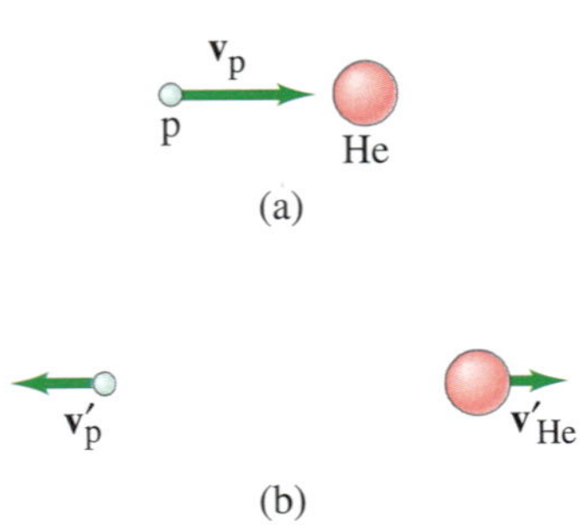

Abbildung 9.17 Beispiel 9.9: (a) vor dem Stoß, (b) nach dem Stoß.

9.6 Inelastische Stöße

Stöße, bei denen die kinetische Energie nicht erhalten bleibt, werden inelastische Stöße genannt. Ein Teil der kinetischen Anfangsenergie wird bei solchen Stößen in andere Energieformen wie z. B. Wärme oder potenzielle Energie umgewandelt, so dass die gesamte kinetische Endenergie geringer ist als die gesamte kinetische Anfangsenergie. Auch der umgekehrte Fall kann eintreten, wenn potenzielle Energie (wie z. B. chemische oder Kernenergie) freigesetzt wird. In diesem Fall kann die gesamte kinetische Endenergie größer sein als die kinetische Anfangsenergie. Sprengstoffe sind ein Beispiel dafür. Typische makroskopische Stöße sind inelastisch, zumindest in einem bestimmten Maß, häufig in großem Maße. Wenn zwei Körper infolge eines Stoßes aneinander haften, wird der Stoß als **vollständig inelastisch** bezeichnet. Zwei kollidierende Kugeln Dichtungsmasse, die aneinander kleben bleiben, oder zwei Eisenbahnwaggons, die sich aneinander festkuppeln, wenn sie zusammenstoßen, sind Beispiele für vollständig inelastische Stöße. In einigen Fällen wird die gesamte kinetische Energie bei einem inelastischen Stoß in andere Energieformen umgewandelt, in anderen Fällen nur teilweise. In Beispiel 9.3 haben wir z. B. gesehen, dass nach dem Stoß zwischen einem rollenden und einem ruhenden Eisenbahnwaggon die miteinander verkuppelten Waggons mit einer gewissen Menge an kinetischer Energie weiterrollten.

Vollständig inelastischer Stoß

Beispiel 9.10 Ballistisches Pendel

Ballistisches Pendel

Das *ballistische Pendel* ist eine Vorrichtung zum Messen der Geschwindigkeit eines Geschosses, z. B. einer Kugel. Das Geschoss mit der Masse m wird in einen großen Block (aus Holz oder einem anderen Material) mit der Masse M, der wie ein Fadenpendel aufgehängt ist, gefeuert. (Normalerweise ist M etwas größer als m.) Als Folge des Stoßes schwingt das Pendel-Geschoss-System bis zu einer maximalen Höhe h, ► Abbildung 9.18. Bestimmen Sie die Beziehung zwischen der horizontalen Anfangsgeschwindigkeit v des Geschosses und der Höhe h.

Lösung

Wir teilen den Prozess in zwei Abschnitte auf: (1) den Stoß selbst und (2) die nachfolgende Bewegung des Pendels von der vertikalen, hängenden Position bis zur Höhe h. In Teil (1), ► Abbildung 9.18a, gehen wir davon aus, dass die Stoßzeit sehr kurz ist und das Geschoss daher in dem Block zum Stillstand kommt, bevor der Block sich wesentlich aus seiner Position direkt unter seiner Aufhängung weg bewegt hat. Somit gibt es keine äußere Nettokraft und der Impuls bleibt erhalten:

$$mv = (m + M)v' . \quad \text{(i)}$$

Dabei ist v' die Geschwindigkeit des Blocks mit dem darin befindlichen Geschoss direkt nach dem Stoß, bevor sie sich wesentlich bewegt haben. Sobald das Pendel beginnt sich zu bewegen (Teil 2, ► Abbildung 9.18b) gibt es eine äußere Nettokraft (Gravitation, die versucht, das Pendel in seine vertikale Position zurückzuziehen). Somit können wir für Teil (2) die Impulserhaltung nicht anwenden. Aber wir können die Erhaltung der mechanischen Energie anwenden, da die kinetische Energie unmittelbar nach dem Stoß vollständig in durch die Gravitation bedingte potenzielle Energie umgewandelt wird, wenn das Pendel seine maximale Höhe h erreicht. Folglich gilt (wenn wir $y = 0$ für das Pendel in vertikaler Position annehmen):

$$E_{\text{kin},1} + E_{\text{pot},1} = E_{\text{kin},2} + E_{\text{pot},2}$$

oder

$$\frac{1}{2}(m + M)v'^2 + 0 = 0 + (m + M)gh , \quad \text{(ii)}$$

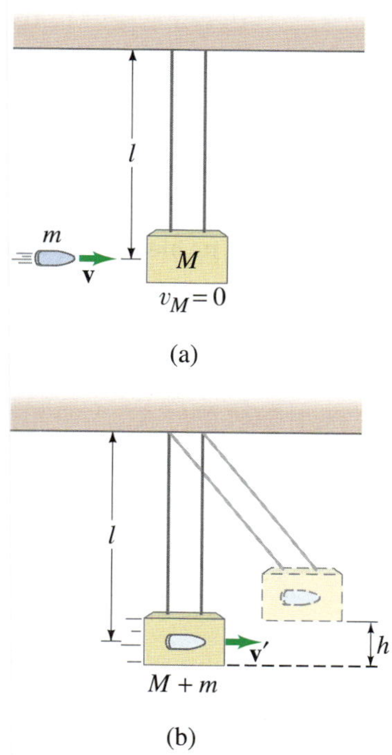

Abbildung 9.18 Ballistisches Pendel (Beispiel 9.10).

so dass $v' = \sqrt{2gh}$ ist. Wir kombinieren die Gleichungen (i) und (ii) und erhalten

$$v = \frac{m+M}{m}v' = \frac{m+M}{m}\sqrt{2gh}\,.$$

Das ist das Endergebnis. Um dieses Ergebnis zu erhalten, mussten wir genau überprüfen, welcher Erhaltungssatz für welchen Prozess anwendbar ist: bei (1) konnten wir nur die Impulserhaltung anwenden, da der Stoß inelastisch ist und die Erhaltung der mechanischen Energie keine Gültigkeit besitzt,[2] und bei (2) ist zwar die Erhaltung der mechanischen Energie gültig, nicht aber die Impulserhaltung, da eine äußere Kraft (Gravitation) wirkt. Wenn es in Teil (1) während des Abbremsens des Geschosses in dem Block eine wesentliche Bewegung des Pendels gäbe, *gäbe* es eine äußere Kraft während des Stoßes – dann besäße die Impulserhaltung keine Gültigkeit und dies hätte berücksichtigt werden müssen.

9.7 Stöße in zwei oder drei Raumrichtungen

Die Impuls- und die Energieerhaltung können auch auf Stöße in zwei oder drei Raumrichtungen angewendet werden. Dabei ist die vektorielle Natur des Impulses von besonderer Bedeutung. Eine weit verbreitete Art eines nicht zentralen oder schiefen Stoßes ist ein Stoß, bei dem ein in Bewegung befindlicher Körper auf einen zweiten, anfangs ruhenden Körper trifft. Dies ist die übliche Situation bei Spielen wie Billard und bei Versuchen in der Atom- und Kernphysik (die Geschosse aus radioaktivem Zerfall oder einem Hochleistungsreaktor treffen auf einen ruhenden Atomkern).

▶ Abbildung 9.19 zeigt die ankommende Masse m_1, die sich entlang der x-Achse auf die Masse m_2 zu bewegt, die sich anfangs in Ruhe befindet. Wenn es sich hierbei um Billardkugeln handelt, dann trifft m_1 auf m_2 und die beiden Kugeln bewegen sich dann in den Winkeln θ_1' bzw. θ_2' voneinander weg. Die Winkel werden relativ zu der Anfangsrichtung von m_1 (der x-Achse) gemessen. Die Körper bewegen sich möglicherweise bereits vor ihrer Berührung voneinander weg, wenn zwischen ihnen elektrische, magnetische oder Kernkräfte wirken.

Wenden wir den Impulserhaltungssatz auf einen Stoß wie den in ▶ Abbildung 9.19 an. Wir wählen die xy-Ebene als die Ebene, in der der Anfangs- und der Endimpuls liegen. Da der Impuls ein Vektor ist und erhalten bleibt, bleiben seine Komponenten in der x- und y-Richtung jeweils erhalten. In der x-Richtung gilt $p_{1x} + p_{2x} = p_{1x}' + p_{2x}'$ oder:

p_x bleibt erhalten

$$m_1 v_1 = m_1 v_1' \cos\theta_1' + m_2 v_2' \cos\theta_2'\,. \tag{9.10a}$$

Da es anfangs keine Bewegung in y-Richtung gibt, ist die y-Komponente des Gesamtimpulses null:

p_y bleibt erhalten

$$0 = m_1 v_1' \sin\theta_1' + m_2 v_2' \sin\theta_2'\,. \tag{9.10b}$$

2 Die Gesamtenergie bleibt natürlich erhalten.

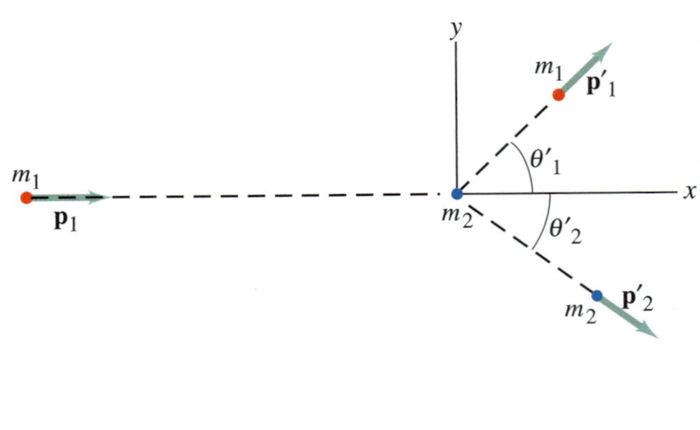

Abbildung 9.19 Masse 1 stößt mit Masse 2 zusammen. Nach dem Stoß bewegen sie sich mit den Impulsen $\mathbf{p}_1'$ und $\mathbf{p}_2'$ in den Winkeln θ_1' und θ_2' voneinander weg.

Wenn wir zwei unabhängige Gleichungen haben, können wir höchstens nach zwei Unbekannten auflösen.

Wenn wir wissen, dass ein Stoß elastisch ist, können wir die Erhaltung der kinetischen Energie anwenden und erhalten eine dritte Gleichung:

$$E_{\text{kin},1} + E_{\text{kin},2} = E'_{\text{kin},1} + E'_{\text{kin},2}$$

oder für den in ► Abbildung 9.19 dargestellten Stoß:

$$\frac{1}{2}mv_1^2 = \frac{1}{2}m_1 v_1'^2 + \frac{1}{2}mv_2'^2 \,. \quad \text{[elastischer Stoß]} \qquad (9.10c)$$

Kinetische Energie bleibt erhalten

Wenn der Stoß elastisch ist, haben wir drei unabhängige Gleichungen und können nach drei Unbekannten auflösen. Wenn m_1, m_2, v_1 (und v_2, wenn es ungleich null ist) gegeben sind, können wir z. B. nicht die endgültigen Variablen v_1', v_2', θ_1' und θ_2' vorherbestimmen, weil es vier Variablen sind. Wenn wir allerdings eine dieser Variablen, z. B. θ_1', messen, dann sind die anderen drei Variablen (v_1', v_2' und θ_2') eindeutig bestimmt und wir können sie durch Anwendung der Gleichungen 9.10a, b und c ermitteln.

Beispiel 9.11 Stoß zweier Protonen

Ein Proton, das sich mit einer Geschwindigkeit von $8{,}2 \cdot 10^5$ m/s bewegt, stößt elastisch mit einem ruhenden Proton, wie in ► Abbildung 9.19 dargestellt, zusammen. Man kann beobachten, dass eines der Protonen in einem Winkel von 60° gestreut wird. In welchem Winkel bewegt sich das zweite Proton und wie groß sind die Geschwindigkeiten der beiden Protonen nach dem Stoß?

Lösung

In Beispiel 9.5 haben wir einen Stoß in zwei Raumrichtungen gesehen, bei dem wir nur die Impulserhaltung anwenden mussten. Jetzt haben wir weniger Informationen: wir haben drei anstatt zwei Unbekannte. Deshalb benötigen wir die Gleichung für die kinetische Energie sowie die beiden Impulsgleichungen. Da $m_1 = m_2$, werden die Gleichungen 9.10a, b und c zu

$$v_1^2 = v_1'^2 + v_2'^2 \qquad \text{(i)}$$

$$v_1 = v_1' \cos\theta_1' + v_2' \cos\theta_2' \qquad \text{(ii)}$$

$$0 = v_1' \sin\theta_1' + v_2' \sin\theta_2' \,. \qquad \text{(iii)}$$

Dabei sind $v_1 = 8{,}2 \cdot 10^5$ m/s und $\theta' = 60°$ gegeben. In der zweiten und dritten Gleichung bringen wir die v_1'-Terme auf die linke Seite und nehmen beide Seiten der Gleichungen zum Quadrat:

$$v_1^2 - 2v_1 v_1' \cos\theta_1' + v_1'^2 \cos^2\theta_1' = v_2'^2 \cos^2\theta_2'$$

$$v_1'^2 \sin^2\theta_1' = v_2'^2 \sin^2\theta_2' \,.$$

Diese beiden Gleichungen addieren wir und wenden $\sin^2\theta + \cos^2\theta = 1$ an. Das liefert

$$v_1^2 - 2v_1 v_1' \cos\theta_1' + v_1'^2 = v_2'^2 \,.$$

In diese Gleichung setzen wir $v_2'^2 = v_1^2 - v_1'^2$ aus der obigen Gleichung (i) ein und erhalten:

$$2v_1'^2 = 2v_1 v_1' \cos\theta_1'$$

oder

$$v_1' = v_1 \cos\theta_1' = (8{,}2 \cdot 10^5\ \text{m/s})(\cos 60°) = 4{,}1 \cdot 10^5\ \text{m/s} \,.$$

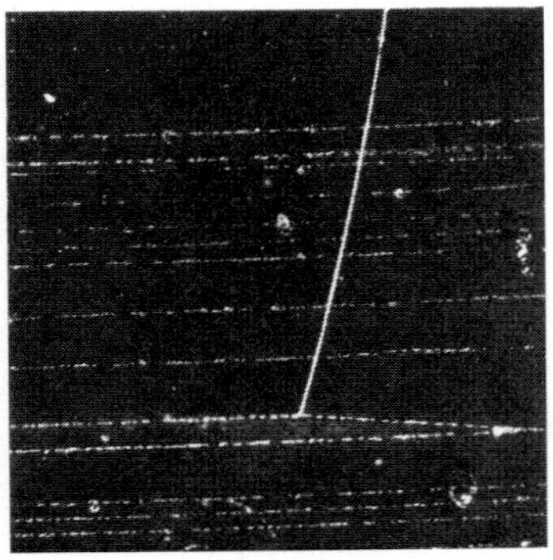

Abbildung 9.20 Abbildung eines Stoßereignisses zwischen Proton und Proton in einer Wasserstoff-Blasenkammer (ein Gerät, das die Bahnen von Elementarteilchen sichtbar macht). Die zahlreichen Linien stellen ankommende Protonen dar, die auf die Protonen des Wasserstoffes in der Kammer treffen können.

Um v'_2 zu ermitteln, wenden wir die obige Gleichung (i) an (Erhaltung der kinetischen Energie):

$$v'_2 = \sqrt{v_1^2 - v_1'^2} = 7{,}1 \cdot 10^5\ \mathrm{m/s}\,.$$

Schließlich liefert die Gleichung (iii)

$$\sin\theta'_2 = -\frac{v'_1}{v'_2}\sin\theta'_1 = -\left(\frac{4{,}1 \cdot 10^5\ \mathrm{m/s}}{7{,}1 \cdot 10^5\ \mathrm{m/s}}\right)(0{,}866) = -0{,}50\,,$$

so dass $\theta'_2 = -30°$. (Das Minuszeichen bedeutet, dass sich Massenpunkt 2 in einem Winkel unterhalb der x-Achse bewegt, wenn sich Massenpunkt 1 oberhalb der x-Achse befindet, wie in ► Abbildung 9.19 dargestellt.) Ein Beispiel für einen solchen Stoß ist auf dem Foto der Blasenkammer in ► Abbildung 9.20 zu sehen. Beachten Sie, dass die beiden Flugbahnen nach dem Stoß senkrecht zueinander verlaufen. Das kann für schiefe Stöße zwischen zwei Massenpunkten mit gleicher Masse als allgemeingültig bewiesen werden, von denen einer anfangs ruht (siehe Aufgabe 57).

Problemlösung

Impulserhaltung und Stöße

1 Stellen Sie sicher, dass keine wesentliche äußere Kraft auf Ihr gewähltes System wirkt. Das bedeutet, dass die einzigen wesentlichen Kräfte die Kräfte sein dürfen, die zwischen den wechselwirkenden Körpern wirken. Dann kann die Impulserhaltung angewendet werden. (Wenn dies nur für einen Teil der Aufgabenstellung gilt, können Sie die Impulserhaltung auch nur für diesen Teil anwenden.)

2 Fertigen Sie eine Zeichnung von der Anfangssituation direkt vor dem Eintritt der Wechselwirkung (Stoß, Explosion) an und stellen Sie den Impuls jedes Körpers mit einem Pfeil dar und beschriften Sie ihn. Führen Sie dasselbe auch für die Endsituation direkt nach der Wechselwirkung durch.

3 Wählen Sie ein Koordinatensystem und die positiven und negativen Richtungen. (Für zentrale Stöße benötigen Sie nur eine x-Achse.) Häufig ist es zweckmäßig, die positive x-Achse in Richtung der Anfangsgeschwindigkeit eines der Körper zu wählen.

4 Schreiben Sie die Erhaltungsgleichung(en) auf:

Gesamter Anfangsimpuls = Gesamter Endimpuls

Sie haben eine Gleichung für jede Komponente (x, y, z) und nur eine Gleichung für einen zentralen Stoß.

5 Wenn der Stoß elastisch ist, können Sie auch eine Gleichung für die Erhaltung der kinetischen Energie aufschreiben:

Gesamte kinetische Anfangsenergie = Gesamte kinetische Endenergie

(Alternativ könnten Sie die Gleichung 9.9, $v_1 - v_2 = v'_2 - v'_1$, anwenden, wenn der Stoß (zentral) in einer Raumrichtung erfolgt.)

6 Lösen Sie rechnerisch nach der/den Unbekannten auf.

9.8 Massenmittelpunkt

Bisher haben wir bei der Behandlung eines ausgedehnten Körpers (d. h. eines Körpers, der eine Ausdehnung hat) angenommen, dass er näherungsweise als ein Massenpunkt betrachtet werden könnte oder dass er nur Translationsbewegungen erfährt. Reale ausgedehnte Körper können allerdings auch Drehbewegungen oder anderen Arten von Bewegungen erfahren. Der Taucher in ► Abbildung 9.21a erfährt z. B. nur eine Translationsbewegung (alle Teile des Körpers folgen derselben Bahn), während die Turmspringerin in ► Abbildung 9.21b sowohl eine Translationsbewegung, als auch eine Drehbewegung erfährt. Für eine Bewegung, die keine reine Translationsbewegung ist, verwenden wir den Begriff *allgemeine Bewegung*.

(a) (b)

Abbildung 9.21 Die Bewegung der Turmspringerin ist in (a) eine reine Translationsbewegung, in (b) dagegen eine Translationsbewegung und eine Drehbewegung.

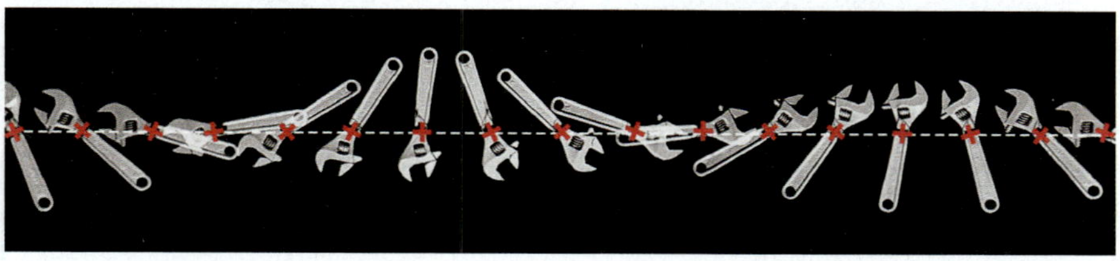

Abbildung 9.22 Translationsbewegung plus Rotationsbewegung: ein Schraubenschlüssel bewegt sich über eine horizontale Fläche. Der mit einem roten Pluszeichen gekennzeichnete Massenmittelpunkt bewegt sich auf einer Geraden.

Beobachtungen zeigen, dass, selbst wenn ein Körper rotiert oder es mehrere Körper gibt, die sich relativ zueinander bewegen, es einen Punkt gibt, der sich auf derselben Bahn bewegt, die ein Massenpunkt nehmen würde, wenn dieselbe Nettokraft auf ihn wirken würde. Diesen Punkt nennt man den **Massenmittelpunkt** (Schwerpunkt, S). Die allgemeine Bewegung eines ausgedehnten Körpers (oder Systems von Körpern) kann als die *Summe aus der Translationsbewegung des Massenmittelpunktes, der Drehbewegung, der Schwingungsbewegung oder anderer Bewegungsarten um den Massenmittelpunkt herum* betrachtet werden.

Betrachten Sie als Beispiel die Bewegung des Massenmittelpunktes der Turmspringerin in ▸ Abbildung 9.21. Der Massenmittelpunkt folgt einer parabelförmigen Flugbahn, selbst wenn sich die Turmspringerin dreht, wie in ▸ Abbildung 9.21b dargestellt. Dies ist dieselbe parabelförmige Bahn wie bei einer Wurfbewegung, wenn auf einen Körper nur die Gravitationskraft wirkt. Andere Punkte des rotierenden Körpers der Turmspringerin folgen komplizierteren Bahnen.

▸ Abbildung 9.22 zeigt einen Schraubenschlüssel, der sich in einer Translations- und Rotationsbewegung entlang einer horizontalen Fläche bewegt. Beachten Sie, dass sein Massenmittelpunkt durch ein rotes Pluszeichen gekennzeichnet ist und sich entlang einer Geraden bewegt, die durch die weiße gestrichelte Linie dargestellt ist.

Wir zeigen im Folgenden, dass sich die wichtigen Eigenschaften des Massenmittelpunktes aus den Newton'schen Gesetzen ergeben, wenn der Massenmittelpunkt in der folgenden Weise definiert wird: Wir können jeden ausgedehnten Körper als aus vielen Massenpunkten bestehend betrachten. Zunächst betrachten wir aber ein System, das lediglich aus zwei Massenpunkten (oder kleinen Körpern) mit den Massen m_1 und m_2 besteht. Wir wählen ein Koordinatensystem so, dass beide Massenpunkte auf der x-Achse an den Orten x_1 und x_2 liegen, ▸ Abbildung 9.23. Der Massenmittelpunkt dieses Systems ist definiert als der Ort x_S, der gegeben ist durch

$$x_S = \frac{m_1 x_1 + m_2 x_2}{m_1 + m_2} = \frac{m_1 x_1 + m_2 x_2}{M} \, .$$

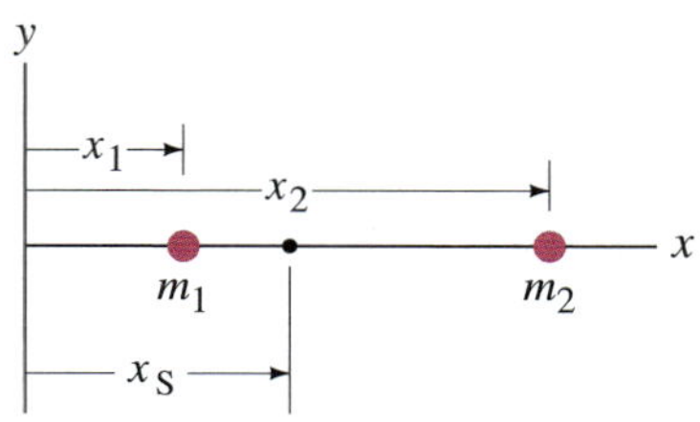

Abbildung 9.23 Der Massenmittelpunkt eines Systems aus zwei Massenpunkten liegt auf der Geraden, die die beiden Massen verbindet. Hier ist $m_1 > m_2$, so dass der Massenmittelpunkt näher an m_1 als an m_2 liegt.

Dabei ist $M = m_1 + m_2$ die Gesamtmasse des Systems. Der Massenmittelpunkt liegt auf der Geraden, die m_1 und m_2 verbindet. Wenn die beiden Massen gleich sind ($m_1 = m_2 = m$), liegt x_S genau auf der Hälfte zwischen ihnen, da in diesem Fall $x_S = m(x_1 + x_2)/2m = (x_1 + x_2)/2$ ist. Wenn eine Masse größer als die andere ist, z. B. $m_1 > m_2$, liegt der Massenmittelpunkt näher an der größeren Masse. Wenn die gesamte Masse z. B. im Ort x_2 konzentriert ist, so dass $m_1 = 0$ ist, ist erwartungsgemäß $x_S = (0x_1 + m_2x_2)/(0 + m_2) = x_2$.

Betrachten wir jetzt ein System, das aus n Massenpunkten besteht und bei dem n sehr groß sein kann. Dieses System könnte ein ausgedehnter Körper sein, den wir als aus n winzigen Massenpunkten bestehend betrachten. Wenn sich diese n Massenpunkte alle entlang einer Geraden (nennen wir sie x-Achse) befinden, definieren wir den Massenmittelpunkt des Systems als Ort

$$x_S = \frac{m_1x_1 + m_2x_2 + \ldots + m_nx_n}{m_1 + m_2 + \ldots + m_n} = \frac{\sum_{i=1}^{n} m_ix_i}{M} .$$

Dabei sind $m_1, m_2 \ldots m_n$ die Massen jedes Massenpunktes und $x_1, x_2 \ldots x_n$ ihre Orte. Das Symbol $\sum_{i=1}^{n}$ ist das Summenzeichen, das die Addition aller Massenpunkte anzeigt. Dabei nimmt i ganzzahlige Werte zwischen 1 und n an. (Häufig schreiben wir einfach $\sum m_ix_i$ und lassen $i = 1$ bis n aus.) Die Gesamtmasse des Systems beträgt $M = \sum m_i$.

Abbildung 9.24 Beispiel 9.12.

Beispiel 9.12 Massenmittelpunkt dreier Personen auf einem Floß

Drei Leute mit etwa gleicher Masse m auf einem leichten (luftgefüllten) Bananenfloß sitzen entlang der x-Achse an den Orten $x_1 = 1{,}0\,\text{m}$, $x_2 = 5{,}0\,\text{m}$ und $x_3 = 6{,}0\,\text{m}$ (► Abbildung 9.24). Ermitteln Sie den Ort des Massenmittelpunktes.

Lösung

Wir nehmen an, dass jedes x der horizontale Ort des Massenmittelpunktes jeder Person ist. Wenn wir sie als Massenpunkte behandeln, ist der Massenmittelpunkt

$$x_S = \frac{mx_1 + mx_2 + mx_3}{m + m + m} = \frac{m(x_1 + x_2 + x_3)}{3m}$$
$$= \frac{(1{,}0\,\text{m} + 5{,}0\,\text{m} + 6{,}0\,\text{m})}{3} = \frac{12{,}0\,\text{m}}{3} = 4{,}0\,\text{m} .$$

Massenmittelpunkt

Wenn die Massenpunkte wie bei einem typischen ausgedehnten Körper in zwei oder drei Raumrichtungen verteilt sind, definieren wir die Koordinaten des Massenmittelpunktes als

$$x_S = \frac{\sum m_ix_i}{M} , \quad y_S = \frac{\sum m_iy_i}{M} , \quad z_S = \frac{\sum m_iz_i}{M} . \tag{9.11}$$

Dabei sind x_i, y_i und z_i die Koordinaten des Massenpunktes mit der Masse m_i und die Gesamtmasse ist wieder $M = \sum m_i$.

Obwohl wir unter praktischen Gesichtspunkten normalerweise die Komponenten des Massenmittelpunktes berechnen (Gleichung 9.11), ist es manchmal zweckmäßig (z. B. bei Ableitungen), die Gleichung 9.11 in Vektorschreibweise zu schreiben. Wenn $\mathbf{r}_i = x_i\mathbf{i} + y_i\mathbf{j} + z_i\mathbf{k}$ der Ortsvektor des i-ten Massenpunktes und $\mathbf{r}_S = x_S\mathbf{i} + y_S\mathbf{j} + z_S\mathbf{k}$ der Ortsvektor des Massenmittelpunktes ist, dann gilt:

$$\mathbf{r}_S = \frac{\sum m_i\mathbf{r}_i}{M} . \tag{9.12}$$

Beispiel 9.13 **Drei Massenpunkte in 2D**

Drei Massenpunkte, jeder mit einer Masse von 2,50 kg, befinden sich an den Eckpunkten eines rechtwinkligen Dreiecks, dessen Seiten 2,00 m und 1,50 m lang sind, wie in ▸ Abbildung 9.25 dargestellt. Finden Sie den Massenmittelpunkt.

Lösung

Wir wählen unser Koordinatensystem, wie dargestellt, (um die Rechnung zu vereinfachen) mit m_1 im Ursprung und m_2 auf der x-Achse. Dann hat m_1 die Koordinaten $x_1 = y_1 = 0$, m_2 die Koordinaten $x_2 = 2{,}0\,\text{m}$, $y_2 = 0$ und m_3 die Koordinaten $x_3 = 2{,}0\,\text{m}$, $y_3 = 1{,}5\,\text{m}$. So liefert die Gleichung 9.11

$$x_S = \frac{(2{,}50\,\text{kg})(0) + (2{,}50\,\text{kg})(2{,}00\,\text{m}) + (2{,}50\,\text{kg})(2{,}00\,\text{m})}{3(2{,}50\,\text{kg})} = 1{,}33\,\text{m}$$

$$y_S = \frac{(2{,}50\,\text{kg})(0) + (2{,}50\,\text{kg})(0) + (2{,}50\,\text{kg})(1{,}50\,\text{m})}{7{,}50\,\text{kg}} = 0{,}50\,\text{m}\,.$$

Der Massenmittelpunkt und der Ortsvektor $\mathbf{r}_S$ sind in ▸ Abbildung 9.25 dargestellt.

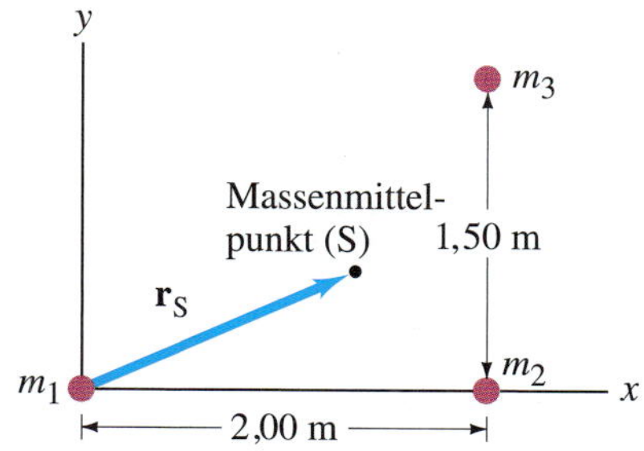

Abbildung 9.25 Beispiel 9.13.

Beachten Sie, dass die Werte von x_S und y_S von dem gewählten Koordinatensystem abhängen, der physikalische Ort des Massenmittelpunktes (relativ zu den drei Massenpunkten) ist allerdings unabhängig von dem Bezugssystem.

Kontinuierlich verteilte Masse

Häufig ist es zweckmäßig, sich einen ausgedehnten Körper als kontinuierlich verteilte Masse vorzustellen. Mit anderen Worten, wir betrachten den Körper als aus n Massenpunkten jeweils mit der Masse Δm_i in einem sehr kleinen Volumen um einen Ort x_i, y_i und z_i bestehend und nehmen den Grenzwert von n gegen unendlich (▸ Abbildung 9.26). Dann wird Δm_i zu der unendlich kleinen Masse $\mathrm{d}m$ in den Orten x, y und z. Die Summen in den Gleichungen 9.11 und 9.12 werden zu Integralen:

$$x_S = \frac{1}{M}\int x\,\mathrm{d}m\,, \quad y_S = \frac{1}{M}\int y\,\mathrm{d}m\,, \quad z_S = \frac{1}{M}\int z\,\mathrm{d}m\,. \tag{9.13}$$

Dabei ist die Summe aller Massenelemente $\int \mathrm{d}m = M$, die Gesamtmasse des Körpers. In Vektorschreibweise sieht das folgendermaßen aus:

$$\mathbf{r}_S = \frac{1}{M}\int \mathbf{r}\,\mathrm{d}m\,. \tag{9.14}$$

Ein dem *Massenmittelpunkt* ähnlicher Begriff ist der **Schwerpunkt**. Der Schwerpunkt eines Körpers ist der Punkt, in dem die Gravitationskraft wirkt. Natürlich wirkt die Gravitationskraft tatsächlich auf alle Teile oder Massenpunkte eines Körpers, aber um die Translationsbewegung eines Körpers als Ganzem zu bestimmen, können wir annehmen, dass die gesamte Gewichtskraft des Körpers (die Summe der Gewichtskräfte all seiner Massenpunkte) im Schwerpunkt wirkt. Streng genommen gibt es einen begrifflichen Unterschied zwischen dem Schwerpunkt und dem Massenmittelpunkt, aber in der Praxis handelt es sich in der Regel um denselben Ort. (Es würde nur dann einen Unterschied zwischen beiden geben, wenn ein Körper so groß wäre, dass die Fallbeschleunigung in verschiedenen Teilen des Körpers unterschiedlich wäre.)

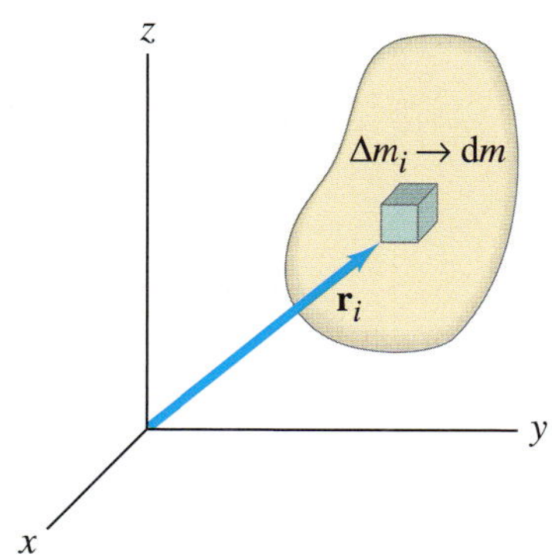

Abbildung 9.26 Ein ausgedehnter Körper, hier nur in zwei Raumrichtungen dargestellt, kann als aus vielen sehr kleinen Massenpunkten (n) bestehend betrachtet werden, die jeweils eine Masse von Δm_i haben. Ein solcher Massenpunkt ist im Ort $\mathbf{r}_i = x_i\mathbf{i} + y_i\mathbf{j} + z_i\mathbf{k}$ dargestellt. Wir nehmen den Grenzwert $n \to \infty$, so dass Δm_i das unendlich kleine $\mathrm{d}m$ wird.

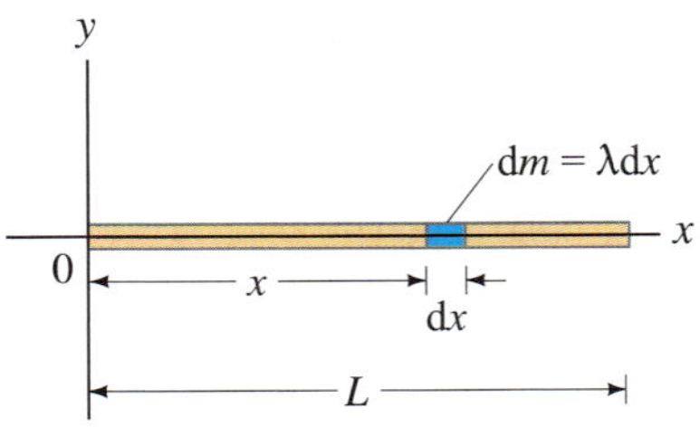

Abbildung 9.27 Beispiel 9.14.

Beispiel 9.14 Massenmittelpunkt einer dünnen Stange

(a) Zeigen Sie, dass sich der Massenmittelpunkt einer homogenen, dünnen Stange mit der Länge L und der Masse M in ihrem Mittelpunkt befindet. (b) Bestimmen Sie den Massenmittelpunkt der Stange und nehmen Sie dabei an, dass ihre lineare Dichte λ (ihre Masse pro Längeneinheit) linear zwischen $\lambda = \lambda_0$ am linken Ende und $\lambda = 2\lambda_0$ am rechten Ende schwankt.

Lösung

Wir wählen unser Koordinatensystem so, dass die Stange mit ihrem linken Ende auf der x-Achse bei $x = 0$ liegt, ► Abbildung 9.27. Dann ist $y_S = 0$ und $z_S = 0$.

a Die Stange ist homogen, d. h. ihre Masse pro Längeneinheit (lineare Dichte λ) ist konstant und wir schreiben dies als $\lambda = M/L$. Jetzt stellen wir uns die Stange als in unendlich kleine Elemente mit der Länge $\mathrm{d}x$ unterteilt vor, die jeweils eine Masse $\mathrm{d}m = \lambda\,\mathrm{d}x$ haben. Wir wenden die Gleichung 9.13 an:

$$x_S = \frac{1}{M}\int_{x=0}^{L} x\,\mathrm{d}m = \frac{1}{M}\int_0^L \lambda x\,\mathrm{d}x = \frac{\lambda}{M}\frac{x^2}{2}\bigg|_0^L = \frac{\lambda L^2}{2M} = \frac{L}{2}\,.$$

Dabei haben wir $\lambda = M/L$ benutzt. Dies Ergebnis, x_S im Mittelpunkt, entspricht unserer Erwartung.

b Jetzt haben wir $\lambda = \lambda_0$ bei $x = 0$ und wir wissen, dass λ linear bis $\lambda = 2\lambda_0$ bei $x = L$ zunimmt. Deshalb schreiben wir:

$$\lambda = \lambda_0(1 + \alpha x)\,.$$

Das erfüllt $\lambda = \lambda_0$ bei $x = 0$ und liefert $\lambda = 2\lambda_0$ bei $x = L$, wenn $(1 + \alpha L) = 2$. Mit anderen Worten, $\alpha = 1/L$. Wir wenden wieder die Gleichung 9.13 an:

$$x_S = \frac{1}{M}\int_{x=0}^{L} \lambda x\,\mathrm{d}x = \frac{1}{M}\lambda_0 \int_0^L \left(1 + \frac{x}{L}\right) x\,\mathrm{d}x = \frac{\lambda_0}{M}\left(\frac{x^2}{2} + \frac{x^3}{3L}\right)\bigg|_0^L$$
$$= \frac{5}{6}\frac{\lambda_0}{M}L^2\,.$$

Aber wie groß ist M in Abhängigkeit von λ_0 und L? Wir können schreiben:

$$M = \int_{x=0}^{L} \mathrm{d}m = \int_0^L \lambda\,\mathrm{d}x = \lambda_0 \int_0^L \left(1 + \frac{x}{L}\right)\mathrm{d}x = \lambda_0\left(x + \frac{x^2}{2L}\right)\bigg|_0^L$$
$$= \frac{3}{2}\lambda_0 L\,.$$

Dann gilt:

$$x_S = \frac{5}{6}\frac{\lambda_0}{M}L^2 = \frac{5}{9}L\,.$$

Das ist erwartungsgemäß mehr als der halbe Weg entlang der Stange, da nach rechts mehr Masse vorhanden ist.

Massenmittelpunkt bei symmetrischen Körpern

Bei Körpern mit symmetrischer Form und homogener Struktur wie Kugeln, Zylinder und rechteckige Festkörper befindet sich der Massenmittelpunkt im geometrischen Mittelpunkt des Körpers. Betrachten wir einen homogenen Kreiszylinder, wie z. B. eine feste zylindrische Scheibe. Wir erwarten, dass sich der Massenmittelpunkt im Kreismittelpunkt befindet. Um zu beweisen, dass das tatsächlich der Fall ist, wählen wir zunächst ein Koordinatensystem, dessen Ursprung sich im Kreismittelpunkt befindet und dessen z-Achse senkrecht zu der Scheibe steht (► Abbildung 9.28). Wenn wir die Summe $\sum m_i x_i$ aus Gleichung 9.11 nehmen, gibt es in jedem positiven x_i ebenso viel Masse wie in jedem negativen x_i. Somit heben sich alle Terme paarweise auf und $x_S = 0$. Gleiches gilt für y_S. In der vertikalen (z) Richtung muss der Massenmittelpunkt auf halbem Weg zwischen den Kreisflächen liegen: wenn wir unseren Koordinatenursprung in diesem Ort wählen, gibt es in jedem positiven z_i ebenso viel Masse wie in jedem negativen z_i, so dass $z_S = 0$. Für andere homogene Körper mit symmetrischer Form können wir ähnliche Argumente anführen, um zu zeigen, dass der Massenmittelpunkt auf einer Symmetrieachse liegen muss. Wenn ein symmetrischer Körper *nicht* homogen ist, gelten diese Argumente nicht. Der Massenmittelpunkt eines Rades oder einer Scheibe, das bzw. die auf einer Seite beschwert ist, befindet sich z. B. nicht im geometrischen Mittelpunkt, sondern liegt näher zu der beschwerten Seite hin.

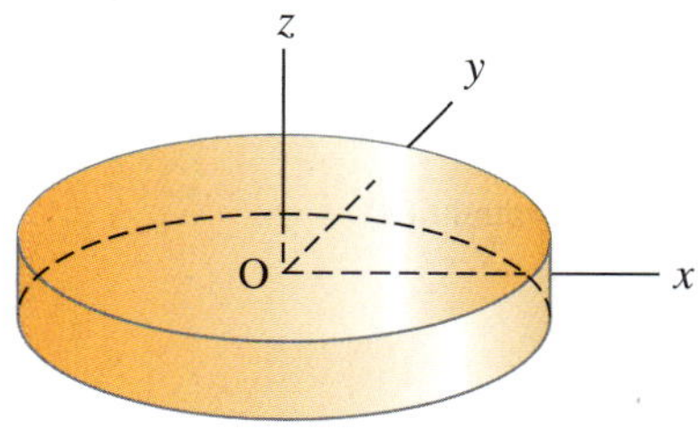

Abbildung 9.28 Zylindrische Scheibe mit Koordinatenursprung im geometrischen Mittelpunkt.

System von ausgedehnten Körpern

Zur Bestimmung des Massenmittelpunktes einer Gruppe von ausgedehnten Körpern können wir Gleichung 9.11 anwenden, in der m_i die Massen dieser Körper darstellt und x_i, y_i und z_i die Koordinaten des Massenmittelpunktes jedes dieser Körper sind.

Beispiel 9.15 Massenmittelpunkt eines L-förmigen Flachkörpers

Bestimmen Sie den Massenmittelpunkt der homogenen, dünnen, L-förmigen Baustrebe, die in ► Abbildung 9.29 dargestellt ist.

Lösung

Betrachten Sie den Körper als zwei Rechtecke: Rechteck A mit den Maßen 2,06 m · 0,20 m und Rechteck B mit den Maßen 1,48 m · 0,20 m. Mit dem Ursprung bei 0, wie dargestellt, befindet sich der Massenmittelpunkt von A bei

$$x_A = 1{,}03\,\text{m}\,, \quad y_A = 0{,}10\,\text{m}\,.$$

Der Massenmittelpunkt von B liegt bei

$$x_B = 1{,}96\,\text{m}\,, \quad y_B = -0{,}74\,\text{m}\,.$$

Die Masse A, deren Dicke t ist, beträgt

$$M_A = (2{,}06\,\text{m})(0{,}20\,\text{m})(t)(\rho) = (0{,}412\,\text{m}^2)(\rho t)\,.$$

ρ ist die Dichte. Die Masse von B ist

$$M_B = (1{,}48\,\text{m})(0{,}20\,\text{m})(\rho t) = (0{,}296\,\text{m}^2)(\rho t)$$

und die Gesamtmasse ist $M = (0{,}708\,\text{m}^2)(\rho t)$.

Das liefert

$$x_S = \frac{M_A x_A + M_B x_B}{M} = \frac{(0{,}412\,\text{m}^2)(1{,}03\,\text{m}) + (0{,}296\,\text{m}^2)(1{,}96\,\text{m})}{(0{,}708\,\text{m}^2)} = 1{,}42\,\text{m}\,.$$

Hierbei hat sich ρt im Zähler und im Nenner aufgehoben. In ähnlicher Weise gilt:

$$y_S = \frac{(0{,}412\,\text{m}^2)(0{,}10\,\text{m}) + (0{,}296\,\text{m}^2)(-0{,}74\,\text{m})}{(0{,}708\,\text{m}^2)} = -0{,}25\,\text{m}\,.$$

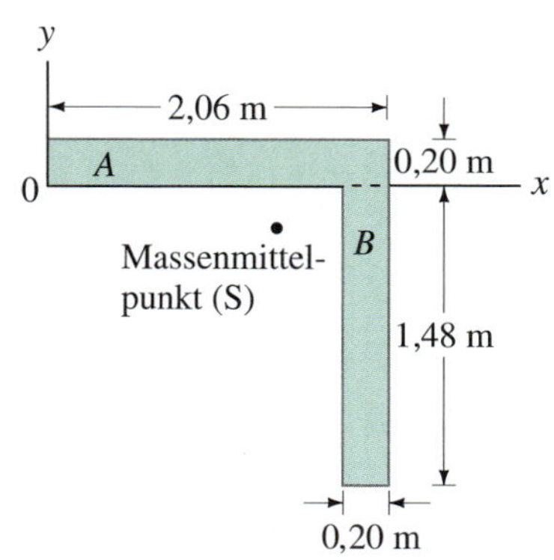

Abbildung 9.29 Beispiel 9.15 Dieser L-förmige Körper hat die Dicke t (in dieser Zeichnung nicht dargestellt).

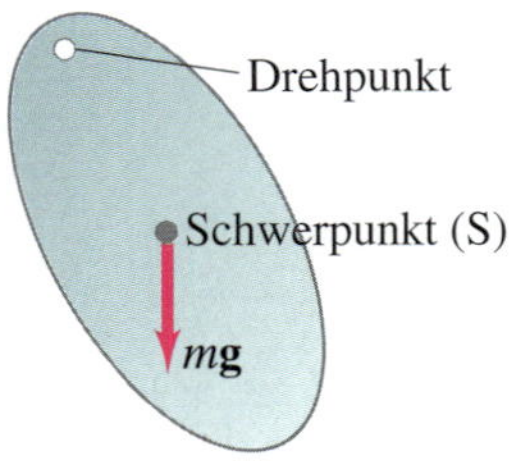

Abbildung 9.30 Bestimmung des Massenmittelpunktes eines homogenen Flachkörpers.

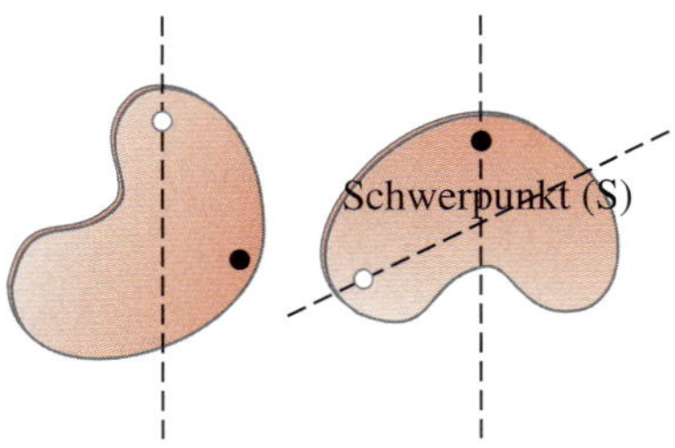

Abbildung 9.31 Ermittlung des Schwerpunktes.

In ▶ Abbildung 9.29 ist die Lage des Massenmittelpunktes eingetragen. Für einen Körper, der nicht ideal dünn ist, gilt $z_S = t/2$, da der Körper als homogen angenommen wird.

Beachten Sie in diesem letzten Beispiel, dass der Massenmittelpunkt tatsächlich *außerhalb* des Körpers liegen kann. Ein weiteres Beispiel ist ein Donut, dessen Massenmittelpunkt sich im Mittelpunkt des Loches befindet.

Häufig ist es einfacher den Massenmittelpunkt oder Schwerpunkt eines ausgedehnten Körpers experimentell als analytisch zu bestimmen. Wenn ein Körper von einem Aufhängungspunkt herunterhängt, schwingt er (▶ Abbildung 9.30), es sei denn, er ist so angeordnet, dass sich sein Schwerpunkt auf einer vertikalen Linie direkt unter dem Punkt befindet, von dem er herabhängt. Wenn es sich um einen zweidimensionalen Körper oder um einen Körper mit einer Symmetrieebene handelt, muss der Körper lediglich von zwei verschiedenen Drehpunkten herabhängen und die entsprechenden vertikalen Linien (die Lote) müssen eingezeichnet werden. Der Schwerpunkt befindet sich dann im Schnittpunkt der beiden Linien, wie in ▶ Abbildung 9.31 dargestellt. Hat der Körper keine Symmetrieebene, ermittelt man den Schwerpunkt in Bezug auf die dritte Raumrichtung, indem man den Körper an mindestens drei Punkten aufhängt, deren Lote nicht in derselben Ebene liegen.

9.9 Massenmittelpunkt und Translationsbewegung

Wie in Abschnitt 9.8 erwähnt, ist der Begriff des Massenmittelpunktes deshalb wichtig, da die Translationsbewegung des Massenmittelpunktes für ein System von Massenpunkten (oder ausgedehnten Körpern) direkt in Beziehung steht zu der auf das System als Ganzem wirkenden Nettokraft. Wir zeigen dies jetzt, indem wir die Bewegung eines Systems mit n Massenpunkten und der Gesamtmasse M untersuchen, von der wir annehmen, dass sie konstant bleibt. Wir beginnen mit dem Umschreiben der Gleichung 9.12 zu

$$M\mathbf{r}_S = \sum m_i \mathbf{r}_i \,.$$

Wir differenzieren diese Gleichung nach der Zeit:

$$M\frac{d\mathbf{r}_S}{dt} = \sum m_i \frac{d\mathbf{r}_i}{dt}$$

oder

$$M\mathbf{v}_S = \sum m_i \mathbf{v}_i \,. \tag{9.15}$$

Dabei ist $\mathbf{v}_i = d\mathbf{r}_i/dt$ die Geschwindigkeit des i-ten Massenpunktes mit der Masse m_i und $\mathbf{v}_S$ ist die Geschwindigkeit des Massenmittelpunktes. Wir leiten wieder nach der Zeit ab und erhalten

$$M\frac{d\mathbf{v}_S}{dt} = \sum m_i \mathbf{a}_i \,.$$

Hierbei ist $\mathbf{a}_i = d\mathbf{v}_i/dt$ die Beschleunigung des i-ten Massenpunktes. Jetzt ist $d\mathbf{v}_S/dt$ die Beschleunigung des Massenmittelpunktes, $\mathbf{a}_S$. Nach dem zweiten Newton'schen Axiom gilt $m_i\mathbf{a}_i = \mathbf{F}_i$. Dabei ist $\mathbf{F}_i$ die auf den i-ten Massenpunkt wirkende Nettokraft. Deshalb gilt:

$$M\mathbf{a}_S = \mathbf{F}_1 + \mathbf{F}_2 + \cdots + \mathbf{F}_n = \sum \mathbf{F}_i \,. \tag{9.16}$$

Das bedeutet, dass die Vektorsumme aller auf das System wirkenden Kräfte gleich der Gesamtmasse des Systems ist, multipliziert mit der Beschleunigung seines Massenmittelpunktes. Beachten Sie, dass wir einen oder mehrere ausgedehnte Körper auf ähnliche Weise behandeln können wie n Massenpunkte.

Die auf die Massenpunkte des Systems wirkenden Kräfte $\mathbf{F}_i$ können in zwei Gruppen unterteilt werden: (1) *äußere Kräfte* (*ext*erne Kräfte), die von Körpern außerhalb des Systems ausgeübt werden, und (2) *innere Kräfte* (*int*erne Kräfte), die Massenpunkte innerhalb des Systems aufeinander ausüben. Nach dem dritten Newton'schen Axiom treten die inneren Kräfte paarweise auf: Wenn ein Massenpunkt auf einen zweiten Massenpunkt in unserem System eine Kraft ausübt, muss der zweite eine gleich große und entgegengerichtete Kraft auf den ersten ausüben. Somit heben sich diese inneren Kräfte in der Summe aller Kräfte in Gleichung 9.16 paarweise auf. Dann bleiben nur die äußeren Kräfte auf der rechten Seite der Gleichung 9.16 übrig:

$$M\mathbf{a}_S = \sum \mathbf{F}_{ext} . \quad (M \text{ konstant}) \tag{9.17}$$

ZWEITES NEWTON'SCHES AXIOM (für ein System)

Dabei ist $\sum \mathbf{F}_{ext}$ die Summe aller auf unser System wirkenden äußeren Kräfte, was der auf das System wirkenden *Nettokraft* entspricht. Somit gilt:

Die Summe aller auf das System wirkenden Kräfte ist gleich der Gesamtmasse des Systems, multipliziert mit der Beschleunigung seines Massenmittelpunktes.

ZWEITES NEWTON'SCHES AXIOM (für ein System)

Dies ist das **zweite Newton'sche Axiom** für ein System aus Massenpunkten. Es gilt auch für einen ausgedehnten Körper (den man sich aus Massenpunkten aufgebaut vorstellen kann) und für ein System von Körpern. Daher können wir folgern, dass

sich der Massenmittelpunkt eines Systems aus Massenpunkten (oder Körpern) mit der Gesamtmasse M wie ein einzelner Massenpunkt mit der Masse M bewegt, auf den dieselbe äußere Nettokraft wirkt.

Translationsbewegung des Massenmittelpunktes

Das bedeutet, dass sich das System bewegt, als ob seine gesamte Masse im Massenmittelpunkt konzentriert wäre und alle äußeren Kräfte in diesem Punkt wirken würden. Somit können wir die *Translationsbewegung* eines Körpers oder Systems von Körpern wie die Bewegung eines Massenpunktes behandeln (siehe ► Abbildung 9.21 und ► Abbildung 9.22).

Dieser Satz vereinfacht deutlich unsere Analyse der Bewegung komplexer Systeme und ausgedehnter Körper. Obwohl die Bewegung verschiedener Teile des Systems kompliziert sein kann, können wir uns häufig damit zufrieden geben, wenn wir die Bewegung des Massenmittelpunktes kennen. Dieser Satz ermöglicht uns auch die Lösung bestimmter Aufgabenstellungen auf ganz einfache Art und Weise, wie das folgende Beispiel veranschaulicht.

Beispiel 9.16 · Begriffsbildung — Eine zweistufige Rakete

Eine Rakete wird, wie in ► Abbildung 9.32 dargestellt, in die Luft geschossen. Zu dem Zeitpunkt, an dem sie ihren höchsten Punkt einen horizontalen Weg s von ihrem Ausgangspunkt entfernt erreicht, trennt eine geplante Explosion die Rakete in zwei Teile mit gleicher Masse. Teil I wird in der Luft durch die Explosion gestoppt und fällt vertikal im freien Fall auf die Erde. Wo landet Teil II? Nehmen Sie $\mathbf{g}$ = konstant an.

Lösung

Nachdem die Rakete abgefeuert wurde, folgt der Weg des Massenmittelpunktes des Systems weiterhin der parabelförmigen Flugbahn eines Geschosses, auf das nur eine konstante Gravitationskraft wirkt. Der Massenmittelpunkt kommt folglich in einem Punkt in einer Entfernung von $2s$ vom Ausgangspunkt an. Da die Massen I und II gleich sind, muss sich der Massenmittelpunkt auf halbem Weg zwischen ihnen befinden. Daher landet II in einer Entfernung von $3s$ vom Ausgangspunkt. (Wenn Teil I ein Stoß nach unten oder oben verliehen worden wäre, anstatt dass er einfach im freien Fall fällt, wäre die Lösung etwas komplizierter.)

Abbildung 9.32 Beispiel 9.16.

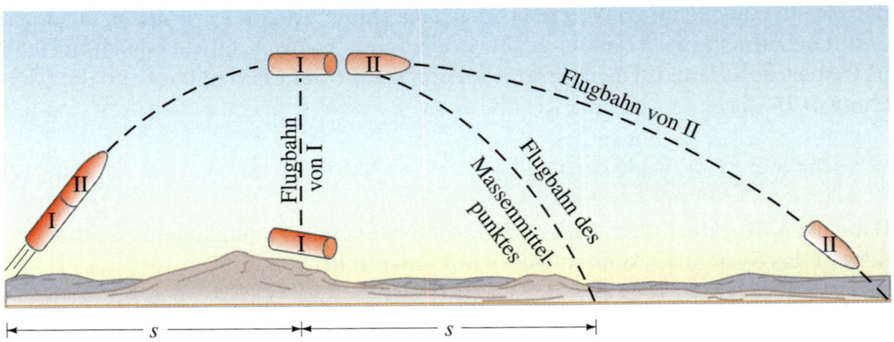

Wir können die Gleichung 9.17, $M\mathbf{a}_S = \sum \mathbf{F}_{ext}$, in Abhängigkeit des Gesamtimpulses **P** eines Systems von Massenpunkten schreiben. Wie wir in Abschnitt 9.2 gesehen haben, ist **P** definiert als

$$\mathbf{P} = m_1\mathbf{v}_1 + m_2\mathbf{v}_2 + \cdots + m_n\mathbf{v}_n = \sum \mathbf{p}_i \, .$$

Die Gleichung 9.15 ($M\mathbf{v}_S = \sum m_i\mathbf{v}_i$) liefert

Gesamtimpuls

$$\mathbf{P} = M\mathbf{v}_S \, . \tag{9.18}$$

So *ist der Gesamtimpuls eines Systems von Massenpunkten gleich dem Produkt aus der Gesamtmasse M und der Geschwindigkeit des Massenmittelpunktes des Systems.* Oder *der Impuls eines ausgedehnten Körpers ist das Produkt aus der Masse des Körpers und der Geschwindigkeit seines Massenmittelpunktes.*

Wenn wir die Gleichung 9.18 nach der Zeit differenzieren, erhalten wir (unter der Annahme, dass die Gesamtmasse M konstant ist):

$$\frac{d\mathbf{P}}{dt} = M\frac{d\mathbf{v}_S}{dt} = M\mathbf{a}_S \, .$$

Aus der Gleichung 9.17 ist ersichtlich, dass

ZWEITES NEWTON'SCHES AXIOM (für ein System)

$$\frac{d\mathbf{P}}{dt} = \sum \mathbf{F}_{ext} \, . \tag{9.6}$$

Dabei ist $\sum \mathbf{F}_{ext}$ die auf das System wirkende Nettokraft. Dies ist genau die an früherer Stelle hergeleitete Gleichung 9.6: **das zweite Newton'sche Axiom für ein System von Körpern**. Es ist für jedes bestimmte, feste System von Massenpunkten oder Körpern gültig. Wenn wir $\sum \mathbf{F}_{ext}$ kennen, können wir ermitteln, wie der Gesamtimpuls sich ändert.

ANGEWANDTE PHYSIK

Entdeckung entfernter Planeten

Ein interessantes Beispiel ist die Entdeckung nahe gelegener Sterne seit 1996, die zu „taumeln" scheinen. Was könnte die Ursache für ein solches Taumeln sein? Sehr wahrscheinlich ein Planet, der den Stern umkreist. Dabei üben der Planet und der Stern eine Gravitationskraft aufeinander aus. Die Planeten sind zu klein und zu weit entfernt, als dass sie direkt mithilfe existierender Teleskope hätten beobachtet werden können. Aber das leichte Taumeln in der Bewegung des Sterns deutet darauf hin, dass sowohl der Planet, als auch der Stern (seine Sonne) um ihren gemeinsamen Massenmittelpunkt kreisen, und der Stern deshalb zu taumeln scheint. Unregelmäßigkeiten in der Bewegung des Sterns können mit einer Genauigkeit von 3 m/s bestimmt werden und mithilfe der Daten können die Größe der Planetenumlaufbahnen sowie ihre Massen (wenn sie so groß sind wie die des Jupiter) ermittelt werden. Siehe ► Abbildung 6.17 in Kapitel 6.

9.10 Systeme mit veränderlicher Masse; Raketenantrieb

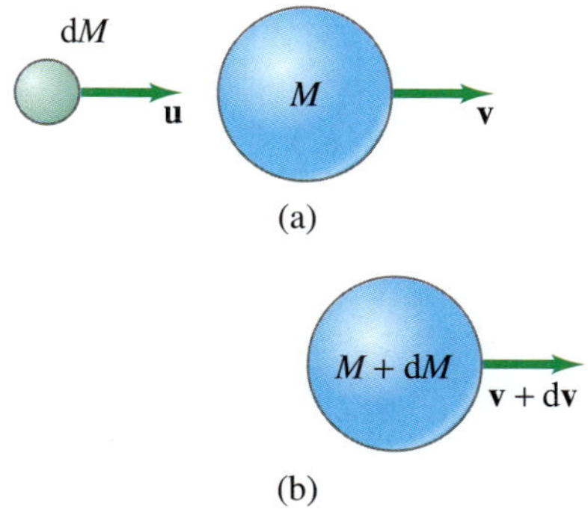

Abbildung 9.33 (a) Zum Zeitpunkt t ist eine Masse $\mathrm{d}M$ kurz davor, zu unserem System M hinzugefügt zu werden. (b) Zum Zeitpunkt $t + \mathrm{d}t$ ist die Masse $\mathrm{d}M$ zu unserem System hinzugefügt worden.

Wir behandeln jetzt Systeme, deren Masse sich ändert. Man könnte solche Systeme als eine Art inelastischen Stoß behandeln, aber es ist einfacher, die Gleichung 9.6, $\mathrm{d}\mathbf{P}/\mathrm{d}t = \sum \mathbf{F}_{\mathrm{ext}}$, anzuwenden, wobei $\mathbf{P}$ der Gesamtimpuls des Systems und $\sum \mathbf{F}_{\mathrm{ext}}$ die auf das System wirkende äußere Nettokraft ist. Das System muss sehr sorgfältig definiert werden und es muss darauf geachtet werden, dass alle Impulsänderungen mit einbezogen werden. Eine wichtige Anwendung sind Raketen, die sich selbst durch den Ausstoß von verbrannten Gasen vorwärtstreiben: die von den Gasen auf die Rakete ausgeübte Kraft beschleunigt die Rakete. Die Masse M der Rakete nimmt während dieses Prozesses ab, so dass $\mathrm{d}M/\mathrm{d}t < 0$. Eine andere Anwendung ist das Abwerfen von Material (Kies, verpackte Waren) auf ein Förderband. In dieser Situation nimmt die Masse M des beladenen Förderbandes zu, so dass $\mathrm{d}M/\mathrm{d}t > 0$.

Um den allgemeinen Fall eines Systems mit veränderlicher Masse zu untersuchen, betrachten wir das in ▶ Abbildung 9.33 dargestellte System. Zu einem Zeitpunkt t haben wir ein System mit der Masse M und dem Impuls $M\mathbf{v}$. Wir haben auch eine sehr kleine (unendlich kleine) Masse $\mathrm{d}M$, die sich mit der Geschwindigkeit $\mathbf{u}$ bewegt und die dabei ist, in unser System einzudringen. Einen unendlich kleinen Zeitraum $\mathrm{d}t$ später vereinigt sich die Masse $\mathrm{d}M$ mit dem System. Der Einfachheit halber werden wir dies als „Stoß" bezeichnen. Somit hat sich die Masse unseres Systems in der Zeit $\mathrm{d}t$ von M auf $M + \mathrm{d}M$ geändert. Beachten Sie, dass $\mathrm{d}M$ bei einer durch ausgestoßene Gase angetriebenen Rakete kleiner als null ist.

Um die Gleichung 9.6, $\mathrm{d}\mathbf{P}/\mathrm{d}t = \sum \mathbf{F}_{\mathrm{ext}}$, anwenden zu können, müssen wir ein bestimmtes, festes System von Massenpunkten betrachten. Das bedeutet, dass wir bei der Betrachtung der Impulsänderung $\mathrm{d}\mathbf{P}$ den Impuls derselben Massenpunkte zu Beginn und am Ende betrachten müssen. Wir werden in die Definition unseres *Gesamtsystems* M plus $\mathrm{d}M$ mit einbeziehen. Dann beträgt zu Beginn zum Zeitpunkt t der Gesamtimpuls $M\mathbf{v} + \mathbf{u}\,\mathrm{d}M$ (▶ Abbildung 9.33). Zum Zeitpunkt $t + \mathrm{d}t$, nachdem sich $\mathrm{d}M$ mit M vereinigt hat, ist die Geschwindigkeit des Ganzen $\mathbf{v} + \mathrm{d}\mathbf{v}$ und der Gesamtimpuls $(M + \mathrm{d}M)(\mathbf{v} + \mathrm{d}\mathbf{v})$. Somit beträgt die Impulsänderung $\mathrm{d}\mathbf{P}$

$$\begin{aligned}\mathrm{d}\mathbf{P} &= (M + \mathrm{d}M)(\mathbf{v} + \mathrm{d}\mathbf{v}) - (M\mathbf{v} + \mathbf{u}\,\mathrm{d}M)\\ &= M\,\mathrm{d}\mathbf{v} + \mathbf{v}\,\mathrm{d}M + \mathrm{d}M\,\mathrm{d}\mathbf{v} - \mathbf{u}\,\mathrm{d}M\,.\end{aligned}$$

Durch die Gleichung 9.6 ergibt sich dann

$$\sum \mathbf{F}_{\mathrm{ext}} = \frac{\mathrm{d}\mathbf{P}}{\mathrm{d}t} = \frac{M\,\mathrm{d}\mathbf{v} + \mathbf{v}\,\mathrm{d}M - \mathbf{u}\,\mathrm{d}M}{\mathrm{d}t}\,.$$

In dieser Gleichung haben wir den Term $\mathrm{d}M\,\mathrm{d}\mathbf{v}/\mathrm{d}t$ gestrichen, da er im unendlich kleinen Grenzwertebereich null ist ($\mathrm{d}\mathbf{v}/\mathrm{d}t$ geht möglicherweise nicht gegen null, aber $\mathrm{d}M$ ganz sicher.) Somit erhalten wir

$$\sum \mathbf{F}_{\mathrm{ext}} = M\frac{\mathrm{d}\mathbf{v}}{\mathrm{d}t} - (\mathbf{u} - \mathbf{v})\frac{\mathrm{d}M}{\mathrm{d}t}\,. \qquad (9.19a)$$

Beachten Sie, dass die Größe $(\mathbf{u} - \mathbf{v})$ die relative Geschwindigkeit $\mathbf{v}_{\mathrm{rel}}$ von $\mathrm{d}M$ in Bezug auf M ist. Das bedeutet, dass

$$\mathbf{v}_{\mathrm{rel}} = \mathbf{u} - \mathbf{v}$$

die Geschwindigkeit der eindringenden Masse $\mathrm{d}M$ ist, wie ein Beobachter auf M sie sieht. Somit können wir die Gleichung 9.19a umstellen:

$$M\frac{\mathrm{d}\mathbf{v}}{\mathrm{d}t} = \sum \mathbf{F}_{\mathrm{ext}} + \mathbf{v}_{\mathrm{rel}}\frac{\mathrm{d}M}{\mathrm{d}t}\,. \qquad (9.19b)$$

Auf eine Rakete ausgeübter Schub

Diese Gleichung können wir folgendermaßen interpretieren. $M\,\mathrm{d}\mathbf{v}/\mathrm{d}t$ ist die Masse, multipliziert mit der Beschleunigung von M. Der erste Term auf der rechten Seite,

$\sum \mathbf{F}_{ext}$, bezieht sich auf die auf die Masse M wirkende äußere Kraft (bei einer Rakete würde diese die Gravitationskraft und den Luftwiderstand beinhalten). Der Term beinhaltet *nicht* die Kraft, die dM infolge des Stoßes auf M ausübt. Hierfür steht der zweite Term auf der rechten Seite, $\mathbf{v}_{rel}(\mathrm{d}M/\mathrm{d}t)$, der das Verhältnis angibt, in dem der Impuls auf die (oder von der) Masse M auf Grund der hinzukommenden (oder abziehenden) Masse übertragen wird. Dieser Term kann folglich als die Kraft interpretiert werden, die auf die Masse M infolge des Hinzufügens (oder des Abstoßens) von Masse ausgeübt wird. Bei einer Rakete wird dieser Term *Schub* genannt, da er die von den ausgestoßenen Gasen auf die Rakete ausgeübte Kraft darstellt.

ANGEWANDTE PHYSIK
Bewegliches Förderband

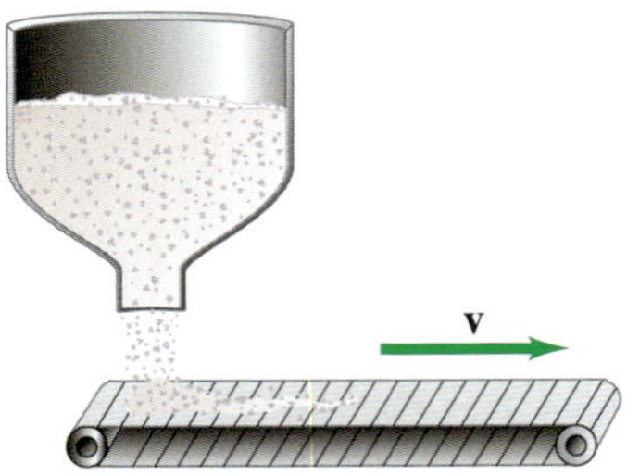

Abbildung 9.34 Kies wird durch einen Trichter auf ein Förderband geworfen.

Beispiel 9.17 Förderband

Sie planen ein Förderbandsystem für eine Kiesgrube. Durch einen Trichter fällt Kies mit einem Massestrom von 75,0 kg/s auf ein Förderband, das sich mit einer konstanten Geschwindigkeit $v = 2{,}20$ m/s bewegt (▸ Abbildung 9.34). (a) Bestimmen Sie die Kraft, die erforderlich ist, um das Förderband in Bewegung zu halten. (b) Wie groß muss die Leistung des Motors sein, der das Förderband antreibt?

Lösung

a Wir nehmen an, dass sich der Trichter in Ruhe befindet, so dass $u = 0$ ist, und dass der Trichter gerade mit dem Abwerfen von Kies begonnen hat, so dass $\mathrm{d}M/\mathrm{d}t = 75{,}0$ kg/s. Da sich das Band mit konstanter Geschwindigkeit bewegt ($\mathrm{d}v/\mathrm{d}t = 0$), liefert die Gleichung 9.19a:

$$\begin{aligned}\mathbf{F}_{ext} &= M\frac{\mathrm{d}v}{\mathrm{d}t} - (u - v)\frac{\mathrm{d}M}{\mathrm{d}t}\\ &= 0 - (0 - v)\frac{\mathrm{d}M}{\mathrm{d}t}\\ &= v\frac{\mathrm{d}M}{\mathrm{d}t} = (2{,}20\,\mathrm{m/s})(75{,}0\,\mathrm{kg/s}) = 165\,\mathrm{N}\,.\end{aligned}$$

b Laut Gleichung 8.22 verrichtet diese Kraft eine Leistung von

$$\frac{\mathrm{d}W}{\mathrm{d}t} = \mathbf{F}_{ext} \times \mathbf{v} = v^2\frac{\mathrm{d}M}{\mathrm{d}t} = 363\,\mathrm{W}\,.$$

Dies ist die erforderliche Motorleistung.

ANGEWANDTE PHYSIK
Raketenantrieb

Beispiel 9.18 Raketenantrieb

Eine voll betankte Rakete hat eine Masse von 21 000 kg, von denen 15 000 kg Treibstoff sind. Der verbrannte Treibstoff wird mit 190 kg/s mit einer Geschwindigkeit von 2800 m/s relativ zur Rakete nach hinten ausgestoßen. Berechnen Sie (a) den Schub der Rakete, (b) die bei der Zündung und direkt vor dem Brennschluss (wenn der gesamte Treibstoff verbraucht ist) auf die Rakete wirkende Nettokraft, (c) die Geschwindigkeit der Rakete in Abhängigkeit der Zeit und (d) ihre Endgeschwindigkeit beim Brennschluss. Gehen Sie davon aus, dass die Rakete vertikal nach oben abgefeuert wird (▸ Abbildung 9.35). Vernachlässigen Sie außerdem den Luftwiderstand und nehmen Sie an, dass die Fallbeschleunigung mit $g = 9{,}80\,\mathrm{m/s^2}$ konstant ist.

Lösung

a Der Schub (siehe Erörterung nach Gleichung 9.19b) beträgt

Schub

$$F_{\mathrm{Schub}} = v_{\mathrm{rel}} \frac{\mathrm{d}M}{\mathrm{d}t} = (-2800\,\mathrm{m/s})(-190\,\mathrm{kg/s}) = 5{,}3 \cdot 10^5\,\mathrm{N}\,.$$

Dabei haben wir aufwärts als positive Richtung angenommen. Somit ist v_{rel} negativ, da die Geschwindigkeit nach unten gerichtet ist, und $\mathrm{d}M/\mathrm{d}t$ ist negativ, weil die Masse der Rakete abnimmt.

b Anfangs ist $F_{\mathrm{ext}} = Mg = (2{,}1 \cdot 10^4\,\mathrm{kg})(9{,}80\,\mathrm{m/s^2}) = 2{,}1 \cdot 10^5\,\mathrm{N}$ und beim Brennschluss $(6{,}0 \cdot 10^3\,\mathrm{kg})(9{,}80\,\mathrm{m/s^2}) = 5{,}9 \cdot 10^4\,\mathrm{N}$. Folglich beträgt die bei der Zündung auf die Rakete wirkende Nettokraft

$$F_{\mathrm{net}} = 5{,}3 \cdot 10^5\,\mathrm{N} - 2{,}1 \cdot 10^5\,\mathrm{N} = 3{,}2 \cdot 10^5\,\mathrm{N}\,, \quad \text{(Zündung)}$$

und direkt vor dem Brennschluss

$$F_{\mathrm{net}} = 5{,}3 \cdot 10^5\,\mathrm{N} - 5{,}9 \cdot 10^4\,\mathrm{N} = 4{,}7 \cdot 10^5\,\mathrm{N}\,. \quad \text{(Brennschluss)}$$

Nach dem Brennschluss ist die Nettokraft natürlich die der Gravitation, $-5{,}9 \cdot 10^4$ N.

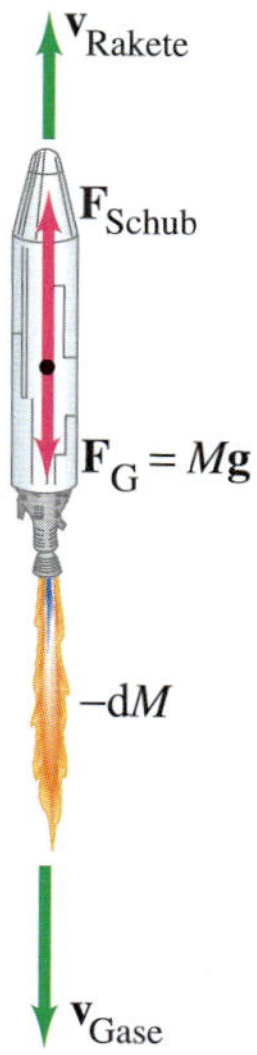

Abbildung 9.35 Beispiel 9.18 $\mathbf{v}_{\mathrm{rel}} = \mathbf{v}_{\mathrm{Gase}} - \mathbf{v}_{\mathrm{Rakete}}$. M ist die Masse der Rakete zu jedem Zeitpunkt und nimmt bis zum Brennschluss ab.

c Die Gleichung 9.19b liefert

$$\mathrm{d}v = \frac{F_{\mathrm{ext}}}{M}\,\mathrm{d}t + v_{\mathrm{rel}} \frac{\mathrm{d}M}{M}\,.$$

Dabei ist $F_{\mathrm{ext}} = -Mg$ und M ist die Masse der Rakete und abhängig von der Zeit. Da v_{rel} konstant ist, können wir dies leicht integrieren:

$$\int_{v_0}^{v} \mathrm{d}v = -\int_0^t g\,\mathrm{d}t + v_{\mathrm{rel}} \int_{M_0}^{M} \frac{\mathrm{d}M}{M}$$

oder

v in Abhängigkeit von t

$$v(t) = v_0 - gt + v_{\mathrm{rel}} \ln \frac{M}{M_0}\,.$$

Hierbei ist $v(t)$die Geschwindigkeit der Rakete und M ihre Masse zu einem beliebigen Zeitpunkt t. Beachten Sie, dass v_{rel} negativ ist (in unserem Fall -2800 m/s), weil sie der Bewegung entgegengerichtet ist, und dass $\ln(M/M_0)$ auch negativ ist, weil $M_0 > M$. Daher ist der letzte Term – der den Schub darstellt – positiv und bewirkt die Zunahme der Geschwindigkeit.

d Die für das Erreichen des Brennschlusses erforderliche Zeit ist die Zeit, die benötigt wird, um den gesamten Treibstoff (15 000 kg) bei einer Menge von 190 kg/s zu verbrauchen. Somit gilt bei Brennschluss:

$$t = \frac{1{,}50 \cdot 10^4\,\mathrm{kg}}{190\,\mathrm{kg/s}} = 79{,}0\,\mathrm{s}\,.$$

Wenn wir $v_0 = 0$ nehmen und dann das Ergebnis aus Teil (c) anwenden, erhalten wir:

v beim Brennschluss

$$v = -(9{,}80\,\mathrm{m/s^2})(79\,\mathrm{s}) + (-2800\,\mathrm{m/s})\left(\ln \frac{6000\,\mathrm{kg}}{21\,000\,\mathrm{kg}}\right) = 2730\,\mathrm{m/s}\,.$$

ZUSAMMENFASSUNG

Der **Impuls p** eines Körpers ist definiert als das Produkt aus seiner Masse und seiner Geschwindigkeit:

$$\mathbf{p} = m\mathbf{v}\,.$$

In Abhängigkeit vom Impuls kann das **zweite Newton'sche Axiom** geschrieben werden als

$$\sum \mathbf{F} = \frac{\mathrm{d}\mathbf{p}}{\mathrm{d}t}\,.$$

Das bedeutet, dass die Impulsänderung eines Körpers gleich der auf ihn wirkenden Nettokraft ist.

Wenn die auf ein System von Körpern wirkende äußere Nettokraft null ist, bleibt der Gesamtimpuls konstant. Dies ist der **Impulserhaltungssatz**. Mit anderen Worten, der Gesamtimpuls eines Systems von Körpern bleibt konstant, wenn auf diese keine äußeren Kräfte wirken.

Der Impulserhaltungssatz ist sehr nützlich bei der Behandlung von **Stößen**. Bei einem Stoß wechselwirken zwei (oder mehr) Körper über einen sehr kurzen Zeitraum miteinander und die zwischen ihnen während dieser Zeit wirkende Kraft ist sehr groß im Vergleich zu allen anderen wirkenden Kräften.

Die Impulsänderung eines Körpers beträgt, wenn **F** die auf den Körper wirkende Nettokraft ist:

$$\Delta\mathbf{p} = \mathbf{p}_\mathrm{e} - \mathbf{p}_\mathrm{a} = \int_{t_\mathrm{a}}^{t_\mathrm{e}} \mathbf{F}\,\mathrm{d}t = \mathbf{F}\Delta t\,.$$

Der Gesamtimpuls bleibt bei jedem Stoß erhalten:

$$\mathbf{p}_1 + \mathbf{p}_2 = \mathbf{p}_1' + \mathbf{p}_2'\,.$$

Auch die Gesamtenergie bleibt beim Stoß erhalten, aber die Energieerhaltung ist nur dann für die Berechnung der Geschwindigkeiten nach einem Stoß einfach verwertbar, wenn beim Stoß nur kinetische Energie von Körpern auf andere Körper übergeht. In diesem Fall bleibt die kinetische Energie erhalten und wir sprechen von einem **elastischen Stoß**:

$$\frac{1}{2}mv_1^2 + \frac{1}{2}mv_2^2 = \frac{1}{2}m_1 v_1'^2 + \frac{1}{2}m_2 v_2'^2\,.$$

Bleibt die kinetische Energie nicht erhalten, wird der Stoß als **inelastisch** bezeichnet. Wenn zwei kollidierende Körper infolge des Stoßes aneinander haften bleiben, nennt man den Stoß **vollständig inelastisch**.

Für ein System von Massepunkten oder für einen ausgedehnten Körper, dessen Masse kontinuierlich verteilt ist, ist der **Massenmittelpunkt** definiert als

$$x_\mathrm{S} = \frac{\sum m_i x_i}{M}\,, \quad y_\mathrm{S} = \frac{\sum m_i y_i}{M}\,, \quad z_\mathrm{S} = \frac{\Sigma m_i z_i}{M}$$

oder

$$x_\mathrm{S} = \frac{1}{M}\int x\,\mathrm{d}m\,, \quad y_\mathrm{S} = \frac{1}{M}\int y\,\mathrm{d}m\,, \quad z_\mathrm{S} = \frac{1}{M}\int z\,\mathrm{d}m\,.$$

Dabei ist M die Gesamtmasse des Systems.

Der Massenmittelpunkt eines Systems ist deshalb wichtig, weil dieser Punkt sich wie ein einzelner Massenpunkt mit der Masse M bewegt, auf den dieselbe äußere Nettokraft, $\sum \mathbf{F}_\mathrm{ext}$, wirkt. Als Gleichung ausgedrückt ist dies genau das zweite Newton'sche Axiom für ein System von Massenpunkten (oder ausgedehnten Körpern):

$$M\mathbf{a}_\mathrm{S} = \sum \mathbf{F}_\mathrm{ext}\,.$$

Dabei ist M die Gesamtmasse des Systems, $\mathbf{a}_\mathrm{S}$ die Beschleunigung des Massenmittelpunktes des Systems und $\sum \mathbf{F}_\mathrm{ext}$ die gesamte äußere (Netto-)Kraft, die auf alle Teile des Systems wirkt.

Für ein System von Massenpunkten mit dem Gesamtimpuls $\mathbf{P} = \sum m_i \mathbf{v}_i = M\mathbf{v}_\mathrm{S}$ lautet das zweite Newton'sche Axiom

$$\frac{\mathrm{d}\mathbf{P}}{\mathrm{d}t} = \sum \mathbf{F}_\mathrm{ext}\,.$$

ZUSAMMENFASSUNG

Verständnisfragen

1 Wir behaupten, dass der Impuls eine Erhaltungsgröße ist. Dennoch werden die meisten in Bewegung befindlichen Körper schließlich langsamer und kommen zum Stehen. Erklären Sie, warum.

2 Zwei Blöcke mit den Massen m_1 und m_2 ruhen auf einem reibungsfreien Tisch und sind durch eine Feder verbunden. Die Blöcke werden auseinandergezogen, dehnen dabei die Feder und werden dann losgelassen. Beschreiben Sie die nachfolgende Bewegung der beiden Blöcke.

3 Ein leichter und ein schwerer Körper haben die gleiche kinetische Energie. Welcher der Körper hat den größeren Impuls?

4 Was passiert mit dem Impuls einer Person, die von einem Baum auf den Boden springt, bei der Landung?

5 Erklären Sie auf der Grundlage der Impulserhaltung, wie ein Fisch sich selbst antreibt, indem er seinen Schwanz vor- und zurückschwingt.

6 Warum fliegt ein aufgeblasener, nicht befestigter Luftballon durch das Zimmer, wenn er losgelassen wird.

7 Es wird erzählt, dass in alten Zeiten ein reicher Mann mit einer Tasche Goldmünzen auf der Oberfläche eines zugefrorenen Sees strandete und erfror. Da das Eis reibungsfrei war, konnte er sich selbst nicht an Land schieben. Was hätte er tun können, um sich selbst zu retten, wenn er nicht so geizig gewesen wäre?

8 Würde ein frei fallender Ball bei einem vollständig elastischen Stoß mit dem Boden in seine Ausgangshöhe zurückprallen? Erklären Sie.

9 (a) Ein leerer Schlitten gleitet auf reibungsfreiem Eis, als Susanne senkrecht von einem Baum auf den Schlitten fällt. Wird der Schlitten schneller, langsamer oder behält er seine Geschwindigkeit bei, wenn sie auf ihm aufkommt? (b) Später fällt Susanne vom Schlitten. Wird der Schlitten schneller, langsamer oder behält er seine Geschwindigkeit bei?

10 Warum nimmt ein Fußballspieler beim Einwurf von der Seitenauslinie Anlauf, um den Ball möglichst weit in das Spielfeld hinein zu werfen?

11 Die Geschwindigkeit eines Tennisballs kann beim Return nach einem Aufschlag genauso groß sein wie beim Aufschlag, obwohl der Spieler nicht sehr schnell mit dem Schläger ausholt. Wie kann das sein?

12 Ist es möglich, dass ein Körper von einer kleinen Kraft einen größeren Kraftstoß erhält als von einer großen Kraft?

13 Wie kann eine Kraft einen Kraftstoß gleich null über ein Zeitintervall ungleich null geben, obwohl die Kraft zumindest während eines Teils dieses Zeitintervalls ungleich null ist?

14 Was, glauben Sie, ist bei einem Zusammenstoß zweier Autos für die Insassen nachteiliger: wenn die Autos zusammenstoßen und zusammen bleiben oder wenn die beiden Autos zusammenstoßen und nach hinten zurückprallen? Erklären Sie.

15 Ein Superball wird aus einer Höhe h auf eine (am Erdboden befestigte) harte Stahlplatte fallen gelassen, von der er mit nahezu seiner Ausgangsgeschwindigkeit zurückprallt. (a) Bleibt der Impuls des Balls während jedes Teils dieses Prozesses erhalten? (b) Während welcher Teile des Prozesses bleibt der Impuls erhalten, wenn wir den Ball und die Erde als unser System betrachten? (c) Beantworten Sie (b) für ein Stück Dichtungsmasse, das auf die Stahlplatte fällt und dort kleben bleibt.

16 Es galt allgemein als klug, Autos so starr wie möglich zu bauen, damit sie Stößen widerstehen konnten. Heute entwirft man Autos mit „Knautschzonen", die bei einem Aufprall nachgeben. Welchen Vorteil hat das?

17 Eine Rakete, die einer parabelförmigen Flugbahn folgt, explodiert plötzlich in viele Teile. Was können Sie über die Bewegung dieses Systems von Teilen sagen?

18 Warum befindet sich der Massenmittelpunkt eines 1 m langen Rohres im Mittelpunkt des Rohres, während dies für Ihren Arm oder Ihr Bein nicht zutrifft?

19 Zeigen Sie anhand einer Zeichnung, wie sich Ihr Massenmittelpunkt verschiebt, wenn Sie sich aus einer liegenden in eine sitzende Position begeben.

20 Beschreiben Sie einen analytischen Weg zur Bestimmung des Massenmittelpunktes jeder dünnen, dreieckigen, homogenen Platte.

21 Stellen Sie sich mit dem Gesicht zur Türzarge einer offenen Tür. Positionieren Sie Ihre Füße rechts und links von der Türschwelle, so dass Ihre Nase und Ihr Unterleib die Zarge der Tür berühren. Versuchen Sie, sich auf die Zehenspitzen zu stellen. Warum gelingt das nicht?

22 Wie kann die innere Kraft des Motors ein Auto beschleunigen, wenn nur eine äußere Kraft den Impuls des Massenmittelpunktes eines Körpers ändern kann?

23 Wie kann eine Rakete ihre Richtung ändern, wenn sie sich weit draußen im Weltraum und praktisch in einem Vakuum befindet?

24 Beobachtungen von radioaktivem β-Zerfall haben gezeigt, dass sich das Elektron und der Rückstoßkern häufig nicht entlang einer Linie voneinander fort bewegen. Verwenden Sie die Impulserhaltung in zwei Raumrichtungen für Ihre Erklärung, warum dies den Ausstoß von mindestens einem weiteren Massenpunkt bei dem Zerfall vermuten lässt.

25 Bastian und Jan beschließen, auf einem reibungsfreien See ein Tauziehen zu veranstalten. Jan ist wesentlich stärker als Bastian, aber Bastian wiegt 73 kg, Jan dagegen nur 66 kg. Wer überquert die Mittellinie als erster und verliert damit?

26 Auf einem Volksfest versuchen Sie, einen schweren Zylinder umzustoßen, indem Sie einen kleinen Ball auf ihn werfen. Sie haben die Wahl zwischen einem Ball, der an dem Zylinder kleben bleibt, und einem zweiten Ball mit identischer Masse und Geschwindigkeit, der von dem Zylinder zurückprallt. Mit welchem Ball ist die Wahrscheinlichkeit größer, den Zylinder zu bewegen?

Aufgaben zu 9.1

1 (I) Berechnen Sie die auf eine Rakete beim Start ausgeübte Kraft. Die Antriebsgase werden mit einer Geschwindigkeit von 50 000 m/s und einem Massestrom von 1200 kg/s ausgestoßen.

2 (I) Der Impuls eines Massenpunktes ist in SI-Einheiten gegeben durch $\mathbf{p} = 4{,}8t^2\mathbf{i} - 8{,}0\mathbf{j} - 8{,}9t\mathbf{k}$. Wie groß ist die Kraft in Abhängigkeit der Zeit?

3 (II) (a) Wie groß ist der Impuls eines Spatzes mit einer Masse von 30 g bei einer Geschwindigkeit von 12 m/s? (b) Wie groß ist sein Impuls 12 s später, wenn eine auf den Luftwiderstand zurückzuführende konstante Kraft von $2{,}0 \cdot 10^{-2}$ N auf ihn wirkt?

4 (II) Ein Baseball mit einer Masse von 145 g, der sich mit einer Geschwindigkeit von 30,0 m/s entlang der x-Achse bewegt, trifft in einem Winkel von 45° auf einen Zaun und prallt mit unveränderter Geschwindigkeit entlang der y-Achse zurück. Geben Sie seine Impulsänderung in Vektorschreibweise an.

5 (II) Die auf einen Massenpunkt mit der Masse m wirkende Kraft ist gegeben durch $\mathbf{F} = 26\mathbf{i} - 12t^2\mathbf{j}$. Dabei ist F in N und t in s angegeben. Wie groß ist die Impulsänderung des Massenpunktes zwischen $t = 1{,}0$ s und $t = 2{,}0$ s?

6 (II) Eine Rakete mit einer Masse von 4200 kg bewegt sich im Weltraum mit einer Geschwindigkeit von 120 m/s auf die Sonne zu. Sie muss ihren Kurs um 23,0° ändern. Das kann durch kurzes Abschießen ihrer Raketen in eine Richtung senkrecht zu ihrer ursprünglichen Bewegung erfolgen. Wie groß muss die Masse an auszustoßenden Gasen sein, wenn die Raketengase mit einer Geschwindigkeit von 2200 m/s relativ zur Rakete ausgestoßen werden?

7 (II) Ein Ball mit der Masse m fällt frei aus der Ruhelage einen Weg h. Er trifft auf dem Boden auf und prallt in seine Ausgangshöhe zurück. (a) Wie viel Zeit ist für die Bewegung insgesamt erforderlich? (Vernachlässigen Sie die Zeit des Kontaktes mit dem Boden.) (b) Wie groß ist die Geschwindigkeit des Balls beim Auftreffen auf dem Boden? (c) Wie groß ist die Impulsänderung des Balls beim Auftreffen auf dem Boden? (d) Berechnen Sie die durchschnittliche Kraft, die der Ball auf den Boden ausübt, als Durchschnittswert über das Zeitintervall aus (a). Ist dieses Ergebnis überraschend?

8 (III) Luft in 100 km/h schnellem Wind trifft zentral auf die Stirnseite eines Gebäudes, das 40 m breit und 60 m hoch ist, und kommt zum Stillstand. Bestimmen Sie die auf das Gebäude ausgeübte durchschnittliche Kraft des Windes, wenn die Luft eine Masse von 1,3 kg pro Kubikmeter hat.

Aufgaben zu 9.2

9 (I) Ein Güterwagen mit einer Masse von 9700 kg, der sich mit 18 m/s bewegt, fährt auf einen zweiten Wagen auf. Die beiden Wagen bleiben aneinander haften und bewegen sich mit einer Geschwindigkeit von 4,0 m/s weiter. Wie groß ist die Masse des zweiten Wagens?

10 (I) Ein Angriffsspieler beim Baseball mit einer Masse von 130 kg, der sich mit 2,5 m/s bewegt, trifft zentral auf einen Läufer mit einer Masse von 90 kg, der sich mit 5,0 m/s bewegt (und greift ihn an). Wie groß ist ihre gemeinsame Geschwindigkeit direkt nach dem Stoß?

11 (I) Ein Atomkern in Ruhe zerfällt radioaktiv in ein Alphateilchen und einen kleineren Kern. Wie groß ist die Geschwindigkeit dieses rückstoßenden Kerns, wenn die Geschwindigkeit des Alphateilchens $2{,}5 \cdot 10^5$ m/s beträgt? Nehmen Sie an, dass die Masse des Kerns 57mal größer als die des Alphateilchens ist.

12 (I) Ein Eisenbahnwaggon mit einer Masse von 10 500 kg fährt allein auf einer ebenen, reibungsfreien Spur mit einer konstanten Geschwindigkeit von 15,0 m/s. Von einem Turm aus wird eine zusätzliche Last von 6350 kg auf den Waggon fallen gelassen. Wie groß ist dann seine Geschwindigkeit?

13 (II) Ein Kind in einem Boot wirft ein Paket mit einer Masse von 5,40 kg horizontal mit einer Geschwindig-

Abbildung 9.36 Aufgabe 13.

keit von 10,0 m/s aus dem Boot, ► Abbildung 9.36. Berechnen Sie die Geschwindigkeit des Bootes direkt danach. Nehmen Sie dabei an, dass sich das Boot anfangs im Stillstand befand. Das Kind hat eine Masse von 26,0 kg und die Masse des Bootes beträgt 55,0 kg.

14 (II) Eine Kugel mit einer Masse von 12 g, die mit 190 m/s fliegt, dringt in einen Holzklotz mit einer Masse von 2,0 kg ein und kommt mit einer Geschwindigkeit von 150 m/s wieder heraus. Wie schnell bewegt sich der Holzklotz nach dem Austritt der Kugel, wenn sich der Klotz beim Aufprall fest auf einer reibungsfreien Fläche befindet?

15 (II) Auf Grund einer Explosion zerbricht ein ursprünglich ruhender Körper in zwei Teile. Ein Teil nimmt doppelt so viel kinetische Energie an wie das andere. Welches Verhältnis haben die Massen zueinander? Welche ist größer?

16 (II) Ein Ball, der sich mit einer Geschwindigkeit von 17 m/s bewegt, trifft auf einen gleich schweren Ball, der anfangs ruht. Nach dem Stoß weicht der ankommende Ball um 45° von seiner ursprünglichen Richtung ab. Der getroffene Ball bewegt sich um einen Winkel von 30° von der ursprünglichen Richtung ab (► Abbildung 9.37). Wie groß sind die Geschwindigkeiten der beiden Bälle nach dem Stoß?

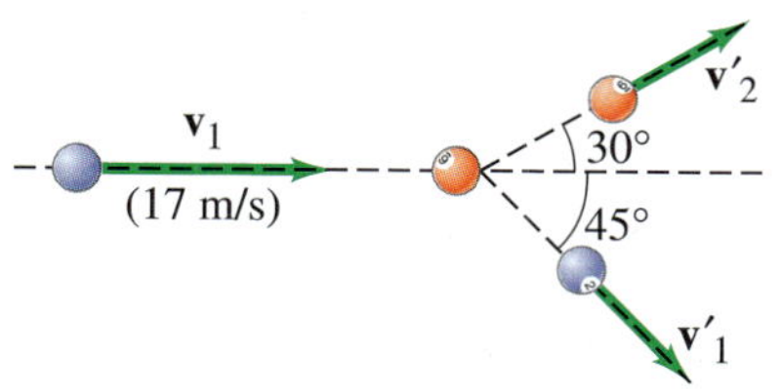

Abbildung 9.37 Aufgabe 16.

17 (II) Eine Rakete mit der Masse m, die mit der Geschwindigkeit v_0 entlang der x-Achse fliegt, schießt plötzlich ein Drittel ihrer Masse parallel zur y-Achse mit der Geschwindigkeit $2v_0$ (so sieht es ein Beobachter in der Ruhelage). Drücken Sie die Geschwindigkeit des restlichen Körpers in Vektorschreibweise aus.

18 (II) Der Zerfall eines Neutrons in ein Proton, ein Elektron und ein Neutrino ist ein Beispiel für einen Zerfallsprozess mit drei Elementarteilchen. Nutzen Sie die vektorielle Natur des Impulses und zeigen Sie, dass, wenn sich das Neutron anfangs in Ruhe befindet, die Geschwindigkeitsvektoren der drei Teilchen koplanar (d. h. in derselben Ebene liegend) sein müssen. Das Ergebnis ist für Zahlen größer als drei nicht wahr.

19 (II) Ein radioaktiver Kern in Ruhe zerfällt in einen zweiten Kern, ein Elektron und ein Neutrino. Das Elektron und das Neutrino werden in rechten Winkeln freigesetzt und haben Impulse von $8{,}6 \cdot 10^{-23}$ kg · m/s bzw. $6{,}2 \cdot 10^{-23}$ kg · m/s. Wie groß sind der Betrag und die Richtung des Impulses des rückstoßenden Kerns?

20 (II) Eine zweistufige Rakete mit einer Masse von 900 kg bewegt sich mit einer Geschwindigkeit von $6{,}50 \cdot 10^3$ m/s von der Erde weg, als eine geplante Explosion die Rakete in zwei Teile mit gleicher Masse teilt, die sich dann mit einer relativen Geschwindigkeit (relativ zueinander) von $2{,}80 \cdot 10^3$ m/s entlang der ursprünglichen Bewegungslinie bewegen. (a) Wie groß ist die Geschwindigkeit jedes Teils und seine Richtung (relativ zur Erde) nach der Explosion? (b) Wie viel Energie hat die Explosion geliefert? (*Hinweis*: Wie groß ist die Änderung in der kinetischen Energie infolge der Explosion?)

21 (III) Ein Geschoss mit einer Masse von 200 kg, das mit einer Geschwindigkeit von 100 m/s in einem Winkel von 60° abgefeuert wird, bricht im höchsten Punkt seiner Flugbahn in drei Teile mit gleicher Masse. Betragsmäßig ist die Geschwindigkeit zweier Teile gleich der, die das Geschoss direkt vor der Explosion hatte. Eines dieser Teile bewegt sich vertikal nach unten, das andere horizontal. Bestimmen Sie (a) die Geschwindigkeit des dritten Teils direkt nach der Explosion und (b) die in der Explosion freigesetzte Energie.

Aufgaben zu 9.3

22 (I) Ein Baseball mit einer Masse von 0,145 kg, der mit 35,0 m/s geworfen wird, wird mit 56,0 m/s auf einer horizontalen Linie direkt zum Werfer zurückgeschlagen. Berechnen Sie die Kraft (als konstant angenommen) zwischen dem Ball und dem Schlagholz, wenn die Kontaktzeit zwischen beiden $5{,}00 \cdot 10^{-3}$ s beträgt.

23 (I) Ein Tennisball kann den Schläger eines Top-Spielers beim Aufschlag mit einer Geschwindigkeit von 65,0 m/s verlassen. Wie groß ist die auf den Ball wirkende durchschnittliche Kraft, wenn die Masse des Balls 0,0600 kg beträgt und sie mit dem Schläger 0,0300 s lang in Kontakt ist? Wäre diese Kraft groß genug, um eine Person mit einer Masse von 60 kg hochzuheben?

24 (II) Ein Tennisball mit der Masse $m = 0{,}060$ kg und der Geschwindigkeit $v = 28$ m/s trifft in einem Winkel von

45° auf eine Wand und prallt mit derselben Geschwindigkeit in einem Winkel von 45° zurück (► Abbildung 9.38). Wie groß ist der von der Wand ausgeübte Kraftstoß?

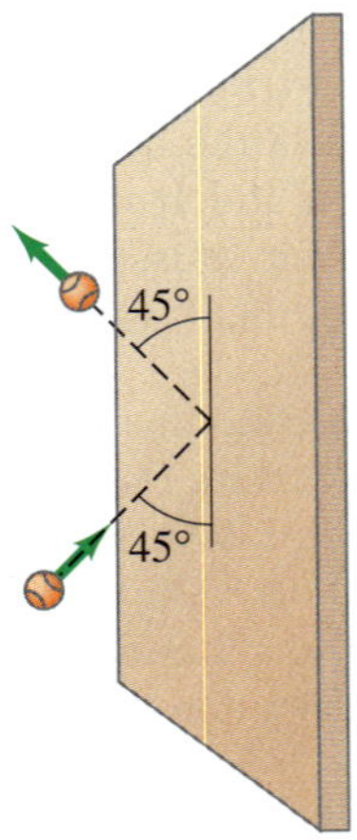

Abbildung 9.38 Aufgabe 24.

25 (II) Wasser trifft so auf die Turbinenschaufeln eines Generators, dass seine Abprallgeschwindigkeit 0,75 des ursprünglichen Betrages beträgt und die Richtung entgegengesetzt ist. Wie groß ist die auf die Schaufeln wirkende durchschnittliche Kraft, wenn die Durchflussmenge 60 kg/s und die ursprüngliche Geschwindigkeit des Wassers 10 m/s betragen?

26 (II) Ein Astronaut mit einer Masse von 140 kg (einschließlich Raumanzug) erreicht eine Geschwindigkeit von 2,50 m/s, als er sich mit den Füßen von einer Raumkapsel mit einer Masse von 1800 kg abstößt. (a) Wie groß ist die Änderung in der Geschwindigkeit der Raumkapsel? (b) Wie groß ist die durchschnittliche Kraft, die der Astronaut und die Kapsel aufeinander ausüben, wenn die Abstoßbewegung 0,500 s dauert? Nehmen Sie als Bezugssystem den Ort der Kapsel vor dem Abstoßen. (c) Wie groß ist die kinetische Energie jedes Körpers nach der Abstoßbewegung?

27 (II) (a) Ein Molekül mit der Masse m und der Geschwindigkeit v trifft im rechten Winkel auf eine Wand und prallt mit derselben Geschwindigkeit zurück. Wie groß ist die während des Stoßes auf die Wand wirkende durchschnittliche Kraft bei einer Stoßzeit von Δt? (b) Wie groß ist die auf die Wand wirkende durchschnittliche Kraft, ermittelt über einen langen Zeitraum, wenn Moleküle in Zeitabständen $\Delta t'$ auf die Wand treffen?

28 (II) Nehmen Sie an, die auf einen Tennisball (Masse 0,060 kg) in Abhängigkeit der Zeit wirkende Kraft ist durch die Kurve in ► Abbildung 9.39 gegeben. Nutzen Sie die Kurve zur Abschätzung (a) des von dem Ball verliehenen Gesamtkraftstoßes und (b) der Geschwindigkeit des Balls nach dem Schlag. Gehen Sie dabei davon aus, dass der Ball so aufgeschlagen wird, dass er sich anfangs nahezu in Ruhe befindet.

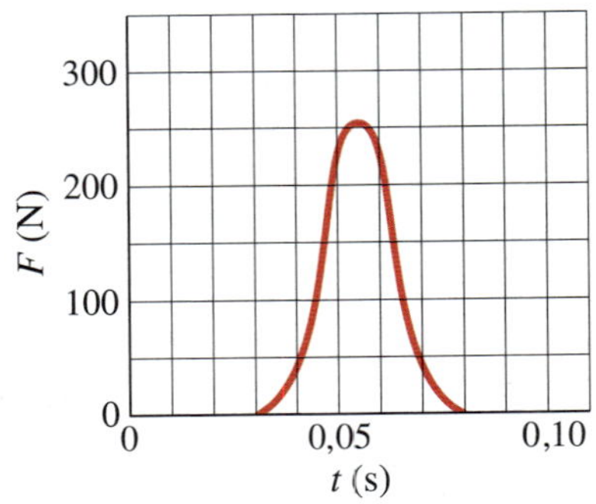

Abbildung 9.39 Aufgabe 28.

29 (II) Die auf eine Kugel wirkende Kraft ist gegeben durch die Formel $F = (780 - 2{,}6 \cdot 10^5 t)$N über dem Zeitintervall zwischen $t = 0$ und $t = 3{,}0 \cdot 10^{-5}$ s. In dieser Formel ist t in Sekunden und F in Newton angegeben. (a) Zeichnen Sie eine Kraft-Zeit-Kurve für $t = 0$ bis $t = 3{,}0 \cdot 10^{-3}$ s. (b) Schätzen Sie anhand der Kurven den der Kugel verliehenen Kraftstoß ab. (c) Bestimmen Sie den Kraftstoß durch Integration. (d) Wie groß muss die Masse der Kugel sein, wenn die Kugel als Folge dieses Kraftstoßes, der ihr im Lauf einer Waffe verliehen wird, eine Geschwindigkeit von 300 m/s erreicht?

30 (III) Aus welcher maximalen Höhe kann eine Person mit einer Masse von 75 kg springen, ohne sich den unteren Knochen eines der beiden Beine zu brechen? Vernachlässigen Sie den Luftwiderstand und nehmen Sie an, dass der Körper der Person von der stehenden Position bis zur sitzenden Position (d. h. bei der Unterbrechung des freien Falls) einen Weg von 0,60 m zurücklegt. Nehmen Sie an, dass die Bruchfestigkeit (Kraft pro Flächeneinheit) des Knochens $170 \cdot 10^6$ N/m^2 und seine kleinste Querschnittsfläche $2{,}5 \cdot 10^{-4}$ m^2 beträgt.

31 (III) Eine Waage wird so justiert, dass sie null anzeigt, wenn eine große, flache Waagschale auf sie gesetzt wird. Ein Wasserhahn, der sich in einer Höhe $h = 2{,}5$ m über ihr befindet, wird aufgedreht und Wasser fällt in die Schale mit einem Massestrom von $R = 0{,}12$ kg/s. Bestimmen Sie (a) eine Formel für die Anzeige der Waage in Abhängigkeit der Zeit t und (b) den Anzeigewert bei $t = 15$ s. (c) Wiederholen Sie (a) und (b), aber ersetzen Sie die flache Schale durch einen großen, schmalen zylindrischen Behälter mit der Fläche $A = 20$ cm^2 (der Wasserpegel steigt in diesem Fall).

Aufgaben zu 9.4 und 9.5

32 (II) Ein Ball mit einer Masse von 0,540 kg, der sich mit einer Geschwindigkeit von 3,90 m/s nach Osten (positive x-Richtung) bewegt, stößt zentral mit einem ruhenden Ball mit einer Masse von 0,320 kg zusammen. Wie groß ist die Geschwindigkeit jedes der Bälle und welche Richtung hat jeder Ball nach dem Stoß, wenn es sich um einen vollständig elastischen Stoß handelt?

33 (II) Ein Eishockey-Puck mit einer Masse von 0,450 kg, der sich mit einer Geschwindigkeit von 4,20 m/s nach Osten bewegt, stößt zentral mit einem Puck mit einer Masse von 0,900 kg zusammen, der sich anfangs in der Ruhelage befindet. Wie groß ist die Geschwindigkeit jedes Körpers und welche Richtung hat jeder Körper nach dem Stoß, wenn Sie einen vollständig elastischen Stoß annehmen?

34 (II) Ein Tennisball mit einer Masse von 0,060 kg, der sich mit einer Geschwindigkeit von 7,50 m/s bewegt, stößt zentral mit einem Ball mit einer Masse von 0,090 kg zusammen, der sich anfangs mit einer Geschwindigkeit von 3,00 m/s von ihm weg bewegt. Wie groß ist die Geschwindigkeit jedes Balls und welche Richtung hat jeder Ball nach dem Stoß unter der Annahme, dass es sich um einen vollständig elastischen Stoß handelt?

35 (II) Ein Softball mit einer Masse von 0,220 kg, der sich mit einer Geschwindigkeit von 6,5 m/s bewegt, stößt zentral und elastisch mit einem anderen, anfangs ruhenden Ball zusammen. Danach wird ermittelt, dass der ankommende Ball mit einer Geschwindigkeit von 3,8 m/s zurückgeprallt ist. Berechnen Sie (a) die Geschwindigkeit des Zielballs nach dem Stoß und (b) die Masse des Zielballs.

36 (II) Ein Ball mit einer Masse von 0,280 kg stößt zentral und elastisch mit einem zweiten Ball zusammen, der sich anfangs in der Ruhelage befindet. Der zweite Ball bewegt sich mit der Hälfte der ursprünglichen Geschwindigkeit des ersten Balls weg. (a) Wie groß ist die Masse des zweiten Balls? (b) Wie groß ist der Anteil der ursprünglichen kinetischen Energie, der auf den zweiten Ball übertragen wird?

37 (II) Ein Atomkern, der sich anfangs mit einer Geschwindigkeit von 500 m/s bewegt, setzt ein Alphateilchen in Richtung seiner Geschwindigkeit frei und der neue Kern verlangsamt sich auf 450 m/s. Wie groß ist die Geschwindigkeit des Alphateilchens bei der Freisetzung, wenn es eine Masse von 4,0 u und der ursprüngliche Kern eine Masse von 222 u hat?

38 (II) Ein Ball mit der Masse m stößt zentral und elastisch mit einem zweiten Ball (in Ruhe) zusammen und prallt mit einer Geschwindigkeit zurück, die einem Viertel seiner ursprünglichen Geschwindigkeit entspricht. Wie groß ist die Masse des zweiten Balls?

39 (II) Bestimmen Sie den Anteil an kinetischer Energie, den ein Neutron ($m_1 = 1{,}01$ u) verliert, wenn es zentral und elastisch mit (a) $^1_1$H($m = 1{,}01$ u), (b) $^2_1$H (schwerer Wasserstoff, $m = 2{,}01$ u), (c) $^{12}_6$C ($m = 12{,}00$ u), (d) $^{208}_{82}$Pb (Blei, $m = 208$ u) zusammenstößt.

40 (II) Zeigen Sie, dass generell bei elastischen zentralen Stößen in einer Raumrichtung die Geschwindigkeiten nach dem Stoß

$$v_2' = v_1\left(\frac{2m_1}{m_1+m_2}\right) + v_2\left(\frac{m_2-m_1}{m_1+m_2}\right)$$

und

$$v_1' = v_1\left(\frac{m_1-m_2}{m_1+m_2}\right) + v_2\left(\frac{2m_2}{m_1+m_2}\right)$$

sind. Dabei sind v_1 und v_2 die Anfangsgeschwindigkeiten der beiden Körper mit der Masse m_1 bzw. m_2.

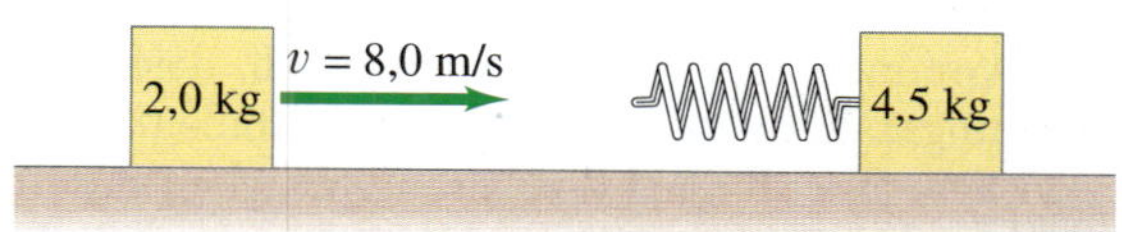

Abbildung 9.40 Aufgabe 41.

41 (III) Ein Block mit einer Masse von 2,0 kg gleitet mit einer Geschwindigkeit von 8,0 m/s über eine reibungsfreie Tischplatte auf einen zweiten Block (in Ruhe) mit einer Masse von 4,5 kg zu. Eine Schraubenfeder, die sich nach dem Hooke'schen Gesetz verhält und eine Federkonstante $k = 850$ N/m hat, ist so an dem zweiten Block angebracht, dass sie zusammengedrückt wird, wenn der in Bewegung befindliche Block auf sie trifft, ▸ Abbildung 9.40. (a) Um wie viel wird die Feder maximal zusammengedrückt? (b) Wie groß sind die Endgeschwindigkeiten der Blöcke nach dem Stoß? (c) Ist der Stoß elastisch?

Aufgaben zu 9.6

42 (II) Eine Gewehrkugel mit einer Masse von 18 g, die mit 180 m/s fliegt, dringt in ein Pendel mit einer Masse von 3,6 kg ein, das an einem 2,8 m langen Faden hängt. Dadurch schwingt das Pendel in einem Bogen nach oben. Bestimmen Sie die horizontale Komponente des Pendelweges.

43 (II) (a) Leiten Sie für den Stoß mit einem ballistischen Pendel aus Beispiel 9.10 eine Formel für den Anteil an verloren gegangener kinetischer Energie, $\Delta E_{\text{kin}}/E_{\text{kin}}$, her. (b) Rechnen Sie mit $m = 14{,}0$ g und $M = 380$ g.

44 (II) Eine Explosion zerreißt einen Körper in zwei Stücke, von denen das eine 1,5mal mehr Masse als das andere hat. Wie viel kinetische Energie nimmt jedes Stück an, wenn bei der Explosion 17 500 J freigesetzt wurden?

45 (II) Nach einem vollständig inelastischen Stoß zwischen zwei Körpern mit identischer Masse, von denen jeder eine Anfangsgeschwindigkeit v hat, bewegen sich die beiden Körper mit der Geschwindigkeit $v/3$ voneinander weg. Wie groß war der Winkel zwischen ihren Anfangsrichtungen?

46 (II) Ein Toyota mit einer Masse von $0{,}95 \cdot 10^3$ kg fährt auf einen Cadillac mit einer Masse von $2{,}2 \cdot 10^3$ kg auf, der vor einer roten Ampel hält. Die Stoßstangen verkeilen sich, die Bremsen sind blockiert und die beiden Autos schleudern 4,8 m vorwärts, bevor sie zum Stehen kommen. Der Polizeibeamte weiß, dass die Gleitreibungszahl zwischen Reifen und Straße 0,40 beträgt und berechnet daraus die Geschwindigkeit des Toyota beim Aufprall. Wie groß war diese Geschwindigkeit?

47 (II) Ein Maß für die Inelastizität bei einem zentralen Stoß zwischen zwei Körpern ist die *Stoßzahl e*. Sie ist definiert als

$$e = \frac{v_1' - v_2'}{v_2 - v_1} .$$

Dabei ist $v_1' - v_2'$ die Relativgeschwindigkeit der beiden Körper nach dem Stoß und $v_2 - v_1$ ihre Relativgeschwindigkeit davor. (a) Zeigen Sie, dass bei einem vollständig elastischen Stoß $e = 1$ und bei einem vollständig inelastischen Stoß $e = 0$ ist. (b) Eine einfache Methode für das Messen der Stoßzahl eines Körpers, der mit einer sehr harten Fläche wie Stahl zusammenstößt, besteht darin, den Körper auf eine schwere Stahlplatte fallen zu lassen, wie in ▶ Abbildung 9.41 dargestellt. Bestimmen Sie eine Formel für e in Abhängigkeit der Ausgangshöhe h und der nach dem Stoß erreichten maximalen Höhe h'.

48 (II) Ein Holzblock wird in zwei Teile geschnitten, von denen einer die dreifache Masse des anderen hat. In beide Schnittflächen wird eine Vertiefung gemacht, so dass darin ein Knallkörper untergebracht und der Block anschließend wieder zusammengesetzt werden kann. Der zusammengesetzte Block wird auf einen Tisch mit einer rauen Oberfläche gesetzt und die Zündschnur angezündet. Als der Knallkörper explodiert, lösen sich die beiden Blöcke voneinander und gleiten auseinander. In welchem Verhältnis stehen die zurückgelegten Wege der beiden Blöcke zueinander?

49 (III) Ein Körper mit einer Masse von 5,0 kg, der sich mit 5,5 m/s in positiver x-Richtung bewegt, stößt zentral mit einem Körper mit einer Masse von 3,0 kg zusammen, der sich mit 4,0 m/s in negativer x-Richtung bewegt. Ermitteln Sie die Endgeschwindigkeit jeder Masse, wenn (a) die Körper aneinander haften bleiben, (b) der Stoß elastisch ist, (c) sich der 5,0 kg Körper mit einer Masse von 5,0 kg nach dem Stoß im Stillstand befindet, (d) sich der Körper mit einer Masse von 3,0 kg nach dem Stoß im Stillstand befindet, (e) der Körper mit einer Masse von 5,0 kg nach dem Stoß eine Geschwindigkeit von 4,0 m/s in negativer x-Richtung hat. Sind die Ergebnisse in (c), (d) und (e) plausibel? Erklären Sie.

50 (III) Schätzen Sie bei dem ballistischen Pendel die Genauigkeit unserer Näherung ab, dass sich der Block (Masse M) während des Stoßes nicht bewegt. Verwenden Sie die Symbole aus Beispiel 9.10 und ▶ Abbildung 9.18 und nehmen Sie an, dass das Geschoss innerhalb des Blockes über eine Strecke s gleichmäßig langsamer wird. Schätzen Sie (a) die Stoßzeit Δt ab, (b) in welchem Ausmaß der Impuls nicht erhalten bleibt, $\Delta \mathbf{p}$, weil während dieser Zeit eine äußere Nettokraft wirkt, und (c) um wie viel die berechnete Geschwindigkeit der Kugel falsch ist, wenn wir die in Beispiel 9.10 angegebene Gleichung anwenden.

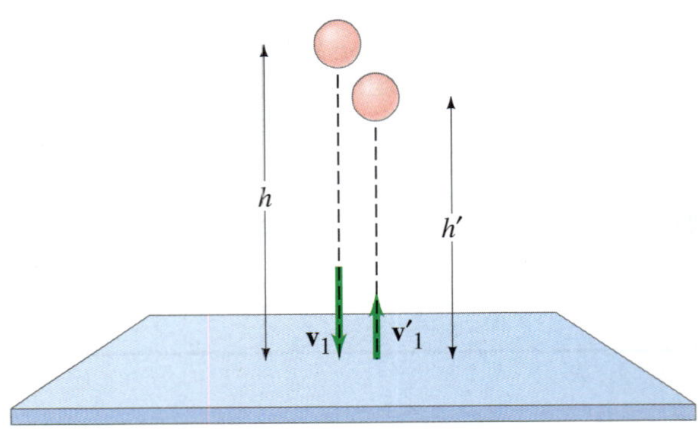

Abbildung 9.41 Aufgabe 47 Messung der Stoßzahl.

Aufgaben zu 9.7

51 (II) Ein Adler ($m_1 = 3{,}3$ kg), der mit einer Geschwindigkeit $v_1 = 7{,}8$ m/s fliegt, befindet sich auf Kollisionskurs mit einem zweiten Adler ($m_2 = 4{,}6$ kg), der mit einer Geschwindigkeit $v_2 = 10{,}2$ m/s im rechten Winkel zu dem ersten fliegt. Nach dem Zusammenstoß bleiben sie aneinander haften. In welcher Richtung bewegen sie sich nach dem Stoß und wie groß ist ihre Geschwindigkeit?

52 (II) Eine Billardkugel mit der Masse $m_A = 0{,}400$ kg, die sich mit einer Geschwindigkeit $v_A = 1{,}80$ m/s bewegt, trifft auf eine zweite Kugel mit der Masse $m_B = 0{,}500$ kg, die sich anfangs in Ruhe befindet. Als Folge des Stoßes wird die erste Kugel in einem Winkel von 30,0° mit einer Geschwindigkeit $v'_A = 1{,}10$ m/s abgelenkt. (a) Schreiben Sie die Gleichungen auf, die die Impulserhaltung für die Komponenten der x- und y-Richtung jeweils getrennt zum Ausdruck bringen. Nehmen Sie dabei die x-Achse als ursprüngliche Bewegungsrichtung von Kugel A. (b) Lösen Sie diese Gleichungen für die Geschwindigkeit v'_B und den Winkel θ' der Kugel B. Gehen Sie nicht davon aus, dass der Stoß elastisch ist.

53 (II) Ein Atomkern mit der Masse m, der sich mit der Geschwindigkeit v bewegt, stößt elastisch mit einem (anfangs ruhenden) Massenpunkt mit der Masse $2m$ zusammen und wird in einem Winkel von 90° gestreut. (a) In welchem Winkel bewegt sich der zweite Massenpunkt nach dem Stoß? (b) Wie groß sind die Endgeschwindigkeiten der beiden Massenpunkte? (c) Welcher Anteil an kinetischer Anfangsenergie wird auf den zweiten Massenpunkt übertragen?

54 (II) Zwei Billardkugeln mit gleicher Masse bewegen sich im rechten Winkel zueinander und treffen im Ursprung eines xy-Koordinatensystems aufeinander. Eine bewegt sich mit 2,0 m/s entlang der y-Achse nach oben und die andere mit 3,7 m/s entlang der x-Achse nach rechts. Nach dem Stoß (als elastisch angenommen) bewegt sich die zweite Kugel entlang der positiven y-Achse (► Abbildung 9.42). Welche endgültige Richtung hat die erste Kugel und wie groß sind die Geschwindigkeiten der beiden Kugeln?

55 (II) Ein Neutron stößt elastisch mit einem Heliumkern (anfangs in Ruhe) zusammen, dessen Masse viermal so groß ist wie die des Neutrons. Man beobachtet, dass der Heliumkern in einem Winkel $\theta'_2 = 45°$ zurückprallt. Bestimmen Sie den Winkel des Neutrons, θ'_1, und die Geschwindigkeiten der beiden Massenpunkte, v'_n und v'_{He} nach dem Stoß. Die Anfangsgeschwindigkeit des Neutrons beträgt $6{,}2 \cdot 10^5$ m/s.

56 (III) Ein Neonatom ($m = 20$ u) stößt vollständig elastisch mit einem anderen Atom zusammen. Nach dem Aufprall bewegt sich das Neonatom in einem Winkel von 55,6° aus seiner ursprünglichen Richtung und das unbekannte Atom bewegt sich in einem Winkel von 50,0° weg. Wie groß ist die Masse (in u) des unbekannten Atoms?

57 (III) Beweisen Sie, dass bei einem elastischen Stoß zwischen zwei Körpern mit gleicher Masse, von denen einer das anfangs ruhende Ziel ist, der Winkel zwischen ihren Endgeschwindigkeitsvektoren immer 90° ist.

58 (III) Zeigen Sie, dass bei einem elastischen Stoß zwischen einem geworfenen Massenpunkt mit der Masse m_1 und einem (ruhenden) Zielmassenpunkt mit der Masse m_2 der Streuwinkel θ'_1 des Wurfgeschosses (a) für $m_1 < m_2$ jeden Wert zwischen 0 und 180° annehmen kann, aber (b) für $m_1 > m_2$ einen maximalen Winkel ϕ hat, der durch $\cos^2 \phi = 1 - (m_2/m_1)^2$ gegeben ist.

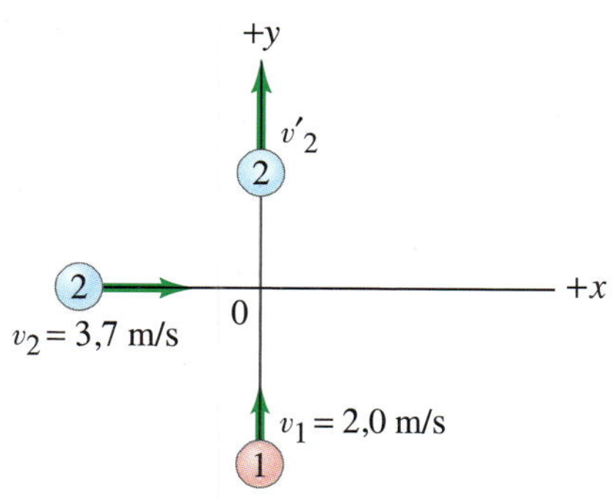

Abbildung 9.42 Aufgabe 54. (Kugel 1 ist nach dem Stoß nicht dargestellt.)

Aufgaben zu 9.8

59 (I) Der Abstand zwischen einem Kohlenstoffatom ($m = 12\,\text{u}$) und einem Sauerstoffatom ($m = 16\,\text{u}$) im CO-Molekül beträgt $1{,}13 \cdot 10^{-10}$ m. Wie weit ist der Massenmittelpunkt des Moleküls von dem Kohlenstoffatom entfernt?

60 (I) Ein leeres Auto mit einer Masse von 1150 kg hat seinen Massenmittelpunkt 2,50 m hinter dem vorderen Ende des Autos. Wie weit ist der Massenmittelpunkt vom vorderen Ende des Autos entfernt, wenn auf den Vordersitzen zwei Personen 2,80 m von dem vorderen Ende des Autos entfernt und auf den Rücksitzen drei Personen 3,90 m von dem vorderen Ende entfernt sitzen? Nehmen Sie an, dass jede Person eine Masse von 70,0 kg hat.

61 (II) Ermitteln Sie den Massenmittelpunkt des Ammoniakmoleküls. Die chemische Formel ist NH_3. Die Wasserstoffe befinden sich an den Ecken eines gleichseitigen Dreiecks (Seitenlänge 0,16 nm), das die Basis einer Pyramide bildet. Stickstoff befindet sich im Scheitelpunkt (0,037 nm senkrecht über der Ebene des Dreiecks).

62 (II) Drei Würfel mit den Seitenlängen $l_0, 2l_0$ und $3l_0$ werden aneinander gelegt. Ihre Mittelpunkte befinden sich auf einer Geraden und der Würfel mit $l = 2l_0$ befindet sich in der Mitte (▸ Abbildung 9.43). Welches ist der Ort des Massenmittelpunktes dieses Systems entlang dieser Geraden? Nehmen Sie an, dass die Würfel aus dem gleichen homogenen Material sind.

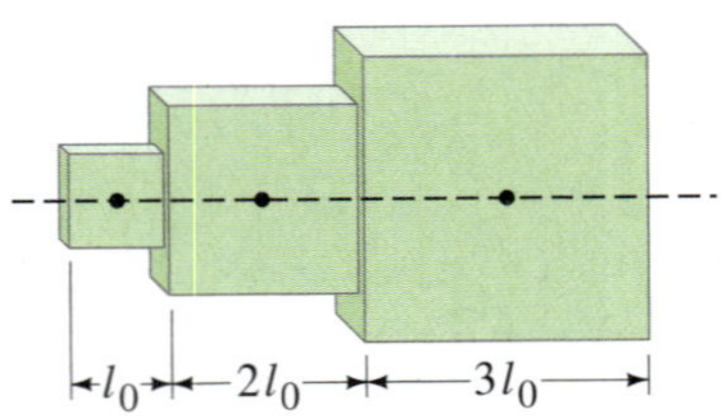

Abbildung 9.43 Aufgabe 62.

63 (II) Ein quadratisches, homogenes Floß, 18 m mal 18 m, mit einer Masse von 6200 kg wird als Fähre benutzt. Bestimmen Sie den Massenmittelpunkt der beladenen Fähre, wenn drei Autos mit einer Masse von jeweils 1200 kg je eines an der nordöstlichen, südöstlichen und südwestlichen Ecke stehen.

64 (II) Ein homogenes, dünnes Maschinenteil besteht aus einer flachen, runden Platte mit dem Radius $2R$, in die ein rundes Loch mit dem Radius R hineingeschnitten wurde. Der Mittelpunkt des Loches hat einen Abstand von $0{,}80R$ vom Mittelpunkt der Platte, ▸ Abbildung 9.44. An welchem Ort befindet sich der Massenmittelpunkt der Platte? (*Hinweis*: Stellen Sie sich eine massive Platte als die Summe aus der gegebenen Platte und einer kleinen mit dem Radius R vor.)

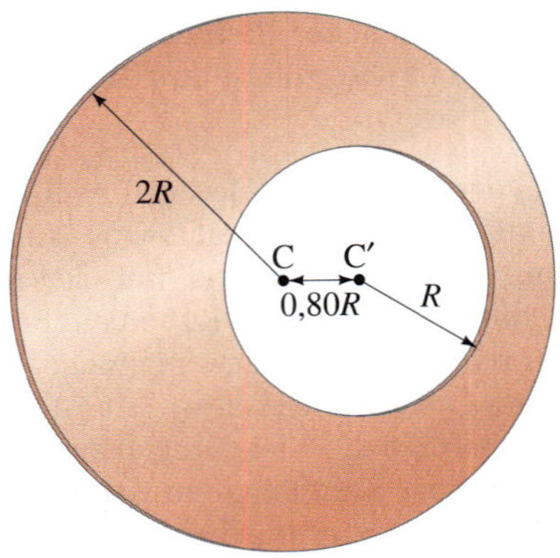

Abbildung 9.44 Aufgabe 64.

65 (II) Ein homogener, dünner Draht wird zu einem Halbkreis mit dem Radius r gebogen. Bestimmen Sie die Koordinaten seines Massenmittelpunktes in Bezug auf einen Koordinatenursprung, der sich im Mittelpunkt des „vollständigen" Kreises befindet.

66 (III) Bestimmen Sie den Massenmittelpunkt einer dünnen, homogenen, halbrunden Platte.

67 (III) Bestimmen Sie den Massenmittelpunkt eines Maschinenteils, das einen homogenen Kegel mit der Höhe h und dem Radius R darstellt, ▸ Abbildung 9.45. (*Hinweis*: Teilen Sie den Kegel in eine unendlich kleine Anzahl von Scheiben mit der Stärke dz auf, von denen eine abgebildet ist.)

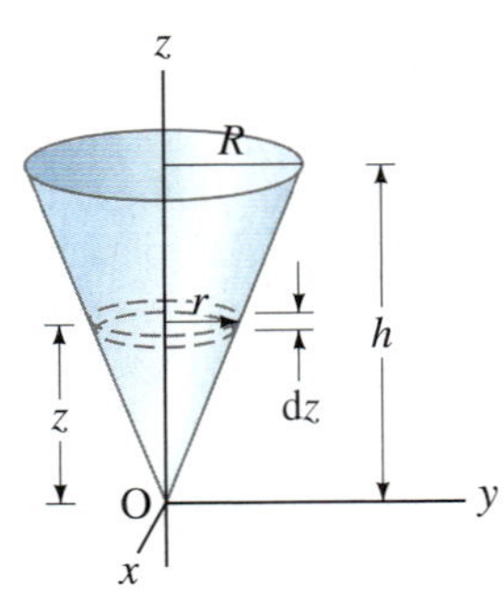

Abbildung 9.45 Aufgabe 67.

68 (III) Bestimmen Sie den Massenmittelpunkt einer homogenen Pyramide, die vier dreieckige Stirnseiten und eine quadratische Basis hat. Alle Seiten haben die Seitenlänge s. (*Hinweis*: Siehe Aufgabe 67.)

Aufgaben zu 9.9

69 (I) Die Massen der Erde und des Mondes betragen $5{,}98 \cdot 10^{24}$ kg bzw. $7{,}35 \cdot 10^{22}$ kg und ihre Mittelpunkte sind $3{,}84 \cdot 10^{8}$ m voneinander entfernt. (a) Wo befindet sich der Massenmittelpunkt dieses Systems? (b) Was können Sie über die Bewegung des Erde-Mond-Systems um die Sonne und über die jeweils getrennte Bewegung der Erde und des Mondes um die Sonne sagen?

70 (II) Zwei Massen (35 kg) haben die Geschwindigkeiten (in m/s) $\mathbf{v}_1 = 12\mathbf{i} - 16\mathbf{j}$ und $\mathbf{v}_2 = -20\mathbf{i} + 14\mathbf{j}$. Bestimmen Sie die Geschwindigkeit des Massenmittelpunktes des Systems.

71 (II) Eine Frau mit einer Masse von 50 kg und ein Mann mit einer Masse von 70 kg stehen 11,0 m voneinander entfernt auf reibungsfreiem Eis. (a) Wie weit von dem Mann entfernt befindet sich ihr Massenmittelpunkt? (b) Wie weit von der Frau entfernt befindet sich der Mann, wenn beide jeweils ein Ende eines Seils festhalten und der Mann so an dem Seil zieht, dass er sich 2,8 m bewegt? (c) Wie weit hat der Mann sich bewegt, wenn er mit der Frau zusammenstößt?

72 (II) Nehmen Sie an, dass in **Beispiel 9.16** (► Abbildung 9.32) $m_{\mathrm{II}} = 3m_{\mathrm{I}}$ ist. (a) Wo würde m_{II} dann landen? (b) Was würde geschehen, wenn $m_{\mathrm{I}} = 3m_{\mathrm{II}}$ wäre?

73 (II) Ein Heliumballon und seine Gondel mit der Masse M befinden sich in der Luft und bewegen sich in Bezug auf den Boden nicht. Dann klettert ein Passagier mit der Masse m hinaus und gleitet an einem Seil mit der Geschwindigkeit v, gemessen in Bezug auf den Boden, hinunter. Mit welcher Geschwindigkeit und in welche Richtung (relativ zur Erde) bewegt sich der Ballon dann? Was geschieht, wenn der Passagier anhält?

74 (II) Zwei Personen, eine mit einer Masse von 75 kg und die andere mit einer Masse von 55 kg, sitzen in einem Ruderboot mit einer Masse von 80 kg. Das Boot befindet sich anfangs in der Ruhelage, als die beiden Personen, die an den entgegengesetzten Enden des Bootes 3,0 m voneinander entfernt gesessen haben, die Plätze tauschen. Wie weit und in welche Richtung bewegt sich das Boot?

75 (III) Ein Flachwaggon mit einer Masse von 200 kg mit einer Länge von 25 m bewegt sich mit einer Geschwindigkeit von 5,0 m/s entlang horizontaler, reibungsfreier Schienen. Dann beginnt Mann mit einer Masse von 90 kg, mit einer Geschwindigkeit von 2,0 m/s in Bezug auf den Waggon in der Bewegungsrichtung von einem Ende des Waggons zum anderen zu gehen. Wie weit hat sich der Flachwaggon in der Zeit bewegt, die der Mann benötigt, um das andere Ende zu erreichen?

Aufgaben zu 9.10

76 (II) Eine Rakete mit einer Masse von 2500 kg soll beim Start von der Erde mit 3,0 g beschleunigt werden. Wie groß muss ihre Ausstoßgeschwindigkeit sein, wenn die Gase mit 30 kg/s ausgestoßen werden können?

77 (II) Nehmen Sie an, dass das Förderband aus Beispiel 9.17 von einer Reibungskraft von 140 N abgebremst wird. Bestimmen Sie die erforderliche Leistung (PS) des Motors von dem Zeitpunkt, ab dem der Kies zu fallen beginnt ($t = 0$), bis 3,0 s ab dem Zeitpunkt, ab dem mit dem Abladen des Kieses am Ende des 20 m langen Förderbandes begonnen wird.

78 (II) Eine Rakete, die sich mit einer Geschwindigkeit von 1850 m/s von der Erde entfernt, zündet in einer Höhe von 6400 km ihre Raketen, die Gas mit einer Geschwindigkeit von 1200 m/s (relativ zur Rakete) ausstoßen. In welcher Menge müssen die Gase ausgestoßen werden, wenn die Masse der Rakete zu diesem Zeitpunkt 25 000 kg beträgt und eine Beschleunigung von 1,7 m/s^2 gewünscht wird?

79 (II) Das Triebwerk eines Flugzeugs saugt 100 kg Luft pro Sekunde an, die mit 4,2 kg Treibstoff pro Sekunde verbrannt werden. Die verbrannten Gase verlassen das Flugzeug mit einer Geschwindigkeit von 550 m/s (relativ zum Flugzeug). Bestimmen Sie (a) den auf den ausgestoßenen Treibstoff zurückzuführenden Schub, (b) den auf die beschleunigte, das Flugzeug durchströmende Luft zurückzuführenden Schub, (c) die abgegebene Leistung, wenn das Flugzeug mit 270 m/s (600 m/h) fliegt.

80 (III) Ein mit Sand gefüllter Schlitten gleitet reibungsfrei einen Abhang mit einem Neigungswinkel von 30° hinunter. Aus einem Loch im Schlitten sickert Sand mit 2,0 kg/s. Wie viel Zeit benötigt der Schlitten, um den 120 m langen Abhang hinunterzufahren, wenn er aus dem Stillstand mit einer Anfangsmasse von 40,0 kg startet?

Allgemeine Aufgaben

81 Ein unerfahrener Poolbillardspieler sieht sich mit dem in ▸ Abbildung 9.46 dargestellten Corner Pocket Shot konfrontiert. Die relative Größe einiger Abmessungen ist ebenfalls dargestellt (die Einheiten sind nicht wichtig, nur ihre Verhältnisse). Muss der Spieler sich Sorgen machen, dass der Stoß misslingt und die Spielkugel auch in das Loch fällt? Nennen Sie Einzelheiten. Nehmen Sie Kugeln mit gleichen Massen und einen elastischen Stoß an.

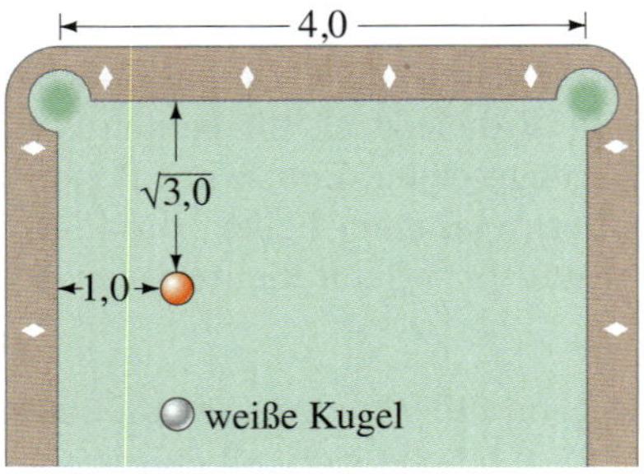

Abbildung 9.46 Aufgabe 81.

82 Während eines Chicago-Sturms kann der Wind horizontal mit Geschwindigkeiten von 100 km/h peitschen. Berechnen Sie die von dem Wind auf eine Person ausgeübte Kraft, wenn die Luft die Person mit 40 kg/s pro Quadratmeter trifft und zum Stillstand kommt. Nehmen Sie die Fläche der Person mit 1,50 m hoch und 0,50 m breit an. Vergleichen Sie dies mit der typischen maximalen Reibungskraft ($\mu \approx 1,0$) zwischen der Person und dem Erdboden, wenn die Person eine Masse von 70 kg hat.

83 Ein geworfener Baseball mit einer Masse von 0,145 kg, der sich horizontal mit 35,0 m/s bewegt, trifft auf ein Schlagholz und schnellt gerade nach oben bis zu einer Höhe von 55,6 m, bevor er umkehrt. Berechnen Sie die auf den Ball während des Kontaktes wirkende durchschnittliche Kraft, wenn die Kontaktzeit 0,50 ms beträgt.

84 Um beim Bowling einen schwierigen Split zu spielen, muss die Bowlingkugel den Kegel streifen, wie in ▸ Abbildung 9.47 dargestellt. Nehmen Sie an, dass die Bowlingkugel, die sich anfangs mit 12,0 m/s bewegt, fünfmal mehr Masse als ein Kegel hat und dass der Kegel sich um 80° aus der ursprüngliche Richtung der Kugel bewegt. Berechnen Sie die Geschwindigkeit (a) des Kegels, (b) der Kugel direkt nach dem Stoß und berechnen Sie (c) den Winkel, um den die Kugel abgelenkt wurde. Nehmen Sie einen elastischen Stoß an und vernachlässigen Sie eine mögliche Drehbewegung der Kugel.

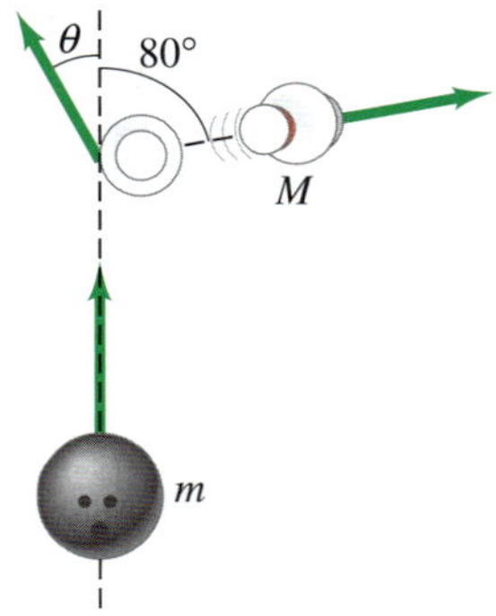

Abbildung 9.47 Aufgabe 84.

85 Eine Kugel mit einer Masse von 15 g trifft auf einen Holzklotz mit einer Masse von 1,10 kg, der sich auf einer horizontalen Fläche direkt vor der Waffe befindet, und dringt in ihn ein. Wie groß war die Mündungsgeschwindigkeit der Kugel, wenn die Gleitreibungszahl zwischen dem Klotz und der Oberfläche 0,25 ist und der Aufprall den Klotz einen Weg von 9,5 m bewegt, bevor er zum Stillstand kommt?

86 Eine Waffe feuert senkrecht auf einen Holzklotz mit einer Masse von 1,40 kg, der auf einer dünnen, horizontalen Platte direkt über ihr ruht, ▸ Abbildung 9.48. Wie hoch bewegt sich der Klotz in die Luft, nachdem die Kugel in ihn eingedrungen ist, wenn die Kugel eine Masse von 21,0 g und eine Geschwindigkeit von 310 m/s hat?

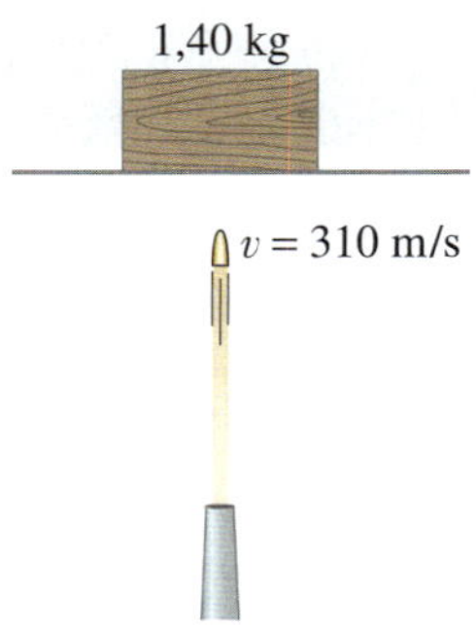

Abbildung 9.48 Aufgabe 86.

87 Ein Ball mit der Masse m stößt zentral und elastisch mit einem zweiten (ruhenden) Ball zusammen und prallt mit einer Geschwindigkeit zurück, die 0,600 seiner ursprünglichen Geschwindigkeit beträgt. Wie groß ist die Masse des zweiten Balls?

88 Sie sind als Sachverständiger in einem Gerichtsverfahren über einen Autounfall beauftragt. An dem Unfall war ein Auto mit einer Masse von 2000 kg (Auto A) beteiligt, das sich einem stehenden Auto mit einer Masse von 1000 kg (Auto B) genähert hat. Der Fahrer von Auto A hat seine Bremsen 15 m, bevor er auf Auto B aufgefahren ist, betätigt. Nach dem Zusammenstoß ist Auto A 15 m und Auto B 30 m weit gerutscht. Die Gleitreibungszahl zwischen den blockierten Rädern und der Straße wurde mit 0,60 gemessen. Beweisen Sie dem Gericht, dass der Fahrer von Auto A die Geschwindigkeitsbegrenzung von 88,5 km/h übertreten hat, bevor er die Bremse betätigt hat.

89 Berechnen Sie, wie viel der kinetischen Anfangsenergie bei dem vollständig inelastischen Stoß zwischen zwei Eisenbahnwaggons, den wir in Beispiel 9.3 betrachtet haben, in Wärme oder andere Energieformen umgewandelt wird.

90 Ein Eishockey-Puck mit einer Masse von $4m$ ist so manipuliert worden, dass er zum Spaß explodieren soll. Anfangs befindet sich der Puck in der Ruhelage auf einer reibungsfreien Eisbahn. Dann zerplatzt er in drei Teile. Ein Teil mit der Masse m gleitet mit der Geschwindigkeit v über das Eis. Ein anderer Teil mit der Masse $2m$ gleitet mit der Geschwindigkeit $2v$ im rechten Winkel zur Richtung des ersten Teils über das Eis. Ermitteln Sie anhand dieser Informationen die Geschwindigkeit des letzten Teils.

91 Zwei Blöcke mit den Massen m_1 und m_2, die auf einem reibungsfreien Tisch ruhen, sind durch eine gedehnte Feder verbunden und werden dann losgelassen. (a) Wirkt eine äußere Nettokraft auf das System? (b) Bestimmen Sie das Verhältnis ihrer Geschwindigkeiten v_1/v_2. (c) Wie lautet das Verhältnis ihrer kinetischen Energien? (d) Beschreiben Sie die Bewegung des Massenmittelpunktes des Systems. (e) Wie würde das Vorhandensein von Reibung die obigen Ergebnisse verändern?

92 Eine (leichte) Palette ist mit identischen Kisten mit Tomatenmark (siehe ► Abbildung 9.49) beladen. Jede dieser Kisten ist ein Würfel mit der Seitenlänge l. Ermitteln Sie den Schwerpunkt in der horizontalen Ebene, so dass ein Kranführer die Last hochheben kann, ohne sie umzukippen.

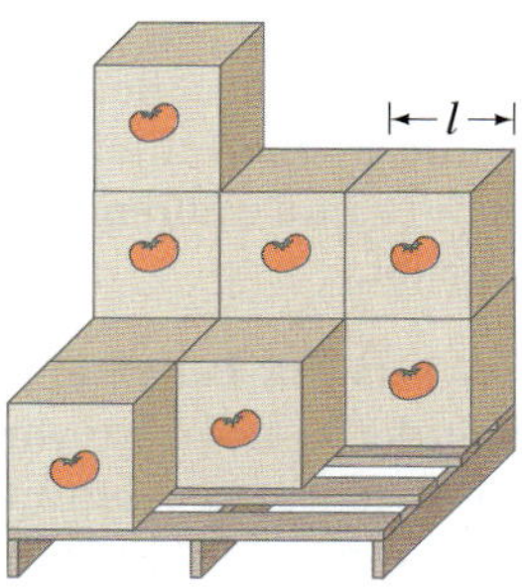

Abbildung 9.49 Aufgabe 92.

93 Ein offener Eisenbahnwaggon mit einer Masse von 5800 kg rollt mit einer konstanten Geschwindigkeit von 8,60 m/s auf einer ebenen Spur. Es beginnt zu schneien, so dass Schnee mit einer Menge von 3,50 kg/min vertikal in den Waggon fällt. Bestimmen Sie die Geschwindigkeit des Waggons nach 60,0 Minuten unter Anwendung der Impulserhaltung und vernachlässigen Sie dabei die Reibung mit den Schienen.

94 Betrachten Sie den Eisenbahnwaggon aus Aufgabe 93, der sich langsam mit Schnee füllt. (a) Bestimmen Sie die Geschwindigkeit des Waggons in Abhängigkeit der Zeit und wenden Sie dabei die Gleichung 9.19 an. (b) Wie groß ist die Geschwindigkeit des Waggons nach 60,0 Minuten? Stimmt dies mit der einfacheren Berechnung (Aufgabe 93) auf Grundlage des Abschnittes 9.2 überein?

95 Ein Meteorit, dessen Masse ca. 10^8 kg betrug, ist mit einer Geschwindigkeit von ca. 15 km/s auf die Erde ($m = 6{,}0 \cdot 10^{24}$ kg) aufgeschlagen und in der Erde zum Stillstand gekommen. (a) Wie groß war die Rückstoßgeschwindigkeit der Erde? (b) Welcher Anteil der kinetischen Energie des Meteoriten wurde in kinetische Energie der Erde umgewandelt? (c) Wie groß war die Änderung in der kinetischen Energie der Erde als Folge dieses Stoßes?

96 Ein Block mit der Masse $m = 2{,}20$ kg gleitet eine schiefe Ebene hinunter, die einen Neigungswinkel von 30° hat und 3,60 m hoch ist. Unten trifft der Block auf einen anderen Block mit der Masse $M = 7{,}00$ kg, der auf einer horizontalen Fläche ruht, ► Abbildung 9.50. (Nehmen Sie einen glatten Übergang am unteren Ende der schiefen Ebene an.) Bestimmen Sie (a) die Geschwindigkeiten der beiden Blöcke nach dem Stoß und (b) wie weit die kleinere Masse wieder die schiefe Ebene hinaufgleitet. Gehen Sie von einem elastischen Stoß aus und vernachlässigen Sie die Reibung.

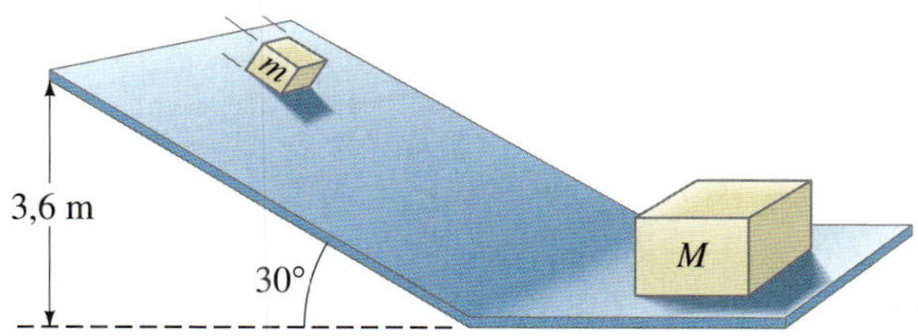

Abbildung 9.50 Aufgabe 96 und 97.

97 Wie groß ist der obere Grenzwert für die Masse m in Aufgabe 96 (► Abbildung 9.50), wenn sie von M zurückprallen, die schiefe Ebene hinaufgleiten, anhalten, die schiefe Ebene hinuntergleiten und wieder mit M zusammenstoßen soll?

98 Eine Tonscheibe mit einer Masse von 0,25 kg (beim Tontaubenschießen) wird in einem Winkel von 30° mit einer Geschwindigkeit von 30 m/s in den Himmel abge-

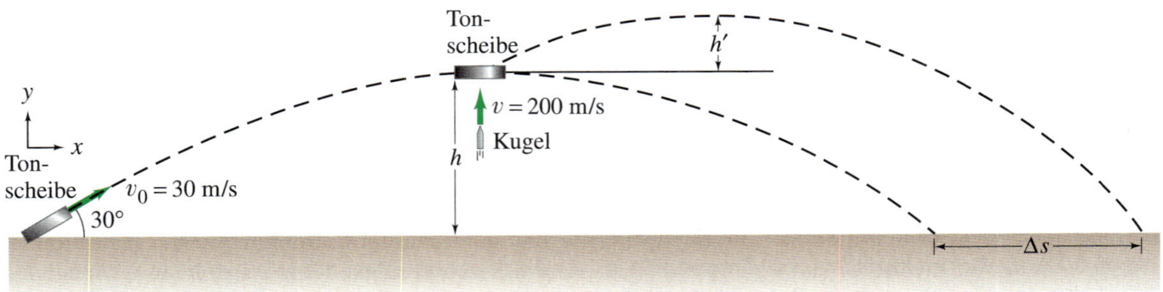

Abbildung 9.51 Aufgabe 98.

feuert (► Abbildung 9.51). Als die Scheibe ihre maximale Höhe erreicht, wird sie von unten von einer Kugel mit einer Masse von 15 g getroffen, die sich mit einer Geschwindigkeit von 200 m/s senkrecht nach oben bewegt. Die Kugel dringt in die Tonscheibe ein. (a) Wie viel höher bewegt sich die Scheibe? (b) Wie groß ist der zusätzliche Weg Δs, den die Scheibe infolge des Stoßes zurücklegt?

99 Der durch die Gravitation bedingte Slingshot-Effekt in ► Abbildung 9.52 zeigt den Planeten Saturn, der sich mit seiner Umlaufgeschwindigkeit (in Bezug auf die Sonne) von 9,6 km/s in negativer x-Richtung bewegt. Die Masse des Saturn beträgt $5{,}69 \cdot 10^{26}$ kg. Ein Raumschiff mit einer Masse von 825 kg nähert sich dem Saturn und bewegt sich anfangs mit 10,4 km/s in positiver x-Richtung. Die Anziehungskraft des Saturn (eine konservative Kraft) veranlasst das Raumschiff, sich zu drehen (Umlaufbahn als gestrichelte Linie dargestellt) und in die entgegengesetzte Richtung zu fliegen. Schätzen Sie die Endgeschwindigkeit des Raumschiffes ab, nachdem es sich weit genug entfernt hat, so dass es praktisch nicht mehr von der Anziehungskraft des Saturn beeinflusst wird.

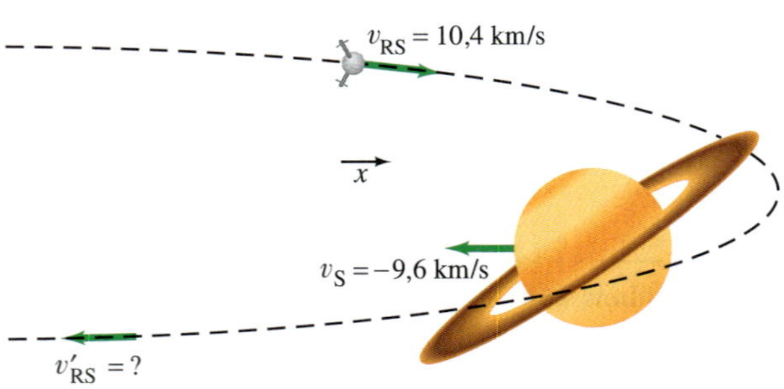

Abbildung 9.52 Aufgabe 99.

100 Ein Hammer besteht aus einem homogenen, zylindrischen Kopf mit einer Masse von 2,00 kg und einem Durchmesser von 0,0800 m, der auf einem homogenen, zylindrischen Griff mit einer Masse von 0,500 kg und einer Länge von 0,240 m montiert ist, wie in ► Abbildung 9.53 dargestellt. Wie weit über dem Boden des Griffes befindet sich der Punkt, der einer parabelförmigen Flugbahn folgt, wenn dieser Hammer drehend in die Luft geworfen wird?

101 Ein Golfball mit einer Masse von 0,045 kg wird mit einer Geschwindigkeit von 50 m/s von der Abschlagstelle geschlagen. Der Golfschläger war $5{,}0 \cdot 10^{-3}$ s mit dem Ball in Kontakt. Ermitteln Sie (a) den Kraftstoß, der dem Golfball verliehen wurde, und (b) die von dem Golfschläger auf den Golfball ausgeübte durchschnittliche Kraft.

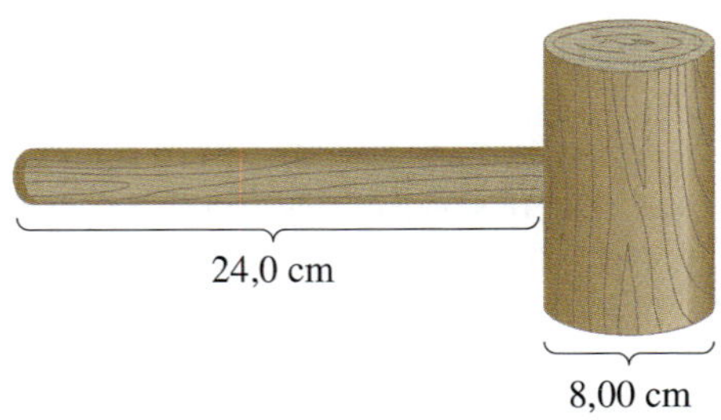

Abbildung 9.53 Aufgabe 100.

102 Eine Raumfähre feuert einen Satelliten mit einer Masse von 800 kg aus ihrem Nutzlastraum ab. Der Ausstoßmechanismus ist aktiviert und 4,0 s lang mit dem Satelliten in Kontakt, um ihm eine Geschwindigkeit von 0,30 m/s in der z-Richtung relativ zur Raumfähre zu verleihen. Die Masse der Fähre beträgt 90 000 kg. (a) Bestimmen Sie die Komponente der Geschwindigkeit v_e der Fähre in der negativen z-Richtung, die aus dem Abfeuern des Satelliten resultiert. (b) Ermitteln Sie die durchschnittliche Kraft, die die Fähre während des Abfeuerns auf den Satelliten ausübt.

103 Kfz-Hersteller führen Crash-Tests mit neuen Fahrzeugen durch, um die Sicherheit der Insassen zu gewährleisten. In einem solchen Test fährt ein Auto mit einer Masse von 1000 kg mit einer Geschwindigkeit von 50 km/h vor eine Ziegelsteinmauer. (a) Ist dies ein elastischer oder inelastischer Stoß? (b) Nehmen Sie an, dass das vordere Ende des Autos um 0,70 m zusammengedrückt wird. Wie lang ist die Aufprallzeit? (c) Wie groß ist die durchschnittliche Stoßkraft?

104 Eine masselose Feder mit der Federkonstanten k wird zwischen einem Block mit der Masse m und einem Block mit der Masse $3m$ angebracht. Anfangs ruhen die Blöcke auf einer reibungsfreien Fläche und werden so zusammengehalten, dass die Feder zwischen ihnen um einen Betrag S aus ihrer Gleichgewichtslage zusammengedrückt ist. Dann werden die Blöcke losgelassen und die Feder schiebt sie in entgegengesetzte Richtungen. Ermitteln Sie die Endgeschwindigkeiten der beiden Blöcke.

105 In einem Physiklabor gleitet ein kleiner Würfel eine reibungsfreie schiefe Ebene hinunter, wie in ▸ **Abbildung 9.54** dargestellt, und stößt elastisch mit einem Würfel zusammen, dessen Masse nur halb so groß ist wie seine eigene. Wo landet jeder Würfel, wenn die schiefe Ebene 20 cm hoch ist und der Tisch einen Abstand von 90 cm zum Boden hat?

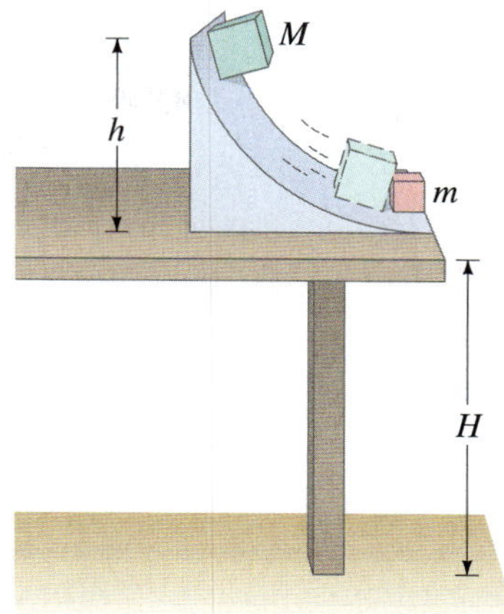

Abbildung 9.54 Aufgabe 105.

Drehbewegung um eine feste Achse

10

ÜBERBLICK

Wenn Sie auf einem Fahrrad beschleunigen möchten, wie Lance Armstrong auf diesem Foto von der Tour de France 1999, üben Sie eine starke Kraft auf die Pedale aus. Die Geschwindigkeit eines Fahrrades hängt von der Winkelgeschwindigkeit der Räder und der Pedale ab. Die Winkelgeschwindigkeit der rotierenden Pedale nimmt nicht in Abhängigkeit von der ausgeübten Kraft, sondern in Abhängigkeit von dem Nettodrehmoment zu. Das Drehmoment ist das Produkt aus Kraft und Hebelarm (= Abstand zwischen der Drehachse und dem Angriffspunkt der Kraft). Das bedeutet: Die Winkelbeschleunigung eines rotierenden Körpers ist proportional zu dem ausgeübten Nettodrehmoment. Wenn ein Körper sich dreht (rotiert), hat er kinetische Energie infolge einer Drehbewegung und einen Drehimpuls. Der Drehimpuls und seine Erhaltung spielen in der realen Welt, wie wir sehen werden, eine interessante und häufig unerwartete Rolle.

10. Drehbewegung um eine feste Achse

Bisher haben wir uns mit der Translationsbewegung beschäftigt. In diesem und im nächsten Kapitel wird unser Thema die Drehbewegung (Rotation) sein. Wir haben diesen Bereich so aufgeteilt, dass Kapitel 10 alle grundlegenden Aspekte der Drehbewegung eines starren Körpers um eine feste Drehachse behandelt und Kapitel 11 einen allgemeineren Ansatz und einige Themen auf fortgeschrittenerem Niveau präsentiert.

Obwohl wir uns bisweilen mit Systemen aus vielen Massenpunkten beschäftigen werden, werden wir in der Hauptsache starre Körper behandeln. Unter einem **starren Körper** verstehen wir einen Körper mit einer bestimmten Form, die sich nicht ändert, so dass die Massenpunkte, aus denen der Körper besteht, in festen Positionen relativ zueinander bleiben. Natürlich kann jeder reale Körper zum Schwingen gebracht oder verformt werden, wenn eine Kraft auf ihn ausgeübt wird. Aber diese Auswirkungen sind häufig so klein, dass der Begriff eines idealen starren Körpers als gute Näherung sehr nützlich ist.

Die Bewegung eines starren Körpers kann als Translationsbewegung seines Massenmittelpunktes und der Drehbewegung um seinen Massenmittelpunkt analysiert werden. Die Translationsbewegung haben wir bereits ausführlich erörtert. Deshalb richten wir nun unsere Aufmerksamkeit auf die reine Drehbewegung. Unter einer *reinen Drehbewegung* verstehen wir, dass sich alle Punkte in dem Körper auf Kreisbahnen bewegen, wie der Punkt P in dem rotierenden Rad in ▸ Abbildung 10.1, und dass die Mittelpunkte dieser Kreisbahnen alle auf einer Linie, der so genannten **Drehachse**, liegen (die in ▸ Abbildung 10.1 senkrecht zur Buchseite steht und durch den Punkt O verläuft). Wir nehmen an, dass die Drehachse in einem Inertialsystem feststeht, verlangen jedoch nicht, dass sie durch den Massenmittelpunkt verläuft.

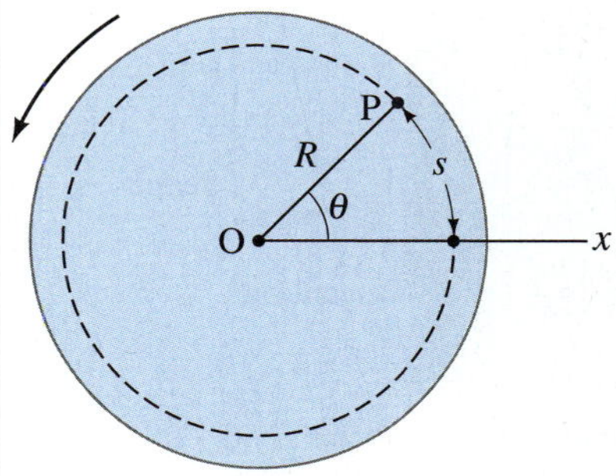

Abbildung 10.1 Ansicht von oben auf ein Rad, das sich gegen den Uhrzeigersinn um eine Drehachse dreht, die durch den Mittelpunkt des Rades im Punkt O verläuft (senkrecht zur Buchseite).

10.1 Winkelgrößen

Bei starren Körpern in drei Raumrichtungen, die sich um eine feste Drehachse drehen, ist die Verwendung des Symbols R nützlich, um den senkrechten Abstand eines Punktes oder Massenpunktes zur Drehachse darzustellen. Wir benutzen das Symbol R, um es von r zu unterscheiden. r stellt weiterhin den Ort eines Massenpunktes in Bezug auf den Ursprung (einen Punkt) eines bestimmten Koordinatensystems dar. Dieser Unterschied ist in ▸ Abbildung 10.2 veranschaulicht. Bei einem flachen, dünnen Körper, wie einem Rad, mit dem Ursprung in der Ebene des Körpers (z. B. im Mittelpunkt des Rades) sind R und r gleich.

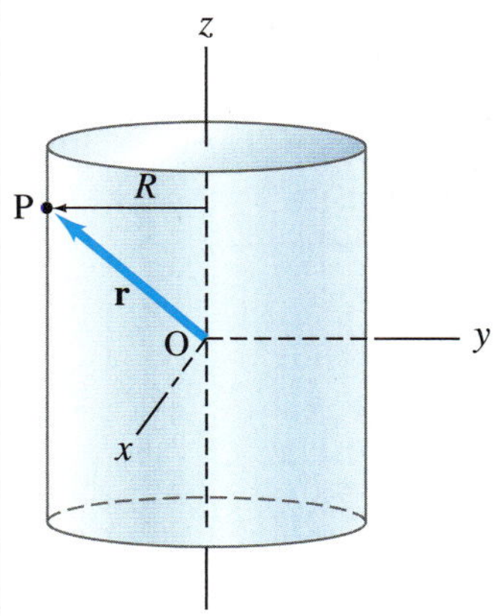

Abbildung 10.2 Darstellung des Unterschiedes zwischen **r** (Ortsvektor) und R (Abstand zur Drehachse) für einen Punkt P am Rand eines Zylinders, der sich um die z-Achse dreht.

Jeder Punkt eines Körpers, der sich um eine feste Drehachse dreht, bewegt sich auf einer Kreisbahn (in ▸ Abbildung 10.1 für den Punkt P gestrichelt dargestellt), deren Mittelpunkt sich auf der Drehachse befindet und deren Radius R ist, der Abstand dieses Punktes zur Drehachse. Eine von der Drehachse zu einem beliebigen Punkt gezogene Gerade überstreicht in derselben Zeit denselben Winkel θ.

Um die Drehposition des Körpers anzuzeigen oder anzugeben, wie weit er sich gedreht hat, spezifizieren wir den Winkel θ einer bestimmten Linie in dem Körper in Bezug auf eine bestimmte Bezugslinie, wie z. B. die x-Achse (siehe ▸ Abbildung 10.1). Ein Punkt des Körpers (wie z. B. P in ▸ Abbildung 10.1) bewegt sich um einen Winkel θ, wenn er den Weg s, gemessen am Umfang seiner Kreisbahn, zurücklegt. Normalerweise werden Winkel in Grad angegeben, aber die Mathematik der Kreisbewegung ist wesentlich einfacher, wenn wir den *Radianten* für die Winkelmessung benutzen. Ein **Radiant** (rad) ist definiert als der Winkel, der durch einen Bogen, dessen Länge gleich dem Radius ist, begrenzt ist.

In ▸ Abbildung 10.1 hat der Punkt P z. B. einen Abstand R zur Drehachse und hat sich einen Weg s entlang des Kreisbogens bewegt. Die Bogenlänge s „begrenzt" sozusagen den Winkel θ. Wenn $s = R$ ist, ist θ genau 1 rad. Generell ist jeder Winkel θ gegeben durch

$$\theta = \frac{s}{R} \,. \tag{10.1}$$

Dabei ist R der Radius des Kreises und s die durch den Winkel θ begrenzte Bogenlänge. Der Winkel θ ist in rad angegeben. Beachten Sie, dass der Radiant dimensionslos ist (er ist eine Zahl), da es sich um das Verhältnis zweier Längen handelt.

Radianten können zu Grad, mit denen wir in der alltäglichen Sprache Winkel angeben, in Bezug gesetzt werden. Ein vollständiger Kreis hat 360°, die natürlich einer Bogenlänge entsprechen müssen, die gleich dem Kreisumfang ist, $s = 2\pi r$. Das bedeutet für einen vollständigen Kreis $\theta = s/R = 2\pi R/R = 2\pi \text{rad}$, so dass

$$360° = 2\pi \text{rad} \,.$$

Ein Radiant (rad) ist folglich $360°/2\pi \approx 360°/6{,}28 \approx 57{,}3°$.

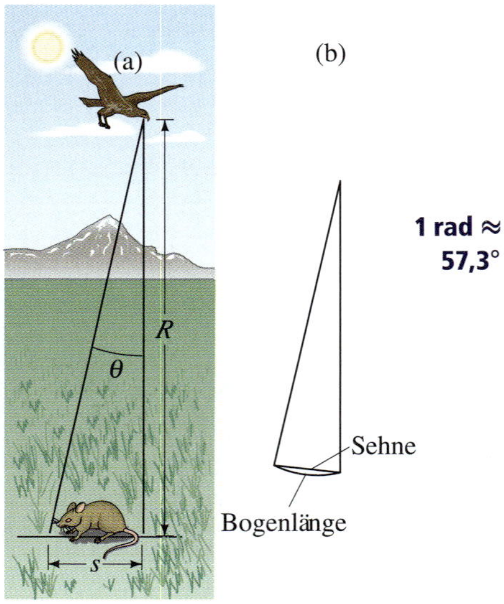

Abbildung 10.3 (a) Beispiel 10.1 (b) Bei kleinen Winkeln sind die Bogenlänge und die Sehnenlänge (gerade Linie) nahezu gleich. Bei einem Winkel von 15° beträgt die Abweichung bei dieser Abschätzung nur 1 Prozent. Bei größeren Winkeln nimmt die Abweichung rapide zu.

Beispiel 10.1 Auflösungsvermögen eines Auges

Das Auge eines bestimmten Vogels kann Objekte gerade noch auflösen, die einen Winkel von nicht kleiner als ca. $3 \cdot 10^{-4}$ rad ergeben. (a) Wie viele Grad sind das? (b) Wie klein darf ein Objekt sein, damit der Vogel es gerade noch auflösen kann, wenn er in einer Höhe von 100 m fliegt (▸ Abbildung 10.3a)?

Lösung

a Ein Radiant ist $360°/2\pi$, so dass $3 \cdot 10^{-4}$ rad

$$(3 \cdot 10^{-4}\,\text{rad})\left(\frac{360°}{2\pi \text{rad}}\right) = 0{,}017°$$

ist.

b Die Gleichung 10.1 liefert $s = R\theta$. Bei kleinen Winkeln sind die Bogenlänge und die Sehnenlänge nahezu gleich (▸ Abbildung 10.3b). Da $R = 100$ m und $\theta = 3 \cdot 10^{-4}$ rad, ergibt sich

$$s = (100\,\text{m})(3 \cdot 10^{-4}\,\text{rad}) = 3 \cdot 10^{-2}\,\text{m} = 3\,\text{cm} \,.$$

Wäre der Winkel in Grad angegeben gewesen, hätten wir für diese Berechnung erst in Radianten umrechnen müssen.

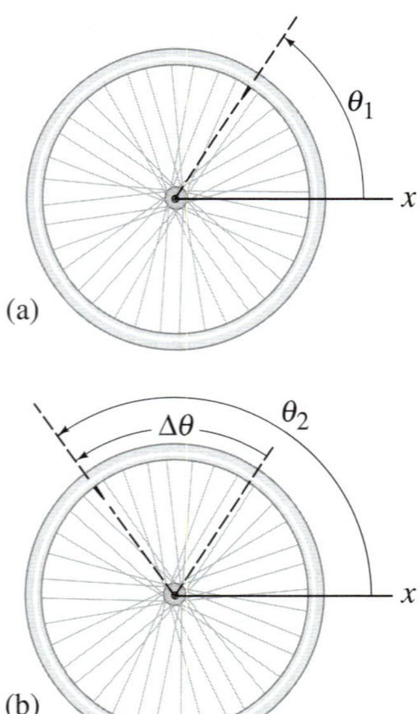

Abbildung 10.4 Ein Rad dreht sich aus (a) der Anfangsposition θ_1 in (b) die Endposition θ_2. Der zurückgelegte Winkel beträgt $\Delta\theta = \theta_2 - \theta_1$.

Wenn ein Körper, wie z. B. das Rad eines Fahrrades in ▸ Abbildung 10.4, sich aus einer bestimmten Anfangsposition, mit θ_1 bezeichnet, in eine bestimmte Endposition, θ_2, dreht, beträgt der zurückgelegte Winkel $\Delta\theta = \theta_2 - \theta_1$. Den zurückgelegten Winkel berechnen wir auch als Drehwinkelelement. Die *Winkelgeschwindigkeit* (mit dem kleinen Omega aus dem griechischen Alphabet, ω, bezeichnet) ist analog zu der normalen linearen Geschwindigkeit definiert. Anstatt des linearen Weges verwenden wir den zurückgelegten Winkel. Dann ist der Betrag der **durchschnittlichen Winkelgeschwindigkeit** definiert als

$$\overline{\omega} = \frac{\Delta\theta}{\Delta t} \,. \tag{10.2a}$$

Dabei ist $\Delta\theta$ der Winkel, um den sich der Körper in der Zeit Δt gedreht hat. Der Betrag der **momentanen Winkelgeschwindigkeit** ist der Grenzwert dieses Quotienten, wenn Δt gegen null geht:

$$\omega = \lim_{\Delta t \to 0} \frac{\Delta\theta}{\Delta t} = \frac{d\theta}{dt}\,. \qquad (10.2b)$$

Die Winkelgeschwindigkeit wird in Radianten pro Sekunde (rad/s) angegeben. Beachten Sie, dass *sich alle Punkte in einem starren Körper mit derselben Winkelgeschwindigkeit drehen*, da sich jeder Ort in dem Körper in demselben Zeitintervall um denselben Winkel bewegt.

Die *Winkelbeschleunigung* (mit dem kleinen Alpha aus dem griechischen Alphabet, α, bezeichnet) ist analog zu der normalen linearen Beschleunigung als der Quotient aus der Änderung der Winkelgeschwindigkeit und der für diese Änderung erforderlichen Zeit definiert. Die **durchschnittliche Winkelbeschleunigung** ist definiert als

$$\overline{\alpha} = \frac{\omega_2 - \omega_1}{\Delta t} = \frac{\Delta\omega}{\Delta t}\,. \qquad (10.3a)$$

Dabei ist ω_1 die anfängliche Winkelgeschwindigkeit und ω_2 die Winkelgeschwindigkeit nach einer Zeit Δt. Die **momentane Winkelbeschleunigung** ist definiert als der Grenzwert dieses Quotienten, wenn Δt gegen null geht:

$$\alpha = \lim_{\Delta t \to 0} \frac{\Delta\omega}{\Delta t} = \frac{d\omega}{dt}\,. \qquad (10.3b)$$

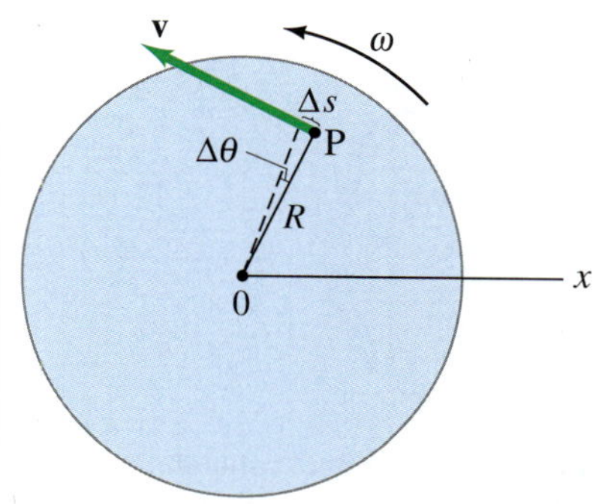

Abbildung 10.5 Ein Massenpunkt P auf einem rotierenden Rad hat zu jedem Zeitpunkt eine lineare Geschwindigkeit **v**.

Da ω für alle Punkte eines rotierenden Körpers gleich ist, besagt die Gleichung 10.3, dass auch α für alle Punkte gleich ist. Somit sind ω und α Eigenschaften des rotierenden Körpers als Ganzem. Da ω in Radianten pro Sekunde und t in Sekunden gemessen werden, wird α in Radianten pro Sekundenquadrat (rad/s^2) ausgedrückt.

Winkelbeschleunigung (rad/s²)

Jeder Massenpunkt oder Punkt eines rotierenden starren Körpers hat zu jedem Zeitpunkt eine lineare Geschwindigkeit v und eine lineare Beschleunigung a. Wir können diese linearen Größen v und a jedes Massenpunktes zu den Winkelgrößen ω und α des rotierenden Körpers als Ganzem in Beziehung setzen. Betrachten wir einen Massenpunkt, der sich in einem Abstand R von der Drehachse entfernt befindet, wie in ▶ Abbildung 10.5 dargestellt. Wenn sich der Körper mit der Winkelgeschwindigkeit ω dreht, hat jeder Massenpunkt eine lineare Geschwindigkeit, deren Richtung tangential zu seiner Kreisbahn ist. Der Betrag seiner linearen Geschwindigkeit v ist $v = ds/dt$. Aus der Gleichung 10.1 ergibt sich, dass eine Änderung $d\theta$ des Drehwinkels durch $ds = R\,d\theta$ in Beziehung zu dem zurückgelegten linearen Weg steht. Folglich gilt:

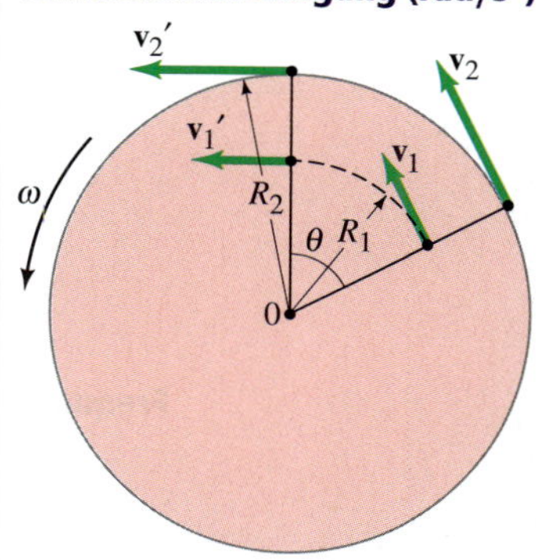

Abbildung 10.6 Ein Rad dreht sich gleichmäßig gegen den Uhrzeigersinn. Zwei Punkte auf dem Rad im Abstand R_1 bzw. R_2 vom Mittelpunkt haben unterschiedliche lineare Geschwindigkeiten, weil sie in demselben Zeitintervall unterschiedliche Wege zurücklegen. Da $R_2 > R_1$ ist $v_2 > v_1 (v = R\omega)$. Aber die beiden Punkte haben dieselbe Winkelgeschwindigkeit ω, weil sie in demselben Zeitintervall denselben Winkel θ durchlaufen.

$$v = \frac{ds}{dt} = R\frac{d\theta}{dt}$$

oder

$$v = R\omega\,. \qquad (10.4)$$

Linear- und Winkelgeschwindigkeit stehen in Beziehung zueinander

Obwohl ω für jeden Punkt in einem rotierenden Körper zu jedem Zeitpunkt gleich ist, ist die lineare Geschwindigkeit v für weiter von der Drehachse entfernt liegende Punkte größer (siehe ▶ Abbildung 10.6). Beachten Sie, dass die Gleichung 10.4 sowohl momentan als auch durchschnittlich gültig ist.

Wenn ein rotierender Körper schneller oder langsamer wird, so dass $\alpha \neq 0$, hat ein Punkt in dem Körper nicht nur eine (tangentiale) lineare Geschwindigkeit, sondern auch eine tangentiale Beschleunigung. Wir wenden Gleichung 10.4 an, um zu zeigen, dass die Winkelbeschleunigung α durch

$$a_{\tan} = \frac{dv}{dt} = R\frac{d\omega}{dt}$$

oder

$$a_{\tan} = R\alpha \qquad (10.5)$$

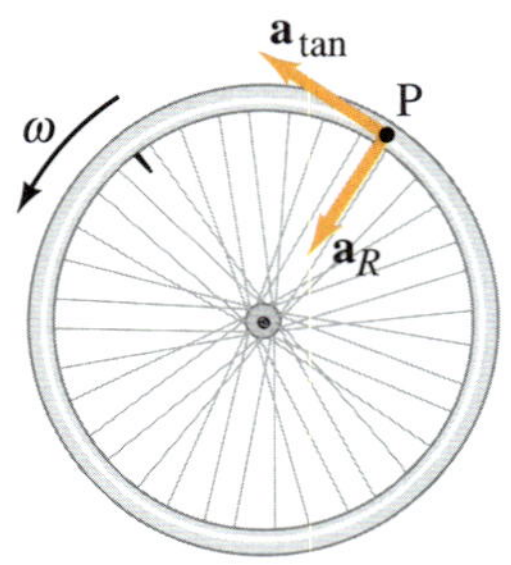

Abbildung 10.7 Auf einem rotierenden Rad, dessen Winkelgeschwindigkeit zunimmt, hat ein Punkt P sowohl eine tangentiale, als auch eine radiale (zentripetale) Beschleunigungskomponente (siehe auch Kapitel 5).

mit der tangentialen linearen Beschleunigung a_{tan} eines Massenpunktes in einem rotierenden Körper in Beziehung steht. In dieser Gleichung ist R der Radius der Kreisbahn, auf der sich der Massenpunkt bewegt, und der tiefgestellte Index tan bei a_{tan} steht für „tangential", da hier die Beschleunigung entlang des Kreises (d. h. tangential zum Kreis) betrachtet wird.

In Kapitel 3 haben wir gesehen, dass ein Massenpunkt, der sich auf einer Kreisbahn mit dem Radius R mit der linearen Geschwindigkeit v bewegt, eine Zentripetal- oder Radialbeschleunigung hat, die durch die Gleichung 3.14

$$a_R = \frac{v^2}{R}$$

gegeben ist und die zum Kreismittelpunkt hin gerichtet ist (▶ Abbildung 10.7). Unter Anwendung der Gleichung 10.4 können wir diese Radialbeschleunigung schreiben als

Zentripetalbeschleunigung (Radialbeschleunigung)

$$a_R = \frac{v^2}{R} = \frac{(\omega R)^2}{R} = \omega^2 R\,. \tag{10.6}$$

Die Gleichung 10.6 besitzt für jeden Massenpunkt eines rotierenden Körpers Gültigkeit. Somit ist die Zentripetalbeschleunigung desto größer, je weiter man sich von der Drehachse entfernt befindet: die Kinder, die in einem Karussell ganz außen sitzen, fühlen die größte Beschleunigung. Die lineare Gesamtbeschleunigung eines Massenpunktes in einem rotierenden Körper ist die Summe der beiden Komponenten:

$$\mathbf{a} = \mathbf{a}_{tan} + \mathbf{a}_R\,.$$

Wir können die Winkelgeschwindigkeit ω zu der Frequenz f in Beziehung setzen. Unter **Frequenz** verstehen wir die Anzahl der vollständigen Umdrehungen pro Sekunde. Eine Umdrehung (z. B. eines Rades) entspricht einem Winkel von 2π Radianten und somit ist $1\,\text{U/s} = 2\pi\,\text{rad/s}$. Folglich steht die Frequenz f durch

Frequenz

$$f = \frac{\omega}{2\pi}$$

oder

$$\omega = 2\pi f \tag{10.7}$$

mit der Winkelgeschwindigkeit ω in Beziehung. Die Einheit für die Frequenz, Umdrehungen pro Sekunde (U/s), hat einen speziellen Namen, das Hertz (Hz). Das bedeutet, dass

Das Hertz (Hz)

$$1\,\text{Hz} = 1\,\text{U/s} = 1\,\text{s}^{-1}$$

ist. Beachten Sie, dass „Umdrehung" dimensionslos ist, so dass wir auch $1\,\text{Hz} = 1\,\text{s}^{-1}$ schreiben können.

Die für eine vollständige Umdrehung benötigte Zeit ist die **Periode** T. Sie steht durch

Periode

$$T = \frac{1}{f} \tag{10.8}$$

zu der Frequenz in Beziehung. Wenn sich z. B. ein Massenpunkt mit einer Frequenz von drei Umdrehungen pro Sekunde dreht, dauert jede Umdrehung $\frac{1}{3}$s.

ANGEWANDTE PHYSIK

Festplatte und Übertragungsgeschwindigkeit in bit/s

Beispiel 10.2 **Festplatte**

Die Magnetscheibe der Festplatte eines Computers dreht sich mit 5400 U/min. (Umdrehungen pro Minute). (a) Wie groß ist die Winkelgeschwindigkeit der Festplatte? (b) Wie groß ist die Geschwindigkeit der Scheibe unter dem Lesekopf der Festplatte, wenn dieser sich 3,0 cm von der Drehachse entfernt befindet? (c) Wie groß ist die lineare Beschleunigung dieses Punktes? (d) Wie viele

Bits kann der Schreibkopf pro Sekunde schreiben, wenn er sich 3,0 cm von der Drehachse entfernt befindet und für ein einzelnes Bit 5,0 µm Länge entlang der Bewegungsrichtung benötigt werden? (e) Wie groß war die durchschnittliche Beschleunigung, wenn die Platte 3,6 s brauchte, um aus dem Stillstand auf 5400 U/min. hochzudrehen?

Lösung

a Zunächst ermitteln wir die Frequenz:

$$f = \frac{(5400\,\text{U/min.})}{(60\,\text{s/min.})} = 90\,\text{U/s} = 90\,\text{Hz}\,.$$

Dann beträgt die Winkelgeschwindigkeit

$$\omega = 2\pi f = 570\,\text{rad/s}\,.$$

b Die Geschwindigkeit eines Punktes, der sich 3,0 cm von der Drehachse entfernt befindet, beträgt

$$v = R\omega = (3{,}0 \cdot 10^{-2}\,\text{m})(570\,\text{rad/s}) = 17\,\text{m/s}\,.$$

c Die lineare Beschleunigung hat eine tangentiale und eine radiale Komponente. Da ω = konstant ist, ist $\alpha = 0$, so dass $a_{\text{tan}} = r\alpha = 0$. Die Radialbeschleunigung beträgt

$$a_R = \omega^2 R = (570\,\text{rad/s})^2(0{,}030\,\text{m}) = 9700\,\text{m/s}^2$$

zur Drehachse hin.

d Jedes Bit benötigt 5 µm Platz, d. h. $5{,}0 \cdot 10^{-6}$ m, so dass bei einer Geschwindigkeit von 17 m/s die Anzahl der Bits, die an dem Kopf pro Sekunde vorbeiläuft,

$$\frac{17\,\text{m/s}}{5{,}0 \cdot 10^{-6}\,\text{m}} = 3{,}4 \cdot 10^6 \text{ Bits pro Sekunde}$$

beträgt.

e Die durchschnittliche Winkelbeschleunigung betrug

$$\overline{\alpha} = \frac{\Delta\omega}{\Delta t} = \frac{570\,\text{rad/s} - 0}{3{,}6\,\text{s}} = 160\,\text{rad/s}^2\,.$$

Folglich nahm die Winkelgeschwindigkeit der Scheibe während jeder Sekunde durchschnittlich um 160 rad/s oder $(160/2\pi) = 25$ U/s zu.

10.2 Bewegungsgleichungen für gleichförmig beschleunigte Drehbewegungen

In Kapitel 2 haben wir die wichtigen Gleichungen 2.12 hergeleitet, die Beschleunigung, Geschwindigkeit und Weg für eine gleichförmige lineare Beschleunigung in Beziehung setzen. Diese Gleichungen wurden aus den Definitionen von linearer Geschwindigkeit und Beschleunigung unter der Annahme einer konstanten Beschleunigung hergeleitet. Die Definitionen von Winkelgeschwindigkeit und Winkelbeschleunigung entsprechen denen für ihre linearen Analoga. Allerdings steht jetzt θ für den linearen Weg s, ω für v und α für a. Folglich sind die Winkelgleichungen für die **konstante Winkelbeschleunigung** analog zu den Gleichungen 2.12, aber mit θ für s, ω für v und α für a, und sie können auf gleiche Weise hergeleitet werden. Wir fassen sie zusammen und stellen sie gleichzeitig den Größen der Translationsbewegung gegenüber (dabei haben wir $s_0 = 0$ und $\theta_0 = 0$ für $t = 0$ gewählt):

Gleichförmig beschleunigte Drehbewegung

Drehbewegung	Translationsbewegung		
$\omega = \omega_0 + \alpha t$	$v = v_0 + at$	[α, a konstant]	(10.9a)
$\theta = \omega_0 t + \frac{1}{2}\alpha t^2$	$s = v_0 t + \frac{1}{2}at^2$	[α, a konstant]	(10.9b)
$\omega^2 = \omega_0^2 + 2\alpha\theta$	$v^2 = v_0^2 + 2as$	[α, a konstant]	(10.9c)
$\overline{\omega} = \frac{\omega+\omega_0}{2}$	$\overline{v} = \frac{v+v_0}{2}$	[α, a konstant]	(10.9d)

Beachten Sie, dass ω_0 die Winkelgeschwindigkeit bei $t = 0$ darstellt, während θ und ω für die Winkelposition bzw. die Winkelgeschwindigkeit zum Zeitpunkt t stehen. Da die Winkelbeschleunigung konstant ist, ist $\alpha = \overline{\alpha}$. Diese Gleichungen sind auch für eine konstante Winkelgeschwindigkeit gültig. In diesem Fall ist $\alpha = 0$ und wir haben $\omega = \omega_0$, $\theta = \omega_0 t$ und $\overline{\omega} = \omega$.

Beispiel 10.3 **Wieder die Festplatte**

Wie viele Umdrehungen hat die Festplatte in Beispiel 10.2 während ihrer Beschleunigungszeit gemacht, um die 5400 U/min. zu erreichen? Nehmen Sie eine konstante Winkelbeschleunigung an.

Lösung
$\omega_0 = 0, \omega = 570\,\text{rad/s}, \alpha = \overline{\alpha} = 160\,\text{rad/s}^2$ und $t = 3{,}6\,\text{s}$ sind gegeben. Wir könnten die Gleichung 10.2b oder 10.2c anwenden, um θ zu ermitteln. Die erstere liefert

$$\theta = 0 + \frac{1}{2}(160\,\text{rad/s}^2)(3{,}6\,\text{s})^2 = 1{,}04 \cdot 10^3\,\text{rad}\,.$$

Um die Gesamtanzahl an Umdrehungen zu bestimmen, dividieren wir durch 2π und erhalten

$$\frac{1{,}04 \cdot 10^3\,\text{rad}}{2\pi\,\text{rad}} = 165\,, \quad \text{d.h. 165 Umdrehungen}\,.$$

10.3 Rollbewegung (ohne Gleiten)

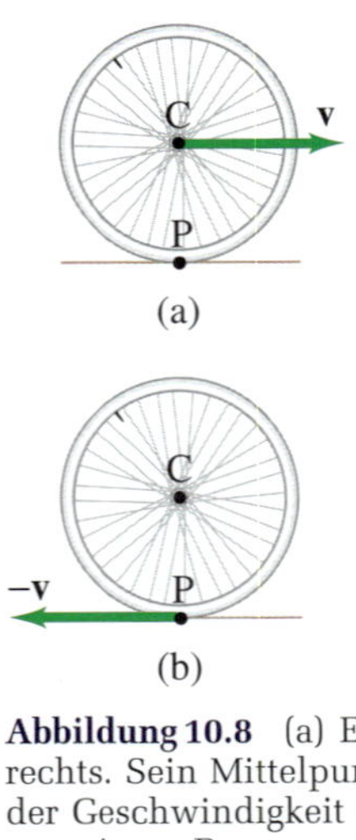

Abbildung 10.8 (a) Ein Rad rollt nach rechts. Sein Mittelpunkt C bewegt sich mit der Geschwindigkeit **v**. (b) Dasselbe Rad, von einem Bezugssystem aus gesehen, in dem sich die Achse des Rades, C, in Ruhe befindet – d. h. wir bewegen uns mit der Geschwindigkeit **v** relativ zu Teil (a) nach rechts. Der Punkt P, der sich in (a) in Ruhe befand, bewegt sich hier in (b), wie dargestellt, mit der Geschwindigkeit −**v** nach links.

Die Rollbewegung eines Balls oder eines Rades ist für uns alltäglich: ein Ball rollt über den Boden oder die Räder und Reifen eines Autos oder Fahrrades rollen über den Asphalt. Die Rollbewegung *ohne Gleiten* ist leicht zu analysieren und hängt von der Haftreibung zwischen dem rollenden Körper und dem Boden ab. Die Reibung ist eine Haftreibung, weil sich der Kontaktpunkt des rollenden Körpers mit dem Boden zu jedem Zeitpunkt in Ruhe befindet. (Die Gleitreibung kommt hinzu, wenn Sie z. B. zu stark bremsen, so dass die Reifen rutschen, oder wenn Sie mit „heißen Reifen“ beschleunigen – aber das sind kompliziertere Aufgabenstellungen.)

Die Rollbewegung ohne Gleiten beinhaltet sowohl Rotation als auch Translation. Es gibt dann eine einfache Beziehung zwischen der linearen Geschwindigkeit v der Achse und der Winkelgeschwindigkeit ω des rotierenden Rades oder der rotierenden Kugel, und zwar $v = R\omega$. Dabei ist R der Radius, wie wir jetzt zeigen werden. ▶ Abbildung 10.8a zeigt ein Rad, das ohne Gleiten nach rechts rollt. Zu dem dargestellten Zeitpunkt hat der Punkt P am Rad Kontakt mit dem Boden und befindet sich momentan in Ruhe. Die Geschwindigkeit der Achse im Mittelpunkt C des Rades ist **v**. In ▶ Abbildung 10.8b haben wir uns selbst in das Bezugssystem des Rades begeben – d. h. wir bewegen uns mit der Geschwindigkeit **v** relativ zum Boden nach rechts. In diesem Bezugssystem befindet sich die Achse C in Ruhe, während sich der Boden und der Punkt P mit der Geschwindigkeit $-\mathbf{v}$, wie dargestellt, nach links bewegen. Hier sehen wir eine reine Drehbewegung (Rotation). Daher können wir die Gleichung 10.4 anwenden, um $v = R\omega$ zu erhalten, wobei R der Radius des Rades ist. Dies ist dasselbe v wie in ► **Abbildung 10.8a**, so dass ersichtlich ist, dass die lineare Geschwindigkeit v der Achse relativ zum Boden durch $v = R\omega$ in Beziehung zu der Winkelgeschwindigkeit ω steht. Beachten Sie, dass diese Relation nur gilt, wenn kein Gleiten vorhanden ist.

Beispiel 10.4 Fahrrad

Ein Fahrrad bremst über einen Weg von 115 m gleichmäßig von $v_0 = 8{,}40\,\text{m/s}$ ab, bis es zum Stehen kommt, siehe ► Abbildung 10.9a. Jedes Rad und jeder Reifen hat einen Gesamtdurchmesser von 68,0 cm. Bestimmen Sie (a) die Winkelgeschwindigkeit der Räder zum Anfangszeitpunkt ($t = 0$), (b) die Gesamtanzahl der Umdrehungen, die jedes Rad macht, bevor es zum Stehen kommt, (c) die Winkelbeschleunigung des Rades und (d) die Zeit, die es benötigt, um zum Stehen zu kommen.

Lösung

a Begeben wir uns selbst in das Bezugssystem des Fahrrades – d. h. wir stellen uns vor, dass wir das Fahrrad fahren. Dann läuft der Boden anfangs mit einer Geschwindigkeit von 8,40 m/s an uns vorbei, siehe ► Abbildung 10.9b. Da der Reifen zu jedem Zeitpunkt Kontakt mit dem Boden hat, bewegt sich ein Punkt auf der Felge des Reifens (wie der, der den Boden berührt) mit einer Geschwindigkeit von $v = 8{,}40\,\text{m/s}$ in diesem Bezugssystem. Folglich beträgt die Winkelgeschwindigkeit des Rades anfangs

$$\omega_0 = \frac{v_0}{R} = \frac{8{,}40\,\text{m/s}}{0{,}340\,\text{m}} = 24{,}7\,\text{rad/s}\,.$$

b Beim Anhalten fahren 115 m Boden unter dem Reifen vorbei. Da der Reifen festen Kontakt mit dem Boden hat, bewegt sich jeder Randpunkt des rotierenden Reifens insgesamt 115 m. Jede Umdrehung entspricht einem Weg von $2\pi r$, so dass die Anzahl der Umdrehungen, die das Rad macht, bis es zum Stehen kommt,

$$\frac{115\,\text{m}}{2\pi r} = \frac{115\,\text{m}}{(2\pi)(0{,}340\,\text{m})} = 53{,}8 \quad \text{d. h. 53,8 Umdrehungen}$$

beträgt.

c Gleichung 10.2c liefert die Winkelbeschleunigung des Rades:

$$\alpha = \frac{\omega^2 - \omega_0^2}{2\theta} = \frac{0 - (24{,}7\,\text{rad/s})^2}{2(2\pi)(53{,}8)} = -0{,}902\,\text{rad/s}^2\,.$$

Hier haben wir $\theta = 2\pi$ rad/Umdrehung · 53,8 Umdrehungen (= 338 rad) gesetzt, weil jede Umdrehung 2π Radianten entspricht. (Alternativ hätten wir die Gleichung 10.1 anwenden können, um die Summe θ zu erhalten: $\theta = s/R = 115\,\text{m}/0{,}340\,\text{m} = 338\,\text{rad}$.)

d Mithilfe der Gleichung 10.2a oder b können wir nach der Zeit auflösen. Mit der ersten Gleichung ist es einfacher:

$$t = \frac{\omega - \omega_0}{\alpha} = \frac{0 - 24{,}7\,\text{rad/s}}{-0{,}902\,\text{rad/s}^2} = 27{,}4\,\text{s}\,.$$

Abbildung 10.9 Beispiel 10.4.

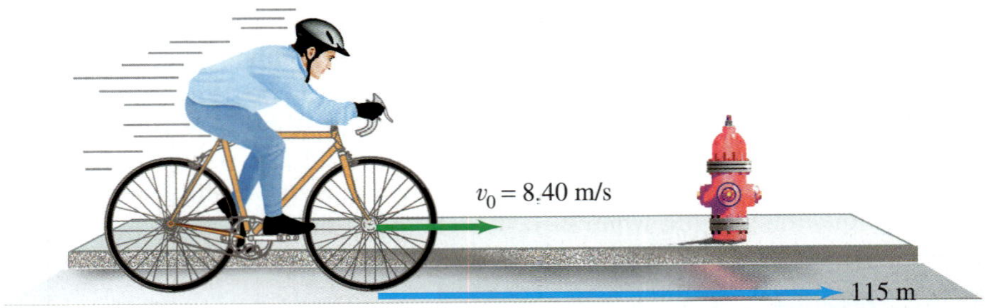

(a) Fahrrad, vom Erdboden aus gesehen ($t = 0$)

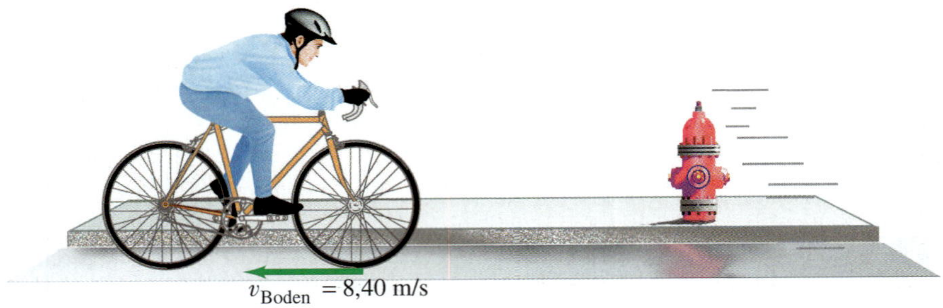

(b) vom Bezugssystem des Fahrers aus gesehen bewegt sich der Boden mit einer Anfangsgeschwindigkeit von 8,40 m/s ($t = 0$) (nach links)

Momentane Drehachse

Wenn ein Rad ohne Gleiten rollt, befindet sich der Kontaktpunkt des Rades mit dem Boden momentan in Ruhe. Manchmal ist es nützlich, sich die Bewegung des Rades als reine Drehbewegung um diese „momentane Drehachse", die durch diesen Punkt P (▶ **Abbildung 10.10a**) verläuft, vorzustellen. Nahe am Boden gelegene Punkte haben eine kleine lineare Geschwindigkeit, da sie nahe an dieser momentanen Drehachse liegen. Weiter entfernt liegende Punkte haben dagegen eine größere lineare Geschwindigkeit. Dies kann man auf dem Foto eines realen rollenden Rades (▶ **Abbildung 10.10b**) erkennen: Speichen oben am Rad sieht man weniger deutlich, weil sie sich schneller als die näher am unteren Rad befindlichen Speichen bewegen.

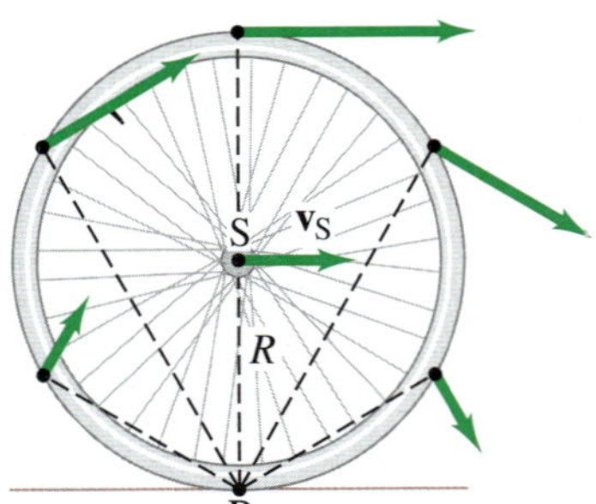

(a)

(b)

Abbildung 10.10 (a) Ein rollendes Rad dreht sich um die momentane Drehachse (senkrecht zur Buchseite), die durch den Kontaktpunkt mit dem Boden, P, verläuft. Die Pfeile stellen die Momentangeschwindigkeit jedes Punktes dar. (b) Foto eines rollenden Rades. Die Speichen sind weniger deutlich zu erkennen, wo die Geschwindigkeit größer ist.

10.4 Vektorielle Beschaffenheit von Winkelgrößen

Sowohl ω, als auch α können als Vektoren behandelt werden und wir definieren ihre Richtungen folgendermaßen. Betrachten wir das drehende Rad, das in ▸ Abbildung 10.11a dargestellt ist. Die linearen Geschwindigkeiten verschiedener Massenpunkte des Rades zeigen alle in unterschiedliche Richtungen. Die einzige Richtung im Raum, die mit der Drehbewegung verknüpft ist, verläuft entlang der Drehachse senkrecht zur tatsächlichen Bewegung. Deshalb wählen wir die Drehachse als Richtung des Winkelgeschwindigkeitsvektors $\boldsymbol{\omega}$. Tatsächlich gibt es auch jetzt noch eine Unklarheit, weil $\boldsymbol{\omega}$ in jede Richtung entlang der Drehachse zeigen könnte (nach oben oder nach unten in ▸ Abbildung 10.11a). Die Regel, die wir anwenden, wird die **Rechte-Hand-Regel** genannt und sie lautet wie folgt: Wenn die Finger der rechten Hand die Drehachse umfassen und in die Drehrichtung zeigen, dann zeigt der Daumen in Richtung von $\boldsymbol{\omega}$. Dies ist in ▸ Abbildung 10.11b dargestellt. Beachten Sie, dass $\boldsymbol{\omega}$ in die Richtung zeigt, in die sich eine Schraube mit Rechtsgewinde bewegen würde, wenn sie in Drehrichtung gedreht würde. Wenn die Drehung des Rades in ▸ Abbildung 10.11a gegen den Uhrzeigersinn erfolgt, ist $\boldsymbol{\omega}$ somit nach oben gerichtet, wie in ▸ Abbildung 10.11b dargestellt. Wenn sich das Rad im Uhrzeigersinn dreht, zeigt $\boldsymbol{\omega}$ in die entgegengesetzte Richtung, also nach unten.[1] Beachten Sie, dass sich kein Teil des rotierenden Körpers in Richtung von $\boldsymbol{\omega}$ bewegt.

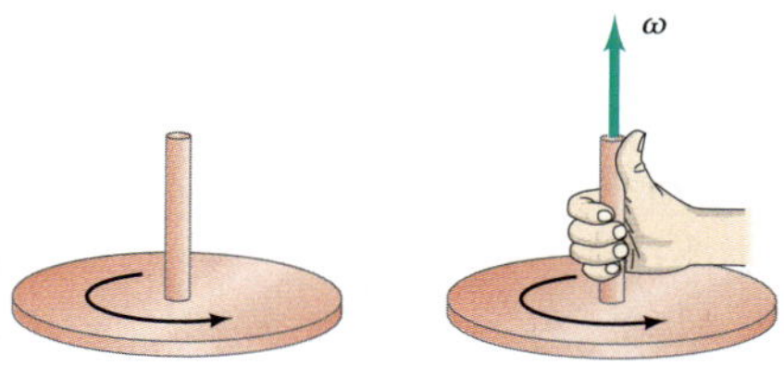

Abbildung 10.11 (a) Rotierendes Rad. (b) Rechte-Hand-Regel zur Bestimmung der Richtung von $\boldsymbol{\omega}$.

Rechte-Hand-Regel

Wenn die Drehachse in einer Richtung fest ist, kann sich nur der Betrag von $\boldsymbol{\omega}$ ändern. Somit muss $\boldsymbol{\alpha} = d\boldsymbol{\omega}/dt$ auch entlang der Drehachse verlaufen. Wenn die Drehung gegen den Uhrzeigersinn erfolgt, wie in ▸ Abbildung 10.11a, und der Betrag ω zunimmt, dann ist $\boldsymbol{\alpha}$ nach oben gerichtet. Wenn $\boldsymbol{\omega}$ allerdings abnimmt (das Rad wird langsamer), ist $\boldsymbol{\alpha}$ nach unten gerichtet. Wenn die Drehung im Uhrzeigersinn erfolgt, ist $\boldsymbol{\alpha}$ nach unten gerichtet, wenn ω zunimmt, und nach oben gerichtet, wenn ω abnimmt. Mit anderen Worten, wenn ω zunimmt, zeigt $\boldsymbol{\alpha}$ in dieselbe Richtung wie $\boldsymbol{\omega}$, wenn ω abnimmt, zeigt $\boldsymbol{\alpha}$ in die entgegengesetzte Richtung.

Da $\boldsymbol{\omega}$ immer entlang der Drehachse verläuft, ändert $\boldsymbol{\omega}$ seine Richtung, wenn die Drehachse ihre Richtung ändert. In diesem Fall verläuft $\boldsymbol{\alpha}$ nicht entlang der Drehachse. Kapitel 11 führt einige Beispiele zu diesem Thema an, aber in diesem Kapitel werden wir nur Bewegungen um eine feste Drehachse betrachten, so dass $\boldsymbol{\omega}$ und $\boldsymbol{\alpha}$ beide *entlang* der Drehachse verlaufen.

10.5 Drehmoment

Bisher haben wir uns mit der Bewegungslehre über Drehbewegungen befasst – mit der Beschreibung von Drehbewegungen in Abhängigkeit von Winkel, Winkelgeschwindigkeit und Winkelbeschleunigung. Nun beschäftigen wir uns mit der Dynamik oder den Ursachen von Drehbewegungen. Ebenso wie wir Analogien zwischen Translationsbewegung und Drehbewegung bei der Beschreibung von

1 Vektoren erfüllen im Allgemeinen strenge Transformationsgesetze, wenn wir Koordinatentransformationen, z. B. eine Spiegelung, durchführen. $\boldsymbol{\omega}$ und $\boldsymbol{\alpha}$ erfüllen diese Gesetze nicht, sie werden deshalb *Pseudovektor* oder *axialer Vektor* genannt. Nehmen wir an, dass sich ein Massenpunkt, der sich mit der Geschwindigkeit **v** nach rechts bewegt, wenn wir direkt in einen Spiegel schauen, vor und parallel zum Spiegel vorbeiläuft. Im Spiegelbild zeigt **v** nach wie vor nach rechts, siehe ▸ Abbildung 10.12a. Somit hat ein echter Vektor wie die Geschwindigkeit, wenn er parallel zu einer Spiegelfläche verläuft, im Spiegelbild dieselbe Richtung wie in Wirklichkeit. Nun betrachten wir ein Rad, das sich vor dem Spiegel dreht, so dass $\boldsymbol{\omega}$ nach rechts zeigt. (Wir schauen auf den Rand des Rades.) Im Spiegel, siehe ▸ Abbildung 10.12b, dreht sich das Rad in die entgegengesetzte Richtung. Das bedeutet, dass $\boldsymbol{\omega}$ im Spiegel in die entgegengesetzte Richtung (nach links) zeigt. Auf Grund dieses Unterschiedes zwischen $\boldsymbol{\omega}$ und echten Vektoren bei einer Spiegelung wird $\boldsymbol{\omega}$ Pseudovektor oder axialer Vektor genannt. Die Winkelbeschleunigung $\boldsymbol{\alpha}$ ist ebenfalls ein Pseudovektor, ebenso wie alle Kreuzprodukte echter Vektoren (Abschnitt 11.1). Der Unterschied zwischen echten Vektoren und Pseudovektoren interessiert uns in diesem Buch nicht weiter.

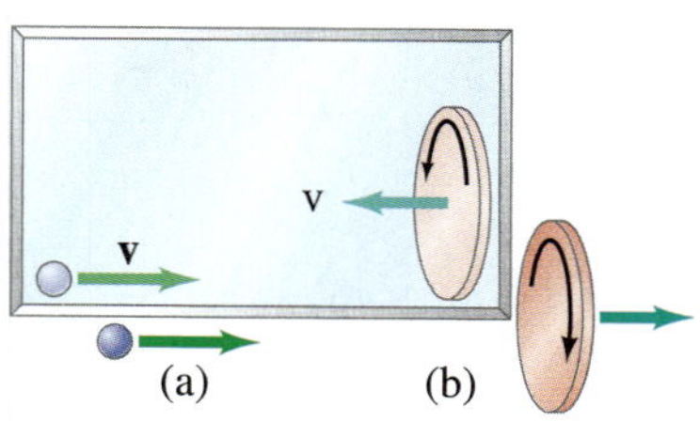

Abbildung 10.12 (a) Geschwindigkeit ist ein echter Vektor. Das Spiegelbild von **v** zeigt in dieselbe Richtung. (b) Die Winkelgeschwindigkeit ist ein Pseudovektor, da sie sich nicht nach dieser Regel verhält. Es ist dargestellt, dass sich das Spiegelbild des Rades in die entgegengesetzte Richtung dreht, so dass die Richtung von $\boldsymbol{\omega}$ im Spiegelbild entgegengesetzt ist.

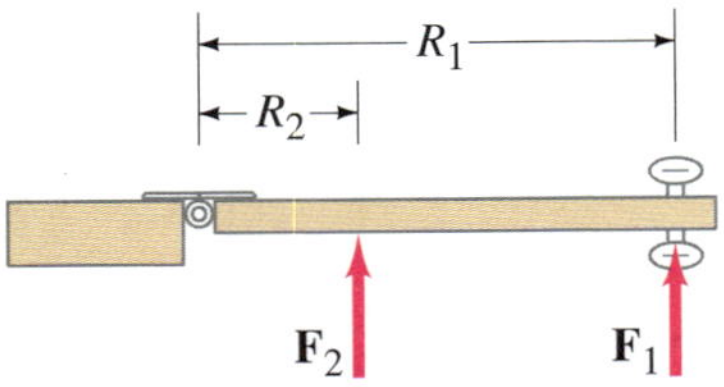

Abbildung 10.13 Ausüben der gleichen Kraft mit unterschiedlichen Hebelarmen, R_1 und R_2.

Bewegungen (Kinematik) festgestellt haben, gibt es auch bei der Dynamik Entsprechungen für die Drehbewegung.

Damit sich ein Körper um eine Drehachse zu drehen beginnt, ist offensichtlich eine Kraft erforderlich. Aber auch die Richtung und der Angriffspunkt dieser Kraft sind wichtig. Nehmen wir z. B. eine alltägliche Aufgabenstellung, wie die Tür in ▸ Abbildung 10.13. Wenn Sie eine Kraft $\mathbf{F}_1$, wie dargestellt, auf die Tür ausüben, werden Sie sehen, dass die Tür sich umso schneller öffnet, je größer der Betrag F_1 ist. Wenn Sie aber die betragsmäßig gleiche Kraft an einem Punkt ausüben, der sich näher am Scharnier befindet, z. B. $\mathbf{F}_2$ in ▸ Abbildung 10.13, werden Sie sehen, dass sich die Tür nicht so schnell öffnet. Die Wirkung der Kraft ist geringer. Wenn nur diese eine Kraft wirkt, ist die Winkelbeschleunigung der Tür tatsächlich nicht nur proportional zum Betrag der Kraft, sondern auch direkt proportional zu dem *senkrechten Abstand zwischen der Drehachse und der Linie, entlang der die Kraft wirkt.* Dieser Abstand wird **Hebelarm** oder **Kraftarm** der Kraft genannt und ist in ▸ Abbildung 10.13 mit R_1 und R_2 für die beiden Kräfte bezeichnet. Wenn R_1 in ▸ Abbildung 10.13 dreimal größer ist als R_2, dann ist somit die Winkelbeschleunigung der Tür dreimal so groß, vorausgesetzt, die Beträge der Kräfte sind gleich. Mit anderen Worten, wenn $R_1 = 3R_2$, muss F_2 dreimal so groß wie F_1 sein, damit dieselbe Winkelbeschleunigung erreicht wird. (▸ Abbildung 10.14 zeigt zwei Beispiele von Werkzeugen, deren lange Hebelarme sehr hilfreich sind.)

Hebelarm

Definition des Drehmomentes

Damit ist die Winkelbeschleunigung proportional zu dem *Produkt aus Kraft und Hebelarm*. Dieses Produkt wird das **Drehmoment** genannt und mit M bezeichnet. Das Drehmoment ist eine vektorielle Größe. In diesem Kapitel betrachten wir Drehbewegungen um eine feste Achse und es verläuft stets parallel zu dieser Achse, wie auch $\boldsymbol{\omega}$ und $\boldsymbol{\alpha}$. Wir berechnen in diesem Kapitel deshalb stets den Betrag des Drehmomentes. So ist die Winkelbeschleunigung α eines Körpers direkt proportional zu dem ausgeübten Nettodrehmoment M:

$$\alpha \propto M ,$$

und wir sehen, dass das Drehmoment die Ursache für die Winkelbeschleunigung ist. Bei einer Drehbewegung ist dies die Entsprechung des zweiten Newton'schen Axioms für eine Translationsbewegung, $a \propto F$. (In Abschnitt 10.6 werden wir sehen, welcher Faktor benötigt wird, um aus dieser Proportionalität eine Gleichung zu machen.)

Abbildung 10.14 (a) Ein Klempner kann ein größeres Drehmoment ausüben, wenn er einen Schraubenschlüssel mit langem Hebelarm verwendet. (b) Ein Drehmomentschlüssel kann auch einen langen Hebelarm haben.

Wir haben den Hebelarm als *senkrechten* Abstand der Drehachse zu der Wirkungslinie der Kraft definiert – d. h. als den Abstand, der sowohl senkrecht zu der Drehachse, als auch senkrecht zu einer imaginären Linie entlang der Richtung der Kraft steht. Diese Linie stellen wir uns vor, um die Wirkung von Kräften, die in einem Winkel wirken, zu berücksichtigen. Eine in einem Winkel ausgeübte Kraft, wie z. B. $\mathbf{F}_3$ in ▸ Abbildung 10.15a, ist weniger effektiv als die betragsmäßig gleiche Kraft, die entlang einer Geraden ausgeübt wird, wie z. B. $\mathbf{F}_1$ (▸ Abbildung 10.15a). Wenn Sie an der schmalen Seite der Tür schieben, so dass die Kraft auf das Scharnier (die Drehachse) gerichtet wird, wie durch $\mathbf{F}_4$ angezeigt, dreht sich die Tür überhaupt nicht.

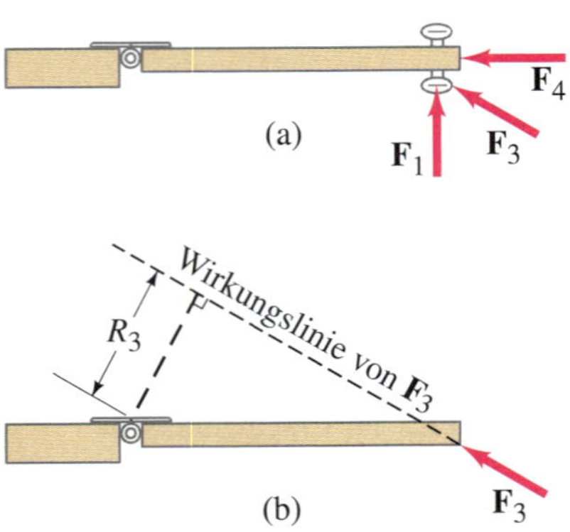

Abbildung 10.15 (a) Kräfte, die in verschiedenen Winkeln am Türgriff wirken. (b) Der Hebelarm ist definiert als der senkrechte Abstand zwischen der Drehachse (dem Scharnier) und der Wirkungslinie der Kraft.

Den Hebelarm für eine Kraft wie z. B. $\mathbf{F}_3$ ermittelt man, indem man eine Linie entlang der Richtung von $\mathbf{F}_3$ (dies ist die „Wirkungslinie" von $\mathbf{F}_3$) und dann eine weitere Linie (senkrecht zur Drehachse) von der Drehachse senkrecht zu dieser „Wirkungslinie" zieht. Die Länge dieser zweiten Linie ist der Hebelarm für $\mathbf{F}_3$ und ist in ▸ Abbildung 10.15b mit R_3 bezeichnet.

Damit ist das mit $\mathbf{F}_3$ verknüpfte Drehmoment R_3F_3. Dieser kurze Hebelarm und das entsprechend kleinere, mit $\mathbf{F}_3$ verknüpfte Drehmoment stimmen mit der Beobachtung überein, dass $\mathbf{F}_3$ für die Winkelbeschleunigung der Tür weniger effektiv ist als $\mathbf{F}_1$. Wenn der Hebelarm in dieser Weise definiert wird, ist die Beziehung $\alpha \propto M$ allgemeingültig. Beachten Sie, dass in ▸ Abbildung 10.15 die Wirkungslinie der Kraft $\mathbf{F}_4$ durch das Scharnier verläuft und folglich ihr Hebelarm null ist. Somit ist mit $\mathbf{F}_4$ ein Drehmoment gleich null verbunden, das keine Winkelbeschleunigung verursacht, wie wir aus unserer alltäglichen Erfahrung wissen.

Im Allgemeinen können wir dann das Drehmoment um eine gegebene Drehachse schreiben als

$$M = R_\perp F \,. \tag{10.9a}$$

Dabei ist $R_\perp$ der Hebelarm und das Senkrecht-Symbol (⊥) erinnert uns daran, dass wir den Abstand von der Drehachse, der senkrecht zu der Wirkungslinie der Kraft ist, benutzen müssen (▸ Abbildung 10.16a). Eine alternative, aber gleichwertige Methode zur Bestimmung des mit einer Kraft verknüpften Drehmomentes ist die Zerlegung der Kraft in Komponenten parallel und senkrecht zu der Verbindungslinie zwischen dem Angriffspunkt der Kraft und der Drehachse, wie in ▸ Abbildung 10.16b dargestellt. Dann ist das Drehmoment gleich dem Produkt aus $F_\perp$ und dem Abstand R von der Achse zum Angriffspunkt der Kraft:

$$M = RF_\perp \,. \tag{10.9b}$$

Das liefert dasselbe Ergebnis wie Gleichung 10.9a, da $F_\perp = F\sin\theta$ und $R_\perp = R\sin\theta$ ist. So gilt in jedem Fall

$$M = RF\sin\theta \,. \tag{10.9c}$$

Betrag eines Drehmomentes

Zur Berechnung des Drehmomentes können wir eine der Gleichungen 10.10 benutzen, je nachdem, mit welcher die Berechnung am einfachsten ist.[2]

Einheit des Drehmomentes: N·m

Da das Drehmoment ein Produkt aus Abstand und Kraft ist, wird es im SI-System[3] in N·m und im cgs-System in dyn·cm gemessen.

Wenn mehr als ein Drehmoment auf einen Körper wirkt, ist die Beschleunigung α proportional zu dem *Netto*drehmoment. Wenn alle auf einen Körper wirkenden Drehmomente dazu führen, den Körper in dieselbe Richtung zu drehen, ist das Nettodrehmoment die Summe der Drehmomente. Wenn aber z. B. ein Drehmoment wirkt und den Körper in die eine Richtung dreht und ein zweites Drehmoment wirkt und den Körper in die entgegengesetzte Richtung dreht (wie in ▸ Abbildung 10.17), ist das Nettodrehmoment die Differenz der beiden Drehmomente. Drehmomente, die wirken und den Körper in eine Richtung (z. B. *gegen* den Uhrzeigersinn) drehen, erhalten ein *positives* Vorzeichen, Drehmomente, die wirken und den Körper in die entgegengesetzte Richtung (*im* Uhrzeigersinn) drehen, bekommen ein *negatives* Vorzeichen.

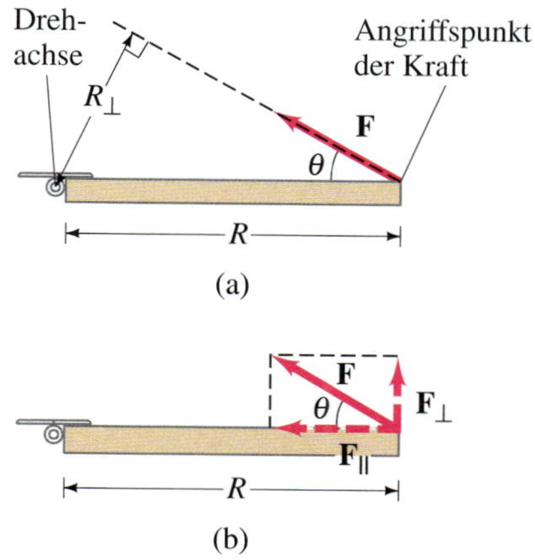

Abbildung 10.16 Drehmoment $= R_\perp F = RF_\perp$.

Beispiel 10.5 Auf ein Verbundrad wirkendes Drehmoment

Zwei dünne, zylinderförmige Räder mit den Radien $R_1 = 30\,\text{cm}$ und $R_2 = 50\,\text{cm}$ sind auf einer Achse aneinander befestigt, die durch den Mittelpunkt jedes Rades verläuft, wie in ▸ Abbildung 10.17 dargestellt. Berechnen Sie das Nettodrehmoment, das auf das Zwei-Räder-System wirkt und auf die beiden dargestellten Kräfte, die jeweils einen Betrag von 50 N haben, zurückzuführen ist.

Lösung

Die Kraft $\mathbf{F}_1$ bewirkt eine Drehung des Systems gegen den Uhrzeigersinn, während $\mathbf{F}_2$ eine Drehung im Uhrzeigersinn bewirkt. Das bedeutet, dass die beiden Kräfte in entgegengesetzte Richtungen wirken. Eine Drehrichtung müssen wir

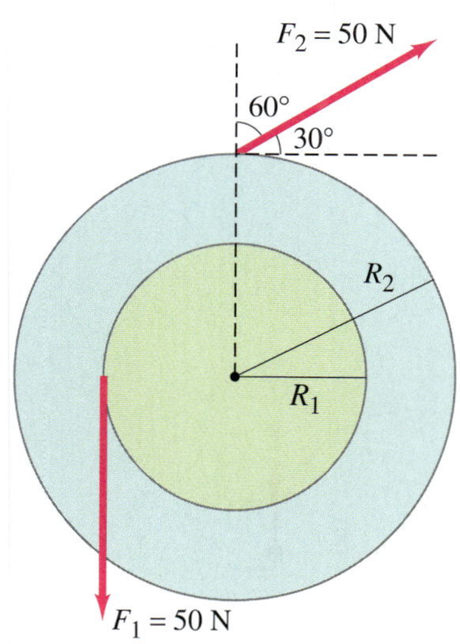

Abbildung 10.17 Beispiel 10.5. Das auf $\mathbf{F}_1$ zurückzuführende Drehmoment beschleunigt das Rad gegen den Uhrzeigersinn, während das auf $\mathbf{F}_2$ zurückzuführende Drehmoment das Rad im Uhrzeigersinn beschleunigt.

2 In Kapitel 11 werden wir sehen, dass die Gleichung 10.9c den Betrag des Drehmomentvektors liefert, $\mathbf{M} = \mathbf{r} \times \mathbf{F}$.

3 Beachten Sie, dass die Einheiten für das Drehmoment dieselben sind wie für die Arbeit oder Energie. Arbeit und Energie sind skalare Größen, hingegen besitzt das Drehmoment eine Richtung und ist ein Vektor. Die Einheit *Joule* (1 J = 1 N·m) wird nur für die Energie (und die Arbeit) benutzt, *niemals* jedoch für das Drehmoment.

als positiv wählen – z. B. gegen den Uhrzeigersinn. Dann übt $\mathbf{F}_1$ ein positives Drehmoment aus, $M_1 = R_1F_1$, da der Hebelarm R_1 ist. Andererseits erzeugt $\mathbf{F}_2$ ein negatives Drehmoment (im Uhrzeigersinn) und wirkt nicht senkrecht zu R_2, so dass wir ihre senkrechte Komponente benutzen müssen, um das Drehmoment, dass sie erzeugt, zu berechnen: $M_2 = -R_2F_{2\perp} = -R_2F_2 \sin\theta$. Dabei ist $\theta = 60°$. (Beachten Sie, dass θ der Winkel zwischen $\mathbf{F}_2$ und einer radialen Linie von der Drehachse aus sein muss.) Folglich beträgt das Nettodrehmoment

$$\begin{aligned} M &= R_1F_1 - R_2F_2 \sin 60° \\ &= (0{,}30\,\text{m})(50\,\text{N}) - (0{,}50\,\text{m})(50\,\text{N})(0{,}866) = -6{,}7\,\text{m·N}\,. \end{aligned}$$

Dieses Nettodrehmoment bewirkt die Beschleunigung der Drehung des Rades im Uhrzeigersinn. Beachten Sie, dass die beiden Kräfte einen gleichen Betrag haben, aber dennoch ein Nettodrehmoment erzeugen, weil ihre Hebelarme unterschiedlich sind.

10.6 Drehdynamik; Drehmoment und Trägheitsmoment

Wir haben die Tatsache erörtert, dass die Winkelbeschleunigung α eines rotierenden Körpers proportional zu dem auf ihn ausgeübten Nettodrehmoment M ist:

$$\alpha \propto \sum M\,.$$

Dabei schreiben wir $\sum M$ als Erinnerung daran, dass es sich um das Nettodrehmoment (Summe aller auf den Körper wirkenden Drehmomente) handelt, das proportional zu α ist. Das entspricht dem zweiten Newton'schen Axiom für die Translationsbewegung, $a \propto \sum F$, wobei das Drehmoment die Kraft ersetzt und die Winkelbeschleunigung α entsprechend die lineare Beschleunigung a. Die lineare Beschleunigung ist nicht nur proportional zu der Nettokraft, sondern auch umgekehrt proportional zu der Trägheit des Körpers, die wir seine Masse m nennen. So könnten wir $a = \sum F/m$ schreiben. Aber welche Größe tritt bei der Drehbewegung an die Stelle der Masse? Das wollen wir jetzt bestimmen. Gleichzeitig werden wir sehen, dass sich die Beziehung $\alpha = \sum M$ direkt aus dem zweiten Newton'schen Axiom, $\sum F = ma$, ergibt.

Zunächst betrachten wir einen sehr einfachen Fall: einen Massenpunkt mit der Masse m, der am Ende einer Schnur oder Stange, deren Masse wir vernachlässigen können, auf einer Kreisbahn mit dem Radius r rotiert (▶ Abbildung 10.18). Wir nehmen an, dass, wie dargestellt, eine einzige Kraft F auf ihn wirkt. Das Drehmoment, das die Winkelbeschleunigung bewirkt, ist $M = RF$. Wenn wir das zweite Newton'sche Axiom für lineare Größen, $\sum F = ma$, und die Gleichung 10.5, $a_{\tan} = R\alpha$, anwenden, die die Winkelbeschleunigung zu der linearen Tangentialbeschleunigung in Beziehung setzt, erhalten wir

$$\begin{aligned} F &= ma \\ &= mR\alpha\,. \end{aligned}$$

Wenn wir beide Seiten mit R multiplizieren, ist das Drehmoment $M = RF$ gegeben durch

$$M = mR^2\alpha\,. \quad \text{(einzelner Massenpunkt)} \tag{10.11}$$

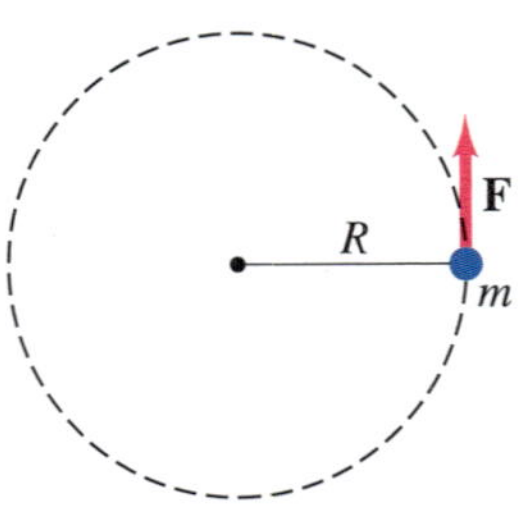

Abbildung 10.18 Eine Masse m dreht sich auf einer Kreisbahn mit dem Radius R um einen Fixpunkt.

Hier haben wir die direkte Beziehung zwischen der Winkelbeschleunigung und dem ausgeübten Drehmoment M. Die Größe mR^2 stellt das *Trägheitsmoment* des Massenpunktes dar.

Betrachten wir jetzt einen rotierenden starren Körper, wie z. B. ein Rad, das sich um eine Drehachse, die durch seinen Mittelpunkt verläuft, wie z. B. eine

Tragachse, dreht. Wir können uns das Rad als aus vielen Massenpunkten bestehend vorstellen, die in unterschiedlichen Abständen zur Drehachse liegen. Wir können die Gleichung 10.11 auf jeden Massenpunkt des Körpers anwenden, d. h. wir schreiben $M_i = m_i R_i^2 \alpha$ für den i-ten Massenpunkt des Körpers. Dann bilden wir die Summe über alle Massenpunkte. Die Summe der verschiedenen Drehmomente ist das Gesamtdrehmoment, $\sum M$. Somit ergibt sich

$$\sum M_i = \left(\sum m_i R_i^2\right) \alpha \,. \quad \text{(feste Achse)} \qquad (10.12)$$

Dabei haben wir das α ausgeklammert, da es für alle Massenpunkte des Körpers gleich ist. Das resultierende Drehmoment, $\sum M$, stellt die Summe aller inneren (internen) Drehmomente, die jeder Massenpunkt auf einen anderen ausübt, und aller äußeren (externen) Drehmomente dar, die von außen ausgeübt werden: $\sum M = \sum M_{\text{ext}} + \sum M_{\text{int}}$. Nach dem dritten Newton'schen Axiom ist die Summe der inneren Drehmomente null.[4] Folglich stellt $\sum M$ das resultierende *äußere* Drehmoment dar.

Die Summe $\sum m_i R_i^2$ in Gleichung 10.12 stellt das Produkt aus der Summe der Massen jedes Massenpunktes in dem Körper und dem Quadrat des Abstandes des jeweiligen Massenpunktes von der Drehachse dar. Wenn wir die Massenpunkte durchnummerieren $(1, 2, 3, \ldots)$ dann ist $\sum m_i R_i^2 = m_1 R_1^2 + m_2 R_2^2 + m_3 R_3^2 + \ldots$. Diese Größe wird das Massenträgheitsmoment oder kurz **Trägheitsmoment** des Körpers, J, genannt:

$$J = \sum m_i R_i^2 = m_1 R_1^2 + m_2 R_2^2 + \ldots \qquad (10.13)$$

Wenn wir die Gleichungen 10.12 und 10.13 kombinieren, können wir schreiben:

DAS ZWEITE NEWTON'SCHE AXIOM FÜR DREHBEWEGUNGEN

$$\sum M = J\alpha \,. \quad \text{(Achse in einem Inertialsystem feststehend)} \qquad (10.14)$$

Das resultierende äußere Drehmoment M ist gleich dem Trägheitsmoment J und der Winkelbeschleunigung α. Diese Bewegungsgleichung für Drehbewegungen ist das Analogon zum zweiten Newton'schen Axiom, das sich auf Translationsbewegungen bezieht. Sie gilt für die Drehung eines starren Körpers um eine feste Achse.[5] Man kann zeigen (siehe Kapitel 11), dass die Gleichung 10.14 auch gültig ist, wenn der Körper eine Translationsbewegung mit Beschleunigung erfährt, solange J und α um den Massenmittelpunkt des Körpers berechnet werden und die Drehachse durch den Massenmittelpunkt nicht die Richtung ändert (beispielsweise ein Ball, der eine schiefe Ebene gerade hinunterrollt). Dann gilt:

$$\left(\sum M\right)_S = J_S \alpha_S \,. \quad \left(\begin{array}{l}\text{Achse ist in ihrer Richtung fest,}\\ \text{kann aber beschleunigen}\end{array}\right) \qquad (10.15)$$

Dabei bedeutet der tiefgestellte Index S „um den Massenmittelpunkt herum berechnet".

Wie wir sehen, spielt das Trägheitsmoment J, das das Maß für die Trägheit eines Körpers ist, bei der Drehbewegung die Rolle, die der Masse bei der Translationsbewegung zukommt. Aus Gleichung 10.13 ist ersichtlich, dass das Trägheitsmoment eines Körpers nicht nur von seiner Masse abhängt, sondern auch davon, wie diese Masse in Bezug auf die Drehachse verteilt ist. Ein Zylinder

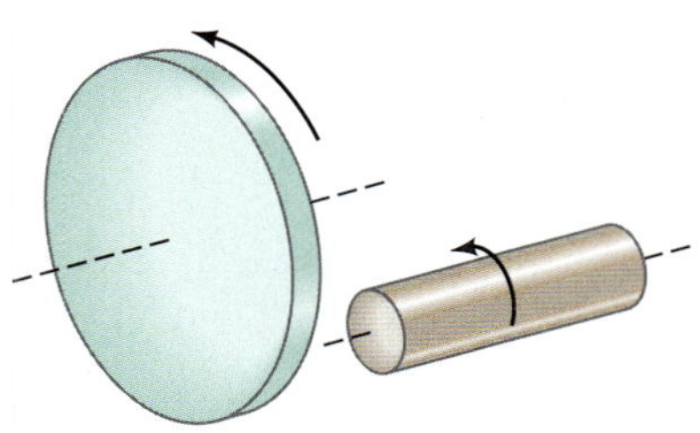

Abbildung 10.19 Ein Rad mit großem Durchmesser hat ein größeres Trägheitsmoment als ein Rad mit kleinerem Durchmesser, aber gleicher Masse.

4 Dies ist durch die vollständige Formulierung des dritten Newton'schen Axioms gegeben, in der die Kraft, die ein Massenpunkt auf einen zweiten ausübt, nicht nur gleich groß und entgegengerichtet zu der Kraft ist, die der zweite auf den ersten Massenpunkt ausübt, sondern in der diese beiden Kräfte auch entlang derselben Geraden wirken.

5 Das bedeutet, dass die Drehachse relativ zum Körper feststeht und in einem Inertialsystem fest ist. Das beinhaltet auch eine Drehachse, die sich mit gleichmäßiger Geschwindigkeit in einem Inertialsystem bewegt, da die Drehachse als in einem zweiten Inertialsystem feststehend betrachtet werden kann, das sich in Bezug auf das erste bewegt.

mit einem großen Durchmesser hat z. B. ein größeres Trägheitsmoment als ein Zylinder mit gleicher Masse, aber kleinerem Durchmesser (und somit größerer Länge), siehe ▶ Abbildung 10.19. Im ersten Fall ist es schwieriger, den Zylinder in eine Drehbewegung zu versetzen und anzuhalten. Wenn die Masse weiter entfernt von der Drehachse konzentriert ist, ist das Trägheitsmoment größer. Im Unterschied zur Translationsbewegung kann bei einer Drehbewegung die Masse eines Körpers *nicht* als in seinem Massenmittelpunkt konzentriert betrachtet werden.

Achtung: Bei der Drehbewegung kann die Masse nicht als im Massenmittelpunkt konzentriert betrachtet werden

10.7 Problemlösungen für drehdynamische Aufgabenstellungen

Bei der Behandlung von Drehmoment und Winkelbeschleunigung (Gleichung 10.14) ist die durchgehende Verwendung einheitlicher Einheiten wichtig. Die SI-Einheiten sind: für α, rad/s^2, für M, N·m und für das Trägheitsmoment J, kg·m^2.

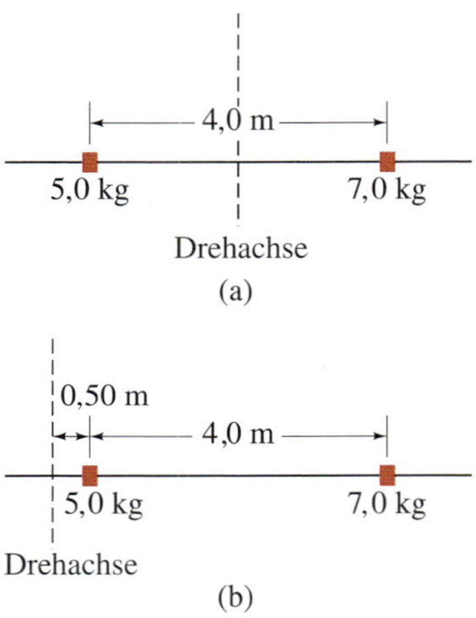

Abbildung 10.20 Beispiel 10.6: Berechnung des Trägheitsmomentes.

Beispiel 10.6 Zwei Gewichte an einer Stange: Unterschiedliche Drehachse, unterschiedliches *J*

Zwei kleine „Gewichte" mit einer Masse von 5,0 kg bzw. 7,0 kg werden 4,0 m voneinander entfernt an einer leichten Stange (deren Masse vernachlässigt werden kann) angebracht, wie in ▶ Abbildung 10.20 dargestellt. Berechnen Sie das Trägheitsmoment des Systems, (a) wenn es mitten zwischen den Gewichten um eine Drehachse gedreht wird, siehe ▶ Abbildung 10.20a, und (b) wenn sich das System um eine Drehachse dreht, die sich 0,50 m links von der 5,0 kg-Masse befindet (▶ Abbildung 10.20b).

Lösung

a Beide Gewichte haben denselben Abstand von der Drehachse, und zwar 2,0 m. Somit gilt

$$J = \sum mR^2 = (5{,}0\,\text{kg})(2{,}0\,\text{m})^2 + (7{,}0\,\text{kg})(2{,}0\,\text{m})^2$$
$$= 20\,\text{kg·m}^2 + 28\,\text{kg·m}^2 = 48\,\text{kg·m}^2\,.$$

b Jetzt befindet sich die 5,0 kg-Masse 0,50 m von der Drehachse und die 7,0 kg-Masse 4,50 m von der Drehachse entfernt. Dann gilt

$$J = \sum mR^2 = (5{,}0\,\text{kg})(0{,}50\,\text{m})^2 + (7{,}0\,\text{kg})(4{,}5\,\text{m})^2$$
$$= 1{,}3\,\text{kg·m}^2 + 142\,\text{kg·m}^2 = 143\,\text{kg·m}^2\,.$$

J hängt von der Drehachse und von der Massenverteilung ab

Das obige Beispiel veranschaulicht zwei wichtige Punkte. Erstens ist das Trägheitsmoment eines gegebenen Systems für unterschiedliche Drehachsen unterschiedlich. Zweitens sehen wir in Teil (b), dass die Masse, die sich in der Nähe der Drehachse befindet, wenig zu dem gesamten Trägheitsmoment beiträgt. In diesem Fall trägt der Körper mit einer Masse von 5,0 kg weniger als 1% zum gesamten Trägheitsmoment bei.

Bei den meisten Körpern ist die Masse kontinuierlich verteilt und die Berechnung des Trägheitsmomentes, $\sum mR^2$, kann schwierig sein. Ausdrücke für das Trägheitsmoment von Körpern mit regelmäßiger Form in Abhängigkeit ihrer Abmessungen können allerdings (mithilfe der Integralrechnung) berechnet werden. Dies wird im nächsten Abschnitt erörtert. In ▶ Abbildung 10.21 sind diese Aus-

	Körper	Ort der Drehachse	Trägheitsmoment
(a)	Dünner Reifen mit Radius R_0	Durch den Mittelpunkt	MR_0^2
(b)	Dünner Reifen mit Radius R_0 und Breite b	Durch zentralen Durchmesser	$\frac{1}{2}MR_0^2 + \frac{1}{12}Mb^2$
(c)	Massiver Zylinder mit Radius R_0	Durch den Mittelpunkt	$\frac{1}{2}MR_0^2$
(d)	Hohlzylinder mit Innenradius R_1 und Außenradius R_2	Durch den Mittelpunkt	$\frac{1}{2}M\,(R_1^2 + R_2^2)$
(e)	Homogene Kugel mit Radius r_0	Durch den Mittelpunkt	$\frac{2}{5}Mr_0^2$
(f)	Lange, homogene Stange mit l Länge	Durch den Mittelpunkt	$\frac{1}{12}Ml^2$
(g)	Lange, homogene Stange mit l Länge	Durch ein Ende	$\frac{1}{3}Ml^2$
(h)	Rechteckige dünne Platte mit Länge l und Breite b	Durch den Mittelpunkt	$\frac{1}{12}M(l^2 + b^2)$

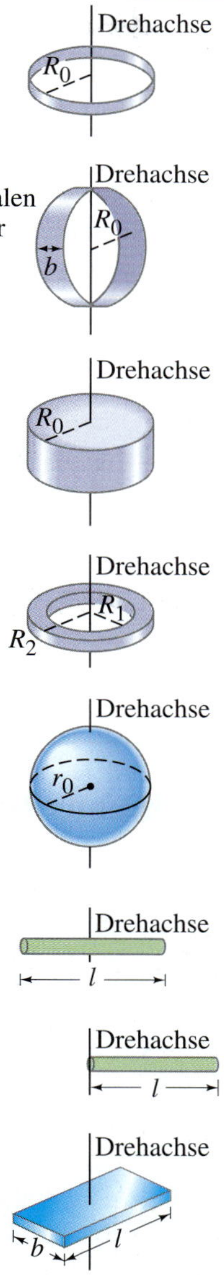

Abbildung 10.21 Trägheitsmomente für verschiedene Körper mit gleichmäßiger Zusammensetzung.

drücke für eine Reihe von Körpern aufgeführt, die sich um die jeweils angegebenen Drehachsen drehen. Der einzige Fall, für den das Ergebnis offensichtlich ist, ist der dünne Reifen oder Ring mit dem Radius R_0, der um eine Drehachse gedreht wird, die durch seinen Mittelpunkt senkrecht zu der Ebene des Reifens verläuft (► Abbildung 10.21a). Bei diesem Körper ist die gesamte Masse in demselben Abstand R_0 von der Drehachse konzentriert. Somit ist $\sum mR^2 = \left(\sum m\right) R_0^2 = MR_0^2$, wobei M die gesamte Masse des Reifens ist. Wenn die Berechnung schwierig ist, kann J experimentell bestimmt werden, indem man die Winkelbeschleunigung α um eine feste Drehachse anhand eines bekannten Nettodrehmomentes, $\sum M$, bestimmt und die Gleichung 10.14, $J = \sum M/\alpha$, anwendet.

Problemlösung Drehbewegung (feste Achse)

1. Fertigen Sie, wie immer, eine deutliche und vollständige Zeichnung an.

2. Zeichnen Sie ein *Kräfteparallelogramm* für den zu untersuchenden Körper (bzw. für jeden Körper, falls es sich um mehr als einen handelt), in dem nur (und alle) die Kräfte dargestellt sind, die auf den jeweiligen Körper wirken, sowie ihre genauen Angriffspunkte, so dass Sie das auf jede Kraft zurückzuführende Drehmoment bestimmen können. Die Gravitation wirkt im Schwerpunkt des Körpers.

3. Identifizieren Sie die Drehachse und berechnen Sie die sich daraus ergebenden Drehmomente. Wählen Sie die positive und negative Drehrichtung (gegen den und im Uhrzeigersinn) und ordnen Sie jedem Drehmoment das richtige Vorzeichen zu.

4. Wenden Sie die Gleichung für Drehbewegungen, $\sum M = J\alpha$, an. Wenn das Trägheitsmoment nicht gegeben und es nicht die gesuchte unbekannte Größe ist, müssen Sie es zunächst bestimmen. Verwenden Sie einheitliche Einheiten. Die SI-Einheiten sind: für α, rad/s^2, für M, N·m, und für J, kg·m^2.

5. Wenden Sie, falls erforderlich, auch das zweite Newton'sche Axiom für Translationsbewegungen, $\sum \mathbf{F} = m\mathbf{a}$, an.

6. Lösen Sie die sich ergebende(n) Gleichung(en) nach der/den Unbekannten auf.

7. Führen Sie, wie immer, eine grobe Abschätzung durch, um zu sehen, ob Ihre Antwort plausibel ist: macht sie Sinn?

Beispiel 10.7 Eine schwere Rolle

Eine Kraft von 15,0 N (dargestellt durch $\mathbf{F}_Z$) wird auf ein Seil ausgeübt, das auf einer Rolle mit einer Masse $M = 4{,}00$ kg und einem Radius $R_0 = 33{,}0$ cm aufgewickelt ist, siehe ► Abbildung 10.22. Die Rolle beschleunigt gleichförmig aus dem Stillstand und erreicht nach 3,00 s eine Winkelgeschwindigkeit von 30,0 rad/s. Bestimmen Sie das Trägheitsmoment der Scheibe, wenn ein Reibungsdrehmoment (an der Achse) von $M_R = 1{,}10$ N· m vorliegt. Nehmen Sie an, dass sich die Rolle um ihren Mittelpunkt dreht.

Lösung

Das Kräfteparallelogramm für die Rolle ist in ► Abbildung 10.22 dargestellt, obwohl die Reibungskraft nicht dargestellt ist, da wir nur ihr Drehmoment kennen. Wir können das Trägheitsmoment aus der Gleichung 10.14, $\sum M = J\alpha$, berechnen, da wir aus den angegebenen Maßen $\sum M$ und α bestimmen können. Das Seil verlässt den Rand der Rolle senkrecht zum Radius, so dass der Winkel zwischen der Kraft $\mathbf{F}_Z$ und ihrem Hebelarm 90° beträgt. Das Nettodrehmoment ist die Differenz aus dem auf $\mathbf{F}_Z$ zurückzuführenden ausgeübten Drehmoment und dem Reibungsdrehmoment. Wir nehmen als positive Richtung die Richtung gegen den Uhrzeigersinn:

$$\sum M = (0{,}330\,\text{m})(15{,}0\,\text{N}) - 1{,}10\,\text{N·m} = 3{,}85\,\text{N·m}\,.$$

Die Winkelbeschleunigung beträgt

$$\alpha = \frac{\Delta\omega}{\Delta t} = \frac{30{,}0\,\text{rad/s} - 0}{3{,}00\,\text{s}} = 10{,}0\,\text{rad/s}^2\,.$$

Folglich gilt

$$J = \sum M/\alpha = (3{,}85\,\text{N·m})/(10{,}0\,\text{rad/s}^2) = 0{,}385\,\text{kg·m}^2\,.$$

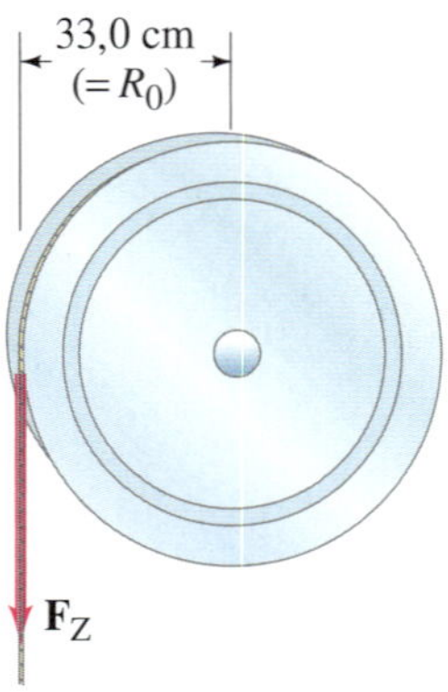

Abbildung 10.22 Beispiel 10.7.

Beispiel 10.8 Rolle und Eimer

Betrachten wir noch einmal die Rolle aus ► Abbildung 10.22. Aber dieses Mal nehmen wir an, dass keine konstante Kraft von 15,0 N auf das Seil ausgeübt wird, sondern ein Eimer mit einem Gewicht von 15,0 N (Masse $m = 1{,}53$ kg) an dem Seil hängt, das, so nehmen wir ebenfalls an, sich nicht dehnt oder auf der Rolle rutscht. Siehe ► Abbildung 10.23a. (a) Berechnen Sie die Winkelbeschleunigung α der Rolle und die lineare Beschleunigung a des Eimers. (b) Bestimmen Sie die Winkelgeschwindigkeit ω der Rolle und die lineare Geschwindigkeit v des Eimers bei $t = 3{,}00$ s, wenn die Rolle (und der Eimer) aus dem Stillstand bei $t = 0$ starten.

Lösung

a F_Z ist die Zugkraft in dem Seil. Dann wirkt eine Kraft F_Z am Rand der Rolle und wir wenden die Gleichung 10.14 für die Drehung der Rolle an:

$$J\alpha = \sum M = F_Z R_0 - M_R \,. \quad \text{(Rolle)}$$

Als nächstes schauen wir uns die Translationsbewegung des Eimers mit der Masse m an. ► Abbildung 10.23b zeigt ein Kräfteparallelogramm für den Eimer. Zwei Kräfte wirken auf den Eimer: die Gewichtskraft mg wirkt nach unten und die Zugkraft des Seils F_Z zieht nach oben. So liefert $\sum F = ma$ für den Eimer (wenn wir die Abwärtsrichtung als positiv annehmen)

$$mg - F_Z = ma \,. \quad \text{(Eimer)}$$

Beachten Sie, dass die Zugkraft F_Z, die auf den Rand der Rolle ausgeübte Kraft, *nicht* gleich der Gewichtskraft des Eimers ($= mg = 15{,}0$ N) ist. Wenn der Eimer beschleunigt, muss es eine Nettokraft geben (folglich ist $F_Z < mg$). Tatsächlich, und zwar durch die letzte obige Gleichung, ist $F_Z = mg - ma$. Bei der Bestimmung von α beachten wir, dass die Tangentialbeschleunigung eines Randpunktes der Rolle dieselbe Beschleunigung ist wie die Beschleunigung des Eimers, wenn das Seil sich nicht dehnt oder rutscht. Somit können wir die Gleichung 10.5, $a_{tan} = a = R_0\alpha$, anwenden. Wenn wir $F_Z = mg - ma$ in die erste obige Gleichung einsetzen, erhalten wir

$$\begin{aligned} J\alpha = \sum M &= F_Z R_0 - M_R = (mg - mR_0\alpha)R_0 - M_R \\ &= mgR_0 - mgR_0^2\alpha - M_R \,. \end{aligned}$$

α erscheint in dem mittleren Term auf der rechten Seite. Also bringen wir diesen Term auf die linke Seite und lösen nach α auf:

$$\alpha = \frac{mgR_0 - M_R}{J + mR_0^2} \,.$$

Da $J = 0{,}385$ kg$\cdot$ m^2 und $M_R = 1{,}10$ N$\cdot$ m (Beispiel 10.7), ergibt sich dann

$$\alpha = \frac{(15{,}0\,\text{N})(0{,}330\,\text{m}) - 1{,}10\,\text{N}\cdot\text{m}}{0{,}385\,\text{kg}\cdot\text{m}^2 + (1{,}53\,\text{kg})(0{,}330\,\text{m})^2} = 6{,}98\,\text{rad/s}^2 \,.$$

Die Winkelbeschleunigung ist in diesem Fall etwas geringer als die 10,0 rad/s^2 im Beispiel 10.7. Warum? Weil $F_Z (= mg - ma)$ etwas geringer ist als die Gewichtskraft des Eimers, mg. Die lineare Beschleunigung des Eimers beträgt

$$a = R_0\alpha = (0{,}330\,\text{m})(6{,}98\,\text{rad/s}^2) = 2{,}30\,\text{m/s}^2 \,.$$

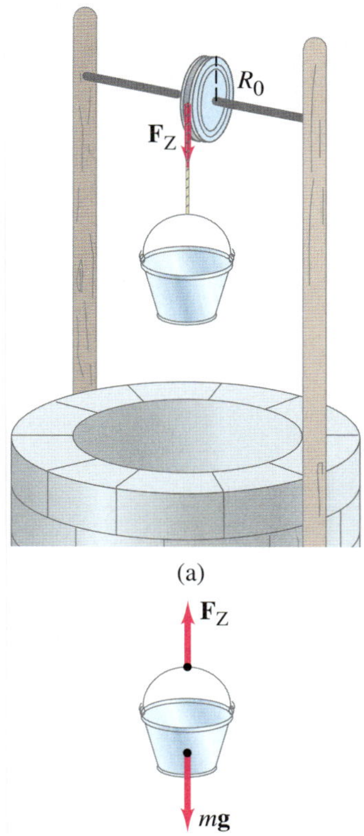

Abbildung 10.23 Beispiel 10.8. Mit einem in (b) dargestellten Kräfteparallelogramm für den fallenden Eimer mit der Masse m.

b Da die Winkelbeschleunigung konstant ist, gilt nach 3,00 s

$$\omega = \omega_0 + \alpha t = 0 + (6{,}98\,\mathrm{rad/s^2})(3{,}00\,\mathrm{s}) = 20{,}9\,\mathrm{rad/s}\,.$$

Die Geschwindigkeit des Eimers ist gleich der Geschwindigkeit eines Randpunktes der Rolle:

$$v = R_0\omega = (0{,}330\,\mathrm{m})(20{,}9\,\mathrm{rad/s}) = 6{,}91\,\mathrm{m/s}\,.$$

Die lineare Gleichung $v = v_0 + at = 0 + (2{,}30\,\mathrm{m/s^2})(3{,}00\,\mathrm{s}) = 6{,}90\,\mathrm{m/s}$ liefert dasselbe Ergebnis. (Die Differenz ist auf das Abrunden zurückzuführen.)

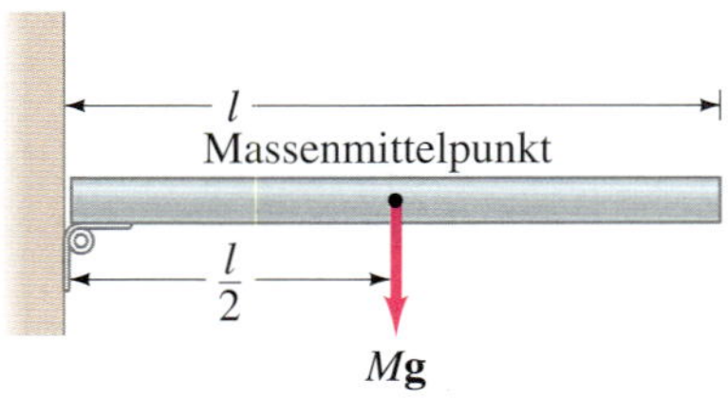

Abbildung 10.24 Beispiel 10.9.

Beispiel 10.9 Rotierende Stange

Eine homogene Stange mit der Masse M und der Länge l kann sich frei (d. h. wir vernachlässigen die Reibung) um ein Scharnier oder einen Zapfen drehen, das bzw. der am Gehäuse einer großen Maschine befestigt ist, wie in ► Abbildung 10.24 dargestellt. Die Stange wird horizontal gehalten und dann losgelassen. Bestimmen Sie (a) die Winkelbeschleunigung der Stange und (b) die lineare Beschleunigung der Stangenspitze im Moment des Loslassens. Nehmen Sie an, dass die Gewichtskraft, wie dargestellt, im Massenmittelpunkt der Stange wirkt.

Lösung

a Das einzige auf die Stange wirkende Drehmoment ist das auf die Gewichtskraft zurückzuführende Drehmoment, das mit einer nach unten gerichteten Kraft $F = Mg$ mit einem Hebelarm (im Moment des Loslassens) von $l/2$ wirkt, da sich der Massenmittelpunkt im Mittelpunkt einer homogenen Stange befindet. (Auch am Zapfen wirkt eine Kraft auf die Stange, aber mit dem Zapfen als Drehachse ist der Hebelarm dieser Kraft null.) Das Trägheitsmoment einer homogenen Stange, die sich um ihr Ende dreht, beträgt (► Abbildung 10.21g) $J = \frac{1}{3}Ml^2$. Somit liefert die Gleichung 10.14

$$\alpha = \frac{M}{J} = \frac{Mg\frac{l}{2}}{\frac{1}{3}Ml^2} = \frac{3}{2}\frac{g}{l}\,,$$

die anfängliche Winkelbeschleunigung der Stange. Während sich die Stange nach unten bewegt, ist die auf sie wirkende Gewichtskraft konstant, während das auf diese Kraft zurückzuführende Drehmoment nicht konstant ist. Folglich ist die Winkelbeschleunigung der Stange nicht konstant.

b Die lineare Beschleunigung der Stangenspitze ergibt sich aus der Relation $a_{\tan} = R_0\alpha$ (Gleichung 10.5) für $R = l$:

$$a_{\tan} = l\alpha = \frac{3}{2}g\,.$$

Somit fällt die Stangenspitze mit einer Beschleunigung, die größer als g ist! Ein kleiner, auf der Stangenspitze balancierter Körper würde beim Loslassen der Stange zurückbleiben. Im Gegensatz dazu hat der Massenmittelpunkt der Stange, der sich in einem Abstand von $l/2$ von dem Zapfen befindet, eine Beschleunigung $a_{\tan} = (l/2)\alpha = \frac{3}{4}g$.

10.8 Bestimmung von Trägheitsmomenten

Experimentell

Die Trägheitsmomente eines beliebigen Körpers um eine beliebige Drehachse können experimentell bestimmt werden, indem man das Nettodrehmoment $\sum M$ misst, das erforderlich ist, um dem jeweiligen Körper eine Winkelbeschleunigung α zu verleihen. Dann liefert die Gleichung 10.14 $J = \sum M/\alpha$. Siehe Beispiel 10.7.

Mithilfe von Integralrechnung

Bei vielen Körpern oder Systemen von Massenpunkten kann das Trägheitsmoment direkt berechnet werden, wie in Beispiel 10.6. Viele Körper können als eine kontinuierliche Massenverteilung betrachtet werden. In diesem Fall wird die Gleichung 10.13, die das Trägheitsmoment definiert, zu

$$J = \int R^2 \, \mathrm{d}m \, . \tag{10.16}$$

Dabei stellt $\mathrm{d}m$ die Masse eines unendlich kleinen Massenpunktes des Körpers und R den senkrechten Abstand dieses Massenpunktes von der Drehachse dar. Das Integral wird über den ganzen Körper genommen. Diese Berechnung eignet sich vor allem für Körper mit einfacher geometrischer Form.

Beispiel 10.10 **Hohlzylinder**

Zeigen Sie, dass für einen homogenen Hohlzylinder mit dem Innenradius R_1, dem Außenradius R_2 und der Masse M das Trägheitsmoment $J = \frac{1}{2}M(R_1^2 + R_2^2)$ beträgt, wie in ► Abbildung 10.21d angegeben, wenn die Drehachse durch den Mittelpunkt entlang der Symmetrieachse verläuft.

Lösung

Wir wissen, dass für einen dünnen Ring mit dem Radius R das Trägheitsmoment $J = mR^2$ beträgt. Deshalb teilen wir den Zylinder in dünne konzentrische, zylinderförmige Ringe oder Reifen mit der Dicke $\mathrm{d}R$ auf, von denen einer in ► Abbildung 10.25 dargestellt ist. Wenn die Dichte (Masse pro Volumeneinheit) ρ ist, dann gilt

$$\mathrm{d}m = \rho \, \mathrm{d}V \, .$$

Dabei ist $\mathrm{d}V$ das Volumen des dünnen Ringes mit dem Radius R, der Dicke $\mathrm{d}R$ und der Höhe h. Da $\mathrm{d}V = (2\pi R)(\mathrm{d}R)(h)$ ist, ergibt sich

$$\mathrm{d}m = 2\rho h R \, \mathrm{d}R \, .$$

Dann liefert die Integration (Addition) über alle Reifen das Trägheitsmoment:

$$J = \int R^2 \, \mathrm{d}m$$
$$= \int_{R_1}^{R_2} 2\pi\rho h R^3 \, \mathrm{d}R = 2\pi\rho h \left[\frac{R_2^4 - R_1^4}{4}\right] .$$

Dabei haben wir berücksichtigt, dass der Zylinder eine gleichmäßige Dichte, ρ = konstant, besitzt. (Wenn dies nicht der Fall wäre, müssten wir ρ in Abhängigkeit von R kennen, bevor die Integration durchgeführt werden könnte.) Das Volumen V dieses Hohlzylinders beträgt $V = (\pi R_2^2 - \pi R_1^2)h$, so dass seine Masse

$$M = \rho V = \rho\pi(R_2^2 - R_1^2)h$$

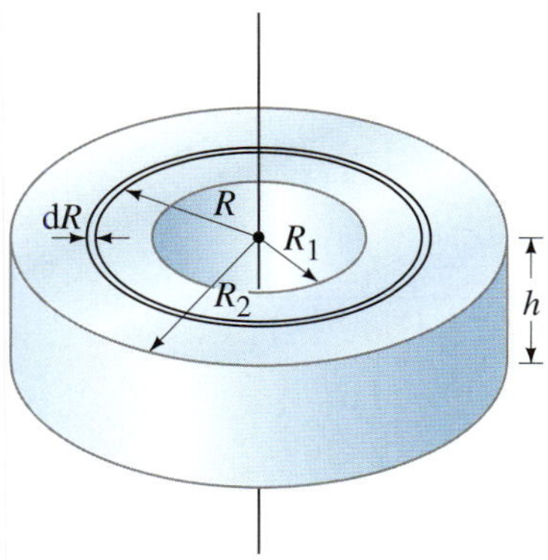

Abbildung 10.25 Bestimmung des Trägheitsmomentes eines Hohlzylinders (Beispiel 10.10).

ist. Da $(R_2^4 - R_1^4) = (R_2^2 - R_1^2)(R_2^2 + R_1^2)$ ist, ergibt sich

$$J = \frac{\pi\rho h}{2}(R_2^2 - R_1^2)(R_2^2 + R_1^2)$$
$$= \frac{1}{2}M(R_1^2 + R_2^2)\,,$$

wie in ► Abbildung 10.21d angegeben. Beachten Sie zur Überprüfung dieses Ergebnisses, dass bei einem massiven Zylinder $R_1 = 0$ ist. Bei $R_2 = R_0$ erhalten wir

$$J = \frac{1}{2}MR_0^2\,.$$

Genau dieses Ergebnis ist in ► Abbildung 10.21c für einen massiven Zylinder mit der Masse M und dem Radius R_0 angegeben.

Der Steiner'sche Satz und der Satz über senkrechte Achsen

Steiner'scher Satz

Es gibt zwei einfache Sätze, die bei der Bestimmung von Trägheitsmomenten hilfreich sind. Den ersten nennt man den **Steiner'schen Satz**. Er setzt die Trägheitsmomente eines Körpers für Drehbewegungen bezüglich zweier paralleler Achsen zueinander in Beziehung. J ist das Trägheitsmoment eines Körpers mit der Gesamtmasse M bezüglich einer beliebigen Drehachse, J_S ist das Trägheitsmoment desselben Körpers um eine Drehachse, die durch den Massenmittelpunkt verläuft und parallel zur ersten Drehachse ist. Die beiden Drehachsen sind also parallel und haben die Distanz h. Dann gilt entsprechend dem Steiner'schen Satz für das Trägheitsmoment J:

$$J = J_S + Mh^2\,. \quad \text{(parallele Achse)} \tag{10.17}$$

Wenn z. B. das Trägheitsmoment um eine Drehachse durch den Massenmittelpunkt bekannt ist, kann so das Trägheitsmoment um jede beliebige Drehachse bestimmt werden, die parallel zur Drehachse durch den Massenmittelpunkt verläuft, ohne dass ein kompliziertes Integral gelöst werden muss.

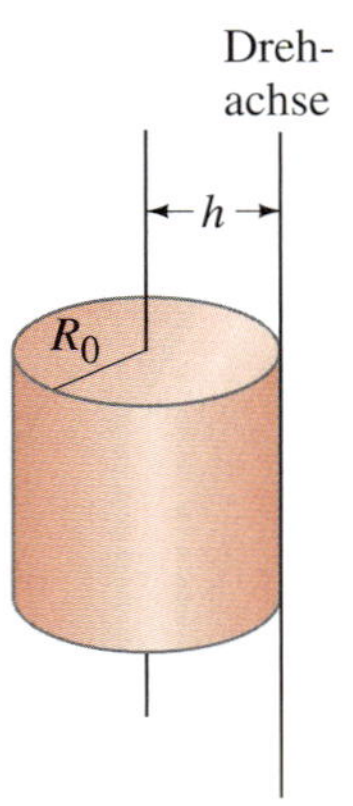

Abbildung 10.26 Beispiel 10.11.

Beispiel 10.11 Parallele Achse

Bestimmen Sie das Trägheitsmoment eines massiven Zylinders mit dem Radius R_0 und der Masse M um eine Drehachse, die an seiner Mantelfläche und parallel zu seiner Symmetrieachse verläuft, siehe ► Abbildung 10.26.

Lösung

Wir wenden den Steiner'schen Satz mit $J_S = \frac{1}{2}MR_0$ (► Abbildung 10.21c) an. Da $h = R_0$ ist, ergibt sich

$$J = J_S + Mh^2 = \frac{3}{2}MR_0^2\,.$$

Das Trägheitsmoment um diese Achse ist also dreimal größer als um die Drehachse, die durch den Massenmittelpunkt verläuft.

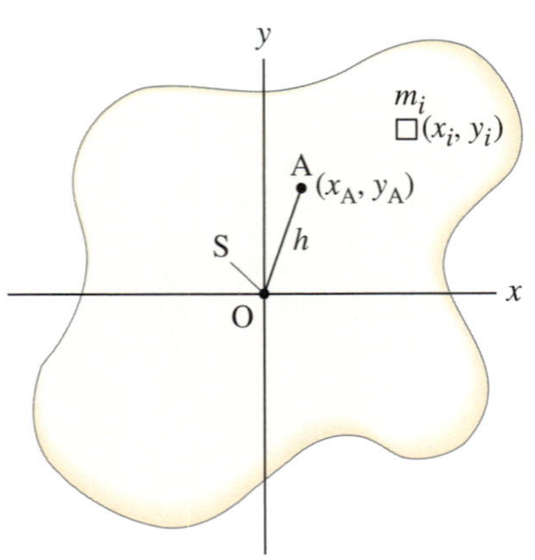

Abbildung 10.27 Herleitung des Steiner'schen Satzes.

Der Beweis des Steiner'schen Satzes wird wie folgt geführt. Wir wählen unser Koordinatensystem so, dass sich der Ursprung im Massenmittelpunkt befindet und J_S das Trägheitsmoment um die z-Achse ist. ► Abbildung 10.27 zeigt den Querschnitt eines Körpers mit beliebiger Form in der xy-Ebene. J stellt das Trägheitsmoment des Körpers um eine Drehachse dar, die parallel zur z-Achse verläuft, die ihrerseits durch den Punkt A mit den Koordinaten x_A und y_A in ► Abbildung 10.27 verläuft. x_i, y_i und m_i sind die Koordinaten bzw. die Masse eines beliebigen Massenpunktes des Körpers. Das Quadrat des Abstandes zwischen diesem Punkt und A beträgt

$[(x_i - x_A)^2 + (y_i - y_A)^2]$. Folglich beträgt das Trägheitsmoment J um die durch A verlaufende Drehachse

$$J = \sum m_i \left[(x_i - x_A)^2 + (y_i - y_A)^2\right]$$
$$= \sum m_i(x_i^2 + y_i^2) - 2x_A \sum m_i x_i - 2y_A \sum m_i y_i + \left(\sum m_i\right)(x_A^2 + y_A^2) .$$

Der erste Term auf der rechten Seite ist $J_S = \sum m_i(x_i^2 + y_i^2)$, da sich der Massenmittelpunkt im Ursprung befindet. Der zweite und dritte Term sind null, da laut Definition des Massenmittelpunktes $\sum m_i x_i = \sum m_i y_i = 0$, weil $x_S = y_S = 0$ ist. Der letzte Term ist Mh^2, weil $\sum m_i = M$ und $(x_A^2 + y_A^2) = h^2$ ist, wobei h der Abstand von A zum Massenmittelpunkt ist. Somit haben wir bewiesen, dass $J = J_S + Mh^2$ ist, die Gleichung 10.17.

Der Steiner'sche Satz kann auf beliebige starre Körper angewendet werden. Der zweite Satz, der **Satz über senkrechte Achsen**, gilt nur für flache Körper – d. h. für Körper in zwei Raumrichtungen oder Körper mit gleichmäßiger Dicke, die im Vergleich zu den anderen Abmessungen vernachlässigt werden kann. Dieser Satz besagt, dass die Summe der Trägheitsmomente eines flachen starren Körpers um zwei beliebige senkrechte Drehachsen in der Ebene des Körpers gleich dem Trägheitsmoment um eine Drehachse ist, die durch ihren Schnittpunkt und senkrecht zu der Ebene des Körpers verläuft. Das bedeutet für einen Körper in der xy-Ebene (▶ Abbildung 10.28):

Satz über senkrechte Achsen

$$J_z = J_x + J_y . \quad \text{(Körper in } xy\text{-Ebene)} \tag{10.18}$$

Hier sind J_z, J_x und J_y die Trägheitsmomente um die z- bzw. x- bzw. y-Achse. Der Beweis ist einfach: aus $J_x = \sum m_i y_i^2$, $J_y = \sum m_i x_i^2$ und $J_z = \sum m_i(x_i^2 + y_i^2)$ folgt direkt die Gleichung 10.18.

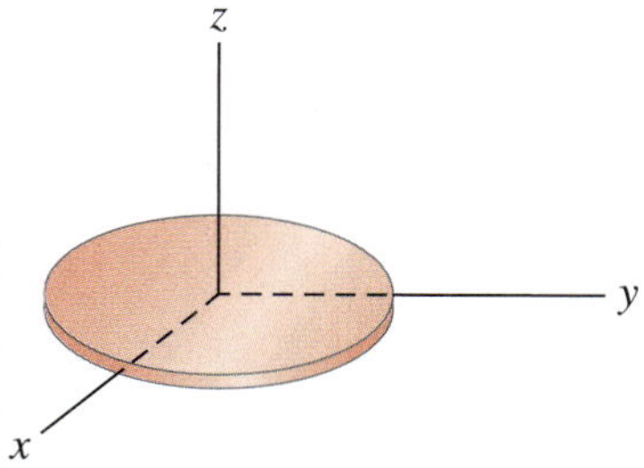

Abbildung 10.28 Der Satz über senkrechte Achsen und Beispiel 10.12.

Beispiel 10.12 **Senkrechte Drehachse**

Bestimmen Sie das Trägheitsmoment einer dünnen Münze (eines Zylinders) um eine Drehachse durch ihren Mittelpunkt in der Ebene der Münze (▶ Abbildung 10.28).

Lösung

Wir möchten das Trägheitsmoment um die x-Achse in ▶ Abbildung 10.28 berechnen und können den Satz über senkrechte Achsen anwenden. ▶ Abbildung 10.21c liefert $J_z = \frac{1}{2}MR_0^2$ und die Symmetrie $J_x = J_y$. Folglich ist $2J_x = J_z$ oder $J_x = \frac{1}{2}J_z = \frac{1}{4}MR_0^2$.

10.9 Drehimpuls und Drehimpulserhaltung

In diesem Kapitel haben wir gesehen, dass die Gleichungen für Bewegung und Dynamik für Drehbewegungen denen für Translationsbewegungen entsprechen, wenn wir die entsprechenden Winkelvariablen verwenden. In gleicher Weise hat der Impuls $p = mv$ ein Analogon für die Drehbewegung, und zwar den **Drehimpuls** L. Für einen starren Körper, der sich mit der Winkelgeschwindigkeit ω um eine feste Drehachse dreht, ist er definiert als[6]

Drehimpuls

$$L = J\omega . \tag{10.19}$$

Dabei ist J das Trägheitsmoment. Die SI-Einheiten für L sind kg·m²/s.

6 Der Drehimpuls ist ein Vektor, der parallel zur Winkelgeschwindigkeit ω verläuft. Da wir in diesem Kapitel Drehbewegungen um eine feste Achse besprechen, liegt der Drehimpuls stets parallel zu dieser Achse und wir berechnen in diesem Kapitel nur seinen Betrag. In Kapitel 11 werden wir die Drehbewegung verallgemeinern und die Vektoreigenschaft des Drehimpulses untersuchen.

In Abschnitt 9.1 haben wir gesehen, dass man das zweite Newton'sche Axiom nicht nur als $\sum F = ma$ schreiben kann, sondern auch allgemeiner in Abhängigkeit vom Impuls (Gleichung 9.2) als $\sum F = \mathrm{d}p/\mathrm{d}t$. In ähnlicher Weise kann man die Entsprechung des zweiten Newton'schen Axioms für Drehbewegungen, die, wie wir in den Gleichungen 10.14 und 10.15 gesehen haben, als $\sum M = J\alpha$ geschrieben werden kann, auch in Abhängigkeit vom Drehimpuls schreiben: da die Winkelbeschleunigung $\alpha = \mathrm{d}\omega/\mathrm{d}t$ (Gleichung 10.3) ist, ist $J\alpha = J(\mathrm{d}\omega/\mathrm{d}t) = \mathrm{d}(J\omega)/\mathrm{d}t = \mathrm{d}L/\mathrm{d}t$, so dass

ZWEITES NEWTON'SCHES AXIOM FÜR DREHBEWEGUNGEN

$$\sum M = J\alpha = \frac{\mathrm{d}L}{\mathrm{d}t} . \qquad (10.20)$$

Diese einfache Herleitung geht davon aus, dass das Trägheitsmoment J während der Drehbewegung konstant bleibt.

Sie ist allerdings auch gültig, wenn sich das Trägheitsmoment während der Drehbewegung ändert (siehe Kapitel 11). Die Gleichung 10.20 ist die Bewegungsgleichung für Drehbewegungen eines starren Körpers um eine feste Drehachse und sie gilt auch für einen in Bewegung befindlichen Körper, wenn seine Drehung um eine Drehachse erfolgt, die durch seinen Massenmittelpunkt verläuft (wie bei Gleichung 10.15).

Drehimpulserhaltung

Der Drehimpuls ist ein wichtiger Begriff in der Physik, weil er unter bestimmten Bedingungen eine Erhaltungsgröße ist. Welches sind die Bedingungen, bei denen er erhalten bleibt? Aus der Gleichung 10.20 ist sofort ersichtlich, dass $\mathrm{d}L/\mathrm{d}t$ null ist, wenn das auf einen Körper wirkende äußere Nettodrehmoment $\sum M$ null ist. Das bedeutet, dass L sich nicht ändert. Dies ist der **Drehimpulserhaltungssatz** für einen rotierenden Körper:

DREHIMPULSERHALTUNG

Der Gesamtdrehimpuls eines rotierenden Körpers bleibt konstant, wenn das auf ihn wirkende äußere Nettodrehmoment null ist.

Der Drehimpulserhaltungssatz ist eines der bedeutendsten Gesetze der Physik.

Wenn das auf einen Körper wirkende Nettodrehmoment null ist und der Körper sich um eine feste Drehachse oder um eine durch seinen Massenmittelpunkt verlaufende Drehachse dreht, so dass sich die Richtung der Drehachse nicht ändert, können wir schreiben

$$J\omega = J_0\omega_0 = \text{konstant} .$$

J_0 und ω_0 sind das Trägheitsmoment bzw. die Winkelgeschwindigkeit um die Drehachse zu einem bestimmten Anfangszeitpunkt ($t = 0$) und J und ω ihre Werte zu einem anderen Zeitpunkt. Die Teile des Körpers können ihre Orte relativ zueinander ändern, so dass J sich ändert. Aber dann ändert sich ω auch und das Produkt $J\omega$ bleibt konstant.

ANGEWANDTE PHYSIK

Sich drehende Schlittschuhläufer und Turmspringer

Abbildung 10.29 Eine Schlittschuhläuferin dreht sich auf dem Eis und demonstriert dabei die Drehimpulserhaltung: in (a) ist J groß und ω klein, in (b) ist J klein, so dass ω größer ist.

Viele interessante Phänomene kann man auf der Grundlage der Drehimpulserhaltung verstehen. Betrachten wir eine Schlittschuhläuferin, die sich den auf Spitzen ihrer Schlittschuhe dreht, siehe ▸ Abbildung 10.29. Mit ausgestreckten Armen dreht sie sich relativ langsam, aber wenn sie ihre Arme an den Körper anlegt, dreht sie sich plötzlich wesentlich schneller. Wenn wir uns die Definition des Trägheitsmomentes, $J = \sum mR^2$, in Erinnerung rufen, ist es klar, dass sich R für die Arme und somit ihr Trägheitsmoment verringert, wenn sie ihre Arme näher an die Drehachse heranzieht. Da der Drehimpuls $J\omega$ konstant bleibt (wir vernachlässigen das kleine Drehmoment, das auf die Reibung zurückzuführen ist), wenn J abnimmt, muss die Winkelgeschwindigkeit ω zunehmen. Wenn die Schlittschuhläuferin ihr Trägheitsmoment um den Faktor 2 reduziert, dreht sie sich mit der doppelten Winkelgeschwindigkeit.

Ein ähnliches Beispiel ist die in ▸ Abbildung 10.30 dargestellte Turmspringerin. Die Schubbewegung beim Abspringen vom Turm gibt ihr einen anfänglichen

Drehimpuls um ihren Massenmittelpunkt. Wenn sie sich einrollt, dreht sie sich mehrmals so schnell. Anschließend streckt sie sich wieder und erhöht so ihr Trägheitsmoment, was wiederum zu einer Reduzierung der Winkelgeschwindigkeit auf einen kleinen Wert führt. Dann taucht sie in das Wasser ein. Die Änderung im Trägheitsmoment von der gestreckten Position zu der eingerollten Position kann das $3\frac{1}{2}$-fache betragen.

Beachten Sie, dass zur Erhaltung des Drehimpulses das Nettodrehmoment null sein muss, die Nettokraft jedoch nicht zwangsläufig auch null sein muss. Die auf die Turmspringerin in ▸ Abbildung 10.30 wirkende Nettokraft (die Gewichtskraft wirkt) ist z. B. nicht null, das auf sie wirkende Nettodrehmoment ist dagegen null.

Abbildung 10.30 Eine Turmspringerin dreht sich mit eingerollten Armen und Beinen schneller, als mit ausgestreckten Armen und Beinen. Der Drehimpuls bleibt erhalten.

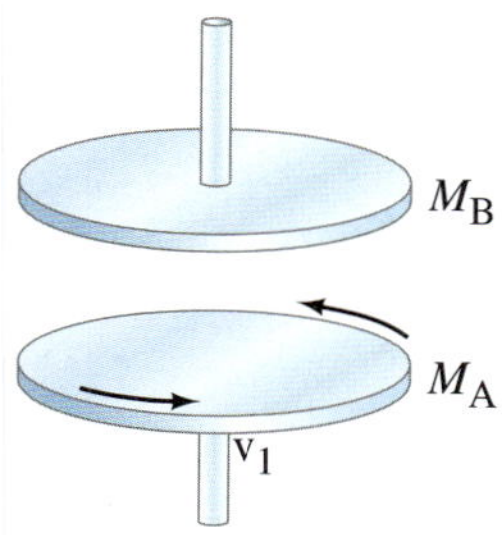

Abbildung 10.31 Beispiel 10.13.

Beispiel 10.13 Aufbau einer Kupplung

Sie planen eine Kupplungsbaugruppe für ein Maschinenteil. Die Kupplung besteht aus zwei zylinderförmigen Scheiben mit den Massen $M_A = 6{,}0\,\text{kg}$ und $M_B = 9{,}0\,\text{kg}$ und gleichen Radien $R_0 = 0{,}60\,\text{m}$. Anfangs sind sie voneinander getrennt (▸ Abbildung 10.31). Die Scheibe M_A wird in der Zeit $\Delta t = 2{,}0\,\text{s}$ aus dem Stillstand auf eine Winkelgeschwindigkeit $\omega_1 = 7{,}2\,\text{rad/s}$ beschleunigt. Berechnen Sie (a) den Drehimpuls von M_A und (b) das Drehmoment, das erforderlich war, um M_A aus dem Stillstand auf ω_1 zu beschleunigen. Als nächstes fällt die Scheibe M_B, die anfangs ruht, sich aber reibungsfrei drehen kann, vertikal (oder sie könnte, wie in einem Auto, durch eine Feder geschoben werden), so dass sie sich in festem Kontakt mit der Scheibe M_A befindet (ihre Kontaktflächen sind aus reibungsintensivem Material). Vor dem Kontakt drehte M_A sich mit konstanter ω_1 und es wurde keine Reibungskraft oder ein anderes Drehmoment auf sie ausgeübt. Beim Kontakt drehen sich beide Scheiben mit einer konstanten Winkelgeschwindigkeit ω_2, die erheblich geringer als ω_1 ist. (c) Warum geschieht das und wie groß ist ω_2?

Lösung

a Der Drehimpuls von M_A ist

$$L_A = J_A\omega_1 = \frac{1}{2}M_A R_0^2\omega_1 = \frac{1}{2}(6{,}0\,\text{kg})(0{,}60\,\text{m})^2(7{,}2\,\text{rad/s}) = 7{,}8\,\text{kg}\cdot\text{m}^2/\text{s}\,.$$

b Die Scheibe ist aus dem Stillstand gestartet, so dass das Drehmoment, das als konstant angenommen wird,

$$M \approx \frac{\Delta L}{\Delta t} = \frac{7{,}8\,\text{kg}\cdot\text{m}^2/\text{s} - 0}{2{,}0\,\text{s}} = 3{,}9\,\text{N}\cdot\text{m}$$

betrug.

c Anfangs dreht sich M_A mit konstanter Winkelgeschwindigkeit ω_1, da wir annehmen, dass keine Drehmomente (wie z. B. Reibung) wirken. Wenn Scheibe B dazu kommt, kann sie sich ebenfalls frei drehen. Die beiden Scheiben drehen sich zusammen, weil ihre Oberflächen aneinander haften. Aber warum nimmt ihre Drehzahl ab? Man könnte denken, dass die Ursache das Drehmoment ist, das beide beim Kontakt aufeinander ausüben. Aber quantitativ ist es einfacher, die Drehimpulserhaltung anzuwenden (was hier möglich ist, da wir annehmen, dass keine äußeren Drehmomente wirken). Somit gilt

Drehimpuls vorher = Drehimpuls nachher

$$J_A\omega_1 = (J_A + J_B)\omega_2\,.$$

Die Auflösung nach ω_2 liefert

$$\omega_2 = \left(\frac{J_A}{J_A + J_B}\right)\omega_1 = \left(\frac{M_A}{M_A + M_B}\right)\omega_1 = \left(\frac{6{,}0\,\text{kg}}{15{,}0\,\text{kg}}\right)(7{,}2\,\text{rad/s}) = 2{,}9\,\text{rad/s}\,.$$

ANGEWANDTE PHYSIK

Neutronenstern

Beispiel 10.14 · Abschätzung

Zusammenbruch eines Sterns

Astronomen entdecken häufig Sterne, die sich extrem schnell drehen und als Neutronensterne bekannt sind. Man glaubt, dass sie sich aus dem inneren Kern eines größeren Sterns gebildet haben, der auf Grund seiner eigenen Gravitation zusammengebrochen und zu einem Stern mit sehr kleinem Radius und sehr hoher Dichte geworden ist. Nehmen wir an, dass der Kern eines solchen Sterns vor dem Zusammenbruch die Größe unserer Sonne hat ($R \approx 7 \cdot 10^5$ km), aber eine 2,0mal größere Masse, und dass er alle 10 Tage 1,0 Umdrehungen macht. Wie groß wäre die Umdrehungsgeschwindigkeit des Sterns, wenn er einen Gravitationskollaps erleiden und zu einem Neutronenstern mit einem Radius von 10 km werden würde? Nehmen Sie an, dass der Stern stets seine Kugelform behält.

Lösung

Der Stern ist isoliert (keine äußeren Kräfte), so dass wir für diesen Prozess die Drehimpulserhaltung anwenden können:

$$J_a\omega_a = J_e\omega_e\,.$$

Dabei stehen die tiefgestellten Indizes a und e für Anfangszustand (normaler Stern) und Endzustand (Neutronenstern). Dann gilt:

$$\omega_e = \left(\frac{J_a}{J_e}\right)\omega_a = \left(\frac{\frac{2}{5}M_aR_a^2}{\frac{2}{5}M_eR_e^2}\right)\omega_a = \frac{R_a^2}{R_e^2}\omega_a\,.$$

Dabei nehmen wir an, dass in dem Prozess keine Masse verloren geht. Die Frequenz beträgt $f = \omega/2\pi$, so dass gilt:

$$f_e = \left(\frac{7 \cdot 10^5\,\text{km}}{10\,\text{km}}\right)^2 \left(\frac{1}{10\,\text{Tage}(24\,\text{h/Tag})(3600\,\text{s/h})}\right) \approx 6 \cdot 10^3\,1/\text{s}\,,\quad \text{d. h. } 6 \cdot 10^3 \text{ Umdrehungen pro Sekunde}\,.$$

Vektorielle Beschaffenheit des Drehimpulses

Obwohl wir erst im nächsten Kapitel ausführlich auf die vektorielle Beschaffenheit des Drehimpulses eingehen werden, können wir hier einige einfache Fälle mit Drehimpulserhaltung aufgreifen. Bei einem Körper, der sich um eine feste Drehachse dreht, kann die Richtung des Drehimpulses als die Richtung der Winkelgeschwindigkeit $\boldsymbol{\omega}$ angenommen werden. Das bedeutet, dass

$$\mathbf{L} = J\boldsymbol{\omega}$$

ist. Dies gilt jedoch nur[7], wenn die Drehachse eine Symmetrieachse des Körpers ist oder der Körper dünn und flach ist und sich um eine Drehachse dreht, die

7 Bei komplizierteren Aufgabenstellungen, bei denen Körper sich um eine feste Drehachse drehen, hat $\mathbf{L}$ eine Komponente entlang der Richtung von $\boldsymbol{\omega}$ und der Betrag ist gleich $J\boldsymbol{\omega}$. Der Drehimpulsvektor könnte auch noch weitere Komponenten besitzen. Aber wenn der Gesamtdrehimpuls erhalten bleibt, muss auch jede Komponente und damit auch $J\boldsymbol{\omega}$ erhalten bleiben. So gelten die hier erhaltenen Ergebnisse für jede Drehung um eine feste Drehachse.

senkrecht zu der Ebene des Körpers steht (wie z. B. ein Rad, das sich um eine Achse dreht).

Betrachten wir als einfaches Beispiel eine Person, die still auf einer kreisförmigen Plattform steht, die sich reibungsfrei um eine Drehachse, die durch ihren Mittelpunkt verläuft, drehen kann (d. h. eine vereinfachte Form eines Karussells, siehe ▸ Abbildung 10.32). Wenn die Person nun beginnt, am Rand der Plattform entlangzugehen, beginnt die Plattform, sich in die entgegengesetzte Richtung zu drehen. Warum? Eine Erklärung dafür ist, dass der Fuß der Person eine Kraft auf die Plattform ausübt. Eine andere Erklärung (und das ist in diesem Fall die relevante Analyse) ist, dass hier ein Beispiel für die Erhaltung des Drehimpulses vorliegt. Wenn die Person beginnt, gegen den Uhrzeigersinn zu gehen, ist der Drehimpuls der Person nach oben entlang der Drehachse gerichtet (denken Sie daran, wie wir die Richtung von $\boldsymbol{\omega}$ mithilfe der Rechte-Hand-Regel in Abschnitt 10.4 definiert haben). Der Betrag des Drehimpulses der Person ist $L = J\omega = (mR^2)(v/R)$. Dabei ist v die Geschwindigkeit der Person (relativ zur Erde, nicht zur Plattform), R ist ihr Abstand von der Drehachse, m ihre Masse und mR^2 ihr Trägheitsmoment, da ihre gesamte Masse nahezu denselben Abstand R von der Drehachse hat. Die Plattform dreht sich in entgegengesetzter Richtung, so dass ihr Drehimpuls nach unten gerichtet ist. Wenn der Gesamtdrehimpuls anfangs null war (Person und Plattform in Ruhe), bleibt er null, nachdem die Person sich in Bewegung gesetzt hat – d. h., der nach oben gerichtete Drehimpuls der Person gleicht gerade den entgegengerichteten Drehimpuls der Plattform aus, siehe ▸ Abbildung 10.32b, so dass der Vektor des Gesamtdrehimpulses null bleibt. Obwohl die Person eine Kraft (und ein Drehmoment) auf die Plattform ausübt, übt die Plattform ein gleich großes und entgegengerichtetes Drehmoment auf die Person aus. Somit ist das auf das *System* aus Person und Plattform ausgeübte Drehmoment null (unter Vernachlässigung der Reibung) und der Gesamtdrehimpuls bleibt konstant.

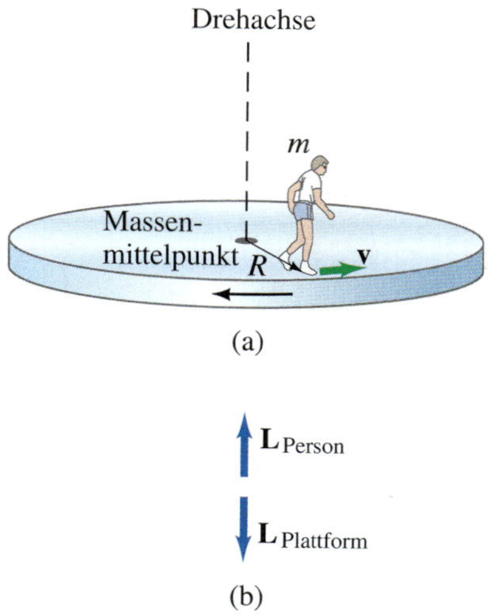

Abbildung 10.32 (a) Eine Person, die auf einer kreisförmigen Plattform steht und sich anfangs ebenso wie die Plattform in Ruhe befindet, beginnt, am Rand mit der Geschwindigkeit v entlangzugehen. Die Plattform, von der angenommen wird, dass sie auf reibungsfreien Lagern montiert ist, beginnt, sich in die entgegengesetzte Richtung zu drehen, so dass der Gesamtdrehimpuls null bleibt, wie in (b) dargestellt.

Beispiel 10.15 Laufen auf einer kreisförmigen Plattform

Nehmen Sie an, eine Person mit einer Masse von 60 kg steht am Rand einer kreisförmigen Plattform mit einem Durchmesser von 6,0 m, die auf reibungsfreien Lagern montiert ist und ein Trägheitsmoment von 1800 kg·m² hat. Die Plattform befindet sich anfangs im Stillstand, aber als die Person beginnt, mit einer Geschwindigkeit von 4,2 m/s (in Bezug auf den Boden) an ihrem Rand entlang zu laufen, beginnt die Plattform, sich in die entgegengesetzte Richtung zu drehen, wie in ▸ Abbildung 10.32 dargestellt. Berechnen Sie die Winkelgeschwindigkeit der Plattform.

Lösung

Der Gesamtdrehimpuls ist anfangs null. Da es kein Nettodrehmoment gibt, bleibt **L** erhalten und bleibt null, wie in ▸ Abbildung 10.32 dargestellt. Der Drehimpuls der Person beträgt $L_{\text{Per}} = (mR^2)(v/R)$ und dies nehmen wir als positiv an. Der Drehimpuls der Plattform beträgt $L_{\text{Platt}} = -J\omega$. Somit gilt:

$$L = L_{\text{Per}} + L_{\text{Platt}}$$
$$0 = mR^2\left(\frac{v}{R}\right) - J\omega\,.$$

Folglich ist

$$\omega = \frac{mRv}{J} = \frac{(60\,\text{kg})(3{,}0\,\text{m})(4{,}2\,\text{m/s})}{1800\,\text{kg·m}^2} = 0{,}42\,\text{rad/s}\,.$$

Die Drehfrequenz beträgt $f = \omega/2\pi = 0{,}067\,1/\text{s}$ und die Periode $T = 1/f = 15\,\text{s}$ pro Umdrehung.

Abbildung 10.33 Beispiel 10.16.

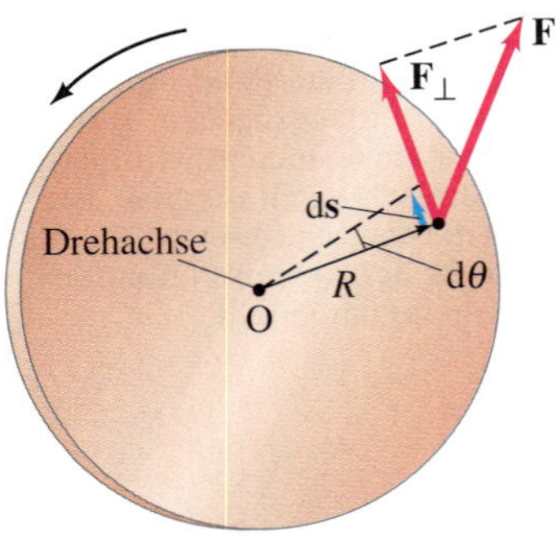

Abbildung 10.34 Berechnung der durch ein Drehmoment verrichteten Arbeit, das auf einen starren Körper wirkt, der sich um eine feste Drehachse dreht.

Beispiel 10.16 · Begriffsbildung **Schnell drehendes Rad**

Ihr Physiklehrer hält ein schnell drehendes Rad, während er auf einer feststehenden Drehscheibe steht (▸ Abbildung 10.33). Was geschieht, wenn der Lehrer das Rad plötzlich umdreht, so dass es sich schnell in die entgegengesetzte Richtung dreht?

Lösung

Der Gesamtdrehimpuls ist anfangs **L** und senkrecht nach oben gerichtet. Das muss auch nachher der Drehimpuls des Systems sein, da **L** erhalten bleibt. Wenn der Drehimpuls des Rades nachher $-\mathbf{L}$ beträgt und nach unten gerichtet ist, muss somit der Drehimpuls des Lehrers plus Drehscheibe $+2\mathbf{L}$ betragen und nach oben gerichtet sein. Wir können sicher vorhersagen, dass der Lehrer beginnen wird, sich in derselben Richtung zu drehen, in die sich das Rad ursprünglich gedreht hat.

10.10 Kinetische Energie der Drehbewegung

Die Größe $\frac{1}{2}mv^2$ ist die kinetische Energie eines Körpers, der eine Translationsbewegung erfährt. Ein Körper, der sich um eine Drehachse dreht, hat eine **kinetische Energie der Drehbewegung**. Analog zur kinetischen Energie der Translationsbewegung würden wir erwarten, dass die kinetische Energie der Drehbewegung durch den Ausdruck $\frac{1}{2}J\omega^2$ gegeben ist, wobei J für das Trägheitsmoment das Körpers und ω für seine Winkelgeschwindigkeit steht. In der Tat können wir zeigen, dass diese Überlegung zutrifft. Betrachten wir einen beliebigen starren, rotierenden Körper als aus vielen kleinen Massenpunkten zusammengesetzt, die jeweils die Masse m_i haben. Wenn wir R_i als Abstand jedes Massenpunktes von der Drehachse annehmen, dann beträgt seine lineare Geschwindigkeit $v_i = R_i\omega$. Die kinetische Gesamtenergie des ganzen Körpers ist die Summe der kinetischen Energien all seiner Massenpunkte:

$$E_{\text{kin}} = \sum\left(\frac{1}{2}m_iv_i^2\right) = \sum\left(\frac{1}{2}m_iR_i^2\omega^2\right)$$
$$= \frac{1}{2}\sum(m_iR_i^2)\omega^2 \,.$$

$\frac{1}{2}$ und ω^2 haben wir ausgeklammert, weil beide für jeden Massenpunkt eines starren Körpers gleich sind.

Da $\sum m_iR_i^2 = J$, das Trägheitsmoment, ist, sehen wir, dass die kinetische Energie E_{kin} eines Körpers, der sich um eine feste Drehachse dreht, erwartungsgemäß

Kinetische Energie der Drehbewegung

$$E_{\text{kin}} = \frac{1}{2}J\omega^2 \quad \text{(feste Achse)} \tag{10.21}$$

ist. Wenn die Achse nicht raumfest ist, kann die kinetische Energie der Drehbewegung eine kompliziertere Form annehmen.

Die Arbeit, die an einem Körper verrichtet wird, der sich um eine feste Drehachse dreht, kann in Abhängigkeit von Winkelgrößen geschrieben werden. Nehmen wir an, dass eine Kraft **F** in einem Punkt ausgeübt wird, dessen Abstand von der Drehachse R ist, wie in ▸ Abbildung 10.34 dargestellt. Die durch diese Kraft verrichtete Arbeit ist

$$W = \int \mathbf{F}\cdot d\mathbf{s} = \int F_\perp R\, d\theta \,.$$

Dabei ist d**s** ein unendlich kleiner Abstand senkrecht zu R mit dem Betrag $ds = R\,d\theta$ und $F_\perp$ ist die Komponente von **F** senkrecht zu R und parallel zu d**s** (► Abbildung 10.34). $F_\perp R$ ist jedoch das Drehmoment um die Drehachse und somit gilt:

$$W = \int M\,d\theta\,. \qquad (10.22)$$

Durch ein Drehmoment verrichtete Arbeit

Die pro Zeiteinheit verrichtete Arbeit oder die Leistung P beträgt

$$P = \frac{dW}{dt} = M\frac{d\theta}{dt} = M\omega\,. \qquad (10.23)$$

Der Energieerhaltungssatz gilt auch für Drehbewegungen eines starren Körpers um eine feste Drehachse. Gleichung 10.14 liefert

$$M = J\alpha = J\frac{d\omega}{dt} = J\frac{d\omega}{d\theta}\frac{d\theta}{dt} = J\omega\frac{d\omega}{d\theta}\,.$$

Dabei haben wir die Kettenregel und $\omega = d\theta/dt$ angewendet. Dann ist $M\,d\theta = J\omega\,d\omega$ und

$$W = \int_{\theta_1}^{\theta_2} M\,d\theta = \int_{\omega_1}^{\omega_2} J\omega\,d\omega = \frac{1}{2}J\omega_2^2 - \frac{1}{2}J\omega_1^2\,. \qquad (10.24)$$

Energieerhaltungssatz für Drehbewegungen

Dies ist der Energieerhaltungssatz für einen Körper, der sich um eine feste Drehachse dreht. Er besagt, dass die bei der Drehbewegung eines Körpers um einen Winkel $\theta_2 - \theta_1$ verrichtete Arbeit gleich der Änderung in der kinetischen Energie der Drehbewegung des Körpers ist.

Beispiel 10.17 · Abschätzung — Schwungrad

ANGEWANDTE PHYSIK — Energie eines Schwungrades

Schwungräder, die einfach große, drehende Scheiben sind, könnten als Energiespeicher für solarbetriebene Generatoranlagen eingesetzt werden. Schätzen Sie die kinetische Energie ab, die in einem Schwungrad mit einer Masse von 20 000 kg (20 t) und einem Durchmesser von 20 m (ein sechsstöckiges Gebäude) gespeichert werden kann. Nehmen Sie an, dass es bei 100 U/min. betrieben werden kann (ohne auf Grund von inneren Belastungen auseinander zu fliegen).

Lösung

Wir haben

$$\omega = \left(100\frac{\text{Umdrehungen}}{\text{min}}\right)\left(\frac{1\text{ min}}{60\text{ sec}}\right)\left(\frac{2\pi\text{rad}}{U}\right) = 10{,}5\text{ rad/s}$$

gegeben. Laut Gleichung 10.21 beträgt die in der Scheibe ($J = \frac{1}{2}MR_0^2$) gespeicherte kinetische Energie

$$E_{kin} = \frac{1}{2}\left(\frac{1}{2}MR_0^2\right)\omega^2 = \frac{1}{4}(2{,}0\cdot 10^4\text{ kg})(10\text{ m})^2(10{,}5\text{ rad/s})^2 = 5{,}2\cdot 10^6\text{ J}\,.$$

In Kilowattstunden [$1\text{ kWh} = (1000\text{ J}\cdot\text{s})(3600\text{ s/h})(1\text{ h}) = 3{,}6\cdot 10^6\text{ J}$] ausgedrückt ist das lediglich eine Energie von ca. 1,5 kWh. Das ist nicht sehr viel (ein 3 kW-Ofen würde sie in einer halben Stunde aufbrauchen). Somit scheinen Schwungräder für diese Anwendung ungeeignet.

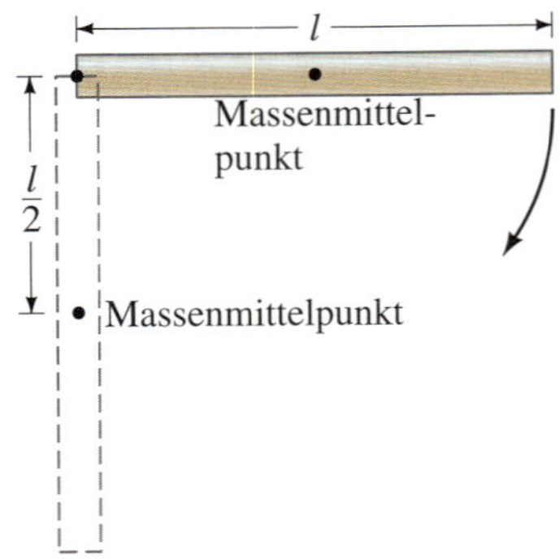

Abbildung 10.35 Beispiel 10.18.

Beispiel 10.18 Rotierende Stange

Eine Stange mit der Masse M wird an einem Ende um ein reibungsfreies Gelenk gedreht, wie in ▸ Abbildung 10.35 dargestellt. Die Stange wird horizontal in der Ruhelage gehalten und dann losgelassen. Bestimmen Sie die Winkelgeschwindigkeit der Stange, wenn sie die vertikale Position erreicht, sowie die Geschwindigkeit der Stangenspitze zu diesem Zeitpunkt.

Lösung

Hier können wir den Energieerhaltungssatz anwenden. Die verrichtete Arbeit ist auf die Gravitation zurückzuführen und ist gleich der Änderung in der durch die Gravitation bedingten potenziellen Energie der Stange. Da der Massenmittelpunkt der Stange um einen vertikalen Weg von $l/2$ fällt, ist die durch die Gravitation verrichtete Arbeit

$$W = Mg\frac{l}{2} .$$

Die kinetische Anfangsenergie beträgt null. Folglich ergibt sich aus dem Energieerhaltungssatz

$$\frac{1}{2}J\omega^2 = Mg\frac{l}{2} .$$

Da bei einer Stange, die sich um ihr Ende dreht (▸ Abbildung 10.21), $J = \frac{1}{3}Ml^2$ ist, können wir nach ω auflösen:

$$\omega = \sqrt{\frac{3g}{l}} .$$

Die Stangenspitze hat eine lineare Geschwindigkeit (siehe Gleichung 10.4) von

$$v = l\omega = \sqrt{3gl} .$$

Zum Vergleich sei erwähnt, dass ein Körper, der vertikal eine Höhe l frei fällt, eine Geschwindigkeit von $v = \sqrt{2gl}$ hat.

10.11 Drehbewegung plus Translationsbewegung – Rollbewegung

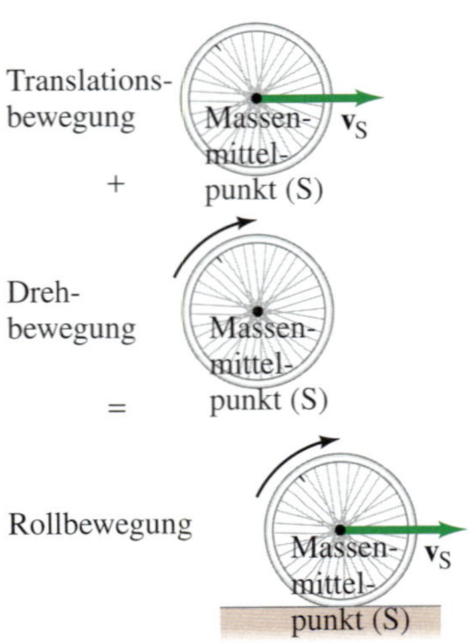

Abbildung 10.36 Ein ohne Gleiten rollendes Rad kann als Translationsbewegung des Rades als Ganzes mit der Geschwindigkeit $\mathbf{v}_S$ plus Drehbewegung um den Massenmittelpunkt betrachtet werden.

Ein Körper, der sich dreht, während sein Massenmittelpunkt (S) eine Translationsbewegung erfährt, hat sowohl die kinetische Energie einer Translationsbewegung, als auch die kinetische Energie einer Drehbewegung. Die Gleichung 10.21, $E_{\text{kin}} = \frac{1}{2}J\omega^2$, liefert die kinetische Energie einer Drehbewegung, wenn die Drehachse fest ist. Wenn sich der Körper bewegt (wie z. B. ein Rad, das über den Boden rollt, siehe ▸ Abbildung 10.36), ist diese Gleichung immer noch gültig, solange die Drehachse in der Richtung fest ist. Dann beträgt die kinetische Gesamtenergie

$$\text{Kinetische Energie} = E_{\text{kin, S}} + E_{\text{kin, Rot}}$$

$$E_{\text{kin}} = \frac{1}{2}Mv_S^2 + \frac{1}{2}J_S\omega^2 . \qquad (10.25)$$

Dabei ist v_S die lineare Geschwindigkeit des Massenmittelpunktes, J_S ist das Trägheitsmoment um eine Drehachse durch den Massenmittelpunkt, ω ist die Winkelgeschwindigkeit um diese Achse und M ist die gesamte Masse des Körpers.

Bevor wir diesen wichtigen Satz, die Gleichung 10.25, in einem folgenden Unterabschnitt beweisen, werden wir zunächst einige Beispiele durchnehmen, um mit der Anwendung dieses Satzes vertraut zu werden.

Beispiel 10.19 Kugel rollt eine schiefe Ebene hinunter

Wie groß ist die Geschwindigkeit einer massiven Kugel mit der Masse M und dem Radius R_0, wenn sie am Fußpunkt einer schiefen Ebene ankommt, sie aus dem Stillstand in einer vertikalen Höhe H startet und ohne Gleiten rollt? Siehe ▶ Abbildung 10.37. Vernachlässigen Sie auf dissipative Kräfte zurückzuführende Verluste und vergleichen Sie Ihr Ergebnis mit dem Ergebnis für einen Körper, der eine reibungsfreie schiefe Ebene hinunter*rutscht*.

Lösung

Wir wenden den Energieerhaltungssatz an und müssen jetzt die kinetische Energie einer Drehbewegung mit einschließen. Die Gesamtenergie in einem beliebigen Punkt in einem vertikalen Abstand y über dem Fußpunkt der schiefen Ebene beträgt

$$\frac{1}{2}Mv^2 + \frac{1}{2}J_S\omega^2 + Mgy\,.$$

Dabei ist v die Geschwindigkeit des Massenmittelpunktes. Wir setzen die Gesamtenergie oben ($y = H$ und $v = \omega = 0$) mit der Gesamtenergie am Fußpunkt der schiefen Ebene gleich ($y = 0$):

$$0 + 0 + MgH = \frac{1}{2}Mv^2 + \frac{1}{2}J_S\omega^2 + 0\,.$$

Aus der ▶ Abbildung 10.21e wissen wir, dass das Trägheitsmoment einer massiven Kugel um eine Drehachse durch ihren Massenmittelpunkt $J_S = \frac{2}{5}MR_0^2$ ist. Da die Kugel ohne Gleiten rollt, ist die Geschwindigkeit v des Massenmittelpunktes in Bezug auf den Kontaktpunkt (der sich zu jedem beliebigen Zeitpunkt kurz in Ruhe befindet) gleich der Geschwindigkeit eines Randpunktes relativ zum Mittelpunkt, wie wir in Abschnitt 10.3 (▶ Abbildung 10.8) gesehen haben. Somit ergibt sich $\omega = v/R$. Daraus folgt:

$$\frac{1}{2}Mv^2 + \frac{1}{2}\left(\frac{2}{5}MR_0^2\right)\left(\frac{v^2}{R_0^2}\right) = MgH\,.$$

Die Eliminierung der M's und R's liefert

$$\left(\frac{1}{2} + \frac{1}{5}\right)v^2 = gH$$

oder

$$v = \sqrt{\frac{10}{7}gH}\,.$$

Beachten Sie zunächst, dass v unabhängig ist von der Masse M und dem Radius R der Kugel. Außerdem können wir dieses Ergebnis für die Geschwindigkeit einer rollenden Kugel mit dem Ergebnis für einen Körper vergleichen, der eine Ebene ohne Drehung und ohne Reibung hinuntergleitet (siehe Kapitel 8, $\frac{1}{2}mv^2 = mgH$). In diesem letzteren Fall ist $v = \sqrt{2gH}$ und somit größer. Ein Körper, der ohne Reibung gleitet, wandelt seine potenzielle Anfangsenergie vollständig in kinetische Energie einer Translationsbewegung um (keine in kinetische Energie einer Drehbewegung) und somit ist seine Geschwindigkeit größer.

PROBLEMLÖSUNG

Die Energie einer Drehbewegung addiert sich zu anderen Energieformen und bildet mit diesen die Gesamtenergie, die erhalten bleibt

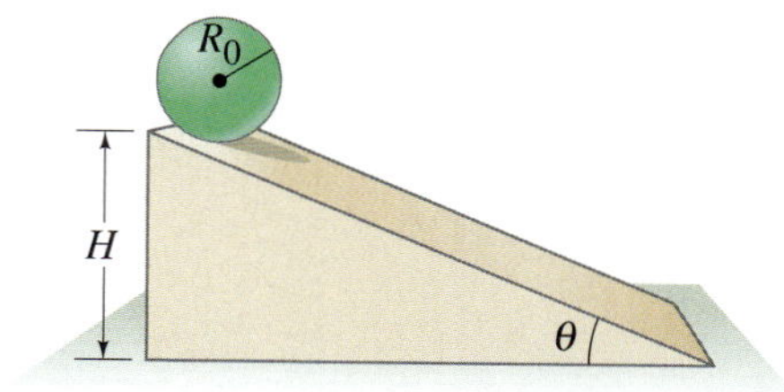

Abbildung 10.37 Eine Kugel, die einen Hügel (schiefe Ebene) hinunterrollt, hat sowohl kinetische Energie einer Translationsbewegung, als auch kinetische Energie einer Drehbewegung. Beispiel 10.19.

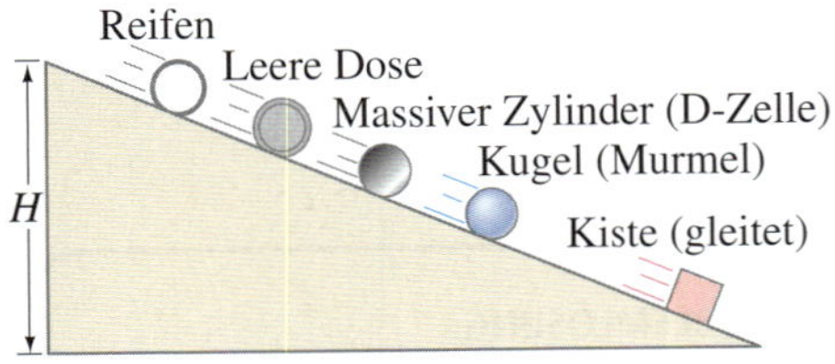

Abbildung 10.38 Beispiel 10.20.

Beispiel 10.20 · Begriffsbildung — Wer ist der Schnellste?

Mehrere Körper rollen ohne Gleiten eine schiefe Ebene mit der vertikalen Höhe H hinunter. Alle Körper starten aus dem Stillstand zum gleichen Zeitpunkt. Die Körper sind ein dünner Reifen (oder ein glatter Ehering), eine Murmel, eine massive, zylinderförmige Batterie (D-Zelle), eine leere Suppendose und eine ungeöffnete Suppendose. Außerdem gleitet eine eingefettete Kiste die Ebene ohne Reibung hinunter. In welcher Reihenfolge kommen diese Körper am Fußpunkt der schiefen Ebene an?

Lösung

Die gleitende Kiste gewinnt auf jeden Fall! Wie wir in Beispiel 10.19 gesehen haben, ist die Geschwindigkeit einer rollenden Kugel am Fußpunkt der schiefen Ebene geringer als die einer gleitenden Kiste (ohne Reibung), weil der Verlust an potenzieller Energie (MgH) vollständig in kinetische Energie der Translationsbewegung der Kiste umgewandelt wird, während bei rollenden Körpern die potenzielle Anfangsenergie zwischen der kinetischen Energie der Translationsbewegung und der Drehbewegung aufgeteilt wird. Für jeden der rollenden Körper können wir sagen, dass der Verlust an potenzieller Energie gleich der Zunahme der kinetischen Energie ist:

$$MgH = \frac{1}{2}Mv^2 + \frac{1}{2}J_S\omega^2 \,.$$

Zunächst beachten wir, dass das Trägheitsmoment J_S für alle unsere rollenden Körper ein Zahlenfaktor ist, multipliziert mit der Masse M und dem Radius R^2 (▸ Abbildung 10.21). Die Masse M kommt in jedem Term vor, somit ist die Geschwindigkeit v der Translationsbewegung weder von M, noch von dem Radius R abhängig, da $\omega = v/R$, so dass sich R^2 bei allen rollenden Körpern aufhebt, wie in Beispiel 10.19. Somit hängt die Geschwindigkeit v am Fußpunkt der Ebene nur von diesem Zahlenfaktor in J_S ab, der ausdrückt, wie die Masse verteilt ist. Folglich hat der Reifen, dessen gesamte Masse im Radius R konzentriert ist ($J_S = MR^2$), die geringste Geschwindigkeit und kommt am Fußpunkt hinter der D-Zelle ($J_S = \frac{1}{2}MR^2$) an, die ihrerseits hinter der Murmel ($J_S = \frac{2}{5}MR^2$) landet. Die Masse der leeren Dose, die in der Hauptsache aus einem Reifen plus einer kleinen Scheibe besteht, ist nahezu vollständig in R konzentriert. Daher ist die Dose etwas schneller als der reine Reifen, aber langsamer als die D-Zelle. Siehe ▸ Abbildung 10.38. Die ungeöffnete Suppendose ist ein komplizierterer Fall. Sie kann nicht als massiver Zylinder betrachtet werden, weil sich die Suppe in der Dose bewegen kann und dadurch etwas Energie verloren geht. Somit erwarten wir, dass sie langsamer als die D-Zelle ist, aber das ist auch alles, was wir sicher sagen können. Beachten Sie für alle anderen Körper, dass die Geschwindigkeit am Fußpunkt der schiefen Ebene nicht von der Masse M oder dem Radius R des jeweiligen Körpers abhängt, sondern nur von seiner Form (und von der Höhe H des Hügels).

Wenn keine Reibung zwischen der Kugel (und den anderen rollenden Körpern) und der Ebene in diesen Beispielen vorhanden gewesen wäre, wäre die Kugel eher geglitten als gerollt. Reibung muss vorhanden sein, damit ein runder Körper rollt. In der Energiegleichung brauchten wir die Reibung nicht berücksichtigen, weil es sich um *Haft*reibung handelt, die keine Arbeit verrichtet. Wenn wir die Kugel als vollkommen starr annehmen, dann hat sie mit der Oberfläche in einem Punkt Kontakt und die Reibungskraft wirkt parallel zu der Ebene. Aber der Kontaktpunkt der Kugel zu jedem Zeitpunkt gleitet nicht – er bewegt sich senkrecht zu der Ebene (zuerst nach unten, dann nach oben), wenn die Kugel rollt

(► Abbildung 10.39). Somit wird keine Arbeit durch die Reibungskraft verrichtet, weil die Kraft und die Bewegung senkrecht zueinander verlaufen. Der Grund dafür, dass sich die rollenden Körper in den Beispielen 10.19 und 10.20 langsamer die Schräge hinunterbewegen, als wenn sie gleiten würden, liegt *nicht* darin, dass die Reibung Arbeit verrichtet. Die Ursache ist vielmehr die Tatsache, dass die durch die Gravitation bedingte potenzielle Energie zu einem Teil in kinetische Energie einer Drehbewegung umgewandelt wird und weniger für die kinetische Energie der Translationsbewegung übrig bleibt.

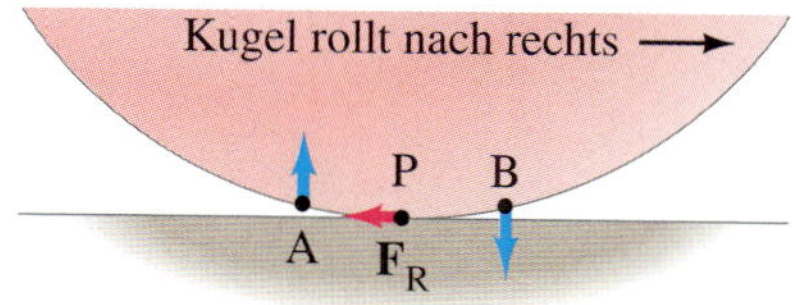

Abbildung 10.39 Eine Kugel rollt ohne Gleiten auf einer ebenen Fläche nach rechts. Der Punkt, der zu einem beliebigen Zeitpunkt Kontakt mit dem Boden hat, Punkt P, befindet sich kurz in Ruhe. Punkt A links von P bewegt sich zu dem dargestellten Zeitpunkt nahezu senkrecht nach oben und Punkt B auf der rechten Seite bewegt sich nahezu senkrecht nach unten. (Einen Augenblick später berührt Punkt B die Fläche und ist kurz in Ruhe.)

Anwendung von $\sum M_S = J_S\alpha_S$

Wir können Körper, die eine Ebene hinunterrollen, nicht nur im Hinblick auf die kinetische Energie, wie in den Beispielen 10.19 und 10.20, untersuchen, sondern auch in Abhängigkeit von Kräften und Drehmomenten. Wenn wir Drehmomente um eine in der Richtung (selbst wenn sie beschleunigt) feste Drehachse berechnen, die durch den Massenmittelpunkt der rollenden Kugel verläuft, dann gilt

$$\sum M_S = J_S\alpha_S \,,$$

wie wir in Abschnitt 10.6 erörtert haben. Siehe Gleichung 10.15, deren Gültigkeit wir in Kapitel 11 beweisen werden. Aber Vorsicht: Gehen Sie nicht davon aus, dass $\sum M = J\alpha$ immer gültig ist. Sie können nur dann einfach M, J und α um eine Drehachse berechnen, wenn die Achse (1) sich fest in einem Inertialsystem befindet oder (2) sich nicht in einem Inertialsystem befindet, aber in der Richtung fest ist und durch den Massenmittelpunkt des Körpers verläuft.

Vorsicht:
Wann ist $\sum M = J\alpha$ gültig?

Beispiel 10.21 **Analyse einer Kugel auf einer schiefen Ebene unter Anwendung von Kräften**

Analysieren Sie die rollende Kugel aus Beispiel 10.19, ► Abbildung 10.37, in Abhängigkeit von Kräften und Drehmomenten. Ermitteln Sie insbesondere die Geschwindigkeit v und den Betrag der Reibungskraft F_R, siehe ► Abbildung 10.40. (F_R ist auf Haftreibung zurückzuführen und wir können nicht $F_R = \mu_H F_N$, sondern lediglich $F_R \leq \mu_H F_N$ annehmen.)

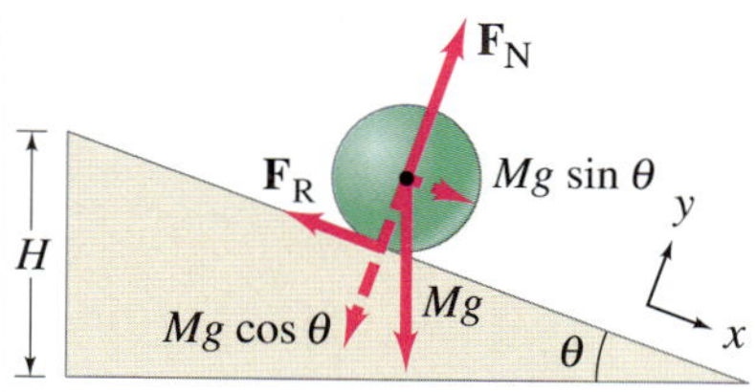

Abbildung 10.40 Beispiel 10.21.

Lösung

Wir analysieren die Bewegung als Translationsbewegung des Massenmittelpunktes und die Drehbewegung um den Massenmittelpunkt. Für die Translationsbewegung in x-Richtung liefert $\sum F = ma$

$$Mg\sin\theta - F_R = Ma \,,$$

und in der y-Richtung

$$F_N - Mg\cos\theta = 0 \,,$$

da es keine Beschleunigung senkrecht zu der Ebene gibt. Diese letzte Gleichung liefert lediglich den Betrag der Normalkraft,

$$F_N = Mg\cos\theta \,.$$

Für die Drehbewegung um den Massenmittelpunkt wenden wir die Bewegungsgleichung für Drehbewegungen, $\sum M_S = J_S\alpha_S$, (Gleichung 10.15) an. Die Drehachse verläuft durch den Massenmittelpunkt, ist aber in der Richtung fest:

$$F_R R_0 = \left(\frac{2}{5}MR_0^2\right)\alpha \,.$$

Da die Hebelarme der anderen Kräfte, $\mathbf{F}_N$ und $M\mathbf{g}$, null sind, erscheinen sie in dieser Gleichung nicht. Wie wir in Beispiel 10.19 gesehen haben, ist $\omega = v/R_0$, wobei v die Geschwindigkeit des Massenmittelpunktes ist. Die Ableitung nach der Zeit liefert $\alpha = a/R_0$. Wenn wir dies in die letzte Gleichung einsetzen, erhalten wir

$$F_R = \frac{2}{5}Ma\,.$$

Wenn wir dies in die oberste Gleichung einsetzen, ergibt sich

$$Mg\sin\theta - \frac{2}{5}Ma = Ma$$

oder

$$a = \frac{5}{7}g\sin\theta\,.$$

Wir sehen somit, dass die Beschleunigung des Massenmittelpunktes einer rollenden Kugel geringer ist als die Beschleunigung eines Körpers, der ohne Reibung gleitet ($a = g\sin\theta$). Zur Ermittlung der Geschwindigkeit v am Fußpunkt der Ebene wenden wir die Gleichung 2.12c an, in der der entlang der Ebene zurückgelegte Gesamtweg $s = H/\sin\theta$ und H die Höhe der Ebene ist (siehe ► Abbildung 10.40). Somit gilt

$$v = \sqrt{2as} = \sqrt{2\left(\frac{5}{7}g\sin\theta\right)\left(\frac{H}{\sin\theta}\right)} = \sqrt{\frac{10}{7}gH}\,.$$

Dies ist dasselbe Ergebnis, das wir in Beispiel 10.19 erhalten haben. Zur Bestimmung des Betrages der Reibungskraft wenden wir die oben erhaltenen Gleichungen an:

$$F_R = \frac{2}{5}Ma = \frac{2}{5}M\left(\frac{5}{7}g\sin\theta\right) = \frac{2}{7}Mg\sin\theta\,.$$

Wenn die Haftreibungszahl klein genug oder wenn θ groß genug ist, so dass $F_R > \mu_H F_N$ ist (d. h. $\tan\theta > \frac{7}{2}\mu_H$), rollt die Kugel nicht einfach nur, sondern gleitet auch, wenn sie sich die Ebene hinunterbewegt.

Wie groß muss μ_H sein, wenn die Kugel ohne Gleiten rollen soll?

Die kinetische Energie einer Translations- und Drehbewegung (Rollbewegung)

Jetzt leiten wir einen allgemeinen Satz her, der besagt, dass *die kinetische Gesamtenergie eines in Bewegung befindlichen Körpers gleich der kinetischen Energie der Translationsbewegung seines Massenmittelpunktes plus der kinetischen Energie der Bewegung relativ zum Massenmittelpunkt ist.* Dies ist ein allgemeiner Lehrsatz. Um ihn zu beweisen, gehen wir wie folgt vor. Wir nehmen $\mathbf{r}_S = x_S\mathbf{i}+y_S\mathbf{j}+z_S\mathbf{k}$ als Ort des Massenmittelpunktes zu einem beliebigen Zeitpunkt in einem Inertialsystem an. $\mathbf{r}_i = x_i\mathbf{i}+y_i\mathbf{j}+z_i\mathbf{k}$ ist der Ortsvektor des i-ten Massenpunktes mit der Masse m_i in diesem Inertialsystem und $\mathbf{r}_i^* = x_i^*\mathbf{i}+y_i^*\mathbf{j}+z_i^*\mathbf{k}$ stellt den Ortsvektor dieses Massenpunktes in Bezug auf den Massenmittelpunkt (nicht unbedingt ein Inertialsystem) dar. Dann gilt (siehe ► Abbildung 10.41):

$$x_i = x_S + x_i^*\,,\quad y_i = y_S + y_i^* \quad \text{und} \quad z_i = z_S + z_i^*\,.$$

Die Geschwindigkeit des i-ten Massenpunktes in dem Inertialsystem beträgt

$$\mathbf{v}_i = \mathbf{v}_S + \mathbf{v}_i^*.$$

Dabei ist $\mathbf{v}_S$ die Geschwindigkeit des Massenmittelpunktes in diesem Bezugssystem und $\mathbf{v}_i^*$ die Geschwindigkeit des i-ten Massenpunktes relativ zum Massenmittelpunkt. Wir können das Skalarprodukt anwenden und schreiben $v^2 = \mathbf{v}\cdot\mathbf{v}$, so

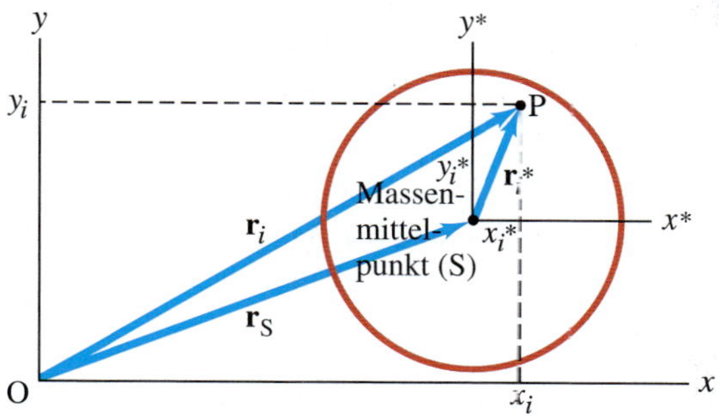

Abbildung 10.41 Der Punkt P hat die Koordinaten x_i, y_i, z_i, $(\mathbf{r}_i)$ relativ zum Ursprung O eines Inertialsystems und die Koordinaten $x_i^*, y_i^*, z_i^*, (\mathbf{r}_i^*)$ relativ zum Massenmittelpunkt (S).

dass die kinetische Gesamtenergie E_{kin}

$$\begin{aligned} E_{\text{kin}} &= \frac{1}{2}\sum m_i v_i^2 = \frac{1}{2}\sum m_i(\mathbf{v}_i \cdot \mathbf{v}_i) \\ &= \frac{1}{2}\sum m_i(\mathbf{v}_S + \mathbf{v}_i^*) \cdot (\mathbf{v}_S + \mathbf{v}_i^*) \\ &= \frac{1}{2}\sum m_i v_S^2 + \mathbf{v}_S \cdot \left(\sum m_i \mathbf{v}_i^*\right) + \frac{1}{2}\sum m_i v_i^{*2} \,. \end{aligned}$$

Nun ist $\sum m_i = M$, die gesamte Masse des Körpers. Außerdem ist $\sum m_i \mathbf{v}_i^* = 0$, wie aus der Ableitung der Definition des Massenmittelpunktes, wenn sich der Massenmittelpunkt im Koordinatenursprung befindet $[\mathbf{r}_S = (1/M)\sum m_i \mathbf{r}_i^* = 0]$, ersichtlich ist. Somit gilt:

$$E_{\text{kin}} = \frac{1}{2}Mv_S^2 + \frac{1}{2}\sum m_i v_i^{*2} \,. \qquad (10.26)$$

Kinetische Gesamtenergie

Damit haben wir bewiesen, dass die kinetische Gesamtenergie die Summe aus der kinetischen Energie der Translationsbewegung des Massenmittelpunktes, $\frac{1}{2}Mv_S^2$, und der kinetischen Energie der Bewegung relativ zum Massenmittelpunkt ist.

Unser Beweis der Gleichung 10.26 ist allgemeingültig. Wir können diese Gleichung auf einen starren Körper, der sich in einer Ebene bewegt, anwenden, wie z. B. ein Rad, das einen Hügel hinunterrollt. In diesem Fall ist die Drehachse in der Richtung fest (senkrecht zu der Ebene, in der sich der Körper bewegt), obwohl sie sich mit dem Massenmittelpunkt weiterbewegt und somit ihr Ort nicht fest ist. Für jeden Massenpunkt gilt $v_i^* = \omega R_i^*$, wobei R_i^* der senkrechte Abstand des i-ten Massenpunktes von einer Linie ist, die durch den Massenmittelpunkt und senkrecht zu der Bewegungsebene verläuft. Dann gilt:

Rollendes Rad

$$\frac{1}{2}\sum m_i v_i^{*2} = \frac{1}{2}\left(\sum m_i R_i^{*2}\right)\omega^2 = \frac{1}{2}J_S\omega^2$$

und

$$E_{\text{kin}} = \frac{1}{2}Mv_S^2 + \frac{1}{2}J_S\omega^2 \,. \quad \text{(starrer Körper, Achse in Richtung fest)}$$

Dies ist genau die Gleichung 10.25. In dieser Gleichung ist J_S das Trägheitsmoment des Körpers um eine Drehachse, die durch seinen Massenmittelpunkt und senkrecht zu der Bewegungsebene verläuft. Somit ist die kinetische Gesamtenergie eines Körpers, der sich in einer Ebene sowohl mit einer Translationsbewegung als auch mit einer Drehbewegung bewegt, in der die Drehachse ihre Richtung nicht ändert, die Summe aus der kinetischen Energie der Translationsbewegung des Massenmittelpunktes und der kinetischen Energie der Drehbewegung um den Massenmittelpunkt,

$$\frac{1}{2}J_S\omega^2 \,.$$

Damit können wir die Berechnung der kinetischen Energie für eine komplizierte Bewegung sehr kompakt angeben und einfach auswerten.

Weitere Beispiele für Fortgeschrittene

An dieser Stelle schauen wir uns drei weitere spannende und interessante Beispiele an. In allen wird $\sum M = J\alpha$ angewendet und wieder müssen wir uns in Erinnerung rufen, dass diese Gleichung nur gültig ist, wenn M, α und J um eine Drehachse berechnet werden, die entweder (1) in einem Inertialsystem fest ist oder (2) durch den Massenmittelpunkt des Körpers verläuft und in ihrer Richtung fest bleibt.

ANGEWANDTE PHYSIK

Verteilung der Bremskraft eines Autos

Beispiel 10.22 Bremsen eines Autos

Wenn die Bremsen eines Autos betätigt werden, ist die auf die Vorderreifen wirkende Kraft wesentlich größer als die, die auf die Hinterreifen wirkt. Um den Grund dafür herauszufinden, berechnen Sie den Betrag der Reibungskräfte F_1 und F_2, die auf die Vorder- und Hinterreifen des Autos wirken, das in ► Abbildung 10.42 dargestellt ist, wenn das Auto mit $a = 0{,}50\,g$ abbremst. Das Auto hat eine Masse $M = 1200$ kg, der Abstand zwischen der Vorder- und der Hinterachse beträgt 3,0 m und der Massenmittelpunkt des Autos (der Punkt, in dem die Gewichtskraft wirkt) befindet sich direkt in der Mitte zwischen den Achsen 75 cm über dem Boden.

Lösung

Auf die Reifen eines bremsenden Autos wirkende Kräfte

► Abbildung 10.42 zeigt das Kräfteparallelogramm mit allen Kräften, die auf das Auto wirken. F_1 und F_2 sind die Reibungskräfte, die das Auto abbremsen. Wir nehmen F_1 als die Summe der Kräfte, die auf beide Vorderreifen wirken, und F_2 für die beiden Hinterreifen. Dann gilt:

$$F_1 + F_2 = Ma = (1200\,\text{kg})(0{,}50)(9{,}8\,\text{m/s}^2) = 5900\,\text{N}\,. \qquad \text{(i)}$$

F_{N1} und F_{N2} sind die Normalkräfte, die die Straße auf die Reifen ausübt, wie dargestellt, und der Einfachheit halber nehmen wir an, dass die Haftreibungskraft bei allen Reifen in gleicher Weise wirkt, so dass F_{N1} und F_{N2} proportional zu F_1 bzw. F_2 sind ($F_{N1} = F_1/\mu, F_{N2} = F_2/\mu$).[8] Während das Auto bremst, dreht es sich nicht, somit ist das auf das Auto wirkende Nettodrehmoment null. Wenn wir die Drehmomente um den Massenmittelpunkt als Drehachse berechnen, sehen wir, dass F_1, F_2 und F_{N2} alle eine Drehung des Autos im Uhrzeigersinn bewirken, während nur F_{N1} bewirkt, dass es sich gegen den Uhrzeigersinn dreht. Folglich muss F_{N1} die anderen drei Kräfte ausgleichen und daher wesentlich größer als F_{N2} sein. Ebenso muss F_1 wesentlicher größer als F_2 sein. Mathematisch ergibt sich für die um den Massenmittelpunkt berechneten Drehmomente entsprechend Gleichung 10.9a:

$$(1{,}5\,\text{m})F_{N1} - (1{,}5\,\text{m})F_{N2} - (0{,}75\,\text{m})F_1 - (0{,}75\,\text{m})F_2 = 0\,.$$

Da F_{N1} und F_{N2} proportional zu F_1 und F_2 sind, können wir dies als

$$(1{,}5\,\text{m})\frac{(F_1 - F_2)}{\mu} - (0{,}75\,\text{m})(F_1 + F_2) = 0 \qquad \text{(ii)}$$

schreiben. Außerdem ist, da das Auto nicht vertikal beschleunigt,

$$Mg = F_{N1} + F_{N2} = \frac{F_1 + F_2}{\mu}\,. \qquad \text{(iii)}$$

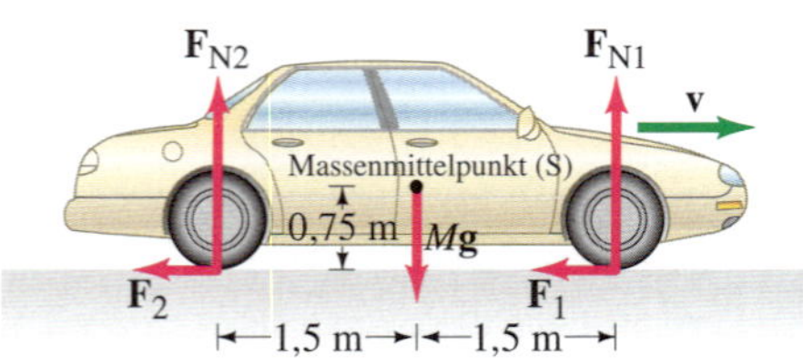

Abbildung 10.42 Auf ein bremsendes Auto wirkende Kräfte (Beispiel 10.22).

8 Unsere Proportionalitätskonstante μ ist nur dann gleich μ_H, der Haftreibungszahl ($F_R \le \mu_H F_N$), wenn das Auto gerade ins Schleudern gerät.

Der Vergleich zwischen (iii) und (i) zeigt, dass $\mu = a/g = 0{,}50$. Wir lösen (ii) nach F_1 auf:

$$F_1 = \frac{1{,}5\,\mathrm{m}/\mu + 0{,}75\,\mathrm{m}}{1{,}5\,\mathrm{m}/\mu - 0{,}75\,\mathrm{m}} F_2 = \frac{5}{3} F_2\,.$$

Somit ist F_1 $1\frac{2}{3}$-mal größer als F_2. (i) liefert die tatsächlichen Beträge, $F_1 = 3700\,\mathrm{N}$ und $F_2 = 2200\,\mathrm{N}$. Da die auf die Vorderreifen wirkende Kraft in der Regel größer ist als die Kraft, die auf die Hinterreifen wirkt, haben Autos häufig an den Vorderrädern größere Bremsbeläge als an den Hinterrädern. Oder anders ausgedrückt, wenn die Bremsbeläge gleich sind, nutzen sich die Beläge an den Vorderrädern schneller ab.

Beispiel 10.23 Frei fallendes Jo-Jo

Eine Schnur wird um einen homogenen, massiven Zylinder (ähnlich einem Jo-Jo) mit der Masse M und dem Radius R gewickelt. Dann beginnt der Zylinder, aus dem Stillstand frei zu fallen, siehe ▸ Abbildung 10.43a. Ermitteln Sie (a) die Beschleunigung des Zylinders und (b) die Zugkraft in der Schnur, während der Zylinder fällt.

Lösung

1 Wie immer beginnen wir mit einem Kräfteparallelogramm, siehe ▸ Abbildung 10.43b, das die im Massenmittelpunkt wirkende Gewichtskraft des Zylinders und die am Rand des Zylinders wirkende Zugkraft der Schnur, $\mathbf{F}_Z$, zeigt. Wir schreiben das zweite Newton'sche Axiom für die Translationsbewegung auf (und nehmen dabei die Abwärtsrichtung als positiv):

$$\begin{aligned} Ma &= \sum F \\ &= Mg - F_Z\,. \end{aligned}$$

Da wir die Zugkraft in der Schnur nicht kennen, können wir nicht sofort nach a auflösen. Wir schreiben die Bewegungsgleichung für die um den Massenmittelpunkt berechnete Drehbewegung auf:

$$\begin{aligned} \sum M_S &= J_S\alpha_S \\ F_Z R &= \frac{1}{2} M R^2 \alpha \end{aligned}$$

Da der Zylinder die Schnur „ohne Gleiten hinunterrollt", gibt es die zusätzliche Relation $a = \alpha R$ (Gleichung 10.5). Dann wird die Drehmomentgleichung zu

$$F_Z R = \frac{1}{2} M R^2 \left(\frac{a}{R}\right) = \frac{1}{2} M R a\,,$$

so dass

$$F_Z = \frac{1}{2} M a\,.$$

Wenn wir dies in die Kraftgleichung einsetzen, erhalten wir

$$\begin{aligned} Ma &= Mg - F_Z \\ &= Mg - \frac{1}{2} M a\,. \end{aligned}$$

Die Auflösung nach a liefert $a = \frac{2}{3} g$. Das bedeutet, dass die lineare Beschleunigung geringer ist als sie wäre, wenn der Zylinder einfach fallen-

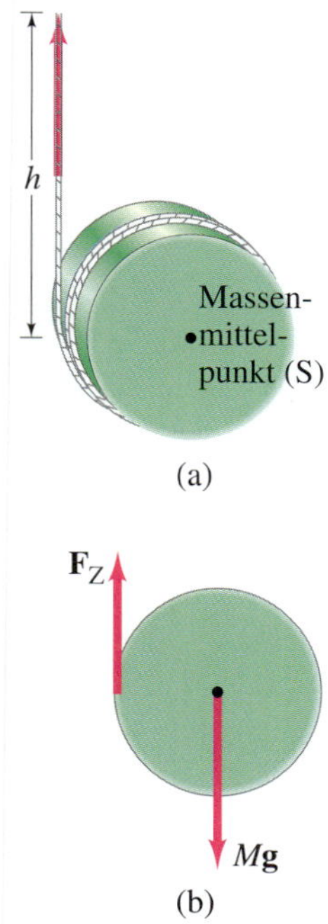

Abbildung 10.43 Beispiel 10.23.

gelassen würde. Das macht Sinn, denn die Gravitation ist nicht die einzige senkrecht wirkende Kraft. Die Zugkraft in der Schnur wirkt ebenfalls.

2 Da $a = \frac{2}{3}g$, ist $F_Z = \frac{1}{2}Ma = \frac{1}{3}Mg$.

Beispiel 10.24

Was geschieht, wenn eine rollende Kugel gleitet?

Rollbewegung mit Gleiten

Eine Bowlingkugel mit der Masse M und dem Radius R wird entlang einer ebenen Fläche geworfen, so dass sie anfangs ($t = 0$) mit einer linearen Geschwindigkeit v_0 gleitet, sich aber nicht dreht. Während sie gleitet, beginnt sie sich zu drehen und rollt schließlich, ohne zu gleiten. Wie lange dauert es, bis die Rollbewegung ohne Gleiten beginnt?

Lösung

Das Kräfteparallelogramm ist in ▸ Abbildung 10.44 dargestellt. Die Kugel bewegt sich nach rechts. Das zweite Newton'sche Axiom für die Translationsbewegung liefert

$$Ma_x = \sum F_x = -\mu_G F_N = -\mu_G Mg \,.$$

Dabei ist μ_G die Gleitreibungszahl, weil die Kugel gleitet. Die Reibungskraft bewirkt zweierlei: die Verlangsamung der Translationsbewegung des Massenmittelpunktes und den sofortigen Beginn der Drehung der Kugel im Uhrzeigersinn. Die Geschwindigkeit des Massenmittelpunktes beträgt

$$v_S = v_0 + a_x t = v_0 - \mu_G g t \,.$$

Als nächstes wenden wir die Bewegungsgleichung für die Drehbewegung um den Massenmittelpunkt, $J_S \alpha_S = \sum M_S$, an:

$$\frac{2}{5} MR^2 \alpha_S = \mu_G MgR \,.$$

Die Winkelbeschleunigung beträgt somit $\alpha_S = 5\mu_G g/2R$ und ist konstant. Dann beträgt die Winkelgeschwindigkeit der Kugel (Gleichung 10.2a)

$$\omega_S = \omega_0 + \alpha_S t = 0 + \frac{5\mu_G g t}{2R} \,.$$

Die Kugel beginnt zu rollen, sobald sie den Boden berührt hat, aber sie beginnt gleichzeitig zu rollen und zu gleiten. Sie hört schließlich auf zu gleiten und rollt, ohne zu gleiten. Die Rollbedingung für eine Rollbewegung ohne Gleiten ist

$$v_S = \omega_S R \,,$$

die Gleichung 10.4, die *nicht* gültig ist, wenn eine Gleitbewegung vorhanden ist. Diese Rollbewegung ohne Gleiten beginnt zu einem Zeitpunkt $t = t_1$, der gegeben ist durch (siehe obige Gleichungen für v_S und ω_S)

$$v_0 - \mu_G g t_1 = \frac{5\mu_G g t_1}{2R} R \,, \quad \text{so dass} \quad t_1 = \frac{2v_0}{7\mu_G g} \quad \text{ist} \,.$$

In diesem Zeitpunkt t_1 ist die Geschwindigkeit des Massenmittelpunktes der Kugel, $v_0 - \mu_G g t_1$, betragsmäßig gleich der Tangentialgeschwindigkeit der Kugeloberfläche, v_S.

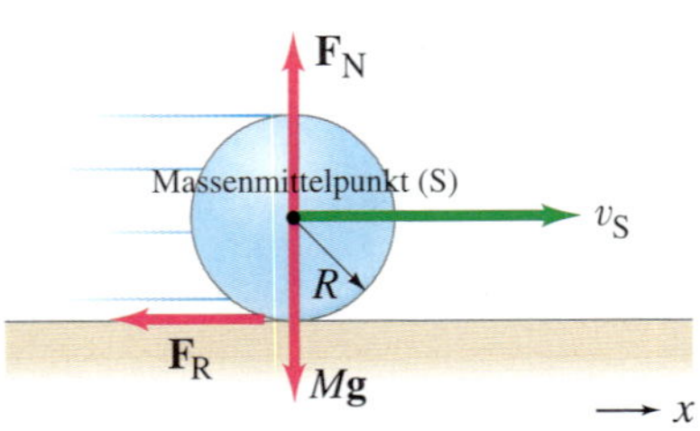

Abbildung 10.44 Beispiel 10.24.

10.12 Warum wird eine rollende Kugel langsamer?

Eine Kugel mit der Masse M und dem Radius R_0, die auf einer horizontalen, flachen Fläche rollt, kommt schließlich zum Stillstand. Welche Kraft ist die Ursache dafür, dass die Kugel zum Stillstand kommt? Man könnte denken, dass die Reibung die Ursache ist, aber wenn man das Problem einfach und direkt untersucht, scheint sich ein Paradoxon zu ergeben.

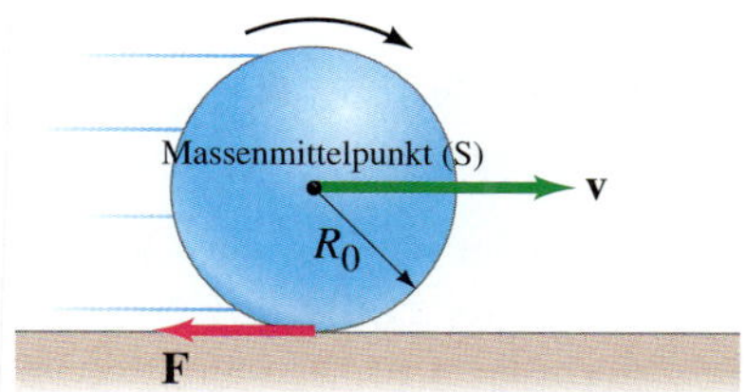

Abbildung 10.45 Kugel rollt nach rechts.

Nehmen wir an, eine Kugel rollt nach rechts, wie in ▸ Abbildung 10.45 dargestellt, und wird langsamer. Nach dem zweiten Newton'schen Axiom, $\sum \mathbf{F} = M\mathbf{a}$, muss es eine Kraft **F** (vermutlich eine Reibungskraft) geben, die, wie dargestellt, nach links wirkt, so dass die Beschleunigung **a** ebenfalls nach links gerichtet ist und v abnimmt. Merkwürdigerweise sehen wir aber, wenn wir uns jetzt die Drehmomentgleichung (berechnet um den Massenmittelpunkt), $\sum M_S = J_S\alpha$, anschauen, dass die Kraft **F** eine Zunahme der Winkelbeschleunigung α und somit eine *Zunahme* der Geschwindigkeit der Kugel bewirkt. Hier liegt das Paradoxon! Bei der Translationsbewegung bewirkt die Kraft **F** eine Verlangsamung der Kugel, bei der Drehbewegung dagegen eine Zunahme ihrer Winkelgeschwindigkeit.

Die Lösung dieses scheinbaren Paradoxons ist eine andere Kraft, die wirken muss. Die einzigen anderen wirkenden Kräfte sind die Gravitation, $M\mathbf{g}$, und die Normalkraft $\mathbf{F}_N$ $(= -M\mathbf{g})$. Diese wirken vertikal und haben folglich keinen Einfluss auf die horizontale Translationsbewegung. Wenn wir annehmen, dass die Kugel und die Ebene starr sind, so dass die Kugel nur in einem Punkt Kontakt hat, bewirken diese Kräfte auch keine Drehmomente um den Massenmittelpunkt, da sie durch den Massenmittelpunkt wirken.

Die einzige Möglichkeit, das Paradoxon aufzulösen, ist die Aufgabe unserer Idealvorstellung, dass die Körper starr sind. Tatsächlich sind alle Körper in einem gewissen Umfang verformbar. Unsere Kugel flacht leicht ab und die ebene Fläche bekommt ebenfalls eine leichte Vertiefung, wo die beiden in Kontakt sind. Es gibt einen Kontakt*bereich*, nicht einen Punkt. Folglich kann es in diesem Kontaktbereich ein Drehmoment geben, das in der entgegengesetzten Richtung zu dem mit **F** verknüpften Drehmoment wirkt und so eine Verlangsamung der Drehbewegung der Kugel bewirkt. Dieses Drehmoment steht in Zusammenhang mit der Normalkraft $\mathbf{F}_N$, die der Tisch auf die Kugel im gesamten Kontaktbereich ausübt. Der Nettoeffekt besteht darin, dass wir für $\mathbf{F}_N$ annehmen können, dass diese Kraft in einem Abstand s vor dem Massenmittelpunkt vertikal wirkt, wie in ▸ Abbildung 10.46 dargestellt (wo die Verformung stark übertrieben ist).

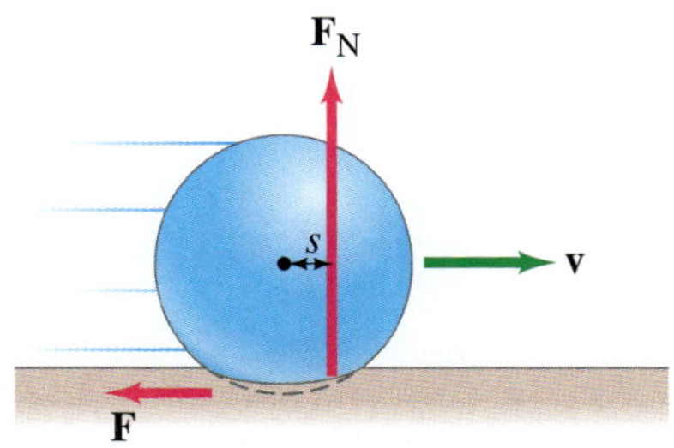

Abbildung 10.46 Die Normalkraft $\mathbf{F}_N$ übt ein Drehmoment aus, das die Kugel verlangsamt. Die Verformung der Kugel und der Fläche, auf der sie sich bewegt, ist zur Verdeutlichung übertrieben dargestellt.

Ist es plausibel, dass die Normalkraft $\mathbf{F}_N$ tatsächlich *vor* dem Massenmittelpunkt wirken sollte, wie in ▸ Abbildung 10.46 dargestellt? Ja. Die Kugel rollt und der vordere Rand berührt die Fläche mit einem leichten Kraftstoß. Deshalb schiebt der Tisch am vorderen Teil der Kugel etwas kräftiger nach oben, als er es tun würde, wenn sich die Kugel im Stillstand befände. Im hinteren Teil des Kontaktbereiches beginnt die Kugel, sich nach oben zu bewegen, und folglich schiebt der Tisch weniger stark nach oben, als wenn sich die Kugel im Stillstand befände. Da der Tisch im vorderen Teil des Kontaktbereiches kräftiger nach oben schiebt, entsteht das erforderliche Drehmoment und das liefert die Begründung dafür, dass der tatsächliche Wirkungspunkt von $\mathbf{F}_N$ vor dem Massenmittelpunkt liegt.

Wenn andere Kräfte vorhanden sind, kann das winzige Drehmoment M_N, das auf $\mathbf{F}_N$ zurückzuführen ist, normalerweise vernachlässigt werden. Wenn eine Kugel oder ein Zylinder z. B. eine schiefe Ebene hinunterrollt, hat die Gewichtskraft wesentlich mehr Einfluss als M_N, so dass letzteres vernachlässigt werden kann. Bei vielen (aber eben nicht bei allen) Anwendungen können wir annehmen, dass eine harte Kugel praktisch in einem Punkt Kontakt mit einer harten Oberfläche hat.

ZUSAMMENFASSUNG

Wenn ein starrer Körper um eine feste Drehachse rotiert, bewegt sich jeder Punkt des Körpers auf einer Kreisbahn. Linien, die senkrecht von der Drehachse zu verschiedenen Punkten in dem Körper gezogen werden, überstreichen alle denselben Winkel θ in einem gegebenen Zeitintervall.

Winkel werden normalerweise in **Radiant** gemessen. Ein Radiant ist der Winkel, der durch einen Bogen begrenzt ist, dessen Länge gleich dem Radius ist, oder

$$2\pi \mathrm{rad} = 360^\circ \,, \quad \text{so dass} \quad 1\,\mathrm{rad} \approx 57{,}3^\circ \,.$$

Alle Teile eines starren Körpers, der um eine feste Drehachse rotiert, haben zu jedem Zeitpunkt dieselbe **Winkelgeschwindigkeit** ω und dieselbe **Winkelbeschleunigung** α. Dabei ist

$$\omega = \frac{\mathrm{d}\theta}{\mathrm{d}t} \quad \text{und} \quad \alpha = \frac{\mathrm{d}\omega}{\mathrm{d}t} \,.$$

Die lineare Geschwindigkeit und die lineare Beschleunigung eines beliebigen Punktes in einem Körper, der um eine feste Drehachse rotiert, stehen durch

$$v = R\omega, a_{\mathrm{tan}} = R\alpha \,, a_{\mathrm{R}} = \omega^2 R$$

mit den Winkelgrößen in Beziehung. Dabei ist R der senkrechte Abstand des Punktes von der Drehachse und a_{tan} und a_{R} sind die tangentiale bzw. die radiale Komponente der linearen Beschleunigung. Die Drehzahl oder Frequenz f und die Periode T stehen zu ω durch

$$f = \frac{1}{T} = \frac{\omega}{2\pi}$$

in Beziehung.

Wenn ein starrer Körper eine gleichförmig beschleunigte Drehbewegung (α = konstant) erfährt, gelten Gleichungen, die analog zu den Gleichungen für die Translationsbewegung sind:

$$\omega = \omega_0 + \alpha t \,, \qquad \theta = \omega_0 t + \frac{1}{2}\alpha t^2 \,,$$

$$\omega^2 = \omega_0^2 + 2\alpha\theta \,, \qquad \bar{\omega} = \frac{\omega + \omega_0}{2} \,.$$

Winkelgeschwindigkeit und Winkelbeschleunigung sind Vektoren. Bei einem starren Körper, der um eine feste Drehachse rotiert, verlaufen $\boldsymbol{\omega}$ und $\boldsymbol{\alpha}$ entlang der Drehachse. Die Richtung von $\boldsymbol{\omega}$ ist durch die **Rechte-Hand-Regel** gegeben.

Das auf Grund einer Kraft **F** auf einen starren Körper ausgeübte Drehmoment ist gleich

$$M = R_\perp F = RF_\perp = RF \sin\theta \,.$$

Dabei ist $R_\perp$, der **Hebelarm**, der senkrechte Abstand zwischen der Drehachse und der Linie, entlang derer die Kraft wirkt. θ ist der Winkel zwischen **F** und **R**.

Das Analogon des zweiten Newton'schen Axioms für die Drehbewegung lautet

$$\sum \mathbf{M} = J\boldsymbol{\alpha} \,.$$

Dabei ist $J = \sum m_i R_i^2$ das **Trägheitsmoment** des Körpers um die Drehachse. Diese Beziehung gilt bei einem starren Körper, der um eine in einem Inertialsystem feste Drehachse rotiert, oder wenn $\mathbf{M}, J$ und $\boldsymbol{\alpha}$ um den Massenmittelpunkt eines Körpers berechnet werden. In diesem letzteren Fall darf sich der Massenmittelpunkt selbst bewegen.

Der **Drehimpuls L** eines Körpers um eine feste Drehachse ist gegeben durch

$$\mathbf{L} = J\boldsymbol{\omega} \,.$$

In Abhängigkeit vom Drehimpuls wird das zweite Newton'sche Axiom zu

$$\sum \mathbf{M} = \frac{\mathrm{d}\mathbf{L}}{\mathrm{d}t} \,.$$

Wenn das auf den Körper wirkende Nettodrehmoment null ist, ist $\mathrm{d}\mathbf{L}/\mathrm{d}t = 0$, so dass $\mathbf{L}$ = konstant ist. Dies ist der **Drehimpulserhaltungssatz** für einen rotierenden Körper.

Die **kinetische Energie der Drehbewegung** eines Körpers, der sich mit der Winkelgeschwindigkeit ω um eine feste Drehachse dreht, ist

$$E_{\mathrm{kin}} = \frac{1}{2}J\omega^2 \,.$$

Bei einem Körper, der sowohl eine Translationsbewegung, als auch eine Drehbewegung erfährt, ist die kinetische Gesamtenergie die Summe aus der kinetischen Energie der Translationsbewegung des Massenmittelpunktes des Körpers und der kinetischen Energie der Drehbewegung des Körpers um seinen Massenmittelpunkt:

$$E_{\mathrm{kin}} = \frac{1}{2}Mv_{\mathrm{S}}^2 + \frac{1}{2}J_{\mathrm{S}}\omega^2 \,,$$

solange die Drehachse in ihrer Richtung fest ist.

ZUSAMMENFASSUNG

Verständnisfragen

1 Ein Fahrradkilometerzähler (der den zurückgelegten Weg misst) wird in der Nähe der Radnabe angebracht. Er ist für 27″-Räder ausgelegt. Was geschieht, wenn Sie ihn bei einem Fahrrad mit 24″-Rädern benutzen?

2 Nehmen Sie an, eine kreisförmige Plattform dreht sich mit konstanter Winkelgeschwindigkeit. Hat ein Randpunkt eine Radial- und/oder Tangentialbeschleunigung? Hat der Punkt eine Radial- und/oder Tangentialbeschleunigung, wenn die Plattform gleichförmig beschleunigt? Welche Ursache würde eine Änderung im Betrag einer (linearen) Beschleunigung bewirken?

3 Auf einem drehenden Karussell sitzen ein Kind auf einem Pferd in der Nähe des Außenrandes und ein anderes Kind auf einem Löwen in der Mitte zwischen dem Außenrand und dem Mittelpunkt. (a) Welches Kind hat die größere lineare Geschwindigkeit? (b) Welches Kind hat die größere Winkelgeschwindigkeit?

4 Welche Richtung hat die Winkelgeschwindigkeit der Erde für die tägliche Drehung um ihre Achse?

5 Die Winkelgeschwindigkeit eines Rades, das sich auf einer horizontalen Achse dreht, zeigt nach Westen. In welcher Richtung verläuft die lineare Geschwindigkeit eines Punktes oben am Rad? Beschreiben Sie die lineare Tangentialbeschleunigung dieses Punktes, wenn die Winkelbeschleunigung nach Osten gerichtet ist. Nimmt die Winkelgeschwindigkeit zu oder ab?

6 Wie müssten die Gleichungen 10.9 für eine gleichförmig beschleunigte Drehbewegung geändert werden, wenn die Winkelgrößen θ, ω und α nicht in Radianten, sondern in Grad angegeben wären?

7 Kann eine kleine Kraft ein größeres Drehmoment ausüben als eine größere Kraft? Erklären Sie, warum.

8 Hat eine Kraft **F** einen Einfluss auf die Bewegung eines Körpers, wenn diese Kraft **F** so auf den Körper wirkt, dass ihr Hebelarm null ist?

9 Ist das Nettodrehmoment null, wenn die auf ein System wirkende Nettokraft ebenfalls null ist? Ist die Nettokraft null, wenn das auf ein System wirkende Nettodrehmoment null ist?

10 Um welche Drehachse wäre das Trägheitsmoment dieses Lehrbuches am geringsten?

11 Warum ist es schwieriger, einen Sit-up mit den Händen hinter dem Kopf zu machen, als mit nach vorne gestreckten Händen? Eine Zeichnung könnte für Ihre Antwort hilfreich sein.

12 Fahrradexperten benutzen sehr leichte Röhrenreifen. Sie behaupten, dass die Reduzierung der Masse der Reifen wesentlich wichtiger ist als eine identische Reduzierung der Masse an anderer Stelle am Fahrrad. Erklären Sie, warum.

13 Warum halten Drahtseilartisten eine lange, schmale Stange in ihren Händen (► Abbildung 10.47)?

Abbildung 10.47 Frage 13.

14 Ein Quarterback springt in die Luft, um einen Pass nach vorn zu spielen. Als er den Ball wirft, dreht sich der obere Teil seines Körpers. Wenn Sie genau hinschauen, werden Sie erkennen, dass sich seine Hüften und seine Beine in die entgegengesetzte Richtung drehen (► Abbildung 10.48). Erklären Sie, warum.

Abbildung 10.48 Quarterback in der Luft, als er einen Pass spielt. Frage 14.

15 Wir haben gezeigt, dass der Impuls und der Drehimpuls Erhaltungsgrößen darstellen. Dennoch werden die meisten in Bewegung befindlichen oder rotierenden Körper schließlich langsam und kommen zum Stehen. Erklären Sie, warum.

16 Wie würde eine große Völkerwanderung zum Äquator die Länge eines Tages beeinflussen?

17 Könnte die Turmspringerin in ► Abbildung 10.30 ohne anfängliche Drehung beim Absprung einen Salto machen?

18 Nehmen Sie an, Sie stehen am Rand einer großen, rotierenden Drehscheibe. Was geschieht, wenn Sie in Richtung des Mittelpunktes gehen?

19 Warum bewegt sich das Vorderrad nach oben, wenn ein Motorradfahrer bei einem Sprung vom Boden abhebt und dabei die Motorleistung nicht reduziert, so dass sich das Hinterrad dreht?

20 Ein Stock steht senkrecht auf seinem Ende auf einer reibungsfreien Fläche. Beschreiben Sie die Bewegung seines Massenmittelpunktes und jedes Endes, wenn er leicht zu einer Seite gekippt wird und umfällt.

21 Zwei schiefe Ebenen haben dieselbe Höhe, bilden aber mit der Horizontalen unterschiedliche Winkel. Dieselbe Stahlkugel wird jede Ebene hinuntergerollt. Auf welcher Ebene ist die Geschwindigkeit der Kugel am Fußpunkt am größten? Erklären Sie, warum.

22 Zwei massive Kugeln beginnen gleichzeitig, (aus dem Stillstand) eine schiefe Ebene hinunterzurollen. Die eine Kugel hat den doppelten Radius und doppelt so viel Masse wie die andere. Welche Kugel erreicht als erste den Fußpunkt der Ebene? Welche hat dort die größere Geschwindigkeit? Welche hat am Fußpunkt die größere kinetische Gesamtenergie?

23 Eine Kugel und ein Zylinder haben denselben Radius und dieselbe Masse. Sie starten aus dem Stillstand oben auf einer schiefen Ebene. Welcher Körper erreicht als erster den Fußpunkt der Ebene? Welcher hat am Fußpunkt die größere Geschwindigkeit? Welcher Körper hat am Fußpunkt die größere kinetische Gesamtenergie? Welcher hat die größere kinetische Energie einer Drehbewegung?

24 Ein Fahrradfahrer fährt über die Spitze eines Berges. Ist die Bewegung des Fahrrades eine Drehbewegung, eine Translationsbewegung oder eine Kombination aus beiden?

25 Die kinetische Gesamtenergie eines Systems von Massenpunkten ist gleich der Summe aus der kinetischen Energie der Translationsbewegung des Massenmittelpunktes des Systems und der kinetischen Energie der Bewegung relativ zum Massenmittelpunkt (Gleichung 10.26). Ist es möglich oder nützlich, eine ähnliche Aussage über den Gesamtimpuls zu machen?

Aufgaben zu 10.1 bis 10.3

1 (I) Wie lauten die folgenden Winkel in Radianten: (a) 30°, (b) 57°, (c) 90°, (d) 360° und (e) 420°? Geben Sie die Ergebnisse als Zahlenwerte und als Bruchteile von π an.

2 (I) Die Sonne erscheint uns auf der Erde mit einer Winkelbreite von 0,5°. Schätzen Sie den Radius der Sonne ab. Der Abstand Erde – Sonne beträgt ca. 150 Mio. km.

3 (I) Der Eiffelturm ist 300 m hoch. Wenn Sie an einer bestimmten Stelle in Paris stehen, erscheint er in einer Winkelhöhe von 7,5°. Wie weit befinden Sie sich dann vom Eiffelturm entfernt?

4 (I) Der Rotor einer Zentrifuge beschleunigt in 5,0 Minuten aus dem Stillstand auf 20 000 U/min. Wie groß ist seine durchschnittliche Winkelbeschleunigung?

5 (II) Berechnen Sie die Winkelgeschwindigkeit (a) des Sekundenzeigers, (b) des Minutenzeigers und (c) des Stundenzeigers einer Uhr. Geben Sie die Ergebnisse in rad/s an. (d) Wie groß ist die jeweilige Winkelbeschleunigung?

6 (II) Berechnen Sie die Winkelgeschwindigkeit der Erde (a) auf ihrer Umlaufbahn um die Sonne und (b) um ihre Drehachse.

7 (II) Wie groß ist die auf die Erdrotation zurückzuführende lineare Geschwindigkeit eines Punktes (a) am Äquator, (b) am Nördlichen Polarkreis (66,5° nördlicher Breite), (c) 40,0° nördlicher Breite?

8 (II) Schätzen Sie die Winkelbreite ab, in der der Mond erscheint, und verwenden Sie dabei ein Lineal und ihren Finger oder einen anderen Gegenstand, um den Mond zu verdecken. Beschreiben Sie ihre Messung und das erzielte Ergebnis und verwenden Sie es dann, um den Durchmesser des Mondes abzuschätzen. Der Mond ist ca. 380 000 km von der Erde entfernt.

9 (II) (a) Eine Schleifscheibe mit einem Durchmesser von 0,35 m dreht sich mit 2500 U/min. Berechnen Sie ihre Winkelgeschwindigkeit in rad/s. (b) Wie groß ist die lineare Geschwindigkeit und die lineare Beschleunigung eines Randpunktes der Schleifscheibe?

10 (II) Ein sich drehendes Karussell macht alle 4,0 s eine vollständige Umdrehung (► **Abbildung 10.49**). (a) Wie groß ist die lineare Geschwindigkeit eines Kindes, das 1,2 m vom Mittelpunkt entfernt sitzt? (b) Wie groß ist seine Beschleunigung?

11 (II) Ein Kind rollt einen Ball über einen ebenen Boden 3,5 m zu einem anderen Kind. Wie groß ist der Durchmesser des Balls, wenn er 15,0 Umdrehungen macht?

Abbildung 10.49 Aufgabe 10.

12 (II) Ein Rad mit einem Durchmesser von 60,0 cm beschleunigt gleichförmig in 6,5 s von 210 U/min. auf 380 U/min. Welchen Weg hat ein Randpunkt des Rades in dieser Zeit zurückgelegt?

13 (II) Bei ihrem Flug zum Mond brachten die Apollo-Astronauten ihr Raumschiff in eine langsame Drehung, um die Energie der Sonne gleichmäßig zu verteilen. Beim Start zu ihrer Reise beschleunigten sie gleichförmig während eines Zeitintervalls von 10 Minuten von einer Rotation gleich null auf eine Umdrehung pro Minute. Das Raumschiff können wir uns als Zylinder mit einem Durchmesser von 8,5 m vorstellen. Bestimmen Sie (a) die Winkelbeschleunigung und (b) die radiale und die tangentiale Komponente der linearen Beschleunigung eines Ortes an der Oberfläche des Raumschiffes 5,0 Minuten nach dem Beginn dieser Beschleunigung.

14 (II) Leiten Sie unter Verwendung der Integralrechnung die **Gleichungen 10.9a** und **10.9b** für die Drehbewegung bei konstanter Winkelbeschleunigung her. Beginnen Sie mit $\alpha = \mathrm{d}\omega/\mathrm{d}t$.

15 (II) Ein kleines Gummirad wird für den Antrieb einer großen Töpferscheibe benutzt. Die beiden Räder (Scheiben) sind so angebracht, dass ihre kreisförmigen Ränder sich berühren. Gehen Sie davon aus, dass das kleine Rad einen Radius von 2,0 cm hat und mit 7,2 rad/s^2 beschleunigt und dass es sich ohne Gleiten mit der Töpferscheibe (Radius 25,0 cm) in Kontakt befindet und berechnen Sie dann (a) die Winkelbeschleunigung der Töpferscheibe und (b) die Zeit, die die Töpferscheibe benötigt, um ihre erforderliche Drehzahl von 65 U/min. zu erreichen.

16 (II) Der Winkel, um den sich eine Drehscheibe in der Zeit t gedreht hat, ist durch $\theta = 6{,}0\,\mathrm{t} - 8{,}0\,\mathrm{t}^2 + 4{,}5\,\mathrm{t}^4$ gegeben. Dabei ist θ in Radianten und t in Sekunden angegeben. Bestimmen Sie einen Ausdruck (a) für die momentane Winkelgeschwindigkeit ω und (b) für die momentane Winkelbeschleunigung α. (c) Bestimmen Sie ω und α bei $t = 3{,}0$ s. (d) Wie groß ist die durchschnittliche Winkelgeschwindigkeit und (e) die durchschnittliche Winkelbeschleunigung zwischen $t = 2{,}0$ s und $t = 3{,}0$ s?

17 (II) Die Winkelbeschleunigung eines Rades in Abhängigkeit der Zeit beträgt $\alpha = 5{,}0\,\mathrm{t}^2 - 3{,}5\,\mathrm{t}$. Dabei ist α in rad/s^2 und t in Sekunden angegeben. Gehen Sie davon aus, dass das Rad aus dem Stillstand startet ($\theta = \omega = 0$ bei $t = 0$), und bestimmen Sie eine Formel für (a) die Winkelgeschwindigkeit ω und (b) den Winkel θ, jeweils in Abhängigkeit der Zeit. (c) Berechnen Sie ω und θ bei $t = 2{,}0$ s.

18 (II) Die Reifen eines Autos machen 85 Umdrehungen, wenn das Auto seine Geschwindigkeit gleichmäßig von 90,0 km/h auf 60,0 km/h reduziert. Die Reifen haben einen Durchmesser von 0,90 m. (a) Wie groß war die Winkelbeschleunigung? (b) Wie viel Zeit ist noch erforderlich, um das Auto zum Stehen zu bringen, wenn es weiter in demselben Maß abbremst?

Aufgaben zu 10.4

19 (II) Die Achse eines Rades ist auf Trägern montiert, die auf einer rotierenden Drehscheibe ruhen, wie in ► **Abbildung 10.50** dargestellt. Das Rad dreht sich mit einer Winkelgeschwindigkeit von $\omega_1 = 50{,}0$ rad/s um seine Achse. Die Drehscheibe rotiert mit einer Winkelgeschwindigkeit von $\omega_2 = 35{,}0$ rad/s um eine vertikale Drehachse. (Beachten Sie die Pfeile, die diese Bewegungen in der Abbildung anzeigen.) (a) Welche Richtungen haben $\boldsymbol{\omega}_1$ und $\boldsymbol{\omega}_2$? (b) Wie groß ist die resultierende

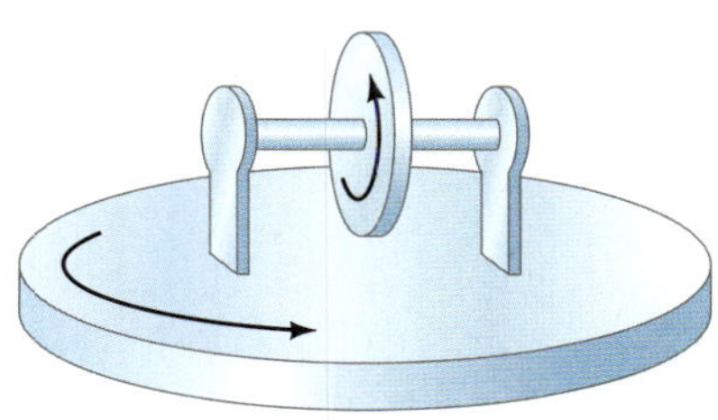

Abbildung 10.50 Aufgabe 19.

Winkelgeschwindigkeit des Rades zu dem dargestellten Zeitpunkt, wie ein außenstehender Beobachter sie sieht? Geben Sie Betrag und Richtung an. (c) Wie groß ist der Betrag der Winkelbeschleunigung des Rades zum dargestellten Zeitpunkt und welche Richtung hat sie? Nehmen Sie die z-Achse als vertikal nach oben und die Richtung der Tragachse zum dargestellten Zeitpunkt als die nach rechts zeigende x-Achse an.

Aufgaben zu 10.5

20 (I) Eine Person übt eine Kraft von 38 N auf die schmale Seite einer Tür mit einer Breite von 96 cm aus. Wie groß ist der Betrag des Drehmomentes, wenn die Kraft (a) senkrecht zur Tür und (b) in einem Winkel von 60,0° zur Stirnseite der Tür ausgeübt wird?

21 (I) Der Bizeps übt eine senkrechte Kraft auf den Unterarm aus, wie in den ► Abbildung 10.51a und b dargestellt. Berechnen Sie für jeden Fall das Drehmoment um die Drehachse durch das Ellbogengelenk und nehmen Sie dabei an, dass der Muskel in einer Entfernung von 5,0 cm vom Ellbogen befestigt ist.

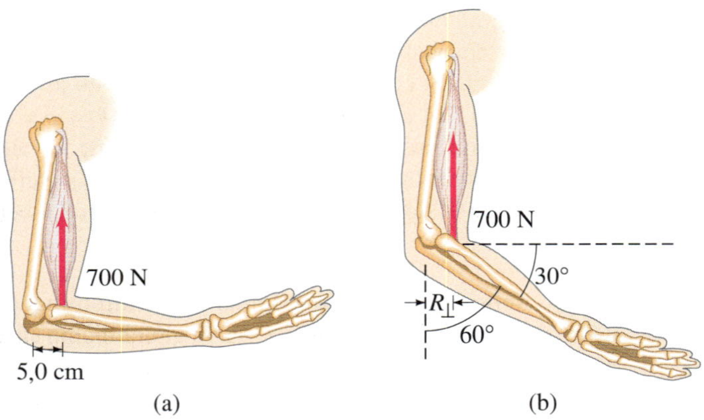

Abbildung 10.51 Aufgabe 21.

22 (II) Ein Rad mit einem Durchmesser von 27,0 cm ist gezwungen, sich in der xy-Ebene um die z-Achse, die durch seinen Mittelpunkt verläuft, zu drehen. Eine Kraft $\mathbf{F} = (-31{,}0\mathbf{i} + 38{,}6\mathbf{j})$ N wirkt in einem Punkt am Rand des Rades, der zu einem bestimmten Zeitpunkt genau auf der x-Achse liegt. Wie groß ist das Drehmoment um die Drehachse zu diesem Zeitpunkt?

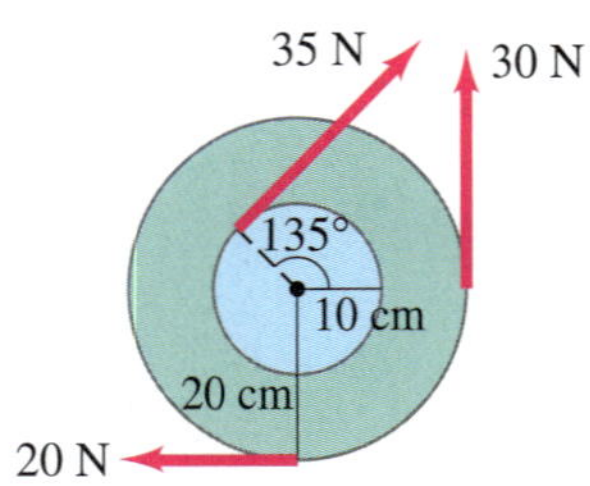

Abbildung 10.52 Aufgabe 23.

23 (II) Berechnen Sie das Nettodrehmoment um die Tragachse des in ► Abbildung 10.52 dargestellten Rades. Nehmen Sie an, dass ein Reibungsmoment von 0,30 N·m der Bewegung entgegenwirkt.

24 (II) Bestimmen Sie das auf den 2,0 m langen, homogenen Balken wirkende Nettodrehmoment, der in ► Abbildung 10.53 dargestellt ist. Berechnen Sie das Nettodrehmoment (a) um den Punkt C, den Massenmittelpunkt, und (b) um den Punkt P an einem Ende.

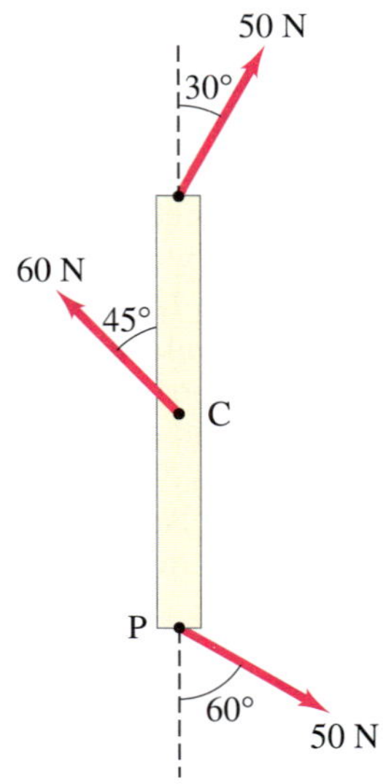

Abbildung 10.53 Aufgabe 24.

25 (II) Die Schrauben am Zylinderkopf bestimmter Motoren erfordern ein Festziehen bis zu einem Drehmoment von 90 N·m. Welche Kraft muss der Mechaniker senkrecht zu einem Schraubenschlüssel an dessen Ende ausüben, wenn der Schraubenschlüssel 26 cm lang ist? Schätzen Sie die Kraft ab, die bei einer Sechskantschraube mit einem Durchmesser von 15 mm durch einen Steckschlüssel in der Nähe der sechs Spitzen ausgeübt wird (► Abbildung 10.54).

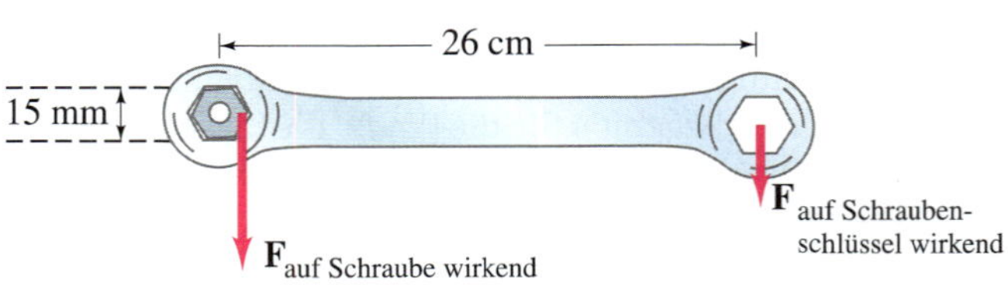

Abbildung 10.54 Aufgabe 25.

Aufgaben zu 10.6 und 10.7

26 (I) Bestimmen Sie das Trägheitsmoment einer massiven Kugel mit einer Masse von 12,0 kg und einem Radius von 0,80 m, wenn die Drehachse durch ihren Mittelpunkt verläuft.

27 (I) Ein Schleifstein mit einer Masse von 1,4 kg in Form eines homogenen Zylinders mit einem Radius von 0,20 m erreicht innerhalb eines Zeitintervalls von 6,0 s bei konstanter Winkelbeschleunigung aus dem Stillstand eine Drehzahl von 1800 U/s. Berechnen Sie das von dem Motor gelieferte Drehmoment.

28 (I) Ein Sauerstoffmolekül besteht aus zwei Sauerstoffatomen, deren Gesamtmasse $5{,}3 \cdot 10^{-26}$ kg beträgt und deren Trägheitsmoment um eine Drehachse, die mitten zwischen den beiden Atomen senkrecht zu der Verbindungslinie zwischen diesen beiden Atomen verläuft, $1{,}9 \cdot 10^{-46}\,\text{kg}\cdot\text{m}^2$ beträgt. Schätzen Sie mithilfe dieser Angaben den tatsächlichen Abstand zwischen den Atomen ab.

29 (II) Ein Ball mit einer Masse von 2,4 kg am Ende einer dünnen, leichten Stange dreht sich auf einer horizontalen Kreisbahn mit einem Radius von 1,2 m. Berechnen Sie (a) das Trägheitsmoment das Balls um den Kreismittelpunkt und (b) das Drehmoment, das erforderlich ist, damit der Ball sich weiter mit konstanter Winkelgeschwindigkeit dreht, wenn der Luftwiderstand eine Kraft von 0,020 N auf den Ball ausübt. Vernachlässigen Sie das Trägheitsmoment und den Luftwiderstand der Stange.

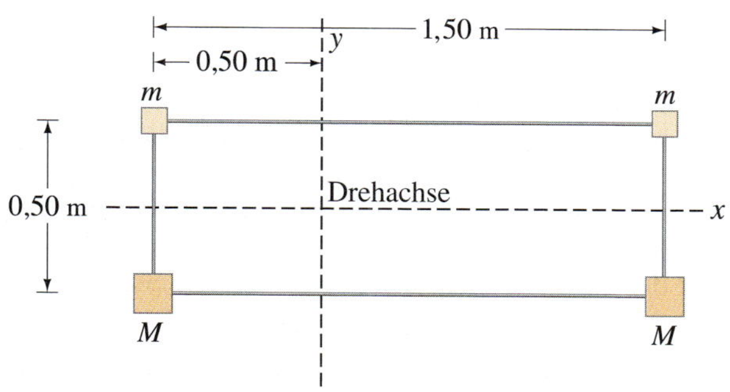

Abbildung 10.55 Aufgabe 30.

30 (II) Berechnen Sie das Trägheitsmoment der in ▶ Abbildung 10.55 dargestellten Anordnung von Punktkörpern um (a) die senkrechte Drehachse und (b) die horizontale Drehachse. Nehmen Sie an, dass die Körper durch sehr leichte, starre Drähte miteinander verbunden sind. Um welche Drehachse wäre die Beschleunigung dieser Anordnung schwieriger? In ▶ Abbildung 10.55 ist $m = 1{,}8$ kg und $M = 3{,}1$ kg. Die Anordnung ist rechteckig und durch die horizontale Drehachse mittig geteilt.

31 (II) Betrachten Sie das Rotorblatt eines Helikopters als eine lange, dünne Stange, wie in ▶ Abbildung 10.56 dargestellt. Nehmen Sie an, dass jedes der drei Rotorblätter des Helikopters 3,75 m lang ist und eine Masse von 160 kg hat und berechnen Sie das Trägheitsmoment der drei Rotorblätter um die Drehachse. Wie groß ist das Drehmoment, das der Motor ausüben muss, um die Rotorblätter in 8,0 s auf eine Geschwindigkeit von 5,0 U/s zu bringen?

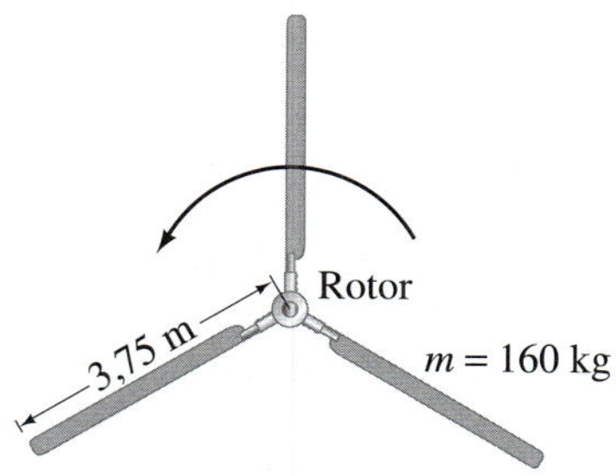

Abbildung 10.56 Aufgabe 31.

32 (II) Eine massive Kugel mit einem Durchmesser von 0,84 m kann von einem Drehmoment von 10,8 N·m um eine durch ihren Mittelpunkt verlaufende Drehachse gedreht werden. Dieses Drehmoment beschleunigt die Kugel gleichförmig aus dem Stillstand auf insgesamt 180 Umdrehungen in 15,0 s. Wie groß ist die Masse der Kugel?

33 (II) Ein Karussell beschleunigt in 24 s aus dem Stillstand auf 3,0 rad/s. Nehmen Sie an, dass das Karussell eine homogene Scheibe mit einem Radius von 7,0 m und einer Masse von 31 000 kg ist und berechnen Sie das Nettodrehmoment, das erforderlich ist, um das Karussell zu beschleunigen.

34 (II) Vier gleiche Massen M werden in gleichen Abständen s entlang einer horizontalen, geraden Stange angeordnet, deren Masse vernachlässigt werden kann. Das System soll um eine vertikale Drehachse gedreht werden, die durch die Masse am linken Ende der Stange und senkrecht zur Stange verläuft. (a) Wie groß ist das Trägheitsmoment des Systems um diese Drehachse? (b) Wie groß ist die minimale Kraft, die, wenn sie auf die am weitesten entfernte Masse ausgeübt wird, eine Winkelbeschleunigung α verleiht? (c) Welche Richtung hat diese Kraft?

35 (II) Nehmen Sie an, die Kraft F_Z in dem Seil, das von dem Rad in Beispiel 10.7, ▶ Abbildung 10.22, hinunterhängt, ist gegeben durch die Relation $F_Z = 3{,}00\,t - 0{,}20\,t^2$ (Newton), wobei t in Sekunden angegeben ist.

Wie groß ist die lineare Geschwindigkeit eines Randpunktes nach 8,0 s, wenn das Rad aus dem Stillstand startet?

36 (II) Der Rotor einer Zentrifuge, der sich mit 10 000 U/min. dreht, wird ausgeschaltet und schließlich durch ein Reibungsmoment von 1,0 N·m zum Stehen gebracht. Wie viele Umdrehungen macht der Rotor, bevor er zum Stehen kommt, und wie lange dauert es, bis er zum Stehen kommt, wenn er eine Masse von 4,70 kg hat und als massiver Zylinder mit einem Radius von 0,0780 m betrachtet werden kann?

37 (II) Zwei Blöcke sind durch eine leichte Schnur, die über eine Rolle mit einem Radius von 0,25 m und einem Trägheitsmoment J läuft, miteinander verbunden. Die Blöcke bewegen sich entlang ihrer reibungsfreien schiefen Ebenen (siehe ▸ **Abbildung 10.57**) mit einer Beschleunigung von $1{,}00\,\text{m/s}^2$ (nach rechts). (a) Zeichnen Sie Kräfteparallelogramme für jeden der beiden Blöcke und für die Rolle. (b) Bestimmen Sie F_{Z1} und F_{Z2}, die Zugkräfte in den beiden Teilen der Schnur. (c) Ermitteln Sie das auf die Rolle wirkende Nettodrehmoment und bestimmen Sie ihr Trägheitsmoment J.

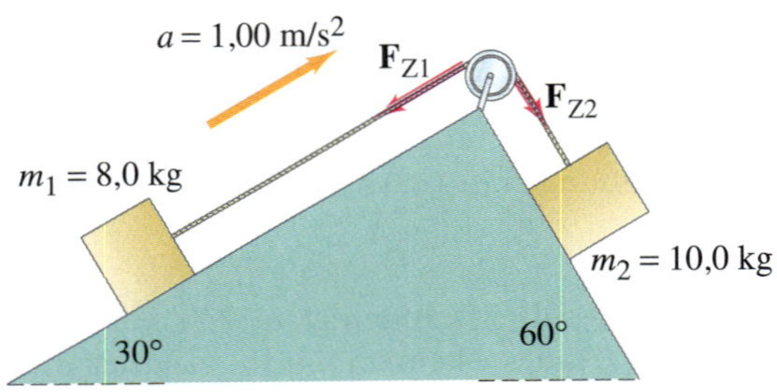

Abbildung 10.57 Aufgabe 37.

38 (II) An dem einen Ende einer Schnur, die über eine Rolle läuft, hängt eine Masse von 3,80 kg und an dem anderen Ende eine Masse von 3,40 kg. Die Rolle ist ein homogener, massiver Zylinder mit einem Radius von 3,0 cm und einer Masse von 0,80 kg. (a) Wie groß wäre die Beschleunigung der beiden Massen, wenn die Lager der Rolle reibungsfrei wären? (b) Tatsächlich stellt man fest, dass die schwerere Masse in 6,2 s zum Stillstand kommt, wenn man ihr eine nach unten gerichtete Geschwindigkeit von 0,20 m/s verleiht. Wie groß ist das auf die Rolle wirkende durchschnittliche Reibungsmoment?

39 (II) Bei der Erörterung von Trägheitsmomenten von ungewöhnlichen Körpern oder Körpern mit unregelmäßiger Form ist es manchmal zweckmäßig, mit dem **Gyrationsradius** r_G zu arbeiten. Dieser Radius ist so definiert, dass, wenn die gesamte Masse des Körpers in diesem Abstand von der Drehachse konzentriert wäre, das Trägheitsmoment mit dem Trägheitsmoment des ursprünglichen Körpers identisch wäre. Somit kann das Trägheitsmoment jedes Körpers in Abhängigkeit seiner Masse M und des Gyrationsradius als $J = Mr_G^2$ geschrieben werden. Bestimmen Sie den Gyrationsradius für jeden der in ▸ **Abbildung 10.21** dargestellten Körper (Reifen, Zylinder, Kugel etc.).

40 (III) Ein dünner Stab mit der Länge l steht senkrecht auf einem Tisch. Der Stab beginnt zu fallen, ohne dass sein unteres Ende rutscht. (a) Bestimmen Sie die Winkelgeschwindigkeit des Stabes in Abhängigkeit des Winkels ϕ, den er mit der Tischplatte bildet. (b) Wie groß ist die Geschwindigkeit des oberen Endes des Stabes direkt vor seinem Aufprall auf dem Tisch?

41 (III) Ein Hammerwerfer beschleunigt einen Hammer (Masse = 7,30 kg) aus dem Stillstand innerhalb von vier Umdrehungen und lässt ihn bei einer Geschwindigkeit von 29,0 m/s los. Nehmen Sie eine gleichmäßige Zunahme der Winkelgeschwindigkeit sowie einen Radius von 2,00 m an und berechnen Sie (a) die Winkelbeschleunigung, (b) die (lineare) Tangentialbeschleunigung, (c) die Zentripetalbeschleunigung direkt vor dem Loslassen, (d) die von dem Athleten auf den Hammer direkt vor dem Loslassen ausgeübte Nettokraft und (e) den Winkel dieser Kraft in Bezug auf den Radius der Kreisbewegung. Vernachlässigen Sie die Wirkung der Gravitation.

Aufgaben zu 10.8

42 (I) Wenden Sie den Steiner'schen Satz an und zeigen Sie, dass das Trägheitsmoment einer dünnen Stange um eine Drehachse, die senkrecht zu der Stange verläuft und sich an einem Ende der Stange befindet, $J = \frac{1}{3}Ml^2$ beträgt, unter der Annahme, dass $J = \frac{1}{12}Ml^2$ ist (▸ **Abbildung 10.21f** und g), wenn die Drehachse durch den Mittelpunkt der Stange verläuft.

43 (II) Wenden Sie den Satz über senkrechte Achsen und ▸ **Abbildung 10.21h** an und bestimmen Sie eine Formel für das Trägheitsmoment einer dünnen, quadratischen Platte mit der Seitenlänge s um eine Drehachse, die (a) durch ihren Mittelpunkt und entlang einer Diagonalen der Platte, (b) durch den Mittelpunkt und parallel zu einer Seite verläuft.

44 (II) Bestimmen Sie das Trägheitsmoment einer Tür, die eine Masse von 25 kg hat und 2,5 m hoch sowie 1,0 m breit ist und entlang einer Seite mit Scharnieren versehen ist. Vernachlässigen Sie die Dicke der Tür.

45 (II) Zwei homogene, massive Kugeln mit der Masse M und dem Radius R_0 sind durch eine dünne (masselose) Stange mit der Länge R_0 miteinander verbunden, so dass ihre Mittelpunkte $3R_0$ voneinander entfernt sind. (a) Bestimmen Sie das Trägheitsmoment dieses Systems um eine Drehachse, die senkrecht zu der Stange und durch ihren Mittelpunkt verläuft. (b) Wie groß wäre der relative Fehler, wenn man annehmen würde, dass die Masse jeder Kugel jeweils in ihrem Mittelpunkt konzentriert wäre und eine sehr einfache Rechnung durchgeführt würde?

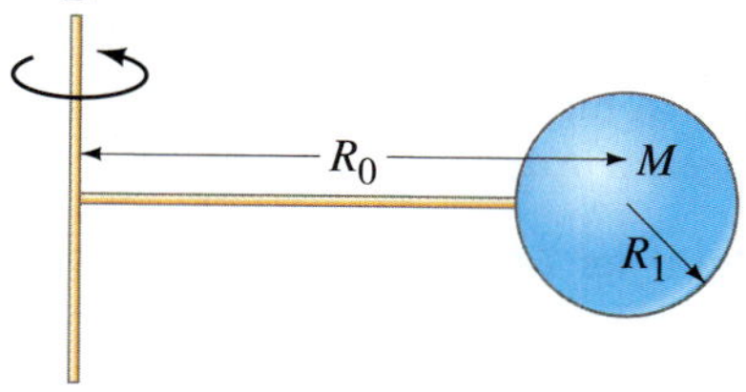

Abbildung 10.58 Aufgabe 46.

46 (II) Ein Ball mit der Masse M und dem Radius R_1 am Ende einer dünnen, masselosen Stange wird auf einer horizontalen Kreisbahn mit dem Radius R_0 um eine Drehachse AB gedreht, wie in ▸ **Abbildung 10.58** dargestellt. (a) Berechnen Sie das Trägheitsmoment des Balls um AB und gehen Sie dabei davon aus, dass die Masse des Balls in seinem Massenmittelpunkt konzentriert ist. (b) Berechnen Sie das Trägheitsmoment des Balls um AB unter Anwendung des Steiner'schen Satzes und unter Berücksichtigung des endlichen Radius des Balls. (c) Berechnen Sie den durch die Massenpunktnäherung eingeführten relativen Fehler für $R_1 = 10$ cm und $R_0 = 1{,}0$ m.

47 (II) Wie groß ist das Trägheitsmoment einer homogenen, horizontalen Scheibe mit dem Radius R_0 und der Masse M um (a) eine vertikale Drehachse, die in einem Abstand von $0{,}25R_0$ vom Mittelpunkt verläuft, (b) eine horizontale Drehachse durch den Mittelpunkt und (c) eine horizontale Drehachse, die tangential zum Rand verläuft.

48 (II) Ein dünnes Rad mit einer Masse von 7,0 kg und einem Radius von 32 cm wird auf einer Seite durch ein kleines Gewicht mit einer Masse von 1,50 kg beschwert, das 22 cm vom Radmittelpunkt entfernt angebracht wird. Berechnen Sie (a) den Ort des Massenmittelpunktes des beschwerten Rades und (b) das Trägheitsmoment um eine Drehachse, die durch seinen Massenmittelpunkt und senkrecht zu seiner Stirnseite verläuft.

49 (III) Leiten Sie die Formel für das Trägheitsmoment einer homogenen Kugel mit dem Radius r_0 und der Masse M um eine Drehachse durch ihren Mittelpunkt her (▸ **Abbildung 10.21e**). (*Hinweis*: Teilen Sie die Kugel in unendlich dünne Scheiben (Zylinder) mit der Dicke dy auf. Dann wenden Sie das Ergebnis aus **Beispiel 10.10** oder ▸ **Abbildung 10.21c** an und integrieren über diese zylindrischen Scheiben.)

50 (III) Leiten Sie die Formel für das Trägheitsmoment einer homogenen, dünnen Stange mit der Länge l um eine Drehachse her, die durch ihren Mittelpunkt und senkrecht zu der Stange verläuft (siehe ▸ **Abbildung 10.21f**).

51 (III) (a) Leiten Sie die in ▸ **Abbildung 10.21h** gegebene Formel für das Trägheitsmoment einer homogenen, flachen, rechteckigen Platte mit den Abmessungen $l \cdot b$ um eine Drehachse her, die durch ihren Mittelpunkt und senkrecht zu der Platte verläuft. (b) Wie groß ist das Trägheitsmoment um jede der Drehachsen durch den Mittelpunkt, die parallel zu den Rändern der Platte verlaufen?

Aufgaben zu 10.9

52 (I) (a) Wie groß ist der Drehimpuls einer homogenen, zylindrischen Schleifscheibe mit einer Masse von 2,8 kg und einem Radius von 18 cm, wenn sie sich mit 1500 U/min. dreht? (b) Wie groß ist das Drehmoment, das erforderlich ist, um sie innerhalb von 7,0 s anzuhalten?

53 (I) Eine Turmspringerin (wie z. B. die in ▸ **Abbildung 10.30** dargestellte) kann ihr Trägheitsmoment ca. um das 3,5-fache reduzieren, wenn sie sich aus der gestreckten Position in die eingerollte Position begibt. Wie groß ist ihre Winkelgeschwindigkeit in der gestreckten Position, wenn sie in der eingerollten Position zwei Umdrehungen in 1,5 s macht?

54 (I) Eine Eiskunstläuferin kann in ihrem Finale ihre Winkelgeschwindigkeit von anfangs 0,5 U/s auf 3,0 U/s steigern. Wie groß ist ihr Trägheitsmoment schließlich, wenn ihr Anfangsträgheitsmoment 4,6 kg·m^2 betrug? Durch welche Körperhaltung erreicht sie dieses Trägheitsmoment?

55 (II) Eine Person steht mit herabhängenden Armen auf einer Plattform, die sich mit 1,30 U/s dreht. Wenn die Person nun ihre Arme in eine horizontale Position hebt, siehe ▶ Abbildung 10.59, nimmt die Winkelgeschwindigkeit auf 0,80 U/s ab. (a) Warum geschieht das? (b) Um welchen Faktor hat sich das Trägheitsmoment der Person geändert?

Abbildung 10.59 Aufgabe 55.

56 (II) (a) Wie groß ist der Drehimpuls einer Eiskunstläuferin, die sich mit 3,5 U/s (mit an den Körper angelegten Armen) dreht? Betrachten Sie die Eiskunstläuferin als einen homogenen Zylinder mit einer Höhe von 1,5 m, einem Radius von 15 cm und einer Masse von 55 kg. (b) Wie groß ist das Drehmoment, das erforderlich ist, um sie in 5,0 s zum Stehen zu bringen, vorausgesetzt, sie bewegt ihre Arme *nicht*?

57 (II) Bestimmen Sie den Drehimpuls der Erde (a) um ihre Drehachse (nehmen Sie die Erde als homogene Kugel an) und (b) auf ihrer Umlaufbahn um die Sonne (behandeln Sie die Erde wie einen Massenpunkt, der die Sonne umkreist). Die Erde hat eine Masse $= 6{,}0 \cdot 10^{24}$ kg, einen Radius $= 6{,}4 \cdot 10^{6}$ m und ist $1{,}5 \cdot 10^{8}$ km von der Sonne entfernt.

58 (II) Eine homogene, horizontal angeordnete Stange mit der Masse M und der Länge l dreht sich mit der Winkelgeschwindigkeit ω um eine vertikale Drehachse, die durch den Mittelpunkt der Stange verläuft. An jedem Ende der Stange ist eine kleine Masse m angebracht. Bestimmen Sie den Drehimpuls des Systems um diese Drehachse.

59 (II) Ein Karussell mit einem Durchmesser von 4,8 m dreht sich frei mit einer Winkelgeschwindigkeit von 0,80 rad/s. Sein Gesamtträgheitsmoment beträgt 1950 kg·m². Vier Personen, die auf dem Boden stehen und jeweils eine Masse von 65 kg haben, steigen plötzlich auf den Rand des Karussells. Wie groß ist die Winkelgeschwindigkeit des Karussells jetzt? Was wäre, wenn sich die Personen anfangs auf dem Karussell befänden und dann in radialer Richtung (relativ zum Karussell) abspringen würden?

60 (II) Eine Frau mit der Masse m steht am Rand einer massiven, zylinderförmigen Plattform mit der Masse M und dem Radius R. Zum Zeitpunkt $t = 0$ dreht sich die Plattform mit vernachlässigbarer Reibung mit der Winkelgeschwindigkeit ω_0 um eine vertikale Drehachse, die durch den Mittelpunkt der Stange verläuft. Die Person beginnt, mit der Geschwindigkeit v (relativ zu der Plattform) auf den Mittelpunkt der Plattform zuzugehen. (a) Bestimmen Sie die Winkelgeschwindigkeit des Systems in Abhängigkeit der Zeit. (b) Wie groß ist die Winkelgeschwindigkeit, wenn die Frau den Mittelpunkt erreicht?

Aufgaben zu 10.10

61 (I) Der Rotor einer Zentrifuge hat ein Trägheitsmoment von $4{,}25 \cdot 10^{-2}$ kg·m². Wie viel Energie ist erforderlich, um ihn aus dem Stillstand auf 10 000 U/min. zu bringen?

62 (I) Ein Kfz-Motor entwickelt bei 4000 U/min. ein Drehmoment von 280 N·m. Wie groß ist die PS-Leistung des Motors?

63 (II) Um welchen Faktor hat sich die ursprüngliche kinetische Energie bei dem Stern in Beispiel 10.14, der einen durch die Gravitation bedingten Zusammenbruch erfährt, geändert? Woher stammte diese Energie?

64 (II) Eine rotierende, homogene, zylindrische Plattform mit einer Masse von 280 kg und einem Radius von 5,5 m kommt in 18 s von 3,8 U/s zum Stehen, wenn der Antriebsmotor abgeschaltet wird. Schätzen Sie die Leistungsabgabe des Motors (PS) ab, die erforderlich ist, um eine konstante Drehzahl von 3,8 U/s beizubehalten.

65 (II) Zwei Massen, $m_1 = 35{,}0$ kg und $m_2 = 38{,}0$ kg, sind durch ein Seil, das über einer Rolle hängt, miteinander verbunden (siehe ▶ Abbildung 10.60). Die Rolle ist ein homogener Zylinder mit einem Radius von 0,30 m und einer Masse von 4,8 kg. Anfangs befindet sich m_1 auf dem Boden und m_2 ruht 2,5 m über dem Boden. Nehmen Sie an, dass m_1 dann losgelassen wird, und wenden Sie die Energieerhaltung an, um die Geschwindigkeit von m_2 direkt vor dem Auftreffen auf dem Boden zu bestimmen. Nehmen Sie außerdem an, dass das Rollenlager reibungsfrei ist.

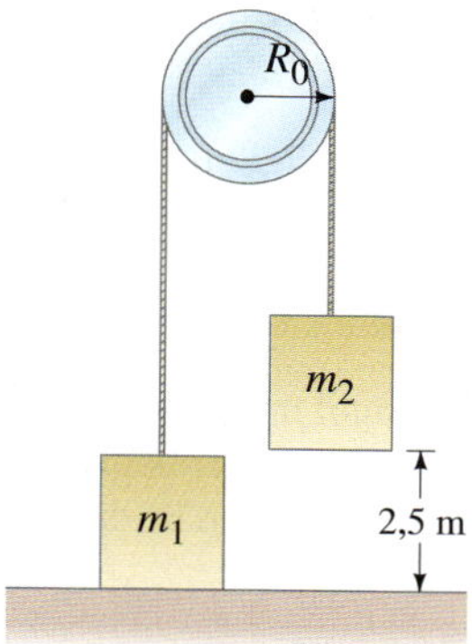

Abbildung 10.60 Aufgabe 65.

66 (II) Eine homogene, dünne Stange mit der Länge l und der Masse M wird an einem Ende frei aufgehängt. Sie wird um den Winkel θ zur Seite gezogen und losgelassen. Wie groß ist ihre Winkelgeschwindigkeit und die Geschwindigkeit ihres freien Endes im tiefsten Punkt, wenn die Reibung vernachlässigt werden kann?

67 (II) Eine Person mit einer Masse von 70 kg steht mit ausgestreckten Armen auf einer kleinen rotierenden Plattform. (a) Schätzen Sie das Trägheitsmoment der Person ab und verwenden Sie dabei die folgenden Näherungswerte: der Körper (einschließlich Kopf und Beine) ist ein Zylinder mit einer Masse von 60 kg, einem Radius von 12 cm und einer Höhe von 1,70 m. Jeder Arm ist eine dünne Stange mit einer Masse von 5,0 kg und einer Länge von 60 cm und an dem Zylinder befestigt. (b) Verwenden Sie dieselben Näherungswerte und schätzen Sie das Trägheitsmoment bei angelegten Armen ab. (c) Wie viel Zeit wird für eine Umdrehung bei angelegten Armen benötigt, wenn eine Drehung bei ausgestreckten Armen 1,5 s dauert? Vernachlässigen Sie das Trägheitsmoment der leichten Plattform. (d) Bestimmen Sie die Änderung der kinetischen Energie, wenn die Arme aus der angelegten Position in die horizontale Position angehoben werden. (e) Würden Sie auf der Grundlage Ihrer Antwort auf (d) erwarten, dass es schwieriger oder leichter ist, Ihre Arme anzuheben, wenn die Plattform sich dreht oder wenn sie sich im Stillstand befindet?

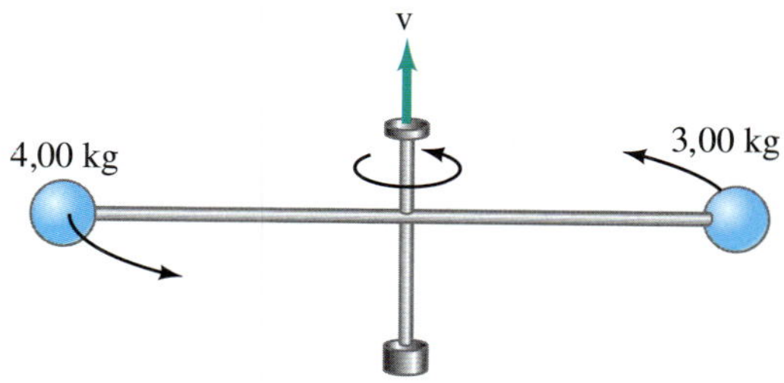

Abbildung 10.61 Aufgabe 68.

68 (III) Eine Masse von 4,00 kg und eine Masse von 3,00 kg sind an entgegengesetzten Enden einer dünnen, 50,0 cm langen, horizontalen Stange befestigt (► Abbildung 10.61). Das System dreht sich mit der Winkelgeschwindigkeit $\omega = 8{,}00\,\text{rad/s}$ um eine vertikale Drehachse im Mittelpunkt der Stange. Bestimmen Sie (a) die kinetische Energie E_{kin} des Systems und (b) die auf jede Masse wirkende Nettokraft. (c) Wiederholen Sie (a) und (b) und nehmen Sie jetzt an, dass die Drehachse durch den Massenmittelpunkt des Systems verläuft.

Aufgaben zu 10.11

69 (I) Berechnen Sie die Translationsgeschwindigkeit eines Zylinders, wenn er den Fußpunkt einer 11,8 m hohen schiefen Ebene erreicht. Nehmen Sie an, dass er aus der Ruhelage startet und ohne Gleiten rollt.

70 (I) Schätzen Sie die kinetische Energie der Erde in Bezug auf die Sonne als die Summe zweier Terme ab: (a) die kinetische Energie, die auf die tägliche Erdrotation um ihre Achse zurückzuführen ist, und (b) die kinetische Energie, die auf den jährlichen Umlauf der Erde um die Sonne zurückzuführen ist (nehmen Sie die Erde als homogene Kugel mit der Masse $= 6{,}0 \cdot 10^{24}$ kg, einem Radius $= 6{,}4 \cdot 10^{6}$ m und einem Abstand von $1{,}5 \cdot 10^{8}$ km von der Sonne an).

71 (I) Eine Bowlingkugel mit einer Masse von 7,3 kg und einem Radius von 9,0 cm rollt ohne Gleiten mit 5,3 m/s eine Bahn entlang. Berechnen Sie ihre kinetische Gesamtenergie.

72 (II) Eine schmale, aber massive Garnrolle hat den Radius R und die Masse M. (a) Welche Kraft müssen Sie auf das Garn ausüben, wenn Sie an dem Garn ziehen, so dass der Massenmittelpunkt der Rolle in der Luft in demselben Ort bleibt, und (b) wie viel Arbeit haben Sie verrichtet, bis die Rolle sich mit der Winkelgeschwindigkeit ω dreht?

73 (II) Ein dünnes, hohles Stück Rohr mit einer Masse von 60,0 g und einem Radius von 10,0 cm beginnt (aus der Ruhelage) eine 5,60 m lange schiefe Ebene mit einem Neigungswinkel von 21,5° hinabzurollen. (a) Wie groß ist die Geschwindigkeit des Rohres am Fußpunkt der schiefen Ebene, wenn das Rohr ohne Gleiten rollt? (b) Wie groß ist seine kinetische Gesamtenergie am Fußpunkt der schiefen Ebene? (c) Wie groß muss die Haftreibungszahl mindestens sein, damit das Rohr nicht gleitet?

74 (II) Ein massiver Gummiball ruht auf dem Boden eines Eisenbahnwaggons, als der Waggon beginnt, sich mit der Beschleunigung a zu bewegen. Wie groß ist die Beschleunigung des Balls (a) relativ zum Waggon und (b) relativ zum Erdboden unter der Annahme, dass der Ball ohne Gleiten rollt?

75 (II) Ein Ball mit dem Radius r_0 rollt auf der Innenseite einer Laufrille mit dem Radius R_0 (siehe ▸ Abbildung 10.62). Wie groß ist die Geschwindigkeit des Balls bei Erreichen des tiefsten Punktes der Laufrille, wenn er aus der Ruhelage am vertikalen Rand der Laufrille startet und ohne Gleiten rollt?

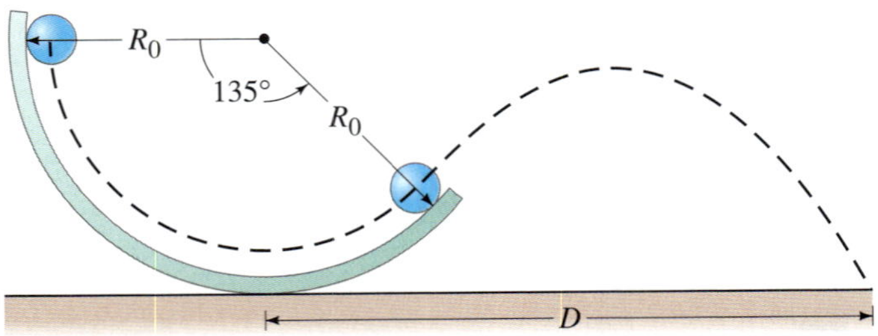

Abbildung 10.62 Aufgabe 75 und 76.

76 (III) Eine kleine Kugel mit dem Radius $r_0 = 1{,}5$ cm rollt ohne Gleiten auf der in ▸ Abbildung 10.62 dargestellten Laufrille, deren Radius $R_0 = 26$ cm beträgt. Die Kugel beginnt in einer Höhe R_0 über dem Boden der Laufrille zu rollen. (a) Wie groß ist die Geschwindigkeit der Kugel und (b) in welchem Abstand D vom Fußpunkt der Laufrille trifft die Kugel auf dem Boden auf, wenn sie die Laufrille nach Durchlaufen eines Winkels von 135°, wie dargestellt, verlässt?

77 (III) Die Räder eines Autos haben jeweils einen Durchmesser von 0,80 m und eine Masse von 35 kg. Die Masse des Autos beträgt inklusive der vier Räder 1100 kg. Vereinfachen Sie den Aufbau der Räder und nehmen Sie dafür jeweils homogene Zylinder an. Bestimmen Sie (a) die kinetische Gesamtenergie des Autos bei einer Geschwindigkeit von 100 km/h und (b) den Anteil der kinetischen Energie in den Reifen und Rädern. (c) Wie groß ist die Beschleunigung des Autos, wenn es sich anfangs im Stillstand befindet und dann von einem Abschleppwagen mit einer Kraft von 2000 N gezogen wird? Vernachlässigen Sie Reibungsverluste. (d) Wie groß wäre Ihr relativer Fehler in Teil (c), wenn Sie das Trägheitsmoment der Räder vernachlässigen würden?

78 (III) Bestimmen Sie die Geschwindigkeit des fallenden Jo-Jos in Beispiel 10.23 in Abhängigkeit von dem zurückgelegten Weg h. Wählen Sie $h = 0$ und $v = 0$ bei $t = 0$

79 (III) (a) Welchen Weg hat die Kugel in Beispiel 10.24 auf der Bahn zurückgelegt, als sie zu rollen beginnt, ohne zu gleiten? (b) Wie groß sind ihre lineare Endgeschwindigkeit und ihre Enddrehzahl?

80 (III) Ein Rad mit einem Trägheitsmoment von $J = \frac{1}{2}MR^2$ um seine zentrale Achse wird dazu gebracht, sich mit einer anfänglichen Winkelgeschwindigkeit ω_0 zu drehen, und wird dann so auf den Boden abgesenkt, dass es mit einer horizontalen Geschwindigkeit gleich null den Boden berührt. Anfangs gleitet es, aber dann beginnt es, sich vorwärts zu bewegen, und schließlich rollt es ohne Gleiten. (a) In welcher Richtung wirkt die Reibung auf das gleitende Rad? (b) Wie lange gleitet das Rad, bevor es beginnt, ohne Gleiten zu rollen? Denken Sie daran, dass das Gleiten erst aufhört, wenn $v_S = \omega R$. (c) Wie groß ist die endgültige Translationsgeschwindigkeit des Rades? (*Hinweis*: Wenden Sie $\sum \mathbf{F} = m\mathbf{a}, \sum M_S = J_S\alpha_S$ an.)

81 (III) Gehen Sie für die Beispiele 10.19 und 10.21 davon aus, dass die Kugel nicht nur rollt, sondern auch gleitet. Nehmen Sie ganz konkret an, dass $\theta = 33{,}0°$ und $\mu = \mu_H = \mu_G = 0{,}10$ und dass die schiefe Ebene eine Höhe $H = 2{,}0$ m und die Kugel einen Radius $R_0 = 11{,}0$ cm sowie eine Masse $M = 850$ g hat. Die Kugel startet oben auf der schiefen Ebene aus dem Stillstand. Bestimmen Sie: (a) die Beschleunigung der Kugel, (b) die Geschwindigkeit des Massenmittelpunktes der Kugel, wenn sie den Fußpunkt der schiefen Ebene erreicht, (c) die kinetische Gesamtenergie der Kugel am Fußpunkt der schiefen Ebene und (d) den Verlust an mechanischer Energie. (e) Bestimmen Sie dieselben Größen für $\mu = 0{,}30$, bei der kein Gleiten vorhanden ist, und vergleichen Sie. (f) Vergleichen Sie Ihre Antworten aus (a), (b) und (c) mit einer Kiste mit derselben Masse, die die schiefe Ebene hinunterrutscht. (*Hinweis*: Wenden Sie $\sum \mathbf{F} = m\mathbf{a}, \sum M_S = J_S\alpha_S$ an und denken Sie daran, dass das Gleiten erst aufhört, wenn $v_S = \omega R$.)

Aufgaben zu 10.12

82 (I) Eine in einer Ebene senkrecht zur Fallbeschleunigung rollende Kugel wird langsamer, weil die Normalkraft nicht genau durch den Massenmittelpunkt der Kugel, sondern vor ihm verläuft. Zeigen Sie unter Anwendung der ▸ Abbildung 10.46, dass das aus der Normalkraft resultierende Drehmoment ($M_N = lF_N$ in ▸ Abbildung 10.46) 7/5 des auf die Reibungskraft zurückzuführenden Drehmomentes, $M_R = R_0F$, beträgt, d. h. zeigen Sie, dass $M_N = \frac{7}{5}M_R$ ist.

Allgemeine Aufgaben

83 Sonnenfinsternisse auf der Erde ergeben sich auf Grund einer erstaunlichen Kombination von Zahlenwerten. Berechnen Sie unter Verwendung der Zahlenwerte auf der Innenseite des Buchdeckels den Winkeldurchmesser (in Radianten) der Sonne und den Winkeldurchmesser des Mondes von der Erde aus gesehen.

84 Ein Hohlzylinder (Reifen) rollt auf einer horizontalen Fläche mit der Geschwindigkeit $v = 2{,}10\,\text{m/s}$, als er beginnt, eine schiefe Ebene mit einem Neigungswinkel von 21,5° hinaufzurollen. (a) Wie weit rollt er die schiefe Ebene hinauf? (b) Wie lange befindet er sich auf der schiefen Ebene, bevor er wieder an ihrem Fußpunkt ankommt?

85 Ein massives Rad mit dem Radius R_1 wird von einer kreisförmigen Gummiwalze mit dem Radius R_2, deren Außenrand Kontakt mit dem Außenrad des Rades hat, gedreht. Welches Verhältnis ω_1/ω_2 haben ihre Winkelgeschwindigkeiten zueinander?

86 Der Mond umkreist die Erde so, dass immer dieselbe Seite zur Erde zeigt. Bestimmen Sie das Verhältnis seines Drehimpulses (um seine eigene Drehachse) und des Drehimpulses seiner Umlaufbahn. (Betrachten Sie den Mond im letzteren Fall als einen Massenpunkt, der die Erde umkreist.)

Abbildung 10.63 Aufgabe 87.

87 Eine große Seilrolle steht auf dem Boden. Das Ende des Seils liegt auf dem oberen Rand der Rolle. Eine Person ergreift das Seilende und geht mit dem Seil in der Hand einen Weg l, siehe ▸ Abbildung 10.63. Die Rolle rollt ohne Gleiten hinter der Person her. Wie viel Seillänge wickelt sich von der Rolle ab? Wie weit bewegt sich der Massenmittelpunkt der Rolle?

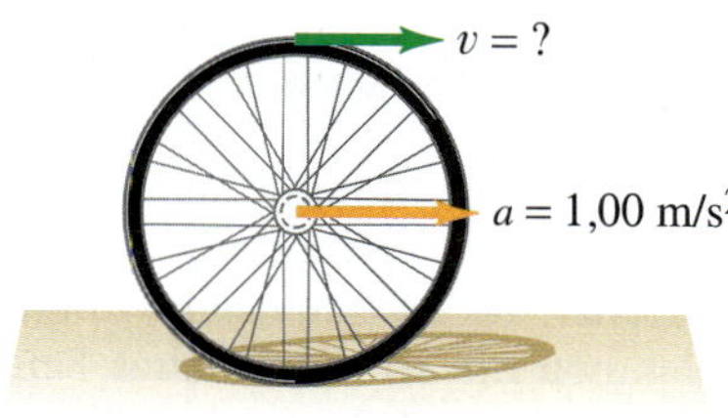

Abbildung 10.64 Aufgabe 88.

88 Ein Fahrradfahrer beschleunigt aus dem Stillstand mit $1{,}00\,\text{m/s}^2$. Wie schnell bewegt sich ein Randpunkt oben am Reifen (Durchmesser = 68 cm) nach 3,0 s? Siehe ▸ Abbildung 10.64.

89 Eine Person steht auf einer Plattform, die sich anfangs in der Ruhelage befindet und frei ohne Reibung rotieren kann. Das Trägheitsmoment der Person und der Plattform ist J_P. Die Person hält ein sich drehendes Fahrradrad so, dass die Drehachse horizontal verläuft. Das Rad hat das Trägheitsmoment J_R und die Winkelgeschwindigkeit ω_R. Wie groß ist die Winkelgeschwindigkeit ω_P der Plattform, wenn die Person die Drehachse des Rades so bewegt, dass sie (a) senkrecht nach oben gerichtet ist, (b) mit der Vertikalen einen Winkel von 60° bildet, (c) senkrecht nach unten gerichtet ist? (d) Wie groß ist ω_P, wenn die Person nach oben greift und das Rad in Teil (a) anhält?

90 Die Dichte (Masse pro Längeneinheit) einer dünnen Stange mit der Länge l nimmt gleichmäßig von λ_0 an dem einen Ende auf $2\lambda_0$ an dem anderen Ende zu. Bestimmen Sie das Trägheitsmoment um eine Drehachse, die senkrecht zu der Stange durch ihren geometrischen Mittelpunkt verläuft.

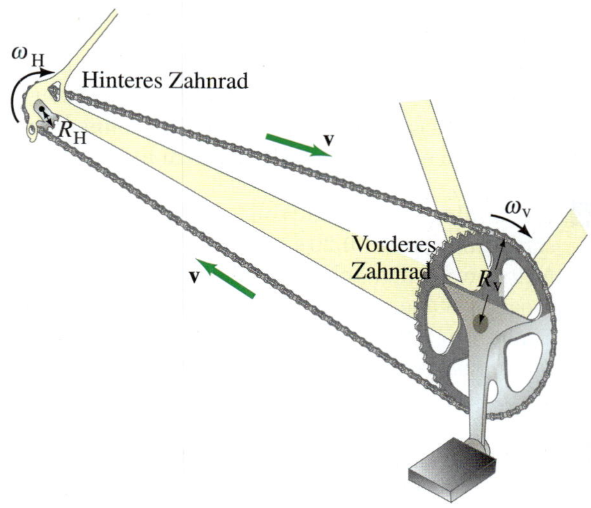

Abbildung 10.65 Aufgabe 91.

91 (a) Wie groß ist bei einem Fahrrad (siehe ▸ Abbildung 10.65) die Winkelgeschwindigkeit des Hinterrades (ω_H) in Bezug auf die Winkelgeschwindigkeit der Pedale und des vorderen Zahnrades (ω_V)? Leiten Sie eine Gleichung für ω_H/ω_V her. Nehmen Sie N_V und N_H für die Anzahl der Zähne am vorderen bzw. hinteren Zahnrad. Die Zähne sind an beiden Zahnrädern in demselben Abstand angeordnet, so dass die Kette richtig greift. (b) Berechnen Sie dann das Verhältnis ω_H/ω_V, wenn das vordere Zahnrad 52 Zähne und das hintere 13 Zähne hat, und (c) wenn das vordere Zahnrad 42 Zähne und das hintere 28 Zähne hat.

92 Der Unterarm in ► Abbildung 10.66 beschleunigt einen Ball mit einer Masse von 1,00 kg mit 7,0 m/s², wie dargestellt, mithilfe des Trizeps. Berechnen Sie (a) das erforderliche Drehmoment und (b) die Kraft, die der Trizeps ausüben muss. Vernachlässigen Sie die Masse des Arms.

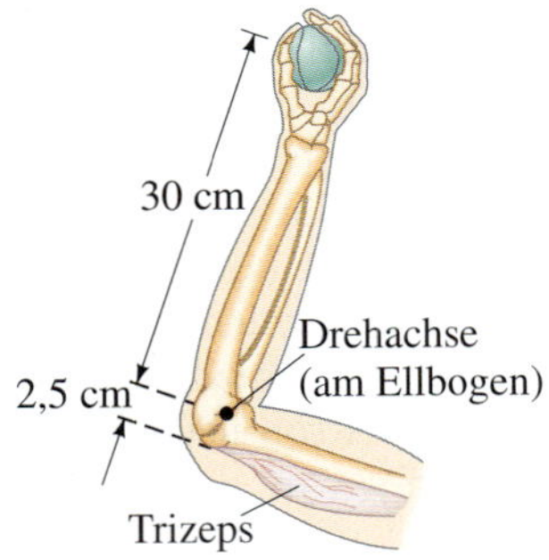

Abbildung 10.66 Aufgabe 92 und 93.

93 Nehmen Sie an, dass ein Ball mit einer Masse von 1,00 kg nur durch die Bewegung des Unterarms geworfen wird (► Abbildung 10.66), der sich unter Einwirkung des Trizeps um das Ellbogengelenk dreht. Der Ball wird in 0,22 s aus der Ruhelage auf 10,0 m/s beschleunigt. Dann wird er losgelassen. Berechnen Sie (a) die Winkelbeschleunigung des Arms und (b) die erforderliche Kraft des Trizeps. Nehmen Sie an, dass der Unterarm eine Masse von 3,4 kg hat und wie eine homogene Stange um eine Drehachse an ihrem Ende rotiert.

94 Ein Softballspieler schwingt einen Schläger und beschleunigt ihn in 0,20 s aus der Ruhelage auf 3,0 U/s. Nehmen Sie den Schläger näherungsweise als eine homogene Stange mit einer Masse von 2,2 kg und einer Länge von 0,95 m an und berechnen Sie das Drehmoment, das der Spieler auf das eine Ende dieser Stange ausübt.

95 Piloten von Düsenflugzeugen können in einer wirbelnden „menschlichen Zentrifuge" auf ihre Flugtauglichkeit getestet werden, die 1,0 min. braucht, um 20 vollständige Umdrehungen zu machen, bevor sie ihre Enddrehzahl erreicht. (a) Wie groß war ihre Winkelbeschleunigung und (b) wie groß war ihre Enddrehzahl in Umdrehungen pro Minute, wenn wir von einer gleichförmigen Winkelbeschleunigung ausgehen?

96 Eine homogene Scheibe dreht sich mit 7,0 U/s um eine reibungsfreie Spindel. Ein nichtrotierender Stab mit der gleichen Masse wie die Scheibe und einer Länge, die gleich dem Durchmesser der Scheibe ist, wird auf die frei drehende Scheibe fallen gelassen. Dann drehen sich beide um die Spindel, wobei ihre Mittelpunkte übereinander liegen, siehe ► Abbildung 10.67. Wie groß ist die Winkelgeschwindigkeit dieser Anordnung in Umdrehungen pro Sekunde?

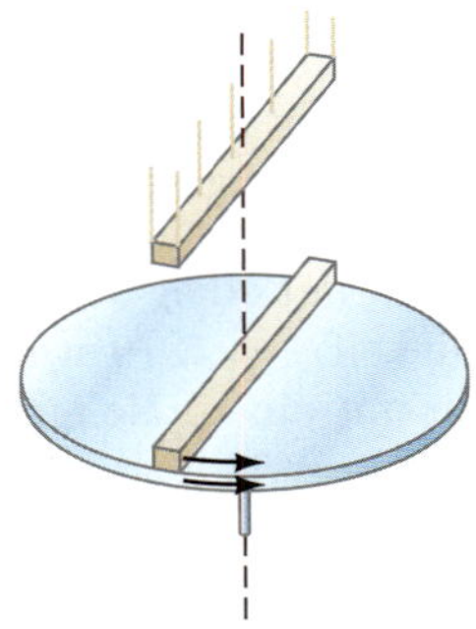

Abbildung 10.67 Aufgabe 96.

97 Um einen flachen, homogenen, zylindrischen Satelliten dazu zu veranlassen, sich mit der richtigen Geschwindigkeit zu drehen, feuern Ingenieure vier tangentiale Raketen ab, wie in ► Abbildung 10.68 dargestellt. Wie groß ist die erforderliche stetige Kraft jeder Rakete, wenn der Satellit eine Masse von 2000 kg und einen Radius R von 3,0 m hat und er in 5,0 min. 30 U/min. erreichen soll?

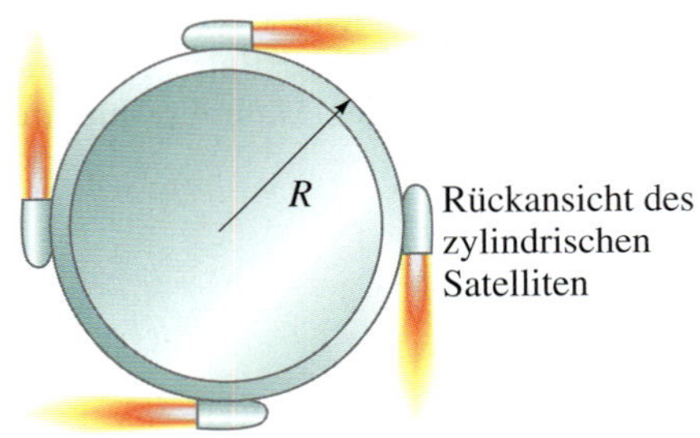

Abbildung 10.68 Aufgabe 97.

98 (a) Berechnen Sie die Translations- und die Drehgeschwindigkeit einer Kugel (Radius 20,0 cm und Masse 2,20 kg), die ohne Gleiten eine schiefe Ebene mit einem Neigungswinkel von 30,0° und einer Länge von 10,0 m hinunterrollt, bei Erreichen des Fußpunktes. Nehmen Sie an, dass sie aus dem Stillstand startet. (b) Wie ist das Verhältnis zwischen der kinetischen Energie der Translationsbewegung und der kinetischen Energie der Drehbewegung am Fußpunkt der schiefen Ebene? Setzen Sie erst am Ende Zahlen ein, damit Sie (c) beantworten können: hängen Ihre Antworten in (a) und (b) vom Radius oder von der Masse der Kugel ab?

99 Eine Möglichkeit, ein umweltfreundliches Kraftfahrzeug zu konstruieren, ist die Verwendung von Energie, die in einem schweren, rotierenden Schwungrad gespeichert wird. Nehmen Sie an, ein solches Fahrzeug hat eine Gesamtmasse von 1400 kg, verwendet ein homogenes, zylindrisches Schwungrad mit einem Durchmesser von 1,50 m und einer Masse von 240 kg und sollte 300 km fahren können, ohne dass ein Schwungrad „aufgezogen" werden muss. (a) Stellen Sie plausible Vermutungen an (auf die Reibung zurückzuführende durchschnittliche Verzögerungskraft = 500 N, zwanzig Beschleunigungsphasen vom Stillstand auf 90 km/h, gleichmäßig verteiltes Bergauf- und Bergabfahren – nehmen Sie dabei an, dass während einer Bergabfahrt Energie in das Schwungrad zurückgeführt werden kann) und zeigen Sie, dass eine Gesamtenergie von ca. $1{,}6 \cdot 10^{8}$ J in dem Schwungrad gespeichert werden muss. (b) Wie groß ist die Winkelgeschwindigkeit des Schwungrades bei voller „Energieladung"? (c) Wie lange würde ein 150 PS-Motor ungefähr brauchen, um das Schwungrad vor einer Fahrt mit Energie voll aufzuladen?

100 Berechnen Sie das minimale Drehmoment, das auf den Reifen (Durchmesser 66 cm) eines Kraftfahrzeuges mit einer Masse von 1250 kg bei einer Haftreibungszahl zwischen Reifen und Straßenbelag von 0,75 ausgeübt werden muss, damit die Räder durchdrehen und rutschen, wenn das Auto beschleunigt. Nehmen Sie an, dass das Gewicht gleichmäßig auf die Räder verteilt ist.

101 Der Radius der in ▶ Abbildung 10.69 dargestellten Papierrolle beträgt 7,6 cm und ihr Trägheitsmoment $J = 2{,}9 \cdot 10^{-3}$ kg·m². Für 1,3 s wird eine Kraft von 3,2 N auf das Ende der Rolle ausgeübt. Aber das Papier reißt nicht, sondern beginnt, sich abzurollen. Ein konstantes Reibungsmoment von 0,11 N·m wird auf die Rolle ausgeübt und bringt sie allmählich zum Anhalten. Nehmen Sie an, dass die Dicke des Papiers vernachlässigt werden kann und berechnen Sie (a) die Länge des Papiers, die sich während der Zeit, in der die Kraft ausgeübt wird (1,3 s), abrollt und (b) die Länge des Papiers, die sich zwischen dem Zeitpunkt, an dem die Ausübung der Kraft endet, und dem Zeitpunkt, an dem die Rolle aufhört sich zu bewegen, abrollt.

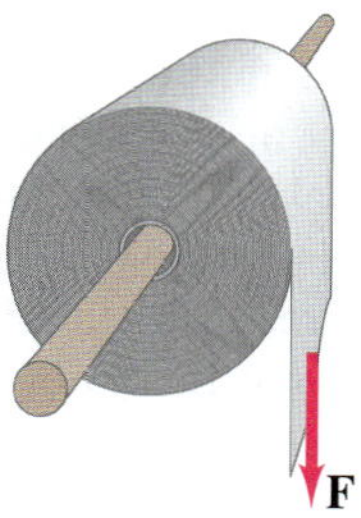

Abbildung 10.69 Aufgabe 101.

102 Zwei Massen m_1 und m_2 sind durch ein masseloses, inelastisches Seil, das über eine Rolle läuft, miteinander verbunden (siehe ▶ Abbildung 10.70). Nehmen Sie an, dass die Rolle den Radius R und das Trägheitsmoment J um ihre Achse hat und bestimmen Sie die Beschleunigung der Massen m_1 und m_2. Vergleichen Sie diese Aufgabenstellung mit der, in der das Trägheitsmoment der Rolle vernachlässigt wird. (*Hinweis*: Die Zugkräfte F_{Z1} und F_{Z2} sind nicht zwangsläufig gleich.)

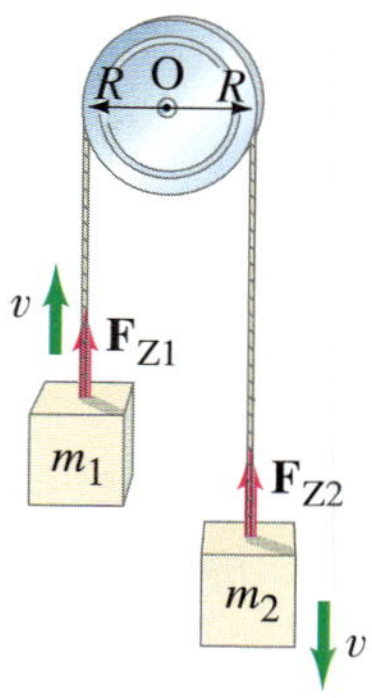

Abbildung 10.70 Zwei Massen an einer Rolle. Aufgabe 102.

103 Eine Person mit einer Masse von 75 kg steht im Mittelpunkt einer rotierenden Karussellplattform mit einem Radius von 3,0 m und einem Trägheitsmoment von 1000 kg·m². Die Plattform dreht sich reibungsfrei mit einer Winkelgeschwindigkeit von 2,0 rad/s. Die Person geht radial auf den Rand der Plattform zu. (a) Berechnen Sie die Winkelgeschwindigkeit, wenn die Person den Rand erreicht. (b) Vergleichen Sie die kinetischen Energien der Drehbewegung des Systems aus Plattform und Person vor und nach dem Gang der Person.

104 Ein Rad mit der Masse M hat den Radius R. Es steht senkrecht auf dem Fußboden. Wir möchten an seiner Achse eine horizontale Kraft F ausüben, damit es eine Stufe, an der es ruht, hinaufrollt (▶ Abbildung 10.71). Die Stufe hat die Höhe h und $h < R$. Wie groß ist die erforderliche minimale Kraft F?

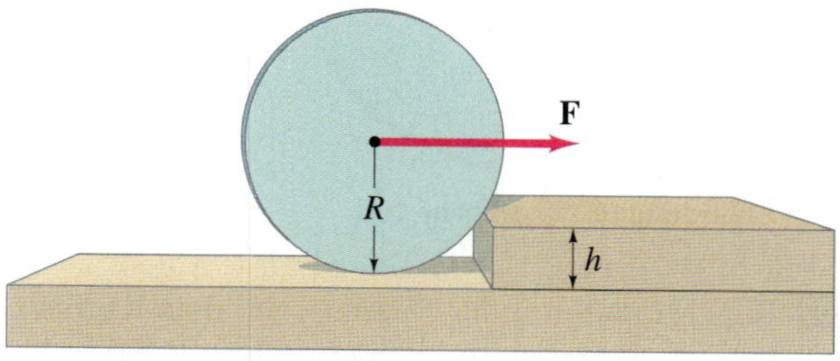

Abbildung 10.71 Aufgabe 104.

105 Ein Seil ist an seinem einen Ende mit einem Block verbunden, der auf einer schiefen Ebene gleiten kann. Das andere Ende des Seils ist um einen Zylinder gewickelt, der in einer Vertiefung am oberen Ende der schiefen Ebene ruht, wie in ▶ Abbildung 10.72 dargestellt. Bestimmen Sie die Geschwindigkeit des Blocks, nachdem er aus dem Stillstand gestartet ist und 1,80 m auf der schiefen Ebene zurückgelegt hat. Nehmen Sie an, dass (a) keine Reibung vorhanden ist, (b) die Reibungszahl zwischen allen Flächen $\mu = 0{,}035$ beträgt. (*Hinweis*:

Bestimmen Sie in Teil (b) zunächst die auf den Zylinder wirkende Normalkraft und stellen Sie alle erforderlichen, plausiblen Vermutungen an.)

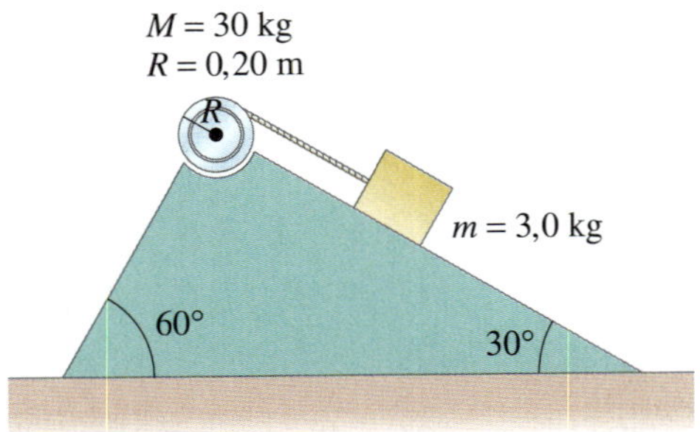

Abbildung 10.72 Aufgabe 105.

106 Ein wichtiges Stück eines Maschinenteils ist zunächst eine flache, homogene, zylindrische Scheibe mit dem Radius R_0 und der Masse M. Dann wird ein rundes Loch mit dem Radius R_1 in die Scheibe gebohrt (► Abbildung 10.73). Der Mittelpunkt des Loches hat einen Abstand h vom Mittelpunkt der Scheibe. Ermitteln Sie das Trägheitsmoment dieser Scheibe (mit außermittigem Loch), wenn sie sich um ihren Mittelpunkt C dreht. (*Hinweis*: Betrachten Sie eine massive Scheibe und „subtrahieren" Sie das Loch. Wenden Sie den Steiner'schen Satz an.)

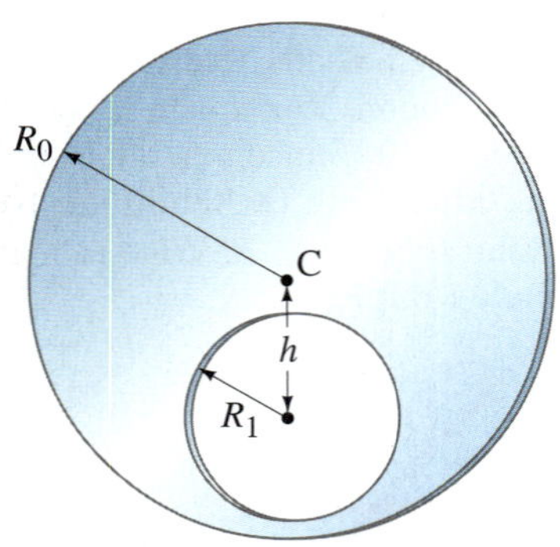

Abbildung 10.73 Aufgabe 106.

107 Eine Murmel mit der Masse m und dem Radius r_0 rollt entlang der rauen, schleifenförmigen Bahn in ► Abbildung 10.74. Wie groß ist der Mindestwert für h, wenn die Murmel den höchsten Punkt der Schleife erreichen soll, ohne die Bahn zu verlassen? (a) Nehmen Sie $r_0 \ll R_0$ an, (b) beantworten Sie die Frage ohne diese Annahme. Vernachlässigen Sie Reibungsverluste.

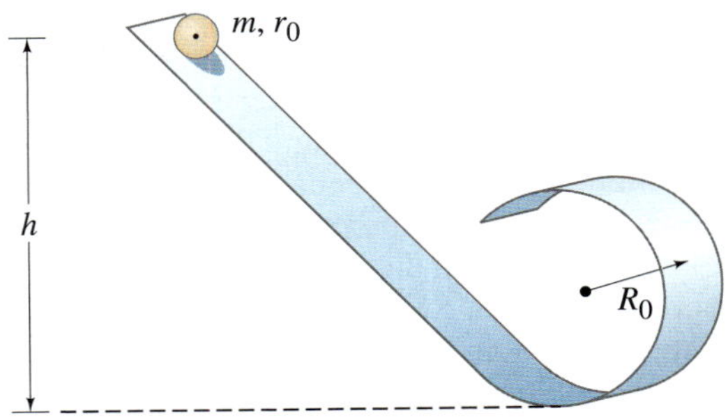

Abbildung 10.74 Aufgabe 107.

108 Eine massive, homogene Scheibe mit einer Masse von 21,0 kg und einem Radius von 85,0 cm ruht flach auf einer reibungsfreien Fläche. ► Abbildung 10.75 zeigt eine Ansicht von oben. Eine Schnur wird um den Rand der Scheibe gewickelt und eine konstante Kraft von 30 N auf die Schnur ausgeübt. Die Schnur rutscht nicht auf dem Rand. (a) In welcher Richtung bewegt sich der Massenmittelpunkt? (b) Wie schnell bewegt sich die Scheibe, nachdem Sie einen Weg von 9,0 m zurückgelegt hat? (c) Wie schnell dreht sie sich nach dieser Strecke (in Radianten pro Sekunde)? (d) Wie viel Schnurlänge hat sich vom Rand der Scheibe nach dieser Strecke abgewickelt?

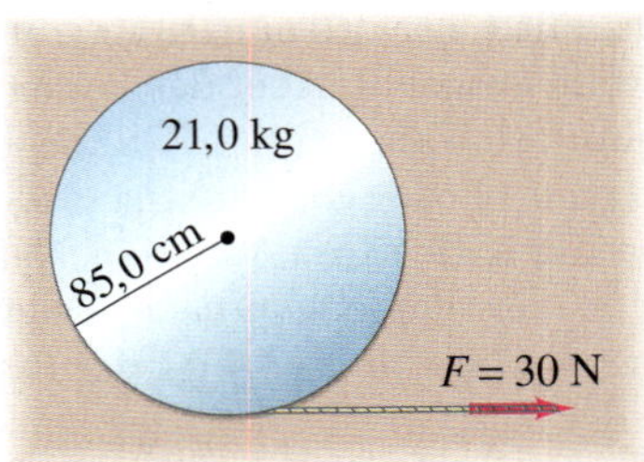

Abbildung 10.75 Aufgabe 108, Sicht von oben auf die Scheibe.

109 (a) Ein Jo-Jo besteht aus zwei massiven, zylinderförmigen Scheiben, die jeweils eine Masse von 0,050 kg und einen Durchmesser von 0,075 m haben und durch eine (konzentrische) dünne, massive, zylinderförmige Nabe mit einer Masse von 0,0050 kg und einem Durchmesser von 0,010 m miteinander verbunden sind. Wenden Sie die Energieerhaltung an und berechnen Sie die lineare Geschwindigkeit des Jo-Jo, wenn es das Ende der 1,0 m langen Schnur erreicht und zuvor aus der Ruhelage losgelassen wurde. (b) Welchen Anteil seiner kinetischen Energie hat die kinetische Energie der Drehbewegung?

Allgemeine Drehbewegung

11

ÜBERBLICK

Das Kind sieht die Welt von einem rotierenden Bezugssystem aus. Die Newton'schen Gesetze gelten in einem solchen System nicht, da es kein Inertialsystem ist. Das Mädchen und ihr Karussell haben in Bezug auf die Menschen auf dem Erdboden einen Drehimpuls. Die Änderung des Drehimpulses ist proportional zu dem ausgeübten Nettodrehmoment. Wenn das Nettodrehmoment null ist, bleibt der Drehimpuls erhalten. In diesem Kapitel werden wir viele der bereits in Kapitel 10 erörterten Themen vertiefen.

11. Allgemeine Drehbewegung

In Kapitel 10 haben wir die Bewegungen und die Dynamik der Rotation eines starren Körpers um eine Achse untersucht, deren Richtung in einem Inertialsystem fest ist. Wir haben die Bewegungsgleichung für die Drehbewegung um eine feste Achse aufgestellt, wir haben den Drehimpuls eingeführt und die kinetische Energie für eine Drehbewegung um eine feste Achse berechnet.

Ein rotierender Körper muss normalerweise durch externe Halterungen (wie z. B. Lager an den Enden einer Drehachse) in seine Position gezwungen werden, damit seine Drehachse fest bleibt. Die Bewegung von Körpern, die nicht gezwungen werden, sich um eine feste Achse zu bewegen, haben wir in Abschnitt 10.11 eingeführt und dabei gesehen, dass sie schwieriger zu beschreiben und zu analysieren ist. In der Tat ist die vollständige Analyse der allgemeinen Drehbewegung eines Körpers (oder eines Systems von Körpern) im Raum sehr kompliziert und wir schauen uns in diesem Kapitel nur einige Aspekte der allgemeinen Drehbewegung an. Wir werden einige allgemeine Lehrsätze beweisen und sie auf einige interessante Bewegungsarten anwenden. Insbesondere werden wir uns mit dem Vektorcharakter des Drehmomentes und des Drehimpulses beschäftigen.

Teile dieses Kapitels mögen Ihnen wie eine Wiederholung des Materials aus Kapitel 10 erscheinen. Aber beim genauen Durchlesen werden Sie erkennen, dass dieses Kapitel eine allgemeinere und praktischere Betrachtung der Drehbewegung enthält, die sich den Vektorcharakter der Drehgrößen zunutze macht und einige der in Kapitel 10 aufgestellten Behauptungen herleitet.

11.1 Vektorprodukt (Kreuzprodukt)

Für die Behandlung der vektoriellen Beschaffenheit von Drehimpuls und Drehmoment im Allgemeinen benötigen wir den Begriff des *Vektorproduktes* (häufig auch *Kreuzprodukt* genannt).

Vektorprodukt (Kreuzprodukt)

In der Regel ist das **Vektorprodukt** oder **Kreuzprodukt** zweier Vektoren **A** und **B** definiert als ein weiterer Vektor $\mathbf{C} = \mathbf{A} \times \mathbf{B}$, *dessen Betrag*

$$C = |\mathbf{A} \times \mathbf{B}| = AB \sin\theta \tag{11.1a}$$

ist. Dabei ist θ *der Winkel* ($< 180°$) *zwischen* **A** *und* **B**, *dessen Richtung entsprechend der Rechte-Hand-Regel sowohl zu* **A**, *als auch zu* **B** *senkrecht steht*, siehe ▸ Abbildung 11.1. Der Winkel θ wird zwischen **A** und **B** gemessen, wenn ihre Enden sich zusammen in demselben Punkt befinden. Gemäß der Rechte-Hand-Regel richten Sie, wie in der Abbildung dargestellt, Ihre rechte Hand so aus, dass Ihre Finger entlang **A** zeigen. Wenn Sie dann Ihre Finger krümmen, zeigen sie entlang **B**. Wenn Ihre Hand korrekt in dieser Weise ausgerichtet ist, zeigt Ihr Daumen entlang der Richtung von $\mathbf{C} = \mathbf{A} \times \mathbf{B}$.

Das Kreuzprodukt zweier Vektoren $\mathbf{A} = A_x\mathbf{i}+A_y\mathbf{j}+A_z\mathbf{k}$ und $\mathbf{B} = B_x\mathbf{i}+B_y\mathbf{j}+B_z\mathbf{k}$ kann in Komponentenschreibweise (siehe Aufgabe 6) geschrieben werden als

$$\mathbf{A} \times \mathbf{B} = \begin{pmatrix} A_yB_z - A_zB_y \\ A_zB_x - A_xB_z \\ A_xB_y - A_yB_x \end{pmatrix} \tag{11.1b}$$
$$= (A_yB_z - A_zB_y)\mathbf{i} + (A_zB_x - A_xB_z)\mathbf{j} + (A_xB_y - A_yB_x)\mathbf{k}\,.$$

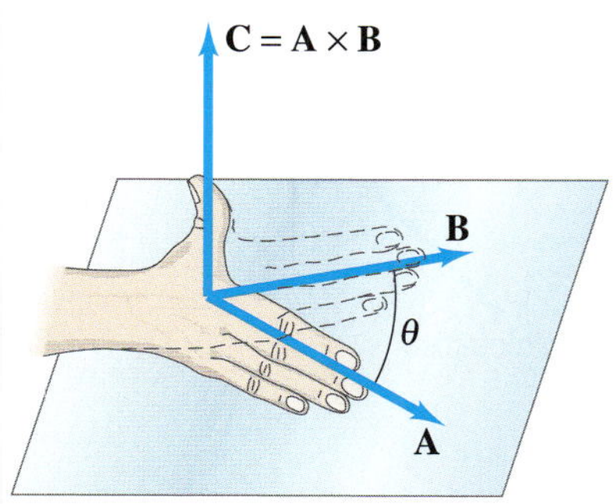

Abbildung 11.1 Der Vektor $\mathbf{C} = \mathbf{A} \times \mathbf{B}$ steht senkrecht zu der Ebene, die **A** und **B** enthält. Seine Richtung ist durch die Rechte-Hand-Regel gegeben.

Es gibt nun eine einfache Merkregel, das Vektorprodukt zu berechnen. Man schreibt beide Vektoren mit ihren Komponenten als

$$\begin{pmatrix} A_x \\ A_y \\ A_z \end{pmatrix} \times \begin{pmatrix} B_x \\ B_y \\ B_z \end{pmatrix} \tag{11.1c}$$

und streicht zur Berechnung der n-ten Komponente von C die n-te Zeile von A und B durch. Die übrigen Komponenten werden „über Kreuz“ multipliziert.

Für die erste Komponente von C streichen wir (gedanklich) A_x und B_x und erhalten für die Kreuzmultiplikation $A_yB_z - A_zB_y$. Für die zweite Komponente streichen wir gedanklich A_y und B_y und erhalten für die Kreuzmultiplikation $(A_zB_x - A_xB_z) = -(A_xB_z - A_zB_x)$. Schließlich streichen wir für die dritte Komponente von C gedanklich A_z und B_z und erhalten $(A_xB_y - A_yB_x)$. Bei dieser Vorgehensweise müssen wir uns die Reihenfolge der Kreuzmultiplikation merken: die obere Komponente des linken Vektors mit der unteren Komponente des rechten Vektors multiplizieren und dann das Produkt der unteren Komponente (rechts) mit der oberen Komponente (links) subtrahieren. Nur bei der Berechnung der zweiten Komponente von C müssen wir die Reihenfolge umdrehen:

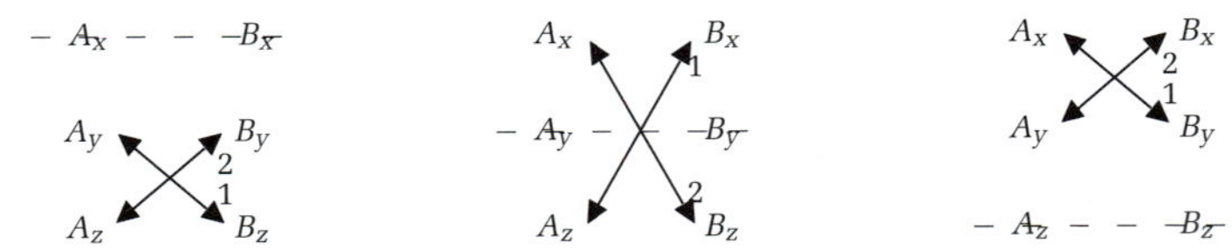

(11.1d)

$(1-2) = A_y \cdot B_z - A_z \cdot B_y$
erste Kommponnente von C

$(1-2) = A_z \cdot B_x - A_x \cdot B_z$
zweite Kommponnente von C

$(1-2) = A_x \cdot B_y - A_y \cdot B_x$
dritte Kommponnente von C

Alternativ können wir uns die Berechnung des Vektorproduktes auch über eine Determinantenberechnung merken. Hierzu schreiben wir die drei Einheitsvektoren unseres Koordinatensystems in die obere Zeile einer Hilfsmatrix, die beiden Vektoren in Zeilenschreibweise darunter. Ist die Hilfsmatrix so aufgestellt, müssen wir nur noch deren Determinante bestimmen.

$$\det\begin{vmatrix} \mathbf{i} & \mathbf{j} & \mathbf{k} \\ A_x & A_y & A_z \\ B_x & B_y & B_z \end{vmatrix} = (A_yB_z - A_zB_y)\mathbf{i} + (A_zB_x - A_xB_z)\mathbf{j} + (A_xB_y - A_yB_x)\mathbf{k} \quad (11.1e)$$

Beide Verfahren liefern das gleiche Ergebnis und sind Merkhilfen.

Das Vektorprodukt wird zur Berechnung folgender physikalischer Größen verwendet: Drehimpuls, Drehmoment, Corioliskraft und für zahlreiche Größen, die wir in den Kapiteln der Elektrodynamik kennen lernen werden.

Nachstehend sind einige Eigenschaften des Kreuzproduktes aufgeführt:

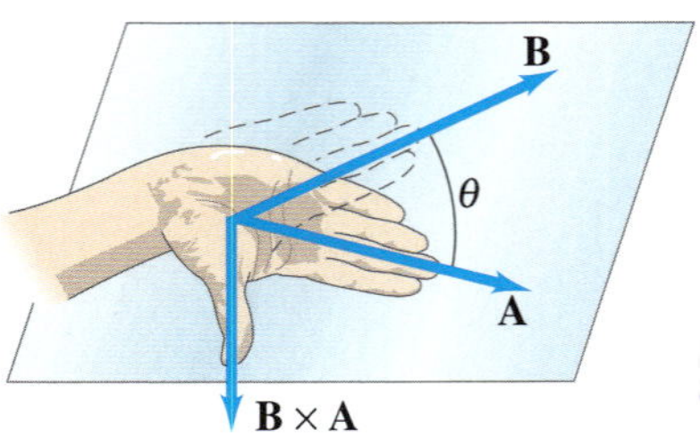

Abbildung 11.2 Der Vektor $\mathbf{B} \times \mathbf{A}$ ist identisch mit $-\mathbf{A} \times \mathbf{B}$. Vergleichen Sie mit Abbildung 11.1.

Eigenschaften des Kreuzproduktes

$$\mathbf{A} \times \mathbf{A} = 0 \quad (11.2a)$$

$$\mathbf{A} \times \mathbf{B} = -\mathbf{B} \times \mathbf{A} \quad (11.2b)$$

$$\mathbf{A} \times (\mathbf{B} + \mathbf{C}) = (\mathbf{A} \times \mathbf{B}) + (\mathbf{A} \times \mathbf{C}) \quad \text{(Distributivgesetz)} \quad (11.2c)$$

$$\frac{d}{dt}(\mathbf{A} \times \mathbf{B}) = \frac{d\mathbf{A}}{dt} \times \mathbf{B} + \mathbf{A} \times \frac{d\mathbf{B}}{dt}\,. \quad (11.2d)$$

Die Gleichung 11.2a folgt aus den Gleichungen 11.1 (da $\theta = 0$). Gleiches gilt für die Gleichung 11.2b, da der Betrag von $\mathbf{B} \times \mathbf{A}$ derselbe ist wie für $\mathbf{A} \times \mathbf{B}$. Die Richtung ist allerdings auf Grund der Rechte-Hand-Regel entgegengesetzt. Somit ist die Reihenfolge der beiden Vektoren entscheidend. Wenn Sie die Reihenfolge ändern, ändern Sie auch das Vorzeichen des Ergebnisvektors (siehe ► Abbildung 11.2). Das bedeutet, dass das Kommutativgesetz für das Kreuzprodukt *nicht* gilt, obwohl es für das Produkt zweier Vektoren und für das Produkt von Skalaren sehr wohl gilt. Die Beweise für die Gleichungen 11.2c und d werden in den Aufgaben 4 und 5 geführt. Beachten Sie, dass die Reihenfolge der Größen in den beiden Produkten auf der rechten Seite der Gleichung 11.2d nicht verändert werden darf (wegen der Gleichung 11.2b).

11.2 Der Drehmomentvektor

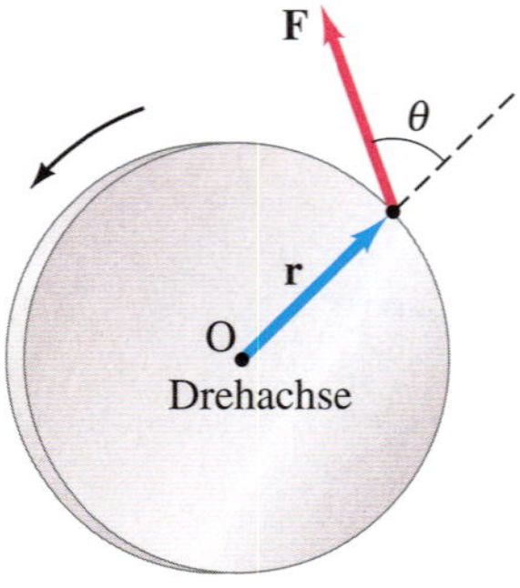

Abbildung 11.3 Das auf die Kraft $\mathbf{F}$ zurückzuführende Drehmoment bewirkt eine Drehung des Rades gegen den Uhrzeigersinn, so dass $\boldsymbol{\omega}$ und $\boldsymbol{\alpha}$ aus der Buchseite heraus zeigen.

Das Drehmoment ist ein Beispiel für eine Größe, die als Kreuzprodukt ausgedrückt werden kann. Betrachten wir zur Demonstration ein einfaches Beispiel: das dünne in ► Abbildung 11.3 dargestellte Rad, das sich frei um eine Drehachse durch seinen Mittelpunkt im Punkt O drehen kann. Eine Kraft $\mathbf{F}$ wirkt am Rand des Rades in einem Punkt, dessen Ort relativ zum Mittelpunkt O durch den Ortsvektor $\mathbf{r}$, wie dargestellt, gegeben ist. Die Kraft **F** führt dazu, dass sich das Rad (von dem angenommen wird, dass es sich anfangs in der Ruhelage befindet) gegen den Uhrzeigersinn dreht, so dass die Winkelgeschwindigkeit $\boldsymbol{\omega}$ aus der Buchseite heraus zum Betrachter zeigt (denken Sie sich die Rechte-Hand-Regel aus Abschnitt 10.4). Das auf **F** zurückzuführende Drehmoment bewirkt eine Zunahme von $\boldsymbol{\omega}$, so dass $\boldsymbol{\alpha}$ ebenfalls entlang der Drehachse nach außen zeigt. Die Relation zwischen Winkelbeschleunigung und Drehmoment, die wir in Kapitel 10 für einen um eine feste Drehachse rotierenden Körper entwickelt haben, lautet

$$\sum M = J\alpha ,$$

(Gleichung 10.14), wobei J das Trägheitsmoment ist. Diese Gleichung der skalaren Größen (Beträge) ist das Analogon zu $\sum F = ma$ für die Drehbewegung. Wir möchten aus dieser Gleichung eine Vektorgleichung wie z. B. $\sum \mathbf{F} = m\mathbf{a}$ machen. Dafür muss in der ▶ Abbildung 11.3 die Richtung von **M** entlang der Drehachse nach außen zeigen, da $\boldsymbol{\alpha}$ $(=\mathrm{d}\boldsymbol{\omega}/\mathrm{d}t)$ ebenfalls entlang dieser Achse nach außen zeigt. Der Betrag des Drehmomentes muss (siehe Gleichungen 10.9 und ▶ Abbildung 11.3) $M = rF_\perp = rF\sin\theta$ sein. Das können wir erreichen, indem wir den Drehmomentvektor als Kreuzprodukt von **r** und **F** definieren:

$$\mathbf{M} = \mathbf{r} \times \mathbf{F} . \tag{11.3}$$

Drehmomentvektor (Definition)

Die obige Definition des Kreuzproduktes (Gleichung 11.1) liefert $rF\sin\theta$ für den Betrag von **M** und die Richtung verläuft, wie für diesen speziellen Fall erforderlich, entlang der Drehachse.

In den Abschnitten 11.3 bis einschließlich 11.5 werden wir sehen, dass die Vektorrelation $\sum \mathbf{M} = J\boldsymbol{\alpha}$ allgemeingültig ist, wenn wir die Gleichung 11.3 als *allgemeine Definition des Drehmomentes* nehmen. Somit erklären wir jetzt, dass die Gleichung 11.3 die allgemeine Definition des Drehmomentes ist. Sie enthält Angaben zu Betrag und Richtung. Beachten Sie, dass diese Definition den Ortsvektor **r** enthält und das Drehmoment somit um einen Punkt (Drehpunkt) berechnet wird.

Für einen Massenpunkt mit der Masse m, auf den eine Kraft **F** ausgeübt wird, definieren wir das Drehmoment um einen Punkt O als

$$\mathbf{M} = \mathbf{r} \times \mathbf{F} .$$

Dabei ist **r** der Ortsvektor des Massenpunktes relativ zu O (▶ Abbildung 11.4). Bei einem System von Massenpunkten (die die Massenpunkte sein könnten, aus denen ein starrer Körper besteht) ist das auf das System wirkende Gesamtdrehmoment **M** die Summe der auf die einzelnen Massenpunkte wirkenden Drehmomente:

$$\mathbf{M} = \sum \mathbf{r}_i \times \mathbf{F}_i .$$

Dabei ist $\mathbf{r}_i$ der Ortsvektor des i-ten Massenpunktes und $\mathbf{F}_i$ die auf den i-ten Massenpunkt wirkende Kraft.

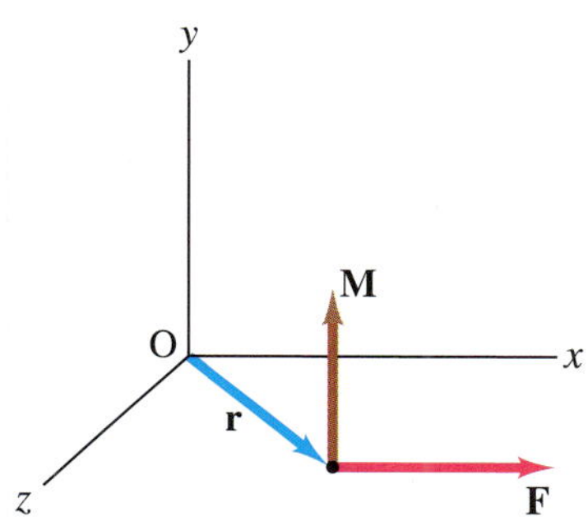

Abbildung 11.4 $\mathbf{M} = \mathbf{r} \times \mathbf{F}$ mit **r** als Ortsvektor.

Beispiel 11.1 Drehmomentvektor

Nehmen Sie an, der Vektor **r** liegt in der xz-Ebene, wie in ▶ Abbildung 11.4 dargestellt, und ist gegeben durch $\mathbf{r} = (1{,}2\ \mathrm{m})\mathbf{i} + (1{,}2\ \mathrm{m})\mathbf{k}$. Berechnen Sie den Drehmomentvektor **M**, wenn $\mathbf{F} = (150\ \mathrm{N})\mathbf{i}$.

Lösung

Wir benutzen die Determinantenschreibweise zur Berechnung des Vektorproduktes, Gleichung 11.1e:

$$\mathbf{M} = \mathbf{r} \times \mathbf{F} = \begin{vmatrix} \mathbf{i} & \mathbf{j} & \mathbf{k} \\ 1{,}2\ \mathrm{m} & 0 & 1{,}2\ \mathrm{m} \\ 150\ \mathrm{N} & 0 & 0 \end{vmatrix} = 0\mathbf{i} + (180\ \mathrm{m{\cdot}N})\mathbf{j} + 0\mathbf{k} .$$

Somit hat M den Betrag $180\ \mathrm{N \cdot m}$ und zeigt entlang der positiven y-Achse.

11.3 Drehimpuls eines Massenpunktes

Die gebräuchlichste Schreibweise des zweiten Newton'schen Axioms für die Translationsbewegung eines Massenpunktes (oder Systems von Massenpunkten) ist die Schreibweise in Abhängigkeit vom linearen Impuls $\mathbf{p} = m\mathbf{v}$ (siehe Gleichung 9.2 oder 9.6):

$$\sum \mathbf{F} = \frac{d\mathbf{p}}{dt} .$$

Das Analogon des Impulses für die Translationsbewegung ist der *Drehimpuls* für die Drehbewegung. Analog zu der Tatsache, dass die Änderung in $\mathbf{p}$ von der Nettokraft $\sum \mathbf{F}$ abhängt, könnten wir erwarten, dass die Änderung im Drehimpuls vom Nettodrehmoment abhängt. Tatsächlich haben wir in Kapitel 10 gesehen, dass dies für den speziellen Fall eines starren Körpers, der sich um eine feste Achse dreht, zutrifft. Jetzt werden wir nachweisen, dass diese Tatsache allgemeingültig ist. Zunächst betrachten wir einen einzigen Massenpunkt.

Nehmen wir an, dass ein Massenpunkt mit der Masse m den Impuls $\mathbf{p}$ und den Ortsvektor $\mathbf{r}$ in Bezug auf den Ursprung O in einem gewählten Inertialsystem hat. Dann ist die allgemeine Definition des Drehimpulses $\mathbf{L}$ des Massenpunktes um den Punkt O das Vektorprodukt aus $\mathbf{r}$ und $\mathbf{p}$:

Drehimpuls eines Massenpunktes

$$\mathbf{L} = \mathbf{r} \times \mathbf{p} . \quad \text{(Massenpunkt)} \tag{11.4}$$

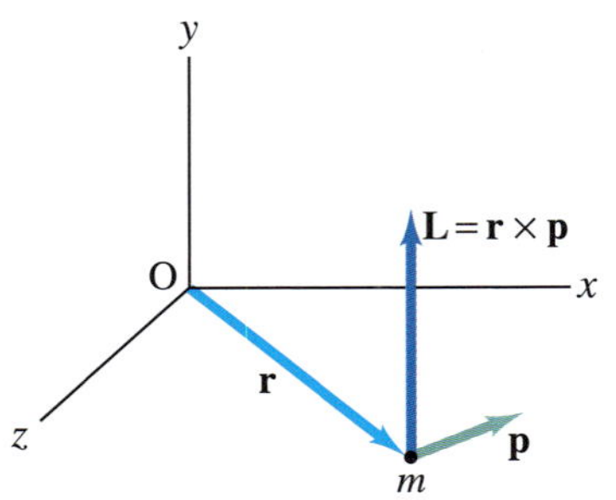

Abbildung 11.5 Der Drehimpuls eines Massenpunktes mit der Masse m ist gegeben durch $\mathbf{L} = \mathbf{r} \times \mathbf{p} = \mathbf{r} \times m\mathbf{v}$.

Der Drehimpuls ist ein Vektor.[1] Entsprechend der Rechte-Hand-Regel steht er sowohl zu $\mathbf{r}$, als auch zu $\mathbf{p}$ senkrecht (▶ Abbildung 11.5). Sein Betrag ist gegeben durch

$$L = rp \sin\theta$$

oder

$$L = rp_\perp = r_\perp p .$$

Dabei ist θ der Winkel zwischen $\mathbf{r}$ und $\mathbf{p}$ und $p_\perp (= p \sin\theta)$ und $r_\perp (= r \sin\theta)$ sind die Komponenten von $\mathbf{p} \perp \mathbf{r}$ bzw. $\mathbf{r} \perp \mathbf{p}$.

Ermitteln wir jetzt die Beziehung zwischen dem Drehimpuls und dem Drehmoment bei einem Massenpunkt. Die Ableitung von $\mathbf{L}$ nach der Zeit liefert

$$\frac{d\mathbf{L}}{dt} = \frac{d}{dt}(\mathbf{r} \times \mathbf{p}) = \frac{d\mathbf{r}}{dt} \times \mathbf{p} + \mathbf{r} \times \frac{d\mathbf{p}}{dt} .$$

Aber

$$\frac{d\mathbf{r}}{dt} \times \mathbf{p} = \mathbf{v} \times m\mathbf{v} = m(\mathbf{v} \times \mathbf{v}) = 0 ,$$

weil in diesem Fall $\sin\theta = 0$. Somit gilt

$$\frac{d\mathbf{L}}{dt} = \mathbf{r} \times \frac{d\mathbf{p}}{dt} .$$

Wenn $\sum \mathbf{F}$ die auf einen Massenpunkt wirkende resultierende Kraft ist, gilt in einem Inertialsystem $\sum \mathbf{F} = d\mathbf{p}/dt$ und

$$\mathbf{r} \times \sum \mathbf{F} = \mathbf{r} \times \frac{d\mathbf{p}}{dt} = \frac{d\mathbf{L}}{dt} .$$

Aber $\mathbf{r} \times \sum \mathbf{F} = \sum \mathbf{M}$ ist das auf den Massenpunkt wirkende Drehmoment. Folglich gilt

Zweites Newton'sches Axiom (Massenpunkt, Drehbewegung)

$$\sum \mathbf{M} = \frac{d\mathbf{L}}{dt} . \quad \text{(Massenpunkt, Inertialsystem)} \tag{11.5}$$

Die zeitliche Änderung des Drehimpulses eines Massenpunktes ist gleich dem auf ihn ausgeübten Drehmoment. Die Gleichung 11.5 ist das Analogon des zweiten Newton'schen Axioms für die Drehbewegung eines Massenpunktes, ausgedrückt

1 Eigentlich ein Pseudovektor. Siehe Fußnote 1 in Kapitel 10 (S.331).

in seiner allgemeinsten Form. Die Gleichung 11.5 ist nur in einem Inertialsystem gültig, da nur dann $\sum \mathbf{F} = \mathrm{d}\mathbf{p}/\mathrm{d}t$ gilt und wir dies in unserer Beweisführung benutzt haben.

Beispiel 11.2 **Drehimpuls eines Massenpunktes**

Bestimmen Sie den Drehimpuls eines Massenpunktes mit der Masse m, der sich mit der Geschwindigkeit v auf einer Kreisbahn mit dem Radius r gegen den Uhrzeigersinn bewegt.

Lösung

Der Wert des Drehimpulses hängt von der Wahl des Punktes O ab. Berechnen wir $\mathbf{L}$ in Bezug auf den Kreismittelpunkt, siehe ▸ Abbildung 11.6. Dann steht $\mathbf{r}$ senkrecht zu $\mathbf{p}$, so dass $L = |\mathbf{r} \times \mathbf{p}| = rmv$. Entsprechend der Rechte-Hand-Regel verläuft die Richtung von $\mathbf{L}$ senkrecht zu der Kreisebene nach oben und nach außen zum Betrachter hin. Da für einen einzelnen Massenpunkt, der sich in einem Abstand r um eine feste Drehachse dreht, $v = \omega r$ und $J = mr^2$ gilt, können wir schreiben

$$L = mvr = mr^2\omega = J\omega\,.$$

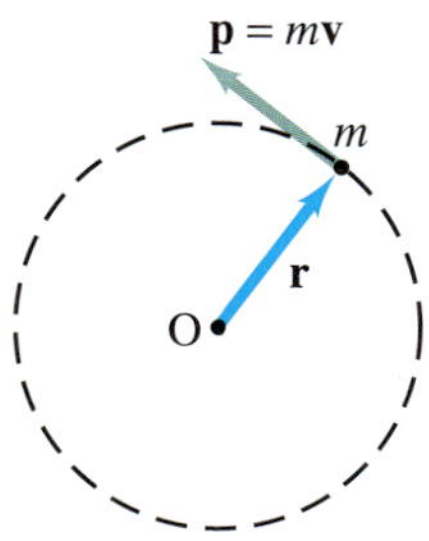

Abbildung 11.6 Der Drehimpuls eines Massenpunktes mit der Masse m, der sich mit der Geschwindigkeit $\mathbf{v}$ auf einer Kreisbahn mit dem Radius $\mathbf{r}$ bewegt, ist $\mathbf{L} = \mathbf{r} \times m\mathbf{v}$ (Beispiel 11.2).

11.4 Drehimpuls und Drehmoment eines Systems; Allgemeine Bewegung

Beziehung zwischen Drehimpuls und Drehmoment

Betrachten wir ein System von n Massenpunkten, die jeweils einen Drehimpuls $\mathbf{L}_1, \mathbf{L}_2, \ldots, \mathbf{L}_n$ haben. Das System könnte von einem starren Körper bis zu einer losen Ansammlung von Massenpunkten, deren Orte zueinander nicht fest sind, alles sein. Der Gesamtdrehimpuls $\mathbf{L}$ des Systems ist definiert als die Vektorsumme der Drehimpulse aller Massenpunkte in dem System:

$$\mathbf{L} = \sum_{i=1}^{n} \mathbf{L}_i \tag{11.6}$$

Das auf das System wirkende resultierende Drehmoment ist die Summe der auf alle Massenpunkte wirkenden Nettodrehmomente:

$$\mathbf{M}_{\text{net}} = \sum \mathbf{M}_i\,.$$

Diese Summe enthält (1) interne Drehmomente, die auf interne Kräfte zurückzuführen sind, die Massenpunkte des Systems auf andere Massenpunkte des Systems ausüben, und (2) externe Drehmomente, die auf Kräfte zurückzuführen sind, die von Körpern außerhalb des Systems ausgeübt werden. Nach dem dritten Newton'schen Axiom ist die Kraft, die jeder Massenpunkt auf einen anderen ausübt, gleich der Kraft, die der zweite Massenpunkt auf den ersten ausübt, und ihr entgegengerichtet (und wirkt entlang derselben Linie). Folglich ist die Summe aller internen Drehmomente gleich null und

$$\mathbf{M}_{\text{net}} = \sum_i \mathbf{M}_i = \sum \mathbf{M}_{\text{ext}}\,.$$

Jetzt bilden wir die Ableitung von Gleichung 11.6 nach der Zeit und die Anwendung der Gleichung 11.5 für jeden Massenpunkt liefert

$$\frac{\mathrm{d}\mathbf{L}}{\mathrm{d}t} = \sum_i \frac{\mathrm{d}\mathbf{L}_i}{\mathrm{d}t} = \sum \mathbf{M}_{\text{ext}}$$

oder

ZWEITES NEWTON'SCHES AXIOM (Drehung, System von Massenpunkten)

$$\frac{d\mathbf{L}}{dt} = \sum \mathbf{M} . \quad \text{(Inertialsystem)} \tag{11.7a}$$

(Aus Gründen der Zweckmäßigkeit haben wir den tiefgestellten Index bei M weggelassen). Dieses grundlegende Ergebnis besagt, dass die zeitliche Änderung des Gesamtdrehimpulses eines Systems von Massenpunkten (oder eines starren Körpers) gleich dem auf das System wirkenden resultierenden äußeren Drehmoment ist. Es ist das für die Drehbewegung geltende Analogon zu der für die Translationsbewegung geltende Gleichung 9.6, $d\mathbf{P}/dt = \sum \mathbf{F}_{ext}$. Beachten Sie, dass $\mathbf{L}$ und $\sum \mathbf{M}$ um denselben Ursprung O berechnet werden müssen.

Die Gleichung 11.7a ist gültig, wenn $\mathbf{L}$ und $\mathbf{M}$ in Bezug auf einen in einem Inertialsystem festen Punkt berechnet werden. (In der Ableitung haben wir die Gleichung 11.5 benutzt, die nur in diesem Fall Gültigkeit besitzt.) Sie ist ebenfalls gültig, wenn $\mathbf{M}$ und $\mathbf{L}$ um einen Punkt berechnet werden, der sich gleichförmig in einem Inertialsystem bewegt, da ein solcher Punkt als Ursprung eines zweiten Inertialsystems betrachtet werden kann. Sie ist in der Regel *nicht* gültig, wenn $\mathbf{M}$ und $\mathbf{L}$ um einen Punkt berechnet werden, der *beschleunigt*. Es gibt allerdings einen besonderen (und sehr wichtigen) Ausnahmefall – wenn dieser Punkt der Massenmittelpunkt des Systems ist:

Beschleunigendes Bezugssystem

ZWEITES NEWTON'SCHES AXIOM (für Massenmittelpunkt, selbst wenn er beschleunigt)

$$\frac{d\mathbf{L}_S}{dt} = \sum \mathbf{M}_S . \quad \text{(selbst bei beschleunigendem Massenmittelpunkt)} \tag{11.7b}$$

Die Gleichung 11.7b ist gültig, unabhängig davon, wie sich der Massenmittelpunkt bewegt, und $\sum \mathbf{M}_S$ ist das um den Massenmittelpunkt berechnete externe Nettodrehmoment.

Die Gültigkeit der Gleichung 11.7b ist der Grund dafür, dass wir die allgemeine Bewegung eines Systems von Massenpunkten in Kapitel 10 als *Translations*bewegung des Massenmittelpunktes und Drehbewegung um den Massenmittelpunkt beschreiben konnten. (Gleichung 10.25 oder 10.26, die uns $E_{kin} = E_{kin,S} + E_{kin,Rot}$ liefert, gilt für die Energie, aber nicht für die anderen Aspekte der Bewegung. Die Gleichungen 11.7b und 9.6 ($d\mathbf{P}_S/dt = \sum \mathbf{F}_{ext}$) liefern die allgemeinere Aussage dieses Prinzips. Siehe auch Abschnitt 9.9.)

Ableitung von $d\mathbf{L}_S/dt = \sum \mathbf{M}_S$

Im Folgenden führen wir den Beweis für die Gleichung 11.7b. $\mathbf{r}_i$ ist der Ortsvektor des i-ten Massenpunktes in einem Inertialsystem und $\mathbf{r}_S$ der Ortsvektor des Massenmittelpunktes des Systems in diesem Bezugssystem. Der Ort des i-ten Massenpunktes in Bezug auf den Massenmittelpunkt ist $\mathbf{r}_i^*$. Dabei ist (siehe ▶ Abbildung 11.7)

$$\mathbf{r}_i = \mathbf{r}_S + \mathbf{r}_i^* .$$

Die Ableitung dieser Gleichung liefert

$$\mathbf{p}_i = m_i \frac{d\mathbf{r}_i}{dt} = m_i \frac{d}{dt}(\mathbf{r}_i^* + \mathbf{r}_S) = \mathbf{p}_i^* + m_i \mathbf{v}_S .$$

Der Drehimpuls in Bezug auf den Massenmittelpunkt beträgt

$$\mathbf{L}_S = \sum_i (\mathbf{r}_i^* \times \mathbf{p}_i^*) = \sum_i \mathbf{r}_i^* \times (\mathbf{p}_i - m_i \mathbf{v}_S) .$$

Die Ableitung nach der Zeit liefert dann

$$\frac{d\mathbf{L}_S}{dt} = \sum_i \left(\frac{d\mathbf{r}_i^*}{dt} \times \mathbf{p}_i^* \right) + \sum_i \left(\mathbf{r}_i^* \times \frac{d\mathbf{p}_i^*}{dt} \right) .$$

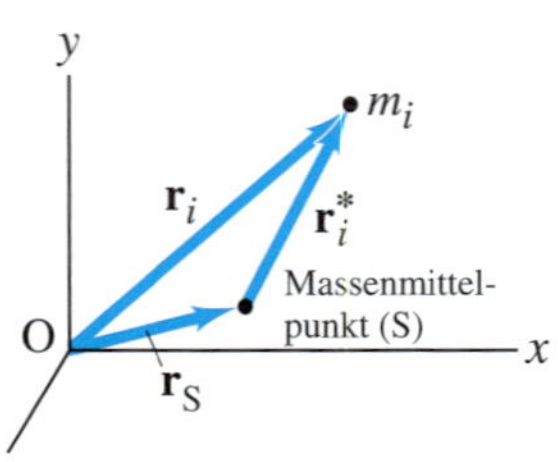

Abbildung 11.7 Der Ort von m_i in dem Inertialsystem ist $\mathbf{r}_i$. In Bezug auf den Massenmittelpunkt (S) (der möglicherweise beschleunigt) ist er $\mathbf{r}_i^*$. Dabei ist $\mathbf{r}_i = \mathbf{r}_i^* + \mathbf{r}_S$ und $\mathbf{r}_S$ der Ort des Massenmittelpunktes in dem Inertialsystem.

Der erste Term ist $\mathbf{v}_i^* \times m\mathbf{v}_i^* = 0$, weil $\mathbf{v}_i^*$ parallel zu sich selbst ist. Somit gilt:

$$\begin{aligned}\frac{\mathrm{d}\mathbf{L}_S}{\mathrm{d}t} &= \sum_i \mathbf{r}_i^* \times \frac{\mathrm{d}}{\mathrm{d}t}(\mathbf{p}_i - m_i\mathbf{v}_S) \\ &= \sum_i \mathbf{r}_i^* \times \frac{\mathrm{d}\mathbf{p}_i}{\mathrm{d}t} - \left(\sum_i m_i\mathbf{r}_i^*\right) \times \frac{\mathrm{d}\mathbf{v}_S}{\mathrm{d}t}\,.\end{aligned}$$

Der zweite Term auf der rechten Seite ist null, da laut Gleichung 9.12 $\sum m_i\mathbf{r}_i^* = M\mathbf{r}_S^*$ und laut Definition $r_S^* = 0$ (der Ort des Massenmittelpunktes befindet sich im Ursprung des Bezugssystems des Massenmittelpunktes). Außerdem liefert das zweite Newton'sche Axiom

$$\frac{\mathrm{d}\mathbf{p}_i}{\mathrm{d}t} = \mathbf{F}_i\,.$$

Dabei ist $\mathbf{F}_i$ die auf m_i wirkende Nettokraft. (Beachten Sie, dass $\mathrm{d}\mathbf{p}_i^*/\mathrm{d}t \neq \mathbf{F}_i$, weil der Massenmittelpunkt möglicherweise beschleunigt und das zweite Newton'sche Axiom in einem nichtinertialen Bezugssystem nicht gilt.) Folglich ist

$$\frac{\mathrm{d}\mathbf{L}_S}{\mathrm{d}t} = \sum_i \mathbf{r}_i^* \times \mathbf{F}_i = \sum_i (\mathbf{M}_i)_S = \sum \mathbf{M}_S\,.$$

Dabei ist $\sum \mathbf{M}_S$ das auf das gesamte System wirkende und um den Massenmittelpunkt berechnete resultierende externe Drehmoment. (Nach dem dritten Newton'schen Axiom eliminiert die Summe über alle $\mathbf{M}_i$ das auf die internen Kräfte zurückzuführende Nettodrehmoment, wie wir bereits an früherer Stelle gesehen haben.) Diese letzte Gleichung ist die Gleichung 11.7b und damit ist der Beweis abgeschlossen.

Zusammenfassung

Zusammenfassend gesagt ist die Relation

$$\sum \mathbf{M} = \frac{\mathrm{d}\mathbf{L}}{\mathrm{d}t}$$

nicht allgemeingültig. Sie gilt nur, wenn **M** und **L** in Bezug auf (1) den Ursprung eines Inertialsystems oder auf (2) den Massenmittelpunkt eines Systems von Massenpunkten (oder eines starren Körpers) berechnet werden.

11.5 Drehimpuls und Drehmoment eines starren Körpers

Betrachten wir nun die Drehbewegung eines starren Körpers um eine Drehachse, die eine feste Raumrichtung hat. Wir wenden die allgemeinen Prinzipien an, die wir an früherer Stelle in diesem Kapitel erarbeitet haben und kommen zu den bereits in Kapitel 10 angewendeten Schlussfolgerungen.

Berechnen wir die Komponente des Drehimpulses entlang der Drehachse des rotierenden Körpers. Wir bezeichnen diese Komponente mit L_ω, da die Winkelgeschwindigkeit $\boldsymbol{\omega}$ entlang der Drehachse verläuft. Für jeden Massenpunkt des Körpers gilt:

$$\mathbf{L}_i = \mathbf{r}_i \times \mathbf{p}_i\,.$$

θ ist der Winkel zwischen $\mathbf{L}_i$ und der Drehachse (siehe ▸ Abbildung 11.8; θ ist *nicht* der Winkel zwischen $\mathbf{r}_i$ und $\mathbf{p}_i$, der 90° beträgt). Dann beträgt die Komponente von $\mathbf{L}_i$ entlang der Drehachse

$$L_{i\omega} = r_i p_i \cos\theta = m_i v_i r_i \cos\theta\,.$$

Dabei ist m_i die Masse und v_i die Geschwindigkeit des i-ten Massenpunktes. Nun ist $v_i = R_i\omega$, wobei ω die Winkelgeschwindigkeit des Körpers und R_i den

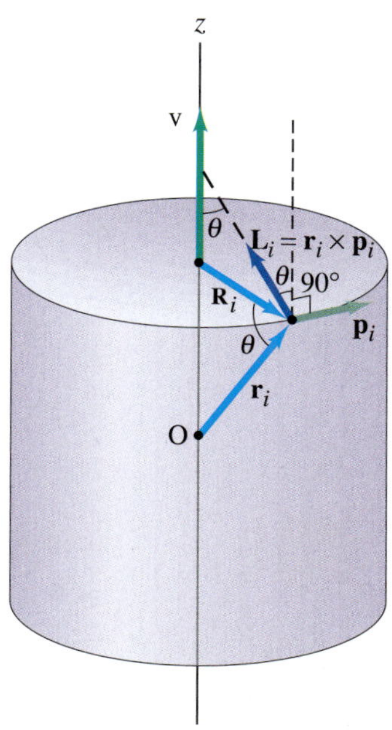

Abbildung 11.8 Berechnung von $L_z = \sum L_{iz}$.

senkrechten Abstand von m_i zur Drehachse darstellen. Außerdem ist $R_i = r_i \cos\theta$, wie aus ▶ Abbildung 11.8 ersichtlich ist, so dass

$$L_{i\omega} = m_i v_i (r_i \cos\theta) = m_i R_i^2 \omega \,.$$

Wir bilden die Summe über alle Massenpunkte und erhalten

$$L_\omega = \sum_i L_{i\omega} = \left(\sum_i m_i R_i^2\right)\omega \,.$$

$\sum m_i R_i^2$ ist jedoch das Trägheitsmoment J des Körpers um die Drehachse. Deshalb ist die Komponente des Gesamtdrehimpulses entlang der Drehachse gegeben durch

$$L_\omega = J\omega \,. \tag{11.8}$$

Beachten Sie, dass wir die Gleichung 11.8 unabhängig davon erhalten würden, wo wir den Punkt O (für das Messen von $\mathbf{r}_i$) wählen, solange er sich auf der Drehachse befindet. Die Gleichung 11.8 entspricht genau der Gleichung 10.19, die wir jetzt auf der Grundlage der allgemeinen Definition des Drehimpulses bewiesen haben.

Wenn sich der Körper um eine durch den Massenmittelpunkt verlaufende Symmetrieachse dreht, dann ist L_ω die einzige Komponente von $\mathbf{L}$, wie wir jetzt beweisen werden. Für jeden Punkt auf der einen Seite der Drehachse gibt es einen entsprechenden Punkt auf der gegenüberliegenden Seite. Aus Gleichung 11.8 ist ersichtlich, dass jedes $\mathbf{L}_i$ eine Komponente hat, die parallel zur Drehachse verläuft ($L_{i\omega}$), und eine Komponente, die senkrecht zur Drehachse steht. Die zur Drehachse parallelen Komponenten addieren sich für jedes Paar gegenüberliegender Punkte, die senkrecht zur Drehachse stehenden Komponenten für gegenüberliegende Punkte haben zwar denselben Betrag, sind aber entgegengerichtet und heben sich somit auf. Folglich ist der Drehimpulsvektor eines Körpers, der sich um eine Symmetrieachse dreht, parallel zur Drehachse und wir können schreiben:

$$\mathbf{L} = J\boldsymbol{\omega} \quad \text{(Drehachse = Symmetrieachse, durch Massenmittelpunkt)} \tag{11.9}$$

Dabei wird $\mathbf{L}$ in Bezug auf den Massenmittelpunkt gemessen.

Die allgemeine Beziehung zwischen Drehimpuls und Drehmoment drückt die Gleichung 11.7 aus:

$$\sum \mathbf{M} = \frac{\mathrm{d}\mathbf{L}}{\mathrm{d}t} \,.$$

Dabei werden $\sum \mathbf{M}$ und $\mathbf{L}$ entweder (1) um den Ursprung eines Inertialsystems oder (2) um den Massenmittelpunkt des Systems berechnet. Hierbei handelt es sich um eine Vektorrelation, die für jede Komponente gültig sein muss. Folglich beträgt die Komponente entlang der Drehachse bei einem starren Körper

$$\sum M_{\text{Drehachse}} = \frac{\mathrm{d}L_\omega}{\mathrm{d}t} = \frac{\mathrm{d}}{\mathrm{d}t}(J\omega) = J\frac{\mathrm{d}\omega}{\mathrm{d}t} = J\alpha \,.$$

Diese Gleichung gilt für einen starren Körper, der sich um eine Drehachse dreht, die fest in Bezug auf den Körper ist und außerdem entweder (1) in einem Inertialsystem fest ist oder (2) durch den Massenmittelpunkt des Körpers verläuft. Dies ist äquivalent zu den Gleichungen 10.14 und 10.15 und wir sehen jetzt, dass diese Gleichungen Sonderfälle der Gleichung 11.7, $\sum \mathbf{M} = \mathrm{d}\mathbf{L}/\mathrm{d}t$, sind.

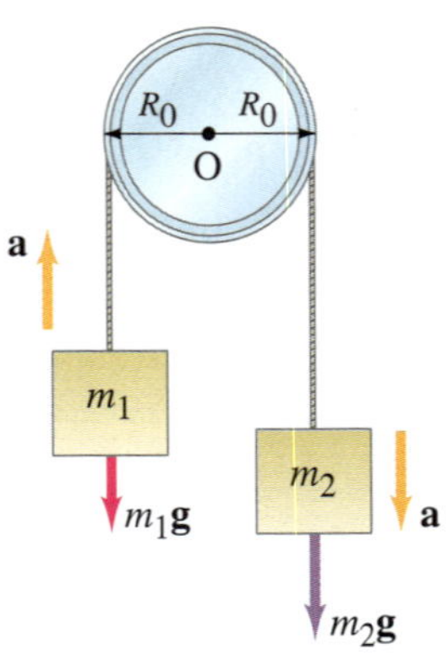

Abbildung 11.9 Rolle mit zwei Gewichten, Beispiel 11.3. Wir haben diese Vorrichtung bereits in Beispiel 4.13 erörtert.

Beispiel 11.3 Rolle mit zwei Gewichten

Ein *Rolle mit zwei Gewichten* besteht aus zwei Massen, m_1 und m_2, die durch ein masseloses Seil ohne Dehnung, das über eine Rolle läuft, miteinander verbunden sind, siehe ▶ Abbildung 11.9. Bestimmen Sie die Beschleunigung der

Massen m_1 und m_2 und gehen Sie dabei davon aus, dass die Rolle den Radius R_0 und das Trägheitsmoment J um ihre Tragachse hat. Vergleichen Sie dann mit der Aufgabenstellung mit der Vorgabe, dass das Trägheitsmoment der Rolle vernachlässigt wird.

Lösung

Der Drehimpuls wird für die Rolle und die Massen m_1 und m_2 um eine Drehachse berechnet, die entlang der Tragachse durch den Mittelpunkt O der Rolle verläuft. Die Rolle hat das Trägheitsmoment $J\omega$, wobei $\omega = v/R_0$ und v die Geschwindigkeit von m_1 und m_2 zu jedem beliebigen Zeitpunkt ist. Der Drehimpuls von m_1 ist $R_0 m_1 v$ und der von m_2 ist $R_0 m_2 v$. Der Gesamtdrehimpuls beträgt

$$L = (m_1 + m_2)vR_0 + J\frac{v}{R_0} \,.$$

Das auf das System wirkende äußere Drehmoment ist

$$M = m_2 g R_0 - m_1 g R_0$$

(die auf die Rolle wirkende Kraft, die von der Halterung auf ihre Tragachse ausgeübt wird, bewirkt kein Drehmoment, da der Hebelarm gleich null ist). Wir wenden die Gleichung 11.7a an:

$$M = \frac{\mathrm{d}L}{\mathrm{d}t}$$

$$(m_2 - m_1)gR_0 = (m_1 + m_2)R_0\frac{\mathrm{d}v}{\mathrm{d}t} + \frac{J}{R_0}\frac{\mathrm{d}v}{\mathrm{d}t} \,.$$

Die Auflösung nach $a = \mathrm{d}v/\mathrm{d}t$ liefert

$$a = \frac{\mathrm{d}v}{\mathrm{d}t} = \frac{(m_2 - m_1)g}{(m_1 + m_2) + J/R_0^2} \,.$$

Wenn wir J vernachlässigen würden, wäre $a = (m_2 - m_1)g/(m_2 + m_1)$, und wir sehen, dass das Trägheitsmoment der Rolle erwartungsgemäß dazu führt, dass das System langsamer wird.

Beispiel 11.4 · Begriffsbildung — Rad eines Fahrrades

Nehmen Sie an, Sie halten das Rad eines Fahrrades mithilfe eines Griffes, der mit der Tragachse des Rades verbunden ist, wie in ► Abbildung 11.10a dargestellt. Das Rad dreht sich sehr schnell, so dass sein Drehimpuls **L**, wie dargestellt, in horizontaler Richtung verläuft. Nun versuchen Sie plötzlich, die Tragachse nach oben zu kippen, wie in ► Abbildung 11.10a durch die gestrichelte Linie dargestellt (so dass sich der Massenmittelpunkt vertikal bewegt). Sie erwarten, dass sich das Rad nach oben bewegt (das würde es auch tun, wenn es sich nicht drehen würde), aber unerwarteter Weise bewegt es sich plötzlich nach rechts! Erklären Sie, warum.

Lösung

Für die Erklärung dieses scheinbar merkwürdigen Verhaltens – vielleicht müssen Sie diesen Versuch selbst machen, damit Sie es wirklich glauben – brauchen wir nur die Relation $\mathbf{M}_{\text{net}} = \mathrm{d}\mathbf{L}/\mathrm{d}t$ anwenden. In der kurzen Zeit Δt üben Sie ein Nettodrehmoment (um eine durch Ihr Handgelenk verlaufende

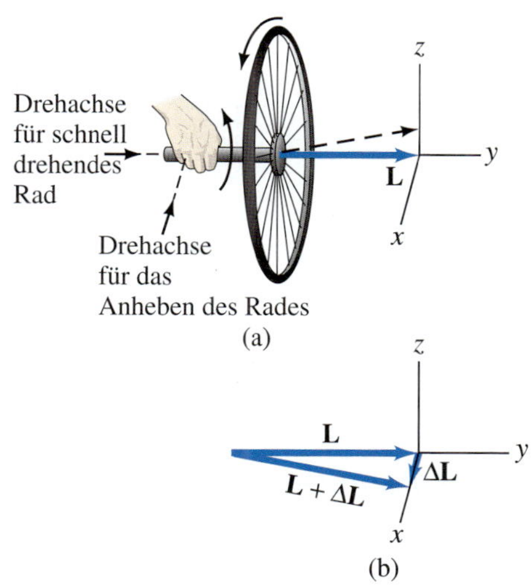

Abbildung 11.10 Wenn Sie versuchen, das rotierende Rad eines Fahrrades senkrecht nach oben zu kippen, bewegt es sich nach rechts.

Drehachse) aus, das entlang der x-Achse senkrecht zu $\mathbf{L}$ verläuft. Somit beträgt die Änderung in $\mathbf{L}$

$$\Delta\mathbf{L} \approx \mathbf{M}_{\text{net}}\Delta t\,.$$

Weil $\mathbf{M}_{\text{net}}\Delta t$ entlang der x-Achse verläuft, muss somit $\Delta\mathbf{L}$ ebenfalls (näherungsweise) entlang der x-Achse verlaufen (▸ Abbildung 11.10b). Das bedeutet, das der neue Drehimpuls, $\mathbf{L}+\Delta\mathbf{L}$, nach rechts zeigt, wenn wir entlang der Drehachse des Rades schauen, wie in ▸ Abbildung 11.10b dargestellt. Da der Drehimpuls entlang der Tragachse des Rades zeigt, sehen wir, dass sich die Tragachse, die jetzt entlang $\mathbf{L}+\Delta\mathbf{L}$ verläuft, nach rechts zur Seite bewegen muss. Genau das haben wir beobachtet.

***L* = *J*ω ist nicht immer gültig**

Obwohl die Gleichung 11.9, $\mathbf{L} = J\boldsymbol{\omega}$, häufig sehr nützlich ist, ist sie in der Regel nicht gültig, wenn die Drehachse nicht entlang einer Symmetrieachse durch den Massenmittelpunkt verläuft. Trotzdem können wir zeigen, dass jeder starre Körper unabhängig von seiner Form drei „Hauptachsen“ hat, um die die Gleichung 11.9 gültig ist (wir gehen an dieser Stelle nicht ins Detail). Als Beispiel für einen Fall, in dem die Gleichung 11.9 nicht gültig ist, betrachten wir den in ▸ Abbildung 11.11 dargestellten asymmetrischen Körper. Er besteht aus zwei Massen, m_1 und m_2, die an den Enden eines starren (masselosen) Stabes befestigt sind, der mit der Drehachse einen Winkel ϕ bildet. Wir berechnen den Drehimpuls um den Massenmittelpunkt im Punkt O. Zu dem dargestellten Zeitpunkt bewegt sich m_1 auf den Betrachter zu und m_2 von ihm weg, so dass $\mathbf{L}_1 = \mathbf{r}_1 \times \mathbf{p}_1$ und $\mathbf{L}_2 = \mathbf{r}_2 \times \mathbf{p}_2$ wie dargestellt sind. Der Gesamtdrehimpuls beträgt $\mathbf{L} = \mathbf{L}_1 + \mathbf{L}_2$ und er verläuft ganz deutlich *nicht* entlang $\boldsymbol{\omega}$.

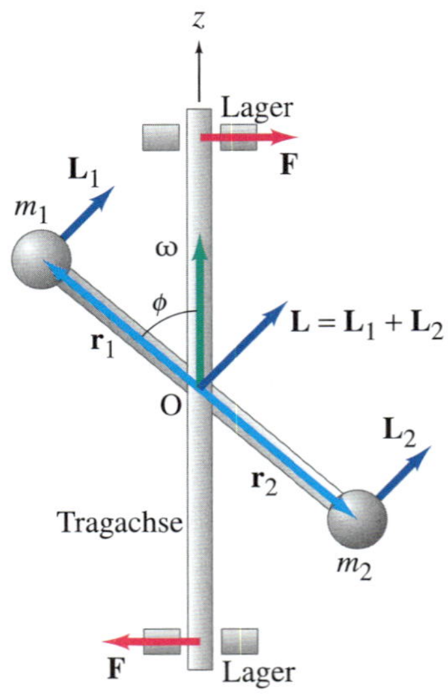

Abbildung 11.11 In diesem System sind $\mathbf{L}$ und ω nicht parallel. Dies ist ein Beispiel für dynamisches Ungleichgewicht.

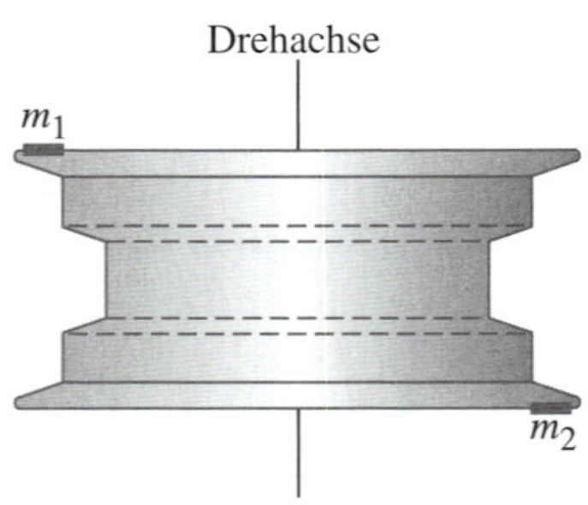

Abbildung 11.12 Nicht ausgewuchtetes Autorad.

11.6 Dynamisches Ungleichgewicht

Gehen wir mit dem in ▸ Abbildung 11.11 dargestellten System einen Schritt weiter, denn es ist eine gute veranschaulichende Darstellung von $\sum\mathbf{M} = \mathrm{d}\mathbf{L}/\mathrm{d}t$. Wenn das System mit der konstanten Winkelgeschwindigkeit ω rotiert, ändert sich zwar der Betrag von $\mathbf{L}$ nicht, wohl aber seine Richtung. Da sich der Stab und die beiden Massen um die z-Achse drehen, dreht sich auch $\mathbf{L}$ um diese Achse. Zu dem in ▸ Abbildung 11.11 dargestellten Zeitpunkt liegt $\mathbf{L}$ in der Papierebene. Nach einer Zeit $\mathrm{d}t$, wenn sich der Stab um einen Winkel $\mathrm{d}\theta = \omega\mathrm{d}t$ gedreht hat, hat auch $\mathbf{L}$ sich um einen Winkel $\mathrm{d}\theta$ gedreht (und bleibt dabei senkrecht zum Stab). $\mathbf{L}$ hat dann eine Komponente, die in die Buchseite zeigt. Somit zeigt $\mathrm{d}\mathbf{L}$ und folglich auch $\mathrm{d}\mathbf{L}/\mathrm{d}t$ in die Seite. Da

$$\sum\mathbf{M} = \frac{\mathrm{d}\mathbf{L}}{\mathrm{d}t}\,,$$

sehen wir, dass zu dem dargestellten Zeitpunkt ein in die Seite gerichtetes Nettodrehmoment auf die Achse, an der der Stab befestigt ist, ausgeübt werden muss. Das Drehmoment wird von den Lagern (oder einer anderen Einschränkung) am Ende der Achse bewirkt. Die von den Lagern auf die Achse ausgeübten Kräfte $\mathbf{F}$ sind in ▸ Abbildung 11.11 dargestellt. Die Richtung jeder Kraft $\mathbf{F}$ dreht sich, wenn das System sich dreht, und liegt immer in der Ebene von $\mathbf{L}$ und $\boldsymbol{\omega}$ bei diesem System. Ohne das auf diese Kräfte zurückzuführende Drehmoment würde sich das System nicht wunschgemäß um die feste Achse drehen.

Nach dem dritten Newton'schen Axiom muss die Achse selbst Kräfte von $-\mathbf{F}$ auf die Lager ausüben. Folglich bewegt sich die Achse in Richtung von $-\mathbf{F}$ und schwankt somit, wenn sie sich dreht. Diesen Vorgang finden wir in zahlreichen praktischen Anwendungen, z. B. als Vibrationen in einem Auto, dessen Räder nicht ausgewuchtet sind. Betrachten wir ein Autorad, das symmetrisch ist bis auf eine besondere zusätzliche Masse m_1 an einer Felge und einer gleich großen, ihr gegenüberliegenden Masse m_2 an der anderen Felge, wie in ▸ Abbildung 11.12 dargestellt. Auf Grund der Asymmetrie von m_1 und m_2 müssten die Radlager

ANGEWANDTE PHYSIK

Auswuchten eines Autorades

ständig eine Kraft senkrecht zu der Achse ausüben, damit sich das Rad dreht, ebenso wie in ▶ Abbildung 11.11. Die Lager würden übermäßig abgenutzt und die Insassen des Autos würden das Schwanken der Räder spüren. Wenn die Räder ausgewuchtet sind, drehen sie sich ruhig und ohne Schwanken. Deshalb ist das „dynamische Auswuchten" von Autorädern und -reifen so wichtig. Das Rad in ▶ Abbildung 11.12 befände sich im *statischen* Gleichgewicht. Wenn man gleiche Massen m_3 und m_4 symmetrisch hinzufügt, und zwar unterhalb von m_1 und oberhalb von m_2, befindet sich das Rad auch im dynamischen Gleichgewicht ($\mathbf{L}$ ist parallel zu $\boldsymbol{\omega}$ und $\mathbf{M}_{\text{ext}} = 0$).

Beispiel 11.5 **Auf ein System im Ungleichgewicht wirkendes Drehmoment**

Bestimmen Sie den Betrag des Nettodrehmomentes M_{net}, das erforderlich ist, um das System in ▶ Abbildung 11.11 in der Drehbewegung zu halten.

Lösung

Die ▶ Abbildung 11.13 stellt den Drehimpulsvektor dar, der entlang der Drehachse (z-Achse) des in ▶ Abbildung 11.11 dargestellten Körpers zeigt, wenn der Körper sich dreht. $L\cos\phi$ ist die Komponente von $\mathbf{L}$ senkrecht zur Tragachse. In einem Zeitintervall $\mathrm{d}t$ ändert sich $\mathbf{L}$ um einen Betrag von

$$\mathrm{d}L = (L\cos\phi)\,\mathrm{d}\theta = L\cos\phi\omega\,\mathrm{d}t\,.$$

Folglich ist

$$M_{\text{net}} = \frac{\mathrm{d}L}{\mathrm{d}t} = \omega L\cos\phi\,.$$

Nun ist $L = L_1 + L_2 = r_1 m_1 v_1 + r_2 m_2 v_2 = r_1 m_1(\omega r_1 \sin\phi) + r_2 m_2(\omega r_2 \sin\phi) = (m_1 r_1^2 + m_2 r_2^2)\omega \sin\phi$. Da $J = (m_1 r_1^2 + m_2 r_2^2)\sin^2\phi$ das Trägheitsmoment um die Drehachse ist, ist $L = J\omega/\sin\phi$. Somit ist

$$M_{\text{net}} = (m_1 r_1^2 + m_2 r_2^2)\omega^2 \sin\phi\cos\phi = J\omega^2/\tan\phi\,.$$

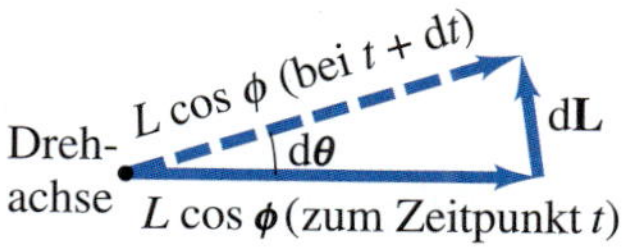

Abbildung 11.13 Drehimpulsvektor entlang der Drehachse des Systems in Abbildung 11.11 während der Drehung des Systems in einem Zeitintervall $\mathrm{d}t$.

Die Anwendung in ▶ Abbildung 11.11 veranschaulicht den Nutzen des vektoriellen Charakters von Drehmoment und Drehimpuls. Wenn wir nur die Komponenten von Drehimpuls und Drehmoment entlang der Drehachse betrachtet hätten, hätten wir das auf die Lager zurückzuführende Drehmoment nicht berechnen können (da die Kräfte $\mathbf{F}$ an der Tragachse wirken und folglich kein Drehmoment entlang dieser Achse erzeugen). Durch die Anwendung des Begriffes des Drehimpulsvektors haben wir eine wesentlich überzeugendere Methode für das Verständnis und das Lösen von Problemen.

11.7 Drehimpulserhaltung

In Kapitel 9 haben wir gesehen, dass die allgemeinste Form des zweiten Newton'schen Axioms für die Translationsbewegung eines Massenpunktes oder eines Systems von Massenpunkten

$$\sum \mathbf{F}_{\text{ext}} = \frac{\mathrm{d}\mathbf{P}}{\mathrm{d}t}$$

ist. Dabei ist $\mathbf{P}$ der Impuls, der für einen Massenpunkt als $m\mathbf{v}$ oder für ein System von Massenpunkten mit der Gesamtmasse M, dessen Massenmittelpunkt sich mit der Geschwindigkeit $\mathbf{v}_S$ bewegt, als $M\mathbf{v}_S$ definiert ist. $\sum \mathbf{F}_{\text{ext}}$ ist die auf den Massenpunkt oder das System wirkende äußere (externe) Nettokraft. Diese Relation ist nur in einem Inertialsystem gültig.

In diesem Kapitel haben wir eine ähnliche Relation gefunden, um die allgemeine Drehbewegung eines Systems von Massenpunkten (einschließlich starrer Körper) zu beschreiben:

$$\sum \mathbf{M} = \frac{\mathrm{d}\mathbf{L}}{\mathrm{d}t}\,.$$

Dabei ist $\sum \mathbf{M}$ das auf das System wirkende äußere Nettodrehmoment und $\mathbf{L}$ der Gesamtdrehimpuls. Diese Relation ist gültig, wenn $\sum \mathbf{M}$ und $\mathbf{L}$ um einen in einem Inertialsystem festen Punkt oder um den Massenmittelpunkt des Systems berechnet werden. Bei einem starren Körper, der sich mit der Winkelgeschwindigkeit ω um eine in der Richtung feste Drehachse dreht, ist die Komponente des Drehimpulses um diese Achse (Gleichung 11.8)

$$L_\omega = J\omega\,.$$

Dabei ist J das Trägheitsmoment des Körpers um diese Achse.

Wenn bei einer Translationsbewegung die auf das System wirkende Nettokraft null ist, $\mathrm{d}\mathbf{P}/\mathrm{d}t = 0$, bleibt der lineare Gesamtimpuls des Systems konstant. Dies ist das Impulserhaltungsgesetz. Wenn bei einer Drehbewegung das auf das System wirkende Nettodrehmoment null ist, dann ist

$$\frac{\mathrm{d}L}{\mathrm{d}t} = 0 \quad \text{und} \quad \mathbf{L} = \text{konstant}\,. \qquad \left(\sum \mathbf{M} = 0\right) \tag{11.10}$$

In Worten ausgedrückt:

DREHIMPULSERHALTUNG

Der Gesamtdrehimpuls eines Systems bleibt konstant, wenn das auf das System wirkende äußere Nettodrehmoment gleich null ist.

Dies ist der **Drehimpulserhaltungssatz**, der zusammen mit dem Energieerhaltungssatz und dem Satz über die Erhaltung des Impulses (und anderen später erörterten Gesetzen) zu den bedeutendsten Gesetzen der Physik gehört. In Kapitel 10 haben wir bereits einige Beispiele für dieses wichtige Gesetz, angewendet auf den speziellen Fall eines starren Körpers, der sich um eine feste Achse dreht, gesehen. Hier ist es jetzt in allgemeiner Form formuliert. Wir wenden es nun in interessanten Beispielen an.

Beispiel 11.6 Herleitung des zweiten Kepler'schen Gesetzes

Das *zweite Kepler'sche Gesetz* besagt, dass jeder Planet sich so bewegt, dass eine von der Sonne zu dem Planeten gezogene Linie in gleichen Zeitintervallen gleiche Flächen überstreicht (siehe Abschnitt 6.5). Wenden Sie den Drehimpulserhaltungssatz an, um diese Aussage zu beweisen.

Lösung

Der Planet bewegt sich auf einer Ellipsenbahn, wie in ▸ Abbildung 11.14 dargestellt. In einem Zeitintervall $\mathrm{d}t$ bewegt sich der Planet einen Weg $v\,\mathrm{d}t$ und überstreicht eine Fläche $\mathrm{d}A$, die gleich der Fläche eines Dreiecks mit der Basis r und der Höhe $v\,\mathrm{d}t\sin\theta$ (in ▸ Abbildung 11.14 übertrieben dargestellt) ist. Folglich ist

$$\mathrm{d}A = \frac{1}{2}(r)(v\,\mathrm{d}t\sin\theta)$$

und

$$\frac{\mathrm{d}A}{\mathrm{d}t} = \frac{1}{2}rv\sin\theta\,.$$

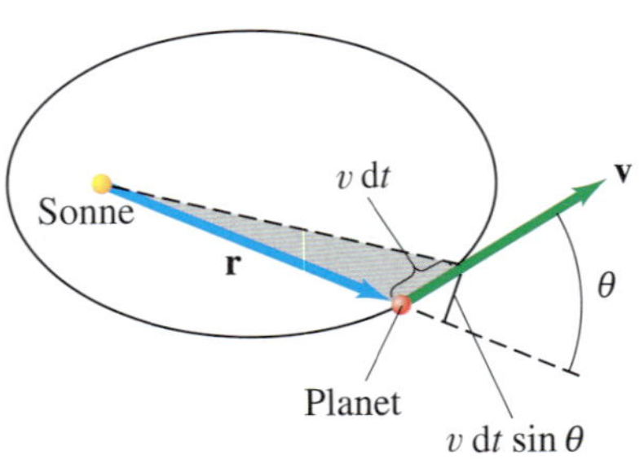

Abbildung 11.14 Das zweite Kepler'sche Gesetz der Planetenbewegung (Beispiel 11.6).

Der Betrag des Drehimpulses **L** um die Sonne ist

$$\mathbf{L} = |\mathbf{r} \times m\mathbf{v}| = mrv \sin\theta \,,$$

so dass

$$\frac{dA}{dt} = \frac{1}{2m} L \,.$$

Aber $L =$ konstant, da die Gravitationskraft **F** zur Sonne hin gerichtet ist, so dass sie ein Drehmoment gleich null erzeugt (wir vernachlässigen die Anziehungskraft der anderen Planeten). Folglich ist $dA/dt =$ konstant. Genau das wollten wir beweisen.

Beispiel 11.7 Kugel trifft Zylinderrand

Eine Kugel mit der Masse m, die sich mit der Geschwindigkeit v bewegt, trifft den Rand eines Zylinders mit der Masse M und dem Radius R_0 und bleibt darin stecken, wie in ► Abbildung 11.15 dargestellt. Der Zylinder, der sich anfangs in der Ruhelage befindet, beginnt sich um seine Symmetrieachse zu drehen, deren Ort fest bleibt. Wie groß ist die Winkelgeschwindigkeit des Zylinders nach diesem Stoß unter der Annahme, dass es kein Reibungsmoment gibt?

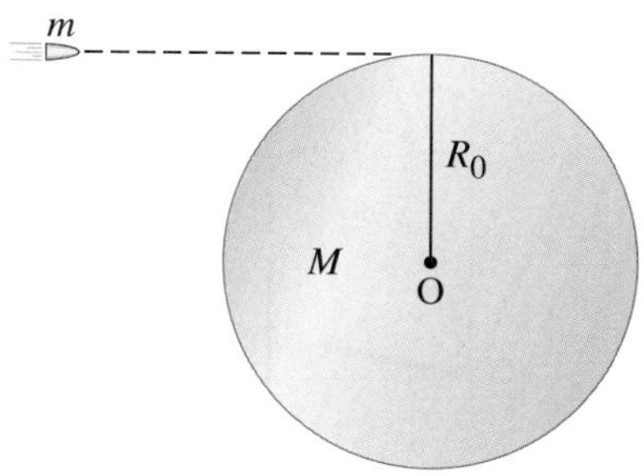

Abbildung 11.15 Kugel trifft Zylinder und bleibt in seinem Rand stecken (Beispiel 11.7).

Lösung

Die Kugel und der Zylinder bilden unser System, auf das kein externes Nettodrehmoment wirkt. Somit können wir die Drehimpulserhaltung anwenden und wir berechnen alle Drehimpulse um den Zylindermittelpunkt O. Da der Zylinder anfangs ruht, ist der anfängliche Gesamtdrehimpuls der Drehimpuls der Kugel:

$$\mathbf{L} = |\mathbf{r} \times \mathbf{p}| = R_0 mv \,,$$

da R_0 der senkrechte Abstand von **p** zu O ist. Nach dem Stoß dreht sich der Zylinder ($J_{\text{Zyl}} = \frac{1}{2}MR_0^2$) mit der in ihm eingeschlossenen Kugel ($J = mR_0^2$) mit der Winkelgeschwindigkeit ω:

$$L = (J_{\text{Zyl}} + mR_0^2)\omega = \left(\frac{1}{2}M + m\right) R_0^2 \omega \,.$$

Da der Drehimpuls erhalten bleibt, gilt folglich:

$$\omega = \frac{mv}{\left(\frac{1}{2}M + m\right) R_0} \,.$$

Der Drehimpuls bleibt zwar bei diesem Stoß erhalten, die kinetische Energie aber nicht:

$$\begin{aligned} E_{\text{kin,e}} - E_{\text{kin,a}} &= \frac{1}{2}J_{\text{Zyl}}\omega^2 + \frac{1}{2}(mR_0^2)\omega^2 - \frac{1}{2}mv^2 \\ &= -\frac{mM}{2M + 4m} v^2 \,. \end{aligned}$$

Das ist kleiner als null. Folglich ist $E_{\text{kin,e}} < E_{\text{kin,a}}$. Als Folge des inelastischen Stoßes wird diese Energie in Wärme umgewandelt.

Gyroskop

Ein weiteres Beispiel für die Drehimpulserhaltung ist das **Gyroskop**, das von Seeleuten und als Grundlage von Lenksystemen in der Luftfahrt benutzt wird. Das sich schnell drehende Rad ist auf einer komplizierten Anordnung von Lagern angebracht, so dass kein Nettodrehmoment wirkt und die Richtung des Drehimpulses ändert, selbst wenn sich die Halterung bewegt. Somit zeigt die Drehachse des rotierenden Rades weiter in dieselbe Raumrichtung.

ANGEWANDTE PHYSIK

Ein Kreisel

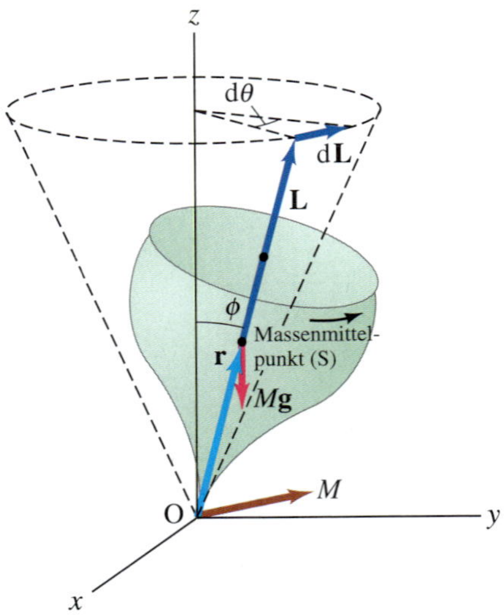

Abbildung 11.16 Kreisel.

11.8 Der Kreisel

Die Bewegung eines schnell drehenden Kreisels oder Gyroskops ist ein interessantes Beispiel einer Drehbewegung und der Anwendung der Vektorgleichung

$$\sum \mathbf{M} = \frac{\mathrm{d}\mathbf{L}}{\mathrm{d}t} \,.$$

Betrachten wir einen symmetrischen Kreisel mit der Masse M, der sich schnell um seine Symmetrieachse dreht, wie in ▸ Abbildung 11.16 dargestellt. In seiner Spitze im Punkt O ist der Kreisel in einem Inertialsystem ausbalanciert. Wenn die Drehachse des Kreisels mit der Vertikalen (z-Achse) einen Winkel ϕ bildet, wenn der Kreisel vorsichtig losgelassen wird, bewegt sich seine Achse und überstreicht dabei eine Kegelfläche um die Vertikale, die durch die gestrichelten Linien in ▸ Abbildung 11.16 dargestellt ist. Diese Art von Bewegung, bei der ein Drehmoment eine Richtungsänderung der Drehachse bewirkt, nennt man **Präzession**. Die Geschwindigkeit, mit der sich die Drehachse um die vertikale (z) Achse bewegt, ist die Winkelgeschwindigkeit der Präzession, Ω (griechischer Großbuchstabe Omega). Versuchen wir jetzt, die Ursachen für diese Bewegung zu verstehen, und berechnen wir Ω.

Wenn sich der Kreisel nicht drehen würde, würde er beim Loslassen sofort auf Grund der Erdanziehungskraft umkippen. Das offensichtliche Geheimnis eines Kreisels ist die Tatsache, dass er, wenn er sich dreht, nicht sofort umkippt, sondern eine Präzession aufweist – er bewegt sich zur Seite. Wenn wir diese Tatsache allerdings unter dem Aspekt von Drehimpuls und Drehmoment untersuchen, die wir um den Punkt O berechnen, ist das Geheimnis gar nicht mehr so geheimnisvoll. Wenn sich der Kreisel mit der Winkelgeschwindigkeit ω um seine Symmetrieachse dreht, hat er einen Drehimpuls $\mathbf{L}$ entlang seiner Drehachse, wie in ▸ Abbildung 11.16 dargestellt. (Es gibt auch einen Drehimpuls, der auf die Präzession zurückzuführen ist, so dass der Gesamtimpuls $\mathbf{L}$ nicht genau entlang der Drehachse des Kreisels verläuft. Aber wenn $\Omega \ll \omega$, was normalerweise der Fall ist, können wir dies vernachlässigen.) Für die Änderung des Drehimpulses ist ein Drehmoment erforderlich. Wenn auf den Kreisel kein Drehmoment ausgeübt würde, bliebe $\mathbf{L}$ in Betrag und Richtung konstant. Der Kreisel würde weder umkippen, noch eine Präzession aufweisen. Das geringste Kippen zur Seite hat allerdings ein Nettodrehmoment um O zur Folge, das gleich $\mathbf{M}_{\text{net}} = \mathbf{r} \times M\mathbf{g}$ ist. Dabei ist $\mathbf{r}$ der Ortsvektor des Massenmittelpunktes des Kreisels in Bezug auf O und M die Masse des Kreisels. $\mathbf{M}_{\text{net}}$ steht senkrecht auf $\mathbf{r}$ und $M\mathbf{g}$ und nach der Rechte-Hand-Regel liegt, wie in ▸ Abbildung 11.16 dargestellt, in der horizontalen (xy) Ebene. Die Änderung in $\mathbf{L}$ in einem Zeitintervall $\mathrm{d}t$ beträgt

$$\mathrm{d}\mathbf{L} = \mathbf{M}_{\text{net}}\, \mathrm{d}t$$

und ist senkrecht zu $\mathbf{L}$ und horizontal (parallel zu $\mathbf{M}_{\text{net}}$), wie in ▸ Abbildung 11.16 dargestellt. Da $\mathrm{d}\mathbf{L}$ senkrecht auf $\mathbf{L}$ steht, ändert sich der Betrag von $\mathbf{L}$ nicht. Nur die Richtung von $\mathbf{L}$ ändert sich. Da $\mathbf{L}$ entlang der Drehachse des Kreisels zeigt, sehen wir, dass sich diese Achse in der Abbildung nach rechts bewegt. Das bedeutet, dass sich das obere Ende der Drehachse des Kreisels in horizontaler Richtung senkrecht zu $\mathbf{L}$ bewegt. Dies erklärt, warum der Kreisel eine Präzession aufweist und nicht fällt. Der Vektor $\mathbf{L}$ und die Drehachse des Kreisels bewegen sich zusammen auf einer horizontalen Kreisbahn. Deshalb drehen sich auch $\mathbf{M}_{\text{net}}$ und $\mathrm{d}\mathbf{L}$ horizontal und senkrecht zu $\mathbf{L}$.

Aus der ▸ Abbildung 11.16 ist für die Bestimmung von Ω ersichtlich, dass der Winkel $\mathrm{d}\theta$ (der in einer horizontalen Ebene liegt) durch

$$\mathrm{d}L = L \sin\phi\, \mathrm{d}\theta$$

mit $\mathrm{d}L$ in Beziehung steht, da $\mathbf{L}$ einen Winkel ϕ mit der z-Achse bildet. Die Winkelgeschwindigkeit der Präzession ist $\Omega = \mathrm{d}\theta/\mathrm{d}t$ und wird (da $\mathrm{d}\theta = \mathrm{d}L/L\sin\phi$) zu

$$\Omega = \frac{1}{L\sin\phi}\frac{\mathrm{d}L}{\mathrm{d}t} = \frac{M}{L\sin\phi}\,. \qquad \text{(Kreisel)} \qquad (11.11\text{a})$$

Da $\mathbf{M}_{\text{net}} = |\mathbf{r} \times M\mathbf{g}| = rMg \sin\phi$ (weil $\sin(\pi - \phi) = \sin\phi$), können wir auch

$$\Omega = \frac{Mgr}{L} \quad \text{(Kreisel)} \tag{11.11b}$$

schreiben. Somit hängt die Geschwindigkeit der Präzession nicht von dem Winkel ϕ ab, sie ist vielmehr umgekehrt proportional zum Drehimpuls des Kreisels. Je schneller sich der Kreisel dreht, desto größer ist L und desto langsamer ist die Präzession des Kreisels.

11.9 Rotierende Bezugssysteme; Trägheitskräfte

Inertialsysteme und nichtinertiale Systeme

Bisher haben wir die Bewegung von Körpern, einschließlich der Kreis- und der Drehbewegung, von außerhalb als Betrachter, die fest auf der Erde stehen, untersucht. Manchmal ist es zweckmäßig, sich selbst (wenn auch nicht körperlich, so zumindest theoretisch) in ein sich drehendes Bezugssystem zu begeben. Untersuchen wir die Bewegung von Körpern aus der Sicht oder aus dem Bezugssystem von Personen, die auf einer rotierenden Plattform, wie z. B. einem Karussell, sitzen. Für sie sieht es so aus, als drehte sich der Rest der Welt um *sie* – siehe das erste Foto in diesem Kapitel. Aber richten wir unsere Aufmerksamkeit auf die Frage, was sie beobachten, wenn sie einen Tennisball auf den Boden der sich drehenden Plattform legen, die wir als reibungsfrei annehmen. Wenn sie den Ball vorsichtig ablegen, ohne ihm einen Schub zu geben, werden sie beobachten, dass er aus der Ruhelage beschleunigt und sich nach außen bewegt, wie in ▸ Abbildung 11.17a dargestellt. Nach dem ersten Newton'schen Axiom sollte ein Körper, der sich anfangs in der Ruhelage befindet, in der Ruhelage verharren, wenn keine Kraft auf ihn wirkt. Aber laut den Beobachtern auf der rotierenden Plattform beginnt der Ball sich zu bewegen, obwohl keine Kraft auf ihn ausgeübt wird. Für Beobachter in einem Inertialsystem ist das alles ganz klar: Der Ball hat beim Loslassen eine Anfangsgeschwindigkeit (weil sich die Plattform bewegt) und bewegt sich nach dem ersten Newton'schen Axiom lediglich auf einer geradlinigen Bahn weiter, wie in ▸ Abbildung 11.17b dargestellt.

Aber was ist mit dem Bezugssystem der Beobachter auf der rotierenden Plattform? Zweifellos gilt das erste Newton'sche Axiom, das Trägheitsgesetz, in diesem rotierenden Bezugssystem nicht. Deshalb wird ein solches Bezugssystem als **nichtinertiales System** bezeichnet. Ein **Inertialsystem** ist ein Bezugssystem, in dem das Trägheitsgesetz – das erste Newton'sche Axiom – sowie auch das zweite und dritte Newton'sche Axiom Gültigkeit besitzen. In einem nichtinertialen System, wie z. B. unserer rotierenden Plattform, gilt auch das zweite Newton'sche Axiom nicht. In der oben beschriebenen Aufgabenstellung wirkt z. B. keine Nettokraft auf den Ball. Dennoch beschleunigt der Ball in Bezug auf die sich drehende Plattform.

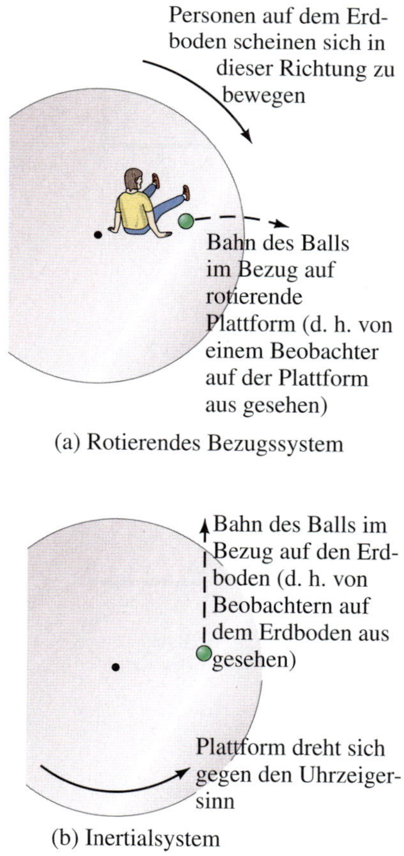

Abbildung 11.17 Bahn eines Balls, der auf einem rotierenden Karussell (a) in dem Bezugssystem des Karussells und (b) in einem Inertialsystem losgelassen wird.

Scheinkräfte (Trägheitskräfte)

Da die Newton'schen Axiome bei Beobachtungen in Bezug auf ein rotierendes Bezugssystem nicht gelten, kann die Berechnung von Bewegung kompliziert sein. Dennoch können wir die Newton'schen Axiome in einem solchen Bezugssystem anwenden, wenn wir uns eines Tricks bedienen. Wenn der Ball auf dem Karussell in der Ruhelage gehalten wird, wäre eine mit mv^2/r gleiche, nach innen gerichtete Kraft erforderlich, damit sich der Ball weiter auf einer Kreisbahn (von einem Inertialsystem aus gesehen) bewegt, wie wir in Kapitel 5 (Gleichung 5.1) gesehen haben. In dem rotierenden Bezugssystem des Balls wirkt diese nach innen gerichtete Kraft noch und wenn wir die Newton'schen Axiome in irgendeiner Form anwenden wollen, müssen wir einen Weg finden, diese Kraft auszugleichen, da der Ball in diesem Bezugssystem ruht. Der Trick, den wir anwenden, besteht darin, dass wir die Gleichung $\sum F = ma$ schreiben, als wenn eine mit mv^2/r (oder $m\omega^2 r$)

identische Kraft radial nach außen auf den Körper zusätzlich zu allen anderen möglicherweise wirkenden Kräften wirken würde. Diese zusätzliche Kraft, die als „Zentrifugalkraft“ bezeichnet werden könnte, da sie nach außen zu wirken *scheint*, nennt man **fiktive Kraft** oder **Scheinkraft**. Es handelt sich um eine Scheinkraft, weil es keinen Körper gibt, der diese Kraft ausübt. Außerdem existiert dieser Effekt von einem Inertialsystem aus betrachtet gar nicht. Wir haben diese Scheinkraft geschaffen, damit wir für Berechnungen in einem nichtinertialen System das zweite Newton'sche Axiom, $\sum F = ma$, anwenden können. So wendet der Beobachter in dem nichtinertialen System in ▸ Abbildung 11.17a für die nach außen gerichtete Bewegung des Balls das zweite Newton'sche Axiom an, indem er annimmt, dass eine mv^2/r gleiche Scheinkraft auf den Ball wirkt. Solche Scheinkräfte werden auch **Trägheitskräfte** genannt, da sie nur entstehen, weil das Bezugssystem kein Inertialsystem ist.

Fiktive Kraft (Scheinkraft)

Trägheitskraft

Die Erde dreht sich um ihre eigene Achse. Somit gelten die Newton'schen Axiome streng genommen auf der Erde nicht. Allerdings ist der Effekt der Erdrotation normalerweise so gering, dass er vernachlässigt werden kann, obwohl er die Bewegung großer Luftmassen und Meeresströmungen beeinflusst. Auf Grund der Erdrotation ist die Erdmasse am Äquator etwas konzentrierter. Somit ist die Erde keine vollkommene Kugel, sondern ist am Äquator etwas dicker als an den Polen.

11.10 Die Corioliskraft

In einem Bezugssystem, das sich mit einer konstanten Winkelgeschwindigkeit ω (relativ zu einem Inertialsystem) dreht, gibt es eine andere Scheinkraft, die als *Corioliskraft* bekannt ist. Sie scheint nur dann auf einen Körper in einem rotierenden Bezugssystem zu wirken, wenn sich der Körper relativ zu diesem Bezugssystem bewegt. Dann lenkt sie den Körper zur Seite ab. Sie tritt nur in Systemen auf, die keine Inertialsysteme sind, und wird deshalb auch als *Trägheitskraft* bezeichnet. Um zu veranschaulichen, wie die Corioliskraft entsteht, betrachten wir zwei Personen A und B, die sich auf einer Plattform in der Ruhelage befinden, die sich mit der Winkelgeschwindigkeit ω dreht, wie in ▸ Abbildung 11.18a dargestellt. Sie haben einen Abstand r_A bzw. r_B von der Drehachse (im Punkt O). Die Frau im Punkt A wirft einen Ball mit der horizontalen Geschwindigkeit **v** (in ihrem Bezugssystem, kein Inertialsystem) radial nach außen zu dem Mann im Punkt B am äußeren Rand der Plattform. ▸ Abbildung 11.18a zeigt die Situation von einem Inertialsystem aus gesehen. Anfangs hat der Ball nicht nur die radial nach außen gerichtete Geschwindigkeit **v**, sondern auch eine Tangentialgeschwindigkeit $\mathbf{v}_A$, die auf die Rotation der Plattform zurückzuführen ist. Die Gleichung 10.4 liefert $v_A = r_A\omega$. Dabei ist r_A der radiale Abstand der Frau von der Drehachse im Punkt O. Wenn der Mann im Punkt B dieselbe Geschwindigkeit v_A hätte, würde der Ball ihn genau erreichen. Aber seine Geschwindigkeit ist $v_B = r_B\omega$ und sie ist größer als v_A, weil $r_B > r_A$ ist. Wenn der Ball den äußeren Rand der Plattform erreicht, durchläuft er somit einen Punkt, den der Mann im Punkt B bereits passiert hat, weil seine Geschwindigkeit in dieser Richtung größer als die des Balls ist. Folglich bleibt der Ball hinter ihm zurück.

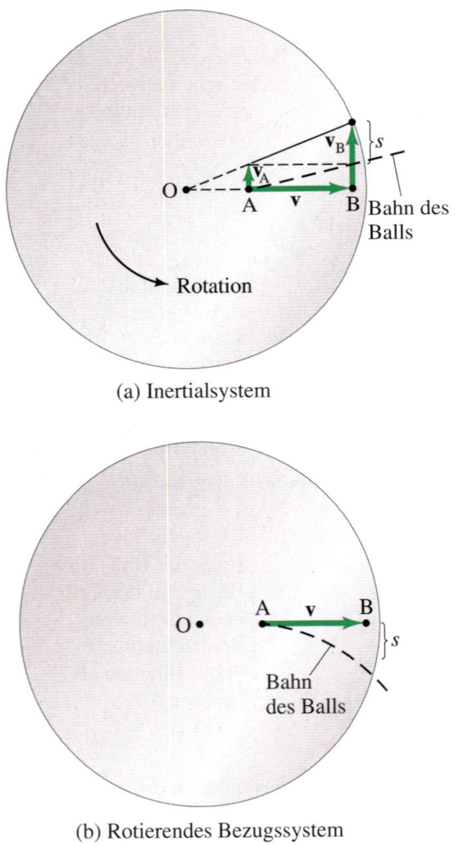

Abbildung 11.18 Der Ursprung der Corioliskraft. Blick von oben auf eine rotierende Plattform, (a) von einem Inertialsystem aus gesehen und (b) von der rotierenden Plattform (kein Inertialsystem) als Bezugssystem aus gesehen.

Die ▸ Abbildung 11.18b zeigt die Situation von der rotierenden Plattform als Bezugssystem aus gesehen. Sowohl A, als auch B befinden sich in der Ruhelage und der Ball wird mit der Geschwindigkeit **v** zu B geworfen, wird allerdings, wie dargestellt, nach rechts abgelenkt und bleibt hinter B zurück, wie zuvor beschrieben. Hierbei handelt es sich nicht um die Wirkung einer Zentrifugalkraft, denn die Zentrifugalkraft wirkt radial nach außen. Die Wirkung der Scheinkraft erfolgt stattdessen seitlich senkrecht zu **v** und wird **Corioliskraft** genannt. Die Coriolisbeschleunigung ergibt sich aus der Corioliskraft, entsprechend einer Division durch die Masse des Körpers. Die Corioliskraft ist also eine Scheinkraft bzw. Trägheitskraft, die in rotierenden Systemen auftritt, die keine Inertialsysteme darstellen. In solchen rotierenden Systemen können wir Bewegungen beschreiben, indem wir für die Anwendung des zweiten Newton'schen Axioms, $\sum \mathbf{F} = m\mathbf{a}$, einen „Scheinkraft"-Term hinzufügen, der gerade der Corioliskraft entspricht. Dann kann das zweite Newton'sche Axiom angewendet werden, obwohl wir uns nicht in einem Inertialsystem befinden. Die gleiche Bewegung können wir auch von einem Inertialsystem aus betrachten. Wir erkennen dann, dass sich die scheinbare Krümmung der Bahnkurve im rotierenden System ergibt, weil Punkte, die weiter von der Drehachse entfernt liegen, eine höhere tangentiale Geschwindigkeit besitzen.

Bestimmen wir jetzt den Betrag der Coriolisbeschleunigung für den einfachen, oben beschriebenen Fall. (Wir nehmen an, dass v groß ist und die Abstände klein sind, so dass wir die Gravitation vernachlässigen können.) Wir führen die Berechnung von dem Inertialsystem aus durch (▶ Abbildung 11.18a). Der Ball bewegt sich mit der Geschwindigkeit v einen Weg $r_B - r_A$ radial nach außen in einer Zeit t, die gegeben ist durch

$$r_B - r_A = vt \,.$$

Während dieser Zeit bewegt sich der Ball um einen Weg s_A zur Seite, der gegeben ist durch

$$s_A = v_A t \,.$$

Der Mann im Punkt B bewegt sich in dieser Zeit t einen Weg

$$s_B = v_B t \,.$$

Deshalb bleibt der Ball hinter ihm um einen Weg s zurück (▶ Abbildung 11.18a), der gegeben ist durch

$$s = s_B - s_A = (v_B - v_A)t \,.$$

An früherer Stelle haben wir gesehen, dass $v_A = r_A\omega$ und $v_B = r_B\omega$ ist, so dass

$$s = (r_B - r_A)\omega t \,.$$

Wir ersetzen $r_B - r_A = vt$ (siehe oben) und erhalten

$$s = \omega t^2 \,. \qquad (11.12)$$

Dieselbe Variable s ist gleich der seitlichen Ablenkung von dem nichtinertialen, rotierenden System aus gesehen (▶ Abbildung 11.18b).

Es ist sofort zu erkennen, dass die Gleichung 11.12 der Bewegung mit konstanter Beschleunigung entspricht. Denn wie wir in Kapitel 2 (Gleichung 2.12b) gesehen haben, ist $y = \frac{1}{2}at^2$ bei konstanter Beschleunigung (mit einer Anfangsgeschwindigkeit in y-Richtung gleich null). Wenn wir die Gleichung 11.12 in der Form $s = \frac{1}{2}a_C t^2$ schreiben, sehen wir, dass die Coriolisbeschleunigung a_C

$$a_C = 2\omega v \qquad (11.13)$$

ist.

Diese Relation ist für jede Geschwindigkeit in der Drehebene gültig – d. h. in der Ebene senkrecht zur Drehachse[2] (in ▶ Abbildung 11.18 die Achse durch den Punkt O senkrecht zur Buchseite).

Da die Erde sich dreht, hat die Corioliskraft einige interessante Erscheinungsformen auf der Erde. Sie beeinflusst die Bewegung von Luftmassen und somit das Wetter. Ohne Corioliskraft würde die Luft direkt von einem Hochdruckgebiet in ein Tiefdruckgebiet ziehen, wie in ▶ Abbildung 11.19a dargestellt. Aber auf Grund der Corioliskraft werden die Winde auf der nördlichen Halbkugel nach rechts abgelenkt (▶ Abbildung 11.19b), da sich die Erde von West nach Ost dreht. Die Luftmassen (Winde) bewegen sich um ein Tiefdruckgebiet gegen den Uhrzeigersinn. Der umgekehrte Fall gilt auf der südlichen Halbkugel. Die Wirkung der Corioliskraft ist so stark, dass die Winde in der Westwindzone eine nahezu Isobaren-parallele

2 Die Coriolisbeschleunigung kann in Form eines Vektorproduktes als $\mathbf{a}_C = -2\boldsymbol{\omega} \times \mathbf{v}$ geschrieben werden, wobei $\boldsymbol{\omega}$ entlang der Drehachse verläuft. Ihr Betrag ist $a_C = 2\omega v_\perp$. Dabei ist $v_\perp$ die Geschwindigkeitskomponente senkrecht zur Drehachse.

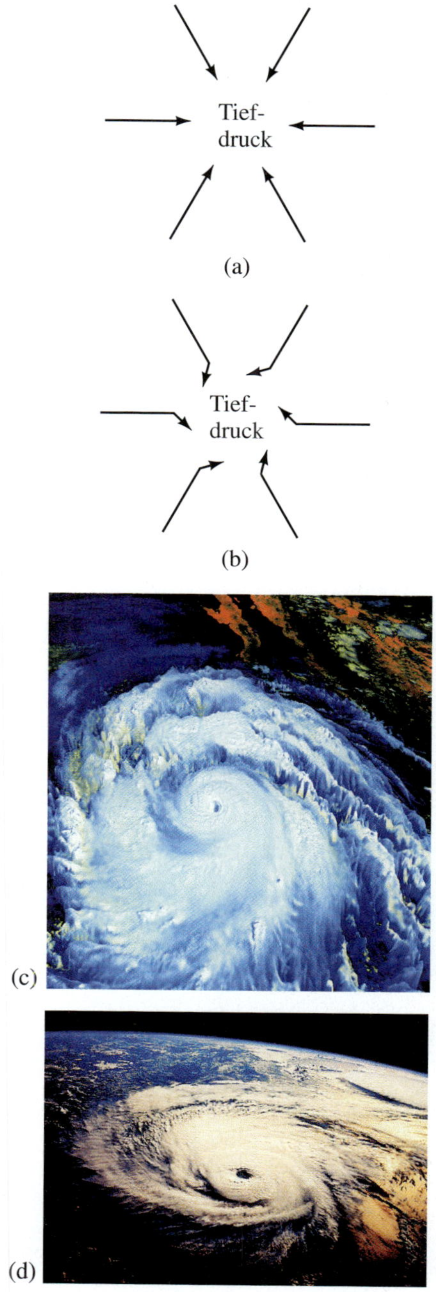

Abbildung 11.19 (a) Winde (in Bewegung befindliche Luftmassen) würden direkt in Richtung eines Tiefdruckgebietes ziehen, wenn sich die Erde nicht drehen würde. (b) und (c) Auf Grund der Erdrotation werden die Winde auf der nördlichen Halbkugel nach rechts abgelenkt (wie in Abbildung 11.18), als wenn eine fiktive Kraft (Corioliskraft) wirken würde. (d) Der umgekehrte Fall tritt auf der südlichen Halbkugel auf.

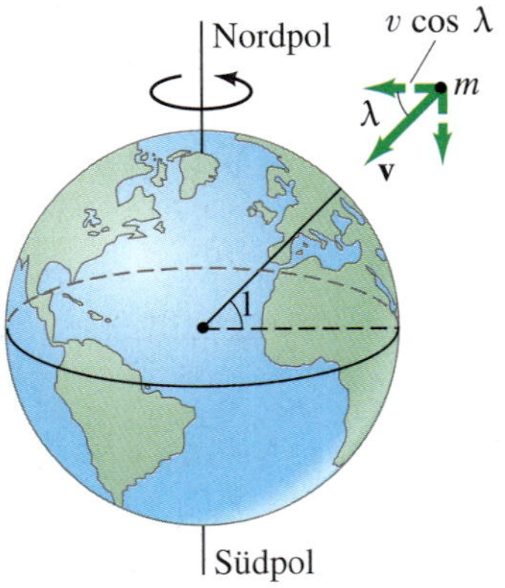

Abbildung 11.20 Körper mit der Masse m fällt auf dem Breitengrad λ senkrecht zur Erde.

Richtung haben. Folglich drehen sich Wirbelstürme, d. h. Winde in der Nähe starker Tiefdruckgebiete, auf der nördlichen Halbkugel gegen den Uhrzeigersinn und auf der südlichen Halbkugel im Uhrzeigersinn. Die Corioliskraft erklärt auch die östlichen Passatwinde nahe dem Äquator: Alle Winde, die sich Richtung Süden auf den Äquator zu bewegen, werden nach Westen abgelenkt (als wenn sie von Osten kämen).

Die Corioliskraft wirkt auch auf einen frei fallenden Körper. Ein Körper, der von der Spitze eines hohen Turmes fallen gelassen wird, trifft nicht direkt unter dem Abwurfpunkt auf dem Boden auf, sondern wird leicht nach Osten abgelenkt. Die Gleichungen 11.12 und 11.13 gelten direkt auf der Erde nur an den Polen, weil sie nur für Geschwindigkeiten in der Ebene senkrecht zur Drehachse gelten. Eine Geschwindigkeit oder Geschwindigkeitskomponente parallel zur Drehachse erfährt keine Coriolisbeschleunigung, da r (Abstand von der Achse) sich nicht ändert. Wir können die Gleichungen 11.12 und 11.13 für die Anwendung auf der Erde ändern, indem wir nur die Komponente von **v** senkrecht zur Drehachse betrachten. Aus der ► Abbildung 11.20 ist ersichtlich, dass diese Komponente bei einem vertikal fallenden Körper $v \cos \lambda$ ist, wobei λ den Breitengrad des Ortes auf der Erde angibt.

Beispiel 11.8 Eine Kugel fällt nicht geradlinig

Eine Bleikugel wird vertikal von einem 110 m hohen Turm in Florenz, Italien, (Breitengrad 44°) fallen gelassen. Wie weit vom Fuß des Turmes wird sie durch die Corioliskraft abgelenkt?

Lösung

Die Coriolisbeschleunigung beträgt $a_C = 2\omega v \cos \lambda$. Dabei ist ω die Winkelgeschwindigkeit der Erdrotation. v ist die vertikale Geschwindigkeit des freien Falls, $v = gt$, so dass

$$a_C = (2\omega g \cos \lambda)t$$

ist und zur Seite wirkt. Um den horizontalen Weg, den wir in x-Richtung senkrecht zum freien Fall annehmen, zu erhalten, müssen wir zweimal integrieren:

$$\frac{dv_s}{dt} = a_C = (2\omega g \cos \lambda)t \; ,$$

so dass

$$\int_0^{v_s} dv_s = \int_0^t (2\omega g \cos \lambda)t \, dt$$

$$v_s = (\omega g \cos \lambda)t^2 \; ,$$

weil $v_{s0} = 0$. Da $v_s = ds/dt$, ergibt sich

$$s = \int_0^t v_s \, dt = \omega g \cos \lambda \int_0^t t^2 \, dt = \frac{1}{3}\omega g \cos \lambda t^3 \; .$$

Der Wert von t ist einfach zu berechnen, da es sich um die Zeit handelt, die die Kugel benötigt, um einen Weg $h = 110$ m von der Spitze des Turmes zu fallen – und zwar, $h = \frac{1}{2}gt^2$ –, so dass $t = (2h/g)^{\frac{1}{2}}$. Somit beträgt die Ablenkung

$$s = \frac{1}{3}\omega g \cos \lambda \left(\frac{2h}{g}\right)^{\frac{3}{2}} = \frac{1}{3}\omega \cos \lambda \sqrt{\frac{8h^3}{g}} \; .$$

Wir setzen $h = 110$ m und $\lambda = 44°$ und schreiben ω für die Erdrotation (1 Umdrehung in 24 h) als

$$\omega = 2\pi n = 2\pi(1)/(24\,\text{h})(3600\,\text{s/h}) = 7{,}27 \cdot 10^{-5}\,\text{rad/s} \; .$$

Dann ist

$$s = \frac{1}{3}(7{,}27 \cdot 10^{-5}\ \text{rad/s})(\cos 44°)\sqrt{\frac{8(110\ \text{m})^3}{9{,}80\ \text{m/s}^2}} = 0{,}018\ \text{m}$$

oder ca. 2 cm. Diese Ablenkung ist klein und auf Grund von Ablenkung der Kugel durch z. B. Windströmungen schwierig zu messen. Zum Schluss bestimmen wir die Richtung dieser Ablenkung. In der ▶ Abbildung 11.20 ist zu erkennen, dass die Kugel an einem Punkt zu fallen beginnt, der weiter von der Drehachse entfernt ist, und sich beim Fallen näher zur Erdachse hin bewegt. Hierbei handelt es sich um die umgekehrte Bewegungsrichtung zu der in ▶ Abbildung 11.18 dargestellten. Das bedeutet, dass sich die Spitze des Turmes auf Grund der Erdrotation etwas schneller bewegt als das untere Ende. Folglich wird die Kugel nach Osten (in ▶ Abbildung 11.20 in die Buchseite hinein) abgelenkt.

Z U S A M M E N F A S S U N G

Das **Vektorprodukt** oder **Kreuzprodukt** zweier Vektoren **A** und **B** ergibt wiederum einen weiteren Vektor $\mathbf{C} = \mathbf{A} \times \mathbf{B}$, dessen Betrag $AB \sin\theta$ ist und dessen Richtung im Sinne der Rechte-Hand-Regel sowohl zu **A**, als auch zu **B** senkrecht verläuft.

Das auf eine Kraft **F** zurückzuführende **Drehmoment M** ist eine Vektorgröße und wird immer um einen Drehpunkt O (den Ursprung eines Koordinatensystems) wie folgt berechnet:

$$\mathbf{M} = \mathbf{r} \times \mathbf{F}\,.$$

Dabei ist **r** der Ortsvektor des Angriffspunktes des Kraft **F**.

Der **Drehimpuls** ist ebenfalls ein Vektor. Für einen Massenpunkt mit dem Impuls $\mathbf{p} = m\mathbf{v}$ beträgt der Drehimpuls **L** um einen Punkt O

$$\mathbf{L} = \mathbf{r} \times \mathbf{p}\,.$$

Dabei ist **r** der Ortsvektor des Massenpunktes relativ zum Punkt O zu jedem Zeitpunkt. Das auf einen Massenpunkt wirkende Nettodrehmoment $\sum \mathbf{M}$ steht zu seinem Drehimpuls durch

$$\sum \mathbf{M} = \frac{\mathrm{d}\mathbf{L}}{\mathrm{d}t}$$

in Beziehung.

Bei einem System von Massenpunkten beträgt der Gesamtdrehimpuls $\mathbf{L} = \sum \mathbf{L}_i$. Der Gesamtdrehimpuls des Systems steht durch

$$\sum \mathbf{M} = \frac{\mathrm{d}\mathbf{L}}{\mathrm{d}t}$$

mit dem auf das System wirkende Gesamtnettodrehmoment $\sum \mathbf{M}$ in Beziehung. Diese letzte Gleichung ist die Bewegungsgleichung für Drehbewegungen, analog zum zweiten Newton'schen Axiom, das die Bewegungsgleichung für die Translationsbewegung darstellt. Sie ist gültig, wenn **L** und $\sum \mathbf{M}$ um einen Ursprung berechnet werden, der (1) sich fest in einem Inertialsystem befindet oder (2) im Massenmittelpunkt eines Systems liegt, auch wenn die Drehachse nicht fest in einem Inertialsystem zu liegen kommt. Bei einem starren Körper, der sich um eines feste Drehachse dreht, ist die Komponente des Drehimpulses um die Drehachse gegeben durch $L_\omega = J\omega$. Wenn sich ein Körper um eine Symmetrieachse dreht, ist die Vektorrelation $\mathbf{L} = J\boldsymbol{\omega}$ gültig, in der Regel ist dies aber nicht der Fall.

Wenn das auf ein System wirkende Gesamtnettodrehmoment null ist, bleibt der Vektor des Gesamtdrehimpulses **L** konstant. Dies besagt der **Drehimpulserhaltungssatz**. Er gilt für den Vektor **L** und folglich auch für jede seiner Komponenten.

Z U S A M M E N F A S S U N G

Verständnisfragen

1 Wenn alle Komponenten der Vektoren $\mathbf{V}_1$ und $\mathbf{V}_2$ im Vorzeichen umgekehrt wären, wie würde das das Vektorprodukt $\mathbf{V}_1 \times \mathbf{V}_2$ verändern?

2 Nennen Sie die drei verschiedenen Bedingungen für $\mathbf{V}_1 \times \mathbf{V}_2 = 0$.

3 Eine Kraft $\mathbf{F} = \mathbf{j}F$ wird auf einen Körper am Ort $\mathbf{r} = x\mathbf{i} + y\mathbf{j} + z\mathbf{k}$ ausgeübt. Der Ursprung befindet sich im Massenmittelpunkt. Hängt das Drehmoment um den Massenmittelpunkt von x, y oder z ab?

4 Ein Massenpunkt bewegt sich mit konstanter Geschwindigkeit entlang einer Geraden. Wie ändert sich der Drehimpuls des Massenpunktes in Abhängigkeit der Zeit für Drehpunkte, die nicht auf der Bahnkurve liegen?

5 Wenn die auf ein System wirkende Nettokraft null ist, ist das Nettodrehmoment dann ebenfalls null? Wenn das auf ein System wirkende Nettodrehmoment null ist, ist dann die Nettokraft ebenfalls null?

6 Erklären Sie, wie ein Kind eine Schaukel „hochpumpt".

7 Gibt es in dem asymmetrischen System in ▶ Abbildung 11.11 einen Punkt, um den der Drehimpuls ($\mathbf{L}$) berechnet werden könnte, so dass $\mathbf{L}$ in dieselbe Richtung zeigt wie die Winkelgeschwindigkeit $\boldsymbol{\omega}$? Was wäre, wenn nur eine Masse (z. B. $m_2 = 0$) vorhanden wäre? Wenn Sie eine dieser Fragen mit Ja beantworten, wie erklären Sie die Notwendigkeit von Kräften an den Lagern für beide Fälle und die Voraussetzung $\mathbf{M} = \mathrm{d}\mathbf{L}/\,\mathrm{d}t$?

8 Eine Astronautin schwebt frei in einer schwerelosen Umgebung. Beschreiben Sie, wie sie ihre Gliedmaßen so bewegen kann, dass sie (a) ihren Körper auf den Kopf stellt und (b) ihren Körper um das Gesicht dreht.

9 Erörtern Sie auf der Grundlage des Drehimpulserhaltungssatzes, warum ein Helikopter mehr als einen Rotor (oder Propeller) haben muss. Diskutieren Sie eine oder mehrere Möglichkeiten der Funktionsweise des zweiten Propellers, um den Körper stabil zu halten.

10 Ein Rad dreht sich mit konstanter Winkelgeschwindigkeit frei um eine vertikale Drehachse. Kleine Teile des Rades lösen sich und fliegen weg. Wie beeinflusst dies die Drehgeschwindigkeit des Rades? Bleibt der Drehimpuls erhalten? Bleibt die kinetische Energie erhalten? Erklären Sie.

11 Betrachten Sie die folgenden Vektorgrößen: Weg, Geschwindigkeit, Beschleunigung, Impuls, Drehimpuls, Drehmoment. (a) Welche von ihnen sind unabhängig von der Wahl des Koordinatenursprungs? (Ziehen Sie als Ursprung verschiedene Punkte in Erwägung, die sich in Bezug zueinander in der Ruhelage befinden.) (b) Welche Größen sind unabhängig von der Geschwindigkeit des Koordinatensystems?

12 Beschreiben Sie das Drehmoment, das erforderlich ist, wenn die Person in ▶ Abbildung 11.10 die Achse des sich drehenden Rades ohne seitliche Ausweichbewegung direkt nach oben kippen soll.

13 Wie biegt ein Auto nach rechts ab? Was ist die Ursache des Drehmomentes, das erforderlich ist, um den Drehimpuls zu ändern?

14 Nehmen Sie an, Sie stehen auf einer Drehscheibe, die sich frei drehen kann. Während Sie das sich drehende Rad eines Fahrrades mit vertikaler Drehachse über Ihren Kopf halten, befinden Sie sich in der Ruhelage. Was geschieht mit Ihnen, wenn Sie jetzt das Rad so bewegen, dass seine Drehachse horizontal ist? Was geschieht, wenn Sie dann die Drehachse des Rades nach unten richten?

15 Die Erdachse weist eine Präzession mit einer Periode von ca. 25 000 Jahren auf. Sie ähnelt der Präzession eines Kreisels. Erklären Sie, warum die Erdwölbung am Äquator ein Drehmoment erzeugt, das die Sonne und der Mond auf die Erde ausüben. Siehe ▶ Abbildung 11.21, die den Zeitpunkt der Wintersonnenwende (21. Dezember) zeigt. Um welche Drehachse würden Sie die Präzession der Erdachse als Folge des auf die Sonne zurückzuführenden Drehmomentes erwarten? Ist das Drehmoment 3 Monate später noch vorhanden? Erklären Sie, warum.

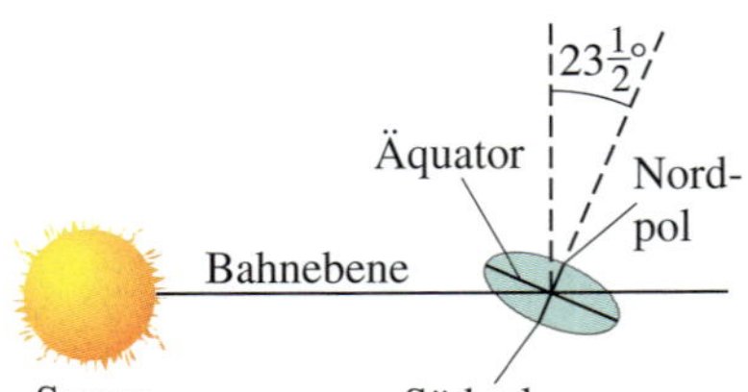

Abbildung 11.21 Frage 15.

16 Warum hängt an den meisten Orten auf der Erde ein Lot nicht genau in Richtung des Erdmittelpunktes?

17 In der Schlacht um die Falklandinseln im Jahre 1914 verfehlten die Geschosse der britischen Artillerie ihre Ziele weit, weil die Berechnungen auf Seeschlachten auf der Nordhalbkugel basierten. Die Falklandinseln befinden sich auf der Südhalbkugel. Erklären Sie die Ursache des Problems.

Aufgaben zu 11.1

1 (I) Zeigen Sie, dass (a) $\mathbf{i} \times \mathbf{i} = \mathbf{j} \times \mathbf{j} = \mathbf{k} \times \mathbf{k} = 0$, (b) $\mathbf{i} \times \mathbf{j} = \mathbf{k}, \mathbf{i} \times \mathbf{k} = -\mathbf{j}$ und $\mathbf{j} \times \mathbf{k} = \mathbf{i}$ ist.

2 (I) Welche Richtung hat (a) $\mathbf{A} \times \mathbf{B}$ und (b) $\mathbf{B} \times \mathbf{A}$, wenn der Vektor $\mathbf{A}$ entlang der negativen x-Achse und Vektor $\mathbf{B}$ entlang der positiven z-Achse zeigt? (c) Welchen Betrag hat $\mathbf{A} \times \mathbf{B}$ bzw. $\mathbf{B} \times \mathbf{A}$?

3 (II) Betrachten Sie einen Massenpunkt eines starren Körpers, der sich um eine feste Achse dreht. Zeigen Sie, dass die tangentiale und die radiale Vektorkomponente

$$\mathbf{a}_{\text{tan}} = \boldsymbol{\alpha} \times \mathbf{r} \quad \text{und} \quad \mathbf{a}_{\text{R}} = \boldsymbol{\omega} \times \mathbf{v}$$

sind.

4 (II) Beweisen Sie das Distributivgesetz für das Kreuzprodukt, siehe Gleichung 11.2c.

5 (II) Zeigen Sie, dass sich die Gleichung 11.2d ergibt, wenn Sie von Größen $\Delta\mathbf{A}$, $\Delta\mathbf{B}$ und Δt ausgehen und den Grenzwert dieser Größen gegen null betrachten.

6 (II) (a) Zeigen Sie, dass das Kreuzprodukt zweier Vektoren $\mathbf{A} = A_x\mathbf{i} + A_y\mathbf{j} + A_z\mathbf{k}$ und $\mathbf{B} = B_x\mathbf{i} + B_y\mathbf{j} + B_z\mathbf{k}$

$$\mathbf{A} \times \mathbf{B} = (A_yB_z - A_zB_y)\mathbf{i} + (A_zB_x - A_xB_z)\mathbf{j} + (A_xB_y - A_yB_x)\mathbf{k}$$

ist.

(b) Zeigen Sie, dass zur Berechnung des Vektorproduktes entsprechend (a) die Rechenregel für die Berechnung einer Determinante angewendet werden kann, wenn wir von einer Matrix ausgehen:

$$\begin{vmatrix} \mathbf{i} & \mathbf{j} & \mathbf{k} \\ A_x & A_y & A_z \\ B_x & B_y & B_z \end{vmatrix} .$$

Dabei wenden wir die Regeln für die Bestimmung einer Determinante an. (Beachten Sie aber, dass es sich nicht wirklich um eine Determinante, sondern um eine Erinnerungshilfe handelt.)

7 (II) Verwenden Sie das Ergebnis aus Aufgabe 6 und bestimmen Sie (a) das Vektorprodukt $\mathbf{A} \times \mathbf{B}$ und (b) den Winkel zwischen $\mathbf{A}$ und $\mathbf{B}$, wenn $\mathbf{A} = 7{,}0\mathbf{i} - 3{,}5\mathbf{j}$ und $\mathbf{B} = -8{,}5\mathbf{i} + 7{,}0\mathbf{j} + 2{,}0\mathbf{k}$ ist.

8 (III) Zeigen Sie, dass die Geschwindigkeit $\mathbf{v}$ eines Punktes in einem Körper, der sich mit der Winkelgeschwindigkeit $\boldsymbol{\omega}$ um eine feste Achse dreht, geschrieben werden kann als

$$\mathbf{v} = \boldsymbol{\omega} \times \mathbf{r} .$$

Dabei ist $\mathbf{r}$ der Ortsvektor des Punktes relativ zu einem Ursprung O auf der Drehachse. Kann O einen beliebigen Ort auf der Drehachse haben? Gilt $\mathbf{v} = \boldsymbol{\omega} \times \mathbf{r}$, wenn sich O nicht auf der Drehachse befindet?

9 (III) $\mathbf{A}, \mathbf{B}$ und $\mathbf{C}$ sind drei Vektoren, die nicht alle in derselben Ebene liegen. Zeigen Sie, dass $\mathbf{A} \times (\mathbf{B} \times \mathbf{C}) = \mathbf{B} \times (\mathbf{C} \times \mathbf{A}) = \mathbf{C} \times (\mathbf{A} \times \mathbf{B})$ ist.

Aufgaben zu 11.2

10 (II) Ein Massenpunkt befindet sich am Ort $\mathbf{r} = (4{,}0\mathbf{i} + 8{,}0\mathbf{j} + 6{,}0\mathbf{k})$ m. Eine Kraft $\mathbf{F} = (16{,}0\mathbf{j} - 4{,}0\mathbf{k})$ N wirkt auf ihn. Wie groß ist das um den Ursprung wirkende Drehmoment?

11 (II) Der Ursprung eines Koordinatensystems befindet sich im Mittelpunkt eines Rades. Das Rad kann sich in der xy-Ebene um eine Drehachse durch den Ursprung drehen. Eine Kraft $F = 188$ N, die in einem Winkel von $+33{,}0°$ zur x-Achse wirkt, wird im Punkt $x = 22{,}0$ cm, $y = 33{,}5$ cm auf das Rad ausgeübt. Wie groß sind Betrag und Richtung des durch diese Kraft erzeugten Drehmomentes um die Drehachse?

12 (II) Ein dünnes Rad mit einem Durchmesser von 43,0 cm ist gezwungen, sich um eine Drehachse durch seinen Mittelpunkt zu drehen, die wir als z-Achse wählen (das Rad dreht sich in der xy-Ebene). Eine Kraft $\mathbf{F} = 22{,}8\mathbf{j} - 21{,}6\mathbf{k}$ (Newton) wird in einem Randpunkt des Rades, der sich genau auf der x-Achse befindet, ausgeübt. (a) Bestimmen Sie das Drehmoment (Betrag und Richtung), das durch diese Kraft erzeugt und um den Radmittelpunkt berechnet wird. (b) Ist die Richtung dieses Drehmomentes parallel zu der Richtung von $\boldsymbol{\alpha}$? Wenn nicht, erklären Sie, wie $\mathbf{M}$ proportional zu $\boldsymbol{\alpha}$ sein kann.

13 (II) Ein Ingenieur schätzt, dass die bei widrigsten Wetterverhältnissen auf das Straßenschild in ▸ Abbildung 11.22 ausgeübte Gesamtkraft $\mathbf{F} = \pm 2{,}4\mathbf{i} - 3{,}0\mathbf{j}\,\mathrm{kN}$ beträgt. Der Angriffspunkt der Kraft ist der Massenmittelpunkt. Wie groß ist das Drehmoment, das diese Kraft auf den Drehpunkt O ausübt?

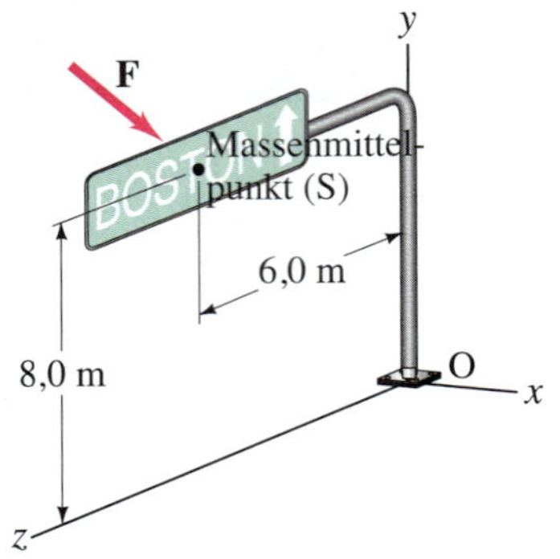

Abbildung 11.22 Aufgabe 13.

Aufgaben zu 11.3

14 (I) Welche x-, y- und z-Komponenten hat der Drehimpuls eines Massenpunktes am Ort $\mathbf{r} = x\mathbf{i} + y\mathbf{j} + z\mathbf{k}$ mit dem Impuls $\mathbf{p} = p_x\mathbf{i} + p_y\mathbf{j} + p_z\mathbf{k}$?

15 (I) Zeigen Sie, dass die kinetische Energie E_{kin} eines Massenpunktes mit der Masse m, der sich auf einer Kreisbahn bewegt, $E_{\text{kin}} = L^2/J$ ist, wobei L sein Drehimpuls und J sein Trägheitsmoment um den Kreismittelpunkt sind.

16 (I) Berechnen Sie den Drehimpuls eines Massenpunktes mit der Masse m, der sich mit der konstanten Geschwindigkeit v bewegt, für zwei Fälle (siehe ▸ Abbildung 11.23): (a) um den Ursprung O und (b) um O'.

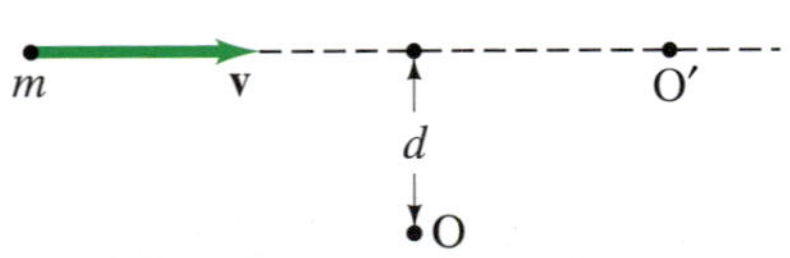

Abbildung 11.23 Aufgabe 16.

17 (II) Zwei gleiche Massenpunkte haben gleiche, aber entgegengerichtete Impulse, $\mathbf{p}$ und $-\mathbf{p}$, bewegen sich aber nicht entlang derselben Bahn. Zeigen Sie, dass der Gesamtdrehimpuls dieses Systems nicht von der Wahl des Ursprungs abhängt.

18 (II) Bestimmen Sie den Drehimpuls eines Massenpunktes mit einer Masse von 60 g um den Koordinatenursprung, wenn sich der Massenpunkt am Ort $x = 7{,}0\,\mathrm{m}$, $y = -6{,}0\,\mathrm{m}$ befindet und eine Geschwindigkeit von $v = (2{,}0\mathbf{i} - 8{,}0\mathbf{k})\,\mathrm{m/s}$ hat.

19 (II) Ein Massenpunkt hat den Ort $(x, y, z) = (1{,}0, 2{,}0, 3{,}0)\,\mathrm{m}$. Er bewegt sich mit einem Geschwindigkeitsvektor von $(-5{,}0, -4{,}5, -3{,}1)\,\mathrm{m/s}$ und hat eine Masse von 7,6 kg. Wie groß ist der Vektor seines Drehimpulses um den Ursprung?

20 (II) Zwei Massenpunkte ruhen im Abstand d voneinander entfernt an der Kante eines Tisches. Einer der Massenpunkt mit der Masse m fällt von der Kante herunter und fällt vertikal im freien Fall. Berechnen Sie (a) das auf m wirkende Drehmoment M in Abhängigkeit der Zeit (bevor m auf dem Boden unten aufkommt) und (b) den Drehimpuls $\mathbf{L}$ von m in Abhängigkeit der Zeit. Nehmen Sie bei diesen Berechnungen den anderen (noch ruhenden) Massenpunkt als Ursprung an. (c) Zeigen Sie, dass $\mathbf{M} = \mathrm{d}\mathbf{L}/\mathrm{d}t$.

Aufgaben zu 11.4 und 11.5

21 (II) Vier gleiche Massenpunkte mit der Masse m werden in gleichen Abständen an einer dünnen Stange mit der Länge l und der Masse M angebracht. An jedem Ende der Stange befindet sich eine Masse. Bestimmen Sie (a) die kinetische Energie und (b) den Drehimpuls des Systems, wenn das System mit der Winkelgeschwindigkeit ω um eine Drehachse gedreht wird, die senkrecht zu der Stange steht und durch eine der an einem Ende befindlichen Massen verläuft.

22 (II) Zwei Massen, $m_1 = 7{,}0\,\text{kg}$ und $m_2 = 8{,}8\,\text{kg}$, sind durch ein Seil miteinander verbunden, das über eine Rolle läuft, die sich frei um eine feste Achse drehen kann (► Abbildung 11.9). Die Rolle ist ein massiver Zylinder mit dem Radius $R_0 = 0{,}50\,\text{m}$ und einer Masse von 0,80 kg. (a) Bestimmen Sie die Beschleunigung a jeder Masse. (b) Wie groß wäre der relative Fehler in a, wenn das Trägheitsmoment der Rolle vernachlässigt würde? Vernachlässigen Sie die Reibung in den Lagern der Rolle.

23 (II) Wenden Sie $M = \mathrm{d}L/\,\mathrm{d}t$ an, um die Beschleunigung des Eimers in Beispiel 10.8 zu bestimmen.

24 (II) Zwei leichte Stangen mit einer Länge von 20 cm werden senkrecht zu einer Achse und in einem Winkel von 180° zueinander an der Achse angebracht (► Abbildung 11.24). Am Ende jeder Stange befindet sich eine Masse von 600 g. Die Stangen befinden sich im Abstand von 40 cm an der Stange. Die Achse dreht sich mit 30 rad/s. (a) Wie groß ist die Komponente des Gesamtdrehimpulses entlang der Achse? (b) Welchen Winkel bildet der Drehimpulsvektor mit der Achse? (*Hinweis*: Denken Sie daran, dass der Drehimpulsvektor für *beide* Massen um *denselben* Punkt berechnet werden muss.)

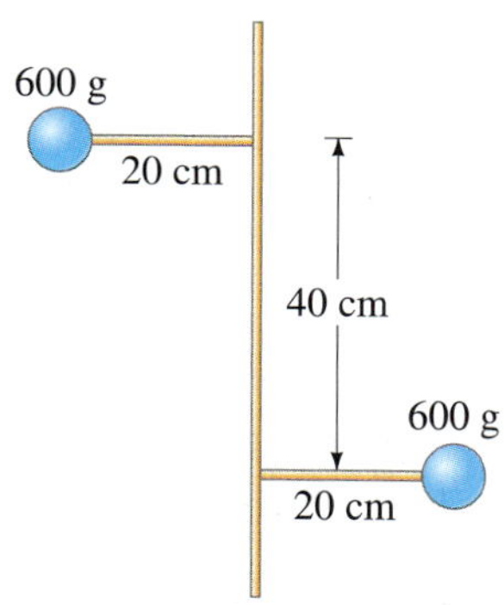

Abbildung 11.24 Aufgabe 24.

25 (II) ► Abbildung 11.25 zeigt zwei Massen, die durch ein Seil miteinander verbunden sind, das über eine Rolle mit dem Radius R_0 und dem Trägheitsmoment J läuft. Masse M_1 gleitet auf einer reibungsfreien Fläche und M_2 hängt frei. Bestimmen Sie eine Formel für (a) den Drehimpuls des System um die Drehachse der Rolle in Abhängigkeit der Geschwindigkeit v der Masse M_1 oder M_2 und (b) die Beschleunigung des Systems.

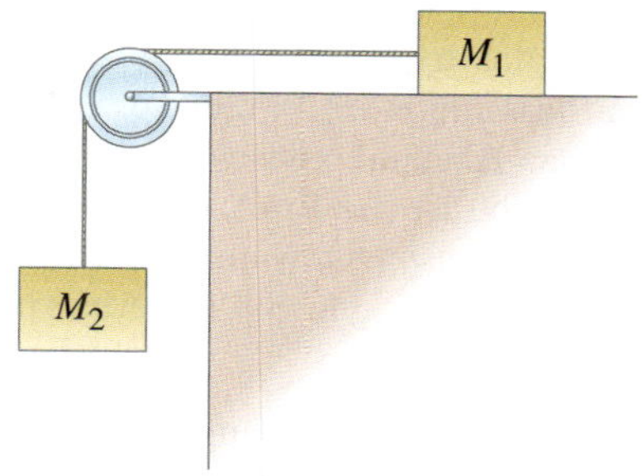

Abbildung 11.25 Aufgabe 25 und 26.

26 (III) Wiederholen Sie Aufgabe 25, aber nehmen Sie jetzt an, dass der Block M_1 in ► Abbildung 11.25 auf der horizontalen Fläche mit einer Reibungszahl μ_G gleitet. (*Hinweis*: Das Seil ist in einem Abstand R_0 über der Fläche an M_1 befestigt. Nehmen Sie an, dass M_1 nicht über die Kante kippt.)

27 (III) Eine homogene, dünne Stange mit einer Länge von 7,0 cm und einer Masse von 40,0 g liegt auf einem reibungsfreien, horizontalen Tisch. Ein horizontaler Kraftstoß trifft sie im rechten Winkel zu ihrer Länge in einem Punkt 2,0 cm von einem Ende entfernt. Beschreiben Sie die daraus resultierende Bewegung der Stange, wenn der Kraftstoß 8,5 N m·s beträgt.

28 (III) Eine dünne Stange mit der Länge L und der Masse M dreht sich mit der Winkelgeschwindigkeit ω um eine vertikale Drehachse, die durch ihren Mittelpunkt verläuft. Die Stange bildet mit der Drehachse einen Winkel ϕ. Bestimmen Sie Betrag und Richtung von $\mathbf{L}$.

29 (III) Zeigen Sie, dass der Gesamtdrehimpuls $\mathbf{L} = \sum \mathbf{r}_i \times \mathbf{p}_i$ eines Systems von Massenpunkten um den Ursprung eines Inertialsystems als Summe aus dem Drehimpuls um den Massenmittelpunkt, $\mathbf{L}^*$ (Spindrehimpuls), und dem Drehimpuls des Massenmittelpunktes um den Ursprung (Bahndrehimpuls) geschrieben werden kann: $\mathbf{L} = \mathbf{L}^* + \mathbf{r}_S \times M\mathbf{v}_S$. (*Hinweis*: Siehe Herleitung der Gleichung 10.26.)

Aufgaben zu 11.6

30 (II) Wie groß ist der Betrag der von jedem Lager in ► Abbildung 11.11 (Beispiel 11.5) ausgeübten Kraft $\mathbf{F}$? Die Lager haben einen Abstand d zum Punkt O. Vernachlässigen Sie die Auswirkungen der Gravitation.

31 (II) Nehmen Sie in ► Abbildung 11.11 an, dass $m_2 = 0$. Das bedeutet, dass tatsächlich nur eine Masse m_1 vorhanden ist. Bestimmen Sie die Kräfte F_1 und F_2 am oberen bzw. unteren Lager unter der Voraussetzung, dass die Lager einen Abstand d von O haben. (*Hinweis*: Wählen Sie einen Ursprung – nicht den Punkt O in ► Abbildung 11.11 –, so dass **L** parallel zu $\boldsymbol{\omega}$ ist. Vernachlässigen Sie die Auswirkungen der Gravitation.)

32 (II) Nehmen Sie für das in ► Abbildung 11.11 dargestellte System an, dass $m_1 = m_2 = 0{,}60\,\text{kg}$, $r_1 = r_2 = 0{,}30\,\text{m}$ und dass der Abstand zwischen den Lagern 0,20 m beträgt. Wie groß ist die Kraft, die jedes Lager auf die Tragachse ausüben muss, wenn $\phi = 23{,}0°$ und $\omega = 11{,}0\,\text{rad/s}$? (Vernachlässigen Sie die Auswirkungen der Gravitation.)

33 (II) Wie würde Ihre Antwort auf Aufgabe 32 lauten, wenn $m_1 = 0{,}60\,\text{kg}$ und $m_2 = 0$ wäre? (Vernachlässigen Sie die Auswirkungen der Gravitation.)

34 (II) Ein homogenes, zylindrisches Rad mit einem Durchmesser von 70,0 cm und einer Masse von 11,8 kg dreht sich um eine Achse, die um 1,00 cm von ihrem tatsächlichen Mittelpunkt verschoben ist. (a) Wie groß ist die auf die Lager ausgeübte Kraft, wenn sich das Rad mit 11,2 U/s dreht und die Lager 9,50 cm voneinander entfernt montiert sind? (b) Wo sollte eine Masse von 1,00 kg angebracht werden, um dieses Rad auszubalancieren? (Vernachlässigen Sie die Auswirkungen der Gravitation.)

Aufgaben zu 11.7

35 (II) Eine dünne Stange mit der Masse M und der Länge l hängt vertikal von einem reibungsfreien Drehzapfen an ihrem oberen Ende herab. Ein Stück Dichtungsmasse mit der Masse m, die sich mit der horizontalen Geschwindigkeit v bewegt, trifft die Stange in ihrem Massenmittelpunkt und bleibt dort haften. Wie hoch schwingt das untere Ende der Stange?

36 (II) Ein homogener Stock mit einer Länge von 1,0 m und einer Gesamtmasse von 300 g dreht sich um seinen Mittelpunkt. Eine Kugel mit einer Masse von 3,0 g wird mitten zwischen dem Drehzapfen und dem einen Ende durch den Stock geschossen (► Abbildung 11.26). Die Kugel nähert sich mit 250 m/s und fliegt mit 160 m/s weiter. Wie groß ist die Winkelgeschwindigkeit, mit der sich der Stock nach dem Stoß dreht?

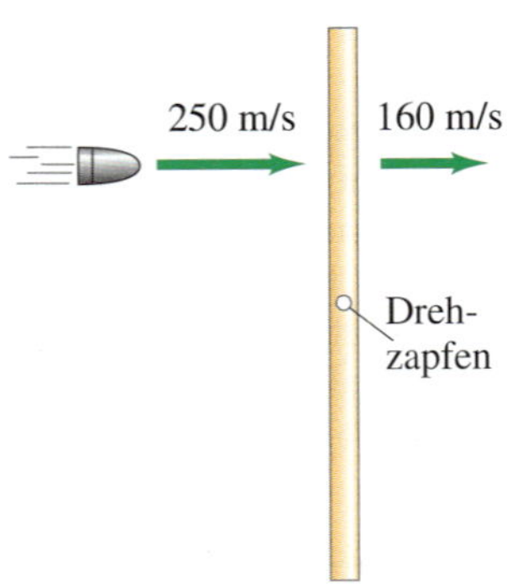

Abbildung 11.26 Aufgabe 36.

37 (II) Nehmen Sie an, ein Meteorit mit einer Masse von $7{,}0 \cdot 10^{10}\,\text{kg}$ ist am Äquator mit einer Geschwindigkeit von $v = 1{,}0 \cdot 10^4\,\text{m/s}$ auf die Erde aufgeschlagen und in ihr stecken geblieben, wie in ► Abbildung 11.27 dargestellt. Um welchen Faktor würde dieses Ereignis die Drehfrequenz der Erde (1 Umdrehung/Tag) beeinflussen?

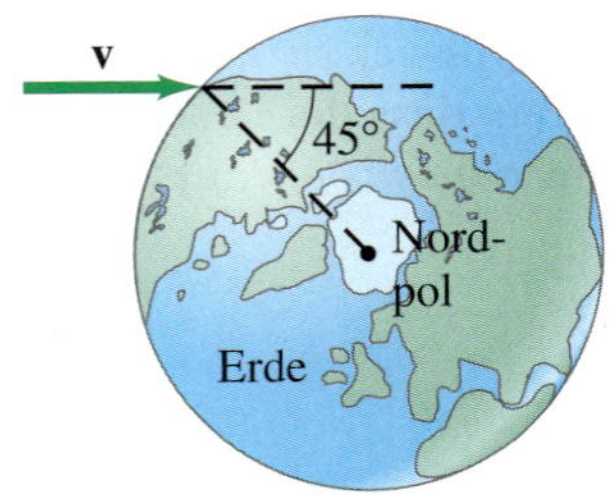

Abbildung 11.27 Aufgabe 37.

38 (II) Eine Person mit einer Masse von 55 kg steht im Mittelpunkt einer sich drehenden Karussellplattform mit einem Radius von 2,5 m und einem Trägheitsmoment von $670\,\text{kg} \cdot \text{m}^2$. Die Plattform dreht sich reibungsfrei mit einer Winkelgeschwindigkeit von 2,0 rad/s. Die Person geht radial auf den Rand der Plattform zu. (a) Berechnen Sie die Winkelgeschwindigkeit, wenn die Person den Rand erreicht. (b) Vergleichen Sie die kinetische Energie der Drehbewegung des Systems aus Plattform und Person vor und nach dem Gang der Person.

39 (III) Ein Balken mit einer Masse von 200 kg und einer Länge von 2,0 m gleitet mit einer Geschwindigkeit von 18 m/s mit der Breitseite nach unten über das Eis (► Abbildung 11.28). Ein in der Ruhelage befindlicher Mann mit einer Masse von 50 kg greift das eine Ende, als es an ihm vorbeigleitet, und hält sich daran fest, als er und der Balken sich über das Eis drehen. Nehmen Sie eine reibungsfreie Bewegung an. (a) Wie schnell bewegt sich der Massenmittelpunkt des Systems nach dem Stoß? (b) Wie groß ist die Winkelgeschwindigkeit, mit der sich das System um seinen Massenmittelpunkt dreht?

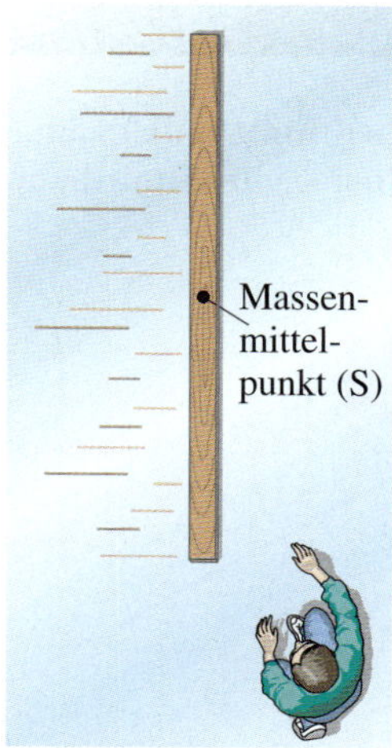

Abbildung 11.28 Aufgabe 39.

40 (III) Eine dünne Stange mit der Masse M und der Länge l ruht auf einem reibungsfreien Tisch, als sie in einem Punkt $l/4$ von ihrem Massenmittelpunkt entfernt von einer Lehmkugel mit der Masse m getroffen wird, die sich mit der Geschwindigkeit v bewegt (► Abbildung 11.29). Die Kugel bleibt an der Stange haften. Bestimmen Sie die Translations- und die Drehbewegung der Stange nach dem Stoß.

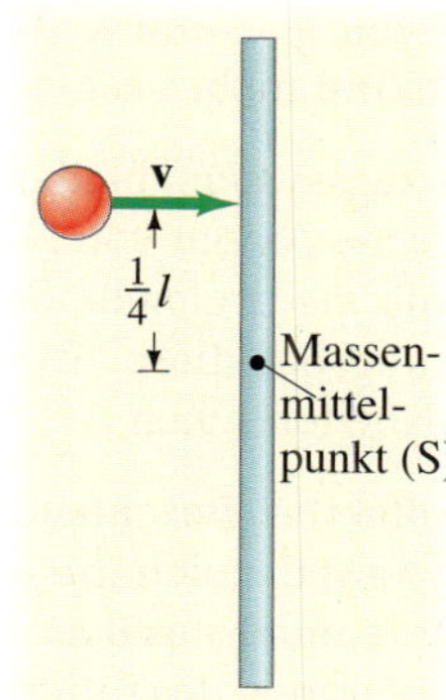

Abbildung 11.29 Aufgabe 40.

Aufgaben zu 11.8

41 (II) Ein Kreisel mit einer Masse von 220 g, der sich mit 15 U/s dreht, bildet mit der Vertikalen einen Winkel von 30° und weist eine Präzession von 1 Umdrehung alle 8,0 s auf. Wie groß ist das Trägheitsmoment des Kreisels, wenn sich sein Massenmittelpunkt 3,5 cm von seiner Spitze entfernt entlang seiner Symmetrieachse befindet?

42 (II) Ein Spielzeug-Gyroskop besteht aus einer Scheibe mit einer Masse von 150 g und einem Radius von 5,5 cm, die im Mittelpunkt einer Achse mit einer Länge von 17 cm montiert ist (► Abbildung 11.30). Das Gyroskop dreht sich mit 70 U/s. Das eine Ende seiner Achse ruht auf einem Ständer und das andere Ende weist, wie dargestellt, eine horizontale Präzession um den Ständer auf. (a) Wie lange braucht das Gyroskop, bis es einen Präzessionsumlauf gemacht hat? (b) Wie lange würde das Gyroskop für einen Präzessionsumlauf benötigen, wenn seine Abmessungen alle verdoppelt würden (Radius = 11 cm, Achse = 34 cm)?

43 (II) Nehmen Sie an, das massive Rad in ► Abbildung 11.30 hat eine Masse von 300 g und dreht sich mit 250 rad/s. Es hat einen Radius von 6,0 cm und ist im Mittelpunkt einer horizontalen, dünnen Achse mit einer Länge von 20 cm angebracht. Wie groß ist die Präzessionsfrequenz der Achse?

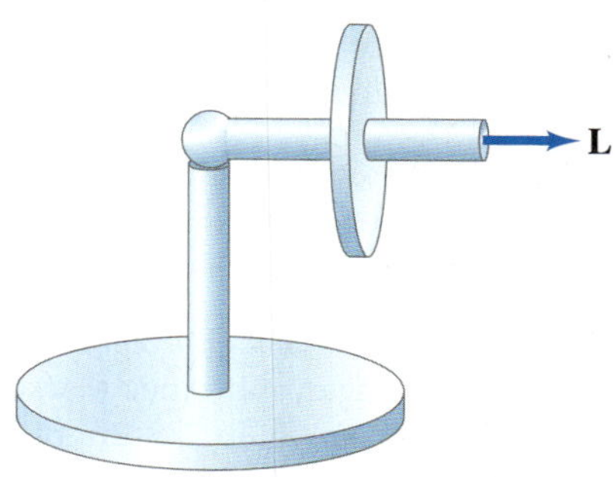

Abbildung 11.30 Ein Rad, das sich um eine horizontale Achse dreht, die an einem Ende gestützt wird, weist eine Präzession auf. Aufgaben 42, 43 und 44.

44 (II) Wie groß ist die Präzession des Rades aus Aufgabe 43, wenn an dem freien Ende der Achse eine Masse, die halb so groß ist wie die Masse des Rades, angebracht wird?

Aufgaben zu 11.9

45 (II) Wenn eine Pflanze auf einer rotierenden Plattform aus einem Samen gezogen wird, wächst sie in einem nach innen gerichteten Winkel. Berechnen Sie diesen Winkel (begeben Sie sich selbst in das rotierende Bezugssystem) in Abhängigkeit von g, r und ω. Warum wächst die Pflanze nach innen und nicht nach außen?

46 (II) In einem rotierenden Bezugssystem bleiben das erste und das zweite Newton'sche Axiom von Nutzen, wenn wir annehmen, dass eine $m\omega^2 r$ gleiche Scheinkraft wirkt. Welche Auswirkung hat diese Annahme auf die Gültigkeit des dritten Newton'schen Axioms?

47 (III) Nehmen Sie $\mathbf{g}'$ als die effektive Beschleunigung der Gravitation in einem Punkt auf der sich drehenden Erde an. Sie ist gleich der Vektorsumme aus dem „wirklichen" Wert für $\mathbf{g}$ und der Auswirkung des rotierenden Bezugssystems ($m\omega^2 r$-Term). Siehe ▸ Abbildung 11.31. Bestimmen Sie den Betrag und die Richtung von $\mathbf{g}'$ relativ zu einer radialen Linie vom Erdmittelpunkt (a) am Nordpol, (b) bei 45° nördlicher Breite und (c) am Äquator. Nehmen Sie an, dass g (bei ω gleich null) konstant $9{,}80\ \mathrm{m/s^2}$ beträgt.

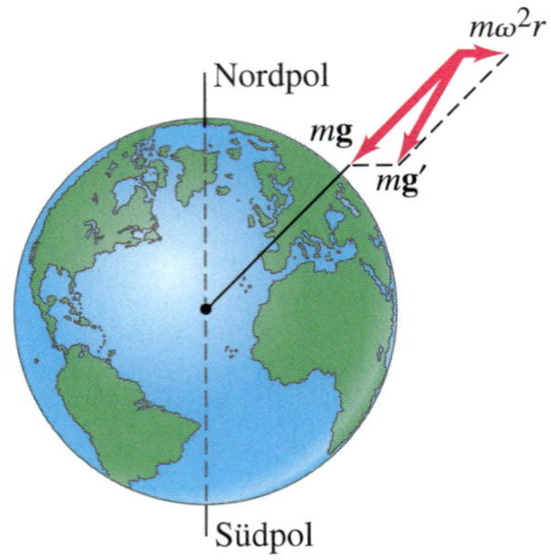

Abbildung 11.31 Aufgabe 47.

Aufgaben zu 11.10

48 (II) Nehmen Sie an, der Mann im Punkt B in ▸ Abbildung 11.18 wirft den Ball der Frau im Punkt A zu. (a) In welche Richtung wird der Ball aus der Sicht des rotierenden Systems abgelenkt? (b) Bestimmen Sie eine Formel für die Größe der Ablenkung und für die Coriolisbeschleunigung in diesem Fall.

49 (II) Für welche Geschwindigkeitsrichtungen wäre die Corioliskraft auf einen sich am Erdäquator bewegenden Körper gleich null?

50 (II) Bestimmen Sie die Corioliskraft (Betrag und Richtung), die auf einen Rennwagen mit einer Masse von 1200 kg wirkt, der mit 500 km/h in US-Bundesstaat Utah (Breitengrad 40°) direkt nach Norden fährt. (*Hinweis*: Verwenden Sie eine Geschwindigkeitskomponente senkrecht zur Erdachse.)

51 (III) Ein Geschoss wird nahezu horizontal mit hoher Geschwindigkeit v_0 Richtung Osten abgefeuert. (a) In welche Richtung wird es durch die Corioliskraft abgelenkt? (b) Bestimmen Sie eine Formel für die Ablenkung in Abhängigkeit von v_0, ω, λ und dem zurückgelegten Weg D. (c) Rechnen Sie mit $v_0 = 1000\ \mathrm{m/s}, \lambda = 45°$ und $D = 3{,}0\ \mathrm{km}$.

52 (III) Eine Ameise krabbelt mit konstanter Geschwindigkeit die radiale Speiche eines Rades entlang, das sich mit der konstanten Winkelgeschwindigkeit ω um eine vertikale Drehachse dreht. Geben Sie eine Vektorgleichung für alle Kräfte (einschließlich der Trägheitskräfte) an, die auf die Ameise wirken. Nehmen Sie die x-Achse entlang der Speiche, y senkrecht zu der Speiche zur linken Seite der Ameise zeigend und die z-Achse vertikal nach oben gerichtet. Das Rad dreht sich von oben gesehen gegen den Uhrzeigersinn.

Allgemeine Aufgaben

53 Ein Massenpunkt mit einer Masse von 0,50 kg bewegt sich mit der Geschwindigkeit $\mathbf{v} = (8{,}0\mathbf{i} + 6{,}0\mathbf{j})\,\text{m/s}$. (a) Ermitteln Sie den Drehimpuls **L** relativ zum Ursprung, wenn sich der Massenpunkt am Ort $\mathbf{r} = (2{,}0\mathbf{j} + 3{,}0\mathbf{k})\,\text{m}$ befindet. (b) Am Ort **r** wird eine Kraft $\mathbf{F} = 3{,}0\,\text{N}\mathbf{i}$ auf den Massenpunkt ausgeübt. Ermitteln Sie das Drehmoment relativ zum Ursprung.

54 Ein Asteroid mit einer Masse von 10^5 kg, der sich mit einer Geschwindigkeit von 30 km/s relativ zur Erde bewegt, trifft die Erde am Äquator tangential in Richtung der Erdrotation. Wenden Sie den Drehimpuls an und schätzen Sie die Änderung der Winkelgeschwindigkeit der Erde als Folge dieses Stoßes ab.

55 Ein Junge rollt einen Reifen eine gerade, ebene Straße entlang. Der Reifen hat eine Masse von 9,0 kg, einen Radius von 0,32 m und ein Trägheitsmoment um seine zentrale Symmetrieachse von $0{,}83\,\text{kg}\cdot\text{m}^2$. Der Junge schiebt den Reifen mit einer Geschwindigkeit von 2,1 m/s von sich weg und sieht, dass sich der Reifen 10° nach rechts neigt (► Abbildung 11.32). (a) Wie beeinflusst das resultierende Drehmoment die folgende Bewegung des Reifens? (b) Vergleichen Sie die durch dieses Drehmoment in 0,20 s verursachte Änderung im Drehimpuls mit dem ursprünglichen Betrag des Drehimpulses.

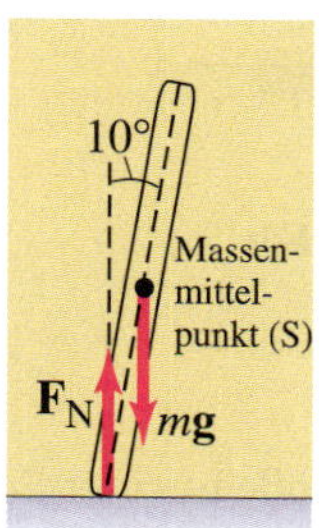

Abbildung 11.32 Aufgabe 55.

56 Im Bohr'schen Atommodell des Wasserstoffatoms wird das Elektron (Masse m) durch die auf es wirkende elektrische Kraft $F = ke^2/r^2$ (e ist die auf das Elektron und das Proton wirkende elektrische Ladung und k eine Konstante) auf einer kreisförmigen Umlaufbahn um den Kern (ein Proton) gehalten. Es sind nur bestimmte Umlaufbahnen möglich, und zwar die, für die der Drehimpuls L des Elektrons um den Kern ein ganzzahliges Vielfaches n von $h/2\pi$ ist. Dabei ist h die so genannte Plank'sche Konstante. Das bedeutet, dass $L = nh/2\pi$ ist, wenn n eine ganze Zahl ist. Zeigen Sie, dass die möglichen Radien der Umlaufbahnen des Elektrons gegeben sind durch

$$r = \frac{n^2h^2}{4\pi^2 kme^2} \qquad n = 1, 2, 3\ldots .$$

Zeigen Sie dafür zunächst, dass der Radius einer Umlaufbahn $r = ke^2/mv^2$ ist und wenden Sie dann $L = nh/2\pi$ an.

57 Wasser treibt ein Wasserrad (oder eine Turbine) mit dem Radius $R = 3{,}0\,\text{m}$ an, wie in ► Abbildung 11.33 dargestellt. Das Wasser tritt mit einer Geschwindigkeit $v_1 = 7{,}0\,\text{m/s}$ ein und verlässt das Wasserrad mit einer Geschwindigkeit $v_2 = 3{,}0\,\text{m/s}$. (a) Wie schnell liefert das Wasser einen Drehimpuls an das Wasserrad, wenn 150 kg Wasser pro Sekunde durchlaufen? (b) Wie groß ist das Drehmoment, das das Wasser auf das Wasserrad ausübt? (c) Wie viel Leistung wird an das Rad geliefert, wenn das Wasser bewirkt, dass das Wasserrad alle 5,5 s eine Umdrehung macht?

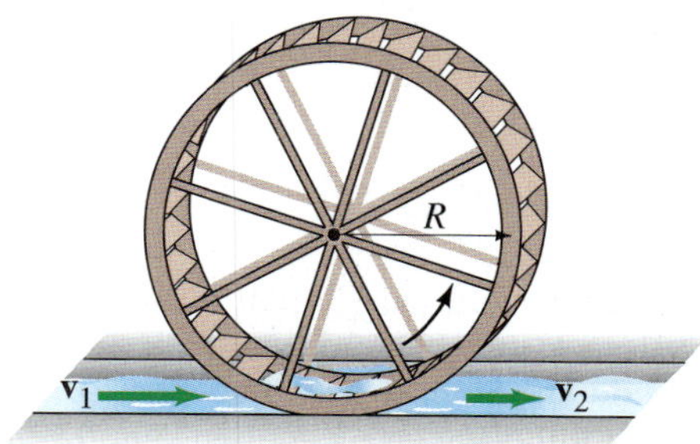

Abbildung 11.33 Aufgabe 57.

58 Ein Fahrradfahrer, der mit einer Geschwindigkeit $v = 3{,}2\,\text{m/s}$ auf einer flachen Straße fährt, durchfährt eine Kurve mit einem Radius $r = 2{,}8\,\text{m}$. Die auf den Radfahrer und das Fahrrad wirkenden Kräfte sind die Normalkraft ($\mathbf{F}_N$), die von der Straße auf die Reifen ausgeübte Reibungskraft ($\mathbf{F}_R$) und $m\mathbf{g}$, das Gesamtgewicht des Radfahrers und des Fahrrades. (a) Erklären Sie genau, warum der Winkel θ, den das Fahrrad mit der Vertikalen bildet (► Abbildung 11.34), gegeben sein muss durch $\tan\theta = F_R/F_N$, damit der Radfahrer die Balance

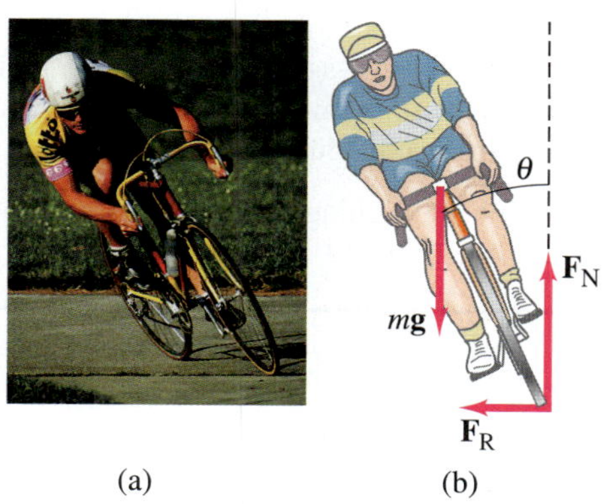

Abbildung 11.34 Aufgabe 58.

hält. (b) Berechnen Sie θ für die gegebenen Werte. (*Hinweis*: Betrachten Sie die „kreisförmige" Translationsbewegung des Fahrrades und seines Fahrers.) (c) Wie groß ist der minimale Kurvenradius bei einer Haftreibungszahl zwischen Reifen und Straße von $\mu_H = 0{,}65$?

60 Ein dünner, homogener Stock mit der Masse M und der Länge l wird senkrecht mit der Spitze auf einem reibungsfreien Tisch positioniert. Er wird losgelassen und rutscht weg und fällt um (► Abbildung 11.35). Bestimmen Sie die Geschwindigkeit seines Massenmittelpunktes direkt vor dem Aufprall auf dem Tisch.

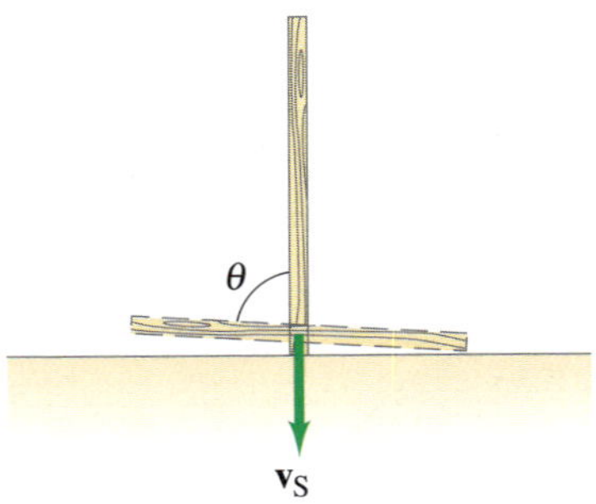

Abbildung 11.35 Aufgabe 59.

61 Um einen zylinderförmigen Reifen mit dem Radius R und der Masse M wird eine dünne Schnur gewickelt. Das eine Ende der Schnur wird befestigt, so dass der Reifen aus der Ruhelage vertikal fallen kann, wenn sich die Schnur abwickelt. (a) Bestimmen Sie den Drehimpuls des Reifens um seinen Massenmittelpunkt in Abhängigkeit der Zeit. (b) Wie groß ist die Zugkraft in dem Seil in Abhängigkeit der Zeit?

62 Ein Sendemast hat eine Masse von 80 kg und ist 12 m hoch. Der Mast ist mit einem elastischen Gelenk an seinem Fuß im Boden verankert und mit drei Seilen 120° voneinander entfernt gesichert (► Abbildung 11.36). In einer Analyse über mögliche Fehler muss ein Ingenieur das Verhalten des Mastes im Falle des Reißens eines Seils ermitteln. Der Mast würde von dem gerissenen Seil wegfallen und sich um seinen Fuß drehen. Bestim men Sie die Geschwindigkeit der Mastspitze in Abhängigkeit des Drehwinkels θ. Beginnen Sie Ihre Analyse mit der Bewegungsgleichung für die Drehbewegung $d\mathbf{L}/dt = \mathbf{M}_{\text{net}}$. Nehmen Sie den Mast näherungsweise als eine große, dünne Stange an.

63 Ein Baseballschläger (Schlagholz) hat einen „Sweet-Spot", an dem ein Ball mit nahezu müheloser Kraftübertragung geschlagen werden kann. Eine sorgfältige Analyse der Dynamik zeigt, dass dieser spezielle Punkt an dem Ort liegt, an dem eine ausgeübte Kraft eine reine Drehbewegung des Schlägers um den Griff zur Folge hätte. Bestimmen Sie den Ort dieses „Sweet-Spots" für den in ► Abbildung 11.37 dargestellten Schläger. Die lineare Dichte des Schlägers ist näherungsweise gegeben durch $(0{,}56 + 3{,}5x^2)\,\text{kg/m}$. Dabei wird x in m vom Ende des Griffes aus gemessen. Der gesamte Schläger ist 0,84 m lang. Der gewünschte Drehpunkt sollte 5,0 cm von dem Ende entfernt liegen, an dem der Schläger (das Schlagholz) gehalten wird. (*Hinweis*: Wo liegt der Massenmittelpunkt des Schlägers?)

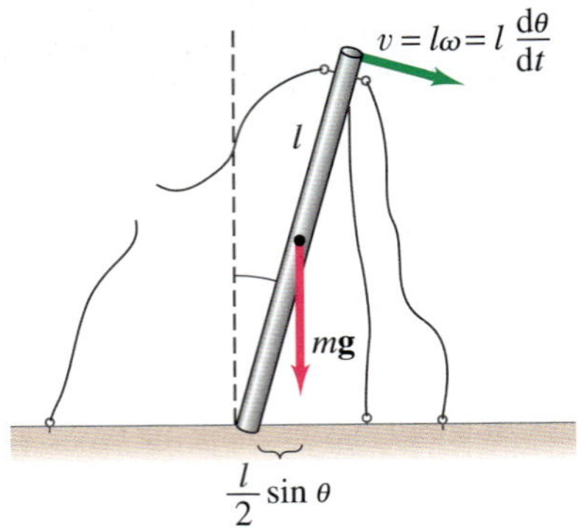

Abbildung 11.36 Aufgabe 61.

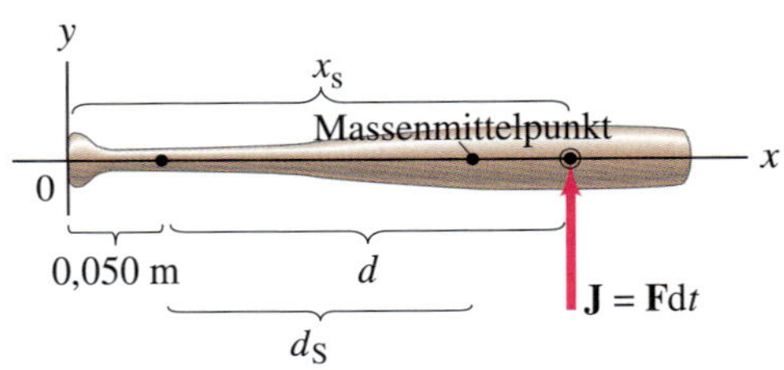

Abbildung 11.37 Aufgabe 62.

64 Nehmen Sie an, ein Stern mit der Größe unserer Sonne, aber 8,0 mal soviel Masse, dreht sich mit einer Geschwindigkeit von 1,0 Umdrehungen alle 10 Tage. Wie groß wäre seine Drehgeschwindigkeit, wenn er einen durch die Gravitation bedingten Zusammenbruch erführe und zu einem Neutronenstern mit einem Radius von 10 km würde und dabei $\frac{3}{4}$ seiner Masse verlieren würde? Nehmen Sie den Stern stets als eine homogene Kugel an. Nehmen Sie ebenfalls an, dass die abgeworfene Masse (a) keinen Drehimpuls oder (b) ihren Anteil $(\frac{3}{4})$ des Anfangsdrehimpulses mit wegnimmt.

Statisches Gleichgewicht; Elastizität und Bruch

12

ÜBERBLICK

Für alle Bauten, die uns umgeben – moderne Brücken, Wolkenkratzer oder auch 200 Jahre alte Forts (im Foto rechts unter der Golden Gate Bridge in San Francisco) mussten Ingenieure und Architekten die innerhalb dieser Bauten auftretenden Kräfte und Drehmomente berechnen. Es geht darum, dass die jeweiligen Bauten statisch bleiben – d. h. dass sie sich nicht bewegen, insbesondere nicht zusammenstürzen.

12. Statisches Gleichgewicht; Elastizität und Bruch

In diesem Kapitel werden wir uns mit einem speziellen Fall der Bewegung befassen – wenn die Nettokraft und das Nettodrehmoment, die auf einen Körper oder auf ein System von Körpern wirken, beide gleich null sind. In diesem Fall beschleunigt der Körper oder das System nicht: Er bzw. es befindet sich entweder in der Ruhelage oder sein Massenmittelpunkt bewegt sich mit konstanter Geschwindigkeit. Wir werden uns hauptsächlich mit dem ersten Fall beschäftigen, wenn sich der oder die Körper in der Ruhelage befinden. Sie könnten jetzt denken, dass es nicht besonders interessant ist, ruhende Körper zu untersuchen, da sie weder eine Geschwindigkeit, noch eine Beschleunigung haben. Zudem sind Nettokraft und Nettodrehmoment gleich null. Das bedeutet aber nicht, dass überhaupt keine Kräfte auf die Körper wirken. Tatsächlich ist es so gut wie unmöglich, einen Körper zu finden, auf den überhaupt keine Kräfte wirken. Manchmal können die Kräfte so groß sein, dass der Körper in starkem Maße verformt wird oder sogar bricht (reißt). Um solche Probleme zu vermeiden, kommt diesem Bereich der **Statik** (Lehre vom Gleichgewicht der Kräfte) so große Bedeutung zu.

Dieses Kapitel beschäftigt sich mit Kräften in ruhenden Körpern

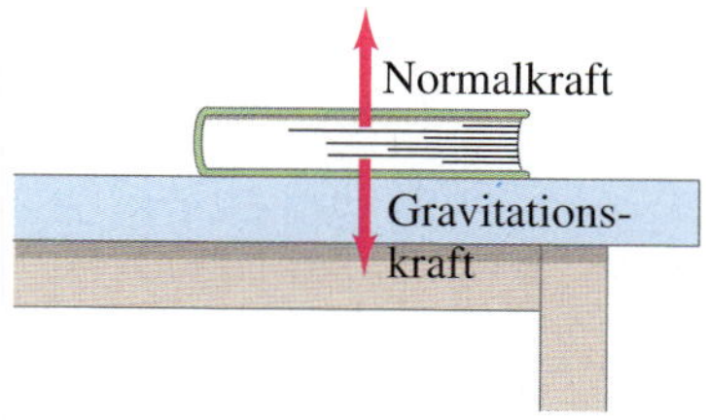

Abbildung 12.1 Das Buch befindet sich im Gleichgewicht. Die auf es wirkende Nettokraft ist gleich null.

12.1 Statik – Untersuchung von Kräften im Gleichgewicht

Auf alle Körper innerhalb unseres Erfahrungsbereiches wirkt zumindest eine Kraft (die Gewichtskraft) und wenn sie sich in der Ruhelage befinden, müssen auch noch andere Kräfte auf sie wirken, damit die Nettokraft null ist. Auf einen Körper, der auf einem Tisch ruht, wirken z. B. zwei Kräfte: die nach unten gerichtete Gewichtskraft und die Normalkraft, die der Tisch nach oben auf den Körper ausübt (▸ Abbildung 12.1). Da die Nettokraft null ist, muss die vom Tisch nach oben ausgeübte Kraft denselben Betrag haben wie die nach unten gerichtete Gewichtskraft. Man sagt, dass sich ein solcher Körper unter Einwirkung dieser beiden Kräfte im **Gleichgewicht** befindet. (Verwechseln Sie die beiden Kräfte in ▸ Abbildung 12.1 nicht mit den gleichen und entgegengerichteten Kräften aus dem dritten Newton'schen Axiom, die auf verschiedene Körper wirken. Hier wirken beide Kräfte auf denselben Körper.)

Die Statik befasst sich mit der Berechnung der Kräfte, die auf Körper wirken, die sich im Gleichgewicht befinden. Die Bestimmung dieser Kräfte, die uns im ersten Teil dieses Kapitels beschäftigen wird, ermöglicht dann eine Antwort auf die Frage, ob die Körper die Kräfte ohne deutliche Verformung oder Bruch – Themen, die wir später in diesem Kapitel erörtern werden – aushalten können. Diese Verfahren haben ein breites Anwendungsgebiet. Architekten und Ingenieure müssen die auf die Bauteile von Gebäuden, Brücken, Maschinen, Fahrzeugen und anderer Körper wirkenden Kräfte berechnen können, da jedes Material bricht oder sich verbiegt, wenn eine zu große Kraft auf das Material ausgeübt wird (▸ Abbildung 12.2). In der Medizin und der Physiotherapie ist die Kenntnis von Kräften in Muskeln und Gelenken des menschlichen Körpers sowie für die Untersuchung der Bewegungsabläufe von Athleten von großer Bedeutung.

Abbildung 12.2 Einsturz eines höherliegenden Überganges in einem Hotel in Kansas City im Jahre 1981. Wie eine einfache physikalische Berechnung 100 Menschenleben hätte retten können, wird in Beispiel 12.14 untersucht.

12.2 Gleichgewichtsbedingungen

Ein Körper, der sich im Gleichgewicht befindet, darf nicht beschleunigen, so dass die *Vektorsumme aller auf den Körper wirkenden äußeren Kräfte null sein muss*:

$$\sum \mathbf{F} = 0\,. \qquad (12.1a)$$

Erste Gleichgewichtsbedingung: Die Summe aller Kräfte ist null

Dies ist die **erste Gleichgewichtsbedingung** und sie ist äquivalent zu drei Komponentengleichungen:

$$\sum F_x = 0, \sum F_y = 0, \sum F_z = 0 \,. \qquad (12.1b)$$

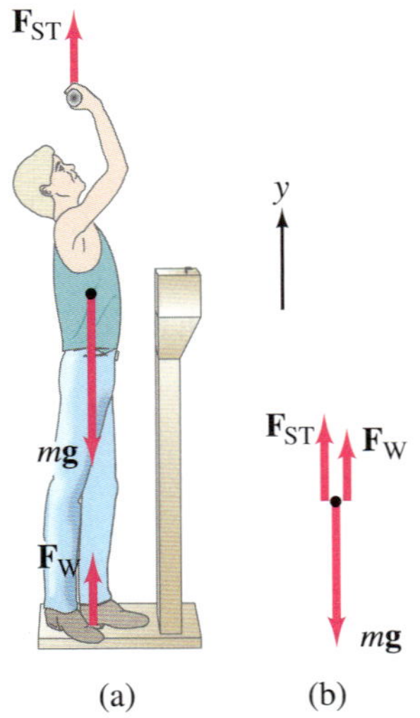

Abbildung 12.3 Beispiel 12.1: (a) Eine Person versucht einen Klimmzug, während sie auf einer Waage steht. (b) Einfaches Kräfteparallelogramm.

Beispiel 12.1 Klimmzüge auf einer Waage

Ein untrainierter Mann mit einer Masse von 90 kg kann nicht einmal einen Klimmzug machen. Wenn er bei dem Versuch auf einer Waage steht (▸ Abbildung 12.3), kann er sehen, wie nahe er dem Erfolg ist. Bei seinem besten Versuch zeigt die Waage 23 kg an. Wie groß ist die Kraft, die er ausübt?

Lösung

Drei Kräfte wirken auf unseren Anti-Athleten, wie in ▸ Abbildung 12.3 dargestellt: die nach unten gerichtete Gewichtskraft $mg = (90\,\text{kg})(9{,}8\,\text{m/s}^2)$ und zwei nach oben gerichtete Kräfte, und zwar (1) die Kraft, mit der die Stange ihn nach oben zieht, F_{ST} (gleich der Kraft, die er auf die Stange ausübt, und ihr entgegengerichtet), und (2) die Kraft, die die Waage auf seine Füße ausübt, F_W. Beim besten Versuch ist $F_W = (23\,\text{kg})(g)$. Die Person bewegt sich nicht, somit ist die Summe dieser Kräfte gleich null:

$$F_{ST} + F_W - mg = 0 \,.$$

Die Auflösung nach F_{ST} liefert:

$$F_{ST} = mg - F_W$$
$$= (90\,\text{kg} - 23\,\text{kg})(g) = (67\,\text{kg})(9{,}8\,\text{m/s}^2) = 660\,\text{N} \,.$$

Das bedeutet, dass er einen Klimmzug schaffen würde, wenn seine Masse lediglich 67 kg betragen würde.

Beispiel 12.2 Zugkraft im Drahtseil eines Kronleuchters

Berechnen Sie die Kräfte $\mathbf{F}_1$ und $\mathbf{F}_2$ in den beiden Seilen, die mit dem Drahtseil verbunden sind, das den Kronleuchter mit einer Masse von 200 kg in ▸ Abbildung 12.4 trägt.

Lösung

Die drei Kräfte $\mathbf{F}_1$, $\mathbf{F}_2$ und die Gewichtskraft des Kronleuchters von 200 kg wirken in dem Verbindungspunkt der drei Seile bzw. Schnüre. Wir wählen diesen Verbindungspunkt (der ein Knoten sein könnte) als den Körper, für den wir $\sum F_x = 0, \sum F_y = 0$ schreiben. (Wir kümmern uns nicht um den Kronleuchter selbst, da auf ihn nur zwei Kräfte wirken, und zwar die nach unten gerichtete Gewichtskraft und die gleiche große, aber entgegengerichtete Kraft, die nach oben von dem Drahtseil ausgeübt wird. Beide sind gleich $mg = (200\,\text{kg})(9{,}8\,\text{m/s}^2) = 1960\,\text{N}$.) Es gibt zwei Unbekannte (F_1 und F_2)[1] und wir können unter Verwendung der Gleichungen 12.1, $\sum F_x = 0, \sum F_y = 0$, nach ihnen auflösen.

Zunächst zerlegen wir $\mathbf{F}_1$ in ihre horizontale (x) und ihre vertikale (y) Komponente. Obwohl wir den Wert von F_1 nicht kennen, können wir

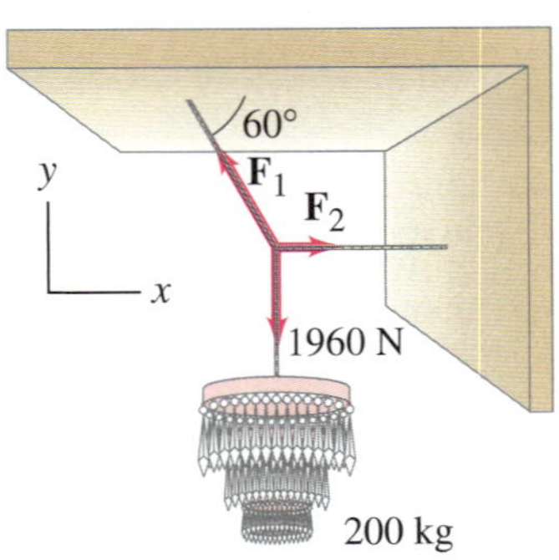

Abbildung 12.4 Beispiel 12.2.

1 Die Richtungen von $\mathbf{F}_1$ und $\mathbf{F}_2$ sind bekannt, da die Zugkraft in einem Seil nur entlang des Seils verlaufen kann – jede andere Richtung würde zu einem Nachgeben des Seils führen. Somit sind unsere Unbekannten die Beträge F_1 und F_2.

$F_{1x} = F_1 \cos 60°$ und $F_{1y} = F_1 \sin 60°$ schreiben. $\mathbf{F}_2$ hat nur eine x-Komponente. In der vertikalen Richtung wirken nur die nach unten gerichtete Gewichtskraft des Kronleuchters = (200 kg)(g) und die nach oben gerichtete vertikale Komponente von $\mathbf{F}_1$. Da $\sum F_y = 0$, ergibt sich

$$\sum F_y = F_1 \sin 60° - (200\,\text{kg})(g) = 0\,,$$

so dass

$$F_1 = \frac{(200\,\text{kg})g}{\sin 60°} = \frac{(200\,\text{kg})g}{0{,}866} = (231\,\text{kg})g = 2260\,\text{N}\,.$$

In der horizontalen Richtung gilt

$$\sum F_x = F_2 - F_1 \cos 60° = 0\,.$$

Somit ist

$$F_2 = F_1 \cos 60° = (231\,\text{kg})(g)(0{,}500) = (115\,\text{kg})g = 1130\,\text{N}\,.$$

Die Beträge von $\mathbf{F}_1$ und $\mathbf{F}_2$ bestimmen den erforderlichen Durchmesser des verwendeten Seils oder Kabels. In diesem Fall muss das Kabel mehr als 230 kg tragen können. Beachten Sie, dass wir in diesem Beispiel den Wert von g, der Fallbeschleunigung, erst am Ende eingesetzt haben. Auf diese Weise haben wir den Betrag der Kraft in kg multipliziert mit g ermittelt (da kg möglicherweise eine vertrautere Einheit als Newton ist).

Obwohl die Gleichungen 12.1 eine notwendige Bedingung dafür sind, dass sich ein Körper im Gleichgewicht befindet, sind sie nicht hinreichend. ► Abbildung 12.5 zeigt einen Körper, auf den eine Nettokraft gleich null wirkt. Obwohl die beiden mit **F** bezeichneten Kräfte sich zu einer auf den Körper wirkenden Nettokraft gleich null addieren, erzeugen sie ein Nettodrehmoment, das eine Drehbewegung des Körpers bewirkt. Somit benötigen wir eine *zweite Gleichgewichtsbedingung*: die Vektorsumme aller auf den Körper wirkenden äußeren Drehmomente muss null sein:

Zweite Gleichgewichtsbedingung: Die Summe aller Drehmomente ist null

$$\sum \mathbf{M} = 0\,. \tag{12.2}$$

Dadurch ist sichergestellt, dass die Winkelbeschleunigung $\boldsymbol{\alpha}$ um einen beliebigen Punkt gleich null ist. Wenn sich der Körper anfangs nicht dreht ($\omega = 0$), wird er auch nicht sich zu drehen beginnen. Die Gleichungen 12.1 und 12.2 sind die einzigen Gleichgewichtsbedingungen für einen Körper.

Die Gleichung 12.2 kann man auch in Komponentenschreibweise schreiben:

$$\sum M_x = 0, \sum M_y = 0, \sum M_z = 0\,.$$

Die Drehmomente werden um einen gewählten Punkt O berechnet und M_x, M_y und M_z sind die Komponenten entlang drei beliebig gewählter Achsen. Größtenteils werden wir uns in diesem Kapitel allerdings auf eine gängige Anwendung beschränken, die einfacher ist als der verallgemeinerte Fall: die Aufgabenstellung, in der alle äußeren Kräfte in einer Ebene wirken. Wenn wir diese Ebene xy-Ebene nennen, gibt es nur zwei Kraftgleichungen,

$$\sum F_x = 0, \sum F_y = 0\,,$$

und eine Drehmomentgleichung,

$$\sum M_z = 0\,.$$

Das Drehmoment wird um eine Drehachse berechnet, die senkrecht zur xy-Ebene steht. Die Wahl dieser Achse ist beliebig. Da für einen starren Körper, der sich um eine feste Achse dreht, $\sum M = I\alpha$ (Gleichung 10.14) gilt, ist $\sum M = 0$ um eine beliebige feste Achse, wenn sich der Körper im Gleichgewicht befindet ($\alpha = 0$). Deshalb ist die Wahl dieser Achse beliebig, so dass wir jede beliebige Achse wählen können, die unsere Berechnung vereinfacht.

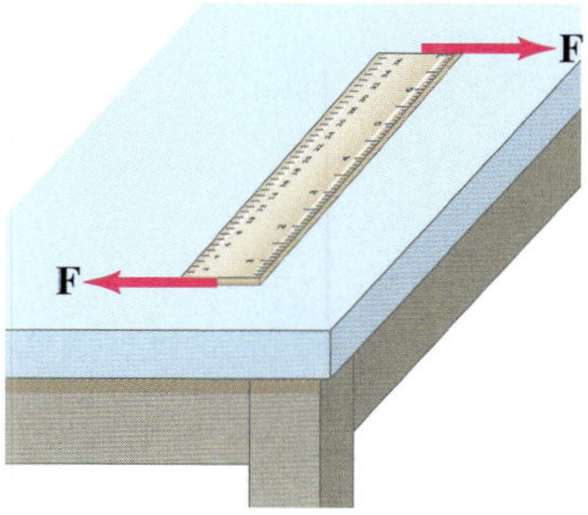

Abbildung 12.5 Obwohl die auf das Lineal wirkende Nettokraft null ist, bewegt (dreht) es sich. Ein Paar gleicher Kräfte, die in verschiedenen Punkten eines Körpers in entgegengesetzte Richtungen auf einen Körper wirken (wie hier dargestellt), nennt man **Kräftepaar**.

ANGEWANDTE PHYSIK

Der Hebel

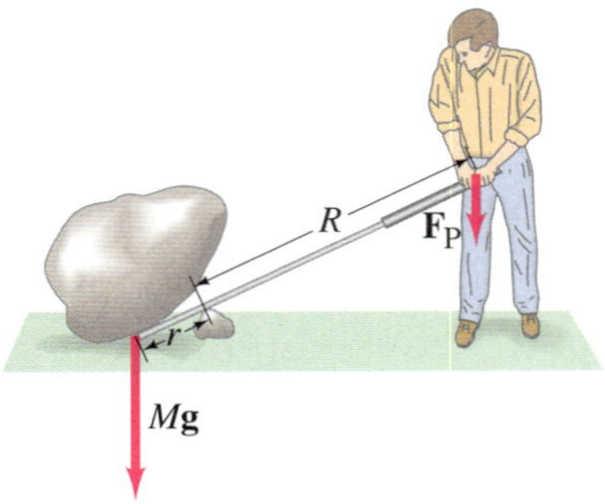

Abbildung 12.6 Beispiel 12.3.

Beispiel 12.3 · Begriffsbildung **Ein Hebel**

Die Stange in ► Abbildung 12.6 wird als Hebel beim Anheben eines großen Steins benutzt. Der kleine Stein dient als Drehpunkt. Die am langen Ende der Stange erforderliche Kraft F_P kann erheblich kleiner sein als die Gewichtskraft des Steins Mg, da die *Drehmomente* in der Drehung um den Drehpunkt das Gleichgewicht herstellen. Das Drehmoment, das sich auf Grund der Gewichtskraft des Steins ergibt, ist ein Vektor, der aus dem Blatt heraus zeigt. Seine Länge ist $rMg\sin\theta$. θ ist der Winkel, den die Stange mit der Richtung der Fallbeschleunigung einschließt. Das Drehmoment, das sich auf Grund der Kraft F_P ergibt, ist ein Vektor, der in das Blatt hinein zeigt. Weil der Mann parallel zur Richtung der Fallbeschleunigung drückt, erhalten wir für die Länge des Drehmomentvektors $RF_P\sin\theta$. Der Stein wird sich erst dann bewegen, wenn die Summe der Drehmomente null ergibt.

$$RF_P\sin\theta = rMg\sin\theta$$
$$RF_P = rMg$$

Eine solche Gleichung bezeichnet man als Hebelgesetz. Seine allgemeinere Formulierung lautet:

$$\text{Kraft} \cdot \text{Kraftarm} = \text{Last} \cdot \text{Lastarm}\,.$$

Voraussetzung für die Gültigkeit ist, dass die Kräfte (Kraft, Last) parallel zueinander sind. Welche Möglichkeiten gibt es, die Hebelwirkung zu vergrößern, wenn sie nicht stark genug ist und der Stein sich nicht bewegt?

Lösung

Eine Möglichkeit, den Hebelarm der Kraft F_P zu vergrößern, besteht darin, ein Rohr über das Ende der Stange zu stülpen und so mit einem längeren Hebelarm zu drücken. Eine zweite, vielleicht praktischere Möglichkeit ist die Verlagerung des Drehpunktes näher an den großen Stein. Zwar wird der lange Hebelarm R nur wenig verändert, aber der kurze Hebelarm r ändert sich beträchtlich und folglich ändert sich das Verhältnis R/r drastisch. Um den Stein anheben zu können, muss das auf F_P zurückzuführende Drehmoment zumindest das auf mg zurückzuführende Drehmoment ausgleichen, so dass $mgr = F_P R$ und

$$\frac{r}{R} = \frac{F_P}{Mg}\,.$$

Wenn r kleiner ist, kann die Gewichtskraft Mg mit einer geringeren Kraft F_P ausgeglichen werden. Das Verhältnis R/r ist die **mechanische Kraftverstärkung** des Systems. In Beispiel 4.14 haben wir einen anderen einfachen Mechanismus zur Kraftverstärkung, den Flaschenzug, erörtert.

12.3 Aufgabenstellungen in der Statik – Lösungen

Die Statik ermöglicht uns, bestimmte Kräfte, die auf zusammengesetzte Körper wirken, zu berechnen, wenn einige der auf sie wirkenden Kräfte bereits bekannt sind. Es gibt keine einheitliche Herangehensweise für solche Aufgabenstellungen in der Statik, aber das folgende Verfahren, das voraussetzt, dass die Kraftvektoren alle in der xy-Ebene liegen, kann hilfreich sein:

Problemlösung

Statik

1 Wählen Sie jeweils einen Körper zur Untersuchung aus und zeichnen Sie ein exaktes *Kräfteparallelogramm* für diesen Körper, in dem alle Kräfte, die auf den Körper wirken, und die Angriffspunkte dieser Kräfte dargestellt sind.

2 Wählen Sie ein passendes Koordinatensystem und zerlegen Sie die Kräfte in ihre Komponenten.

3 Schreiben Sie die Gleichungen für $\sum F_x = 0, \sum F_y = 0$ und $\sum M_z = 0$ und verwenden Sie dabei Buchstaben zur Darstellung der unbekannten Größen.

4 Wählen Sie für die Gleichung $\sum M_z = 0$ eine beliebige Drehachse senkrecht zur xy-Ebene. (Sie können z. B. die Anzahl der unbekannten Größen in der resultierenden Gleichung reduzieren, indem Sie die Achse so wählen, dass eine der unbekannten Kräfte durch die Achse verläuft. Dann hat diese Kraft einen Hebelarm gleich null und erzeugt ein Drehmoment gleich null und erscheint somit nicht in der Gleichung.) Achten Sie darauf, dass Sie den Hebelarm für jede Kraft korrekt ermitteln. Versehen Sie jedes Drehmoment mit einem positiven oder negativen Vorzeichen. Wenn Drehmomente, die den Körper gegen den Uhrzeigersinn drehen, ein positives Vorzeichen erhalten, sind Drehmomente, die ihn im Uhrzeigersinn drehen, negativ.

5 Lösen Sie diese Gleichungen nach den Unbekannten auf. Bei drei Gleichungen kann maximal nach drei Unbekannten aufgelöst werden. Das können Kräfte, Wege oder sogar Winkel sein. (Wenn eine unbekannte Kraft in Ihrer Lösung ein negatives Vorzeichen hat, bedeutet dies, dass die Kraft tatsächlich nicht die Richtung hat, die Sie ursprünglich für diese Kraft gewählt haben, sondern die entgegengesetzte.)

Alternative Form von $\sum F = 0, \sum M = 0$

Eine andere Ausdrucksweise für die Gleichgewichtsbedingung des Drehmoments besagt, dass die Summe aller Drehmomente im Uhrzeigersinn gleich der Summe aller Drehmomente gegen den Uhrzeigersinn ist. Und für die Kräfte gilt, dass die Summe der nach oben gerichteten Kräfte gleich der Summe der nach unten gerichteten Kräfte ist und dass die Summe der nach links gerichteten horizontalen Kräfte gleich der Summe der nach rechts gerichteten horizontalen Kräfte ist.

Eine der auf Körper wirkenden Kräfte ist die Gewichtskraft. Unsere Analyse in diesem Kapitel ist stark vereinfacht, wenn wir den Begriff des Schwerpunktes oder Massenmittelpunktes (S) verwenden. Der Schwerpunkt und der Massenmittelpunkt sind identisch, solange **g** im ganzen Körper gleich ist (fast immer gültig). Wie in Abschnitt 9.8 erörtert, können wir die auf den Körper als Ganzen wirkende Gewichtskraft als in seinem Schwerpunkt wirkend betrachten. Bei homogenen Körpern mit symmetrischer Form liegt der Schwerpunkt im geometrischen Mittelpunkt. Bei komplizierteren Körpern kann der Schwerpunkt, wie in Abschnitt 9.8 erörtert, ermittelt werden.

Beispiel 12.4

Turmkran

Ein Turmkran (▸ Abbildung 12.7a) muss immer genau ausbalanciert werden, damit ihn kein Nettodrehmoment umkippen kann. Ein Kran auf einer Baustelle soll eine Klimaanlage mit einer Masse von 2800 kg heben. Die Abmessungen des Krans sind in ▸ Abbildung 12.7b dargestellt. (a) Wo muss das Gegengewicht des Krans mit einer Masse von 9500 kg angebracht werden, wenn die Last vom Boden hochgehoben wird? (Beachten Sie – das Gegengewicht wird normalerweise über Sensoren und Motoren automatisch bewegt, um die Last genau auszugleichen.) (b) Bestimmen Sie die maximale Last, die mit diesem Gegengewicht gehoben werden kann, wenn es voll ausgefahren ist. Vernachlässigen Sie die Masse des Auslegers.

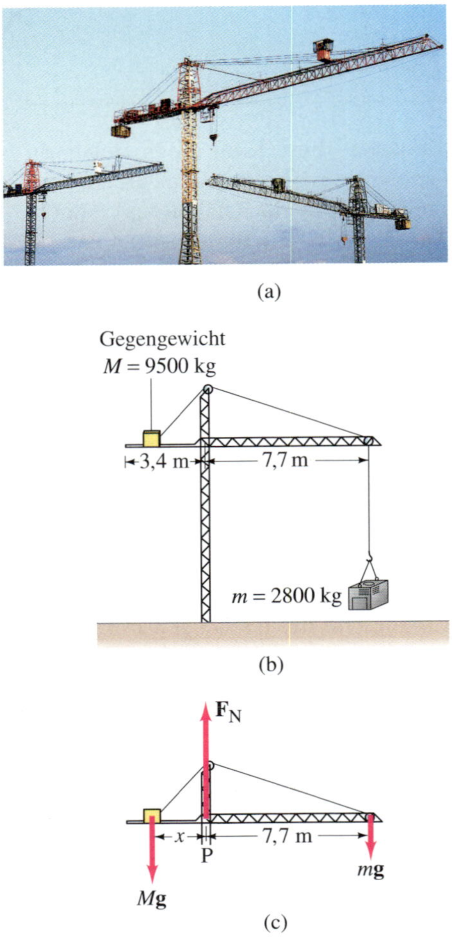

Abbildung 12.7 Beispiel 12.4.

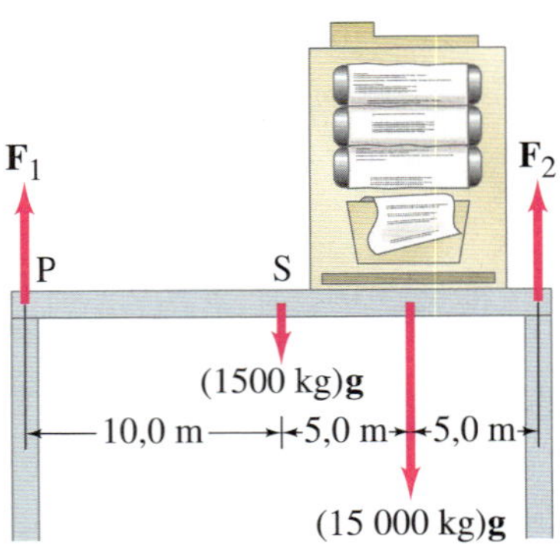

Abbildung 12.8 Ein Balken mit einer Masse von 1500 kg trägt eine Maschine mit einer Masse von 15 000 kg. Beispiel 12.5.

Lösung

a ▸ Abbildung 12.7c zeigt das Kräfteparallelogramm mit den auf den Ausleger wirkenden Kräften. Berechnen wir die Drehmomente um den Drehpunkt P. Dann hat die nach oben gerichtete, vom Turm auf den Ausleger ausgeübte Kraft $\mathbf{F}_N$ (diese Kraft hält den Ausleger oben) einen Hebelarm gleich null und erscheint somit nicht in der Gleichung. Wenn wir $\sum M_z = 0$ setzen, ergibt sich folglich

$$\sum M_z = (9500\,\text{kg})(g)(x) - (2800\,\text{kg})(g)(7{,}7\,\text{m}) = 0\,.$$

Dabei ist x der Ort, den wir für das Gegengewicht bestimmen möchten. Die Auflösung nach x liefert $x = (2800\,\text{kg})(7{,}7\,\text{m})/(9500\,\text{kg}) = 2{,}3\,\text{m}$.

b Die ▸ Abbildung 12.7b zeigt, dass das Gegengewicht maximal 3,4 m vom Turm entfernt angebracht sein kann. Folglich ermittelt man die maximale Last m, die gehoben werden kann, mithilfe der Drehmomentgleichung

$$\sum M_z = (9500\,\text{kg})(g)(3{,}4\,\text{m}) - mg(7{,}7\,\text{m}) = 0\,.$$

Das liefert $m = (9500\,\text{kg})(3{,}4\,\text{m})/(7{,}7\,\text{m}) = 4200\,\text{kg}$.

Beispiel 12.5 Auf einen Balken und Träger wirkende Kräfte

Ein homogener Balken mit einer Masse von 1500 kg und einer Länge von 20,0 m trägt eine Druckpresse mit einer Masse von 15 000 kg, die sich 5,0 m von dem rechten Träger entfernt befindet (▸ Abbildung 12.8). Berechnen Sie die auf jeden der vertikalen Träger wirkende Kraft.

Lösung

Wir analysieren die auf den Balken wirkenden Kräfte, da die Kraft, die der Balken auf die Träger ausübt, gleich den Kräften, die die Träger auf den Balken ausüben, ist und ihnen entgegengerichtet. Die Kräfte, die die Träger auf den Balken ausüben, bezeichnen wir mit $\mathbf{F}_1$ und $\mathbf{F}_2$ in ▸ Abbildung 12.8. Die Gewichtskraft des Balkens selbst wirkt in seinem Schwerpunkt 10,0 m von jedem Ende entfernt. Da es für die Drehmomentgleichung keine Rolle spielt, welchen Punkt wir als Drehachse nehmen, können wir eine passende Achse wählen. Wenn wir die Drehmomente um den Angriffspunkt von $\mathbf{F}_1$ (mit P bezeichnet) berechnen, erscheint $\mathbf{F}_1$ in der Gleichung nicht (ihr Hebelarm ist null) und wir haben eine Gleichung mit nur einer Unbekannten, F_2. Wir wählen die Richtung gegen den Uhrzeigersinn als positiv und $\sum M_z = 0$ liefert

$$\sum M_z = -(10{,}0\,\text{m})(1500\,\text{kg})g - (15{,}0\,\text{m})(15\,000\,\text{kg})g + (20{,}0\,\text{m})F_2 = 0\,.$$

Die Auflösung nach F_2 ergibt $F_2 = (12\,000\,\text{kg})g = 118\,000\,\text{N}$. Um F_1 zu ermitteln, wenden wir $\sum F_y = 0$ an:

$$\sum F_y = F_1 - (1500\,\text{kg})g - (15\,000\,\text{kg})g + F_2 = 0\,.$$

Wenn wir $F_2 = (12\,000\,\text{kg})g$ einsetzen, erhalten wir $F_1 = (4500\,\text{kg})g = 44\,100\,\text{N}$.

Ausleger

Die ▸ Abbildung 12.9 zeigt einen Balken, der über seinen Träger wie ein Sprungbrett hinausragt. Einen solchen Balken nennt man **Ausleger**. Die auf den Balken in dieser Abbildung wirkenden Kräfte sind die Kräfte $\mathbf{F}_1$ und $\mathbf{F}_2$, die auf die Träger zurückzuführen sind, und die Gewichtskraft, die im Schwerpunkt 5,0 m rechts vom rechten Träger wirkt. Wenn Sie dasselbe Verfahren zur Berechnung von F_1

und F_2 wie im vorhergehenden Beispiel anwenden und annehmen, dass diese beiden Kräfte, wie in der Abbildung dargestellt, nach oben gerichtet sind, erhalten Sie ein negatives Ergebnis für F_1. Wenn der Balken eine Masse von 1200 kg hat, ist $F_2 = 15\,000$ N und $F_1 = -3000$ N (siehe Aufgabe 13). Immer wenn sich für eine unbekannte Kraft ein negatives Resultat ergibt, bedeutet das lediglich, dass die Kraft tatsächlich in die der von Ihnen angenommenen entgegengesetzten Richtung zeigt. So ist $\mathbf{F}_1$ in ► Abbildung 12.9 tatsächlich nach unten gerichtet. Bei ein wenig Überlegung sollte es klar werden, dass der linke Träger in der Tat eine nach unten gerichtet Kraft auf den Balken ausüben muss (durch Bolzen, Schrauben, Verbindungselemente und/oder Leim), damit sich der Balken im Gleichgewicht befindet. Sonst könnte die Summe der Drehmomente um den Massenmittelpunkt (oder um den Angriffspunkt von $\mathbf{F}_2$) nicht gleich null sein.

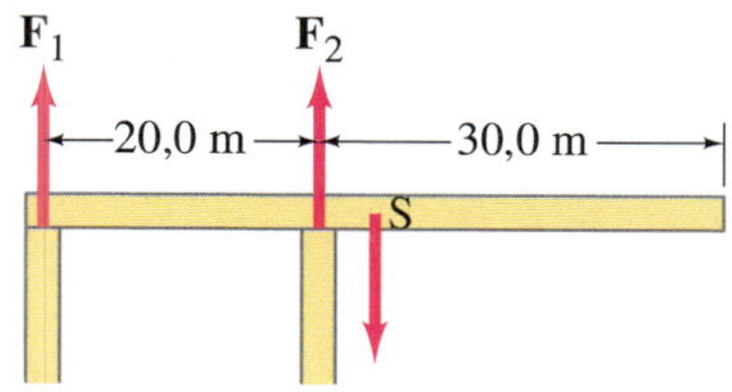

Abbildung 12.9 Ein Ausleger.

Ein Gebäude oder ein Gebäudeteil, das über seine Träger hinausragt, nennt man freitragend (Ausleger) (► Abbildung 12.10). Die Tragfläche eines Flugzeugs ist ein Ausleger. Eine Brücke mit zwei Trägern und großer Spannweite können wir in zwei Teile zerlegen, indem wir auf halbem Abstand zwischen den Trägern eine gedankliche Trennlinie einfügen. Wir haben dann jeweils einen Träger und einen daran festgemachten Ausleger und können die wirkenden Kräfte und Drehmomente berechnen.

Abbildung 12.10 Dieses berühmte freitragende Haus mit dem Namen „Fallingwater" wurde von dem amerikanischen Architekten Frank Lloyd Wright entworfen.

In unserem nächsten Beispiel ist ein Balken mit einem Gelenk an einer Wand befestigt und wird von einem Seil oder einer Schnur gehalten (► Abbildung 12.11). Ein Seil kann eine Kraft nur entlang seiner Länge aufnehmen. (Wenn es eine Kraftkomponente senkrecht zum Seil gäbe, würde es durchbiegen, weil es flexibel ist.) Aber bei einer starren Vorrichtung, wie z. B. dem Gelenk in ► Abbildung 12.11, kann die Kraft in jeder beliebigen Richtung wirken und wir kennen die Richtung erst nach dem Lösen der Aufgabe. Das Gelenk wird als klein und glatt angenommen, so dass er kein inneres Drehmoment (um seinen Mittelpunkt) auf den Balken ausüben kann.

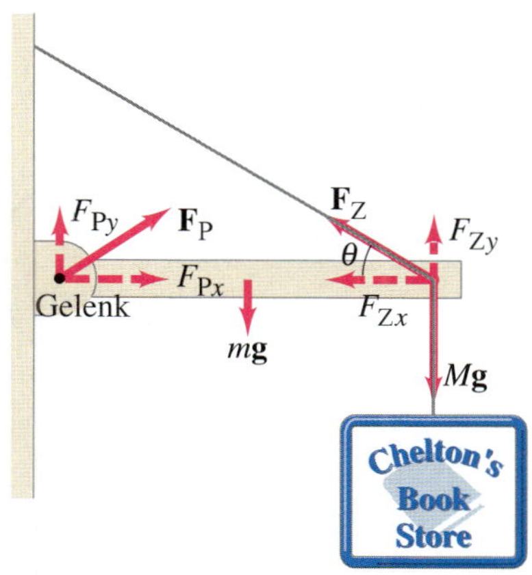

Abbildung 12.11 Ein Balken, der mit einem Gelenk an einer Wand befestigt ist. Beispiel 12.6.

Beispiel 12.6 Balken, der von einem Gelenk und einem Seil gehalten wird

Ein homogener Balken mit einer Länge von 2,20 m und einer Masse $m = 25{,}0$ kg wird mithilfe eines Gelenks an einer Wand angebracht, wie in ► Abbildung 12.11 dargestellt. Der Balken wird durch ein Seil, das, wie dargestellt, einen Winkel $\theta = 30{,}0°$ bildet, in horizontaler Position gehalten. Der Balken trägt ein Schild mit der Masse $M = 280$ kg, das an seinem Ende hängt. Bestimmen Sie die Komponenten der Kraft $\mathbf{F}_P$, die das Gelenk auf den Balken ausübt, und die Zugkraft F_Z in dem Tragseil.

Lösung

► Abbildung 12.11 ist das Kräfteparallelogramm für den Balken, das alle Kräfte zeigt, die auf den Balken wirken. Außerdem zeigt es die Komponenten von $\mathbf{F}_P$ und $\mathbf{F}_Z$. Wir haben drei Unbekannte, F_{Px}, F_{Py} und F_Z (θ ist gegeben), so dass wir alle drei Gleichungen, $\sum F_x = 0, \sum F_y = 0, \sum M_z = 0$, benötigen. Die Summe der Kräfte in der vertikalen (y) Richtung ist

$$\sum F_y = F_{Py} + F_{Zy} - mg - Mg = 0\,. \qquad \text{(i)}$$

In der horizontalen (x) Richtung beträgt die Summe der Kräfte

$$\sum F_x = F_{Px} - F_{Zx} = 0\,. \qquad \text{(ii)}$$

Für die Drehmomentgleichung wählen wie die Drehachse in dem Angriffspunkt von $\mathbf{F}_Z$ und $M\mathbf{g}$ (dann enthält unsere Gleichung nur eine Unbekannte, F_{Py}, und wir können sie schneller lösen). Wir nehmen Drehmomente, die den

Balken gegen den Uhrzeigersinn drehen, als positiv an. Die Gewichtskraft mg des (homogenen) Balkens wirkt in seinem Mittelpunkt, so dass

$$\sum M_z = -(F_{Py})(2{,}20\,\mathrm{m}) + (mg)(1{,}10\,\mathrm{m}) = 0$$

ist. Dann ergibt sich

$$F_{Py} = \frac{1}{2}mg = \frac{1}{2}(25{,}0\,\mathrm{kg})(9{,}80\,\mathrm{m/s^2}) = 123\,\mathrm{N}\,. \qquad \text{(iii)}$$

Da die Zugkraft $\mathbf{F}_Z$ in dem Seil entlang des Seils wirkt ($\theta = 30{,}0°$), ist

$$F_{Zy} = F_{Zx}\tan\theta = 0{,}577 F_{Zx}\,. \qquad \text{(iv)}$$

Die Gleichungen (i), (ii) und (iv) liefern

$$F_{Zy} = (m+M)g - F_{Py} = (305\,\mathrm{kg})(9{,}80\,\mathrm{m/s^2}) - 123\,\mathrm{N} = 2870\,\mathrm{N}$$
$$F_{Zx} = F_{Zy}/0{,}577 = 4970\,\mathrm{N}$$
$$F_{Px} = F_{Zx} = 4970\,\mathrm{N}\,.$$

Die Komponenten von $\mathbf{F}_P$ sind $F_{Py} = 123\,\mathrm{N}$ und $F_{Px} = 4970\,\mathrm{N}$. Die Zugkraft in dem Seil beträgt $F_Z = \sqrt{F_{Zx}^2 + F_{Zy}^2} = 5740\,\mathrm{N}$.

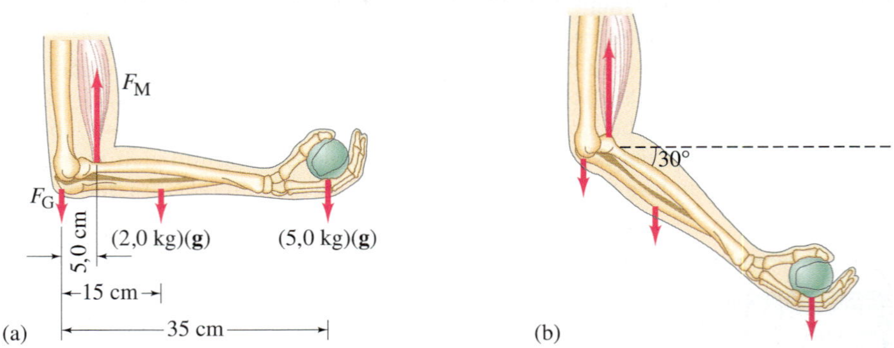

Abbildung 12.12 Beispiel 12.7.

ANGEWANDTE PHYSIK
Muskelkraft

Beispiel 12.7 Der Bizepsmuskel übt Kraft aus

Wie groß ist die Kraft, die der Bizepsmuskel ausüben muss, wenn eine Masse von 5,0 kg in der Hand gehalten wird und (a) sich der Arm dabei in horizontaler Position befindet, wie in ▸ Abbildung 12.12a, und (b) der Arm in einem Winkel von 30° gehalten wird, wie in ▸ Abbildung 12.12b? Nehmen Sie die Masse des Unterarms und der Hand zusammen mit 2,0 kg und ihren Schwerpunkt wie dargestellt an.

Lösung

a Die auf den Unterarm wirkenden Kräfte sind in ▸ Abbildung 12.12a dargestellt und schließen die nach oben gerichtete, von dem Muskel ausgeübte Kraft $\mathbf{F}_M$ und eine Kraft $\mathbf{F}_G$ ein, die im Gelenk von dem Knochen im Oberarm ausgeübt wird. Beide Kräfte werden als vertikal wirkend angenommen. Wir möchten F_M ermitteln. Das ist recht einfach, wenn wir die Drehmomentgleichung anwenden und die Drehachse durch das Gelenk verlaufend wählen, so dass F_G in der Gleichung nicht erscheint:

$$\sum M_z = (0{,}050\,\mathrm{m})(F_M) - (0{,}15\,\mathrm{m})(2{,}0\,\mathrm{kg})(g) - (0{,}35\,\mathrm{m})(5{,}0\,\mathrm{kg})(g) = 0\,.$$

Die Auflösung nach F_M liefert $F_M = (41\,\mathrm{kg})(g) = 400\,\mathrm{N}$.

b Für alle drei Kräfte wird der um das Gelenk berechnete Hebelarm um den Faktor cos 30° reduziert. Somit ist die Drehmomentgleichung mit der obigen Gleichung identisch, außer dass jeder Term um ein „cos 30°" ergänzt wird. Letzterer hebt sich auf, so dass wir dasselbe Ergebnis erhalten, $F_M = 400\,N$.

Beachten Sie, dass die erforderliche Kraft des Muskels (400 N) ziemlich groß ist im Vergleich zu dem Gewicht des angehobenen Körpers (49 N). In der Tat sind die Muskeln und Gelenke des menschlichen Körpers im Allgemeinen ziemlich großen Kräften ausgesetzt. Der Ansatzpunkt eines Muskels variiert von Mensch zu Mensch. Durch eine leichte Erhöhung des Ansatzpunktes des Bizepsmuskels von 5,0 cm auf 5,5 cm kann beim Anheben und beim Werfen ein beträchtlicher Vorteil erzielt werden. Bei Leistungssportlern liegen die Muskelansätze häufig weiter entfernt vom Gelenk als bei durchschnittlichen Menschen.

Hebelwirkung mit Muskeln

Beispiel 12.8 Leiter

Eine Leiter mit einer Länge von 5,0 m lehnt in einem Punkt 4,0 m über dem Boden an einer Wand, wie in ▸ Abbildung 12.13 dargestellt. Die Leiter ist homogen und hat eine Masse von 12,0 kg. Wir nehmen an, dass die Wand reibungsfrei ist (der Boden allerdings nicht). (a) Bestimmen Sie die vom Boden und von der Wand auf die Leiter ausgeübten Kräfte. (b) Wie hoch kann eine Anstreicherin mit einer Masse von 58 kg die Leiter hinaufklettern (▸ Abbildung 12.14), ohne dass die Leiter rutscht, wenn die Haftreibungszahl zwischen Leiter und Boden $\mu_H = 0{,}40$ beträgt?

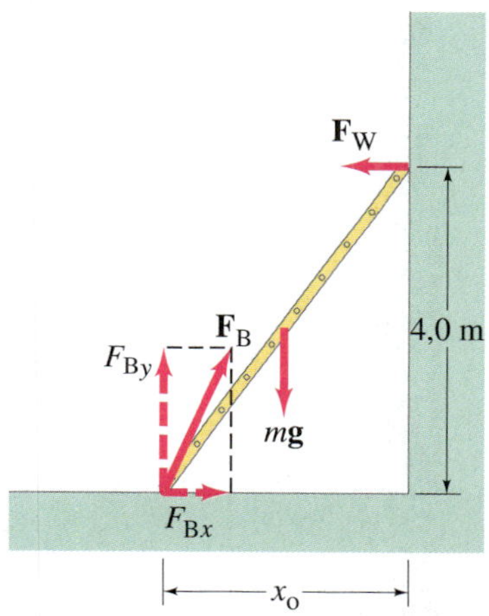

Abbildung 12.13 Eine Leiter lehnt an einer Wand. Beispiel 12.8(a).

Lösung

a In ▸ Abbildung 12.13 ist das Kräfteparallelogramm für die Leiter dargestellt, das alle auf die Leiter wirkenden Kräfte zeigt. Da die Wand reibungsfrei ist, kann sie eine Kraft $\mathbf{F}_W$ ausüben, die senkrecht zur Wand sein muss. Der Boden kann dagegen sowohl eine horizontale Kraftkomponente, F_{Bx}, als auch eine vertikale Kraftkomponente, F_{By}, ausüben. Erstere ist eine Reibungskraft, letztere die Normalkraft. Schließlich übt die Gravitation eine Kraft $mg = (12{,}0\,kg)(9{,}80\,m/s^2) = 118\,N$ auf die Leiter in deren Mittelpunkt aus, da wir die Leiter als homogen annehmen. Die y-Komponente der Kraftgleichung ist

$$\sum F_y = F_{By} - mg = 0\,,$$

so dass sich sofort $F_{By} = mg = 118\,N$ ergibt. Die x-Komponente der Kraftgleichung lautet

$$\sum F_x = F_{Bx} - F_W = 0\,.$$

Zur Bestimmung der beiden Unbekannten F_{Bx} und F_W benötigen wir eine andere Gleichung, und zwar eine Drehmomentgleichung, die wir um den Punkt berechnen, in dem die Leiter den Boden berührt. Dieser Punkt hat einen Abstand $x_0 = \sqrt{(5{,}0\,m)^2 - (4{,}0\,m)^2} = 3{,}0\,m$ von der Wand. Der Hebelarm für mg beträgt die Hälfte, also 1,5 m, der Hebelarm für F_W ist 4,0 m. Da $\mathbf{F}_B$ an der Drehachse wirkt, ist ihr Hebelarm gleich null und erscheint somit nicht in der Gleichung (wie geplant). Dann ergibt sich

$$\sum M_z = (4{,}0\,m)F_W - (1{,}5\,m)mg = 0\,.$$

Das liefert

$$F_\text{B} = \frac{(1{,}5\,\text{m})(12{,}0\,\text{kg})(9{,}8\,\text{m/s}^2)}{4{,}0\,\text{m}} = 44\,\text{N}\,.$$

Die x-Komponente der Kraftgleichung liefert dann

$$F_{\text{B}x} = F_\text{W} = 44\,\text{N}\,.$$

Da die Komponenten von $\mathbf{F}_\text{B}$ $F_{\text{B}x} = 44\,\text{N}$ und $F_{\text{B}y} = 118\,\text{N}$ sind, gilt

$$F_\text{B} = \sqrt{(44\,\text{N})^2 + (118\,\text{N})^2} = 126\,\text{N} \approx 130\,\text{N}$$

(auf zwei signifikante Stellen gerundet). Diese Kraft wirkt in einem Winkel

$$\theta = \tan^{-1}(118\,\text{N}/44\,\text{N}) = 70^\circ$$

zum Boden. Beachten Sie, dass die Kraft $\mathbf{F}_\text{B}$ *nicht* entlang der Richtung der Leiter wirken muss, weil die Leiter starr ist und nicht flexibel, wie eine Schnur oder ein Seil.

ANGEWANDTE PHYSIK

Sicherheit auf einer Leiter

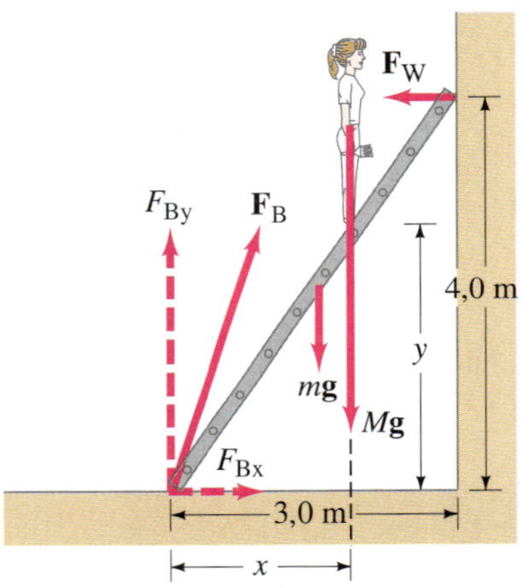

Abbildung 12.14 Beispiel 12.8(b) mit einer Person auf der Leiter.

b Das Kräfteparallelogramm der Leiter mit der Person auf ihr ist in ▶ Abbildung 12.14 dargestellt. Darin ist x der horizontale Abstand zwischen dem unteren Ende der Leiter und einem Punkt auf dem Boden direkt unter der Anstreicherin. Die Kraftgleichungen sind:

$$\sum F_x = 0\colon F_{\text{B}x} - F_\text{W} = 0\,. \tag{i}$$

$$\sum F_y = 0\colon F_{\text{B}y} - (m+M)g = 0\,. \tag{ii}$$

$m = 12{,}0\,\text{kg}$ und $M = 58\,\text{kg}$. Die Drehmomentgleichung, die zuvor um das untere Ende der Leiter berechnet wurde, lautet:

$$(4{,}0\,\text{m})F_\text{W} - (1{,}5\,\text{m})mg - xMg = 0\,. \tag{iii}$$

Wir haben vier unbekannte Größen ($F_\text{W}, F_{\text{B}x}, F_{\text{B}y}, x$), aber nur drei Gleichungen. Wir erhalten allerdings eine vierte Gleichung, wenn wir die Bedingung für x anwenden, dass sich die Anstreicherin in der maximalen Höhe, in der die Leiter nicht rutscht, befindet. Diese Bedingung begrenzt $F_{\text{B}x}$ auf

$$F_{\text{B}x} = \mu_\text{H} F_{\text{B}y} = 0{,}40 F_{\text{B}y}\,. \tag{iv}$$

Die Anwendung der obigen Gleichung (ii) liefert

$$F_{\text{B}x} = 0{,}40(12\,\text{kg} + 58\,\text{kg})g = 28g = 270\,\text{N}\,.$$

Aus der Gleichung (i) ergibt sich dann

$$F_\text{W} = F_{\text{B}x} = 28g$$

und aus der Gleichung (iii)

$$x = \frac{(4{,}0\,\text{m})F_\text{W} - (1{,}5\,\text{m})mg}{(58\,\text{kg})g} = 1{,}62\,\text{m}\,.$$

Da das untere Ende der Leiter 3,0 m von der Wand entfernt ist, kann die Anstreicherin an einem Punkt auf der Leiter stehen, der auf den Boden projiziert maximal 1,62 m vom Fußpunkt der Leiter entfernt ist. Ihre Füße befinden sich dann in einer Höhe $y = (1{,}62/3{,}0)4{,}0\,\text{m} = 2{,}2\,\text{m}$ über dem Boden. Wenn die Anstreicherin höher klettert, ist $F_{\text{B}x}$ größer als $\mu_\text{H} F_{\text{B}y}$ (sehen Sie, warum?) und die Leiter gerät ins Rutschen.

12.4 Stabilität und Gleichgewichtslage

Ein Körper im statischen Gleichgewicht erfährt, wenn er ungestört bleibt, keine Translations- oder Rotationsbeschleunigung, da die Summe aller auf ihn wirkenden Kräfte und Drehmomente gleich null ist. Wenn der Körper leicht verschoben wird, gibt es allerdings drei mögliche Ergebnisse: (1) Der Körper kehrt in seine Ausgangsposition zurück. In diesem Fall sagt man, dass sich der Körper im **stabilen Gleichgewicht** befindet. (2) Der Körper bewegt sich noch weiter von seiner Ausgangsposition weg. In diesem Fall spricht man von einem Zustand des **labilen Gleichgewichts**. (3) Der Körper verharrt an seinem neuen Ort. In diesem Fall bezeichnet man den Zustand als **indifferentes Gleichgewicht**.

Betrachten wir die folgenden Beispiele. Ein Ball, der frei an einer Schnur hängt, befindet sich im stabilen Gleichgewicht, denn wenn er zu einer Seite bewegt wird, kehrt er schnell in seine Ausgangsposition zurück (► Abbildung 12.15a). Ein Stift, der auf seiner Spitze steht, befindet sich dagegen im labilen Gleichgewicht. Wenn sein Schwerpunkt direkt über seiner Spitze liegt (► Abbildung 12.15b), sind die auf ihn wirkende Nettokraft und das auf ihn wirkende Nettodrehmoment gleich null. Aber wenn er nur leicht zu einer Seite bewegt wird – z. B. durch eine leichte Vibration oder einen kleinen Luftzug – wirkt ein Drehmoment auf ihn und er fällt in die Richtung der ursprünglichen Verschiebung. Ein Beispiel für einen Körper im indifferenten Gleichgewicht ist eine Kugel, die auf einer horizontalen Tischplatte ruht. Wenn sie leicht zu einer Seite bewegt wird, bleibt sie an ihrem neuen Ort.

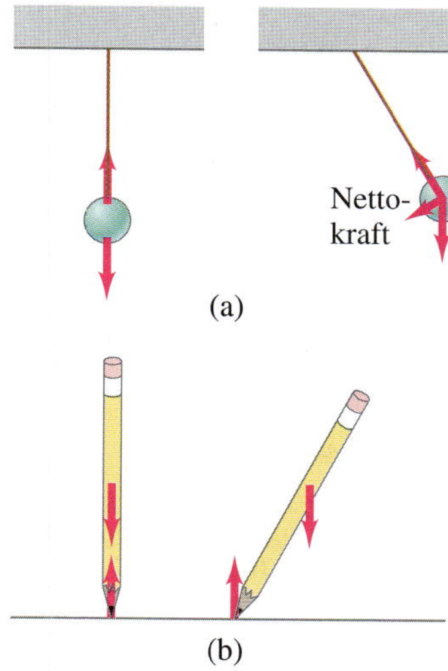

Abbildung 12.15 (a) Stabiles Gleichgewicht und (b) labiles Gleichgewicht.

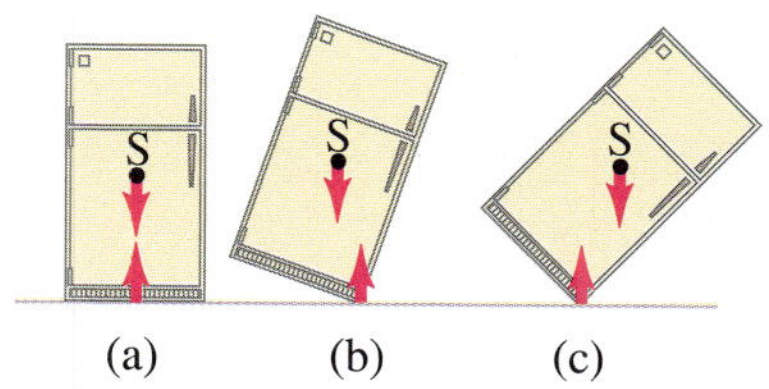

Abbildung 12.16 Gleichgewichtslage eines Kühlschrankes, der auf einer Fläche ruht.

Bei den meisten Anwendungen, wie z. B. der Planung von Bauten und der Arbeit mit dem menschlichen Körper, sind wir daran interessiert, den Zustand des stabilen Gleichgewichts oder, wie wir manchmal sagen, die *Gleichgewichtslage* beizubehalten. In der Regel befindet sich ein Körper, dessen Schwerpunkt sich unterhalb seines Auflagepunktes befindet, wie z. B. bei einem Ball an einer Schnur, im stabilen Gleichgewicht. Befindet sich der Schwerpunkt oberhalb der Grundfläche, liegt eine kompliziertere Aufgabenstellung vor. Betrachten wir einen stehenden Kühlschrank (► Abbildung 12.16a). Wenn er leicht gekippt wird, kehrt er auf Grund des auf ihn wirkenden Drehmomentes in seine Ausgangsposition zurück, wie in ► Abbildung 12.16b dargestellt. Wird er allerdings zu stark gekippt, siehe ► Abbildung 12.16c, fällt er um. Der kritische Punkt ist erreicht, wenn sich der Schwerpunkt nicht mehr über der Grundfläche befindet. In der Regel *ist ein Körper, dessen Schwerpunkt oberhalb seiner Grundfläche liegt, stabil, wenn eine vom Schwerpunkt nach unten gezogene vertikale Linie in diese Grundfläche fällt.* Der Grund dafür ist, dass die nach oben auf den Körper wirkende Normalkraft (die die Gewichtskraft ausgleicht) nur innerhalb der Kontaktfläche ausgeübt werden kann, so dass, wenn die Gewichtskraft außerhalb dieser Fläche wirkt, ein Nettodrehmoment wirkt und den Körper umwirft. Stabilität ist ein relativer Begriff: ein Ziegelstein, der auf seiner breiten Seite liegt, ist stabiler als ein Ziegelstein, der auf seiner schmalen Seite steht, denn ersterer lässt sich nicht so leicht umwerfen. In dem Extremfall des Stiftes in ► Abbildung 12.15b ist die Grundfläche praktisch ein Punkt und die geringste Störung wirft ihn um. Allgemein gilt, dass der Körper umso stabiler ist, je größer die Grundfläche ist und je niedriger der Schwerpunkt liegt.

In dieser Hinsicht stehen Menschen nicht so stabil wie vierbeinige Säugetiere, die nicht nur dank ihrer vier Füße eine größere Grundfläche, sondern auch einen niedrigeren Schwerpunkt haben. Auf Grund ihrer aufrechten Position leiden die Menschen unter zahlreichen Beschwerden, wie z. B. Schmerzen im unteren Rückenbereich, die auf die beteiligten großen Kräfte zurückzuführen sind (siehe Aufgabe 97). Beim Gehen und Ausführen anderer Bewegungen bewegt eine Person ihren Körper ständig so, dass sich der Schwerpunkt über den Füßen befindet. Beim Erwachsenen geschieht dies normalerweise unbewusst. Selbst eine einfache Bewegung wie das Vorbeugen macht es erforderlich, dass die Hüften nach hinten bewegt werden, damit der Schwerpunkt über den Füßen bleibt. Dieser Vorgang geschieht, ohne dass man darüber nachdenkt. Machen Sie sich dieses Beispiel klar

Abbildung 12.17 Menschen passen ihre Körperhaltung an, um Stabilität zu erreichen, wenn sie schwere Lasten tragen.

und stellen Sie sich mit den Fersen und dem Rücken an eine Wand und versuchen Sie dann, Ihre Zehen zu berühren. Das wird nicht gelingen, ohne dass Sie umfallen. Personen, die schwere Lasten tragen, passen ihre Körperhaltung automatisch so an, dass sich der Schwerpunkt der gesamten Masse über ihren Füßen befindet, siehe ▸ Abbildung 12.17.

12.5 Elastizität und Elastizitätsmodule – Spannung und Dehnung

Bis jetzt haben wir, auch im ersten Teil dieses Kapitels, Körper als starre Körper angenommen und die auf sie wirkenden Kräfte und Drehmomente berechnet. Der Begriff „starrer Körper" ist eine Vereinfachung, denn tatsächlich verändert jeder Körper seine Form unter Anwendung äußerer Kräfte. Diese Formveränderungen zu berechnen, ist die Aufgabe auf den folgenden Seiten. Wenn die Kräfte groß genug werden, reißt oder *bricht* der Körper – wie wir in Abschnitt 12.6 erörtern werden.

Wenn eine Kraft auf einen Körper ausgeübt wird, wie z. B. auf den vertikal aufgehängten Metallstab in ▸ Abbildung 12.18, ändert sich die Länge des Körpers. Ein Versuch zeigt, dass ΔL, das Ausmaß der Verlängerung (Dehnung), proportional zu der auf den Körper ausgeübten Gewichtskraft oder Kraft ist, wenn ΔL im Vergleich zur Länge des Körpers klein ist. Diese Proportionalität kann in Form einer Gleichung geschrieben werden und wird manchmal das **Hook'sche Gesetz**[2] genannt (nach Robert Hooke (1635–1703), der es als Erster formulierte):

$$F = k\Delta L\,. \tag{12.3}$$

Hier steht F für die Kraft (oder Gewichtskraft), die an dem Körper zieht, ΔL ist die Zunahme in der Länge und k eine Proportionalitätskonstante. Eine solche Gleichung haben wir bereits verwendet, als wir die Kräfte und potenzielle Energie von Federn erläutert haben (Gleichung 8.5). Die Gleichung 12.3 ist für nahezu jedes feste Material von Eisen bis zu Knochen gültig, aber nur bis zu einer bestimmten Kraft. Denn wenn die Kraft zu groß ist, wird der Körper übermäßig gedehnt und reißt schließlich. ▸ Abbildung 12.19 zeigt eine typische Kurve, die die notwendige Kraft für eine bestimmte Längenänderung eines Körpers angibt. Bis zu einem Punkt, der so genannten **Proportionalitätsgrenze**, ist die Gleichung 12.3 eine gute Näherung für viele gebräuchliche Materialien und die Kurve ist eine Gerade. Nach diesem Punkt ist die Kurve keine gerade Linie mehr und es existiert keine einfache Relation zwischen F und ΔL. Trotzdem kehrt der Körper auch dann noch bis zu einem Kurvenpunkt, der **Elastizitätsgrenze** genannt wird, in seine ursprüngliche Länge zurück, wenn die Kraft nicht mehr ausgeübt wird. Der Bereich vom Ausgangspunkt bis zur elastischen Grenze wird *elastischer Bereich* genannt. Wenn der Körper über die Elastizitätsgrenze hinaus gedehnt wird, gelangt er in den *plastischen Bereich*: Er kehrt nicht in seine ursprüngliche Länge zurück, wenn die äußere Kraft nicht mehr auf ihn einwirkt, sondern bleibt dauerhaft verformt (wie eine verbogene Büroklammer). Im elastischen Bereich dehnt sich ein Körper, indem z. B. unter einer Zugkraft der Abstand der Atome im Körper geringfügig vergrößert wird. Im plastischen Bereich hingegen bestimmen „Versetzungen" die Formänderung eines Körpers. Die Versetzungen führen zu einer dauerhaften Verformung, auch wenn die Kraft wieder auf null reduziert wird, z. B. beim Verbiegen eines Stück Drahts. Die maximale Dehnung wird im *Bruchpunkt* erreicht. Die maximale Kraft, die ausgeübt werden kann, ohne dass der Körper bricht (zerreißt), wird als **Festigkeit** des Materials bezeichnet (Kraft pro Flächeneinheit, wie in Abschnitt 12.6 erörtert).

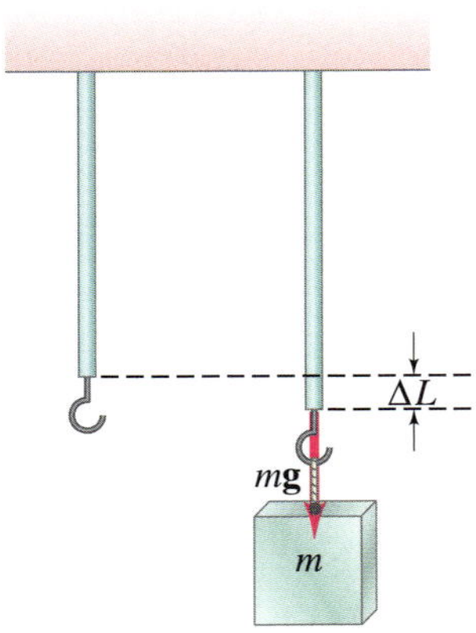

Abbildung 12.18 Hook'sches Gesetz: $\Delta L \propto$ ausgeübte Kraft.

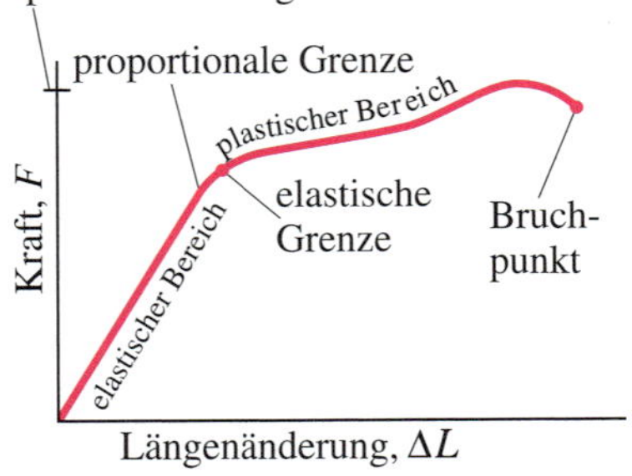

Abbildung 12.19 Kraft-Dehnung-Kurve für ein typisches Metall unter Zugbelastung.

2 Das Hook'sche „Gesetz" ist kein wirkliches Gesetz, sondern nur eine Näherung für einen komplizierten physikalischen Sachverhalt. Wir können uns dabei den Körper aus Atomen aufgebaut vorstellen und die chemischen Bindungen durch Federn annähern, d. h. wir wenden ein „Federmodell" für einen festen Körper an.

Tabelle 12.1

Elastizitätsmodule

Material	Elastizitätsmodul E (N/m^2)	Schubmodul G (N/m^2)	Kompressionsmodul K (N/m^2)
Festkörper			
Gusseisen	$100 \cdot 10^9$	$40 \cdot 10^9$	$90 \cdot 10^9$
Stahl	$200 \cdot 10^9$	$80 \cdot 10^9$	$140 \cdot 10^9$
Messing	$100 \cdot 10^9$	$35 \cdot 10^9$	$80 \cdot 10^9$
Aluminium	$70 \cdot 10^9$	$25 \cdot 10^9$	$70 \cdot 10^9$
Beton	$20 \cdot 10^9$		
Ziegelstein	$14 \cdot 10^9$		
Marmor	$50 \cdot 10^9$		$70 \cdot 10^9$
Granit	$45 \cdot 10^9$		$45 \cdot 10^9$
Holz (Kiefer)			
(parallel zur Maserung)	$10 \cdot 10^9$		
(senkrecht zur Maserung)	$1 \cdot 10^9$		
Nylon	$5 \cdot 10^9$		
Knochen (Gliedmaßen)	$15 \cdot 10^9$	$80 \cdot 10^9$	
Flüssigkeiten			
Wasser			$2{,}0 \cdot 10^9$
Ethylalkohol			$1{,}0 \cdot 10^9$
Quecksilber			$2{,}5 \cdot 10^9$
Gase[1]			
Luft, H_2, He, CO_2			$1{,}01 \cdot 10^9$

[1] Bei normalem atmosphärischen Druck und ohne Temperaturschwankungen während des Prozesses.

Das Ausmaß der Dehnung eines Körpers, wie z. B. des Stabes in ► Abbildung 12.18, hängt nicht nur von der auf ihn ausgeübten Kraft, sondern auch von dem Material, aus dem er hergestellt wurde, und von seinen Abmessungen ab. Das bedeutet, dass die Konstante k in Gleichung 12.3 in Abhängigkeit dieser Faktoren geschrieben werden kann. Wenn wir Stäbe aus demselben Material, aber mit unterschiedlichen Längen und Querschnittsflächen, miteinander vergleichen, stellen wir fest, dass bei gleicher ausgeübter Kraft das Ausmaß der Dehnung (wieder als klein angenommen im Vergleich zur Gesamtlänge) proportional zur ursprünglichen Länge und umgekehrt proportional zur Querschnittsfläche ist. Das heißt, dass der Körper sich bei einer gegebenen Kraft umso mehr dehnt, je länger der Körper selbst ist. Er dehnt sich umso weniger, je dicker er ist. Diese Ergebnisse liefern zusammen mit der Gleichung 12.3:

$$\Delta L = \frac{1}{E}\frac{F}{A}L_0 \, . \tag{12.4}$$

Dabei ist L_0 die ursprüngliche Länge des Körpers, A die Querschnittsfläche und ΔL die auf die ausgeübte Kraft F zurückzuführende Längenänderung. E ist eine

Elastizitätsmodul

Proportionalitätskonstante[3], die als **Elastizitätsmodul** bezeichnet wird. Sein Wert hängt nur vom Material ab. In Tabelle 12.1 sind die Werte des Elastizitätsmoduls für verschiedene Materialien aufgeführt. Da E nur eine Eigenschaft des Materials und unabhängig von der Größe und Form des Körpers ist, ist die Gleichung 12.4 von sehr viel größerem Nutzen für praktische Berechnungen als die Gleichung 12.3.

Aus Gleichung 12.4 ist ersichtlich, dass die Längenänderung eines Körpers direkt proportional zu dem Produkt aus der Länge des Körpers, L_0, und der auf ihn ausgeübten Kraft pro Flächeneinheit, F/A, ist. In der Regel wird die Kraft pro Flächeneinheit als **mechanische Spannung** definiert:

Spannung (N/m²)

$$\text{mechanische Spannung} = \frac{\text{Kraft}}{\text{Flächeneinheit}} = \frac{F}{A}\,.$$

Ihre Einheit ist $\mathrm{N/m^2}$. Die **Dehnung** ist definiert als das Verhältnis zwischen Längenänderung und ursprünglicher Länge:

Dehnung

$$\text{Dehnung} = \frac{\text{Längenänderung}}{\text{ursprüngliche Länge}} = \frac{\Delta L}{L_0}\,.$$

Sie ist dimensionslos (hat keine Einheit). Die Dehnung ist somit die relative Änderung in der Länge eines Körpers und ein Maß für die Verformung des Körpers. Spannung wird mit äußeren Mitteln ausgeübt, während die Dehnung die Antwort des Materials auf die Spannung ist. Die Gleichung 12.4 kann umgeschrieben werden zu

$$\frac{F}{A} = E\frac{\Delta L}{L_0} \tag{12.5}$$

oder

Elastizitätsmodul (noch einmal)

$$E = \frac{F/A}{\Delta L/L_0} = \frac{\text{Spannung}}{\text{Dehnung}}\,.$$

Wir sehen, dass folglich die Dehnung im elastischen Bereich direkt proportional zur Spannung ist.

Beispiel 12.9 Zugspannung in einer Klaviersaite

Eine Klaviersaite aus Stahl hat eine Länge von 1,60 m und einen Durchmesser von 0,20 cm. Wie groß ist die Zugspannung in der Saite, wenn sie sich beim Spannen 0,30 cm dehnt?

Lösung

Wir lösen die Gleichung 12.5 nach F auf und beachten, dass die Querschnittsfläche $A = \pi r^2 = (3{,}14)(0{,}0010\,\mathrm{m})^2 = 3{,}1 \cdot 10^{-6}\,\mathrm{m^2}$ ist. Dann gilt:

$$F = E\frac{\Delta L}{L_0}A$$
$$= (2{,}0 \cdot 10^{11}\,\mathrm{N/m^2})\left(\frac{0{,}0030\,\mathrm{m}}{1{,}60\,\mathrm{m}}\right)(3{,}1 \cdot 10^{-6}\,\mathrm{m^2}) = 1200\,\mathrm{N}\,.$$

Der Wert für E wurde aus der Tabelle 12.1 entnommen. Die starke Zugspannung in allen Saiten in einem Klavier muss von einem sehr starken Rahmen, normalerweise aus Gusseisen, gehalten werden.

3 Es ist üblich, E in den Nenner zu setzen, so dass $1/E$ die tatsächliche Proportionalitätskonstante ist. Wenn wir die Gleichung 12.4 zur Gleichung 12.5 umschreiben, ist E im Zähler.

Man sagt, dass der Stab in ► Abbildung 12.18 unter **Zugspannung** steht. Denn es zieht nicht nur eine Kraft den Stab an seinem unteren Ende nach unten, sondern da sich der Stab im Gleichgewicht befindet, wissen wir, dass die Halterung oben eine gleiche nach oben gerichtete Kraft[4] auf den Stab an seinem oberen Ende ausübt, siehe ► Abbildung 12.20. Diese Zugspannung ist im gesamten Material vorhanden. Betrachten wir z. B. die untere Hälfte eines aufgehängten Stabes, wie in ► Abbildung 12.20b dargestellt. Diese untere Hälfte befindet sich im Gleichgewicht, so dass eine nach oben gerichtete Kraft auf sie wirken muss, um die nach unten gerichtete Kraft an ihrem unteren Ende auszugleichen. Was übt diese nach oben gerichtete Kraft aus? Es muss der obere Teil des Stabes sein. Somit sehen wir, dass auf einen Körper wirkende äußere Kräfte innere Kräfte oder Spannung im Material selbst erzeugen.

Auf Zugspannung zurückzuführende Dehnung oder Verformung ist nur eine Art von Spannung, der Materialien ausgesetzt sein können. Es gibt zwei andere häufige Arten von Spannung: die Druckspannung und die Scherspannung. Die **Druckspannung** ist das genaue Gegenteil der Zugspannung. Anstatt gedehnt zu werden, wird das Material komprimiert: die Kräfte wirken nach innen auf den Körper. Säulen, die ein Gewicht tragen, wie z. B. die Säulen eines griechischen Tempels (► Abbildung 12.21), sind einer Druckspannung ausgesetzt. Die Gleichungen 12.4 und 12.5 gelten sowohl für Druckspannung, als auch für Zugspannung, und die Werte für E sind identisch.

► Abbildung 12.22 vergleicht die Zug- und die Druckspannung sowie den dritten Typ, die Scherspannung. Auf einen Körper unter **Scherspannung** wirken gleich große und entgegengerichtete Kräfte *über* seine gegenüberliegenden Seiten. Ein Beispiel ist ein Buch oder ein Ziegelstein, das bzw. der an einer Tischplatte befestigt ist und auf das bzw. den eine Kraft parallel zu seiner Oberseite ausgeübt wird. Der Tisch übt eine gleich große und entgegengerichtete Kraft entlang der Unterseite aus. Obwohl sich die Abmessungen des Körpers nicht wesentlich ändern, ändert sich die Form des Körpers, wie in ► Abbildung 12.22c dargestellt. Eine Gleichung ähnlich der Gleichung 12.4 kann für die Scherbelastung verwendet werden:

$$\Delta L = \frac{1}{G}\frac{F}{A}L_0 \,, \qquad (12.6)$$

aber $\Delta L, L_0$ und A müssen, wie in ► Abbildung 12.22c dargestellt, neu interpretiert werden. Beachten Sie, dass A die Fläche *parallel* zur ausgeübten Kraft (und nicht senkrecht zu ihr, wie bei der Zug- und Druckspannung) ist und dass ΔL *senkrecht* zu L_0 steht. Die Proportionalitätskonstante G wird **Schubmodul** genannt und beträgt in der Regel die Hälfte bis ein Drittel des Wertes des Elastizitätsmoduls E

4 Wir vernachlässigen die Gewichtskraft des Stabes.

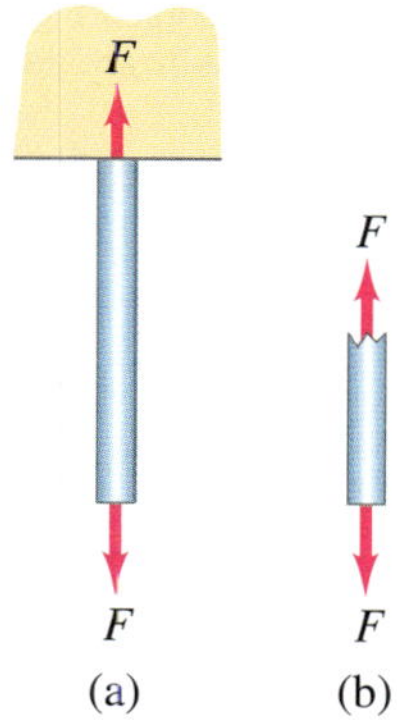

Abbildung 12.20 Spannung ist *innerhalb* des Materials vorhanden.

Abbildung 12.21 Dieser griechische Tempel (in Agrigento, Sizilien) wurde vor 2500 Jahren gebaut. Es treten überwiegend Druckspannungen auf.

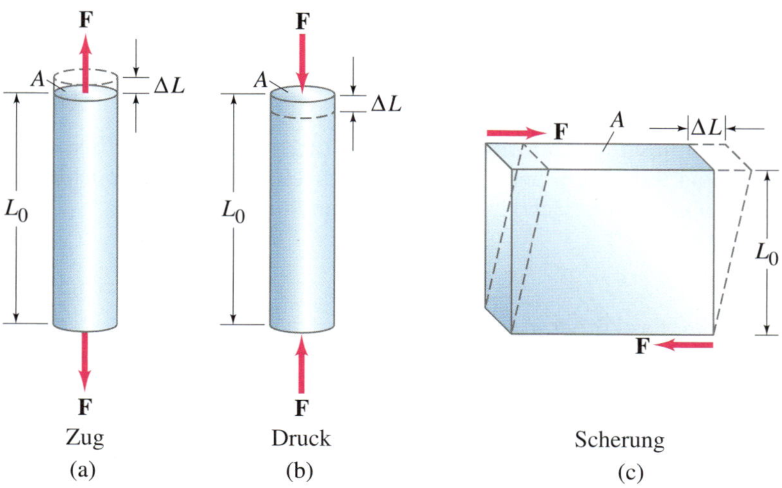

Abbildung 12.22 Die drei Arten von mechanischen Spannungen.

(a) (b)

Abbildung 12.23 Bei gleicher Scherbelastung bewegt sich das dickere Buch (a) mehr als das dünnere Buch (b).

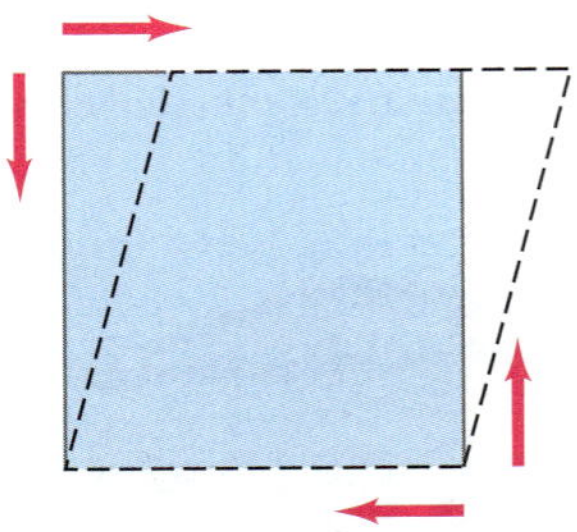

Abbildung 12.24 Ausgleichen von Kräften und Drehmomenten bei der Scherspannung.

(siehe Tabelle 12.1). ► Abbildung 12.23 veranschaulicht, warum $\Delta L \propto L_0$ ist: Bei derselben Belastung bewegt sich das dickere Buch mehr.

Der rechteckige Körper in ► Abbildung 12.22c, der eine Scherspannung erfährt, wäre tatsächlich nicht im Gleichgewicht unter Einwirkung der dargestellten Kräfte, denn es wäre ein Nettodrehmoment vorhanden. Wenn sich der Körper wirklich im Gleichgewicht befindet, müssen zwei weitere Kräfte auf ihn wirken, um dieses Drehmoment auszugleichen. Eine Kraft wirkt auf der rechten Seite vertikal nach oben und die andere auf der linken Seite vertikal nach unten, wie in ► Abbildung 12.24 dargestellt. Dies ist allgemeingültig für Scherkräfte. Wenn es sich bei dem Körper um einen Ziegelstein oder ein Buch handelt, das bzw. der auf einem Tisch liegt, können diese beiden zusätzlichen Kräfte von dem Tisch und z. B. von Ihrer Hand, die sich über einen Buchdeckel schiebt, ausgeübt werden.

Wenn ein Körper von allen Seiten Druck ausgesetzt ist, nimmt sein Volumen ab. Eine übliche Anwendung ist ein Körper, der in eine Flüssigkeit getaucht wird. In diesem Fall übt die Flüssigkeit einen Druck auf den Körper in allen Richtungen aus, wie wir in Kapitel 13 sehen werden. Druck ist definiert als die Kraft pro Flächeneinheit und ist somit das Analogon zu „Spannung". Bei dieser Anwendung stellt sich die Volumenänderung ΔV als proportional zu dem ursprünglichen Volumen V_0 und zu der Zunahme im Druck Δp heraus. Wir erhalten somit eine Relation in der gleichen Form wie die Gleichung 12.4, aber mit einer Proportionalitätskonstante K, die als **Kompressionsmodul** bezeichnet wird:

$$\frac{\Delta V}{V_0} = -\frac{1}{K}\Delta p$$

oder

$$K = -\frac{\Delta p}{\Delta V / V_0} \,. \tag{12.7a}$$

Das negative Vorzeichen besagt, dass das Volumen bei einer Zunahme des Drucks *abnimmt*. Der Kompressionsmodul wird manchmal mithilfe von Differenzialen etwas allgemeiner definiert:

$$K = -V\frac{\Delta p}{\Delta V} \,. \tag{12.7b}$$

Werte für den Kompressionsmodul sind in Tabelle 12.1 aufgelistet. Da Flüssigkeiten und Gase keine feste Form haben, haben sie nur einen Kompressionsmodul, jedoch weder einen Schub-, noch einen Elastizitätsmodul.

12.6 Bruch

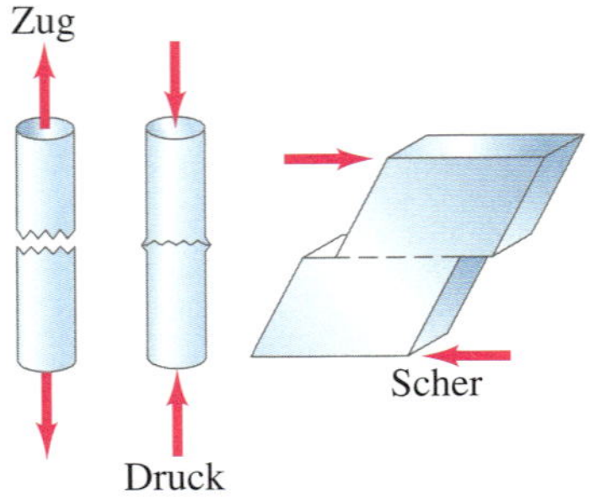

Abbildung 12.25 Bruch als Folge der drei Arten von Belastungen.

Wenn die auf einen Festkörper ausgeübte Belastung zu groß ist, bricht oder reißt der Körper, siehe ► Abbildung 12.25. In Tabelle 12.2 sind die spezifische Zugfestigkeit, Druckfestigkeit und Scherfestigkeit für verschiedene Werkstoffe aufgelistet. Diese Werte geben die maximale Kraft pro Flächeneinheit an, die ein Körper unter Einwirkung jeder dieser drei Arten von Belastungen aushalten kann. Hierbei handelt es sich aber nur um Richtwerte. Der tatsächliche Wert für einen bestimmten

Tabelle 12.2

Spezifische Festigkeit von Materialien (Kraft/Flächeneinheit)

Material	Zugfestigkeit (N/m^2)	Druckfestigkeit (N/m^2)	Scherfestigkeit (N/m^2)
Gusseisen	$170 \cdot 10^6$	$550 \cdot 10^6$	$170 \cdot 10^6$
Stahl	$500 \cdot 10^6$	$500 \cdot 10^6$	$250 \cdot 10^6$
Messing	$250 \cdot 10^6$	$250 \cdot 10^6$	$200 \cdot 10^6$
Aluminium	$200 \cdot 10^6$	$200 \cdot 10^6$	$200 \cdot 10^6$
Beton	$2 \cdot 10^6$	$20 \cdot 10^6$	$2 \cdot 10^6$
Ziegelstein		$35 \cdot 10^6$	
Marmor		$80 \cdot 10^6$	
Granit		$170 \cdot 10^6$	
Holz (Kiefer)			
(parallel zur Maserung)	$40 \cdot 10^6$	$35 \cdot 10^6$	$5 \cdot 10^6$
(senkrecht zur Maserung)		$10 \cdot 10^6$	
Nylon	$500 \cdot 10^6$		
Knochen (Gliedmaßen)	$130 \cdot 10^6$	$170 \cdot 10^6$	

Körper kann erheblich davon abweichen. Deshalb muss man einen Sicherheitsfaktor von 3 bis vielleicht 10 oder mehr berücksichtigen – d. h. die auf ein Fachwerk tatsächlich wirkenden Belastungen sollten ein Zehntel bis ein Drittel der in der Tabelle angegebenen Werte nicht überschreiten. Manchmal findet man Tabellen mit „zulässigen Belastungen“, in denen entsprechende Sicherheitsfaktoren bereits berücksichtigt sind.

Beispiel 12.10 Größe und Kompression von Tragsäulen

(a) Wie groß sollte die minimale Querschnittsfläche der beiden Säulen in Beispiel 12.5 (► Abbildung 12.8) sein, um den Balken zu tragen, unter der Annahme, dass die Säulen aus Beton sind und ein Sicherheitsfaktor von 6 erforderlich ist? In Beispiel 12.5 haben wir gesehen, dass die Säule auf der linken Seite $4{,}4 \cdot 10^6$ N und die auf der rechten Seite $1{,}2 \cdot 10^5$ N trägt. (b) Wie stark werden die gewählten Träger unter der gegebenen Last komprimiert?

Lösung

a Die rechte Säule nimmt die größere Kraft auf, $F_2 = 1{,}2 \cdot 10^5$ N. Sie befindet sich unter Druckbelastung und aus Tabelle 12.2 ist ersichtlich, dass die spezifische Druckfestigkeit von Beton $2{,}0 \cdot 10^7\ \mathrm{N/m^2}$ ist. Bei Verwendung eines Sicherheitsfaktors von 6 beträgt die zulässige Druckspannung $\frac{1}{6}(2{,}0 \cdot 10^7\ \mathrm{N/m^2}) = 3{,}3 \cdot 10^6\ \mathrm{N/m^2}$. Das ist identisch mit F/A. Da $F = 1{,}2 \cdot 10^5$ N, ergibt sich aus der Druckspannung die Fläche A als

$$A = \frac{1{,}2 \cdot 10^5\ \mathrm{N}}{3{,}3 \cdot 10^6\ \mathrm{N/m^2}} = 3{,}6 \cdot 10^{-2}\ \mathrm{m^2} \quad \text{oder} \quad 360\ \mathrm{cm^2}\,.$$

Ein Träger mit 18 cm · 20 cm ist passend.

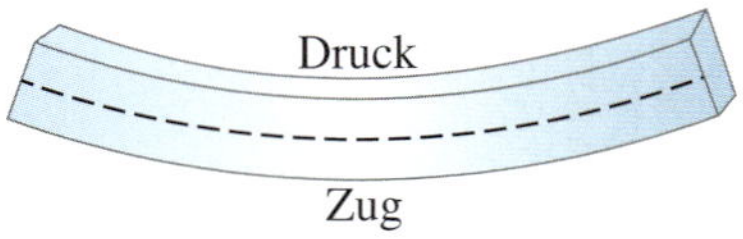

Abbildung 12.26 Ein Balken hängt durch, zumindest etwas (hier übertrieben dargestellt), selbst unter seinem eigenen Gewicht. Der Balken ändert seine Form, so dass der obere Teil unter Druck und der untere Teil unter Zug steht (und verlängert wird). Scherspannung tritt innerhalb des Balkens ebenfalls auf.

Abbildung 12.27 Stahlstangen, bevor Beton um sie herum gegossen wird, beim Bau einer neuen Straße.

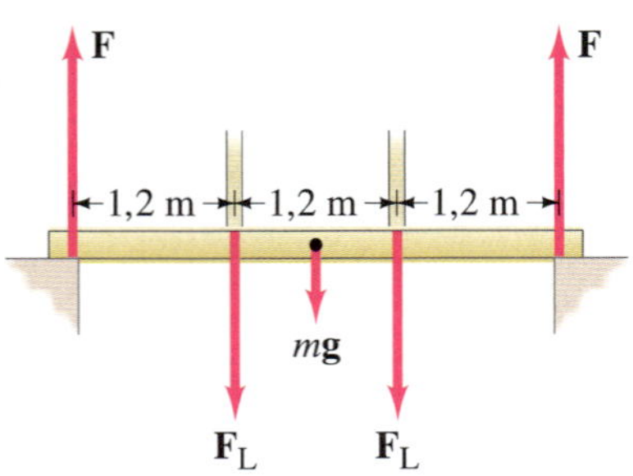

Abbildung 12.28 Beispiel 12.11.

b Diese Säule wird durch die Druckspannung gestaucht, die Dehnung beträgt

$$\frac{\Delta L}{L_0} = \frac{1}{E}\frac{F}{A} = \left(\frac{1}{2{,}0 \cdot 10^{10}\,\mathrm{N/m^2}}\right)(3{,}3 \cdot 10^6\,\mathrm{N/m^2}) = 1{,}7 \cdot 10^{-4}\,.$$

Wenn der Träger eine Länge $L_0 = 5{,}0$ m hat, ist somit $\Delta L = 0{,}85 \cdot 10^{-3}$ m oder ca. 1 mm. Diese Berechnung gilt für den rechten Träger. Wenn der linke Träger dieselbe Querschnittsfläche hat, wird er weniger komprimiert. Das sollte berücksichtigt werden.

Wie aus Tabelle 12.2 ersichtlich, hat Beton (ebenso wie Stein und Ziegelstein) eine ziemlich hohe Druckfestigkeit, aber eine niedrige Zugfestigkeit. So kann Beton für senkrechte Säulen, die unter Druckbelastung stehen, verwendet werden, ist aber nicht gut für Balken einsetzbar, da er die Zugkräfte, die entlang des unteren Randes entstehen, wenn der Balken durchhängt, nicht aushalten kann (siehe ► Abbildung 12.26). *Stahlbeton*, in den Eisenstäbe eingelassen sind, ist wesentlich stärker (► Abbildung 12.27). Aber der Beton am unteren Rand eines Balkens unter Belastung reißt auf Grund seiner geringen Zugfestigkeit dennoch. Dieses Problem wird mithilfe von **Spannbeton** gelöst, der auch Eisenstäbe oder ein Drahtgeflecht enthält, bei dem allerdings während des Gießens die Stäbe oder das Drahtgeflecht unter Zugspannung gehalten werden. Wenn der Beton trocken ist, wird die auf das Eisen ausgeübte Zugspannung gelöst, indem der Beton unter Druck gesetzt wird. Die Höhe der Druckbelastung wird vorher sorgfältig bestimmt, so dass, wenn die angenommenen Lasten auf den Balken einwirken, sie den Druck auf den unteren Rand reduzieren, aber nie eine Zugbelastung auf den Beton entstehen lassen.

Beispiel 12.11 Scherbelastung wirkt auf einen Balken

Ein homogener Kiefernholzbalken mit einer Länge von 3,6 m und einem Querschnitt von 9,5 cm · 14 cm ruht mit seinen Enden auf zwei Trägern, wie in ► Abbildung 12.28 dargestellt. Der Balken hat eine Masse von 25 kg und auf ihm ruht die Last von zwei vertikalen Dachträgern, und zwar jeweils 1/3 von jedem Ende entfernt. Wie groß ist die maximale Lastkraft F_L, die jeder Dachträger ausüben kann, ohne die Scherfestigkeit des Kiefernholzes zu überschreiten? Verwenden Sie einen Sicherheitsfaktor von 5,0.

Lösung

Jeder Träger übt eine nach oben gerichtete Kraft F aus (es liegt Symmetrie vor), die maximal (siehe Tabelle 12.2)

$$\begin{aligned} F &= \frac{1}{5}A(5 \cdot 10^6\,\mathrm{N/m^2}) \\ &= \frac{1}{5}(0{,}095\,\mathrm{m})(0{,}14\,\mathrm{m})(5 \cdot 10^6\,\mathrm{N/m^2}) \\ &= 13\,000\,\mathrm{N} \end{aligned}$$

betragen kann. Zur Bestimmung der maximalen Lastkraft F_L berechnen wir das Drehmoment um das linke Ende des Balkens (gegen den Uhrzeigersinn positiv):

$$\sum M = -F_L(1{,}2\,\mathrm{m}) - (25\,\mathrm{kg})(9{,}8\,\mathrm{m/s^2})(1{,}8\,\mathrm{m}) - F_L(2{,}4\,\mathrm{m}) + F(3{,}6\,\mathrm{m}) = 0\,,$$

so dass

$$F_L = \frac{(13\,000\,\text{N})(3{,}6\,\text{m}) - (250\,\text{N})(1{,}8\,\text{m})}{(1{,}2\,\text{m} + 2{,}4\,\text{m})} = 12\,875\,\text{N}$$

ist. Die gesamte Dachmasse, die der Balken tragen kann, beträgt $(2)(12\,875\,\text{N})/(9{,}8\,\text{m/s}^2) = 2628\,\text{kg}$.

Beispiel 12.12 · Begriffsbildung — Maximale Belastungen

In welchen Punkten erreichen die Scher-, Druck und Zugbelastung bei dem Balken in ▸ Abbildung 12.28 jeweils ihre maximalen Werte?

Lösung

Die Scherkraft ist an den Enden am größten, vorausgesetzt, dass der Balken homogen und F etwas größer als F_L ist (siehe letzte Gleichung in Beispiel 12.11). Die Druckbelastung ist im Mittelpunkt auf der Oberseite des Balkens am größten, die Zugbelastung im Mittelpunkt auf der Unterseite (siehe ▸ Abbildung 12.26).

Beispiel 12.13 · Begriffsbildung — Die Titanic

Eine Hypothese für die Ursache des Untergangs der *Titanic* nach ihrer Kollision mit einem Eisberg auf ihrer Jungfernfahrt im Jahre 1912 besagt, dass die Nietkappen zu groß waren (▸ Abbildung 12.29). Erklären Sie.

Lösung

Als das Schiff den Eisberg rammte, übte der massive Eisberg eine Kraft auf die Nieten aus. Da eine größere Fläche der Kraft ausgesetzt war, konnte mehr Kraft auf die Nietköpfe ausgeübt werden. Das führte zu einem Abscheren der Nietköpfe und einem Öffnen der Seitenwände. Dadurch konnte Wasser eindringen. Beachten Sie: Es wurden keine Nietköpfe gefunden.

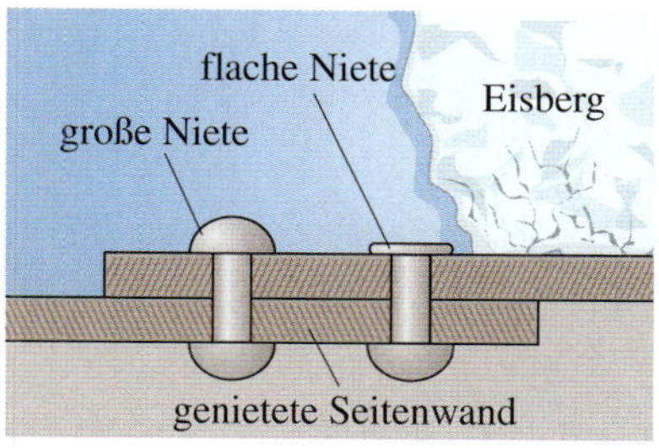

Abbildung 12.29 Seitenwand der Titanic.

ANGEWANDTE PHYSIK
Ein tragischer Einsturz

Beispiel 12.14 · Begriffsbildung — Ein tragischer Ersatz

Zwei übereinander liegende Gänge hängen an vertikalen Stangen, die an der Decke einer Hotelhalle befestigt sind, wie in ▸ Abbildung 12.30a dargestellt. In der ursprünglichen Planung waren einzelne Stangen mit einer Länge von 14 m vorgesehen, aber als sich solche Stangen bei der Installation als unhandlich erwiesen, beschloss man, jede lange Stange durch zwei kürzere zu ersetzen, wie (schematisch) in ▸ Abbildung 12.30b dargestellt. Bestimmen Sie für jeden Entwurf die von den Stangen auf das Gelenk A (unter der Annahme, dass er dieselbe Größe hat) ausgeübte Nettokraft. Nehmen Sie an, dass jede vertikale Stange eine Masse m von jeder Brücke trägt.

Lösung

Die einzelne lange Stange in ▸ Abbildung 12.30a übt eine nach oben gerichtete Kraft mit dem Betrag mg auf das Gelenk A aus, um die Masse m der oberen Brücke zu tragen, wie in ▸ Abbildung 12.30c dargestellt. Warum? Weil sich das

Gelenk im Gleichgewicht befindet und die einzige andere, ausgleichende, auf das Gelenk wirkende Kraft die nach unten gerichtete Kraft mg ist, die die obere Brücke selbst auf das Gelenk ausübt. Somit wirkt eine Scherbelastung auf das Gelenk. Die Situation, in der zwei kürzere Stangen die Brücken tragen (▸ Abbildung 12.30b), ist in ▸ Abbildung 12.30d dargestellt, in der nur die Verbindungen an der oberen Brücke zu sehen sind. Die untere Stange übt eine Kraft von mg nach unten auf das untere der beiden Gelenke aus, weil sie die untere Brücke trägt. Die obere Stange übt eine Kraft von $2mg$ auf das obere Gelenk (Gelenk A) aus, weil die obere Stange *beide* Brücken trägt. Somit ist zu erkennen, dass die Belastung in dem Gelenk A *verdoppelt* wurde, als die Bauarbeiter jede einzelne lange Stange durch zwei kürzere ersetzten. Was vielleicht wie ein einfacher Ersatz aussah, führte 1981 (▸ Abbildung 12.2) zu einem tragischen Einsturz, der über 100 Menschenleben kostete. Ein Gefühl für physikalische Zusammenhänge und die Fähigkeit, einfache physikalische Abschätzungen und Berechnungen durchzuführen, kann im wahrsten Sinne des Wortes einen großen Einfluss auf das Leben von Menschen haben.

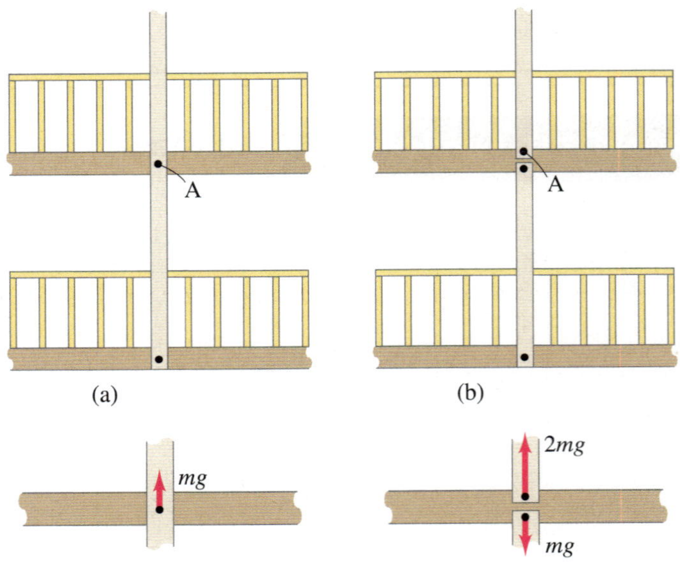

(c) Auf Gelenk A wirkende Kraft, die von vertikaler Stange ausgeübt wird

(d) Auf die Gelenke bei A wirkenden Kräfte, die von den vertikalen Stangen ausgeübt werden

Abbildung 12.30 Beispiel 12.14. Die Abbildungen (c) und (d) zeigen auf die Gelenke wirkende Kräfte, die nur von den vertikalen Stangen ausgeübt werden.

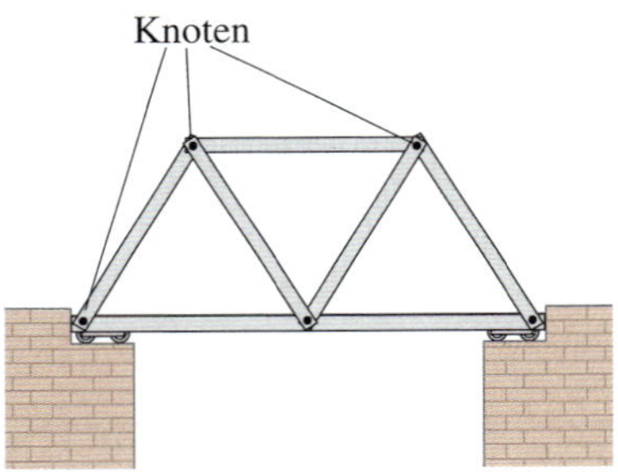

Abbildung 12.31 Eine Fachwerkbrücke.

Abbildung 12.32 Ein Dachstuhl.

12.7 Fachwerke und Brücken

Ein Balken, der zur Überbrückung eines breiten Zwischenraums benutzt wird, ist großen Belastungen durch Druckspannung, Zugspannung und Scherspannung ausgesetzt, wie wir in ▸ Abbildung 12.26 gesehen haben. Eine technische Vorrichtung, um große Spannweiten zu tragen, ist das *Fachwerk*. Ein Beispiel ist in ▸ Abbildung 12.31 dargestellt. Der berühmte Baumeister Andrea Palladio (1518–1580), der für seine öffentlichen Bauten und seine Villen bekannt ist, baute als Erster Fachwerkbrücken aus Holz. Mit der Einführung von Stahl im 19. Jahrhundert begann die Verwendung von wesentlich stärkeren Stahlfachwerken, obwohl immer noch Fachwerke aus Holz als Dachstühle von Häusern und Berghütten verwendet werden (▸ Abbildung 12.32).

Im Grunde ist ein **Fachwerk** ein Rahmen aus Stäben oder Streben, die an ihren Enden durch Gelenke oder Nieten miteinander verbunden und immer als Dreiecke

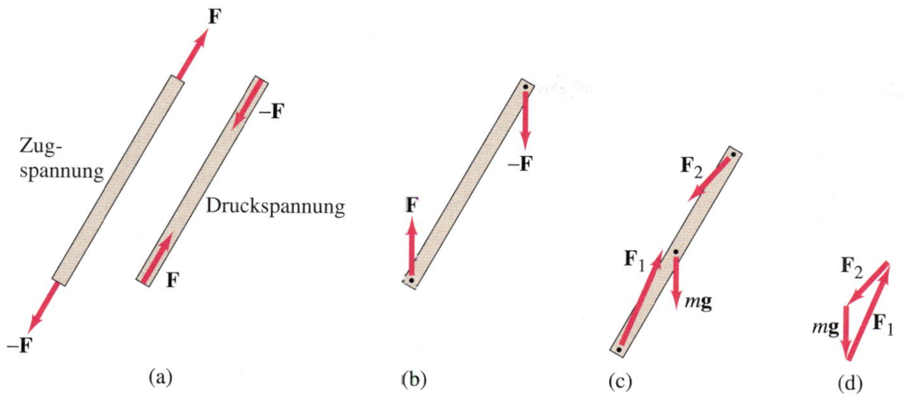

Abbildung 12.33 (a) Es wird angenommen, dass jede Strebe (oder jeder Stab) eines Fachwerks unter Zugbelastung oder Druckbelastung steht. (b) Die beiden gleich großen und entgegengerichteten Kräfte müssen entlang derselben Linie wirken. Andernfalls ist ein Nettodrehmoment vorhanden. (c) Reale Streben haben eine Masse, so dass die Kräfte $\mathbf{F}_1$ und $\mathbf{F}_2$ an den Knoten nicht genau entlang der Strebe wirken. (d) Kräfteparallelogramm für (c).

angeordnet sind. (Dreiecke sind relativ formstabil im Vergleich zu Rechtecken, die unter Einwirkung von seitlichen Kräften leicht die Form von Parallelogrammen annehmen und dann einstürzen.) Die Stelle, an der die Streben durch ein Gelenk verbunden sind, heißt **Knoten**.

Es ist vorteilhaft, wenn die Streben eines Fachwerks entweder unter reiner Druckbelastung oder unter reiner Zugbelastung stehen – d. h. die Kräfte wirken entlang der Länge jeder Strebe, siehe ▶ Abbildung 12.33a. Dies ist jedoch nur gültig, wenn man annimmt, dass eine Strebe keine Masse hat und entlang ihrer Länge kein Gewicht trägt. In diesem Fall wirken nur zwei Kräfte an den Enden auf eine Strebe, wie in ▶ Abbildung 12.33a dargestellt. Wenn sich die Strebe im Gleichgewicht befindet, müssen diese beiden Kräfte gleich groß und entgegengerichtet sein ($\sum \mathbf{F} = 0$). Aber könnten sie nicht in einem Winkel wirken, wie in ▶ Abbildung 12.33b? Nein, denn dann wäre $\sum \mathbf{M}$ ungleich null. Diese beiden Kräfte *müssen* entlang der Strebe wirken, wenn sich die Strebe im Gleichgewicht befindet. Im realen Fall einer Strebe mit Masse wirken jedoch drei Kräfte auf die Strebe, wie in ▶ Abbildung 12.33c dargestellt, und $\mathbf{F}_1$ und $\mathbf{F}_2$ wirken nicht entlang der Strebe. Das Kräfteparallelogramm in ▶ Abbildung 12.33d zeigt $\sum \mathbf{F} = \mathbf{F}_1 + \mathbf{F}_2 + m\mathbf{g} = 0$. Können Sie erkennen, warum $\mathbf{F}_1$ und $\mathbf{F}_2$ beide *oberhalb* der Strebe liegen? (Berechnen Sie $\sum M$ um jedes Ende.)

Betrachten wir noch einmal den einfachen Balken in Beispiel 12.6, ▶ Abbildung 12.11. Die Kraft $\mathbf{F}_P$ an dem Gelenk zeigt *nicht* entlang des Balkens, sondern wirkt in einem nach oben gerichteten Winkel, wenn auch nur von 1,4°. Wenn der Balken masselos wäre, so ist aus der Gleichung (iii) in Beispiel 12.6 mit $m = 0$ ersichtlich, dass $F_{Py} = 0$ wäre und $\mathbf{F}_P$ entlang des Balkens zeigen würde.

Die Annahme, dass die Kräfte in jeder Strebe eines Fachwerks ausschließlich entlang der Strebe wirken, ist dennoch sehr nützlich, und zwar dann, wenn die Lasten nur an den Knoten wirken und sehr viel größer sind als die Gewichtskraft der Streben selbst.

Beispiel 12.15 Eine Fachwerkbrücke

ANGEWANDTE PHYSIK
Eine Fachwerkbrücke

PROBLEMLÖSUNG
Knotenmethode

Bestimmen Sie die Zugspannung oder Druckspannung in jeder der Streben der Fachwerkbrücke, die in ▶ Abbildung 12.34a dargestellt ist. Die Brücke ist 64 m lang und trägt eine homogene Betonfahrbahn mit einer Gesamtmasse von $1{,}40 \cdot 10^6$ kg. Wenden Sie die **Knotenmethode** an, die (1) die Anfertigung eines Kräfteparallelogramms des Fachwerks als Ganzem und (2) die Anfertigung eines Kräfteparallelogramms für jedes der Gelenke (Knoten) umfasst. Dabei ist bei (2) für jedes Gelenk $\sum \mathbf{F} = 0$ zu setzen. Vernachlässigen Sie die Masse der

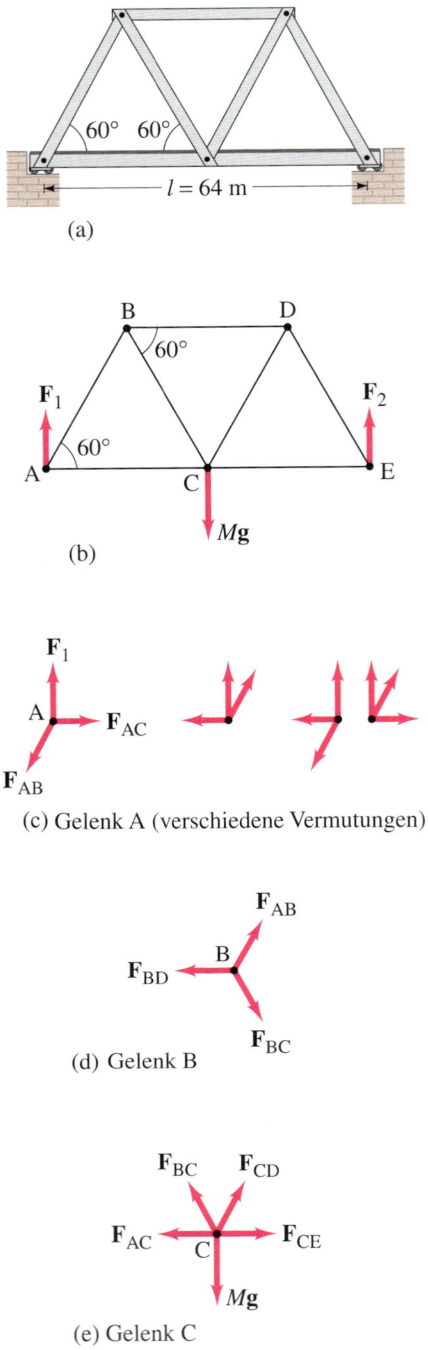

Abbildung 12.34 Beispiel 12.15. (a) Eine Fachwerkbrücke. Kräfteparallelogramme: (b) für das gesamte Fachwerk, (c) für Gelenk A (verschiedene Vermutungen), (d) für Gelenk B und (e) für Gelenk C.

Streben. Nehmen Sie alle Dreiecke als gleichseitig an und setzen Sie voraus, dass die Masse der Fahrbahn im Mittelpunkt wirkt.

Lösung

Jede Brücke hat auf jeder Seite der Fahrbahn ein Fachwerk. Betrachten wir nur ein Fachwerk, siehe ▶ Abbildung 12.34a, das das halbe Gewicht der Fahrbahn trägt. Das bedeutet, dass unser Fachwerk eine Gesamtmasse $M = 7{,}0 \cdot 10^5$ kg trägt. Zunächst zeichnen wir ein Kräfteparallelogramm für das gesamte Fachwerk als eine einzige Einheit, die, wie wir annehmen, an jedem Ende auf Trägern ruht, die die nach oben gerichteten Kräfte $\mathbf{F}_1$ und $\mathbf{F}_2$ ausüben, siehe ▶ Abbildung 12.34b. Wir nehmen an, dass die Masse der Fahrbahn, wie dargestellt, ausschließlich im Mittelpunkt auf Gelenk C wirkt. Die Symmetrie [oder die Aufstellung einer Drehmomentgleichung um z. B. Punkt A: $(F_2)(l) - Mg(l/2) = 0$] zeigt, dass die Träger an jedem Ende jeweils das halbe Gewicht tragen, so dass

$$F_1 = F_2 = \frac{1}{2} M g$$

gilt. Als Nächstes betrachten wir Gelenk A und wenden $\sum \mathbf{F} = 0$ auf es an. Wir versehen die auf Gelenk A wirkenden Kräfte, die auf jede Strebe zurückzuführen sind, mit zwei tiefgestellten Indizes: $\mathbf{F}_{AB}$ bezeichnet die Kraft, die von der Strebe AB ausgeübt wird, und $\mathbf{F}_{AC}$ ist die Kraft, die die Strebe AC ausübt. $\mathbf{F}_{AB}$ und $\mathbf{F}_{AC}$ wirken entlang ihrer jeweiligen Strebe. Da wir aber nicht wissen, ob es sich jeweils um Druckkräfte oder Zugkräfte handelt, könnten wir vier verschiedene Kräfteparallelogramme zeichnen, wie in ▶ Abbildung 12.34c dargestellt. Nur das linke könnte $\sum \mathbf{F} = 0$ liefern, so dass wir sofort die Richtungen von $\mathbf{F}_{AB}$ und $\mathbf{F}_{AC}$ kennen.[5] Diese Kräfte wirken auf das Gelenk. Die Kraft, die Gelenk A auf die Strebe AB ausübt, ist $\mathbf{F}_{AB}$ entgegengerichtet (drittes Newton'sches Axiom), so dass die Strebe AB unter Druckbelastung und die Strebe AC unter Zugbelastung steht. Berechnen wir nun die Beträge von $\mathbf{F}_{AB}$ und $\mathbf{F}_{AC}$. Am Gelenk A gilt:

$$\sum F_x = F_{AC} - F_{AB} \cos 60^\circ = 0$$

$$\sum F_y = F_1 - F_{AB} \sin 60^\circ = 0 \,.$$

Somit ist

$$F_{AB} = \frac{F_1}{\sin 60^\circ} = \frac{\frac{1}{2} M g}{\frac{1}{2}\sqrt{3}} = \frac{1}{\sqrt{3}} M g \,,$$

was identisch ist mit $(7{,}0 \cdot 10^5\,\text{kg})(9{,}8\,\text{m/s}^2)/\sqrt{3} = 4{,}0 \cdot 10^6$ N. Außerdem ist

$$F_{AC} = F_{AB} \cos 60^\circ = \frac{1}{2\sqrt{3}} M g \,.$$

Als Nächstes betrachten wir Gelenk B. ▶ Abbildung 12.34d ist das Kräfteparallelogramm. (Überzeugen Sie sich selbst, dass $\sum \mathbf{F}$ nicht gleich null sein könnte, wenn $\mathbf{F}_{BD}$ oder $\mathbf{F}_{BC}$ entgegengerichtet wären. Beachten Sie, dass $\mathbf{F}_{AB}$ hier im Vergleich zu ▶ Abbildung 12.34c in die entgegengesetzte Richtung zeigt, weil wir uns jetzt am entgegengesetzten Ende von Strebe AB befinden.) Wir sehen, dass BC zugbelastet und BD druckbelastet ist. (Denken Sie daran, dass die auf die Streben wirkenden Kräfte den dargestellten, auf das Gelenk wirkenden Kräften entgegengerichtet sind.) Wir setzen $\sum \mathbf{F} = 0$:

$$\sum F_x = F_{AB} \cos 60^\circ + F_{BC} \cos 60^\circ - F_{BD} = 0$$

$$\sum F_y = F_{AB} \sin 60^\circ - F_{BC} \sin 60^\circ = 0 \,,$$

5 Wenn wir in einem Kräfteparallelogramm die Richtung einer Kraft entgegengesetzt zu der tatsächlichen Richtung wählen würden, bekämen wir für diese Kraft ein negatives Vorzeichen.

so dass

$$F_{BC} = F_{AB} = \frac{1}{\sqrt{3}} M g$$

und

$$F_{BD} = F_{AB} \cos 60° + F_{BC} \cos 60° = \frac{1}{\sqrt{3}} M g \left(\frac{1}{2}\right) + \frac{1}{\sqrt{3}} M g \left(\frac{1}{2}\right) = \frac{1}{\sqrt{3}} M g \,.$$

Diese Lösung ist vollständig. Aus Gründen der Symmetrie ist $F_{DE} = F_{AB}$, $F_{CE} = F_{AC}$ und $F_{CD} = F_{BC}$. Berechnen Sie zur Kontrolle $\sum F_x$ und $\sum F_y$ für Gelenk C und schauen Sie, ob sie gleich null sind. ▸ Abbildung 12.34e zeigt das Kräfteparallelogramm.

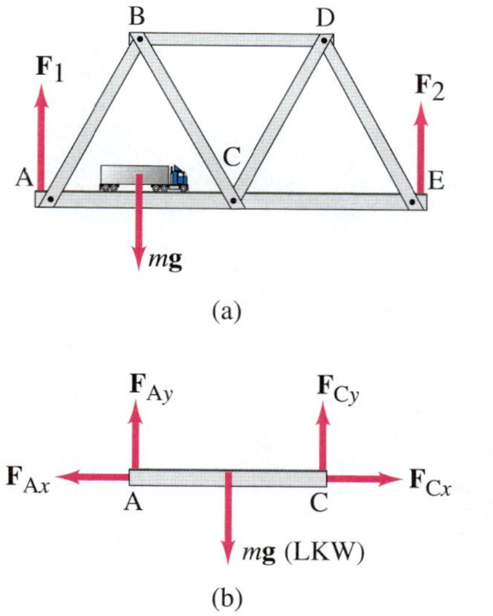

Abbildung 12.35 (a) Fachwerk mit Lkw mit der Masse m im Mittelpunkt der Strebe AC. (b) Auf die Strebe AC wirkende Kräfte.

In Beispiel 12.15 wurde die Fahrbahnbelastung im Mittelpunkt C ausgeübt. Jetzt betrachten wir eine schwere Last, z. B. einen schweren Lkw, die von der Strebe AC in ihrem Mittelpunkt getragen wird, wie in ▸ Abbildung 12.35a dargestellt. Die Strebe AC hängt unter dieser Last durch. Dadurch erkennen wir, dass in der Strebe AC eine Scherspannung vorhanden ist. ▸ Abbildung 12.35b zeigt die Kräfte, die auf die Strebe AC ausgeübt werden: die Gewichtskraft mg des Lkw und die Kräfte $\mathbf{F}_A$ und $\mathbf{F}_C$, die die Gelenke A und C auf die Strebe ausüben. (Beachten Sie, dass $\mathbf{F}_1$ hier nicht erscheint, weil diese Kraft (die von externen Trägern ausgeübt wird) auf das Gelenk A und nicht auf die Strebe AC wirkt.) Die Kräfte, die die Gelenke A und C auf die Strebe AC ausüben, wirken nicht entlang der Strebe, sondern haben auch vertikale Komponenten senkrecht zur Strebe und erzeugen so eine Scherspannung, um die Gewichtskraft mg des Lkw auszugleichen. Die anderen Streben, die kein Gewicht tragen, bleiben unter reiner Zug- oder reiner Druckbelastung. Die Aufgaben 64 und 65 behandeln diese Aufgabenstellung. Ein früher Schritt auf dem Lösungsweg ist die Berechnung der Kräfte $\mathbf{F}_A$ und $\mathbf{F}_C$ durch die Anwendung von Drehmomentgleichungen für die Strebe.

Für sehr lange Brücken sind Fachwerkgefüge zu schwer. Eine Lösung ist der Bau von Hängebrücken, die die Last mithilfe relativ leichter Hängeseile tragen, die unter Zugbelastung stehen. Die Fahrbahn wird mittels zahlreicher senkrechter Drahtseile getragen, wie in ▸ Abbildung 12.36 und auf dem Foto am Anfang dieses Kapitels dargestellt.

Abbildung 12.36 Eine Hängebrücke (Verrazano Narrows, NY).

ANGEWANDTE PHYSIK

Hängebrücke

Beispiel 12.16 Hängebrücke

Bestimmen Sie die Form des Seils zwischen den beiden Pylonen in ▸ Abbildung 12.36 und nehmen Sie dabei an, dass das Gewicht der Fahrbahn gleichmäßig entlang ihrer Länge getragen wird. Vernachlässigen Sie das Gewicht des Seils.

Lösung

Wir nehmen $x = 0, y = 0$ im Mittelpunkt des Brückenbogens, wie in ▸ Abbildung 12.37 dargestellt, und $\mathbf{F}_{Z0}$ ist die Zugkraft in dem Seil bei $x = 0$. Sie wirkt, wie dargestellt, horizontal. F_Z ist die Zugkraft in dem Seil an einem anderen Ort, dessen horizontale Koordinate x ist, wie dargestellt. Dieser Seilabschnitt trägt einen Teil der Fahrbahn, dessen Gewicht G proportional zum Weg x ist, da die Fahrbahn als homogen angenommen wird. Das bedeutet:

$$G = \lambda x \,.$$

Dabei ist λ das Gewicht pro Längeneinheit. Jetzt setzen wir $\sum \mathbf{F} = 0$:

$$\sum F_x = F_Z \cos\theta - F_{Z0} = 0$$

$$\sum F_y = F_Z \sin\theta - G = 0 \,.$$

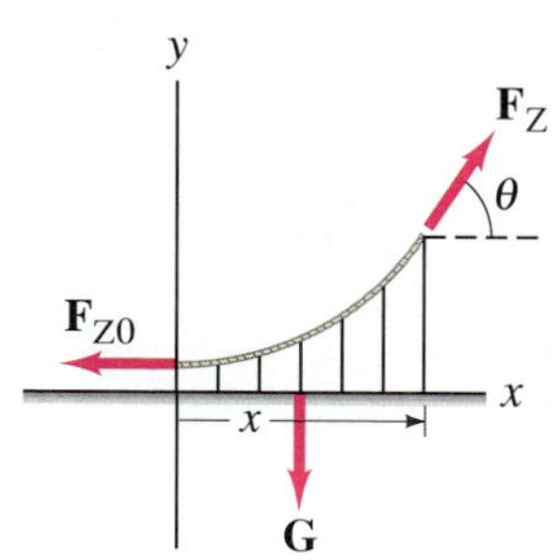

Abbildung 12.37 Beispiel 12.16.

Abbildung 12.38 Rundbögen im Forum Romanum. Der Bogen im Hintergrund ist der Titusbogen.

Diese beiden Gleichungen dividieren wir:

$$\tan\theta = \frac{G}{F_{Z0}} = \frac{\lambda x}{F_{Z0}}\,.$$

Die Steigung unserer Kurve (des Seils) beträgt in jedem Punkt

$$\frac{dy}{dx} = \tan\theta$$
$$= \frac{\lambda}{F_{Z0}}x\,.$$

Dies integrieren wir:

$$\int dy = \frac{\lambda}{F_{Z0}}\int x\,dx$$
$$y = Ax^2 + B\,.$$

Dabei setzen wir $A = \lambda/F_{Z0}$ und B ist eine Integrationskonstante. Dies ist genau die Gleichung für eine Parabel.

Wirkliche Brücken haben Seile, die eine Masse haben, so dass die Seile nur näherungsweise die Form einer Parabel ergeben, die Näherung ist allerdings häufig sehr gut erfüllt.

12.8 Bögen und Kuppeln

ANGEWANDTE PHYSIK

Architektur: Balken, Bögen und Kuppeln

Ingenieure und Architekten können verschiedene Verfahren einsetzen, um innere und äußere Zwischenräume zu überspannen (Brücken). Wir haben schon kurz Balken, Fachwerke und Hängebrücken betrachtet. In diesem Abschnitt beschäftigen wir uns mit Bögen und Kuppeln und beginnen mit einem kurzen Rückblick darauf, wie Baumeister während der Jahrhunderte das Problem des Überbrückens eines Zwischenraums angegangen sind.

Die erste wichtige architektonische Erfindung war die Pfeiler-Balken-Konstruktion (oder Pfeiler-Sturz-Konstruktion), bei der zwei senkrechte Pfeiler einen horizontalen Balken tragen. Vor der Einführung von Stahl im 19. Jahrhundert war die Länge eines Balkens eng begrenzt, weil die Baumaterialien mit der größten Festigkeit Stein und Ziegelstein waren und diese nicht in Balkenform auftreten. Folglich war die Länge eines Brückenbogens durch die Größe verfügbarer Steine begrenzt. Stein und Ziegelstein besitzen zwar eine hohe Druckfestigkeit, aber eine geringe Zug- und Scherfestigkeit. Alle drei Arten von Belastungen treten in einem Balken auf, wie wir in ▸ Abbildung 12.26 gesehen haben, und werden mit zunehmender Balkenlänge größer. Der minimale Zwischenraum, der unter der Verwendung von Stein überbrückt werden konnte, wird durch die nahe aneinander angeordneten Säulen des großen griechischen Tempels (▸ Abbildung 12.21) verdeutlicht.

Die Einführung des halbkreisförmigen **Bogens** durch die Römer (▸ Abbildung 12.38 und ▸ Abbildung 12.39) war, abgesehen von seinem ästhetischen Reiz, eine enorme technische Neuerung. Der Vorteil des „echten“ oder halbkreisförmigen Bogens besteht darin, dass seine keilförmigen Steine bei durchdachter Konzeption eine Belastung erfahren, die hauptsächlich eine Druckbelastung ist, selbst wenn sie eine große Last wie die Wand und das Dach einer großen Kirche tragen. Da die Steine gezwungen sind, gegeneinander zu drücken, wirkt in erster Linie eine Drucklast auf sie (siehe ▸ Abbildung 12.40). Beachten Sie aber, dass der Bogen horizontale und vertikale Kräfte auf die Träger überträgt. Ein Rundbogen, der aus vielen, gut geformten Steinen besteht, konnte einen sehr großen Zwischenraum überbrücken. Dennoch war eine starke Untermauerung an den Seiten erforderlich, um die horizontalen Kraftkomponenten zu tragen.

Abbildung 12.39 Hier wird ein Bogen mit Erfolg eingesetzt, um einen Graben an der kalifornischen Küste zu überbrücken.

Der Spitzbogen kam um 1100 n. Chr. in Gebrauch und wurde zum Markenzeichen der großen gotischen Kathedralen. Auch er stellte eine wichtige technische

Neuerung dar und wurde zuerst zum Tragen schwerer Lasten, wie z. B. des Turms einer Kathedrale, und als Mittelbogen eingesetzt. Offensichtlich erkannten die Baumeister, dass die auf das obere Gewicht zurückzuführenden Kräfte auf Grund der Steilheit des Spitzbogens eher nahezu vertikal nach unten geführt werden konnten, so dass weniger horizontale Untermauerung notwendig war. Der Spitzbogen führte zu einer Reduzierung der auf die Wände wirkenden Last und so war mehr Weite und Licht möglich. Die erforderlichen kleineren Untermauerungen wurden außen durch elegante Strebebögen bereitgestellt (▸ Abbildung 12.41).

Die technische Neuerung des Spitzbogens wurde nicht durch Berechnungen, sondern durch Erfahrung und Intuition erreicht, denn genaue Berechnungen, wie z. B. die an früherer Stelle in diesem Kapitel dargelegten, wurden erst sehr viel später verwendet. Die genaue Analyse eines Steinbogens ist recht schwierig in der Praxis. Aber wenn wir einige vereinfachende Annahmen voraussetzen, können wir zeigen, warum die horizontale Kraftkomponente am Fuß eines Spitzbogens geringer ist als am Fuß eines Rundbogens. ▸ Abbildung 12.42 zeigt einen Rundbogen und einen Spitzbogen, die jeweils eine Spannweite von 8,0 m haben. Der Rundbogen hat somit eine Höhe von 4,0 m, während der Spitzbogen größer ist und eine Höhe von 8,0 m hat. Jeder Bogen trägt ein Gewicht von $12{,}0 \cdot 10^4$ N (= 12 000 kg · g), das wir der Einfachheit halber in zwei Teile (von jeweils $6{,}0 \cdot 10^4$ N) aufgeteilt haben, die auf die zwei Hälften jedes Bogens, wie dargestellt, einwirken. Jeder der Träger muss eine nach oben gerichtete Kraft von $6{,}0 \cdot 10^4$ N ausüben, damit er sich im Gleichgewicht befindet. Jeder Träger übt außerdem für das Gleichgewicht bei Drehbewegungen eine horizontale Kraft F_H am Fuß des Bogens aus. Genau diese Kraft wollen wir berechnen. Wir konzentrieren uns nur auf die rechte Hälfte jedes Bogens. Wir setzen das um den Scheitelpunkt des Bogens berechnete Gesamtdrehmoment, das auf die Kräfte zurückzuführen ist, die auf diese Hälfte des Bogens wirken, gleich null. Die Drehmomentgleichung für den Rundbogen lautet deshalb (siehe ▸ Abbildung 12.42a):

$$(4{,}0\,\text{m})(6{,}0 \cdot 10^4\,\text{N}) - (2{,}0\,\text{m})(6{,}0 \cdot 10^4\,\text{N}) - (4{,}0\,\text{m})(F_H) = 0\,.$$

Somit ist $F_H = 3{,}0 \cdot 10^4$ N. Die Drehmomentgleichung für den Spitzbogen lautet (siehe ▸ Abbildung 12.42b):

$$(4{,}0\,\text{m})(6{,}0 \cdot 10^4\,\text{N}) - (2{,}0\,\text{m})(6{,}0 \cdot 10^4\,\text{N}) - (8{,}0\,\text{m})(F_H) = 0\,.$$

Die Auflösung liefert $F_H = 1{,}5 \cdot 10^4$ N – nur halb so viel! Aus dieser Gleichung ist ersichtlich, dass die für einen Spitzbogen erforderliche horizontale Stützkraft geringer ist, weil der Bogen höher ist und der Hebelarm dieser Kraft folglich länger ist. Tatsächlich ist die benötigte horizontale Kraftkomponente umso geringer und nähert sich die am Fuß des Bogens ausgeübte Kraft immer mehr der vertikalen Richtung an, je steiler der Bogen ist.

Während ein Bogen einen zweidimensionalen Raum überbrückt, überwölbt eine **Kuppel** – im Wesentlichen ein um eine vertikale Drehachse gedrehter Bogen –

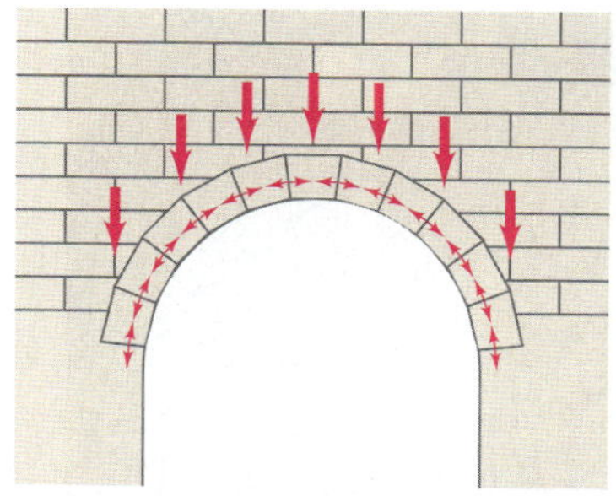

Abbildung 12.40 Steine in einem Rundbogen (siehe Abbildung 12.38) erfahren hauptsächlich eine Druckbelastung.

Abbildung 12.41 Strebebögen (Notre Dame in Paris).

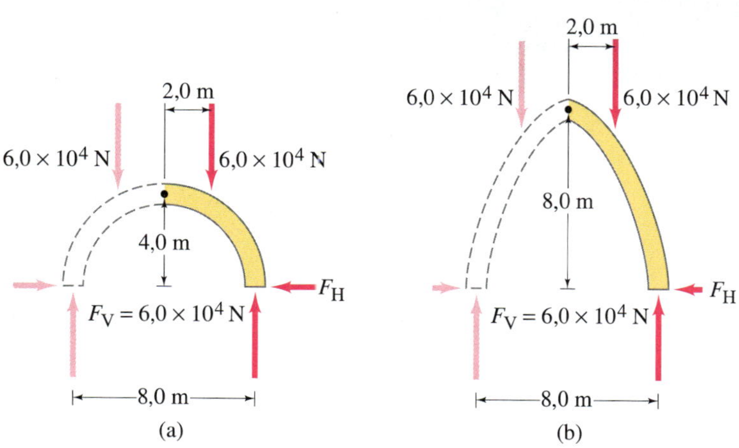

Abbildung 12.42 (a) Kräfte in einem Rundbogen, verglichen (b) mit den Kräften in einem Spitzbogen.

einen dreidimensionalen Raum. Die Römer errichteten die ersten großen Kuppelbauten. Die Kuppeln hatten die Form einer Halbkugel. Einige von ihnen stehen noch, z. B. das Kuppeldach des Pantheon in Rom (▸ Abbildung 12.43).

Erst im 20. Jahrhundert wurden größere Kuppelbauten gebaut. Der größte ist der Superdome in New Orleans, der 1975 fertiggestellt wurde (▸ Abbildung 12.44). Die Kuppel mit einer Masse von $5 \cdot 10^{6kg}$ und mehr als 200 m Durchmesser besteht aus einem Stahlgerüst und Beton. Ihr äußerer Schub (siehe Beispiel 12.17) wird durch einen riesigen Stahlspannring mit einem Durchmesser von 200 m in Form eines Rahmens getragen, der 50 m über dem Erdboden direkt an der Kuppel befestigt ist.

Abbildung 12.43 Inneres des vor fast 2000 Jahren errichteten Pantheons in Rom. Dieses Bild, das die große Kuppel mit ihrer zentralen Lichtöffnung zeigt, wurde um 1740 von Panini gemalt. Fotos bringen ihre Größe nicht so gut zum Ausdruck wie dieses Bild.

Abbildung 12.44 Der Louisiana Superdome.

Beispiel 12.17 Ein moderner Kuppelbau

Die Kuppel des Kleinen Sportpalastes in Rom mit einer Masse von $1{,}2 \cdot 10^6$ kg (▸ Abbildung 12.45a) wird von 36 Stützpfeilern getragen, die in einem Winkel von 38° angebracht sind, so dass sie eine glatte Verbindung mit der Kuppel bilden. Berechnen Sie die Kraftkomponenten F_H und F_V, die jeder Stützpfeiler auf die Kuppel ausübt, so dass die Kraft als reine Drucklast wirkt – d. h. in einem Winkel von 38° (▸ Abbildung 12.45b).

Lösung

Die auf *jeden* Stützpfeiler wirkende vertikale Last beträgt $\frac{1}{36}$ des Gesamtgewichtes. Somit ist

$$F_V = \frac{(1{,}2 \cdot 10^6\ \text{kg})(9{,}8\ \text{m/s}^2)}{36} = 3{,}4 \cdot 10^5\ \text{N}\,.$$

Die Kraft muss am Fuß der Kuppel in einem Winkel von 38° wirken, damit es sich um eine reine Druckkraft handelt. Folglich ist

$$F_H = \frac{F_V}{\tan 38^\circ} = \frac{340\,000\ \text{N}}{\tan 38^\circ} = 430\,000\ \text{N}\,.$$

Damit jeder Stützpfeiler diese horizontale Kraft von 430 000 N ausüben kann, umgibt ein Spannring aus Spannbeton die Basis der Stützpfeiler im Boden (siehe Aufgabe 68 und ▸ Abbildung 12.83).

Abbildung 12.45 (a) Die Kuppel des Kleinen Sportpalastes in Rom, der für die Olympischen Spiele im Jahre 1960 gebaut wurde. (b) Beispiel 12.17.

ZUSAMMENFASSUNG

Man sagt, dass sich ein ruhender (oder zumindest nicht beschleunigender) Körper im **Kräftegleichgewicht** befindet. Das Teilgebiet, das sich mit der Bestimmung der Kräfte im Inneren eines ruhenden Fachwerkes befasst, nennt man **Statik**.

Die beiden Bedingungen, die erfüllt sein müssen, damit sich ein Körper im Gleichgewicht befindet, sind: (1) die Vektorsumme aller auf den Körper wirkenden Kräfte muss gleich null sein und (2) die Summe aller (um eine beliebige Drehachse berechneten) Drehmomente muss ebenfalls gleich null sein:

$$\sum F_x = 0 \sum F_y = 0 \sum M_z = 0 \,,$$

wenn alle Kräfte in einer Ebene wirken. Es ist wichtig, bei der Lösung von statischen Aufgabenstellungen die Gleichgewichtsbedingungen jeweils nur auf einen Körper anzuwenden.

Ein Körper, der sich im statischen Gleichgewicht befindet, befindet sich (a) im **stabilen**, (b) im **labilen** oder (c) im **indifferenten Gleichgewicht**. Welcher Gleichgewichtszustand vorliegt, hängt davon ab, ob eine leichte Verschiebung (a) zu einer Rückkehr in die Ausgangsposition, (b) zu einem weiteren Entfernen von der Ausgangsposition oder (c) zu einem Verharren in der neuen Position führt. Bei einem Körper, der sich im stabilen Gleichgewicht befindet, spricht man auch davon, dass er sich in der **Gleichgewichtslage** befindet.

Das **Hook'sche Gesetz** gilt für viele elastische Festkörper und besagt, dass die Längenänderung eines Körpers proportional zu der ausgeübten Kraft ist:

$$F = k\Delta L \,.$$

Wenn die ausgeübte Kraft zu groß ist, überschreitet der Körper seine **Elastizitätsgrenze**. Das bedeutet, dass er nicht mehr in seine Ausgangsposition zurückkehrt, wenn die verformende Kraft nicht mehr ausgeübt wird. Ist die Kraft noch größer, kann die **Bruchspannung** des Materials überschritten werden und der Körper reißt oder bricht.

Die pro Flächeneinheit auf einen Körper ausgeübte Kraft nennt man **Spannung** und die daraus resultierende anteilmäßige Längenänderung ist die **Dehnung**.

Die auf einen Körper wirkende Spannung ist in dem Körper vorhanden und kann drei verschiedene Formen haben: **Druckspannung**, **Zugspannung** und **Scherspannung**.

Das Verhältnis von Spannung zu Dehnung ist der **Elastizitätsmodul**. Der Elastizitätsmodul gilt für Druck- und Zugspannung, der **Schubmodul** für die Scherspannung. Der **Kompressionsmodul** findet bei Flüssigkeiten Anwendung, deren Volumen sich infolge von auf alle Seiten ausgeübten Drucks, d. h. hydrostatischen Drucks, verändert. Alle drei Module sind für ein vorgegebenes Material Konstanten, wenn das Material innerhalb des elastischen Bereiches verformt wird.

ZUSAMMENFASSUNG

Verständnisfragen

1 Beschreiben Sie mehrere Beispiele, in denen sich ein Körper nicht im Gleichgewicht befindet, obwohl die auf ihn wirkende Nettokraft gleich null ist.

2 Ein Bungeespringer befindet sich am unteren Ende seines Sprunges kurz in der Ruhelage, bevor er wieder nach oben federt. Befindet sich der Bungeespringer in diesem Moment im Gleichgewicht? Erklären Sie.

3 Sie können den Schwerpunkt eines Lineals herausfinden, wenn sie es horizontal auf ihre beiden Zeigefinger legen und ihre Finger dann langsam aufeinander zu bewegen. Zunächst wird das Lineal auf einen Finger rutschen und dann auf den anderen, aber schließlich werden die Finger sich im Schwerpunkt treffen. Warum funktioniert das?

4 Eine Leiter, die an einer Wand lehnt, bildet mit dem Boden einen Winkel von 60°. Wann rutscht die Leiter eher weg: wenn eine Person in der Nähe des oberen Endes oder in der Nähe des unteren Endes der Leiter steht? Erklären Sie, warum.

5 In ▸ Abbildung 12.46a ist eine Stützmauer aus Ton dargestellt. Insbesondere nasse Erde kann eine erhebliche Kraft F auf die Wand ausüben. (a) Welche Kraft erzeugt das Drehmoment, um die Mauer senkrecht zu halten? (b) Erklären Sie, warum die Stützmauer in ▸ Abbildung 12.46b wesentlich weniger vom Umkippen bedroht ist.

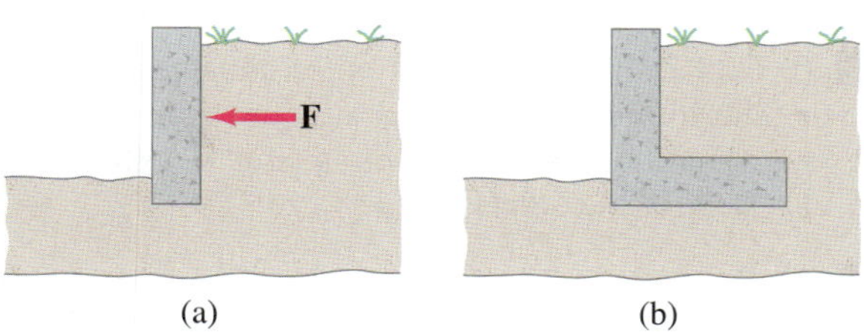

Abbildung 12.46 Frage 5.

6 Auf der Waage Ihres Arztes wird ein Laufgewicht an einem Querträger benutzt, um Ihr Gewicht auszubalancieren, siehe ▸ Abbildung 12.47. Diese Gewichte sind offensichtlich wesentlich leichter als Sie selbst. Wie funktioniert das?

Abbildung 12.47 Frage 6.

7 Erklären Sie, warum das Berühren der Zehen, wenn man mit ausgestreckten Beinen auf dem Boden sitzt, weniger Belastung für die untere Wirbelsäule darstellt, als wenn man die Zehen aus dem Stand berührt. Verwenden Sie eine Zeichnung.

8 Erklären Sie, unter welchen Bedingungen ein in Bewegung befindlicher Körper im Gleichgewicht sein kann.

9 Wenn das auf einen Körper wirkende Nettodrehmoment gleich null ist, wenn es um einen Punkt O berechnet wird, ist es dann *zwangsläufig* gleich null, wenn es um einen anderen Punkt O′ berechnet wird?

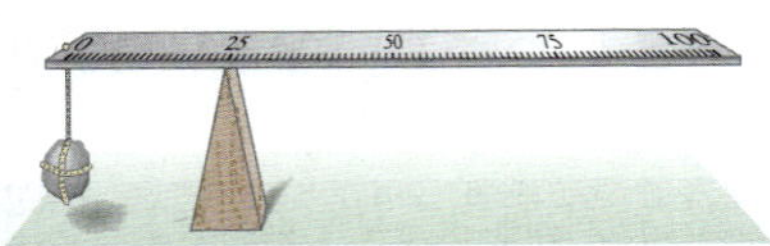

Abbildung 12.48 Frage 10.

10 Ein homogenes Lineal, das an der 25 cm-Marke abgestützt wird, befindet sich im Gleichgewicht, wenn ein Stein mit einer Masse von 1 kg an dem Ende mit der 0 cm-Markierung aufgehängt wird, wie in ▸ Abbildung 12.48 dargestellt. Ist die Masse des Lineals größer oder kleiner als die Masse des Steins oder gleich? Erklären Sie Ihre Argumentation.

11 Stellen Sie sich mit dem Gesicht zur Zarge einer offenen Tür. Positionieren Sie Ihre Füße bündig mit der Zarge, so dass Ihre Nase und Ihr Unterleib die Zarge der Tür berühren. Versuchen Sie, sich auf die Zehenspitzen zu stellen. Warum klappt das nicht?

12 Welche der beiden Anordnungen von Ziegelsteinen, (a) oder (b) in ▸ Abbildung 12.49, ist wahrscheinlich die stabilere? Warum?

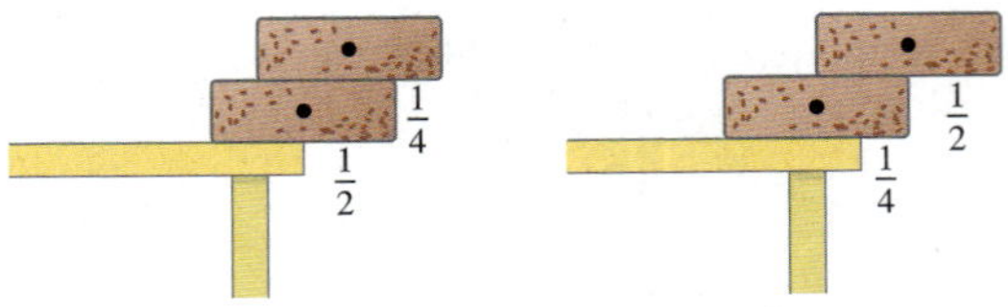

Abbildung 12.49 Frage 12. Die Punkte zeigen den Schwerpunkt jedes Ziegelsteins an. Die Brüche $\frac{1}{4}$ und $\frac{1}{2}$ geben an, welcher Teil jedes Ziegelsteins über seinen Träger hinausragt.

13 Nennen Sie die Art von Gleichgewichtszustand für jede Position der Kugel in ▸ Abbildung 12.50.

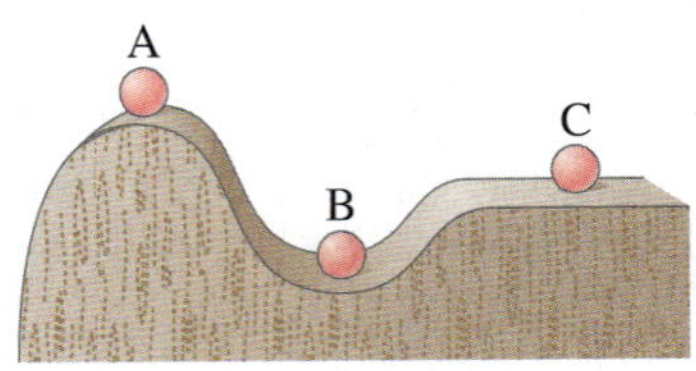

Abbildung 12.50 Frage 13.

14 Warum ist es nicht möglich, senkrecht in einem Stuhl zu sitzen und aufzustehen, ohne sich zunächst nach vorn zu lehnen?

15 Warum ist es schwieriger, Sit-ups aus einer Position mit gebeugten Knien zu machen, als wenn die Beine ausgestreckt sind?

16 Untersuchen Sie, wie eine Schere ein Stück Pappe durchschneidet. Ist der Name „Schere" gerechtfertigt?

Aufgaben zu 12.1 bis 12.3

1 (I) Drei Kräfte wirken auf einen jungen Baum, wie in ▸ Abbildung 12.51 dargestellt, um ihn zu stabilisieren. Ermitteln Sie den Betrag und die Richtung von $\mathbf{F}_3$, wenn $F_1 = 380\,\text{N}$ und $F_2 = 255\,\text{N}$.

2 (I) Zwei Seile tragen einen Kronleuchter in der in ▸ Abbildung 12.4 dargestellten Weise, mit der Ausnahme, dass das obere Seil einen Winkel von 45° mit der Decke bildet. Wie groß ist das maximale Kronleuchtergewicht, das getragen werden kann, wenn die Seile eine Reißfestigkeit von 1150 N besitzen?

3 (I) Berechnen Sie das Drehmoment um die vordere Stütze eines Sprungbretts (▸ Abbildung 12.52), das von einer Person mit einer Masse von 56 kg 3,0 m von der Stütze entfernt ausgeübt wird.

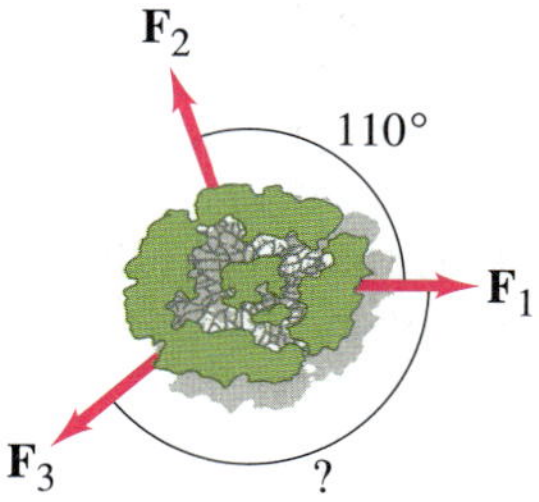

Abbildung 12.51 Aufgabe 1.

Abbildung 12.52 Aufgaben 3, 4 und 8.

4 (I) Wie weit draußen auf dem Sprungbrett (► Abbildung 12.52) müsste sich ein Springer mit einer Masse von 56 kg befinden, um ein Drehmoment von 1000 N · m auf das Brett relativ zur linken Stütze auszuüben?

5 (I) Berechnen Sie die Masse m, die erforderlich ist, um das in ► Abbildung 12.53 dargestellte Bein aufzuhängen. Nehmen Sie an, dass das Bein (mit Gips) eine Masse von 15,0 kg hat und dass sein Schwerpunkt 35,0 cm vom Hüftgelenk entfernt liegt. Die Schlinge befindet sich 80,5 cm vom Hüftgelenk entfernt. Nehmen Sie an, dass sich die Masse m in einer Linie mit dem Schwerpunkt des Beins und dem Hüftgelenk befindet.

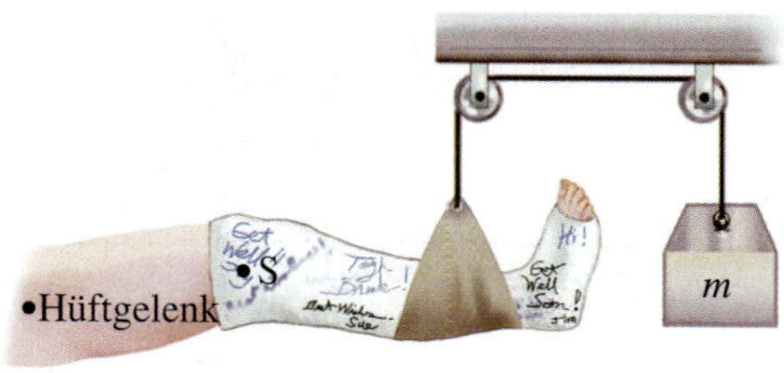

Abbildung 12.53 Aufgabe 5.

6 (I) Ein Erwachsener mit einer Masse von 67,0 kg sitzt an dem einen Ende eines 10,0 m langen Brettes. An dem anderen Ende sitzt sein Kind mit einer Masse von 23,0 kg. Wo sollte der Drehpunkt liegen, so dass das Brett (vernachlässigen Sie seine Masse) ausbalanciert ist?

7 (II) Wiederholen Sie Aufgabe 6 und berücksichtigen Sie jetzt die Masse des Brettes von 12,0 kg.

8 (II) Berechnen Sie die Kräfte F_1 und F_2, die die Stützen auf das Sprungbrett in ► Abbildung 12.52 ausüben, wenn eine Person mit einer Masse von 56 kg am vorderen Ende des Brettes steht. (a) Vernachlässigen Sie das Gewicht des Brettes. (b) Berücksichtigen Sie die Masse des Brettes von 35 kg. Nehmen Sie an, dass der Schwerpunkt des Brettes in seinem Mittelpunkt liegt.

9 (II) Wie nah am Rand des in ► Abbildung 12.54 dargestellten Tisches mit einer Masse von 20,0 kg kann eine Person mit einer Masse von 66,0 kg sitzen, ohne dass der Tisch umkippt?

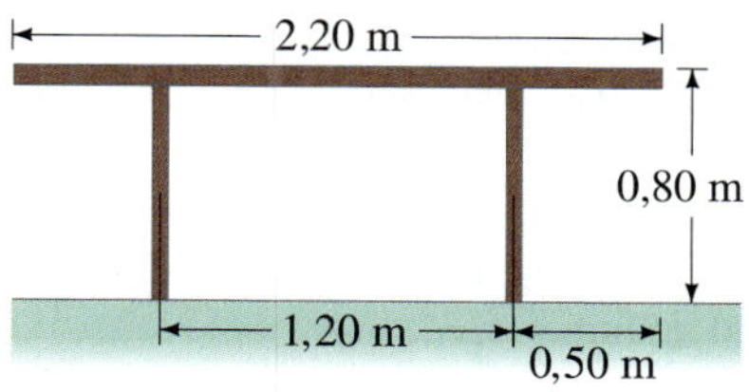

Abbildung 12.54 Aufgabe 9.

10 (II) Ein homogener Stahlträger hat eine Masse von 1100 kg. Auf ihm ruht die Hälfte eines gleich schweren Trägers, wie in ► Abbildung 12.55 dargestellt. Wie groß ist die vertikale Stützkraft an jedem Ende?

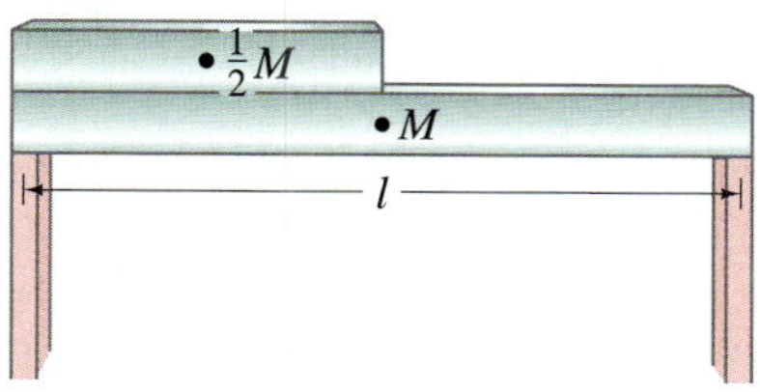

Abbildung 12.55 Aufgabe 10.

11 (II) Ermitteln Sie die Zugspannung in den beiden in ► Abbildung 12.56 dargestellten Seilen. Vernachlässigen Sie die Masse der Seile und nehmen sie an, dass der Winkel θ 30° und die Masse m 200 kg beträgt.

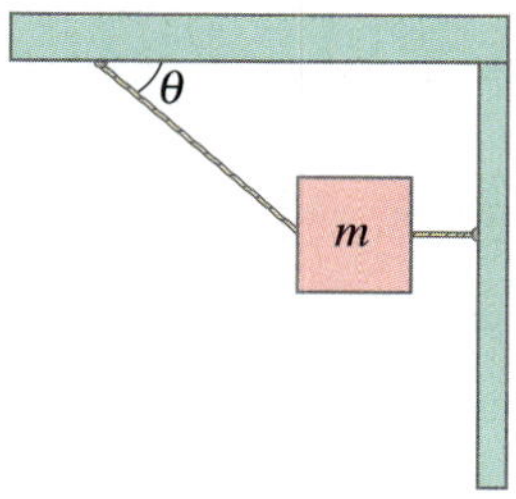

Abbildung 12.56 Aufgabe 11.

12 (II) Ermitteln Sie die Zugspannung in den beiden Drahtseilen, die die in ▸ Abbildung 12.57 dargestellte Ampel halten.

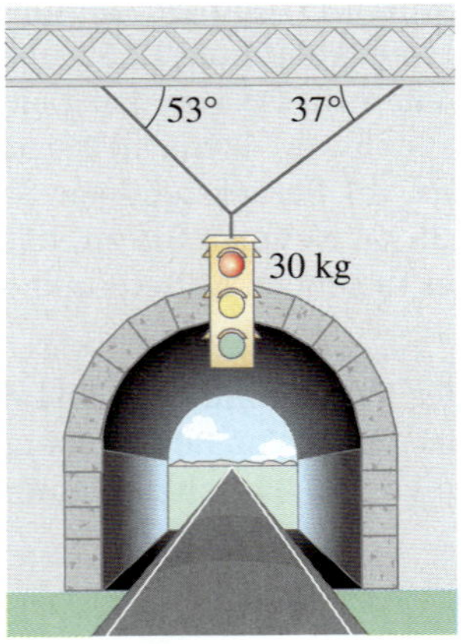

Abbildung 12.57 Aufgaben 12 und 46.

13 (II) Berechnen Sie F_1 und F_2 für den homogenen Ausleger, der in ▸ Abbildung 12.9 dargestellt ist und eine Masse von 1200 kg hat.

Abbildung 12.58 Aufgabe 14.

14 (II) Ein Laken mit einer Masse von 0,60 kg hängt an einer masselosen Wäscheleine, wie in ▸ Abbildung 12.58 dargestellt. Die Leine bildet auf jeder Seite des Lakens einen Winkel von 3,5° mit der Horizontalen. Berechnen Sie die Zugspannung in der Wäscheleine auf jeder Seite des Lakens. Warum ist die Spannung so viel größer als die Gewichtskraft des Lakens?

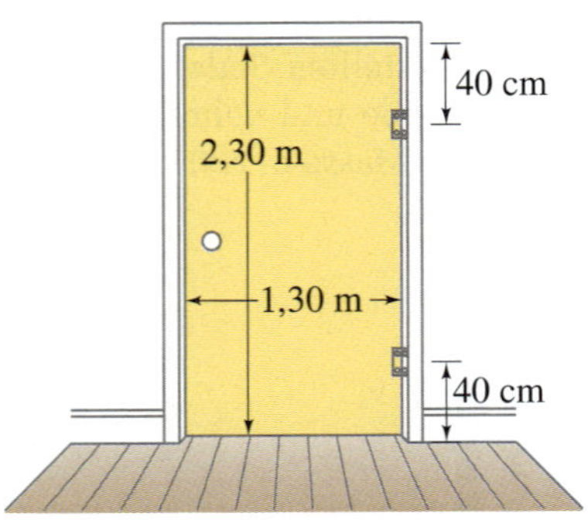

Abbildung 12.59 Aufgabe 15.

15 (II) Eine Tür ist 2,30 m hoch und 1,30 m breit und hat eine Masse von 13,0 kg. Ein Scharnier 0,40 m unterhalb der oberen Türkante und ein weiteres Scharnier 0,40 m oberhalb der unteren Türkante tragen jeweils die Hälfte des Türgewichtes (▸ Abbildung 12.59). Nehmen Sie an, dass sich der Schwerpunkt im geometrischen Mittelpunkt der Tür befindet, und bestimmen Sie die horizontalen und vertikalen Kraftkomponenten, die von jedem Scharnier auf die Tür ausgeübt werden.

16 (II) ▸ Abbildung 12.60 zeigt eine Zange, die dazu verwendet wird, eine dünne Kunststoffstange fest zu halten. Wie groß ist die Kraft, die die Backen der Zange auf die Kunststoffstange ausüben, wenn jeder Finger mit einer Kraft $F_Z = F_B = 11{,}0\,\text{N}$ drückt?

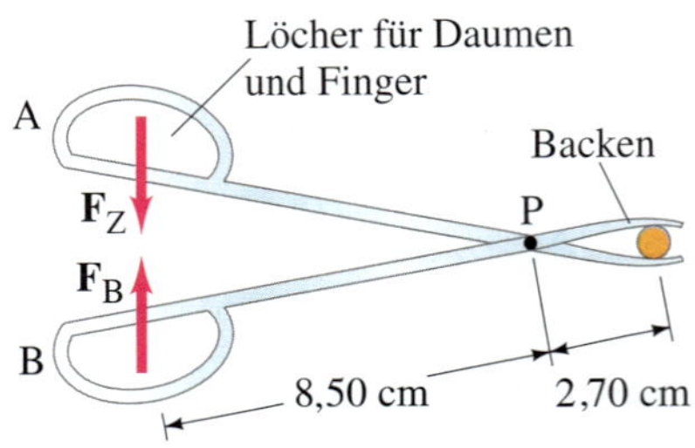

Abbildung 12.60 Aufgabe 16.

17 (II) Der Wohnwagenanhänger in ▸ Abbildung 12.61 hat eine Masse von 2200 kg. Die Abstände betragen $a = 2{,}5\,\text{m}$ und $b = 5{,}5\,\text{m}$. Der Lkw bewegt sich gleichförmig und die Räder des Anhängers können sich frei drehen, d. h. die Straße übt keine horizontale Kraft auf sie aus. Die Anhängerkupplung im Punkt B kann als Stiftlagerung konzipiert werden. (a) Zeichnen Sie das Kräfteparallelogramm für den Anhänger. (b) Bestimmen Sie die gesamte Normalkraft, die die Straße auf die Hinterreifen im Punkt A ausübt, und (c) die von der Stiftlagerung B auf den Auflieger ausgeübte Kraft.

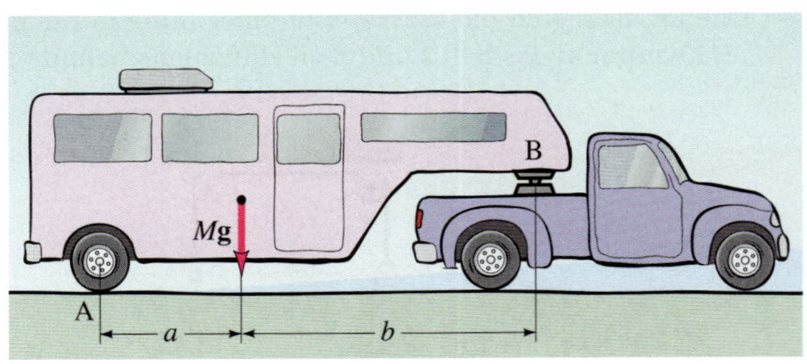

Abbildung 12.61 Aufgabe 17.

18 (II) Wie groß muss die Kraft F_M näherungsweise sein, die der Streckmuskel im Oberarm auf den Unterarm ausüben muss, um eine Kugel mit einer Masse von 7,3 kg zu halten (▸ Abbildung 12.62)? Nehmen Sie an, dass der Unterarm eine Masse von 2,8 kg hat und sich sein Schwerpunkt 12 cm vom Ellbogengelenk entfernt befindet.

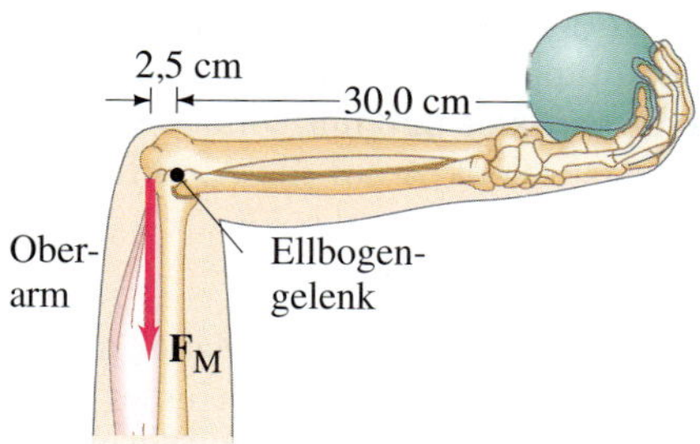

Abbildung 12.62 Aufgabe 18.

19 (II) Die Achillessehne ist an der Ferse befestigt, wie in ▶ Abbildung 12.63 dargestellt. Schätzen Sie die (nach oben gerichtete) Zugspannung in der Achillessehne und die (nach unten gerichtete) Kraft ab, die der untere Beinknochen auf den Fuß ausübt, wenn sich eine Person leicht vom Boden abhebt und sich auf den Ballen eines Fußes stellt. Nehmen Sie an, dass die Person eine Masse von 70 kg hat und dass D doppelt so lang ist wie d.

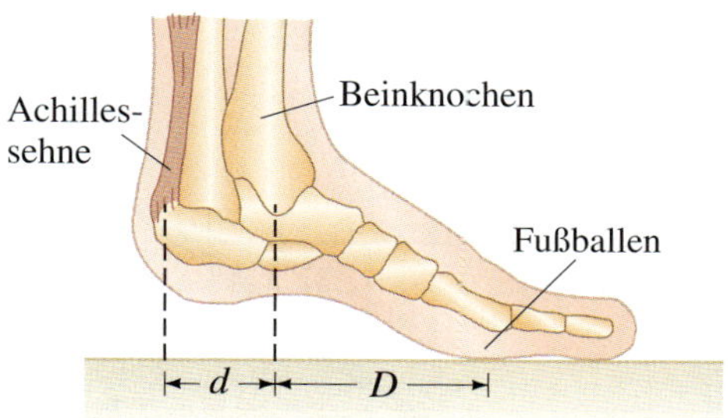

Abbildung 12.63 Aufgabe 19.

20 (II) (a) Berechnen Sie die erforderliche Kraft F_M des Deltamuskels, um den ausgestreckten Arm in ▶ Abbildung 12.64 hoch zu halten. Die Gesamtmasse des Arms beträgt 3,3 kg. (b) Berechnen Sie den Betrag der Kraft F_S, die das Schultergelenk auf den Oberarm ausübt.

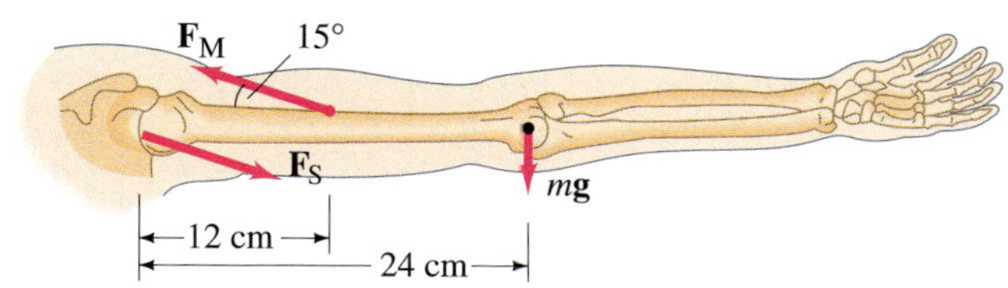

Abbildung 12.64 Aufgaben 20 und 21.

21 (II) Nehmen Sie an, dass die Hand in Aufgabe 20 eine Masse von 15 kg hält. Wie groß ist die Kraft F_M, die der Deltamuskel ausüben muss, wenn sich die Masse 52 cm vom Schultergelenk entfernt befindet?

22 (II) Drei Kinder versuchen, auf einer Wippe zu balancieren, die aus einem Stein, der als Drehpunkt im Mittelpunkt wirkt, und einem sehr leichten Brett mit einer Länge von 3,6 m besteht (▶ Abbildung 12.65). Zwei Jungen befinden sich bereits an den Enden. Der eine Junge hat eine Masse von 50 kg, der andere eine Masse von 35 kg. Wo sollte sich das dritte Kind, das eine Masse von 25 kg hat, hinsetzen, damit die Wippe ausbalanciert wird?

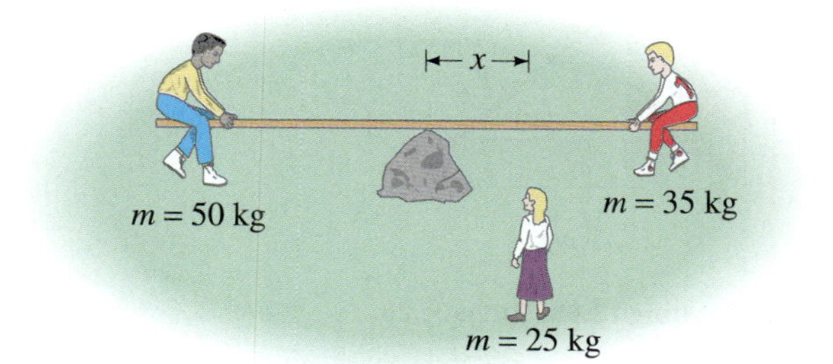

Abbildung 12.65 Aufgabe 22.

23 (II) Eine 1,70 m große Person liegt auf einem leichten (masselosen) Brett, das von zwei Waagen gestützt wird. Die eine Waage befindet sich unter den Füßen und die andere unterhalb des oberen Endes des Kopfes (▶ Abbildung 12.66). Die beiden Waagen zeigen 31,6 bzw. 35,1 kg an. Wo liegt der Schwerpunkt dieser Person?

Abbildung 12.66 Aufgabe 23.

24 (II) Ein horizontaler Balken mit einer Masse von 76,0 kg wird an jedem Ende gestützt. Ein Klavier mit einer Masse von 285 kg ruht ein Viertel der Balkenlänge von einem Ende entfernt. Wie groß ist die auf jede der Stützen ausgeübte vertikale Kraft?

25 (II) Berechnen Sie F_1 und F_2 für den in ▶ Abbildung 12.67 dargestellten Balken. Nehmen Sie an, dass der Balken homogen ist und eine Masse von 250 kg hat.

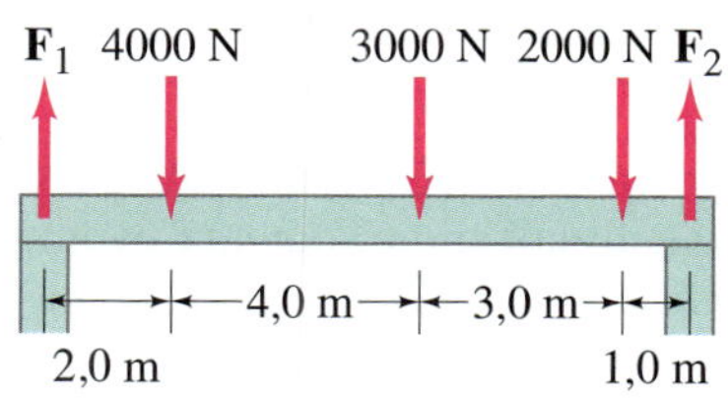

Abbildung 12.67 Aufgabe 25.

26 (II) Berechnen Sie die Zugkraft F_Z in dem Seil, das den in ▶ Abbildung 12.68 dargestellten Balken mit einer Masse von 30,0 kg hält, und die Kraft $\mathbf{F}_W$, die die Wand auf den Balken ausübt (geben Sie Betrag und Richtung an).

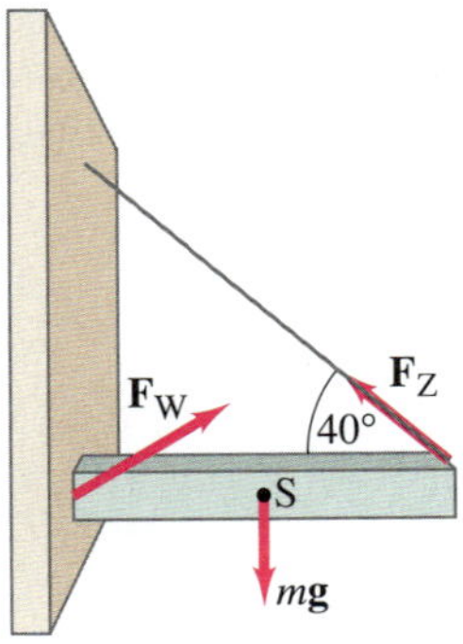

Abbildung 12.68 Aufgabe 26.

27 (II) Die beiden Bäume in ▸ Abbildung 12.69 stehen 7,6 m voneinander entfernt. Berechnen Sie den Betrag der Kraft **F**, die ein Rucksacktourist ausüben muss, um einen Rucksack mit einer Masse von 16 kg so zu halten, dass das Seil in seinem Mittelpunkt (a) 1,5 m, (b) 0,15 m durchhängt.

Abbildung 12.69 Aufgaben 27 und 83.

28 (II) Ein großes Brett mit einer Masse von 80,0 kg wird in einem Winkel von 45° an die Kante eines Scheunentores gelehnt, das 2,6 m breit ist. Wie groß ist die horizontale Kraft, die eine Person hinter der Tür (an der Kante) ausüben muss, um sie zu öffnen? Nehmen Sie an, dass die Reibung zwischen dem Tor und dem Brett vernachlässigt werden kann, aber dass das Brett fest gegen den Boden gesetzt ist.

29 (II) Wiederholen Sie Aufgabe 28 und nehmen Sie jetzt eine Reibungszahl zwischen dem Brett und dem Tor von 0,45 an.

30 (II) Ein Ladenschild mit einem Gewicht von 215 N wird von einem homogenen Balken mit einem Gewicht von 135 N getragen, wie in ▸ Abbildung 12.70 dargestellt. Ermitteln Sie die Zugspannung in dem Spanndraht und die von dem Gelenk auf den Balken ausgeübte horizontale und vertikale Kraft.

31 (II) Eine Ampel hängt an einer Konstruktion, wie in ▸ Abbildung 12.71 dargestellt. Die homogene Aluminiumstange AB ist 7,5 m lang und hat eine Masse von 8,0 kg. Die Masse der Ampel beträgt 12,0 kg. Bestimmen Sie die Zugspannung in dem horizontalen, masselosen Seil CD und die vertikale und horizontale Komponente der Kraft, die das Gelenk A auf die Aluminiumstange ausübt.

32 (II) Eine homogene Leiter mit der Masse m und der Länge l lehnt in einem Winkel θ an einer reibungsfreien Wand, siehe ▸ Abbildung 12.72. Wie groß ist der

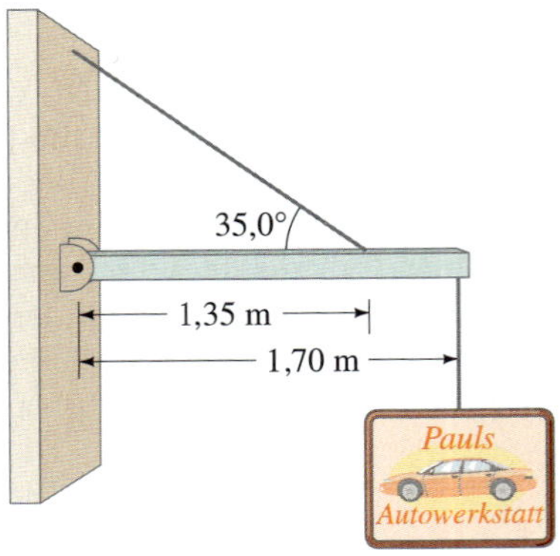

Abbildung 12.70 Aufgabe 30.

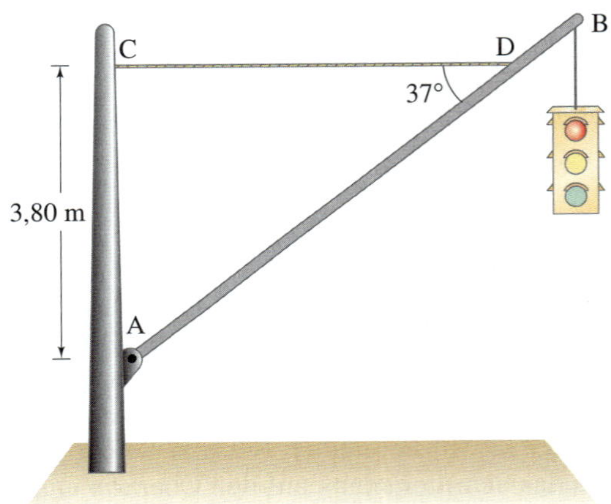

Abbildung 12.71 Aufgabe 31.

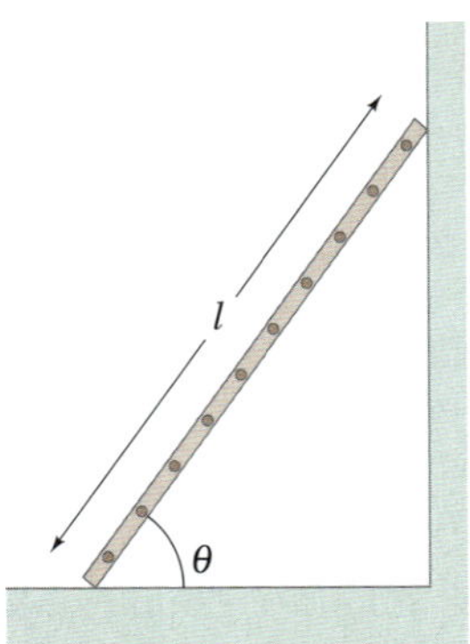

Abbildung 12.72 Aufgabe 32.

minimale Winkel, bei dem die Leiter nicht wegrutscht, wenn die Haftreibungszahl zwischen Leiter und Erdboden μ_H ist?

33 (II) Ein Lineal mit einer Masse von 230 g wird horizontal von zwei vertikalen Schnüren gehalten. Die eine Schnur ist an der 0 cm-Marke befestigt, die andere an der 90 cm-Marke (► Abbildung 12.73). (a) Wie groß ist die Zugspannung in der Schnur an der 0 cm-Marke? (b) Wie groß ist die Zugspannung in der Schnur an der 90 cm-Marke?

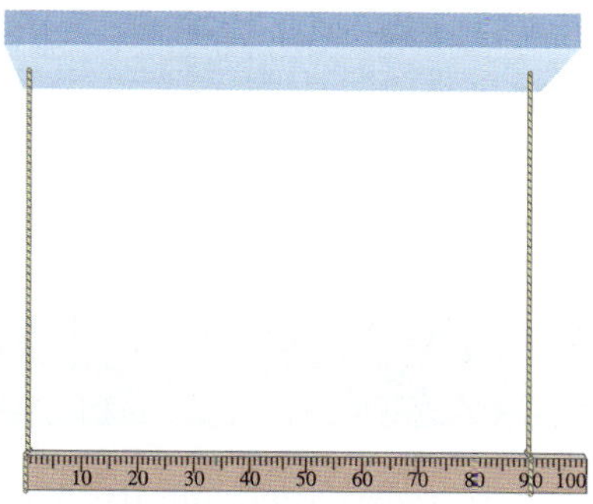

Abbildung 12.73 Aufgabe 33.

34 (II) Eine homogene Stange AB mit einer Länge von 5,0 m und einer Masse $M = 3{,}0$ kg ist im Punkt A eingehängt und wird durch ein leichtes Seil im Gleichgewicht gehalten, wie in ► Abbildung 12.74 dargestellt. Eine Last $G = 20$ N hängt an der Stange in einem Abstand x, so dass die Zugspannung in dem Seil 70 N beträgt. (a) Zeichnen Sie ein Kräfteparallelogramm für die Stange. (b) Bestimmen Sie die vertikalen und horizontalen Kräfte, die das Gelenk auf die Stange ausübt. (c) Bestimmen Sie x mithilfe der passenden Drehmomentgleichung.

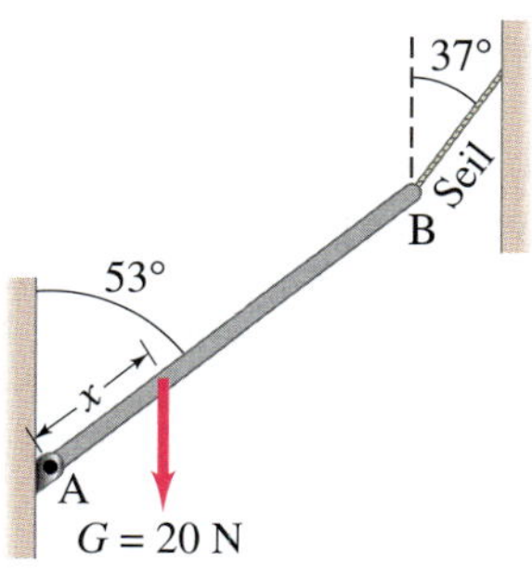

Abbildung 12.74 Aufgabe 34.

35 (III) Eine würfelförmige Kiste mit der Seitenlänge $s = 2{,}0$ m ist kopflastig: ihr Schwerpunkt befindet sich 20 cm über ihrem tatsächlichen Mittelpunkt. Wie steil darf eine schiefe Ebene sein, auf der die Kiste ruhen kann, ohne umzukippen? Wie würde Ihre Antwort lauten, wenn die Kiste mit konstanter Geschwindigkeit die schiefe Ebene hinuntergleiten sollte, ohne umzukippen?

36 (III) Ein Kühlschrank ist näherungsweise ein homogener, rechteckiger Körper und 2,5 m hoch, 1,0 m breit und 1,5 m tief. Wie schnell kann ein Lkw, in dem sich ein Kühlschrank befindet, beschleunigen, ohne dass der Kühlschrank umkippt, wenn der Kühlschrank in aufrechter Position mit seiner breiten Seite von 1,0 m in Fahrtrichtung auf dem Lkw steht und nicht rutschen kann?

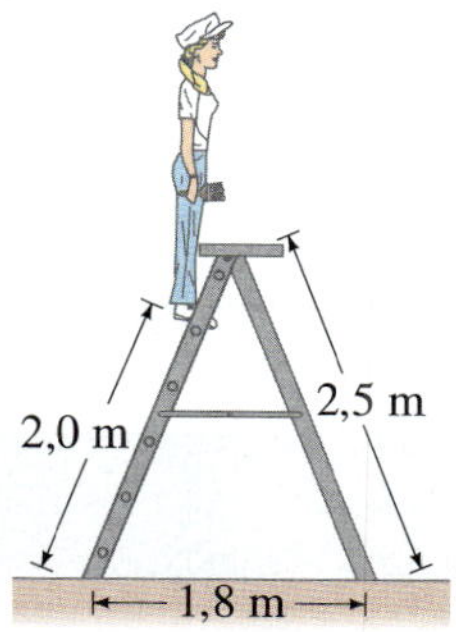

Abbildung 12.75 Aufgabe 37.

37 (III) Eine Person mit einer Masse von 60 kg steht 2,0 m vom Fuß einer Trittleiter entfernt auf der Leiter, wie in ► Abbildung 12.75 dargestellt. Bestimmen Sie (a) die Zugspannung in der horizontalen Verbindungsstange, die sich in halber Höhe der Leiter befindet, (b) die Normalkraft, die der Boden auf jede Seite der Leiter ausübt, und (c) die Kraft (Betrag und Richtung), die die linke Seite der Leiter am Scharnier oben an der Leiter auf die rechte Seite ausübt. Vernachlässigen Sie die Masse der Leiter und nehmen Sie den Boden als reibungsfrei an. (*Hinweis*: Betrachten Sie das Kräfteparallelogramm für jeden Abschnitt der Leiter.)

Abbildung 12.76 Aufgabe 38.

38 (III) Eine Person möchte eine Lampe (Masse 72 kg) über den Fußboden schieben. Die Reibungszahl beträgt 0,20 (► Abbildung 12.76). Berechnen Sie die maximale Höhe über dem Fußboden, bei der die Person die Lampe so schieben kann, dass sie gleitet und nicht kippt.

39 (III) Zwei Spanndrähte gehen von dem oberen Ende eine Stange ab, die 2,6 m hoch ist und ein Volleyballnetz hält. Die beiden Drähte sind in einem Abstand von 2,0 m voneinander im Boden verankert und jeder Draht ist 2,0 m von der Stange entfernt (▶ Abbildung 12.77). Die Zugspannung in jedem Draht beträgt 95 N. Wie groß ist die Zugspannung in dem Netz, wenn das Netz horizontal und am oberen Ende der Stange befestigt ist?

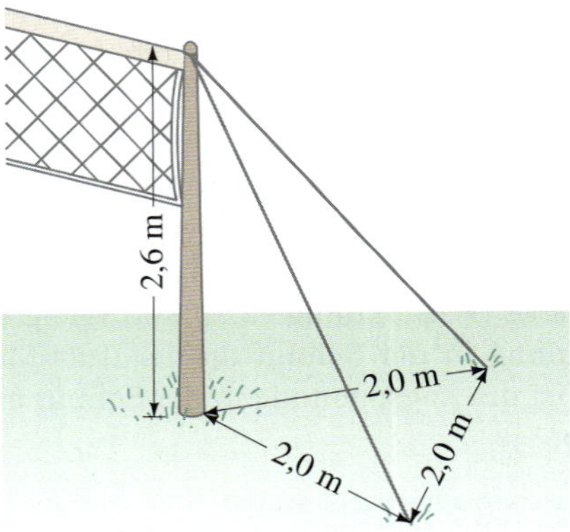

Abbildung 12.77 Aufgabe 39.

Aufgaben zu 12.5

40 (I) Die Nylonsaite eines Tennisschlägers steht unter einer Zugbelastung von 250 N. Um wie viel wird sie im Vergleich zu ihrer nicht unter Zugbelastung stehenden Länge von 30,0 cm länger, wenn ihr Durchmesser 1,00 mm beträgt?

41 (I) Eine Marmorsäule mit einer Querschnittsfläche von 2,0 m^2 trägt eine Masse von 25 000 kg. (a) Wie groß ist die mechanische Spannung in der Säule? (b) Wie groß ist die Dehnung?

42 (I) Um wie viel wird die Säule in der vorigen Aufgabe kürzer, wenn sie 12,0 m hoch ist?

43 (I) An dem unteren Ende eines vertikalen Stahlträgers mit einer Querschnittsfläche von 0,15 m^2 hängt ein Schild (Masse 2000 kg). (a) Wie groß ist die mechanische Spannung in dem Träger? (b) Wie groß ist die auf den Träger wirkende Belastung? (c) Um wie viel wird der Träger länger, wenn er eine Länge von 9,50 m hat? (Vernachlässigen Sie die Masse des Trägers selbst.)

44 (I) Ein Liter Alkohol (1000 cm^3) wird in einem deformierbaren Behälter zum Meeresboden transportiert, wo der Druck $2{,}6 \cdot 10^6$ N/m^2 beträgt. Wie groß ist sein Volumen dort?

45 (I) Eine Tiersehne mit einer Länge von 15 cm hat sich unter Einwirkung einer Kraft von 13,4 N um 3,7 mm gedehnt. Die Sehne war annähernd rund und hatte einen durchschnittlichen Durchmesser von 8,5 mm. Berechnen Sie den Elastizitätsmodul dieser Sehne.

46 (II) Wie groß ist die auf die Belastung zurückzuführende prozentuale Dehnung in jedem der beiden Drahtseile in ▶ Abbildung 12.57 (Aufgabe 12), wenn sie aus Stahldraht mit einem Durchmesser von 1,0 mm bestehen?

47 (II) Wie viel Druck ist erforderlich, um das Volumen eines Eisenblocks um 0,10 Prozent zu komprimieren? Geben Sie Ihre Antwort in N/m^2 an und vergleichen Sie sie mit dem atmosphärischen Druck ($1{,}0 \cdot 10^5$ N/m^2).

48 (II) In einer Tiefe von 2000 m unter dem Meeresspiegel ist der Druck etwa 200mal so groß wie der atmosphärische Druck ($1{,}0 \cdot 10^5$ N/m^2). Wie groß ist die prozentuale Änderung des Volumens einer Eisenkugel in dieser Tiefe?

49 (II) Scherkräfte, wie die in ▶ Abbildung 12.24 dargestellten, wirken auf eine Stahlplatte mit einer Seitenlänge von 0,50 m und einer Stärke von 1,1 cm. Die von diesen Kräften erzeugte Scherung (Dehnung) beträgt 0,050. Berechnen Sie den Betrag der Kraft.

50 (II) Eine Kammmuschel öffnet ihre Schale mit einem elastischen Material, dem so genannten Abductin, dessen Elastizitätsmodul ca. $2{,}0 \cdot 10^6$ N/m^2 beträgt. Wie viel potenzielle Energie speichert dieses Stück Abductin, wenn es um 1,0 mm komprimiert wird, 3,0 mm dick ist und eine Querschnittsfläche von 0,50 cm^2 hat?

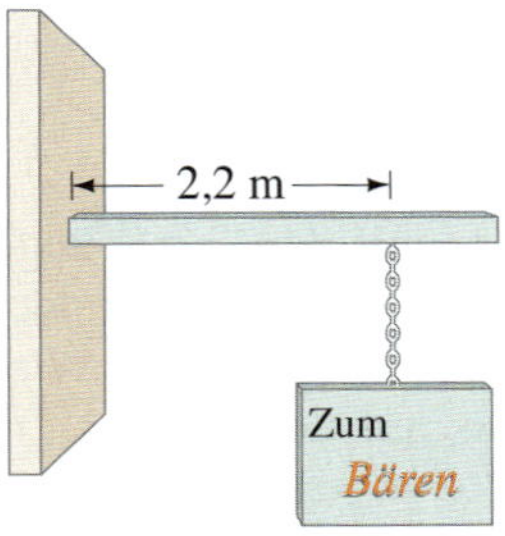

Abbildung 12.78 Aufgabe 51.

51 (III) Eine Stange steht von der Vorderwand eines Ladens horizontal ab. Ein Schild mit einer Masse von 5,1 kg hängt in einem Abstand von 2,2 m von der Wand an der Stange (▸ Abbildung 12.78). (a) Wie groß ist das auf dieses Schild zurückzuführende Drehmoment, berechnet um den Punkt, in dem die Stange und die Wand zusammentreffen? (b) Es muss ein anderes Drehmoment ausgeübt werden, damit die Stange ausbalanciert wird und nicht hinunterfällt. Was übt dieses Drehmoment aus? Zeigen Sie anhand einer Zeichnung, wie dieses Drehmoment wirken muss. (c) Erörtern Sie, ob Druck-, Zug- und/oder Scherspannung in Teil (b) eine Rolle spielen.

Aufgaben zu 12.6

52 (I) Ein Oberschenkelknochen eines Menschen hat einen minimalen Nutzquerschnitt von ca. $3{,}0\,\text{cm}^2$ ($= 3{,}0 \cdot 10^{-4}\,\text{m}^2$). Wie groß ist die Druckkraft, die er aufnehmen kann, bevor er bricht?

53 (II) Wie groß kann die maximale Zugspannung in der Nylonsaite eines Tennisschlägers mit einem Durchmesser von 1,00 mm sein? Was tun Sie, um ein Reißen zu vermeiden, wenn Sie strammere Saiten wünschen: verwenden Sie dünnere oder dickere Saiten? Warum? Was bringt die Saiten beim Auftreffen des Balls zum Reißen?

54 (II) Wenn eine Druckkraft von $3{,}6 \cdot 10^4$ N auf das Ende eines Knochens ausgeübt wird, der eine Länge von 20,0 cm und eines Querschnittsfläche von $3{,}6\,\text{cm}^2$ hat, (a) bricht der Knochen und (b) wenn nicht, um wie viel wird er kürzer?

55 (II) (a) Wie groß ist die erforderliche minimale Querschnittsfläche eines vertikalen Stahlseils, an dem ein Kronleuchter mit einer Masse von 320 kg hängt? Nehmen Sie einen Sicherheitsfaktor von 7,0 an. (b) Wie groß ist die Längenänderung des Seils, wenn es 7,5 m lang ist?

56 (II) Nehmen Sie an, dass die Stützen des in ▸ Abbildung 12.9 dargestellten Auslegers (Masse = 2600 kg) aus Holz sind. Berechnen Sie die erforderliche minimale Querschnittsfläche für jede Stütze und nehmen Sie dabei einen Sicherheitsfaktor von 8,5 an.

57 (II) Ein Eisenbolzen wird verwendet, um zwei Eisenplatten miteinander zu verbinden. Der Bolzen muss Scherkräfte von bis zu 3200 N aufnehmen. Berechnen Sie den minimalen Durchmesser für den Bolzen auf der Grundlage eines Sicherheitsfaktors von 6,0.

58 (III) Ein Stahlseil soll einen Aufzug halten, dessen Gesamtmasse (beladen) nicht mehr als 3100 kg betragen soll. Berechnen Sie den erforderlichen Durchmesser des Seils bei einer maximalen Beschleunigung des Aufzugs von $1{,}2\,\text{m/s}^2$. Nehmen Sie einen Sicherheitsfaktor von 7,0 an.

59 (III) Es ist bekannt, dass Fallschirmspringer, deren Schirme sich nicht öffneten, überlebt haben, wenn sie in tiefem Schnee landeten. Nehmen Sie an, dass ein Fallschirmspringer mit einer Masse von 75 kg mit einer Aufprallfläche von $0{,}30\,\text{m}^2$ und einer Geschwindigkeit von 60 m/s auf dem Boden aufkommt und dass die spezifische Festigkeit der Haut $5 \cdot 10^5\,\text{N/m}^2$ beträgt. Nehmen Sie außerdem an, dass der Fallschirmspringer in 1,0 m tiefem Schnee zum Stillstand kommt. Zeigen Sie, dass er ohne Verletzungen davonkommen kann.

Aufgaben zu 12.7

60 (II) ▸ Abbildung 12.79 zeigt ein einfaches Fachwerk, das im Mittelpunkt (C) eine Last von $1{,}25 \cdot 10^4$ N trägt. (a) Berechnen Sie die auf jede Strebe wirkende Kraft an den Gelenken A, B, C und D und (b) bestimmen Sie, welche Streben sich unter Zugbelastung und welche unter Druckbelastung befinden (vernachlässigen Sie die Massen der Streben).

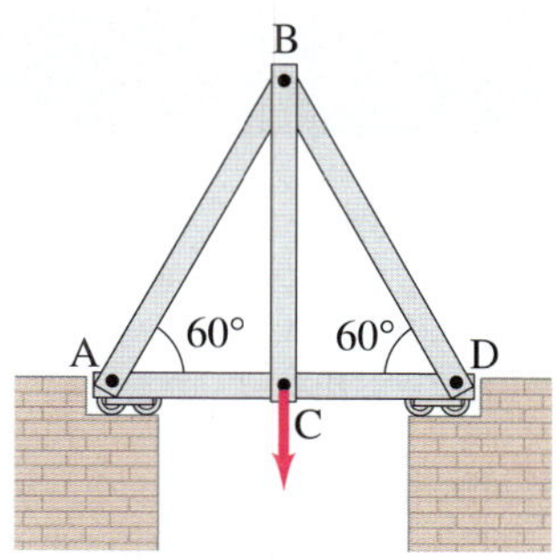

Abbildung 12.79 Aufgabe 60.

61 (II) Eine schwere Last $Mg = 56{,}0$ kN hängt im Punkt E des in ▸ Abbildung 12.80 dargestellten einfachen freitragenden Fachwerks. (a) Wenden Sie eine Drehmomentgleichung für das Fachwerk als Ganzes zur Bestimmung der Zugkraft F_Z in dem Tragseil an und bestimmen Sie dann die Kraft F_A im Gelenk A. (b) Bestimmen Sie die Kraft in jedem Stab des Fachwerks. Vernachlässigen Sie die Gewichtskraft des Fachwerks, die im Vergleich zu der Last klein ist.

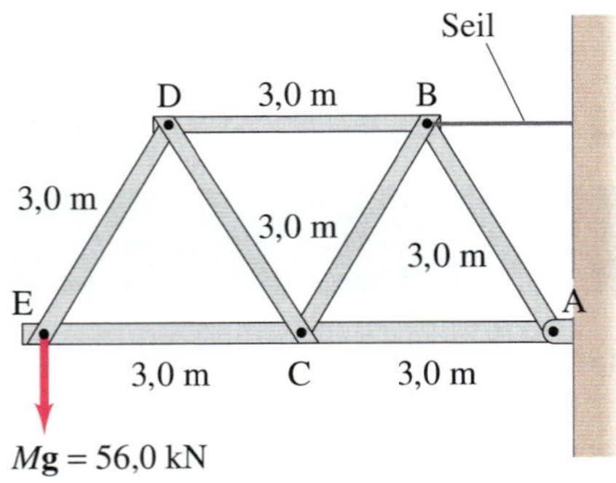

Abbildung 12.80 Aufgabe 61.

62 (II) Betrachten Sie nochmals Beispiel 12.15, nehmen Sie aber dieses Mal an, dass die Fahrbahn gleichmäßig gestützt wird, so dass $\frac{1}{2}$ ihrer Masse M im Mittelpunkt wirkt und $\frac{1}{4}M$ an jedem Endträger (stellen Sie sich die Brücke als zwei Brückenbogen, AC und CE, vor, so dass das mittlere Gelenk C die Enden zweier Bögen trägt). Berechnen Sie den Betrag der Kraft in jedem Fachwerkstab und vergleichen Sie das Ergebnis mit Beispiel 12.15.

63 (II) (a) Wie groß muss die minimale Querschnittsfläche der Fachwerkstäbe in Beispiel 12.15 sein, wenn sie aus Stahl sind (und alle dieselbe Größe haben) und ein Sicherheitsfaktor von 6,0 angewendet werden soll? (b) Schätzen Sie erneut die erforderliche Querschnittsfläche für die Fachwerkstäbe ab, damit die Brücke jederzeit 50 Lkw mit einer durchschnittlichen Masse von $1{,}2 \cdot 10^4$ kg tragen kann.

64 (III) Das in ► Abbildung 12.81 dargestellte Fachwerk trägt eine Eisenbahnbrücke. Bestimmen Sie die Spannung in jeder Strebe, wenn eine Zuglokomotive mit einer Masse von 44 000 kg in der Mitte zwischen dem Mittelpunkt und dem einen Ende angehalten wird. Vernachlässigen Sie die Massen der Schienen und des Fachwerks und verwenden Sie nur die halbe Masse der Lokomotive, da es zwei Fachwerke gibt. Nehmen Sie alle Dreiecke als gleichseitig an (wie in Beispiel 12.15). (*Hinweis*: Siehe ► Abbildung 12.35.)

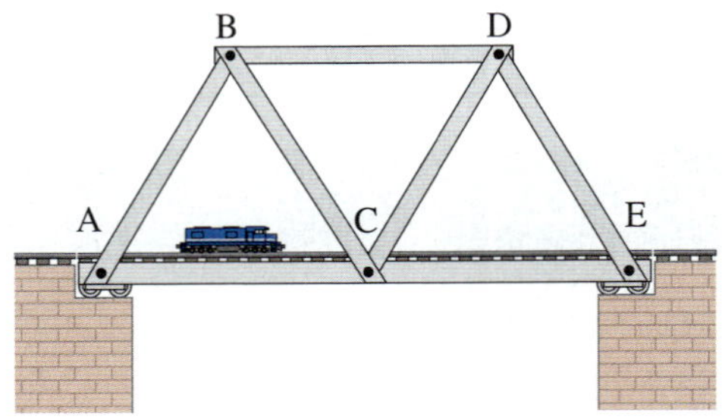

Abbildung 12.81 Aufgabe 64.

65 (III) Nehmen Sie in Beispiel 12.15 an, dass sich der Massenmittelpunkt eines Lkw mit einer Masse von $m = 28 \cdot 10^3$ kg 22 m vom linken Ende der Brücke (Punkt A) befindet. Bestimmen Sie den Betrag der Kraft und die Art der Belastung in jeder Strebe. (*Hinweis*: Siehe ► Abbildung 12.35.)

66 (III) Bestimmen Sie für das Fachwerk im N-Verband in ► Abbildung 12.82 die auf jeden Stab wirkende Kraft und ob es sich um eine Zug- oder Druckkraft handelt. Nehmen Sie an, dass das Fachwerk wie dargestellt belastet ist, und geben Sie Ihre Ergebnisse in Abhängigkeit von F an. Die Höhe ist a und jeder der vier unteren, horizontalen Abstände ist a.

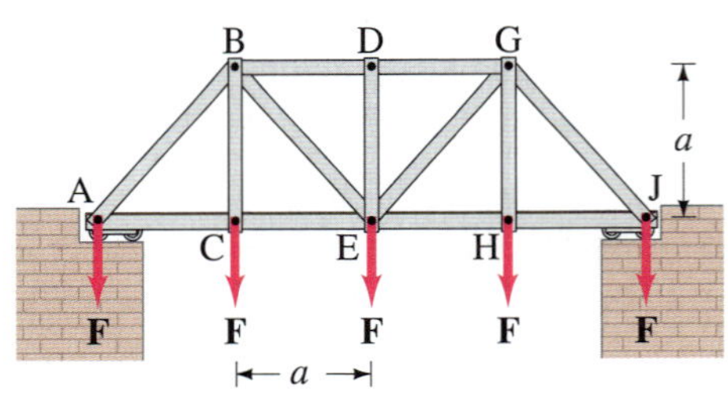

Abbildung 12.82 Aufgabe 66.

Aufgaben zu 12.8

67 (II) Wie hoch muss ein Spitzbogen sein, wenn er einen 8,0 m breiten Zwischenraum überspannen und an seinem Fuß ein Drittel der horizontalen Kraft ausüben soll, die ein Rundbogen ausüben würde?

68 (II) Der unterirdische Spannring, der die ausgleichende horizontale Kraft auf die Verankerungspfeiler für den Kuppelbau in ► Abbildung 12.45 ausübt, ist 36-seitig, so dass jedes Segment mit dem benachbarten Segment

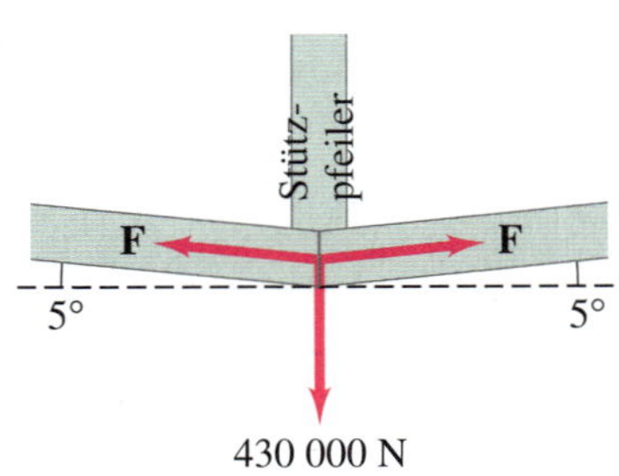

Abbildung 12.83 Aufgabe 68.

einen Winkel von 10° bildet (▸ Abbildung 12.83). Berechnen Sie die Zugkraft F, die in jedem Segment vorhanden sein muss, so dass die erforderliche Kraft von $4{,}3 \cdot 10^5$ N an jeder Ecke ausgeübt werden kann (Beispiel 12.17).

Allgemeine Aufgaben

69 Das Mobile in ▸ Abbildung 12.84 befindet sich im Gleichgewicht. Der Körper B hat eine Masse von 0,735 kg. Bestimmen Sie die Massen der Körper A, C und D. (Vernachlässigen Sie die Gewichte der Querstäbe.)

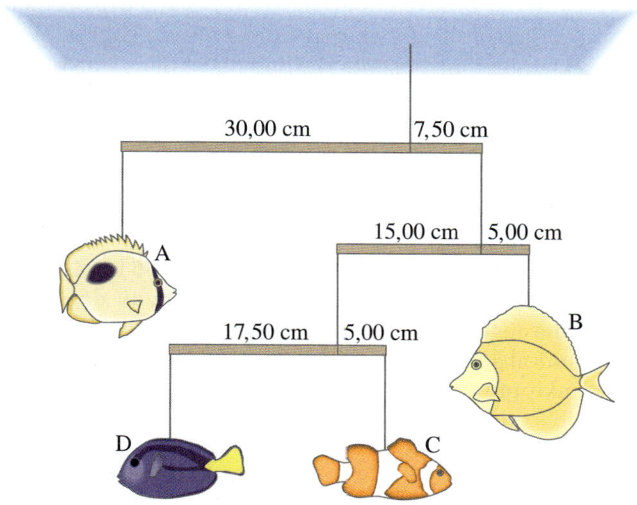

Abbildung 12.84 Aufgabe 69.

70 Ein straff gespanntes Hochseil ist 46 m lang. Es hängt 3,4 m durch, wenn ein Seiltänzer mit einer Masse von 60,0 kg im Mittelpunkt des Hochseils steht. Wie groß ist die Zugspannung in dem Seil? Ist es möglich, die Zugspannung in dem Seil so zu erhöhen, dass es gar nicht durchhängt?

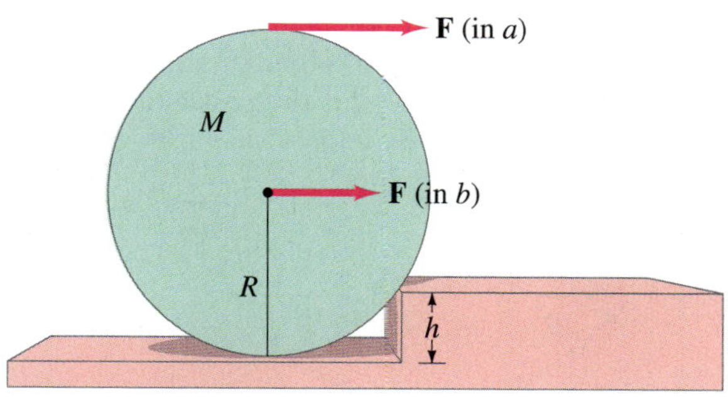

Abbildung 12.85 Aufgabe 71.

71 Wie groß ist die minimale Kraft F, die erforderlich ist, um ein Rad mit dem Radius R und der Masse M über eine Stufe mit der Höhe h zu ziehen, wie in ▸ Abbildung 12.85 dargestellt ($R > h$)? (a) Nehmen Sie an, die Kraft wird, wie dargestellt, am oberen Rand ausgeübt. (b) Nehmen Sie an, die Kraft wird stattdessen im Radmittelpunkt ausgeübt.

72 Ein fünfzigstöckiges Gebäude wird geplant. Es soll 200,0 m hoch sein und eine Grundfläche von 40,0 m mal 70,0 m haben. Seine Gesamtmasse wird ca. $1{,}8 \cdot 10^7$ kg und sein Gewicht folglich ca. $1{,}8 \cdot 10^8$ N betragen. Nehmen Sie an, ein Wind mit einer Geschwindigkeit von 200 km/h übt eine Kraft von 950 N/m² auf die 70,0 m breite Seite aus (▸ Abbildung 12.86). Berechnen Sie das Drehmoment um den potenziellen Drehpunkt, die hintere Kante des Gebäudes (wo $\mathbf{F}_E$ wirkt in ▸ Abbildung 12.86) und finden Sie heraus, ob das Gebäude umstürzen wird. Nehmen Sie an, dass die Gesamtkraft des Windes im Mittelpunkt der Stirnseite des Gebäudes wirkt und dass das Gebäude nicht im Untergrund verankert ist. (*Hinweis*: $\mathbf{F}_E$ in ▸ Abbildung 12.86 stellt die Kraft dar, die die Erde auf das Gebäude in dem Fall ausübt, in dem das Gebäude umzustürzen beginnt.)

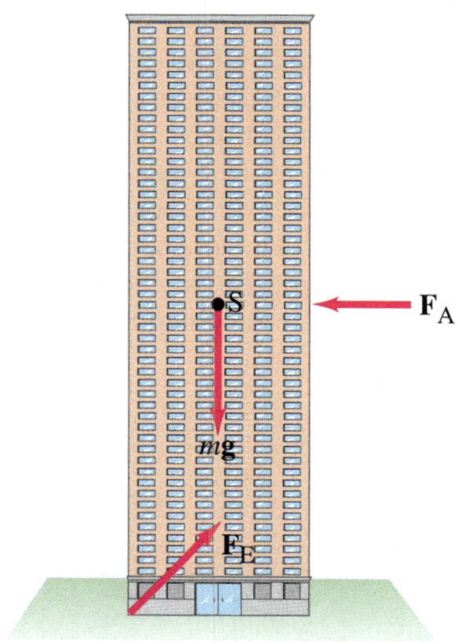

Abbildung 12.86 Kraft, die auf ein Gebäude auf Grund von Wind ($\mathbf{F}_A$) und Gravitation ($m\mathbf{g}$) ausgeübt wird. $\mathbf{F}_E$ ist die von der Erde auf das Gebäude ausgeübte Kraft in dem Moment, in dem das Gebäude umzustürzen beginnt. Aufgabe 72.

73 Der Schwerpunkt eines beladenen Lkw hängt davon ab, wie er beladen ist. Wie steil darf ein Abhang sein, auf dem der Lkw geparkt wird, ohne seitlich umzukippen, wenn der Lkw 4,0 m hoch und 2,4 m breit ist und sich sein Schwerpunkt 2,2 m über dem Erdboden befindet (► Abbildung 12.87)?

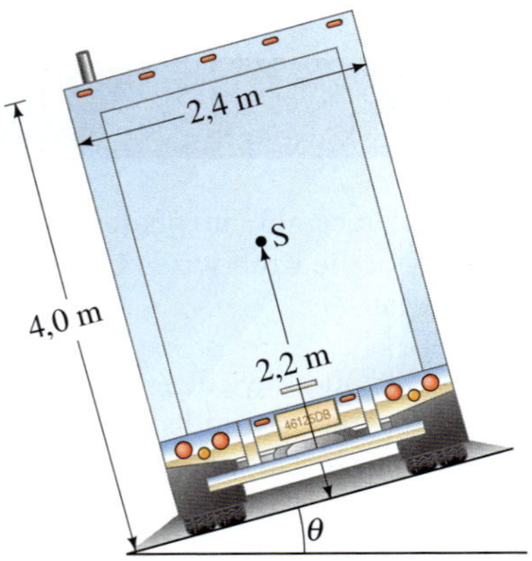

Abbildung 12.87 Aufgabe 73.

74 In Beispiel 9.6 haben wir den Kraftstoß und die durchschnittliche Kraft berechnet, die auf das Bein einer Person wirken, die 3,0 m hinunter auf den Boden springt. Bestimmen Sie (a) die Belastung im Schienbeinknochen (Fläche $= 3{,}0 \cdot 10^{-4}\,\text{m}^2$) und (b) ob der Knochen bricht oder nicht, wenn die Knie bei der Landung nicht gebeugt sind, so dass der Körper einen Weg d von nur 1,0 cm während des Stoßes zurücklegt. (c) Wiederholen Sie die Berechnung für eine Landung mit gebeugten Knien ($d = 50{,}0$ cm).

75 Das Dach eines Klassenzimmers mit einer Fläche von 9,0 m · 10,0 m hat eine Gesamtmasse von 12 600 kg. Das Dach soll von vertikalen Dachstützen mit einem Querschnitt von 4,0 cm · 9,0 cm entlang der 10,0 m langen Seiten gestützt werden. Wie viele Stützen sind auf jeder Seite erforderlich und in welchem Abstand voneinander müssen sie angebracht sein? Betrachten Sie nur die Druckbelastung und nehmen Sie einen Sicherheitsfaktor von 12 an.

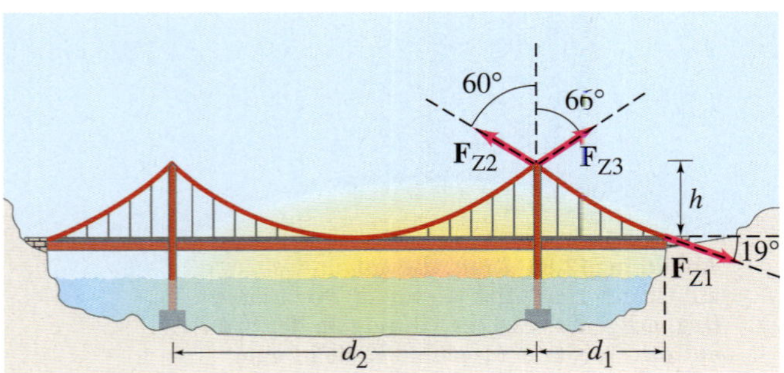

Abbildung 12.88 Aufgabe 76 und 77.

76 Betrachten Sie den rechten (nördlichsten) Abschnitt der Golden Gate Bridge in ► Abbildung 12.88, der eine Länge $d_1 = 343$ m hat. Nehmen Sie an, dass sich der Schwerpunkt dieses Brückenbogens auf halbem Wege zwischen Pylon und Verankerung befindet. Bestimmen Sie F_{Z1} und F_{Z2} (die auf das nördlichste Seil wirken) in Abhängigkeit von mg, der Gewichtskraft des nördlichsten Brückenbogens, und berechnen Sie die für den Gleichgewichtszustand erforderliche Pylonhöhe h. Nehmen Sie an, dass die Fahrbahn nur von den Hängeseilen getragen wird und vernachlässigen Sie die Masse der Seile. (*Hinweis*: F_{Z3} wirkt in diesem Abschnitt nicht.)

77 Nehmen Sie an, dass eine Hängebrücke mit einem Brückenbogen, wie z. B. die Golden Gate Bridge, den in ► Abbildung 12.88 dargestellten Aufbau hat. Nehmen Sie außerdem an, dass die Fahrbahn über die gesamte Länge der Brücke homogen ist und dass jedes Segment des Hängeseils die einzige Stütze für die Fahrbahn direkt unter ihm darstellt. Die Enden des Seils sind nur im Erdboden, nicht in der Fahrbahn verankert. Wie muss das Verhältnis von d_2 zu d_1 sein, damit das Hängeseil keine horizontale Nettokraft auf die Pylonen ausübt? Vernachlässigen Sie die Masse der Seile und die Tatsache, dass die Fahrbahn nicht genau horizontal ist.

78 Ein runder Tisch mit einer Masse von 36 kg steht auf drei Beinen, die in gleichen Abständen an der Tischkante angebracht sind. Wie groß muss eine an der Tischkante abgelegte Masse mindestens sein, damit der Tisch umkippt?

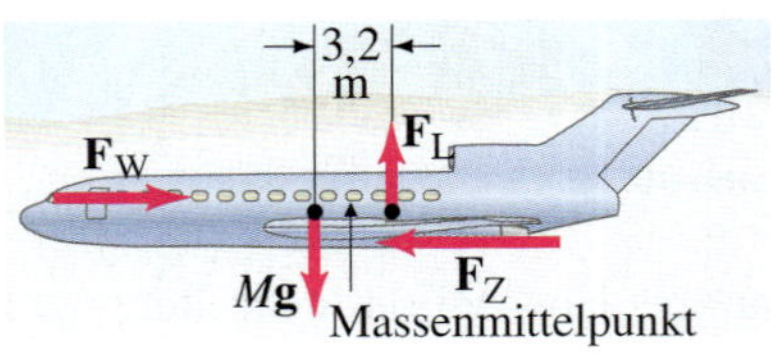

Abbildung 12.89 Aufgabe 79.

79 Die Kräfte, die auf ein Flugzeug wirken, das eine Masse von 77 000 kg hat und mit konstanter Geschwindigkeit fliegt, sind in ► Abbildung 12.89 dargestellt. Der Triebwerkschub, $F_Z = 5{,}0 \cdot 10^5$ N, wirkt auf einer Linie 1,6 m unterhalb des Massenmittelpunktes. Bestimmen Sie die Widerstandskraft F_W und den Abstand oberhalb des Massenmittelpunktes, in dem sie wirkt.

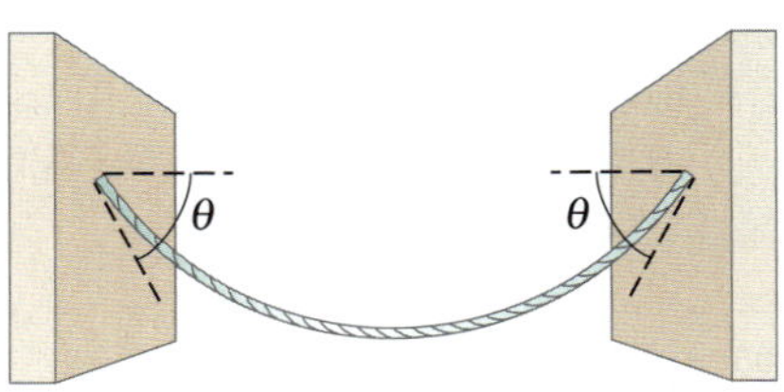

Abbildung 12.90 Aufgabe 80.

80 Ein homogenes Stahlseil mit der Gewichtskraft mg hängt zwischen zwei Punkten, die sich auf gleicher Höhe befinden, wie in ► Abbildung 12.90 dargestellt.

Der Winkel beträgt $\theta = 60°$. Bestimmen Sie die Zugspannung in dem Seil (a) in seinem tiefsten Punkt und (b) an den Befestigungspunkten. (c) Welche Richtung hat die Zugkraft jeweils?

81 Ein homogener Balken mit einer Länge von 20,0 m und einer Gewichtskraft von 600 N liegt auf den Wänden A und B auf, wie in ▶ Abbildung 12.91 dargestellt. (a) Ermitteln Sie das maximale Gewicht, das eine Person haben darf, damit sie bis zum äußersten Ende D gehen kann, ohne dass der Balken kippt. Ermitteln Sie außerdem die Kräfte, die die Wände A und B auf den Balken ausüben, wenn die Person (b) im Punkt D, (c) in einem Punkt 2,0 m rechts von B, (d) 2,0 m rechts von A steht.

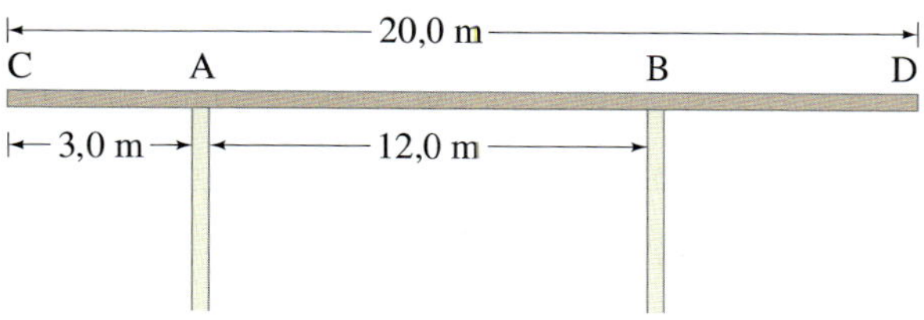

Abbildung 12.91 Aufgabe 81.

82 Eine homogene Leiter mit einer Länge von 7,0 m und einer Masse von 15,0 kg lehnt an einer glatten Wand (die von der Wand ausgeübte Kraft $\mathbf{F}_W$ wirkt somit senkrecht zur Wand). Die Leiter bildet mit der vertikalen Wand einen Winkel von 20,0° und der Boden ist rau. (a) Berechnen Sie die Komponenten der Kraft, die der Boden auf den Fuß der Leiter ausübt, und bestimmen Sie (b) wie groß die Haftreibungszahl am Fuß der Leiter sein muss, damit die Leiter nicht wegrutscht, wenn eine Person mit einer Masse von 70 kg in einer Höhe von drei Viertel der Leiterlänge auf der Leiter steht.

83 Ein Rucksack mit einer Masse von 23,0 kg hängt mitten zwischen zwei Bäumen an einem leichten Seil, wie in ▶ Abbildung 12.69. Ein Bär greift nach dem Rucksack und zieht ihn mit konstanter Kraft senkrecht nach unten, so dass jeder Seilabschnitt einen Winkel von 30° unterhalb der Horizontalen bildet. Anfangs, als der Bär noch nicht an dem Rucksack zog, betrug der Winkel 15°. Als der Bär an dem Rucksack zieht, ist die Zugspannung in dem Seil doppelt so groß, als zu dem Zeitpunkt, als er nicht daran zog. Berechnen Sie die Kraft, die der Bär auf den Rucksack ausübt.

84 Bei einer homogenen vertikalen Säule aus einem beliebigen Material gibt es eine maximale Höhe, die sich selbst tragen kann, ohne nachzugeben, und die unabhängig von der Querschnittsfläche ist (warum?). Berechnen Sie diese Höhe für (a) Stahl (Dichte $7{,}8 \cdot 10^3\ \text{kg/m}^3$) und (b) Granit (Dichte $2{,}7 \cdot 10^3\ \text{kg/m}^3$).

85 Aus welcher Mindesthöhe muss ein rechteckiger Ziegelstein mit einer Masse von 1,2 kg und den Abmessungen 15,0 cm · 6,0 cm · 4,0 cm über einem harten Stahlboden fallen gelassen werden, damit der Stein bricht? Nehmen Sie an, dass der Ziegelstein mit seiner größten Fläche direkt auf dem Boden aufschlägt und dass die Kompression des Steins wesentlich größer ist als die des Stahls (d. h. vernachlässigen Sie die Kompression des Stahls). Geben Sie andere vereinfachende Vermutungen an, die möglicherweise erforderlich sind.

86 Ein Würfel mit der Seitenlänge l ruht auf einem rauen Boden. Auf ihn wirkt eine ständige, horizontale Zugkraft F, die in einer Höhe h über dem Boden ausgeübt wird, wie in ▶ Abbildung 12.92 dargestellt. Wenn F größer wird, beginnt der Block entweder zu rutschen oder umzukippen. (a) Wie groß muss die Haftreibungszahl μ_H sein, damit der Block nicht umkippt, sondern rutscht? (b) Wie groß muss die Haftreibungszahl sein, damit der Block umkippt? (*Hinweis*: Wo wirkt die Normalkraft auf den Block, wenn er umkippt?)

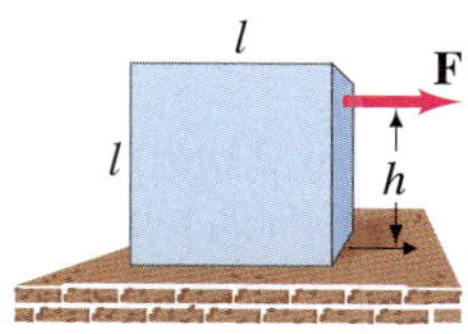

Abbildung 12.92 Aufgabe 86.

87 Ein Anstreicher mit einer Masse von 60,0 kg steht auf einem Gerüst, das von oben mit Seilen gehalten wird (▶ Abbildung 12.93). Das Gerüst hat eine Masse von 25 kg und ist homogen aufgebaut. Ein Eimer Farbe mit einer Masse von 4,0 kg steht auf einer Seite, wie in der Abbildung dargestellt. Kann der Anstreicher sicher zu beiden Enden des Gerüstes gehen? Wenn nicht, welche(s) Ende(n) ist (sind) gefährlich und wie nahe kann er sich an das Ende heranwagen?

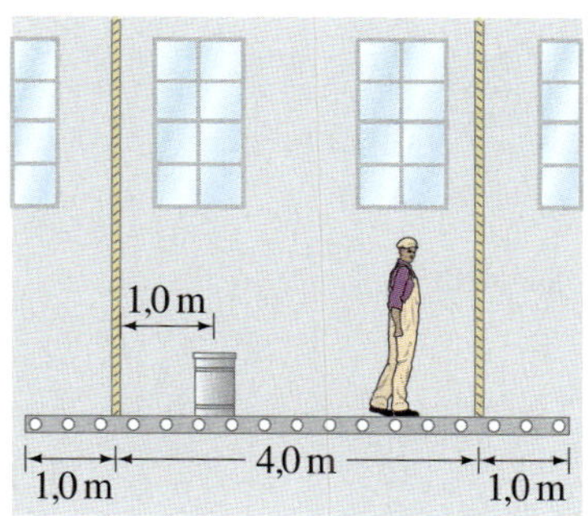

Abbildung 12.93 Aufgabe 87.

88 Eine Zuglokomotive mit einer Masse von 95 000 kg startet zum Zeitpunkt $t = 0$ mit ihrer Fahrt über eine Brücke mit einer Länge von 220 m. Die Brücke besteht aus einem homogenen Balken mit einer Masse von 23 000 kg und der Zug fährt mit 80,0 km/h. Wie groß sind die Beträge der vertikalen Kräfte $F_1(t)$ und $F_2(t)$, die auf die beiden Endträger wirken, in Abhängigkeit der Zeit während der Überfahrt des Zuges?

89 Eine Frau hält eine homogene Stange mit einer Länge von 2,0 m und einer Masse von 10,0 kg, wie in ► Abbildung 12.94 dargestellt. (a) Bestimmen Sie die Kräfte, die sie mit jeder Hand ausüben muss (Betrag und Richtung). In welche Position sollte sie ihre linke Hand bewegen, damit keine Hand eine Kraft ausüben muss, die größer als (b) 150 N, (c) 80 N ist?

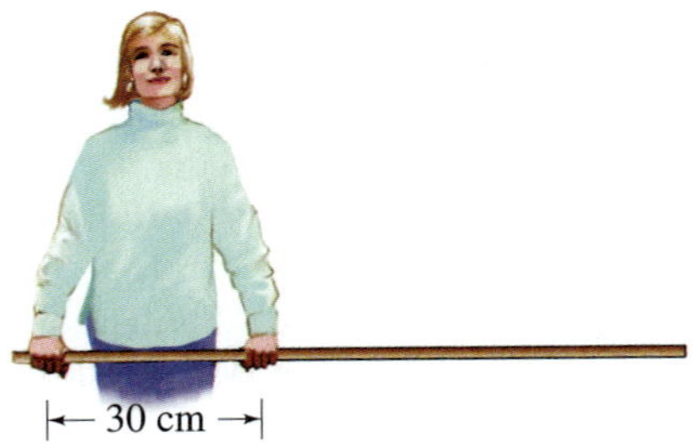

Abbildung 12.94 Aufgabe 89.

90 Ein homogener Balken mit der Masse M und der Länge l wird mittels eines Gelenks an einer Wand montiert, wie in ► Abbildung 12.95 dargestellt. Er wird, wie in der Abbildung zu sehen ist, mithilfe eines Drahtseils, das einen Winkel θ bildet, in horizontaler Position gehalten. Eine Masse m wird in einem Abstand x von der Wand auf den Balken gelegt. Der Abstand kann variiert werden. Bestimmen Sie in Abhängigkeit von x (a) die Zugspannung in dem Drahtseil und (b) die Komponenten der Kraft, die der Balken auf das Gelenk ausübt.

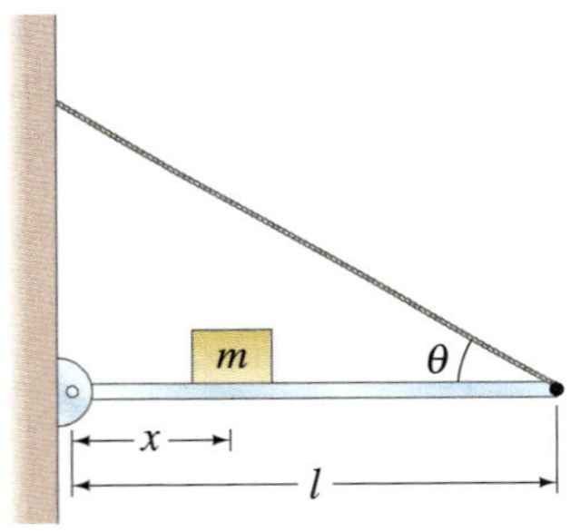

Abbildung 12.95 Aufgabe 90.

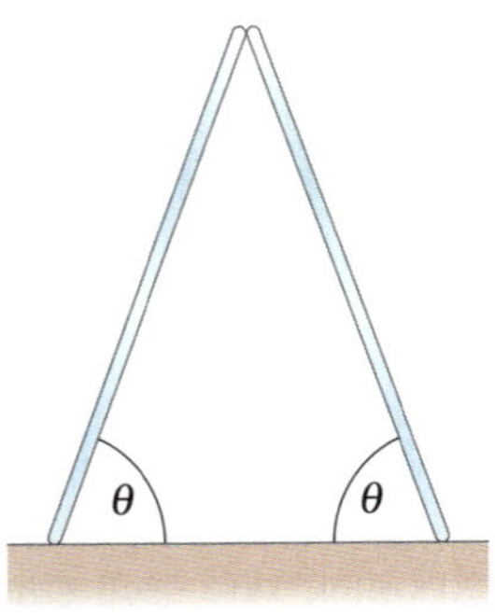

Abbildung 12.96 Aufgabe 91.

91 Zwei gleiche, homogene Balken werden symmetrisch gegeneinander gelehnt auf dem Boden aufgestellt (► Abbildung 12.96). Die Haftreibungszahl zwischen Boden und Balken beträgt $\mu_H = 0,60$. Wie groß ist der minimale Winkel, den die Balken mit dem Boden bilden können, ohne umzufallen?

92 Wenden Sie die Knotenmethode an, um die Kraft in jedem Stab des in ► Abbildung 12.97 dargestellten Fachwerkes zu bestimmen. Geben Sie für jeden Stab an, ob er unter Zug- oder Druckbelastung steht

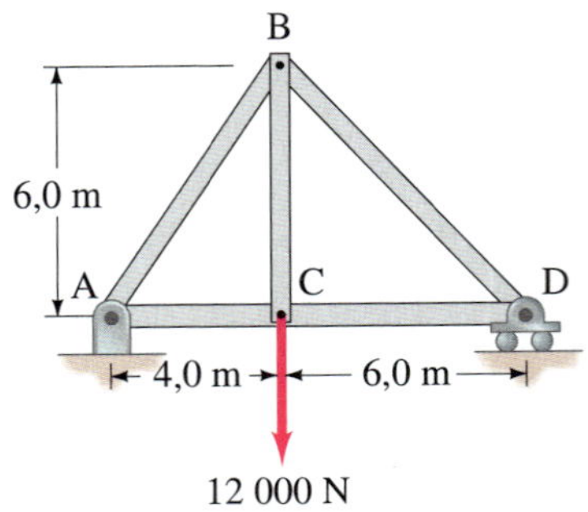

Abbildung 12.97 Aufgabe 92.

93 Vier Ziegelsteine sollen an einer Tischkante so aufeinander gestapelt werden, dass jeder Stein jeweils über den unteren hinausragt, so dass der oberste Stein so weit wie möglich über die Tischkante hinausragt. (a) Zeigen Sie, dass aufeinander folgende Steine höchstens (oben beginnend) $\frac{1}{2}$, $\frac{1}{4}$, $\frac{1}{6}$ und $\frac{1}{8}$ ihrer Länge über den unteren Stein hinausragen dürfen (► Abbildung 12.98a), damit dieses Ziel erreicht wird. (b) Ragt der oberste Ziegelstein komplett über den Ausgangspunkt hinaus? (c) Bestimmen Sie eine allgemeine Formel für den maximalen Gesamtabstand, der von n Ziegelsteinen überbrückt werden kann, wenn sie dabei stabil bleiben sollen. (d) Ein Baumeister möchte einen Treppenbogen bauen (► Abbildung 12.98b), und zwar auf der Grundlage des in (a) und (c) oben erörterten Stabilitätsprinzips. Wie groß ist die Mindestanzahl an Ziegelsteinen, die erforderlich sind, wenn jeder Ziegelstein 0,30 m lang ist und der Bogen einen Zwischenraum von 1,0 m überspannen soll?

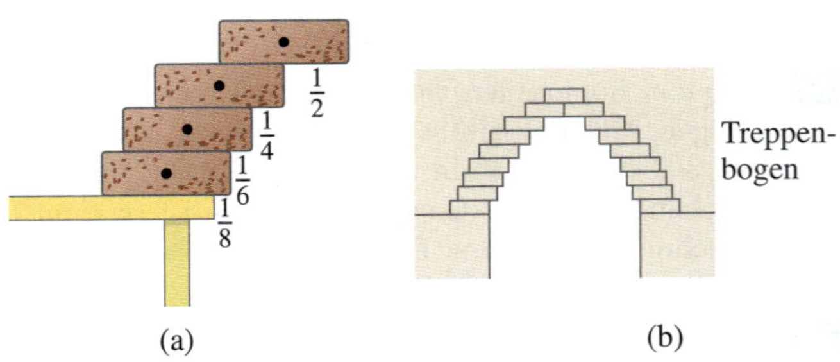

Abbildung 12.98 Aufgabe 93.

94 Eine Stange des in ▶ Abbildung 12.99 dargestellten Rahmens enthält ein Spannschloss, das, wenn es gedreht wird, die Stange unter Zug- oder Druckbelastung setzen kann. Bestimmen Sie die in den anderen Stangen erzeugten Kräfte, wenn das Spannschloss bewirkt, dass eine Druckkraft F auf die Stange AB wirkt. Vernachlässigen Sie die Masse der Stangen und nehmen Sie an, dass sich die diagonalen Stangen im Mittelpunkt frei ohne Reibung kreuzen. (*Hinweis*: Nutzen Sie die Symmetrie der Aufgabenstellung.)

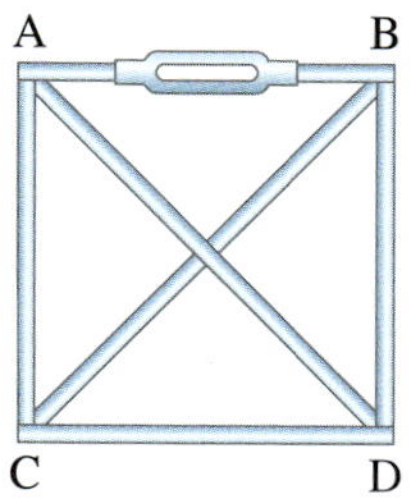

Abbildung 12.99 Aufgabe 94.

95 Eine Kugel mit einer Masse von 20,0 kg hängt am Seil A von der Decke herunter. Seil B zieht die Kugel seitwärts nach unten. Ermitteln Sie die Zugspannungen in den Seilen A und B, wenn A und die Vertikale einen Winkel von 20° einschließen und B mit der Vertikalen einen Winkel von 50° bildet (▶ Abbildung 12.100).

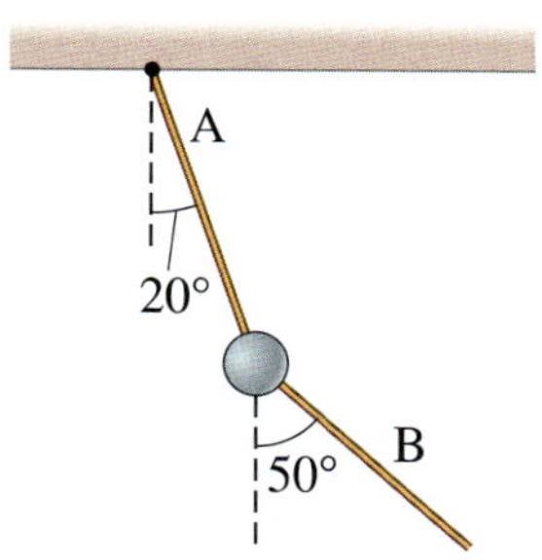

Abbildung 12.100 Aufgabe 95.

96 Ein Hobbybastler möchte den Motor, der eine Masse von 250 kg besitzt, aus einem Auto herausheben. Er plant, ein Seil vertikal von dem Motor bis zum Ast eines Baumes 20,0 m darüber und zurück zur Stoßstange zu spannen (▶ Abbildung 12.101). Wenn der Bastler den Baumstamm hinaufklettert und horizontal am Mittelpunkt des Seils zieht, bewegt sich der Motor aus dem Auto heraus (▶ Abbildung 12.101). Wie groß ist die Kraft, die der Bastler ausüben muss, um den Motor 0,50 m über seiner normalen Position zu halten?

97 Schätzen Sie Betrag und Richtung der Kraft $\mathbf{F}_W$ ab, die auf den fünften Lendenwirbel im unteren Rücken des Menschen wirkt (und von der unteren Wirbelsäule ausgeübt wird). Verwenden Sie das in ▶ Abbildung 12.102b dargestellte Modell.

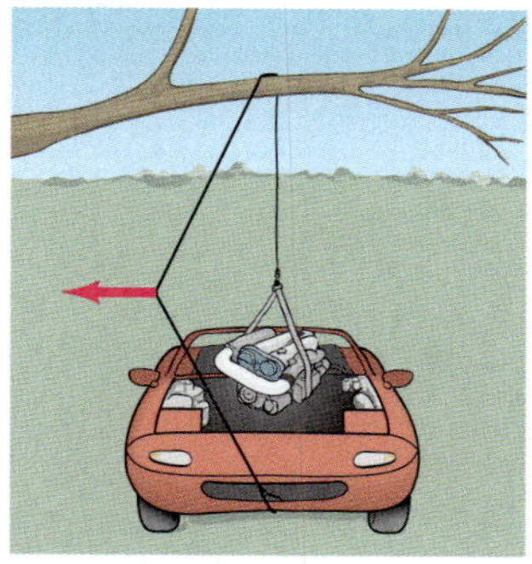

Abbildung 12.101 Aufgabe 96.

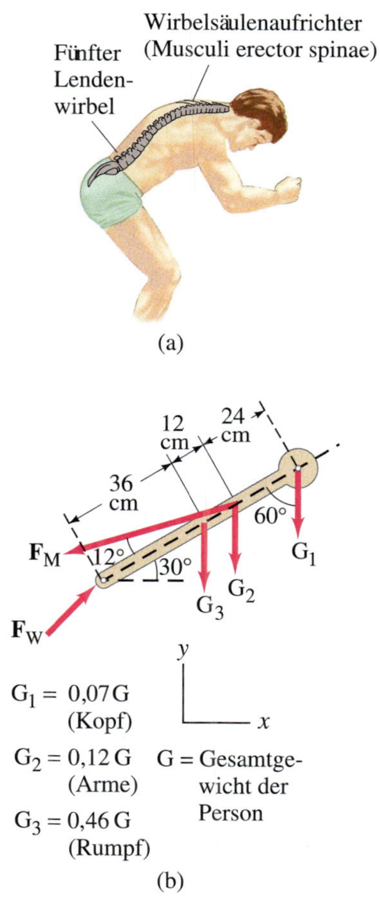

Abbildung 12.102 Aufgabe 97.

Fluide: Gase und Flüssigkeiten

13

ÜBERBLICK

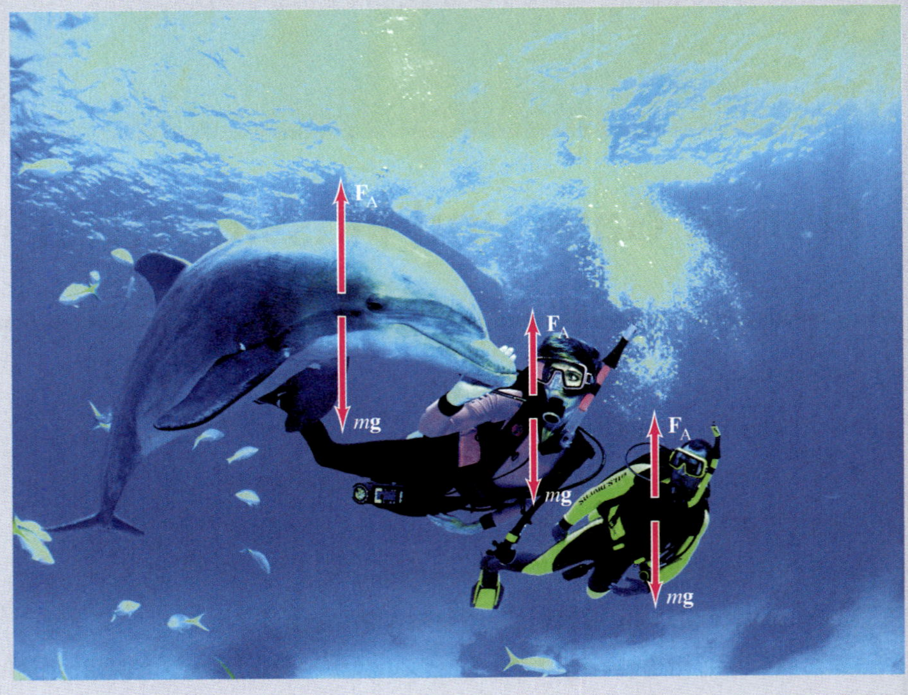

Unter Wasser erfahren Meerestiere und Sporttaucher eine Auftriebskraft ($\mathbf{F}_A$)*, die nahezu genau ihre Gewichtskraft mg ausgleicht. Die Auftriebskraft ist gleich der Gewichtskraft der verdrängten Flüssigkeitsmenge (Archimedisches Prinzip). Meerestiere und auch Menschen haben eine Dichte, die fast der des Wassers entspricht. Deshalb ist ihre Gewichtskraft nahezu gleich der Auftriebskraft. Tatsächlich ist die Dichte eines Menschen etwas geringer als die des Wassers. Deshalb können Menschen im Wasser schwimmen. Wenn Fluide fließen, treten interessante Effekte auf, weil der Druck im Fluid dort geringer ist, wo die Geschwindigkeit des Fluids höher ist (Bernoulli'sches Gesetz): Flugzeuge können fliegen, Segelboote können gegen den Wind segeln, Rauch steigt im Schornstein hoch etc.*

13. Fluide: Gase und Flüssigkeiten

Phasen von Stoffen

Stoffe treten in folgenden **Aggregatzuständen** (**Phasen**) auf: als Festkörper, als Flüssigkeit oder als Gas. Wir können diese drei Zustände folgendermaßen unterscheiden. Ein **Festkörper** behält eine feste Form und eine feste Größe bei. Selbst wenn eine große Kraft auf einen Festkörper ausgeübt wird, ändert er seine Form oder sein Volumen nur geringfügig. Eine **Flüssigkeit** behält keine feste Form bei – sie nimmt die Form des Behälters an, in dem sie sich befindet. Wie ein Festkörper ist auch sie allerdings nur sehr gering kompressibel und ihr Volumen kann nur durch eine sehr große Kraft entscheidend verändert werden. Ein **Gas** hat weder eine feste Form, noch ein festes Volumen – es dehnt sich aus und füllt den ihm zur Verfügung stehenden Raum aus. Wenn z. B. Luft in einen Autoreifen gepumpt wird, sammelt sich die Luft nicht wie Flüssigkeit am Boden des Reifens, sondern verteilt sich und füllt das gesamte Volumen des Reifens aus. Da Flüssigkeiten und Gase keine feste Form beibehalten, haben beide die Fähigkeit zu fließen. So werden sie häufig mit dem Oberbegriff **Fluide** bezeichnet.

13.1 Dichte und relative Dichte

Manchmal wird gesagt, dass Eisen „schwerer" als Holz ist. Das kann nicht wirklich wahr sein, da ein großer Holzklotz deutlich mehr wiegt als ein Eisennagel. Richtig ausgedrückt müssten wir sagen, das Eisen eine größere *Dichte* als Holz hat.

Die **Dichte** ρ eines Körpers (ρ ist das kleine Rho aus dem griechischen Alphabet) ist definiert als seine Masse pro Volumeneinheit:

Dichte

$$\rho = \frac{m}{V}\,. \qquad (13.1)$$

Dabei ist m die Masse des Körpers und V sein Volumen. Körper aus einem bestimmten Stoff, wie z. B. reinem Gold, können eine beliebige Größe oder Masse besitzen, aber die Dichte ist immer gleich. (Manchmal ist es von praktischem Nutzen, die Gleichung 13.1 für die Masse eines Körpers als $m = \rho V$ und für die Gewichtskraft mg eines Körpers als $\rho V g$ zu schreiben.)

Die SI-Einheit für die Dichte ist $\mathrm{kg/m^3}$. Da $1\,\mathrm{kg/m^3} = 1000\,\mathrm{g/(100\,cm)^3} = 10^{-3}\,\mathrm{g/cm^3}$ ist, muss eine in $\mathrm{g/cm^3}$ angegebene Dichte mit 1000 multipliziert werden, damit der Wert in $\mathrm{kg/m^3}$ angegeben werden kann. Die Dichten einer Reihe von Stoffen sind in Tabelle 13.1 aufgelistet. Die Tabelle gibt Temperatur und Druck an, weil diese beiden Größen die Dichte von Stoffen beeinflussen, obwohl der Effekt bei Flüssigkeiten und Festkörpern gering ist.

Beispiel 13.1 **Masse bei bekanntem Volumen und bekannter Dichte**

Wie groß ist die Masse einer massiven Abrissbirne aus Eisen mit einem Radius von 18 cm?

Lösung

Das Volumen einer Kugel ist $V = \frac{4}{3}\pi r^3$. Somit erhalten wir

$$V = \frac{4}{3}\pi r^3 = \frac{4}{3}(3{,}14)(0{,}18\,\mathrm{m})^3 = 0{,}024\,\mathrm{m^3}\,.$$

Tabelle 13.1 liefert für die Dichte von Eisen $\rho = 7800\,\mathrm{kg/m^3}$. Folglich ergibt sich aus der Gleichung 13.1

$$m = \rho V = (7800\,\mathrm{kg/m^3})(0{,}024\,\mathrm{m^3}) = 190\,\mathrm{kg}\,.$$

Tabelle 13.1

Dichte von Stoffen[a]

Stoff	Dichte ρ(kg/m³)
Festkörper	
Aluminium	$2{,}70 \cdot 10^3$
Eisen und Stahl	$7{,}8 \cdot 10^3$
Kupfer	$8{,}9 \cdot 10^3$
Blei	$11{,}3 \cdot 10^3$
Gold	$19{,}3 \cdot 10^3$
Beton	$2{,}3 \cdot 10^3$
Granit	$2{,}7 \cdot 10^3$
Holz (typisch)	$0{,}3 - 0{,}9 \cdot 10^3$
Glas, normales	$2{,}4 - 2{,}8 \cdot 10^3$
Eis	$0{,}917 \cdot 10^3$
Knochen	$1{,}7 - 2{,}0 \cdot 10^3$
Flüssigkeiten	
Wasser (4 °C)	$1{,}00 \cdot 10^3$
Meerwasser	$1{,}025 \cdot 10^3$
Blutplasma	$1{,}03 \cdot 10^3$
Blut	$1{,}05 \cdot 10^3$
Quecksilber	$13{,}6 \cdot 10^3$
Ethylalkohol	$0{,}79 \cdot 10^3$
Benzin	$0{,}68 \cdot 10^3$
Gase	
Luft	1,29
Helium	0,179
Kohlendioxid	1,98
Wasserdampf (100 °C)	0,598

a

Die aufgelisteten Werte für die Dichte gelten bei 0 °C und einem Druck von 1 bar, wenn nichts anderes angegeben ist.

Die **relative Dichte** eines Stoffes ist definiert als das Verhältnis der Dichte dieses Stoffes zur Dichte von Wasser bei einer Temperatur von 4,0 °C. Die relative Dichte ist eine dimensionslose Zahl. Da die Dichte von Wasser $1{,}00\,\mathrm{g/cm^3} = 1{,}00 \cdot 10^3\,\mathrm{kg/m^3}$ ist, ist die relative Dichte jedes Stoffes zahlenmäßig gleich seiner Dichte in g/cm³ oder 10^{-3}-mal seine Dichte in kg/m³. Die relative Dichte von Blei beträgt z. B. 11,3 und die von Alkohol 0,79 (siehe Tabelle 13.1).

13.2 Druck in Fluiden

Druck ist definiert als Kraft pro Flächeneinheit. Die Kraft F wirkt dabei senkrecht zu der Fläche A:

$$\text{Druck} = p = \frac{F}{A}\,. \tag{13.2}$$

Die SI-Einheit des Drucks ist N/m². Diese Einheit hat den offiziellen Namen **Pascal** (Pa) nach Blaise Pascal (siehe Abschnitt 13.4). Das bedeutet, dass $1\,\mathrm{Pa} = 1\,\mathrm{N/m^2}$. Der Einfachheit halber werden wir jedoch häufig N/m² benutzen. Neben dem Pa kann noch die Druckeinheit bar verwendet werden: 1 bar entspricht 10^5 Pa und liegt nahe an dem Normaldruck der Atmosphäre an der Erdoberfläche. Wir werden kurz auf einige andere Einheiten eingehen und ihre Umrechnungen in Abschnitt 13.5 behandeln.

Als Beispiel für die Berechnung von Druck übt eine Person mit einer Masse von 60 kg, deren Füße eine Fläche von 500 cm² bedecken, einen Druck von

$$F/A = mg/A = (60\,\mathrm{kg})(9{,}8\,\mathrm{m/s^2})/(0{,}050\,\mathrm{m^2}) = 12 \cdot 10^3\,\mathrm{N/m^2}$$

auf den Boden aus. Wenn die Person auf einem Fuß steht, ist die Kraft dieselbe, aber die Fläche nur halb so groß, folglich ist der Druck doppelt so groß: $24 \cdot 10^{-3}\,\mathrm{N/m^2}$.

Der Begriff des Drucks ist insbesondere bei der Behandlung von Fluiden nützlich. Es ist eine Erfahrungstatsache, dass *ein Fluid einen Druck in alle Richtungen ausübt*. Schwimmer und Taucher kennen diese Tatsache gut, denn sie spüren den auf alle Körperteile wirkenden Wasserdruck. Wir sprechen dann von hydrostatischem Druck. Der Druck in einem ruhenden Fluid ist in allen Punkten und in allen Richtungen gleich. Dies ist in ► Abbildung 13.1 veranschaulicht. Wir betrachten einen kleinen Würfel des Fluids, der so klein ist, dass wir die auf ihn wirkende Gravitationskraft vernachlässigen können. Wenn das Fluid nicht fließt, muss der auf eine Seite wirkende Druck gleich dem auf die gegenüberliegende Seite wirkenden Druck sein. Wäre dies nicht der Fall, würde eine Nettokraft auf den Würfel wirken und er würde beginnen, sich zu bewegen. Wenn das Fluid nicht fließt, müssen die Druckwerte gleich sein.

Eine andere wichtige Eigenschaft eines ruhenden Fluids ist die Tatsache, dass die auf den Druck des Fluids zurückzuführende Kraft immer *senkrecht* zu jeder Fläche wirkt, mit der das Fluid Kontakt hat. Wenn es eine Kraftkomponente parallel zu der Fläche gäbe, wie in ► Abbildung 13.2 dargestellt, würde die Fläche nach dem dritten Newton'schen Axiom ebenfalls eine Kraft auf das Fluid ausüben, die auch eine Komponente parallel zu der Fläche hätte. Eine solche Komponente würde bewirken, dass das Fluid im Widerspruch zu unserer Annahme, dass sich das Fluid in Ruhe befindet, zu fließen beginnen würde. Somit steht die auf den Druck zurückzuführende Kraft senkrecht zu der Fläche.

Berechnen wir jetzt, wie der Druck in einer Flüssigkeit mit homogener Dichte in Abhängigkeit der Tiefe schwankt. Betrachten wir einen Punkt, der sich in einer Tiefe h unterhalb der Oberfläche der Flüssigkeit befindet (d. h. die Oberfläche befindet sich in einer Höhe h über diesem Punkt), wie in ► Abbildung 13.3 dargestellt. Der auf die Flüssigkeit zurückzuführende Druck in dieser Tiefe h hängt von der Gewichtskraft der Flüssigkeitssäule oberhalb dieser Tiefe ab. Somit ist die auf die Gewichtskraft der Flüssigkeit zurückzuführende Kraft, die auf die Fläche A wirkt, $F = mg = \rho A h g$, wobei Ah das Volumen der Säule, ρ die Dichte der Flüssigkeit (als konstant angenommen) und g die Fallbeschleunigung ist. Dann beträgt der auf die Gewichtskraft der Flüssigkeit zurückzuführende Druck p

$$p = \frac{F}{A} = \frac{\rho A h g}{A}$$

$$p = \rho g h \,. \quad \text{(Flüssigkeit)} \tag{13.3}$$

Folglich ist der Druck des Fluids direkt proportional zu der Dichte der Flüssigkeit und zu der Eintauchtiefe in der Flüssigkeit. Allgemein gilt, dass der Druck bei gleichen Eintauchtiefen in einer homogenen Flüssigkeit gleich ist.

Die Gleichung 13.3 liefert uns den Druck bei einer Eintauchtiefe h in der Flüssigkeit, der auf die Flüssigkeit selbst zurückzuführen ist. Aber was, wenn an der Oberfläche der Flüssigkeit zusätzlicher Druck ausgeübt wird, wie z. B. der Druck der Atmosphäre oder der Druck eines Kolbens, der nach unten drückt? Und was, wenn die Dichte des Fluids nicht konstant ist? Gase sind kompressibel und folglich kann ihre Dichte erheblich in Abhängigkeit der Tiefe schwanken. Flüssigkeiten sind nahezu inkompressibel, obwohl wir die Veränderung in der Dichte häufig vernachlässigen können. (Eine Ausnahme stellen die Tiefen im Ozean dar, wo die große Gewichtskraft des darüber befindlichen Wassers das Wasser erheblich komprimiert und seine Dichte erhöht.) Um diese und andere Fälle zu behandeln, befassen wir uns jetzt allgemein mit der Beantwortung der Frage, wie der Druck in einem Fluid mit der Eintauchtiefe variiert.

Betrachten wir ein Fluid und bestimmen den Druck in einer Höhe y über einem bestimmten Bezugspunkt (wie z. B. den Meeresboden oder den Boden eines Behälters oder Swimmingpools), wie in ▶ Abbildung 13.4[1] dargestellt. In diesem Fluid betrachten wir in der Höhe y ein kleines, plattenförmiges Volumen des Fluids, dessen Fläche A ist und dessen (unendlich kleine) Dicke, wie dargestellt, dy beträgt. Der nach oben gerichtete, auf die Unterseite der kleinen Platte (in der Höhe y) wirkende Druck ist p. Der nach unten gerichtete, auf die Oberseite der kleinen Platte (in der Höhe $y + dy$) wirkende Druck ist $p + dp$. Der Druck des Fluids, der auf die Platte wirkt, übt somit eine nach oben gerichtete und pA gleiche Kraft und eine nach unten gerichtete, $(p + dp)A$ gleiche Kraft auf die Platte aus. Die einzige andere, vertikal auf die Platte wirkende Kraft ist die (unendlich kleine) Gravitationskraft dF_G. Sie beträgt bei der Platte mit der Masse dm

$$dF_G = (dm)g = \rho g\, dV = \rho g A\, dy$$

Dabei ist ρ die Dichte des Fluids in der Höhe y. Da wir annehmen, dass sich das Fluid in der Ruhelage befindet, befindet sich die Platte im Gleichgewicht, so dass die auf sie wirkende Nettokraft gleich null sein muss. Deshalb können wir schreiben:

$$pA - (p + dp)A - \rho g A\, dy = 0 \,.$$

Die Vereinfachung liefert

$$\frac{dp}{dy} = -\rho g \,. \tag{13.4}$$

Diese Gleichung gibt an, wie der Druck in Abhängigkeit der Höhe in einem Fluid schwankt. Das negative Vorzeichen sagt aus, dass der Druck mit einer Zunahme der Höhe abnimmt oder dass der Druck mit der Tiefe (abnehmende Höhe) zunimmt.

Wenn der Druck in einer Höhe y_1 in dem Fluid p_1 beträgt und in einer Höhe y_2 p_2, können wir die Gleichung 13.4 integrieren und erhalten

$$\begin{aligned} \int_{p_1}^{p_2} dp &= -\int_{y_1}^{y_2} \rho g\, dy \\ p_2 - p_1 &= -\int_{y_1}^{y_2} \rho g\, dy \,. \end{aligned} \tag{13.5}$$

1 Hier messen wir y positiv nach oben im Gegensatz zu Gleichung 13.3, bei der wir die Tiefe gemessen haben (d. h. die Abwärtsrichtung als positiv angenommen haben).

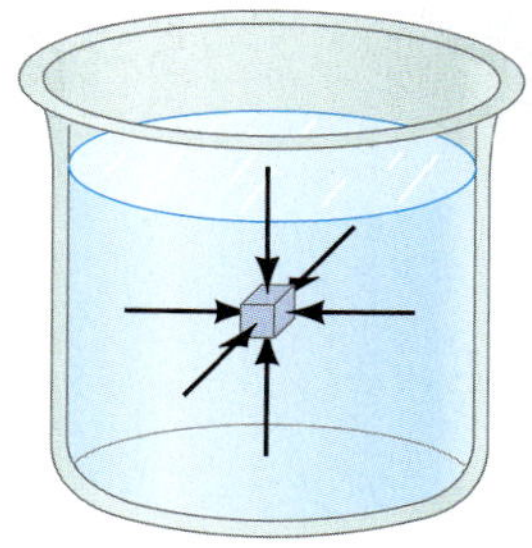

Abbildung 13.1 Der Druck in einem Fluid ist in einer gegebenen Eintauchtiefe in jeder Richtung gleich. Wäre dies nicht der Fall, würde das Fluid beginnen, sich zu bewegen.

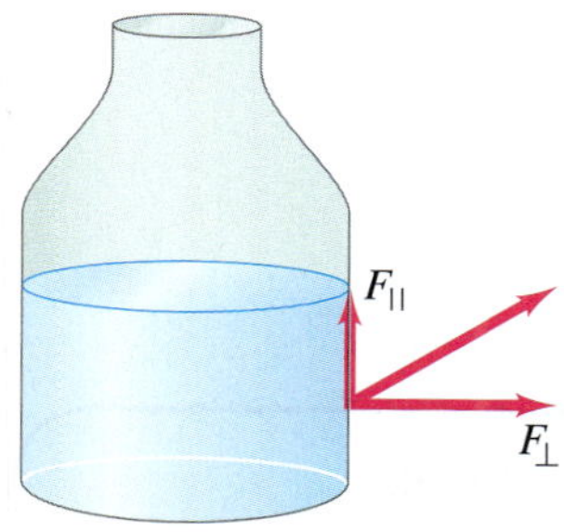

Abbildung 13.2 Wenn es eine Kraftkomponente parallel zu der massiven Fläche gäbe, würde sich die Flüssigkeit als Reaktion darauf bewegen. Für eine ruhende Flüssigkeit gilt: $F_{\parallel} = 0$.

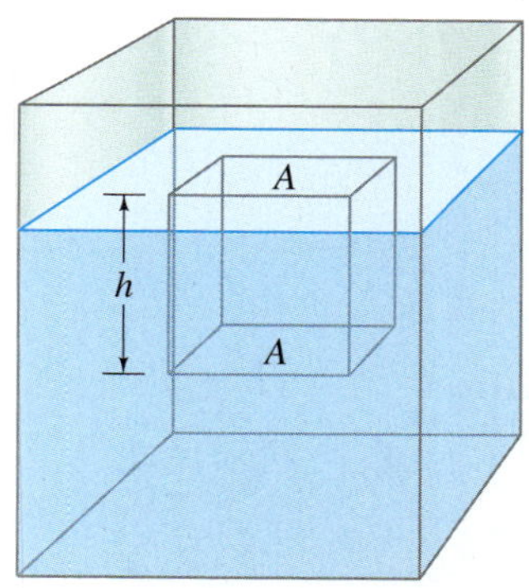

Abbildung 13.3 Berechnung des Drucks bei einer Eintauchtiefe h in einer Flüssigkeit.

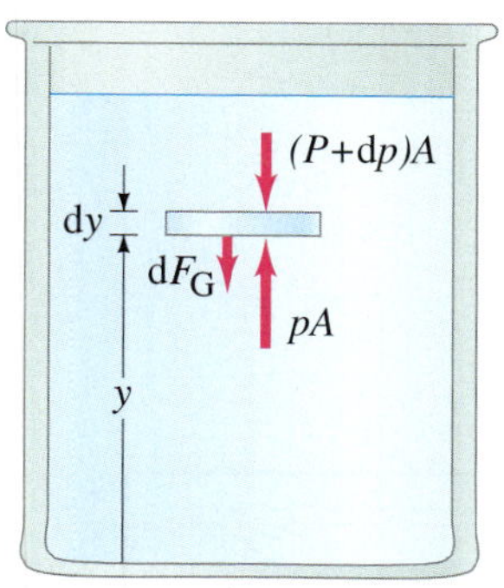

Abbildung 13.4 Kräfte, die auf ein plattenförmiges Volumen eines Fluids wirken, zur Bestimmung des Drucks p in einer Höhe y in dem Fluid.

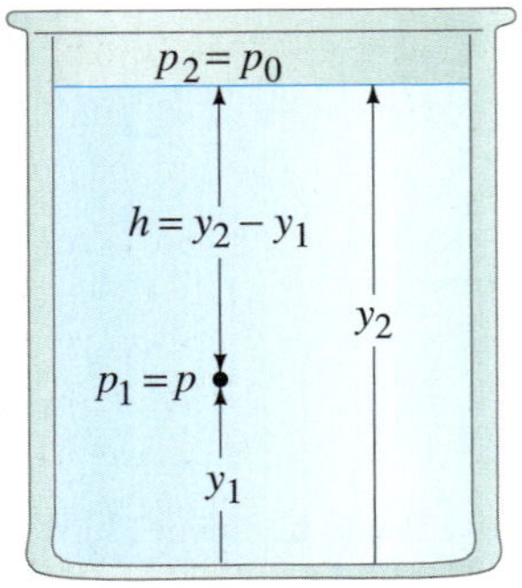

Abbildung 13.5 Der Druck in einer Tiefe $h = y_2 - y_1$ in einer Flüssigkeit mit der Dichte ρ beträgt $p = p_0 + \rho gh$. Dabei ist p_0 der äußere Druck an der Oberfläche der Flüssigkeit.

Dabei nehmen wir ρ in Abhängigkeit der Höhe y an: $\rho = \rho(y)$. Hierbei handelt es sich um eine allgemeine Relation, die wir jetzt auf zwei spezielle Fälle anwenden: (1) Druck in Flüssigkeiten mit homogener Dichte und (2) Druckschwankungen in der Erdatmosphäre.

Für Flüssigkeiten, bei denen Schwankungen in der Dichte vernachlässigt werden können, ist $\rho =$ konstant und die Gleichung 13.5 kann ohne weiteres integriert werden:

$$p_2 - p_1 = -\rho g(y_2 - y_1)\,. \tag{13.6a}$$

Befindet sich eine Flüssigkeit in einem offenen Behälter – wie z. B. Wasser in einem Glas, einem Swimmingpool, in einem See oder im Meer –, dann gibt es eine freie Oberfläche und Abstände werden von dieser Oberfläche aus gemessen. Das bedeutet, dass wir h als die *Tiefe* in der Flüssigkeit annehmen, wobei $h = y_2 - y_1$ ist, wie in ▸ Abbildung 13.5 dargestellt. Wenn y_2 der Ort der Oberfläche ist, stellt p_2 den Atmosphärendruck p_0 an der Oberfläche dar. Dann liefert die Gleichung 13.6a für den Druck $p(= p_1)$ in einer Tiefe h in dem Fluid

$$p = p_0 + \rho gh\,. \quad (h \text{ ist die Tiefe in der Flüssigkeit}) \tag{13.6b}$$

Beachten Sie, dass die Gleichung 13.6b die Summe von Flüssigkeitsdruck (Gleichung 13.3) und Atmosphärendruck p_0 an der Oberfläche der Flüssigkeit angibt.

ANGEWANDTE PHYSIK

Wasserversorgung

Beispiel 13.2 Druck in einem Wasserhahn

Die Oberfläche des Wassers in einem Speicher liegt 30 m über einem Wasserhahn in der Küche eines Hauses, siehe ▸ Abbildung 13.6. Berechnen Sie den Wasserdruck in dem Wasserhahn.

Lösung

Derselbe Atmosphärendruck wirkt sowohl an der Wasseroberfläche in dem Speicher, als auch auf das Wasser, das den Wasserhahn verlässt. Der Druckunterschied zwischen der Innenseite und der Außenseite des Wasserhahns beträgt

$$\Delta p = \rho gh = (1{,}0 \cdot 10^3\ \mathrm{kg/m^3})(9{,}8\ \mathrm{m/s^2})(30\ \mathrm{m}) = 2{,}9 \cdot 10^5\ \mathrm{N/m^2}\,.$$

Die Höhe h wird manchmal auch **Druckhöhe** genannt. In diesem Beispiel beträgt die Druckhöhe des Wassers 30 m. Beachten Sie, dass die sehr unterschiedlichen Durchmesser des Speichers und des Wasserhahns keinen Einfluss auf das Ergebnis haben – nur der Druck beeinflusst das Ergebnis.

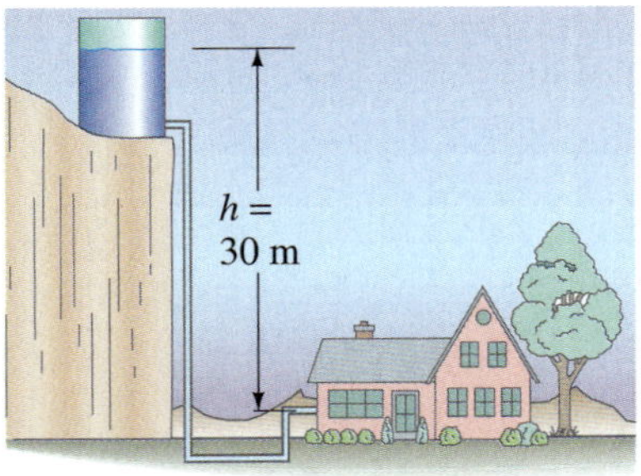

Abbildung 13.6 Beispiel 13.2.

Beispiel 13.3 Kraft, die auf eine Aquariumscheibe wirkt

Berechnen Sie die auf den Wasserdruck zurückzuführende Kraft, die auf eine Aquariumscheibe mit den Maßen 1,0 m · 3,0 m ausgeübt wird, siehe ▸ Abbildung 13.7.

Lösung

Die Gleichung 13.6b liefert den auf das Wasser zurückzuführenden Druck in einer Tiefe h. Teilen Sie die Scheibe in dünne horizontale Streifen mit der Breite $b = 3{,}0$ m und der Dicke dy auf, wie in ▸ Abbildung 13.7 dargestellt. Wir wählen ein Koordinatensystem mit $y = 0$ an der Wasseroberfläche und

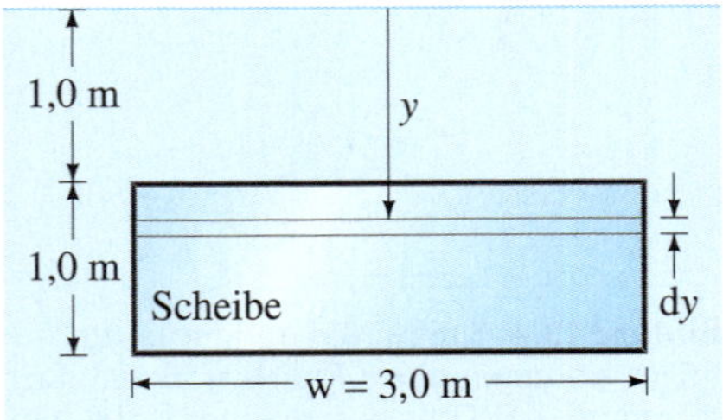

Abbildung 13.7 Beispiel 13.3.

nehmen y als positiv in Abwärtsrichtung an. (Bei dieser Wahl wird das negative Vorzeichen in Gleichung 13.6a positiv oder wir wenden Gleichung 13.6b mit $y = h$ an.) Die auf jeden Streifen wirkende, auf den Wasserdruck zurückzuführende Kraft ist $\mathrm{d}F = p\,\mathrm{d}A = \rho g y b\,\mathrm{d}y$. Die auf die Scheibe wirkende Gesamtkraft liefert das Integral:

$$\int_{y_1=1{,}0\,\mathrm{m}}^{y_2=2{,}0\,\mathrm{m}} \rho g y b\,\mathrm{d}y = \frac{1}{2}\rho g b(y_2^2 - y_1^2)$$

$$= \frac{1}{2}(1000\,\mathrm{kg/m^3})(9{,}8\,\mathrm{m/s^2})(3{,}0\,\mathrm{m})\left[(2{,}0\,\mathrm{m})^2 - (1{,}0\,\mathrm{m})^2\right]$$

$$= 44\,000\,\mathrm{N}\,.$$

Wenden wir nun die Gleichung 13.4 oder 13.5 auf Gase an. Die Dichte von Gasen ist normalerweise gering, so dass die Druckdifferenz in verschiedenen Höhen gewöhnlich vernachlässigt werden kann, wenn $y_2 - y_1$ nicht zu groß ist (deshalb konnten wir in Beispiel 13.2 die Differenz im Luftdruck zwischen dem Wasserhahn und der oberen Fläche des Speichers vernachlässigen). Tatsächlich können wir für die meisten Gasbehälter annehmen, dass der Druck im gesamten Behälter gleich ist. Wenn allerdings $y_2 - y_1$ sehr groß ist, können wir nicht von dieser Annahme ausgehen. Ein interessantes Beispiel ist die Erdatmosphäre, deren Druck auf Meereshöhe ca. $1{,}013 \cdot 10^5\ \mathrm{N/m^2}$ beträgt und langsam mit der Höhe abnimmt.

Beispiel 13.4 Die Änderung des Atmosphärendrucks mit der Höhe

Luftdruck schwankt in Abhängigkeit von der Höhe

(a) Bestimmen Sie die Druckschwankung in der Erdatmosphäre in Abhängigkeit der Höhe y über dem Meeresspiegel. Nehmen Sie dabei an, dass g konstant und die Dichte der Luft proportional zum Druck ist. (Diese letzte Annahme ist nicht sehr genau, weil zum Teil Temperatur und andere Wettereinflüsse eine wichtige Rolle spielen.) (b) In welcher Höhe ist der Luftdruck gleich der Hälfte des Drucks auf Meereshöhe?

Lösung

a Wir nehmen an, dass ρ proportional zu p ist. Deshalb können wir schreiben:

$$\frac{\rho}{\rho_0} = \frac{p}{p_0}\,.$$

Dabei ist $p_0 = 1{,}013 \cdot 10^5\,\mathrm{N/m^2}$ der Atmosphärendruck auf Meereshöhe und $\rho_0 = 1{,}29\,\mathrm{kg/m^3}$ die Dichte der Luft auf Meereshöhe bei 0 °C (Tabelle 13.1). Die unterschiedliche Änderung im Druck in Abhängigkeit der Höhe, Gleichung 13.4, liefert

$$\frac{\mathrm{d}p}{\mathrm{d}y} = -\rho g = -p\left(\frac{\rho_0}{p_0}\right)g\,,$$

so dass

$$\frac{\mathrm{d}p}{p} = -\frac{\rho_0}{p_0}g\,\mathrm{d}y\,.$$

Dies integrieren wir von $y = 0$ (Erdoberfläche) und $p = p_0$ zur Höhe y, wo der Druck p beträgt:

$$\int_{p_0}^{p}\frac{\mathrm{d}p}{p} = -\frac{\rho_0}{p_0}g\int_0^y \mathrm{d}y$$

$$\ln\frac{p}{p_0} = -\frac{\rho_0}{p_0}gy\,,$$

Exponentielle Druckabnahme in Abhängigkeit von der Höhe

da $\ln p - \ln p_0 = \ln(p/p_0)$. Somit ist

$$p = p_0\,\mathrm{e}^{-(\rho_0 g/p_0)y}\,.$$

So haben wir auf der Grundlage unserer Annahmen herausgefunden, dass der Luftdruck in unserer Atmosphäre näherungsweise exponentiell in Abhängigkeit der Höhe abnimmt. (Beachten Sie, dass die Atmosphäre keine deutlich erkennbare Oberfläche hat, so dass es keinen natürlichen Bezugspunkt gibt, von dem aus die Tiefe in der Atmosphäre, wie bei einer Flüssigkeit, gemessen werden kann.)

b Die Konstante $(\rho_0 g/p_0)$ hat den Wert

$$\frac{\rho_0 g}{p_0} = \frac{(1{,}29\,\mathrm{kg/m^3})(9{,}80\,\mathrm{m/s^2})}{(1{,}013\cdot 10^5\,\mathrm{N/m^2})} = 1{,}25\cdot 10^{-4}\,\mathrm{m^{-1}}\,.$$

Wenn wir dann $p = \frac{1}{2}p_0$ setzen, erhalten wir

$$\frac{1}{2} = \mathrm{e}^{-(1{,}25\cdot 10^{-4}\,\mathrm{m^{-1}})y}$$

oder

$$y = (\ln 2{,}00)/(1{,}25\cdot 10^{-4}\,\mathrm{m^{-1}}) = 5550\,\mathrm{m}\,.$$

Dabei ist $\ln 2 = 0{,}693$. Das bedeutet, dass der Atmosphärendruck in einer Höhe von ca. 5550 m auf die Hälfte seines Wertes auf Meereshöhe sinkt. Es ist nicht überraschend, dass Bergsteiger in sehr großen Höhen häufig Sauerstoffbehälter benutzen.

13.3 Atmosphärendruck und Manometerdruck

Eine Atmosphäre (Einheit)

Der Druck der Erdatmosphäre variiert, wie wir gesehen haben, in Abhängigkeit der Höhe. Aber selbst in einer bestimmten Höhe schwankt der Druck leicht in Abhängigkeit vom Wetter. Wie bereits erwähnt, beträgt der Druck der Atmosphäre in Meereshöhe im Durchschnitt $1{,}013\cdot 10^5\,\mathrm{N/m^2}$. Die Einheit für Druck im SI-Einheitensystem ist das Pascal und es gilt:

$$1\,\mathrm{N/m^2} = 1\,\mathrm{Pa}\,.$$

Das Bar (Einheit)

Eine andere bisweilen (in der Meteorologie und in Wetterkarten) benutzte Druckeinheit ist das **Bar**, das definiert ist als $1\,\mathrm{bar} = 1{,}00\cdot 10^5\,\mathrm{N/m^2}$. Folglich beträgt der atmosphärische Normdruck etwas mehr als 1 bar.

Der auf die Gewichtskraft der Atmosphäre zurückzuführende Druck wird auf alle Körper, die in dieses große „Luftmeer" eingetaucht sind, einschließlich unserer Körper, ausgeübt. Wie hält ein menschlicher Körper diesen enormen Druck, der auf seine Oberfläche wirkt, aus? Die Antwort ist, dass lebende Zellen einen inneren Druck bewahren, der nahezu gleich dem äußeren Druck ist, ebenso wie der Druck in einem Ballon nur etwas höher ist als der äußere Druck der Atmosphäre. Ein Autoreifen kann auf Grund seiner Festigkeit innere Drücke halten, die wesentlich größer sind als der äußere Druck.

Manometerdruck

Es ist wichtig zu beachten, dass Reifendruckmesser und die meisten anderen Druckmesser die Druckdifferenz gegenüber Atmosphärendruck messen. Diesen Druck bezeichnen wir als **Manometerdruck**. Das bedeutet, dass man den Atmosphärendruck p_{At} zum Manometerdruck p_{M} hinzuaddieren muss, um den absoluten Druck p zu erhalten:

Absoluter Druck = Atmosphärendruck + Manometerdruck

$$p = p_{\mathrm{At}} + p_{\mathrm{M}}\,.$$

Wenn ein Reifendruckmesser 220 kPa anzeigt, beträgt der absolute Druck in dem Reifen 220 kPa + 101 kPa = 321 kPa. Das entspricht etwa 3,2 bar (2,2 bar Manometerdruck).

Beispiel 13.5 · Begriffsbildung

Finger hält Wasser in einem Strohhalm

Sie tauchen einen Strohhalm mit der Länge L in ein großes Glas mit Ihrem Lieblingsgetränk ein. Sie legen Ihren Finger oben auf den Strohhalm, so dass keine Luft hineinströmen oder entweichen kann, und heben dann den Strohhalm aus der Flüssigkeit heraus. Sie sehen, dass der Strohhalm die Flüssigkeit zurückhält, so dass der Abstand zwischen der Unterseite Ihres Fingers und der Oberfläche der Flüssigkeit h ist (siehe ► Abbildung 13.8). Ist der Druck p der Luft in dem Zwischenraum zwischen Ihrem Finger und der Oberfläche der Flüssigkeit größer als, kleiner als oder gleich dem Atmosphärendruck p_{At} außerhalb des Strohhalms?

Lösung

Betrachten wir die Kräfte, die auf die Flüssigkeitssäule wirken. Der Atmosphärendruck an der Außenseite des Strohhalms drückt die Flüssigkeit am Boden des Strohhalms nach oben, die Gravitationskraft zieht die Flüssigkeit nach unten und der Luftdruck im oberen Teil des Strohhalms drückt die Flüssigkeit ebenfalls nach unten. Da sich die Flüssigkeit im Gleichgewicht befindet, muss die nach oben gerichtete, auf den Atmosphärendruck zurückzuführende Kraft die beiden nach unten gerichteten Kräfte ausgleichen. Die einzige Möglichkeit besteht darin, dass der Luftdruck im Strohhalm wesentlich geringer sein muss als der Atmosphärendruck außerhalb des Strohhalms.

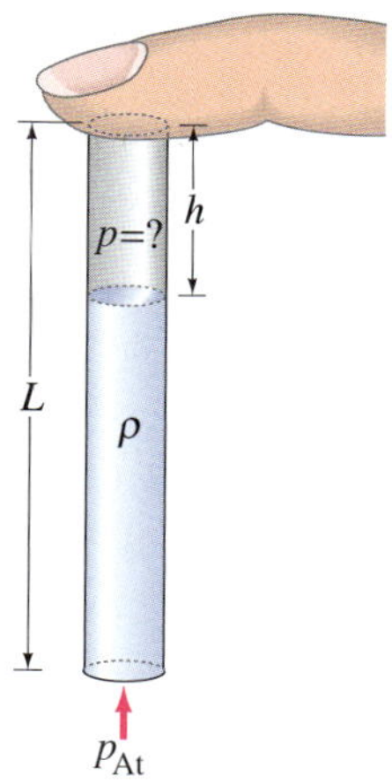

Abbildung 13.8 Beispiel 13.5.

13.4 Pascal'sches Prinzip

Die Erdatmosphäre übt einen Druck auf alle Körper aus, mit denen sie sich in Kontakt befindet, einschließlich anderer Fluide. Äußerer Druck, der auf ein Fluid wirkt, verteilt sich in diesem ganzen Fluid. Laut Gleichung 13.3 beträgt z. B. der auf das Wasser zurückzuführende Druck in einer Tiefe von 100 m unter der Wasseroberfläche eines Sees $p = \rho g h = (1000\,\text{kg}/\text{m}^3)(9{,}8\,\text{m/s}^2)(100\,\text{m}) = 9{,}8 \cdot 10^5\,\text{N/m}^2$ oder 9,7 bar. Allerdings ist der Gesamtdruck in diesem Punkt auf den Wasserdruck und auf den Druck der Luft oberhalb des Wassers zurückzuführen (Gleichung 13.6b). Folglich beträgt der Gesamtdruck (wenn sich der See nahe dem Meeresspiegel befindet) 9,7 bar + 1,0 bar = 10,7 bar. Dies ist nur ein Beispiel eines allgemeinen Gesetzes, das dem französischen Philosophen und Wissenschaftler Blaise Pascal (1623–1662) zuzuschreiben ist. Das **Pascal'sche Prinzip** besagt, dass *Druck, der auf ein eingeschlossenes Fluid ausgeübt wird, den Druck in dem gesamten Fluid um den gleichen Betrag erhöht.*

Pascal'sches Prinzip

Eine Reihe praktischer Vorrichtungen nutzt das Pascal'sche Prinzip. Ein Beispiel ist der in ► Abbildung 13.9 dargestellte Hydrauliklift, bei dem eine kleine Kraft benutzt wird, um eine große Kraft auszuüben, indem die Fläche des Auslasskolbens größer gemacht wird als die Fläche des Einlasskolbens. Damit wir sehen, wie dieses Prinzip funktioniert, nehmen wir an, dass sich Einlass- und Auslasskolben (zumindest ungefähr) auf einer Höhe befinden. Dann erhöht die äußere Eingangskraft F_{ein} nach dem Pascal'schen Prinzip den Druck im gesamten System gleichmäßig, so dass in der gleichen Höhe gilt (siehe ► Abbildung 13.9):

$$p_{\text{aus}} = p_{\text{ein}}\,.$$

Dabei werden die Eingangsgrößen durch den tiefgestellten Index „ein" und die Ausgangsgrößen durch „aus" gekennzeichnet. Somit ist

$$\frac{F_{\text{aus}}}{A_{\text{aus}}} = \frac{F_{\text{ein}}}{A_{\text{ein}}}$$

ANGEWANDTE PHYSIK

Hydrauliklift

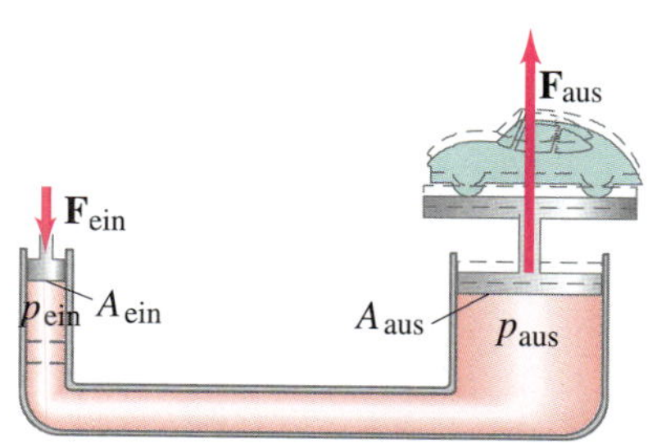

Abbildung 13.9 Anwendung des Pascal'schen Prinzips: Hydrauliklift.

oder

$$\frac{F_{\text{aus}}}{F_{\text{ein}}} = \frac{A_{\text{aus}}}{A_{\text{ein}}} \,.$$

Die Größe $F_{\text{aus}}/F_{\text{ein}}$ ist die so genannte „mechanische Kraftverstärkung" des Hydraulikliftes und ist gleich dem Quotienten der Flächen. Wenn z. B. die Fläche des Auslasskolbens 20mal größer als die des Einlasszylinders ist, wird die Kraft mit dem Faktor 20 multipliziert: So könnte eine Kraft von 1000 N ein Auto mit einer Masse von 20 000 N heben.

13.5 Messgeräte für die Druckmessung

Für die Druckmessung sind viele Geräte erfunden worden. Einige werden in ▸ Abbildung 13.10 gezeigt. Das einfachste ist das offene *Manometer* (▸ Abbildung 13.10a), eine U-förmige Röhre, die teilweise mit einer Flüssigkeit, normalerweise Quecksilber oder Wasser, gefüllt ist. Der gemessene Druck p wird zu der Höhendifferenz h zwischen den beiden Flüssigkeitspegeln durch die Relation

$$p = p_0 + \rho g h$$

in Beziehung gesetzt. p_0 ist der Atmosphärendruck (der auf die Oberfläche des Fluids in der linken Röhre wirkt) und ρ ist die Dichte der Flüssigkeit. Beachten Sie, dass die Größe $\rho g h$ der „Manometerdruck" ist – der Betrag, um den p den Atmosphärendruck übersteigt. Wenn die Flüssigkeit in der linken Säule einen niedrigeren Stand hätte als die in der rechten Säule, würde dies bedeuten, dass p geringer wäre als der Atmosphärendruck (und h wäre negativ).

Anstatt das Produkt $\rho g h$ zu berechnen, ist es üblich, einfach die Höhe h anzugeben. Tatsächlich werden Druckwerte manchmal in „Millimeter Quecksilbersäule" (mm-Hg) oder „Millimeter Wassersäule" (mm-H_2O) angegeben. Die Einheit mm-Hg entspricht einem Druck von 133 N/m², da $\rho g h$ für 1 mm = $1{,}0 \cdot 10^{-3}$ m Quecksilber liefert:

$$\rho g h = (13{,}6 \cdot 10^3\ \text{kg/m}^3)(9{,}80\ \text{m/s}^2)(1{,}00 \cdot 10^{-3}\ \text{m}) = 1{,}33 \cdot 10^2\ \text{N/m}^2 \,.$$

Das Torr (Einheit)

Die Einheit mm-Hg wird nach Evangelista Torricelli (1608–1647), dem Erfinder des Barometers (siehe unten), auch **Torr** genannt. In der Literatur werden immer noch Einheiten für den Druck verwendet, die nicht konform mit dem SI-Einheitensystem sind. Deshalb ist die Umrechnung dieser Einheiten in die Druckeinheiten des SI-Systems, das Pa bzw. das bar, häufig erforderlich. Tabelle 13.2 enthält die dazu benötigten Umrechnungsfaktoren. Es ist wichtig, dass für Berech-

Abbildung 13.10 Druckmessgeräte : (a) offenes Manometer, (b) Aneroid-Druckmesser und (c) üblicher Reifendruckmesser.

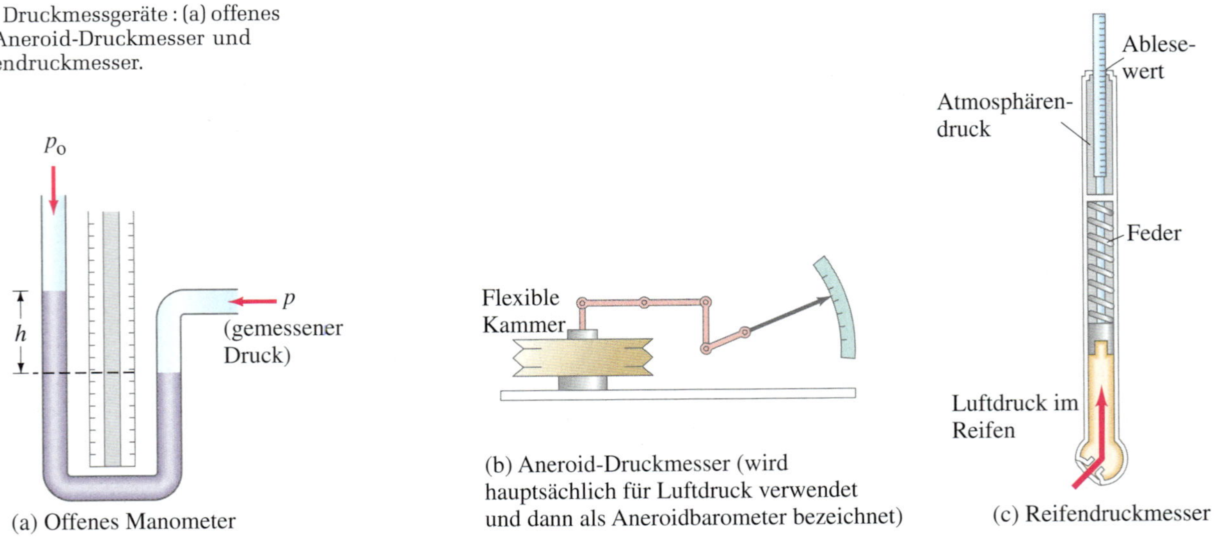

Tabelle 13.2

Umrechnungsfaktoren für verschiedene Druckeinheiten

In 1 Pa = 1 N/m^2	In Bezug auf 1 bar
1 atm = $1{,}013 \cdot 10^5$ N/m^2 = $1{,}013 \cdot 10^5$ Pa = 101,3 kPa	1 atm = 1,013 bar
1 bar = $1{,}000 \cdot 10^5$ N/m^2	
1 dyn/cm^2 = 0,1 N/m^2	1 bar = $1 \cdot 10^6$ dyn/cm^2
1 lb/in.^{2} = $6{,}90 \cdot 10^3$ N/m^2	1 bar = 14,5 lb/in.^{2}
1 lb/ft^2 = 47,9 N/m^2	1 bar = $2{,}09 \cdot 10^3$ lb/ft^2
1 cm-Hg = $1{,}33 \cdot 10^3$ N/m^2	1 bar = 75 cm-Hg
1 mm-Hg = 133 N/m^2	1 bar = 750 mm-Hg
1 Torr = 133 N/m^2	1 bar = 750 Torr
1 mm-H_2O (4 °C) = 9,81 N/m^2	1 bar = $1{,}02 \cdot 10^4$ mm-H_2O (4 °C)

PROBLEMLÖSUNG

Verwenden Sie bei Berechnungen SI-Einheiten: 1 Pa = 1 N/m^2

nungen, die andere in SI-Einheiten angegebene Größen enthalten, nur die richtige SI-Einheit, N/m^2 = Pa, verwendet wird.

Eine andere Art von Manometer ist der Aneroid-Druckmesser (► Abbildung 13.10b), bei dem der Zeiger mit den flexiblen Enden einer evakuierten, dünnen Metallkammer verbunden ist. Bei einem elektronischen Druckmesser kann der Druck auf eine dünne Metallmembran ausgeübt werden, deren daraus resultierende Verformung von einem Messumformer in ein elektrisches Signal umgewandelt wird. ► Abbildung 13.10c zeigt den Aufbau eines üblichen Reifendruckmessers.

Der Atmosphärendruck wird häufig mithilfe eines modifizierten Quecksilbermanometers mit einem geschlossenen Ende, des so genannten Quecksilber**barometers** (► Abbildung 13.11), gemessen. Die Glasröhre wird vollständig mit Quecksilber gefüllt und dann umgekehrt in die Schüssel mit Quecksilber eingetaucht. Wenn die Röhre lang genug ist, fällt der Quecksilberpegel und hinterlässt am oberen Ende der Röhre ein Vakuum, da der Atmosphärendruck nur eine Quecksilbersäule von ca. 76 cm Hohe halten kann (genau 76,0 cm bei atmosphärischem Normdruck). Das bedeutet, dass eine 76 cm hohe Quecksilbersäule denselben Druck wie die Atmosphäre ausübt:

$$p = \rho g h = (13{,}6 \cdot 10^3\ \mathrm{kg/m^3})(9{,}80\ \mathrm{m/s^2})(0{,}760\ \mathrm{m}) = 1{,}013 \cdot 10^5\ \mathrm{N/m^2}\ .$$

Haushaltsbarometer sind normalerweise mechanische (► Abbildung 13.10b) oder elektronische Aneroidbarometer.

Eine ähnliche Berechnung wie die obige zeigt, dass der Atmosphärendruck eine 10,3 m hohe Wassersäule in einer Röhre halten kann, deren obere Seite evakuiert ist (► Abbildung 13.12). Vor einigen hundert Jahren wunderte man sich immer wieder und war enttäuscht, dass auch eine gute Vakuumpumpe Wasser nicht höher als ca. 10 m befördern konnte. Die einzige Möglichkeit, Wasser z. B. aus tiefen Grubenschächten zu pumpen, war die Verwendung von mehreren Stufen für Tiefen von mehr als 10 m. Galileo Galilei untersuchte dieses Problem und sein Schüler Torricelli erklärte es als Erster. Der Punkt ist, dass eine Pumpe nicht wirklich Wasser in einer Röhre hoch saugt – sie reduziert nur den Druck an der Oberseite der Röhre. Der atmosphärische Luftdruck *drückt* das Wasser in der Röhre hoch, wenn am oberen Ende ein niedriger Druck herrscht (unter einem Vakuum). Luftdruck ist es auch, der das Quecksilber in einem Barometer 76 cm hoch drückt oder hält.

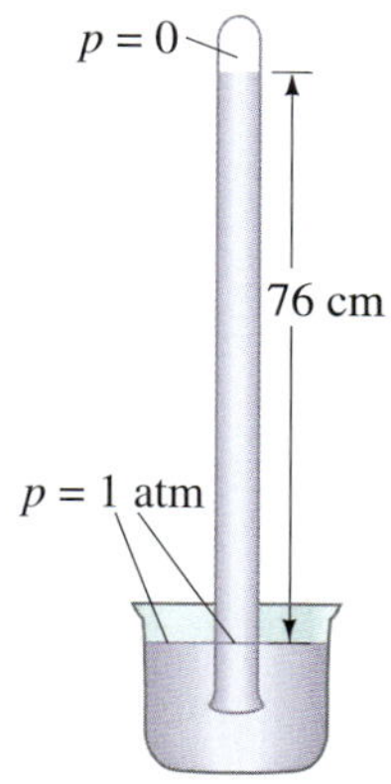

Abbildung 13.11 Darstellung eines Quecksilberbarometers, wenn der Luftdruck 76 cm-Hg beträgt.

Abbildung 13.12 Ein Wasserbarometer: Am oberen Ende wurde Wasser eingefüllt und dann der Hahn an dem Ende geschlossen. Der Wasserspiegel fiel und hinterließ ein Vakuum zwischen seiner oberen Fläche und dem Hahn. Warum? Weil der Luftdruck keine Wassersäule von mehr als 10 m Höhe halten konnte.

Saugeffekt

Beispiel 13.6 · Begriffsbildung **Saugeffekt**

Sie sitzen in einer Konferenz, in der ein neuer NASA-Ingenieur Schuhe mit Saugnäpfen für die Astronauten des Space Shuttles vorschlägt, die außen am Raumfahrzeug arbeiten. Da Sie gerade dieses Kapitel gelesen haben, weisen Sie ihn vorsichtig auf den Irrtum in seinem Plan hin. Worin besteht dieser Irrtum?

Lösung

Saugnäpfe funktionieren, indem sie die Luft unter dem Napf wegschieben. Der Luftdruck außerhalb des Napfes hält den Saugnapf an Ort und Stelle. (Dies kann auf der Erde eine erhebliche Kraft sein. Ein Saugnapf mit einem Durchmesser von 10 cm hat z. B. eine Fläche von $7{,}8 \cdot 10^{-3}\ \mathrm{m}^2$. Die auf ihn wirkende Kraft der Atmosphäre beträgt $(7{,}8 \cdot 10^{-3}\ \mathrm{m}^2)(1{,}0 \cdot 10^5\ \mathrm{N/m}^2) \approx 800\ \mathrm{N}$). Im Weltraum gibt es aber keinen Luftdruck, der den Saugnapf am Raumfahrzeug hält.

Manchmal stellen wir uns den Saugeffekt bzw. das Ansaugen fälschlicherweise als etwas vor, das wir aktiv tun. Wir glauben z. B. intuitiv, dass wir ein Getränk durch einen Strohhalm hochziehen. Stattdessen reduzieren wir nur den Druck oben am Strohhalm und die Atmosphäre *drückt* das Getränk im Strohhalm hoch.

13.6 Auftrieb und Archimedisches Prinzip

Körper, die in ein Fluid eingetaucht sind, scheinen in dem Fluid weniger zu wiegen als außerhalb des Fluids. Ein großer Stein z. B., den Sie nur mit Mühe vom Boden hochheben könnten, kann häufig leicht vom Grund eines Baches gehoben werden. Wenn der Stein an die Wasseroberfläche gelangt, scheint er plötzlich wesentlich schwerer zu sein. Viele Körper, wie z. B. Holz, schwimmen auf der Wasseroberfläche. Dies sind zwei Beispiele für den *Auftrieb*. In jedem Beispiel wirkt die Gravitationskraft nach unten. Aber zusätzlich wird von der Flüssigkeit eine nach oben gerichtete *Auftriebskraft* ausgeübt.

Die Auftriebskraft wird erzeugt, weil der Druck in einem Fluid mit der Tiefe zunimmt. Somit ist der nach oben gerichtete Druck an der Unterseite eines eingetauchten Körpers größer als der nach unten gerichtete Druck an seiner Oberseite. Um dies zu demonstrieren, betrachten Sie einen Zylinder mit der Höhe h, dessen Ober- und Unterseite jeweils eine Fläche A haben und der vollständig in ein Fluid mit der Dichte ρ_F eingetaucht ist, wie in ▸ Abbildung 13.13 dargestellt. Das Fluid übt einen Druck $p_1 = \rho_F g h_1$ auf die Oberseite des Zylinders aus. Die auf diesen Druck oben am Zylinder zurückzuführende Kraft ist $F_1 = p_1 A = \rho_F g h_1 A$ und ist nach unten gerichtet. In gleicher Weise übt das Fluid eine nach oben gerichtete Kraft auf die Unterseite des Zylinders aus, die gleich $F_2 = p_2 A = \rho_F g h_2 A$ ist. Die auf den Druck des Fluids zurückzuführende Nettokraft, die Auftriebskraft F_A, ist nach oben gerichtet und hat den Betrag

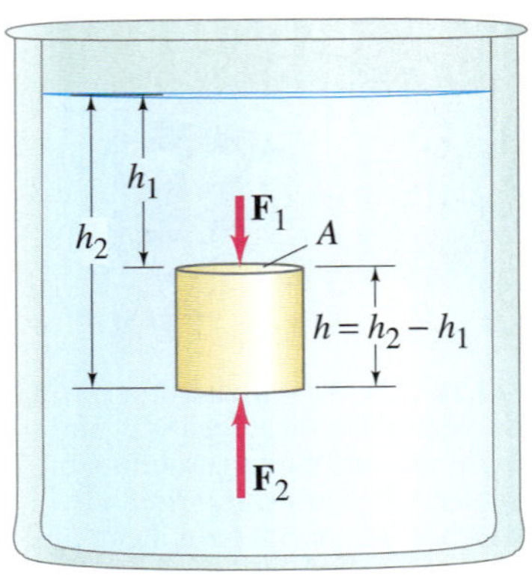

Abbildung 13.13 Bestimmung der Auftriebskraft.

$$F_A = F_2 - F_1 = \rho_F g A (h_2 - h_1)$$
$$= \rho_F g A h = \rho_F g V \ .$$

Dabei ist $V = Ah$ das Volumen des Zylinders. Da ρ_F die Dichte des Fluids ist, ist das Produkt $\rho_F g V = m_F g$ die Gewichtskraft des Fluids, die ein mit dem Volumen des Zylinders identisches Volumen annimmt. Somit ist die auf den Zylinder wirkende Auftriebskraft gleich der Gewichtskraft des durch den Zylinder verdrängten

Fluids.[2] Dieses Ergebnis ist unabhängig von der Form des Körpers gültig. Seine Entdeckung verdanken wir Archimedes (287–212 v. Chr.) und es ist als **Archimedisches Prinzip** bekannt: *Die Auftriebskraft, die ein Körper, der in ein Fluid eingetaucht ist, erfährt, ist gleich der Gewichtskraft des durch diesen Körper verdrängten Fluids.*

Wir können das Archimedische Prinzip in der Regel durch das folgende einfache, aber elegante Argument herleiten. Auf den in ▸ Abbildung 13.14a dargestellten Körper D mit unregelmäßiger Form wirken die Gravitationskraft (seine nach unten gerichtete Gewichtskraft $m\mathbf{g}$) und die nach oben gerichtete Auftriebskraft $\mathbf{F}_A$. Wir möchten $\mathbf{F}_A$ bestimmen. Dafür betrachten wir als nächstes einen Körper aus demselben Fluid (D' in ▸ Abbildung 13.14b), der dieselbe Form und Größe wie der ursprüngliche Körper hat und sich in derselben Tiefe befindet. Sie können sich diesen Körper aus Fluid als vom Rest des Fluids durch eine unsichtbare Membran getrennt vorstellen. Die auf diesen Körper aus Fluid wirkende Auftriebskraft F_A ist exakt dieselbe wie die, die auf den ursprünglichen Körper wirkt, da das umgebende Fluid, das F_A ausübt, genau dieselbe Struktur hat. Nun befindet sich der aus Fluid bestehende Körper D' im Gleichgewicht (das gesamte Fluid befindet sich in der Ruhelage). Deshalb ist $F_A = m'g$, wobei $m'g$ die Gewichtskraft des Körpers aus Fluid ist. Folglich ist die Auftriebskraft F_A gleich der Gewichtskraft des aus Fluid bestehenden Körpers, dessen Volumen gleich dem Volumen des ursprünglichen, eingetauchten Körpers ist. Genau das besagt das Archimedische Prinzip.

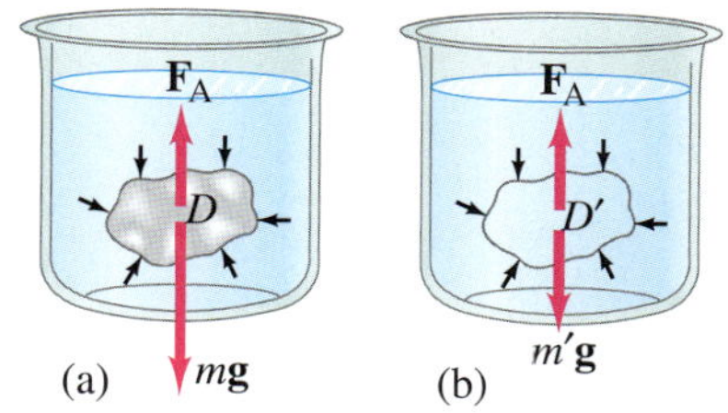

Abbildung 13.14 Archimedisches Prinzip.

Beispiel 13.7 · Begriffsbildung

Zwei Eimer Wasser

Betrachten Sie zwei gleiche Eimer, die bis zum Rand mit Wasser gefüllt sind. In dem einen Eimer befindet sich nur Wasser, in dem anderen schwimmt zusätzlich ein Stück Holz. Welcher Eimer hat das größere Gewicht?

Lösung

Beide Eimer wiegen gleich viel. Erinnern Sie sich an das Archimedische Prinzip: Das Holz verdrängt ein Volumen Wasser mit einer Gewichtskraft, die gleich der Gewichtskraft des Holzes ist. Es wird etwas Wasser über den Eimerrand hinausfließen, aber die Gewichtskraft des übergelaufenen Wassers ist gleich der des Holzes. Somit haben die Eimer das gleiche Gewicht.

Beispiel 13.8

Bergung einer versunkenen Statue

Eine antike Statue mit einer Masse von 70 kg liegt auf dem Meeresgrund. Ihr Volumen beträgt $3{,}0 \cdot 10^4\,\text{cm}^3$. Wie groß ist die Kraft, die erforderlich ist, um sie zu heben?

Lösung

Die auf die Statue wirkende, auf das Wasser zurückzuführende Auftriebskraft ist gleich der Gewichtskraft von $3{,}0 \cdot 10^4\,\text{cm}^3 = 3{,}0 \cdot 10^{-2}\,\text{m}^3$ Wasser

2 Mit „verdrängtem Fluid“ meinen wir ein Volumen Fluid, das gleich dem Volumen des Körpers oder des Teils des Körpers ist, der eingetaucht ist, wenn er schwimmt oder nur teilweise eingetaucht ist (das Fluid, das dort war, wo sich jetzt der Körper befindet). Wenn ein Körper in ein Glas oder in einen Becher eingetaucht wird, das bzw. der anfangs bis zum Rand mit Wasser gefüllt war, dann ist das Wasser, das überfließt, das durch den Körper verdrängte Wasser.

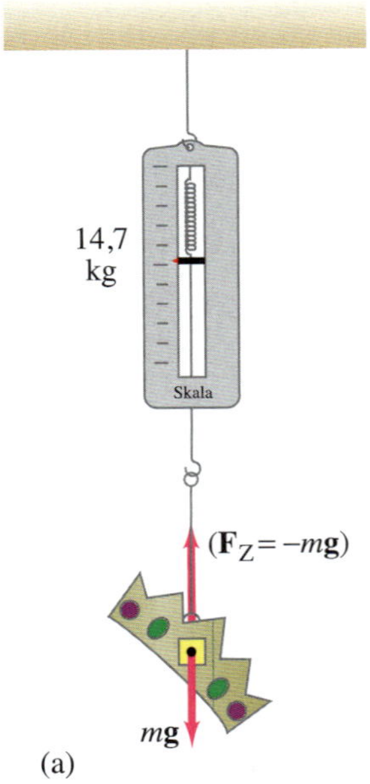

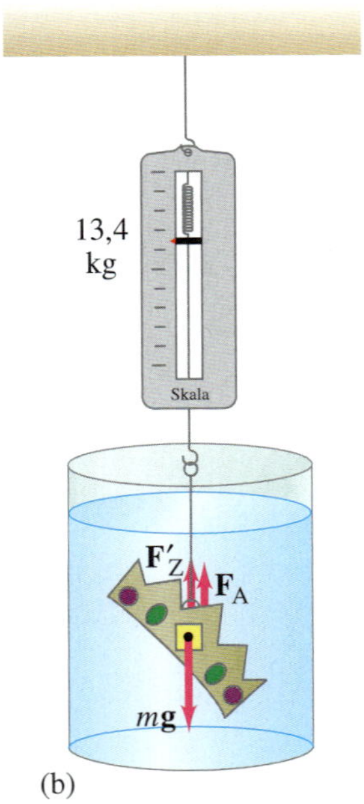

Abbildung 13.15 (a) Eine Messskala zeigt die Masse eines Körpers an der Luft an – in diesem Fall der Krone aus Beispiel 13.9. Alle Körper ruhen, so dass die Zugkraft F_Z in der Verbindungsschnur gleich der Gewichtskraft G des Körpers ist: $F_Z = mg$. Beachten Sie, dass wir das Kräfteparallelogramm der Krone zeigen und dass F_Z den Anzeigewert auf der Messskala verursacht (sie ist gleich der nach unten gerichteten, auf die Messskala wirkenden Nettokraft). (b) Auf den eingetauchten Körper wirkt eine zusätzliche Kraft, die Auftriebskraft F_A. Die Nettokraft ist gleich null, so dass $F'_Z + F_A = mg$ $(= G)$ ist. Die Messskala zeigt jetzt $m' = 13{,}4$ kg an, wobei m' mit der tatsächlichen Gewichtskraft durch $G' = m'g$ in Beziehung steht. Dabei ist $F'_Z = G' = G - F_A$.

(für Meerwasser $\rho = 1{,}025 \cdot 10^3\ \mathrm{kg/m^3}$):

$$F_A = m_{H_2O}g = \rho_{H_2O}gV$$
$$= (1{,}025 \cdot 10^3\ \mathrm{kg/m^3})(9{,}8\ \mathrm{m/s^2})(3{,}0 \cdot 10^{-2}\ \mathrm{m^3}) = 3{,}0 \cdot 10^2\ \mathrm{N}\,.$$

Die Gewichtskraft der Statue beträgt $mg = (70\ \mathrm{kg})(9{,}8\ \mathrm{m/s^2}) = 6{,}9 \cdot 10^2\ \mathrm{N}$. Folglich ist die Kraft, die erforderlich ist, um sie zu heben, 690 N – 300 N = 390 N. Es ist so, als ob die Statue nur eine Masse von $(390\ \mathrm{N})/(9{,}8\ \mathrm{m/s^2}) = 40$ kg hätte.

Der Überlieferung nach hat Archimedes sein Prinzip beim Baden entdeckt, als er darüber nachdachte, wie er herausfinden könnte, ob die neue Krone des Königs aus reinem Gold oder eine Fälschung sei. Gold hat eine relative Dichte von 19,3, etwas höher als die der meisten anderen Metalle, aber man kann die relative Dichte oder Dichte nicht ohne weiteres direkt bestimmen, weil das Volumen eines unregelmäßig geformten Körpers nicht leicht zu berechnen ist, selbst wenn man die Masse leicht ermitteln kann. Wenn man allerdings den Körper an der Luft wiegt $(= G)$ und dann auch „wiegt", wenn er sich unter Wasser befindet $(= G')$, kann die Dichte unter Anwendung des Archimedischen Prinzips bestimmt werden, wie das folgende Beispiel zeigt. Die Größe G' ist die so genannte *scheinbare Gewichtskraft* im Wasser und ihr Wert wird auf einer Messskala angezeigt, wenn der Körper im Wasser eingetaucht ist (siehe ► Abbildung 13.15). G' ist gleich der tatsächlichen Gewichtskraft $(G = mg)$ minus der Auftriebskraft.

Beispiel 13.9 Archimedes: Ist die Krone aus Gold?

Wenn eine Krone mit einer Masse von 14,7 kg in Wasser eingetaucht wird, zeigt eine genaue Messskala nur 13,4 kg an. Ist die Krone aus Gold?

Lösung

Siehe Analyse in ► Abbildung 13.15. Die scheinbare Gewichtskraft des eingetauchten Körpers G' $(= F'_Z$ in ► Abbildung 13.15b) ist gleich der tatsächlichen Gewichtskraft $G(= mg)$ minus der Auftriebskraft F_A, wie dargestellt:

$$G' = F'_Z = G - F_A = \rho_K gV - \rho_F gV\,.$$

Dabei ist V das Volumen des Körpers, ρ_K die Dichte des Körpers und ρ_F die Dichte des Fluids (Wasser in diesem Fall). Diese Gleichung liefert $F_A = G - G' = \rho_F gV$. Dann können wir schreiben:

$$\frac{G}{G-G'} = \frac{\rho_K gV}{\rho_F gV} = \frac{\rho_K}{\rho_F}\,.$$

Somit ist $G/(G - G')$ gleich der relativen Dichte des Körpers, wenn das Fluid, in das der Körper eingetaucht wird, Wasser ist. Für die Krone ergibt sich

$$\frac{\rho_K}{\rho_{H_2O}} = \frac{G}{G-G'} = \frac{(14{,}7\ \mathrm{kg})g}{(14{,}7\ \mathrm{kg} - 13{,}4\ \mathrm{kg})g} = \frac{14{,}7\ \mathrm{kg}}{1{,}3\ \mathrm{kg}} = 11{,}3\,.$$

Dieses Ergebnis entspricht einer Dichte von $11\,300\ \mathrm{kg/m^3}$. Die Krone scheint aus Blei zu sein (siehe Tabelle 13.1)!

Schwimmen

Das Archimedische Prinzip gilt genauso gut auch für Körper, die schwimmen, wie z. B. Holz. Im Allgemeinen *schwimmt ein Körper auf einem Fluid, wenn seine Dichte geringer ist als die des Fluids*. Dies ist gut in ► Abbildung 13.16a zu sehen, in der ein eingetauchter Körper eine nach oben gerichtete Nettokraft erfährt

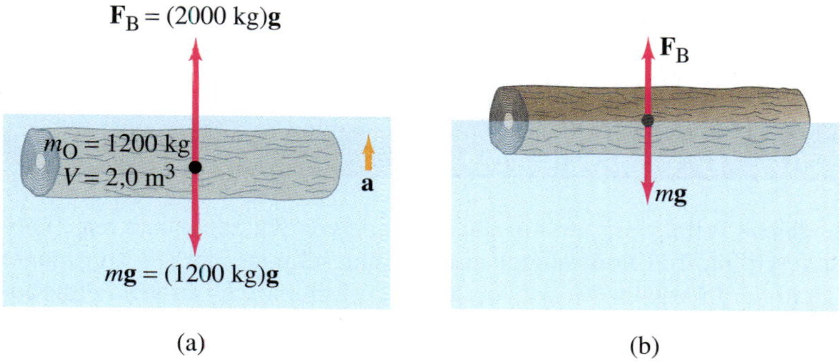

Abbildung 13.16 (a) Der vollständig eingetauchte Baumstamm beschleunigt nach oben, weil $F_A > mg$. Er erreicht seine Gleichgewichtslage (b), wenn $\sum F = 0$, so dass $F_A = mg = (1200\,\text{kg})g$. Somit werden 1200 kg oder 1,2 m^3 Wasser verdrängt.

und an die Oberfläche schwimmt, wenn $F_A > mg$, d. h. wenn $\rho_F Vg > \rho_K Vg$ oder $\rho_F > \rho_K$. Im Gleichgewicht – d. h. beim Schwimmen – hat die auf einen Körper wirkende Auftriebskraft einen Betrag, der gleich der Gewichtskraft des Körpers ist. Ein Baumstamm mit einer relativen Dichte von 0,60 und einem Volumen von 2,0 m^3 hat z. B. eine Masse $m = \rho_K V = (0{,}60 \cdot 10^3\,\text{kg/m}^3)(2{,}0\,\text{m}^3) = 1200\,\text{kg}$. Wenn der Baumstamm vollständig unter Wasser getaucht wird, verdrängt er eine Wassermasse $m_F = \rho_F V = (1000\,\text{kg/m}^3)(2{,}0\,\text{m}^3) = 2000\,\text{kg}$. Folglich ist die auf den Baumstamm wirkende Auftriebskraft größer als seine Gewichtskraft und er schwimmt nach oben an die Oberfläche (▶ Abbildung 13.16). Der Stamm erreicht seine Gleichgewichtslage, wenn er 1200 kg Wasser verdrängt. Da bedeutet, dass sich 1,2 m^3 eines Volumens unter Wasser befinden. Diese 1,2 m^3 entsprechen 60% des Baumstammvolumens (1,2/2,0 = 0,60), so dass sich 60% des Stamms im Wasser befinden. Im Allgemeinen ist $F_A = mg$, wenn ein Körper schwimmt. Das können wir schreiben als (siehe ▶ Abbildung 13.17):

$$\rho_F V_{\text{verdr}} g = \rho_K V_K g \,.$$

Dabei ist V_K das gesamte Volumen des Körpers und V_{verdr} das Volumen des Fluids, das der Körper verdrängt (= eingetauchtes Volumen). Somit gilt

$$\frac{V_{\text{verdr}}}{V_K} = \frac{\rho_K}{\rho_F} \,.$$

Das bedeutet, dass der eingetauchte Anteil des Körpers durch das Verhältnis zwischen der Dichte des Körpers und der Dichte des Fluids gegeben ist.

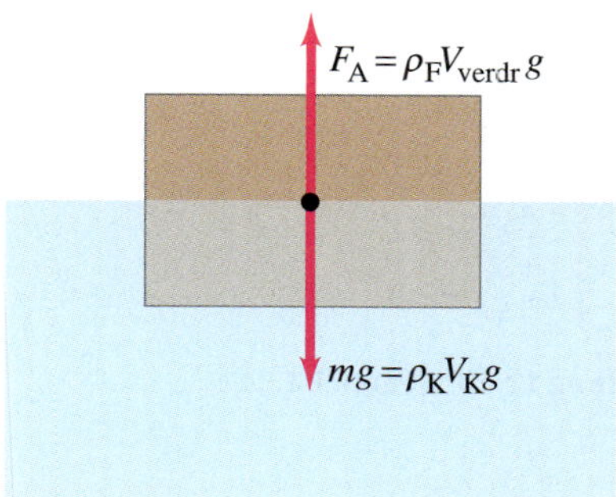

Abbildung 13.17 Ein Körper schwimmt im Gleichgewicht: $F_A = mg$.

Beispiel 13.10 Kalibrierung eines Hydrometers

Ein **Hydrometer** ist ein einfaches Messinstrument, das benutzt wird, um die relative Dichte einer Flüssigkeit anzuzeigen, indem man misst, wie tief das Hydrometer in die Flüssigkeit absinkt. Ein bestimmtes Hydrometer (▶ Abbildung 13.18) besteht aus einem Glasrohr, das am Boden beschwert ist, eine Länge von 25,0 cm, eine Querschnittsfläche von 2,00 cm^2 und eine Masse von 45,0 g hat. Wie weit vom Ende entfernt sollte sie 1,000-Markierung angebracht werden?

Lösung

Das Hydrometer hat eine Gesamtdichte von

$$\rho = \frac{m}{V} = \frac{45{,}0\,\text{g}}{(2{,}00\,\text{cm}^2)(25{,}0\,\text{cm})} = 0{,}900\,\text{g/cm}^3 \,.$$

Wenn das Hydrometer in Wasser getaucht wird, erreicht es somit die Gleichgewichtslage, wenn sich 90% seines Volumens unter Wasser befinden. Da es

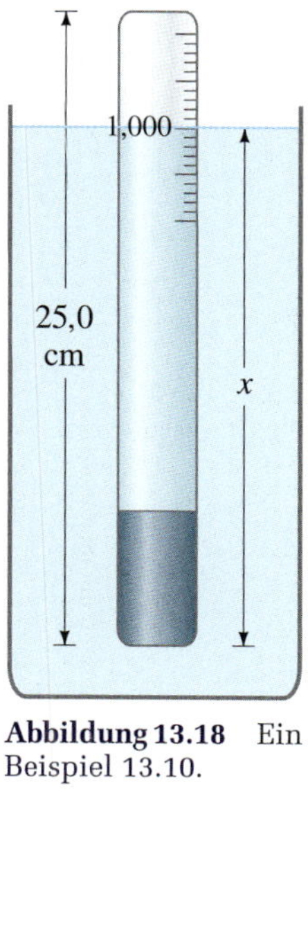

Abbildung 13.18 Ein Hydrometer. Beispiel 13.10.

einen gleichförmigen Querschnitt hat, ergibt sich für die Gleichgewichtslage (0,900)(25,0 cm) = 22,5 cm seiner Länge im Wasser. Da die relative Dichte von Wasser mit 1,000 definiert ist, sollte die Markierung 22,5 cm vom Ende entfernt angebracht werden.

ANGEWANDTE PHYSIK

Kontinentalverschiebung – Plattentektonik

Das Archimedische Prinzip ist auch in der Geologie von Nutzen. Nach der Theorie der Plattentektonik und Kontinentalverschiebung schwimmen die Kontinente praktisch auf einem flüssigen „Meer" von leicht verformbarem Gestein (Unterboden). Man kann einige interessante Berechnungen unter Anwendung ganz einfacher Modelle durchführen, die wir in den Aufgaben am Ende des Kapitels betrachten werden.

Gewicht wird vom Auftrieb der Luft beeinflusst

Luft ist ein Fluid und übt auch eine Auftriebskraft aus. Normale Körper wiegen in der Luft weniger, als wenn sie in einem Vakuum gewogen werden. Da die Dichte der Luft sehr gering ist, ist der Effekt bei vielen Körpern klein. Es gibt allerdings Körper, die in der Luft treiben – Heliumballone z. B., da Helium eine geringere Dichte als Luft hat.

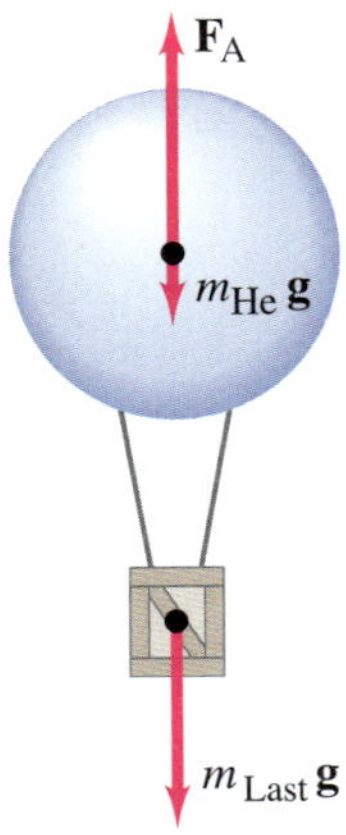

Abbildung 13.19 Beispiel 13.11.

Beispiel 13.11 **Heliumballon**

Wie groß ist das Heliumvolumen V, das benötigt wird, wenn ein Ballon eine Last von 180 kg heben soll (einschließlich des Gewichtes des leeren Ballons)?

Lösung

Die auf den Heliumballon wirkende Auftriebskraft F_A, die gleich der Gewichtskraft der verdrängten Luft ist, muss zumindest gleich der Gewichtskraft des Heliums plus der Last sein (► Abbildung 13.19).

$$F_A = (m_{He} + 180\,\text{kg})g\,.$$

Diese Gleichung kann in Abhängigkeit der Dichte geschrieben werden:

$$\rho_{Luft} V g = (\rho_{He} V + 180\,\text{kg})g\,.$$

Die Auflösung nach V liefert

$$V = \frac{180\,\text{kg}}{\rho_{Luft} - \rho_{He}} = \frac{180\,\text{kg}}{(1{,}29\,\text{kg/m}^3 - 0{,}18\,\text{kg/m}^3)} = 160\,\text{m}^3\,.$$

Dies ist das Volumen, das nahe der Erdoberfläche benötigt wird, wo $\rho_{Luft} = 1{,}29\,\text{kg/m}^3$ ist. Um eine große Höhe zu erreichen, wäre ein größeres Volumen erforderlich, da die Dichte der Luft mit der Höhe abnimmt.

13.7 Fluide in Bewegung – Massenstrom und Kontinuitätsgleichung

Wir wenden uns nun von der Untersuchung von ruhenden Fluiden dem komplexeren Thema von Fluiden in Bewegung zu, der so genannten **Fluiddynamik** oder (speziell für das Fluid Wasser) **Hydrodynamik**. Viele Aspekte der Bewegung von Fluiden werden heute immer noch untersucht (turbulente Strömung als Ausdruck von Chaos ist z. B. momentan ein ganz aktuelles Thema). Trotzdem kann man mithilfe bestimmter vereinfachender Annahmen zu einem guten Verständnis dieses Themas kommen.

Zunächst können wir zwei Hauptarten von Fluidströmungen unterscheiden. Wenn die Strömung gleichmäßig ist, so dass benachbarte Schichten des Fluids

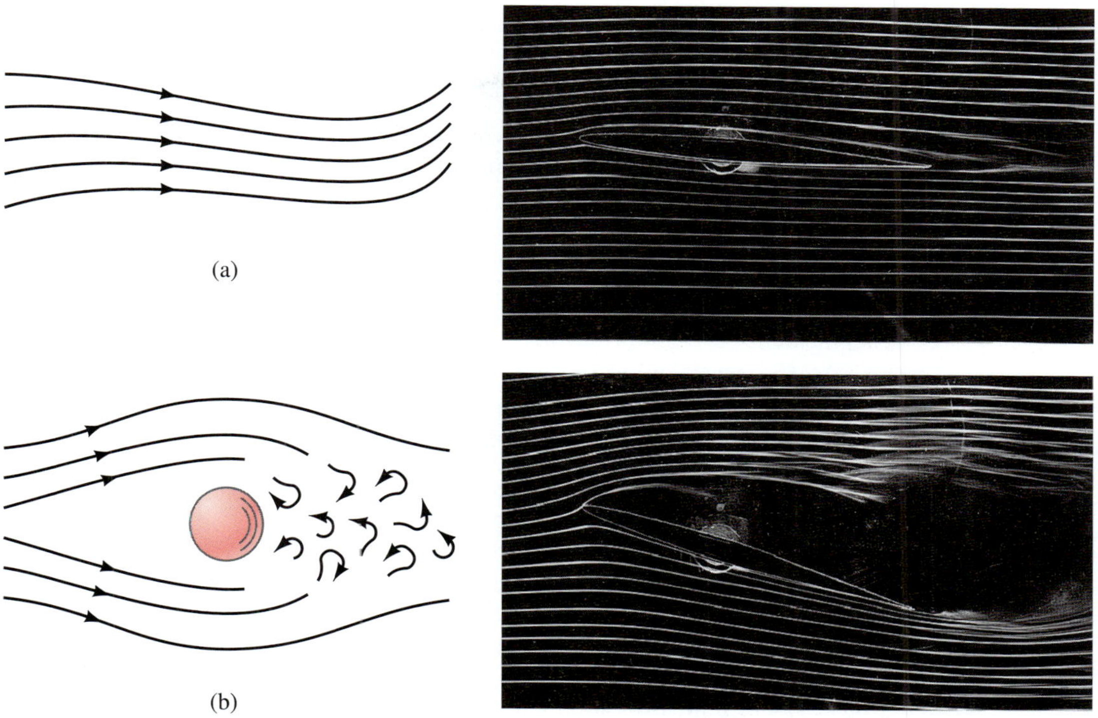

Abbildung 13.20 (a) Laminare Strömung, (b) turbulente Strömung.

glatt übereinander hinweggleiten, spricht man von einer **laminaren Strömung**.[3] Bei dieser Art von Strömung folgt jeder Massenpunkt des Fluids einer gleichmäßigen Bahn, der so genannten **Stromlinie**, und diese Bahnen kreuzen sich nicht (▶ Abbildung 13.20a). Oberhalb einer bestimmten Geschwindigkeit wird die Strömung turbulent. Eine **turbulente Strömung** ist gekennzeichnet durch unregelmäßige, kleine, strudelähnliche Kreise, die Wirbel genannt werden (▶ Abbildung 13.20b). Wirbel absorbieren einen großen Teil an Energie und obwohl selbst bei einer laminaren Strömung ein bestimmter Anteil an innerer Reibung, der **Viskosität**, vorhanden ist, ist sie bei einer turbulenten Strömung doch deutlich größer. Ein paar kleine Tropfen Tinte oder Lebensmittelfarbe, die man in eine Flüssigkeit in Bewegung tropfen lässt, können schnell Aufschluss darüber geben, ob die Strömung laminar oder turbulent ist.

In diesem Kapitel werden wir von der Näherung ausgehen, dass das Fluid inkompressibel ist (keine bedeutenden Schwankungen in der Dichte) und dass die Strömung an jedem Punkt stationär ist.

Betrachten wir die stationäre, laminare Strömung eines Fluids durch eine geschlossene Röhre oder ein geschlossenes Rohr, wie in ▶ Abbildung 13.21 dargestellt. Zunächst bestimmen wir, wie sich die Geschwindigkeit des Fluids ändert, wenn sich die Größe der Röhre ändert. Der **Massenstrom** ist definiert als die Masse Δm eines Fluids, die einen bestimmten Punkt pro Zeiteinheit Δt durchströmt: Massenstrom $= \Delta m/\Delta t$. In ▶ Abbildung 13.21 ist das Fluidvolumen, das den Punkt 1 (d. h. die Fläche A_1) in einer Zeit Δt durchströmt, genau $A_1 \Delta l_1$, wobei Δl_1 der Weg ist, den das Fluid in der Zeit Δt zurücklegt. Da die Geschwindigkeit[4] des Fluids, das den Punkt 1 durchströmt, $v_1 = \Delta l_1/\Delta t$ beträgt, ist der Massenstrom

3 Das Wort „laminar" bedeutet „geordnet nebeneinander".

4 Wenn es keine Viskosität gäbe, wäre die Geschwindigkeit an jedem Punkt des Querschnitts einer Röhre dieselbe. Dies ist für reale Flüssigkeiten nicht der Fall, Ausnahme ist das Phänomen der Suprafluidität. Reale Fluide besitzen Viskosität und diese innere Reibung führt dazu, dass verschiedene Schichten des Fluids mit verschiedenen Geschwindigkeiten fließen. In diesem stellen v_1 und v_2 die durchschnittlichen Geschwindigkeiten in jedem Querschnittsbereich dar.

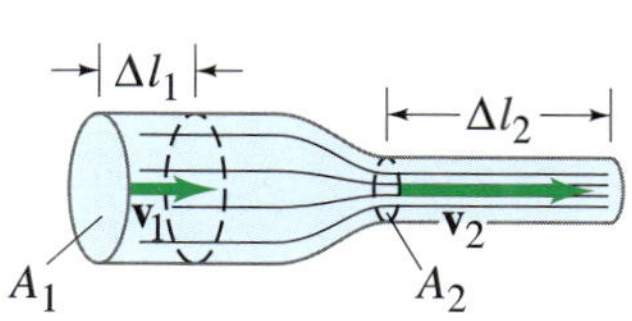

Abbildung 13.21 Fluidfluss durch ein Rohr mit veränderlichem Durchmesser.

$\Delta m_1/\Delta t$ durch die Fläche A_1 ist

$$\frac{\Delta m_1}{\Delta t} = \frac{\rho_1 \Delta V_1}{\Delta t} = \frac{\rho_1 A_1 \Delta l_1}{\Delta t} = \rho_1 A_1 v_1 \,.$$

Dabei ist $\Delta V_1 = A_1 \Delta l_1$ das Massevolumen Δm_1 und ρ_1 die Dichte des Fluids. Analog dazu beträgt der Massenstrom im Punkt 2 (durch die Fläche A_2) $\rho_2 A_2 v_2$. Da kein Fluid seitlich einströmt oder hinausfließt, müssen die Massenströme durch A_1 und A_2 gleich sein. Da

$$\frac{\Delta m_1}{\Delta t} = \frac{\Delta m_2}{\Delta t}$$

ist, gilt somit

$$\rho_1 A_1 v_1 = \rho_2 A_2 v_2 \,.$$

Dies ist die so genannte **Kontinuitätsgleichung**. Wenn das Fluid inkompressibel ist (ρ ändert sich nicht mit dem Druck), was eine ausgezeichnete Näherung für Flüssigkeiten (und manchmal auch für Gase) unter den meisten Bedingungen darstellt, dann ist $\rho_1 = \rho_2$ und die Kontinuitätsgleichung wird zu

$$A_1 v_1 = A_2 v_2 \,. \quad (\rho = \text{konstant}) \tag{13.7}$$

Beachten Sie, dass das Produkt Av den *Volumenstrom* (das Volumen an Fluid, das einen bestimmten Punkt pro Sekunde durchströmt) darstellt, da $\Delta V/\Delta t = A\Delta l/\Delta t = Av$. Die SI-Einheit ist m^3/s. Die Gleichung 13.7 besagt, dass bei einem großen Querschnitt die Geschwindigkeit gering ist, während bei einem kleinen Querschnitt die Geschwindigkeit hoch ist. Das wird deutlich, wenn man einen Fluss betrachtet. Ein Fluss fließt langsam durch eine Wiese, wo das Flussbett breit ist, erreicht aber eine hohe Geschwindigkeit, wenn er durch eine enge Schlucht hindurchströmt.

ANGEWANDTE PHYSIK

Blutfluss

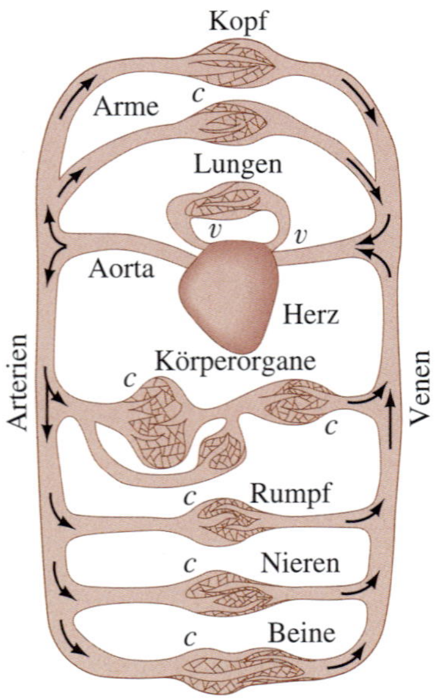

Abbildung 13.22 Der menschliche Blutkreislauf.

Beispiel 13.12 · Abschätzung **Blutfluss**

Im menschlichen Körper fließt Blut vom Herzen in die Aorta und von dort in die großen Arterien. Diese verzweigen in die kleinen Arterien (Arteriolen), die ihrerseits in unzählige kleine Kapillaren verzweigen, siehe ▶ Abbildung 13.22. Das Blut fließt durch die Venen zum Herzen zurück. Die Aorta hat einen Radius von ca. 1,0 cm und das Blut fließt mit einer Geschwindigkeit von ca. 30 cm/s hindurch. Eine typische Kapillare hat einen Radius von ca. $4 \cdot 10^{-4}$ cm und das Blut fließt mit einer Geschwindigkeit von ca. $5 \cdot 10^{-4}$ m/s hindurch. Schätzen Sie ab, wie viele Kapillaren es im Körper gibt.

Lösung

A_1 ist die Fläche der Aorta und A_2 die Fläche *aller* Kapillaren, durch die Blut fließt. Dann ist $A_2 = N\pi r_{\text{Kap}}^2$, wobei N die Anzahl der Kapillaren und $r_{\text{Kap}} \approx 4 \cdot 10^{-4}$ cm der geschätzte Radius einer Kapillare ist. Die Kontinuitätsgleichung (Gleichung 13.7) liefert

$$v_2 A_2 = v_1 A_1$$

$$v_2 N \pi r_{\text{Kap}}^2 = v_1 \pi r_{\text{Aorta}}^2 \,,$$

so dass

$$N = \frac{v_1}{v_2}\frac{r_{\text{Aorta}}^2}{r_{\text{Kap}}^2} = \left(\frac{0{,}30\,\text{m/s}}{5 \cdot 10^{-4}\,\text{m/s}}\right)\left(\frac{1{,}0 \cdot 10^{-2}\,\text{m}}{4 \cdot 10^{-6}\,\text{m}}\right)^2 \approx 4 \cdot 10^9 \,,$$

d. h. ca. 4 Milliarden Kapillaren.

Im Folgenden finden wir ein weiteres Beispiel, das die Kontinuitätsgleichung und das Argument, das zu ihr führt, anwendet.

Beispiel 13.13 **Heizungsrohr zu einem Raum**

Wie groß muss ein Heizungsrohr sein, wenn die Luft, die sich durch das Rohr mit 3,0 m/s bewegt, die Luft in einem Raum mit einem Volumen von 300 m^3 alle 15 Minuten wieder auffrischen kann? Nehmen Sie an, dass die Dichte der Luft konstant bleibt.

Lösung

Wir können die Kontinuitätsgleichung (Gleichung 13.7) anwenden, wenn wir den Raum (nennen wir ihn Punkt 2) als einen großen Abschnitt des Rohres betrachten, siehe ▶ Abbildung 13.23. Wenn wir in derselben Weise argumentieren, die uns zur Gleichung 13.7 geführt hat (Änderung von Δt zu t), sehen wir, dass $A_2 v_2 = A_2 l_2/t = V_2/t$ ist. Dabei ist V_2 das Volumen des Raums. Dann ist $A_1 v_1 = A_2 v_2 = V_2/t$ und

$$A_1 = \frac{V_2}{v_1 t} = \frac{300\,\mathrm{m}^3}{(3{,}0\,\mathrm{m/s})(900\,\mathrm{s})} = 0{,}11\,\mathrm{m}^2\,.$$

Wenn das Rohr quadratisch ist, hat jede Seite die Länge $l = \sqrt{A} = 0{,}33$ m oder 33 cm. Ein rechteckiges Rohr mit den Abmessungen 20 cm · 55 cm ist auch passend.

ANGEWANDTE PHYSIK

Heizungsrohr

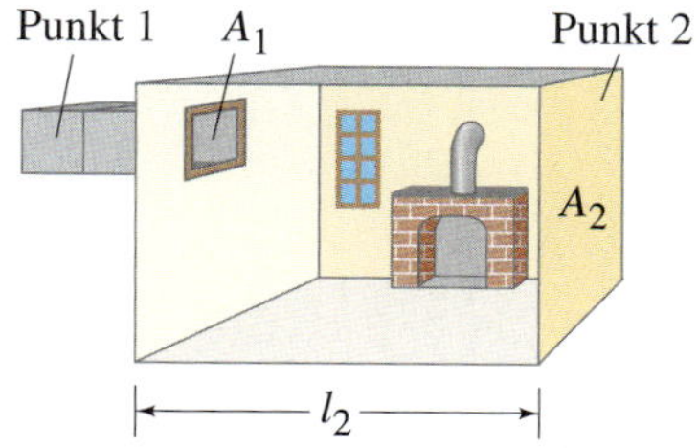

Abbildung 13.23 Beispiel 13.13.

13.8 Bernoulli'sche Gleichung

Haben Sie sich jemals gefragt, warum Rauch in einem Schornstein hochsteigt, warum sich das Verdeck eines Kabrios bei hohen Geschwindigkeiten aufbläht oder wie ein Segelboot sich gegen den Wind bewegen kann? Dies sind Beispiele für ein Gesetz, das Daniel Bernoulli (1700–1782) im frühen 18. Jahrhundert formuliert hat. Im Wesentlichen besagt das **Bernoulli'sche Gesetz**, dass, *wenn ein Fluid eine hohe Geschwindigkeit hat, der Druck niedrig ist, und dass, wenn die Geschwindigkeit niedrig ist, der Druck hoch ist.* Wenn die Druckwerte z. B. an den Punkten 1 und 2 in ▶ Abbildung 13.21 gemessen werden, wird man feststellen, dass der Druck am Punkt 2, wo die Geschwindigkeit höher ist, niedriger ist als am Punkt 1, wo die Geschwindigkeit niedriger ist. Auf den ersten Blick mag das merkwürdig erscheinen. Man könnte erwarten, dass die höhere Geschwindigkeit am Punkt 2 auch einen höheren Druck bedeuten würde. Aber das kann nicht sein. Denn wenn der Druck am Punkt 2 höher als am Punkt 1 wäre, würde dieser höhere Druck das Fluid verlangsamen, während es tatsächlich auf dem Weg zwischen Punkt 1 und Punkt 2 beschleunigt hat. Somit muss der Druck am Punkt 2 logischerweise geringer sein als am Punkt 1, wenn man die Tatsache berücksichtigt, dass das Fluid beschleunigt.

Bernoulli'sches Gesetz

Bernoulli entwickelte eine Gleichung, die dieses Gesetz quantitativ ausdrückt. Zur Herleitung der Bernoulli'schen Gleichung nehmen wir an, dass die Strömung stationär und laminar ist, dass das Fluid inkompressibel ist und dass die Viskosität so klein ist, dass sie vernachlässigt werden kann. Um eine allgemeingültige Gleichung zu erhalten, nehmen wir an, dass das Fluid in einer Röhre mit ungleichförmigem Querschnitt fließt, der über einem bestimmten Bezugspegel in der Höhe variiert, siehe ▶ Abbildung 13.24. Wir betrachten die farbig markierte Fluidmenge und berechnen die Arbeit, die verrichtet wird, um diese Menge von dem in (a) dargestellten Ort an den in (b) dargestellten Ort zu bewegen. In diesem Prozess fließt das Fluid am Punkt 1 einen Weg Δl_1 und zwingt das Fluid am Punkt 2,

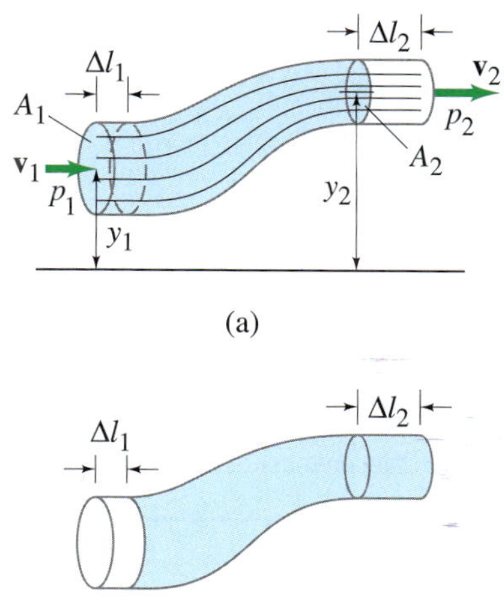

Abbildung 13.24 Fluidfluss: Herleitung der Bernoulli'schen Gleichung.

einen Weg Δl_2 zurückzulegen. Das Fluid links von Punkt 1 übt einen Druck p_1 auf unseren Fluidabschnitt aus und verrichtet eine Arbeit

$$W_1 = F_1 \Delta l_1 = p_1 A_1 \Delta l_1 \; .$$

Am Punkt 2 beträgt die an unseren Fluidabschnitt verrichtete Arbeit

$$W_2 = -p_2 A_2 \Delta l_2 \; .$$

Das negative Vorzeichen ist dadurch begründet, dass unser Fluidabschnitt Arbeit leistet (das farbig dargestellte Fluid verrichtet an dem Fluid rechts von Punkt 2 Arbeit). Die Gravitationskraft verrichtet ebenfalls Arbeit an dem Fluid. Da der Nettoeffekt des in ► Abbildung 13.24 dargestellten Prozesses darin besteht, eine Masse m mit dem Volumen $A_1 \Delta l_1 (= A_2 \Delta l_2$, da das Fluid inkompressibel ist) von Punkt 1 nach Punkt 2 zu bewegen, ist die durch die Gravitation verrichtete Arbeit

$$W_3 = -mg(y_2 - y_1) \; .$$

y_1 und y_2 sind die Höhen des Röhrenmittelpunktes über einem (beliebigen) Bezugspegel. Beachten Sie, dass in dem in ► Abbildung 13.24 dargestellten Fall dieser Term negativ ist, da die Bewegung aufwärts erfolgt und der Gravitationskraft entgegengerichtet ist. Somit beträgt die an dem Fluid verrichtete Nettoarbeit:

$$W = W_1 + W_2 + W_3$$
$$W = p_1 A_1 \Delta l_1 - p_2 A_2 \Delta l_2 - mgy_2 + mgy_1 \; .$$

Laut dem Energieerhaltungssatz (Abschnitt 7.4) ist die an einem System verrichtete Nettoarbeit gleich der Änderung seiner kinetischen Energie. Somit gilt:

$$\frac{1}{2}mv_2^2 - \frac{1}{2}mv_1^2 = p_1 A_1 \Delta l_1 - p_2 A_2 \Delta l_2 - mgy_2 + mgy_1 \; .$$

Die Masse m hat das Volumen $A_1 \Delta l_1 = A_2 \Delta l_2$. Folglich können wir $m = \rho A_1 \Delta l_1 = \rho A_2 \Delta l_2$ einsetzen und die Division durch $A_1 \Delta l_1 = A_2 \Delta l_2$ liefert

$$\frac{1}{2}\rho v_2^2 - \frac{1}{2}\rho v_1^2 = p_1 - p_2 - \rho g y_2 + \rho g y_1 \; .$$

Das stellen wir um und erhalten

Bernoulli'sche Gleichung

$$p_1 + \frac{1}{2}\rho v_1^2 + \rho g y_1 = p_2 + \frac{1}{2}\rho v_2^2 + \rho g y_2 \; . \qquad (13.8)$$

Dies ist die **Bernoulli'sche Gleichung**. Da die Punkte 1 und 2 zwei beliebige Punkte entlang einer durchflossenen Röhre sein können, kann die Bernoulli'sche Gleichung geschrieben werden als:

$$p + \frac{1}{2}\rho v^2 + \rho g y = \text{konstant}$$

an jedem beliebigen Punkt in dem Fluid. Dabei ist y die Höhe des Röhrenmittelpunktes über einem festen Bezugspegel. (Beachten Sie, dass, wenn es keinen Fluss gibt ($v_1 = v_2 = 0$), sich die Gleichung 13.8 auf die hydrostatische Gleichung, Gleichung 13.6a, reduziert: $p_2 - p_1 = \rho g(y_2 - y_1)$.)

Die Bernoulli'sche Gleichung folgt aus dem Energieerhaltungssatz unter Berücksichtigung der Kontinuitätsgleichung. In dieser Form gilt sie nur für inkompressible Fluide.

ANGEWANDTE PHYSIK
Warmwasserheizungsanlage

Beispiel 13.14 Strömung und Druck in Warmwasserheizungsanlagen

Wasser zirkuliert in der Warmwasserheizungsanlage eines Hauses. Wie groß sind die Strömungsgeschwindigkeit und der Druck in einem Rohr mit einem Durchmesser von 2,6 cm in der zweiten Etage 5,0 m über dem Keller des Hauses, wenn das Wasser mit einer Geschwindigkeit von 0,50 m/s und einem

Druck von 3,0 bar durch ein Rohr mit einem Durchmesser von 4,0 cm im Keller gepumpt wird? Nehmen Sie an, dass die Rohre nicht verzweigen.

Lösung

Zunächst berechnen wir unter Anwendung der Kontinuitätsgleichung, Gleichung 13.7, die Strömungsgeschwindigkeit in der zweiten Etage und nennen sie v_2. Unter Beachtung der Tatsache, dass die Flächen proportional zu den Quadraten der Radien sind ($A = \pi r^2$), nennen wir den Keller Punkt 1 und erhalten

$$v_2 = \frac{v_1 A_1}{A_2} = \frac{v_1 \pi r_1^2}{\pi r_2^2} = (0{,}50\,\mathrm{m/s}) \frac{(0{,}020\,\mathrm{m})^2}{(0{,}013\,\mathrm{m})^2} = 1{,}2\,\mathrm{m/s}\,.$$

Zur Ermittlung des Drucks wenden wir die Bernoulli'sche Gleichung an:

$$\begin{aligned} p_2 &= p_1 + \rho g(y_1 - y_2) + \frac{1}{2}\rho(v_1^2 - v_2^2) \\ &= (3{,}0 \cdot 10^5\,\mathrm{N/m^2}) + (1{,}0 \cdot 10^3\,\mathrm{kg/m^3})(9{,}8\,\mathrm{m/s^2})(-5{,}0\,\mathrm{m}) \\ &\quad + \frac{1}{2}(1{,}0 \cdot 10^3\,\mathrm{kg/m^3})\left[(0{,}50\,\mathrm{m/s})^2 - (1{,}2\,\mathrm{m/s})^2\right] \\ &= 3{,}0 \cdot 10^5\,\mathrm{N/m^2} - 4{,}9 \cdot 10^4\,\mathrm{N/m^2} - 6{,}0 \cdot 10^2\,\mathrm{N/m^2} \\ &= 2{,}5 \cdot 10^5\,\mathrm{N/m^2} \end{aligned}$$

oder 2,5 bar. Beachten Sie, dass der Geschwindigkeitsterm in diesem Fall nur eine sehr kleine Rolle spielt.

13.9 Anwendungen des Bernoulli'schen Gesetzes – Von Torricelli zu Segelbooten, Tragflächen und dem Blutkreislauf

Es gibt zahlreiche Anwendungen, für die die Bernoulli'sche Gleichung Gültigkeit besitzt. Ein Beispiel ist die Berechnung der Geschwindigkeit v_1 einer Flüssigkeit, die aus einem Hahn im unteren Bereich eines Behälters ausströmt, siehe ► Abbildung 13.25. Wir wählen Punkt 2 in Gleichung 13.8 als Oberfläche der Flüssigkeit. Unter der Voraussetzung, dass der Durchmesser des Behälters im Vergleich zu dem des Hahns groß ist, ist v_2 näherungsweise null. Die Punkte 1 (Hahn) und 2 (Oberfläche) sind zur Atmosphäre hin offen, so dass der Druck an beiden Punkten gleich dem Atmosphärendruck ist: $p_1 = p_2$. Dann wird die Bernoulli'sche Gleichung zu

$$\frac{1}{2}\rho v_1^2 + \rho g y_1 = \rho g y_2$$

oder

$$v_1 = \sqrt{2g(y_2 - y_1)}\,. \tag{13.9}$$

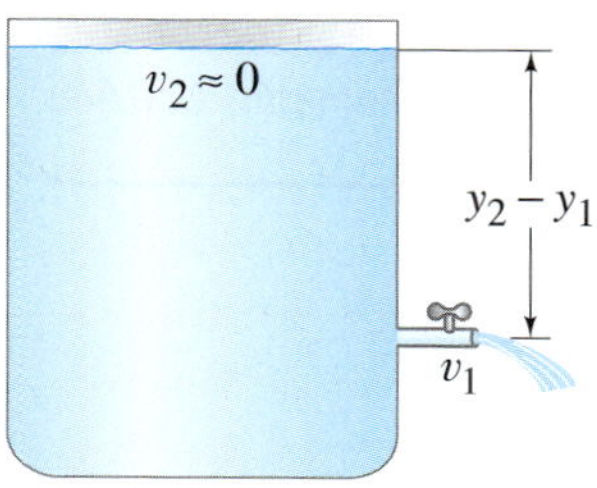

Abbildung 13.25 Das Gesetz von Torricelli: $v_1 = \sqrt{2g(y_2 - y_1)}$.

Gesetz von Torricelli

Dieses Ergebnis nennt man das **Gesetz von Torricelli**. Obwohl es ein spezieller Fall der Bernoulli'schen Gleichung zu sein scheint, wurde es 100 Jahre vor Bernoulli von Evangelista Torricelli, einem Schüler Galileis, entdeckt. Daher rührt die Bezeichnung dieses Gesetzes. Die Gleichung 13.9 besagt, dass die Flüssigkeit den Hahn mit derselben Geschwindigkeit verlässt, die ein aus derselben Höhe frei fallender Körper erreichen würde. Dies sollte nicht allzu überraschend sein, da die Herleitung der Bernoulli'schen Gleichung auf der Energieerhaltung basiert.

Ein anderer spezieller Fall der Bernoulli'schen Gleichung tritt auf, wenn ein Fluid horizontal fließt und sich dabei die Höhe nicht nennenswert ändert, d. h. $y_1 = y_2$. Dann wird die Gleichung 13.8 zu

$$p_1 + \frac{1}{2}\rho v_1^2 = p_2 + \frac{1}{2}\rho v_2^2\,. \tag{13.10}$$

ANGEWANDTE PHYSIK

Parfümzerstäuber

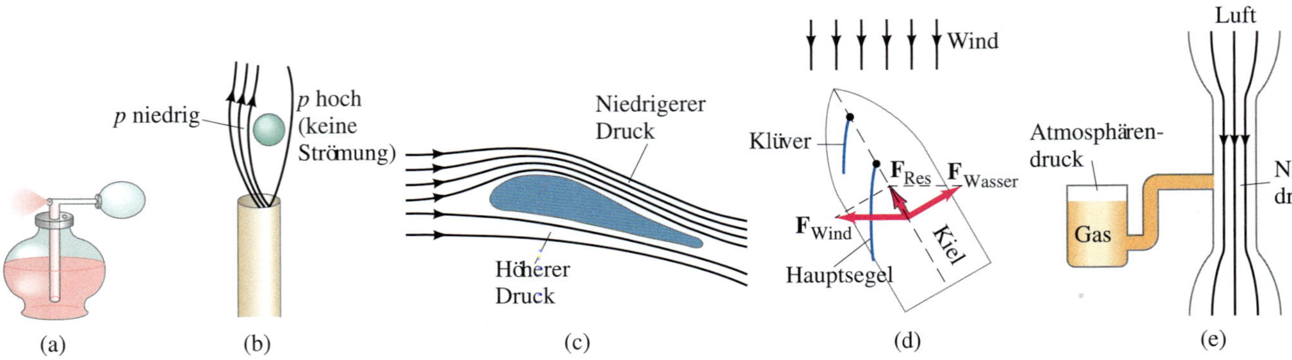

Abbildung 13.26 Beispiele für das Bernoulli'sche Gesetz: (a) Zerstäuber, (b) Tischtennisball im Luftstrahl, (c) Tragfläche eines Flugzeugs, (d) Segelboot, (e) Vergaserkörper.

Diese Gleichung besagt, dass bei hoher Geschwindigkeit des Fluids der Druck niedrig ist, und umgekehrt der Druck im Fluid ansteigt, wenn sich die Geschwindigkeit verringert. Druck im Fluid und Geschwindigkeit des Fluids hängen voneinander ab! Die Bernoulli'sche Gleichung erklärt viele allgemein bekannte Phänomene, von denen einige in ► Abbildung 13.26 veranschaulicht sind. Der Druck in der mit hoher Geschwindigkeit über das obere Ende der vertikalen Röhre eines Parfümzerstäubers geblasenen Luft (► Abbildung 13.26a) ist geringer als der normale Luftdruck, der auf die Oberfläche der Flüssigkeit in dem Gefäß wirkt. Infolge des reduzierten Drucks am oberen Ende der Röhre wird so Parfüm in der Röhre nach oben gedrückt. Ein Tischtennisball kann über einem blasenden Luftstrahl schweben (einige Staubsauger können Luft ausblasen), siehe ► Abbildung 13.26b. Wenn der Ball beginnt, den Wirkungsbereich des Luftstrahls zu verlassen, drückt der höhere Druck in der ruhigen Luft außerhalb des Strahls (Bernoulli'sches Gesetz) den Ball wieder zurück.

ANGEWANDTE PHYSIK

Flugzeuge und dynamischer Auftrieb

Tragflächen von Flugzeugen und andere Tragflächen, die sich schnell relativ zur Luft bewegen, lenken die Luft so ab, dass, obwohl die laminare Strömung größtenteils beibehalten wird, die Stromlinien über der Tragfläche zusammengedrängt werden, siehe ► Abbildung 13.26c. So wie die Flusslinien an einer Rohrverengung, wo die Geschwindigkeit hoch ist, zusammengedrängt werden (siehe ► Abbildung 13.21), so zeigen die zusammengedrängten Stromlinien über der Tragfläche an, dass die Geschwindigkeit der Luft über der Tragfläche höher ist als darunter. Folglich ist der Luftdruck über der Tragfläche niedriger als darunter und es ist eine nach oben gerichtete Nettokraft vorhanden, der so genannte **dynamische Auftrieb**. Das Bernoulli'sche Gesetz ist nur ein Aspekt des auf eine Tragfläche wirkenden Auftriebs. Tragflächen sind normalerweise leicht schräg nach oben gestellt, so dass die Luft, die auf die Unterseite trifft, nach unten abgelenkt wird. Die Änderung im Impuls der abprallenden Luftmoleküle führt zu einer zusätzlichen, nach oben gerichteten Kraft, die auf die Tragfläche wirkt. Turbulenzen spielen ebenfalls eine wichtige Rolle.

ANGEWANDTE PHYSIK

Segeln gegen den Wind

Ein Segelboot kann sich gegen den Wind bewegen, siehe ► Abbildung 13.26d, und der Bernoulli'sche Effekt hilft beträchtlich dabei, wenn die Segel so gesetzt sind, dass die Luftgeschwindigkeit in der schmalen Verengung zwischen den beiden Segeln zunimmt. Der normale Atmosphärendruck hinter dem Hauptsegel ist größer als der reduzierte Druck davor (auf Grund der sich schnell bewegenden Luft in dem schmalen Schlitz zwischen den Segeln) und das drückt das Boot vorwärts. Beim Segeln gegen den Wind ist das Hauptsegel in einem solchen Winkel gesetzt, wie in ► Abbildung 13.26d dargestellt, dass die auf das Segel wirkende Nettokraft (Wind und Bernoulli) nahezu senkrecht zu dem Segel wirkt ($\mathbf{F}_{\text{Wind}}$). Das Boot würde sich dadurch seitwärts bewegen, wenn es nicht den Kiel gäbe, der sich unter Wasser vertikal nach unten erstreckt – denn das Wasser übt auf den Kiel eine Kraft ($\mathbf{F}_{\text{Wasser}}$) aus, die nahezu senkrecht zum Kiel verläuft. Die Resultierende dieser beiden Kräfte ($\mathbf{F}_{\text{Res}}$) zeigt, wie dargestellt, fast direkt vorwärts.

Ein **Venturi-Rohr** ist im Wesentlichen ein Rohr mit einer Verengung (dem Durchlass). Ein Beispiel für ein Venturi-Rohr ist der Körper eines Vergasers in einem Auto, siehe ▸ Abbildung 13.26e. Die durchströmende Luft beschleunigt beim Durchströmen dieser Verengung und so ist der Druck niedriger. Auf Grund des reduzierten Drucks wird das im Tank unter Atmosphärendruck befindliche Benzin in den Luftstrom in dem Durchlass gezogen und vermischt sich vor dem Eintritt in die Zylinder mit der Luft.

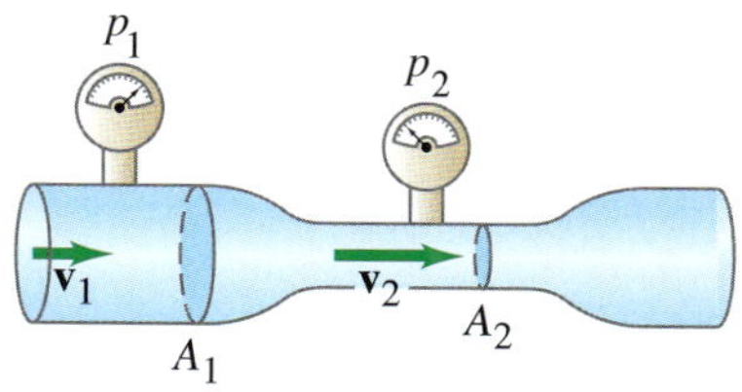

Abbildung 13.27 Venturimeter.

Das Venturi-Rohr ist auch die Grundlage für das *Venturimeter*, das zum Messen der Strömungsgeschwindigkeit von Fluiden benutzt wird, siehe ▸ Abbildung 13.27. Venturimeter können zum Messen von Strömungsgeschwindigkeiten von Gasen und Flüssigkeiten, einschließlich der Geschwindigkeit des Blutes in den Arterien, eingesetzt werden.

Warum steigt Rauch in einem Schornstein hoch? Zum Teil, weil warme Luft nach oben steigt (sie hat eine geringere Dichte und deshalb Auftrieb). Aber das Bernoulli'sche Gesetz spielt auch eine Rolle. Wenn Wind über das obere Ende eines Schornsteins bläst, ist der Druck dort geringer als im Haus. Folglich werden Luft und Rauch im Schornstein hochgedrückt. Selbst in einer scheinbar windstillen Nacht ist normalerweise eine ausreichende Luftströmung in der umgebenden Luft am oberen Ende eines Schornsteins vorhanden, um ein Aufsteigen von Rauch zu unterstützen.

ANGEWANDTE PHYSIK

Rauch steigt in einem Schornstein hoch

Eine der zahlreichen Anwendungen des Bernoulli'schen Gesetzes in der Medizin ist die Erklärung einer TIA, einer transitorischen ischämischen Attacke (eines zeitweiligen Mangels in der Blutzufuhr zum Gehirn), der durch das so genannte „Subclaviansteal-Syndrom“ verursacht wird. Eine Person, die an einer TIA leidet, kann Symptome wie Schwindel, Doppeltsehen, Kopfschmerzen und Gliederschwäche erfahren. Eine TIA kann folgendermaßen entstehen. Normalerweise fließt Blut an der Rückseite des Kopfes über die beiden Arteriae vertebralis zum Gehirn hoch – es verläuft jeweils eine Arterie an jeder Seite des Nackens nach oben –, die zur Basisarterie direkt unter dem Gehirn zusammenlaufen, wie in ▸ Abbildung 13.28 dargestellt. Die Arteriae vertebralis gehen, wie dargestellt, von der Arteriae subclaviae ab, bevor letztere in die Arme abzweigen. Wenn ein Arm stark trainiert wird, wird der Blutfluss erhöht, um den Anforderungen der Armmuskeln gerecht zu werden. Wenn die Arteria subclavia auf einer Körperseite jedoch teilweise verstopft ist, z. B. durch Arteriosklerose, muss die Geschwindigkeit des Blutes auf dieser Seite höher sein, um das erforderliche Blut bereitzustellen. (Erinnern Sie sich an die Kontinuitätsgleichung: kleinere Fläche bedeutet höhere Geschwindigkeit bei gleicher Strömungsgeschwindigkeit, Gleichung 13.7). Die erhöhte Geschwindigkeit des Blutflusses hinter der Öffnung zur Arteria vertebralis führt zu einem niedrigeren Druck (Bernoulli'sches Gesetz). So kann das Blut, das auf der „guten“ Seite bei normalem Druck in der anderen Arteria vertebralis nach oben steigt, auf Grund des niedrigen Druckes auf der Seite nach unten in die andere Arteria vertebralis *umgeleitet werden* (Venturi-Effekt), anstatt nach oben in die Basisarterie und ins Gehirn zu fließen. Folglich kann die Blutzufuhr zum Gehirn auf Grund des „Subclaviansteal-Syndroms“ reduziert werden: das sich schnell bewegende Blut in der Arteria subclavia „zapft“ das Blut aus dem Gehirn „ab“. Der daraus resultierende Schwindel oder die daraus folgende Schwäche hat normalerweise zur Folge, dass die Person mit dem Training aufhört und daraufhin eine Rückkehr in den Normalzustand erfolgt.

ANGEWANDTE PHYSIK

Medizin - TIA

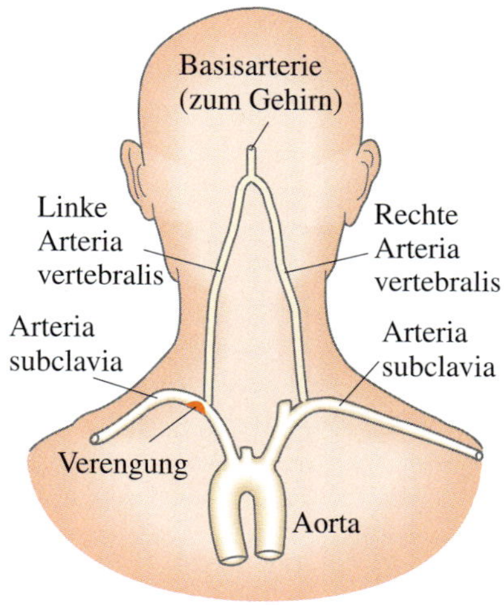

Abbildung 13.28 Rückseite von Kopf und Schulter, auf der die Arterien zu sehen sind, die zum Gehirn und zu den Armen führen. Eine hohe Geschwindigkeit des Blutflusses hinter der Verengung in der linken Arteria subclavia führt zu niedrigem Druck in der Arteria vertebralis, in der dann als Folge ein Rückfluss des Blutes (nach unten) auftreten kann: das so genannte „Subclaviansteal-Syndrom“, aus dem eine TIA (siehe Text) resultiert.

Das Waschbecken, an dem Sie Ihre Zähne putzen, enthält einen *Geruchverschluss* – ein U-förmiges Rohr im Abfluss, das Wasser als Barriere gegen unangenehme Gerüche zurückhalten soll (▸ Abbildung 13.29a). Der Luftdruck ist auf Grund des *Hauptentlüftungsrohres*, das normalerweise nach oben zum Dach führt, auf beiden Seiten des Geruchverschlusses gleich. Dennoch könnte das Wasser in dem Geruchverschluss mittels Bernoulli-Effekt aus diesem Geruchverschluss hinausgedrückt werden, wenn Spülwasser von oben mit hoher Geschwindigkeit – und niedrigem Druck – durchströmt, wie in ▸ Abbildung 13.29b dargestellt. Bauvorschriften besagen, dass Abflüsse dieses Typs ein separates Entlüftungsrohr haben

ANGEWANDTE PHYSIK

Geruchverschluss am Waschbecken

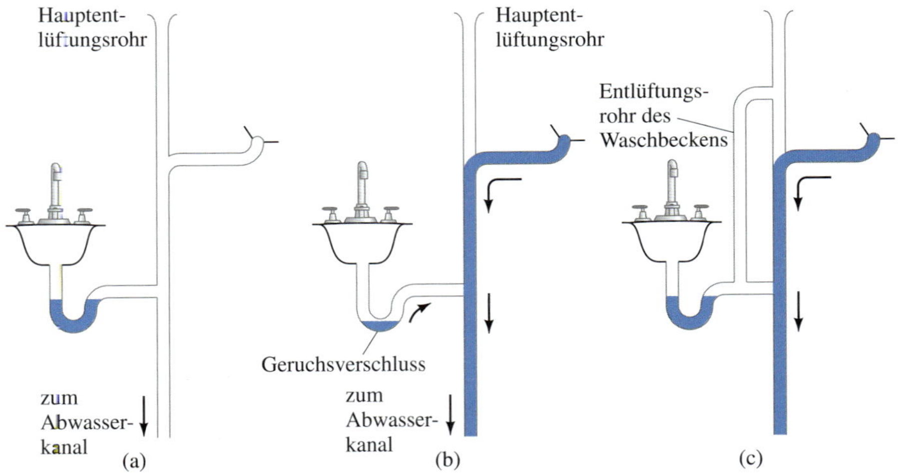

Abbildung 13.29 Sicherstellen, dass ein Geruchverschluss funktioniert.

müssen (▸ Abbildung 13.29c), das den Atmosphärendruck auf beiden Seiten des Geruchverschlusses aufrechterhält, selbst wenn Spülwasser das System durchströmt.

Nach diesen Beispielen wollen wir uns wieder den Grundlagen der Bernoulli'schen Gleichung zuwenden. Die Bernoulli'sche Gleichung vernachlässigt die Auswirkungen der Reibung (Viskosität) und die Kompressibilität des Fluids. Die Energie, die durch die Kompression in interne (oder potenzielle) Energie und infolge der Reibung in Wärme umgewandelt wird, kann berücksichtigt werden, indem man Terme auf der rechten Seite der Gleichung 13.8 hinzufügt. Es ist schwierig, diese Terme theoretisch zu berechnen. Deshalb werden sie normalerweise empirisch bestimmt. Sie ändern die Erklärungen für die oben beschriebenen Phänomene nicht wesentlich.

13.10 Viskosität

Wie bereits erwähnt, tritt bei realen Fluiden innere Reibung auf, die man **Viskosität** nennt. Viskosität tritt sowohl in Flüssigkeiten, als auch in Gasen auf und ist eine Reibungskraft zwischen benachbarten Fluidschichten, wenn die Schichten sich aneinander vorbeibewegen. In Flüssigkeiten ist die Viskosität auf Kohäsionskräfte zwischen den Molekülen zurückzuführen. In Gasen wird sie durch Stöße zwischen Molekülen verursacht.

Unterschiedliche Fluide besitzen ein unterschiedliches Maß an Viskosität: Sirup besitzt eine größere Viskosität als Wasser, Schmierfett besitzt eine größere Viskosität als Motoröl und Flüssigkeiten besitzen im Allgemeinen eine wesentlich größere Viskosität als Gase. Die Viskosität unterschiedlicher Fluide kann quantitativ durch die *dynamische Viskosität* η (das kleine Eta aus dem griechischen Alphabet) ausgedrückt werden, die folgendermaßen definiert wird. Eine dünne Fluidschicht wird zwischen zwei flachen Platten angebracht. Die eine Platte ist ruht z. B. auf einem Tisch, die andere wird bewegt, siehe ▸ Abbildung 13.30. Das Fluid, das sich in direktem Kontakt mit jeder Platte befindet, wird durch die Adhäsionskraft zwischen den Molekülen der Flüssigkeit und der Platte an der jeweiligen Oberfläche festgehalten. So bewegt sich die oberste Schicht des Fluids mit derselben Geschwindigkeit v, wie die obere Platte, während das Fluid, das Kontakt mit der ruhenden Platte hat, stationär bleibt. Die stationäre Fluidschicht verzögert den Fluss der Schicht direkt über ihr, diese Schicht wiederum verzögert den Fluss der nächsten Schicht etc. Somit variiert die Geschwindigkeit ständig, wie dargestellt, zwischen 0 und v. Der Quotient aus Geschwindigkeitszunahme und dem Weg, über den diese Änderung erfolgt, – gleich v/l – ist der so genannte *Geschwindigkeitsgradient*. Um die obere Platte zu bewegen, ist eine Kraft erfor-

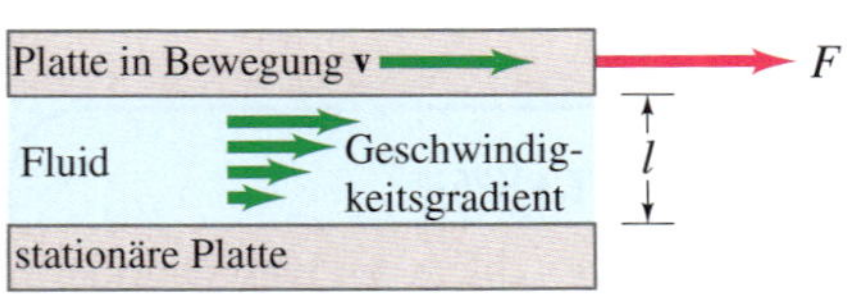

Abbildung 13.30 Bestimmung der Viskosität.

Tabelle 13.3

Dynamische Viskosität verschiedener Fluide

Fluid	Temperatur (°C)	Dynamische Viskosität η (Pa·s) [a]
Wasser	0	$1{,}8 \cdot 10^{-3}$
	20	$1{,}0 \cdot 10^{-3}$
	100	$0{,}3 \cdot 10^{-3}$
Blut	37	$\approx 4 \cdot 10^{-3}$
Blutplasma	37	$\approx 1{,}5 \cdot 10^{-3}$
Ethylalkohol	20	$1{,}2 \cdot 10^{-3}$
Motoröl (SAE 10)	30	$200 \cdot 10^{-3}$
Glyzerin	20	$1500 \cdot 10^{-3}$
Luft	20	$0{,}018 \cdot 10^{-3}$
Wasserstoff	0	$0{,}009 \cdot 10^{-3}$
Wasserdampf	100	$0{,}013 \cdot 10^{-3}$

[a] 1 Pa·s = 10 p = 1000 cp

derlich, die man messen kann, indem man eine flache Platte über eine Pfütze oder Sirup auf einem Tisch bewegt. Man stellt fest, dass bei einem bestimmten Fluid die erforderliche Kraft F proportional zu der Fluidfläche A, die sich in Kontakt mit jeder Platte befindet, und zu der Geschwindigkeit v sowie umgekehrt proportional zum Abstand l der Platten ist: $F \propto vA/l$. Für unterschiedliche Fluide gilt, dass je größer die Viskosität eines Fluids ist, desto größer die erforderliche Kraft ist. Folglich ist die Proportionalitätskonstante für diese Gleichung als *dynamische Viskosität* η definiert:

$$F = \eta A \frac{v}{l} \, . \qquad (13.11)$$

Die Auflösung nach η liefert $\eta = Fl/vA$. Die SI-Einheit für η ist $\mathrm{N \cdot s/m^2} = \mathrm{Pa \cdot s}$ (Pascalsekunde). Im cgs-System ist die Einheit $\mathrm{dyn \cdot s/cm^2}$ und diese Einheit wird eine *Poise* (p) genannt. Viskosität wird immer noch häufig im cgs-System und in Zentipoise (1 cp = 10^{-2} p) angegeben. In Tabelle 13.3 ist die dynamische Viskosität für verschiedene Fluide angegeben, die Viskosität ist stark temperaturabhängig. Die Viskosität von Flüssigkeiten, wie z. B. Motoröl, nimmt rapide ab, wenn die Temperatur steigt.[5]

13.11 Strömung in Rohren – Poiseuille'sche Gleichung

Wenn ein Fluid keine Viskosität besitzen würde, könnte es durch ein horizontales Rohr oder eine horizontale Röhre fließen, ohne dass Kraft ausgeübt werden müsste. Auf Grund der Viskosität ist ein Druckunterschied zwischen den Enden eines Rohres für den stationären Fluss jedes realen Fluids erforderlich, sei es Wasser oder Öl in einem Rohr oder Blut im menschlichen Blutkreislauf, selbst wenn es sich um ein horizontales Rohr handelt.

5 Die *Society of Automotive Engineers* gibt die Viskosität von Ölen durch die Zuordnung von Nummern an: 30-W (SAE 30) besitzt eine größere Viskosität als 10-W. Mehrbereichsöle, wie z. B. 20–50, sind so ausgelegt, dass sie die Viskosität bei einem Temperaturanstieg beibehalten. 20–50 bedeutet, dass das Öl 20-W ist, wenn es kühl ist, dass es aber wie ein 50-W reines Öl ist, wenn es heiß ist (Motorbetriebstemperatur).

Die Strömungsgeschwindigkeit eines Fluids in einem runden Rohr hängt von der Viskosität des Fluids, der Druckdifferenz und der Abmessungen des Rohrs ab. Der französische Wissenschaftler J.L. Poiseuille (1799–1869), der sich für die Physik der Blutzirkulation interessierte (und nachdem des „Poise“ benannt ist) fand heraus, wie die Variablen die Strömungsgeschwindigkeit eines inkompressiblen Fluids, das eine laminare Strömung in einem zylindrischen Rohr erfährt, beeinflussen. Sein Ergebnis ist als *Poiseuille'sche Gleichung* bekannt und lautet:

Poiseulle'sche Gleichung für Strömungsgeschwindigkeit in einem Rohr

$$Q = \frac{\pi R^4 (p_1 - p_2)}{8\eta L} . \qquad (13.12)$$

Dabei ist R der Innenradius des Rohrs, L seine Länge, $p_1 - p_2$ die Druckdifferenz zwischen den Enden, η ist die dynamische Viskosität und Q der Volumenstrom (das Fluidvolumen, das einen bestimmten Punkt pro Zeiteinheit durchströmt und das als SI-Einheit m^3/s hat). Die Gleichung 13.12 gilt nur für eine laminare Strömung.

Die Poiseuille'sche Gleichung besagt, dass der Volumenstrom Q direkt proportional zum „Druckgradienten“ $(p_1 - p_2)/L$ und umgekehrt proportional zur Viskosität des Fluids ist. Das haben wir erwartet, überraschend ist jedoch, dass Q auch von der *vierten* Potenz des Rohrradius abhängt. Das bedeutet, dass bei demselben Druckgradienten der Volumenstrom um den Faktor 16 abnimmt, wenn der Rohrradius halbiert wird! Somit wird der Volumenstrom oder der für die Aufrechterhaltung einer bestimmten Strömungsgeschwindigkeit erforderliche Druck schon durch eine kleine Änderung im Rohrradius erheblich beeinflusst. Wenn wir diese Erkenntnis auf den Blutfluss anwenden – obwohl das auf Grund des Vorhandenseins von Blutkörperchen und Turbulenzen nur näherungsweise möglich ist –, wird deutlich, wie die Verkleinerung des Arterienradius durch den Aufbau von Cholesterin und/oder Arteriosklerose das Herz dazu zwingt, wesentlich mehr zu arbeiten, um den gleichen Volumenstrom beizubehalten.

13.12 Oberflächenspannung und Kapillarität

Abbildung 13.31 Kugelförmige Wassertröpfchen als Tau auf einem Grashalm.

In diesem Kapitel haben wir bisher nur die Volumeneigenschaften von Fluiden untersucht. Die *Oberflächen* von Fluiden folgen auch physikalischen Gesetzmäßigkeiten. Eine Reihe allgemeiner Beobachtungen zeigt, dass sich die Oberfläche einer Flüssigkeit wie eine gedehnte Membran unter Spannung verhält. Ein Wassertropfen am Ende eines tropfenden Wasserhahns oder an einem dünnen Zweig im Morgentau (▸ Abbildung 13.31) nimmt z. B. nahezu die Form einer Kugel an, als wäre er ein kleiner, mit Wasser gefüllter Ballon. Eine Nadel aus Stahl kann auf einer Wasseroberfläche schwimmen, obwohl sie eine größere Dichte als Wasser hat. Die Oberfläche einer Flüssigkeit verhält sich so, als ob sie sich unter Spannung befinden würde, und diese Spannung, die parallel zu der Oberfläche wirkt, entsteht durch die Anziehungskräfte zwischen den Molekülen. Es tritt eine Oberflächenspannung auf, die versucht, die Oberfläche eines Fluids möglichst klein zu halten. Die *Oberflächenspannung* γ (der griechische Buchstabe Gamma) ist definiert als die Kraft F pro Länge L, die über jede Linie in einer Oberfläche wirkt und die Oberfläche zusammenzieht:

$$\gamma = \frac{F}{L} . \qquad (13.13)$$

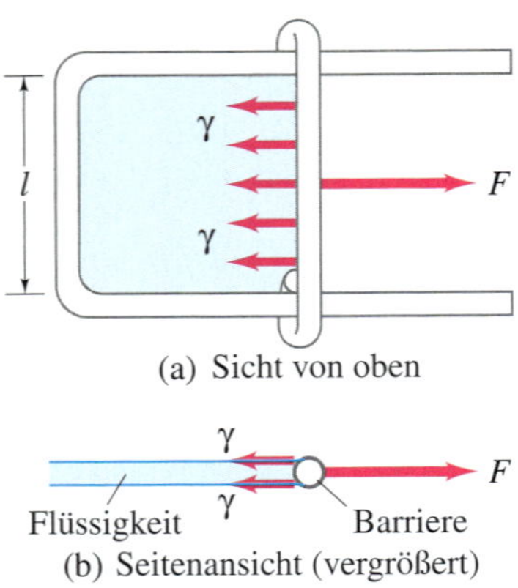

Abbildung 13.32 U-förmiges Gerät mit Barriere, um eine Flüssigkeitsschicht zu halten und so die Oberflächenspannung $(\omega = F/2l)$ zu messen.

Schauen Sie sich zum besseren Verständnis das in ▸ Abbildung 13.32 dargestellte Messgerät an, das eine dünne Flüssigkeitsschicht einschließt. Auf Grund der Oberflächenspannung ist eine Kraft F erforderlich, um an dem beweglichen Bügel zu ziehen und so die Fläche der Flüssigkeitsoberfläche zu vergrößern. Die von Rahmen und Bügel eingeschlossene Flüssigkeit ist eine dünne Schicht, die sowohl eine Ober-, als auch eine Unterseite hat. Bewegen wir den Balken um Δx nach rechts, leisten wir gegen die Oberflächenspannung Arbeit: $\Delta W = F \cdot \Delta x$. Wir vergrößern die Oberfläche um $\Delta A = 2l \cdot \Delta x$ und die Energie der Oberfläche beträgt deshalb $\Delta E_{\text{Oberfläche}} = \gamma \cdot \Delta A = \gamma \cdot 2l \cdot \Delta x$. Wegen der Energieerhaltung $\Delta W = \Delta E_{\text{Oberfläche}}$

folgt $F \cdot \Delta x = \gamma \cdot 2l \cdot \Delta x$ oder $\gamma = F/2l$. Ein empfindliches Gerät dieser Art kann zum Messen der Oberflächenspannung verschiedener Flüssigkeiten verwendet werden. Es wird die Kraft F gemessen und aus obiger Gleichung die Oberflächenspannung γ bestimmt. Die Oberflächenspannung von Wasser beträgt 0,072 N/m bei 20 °C. In Tabelle 13.4 sind die Werte für andere Flüssigkeiten angegeben. Beachten Sie, dass die Temperatur einen großen Einfluss auf die Oberflächenspannung hat.

Auf Grund der Oberflächenspannung können Insekten (▸ Abbildung 13.33) auf dem Wasser gehen. Körper mit einer höheren Dichte als Wasser, wie z. B. eine Stahlnadel, können tatsächlich auf der Oberfläche schwimmen. ▸ Abbildung 13.34a zeigt, wie die Oberflächenspannung das Gewicht G eines Körpers tragen kann. In Wirklichkeit sinkt der Körper leicht in das Fluid ein, so dass G das „effektive Gewicht" des Körpers ist – sein wirkliches Gewicht abzüglich der Auftriebskraft. Wenn der Körper kugelförmig ist, wirkt die Oberflächenspannung in allen Punkten um einen horizontalen Kreis herum, dessen Radius näherungsweise r beträgt (▸ Abbildung 13.34a). Es wirkt nur die vertikale Komponente $\gamma \cos\theta$, um G auszugleichen. Wir setzen die Länge L mit dem Umfang des Kreises gleich, $L \approx 2\pi r$, so dass die auf die Oberflächenspannung zurückzuführende, nach oben gerichtete Nettokraft $F \approx (\gamma \cos\theta)L \approx 2\pi r\gamma \cos\theta$ beträgt.

Tabelle 13.4

Oberflächenspannung einiger Stoffe

Stoff	Oberflächenspannung (N/m)
Quecksilber (20 °C)	0,44
Blut (37 °C)	0,058
Blutplasma (37 °C)	0,073
Ethylalkohol (20 °C)	0,023
Wasser (0 °C)	0,076
(20 °C)	0,072
(100 °C)	0,059
Benzol (20 °C)	0,029
Seifenlösung (20 °C)	≈0,025
Sauerstoff (−193 °C)	0,016

Abbildung 13.33 Ein Wasserläufer.

Beispiel 13.15 · Abschätzung

Ein Insekt läuft auf dem Wasser

Das Ende eines Insektenbeins ist näherungsweise eine Kugel mit einem Radius von ca. $2{,}0 \cdot 10^{-5}$ m. Die Masse des Insekts von 0,0030 g wird gleichmäßig verteilt von den sechs Beinen getragen. Schätzen Sie den Winkel θ ab (siehe ▸ Abbildung 13.34), den das Insektenbein mit der Wasseroberfläche bildet. Nehmen Sie eine Wassertemperatur von 20 °C an.

Lösung

Da sich das Insekt im Gleichgewicht befindet, ist die nach oben gerichtete Zugkraft der Oberflächenspannung gleich der auf jedes Bein wirkenden, nach unten gerichteten effektiven Gravitationskraft:

$$2\pi r\omega \cos\theta \approx G\,.$$

Dabei ist G ein Sechstel der Gewichtskraft des Insektes (da es sechs Beine hat). Dann gilt:

$$(6{,}28)(2{,}0 \cdot 10^{-5}\ \mathrm{m})(0{,}072\ \mathrm{N/m}) \cos\theta \approx \frac{1}{6}(3{,}0 \cdot 10^{-6}\ \mathrm{kg})(9{,}8\ \mathrm{m/s^2})$$

$$\cos\theta \approx \frac{0{,}49}{0{,}90} = 0{,}54\,.$$

Das bedeutet, dass $\theta \approx 57°$. Beachten Sie, dass, wenn $\cos\theta$ größer als 1 wäre, dies bedeuten würde, dass die Oberflächenspannung nicht groß genug wäre, um das Gewicht zu tragen.

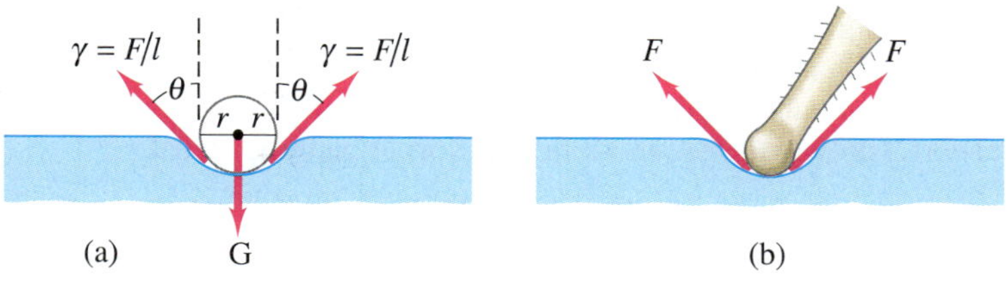

Abbildung 13.34 Oberflächenspannung wirkt auf (a) eine Kugel und (b) das Bein eines Insekts. Beispiel 13.15.

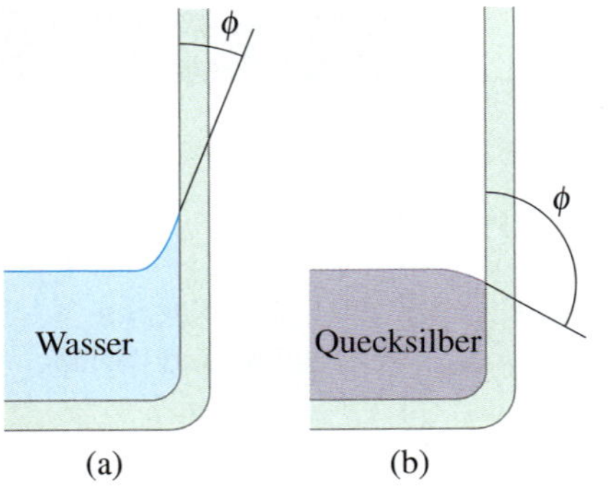

Abbildung 13.35 Wasser (a) „benetzt" die Oberfläche von Glas, während (b) Quecksilber das Glas nicht „benetzt".

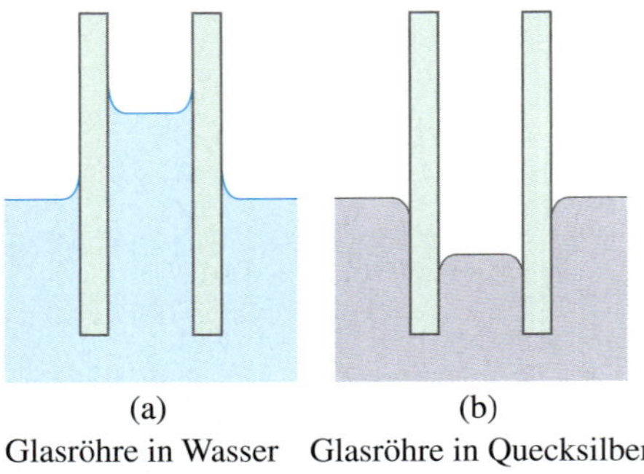

Abbildung 13.36 Kapillarität.

Seifen und Reinigungsmittel reduzieren die Oberflächenspannung von Wasser. Dieser Effekt ist für Wasch- und Reinigungsprozesse wünschenswert, da die große Oberflächenspannung von reinem Wasser das Wasser daran hindert, leicht zwischen die Stofffasern und in kleine Falten einzudringen. Stoffe, die die Oberflächenspannung einer Flüssigkeit herabsetzen, werden *Detergentien* genannt.

Die Oberflächenspannung spielt bei einem anderen Phänomen ebenfalls eine Rolle, der Kapillarität. Häufig beobachtet man, dass Wasser in einem Glasbehälter dort leicht hochsteigt, wo es das Glas berührt, siehe ▸ Abbildung 13.35a. Man sagt, dass das Wasser das Glas „benetzt". Quecksilber wird dagegen nach unten gedrückt, wenn es das Glas berührt, siehe ▸ Abbildung 13.35b. Das Quecksilber benetzt das Glas nicht. Ob eine Flüssigkeit eine feste Oberfläche benetzt oder nicht, hängt von der relativen Stärke der Kohäsionskräfte zwischen den Molekülen innerhalb der Flüssigkeit im Vergleich zu den Adhäsionskräften zwischen den Molekülen der Flüssigkeit und denen des Behälters ab. (*Kohäsion* bezieht sich auf die Kraft zwischen Molekülen gleichen Typs und *Adhäsion* auf die Kraft zwischen Molekülen unterschiedlichen Typs.) Wasser benetzt Glas, weil die Wassermoleküle stärker von den Glassmolekülen als von anderen Wassermolekülen angezogen werden. Das Gegenteil gilt für Quecksilber: die Kohäsionskräfte sind stärker als die Adhäsionskräfte.

In Röhrchen mit sehr kleinem Durchmesser fallen und steigen Flüssigkeiten in Abhängigkeit des Pegels der umgebenden Flüssigkeit. Dieses Phänomen nennt man **Kapillarität** und diese dünnen Röhrchen **Kapillare**. Ob die Flüssigkeit steigt oder fällt (▸ Abbildung 13.36), hängt von der relativen Stärke der Adhäsions- und Kohäsionskräfte ab. So steigt Wasser in einem Glasröhrchen, während Quecksilber fällt. Das tatsächliche Ausmaß des Anstiegs (oder Abfalls) hängt von der Oberflächenspannung ab – und genau die hält die Flüssigkeitsoberfläche davon ab, auseinander zu brechen.

13.13 Pumpen und das Herz

ANGEWANDTE PHYSIK

Pumpen und das Herz

Abschließend erörtern wir in diesem Kapitel verschiedene Pumpentypen, einschließlich des Herzens. Pumpen können entsprechend ihrer Funktion in Kategorien eingeteilt werden. Eine *Vakuumpumpe* soll den Druck (normalerweise Luftdruck) in einem bestimmten Gefäß reduzieren. Eine *Druckpumpe* ist dagegen eine Pumpe, mit deren Hilfe der Druck erhöht werden soll – z. B. um eine Flüssigkeit zu heben (z. B. Wasser aus einem Brunnen) oder um ein Fluid durch ein Rohr zu drücken. ▸ Abbildung 13.37 veranschaulicht das Prinzip hinter einer einfachen Kolbenpumpe. Es könnte sich um eine Vakuumpumpe handeln. In diesem Fall ist die Einlassöffnung mit dem zu evakuierenden Gefäß verbunden. Ein ähnlicher Mechanismus wird bei einigen Druckpumpen eingesetzt. In dem Fall wird das Fluid unter erhöhtem Druck durch die Auslassöffnung gedrückt. Andere Pumpentypen sind in ▸ Abbildung 13.38 dargestellt. Die Kreiselpumpe oder jede Druckpumpe kann als *Umlaufpumpe* benutzt werden – d. h. um ein Fluid in einem geschlossenen System umlaufen zu lassen, wie z. B. Kühlwasser oder Schmieröl in einem Kraftfahrzeug.

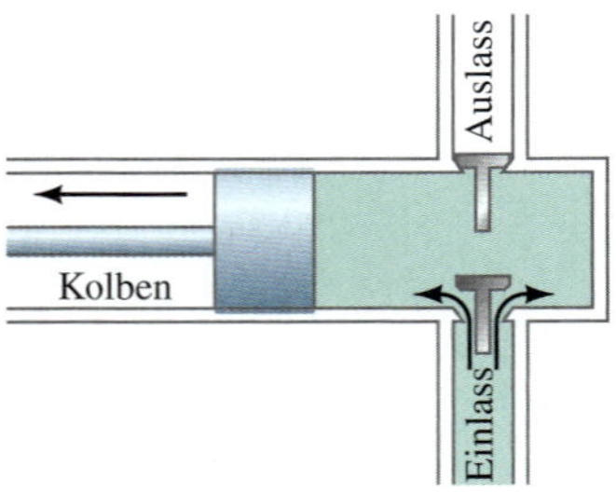

Abbildung 13.37 Ein Beispiel eines Pumpentyps. Wie in der Zeichnung zu sehen ist, öffnet sich das Einlassventil und Luft (oder hineingepumptes Fluid) füllt den leeren Raum aus, wenn sich der Kolben nach links bewegt. Bewegt sich der Kolben nach rechts (nicht dargestellt), öffnet sich das Auslassventil und Fluid wird hinausgedrückt.

Das Herz eines Menschen (und auch anderer Tiere) ist im Grunde eine Umlaufpumpe. Die Wirkungsweise des menschlichen Herzens ist in ▸ Abbildung 13.39 dargestellt. Es gibt zwei getrennte Wege für den Blutfluss. Auf dem längeren Weg wird über die Arterien Blut zu den Körperteilen transportiert und so das Körpergewebe mit Sauerstoff versorgt. Gleichzeitig wird Kohlendioxid aufgenommen und über die Venen zum Herzen zurücktransportiert. Dieses Blut wird dann in die Lungen gepumpt (auf dem zweiten Weg), wo das Kohlendioxid freigesetzt und Sauerstoff aufgenommen wird. Das sauerstoffhaltige Blut wird zum Herzen zurücktransportiert, von wo aus es erneut in den Körper gepumpt wird.

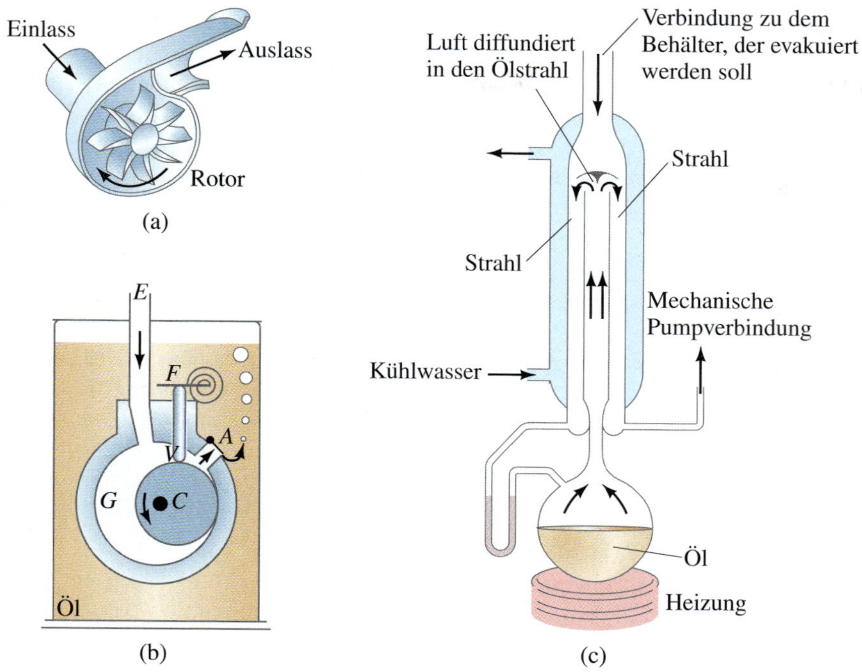

Abbildung 13.38 (a) Kreiselpumpe: die Laufschaufeln drücken das Fluid durch das Auslassrohr. Dieser Pumpentyp wird in Staubsaugern und als Wasserpumpe in Kraftfahrzeugen verwendet. (b) Drehkolbenverdichter, der benutzt wird, um Vakuen von 10^{-4} mm-Hg zu erreichen: Gas (normalerweise Luft) aus dem zu evakuierenden Gefäß diffundiert über das Einlassrohr E in den Raum G. Der rotierende Exzenterzylinder C schließt das Gas in G ein und drückt es durch das Auslassventil A hinaus. In der Zwischenzeit kann mehr Gas für den nächsten Zyklus zu G diffundieren. Das Absperrventil V bleibt über eine Feder F in Kontakt mit C und verhindert so, dass das Abgas zu G zurückkehrt. (c) Diffusionspumpe, verwendet um Vakuen von 10^{-8} mm-Hg zu erzeugen: Luftmoleküle aus dem zu evakuierenden Gefäß diffundieren in den sich schnell bewegenden Ölstrahl, der die Moleküle mit sich reißt. Es wird eine „Vorpumpe" benötigt, die eine mechanische Pumpe, wie z. B. eine Drehkolbenpumpe (b), ist und als erste Station bei der Reduzierung des Drucks arbeitet.

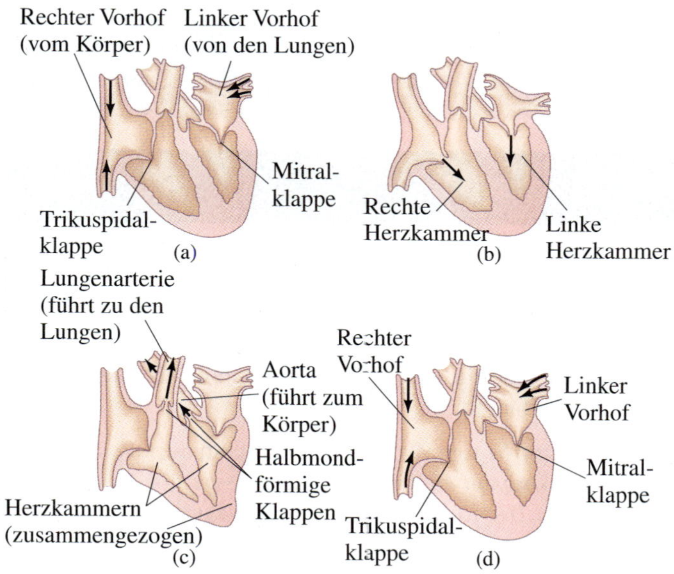

Abbildung 13.39 (a) In der Diastole erholt sich das Herz zwischen zwei Schlägen. Blut strömt in das Herz. Beide Vorhöfe füllen sich schnell. (b) Wenn sich die Vorhöfe zusammenziehen, beginnt die Systole oder Pumpphase. Durch die Kontraktion wird das Blut durch die Mitral- und Trikuspidalklappe in die Herzkammern gedrückt. (c) Durch die Kontraktion der Herzkammern wird das Blut durch die halbmondförmigen Klappen in die Lungenarterie, die zur Lunge führt, und in die Aorta (die größte Arterie des Körpers) gedrückt, die zu den Arterien führt, die den Körper versorgen. (d) Wenn das Herz erschlafft, schließen die halbmondförmigen Klappen. Blut füllt die Vorhöfe und der Zyklus beginnt von Neuem.

ZUSAMMENFASSUNG

Drei bekannte Zustände der Materie sind **Festkörper**, **Flüssigkeiten** und **Gase**. Flüssigkeiten und Gase werden unter dem Oberbegriff **Fluide** zusammengefasst, der zum Ausdruck bringt, dass sie fließen oder strömen können. Die **Dichte** eines Materials ist definiert als seine Masse pro Volumeneinheit. Die **relative Dichte** ist der Quotient aus der Dichte des Materials und der Dichte von Wasser (bei 4 °C).

Druck ist definiert als Kraft pro Flächeneinheit. Der Druck in einer Eintauchtiefe h in einer Flüssigkeit ist gegeben durch

$$p = \rho g h\,.$$

Dabei ist ρ die Dichte der Flüssigkeit und g die Fallbeschleunigung. Wenn die Dichte eines Fluids nicht homogen ist, variiert der Druck p in Abhängigkeit der Höhe y als

$$\frac{dp}{dy} = -\rho g \, .$$

Ein auf ein eingeschlossenes Fluid ausgeübter äußerer Druck wird in dem gesamten Fluid verteilt.

Der Druck wird mithilfe eines Manometers oder einer anderen Art von Messinstrument gemessen. Ein **Barometer** wird zur Messung des Atmosphärendrucks verwendet. Der atmosphärische Normaldruck (Durchschnittswert auf Meereshöhe) beträgt $1{,}013 \cdot 10^5\ \text{N/m}^2$. Der **Manometerdruck** ist der gesamte Druck abzüglich des Atmosphärendrucks.

Das **Archimedische Prinzip** besagt, dass ein ganz oder teilweise in ein Fluid eingetauchter Körper durch eine Kraft nach oben getrieben wird, die gleich der Gewichtskraft des Fluids ist, das von dem Körper verdrängt wird.

Die Strömung eines Fluids kann entweder als laminar oder turbulent bezeichnet werden. Bei einer **laminaren** Strömung bewegen sich die Fluidschichten glatt und regelmäßig entlang von Bahnen, die **Stromlinien** genannt werden. Bei einer **turbulenten** Strömung ist die Strömung nicht glatt und regelmäßig, sondern durch unregelmäßig geformte Wirbel gekennzeichnet.

Die Strömungsgeschwindigkeit eines Fluids ist die Fluidmasse oder das Fluidvolumen, die bzw. das einen bestimmten Punkt pro Zeiteinheit durchströmt. Die **Kontinuitätsgleichung** besagt, dass bei einem inkompressiblen Fluid, das in einem geschlossenen Rohr fließt, das Produkt aus der Strömungsgeschwindigkeit und der Querschnittsfläche des Rohres konstant bleibt:

$$Av = \text{konstant} \, .$$

Das **Bernoulli'sche Prinzip** besagt, dass dort, wo die Geschwindigkeit eines Fluids hoch ist, der Druck im Fluid niedrig ist, und dort, wo die Geschwindigkeit niedrig ist, der Druck hoch ist. Die **Bernoulli'sche Gleichung** für die stationäre, laminare Strömung eines inkompressiblen und nichtviskosen Fluids lautet

$$p_1 + \frac{1}{2}\rho v_1^2 + \rho g y_1 = p_2 + \frac{1}{2}\rho v_2^2 + \rho g y_2$$

für zwei Punkte entlang der Strömung.

Viskosität bedeutet Reibung in einem Fluid, die das Fluid daran hindert, frei zu fließen. Viskosität ist eine Reibungskraft zwischen benachbarten Schichten eines Fluids, die sich aneinander vorbeibewegen.

Z U S A M M E N F A S S U N G

Verständnisfragen

1 Wenn ein Material eine größere Dichte hat als ein anderes, müssen dann die Moleküle des ersten Materials schwerer sein als die des zweiten? Erklären Sie.

2 Flugzeugreisende bemerken häufig, dass ihre Kosmetikflaschen und andere Behälter nach einem Flug undicht sind. Was könnte die Ursache sein?

3 Die drei Behälter in ▸ Abbildung 13.40 sind bis zu derselben Höhe mit Wasser gefüllt und haben dieselbe Grundfläche. Folglich sind der Wasserdruck und die auf jede Grundfläche ausgeübte Gesamtkraft gleich. Dennoch ist die gesamte Gewichtskraft des Wassers bei jedem Behälter unterschiedlich. Erklären Sie dieses „hydrostatische Paradoxon".

Abbildung 13.40 Frage 3.

4 Was geschieht, wenn Sie eine Stecknadel und das stumpfe Ende eines Stiftes mit derselben Kraft gegen ihre Haut drücken. Wodurch wird bestimmt, ob in Ihrer Haut ein Schnitt entsteht – durch die auf die Haut ausgeübte Nettokraft oder durch den Druck?

5 Man sagt häufig, dass Wasser sich seinen eigenen Pegel sucht. Erklären Sie, warum.

6 Ein kleine Menge Wasser wird in einem dünnwandigen Benzinkanister mit einem Fassungsvermögen von 4 l gekocht. Der Kanister wird vom Heizgerät heruntergenommen und mit einem Deckel gasdicht verschlossen. Kurze Zeit später verformt sich der Kanister. Erklären Sie, warum.

7 Erklären Sie, wie das Rohr in ▸ Abbildung 13.41, ein so genannter **Siphon**, Flüssigkeit von einem Gefäß in ein niedrigeres Gefäß transportieren kann, obwohl die Flüssigkeit teilweise nach oben fließen muss. (Beachten Sie, dass das Rohr zu Beginn mit Flüssigkeit gefüllt sein muss.)

8 Ein Eiswürfel schwimmt in einem bis zum Rand gefüllten Glas Wasser. Was können Sie über die Dichte von Eis sagen? Läuft das Glas über, wenn das Eis schmilzt?

9 Schwimmt ein Eiswürfel in einem Glas Alkohol? Warum oder warum nicht?

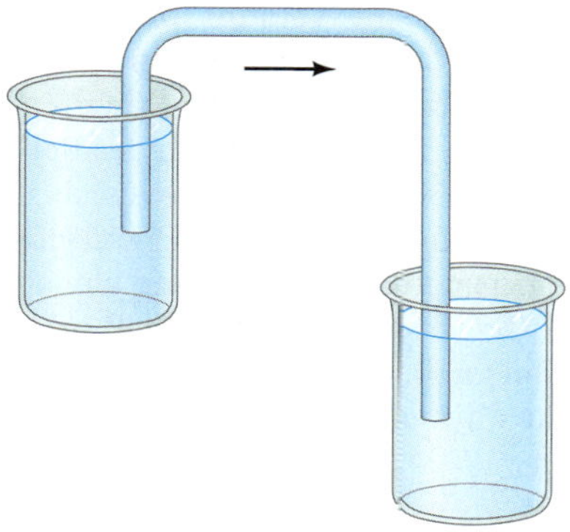

Abbildung 13.41 Ein Siphon. Frage 7.

10 Ein Lastkahn, der hoch mit Sand gefüllt ist, nähert sich einer niedrigen Brücke über dem Fluss und kann nicht unter ihr durchfahren. Sollte noch Sand zugeladen werden oder sollte man Sand von dem Lastkahn abladen?

11 Hat ein leerer Ballon auf einer Waage genau dasselbe scheinbare Gewicht wie ein mit Luft gefüllter Ballon? Erklären Sie.

12 Hat die auf eine Taucherglocke wirkende Auftriebskraft tief im Meer genau denselben Wert wie wenn sich die Taucherglocke direkt unter der Wasseroberfläche befindet? Erklären Sie.

13 Ein kleines Holzboot treibt in einem Swimmingpool und der Wasserstand am Rand des Beckens wird markiert. Betrachten Sie die folgenden Aufgabenstellungen und bestimmen Sie, ob der Wasserpegel steigt, fällt oder gleich bleibt. (a) Das Boot wird aus dem Wasser herausgenommen. (b) Das Boot im Wasser hält einen Eisenanker, der von dem Boot entfernt und am Rand abgelegt wird. (c) Der Eisenanker wird vom Boot entfernt und in das Becken fallen gelassen.

14 Erklären Sie, warum Helium-Wetterballone, die zur Messung der atmosphärischen Bedingungen in großer Höhe eingesetzt werden, normalerweise mit nur 10–20% ihres maximalen Volumens gefüllt auf die Reise geschickt werden.

15 Warum schwimmt man in Salzwasser leichter als in Süßwasser?

16 Während eines Tornados oder Hurrikans werden Häuserdächer manchmal von Häusern „heruntergeblasen" (oder werden sie heruntergedrückt?). Erklären Sie, warum, und wenden Sie das Bernoulli'sche Prinzip an.

17 Was glauben Sie, wie sich zwei Stücke Papier, die Sie ein paar Zentimeter voneinander entfernt vertikal herabhängen lassen (► Abbildung 13.42) und zwischen die Sie dann blasen, bewegen werden? Versuchen Sie es und sehen Sie, was geschieht. Erklären Sie.

Abbildung 13.42 Frage 17.

18 Warum wölbt sich das Verdeck eines Kabrios, wenn das Auto mit hoher Geschwindigkeit fährt?

19 Kindern wird gesagt, dass sie nicht zu nah an einem vorbeirasenden Zug stehen sollen, weil sie unter ihn gesaugt werden könnten. Ist das möglich? Erklären Sie, warum?

20 Warum braucht ein Segelboot einen Kiel? Bei einem kleinen Segelboot wird der Kiel (ein vertikales „Brett", das sich unter dem Boot im Wasser erstreckt) entfernt, wenn das Boot vor Anker liegt. Warum?

21 Eine große Styroportasse wird mit Wasser gefüllt. In der Nähe des Tassenbodens werden zwei Löcher in die Tasse gedrückt und Wasser schießt heraus. Fließt weiter Wasser aus den Löchern, wenn die Tasse fallen gelassen wird und dann im freien Fall fällt? Erklären Sie.

22 Mit etwas Mühe können Sie ein Zehncentstück so über den Tisch pusten, dass es, wie in ► Abbildung 13.43 dargestellt, in einer Tasse landet, ohne dass Sie das Zehncentstück oder die Tasse berühren. Erklären Sie, warum (und probieren Sie es aus).

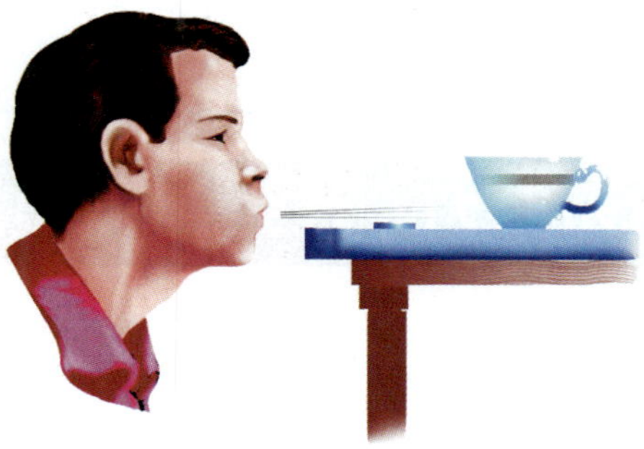

Abbildung 13.43 Frage 22.

23 Warum starten Flugzeuge normalerweise gegen den Wind?

24 Warum wird der Wasserstrahl aus einem Wasserhahn schmaler, während er fällt (▶ Abbildung 13.44)?

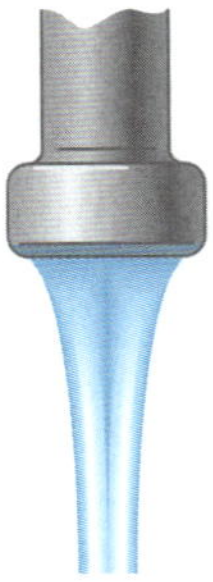

Abbildung 13.44 Wasser läuft aus einem Wasserhahn. Frage 24 und Aufgabe 93.

25 Der Werfer beim Baseball verleiht dem Ball eine schnelle Drehung, der Ball rotiert dann um seine eigene Achse. Wenden Sie das Bernoulli'sche Prinzip an und erklären Sie genau, warum die Flugbahn des Balls eine Kurve beschreibt. Erklären Sie, warum ein sich schnell drehender Ball mit einer sehr glatten Oberfläche eine Kurve in der entgegengesetzten Richtung wie ein Ball mit einer rauen Oberfläche fliegt (wie z. B. ein Baseball oder ein Tennisball). (Dies ist eine sehr schwierige Frage. Siehe „The Physics of Baseball", *Physics Today*, Mai 1995, S. 29.)

26 Zwei Schiffe, die sich auf parallelen, nahe aneinander liegenden Bahnen bewegen, drohen zusammenzustoßen. Warum?

Aufgaben zu 13.1

1 (I) Das Volumen des als El Capitan bekannten Granitmonolithen im Yosemite National Park (▶ Abbildung 13.45) beträgt ca. $10^8\ \text{m}^3$. Wie groß ist seine Masse näherungsweise?

Abbildung 13.45 Aufgabe 1.

2 (I) Wie groß ist die Masse der Luft näherungsweise in einem Wohnzimmer mit den Abmessungen $4{,}8\ \text{m} \cdot 3{,}8\ \text{m} \cdot 2{,}8\ \text{m}$?

3 (I) Wie groß wäre die Masse Ihres Rucksacks mit den Abmessungen $60\ \text{cm} \cdot 25\ \text{cm} \cdot 15\ \text{cm}$, wenn Sie den Rucksack mit Gold füllen und versuchen würden, das Gold darin zu schmuggeln?

4 (I) Schätzen Sie Ihr Volumen ab. (*Hinweis*: Da Sie an der Wasseroberfläche oder direkt unter der Wasseroberfläche in einem Swmmingpool schwimmen können, haben Sie eine ziemlich gute Vorstellung von Ihrer Dichte.)

5 (II) Eine Flasche hat leer eine Masse von 35,00 g und mit Wasser gefüllt eine Masse von 98,44 g. Wenn die Flasche mit einem anderen Fluid gefüllt ist, beträgt ihre Masse 88,78 g. Wie groß ist die relative Dichte dieses anderen Fluids?

6 (II) Wie groß ist die relative Dichte einer Mischung von 9,0 l, die aus 5,0 l Frostschutzmittel (relative Dichte = 0,80) besteht, die zu 4,0 l Wasser hinzugegeben werden.

Aufgaben zu 13.2 bis 13.5

7 (I) Schätzen Sie den Druck ab, der (a) von dem spitzen Fuß eines Lautsprechers (60 kg auf vier Füßen) mit einer Grundfläche $= 0{,}05\ \text{cm}^2$ auf einen Boden ausgeübt wird, und vergleichen Sie das Schätzergebnis (b) mit dem Druck, der von einem Elefanten mit einer Masse von 1500 kg, der auf einem Fuß steht (Grundfläche $= 800\ \text{cm}^2$), ausgeübt wird.

8 (I) (a) Berechnen Sie die Gesamtkraft der Atmosphäre, die auf eine Tischplatte mit den Abmessungen $1{,}6\ \text{m} \cdot 2{,}9\ \text{m}$ wirkt. (b) Wie groß ist die Gesamtkraft, die nach oben gerichtet auf die Unterseite des Tisches wirkt?

9 (II) In einem Film entkommt Tarzan seinen Entführern, indem er sich minutenlang unter Wasser versteckt und dabei durch einen langen, dünnen Schilfhalm atmet. Berechnen Sie die größtmögliche Tiefe, in der er sich aufgehalten haben kann unter der Annahme, dass die Lungen einen maximalen Druckunterschied von

−80 mm-Hg aushalten und dabei die Atmung noch aufrechterhalten können.

10 (II) Der Manometerdruck jedes (der vier) Reifen eines Kraftfahrzeugs beträgt 240 kPa. Schätzen Sie die Masse des Autos unter der Annahme ab, dass jeder Reifen eine Standfläche von 200 cm^2 hat.

11 (II) Der maximale Manometerdruck in einem Hydrauliklift beträgt 17,0 bar. Welche Masse kann ein Fahrzeug, das er hebt, maximal haben (kg), wenn die Ausgangsleitung einen Durchmesser von 24,5 cm hat?

12 (II) Wie hoch wäre der Pegel in einem Alkoholbarometer bei normalem Atmosphärendruck?

13 (II) Wie groß ist die auf den Boden eines Swimmingpools mit den Maßen 22,0 m · 8,5 m und einer gleichmäßigen Tiefe von 2,0 m ausgeübte Gesamtkraft und der ausgeübte absolute Druck? Wie groß ist der gegen die *Seitenwand* des Pools in Bodennähe ausgeübte Druck?

14 (II) Wie weit nach oben würde sich die Atmosphäre erstrecken, wenn sie eine homogene Dichte hätte, die gleich der Dichte auf Meereshöhe insgesamt wäre?

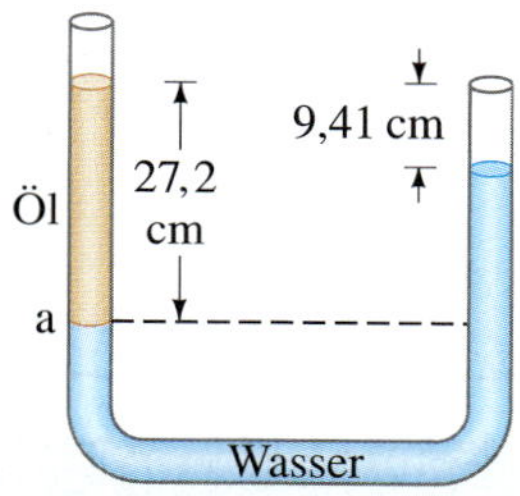

Abbildung 13.46 Aufgabe 15.

15 (II) In ein U-förmiges Rohr mit zwei offenen Enden wird Wasser und dann Öl (vermischen sich nicht) hineingegossen. Sie kommen in die Gleichgewichtslage, wie in ▸ Abbildung 13.46 dargestellt. Wie groß ist die Dichte des Öls? (*Hinweis*: Die Druckwerte an den Punkten a und b sind gleich. Warum?)

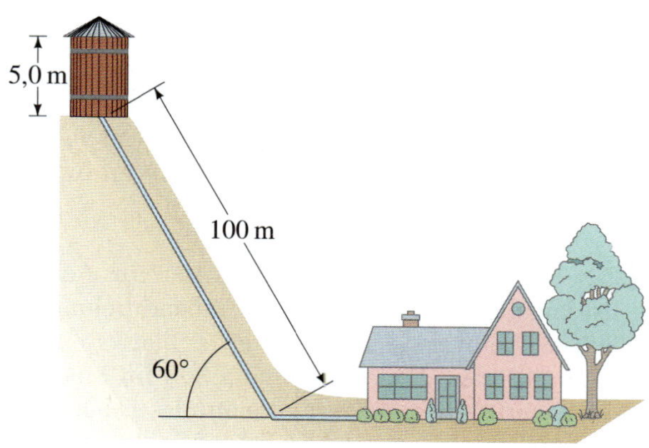

Abbildung 13.47 Aufgabe 16.

16 (II) Bestimmen Sie den Wassermanometerdruck an einem Haus am Fuß eines Abhangs, das von einem vollen Wassertank versorgt wird, der 5,0 m tief und mit dem Haus durch eine Leitung verbunden ist, die 100 m lang ist und mit der Horizontalen einen Winkel von 60° bildet (▸ Abbildung 13.47). Vernachlässigen Sie Turbulenzen, Reibungseffekte und Auswirkungen von Viskosität. Wie hoch würde das Wasser aus einer defekten Leitung vor dem Haus vertikal nach oben spritzen?

17 (II) Schätzen Sie den Luftdruck auf dem Gipfel des Mt. Everest (8850 m über dem Meeresspiegel) ab.

18 (II) Bestimmen Sie den minimalen Manometerdruck, der in einer zu einem Gebäude führenden Wasserleitung erforderlich ist, wenn Wasser aus einem Wasserhahn in der 12. Etage 36,5 m höher herausfließen soll.

19 (II) Ein offenes Quecksilbermanometer wird zur Messung des Drucks in einem Sauerstofftank benutzt. Wie hoch ist der absolute Druck (in Pa) in dem Tank an einem Tag mit einem Atmosphärendruck von 1040 mbar, wenn die Höhe des Quecksilbers in der offenen Röhre (a) 28,0 cm höher, (b) 4,2 cm niedriger ist als das Quecksilber in der mit dem Tank verbundenen Röhre?

20 (II) Eine Hydraulikpresse zum Pressen von Pulverproben hat einen großen Zylinder mit einem Durchmesser von 10,0 cm und einen kleinen Zylinder mit einem Durchmesser von 2,0 cm (▸ Abbildung 13.48). An dem kleinen Zylinder ist, wie dargestellt, ein Hebel angebracht. Die Probe, die auf den großen Zylinder gelegt wird, hat eine Fläche von 4,0 cm^2. Wie groß ist der auf die Probe wirkende Druck, wenn 300 N auf den Hebel ausgeübt werden?

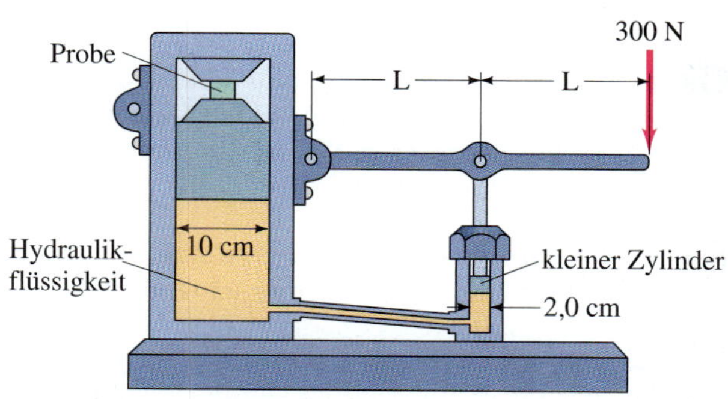

Abbildung 13.48 Aufgabe 20.

21 (II) Bei der Ausarbeitung seines Prinzips hat Pascal eindrucksvoll gezeigt, wie Kraft mithilfe von Fließdruck multipliziert werden kann. Er tauchte eine lange, dünne Röhre mit einem Radius von 0,30 cm vertikal in ein Weinfass mit einem Durchmesser von 20 cm, siehe

▸ Abbildung 13.49. Er stellte fest, dass das Fass zerbarst, als es mit Wasser gefüllt wurde und die Röhre bis zu einer Höhe von 12 m gefüllt war. Berechnen Sie (a) die Masse der Flüssigkeit in der Röhre und (b) die von dem Wasser im Fass auf den Deckel direkt vor dem Zerbersten ausgeübte Nettokraft.

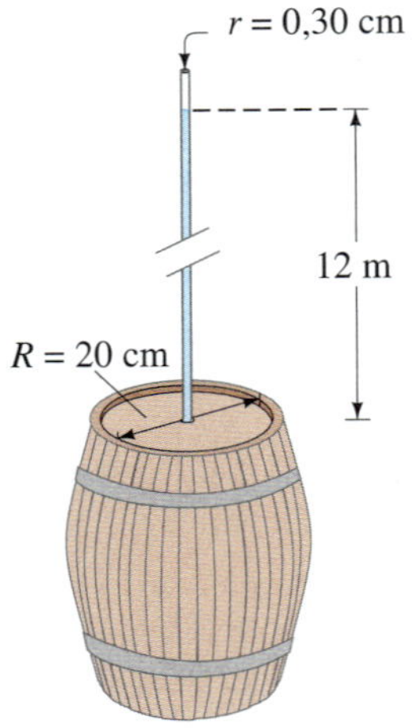

Abbildung 13.49 Aufgabe 21 (nicht maßstabsgerecht).

22 (III) Ein Becher mit Flüssigkeit beschleunigt aus der Ruhelage auf einer horizontalen Fläche mit der Beschleunigung a nach rechts. (a) Zeigen Sie, dass die Oberfläche der Flüssigkeit mit der Horizontalen einen Winkel $\theta = \tan^{-1} a/g$ bildet. (b) Welcher Rand der Wasseroberfläche ist höher? (c) Wie variiert der Druck in Abhängigkeit der Tiefe unter der Oberfläche?

23 (III) Wasser steht in einer Höhe h hinter einem vertikalen Staudamm mit gleichmäßiger Breite b. (a) Wenden Sie die Integration an und zeigen Sie, dass die auf den Staudamm wirkende Gesamtkraft des Wassers $F = \frac{1}{2}\rho g h^2 b$ ist. (b) Zeigen Sie, dass das auf diese Kraft zurückzuführende Drehmoment um den Fuß des Staudamms mit einem Hebelarm wirkt, der gleich $h/3$ ist. (c) Wie groß ist die erforderliche Mindestdicke bei einem frei stehenden Staudamm aus Beton mit einer gleichmäßigen Dicke d und einer Höhe h, damit er nicht umstürzt? Müssen Sie bei dieser letzten Teilaufgabe den Atmosphärendruck mit einbeziehen? Erklären Sie.

24 (III) Schätzen Sie die Dichte des Wassers 6000 m unter dem Meeresspiegel ab. (Siehe Abschnitt 12.5 und Tabelle 12.1). Um welchen Bruchteil weicht sie von der Dichte an der Wasseroberfläche ab?

25 (III) Ein zylinderförmiger Eimer mit Flüssigkeit (Dichte ρ) wird um seine vertikale Symmetrieachse rotiert. Zeigen Sie, dass der Druck bei einer Winkelgeschwindigkeit ω in einem Abstand r von der Drehachse

$$p = p_0 + \frac{1}{2}\rho\omega^2 r^2$$

ist. p_0 ist der Druck bei $r = 0$.

Aufgaben zu 13.6

26 (I) Das Hydrometer aus Beispiel 13.10 sinkt 22,9 cm tief in ein Gärfass ein. Wie groß ist die Dichte der gärenden Flüssigkeit?

27 (I) Ein Geologe stellt fest, dass ein Stein vom Mond mit einer Masse von 7,85 kg eine scheinbare Masse von 6,18 kg hat, wenn er in Wasser eingetaucht wird. Wie groß ist die Dichte des Steins?

28 (I) Welcher Anteil eines Stücks Aluminium taucht ein, wenn das Stück in Quecksilber schwimmt?

29 (II) Ein kugelförmiger Ballon hat einen Radius von 7,35 m und ist mit Helium gefüllt. Welche Last kann er maximal tragen, angenommen, die Haut und das Gerippe des Ballons haben eine Masse von 1000 kg? Vernachlässigen Sie die auf das Lastvolumen selbst ausgeübte Auftriebskraft.

30 (II) Eine Person mit einer Masse von 78 kg hat eine scheinbare Masse von 54 kg (auf Grund des Auftriebs), wenn sie in hüfthohem Wasser steht. Schätzen Sie die Masse jedes Beins ab. Nehmen Sie an, dass der Körper eine relative Dichte = 1,00 hat.

31 (II) Um welches Metall handelt es sich wahrscheinlich (siehe Tabelle 13.1), wenn eine Probe des Metalls an der Luft gemessen eine Masse von 63,5 g und beim Eintauchen in Wasser eine scheinbare Masse von 56,4 g hat?

32 (II) Berechnen Sie die wirkliche Masse (im Vakuum) eines Stücks Aluminium, das beim Wiegen in Luft eine scheinbare Masse von 2000 kg hat.

33 (II) Ein Unterwasserforschungslabor für Aquanauten ist kugelförmig und hat einen Außendurchmesser von 6,0 m. Wenn das Labor besetzt ist, hat es eine Masse von 75 000 kg. Es ist mit einem Seil im Meeresboden verankert. Wie groß ist (a) die auf das Labor wirkende Auftriebskraft und (b) die Zugkraft in dem Seil?

34 (II) Eine Sporttaucherin taucht vor der Küste der Kaimaninseln. Die Taucherin und ihre Ausrüstung verdrängen ein Volumen von 65,0 l und haben eine Gesamtmasse von 63,0 kg. (a) Wie groß ist die auf die Taucherin wirkende Auftriebskraft? (b) Sinkt die Taucherin oder schwimmt sie?

35 (II) (a) Zeigen Sie, dass die auf einen teilweise eingetauchten Körper, wie z. B. ein Schiff, wirkende Auftriebskraft F_A im Schwerpunkt des Fluids wirkt, bevor das Fluid verdrängt wird. Diesen Punkt nennt man **Auftriebsmittelpunkt**. (b) Wäre es besser, wenn sich der Auftriebsmittelpunkt eines Schiffes über, unter oder an demselben Punkt wie sein Schwerpunkt befände, damit sichergestellt ist, dass sich das Schiff im stabilen Gleichgewicht befindet? Erklären Sie. (Siehe ▸ Abbildung 13.50).

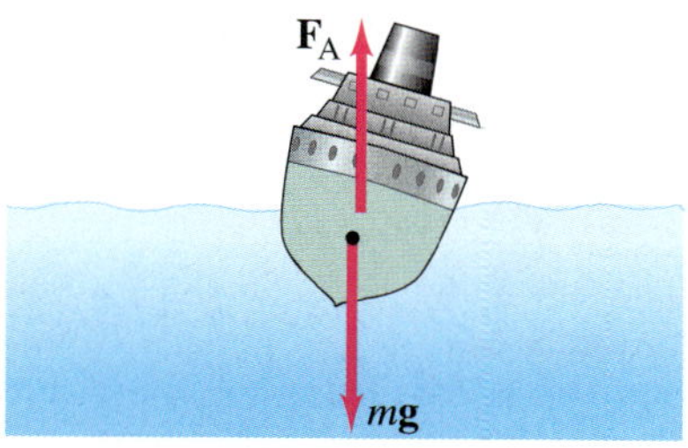

Abbildung 13.50 Aufgabe 35.

36 (II) Das Archimedische Prinzip kann nicht nur für die Bestimmung der relativen Dichte eines Festkörpers unter Verwendung einer bekannten Flüssigkeit angewendet werden (Beispiel 13.9). Man kann es auch für den umgekehrten Fall einsetzen. (a) Als Beispiel nehmen wir eine Aluminiumkugel mit einer Masse von 3,40 kg, die eine scheinbare Masse von 2,10 kg hat, wenn sie in eine bestimmte Flüssigkeit eingetaucht wird: berechnen Sie die Dichte der Flüssigkeit. (b) Leiten Sie eine einfache Formel für die Bestimmung der Dichte einer Flüssigkeit unter Anwendung dieses Verfahrens her.

37 (II) Ein Stück Holz mit einer Masse von 0,48 kg schwimmt im Wasser, versinkt aber in Alkohol (relative Dichte = 0,79) und hat in Alkohol eine scheinbare Masse von 0,047 kg. Wie groß ist die relative Dichte des Holzes?

38 (II) Eis hat eine relative Dichte von 0,917 und Meerwasser von 1,025. Welcher Bruchteil eines Eisbergs befindet sich über der Wasseroberfläche?

39 (III) Eine Eisbärin trägt sich teilweise selbst, indem sie einen Teil ihres Körpers aus dem Wasser auf eine rechteckige Eisplatte zieht. Das Eis sinkt nach unten, so dass jetzt nur noch die Hälfte von dem zu sehen ist, was zuvor zu sehen war, und 70% des Volumens (und des Gewichtes) der Bärin befinden sich außerhalb des Wassers. Schätzen Sie die Masse der Bärin ab und nehmen Sie dabei an, dass das Eis ein Gesamtvolumen von 10 m^3 hat und die relative Dichte der Bärin 1,0 beträgt.

40 (III) Ein Stück Holz mit einer Masse von 3,15 kg (relative Dichte = 0,50) treibt auf dem Wasser. Wie groß ist die Mindestmasse an Blei, das an einem Faden an dem Stück Holz hängt und es zum Sinken bringt?

41 (III) Wenn ein Körper im Wasser schwimmt, kann man seine Dichte bestimmen, indem man ein Senkgewicht an ihm befestigt, so dass der Körper und das Senkgewicht unter Wasser sinken. Zeigen Sie, dass die relative Dichte gegeben ist durch $G/(G_1 - G_2)$, wobei G das Gewicht des Körpers allein an der Luft ist, G_1 das scheinbare Gewicht, wenn ein Senkgewicht an dem Körper befestigt wird und das Senkgewicht allein unter Wasser sinkt, und G_2 das scheinbare Gewicht, wenn sowohl der Körper, als auch das Senkgewicht unter Wasser sinken.

Aufgaben zu 13.7 bis 13.9

42 (I) Berechnen Sie unter Verwendung der Angaben in Beispiel 13.12 die durchschnittliche Geschwindigkeit des Blutflusses in den Hauptschlagadern des Körpers, die eine gesamte Querschnittsfläche von ca. 2,0 cm^2 besitzen.

43 (I) Ein Luftkanal mit einem Radius von 15 cm wird benutzt, um die Luft in einem Raum mit den Abmessungen 9,2 m · 5,0 m · 4,5 m alle 12 Minuten aufzufrischen. Wie schnell strömt die Luft in dem Kanal?

44 (I) Zeigen Sie, dass sich die Bernoulli'sche Gleichung auf die hydrostatische Druckschwankung in Abhängigkeit der Tiefe (Gleichung 13.6) reduziert, wenn es keine Strömung gibt ($v_1 = v_2 = 0$).

45 (I) Wie schnell fließt Wasser aus einem Loch am Boden eines sehr breiten, mit Wasser gefüllten Speichers mit einer Tiefe von 4,6 m? Vernachlässigen Sie die Viskosität.

46 (II) Ein Gartenschlauch mit einem Innendurchmesser von 5/8 Zoll wird zum Füllen eines runden Swimmingpools mit einem Durchmesser von 6,1 m benutzt. Wie lange dauert es, bis der Pool 1,2 m hoch mit Wasser gefüllt ist, wenn das Wasser mit einer Geschwindigkeit von 0,33 m/s aus dem Schlauch austritt?

47 (II) Wie groß ist der erforderliche Manometerdruck im Wassernetz, wenn mit einem Feuerlöschschlauch Wasser auf eine Höhe von 15 m gespritzt werden soll?

48 (II) Ein Rohr mit einem Durchmesser von 6,0 cm verjüngt sich allmählich auf 4,0 cm. Wenn Wasser mit einer bestimmten Geschwindigkeit durch dieses Rohr fließt, beträgt der Manometerdruck in diesen beiden Abschnitten 32 kPa und 24 kPa. Wie groß ist der Volumenstrom?

49 (II) Wie groß ist der Volumenstrom eines Wasserstrahls aus einem Wasserhahn mit einem Durchmesser von 1,85 cm, wenn die Druckhöhe 12,0 m beträgt?

50 (II) Wie groß ist die auf das flache Dach Ihres Hauses ausgeübte Nettokraft, wenn Wind mit 25 m/s über Ihr Haus bläst und das Dach eine Fläche von 240 m^2 hat?

51 (II) Wie groß ist gemäß dem Bernoulli'schen Prinzip der auf eine Tragfläche mit einer Fläche von 86 m^2 wirkende Auftrieb (in Newton), wenn die Luft mit einer Geschwindigkeit von 340 m/s bzw. 290 m/s über die Ober- bzw. Unterseite bläst?

52 (II) Schätzen Sie den Luftdruck in einem Hurrikan der Kategorie 5 ab, in dem die Windgeschwindigkeit 300 km/h beträgt. (Siehe ▸ Abbildung 13.51).

Abbildung 13.51 Aufgabe 52.

53 (II) Zeigen Sie, dass die Leistung, die erforderlich ist um ein Fluid durch ein Rohr mit gleichförmigem Querschnitt zu drängen, gleich dem Produkt aus dem Volumenstrom Q und der Druckdifferenz $p_1 - p_2$ ist.

54 (II) Wasser fließt mit einem Manometerdruck von 3,8 bar in Straßenhöhe und mit einer Geschwindigkeit von 0,60 m/s durch ein Rohr mit einem Durchmesser von 5,0 cm in ein Bürogebäude. Die Rohre verjüngen sich auf einen Durchmesser von 2,6 cm im obersten Stockwerk in 20 m Höhe (▸ Abbildung 13.52). Berechnen Sie die Strömungsgeschwindigkeit und den Manometerdruck in einem solchen Rohr im obersten Stockwerk. Nehmen Sie an, dass es keine Zweigrohre gibt und vernachlässigen Sie die Viskosität.

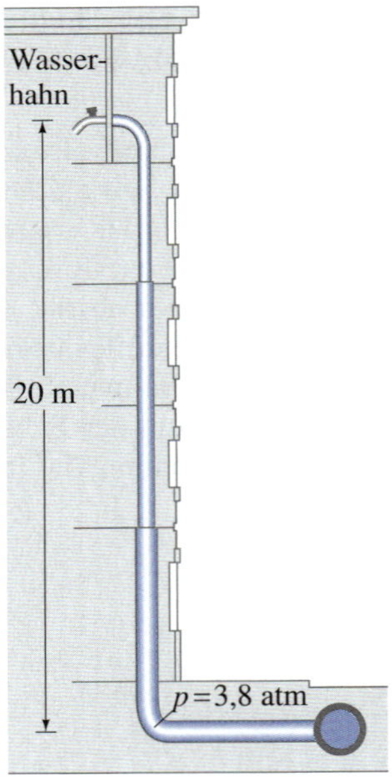

Abbildung 13.52 Aufgabe 54.

55 (II) Berücksichtigen Sie in ▸ Abbildung 13.53 die Geschwindigkeit der Oberfläche des Behälters und zeigen Sie, dass die Geschwindigkeit der Flüssigkeit, die durch die Öffnung am Boden ausströmt,

$$v_1 = \sqrt{2gh/(1 - A_1^2/A_2^2)}$$

ist. Dabei ist $h = y_2 - y_1$ und A_1 und A_2 sind die Flächen der Öffnung bzw. der Oberfläche. Nehmen Sie $A_1 \ll A_2$ an, so dass die Strömung nahezu stationär und laminar bleibt.

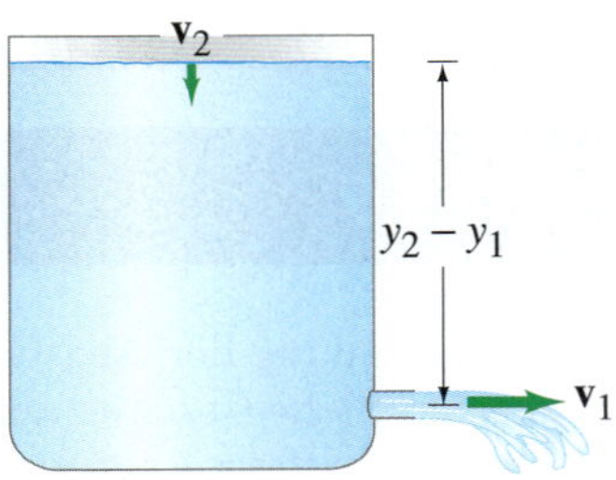

Abbildung 13.53 Aufgaben 55, 56, 59 und 60.

56 (II) Nehmen Sie an, dass die Oberfläche des Behälters in ▸ Abbildung 13.53 einem äußeren Manometerdruck p_2 ausgesetzt ist. (a) Leiten Sie eine Formel für die Geschwindigkeit v_1 her, mit der die Flüssigkeit aus der Öffnung am Boden in den Atmosphärendruck p_A strömt. Nehmen Sie außerdem an, dass die Geschwindigkeit der Flüssigkeitsoberfläche v_2 näherungsweise null ist. (b) Bestimmen Sie v_1 für Wasser, wenn $p_2 = 0{,}85$ bar und $y_2 - y_1 = 2{,}1$ m ist.

57 (III) *Schub einer Rakete.* (a) Wenden Sie die Bernoulli'sche Gleichung und die Kontinuitätsgleichung an und zeigen Sie, dass die Ausstoßgeschwindigkeit der Antriebsgase einer Rakete

$$v = \sqrt{2(p - p_0)/\rho}$$

ist. Dabei ist ρ die Dichte des Gases, p der Druck des Gases in der Rakete und p_0 der Atmosphärendruck außen direkt an der Austrittsöffnung. Nehmen Sie an, dass die Dichte des Gases ungefähr konstant bleibt und dass die Fläche A_0 der Austrittsöffnung wesentlich kleiner ist als die Querschnittsfläche A des Raketeninneren (nehmen Sie die Rakete als großen Zylinder an). Nehmen Sie außerdem an, dass die Geschwindigkeit des Gases so niedrig ist, dass keine wesentlichen Turbulenzen oder keine nichtstationäre Strömung auftreten. (b) Zeigen Sie, dass die auf die Rakete wirkende, auf die ausgestoßenen Gase zurückzuführende Schubkraft

$$F = 2A_0(p - p_0)$$

beträgt.

58 (III) (a) Zeigen Sie, dass die von einem Venturimesser gemessene Strömungsgeschwindigkeit gegeben ist durch die Gleichung

$$v_1 = A_2\sqrt{2(p_1 - p_2)/\rho(A_1^2 - A_2^2)}\ .$$

Siehe ► Abbildung 13.27. (b) Ein Venturi-Rohr misst den Wasserfluss. Es hat einen Hauptdurchmesser von 3,0 cm und verjüngt sich zu einem Durchlassdurchmesser von 1,0 cm. Wie groß ist die Geschwindigkeit des Wassers, wenn eine Druckdifferenz von 18 mm-Hg gemessen wird?

59 (III) Nehmen Sie an, dass sich die Öffnung in dem Behälter in ► Abbildung 13.53 in einer Höhe h_1 über der Grundfläche und die Oberfläche der Flüssigkeit in einer Höhe h_2 über der Grundfläche befindet. Der Behälter ruht auf einer glatten Fläche. (a) In welchem horizontalen Abstand von der Grundfläche des Behälters trifft die Flüssigkeit auf dem Boden auf? (b) In welcher anderen Höhe h_1' kann ein Loch angebracht werden, so dass die austretende Flüssigkeit dieselbe „Reichweite" hat?

60 (III) (a) Zeigen Sie, dass in ► Abbildung 13.53 das Bernoulli'sche Prinzip vorhersagt, dass der Flüssigkeitspegel $h = y_2 - y_1$ mit einer Geschwindigkeit von

$$\frac{\mathrm{d}h}{\mathrm{d}t} = -\sqrt{\frac{2ghA_1^2}{A_2^2 - A_1^2}}$$

fällt. Dabei sind A_1 und A_2 die Flächen der Öffnung bzw. der Oberfläche. Nehmen Sie an, dass $A_1 \ll A_2$ und vernachlässigen Sie die Viskosität. (b) Bestimmen Sie durch Integration h in Abhängigkeit der Zeit. Nehmen Sie $h = h_0$ bei $t = 0$. (c) Wie lange würde es dauern, einen 9,4 cm großen Zylinder, der mit 1 l Wasser gefüllt ist, zu leeren, wenn sich die Öffnung am Boden befindet und einen Durchmesser von 0,50 cm hat?

Aufgaben zu 13.10

61 (II) Ein Viskosimeter besteht aus zwei konzentrischen Zylindern mit einem Durchmesser von 10,20 cm bzw. 10,60 cm. Eine bestimmte Flüssigkeit füllt den Zwischenraum zwischen ihnen 12,0 cm hoch aus. Der äußere Zylinder ist befestigt und ein Drehmoment von 0,024 N · m sorgt dafür, dass sich der innere Zylinder mit einer konstanten Drehzahl von 62 U/min. dreht. Wie groß ist die Viskosität der Flüssigkeit?

Aufgaben zu 13.11

62 (I) Ein Gärtner meint, dass er zu lange braucht, um einen Garten mit einem Schlauch mit einem Durchmesser von 3/8 Zoll (0,937 cm) zu wässern. Um welchen Faktor reduziert sich die benötigte Zeit, wenn er einen 5/8 Zoll-Schlauch (1,56 cm) verwendet? Nehmen Sie an, dass alle anderen Bedingungen gleich bleiben.

63 (I) In einem Prototypmotor fließt Motoröl (nehmen Sie an, SAE 10, Tabelle 13.3) durch ein dünnes Rohr mit einem Durchmesser von 1,80 mm. Das Rohr ist 5,5 cm lang. Wie groß muss die Druckdifferenz sein, um eine Strömungsgeschwindigkeit von 5,6 ml/min. beizubehalten?

64 (II) Wie groß muss die Druckdifferenz zwischen den beiden Enden eines 1,9 km langen Rohrabschnittes mit einem Durchmesser von 29 cm sein, wenn Öl (ρ = 950 kg/m^3, η = 0,20 Pa·s) mit einer Geschwindigkeit von 450 cm^3/s befördert werden soll?

65 (II) Wie groß muss der Durchmesser eines 17,5 m langen Luftkanals sein, wenn die Belüftungs- und Heizungsanlage die Luft in einem Raum mit den Abmessungen 9,0 m · 12,0 m · 4,0 m alle 10 Minuten erneuern soll? Nehmen Sie an, dass die Pumpe einen Manometerdruck von $0{,}71 \cdot 10^{-3}$ bar ausüben kann.

66 (II) Um welchen Faktor nimmt der Radius eines Blutgefäßes ab, wenn der Blutfluss um 75% reduziert wird? Nehmen Sie einen konstanten Druckgradienten an.

67 (II) Die Poiseuille'sche Gleichung gilt nicht, wenn die Strömungsgeschwindigkeit so hoch ist, dass Turbulenzen auftreten. Die Turbulenzen beginnen, wenn die so genannte **Reynoldszahl** *Re* ca. 2000 übersteigt. *Re* ist definiert als

$$Re = \frac{2\bar{v}r\rho}{\eta}\,.$$

Dabei ist $\bar{v}$ die durchschnittliche Geschwindigkeit des Fluids, ρ seine Dichte, η seine Viskosität und r der Radius des Rohres, in dem das Fluid fließt. (a) Finden Sie heraus, ob der Blutfluss durch die Aorta eine laminare oder turbulente Strömung hat, wenn die durchschnittliche Geschwindigkeit des Blutes in der Aorta ($r = 1{,}0$ cm) während des verbleibenden Teils des Herzzyklus ca. 30 cm/s beträgt. (b) Während eines Trainings verdoppelt sich die Geschwindigkeit des Blutflusses ungefähr. Berechnen Sie die Reynoldszahl für diesen Fall und stellen Sie fest, ob die Strömung laminar oder turbulent ist.

68 (II) Durch ein Rohr mit einem Durchmesser von 10,0 cm soll Wasser über eine Strecke von 300 m gepumpt werden. Das entfernte Rohrende befindet sich 20 m über der Pumpe und hat normalen Atmosphärendruck. Wie groß ist der Manometerdruck, den die Pumpe erzeugen muss, damit überhaupt ein Fluss stattfindet?

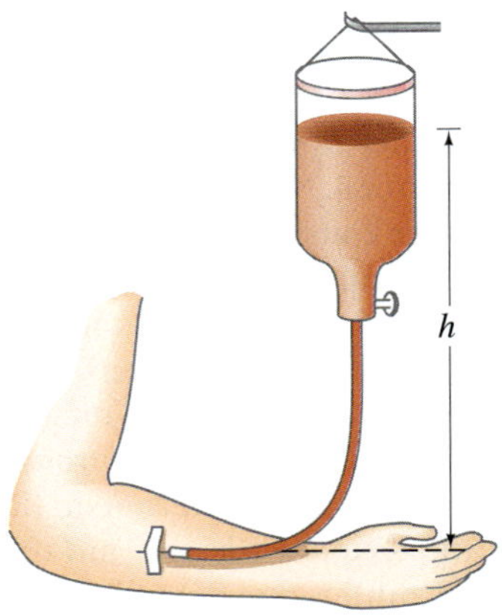

Abbildung 13.54 Aufgaben 69 und 75.

69 (III) Ein Patient soll eine Bluttransfusion erhalten. Das Blut soll aus einer höher angebrachten Infusionsflasche durch einen Schlauch in eine Nadel fließen, die in die Vene eingeführt ist (► Abbildung 13.54). Die 4,0 cm lange Nadel hat einen Innendurchmesser von 0,40 mm und die erforderliche Strömungsgeschwindigkeit beträgt 4,0 cm^3 Blut pro Minute. Wie hoch über der Nadel sollte die Infusionsflasche angebracht werden? Entnehmen Sie ρ und η den Tabellen. Nehmen Sie an, dass der Blutdruck 18 Torr über dem Atmosphärendruck liegt.

Aufgaben zu 13.12

70 (I) Berechnen Sie die Oberflächenspannung γ des eingeschlossenen Fluids in ► Abbildung 13.32, wenn die für das Bewegen des Bügels erforderliche Kraft $5{,}1 \cdot 10^{-3}$ N beträgt. Nehmen Sie $l = 0{,}070$ m an.

71 (I) Berechnen Sie die für das Bewegen des Bügels in ► Abbildung 13.32 erforderliche Kraft, wenn der Bügel in eine Seifenlösung eingetaucht ist und eine Länge von 18,2 cm hat.

72 (II) Würden Sie erwarten, dass sich ein sechsbeiniges Insekt auf der Wasseroberfläche hält, wenn die Grundfläche eines Beines des Insekts einen Radius von ca. $3{,}0 \cdot 10^{-5}$ m hat und die Masse des Insektes ca. 0,016 g beträgt?

73 (II) Die Oberflächenspannung einer Flüssigkeit kann bestimmt werden, indem man die Kraft F misst, die erforderlich ist, um einen kreisförmigen Platinring mit dem Radius r gerade von der Oberfläche der Flüssigkeit abzuheben. (a) Finden Sie einer Formel für γ in Abhängigkeit von F und r. (b) Berechnen Sie γ für die getestete Flüssigkeit bei 30 °C, wenn $F = 8{,}40 \cdot 10^{-3}$ N und $r = 2{,}8$ cm.

74 (III) Zeigen Sie, dass im Inneren einer Seifenblase ein Druck Δp vorhanden sein muss, der größer als der Druck außerhalb und gleich $\Delta p = 4\gamma/r$ ist. Dabei ist r der Radius der Blase und γ die Oberflächenspannung. (*Hinweis*: Stellen Sie sich die Blase als zwei Halbkugeln vor, die Kontakt miteinander haben, und denken Sie daran, dass es zwei Oberflächen an der Blase gibt. Beachten Sie, dass dieses Ergebnis für jede Art von Membran gilt, wobei 2γ die Spannung pro Längeneinheit in der jeweiligen Membran ist.)

Allgemeine Aufgaben

75 Für intravenöse Infusionen wird häufig die Wirkung der Gravitation genutzt, wie in ▶ Abbildung 13.54 dargestellt. Nehmen Sie an, dass die Flüssigkeit eine Dichte von 1,00 g/cm^3 hat, und ermitteln Sie, in welcher Höhe h die Flasche angebracht werden sollte, damit die Flüssigkeit einen Druck von (a) 65 mm-Hg, (b) 550 mm-H_2O hat. (c) Wie hoch sollte die Flasche angebracht werden, damit die Flüssigkeit gerade noch in die Vene fließt, wenn der Blutdruck 18 mm-Hg über dem Atmosphärendruck liegt?

76 Eine Kraft von 2,4 N wird auf den Kolben einer subkutanen Spritze ausgeübt. (a) Wie groß ist die Kraft, mit der die Flüssigkeit die Nadel verlässt? (b) Wie groß ist die Kraft, die auf den Kolben ausgeübt werden müsste, um Flüssigkeit in eine Vene zu drücken, in der der Manometerdruck 18 mm-Hg beträgt? Geben Sie Ihre Antworten für den Zeitpunkt direkt vor dem Bewegungsbeginn der Flüssigkeit an. Nehmen Sie für beide Teilaufgaben an, dass der Kolben einen Durchmesser von 1,3 cm und die Nadel einen Durchmesser von 0,20 mm hat.

77 Eine Fahrradpumpe wird benutzt, um einen Reifen aufzupumpen. Der anfängliche Reifendruck beträgt 210 kPa. Am Ende des Aufpumpvorganges beträgt der Enddruck 310 kPa. Wie groß ist die Kraft, die auf den Pumpengriff von Anfang bis Ende ausgeübt werden muss, wenn der Kolben im Zylinder der Pumpe einen Durchmesser von 3,0 cm besitzt?

78 Schätzen Sie den auf die Gebirge unterhalb der Eisschicht in der Antarktis wirkenden Druck ab. Die Eisschicht ist typischerweise 4 km dick.

79 Wie groß ist näherungsweise die Differenz im Luftdruck zwischen der Spitze und dem Fuß eines Hochhauses in New York? Der Eingang des Hochhauses befindet sich auf Normalniveau, die Spitze auf 410 m. Drücken Sie Ihre Antwort in relativen Druckeinheiten, bezogen auf das Normalniveau, aus.

80 Giraffen sind ein Wunder der kardiovaskulären Technik. Berechnen Sie den Druckunterschied (in bar), an den die Blutgefäße im Kopf einer Giraffe sich anpassen müssen, wenn die Giraffe ihren Kopf aus der aufrechten Position zum Trinken auf Bodenhöhe senkt. Eine durchschnittliche Giraffe hat eine Höhe von 6 Metern.

81 Wenn Sie hoch in die Berge fahren oder schnell aus den Bergen hinunterfahren, gibt es in Ihren Ohren ein „Plop". Das bedeutet, dass der Druck hinter dem Trommelfell an den äußeren Druck angeglichen wird. Wie groß wäre näherungsweise die auf ein Trommelfell mit einer Fläche von 0,50 cm^2 wirkende Kraft bei einer Höhenänderung von 1000 m ohne diesen Druckausgleich?

82 Der eine Arm eines (an beiden Seiten offenen) U-förmigen Rohres enthält Wasser und der andere Alkohol. In welcher Höhe steht das Wasser, wenn sich die beiden Flüssigkeiten genau am Boden des U's treffen und der Alkohol in einer Höhe von 18,0 cm steht?

83 Ein einfaches Modell (▶ Abbildung 13.55) betrachtet einen Kontinent als einen Block (Dichte = 2800 kg/m^3), der in dem ihn umgebenden Unterboden (Dichte = 3300 kg/m^3) schwimmt. Nehmen Sie an, dass der Kontinent 35 km dick ist (die durchschnittliche Dicke der Erdkruste) und schätzen Sie die Höhe des Kontinents über dem umgebenden Gestein ab.

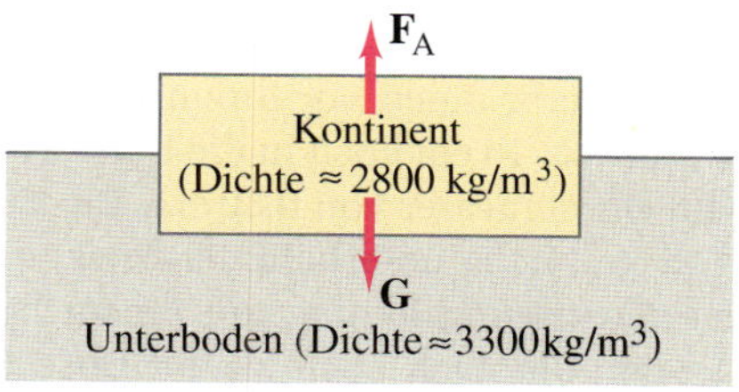

Abbildung 13.55 Aufgabe 83.

84 Durch die Kontraktion der linken Herzkammer wird Blut in den Körper gepumpt. Nehmen Sie an, dass die innere Oberfläche der Kammer eine Fläche von 82 cm^2 hat und dass der maximale Druck im Blut 120 mm-Hg beträgt, und schätzen Sie dann die von der Kammer bei maximalem Druck ausgeübte Kraft ab.

85 Schätzen Sie die Gesamtmasse der Erdatmosphäre ab, indem Sie den bekannten Wert des Atmosphärendrucks in Meereshöhe nutzen.

86 Nehmen Sie an, eine Person kann den Druck in den Lungen auf −80 mm-Hg Manometerdruck reduzieren. Wie hoch kann dann Wasser durch einen Strohhalm aufgesaugt werden?

87 Wie hoch sollte die Druckhöhe sein, wenn Wasser mit einer Geschwindigkeit von 7,2 m/s aus einem Wasserhahn laufen soll? Vernachlässigen Sie die Viskosität.

88 Ein Schiff, das frisches Wasser zu einer Wüsteninsel in der Karibik transportiert, hat eine horizontale Querschnittsfläche von 2650 m^2 in Höhe der Wasserlinie. Ohne Ladung kommt das Schiff 8,40 m aus dem Wasser heraus. Wie viel Wasser kann es maximal anliefern?

89 Ein Floß besteht aus zehn aneinander festgebundenen Baumstämmen. Jeder hat einen Durchmesser von 38 cm und eine Länge von 6,1 m. Wie viele Personen kann das Floß aufnehmen, bevor sie nasse Füße bekommen, wenn eine Person durchschnittlich eine Masse von 70 kg hat? Vernachlässigen Sie *nicht* das Gewicht der Baumstämme. Nehmen Sie die relative Dichte von Holz mit 0,60 an.

90 Während eines Herzschlages werden ca. 70 cm^3 Blut mit einem durchschnittlichen Druck von 105 mm-Hg vom Herzen weg gepumpt. Berechnen Sie die Leistung des Herzens in Watt unter der Annahme von 70 Herzschlägen pro Minute.

91 Ein Eimer Wasser wird mit 2,4 g nach oben beschleunigt. Wie groß ist die auf einen Granitstein (relative Dichte = 2,7) mit einer Masse von 3,0 kg wirkende Auftriebskraft, wenn dieser Stein in das Wasser eingetaucht wird? Schwimmt der Stein? Warum oder warum nicht?

92 Aus dem Trinkwasserbrunnen vor Ihrem Klassenzimmer schießt Wasser ca. 16 cm hoch in die Luft aus einer Düse mit einem Durchmesser von 0,60 cm. Die Pumpe am Fuß der Anlage (1,1 m unterhalb der Düse) drückt Wasser in eine Versorgungsleitung mit einem Durchmesser von 1,2 cm, die nach oben zu der Düse führt. Wie groß ist der Manometerdruck, den die Pumpe bereitstellen muss? Vernachlässigen Sie die Viskosität, Ihre Antwort wird folglich ein zu geringes Ergebnis liefern.

93 Der Wasserstrahl aus einem Wasserhahn nimmt im Durchmesser ab, während er nach unten fällt (► Abbildung 13.44). Leiten Sie eine Gleichung für den Durchmesser des Strahls in Abhängigkeit der Höhe y unter dem Wasserhahn ab. Das Wasser hat beim Verlassen des Wasserhahns eine Geschwindigkeit v_0 und der Wasserhahn hat einen Durchmesser D.

94 Vier Rasensprenger werden über eine Leitung mit einem Durchmesser von 1,9 cm versorgt. Das Wasser kommt in einem Winkel von 30° zur Horizontalen aus den Düsen heraus und deckt einen Radius von 8,0 m ab. (a) Wie groß ist die Geschwindigkeit des Wassers, das aus der Düse kommt? (Nehmen Sie einen Widerstand gleich null an.) (b) Wie viele Liter Wasser liefern die vier Düsen pro Sekunde, wenn jede Düse einen Ausgangsdurchmesser von 3,0 mm hat? (c) Wie schnell fließt das Wasser in der Leitung mit einem Durchmesser von 1,9 cm?

95 Sie müssen Wasser aus einem verstopften Waschbecken absaugen. Das Waschbecken hat eine Fläche von 0,48 m^2 und ist bis zu einer Höhe von 4,0 cm gefüllt. Ihr Absaugrohr steigt 50 cm über dem Boden des Waschbeckens nach oben und verläuft dann 100 cm abwärts in einen Eimer, wie in ► Abbildung 13.56 dargestellt. Das Absaugrohr hat einen Durchmesser von 2,0 cm. (a) Nehmen Sie an, dass das Wasser mit einer Geschwindigkeit von nahezu gleich null in das Absaugrohr hineinfließt, und berechnen Sie seine Geschwindigkeit beim Eintritt in den Eimer. (b) Schätzen Sie ab, wie lange es dauert, bis das Waschbecken leer ist.

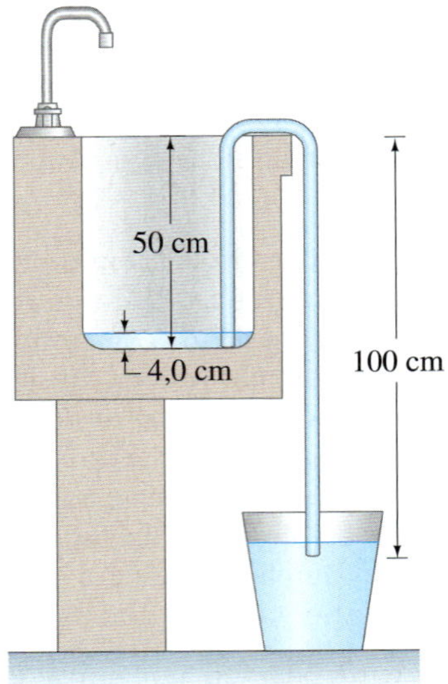

Abbildung 13.56 Aufgaben 95 und 96.

96 Betrachten Sie einen Siphon, der Wasser von einem Gefäß in ein zweites (tieferes) Gefäß umleitet, wie in ► Abbildung 13.56. Bestimmen Sie die Strömungsgeschwindigkeit, wenn der Schlauch einen Durchmesser von 1,2 cm hat und der Unterschied in den Wasserpegeln der beiden Behälter 64 cm beträgt.

97 Ein Flugzeug hat eine Masse von $2{,}0 \cdot 10^6$ kg und die Luft strömt mit 100 m/s an der Unterseite der Tragflächen vorbei. Wie schnell muss die Luft über die Oberseite der Tragfläche strömen, damit das Flugzeug in der Luft bleibt, wenn die Tragflächen eine Oberfläche von 1200 m^2 haben? Betrachten Sie nur den Bernoulli-Effekt.

98 Ein Hydrauliklift soll ein Auto mit einer Masse von 1000 kg 10 cm vom Boden hochheben. Der Auslasskolben hat einen Durchmesser von 15 cm und die Eingangskraft beträgt 250 N. (a) Wie groß ist die Fläche des Einlasskolbens? (b) Wie groß ist die Arbeit, die beim Anheben des Autos um 10 cm verrichtet wird? (c) Wie weit nach oben bewegt sich das Auto bei jedem Hub, wenn der Einlasskolben bei jedem Hub einen Weg von 12 cm zurücklegt? (d) Wie viele Hübe sind erforderlich, um das Auto 10 cm hochzuheben? (e) Zeigen Sie, dass die Energie erhalten bleibt.

Schwingungen

14

ÜBERBLICK

Das Pendel einer Uhr ist ein Beispiel für eine Schwingung. Viele Arten von Schwingungen sind sinusförmig oder nahezu sinusförmig und werden als harmonische Bewegung betrachtet. Bei realen Systemen tritt Reibung auf, die Bewegung ist dann gedämpft. Wenn eine äußere, sinusförmige Kraft auf ein schwingungsfähiges System ausgeübt wird, tritt Resonanz auf, wenn die Frequenz des Antriebs der natürlichen Schwingungsfrequenz des Systems entspricht oder ihr nahe kommt.

14. Schwingungen

Es gibt viele Körper, die schwingen oder umgangssprachlich „vibrieren“ – ein Körper am Ende einer Feder, eine Stimmgabel, die Unruh einer alten Uhr, ein Pendel, ein Plastiklineal, das fest über einer Tischkante gehalten und ausgelenkt wird, die Saiten einer Gitarre oder eines Klaviers. Spinnen entdecken ihre Beute durch die Schwingungen ihrer Netze, Autos schwingen bei einer Unebenheit in der Fahrbahn auf und ab, Gebäude und Brücken schwingen, wenn schwere Lkw darüber fahren, oder bei starkem Wind. Tatsächlich schwingen die meisten Körper (zumindest kurz), wenn sie einen Kraftstoß erhalten, weil die meisten Festkörper elastisch sind (siehe Kapitel 12). Elektrische Schwingungen treten in Radio- und Fernsehgeräten auf. Im atomaren Bereich schwingen Atome in einem Molekül und die Atome eines Festkörpers schwingen um ihre Ruhelage bei $T = 0$. Da Schwingungen so häufig im Alltagsleben und in so vielen Bereichen der Physik auftreten, kommt ihnen eine große Bedeutung zu. Die Schwingung ist kein wirklich „neues“ Phänomen, weil Schwingungen mechanischer Systeme detailliert auf der Grundlage der Newton'schen Mechanik beschrieben werden.

14.1 Schwingungen einer Feder

Wenn eine **Schwingung** sich auf demselben Weg hin und her wiederholt, ist die Bewegung **periodisch**. Die einfachste Form einer periodischen Bewegung wird durch einen Körper dargestellt, der am Ende einer Schraubenfeder schwingt. Da viele andere Arten von Schwingungen diesem System sehr ähnlich sind, werden wir dieses System genau betrachten. Wir nehmen an, dass die Masse der Feder vernachlässigt werden kann und dass die Feder horizontal angebracht ist (▸ Abbildung 14.1a), so dass der Körper mit der Masse m reibungsfrei auf der horizontalen Fläche gleiten kann. Jede Feder hat eine Ausgangslänge, bei der die auf die Masse m ausgeübte Nettokraft gleich null ist. Die Position der Masse in diesem Punkt wird **Gleichgewichtslage** genannt. Wenn die Masse nach links bewegt wird, was eine Kompression (ein Zusammendrücken) der Feder zur Folge hat, oder nach rechts, was zu einer Dehnung der Feder führt, übt die Feder eine Kraft auf die Masse aus, die in der Richtung wirkt, in der die Masse in die Gleichgewichtslage zurückgestellt wird. Daher spricht man von einer „Rückstellkraft“. Der Betrag der Rückstellkraft F ist direkt proportional zu der Auslenkung x, um die die Feder aus der Gleichgewichtslage gedehnt oder komprimiert (zusammengedrückt) wurde (▸ Abbildung 14.1b und c):

$$F = -kx\,. \tag{14.1}$$

Beachten Sie, dass die Gleichgewichtslage bei $x = 0$ gegeben ist. Die Gleichung 14.1, die häufig auch Hooke'sches Gesetz genannt wird (siehe Abschnitte 8.2 und 12.5), ist richtig, solange die Feder nicht so stark komprimiert wird, dass die Drahtwindungen sich fast berühren, bzw. nicht über den elastischen Bereich (siehe ▸ Abbildung 12.9) hinaus gedehnt wird. Das negative Vorzeichen in Gleichung 14.1 weist darauf hin, dass die Rückstellkraft immer der Auslenkung x entgegengerichtet ist. Wenn wir z. B. in ▸ Abbildung 14.1 die positive Richtung nach rechts wählen, ist x positiv, wenn die Feder gedehnt wird, und die Richtung der Rückstellkraft zeigt nach links (negative Richtung). Wird die Feder komprimiert, ist x negativ (zeigt nach links) und die Kraft F wirkt nach rechts (▸ Abbildung 14.1c).

Die Proportionalitätskonstante k in Gleichung 14.1 ist die „Federkonstante“. Um die Feder um einen Weg x zu dehnen, muss man eine (äußere) Kraft auf die Feder ausüben, die zumindest $F = +kx$ entspricht. Je größer der Wert von k, desto größer muss die für die Dehnung einer Feder um einen bestimmten Weg erforderliche Kraft sein.

Beachten Sie, dass die Kraft F in Gleichung 14.1 *keine* Konstante ist, sondern in Abhängigkeit des Ortes variiert. Folglich ist die Beschleunigung der Masse m nicht

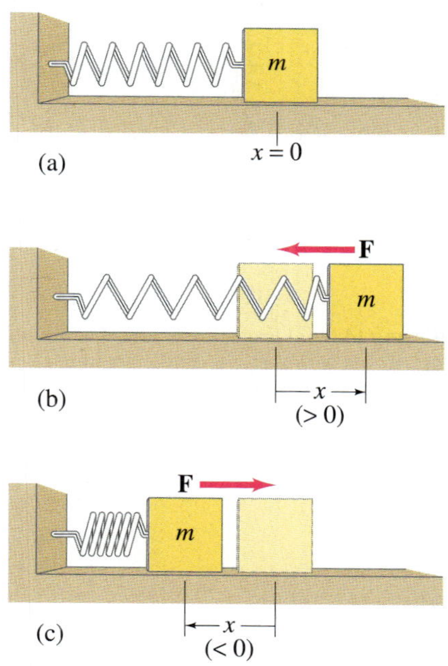

Abbildung 14.1 Masse schwingt am Ende einer Feder.

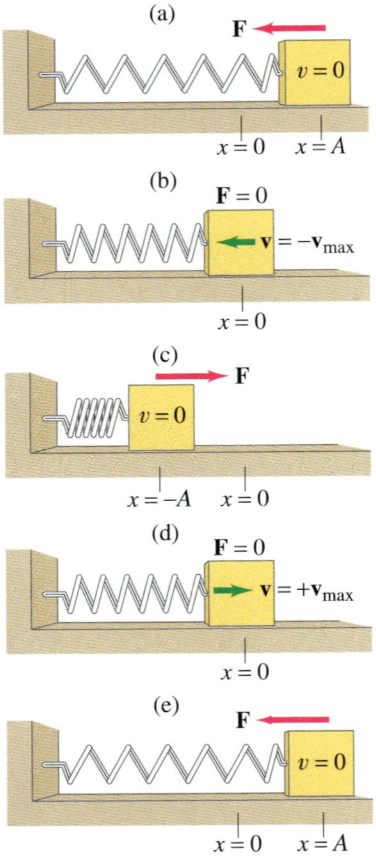

Abbildung 14.2 Geschwindigkeit einer Masse und die auf sie wirkende Kraft an verschiedenen Orten ihrer Schwingung.

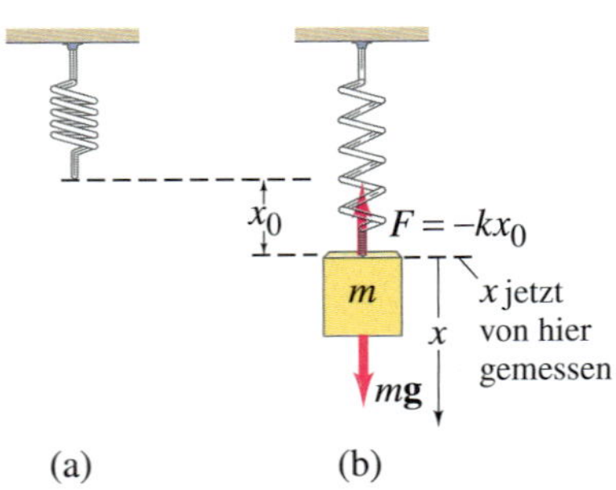

Abbildung 14.3 (a) Freie, vertikal aufgehängte Feder. (b) Masse m an der Feder in neuer Gleichgewichtslage befestigt, die auftritt, wenn $\sum F = 0 = kx_0 - mg$.

konstant und wir können die in Kapitel 2 entwickelten Gleichungen für konstante Beschleunigung *nicht* anwenden.

Untersuchen wir, was geschieht, wenn die Feder anfangs, wie in ▸ Abbildung 14.2a dargestellt, um einen Weg $x = A$ gedehnt und dann losgelassen wird. Die Feder übt eine Kraft auf die Masse aus, die sie in Richtung der Gleichgewichtslage zieht. Da aber die Masse durch die Kraft beschleunigt wurde, durchläuft sie die Gleichgewichtslage mit erheblicher Geschwindigkeit. Tatsächlich geht die auf die Masse ausgeübte Kraft auf null zurück, wenn die Masse die Gleichgewichtslage erreicht, ihre Geschwindigkeit jedoch hat in diesem Punkt ein Maximum, siehe ▸ Abbildung 14.2b. Wenn sie sich weiter nach links bewegt, wirkt die auf sie ausgeübte Kraft so, dass die Masse langsamer wird und kurz bei $x = -A$ anhält, siehe ▸ Abbildung 14.2c. Anschließend beginnt sie, sich in die entgegengesetzte Richtung zurückzubewegen, siehe ▸ Abbildung 14.2d, bis sie ihren ursprünglichen Ausgangspunkt $x = A$ erreicht, siehe ▸ Abbildung 14.2e. Dann wiederholt sie die Bewegung und bewegt sich symmetrisch zwischen $x = A$ und $x = -A$ hin und her und wir sprechen von einer Schwingung.

Für die Erörterung der Schwingung müssen wir einige Begriffe definieren. Der Weg x einer Masse vom Gleichgewichtspunkt zu jedem beliebigen Zeitpunkt ist die **Auslenkung**. Die maximale Auslenkung – der größte Weg vom Gleichgewichtspunkt – nennt man **Amplitude** A. Ein **Schwingungszyklus** oder kurz **Zyklus** bezeichnet die vollständige Hin- und Herbewegung von einem bestimmten Ausgangsort zurück zu demselben Ort, z. B. von $x = A$ zu $x = -A$ zurück zu $x = A$. Die **Periode** T ist definiert als die für einen vollständigen Zyklus benötigte Zeit. Schließlich gibt die **Frequenz** f die Anzahl der vollständigen Zyklen pro Sekunde an. Die Frequenz wird in der Regel in Hertz (Hz) angegeben. 1 Hz = 1 Zyklus pro Sekunde (s^{-1}). Entsprechend ihren Definitionen ist die Frequenz gerade der Kehrwert der Periode:

$$f = \frac{1}{T} \quad \text{und} \quad T = \frac{1}{f}\,. \qquad (14.2)$$

Wenn die Frequenz z. B. 5 Zyklen pro Sekunde beträgt, dann dauert jeder Zyklus $\frac{1}{5}$ s.

Die Schwingung einer vertikal aufgehängten Feder verhält sich ähnlich wie die Schwingung einer horizontalen Feder: Auf Grund der Gravitationskraft hat die vertikale Feder in der Gleichgewichtslage eine größere Länge als die horizontale Feder, wie in ▸ Abbildung 14.3 dargestellt. Die Feder befindet sich in der Gleichgewichtslage, wenn $\sum F = 0 = kx_0 - mg$, so dass sich die Feder um eine zusätzlichen Betrag $x_0 = mg/k$ dehnt, damit sie die Gleichgewichtslage erreicht. Wenn x von dieser neuen Gleichgewichtslage aus gemessen wird, kann die Gleichung 14.1 direkt mit demselben Wert für k angewendet werden.

Beispiel 14.1 Federung eines Autos

Wenn sich eine vierköpfige Familie mit einer Gesamtmasse von 200 kg in ihr Auto mit einer Masse von 1200 kg begibt, wird die Federung des Autos um 3 cm komprimiert (zusammengedrückt). (a) Wie groß ist die Federkonstante der Federung des Autos (▸ Abbildung 14.4) unter der Annahme, dass die Federn der Federung wie eine einzige Feder wirken? (b) Wie weit sackt das Auto nach unten, wenn es mit 300 kg beladen wird?

Lösung

a Die zusätzliche Kraft von $(200\,\text{kg})(9{,}8\,\text{m/s}^2) = 1960\,\text{N}$ hat zur Folge, dass die Federn um $3{,}0 \cdot 10^{-2}$ m komprimiert werden. Daher beträgt die Federkonstante entsprechend der Gleichung 14.1

$$k = \frac{F}{x} = \frac{1960\,\text{N}}{3{,}0 \cdot 10^{-2}\,\text{m}} = 6{,}5 \cdot 10^4\,\text{N/m}\,.$$

b Wenn das Auto mit 300 kg beladen ist, gilt:

$$x = \frac{F}{k} = \frac{(300\,\text{kg})(9{,}8\,\text{m/s}^2)}{(6{,}5 \cdot 10^4\,\text{N/m})} = 4{,}5 \cdot 10^{-2}\,\text{m}$$

oder 4,5 cm. Dieses Ergebnis hätten wir auch ohne Auflösung nach k erhalten können. Da x proportional zu F ist, gilt: wenn 200 kg die Feder um 3,0 cm komprimieren, komprimiert eine Kraft, die 1,5mal so groß ist, die Feder 1,5mal so stark, d. h. um 4,5 cm.

Abbildung 14.4 Foto einer Feder in einem Auto. (Der Stoßdämpfer ist ebenfalls zu sehen, siehe Abbildung 14.21).

14.2 Harmonische Schwingung

Harmonische Bewegung
Harmonischer Oszillator

Jedes System, das Schwingungen ausführt und bei dem die Nettorückstellkraft direkt proportional zum Negativen der Auslenkung ist (wie in Gleichung 14.1, $F = -kx$), führt eine einfache **harmonische Schwingung** aus. Ein solches System wird häufig als einfacher **harmonischer Oszillator** bezeichnet. Wir haben in Abschnitt 12.5 gesehen, dass sich die meisten festen Materialien gemäß Gleichung 14.1 dehnen oder komprimieren lassen, solange die Auslenkung nicht zu groß ist. Deshalb sind viele natürliche Schwingungen einfache harmonische Bewegungen oder kommen ihnen nahe.

Bestimmen wir jetzt den Ort x in Abhängigkeit der Zeit für eine Masse, die am Ende einer einfachen Feder mit der Federkonstanten k befestigt ist. Dafür wenden wir das zweite Newton'sche Gesetz, $F = ma$, an. Da die Beschleunigung $a = \mathrm{d}^2x/\mathrm{d}t^2$ ist, ergibt sich:

$$ma = \sum F$$
$$m\frac{\mathrm{d}^2x}{\mathrm{d}t^2} = -kx\,.$$

Dabei ist m die schwingende Masse[1]. Eine Umstellung liefert

Bewegungsgleichung (Harmonische Schwingung)

$$\frac{\mathrm{d}^2x}{\mathrm{d}t^2} + \frac{k}{m}x = 0\,. \tag{14.3}$$

Diese Relation ist als **Bewegungsgleichung** für den harmonischen Oszillator bekannt. Mathematisch handelt es sich um eine *Differenzialgleichung*, da sie eine Ableitung $\frac{\mathrm{d}^2x}{\mathrm{d}t^2}$ der Funktion $x(t)$ enthält. Wir möchten bestimmen, welche Zeitfunktion $x(t)$ diese Gleichung erfüllt. Wir könnten die Form der Lösung erraten, indem wir beachten, dass, wenn ein Stift an einer Schwingungen ausführenden Masse befestigt (▶ Abbildung 14.5) und ein Blatt Papier mit konstanter Geschwindigkeit unter dem Stift herbewegt würde, der Stift die dargestellte Kurve aufzeichnen würde. Die Form diese Kurve sieht **sinusförmig** (wie eine Kosinus- oder Sinuskurve) in Abhängigkeit der Zeit aus und ihre Höhe ist die Amplitude A. Nehmen wir dann an, dass die allgemeine Lösung für die Gleichung 14.3 in folgender Form geschrieben werden kann:

Allgemeine Lösung: Ort in Abhängigkeit von der Zeit

$$x(t) = A\cos(\omega t + \phi)\,. \tag{14.4}$$

Die Größe ω bezeichnen wir als Kreisfrequenz und sie beträgt gerade $2\pi f$, wenn f die Frequenz der Schwingung darstellt. Außerdem führen wir die Konstante ϕ

1 Im Falle einer Masse m' am Ende einer Feder schwingt die Feder selbst auch und zumindest ein Teil ihrer Masse muss mit einbezogen werden. Man kann zeigen – siehe Aufgaben –, dass ca. ein Drittel der Masse der Feder m_{Fe} mit einbezogen werden muss, so dass $m = m' + \frac{1}{3}m_{\mathrm{Fe}}$ in unserer Gleichung. Häufig ist m_{Fe} so klein, dass sie vernachlässigt werden kann.

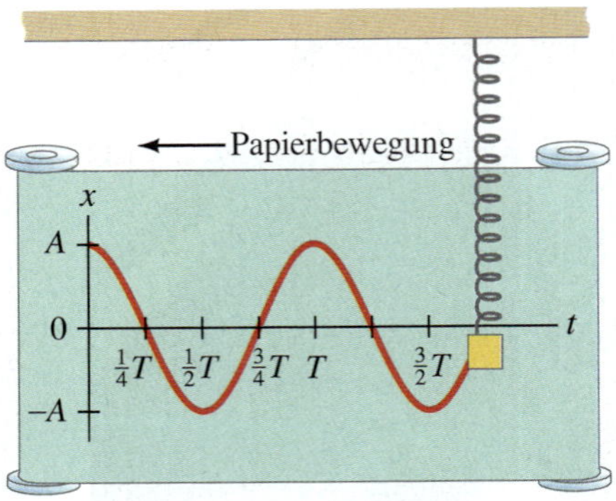

Abbildung 14.5 Sinusförmige Schwingung eines vertikalen Federpendels. In diesem Fall ist $x = A\cos(2 \gg t/T)$.

wegen der Allgemeingültigkeit in das Argument mit ein.[2] Wir setzen nun diese Versuchslösung in Gleichung 14.3 ein und schauen, ob sie wirklich funktioniert. Wir müssen $x = x(t)$ zweimal differenzieren:

$$\frac{\mathrm{d}x}{\mathrm{d}t} = \frac{\mathrm{d}}{\mathrm{d}t}\left[A\cos(\omega t + \phi)\right] = -\omega A\sin(\omega t + \phi)$$
$$\frac{\mathrm{d}^2x}{\mathrm{d}t^2} = -\omega^2 A\cos(\omega t + \phi)\ .$$

Nun setzen wir letztere Gleichung in die Gleichung 14.3 und die Gleichung 14.4 für x ein:

$$\frac{\mathrm{d}^2x}{\mathrm{d}t^2} + \frac{k}{m}x = 0$$
$$-\omega^2 A\cos(\omega t + \phi) + \frac{k}{m}A\cos(\omega t + \phi) = 0$$

oder

$$\left(\frac{k}{m} - \omega^2\right) A\cos(\omega t + \phi) = 0\ .$$

Unsere Lösung, die Gleichung 14.4, erfüllt tatsächlich die Bewegungsgleichung (Gleichung 14.3) für jeden beliebigen Zeitpunkt t. Allerdings gilt dies nur, wenn $(k/m - \omega^2) = 0$. Folglich ist

$$\omega^2 = \frac{k}{m}\ . \tag{14.5}$$

Anfangsbedingungen

Die Gleichung 14.4 ist die allgemeine Lösung und sie enthält zwei willkürliche Konstanten A und ϕ, weil die zweite Ableitung in Gleichung 14.3 auftritt und zwei Integrationen erforderlich sind, die jeweils eine Konstante liefern. Sie sind nur im Sinne der Integral- und Differenzialrechnung „willkürlich“, insofern als sie beliebig sein und dennoch die Differenzialgleichung, Gleichung 14.3, erfüllen können. In physikalischen Anwendungen sind A und ϕ allerdings durch die **Anfangsbedingungen** festgelegt. Nehmen wir z. B. an, die Masse wird in ihrer maximalen Auslenkung aus der Ruhelage losgelassen. Diese Aufgabenstellung ist in ▸ Abbildung 14.5 dargestellt und für diesen Fall ist $x = A\cos\omega t$, insbesondere soll $v = 0$ bei $t = 0$ gelten. Dabei ist

$$v = \frac{\mathrm{d}x}{\mathrm{d}t} = \frac{\mathrm{d}}{\mathrm{d}t}\left[A\cos(\omega t + \phi)\right] = -\omega A\sin(\omega t + \phi) = 0\ . \quad (\text{bei } t = 0)$$

Damit v bei $t = 0$ gleich null ist, ist $\sin(\omega t + \phi) = \sin(0 + \phi)$ null, wenn $\phi = 0$ (ϕ könnte auch π, 2π, etc. sein), und wenn $\phi = 0$, dann gilt

$$x = A\cos\omega t\ ,$$

wie wir erwartet haben. Sofort ist zu erkennen, dass A die Amplitude der Schwingung ist und sie anfangs dadurch bestimmt wird, wie weit die Masse m aus der Gleichgewichtslage ausgelenkt wurde, bevor sie losgelassen wird.

Wir betrachten einen anderen interessanten Fall: bei $t = 0$ befindet sich die Masse m bei $x = 0$ und erhält einen Schlag, der ihr eine Anfangsgeschwindigkeit in Richtung steigender x-Werte verleiht. Dann ist $x = 0$ bei $t = 0$, so dass wir $x = A\cos(\omega t + \phi) = A\cos\phi = 0$ schreiben können. Das kann nur eintreten, wenn $\phi = \pm\pi/2$ (oder $\pm 90°$). Ob $\phi = +\pi/2$ oder $-\pi/2$ ist, hängt von $v = \mathrm{d}x/\mathrm{d}t = -\omega A\sin(\omega t + \phi) = -\omega A\sin\phi$ ab, was wir als positiv gegeben haben ($v > 0$ bei

2 Ein andere mögliche Schreibweise für die Lösung ist die Kombination $x = a\cos\omega t + b\sin\omega t$, wobei a und b Konstanten sind. Dies ist äquivalent zu Gleichung 14.4, wie deutlich wird, wenn man die trigonometrische Gleichung $\cos(A \pm B) = \cos A\cos B \mp \sin A\sin B$ anwendet.

$t = 0$). Folglich ist $\phi = -\pi/2[\sin(-90°) = -1]$. Somit lautet unsere Lösung für diesen Fall:

$$x = A\cos\left(\omega t - \frac{\pi}{2}\right)$$
$$= A\sin\omega t\,.$$

Dabei haben wir $\cos(\theta - \pi/2) = \sin\theta$ benutzt. Die Lösung ist in diesem Fall eine reine Sinuswelle, siehe ▶ Abbildung 14.6, deren Amplitude immer noch A ist.

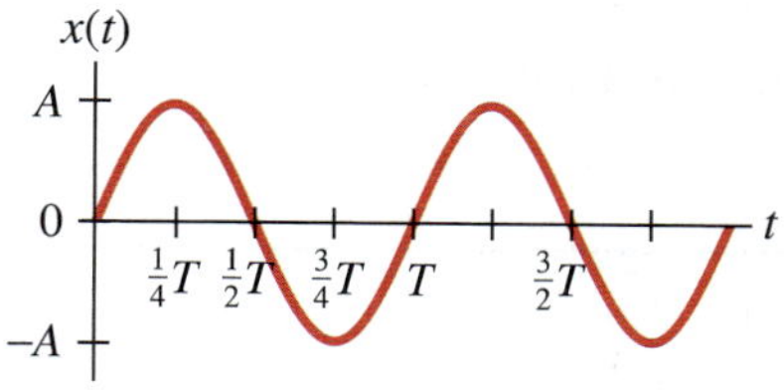

Abbildung 14.6 Spezieller Fall einer harmonischen Schwingung: die Masse m startet in der Gleichgewichtslage $x = 0$ bei $t = 0$ und hat eine Anfangsgeschwindigkeit in Richtung positiver x-Werte ($v > 0$ bei $t = 0$).

Es sind viele andere Anwendungen möglich, wie z. B. die in ▶ Abbildung 14.7 dargestellte Aufgabenstellung. Die Konstante ϕ ist der so genannte **Phasenwinkel**, der anzeigt, wie lange nach (oder vor) $t = 0$ das Maximum bei $A = 0$ erreicht wird. Beachten Sie, dass der Wert von ϕ die Form der $x(t)$-Kurve nicht beeinflusst, sondern nur einen Einfluss auf die Auslenkung zu einem bestimmten willkürlichen Zeitpunkt, $t = 0$, hat. Eine harmonische Schwingung ist somit immer *sinusförmig*. Tatsächlich ist die harmonische Schwingung als rein sinusförmige Bewegung *definiert*.

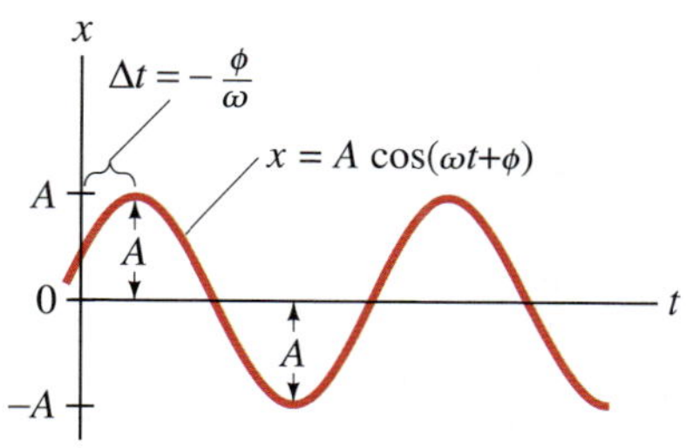

Abbildung 14.7 Ein Kurve für $x = A\cos(\omega t + \phi)$, wenn $\phi < 0$.

Da unsere schwingende Masse ihre Bewegung nach einer Zeit wiederholt, die gleich ihrer Periode T ist, muss sie sich bei $t = T$ und bei $t = 0$ jeweils an demselben Ort befinden und sich in derselben Richtung bewegen. Und da eine Sinus- oder Kosinusfunktion sich alle 2π Radianten wiederholt, muss die Gleichung 14.4

$$\omega T = 2\pi$$

liefern. Folglich gilt:

$$\omega = \frac{2\pi}{T} = 2\pi f\,.$$

Dabei ist f die Frequenz der Bewegung. Die **Kreisfrequenz** ω (Einheit rad/s) unterscheiden wir von der Frequenz f (Einheit s^{-1} = Hz). So können wir die Gleichung 14.4 schreiben als

$$x = A\cos\left(\frac{2\pi t}{T} + \phi\right) \tag{14.6a}$$

oder

Ort in Abhängigkeit von der Zeit

$$x = A\cos(2\pi f t + \phi)\,. \tag{14.6b}$$

Dabei gilt auf Grund der Gleichung 14.5:

$$f = \frac{1}{2\pi}\sqrt{\frac{k}{m}}\,, \tag{14.7a}$$

$$T = 2\pi\sqrt{\frac{m}{k}}\,. \tag{14.7b}$$

***f* und *T* sind unabhängig von der Amplitude**

Beachten Sie, dass die *Frequenz und die Periode nicht von der Amplitude abhängen.* Wenn man die Amplitude eines harmonischen Oszillators ändert, wird seine Frequenz davon nicht beeinflusst. Gleichung 14.7a besagt, dass je größer die Masse ist, die Frequenz umso niedriger ist, und dass je steifer die Feder ist, die Frequenz umso höher ist. Das macht Sinn, da eine größere Masse mehr Trägheit und somit eine langsamere Antwort (oder Beschleunigung) bedeutet. Ein größeres k bedeutet eine größere Kraft und folglich eine schnellere Antwort. Die Frequenz f (Gleichung 14.7a), bei der ein harmonischer Oszillator natürlich schwingt, wird als **Eigenfrequenz** bezeichnet (um sie von einer Frequenz zu unterscheiden, mit der er möglicherweise durch die Einwirkung einer äußeren Kraft gezwungenermaßen schwingt, wie in Abschnitt 14.8 erörtert).

Der harmonische Oszillator ist in der Physik wichtig, denn immer dann, wenn eine Nettorückstellkraft vorhanden ist, die proportional zur Auslenkung ist ($F = -kx$), was zumindest eine gute Näherung für viele Systeme darstellt, ist die Bewegung harmonisch, d. h. sinusförmig.

ANGEWANDTE PHYSIK

Federung eines Autos

Beispiel 14.2 Noch einmal die Federung eines Autos

Wie groß sind Periode und Frequenz des Autos aus Beispiel 14.1, das über eine Unebenheit fährt und zu schwingen beginnt? Nehmen Sie minderwertige Stoßdämpfer an, so dass das Auto wirklich auf- und abschwingt und die Dämpfung vernachlässigt werden kann.

Lösung

Die Gleichung 14.7b liefert

$$T = 2\pi\sqrt{\frac{m}{k}} = 6{,}28\sqrt{\frac{1400\,\mathrm{kg}}{6{,}5\cdot 10^4\,\mathrm{N/m}}} = 0{,}92\,\mathrm{s}$$

oder etwas weniger als eine Sekunde. Die Frequenz ist $f = 1/T = 1{,}09\,\mathrm{Hz}$.

Setzen wir nun unsere Analyse eines harmonischen Oszillators fort. Die Differenzierung der Gleichung 14.4 liefert die Geschwindigkeit und Beschleunigung der schwingenden Masse:

$$v = \frac{\mathrm{d}x}{\mathrm{d}t} = -\omega A \sin(\omega t + \phi) \tag{14.8}$$

$$a = \frac{\mathrm{d}^2x}{\mathrm{d}t^2} = \frac{\mathrm{d}v}{\mathrm{d}t} = -\omega^2 A \cos(\omega t + \phi)\,. \tag{14.9}$$

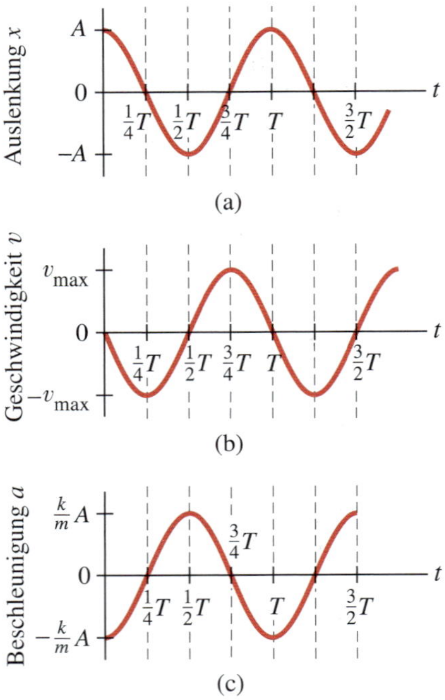

Abbildung 14.8 Auslenkung x, Geschwindigkeit $\mathrm{d}x/\mathrm{d}t$ und Beschleunigung $\mathrm{d}^2x/\mathrm{d}t^2$ eines harmonischen Oszillators bei $\phi = 0$.

Die Geschwindigkeit und die Beschleunigung eines harmonischen Oszillators schwingen ebenfalls sinusförmig. In ► Abbildung 14.8 sind die Auslenkung, die Geschwindigkeit und die Beschleunigung eines harmonischen Oszillators in Abhängigkeit der Zeit für den Fall $\phi = 0$ dargestellt. Die Geschwindigkeit erreicht ihr Maximum

$$v_{max} = \omega A = \sqrt{\frac{k}{m}}A\,,$$

wenn der schwingende Körper seinen Gleichgewichtspunkt, $x = 0$, durchläuft. Die Geschwindigkeit ist in den Punkten der maximalen Auslenkung, $x = \pm A$, gleich null. Das entspricht unserer Erörterung der ► Abbildung 14.2. In gleicher Weise hat die Beschleunigung ihr Maximum

$$a_{max} = \omega^2 A = \frac{k}{m}A$$

bei $x = \pm A$. Die Beschleunigung a ist bei $x = 0$ gleich null, da $ma = F = -kx$.

Für den allgemeinen Fall, wenn $\phi \neq 0$, können wir die Konstanten A und ϕ zu den Anfangswerten von x, v und a in Beziehung setzen, indem wir in den Gleichungen 14.4, 14.8 und 14.9 $t = 0$ setzen:

$$x_0 = x(0) = A\cos\phi$$

$$v_0 = v(0) = -\omega A \sin\phi = -v_{max}\sin\phi$$

$$a_0 = a(0) = -\omega^2 A\cos\phi = -a_{max}\cos\phi\,.$$

ANGEWANDTE PHYSIK

Schwingungen eines Lautsprechers

Beispiel 14.3 Kegel eines Lautsprechers

Der Kegel eines Lautsprechers führt eine harmonische Schwingung mit einer Frequenz von 262 Hz („mittleres C“) aus. Die Amplitude im Mittelpunkt des Kegels beträgt $A = 1{,}5\cdot 10^{-4}\,\mathrm{m}$ und bei $t = 0$ ist $x = A$. (a) Wie lautet die Gleichung, die die Bewegung des Mittelpunktes des Kegels beschreibt?

(b) Wie groß sind seine maximale Geschwindigkeit und die maximale Beschleunigung? (c) Wie groß ist die Auslenkung im Mittelpunkt des Kegels bei $t = 1{,}00$ ms?

Lösung

a Die Amplitude ist $A = 1{,}5 \cdot 10^{-4}$ m und $\omega = 2\pi f = (6{,}28\,\text{rad})(262\,\text{s}^{-1}) = 1650\,\text{rad/s}$. Zu Beginn der Bewegung ($t = 0$) befindet sich der Konus im Punkt seiner maximalen Auslenkung ($x = A$ bei $t = 0$), so dass wir die Kosinusfunktion mit $\phi = 0$ anwenden:

$$x = A\cos\omega t = A\cos 2\pi ft = (1{,}5 \cdot 10^{-4}\,\text{m})\cos(1650t)\,.$$

b Gleichung 14.8 liefert

$$v_{\text{max}} = \omega A = 2\pi Af = 2\pi(1{,}5 \cdot 10^{-4}\,\text{m})(262\,\text{s}^{-1}) = 0{,}25\,\text{m/s}\,.$$

Die Gleichungen 14.9 und 14.5 ergeben

$$\begin{aligned} a_{\text{max}} &= \omega^2 A = (2\pi f)^2 A \\ &= 4\pi^2(262\,\text{s}^{-1})^2(1{,}5 \cdot 10^{-4}\,\text{m}) = 410\,\text{m/s}^2\,, \end{aligned}$$

mehr als $40g$.

c Bei $t = 1{,}00 \cdot 10^{-3}$ s gilt

$$\begin{aligned} x &= (1{,}5 \cdot 10^{-4}\,\text{m})\cos\left[(1650\,\text{rad/s})(1{,}00 \cdot 10^{-3}\,\text{s})\right] \\ &= (1{,}5 \cdot 10^{-4}\,\text{m})\cos(1{,}65\,\text{rad}) = -1{,}2 \cdot 10^{-5}\,\text{m}\,. \end{aligned}$$

Beispiel 14.4 Federberechnungen

In einem Messgerät dehnt sich eine Feder um 0,150 m, wenn eine Masse von 0,300 kg an ihr aufgehängt wird (► Abbildung 14.9). Dann wird die Feder zusätzliche 0,100 m aus dieser Gleichgewichtslage gedehnt und anschließend losgelassen. Bestimmen Sie: (a) die Werte der Federkonstanten k und der Kreisfrequenz ω, (b) die Amplitude A der Schwingung, (c) die maximale Geschwindigkeit v_{max}, (d) den Betrag der maximalen Beschleunigung der Masse, (e) die Periode T und die Frequenz f, (f) die Auslenkung x in Abhängigkeit der Zeit und (g) die Geschwindigkeit bei $t = 0{,}150$ s. Zur Lösung der Aufgabe siehe auch ► Abbildung 14.3.

Lösung

a Da sich die Feder um 0,150 m dehnt, wenn man 0,300 kg an ihr aufhängt, liefert die Gleichung 14.1 für k

$$k = \frac{F}{x} = \frac{mg}{x} = \frac{(0{,}300\,\text{kg})(9{,}80\,\text{m/s}^2)}{0{,}150\,\text{m}} = 19{,}6\,\text{N/m}$$

und auch

$$\omega = \sqrt{\frac{k}{m}} = \sqrt{\frac{19{,}6\,\text{N/m}}{0{,}300\,\text{kg}}} = 8{,}08\,\text{s}^{-1}\,.$$

b Da die Feder 0,100 m aus der Gleichgewichtslage gedehnt (► Abbildung 14.9c) und ihr keine Anfangsgeschwindigkeit verliehen wird, ist $A = 0{,}100$ m.

c Gleichung 14.8 liefert für die maximale Geschwindigkeit

$$v_{\text{max}} = \omega A = (8{,}08\,\text{s}^{-1})(0{,}100\,\text{m}) = 0{,}808\,\text{m/s}\,.$$

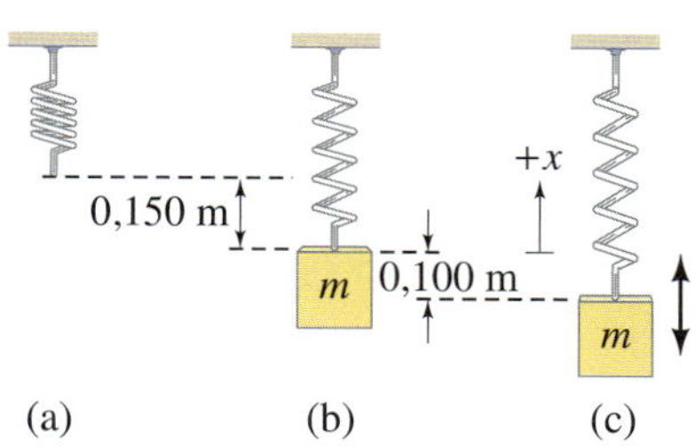

Abbildung 14.9 Beispiel 14.4.

d Da $F = ma$, tritt die maximale Beschleunigung auf, wenn die Kraft am größten ist – d. h., wenn $x = A = 0{,}100$ m. Somit gilt

$$a_{\max} = \frac{kA}{m} = \frac{(19{,}6\,\mathrm{N/m})(0{,}100\,\mathrm{m})}{0{,}300\,\mathrm{kg}} = 6{,}53\,\mathrm{m/s^2}\,.$$

e Die Gleichungen 14.7a und 17.7b liefern

$$T = 2\pi\sqrt{\frac{m}{k}} = 6,28\sqrt{\frac{0{,}300\,\mathrm{kg}}{19{,}6\,\mathrm{N/m}}} = 0{,}777\,\mathrm{s}$$

$$f = \frac{1}{T} = 1{,}29\,\mathrm{Hz}\,.$$

f Die Bewegung beginnt in einem Punkt maximaler Auslenkung nach unten. Wenn wir x als positiv in Aufwärtsrichtung annehmen, dann ist $x = x_0 = -A = -0{,}100$ m bei $t = 0$. Wir benötigen also eine Sinuskurve, die ihren negativen Maximalwert bei $t = 0$ hat. Das ist ein negativer Kosinus:

$$x = -A\cos\omega t\,.$$

Um dies in Form der Gleichung 14.4 zu schreiben (ohne Minuszeichen), denken Sie daran, dass $\cos\theta = -\cos(\theta - \pi)$ ist. Dann erhalten wir für die Auslenkung:

$$x = -(0{,}100\,\mathrm{m})\cos 8{,}08t$$
$$= (0{,}100\,\mathrm{m})\cos(8{,}08t - \pi)\,.$$

Dabei ist t in Sekunden und x in Metern ausgedrückt. Beachten Sie, dass der Phasenwinkel (Gleichung 14.4) $\phi = \pi$ oder 180° beträgt.

g Die Geschwindigkeit zu einem beliebigen Zeitpunkt t ist (siehe Teil c)

$$v = \frac{\mathrm{d}x}{\mathrm{d}t} = A\omega\sin\omega t = (0{,}808\,\mathrm{m/s})\sin 8{,}08t\,.$$

Bei $t = 0{,}150$ s ist $v = (0{,}808\,\mathrm{m/s})\sin(1{,}21\,\mathrm{rad}) = 0{,}756\,\mathrm{m/s}$ und nach oben gerichtet (+).

Beispiel 14.5 Feder wird mit einem Stoß in Bewegung gesetzt

Nehmen Sie an, die Feder aus Beispiel 14.4 wird um 0,100 m aus der Gleichgewichtslage ($x_0 = -0{,}100$ m) ausgelenkt, erhält aber einen nach oben gerichteten Stoß von $v_0 = -0{,}400$ m/s. Bestimmen Sie (a) den Phasenwinkel ϕ, (b) die Amplitude A und (c) die Auslenkung x in Abhängigkeit der Zeit, $x(t)$.

Lösung

a Gleichung 14.8 liefert $v_0 = -\omega A\sin\phi$ und Gleichung 14.4 $x_0 = A\cos\phi$ bei $t = 0$.

Wenn wir das kombinieren, erhalten wir

$$\tan\phi = \frac{\sin\phi}{\cos\phi} = \frac{(v_0/-\omega A)}{(x_0/A)} = -\frac{v_0}{\omega x_0} = -\frac{0{,}400\,\mathrm{m/s}}{(8{,}08\,\mathrm{s^{-1}})(-0{,}100\,\mathrm{m})} = 0{,}495\,.$$

Ein Taschenrechner gibt den Winkel mit 26,3° an, aber aus dieser Gleichung sehen wir, dass sowohl der Sinus, als auch der Kosinus negativ sind. Das bedeutet, dass sich unser Winkel im dritten Quadranten befindet. Folglich ist

$$\phi = 26{,}3^\circ + 180^\circ = 206{,}3^\circ = 3{,}60\,\text{rad}\ .$$

b Wir wenden erneut die Gleichung 14.4 bei $t = 0$ an:

$$A = x_0/\cos\phi = (-0{,}100\,\text{m})/\cos(3{,}60\,\text{rad}) = 0{,}112\,\text{m}\ .$$

c $x = A\cos(\omega t + \phi) = 0{,}112\cos(8{,}08t + 3{,}60)$.

14.3 Energie in einem harmonischen Oszillator

Bei der Untersuchung von Kräften, die zeitlich nicht konstant sind, wie z. B. hier bei einer harmonischen Schwingung, ist es häufig zweckmäßig und nützlich, die Energie genauer zu betrachten.

Bei einem harmonischen Oszillator, wie z. B. einer Masse m, die am Ende einer masselosen Feder schwingt, ist die Rückstellkraft gegeben durch

$$F = -kx\ .$$

Die Funktion für die potenzielle Energie ist, wie wir bereits in Kapitel 8 gesehen haben, gegeben durch

$$E_{\text{pot}}(x) = -\int_0^x F\,\mathrm{d}s = \frac{1}{2}kx^2\ .$$

Dabei setzen wir die Integrationskonstante gleich null, so dass $E_{\text{pot}} = 0$ bei $x = 0$ (Gleichgewichtslage).

Die mechanische Gesamtenergie ist die Summe aus der kinetischen und der potenziellen Energie:

$$E_{\text{ges}}(x) = \frac{1}{2}mv^2 + \frac{1}{2}kx^2\ .$$

Dabei ist $v(x)$ die Geschwindigkeit der Masse m, wenn sie sich in einem Abstand x von der Gleichgewichtslage entfernt befindet. Eine harmonische Schwingung tritt streng genommen nur dann auf, wenn es keine Reibung gibt, so dass die mechanische Gesamtenergie E_{ges} konstant bleibt. Während die Masse hin- und herschwingt, wandeln sich potenzielle Energie und kinetische Energie ständig ineinander um (▶ Abbildung 14.10). In den Extrempunkten $x = A$ und $x = -A$ wird die gesamte Energie in der Feder als potenzielle Energie gespeichert (und ist gleich, unabhängig davon, ob die Feder bis zu ihrer vollen Amplitude komprimiert oder ausgelenkt wird). In diesen Extrempunkten kommt die Masse kurz zur Ruhe, wenn sie ihre Richtung ändert, so dass $v = 0$ und

$$E_{\text{ges}} = \frac{1}{2}m(0)^2 + \frac{1}{2}kA^2 = \frac{1}{2}kA^2\ . \qquad (14.10\text{a})$$

Somit **ist die mechanische Gesamtenergie eines harmonischen Oszillators proportional zum Quadrat der Amplitude**. Im Gleichgewichtspunkt $x = 0$ ist die gesamte Energie kinetisch:

$$E_{\text{ges}} = \frac{1}{2}mv^2 + \frac{1}{2}k(0)^2 = \frac{1}{2}mv_{\max}^2\ . \qquad (14.10\text{b})$$

Dabei ist $v_{\max}$ die maximale Geschwindigkeit während der Bewegung. In den dazwischen liegenden Punkten liegt die Energie teilweise als kinetische und teilweise als potenzielle Energie vor und da die Gesamtenergie erhalten bleibt, gilt

$$E_{\text{ges}} = \frac{1}{2}mv^2 + \frac{1}{2}kx^2 = \frac{1}{2}kA^2 = \frac{1}{2}mv_{\max}^2\ . \qquad (14.10\text{c})$$

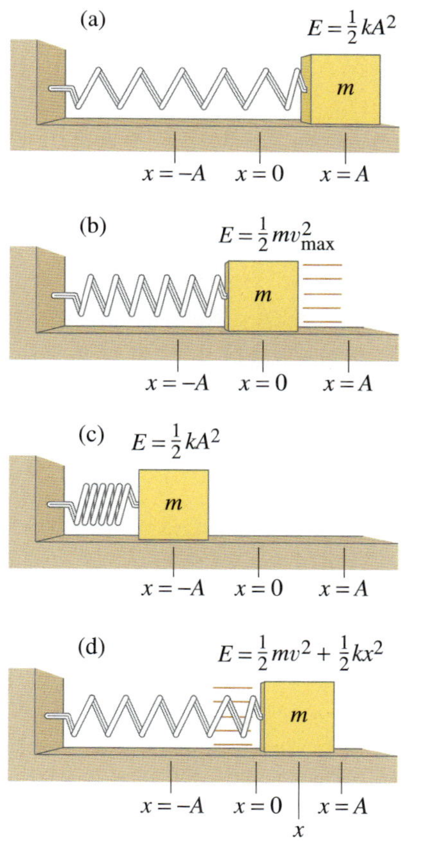

Abbildung 14.10 Kinetische Energie und potenzielle Energie wandeln sich ineinander um, wenn die Feder schwingt.

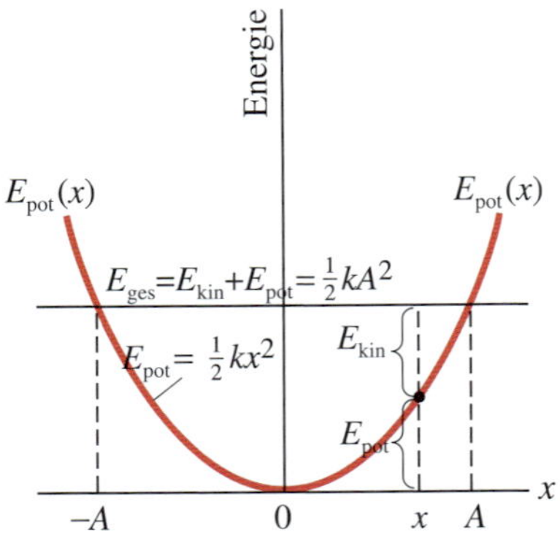

Abbildung 14.11 Kurve der potenziellen Energie $E_{pot}(x) = \frac{1}{2}kx^2$. $E_{kin}(x) + E_{pot}(x) = E_{ges}(x) = konstant$ für jeden Punkt x, an dem $-A \leq x \leq A$. Die Werte für E_{kin} und E_{pot} sind für einen beliebigen Punkt x angegeben.

Wir können die Gleichungen 14.10a und 14.10b explizit beweisen, indem wir die Gleichungen 14.4 und 14.8 in diese letzte Gleichung einsetzen:

$$E_{ges} = \frac{1}{2}m\omega^2A^2\sin^2(\omega t + \phi) + \frac{1}{2}kA^2\cos^2(\omega t + \phi)\,.$$

Wenn wir das durch $\omega^2 = k/m$ oder $kA^2 = m\omega^2A^2 = mv_{max}^2$ ersetzen und beachten, dass $\sin^2(\omega t + \phi) + \cos^2(\omega t + \phi) = 1$ ist, erhalten wir die Gleichungen 14.10a und 14.10b:

$$E_{ges} = \frac{1}{2}kA^2 = \frac{1}{2}mv_{max}^2\,.$$

Jetzt können wir eine Gleichung für die Geschwindigkeit v in Abhängigkeit von x erhalten, indem wir nach v^2 in Gleichung 14.10c auflösen:

$$v = \pm\sqrt{\frac{k}{m}(A^2 - x^2)} \qquad (14.11a)$$

oder, da $v_{max} = A\sqrt{k/m}$,

$$v = \pm v_{max}\sqrt{1 - \frac{x^2}{A^2}}\,. \qquad (14.11b)$$

Wir sehen erneut, dass v bei $x = 0$ ein Maximum hat und bei $x = \pm A$ gleich null ist.

Die potenzielle Energie $E_{pot}(x) = \frac{1}{2}kx^2$ ist in ▸ Abbildung 14.11 als Kurve dargestellt. Die obere horizontale Linie gibt einen bestimmten Wert der Gesamtenergie $E_{ges} = \frac{1}{2}kA^2$ an. Der Abstand zwischen der E_{ges}-Geraden und der E_{pot}-Kurve stellt die kinetische Energie E_{kin} dar. Die Bewegung[3] ist auf x-Werte zwischen $-A$ und $+A$ beschränkt. Diese Ergebnisse stimmen natürlich mit unserer Lösung im vorhergehenden Abschnitt überein.

Mithilfe der Energieerhaltung kann man auf einfache Weise v bestimmen, z. B., wenn x gegeben ist (oder umgekehrt), ohne dass dazu die Angabe der Zeit t benötigt wird.

Beispiel 14.6 Energieberechnungen

Bestimmen Sie für die harmonische Schwingung in Beispiel 14.4 (a) die Gesamtenergie, (b) die kinetische und die potenzielle Energie in Abhängigkeit der Zeit, (c) die Geschwindigkeit, wenn sich die Masse 0,050 m von ihrer Gleichgewichtslage entfernt befindet, (d) die kinetische und die potenzielle Energie bei halber Amplitude ($x = \pm A/2$).

Lösung

a Da $k = 19{,}6\,\mathrm{N/m}$ und $A = 0{,}100\,\mathrm{m}$, beträgt die Gesamtenergie E_{ges} aus Gleichung 14.10a

$$E_{ges} = \frac{1}{2}kA^2 = \frac{1}{2}(19{,}6\,\mathrm{N/m})(0{,}100\,\mathrm{m})^2 = 9{,}80\cdot 10^{-2}\,\mathrm{J}\,.$$

b Die Teile (f) und (g) aus Beispiel 14.4 liefern $x = -(0{,}100\,\mathrm{m})\cos 8{,}08t$ und $v = (0{,}808\,\mathrm{m/s})\sin 8{,}08t$, so dass

$$E_{pot} = \frac{1}{2}kx^2 = (9{,}80\cdot 10^{-2}\,\mathrm{J})\cos^2 8{,}08t$$

$$E_{kin} = \frac{1}{2}mv^2 = (9{,}80\cdot 10^{-2}\,\mathrm{J})\sin^2 8{,}08t\,.$$

3 Nähere Erörterung siehe Abschnitt 8.9.

c Wir wenden die Gleichung 14.11b an und erhalten

$$v = v_{max}\sqrt{1 - x^2/A^2} = 0{,}70\,\text{m/s}\,.$$

d Bei $x = A/2 = 0{,}050\,\text{m}$ ist

$$E_{pot} = \frac{1}{2}kx^2 = 2{,}5 \cdot 10^{-2}\,\text{J}$$

$$E_{kin} = E_{ges} - E_{pot} = 7{,}3 \cdot 10^{-2}\,\text{J}\,.$$

Beispiel 14.7 · Begriffsbildung

Verdoppelung der Amplitude

Nehmen wir an, die Feder in ▸ Abbildung 14.10 wird doppelt so weit gedehnt (bis $x = 2A$). Wie wirkt sich das auf (a) die Energie des Systems, (b) die maximale Geschwindigkeit, (c) die maximale Beschleunigung aus?

Lösung

a Gleichung 14.10a setzt die Energie zum Quadrat der Amplitude in Beziehung, so dass eine doppelte Dehnung zu einer Vervierfachung der Energie führt (Sie könnten dagegen anführen: „Beim Dehnen der Feder von $x = 0$ zu $x = A$ habe ich Arbeit verrichtet. Verrichte ich nicht die gleiche Arbeit bei der Dehnung von A zu $2A$?“ Nein. Die Kraft, die Sie für die zweite Strecke ausüben müssen, ist größer als für die erste Strecke (weil $F = -kx$), so dass die verrichtete Arbeit auch größer ist.)

b Aus Gleichung 14.10b folgt, dass die maximale Geschwindigkeit doppelt so groß sein muss wie zuvor, da sich die Energie vervierfacht.

c Da die Kraft doppelt so groß ist, wenn wir die Feder doppelt so weit dehnen, ist die Beschleunigung hier ebenfalls doppelt so groß.

14.4 Zusammenhang zwischen harmonischer Schwingung und gleichförmiger Kreisbewegung

Zwischen der harmonischen Schwingung und einem Körper, der mit gleichförmiger Geschwindigkeit auf einer Kreisbahn rotiert, besteht eine einfache, interessante Beziehung. Betrachten wir eine Masse m, die auf einer Tischplatte mit der Geschwindigkeit v_M auf einer Kreisbahn mit dem Radius A rotiert, wie in ▸ Abbildung 14.12 dargestellt. Von oben gesehen handelt es sich um eine Kreisbewegung. Aber eine Person, die die Bewegung von der Tischkante aus betrachtet, sieht eine schwingende Hin- und Herbewegung, die genau einer harmonischen Schwingung entspricht, wie wir jetzt sehen werden. Was die Person sieht und woran wir interessiert sind, ist die Projektion der Kreisbewegung auf die x-Achse, siehe ▸ Abbildung 14.12. Damit deutlich wird, dass diese Bewegung einer harmonischen Schwingung entspricht, berechnen wir die x-Komponente der Geschwindigkeit v_M, die in ▸ Abbildung 14.12 mit v bezeichnet ist. Die beiden in ▸ Abbildung 14.12 dargestellten rechtwinkligen Dreiecke sind ähnlich, so dass

$$\frac{v}{v_M} = \frac{\sqrt{A^2 - x^2}}{A}$$

oder

$$v = v_M\sqrt{1 - \frac{x^2}{A^2}}\,.$$

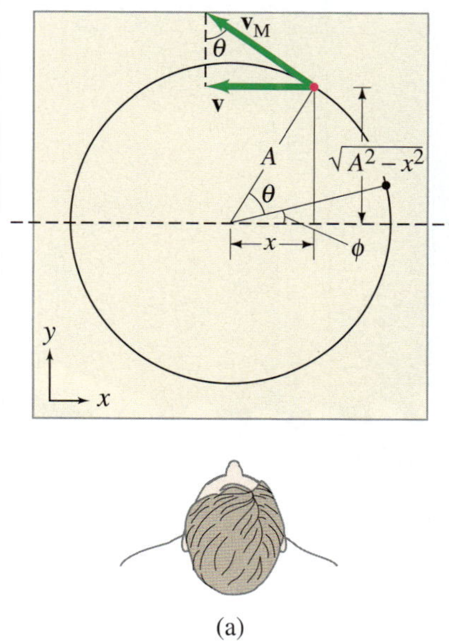

(a)

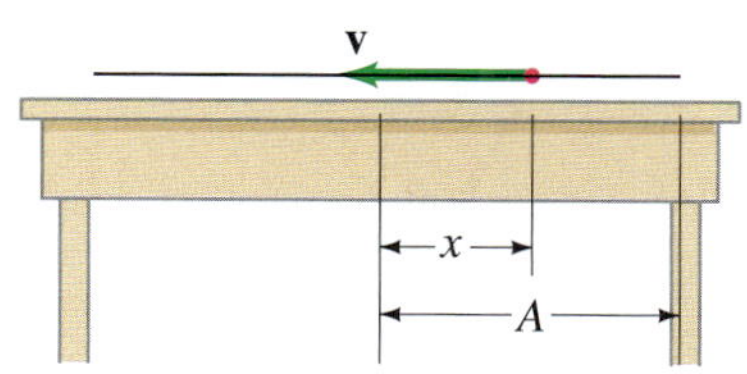

(b)

Abbildung 14.12 Analyse einer harmonischen Schwingung als Seitenansicht (b) einer Kreisbewegung (a).

Dies ist genau die Gleichung für die Geschwindigkeit einer Masse, die eine harmonische Schwingung ausführt, siehe Gleichung 14.11b, wobei $v_M = v_{max}$ ist. Außerdem können wir aus ▶ Abbildung 14.12 sehen, dass sich der Körper nach einer Zeit t um einen Winkel $\theta = \omega t$ gedreht hat, wenn die Winkelverschiebung bei $t = 0\phi$ ist. Somit ist

$$x = A\cos(\theta + \phi) = A\cos(\omega t + \phi) .$$

Aber wofür steht ω hier? Die lineare Geschwindigkeit v_M des Körpers, der eine Drehbewegung erfährt, steht über $v_M = \omega A$ mit ω in Beziehung, wobei A der Radius des Kreises ist (siehe Gleichung 10.4). Für eine Umdrehung wird eine Zeit T benötigt, so dass auch $v_M = 2\pi A/T$ gilt. Dabei ist $2\pi A$ der Umfang des Kreises. Folglich ist

$$\omega = \frac{v_M}{A} = \frac{2\pi A/T}{A} = 2\pi/T = 2\pi f ,$$

wobei T die für eine Drehung erforderliche Zeit und f die Frequenz ist. Dies entspricht genau der Hin- und Herbewegung eines harmonischen Oszillators. Somit hat die Projektion eines auf einer Kreisbahn rotierenden Körpers auf die x-Achse dieselbe Bewegung wie eine Masse, die eine harmonische Schwingung ausführt. Tatsächlich können wir sagen, dass die Projektion einer Kreisbewegung auf eine Gerade eine harmonische Schwingung ist.

Die Projektion einer gleichförmigen Kreisbewegung auf die y-Achse ist ebenfalls harmonisch. Somit kann die gleichförmige Kreisbewegung als zwei harmonische Schwingungen, die im rechten Winkel zueinander stattfinden, betrachtet werden.

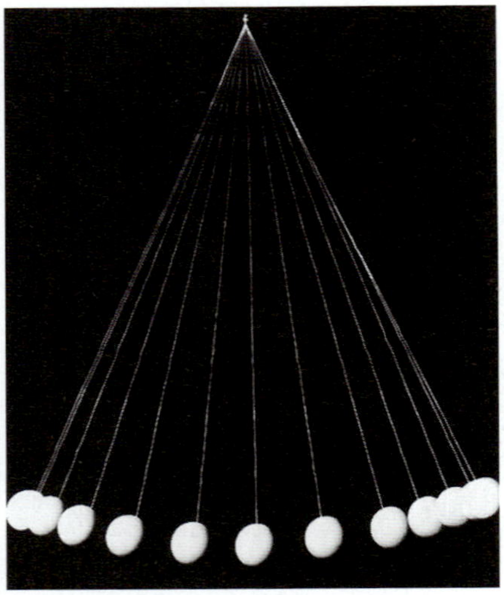

Abbildung 14.13 Stroboskop-Foto eines schwingenden Pendels.

14.5 Das Fadenpendel

Ein **Fadenpendel** besteht aus einem kleinen Körper (dem Pendelgewicht), das am Ende eines leichten Fadens hängt, siehe ▶ Abbildung 14.13. Wir nehmen an, dass der Faden sich nicht dehnt und dass seine Masse relativ zur Masse des Pendelgewichtes vernachlässigt werden kann. Die Bewegung eines mathematischen Pendels, das sich mit vernachlässigbarer Reibung hin- und herbewegt (▶ Abbildung 14.13), ähnelt einer harmonischen Schwingung: Das Pendel schwingt entlang eines Kreisbogens mit gleicher Amplitude auf jeder Seite seines Gleichgewichtspunktes (in dem es vertikal nach unten hängt) und beim Durchgang durch seinen Gleichgewichtspunkt hat es seine maximale Geschwindigkeit. Aber führt es wirklich eine harmonische Schwingung aus, d. h. ist die Rückstellkraft proportional zu seiner Auslenkung? Das möchten wir herausfinden.

Die Auslenkung des Pendels entlang des Bogens ist durch $x = l\theta$ gegeben, wobei θ der Winkel, den der Faden mit der Vertikalen bildet, und l die Länge des Fadens ist, wie in ▶ Abbildung 14.14 dargestellt. Wenn die Rückstellkraft proportional zu x oder θ ist, ist die Bewegung eine harmonische Schwingung. Die Rückstellkraft ist die Komponente der Gewichtskraft mg, die tangential zum Bogen wirkt:

$$F = -mg\sin\theta .$$

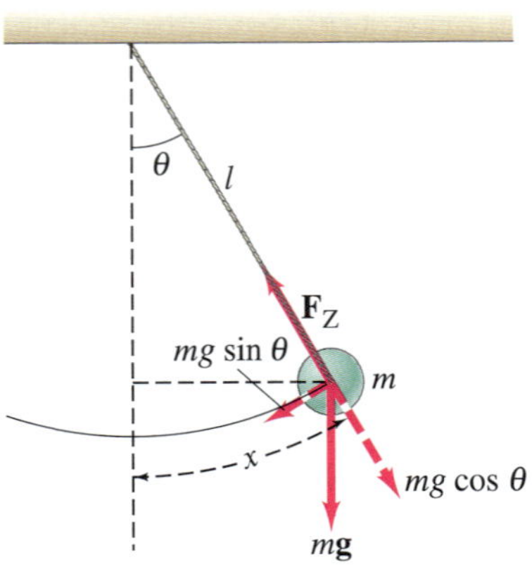

Abbildung 14.14 Fadenpendel.

Dabei zeigt das negative Vorzeichen, wie in der Gleichung 14.1, an, dass die Kraft der Winkelverschiebung θ entgegengerichtet ist. Da F proportional zum Sinus von θ und nicht zu θ selbst ist, ist die Bewegung *keine* harmonische Schwingung. Wenn θ jedoch sehr klein ist, dann geht $\sin\theta$ gegen null, wenn letzterer in Radianten angegeben ist. Das kann man in der Reihenentwicklung[4] von $\sin\theta$ nachsehen (oder in der trigonometrischen Tabelle innen auf der Rückseite des Buches) oder man kann in ▶ Abbildung 14.14 darauf achten, dass die Bogenlänge $x(= l\theta)$ nahezu gleich der Länge des Fadens ($= l\sin\theta$) ist, die durch die gestrichelte Gerade angegeben ist, *wenn θ klein ist.* Bei Winkeln, die kleiner als 15° sind, beträgt der

4 $\sin\theta = \theta - \frac{\theta^3}{3!} + \frac{\theta^5}{5!} - \frac{\theta^7}{7!} + \ldots$

Unterschied zwischen θ (in Radianten) und $\sin\theta$ weniger als 1%. Somit gilt für eine sehr gute Näherung bei kleinen Winkeln:

$$F = -mg\sin\theta \approx -mg\theta\ .$$

Die Anwendung von $x = l\theta$ liefert

$$F \approx -\frac{mg}{l}x\ .$$

Somit ist die Bewegung bei kleinen Auslenkungen im Grunde eine harmonische Schwingung, da diese Gleichung dem Hooke'schen Gesetz, $F = -kx$, entspricht, bei dem die effektive Kraftkonstante $k = mg/l$ lautet. Folglich können wir schreiben:

$$\theta = \theta_{\max}\cos(\omega t + \phi)\ .$$

Dabei ist $\theta_{\max}$ der maximale Winkel und $\omega = 2\pi f = 2\pi/T$. Zur Bestimmung von ω wenden wir die Gleichung 14.5 an. Dabei ersetzen wir k durch mg/l: d. h.[5] $\omega = \sqrt{(mg/l)/m}$ oder

$$\omega = \sqrt{\frac{g}{l}}\ . \quad (\theta \text{ klein}) \tag{14.12a}$$

Dann beträgt die Frequenz f

$$f = \frac{\omega}{2\pi} = \frac{1}{2\pi}\sqrt{\frac{g}{l}} \quad (\theta \text{ klein}) \tag{14.12b}$$

und die Periode T ist

$$T = \frac{1}{f} = 2\pi\sqrt{\frac{l}{g}}\ . \quad (\theta \text{ klein}) \tag{14.12c}$$

Es ist ein überraschendes Ergebnis, dass die Periode nicht von der Masse des Pendelgewichtes abhängt! Möglicherweise haben Sie diese Tatsache schon einmal beobachtet, wenn Sie einem kleinen und einem großen Kind auf derselben Schaukel Anschwung gegeben haben. Die Periode *hängt* nur von der Länge l *ab*.

In Abschnitt 14.2 haben wir gesehen, dass die Periode einer harmonischen Schwingung, die ein Körper ausführt, einschließlich eines Fadenpendels, nicht von der Amplitude abhängt. Galilei soll als Erster diese Gegebenheit erkannt haben, als er eine schwingende Lampe in der Kathedrale von Pisa beobachtete (▶ Abbildung 14.15). Diese Entdeckung führte zu der Pendeluhr, der ersten wirklich genauen Uhr, die dann jahrhundertelang Stand der Technik für die Zeitmessung war.

Da ein Pendel keine *exakte* harmonische Schwingung ausführt, hängt die Periode geringfügig von der Amplitude ab, und zwar in steigendem Maße bei großen Amplituden. Die Genauigkeit einer Pendeluhr würde nach vielen Schwingungszyklen durch die Abnahme der Amplitude infolge von Reibung beeinträchtigt. Aber die Antriebsfeder in einer Pendeluhr (oder das Fallgewicht in einer Standuhr) führt Energie zu, um die Reibung auszugleichen und die Amplitude konstant zu halten, so dass die Zeitmessung genau bleibt.

Abbildung 14.15 Galilei soll die schwingende Bewegung dieser Lampe, die an einem sehr langen Seil an der Decke der Kathedrale von Pisa hängt, beobachtet haben, davon inspiriert worden und so zu der Schlussfolgerung gelangt sein, dass die Periode eines Pendels nicht von der Amplitude abhängt.

Beispiel 14.8 **Messen von *g***

Für das Kalibrieren von Messgeräten, die die Fallbeschleunigung messen, verwendet ein Geologe ein Fadenpendel, das eine Länge von 37,10 cm und eine

5 Denken Sie nicht, dass $\omega = \mathrm{d}\theta/\mathrm{d}t$ ist, wie bei der Drehbewegung. Hier ist θ der Winkel des Pendels zu jedem Zeitpunkt (▶ Abbildung 14.14), aber wir verwenden ω jetzt *nicht*, um die Geschwindigkeit darzustellen, mit der sich dieser Winkel θ ändert, sondern als Konstante, die zu der Periode in Beziehung steht, $\omega = 2\pi f = \sqrt{g/L}$.

Frequenz von 0,8190 Hz an einem bestimmten Ort auf der Erde hat. Wie groß ist die Fallbeschleunigung an diesem Ort?

Lösung

Gleichung 14.12b liefert

$$f = \frac{1}{2\pi}\sqrt{\frac{g}{L}} .$$

Die Auflösung nach g ergibt

$$g = (2\pi f)^2 L = (6{,}283 \cdot 0{,}8190\,\mathrm{s}^{-1})^2 (0{,}3710\,\mathrm{m}) = 9{,}824\,\mathrm{m/s}^2 .$$

14.6 Das physikalische Pendel und das Torsionspendel

Physikalisches Pendel

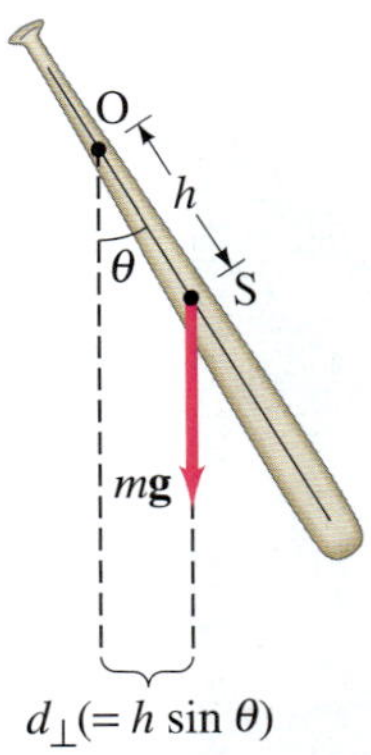

Abbildung 14.16 Ein physikalisches Pendel ist am Punkt O aufgehängt.

Der Begriff Physikalisches Pendel bezieht sich auf jeden realen ausgedehnten Körper, der hin- und herschwingt, im Gegensatz zu dem ziemlich idealisierten Fadenpendel, bei dem die gesamte Masse als in dem kleinen Pendelgewicht konzentriert angenommen wird. Ein Beispiel für ein physikalisches Pendel ist ein Baseballschläger, der an einem Punkt O aufgehängt ist, wie in ▸ Abbildung 14.16 dargestellt. Die Gravitationskraft wirkt im Schwerpunkt (S) des Körpers, der sich in einem Abstand h von dem Drehpunkt O befindet. Das physikalische Pendel wird am besten mithilfe der Gleichungen für die Drehbewegung analysiert. Das auf ein physikalisches Pendel wirkende Drehmoment, das um den Punkt O berechnet wird, beträgt

$$M = -mgh \sin\theta .$$

Das zweite Newton'sche Gesetz für die Drehbewegung, Gleichung 10.14, besagt, dass

$$\sum M = J\alpha = J\frac{\mathrm{d}^2\theta}{\mathrm{d}t^2} .$$

Dabei ist J das Trägheitsmoment des Körpers um den Drehpunkt und $\alpha = \mathrm{d}^2\theta/\mathrm{d}t^2$ ist die Winkelbeschleunigung. So ergibt sich

$$J\frac{\mathrm{d}^2\theta}{\mathrm{d}t^2} = -mgh\sin\theta$$

oder

$$\frac{\mathrm{d}^2\theta}{\mathrm{d}t^2} + \frac{mgh}{J}\sin\theta = 0 .$$

Dabei wird J um eine Achse durch den Punkt O berechnet. Bei kleinen Winkelamplituden ist $\sin\theta \approx \theta$, so dass

$$\frac{\mathrm{d}^2\theta}{\mathrm{d}t^2} + \left(\frac{mgh}{J}\right)\theta = 0 . \quad \text{(kleine Winkelauslenkung)} \qquad (14.13)$$

Dies ist genau die Gleichung für eine harmonische Schwingung, Gleichung 14.3, außer, dass x durch θ und k/m durch mgh/J ersetzt wird. Somit führt ein physikalisches Pendel bei kleinen Winkelverschiebungen eine harmonische Schwingung aus, die gegeben ist durch

$$\theta = \theta_{\mathrm{max}} \cos(\omega t + \phi) .$$

Dabei ist θ_{max} die maximale Winkelverschiebung und $\omega = 2\pi/T$. Die Periode T beträgt (siehe Gleichung 14.7b, in der m/k durch J/mgh ersetzt wird):

Periode des physikalischen Pendels

$$T = 2\pi\sqrt{\frac{J}{mgh}} . \quad \text{(kleine Winkelauslenkung)} \qquad (14.14)$$

Beispiel 14.9 **Messung des Trägheitsmomentes**

Das Trägheitsmoment eines Körpers um eine beliebige Achse ist leicht zu messen, indem man die Periode der Schwingung um diese Achse misst. (a) Nehmen Sie an, ein inhomogener (ungleichförmiger) Stock mit einer Masse von 1,0 kg kann an einem Punkt, der sich 42 cm von dem einen Ende entfernt befindet, ausbalanciert werden. Wenn sich der Stock um dieses Ende dreht (▶ Abbildung 14.17), schwingt er mit einer Periode von 3,0 s. Wie groß ist sein Trägheitsmoment um dieses Ende? (b) Wie groß ist sein Trägheitsmoment um eine Achse, die senkrecht zum Stock durch seinen Massenmittelpunkt verläuft?

Lösung

a Da $T = 3{,}0\,\mathrm{s}$ und $h = 0{,}42\,\mathrm{m}$ gegeben sind, lösen wir die Gleichung 14.14 nach J auf:

$$J = mghT^2/4\pi^2 = 0{,}94\,\mathrm{kg{\cdot}m^2}\ .$$

Da $J = \frac{1}{3}Ml^2$ für einen homogenen (gleichförmigen) Stock mit der Länge l ist, der um ein Ende gedreht wird (▶ Abbildung 10.21), glauben Sie, dass unser Stock länger oder kürzer als 84 cm ist?

b Wir wenden den Steiner'schen Satz (Abschnitt 10.8) an. Der Massenmittelpunkt befindet sich dort, wo der Stock ausbalanciert ist, 42 cm von dem Ende entfernt. Somit liefert die Gleichung 10.17

$$J_S = J - Mh^2 = 0{,}94\,\mathrm{kg{\cdot}m^2} - (1{,}0\,\mathrm{kg})(0{,}42\,\mathrm{m})^2 = 0{,}76\,\mathrm{kg{\cdot}m^2}\ .$$

Da ein Körper nicht um seinen Massenmittelpunkt schwingt, können wir J_S nicht direkt messen. So bietet der Steiner'sche Satz eine praktische Methode zur Bestimmung von J_S.

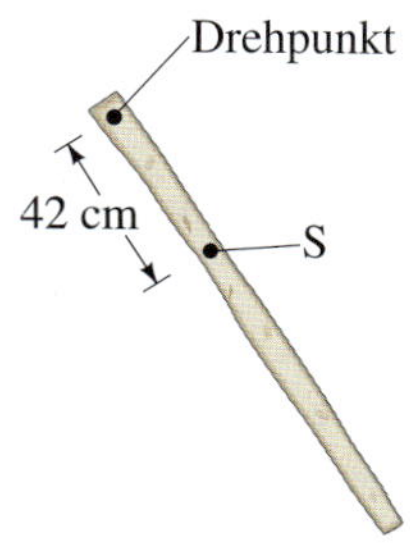

Abbildung 14.17 Beispiel 14.9.

Torsionspendel

Eine andere Art von Pendel ist das **Torsionspendel**, bei dem eine Scheibe (▶ Abbildung 14.18) oder eine Stange (wie bei der Cavendish-Vorrichtung, ▶ Abbildung 6.3) an einem Draht aufgehängt ist. Das Verdrillen (die Torsion) des Drahtes dient als elastische Kraft. Hier ist die Bewegung eine harmonische Schwingung, da das rückstellende Drehmoment nahezu proportional zum Negativen der Winkelauslenkung ist:

$$M = -D\theta\ .$$

Dabei ist D eine Konstante, die wir als Winkelgröße bezeichnen und die von den Eigenschaften des Systems abhängt. Dann gilt:

$$\frac{\mathrm{d}^2\theta}{\mathrm{d}t^2} + \frac{D}{J}\theta = 0 \quad \text{und} \quad \omega = \sqrt{\frac{D}{J}}\ .$$

Es gibt hier keine Beschränkung auf kleine Winkel wie beim physikalischen Pendel (bei dem die Gravitation wirkt), solange sich der Draht entsprechend dem Hooke'schen Gesetz linear verhält.

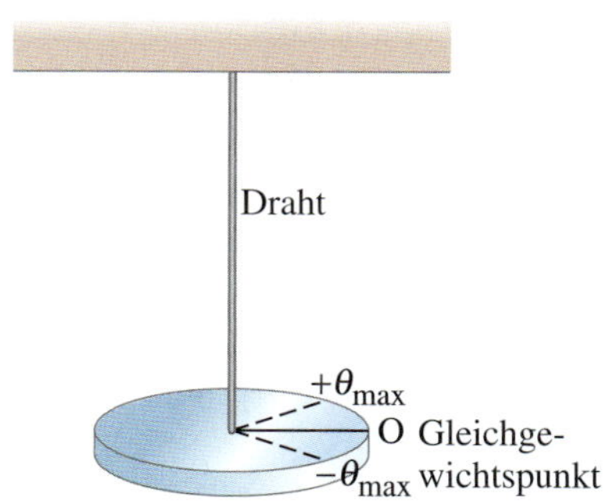

Abbildung 14.18 Ein Torsionspendel. Die Scheibe schwingt harmonisch zwischen θ_{max} und $-\theta_{max}$.

14.7 Gedämpfte harmonische Schwingung

Die Amplitude jeder realen schwingenden Feder oder jedes realen schwingenden Pendels nimmt langsam mit der Zeit ab, bis die Schwingungen ganz aufhören.

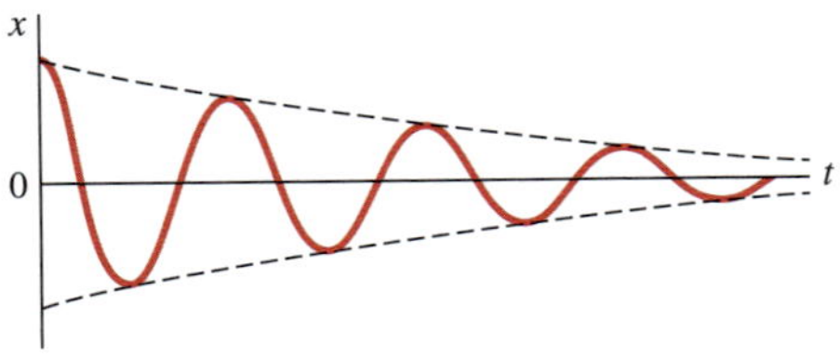

Abbildung 14.19 Gedämpfte harmonische Schwingung. Die rote Kurve stellt das Produkt aus Kosinus und einer abnehmenden Exponentialgröße (die gestrichelten Linien) dar.

► Abbildung 14.19 zeigt eine typische Auslenkung-Zeit-Kurve. Dies ist eine so genannte **gedämpfte harmonische Schwingung**. Die Dämpfung[6] ist im Allgemeinen auf den Luftwiderstand und die innere Reibung innerhalb des schwingenden Systems zurückzuführen. Die Energie, die in Wärme übergeht, spiegelt sich in einer mit fortschreitender Zeit abnehmenden Schwingungsamplitude wider.

Wenn natürliche, schwingende Systeme im Allgemeinen gedämpft sind, warum sprechen wir dann überhaupt über (ungedämpfte) harmonische Schwingung? Die Antwort ist, dass eine harmonische Schwingung mathematisch wesentlich leichter zu behandeln ist. Wenn die Dämpfung nicht groß ist, kann man die Schwingungen als einfache harmonische Bewegung betrachten, die von der Dämpfung überlagert wird, wie durch die gestrichelten Linien in ► Abbildung 14.19 dargestellt. Obwohl die Dämpfung durch Reibung die Schwingungsfrequenz verändert, ist die Änderung klein, wenn die Dämpfung klein ist. Schauen wir uns diesen Sachverhalt genauer an.

Die Reibungskraft, die zur Dämpfung führt, hängt von der Geschwindigkeit des schwingenden Körpers ab und ist der Bewegung entgegengerichtet. In einigen einfachen Fällen kann die Dämpfungskraft näherungsweise als direkt proportional zur Geschwindigkeit angenommen werden:

$$F_{\text{Dämpfung}} = -bv\,.$$

Dabei ist b eine Konstante.[7] Bei einer Masse, die am Ende einer Feder schwingt, ist die Rückstellkraft $F = -kx$. So wird das zweite Newton'sche Axiom ($ma = \sum F$) zu

$$ma = -kx - bv\,.$$

Wir bringen alle Terme auf die linke Seite der Gleichung, setzen $v = \mathrm{d}x/\mathrm{d}t$ und $a = \mathrm{d}^2x/\mathrm{d}t^2$ ein und erhalten

Bewegungsgleichung für die gedämpfte harmonische Schwingung

$$m\frac{\mathrm{d}^2x}{\mathrm{d}t^2} + b\frac{\mathrm{d}x}{\mathrm{d}t} + kx = 0\,. \quad (14.15)$$

Dies ist die Bewegungsgleichung. Um diese Gleichung zu lösen, nehmen wir eine physikalisch plausible Funktion an und überprüfen, ob diese tatsächlich die Gleichung erfüllt. Für eine kleine Dämpfungskonstante b ist die Weg-Zeit-Kurve in ► Abbildung 14.19 dargestellt. Diese Kurve erscheint wie das Produkt einer Kosinusfunktion und einer Funktion (dargestellt durch die gestrichelten Linien), die mit der Zeit abnimmt. Eine einfache Funktion, auf die dies zutrifft, ist die Exponentialfunktion $\mathrm{e}^{-t/t_\mathrm{L}}$ und die Lösung, die Gleichung 14.15 erfüllt, lautet:

Allgemeine Lösung: *x* in Abhängigkeit von *t*

$$x = A\mathrm{e}^{-t/t_\mathrm{L}}\cos\omega' t\,. \quad (14.16)$$

Dabei werden A, t_L und ω' als Konstanten und $x = A$ bei $t = 0$ angenommen. Wir haben die Kreisfrequenz mit ω' (und nicht mit ω) bezeichnet, weil sie nicht mit ω bei einer harmonischen Schwingung ohne Dämpfung gleich ist ($\omega = \sqrt{k/m}$).

Wenn wir die Gleichung 14.16 in die Gleichung 14.15 einsetzen (im nachstehenden wahlfreien Unterabschnitt), stellen wir fest, dass die Gleichung 14.15 tatsächlich eine Lösung ist, wenn t_L und ω' folgende Werte haben:

$$t_\mathrm{L} = \frac{2m}{b} \quad (14.17)$$

$$\omega' = \sqrt{\frac{k}{m} - \frac{b^2}{4m^2}}\,. \quad (14.18)$$

Somit ist x in Abhängigkeit von t bei einem (schwach) gedämpften harmonischen Oszillator

$$x = A\mathrm{e}^{-(b/2m)t}\cos\omega' t\,. \quad (14.19)$$

In Abhängigkeit der Anfangsbedingungen kann eine Phasenkonstante ϕ zum Argument des Kosinus in Gleichung 14.19 hinzuaddiert werden. Wenn $\phi = 0$, bedeutet

6 „Dämpfen“ bedeutet verringern, einschränken oder auslöschen, wie „die Stimmung dämpfen“.

7 Diese geschwindigkeitsabhängigen Kräfte wurden in Abschnitt 5.5 erörtert.

dies, dass die Größe A in Gleichung 14.19 gerade die anfängliche Auslenkung $x = A$ bei $t = 0$ ist. Die Frequenz f beträgt

$$f = \frac{\omega'}{2\pi} = \frac{1}{2\pi}\sqrt{\frac{k}{m} - \frac{b^2}{4m^2}} \qquad (14.20)$$

Die Frequenz ist niedriger und die Periode länger als bei einer ungedämpften harmonischen Schwingung. (In vielen praktischen Anwendungen mit schwacher Dämpfung unterscheidet sich ω' allerdings nur geringfügig von $\omega = \sqrt{k/m}$). Dieses Ergebnis verdeutlicht, dass die Reibung die Bewegung verlangsamt. Die Gleichung 14.20 geht, wie es sein sollte, in Gleichung 14.7a über, wenn keine Reibung vorhanden ist ($b = 0$). Die Größe $b/2m$ ist ein Maß dafür, wie schnell die Schwingungen gegen null abnehmen (▶ Abbildung 14.19). Die Zeit $t_L = 2m/b$ ist die Zeit, die die Schwingungen benötigen, um auf $1/e$ der ursprünglichen Amplitude abzufallen. t_L ist die so genannte „mittlere Lebensdauer" der Schwingungen. Je größer b ist, desto schneller klingen die Schwingungen ab.

Die Lösung, Gleichung 14.19, ist nicht gültig, wenn b so groß ist, dass

$$b^2 > 4mk\,,$$

weil dann ω' (Gleichung 14.18) imaginär würde. In diesem Fall schwingt das System überhaupt nicht, sondern kehrt direkt in seine Gleichgewichtslage zurück, wie wir jetzt erörtern. In ▶ Abbildung 14.20 sind drei Fälle *stark gedämpfter* Systeme dargestellt. Kurve C beschreibt die Situation, in der die Dämpfung so groß ist ($b^2 \gg 4mk$), dass es lange dauert, bis der Gleichgewichtszustand erreicht ist: Das System ist **überkritisch gedämpft**. Kurve A beschreibt eine **gering gedämpfte** Schwingung, in der das System mehrere Schwingungen ausführt, bevor es zur Ruhe kommt ($b^2 < 4mk$). Dieser Fall ist eine stärker gedämpfte Schwingung, als wir sie mit der Funktion Gleichung 14.19 beschrieben haben. Kurve B stellt eine **aperiodische Dämpfung** dar: $b^2 = 4mk$. In diesem Fall wird der Gleichgewichtszustand in kürzester Zeit erreicht. Diese Begriffe sind von praktisch anwendbaren, gedämpften Systemen, wie z. B. den Schließmechanismen für Türen und Stoßdämpfern in einem Auto (▶ Abbildung 14.21), abgeleitet, die normalerweise für eine aperiodische Dämpfung ausgelegt sind. Bei Verschleiß tritt allerdings eine unter-aperiodische Dämpfung (gering gedämpftes Verhalten) auf: Eine Tür schlägt zu und ein Auto holpert über eine Unebenheit.

Bei vielen Anwendungen kommt es auf die Schwingungsbewegung an, wie z. B. in Uhren, und die Dämpfung muss minimiert werden. In anderen Fällen sind die Schwingungen unerwünscht, wie z. B. bei der Federung eines Kfz, und eine starke Dämpfung (d. h. aperiodische Dämpfung) ist erwünscht. Eine gut bemessene Dämpfung ist für alle Anwendungen erforderlich. In Kalifornien werden jetzt große Gebäude mit riesigen Dämpfern gebaut (oder nachgerüstet), um Erdbebenschäden zu reduzieren (▶ Abbildung 14.22).

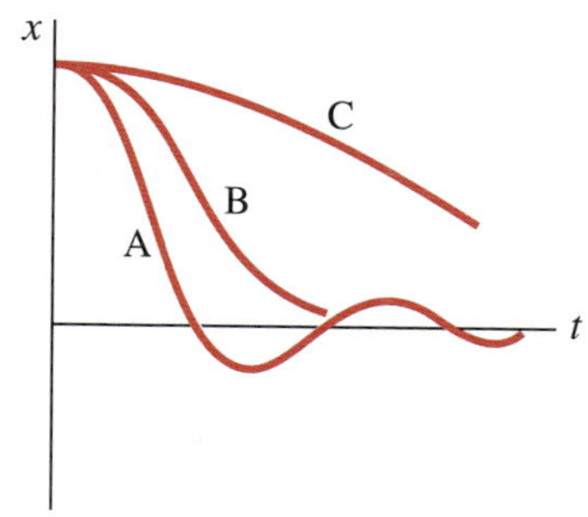

Abbildung 14.20 Wenig (unter-aperiodisch) gedämpfte (A), aperiodisch gedämpfte (B) und überkritisch gedämpfte Bewegung (C).

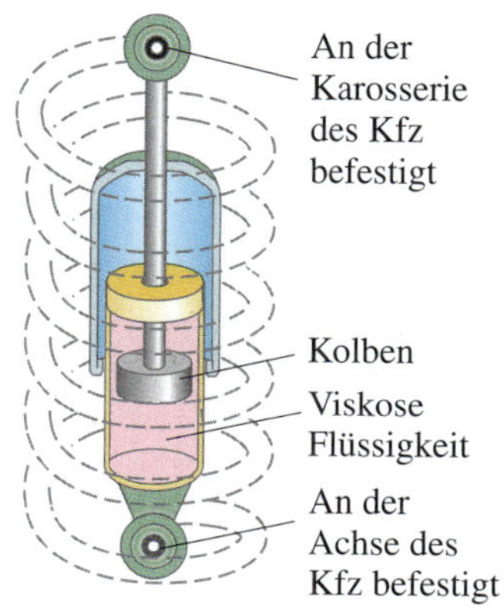

Abbildung 14.21 Feder und Stoßdämpfer eines Kfz zur Dämpfung, damit das Auto nicht in längere Schwingung gerät.

Abbildung 14.22 Diese riesigen Dämpfer, die in eine Gebäudekonstruktion eingearbeitet werden, sehen wie riesige Kfz-Stoßdämpfer aus und sie dienen einem ähnlichen Zweck – die Amplitude und die Beschleunigung von Bewegung bei einem Erdbebenstoß zu reduzieren.

Beispiel 14.10 Fadenpendel mit Dämpfung

Ein Fadenpendel hat eine Länge von 1,0 m (▶ Abbildung 14.23). Es wird in eine schwingende Bewegung mit kleiner Amplitude gesetzt. Nach 5,0 Minuten beträgt die Amplitude nur noch 50% der anfänglichen Amplitude. (a) Wie groß ist der Wert von $1/t_L$ für die Bewegung? (b) Um welchen Faktor unterscheidet sich die Frequenz ω' von der ungedämpften Frequenz ω?

Lösung

a Die Bewegungsgleichung für eine gedämpfte harmonische Bewegung lautet

$$x = A\mathrm{e}^{-t/t_L}\cos\omega' t\,, \quad \text{wobei} \quad t_L = 2m/b \quad \text{und} \quad \omega' = \sqrt{\frac{k}{m} - \frac{b^2}{4m^2}}$$

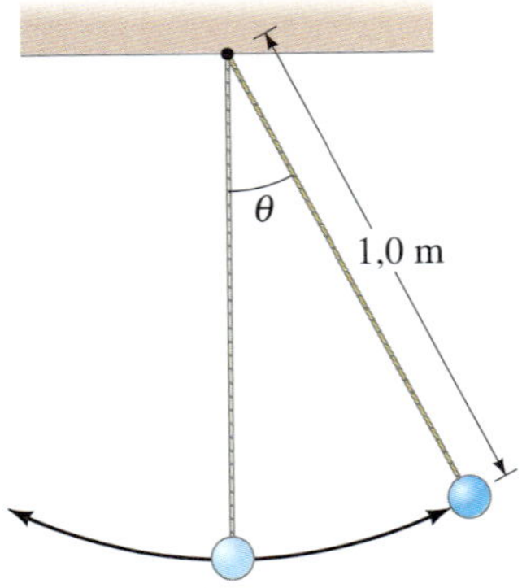

Abbildung 14.23 Beispiel 14.10.

für die Bewegung einer Masse am Ende einer Feder. Für das Fadenpendel ohne Dämpfung haben wir in Abschnitt 14.5 gesehen, dass

$$F = -mg\theta \ .$$

Da $F = ma = ml\frac{\mathrm{d}^2\theta}{\mathrm{d}t^2}$, gilt

$$l\frac{\mathrm{d}^2\theta}{\mathrm{d}t^2} + g\theta = 0 \ .$$

Das Einfügen eines Dämpfungsterms $b(\mathrm{d}\theta/\,\mathrm{d}t)$ liefert

$$l\frac{\mathrm{d}^2\theta}{\mathrm{d}t^2} + b\frac{\mathrm{d}\theta}{\mathrm{d}t}g\theta = 0 \ .$$

Das ist identisch mit Gleichung 14.15, wobei x durch θ ersetzt wird und l und g an die Stelle von m und k treten. Dann ergibt sich

$$t_\mathrm{L} = \frac{2l}{b} \quad \text{und} \quad \omega' = \sqrt{\frac{g}{l} - \frac{b^2}{4l^2}} \ .$$

Bei $t = 0$ lautet die Gleichung 14.16, wenn x durch θ ersetzt wird,

$$\theta_0 = A\,\mathrm{e}^{-0/t_\mathrm{L}}\cos\omega'\cdot 0 = A \ .$$

Dann ist bei $t = 5{,}0\,\mathrm{min} = 300\,\mathrm{s}$ die Amplitude auf $0{,}50A$ abgefallen, so dass

$$A\,\mathrm{e}^{-(300\,\mathrm{s})/t_\mathrm{L}} = 0{,}50A$$

ist. Dies lösen wir nach t_L auf und erhalten $t_\mathrm{L} = \frac{(300\,\mathrm{s})}{\ln 2{,}0} = 434{,}8\,\mathrm{s}$.

b Wir haben $l = 1{,}0\,\mathrm{m}$, so dass $b = 2l/t_\mathrm{L} = 4{,}6\cdot 10^{-3}\,\mathrm{m/s}$. Somit ist $(b^2/4l^2)$ sehr viel kleiner als $g/l(= 9{,}8\,\mathrm{s}^{-2})$ und die Kreisfrequenz der Bewegung bleibt nahezu mit der Kreisfrequenz der ungedämpften Bewegung identisch. Insbesondere gilt

$$\omega' = \sqrt{\frac{g}{l}}\left[1 - \frac{l}{g}\left(\frac{b^2}{4l^2}\right)\right]^{1/2} \approx \sqrt{\frac{g}{l}}\left[1 - \frac{1}{2}\frac{l}{g}\left(\frac{b^2}{4l^2}\right)\right] .$$

Dabei haben wir die binomische Reihe angewendet. Dann gilt mit $\omega = \sqrt{g/l}$ (Gleichung 14.12a)

$$\frac{\omega - \omega'}{\omega} \approx \frac{1}{2}\frac{l}{g}\left(\frac{b^2}{4l^2}\right) = 2{,}7\cdot 10^{-7} \ .$$

Somit unterscheidet sich ω von ω' um weniger als ein Millionstel.

Beweis, dass $x = A\,\mathrm{e}^{-\alpha t}\cos\omega' t$ eine Lösung ist mit $\alpha = \frac{1}{t_\mathrm{L}}$

Wir beginnen mit Gleichung 14.16 und prüfen, ob sie eine Lösung für Gleichung 14.15 ist. Zunächst bilden wir die erste und zweite Ableitung:

$$\frac{\mathrm{d}x}{\mathrm{d}t} = -\alpha A\,\mathrm{e}^{-\alpha t}\cos\omega' t - \omega' A\,\mathrm{e}^{-\alpha t}\sin\omega' t$$

$$\frac{\mathrm{d}^2x}{\mathrm{d}t^2} = \alpha^2 A\,\mathrm{e}^{-\alpha t}\cos\omega' t + \alpha A\omega'\,\mathrm{e}^{-\alpha t}\sin\omega' t + \omega'\alpha A\,\mathrm{e}^{-\alpha t}\sin\omega' t - \omega'^2 A\,\mathrm{e}^{-\alpha t}\cos\omega' t \ .$$

Wir setzen diese Gleichungen dann wieder in Gleichung 14.15 ein. Die Umstellung liefert

$$A\,\mathrm{e}^{-\alpha t}\left[(m\alpha^2 - m\omega'^2 - b\alpha + k)\cos\omega' t + (2\omega'\alpha m - b\omega')\sin\omega' t\right] = 0 \ . \qquad \text{(i)}$$

Die linke Seite dieser Gleichung muss für alle Zeiten t gleich null sein. Das ist allerdings nur für bestimmte Werte von α und ω' der Fall. Zur Bestimmung von α und ω' wählen wir zwei Werte von t, die die Berechnung vereinfachen. Bei $t = 0$ ist $\sin \omega' t = 0$, so dass sich die obige Gleichung auf $A(m\alpha^2 - m\omega'^2 - b\alpha + k) = 0$ reduziert. Das bedeutet[8], dass

$$m\alpha^2 - m\omega'^2 - b\alpha + k = 0 \,. \qquad \text{(ii)}$$

Und bei $t = \pi/2\omega'$ ist $\cos \omega' t = 0$, so dass die Gleichung (i) nur gültig sein kann, wenn

$$2\alpha m - b = 0 \,. \qquad \text{(iii)}$$

Gleichung (iii) liefert

$$\alpha = \frac{b}{2m}$$

und Gleichung (ii)

$$\omega' = \sqrt{\alpha^2 - \frac{b\alpha}{m} + \frac{k}{m}} = \sqrt{\frac{k}{m} - \frac{b^2}{4m^2}} \,.$$

Somit ist die Gleichung 14.16 eine Lösung für die Bewegungsgleichung für den gedämpften harmonischen Oszillator, solange α und ω' diese spezifischen Werte haben (bereits in den Gleichungen 14.17 und 14.18 gegeben).

14.8 Erzwungene Schwingungen und Resonanz

Wenn ein schwingendes System in Bewegung gesetzt wird, schwingt es mit seiner Eigenfrequenz (Gleichungen 14.7a und 14.12b). Wenn allerdings eine äußere Kraft auf ein System ausgeübt wird, die ihre eigene bestimmte Frequenz hat, liegt eine **erzwungene Schwingung** vor.

Wir könnten z. B. die Masse an der Feder in ▸ Abbildung 14.1 mit einer Frequenz f hin- und herbewegen. Die Masse schwingt dann mit der Frequenz f der äußeren Kraft, selbst wenn diese Frequenz von der **Eigenfrequenz** der Feder abweicht. Diese Eigenfrequenz bezeichnen wir jetzt mit f_0. Dann gilt (siehe Gleichungen 14.5 und 14.7a):

$$\omega_0 = 2\pi f_0 = \sqrt{\frac{k}{m}} \,.$$

Bei einer erzwungenen Schwingung hängt die Amplitude der Schwingung und folglich die dem schwingenden System zugeführte Energie von der Differenz zwischen ω und ω_0 sowie von der Dämpfung ab. Die Dämpfung erreicht ein Maximum, wenn die Frequenz der äußeren Kraft gleich der Eigenfrequenz des Systems ist, d. h. wenn $f = f_0$. Die Amplitude ist in ▸ Abbildung 14.24 in Abhängigkeit der äußeren Frequenz f dargestellt. Kurve A zeigt eine schwache Dämpfung, Kurve B eine starke Dämpfung. Die Amplitude kann groß werden, wenn die Anregungsfrequenz f sich der Eigenfrequenz nähert, $f \approx f_0$, solange die Dämpfung nicht zu groß ist. Ist die Dämpfung schwach, ist die Zunahme der Amplitude nahe $f = f_0$ sehr groß (und häufig dramatisch). Diesen Effekt bezeichnet man als **Resonanz**. Die Eigenfrequenz f_0 eines schwingenden Systems ist die so genannte **Resonanzfrequenz**.

Eine einfache Veranschaulichung von Resonanz ist das Anschieben eines Kindes auf einer Schaukel. Wie ein Pendel hat eine Schaukel eine Eigenfrequenz, die von ihrer Länge L abhängt. Wenn Sie die Schaukel mit willkürlicher Frequenz anschieben, pendelt sie herum und erreicht keine große Amplitude. Wenn Sie aber mit einer Frequenz anschieben, die gleich der Eigenfrequenz der Schaukel ist, nimmt die Amplitude stark zu. Die Schaukel veranschaulicht deutlich, dass

8 $A = 0$ würde die Gleichung auch erfüllen, aber das wäre die triviale und uninteressante Lösung $x = 0$ für alle t, d. h. keine Schwingung.

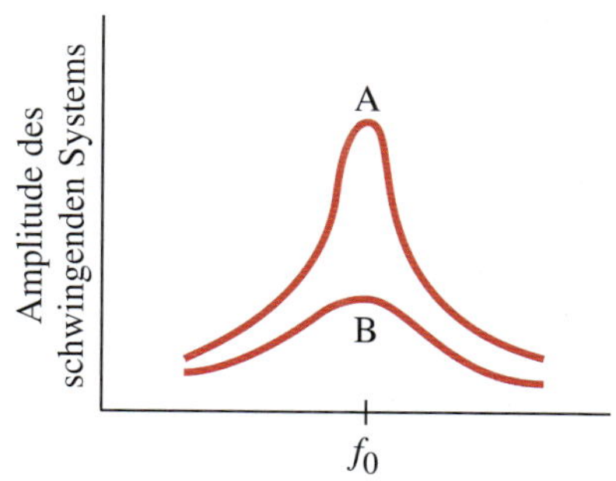

Abbildung 14.24 Resonanz eines schwach gedämpften (A) und eines stark gedämpften Systems (B). (Genauere Kurve siehe Abbildung 14.27.)

Abbildung 14.25 Dieses Glas zerbricht, weil es in Resonanz auf einen Trompetenton schwingt.

(a) (b)

Abbildung 14.26 (a) Schwingungen der Tacoma Narrows Bridge mit großer Amplitude, die auf Windböen zurückzuführen waren, führten zu ihrem Einsturz (1940). (b) Einsturz einer Autobahn in Kalifornien infolge des Erdbebens von 1989.

im Resonanzfall relativ wenig geleistete Arbeit erforderlich ist, um eine große Amplitude zu erreichen.

Es wird erzählt, dass der berühmte Tenor Enrico Caruso in der Lage war, ein Kristallglas dadurch zum Zerspringen zu bringen, dass er eine Note mit genau der passenden Frequenz mit voller Lautstärke sang. Dies ist ein Beispiel für Resonanz, denn die von der Stimme ausgehenden Schallwellen wirken wie eine erzwungene Schwingung auf das Glas. Im Resonanzfall kann die Amplitude der resultierenden Schwingung des Glases so groß sein, dass die elastische Grenze des Glases überschritten wird und das Glas bricht (▶ Abbildung 14.25).

Da feste Stoffe im Allgemeinen elastisch sind, ist Resonanz ein wichtiges Phänomen bei zahlreichen Anwendungen. Insbesondere im Bauwesen spielt sie eine wichtige Rolle, obwohl die Auswirkungen nicht immer vorhergesehen werden. Es existieren z. B. Berichte darüber, dass eine Eisenbahnbrücke einstürzte, weil eine Kerbe in einem der Räder eines darüber fahrenden Zuges eine Resonanzschwingung in der Brücke aufbaute. Tatsächlich gehen Soldaten nicht im Gleichschritt über eine Brücke, um zu vermeiden, dass ihr rhythmisches Marschieren mit einer Resonanzfrequenz der Brücke zusammenfällt. Der berühmte Einsturz der Tacoma Narrows Bridge (▶ Abbildung 14.26a) im Jahre 1940 geschah infolge von starken Windböen, die den Brückenbogen in Schwingungen mit großer Amplitude versetzten. Beim Einsturz des Oakland Freeway während des Erdbebens von 1989 in Kalifornien (▶ Abbildung 14.26b) spielte die Resonanzschwingung eine Rolle, die eine große Amplitude in einem Bereich erreichte, der auf aufgeschüttetem Schlamm errichtet war, der diese Frequenz ohne weiteres übertrug.

Wir werden uns später mit wichtigen Beispielen von Resonanz beschäftigen. Außerdem werden wir sehen, dass schwingende Körper häufig nicht eine, sondern viele Resonanzfrequenzen besitzen.

Bewegungsgleichung und ihre Lösung

Wir betrachten nun die Bewegungsgleichung für eine erzwungene Schwingung und ihre Lösung. Nehmen wir an, die äußere Kraft ist sinusförmig und kann dargestellt werden durch

$$F_{\text{ext}} = F_0 \cos \omega t \,.$$

Dabei ist $\omega = 2\pi f$ die Kreisfrequenz, die von außen auf den Oszillator ausgeübt wird. Dann lautet die Bewegungsgleichung (mit Dämpfung):

$$ma = -kx - bv + F_0 \cos \omega t \,.$$

Dies kann geschrieben werden als

Bewegungsgleichung für eine erzwungene Schwingung

$$m\frac{\mathrm{d}^2x}{\mathrm{d}t^2} + b\frac{\mathrm{d}x}{\mathrm{d}t} + kx = F_0 \cos \omega t \,. \tag{14.21}$$

Die äußere Kraft auf der rechten Seite der Gleichung ist der einzige Term, in dem kein x und keine Ableitungen von x enthalten sind, sie hängt nur von der Zeit t ab. Eine Übungsaufgabe (Aufgabe 63) besteht darin zu beweisen, dass

Allgemeine Lösung: *x* in Abhängigkeit von *t*

$$x = A_0 \sin(\omega t + \phi_0) \tag{14.22}$$

eine Lösung für Gleichung 14.21 ist, und zwar durch direktes Ersetzen, wobei

Amplitude

$$A_0 = \frac{F_0}{m\sqrt{(\omega^2 - \omega_0^2)^2 + b^2\omega^2/m^2}} \tag{14.23}$$

und

Phasenwinkel

$$\phi_0 = \tan^{-1} \frac{\omega_0^2 - \omega^2}{\omega(b/m)} \tag{14.24}$$

ist. Tatsächlich ist die allgemeine Lösung für Gleichung 14.21 die Gleichung 14.22, jedoch kann ein weiterer Term der Form der Gleichung 14.19 für die natürliche, gedämpfte Schwingung des Oszillators immer addiert werden. Dieser zweite

Term geht mit der Zeit gegen null, so dass wir uns in vielen Fällen nur mit Gleichung 14.22 beschäftigen müssen.

Die Amplitude A_0 einer erzwungenen, harmonischen Schwingung hängt in starkem Maße von der Differenz zwischen der Frequenz des äußeren Antriebs (F_{ext}) und der Eigenfrequenz ab. Eine Kurve für A_0 (Gleichung 14.23) in Abhängigkeit der Frequenz ω ist in ▸ Abbildung 14.27 (eine genauere Version von ▸ Abbildung 14.24) für drei spezifische Werte der Dämpfungskonstanten b dargestellt. Kurve A ($b = \frac{1}{6}m\omega_0$) steht für schwache Dämpfung, Kurve B ($b = \frac{1}{2}m\omega_0$) für recht starke Dämpfung und Kurve C ($b = \sqrt{2}m\omega_0$) für eine überkritisch gedämpfte Bewegung. Die Amplitude kann groß werden, wenn die Anregungsfrequenz ω sich der Eigenfrequenz nähert, $\omega \approx \omega_0$, solange die Dämpfung nicht zu groß ist. Wenn die Dämpfung schwach ist, ist die Zunahme der Amplitude nahe $\omega = \omega_0$ sehr groß und, wie wir gesehen haben, als *Resonanz* bekannt. Die Eigenfrequenz ω_0 eines Systems ist seine *Resonanzfrequenz*.[9] Wenn $b = 0$, tritt Resonanz bei $\omega = \omega_0$ auf und das Resonanzmaximum (von A_0) wird unendlich. In einem solchen Fall wird dem System ständig Energie zugeführt und keine Energie abgegeben. Bei realen Systemen ist b nie genau gleich null und das Resonanzmaximum ist endlich. Das Maximum tritt nicht genau bei $\omega = \omega_0$ auf (auf Grund des $b^2\omega^2/m^2$-Terms im Nenner von Gleichung 14.23), obwohl sie nahe an ω_0 liegt, es sei denn, die Dämpfung ist sehr stark. Bei starker Dämpfung gibt es kein oder nur ein kleines Maximum (Kurve C in ▸ Abbildung 14.27).

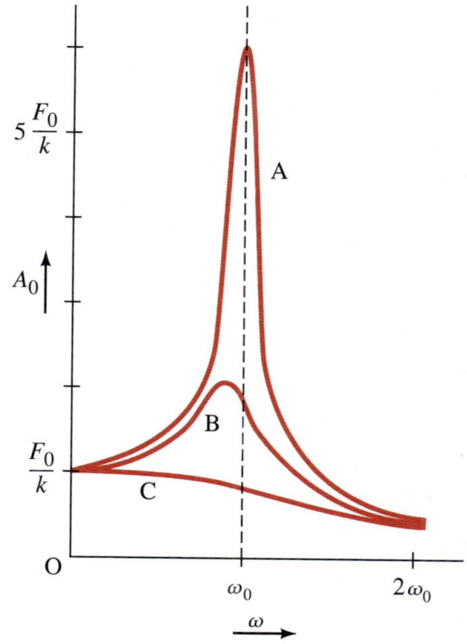

Abbildung 14.27 Amplitude eines erzwungenen, harmonischen Oszillators in Abhängigkeit von ω. Die Kurven A, B und C entsprechen einem schwach, stark und überkritisch gedämpften System ($Q = m\omega_0/b = 6, 2, 0{,}71$).

Güte oder Q-Faktor

Q-Faktor

Die Höhe und die Schärfe eines Resonanzmaximums wird häufig durch seine **Güte** oder seinen **Q-Faktor** angegeben, der definiert ist als

$$Q = \frac{m\omega_0}{b} \,. \tag{14.25}$$

In ▸ Abbildung 14.27 beträgt bei Kurve $AQ = 6$, bei Kurve B ist $Q = 2$ und bei Kurve C gilt $Q = 1/\sqrt{2}$. Je kleiner die Dämpfungskonstante b ist, desto größer wird der Q-Faktor und desto höher ist das Resonanzmaximum. Der Q-Faktor ist ebenfalls ein Maß für die Breite des Maximums. Um herauszufinden, warum, nehmen wir ω_1 und ω_2 als die Frequenzen, bei denen das Quadrat der Amplitude A_0 die Hälfte des Maximalwertes beträgt (wir verwenden das Quadrat, weil die an das System übertragene Leistung proportional zu A_0^2 ist – siehe Aufgaben). Dann steht $\Delta\omega = \omega_1 - \omega_2$, die so genannte Breite des Resonanzmaximums, über

$$\frac{\Delta\omega}{\omega_0} = \frac{1}{Q} \tag{14.26}$$

mit Q in Beziehung. (Der Beweis dieser Gleichung, die nur bei schwacher Dämpfung exakt gilt, ist das Thema von Aufgabe 67). Je größer der Q-Faktor, desto schmaler ist das Resonanzmaximum relativ zu seiner Höhe. Somit hat ein großer Q-Faktor, der ein System mit hoher Güte darstellt, ein hohes, schmales Resonanzmaximum.

9 Manchmal wird die Resonanzfrequenz als der Wert von ω definiert, bei dem die Amplitude ihr Maximum erreicht. Dieses hängt von der Dämpfungskonstanten ab. Außer bei sehr starker Dämpfung, liegt dieser Wert nahe ω_0.

ZUSAMMENFASSUNG

Ein schwingender Körper führt eine **einfache harmonische Schwingung** aus, wenn die Rückstellkraft proportional zur Auslenkung ist:

$$F = -kx\,.$$

Die maximale Auslenkung ist die **Amplitude**.

Die **Periode** T ist die für eine vollständige Schwingung (hin und zurück) benötigte Zeit und die **Frequenz** f ist die Anzahl der Schwingungen pro Sekunde. Sie stehen über

$$f = \frac{1}{T}$$

miteinander in Beziehung.

Die Schwingungsperiode für eine Masse m am Ende einer idealisierten, masselosen Feder mit der Federkonstanten k, ist gegeben durch

$$T = 2\pi\sqrt{m/k}\,.$$

Eine einfache harmonische Schwingung ist **sinusförmig**, d. h. die Auslenkung in Abhängigkeit der Zeit folgt einer Sinus- oder Kosinusfunktion. Die allgemeine Lösung kann geschrieben werden als

$$x = A\cos(\omega t + \phi)\,,$$

wobei A die Amplitude, ϕ der **Phasenwinkel** und

$$\omega = 2\pi f = \sqrt{\frac{k}{m}}$$

ist. Die Werte von A und ϕ hängen von den **Anfangsbedingungen** (x und v bei $t = 0$) ab.

Während einer harmonischen Schwingung wandelt sich die Gesamtenergie $E_{ges} = \frac{1}{2}mv^2 + \frac{1}{2}kx^2$ ständig von potenzieller Energie in kinetische Energie und umgekehrt um.

Ein schwingendes **Fadenpendel** mit der Länge l führt nahezu eine harmonische Schwingung aus, wenn seine Amplitude klein ist und die Reibung vernachlässigt werden kann. Seine Periode ist dann (bei kleinen Amplituden) gegeben durch

$$T = 2\pi\sqrt{l/g}\,,$$

wobei g die Fallbeschleunigung ist.

Ist Reibung vorhanden (bei allen realen Federn und Pendeln), spricht man von einer **gedämpften** Schwingung. Die maximale Auslenkung nimmt mit der Zeit ab und die mechanische Energie wird schließlich ganz in Wärme umgewandelt. Wenn die Reibung sehr groß ist, so dass keine Schwingungen auftreten, ist das System **überkritisch gedämpft**. Wenn die Reibung so klein ist, dass Schwingungen auftreten, ist das System **gering gedämpft** und die Auslenkung ist gegeben durch

$$x = A\,\mathrm{e}^{-t/t_L}\cos\omega' t\,,$$

wobei t_L und ω' Konstanten sind. Bei einem **aperiodisch gedämpften** System treten keine Schwingungen auf und der Gleichgewichtszustand wird in kürzester Zeit erreicht.

Wenn eine zeitlich oszillierende Kraft auf ein schwingungsfähiges System ausgeübt wird, kann die Amplitude der Schwingung sehr groß werden, wenn die Frequenz der ausgeübten Kraft sich der **Eigenfrequenz** (oder **Resonanzfrequenz**) des Oszillators nähert. Dies nennt man **Resonanz**.

ZUSAMMENFASSUNG

Verständnisfragen

1 Geben Sie einige alltägliche Beispiele für schwingende Körper. Welche erfahren zumindest näherungsweise eine harmonische Schwingung?

2 Vergleichen Sie die Gleichungen für x, v und a für eine gleichförmig beschleunigte, lineare Bewegung (a = konstant) mit denen für die harmonische Schwingung. Erörtern Sie Ihre Ähnlichkeiten und Unterschiede.

3 Wie groß ist der gesamte Weg, den ein Massenpunkt, der eine harmonische Schwingung mit der Amplitude A ausführt, in einer Periode zurücklegt?

4 Reale Federn haben eine Masse. Wie unterscheiden sich die echte Periode und Frequenz von der Periode und der Frequenz, die durch die Gleichungen für eine Masse gegeben sind, die am Ende einer idealisierten, masselosen Feder schwingt?

5 Wann (wenn überhaupt) zeigen der Verschiebungsvektor und der Geschwindigkeitsvektor bei einem harmonischen Oszillator in dieselbe Richtung? Wann verlaufen der Verschiebungsvektor und der Beschleunigungsvektor in derselben Richtung?

6 Wie könnte man die maximale Geschwindigkeit eines harmonischen Oszillators verdoppeln?

7 Eine Masse m hängt an einer Feder mit der Federkonstanten k. Die Feder wird halbiert und dieselbe Masse an sie gehängt. Hat die neue Anordnung eine höhere oder niedrigere Federkonstante als die ursprüngliche Feder?

8 Zwei gleiche Massen werden an separaten gleichen Federn nebeneinander angebracht. Die eine Masse wird so gezogen, dass sich ihre Feder um 20 cm dehnt, die andere Masse wird so gezogen, dass sich ihre Feder nur um 10 cm dehnt. Die Massen werden gleichzeitig losgelassen. Welche Masse erreicht als erste den Gleichgewichtspunkt?

9 Ein Körper mit einer Masse von 10 kg wird an dem Haken einer vertikalen Federwaage gehängt und dann losgelassen. Beschreiben Sie den Anzeigewert in Abhängigkeit der Zeit.

10 Ist die Bewegung eines Kolbens in einem Kfz-Motor eine harmonische Schwingung? Erklären Sie.

11 Geht eine Pendeluhr, die in Höhe des Meeresspiegels genau geht, in größerer Höhe vor oder nach?

12 Eine Reifenschaukel hängt von einem Ast fast bis zum Boden herunter. Wie könnten Sie die Höhe des Astes nur mithilfe einer Stoppuhr abschätzen?

13 Bewegt sich ein Auto auf seiner Federung schneller auf und ab, wenn es leer oder wenn es voll beladen ist?

14 Was geschieht mit der Periode einer Spielplatzschaukel, wenn Sie sich aus der Sitzposition hinstellen?

15 Beschreiben Sie die mögliche Bewegung eines starren Körpers, der so aufgehängt ist, dass er sich frei um seinen Schwerpunkt drehen kann. Ist er ein physikalisches Pendel?

16 Eine dünne, homogene Stange mit der Masse m ist an einem Ende aufgehängt und schwingt mit der Frequenz f. Nimmt die Frequenz zu oder ab, wenn eine kleine Kugel mit der Masse $2m$ an dem anderen Ende befestigt wird? Erklären Sie.

17 Ist die Beschleunigung eines harmonischen Oszillators jemals gleich null? Wenn ja, wann? Wie ist die Frage bei einem gedämpften harmonischen Oszillator zu beantworten?

18 Eine Stimmgabel mit einer Eigenfrequenz von 264 Hz liegt vorne in einem Zimmer auf einem Tisch. Im hinteren Bereich des Zimmers sind zwei Stimmgabeln, eine mit einer Eigenfrequenz von 260 Hz und die andere mit einer Eigenfrequenz von 420 Hz, anfangs ruhig, aber wenn die Stimmgabel vorn im Zimmer in Schwingungen versetzt wird, beginnt die 260 Hz-Stimmgabel spontan zu schwingen, die 420 Hz-Stimmgabel dagegen nicht. Erklären Sie, warum.

19 Geben Sie einige alltägliche Beispiele für Resonanz.

20 Ist ein Klappern in einem Auto jemals ein Resonanzphänomen? Erklären Sie.

21 Im Laufe der Jahre konnte man Gebäude aus immer leichteren Materialien bauen. Wie hat diese Tatsache die Eigenfrequenzen von Gebäuden und die Resonanzprobleme, die auf durchfahrende Lkw, Flugzeuge oder auf Wind und andere natürliche Schwingungsquellen zurückzuführen sind, beeinflusst?

Aufgaben zu 14.1 und 14.2

1 (I) Wie groß ist der gesamte Weg, den ein Massenpunkt, der eine harmonische Schwingung mit einer Amplitude von 0,15 m ausführt, in einer Periode zurücklegt?

2 (I) Die Waage eines Händlers dehnt sich um 2,8 cm, wenn Gemüse mit einer Masse von 3,7 kg an ihr aufgehängt wird. (a) Wie groß ist die Federkonstante? (b) Wie groß sind die Amplitude und die Schwingungsfrequenz, wenn das Gemüse weitere 2,5 cm nach unten gezogen und dann losgelassen wird, so dass es auf- und abschwingt?

3 (I) Wenn eine Person mit einer Masse von 80 kg in ein Auto mit einer Masse von 1000 kg steigt, wird die Federung des Autos vertikal um 1,40 cm komprimiert. Wie groß ist die Schwingungsfrequenz, wenn das Auto über eine Unebenheit fährt? (Vernachlässigen Sie die Dämpfung.)

4 (I) (a) Wie lautet die Gleichung, die die Bewegung einer Masse am Ende einer Feder beschreibt, die 8,8 cm aus der Gleichgewichtslage gedehnt und dann aus der Ruhelage losgelassen wird und die eine Periode von 0,75 s hat? (b) Wie groß ist ihre Auslenkung nach 1,8 s?

5 (II) Eine kleine Fliege mit einer Masse von 0,60 g wird in einem Spinnennetz gefangen. Das Netz schwingt überwiegend mit einer Frequenz von 10 Hz. (a) Wie groß ist der Wert der effektiven Federkonstanten k für das Netz? (b) Mit welcher Frequenz würde Ihrer Erwartung nach das Netz schwingen, wenn ein Insekt mit einer Masse von 0,40 g gefangen würde?

6 (II) Bestimmen Sie die Phasenkonstante ϕ in Gleichung 14.4, wenn sich die schwingende Masse bei $t = 0$ bei (a) $x = -A$, (b) $x = 0$, (c) $x = A$, (d) $x = \frac{1}{2}A$, (e) $x = -\frac{1}{2}A$, (f) $x = A/\sqrt{2}$ befindet.

7 (II) Eine Masse am Ende einer Feder wird um einen Weg x_0 aus der Gleichgewichtslage gedehnt und losgelassen. In welchem Abstand von der Gleichgewichtslage ist (a) ihre Geschwindigkeit halb so groß wie ihre maximale Geschwindigkeit und (b) ihre Beschleunigung halb so groß wie ihre maximale Beschleunigung?

8 (II) Ein Klotz aus Balsaholz mit einer Masse von 50 g treibt auf einem See und bewegt sich dabei mit einer Frequenz von 2,5 Hz auf und ab. (a) Wie groß ist der Wert der effektiven Federkonstanten des Wassers? (b) Eine teilweise gefüllte Wasserflasche mit einer Masse von 0,25 kg und nahezu derselben Größe und Form wie der Balsaholzklotz wird ins Wasser geworfen. Mit welcher Frequenz bewegt sich die Flasche auf und ab? Nehmen sie eine harmonische Schwingung an.

9 (II) Bei welcher Auslenkung aus der Gleichgewichtslage hat die Geschwindigkeit eines harmonischen Oszillators den halben Maximalwert?

10 (II) Eine Masse m am Ende einer Feder schwingt mit einer Frequenz von 0,88 Hz. Wenn eine zusätzliche Masse von 1,25 kg zu m hinzugefügt wird, beträgt die Frequenz 0,48 Hz. Wie groß ist m?

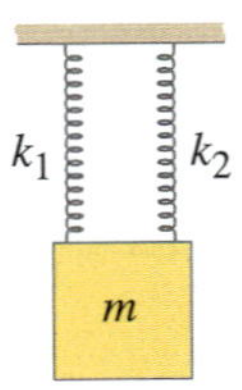

Abbildung 14.28 Aufgabe 11.

11 (II) Ein Block mit der Masse m wird von zwei parallelen, vertikalen Federn mit den Federkonstanten k_1 und k_2 gehalten (► Abbildung 14.28). Wie groß ist die Schwingungsfrequenz?

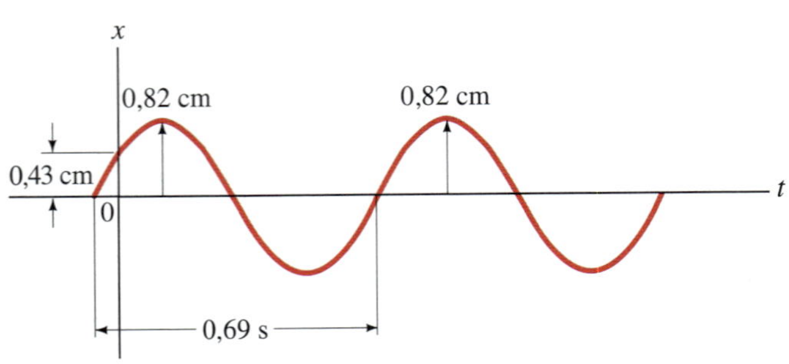

Abbildung 14.29 Aufgabe 12.

12 (II) Die Auslenkung-Zeit-Kurve für eine kleine Masse am Ende einer Feder ist in ► Abbildung 14.29 dargestellt. Bei $t = 0$ ist $x = 0{,}43$ cm. (a) Ermitteln Sie die Federkonstante k für $m = 14{,}3$ g. (b) Schreiben Sie die Gleichung für die Auslenkung x in Abhängigkeit der Zeit.

13 (II) Der Ort eines harmonischen Oszillators in Abhängigkeit der Zeit ist gegeben durch $x = 3{,}8\cos(7\pi t/4 + \pi/6)$, wobei t in Sekunden und x in Metern angegeben ist. Ermitteln Sie (a) die Periode und Frequenz, (b) den Ort und die Geschwindigkeit bei $t = 0$ und (c) die Geschwindigkeit und Beschleunigung bei $t = 2{,}0$ s.

14 (II) Eine Stimmgabel schwingt mit einer Frequenz von 264 Hz und die Spitze jeder Zinke bewegt sich 1,5 mm zu einer Seite vom Mittelpunkt. Berechnen Sie (a) die maximale Geschwindigkeit und (b) die maximale Beschleunigung der Spitze einer Zinke.

15 (II) Eine Feder schwingt mit einer Frequenz von 3,0 Hz, wenn ein Gewicht mit einer Masse von 0,50 kg an sie gehängt wird. Wie groß ist die Frequenz, wenn nur 0,35 kg an der Feder hängen?

16 (II) (a) Zeigen Sie, dass

$$x = a\sin\omega t + b\cos\omega t$$

eine allgemeine Lösung für die Gleichung 14.3 ist, und (b) bestimmen Sie die Konstanten a und b in Abhängigkeit von A und ϕ aus Gleichung 14.4.

17 (II) Zeigen Sie, dass $F = -kx$ für die Dehnung und die Kompression der Feder gilt, wenn eine Masse m an einer vertikalen Feder hängt, wie in ► Abbildung 14.3 dargestellt. Dabei ist x die Auslenkung aus dem Gleichgewichtspunkt (in vertikaler Position).

18 (II) Eine Masse von 1,62 kg dehnt eine vertikale Feder um 315 mm. Wie lange dauert es, bis die (neue) Gleichgewichtslage wieder erreicht ist, wenn die Feder weitere 130 mm gedehnt und dann losgelassen wird?

19 (II) Eine Feder mit einer Kraftkonstanten von 345 N/m schwingt mit einer Amplitude von 22,0 cm, wenn eine Masse von 0,250 kg an ihr hängt. (a) Wie lautet die Gleichung, die diese Bewegung in Abhängigkeit der Zeit beschreibt? Nehmen Sie an, dass die Masse bei ihrer Abwärtsbewegung den Gleichgewichtspunkt bei $t = 0$ durchläuft. (b) Zu welchen Zeitpunkten hat die Feder ihre maximale bzw. minimale Auslenkung? Nehmen Sie y als positiv nach oben an.

20 (II) Ein Körper mit einer Masse von 450 g schwingt an einer vertikal hängenden, leichten Feder einmal in 0,55 s. (a) Formulieren Sie die Gleichung, die seinen Ort y (positiv nach oben) in Abhängigkeit der Zeit t angibt, und nehmen Sie dabei an, dass der Körper aus einer Position startet, in der er 10 cm aus der

Gleichgewichtslage (bei $y = 0$) komprimiert ist und dann losgelassen wird. (b) Wie lange braucht er, um die Gleichgewichtslage zum ersten Mal zu erreichen? (c) Wie groß ist seine maximale Geschwindigkeit? (d) Wie groß ist seine maximale Beschleunigung und wo erreicht er sie zum ersten Mal?

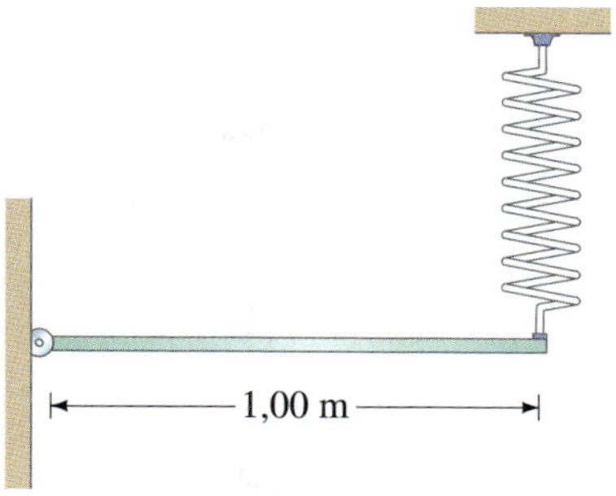

Abbildung 14.30 Aufgabe 21.

21 (II) Ein homogener Meterstab mit der Masse M ist an einem Ende um ein Scharnier drehbar und an dem anderen Ende mittels einer Feder mit der Federkonstanten k befestigt (► Abbildung 14.30). Wie groß ist die Frequenz des Stabes, wenn er leicht auf- und abschwingt? (*Hinweis*: Schreiben Sie eine Gleichung für das Drehmoment um das Scharnier.)

22 (III) Eine Masse m befindet sich am Ende einer Feder mit der Federkonstanten k in der Ruhelage. Bei $t = 0$ bekommt sie von einem Hammer einen Kraftstoß $\mathbf{F}\Delta t$. Schreiben Sie die Formel für die resultierende Bewegung in Abhängigkeit von m, k, $\mathbf{F}\Delta t$ und t.

23 (III) Eine Masse m ist in zwei verschiedene Anordnungen mit zwei Federn mit den Federkonstanten k_1 und k_2 verbunden, wie in ► Abbildung 14.31a und 14.31b dargestellt. Zeigen Sie, dass die Periode für die in Teil (a) dargestellte Anordnung gegeben ist durch

$$T = 2\pi\sqrt{m\left(\frac{1}{k_1} + \frac{1}{k_2}\right)}$$

und für Teil (b) durch

$$T = 2\pi\sqrt{\frac{m}{k_1 + k_2}}\,.$$

Vernachlässigen Sie die Reibung.

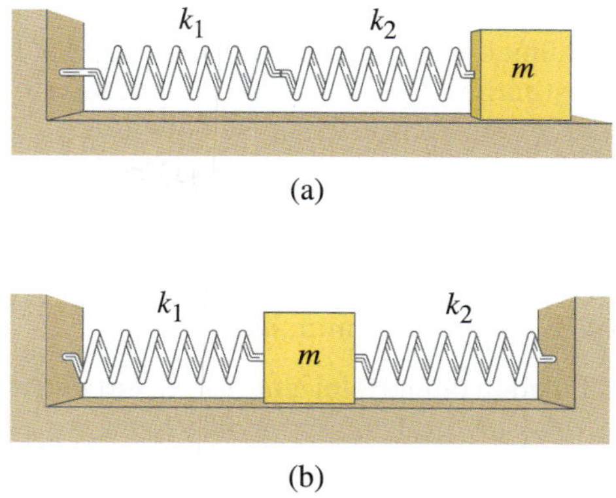

Abbildung 14.31 Aufgabe 23.

24 (III) Zwei gleiche Massen m_1 und m_2 sind durch drei gleiche Federn mit der Federkonstanten k verbunden, wie in ► Abbildung 14.32 dargestellt. (a) Wenden Sie $\sum F = ma$ auf jede Masse an und finden Sie zwei Differenzialgleichungen für die Auslenkungen x_1 und x_2. (b) Bestimmen Sie die möglichen Schwingungsfrequenzen, indem Sie eine Lösung in der Form $x_1 = A_1 \cos \omega t, x_2 = A_2 \cos \omega t$ annehmen.

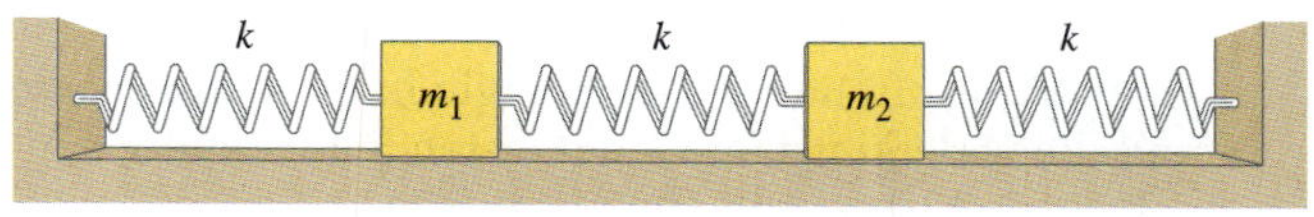

Abbildung 14.32 Aufgabe 24.

25 (III) Eine Feder mit einer Federkonstanten von 250 N/m schwingt mit einer Amplitude von 12,0 cm, wenn eine Masse von 0,380 kg an ihr hängt. (a) Wie lautet die Gleichung, die diese Bewegung in Abhängigkeit der Zeit beschreibt? Nehmen Sie an, dass die Masse bei ihrer Bewegung in positiver x-Richtung (nach oben) den Gleichgewichtspunkt bei $t = 0{,}110$ s durchläuft. (b) Zu welchen Zeitpunkten hat die Feder ihre maximale bzw. minimale Länge? (c) Wie groß ist die Auslenkung bei $t = 0$? (d) Wie groß ist die Kraft, die die Feder bei $t = 0$ ausübt? (e) Wie groß ist die maximale Geschwindigkeit und wann wird sie zum ersten Mal nach $t = 0$ erreicht?

Aufgaben zu 14.3

26 (I) (a) Bei welcher Auslenkung eines harmonischen Oszillators besteht die Energie zur Hälfte aus kinetischer und zur Hälfte aus potenzieller Energie? (b) Wie groß ist der Anteil an kinetischer bzw. potenzieller Energie an der Gesamtenergie eines harmonischen Oszillators, wenn die Auslenkung halb so groß wie die Amplitude ist?

27 (I) Eine Masse von 2,00 kg schwingt entsprechend der Gleichung $x = 0{,}650 \cos 8{,}40t$, wobei x in Metern und t in Sekunden angegeben ist. Bestimmen Sie (a) die Amplitude, (b) die Frequenz, (c) die Gesamtenergie und (d) die kinetische und die potenzielle Energie bei $x = 0{,}260$ m.

28 (II) Eine Masse von 0,35 kg am Ende einer Feder schwingt 3,0mal pro Sekunde mit einer Amplitude von 0,15 m. Bestimmen Sie (a) die Geschwindigkeit beim Durchgang durch den Gleichgewichtspunkt, (b) die Geschwindigkeit, wenn sich die Masse 0,10 m vom Gleichgewichtspunkt entfernt befindet, (c) die Gesamtenergie des Systems und (d) die Gleichung, die die Bewegung der Masse beschreibt, unter der Annahme, dass x bei $t = 0$ ein Maximum hatte.

29 (II) Beim Beladen einer Spielzeugpistole mit einem Ball mit einer Masse von 0,200 kg ist eine Kraft von 95,0 N erforderlich, um die Feder der Spielzeugpistole um 0,185 m zu komprimieren. Wie groß ist die Geschwindigkeit, mit der der Ball die Pistole verlässt?

30 (II) Eine Kugel mit einer Masse von 0,0125 kg trifft auf einen Block mit einer Masse von 0,300 kg, der an einer festen, horizontalen Feder mit einer Federkonstanten von $2{,}25 \cdot 10^3$ N/m befestigt ist, und versetzt ihn in eine Schwingung mit einer Amplitude von 12,4 cm. Wie groß war die Geschwindigkeit der Kugel, wenn sich die beiden Körper nach dem Aufprall zusammen bewegen?

31 (II) Wie lassen sich die Amplituden zweier Schwingungen gleicher Frequenz vergleichen, wenn die eine Schwingung 10mal so viel Energie hat wie die zweite und die Federkonstante k der ersten Schwingung doppelt so groß ist wie die der zweiten?

32 (II) Eine Masse von 240 g schwingt auf einer horizontalen, reibungsfreien Fläche mit einer Frequenz von 3,5 Hz und einer Amplitude von 4,5 cm. (a) Wie groß ist die effektive Federkonstante für diese Bewegung? (b) Wie viel Energie ist in dieser Bewegung vorhanden?

33 (II) Eine Masse, die sich auf einer horizontalen, reibungsfreien Fläche befindet, ist an dem einen Ende einer Feder angebracht. Das andere Ende ist an einer Wand befestigt. Es ist eine Arbeit von 3,0 J erforderlich, um die Feder um 0,12 m zu komprimieren. Wenn die Masse bei komprimierter Feder aus der Ruhelage losgelassen wird, erfährt sie eine maximale Beschleunigung von 15 m/s^2. Ermitteln Sie den Wert (a) der Federkonstanten und (b) der Masse.

34 (II) Ein Körper mit einer Masse von 2,1 kg ist an einer Feder mit der Federkonstanten $k = 280$ N/m befestigt und führt eine harmonische Schwingung aus. Wenn sich der Körper 0,020 m von seiner Gleichgewichtslage entfernt befindet, bewegt er sich mit einer Geschwindigkeit von 0,55 m/s. (a) Berechnen Sie die Amplitude der Bewegung. (b) Berechnen Sie die maximale Geschwindigkeit, die der Körper erreicht.

35 (II) Nikita hat sich die folgende Methode zur Messung der Mündungsgeschwindigkeit eines Gewehrs ausgedacht (▶ Abbildung 14.33). Sie feuert eine Kugel in einen Holzklotz mit einer Masse von 6,023 kg, der auf einer glatten Fläche ruht und an einer Feder mit der Federkonstanten $k = 142{,}7$ N/m befestigt ist. Die Kugel, die eine Masse von 7,870 g hat, bleibt in dem Holzklotz stecken. Nikita misst, dass der Weg, den der Klotz zurückprallt und die Feder komprimiert, 9,460 cm beträgt. Wie groß ist die Geschwindigkeit v der Kugel?

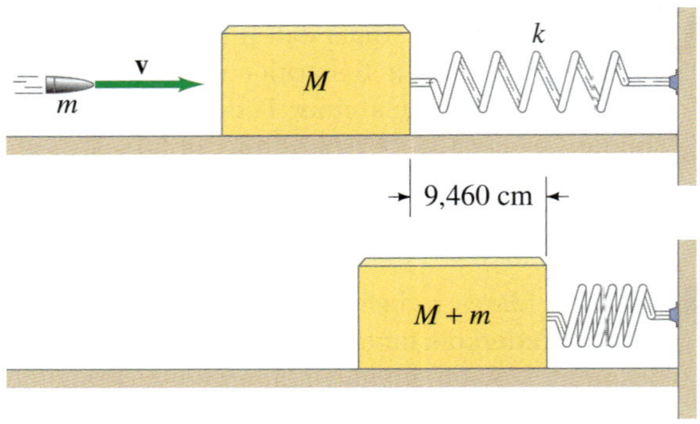

Abbildung 14.33 Aufgabe 35.

36 (II) Bei $t = 0$ wird eine am Ende einer horizontalen Feder ($k = 184$ N/m) ruhende Masse von 650 g von einem Hammer getroffen, der ihr eine Anfangsgeschwindigkeit von 2,26 m/s verleiht. Bestimmen Sie (a) die Periode und Frequenz der Bewegung, (b) die Amplitude, (c) die maximale Beschleunigung, (d) den Ort in Abhängigkeit der Zeit, (e) die Gesamtenergie und (f) die kinetische Energie bei $x = 0{,}40A$, wobei A die Amplitude ist.

37 (II) Ermitteln Sie unter Anwendung der Energieerhaltung, Gleichung 14.10, die Auslenkung x in Abhängigkeit der Zeit für den harmonischen Oszillator (*Hinweis*: Integrieren Sie Gleichung 14.11a mit $v = dx/dt$.)

Aufgaben zu 14.5

38 (I) Ein Pendel macht 42 Schwingungen in 50 s. Wie groß ist (a) seine Periode und (b) seine Frequenz?

39 (I) Wie lang muss ein Fadenpendel sein, damit es genau einen Schwung pro Sekunde ausführt? D. h. ein vollständiger Schwingungszyklus dauert genau zwei Sekunden.

40 (I) Wie groß ist die Periode eines Fadenpendels auf dem Mars, wo die Fallbeschleunigung ca. das 0,37-fache wie auf der Erde beträgt, wenn das Pendel auf der Erde eine Periode von 0,80 s hat?

41 (II) (a) Bestimmen Sie die Länge eines Fadenpendels, das eine Periode von 1,00 s hat. (b) Wie groß wäre die Periode eines Fadenpendels mit einer Länge von 1,00 m?

42 (II) Wie groß ist die Periode eines Fadenpendels mit einer Länge von 73 cm (a) auf der Erde und (b) wenn es sich in einem frei fallenden Aufzug befindet?

43 (II) Ein Fadenpendel ist 0,30 m lang. Bei $t = 0$ wird es losgelassen und startet in einem Winkel von 14°. Vernachlässigen Sie die Reibung und ermitteln Sie die Winkelposition des Pendels bei (a) $t = 0{,}65$ s, (b) $t = 1{,}95$ s und (c) $t = 5{,}00$ s?

44 (II) Leiten Sie eine Gleichung für die maximale Geschwindigkeit v_0 des Gewichtes eines Fadenpendels in Abhängigkeit von g, der Länge l und der Winkelauslenkung θ her.

45 (II) Ein Fadenpendel schwingt mit einer Amplitude von 10,0°. Welchen Bruchteil der Zeit verbringt es zwischen +5,0° und −5,0°? Nehmen Sie eine harmonische Schwingung an.

46 (II) Die Länge eines Fadenpendels beträgt 0,68 m und es wird in einem Winkel von 12° zur Vertikalen losgelassen. (a) Mit welcher Frequenz schwingt es? (b) Wie groß ist die Geschwindigkeit des Pendelgewichtes beim Durchgang durch den tiefsten Punkt der Schwingung?

Aufgaben zu 14.6

47 (II) In eine Sperrholzscheibe mit einem Radius von 20,0 cm und einer Masse von 3,00 kg wird in einem Abstand von 2,00 cm vom Rand ein kleines Loch gebohrt (► Abbildung 14.34). Die Scheibe hängt an der Wand und ist an einem Metallstift, der durch das Loch gesteckt wurde, aufgehängt. Sie wird als Pendel benutzt. Wie groß ist die Periode dieses Pendels bei kleinen Schwingungen?

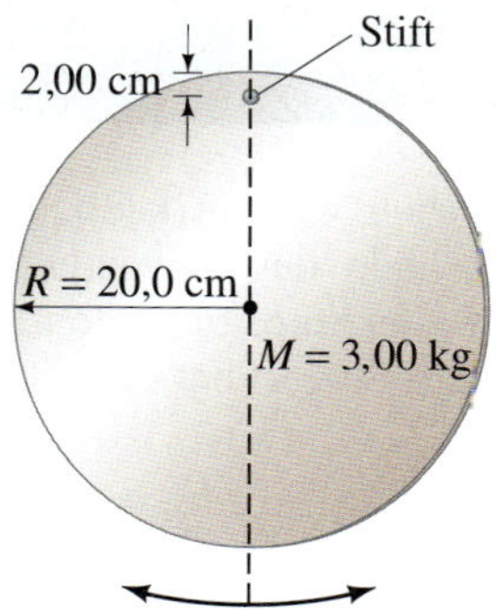

Abbildung 14.34 Aufgabe 47.

48 (II) Ein Pendel besteht aus einem kleinen Gewicht mit der Masse M und einem homogenen Faden mit der Masse m und der Länge l. (a) Bestimmen Sie eine Gleichung für die Periode des Pendels. (b) Wie groß wäre der relative Fehler, wenn man die Gleichung für ein Fadenpendel, Gleichung 14.12a, benutzen würde?

49 (II) Die Unruh einer Uhr ist ein dünner Ring mit einem Radius von 0,95 cm, der mit einer Frequenz von 3,10 Hz schwingt. Berechnen Sie die Masse der Unruh, wenn ein Drehmoment von $1{,}1 \cdot 10^{-5}$ N · m zu einer Drehung des Ringes um 60° führt.

50 (II) (a) Bestimmen Sie die Bewegungsgleichung (für θ in Abhängigkeit der Zeit) für ein Torsionspendel, siehe ► Abbildung 14.18, und zeigen Sie, dass die Bewegung eine harmonische Schwingung ist. (b) Zeigen Sie, dass die Periode $T = 2\pi\sqrt{J/K}$ ist. (Die Unruh einer mechanischen Uhr ist ein Beispiel für ein Torsionspendel, in dem das rückstellende Drehmoment durch eine Schraubenfeder ausgeübt wird.)

51 (II) Das menschliche Bein kann als physikalisches Pendel betrachtet werden, das eine „natürliche" Schwingungsperiode hat, bei der das Gehen am einfachsten ist. Betrachten Sie das Bein als zwei Stangen, die am Knie starr miteinander verbunden sind. Die Drehachse für das Bein ist das Hüftgelenk. Die Länge jeder Stange ist mit jeweils 50 cm ungefähr dieselbe. Die obere Stange hat eine Masse von 7,0 kg und die untere eine Masse von 4,0 kg. (a) Berechnen Sie die natürliche Schwingungsperiode des Systems. (b) Überprüfen Sie Ihre Antwort, indem Sie sich auf einen Stuhl stellen und die Zeit für einen oder mehrere Hin-und-Her-Schwünge messen. Ein kürzeres Bein bewirkt natürlich eine kürzere Schwingungsperiode und ermöglicht dadurch einen schnelleren, aber kürzeren „natürlichen" Schritt.

52 (II) Eine Studentin möchte einen Meterstab als Pendel benutzen. Sie plant, ein kleines Loch in den Meterstab zu bohren und ihn an einem glatten, an der Wand befestigten Nagel aufzuhängen (► Abbildung 14.35). An welcher Stelle sollte sie das Loch in den Meterstab bohren, um eine möglichst kurze Periode zu erhalten? Wie kurz kann eine Schwingungsperiode sein, die sie mit einem Meterstab auf diese Weise erreichen kann?

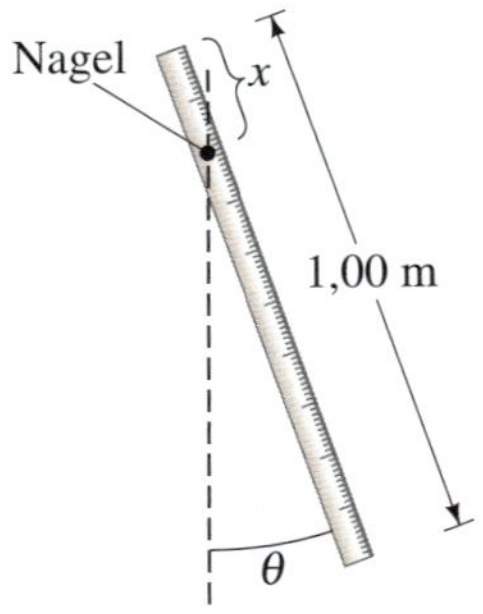

Abbildung 14.35 Aufgabe 52.

53 (II) Ein Meterstab ist in seinem Mittelpunkt an einem dünnen Draht aufgehängt (▶ Abbildung 14.36a). Er wird verdrillt und schwingt mit einer Periode von 6,0 s. Der Meterstab wird auf eine Länge von 70,0 cm gekürzt. Dieses Stück wird erneut in seinem Mittelpunkt ausbalanciert und in Schwingungen versetzt (▶ Abbildung 14.36b). Mit welcher Periode schwingt er?

54 (II) Eine Aluminiumscheibe mit einem Durchmesser von 12,5 cm und einer Masse von 500 g wird auf eine vertikale Welle mit einem Luftlager montiert (▶ Abbildung 14.37). Die Scheibe schwebt ebenfalls auf einem Luftlager. Das eine Ende einer flachen Schraubenfeder ist an der Scheibe befestigt, das andere Ende am Fuß der Vorrichtung. Die Scheibe wird in eine rotierende Schwingung mit einer Frequenz von 0,331 Hz versetzt. Wie groß ist die Winkelrichtgröße D ($M = -D\theta$)?

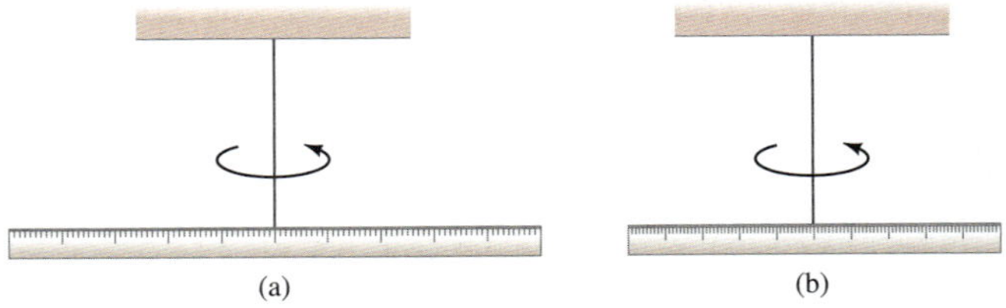

Abbildung 14.36 Aufgabe 53.

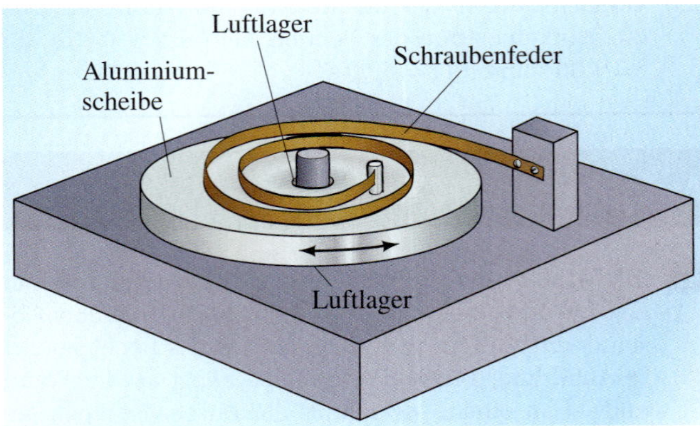

Abbildung 14.37 Aufgabe 54.

Aufgaben zu 14.7

55 (I) Ein Block mit einer Masse von 750 g schwingt am Ende einer Feder, deren Kraftkonstante $k = 56{,}0\,\text{N/m}$ beträgt. Die Masse bewegt sich in einem Fluid, das eine Widerstandskraft $F = -bv$ hat. Dabei ist $b = 0{,}162\,\text{N}\cdot\text{s/m}$. (a) Wie groß ist die Periode der Bewegung? (b) Wie groß ist die relative Abnahme in der Amplitude pro Zyklus? (c) Schreiben Sie die Auslenkung in Abhängigkeit der Zeit, wenn bei $t = 0$ $x = 0$ und bei $t = 1{,}00\,\text{s}$ $x = 0{,}120\,\text{m}$.

56 (II) Ein physikalisches Pendel besteht aus einer Holzstange mit einer Länge von 80 cm und einer Masse von 300 g, die an einem Nagel hängt, der sich in der Nähe des einen Endes befindet (▶ Abbildung 14.38). Die Bewegung ist auf Grund von Reibung im Drehpunkt gedämpft. Die Dämpfungskraft ist näherungsweise proportional zu $\mathrm{d}\theta/\mathrm{d}t$. Die Stange wird dadurch in Schwingungen versetzt, dass sie um 15° aus ihrer Gleichgewichtslage ausgelenkt und losgelassen wird. Nach 8,0 Sekunden hat sich die Amplitude der Schwingung auf 5,5° reduziert. Ermitteln Sie unter der Voraussetzung, dass die Winkelverschiebung als $\theta = A\mathrm{e}^{-t/t_\mathrm{L}}\cos\omega' t$ geschrieben werden kann, (a) t_L, (b) näherungsweise die Periode der Bewegung und (c) wie lange es dauert, bis die Amplitude sich auf $\frac{1}{2}$ ihres ursprünglichen Wertes reduziert hat.

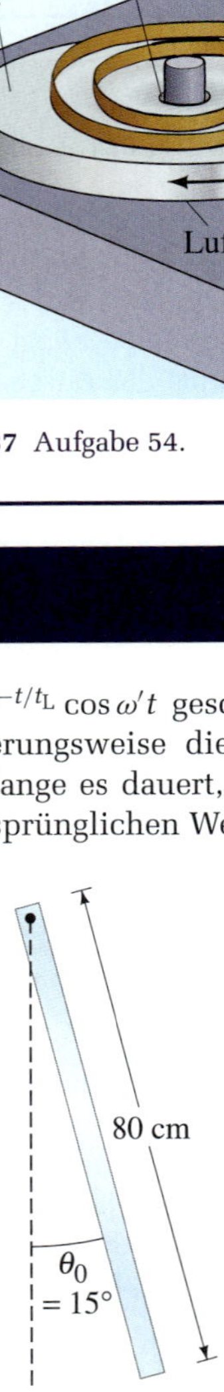

Abbildung 14.38 Aufgabe 56.

57 (II) Ein gedämpfter harmonischer Oszillator verliert 5,0% seiner mechanischen Energie pro Zyklus. (a) Um welchen Prozentsatz unterscheidet sich seine Frequenz von der Eigenfrequenz $\omega_0 = \sqrt{k/m}$? (b) Nach wie vielen Perioden hat sich die Amplitude auf $1/e$ ihres ursprünglichen Wertes reduziert?

58 (III) (a) Zeigen Sie, dass die mechanische Gesamtenergie $E_{ges} = \frac{1}{2}mv^2 + \frac{1}{2}kx^2$ in Abhängigkeit der Zeit für einen schwach gedämpften harmonischen Oszillator

$$E_{ges} = \frac{1}{2}kA^2\,e^{-(b/m)t} = E_0\,e^{-(b/m)t}$$

lautet, wobei E_{ges0} die mechanische Gesamtenergie bei $t = 0$ ist. (Nehmen Sie $\omega' \gg b/2m$ an.) (b) Zeigen Sie, dass der pro Periode verlorengegangene Energieanteil

$$\frac{\Delta E_{ges}}{E_{ges}} = \frac{2\pi b}{m\omega_0} = \frac{2\pi}{Q}$$

beträgt. Dabei ist $\omega_0 = \sqrt{k/m}$ und $Q = m\omega_0/b$ die *Güte* oder der *Q-Faktor* des Systems. Ein größerer Q-Faktor bedeutet, dass das System längere Zeit Schwingungen ausführen kann, also geringere Dämpfung.

59 (III) Ein Gleiter auf einem Luftkissen ist mittels zweier Federn an beiden Enden des Kissens befestigt (► Abbildung 14.39). Beide Federn haben dieselbe Federkonstante k und der Gleiter hat die Masse M. (a) Bestimmen Sie die Frequenz der Schwingung für $k = 100\,\text{N/m}$ und $M = 200\,\text{g}$ und nehmen Sie dabei an, dass keine Dämpfung vorhanden ist. (b) Man beobachtet, dass die Schwingungsamplitude nach 55 Schwingungen auf die Hälfte ihres ursprünglichen Wertes abgefallen ist. Schätzen Sie unter Anwendung der Gleichung 14.16 den Wert von t_L ab. (c) Wie lange dauert es, bis die Amplitude auf ein Viertel ihres ursprünglichen Wertes abgefallen ist?

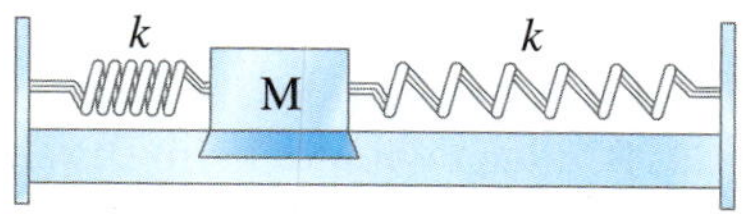

Abbildung 14.39 Aufgabe 59.

Aufgaben zu 14.8

60 (II) (a) Wir betrachten einen angetriebenen harmonischen Oszillator. Wie groß ist der Wert des Phasenwinkels ϕ_0 im Resonanzfall? (b) Wie groß ist dann die Auslenkung zu einem Zeitpunkt, bei dem die antreibende Kraft F_{ext} ein Maximum hat, und zu einem Zeitpunkt, bei dem $F_{ext} = 0$? (c) Wie groß ist in diesem Fall die Phasendifferenz (in Grad) zwischen der antreibenden Kraft und der Auslenkung?

61 (II) Konstruieren Sie eine genaue Resonanzkurve für $Q = 4{,}0$ von $\omega = 0$ bis $\omega = 2\omega_0$ für einen angetriebenen harmonischen Oszillator.

62 (II) Die Amplitude eines angetriebenen harmonischen Oszillators erreicht einen Wert von $28{,}6F_0/m$ bei einer Resonanzfrequenz von 382 Hz. Wie groß ist der Q-Faktor dieses Systems?

63 (II) Zeigen Sie durch direktes Ersetzen, dass die Gleichung 14.22 zusammen mit den Gleichungen 14.23 und 14.24 eine Lösung für die Bewegungsgleichung (Gleichung 14.21) für den erzwungenen Oszillator ist.

64 (II) Differenzieren Sie die Gleichung 14.23 und zeigen Sie auf diese Weise, dass die Resonanzamplitude bei

$$\omega = \sqrt{\omega_0^2 - b^2/2m^2}$$

eine Spitze hat.

65 (III) Betrachten Sie ein Fadenpendel (Massenpunktpendelgewicht) mit einer Länge von 0,50 m und einem Q-Faktor von 400. (a) Wie lange dauert es, bis die Amplitude (als klein angenommen) um zwei Drittel abgefallen ist? (b) Wie groß ist die anfängliche Verlustleistung in Watt, wenn die Amplitude 2,0 cm beträgt und das Pendelgewicht eine Masse von 0,20 kg hat? (c) Wie nahe muss die Anregungsfrequenz an der Eigenfrequenz des Pendels liegen, wenn die Resonanz mithilfe einer sinusförmigen antreibenden Kraft angeregt werden soll?

66 (III) *Auf einen angetriebenen Oszillator übertragene Leistung.* (a) Zeigen Sie, dass die auf die äußere Kraft F_{ext} zurückzuführende Leistungsabgabe an einen erzwungenen Oszillator

$$P = F_{ext}v = \frac{F_0^2\omega\cos\phi_0\cos^2\omega t - \frac{1}{2}F_0^2\omega\sin\phi_0\sin 2\omega t}{m\sqrt{(\omega^2-\omega_0^2)^2 + \omega^2 b^2/m^2}}$$

ist. (b) Zeigen Sie, dass die durchschnittliche Leistung des äußeren Antriebs, die über einen (oder mehrere) volle Zyklen gemittelt wurde,

$$\overline{P} = \frac{\omega F_0^2\cos\phi_0}{2m\sqrt{(\omega^2-\omega_0^2)^2 + \omega^2 b^2/m^2}} = \frac{1}{2}\omega A_0 F_0\cos\phi_0$$

oder

$$\overline{P} = \frac{1}{2}F_0 v_{max}\cos\phi_0$$

beträgt. Dabei ist v_{max} der maximale Wert von dx/dt. (c) Zeichnen Sie die $\overline{P}$-ω-Kurve für $Q = 6{,}0$ von $\omega = 0$ bis $\omega = 2\omega_0$. Beachten Sie, dass $\overline{P}$ bei $\omega = 0$ gleich null ist, obwohl die Amplitude bei $\omega = 0$ ungleich null ist.

67 (III) Leiten Sie die Gleichung 14.26 her.

Allgemeine Aufgaben

68 Eine Person mit einer Masse von 52 kg springt aus einem Fenster in ein 20,0 m darunter befindliches Sprungtuch, das dadurch um 1,1 m gedehnt wird. Nehmen Sie an, dass sich das Tuch wie eine einfache Feder verhält und berechnen Sie, wie groß die Dehnung wäre, wenn dieselbe Person in dem Tuch liegen würde. Wie groß wäre die Dehnung, wenn die Person aus einer Höhe von 35 m springen würde?

69 Die Länge eines Fadenpendels beträgt 0,63 m, das Pendelgewicht hat eine Masse von 365 g und es wird in einem Winkel von 15° zur Vertikalen losgelassen. (a) Mit welcher Frequenz schwingt es? (b) Wie groß ist die Geschwindigkeit des Pendelgewichtes beim Durchgang durch den tiefsten Punkt der Schwingung? Nehmen Sie eine harmonische Schwingung an. (c) Wie groß ist die in dieser Schwingung gespeicherte Gesamtenergie, vorausgesetzt, dass keine Verluste auftreten?

70 Eine Masse von 0,650 kg schwingt gemäß der Gleichung $x = 0{,}25 \sin(5{,}50t)$, wobei x in Metern und t in Sekunden angegeben ist. Bestimmen Sie (a) die Amplitude, (b) die Frequenz, (c) die Periode, (d) die Gesamtenergie und (e) die kinetische und die potenzielle Energie, wenn $x = 10$ cm beträgt.

71 Ein Bungeespringer mit einer Masse von 72,0 kg springt von einer hohen Brücke. Nach Erreichen seines tiefsten Punktes schwingt er auf und ab. Dabei kommt er in 34,7 s acht weitere Male zu einem Tiefpunkt. Schließlich kommt er 25,0 m unter der Brücke zur Ruhe. Berechnen Sie die Federkonstante und die ungedehnte Länge des Bungeeseils. Nehmen Sie dabei eine harmonische Schwingung an.

72 (a) Ein Kran auf dem Schrottplatz hat ein Auto mit einer Masse von 1200 kg gehoben. Das Stahlseil des Krans ist 20,0 m lang und hat einen Durchmesser von 6,4 mm. Durch eine Brise beginnt das Auto am Ende des Seils zu schaukeln. Wie groß ist die Periode der Schaukelbewegung? (*Hinweis*: Nehmen Sie Tabelle 12.1 zu Hilfe.) (b) Bei welcher Schwingungsamplitude wird das Seil vermutlich reißen? (Siehe Tabelle 12.2 und nehmen Sie an, dass das Hooke'sche Gesetz bis zum Bruchpunkt Gültigkeit besitzt.)

73 Die energieabsorbierende Stoßstange eines Autos hat eine Federkonstante von 500 kN/m. Ermitteln Sie die maximale Kompression der Stoßstange, wenn das Auto, das eine Masse von 1500 kg hat, mit einer Geschwindigkeit von 2,0 m/s gegen eine Wand fährt.

74 Ein „Sekundenpendel" hat eine Periode von genau 2,0 Sekunden – jeder Schwung in eine Richtung dauert 1,0 s. Wie groß ist die Länge eines Sekundenpendels in Austin, Texas, wo $g = 9{,}793\ \mathrm{m/s^2}$? Um wie viel Millimeter muss das Pendel verlängert werden, wenn wir es nach Paris bringen, wo $g = 9{,}809\ \mathrm{m/s^2}$? Wie groß ist die Länge eines „Sekundenpendels" auf dem Mond, wo $g = 1{,}62\ \mathrm{m/s^2}$?

75 Ein Stück Wackelpudding ruht auf einem Teller, wie in ► Abbildung 14.40 dargestellt (die Abbildung gibt auch die Abmessungen des Stückes an). Sie drücken das Stück seitwärts, wie dargestellt, und lassen es dann los. Der Wackelpudding springt zurück und beginnt zu schwingen. Schätzen Sie in Analogie zu einer schwingenden Masse an einer Feder die Frequenz dieser Schwingung ab und nehmen Sie dabei an, dass der Schubmodul des Wackelpuddings 520 N/m² und seine Dichte 1300 kg/m³ betragen.

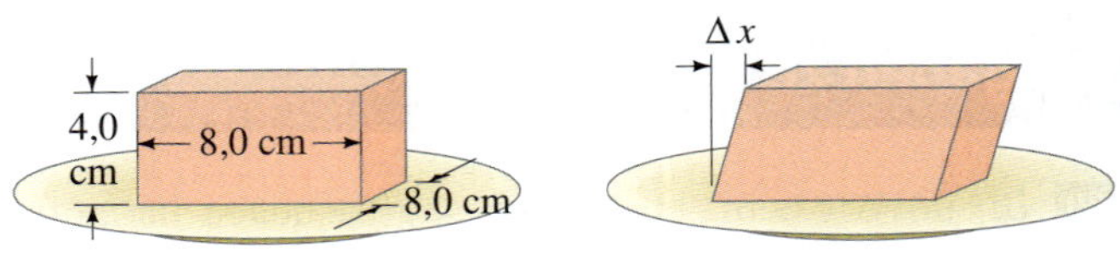

Abbildung 14.40 Aufgabe 75.

76 Ein Fadenpendel schwingt mit der Frequenz f. Wie groß ist seine Frequenz, wenn es (a) nach oben und (b) nach unten mit $\frac{1}{2}g$ beschleunigt?

77 Ein Holzfloß mit einer Masse von 420 kg treibt auf einem See. Wenn ein Mann mit einer Masse von 75 kg auf dem Floß steht, sinkt es 3,5 cm tiefer ins Wasser. Wenn er das Floß verlässt, schwingt es eine Zeitlang. (a) Wie groß ist die Frequenz der Schwingung? (b) Wie groß ist die Gesamtenergie der Schwingung (vernachlässigen Sie die Dämpfung)?

78 Eine Kiste mit einer Masse von 5,0 kg rutscht in eine Feder mit einer Federkonstanten von 310 N/m (► Abbildung 14.41) und drückt sie um 24 cm zusammen. (a) Wie groß ist die Geschwindigkeit der Kiste beim Berühren der Feder? (b) Wie lange ist die Kiste mit der Feder in Kontakt, bevor erstere in die entgegengesetzte Richtung zurückprallt?

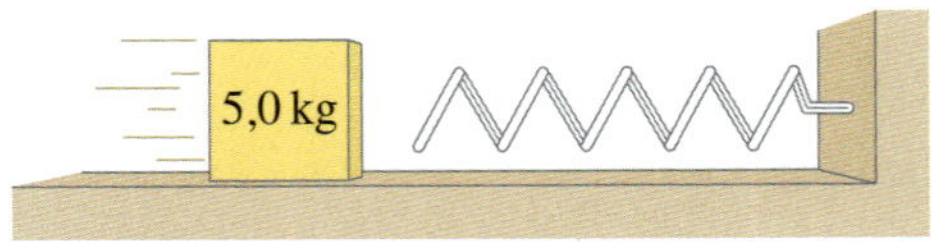

Abbildung 14.41 Aufgabe 78.

79 Ein Tisch mit einer Masse von 1,60 kg wird von vier Federn gehalten. Ein Stück Modellierton mit einer Masse von 0,55 kg wird über dem Tisch gehalten und dann fallen gelassen, so dass es mit einer Geschwindigkeit von 1,65 m/s auf dem Tisch auftrifft (► Abbildung 14.42). Der Ton hat einen inelastischen Stoß mit dem Tisch und Tisch und Ton schwingen auf und ab. Nach einer langen Zeit kommt der Tisch 6,0 cm unter seiner ursprünglichen Position zur Ruhe. (a) Wie groß ist die effektive Federkonstante aller vier Federn zusammen? (b) Mit welcher maximalen Amplitude schwingt die Plattform?

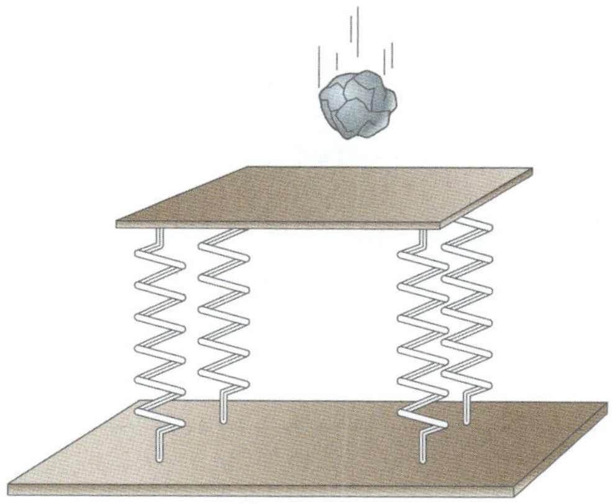

Abbildung 14.42 Aufgabe 79.

80 Ein Sprungbrett schwingt in harmonischer Schwingung mit einer Frequenz von 5,0 Zyklen pro Sekunde. Wie groß ist die maximale Amplitude, mit der das Brettende schwingen darf, ohne dass ein dort liegender Kieselstein (► Abbildung 14.43) während der Schwingung den Kontakt mit dem Brett verliert?

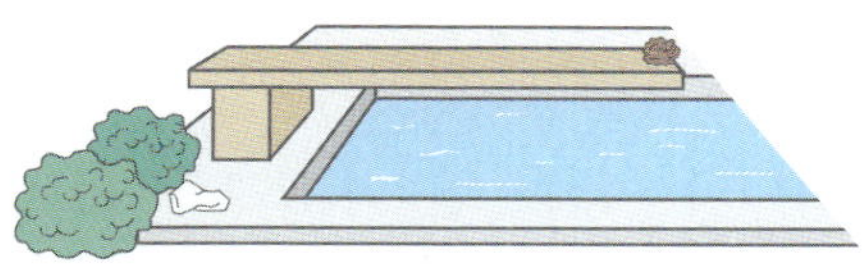

Abbildung 14.43 Aufgabe 80.

81 Ein rechteckiger Holzklotz treibt auf einem ruhigen See. Zeigen Sie, dass der Block, wenn er vorsichtig ins Wasser gedrückt wird, harmonisch schwingt, wenn die Reibung vernachlässigt wird. Bestimmen Sie außerdem eine Gleichung für die Kraftkonstante.

82 Eine Masse m wird vorsichtig am Ende einer frei hängenden Feder angebracht. Die Masse fällt anschließend 22,0 cm, bevor sie zum Halten kommt und wieder beginnt, sich nach oben zu bewegen. Wie groß ist die Frequenz der Schwingung?

83 Flüssigkeitspendel: Das Wasser in einem U-förmigen Rohr wird um einen Betrag Δx aus der Gleichgewichtslage verdrängt. (Der Pegel auf der einen Seite liegt $2\Delta x$ über dem auf der anderen Seite.) Schwingt das Wasser harmonisch, wenn die Reibung vernachlässigt wird? Bestimmen Sie eine Formel für die äquivalente Federkonstante k. Hängt k von der Dichte der Flüssigkeit, dem Querschnitt des Rohres oder der Länge der Wassersäule ab?

84 Molekülschwingungen: In einigen zweiatomigen Molekülen kann die Kraft, die jedes Atom auf das andere ausübt, näherungsweise durch $F = -C/r^2 + D/r^3$ beschrieben werden, wobei r den Abstand der Atome bezeichnet und C und D positive Konstanten sind. (a) Zeichnen Sie die $F - r$-Kurve von $r = 0$ bis $r = 2D/C$. (b) Zeigen Sie, dass der Gleichgewichtszustand bei $r = r_0 = D/C$ eintritt. (c) Nehmen Sie $\Delta r = r - r_0$ als kleine Auslenkung aus der Gleichgewichtslage, wobei $\Delta r \ll r_0$. Zeigen Sie, dass die Bewegung bei so kleinen Auslenkungen annähernd harmonisch ist, und bestimmen Sie (d) die Kraftkonstante. (e) Wie groß ist die Periode einer solchen Bewegung? (*Hinweis*: Nehmen Sie an, dass ein Atom in der Ruhelage verharrt.)

85 Eine Masse m ist mit zwei Federn mit identischer Federkonstante k verbunden (► Abbildung 14.44). In der dargestellten horizontalen Position wird jede Feder um einen Betrag Δa gedehnt. Die Masse wird vertikal nach oben bewegt und beginnt auf und ab zu schwingen. Zeigen Sie unter der Annahme, dass die Auslenkung klein ist, und unter Vernachlässigung der Gravitation, dass die Bewegung harmonisch ist, und ermitteln Sie die Periode. (Diese Art von Schwingung wird Querschwingung genannt. Wenn wir viele Massen wie diese aneinander befestigen würden, wären ihre Querschwingungen ein Modell für eine schwingende Saite in einem Musikinstrument.)

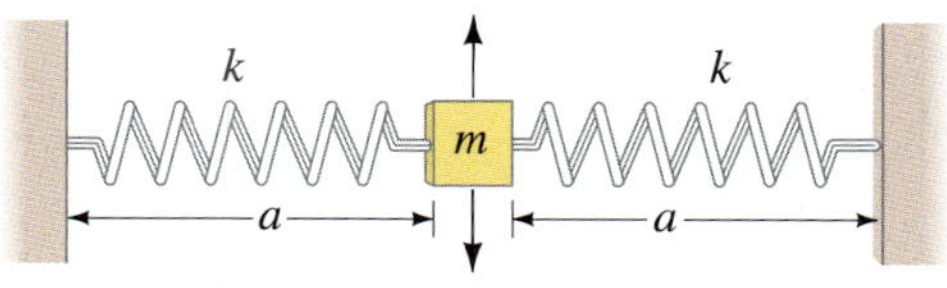

Abbildung 14.44 Aufgabe 85.

86 Molekülschwingungen: Kohlendioxid ist ein lineares Molekül. Die Kohlenstoff-Sauerstoff-Bindungen in diesem Molekül wirken sehr ähnlich wie Federn. ► Abbildung 14.45 zeigt eine Möglichkeit, wie die Sauerstoffatome in diesem Molekül schwingen können: Die Sauerstoffatome schwingen symmetrisch nach innen und außen, während das zentrale Kohlenstoffatom in der Ruhelage verharrt. Folglich verhält sich jedes Sauerstoffatom wie ein harmonischer Oszillator mit einer Masse, die gleich der Masse eines Sauerstoffatoms ist. Anhand von Beobachtungen hat man festgestellt, dass diese Schwingung mit der Frequenz $f = 2{,}83 \cdot 10^{13}$ Hz auftritt. Wie groß ist die Federkonstante der C–O-Bindung?

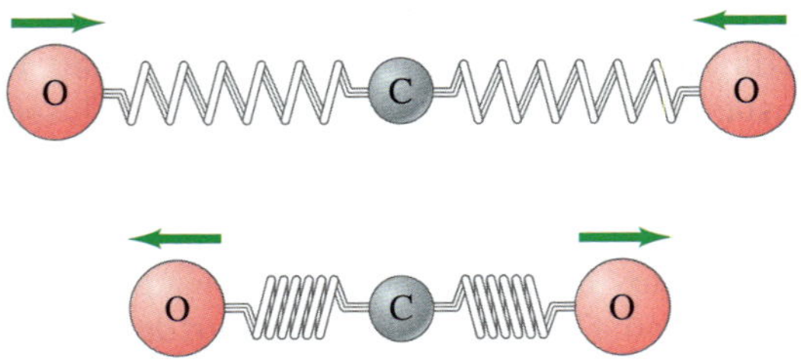

Abbildung 14.45 Aufgabe 86, das CO_2 -Molekül.

87 Eine dünne, gerade, homogene Stange mit der Länge $l = 1{,}00$ m und einer Masse $m = 160$ g hängt mit einem Ende an einem Drehzapfen. (a) Wie groß ist ihre Periode bei Schwingungen mit kleiner Amplitude? (b) Wie lang ist ein Fadenpendel, das dieselbe Periode hat?

88 Stellen Sie sich vor, dass ein rundes Loch mit einem Durchmesser von 10 cm ganz durch den Erdmittelpunkt gebohrt würde (► Abbildung 14.46). An dem einen Ende des Loches lassen Sie einen Apfel in das Loch hineinfallen. Zeigen Sie, dass die nachfolgende Bewegung des Apfels harmonisch ist, wenn Sie annehmen, dass die Erde eine konstante Dichte hat. Wie lange dauert es, bis der Apfel wieder zurückkehrt? Nehmen Sie an, dass alle Reibungseffekte vernachlässigt werden können.

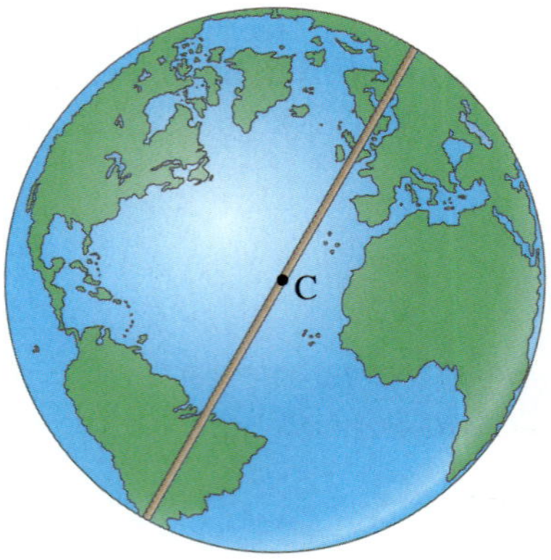

Abbildung 14.46 Aufgabe 88.

Wellen und Wellenausbreitung

15

ÜBERBLICK

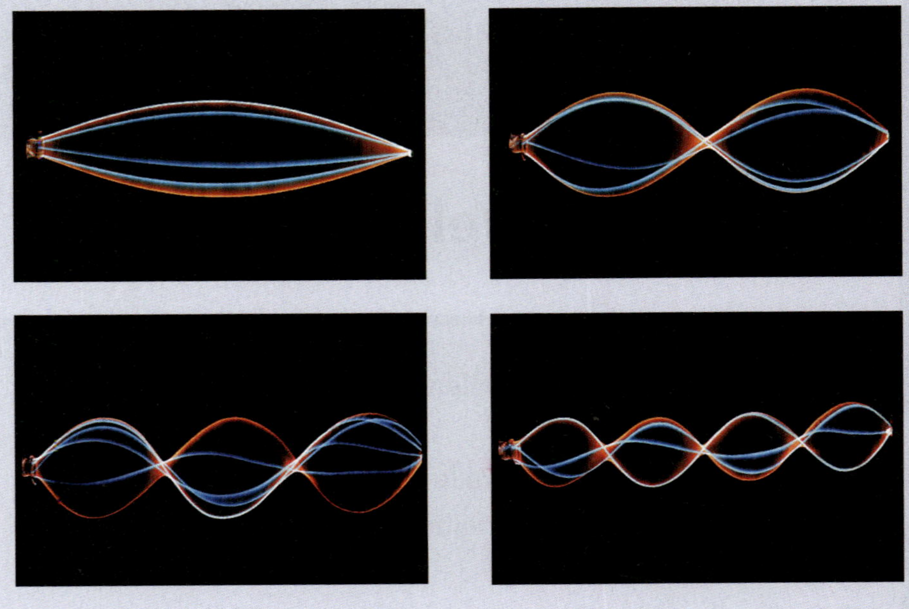

Wellen wie Wasserwellen oder Wellen entlang eines Seils bewegen sich von ihrer Quelle fort. Bei den hier abgebildeten Wellen eines gespannten Seils oder Gummibands handelt es sich allerdings um stehende Wellen. Sie scheinen sich nicht auszubreiten; doch kann man sich jede der gezeigten Wellen vorstellen als die Überlagerung aus einer nach rechts laufenden Welle und der reflektierten, die zurück nach links läuft. Ebenso kann man sich stehende Wellen als Oszillationen eines gespannten Seils in Resonanz denken. Jede dieser stehenden Wellen tritt bei einer bestimmten Frequenz auf. Überlegen Sie, wie sich die Frequenzen zueinander verhalten.

15. Wellen und Wellenausbreitung

Wenn Sie einen Stein in einen See werfen, breiten sich kreisförmige Wellen aus (▶ Abbildung 15.1). Wellen breiten sich auch entlang eines Seils aus, das gerade über einen Tisch verläuft und von dem Sie ein Ende hin- und herbewegen (▶ Abbildung 15.2). Wasserwellen und Wellen entlang eines Seils sind zwei allgemeine Beispiele für Wellenbewegungen.

Schwingungen und Wellenbewegungen sind eng miteinander verknüpfte Phänomene. Schwingungen sind periodische Vorgänge bezüglich der Zeit, Wellen sind periodische Vorgänge bezüglich Zeit und Raum. Wir sagen auch, Schwingungen breiten sich in der Zeit aus, Wellen in Zeit und Raum. Wellen – ob Meereswellen, Seilwellen, Erdbebenwellen oder Schallwellen in der Luft – haben eine Schwingung als Ursache. Im Falle von Schall schwingt nicht nur die Quelle, auch der Empfänger – das Trommelfell oder die Membran eines Mikrophons – ist ein schwingendes System. Das Medium, in dem sich die „mechanischen Wellen" ausbreiten, schwingt selber (so wie die Luft bei Schallwellen). In diesem Kapitel wollen wir uns hauptsächlich mit **mechanischen Wellen** wie Wasserwellen und Wellen auf einem Seil befassen. In Kapitel 16 sehen wir uns Schallwellen genauer an. In späteren Kapiteln begegnen wir anderen Formen der Wellenausbreitung, einschließlich elektromagnetischer Wellen und Licht.

Wenn Sie schon einmal Meereswellen beobachtet haben, die sich auf das Ufer zu bewegen, haben Sie sich vielleicht gefragt, ob die Wellen Wasser vom Meer zum Strand transportieren. Das ist definitiv nicht der Fall[1]. Wasserwellen bewegen sich mit einer erkennbaren Geschwindigkeit. Doch jedes Wasserteilchen (oder Molekül) oszilliert lediglich um eine Gleichgewichtslage herum. Man kann das deutlich beobachten anhand von Blättern, die sich auf und ab bewegen, wenn eine Welle auf sie trifft. Die Blätter (oder ein Stück Kork) werden durch die Wellen nicht vorwärtsbewegt; vielmehr schwingen sie um ihre Ruhelage, denn sie folgen damit nur der Bewegung des Wassers selbst. Ganz ähnlich bewegen sich die einzelnen Stückchen eines Seils (▶ Abbildung 15.2) nur hin und her, während sich

1 Lassen Sie sich nicht durch das „Brechen" der Ozeanwellen irritieren. Das passiert, weil die Wellen mit dem Ufergrund wechselwirken und damit keine einfachen Wellen mehr sind.

Abbildung 15.1 Ein Stein wird ins Wasser geworfen: Wasserwellen breiten sich vom Quellpunkt aus.

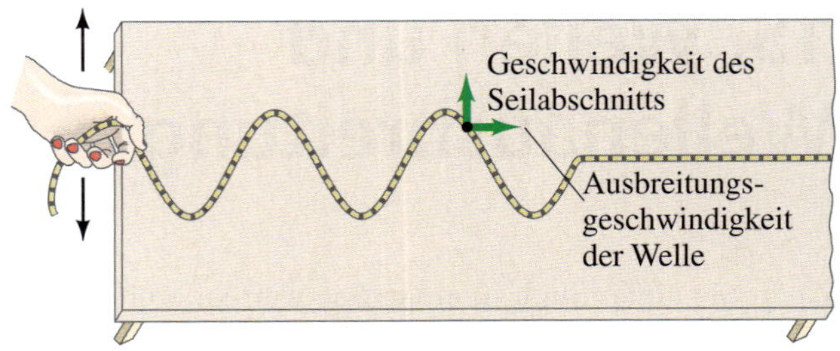

Abbildung 15.2 Wellenbewegung entlang eines Seils. Die Wellen breiten sich nach rechts entlang des Seils aus. Die Segmente des Seils schwingen auf der Tischoberfläche hin und her.

die Welle nach rechts ausbreitet. Das sind die allgemeinen Eigenschaften mechanischer Wellen: (1) Eine Welle kann sich über eine große Entfernung mit einer bestimmten Geschwindigkeit ausbreiten; (2) jedes Teilchen des Wellenmediums (Wasser oder Seil) schwingt um eine Ruhelage; diese Bewegung ist einfach harmonisch, wenn die Welle sinusförmig ist. Obgleich also die Welle selbst nicht stofflich ist, kann sich das Wellenmuster in einem Medium ausbreiten.

Wellen übertragen Energie von einem Ort zum andern. Eine Wasserwelle nimmt die Energie beispielsweise durch einen Steinwurf oder durch Winde weit draußen auf See auf. Die Energie wird durch die Wellen zum Ufer transportiert. Die oszillierende Hand in ▸ Abbildung 15.2 überträgt Energie auf das Seil, die dann entlang desselben transportiert wird und auf einen Körper am anderen Seilende übertragen werden kann. Jede sich ausbreitende Wellenart überträgt Energie.

15.1 Eigenschaften von Wellen

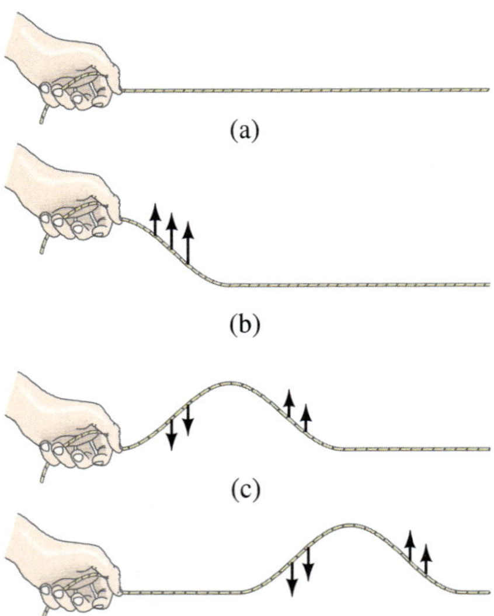

Abbildung 15.3 Bewegung eines Wellenpakets. Die Pfeile zeigen die Geschwindigkeit der Seilsegmente an. Beachten Sie, dass die Ausbreitungsgeschwindigkeit nach rechts weist.

Wir wollen einen Blick darauf werfen, wie eine Welle entsteht und warum sie sich ausbreitet. Schauen wir uns zuerst ein einzelnes **Wellenpaket** an (▸ Abbildung 15.3). Die Hand hebt ein Seilende an, und weil es mit den benachbarten Seilstücken verbunden ist, verspüren auch diese eine aufwärts gerichtete Kraft und bewegen sich nach oben. Weil sich jedes folgende Seilstück aufwärts bewegt, bewegt sich der Wellenkamm entlang des Seils nach außen. In der Zwischenzeit ist das Endstück des Seils durch die Hand wieder in seine Ausgangsposition zurückgekehrt, und nachdem jedes folgende Seilstück seinen Scheitelwert erreicht hat, wird es durch die benachbarten, vorausgehenden Seilsegmente wieder zurückgezogen. Die Quelle eines Wellenpakets ist also eine Störung, und die Kohäsionskräfte zwischen aneinander grenzenden Seilstücken verursachen das nach außen wandernde Wellenpaket. Wellen in anderen Medien werden auf ganz ähnliche Weise erzeugt und vorwärts bewegt.

Eine Welle wie die aus ▸ Abbildung 15.2 hat als Quelle eine kontinuierliche und oszillierende Störung. Das bedeutet, die Quelle ist eine *Schwingung* oder *Oszillation*. In ▸ Abbildung 15.2 versetzt eine Hand ein Seilende in Schwingungen. Wasserwellen können durch ein beliebiges schwingendes Objekt an der Oberfläche, beispielsweise Ihre Hand, erzeugt werden. Oder das Wasser fängt durch Windböen oder einen hineingeworfenen Stein oder Tennisball an zu schwingen. Eine vibrierende Stimmgabel oder eine Trommelbespannung erzeugt Schallwellen. Und wie wir noch sehen werden, sind schwingende elektrische Ladungen die Ursache für elektromagnetische Wellen und Licht. Fast jeder oszillierende Körper sendet Wellen aus.

Sinusförmige Wellen:

Die Quelle jeder beliebigen Wellenart ist eine Schwingung. Es ist die *Schwingung*, die sich ausbreitet und somit die Welle räumlich ergibt. Wenn sich die Welle sinusförmig als einfache harmonische Schwingung ausbreitet, dann wird die Welle selbst – vorausgesetzt, das Medium ist ideal elastisch – sowohl räumlich als auch zeitlich sinusförmig sein. Könnten Sie zu einem bestimmten Zeitpunkt ein Bild einer sich im Raum ausbreitenden Welle aufnehmen, so würden Sie erkennen, dass die Welle die Form einer Sinus- oder Kosinus-Funktion hat. Wenn Sie andererseits die Bewegung des Mediums an einem bestimmten Punkt über einen längeren Zeitraum beobachten würden – beispielsweise die Wasseroberfläche durch zwei nah

im Raum

in der Zeit

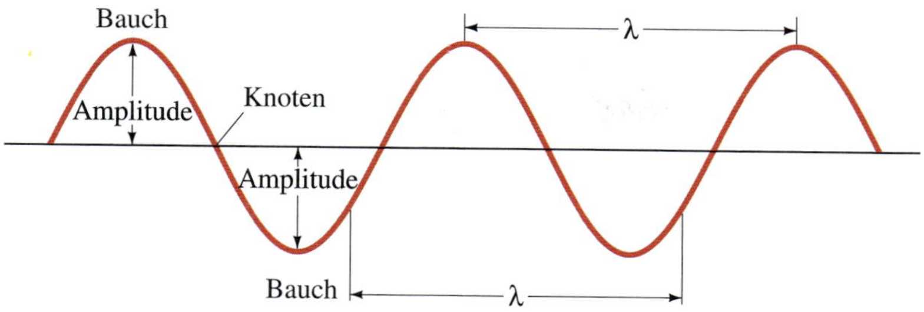

Abbildung 15.4 Eigenschaften einer kontinuierlichen Welle.

beieinander stehende Pierpfeiler oder durch ein Bullauge hindurch –, so würden Sie das Auf und Ab der Wellen als sinusförmig in der Zeit erkennen.

Einige der wichtigen Größen, die der Beschreibung einer periodischen, sinusförmigen Welle dienen, sind in ▸ Abbildung 15.4 gezeigt. Die hohen Punkte einer Welle heißen Wellenberge oder Wellenkämme, die tiefen bilden das Wellental. Die **Amplitude** ist der Maximalwert eines Wellenbergs oder Wellentals relativ zur Ruhelage. Die gesamte Auslenkung vom Wellenberg zum Wellental beträgt die doppelte Amplitude. Der Abstand zweier Wellenberge voneinander heißt **Wellenlänge** und wird mit dem griechischen Buchstaben λ bezeichnet. Die Wellenlänge ergibt sich auch aus dem Abstand zweier beliebiger aufeinander folgender Punkte auf der Welle, die identisch sind. Die **Frequenz** f, manchmal auch durch den griechischen Buchstaben ν bezeichnet, ist die Anzahl der Wellenberge – oder kompletter Zyklen – die pro Zeiteinheit einen bestimmten Punkt passieren. Wie zuvor in Gleichung 14.2, ist $T = 1/f$.

Amplitude

Wellenlänge λ

Frequenz *f*

Die **Ausbreitungsgeschwindigkeit** v ist die Geschwindigkeit, mit der sich Wellenberge (oder jeder andere Abschnitt der Wellenform) ausbreiten. Die Ausbreitungsgeschwindigkeit wird oft als Phasengeschwindigkeit bezeichnet. Sie muss unterschieden werden von der Geschwindigkeit der Teilchen im Medium selbst. Beispielsweise ist die Ausbreitungsgeschwindigkeit der sich entlang eines Seils ausbreitenden Welle in ▸ Abbildung 15.2 nach rechts gerichtet. Dagegen bewegen sich die Segmente des Seils nach oben und unten.

Ausbreitungsgeschwindigkeit (nicht zu verwechseln mit der Teilchengeschwindigkeit)

Ein Wellenberg legt die Distanz einer Wellenlänge λ in einer Periode T zurück. Somit ist die Ausbreitungsgeschwindigkeit der Welle v gleich λ/T oder (mit $1/T = f$):

$$v = \lambda f \,. \tag{15.1}$$

$v = \lambda f$ (sinusförmige Wellen)

Nehmen Sie beispielsweise an, eine Welle habe eine Wellenlänge von 5 m und eine Frequenz von 3 Hz. Da drei Wellenberge einen gegebenen Punkt pro Sekunde passieren und der Wellenbergabstand 5 m beträgt, muss der erste Wellenberg (oder jeder beliebige andere Wellenteil) 15 m in einer Sekunde zurücklegen. Somit ist die Geschwindigkeit 15 m/s.

15.2 Wellenarten

Transversale und longitudinale Wellen

Durchläuft eine Welle ein Seil, etwa von links nach rechts wie in ▸ Abbildung 15.2, so schwingen die Seilsegmente senkrecht zur Ausbreitungsrichtung der Welle. Eine derartige Welle heißt **Transversalwelle** (Querwelle). Eine zweite Wellenart ist die **Longitudinalwelle** (Längswelle). In ihr schwingen die Teilchen des Mediums in derselben Richtung wie die Ausbreitungsrichtung der Welle. Longitudinalwellen lassen sich leicht mit einer Sprungfeder erzeugen, deren eines Ende mit der Hand abwechselnd gestaucht und gedehnt wird, wie in ▸ Abbildung 15.5b dargestellt. Zum Vergleich dazu zeigt ▸ Abbildung 15.5a eine Transversalwelle. Eine Serie von Kompressionen und Expansionen breiten sich entlang der Feder aus. Die Kompressionen sind jene Gebiete, wo die Windungen momentan enger beieinan-

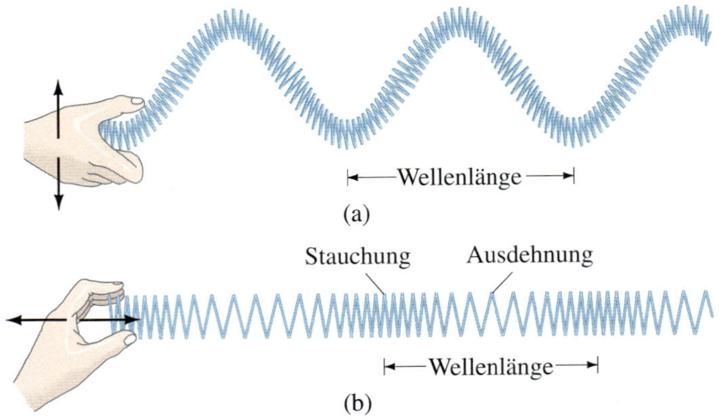

Abbildung 15.5 (a) Transversalwelle; (b) Longitudinalwelle.

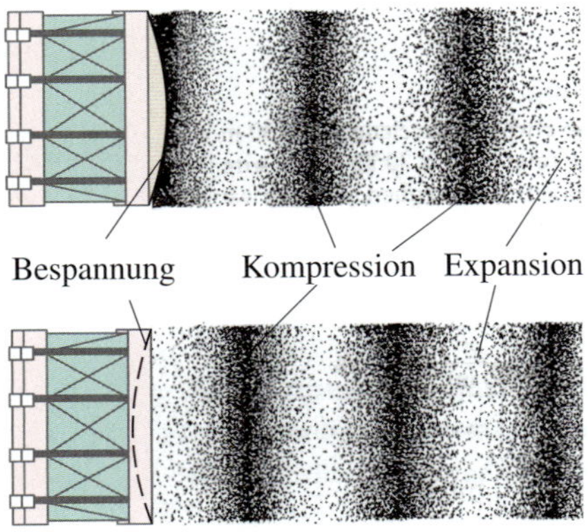

Abbildung 15.6 Erzeugung von Schallwellen, die longitudinal sind.

der liegen. Expansionen sind die Regionen, in denen die Windungen momentan weiter voneinander entfernt sind. Kompressionen und Expansionen korrespondieren mit den Wellenbergen und Wellentälern bei Transversalwellen.

Ein wichtiges Beispiel einer Longitudinalwelle ist der Schall. Eine vibrierende Trommelbespannung beispielsweise komprimiert und verdünnt abwechselnd die unmittelbar davor befindliche Luft und erzeugt so Longitudinalwellen, die sich von der Trommel fort durch die Luft ausbreiten (► Abbildung 15.6).

Wie im Fall von Transversalwellen oszillieren die Mediumteilchen nur geringfügig um ihre Ruhelage, wohingegen die Welle selber große Distanzen zurücklegen kann. Was sind nun Wellenlänge, Frequenz und Ausbreitungsgeschwindigkeit bei Longitudinalwellen? Die Wellenlänge ist der Abstand zwischen zwei aufeinander folgenden Kompressionen (oder Expansionen), und die Frequenz ist die Anzahl der Kompressionen, die einen gewählten Punkt pro Sekunde durchlaufen. Die Ausbreitungsgeschwindigkeit ist die Geschwindigkeit, mit der sich jede Kompression zu bewegen scheint. Sie ist gleich dem Produkt aus Wellenlänge und Frequenz: $v = \lambda f$ (Gleichung 15.1).

Longitudinalwellen kann man grafisch darstellen, indem man die Dichte der Moleküle (oder Windungen einer Sprungfeder) gegen ihren Ort aufträgt (► Abbildung 15.7b). Wir werden öfter solche grafischen Darstellungen nutzen, weil sich so das, was passiert, viel leichter illustrieren lässt. Beachten Sie, dass die Kurve starke Ähnlichkeit mit derjenigen einer Transversalwelle hat.

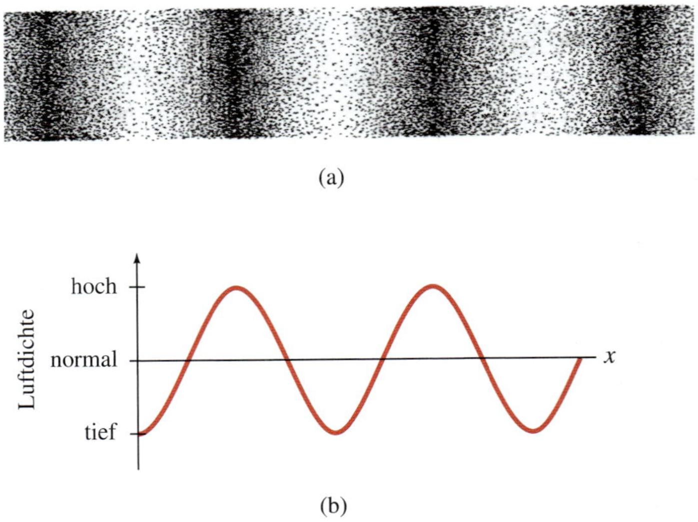

Abbildung 15.7 (a) Eine Longitudinalwelle mit (b) ihrer grafischen Darstellung.

Geschwindigkeit von Transversalwellen

Die Ausbreitungsgeschwindigkeit hängt von den Eigenschaften des Mediums ab, in dem sich die Welle ausbreitet. Die Geschwindigkeit einer Transversalwelle auf einem gespannten Seil beispielsweise hängt von der Zugspannung F_T (auch Seilspannung genannt) im Seil und von der Seilmasse pro Längeneinheit μ ab. Wir betrachten ein idealisiertes, unendlich dünnes Seil, das eine Seilspannung F_T in [N] und eine Dichte μ in [kg/m] besitzt. Für Wellen mit kleiner Amplitude lautet die Beziehung

Geschwindigkeit einer Welle auf einem Seil

$$v = \sqrt{\frac{F_T}{\mu}} \quad \text{(Transversalwelle auf einem Seil)} \tag{15.2}$$

Bevor wir diese Formel ableiten, wollen wir uns zumindest qualitativ klar machen, dass sie auf Basis der Newton'schen Mechanik Sinn macht. Das heißt, wir erwarten die Zugspannung im Zähler und die Masse pro Länge im Nenner. Warum? Wenn die Zugspannung größer wird, erwarten wir auch eine größere Ausbreitungsgeschwindigkeit, da jedes Seilsegment in engerem Kontakt mit den Nachbarsegmenten steht. Und je größer die Masse pro Längeneinheit ist, desto mehr Trägheit wohnt dem Seil inne und desto langsamer würde sich die Welle unserer Erwartung zufolge ausbreiten können.

Wir können Gleichung 15.2 leicht plausibel machen, indem wir ein einfaches Modell eines Seils unter der Zugspannung F_T benutzen (▸ Abbildung 15.8a). Das Seil wird von der Kraft F_y mit einer Geschwindigkeit v' nach oben gezogen. Wie ▸ Abbildung 15.8b zeigt, bewegen sich alle Seilsegmente links vom Punkt A mit der Geschwindigkeit v' aufwärts, während die rechts befindlichen Seilsegmente noch in der Ruhelage sind. Die Ausbreitungsgeschwindigkeit v dieses Wellenpakets ist die Geschwindigkeit des Punkts A, die Front der Störung. Punkt A legt bei seiner Bewegung nach rechts die Distanz vt in der Zeit t zurück. Dagegen bewegt sich das Seilende um die Distanz $v't$ nach oben. Wir nutzen die Dreiecksähnlichkeit aus und kommen zu der Beziehung

$$\frac{F_T}{F_y} = \frac{vt}{v't} = \frac{v}{v'} ,$$

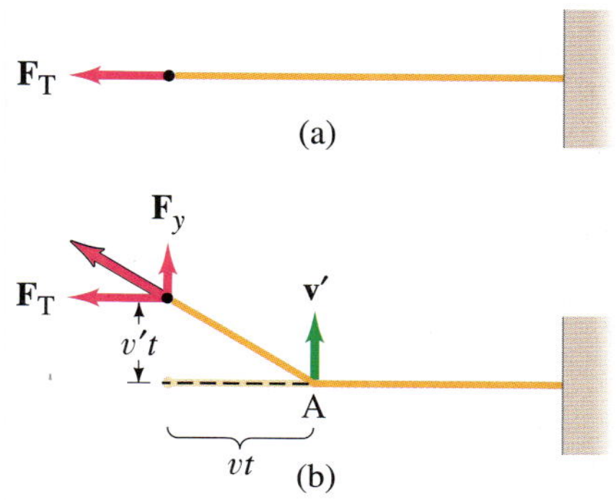

Abbildung 15.8 Diagramm eines einfachen Wellpakets auf einem Seil zur Veranschaulichung der Ableitung von Gleichung 15.2. Der Vektor in (b) als Resultat von $\mathbf{F}_T + \mathbf{F}_y$ muss entlang des Seils ausgerichtet werden, weil das Seil elastisch ist.

die für kleine Auslenkungen ($v't \ll vt$) exakt gilt, so dass sich F_T nicht bemerkenswert ändert. Wie wir in Kapitel 9 gesehen haben, ist die an einem Körper wirkende Kraft gleich der Änderung seines Impulses. Während der Zeit Δt ist der gesamte aufwärts gerichtete Kraftstoß gleich $F_y \Delta t = (v'/v) F_T \Delta t$. Die Änderung des Impulses des Seilsegments Δp ist die aufwärts bewegte Seilmasse mal der Geschwindigkeit. Da die Masse des aufwärts strebenden Seilsegments gleich der Masse pro Längeneinheit mal der Länge vt ist, erhalten wir

$$F_y \Delta t = \Delta p$$

$$\frac{v'}{v} F_T \Delta t = (\mu v \Delta t) v' .$$

Wir lösen nach v auf und erhalten $v = \sqrt{\frac{F_T}{\mu}}$, was Gleichung 15.2 ist. Obgleich abgeleitet für einen speziellen Fall, ist sie gültig für jede Wellenform, da andere Wellenformen als aus vielen kleinen Abschnitten solcher Längen bestehend gedacht werden können. Doch ist die Gleichung nur bei kleinen Auslenkungen gültig (was wir bei der Ableitung vorausgesetzt hatten). Das Experiment stimmt also mit diesem aus der Newton'schen Mechanik abgeleiteten Resultat überein.

Beispiel 15.1 Welle auf einem Draht

Eine Welle mit einer Wellenlänge von 0,30 m breitet sich entlang eines 300 m langen Drahtes aus, dessen Gesamtmasse 15 kg beträgt. Wenn der Draht unter einer Zugspannung von 1000 N steht, wie groß sind dann Geschwindigkeit und Frequenz dieser Welle?

Lösung

Gemäß Gleichung 15.2 gilt für die Geschwindigkeit einer Welle

$$v = \sqrt{\frac{1000\,\mathrm{N}}{(15\,\mathrm{kg})/(300\,\mathrm{m})}} = 140\,\mathrm{m/s}\,.$$

Gleichung 15.1 liefert für die Frequenz

$$f = \frac{v}{\lambda} = \frac{140\,\mathrm{m/s}}{0{,}30\,\mathrm{m}} = 470\,\mathrm{Hz}\,.$$

Beachten Sie, dass eine größere Zugspannung sowohl v als auch f erhöhen würde, wohingegen ein dickerer Draht mit mehr Masse v und f reduzieren würde.

Die Ausbreitungsgeschwindigkeit von Longitudinalwellen

Die Geschwindigkeit einer Longitudinalwelle berechnet sich nach einer Gleichung, die der einer Transversalwelle auf einem Seil ähnelt (Gleichung 15.2):

$$v = \sqrt{\frac{\text{Elastizitätsmodul}}{\text{Dichte}}}\,.$$

Für eine Longitudinalwelle, die sich entlang eines langen Stabs ausbreitet, gilt:

$$v = \sqrt{\frac{E}{\rho}}\,, \quad \text{(Longitudinalwelle in einem langen Stab)} \qquad (15.3)$$

wobei E das Elastizitätsmodul (Abschnitt 12.5) eines Materials und ρ seine Dichte ist. Für eine Longitudinalwelle, die sich durch eine Flüssigkeit oder ein Gas ausbreitet, gilt:

$$v = \sqrt{\frac{K}{\rho}}\,, \quad \text{(Longitudinalwelle in einer Flüssigkeit)} \qquad (15.4)$$

wobei K das Kompressionsmodul (Abschnitt 12.5) und ρ wiederum die Dichte ist.

Nun leiten wir Gleichung 15.4 ab. Betrachten Sie ein Wellenpaket, das sich in einer Flüssigkeit ausbreitet, die sich in einem langen Röhrchen mit kleinem Durchmesser befindet, so dass die Bewegung als eindimensional aufgefasst werden kann. Das Röhrchen ist mit einem Kolben am Ende ausgestattet und wird mit einer Flüssigkeit gefüllt, die zum Zeitpunkt $t = 0$ eine gleichförmige Dichte ρ und einen gleichförmigen Druck p_0 hat (► Abbildung 15.9a).

Zu einem bestimmten Moment bewegt sich der Kolben mit der Geschwindigkeit v' nach rechts und komprimiert so die vor ihm liegende Flüssigkeit. In der (kurzen) Zeit Δt legt der Kolben die Distanz $v'\Delta t$ zurück. Die komprimierte Flüssigkeit bewegt sich gleichfalls mit der Geschwindigkeit v', doch der Frontabschnitt des komprimierten Bereichs bewegt sich mit einer Geschwindigkeit v nach rechts, die viel größer ist als die Kolbengeschwindigkeit v'. Die Geschwindigkeit v ist die Ausbreitungsgeschwindigkeit der Druckwelle, die wir berechnen wollen. Sie hängt von den Stoffgrößen der Flüssigkeit ab – dem Kompressionsmodul und der Dichte. Der komprimierte Frontabschnitt (der zum Zeitpunkt $t = 0$ direkt am Kolben anlag) legt also eine Distanz $v\Delta t$ in der Zeit Δt zurück (► Abbildung 15.9b). Möge nun der Druck des komprimierten Bereichs $p_0 + \Delta p$ sein, der um Δp größer ist als in der unkomprimierten Flüssigkeit. Um den Kolben nach rechts zu bewegen, ist eine externe, nach rechts gerichtete Kraft $(p_0 + \Delta p)A$ erforderlich,

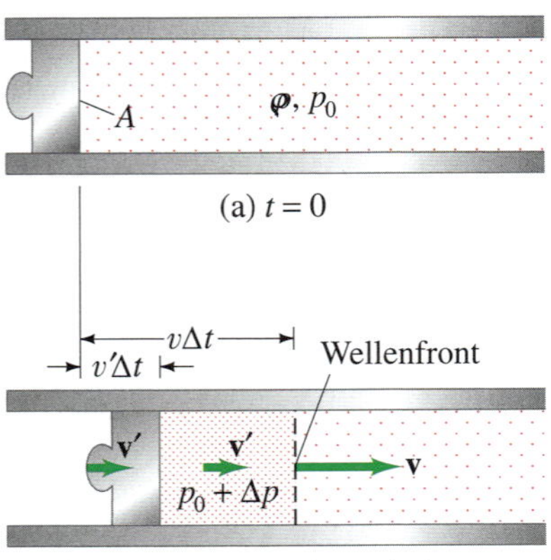

Abbildung 15.9 Ermittlung der Ausbreitungsgeschwindigkeit einer eindimensionalen Longitudinalwelle in einer Flüssigkeit, die sich in einem langen Röhrchen befindet.

wobei A die Querschnittsfläche des Röhrchens ist. Die resultierende Kraft auf den komprimierten Bereich der Flüssigkeit ist demnach

$$F_{res} = (p_0 + \Delta p)A - p_0 A = A\Delta p \,,$$

da die unkomprimierte Flüssigkeit eine Kraft $p_0 A$ links vom Frontabschnitt erfährt. Somit ergibt sich für die Impulsänderung der komprimierten Flüssigkeit im Zeitintervall Δt

$$F_{res}\Delta t = \Delta m v'$$
$$A\Delta p \Delta t = (\rho A v \Delta t) v' \,,$$

wobei $(\rho A v t)$ die Flüssigkeitsmasse darstellt, die die Geschwindigkeit v' erhält (der komprimierte Flüssigkeitsabschnitt A legt die Entfernung $v\Delta t$ zurück (► Abbildung 15.9), somit wird das bewegte Volumen $Av\Delta t$). Wir erhalten somit

$$\Delta p = \rho v v' \,.$$

Aus der Definition des Kompressionsmoduls K (Gleichung 12.7a) folgt

$$K = -\frac{\Delta p}{\Delta V / V_0} = -\frac{\rho v v'}{\Delta V / V_0} \,,$$

wobei $\Delta V / V_0$ die auf das ursprüngliche Volumen V_0 bezogene Volumenänderung aufgrund der Kompression ist. Das ursprüngliche Volumen der (unkomprimierten) Flüssigkeit ist $V_0 = Av\Delta t$ (► Abbildung 15.9), und es ist komprimiert worden durch den Betrag $\Delta V = -Av'\Delta t$ (► Abbildung 15.9b). Es folgt

$$K = \frac{\rho v v'}{\Delta V / V_0} = -\rho v v' \left(\frac{Av\Delta t}{-Av'\Delta t} \right) = \rho v^2$$

und damit:

$$v = \sqrt{\frac{K}{\rho}} \,,$$

was mit Gleichung 15.4 übereinstimmt.

Die Ableitung von Gleichung 15.3 erfolgt analog, berücksichtigt jedoch die Expansion der Seiten eines Stabs während der Kompression eines der Stabenden.

Beispiel 15.2 **Echo-Ortung**

Echo-Ortung ist eine Form sensorischer Wahrnehmung, die von Tieren wie Fledermäusen, Walen und Tümmlern genutzt wird. Die Tiere senden ein Wellenpaket (eine Longitudinalwelle) aus, das von den Objekten der Umgebung reflektiert wird. Das reflektierte Signal wird von den Tieren registriert. Von Walen ausgesandte Wellen zur Echo-Ortung haben Frequenzen von ungefähr 200 000 Hertz. (a) Wie groß ist die Wellenlänge dieser Welle? (b) Wie lange dauert es, bis ein Wal das reflektierte Signal eines Hindernisses, das sich in 100 m Entfernung von ihm befindet, wahrnimmt?

Lösung

a Um mit der gegebenen Frequenz die Wellenlänge zu bestimmen, müssen wir zunächst die Geschwindigkeit von Schallwellen im Meerwasser ausrechnen. Dabei nutzen wir Gleichung 15.4 sowie die Tabellen 12.1 und 13.1:

$$v = \sqrt{\frac{K}{\rho}} = \sqrt{\frac{2{,}0 \cdot 10^9\ \mathrm{N/m^2}}{1{,}025 \cdot 10^3\ \mathrm{kg/m^3}}} = 1{,}40 \cdot 10^3\ \mathrm{m/s} \,.$$

ANGEWANDTE PHYSIK

Räumliche Wahrnehmung nutzt Schallwellen

Nun nutzen wir Gleichung 15.1 und erhalten

$$\lambda = V/f = (1{,}40 \cdot 10^3\ \text{m/s})/(2{,}0 \cdot 10^5\ \text{Hz}) = 7{,}0\ \text{mm}\ .$$

Wie wir später sehen werden, können Wellen dazu genutzt werden, Objekte „aufzulösen", deren Größe vergleichbar mit der oder größer als die Wellenlänge ist. Demnach kann ein Wal auch winzige Objekte orten.

b Die Zeit, nach der der Wal das reflektierte Signal wahrnimmt, ist gegeben durch

$$t = \frac{\textit{Entfernung}}{\textit{Geschwindigkeit}} = \frac{2 \cdot 100\ \text{m}}{1{,}40 \cdot 10^3\ \text{m/s}} = 0{,}14\ \text{s}\ .$$

ANGEWANDTE PHYSIK

Erdbebenwellen

Andere Wellen

Bei einem Erdbeben entstehen sowohl transversale als auch longitudinale Wellen. Die Transversalwellen, die durch den Erdkörper laufen, heißen S-Wellen (S für Scherung), die Longitudinalwellen werden Druckwellen (P-Wellen, von engl. *pressure*) genannt. Sowohl Longitudinal- als auch Transversalwellen können sich in einem Festkörper ausbreiten, da die Atome oder Moleküle in jede Richtung relativ zu ihrer Ruhelage schwingen können. In Flüssigkeiten hingegen können sich nur Longitudinalwellen ausbreiten, da eine transversale Ausbreitung keine rücktreibende Kraft bewirken würde, denn eine Flüssigkeit ist durch Scherung sehr leicht verformbar. Aus diesem Grund folgerten Geophysiker, dass ein Teil des Erdkerns flüssig sein muss: Longitudinalwellen können durch den gesamten Erddurchmesser laufen und auf der anderen Erdseite nachgewiesen werden, nicht jedoch Transversalwellen.

Neben diesen beiden Wellentypen, die sich im Erdkörper (oder eine andere Substanz) ausbreiten können, gibt es noch *Oberflächenwellen*, die sich entlang der Grenzfläche zweier eng beieinander liegender Materialien ausbreiten. Eine Wasserwelle ist genau genommen ein Oberflächenwelle, die sich an der Grenzfläche zwischen Luft und Wasser ausbreitet. Die Bewegung jedes Wasserteilchens an der Oberfläche ist kreisförmig oder elliptisch (▸ Abbildung 15.10), somit ist sie eine Kombination aus transversalen und longitudinalen Bewegungen. Unter der Oberfläche gibt es gleichfalls ein Gemisch aus transversalen und longitudinalen Wellenbewegungen, wie abgebildet. Auf dem Grund ist die Bewegung ausschließlich longitudinal. Wenn sich eine Welle dem Ufer nähert, wird sie am Grund durch Reibung verlangsamt, während sich der Wellenberg mit größerer Geschwindigkeit weiter fortbewegt (▸ Abbildung 15.11) und sich an der Spitze überschlägt.

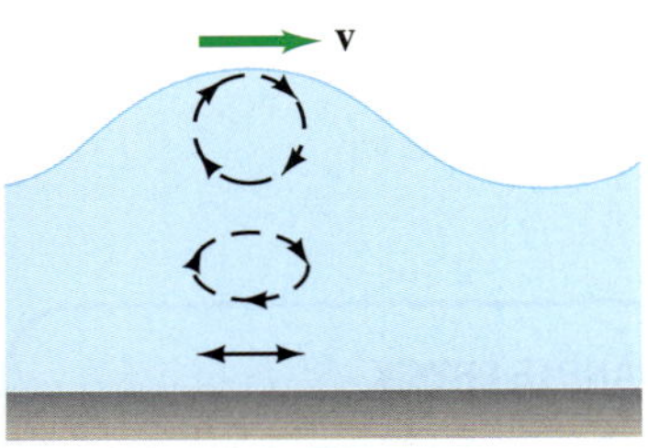

Abbildung 15.10 Eine Wasserwelle ist ein Beispiel für eine Oberflächenwelle, eine Überlagerung aus Transversal- und Longitudinalwellen.

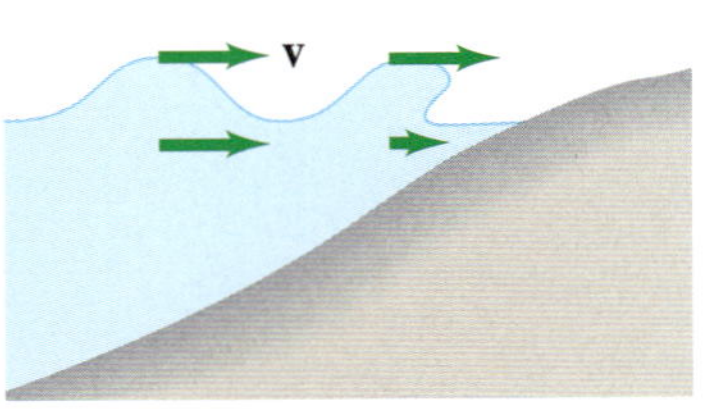

Abbildung 15.11 Wie eine Welle bricht. Die grünen Pfeile bedeuten die Geschwindigkeit der Wassermoleküle.

Oberflächenwellen treten auch bei einem Erdbeben auf. Sie breiten sich entlang der Erdoberfläche aus und sind die Hauptverursacher von Erdbebenschäden.

Wellen, die sich in einer Richtung entlang einer Linie ausbreiten, wie Transversalwellen auf einer gespannten Schnur oder Longitudinalwellen in einem Stab oder einem flüssigkeitsgefüllten Röhrchen, heißen *lineare* oder *eindimensionale Wellen*. Oberflächenwellen wie die Wasserwellen aus ▸ Abbildung 15.1 sind *zweidimensionale Wellen*. Wellen schließlich, die sich von einer Quelle ausgehend in alle Richtungen ausbreiten, wie Schallwellen eines Lautsprechers oder Erdbebenwellen durch den Erdkörper, sind *dreidimensionale Wellen*. Wir werden mit allen drei Typen von Wellen zu tun haben, besonders aber mit eindimensionalen Wellen, da sie einfacher aufgebaut und leichter zu verstehen sind.

15.3 Energietransport in Wellen

Wellen übertragen Energie von einem Ort zum andern. Wenn Wellen sich durch ein Medium ausbreiten, wird die Energie als Schwingungsenergie von einem Teilchen zum nächsten Teilchen des Mediums übertragen. Bei einer sinusförmigen Welle

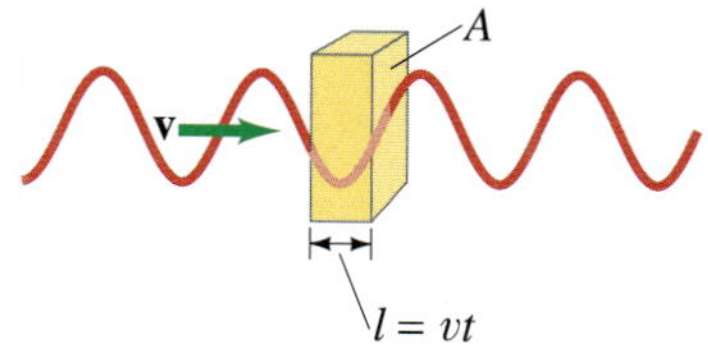

Abbildung 15.12 Berechnung der von einer Welle mit der Geschwindigkeit v übertragenen Energie.

der Frequenz f bewegen sich die Teilchen entsprechend einer Bewegung eines harmonischen Oszillators. Dabei hat jedes Teilchen die Energie $E = \frac{1}{2}kD_M^2$, wobei D_M die maximale Auslenkung (Amplitude) der Teilchenbewegung ist, entweder transversal oder longitudinal (siehe ▶ Abbildung 14.10a, in der wir D_M durch A ersetzt haben). Unter Benutzung von Gleichung 14.7a können wir schreiben $k = 4\pi^2 mf^2$, wobei m die Masse eines Teilchens (oder kleinen Volumens) des Mediums ist. Mit der Frequenz ausgedrückt ergibt sich

$$E = \frac{1}{2}kD_M^2 = 2\pi^2 mf^2 D_M^2 .$$

Für dreidimensionale Wellen, die sich in einem elastischen Medium ausbreiten, ist die Masse $m = \rho V$, wobei ρ die Dichte des Mediums und V das Volumen eines kleinen Ausschnitts des Mediums ist. Für das Volumen gilt $V = Al$, A ist darin der Querschnitt, durch den die Welle wandert (▶ Abbildung 15.12). Wir können l als die Distanz auffassen, die die Welle in der Zeit Δt als $l = v\Delta t$ zurücklegt, wobei v die Ausbreitungsgeschwindigkeit ist. Somit gilt $m = \rho V = \rho Al = \rho Av\Delta t$ und

$$\Delta E = 2\pi^2 \rho A v \Delta t f^2 D_M^2 . \tag{15.5}$$

Wellenenergie ∝ (Amplitude)²
Wellenenergie ∝ (Frequenz)²

Aus dieser Gleichung erhalten wir das wichtige Resultat, dass **die in einer Welle transportierte Energie proportional zum Quadrat der Amplitude und zum Quadrat der Frequenz ist.** Die durchschnittliche Energieübertragungsrate ist die Durchschnittsleistung:

$$\overline{P} = \frac{\Delta E}{\Delta t} = 2\pi^2 \rho A v f^2 D_M^2 . \tag{15.6}$$

Die Intensität I einer Welle schließlich ist definiert als durchschnittliche Leistung, die durch eine Einheitsfläche senkrecht zum Energiestrom transportiert wird:

Intensität

$$I = \frac{\overline{P}}{A} = 2\pi^2 v \rho f^2 D_M^2 . \tag{15.7}$$

Wenn eine Welle sich von einer Quelle in alle Richtungen ausbreitet, handelt es sich um eine dreidimensionale Welle. Beispiele sind Schallwellen unter freiem Himmel, Erdbebenwellen und Lichtwellen. Ist das Medium isotrop (in allen Richtungen von gleicher Beschaffenheit), so spricht man von *sphärischen Wellen* (▶ Abbildung 15.13). Indem sich die Welle ausbreitet, wird die übertragene Energie über einen immer größer werdenden Bereich verteilt, denn eine sphärische Oberfläche mit Radius r ist gleich $4\pi r^2$. Damit wird die Intensität einer Welle

$$I = \frac{\overline{P}}{A} = \frac{\overline{P}}{4\pi r^2} .$$

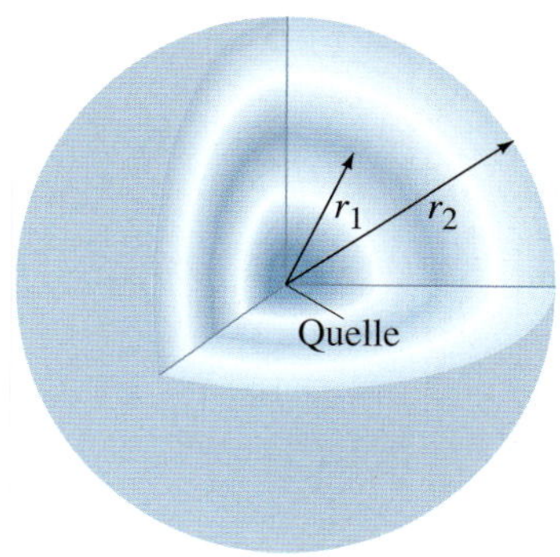

Abbildung 15.13 Wellen, die sich von einer Quelle fortbewegen, haben eine sphärische Form. Gezeigt sind zwei unterschiedliche Wellenbäuche (oder Wellenknoten) mit Radius r_1 und r_2.

Ist die Durchschnittsleistung $\overline{P}$ konstant, so nimmt die Intensität proportional zum quadrierten Abstand von der Quelle ab:

$$I \propto \frac{1}{r^2} \quad \text{(sphärische Welle)} \tag{15.8a}$$

Intensität $I \propto \frac{1}{r^2}$

Betrachten wir zwei Punkte mit den Abständen r_1 und r_2 von der Quelle (▶ Abbildung 15.13), so ist

$$I_1 = \overline{P}/4\pi r_1^2 \quad \text{und} \quad I_2 = \overline{P}/4\pi r_2^2 ,$$

$$\frac{I_2}{I_1} = \frac{r_1^2}{r_2^3} . \tag{15.8b}$$

Somit reduziert sich beispielsweise die Intensität auf ein Viertel ihres Wertes, wenn sich der Abstand verdoppelt ($r_2/r_1 = 2$): $I_2/I_1 = (\frac{1}{2})^2 = \frac{1}{4}$.

Die Amplitude einer Welle nimmt gleichfalls mit dem Abstand ab. Da die Intensität proportional zum Quadrat der Amplitude ist ($I \propto D_M^2$, Gleichung 15.7), muss die Amplitude mit $1/r$ abnehmen, so dass $I \propto D_M^2$ proportional zu $1/r^2$ ist (Gleichung 15.8a). Also gilt

Amplitude $\propto \frac{1}{r}$

$$D_M \propto \frac{1}{r} .$$

Um das direkt aus Gleichung 15.6 zu folgern, betrachten wir wiederum zwei unterschiedliche Abstände von der Quelle, r_1 und r_2. Bei konstanter Leistungsemission gilt $A_1 D_{M1}^2 = A_2 D_{M2}^2$, wobei D_{M1} und D_{M2} die Amplituden der Welle bei r_1 und r_2 sind. Mit $A_1 = 4\pi r_1^2$ und $A_2 = 4\pi r_2^2$ erhalten wir $(D_{M1}^2 r_1^2) = (D_{M2}^2 r_2^2)$ oder

$$\frac{D_{M2}}{D_{M1}} = \frac{r_1}{r_2} .$$

Ist die Welle zweimal so weit von der Quelle entfernt, ist die Amplitude halb so groß – so lange wie wir Dämpfung durch Reibung vernachlässigen können.

Beispiel 15.3 **Intensität von Erdbeben**

Wenn die Intensität einer longitudinalen Erdbebenwelle 100 km von der Quelle $1{,}0 \cdot 10^6\ \mathrm{W/m^2}$ ist, wie groß ist dann die Intensität in 400 km Entfernung?

Lösung

Die Intensität nimmt mit dem Entfernungsquadrat ab. Daher wird die Intensität in 400 km Abstand $(\frac{1}{4})^2 = \frac{1}{16}$ des Wertes in 100 km Entfernung betragen, also $6{,}2 \cdot 10^4\ \mathrm{W/m^2}$. Alternativ können wir auch Gleichung 15.8b benutzen: $I_2 = I_1 r_1^2 / r_2^2 = (1{,}0 \cdot 10^6\ \mathrm{W/m^2})(100\ \mathrm{km})^2/(400\ \mathrm{km})^2 = 6{,}2 \cdot 10^4\ \mathrm{W/m^2}$.

Für eine eindimensionale Welle wie eine Transversalwelle auf einem Seil oder ein longitudinales Wellenpaket entlang eines dünnen Metallstabs ist die Situation anders. Der Ausbreitungsbereich bleibt konstant, also bleibt auch die Amplitude A_M konstant (Reibung vernachlässigt). Somit nehmen Amplitude und Intensität nicht mit dem Abstand ab.

In der Realität ist Dämpfung durch Reibung stets gegenwärtig, und ein Teil der Energie einer Welle wird in thermische Energie umgewandelt. Somit verringern sich Amplitude und Intensität einer eindimensionalen Welle mit wachsendem Abstand von der Quelle. Für eine dreidimensionale Welle wird die Abnahme größer sein als die oben diskutierte, obgleich der Effekt oft recht gering sein mag.

15.4 Mathematische Beschreibung der Wellenausbreitung

Wir wollen nun eine Welle betrachten, die sich entlang der x-Achse ausbreitet. Es könnte beispielsweise eine Transversalwelle auf einem Seil oder eine Longitudinalwelle entlang eines Stabes oder flüssigkeitsgefüllten Röhrchens sein. Wir setzen voraus, dass die Wellenform sinusförmig ist und eine Wellenlänge λ und Frequenz f besitzt. Zum Zeitpunkt $t = 0$ ist die Wellenform gegeben durch

$$D(x) = D_M \sin \frac{2\pi}{\lambda} x , \qquad (15.9)$$

(dargestellt durch die durchgehende Kurve in ► Abbildung 15.14). $D(x)$ ist die **Auslenkung**[2] der Welle (sei sie nun longitudinal oder transversal) an Position x, und D_M ist die **Amplitude** (maximale Auslenkung) der Welle. Diese Beziehung ergibt eine Kurve, die sich selbst stets nach einer Wellenlänge wiederholt. Das genau haben wir beabsichtigt, so dass die Auslenkung bei $x = 0, x = \lambda, x = 2\lambda$ und so weiter dieselbe ist (da $\sin 4\pi = \sin 2\pi = \sin 0$).

2 Einige Bücher schreiben $y(x)$ anstelle von $D(x)$. Um Verwirrung zu vermeiden, reservieren wir y (und z) für die Koordinatenpositionen von Wellen in zwei oder drei Dimensionen. Unser $D(x)$ kann für Druck (in Longitudinalwellen), Auslenkung (in transversalen mechanischen Wellen) oder – wie wir noch sehen werden – elektrische oder magnetische Felder in elektromagnetischen Wellen stehen.

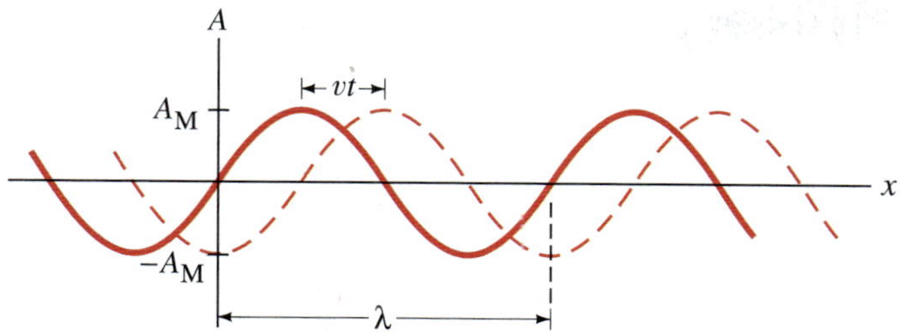

Abbildung 15.14 Eine sich ausbreitende Welle. In der Zeit t legt sie die Distanz vt zurück.

Stellen wir uns nun vor, dass sich die Welle mit der Geschwindigkeit v nach rechts bewegt. Nach einer Zeit t hat sich jeder Teil der Welle (tatsächlich die gesamte Wellenform) nach rechts bewegt. Das zeigt die gestrichelte Kurve aus ▶ Abbildung 15.14 an. Betrachten Sie einen beliebigen Punkt auf der Welle zum Zeitpunkt $t = 0$: etwa ein Wellenkamm, der sich an einer bestimmten Stelle x befindet. Nach einer Zeit t hat dieser Kamm eine Distanz vt zurückgelegt, seine neue Position ist um den Abstand vt größer als seine alte. Um diesen neuen Punkt auf der Wellenform zu beschreiben, muss das Argument der Sinusfunktion dasselbe sein wie zum Zeitpunkt $t = 0$, also ersetzen wir x in Gleichung 15.9 durch $(x - vt)$:

$$D(x,t) = D_M \sin\left[\frac{2\pi}{\lambda}(x - vt)\right] . \qquad (15.10a)$$

Eindimensionale Welle, die sich in positive *x*-Richtung fortbewegt

Anders gesagt, wenn Sie auf einem Wellenkamm reiten, bleibt das Argument der Sinusfunktion $(2\pi/\lambda)(x - vt)$ gleich $(= \pi/2, 5\pi/2$ usw.). Wenn t wächst, muss x um denselben Betrag wachsen, damit $(x - vt)$ konstant bleibt.

Gleichung 15.10a ist die mathematische Darstellung einer sinusförmigen Welle, die sich entlang der x-Achse nach rechts (x wächst) bewegt. Sinusförmige Wellen bezeichnen wir auch als harmonische Wellen. Sie liefert die Auslenkung $D(x, t)$ der Welle an jedem beliebigen Punkt x zu jeder beliebigen Zeit t. Die Funktion $D(x, t)$ beschreibt eine Kurve, die die tatsächliche Wellenform im Raum zum Zeitpunkt t darstellt. Mit $v = \lambda f$ (Gleichung 15.1) können wir Gleichung 15.10a in andere Formen bringen, die oft vorteilhafter sind:

$$D(x,t) = D_M \sin\left(\frac{2\pi x}{\lambda} - \frac{2\pi t}{T}\right) , \qquad (15.10b)$$

Eindimensionale Welle, die sich in positive *x*-Richtung fortbewegt

worin $T = 1/f = \lambda/v$ die Periode ist; und

$$D(x,t) = D_M \sin(kx - \omega t) , \qquad (15.10c)$$

Eindimensionale Welle, die sich in positive *x*-Richtung fortbewegt

worin $\omega = 2\pi f = 2\pi/T$ die Winkelgeschwindigkeit und

$$k = \frac{2\pi}{\lambda} \qquad (15.11)$$

die Wellenzahl ist. (Nicht zu verwechseln mit der Federkonstanten k; es sind sehr unterschiedliche Größen.) Alle drei Formen, Gleichungen 15.10a, 15.10b und 15.10c sind gleichwertig. Gleichung 15.10c ist am einfachsten zu schreiben und möglicherweise die allgemeinste. Die Größe $(kx - \omega t)$ und ihre Äquivalente in den anderen beiden Gleichungen sind die **Phasen** einer Welle. Die Ausbreitungsgeschwindigkeit v wird Phasengeschwindigkeit genannt, da sie die Geschwindigkeit einer festen Phase (oder Form) der Welle beschreibt. Sie kann mit ω und k ausgedrückt werden als

$$v = \lambda f = \left(\frac{2\pi}{k}\right)\left(\frac{\omega}{2\pi}\right) = \frac{\omega}{k} . \qquad (15.12)$$

Für eine Welle, die sich in negativer x-Richtung bewegt (abnehmende x-Werte), nutzen wir wiederum Gleichung 15.9 und bemerken, dass ein bestimmter Punkt auf der Welle seine x-Position mit $-vt$ in der Zeit t ändert. Folglich muss x in

Gleichung 15.9 durch $(x + vt)$ ersetzt werden. Für eine mit der Geschwindigkeit v nach links wandernde Welle gilt somit

Eindimensionale Welle, die sich in negative *x*-Richtung fortbewegt

$$D(x,t) = D_M \sin\left[\frac{2\pi}{\lambda}(x + vt)\right] . \tag{15.13a}$$

$$D(x,t) = D_M \sin\left(\frac{2\pi x}{\lambda} + \frac{2\pi t}{T}\right) , \tag{15.13b}$$

$$D(x,t) = D_M \sin(kx + \omega t) , \tag{15.13c}$$

In anderen Worten: Wir ersetzen einfach v in Gleichung 15.10 durch $-v$.

Wir wollen noch einen Blick auf Gleichung 15.13c werfen (oder ebenso gut auf Gleichung 15.10c). Zum Zeitpunkt $t = 0$ haben wir

$$D(x,0) = D_M \sin kx ,$$

als Startwert unserer sinusförmigen Wellenform. Schauen wir uns die Wellenform im Raum zu einem bestimmten späteren Zeitpunkt t_1 an, so erhalten wir

$$D(x,t_1) = D_M \sin(kx + \omega t_1) .$$

Das bedeutet, wenn wir ein Bild der Welle zum Zeitpunkt $t = t_1$ schießen, würden wir eine Sinuswelle mit dem Phasenfaktor ωt_1 sehen. Für einen festen Wert $t = t_1$ hat die Welle folglich eine Sinusform im Raum. Sehen wir uns andererseits einen festliegenden Ort an, etwa $x = 0$, können wir das Zeitverhalten der Welle studieren:

$$D(0,t) = D_M \sin \omega t .$$

Dabei haben wir Gleichung 15.13c benutzt. Das ist die uns aus Abschnitt 14.2 (Gleichung 14.4) bekannte Gleichung für die harmonische Schwingung. Für jeden anderen festen x-Wert wie $x = x_1$ gilt $D = D_M \sin(\omega t + kx_1)$, was sich nur durch den konstanten Phasenfaktor kx_1 unterscheidet. Folglich verhält sich die Auslenkung in der Zeit exakt wie eine harmonische Schwingung. Die Gleichungen 15.10 und 15.13 kombinieren diese Aspekte und geben uns die Darstellung einer **bewegten Sinuswelle** (auch **harmonische Welle** genannt).

Das Argument der Sinusfunktion in den Gleichungen 15.10 und 15.13 kann in einer allgemeinen Formulierung auch noch einen Phasenwinkel ϕ enthalten:

$$D(x,t) = D_M \sin(kx \pm \omega t + \phi) .$$

Dadurch wird die Auslenkung der Welle zum Zeitpunkt $t = 0$ am Ort $x = 0$ festgelegt, genau wie in Abschnitt 14.2 (siehe ► Abbildung 14.7). Ist die Auslenkung null zum Zeitpunkt $t = 0$ am Ort $x = 0$, wie in ► Abbildung 14.6, so ist $\phi = 0$.

Wir betrachten nun eine allgemeine Welle (oder ein Wellenpaket) einer beliebigen Form. Sind Reibungsverluste vernachlässigbar, so wahren Wellen, während sie sich ausbreiten, ihre Form, wie Experimente zeigen. Folglich können wir in derselben Weise argumentieren wie direkt nach Herleitung von Gleichung 15.9. Die Form der Welle sei zum Zeitpunkt $t = 0$ gegeben durch

$$D(x,0) = D(x) ,$$

wobei $D(x)$ die Auslenkung der Welle am Ort x und nicht notwendig sinusförmig ist. Zu einem späteren Zeitpunkt, wenn sich die Welle nach rechts auf der x-Achse bewegt, wird die Welle dieselbe Form haben, doch alle Teile haben sich mit der Phasengeschwindigkeit v zum Ort vt hinbewegt. Um die Amplitude zur Zeit t zu erhalten, müssen wir folglich x durch $x - vt$ ersetzen:

$$D(x,t) = D(x - vt) . \tag{15.14}$$

Bewegt sich die Welle dagegen nach links, ersetzen wir x durch $x + vt$ und erhalten

$$D(x,t) = D(x + vt) . \tag{15.15}$$

Jede Welle, die sich entlang der x-Achse ausbreitet, muss entweder die Form von Gleichung 15.14 oder 15.15 haben.

Beispiel 15.4 Eine sich ausbreitende Welle

Das linke Ende eines langen, horizontal gespannten Seils oszilliert harmonisch mit einer Frequenz von $f = 250$ Hz und einer Amplitude von 2,6 cm. Wir gehen wieder von einem unendlich dünnen Seil aus. Die Seilspannung beträgt 140 N, die Dichte des Seils ist $\mu = 0{,}12$ kg/m. Zum Zeitpunkt $t = 0$ hat das Seilende eine positive Auslenkung von 1,6 cm und beginnt zu fallen (▶ Abbildung 15.15). Bestimmen Sie (a) die Wellenlänge der erzeugten Wellen und (b) die Gleichung der bewegten Welle.

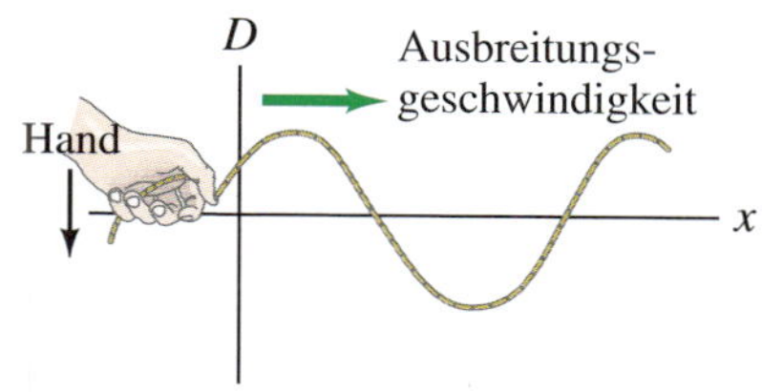

Abbildung 15.15 Beispiel 15.4: Die Welle zum Zeitpunkt $t = 0$ (die Hand fällt); nicht maßstabsgetreu.

Lösung

a Die Ausbreitungsgeschwindigkeit ist

$$v = \sqrt{\frac{F_T}{\mu}} = \sqrt{\frac{140\,\text{N}}{0{,}12\,\text{kg/m}}} = 34\,\text{m/s}\,.$$

Damit folgt

$$\lambda = \frac{v}{f} = \frac{34\,\text{m/s}}{250\,\text{Hz}} = 0{,}14\,\text{m} \quad \text{oder} \quad 14\,\text{cm}\,.$$

b Sei $x = 0$ am linken Seilende. Die Wellenphase zum Zeitpunkt $t = 0$ ist nicht allgemein null, wie wir in den Gleichungen 15.9, 15.10 und 15.13 vorausgesetzt haben. Die allgemeine Form einer sich nach rechts bewegenden Welle ist damit

$$D(x,t) = D_M \sin(kx - \omega t + \phi)\,,$$

worin ϕ der Phasenwinkel ist. In unserem Fall ist die Amplitude $D_M = 2{,}6$ cm; zum Zeitpunkt $t = 0$, am Ort $x = 0$ beträgt die Auslenkung laut Aufgabenstellung 1,6 cm. Damit gilt

$$1{,}6 = 2{,}6 \sin\phi\,,$$

woraus sich $\phi = 0{,}66$ rad errechnet. Wir haben zudem $\omega = 2\pi f = 1570\,\text{s}^{-1}$ und $k = 2\pi/\lambda = 45\,\text{m}^{-1}$. Es folgt

$$D = 0{,}026 \sin(45x - 1570t + 0{,}66)\,,$$

(D und x in Meter, t in Sekunden).

15.5 Die Wellengleichung

Viele Wellenarten genügen einer wichtigen allgemeinen Gleichung, die analog zu Newtons zweitem Axiom für die Bewegung von Körpern ist. Diese „Bewegungsgleichung für Wellen“ heißt **Wellengleichung**. Wir werden sie nun für Wellen, die sich entlang eines horizontal gespannten Seiles ausbreiten, herleiten.

Wir setzen voraus, dass die Auslenkung klein im Vergleich zur Wellenlänge ist, so dass sich jeder Punkt auf dem Seil ausschließlich in vertikaler Richtung bewegt. Außerdem soll sich die Zugspannung F_Z während der Schwingung nicht verändern. Wir wenden Newtons zweites Axiom, $\sum F = ma$, auf die vertikale Bewegung eines beliebigen Seilsegments an (▶ Abbildung 15.16). Die Wellenamplitude ist klein, so dass auch die Winkel ϕ_1 und ϕ_2, die das Seil mit der Horizontalen einschließt, klein sind. Die Länge dieses Segments ist näherungsweise Δx, und seine Masse ist $\mu\Delta x$, wobei μ die Seilmasse pro Längeneinheit ist. Die vertikal re-

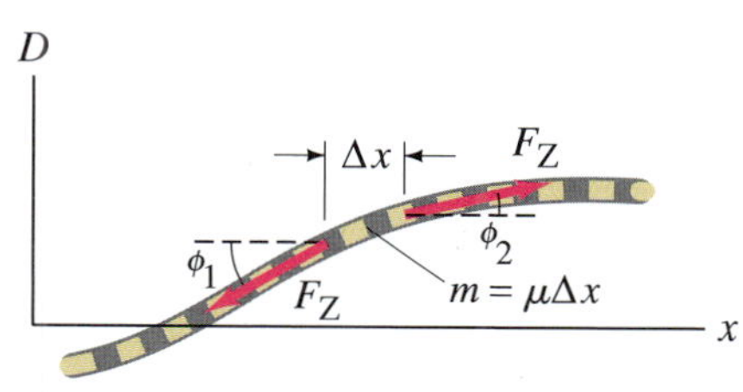

Abbildung 15.16 Ableitung der Wellengleichung aus dem zweiten Newton'schen Axiom: Ein Seilsegment erfährt die Zugspannung F_Z.

sultierende Kraft auf diesen Seilsegment ist $F_T \sin\phi_2 - F_T \sin\phi_1$. Die Anwendung des zweiten Newton'schen Axioms auf die vertikale Richtung (y) ergibt

$$\sum F_y = ma_y \Rightarrow$$

$$F_Z \sin\phi_2 - F_Z \sin\phi_1 = (\mu\Delta x)\frac{\partial^2 D}{\partial t^2} .$$

Wir haben die Beschleunigung als $a_y = \partial^2 D/\partial t^2$ aufgeschrieben, da die Bewegung nur vertikal sein soll. Wir verwenden die partielle Ableitung, weil die Auslenkung D eine Funktion sowohl der Zeit als auch des Ortes ist.

Weil die Winkel ϕ_1 und ϕ_2 als ausreichend klein vorausgesetzt sind, gilt $\sin\phi \approx \tan\phi$, und $\tan\phi$ ist gleich der Steigung s des Seils an jedem Punkt:

$$\sin\phi \approx \tan\phi = \frac{\partial D}{\partial x} = s .$$

Damit wird aus unserer Gleichung

$$F_Z(s_2 - s_1) = \mu\Delta x\frac{\partial^2 D}{\partial t^2} .$$

oder

$$F_Z = \frac{\Delta s}{\Delta x} = \mu\frac{\partial^2 D}{\partial t^2} , \qquad \text{(a)}$$

worin $\Delta s = s_2 - s_1$ die Steigungsdifferenz an den Grenzen des ausgewählten kleinen Seilsegments ist. Nun lassen wir $\Delta x \to 0$ gehen:

$$F_Z \lim_{\Delta x\to 0}\frac{\Delta s}{\Delta x} = F_Z\frac{\partial s}{\partial x}$$
$$= F_Z\frac{\partial}{\partial x}\left(\frac{\partial D}{\partial x}\right) = F_Z\frac{\partial^2 D}{\partial x^2}$$

da die Steigung $s = \partial D/\partial x$ ist, wie wir oben gesehen haben. Wenn wir das in Gleichung (a) einsetzen, erhalten wir

$$F_Z\frac{\partial^2 D}{\partial x^2} = \mu\frac{\partial^2 D}{\partial t^2}$$

oder

$$\frac{\partial^2 D}{\partial t^2} = \frac{F_Z}{\mu}\frac{\partial^2 D}{\partial x^2} .$$

Wir haben in diesem Kapitel gesehen (Gleichung 15.2), dass die Geschwindigkeit von Wellen auf einem Seil durch $v = \sqrt{F_Z/\mu}$ gegeben ist. Wir können damit die letzte Gleichung schreiben als

Wellengleichung (eindimensional)

$$\frac{\partial^2 D}{\partial x^2} = \frac{1}{v^2}\frac{\partial^2 D}{\partial t^2} . \qquad (15.16)$$

Das ist die **eindimensionale Wellengleichung**, die nicht nur Wellen kleiner Amplitude auf einem Seil beschreibt, sondern auch Longitudinalwellen kleiner Amplitude (wie Schallwellen) in Gasen, Flüssigkeiten und elastisch verformbaren Festkörpern. In diesen Fällen gibt D Druckschwankungen wieder. Die Wellengleichung ist hier eine direkte Folge aus Newtons zweitem Axiom, angewandt auf kontinuierliche elastische Medien. Die Wellengleichung beschreibt auch elektromagnetische Wellen. Dann bezieht sich D auf das elektrische oder magnetische Feld, wie wir in Kapitel 32 noch sehen werden. Gleichung 15.16 gilt nur für eindimensionale Wellen. Für Wellen, die sich dreidimensional ausbreiten, ist die Wellengleichung dieselbe, nur kommen dann noch die Terme $\partial^2 D/\partial y^2$ und $\partial^2 D/\partial z^2$ auf der linken Seite von Gleichung 15.16 hinzu.

Die Wellengleichung ist eine *lineare* Gleichung: Die Auslenkung D tritt in jedem Term nur in erster Potenz auf. Es gibt keine Ausdrücke mit D^2 oder $D(\partial D/\partial x)$. Folglich ist, wenn $D_1(x, t)$ und $D_2(x, t)$ zwei unterschiedliche Lösungen einer linearen Gleichung wie der Wellengleichung sind, die Linearkombination

$$D_3(x, t) = aD_1(x, t) + bD_2(x, t) ,$$

Superpositionsprinzip

worin a und b Konstanten sind, gleichfalls eine Lösung. Das ist leicht überprüfbar, indem man sie direkt in die Wellengleichung einsetzt. Es handelt sich dabei um das *Superpositionsprinzip*, das wir im nächsten Abschnitt diskutieren werden. Grundsätzlich besagt es, dass wenn zwei Wellen denselben Raumbereich zur selben Zeit passieren, die tatsächliche Auslenkung die Summe beider einzelner Auslenkungen ist. Für Seil- oder Schallwellen gilt es nur bei kleiner Amplitude. Ist die Amplitude nicht klein genug, gilt die angenommene Näherung nicht und die Wellengleichung wird nicht linear. Damit gilt das Superpositionsprinzip nicht und es ergeben sich weitere Effekte, auf die wir hier nicht eingehen.

Beispiel 15.5 **Lösung der Wellengleichung**

Verifizieren Sie, dass die sinusförmige Welle (Gleichung 15.10c) $D(x, t) = D_M = \sin(kx - \omega t)$ die Wellengleichung erfüllt.

Lösung

Wir nutzen die Ableitung von Gleichung 15.10c nach der Zeit:

$$\frac{\partial D}{\partial t} = -\omega D_M \cos(kx - \omega t)$$
$$\frac{\partial^2 D}{\partial t^2} = -\omega^2 D_M \sin(kx - \omega t) .$$

Nach x abgeleitet erhalten wir

$$\frac{\partial D}{\partial x} = kD_M \cos(kx - \omega t)$$
$$\frac{\partial^2 D}{\partial x^2} = -k^2 D_M \sin(kx - \omega t)$$

Wenn wir nun die zweiten Ableitungen durcheinander teilen, erhalten wir

$$\frac{\partial^2 D/\partial t^2}{\partial^2 D \partial x^2} = \frac{-\omega^2 D_M \sin(kx - \omega t)}{-k^2 D_M \sin(kx - \omega t)} = \frac{\omega^2}{k^2} .$$

Aus Gleichung 15.12 wissen wir, dass $\omega^2/k^2 = v^2$ ist. Somit erfüllt Gleichung 15.10 die Wellengleichung (Gleichung 15.16).

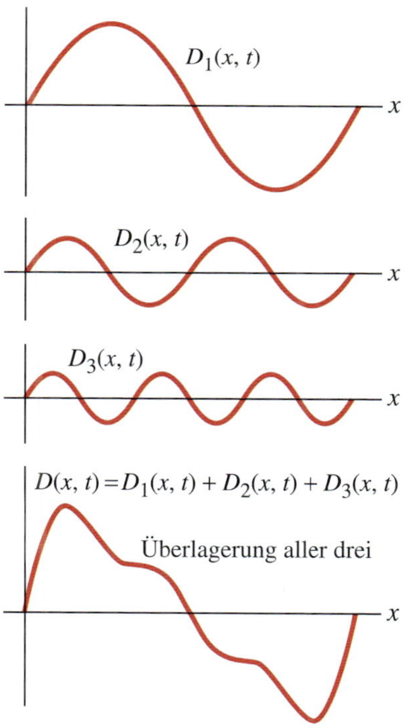

Abbildung 15.17 Das Superpositionsprinzip für eine eindimensionale Welle: eine aus drei sinusförmigen Wellen unterschiedlicher Amplitude und Frequenz zusammengesetzte Welle ($f_0, 2f_0, 3f_0$) zu einem bestimmten Zeitpunkt. Die zusammengesetzte Welle ist an jedem Ort und zu jedem Zeitpunkt die algebraische Summe der Amplituden seiner Teilwellen. Die Amplituden sind vergrößert dargestellt; damit das Superpositionsprinzip gültig ist, müssen sie klein im Vergleich mit den Wellenlängen sein.

15.6 Das Superpositionsprinzip

Wenn zwei oder mehr Wellen zum selben Zeitpunkt denselben Ort passieren, ist für viele Wellen die tatsächliche Auslenkung die algebraische oder Vektorsumme der einzelnen Auslenkungen. Das nennt man das **Superpositionsprinzip (Überlagerungsprinzip)**. Es gilt für mechanische Wellen, solange die Auslenkungen nicht zu groß werden und es eine lineare Beziehung zwischen den Auslenkungen und den elastischen beziehungsweise rücktreibenden Kräften des Mediums gibt.[3] Ist beispielsweise die Amplitude einer mechanischen Welle so groß, dass sie den elastischen Bereich des Mediums überschreitet und demnach das Hooke'sche Ge-

3 Für elektromagnetische Wellen im Vakuum (Kapitel 32) gilt das Superpositionsprinzip immer.

setz nicht mehr gilt, so ist das Superpositionsprinzip nicht mehr genau erfüllt[4] Wir werden uns jedoch größtenteils mit Systemen beschäftigen, in denen wir die Gültigkeit des Superpositionsprinzips voraussetzen dürfen.

Ein Ergebnis des Superpositionsprinzips ist, dass wenn zwei Wellen denselben Raumbereich passieren, sie ihre Bewegung unabhängig voneinander fortsetzen. Vielleicht ist Ihnen zum Beispiel schon einmal aufgefallen, dass Wellen auf einer Wasseroberfläche (zweidimensionale Wellen), die aufeinander zulaufen, nach der „Begegnung" unverändert ihren Weg fortsetzen, als liefen sie durch die jeweils andere Welle hindurch.

▸ Abbildung 15.17 gibt ein Beispiel für das Superpositionsprinzip: Drei Wellen unterschiedlicher Amplitude und Frequenz laufen über ein gespanntes Seil. Zu jedem Zeitpunkt, wie der in der Abbildung gezeigte Moment, ist die tatsächliche Amplitude an einer beliebigen Stelle x die Summe der Amplituden der drei Wellen an der Stelle. Die resultierende Welle ist keine einfache sinusförmige Welle, sie heißt die *zusammengesetzte Welle*. (Amplituden in ▸ Abbildung 15.17 sind überzeichnet.)

Es kann gezeigt werden, dass jede zusammengesetzte Welle als Überlagerung vieler einfacher sinusförmiger Wellen unterschiedlicher Amplituden, Frequenzen und Wellenlängen aufgefasst werden kann. Das nennt man *Fourier'sches Gesetz*. Eine komplexe periodische Welle der Periode T lässt sich darstellen als Summe reiner cosinus- und sinusförmiger Terme, deren Frequenzen ganzzahlige Vielfache von $f = 1/T$ sind. Ist die Welle nicht periodisch, wird aus der Summe ein Integral (*Fourier-Integral*). Obgleich wir hier nicht ins Detail gehen wollen, sehen wir doch die Wichtigkeit sinusförmiger Wellen und der einfachen harmonischen Bewegung: Jede Wellenform lässt sich als Summe von cosinus- und sinusförmigen Wellen auffassen.

ANGEWANDTE PHYSIK

Quadratische Wellen

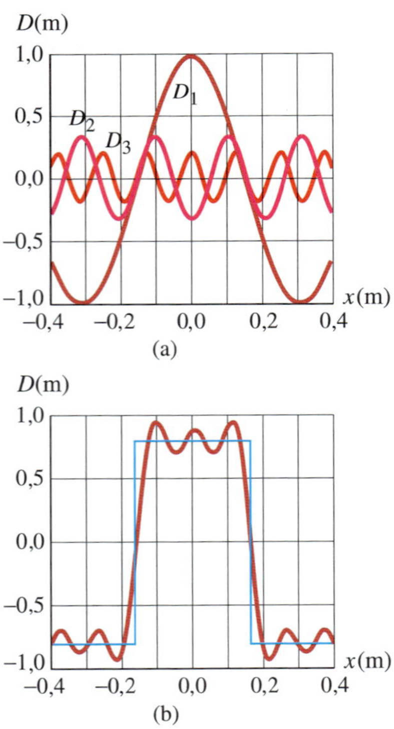

Abbildung 15.18 Beispiel 15.6. Zusammensetzung einer Rechteck-Welle.

Beispiel 15.6 Zusammensetzung einer Rechteck-Welle

Drei Wellen mit $D_1 = D_M \cos kx, D_2 = 1/3 D_M \cos 3kx$ und $D_3 = 1/5 D_M \cos 5kx$ sind zum Zeitpunkt $t = 0$ gegeben. Dabei sind $D_M = 1{,}0\,\text{m}$ und $k = 10\,\text{m}^{-1}$. Zeichnen Sie die Summe der drei Wellen von $x = -0{,}4\,\text{m}$ bis $+0{,}4\,\text{m}$. (Diese drei Wellen sind die ersten drei Fourier-Komponenten einer Rechteck-Welle.)

Lösung

Die erste Welle, D_1, hat eine Amplitude von 1,0 m und eine Wellenlänge $\lambda = 2\pi/k = 2\pi/10\,\text{m} = 0{,}628\,\text{m}$. Die zweite Welle, D_2, hat eine Amplitude von 0,33 m und eine Wellenlänge $\lambda = 2\pi/3k = 2\pi/30\,\text{m} = 0{,}209\,\text{m}$. Die dritte Welle, D_3, hat eine Amplitude von 0,20 m und eine Wellenlänge von $\lambda = 2\pi/5k = 2\pi/50\,\text{m} = 0{,}126\,\text{m}$. Alle drei Wellen sind in ▸ Abbildung 15.18a dargestellt. Die Summe der drei Wellen ist in ▸ Abbildung 15.18b gezeigt. Die Summe beginnt einem Rechteckpuls zu ähneln (blaue Kurve in ▸ Abbildung 15.18b).

Wenn die rücktreibende (elastische) Kraft in einigen kontinuierlichen Medien für mechanische Wellen nicht exakt proportional zur Auslenkung ist, hängt die Ausbreitungsgeschwindigkeit von der Frequenz ab. Die Abhängigkeit der Ausbreitungsgeschwindigkeit von der Frequenz nennt man **Dispersion**. Die unterschiedlichen sinusförmigen Wellen, die eine zusammengesetzte Welle bilden, bewegen sich dann mit leicht unterschiedlicher Geschwindigkeit. Folglich wird die zusammengesetzte Welle ihre Form in dispersiven Medien ändern. Eine reine Sinuswelle behält ihre Form auch in dispersiven

4 Intermodulare Störung (Verzerrung) ist im High-Fidelity-Bereich ein Beispiel für Fälle, in denen das Superpositionsprinzip nicht gilt: Zwei Frequenzen lassen sich in der Elektronik nicht linear kombinieren.

Medien, Reibung und Streuung verändern jedoch die Wellenfunktion einer rein harmonischen Welle. Gibt es keine Dispersion und keine Reibung, so wird auch eine zusammengesetzte lineare Welle ihre Form nicht ändern.

15.7 Reflexion und Transmission

Wenn eine Welle auf ein Hindernis trifft oder das Ende ihres Ausbreitungsmediums erreicht, wird zumindest ein Teil der Welle reflektiert. Wahrscheinlich haben Sie schon einmal gesehen, wie Wasserwellen von einem Felsen oder vom Rand eines Schwimmbeckens reflektiert werden. Und ganz sicher haben Sie schon mal gehört, wie eine Schallwelle zurückgeworfen wird – das nennen wir dann „Echo".

Ein Wellenpaket, das ein Seil entlang läuft, wird wie in ▸ Abbildung 15.19 gezeigt reflektiert. Sie können das selbst mit einem auf dem Tisch liegenden Seil ausprobieren und prüfen, ob das reflektierte Paket invertiert wird wie in ▸ Abbildung 15.19a, wenn das andere Seilende eingespannt ist, oder bei losem Ende aufrecht zurückläuft (▸ Abbildung 15.19b). Im Fall des eingespannten Seils übt das Wellenpaket eine aufwärtsgerichtete Kraft auf die Befestigung aus. Diese übt eine gleiche, jedoch entgegengerichtete Kraft (drittes Newton'sches Axiom) abwärts auf das Seil aus. Diese abwärtsgerichtete Kraft erzeugt das invertierte reflektierte Paket. Das reflektierte Paket hat eine Phasenverschiebung von 180° erfahren, als ob die Phase also um $\frac{1}{2}\lambda$ oder 180° verschoben wäre, von einem Wellenkamm zu einem Wellental. In ▸ Abbildung 15.19b ist das freie Ende weder durch eine Befestigung noch durch zusätzliches Seil eingeschränkt. Es wird daher überschwingen – seine Auslenkung ist zeitweise größer als die des Wellenpakets. Das überschwingende Ende übt eine aufwärtsgerichtete Zugkraft auf das Seil aus, der das reflektierte Paket erzeugt. Folglich wird er nicht invertiert (keine Phasenverschiebung).

Wenn das Wellenpaket aus ▸ Abbildung 15.19a die Wand erreicht, wird nicht die gesamte Energie reflektiert. Ein Teil wird von der Wand absorbiert. Ein Teil der absorbierten Energie wird in Wärme umgewandelt, ein weiterer Teil wandert weiter durch die Wand. Man kann Reflexion und Transmission besser anhand eines Wellenpakets illustrieren, das durch ein Seil läuft, das aus einem leichten

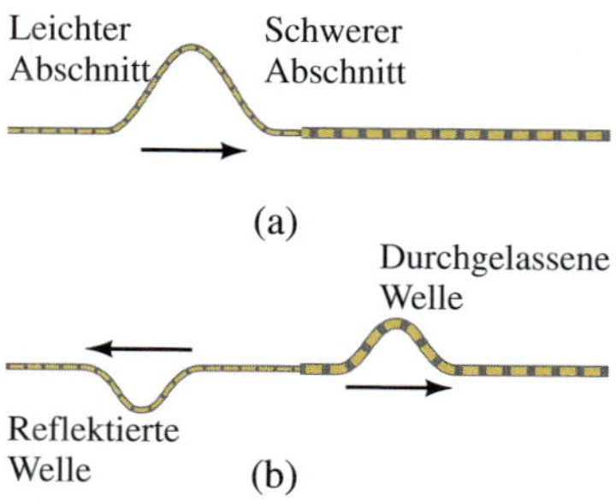

Abbildung 15.20 Läuft ein Wellenpaket in eine Diskontinuität (a), wird ein Teil reflektiert und ein Teil wird durchgelassen (b).

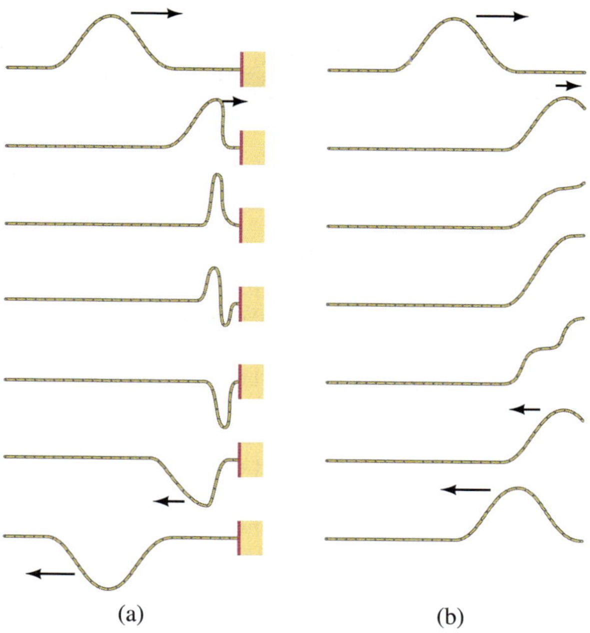

Abbildung 15.19 Reflexion eines Wellenpakets auf einem Seil, wenn das Seilende (a) befestigt und (b) lose ist.

und einem schweren Abschnitt besteht (▶ Abbildung 15.20). Wenn die Welle die Grenze zwischen den beiden Seilabschnitten erreicht, wird ein Teil des Pakets reflektiert, ein anderer läuft, wie dargestellt, weiter. Je schwerer der zweite Abschnitt ist, desto geringer ist die Amplitude des transmittierten (durchgehenden) Wellenpakets. Wenn der zweite Abschnitt eine Wand oder ein Haken ist, wird nur sehr wenig durchgelassen. Bei einer periodischen Welle verändert sich die Frequenz nicht durch die Grenze, da der Grenzpunkt mit eben dieser Frequenz schwingt. Hat folglich die transmittierte Welle eine niedrigere Geschwindigkeit, ist auch ihre Wellenlänge kleiner ($\lambda = v/f$).

Wellenfronten

Bei einer zwei- oder dreidimensionalen Welle, wie Wasserwellen, haben wir es mit **Wellenfronten** zu tun, worunter wir sämtliche Punkte, die den Wellenkamm bilden, verstehen (was wir normalerweise, an der Küste, als Welle bezeichnen). Eine Gerade in Ausbreitungsrichtung der Welle, senkrecht zur Wellenfront, heißt **Strahl**, wie in ▶ Abbildung 15.21 gezeigt. Beachten Sie, dass in ▶ Abbildung 15.21b Wellenfronten in großer Entfernung von ihrer Quelle nahezu ihre gesamte Krümmung verloren haben und fast gerade sind, wie das bei Ozeanwellen oft der Fall ist. Man nennt sie **ebene Wellen**.

Ebene Wellen

Reflexionsgesetz

Bei der Reflexion einer zwei- oder dreidimensionalen Welle (▶ Abbildung 15.22) ist der Winkel, den die *einfallende Welle* mit der reflektierenden Oberfläche bildet, gleich dem Winkel der reflektierten Welle mit der Oberfläche. Das ist das **Reflexionsgesetz: Der Einfallswinkel ist gleich dem Reflexionswinkel (Ausfallswinkel).** Der Einfallswinkel ist definiert als der Winkel, den der einfallende Strahl mit dem Lot auf der reflektierenden Oberfläche bildet (oder den die Wellenfront mit einer Oberflächentangente bildet). Der Reflexionswinkel ist der entsprechende Winkel der reflektierten Welle.

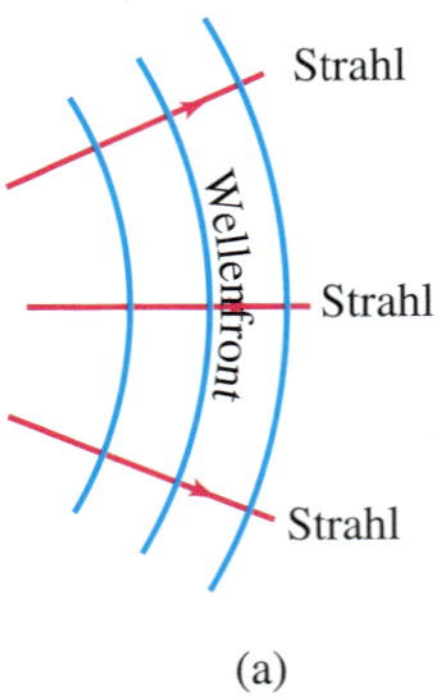

Abbildung 15.21 Strahlen, die die Ausbreitungsrichtung angeben, stehen stets senkrecht zu den Wellenfronten (Wellenberg). (a) Kreis- oder Kugelwellen nahe der Quelle. (b) Weit entfernt von der Quelle sind die Wellenfronten nahezu eben und heißen daher ebene Wellen.

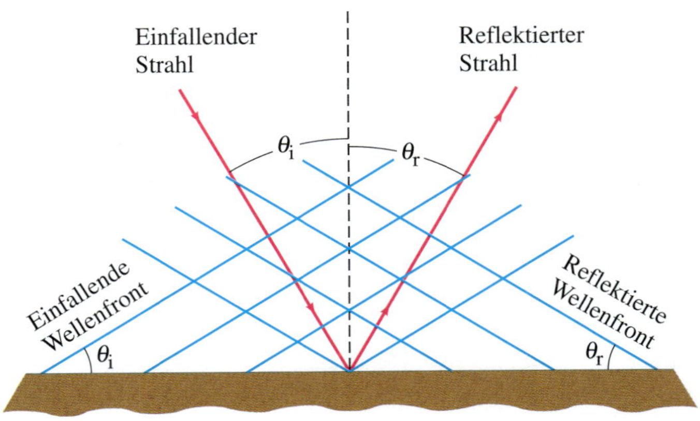

Abbildung 15.22 Das Reflexionsgesetz.

15.8 Interferenz

Interferenz tritt auf, wenn zwei Wellen zum selben Zeitpunkt denselben Raum passieren. Interferenz von Wellen kann mit dem Superpositionsprinzip verstanden werden. Betrachten Sie zum Beispiel die beiden Wellenpakete auf einem Seil, die aufeinander zulaufen (▶ Abbildung 15.23). In Teil (a) haben die beiden Pakete die gleiche Amplitude, doch einer ist ein Kamm und der andere ein Tal. In Teil (b) sind beide Pakete Kämme. In beiden Fällen treffen sich die Wellen und laufen durcheinander hindurch. Wenn sie jedoch überlappen, ist die resultierende Auslenkung *die algebraische Summe der Einzelauslenkungen* (Superpositionprinzip). In ▶ Abbildung 15.23a sind die Amplituden entgegengerichtet und das Resultat ist **destruktive (auslöschende) Interferenz**. Dagegen ist in ▶ Abbildung 15.23b die resultierende Auslenkung größer als jede der beiden einzelnen Auslenkungen, man spricht dann von **konstruktiver Interferenz**.

Destruktive Interferenz

Konstruktive Interferenz

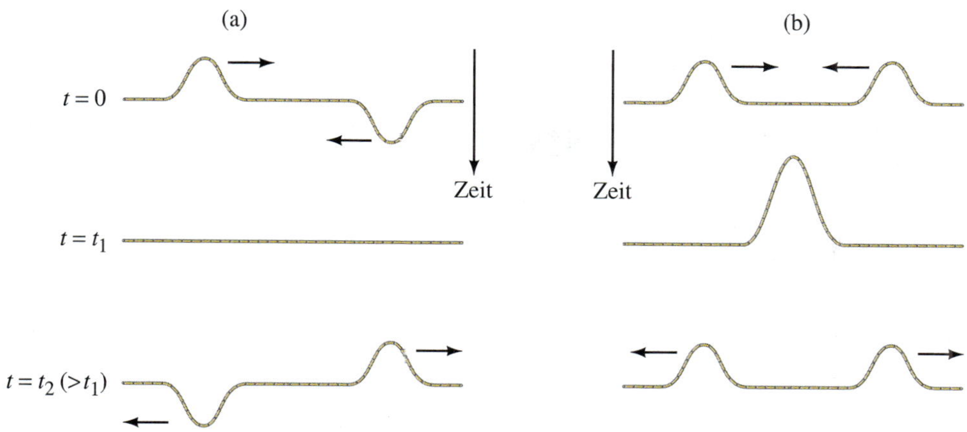

Abbildung 15.23 Zwei Wellenpakete laufen durcheinander hindurch. Wo sie sich treffen, tritt Interferenz auf: (a) destruktiv; (b) konstruktiv.

Abbildung 15.24 Interferenz von Wasserwellen. Konstruktive Interferenz tritt dort auf, wo das Wellenmaximum (Kamm) einer Welle auf das Maximum einer anderen trifft. Destruktive Interferenz („flache Wasseroberfläche") ergibt sich dort, wo ein Wellenkamm der einen auf ein Wellenminimum (Tal) der anderen Welle stößt.

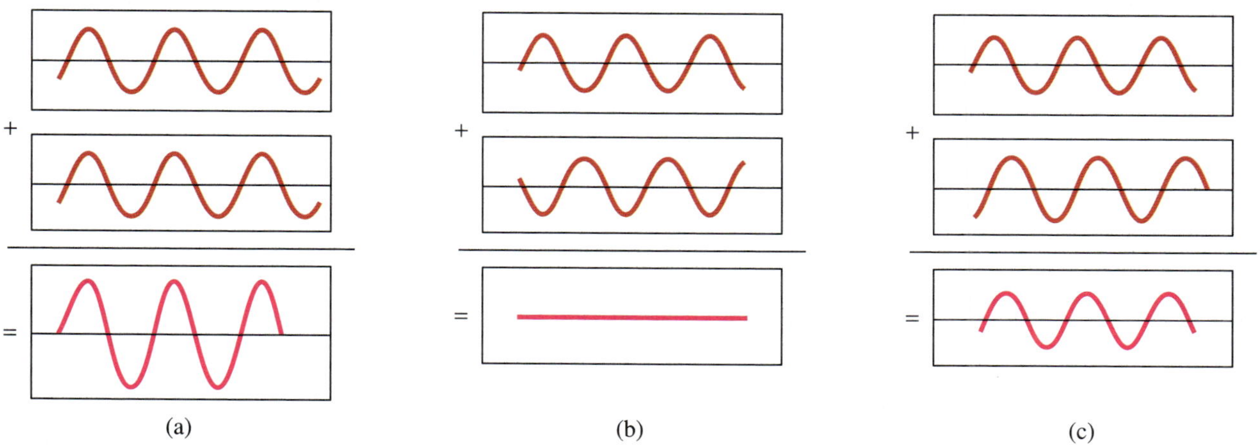

Abbildung 15.25 Zwei Wellen interferieren: (a) konstruktiv; (b) destruktiv; (c) teilweise destruktiv.

Wenn zwei Steine gleichzeitig in einen See geworfen werden, interferieren die beiden Kugelwellen (Kreiswellen) miteinander (▶ Abbildung 15.24). In einigen dadurch erzeugten Bereichen treffen Kämme der einen auf Kämme der anderen (und Täler treffen auf Täler); das ist konstruktive Interferenz, wobei das Wasser mit größerer Amplitude auf- und abschwingt als bei den Einzelwellen. In anderen

Bereichen tritt destruktive Interferenz auf, wo sich das Wasser dann tatsächlich gar nicht bewegt – dort treffen Wellenkämme und Wellentäler unterschiedlicher Quellen aufeinander. Im ersten Fall (konstruktive Interferenz) sind die beiden Wellen **in Phase**, wohingegen im Fall von destruktiver Interferenz die beiden Wellen **gegenphasig** und um eine halbe Wellenlänge oder 180° verschoben sind. Die relative Phase der beiden Wellen liegt in den meisten Bereichen zwischen diesen beiden Extremen, was teilweise Auslöschung zur Folge hat. Die drei Situationen sind in ▸ Abbildung 15.25 dargestellt. Dort sind die Amplituden an einem bestimmten Ort gegen die Zeit aufgetragen. Wenn wir die Themen Schall und Licht behandeln, werden wir das Phänomen Interferenz detaillierter betrachten.

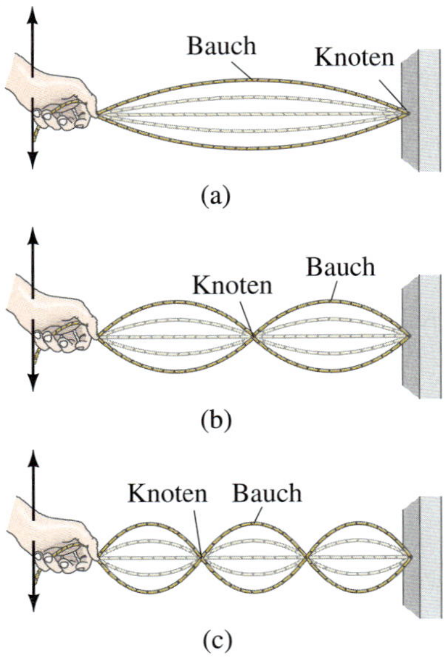

Abbildung 15.26 Stehende Wellen dreier Resonanzfrequenzen.

15.9 Stehende Wellen; Resonanz

Wenn Sie ein Seilende bewegen, während das andere Ende fixiert ist, so läuft eine Welle das Seil entlang und wird am fixierten Ende invertiert reflektiert (▸ Abbildung 15.19a). Fahren Sie fort, das Seil zu bewegen, wandern in beiden Richtungen Wellen, die miteinander interferieren. Gewöhnlich ist das ein ziemliches Durcheinander. Wenn Sie jedoch das Seilende mit einer bestimmten Frequenz bewegen, interferieren die beiden Wellen so miteinander, dass eine **stehende Welle** großer Amplitude entsteht (▸ Abbildung 15.26). Sie heißt deswegen stehende Welle, weil sie sich nicht zu bewegen scheint. Das Seil scheint einfach Abschnitte zu haben, die in festen Mustern auf- und abschwingen. Die Punkte destruktiver Interferenz, an denen das Seil stets still zu stehen scheint, heißen **Wellenknoten**. Punkte konstruktiver Interferenz, an denen das Seil mit maximaler Amplitude schwingt, heißen **Wellenbäuche**. Bei gegebener Frequenz verbleiben die Knoten und Bäuche fest in ihren Positionen.

Stehende Wellen können bei unterschiedlichen Frequenzen auftreten. Die niedrigste Frequenz, bei der eine stehende Welle auftritt, erzeugt ein Wellenmuster wie in ▸ Abbildung 15.26a dargestellt. Die stehenden Wellen in den Teilen (a) und (b) werden bei exakt der doppelten respektive dreifachen Frequenz der niedrigsten Frequenz erzeugt, vorausgesetzt die Seilspannung bleibt gleich. Das Seil kann auch ebenso gut vier Bäuche bei einer viermal so großen Frequenz haben usw.

Die Frequenzen, die stehende Wellen erzeugen, heißen **Eigen-** oder **Resonanzfrequenzen** des Seils. Die unterschiedlichen Wellenmuster in ▸ Abbildung 15.26 sind verschiedene **Eigenzustände**. Obgleich eine stehende Welle auf einem Seil das Resultat der Interferenz zweier gegenläufiger Wellen ist, ist sie auch ein in Resonanz schwingendes System. Stehende Wellen stellen damit das gleiche Phänomen dar wie die Resonanz eines Federpendels oder eines Fadenpendels, was wir in Kapitel 14 diskutiert haben. Der wesentliche Unterschied jedoch ist, dass ein Federpendel oder ein Fadenpendel nur eine Resonanzfrequenz hat, wohingegen das Seil eine unbegrenzte Anzahl Resonanzfrequenzen besitzt, von denen jede ein ganzzahliges Vielfaches der Grundfrequenz ist.

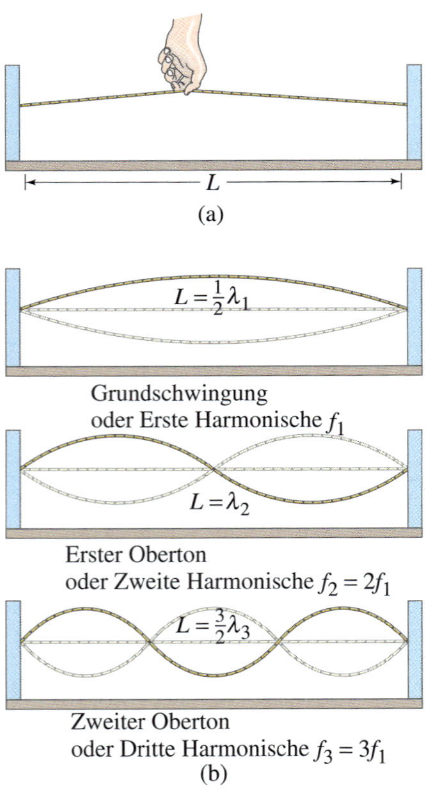

Abbildung 15.27 (a) Eine Saite wird angeschlagen. (b) Nur stehende Wellen, die mit den Resonanzfrequenzen korrespondieren, schwingen länger.

Wir wollen nun ein Seil betrachten, das an beiden Enden eingespannt ist, wie eine Gitarren- oder Geigensaite (▸ Abbildung 15.27a). Unterschiedliche Wellen wandern in beiden Richtungen, werden an den Enden reflektiert, um dann in die andere Richtung zu laufen. Die meisten dieser Wellen interferieren nach einem Zufallsmuster mit den anderen und löschen sich gegenseitig aus. Doch die Wellen, die den Resonanzfrequenzen der Saite entsprechen, schwingen weiter. Die Saitenenden sind eingespannt, somit sind sie Knoten. Es gibt auch noch andere Arten von Knoten. Einige der möglichen Resonanzzustände (stehende Wellen) sind in ▸ Abbildung 15.27b gezeigt. Allgemein ist das Wellenmuster eine Kombination dieser unterschiedlichen Resonanzfrequenzen. Nur solche Frequenzen, die einer Resonanzfrequenz entsprechen, sind vorhanden.

Um die Resonanzfrequenzen zu bestimmen, bemerken wir zunächst, dass die Wellenlänge einer stehenden Welle in einfacher Beziehung zur Saitenlänge L steht. Die niedrigste Frequenz, genannt die **Grundfrequenz**, korrespondiert mit einem Wellenbauch. Und wie man in ▸ Abbildung 15.27b sehen kann, entspricht die Gesamtlänge einer halben Wellenlänge. Somit ist $L = \frac{1}{2}\lambda_1$, wobei λ_1 die Wellenlänge der Grundfrequenz ist. Die anderen Resonanzfrequenzen heißen **Oberwellen**. Sind sie ganzzahlige Vielfache der Grundfrequenz (wie das bei einer einfachen Saite der Fall ist), nennt man sie auch **harmonisch**, wobei man sich auf die Grundfrequenz häufig als die Erste Harmonische bezieht.[5] Der nächste Zustand nach der Grundschwingung hat zwei Bäuche und wird die **Zweite Harmonische** (oder die erste Oberwelle) genannt. Die Saitenlänge L entspricht bei der Zweiten Harmonischen der gesamten Wellenlänge: $L = \lambda_2$. Für die Dritte und Vierte Harmonische gilt $L = \frac{3}{2}\lambda_3$ respektive $L = 2\lambda_4$ und so weiter. Ganz allgemein können wir schreiben:

$$L = \frac{n\lambda_n}{2}\,,$$

worin $n = 1, 2, 3 \ldots$

Die ganze Zahl n nummeriert die Harmonischen durch: $n = 1$ für die Grundfrequenz, $n = 2$ für die Zweite Harmonische und so weiter. Wir lösen nach λ_n auf und finden:

$$\lambda_n = \frac{2L}{n}\,,\quad n = 1, 2, 3 \ldots\,. \tag{15.17}$$

Um die Frequenz f jeder Schwingung zu finden, nutzen wir Gleichung 15.1, $f = v/\lambda$, und sehen, dass

$$f_n = \frac{v}{\lambda_n} = \frac{nv}{2L} = nf_1\,,$$

worin $f_1 = v/\lambda_1 = v/2L$ die Grundfrequenz ist. Wir sehen mithin, dass jede Resonanzfrequenz ein ganzzahliges Vielfaches der Grundfrequenz ist.

Weil eine stehende Welle als Überlagerung zweier entgegengesetzt laufender Wellen aufgefasst werden kann, sprechen wir immer noch von der Ausbreitungsgeschwindigkeit. Sie ist gegeben durch Gleichung 15.2 und lässt sich für beide laufenden Wellen durch die Seilspannung F_Z und die Dichte μ ausdrücken:

$$v = \sqrt{F_Z/\mu}\,.$$

Beispiel 15.7 Klaviersaite

Eine Klaviersaite ist 1,10 m lang und wiegt 9,00 g. (a) Unter welcher Zugspannung steht die Saite, wenn sie mit einer Grundfrequenz von 131 Hz schwingen soll? (b) Wie groß sind die Frequenzen der ersten vier Harmonischen?

Lösung

a Die Wellenlänge der Grundschwingung ist $\lambda = 2L = 2{,}20\,\text{m}$ (Gleichung 15.17). Die Ausbreitungsgeschwindigkeit ist dann $v = \lambda f = (2{,}20\,\text{m})(131\,\text{s}^{-1}) = 288\,\text{m/s}$. Aus Gleichung 15.2 folgt damit

$$\begin{aligned} F_Z &= \mu v^2 \\ &= \left(\frac{9{,}00 \cdot 10^{-3}\,\text{kg}}{1{,}10\,\text{m}}\right)(288\,\text{m/s})^2 = 679\,\text{N}\,. \end{aligned}$$

b Die Frequenzen der zweiten, dritten und vierten Harmonischen sind zwei-, drei- respektive viermal so groß wie die Grundfrequenz: 262, 393 und 524 Hz.

5 Der Ausdruck „harmonisch" stammt aus der Musik, da solche ganzzahligen Vielfache „harmonisieren".

Eine stehende Welle scheint an einem Ort stehen zu bleiben (und laufende Wellen scheinen sich zu bewegen). Der Ausdruck „stehende“ Welle ist auch energetisch betrachtet sinnvoll. Da die Saite an den Knoten im Ruhezustand ist, wird an diesen Punkten keine Energie transportiert. Folglich wird keine Energie entlang der Saite transportiert, sondern sie liegt in jedem Punkt der Saite zeitlich konstant vor.

Stehende Wellen werden nicht nur von Saiten erzeugt, sondern von jedem Körper, der in Schwingung versetzt wird. Selbst wenn ein Felsen oder ein Holzstock einen Schlag mit einem Hammer bekommt, werden stehende Wellen, die mit der Resonanzfrequenz des Körpers korrespondieren, erzeugt. Allgemein hängen Resonanzfrequenzen von den Ausmaßen des Körpers ab, so wie bei einer Saite von ihrer Länge. Beispielsweise hat ein kleiner Körper keine so niedrige Resonanzfrequenz wie ein großer Körper. Der Klang jedes Musikinstruments hängt von den stehenden Wellen ab, die das Instrument erzeugt, ob das nun Saiten- oder Blasinstrumente sind (in denen eine Luftsäule als stehende Welle schwingt), Trommeln oder andere Perkussionsinstrumente. Das werden wir im nächsten Kapitel noch diskutieren.

Mathematische Darstellung einer stehenden Welle

In Abschnitt 15.4 haben wir gesehen, wie man eine Gleichung für die Auslenkung D einer eindimensionalen Welle als Funktion des Ortes x und des Zeitpunkts t schreibt. Dasselbe können wir für die stehende Welle einer Saite tun. Wir haben bereits diskutiert, dass eine stehende Welle als Überlagerung zweier entgegengesetzt laufender Wellen betrachtet werden kann. Das lässt sich aufschreiben als (siehe Gleichung 15.10c und 15.13c)

$$D_1(x,t) = D_M \sin(kx - \omega t)$$
$$D_2(x,t) = D_M \sin(kx + \omega t)\ ,$$

da die Amplituden, Frequenzen und Wellenlängen bei Vernachlässigung von Dämpfung gleich groß sind. Die Überlagerung dieser beiden laufenden Wellen erzeugt eine stehende Welle, die mathematisch ausgedrückt werden kann als

$$D = D_1 + D_2 = D_M[\sin(kx - \omega t) + \sin(kx + \omega t)]\ .$$

Mit der trigonometrischen Beziehung $\sin\theta_1 + \sin\theta_2 = 2\sin\frac{1}{2}(\theta_1+\theta_2)\cos\frac{1}{2}(\theta_1-\theta_2)$ können wir das neu aufschreiben als

$$D = 2D_M \sin kx \cos \omega t\ . \qquad (15.18)$$

Wenn wir $x = 0$ am linken Saitenende setzen, so ist das rechte Saitenende bei $x = L$, wobei L die Saitenlänge ist. Da die Saite an ihren Enden eingespannt ist (► Abbildung 15.27), muss $D(x,t)$ bei $x = 0$ und $x = L$ null sein. Gleichung 15.18 erfüllt bereits die erste Bedingung ($D = 0$ bei $x = 0$). Die zweite Bedingung erfüllt sie, wenn $\sin kL = 0$ wird, das heißt

$$kL = \pi, 2\pi, 3\pi, \ldots, n\pi, \ldots$$

Worin n = ganzzahlig, oder, da $k = 2\pi/\lambda$

$$\lambda = \frac{2L}{n}\ . \quad (n = \text{ganzzahlig})$$

Das ist Gleichung 15.17.

Gleichung 15.18 mit der Bedingung $\lambda = 2L/n$ ist die mathematische Darstellung einer stehenden Welle. Wir sehen, dass ein Seilsegment an einer beliebigen Position x in einfacher harmonischer Bewegung ist (wegen des Faktors $\cos\omega t$). Alle Segmente der Saite schwingen mit derselben Frequenz $f = \omega/2\pi$, aber die Amplitude hängt von x ab und gleicht $2D_M \sin kx$. (Vergleichen Sie das mit einer laufenden Welle, bei der alle Teilchen mit derselben Amplitude schwingen). Die Amplitude hat ein Maximum gleich $2D_M$ für $kx = 2\pi, 3\pi/2, 5\pi/2$ und so fort, also an den Stellen

$$x = \frac{\lambda}{4}, \frac{3\lambda}{4}, \frac{5\lambda}{4}, \ldots$$

Das sind gerade die Positionen der Bäuche (▶ Abbildung 15.27).

Beispiel 15.8 Wellenformen

Zwei Wellen, die auf einer bei $x = 0$ eingespannten Saite in einander entgegengesetzten Richtungen laufen, werden durch die Funktionen

$$D_1 = (0{,}20\,\text{m})\sin(2{,}0x - 4{,}0t)$$
$$D_2 = (0{,}20\,\text{m})\sin(2{,}0x + 4{,}0t)$$

beschrieben. Sie erzeugen eine stehende Welle (x in Meter, t in Sekunden). (a) Bestimmen Sie die Funktion für die stehende Welle. (b) Wie groß ist die maximale Amplitude bei $x = 0{,}45$ m? (c) Wo ist das andere Ende eingespannt ($x > 0$)? (d) Wie groß ist die maximale Amplitude und wo befindet sie sich?

Lösung

a Die beiden Wellen haben die Form $D = D_M \sin(kx \pm \omega t)$, mit

$$k = 2{,}0\,\text{m}^{-1} \quad \text{und} \quad \omega = 4{,}0\,\text{s}^{-1}\,.$$

Daraus wird eine stehende Welle, wie sie Gleichung 15.18 beschreibt, gebildet:

$$D = 2D_M \sin kx \cos \omega t = (0{,}40\,\text{m})\sin(2{,}0x)\cos(4{,}0t)$$

b Bei $x = 0{,}45$ m ist

$$D = (0{,}40\,\text{m})\sin(0{,}90)\cos(4{,}0t) = (0{,}31\,\text{m})\cos(4{,}0t)$$

Die maximale Amplitude an diesem Punkt ist $D = 0{,}31$ m und tritt auf, wenn $\cos(4{,}0t) = 1$.

c Die Wellen erzeugen ein stehendes Wellenmuster, also müssen beide Enden Knoten sein. Knoten treten jede halbe Wellenlänge auf, was für unsere Saite bedeutet:

$$\frac{\lambda}{2} = \frac{1}{2}\frac{2\pi}{k} = \frac{\pi}{2{,}0}\text{m} = 1{,}57\,\text{m}\,.$$

Wenn die Saite nur einen Bauch enthält, beträgt ihre Länge $L = 1{,}57$ m. Da wir jedoch nicht mehr Informationen haben, könnte sie auch zweimal so lang sein, inklusive zweier Bäuche, $L = 3{,}14$ m, oder jedes ganzzahlige Vielfache von 1,57 m, und immer noch ein stehendes Wellenmuster für diese Wellen erzeugen (▶ Abbildung 15.28).

d Die Knoten treten bei $x = 0$ und $x = 1{,}57$ m auf, und, wenn die Saite länger ist als $L = 1{,}57$ m, bei $x = 3{,}14$ m, 4,71 m und so fort. Die maximale Amplitude (Bauch) ist 0,40 m groß [aus Teil (b) oben] und tritt in der Mitte zwischen den Knoten auf. Für $L = 1{,}57$ m gibt es nur einen Bauch, er liegt bei $x = 0{,}79$ m.

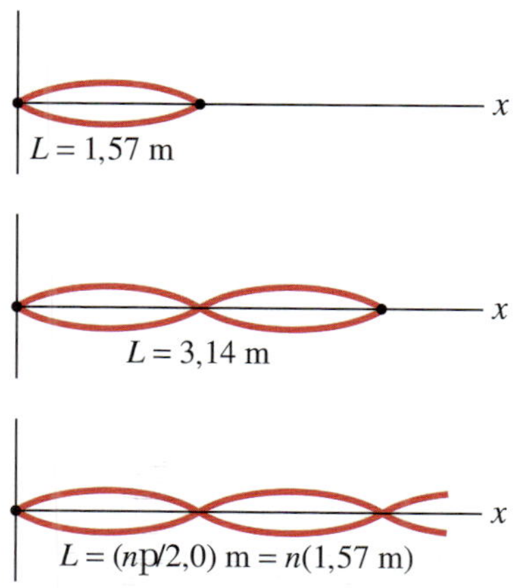

Abbildung 15.28 Beispiel 15.8: Mögliche Längen einer Saite, in der eine stehende Welle ausgebildet ist.

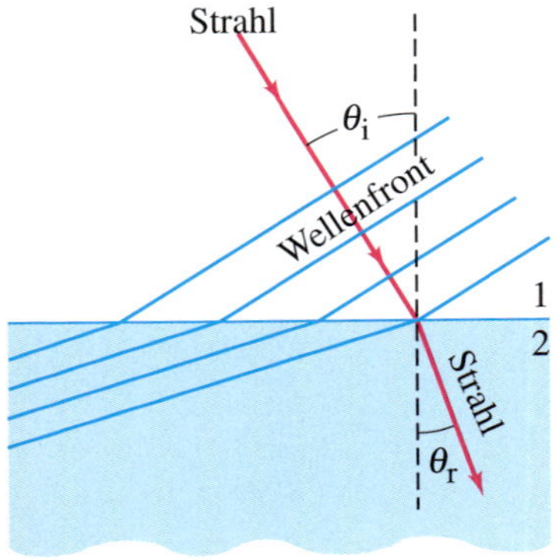

Abbildung 15.29 Brechung von Wellen, die durch eine Grenzfläche treten.

15.10 Brechung[6]

Wenn eine beliebige Wellenform auf eine Grenzfläche trifft, wird ein Teil der Welle reflektiert und ein weiterer wird durchgelassen oder absorbiert. Durchläuft eine in einem Medium sich ausbreitende zwei- oder dreidimensionale Welle die Grenze zu einem anderen Medium, wo ihre Geschwindigkeit eine andere ist, bewegt sich der durchgelassene Teil in eine andere Richtung als die ursprüngliche Welle (▶ Abbildung 15.29). Man nennt dieses Phänomen **Brechung**. Ein Beispiel ist eine Wasserwelle: Ihre Geschwindigkeit nimmt in flachem Wasser ab und die Welle bricht (▶ Abbildung 15.30). (Wenn sich die Ausbreitungsgeschwindigkeit wie in ▶ Abbildung 15.30 stetig ändert, also ohne eine scharfe Grenze, ändern die Wellen ihre Richtung (Brechung) stetig.) In ▶ Abbildung 15.29 ist die Ausbreitungsgeschwindigkeit in Medium 2 kleiner als in Medium 1. In diesem Fall ändert sich die Ausbreitungsrichtung zum Lot auf der Grenzfläche hin. Das bedeutet, dass der Brechungswinkel θ_r kleiner ist als der Einfallswinkel θ_i. Um das zu verstehen und um eine quantitative Beziehung zwischen θ_r und θ_i zu erhalten, wollen wir uns jede Wellenfront als eine Reihe von Soldaten vorstellen.

Die Soldaten marschieren von festem Grund (Medium 1) auf Schlamm (Medium 2) und verlangsamen daher ihr Tempo. Die Soldaten, die den Schlammboden als erste erreichen, werden als erste langsamer, und die Frontreihe knickt ab wie in ▶ Abbildung 15.31a gezeigt. Wir wollen die mit a bezeichnete Wellenfront (oder Soldatenreihe) in ▶ Abbildung 15.31b anschauen. In der selben Zeit t, in der A_1 eine Wegstrecke $l_1 = v_1 t$ zurücklegt, schafft A_2 die Distanz $l_2 = v_2 t$. Die abgebildeten Dreiecke (eines umschließt θ_1 und l_1, das andere θ_2 und l_2) haben die Seite a gemeinsam. Somit gilt

$$\sin\theta_1 = \frac{l_1}{a} = \frac{v_1 t}{a}$$

und

$$\sin\theta_2 = \frac{l_2}{a} = \frac{v_2 t}{a} .$$

Wir teilen die beiden Gleichungen und erhalten

Brechungsgesetz

$$\frac{\sin\theta_2}{\sin\theta_1} = \frac{v_2}{v_1} \qquad (15.19)$$

Abbildung 15.30 Wasserwellen brechen, wenn sie sich dem Strand nähern, wo ihre Geschwindigkeit geringer ist. Es gibt keine scharfe Grenzlinie wie in Abbildung 15.29, folglich ändert sich die Ausbreitungsgeschwindigkeit stetig.

6 Dieser und der nächste Abschnitt werden noch detaillierter in den Kapitel 33 bis 36 über Optik behandelt.

Da θ_1 der Einfallswinkel (θ_i) und θ_2 der Brechungswinkel (θ_r) ist, gibt Gleichung 15.19 die Beziehung zwischen den beiden Winkeln an. Wenn die Wellen sich in entgegengesetzte Richtung bewegen, gilt natürlich dasselbe Argument. θ_1 und θ_2 würden lediglich ihre Rollen tauschen: θ_1 ist dann der Brechungswinkel und θ_2 ist der Einfallswinkel. Wenn die Wellen in ein Medium treten, wo sie sich schneller ausbreiten können, werden sie in die andere Richtung abgelenkt, also $\theta_r > \theta_i$. Gleichung 15.19 sagt uns, dass wenn die Geschwindigkeit zunimmt, auch der Winkel zunimmt, und umgekehrt.

Erdbebenwellen werden in der Erde gebrochen, wenn sie durch Fels unterschiedlicher Dichte wandern (und daher ihre Geschwindigkeit verschieden ist), genau wie das bei Wasser der Fall ist. Auch Lichtwellen werden gebrochen. Wenn wir uns in späteren Kapiteln mit Licht auseinandersetzen, wird sich Gleichung 15.19 noch als sehr nützlich erweisen.

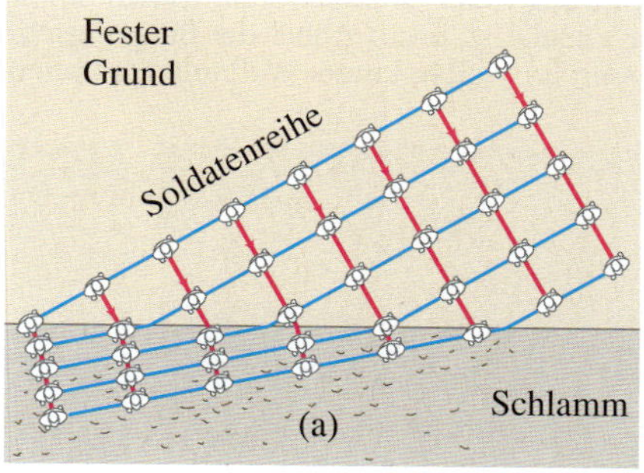

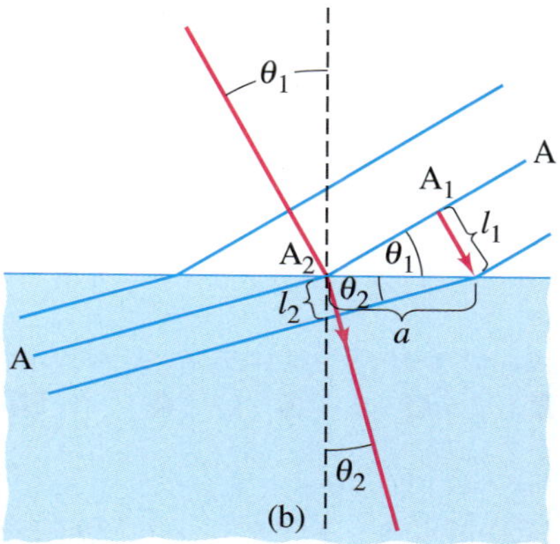

Abbildung 15.31 (a) Soldaten-Analogie, um das Brechungsgesetz für (b) Wellen abzuleiten.

Beispiel 15.9 **Brechung von Erdbebenwellen**

Eine Erdbebenwelle p durchläuft eine felsige Grenzregion, wo ihre Geschwindigkeit von 6,5 km/s auf 8,0 km/s zunimmt. Wenn sie die Grenzfläche mit einem Winkel von 30° (zum Lot) trifft, wie groß ist dann der Brechungswinkel?

Lösung

Mit $\sin 30° = 0{,}50$ ergibt Gleichung 15.19

$$\sin\theta_2 = \frac{(8{,}0\ \mathrm{m/s})}{(6{,}5\ \mathrm{m/s})}(0{,}50) = 0{,}62\ .$$

Damit wird $\theta_2 = 38°$.

Brechung von Erdbebenwellen

15.11 Beugung

Wellen werden gestreut. Treffen sie auf ein Hindernis, so krümmen sie sich hinter demselben zum Hindernis hin, wie in ► Abbildung 15.32 am Beispiel von Wasserwellen demonstriert. Dieses Phänomen heißt **Beugung**.

Der Effekt der Beugung hängt von der Wellenlänge und der Größe des Hindernisses ab (► Abbildung 15.33). Ist die Wellenlänge viel größer als das Objekt, wie die Schilfblätter in ► Abbildung 15.33a, schließt sich die Welle darum herum, als wäre das Objekt gar nicht da. Bei größeren Objekten, Teilzeichnungen (b) und (c), gibt es schon eine größere durchwellte Schattenregion hinter dem Hindernis, wo wir die Wellen eigentlich gar nicht erwarten sollten. Doch sie dringen dort ein, wenn auch nur geringfügig. Beachten Sie, dass in (d) – wo das Hindernis das gleiche ist wie in (c), die Wellenlänge aber größer ist – eine stärkere Beugung in die Schattenregion hinein stattfindet. Eine Faustregel besagt: *Nur wenn die Wellenlänge kleiner als das Objekt ist, gibt es überhaupt eine nennenswerte Schattenregion.* Natürlich lässt sich diese Regel genau so gut auf die Reflexion an einem Objekt anwenden. Nur sehr wenig von der Welle wird reflektiert, außer wenn die Wellenlänge kleiner ist als das Objekt.

Ein grober Anhaltswert für den Effekt der Beugung ist

$$\theta \approx \frac{\lambda}{L}\,, \qquad (\theta \text{ in rad})$$

worin θ ungefähr die Winkelbreite der Wellen ist, nachdem sie eine Öffnung der Größe L oder ein Hindernis der Größe L passiert haben.

Abbildung 15.32 Wellenbeugung. Die Welle kommt aus Richtung der linken oberen Ecke. Beachten Sie, wie sich die Wellen hinter dem Hindernis in die „Schattenregion" hinein krümmen.

Abbildung 15.33 Wasserwellen treffen auf Objekte unterschiedlicher Größe. Beachten Sie, dass je größer die Wellenlänge verglichen mit dem Objekt ist, desto größer der Beugungseffekt in die „Schattenregion" hinein ist. (a) Wasserwellen treffen auf Schilfgras; (b) ein Stock im Wasser; (c) Wellen kurzer Wellenlänge treffen auf einen Baumstamm; (d) Wellen mit langer Wellenlänge treffen auf einen Baumstamm.

Dass sich Wellen um Hindernisse biegen können und somit Energie in Bereiche hinter dem Objekt transportieren können, unterscheidet sich deutlich vom Energietransport durch Masseteilchen. Um eine klare Veranschaulichung des Sachverhalts zu geben: Wenn Sie hinter einem Gebäude stehen, können Sie von einem Baseball, der von der anderen Seite geworfen wird, nicht getroffen werden. Doch einen Ruf oder ein anderes Geräusch können Sie hören, weil die Schallwellen um die Gebäudeecken herum in die „Schattenzone" gebeugt werden.

ZUSAMMENFASSUNG

Schwingende Objekte sind Quellen von **Wellen**, die sich von der Quelle fortbewegen. Wasserwellen und Wellen auf einem Seil sind Beispiele. Die Welle kann ein **Paket** (ein einzelner Wellenkamm) oder kontinuierlich sein (viele Wellenkämme und -täler).

Die **Wellenlänge** einer laufenden Welle ist der Abstand zwischen zwei aufeinander folgenden Wellenkämmen (oder zweier beliebiger identischer Punkte auf der Wellenform).

Die **Frequenz** ist die Anzahl der Wellenlängen (oder Kämme), die einen gegebenen Ort per Zeiteinheit passieren.

Die **Ausbreitungsgeschwindigkeit** (wie schnell sich ein Kamm bewegt) ist gleich dem Produkt aus Wellenlänge und Frequenz, $v = \lambda f$.

Die **Amplitude** einer Welle ist die maximale Höhe eines Kamms oder Tiefe eines Tals relativ zur Nulllage.

Eine **Transversalwelle** schwingt senkrecht zu ihrer Ausbreitungsrichtung. Ein Beispiel ist eine Welle auf einer Saite.

Eine **Longitudinalwelle** schwingt parallel zu ihrer Ausbreitungsrichtung; Schall ist ein Beispiel dafür.

Die Ausbreitungsgeschwindigkeit transversaler und longitudinaler Wellen in einem Medium ist proportional zur Quadratwurzel eines elastischen Moduls (zum Beispiel Seilspannung, Kompressionsmodul, Elastizitätsmodul) geteilt durch eine Dichte, die die Trägheit des Mediums berücksichtigt (beispielsweise Massendichte eines Seils, Dichte einer Flüssigkeit).

Wellen übertragen Energie von einem Ort zum anderen, ohne dass Materie transportiert wird. Die von einer Welle transportierte Energie, die Leistung (Energietransport pro Zeiteinheit) und die **Intensität** einer Welle (Energietransport durch eine Einheitsfläche pro Zeiteinheit) sind allesamt proportional zum Quadrat der Wellenamplitude.

Bei einer Welle, die sich von ihrer punktförmigen Quelle entfernt, nimmt die Intensität (Dämpfung vernachlässigt) mit dem Quadrat der Entfernung von der Quelle ab,

$$I \propto \frac{1}{r^2}\,.$$

Die Amplitude nimmt linear mit dem Abstand zur Quelle ab.

Die Amplitude einer auf der x-Achse nach rechts laufenden, eindimensionalen Transversalwelle (x nimmt zu) lässt sich als Funktion von Ort und Zeit darstellen:

$$D(x,t) = D_M \sin\left[\left(\frac{2\pi}{\lambda}\right)(x - vt)\right] = D_M \sin(kx - \omega t)$$

Darin ist k die Wellenzahl und ω die Kreisfrequenz:

$$k = \frac{2\pi}{\lambda} \quad \text{und} \quad \omega = 2\pi f\,.$$

Bewegt sich die Welle in Richtung abnehmender x-Werte, so wird

$$D(x,t) = D_M \sin(kx + \omega t)\,.$$

Wenn zwei oder mehrere Wellen gleichzeitig durch denselben Raumbereich laufen, ist die Auslenkung eines gegebenen Punktes die Vektorsumme der einzelnen Auslenkungen. Das ist das **Superpositionprinzip**. Es gilt für mechanische Wellen, wenn die Amplituden ausreichend klein sind, so dass die rücktreibende Kraft des Mediums proportional zur Auslenkung ist.

Wellen werden durch Objekte, auf die sie treffen, reflektiert. Bewegt sich eine Welle durch eine Grenzregion zwischen zwei Medien, so wird ein Teil der Welle reflektiert, ein anderer wird durchgelassen.

Fällt die **Wellenfront** einer zwei- oder dreidimensionalen Welle auf ein Objekt, so ist der Reflexionswinkel gleich dem Einfallswinkel.

Laufen zwei Wellen gleichzeitig durch denselben Raumbereich, **interferieren** sie. Gemäß dem Superpositionsprinzip ist dann die resultierende Auslenkung an jedem Ort und zu jedem Zeitpunkt die Summe der einzelnen Auslenkungen. Das kann sich als **konstruktive Interferenz, auslöschende Interferenz** oder etwas dazwischen Liegendes, abhängig von den Amplituden und den relativen Phasen, auswirken.

Wellen auf einem Seil (oder einem anderen Medium) fester Länge interferieren mit den reflektierten, gegenläufigen Wellen. Bei bestimmten Frequenzen werden **stehende Wellen** erzeugt. Die Wellen scheinen dann still zu stehen, wir sprechen von stehenden Wellen. Das Seil (oder Medium) schwingt als Ganzes. Das ist ein Resonanzphänomen und die Frequenzen, bei der stehende Wellen auftreten, heißen **Resonanzfrequenzen.** Die Punkte destruktiver Interferenz (keine Auslenkung) heißen Knoten. Punkte konstruktiver Interferenz (maximale Auslenkung) heißen **Wellenbäuche.**

Die Wellenlänge stehender Wellen ist gegeben durch $\lambda_n = 2L/n$, worin n ganzzahlig ist.

Z U S A M M E N F A S S U N G

Verständnisfragen

1 Ist die Frequenz einer einfachen periodischen Welle gleich der Frequenz ihrer Quelle? Begründen Sie Ihre Antwort!

2 Erklären Sie den Unterschied zwischen der Geschwindigkeit einer transversalen Welle, die über ein Seil läuft, und der Geschwindigkeit eines kleinen Seilsegments.

3 Warum sind die Saiten für die tiefen Töne eines Klaviers normalerweise mit Draht umwickelt?

4 Welche Art Wellen werden Ihrer Meinung nach durch einen horizontalen Metallstab laufen, wenn Sie dem Stabende (a) vertikal von oben und (b) horizontal parallel zu seiner Länge einen Schlag versetzen?

5 Während die Luftdichte mit steigender Temperatur abnimmt, ist das Kompressionsmodul B nahezu von der Temperatur unabhängig – wie schätzen Sie demnach die Abhängigkeit der Schallgeschwindigkeit von der Temperatur ein?

6 Geben Sie weitere Beispiele für ein-, zwei- und dreidimensionale Wellen an.

7 Die Schallgeschwindigkeit ist in den meisten Festkörpern meist etwas größer als in der Luft, obgleich die Dichte von Festkörpern viel größer ist als die von Luft (10^3 bis 10^4 mal). Erklären Sie, warum.

8 Begründen Sie, warum die Amplituden zirkularer Wasserwellen mit wachsendem Abstand von der Quelle abnehmen.

9 Zwei eindimensionale Wellen haben dieselbe Amplitude und sind auch andererseits identisch, außer dass die Wellenlänge der einen halb so groß ist wie die der anderen. Welche überträgt mehr Energie? Um welchen Faktor?

10 Die Intensität von Schall nimmt in realen Situationen nicht exakt mit dem Quadrat der Entfernung von der Quelle ab, wie wir das gemäß Gleichung 15.8 erwarten könnten. Warum nicht?

11 Kann jede beliebige Funktion von $(x - vt)$ – siehe Gleichung 15.14 – eine Wellenausbreitung darstellen? Warum oder warum nicht? Falls nicht, geben Sie ein Beispiel an.

12 Wenn eine sinusförmige Welle auf die Grenzregion zweier Seilsegmente trifft (siehe ► Abbildung 15.20), ändert sich die Frequenz im Gegensatz zur Wellenlänge und Geschwindigkeit nicht. Erklären Sie, warum!

13 Wird eine sinusförmige Welle auf einem Seil mit zwei unterschiedlichen Segmenten (siehe ► Abbildung 15.20) am Übergang bei der partiellen Reflexion invertiert, hat dann die durchgelassene Welle eine längere oder kürzere Wellenlänge?

14 Bleibt die Energie bei zwei interferierenden Wellen immer erhalten? Begründen Sie Ihre Antwort.

15 Wenn eine Saite in drei Abschnitten schwingt, gibt es dann Stellen auf der Saite, die man mit einem Messer berühren kann, ohne die Bewegung zu stören?

16 Bei einer stehenden Welle auf einer Saite löschen sich die einfallenden und reflektierten Wellen an den Knotenpunkten aus. Heißt das, dass Energie zerstört wurde? Erklären Sie das.

17 Warum kann man Wasser in einer Pfanne nur mit einer bestimmten Frequenz hin und her schwappen lassen?

18 Kann die Amplitude der stehenden Welle aus ► Abbildung 15.26 größer sein als die Amplitude der verursachenden Schwingung (das Auf und Ab der Hand)?

19 Wenn ein Seil wie in ▸ Abbildung 15.26 durch eine Hand oder eine mechanische Schwingvorrichtung schwingt, sind die „Knoten“ keine wahren Knoten (im Ruhezustand). Woran liegt das? (*Hinweis*: Berücksichtigen Sie Dämpfung und den Energiefluss von der Hand oder der Schwingvorrichtung.)

20 Langwellenradiosignale (AM) kann man gewöhnlich auch hinter einem Berg hören, kurzwellige (FM) hingegen häufig nicht. Das bedeutet, dass die AM-Signale sich stärker krümmen als die FM-Signale. Erklären Sie warum. (Radiosignale werden, wie wir noch sehen werden, von elektromagnetischen Wellen getragen. Typische AM-Wellenlängen sind 200 bis 600 m, FM-Wellenlängen betragen dagegen nur rund 3 m.)

Aufgaben zu 15.1 und 15.2

1 (I) Ein Fischer bemerkt, dass sein Boot alle 4,0 s von einem Wellenkamm getroffen wird. Er bestimmt den Abstand zwischen zwei Kämmen zu 9 m. Wie schnell sind die Wellen?

2 (I) Langwellige Radiosignale (AM) haben Frequenzen zwischen 550 kHz und 1600 kHz (Kilohertz) und eine Geschwindigkeit von $3{,}0 \cdot 10^8$ m/s. Wie groß ist die Wellenlänge dieser Signale? Kurzwellige Frequenzen (FM) liegen zwischen 88 und 198 MHz (Megahertz) und haben dieselbe Geschwindigkeit. Wie groß ist ihre Wellenlänge?

3 (I) Ein Schallwelle in der Luft hat eine Frequenz von 262 Hz und eine Geschwindigkeit von 330 m/s. Wie weit sind die Wellenkämme (Kompressionen) voneinander entfernt?

4 (I) Berechnen Sie die Geschwindigkeit longitudinaler Wellen in (a) Wasser und (b) Granit.

5 (I) Bestimmen Sie die Wellenlänge einer Schallwelle, die sich mit 5000 Hz in einem Eisenstab ausbreitet.

6 (II) Ein Seil der Masse 0,65 kg ist auf 30 m Länge festgespannt. Wenn die Zugspannung 120 N beträgt, wie lang wird dann ein Wellenpaket für die 30 m benötigen?

7 (II) Ein 0,40 kg schweres Seil ist auf 4,8 m festgespannt. Erhält eine der Befestigungen einen Hammerschlag, läuft eine Transversalwelle das Seil entlang und erreicht die andere Befestigung in 0,85 s. Wie groß ist die Zugspannung?

8 (II) Ein Matrose schlägt auf die Schiffswand direkt über der Wasseroberfläche. 3,5 s später hört er das vom Meeresgrund reflektierte Echo. Wie tief ist das Meer an dieser Stelle?

9 (II) Eine Seilbahn-Gondel gleitet von der Spitze eines Hügels an einem 600 m langen und 1,5 cm dicken Stahlseil herab. Beim Anprall unten erzeugt sie ein Wellenpaket. Nach 16 s kehrt das Paket zurück. (a) Wie groß ist die Geschwindigkeit des Pakets? (b) Wie groß ist die Zugspannung des Stahlseils?

10 (II) Die Welle auf einem Seil (▸ Abbildung 15.34) läuft nach rechts mit einer Geschwindigkeit von 1,80 m/s. (a) Zeichnen Sie die Wellenform 1,00 s später und zeigen Sie, welche Seilsegmente sich in dem Moment aufwärts und welche sich abwärts bewegen. (b) Schätzen Sie die vertikale Geschwindigkeit am Punkt *A* des Seils in dem in der Abbildung dargestellten Zeitpunkt.

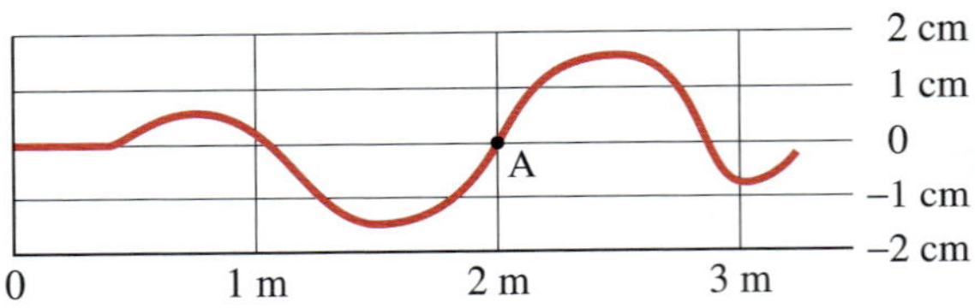

Abbildung 15.34 Aufgabe 10.

11 (II) *S*-Wellen (Scherungswellen) und *p*-Wellen (Druckwellen) eines Erdbebens breiten sich mit unterschiedlichen Geschwindigkeiten aus. Dieser Umstand hilft bei der Bestimmung des Epizentrums (wo die Erdverschiebung stattfand). (a) Typische Ausbreitungsgeschwindigkeiten liegen bei 9,0 km/s (*p*-Wellen) und 5,5 km/s (*S*-Wellen). Wie weit ist das Epizentrum von einer seismischen Station entfernt, die einen Laufzeitunterschied von 94 s zwischen den beiden Wellen misst? (b) Reicht eine seismische Station aus, um die Position des Epizentrums zu bestimmen?

Aufgaben zu 15.3

12 (I) Zwei Erdbebenwellen laufen mit derselben Frequenz durch dieselbe Erdregion. Eine trägt aber doppelt so viel Energie wie die andere. Wie ist das Verhältnis ihrer Amplituden?

13 (I) Vergleichen Sie (a) die Intensitäten und (b) die Amplituden zweier *p*-Erdbebenwellen (Druckwellen) in 10 km und 20 km Entfernung von der Quelle.

14 (II) Die Intensität einer bestimmten Erdbebenwelle wird in einer Entfernung von 100 km von der Quelle zu $2{,}2 \cdot 10^6\,\mathrm{W/m^2}$ gemessen. (a) Wie groß war ihre Intensität in 4 km Abstand von der Quelle? (b) Wie groß war die gesamte Leistung, die durch eine $5{,}0\,\mathrm{m^2}$ große Fläche in 4,0 km Abstand strömte?

15 (II) Zeigen Sie, dass bei Vernachlässigung von Dämpfung die Amplitude D_M einer zirkularen Wasserwelle mit der Quadratwurzel des Abstands r von der Quelle abnimmt: $D_\mathrm{M} \propto 1/\sqrt{r}$.

16 (II) (a) Zeigen Sie, dass die Intensität einer Welle gleich der Energiedichte (Energie pro Einheitsvolumen) der Welle mal der Ausbreitungsgeschwindigkeit ist. (b) Wie groß ist die Energiedichte in 2,0 m Entfernung von einer Glühbirne mit 100 Watt? Licht breitet sich mit $3{,}0 \cdot 10^8\,\mathrm{m/s}$ aus.

17 (II) Ein kurzer Stahldraht mit 1,0 mm Durchmesser wird mit einem Schwinger verbunden und steht unter einer Zugspannung von 4,5 N. Die Frequenz des Schwingers beträgt 60 Hz und die Amplitude der Stahlseilwelle wird zu 0,50 cm gemessen. (a) Wie groß ist die Leistungsabgabe des Schwingers unter der Annahme, dass die Welle nicht reflektiert wird? (b) Wie groß ist die Wellenamplitude bei verdoppelter Frequenz, wenn die Leistungsabgabe konstant bleibt?

18 (II) (a) Zeigen Sie, dass die durchschnittliche Leistung, mit der Energie entlang eines Seils von einer Welle der Frequenz f und Amplitude D_M transportiert wird, gegeben ist durch. $\overline{P} = 2\pi^2\mu v f^2 D_\mathrm{M}^2$, worin v die Ausbreitungsgeschwindigkeit und μ die Masse des Seils pro Längeneinheit ist. (b) Steht das Seil unter einer Zugspannung von $F_\mathrm{T} = 100\,\mathrm{N}$ und hat es eine Masse von 0,10 kg pro Längeneinheit, wie viel Leistung ist dann erforderlich, um transversale Wellen mit 120 Hz und einer Amplitude von 2,0 cm zu übertragen?

Aufgaben zu 15.4

19 (I) Nehmen Sie an, dass bei $t = 0$ eine Welle dargestellt wird durch $D = D_\mathrm{M}\sin(2\pi x/\lambda + \phi)$. Die Gleichung unterscheidet sich von Gleichung 15.19 durch den konstanten Phasenfaktor ϕ. Wie sieht dann die Gleichung für eine Welle aus, die entlang der x-Achse als Funktion von x und t in negativer Richtung läuft?

20 (II) Eine Transversalwelle auf einem Seil wird dargestellt durch $D = 0{,}48\sin(5{,}6x + 84t)$ (D und x in Meter und t in Sekunden). Bestimmen Sie für diese Welle (a) die Wellenlänge, (b) die Frequenz, (c) die Geschwindigkeit (Größe und Richtung), (d) die Amplitude und (e) maximale und minimale Geschwindigkeit der Seilsegmente.

21 (II) Betrachten Sie einen Punkt auf der Saite von Beispiel 15.4, der 1,00 m vom linken Ende entfernt ist. Bestimmen Sie (a) die maximale Geschwindigkeit des Orts und (b) seine maximale Beschleunigung. (c) Wie groß sind Geschwindigkeit und Beschleunigung zum Zeitpunkt $t = 2{,}0\,\mathrm{s}$?

22 (II) Zeigen Sie für eine sinusförmige Welle, die über eine Saite läuft, dass die Steigung der Saite an jedem Punkt x gleich ist dem Verhältnis der transversalen Segmentgeschwindigkeit zur Geschwindigkeit der Welle an diesem Punkt.

23 (II) Ein transversales Wellenpaket läuft mit einer Geschwindigkeit von $v = 2{,}0\,\mathrm{m/s}$ eine Saite entlang. Zum Zeitpunkt $t = 0$ ist die Form des Pakets gegeben durch die Funktion

$$D = 0{,}45\cos(3{,}0x + 1{,}2)\,,$$

(D und x in Meter). (a) Zeichnen Sie D als Funktion von x zum Zeitpunkt $t = 0$. (b) Ermitteln Sie eine Gleichung für das Wellenpaket für jeden Zeitpunkt t unter der Annahme, dass keine Reibungsverluste auftreten. (c) Tragen Sie $D(x,t)$ gegen x bei $t = 1{,}0\,\mathrm{s}$ ab. (d) Lösen Sie (b) und (c) unter der Annahme, dass das Paket nach links läuft.

24 (II) Eine Longitudinalwelle in der Luft mit 440 Hz hat eine Geschwindigkeit von 345 m/s. (a) Wie groß ist die Wellenlänge? (b) Wie viel Zeit erfordert ein Phasenwechsel um 90° an einem gegebenem Raumpunkt? (c) Wie groß ist zu einem bestimmten Zeitpunkt die Phasendifferenz (in Grad) zweier 4,4 cm entfernter Punkte?

25 (II) Schreiben Sie die Gleichung für die Welle aus (24) auf, wenn ihre Amplitude 0,020 cm beträgt und bei $t = 0$ und $x = 0$ die Amplitude $D = -0{,}020\,\mathrm{cm}$ misst.

26 (II) Eine sinusförmige Welle läuft eine Saite entlang in negativer x-Richtung. Ihre Amplitude beträgt 1,00 cm, die Wellenlänge 3,00 cm und die Frequenz 200 Hz. Zum Zeitpunkt $t = 0$ befindet sich ein Saitensegment bei $x = 0$ in einer Distanz von $D = 0{,}80\,\mathrm{cm}$ oberhalb des Ursprungs und bewegt sich aufwärts. (a) Skizzieren Sie die Wellenform bei $t = 0$ und (b) bestimmen Sie die Funktion von x und t, die die Welle beschreibt.

Aufgaben zu 15.5

27 (II) Prüfen Sie, ob die Funktion $D = D_M \sin kx \cos \omega t$ eine Lösung der Wellengleichung ist.

28 (II) Zeigen Sie durch Ersetzen, dass die folgenden Funktionen die Wellengleichung erfüllen: (a) $D(x,t) = \ln(x+vt)$; (b) $D(x,t) = (x-vt)^4$.

29 (II) Zeigen Sie, dass die Wellenformen aus den Gleichungen 15.13 und 15.15 die Wellengleichung 15.16 erfüllen.

30 (II) Zwei lineare Wellen werden dargestellt durch $D_1 = f_1(x,t)$ und $D_2 = f_2(x,t)$. Wenn beide die Wellengleichung 15.16 erfüllen, zeigen Sie dann, dass jede beliebige Kombination $D = C_1D_1 + C_2D_2$ sie ebenfalls erfüllt. C_1 und C_2 sind Konstanten.

Aufgaben zu 15.7

31 (II) Betrachten Sie eine Sinuswelle, die ein gespanntes Seil, das sich aus zwei unterschiedlichen Segmenten zusammensetzt, entlang läuft (► Abbildung 15.20). Bestimmen Sie eine Gleichung (a) für das Verhältnis der Geschwindigkeiten v_1/v_2 der Wellen in den beiden Segmenten und (b) für das Verhältnis der Wellenlängen in den Abschnitten. (Die Frequenz ist dieselbe in den beiden Abschnitten. Warum?) (c) Ist die Wellenlänge größer im schweren oder im leichten Seilsegment?

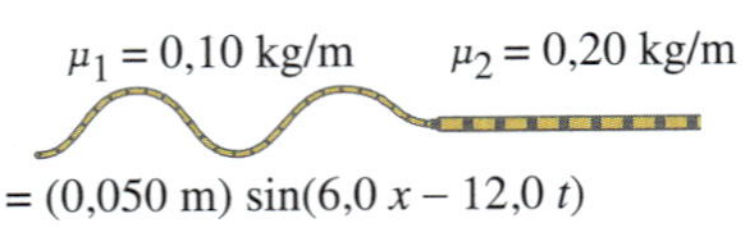

Abbildung 15.35 Aufgabe 32.

32 (II) Ein Seil hat zwei Abschnitte mit linearen Dichten von 0,10 kg/m und 0,20 kg/m (► Abbildung 15.35). Eine einfallende Welle mit $D = (0{,}050\,\text{m}) \sin(6,0x - 12{,}0t)$ läuft im leichten Seilsegment entlang. (a) Wie groß ist die Wellenlänge im leichteren Seilsegment? (b) Wie groß ist die Zugspannung des Seils? (c) Wie groß ist die Wellenlänge, wenn die Welle auf das schwerere Segment trifft?

33 (III) Ein Seil ist bis zu einer Zugspannung F_T gespannt und besteht aus zwei Abschnitten (siehe ► Abbildung 15.20) mit den linearen Dichten μ_1 und μ_2. Sei $x = 0$ der Punkt (ein Knoten), wo die beiden Segmente verbunden sind. μ_1 bezieht sich auf das linke und μ_2 auf das rechte Seilsegment. Eine sinusförmige Welle mit $D = A \sin[k_1(x - v_1t)]$ startet vom linken Seilende aus. Wenn sie den Knoten erreicht, wird ein Teil reflektiert, ein anderer wird durchgelassen. Die reflektierte Welle hat die Darstellung $D = A_R \sin[k_1(x + v_1t)]$, die durchgelassene hat $D = A_T \sin[k_2(x - v_2t)]$. Da die Frequenz in beiden Segmenten dieselbe sein muss, gilt $\omega_1 = \omega_2$ oder $k_1v_1 = k_2v_2$. (a) Das Seil ist kontinuierlich, und das bedeutet: Ein Ort in infinitesimalem Abstand links vom Knoten hat zu jedem Zeitpunkt dieselbe Auslenkung (wegen der einfallenden und reflektierten Wellen). Dasselbe gilt für einen Punkt infinitesimal rechts vom Knoten (wegen der durchlaufenden Welle). Zeigen Sie, dass, $A = A_T + A_R$ ist. (b) Zeigen Sie unter der Annahme, dass die Steigung $(\partial D/\partial x)$ des Seils links vom Knoten gleich groß ist wie die Steigung auf der rechten Seite des Knotens, dass die Amplitude der reflektierten Welle gegeben ist durch

$$A_R = \left(\frac{v_1 - v_2}{v_1 + v_2}\right) A = \left(\frac{k_2 - k_1}{k_2 + k_1}\right) A \,.$$

(c) Drücken Sie A_T durch A aus!

Aufgaben zu 15.8

34 (I) Die beiden in ► Abbildung 15.36 abgebildeten Pakete bewegen sich aufeinander zu. (a) Skizzieren Sie die Form des Seils in dem Moment, da sie sich überlappen. (b) Skizzieren Sie das Seil einige Augenblicke später. (c) Das Seil aus ► Abbildung 15.23a ist in dem Moment, in dem sich die Pakete überlappen, gerade. Was ist in diesem Moment mit der Energie passiert?

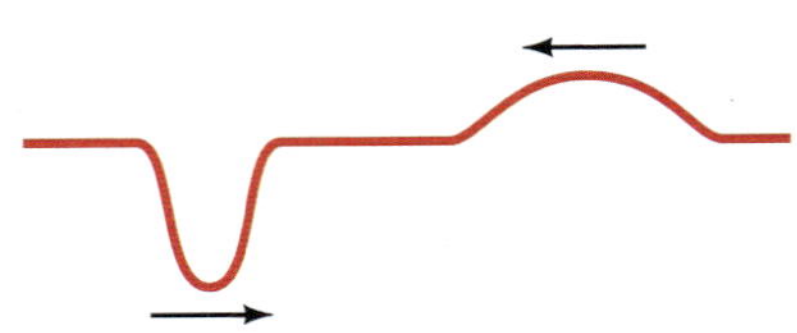

Abbildung 15.36 Aufgabe 34.

35 (II) Zwei lineare Wellen gleicher Amplitude und Frequenz laufen mit einem Phasenunterschied von ϕ durch dasselbe Medium. Sie können dargestellt werden durch

$$D_1 = D_M \sin(kx - \omega t)$$
$$D_2 = D_M \sin(kx - \omega t + \phi) .$$

(a) Zeigen Sie mit Hilfe der trigonometrischen Beziehung $\sin\phi_1 + \sin\phi_2 = 2\sin\frac{1}{2}(\phi_1+\phi_2)\cos\frac{1}{2}(\phi_1-\phi_2)$, dass die resultierende Welle gegeben ist durch

$$D = \left(2D_M \cos\frac{\phi}{2}\right)\sin\left(kx - \omega t + \frac{\phi}{2}\right) .$$

(b) Wie groß ist die Amplitude dieser resultierenden Welle? Ist es eine reine Sinuswelle oder nicht? (c) Zeigen Sie, dass für $\phi = 0, 2\pi, 4\pi$ und so weiter konstruktive Interferenz auftritt, für $\theta = \pi, 3\pi, 5\pi$ usw. jedoch destruktive Interferenz. (d) Beschreiben Sie die resultierende Welle mathematisch und mit Worten für $\theta = \pi/2$.

Aufgaben zu 15.9

36 (I) Eine Violinsaite vibriert als Leerseite mit 294 Hz. Mit welcher Frequenz schwingt sie, wenn ein Finger ein Viertel der Länge vom Ende aus gesehen abgreift?

37 (I) Wenn die Grundfrequenz einer Violinsaite 440 Hertz beträgt, wie groß sind dann die Frequenzen der ersten vier Harmonischen?

38 (I) Eine Saite schwingt in Resonanz mit vier Bäuchen bei einer Frequenz von 264 Hertz. Geben Sie mindestens drei weitere Resonanzfrequenzen an.

39 (I) Während eines Erdbebens oszilliert eine Fußbrücke alle zwei Sekunden vertikal mit *einem* Bauch als stehende Welle. Welche anderen Resonanzperioden sind möglich? Welche Frequenzen ergeben sich dafür?

40 (II) Die Geschwindigkeit von Wellen auf einer Saite beträgt 270 m/s. Wenn die Frequenz stehender Wellen 131 Hz groß ist, wie weit sind dann die Knoten voneinander entfernt?

41 (II) Wenn zwei aufeinander folgende Harmonische einer Saite 280 und 350 Hz betragen, wie groß ist dann die Grundresonanz?

42 (II) Eine Gitarrensaite misst 90,0 cm und wiegt 3,6 g. Von der Brücke bis zur Mechanik (= L) sind es 60 cm und die Saite hat eine Seilspannung von 520 N. Wie groß sind die Frequenzen der Ersten Harmonischen und der ersten beiden Obertöne?

43 (II) Zeigen Sie, dass die Frequenz stehender Wellen auf einer Saite mit Länge L, linearer Dichte μ und Zugspannung F_Z gegeben ist durch

$$f = \frac{n}{2L}\sqrt{\frac{F_Z}{\mu}} ,$$

wobei n ganzzahlig ist.

44 (II) Ein Ende eines horizontalen Seils der linearen Dichte $\mu = 4{,}8 \cdot 10^{-4}$ kg/m wird an einen mechanischen Schwinger mit 60 Hz befestigt. Das Seilende läuft über eine $L = 1{,}40$ m vom Schwinger entfernte Rolle und ist dort mit einem Gewicht versehen. Welche Masse muss dieses Gewicht haben, um (a) einen Bauch, (b) zwei Bäuche und (c) fünf Bäuche einer stehenden Welle zu erzeugen? Machen Sie die Annahme, dass sich am Schwinger ein Knoten befindet, was auch fast der Realität entspricht. Warum kann die Amplitude der stehenden Welle viel größer als die Schwinger-Amplitude sein?

45 (II) Bei Aufgabe 44 kann die Seillänge durch Verschieben der Rolle verändert werden. Wenn das Gewicht mit einer Masse von 0,080 kg festliegt, wie viele stehende Wellenmuster lassen sich dann bei einer zwischen 10 cm und 1,5 m variierenden Länge L erzeugen?

46 (II) Die Auslenkung einer stehenden Welle ist durch den Ausdruck $D = 8{,}6\sin(0{,}60x)\cos(58t)$ gegeben (D, x in Zentimeter, t in Sekunden). (a) Wie groß ist der Abstand (cm) zwischen den Knoten? (b) Geben Sie Amplitude, Frequenz und Geschwindigkeit jeder Komponentenwelle an. (c) Ermitteln Sie die Geschwindigkeit eines Seilsegments bei $x = 3{,}20$ cm zum Zeitpunkt $t = 2{,}5$ s.

47 (II) Die Auslenkung einer transversalen Welle auf einem Seil wird durch den Ausdruck $D = 4{,}2\sin(0{,}71x - 47t + 2{,}1)$ dargestellt (D, x in Zentimeter, t in Sekunden). (a) Finden Sie eine Gleichung, die eine gegenläufige Welle darstellt und die, zu der angegebenen Wellengleichung addiert, eine stehende Welle erzeugt. (b) Wie lautet die Gleichung der stehenden Welle?

48 (II) Wenn Sie das Wasser in einer Wanne mit der richtigen Frequenz hin und her schwappen lassen, steigt und fällt das Wasser an jedem Ende und ist in der Mitte relativ ruhig. Wie groß ist die Geschwindigkeit der stehenden Wasserwelle, wenn die Wannenlänge 60 cm und die Frequenz 0,85 Hz beträgt?

49 (II) Ein Violinsaite ertönt mit einer Frequenz von 249 Hz. Wie groß ist die Frequenz, wenn man die Zugspannung um 10 Prozent erhöht?

50 (II) Zwei Wellen werden durch die Funktionen

$$D_1 = D_M \sin(kx - \omega t)$$
$$D_2 = D_M \sin(kx + \omega t)$$

beschrieben, worin $D_M = 0{,}15\,\text{m}, k = 3{,}5\,\text{m}^{-1}$ und $\omega = 1{,}2\,\text{s}^{-1}$ ist. (a) Zeichnen Sie die Wellen von $x = 0$ bis zu einem Punkt ($x > 0$), der die volle Wellenlänge mit einschließt. Setzen Sie $t = 1{,}0$ s. (b) Zeichnen Sie die Summe der beiden Wellen und bestimmen Sie die Knoten und Bäuche in der Zeichnung. Vergleichen Sie die Zeichnung mit der analytischen (mathematischen) Darstellung.

51 (II) Zeichnen Sie die beiden Wellen und ihre Summe aus Aufgabe 50 als Funktion der Zeit von $t = 0$ bis zu $t = T$ (eine Periode). Setzen Sie (a) $x = 0$ und (b) $x = \lambda/4$. Interpretieren Sie die Ergebnisse.

52 (II) Eine stehende Welle auf einem 1,80 m langen, horizontal gespannten Seil weist bei einer Frequenz von 120 Hz drei Bäuche auf. Der maximale Seilausschlag im Zentrum jedes Bauchs beträgt 12 cm. (a) Welche Funktion beschreibt die stehende Welle? (b) Welche Funktionen beschreiben die beiden gegenläufigen Wellen gleicher Amplitude, die die stehende Welle bilden?

Aufgaben zu 15.10

53 (I) Eine Erdbebendruckwelle trifft mit 8 km/s auf die Grenze zwischen zwei unterschiedlichen Erdschichten. Wenn sie die Grenze unter einem Winkel von 50° erreicht und der Brechungswinkel 31° ist, wie groß ist dann die Ausbreitungsgeschwindigkeit im zweiten Medium?

54 (I) Wasserwellen treffen auf eine unter Wasser liegende Sandbank, wodurch ihre Geschwindigkeit sich von 2,8 m/s auf 2,5 m/s verringert. Wenn der Kamm der einfallenden Wellen einen Winkel von 40° mit der Sandbank bildet, wie groß ist dann der Brechungswinkel?

55 (II) Eine longitudinale Erdbebenwelle trifft auf eine Grenzregion zwischen zwei unterschiedlichen Felsarten unter einem Winkel von 25°. Dabei ändert sich die spezifische Dichte des Felsens von 3,7 auf 2,8 g/m^3. Bestimmen Sie den Brechungswinkel unter der Voraussetzung, dass der Elastizitätsmodul für beide Felsarten gleich ist.

56 (II) Für jeden Wellentyp (also auch für Erdbebenwellen), der auf eine Grenzregion zuläuft, gibt es einen maximalen Einfallswinkel, jenseits dessen es keinen durchgelassenen Brechungs-Wellenanteil mehr gibt, vorausgesetzt, dass die Geschwindigkeit im zweiten Medium größer als im ersten Medium ist. Dieser maximale Einfallswinkel θ_{iM} korrespondiert mit einem Brechungswinkel von 90°. Bei $\theta_i > \theta_{iM}$ wird die gesamte Welle an der Grenze reflektiert und kein Anteil gebrochen. (denn das würde mit $\sin\theta_r > 1$ korrespondieren, worin θ_r der Brechungswinkel ist). Man nennt dieses Phänomen *Totalreflexion*. (a) Bestimmen Sie mit Hilfe von Gleichung 15.19 eine Formel für θ_{iM}. (b) Bei welchen Einfallswinkeln gibt es Totalreflexion und keine Transmission für eine Erdbebenwelle p, die mit einer Geschwindigkeit von 7,5 km/s auf eine Grenze zweier Felsarten trifft und im zweiten Medium 9,3 km/s schnell ist?

57 (II) Eine Schallwelle breitet sich in warmer Luft aus und trifft unter einem Einfallswinkel von 25° auf eine kalte Luftschicht. Wie groß ist der Brechungswinkel? Die kalte Luftzone hat eine Temperatur von −10 °C und die warme +10 °C. Die Schallgeschwindigkeit als Funktion der Temperatur ist näherungsweise $v = (331 + 0{,}60T)$m/s (T in °C).

Allgemeine Aufgaben

58 Sie halten eine Tasse Kaffee (Durchmesser 8 cm) in der Hand und machen einen Schritt pro Sekunde. Der Kaffee beginnt zu schwappen, bis er nach einigen Schritten überschwappt. Wie groß ist die Ausbreitungsgeschwindigkeit der Wellen im Kaffee?

59 Zwei massive Stäbe haben einen gleich großen Kompressionsmodul, doch einer ist zweimal so dicht wie der andere. In welchem Stab ist die Geschwindigkeit longitudinaler Wellen größer und um welchen Faktor?

60 Zwei Wellen breiten sich entlang eines gespannten Seils aus und haben die gleiche Frequenz. Eine transportiert jedoch dreimal so viel Leistung wie die andere. Wie groß ist das Amplitudenverhältnis der beiden Wellen?

61 Eine Wanze bewegt sich auf der Oberfläche eines Teichs um insgesamt 10 cm (vertikaler Abstand Kamm – Tal) auf und ab. (a) Wie groß ist die Amplitude der Welle? (b) Um welchen Faktor ändert sich die kinetische Energie der Wanze, wenn sie durch eine zweite Wasserwelle um 0,15 cm auf und ab schwingt?

62 Eine Gitarrensaite soll laut Spezifikation mit 200 Hz schwingen, eine Messung ergibt jedoch einen Wert von 205 Hertz. Um welchen Prozentsatz muss die Saitenspannung verringert werden, damit die Frequenz den angegebenen Wert hat?

63 Die Oberflächenwelle eines Erdbebens kann näherungsweise als sinusförmige Transversalwelle beschrieben werden. Welche minimale Amplitude wird bei einer Frequenz von 0,50 Hz (typischer Wert für Erdbeben, die in Wirklichkeit eine Frequenzmischung aufweisen) dazu führen, dass Objekte ihren Bodenkontakt verlieren?

64 Ein Seil der Masse m und Länge L hängt an einem Haken. (a) Zeigen Sie, dass die Geschwindigkeit transversaler Wellen im Seil durch $\sqrt{gh}$ gegeben ist, worin h die Höhe über dem hängenden Seilende ist. (b) Wie lange benötigt ein Paket, um sich aufwärts von einem zum andern Ende zu bewegen?

65 Ein transversales Wellenpaket bewegt sich auf einem Seil mit einer Geschwindigkeit von $v = 3{,}0\,\mathrm{m/s}$ nach rechts. Zum Zeitpunkt $t = 0$ ist die Form der Welle gegeben durch die Funktion

$$D = \frac{4{,}0}{x^2 - 2{,}0}\,,$$

(D und x in Meter). (a) Zeichnen sie D gegen x zum Zeitpunkt $t = 0$. (b) Bestimmen Sie, unter Vernachlässigung von Reibungsverlusten, eine Gleichung für das Wellenpaket zu jeder Zeit t. (c) Zeichnen Sie $D(x, t)$ gegen x zum Zeitpunkt $t = 0{,}50\,\mathrm{s}$. (d) Lösen Sie (b) und (c) unter der Annahme, dass das Paket nach links läuft.

66 (A) Zeigen Sie, dass bei einer kleinen Änderung der Seilspannung ΔF_Z die Frequenz der Grundfrequenz um den Betrag $\Delta f = \frac{1}{2}(\Delta F_Z/F_Z)f$ geändert wird. (b) Um wie viel Prozent muss die Fadenspannung einer Klaviersaite vergrößert oder verkleinert werden, um die Frequenz von 438 auf 442 Hz anzuheben? (c) Gilt die Formel aus Teil (a) auch für die Obertöne?

67 Zwei Saiten eines Musikinstruments werden so gestimmt, dass sie mit 392 Hz (G-Saite) und 440 Hz (A-Saite) schwingen. (a) Mit welcher Frequenz schwingen die ersten beiden Obertöne der Saiten? (b) Wenn die Saiten dieselbe Länge haben und unter derselben Spannung stehen, wie muss dann das Massenverhältnis (M_G/M_A) sein? (c) Wenn die Saiten stattdessen dieselbe Masse pro Längeneinheit haben und unter derselben Zugspannung stehen, wie groß ist dann das Längenverhältnis (L_G/L_A)? (d) Wie groß muss das Verhältnis der Zugspannungen sein, wenn ihre Massen und Längen gleich sind?

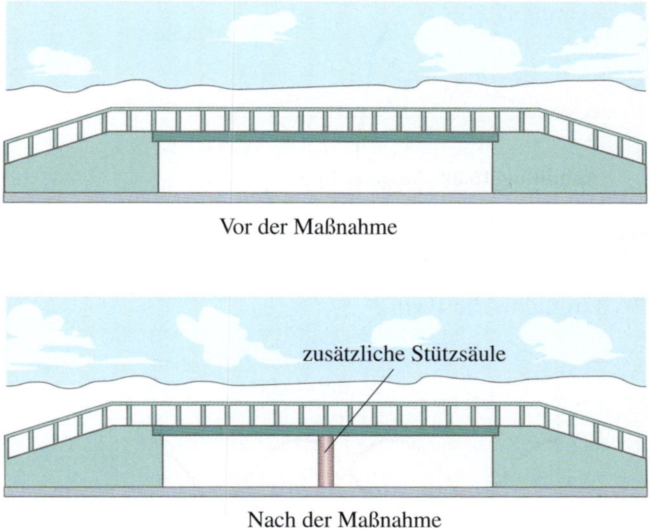

Abbildung 15.37 Aufgabe 68.

68 Eine Autobahnüberführung vibrierte bei einem vertikalen Erdbebenstoß mit 4 Hz in ihrer Resonanzfrequenz ($1/2\lambda$). Das Straßenbaureferat ordnet daraufhin die Errichtung einer im Grund verankerten Stützsäule in der Mitte der Überführung an (▸ Abbildung 15.37). Welche Resonanzfrequenz erwarten Sie nun für die Überführung? Erdbebenwellen versetzen Objekte nur selten mit Frequenzen deutlich über 5 bis 6 Hertz in Schwingung. Macht die Stützsäule Sinn?

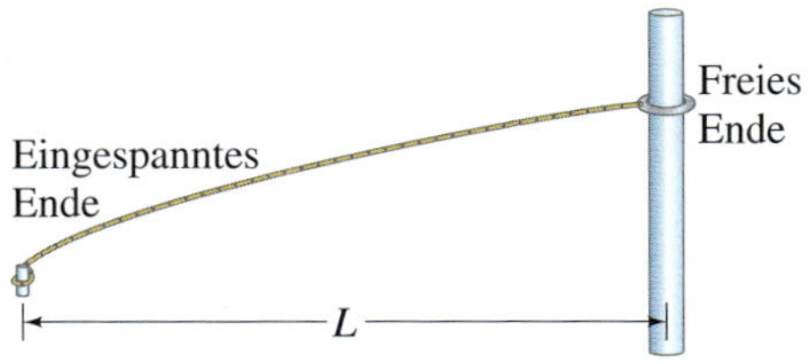

Abbildung 15.38 Aufgabe 69.

69 Das freie Ende eines Seils ist an einem Ende mit einem Ring verbunden, der in vertikaler Richtung reibungsfrei eine Stange auf und ab gleiten kann (▸ Abbildung 15.38). Bestimmen Sie die Wellenlängen der Resonanzschwingungen einer solchen Seil-Anordnung, wobei das andere Seilende fixiert ist.

70 Ein an seinen Enden befestigtes Seil wird in der Mitte nach oben gezogen, so dass sich eine Dreiecksform ergibt (▶ Abbildung 15.39). Berechnen Sie unter der Annahme konstanter Fadenspannung F_Z die Schwingungsenergie, wenn das hochgezogene Seilstück abrupt losgelassen wird. (*Hinweis*: Welche Arbeit muss verrichtet werden, um das Seil in die Dreiecksform zu spannen?)

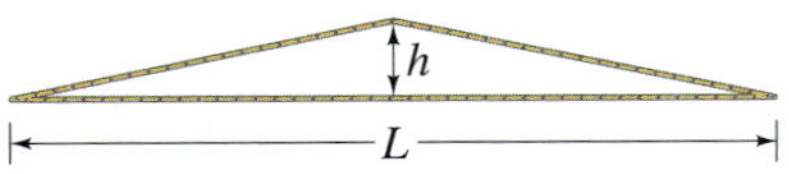

Abbildung 15.39 Aufgabe 70.

71 ▶ Abbildung 15.40 zeigt die Form einer rechtsläufigen Sinuswelle zu zwei Zeitpunkten. Wie lautet die Gleichung für die Welle?

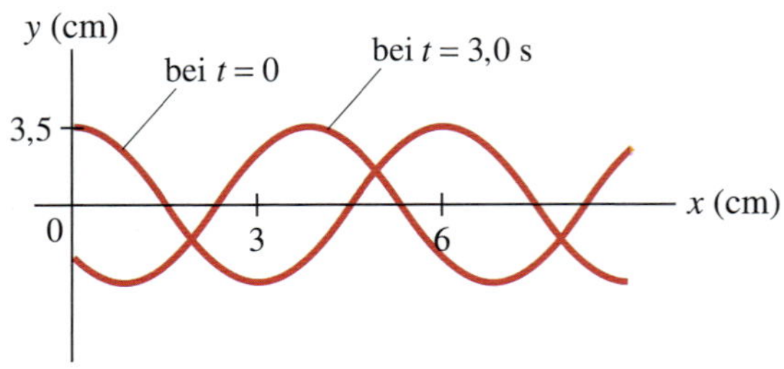

Abbildung 15.40 Aufgabe 71.

72 Schätzen Sie die durchschnittliche Leistung einer Meereswelle, wenn sie gegen die Brust eines aufrecht im Wasser stehenden Erwachsenen prallt. Die Amplitude der Welle beträgt 0,50 m, die Wellenlänge misst 2,5 m und die Periode ist 5,0 s lang.

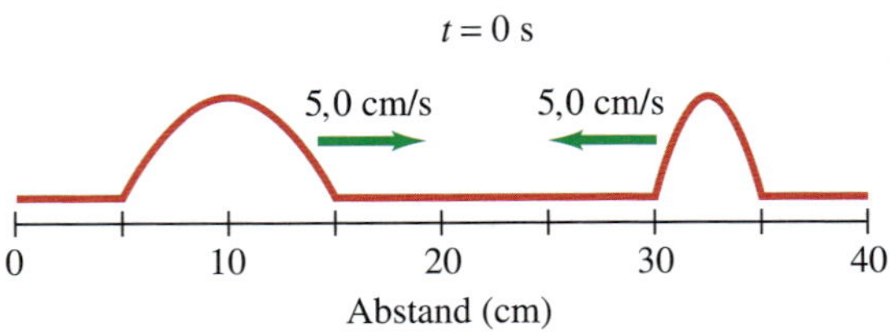

Abbildung 15.41 Aufgabe 73.

73 Zwei gegenläufige Wellenpakete haben die gleiche Geschwindigkeit von 5,0 cm/s (▶ Abbildung 15.41). Bei $t = 0$ sind die beiden Wellentäler 15 cm voneinander entfernt. Zeichnen Sie die Wellenpakete bei $t = 1{,}0$ s, 2,0 s und 3,0 s.

74 Zeigen Sie, dass für eine Kugelwelle, die sich gleichförmig von einer Punktquelle fortbewegt, die Auslenkung dargestellt werden kann durch

$$D = \left(\frac{C}{r}\right) \sin \mathrm{d}(kr - \omega t)\,,$$

worin r der radiale Abstand von der Quelle und C eine Konstante ist.

Schall

16

ÜBERBLICK

Dieses Orchester enthält Streichinstrumente, deren Klang durch transversale stehende Wellen auf Saiten erzeugt wird, und Blasinstrumente, deren Klang von longitudinalen stehenden Wellen in Luftsäulen herrührt. Trommeln und andere Schlagzeuge erzeugen kompliziertere stehende Wellen. Die menschliche Stimme nutzt saitenähnliche Sehnen und die schwingende Luft im Kehlraum, um ihre besondere Klangfarbe zu erzeugen. Wir untersuchen in diesem Kapitel zudem die Dezibel-Skala, die Reaktion des Gehörs, Schallinterferenzen und den Doppler-Effekt.

16. Schall

Schall ist mit unserem Hörsinn verbunden und daher mit der Physiologie unserer Ohren und der Psychologie unseres Gehirns, welches die unser Gehör erreichenden Sinneseindrücke interpretiert. Das Klangerlebnis ist ein physischer Sinneseindruck, der unser Gehör stimuliert.Es wird durch longitudinale Wellen erzeugt.

Wir können bei jedem Klang drei Aspekte unterscheiden. Erstens muss es eine Quelle für den Klang geben, und wie bei jeder Welle ist die Quelle ein schwingendes Objekt. Zweitens wird die Energie von der Quelle in Form longitudinaler Schall*wellen* übertragen. Drittens wird der Klang von einem Ohr oder Messinstrument registriert bzw. nachgewiesen. Schall ist ein wichtiger Faktor beim Entwurf von Gebäuden, besonders Theatersälen und Auditorien, doch auch Fabriken und Arbeitsplätzen. Wir beginnen dieses Kapitel damit, uns einige Aspekte von Schallwellen einmal näher anzuschauen.

16.1 Schalleigenschaften

Wir haben bereits in Kapitel 15 gesehen, wie eine Trommelbespannung Schallwellen in der Luft erzeugt. Gewöhnlich stellen wir uns Schallwellen als sich in Luft ausbreitend vor, da es normalerweise Luftschwingungen sind, die unser Trommelfell in Schwingung versetzen. Doch können sich Schallwellen auch in anderen Materialien ausbreiten.

Zwei Steine schlagen unter Wasser zusammen und können von einem Schwimmer nahe an der Wasseroberfläche gehört werden, da die Schallwellen im Wasser zum Ohr des Schwimmers gelangen. Wenn Sie Ihr Ohr auf den Boden halten, können Sie einen sich nähernden Zug oder Lastwagen hören. In diesem Fall berührt der Boden nicht direkt das Trommelfell, doch die vom Boden übermittelte Longitudinalwelle wird ebenso Schallwelle genannt, da ihre Vibrationen das äußere Ohr und die darin befindliche Luft in Schwingung versetzen. Klar, in Abwesenheit eines Mediums kann sich Schall nicht ausbreiten. Beispielsweise kann eine Klingel, die sich in einem Vakuumgefäß befindet, nicht gehört werden, und der Schall breitet sich auch nicht im Weltraum aus.

Die **Schallgeschwindigkeit** ist in verschiedenen Materialien unterschiedlich. In Luft bei 0 °C und 1 bar breitet sich Schall mit einer Geschwindigkeit von 331 m/s aus. Wir haben in Gleichung 15.4 ($v = \sqrt{B/\rho}$) gesehen, dass die Geschwindigkeit vom Kompressionsmodul B und der Dichte ρ eines Mediums abhängt. Somit ist die Schallgeschwindigkeit in Helium, das einen ähnlich großen Kompressionsmodul wie Luft aber eine viel geringere Dichte hat, dreimal so groß wie in Luft. In Flüssigkeiten und Festkörpern, die erheblich weniger komprimierbar sind und daher einen weitaus größeren Kompressionsmodul bzw. Elastizitätsmodul besitzen, ist die Schallgeschwindigkeit noch größer. Die Schallgeschwindigkeit verschiedener Medien ist in Tabelle 16.1 angegeben. Die Werte sind temperaturabhängig, das wirkt sich bei Gasen besonders deutlich aus. Beispielsweise nimmt die Schallgeschwindigkeit in Luft bei Raumtemperatur näherungsweise pro Grad Temperaturerhöhung um 0,60 m/s zu:

$$v \approx (331 + 0,60T)\text{m/s}\,, \quad \text{(Schallgeschwindigkeit in Luft)}$$

worin T die Temperatur in °C ist. Wir werden in diesem Kapitel normalerweise von $T = 20\,°\text{C}$ ausgehen, so dass $v = [331 + (0,60)(20)]\text{m/s} = 343\text{ m/s}$ ist.

Tabelle 16.1

Schallgeschwindigkeit verschiedener Stoffe bei 20 °C und 1 bar

Material	Geschwindigkeit (m/s)
Luft	343
Luft (0 °C)	331
Helium	1005
Wasserstoff	1300
Wasser	1440
Meerwasser	1560
Eisen und Stahl	≈ 5000
Glas	≈ 4500
Aluminium	≈ 5100
Hartholz	≈ 4000

ANGEWANDTE PHYSIK
Wie weit weg ist das Gewitter?

Beispiel 16.1 · Begriffsbildung

Entfernung eines Gewitters

Eine Faustregel gibt an, wie weit weg ein Gewitter ist: „Vom Blitz bis zum Donner alle drei Sekunden ein Kilometer." Stimmt die Regel? Beachten Sie, dass die Lichtgeschwindigkeit ($3 \cdot 10^8$ m/s) für die Bestimmung der benötigten Zeit verglichen mit der Schallgeschwindigkeit vernachlässigbar ist.

Lösung

Die Schallgeschwindigkeit in der Luft beträgt ungefähr 340 m/s. Um also 1 km zurückzulegen, benötigt der Schall rund drei Sekunden. Ein Kilometer ist 1000 m, folglich braucht der Donnerschlag $1000\,\text{m}/340\,\text{m/s} \approx 3$ Sekunden.

Zwei Eigenschaften einer Schallwelle sind für jeden Hörer unmittelbar evident. Das sind Lautstärke und Tonhöhe. Beide beziehen sich auf eine Empfindung im Bewusstsein des Hörers. Doch gibt es zu jeder dieser subjektiven Empfindungen eine messbare physikalische Größe. Die **Lautstärke** ist mit der Energie der Schallwelle verknüpft, was wir in Abschnitt 16.3 diskutieren werden.

Lautstärke

Tonhöhe

Die **Tonhöhe** des Schalls bezieht sich darauf, ob er hoch wie bei einer Piccoloflöte oder Violine ist, oder tief, wie bei einer Basstrommel oder einem Kontrabass. Die physikalische Größe, die mit der Tonhöhe verbunden ist, ist die Frequenz, was von Galileo entdeckt wurde. Je niedriger die Frequenz, desto niedriger die Tonhöhe, und je größer die Frequenz, desto höher die Tonhöhe[1]. Das menschliche Ohr nimmt Frequenzen zwischen 20 Hz und 20 000 Hz wahr (Erinnern Sie sich daran, dass 1 Hz ein voller Schwingungszyklus pro Sekunde ist). Das nennt man den **Hörbereich**. Diese Grenzen variieren etwas von einem Menschen zum andern. Das Gehör von Menschen wird mit wachsendem Alter unempfindlicher gegenüber höheren Frequenzen. Die obere Grenze liegt dann um einen Wert von 10 000 Hz oder tiefer.

Hörbarer Frequenzbereich

Schallwellen mit Frequenzen oberhalb des hörbaren Bereichs können in das Ohr eindringen, doch sind wir ihrer nicht gewahr. Frequenzen über 20 000 Hz heißen **Ultraschall** (nicht zu verwechseln mit *Überschall*; dieser Ausdruck ist für Objekte mit Geschwindigkeiten größer als die Schallgeschwindigkeit reserviert). Viele Tiere können Ultraschall-Frequenzen wahrnehmen. Beispielsweise hören Hunde noch Schallwellen mit Frequenzen um die 50 000 Hz, Fledermäuse registrieren sogar Schallfrequenzen von bis zu 100 000 Hertz.

ANGEWANDTE PHYSIK
Kamera mit Autofokus

Beispiel 16.2

Autofokus mit Schallwellen

Kameras mit Autofokus senden einen Puls sehr hoher Frequenz (Ultraschall) zum abzulichtenden Objekt aus und registrieren mit einem Sensor den reflektierten Schall (► Abbildung 16.1). Um ein Gefühl für die Zeitsensitivität eines solchen Detektors zu bekommen, berechnen Sie die Zeit, die ein Puls für ein Objekt in (a) 1,0 m und (b) 20 m Entfernung benötigt.

Lösung

Wir setzen eine Temperatur von 20 °C voraus, wobei die Schallgeschwindigkeit etwa 343 m/s beträgt. (a) Der Puls wandert zum 1,0 m entfernten Objekt

1 Obgleich die Tonhöhe hauptsächlich durch die Frequenz bestimmt wird, hängt sie auch ein bisschen von der Lautstärke ab. Beispielsweise erscheint ein sehr lauter Klang leicht höher als ein leiser derselben Frequenz.

und anschließend 1,0 m wieder zurück, das ergibt eine gesamte Wegstrecke von 2,0 m. Mit Geschwindigkeit = Entfernung/Zeit erhalten wir

$$t = \frac{\text{Entfernung}}{\text{Geschwindigkeit}} = \frac{2{,}0\,\text{m}}{343\,\text{m/s}} = 0{,}0059\,\text{s} = 5{,}9\,\text{ms}\,.$$

(b) Nun beträgt die gesamte Wegstrecke $2 \cdot 20\,\text{m} = 40\,\text{m}$, mithin ist

$$t = \frac{40\,\text{m}}{343\,\text{m/s}} = 0{,}12\,\text{s} = 120\,\text{ms}\,.$$

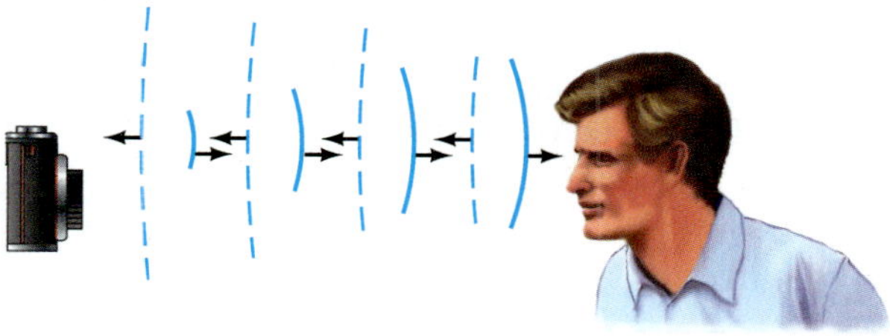

Abbildung 16.1 Beispiel 16.2. Kameras mit Autofokus senden einen Ultraschall-Puls aus. Die durchgehenden blauen Linien stellen Wellenfronten dar, die sich von der Kamera fort nach rechts bewegen. Die gestrichelten Linien stehen für den Puls, der vom Gesicht der Person reflektiert wird und zurück in die Kamera läuft. Die Information über die Laufzeit nutzt die Kamera, um die Linse auf das Gesicht scharf zu stellen.

Schallwellen mit Frequenzen unterhalb des Hörbereichs (also unter 20 Hz), heißen Infraschall. Erdbeben, Donnerschläge, Vulkane und schwere, vibrierende Maschinen können Quellen für Infraschall sein. Letztere können gefährlich für Arbeiter sein, da Infraschall, obgleich unhörbar, gesundheitsschädlich ist. Die niedrigfrequenten Wellen rufen Resonanzen hervor und verursachen Schwingungen und Irritationen der inneren Körperorgane.

16.2 Mathematische Darstellung longitudinaler Wellen

In Abschnitt 15.4 haben wir gesehen, dass eine eindimensionale Welle entlang der x-Achse dargestellt werden kann durch Gleichung 15.10c:

$$D = D_\text{M} \sin(kx - \omega t)\,. \tag{16.1}$$

Die Wellenzahl k bezieht sich auf die Wellenlänge λ durch $k = 2\pi/\lambda$, und $\omega = 2\pi f$, f ist die Frequenz. D ist die Auslenkung am Ort x zur Zeit t, während D_M ihr Maximum ist, die Amplitude. Für eine Transversalwelle – etwa eine Welle auf einer Saite – ist die Auslenkung D senkrecht zur Ausbreitungsrichtung der Welle entlang der x-Achse. Bei einer Longitudinalwelle hingegen ist die Auslenkung D parallel zur *Ausbreitungsrichtung der Welle*. D liegt also parallel zu x und stellt die Auslenkung eines kleinen Volumenelements des Mediums von der Ruhelage dar.

Longitudinale (Schall-)Wellen lassen sich auch als Druckschwankungen betrachten. Tatsächlich nennt man sie auch häufig **Druckwellen**. Die Druckveränderung ist meist leichter messbar als die Auslenkung (siehe Beispiel 16.4). Wie man aus ▸ Abbildung 16.2 ersehen kann, ist in Gebieten mit Kompression der Druck höher als der Umgebungsdruck. Dagegen liegt der Druck in Gebieten mit Expansion unter Umgebungsdruck. ▸ Abbildung 16.3 zeigt eine grafische Darstellung von Schallwellen in der Luft als (a) Auslenkung und (b) Druck. Beachten Sie, dass die Auslenkungswelle um eine viertel Wellenlänge oder 90° ($\pi/2$ rad) gegenüber der Druckwelle phasenverschoben ist. Das bedeutet: Wo der Druck ein Maximum oder Minimum hat, sind die Moleküle momentan im Gleichgewicht, und somit ist die Auslenkung aus der Ruhelage gleich null. Dort hingegen, wo die Druckschwankung null ist, erreicht die Auslenkung ein Maximum oder Minimum.

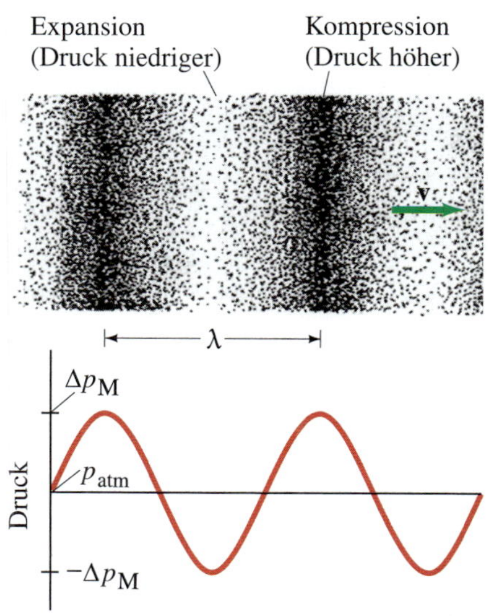

Abbildung 16.2 Longitudinale Schallwellen mit Ausbreitungsrichtung nach rechts und ihre grafische Darstellung als Druckdiagramm.

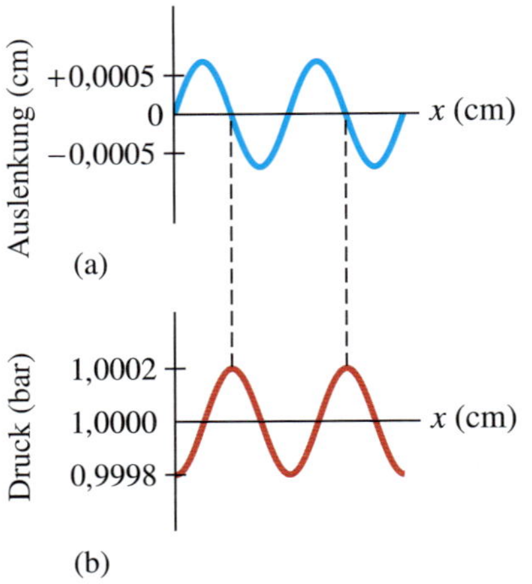

Abbildung 16.3 Darstellung einer Schallwelle als (a) Auslenkung und (b) Druck.

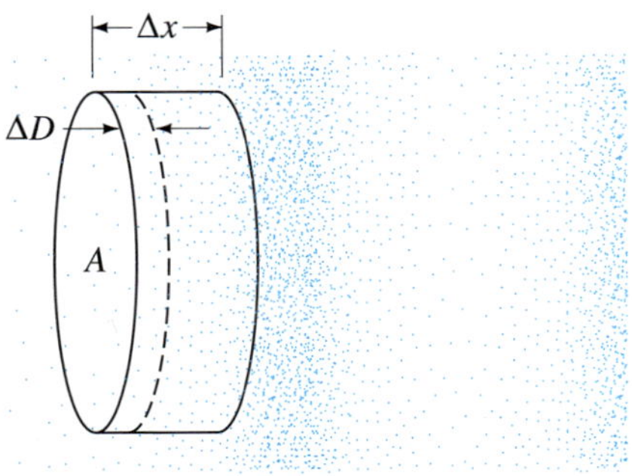

Abbildung 16.4 Longitudinalwelle, die sich nach rechts in einem flüssigen Medium ausbreitet. Eine dünne Schicht des Mediums in einem flachen Zylinder der Fläche A und der Dicke Δx ändert sein Volumen als Folge der Druckschwankung durch die Welle. Im dargestellten Moment nimmt der Druck in der sich nach rechts ausbreitenden Welle zu, und somit verringert sich die Schichtdicke durch einen Betrag ΔD.

Ableitung der Druckwellengleichung

Wir wollen nun die mathematische Darstellung von Druckveränderungen in einer Longitudinalwelle herleiten. Wir gehen von der Definition für den Kompressionsmodul B (Gleichung 12.7a) aus:

$$\Delta p = -B(\Delta V/V)\ ,$$

worin $\Delta V/V$ die auf das Gesamtvolumen bezogene Volumenänderung des Mediums aufgrund der Druckschwankung Δp ist. Δp steht für den Druckunterschied zum Normaldruck p_0 (keine Druckwelle). Das Minuszeichen drückt aus, dass das Volumen abnimmt ($\Delta V < 0$), wenn der Druck zunimmt. Wir betrachten nun eine Schicht des Mediums, durch das die Longitudinalwelle wandert (▶ Abbildung 16.4). Hat die Schicht die Dicke Δx und die Fläche A, so ist das Volumen $V = A\Delta x$. Als Resultat der Druckveränderung in der Welle wird sich das Volumen um den Betrag $\Delta V = A\Delta D$ ändern, worin ΔD die Änderung der Schichtdicke bei Kompression und Expansion ist. (Denken Sie daran, dass D die Auslenkung des Mediums darstellt.) Wir erhalten somit

$$\Delta p = -B\frac{A\Delta D}{A\Delta x}\ .$$

Wir wollen genau sein und lassen x gegen null gehen, $\Delta x \to 0$, damit ergibt sich

$$\Delta p = -B\frac{\partial D}{\partial x}\ , \tag{16.2}$$

worin wir die partielle Ableitung verwenden, da D eine Funktion sowohl von x als auch t ist. Wenn die Auslenkung D sinusförmig ist wie in Gleichung 16.1, so folgt aus Gleichung 16.2

$$\Delta p = -(BD_{\mathrm{M}}k)\cos(kx - \omega t)\ . \tag{16.3}$$

Der Druck ändert sich folglich ebenfalls sinusförmig, doch ist er um 90° oder eine halbe Wellenlänge gegenüber der Auslenkung phasenverschoben (▶ Abbildung 16.3). Die Größe $BD_{\mathrm{M}}k$ heißt Druckamplitude Δp_{M}. Sie stellt den maximalen und minimalen Betrag dar, um den der Druck sich vom Umgebungsdruck ohne Welle unterscheidet. Wir können somit schreiben:

$$\Delta p = -\Delta p_{\mathrm{M}}\cos(kx - \omega t)\ , \tag{16.4}$$

woraus sich mit $v = \sqrt{B/\rho}$ (Gleichung 15.4) und $k = \omega/v = 2\pi f/v$ (Gleichung 15.12) ergibt:

$$\begin{aligned}\Delta p_{\mathrm{M}} &= BD_{\mathrm{M}}k\\ &= \rho v^2 D_{\mathrm{M}}k\\ &= 2\pi\rho v D_{\mathrm{M}}f\ .\end{aligned} \tag{16.5}$$

16.3 Intensität von Schall; Dezibel

Intensität

Wie die Tonhöhe ist auch die **Lautstärke** eine Empfindung des menschlichen Bewusstseins. Auch sie ist verbunden mit einer physikalisch zugänglichen Größe, der **Intensität** der Welle. Intensität ist definiert als die von einer Welle durch eine Einheitsfläche, die senkrecht zur Ausbreitungsrichtung ist, übertragene Energie pro Zeiteinheit. Wie wir im vorangegangenen Kapitel gesehen haben, ist die Intensität proportional zum Quadrat der Wellenamplitude. Die Einheit der Intensität ist Leistung pro Fläche, also etwa Watt/Meter^2 (W/m^2).

Das menschliche Ohr kann Schallwellen im Bereich von minimal 10^{-12} W/m^2 bis 1 W/m^2 wahrnehmen (und noch größere Werte, doch dann wird es schmerzhaft). Das ist ein unglaublich großer Bereich, der 12 Größenordnungen umfasst. Es liegt vermutlich an dieser enormen Bandbreite, dass das, was wir als Lautstärke wahrnehmen, nicht direkt proportional mit der Intensität ist. Um einen Schall zu erzeugen, der doppelt so laut erscheint, ist eine Schallwelle mit der zehnfachen

Intensität notwendig. Das stimmt in etwa für jeden Schallpegel bei Frequenzen in der Mitte des hörbaren Bereichs. Beispielsweise kommt einem Menschen eine Schallwelle mit der Intensität $10^{-2}\,\mathrm{W/m^2}$ doppelt so laut vor wie eine, deren Intensität $10^{-3}\,\mathrm{W/m^2}$ beträgt, und viermal so laut wie eine mit $10^{-4}\,\mathrm{W/m^2}$.

Schallpegel

Wegen dieser Beziehung zwischen der subjektiven Empfindung der Lautstärke und der physikalisch messbaren Größe „Intensität" drückt man die Schallintensität gewöhnlich durch eine logarithmische Skala aus. Die Einheit dieser Skala ist das **bel**, nach ihrem Erfinder, Graham Bell benannt. Viel bekannter ist das Dezibel (dB), das 1/10 bel beträgt (10 dB = 1 bel). Der Schallpegel L jeglichen Schalls ist mit der Intensität I definiert als

$$L_\mathrm{I}(\text{in dB}) = 10 \log \frac{I}{I_0}\,, \tag{16.6}$$

Schallpegel (Dezibel)

worin I_0 eine Referenz-Intensität ist und der Logarithmus die Basis 10 hat. I_0 ist gewöhnlich die minimale Intensität, die eine durchschnittliche Person gerade noch wahrnimmt, die „Hörschwelle", die $I_0 = 1{,}0 \cdot 10^{-12}\,\mathrm{W/m^2}$ groß ist. Beispielsweise ist der Schallpegel einer Schallwelle der Intensität $I = 1{,}0 \cdot 10^{-10}\,\mathrm{W/m^2}$ gegeben durch

$$L_\mathrm{I} = 10 \log \left(\frac{1{,}0 \cdot 10^{-10}\,\mathrm{W/m^2}}{1{,}0 \cdot 10^{-12}\,\mathrm{W/m^2}} \right) = 10 \log 100 = 20\,\mathrm{dB}\,,$$

da log 100 gleich 2 ist. Beachten Sie, dass der Schallpegel an der Hörschwelle 0 dB beträgt. Das heißt $L_\mathrm{I} = 10 \log 10^{-12}/10^{-12} = 10 \log 1 = 0$. Beachten Sie zudem, dass eine Zunahme der Intensität um den Faktor 10 mit einer Pegelerhöhung von 10 dB korrespondiert. Eine Zunahme um den Faktor 100 ist gleichbedeutend mit einer Schallpegelerhöhung um 20 dB. Ein 50-dB-Pegel ist folglich 100 mal intensiver als ein 30-dB-Pegel, und so weiter.

Die Intensitäten und Schallpegel verschiedener Umgebungsgeräusche sind in Tabelle 16.2 aufgelistet.

Tabelle 16.2

Intensitäten verschiedener Geräusche

Schallquelle	Schallpegel (dB)	Intensität ($\mathrm{W/m^2}$)
Jet in 30 m Entfernung	140	100
Schmerzgrenze	120	1
Lautes Rockkonzert	120	1
Sirene in 30 m Entfernung	100	$1 \cdot 10^{-2}$
Autofahrerkabine bei 90 km/h	75	$75 \cdot 10^{-5}$
Starker Straßenverkehr	70	$70 \cdot 10^{-5}$
Unterhaltung, 50 cm	65	$65 \cdot 10^{-6}$
Leises Radio	40	$40 \cdot 10^{-8}$
Flüstern	20	$20 \cdot 10^{-10}$
Laubrascheln	10	$10 \cdot 10^{-11}$
Hörschwelle	0	$1 \cdot 10^{-12}$

Beispiel 16.3 Frequenzbereich eines Lautsprechers

Ein Hifi-Lautsprecher wird mit der Angabe beworben, dass er bei voller Lautstärke Frequenzen von 30 Hz bis 18 000 Hertz mit gleichförmiger Intensität ±3 dB erzeugt. Das bedeutet, das über den gesamten Frequenzbereich der Schallpegel um nicht mehr als 3 dB vom Durchschnitt abweicht. Um welchen Faktor ändert sich die Intensität bei der maximalen Schallpegeländerung von 3 dB?

Lösung

Wir betrachten die durchschnittliche Intensität I_1 und den Durchschnittspegel $L_{\mathrm{I}1}$. Dann korrespondiert die maximale Intensität, I_2, mit einem Pegel $L_{\mathrm{I}2} = L_{\mathrm{I}1} + 3\,\mathrm{dB}$. Somit gilt:

$$\begin{aligned} L_{\mathrm{I}2} - L_{\mathrm{I}1} &= 10 \log \frac{I_2}{I_0} - 10 \log \frac{I_1}{I_0} \\ 3\,\mathrm{dB} &= 10 \left(\log \frac{I_2}{I_0} - \frac{I_1}{I_0} \log \right) \\ &= 10 \log \frac{I_2}{I_1} \end{aligned}$$

ANGEWANDTE PHYSIK

Frequenzbereich eines Lautsprechers (± 3 dB)

wegen $(\log a - \log b) = \log a/b$. Es folgt

$$\log \frac{I_2}{I_1} = 0{,}30$$

oder

$$\frac{I_2}{I_1} = 10^{0{,}30} = 2{,}0$$

± 3 dB sind gleichbedeutend mit einer Verdopplung (oder Halbierung) der Intensität.

Es sollte angemerkt werden, dass ein Schallpegelunterschied von 3 dB (was mit einer Verdopplung der Intensität einhergeht, wie wir gerade sahen) mit nur einer sehr kleinen Veränderung in der subjektiven Wahrnehmung der Lautstärke einhergeht. Tatsächlich kann der Durchschnittsmensch eine Pegeldifferenz von etwa 1 bis 2 dB wahrnehmen.

Die Reaktion des Ohrs

Empfindlichkeit des Gehörs

Lautstärke in Phon

Das Ohr ist nicht für alle Frequenzen gleich empfindlich. Um dieselbe Lautstärke für alle Schallfrequenzen zu hören, sind unterschiedliche Intensitäten notwendig. Massenstudien haben zu den Kurven geführt, die ▸ Abbildung 16.5 zeigt. Jede der dargestellten Kurven steht für als gleich laut empfundene Töne. Die Nummern der Kurven geben den Lautstärkepegel an (die Einheit ist das *Phon*), der numerisch dem Schallpegel in dB bei 1000 Hz gleicht. Beispielsweise steht Kurve 40 für Töne, die von einer Durchschnittsperson als ebenso laut empfunden werden wie ein Schallpegel von 40 dB. Die Kurve sagt uns, dass ein Ton mit 100 Hz einen Pegel von etwa 62 dB haben muss, um als ebenso laut wie ein 1000-Hz-Ton mit nur 40 dB zu gelten. Die unterste Kurve in ▸ Abbildung 16.5 (Nummer 0) steht als Funktion der Frequenz für einen Schallpegel, der gerade noch von einer Person mit sehr feinem Gehör wahrgenommen werden kann („Hörschwelle"). Man beachte, dass das Gehör für Töne mit Frequenzen zwischen 2000 und 4000 Hz besonders empfindlich ist – das sind die in Sprache und Musik vorherrschenden Frequenzen. Machen Sie sich außerdem klar, dass dort, wo ein 1000-Hz-Ton mit 0 dB gerade noch hörbar ist, ein 100-Hz-Ton bereits 40 dB haben muss, um gehört zu werden.

Die oberste Kurve in ▸ Abbildung 16.5 steht für die Schmerzgrenze. Töne oberhalb dieses Pegels kann man im Körper fühlen, sie verursachen Schmerz. ▸ Abbildung 16.5 zeigt, dass unser Gehör bei niedrigen Intensitäten unempfindlicher gegenüber niedrigen und hohen Frequenzen verglichen mit dem mittlerem Frequenzraum ist. Der „Loudness"-Schalter bei Stereoanlagen hat den Zweck, das

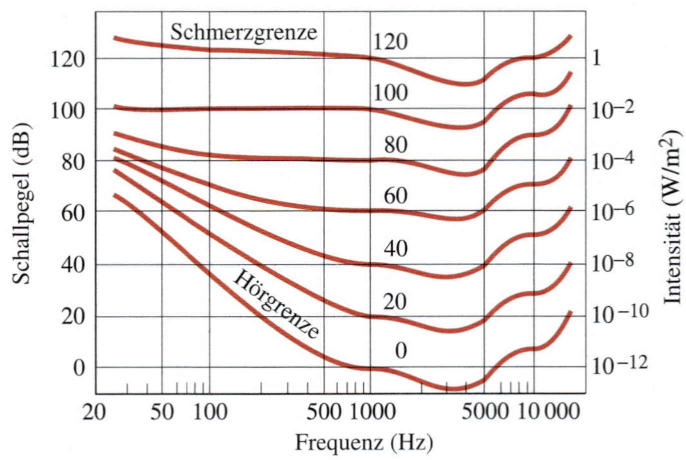

Abbildung 16.5 Empfindlichkeit des menschlichen Gehörs als Funktion der Frequenz (nähere Erklärung im Fließtext). Beachten Sie, dass die Frequenzskala logarithmisch ist, um einen breiten Frequenzbereich abzudecken.

zu kompensieren. Wird die Lautstärke herunter gedreht, verstärkt die Loudness-Kontrolle die hohen und niedrigen relativ zu den mittleren Frequenzen, so dass der Klang eine sich als „normal" anhörende Frequenzbalance hat.

Zusammenhang zwischen Intensität und Amplitude

Wie wir in Kapitel 15 gesehen haben, ist die Intensität I proportional zum Amplitudenquadrat. In der Tat können wir Gleichung 15.7, $I = 2\pi^2 v\rho f^2 D_M^2$, dazu benutzen, die Amplitude quantitativ mit der Intensität I oder dem Schallpegel L_I in Beziehung setzen. Das zeigt folgendes Beispiel.

Beispiel 16.4 Wie klein die Auslenkung ist

Berechnen Sie (a) die maximale Auslenkung von Luftmolekülen für einen Schall mit 1000 Hz an der Hörschwelle. (b) Bestimmen Sie die maximale Druckänderung einer solchen Schallwelle.

Lösung

a Die Hörschwelle bei 1000 Hz ist gemäß ► Abbildung 16.5 etwa 0 dB oder $1{,}0 \cdot 10^{-12}\ \text{W/m}^2$. Wir nutzen Gleichung 15.7 aus Kapitel 15 und lösen nach D_M auf:

$$\begin{aligned} D_M &= \frac{1}{\pi f}\sqrt{\frac{I}{2\rho v}} \\ &= \frac{1}{(3{,}14)(1{,}0 \cdot 10^3\ \text{s}^{-1})}\sqrt{\frac{1{,}0 \cdot 10^{-12}\ \text{W/m}^2}{(2)(1{,}29\ \text{kg/m}^3)(343\ \text{m/s})}} \\ &= 1{,}1 \cdot 10^{-11}\ \text{m}\,, \end{aligned}$$

worin wir die Luftdichte mit $1{,}29\ \text{kg/m}^3$ und die Schallgeschwindigkeit bei 20 °C mit 343 m/s angenommen haben. Wir sehen, wie unglaublich empfindlich das menschliche Gehör ist: Es kann Auslenkungen von Luftmolekülen wahrnehmen, die kleiner als der Durchmesser eines Atoms (etwa 10^{-10} m) sind.

Gehör registriert Auslenkungen kleiner als Atome

b Nun haben wir es mit Schall als Druckwelle (Abschnitt 16.2) zu tun. Aus Gleichung 16.5 folgt

$$\Delta p_M = 2\pi\rho v D_M f = 3{,}1 \cdot 10^{-5}\ \text{Pa}$$

oder $3{,}1 \cdot 10^{-10}$ bar. Wiederum staunen wir über die unglaubliche Empfindsamkeit des menschlichen Gehörs.

Indem wir die Gleichungen 15.7 und 16.5 kombinieren, können wir die Intensität mit Hilfe der Druckamplitude Δp ausdrücken:

$$I = 2\pi^2 v\rho f^2 D_M^2 = 2\pi^2 v\rho f^2 (\Delta p_M / 2\pi\rho v f)^2$$

$$I = \frac{(\Delta p_M)^2}{2v\rho}\,. \qquad (16.7)$$

Zusammenhang zwischen Intensität und Druckamplitude

Die Intensität, ausgedrückt durch die Druckamplitude, hängt also nicht von der Frequenz ab.

Normalerweise nimmt die Lautstärke oder Intensität von Schall mit der Entfernung von der Schallquelle ab. In geschlossenen Räumen wird dieser Effekt durch

Abbildung 16.6 Flughafenarbeiter mit schalldämpfendem Gehörschutz (Kopfhörer).

ANGEWANDTE PHYSIK

Fluglärm

Tabelle 16.3

Wohltemperierte, chromatische Tonleiter[a]

Ton	Frequenz (Hz)
C	262
C# oder D^b	277
D	294
D# oder E^b	311
E	330
F	349
F' oder G^b	370
G	392
G' oder A^b	415
A	440
A# oder B^b	466
B	494
C'	524

[a] nur eine Oktave

Absorption von und Reflexion an den Wänden verändert. Unter freiem Himmel jedoch, wo sich die Schallwellen in alle Richtungen ungehindert ausbreiten können, vermindert sich die Intensität mit dem invertierten Abstandsquadrat:

$$I \propto \frac{1}{r^2}\,,$$

wie wir in, Gleichung 15.8 gesehen haben. Gibt es allerdings signifikante Reflexionen von der Umgebung oder vom Boden, verkompliziert sich die Situation natürlich.

Beispiel 16.5 **Fluglärm**

Der Schallpegel eines Jets in 30 m Entfernung ist 140 dB. Wie groß ist der Schallpegel in 300 m Entfernung? (Vernachlässigen Sie Reflexionen vom Boden.)

Lösung

Die Intensität I in 30 m Abstand folgt aus Gleichung 16.6:

$$140\,\mathrm{dB} = 10\log\left(\frac{I}{10^{-12}\,\mathrm{W/m^2}}\right).$$

Wir kehren diese logarithmische Gleichung um, um nach I aufzulösen:

$$10^{14} = \frac{I}{10^{-12}\,\mathrm{W/m^2}}\,,$$

womit $I = 10^2\,\mathrm{W/m^2}$ wird. In 300 m Entfernung, also 10 Mal so weit weg, wird die Intensität $\left(\frac{1}{10}\right)^2 = 1/100$ mal so groß sein, also $1\,\mathrm{W/m^2}$. Damit ergibt sich für den Schallpegel

$$L_\mathrm{I} = 10\log\left(\frac{1\,\mathrm{W/m^2}}{10^{-12}\,\mathrm{W/m^2}}\right) = 120\,\mathrm{dB}\,.$$

Selbst in 300 m Entfernung ist der Schall noch an der Schmerzgrenze. Aus diesem Grund tragen Flughafenarbeiter einen schalldämpfenden Gehörschutz.

16.4 Schallquellen: Schwingende Saiten und Luftsäulen

Die Quelle jeglichen Schalls ist ein schwingender Körper. Nahezu jeder Körper kann schwingen und somit eine Schallquelle sein. Wir diskutieren nun einige einfache Schallquellen, insbesondere Musikinstrumente. In Musikinstrumenten wird die Quelle durch Schlagen, Zupfen, Streichen oder Blasen in Schwingung versetzt. Stehende Wellen werden erzeugt und die Quelle schwingt bei ihren Resonanzfrequenzen (Grundschwingung, Harmonische). Die schwingende Quelle ist in Kontakt mit der Luft (oder einem anderen Medium) und übt einen Druck auf sie aus, woraufhin sich die Schallwellen ausbreiten. Ihre Frequenzen sind gleich derjenigen der Quelle, doch die Geschwindigkeit und die Wellenlängen können unterschiedlich sein. Eine Trommel ist mit einer Membran bespannt. Xylophone etwa haben Metall- oder Holztasten, die in Schwingung versetzt werden können. Glockenspiele, Zimbeln und Gongs nutzen ebenfalls schwingendes Metall. Die am weitesten verbreiteten Instrumente nutzen schwingende Saiten, wie Violine, Gitarre und Klavier, oder schwingende Luftsäulen wie Flöte, Trompete und Orgelpfeifen. Wir haben bereits gesehen, dass die Tonhöhe eines reinen Klangs durch die Frequenz bestimmt wird. Typische Frequenzen für Töne der so genannten

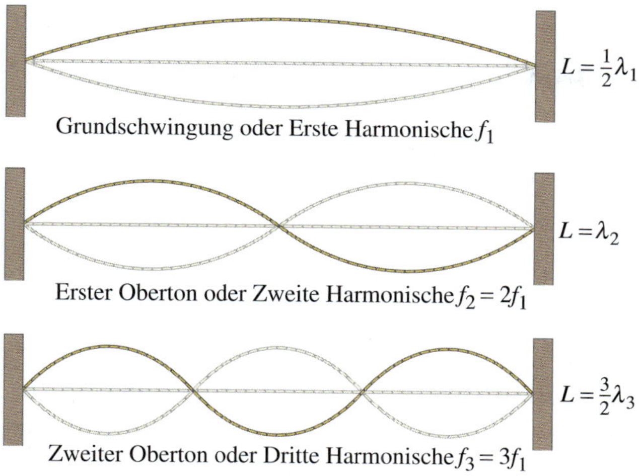

Abbildung 16.7 *Stehende Wellen* auf einer Saite – nur die niedrigsten Frequenzen sind gezeigt.

wohltemperierten chromatischen Tonleiter sind in Tabelle 16.3 für die mit dem mittleren C beginnende Oktave angegeben. Beachten Sie, dass eine Oktave mit einer Verdopplung der Frequenz korrespondiert. Beispielsweise hat das mittlere C eine Frequenz von 262 Hz, wohingegen C′ (C über dem mittleren C) mit 524 Hz die doppelte Frequenz hat.

ANGEWANDTE PHYSIK

Musikinstrument

Saiteninstrumente

Wir haben in Kapitel 15 anhand von ▶ Abbildung 15.27 gesehen, wie sich stehende Wellen auf einer Saite aufbauen, und wir wiederholen das hier in ▶ Abbildung 16.7. Das ist die Basis aller Saiteninstrumente. Die Tonhöhe ist normalerweise bestimmt durch die niedrigste Resonanzfrequenz, die **Grundfrequenz**, die mit den ausschließlich an den Saitenenden auftretenden Knoten korrespondiert. Die Wellenlänge der Grundfrequenz ist gleich der zweifachen Saitenlänge. Damit gilt für die Grundfrequenz $F = v/\lambda = v/2L$, worin v die Geschwindigkeit der Welle auf der Saite ist. Wird ein Finger auf die Saite einer Violine oder Gitarre aufgesetzt, wird die effektive Länge gekürzt. Damit ist die Grundfrequenz und die Tonhöhe höher, da die Wellenlänge kürzer ist: ▶ Abbildung 16.8. Die Saiten einer Gitarre oder Violine haben alle dieselbe Länge. Sie klingen mit unterschiedlicher Tonhöhe, weil die Saiten unterschiedliche Massen pro Längeneinheit μ haben, was sich auf die Geschwindigkeit auswirkt, wie wir in Gleichung 15.2, $v = \sqrt{F_T/\mu}$, gesehen haben. Somit ist die Geschwindigkeit auf einer schwereren Saite geringer und die Frequenz ist bei gleicher Wellenlänge niedriger. Außerdem kann sich die Zugspannung unterscheiden; durch Einstellen der Zugspannung wird ein Instrument gestimmt. In Klavieren und bei Harfen haben sämtliche Saiten eine unterschiedliche Länge. Bei den niedrigen Tönen sind die Saiten nicht nur länger, sondern auch schwerer. Den Grund dafür gibt folgendes Beispiel an.

(a) (b)

Abbildung 16.8 Die Wellenlänge einer mit dem Finger abgegriffenen Saite (b) ist kürzer als die Leersaite (a). Somit ist die Frequenz der abgegriffenen Saite höher. Die abgebildete Gitarre hat nur eine Saite, und nur die einfachste stehende Welle, die Grundfrequenz, ist gezeigt.

Beispiel 16.6 **Klaviersaiten**

Die höchste Taste eines Klaviers korrespondiert mit einer Frequenz, die 150 Mal höher liegt als die der tiefsten Taste. Wenn die Saite für den höchsten Ton 5,0 cm lang ist, wie lang müsste demnach die Saite für den tiefsten Ton sein, wenn sie dieselbe Masse pro Länge hat und unter derselben Zugspannung stehen würde?

(a)

(b)

Abbildung 16.9 (a) Klangkörper einer Laute; (b) Resonanzkörper (in dem die Saiten gespannt werden) eines Klaviers.

Lösung

Die Geschwindigkeit wäre dann auf beiden Saiten dieselbe, und so ist die Frequenz umgekehrt proportional zur Länge L der Saite ($f = v/\lambda = v/2L$). Es folgt

$$\frac{L_L}{L_H} = \frac{f_H}{f_L} ,$$

wobei sich die Indices L und H auf den tiefsten (*low*) respektive höchsten Ton beziehen. Somit wird $L_L = L_H(f_H/f_L) = (5{,}0\,\text{cm})(150) = 750\,\text{cm} = 7{,}50\,\text{m}$. Das ist natürlich erheblich zu lang für ein Klavier. Die längeren tiefen Saiten werden schwerer gemacht, so dass auch bei Flügeln die Saiten nicht länger als etwa 3 m sind.

Beispiel 16.7 Frequenzen und Wellenlängen einer Violine

Eine 0,32 m lange Violinsaite wird auf den Ton A über dem mittleren C mit 440 Hz gestimmt. (a) Wie groß ist die Wellenlänge der Grundfrequenz? (b) Wie groß sind Frequenz und Wellenlänge der erzeugten Töne? (c) Warum gibt es da einen Unterschied?

Lösung

a ► Abbildung 16.7 entnehmen wir, dass die Wellenlänge der Grundfrequenz $\lambda = 2L = 0{,}64\,\text{m} = 64\,\text{cm}$ ist. Das ist die Wellenlänge der auf der Saite stehenden Welle.

b Die Schallwelle, die sich durch die Luft ausbreitend in unser Ohr tritt hat dieselbe Frequenz, nämlich 440 Hz (warum?). Ihre Wellenlänge ist

$$\lambda = \frac{v}{f} = \frac{343\,\text{m/s}}{440\,\text{Hz}} = 0{,}78\,\text{m} = 78\,\text{cm} ,$$

worin v die Geschwindigkeit des Schalls in der Luft (bei 20 °C) ist, siehe Abschnitt 16.1.

c Die Wellenlänge der Schallwelle unterscheidet sich von derjenigen der auf der Saite stehenden Welle, weil die Schallgeschwindigkeit in der Luft (343 m/s bei 20 °C) anders ist als die Geschwindigkeit der Welle auf der Saite ($= f\lambda = 440\,\text{Hz} \cdot 0{,}64\,\text{m} = 280\,\text{m/s}$), was natürlich von der Zugspannung der Saite und ihrer Masse pro Längeneinheit abhängt.

Saiteninstrumente würden nicht sehr laut erklingen, wenn sie sich nur auf die schwingenden Saiten für die Lauterzeugung verließen, da die Saiten schlicht zu dünn sind um ausreichend viel Luft zu komprimieren und zu expandieren. Saiteninstrumente machen daher Gebrauch von einer Art mechanischem Verstärker, bekannt als Klang- oder Resonanzkörper. Dieser verstärkt den Schall, indem er eine größere Oberfläche in Kontakt mit der Luft bringt (► Abbildung 16.9). Wenn die Saiten in Schwingung versetzt werden, wird auch der Klangkörper in Schwingung versetzt. Da er eine viel größere Kontaktfläche mit der Luft hat, kann er eine intensivere Schallwelle erzeugen. Bei einer elektrischen Gitarre ist der Klangkörper nicht so wichtig, da die Saitenschwingungen elektrisch verstärkt werden.

Abbildung 16.10 Blasinstrumente: Klarinette (links) und Flöte.

Blasinstrumente

Holz- und Blechblasinstrumente sowie die Pfeifen einer Orgel erklingen durch die Schwingungen stehender Wellen einer Luftsäule im Klangrohr oder der Pfeife

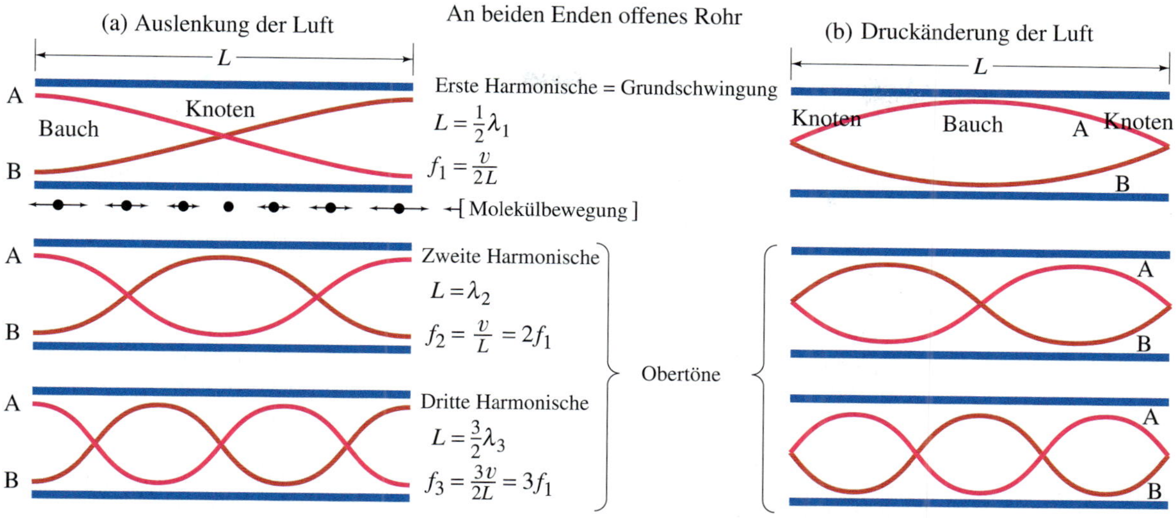

Abbildung 16.11 Schwingungszustände (stehende Wellen) in einem Rohr, das an beiden Enden offen ist. Die einfachsten Schwingungszustände sind dargestellt in (a), linkes Teilbild, als Auslenkung der Luft, und in (b), rechtes Teilbild, als Druckschwankung. Die Kurven innerhalb des Rohres sind mit A und B bezeichnet, wobei B die Wellenform eine halbe Periode nach der durch A markierten Wellenform darstellt. Die tatsächliche Molekülbewegung ist für den ersten Fall links oben direkt unter der Rohrzeichnung angedeutet.

(▶ Abbildung 16.10). Stehende Wellen in der Luft können in jedem Hohlraum entstehen, doch sind die Frequenzen außer bei sehr einfachen Formen (wie etwa ein langer, schmaler Hohlraum) kompliziert. In einigen Instrumenten hilft ein Rohrblatt oder die vibrierende Lippe des Musikers beim Aufbau der Schwingung in der Luftsäule. In anderen wird ein Luftstrom direkt über die Öffnung oder das Mundstück geleitet, was zu Turbulenzen führt, die schließlich die Luftsäulen-Schwingungen hervorrufen. Wegen der Störung, von welcher Quelle auch immer, schwingt die Luftsäule im Hohlraum mit einer Vielzahl von Frequenzen; doch nur solche Frequenzen, die mit stehenden Wellen korrespondieren, bleiben erhalten.

Bei einer Saite, die an beiden Enden befestigt ist (▶ Abbildung 16.7), haben die stehenden Wellen Knoten (keine Bewegung) an beiden Enden, und einen oder mehrere Bäuche (große Schwingungsamplitude) dazwischen. Ein Knoten separiert folgende Bäuche. Die stehende Welle mit der niedrigsten Frequenz, die Grundfrequenz, korrespondiert mit einem einzelnen Bauch. Die höherfrequenten stehenden Wellen heißen **Obertöne** oder **Harmonische**, wie wir in Abschnitt 15.9 diskutiert haben. Insbesondere heißt die Erste Harmonische Grundschwingung, und die Zweite Harmonische hat die doppelte Frequenz der Grundschwingung[2] und so weiter.

Die Situation ist für eine Luftsäule ähnlich, doch müssen wir daran denken, dass in diesem Fall die Luft selbst schwingt. Wir können die Wellen entweder mit dem Luftstrom – das heißt mittels der Auslenkung – oder mit den Druckschwankungen der Luft (siehe ▶ Abbildung 16.2 und ▶ Abbildung 16.3) beschreiben. Im ersten Fall, bei der Auslenkung, ist die Luft am geschlossenen Ende des Hohlraums ein Knoten, da sich die Luft dort nicht bewegen kann, während am offenen Ende des Hohlraums ein Bauch ist, weil sich die Luft dort frei bewegen kann. Die Luft innerhalb des Rohres schwingt in der Form einer stehenden Longitudinalwelle. Die möglichen Schwingungszustände eines an beiden Enden offenen Rohrs sind in ▶ Abbildung 16.11 grafisch dargestellt (offener Hohlraum). Dagegen zeigt ▶ Abbildung 16.12 die Schwingungszustände eines Rohrs, das an einer Seite offen, an der anderen geschlossen ist (geschlossener Hohlraum). (Ein an beiden Enden geschlossenes Rohr, das keine Verbindung mit der äußeren Luft hat, wäre als Musikinstrument sinnlos.) Die Graphen in Teil (a) jeder der beiden Abbildungen (linke Hälfte) stellen die Amplitude der Auslenkung der im Hohlraum

2 Resonanzfrequenzen oberhalb der Grundschwingung (das sind die Obertöne) sind ganzzahlige Vielfache der Grundschwingung, man nennt sie Harmonische. Sind jedoch die Obertöne keine ganzzahligen Vielfache der Grundschwingung, wie das beispielsweise bei einer vibrierenden Trommelbespannung der Fall ist, so handelt es sich nicht um Harmonische.

schwingenden Luft dar. Verdeutlichen Sie sich, dass es Graphen sind, und dass die Luftmoleküle selber horizontal schwingen, parallel zur Rohrlänge, wie das durch die kleinen Pfeile unter dem oberen Teildiagramm in ▶ Abbildung 16.11 angedeutet wird. Die genaue Position des Bauchs in der Nähe des offenen Endes des Rohrs hängt von dessen Durchmesser ab. Ist dieser klein verglichen mit der Länge des Rohrs, was gewöhnlich der Fall ist, so liegt der Bauch, wie gezeigt, sehr nah am Ende. Wir setzen das in den folgenden Betrachtungen voraus. (Die Position des Bauchs kann auch leicht von der Wellenlänge und anderen Faktoren abhängig sein).

Offene Rohre erzeugen alle Harmonische

Wir wollen uns nun detailliert das offene Rohr aus ▶ Abbildung 16.11a, das eine Flöte sein könnte, ansehen. Ein offenes Rohr hat an beiden Enden Bäuche der Auslenkung, da sich die Luft dort frei bewegen kann. Man beachte, dass es mindestens einen Knoten in einem offenen Rohr geben muss, wenn es eine stehende Welle geben soll. Ein einzelner Knoten korrespondiert mit der Grundschwingung des Rohrs. Da der Abstand zwischen zwei aufeinander folgenden Knoten, oder zwischen zwei aufeinander folgenden Bäuchen, $\lambda/2$ ist, gibt es im einfachsten Fall der Grundschwingung eine halbe Wellenlänge in der Rohrlänge (oberes Diagramm in ▶ Abbildung 16.11a): $L = 1/2\lambda$ oder $\lambda = 2L$. Somit ist die Grundschwingung $f_1 = v/\lambda = v/2L$, worin v die Schallgeschwindigkeit in der Luft ist. Die stehende Welle mit zwei Knoten ist der *erste Oberton* oder die *Zweite Harmonische* und hat die halbe Wellenlänge ($L = \lambda$) und die doppelte Frequenz. In der Tat ist die Frequenz jedes Obertons ein ganzzahliges Vielfaches der Grundschwingung, wie in ▶ Abbildung 16.11a gezeigt – dasselbe Ergebnis also wie bei einer Saite.

Geschlossene Hohlräume erzeugen ausschließlich ungeradzahlige Harmonische

Bei einem geschlossenem Rohr wie in ▶ Abbildung 16.12a gezeigt, das eine Klarinette sein könnte, gibt es stets einen Knoten der Auslenkung am geschlossenen Ende (wo sich die Luft nicht frei bewegen kann). Da der Abstand zwischen einem Knoten und dem nächsten Bauch $\lambda/4$ ist, folgt, dass die Grundschwingung in einem geschlossenem Rohr mit nur einem Viertel einer Wellenlänge in der Rohrlänge korrespondiert: $L = \lambda/4$ und $\lambda = 4L$. Die Grundschwingung ist somit $f_1 = v/4L$, oder die Hälfte derjenigen aus einem offenen Rohr wie einer Orgelpfeife. Es gibt noch einen weiteren Unterschied, denn wie wir aus ▶ Abbildung 16.12a ersehen, sind nur die ungeradzahligen Harmonischen in einer geschlossenen Hohlraumanordnung gegenwärtig: Die Obertöne haben Frequenzen gleich dem drei-, fünf-, siebenfachen … der Grundschwingung. Es gibt keine Möglichkeit für die Existenz von Frequenzen mit dem Zwei-, Vier-, Sechsfachen … der Grundschwingung mit einem Knoten an einem und einem Bauch am anderen Ende. Diese können wegen der Asymmetrie des Rohres – ein Ende geschlossen, das andere offen – nicht auftreten.

Abbildung 16.12 Schwingungszustände (stehende Wellen) eines einseitig geschlossenen Rohrs. Siehe Erklärung zu Abbildung 16.11.

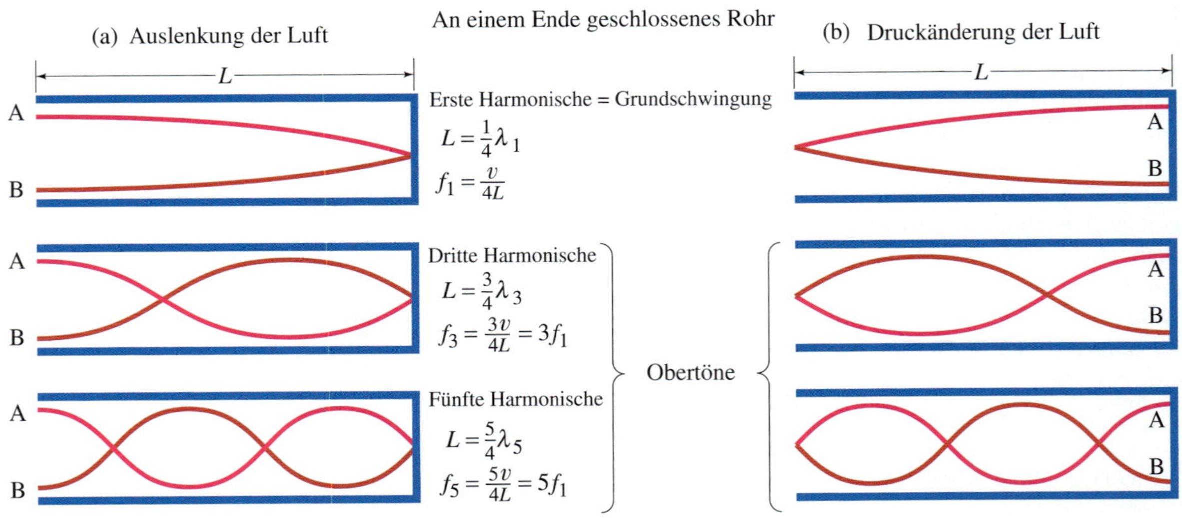

Wenn Ihnen diese Beschreibung, die von der Auslenkung ausgeht, zu schwer verständlich ist, sie das Problem von einem anderen Standpunkt betrachten wollen, dann schauen Sie sich die Beschreibung an, die vom *Druck* in der Luft ausgeht, wie in ► Abbildung 16.11b und ► Abbildung 16.12b (rechte Bildhälften) dargestellt. Dort, wo die Luft in der Welle komprimiert ist, ist der Druck höher, während in der expandierten (oder verdünnten) Welle der Druck unter dem Umgebungsdruck liegt. Das offene Ende eines Klangrohrs ist der Atmosphäre gegenüber geöffnet. Folglich muss die Druckänderung hier ein Knoten sein: Der Druck verändert sich hier nicht, sondern bleibt gleich dem Umgebungsdruck. Hat ein Klangrohr ein geschlossenes Ende, kann der Druck am geschlossenen Ende leicht alternieren zwischen Werten oberhalb und unterhalb des Umgebungsdrucks. Folglich gibt es einen Druck-Bauch am geschlossenen Ende. Natürlich kann es Knoten und Bäuche des Drucks auch innerhalb des Klangrohrs geben. Einige mögliche Schwingungszustände des Drucks sind in den ► Abbildung 16.11b (offenes Klangrohr) und ► Abbildung 16.12b (geschlossenes Klangrohr) dargestellt.

Kirchenorgeln (► Abbildung 16.13) machen sowohl von offenen als auch von geschlossenen Pfeifen Gebrauch. Unterschiedliche Tonhöhen werden von unterschiedlichen Pfeifen mit Längen von wenigen Zentimetern bis hin zu 5 m und länger erzeugt. Andere Musikinstrumente erzeugen Töne entweder als offenes oder als geschlossenes Klangrohr. Beispielsweise ist eine Flöte ein offenes Rohr, da sie nicht nur am Mundstück, sondern auch am andern Ende offen ist. Die unterschiedlichen Töne einer Flöte und vieler anderer Instrumente werden durch Verkürzung und Verlängerung des Klangrohrs erzeugt – das heißt, durch Abdecken oder Freimachen von Löchern entlang der Rohrlänge. Bei einer Trompete werden Ventile herabgedrückt, um zusätzliche Längen des Klangrohrs verfügbar zu machen. In all diesen Instrumenten ist die Frequenz des Tons umso niedriger, je länger die Luftsäule ist.

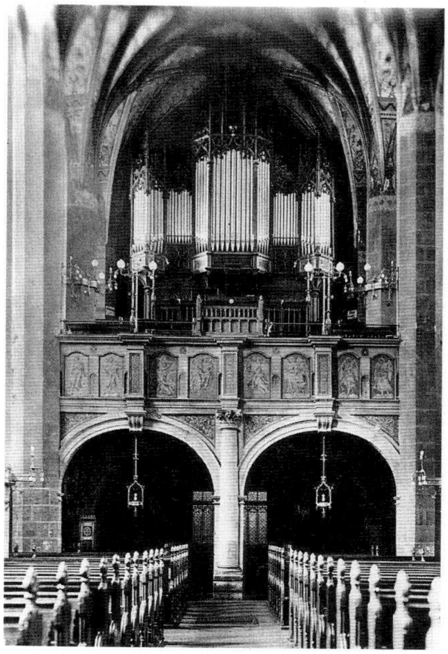

Abbildung 16.13 Die Pfeifen der Bachorgel in Leipzig.

Beispiel 16.8 Offene und geschlossene Orgelpfeifen

Wie groß sind die Grundschwingung und die ersten drei Obertöne einer 26 cm langen Orgelpfeife bei 20 °C, wenn sie (a) offen und (b) geschlossen ist?

Lösung

Bei 20 °C beträgt die Schallgeschwindigkeit in der Luft 343 m/s (Abschnitt 16.1).

a Für die offene Pfeife (► Abbildung 16.11) ist die Grundschwingung gegeben durch

$$f_1 = \frac{v}{2L} = \frac{343\ \text{m/s}}{2(0{,}26\ \text{m})} = 660\ \text{Hz}\,.$$

Die Obertöne, die alle Harmonische einschließen, sind 1320 Hz, 1980 Hz, 2640 Hz usw.

b Bei einer geschlossenen Orgelpfeife (► Abbildung 16.12) erhalten wir

$$f_1 = \frac{v}{4L} = \frac{343\ \text{m/s}}{4(0{,}26\ \text{m})} = 330\ \text{Hz}\,.$$

Doch nur die ungeradzahligen Harmonischen werden auftreten, somit sind die ersten drei Obertöne 990 Hz, 1650 Hz und 2310 Hz. (Die geschlossene Pfeife erzeugt 330 Hz, was gemäß Tabelle 16.3 der Ton E über dem mittleren C ist, während die offene Pfeife derselben Länge 660 Hz erzeugt, also eine Oktave höher liegt.)

Beispiel 16.9 Flöte

Eine Flöte ist so gebaut, dass sie das mittlere C (262 Hz) als Grundschwingung hat, wenn alle Öffnungen abgedeckt sind. Wie groß sollte näherungsweise der Abstand zwischen dem Mundstück und dem unteren Ende der Flöte sein? (Beachte: Das ist deswegen nur eine Näherung, weil der Bauch nicht exakt am Mundstück anliegt.) Die Temperatur beträgt 20 °C.

Lösung

Die Schallgeschwindigkeit in Luft bei 20 °C beträgt 343 m/s. Weil eine Flöte an beiden Enden offen ist, nutzen wir ▸ Abbildung 16.11: Die Grundschwingung f_1 ist mit der Länge der schwingenden Luftsäule verbunden über die Gleichung $f = v/2L$. Nach L aufgelöst erhalten wir

$$L = \frac{v}{2f} = \frac{343\,\mathrm{m/s}}{2(262\,\mathrm{s}^{-1})} = 0{,}655\,\mathrm{m}\,.$$

ANGEWANDTE PHYSIK

Temperatureffekt auf die Stimmung einer Flöte

Beispiel 16.10 Eine kalte Flöte

Wie groß ist die Frequenz des Tons der Flöte aus Beispiel 16.9, wenn alle Klappen geschlossen sind und die Temperatur nur 10 °C beträgt?

Lösung

Die Länge L bleibt weiterhin 65,5 cm. Doch nun ist die Schallgeschwindigkeit kleiner, da sie sich um 0,60 m/s pro Grad K ändert. Bei einem Temperaturfall um 10 K nimmt die Schallgeschwindigkeit um 6 m/s auf 337 m/s ab. Die Frequenz ist dann

$$f = \frac{v}{2L} = \frac{337\,\mathrm{m/s}}{2(0{,}655\,\mathrm{m})} = 257\,\mathrm{Hz}\,.$$

Wir sehen also, warum Blasinstrumentenspieler Zeit für das „Aufwärmen" ihrer Instrumente brauchen, damit sie richtig gestimmt sind. Der Temperatur-Effekt ist bei Saiteninstrumenten viel geringer.

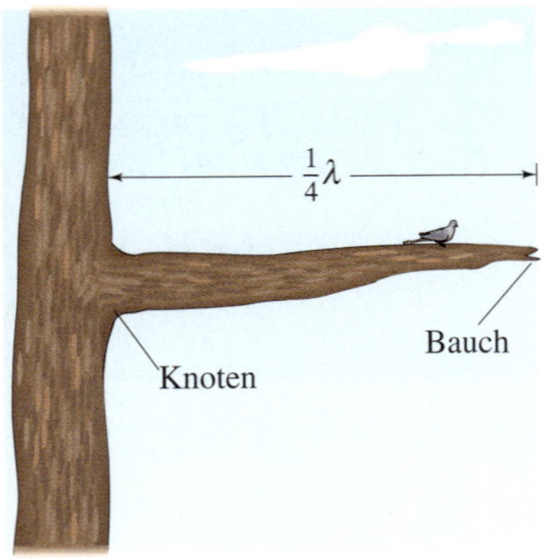

Abbildung 16.14 Beispiel 16.11

Beispiel 16.11 · Begriffsbildung Frequenzen von Windgeräuschen

Wind kann viele Geräusche machen – er kann heulen in Bäumen und stöhnen in Schornsteinen. Warum ist das so? Was verursacht eigentlich diese Geräusche und welche Frequenzen erwarten Sie dabei?

Lösung

In jedem Fall verursachen Luftströmungen im Wind Schwingungen, die die Geräusche erzeugen. Das Ende eines Baumastes, der mit dem Stamm fest verbunden ist, ist ein Knoten, während das andere Ende sich frei bewegen kann und daher ein Bauch ist. Der Ast hat somit eine Länge von $\lambda/4$ (▸ Abbildung 16.14). Wir schätzen aus Tabelle 16.1 für die Schallgeschwindigkeit in Holz $v \approx 4000\,\mathrm{m/s}$. Nehmen Sie an, dass ein Baumast eine Länge von $L \approx 2\,\mathrm{m}$ hat. Dann wird $\lambda = 4L = 8\,\mathrm{m}$ und $f = v/\lambda = (4000\,\mathrm{m/s})/(8\,\mathrm{m}) \approx 500\,\mathrm{Hz}$.

Wind kann Luftschwingungen in einem Schornstein oder Kamin erzeugen, genau wie in einer Flöte oder Orgelpfeife. Ein Schornstein ist ein langes Rohr von vielleicht 3 m Länge, das sich wie ein offenes oder geschlossenes Klangrohr verhält. Ist es an beiden Enden offen ($\lambda = 2L$), so erhalten wir (mit $v = 340\,\mathrm{m/s}$) $f_1 \approx v/2L \approx 56\,\mathrm{Hz}$. Was ein ziemlich tiefer Ton ist, kein Wunder also, dass Kamine „stöhnen".

16.5 Klangqualität und Geräusche

Wann immer wir Klänge hören, insbesondere Musik, sind wir uns ihrer Lautstärke, ihrer Tonhöhe und noch eines dritten Aspekts bewusst, der „Qualität". Wenn beispielsweise ein Klavier oder eine Flöte einen Ton derselben Lautstärke und Tonhöhe spielt, etwa das mittlere C, so gibt es einen klaren Unterschied im Gesamtklang. Wir würden niemals das C eines Klaviers mit dem C einer Flöte verwechseln. Den Unterschied macht etwas, was als **Klangfarbe** bezeichnet wird.

Wie man Lautstärke und Tonhöhe auf physikalisch messbare Größen beziehen kann, ist auch die Klangfarbe physikalisch zugänglich. Sie hängt von den Obertönen ab – ihrer Anzahl und ihren relativen Amplituden. Wird auf einem Instrument ein Ton gespielt, so besteht der Klang aus der Grundschwingung und den Obertönen. Wir haben in ▸ Abbildung 15.17 gesehen, wie die Überlagerung von drei Wellen, in dem Fall die Grundschwingung und die ersten beiden Obertöne (mit ihren jeweiligen Amplituden), zu einer zusammengesetzten Wellenform führte. Natürlich sind normalerweise mehr als zwei Obertöne beteiligt.

Die relativen Amplituden der verschiedenen Obertöne sind spezifisch für jedes Instrument. Genau das verleiht den Instrumenten ihre individuelle Klangfarbe. Eine Grafik, die die relativen Amplituden der von einem Instrument erzeugten Harmonischen darstellt, heißt „Frequenzspektrum". ▸ Abbildung 16.15 zeigt mehrere typische Beispiele für unterschiedliche Instrumente. Normalerweise hat die Grundschwingung die größte Amplitude und ihre Frequenz bestimmt, was wir als Tonhöhe empfinden, obgleich es auch Musiker gibt, die beispielsweise den ersten Oberton hervorheben können.

Die Art und Weise, wie ein Instrument gespielt wird, beeinflusst stark die Klangfarbe. Das Zupfen einer Violinsaite erzeugt beispielsweise einen ganz anderen Klang, als wenn man einen Bogen über die Saite zieht. Das Klangspektrum am Beginn (oder Ende) eines Klangs, wie der Hammeranschlag auf eine Klaviersaite, kann sich sehr von dem folgenden, „verebbenden" Klangbild unterscheiden. Auch das beeinflusst die subjektive Klangwahrnehmung eines Instruments.

Ein gewöhnlicher Klang, wie der, wenn man zwei Steine gegeneinander schlägt, ist ein Geräusch mit einer bestimmten Klangfarbe, doch eine Tonhöhe kann nicht klar erkannt werden. Ein Geräusch wie dieses ist eine Mischung vieler Frequenzen, die wenig miteinander in Beziehung stehen. Das Klangspektrum eines solchen Geräusches würde keine diskreten Linien wie jene aus ▸ Abbildung 16.15 aufweisen. Stattdessen hätte es ein kontinuierliches oder nahezu kontinuierliches Frequenzspektrum. Ein solcher Klang heißt daher „Geräusch" im Vergleich zu harmonischeren Klängen mit Frequenzen, die einfache Vielfache einer Grundschwingung darstellen.

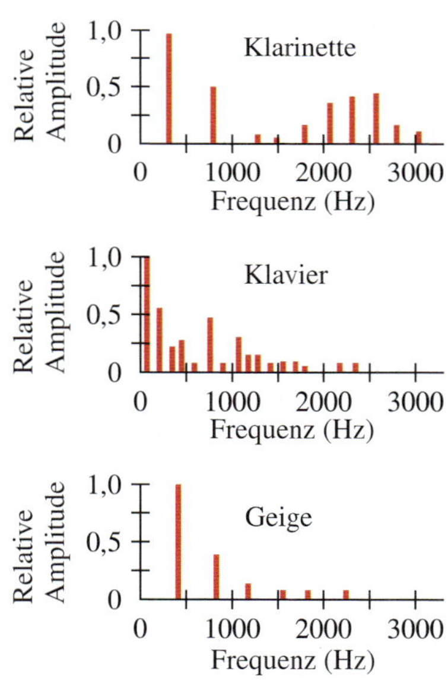

Abbildung 16.15 Frequenzspektren. Die Formen der Spektren ändern sich je nach gespieltem Ton der Instrumente.

16.6 Interferenz von Schallwellen; Schwebungen

Interferenz im Raum

Wir haben in Abschnitt 15.8 gesehen, dass zwei Wellen interferieren, wenn sie zur selben Zeit denselben Raum durchlaufen. Da das bei jeder Wellenart auftreten

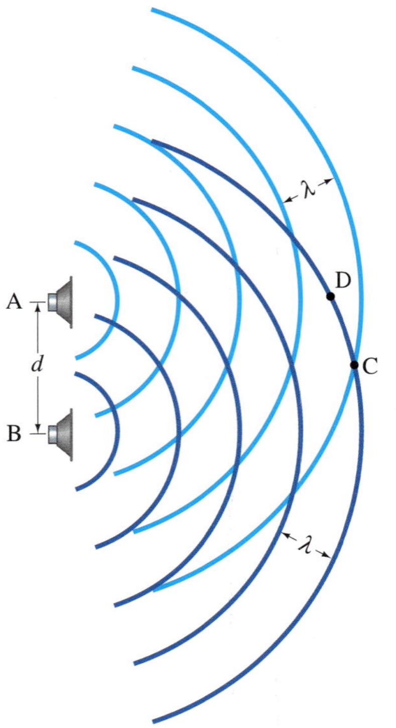

Abbildung 16.16 Schallwellen von zwei Lautsprechern interferieren.

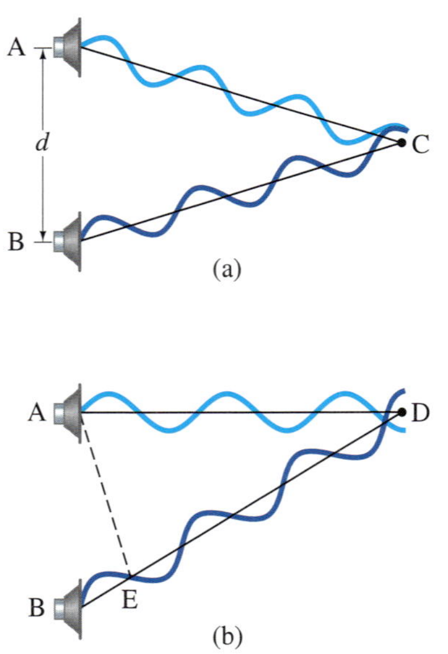

Abbildung 16.17 Schallwellen derselben Frequenz von den Lautsprechern A und B (siehe Abbildung 16.16) interferieren konstruktiv im Punkt C und destruktiv im Punkt D.

kann, sollten wir es auch für Schallwellen erwarten. Und in der Tat gibt es auch hier Interferenz.

Als einfaches Beispiel betrachten wir zwei große Lautsprecher, A und B, die sich im Abstand d voneinander auf der Bühne eines Saales befinden (▸ Abbildung 16.16). Die beiden Lautsprecher senden Schallwellen derselben Einzelfrequenz aus, die in Phase miteinander sind: Wenn ein Lautsprecher ein Druckmaximum erzeugt, so auch der andere. (Reflexionen vom Boden und von den Wänden fallen nicht in Betracht.) Die gekrümmten Linien in der Zeichnung stehen für die Wellenberge der Schallwellen von beiden Lautsprechern. Natürlich müssen wir uns daran erinnern, dass bei Schallwellen ein Kamm Kompression bedeutet, während in einem Wellental – zwischen zwei Kämmen – Expansion auftritt. Eine Person oder ein Detektor am Punkt C, der denselben Abstand von beiden Lautsprechern hat, wird einen lauten Klang hören, weil die Interferenz konstruktiv ist. An einem Punkt D hingegen wird wenig oder gar nichts gehört werden wegen der dort auftretenden destruktiven Interferenz – Kompressionen der einen treffen auf Expansionen der anderen Welle und umgekehrt (siehe auch ▸ Abbildung 15.24 und die entsprechende Diskussion über Wasserwellen in Abschnitt 15.8).

Die Analyse dieser Situation wird vielleicht klarer, wenn wir die Wellenformen grafisch wie in ▸ Abbildung 16.17 darstellen. In ▸ Abbildung 16.17a sieht man, dass am Punkt C konstruktive Interferenz auftritt, da beide Wellen gleichzeitig Kämme oder gleichzeitig Täler haben. ▸ Abbildung 16.17b zeigt uns die Situation für Punkt D. Die Welle aus Lautsprecher B muss einen längeren Weg zurücklegen als die Welle von Lautsprecher A. Somit eilt die Welle aus B derjenigen aus A nach. In der Zeichnung ist der Punkt E so gewählt, dass die Distanz ED gleich der Distanz AD ist. Wir sehen, dass wenn der Abstand BE exakt einer halben Schallwellenlänge entspricht, die Wellen im Punkt D exakt gegenphasig sind und destruktive Interferenz auftritt. Das ist auch das Kriterium für die Bestimmung eines Punktes mit destruktiver Interferenz: Sie ereignet sich an jedem Punkt, dessen Abstand von dem einen Lautsprecher sich um exakt eine halbe Wellenlänge von seinem Abstand zum anderen Lautsprecher unterscheidet. Man beachte, dass wenn der zusätzliche Abstand (BE in ▸ Abbildung 16.17b) eine ganze Wellenlänge (oder 2,3,4 ... ganze Wellenlängen) beträgt, die beiden Wellen gleichphasig sind und *konstruktive Interferenz* auftritt. Beträgt der Abstand BE $1/2, 11/2, 21/2 \ldots$ Wellenlängen, ergibt sich *destruktive Interferenz*.

Es ist wichtig, sich klarzumachen, dass eine Person an Punkt D bei dieser bestimmten Frequenz rein gar nichts hört, obgleich der Schall aus beiden Lautsprechern kommt. Wird einer der beiden Lautsprecher ausgeschaltet, wäre der Schall des anderen klar hörbar.

Wenn ein Lautsprecher ein ganzes Frequenzspektrum abstrahlt, so werden nur ganz bestimmte Frequenzen komplett destruktiv interferieren an einem gegebenen Punkt.

Beispiel 16.12 Interferenz bei Lautsprechern

Zwei Lautsprecher sind 1,0 m voneinander entfernt. Eine Person steht 4,00 m von einem der Lautsprecher entfernt. Wie groß muss ihr Abstand von dem anderen Lautsprecher sein, um destruktive Interferenz zu erhalten, wenn die Lautsprecher gleichphasige Schallwellen mit 1150 Hz abstrahlen? Die Temperatur beträgt 20 °C.

Lösung

Die Wellenlänge der Schallwellen beträgt

$$\lambda = \frac{v}{f} = \frac{343\,\text{m/s}}{1150\,\text{Hz}} = 0{,}30\,\text{m}\,.$$

Damit destruktive Interferenz auftritt, muss sich die Person eine halbe Wellenlänge weiter vom anderen Lautsprecher befinden, also 0,15 m. Der Abstand vom zweiten Lautsprecher beträgt also 4,15 m (oder 3,85 m). Sind die Lautsprecher weniger als 0,15 m entfernt, so gibt es keinen Punkt, der 0,15 m weiter von einem als vom andren Lautsprecher entfernt ist. Es gibt dann keinen Punkt mit destruktiver Interferenz.

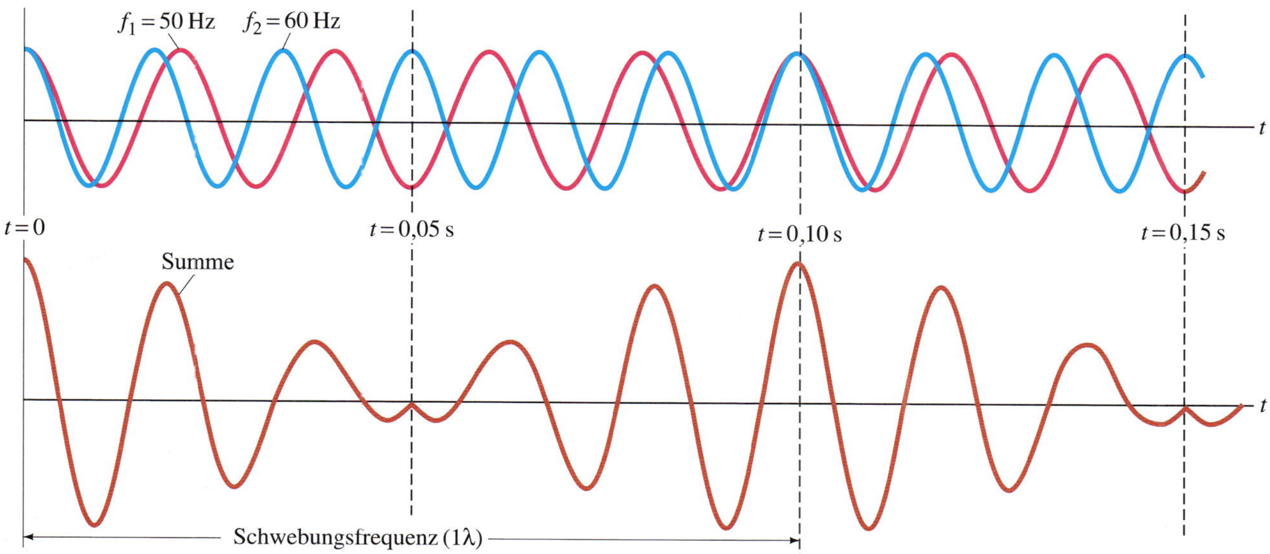

Abbildung 16.18 Schwebungen treten als Resultat der Überlagerung von zwei Schallwellen mit kleinem Frequenzunterschied auf.

Schwebungen – Interferenz in der Zeit

Wir haben die Interferenz von Schallwellen, die sich im Raum ereignet, diskutiert. Ein interessantes und wichtiges Beispiel für zeitliche Interferenz sind **Schwebungen**: Die Frequenzen zweier Schallquellen – etwa zweier Stimmgabeln – liegen eng beieinander, gleichen sich jedoch nicht. Die Schallwellen der beiden Quellen interferieren miteinander und der Schallpegel an einem gegebenen Ort steigt und fällt abwechselnd; die regelmäßig über den Raum verteilten Veränderungen der Intensität heißen Schwebungen.

Schwebungen

Um zu sehen, wie Schwebungen entstehen, betrachten wir zwei Schallwellen gleicher Amplitude mit Frequenzen $f_1 = 50\,\text{Hz}$ bzw. $f_2 = 60\,\text{Hz}$. In 1,00 s macht die erste 50, die zweite 60 Schwingungen. Wir untersuchen nun die Wellen an einem Punkt, der von beiden Schallquellen die gleiche Entfernung hat. Beide Wellenformen sind als Funktion der Zeit in ▸ Abbildung 16.18 dargestellt. Die rote Kurve stellt die 50-Hz-Welle dar, die blaue die 60-Hz-Welle. Die untere Kurve in ▸ Abbildung 16.18 steht für die Summe beider Wellenformen. Zum Zeitpunkt $t = 0$ sind beide Wellen in Phase und interferieren konstruktiv. Aufgrund der unterschiedlichen Schwingungszahl driften die beiden Phasen auseinander und zum Zeitpunkt $t = 0{,}05\,\text{s}$ tritt destruktive Interferenz auf, wie abgebildet. Zum Zeitpunkt $t = 0{,}10\,\text{s}$ sind die Wellen wieder gleichphasig und die resultierende Amplitude ist wieder groß. Alle 0,1 s wird die Amplitude groß, und zwischen diesen Abständen fällt sie dramatisch. Das Anschwellen und Fallen der Intensität ist das, was man Schwebungen[3] nennt. Im betrachteten Fall sind die Schwebungen 0,1 s voneinander entfernt. Die **Schwebungsfrequenz** beträgt mithin 10 Hz. Das Resultat, dass die Schwebungsfrequenz gleich der Differenz der beiden Einzelfrequenzen ist, kann wie folgt verallgemeinert werden.

Schwebungsfrequenz = Differenz der beiden Einzelfrequenzen

3 Schwebungen sind selbst dann hörbar, wenn die Amplitudendifferenz etwas größer als null ist.

Die beiden Wellen der Frequenzen f_1 und f_2 werden an einem bestimmten Punkt im Raum dargestellt durch

$$D_1 = D_M \sin 2\pi f_1 t$$

und

$$D_2 = D_M \sin 2\pi f_2 t\ .$$

Nach dem Prinzip der Superposition ergibt sich für die resultierende Auslenkung

$$D = D_1 + D_2 = D_M(\sin 2\pi f_1 t + \sin 2\pi f_2 t)\ .$$

Mit der trigonometrischen Identität $\sin A + \sin B = 2 \sin 1/2(A + B) \cos 1/2(A - B)$ erhalten wir

$$D = \left[2D_M \cos 2\pi \left(\frac{f_1 - f_2}{2}\right) t\right] \sin 2\pi \left(\frac{f_1 + f_2}{2}\right) t\ . \qquad (16.8)$$

Wir können Gleichung 16.8 wie folgt interpretieren. Die Superposition der beiden Wellen ergibt eine Welle, die mit der Durchschnitts-Frequenz $(f_1 + f_2)/2$ der beiden Komponentenwellen schwingt. Dies Schwingung hat eine Amplitude, die durch den Ausdruck in eckigen Klammern gegeben ist. Die Amplitude variiert in der Zeit von null bis zum Maximum $2D_M$ (die Summe der Einzelamplituden) mit einer Frequenz $(f_1 - f_2)/2$. Eine Schwebung tritt auf, wann immer $\cos 2\pi[(f_1 - f_2)]t$ gleich $+1$ oder -1 wird (siehe ▸ Abbildung 16.18). Das heißt, pro Zyklus gibt es zwei Schwebungen und somit beträgt die Schwebungsfrequenz zweimal $(f_1 - f_2)/2$, was gerade $f_1 - f_2$ ergibt, die Differenz der Frequenzen der Einzelwellen.

Das Schwebungsphänomen kann bei allen Wellenarten auftreten und ist eine sehr empfindsame Methode, um Frequenzen zu vergleichen. Ein Klavierstimmer beispielsweise achtet auf die Schwebungen, die sich zwischen seiner Standardstimmgabel und einer bestimmten Saite einstellen. Verschwinden sie, weiß er, dass das Klavier gestimmt ist. Die Mitglieder eines Orchesters stimmen ihre Instrumente, indem sie auf die Schwebungen zwischen ihren Instrumenten und dem Standardton (gewöhnlich ein A über dem mittleren C bei 440 Hz) eines Klaviers oder einer Oboe achten.

ANGEWANDTE PHYSIK
Klavierstimmen

Beispiel 16.13 Schwebungen

Eine Stimmgabel erzeugt einen stetigen 400-Hz-Ton. Wird diese Stimmgabel angeschlagen und in die Nähe einer schwingenden Gitarrensaite gebracht, werden 20 Schwebungen in fünf Sekunden gezählt. Welche möglichen Frequenzen erzeugt die Gitarrensaite?

Lösung

Die Schwebungsfrequenz beträgt

$$f_{\text{Schwebung}} = 20\ \text{Schwingungen}/5\ \text{s} = 4\ \text{Hz}\ .$$

Das ist die Frequenzdifferenz der beiden Wellen, und da die eine Welle 400 Hz hat, muss die andere 404 Hz oder 396 Hz haben.

16.7 Doppler-Effekt

Sicher werden Sie schon einmal bemerkt haben, dass die Tonhöhe der Sirene eines vorbeisausenden Feuerwehautos abrupt fällt. Der gleiche Effekt stellt sich ein, wenn ein hupendes Auto an Ihnen vorbeifährt. Und auch die Tonhöhe des Motors eines Rennwagens verändert sich, wenn er an einem Beobachter vorbeibraust. Bewegt sich eine Schallquelle auf einen Beobachter zu, so ist die Tonhöhe

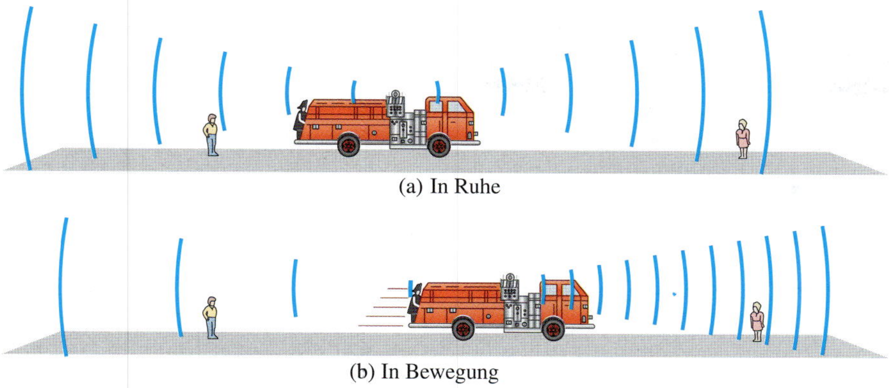

Abbildung 16.19 (a) Beide Beobachter auf dem Gehweg hören dieselbe Frequenz des ruhenden Feuerwehrautos. (b) Doppler-Effekt: Der Beobachter, in dessen Richtung sich das Feuerauto bewegt, hört einen Ton mit höherer Frequenz, und ein Beobachter hinter dem sich entfernenden Fahrzeug hört eine niedrigere Frequenz.

höher, als wenn sie ruht. Und wenn sie sich von ihm entfernt, fällt die Tonhöhe. Dieses Phänomen heißt **Doppler-Effekt**[4] und tritt bei allen Wellenarten auf. Wir wollen nun sehen, warum er auftritt und die Frequenzänderung bei Schallwellen berechnen.

Betrachten wir die Sirene eines Feuerwehrautos im Ruhezustand, die Schall mit einer bestimmten Frequenz in alle Richtungen emittiert (▶ Abbildung 16.19a). Die Wellengeschwindigkeit hängt nur von dem Medium ab, in dem sie sich ausbreitet, und hängt nicht von der Geschwindigkeit der Schallquelle oder des Beobachters ab. Bewegt sich die Schallquelle, unser Feuerwehrauto, so sendet die Sirene Schall mit derselben Frequenz aus wie im Ruhezustand. Doch die Schallwellen, die sie nach vorn ausstrahlt, liegen enger zusammen als wenn das Feuerwehrauto in Ruhe ist (▶ Abbildung 16.19b). Das liegt daran, dass das Fahrzeug den Wellen, die seine Sirene zuvor ausgestrahlt hat, „hinterher jagt". Somit registriert ein Beobachter, der sich auf dem Gehweg befindet, mehr Wellenberge pro Sekunde, und die wahrgenommene Frequenz ist höher. Auf der anderen Hand sind die Wellenfronten, die nach hinten ausgestrahlt werde, im Vergleich zum Ruhezustand weiter auseinander, da sich das Auto von ihnen entfernt. Folglich passieren weniger Wellenberge einen Beobachter, der sich hinter dem Fahrzeug befindet, und die Frequenz ist niedriger.

Frequenzänderung, bewegte Quelle

Um die Frequenzänderung zu berechnen, nutzen wir ▶ Abbildung 16.20 und nehmen die Luft (oder ein anderes Medium) als ruhend in unserem Bezugssystem an. In ▶ Abbildung 16.20a ist die Schallquelle, dargestellt durch einen Punkt, in Ruhe; zwei aufeinander folgende Wellenberge sind abgebildet, wobei der zweite gerade emittiert wird. Der Abstand zwischen den beiden Wellen ist λ. Wenn die Frequenz der Welle f ist, so beträgt die Zeit zwischen der Aussendung zweier Wellenberge

$$T = \frac{1}{f}\,.$$

In ▶ Abbildung 16.20b bewegt sich die Schallquelle mit der Geschwindigkeit v_S. In einem Zeitintervall T (wie gerade definiert) legt der erste Wellenberg eine Distanz $s = vT$ zurück, wobei v die Geschwindigkeit der Welle in der Luft ist (die natürlich dieselbe ist, ob sich die Quelle nun bewegt oder nicht). In derselben Zeit hat sich die Quelle um die Distanz $s_S = v_S T$ weiter bewegt. Der Abstand zwischen folgenden Wellenbergen (die neue Wellenlänge λ') wird (mit $s = \lambda$)

$$\begin{aligned}\lambda' &= s - s_S\\ &= \lambda - v_S T\\ &= \lambda - v_S\frac{\lambda}{v} = \lambda\left(1 - \frac{v_S}{v}\right)\,.\end{aligned}$$

4 Nach J.C. Doppler (1803–1853), österreichischer Physiker.

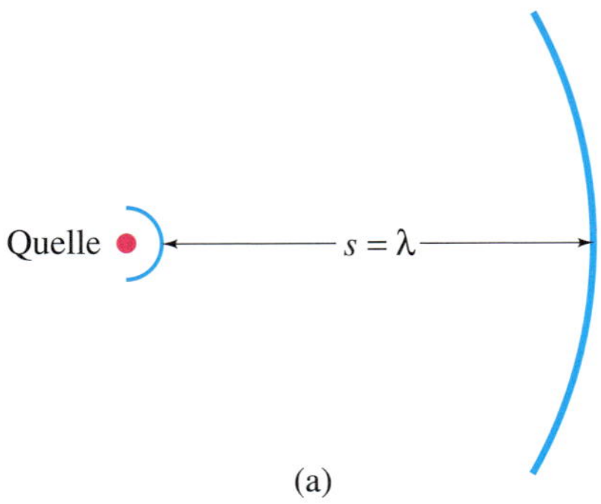

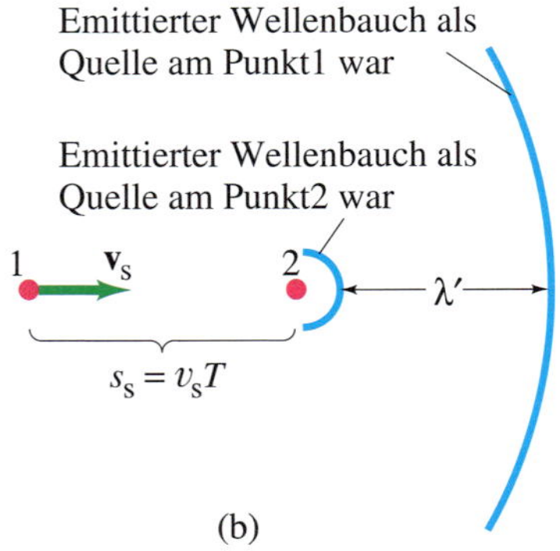

Abbildung 16.20 Bestimmung der Frequenzänderung im Doppler-Effekt (siehe Text). Der rote Punkt ist die Schallquelle.

Die Änderung der Wellenlänge, $\Delta\lambda$, ist gleich

$$\Delta\lambda = \lambda' - \lambda = -v_S \frac{\lambda}{v} .$$

Somit ist die Veränderung der Wellenlänge direkt proportional der Geschwindigkeit v_s der Schallquelle. Die neue Frequenz ist andererseits gegeben durch

$$f' = \frac{v}{\lambda'} = \frac{v}{\lambda\left(1 - \frac{v_S}{v}\right)}$$

oder, mit $v/\lambda = f$,

$$f' = \frac{f}{\left(1 - \frac{v_S}{v}\right)} . \quad \text{(auf einen ruhenden Beobachter sich zu bewegende Quelle)} \tag{16.9a}$$

Weil der Nenner kleiner als 1 ist, ist $f' > f$. Emittiert beispielsweise eine ruhende Quelle einen Schall mit einer Frequenz von 400 Hz, so wird ein ruhender Beobachter dann, wenn sich die Quelle mit einer Geschwindigkeit von 30 m/s auf ihn zu bewegt, eine Frequenz von (bei 20 °C)

$$f' = \frac{400\,\text{Hz}}{1 - \frac{30\,\text{m/s}}{343\,\text{m/s}}} = 438\,\text{Hz}$$

wahrnehmen. Für eine Quelle, die sich mit der Geschwindigkeit v_s vom Beobachter entfernt, ergibt sich die neue Wellenlänge zu

$$\lambda' = s + s_S ,$$

wobei für die Änderung der Wellenlänge

$$\Delta\lambda = \lambda' - \lambda = +v_S \frac{\lambda}{v}$$

gilt. Die Frequenz der Welle ist gegeben durch

$$f' = \frac{f}{\left(1 + \frac{v_S}{v}\right)} . \quad \text{(sich vom Beobachter fortbewegende Quelle)} \tag{16.9b}$$

Wenn sich in diesem Fall eine mit 400 Hz schwingende Quelle mit 30 m/s vom ruhenden Beobachter fortbewegt, so hört der Beobachter eine Frequenz von rund 368 Hz.

Der Doppler-Effekt tritt auch dann auf, wenn die Schallquelle ruht und der Beobachter sich bewegt. Bewegt sich der Beobachter auf die Quelle zu, ist die Frequenz erhöht; bewegt er sich von der Quelle fort, fällt die Tonhöhe. Quantitativ unterscheidet sich die Frequenzänderung leicht von dem Fall, in dem sich die Quelle bewegt. Bei ruhender Quelle und bewegten Beobachter wird der Abstand zwischen zwei Wellenbergen, die Wellenlänge λ, nicht geändert. Bewegt sich der Beobachter auf die Quelle zu (▶ Abbildung 16.21), so ist die Geschwindigkeit der Wellen relativ zum Beobachter $v' = v + v_O$, wobei v die Schallgeschwindigkeit in der Luft (die wir als unbewegt annehmen) und v_o die Beobachtergeschwindigkeit ist. Die neue Frequenz ist dann

$$f' = \frac{v'}{\lambda} = \frac{v + v_O}{\lambda}$$

oder, mit $\lambda = v/f$,

$$f' = \left(1 + \frac{v_O}{v}\right) f . \quad \text{(Beobachter bewegt sich auf ruhende Quelle zu)} \tag{16.10a}$$

Bewegt sich der Beobachter von der Quelle fort, so ist die Relativgeschwindigkeit $v' = v - v_O$. Damit wird

$$f' = \left(1 - \frac{v_O}{v}\right) f . \quad \text{(Beobachter bewegt sich von ruhender Quelle fort)} \tag{16.10b}$$

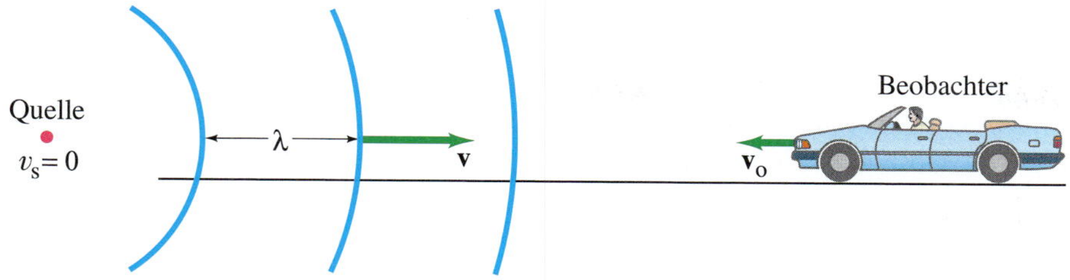

Abbildung 16.21 Ein Beobachter bewegt sich mit der Geschwindigkeit v_O auf eine ruhende Schallquelle zu. Die Wellenberge passieren ihn dann mit einer Geschwindigkeit von $v' = v + v_O$, wobei v die Geschwindigkeit der Schallwellen in der Luft ist.

Beispiel 16.14 Eine bewegte Sirene

Die Sirene eines Polizeiautos sendet unbewegt eine Hauptfrequenz von 1600 Hz aus. Welche Frequenz hören Sie, wenn sich das Polizeiauto mit 25,0 m/s (a) auf Sie zu bewegt und (b) von Ihnen entfernt?

Lösung

a Wir nutzen Gleichung 16.9a:

$$f' = \frac{f}{\left(1 - \frac{v_S}{v}\right)} = \frac{1600\,\text{Hz}}{\left(1 - \frac{25{,}0\,\text{m/s}}{343\,\text{m/s}}\right)} = 1726\,\text{Hz}\,.$$

b Nun nutzen wir Gleichung 16.9b:

$$f' = \frac{f}{\left(1 + \frac{v_S}{v}\right)} = \frac{1600\,\text{Hz}}{\left(1 + \frac{25{,}0\,\text{m/s}}{343\,\text{m/s}}\right)} = 1491\,\text{Hz}\,.$$

Wird eine Schallquelle von einem sich bewegenden Hindernis reflektiert, so unterscheidet sich die Frequenz der reflektierten Welle wegen des Doppler-Effekts von der Frequenz der einfallenden Welle. Das zeigt das folgende Beispiel.

Beispiel 16.15 Zwei Doppler-Verschiebungen

Ein Schall wird mit 5000 Hz von einer ruhenden Quelle in Richtung auf einen Körper emittiert, der sich mit 3,50 m/s auf die Quelle zu bewegt. (► Abbildung 16.22). Welche Frequenz hat die von dem Objekt reflektierte Welle, die von einem ruhenden Detektor neben der Quelle registriert wird?

Lösung

In dieser Situation gibt es eigentlich zwei Doppler-Effekte. Einerseits trifft die emittierte Welle auf ein bewegtes Objekt, das effektiv ein bewegter Beobachter ist (► Abbildung 16.22a), der eine Schallwelle der folgenden Frequenz (Gleichung 16.10a) wahrnimmt:

$$f' = \left(1 + \frac{v_O}{v}\right) f = \left(1 + \frac{3{,}50\,\text{m/s}}{343\,\text{m/s}}\right)(5000\,\text{Hz}) = 5051\,\text{Hz}\,.$$

Zweitens nimmt der bewegte Körper diese Welle mit der Frequenz f' und wirft (oder reflektiert) sie zurück, was effektiv der Schallaussendung einer

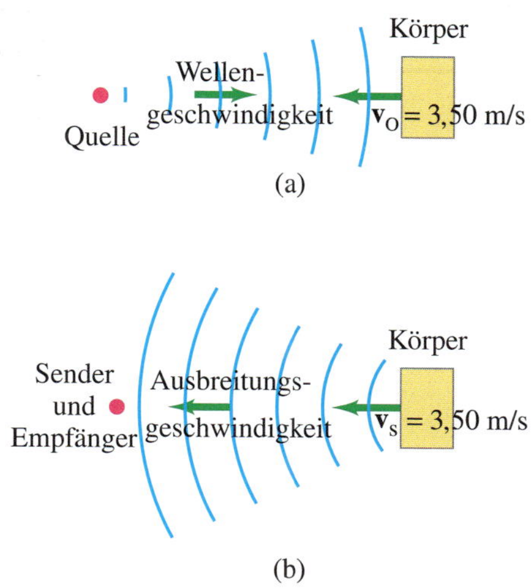

Abbildung 16.22 Beispiel 16.15.

bewegten Quelle gleichkommt. Damit ist die registrierte Frequenz f'' durch Gleichung 16.9a gegeben:

$$f'' = \frac{f'}{\left(1 - \frac{v_S}{v}\right)} = \frac{5051\,\text{Hz}}{\left(1 - \frac{3{,}50\,\text{m/s}}{343\,\text{m/s}}\right)} = 5103\,\text{Hz}\,.$$

Die Frequenz verändert sich mithin um 103 Hz.

ANGEWANDTE PHYSIK
Medizinische Anwendung

Die einfallende und die reflektierte Welle aus Beispiel 16.15, interferieren, wenn sie gemischt werden (etwa elektronisch) und erzeugen Schwebungen. Die Schwebungsfrequenz gleicht der Frequenzdifferenz von 103 Hz. Diese Doppler-Technik wird in einer Vielzahl von medizinischen Anwendungen eingesetzt, gewöhnlich mit Ultraschallwellen im Megahertz-Bereich. Beispielsweise können Ultraschallwellen, die von roten Blutkörperchen reflektiert werden, dazu benutzt werden, die Fließgeschwindigkeit des Blutes zu bestimmen. In ähnlicher Weise lässt sich diese Technik dazu verwenden, durch die Registrierung der rhythmischen Brustbewegungen eines Fötus dessen Herzschläge aufzuzeichnen.

PROBLEMLÖSUNG
Die Vorzeichen richtig setzen

Aus Gründen der Vereinfachung können wir die Gleichungen 16.9 und 16.10 in einer Gleichung zusammenfassen, die alle Fälle von Quellen- und/oder Beobachterbewegungen abdeckt:

Quelle und Beobachter in Bewegung

$$f' = f\left(\frac{v \pm v_O}{v \mp v_S}\right)\,. \qquad (16.11)$$

Doppler-Effekt bei Licht

ANGEWANDTE PHYSIK
Doppler-Effekt bei elektromagnetischen Wellen und Wettervorhersage

Der Doppler-Effekt tritt auch bei anderen Wellenarten auf. Licht und andere Arten elektromagnetischer Wellen (wie Radarwellen) weisen den Doppler-Effekt auf: Obgleich die Formeln für die Frequenzverschiebungen nicht mit denen der Gleichungen 16.9 und Gleichung 16.10 identisch sind, so ist der Effekt doch sehr ähnlich. Eine wichtige Anwendung ist der Einsatz von Radar bei der Wettervorhersage. Die Zeitverzögerung zwischen der Emission des Radarsignals und seiner Registrierung nach Reflexion durch Regentropfen hilft bei der Lokalisierung von Niederschlägen. Durch Messungen der Doppler-Verschiebungen (wie in Beispiel 16.15) lässt sich angeben, wie schnell und in welche Richtung sich ein Niederschlagsgebiet bewegt.

ANGEWANDTE PHYSIK
Rotverschiebung in der Kosmologie

Eine weitere wichtige Anwendung kennt die Astronomie, wo die Geschwindigkeiten von weit entfernten Galaxien aus dem Doppler-Effekt bestimmt werden können. Das Licht solcher Galaxien ist gegen niedrigere Frequenzen verschoben, was anzeigt, dass sich die Galaxien von uns fortbewegen. Man nennt das **Rotverschiebung**, da Rot die niedrigste Frequenz im sichtbaren Bereich hat. Je größer die Frequenzverschiebung, desto größer die Fluchtgeschwindigkeit. Je weiter die Galaxien von uns entfernt sind, desto schneller bewegen sie sich von uns fort. Diese Beobachtung ist die Grundlage der Vorstellung, dass das Universum expandiert, und sie ist zudem eine Grundlage für die Annahme, dass das Universum mit einer großen Explosion begann, die man Urknall nennt.

16.8 Mach-Wellen und Überschallknall

Ein Objekt mit einer Geschwindigkeit schneller als die Schallgeschwindigkeit bewegt sich mit **Überschallgeschwindigkeit**. Solche Geschwindigkeiten erhalten oft eine **Mach[5]-Zahl**, die definiert ist als das Verhältnis der Objektgeschwindigkeit zur Schallgeschwindigkeit in dem Medium an einem gewissen Ort. Beispielsweise hat ein Flugzeug, das sich mit 600 m/s hoch oben in der Luft bewegt, wo die Schallgeschwindigkeit nur 300 m/s beträgt, eine Geschwindigkeit von Mach 2.

5 Nach dem österreichischem Physiker Ernst Mach (1838–1916).

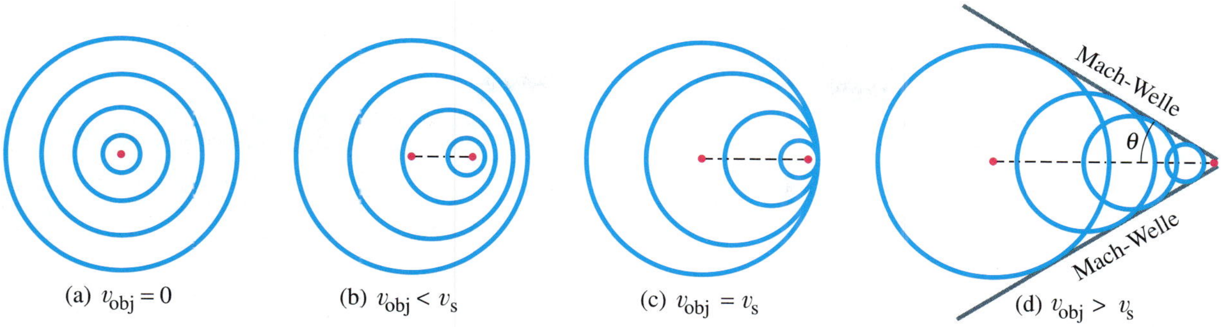

Abbildung 16.23 Schallwellen, die von einem Körper ausgesandt werden, der (a) in Ruhe oder (b, c, d) in Bewegung ist. Wenn die Objektgeschwindigkeit kleiner als die Schallgeschwindigkeit ist, tritt der Doppler-Effekt auf (b). Ist die Geschwindigkeit größer als die Schallgeschwindigkeit, wird eine Mach-Welle erzeugt (d).

Bewegt sich eine Schallquelle unterhalb der Schallgeschwindigkeit, so wird, wie wir gesehen haben (Doppler-Effekt), die Tonhöhe geändert (siehe auch ▶ Abbildung 16.23a und b). Überschreitet jedoch eine Schallquelle die Schallgeschwindigkeit, so tritt ein dramatischerer Effekt ein, bekannt als **Mach-Welle**. In so einem Fall „überholt" die Quelle quasi die Wellen, die sie aussendet. Wie ▶ Abbildung 16.23c zeigt, werden die nach vorn in Bewegungsrichtung emittierten Schallwellen einer mit Überschallgeschwindigkeit fliegenden Quelle gewissermaßen vor derselben „aufgetürmt". Bewegt sich das Objekt mit Überschallgeschwindigkeit, stapeln sich die Wellenfronten aufeinander entlang der Seiten, wie in ▶ Abbildung 16.23d dargestellt. Die verschiedenen Wellenberge überlappen einander und bilden einen einzigen riesigen Wellenberg, die Mach-Welle. Dahinter schließt sich normalerweise ein sehr langgestrecktes Wellental an. Eine Mach-Welle ist letztlich das Resultat konstruktiver Interferenzen einer großen Anzahl von Wellenfronten. Eine Mach-Welle in der Luft ist analog einer Bugwelle, die ein Schiff erzeugt, das schneller fährt als die Ausbreitungsgeschwindigkeit der von ihm erzeugten Wasserwellen (▶ Abbildung 16.24).

Mach-Welle

Wenn ein Flugzeug sich mit Überschallgeschwindigkeit bewegt, so ergeben die Geräusche der Triebwerke und die Turbulenzen, die zu einer Mach-Welle führen, eine hohe Schallleistung. Passiert die Mach-Welle einen Beobachter, so hört er einen lauten Überschallknall. Er dauert nur einen Sekundenbruchteil, doch die in ihm enthaltene Energie reicht aus, Fensterglas zu zerbrechen und weitere Schäden anzurichten. Genau genommen besteht ein Überschallknall aus zwei oder mehr Knallen, da sich Haupt-Mach-Wellen vorn und hinten am Flugzeug sowie an den Flügeln etc. bilden können (▶ Abbildung 16.25). Auch die Bugwellen eines Schiffs ergeben sich als Überlagerung von mehreren Einzelwellen, die zusammen eine V-Form bilden, wie man aus ▶ Abbildung 16.24 ersehen kann.

ANGEWANDTE PHYSIK

Überschallknall

Erreicht ein Flugzeug Schallgeschwindigkeit, so stößt es auf eine Barriere von vor ihm liegenden Schallwellen (siehe ▶ Abbildung 16.23c). Um die Schallgeschwindigkeit zu erreichen, ist somit zusätzliche Schubkraft für die Überwindung der Barrieren notwendig. Man nennt das „die Schallmauer durchbrechen". Ist die Überschallgeschwindigkeit einmal erreicht, so behindert die Barriere nicht länger die Bewegung. Manchmal wird fälschlicherweise angenommen, dass der Überschallknall nur im Moment des Durchbruchs durch die Schallwellenbarriere entsteht. Tatsächlich folgt die Mach-Welle dem Flugzeug die ganze Zeit, in der es jenseits der Schallgeschwindigkeit fliegt. Jeder Beobachter auf der Erde hört einen lauten Knall, wenn die Mach-Welle ihn passiert (▶ Abbildung 16.25). Die Mach-Welle besteht aus einem Kegel, dessen Spitze am Flugzeuganfang liegt. Der Kegelwinkel θ (siehe ▶ Abbildung 16.23d) ist gegeben durch

Abbildung 16.24 Bugwellen eines Boots.

$$\sin\theta = \frac{v_s}{v_{obj}} , \tag{16.12}$$

wobei v_{obj} die Objektgeschwindigkeit (das Flugzeug) und v_s die Schallgeschwindigkeit in dem Medium ist (der Beweis dafür ist eine Aufgabe am Kapitelende).

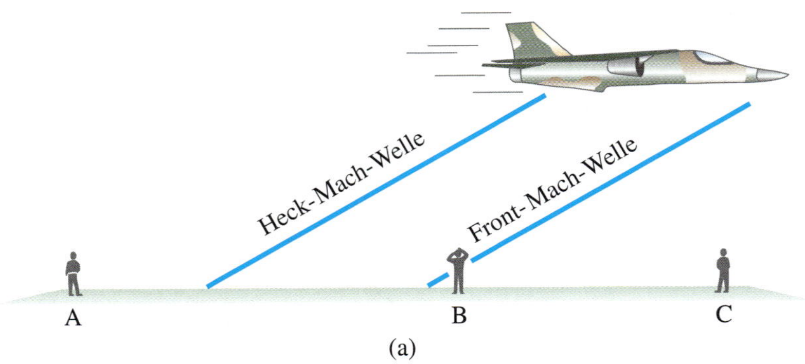

Abbildung 16.25 (a) Der (Doppel-)Ultraschallknall wurde von Person A auf der linken Seite bereits gehört. Person B in der Mitte hört ihn gerade. Kurz darauf wird er von Person C auf der rechten Seite gehört. (b) Spezialfoto eines Flugzeugs mit Überschallgeschwindigkeit. Man erkennt die in der Luft erzeugten Mach-Wellen. (Verschiedene räumlich nah beieinander liegende Mach-Wellen werden von verschiedenen Flugzeugteilen erzeugt.

16.9 Anwendungen: Sonar, Ultraschall und Ultraschall-Abbildung

ANGEWANDTE PHYSIK

Sonar und Ultraschall-Abbildungen

Die Reflexion von Schall wird in vielen Anwendungen zur Abstandsbestimmung eingesetzt. Ein **Sonar**[6] (Echolot) dient der Lokalisierung von Objekten unter Wasser. Ein Sender sendet einen Schallpuls durch das Wasser, und ein Empfänger empfängt seine Reflexion (das Echo) kurze Zeit später. Dieses Zeitintervall wird sorgfältig gemessen, denn daraus lässt sich die Distanz des Objekts bestimmen, da die Schallgeschwindigkeit in Wasser bekannt ist. Mit dieser Methode kann man die Meerestiefe bestimmen sowie Riffs, gesunkene Schiffe, U-Boote oder Fischschwärme orten. Der innere Erdaufbau kann auf ähnliche Weise studiert werden, indem man Reflexionen von Wellen nachweist, die durch eine vorsätzliche „Schallexplosion" erzeugt werden. Eine Analyse von an verschiedenen Erdstrukturen und Grenzschichten reflektierten Wellen liefert charakteristische Muster, die bei der Ausbeutung von Öl und Mineralien nützlich sind.

Ein Sonar nutzt generell **Ultraschall**-Frequenzen: Das sind Wellen, deren Frequenzen oberhalb 20 kHz liegen, jenseits des menschlichen Hörvermögens. Sonare arbeiten üblicherweise im Frequenzbereich 20 kHz bis 100 kHz. Ein weiterer Grund für die Verwendung von Ultraschall außer dem, dass er nicht hörbar ist, liegt darin, dass es für kürzere Wellenlängen weniger Streuung gibt, somit werden die Wellen weniger gebeugt und kleinere Objekte können nachgewiesen werden.

Der diagnostische Einsatz von Ultraschall als Abbildungsinstrument in der Medizin (manchmal „Sonogramme" genannt) ist eine wichtige und interessante Anwendung physikalischer Prinzipien. Hier wird eine **Echo-Puls-Technik** genutzt, die einem Sonar ähnlich ist. Ein hochfrequenter Schallpuls wird in den Körper geschickt und seine Reflexion von den Grenzen oder Zwischenbereichen der Organe und weiterer Strukturen oder Verletzungen im Körper aufgezeichnet. Es ist sogar möglich, in „Echtzeit" Ultraschallbilder zu erzeugen, als sähe man einen Film über einen Ausschnitt oder das Innere des Körpers.

Die Echo-Puls-Technik für die medizinische Abbildung funktioniert wie folgt. Ein Ultraschallpuls wird von einem Signalwandler ausgesandt, der einen elektrischen in einen Schallwellenpuls umwandeln kann. Ein Teil des Pulses wird an jeder Oberfläche im Körperinnern reflektiert, der Großteil bewegt sich weiter. Der Empfang des reflektierten Pulses durch denselben Signalwandler kann auf einem Computerbildschirm dargestellt werden (▶ Abbildung 16.26). Das Zeitintervall zwischen Emittierung des Pulses und Empfang der Reflexion ist proportional zur Entfernung der reflektierenden Oberfläche. Wenn beispielsweise der Abstand zwischen Signalwandler und einem Rückenwirbel 25 cm beträgt, so legt der Puls einen Weg von $2 \cdot 25\ \text{cm} = 50\ \text{cm}$ zurück. Die Schallgeschwindigkeit im menschlichen Körper ist etwa 1540 m/s (etwa wie in Wasser), somit wird das Zeitintervall $t = s/v = (0{,}50\ \text{m})/(1540\ \text{m/s}) = 320\ \mu\text{s}$.

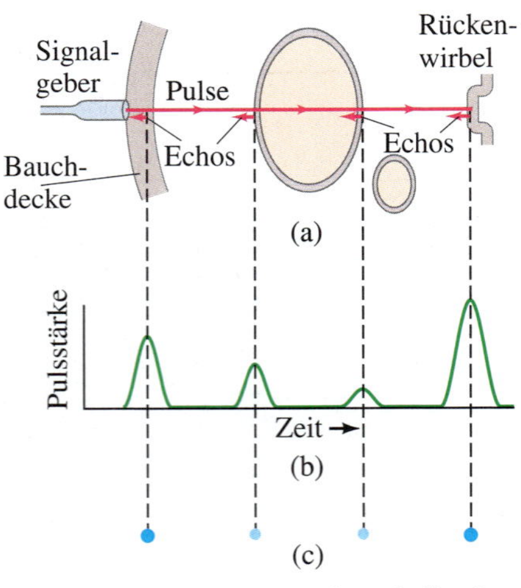

Abbildung 16.26 (a) Ein Ultraschallpuls passiert den Unterleib und wird von den Oberflächen, die auf seinem Weg liegen, reflektiert. (b) Reflektierte Schallpulse werden als Funktion der Zeit eingetragen, wenn sie von einem Signalumwandler empfangen werden. Die vertikalen, gestrichelten Linien zeigen an, von welcher Oberfläche der reflektierte Puls stammt. (c) Punkte-Diagramm der Echos: Die Helligkeit jedes Punkts hängt direkt mit der Signalstärke zusammen.

6 Sonar steht für „*so*und *na*vigation *r*anging".

(a)
(b)
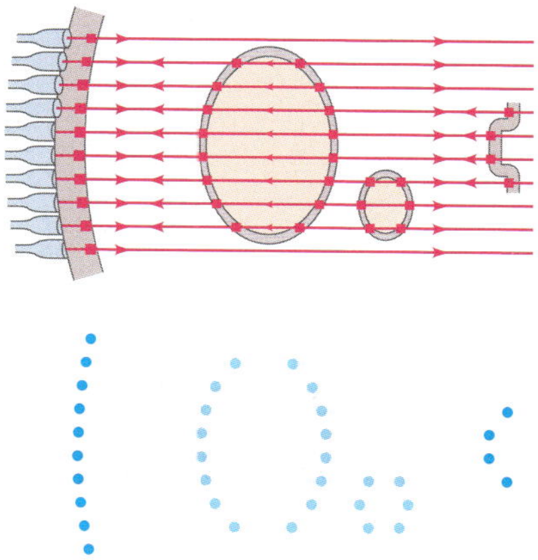

Abbildung 16.27 (a) Der Unterleib wird durch Bewegung der Signalwandlers oder durch ein Array von Signalwandlern abgetastet. Zehn „Schallspuren“ werden aufgezeichnet. (b) Die Echos werden geplottet, um das Bild zu erhalten. Enger beieinander liegende „Schallspuren“ würden ein detaillierteres Bild ergeben.

Die *Intensität* des reflektierten Pulses hängt hauptsächlich von der unterschiedlichen Dichte der beiden Gewebearten an beiden Seiten der Grenzschicht ab und kann als Puls oder als Rasterpunkt (▸ Abbildung 16.26b und c) dargestellt werden. Jeder Echo-Rasterpunkt (▸ Abbildung 16.26c) ergibt einen Display-Punkt, dessen Position durch die Zeitverzögerung gegeben ist und dessen Helligkeit von der Intensität des Echos abhängt. Ein zweidimensionales Bild aus diesen Punkten erhält man durch eine Rasterung des ausgesandten Ultraschall-Pulses. Der Signalwandler wird bewegt und an jeder neuen Position sendet er einen Puls aus und empfängt die Echos. Eine eindimensionale Rasterung entlang einer vertikalen Linie zeigt ▸ Abbildung 16.27. Jede Bewegungsspur wird aufgezeichnet und räumlich passend untereinander zugeordnet, um ein Bild auf einem Bildschirm zu erzeugen (▸ Abbildung 16.27b). In ▸ Abbildung 16.27 sind nur 10 Linien abgebildet, und somit wird das Bild nur sehr grob. Mehr Linien ergeben ein genaueres Bild. ▸ Abbildung 16.28 zeigt zwei Fotos von Ultraschallaufnahmen.

(a)
(b)
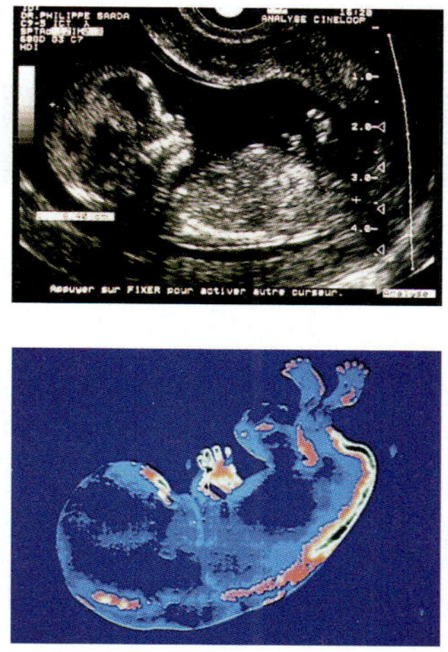

Abbildung 16.28 (a) Ultraschallbild eines menschlichen Fötus (Kopf auf der linken Seite) im Uterus. (b) Hochauflösende Ultraschall-Falschfarbendarstellung eines Fötus (unterschiedliche Farben stehen für unterschiedliche Intensitäten reflektierter Pulse).

ZUSAMMENFASSUNG

Schall breitet sich als Longitudinalwelle in der Luft und anderen Materialien aus. Die Schallgeschwindigkeit in der Luft nimmt mit der Temperatur zu. Bei 20 °C beträgt sie etwa 343 m/s.

Die **Tonhöhe** von Schall ist durch seine Frequenz bestimmt. Je höher die Frequenz, desto höher die Tonhöhe.

Der **hörbare Bereich** von Frequenzen liegt beim Menschen etwa zwischen 20 Hz und 20 000 Hz (1 Hz = 1 Schwingung pro Sekunde).

Die **Intensität** von Schall (Loudness) hängt mit der Amplitude der Welle zusammen. Weil das menschliche Gehör Schallintensitäten von $10^{-12}\,\mathrm{W/m^2}$ bis über $1\,\mathrm{W/m^2}$ wahrnimmt, werden Intensitätspegel logarithmisch skaliert. Der **Schallpegel** L, angegeben in Dezibel, wird mit der Intensität ausgedrückt als

$$L_I = 10 \log(I/I_0)\,,$$

wobei die Referenzintensität I_0 gewöhnlich gleich $10^{-12}\,\mathrm{W/m^2}$ gesetzt wird.

Musikinstrumente sind einfache Schallquellen, in denen *stehende Wellen* erzeugt werden.

Die Saiten eines Instruments können als Ganzes schwingen, mit Knoten nur an den Enden. Die Frequenz, bei der das auftritt, heißt **Grundfrequenz**. Die Saite kann auch bei höheren Frequenzen schwingen, sie heißen **Obertöne** oder **Harmonische**. Sie haben einen oder mehrere Knoten mehr. Die Frequenz jeder Harmonischen ist ein ganzzahliges Vielfaches der Grundfrequenz.

In Blasinstrumenten werden stehende Wellen in der Luftsäule im Instrument erzeugt.

Die schwingende Luftsäule in einem **offenen Schallrohr** (an beiden Enden offen) hat Auslenkungsbäuche an beiden Enden. Die Grundschwingung der stehenden Welle hat eine Wellenlänge, die zweimal so groß wie die Rohrlänge ist: $\lambda_1 = 2L$. Die Frequenzen der Harmonischen sind zwei-, drei-, vier-... mal so groß wie die Grundfrequenz.

Bei einem **geschlossenem Schallrohr** (an einem Ende geschlossen) entspricht der Grundschwingung eine Wellenlänge, die dem Vierfachen des Rohrs entspricht: $\lambda_1 = 4L$. Nur die ungeradzahligen Harmonischen sind präsent, sie sind ein-, drei-, fünf-... mal so groß wie die Grundfrequenz.

Schallwellen aus unterschiedlichen Quellen können miteinander interferieren. Wenn zwei Schallwellen sich nur leicht in der Frequenz unterscheiden, kann man

Schwebungen hören. Ihre Frequenz ist gleich der Frequenzdifferenz der beiden Schallquellen.

Der **Doppler-Effekt** hat mit der Tonhöhenänderung des Schalls zu tun, weil sich entweder die Quelle oder der Beobachter bewegt. Wenn sie sich aufeinander zu bewegen, steigt die Tonhöhe, entfernen sie sich voneinander, sinkt sie.

Z U S A M M E N F A S S U N G

Verständnisfragen

1 Was spricht dafür, dass sich Schall als Welle ausbreitet?

2 Was spricht dafür, dass eine Schallwelle Energie transportiert?

3 Kinder spielen manchmal mit einem selbstgemachten „Telefon", das aus einer Schnur besteht, deren Enden am Boden zweier Pappbecher befestigt sind. Wenn das Seil gespannt ist und ein Kind spricht in einen Pappbecher, so kann der Schall im Pappbecher am anderen Ende gehört werden. Erklären Sie ausführlich, wie der Schall vom einen Becher zum andern wandert. (► Abbildung 16.29)

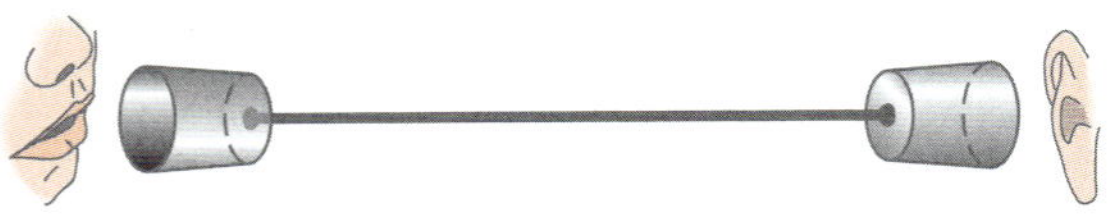

Abbildung 16.29 Frage 3.

4 Wenn eine Schallwelle von der Luft in Wasser übertritt, erwarten Sie dann eine Veränderung der Wellenlänge oder der Frequenz?

5 Was spricht dafür, dass die Schallgeschwindigkeit in Luft nicht signifikant von der Frequenz abhängt?

6 Die Stimme einer Person, die Helium inhaliert hat, klingt sehr hoch. Warum?

7 Was ist der Hauptgrund dafür, dass die Schallgeschwindigkeit in Wasser größer als die Schallgeschwindigkeit in Luft ist?

8 Gasmoleküle wie die der Luft bewegen sich zufallsbestimmt mit ziemlich großer Geschwindigkeit (Kapitel 18). Der durchschnittliche Abstand von Molekülen voneinander ist wesentlich größer als ihr Durchmesser. Bewegt sich eine Welle durch ein Gas, so wird der einem Molekül übertragene Impuls nur dann auf ein anderes übertragen, wenn dieser Abstand zurückgelegt wird und zwei Moleküle kollidieren. Erwarten Sie deshalb, dass die Schallgeschwindigkeit in einem Gas durch die durchschnittliche Molekülgeschwindigkeit begrenzt wird?

9 Zwei Stimmgabeln schwingen mit derselben Amplitude, doch eine hat die doppelte Frequenz. Erzeugt eine der beiden eine größere Schallintensität? Wenn ja, welche?

10 Wie beeinflusst ein Temperaturanstieg der Luft die Lautstärke von Schall, der aus einer Quelle fester Frequenz und Amplitude stammt? (Setzen Sie voraus, dass sich der Umgebungsdruck nicht ändert.)

11 Was ist der Grund dafür, dass Katzendarmhaare auf einigen Musikinstrumenten mit feinem Draht umwickelte werden?

12 Erklären Sie, wie ein Rohr als Amplituden-Filter für Schall bestimmter Frequenzbereiche genutzt werden kann. (Ein Beispiel ist ein Auspufftopf.)

13 Wie beeinflusst die Lufttemperatur in einem Raum die Frequenz der Schallwellen von Orgelpfeifen?

14 Warum werden die Bünde einer Gitarre enger, je näher sie an der Brücke liegen?

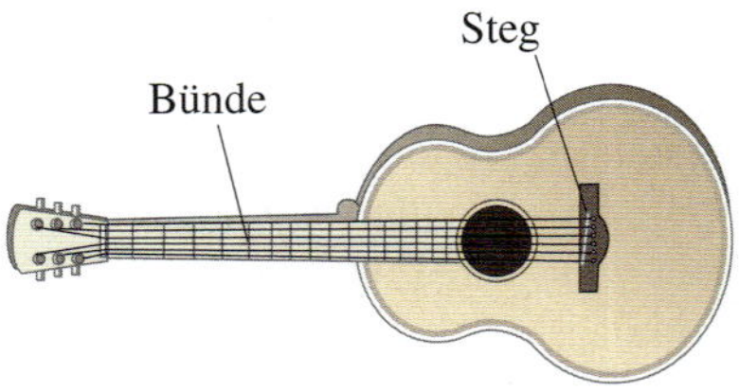

Abbildung 16.30 Frage 14.

15 Von stehenden Wellen kann man sagen, dass sie das Ergebnis „räumlicher Interferenz" sind, wohingegen Schwebungen als „zeitliche Interferenz" aufgefasst werden können. Erklären Sie, warum.

16 Wenn in ► Abbildung 16.16 die Frequenz der Lautsprecher verringert würde, würden sich dann die Punkte D und C (wo sich destruktive und konstruktive Interferenz ereignet) voneinander entfernen oder einander annähern?

17 Herkömmliche Methoden, das Gehör von Leuten in Räumen mit hohen Lärmpegeln zu schützen, bestanden hauptsächlich darin, die Lärmpegel zu dämpfen oder zu reduzieren. Eine relativ junge Technik sind Kopfhörer, die nicht die Umgebungsgeräusche dämmen. Stattdessen nutzen sie ein Gerät, dass das empfangene Geräusch elektronisch invertiert und in die Kopfhörer zusätzlich zum Umgebungsgeräusch einspeist. Wie kann durch Addierung von zusätzlichem Lärm der das Ohr erreichende Schallpegel vermindert werden?

18 Nehmen Sie an, dass sich eine Schallquelle im rechten Winkel zur Sichtlinie eines ruhenden Beobachters bewegt. Gibt es dann einen Doppler-Effekt? Wenn ja, warum?

19 Ändert eine Windböe die Frequenz eines Tons, den eine relativ zur Schallquelle ruhende Person hört? Wird die Wellenlänge oder die Geschwindigkeit geändert?

20 Bild ▸ Abbildung 16.31 zeigt verschiedene Positionen eines Kindes auf einer Schaukel. Jemand bläst vor dem schaukelnden Kind stehend in eine Trillerpfeife. In welcher Position hört das Kind die höchste Frequenz des Tons aus der Trillerpfeife? Begründen Sie Ihre Auffassung.

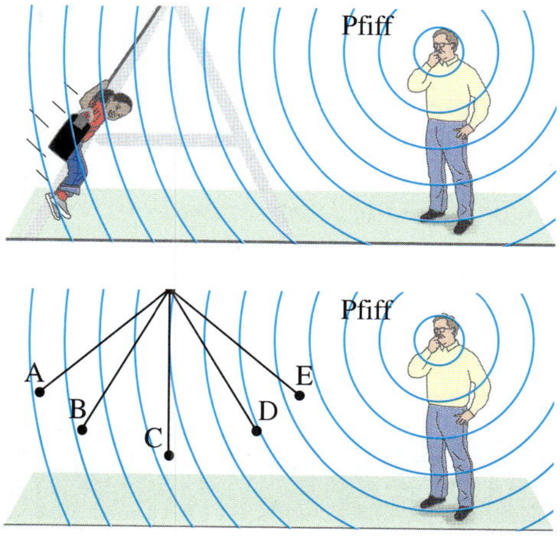

Abbildung 16.31 Frage 20.

Aufgaben zu 16.1

(Wenn nicht anders angegeben beträgt $T = 20\,°C$ und $v_{Schall} = 343\ m/s$ in der Luft.)

1 (I) Ein Angler bestimmt die Länge eines Sees dadurch, dass er auf das Echo seines Rufes von einem Felsen am anderen Ende des Sees wartet. Nach 1,5 s hört er das Echo. Schätzen Sie die Länge des Sees.

2 (I) (a) Berechnen Sie die Wellenlängen von Schall in der Luft für die Grenzwerte des Hörbereichs, 20 Hz und 20 000 Hz. (b) Wie groß ist die Wellenlänge einer Ultraschallwelle mit 10 MHz?

3 (II) Jemand sieht, wie ein schwerer Stein auf einen betonierten Gehweg aufschlägt. Einen Moment später sind zwei Geräusche zu hören: das eine breitet sich in der Luft aus, das andere im Beton. Zwischen den beiden Geräuschen liegen 1,4 s. Wie weit entfernt fand der Aufschlag statt?

4 (II) Ein Fischerboot gleitet an einem nebeligen Tag direkt über einen Tunfischschwarm hinweg. Plötzlich ist eine Motorfehlzündung von einem 1 km entfernten Boot zu hören (▸ Abbildung 16.32). Nach welcher Zeit wird der Knall von dem Fischschwarm (a) und von den Fischern (b) gehört?

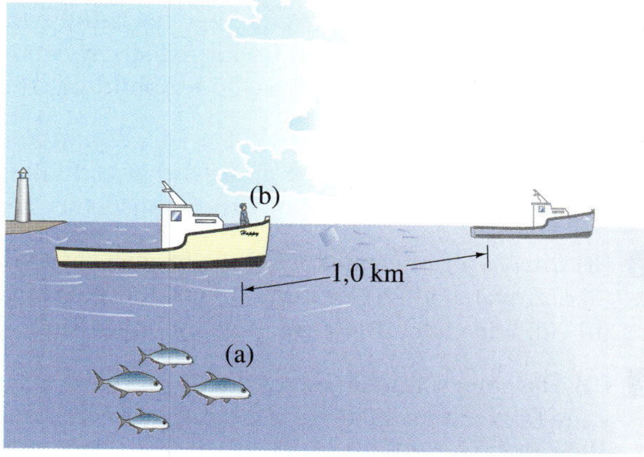

Abbildung 16.32 Aufgabe 4.

5 (II) Die Explosionsknalle eines sehr hohen Feuerwerks brauchen 4,5 s, bis sie Ihr Trommelfell erreichen. Das Feuerwerk befindet sich 1500 m über Ihnen und die Schallwellen breiten sich vertikal nach unten aus. Dabei kreuzen sie zwei Luftschichten, die obere hat 0 °C, die untere 20 °C. Wie dick ist jede Luftschicht?

6 (II) Wenn die Kamera aus Beispiel 16.2 bei 20 °C präzise fokussiert, wie groß ist dann der relative Fehler bei 0 °C?

Aufgaben zu 16.2

7 (I) Die Druckamplitude einer Schallwelle in Luft ($\rho = 1{,}29\,\mathrm{kg/m^3}$) bei 0 °C beträgt $3{,}0 \cdot 10^{-3}$ Pa. Wie groß ist die Amplitude, wenn die Frequenz (a) 100 Hz und (b) 10 kHz beträgt?

8 (I) Wie groß muss die Druckamplitude einer Schallwelle in Luft bei 0 °C sein, wenn die maximale Amplitude der Luftmoleküle gleich dem Durchmesser eines Sauerstoffmoleküls ist, also etwa $3 \cdot 10^{-10}$ m? Rechnen Sie das Beispiel mit den Frequenzen (a) 50 Hz und (b) 5,0 kHz.

9 (II) Geben Sie einen Ausdruck an, der die Druckveränderung aus Problemstellung 8 als Wellenfunktion von x und t beschreibt.

10 (II) Die Druckveränderung einer Schallwelle ist gegeben durch

$$\Delta p = 0{,}0025 \sin\left(\frac{\pi}{3}x - 1700\pi t\right) ,$$

wobei Δp in Pascal, x in Meter und t in Sekunden angegeben sind. Bestimmen Sie (a) die Wellenlänge, (b) die Frequenz, (c) die Geschwindigkeit und (d) die Auslenkung der Welle. Rechnen Sie mit einer Dichte des Mediums von $\rho = 2{,}7 \cdot 10^3\,\mathrm{kg/m^3}$.

Aufgaben zu 16.3

11 (I) (a) Wie groß ist der Schallpegel bei einer Intensität von $8{,}5 \cdot 10^{-8}\,\mathrm{W/m^2}$? (b) Welche Intensität hat eine Schallwelle mit einem Pegel von 25 dB?

12 (I) Welchen Schallpegel muss ein Ton mit 6000 Hz haben, damit er sich so laut wie ein 100-Hz-Ton mit 50 dB anhört? (siehe ► Abbildung 16.5.)

13 (I) Wie groß ist die niedrigste bzw. höchste Frequenz, die ein durchschnittliches Gehör registriert, wenn der Schallpegel 30 dB beträgt? (siehe ► Abbildung 16.5.)

14 (I) Ein Stereo-Kassettendeck hat ein Signal-Rausch-Verhältnis von 63 dB. Wie groß ist das Verhältnis der Signalintensitäten zum Hintergrundrauschen?

15 (II) Die Amplitude einer Schallwelle wird verdreifacht. (a) Um welchen Faktor nimmt dann die Intensität zu? (b) Um wie viele dB nimmt der Schallpegel zu?

16 (II) Das menschliche Gehör kann gewöhnlich einen Lautstärkeunterschied von 2,0 dB heraushören. Wie sieht das Amplitudenverhältnis zweier Töne aus, deren Schallpegel sich um diesen Betrag unterscheiden?

17 (II) Zwei Schallwellen haben gleich große Amplituden, doch eine hat eine doppelt so große Frequenz wie die andere. (a) Welche der beiden Wellen hat die größere Druckamplitude und um welchen Faktor ist sie größer? (b) Wie groß ist das Verhältnis der Intensitäten?

18 (II) Jemand steht in einer bestimmten Entfernung von einem Flugplatz, wo vier gleich laute Triebwerke eines Jets lärmen, und nimmt einen Schallpegel in der Nähe der Schmerzgrenze von 120 dB wahr. Wie groß wäre der Schallpegel, den die Person hört, wenn der Flugkapitän drei Motoren ausschalten würde?

19 (II) Ein Schall mit 40 dB trifft auf ein Trommelfell mit einer Fläche von $5{,}0 \cdot 10^{-5}\,\mathrm{m^2}$. (a) Wie viel Energie absorbiert das Ohr pro Sekunde? (b) Wie lange würde es bei dieser Leistung dauern, bis das Ohr eine Gesamtenergie von 1,0 J aufgenommen hätte?

20 (II) (a) Schätzen Sie die Schall-Leistung einer Person, die in einer normalen Unterhaltung spricht. Nutzen Sie Tabelle 16.2. Nehmen Sie dabei an, dass sich der Schall gleichförmig vor dem Mund ausbreitet. (b) Wie viele Leute würden in gewöhnlichen Konversationen eine gesamte Schall-Leistung von 100 W erzeugen?

21 (II) Wenn zwei identische Feuerwerkskörper, die gleichzeitig explodieren, einen Schallpegel von insgesamt 90 dB erzeugen, wie groß ist dann der Pegel, wenn nur einer explodiert?

22 (II) Wie groß ist der Schallpegel (in dB) einer Schallwelle in Luft, die einer Auslenkung der schwingenden Luftmoleküle von 1,3 mm bei 330 Hz entspricht?

23 (II) (a) Berechnen Sie die maximale Auslenkung von Luftmolekülen, wenn eine Schallwelle mit 210 Hz und einem Pegel von 120 dB (Schmerzgrenze) passiert? (b) Wie groß ist die Druckamplitude dieser Welle?

24 (II) Ein teurer Stereo-Verstärker A leistet 250 W pro Kanal, während ein preisgünstigeres Modell 40 W pro Kanal hat. (a) Schätzen Sie den Schallpegel in dB, wenn Sie sich 2,5 m von einem Lautsprecher entfernt befinden, der nacheinander mit beiden Verstärkern verbunden wird. (b) Klingt der teure Verstärker doppelt so laut wie der billige?

25 (II) Auf einem Rock-Konzert registriert ein Dezibel-Messgerät 3,4 m vor dem Lautsprecher 130 dB. (a) Wie groß ist die Ausgangsleistung des Lautsprechers, gleichförmige Schallausbreitung ohne Absorption durch die Luft vorausgesetzt? (b) Wie weit weg muss man vom Lautsprecher stehen, damit der Schallpegel einen erträglichen Wert von 90 dB annimmt?

26 (II) Ein Jet emittiert $5{,}0 \cdot 10^5$ J Schallenergie pro Sekunde. (a) Wie groß ist der Schallpegel in 30 m Entfernung? Luft absorbiert den Schall mit einer Rate von etwa 7,0 dB/km. Berechnen Sie unter Einbeziehung der Absorption durch die Luft den Schallpegel in (a) 1,0 km und (b) 5 km Entfernung.

27 (II) Zeigen Sie, dass der Schallpegel L_I sich mit der Druckamplitude Δp schreiben lässt als

$$L_I(\mathrm{dB}) = 20 \log \frac{\Delta p_M}{\Delta p_{M0}},$$

wobei Δp_{M0} die Druckamplitude einer Bezugsquelle darstellt. (b) Die Referenzdruck-Amplitude Δp_{M0} wird oft als $3{,}0 \cdot 10^{-5}\ \mathrm{N/m^2}$ angenommen, was einer Intensität von $1{,}0 \cdot 10^{-12}\ \mathrm{W/m^2}$ entspricht. Wie groß müsste der Schallpegel sein, wenn Δp_{M0} 1 bar groß wäre?

Aufgaben zu 16.4

28 (I) Die G-Saite einer Violine hat eine Grundschwingung von 196 Hz. Der schwingende Abschnitt ist 32 cm lang und hat eine Masse von 0,68 g. Unter welcher Spannung muss die Saite stehen?

29 (I) (a) Welche Resonanzfrequenz erwarten Sie, wenn Sie über die Öffnung einer leeren Sodaflasche, die 15 cm tief ist, blasen? (b) Wie würde sich das ändern, wenn die Flasche zu einem Drittel gefüllt wäre?

30 (I) Wie weit muss das Loch vom Ende der Flöte aus Beispiel 16.9 entfernt sein, das, freigegeben, den Ton D über dem mittleren C mit 294 Hz erzeugt?

31 (I) Wenn Sie eine Kirchenorgel mit offenen Pfeifen konstruieren würden, die den gesamten menschlichen Hörbereich (20 Hz bis 20 000 Hz) abdecken, wie groß müsste das Längenintervall der erforderlichen Pfeifen sein?

32 (I) In einem Wissenschaftsmuseum gibt es ein Ausstellungsstück namens Kanalrohr-Symphonie. Es besteht aus vielen Plastikpfeifen verschiedener Länge, die an beiden Seiten offen sind. (a) Welche Frequenzen hört ein Besucher in der Nähe der Pfeifenenden, wenn die Pfeifen Längen von 3,0 m, 2,5 m, 1,5 m und 1,0 m haben? (b) Warum funktioniert die Anlage an einem geräuschvollen Tag besser als an einem stillen Tag?

33 (I) Eine Orgelpfeife ist 78,0 cm lang. Wie groß sind die Grundschwingung und die ersten drei hörbaren Obertöne, wenn die Pfeife (a) an einem Ende geschlossen und (b) an beiden Ende offen ist?

34 (II) Eine Gitarrensaite ist 0,73 m lang und auf E über dem mittleren C gestimmt (330 Hz). (a) Wie weit muss ein Finger vom Ende entfernt aufgesetzt werden, um den Ton A über dem mittleren C zu spielen (440 Hz)? (b) Wie groß sind Frequenz und Wellenlänge einer in Luft bei 20 °C erzeugten Schallwelle?

35 (II) (a) Bestimmen Sie die Länge einer offenen Orgelpfeife, die bei 21 °C das mittlere C (262 Hz) erzeugt. (b) Wie groß sind Wellenlänge und Frequenz der Grundschwingung in der Pfeife? (c) Wie groß sind λ und f in der sich in der Umgebungsluft ausbreitenden Schallwelle?

36 (II) Der Hörkanal des menschlichen Ohrs ist etwa 2,5 cm lang. Er ist offen nach außen und am anderen Ende durch die Mittelohrmembran verschlossen. Schätzen Sie die Frequenzen der stehenden Wellen im Hörkanal. Wie hängt Ihre Antwort mit der Information aus ► Abbildung 16.5 zusammen?

37 (II) Eine Orgel wird bei 20 °C gestimmt. Um welchen Prozentsatz ist sie bei 5 °C außer Stimmung?

38 (II) Eine Orgelpfeife hat Resonanzen bei 264 Hz, 440 Hz und 616 Hz, nicht jedoch bei dazwischen liegenden Frequenzen. (a) Handelt es sich um eine offene oder geschlossene Orgelpfeife? (b) Wie groß ist die Grundschwingung dieser Pfeife?

39 (II) (a) Wie lang muss eine Orgelpfeife sein, wenn sie bei $T = 15$ °C eine Grundschwingung von 294 Hz haben soll? (b) Würde diese Pfeife mit Helium gefüllt, wie groß wäre dann ihre Grundschwingung?

40 (II) Eine Flöte wird so konstruiert, dass sie bei 20 °C sukzessive Harmonische von 240 Hz und 280 Hz hat. Wie lang ist die Flöte? Ist sie offen oder geschlossen?

41 (II) Ein schmales Klangrohr ist 1,95 m lang und offen an beiden Enden. Zwei sukzessive Harmonische haben Frequenzen von 275 Hz und 330 Hz. Wie groß ist die Schallgeschwindigkeit in dem Gas der Röhre?

42 (II) Wie viele Obertöne im hörbaren Bereich gibt es in einer 2,16 m langen Orgelpfeife bei 20 °C, wenn sie (a) offen und (b) geschlossen ist?

Aufgaben zu 16.5

43 (II) Wie groß sind näherungsweise die Intensitäten der ersten beiden Obertöne einer Violine verglichen mit der Grundschwingung? Wie viel Dezibel leiser als die Grundschwingung sind die erste und zweite Harmonische? (siehe ▶ **Abbildung 16.5**.)

Aufgaben zu 16.6

44 (I) Ein Klavierstimmer hört während des Stimmens zweier Saiten alle 2,0 s eine Schwebung. Eine der Saiten erklingt mit 440 Hz. Mit welcher Frequenz schwingt die andere Saite?

45 (I) Eine bestimmte Hundepfeife hat 23,5 kHz, während eine andere (Marke X) eine unbekannte Frequenz hat. Keine der beiden Pfeifen kann für sich von Menschen gehört werden kann, doch ein schrilles Tönen mit 5000 Hz wird hörbar, wenn beide gleichzeitig ertönen. Schätzen Sie die Frequenz der Hundepfeife der Marke X.

46 (II) Zwei Violinsaiten werden auf dieselbe Frequenz von 294 Hz gestimmt. Die Spannung der einen Saite wird anschließend um 2,0 Prozent vermindert. Wie groß ist die Frequenz der Schwebung, wenn die beiden Saiten gemeinsam erklingen?

47 (II) Zwei Klaviersaiten sollen mit 132 Hz schwingen, doch ein Klavierstimmer hört in zwei Sekunden drei Schwebungen, wenn die Saiten gemeinsam erklingen. (a) Wenn eine mit 132 Hz schwingt, wie groß muss dann die Frequenz der anderen sein? (Gibt es nur eine mögliche Antwort?) (b) Um wie viel Prozent muss die Spannung erhöht oder vermindert werden, um die Saiten in Stimmung zu bringen?

48 (II) Wie viele Schwebungen sind zu hören, wenn zwei identische Flöten ein mittleres C (262 Hz) zu spielen versuchen, eine jedoch bei 5 °C, die andere bei 25 °C?

49 (II) Zwei Lautsprecher sind 1,8 m voneinander entfernt. Jemand steht in 3,0 m Entfernung von einem und in 3,5 m Entfernung vom anderen Lautsprecher. (a) Wie groß ist die niedrigste Frequenz, bei der es an diesem Punkt destruktive Interferenz gibt? (b) Berechnen Sie zwei weitere Frequenzen, die an diesem Punkt zu destruktiver Interferenz führen (die nächsten beiden höheren). $T = 20\,°C$.

50 (II) Die beiden Schallquellen aus ▶ **Abbildung 16.16** stehen einander gegenüber und emittieren Schallwellen gleicher Amplitude und gleicher Frequenz (250 Hz), doch um 180° phasenverschoben. Für welchen minimalen Abstand der Lautsprecher voneinander gibt es einen Punkt, bei dem (a) vollständige konstruktive Interferenz und (b) vollständige destruktive Interferenz auftritt ($T = 20\,°C$)?

51 (II) Die beiden Schallquellen aus ▶ **Abbildung 16.16** emittieren gleichphasig Schallwellen der Wellenlänge λ und Amplitude D_M. Betrachten Sie einen Punkt wie C oder D in der Zeichnung. Seien r_A und r_B die Abstände dieser Punkte von Quelle A respektive Quelle B. Zeigen Sie, dass wenn r_A und r_B nahezu gleich sind ($r_S - r_B \ll r_A$), die Amplitude näherungsweise wie folgt mit dem Ort variiert:

$$\left(\frac{2D_M}{r_A}\right)\cos\frac{\pi}{\lambda}(r_A - r_B)\,.$$

52 (II) Zwei Lautsprecher werden 3,00 m voneinander entfernt aufgestellt (▶ **Abbildung 16.33**). Sie emittieren gleichphasig Schallwellen mit 440 Hz. Ein Mikrofon wird in 3,20 m Abstand von der Verbindungslinie der beiden Lautsprecher in der Mitte positioniert und zeichnet dort ein Maximum der Intensität auf. (a) Wie weit muss das Mikrofon nach rechts bewegt werden, um auf das erste Intensitätsminimum zu stoßen? (b) Angenommen, die beiden Lautsprecher werden neu verbunden, so dass sie die 440-Hz-Schallwellen exakt gegenphasig aussenden. Wo liegen nun Maximum und Minimum der Intensität? ▶ **Abbildung 16.33**

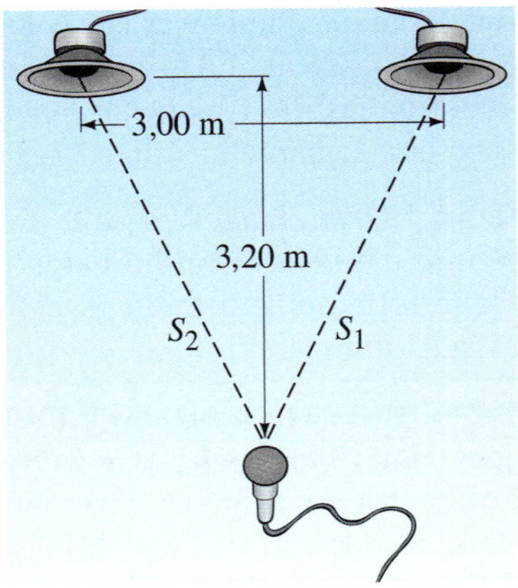

Abbildung 16.33 Aufgabe 52.

53 (II) Eine Gitarrensaite erzeugt vier Schwebungen pro Sekunde, wenn sie mit einer 350-Hz-Stimmgabel, und neun Schwebungen pro Sekunde, wenn sie mit einer 355-Hz-Stimmgabel gemeinsam erklingt. Wie groß ist die Schwingungsfrequenz der Saite? Erklären Sie Ihre Beweisführung.

54 (II) Sie haben drei Stimmgabeln A, B und C. Gabel B hat eine Frequenz von 440 Hz. Erklingen A und B zusammen, hat die auftretende Schwebung eine Frequenz von 3 Hz. Ertönen B und C zusammen, beträgt die Schwebungsfrequenz 4 Hz. Wie groß sind die möglichen Frequenzen von A und C? Welche möglichen Schwebungsfrequenzen können bei einem gleichzeitigen Erklingen von A und C auf treten?

55 (II) Zeigen Sie, dass die beiden Lautsprecher aus ► **Abbildung 16.16** mindestens um den Abstand d, der gleich der halben Wellenlänge λ des Schalls ist, voneinander entfernt werden müssen, wenn es irgendwo einen Ort totaler destruktiver Interferenz geben soll. Die beiden Lautsprecher sind gleichphasig.

56 (II) Eine Schallquelle emittiert Wellen der Längen 2,64 m und 2,76 m in die Luft. (a) Wie viele Schwebungen pro Sekunde können bei $T = 20\,°\text{C}$ gehört werden? Wie weit sind die Regionen maximaler Intensität räumlich voneinander entfernt?

Aufgaben zu 16.7

57 (I) Die Frequenz eines Martinshorns beträgt in Ruhe 1550 Hz. Welche Frequenz registrieren Sie, wenn Sie sich mit einer Geschwindigkeit von 30 m/s (a) auf das Martinshorn zu bewegen und (b) von ihm entfernen?

58 (I) Eine ruhende Fledermaus sendet Ultraschallwellen mit 50 000 Hz aus und empfängt sie reflektiert von einem Objekt, das sich radial von ihr mit 25 m/s fortbewegt. Wie groß ist die von der Fledermaus empfangene Schallfrequenz?

59 (II) Eine Fledermaus fliegt mit einer Geschwindigkeit von 5,0 m/s auf eine Wand zu. Im Flug sendet sie einen Ultraschall mit 30 000 Hz aus. Welche Frequenz hat die reflektierte Welle für die Fledermaus?

60 (II) In einem der ursprünglichen Doppler-Experimente wurde eine Tuba mit 75 Hz auf einem fahrenden Zugwaggon gespielt. Eine zweite, ruhende Tuba spielte denselben Ton auf dem Bahnsteig. Welche Schwebungsfrequenz war zu hören, als sich der Zug dem Bahnsteig mit einer Geschwindigkeit von 10 m/s näherte?

61 (II) Zwei Autos haben dieselbe Hupe mit einer Einzelfrequenz. Ruht eines der Autos, während sich das andere mit 15 m/s auf einen Beobachter zu bewegt, so wird eine Schwebungsfrequenz von 5,5 Hz hörbar. Welche Frequenz haben die beiden Hupen ($T = 20\,°\text{C}$)?

62 (II) Vergleichen Sie die Veränderung der Frequenz, wenn sich eine 2000-Hz-Quelle mit 15 m/s auf Sie zu bewegt mit dem Fall, da Sie sich mit 15 m/s auf die Quelle zu bewegen. Sind die Frequenzen exakt gleich? Liegen sie nahe beieinander? Wiederholen Sie die Rechnung mit Geschwindigkeiten von 150 m/s und 300 m/s. Welchen Schluss können Sie für die Asymmetrie der Doppler-Formeln ziehen? Zeigen Sie, dass bei kleinen Geschwindigkeiten (relativ zur Schallgeschwindigkeit) die beiden Formeln – bewegte Quelle und bewegter Beobachter – zum selben Resultat führen.

63 (II) Ein Doppler-Messgerät nutzt Ultraschallwellen für die Bestimmung der Fließgeschwindigkeit von Blut. Das Gerät emittiert Schall mit 3,5 MHz und die Schallgeschwindigkeit im menschlichen Gewebe beträgt 1540 m/s. Wie groß ist die erwartete Schwebungsfrequenz, wenn das Blut in großen Beinarterien mit 2,0 cm/s von der Quelle fort fließt?

64 (II) Für die Bestimmung der Herzfrequenz eines Fötus wird der Doppler-Effekt mit Ultraschallwellen der Frequenz $2{,}25 \cdot 10^6$ Hz genutzt. Eine (maximale) Schwebungsfrequenz von 500 Hz wird beobachtet. Berechnen Sie unter der Annahme, dass die Schallgeschwindigkeit in Gewebe $1{,}54 \cdot 10^3$ m/s beträgt, die maximale Geschwindigkeit der Oberfläche des schlagenden Herzens.

65 (II) Die Schwebungsfrequenz aus Problemstellung 64 tritt 180 mal pro Minute auf. Das spiegelt die Tatsache wider, dass das Herz schlägt und seine Oberfläche die Geschwindigkeit ändert. Wie groß ist die Herzschlagfrequenz?

66 (II) (a) Nutzen Sie die Binominalerweiterung um zu zeigen, dass die **Gleichungen 16.9** und **16.10a** für kleine Relativgeschwindigkeiten zwischen Quelle und Beobachter nahezu gleich sind. (b) Welcher relative Fehler tritt auf, wenn **Gleichung 16.10a** statt **16.9a** für eine Relativgeschwindigkeit von 22 m/s verwendet wird?

67 (III) Eine Pfeife emittiert Schall mit einer Frequenz von 570 Hz. An einem Tag bläst der Wind aus nördlicher Richtung mit einer Geschwindigkeit von 12,0 m/s. Welche Frequenzen hören ruhende Beobachter (a) nördlich, (b) südlich, (c) östlich und (d) westlich der Pfeife, wenn jemand in sie bläst? Welche Frequenz hört ein Radfahrer, der (e) aus nördlicher und (f) aus westlicher Richtung kommend auf den Pfeifenton zufährt?

Aufgaben zu 16.8

68 (I) Wie schnell ist ein Körper, das sich mit 0,33 Mach über Land bewegt? (b) Eine fliegende Concorde zeigt auf einem Bildschirm eine Machzahl von 3,2 an, während sie eine Geschwindigkeit von 3000 km/h hat. Wie groß ist die Schallgeschwindigkeit in dieser Höhe?

69 (II) Zeigen Sie, dass der Winkel θ, den der Überschall mit dem Weg eines Überschall-Körpers einschließt, durch Gleichung 16.12 gegeben ist.

70 (II) Ein Flugzeug fliegt mit 2,3 Mach in einer Höhe, wo die Schallgeschwindigkeit 310 m/s beträgt. (a) Wie groß ist der Winkel, den die Mach-Welle mit der Richtung der Flugzeugbewegung bildet? (b) Das Flugzeug fliegt in einer Höhe von 7100 m. Wie lange dauert es, bis eine Person auf der Erde direkt unter dem Flugzeug die Mach-Welle hört?

71 (II) Eine Raumsonde gleitet in die dünne Atmosphäre eines anderen Planeten, wo die Schallgeschwindigkeit nur etwa 35 m/s beträgt. (a) Berechnen Sie die Machzahl der Sonde, wenn ihre ursprüngliche Geschwindigkeit 15 000 km/h beträgt. (b) Wie groß ist der Scheitelwinkel der erzeugten Mach-Welle?

72 (II) Ein Meteorit schlägt mit 8000 m/s auf dem Ozean auf. Bestimmen Sie den Winkel der erzeugten Mach-Welle (a) in der Luft kurz vor dem Aufschlag auf die Wasseroberfläche und (b) im Wasser kurz nach dem Eintritt ($T = 20\,°C$).

73 (II) Sie erblicken direkt über sich ein Flugzeug in 1,5 km Höhe, das schneller als der Schall fliegt. Bis Sie den Überschallknall hören, hat das Flugzeug eine horizontale Wegstrecke von 2,0 km zurückgelegt (► Abbildung 16.34). Bestimmen Sie (a) den Winkel der Mach-Welle θ, und (b) die Geschwindigkeit des Flugzeugs in Mach. Legen Sie eine Schallgeschwindigkeit von 330 m/s zugrunde.

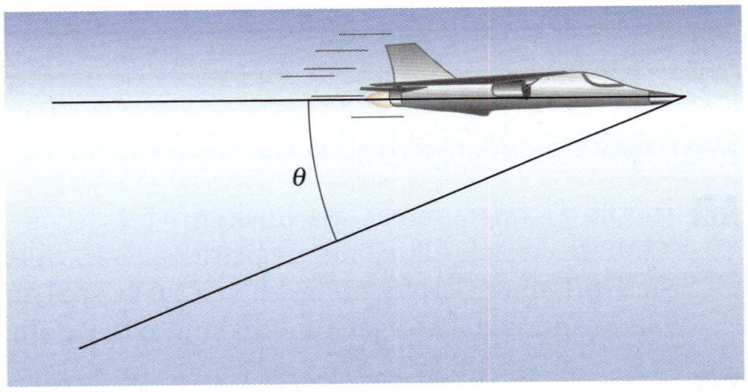

Abbildung 16.34 Aufgabe 73.

74 (II) Ein Überschalljet fliegt in 10 000 m Höhe mit Mach 1,8 direkt über einen Beobachter am Boden hinweg. Wo befindet sich das Flugzeug relativ zum Beobachter, wenn dieser den Überschallknall hört?

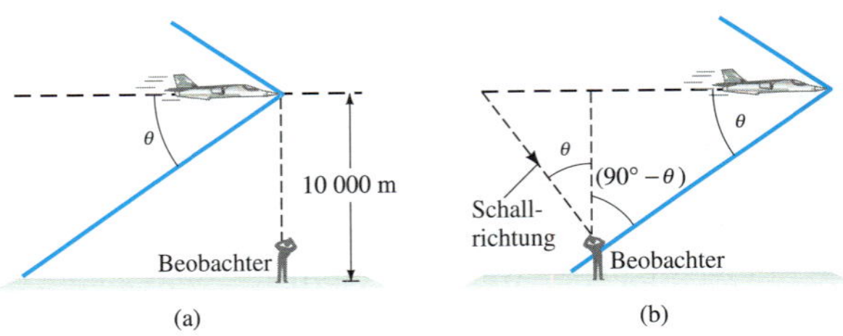

Abbildung 16.35 Aufgabe 74.

Allgemeine Aufgaben

75 (II) Ein Fischschwarmdetektor nutzt ein Sonar (Echolot), das Schallpulse mit 20 000 Hz vom Boden des Boots hinuntersendet und dann das Echo registriert. Wie groß ist das minimale Zeitintervall zwischen zwei Pulsen, wenn die maximale Tiefe, für die das Gerät konstruiert ist, 200 m beträgt?

76 Wie viel Oktaven umfasst das menschliche Gehör näherungsweise?

77 Ein Stein wird von der Spitze eines Riffs fallen gelassen. 3,5 s später ist das Aufklatschen auf der Wasseroberfläche zu hören. Wie hoch ist das Riff?

78 Ein einzelnes Moskito macht in 5 m Entfernung ein Geräusch an der unteren Hörgrenze (0 dB). Wie groß ist der Schallpegel von 1000 Moskitos?

79 Auf der Rennstrecke Indianapolis 500 lässt sich die Geschwindigkeit von Autos schätzen, indem man auf den Tonhöhenunterschied des Motors achtet, der zwischen dem Herannahen und wieder Entfernen des Autos besteht. Nehmen Sie an, der Tonhöhenunterschied umfasst eine volle Oktave. Wie schnell fährt dann das Auto?

80 Bei einer gespannten Gitarrensaite beträgt die Frequenz der dritten Harmonischen 540 Hz. Wie groß ist die Grundschwingung, wenn sie auf einer Länge von 60 Prozent der ursprünglichen Länge abgegriffen wird?

81 Jede Saite einer Violine ist so gestimmt, dass ihre Frequenz das anderthalbfache der Nachbarsaite hat. Wenn alle Saiten dieselbe Zugspannung haben, wie groß muss dann die Masse pro Länge jeder Saite relativ zur niedrigsten Saite sein?

82 Wie groß ist der resultierende Schallpegel, wenn ein 80-dB-Geräusch und ein 85-dB-Geräusch gleichzeitig gehört werden?

83 Der Pegel eines im Freien stehenden Lautsprechers beträgt in 12 m Entfernung 100 dB. Wie groß ist die akustische Leistung des Lautsprechers in Watt unter der Annahme, dass er in alle Richtungen gleichförmig emittiert?

84 Die A-Saite einer Violine misst 32 cm zwischen zwei festen Punkten, hat eine Grundschwingung von 440 Hz und hat eine Massendichte von $6{,}1 \cdot 10^{-4}$ kg/m. (a) Wie groß sind die Ausbreitungsgeschwindigkeit und die Zugspannung der Saite? (b) Wie lang ist das Rohr eines einfachen Blasinstruments (etwa eine Orgelpfeife), das an einer Saite geschlossen ist und dessen Grundschwingung 440 Hz beträgt, wenn die Schallgeschwindigkeit 343 m/s in der Luft beträgt?

85 Ein Stereoverstärker soll 150 W bei 1000 Hz leisten. Bei 15 kHz fällt die Leistung um 10 dB. Wie groß ist die Leistung bei 15 kHz in Watt?

86 Eine Stimmgabel wird über einem vertikalen, mit Wasser gefüllten Rohr in Schwingung versetzt (▶ Abbildung 16.36). Der Wasserstand kann variiert werden. Man hört die Luftsäule über dem Wasser mit der Stimmgabelfrequenz schwingen, wenn der Abstand zwischen der Rohröffnung und dem Wasserstand 0,125 m bzw. 0,395 m beträgt. Wie groß ist die Frequenz der Stimmgabel?

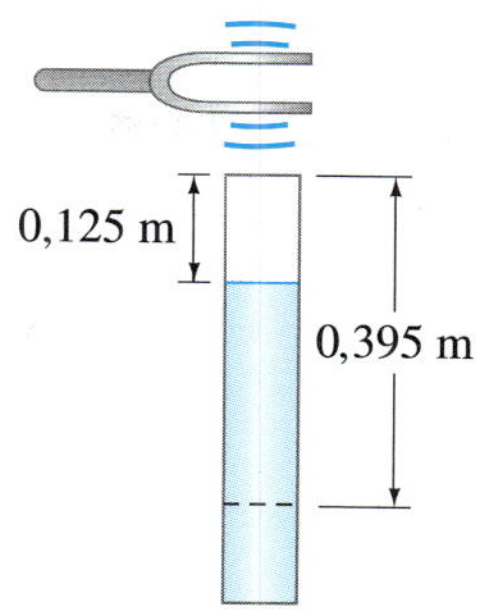

Abbildung 16.36 Aufgabe 86.

87 Zwei Lautsprecher stehen sich in einem langen Korridor an dessen beiden Enden frontal gegenüber. Sie sind mit derselben Quelle verbunden, die einen reinen Ton mit 280 Hz erzeugt. Jemand geht mit einer Geschwindigkeit von 1,4 m/s von einem Lautsprecher zum anderen. Welche „Schwebungs"-Frequenz hört die Person?

88 Flughafenarbeiter tragen einen typischen Gehörschutz. Nehmen Sie an, dass der Intensitätspegel eines Flugzeugtriebwerks in einer Distanz von 30 m 140 dB beträgt und dass das durchschnittliche menschliche Ohr einen effektiven Radius von 2,0 cm hat. Welcher Leistung wäre das ungeschützte Ohr in 30 m Entfernung von dem Triebwerk ausgesetzt?

89 Die Intensität an der Hörschwelle des menschlichen Gehörs bei einer Frequenz von 1000 Hz beträgt $I_0 = 1{,}0 \cdot 10^{-12}\ \mathrm{W/m^2}$, wofür der Schallpegel $L_I = 0$ dB ist. Die Schmerzgrenze bei derselben Frequenz liegt bei 120 dB oder $I = 1{,}0\ \mathrm{W/m^2}$, was mit einer Zunahme der Intensität um den Faktor 10^{12} korrespondiert. Um welchen Faktor variieren die Auslenkung D_M und die Druckamplitude Δp_M?

90 Wie ▶ Abbildung 16.5 zeigt, ist das menschliche Gehör nicht bei allen Frequenzen gleich empfindlich. Bei 35 Hz beträgt die Hörschwelle etwa 60 dB, bei 1000 Hz und 5000 Hz 0 dB und bei 15 000 Hz 20 dB. In der Nähe der Hörschwelle ist das Gehör also gegenüber niedrigen Frequenzen unempfindlicher. Schätzen Sie die Auslenkungsamplitude für jeden dieser vier Punkte. Bei welcher Frequenz ist das Gehör am empfindlichsten gegenüber der Auslenkung?

91 In Audio- und Kommunikationssystemen wird die Verstärkung L in Dezibel definiert als $L = 10 \log(p_{\mathrm{aus}}/p_{\mathrm{ein}})$, wobei p_{ein} der Eingangsleistung und p_{aus} der Ausgangsleistung entspricht. Ein bestimmter Stereoverstärker erreicht bei einer Eingangsleistung von 1 mW eine Ausgangsleistung von 100 W. Wie groß ist der Verstärkungsfaktor in dB?

92 Zwei Lautsprecher stehen an den gegenüberliegenden Enden eines Schienenfahrzeugs, das mit 10,0 m/s an einem ruhenden Beobachter vorbei fährt (► Abbildung 16.37). Beide Lautsprecher emittieren Frequenzen mit 200 Hz. Welche Schwebungsfrequenz hört jemand, der (a) vor dem sich nähernden Schienenfahrzeug an Punkt A steht; (b) sich zwischen den Lautsprechern an Punkt B befindet; und (c) hinter dem sich entfernenden Fahrzeug an Punkt C steht?

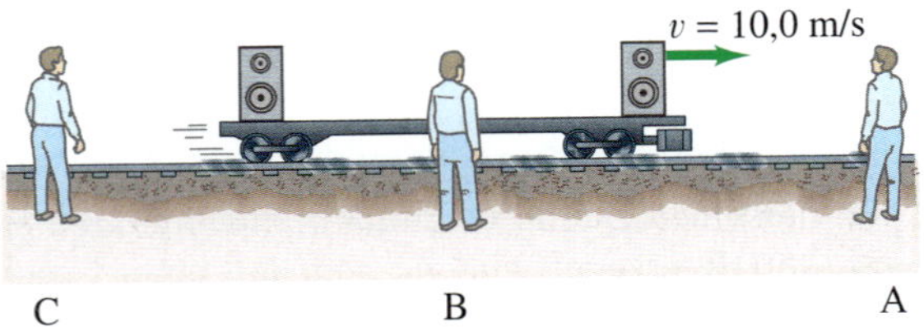

Abbildung 16.37 Aufgabe 92.

93 Die Frequenz einer Lokpfeife beträgt beim Herannahen 538 Hz. Wenn sich die Lok entfernt, werden 486 Hz gemessen. Wie schnell fährt der Zug (konstante Geschwindigkeit vorausgesetzt)?

94 Eine 75 cm lange Gitarrensaite der Masse 2,10 g befindet sich in der Nähe eines gleichfalls 75 cm langen Rohres, das an einer Seite geschlossen ist. Wie groß muss die Zugspannung in der Saite sein, damit sie mit der Grundschwingung die dritte Harmonische im Rohr erzeugt?

95 Die Fließgeschwindigkeit des Blutes in der Aorta beträgt normal etwa 0,32 m/s. Welche Schwebungsfrequenz erwarten Sie, wenn 5,50-MHz-Ultraschallwellen die Strömung entlang geschickt und von den Blutzellen reflektiert werden? Setzen Sie voraus, dass sich die Schallwellen mit einer Geschwindigkeit von $1{,}54 \cdot 10^3$ m/s ausbreiten.

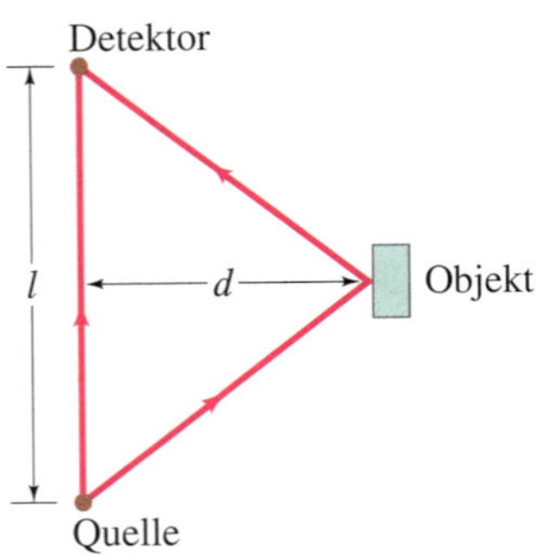

Abbildung 16.38 Aufgabe 96.

96 Eine Schallquelle (Wellenlänge λ) befindet sich in der Entfernung l von einem Detektor. Der Schall trifft den Detektor direkt und außerdem als Reflexion von einem Objekt wie in ► Abbildung 16.38 dargestellt. Das Objekt hat zu Quelle und Detektor denselben Abstand. Die beiden Wellen kommen gleichphasig an, wenn das Lot auf der Sichtgeraden zwischen Detektor und Quelle zum Objekt die Länge d hat. Wie weit muss das Objekt nach rechts bewegt werden, damit die beiden Wellen um eine halbe Wellenlänge verschoben beim Detektor ankommen, so dass destruktive Interferenz auftritt? ($\lambda \ll l$, d vorausgesetzt)

97 Jemand hört einen reinen Ton, der von zwei Quellen stammt, im Bereich 500–1000 Hz. Der Schall ist am lautesten an äquidistanten Punkten in Bezug auf die beiden Quellen. Um die Frequenz exakt zu bestimmen, bewegt sich die Person und findet heraus, dass der Schallpegel an einem Punkt minimal wird, der 0,31 m weiter von der einen als von der anderen Quelle entfernt ist. Wie groß ist die Schallfrequenz?

98 Eine Fledermaus fliegt mit 6,5 m/s auf eine Motte zu, während diese sich mit 5,0 m/s auf die Fledermaus zu bewegt. Die Fledermaus emittiert eine Schallwelle mit 51,35 kHz. Wie groß ist die von der Motte reflektierte und anschließend von der Fledermaus empfangene Frequenz?

99 Eine „singende Stange" ist eine lange Aluminiumstange, die in der Mitte von einer Hand festgehalten wird, während die andere Hand über die Stange streicht. Mit etwas Übung kann der Stab zum „Singen" gebracht werden, oder einen klaren, lauten Klingelton von sich geben. Die Stablänge betrage 90 cm. (a) Wie groß ist damit die Grundschwingung? (b) Wie groß ist die Wellenlänge im Stab? (c) Wie groß ist die Wellenlänge der sich in Luft ($T = 20\,°C$) ausbreitenden Welle?

100 Die Raumakustik beim Musikhören in Stereo kann durch die Präsenz stehender Wellen beeinträchtigt werden. Diese können nämlich „tote Bereiche" an Punkten, wo sich Druckknoten befinden, erzeugen. Betrachten Sie ein Wohnzimmer, das 5,0 m lang, 4,0 m breit und 2,8 m hoch ist. Berechnen Sie die Grundschwingungen stehender Wellen in diesem Raum.

101 Gehen Sie davon aus, dass die maximale Auslenkung von Luftmolekülen in einer Schallwelle ungefähr so groß ist, wie die Auslenkung des Konus des Lautsprechers, der den Schall erzeugt (► Abbildung 16.39). Schätzen Sie, um welchen Betrag der Konus sich bei 100 dB und (a) 10 kHz sowie (b) 40 Hz bewegt.

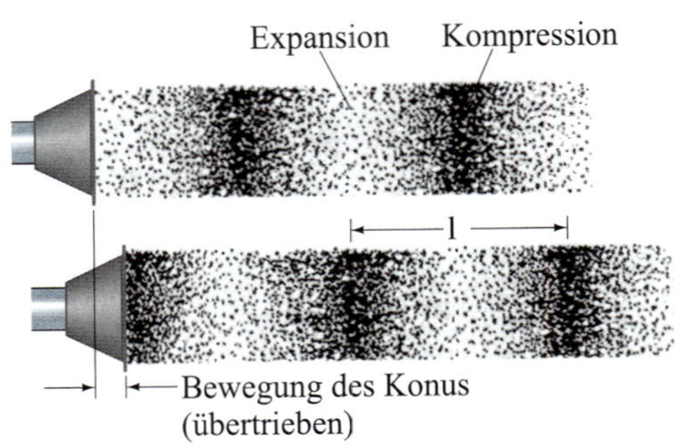

Abbildung 16.39 Aufgabe 101.

102 Ein Doppler-Messgerät wird benutzt, um die Fließgeschwindigkeit des Blutes zu bestimmen. Das emittierende und das empfangende Element werden auf der Haut angebracht, wie in ► **Abbildung 16.40** dargestellt. Typische Schallfrequenzen sind hierbei etwa 5,0 MHz, da sie eine gute Chance haben, von den roten Blutkörperchen reflektiert zu werden. Durch Messung der reflektierten Wellen, die aufgrund der bewegten roten Blutzellen Doppler-verschoben sind, kann die Blutfließgeschwindigkeit abgeleitet werden. Eine „normale" Fließgeschwindigkeit ist etwa 0,1 m/s. Nehmen Sie an, dass eine Arterie teilweise eingeengt ist, so dass die Fließgeschwindigkeit erhöht ist und das Doppler-Gerät eine Verschiebung von 900 Hz nachweist. Wie groß ist die Fließgeschwindigkeit des Bluts in der eingeengten Region? Der effektive Winkel zwischen den Ultraschallwellen (sowohl emittierte als auch reflektierte) und der Richtung des Blutflusses beträgt 45°. Rechnen Sie mit einer Schallgeschwindigkeit in Gewebe von 1540 m/s.

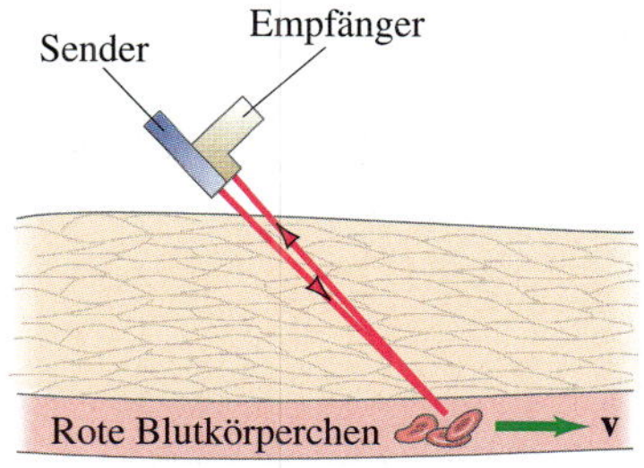

Abbildung 16.40 Aufgabe 102.

Temperatur, Wärmeausdehnung und ideales Gasgesetz

17

ÜBERBLICK

Der Ballon im Vordergrund steht kurz vor seinem Start zum ersten erfolgreichen Non-Stop-Flug eines Ballons rund um die Erde. Im Hintergrund sehen wir eine Flamme, die die Luft in einem weiteren Ballon erhitzt. Das Erhitzen der Luft in einem Heißluftballon erhöht die Temperatur im Balloninnern und zwingt einen Teil der Luft, durch die Öffnung unten zu entweichen. Das ist ein Beispiel für das 1. Gesetz von Gay-Lussac: Das Volumen eines eingeschlossenen Gases nimmt bei gleichbleibendem Druck direkt mit der Temperatur zu. Da der Ballon am Boden geöffnet ist, herrscht dort atmosphärischer Druck. Der durch die Wärmezuführung verursachte Volumenzuwachs zwingt einen Teil des Gases, durch die Öffnung zu entweichen. Die verringerte Gasmenge im Innern bedeutet eine niedrigere Dichte, folglich erfährt der Ballon eine Auftriebskraft. In diesem Kapitel untersuchen wir die Temperatur und ihren Einfluss auf die Materie: Wärmeausdehnung, mechanische Spannungen aufgrund der Wärmeausdehnung und die Gasgesetze.

17. Temperatur, Wärmeausdehnung und ideales Gasgesetz

Die Themen Temperatur, Wärme und Thermodynamik sind Gegenstand der nächsten vier Kapitel 17 bis 20. Ebenfalls behandelt wird die kinetische Gastheorie, da sie eng mit der Thermodynamik verbunden ist und zu deren Verständnis beiträgt.

Wir werden häufig ein **System** betrachten, worunter wir einen bestimmten Körper oder eine Anordnung von Körpern verstehen; alle übrigen Körper bezeichnen wir als „Umgebung". Wir können den **Zustand** (oder die Zustandsbedingungen) eines bestimmten Systems – wie etwa das Gas in einem Gefäß – von einem mikroskopischen oder makroskopischen Standpunkt beschreiben. Eine **mikroskopische** Beschreibung schließt die Details der Bewegung aller Atome und Moleküle, die das System konstituieren, mit ein. Das kann wegen der großen Anzahl an Teilchen sehr kompliziert werden. Eine **makroskopische** Beschreibung dagegen besteht aus einer Messung zugänglicher Größen wie Volumen, Masse, Druck oder Temperatur.

Mikroskopische vs. makroskopische Eigenschaften

Die Beschreibung von Prozessen mit makroskopischen Größen ist Gegenstand der **Thermodynamik**. Die Anzahl der benötigten makroskopischen Variablen für die Zustandsbeschreibung eines Systems hängt vom Systemtyp ab. Um beispielsweise ein reines Gas in einem Gefäß zu beschreiben, brauchen wir nur drei Variable, etwa Volumen, Druck und Temperatur. Größen wie diese, die der Beschreibung des Zustands eines Systems dienen, heißen **Zustandsgrößen**.

Der Schwerpunkt in diesem Kapitel liegt auf dem Begriff der Temperatur. Beginnen wollen wir jedoch mit einer kurzen Diskussion des Umstands, dass Materie aus Atomen besteht und dass diese Atome in permanenter, zufälliger Bewegung sind. Diese Theorie heißt die *kinetische Gastheorie* („kinetisch" stammt aus dem Griechischen und bedeutet „bewegen"), und wir werden sie detailliert im nächsten Kapitel diskutieren.

17.1 Die Atomtheorie der Materie

Die Vorstellung, dass Stoffe aus Atomen bestehen, geht auf die alten Griechen zurück. Nach dem griechischen Philosophen Demokrit erhielte man, wenn man eine gegebene Substanz wie ein Stück Eisen immer weiter teilen würde, schließlich ein kleinstes Stückchen, das nicht weiter teilbar ist. Dieses kleinste Stückchen wurde **Atom** genannt, was vom griechischen Wort für „unteilbar", *atomos*, stammt[1]. Die einzige ernstzunehmende Alternative dazu war die Annahme, dass Materie kontinuierlich und unbegrenzt teilbar ist.

Heute sprechen wir oft von den relativen Massen der Atome und Moleküle, also der **atomaren Masse** und der **molekularen Masse**[2]. Diese beziehen wir so auf eine Masseneinheit, dass man dem in in großer Menge vorkommenden Kohlenstoff-Atom ^{12}C exakt den Wert 12,0000 **atomare Masseneinheiten** (u) zuweist. In Kilogramm ausgedrückt ist

Atomare und molekulare Massen

$$1\text{u} = 1{,}6605 \cdot 10^{-27}\,\text{kg}\,.$$

Die Atommasse eines Wasserstoffatoms ist dann 1,0078 u. Die Werte für die anderen Atome sind im Periodensystem im hinteren Buchdeckel sowie im Anhang D aufgelistet. Die Molekülmasse einer chemischen Verbindung ist die Summe der Massen der Atome, die das Molekül der Verbindung bilden.

1 Heute betrachten wir die Atome natürlich nicht mehr als unteilbar, sondern als aus einem Kern, der die Protonen und Neutronen enthält, und der Elektronenhülle bestehend.

2 Die Ausdrücke Atomgewicht und Molekulargewicht werden häufig synonym für diese Größen verwendet, doch genau genommen vergleichen wir Massen.

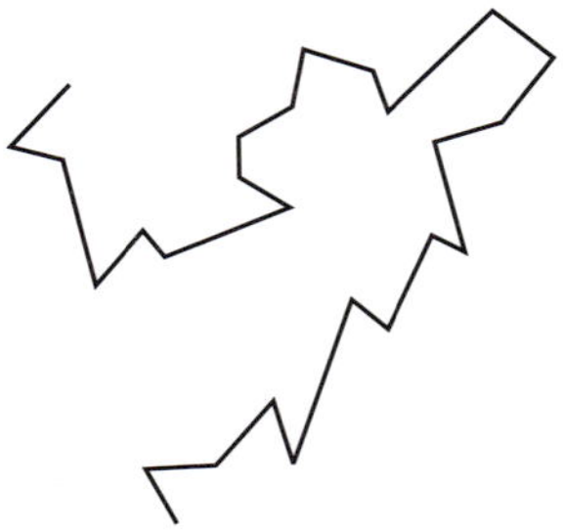

Abbildung 17.1 Wegstrecke eines winzigen Teilchens (beispielsweise Gräserpollen) in Wasser. Die Geraden verbinden beobachtete Positionen des Partikels zu gleichen Zeitintervallen. (Die Form der Wegstrecke bleibt immer gleich – unabhängig vom Zeitintervall, ob es nun etwa 60 s oder 0,1 s beträgt. Ein solches Phänomen heißt *fraktales* Verhalten.)

Ein wichtiges Indiz für die Atomtheorie ist die so genannte **Brown'sche Bewegung**, benannt nach dem Biologen Robert Brown, der dieses Phänomen 1827 entdeckte und dafür geehrt wurde. Als er in Wasser aufgelöste Gräserpollen unter dem Mikroskop beobachtete, erblickte er deren gewundene, sprungartige Wegstrecken (▶ Abbildung 17.1), obgleich das Wasser vollkommen still zu sein schien. Die Atomtheorie erklärt auf einfache Weise die Brown'sche Bewegung mit der vernünftigen Annahme, dass die Atome jeglicher Substanz beständig in Bewegung sind. Browns winzige Gräserpollen werden herumgestoßen durch ein Sperrfeuer umherschnellender Wassermoleküle.

Im Jahr 1905 untersuchte Albert Einstein die Brown'sche Bewegung theoretisch. Er konnte aufgrund experimentell gewonnener Daten die Größe und Massen von Atomen und Molekülen näherungsweise bestimmen. Seine Berechnungen ergaben, dass der Atomdurchmesser typischerweise bei etwa 10^{-10} m liegt.

Aggregatzustände der Materie

Am Anfang von Kapitel 13 unterschieden wir drei Aggregatzustände der Materie – fest, flüssig und gasförmig – auf der Basis makroskopischer Eigenschaften. Wir wollen nun sehen, wie diese drei Phasen der Materie sich in mikroskopischer Hinsicht unterscheiden. Klar ist, dass Atome und Moleküle anziehende Kräfte aufeinander ausüben müssen. Wie sonst könnte ein Ziegelstein oder Stück Aluminium als ein Stück zusammen bleiben? Die Anziehungskräfte zwischen den Molekülen sind elektrischer Natur (mehr dazu in einem späteren Kapitel). Kommen sich die Moleküle zu nahe, werden die Kräfte abstoßend (elektrische Abstoßung durch die äußere Elektronenhülle). Somit halten Moleküle einen minimalen Abstand voneinander ein. In festen Stoffen sind die Anziehungskräfte stark genug, alle Atome oder Moleküle an festen Positionen zu halten, oft in einer regelmäßigen periodischen Struktur, bekannt als Kristallstruktur (▶ Abbildung 17.2a). Die Atome und Moleküle in einem Festkörper sind in Bewegung – sie schwingen um einen nahezu festen Ruhepunkt. In einer Flüssigkeit bewegen sich die Atome oder Moleküle schneller, da die Kräfte zwischen ihnen schwächer sind. Damit haben sie genug Freiheit, um sich übereinander hinweg zu bewegen (▶ Abbildung 17.2b). In einem Gas sind die Kräfte so schwach beziehungsweise die Geschwindigkeiten so hoch, dass die Moleküle nicht nah beieinander bleiben. Sie bewegen sich schnell und weitestgehend unabhängig voneinander, füllen jedes Gefäß und stoßen manchmal zusammen (▶ Abbildung 17.2c). Ihre durchschnittlichen Geschwindigkeiten im Gas sind genügend hoch, so dass beim Zusammenprall zweier Moleküle die Anziehungskräfte nicht ausreichen, sie nah beieinander zu halten, und so fliegen sie in neue Richtungen davon.

Beispiel 17.1 · Abschätzung **Abstand zwischen zwei Atomen**

Die Dichte von Kupfer beträgt $8{,}9 \cdot 10^3\ \mathrm{kg/m^3}$. Jedes Kupferatom hat eine Masse von 63 u, wobei $1\ \mathrm{u} = 1{,}66 \cdot 10^{-27}$ kg ist. Schätzen Sie die durchschnittliche Distanz zweier benachbarter Atome.

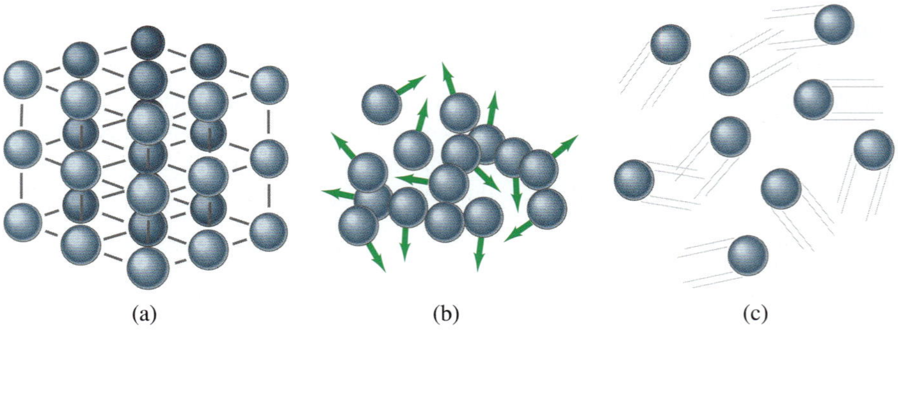

Abbildung 17.2 Anordnung der Atome in (a) einem Kristall, (b) einer Flüssigkeit und (c) einem Gas.

Lösung

Die Masse eines Kupferatoms beträgt $63 \cdot 1{,}66 \cdot 10^{-27}$ kg $= 1{,}04 \cdot 10^{-25}$ kg. Das bedeutet, dass es in einem Kupferwürfel der Kantenlänge 1 m (Volumen = 1 m^3)

$$\frac{8{,}9 \cdot 10^3 \text{ kg/m}^3}{1{,}04 \cdot 10^{-25} \text{ kg/Atom}} = 8{,}5 \cdot 10^{28} \text{ Atome/m}^3$$

gibt. Das Volumen eines Würfels der Seitenlänge l ist $V = l^3$. Damit gibt es entlang einer Kante eines 1-m-Würfels $(8{,}5 \cdot 10^{28})^{1/3}$ Atome $= 4{,}4 \cdot 10^9$ Atome. Somit ist der Abstand benachbarter Atome

$$\frac{1\text{m}}{4{,}4 \cdot 10^9 \text{ Atome}} = 2{,}3 \cdot 10^{-10} \text{ m}\,.$$

17.2 Temperatur und Thermometer

Im alltäglichen Leben ist die **Temperatur** ein Maß dafür, wie warm oder kalt ein Körper ist. Von einem heißen Ofen sagt man, er habe eine hohe Temperatur, wohingegen die Eisschicht eines zugefrorenen Sees eine niedrige Temperatur hat.

Viele Eigenschaften der Stoffe ändern sich mit der Temperatur. Beispielsweise dehnen sich die meisten Materialien aus, wenn sie erwärmt werden[3]. Eine Eisenstange wird länger, wenn ihre Temperatur zunimmt. Betonstraßen und Gehwege expandieren und kontrahieren leicht mit der Temperatur, weshalb man komprimierbare Abstandshalter oder Dehnfugen (▸ Abbildung 17.3) in regelmäßigen Abständen einfügt. Der elektrische Widerstand von Stoffen ändert sich mit der Temperatur (siehe Kapitel 25), ebenso die Farbe strahlender Körper, zumindest bei hohen Temperaturen: Sicher haben Sie schon einmal bemerkt, dass die Heizstäbe eines Elektroofens rot glühen, wenn sie heiß sind. Bei höheren Temperaturen leuchten Festkörper wie Eisen orangefarben oder sogar weiß. Das weiße Licht einer gewöhnlichen Glühbirne stammt von einem heißen Wolframdraht. Die Oberflächentemperatur der Sonne oder anderen Sternen kann durch die vorherrschende Farbe (Wellenlänge) des emittierten Lichts bestimmt werden.

Abbildung 17.3 Dehnungsfuge einer Brücke

Instrumente für die Temperaturmessung heißen **Thermometer**. Es gibt viele Thermometerarten, doch ihre Funktionsweise hängt immer von Stoffeigenschaften ab, die sich mit der Temperatur ändern. Die meisten Thermometer setzen auf der Wärmeausdehnung eines Stoffes auf. Das erste Thermometer, erfunden von Galilei, nutzte die Ausdehnung eines Gases.

Thermometer: Temperaturmessung

Gewöhnliche Thermometer bestehen aus einem Glasrohr gefüllt mit Quecksilber oder rot gefärbtem Alkohol. In solchen Flüssigkeitsthermometern dehnt sich die Flüssigkeit mit steigender Temperatur stärker aus als das Glas, und somit steigt der Flüssigkeitspegel im Glasrohr (▸ Abbildung 17.4a). Obgleich sich auch Metalle mit wachsender Temperatur ausdehnen, ist die Längenänderung eines Metallstabes im Allgemeinen zu klein für eine genaue Messung alltäglicher Temperaturschwankungen. Ein brauchbares Thermometer kann jedoch hergestellt werden, indem man zwei Metalle mit unterschiedlicher Ausdehnungsrate zu einem Bimetallstreifen miteinander verbindet (▸ Abbildung 17.4b). Wird die Temperatur erhöht, so sorgt der kleine Unterschied in der Wärmeausdehnung dafür, dass sich der Bimetallstreifen krümmt. Oft hat er die Form einer Spule, wobei ein Ende derselben eingespannt ist, während das andere mit einem Zeiger verbunden ist (▸ Abbildung 17.5). Diese Art Thermometer wird als Luftthermometer, Heizungsthermometer, automatischer Ausschalter in Kaffeemaschinen und als Raumthermostat genutzt, das bestimmt, wann die Heizung oder

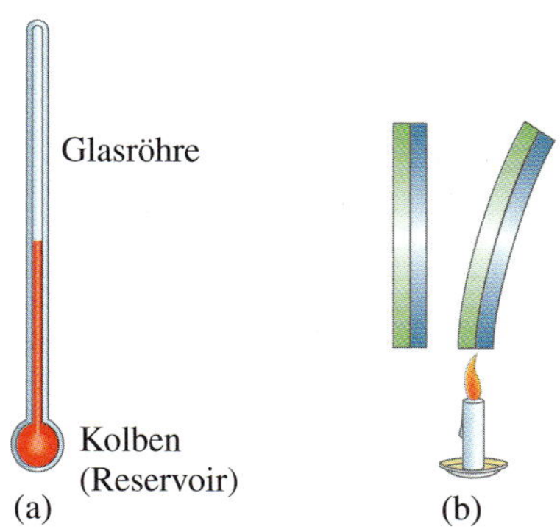

Abbildung 17.4 (a) Quecksilber- oder Alkohol-Thermometer; (b) Bimetallstreifen.

3 Die meisten Stoffe dehnen sich bei Temperaturerhöhung aus, doch nicht alle. Wasser beispielsweise zieht sich im Temperaturbereich 0 °C bis 4 °C mit steigender Temperatur zusammen (siehe Abschnitt 17.4).

Klimaanlage ein- oder ausgeschaltet werden soll. Genauere Thermometer machen Gebrauch von elektrischen Eigenschaften (Kapitel 25), wie Widerstandsthermometer, Thermoelemente und Thermistoren, die auch eine digitale Anzeige haben können.

Um die Temperatur quantitativ zu messen, muss eine Einheit definiert werden. Die gebräuchlichste Einheit ist **Celsius**. In den USA ist auch die Einheit **Fahrenheit** in Gebrauch. Die meistverwendete Einheit für wissenschaftliche Zwecke ist das Kelvin. Sie wird später in diesem Kapitel diskutiert.

Temperatureinheiten

Eine Möglichkeit, eine Temperatureinheit zu definieren, ist die, zwei leicht reproduzierbaren Temperaturen willkürliche Werte zuzuweisen. Sowohl in der Celsius- als auch in der Fahrenheitskala sind diese Temperaturen der Gefrierpunkt und der Siedepunkt[4] von Wasser bei atmosphärischem Druck. Auf der Celsiusskala wird der Gefrierpunkt des Wassers als 0 °C („null Grad Celsius") und der Siedepunkt als 100 °C gesetzt. Auf der Fahrenheitskala ist der Gefrierpunkt 32°F und der Siedepunkt 212°F. Ein Thermometer wird kalibriert, indem man es in sorgfältig präparierten Umgebungen beiden Temperaturen aussetzt und anschließend die beiden Markierungen anbringt. Auf der Celsiusskala wird der Abstand zwischen den beiden Markierungen anschließend in gleich große Intervalle aufgeteilt, die durch kleine Teilstriche voneinander getrennt sind. Jeder Teilstrich stellt dann ein Grad zwischen 0 °C und 100 °C dar. In der Fahrenheitskala erhalten die beiden Punkte die Werte 32°F und 212°F, und der Abstand dazwischen wird in 180 Intervalle aufgeteilt. Für Temperaturen unterhalb des Gefrierpunkts von Wasser und über dem Siedepunkt von Wasser kann man die Skalen ausweiten, indem man denselben Intervallabstand nutzt. Gewöhnliche Thermometer lassen sich jedoch aufgrund ihrer eigenen Beschränkungen nur über einen begrenzten Temperaturbereich nutzen – beispielsweise verfestigt sich in einem Quecksilber-Thermometer das Quecksilber ab einer bestimmten Temperatur und das Thermometer wird nutzlos. Es kann auch oberhalb der Verdampfungstemperatur von Quecksilber nicht benutzt werden. Für sehr hohe und sehr niedrige Temperaturen sind Spezialthermometer nötig, die wir zum Teil später noch vorstellen werden.

Abbildung 17.5 Thermometer, das einen spulenförmigen Bimetallstreifen nutzt.

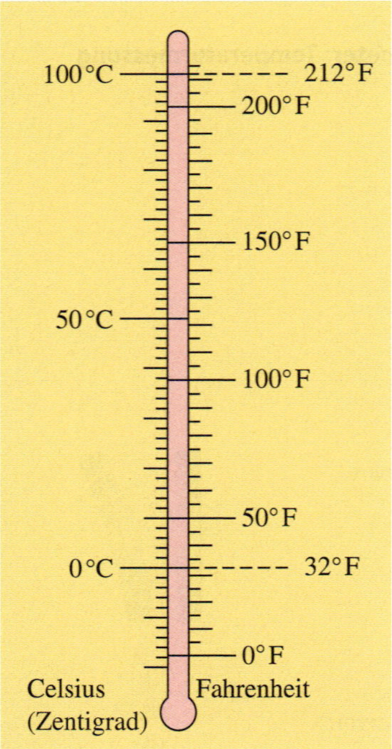

Abbildung 17.6 Celsius und Fahrenheit im Vergleich.

Zwischen den Temperaturangaben in °C und °F wird nach folgenden Gleichungen umgerechnet:

$$T(°\mathrm{C}) = \frac{5}{9}\left[T(°\mathrm{F}) - 32\right] \quad \text{oder} \quad T(°\mathrm{F}) = \frac{9}{5}T(°\mathrm{C}) + 32\,.$$

Beispiel 17.2 **Messen der Körpertemperatur**

Die normale Körpertemperatur beträgt 98,6°F. Wie viel ist das in Celsius?

Lösung

Zunächst beziehen wir die gegebene Temperatur auf den Gefrierpunkt von Wasser (0 °C). Das heißt, 98,6°F sind $98{,}6 - 32{,}0 = 66{,}6$F° über dem Gefrierpunkt von Wasser. Da jeder F° gleich ist mit 5/9 °C, entsprechen dem $66{,}6 \cdot 5/9 = 37{,}0$ Celsius Grade über dem Gefrierpunkt. Da der Gefrierpunkt 0 °C ist, beträgt die Temperatur 37,0 °C.

4 Der Gefrierpunkt eines Stoffes ist definiert als die Temperatur, bei der die feste und die flüssige Phase koexistieren, das heißt ohne dass sich die flüssige in die feste Phase und umgekehrt umwandelt. Experimentell stellt man fest, dass das nur bei einer wohldefinierten Temperatur bei gegebenem Druck passiert. Ähnlich ist der Siedepunkt als die Temperatur definiert, bei welcher die flüssige und die Gasphase koexistieren. Da diese Punkte mit dem Druck variieren, muss der Druck spezifiziert werden (normalerweise 1 bar).

Verschiedene Stoffe dehnen sich nicht in der gleichen Weise über einen großen Temperaturbereich aus. Daraus folgt, dass wenn wir verschiedene Arten von Thermometern exakt wie oben beschrieben kalibrieren, sie normalerweise nicht exakt übereinstimmen. So wie wir sie kalibriert haben stimmen sie lediglich bei 0 °C und 100 °C überein. Wegen unterschiedlicher Ausdehnungseigenschaften ist es möglich, dass sie im dazwischen liegenden Temperaturbereich nicht genau gleich funktionieren (erinnern Sie sich daran, dass wir die Thermometerskala willkürlich in 100 gleiche Abstände zwischen 0 °C und 100 °C aufgeteilt haben). Ein sorgfältig kalibriertes Quecksilber-Thermometer könnte mithin 52,0 °C anzeigen, während ein sorgfältig kalibriertes Thermometer anderer Art 52,6 °C anzeigen könnte.

Wegen dieser Unterschiede muss man ein Standardthermometer wählen, damit diese mittleren Temperaturbereiche präzise definiert werden können. Der gewählte Standard für diesen Zweck ist ein **Gasthermometer mit konstantem Volumen**. Wie in der vereinfachenden Zeichnung in ▸ Abbildung 17.7 gezeigt, besteht diese Thermometer aus einem Glaskolben, der mit einem verdünnten Gas gefüllt ist und über ein dünnes Rohr mit einem Quecksilber-Manometer verbunden ist. Das Gasvolumen wird durch Anheben oder Absenken der rechtsseitigen Manometerröhre konstant gehalten, so dass das der Quecksilberspiegel im linken Röhrchen mit der Referenzmarkierung abschließt. Eine Zunahme der Temperatur verursacht eine proportionale Zunahme des Drucks im Kolben oder im Gasvolumen. Das bewegliche Rohr muss also angehoben werden, um das Gasvolumen konstant zu halten. Die Höhe de Quecksilberspiegels im rechtsseitigen Röhrchen ist ein Maß für die Temperatur. Das Thermometer kann kalibriert werden und liefert dieselben Resultate für alle Gase innerhalb der Grenze, die durch Absenken des Gasdrucks im Kolben gegen Null gegeben ist. Die resultierende Skala ist als die Standard-Temperaturskala definiert (Abschnitt 17.10).

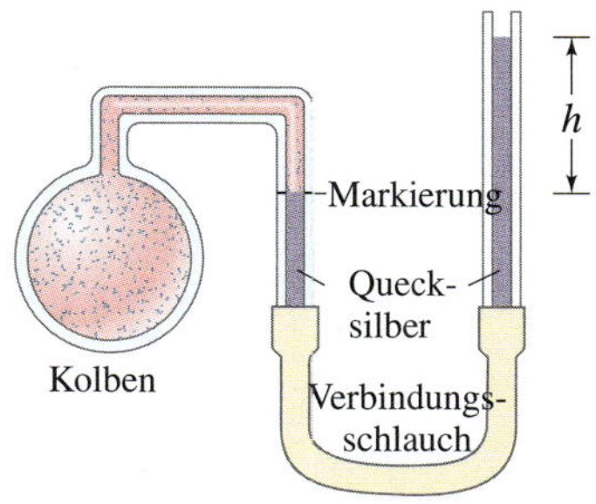

Abbildung 17.7 Gasthermometer mit konstantem Volumen.

17.3 Thermisches Gleichgewicht und der nullte Hauptsatz der Wärmelehre

Thermodynamisches Gleichgewicht

Wenn zwei Systeme mit unterschiedlichen Temperaturen Wärme austauschen (das heißt, Wärme kann von einem zum anderen System fließen), erreichen sie schließlich dieselbe Temperatur. Es heißt dann, dass sie im **thermodynamischen Gleichgewicht** sind. Beispielsweise schmilzt ein Eiswürfel in einem Glas heißen Wassers zu Wasser, und das Gesamtsystem hat am Ende dieselbe Temperatur. Wenn Sie Ihre Hand in das Wasser eines eisigen Sees halten, können Sie förmlich den Temperaturabfall in Ihrer Hand spüren. (Besser, Sie ziehen Ihre Hand vor Erreichen des thermodynamischen Gleichgewichts heraus!) Zwei Systeme sind laut Definition im thermodynamischen Gleichgewicht, wenn ihre Temperaturen trotz thermischen Kontakts konstant bleiben.

Angenommen, Sie wollen herausfinden, ob zwei Systeme A und B im thermodynamischen Gleichgewicht sind, jedoch ohne sie in Wärmeaustausch zu bringen. Sie könnten diese Überprüfung mittels eines dritten Systems C (das als Thermometer betrachtet werden könnte) vornehmen. Nehmen Sie an, C und A sowie C und B sind im Gleichgewicht. Heißt das, dass A und B notwendigerweise miteinander im thermodynamischen Gleichgewicht sind? Die experimentelle Erfahrung erlaubt folgende richtige Aussage:

Nullter Hauptsatz der Wärmelehre

Wenn zwei Systeme im thermodynamischen Gleichgewicht mit einem dritten System sind, so sind sie auch miteinander im thermodynamischen Gleichgewicht.

Dieses Postulat heißt der **nullte Hauptsatz der Wärmelehre**. Er verdankt seinen sonderbaren Namen der Tatsache, dass die Wissenschaftler erst nach Auffindung des ersten und zweiten Hauptsatzes der Wärmelehre (Kapitel 19 und 20) feststellten, dass dieses anscheinend offensichtliche Postulat als Erstes formuliert werden müsse.

Die Temperatur ist eine Eigenschaft eines Systems, die bestimmt, ob das System im thermodynamischen Gleichgewicht mit anderen Systemen ist. Sind zwei Systeme im thermodynamischen Gleichgewicht, sind per definitionem ihre Temperaturen gleich. Das stimmt auch mit unseren Alltagserfahrungen überein, denn wenn ein heißer und ein kühler Körper in Kontakt gebracht werden, so gleichen sich ihre Temperaturen an, bis sie in beiden Körpern gleich ist. Die Bedeutung des nullten Hauptsatzes liegt darin, dass er eine nützliche Definition der Temperatur ermöglicht.

17.4 Wärmeausdehnung

Die meisten Stoffe dehnen sich aus, wenn man sie erwärmt, und ziehen sich zusammen, wenn sie gekühlt werden. Der Betrag der Ausdehnung oder Kontraktion hängt jedoch vom Stoff ab.

Lineare Ausdehnung

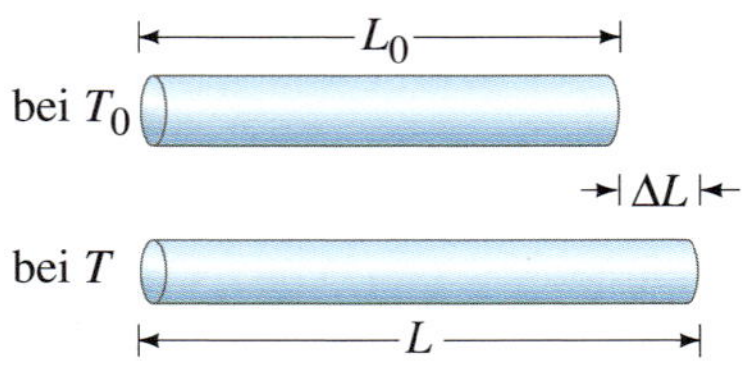

Abbildung 17.8 Ein dünner Stab der Länge L_0 und Temperatur T_0 wird erwärmt bis zu einer neuen gleichförmigen Temperatur. Dabei erreicht er die Länge $L = L_0 + \Delta L$.

Experimente zeigen, dass die Längenänderung ΔL von nahezu allen Festkörpern in sehr guter Näherung direkt proportional zur Temperaturänderung ΔT ist. Wie man erwarten könnte, ist die Längenänderung gleichfalls proportional zur Ausgangslänge des Objekts L_0 (▶ Abbildung 17.8). Das bedeutet, bei derselben Temperaturänderung nimmt die Länge eines 4 m langen Eisenstabs doppelt so stark zu wie die eines 2 m langen Stabes. Wir können diese Proportionalität als Gleichung schreiben:

$$\Delta L = \alpha L_0 \Delta T \,, \tag{17.1a}$$

worin α die Proportionalitätskonstante ist, die wir als *lineare Ausdehnungskoeffizient* bezeichnen. Er ist materialspezifisch und hat die Einheit $(°\mathrm{C})^{-1}$ bzw. K^{-1}. Die Gleichung kann man auch schreiben als

$$L = L_0(1 + \alpha \Delta T) \,, \tag{17.1b}$$

worin L_0 die Ausgangslänge bei der Temperatur T_0 und L die Länge nach der Erwärmung oder Abkühlung auf eine Temperatur T ist. Ist die Temperaturänderung $\Delta T = T - T_0$ negativ, so ist auch $\Delta L = L - L_0$ negativ, und die Länge nimmt ab.

Die Werte von α für verschiedene Materialien bei 20 °C sind in Tabelle 17.1 aufgelistet. Man sollte beachten, dass α leicht temperaturabhängig ist (der Grund, warum Thermometer aus unterschiedlichen Materialien nicht exakt übereinstimmen). Ist der Temperaturbereich aber nicht zu groß, so wird die Abhängigkeit normalerweise vernachlässigt.

ANGEWANDTE PHYSIK

Ausdehnung in Strukturen

Beispiel 17.3 **Ausdehnung einer Brücke**

Das Stahlfundament einer Hängebrücke ist bei 20 °C 200 m lang. Wie weit zieht sie sich zusammen beziehungsweise dehnt sich aus bei den extremen Temperaturen von −30 °C und +40 °C, denen sie ausgesetzt ist?

Lösung

Wir entnehmen Tabelle 17.1: $\alpha = 12 \cdot 10^{-6}\,\mathrm{K}^{-1}$. Der Längenzuwachs bei 40 °C wird damit

$$\Delta L = (12 \cdot 10^{-6}\,/\mathrm{K})(200\,\mathrm{m})(40\,°\mathrm{C} - 40\,°\mathrm{C}) = 4{,}8 \cdot 10^{-2}\,\mathrm{m} \,,$$

oder 4,8 cm. Fällt die Temperatur auf −30 °C, ist $\Delta T = -50\,\mathrm{K}$. Es folgt

$$\Delta L = (12 \cdot 10^{-6}\,/\mathrm{K})(200\,\mathrm{m})(-50\,\mathrm{K}) = -12{,}0 \cdot 10^{-2}\,\mathrm{m} \,,$$

d.h. es ergibt sich eine Verkürzung von 12 cm.

Tabelle 17.1

Ausdehnungskoeffizienten bei 20 °C

Material	Linearer Ausdehnungskoeffizient α (K)$^{-1}$	Volumen-Ausdehnungskoeffizient γ (K)$^{-1}$
Festkörper		
Aluminium	$25 \cdot 10^{-6}$	$75 \cdot 10^{-6}$
Bronze	$19 \cdot 10^{-6}$	$56 \cdot 10^{-6}$
Kupfer	$17 \cdot 10^{-6}$	$50 \cdot 10^{-6}$
Eisen oder Stahl	$12 \cdot 10^{-6}$	$35 \cdot 10^{-6}$
Blei	$29 \cdot 10^{-6}$	$87 \cdot 10^{-6}$
Glas (feuerfest)	$3 \cdot 10^{-6}$	$9 \cdot 10^{-6}$
Glas (normales)	$9 \cdot 10^{-6}$	$27 \cdot 10^{-6}$
Quarz	$0{,}4 \cdot 10^{-6}$	$1 \cdot 10^{-6}$
Beton und Ziegel	$\approx 12 \cdot 10^{-6}$	$\approx 36 \cdot 10^{-6}$
Marmor	$1{,}4 - 3{,}54 \cdot 10^{-6}$	$4 - 10 \cdot 10^{-6}$
Flüssigkeiten		
Benzin		$950 \cdot 10^{-6}$
Quecksilber		$180 \cdot 10^{-6}$
Äthylalkohol		$1100 \cdot 10^{-6}$
Glycerin		$500 \cdot 10^{-6}$
Wasser		$2 \cdot 10^{-6}$
Gase		
Luft (und die meisten anderen Gase bei Atmosphärendruck)		$3 \cdot 10^{-6}$

Beispiel 17.4 · Begriffsbildung

Expandieren oder kontrahieren Löcher?

Ein rundes Loch wird in eine Metallplatte geschnitten (▶ Abbildung 17.9). Wenn das Metall im Ofen erwärmt wird, wird das Loch dann größer oder kleiner?

Lösung

Man könnte vermuten, dass sich das Metall ins Loch hinein ausdehnt, was das Loch kleiner machen würde. Doch anstatt ein Loch in die Platte zu schneiden, stellen wir uns vor, mit einem Bleistift einen Kreis auf die Metallplatte zu zeichnen. Wenn sich das Metall ausdehnt, wird sich das Material innerhalb des Kreises zusammen mit dem Rest des Metalls ausdehnen; also expandiert

Abbildung 17.9 Beispiel 17.4.

der Kreis. Das Metall dort auszuschneiden, wo der Kreis ist, macht uns klar, dass das Loch ebenfalls wächst. Das Material wird sich *nicht* nach innen ausdehnen, um das Loch zu füllen. In einem Festkörper dehnen sich alle Bereiche mit wachsender Temperatur nach außen hin aus.

Beispiel 17.5 **Ring auf einem Stab**

Ein Eisenring soll leicht über einen zylindrischen Eisenstab passen. Bei 20 °C beträgt der Stabdurchmesser 6,445 cm, während der Innendurchmesser des Rings 6,420 cm ist. Um über den Stab gezogen werden zu können, muss der innere Ringdurchmesser etwas größer sein als der Stabdurchmesser, also um etwa 0,008 cm. Auf welche Temperatur muss der Ring erwärmt werden, damit sein Innendurchmesser groß genug für den Stab ist?

Lösung

Das Loch im Ring muss von 6,420 cm auf 6,445 cm + 0,008 cm = 6,453 cm zunehmen. Der Ring muss erwärmt werden, da der gesamte Durchmesser linear mit der Temperatur wächst (wie in Beispiel 17.4 gezeigt). Wir lösen nach ΔT in Gleichung 17.1a auf und finden

$$\Delta T = \frac{\Delta L}{\alpha L_0} = \frac{6{,}453\,\text{cm} - 6{,}420\,\text{cm}}{(12 \cdot 10^{-6}\,\text{K}^{-1})(6{,}420\,\text{cm})} = 430\,\text{K} = 430\,°\text{C}\,.$$

Die Temperatur des Rings muss also auf mindestens $T = (20\,°\text{C} + 430\,°\text{C}) = 450\,°\text{C}$ erhöht werden.

Volumenexpansion

Die Volumenänderung eines Stoffes, der eine Temperaturänderung erfahren hat, ist durch eine Beziehung gegeben, die Gleichung 17.1 sehr ähnelt:

Volumenexpansion

$$\Delta V = \gamma V_0 \Delta T\,, \qquad (17.2)$$

worin ΔT die Temperaturänderung ist, V_0 das ursprüngliche Volumen, ΔV die Volumenänderung und γ der Volumen-Ausdehnungskoeffizient. Die Einheit von γ ist $(\text{K})^{-1}$.

$\beta \approx 3\alpha$

Werte für β verschiedener Materialien sind in Tabelle 17.1 aufgelistet. Man beachte, dass β bei Festkörpern normalerweise näherungsweise gleich 3α ist. Um das zu verstehen, betrachte man einen rechtwinkligen Festkörper der Länge L_0, Breite B_0 und Höhe H_0. Wenn sich die Temperatur um ΔT ändert, ändert sich das Volumen $V_0 = L_0 B_0 H_0$ auf

$$V = L_0(1 + \alpha\Delta T)B_0(1 + \alpha\Delta T)H_0(1 + \alpha\Delta T)\,,$$

wobei wir Gleichung 17.1b genutzt und angenommen haben, dass α in allen Richtungen gleich ist. Somit wird

$$\Delta V = V - V_0 = V_0(1 + \alpha\Delta T)^3 - V_0 = V_0[3\alpha\Delta T + 3(\alpha\Delta T)^2 + (\alpha\Delta T)^3]\,.$$

Wenn der Betrag der Ausdehnung viel kleiner ist als die ursprüngliche Größe des Objekts, ist $\alpha\Delta T \ll 1$ und wir können alle Terme bis auf den ersten vernachlässigen und erhalten

$$\Delta V \approx (3\alpha)V_0\Delta T\,.$$

Das ist Gleichung 17.2 mit $\beta \approx 3\alpha$. Für Festkörper, die nicht isotrop (dieselben Eigenschaften in allen Richtungen) sind, ist die Beziehung $\beta \approx 3\alpha$ nicht gültig.

Beachten Sie außerdem, dass lineare Wärmeausdehnung für Flüssigkeiten und Gase keine Bedeutung hat, da sie keine festen Formen haben.

Die Gleichungen 17.1 und 17.2 sind nur dann genau, wenn ΔL (oder ΔV) verglichen mit L_0 (oder V_0) klein ist. Das muss besonders bei Flüssigkeiten und noch mehr bei Gasen wegen der großen Werte für γ beachtet werden. Darüber hinaus variiert γ bei Gasen stark mit der Temperatur. Es wird deshalb bei Gasen eine zweckmäßigere Methode benötigt, was wir zu Beginn von Abschnitt 17.6 diskutieren werden.

Beispiel 17.6 **Benzintank in der Sonne**

ANGEWANDTE PHYSIK

Benzintank läuft über

Der 70-Liter-Tank eines Autos wird bei 20 °C bis zum Rand mit Benzin gefüllt. Das Auto steht dann in der Sonne und der Tank erwärmt sich bis auf 40 °C. Wie viel Benzin wird überlaufen?

Lösung

Gemäß Gleichung 17.2 expandiert das Benzin um

$$\Delta V = \gamma V_0 \Delta T = (950 \cdot 10^{-6}\,\mathrm{K}^{-1})(70\,\mathrm{l})(20\,\mathrm{K}) = 1{,}3\,\mathrm{l}\,.$$

Der Tank selbst dehnt sich auch aus. Wir können uns ihn als eine Stahlschale vorstellen, die eine Volumenänderung ($\beta \approx 3\alpha = 36 \cdot 10^{-6}\,\mathrm{K}^{-1}$) erfährt. Wäre der Tank massiv, würde sich die Oberfläche (die Schale) um denselben Betrag vergrößern. Somit wächst das Tankvolumen um

$$\Delta V = (36 \cdot 10^{-6}\,\mathrm{K}^{-1})(70\,\mathrm{l})(20\,\mathrm{K}) = 0{,}050\,\mathrm{l}\,,$$

die Tankausdehnung hat also nur einen kleinen Einfluss. Stünde der volle Tank in der Sonne, so würde über ein Liter Benzin auf die Straße auslaufen.

Sie wollen ein paar Cent sparen? Befüllen Sie Ihren Tank früh am Morgen, wenn es noch kühl ist und das Benzin eine höhere Dichte hat – doch füllen Sie ihn nicht ganz auf.

Mikroskopische Betrachtung der Wärmeausdehnung

Wie können wir die Wärmeausdehnung vom mikroskopischen Standpunkt aus erklären? Nehmen wir an, dass die Atome eines Festkörpers immer in Bewegung sind, sie schwingen um ihre Gleichgewichtslage. Zudem nehmen wir an, dass ihre durchschnittliche kinetische Energie mit der Temperatur steigt, was wir im nächsten Kapitel noch diskutieren werden. Doch wenn die Temperatur ansteigt, heißt das, dass der durchschnittliche Abstand zwischen den Atomen zunimmt? Experimentell wird ein fester Stab länger, wenn seine Temperatur erhöht wird. Somit schließen wir, dass der durchschnittliche Atomabstand wächst. Um das zu verstehen, wollen wir ein vereinfachtes Diagramm der potenziellen Energie betrachten (▶ Abbildung 17.10). Es stellt die potenzielle Energie zweier Atome in Abhängigkeit von ihrem Abstand r dar. Bei großem r nehmen wir eine potenzielle Energie ≈ 0 an, und wenn r abnimmt, nimmt auch die potenzielle Energie ab, was auf eine Anziehungskraft schließen lässt, wie wir in Abschnitt 8.9 gesehen haben. Für r kleiner r_0 (Gleichgewichtslage) steigt die Kurve der potenziellen Energie an, was auf eine abstoßende Kraft zwischen einander sich annähernden Atomen hinweist. Die mit E_2 und E_1 bezeichneten horizontalen blauen Linien in ▶ Abbildung 17.10 stellen die gesamte Energie bei zwei unterschiedlichen Temperaturen T_2 und T_1 dar, wobei $T_2 > T_1$ ist. Die kurzen, vertikalen Linien für E_1 und E_2 im Diagramm stehen für die Gleichgewichtslage der Bewegung bei den zwei Temperaturen. Weil die Kurve der potenziellen Energie nicht symmetrisch ist, ist der durchschnittli-

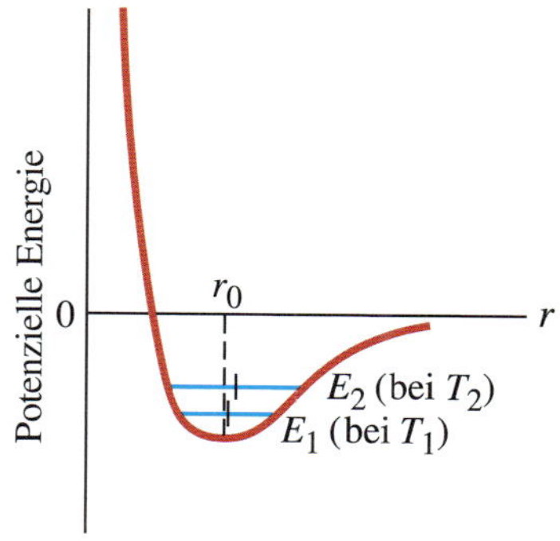

Abbildung 17.10 Typischer Verlauf der potenziellen Energie versus Atomabstand r für Atome in einem Kristall (vereinfacht). Man beachte, dass die Gleichgewichtslage (kurze, vertikale Linie) der atomaren Oszillation bei höheren Temperaturwerten höher liegt.

che Abstand der Atome bei höheren Temperaturen wie dargestellt größer. Somit lässt sich die thermische Expansion auf den nicht symmetrischen Verlauf des Potenzials zurückführen. Wäre der Potenzialverlauf symmetrisch, gäbe es keine Wärmeausdehnung. Da sich die meisten Stoffe bei Temperaturerhöhung ausdehnen, liegen asymmetrische Potenzialkurven vor, die jener in ► Abbildung 17.10 ähneln.

Das anomale Verhalten von Wasser unter 4 °C

Wasser ist ungewöhnlich: Es dehnt sich im Temperaturintervall 4 °C bis 0 °C bei Abkühlung aus

Die meisten Substanzen expandieren mehr oder weniger gleichförmig mit steigender Temperatur, so lange kein Phasenübergang erfolgt. Wasser hingegen folgt nicht diesem Muster. Erwärmt man Wasser bei 0 °C, so schrumpft sein Volumen bis es 4 °C erreicht. Oberhalb von 4 °C verhält sich Wasser normal und dehnt sich mit wachsender Temperatur aus (► Abbildung 17.7). Wasser hat somit seine größte Dichte bei 4 °C. Dieses anomale Verhalten des Wassers ist von großer Wichtigkeit für das Leben unter Wasser in kalten Wintern. Hat das Wasser eines Sees oder Flusses mehr als 4 °C und beginnt durch Kontakt mit der Luft abzukühlen, so sinkt das Wasser an der Oberfläche aufgrund seiner größeren Dichte nach unten und wird durch wärmeres Wasser von unten ersetzt. Dieses Mischen setzt sich fort, bis das Wasser 4 °C erreicht hat. Da das Oberflächenwasser weiter abkühlt, verbleibt es an der Oberfläche, da seine Dichte geringer ist als das 4 °C kalte Wasser darunter. Deswegen friert Wasser zuerst an der Oberfläche, und das Eis bleibt auch an der Oberfläche, da Eis (spezifisches Gewicht = 0,917) eine geringere Dichte als Wasser hat. Das Wasser am Grund hat weiterhin 4 °C, bis das gesamte Wasservolumen gefroren ist. Verhielte sich Wasser wie die meisten anderen Stoffe und würde dichter mit sinkender Temperatur, so würde zunächst das Wasser am Grund zufrieren. Seen würden leichter komplett zufrieren, da die Zirkulation das wärmere Wasser an die Oberfläche brächte, um effizient gekühlt zu werden. Das komplette Zufrieren von Seen würde dem pflanzlichen und tierischen Leben unter Wasser ernsthaften Schaden zufügen. Wegen des ungewöhnlichen Verhalten des Wassers unter 4 °C kommt es bei Seen und Flüssen nur selten vor, dass sie komplett zufrieren. Unterstützt wird das durch die Eisschicht an der Oberfläche, die als Isolator wirkt und den Wärmeabfluss vom Wasser an die kältere Luft vermindert. Ohne diese sonderbare, doch gleichzeitig wunderbare Eigenschaft des Wassers wäre Leben auf diesem Planeten wie wir es kennen vielleicht gar nicht möglich.

ANGEWANDTE PHYSIK

Leben unter Eis

Doch Wasser dehnt sich nicht nur aus, wenn es von 4 °C nach 0 °C abkühlt, es dehnt sich sogar noch weiter aus, wenn es zu Eis gefriert. Aus diesem Grund schwimmen Eiswürfel in Wasser und platzen Rohre, wenn das Wasser darin gefriert.

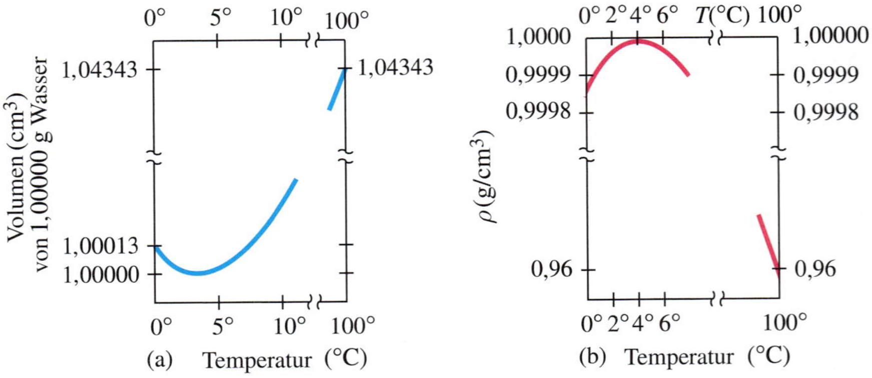

Abbildung 17.11 Das Verhalten von Wasser als Funktion der Temperatur nahe bei 4 °C. (a) Volumen von 1,00000 g Wasser als Funktion der Temperatur. (b) Dichte vs. Temperatur. (Beachten Sie den Bruch in beiden Achsen.)

17.5 Mechanische Spannungen aufgrund der Wärmeausdehnung

Bei Bauwerken, Gebäuden, Straßen und Brücken sind die Enden von Stahlträgern oder Betonplatten starr befestigt, wodurch Expansion und Kontraktion stark begrenzt werden. Durch Temperaturänderungen treten große Druck- und Dehnungsbeanspruchungen auf. Die mechanischen Spannungen können mithilfe des in Kapitel 12 besprochenen Elastizitätsmoduls berechnet werden. Dazu stellen wir uns vor, dass die mechanische Belastung in zwei Schritten verläuft. Das Material expandiert (oder kontrahiert) um einen Betrag ΔL, der durch Gleichung 17.1 gegeben ist; anschließend tritt eine Kraft auf, die das Material in die ursprüngliche Länge zurückzudrängen versucht. Diese Kraft ist durch Gleichung 12.4 gegeben:

$$\Delta L = \frac{1}{E}\frac{F}{A}L_0 \,,$$

worin E das Elastizitätsmodul für das Material ist. Um die interne Belastung F/A zu berechnen, setzen wir den Ausdruck für ΔL in Gleichung 17.1 mit dem obigen Ausdruck gleich. Wir erhalten damit

$$\alpha L_0 \Delta T = \frac{1}{E}\frac{F}{A}L_0 \,.$$

Folglich ist $F/A = \alpha E \Delta T$.

Beispiel 17.7 **Belastungen in Beton an einem heißen Tag**

Eine Autobahn soll aus 10 m langen Betonplatten gebaut werden. Sie werden ohne Zwischenraum bei 10 °C aneinander gelegt. Welche Druckkräfte treten bei 40 °C auf? Die Kontaktfläche zwischen den Blöcken beträgt 0,20 m². Werden die Platten brechen?

Lösung

Wir lösen die obige Gleichung nach F auf und setzen für E den Wert aus Tabelle 12.1 ein:

$$\begin{aligned} F &= \alpha \Delta T \cdot E \cdot A \\ &= (12 \cdot 10^{-6}/°C)(30\,°C)(20 \cdot 10^9\,N/m^2)(0{,}20\,m^2) = 1{,}4 \cdot 10^6\,N \,. \end{aligned}$$

Die thermische Belastung F/A ist $(1{,}4 \cdot 10^6\,N)/(0{,}20\,m^2) = 7{,}0 \cdot 10^6\,N/m^2$. Das ist nicht weit entfernt von der Bruchfestigkeit von Beton (Tabelle 12.2) unter Druck und überschreitet die Werte für Zugbelastung und Scherung. Wenn wir daher davon ausgehen, dass die Platten nicht perfekt aneinander grenzen, so wird ein Teil der Krafteinwirkung als Scherkraft zum Bruch führen. Wie groß müsste der Zwischenraum zwischen den Platten gewählt werden, wenn das Temperaturintervall −17,8 °C und 43,3 °C umfasste?

ANGEWANDTE PHYSIK

Aufwellung des Fahrbahnbelags

17.6 Die Gasgesetze und die absolute Temperatur

Gleichung 17.2 ist zur Berechnung der Wärmeausdehnung eines Gases im Allgemeinen nicht anwendbar, einerseits weil die Ausdehnung so groß sein kann, andererseits weil Gase generell expandieren, um das Gefäß, in dem sie sich befinden, auszufüllen. Gleichung 17.2 ist nur dann sinnvoll, wenn der Druck konstant gehalten wird. Das Volumen eines Gases hängt sehr stark vom Druck und von der Temperatur ab. Es ist daher nützlich, eine Beziehung zwischen Volumen, Druck,

Temperatur und Masse eines Gases zu bestimmen. Eine solche Beziehung heißt **Zustandsgleichung**. (Das Wort *Zustand* bezeichnet hier den physikalischen Zustand eines Systems.)

Ändert sich der Zustand eines Systems, so warten wir stets, bis Druck und Temperatur im ganzen System dieselben Werte haben. Wir betrachten also nur **Gleichgewichtszustände** eines Systems – wenn die Zustandsvariablen wie Temperatur und Druck im gesamten System gleich sind und sich zeitlich nicht mehr ändern. Betonen wollen wir darüber hinaus, dass die Ergebnisse dieses Abschnitts nur für solche Gase erfüllt sind, die keine zu hohe Dichte haben (der Druck ist etwa in der Größenordnung von Atmosphärendruck, 10^5 Pa) und die sich nicht zu nah am Siedepunkt befinden.

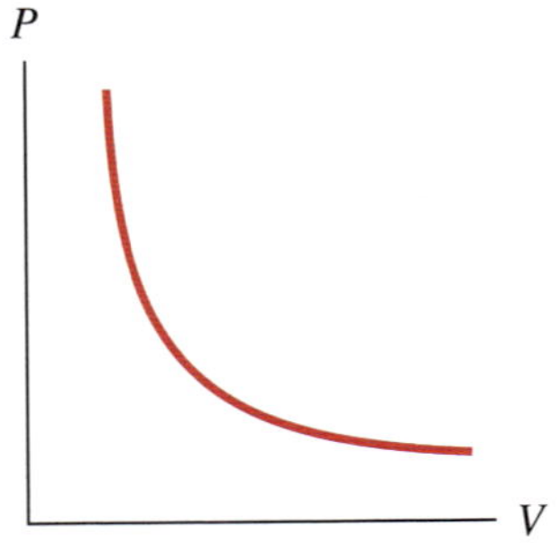

Abbildung 17.12 Druck vs. Volumen eines Gases bei konstanter Temperatur. Der Kurvenlauf spiegelt die inverse Beziehung wider, die als das Boyle-Mariotte'sche Gesetz bekannt ist: Nimmt der Druck zu, sinkt das Volumen.

Für eine gegebene Gasmenge kann man experimentell ermitteln, dass in guter Näherung *das Volumen eines Gases umgekehrt proportional zum herrschenden Druck ist, wenn die Temperatur konstant gehalten wird.* Das bedeutet

$$V \propto \frac{1}{p} . \qquad (T \text{ konstant})$$

Darin ist p der absolute Druck (nicht der „barometrische Druck" – siehe Kapitel 13). Wird beispielsweise der Druck auf ein Gas verdoppelt, so wird das Volumen auf die Hälfte des ursprünglichen Volumens reduziert. Man nennt diese Beziehung das **Boyle-Mariotte'sche Gesetz**, nach Robert Boyle (1627–1691), der es als Erster auf der Basis von Experimenten konstatierte. Der Verlauf von p gegen V bei fester Temperatur ist in ► Abbildung 17.12 dargestellt. Das Boyle-Mariotte'sche Gesetz kann auch als

$$pV = \text{konstant} . \qquad (T \text{ konstant})$$

geschrieben werden. Das bedeutet, wenn bei konstanter Temperatur entweder der Druck oder das Volumen des Gases variieren kann, so wird sich die jeweils andere Variable so verändern, dass pV konstant bleibt.

Auch die Temperatur beeinflusst das Gasvolumen, doch ein quantitativer Zusammenhang zwischen V und T wurde erst ein Jahrhundert später gefunden. Der Franzose Jacques Charles (1746–1823) entdeckte, dass wenn der Druck nicht zu hoch ist und konstant bleibt, das Volumen eines Gases mit der Temperatur nahezu linear anwächst (► Abbildung 17.13a). Alle Gase kondensieren jedoch bei niedrigen Temperaturen, wie die gestrichelte Linie anzeigt. Sie kreuzt die Achse bei ungefähr −273 °C.

Eine solche Kurve kann für jedes Gas gezeichnet werden, wobei die Gerade bei null Volumen stets auf −273 °C extrapoliert werden kann. Das scheint zu bedeuten, dass wenn ein Gas auf −273 °C abgekühlt wird, es keine Ausdehnung mehr hat, und eine noch niedrigere Temperatur ein negatives Volumen ergäbe, was natürlich keinen Sinn macht. Man könnte argumentieren, dass −273 °C die niedrigste mögliche Temperatur ist, und viele weitere, moderne Experimente weisen darauf hin, dass dem so ist. Diese Temperatur heißt der **absolute Nullpunkt** der Temperatur. Sein exakter Wert beträgt −273,15 °C.

Absoluter Nullpunkt

Der absolute Nullpunkt bildet die Basis einer Temperaturskala, die die **absolute** oder **Kelvinskala** heißt. Die Wissenschaft benutzt ausschließlich diese Einheit.

Die Kelvinskala

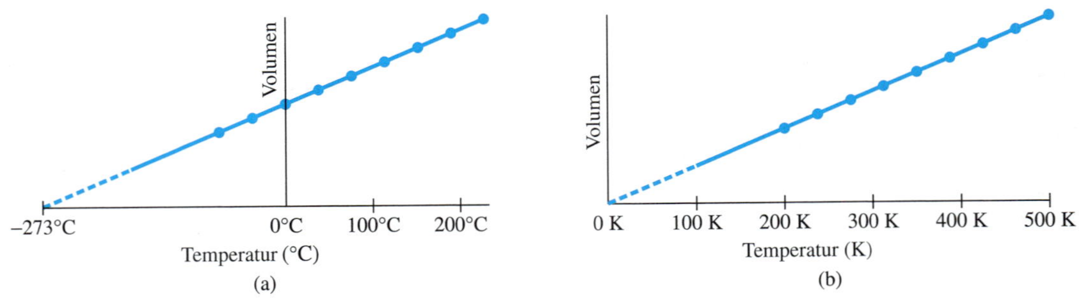

Abbildung 17.13 Das Volumen eines Gases bei konstantem Druck als Funktion der (a) Temperatur in °C und (b) der Temperatur in Kelvin.

Auf ihr wird die Temperatur als Grad Kelvin oder einfach Kelvin (K), ohne Gradzeichen, angegeben. Eine Temperaturänderung um 1 K entspricht einer Änderung um 1 °C, doch sind die Nullpunkte verschieden. Der Nullpunkt der Kelvinskala (0 K) wird als absoluter Nullpunkt betrachtet. Damit ist der Gefrierpunkt von Wasser 273,15 K und der Siedepunkt des Wassers ist 373,15 K. Jede Temperatur auf der Celsiusskala kann durch Addition des Betrags 273,15 in den entsprechenden Kelvin-Wert umgerechnet werden:

$$T(\mathrm{K}) = T(°\mathrm{C}) + 273{,}15\ .$$

Nun wollen wir uns ► Abbildung 17.13b näher ansehen, wo der Verlauf des Gasvolumens gegen die absolute Temperatur eine durch den Ursprung führende Gerade ist. Demnach gilt in guter Näherung, dass *das Volumen einer bestimmten Gasmenge direkt proportional zur absoluten Temperatur ist, wenn der Druck konstant gehalten wird.* Das ist das **1. Gesetz von Gay-Lussac** (auch **Charles'sche Gesetz**); es lautet ausgeschrieben:

$$V \propto T\ . \qquad (p \text{ konstant})$$

Das dritte Gasgesetz ist das 2. Gay-Lussac'sche Gesetz, benannt nach Joseph Gay-Lussac (1778–1850). Es konstatiert, dass *bei konstantem Volumen der Gasdruck direkt proportional der absoluten Temperatur ist*:

$$p \propto T\ . \qquad (V \text{ konstant})$$

Ein bekanntes Beispiel für dieses Gesetz ist ein ins Feuer geworfenes geschlossenes Glas oder eine Spraydose, die aufgrund des inneren Druckanstiegs explodiert.

Die Gesetze von Boyle-Mariotte und Gay-Lussac sind keine wirklichen Gesetze in dem Sinn, wie wir diesen Ausdruck heute gebrauchen, sie sind hinsichtlich Genauigkeit und Gültigkeitsbereich eingeschränkt. Es handelt sich lediglich um Annäherungen, die nur genau sind, so lange Druck und Dichte des Gases nicht zu hoch sind und so lange das Gas nicht zu nah an seinem Siedepunkt liegt. Der Ausdruck *Gesetz* für diese drei Zusammenhänge hat eine lange Tradition, mit der wir nicht brechen wollen.

17.7 Das ideale Gasgesetz

Die Gesetze von Boyle-Mariotte und Gay-Lussac wurden mithilfe einer Methode gewonnen, die sehr hilfreich in den Wissenschaften ist: eine oder mehrere Variablen konstant halten, um deutlich den Effekt zu sehen, wenn nur eine Variable verändert wird. Diese Gesetze können nun in einer einzigen Beziehung zwischen Druck, Volumen und Temperatur einer festen Gasmenge zusammengefasst werden:

$$pV \propto T\ .$$

Diese Relation zeigt an, wie jede der Größen p, V oder T sich verhält, wenn sich die anderen beiden Größen ändern. Die Beziehung reduziert sich auf das Boyle-Mariotte'sche oder Gay-Lussac'sche Gesetz, wenn entweder die Temperatur, der Druck oder das Volumen konstant gehalten wird.

Wir müssen nun die Auswirkung der Gasmenge mit in die Überlegungen einbeziehen. Jeder, der schon mal einen Luftballon aufgeblasen hat, weiß, dass je mehr Luft in den Ballon gelangt, desto größer wird er (► Abbildung 17.14). Sorgsam ausgeführte Experimente zeigen in der Tat, dass das Volumen eines eingeschlossenen Gases bei konstanter Temperatur und konstantem Druck direkt mit der Masse des Gases m anwächst. Wir können also schreiben:

$$pV \propto mT\ .$$

Wir können aus diesem proportionalen Zusammenhang eine Gleichung machen, indem wir einen konstanten Proportionalitätsfaktor einführen. Experimente zeigen, dass diese Konstante für verschiedene Gase unterschiedliche Werte annimmt. Doch wenn wir statt der Gasmasse m die Anzahl *Mole* (Stoffmenge) verwenden, wird der Proportionalitätsfaktor für alle Gase gleich.

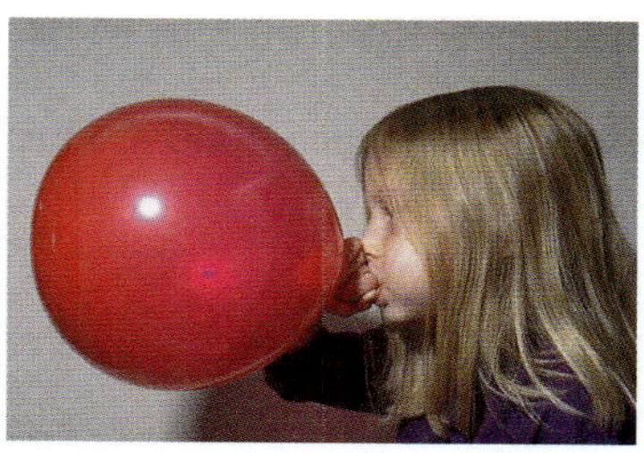

Abbildung 17.14 Einen Luftballon aufzublasen heißt, mehr Luft (mehr Luftmoleküle) in den Luftballon zu bringen, wodurch sein Volumen anwächst. Der Druck (Atmosphärendruck) ist nahezu konstant, bis auf eine kleine Zunahme durch die elastische Ausdehnung des Ballonmaterials.

Mol (Einheit)

Ein **Mol** (Einheit: mol) ist definiert als die Stoffmenge, die so viele Atome oder Moleküle enthält wie es Atome in 12,00 Gramm des Elements Kohlenstoff 12 (dessen Atommasse exakt 12 u ist) gibt; wie wir noch sehen werden, sind dies $6{,}022 \cdot 10^{23}$. Eine einfachere doch gleichwertige Definition lautet: 1 mol ist die Anzahl Gramm eines Stoffs, die numerisch der Molekülmasse des Stoffs (Abschnitt 17.1) gleicht. Beispielsweise beträgt das Molekulargewicht von Wasserstoff (H_2) 2,0 u (da jedes Molekül aus zwei Atomen Wasserstoff besteht und jedes Atom ein Atomgewicht von 1,0 u hat). Somit wiegt 1 mol H_2 2,0 g. Auf gleiche Weise hat 1 mol Neon eine Masse von 20 g, und ein mol CO_2 hat eine Masse von $[12 + (2 \cdot 16)] = 44$ g.

Das Mol ist eine Einheit im SI-System. Allgemein gilt, dass die Anzahl Mole n eines Stoffes gleich der Masse in Gramm geteilt durch ihre Molekülmasse in Gramm pro Mol ist:

$$n(\text{mol}) = \frac{\text{Masse (g)}}{\text{Molmasse (g/mol)}} .$$

Beispielsweise ist die Anzahl Mole in 132 g CO_2

$$n = \frac{132\,\text{g}}{44\,\text{g/mol}} = 3{,}0\,\text{mol} .$$

Wir können nun den oben diskutierten proportionalen Zusammenhang als eine Gleichung zusammenfassen:

IDEALES GASGESETZ

$$pV = nRT \tag{17.3}$$

In der Gleichung steht n für die Anzahl Mole und R ist der konstante Proportionalitätsfaktor. R heißt die **universelle Gaskonstante**, weil ihr Wert, wie experimentell bestätigt ist, für alle Gase gleich ist. Der Wert von R ist in verschiedenen Systemen (nur der erste ist die korrekte SI-Einheit):

$$R = 8{,}315\,\text{J/(mol·K)} \qquad \text{(SI-Einheiten)}$$
$$= 1{,}99\,\text{Kalorien/(mol·K)}^5$$

Gleichung 17.3 heißt **ideales Gasgesetz** oder **Zustandsgleichung für ein ideales Gas**. Wir sagen deswegen „ideal", weil reale Gase Gleichung 17.3 nicht exakt folgen und sich Abweichungen ergeben besonders bei hohem Druck (und hoher Dichte) oder wenn das Gas nahe am Siedepunkt (= Kondensationspunkt) liegt. Im Druckbereich von einer Atmosphäre aber, und wenn T nicht nah am Siedepunkt des Gases ist, ist Gleichung 17.3 ausreichend genau und nützlich für reale Gase.

17.8 Problemlösung mit dem idealen Gasgesetz

Normalbedingungen = 273 K, 1 bar

Das ideale Gasgesetz ist äußerst nützlich, und wir wollen uns nun einige Beispiele ansehen. Oft beziehen wir uns auf „Normalbedingungen". Dabei sind $T = 273$ K (0 °C) und $p = 1{,}013$ bar $= 1{,}013 \cdot 10^5$ N/m^2 $= 1{,}013 \cdot 10^5$ Pa.

Beispiel 17.8 **Volumen eines Mols bei Normalbedingungen**

Bestimmen Sie das Volumen von 1,00 mol eines beliebigen Gases unter der Annahme, dass es sich wie ein ideales Gas verhält, bei (a) Normalbedingungen, (b) bei 20 °C.

5 Kalorien werden in Kapitel 19 definiert. Manchmal ist es nützlicher, R in Kalorien anzugeben.

Lösung

a Wir lösen Gleichung 17.3 nach V auf:

$$V = \frac{nRT}{p} = \frac{(1{,}00\,\text{mol})(8{,}315\,\text{J/mol K})(273\,\text{K})}{(1{,}013 \cdot 10^5\,\text{N/m}^2)} = 22{,}4 \cdot 10^{-3}\,\text{m}^3 \,.$$

Da ein Liter $1000\,\text{cm}^3 = 1 \cdot 10^{-3}\,\text{m}^3$ ist, hat 1 mol eines beliebigen Gases ein Volumen von 22,4 l bei Normalbedingungen. (Wie groß sind 22,4 l? Etwa so groß wie ein Würfel mit der $\sqrt[3]{22{,}4 \cdot 10^{-3}\,\text{m}^3} = 0{,}28\,\text{m} = 28\,\text{cm}$.)

b Bei 20 °C ist $T = 293\,\text{K}$ und $V = 24{,}0\,\text{l}$.

1 mol Gas bei Normalbedingungen hat ein Volumen = 22,4 l

Erinnern Sie sich stets daran, dass beim Gebrauch des idealen Gasgesetzes die Temperatur in Kelvin und der Druck als absoluter Druck in Pa angegeben werden müssen.

PROBLEMLÖSUNG

Immer *T* in K und *p* in Pa (nicht barometrisch) angeben

Beispiel 17.9 · Abschätzung — Masse der Luft in einem Raum

Schätzen Sie die Masse von Luft in einem Raum mit den Maßen 5 m·3 m·2,5 m bei 20 °C.

Lösung

Zunächst bestimmen wir die Anzahl der Mole n, anschließend multiplizieren wir mit der Masse eines Mols und erhalten die Gesamtmasse. Beispiel 17.8 hat uns gezeigt, dass 1 mol bei 20 °C ein Volumen von 24,0 l hat. Das Raumvolumen ist 5 m · 3 m · 2,5 m, es folgt

$$n = \frac{(3\,\text{m})(5\,\text{m})(2{,}5\,\text{m})}{24{,}0 \cdot 10^{-3}\,\text{m}^3} \approx 1600\,\text{mol}\,.$$

Da Luft ein Gemisch aus etwa 20 Prozent Sauerstoff (O_2) und 80 Prozent Stickstoff (N_2) ist, dessen Komponenten eine Molekularmasse von $2 \cdot 16\,\text{u} = 32\,\text{u}$ bzw. $2 \cdot 14\,\text{u}$ haben, ergibt sich eine Molekularmasse von rund 29 u. Damit hat 1 mol Luft eine Masse von etwa $29\,\text{g} = 0{,}029\,\text{kg}$. Die gesamte Masse der Luft in dem Raum beträgt somit

$$m \approx (1600\,\text{mol})(0{,}0029\,\text{kg/mol}) \approx 50\,\text{kg}\,.$$

ANGEWANDTE PHYSIK

Wie groß sind Masse und Gewicht der Luft in einem kleinen Raum?

In vielen Anwendungen ist es nicht nötig, R überhaupt einzusetzen. Beispielsweise gehen viele Probleme mit einer Änderung von Druck, Temperatur und Volumen einer bestimmten Stoffmenge einher. In solch einem Fall ist $pV/T = nR =$ konstant, da n und R konstant bleiben. Wenn dann p_1, V_1 und T_1 den anfänglichen Zustand beschreiben und p_2, V_2, T_2 die Variablen des neuen Zustands sind, können wir schreiben:

$$\frac{p_1 V_1}{T_1} = \frac{p_2 V_2}{T_2}\,.$$

PROBLEMLÖSUNG

Das ideale Gasgesetz als Verhältnisgleichung

Kennen wir fünf Variablen dieser Gleichung, können wir nach der sechsten auflösen. Oder, wenn eine der Variablen konstant ist ($V_1 = V_2$ oder $p_1 = p_2$ oder $T_1 = T_2$), so können wir gleichfalls bei Kenntnis der anderen drei Größen nach der unbekannten Variable auflösen.

ANGEWANDTE PHYSIK

Druck in einem heißen Reifen

Beispiel 17.10 **Überprüfung kalter Reifen**

Ein Autoreifen wird bis zu einem Druck von 200 kPa bei 10 °C mit Luft gefüllt. Nach einer Fahrt von 100 km steigt die Temperatur im Reifen auf 40 °C. Wie groß ist dann der Druck?

Lösung

Da das Volumen weitgehend konstant bleibt, $V_1 = V_2$, gilt

$$\frac{p_1}{T_1} = \frac{p_2}{T_2} \, .$$

Das ist im Grunde das Gay-Lussac'sche Gesetz. Da der gegebene Druck der barometrische ist (siehe Abschnitt 13.3), müssen wir den atmosphärischen Druck addieren (= 101 kPa), um den absoluten Druck zu erhalten: $p_1 = (200\,\text{kPa} + 101\,\text{kPa}) = 301\,\text{kPa}$. Außerdem rechnen wir die Temperatur auf Kelvin um, indem wir 273 addieren. Damit folgt

$$p_2 = \frac{p_1}{T_1} T_2 = \frac{(3{,}01 \cdot 10^5\,\text{Pa})(313\,\text{K})}{(283\,\text{K})} = 333\,\text{kPa} \, .$$

Indem wir den Atmosphärendruck abziehen, erhalten wir den Überdruck 232 kPa, was einer Erhöhung von 15 Prozent entspricht. Das Beispiel zeigt, warum in Autohandbüchern dazu geraten wird, den Druck bei kalten Reifen zu überprüfen.

17.9 Ideales Gasgesetz und Avogadro-Konstante

Die Tatsache, dass die Gaskonstante R für alle Gase denselben Wert hat, ist ein bemerkenswertes Beispiel für die Einfachheit in der Natur. Amedeo Avogadro, ein italienischer Wissenschaftler (1776–1856) war der Erste, der das erkannte, wenn auch in leicht veränderter Form. Avogadro konstatierte, dass *gleich große Gasvolumina bei gleichem Druck und gleicher Temperatur die gleiche Anzahl Moleküle enthalten*. Manchmal nennt man das **Avogadro-Hypothese**. Dass diese Aussage konsistent damit ist, dass R für alle Gase denselben Wert hat, lässt sich folgendermaßen verstehen. Zunächst einmal können wir aus Gleichung 17.3 schließen, dass für dieselbe Anzahl Mole n, denselben Druck und dieselbe Temperatur das Volumen gleich ist, sofern R gleich ist. Zweitens ist die Anzahl Moleküle in einem Mol dieselbe für alle Gase[6]. Somit ist Avogardos Aussage äquivalent damit, dass R für alle Gase gleich ist.

Die Anzahl Moleküle in einem Mol ist als Avogadro-Konstante N_A bekannt. Obwohl Avogadro den Zusammenhang als erster erkannte, konnte er den Wert von N_A nicht ermitteln. Exakte Messungen hierzu waren dem 20. Jahrhundert vorbehalten.

Es gab zahlreiche Messungen zur Bestimmung von N_A. Der heute anerkannte Wert ist näherungsweise

Avogadro-Konstante

$$N_A = 6{,}022 \cdot 10^{23} \, . \quad \text{(Moleküle/mol)}$$

6 Beispielsweise ist die molekulare Masse von H_2 2,0 atomare Masseneinheiten (u), während diejenige von O_2 32,0 u ist. Somit hat 1 mol H_2 eine Masse von 0,0020 kg und 1 mol O_2 hat 0,032 kg. Die Anzahl Moleküle in einem Mol ist gleich der Gesamtmasse M eines Mols (Molmasse) dividiert durch die molekulare Masse m eines Moleküls. Da das Verhältnis (M/m) per definitionem für alle Gase dasselbe ist, muss ein Mol eines beliebigen Gases dieselbe Anzahl Moleküle enthalten.

Da die Anzahl sämtlicher Moleküle N in einem Gas gleich der Anzahl der Moleküle pro Mol mal der Anzahl Mole ($N = nN_A$) ist, lässt sich das ideale Gasgesetz in Gleichung 17.3 mit der Anzahl von Molekülen schreiben als

$$pV = nRT = \frac{N}{N_A}RT ,$$

oder

$$pV = NkT , \qquad (17.4)$$

IDEALES GASGESETZ (bezogen auf Moleküle)

worin $k = R/N_A$ die **Boltzmann-Konstante** ist. Sie hat näherungsweise den Wert

$$k = \frac{R}{N_A} = 1{,}38 \cdot 10^{-23}\ \text{J/K} .$$

Beispiel 17.11 **Masse eines Wasserstoffatoms**

Berechnen Sie mit der Avogadro-Konstante die Masse eines Wasserstoffatoms.

Lösung

Ein Mol Wasserstoff (Atomgewicht = 1,008 u, Abschnitt 17.1) hat eine Masse von $1{,}008 \cdot 10^{-3}$ kg und enthält $6{,}02 \cdot 10^{23}$ Atome. Somit hat ein Atom eine Masse von

$$m = \frac{1{,}008 \cdot 10^{-3}\ \text{kg}}{6{,}02 \cdot 10^{23}} = 1{,}67 \cdot 10^{-27}\ \text{kg} .$$

Historisch war der Vorgang umgekehrt – ausgehend von der gemessenen Masse des Wasserstoffatoms wurde N_A bestimmt.

17.10 Temperaturskala des idealen Gases – Ein Standard

Es ist wichtig, eine sehr genau definierte Temperaturskala zu haben, damit Temperaturmessungen in verschiedenen Labors in der ganzen Welt akkurat verglichen werden können. Wir diskutieren nun eine solche Skala, die von der gesamten wissenschaftlichen Gemeinschaft akzeptiert ist.

Das Standard-Thermometer dieser Skala ist das Gasvolumen-Thermometer, das wir bereits in Abschnitt 17.2 vorgestellt haben. Die Skala selbst wird **Temperaturskala des idealen Gases** genannt, da es auf der Eigenschaft eines idealen Gases aufsetzt, dass der Druck direkt proportional zur absoluten Temperatur ist (2. Gay-Lussac'sche Gesetz). Ein reales Gas, das in einem beliebigen realen Gasvolumen-Thermometer benutzt wird, kommt diesem Ideal bei niedrigem Druck nahe. Die Temperatur an jedem beliebigen Punkt wird als proportional zum Druck im (fast) idealen Gas definiert, das im Thermometer genutzt wird. Für die Temperaturskala benötigen wir zwei feste Punkte. Ein fester Punkt ist durch $p = 0$ bei $T = 0$ gegeben. Als zweiten Fixpunkt wählen wir den Tripelpunkt des Wassers. Das ist der Punkt, an dem Wasser gleichzeitig in fester, flüssiger und gasförmiger Phase existieren kann. Das ist nur bei einem einzigen Temperatur- und Druckwert möglich[7]

7 Die Koexistenz von flüssiger und gasförmiger Phase von Wasser (Siedepunkt) ist in einem Temperaturbereich abhängig vom Druck möglich. Wasser kocht bei einer niedrigeren Temperatur, wenn der Druck niedriger ist, wie etwa hoch oben in den Bergen. Der Tripelpunkt stellt einen genauer reproduzierbaren Fixpunkt dar als selbst der Gefrier- oder Siedepunkt des Wassers bei zum Beispiel 1 bar. Siehe hierzu auch Abschnitt 18.3.

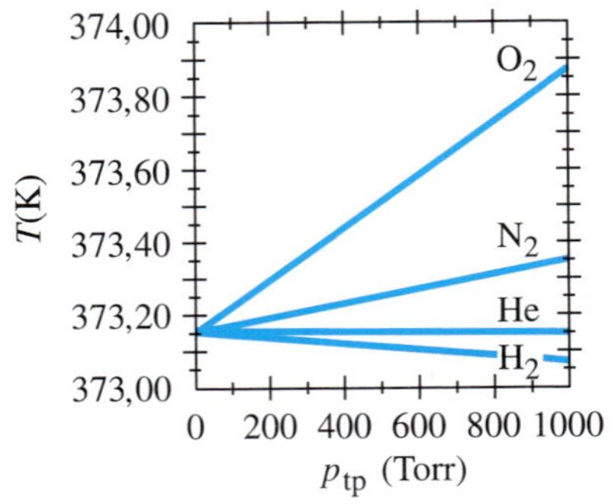

Abbildung 17.15 Im Diagramm sind Temperaturwerte eines Volumengasthermometers für den Siedepunkt von Wasser bei 1 bar für verschiedene Gase als Funktion des Gasdrucks im Thermometer am Tripelpunkt (p_{tp}) dargestellt. Beachten Sie, dass wenn die Gasmenge im Thermometer reduziert wird, so dass $p_{tp} \to 0$ geht, alle Gase denselben Messwert von 373,15 K ergeben. Für Drucke unter 0,10 bar (76 Torr), ist die Abweichung kleiner als 0,07 K.

und kann in unterschiedlichen Labors mit großer Genauigkeit reproduziert werden. Der Druck am Tripelpunkt des Wassers beträgt 603 Pa und die Temperatur ist 0,01 °C. Dieser Temperatur entspricht 273,16 K, da der absolute Nullpunkt etwa bei −273,15 °C liegt. Der Tripelpunkt ist heute definiert als *exakt* 273,16 K.

Die absolute oder Kelvin-Temperatur T an jedem Punkt ist dann mit einem Gasvolumenthermometer für ein ideales Gas definiert als

$$T = (273{,}16)\left(\frac{p}{p_{tp}}\right) . \quad \text{(ideales Gas; konstantes Volumen)} \tag{17.5a}$$

In dieser Gleichung ist p_{tp} der Druck im Thermometer bei der Tripelpunkt-Temperatur von Wasser, und p ist der Druck im Thermometer, der mit der zu bestimmenden Temperatur T korrespondiert. Man beachte, dass wenn $p = p_{tp}$ ist, $T = 273{,}16$ K wird, ganz wie es sein soll.

Die Definition der Temperatur in Gleichung 17.5a mit einem Gasvolumenthermometer, das mit einem realen Gas gefüllt ist, gilt nur näherungsweise, da wir unterschiedliche Ergebnisse für die Temperatur erhalten, je nach verwendetem Gastyp. Temperaturen, die auf diese Weise bestimmt werden, hängen zudem von der Gasmenge im Kolben des Thermometers ab: So findet man für den Siedepunkt von Wasser bei 10^5 Pa aus Gleichung 17.5a 373,87 K bei Verwendung von O_2 und $p_{tp} = 1{,}315$ bar. Wird die Menge O_2 im Kolben verringert, so dass am Tripelpunkt $p_{tp} = 0{,}658$ bar ist, so ist der Siedepunkt des Wasser gemäß Gleichung 17.5a gleich 373,51 K. Wenn stattdessen H_2 benutzt wird, sind die korrespondierenden Werte 373,07 K und 373,11 K (siehe ▸ Abbildung 17.15). Doch nun stellen wir uns vor, dass wir ein bestimmtes reales Gas benutzen und eine Serienmessung durchführen, in der die Gasmenge im Kolben kleiner und kleiner wird, so dass p_{tp} kleiner und kleiner wird. Man ermittelt experimentell, dass eine Extrapolation der Daten auf $p_{tp} = 0$ stets denselben Wert für die Temperatur eines gegebenen Systems ergibt (so wie $T = 373{,}15$ K für den Siedepunkt von Wasser bei 10^5 Pa), wie in ▸ Abbildung 17.15 dargestellt. Somit ist die Temperatur T an jedem beliebigen Punkt im Raum, bestimmt durch ein Gasvolumenthermometer mit einem realen Gas, definiert als folgender Grenzwert:

Ideales Gas und Temperaturskala

$$T = (273{,}16\ \text{K}) \lim_{p_{tp}\to 0}\left(\frac{p}{p_{tp}}\right) . \quad \text{(konstantes Volumen)} \tag{17.5b}$$

Diese Gleichung definiert die Temperaturskala eines idealen Gases. Einer der großen Vorteile dieser Skala ist, dass der Wert von T nicht von der benutzten Gasart abhängt. Doch hängt die Skala von den Eigenschaften der Gase allgemein ab. Helium hat von allen Gasen den niedrigsten Siedepunkt. Bei sehr niedrigen Drucken verflüssigt es sich bei etwa 1 K, Temperaturen unter diesem Wert können mit dieser Skala nicht definiert werden.

Z U S A M M E N F A S S U N G

Die Atomtheorie der Materie postuliert, dass alle Materie aus winzigen Bausteinen namens **Atome** bestehen, die einen typischen Durchmesser von 10^{-10} m haben.

Atomare und **molekulare Massen** sind auf einer Massenskala spezifiziert, auf der gewöhnlichem Kohlenstoff (^{12}C) willkürlich der Wert 12,0000 u (= atomare Masseneinheiten) zugewiesen wird.

Der Unterschied zwischen festen, flüssigen und gasförmigen Stoffen kann auf die Stärke der Anziehungskräfte zwischen Atomen und Molekülen sowie ihre Durchschnittsgeschwindigkeit zurückgeführt werden.

Temperatur ist ein Maß dafür, wie heiß oder kalt ein Körper ist. Thermometer dienen dazu, die Temperatur auf der **Celsius-** (°C) und **Kelvinskala** (K) zu messen. Zwei Standardwerte jeder Skala sind der Gefrierpunkt von Wasser (0 °C, 273,15 K) und der Siedepunkt von Wasser (100 °C, 373,15 K), jeweils bei 1 bar Druck. Ein Grad Temperaturunterschied in Kelvin entspricht 1 °C.

Die Längenänderung ΔL eines Festkörpers aufgrund einer Temperaturänderung ΔT ist direkt proportional zur Temperaturänderung und zur ursprünglichen Länge L_0. Das heißt

$$\Delta L = \alpha L_0 \Delta T ,$$

worin α der *lineare Ausdehnungskoeffizient ist.*

Die Volumenänderung der meisten Festkörper, Flüssigkeiten und Gase ist proportional zur Temperaturänderung und zum ursprünglichen Volumen V_0: $\Delta V = \beta V_0 \Delta T$. Der Volumenausdehnungskoeffizient γ ist für die meisten Festkörper näherungsweise gleich 3α.

Wasser ist deshalb ungewöhnlich, weil es sich, anders als die meisten anderen Substanzen, deren Volumen mit der Temperatur zunimmt, im Temperaturbereich 0 °C bis 4 °C mit wachsender Temperatur zusammenzieht.

Das ideale Gasgesetz oder die **Zustandsgleichung für ein ideales Gas** bezieht den Druck p, das Volumen V und die Temperatur T (in Kelvin) von n mol eines Gases aufeinander in der Gleichung

$$pV = nRT .$$

Darin ist die Gaskonstante $R = 8{,}315\,\mathrm{J/mol \cdot K}$ für alle Gase gleich. Reale Gase gehorchen dem idealen Gasgesetz in guter Näherung, wenn der Druck nicht zu hoch ist und/oder sie nicht zu nahe am Siedepunkt sind.

Ein **Mol** einer Substanz ist definiert als die Anzahl Gramm, die numerisch der Atom- oder Molekularmasse gleicht.

Die Avogadro-Konstante $N_A = 6{,}022 \cdot 10^{23}$ ist die Anzahl Atome oder Moleküle in 1 mol einer reinen Substanz.

Das ideale Gasgesetz lässt sich mit der Anzahl von N Molekülen des Gases schreiben als

$$pV = NkT ,$$

wobei $k = R/N_A = 1{,}38 \cdot 10^{-23}\,\mathrm{J/K}$ die Boltzmann-Konstante ist.

Z U S A M M E N F A S S U N G

Verständnisfragen

1 Was hat mehr Atome: 1 kg Eisen oder 1 kg Aluminium? Benutzen Sie das Periodensystem oder den Anhang D.

2 Benennen Sie unterschiedliche Stoffeigenschaften, die sich für die Herstellung eines Thermometers ausnutzen lassen.

3 System C ist weder mit System A noch mit System B im Gleichgewicht. Folgt daraus, dass A und B nicht im Gleichgewicht sind? Welche Schlüsse können Sie hinsichtlich der Temperatur von A, B und C ziehen?

4 Wenn System A im Gleichgewicht mit System B ist, doch B nicht mit System C, was lässt sich dann über die Temperaturen von A, B und C aussagen?

5 Ein flacher Bimetallstreifen besteht aus Aluminium, das auf einen Eisenstreifen genietet ist. Welches Metall ist auf der Außenseite der Krümmung, wenn man den Bimetallstreifen erhitzt?

6 Ist L_0 in der Beziehung $\Delta L = \alpha L_0 \Delta T$ die Ausgangslänge oder die Endlänge? Oder ist das egal?

7 Warum ist es manchmal einfacher, den Deckel eines dicht verschlossenen Einmachglases zu öffnen, nachdem man es unter heißem Wasser erhitzt hat?

8 Lange Dampfrohre haben oft einen Abschnitt in der Form eines U. Warum?

9 ► Abbildung 17.16 zeigt ein einfaches Thermostat, der für einen Heizofen (oder anderes Heiz- oder Kühlsystem) verwendet wird. Der Bimetallstreifen besteht aus zwei Streifen unterschiedlicher, aneinander liegender Metalle. Der elektrische Schalter ist ein Glasbehälter, der flüssiges Quecksilber enthält. Quecksilber leitet den Strom, wenn es fließt und den Kontakt zwischen den beiden Drähten herstellt. Erklären Sie, wie solch eine Anordnung den Heizofen kontrollieren kann und wie sie für unterschiedliche Temperaturen eingestellt werden kann.

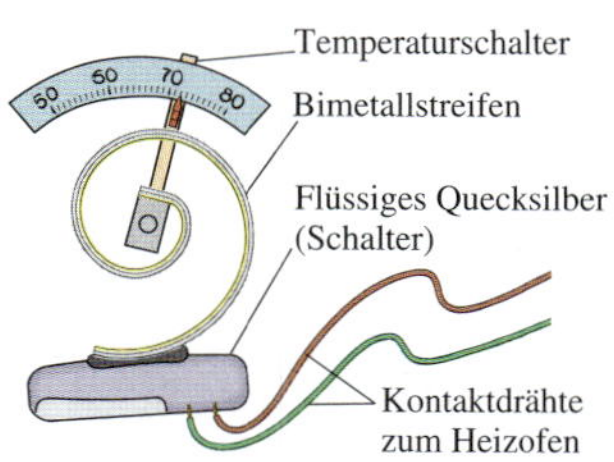

Abbildung 17.16 Ein Thermostat (Frage 9).

10 Die Einheit für den Ausdehnungskoeffizienten α ist $(\mathrm{K})^{-1}$. Eine Längeneinheit wie Meter kommt nicht darin vor. Würde sich der Expansionskoeffizient ändern, wenn wir anstelle Meter Fuß oder Millimeter verwenden würden?

11 Erklären Sie, warum es ratsam ist, einen überhitzten Automotor nur langsam und nur wenn er noch läuft mit kaltem Wasser zu übergießen.

12 Ein Glasbehälter kann zerbrechen, wenn ein Teil von ihm schneller als benachbarte Teile erhitzt wird. Erklären Sie, warum.

13 Wird ein kaltes Quecksilber-Thermometer in ein heißes Wasserbad gelassen, so fällt die Quecksilbersäule zunächst ein wenig, bevor sie steigt. Warum?

14 Der wesentliche Vorteil von feuerfestem Glas ist der, dass sein linearer Ausdehnungskoeffizient viel kleiner ist als der von gewöhnlichem Glas (Tabelle 17.1). Erklären Sie, warum das zu der hohen Temperaturbeständigkeit dieser Glasart führt.

15 Geht eine Taschenuhr, die bei 20 °C genau ist, an einem heißen Tag (30 °C) schneller oder langsamer? Die Uhr nutzt ein Pendel, das von einem langen, dünnen Messingstäbchen unterstützt wird.

16 Eine eingefrorene Dose Sodawasser ist am Boden und am Deckel so stark gewölbt, dass sie nicht aufrecht stehen bleibt. Was ist passiert?

17 Warum glauben Sie, dass ein Alkoholthermometer präziser ist als ein Quecksilber-Thermometer?

18 Nimmt die elastische Kraft auf eine Aluminiumkugel unter Wasser zu oder ab, wenn die Temperatur von 20 °C auf 40 °C anwächst?

19 Ein flacher, gleichförmiger Zylinder aus Blei schwimmt bei 0 °C in Quecksilber. Wird es tiefer einsinken oder weiter über die Oberfläche herausragen, wenn die Temperatur steigt?

20 Welche der drei Skalen Fahrenheit, Celsius und Kelvin ist vom wissenschaftlichen Standpunkt aus betrachtet die „natürlichste“?

21 Ein Atom hat eine Masse von $6{,}7 \cdot 10^{-27}$ kg. Um welches Atom handelt es sich?

22 Kommt es von einem praktischen Standpunkt aus betrachtet bei einem Gasvolumenthermometer wirklich darauf an, welches Gas benutzt wird? Wenn ja, erklären Sie warum. (*Hinweis*: Siehe ► Abbildung 17.15).

Aufgaben zu 17.1

1 (I) Wie groß ist die Anzahl der Atome in einem Goldring, der 26,5 Gramm wiegt, verglichen mit einem Silberring derselben Masse?

2 (I) Wie viele Atome enthält eine Kupfermünze mit einer Masse von 3,4 Gramm?

Aufgaben zu 17.2

3 (I) (a) „Raumtemperatur“ wird oft als 68°F angenommen. Welchem Wert entspricht das auf der Celsiusskala? (b) Die Temperatur des Glühdrahts in einer Glühbirne ist etwa 1800 °C. Wie viel sind das auf der Fahrenheitskala?

4 (I) (a) −15 °C auf der Celsiusskala entspricht wie viel Fahrenheit? (b) −15°F auf der Fahrenheitskala entspricht wie viel Celsius?

5 (I) Eine Fiebermessung zeigt eine Körpertemperatur von 40,0 °C an. Wie viel Fahrenheit sind das?

6 (I) In einem Alkohol-basierten Thermometer hat die Alkoholsäule bei 0,0 °C eine Länge von 11,82 cm und bei 100 °C eine Länge von 22,85 cm. Wie hoch ist die Temperatur, wenn die Säule (a) 16,70 cm und (b) 20,50 cm lang ist?

7 (II) Bei welcher Temperatur haben die Fahrenheit- und die Celsius-Skala denselben numerischen Wert?

Aufgaben zu 17.4

8 (I) Eine Autobahn wird aus 12 m langen Betonplatten bei 20 °C gebaut. Wie breit sollte die Dehnungsfuge zwischen den Platten bei 20 °C sein, damit im Temperaturbereich −30 °C bis +50 °C keine Straßenschäden auftreten?

9 (I) Super-Invar, eine Mischung aus Eisen und Nickel, ist ein belastbares Material mit einem sehr niedrigen Wärme-Ausdehnungskoeffizienten $[0{,}2 \cdot 10^{-6}\,(\text{K})^{-1}]$. Eine zwei Meter lange Tischplatte aus dieser Legierung wird für empfindliche Lasermessungen mit extrem hohen Toleranzen benötigt. Um wie viel dehnt sich die Tischplatte in ihrer Länge aus, wenn die Temperatur um 5 K zunimmt? Vergleichen Sie den Wert mit denen von Tischplatten aus Stahl und Marmor.

10 (I) Der Eiffelturm (► Abbildung 17.17) wurde aus Schmiedeeisen errichtet und ist etwa 300 m groß. Schätzen Sie, wie seine Höhe zwischen Juli (Durchschnittstemperatur 25 °C) und Januar (Durchschnittstemperatur 2 °C) variiert. Vernachlässigen Sie die Winkel der Eisenstangen und betrachten Sie den Turm als vertikalen Träger.

Abbildung 17.17 Aufgabe 10: Der Eiffelturm in Paris.

11 (II) Um eine sichere Passform anzufertigen, werden oft Nieten, die länger als das Loch sind, verwendet. Die Nieten werden gekühlt (oft in Trockeneis), bevor sie ins Loch getrieben werden. Eine Stahlniete hat einen Durchmesser von 1,871 cm und soll in ein Loch mit 1,869 cm Durchmesser passen. Bis auf welche Temperatur muss die Niete gekühlt werden, damit sie bei 20 °C fest im Loch sitzt?

12 (II) Eine rechtwinklige Platte der Länge l und Breite b hat den Ausdehnungskoeffizienten α. Zeigen Sie, dass wenn sehr kleine Größen vernachlässigt werden, die Flächenänderung der Platte aufgrund der Temperaturänderung ΔT gegeben ist durch $\Delta A = 2\alpha l b \Delta T$.

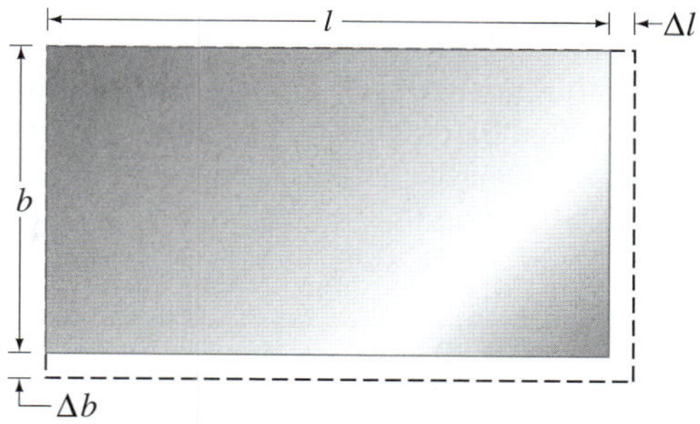

Abbildung 17.18 Rechtwinklige Platte wird erwärmt. Aufgabe 12.

13 (II) Ein gewöhnliches Glas wird bis zum Rand mit 350,0 ml 100 °C heißem Wasser gefüllt. Wie viel Wasser kann nachgegossen werden, wenn die Temperatur bis auf 20 °C gefallen ist?

14 (II) 55,50 ml Wasser füllen einen Behälter bei 20 °C bis zum Rand. Werden Behälter und Wasser auf 60 °C erhitzt, gehen 0,35 g Wasser verloren. (a) Wie groß ist der Volumen-Ausdehnungskoeffizient des Behälters? (b) Aus welchem Material besteht höchstwahrscheinlich der Behälter? Die Dichte des Wassers bei 60 °C beträgt 0,98324 g/ml.

15 (II) Eine Quarzkugel misst 8,75 cm im Durchmesser. Wie ändert sich ihr Volumen, wenn sie von 30 °C auf 200 °C erwärmt wird?

16 (II) Ein Messingzapfen soll in einen Eisenring passen. Bei Raumtemperatur beträgt der Zapfendurchmesser 8,753 cm, der Innendurchmesser des Eisenrings ist 8,743 cm. Auf welche gemeinsame Temperatur müssen Zapfen und Ring gebracht werden, damit sie zusammenpassen?

17 (II) Eine Flüssigkeit befindet sich in einem langen, schmalen Röhrchen, so dass sie im Wesentlichen nur in eine Richtung expandieren kann. Zeigen Sie, dass der effektive Koeffizient der linearen Wärmeausdehnung α in dieser Anordnung näherungsweise gleich dem Volumenausdehnungskoeffizient γ ist.

18 (II) (a) Zeigen Sie, dass bei einer Temperaturänderung ΔT die Änderung der Dichte ρ eines Stoffes gegeben ist durch $\Delta\rho = -\gamma\rho\Delta T$. (b) Wie groß ist die Dichteänderung einer Bleikugel, deren Temperatur von 25 °C auf −40 °C abnimmt?

19 (II) Das Pendel einer Taschenuhr besteht aus Messing und geht bei 17 °C zeitgenau. Wie viel Zeit geht in einem Jahr verloren oder wird gewonnen, wenn die Taschenuhr eine Temperatur von 25 °C hat? (Setzen Sie voraus, dass die Frequenz des Pendels von dessen Länge abhängt.)

20 (III) (a) Ermitteln Sie eine Formel für die Oberflächenänderung einer massiven Kugel mit Radius r bei einer Temperaturänderung ΔT und gegebenem linearem Ausdehnungskoeffizienten α (konstant). (b) Um wie viel nimmt die Oberfläche einer massiven Eisenkugel mit einem Radius von 60,0 cm zu, wenn die Temperatur von 20 °C auf 310 °C steigt?

21 (III) Ein 23,4 kg schweres massives, zylindrisches Aluminiumrad mit einem Radius von 0,41 m rotiert in reibungsfreier Aufhängung um seine Achse mit einer Winkelgeschwindigkeit $\omega = 32{,}8$ U/s. Um welchen Bruchteil ändert sich ω, wenn die Temperatur von 20,0 °C auf 75,0 °C angehoben wird?

Aufgaben zu 17.5

22 (I) Ab welcher Temperatur ist die Druckfestigkeit der Betonplatten aus Beispiel 17.7 endgültig überfordert?

23 (I) Ein Aluminiumstab hat bei 15 °C exakt die richtige Länge. Wie groß ist die Belastung, wenn der Stab auch bei 35 °C diese Länge hält?

24 (II) (a) Ein horizontaler Stahlbalken der Querschnittsfläche 0,041 m^2 wird fest mit zwei vertikalen Stahlträgern verbunden. Der Balken wurde bei einer Temperatur von 30 °C montiert. Welcher mechanischen Belastung ist er ausgesetzt, wenn die Temperatur auf −30 °C fällt? (b) Wird die Festigkeitsgrenze für Stahl überschritten? (c) Welcher Belastung wäre ein Betonbalken mit einer Fläche von 0,13 m^2 in derselben Lage ausgesetzt? Würde er brechen?

25 (III) Ein Fass mit Durchmesser 134,122 cm soll bei 20 °C von einem Eisenband umschlossen werden. Das Band hat einen Innendurchmesser von 134,110 cm bei 20 °C. Es ist 7,4 cm breit und 0,65 cm dick. (a) Auf welche Temperatur muss das Band erwärmt werden, damit es über das Fass passt? (b) Wie groß ist die Spannung im Band, wenn es anschließend wieder 20 °C hat?

Aufgaben zu 17.6

26 (I) Geben Sie die folgenden Temperaturen auf der Kelvinskala an: (a) 86 °C, (b) 78°F, (c) −100 °C, (d) 5500 °C.

27 (I) Wie viel Grad hat der absolute Nullpunkt auf der Fahrenheitskala?

28 (II) Typische Temperaturen im Innern der Erde und der Sonne sind ungefähr 4000 °C respektive $15 \cdot 10^6$ °C. (a) Wie groß sind diese Temperaturen in Kelvin? (b) Welchen prozentualen Fehler begeht jemand in beiden Fällen, der vergisst, von °C nach Kelvin umzurechnen?

Aufgaben zu 17.7 und 17.8

29 (I) Wenn in 3,00 m^3 Gas, das sich anfänglich unter Normalbedingungen befindet, der Druck auf 3,20 bar erhöht wird, steigt die Gastemperatur auf 38,0 °C. Wie groß ist das Volumen?

30 (I) In einer internen Verdampfungsmaschine wird Luft unter Atmosphärendruck bei einer Temperatur von 20 °C in einem Zylinder durch einen Kolben auf 1/9 des ursprünglichen Volumens (Kompressionsverhältnis = 9,0) komprimiert. Schätzen Sie die Temperatur der komprimierten Luft unter der Annahme, dass der Druck 40 bar groß wird.

31 (II) Berechnen Sie mit dem idealen Gasgesetz die Dichte von Sauerstoff unter Normalbedingungen.

32 (II) Ein Vorratstank enthält 21,6 kg Stickstoff (N_2) bei einem absoluten Druck von 3,65 bar. Wir groß ist der Druck, wenn der Stickstoff durch dieselbe Masse CO_2 ersetzt wird?

33 (II) Ein Vorratsbehälter enthält unter STp 18,5 kg Stickstoff (N_2). (a) Wie groß ist das Volumen des Behälters? (b) Wie groß wird der Druck, wenn zusätzlich 15,0 kg Stickstoff ohne Änderung der Temperatur zugeführt werden?

34 (II) 18,75 mol Helium haben bei 10,0 °C einen Überdruck von 0,350 bar. Berechnen Sie (a) das Volumen unter diesen Bedingungen und (b) die Temperatur, wenn das Gas auf exakt die Hälfte des Volumens bei einem Überdruck von 1 bar komprimiert wird.

35 (II) wie groß ist der Druck in einem 35-l-Behälter, der 105,0 kg Argon bei 20 °C enthält?

36 (II) Ein Tank enthält 30 kg O_2 bei einem Überdruck von 8,7 bar. Wie viele Kilogramm Helium sind ersatzweise erforderlich, wenn ein Überdruck von 7,00 bar erzeugt werden soll?

37 (II) Ein Heißluftballon erzeugt seinen Auftrieb durch Erhitzen der Luft im Ballon, wodurch ihre Dichte sich gegenüber der Außenluft verringert. Nehmen Sie an, dass der Ballon 1800 m^3 fasst und die erforderliche Auftriebskraft 2700 N beträgt (Grobschätzung des Ballons inkl. Equipment und Ballonfahrer). Berechnen Sie die Temperatur der Luft im Ballon, die den nötigen Auftrieb erzeugt. Rechnen Sie mit einer Außenlufttemperatur von 0 °C und der Annahme, dass Luft unter diesen Bedingungen ein ideales Gas ist. Welche Faktoren begrenzen die maximale Flughöhe dieser Ballontechnik bei einer gegebenen Last? (Variablen wie Wind sind zu vernachlässigen.)

38 (II) Ein Reifen wird bei 15 °C mit Luft gefüllt, bis er einen Überdruck von 220 kpa hat. Welcher Bruchteil der ursprünglichen Luftmenge muss entweichen, wenn die Temperatur auf 38 °C ansteigt und der Druck von 220 kpa erhalten bleiben soll?

39 (II) 61,5 l Sauerstoff werden bei 18,0 °C und einem absoluten Druck von 2,45 bar auf 48,8 l komprimiert. Wie groß ist der Druck, wenn gleichzeitig die Temperatur auf 50,0 °C ansteigt?

40 (II) Ein mit Helium gefüllter Luftballon entwischt auf Nullhöhe bei 20 °C. Wie verändert sich sein Volumen, wenn er eine Höhe von 3000 m erreicht, wo die Temperatur 5 °C ist und der Druck 0,70 bar beträgt?

41 (III) Vergleichen Sie den Wert für die Dichte von Wasserdampf bei 100 °C und 1 bar (Tabelle 13.1) mit dem Wert, den das ideale Gasgesetz liefert. Warum rechnen Sie mit einem Unterschied?

42 (III) Eine Luftblase hat auf dem Grund eines Sees in 37,0 m Tiefe bei 5,5 °C ein Volumen von 1,00 cm^3. Wie groß ist das Volumen der Luftblase kurz vor der Oberfläche, wo die Temperatur 21 °C beträgt?

Aufgaben zu 17.9

43 (I) Berechnen Sie die Anzahl der Moleküle/m^3 in einem idealen Gas unter Normalbedingungen.

44 (I) Wie viele Mole Wasser sind in 1,000 l? Wie viele Moleküle sind das?

45 (I) Schätzen Sie die Anzahl der Moleküle pro Atemzug bei einem Lungenvolumen von 2,0 l.

46 (II) Schätzen Sie die Anzahl der (a) Mole und (b) Moleküle des Wassers sämtlicher Ozeane. Gehen Sie dabei von der Annahme aus, dass Wasser zu 75 Prozent die Erdoberfläche bedeckt und die Gewässer im Schnitt 3 km tief sind.

47 (II) Ein kubisches Gefäß des Volumens $5{,}1 \cdot 10^{-2}\,m^3$ wird bei Atmosphärendruck und 20 °C mit Luft gefüllt. Anschließend wird der Behälter verschlossen und auf 180 °C erhitzt. Welche resultierende Kraft wird auf jede Würfelseite ausgeübt?

48 (III) Schätzen Sie wie viele Luftmoleküle in jedem ihrer Atemzüge (2 l) enthalten sind, die auch im letzten Atemzug Galileos enthalten waren. [*Hinweis*: Rechnen Sie mit einer Höhe der Atmosphäre von 10 km und konstanter Dichte.]

Aufgaben zu 17.10

49 (I) Am Siedepunkt von Schwefel (444,6 °C) ist der Druck in einem Gasvolumen-Thermometer 187 Torr. Schätzen Sie (a) den Druck am Tripelpunkt von Wasser (0,01 °C) und (b) die Temperatur, bei der der Druck im Thermometer 112 Torr beträgt.

50 (I) Wie groß ist in einem Gasvolumen-Thermometer das begrenzende Verhältnis vom Druck am Siedepunkt des Wassers bei 1 bar zum Druck am Tripelpunkt? (Rechnen Sie mit fünf signifikanten Stellen.)

51 (II) Bestimmen Sie anhand von ▸ Abbildung 17.15 die Ungenauigkeit eines Gasvolumenthermometers mit Sauerstoff, wenn es einen Messwert von $p = 268$ Torr am Tripelpunkt des Wassers (0,01 °C) bei 1 bar liefert. Drücken Sie Ihre Antwort (a) in Kelvin und (b) in Prozent aus.

52 (II) Ein Gasvolumen-Thermometer wird dazu benutzt, die Temperatur des Schmelzpunkts eines Stoffes zu bestimmen. Der Druck im Thermometer bei dieser Temperatur beträgt 218 Torr. Beim Tripelpunkt des Wassers beträgt er 286 Torr. Nun wird etwas Gas aus dem Thermometerkolben abgelassen, so dass der Druck am Tripelpunkt 163 Torr wird. Bei der Schmelztemperatur der Substanz ist der Druck 128 Torr. Schätzen Sie so genau wie möglich die Temperatur des Schmelzpunkts des Stoffes.

Allgemeine Aufgaben

53 Ein Präzisions-Stahlband-Längenmaß ist bei 20 °C kalibriert worden. Liefert es bei 35 °C (a) zu hohe oder zu niedrige Messwerte? (b) Wie groß ist der relative Fehler?

54 Ein Messbecher aus feuerfestem Glas wurde bei Raumtemperatur kalibriert. Wie groß ist der Fehler, wenn ein Rezept 300 ml kaltes Wasser erfordert, Wasser und Messbecher aber nicht Raumtemperatur haben, sondern 80 °C heiß sind? Vernachlässigen Sie die Expansion des Glases.

55 Der Druck in einem Helium-Zylinder beträgt anfänglich 35 bar. Nachdem viele Ballons aufgeblasen worden sind, ist der Druck auf 5 bar gefallen. Wie groß ist der Bruchteil des im Zylinders verbliebenen Gases? Die Druckangaben sind als Überdruck zu verstehen.

56 Schreiben Sie das ideale Gasgesetz unter Verwendung der Gasdichte auf.

57 Schätzen Sie die Anzahl der Luftmoleküle in einem Raum der Länge 8,0 m, Breite 6,0 m und Höhe 4,2 m. Die Temperatur beträgt 20 °C. Wie viele Mole ergibt diese Luftmenge?

58 Der niedrigste Druck, der mit der besten Vakuumtechnik erreicht werden kann, liegt bei etwa $10^{-12}\,\mathrm{N/m^2}$. Wie viele Moleküle gibt es bei solch einem Druck in $1\,\mathrm{cm^3}$ bei 0 °C?

59 Wenn ein Taucher in 10 m Tiefe seine Lunge bis zur vollen Kapazität mit Luft füllte, welches Volumen hätte die Lunge, wenn er jäh an die Oberfläche schnellte? Ist das ratsam?

60 Ein Stab der Länge L_1 hat seine Temperatur von T_1 nach T_2 geändert. Ermitteln Sie eine Formel für die neue Länge L_2 mit den Größen T_1, T_2 und α. Rechnen Sie mit: (a) $\alpha =$ konstant; (b) $\alpha = \alpha(T)$ eine Funktion der Temperatur und (c) $\alpha = \alpha_0 + bT$, worin α_0 und b Konstanten sind.

61 Ein Haus hat ein Volumen von $770\,\mathrm{m^3}$. (a) Wie groß ist die Gesamtmasse der Luft im Haus bei 20 °C? (b) Welche Luftmasse strömt ein oder aus, wenn die Temperatur auf −10 °C fällt?

62 (a) Zeigen Sie unter Verwendung des idealen Gasgesetzes, dass für ein ideales Gas bei konstantem Druck der Volumenausdehnungs-Koeffizient $\gamma = 1/T$ ist, worin T die Kelvin-Temperatur ist. Vergleichen Sie das mit Tabelle 17.1 für Gase bei $T = 293$ K. (b) Zeigen Sie, dass das Elastizitätsmodul (**Abschnitt 12.5**) eines idealen Gases bei konstanter Temperatur $B = p$ ist, worin p der Druck ist.

63 Schätzen Sie mittels des bekannten Wertes für den Atmosphärendruck auf der Erdoberfläche die Gesamtzahl der Luftmoleküle der Erdatmosphäre.

64 (a) Das Röhrchen eines Quecksilber-Thermometers hat einen Innendurchmesser von 0,140 mm. Der Kolben hat ein Volumen von $0{,}315\,\mathrm{cm^3}$. Wie weit bewegt sich der Quecksilberspiegel, wenn die Temperatur von 11,5 °C auf 33,0 °C anwächst? Berücksichtigen Sie die Expansion des feuerfesten Glases. (b) Ermitteln Sie eine Formel für die Länge der Quecksilbersäule in Abhängigkeit der relevanten Variablen.

65 Wie groß ist der durchschnittliche Abstand von Sauerstoffmolekülen bei Normalbedingungen?

66 Ein Eisenwürfel schwimmt auf flüssigem Quecksilber bei 0 °C. (a) Wenn die Temperatur auf 25 °C ansteigt, sinkt der Würfel dann tiefer ein ins Quecksilber oder hebt er sich heraus? (b) Um welchen Prozentsatz ändert sich der eingetauchte Volumenanteil?

67 Wenn ein Stahlband bei 20 °C die Erde umspannt und anschließend auf 35 °C erhitzt wird, wie weit stünde das Band dann über der Erdoberfläche (überall gleicher Abstand)?

68 Schätzen Sie die prozentuale Dichteänderung von Eisen, wenn es noch ein Festkörper ist, doch tief in der Erde einer Temperatur von 2000 °C und einem Druck von 5000 bar ausgesetzt ist. Berücksichtigen Sie sowohl die Wärmeausdehnung als auch die Veränderungen aufgrund des gestiegenen Außendrucks. Wählen Sie den Elastizitätsmodul und den Volumenausdehnungs-Koeffizienten als nicht temperaturabhängig und gleich dem Wert für Raumtemperatur. Der Elastizitätsmodul für Eisen beträgt etwa $90 \cdot 10^9\,\mathrm{N/m^2}$.

69 Ein Standardzylinder mit Sauerstoff in einem Krankenhaus hat die folgenden Eigenschaften bei Raumtemperatur (300 K): Überdruck = 13 800 kpa (2000 psi), Volumen = 16 Liter (0,016 m^3). Wie lange hält der Sauerstoffvorrat vor, wenn die Strömungsrate bei Atmosphärendruck konstant 2,4 Liter/min beträgt?

70 Ein mit Helium gefüllter Partyballon wird als perfekte Kugel mit einem Radius von 18,0 cm betrachtet. Bei Raumtemperatur (20 °C) beträgt sein Druck 1,05 bar. Bestimmen Sie die Stoffmenge des Heliums im Ballon sowie die Masse des Heliums, die zum Aufblasen des Ballons erforderlich ist.

71 Die Dichte von Benzin bei 0 °C beträgt $0{,}68 \cdot 10^3\ \mathrm{kg/m^3}$. Wie groß ist die Dichte an einem heißen Tag, wenn die Temperatur 32 °C beträgt?

72 Ein Messingverschluss wird bei 20 °C auf ein Einmachglas geschraubt. Um das Glas zu öffnen, wird es in heißes Wasser gelegt. Danach beträgt die Temperatur von Deckel und Glas 60 °C. Der Innendurchmesser des Deckels ist 8 cm. Bestimmen Sie die Größe der Lücke (Unterschied des Radius), die sich bei dieser Vorgehensweise einstellt.

73 Der erste Längenstandard, eingeführt im 18. Jahrhundert, war ein Platinstab mit zwei sehr feinen Markierungen, die definitionsgemäß exakt 1 m voneinander entfernt waren. Wenn dieser Standardstab innerhalb $\pm 1{,}0\ \mu\mathrm{m}$ genau war, wie sorgfältig mussten dann die Verantwortlichen auf die Temperatur Acht geben? Der Koeffizient für die lineare Wärmeausdehnung ist $9 \cdot 10^{-6}\ °\mathrm{C}^{-1}$.

74 Stäbe zur Betonverstärkung sind aus Stahl, der fast denselben Wärmeausdehnungskoeffizienten wie Beton hat. Was würde passieren, wenn man statt Stahl Messing verwenden würde? Stellen Sie sich einen Messingstab mit 2,5 cm Durchmesser vor, der in eine Betonmatrix eingegossen wird. Wenn die Temperatur um 20 °C ansteigt, steht das Messing unter Druck und der Beton unter Spannung. Wird der Beton zerbrechen? (Sie benötigen Daten aus den Tabellen 12.1 und 12.2. Arbeiten Sie mit derselben Belastungsgröße in beiden Materialien.)

75 Ein Heliumballon hat ein Volumen V_0 und eine Temperatur T_0 auf Nullhöhe, wo der Druck p_0 und die Luftdichte ρ_0 ist. Der Ballon steigt in die Höhe y auf, wo die Temperatur T_1 herrscht. (a) Zeigen Sie, dass das Volumen des Ballons dann $V = V_0(T_1/T_0)\mathrm{e}^{+cy}$ beträgt. In der Gleichung ist $c = \rho_0 g/p_0 = 1{,}25 \cdot 10^{-4}\ \mathrm{m}^{-1}$. (b) Zeigen Sie, dass die Auftriebskraft nicht von der Höhe y abhängt. Nehmen Sie an, dass die Ballonhaut den Heliumdruck um einen konstanten Faktor 1,05 mal größer als den äußeren Druck hält (*Hinweis*: Die Druckänderung mit der Höhe ist $p = p_0\,\mathrm{e}^{-cy}$, wie in **Beispiel 13.4, Kapitel 13** gezeigt.)

76 Eine Sauerstoffflasche für Taucher hat bei voller Ladung einen Druck von 200 bar bei 20 °C. Das Volumen der Flasche beträgt 11,3 l. (a) Wie groß wäre das Luftvolumen bei 1,00 bar und derselben Temperatur? (b) Vor dem Sprung ins Wasser atmet eine Person 2,0 Liter Luft mit jedem Atemzug ein und atmet 12 Mal in der Minute. Wie lange hält die Sauerstoffflasche bei dieser Luftvolumenrate vor? (c) Wie lange würde der Sauerstoffvorrat in einer Tiefe von 20,0 m und bei einer Temperatur von 10 °C sowie bei gleicher Volumenrate reichen?

77 Eine Temperaturkontrolle, die in einer Dampfumgebung eingesetzt werden soll, schließt einen Bimetallstreifen aus Messing und Stahl ein, der an den Enden von Nieten zusammengehalten wird. Beide Metallstreifen sind 2,0 mm dick. Bei 20 °C ist der Bimetallstreifen 10,0 cm lang und gerade. Berechnen Sie den Krümmungsradius der Anordnung bei 100 °C. Siehe ► **Abbildung 17.19**.

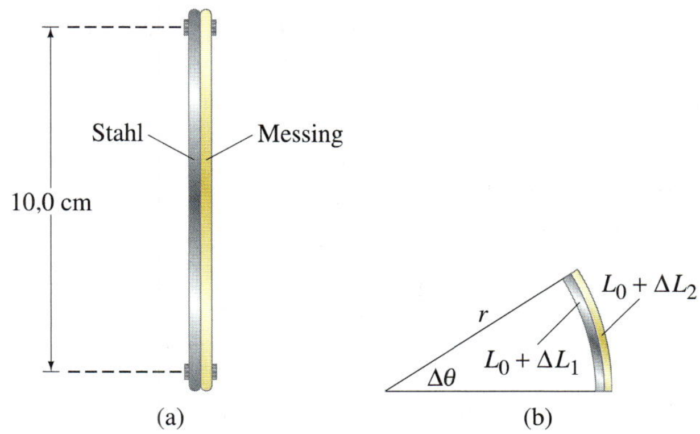

Abbildung 17.19 Aufgabe 77.

Kinetische Gastheorie

18

ÜBERBLICK

Der Salmon-Fluss in Idaho, USA, beliebt bei Wildwassersportlern und Anglern, im Dezember. Wir sehen die drei Zustände von Stoffen in flüssiger (Wasser), fester (Schnee und Eis) und gasförmiger (Dampf oder Nebel) Form. In diesem Kapitel wollen wir die mikroskopische Theorie von Gasen betrachten, die aus Molekülen und Atomen bestehen, die unentwegt in Bewegung sind. Diese Theorie bezeichnen wir als die kinetische Gastheorie. Wir werden feststellen, dass die Temperatur eines Gases in direktem Bezug zur durchschnittlichen Geschwindigkeit der Moleküle steht. Wir werden uns ideale Gase anschauen, aber auch einen Blick auf reale Gase werfen und Phasenübergänge betrachten. Außerdem beschäftigen wir uns mit der Luftfeuchte, dem Dampfdruck und dem Sieden von Wasser.

18. Kinetische Gastheorie

Wir beschäftigen uns mit Gasen und untersuchen deren Atome und Moleküle, die ständig in Bewegung sind. Wir wollen die physikalischen Eigenschaften eines Gases, die sich aufgrund der bewegten Teilchen ergeben, in einer Theorie behandeln, der **kinetischen Gastheorie**. Wir greifen dabei auf die Gesetze der klassischen Mechanik zurück. Doch Newtons Gesetze auf die große Anzahl von Molekülen im Gas ($> 10^{25}/\text{m}^3$ bei Normalbedingungen, $T = 20\,°\text{C}$, $p = 1\,\text{bar}$) anzuwenden ist weit jenseits der Möglichkeiten jedes Computers. Stattdessen machen wir eine statistische Annäherung und ermitteln die Durchschnittswerte bestimmter Größen. Die Durchschnittswerte der mikroskopischen Größen (bezogen auf ein Teilchen) hängen mit messbaren makroskopischen Größen (des gesamten Systems von Teilchen) zusammen. Natürlich verlangen wir, dass sich die mikroskopische Beschreibung mit den makroskopischen Eigenschaften verträgt, andernfalls hätte die Theorie kaum einen Wert. Am wichtigsten ist die Entwicklung einer Beziehung zwischen der durchschnittlichen kinetischen Energie der Moleküle eines Gases und der absoluten Temperatur.

18.1 Das ideale Gasgesetz und die molekulare Interpretation der Temperatur

Wir formulieren einige vereinfachende Annahmen über die Moleküle eines Gases. Das Gas, das wir beschreiben wollen, ist ein **ideales Gas**. Die grundlegenden Annahmen der kinetischen Gastheorie sind:

1. Es gibt eine große Anzahl N von Molekülen. Jedes hat die Masse m und bewegt sich mit unterschiedlichen Geschwindigkeiten in zufallsbestimmte Richtungen. Diese Annahme stimmt mit der Beobachtung überein, dass ein Gas einen Behälter ausfüllt und, im Fall der Lufthülle der Erde, durch die Schwerkraft an der Erdoberfläche bleibt und nicht ins All entweicht.

2. Die Moleküle sind durchschnittlich weit voneinander entfernt. Das heißt, ihr durchschnittlicher Abstand ist viel größer als der Durchmesser jedes Moleküls.

3. Die Moleküle gehorchen den Gesetzen der klassischen Mechanik. Sie wechselwirken nur miteinander, wenn sie zusammen stoßen. Die Moleküle üben zwischen den Kollisionen nur eine schwache Anziehungskraft aufeinander aus. Da das damit verbundene Potenzial verglichen mit der kinetischen Energie jedoch klein ist, vernachlässigen wir es von nun an.

4. Stöße zwischen den Molekülen und der Aufprall von Molekülen gegen die Gefäßwand werden als ideal elastisch betrachtet, wie die Stöße perfekt elastischer Billardkugeln (Kapitel 9). Die Dauer der Stöße gilt zudem als sehr kurz im Vergleich mit dem Zeitintervall zwischen den Stößen. Dann können wir die potenzielle Energie, die mit den Kollisionen verbunden ist, verglichen mit der kinetischen Energie zwischen den Zusammenstößen vernachlässigen.

Erklärung des Boyle-Mariotte'schen Gesetzes

Wir können unmittelbar sehen, wie die kinetische Gastheorie das Boyle-Mariotte'sche Gesetz (Abschnitt 17.6) erklärt. Der auf die Gefäßwände ausgeübte Gasdruck resultiert aus dem konstanten Bombardement der Moleküle auf diese Wand, bei dem die zur Wandoberfläche senkrechte Komponente des Impulses beim Stoß umgekehrt wird. Wird das Volumen eines Gases um die Hälfte reduziert, erhöht sich die Dichte des Gases entsprechend und doppelt so viele Gasteilchen werden pro Sekunde auf eine gegebene Fläche der Gefäßwand prallen. Wir rechnen also mit einem doppelt so großen Druck, in Übereinstimmung mit dem Boyle-Mariotte'schen Gesetz.

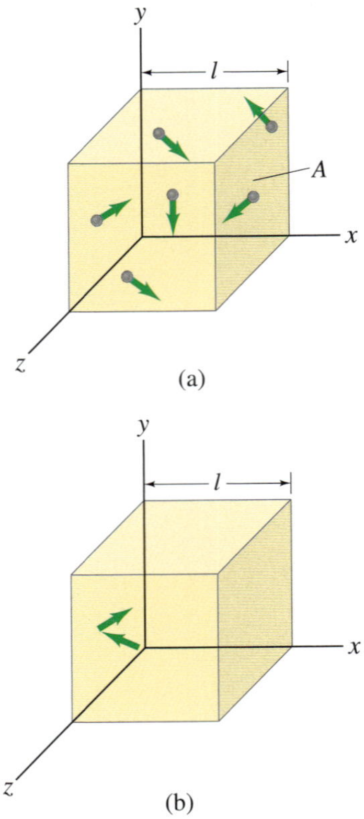

Abbildung 18.1 Gasmoleküle bewegen sich in einem würfelförmigen Behälter. (b) Pfeile zeigen den Impuls eines Moleküls an, wenn es von der Wand zurückprallt.

Wir wollen nun den Druck eines Gases quantitativ auf Basis der kinetischen Gastheorie berechnen. Dazu stellen wir uns vor, dass die Gasteilchen, die wir im Folgenden als Moleküle bezeichnen, in einem würfelförmigen Gefäß der Fläche A und der Seitenlänge l eingeschlossen sind (▶ Abbildung 18.1). Der Druck, den die Gasmoleküle auf die Gefäßwände ausüben ist unserem Modell zufolge auf die Stöße der Moleküle mit den Wänden zurückzuführen. Wir konzentrieren uns auf die linke Gefäßwand mit der Fläche A und untersuchen, was passiert, wenn ein Molekül auf diese Wand prallt, wie in ▶ Abbildung 18.1b dargestellt. Das Molekül übt eine Kraft auf die Wand aus, und die Wand übt eine gleich große, entgegen gesetzte Kraft auf das Molekül aus. Nach Newtons zweitem Axiom ist die Größe dieser Kraft gleich der Änderung des Impulses in der Zeit, $F = \mathrm{d}p/\mathrm{d}t$. Unter der Annahme, dass der Stoß elastisch ist, ändert sich nur die Impulskomponente in x-Richtung von $-mv_x$ (es bewegt sich in negative x-Richtung) nach $+mv_x$. Die Impulsänderung pro Kollision ist mithin $\Delta(mv)$, der Endimpuls minus dem Anfangsimpuls:

$$\Delta(mv) = mv_x - (-mv_x) = 2mv_x \,.$$

Das Molekül stößt viele Male mit der Wand zusammen, wobei die Zeit zwischen zwei Stößen Δt ist. Das ist die Zeit, die das Molekül benötigt, um die Box einmal hin und zurück zu durchqueren. Die Distanz ist gleich $2l$. Es gilt $2l = v_x \Delta t$ oder

$$\Delta t = 2l/v_x \,.$$

Die Zeit Δt zwischen den Stößen mit den Wänden ist sehr klein, somit ist die Anzahl der Zusammenstöße pro Sekunde sehr groß. Die durchschnittliche Kraft – der Durchschnitt zahlreicher Stöße – ist gleich der Kraft, die während einer Kollision ausgeübt wird dividiert durch die Zeit zwischen zwei Kollisionen:

$$F = \frac{\Delta(mv)}{\Delta t} = \frac{2mv_x}{2l/v_x} = \frac{mv_x^2}{l} \,. \qquad \text{(pro Molekül)}$$

Auf seinem Weg hin und zurück durch den Behälter kann das Molekül auch gegen die anderen Seiten prallen, doch hat das keinen Einfluss auf die x-Komponente des Impulses und ändert folglich das Ergebnis nicht. Es kann auch mit den anderen Molekülen zusammenstoßen, die sein v_x ändern. Doch wird dabei jeder Verlust oder Gewinn des Impulses durch die anderen Moleküle ausgeglichen, und da wir am Ende die Summe alle Moleküle bilden, ist dieser Effekt mit eingeschlossen. Unser Ergebnis von oben wird also nicht geändert.

Natürlich nimmt die tatsächliche Krafteinwirkung pro Molekül auch Zwischenwerte an, da jedoch eine große Anzahl Moleküle pro Sekunde auf die Wand trifft, ist die Kraft durchschnittlich gesehen konstant. Um nun die Krafteinwirkung *sämtlicher* Moleküle im Gefäß zu berechnen, müssen wir den Beitrag jedes einzelnen berücksichtigen. Die resultierende Kraft auf die Wand ist also

$$F = \frac{m}{l}\left(v_{x1}^2 + v_{x2}^2 + \cdots + v_{xN}^2\right) ,$$

worin v_{x1} die Geschwindigkeit v_x von Molekül Nummer 1 (wir ordnen jedem Molekül willkürlich eine Nummer zu) ist und der Index N darauf hinweist, dass wir die Summe über alle Moleküle bilden. Der Mittelwert des Quadrats der Geschwindigkeit in x-Richtung ist:

$$\overline{v_x^2} = \frac{v_{x1}^2 + v_{x2}^2 + \cdots + v_{xN}^2}{N} \,. \qquad (18.1)$$

Wir können die Kraft also schreiben als:

$$F = \frac{m}{l} N \overline{v_x^2} \,.$$

Wir wissen, dass das Quadrat eines beliebigen Vektors gleich ist der Summe der Quadrate seiner Komponenten (Theorem des Pythagoras). Es gilt also

$$v^2 = v_x^2 + v_y^2 + v_z^2$$

für jede Geschwindigkeit v. Indem wir die Mittelwerte nehmen, erhalten wir

$$\overline{v^2} = \overline{v_x^2} + \overline{v_y^2} + \overline{v_z^2} \,.$$

Da die Geschwindigkeiten der Moleküle im Gas als zufällig verteilt angenommen wurden, gibt es keine Vorzugsrichtung. Das heißt

$$\overline{v_x^2} = \overline{v_y^2} = \overline{v_z^2} \,.$$

Kombiniert mit der obigen Gleichung erhalten wir

$$\overline{v^2} = 3\overline{v_x^2} \,.$$

Wir setzen diesen Ausdruck in die Gleichung für die resultierende Kraft ein:

$$F = \frac{m}{l} N \frac{\overline{v^2}}{3} \,.$$

Der Druck auf die Gefäßwand ist damit

$$p = \frac{F}{A} = \frac{1}{3} \frac{Nm\overline{v^2}}{Al}$$

oder

$$p = \frac{1}{3} \frac{Nm\overline{v^2}}{V} \,. \qquad (18.2)$$

Gasdruck

Darin ist $V = lA$ das Volumen des Behälters. Das ist das gesuchte Resultat, der Druck in einem Gas als Ausdruck molekularer Größen, hier der mittleren kinetischen Energie.

Gleichung 18.2 kann man in eine klarere Form bringen, indem man beide Seiten mit V multipliziert und die rechte Seite geringfügig neu anordnet:

$$pV = \frac{2}{3} N \left(\frac{1}{2} m\overline{v^2} \right) \,. \qquad (18.3)$$

Die Größe $\frac{1}{2}m\overline{v^2}$ ist die durchschnittliche kinetische Energie ($\overline{E_{kin}}$) der Moleküle im Gas. Vergleichen wir Gleichung 18.3 mit Gleichung 17.4, dem idealen Gasgesetz $pV = NkT$, sehen wir, dass die beiden übereinstimmen, wenn

$$\frac{2}{3} \left(\frac{1}{2} m\overline{v^2} \right) = kT \,,$$

oder

$$\overline{E_{kin}} = \frac{1}{2} m\overline{v^2} = \frac{3}{2} kT \,. \quad \text{(ideales Gas)} \qquad (18.4)$$

TEMPERATUR BEZOGEN AUF DIE DURCHSCHNITTLICHE KINETISCHE ENERGIE VON MOLEKÜLEN

Diese Gleichung sagt uns, dass

die durchschnittliche kinetische Energie der Moleküle eines idealen Gases direkt proportional zur absoluten Temperatur ist.

Je höher die Temperatur, desto schneller bewegen sich gemäß der kinetischen Gastheorie die Moleküle im Durchschnitt. Diese Beziehung ist einer der großen Leistungen der kinetischen Gastheorie.

Beispiel 18.1 **Molekulare kinetische Energie**

Wie groß ist die durchschnittliche kinetische Energie von Molekülen in einem idealen Gas bei 37 °C?

Lösung

Wir nutzen Gleichung 18.4 und ändern 37 °C in 310 K:

$$\overline{E_{\text{kin}}} = \frac{3}{2}kT$$
$$= \frac{3}{2}(1{,}38 \cdot 10^{-23}\,\text{J/K})(310\,\text{K}) = 6{,}42 \cdot 10^{-21}\,\text{J}\,.$$

Beachten Sie, dass ein Mol Moleküle eine kinetische Gesamtenergie gleich $(6{,}42 \cdot 10^{-21}\,\text{J})(6{,}02 \cdot 10^{23}) = 3900\,\text{J}$ hat. Das ist gleich der kinetischen Energie eines 1 kg schweren Steines mit einer Geschwindigkeit größer als 85 m/s.

Gleichung 18.4 ist nicht nur für Gase gültig, sie lässt sich mit akzeptabler Genauigkeit auch auf Flüssigkeiten und Festkörper anwenden. Somit könnte man das Ergebnis von Beispiel 18.1 auch auf die Moleküle in lebenden Zellen bei einer Körpertemperatur von 37 °C beziehen.

Wir können mittels Gleichung 18.4 die Durchschnittsgeschwindigkeit von Molekülen berechnen. Beachten Sie, dass sich der Durchschnitt in den Gleichungen 18.1 bis 18.4 über das *Quadrat* der Geschwindigkeit erstreckt. Die Quadratwurzel von $\overline{v^2}$ bezeichnen wir als **Wurzel aus dem Mittelwert der Geschwindigkeitsquadrate**. Als Symbol verwenden wir v_{rms}, rms ist englisch und bedeutet *root mean square*.

v_{rms} (engl. rms, *root-mean-square*)

v_{rms} der Moleküle

$$v_{\text{rms}} = \sqrt{\overline{v^2}} = \sqrt{\frac{3kT}{m}}\,. \tag{18.5}$$

Mittlere Geschwindigkeit

Die mittlere Geschwindigkeit $\overline{v}$ ist der Durchschnitt aller vorkommenden Molekülgeschwindigkeiten selber. $\overline{v}$ ist im allgemeinen nicht gleich v_{rms}. Um den Unterschied zwischen der mittleren Geschwindigkeit und v_{rms} zu verdeutlichen, sehen wir uns folgendes Beispiel an.

Beispiel 18.2 **Mittlere Geschwindigkeit und v_{rms}**

Acht Partikel haben die folgenden Geschwindigkeiten (in m/s): 1,0; 6,0; 4,0; 2,0; 6,0; 3,0; 2,0; 5,0. Berechnen Sie (a) die mittlere und (b) die Wurzel der mittleren quadratischen Geschwindigkeit, v_{rms}.

Lösung

a Die mittlere Geschwindigkeit ist (arithmetischer Mittelwert):

$$\overline{v} = \frac{1{,}0 + 6{,}0 + 4{,}0 + 2{,}0 + 6{,}0 + 3{,}0 + 2{,}0 + 5{,}0}{8} = 3{,}6\,\text{m/s}\,.$$

b Für v_{rms} gilt (Gleichung 18.1)

$$v_{\text{rms}} = \sqrt{\frac{(1{,}0)^2+(6{,}0)^2+(4{,}0)^2+(2{,}0)^2+(6{,}0)^2+(3{,}0)^2+(2{,}0)^2+(5{,}0)^2}{8}}\,\text{m/s}$$
$$= 4{,}0\,\text{m/s}\,.$$

Das Beispiel zeigt uns, dass $\overline{v}$ und v_{rms} nicht zwangsläufig gleich groß sind. In einem idealen Gas unterscheiden sie sich um etwa 8 Prozent. Im nächsten Abschnitt sehen wir, wie $\overline{v}$ für ein ideales Gas berechnet wird. Das Mittel, v_{rms} zu berechnen, kennen wir bereits (Gleichung 18.5).

Beispiel 18.3 **Geschwindigkeiten von Luftmolekülen**

Wie groß ist die Wurzel der mittleren quadratischen Geschwindigkeiten v_{rms} von Luftmolekülen (O_2 und N_2) bei Raumtemperatur (20 °C)?

Lösung

Wir müssen Gleichung 18.5 auf Sauerstoff und Stickstoff getrennt anwenden, da sie unterschiedliche Massen haben. Die Masse eines Moleküls O_2 (Molekulargewicht = 32 u) und eines Moleküls N_2 (Molekulargewicht = 28 u) sind mit $1\,\text{u} = 1{,}66 \cdot 10^{-27}$ kg:

$$m(O_2) = (32)(1{,}66 \cdot 10^{-27}\,\text{kg}) = 5{,}3 \cdot 10^{-26}\,\text{kg}$$

$$m(N_2) = (28)(1{,}66 \cdot 10^{-27}\,\text{kg}) = 4{,}7 \cdot 10^{-26}\,\text{kg}\,.$$

Für den Sauerstoff folgt somit:

$$v_{rms} = \sqrt{\frac{3kT}{m}} = \sqrt{\frac{(3)(1{,}38 \cdot 10^{-23}\,\text{J/K})(293\,\text{K})}{(5{,}3 \cdot 10^{-26}\,\text{kg})}} = 480\,\text{m/s}\,.$$

Für Stickstoff erhalten wir $v_{rms} = 510$ m/s. Diese Geschwindigkeiten liegen über 1500 km/h.

Gleichung 18.4, $\overline{E_{kin}} = \frac{3}{2}kT$, bedeutet, dass sich die kinetische Energie der Moleküle null annähert, wenn die Temperatur gegen den absoluten Nullpunkt geht. Die Quantentheorie zeigt uns jedoch, dass das so nicht genau stimmt. Die kinetische Energie in der Nähe des absoluten Nullpunkts nähert sich stattdessen einem Minimalwert an, der ungleich null ist. Obgleich alle realen Gase nahe 0 K flüssig oder fest werden, hört die Molekülbewegung nicht auf, auch nicht am absoluten Nullpunkt.

18.2 Molekulare Geschwindigkeitsverteilung

Die Maxwell-Boltzmann-Verteilung

Die Gasmoleküle werden als in zufälliger Bewegung befindlich angenommen. Das heißt, viele Moleküle haben Geschwindigkeiten kleiner als die Durchschnitts- und viele haben Geschwindigkeiten über der Durchschnittsgeschwindigkeit. Im Jahre 1859 entwickelte James Clerk Maxwell (1831–1879) eine Formel für die wahrscheinlichste Geschwindigkeitsverteilung in einem Gas mit N Molekülen. Wir leiten die Formel hier nicht her, sondern wollen sie nur angeben:

$$f(v) = 4\pi N \left(\frac{m}{2\pi kT}\right)^{\frac{3}{2}} v^2 \mathrm{e}^{-\frac{1}{2}\frac{mv^2}{kT}}\,. \qquad (18.6)$$

Maxwell-Boltzmann-Verteilung

$f(v)$ ist die Maxwell-Boltzmann-Verteilung der Geschwindigkeiten, sie ist in ► Abbildung 18.2 dargestellt. Der Ausdruck $f(v)\,\mathrm{d}v$ stellt die Anzahl Moleküle dar, die eine Geschwindigkeit zwischen v und $\mathrm{d}v$ haben. Man beachte, dass $f(v)$ nicht die Menge der Moleküle mit der Geschwindigkeit v wiedergibt. Vielmehr muss man $f(v)$ mit $\mathrm{d}v$ multiplizieren, um die Anzahl der Moleküle zu erhalten (die Anzahl der Moleküle muss vom Geschwindigkeitsintervall $\mathrm{d}v$ abhängen). In der

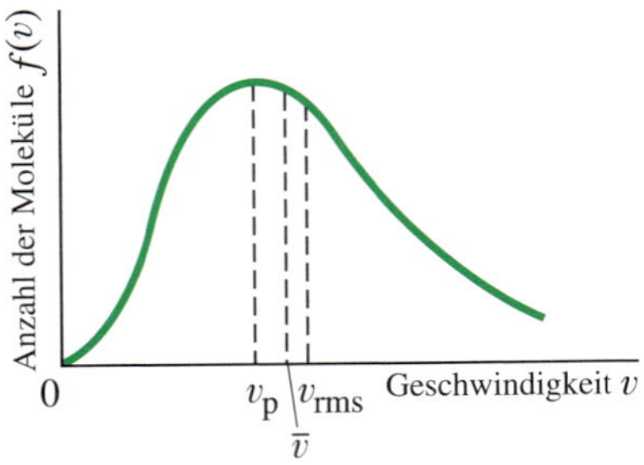

Abbildung 18.2 Die molekulare Geschwindigkeitsverteilung in einem idealen Gas. Beachten Sie, dass $\overline{v}$ und v_{rms} nicht im Maximum der Kurve liegen. (Die zugehörige Geschwindigkeit ist die „wahrscheinlichste Geschwindigkeit" v_p). Das liegt daran, dass die Kurve rechtsseitig verbogen ist: Sie ist nicht symmetrisch.

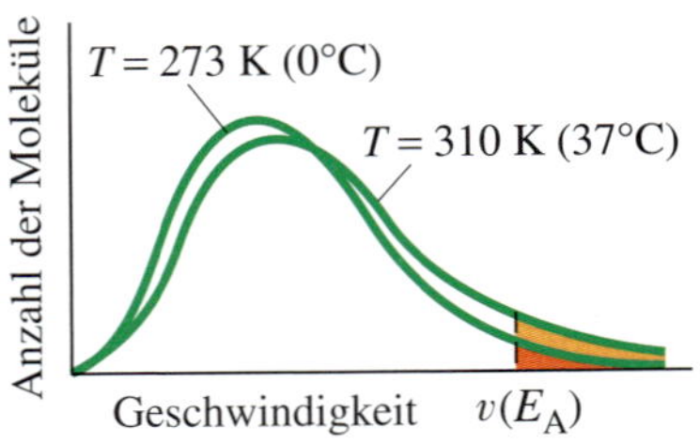

Abbildung 18.3 Die molekulare Geschwindigkeitsverteilung bei zwei verschiedenen Temperaturen.

Formel für $f(v)$ ist m die Masse eines einzelnen Moleküls, T ist die absolute Temperatur und k ist die Boltzmann-Konstante. Da N die Gesamtzahl der Gasmoleküle ist, müssen wir N erhalten, wenn wir die Geschwindigkeitsverteilung über sämtliche Geschwindigkeiten der Gasmoleküle integrieren:

$$\int_0^\infty f(v)\,\mathrm{d}v = N\,.$$

Experimente zur Bestimmung der Geschwindigkeitsverteilung in realen Gasen, die ab 1920 durchgeführt wurden, bestätigten mit beachtlicher Genauigkeit die Maxwell-Boltzmann-Verteilung (für Gase mit nicht zu hohen Drucken) und die direkte Proportionalität zwischen der kinetischen Energie und der absoluten Temperatur (Gleichung 18.4).

Die Maxwell-Boltzmann-Verteilung für ein gegebenes Gas hängt nur von der absoluten Temperatur ab. ► Abbildung 18.3 zeigt die Verteilungen für zwei unterschiedliche Temperaturen. Nimmt v_{rms} mit wachsender Temperatur zu, so verschiebt sich die gesamte Verteilungskurve nach rechts zu höheren Geschwindigkeiten.

► Abbildung 18.3 illustriert, wie die kinetische Gastheorie erklärt, warum viele chemische Reaktionen (inklusive solcher in biologischen Zellen) mit wachsender Temperatur schneller ablaufen. Die meisten chemischen Reaktionen finden in flüssigen Lösungen statt, und die Flüssigkeitsmoleküle haben eine Geschwindigkeitsverteilung, die der Maxwell-Boltzmann-Verteilung sehr nahe kommt. Zwei Moleküle könnten nur dann miteinander reagieren, wenn ihre kinetische Energie bei der Kollision groß genug ist, so dass sie einander durchdringen können. Die erforderliche Minimalenergie dafür heißt die *Aktivierungsenergie* E_A; sie hat einen spezifischen Wert für jede chemische Reaktion. Die molekulare Geschwindigkeit, die der kinetischen Energie E_A für eine bestimmte chemische Reaktion entspricht, ist in ► Abbildung 18.3 dargestellt. Die Anzahl von Molekülen mit einer Energie größer als dieser Wert ist durch die Fläche unter der Kurve rechts von $v(E_A)$ gegeben. In ► Abbildung 18.3 deuten die beiden unterschiedlich schraffierten Flächen die beiden unterschiedlichen Temperaturen an. Die Anzahl Moleküle, deren kinetische Energie E_A überschreitet, nimmt bei einem nur geringen Temperaturzuwachs beträchtlich zu. Die chemische Reaktionsgeschwindigkeit ist direkt proportional zur Anzahl der Moleküle mit einer Energie größer als E_A. Wir verstehen nun, warum Reaktionsraten stark mit der Temperatur zunehmen.

Berechnungen der Maxwell-Boltzmann-Verteilung

Wir wollen nun sehen, wie wir mit der Maxwell-Boltzmann-Verteilung einige interessante Resultate erhalten können.

Beispiel 18.4 Bestimmung von $\overline{v}$ und v_p

Ermitteln Sie Formeln für (a) die Durchschnittsgeschwindigkeit $\overline{v}$ und (b) die wahrscheinlichste Geschwindigkeit v_p von Molekülen in einem idealen Gas.

Lösung

a Die Durchschnittsgeschwindigkeit einer jeden Größe wird dadurch bestimmt, indem man jeden möglichen Wert der Größe (hier die Geschwindigkeit) mit der Anzahl der Moleküle, die diesen Wert haben, multipliziert und anschließend die Anzahlen summiert und durch N, die Gesamtanzahl, dividiert. Wir haben es mit einer kontinuierlichen Geschwindigkeitsverteilung (Gleichung 18.6) zu tun, somit wird aus der

Summe ein Integral über das Produkt aus v und der Anzahl $f(v)\,\mathrm{d}v$ mit dieser Geschwindigkeit v:

$$\overline{v} = \frac{\int_0^\infty v f(v)\,\mathrm{d}v}{N} = 4\pi\left(\frac{m}{2\pi kT}\right)^{\frac{3}{2}} \int_0^\infty v^3 \mathrm{e}^{-\frac{1}{2}\frac{mv^2}{kT}}\,\mathrm{d}v\,.$$

Das Integral schlagen wir in den Tabellen nach oder wenden die Methode der partiellen Integration an. Diese Größen sind in ► Abbildung 18.2 eingetragen. Wir erhalten:

$$\overline{v} = 4\pi\left(\frac{m}{2\pi kT}\right)^{\frac{3}{2}}\left(\frac{2k^2T^2}{m^2}\right) = \sqrt{\frac{8}{\pi}\frac{kT}{m}} \approx 1{,}60\sqrt{\frac{kT}{m}}\,.$$

Durchschnittsgeschwindigkeit $\overline{v}$

b Die *wahrscheinlichste Geschwindigkeit* ist die Geschwindigkeit, die häufiger als die anderen auftritt. Somit ist sie der Wert, wo $f(v)$ ihr Maximum hat. Da am Maximum $\mathrm{d}f(v)/\mathrm{d}v = 0$ ist, erhalten wir:

$$\frac{\mathrm{d}f(v)}{\mathrm{d}v} = 4\pi\left(\frac{m}{2\pi kT}\right)^{\frac{3}{2}}\left(2v\,\mathrm{e}^{-\frac{mv^2}{2kT}} - \frac{2mv^3}{2kT}\mathrm{e}^{-\frac{mv^2}{2kT}}\right) = 0\,.$$

Nach v aufgelöst ergibt das

$$v_\mathrm{p} = \sqrt{\frac{2kT}{m}} \approx 1{,}41\sqrt{\frac{kT}{m}}\,.$$

Wahrscheinlichste Geschwindigkeit v_p

(Eine andere Lösung ist $v = 0$, doch die korrespondiert mit einem Minimum, nicht mit einem Maximum.)

Zusammengefasst:

$$v_\mathrm{p} = \sqrt{\frac{2kT}{m}} \approx 1{,}41\sqrt{\frac{kT}{m}}\,. \qquad (18.7a)$$

Wahrscheinlichste Geschwindigkeit v_p

$$\overline{v} = \sqrt{\frac{8}{\pi}\frac{kT}{m}} \approx 1{,}60\sqrt{\frac{kT}{m}} \qquad (18.7b)$$

Mittlere Geschwindigkeit $\overline{v}$

Und aus Gleichung 18.5:

$$v_\mathrm{rms} = \sqrt{\frac{3kT}{m}} \approx 1{,}73\sqrt{\frac{kT}{m}}\,.$$

Wurzel der mittleren quadratischen Geschwindigkeiten v_rms

Diese Größen sind in ► Abbildung 18.2 eingetragen. Aus Gleichung 18.6 und ► Abbildung 18.2 ist ersichtlich, dass Molekülgeschwindigkeiten in einem Gas von null bis zum Vielfachen der Durchschnittsgeschwindigkeit variieren können. Doch der Kurvenverlauf besagt, dass die meisten Molekülgeschwindigkeiten nicht weit vom Durchschnittswert entfernt liegen. Weniger als 1 Prozent der Moleküle überschreiten v_rms um das Vierfache.

Beispiel 18.5 · Abschätzung — Anwendung von *f(v)*

Nehmen Sie an, dass ein Gasvolumen Helium bei einer Temperatur $T = 300\,\mathrm{K}$ $N = 10^6$ Atome enthält. Jedes Heliumatom hat eine Masse von $m_\mathrm{He} = 6{,}64 \cdot 10^{-27}\,\mathrm{kg}$. (a) Wie groß ist die wahrscheinlichste Geschwindigkeit v_p eines Heliumatoms in dem Gasvolumen? (b) Schätzen Sie ab, wie viele Atome Geschwindigkeiten im Bereich v_p und $v_\mathrm{p} + 40\,\mathrm{m/s}$ haben. (c) Sei $v = 10\,v_\mathrm{p}$. Berechnen Sie die Anzahl der Moleküle mit Geschwindigkeiten zwischen v und $v + 40\,\mathrm{m/s}$.

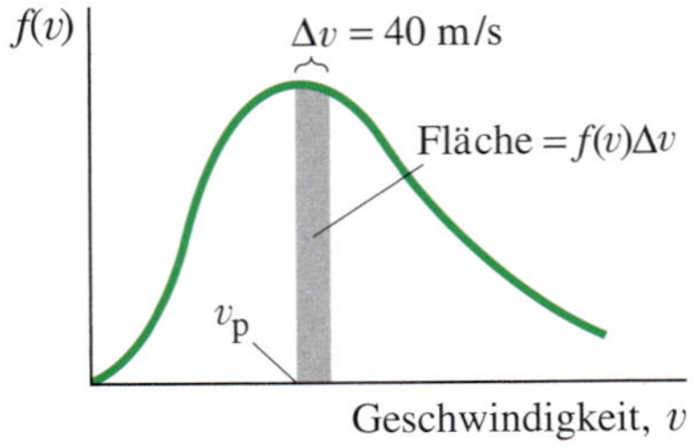

Abbildung 18.4 Berechnung der Anzahl der Moleküle ΔN mit Geschwindigkeiten zwischen v_p und $v_p + 40\,\mathrm{m/s}$. $\Delta N = f(v)\Delta v$ ist gleich der schraffierten Fläche.

Lösung

a Die wahrscheinlichste Geschwindigkeit v_p ist durch Gleichung 18.7a gegeben:

$$v_p = \sqrt{\frac{2kT}{m}} = \sqrt{\frac{(2)(1{,}38 \cdot 10^{-23}\,\mathrm{J/K})(300\,\mathrm{K})}{(6{,}65 \cdot 10^{-27}\,\mathrm{kg})}} = 1{,}12 \cdot 10^3\,\mathrm{m/s}\,.$$

b Die Anzahl der Moleküle mit Geschwindigkeiten zwischen v und $v + \mathrm{d}v$ ist gleich $f(v)\,\mathrm{d}v$, wie wir gesehen haben (Gleichung 18.6). Für unsere Abschätzung des kleinen begrenzten Bereichs $\Delta v = 40\,\mathrm{m/s}$ ersetzen wir das Differenzial $\mathrm{d}v$ durch Δv und schreiben:

$$\Delta N = f(v)\Delta v\,.$$

Wie in ▸Abbildung 18.4 gezeigt, ist ΔN gleich der Fläche unter der Kurve $f(v)$ zwischen v und $v + \mathrm{d}v$. Wir nähern die Fläche durch ein Rechteck $f(v)$ mit einer Breite Δv an. Eine bessere Abschätzung erhält man, indem man den Mittelpunkt des Bereichs zwischen $v = 1120\,\mathrm{m/s}$ und $v + \Delta v = 1160\,\mathrm{m/s}$, nämlich $1140\,\mathrm{m/s}$ wählt, obgleich das keinen großen Unterschied ergibt. Es ergibt sich

$$\begin{aligned}\Delta N = f(v)\Delta v &= 4\pi N \left(\frac{m}{2\pi kT}\right)^{\frac{3}{2}} v^2 \mathrm{e}^{-\frac{mv^2}{2kT}} \Delta v \\ &= 4\pi(10^6)\left(\frac{6{,}65 \cdot 10^{-27}\,\mathrm{kg}}{2\pi(1{,}38 \cdot 10^{-23}\,\mathrm{J/K})(300\,\mathrm{K})}\right)^{\frac{3}{2}} \\ &\quad \cdot (1{,}14 \cdot 10^3\,\mathrm{m/s})^2 \mathrm{e}^{-\frac{(6{,}65 \cdot 10^{-27}\,\mathrm{kg})(1{,}14 \cdot 10^3\,\mathrm{m/s})^2}{2(1{,}38 \cdot 10^{-23}\,\mathrm{J/K})(300\,\mathrm{K})}} (40\,\mathrm{m/s}) \\ &\approx 30\,000\end{aligned}$$

Das sind etwa 3% aller Moleküle.

c Wenn wir nun $v = v_p$ durch $v = 10v_p = 1{,}12 \cdot 10^4\,\mathrm{m/s}$ ersetzen, und die Rechnung ansonsten exakt so wiederholen, erhalten wir $\Delta N = f(v)\Delta v = 4 \cdot 10^{-39}$. Das bedeutet, dass kein Molekül diese hohe Geschwindigkeit hat.

18.3 Reale Gase und Phasenänderungen

Die Zustandsgleichung des idealen Gases

$$pV = NkT$$

ist eine genaue Beschreibung des Verhaltens realer Gase, solange der Druck nicht zu hoch und die Temperatur weit entfernt vom Siedepunkt ist. Doch was passiert, wenn diese beiden Kriterien nicht erfüllt sind? Zunächst diskutieren wir das Verhalten realer Gase, anschließend sehen wir, wie uns die kinetische Gastheorie bei dessen Verständnis helfen kann.

Wir wollen einen Blick auf ein Diagramm werfen, in dem für eine gegebene Gasmenge p gegen V aufgetragen ist. In einem solchen „pV-Diagramm" (▸Abbildung 18.5) repräsentiert jeder Punkt einen Gleichgewichtszustand eines Gases, den wir auch kurz Zustand nennen. Die verschiedenen Kurven (bezeichnet mit A, B, C und D) zeigen, wie der Druck bei fester Temperatur mit dem Volumen bei vier unterschiedlichen Temperaturwerten variiert. Die gestrichelte Kurve A′ stellt das vom idealen Gasgesetz vorhergesagte Verhalten dar; das heißt $pV =$ konstant. Die durchgezogene Kurve A stellt das Verhalten eines realen Gases bei derselben Temperatur dar. Man beachte, dass das Volumen eines realen Gases bei hohen Druckwerten kleiner ist als der vom idealen Gasgesetz vorhergesagte Wert. Die Kurven B und C in ▸Abbildung 18.5 stellen das Gas bei sukzessive niedrigeren Temperaturen dar. Die Abweichung vom idealen Gasgesetz ist hier noch größer (siehe zum Beispiel B′). Die Abweichung ist umso größer, je näher das Gas am Kondensationspunkt ist.

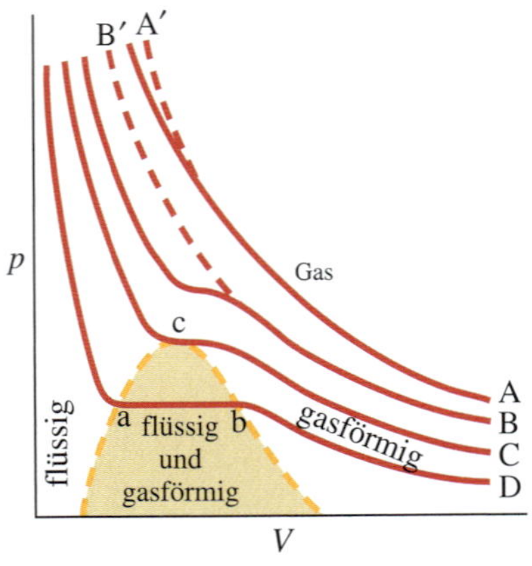

Abbildung 18.5 pV-Diagramm eines realen Gases. Die Kurven A, B, C und D stehen für dasselbe Gas bei unterschiedlichen Temperaturen.

Das müssen wir erklären. Wir machen uns klar, dass bei höherem Druck der Abstand der Moleküle abnimmt. Vor allem bei niedrigeren Temperaturen kann die potenzielle Energie, die mit den Anziehungskräften zwischen den Molekülen verbunden ist und die wir bisher außer Acht gelassen haben, verglichen mit der nun verringerten kinetischen Energie der Moleküle nicht mehr vernachlässigt werden. Diese anziehenden Kräfte zwischen den Molekülen führen dazu, dass der Abstand zwischen den Molekülen kleiner wird und bei gegebenem Druck das Volumen kleiner ist als vom idealen Gasgesetz vorhergesagt. Bei noch niedrigeren Temperaturen verursachen diese Kräfte Kondensation, wobei die Moleküle sehr eng aneinander rücken.

Die Kurve D steht für ein kondensierendes Gas. Bei niedrigen Druckwerten der Kurve D (rechter Hand in ► Abbildung 18.5) ist die Substanz gasförmig und nimmt ein großes Volumen ein. Mit wachsendem Druck verringert sich das Volumen, bis der Punkt b erreicht ist. Jenseits dieses Punktes nimmt das Volumen ab, ohne dass sich der Druck dabei verändert; die Substanz geht graduell von der gasförmigen in die flüssige Phase über. Eine weitere Zunahme des Druckes vermindert das Volumen nur mehr geringfügig – Flüssigkeiten sind nahezu inkompressibel – und so wird die Kurve, wie dargestellt, sehr steil. Die gelb schraffierte Fläche in ► Abbildung 18.5 steht für den Bereich, wo die gasförmige und flüssige Phase im Gleichgewicht koexistieren.

Kurve C in ► Abbildung 18.5 stellt das Verhalten eines gasförmigen Stoffs an seiner **kritischen Temperatur** dar. Der Punkt c (der einzige Punkt, an dem die Kurve einen horizontalen Verlauf hat) heißt **kritischer Punkt**. Bei Temperaturen kleiner als die kritische Temperatur (und das ist die Definition für diesen Ausdruck) verflüssigt sich ein Gas, wenn genügend Druck angewandt wird. Oberhalb der kritischen Temperatur, auch bei sehr hohen Drücken, kann kein Übergang in die flüssige Phase auftreten. Stattdessen wird das Gas immer dichter und nimmt graduell Eigenschaften an, die denen einer Flüssigkeit ähneln, ohne selber eine flüssige Oberfläche zu bilden. Die kritischen Temperaturen verschiedener Gase sind in Tabelle 18.1 angegeben. Wissenschaftler haben jahrelang vergeblich versucht, Sauerstoff zu verflüssigen. Erst nach der Entdeckung des Verhaltens von Substanzen jenseits ihres kritischen Punktes wurde erkannt, dass Sauerstoff sich erst dann verflüssigt, wenn er auf Temperaturen unterhalb seiner kritischen Temperatur von −118 °C gekühlt wird.

Den gelben Bereich in ► Abbildung 18.5 bezeichnen wir als Phasenkoexistenzgebiet, in dem die flüssige und die feste Phase nebeneinander vorliegen.

Das Verhalten eines Stoffs lässt sich nicht nur in einem pV-, sondern auch in einem pT-Diagramm darstellen. Ein pT-Diagramm, oft auch **Phasendiagramm** genannt, eignet sich besonders dafür, die verschiedenen Phasen eines Stoffs zu vergleichen. ► Abbildung 18.6 ist das Phasendiagramm für Wasser. Die Kurve mit der Kennung *l-v* (engl. *liquid* und *vapor*) enthält die Punkte, an denen die flüssige und die gasförmige Phase im Gleichgewicht sind, sie stellt also die Abhängigkeit des Siedepunkts vom Druck dar. Bei einem Druck von 1 bar erhalten wir einen Siedepunkt von 100 °C, der Siedepunkt sinkt mit fallendem Druck. Die *s-l*-Kurve (engl. *solid* und *liquid*) zeigt den Verlauf der Schmelztemperatur (Gefrierpunkt) mit dem Druck. Sie wird als Schmelzdruckkurve bezeichnet, an der die feste und die flüssige Phase miteinander im Gleichgewicht stehen. Bei 1 bar ist der Gefrierpunkt für Wasser natürlich 0 °C, was aus der Kurve hervorgeht. Beachten Sie in ► Abbildung 18.6 zudem, dass der Stoff bei einem Druck von 1 bar in der flüssigen Phase ist, wenn die Temperatur zwischen 0 °C und 100 °C ist. Ist die Temperatur dagegen kleiner als 0 °C oder höher als 100 °C, so ist der Stoff in der festen oder gasförmigen Phase. Die mit *s-v* gekennzeichnete Kurve ist die Sublimationsdruckkurve. **Sublimation** ist der Prozess, in dem bei niedrigen Drücken die feste Phase einer Substanz ohne Umweg über die flüssige direkt in die gasförmige übergeht. Bei Wasser geschieht das bei Drücken niedriger als 0,0060 bar. Kohlendioxid (CO_2), das in der festen Phase auch Trockeneis heißt, sublimiert sogar bei Atmosphärendruck.

Tabelle 18.1

Kritische Temperaturen und Drucke

Substanz	kritische Temperatur in °C	kritische Temperatur in K	kritischer Druck (bar)
Wasser	375	647	220,8
CO_2	31	304	73,7
Sauerstoff	−118	155	50,7
Stickstoff	−147	126	33,9
Wasserstoff	−239,9	33,3	13,0
Helium	−267,9	5,3	2,3

Phasendiagramm (*pT*-Diagramm)

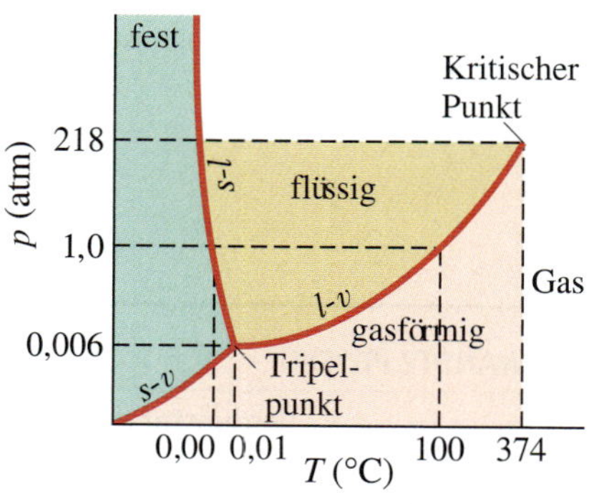

Abbildung 18.6 Phasendiagramm für Wasser (man beachte, dass die Skalierung nicht linear ist).

Tripelpunkt

Der Schnittpunkt der drei Kurven (in ▶ Abbildung 18.6) ist der **Tripelpunkt**. Nur an diesem Punkt können die drei Phasen zusammen im Gleichgewicht existieren. Da das nur bei einem ganz bestimmten Druck (273,16 K, $6{,}03 \cdot 10^{-3}$ bar bei Wasser) und einer ganz bestimmten Temperatur möglich ist, ist der Tripelpunkt präzise reproduzierbar und wird oft als Referenzpunkt gewählt (Anschnitt 17.10).

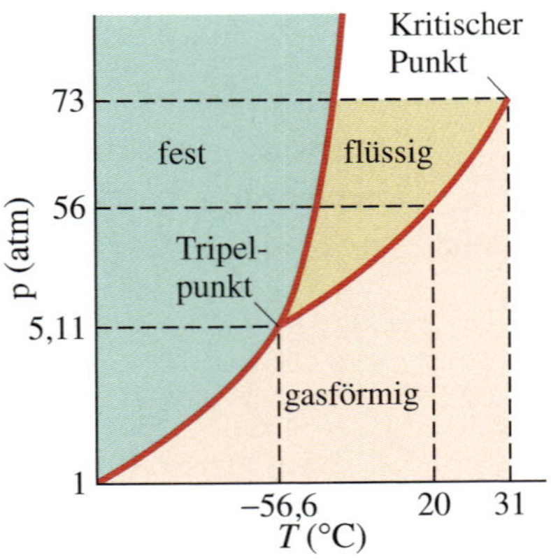

Abbildung 18.7 Phasendiagramm für Kohlendioxid (CO_2).

Beachten Sie, dass die Schmelzdruckkurve für Wasser steil nach links ansteigt. Das passiert nur bei solchen Substanzen, die sich beim Gefrieren ausdehnen. Denn bei höheren Drücken ist eine niedrigere Temperatur nötig, damit die Flüssigkeit gefriert. Im Allgemeinen jedoch ziehen sich Substanzen beim Gefrieren zusammen und die Schmelzdruckkurve steigt nach rechts an (siehe ▶ Abbildung 18.7 für Kohlenstoff).

Die hier vorgestellten Phasenübergänge sind allgemeiner Natur. Es gibt aber auch Stoffe, die in unterschiedlichen Phasen als Festkörper existieren können. Ein Übergang aus einer dieser Phasen in eine andere geschieht bei bestimmten Temperatur- und Druckwerten, genau wie bei gewöhnlichen Phasenübergängen. Beispielsweise kennt man für Eis acht verschiedene feste Phasen bei sehr hohen Drücken. Helium hat zwei unterschiedliche flüssige Phasen, Helium I und Helium II. Sie existieren nur in kleinen Temperaturintervallen von einigen Kelvin in der Nähe des absoluten Nullpunkts. Helium II weist sehr ungewöhnliche Eigenschaften auf, die man unter dem Begriff **Suprafluidität** zusammenfasst. Sie hat im Wesentlichen eine verschwindende Viskosität und zeigt sonderbare Verhaltensweisen, beispielsweise klettert eine suprafluide Flüssigkeit an den Behälterwänden empor.

18.4 Dampfdruck und Luftfeuchte

Verdunstung

Wenn ein Glas Wasser über Nacht stehen bleibt, ist der Wasserspiegel am nächsten Morgen gefallen. Wir sagen dann, das Wasser ist verdunstet und meinen damit, dass ein Teil des Wassers von der flüssigen in die gasförmige Phase gewechselt ist.

Verdunstung

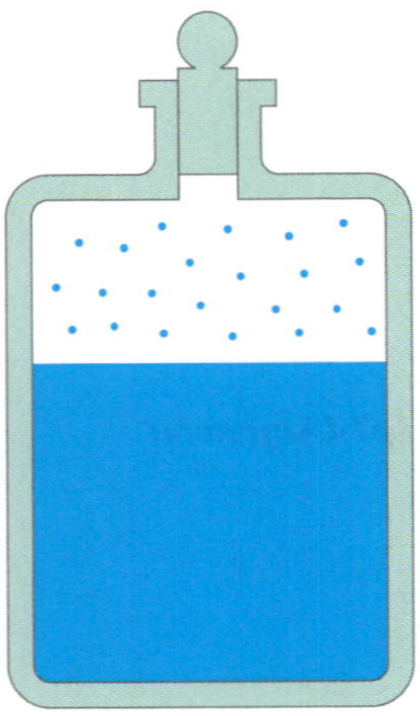

Abbildung 18.8 Dampfbildung über einer Flüssigkeit in einem geschlossenen Gefäß.

Der Vorgang der Verdunstung kann mittels der kinetischen Gastheorie erklärt werden. Die Moleküle in einer Flüssigkeit bewegen sich mit Geschwindigkeiten, die näherungsweise der Maxwell-Boltzmann-Verteilung entsprechen. Es gibt starke Anziehungskräfte zwischen den Molekülen, wodurch sie in der flüssigen Phase verbleiben. Ein Molekül nahe der Oberfläche der Flüssigkeit kann aufgrund seiner Geschwindigkeit die Flüssigkeit verlassen. Doch so wie ein in die Luft geworfener Stein auf die Erde zurückfällt, können die Anziehungskräfte der anderen Moleküle das vagabundierende Molekül wieder zurück auf die Oberfläche der Flüssigkeit zwingen – doch nur, wenn seine Geschwindigkeit senkrecht zur Oberfläche nicht zu groß ist. Ein Molekül mit einer ausreichend großen Geschwindigkeit, kann vollständig aus der Flüssigkeit entkommen, wie eine Rakete, die die Erde verlässt. Das Molekül ist dann Teil der Gasphase. Nur jene Moleküle, deren kinetische Energie einen bestimmten Wert überschreitet, können in die Gasphase überwechseln. Wir haben bereits gesehen, dass die kinetische Gastheorie vorhersagt, dass die relative Anzahl der Moleküle mit einer kinetischen Energie oberhalb eines bestimmten Wertes (wie E_A in ▶ Abbildung 18.3) mit der Temperatur zunimmt. Das stimmt mit der Beobachtung überein, dass die Verdampfungsrate mit steigender Temperatur ansteigt.

Weil die schnellsten Moleküle von der Oberfläche entkommen, nimmt die durchschnittliche Geschwindigkeit der verbliebenen Moleküle ab. Wenn die Durchschnittsgeschwindigkeit abnimmt, sinkt auch die absolute Temperatur. Die kinetische Gastheorie sagt also voraus, dass *Verdunstung* ein *Kühlvorgang* ist. Sie bemerken diesen Effekt, wenn Sie aus einer warmen Dusche kommen, das Wasser auf ihrem Körper verdunstet und Sie abkühlen. Und wenn Sie an einem heißen Tag eine schweißtreibende Tätigkeit ausgeübt haben, kühlen Sie durch den Verdunstungsvorgang des Schweißes ab.

ANGEWANDTE PHYSIK
Verdunstung kühlt

Dampfdruck

Luft enthält normalerweise Wasserdampf (Wasser in der Gasphase) und er stammt größtenteils aus Verdunstung. Um diesen Vorgang näher zu beleuchten, betrachten wir einen geschlossenen Behälter, der teilweise mit Wasser gefüllt ist (es könnte auch eine andere Flüssigkeit sein) und aus dem die Luft entfernt worden ist (► Abbildung 18.8). Die schnellsten Moleküle verdunsten rasch in den oberen Gefäßraum. Indem die Moleküle sich hin und her bewegen, gelangen einige von ihnen wieder auf die Wasseroberfläche und werden wieder Teil der flüssigen Phase: Dieser Vorgang heißt **Kondensation**. Die Anzahl der Moleküle im Dampf nimmt eine Zeitlang zu, bis ein Punkt erreicht ist, in dem die Rate der kondensierenden gleich der Rate der verdunstenden Moleküle ist. Dann existiert Gleichgewicht und der obere Gefäßabschnitt ist *gesättigt*. Der entsprechende Druck ist der **Sättigungsdampfdruck** (manchmal auch einfach Dampfdruck genannt).

Der Sättigungsdampfdruck hängt nicht vom Gefäßvolumen ab. Würde man das Volumen über der Flüssigkeit plötzlich verkleinern, wäre die Dichte der Moleküle in der Dampfphase zeitweise erhöht. Es würden mehr Moleküle pro Sekunde auf die Flüssigkeitsoberfläche treffen. Es gäbe einen Nettofluss von Molekülen zurück in die flüssige Phase, bis das Gleichgewicht erneut erreicht wäre. Das würde beim gleichen Wert des Sättigungsdampfdruck eintreten, so lange die Temperatur unverändert bliebe.

Der gesättigte Dampfdruck jedes Stoffs hängt von der Temperatur ab. Bei höheren Temperaturen haben mehr Moleküle ausreichend viel kinetische Energie, um von der flüssigen in die Dampfphase überzuwechseln. Somit wird der Gleichgewichtszustand bei einem höheren Druckwert erreicht. Der Sättigungsdampfdruck von Wasser bei verschiedenen Temperaturen ist in Tabelle 18.2 angegeben. Beachten Sie, dass auch Festkörper – beispielsweise Eis – einen messbaren Dampfdruck haben.

In alltäglichen Situationen findet Verdunstung in die Luft eher statt als Verdunstung ins Vakuum. Das ändert aber nichts Wesentliches an der obigen Diskussion im Zusammenhang mit ► Abbildung 18.8. Das Gleichgewicht wird auch in diesem Fall dann erreicht, wenn es ausreichend viele Moleküle in der Gasphase gibt, so dass die Anzahl der kondensierenden pro Zeiteinheit gleich der Rate der verdunstenden Moleküle ist. Die Ansammlung von bestimmten Molekülen (wie Wasser) in der Gasphase wird nicht durch die Anwesenheit von Luft beeinträchtigt, wenn auch Kollisionen mit den Luftmolekülen die Zeit für das Erreichen des Gleichgewichts verlängern können. Das Gleichgewicht tritt beim selben Dampfdruck ein, ob sich nun Luft oder Vakuum über der Flüssigkeit befindet.

Natürlich ist es möglich, dass die gesamte Flüssigkeit vor Erreichen des Gleichgewichts verdunstet ist, etwa wenn der Behälter nicht geschlossen oder sehr groß ist. Und wenn er nicht luftdicht versiegelt ist – wie beispielsweise Ihr Zimmer – ist es nicht wahrscheinlich, dass die Luft darin mit Wasserdampf gesättigt wird (außer es regnet draußen).

Tabelle 18.2

Sättigungsdampfdruck von Wasser

Temperatur (°C)	Sättigungsdampfdruck Pa (= N/m²)	Sättigungsdampfdruck Torr (= mm Hg)
−50	4,0	0,030
−10	$2{,}60 \cdot 10^2$	1,95
0	$6{,}11 \cdot 10^2$	4,58
5	$8{,}72 \cdot 10^2$	6,54
10	$1{,}23 \cdot 10^3$	9,21
15	$1{,}71 \cdot 10^3$	12,8
20	$2{,}33 \cdot 10^3$	17,5
25	$3{,}17 \cdot 10^3$	23,8
30	$4{,}24 \cdot 10^3$	31,8
40	$7{,}37 \cdot 10^3$	55,3
50	$1{,}23 \cdot 10^4$	92,5
60	$1{,}99 \cdot 10^4$	149
70	$3{,}12 \cdot 10^4$	234
80	$4{,}73 \cdot 10^4$	355
90	$7{,}01 \cdot 10^4$	526
100	$1{,}01 \cdot 10^5$	760
120	$1{,}99 \cdot 10^5$	1489
150	$4{,}76 \cdot 10^5$	3570

Sieden

Beim Sieden gleicht der Dampfdruck dem äußeren Druck

Der Sättigungsdampfdruck über einer Flüssigkeit nimmt mit der Temperatur zu. Wenn die Temperatur bis zu dem Punkt erhöht wird, an dem der Sättigungsdampfdruck dem äußeren Druck gleicht, tritt **Sieden** ein (► Abbildung 18.9). Wird der Siedepunkt erreicht, bilden sich Bläschen in der Flüssigkeit, was auf einen Phasenübergang von flüssig nach gasförmig hinweist. Ist der Druck in den Bläschen geringer als der äußere Druck, zerplatzen sie sogleich. Wird die Temperatur erhöht, so nähert sich der Druck in den Bläschen dem äußeren Luftdruck an oder überschreitet ihn. Dann zerplatzt das Bläschen nicht, sondern nimmt an Größe zu und steigt an die Oberfläche. Das Sieden hat begonnen. *Eine Flüssigkeit siedet, wenn ihr Sättigungsdampfdruck dem äußeren Druck gleicht.* Das geschieht bei Wasser unter Atmosphärendruck (1 bar) bei 100 °C, wie man Tabelle 18.2 entnehmen kann.

Der Siedepunkt einer Flüssigkeit hängt vom äußeren Druck ab. In großen Höhen ist der Siedepunkt von Wasser niedriger als auf Meereshöhe, da in der Höhe der Luftdruck geringer ist. Auf dem Gipfel des Mount Everest (8850 m) beispielsweise beträgt der Luftdruck nur noch ein Drittel vom Wert auf Meereshöhe. Aus Tabelle 18.2 entnehmen wir, dass Wasser dann bei etwa 70 °C siedet. Das Kochen von Speisen dauert in großen Höhen länger, da die maximal in der Flüssigkeit erreichbare Temperatur (Siedtemperatur) niedriger ist. Druckkochtöpfe verkürzen die Kochzeit, weil sie einen Druck von 2 bar aufbauen, bei denen Wasser noch bei über 100 °C flüssig vorliegt.

Abbildung 18.9 Sieden: Wasserdampfbläschen bewegen sich vom Gefäßboden (wo die Temperatur am höchsten ist) aus nach oben.

Partialdruck und Luftfeuchtigkeit

Wenn wir vom Wetter als trocken oder feucht sprechen, meinen wir den Wasserdampfanteil in der Luft. In einem Gas wie Luft, das aus mehreren Gasarten besteht, ist der Gesamtdruck die Summe der *Partialdrücke* der einzelnen Gasbestandteile[1]. Unter **Partialdruck** verstehen wir den Druck, den das Gas ausüben würde, wenn es allein wäre. Der Partialdruck von Wasser in Luft kann zwischen 0 und dem für eine bestimmte Temperatur gegebenen Sättigungsdampfdruck variieren. Bei 20 °C kann der Partialdruck von Wasser daher nicht über 2,3 kPa liegen (Tabelle 18.2). Die **relative Luftfeuchtigkeit** ist definiert als das Verhältnis des Partialdrucks zum Sättigungsdampfdruck bei einer gegebenen Temperatur. Er wird gewöhnlich als Prozentsatz ausgedrückt:

Relative Luftfeuchtigkeit

$$\text{Relative Luftfeuchtigkeit} = \frac{\text{Partialdruck von } H_2O}{\text{gesättigter Dampfdruck von } H_2O} \cdot 100\% \, .$$

Liegt also die Luftfeuchtigkeit nahe 100 Prozent, so enthält die Luft nahezu den größtmöglichen Dampfdruck von Wasserdampf.

Beispiel 18.6 **Relative Luftfeuchtigkeit**

An einem bestimmten heißen Tag beträgt die Temperatur 30 °C und der Partialdruck des Wasserdampfs liegt bei $2{,}8 \cdot 10^3$ Pa (28 mbar, 21 Torr). Wie groß ist die relative Luftfeuchtigkeit?

Lösung

Tabelle 18.2 entnehmen wir, dass der Sättigungsdampfdruck von Wasser bei 30 °C $4{,}24 \cdot 10^3$ Pa (42,4 mbar, 31,8 Torr) beträgt. Für die relative Luftfeuchtigkeit heißt das

$$\frac{28\,\text{mbar}}{42{,}4\,\text{mbar}} \cdot 100\% = 66\% \, .$$

ANGEWANDTE PHYSIK

Wetter

Luft ist mit Wasserdampf gesättigt, wenn der Partialdruck des Wassers in der Luft gleich dem Sättigungsdampfdruck bei der Temperatur ist. Überschreitet der Partialdruck des Wassers den Sättigungsdampfdruck, ist die Luft **übersättigt**. Diese Situation kann bei fallender Temperatur eintreten. Angenommen, die Temperatur beträgt 30 °C und der Partialdruck des Wasserdampfs ist $2{,}8 \cdot 10^3$ Pa (21 Torr), was einer relativen Luftfeuchtigkeit von 66 Prozent entspricht (siehe Beispiel 18.6). Nun fällt die Temperatur auf 20 °C, was in der Nacht durchaus passieren kann. Aus Tabelle 18.2 entnehmen wir, dass der Sättigungsdampfdruck für Wasserdampf bei 20 °C $2{,}33 \cdot 10^3$ Pa (17,5 Torr) ist. Die relative Luftfeuchtigkeit wäre somit größer als 100 Prozent, und die übersättigte Luft kann nicht soviel Wasser halten. Das

1 Beispielsweise besteht Luft aus 78 Prozent (Volumenanteil) Stickstoff, 21 Prozent Sauerstoff und viel kleineren Anteilen Wasserdampf, Argon und weiterer Gase. Bei einem Luftdruck von 1 bar beträgt der Partialdruck von Sauerstoff 0,21 bar, der von Stickstoff 0,78 bar.

überschüssige Wasser kondensiert und erscheint als Tau – oder als Nebel oder Regen.

Wenn Luft, die eine bestimmte Wassermenge enthält, gekühlt wird, so stellt sich eine Temperatur ein, bei der der Partialdruck des Wassers dem Sättigungsdampfdruck gleicht. Diese Temperatur wird als **Taupunkt** bezeichnet. Die Messung des Taupunkts ist die genaueste Methode, die relative Luftfeuchtigkeit zu bestimmen. Ein Verfahren nutzt eine polierte Metalloberfläche in Kontakt mit Luft, die langsam gekühlt wird. Die Temperatur, bei der der Niederschlag auf der Metalloberfläche sichtbar wird, ist der Taupunkt. Der Partialdruck des Wassers lässt sich dann mithilfe von Sättigungsdampfdruck-Tabellen ermitteln. Beträgt beispielsweise die Temperatur an einem Tag 20 °C und der Taupunkt liegt bei 5 °C, so ist der Partialdruck in der ursprünglichen Luft gemäß Tabelle 18.2 $8{,}72 \cdot 10^2$ Pa (8,72 mbar, 6,54 Torr), während der Sättigungsdampfdruck bei 20 °C $2{,}33 \cdot 10^3$ Pa (23,3 mbar, 17,5 Torr) ist. Die relative Luftfeuchtigkeit errechnet sich dann zu $8{,}72/23{,}3 = 37$ Prozent.

18.5 Van der Waals'sche Zustandsgleichung

In Abschnitt 18.3 haben wir gesehen, wie sich reale Gase vom Verhalten idealer Gase unterscheiden, besonders bei hohen Drücken und oder nah am Kondensationspunkt. Wir wollen das abweichende Verhalten vom mikroskopischen (molekularen) Standpunkt aus verstehen. J.D. van der Waals (1837–1923) analysierte das Problem und fand 1873 eine Zustandsgleichung, die das Verhalten realer Gase besser beschreibt als das ideale Gasgesetz. Seine Analyse basiert auf der kinetischen Theorie, berücksichtigt jedoch zusätzlich folgende Punkte: (1) die endliche Größe der Moleküle (wir haben bisher das tatsächliche Molekülvolumen im Vergleich zum Behälter vernachlässigt; doch verliert diese Annahme mit wachsender Dichte und enger zusammen rückenden Molekülen an Gültigkeit); (2) die Reichweite der Kräfte zwischen den Molekülen kann die Größe der Moleküle übertreffen (wir sind bisher davon ausgegangen, dass die zwischenmolekularen Kräfte nur während der Kollision wirksam sind, wenn die Moleküle aneinander stoßen). Wir leiten nun die van der Waals'sche Zustandsgleichung ab.

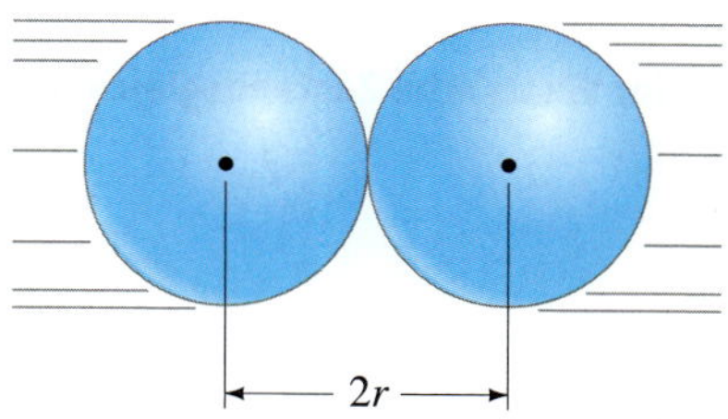

Abbildung 18.10 Zusammenstoßende Moleküle mit dem Radius r.

Wir nehmen an, dass die Gasmoleküle kugelförmig sind und einen Radius r haben. Wenn wir voraussetzen, dass sich die Moleküle wie harte Kugeln verhalten, so kollidieren zwei Moleküle und prallen voneinander ab, wenn der Abstand ihrer Mittelpunkte (▸ Abbildung 18.10) kleiner als $2r$ wird. Das tatsächliche Volumen, in dem sich die Moleküle frei bewegen können, ist demnach etwas kleiner als das Volumen des Gasbehälters. Die Größe des „nicht verfügbaren Volumens" hängt von der Anzahl der Moleküle und ihrer Größe ab. Sei b das „nicht verfügbare Volumen pro Mol" des Gases. Dann ersetzen wir in der idealen Gasgleichung V durch $(V - nb)$, worin n die Anzahl der Mole ist. Wir erhalten dann

$$p(V - nb) = nRT$$

Wir dividieren durch n:

$$p\left(\frac{V}{n} - b\right) = RT \qquad (18.8)$$

Diese Gleichung sagt aus, dass bei gegebener Temperatur T und gegebenem Volumen V der Druck p größer ist als für ein ideales Gas. Da das reduzierte „verfügbare" Volumen bedeutet mehr Kollisionen der Moleküle mit der Wand und damit einen höheren Druck.

Als Nächstes betrachten wir den Einfluss der molekularen Anziehungskräfte, die die Moleküle in flüssiger oder fester Phase bei niedrigen Temperaturen zusammen halten. Es handelt sich um elektrische Kräfte, und obgleich sie auch dann wirksam sind, wenn sich die Moleküle nicht berühren, nehmen wir ihre Reichweite als klein an. Das soll bedeuten, sie wirken nur zwischen direkt benachbarten Molekülen. Moleküle am Rand des Gases, die gegen eine Behälterwand stoßen, werden durch eine resultierende Kraft zurück ins Gas gezogen. Somit üben diese

Moleküle eine geringere Kraft und einen geringeren Druck auf die Gefäßwand aus, als wenn es diese Anziehungskräfte der anderen Moleküle nicht gäbe. Der verringerte Gasdruck ist proportional zur Dichte in der Molekülschicht an der Oberfläche (Behälterwand), ebenso zur Dichte in der anschließenden Schicht, die die einwärts gerichtete Kraft ausübt[2]. Wir erwarten daher, dass der Druck durch einen Faktor verringert wird, der zum Quadrat der Dichte $(n/V)^2$ proportional ist, hier geschrieben als Mol pro Volumen. Wenn der Druck durch Gleichung 18.8 gegeben ist, so sollten wir diesen Wert um einen Betrag $a(n/V)^2$ vermindern, worin a eine Proportionalitätskonstante ist. Wir erhalten damit

$$p = \frac{RT}{(V/n) - b} - \frac{a}{(V/n)^2}$$

oder

Van der Waals'sche Zustandsgleichung

$$\left(p + \frac{a}{(V/n)^2}\right)\left(\frac{V}{n} - b\right) = RT \,, \qquad (18.9)$$

was die **van der Waals'sche Zustandsgleichung** ist.

Die Konstanten a und b in der van der Waals'schen Zustandsgleichung sind für verschiedene Gase unterschiedlich. Sie werden für jedes Gas aufgrund experimentell bestimmter Daten angepasst. Für CO_2 führen die Werte $a = 3{,}6 \cdot 10^{-3}\,\mathrm{N{\cdot}m^4/mol^2}$ und $b = 4{,}2 \cdot 10^{-5}\,\mathrm{m^3/mol}$ zur besten Übereinstimmung. ▸ Abbildung 18.9 zeigt ein typisches pV-Diagramm für Gleichung 18.9 (ein „van-der-Waals-Gas") bei vier verschiedenen Temperaturen mit detaillierter Bildunterschrift. Man sollte diese Abbildung mit ▸ Abbildung 18.5 für reale Gase vergleichen.

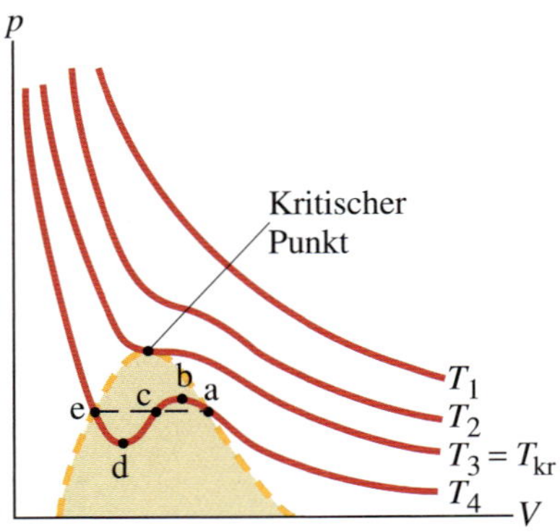

Abbildung 18.11 pV-Diagramm für ein van-der-Waals-Gas bei vier verschiedenen Temperaturen. Für T_1, T_2 und T_3 (T_3 ist die kritische Temperatur) stimmen die Kurven sehr gut mit experimentellen Daten der meisten Gase überein. Die mit T_4 bezeichnete Kurve stellt eine Temperatur unterhalb der kritischen Temperatur dar, sie durchquert den Koexistenzbereich der Flüssig- und Gasphase. Das Maximum (Punkt b) und das Minimum (Punkt d) sind Messartefakte, da wir normalerweise konstanten Druck beobachten, wie durch die gestrichelte horizontale Linie angedeutet ist. Für sehr reine, übersättigte Dämpfe und unterkühlte Flüssigkeiten sind die Abschnitte a–b bzw. e–d beobachtet worden (Der Abschnitt b–d wäre instabil und ist nie beobachtet worden.)

Weder die van-der-Waals-Gleichung noch eine der anderen vorgeschlagenen Zustandsgleichungen sind exakt für alle Gase unter allen Bedingungen gültig. Weil Gleichung 18.9 für viele Zustände von Gasen recht genaue Ergebnisse liefert, gewährt uns ihre Herleitung weitere Einsichten in das mikroskopische Verhalten der Gase. Beachten Sie, dass bei niedrigen Dichten n/V, $a/(V/n)^2 \ll p$ und $b \ll V/n$ gilt, so dass die van-der-Waals-Gleichung in die ideale Zustandsgleichung $pV = nRT$ übergeht.

18.6 Mittlere freie Weglänge

Wären Gasmoleküle wirklich Massenpunkte ohne räumliche Ausdehnung, würden sie niemals miteinander kollidieren. Würde somit jemand ein Parfümfläschchen öffnen, so würden Sie den Duft sofort im gesamten Raum riechen, da Moleküle mehrere hundert Meter pro Sekunde zurücklegen. Tatsächlich dauert es aber deutlich länger, bevor Sie den Duft wahrnehmen. Nach der kinetischen Gastheorie ist die Diffusionsgeschwindigkeiten der Moleküle kleiner als die Geschwindigkeit der Moleküle, und zwar aufgrund der Stöße.

Wenn wir der Spur eines bestimmten Moleküls folgen müssten, so würden wir einen Zickzack-Verlauf erwarten (▸ Abbildung 18.12). Zwischen jedem Stoß würde sich das Molekül geradlinig weiter bewegen. (Das ist nicht ganz korrekt, wenn wir die zwischenmolekularen Kräfte, die auch zwischen den Stößen wirksam sind, mit einbeziehen.) Zur räumlichen Illustration der Häufigkeit der Stöße führen wir die **mittlere freie Weglänge** als die durchschnittliche Distanz zwischen zwei Stößen ein. Wir erwarten: Je größer die Gasdichte und je größer der Moleküldurchmesser ist, desto kürzer ist die mittlere freie Weglänge. Wir werden nun eine Beziehung für diesen Zusammenhang in einem idealen Gas herleiten.

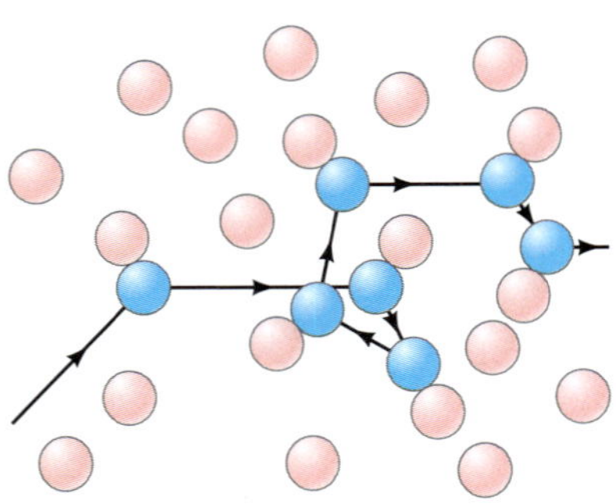

Abbildung 18.12 Zickzack-Weg eines Moleküls, das mit anderen Molekülen zusammenstößt.

Wir nehmen an, dass das Gas aus Molekülen besteht, die harten Kugeln mit dem Radius r gleichen. Zu einem Zusammenstoß kommt es immer dann, wenn die Mittelpunkte zweier Moleküle sich innerhalb des Abstands $2r$ befinden. Wir folgen einem Molekül auf einem seiner geradlinigen Wegabschnitte. In ▸ Abbildung 18.13

2 Das ist ähnlich der Gravitationskraft, bei der die Kraft auf eine Masse m_1 aufgrund einer Masse m_2 proportional zum Produkt der Massen ist (Newtons Gesetz der universellen Gravitation, Kapitel 6).

stellt die gestrichelte Linie den Weg unseres Moleküls dar, wenn es nicht kollidiert. Ebenfalls abgebildet ist ein Zylinder mit dem Radius $2r$. Wenn der Mittelpunkt eines anderen Moleküls in diesem Zylinder liegt, kommt es zu einem Zusammenstoß. (Bei einem Stoß würde sich die Richtung des Gasteilchens natürlich ändern, ebenso wie der vorgestellte Zylinder, doch ändert es nichts am Ergebnis, wenn wir einen Zickzack-Zylinder zu Rechenzwecken in eine Gerade umbiegen.) Wir nehmen weiter an, dass unser Molekül ein durchschnittliches ist, das sich mit der mittleren Geschwindigkeit $\overline{v}$ im Gas bewegt. Für einen Moment setzen wir voraus, dass sich die anderen Gasmoleküle nicht bewegen, und dass die Molekülkonzentration (Anzahl pro Volumen) N/V ist. Dann ist die Anzahl der Moleküle, deren Mittelpunkte im Zylinder aus ▸ Abbildung 18.13 liegen, N/V mal das Zylindervolumen. In einem Zeitintervall Δt legt unser Molekül eine Strecke $\overline{v}\Delta t$ zurück, und so wird die Länge des Zylinders $\overline{v}\Delta t$ und sein Volumen beträgt $\pi(2r)^2\overline{v}\Delta t$. Damit ist die Anzahl der Kollisionen im Zeitintervall Δt gleich $(N/V)\pi(2r)^2\overline{v}\Delta t$. Wir definieren die mittlere freie Wegstrecke l_M als die durchschnittliche Distanz zwischen den Kollisionen. Diese Distanz ist gleich der in dem Zeitintervall Δt zurückgelegten Strecke ($\overline{v}\Delta t$) dividiert durch die Anzahl der Kollisionen in der Zeit Δt:

$$l_M = \frac{\overline{v}\Delta t}{(N/V)\pi(2r)^2\overline{v}\Delta t} = \frac{1}{4\pi r^2(N/V)} . \qquad (18.10a)$$

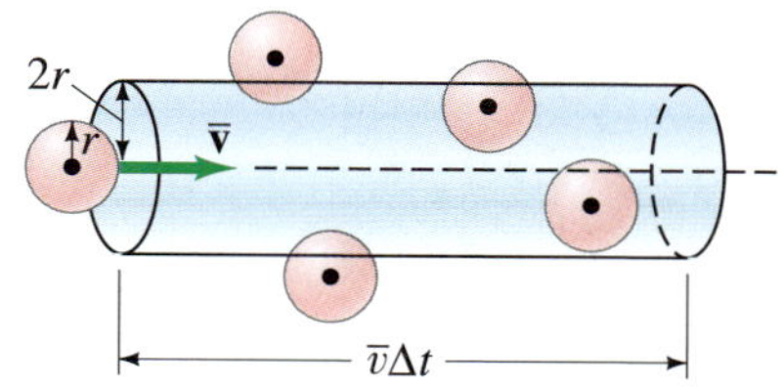

Abbildung 18.13 Ein Molekül auf der linken Seite bewegt sich mit einer Geschwindigkeit $\overline{\mathbf{v}}$ zur rechten Seite. Es stößt mit anderen Molekülen, deren Mittelpunkt im Zylinder mit dem Radius $2r$ liegt, zusammen.

Wir sehen also, dass l_M umgekehrt proportional der Querschnittsfläche ($= \pi r^2$) der Moleküle und ihrer Konzentration (N/V) ist. Gleichung 18.10a ist aber nicht ganz korrekt, da wir annahmen, dass die anderen Moleküle ruhen. Tatsächlich bewegen sie sich, und die Anzahl der Kollisionen im Zeitintervall Δt muss von der Relativgeschwindigkeit der Moleküle und nicht von $\overline{v}$ abhängen. Damit ist die Anzahl der Kollisionen pro Sekunde $(N/V)\pi(2r)^2 v_{rel}\Delta t$ (anstatt $(N/V)\pi(2r)^2\overline{v}\Delta t$), worin v_{rel} die Relativgeschwindigkeit der kollidierenden Moleküle ist. Eine sorgfältige Berechnung zeigt, dass für eine Maxwell-Boltzmann-Verteilung der Geschwindigkeiten $v_{rel} = \sqrt{2}\overline{v}$ ist. Die mittlere freie Weglänge wird damit

Mittlere freie Weglänge

$$l_M = \frac{1}{4\pi\sqrt{2}r^2(N/V)} . \qquad (18.10b)$$

Beispiel 18.7 · Abschätzung

Mittlere freie Weglänge von Luftmolekülen bei Normalbedingungen

Schätzen Sie die mittlere freie Weglänge von Luftmolekülen unter Normalbedingungen (0 °C, 1 bar). Der Durchmesser von O_2- und N_2-Molekülen ist etwa $3 \cdot 10^{-10}$ m.

Lösung

Wir haben in Beispiel 17.8 gesehen, dass 1 mol eines idealen Gases ein Volumen von $22{,}4 \cdot 10^{-3}\ \mathrm{m}^3$ bei Normalbedingungen einnimmt. Damit wird

$$\frac{N}{V} = \frac{6{,}02 \cdot 10^{23}\ \text{Moleküle}}{22{,}4 \cdot 10^{-3}\ \mathrm{m}^3} = 2{,}69 \cdot 10^{25}\ \text{Moleküle/m}^3 .$$

Es folgt

$$l_M = \frac{1}{4\pi\sqrt{2}(1{,}5 \cdot 10^{-10}\ \mathrm{m})^2(2{,}7 \cdot 10^{25}\ \mathrm{m}^{-3})} \approx 9 \cdot 10^{-8}\ \mathrm{m} ,$$

was in etwa dem 300-fachen des Moleküldurchmessers entspricht.

Bei sehr niedrigen Dichten, wie sie in einem evakuiertem Gefäß erreicht werden, verliert das Konzept der mittleren freien Weglänge seine Bedeutung, da Kollisionen mit den Gefäßwänden viel häufiger vorkommen können als Zusammenstöße mit anderen Molekülen. Beispielsweise beträgt die mittlere freie Weglänge von Luftmolekülen bei $1{,}3 \cdot 10^{-5}$ Pa in einem Würfel der Kantenlänge 20 cm ungefähr 700 m. Das bedeutet, dass sich viel mehr Stöße mit der Wand als mit anderen Molekülen ereignen. (Man beachte, dass der Würfel noch rund 10^{12} Moleküle enthält.) Wenn das Konzept der mittleren freien Weglänge jeden Kollisionstyp einschlösse, läge sie eher bei 0,2 m als bei 700 m, ein Wert, der mit Gleichung 18.10 berechnet wurde.

18.7 Diffusion

Diffusion vollzieht sich von hoher zu niedriger Konzentration

Wenn Sie einige Tropfen eines Lebensmittelfarbstoffs in ein Glas Wasser träufeln (▸ Abbildung 18.14), werden Sie feststellen, dass sich die Farbe im Wasser verteilt. Der Vorgang kann eine Zeit dauern (sofern Sie das Glas nicht schütteln), doch am Ende ist die Farbe gleichmäßig verteilt. Der Mischvorgang, den man **Diffusion** nennt, geschieht aufgrund der zufallsbestimmten Molekularbewegungen. Diffusion ist ein universeller Vorgang und tritt auch in Gasen auf. Bekannte Beispiele sind Parfum und Rauch (oder der Geruch von kochenden Speisen auf einem Ofen), die in die Luft diffundieren. Allerdings spielt Konvektion (Luftströmungen) eine größere Rolle bei der Geruchsverteilung als Diffusion. Diffusion hängt von der Konzentration ab, worunter wir die Anzahl der Moleküle oder Mole pro Volumeneinheit verstehen. Allgemein gilt, dass *die diffundierende Substanz sich von der Region mit der höheren in die Region mit der niedrigeren Konzentration bewegt*.

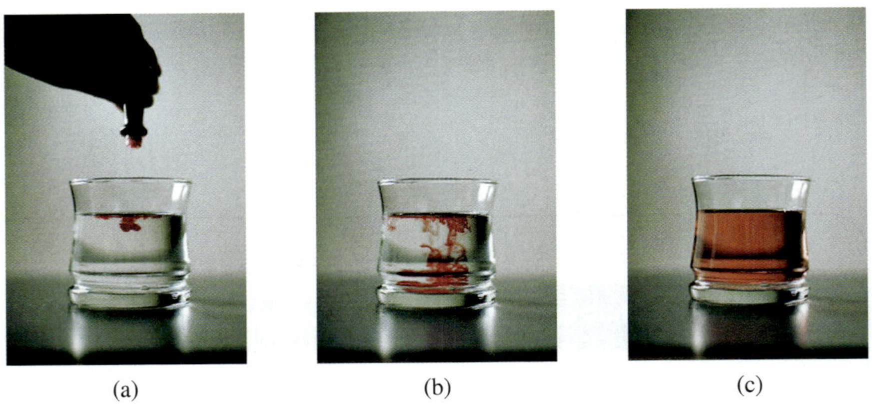

Abbildung 18.14 Ein paar Tropfen eines Farbstoffs breiten sich langsam im Wasser aus, bis sie gleichmäßig verteilt sind.

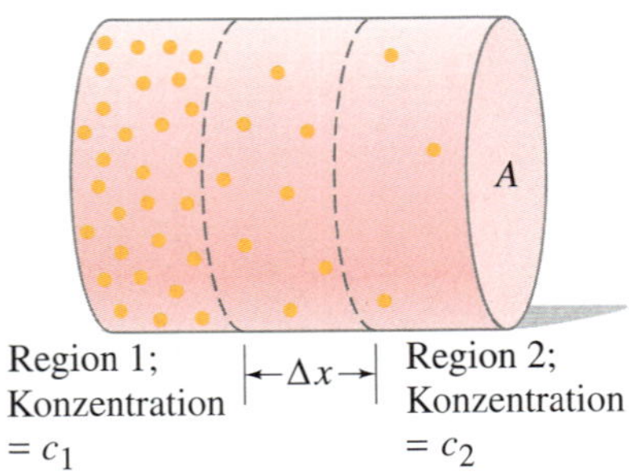

Abbildung 18.15 Diffusion findet von der Region mit höherer Konzentration in die Region mit niedrigerer Konzentration statt (es ist nur eine Molekülsorte dargestellt).

Diffusion kann auf Grundlage der kinetischen Gastheorie und der zufallsbestimmten Molekülbewegung verstanden werden. Betrachten Sie ein Rohr mit der Querschnittsfläche A, das auf der linken Seite eine höhere Molekülkonzentration hat als auf der rechten Seite (▸ Abbildung 18.15). Wir stellen uns die Moleküle als in zufallsbestimmter Bewegung vor. Doch wird es einen Nettofluss von Molekülen nach rechts geben. Um das einzusehen, betrachten wir einen schmalen, in der Mitte befindlichen Ausschnitt des Rohrs, der die Länge Δx hat. Moleküle aus beiden Bereichen 1 und 2 bewegen sich aufgrund ihrer zufälligen Bewegung in den zentralen Ausschnitt hinein. Je mehr Moleküle es in einem Bereich gibt, desto mehr werden den Grenzabschnitt passieren. Da die Konzentration in Region 1 größer ist als in Region 2, fließen mehr Moleküle aus Region 1 in den zentralen Ausschnitt als aus Region 2. Es gibt damit einen Nettostrom von Molekülen von links nach rechts, von der höheren zur niedrigeren Konzentration. Der Nettostrom hört erst dann auf, wenn die beiden Konzentrationen gleich werden.

Sie erwarten vielleicht, dass der Diffusionsstrom umso größer ist, je größer das Konzentrationsgefälle ist. Das ist in der Tat der Fall. 1855 stellte der Physiologe Adolf Fick (1829–1901) experimentell fest, dass der Diffusionsstrom J direkt proportional zur Änderung der Konzentration pro Längeneinheit $(c_1 - c_2)/\Delta x$ (man nennt das den **Konzentrationsgradienten**) und zur Querschnittsfläche A ist (► Abbildung 18.15):

$$J_{1\to 2} = DA\frac{c_1 - c_2}{\Delta x} ,$$

oder, mit den Ableitungen geschrieben

$$J = -DA\frac{\mathrm{d}c}{\mathrm{d}x} . \qquad (18.11)$$

Diffusionsgleichung (Fick'sches Gesetz)

D ist eine Proportionalitätskonstante, genannt die **Diffusionskonstante.** Ihre Einheit ist $\mathrm{m^2/s}$. Gleichung 18.11 ist als **Diffusionsgleichung** oder **Fick'sches Gesetz** bekannt. Wenn die Konzentrationen in $\mathrm{mol/m^3}$ angegeben sind, so ist J die Anzahl der Mole, die einen gegebenen Punkt pro Sekunde passieren.

Die Diffusionskonstante D hängt von den Eigenschaften der diffundierenden Moleküle und jenen der Substanz, in der sie gelöst sind (oft Luft oder Wasser), sowie von der Temperatur und dem externen Druck ab. Die Werte von D für verschiedene Stoffe sind in Tabelle 18.3 aufgelistet.

Beispiel 18.8 · Abschätzung

Diffusion von Ammoniak in Luft

Um eine Vorstellung davon zu bekommen, wie viel Zeit für einen Diffusionsvorgang erforderlich ist, schätzen Sie ab, wie lange es dauert, bis Ammoniak (NH_3) in 10 cm Entfernung von der Flasche, nachdem diese geöffnet wurde, nachgewiesen werden kann. Es wird ausschließlich Diffusion angenommen.

Lösung

Es handelt sich um eine Abschätzung. Der Diffusionsstrom J kann mit der Anzahl Moleküle gleichgesetzt werden, die durch eine Querschnittfläche A in einer Zeit t strömen: $J = N/t$. Daraus folgt $t = N/J$ und unter Nutzung von Gleichung 18.11 erhalten wir

$$t = \frac{N}{J} = \frac{N}{AD}\frac{\Delta x}{\Delta c} .$$

Die durchschnittliche Konzentration im Bereich mittig zwischen Fläschchen und Nase lässt sich abschätzen durch $\overline{c} \approx N/V$, worin V das Volumen ist, in dem sich die Moleküle bewegen. Wir schätzen es mit $V \approx A\Delta x$ ab, worin Δx 10 cm ist. Wir ersetzen $N = \overline{c}A\Delta x$ in obiger Gleichung und erhalten

$$t \approx \frac{(\overline{c}A\Delta x)\Delta x}{AD\Delta c} = \frac{\overline{c}}{\Delta c}\frac{(\Delta x)^2}{D} .$$

Die Ammoniakkonzentration ist in der Nähe der Flasche hoch und in der Nähe der Nase niedrig, somit nähern wir $\overline{c} \approx \Delta c/2$ oder $(\overline{c}/\Delta c) \approx \frac{1}{2}$. Da die Größe von NH_3-Molekülen etwa zwischen der von H_2 und O_2 liegt, schätzen wir mithilfe von Tabelle 18.3 $D \approx 4 \cdot 10^{-5}\,\mathrm{m^2/s}$. Damit folgt

$$t \approx \frac{1}{2}\frac{(0{,}10\,\mathrm{m})^2}{(4 \cdot 10^{-5}\,\mathrm{m^2/s})} \approx 100\,\mathrm{s} .$$

Es dauert also zwischen einer und zwei Minuten. Das scheint, verglichen mit der Erfahrung, ziemlich lang zu sein – ein Hinweis darauf, dass bei der Übertragung von Gerüchen Luftströmungen (Konvektion) eine größere Rolle spielen als Diffusion.

ANGEWANDTE PHYSIK

Diffusionszeit

Tabelle 18.3

Diffusionskonstanten, D (20 °C, 1 bar)

Diffundierende Moleküle	Medium	D ($\mathrm{m^2/s}$)
H_2	Luft	$6{,}3 \cdot 10^{-5}$
O_2	Luft	$1{,}8 \cdot 10^{-5}$
O_2	Wasser	$100 \cdot 10^{-11}$
Hämoglobin	Wasser	$6{,}9 \cdot 10^{-11}$
Glycin (eine Aminosäure)	Wasser	$95 \cdot 10^{-11}$
DNA (Masse $6 \cdot 10^6$ u)	Wasser	$0{,}13 \cdot 10^{-11}$

ZUSAMMENFASSUNG

Gemäß der **kinetischen Gastheorie**, die auf der Annahme basiert, das ein Gas aus sich schnell und zufallsbestimmt bewegenden Teilchen besteht, ist die durchschnittliche kinetische Energie der Moleküle proportional zur Temperatur T:

$$\overline{E_{\mathrm{kin}}} = \frac{1}{2}m\overline{v^2} = \frac{3}{2}kT\,,$$

worin k die Boltzmann-Konstante ist.

In jedem Moment gibt es eine breite Geschwindigkeitsverteilung in einem Gas. Die Teilchen (Moleküle) eines Gases haben unterschiedliche Geschwindigkeiten. Wie viele Gasteilchen welche Geschwindigkeit haben, gibt die Geschwindigkeitsverteilung wieder. Die **Maxwell-Boltzmann-Verteilung der Geschwindigkeiten** wird aus Annahmen der kinetischen Gastheorie abgeleitet. Sie stimmt bei Gasen unter nicht zu hohen Drücken gut mit dem Experiment überein.

Das Verhalten realer Gase unter hohem Druck und/oder nahe am Siedepunkt weicht vom idealen Gasgesetz ab. Die Abweichungen sind auf die endliche Größe der Moleküle und die zwischenmolekularen Anziehungskräfte zurückzuführen.

Unterhalb der **kritischen Temperatur** kann ein Gas in eine Flüssigkeit übergehen, wenn genügend hoher Druck angewandt wird. Liegt die Temperatur jedoch über der kritischen, so kann kein noch so hoher Druck eine Verflüssigung bewirken.

Der **Tripelpunkt** eines Stoffs ist der einzige Punkt, an dem bei einer bestimmten Temperatur und einem bestimmten Druck alle drei Phasen – fest, flüssig und gasförmig – im Gleichgewicht koexistieren können. Wegen seiner präzisen Reproduzierbarkeit wird der Tripelpunkt von Wasser oft als Standard-Referenzpunkt gewählt.

Bei der **Verdunstung** einer Flüssigkeit entfernen sich die schnellsten Moleküle nahe der Oberfläche der Flüssigkeit. Da die durchschnittliche Molekülgeschwindigkeit abnimmt, wenn die schnellsten Moleküle entwichen sind, verringert sich bei Verdunstung auch die Temperatur der Flüssigkeit.

Der **Sättigungsdampfdruck** bezieht sich auf den Druck über einer Flüssigkeit, bei dem die beiden Phasen der Substanz im Gleichgewicht sind. Der Dampfdruck eines Stoffs (wie Wasser) variiert stark mit der Temperatur und ist am Siedepunkt gleich dem Atmosphärendruck.

Die **relative Luftfeuchtigkeit** an einem bestimmten Ort ist das Verhältnis des Partialdrucks von Wasserdampf in der Luft zum Sättigungsdampfdruck bei derselben Temperatur. Sie wird normalerweise in Prozent angegeben.

ZUSAMMENFASSUNG

Verständnisfragen

1 Warum geht die Größe der verschiedenen Moleküle nicht in das ideale Gasgesetz ein?

2 Wenn ein Gas schnell komprimiert wird (etwa durch Herabdrücken eines Kolbens), steigt seine Temperatur. Wenn es sich ausdehnt, kühlt es sich ab. Erklären Sie diese Temperaturveränderungen mit der kinetischen Gastheorie unter besonderer Beachtung dessen, was mit dem Impuls der Moleküle beim Aufschlagen auf den herabschnellenden Kolben geschieht.

3 In Abschnitt 18.1 machten wir die Annahme, dass die Gasmoleküle vollkommen elastisch mit den Gefäßwänden kollidieren. Diese Annahme ist nicht notwendig, so lange die Wände dieselbe Temperatur wie das Gas haben. Warum?

4 Erklären Sie in Worten, wie das 1. Gesetz von Gay-Lussac aus der kinetischen Gastheorie folgt und die Beziehung zwischen der durchschnittlichen kinetischen Energie und der absoluten Temperatur.

5 Erklären Sie In Worten, wie das 2. Gay-Lussac'sche Gesetz aus der kinetischen Gastheorie folgt.

6 Mit wachsender Höhe in der Erdatmosphäre nimmt das Verhältnis von N_2- zu O_2-Molekülen zu. Warum?

7 Kann man die Temperatur eines Vakuums bestimmen?

8 Ist Temperatur eine makroskopische oder mikroskopische Variable?

9 Diskutieren Sie, warum die Maxwell-Boltzmann-Verteilung (► Abbildung 18.2) keinen symmetrischen Verlauf bezüglich der mittleren Geschwindigkeit hat.

10 Erklären Sie, warum das Maximum der Kurve für 310 K in ► Abbildung 18.3 nicht so groß ist wie das für 273 K. (Setzen Sie voraus, dass die Gesamtzahl der Moleküle in beiden Fällen gleich ist.)

11 Erklären Sie anhand der Maxwell-Boltzmann-Verteilung, (a) warum der Mond nur sehr wenig Atmosphäre hat und (b) warum sich Wasserstoff, wenn er einst in der Erdatmosphäre vorhanden war, wahrscheinlich verflüchtigt hätte.

12 Erklären Sie, warum das Einfrieren von Speisen Faulvorgänge verzögert.

13 Würde die durchschnittliche kinetische Energie von Molekülen in einem idealen Gas $\overline{v}$, v_{rms}, v_{p} oder einem anderen Wert entsprechen?

14 Um welchen Faktor ändern sich (a) v_{rms} und (b) $\overline{v}$, wenn bei konstantem Volumen der Druck in einem Gas verdoppelt wird?

15 Wenn ein Gasbehälter in Ruhe ist, muss die Durchschnittsgeschwindigkeit der Moleküle gleich null sein. Doch das ist nicht der Fall. Erklären Sie, warum.

16 Skizzieren Sie die Maxwell-Boltzmann-Verteilung. Diskutieren Sie, wie groß die Werte der mittleren Geschwindigkeit, der Wurzel des mittleren Geschwindigkeitsquadrats und der wahrscheinlichsten Geschwindigkeit sind. Ist der Verlauf symmetrisch?

17 Welche alltäglichen Beobachtungen sprechen dafür, dass nicht alle Moleküle in einem Stoff dieselbe Geschwindigkeit haben?

18 Wir haben gesehen, dass der Sättigungsdampfdruck einer Flüssigkeit wie Wasser nicht vom äußeren Druck abhängt. Doch hängt die Temperatur des Siedepunkts sehr wohl vom äußeren Druck ab. Ist das nicht ein Widerspruch? Begründen Sie.

19 Alkohol verdunstet bei Raumtemperatur schneller als Wasser. Was können Sie daraus für die molekularen Eigenschaften schließen?

20 Erklären Sie, warum ein heißer Tag hoher Luftfeuchte weitaus unangenehmer ist als ein heißer, trockener Tag derselben Temperatur.

21 Ist es möglich, Wasser bei Raumtemperatur (20 °C) zum Kochen zu bringen, ohne es zu erhitzen?

22 Was bedeutet es genau, wenn wir sagen, dass Sauerstoff bei −183 °C siedet?

23 Ein Stück dünner Draht, an dessen beiden Enden Gewichte hängen, wird über einen Eiswürfel gelegt. Man beobachtet, dass sich der Draht durch das Eis schneidet, doch hinterlässt er keine Lücke am Eiswürfel. Dieser Vorgang heißt *Regelation* („Wieder-Einfrieren"). Erklären Sie, wie das geschehen kann. Gehen Sie dabei von der Abhängigkeit des Wasser-Schmelzpunkts vom Druck aus.

24 Wie unterscheiden sich Gas und Dampf?

25 (a) Kann für bestimmte Druck- und Temperaturwerte Eis durch Anwendung von Druck zum Schmelzen gebracht werden? (b) Kann für bestimmte Druck- und Temperaturwerte Kohlendioxid durch Anwendung von Druck zum Schmelzen gebracht werden?

26 Warum hält sich Trockeneis nicht lang bei Raumtemperatur?

27 Unter welchen Bedingungen kann flüssiges CO_2 existieren? Kann es als Flüssigkeit bei Raumtemperatur existieren?

28 Nennen Sie mehrere Möglichkeiten, die mittlere freie Weglänge eines Gases zu verringern.

29 Diskutieren Sie, warum sich Schallwellen nur dann in einem Gas ausbreiten können, wenn ihre Wellenlänge etwas größer als die mittlere freie Weglänge ist.

Aufgaben zu 18.1

1 (I) (a) Wie groß ist die durchschnittliche kinetische Energie eines Sauerstoffmoleküls bei Normalbedingungen? (b) Wie groß ist die gesamte kinetische Energie von 2,0 mol O_2 bei 20 °C?

2 (I) Berechnen sie die Wurzel des mittleren Geschwindigkeitsquadrats von Heliumatomen in der Nähe der Oberfläche der Sonne, wo eine Temperatur von ungefähr 6000 K herrscht.

3 (I) Um welchen Faktor nimmt die Wurzel der mittleren Geschwindigkeitsquadrate v_{rms} von Gasmolekülen zu, wenn die Temperatur von 0 °C auf 100 °C erhöht wird?

4 (I) Ein Gas hat eine Temperatur von 20 °C. Bis auf welche Temperatur muss es gebracht werden, um die Wurzel der mittleren Geschwindigkeitsquadrate seiner Moleküle zu verdoppeln?

5 (I) Zwölf Moleküle haben die folgenden Geschwindigkeiten (beliebige Einheit): 6, 2, 4, 6, 0, 4, 1, 8, 5, 3, 7 und 8. Berechnen Sie (a) die mittlere Geschwindigkeit, und (b) die Wurzel der mittleren Geschwindigkeitsquadrate.

6 (II) Die Wurzel der mittleren Geschwindigkeitsquadrate von Molekülen in einem Gas bei 20 °C soll um 1% erhöht werden. Um wie viel muss die Temperatur steigen?

7 (II) Um welchen Faktor ändert sich die Wurzel der mittleren Geschwindigkeitsquadrate, wenn der Druck in einem Gas bei konstantem Volumen verdoppelt wird?

8 (II) Zeigen Sie, dass die Wurzel der mittleren Geschwindigkeitsquadrate von Molekülen in einem Gas gegeben ist durch $v_{rms} = \sqrt{3p/\rho}$, worin p der Gasdruck und ρ die Gasdichte ist.

9 (II) Zeigen Sie dass für eine Mischung aus zwei Gasen bei derselben Temperatur das Verhältnis ihrer Effektivgeschwindigkeiten gleich dem umgekehrten Verhältnis der Quadratwurzeln aus ihrem Molekülgewicht ist.

10 (II) Wie groß ist die v_{rms} von Stickstoffmolekülen in einem $8{,}5\,m^3$ großen Volumen bei 2,1 bar, wenn die Gesamtmenge 1300 mol Stickstoff beträgt?

11 (II) Berechnen Sie (a) die Wurzel der mittleren Geschwindigkeitsquadrate v_{rms} eines Sauerstoffmoleküls bei 0 °C. Bestimmen Sie (b), wie viele Male pro Sekunde es sich im Mittel durch einen 7 m langen Raum hin und her bewegen würde. Setzen Sie voraus, dass es nur sehr wenige Zusammenstöße mit anderen Molekülen gibt.

12 (II) Wie groß ist der durchschnittliche Abstand zwischen zwei Stickstoffmolekülen bei Normalbedingungen?

13 (II) Die beiden Uran-Isotope ^{235}U und ^{238}U (die Hochzahlen beziehen sich auf ihr Atomgewicht) können durch einen Gasdiffusionsprozess voneinander getrennt werden. Man kombiniert sie dabei mit Fluor und erhält die Verbindung UF_6. Berechnen Sie das Verhältnis der v_{rms} dieser Moleküle für die beiden Isotope.

Aufgaben zu 18.2

14 (I) Eine System von 25 Gasteilchen hat die folgenden Geschwindigkeiten: zwei Gasteilchen haben 10 m/s, sieben haben 15 m/s, vier haben 20 m/s, drei haben 25 m/s, sechs haben 30 m/s, eines hat 35 m/s und zwei haben 40 m/s. Bestimmen Sie (a) die Durchschnittgeschwindigkeit, (b) v_{rms}, und (c) die wahrscheinlichste Geschwindigkeit.

15 (III) Gehen Sie von der Maxwell-Boltzmann-Verteilung (Gleichung 18.6) aus und zeigen Sie (a)

$$\int_0^\infty f(v)\,\mathrm{d}v = N$$

und (b)

$$\int_0^\infty v^2 f(v)\,\mathrm{d}v/N = 3kT/m\,.$$

Aufgaben zu 18.3

16 (I) (a) In welchen Phasen kann CO_2 unter Atmosphärendruck existieren? (b) Für welchen Druck- und Temperaturbereich kann CO_2 flüssig sein? Beziehen Sie sich auf ▶ Abbildung 18.7.

17 (I) In welchen Phasen existiert CO_2 bei einem Druck von 30 bar und einer Temperatur von 30 °C (▶ Abbildung 18.7)?

18 (I) In welchen Phasen liegt Wasser vor, wenn bei einem Druck von 0,01 bar die Temperatur (a) 90 °C, und (b) −20 °C beträgt?

19 (II) Sie haben eine Wasserprobe und können Temperatur und Druck beliebig kontrollieren. (a) Beschreiben Sie die Phasenübergänge, wenn Sie bei einer Temperatur von 100 °C und einem Druck von 220 bar starten und den Druck bei konstanter Temperatur auf 0,004 bar vermindern. (b) Wiederholen Sie Teil (a) mit einem Startwert für die Temperatur von 0,0 °C. Das System wird lange genug unter Startbedingungen gehalten, damit es sich stabilisiert, bevor die Änderungen einsetzen.

Aufgaben zu 18.4

20 (I) Wie groß ist der Taupunkt (näherungsweise), wenn die Feuchte an einem Tag mit 25 °C 50% beträgt?

21 (I) Wie groß ist der Luftdruck an einem Ort, wo Wasser bei 90 °C kocht?

22 (I) Der Luftdruck an einem Ort in den Bergen beträgt 0,85 bar. Schätzen Sie, bei welcher Temperatur Wasser kocht.

23 (I) Wie hoch ist die Temperatur an einem Tag, an dem der Partialdruck von Wasser 530 Pa und die relative Feuchte 40 Prozent beträgt?

24 (I) Wie groß ist der Partialdruck von Wasser an einem Tag, an dem die Temperatur 25 °C und die relative Luftfeuchtigkeit 35% beträgt?

25 (II) Wie groß ist näherungsweise der Druck in einem Druckkochtopf, wenn das Wasser bei 120 °C kocht? Während der Erwärmung, die bei 20 °C begann, ist keine Luft aus dem Topf entwichen.

26 (II) Wie viel Wassermasse kann noch in einen Raum des Volumens 240 m^3 verdunsten, wenn die Feuchte bei 25 °C 80 Prozent beträgt?

27 (II) Ein Autoklav ist ein Gerät für das Desinfizieren von Laborinstrumenten. Es handelt sich dabei im Wesentlichen um einen Hochdruck-Dampfkochtopf. Da unter Druck stehender Dampf effektiver als Luft desselben Drucks für das Abtöten von Mikroorganismen ist, wird die Luft abgesaugt und durch Dampf ersetzt. Der Überdruck im Autoklav beträgt typischerweise 1,0 bar. Wie hoch ist die Temperatur des Dampfs? Setzen Sie voraus, dass der Dampf mit dem siedenden Wasser im Gleichgewicht steht.

28 (III) Luft, deren Temperatur 5 °C beträgt, befindet sich an ihrem Taupunkt, wird in einen Raum gesogen und dort auf 25 °C erwärmt. Wie groß ist die relative Luftfeuchte bei dieser Temperatur? Nehmen Sie einen konstanten Druck von 1,0 bar an. Berücksichtigen Sie die Ausdehnung der Luft.

Aufgaben zu 18.5

29 (II) Für Sauerstoffgas ergibt die van-der-Waals-Gleichung mit den Werten $a = 0{,}14\,\mathrm{N{\cdot}m^4/mol^2}$ und $b = 3{,}2 \cdot 10^{-5}\,\mathrm{m^3/mol}$ die beste Übereinstimmung mit dem Experiment. Bestimmen Sie den Druck in 1,0 mol des Gases bei 0 °C, wenn das Volumen 0,40 l beträgt. Nutzen Sie (a) die van-der-Waals-Gleichung, und (b) das ideale Gasgesetz.

30 (II) In der van der Waals'schen Zustandsgleichung stellt die Konstante b den Betrag des „nicht verfügbaren Volumens“ dar, der von den Molekülen selber eingenommen wird. V wird mithin ersetzt durch $(V-nb)$, wobei n die Anzahl der Mole ist. Für Sauerstoff ist b ungefähr $3{,}2 \cdot 10^{-5}\,\mathrm{m^3/mol}$. Schätzen aus diesen Angaben den Durchmesser eines Sauerstoffmoleküls.

31 (III) (a) Zeigen Sie anhand der van der Waals'schen Zustandsgleichung, dass die kritischen Werte für Temperatur und Druck gegeben sind durch

$$T_{kr} = \frac{8a}{27bR}, \qquad p_{kr} = \frac{a}{27b^2}.$$

(*Hinweis*: Nutzen Sie aus, dass die p-V-Kurve am kritischen Punkt einen Wendepunkt hat, so dass die ersten beiden Ableitungen null sind.) (b) Ermitteln Sie a und b für CO_2 aus den gemessenen Werten $T_{kr} = 304\,\mathrm{K}$ und $p_{kr} = 72{,}8\,\mathrm{bar}$.

32 (III) (a) Zeigen Sie, dass ein Stoß zwischen zwei sphärischen Molekülen mit jeweils dem Radius r äquivalent ist zu einem Stoß zwischen einem Massenpunkt (ohne Ausdehnung) und einer Kugel mit dem Radius $2r$, und somit der Mittelpunkt eines Moleküls bei einer Kollision mit einem anderen Molekül nicht in das Kugelvolumen von $2r$ eindringen kann. (b) Zeigen Sie, dass das gesamte nicht verfügbare Volumen pro Mol durch den Ausdruck $b = 16\pi r^3 N_A/3$ gegeben ist. Darin ist N_A die Avogadro-Konstante. (*Hinweis*: Wenn Sie das gesamte ausgeschlossene Volumen aufaddieren, multiplizieren Sie mit 1/2, um so zu vermeiden, dass jedes Molekülpaar doppelt gezählt wird.) Beachten Sie, dass das nicht-verfügbare Volumen vier Mal so groß ist wie das tatsächliche Molekülvolumen. (c) Schätzen Sie den Durchmesser eines CO_2-Moleküls, für das $b = 4{,}2 \cdot 10^{-5}\,\mathrm{m^3/mol}$ ist.

Aufgaben zu 18.6

33 (II) Bei etwa welchem Druck ist die mittlere freie Weglänge von Luftmolekülen (a) 1,0 m und (b) gleich dem Durchmesser der Luftmoleküle $\approx 3 \cdot 10^{-10}$ m?

34 (II) (a) Die mittlere freie Weglänge von CO^2-Molekülen bei Normalbedingungen wird zu ungefähr $5{,}6 \cdot 10^{-8}$ m gemessen. Schätzen Sie den Durchmesser eines CO_2-Moleküls. (b) Schätzen Sie auf dieselbe Weise für Heliumgas mit $l_M \approx 25 \cdot 10^{-8}$ m bei Normalbedingungen.

35 (II) Ein Würfel des Volumens $4{,}4 \cdot 10^{-3}\,\mathrm{m}^3$ enthält 70 Murmeln, von denen jede den Durchmesser 1,5 cm hat. Wie groß ist die mittlere freie Weglänge für eine Murmel, wenn (a) der Würfel heftig geschüttelt wird, und (b) wenn er nur leicht geschüttelt wird.

36 (II) Ein Kubus mit einer Seitenlänge von 1,20 m wird bis zu einem Druck von $1{,}5 \cdot 10^{-4}$ Pa (10^{-6} Torr) evakuiert. Schätzen Sie, wie viele Kollisionen es zwischen den Molekülen pro Wandkollision gibt (0 °C).

37 (II) Eine sehr kleine Menge Wasserstoff entweicht in die Luft. Schätzen Sie die mittlere freie Weglänge der Wasserstoffmoleküle, wenn die Luft 1,0 bar und 25 °C hat. Welche Voraussetzungen haben Sie gemacht?

38 (II) Schätzen Sie den maximal erlaubten Druck in einer 38-cm-Kathodenstrahlröhre, wenn 98 Prozent aller Elektronen den Schirm treffen müssen, ohne zuvor mit einem Luftmolekül zu kollidieren.

39 (II) (a) Zeigen Sie, dass die Anzahl der Zusammenstöße von Molekülen pro Sekunde f, genannt die Stoßrate, durch $f = \overline{v}/l_M$ und somit $f = 4\sqrt{2}\pi r^2 \overline{v} N/V$ gegeben ist. (b) Wie groß ist die Stoßrate für N_2-Moleküle in Luft bei 20 °C und $p = 1{,}0 \cdot 10^{-2}$ bar?

40 (II) Wir sahen in Beispiel 18.7, dass die mittlere freie Weglänge l_M von Luftmolekülen bei Normalbedingungen ungefähr $9 \cdot 10^{-8}$ m ist. Schätzen Sie die Stoßrate f, die Anzahl der Zusammenstöße pro Zeiteinheit.

41 (II) Ein Gas besteht aus zwei Molekülsorten der Konzentrationen n_1 und n_2. Ihre Radien sind r_1 und r_2. Leiten Sie die folgende Relation für die mittlere freie Wegstrecke für Typ-1-Moleküle her (orientieren Sie sich dabei an der Herleitung von Gleichung 18.10a):

$$l_{M1} = \frac{1}{4\pi r_1^2 n_1 + \pi(r_1 + r_2)^2 n_2} \,.$$

42 (III) Zu einem bestimmten Zeitpunkt haben wir N_0 identische Moleküle. Zeigen Sie, dass die Anzahl N der Moleküle, die eine Distanz x oder mehr vor der nächsten Kollision zurücklegen, durch den Ausdruck $N = N_0\,\mathrm{e}^{-x/l_M}$ gegeben ist, worin l_M die mittlere freie Weglänge ist.

Aufgaben zu 18.7

43 Wie lange würde das Ammoniak aus Beispiel 18.8 näherungsweise brauchen, um nach der Öffnung der Flasche in 1,5 m Entfernung nachgewiesen werden zu können? Was sagt das Ergebnis über die relative Bedeutung von Diffusion und Konvektion beim Geruchstransport aus?

44 (II) Wie viel Zeit benötigt ein Glycerinmolekül (siehe Tabelle 18.3), um über eine Distanz von 15 µm zu diffundieren, wenn die Konzentration auf dieser Strecke von $1{,}00\,\mathrm{mol/m^3}$ auf $0{,}40\,\mathrm{mol/m^3}$ abnimmt? Vergleichen Sie diese „Geschwindigkeit" mit der Wurzel der mittleren Geschwindigkeitsquadrate v_{rms}. Das Molekülgewicht von Glycerin beträgt etwa 75 u.

45 (II) Sauerstoff diffundiert bei Insekten von ihrer Oberfläche ins Innere durch winzige Luftröhrchen namens Tracheen. Eine durchschnittliche Trachee ist 2 mm lang und hat eine Querschnittfläche von $2 \cdot 10^{-9}\,\mathrm{m}^2$. Nehmen Sie an, dass die Sauerstoffkonzentration im Innern der Insekten halb so hoch ist wie in der Atmosphäre draußen. (a) Zeigen Sie, dass die Sauerstoffkonzentration in der Luft (21 Prozent Sauerstoffanteil angenommen) bei 20 °C etwa $8{,}7\,\mathrm{mol/m^3}$ beträgt; berechnen Sie dann (b) den Diffusionsstrom J, und (c) schätzen Sie die durchschnittliche Zeit, die ein Molekül für die Diffusion ins Innere benötigt. Rechnen Sie mit einer Diffusionskonstanten von $1 \cdot 10^{-5}\,\mathrm{m^2/s}$.

Allgemeine Aufgaben

46 Wie groß ist die Effektivgeschwindigkeit eines Stickstoffmoleküls in einem Volumen von $12{,}8\,\mathrm{m}^3$ bei 3,42 bar, wenn die Gesamtmenge Stickstoff 1800 mol beträgt?

47 Im äußeren Weltraum beträgt die Atomdichte etwa 1 Atom pro cm^3, hauptsächlich Wasserstoffatome. Die Temperatur liegt bei 2,7 K. Berechnen Sie die Wurzel des mittleren Geschwindigkeitsquadrats dieser Wasserstoffatome und den Druck (in bar).

48 Berechnen Sie die gesamte kinetische Energie aller Moleküle in einem E. Coli-Bakterium der Masse $2{,}0 \cdot 10^{-15}$ kg bei 37 °C. Rechnen Sie mit einem 70-prozentigen Volumenanteil von Wasser, die anderen Moleküle haben ein durchschnittliches Molekülgewicht in der Größenordnung von 10^5 u.

49 (a) Berechnen Sie näherungsweise die Wurzel des mittleren Geschwindigkeitsquadrats einer Aminosäure mit einem Molekülgewicht von 89 u in einer lebenden Zelle bei 37 °C. (b) Wie groß ist die Wurzel des mittleren Geschwindigkeitsquadrats eines Proteins mit dem Molekülgewicht 50 000 u bei 37 °C?

50 Die Fluchtgeschwindigkeit von der Erde beträgt $1{,}12 \cdot 10^4$ m/s, so dass ein Gasmolekül in der äußeren Grenzregion der Atmosphäre, das sich mit dieser Geschwindigkeit bewegt, aus der Erdanziehung in den Weltraum entweichen könnte. Bei welcher Temperatur beträgt die durchschnittliche Geschwindigkeit (a) eines Sauerstoffmoleküls und (b) eines Heliumatoms $1{,}12 \cdot 10^4$ m/s?

51 Das zweite Postulat der kinetischen Gastheorie besagt, dass die Moleküle im Durchschnitt weit voneinander entfernt sind. Das heißt, ihr durchschnittlicher Abstand voneinander ist viel größer als der Moleküldurchmesser. Ist diese Annahme gerechtfertigt? Um das zu prüfen, berechnen Sie das durchschnittliche Volumen, das von einem Gasmolekül bei Normalbedingungen eingenommen wird und vergleichen den Wert mit der Molekülgröße selber. (Der Durchmesser eines typischen Gasmoleküls liegt bei 0,2 nm.) Wenn die Moleküle den Durchmesser von Tischtennisbällen hätten, also etwa 4 cm, wie weit wäre der nächste Tischtennisball durchschnittlich entfernt?

52 Schätzen Sie, wie viel Mal pro Sekunde ein Molekül in Sauerstoffgas gegen eine der Wände eines kubischen Behälters prallt, der eine Kantenlänge von 1 m hat. In dem Behälter befinden sich 2,0 mol Sauerstoff bei 20 °C. (*Hinweis*: Setzen Sie $\overline{v}_x \approx \sqrt{\overline{v_x^2}}$.)

53 Betrachten Sie einen 0,50 m hohen Behälter mit Sauerstoffgas bei einer Temperatur von 20 °C. Vergleichen Sie das Gravitationspotenzial eines Moleküls in der Behälterspitze (unter der Annahme, dass die potenzielle Energie am Behälterboden null ist) mit der durchschnittlichen kinetischen Energie der Moleküle. Ist es vernünftig, die potenzielle Energie zu vernachlässigen?

54 In feuchten Klimazonen halten die Menschen ihre Keller trocken, um Fäulnis und Schimmelbildung zu vermeiden. Wenn der Keller eines Hauses (bei 20 °C) 85 m^2 Grundfläche und eine Wandhöhe von 2,8 m hat, welche Masse Wasser muss dann daraus entfernt werden, damit die Feuchte von 95 Prozent auf akzeptable 30 Prozent fällt?

55 Die Temperatur eines idealen Gases wird von 120 °C auf 290 °C erhöht, wobei das Volumen und die Anzahl der Mole konstant bleiben. Um welchen Faktor ändert sich der Druck? Um welchen Faktor ändert sich v_{rms}?

56 Eine Taucherflasche hat ein Volumen von 2800 cm^3.Für sehr tiefe Tauchgänge wird die Flasche mit 50 Volumen-Prozent reinen Sauerstoff und 50 Volumen-Prozent Helium gefüllt. (a) Wie viele Moleküle gibt es in der Flasche von jeder Sorte, wenn sie bei 20 °C bis zu einem Überdruck von 10 bar gefüllt wurde? (b) Wie groß ist das Verhältnis der durchschnittlichen kinetischen Energien der beiden Molekülsorten? (c) Wie groß ist das Verhältnis der Wurzel der mittleren Geschwindigkeitsquadrate v_{rms} der beiden Molekülsorten?

57 Eine Raumfähre, die vom Mond zurückkehrt, tritt mit einer Geschwindigkeit von 40 000 km/h in die Erdatmosphäre ein. Welche Temperatur entspricht dieser Geschwindigkeit, mit der Moleküle (nehmen Sie Stickstoffmoleküle an) mit der Fährennase kollidieren? (Wegen dieser hohen Temperaturen muss die Nase der Fähre aus einem Spezialmaterial bestehen. Ein Teil davon verdampft und erscheint als Leuchten beim Wiedereintritt in die Atmosphäre.)

58 Bei Raumtemperatur bedarf es näherungsweise $2{,}45 \cdot 10^3$ J, um 1 g Wasser zu verdampfen. Schätzen Sie die durchschnittliche Geschwindigkeit der verdampfenden Moleküle. Welches Vielfache der Wurzel des mittleren Geschwindigkeitsquadrats (bei 20 °C) für Wassermoleküle ist das? (Setzen Sie die Gültigkeit von Gleichung 18.4 voraus.)

59 Berechnen Sie den gesamten Wasserdampfdruck in Luft an folgenden beiden Tagen: (a) einem Sommertag mit einer Temperatur von 30 °C und relativer Luftfeuchte von 40%; (b) einem Wintertag mit einer Temperatur von 5 °C und einer relativen Feuchte von 80%.

60 Bei 300 K nimmt ein Kohlendioxidgas von 8,50 mol ein Volumen von 0,200 m^3 ein. Berechnen Sie den Gasdruck, zunächst mit dem idealen Gasgesetz und anschließend mit der van der Waals'schen Zustandsgleichung. (Die Werte für a und b entnehmen Sie dem auf Gleichung 18.9 folgenden Text.) Für diesen Druck- und Volumenbereich ist die van-der-Waals-Gleichung sehr genau. Welchen prozentualen Fehler machen Sie bei Verwendung der idealen Gasgleichung?

61 Die Dichte von Atomen im interstellaren Raum (meist Wasserstoff) beträgt ungefähr eines pro Kubikzentimeter. Schätzen Sie die mittlere freie Weglänge der Wasserstoffatome unter der Annahme eines Atomdurchmessers von 10^{-10} m.

62 Finden Sie anhand des idealen Gasgesetzes einen Ausdruck für die mittlere freie Weglänge l_M, in dem statt (N/V) Druck und Temperatur vorkommen. Berechnen Sie mit diesem Ausdruck die mittlere freie Wegstrecke für Stickstoffmoleküle bei einem Druck von 10 bar und einer Temperatur von 300 K.

Wärme und der erste Hauptsatz der Thermodynamik

19

ÜBERBLICK

Ist es draußen kalt, dient warme Kleidung als Isolator, um den Wärmeverlust des Körpers durch Wärmeleitung und Konvektion nach draußen zu reduzieren. Wärmestrahlung von einem Lagerfeuer kann wärmen, und das Feuer kann auch direkt Energie durch Wärmeleitung an einen Kochtopf übertragen. Wärme ist, wie Arbeit, eine Form von Energie. Sie ist definiert als eine Form von Energie, die aufgrund einer Temperaturdifferenz von einem System in ein anderes übergeht. Arbeit ist definiert als eine Form von Energie, die mit mechanischen Mitteln von einem System geleistet wird. Der erste Hauptsatz der Thermodynamik fasst die beiden Aussagen in einen Satz über die Energieerhaltung zusammen: Die einem System zugeführte Wärmemenge Q minus der vom System geleisteten Nettoarbeit W gleicht der Änderung der inneren Energie ΔU *des Systems:* $\Delta U = Q - W$*. Die innere Energie U ist die Summe der Gesamtenergie der Moleküle eines Systems.*

19. Wärme und der erste Hauptsatz der Thermodynamik

Wenn ein Topf kaltes Wasser auf eine heiße Herdplatte gesetzt wird, nimmt die Temperatur des Wassers zu. Wir sagen, dass Wärme von der heißen Platte zum kalten Wasser fließt. Werden zwei Systeme unterschiedlicher Temperatur in Kontakt miteinander gebracht, fließt Wärme vom heißeren zum kälteren System. Der Wärmestrom ist so ausgerichtet, dass sich der Temperaturunterschied ausgleicht. Wenn die beiden Systeme lange genug in Kontakt bleiben, so dass sich ihre Temperaturen angleichen können, sind die beiden im thermischen Gleichgewicht und es gibt keinen Wärmestrom mehr zwischen ihnen. Steigt beispielsweise in einem Fieberthermometer die Quecksilbersäule noch, so fließt Wärme aus dem Mund des Patienten ins Thermometer. Verharrt die Quecksilbersäule, so ist das Thermometer im thermischen Gleichgewicht mit dem Mund des Patienten, sie haben dieselbe Temperatur.

Die Begriffe Wärme und Temperatur werden oft miteinander verwechselt. Es handelt sich aber um sehr unterschiedliche Größen und wir werden den Unterschied zwischen ihnen klar machen. Wir beginnen dieses Kapitel mit einer Definition des Begriffs der Wärme. Zudem starten wir unsere Diskussion über Thermodynamik, die der Oberbegriff für das Studium von Prozessen ist, in denen Energie als Wärme und Arbeit übertragen wird.

19.1 Was genau ist Wärme?

Wir benutzen den Begriff „Wärme" im alltäglichen Leben, als wüssten wir genau, was wir meinen. Doch wird der Begriff häufig inkonsistent verwendet, und so ist es wichtig für uns, Wärme und die mit ihr verbundenen Phänomene und Konzepte klar zu definieren.

Wir sprechen häufig vom „Wärmestrom" – Wärme fließt von einer Warmhalteplatte zu einer Tasse Kaffee, von der Sonne zur Erde, vom Mundinnern eines Patienten in ein Fieberthermometer. Wärme fließt unmittelbar vom System mit der höheren Temperatur zum System mit der niedrigeren Temperatur. Im 18. Jahrhundert gab es eine Modellvorstellung der Wärme, in der sie als Strom einer fluiden Substanz namens *Caloric* aufgefasst wurde. Doch konnte dieser Strom niemals nachgewiesen werden. Im 19. Jahrhundert entdeckte die Wissenschaft, dass die vielen mit Wärme verbundenen Phänomene konsistent ohne Verwendung des fluiden Modells beschrieben werden konnten. Das neue Modell begriff Wärme als verwandt mit Arbeit und Energie, worauf wir gleich eingehen werden. Zunächst wollen wir bemerken, dass eine heute noch gebräuchliche Einheit für Wärme nach dem fluiden Strom *Caloric* benannt ist. Es handelt sich um die **Kalorie** (cal), die definiert ist als *die Wärmemenge, die nötig ist, um die Temperatur von* 1 g *Wasser um ein Grad Celsius anzuheben.* (Genauer: von 14,5 °C auf 15,5 °C anzuheben, da die für die Temperaturerhöhung erforderliche Wärmemenge nur schwach von der Temperatur abhängt. Der Unterschied macht weniger als 1% im Bereich 0 °C bis 100 °C aus. Wir werden ihn hier für die meisten Zwecke außer Acht lassen.) Häufiger als die Kalorie wird die **Kilokalorie** (kcal) verwendet, die 1000 Kalorien hat. Somit ist 1 kcal *die Wärmemenge, die nötig ist, um die Temperatur von* 1 kg *Wasser um* 1 °C *anzuheben.* Manchmal wird die Kilokalorie auch fälschlicherweise Kalorie (großes C) genannt; mit dieser Einheit wird der Energiegehalt von Lebensmitteln bezeichnet.

Kalorie (Einheit)

Kilokalorie

Die Vorstellung, dass Wärme mit Energie verbunden ist, geht auf Wissenschaftler des 19. Jahrhunderts zurück, besonders auf den englischen Braumeister James Prescott Joule (1818–1889). Er führte Experimente durch, die bahnbrechend wa-

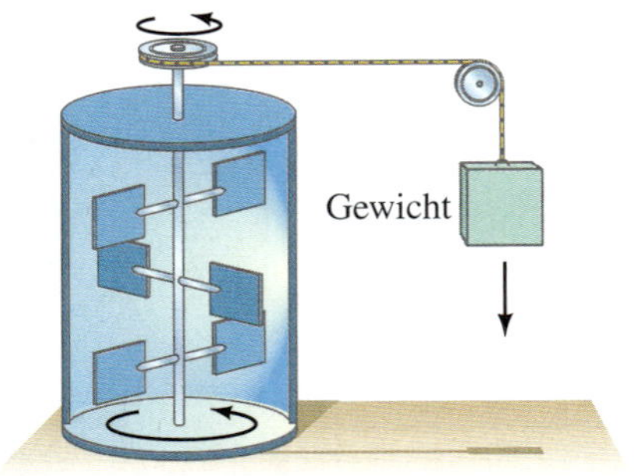

Abbildung 19.1 Joules Experiment, um die Gleichwertigkeit von mechanisch geleisteter Arbeit und Wärme zu beweisen.

ren für unser heutiges Verständnis der Wärme, beispielsweise dass Wärme wie Arbeit eine Energieform darstellt. Eines seiner Experimente ist (vereinfacht) in ► Abbildung 19.1 dargestellt. Das fallende Gewicht bewirkt, dass die Plättchenräder sich drehen und Arbeit an dem Wasser im Gefäß verrichten: Die Reibung zwischen dem Wasser und den Plättchen verursacht einen leichten Temperaturanstieg des Wassers (von Joule damals kaum messbar). Natürlich könnte man den gleichen Temperaturanstieg auch durch Erhitzen des Wassers auf einer heißen Herdplatte bewirken. In diesem und einer großen Anzahl weiterer Experimente (einige von ihnen schlossen auch elektrische Energie mit ein), fand Joule heraus, dass eine gegebene Menge geleisteter Arbeit stets mit einer bestimmten, ins System eingeflossenen Wärmemenge einherging. Quantitativ wurde herausgefunden, dass circa 4,186 Joule (J) Arbeit 1 Kalorie (cal) Wärme entsprechen. Das ist als das **mechanische Wärmeäquivalent** bekannt:

Mechanisches Wärmeäquivalent

$$4{,}186\,\mathrm{J} = 1\,\mathrm{cal}$$
$$4{,}186 \cdot 10^3\,\mathrm{J} = 1\,\mathrm{kcal}\,.$$

Als Resultat dieser und weiterer Experimente kamen Wissenschaftler zu dem Schluss, Wärme nicht als eine eigenständige physikalische Größe, sondern als eine Form von Energie aufzufassen. Wärme bezieht sich oft auf den *Transport* von Energie: Strömt Wärme von einem heißen zu einem kalten System, so ist es Energie, die vom heißen zum kalten System transportiert wird. Somit ist *Wärme Energie, die von einem Körper zum anderen aufgrund einer Temperaturdifferenz übertragen wird.* Im SI-System hat Wärme die Einheit der Energie Joule. Dennoch sind die Kalorie und die Kilokalorie noch in Gebrauch. Heute definiert man die Kalorie durch das Joule (über das mechanische Wärmeäquivalent, siehe oben) und nicht mehr, wie zuvor, durch die Eigenschaften von Wasser. Letztere kann man sich leicht merken: 1 cal erhöht die Temperatur von 1 g Wasser um 1 °C, oder 1 kcal erhöht die Temperatur von 1 kg Wasser um 1 °C.

Wärme ist Energieübertragung aufgrund von ΔT

ANGEWANDTE PHYSIK

Kalorien abarbeiten

Beispiel 19.1 · Abschätzung **Überschüssige Kalorien abarbeiten**

Ein junges Paar schlägt eines Nachmittags alle Vorsicht in den Wind und isst zu viel Eis und Kuchen. Die beiden stellen fest, dass jeder etwa 500 kcal zu viel gegessen hat. Um das wieder auszugleichen, wollen sie eine äquivalente Arbeit leisten und Treppen steigen oder einen Berg erklimmen. Wie viel Höhenunterschied muss jeder der beiden bewältigen? Beide haben eine Masse von je 60 kg.

Lösung

Wir wandeln zunächst kcal in Joule um:

$$(500\,\mathrm{kcal})(4{,}186 \cdot 10^3\,\mathrm{J/kcal}) = 2{,}1 \cdot 10^6\,\mathrm{J}\,.$$

Die Arbeit, die nötig ist, um eine Höhe h hinaufzusteigen, ist $W = mgh$. Wir lösen nach h auf und verwenden $W = 2{,}1 \cdot 10^6$ J:

$$h = \frac{W}{mg} = \frac{2{,}1 \cdot 10^6\,\mathrm{J}}{(60\,\mathrm{kg})(9{,}80\,\mathrm{m/s^2})} = 3600\,\mathrm{m}\,.$$

Sie müssen also einen sehr hohen Berg erklimmen oder viele Treppenstufen. (Der menschliche Körper wandelt Energie aber nicht mit 100-prozentiger Effizienz um, sondern mit etwas mehr als 20 Prozent.) Im nächsten Kapitel sehen wir, dass immer etwas Energie „verschwendet“ wird. Somit müsste das Paar nur etwa einen Höhenunterschied von $(0{,}2)(3600) \approx 700$ m bewältigen.

19.2 Innere Energie

Um unsere Vorstellung von Wärme klarer zu umreißen, führen wir nun die innere Energie ein. Die Summe aller Energien sämtlicher Moleküle in einem System wird seine **innere Energie** genannt. Wärme ist, wie wir gesehen haben, nicht die Energie, die ein Körper enthält, sondern bezieht sich auf die von einem auf das andere System übertragene Energiemenge bei einer vorhandenen Temperaturdifferenz.

Innere Energie

Unterschiede zwischen Temperatur, Wärme und innerer Energie

Wärme vs. innere Energie vs. Temperatur

Mithilfe der kinetischen Gastheorie können wir klar zwischen Temperatur, Wärme und innerer Energie unterscheiden. Temperatur (in Kelvin) ist ein Maß für die *durchschnittliche* kinetische Energie einzelner Moleküle. Die innere Energie bezieht sich auf die *gesamte* Energie aller Moleküle in einem System. (Zwei heiße Eisenbarren gleicher Masse können dieselbe Temperatur haben, doch die beiden zusammen haben doppelt so viel innere Energie wie ein einzelner.) Wärme bezieht sich auf den *Transport* von Energie (wie innerer Energie) von einem System zum andern aufgrund einer Temperaturdifferenz.

Man beachte, dass die Richtung des Wärmestroms zwischen zwei Systemen nur von ihren Temperaturen abhängt und nicht davon, wie viel innere Energie das eine oder andere System hat. Werden somit 50 g Wasser, das eine Temperatur von 30 °C hat, mit 200 g Wasser bei 25 °C in Kontakt gebracht (oder vermischt), fließt die Wärme vom 30 °C warmen Wasser zum 25 °C warmen Wasser, obgleich die innere Energie des 25 °C warmen Wassers viel größer ist, da viel mehr von ihm da ist.

Die Richtung des Wärmestroms hängt von der Temperaturdifferenz ab

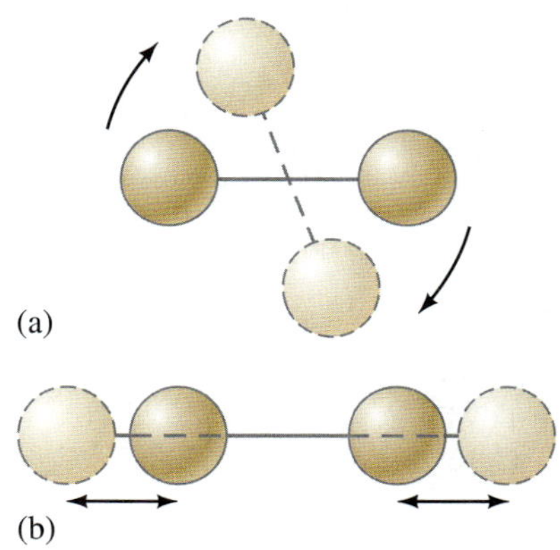

Abbildung 19.2 Moleküle können ebenso wie kinetische Energie auch (a) Rotations- und (b) Schwingungsenergie haben.

Innere Energie eines idealen Gases

Wir berechnen nun die innere Energie von n mol eines idealen, einatomigen (ein Atom pro Molekül) Gases. Die innere Energie U ist die Summe der kinetischen Energie sämtlicher Atome. Diese Summe ist gerade gleich der durchschnittlichen kinetischen Energie pro Molekül mal der Gesamtzahl der Moleküle N:

$$U = N\left(\frac{1}{2}m\overline{v^2}\right) .$$

Unter Verwendung von Gleichung 18.4 $\overline{E_{\text{kin}}} = \frac{1}{2}m\overline{v^2} = \frac{3}{2}kT$ lässt sich das schreiben als

$$U = \frac{3}{2}NkT \quad \text{oder}$$

$$U = \frac{3}{2}nRT \quad \text{(einatomiges ideales Gas)} \qquad (19.1)$$

Innere Energie eines einatomigen idealen Gases

Darin ist n die Anzahl der Mole. Die innere Energie eines Gases hängt somit nur von der Temperatur und der Anzahl der Mole ab.

Bestehen die Gasmoleküle aus mehr als einem Atom, müssen zusätzlich Rotationsenergie und Schwingungsenergie der Moleküle (▶ Abbildung 19.2a) berücksichtigt werden. Die innere Energie ist hier bei einer gegebenen Temperatur größer als bei einem einatomigen Gas, doch bleibt sie auch in dem Fall ausschließlich eine Funktion der Temperatur (ideales Gas vorausgesetzt).

Die innere Energie eines realen Gases hängt hauptsächlich von der Temperatur ab, doch wo es vom idealen Verhalten abweicht, kommt eine Abhängigkeit von Druck und Volumen hinzu.

Die innere Energie von Flüssigkeiten und Festkörpern ist deutlich komplizierter zu berechnen als die des idealen Gases, da sie potenzielle elektrische Energie, die mit den Kräften (oder „chemischen" Bindungen) zwischen den Atomen und Molekülen verbunden sind, mit einschließt.

Tabelle 19.1

Spezifische Wärmekapazität (bei 10^5 Pa Druck und 20 °C, falls nicht anders angegeben)

Stoff	Spezifische Wärme, c J/(kg·K)	kcal/(kg·K) (= cal/g·K)
Aluminium	900	0,22
Alkohol (Äthyl)	2400	0,58
Kupfer	390	0,093
Glas	840	0,20
Eisen oder Stahl	450	0,11
Blei	130	0,031
Marmor	860	0,21
Quecksilber	140	0,033
Silber	230	0,056
Holz	1700	0,4
Wasser		
Eis (−5 °C)	2100	0,50
Flüssig (15 °C)	4186	1,00
Dampf (110 °C)	2010	0,48
Menschlicher Körper (Durchschnitt)	3470	0,83
Protein	1700	0,4

19.3 Spezifische Wärmekapazität

Wird einem Körper Wärme zugeführt, so steigt seine Temperatur. Doch um welchen Betrag steigt sie? Im 18. Jahrhundert erkannten die Experimentatoren, dass die Wärmemenge Q, die für eine Temperaturänderung in einem gegebenen Stoff nötig ist, proportional zur Masse m des Stoffes und zur Temperaturänderung ΔT ist. Diese bemerkenswerte Einfachheit der Natur findet ihren Niederschlag in der Gleichung

$$Q = mc\Delta T\,. \tag{19.2}$$

Darin ist c eine materialspezifische Größe, die **spezifische Wärmekapazität.** Wegen $c = Q/m\Delta T$ erhält die spezifische Wärmekapazität die SI-Einheit J/(kg·K) oder kcal/(kg·K). (Der Wert von c in cal/(g·K) ist derselbe wie in kcal/(kg·K).) Für Wasser bei 15 °C und unter einem konstanten Druck von 1 bar ist $c = 1{,}00$ kcal/(kg·K) oder $4{,}19 \cdot 10^3$ J/(kg·K), da per definitionem von cal und Joule 1 kcal nötig ist, um die Temperatur von 1 kg Wasser um 1 °C zu erhöhen. Tabelle 19.1 enthält die Werte der spezifischen Wärmekapazität für einige Stoffen bei 20 °C. Die Werte von c hängen schwach von der Temperatur (wie auch leicht vom Druck) ab, doch für nicht zu große Temperaturänderungen kann c oft als konstant betrachtet werden[1].

Beispiel 19.2 **Wie die Wärme von der spezifischen Wärmekapazität abhängt**

(a) Wie viel Wärme ist erforderlich, um die Temperatur eines leeren, 20 kg schweren Eisenfasses von 10 °C auf 90 °C zu erhöhen? (b) Wie viel Wärme ist erforderlich, wenn 20 kg Wasser ins Fass gegossen werden?

Lösung

a Aus Tabelle 19.1 entnehmen wir die spezifische Wärme für Eisen $c = 450$ J/kg·°C. Die Temperaturänderung beträgt (90 °C − 10 °C) = 80 °C = 80 K. Damit wird

$$Q = mc\Delta T = (20\,\text{kg})(450\,\text{J/(kg·K)})(80\,\text{K}) = 7{,}2 \cdot 10^5\,\text{J} = 720\,\text{kJ}\,.$$

b Das Wasser allein macht folgende Wärmemenge erforderlich:

$$Q = mc\Delta T = (20\,\text{kg})(4186\,\text{J/(kg·K)})(80\,\text{K}) = 6{,}7 \cdot 10^6\,\text{J} = 6700\,\text{kJ}\,,$$

was fast zehn Mal so viel Wärme ist, wie eine gleichgroße Masse Eisen erfordert. Die gesamte Wärmemenge für das Fass und das Wasser beträgt 720 kJ + 6700 kJ = 7420 kJ.

Wenn das Eisenfass aus Teil (a) von 90 °C auf 10 °C gekühlt worden wäre, wären 720 kJ *aus* dem Eisen herausgeflossen. In anderen Worten, Gleichung 19.2 ist für einen Wärmestrom in beiden Richtungen, hinein und hinaus, gültig, und damit korrespondiert eine Zunahme oder Abnahme der Temperatur. Teil (b) von Beispiel 19.2 hat uns gezeigt, dass Wasser für dieselbe Temperaturänderung fast zehnmal so viel Wärme benötigt wie eine gleich große Masse Eisen. Wasser hat eine der größten spezifischen Wärmen aller Stoffe. Diese Eigenschaft macht Wasser zu einem idealen Medium für Raumheizungssysteme und weitere Anwendungen, die einen minimalen Temperaturabfall beim Wärmetransport erfordern. Es ist auch

1 Um die Abhängigkeit von c von der Temperatur T zu berücksichtigen, schreiben wir Gleichung 19.2 in differenzieller Form auf: $\mathrm{d}Q = mc(T)\,\mathrm{d}T$. Dann ist die Wärme Q, die für eine Temperaturänderung von T_1 nach T_2 notwendig ist, gleich $Q = \int_{T_1}^{T_2} mc(T)\,\mathrm{d}T$, worin $c(T)$ eine Funktion der Temperatur ist.

das Wasser, das in den Äpfeln eines heißen Apfelstrudels eher unsere Zungen verbrennt als die Kruste.

19.4 Wärmemessung – Problemlösungen

Wenn verschiedene Teile eines isolierten Systems unterschiedliche Temperaturen haben, doch in thermischem Kontakt miteinander stehen, strömt die Wärme vom Teil mit der höheren Temperatur zum Teil mit der niedrigeren Temperatur. Ist das System vollständig isoliert, kann keine Energie hinein- oder hinausfließen. Wiederum spielt die *Energieerhaltung* eine wichtige Rolle; die Wärme, die ein Systemteil abgibt, ist gleich der Wärme, die ein anderer Systemteil aufnimmt.

Energieerhaltung

abgegebene Wärme = aufgenommene Wärme

Das wollen wir an einem Beispiel näher beleuchten.

Beispiel 19.3 Die Tasse kühlt den Tee

200 cm³ Tee, der 95 °C heiß ist, wird in eine 150 g schwere Glastasse gegossen, die eine ursprüngliche Temperatur von 25 °C hat (▶ Abbildung 19.3). Wie groß ist die sich einstellende Temperatur des Gleichgewichts unter der Annahme, dass keine Wärme nach außen fließt?

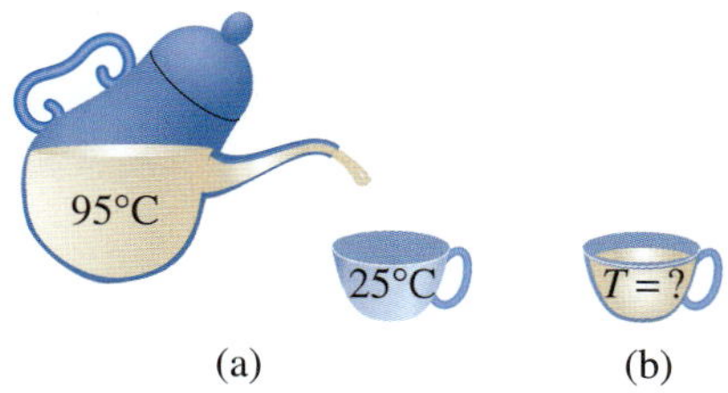

Abbildung 19.3 Beispiel 19.3.

Lösung

Da Tee hauptsächlich Wasser ist, beträgt seine spezifische Wärmekapazität gemäß Tabelle 19.1 4186 J/kg·K. Die Masse m ergibt sich aus seiner Dichte mal seinem Volumen ($V = 200\,\text{cm}^3 = 200 \cdot 10^{-6}\,\text{m}^3$): $m = \rho V = (1{,}0 \cdot 10^3\,\text{kg/m}^3)(200 \cdot 10^{-6}\,\text{m}^3) = 0{,}20\,\text{kg}$. Unter Anwendung der Energieerhaltung setzen wir

Wärmeabgabe des Tees = Wärmeaufnahme der Tasse

$$m_{\text{Tee}} c_{\text{Tee}} (95\,°\text{C} - T) = m_{\text{Tasse}} c_{\text{Tasse}} (T - 25\,°\text{C})\,,$$

worin T die bis jetzt noch unbekannte Endtemperatur ist. Wir setzen die Zahlen aus Tabelle 19.1 ein und lösen die Gleichung nach T auf:

$$(0{,}20\,\text{kg})(4186\,\text{J/(kg·K)})(95\,°\text{C} - T) = (0{,}15\,\text{kg})(840\,\text{J/(kg·K)})(T - 25\,°\text{C})$$
$$79\,400\,\text{J} - (836\,\text{J/K})T = (126\,\text{J/K})T - 6300\,\text{J}$$
$$T = 89\,°\text{C}$$

Die Temperatur des Tees fällt um 6 °C, wenn er im thermischen Gleichgewicht mit der Tasse ist.

Alternative Lösung

PROBLEMLÖSUNG
Alternative Lösung

Wir können diesem Beispiel (und weiteren) mit einem anderen Ansatz begegnen. Die gesamte übertragene Wärmemenge in das isolierte System hinein und hinaus ist gleich null:

$$\sum Q_i = 0\,.$$

Jeder Term dieser Summe wird als $Q = mc(T_i - T_f)$ geschrieben, worin T_i und T_f die anfängliche (engl. *initial*) und die Endtemperatur (engl. *final*) ist. Mit den Beispielzahlen erhalten wir

$$Q = m_{\text{Tee}} c_{\text{Tee}} (95\,°\text{C} - T) + m_{\text{Tasse}} c_{\text{Tasse}} (25\,°\text{C} - T) = 0\,.$$

Beachten Sie, dass der zweite Term negativ wird, da T größer als 25 °C ist. Das Auflösen dieser letzten algebraischen Gleichung führt zum selben Ergebnis.

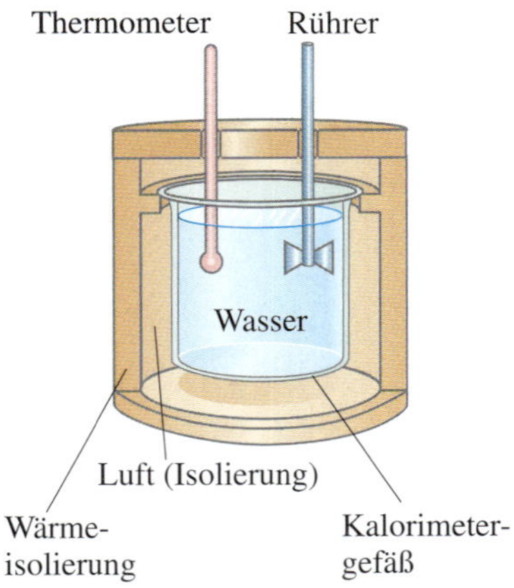

Abbildung 19.4 Einfaches Wasserkalorimeter.

Der Energieaustausch wie in Beispiel 19.3 dargestellt ist Grundlage für eine Technik, die als **Kalorimetrie** bekannt ist. Das ist die quantitative Messung des Wärmeaustausches. Für derartige Messungen verwendet man ein **Kalorimeter**. Ein einfaches Kalorimeter ist in ▸ Abbildung 19.4 dargestellt. Es ist sehr wichtig, dass das Kalorimeter gut isoliert ist, damit nur ein minimaler Wärmeaustausch mit der Umgebung stattfindet. Eine wichtige Anwendung für Kalorimeter ist die Bestimmung von spezifischen Wärmen von Stoffen. In der Technik ist das als Mischungskalorimeter bekannt: Eine Probe eines Stoffes wird auf eine höhere Temperatur erwärmt, die exakt gemessen wird. Anschließend wird die Probe in das kühle Wasser des Kalorimeters gebracht. Die von der Probe abgegebene Wärmemenge wird vom Wasser und vom Kalorimeter aufgenommen. Durch Messen der Endtemperatur der Mischung kann man die spezifische Wärmekapazität berechnen, wie anhand des folgenden Beispiels illustriert.

Beispiel 19.4

Die unbekannte spezifische Wärmekapazität eines Stoffes wird durch ein Kalorimeter bestimmt

Ein Ingenieur möchte die spezifische Wärmekapazität einer neuartigen Legierung bestimmen. Eine 0,150 kg Probe der Legierung wird auf 540 °C erwärmt. Sie wird anschließend rasch in 400 g Wasser bei 10,0 °C gebracht. Das Wasser befindet sich in einem 200 g Aluminiumbecher, der als Kalorimeter dient. (Wir müssen die Masse des Isoliermantels nicht kennen, da wir annehmen, dass die Luftschicht zwischen ihm und dem Alubecher ihn gut isoliert, so dass seine Temperatur sich nicht signifikant ändert.) Die Endtemperatur der Mischung beträgt 30,5 °C. Berechnen Sie die spezifische Wärmekapazität der Legierung.

Lösung

Wir wenden wiederum die Energieerhaltung an, indem wir Energieabgabe und Energieaufnahme gleichsetzen:

$$\begin{aligned}\text{Wärmeabgabe der Probe} &= \text{Wärmeaufnahme des Wassers}\\ &\quad + \text{Wärmeaufnahme des Bechers}\end{aligned}$$

$$m_s c_s \Delta T_s = m_w c_w \Delta T_w + m_{cal} c_{cal} \Delta T_{cal}$$

In der Gleichung bedeuten die Indizes s, w und cal respektive Stoff, Wasser und Kalorimeter. Wir setzen die Zahlen ein und nutzen Tabelle 19.1:

$$\begin{aligned}(0{,}150\,\text{kg})(c_s)(540\,°\text{C}-30{,}5\,°\text{C}) &= (0{,}40\,\text{kg})(4186\,\text{J}/(\text{kg}\cdot\text{K}))(30{,}5\,°\text{C}-10{,}0\,°\text{C})\\ &\quad + (0{,}20\,\text{kg})(900\,\text{J}/(\text{kg}\cdot\text{K}))(30{,}5\,°\text{C}-10{,}0\,°\text{C})\\ 76{,}4c_s &= (34\,300+3700)\text{J}/(\text{kg}\cdot\text{K})\\ c_s &= 500\,\text{J}/(\text{kg}\cdot\text{K})\,.\end{aligned}$$

Bei dieser Rechnung haben wir den Wärmestrom zum Thermometer und zum Rührlöffel (der zur Beschleunigung des Wärmeübertragungsvorgangs, um den Wärmeverlust an die Umgebung zu minimieren, nötig ist) vernachlässigt. Er kann durch zusätzliche Terme auf der rechten Gleichungsseite berücksichtigt werden und wird sich als kleine Ergebniskorrektur beim Wert für c_s auswirken (Aufgabe 14). Die Größe $m_{cal}c_{cal}$ ist als das **Wasseräquivalent** des Kalorimeters bekannt. Es besagt, dass $m_{cal}c_{cal}$ gleich der Wassermasse (in Kilogramm) ist, die den gleichen Wärmebetrag aufnehmen würde.

Ein Verbrennungs-Kalorimeter („Bombenkalorimeter“) wird dazu benutzt, die frei werdende Wärme einer brennenden Substanz zu messen. Wichtige Anwendungsbeispiele sind das Verbrennen von Nahrung, um ihren Kaloriengehalt zu bestimmen, und das Verbrennen von Saatgut und weiteren Substanzen, um ihren Energieinhalt oder ihre Verbrennungswärme zu bestimmen. Eine sorgsam gewogene Probe der Substanz wird zusammen mit einer überschüssigen Sauerstoffmenge unter hohem Druck in ein versiegeltes Gefäß gebracht. Dieses wird in das Wasser eines Kalorimeters gesetzt. Anschließend wird ein dünnes Drähtchen, das in das Gefäß führt, kurzzeitig erhitzt, so dass die Mischung sich entzündet.

ANGEWANDTE PHYSIK

Messung des Kaloriengehalts

19.5 Latente Wärme

Wenn ein Stoff seine Phase von fest nach flüssig oder von flüssig nach gasförmig ändert (siehe auch Abschnitt 18.3), ist mit dieser **Phasenänderung** eine Aufnahme und Abgabe von Wärme verbunden. Wir wollen beispielsweise verfolgen, was passiert, wenn ein 1,0 kg Eisblock bei −40 °C stetig Wärme aufnimmt, bis er komplett zu Wasser geworden ist, anschließend das Wasser auf 100 °C erhitzt wird und in die Dampfphase mit über 100 °C übergeht, alles bei einem Druck von 1 bar. Wie ▸ Abbildung 19.5 zeigt, steigt die Temperatur des Eises bei Wärmezufuhr mit einer Rate von ungefähr 2 K/kcal (da für Eis $c \approx 0{,}50$ kcal/kg·K ist). Wird 0 °C erreicht, so steigt die Temperatur nicht mehr, obgleich weiter Wärme zugeführt wird. Mit der nun zugeführten Wärme geht das Eis graduell und ohne Temperaturänderung in Wasser über. Nachdem etwa 40 kcal bei 0 °C zugeführt worden sind, ist das Eis zur Hälfte geschmolzen. Nach 80 kcal oder 330 kJ ist der gesamte Eisblock zu Wasser geworden, das immer noch eine Temperatur von 0 °C hat. Weitere Wärmezuführung bewirkt eine Zunahme der Wassertemperatur, nun mit 1 K/kcal. Bei 100 °C bleibt die Temperatur erneut konstant, da nun die zugeführte Wärme das Wasser in Dampf verwandelt. Etwa 540 kcal (2260 kJ) sind erforderlich, um 1 kg Wasser vollständig in Dampf zu verwandeln. Danach steigt die Kurve erneut, was darauf hinweist, dass die Temperatur des Dampfes nun mit der zugeführten Wärme ansteigt.

Die Wärmemenge, die erforderlich ist, um 1 kg eines Stoffs von der festen in die flüssige Phase zu verwandeln, heißt **Schmelzwärme** und erhält die Bezeichnung L_F (Index $_F$ von engl. *fusion*). Die Schmelzwärme von Wasser beträgt bei 0 °C 79,7 kcal/kg, oder, in SI-Einheiten, 333 kJ/kg (= $3{,}33 \cdot 10^5$ J/kg). Die Wärmemenge, die erforderlich ist, um eine Substanz von der flüssigen in die gasförmige Phase zu verwandeln, ist die **Verdampfungswärme** L_V (Index $_V$ von engl.

Schmelzwärme

Verdampfungswärme

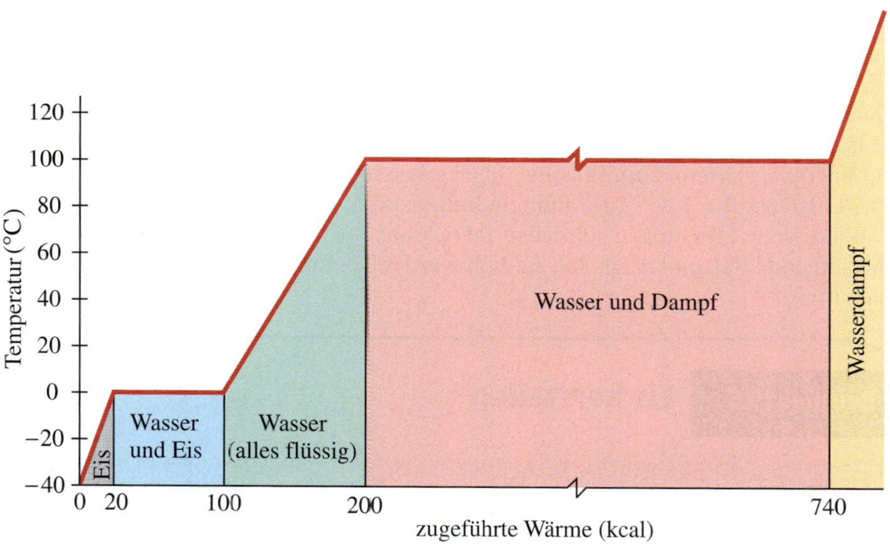

Abbildung 19.5 Temperatur als Funktion der zugeführten Wärme, die 1,0 kg Eis bei −40 °C in über 100 °C heißen Dampf verwandelt. Beachten Sie den Skalenbruch zwischen 200 und 740 kcal (die Buchseite ist nicht breit genug, um das Diagramm vollständig darzustellen).

vaporisation). Für Wasser ist die Verdampfungswärme bei 100 °C 539 kcal/kg oder 2260 kJ/kg. Andere Stoffe haben einen ähnlichen Temperaturverlauf ihrer Schmelz- und Verdampfungswärme wie in ► Abbildung 19.5 dargestellt, obgleich die Schmelzpunkt- und Siedepunkttemperaturen unterschiedlich sind, wie auch die spezifische Wärme sowie die Schmelz- und Verdampfungswärme selber. Werte für die Schmelz- und Verdampfungswärme, die auch **latente Wärme** genannt wird, von unterschiedlichen Stoffen sind in Tabelle 19.2 aufgelistet.

Tabelle 19.2

Latente Wärmen verschiedener Stoffe

Substanz	Schmelzpunkt (°C)	Schmelzwärme J/kg	Schmelzwärme kcal/kg[a]	Siedepunkt (°C)	Verdampfungswärme J/kg	Verdampfungswärme kcal/kg
Sauerstoff	−218,8	$0{,}14 \cdot 10^5$	3,3	−183	$2{,}1 \cdot 10^5$	51
Stickstoff	−210,0	$0{,}26 \cdot 10^5$	6,1	−195,8	$2{,}00 \cdot 10^5$	48
Alkohol	−114	$1{,}04 \cdot 10^5$	25	78	$8{,}5 \cdot 10^5$	204
Ammoniak	−77,8	$0{,}33 \cdot 10^5$	8,0	−33,4	$1{,}37 \cdot 10^5$	33
Wasser	0	$3{,}33 \cdot 10^5$	79,7	100	$22{,}6 \cdot 10^5$	539
Blei	327	$0{,}25 \cdot 10^5$	5,9	1750	$8{,}7 \cdot 10^5$	208
Silber	961	$0{,}88 \cdot 10^5$	21	2193	$23 \cdot 10^5$	558
Eisen	1808	$2{,}89 \cdot 10^5$	69,1	3023	$63{,}4 \cdot 10^5$	1520
Wolfram	3410	$1{,}84 \cdot 10^5$	44	5900	$48 \cdot 10^5$	1150

[a] Numerisch gesehen sind kcal/kg und cal/g identisch.

Verdampfungs- und Schmelzwärme beziehen sich auch auf die Wärmemenge, die ein Stoff freisetzt, wenn er sich vom gasförmigen in den flüssigen oder vom flüssigen in den festen Zustand umwandelt. Dampf setzt somit 2260 kJ/kg frei, wenn er zu Wasser wird, und Wasser setzt 333 kJ/kg frei, wenn es zu Eis gefriert.

Natürlich hängt die mit einem Phasenübergang verbundene Wärme nicht nur von der latenten Wärme ab, sondern auch von der Gesamtmasse des Stoffes. Das bedeutet

$$Q = mL\,.$$

Darin ist L die latente Wärme des speziellen Prozesses und des Stoffes, m ist die Masse des Stoffes und Q ist die erforderliche oder freigesetzte Wärme des Phasenübergangs. Wenn zum Beispiel 5,00 kg Wasser bei 0 °C gefrieren wird (5,00 kg) $(3{,}33 \cdot 10^5\,\mathrm{J/kg}) = 1{,}67 \cdot 10^6\,\mathrm{J}$ Energie freigesetzt.

Kalorische Messungen schließen manchmal Zustandsänderungen mit ein, wie das folgende Beispiel zeigt. Tatsächlich werden latente Wärmen oft kalorimetrisch bestimmt.

Beispiel 19.5 Eis herstellen

Wie viel Wärme muss ein Kühlschrank von 1,5 kg Wasser bei 20 °C aufnehmen, um daraus Eis mit −12 °C herzustellen?

Lösung

Die Wärme muss dem Wasser entzogen werden, um es von 20 °C auf 0 °C abzukühlen, es in Eis zu verwandeln und dann die Eistemperatur von 0 °C auf −12 °C zu senken:

$$\begin{aligned} Q &= mc_{\mathrm{W}}(20\,°\mathrm{C} - 0\,°\mathrm{C}) + mL_{\mathrm{F}} + mc_{\mathrm{Eis}}[0\,°\mathrm{C} - (-12\,°\mathrm{C})] \\ &= (1{,}5\,\mathrm{kg})(4186\,\mathrm{J/(kg{\cdot}K)})(20\,\mathrm{K}) + (1{,}5\,\mathrm{kg})(3{,}33 \cdot 10^5\,\mathrm{J/kg}) \\ &\quad + (1{,}5\,\mathrm{kg})(2100\,\mathrm{J/(kg{\cdot}K)})(12\,\mathrm{K}) \\ &= 6{,}6 \cdot 10^5\,\mathrm{J} = 660\,\mathrm{kJ}\,. \end{aligned}$$

Beispiel 19.6 Wird das ganze Eis schmelzen?

PROBLEMLÖSUNG

Zunächst den Endzustand ermitteln (oder schätzen)

Auf einer Party wird ein 0,50 kg Eisbrocken bei −10 °C in 3,0 kg Eistee bei 20 °C gelegt. Welche Temperatur und welche Phase nimmt die Mischung an? Der Tee kann in der Rechnung wie Wasser behandelt werden.

Lösung

In dieser Situation müssen wir, bevor wir eine Gleichung aufschreiben können, zunächst herausfinden, ob der Endzustand Eis ist, eine Mischung aus Eis und Wasser bei 0 °C oder nur Wasser. Um 3 kg Wasser bei 20 °C auf 0 °C zu kühlen, muss folgende Wärme freigesetzt werden:

$$m_{\mathrm{W}}c_{\mathrm{W}}(20\,°\mathrm{C} - 0\,°\mathrm{C}) = (3{,}0\,\mathrm{kg})(4186\,\mathrm{J/(kg{\cdot}K)})(20\,\mathrm{K}) = 250\,\mathrm{kJ}\,.$$

Die Eistemperatur von −10 °C nach 0 °C anzuheben würde folgende Wärmemenge erfordern:

$$m_{\mathrm{Eis}}c_{\mathrm{Eis}}[0\,°\mathrm{C} - (-10\,°\mathrm{C})] = (0{,}50\,\mathrm{kg})(2100\,\mathrm{J/(kg{\cdot}K)})(10\,\mathrm{K}) = 10{,}5\,\mathrm{kJ}\,.$$

Das Eis in Wasser bei 0 °C zu verwandeln würde folgende Wärmemenge erfordern:

$$m_{\mathrm{Eis}}L_{\mathrm{F}} = (0{,}50\,\mathrm{kg})(333\,\mathrm{kJ/kg}) = 167\,\mathrm{kJ}\,.$$

Die Gesamtwärmemenge der letzten beiden Vorgänge ist 10,5 kJ + 167 kJ = 177,5 kJ. Das reicht nicht aus, um die 3,0 kg Wasser bei 20 °C auf 0 °C zu kühlen, und so können wir schließen, dass die gesamte Mischung Wasser eine Temperatur zwischen 0 °C und 20 °C haben wird. Die Endtemperatur können wir durch Anwendung der Energieerhaltung ermitteln:

Dann die Endtemperatur bestimmen

$$\begin{pmatrix}\text{Wärme, um}\\ \text{0,50 kg Eis}\\ \text{von } -10\,°\text{C}\\ \text{auf 0 °C zu}\\ \text{bringen}\end{pmatrix} + \begin{pmatrix}\text{Wärme,}\\ \text{um aus}\\ \text{0,50 kg Eis}\\ \text{Wasser}\\ \text{zu machen}\end{pmatrix} + \begin{pmatrix}\text{Wärme, um}\\ \text{0,50 kg}\\ \text{Wasser von}\\ \text{0 °C auf } T\\ \text{zu bringen}\end{pmatrix} = \begin{pmatrix}\text{Wärmeverlust}\\ \text{durch Kühlung}\\ \text{von 3 kg}\\ \text{Wasser von 20 °C}\\ \text{auf } T\end{pmatrix}$$

In Zahlen:

$$\begin{aligned} &10{,}5\,\mathrm{kJ} + 167\,\mathrm{kJ} + (0{,}50\,\mathrm{kg})(4186\,\mathrm{J/kg{\cdot}K})(T) \\ &= (3{,}0\,\mathrm{kg})(4186\,\mathrm{J/kg{\cdot}K})(20\,°\mathrm{C} - T)\,. \end{aligned}$$

Das Auflösen der Gleichung liefert eine Temperatur von 5,1 °C.

Die kinetische Gastheorie hilft uns zu verstehen, warum Energie für das Schmelzen oder Verdampfen einer Substanz nötig ist. Am Schmelzpunkt erhöht die latente Schmelzwärme nicht die kinetische Energie (und die Temperatur) der Moleküle der festen Phase. Stattdessen dient sie dazu, die potenzielle Energie, die mit den zwischenmolekularen Kräften verbunden ist, zu überwinden. Das heißt, es muss Arbeit geleistet werden gegen die Anziehungskräfte, um die Moleküle aus ihren relativ festen Positionen im Festkörper herauszulösen, damit sie in die flüssige Phase gelangen können. Auf ähnliche Weise ist Energie nötig, damit die Moleküle, die in der flüssigen Phase eng zusammen gehalten werden, in die Gasphase entweichen können. Dieser Vorgang ist eine drastischere Neuanordnung der Moleküle als beim Schmelzprozess. (Der durchschnittliche Abstand der Moleküle wird stark vergrößert.) Deswegen ist für einen gegebenen Stoff die Verdampfungswärme allgemein wesentlich größer als die Schmelzwärme.

Problemlösung Kalorimetrie

1 Vergewissern Sie sich, ausreichend Informationen zu haben, um den Energieerhaltungssatz anwenden zu können. Fragen Sie sich: Ist das System nach außen isoliert (oder nahezu isoliert, so dass Sie eine gute Basis für eine Abschätzung haben)? Kennen wir alle wichtigen Wärmeströme oder lassen sie sich berechnen?

2 Wenden Sie die Energieerhaltung an. Eine Methode dafür ist die „Gleichung"

aufgenommene Energie = abgegebene Energie

Für jede Substanz in einem System gibt es einen Ausdruck für den Wärmestrom auf einer der beiden Seiten dieser Gleichung.

3 Wenn keine Phasenübergänge auftreten, hat jeder Ausdruck in der Energieerhaltung die Form

$$Q(\text{Aufnahme}) = mc(T_f - T_i) \quad \text{oder}$$
$$Q(\text{Abgabe}) = mc(T_i - T_f)\,,$$

worin T_i und T_f die Anfangs- (*initial*) bzw. Endtemperatur (*final*) des Stoffes bedeuten. m und c ist die Masse beziehungsweise spezifische Wärmekapazität des Stoffes.

4 Wenn Phasenübergänge dabei sind oder auftreten könnten, so können in der Gleichung der Energieerhaltung Ausdrücke wie $Q = mL$ stehen, worin L die latente Wärme ist. Doch *bevor* Sie die Energieerhaltung anwenden, ermitteln (oder schätzen) Sie, in welcher Phase sich der Endzustand befindet, wie wir das in **Beispiel 19.6** durch Berechnen der verschiedenen Beiträge zur Wärmemenge Q getan haben.

5 Vergewissern Sie sich, dass jeder Ausdruck in der Energieerhaltungsgleichung auf der richtigen Seite steht (Wärmeaufnahme oder Wärmeabgabe), und dass jedes ΔT positiv ist.

6 Erreicht das Gesamtsystem das thermische Gleichgewicht, hat jedes Teilsystem dieselbe Temperatur (Endtemperatur) T_f.

7 Lösen Sie die Energiegleichung nach der Unbekannten auf.

Die latente Wärme, um eine Flüssigkeit in ein Gas umzuwandeln, wird nicht nur am Siedepunkt benötigt. Wasser kann auch bei Raumtemperatur von der flüssigen in die gasförmige Phase überwechseln. Dieser Vorgang heißt **Verdunstung** (siehe **Abschnitt 18.4**). Der Wert der Verdampfungswärme nimmt leicht mit fallender Temperatur zu: bei 20 °C beispielsweise beträgt sie 2450 kJ/kg (585 kcal/kg) verglichen mit 2260 kJ/kg (539 kcal/kg) bei 100 °C. Wenn Wasser verdampft, kühlt es ab, da die erforderliche Energie (die latente Verdampfungswärme) aus dem Wasser selbst stammt. So muss seine innere Energie, und daher seine Temperatur, fallen[2].

2 Gemäß der kinetischen Gastheorie ist Verdampfung ein Kühlprozess, da die schnellsten Moleküle von der Oberfläche entweichen. Die Durchschnittsgeschwindigkeit der verbliebenen Moleküle ist somit geringer, und gemäß **Gleichung 18.4** ist die Temperatur dann niedriger.

19.6 Der erste Hauptsatz der Thermodynamik

Bis hierher haben wir in diesem Kapitel über innere Energie und Wärme gesprochen. Doch thermodynamische Prozesse schließen häufig auch Arbeit mit ein.

In **Kapitel 8** haben wir gesehen, dass Arbeit verrichtet wird, wenn Energie von einem Körper zum anderen auf mechanischem Wege übertragen wird. In **Abschnitt 19.1** haben wir gelernt, dass Wärme von einem Körper zu einem anderen mit einer niedrigeren Temperatur übergeht. Der Begriff Wärme ist also dem Begriff Arbeit ähnlich, beides sind Energieformen. Um sie zu unterscheiden, wird *Wärme* als *Energietransport aufgrund eines Temperaturgefälles* definiert, während Arbeit ein Energietransport ist, der nicht auf einem Temperaturgefälle beruht.

Wärme unterscheidet sich von Arbeit

In der Thermodynamik beziehen wir uns oft auf spezielle Systeme. Ein **System** ist ein beliebiges Objekt oder ein Satz von Objekten, das wir untersuchen möchten. Alles andere im Universum ist dann die „Umgebung". Es gibt verschiedene Systemkategorien. Ein **geschlossenes System** ist eines, das keine Materie (wohl aber Energie) mit der Umgebung austauscht. Ein **offenes System** dagegen kann Materie (und Energie) mit der Umgebung austauschen. Viele (idealisierte) Systeme, die wir in der Physik betrachten, sind geschlossen. Doch viele Systeme, inklusive Pflanzen und Tiere, sind offen, da sie Materie in Form von Nahrung, Sauerstoff und Stoffwechselprodukten mit der Umgebung austauschen. Ein geschlossenes System gilt als isoliert, wenn keinerlei Energie über seine Grenzen hinaustritt, andernfalls wäre es nicht isoliert.

Offene und geschlossene Systeme

In **Abschnitt 19.2** haben wir die innere Energie eines Systems als die Summe aller molekularer Energien des Systems definiert. Die innere Energie eines Systems nimmt zu, wenn Arbeit am System verrichtet oder Wärme zugeführt wird. Ähnlich nimmt die innere Energie ab, wenn Wärme hinausfließt oder wenn das System Arbeit nach außen verrichtet.

Weil die Energieerhaltung ein fundamentales Prinzip ist, ist es angebracht, ein wichtiges Gesetz vorzuschlagen: Die Änderung der inneren Energie ΔU eines geschlossenen Systems ist gleich der zugeführten Wärme plus der Arbeit, die am System verrichtet wird. Als Gleichung geschrieben:

$$\Delta U = Q + W \tag{19.3}$$

DER ERSTE HAUPTSATZ DER THERMODYNAMIK

Darin ist Q die dem System zugeführte Wärme und W die am System verrichtete Arbeit. Wir müssen auf konsistente, der Konvention entsprechende Vorzeichenanwendung von Q und W Acht geben. Weil W in **Gleichung 19.3** am System verrichtete Arbeit ist, ist die Arbeit W, die *vom* System verrichtet wird, negativ, so dass U abnimmt. Ähnlich ist Q positiv für dem System zugeführte Wärme, strömt also Wärme aus dem System heraus, ist Q negativ. **Gleichung 19.3** ist der **erste Hauptsatz der Thermodynamik**. Er drückt eines der großen Gesetze der Physik aus. Seine Gültigkeit basiert auf Experimenten (wie jenen von Joule), in denen niemals eine Abweichung beobachtet wurde. Da Q und W den Energiestrom in das System hinein oder hinaus darstellen, ändert sich die innere Energie entsprechend. Somit ist der erste Hauptsatz der Thermodynamik eine fundamentale Gleichung des *Gesetzes der Energieerhaltung*. Man sollte wissen, dass das Gesetz der Energieerhaltung erst im 19. Jahrhundert formuliert wurde, da es von der Interpretation der Wärme als eine Energieform abhing.

Zugeführte Wärme ist +
Abgegebene Wärme ist –
Arbeit am System ist +
Arbeit vom System ist –

Der erste Hauptsatz der Thermodynamik ist der Energieerhaltungssatz

Gleichung 19.3 ist für ein geschlossenes System gültig. Es erstreckt sich auch auf ein offenes System, wenn wir die Änderung der inneren Energie aufgrund einer Zu- oder Abnahme der Masse des Systems berücksichtigen. Ein isoliertes System verrichtet keine Arbeit (und nimmt keine Arbeit auf) und es findet kein Wärmeaustausch statt, somit ist $W = Q = 0$ und $\Delta U = 0$.

Ein gegebenes System in einem bestimmten Zustand hat eine bestimmte innere Energie U. Dasselbe lässt sich über Arbeit und Wärme nicht aussagen. Ein System in einem gegebenem Zustand „hat" nicht eine bestimmte Menge Wärme oder Ar-

Innere Energie ist eine Systemeigenschaft, Arbeit und Wärme nicht

beit. Viel eher kann man sagen: Wird Arbeit an einem System verrichtet (wie das Verdichten von Gas) oder wird Wärme zu- oder abgeführt, *ändert* sich der Zustand des Systems. Arbeit und Wärme sind mithin in thermodynamischen Prozessen involviert, die das System von einem in den anderen Zustand überführen können. Sie sind dabei nicht charakteristisch für den Zustand selbst, im Gegensatz zum Druck p, zum Volumen V, zur Temperatur T, zur inneren Energie U, zur Masse m oder zu der Stoffmenge n. Weil U eine Zustandsvariable ist, die, wie wir in Kapitel 17 sahen, nur vom Systemzustand, nicht aber vom Weg dorthin abhängt, können wir schreiben:

$$\Delta U = U_2 - U_1 = Q + W\,,$$

worin U_1 und U_2 die inneren Energien des Systems in den Zuständen 1 und 2 darstellen. Q und W sind die zugeführte Wärme respektive die am System geleistete Arbeit, wenn es vom Zustand 1 in Zustand 2 übergeht.

Manchmal ist es nützlich, den ersten Hauptsatz der Thermodynamik in differenzieller Form aufzuschreiben:

$$\mathrm{d}U = \mathrm{d}Q + \mathrm{d}W\,.$$

Hierin stellt $\mathrm{d}U$ eine infinitesimale Änderung der inneren Energie dar, wenn ein infinitesimaler Wärmebetrag[3] $\mathrm{d}Q$ dem System zugeführt wird und eine infinitesimale Arbeit $\mathrm{d}W$ verrichtet wird.

Beispiel 19.7 Anwendung des ersten Hauptsatzes

Eine Wärmemenge von 2500 J wird einem System zugeführt, außerdem wird am System 1800 J Arbeit verrichtet. Wie groß ist die Änderung der inneren Energie des Systems?

Lösung

Wir wenden den ersten Hauptsatz der Thermodynamik in Form von Gleichung 19.3 an. Die dem System zugeführte Wärme ist $Q = 2500\,\mathrm{J}$. Die Arbeit, die am System verrichtet wird, ist $W = 1800\,\mathrm{J}$. Wir erhalten

$$\Delta U = 2500\,\mathrm{J} + 1800\,\mathrm{J} = 4300\,\mathrm{J}\,.$$

Vielleicht haben Sie intuitiv gemeint, dass die 2500 J und die 1800 J addiert werden müssten, da beide eine Energieübertragung ins System hinein bedeuten. Da hätten Sie Recht gehabt. Wir haben dieses Beispiel deswegen so ausführlich durchexerziert, um die Wichtigkeit der Vorzeichenbeachtung zu demonstrieren.

3 Die differenzielle Form des ersten Hauptsatzes wird oft geschrieben als

$$\mathrm{d}U = đQ + đW\,,$$

worin die Striche durch die Differenzzeichen daran erinnern sollen, dass W und Q keine Funktionen der Zustandsvariablen (wie p, V, T, n) sind. Die innere Energie U hingegen ist eine Funktion der Zustandsvariablen, und so stellt $\mathrm{d}U$ das Differenzial (*genaues Differenzial* genannt) einer Funktion U dar. Die Differenziale $đW$ und $đQ$ sind keine genauen Differenziale (sie sind keine Differenziale einer bestimmten mathematischen Funktion); mithin stellen sie lediglich infinitesimale Beträge dar. Dieser Punkt wird in diesem Buch aber nicht ausführlicher behandelt.

19.7 Anwendungen des ersten Hauptsatzes; Arbeitsberechnung

Wir wollen einige einfache Prozesse im Licht des ersten Hauptsatzes der Thermodynamik analysieren.

Isotherme Zustandsänderung ($\Delta T = 0$)

Zunächst betrachten wir einen idealisierten Prozess bei konstanter Temperatur. So ein Prozess heißt **isotherm** (aus dem Griechischen, bedeutet „gleiche Temperatur"). Ist das System ein ideales Gas, gilt $pV = nRT$ (Gleichung 17.3). Für eine bestimmte Gasmenge mit konstanter Temperatur pV = konstant. Der Prozess folgt somit einem Verlauf wie AB in dem pV-Diagramm in ▸ Abbildung 19.6, der eine Kurve für pV = konstant ist. Jeder Punkt auf der Kurve wie der Punkt A steht für einen Systemzustand zu einem gegebenem Zeitpunkt – das heißt mit bestimmten Werten für p und V. Bei einer niedrigeren Temperatur würde ein anderer isothermer Prozess durch den Verlauf $A'B'$ in ▸ Abbildung 19.6 repräsentiert (das Produkt $pV = nRT$ = konstant ist kleiner, wenn T kleiner ist). Die in ▸ Abbildung 19.6 dargestellten Kurven heißen *Isotherme.*

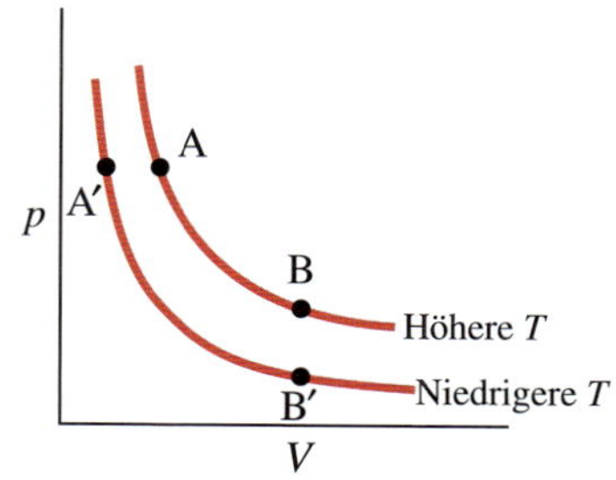

Abbildung 19.6 pV-Diagramm, das einen isothermen Prozess bei zwei verschiedenen Temperaturen durchläuft.

Wir nehmen an, dass ein Gas in einem Behälter eingeschlossen ist, der mit einem beweglichen Kolben ausgestattet ist (▸ Abbildung 19.7). Das Gas hat Kontakt mit einem Wärmereservoir (ein Körper mit einer so großen Masse, dass er idealerweise seine Temperatur beim Wärmeaustausch mit dem betrachteten System konstant halten kann). Wir machen zusätzlich die Annahme, dass Kompression (Volumen nimmt ab) und Expansion (Volumen nimmt zu) **quasistatisch** („so gut wie statisch") ablaufen. Darunter verstehen wir, dass diese Vorgänge sich so langsam vollziehen, dass die gesamte Gasmenge im Gleichgewicht bei derselben Temperatur verbleibt. Befindet sich das Gas ursprünglich in Punkt A aus ▸ Abbildung 19.7 und wird die Wärmemenge Q dem System zugeführt, so bewegt sich das System im Diagramm zu einem neuen Punkt, B. Wenn die Temperatur konstant bleiben soll, muss das Gas expandieren und die Arbeit W an der Umgebung leisten (es übt eine Kraft auf den Kolben aus und bewegt ihn über eine bestimmte Distanz). Temperatur und Masse werden konstant gehalten, somit ändert sich gemäß Gleichung 19.1 die innere Energie nicht: $\Delta U = \frac{3}{2}nR\Delta T = 0$. Mit dem ersten Hauptsatz der Thermodynamik, Gleichung 19.3, $\Delta U = Q + W = 0 \Rightarrow -W = Q$ folgt dann: Der Betrag der Arbeit, die ein Gas in einem isothermen Prozess verrichtet, ist gleich der dem Gas zugeführten Wärmemenge.

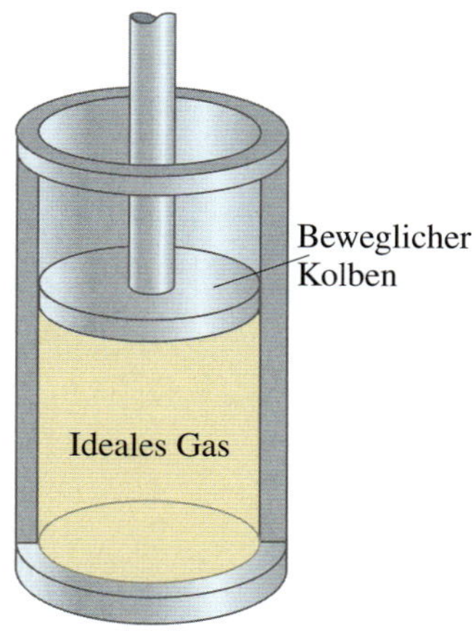

Abbildung 19.7 Ideales Gas in einem Zylindergefäß, das mit einem beweglichen Kolben ausgestattet ist.

Adiabatische Zustandsänderung ($Q = 0$)

Bei einer **adiabatischen** Zustandsänderung darf keine Wärme in das System hinein- oder aus dem System herausströmen: $Q = 0$. Diese Situation kann eintreten, wenn das System extrem gut isoliert ist oder die Zustandsänderung so schnell abläuft, dass Wärme – die langsam fließt – keine Zeit hat, hinein- oder hinauszufließen. Die sehr schnelle Ausdehnung von Gasen in Verdichtungsmotoren ist ein Beispiel für einen Prozess, der nahezu adiabatisch verläuft. Eine langsame adiabatische Expansion eines idealen Gases hat einen Verlauf wie der mit AC gekennzeichnete Ast in ▸ Abbildung 19.8. Da $Q = 0$ ist, folgt aus Gleichung 19.3 $\Delta U = W$. Das bedeutet, die innere Energie nimmt ab, wenn das Gas expandiert. Also fällt auch die Temperatur (wegen $\Delta U = \frac{3}{2}nR\Delta T$). Eine adiabatische pV-Kurve ist mithin steiler als eine Isotherme: In ▸ Abbildung 19.8 ist das Produkt $pV(= nRT)$ am Punkt C kleiner als am Punkt B (der Ast AB stellt einen isothermen Prozess dar, für den $\Delta U = 0$ und $\Delta T = 0$ ist). In einer adiabatischen Kompression (beispielsweise vom Punkt C zum Punkt A) wird Arbeit am Gas verrichtet, somit nehmen die innere Energie und die Temperatur zu. In einem Dieselmotor vermindert die rasche adiabatische Kompression das Volumen um einen Faktor 15 oder mehr. Der dadurch hervorgerufene Temperaturanstieg ist so groß, dass sich das Luft-Kraftstoff-Gemisch unmittelbar selbst entzündet.

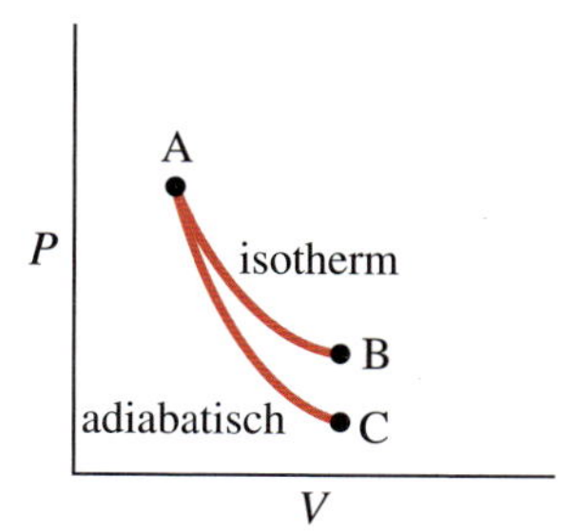

Abbildung 19.8 pV-Diagramm für eine adiabatische (AC) und eine isotherme (AB) Zustandsänderung eines idealen Gases.

Beispiel 19.8 · Begriffsbildung — Einfacher adiabatischer Prozess

Wir beschreiben einen adiabatischen Prozess, den Sie mit einem Gummiband in der Hand ausführen können: Halten Sie das Gummiband lose mit beiden Händen und fühlen Sie seine Temperatur mit den Lippen. Nun ziehen Sie das Gummiband plötzlich auseinander und spüren erneut mit den Lippen seine Temperatur. Sie sollten einen Temperaturanstieg wahrnehmen. Erklären Sie den Temperaturanstieg.

Lösung

Das plötzliche Anspannen des Gummibandes macht den Prozess adiabatisch, weil die Wärme keine Zeit hat, ins System hinein- oder aus dem System herauszufließen. Somit ist $Q = 0$. Sie leisten Arbeit am System, führen also Energie zu, somit muss gemäß dem ersten Hauptsatz die innere Energie zunehmen, was mit einer Erhöhung der Temperatur des Gummibandes (Gleichung 19.1) einhergeht.

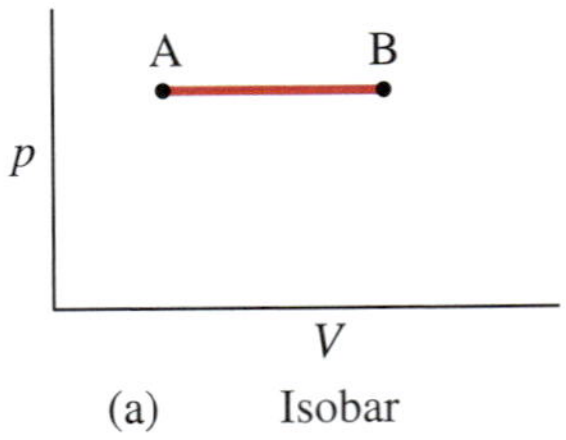

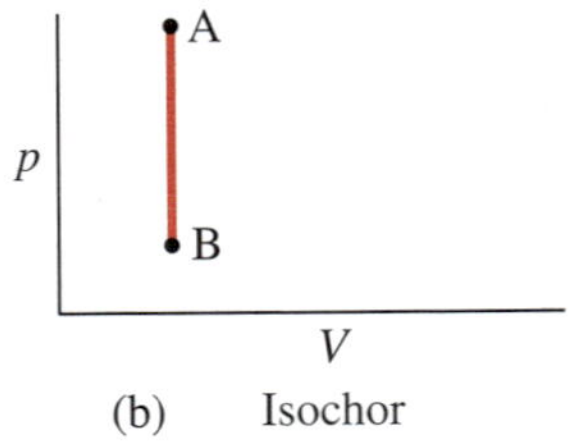

Abbildung 19.9 (a) Isobare („derselbe Druck") Zustandsänderung; (b) isochore („dasselbe Volumen") Zustandsänderung.

Isobare und isochore Zustandsänderungen

Isobare und isochore Zustandsänderungen sind zwei weitere, einfache thermodynamische Prozesse. Sie sind in ► Abbildung 19.9 als pV-Diagramm dargestellt: (a) Ein **isobarer** Prozess ist ein solcher, bei dem der Druck konstant bleibt. Dieser Prozess wird also durch eine horizontale Gerade im pV-Diagramm dargestellt (► Abbildung 19.9a). (b) Ein **isochorer** oder isovolumetrischer Prozess ist einer, in dem sich das Volumen nicht ändert (► Abbildung 19.9b). In diesen wie in allen anderen Prozessen gilt der erste Hauptsatz der Thermodynamik

In Volumenänderungen verrichtete Arbeit

Oft wollen wir die in einer Zustandsänderung verrichtete Arbeit berechnen. Wir betrachten einen zylindrischen Gasbehälter, der mit einem Kolben ausgestattet ist (► Abbildung 19.10). Wir müssen stets sehr sorgsam definieren, was genau unser System ist. In diesem Fall entscheiden wir uns für das Gas und damit sind die Behälterwände und der Kolben Teil der Umgebung. Wir berechnen nun die vom Gas geleistete Arbeit, wenn es quasistatisch expandiert, so dass p und T des Systems in allen Momenten wohldefiniert sind.[4] Das Gas dehnt sich gegen den Kolben mit der Fläche A aus. Es übt dabei eine Kraft $= pA$ auf den Kolben aus, wobei p der Gasruck ist. Die vom Gas verrichtete Arbeit, die den Kolben um die infinitesimale Länge $\mathrm{d}s$ bewegt, ist

$$-\mathrm{d}W = F \cdot \mathrm{d}s = pA\,\mathrm{d}s = p\,\mathrm{d}V\,, \tag{19.4}$$

da der infinitesimale Volumenzuwachs $\mathrm{d}V = A\,\mathrm{d}s$ beträgt. Würde das Gas komprimiert, so dass $\mathrm{d}l$ ins Gas hineinzeigen würde, nähme das Volumen ab und $\mathrm{d}V < 0$. In diesem Fall wäre die vom Gas verrichtete Arbeit positiv, was gleichbedeutend mit der Aussage ist, dass Arbeit *am* Gas verrichtet wurde, nicht *vom* Gas. Für eine Volumenänderung V_A nach V_B ist die vom Gas verrichtete Arbeit gleich

$$W = \int \mathrm{d}W = -\int_{V_A}^{V_B} p\,\mathrm{d}V\,. \tag{19.5}$$

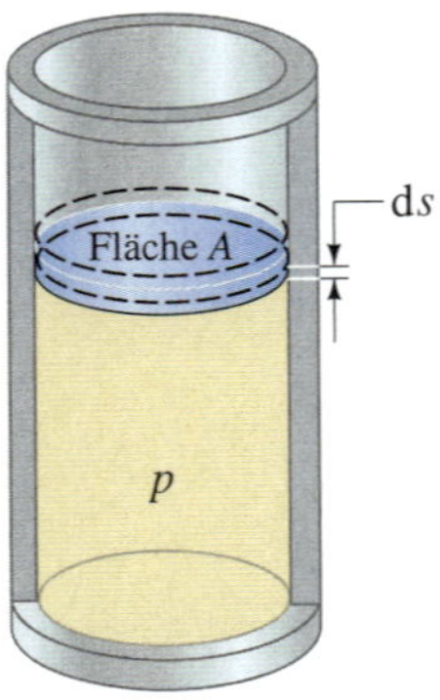

Abbildung 19.10 Die von einem Gas durch Volumenvergrößerung $\mathrm{d}V = A\,\mathrm{d}l$ verrichtete Arbeit ist gleich $\mathrm{d}W = -p\,\mathrm{d}V$.

4 Würde sich das Gas schnell ausdehnen oder zusammenziehen, so gäbe es Turbulenzen, und unterschiedliche Teile hätten einen unterschiedlichen Druck (und Temperatur).

Die Gleichungen 19.4 und 19.5 gelten für Arbeit, die sich in einer beliebigen Volumenänderung auswirkt – durch ein Gas, eine Flüssigkeit oder einen Festkörper verrichtet – so lange sie quasistatisch geschieht.

Um Gleichung 19.4 zu integrieren, müssen wir wissen, wie sich der Druck während des Prozesses verändert, und das hängt von der Art des Prozesses ab. Zunächst wollen wir eine quasistatische isotherme Expansion eines idealen Gases betrachten. Diese Zustandsänderung wird durch die Kurve zwischen den Punkten A und B im pV-Diagramm aus ▸ Abbildung 19.11 dargestellt. Die vom Gas verrichtete Arbeit dieses Prozesses ist gemäß Gleichung 19.5 die Fläche unter der pV-Kurve. Sie ist in ▸ Abbildung 19.12 schraffiert dargestellt. Wir können das Integral in Gleichung 19.5 durch Anwendung des idealen Gasgesetzes $p = nRT/V$ lösen. Die verrichtete Arbeit ist

$$W = -\int_{V_A}^{V_B} p\,\mathrm{d}V = -nRT\int_{V_A}^{V_B} \frac{\mathrm{d}V}{V} = -nRT\ln\frac{V_B}{V_A}\,. \quad \left(\begin{matrix}\text{isothermer Pro-}\\ \text{zess; ideales Gas}\end{matrix}\right) \qquad (19.6)$$

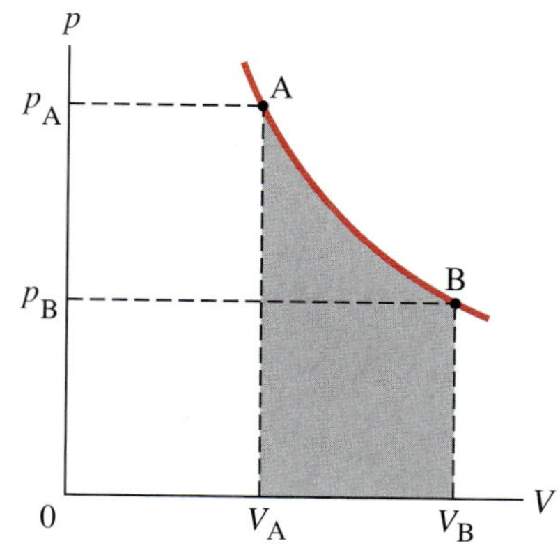

Abbildung 19.11 Die von einem idealen Gas in einem isothermen Prozess verrichtete Arbeit gleicht der Fläche unter der pV-Kurve. Die schraffierte Fläche gleicht der vom Gas verrichteten Arbeit, wenn es von V_A nach V_B expandiert.

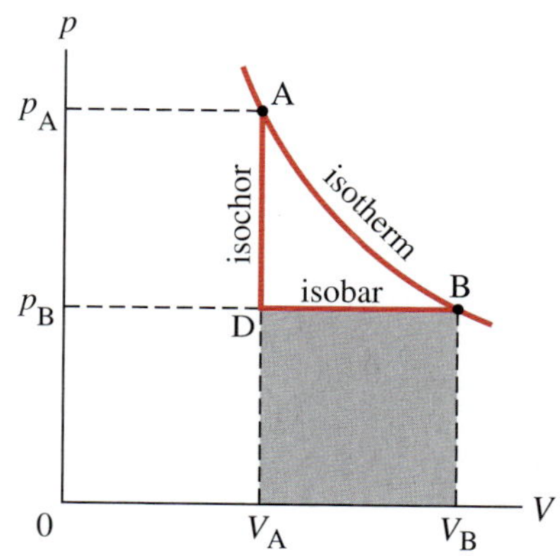

Abbildung 19.12 Der Prozess *ADB* besteht aus einem isochoren (*AD*) und einem isobaren (*DB*) Prozessschritt.

Als Nächstes betrachten wir einen anderen Weg, den das ideale Gas zwischen denselben Zuständen A und B beschreiten kann. Dieses Mal verringern wir den Gasdruck von p_A nach p_B, wie durch die vertikale Linie *AD* in ▸ Abbildung 19.12 angedeutet. (In diesem *isochoren* Prozess muss Wärme aus dem Gas fließen können, so dass seine Temperatur fallen kann.) Dann expandiert das Gas von V_A nach V_B bei konstantem Druck ($= p_B$), was die horizontale Linie *DB* in ▸ Abbildung 19.12 andeutet. (In diesem isobaren Prozess muss dem Gas Wärme zugeführt werden, damit seine Temperatur ansteigen kann.) Im isochoren Prozessabschnitt wird keine Arbeit verrichtet, da $\mathrm{d}V = 0$ ist:

$$W = 0 \qquad \text{(isochorer Prozess; ideales Gas)}$$

Im isobaren Prozess DB bleibt der Druck konstant, es gilt

$$W = -\int_{V_A}^{V_B} p\,\mathrm{d}V = -p_B(V_B - V_A) = -p\Delta V\,. \quad \left(\begin{matrix}\text{isobarer Prozess;}\\ \text{ideales Gas}\end{matrix}\right) \qquad (19.7a)$$

Wieder wird die geleistete Arbeit durch die Fläche zwischen der Kurve (ADB) im pV-Diagramm und der V-Achse dargestellt, wie durch die schraffierte Fläche in ▸ Abbildung 19.12 angezeigt. Mit dem idealen Gasgesetz können wir auch schreiben

$$W = -p_B(V_B - V_A) = -nRT_B\left(1 - \frac{V_A}{V_B}\right)\,. \quad \left(\begin{matrix}\text{isobarer Prozess;}\\ \text{ideales Gas}\end{matrix}\right) \qquad (19.7b)$$

Wie man den schraffierten Flächen in ▸ Abbildung 19.11 und in ▸ Abbildung 19.12 ansieht, oder wenn man Zahlen in die Gleichungen 19.6 und 19.7 (versuchen Sie es mit $V_B = 2V_A$) einsetzt, ist die verrichtete Arbeit in beiden Prozessen unterschiedlich. Das ist ein allgemeines Ergebnis. *Die Arbeit eines Systems, das sich von einem Zustand in einen anderen Zustand bewegt, hängt nicht nur vom Anfangs- und Endzustand ab, sondern auch von der Art der Zustandsänderung (dem „Pfad").*

Dieses Resultat betont noch einmal, dass Arbeit nicht als Eigenschaft des Systems betrachtet werden kann. Das Gleiche gilt für die Wärme. Die Wärmemenge, die für eine Zustandsänderung des Gases von A nach B erforderlich ist, hängt von der Art der Zustandsänderung ab. Für den isothermen Prozess aus ▸ Abbildung 19.11 erweist sich, dass die zugeführte Wärmemenge größer ist als die für den Prozess *ADB* in ▸ Abbildung 19.12. Allgemein gilt: *Die zu- oder abgeführte Wärmemenge eines Systems, das von einem Zustand in einen anderen übergeht, hängt nicht nur von den Anfangs- und Endzuständen ab, sondern auch vom Pfad oder Prozesstyp.*

Beispiel 19.9 Der erste Hauptsatz in isobaren und isochoren Zustandsänderungen

Ein ideales Gas wird langsam bei einem konstanten Druck gleich 2,0 bar von 10,0 l auf 2,0 l komprimiert, Pfad *BD* in ► Abbildung 19.12. (In diesem Prozess strömt etwas Wärme hinaus und die Temperatur fällt.) Dann wird bei konstantem Volumen Wärme zugeführt, Druck und Temperatur können ansteigen, bis die Temperatur ihren ursprünglichen Wert erreicht, Zustandsänderung *DA* in ► Abbildung 19.12. Berechnen Sie (a) die gesamte vom Gas verrichtete Arbeit in der Zustandsänderung BDA und (b) den gesamten Wärmefluss ins Gas hinein.

Lösung

a Arbeit wird nur während der Kompressionsphase (*BD*) am Gas verrichtet:

$$W = -p\Delta V = -(2{,}0 \cdot 10^5\ \mathrm{N/m^2})(2{,}0 \cdot 10^{-3}\ \mathrm{m^3} - 10{,}0 \cdot 10^{-3}\ \mathrm{m^3})$$
$$= +1{,}6 \cdot 10^3\ \mathrm{J}\,.$$

Von *D* nach *A* wird keine Arbeit verrichtet ($\Delta V = 0$). Die gesamte am Gas verrichtete Arbeit ist damit $+1{,}6 \cdot 10^3$ J.

b Da die Temperatur am Prozessanfang und -ende dieselbe ist, gibt es keine Veränderung der inneren Energie unseres idealen Gases: $\Delta U = 0$. Aus dem ersten Hauptsatz der Thermodynamik folgt

$$0 = \Delta U = Q + W\,,$$

somit wird $Q = -W = 1{,}60 \cdot 10^3$ J. Da Q negativ ist, fließen 1600 J während des gesamten Prozesses BDA aus dem Gas heraus.

Beispiel 19.10 Verrichtete Arbeit in einer Maschine

Im Zylinder einer Maschine expandieren 0,25 mol eines Gases schnell und adiabatisch gegen den Kolben. Während des Prozesses fällt die Temperatur von 1150 K auf 400 K. Wie viel Arbeit leistet das Gas? Nehmen Sie ein ideales Gas an.

Lösung

Anstatt die Arbeit direkt zu berechnen, nutzen wir einfacher den ersten Hauptsatz. Wir können ΔU bestimmen, da wir wissen, dass $Q = 0$ ist, denn der Prozess ist adiabatisch. ΔU folgt aus Gleichung 19.1 für ein ideales einatomiges Gas:

$$\Delta U = U_\mathrm{f} - U_\mathrm{i} = \frac{3}{2} nR(T_\mathrm{f} - T_\mathrm{i})$$
$$= \frac{3}{2}(0{,}25\ \mathrm{mol})(8{,}315\ \mathrm{J/mol{\cdot}K})(400\ \mathrm{K} - 1150\ \mathrm{K}) = 2300\ \mathrm{J}\,.$$

Mit Gleichung 19.3 folgt $-W = Q - \Delta U = 0 - (-2300\ \mathrm{J}) = 2300\ \mathrm{J}$.

Freie Expansion

Ein Beispiel einer adiabatischen Zustandsänderung ist die **freie Expansion**. Darin kann sich ein Gas im Volumen adiabatisch ausdehnen, ohne Arbeit zu leisten. Die Vorrichtung für eine freie Expansion zeigt ▶ Abbildung 19.13. Sie besteht aus zwei isolierten Kammern (um Wärmeströme heraus oder herein zu verhindern), die über ein Ventil oder einen Absperrhahn verbunden sind. Eine Kammer wird mit Gas gefüllt, die andere ist leer. Wird das Ventil geöffnet, dehnt sich das Gas aus, um beide Kammern zu füllen. Keine Wärme fließt heraus ($Q = 0$), und keine Arbeit wird verrichtet, weil das Gas keinen anderen Körper bewegt. Es ist also $Q = W = 0$, und mit dem ersten Hauptsatz ist auch $\Delta U = 0$. *Die innere Energie eines Gases ändert sich nicht während einer freien Expansion.* Für ein ideales Gas gilt auch $\Delta T = 0$, da U nur von T abhängt (Abschnitt 19.2). Experimentell hat man die freie Expansion dazu benutzt, um zu bestimmen, ob die innere Energie *realer Gase* ausschließlich von T abhängt. Es erwies sich als sehr schwierig, die Experimente genau durchzuführen, doch konnte nachgewiesen werden, dass die Temperatur eines realen Gases bei freier Expansion sehr schwach fällt. Die innere Energie realer Gase hängt wie die des idealen Gases von der Temperatur ab, jedoch zusätzlich geringfügig von Druck und Volumen.

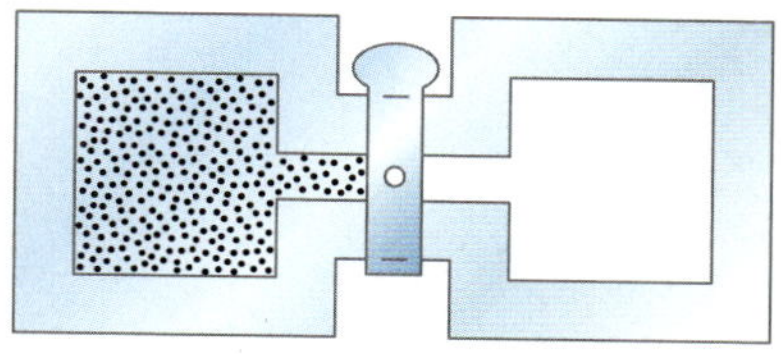

Abbildung 19.13 Freie Expansion.

Bei freier Expansion gilt $Q = 0$, $W = 0$, $\Delta U = 0$

Beachten Sie auch, dass eine freie Expansion nicht als pV-Diagramm dargestellt werden kann, denn der Prozess verläuft schnell, nicht quasistatisch. Die Zwischenzustände sind keine Gleichgewichtszustände, und so ist der Druck (und sogar das Volumen in bestimmten Momenten) nicht klar definiert.

19.8 Wärmekapazität für Gase und die Gleichverteilung der Energie

In Abschnitt 19.3 haben wir das Konzept der spezifischen Wärmekapazität besprochen und es auf Festkörper und Flüssigkeiten angewandt. Die Werte der spezifischen Wärmekapazität von Gasen hängen in viel höherem Grad von der Zustandsänderung ab als die von festen und flüssigen Stoffen. Zwei wichtige Zustandsänderungen sind jene, in denen entweder das Volumen oder der Druck konstant gehalten wird. Im Gegensatz zu Festkörpern und Flüssigkeiten, wo Zustandsänderungen bei konstantem Druck und Volumen die gleichen spezifischen Wärmekapazitäten liefern, unterscheiden sich bei Gasen die spezifischen Wärmekapazitäten c_V (konstantes Volumen) und c_p (konstanter Druck) stark.

Molare Wärmekapazität für Gase

Der Unterschied der spezifischen Wärmekapazitäten für Gase kann mit dem ersten Hauptsatz der Thermodynamik und der kinetischen Gastheorie erklärt werden. Die Werte der spezifischen Wärmen lassen sich mit der kinetischen Theorie berechnen, die Resultate stimmen gut mit den Experimenten überein. Unsere Berechnungen vereinfachen sich, wenn wir die **molaren Wärmekapazitäten** C_V und C_p einführen. Sie sind definiert als die Wärme, die erforderlich ist, um 1 mol eines Gases bei konstantem Volumen respektive konstantem Druck um 1 K anzuheben. Das bedeutet analog zu Gleichung 19.2, dass die Wärme Q, die erforderlich ist, um n mol eines Gases um ΔT anzuheben, gleich ist mit:

$$Q = nC_V \Delta T \quad \text{(konstantes Volumen)} \tag{19.8a}$$

$$Q = nC_p \Delta T \quad \text{(konstanter Druck)} \tag{19.8b}$$

Molare Wärmekapazitäten

Es ist klar, dass aufgrund der Definition der molaren Wärmekapazität (oder durch Vergleichen der Gleichungen 19.2 und 19.8)

$$C_V = Mc_V$$

$$C_p = Mc_p$$

ist. Darin ist M das Molekulargewicht des Gases ($M = m/n$ in kg/mol). Die Werte für die molaren Wärmekapazitäten stehen in Tabelle 19.3. Wir sehen, dass die

Tabelle 19.3

Spezifische und molare Wärmekapazitäten von Gasen bei 15 °C

Gas	Spezifische Wärmekapazitäten (kcal/(kg·K)) c_V	c_p	Molare Wärmekapazität (cal/(mol·K)) C_V	C_p	$C_p - C_V$ (cal/(mol·K))	$\gamma = C_p/C_V$
Einatomig						
He	0,75	1,15	2,98	4,97	1,99	1,67
Ne	0,148	0,246	2,98	4,97	1,99	1,67
Zweiatomig						
N_2	0,177	0,248	4,96	6,95	1,99	1,40
O_2	0,155	0,218	5,03	7,03	2,00	1,40
Dreiatomig						
CO_2	0,153	0,199	6,80	8,83	2,03	1,30
H_2O (100 °C)	0,350	0,482	6,20	8,20	2,00	1,32
Polyatomig						
C_2H_6	0,343	0,412	10,30	12,35	2,05	1,20

Werte für unterschiedliche Gase nahezu gleich sind, wenn sie dieselbe Atomanzahl pro Molekül haben.

Wir wollen nun anhand der kinetischen Gastheorie verstehen, warum die Wärmekapazitäten für Zustandsänderungen bei konstantem Druck größer sind als die Wärmekapazitäten für Zustandsänderungen bei konstantem Volumen. Stellen wir uns vor, dass ein ideales Gas durch diese Zustandsänderungen langsam erwärmt wird – zuerst mit konstantem Volumen, anschließend mit konstantem Druck. In beiden Zustandsänderungen lassen wir die Temperatur um denselben Betrag ΔT ansteigen. Im Prozess mit konstantem Volumen wird keine Arbeit verrichtet, da $\Delta V = 0$ ist. Gemäß dem ersten Hauptsatz geht die zugeführte Wärme (die wir nun Q_V nennen) komplett in eine Erhöhung der inneren Energie des Gases über:

$$Q_V = \Delta U\,.$$

In dem Prozess mit konstantem Druck wird Arbeit verrichtet, folglich darf die zugeführte Wärme Q_p nicht ausschließlich zur Erhöhung der inneren Energie führen, sondern sie verrichtet auch die Arbeit $W = -p\Delta V$. Es muss also in diesem Prozess mehr Wärme zugeführt werden als im ersten Prozess, wo das Volumen konstant blieb. Für den Prozess mit konstantem Druck erhalten wir aus dem ersten Hauptsatz

$$Q_p = \Delta U + p\Delta V\,.$$

Da ΔU in beiden Zustandsänderungen gleich ist (ΔT bleibt unverändert), können wir die beiden obigen Gleichungen kombinieren:

$$Q_p - Q_V = p\Delta V\,.$$

Gemäß dem idealen Gasgesetz ist $V = nRT/p$, und so erhalten wir für einen Prozess mit konstantem Druck $\Delta V = nR\Delta T/p$. Indem wir das in die obige Gleichung einsetzen und Gleichung 19.8 verwenden, erhalten wir

$$nC_p\Delta T - nC_V\Delta T = p\left(\frac{nR\Delta T}{p}\right),$$

oder, nach Dividieren durch $n \cdot \Delta T$:

$$C_p - C_V = R\,. \tag{19.9}$$

Da die Gaskonstante $R = 8{,}314\,\mathrm{J/(mol{\cdot}K)} = 1{,}99\,\mathrm{cal/(mol{\cdot}K)}$ ist, lautet unsere Vorhersage, dass C_p etwa um 1,99 cal/mol·K größer ist als C_V. Das ist tatsächlich sehr nah an den experimentellen Ergebnissen, wie man der vorletzten Spalte in Tabelle 19.3 entnehmen kann.

Wir wollen nun die molare Wärmekapazität eines einatomigen Gases mihilfe der kinetischen Gastheorie berechnen. Zuerst betrachten wir einen Prozess mit konstantem Volumen. Da keine Arbeit verrichtet wird, wird gemäß dem ersten Hauptsatz bei Zuführung von Wärme Q zum Gas die innere Energie um

$$\Delta U = Q$$

geändert. Für ein ideales einatomiges Gas ist die innere Energie U die gesamte kinetische Energie der Moleküle:

$$U = N\left(\frac{1}{2}m\overline{v^2}\right) = \frac{3}{2}nRT\,,$$

wie wir in Abschnitt 19.2 gesehen haben. Mit Gleichung 19.8a können wir dann $\Delta U = Q$ in der Form

$$\Delta U = \frac{3}{2}nR\Delta T = nC_V\Delta T \tag{19.10}$$

oder

$$C_V = \frac{3}{2}R \tag{19.11}$$

schreiben. Da $R = 8{,}314\,\mathrm{J/(mol{\cdot}K)} = 1{,}99\,\mathrm{cal/(mol{\cdot}K)}$ ist, sagt die kinetische Gastheorie einen Wert von $C_V = 12{,}47\,\mathrm{J/(mol{\cdot}K)} = 2{,}98\,\mathrm{cal/(mol{\cdot}K)}$ für ein ideales einatomiges Gas voraus. Das ist nah an den experimentell bestimmten Werten für einatomige Moleküle wie Helium und Neon (Tabelle 19.3). Aus Gleichung 19.9 folgt für C_p ein Wert von etwa 20,79 J/ (mol·K) = 4,97 cal/ mol · K, was gleichfalls gut mit dem Experiment übereinstimmt.

Gleichverteilungssatz der Energie

Die gemessene molare Wärmekapazität für mehratomige Gase (Tabelle 19.3) Gase wächst mit zunehmender Zahl der Atome pro Molekül. Wir erklären das durch die Annahme, dass die innere Energie nicht nur die kinetische Energie der Gasmoleküle einschließt, sondern auch andere Energieformen. Betrachten wir beispielsweise ein zweiatomiges Gas. Wie in ▸ Abbildung 19.14 gezeigt, kann ein zweiatomiges Gas um zwei Achsen rotieren (Rotation um eine dritte Achse, die durch beide Atome hindurchgeht, würde aufgrund des kleinen Trägheitsmoments nur sehr wenig Energie beisteuern.) Die Moleküle können sowohl kinetische als auch Rotationsenergie haben. In diesem Zusammenhang erweist es sich als nützlich, den Begriff der **Freiheitsgrade** einzuführen. Darunter ist die Anzahl unabhängiger Möglichkeiten zu verstehen, auf welche Weise ein Molekül Energie besitzt. Beispielsweise hat ein einatomiges Gas drei Freiheitsgrade, da sich ein solches Atom entlang der x-, der y- und der z-Achse bewegen kann. Das sind drei unabhängige Bewegungen, da eine Änderung einer der drei Komponenten die anderen beiden unverändert lassen würde. Ein zweiatomiges Molekül hat dieselbe Anzahl Freiheitsgrade bezüglich der kinetischen Energie plus zwei weitere Freiheitsgrade, die mit der Rotationsenergie verbunden sind, was zusammen fünf Freiheitsgrade

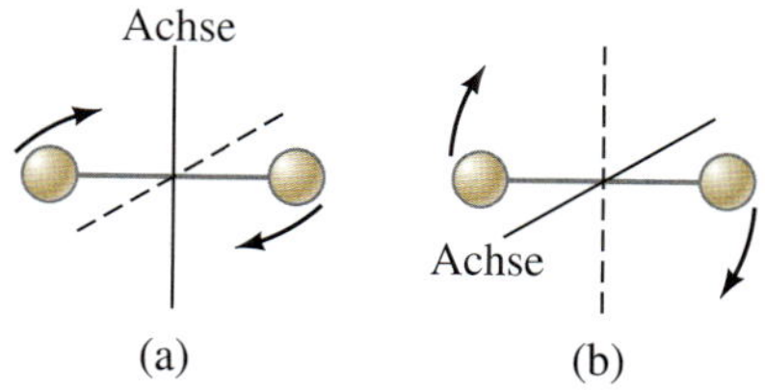

Abbildung 19.14 Ein zweiatomiges Molekül kann um zwei verschiedene Achsen rotieren.

Freiheitsgrade

ergibt. Ein Blick in Tabelle 19.3 zeigt, dass C_V für zweiatomige Gase etwa $\frac{5}{3}$ mal so groß ist wie für einatomige Gase – also dasselbe Verhältnis wie die Anzahl ihrer Freiheitsgrade. Das veranlasste im 19. Jahrhundert die Physiker zur Vorstellung der Gleichverteilung der Energie, und sie formulierten der **Gleichverteilungssatz**. Es besagt, dass sich die innere Energie unter allen aktiven Freiheitsgraden gleichmäßig aufteilt. Insbesondere hat jeder angeregte Freiheitsgrad eines Moleküls eine durchschnittliche Energie von $\frac{1}{2}kT$. Die durchschnittliche Energie eines einatomigen Gases wäre demnach $\frac{3}{2}kT$ (was wir bereits wussten) und die eines zweiatomigen $\frac{5}{2}kT$. Die innere Energie eines zweiatomigen Gases wäre also $N(\frac{5}{2}kT) = \frac{5}{2}nRT$, worin n die Anzahl der Mole ist. Mit demselben Argument wie bei einatomigen Gasen sehen wir, dass für zweiatomige Gase die molare Wärmekapazität bei konstantem Volumen in Übereinstimmung mit gemessenen Werten $\frac{5}{2}R = 20{,}79\,\mathrm{J/(mol{\cdot}K)} = 4{,}97\,\mathrm{cal/(mol{\cdot}K)}$ ist. Komplexere Moleküle haben sogar noch mehr Freiheitsgrade und demzufolge größere spezifische Molwärmen.

Gleichverteilung der Energie

Die Situation verkomplizierte sich durch Messungen, wonach bei zweiatomigen Gasen bei sehr niedrigen Temperaturen C_V einen Wert von nur $\frac{3}{2}R$ hat, als hätten sie nur drei Freigrade. Und bei sehr hohen Temperaturen wurde C_V etwa $\frac{7}{2}R$ groß, als hätten die Gase sieben Freiheitsgrade. Die Erklärung dafür ist, dass bei tiefen Temperaturen nahezu alle Moleküle ausschließlich kinetische Energie besitzen. Das heißt, die Rotationsenergie ist eingefroren, es sind also nur drei Freiheitsgrade angeregt. Bei sehr hohen Temperaturen auf der anderen Seite, sind alle fünf Freiheitsgrade aktiv plus zwei zusätzlichen. Wir können die beiden neuen Freiheitsgrade dahingehend interpretieren, dass die beiden Atome des Moleküls schwingen, als wären sie mit einer Feder aneinander gebunden (▸ Abbildung 19.15). Ein Freiheitsgrad stammt aus der kinetischen Energie der Schwingung, der zweite aus der potenziellen Schwingungsenergie ($\frac{1}{2}kx^2$). Bei Raumtemperatur sind diese beiden Freiheitsgrade offensichtlich eingefroren (siehe ▸ Abbildung 19.16). Warum bei niedrigen Temperaturen weniger Freiheitsgrade angeregt sind, wurde schließlich von Einstein anhand der Quantentheorie erklärt. (Nach der Quantentheorie nimmt Energie keine kontinuierlichen Werte an, sondern ist quantisiert – sie kann nur bestimmte Werte annehmen und es gibt für jeden Freiheitsgrad eine minimale Energie. Die minimalen Rotations- und Schwingungsenergien sind höher als die einfache kinetische Energie, und so steht bei niedrigen Temperaturen und niedriger kinetischer Energie nicht genügend Energie für die Anregung von Rotations- und Schwingungsenergie zur Verfügung.) Berechnungen auf Basis der kinetischen Gastheorie und der Gleichverteilungssatz (modifiziert durch die Quantentheorie) liefern numerische Resultate in Übereinstimmung mit dem Experiment.

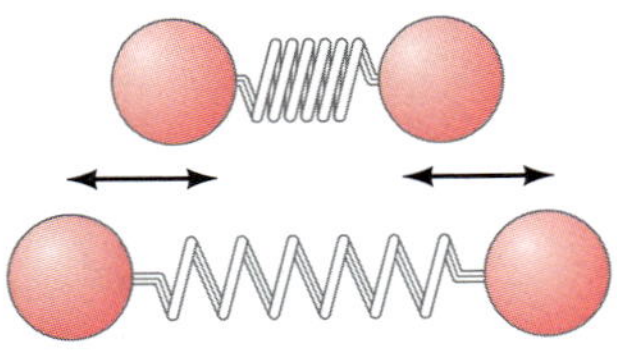

Abbildung 19.15 Ein zweiatomiges Molekül kann schwingen, als wären die beiden Atome mit einer Feder verbunden. Natürlich sind sie nicht mit einer Feder verbunden, doch üben sie Kräfte aufeinander aus, die elektrischer Natur sind und einer Federkraft ähnlich sind.

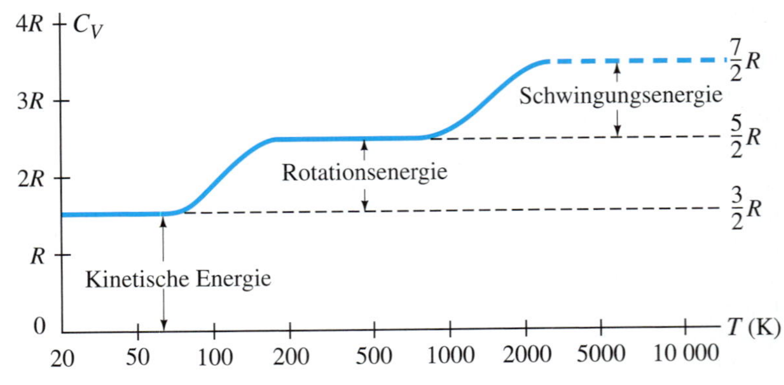

Abbildung 19.16 Die molare Wärmekapazität C_V von Wasserstoffmolekülen (H_2) als Funktion der Temperatur. Wird die Temperatur erhöht, kann etwas von der kinetischen Energie bei Kollisionen in Rotationsenergie transformiert werden, bei noch höheren Temperaturen in Schwingungsenergie. (Man beachte: H_2 zerfällt bei etwa 3200 K in zwei einzelne Atome, somit ist der letzte Teil des Graphen gestrichelt.)

Festkörper

Das Prinzip der Gleichverteilung der Energie kann auch auf Festkörper angewandt werden. Die molare Wärmekapazität eines Festkörpers bei hohen Temperaturen liegt nah bei $3R$ ($24{,}94\,\mathrm{J/(mol{\cdot}K)} = 6{,}0\,\mathrm{cal/mol{\cdot}K}$), ▸ Abbildung 19.17. Man nennt

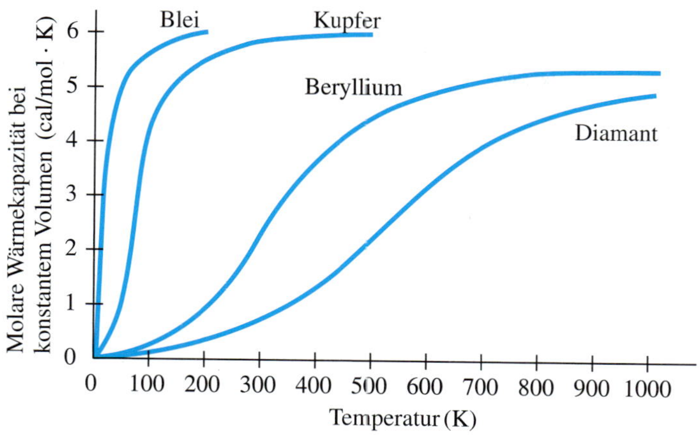

Abbildung 19.17 Molare Wärmekapazitäten von Festkörpern als Funktion der Temperatur.

ihn den Dulong–Petit-Wert nach den beiden Wissenschaftlern, die ihn im Jahr 1819 als Erste gemessen haben. (Beachten Sie, dass Tabelle 19.1 die spezifischen Wärmen in Kilogramm, nicht in Mol angibt.) Bei hohen Temperaturen hat jedes Atom offensichtlich sechs Freiheitsgrade, obgleich einige bei niedrigen Temperaturen nicht angeregt sind. Jedes Atom in einem kristallinen Festkörper kann um seine Gleichgewichtslage schwingen, als wäre es mit einer Feder mit den Nachbaratomen verbunden (▸ Abbildung 19.18). Es hat also drei Freiheitsgrade für die kinetische Energie und drei weitere, die mit der potenziellen Schwingungsenergie in Richtung der x-, y- und z-Achse verbunden sind. Das stimmt mit den gemessenen Werten überein.

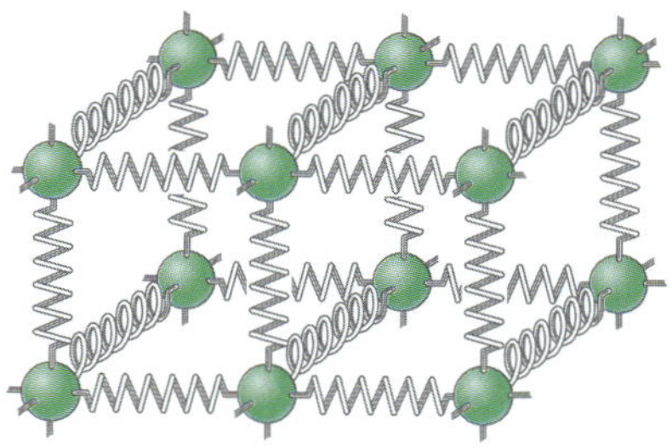

Abbildung 19.18 Die Atome in einem kristallinen Festkörper können um ihre Gleichgewichtslage schwingen, als wären sie über Federn mit ihren Nachbarn verbunden. (Die Kräfte zwischen den Atomen sind elektrischer Art.)

19.9 Adiabatische Expansion eines Gases

Die pV-Kurve für die quasistatische (langsame) adiabatische Expansion ($Q = 0$) eines idealen Gases ist in ▸ Abbildung 19.8 dargestellt (Verlauf AC). Sie ist etwas steiler als die für einen isothermen Prozess ($\Delta T = 0$), was darauf hindeutet, dass bei derselben Volumenänderung die Druckänderung größer ist. Folglich muss die Temperatur bei einer adiabatischen Expansion fallen. Umgekehrt steigt sie bei einer adiabatischen Kompression.

Wir können eine Beziehung zwischen dem Druck p und dem Volumen V eines idealen Gases, das sich langsam adiabatisch ausdehnt, herleiten. Wir beginnen mit dem ersten Hauptsatz der Thermodynamik, geschrieben in differenzieller Form:

$$\mathrm{d}U = \mathrm{d}Q + \mathrm{d}W = \mathrm{d}W = -p\,\mathrm{d}V\,,$$

da $\mathrm{d}Q = 0$ ist in einem adiabatischen Prozess. Gleichung 19.10 liefert uns eine Beziehung zwischen ΔU und C_V, die für jeden beliebigen Prozess eines idealen Gases gültig ist, da U bei einem idealen Gas ausschließlich eine Funktion von T ist. Wir schreiben das in differenzieller Form auf:

$$\mathrm{d}U = nC_V\,\mathrm{d}T\,.$$

Kombinieren wir die beiden letzten Gleichungen, erhalten wir:

$$nC_V\,\mathrm{d}T + p\,\mathrm{d}V = 0$$

Als Nächstes bilden wir das Differenzial des idealen Gasgesetzes, $pV = nRT$, wobei sich p, V und T verändern können:

$$p\,\mathrm{d}V + V\,\mathrm{d}p = nR\,\mathrm{d}T\,.$$

Wir lösen diese Gleichung nach $\mathrm{d}T$ auf und ersetzen $\mathrm{d}T$ dann in der vorherigen Gleichung:

$$nC_V\left(\frac{p\,\mathrm{d}V + V\,\mathrm{d}p}{nR}\right) + p\,\mathrm{d}V = 0$$

oder

$$(C_V + R)p\,dV + C_V V\,dp = 0\,.$$

Gemäß Gleichung 19.9 ist $C_V + R = C_p$, wir erhalten damit

$$C_p p\,dV + C_V V\,dp = 0\,,$$

oder

$$\frac{C_p}{C_V} p\,dV + V\,dp = 0\,.$$

Wir definieren

$$\gamma = \frac{C_p}{C_V} \qquad (19.12)$$

Unsere letzte Gleichung lautet dann:

$$\frac{dp}{p} + \gamma \frac{dV}{V} = 0\,.$$

Integriert ergibt das

$$\ln p + \gamma \ln V = \text{konstant}\,.$$

Diese Gleichung vereinfacht sich unter Anwendung der Logarithmus-Regeln für Addition und Multiplikation zu

$$pV^\gamma = \text{konstant}\,. \qquad \begin{pmatrix}\text{quasistatischer adiabatischer Vorgang;}\\ \text{ideales Gas}\end{pmatrix} \qquad (19.13)$$

Das ist die Beziehung zwischen p und V in einer quasistatischen adiabatischen Expansion oder Kontraktion. Sie wird sich im nächsten Kapitel, in dem wir Wärmekraftmaschinen behandeln, als sehr nützlich erweisen. **Tabelle 19.3** enthält einige Werte von γ für reale Gase. In ▸ **Abbildung 19.8** wird eine adiabatische Expansion (Gleichung 19.13) in Kurve AC mit einer isothermen Expansion (pV = konstant) in Kurve AB verglichen. Es ist wichtig, sich daran zu erinnern, dass das ideale Gasgesetz, $pV = nRT$, selbst für eine adiabatische Expansion (pV^γ = konstant) gültig ist. Dass pV offensichtlich nicht konstant ist, bedeutet, dass T nicht konstant ist.

Beispiel 19.11 Adiabatische vs. isotherme Expansion

Ein ideales einatomiges Gas dehnt sich langsam aus, bis sein Druck exakt auf die Hälfte des ursprünglichen Wertes gesunken ist. Um welchen Faktor ändert sich das Volumen, wenn die Zustandsänderung (a) adiabatisch, und (b) isotherm verläuft?

Lösung

a Aus Gleichung 19.13 folgt $p_1 V_1^\gamma = p_2 V_2^\gamma$, also:

$$\frac{V_2}{V_1} = \left(\frac{p_1}{p_2}\right)^{1/\gamma} = (2)^{3/5} = 1{,}52\,,$$

da $\gamma = C_p/C_V = (5/2)/(3/2) = 5/3$.

b Gleichung 19.13 gilt nicht für isotherme Zustandsänderungen. Doch lässt sich das ideale Gasgesetz $pV = nRT$ immer auf ein ideales Gas anwenden. Daher und weil $T_1 = T_2$ ist, gilt $p_1 V_1 = p_2 V_2$ und

$$\frac{V_2}{V_1} = \frac{p_1}{p_2} = 2{,}0\,.$$

19.10 Wärmetransport: Wärmeleitung, Konvektion, Wärmestrahlung

Drei Arten des Wärmetransfers

Wärme kann auf drei verschiedene Weisen von einem Körper oder Ort zum anderen übertragen werden: durch *Wärmeleitung*, *Konvektion* und *Wärmestrahlung*. Wir wollen diese drei Vorgänge nun nacheinander besprechen, während in praktischer Hinsicht meist zwei oder alle drei zusammen zur selben Zeit wirksam sind. Beginnen wir mit der Wärmeleitung.

Wärmeleitung

Wird ein Schüreisen ins Feuer gehalten oder ein Silberlöffel in eine Schale heißer Suppe abgesetzt, so wird auch das der Wärmequelle nicht direkt ausgesetzte Ende von Schüreisen oder Löffel schnell heiß. Wir sagen, dass Wärme vom heißen zum kalten Ende geleitet wurde.

Wärmeleitung kann man sich in vielen Materialien als das Ergebnis molekularer Kollisionen vorstellen. Wird ein Ende eines Körpers erwärmt, bewegen sich die Moleküle dort schneller. Wenn sie mit ihren sich langsamer bewegenden Nachbarn zusammenstoßen, übertragen sie einen Teil ihrer Energie auf diese Moleküle, deren Geschwindigkeit dadurch erhöht wird. Diese übertragen dann ihrerseits einen Teil ihrer Energie auf noch weiter entfernte Moleküle des Körpers. Die Energie der thermischen Bewegung wird also durch molekulare Kollisionen entlang des Körpers transportiert. In Metallen sind es die Kollisionen freier Elektronen miteinander und mit dem Metallgitter, die hauptsächlich für die Wärmeleitung verantwortlich sind.

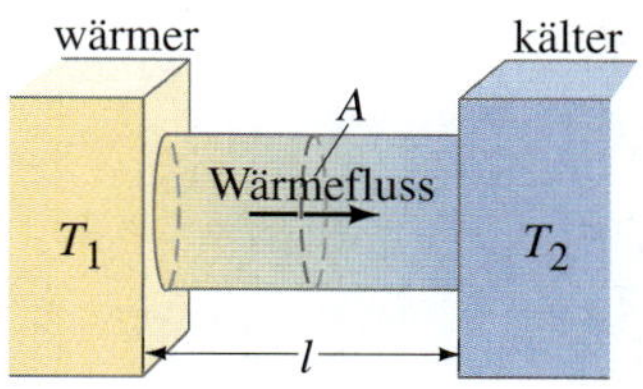

Abbildung 19.19 Wärmeleitung zwischen zwei Flächen der Temperaturen T_1 und T_2. Ist T_1 größer als T_2, fließt die Wärme nach rechts; der Wärmestrom ist durch Gleichung 19.14a gegeben.

Wärmeleitung findet nur dann statt, wenn ein Temperaturunterschied auftritt. Man findet experimentell, dass der Wärmestrom durch einen Stoff proportional der Temperaturdifferenz an seinen Enden ist. Der Wärmestrom hängt zudem von der Größe und der Form des Körpers ab. Um das quantitativ zu untersuchen, wollen wir Wärme betrachten, die durch einen homogenen Körper fließt, wie in ▸ Abbildung 19.19 dargestellt. Experimentell findet man, dass der Wärmestrom ΔQ pro Zeiteinheit Δt gegeben ist durch

Wärmestrom durch Wärmeleitung

$$\frac{\Delta Q}{\Delta t} = \lambda A \frac{T_1 - T_2}{l}\,, \qquad (19.14a)$$

worin A die Querschnittsfläche des Objekts und l die Distanz zwischen seinen Enden ist, die die Temperatur T_1 und T_2 haben. λ ist eine Proportionalitätskonstante, sie heißt **Wärmeleitfähigkeit** und ist materialspezifisch und temperaturabhängig.

In einigen Fällen (wenn beispielsweise λ oder A als nicht konstant betrachtet werden können) müssen wir den Grenzwert eines infinitesimal dünnen Abschnitts der Dicke $\mathrm{d}x$ betrachten:

$$\frac{\mathrm{d}Q}{\mathrm{d}t} = -\lambda A \frac{\mathrm{d}T}{\mathrm{d}x}\,, \qquad (19.14b)$$

worin $\mathrm{d}T/\mathrm{d}x$ der Temperaturgradient ist. Das Minuszeichen steht deshalb, weil der Wärmestrom in die dem Temperaturgradienten entgegengesetzte Richtung fließt.[5]

Die Wärmeleitfähigkeit λ einiger Stoffe ist in Tabelle 19.4 angegeben. Materialien mit großem λ leiten die Wärme schnell, das sind die **guten Wärmeleiter**. Die meisten Metalle fallen in diese Kategorie. Viele sind darunter, deren Wärmeleitverhalten man im alltäglichen Leben beobachten kann, indem man etwa einen Silber- und einen Edelstahllöffel in dieselbe Tasse mit heißer Suppe eintaucht.

5 Das ähnelt den Beziehungen, die die fluide Diffusion (Kapitel 18) und den Strom einer Flüssigkeit durch ein Rohr (Kapitel 13) beschreiben. In diesen Fällen ist der Materiefluss proportional zum Gradient der Konzentration oder zum Druckgefälle. Die Ähnlichkeit mit solchen Vorgängen ist einer der Gründe, warum wir vom „Strom" oder „Fluss" der Wärme sprechen. Doch müssen wir berücksichtigen, dass es keine fließende Substanz bei der Wärme gibt – es ist Energie, die übertragen wird.

Tabelle 19.4

Wärmeleitfähigkeit unterschiedlicher Stoffe bei Raumtemperatur

Substanz	Wärmeleitfähigkeit λ W/(m·K)
Silber	420
Kupfer	380
Aluminium	200
Stahl	40
Eis	2
Glas	0,84
Ziegel	0,84
Beton	0,84
Wasser	0,56
Menschliches Gewebe	0,2
Holz	0,1
Fiberglas	0,048
Kork	0,042
Wolle	0,040
Daunen	0,025
Kunststoff (Polyurethan)	0,024
Luft	0,023

Materialien mit kleinem λ, wie Fiberglas und Daunen, sind schlechte Wärmeleiter und deshalb gute **Isolatoren**. Mit den Wärmeleitfähigkeiten λ kann man sich einfache Phänomene erklären, zum Beispiel, warum es sich an den Füßen viel kälter anfühlt, wenn man über Fliesen geht als über einen Wollteppich, der dieselbe Temperatur hat. Fliesen leiten die Wärme besser als Wolle. Die Wärme, die von den Füßen in die Wolle fließt, wird nicht so schnell weiter geleitet, und so erwärmt sich die Wolloberfläche schnell auf die Temperatur der Füße. Fliesen hingegen leiten die Wärme schnell ab und können somit mehr und schneller Wärme von den Füßen aufnehmen, so dass die Oberflächentemperatur der Füße fällt.

Beispiel 19.12 Wärmeverlust durch Fenster

Eine Hauptquelle für Wärmeverluste in einem Haus sind die Fenster. Berechnen Sie den Wärmestrom durch ein 3,2 mm dickes Fensterglas der Fläche 2,0 m · 1,5 m, wenn die Temperatur an der Innenfläche 15,0 °C und an der Außenfläche 14,0 °C beträgt (▸ Abbildung 19.20).

Lösung

Mit $A = (2{,}0\,\text{m})(1{,}5\,\text{m}) = 3{,}0\,\text{m}^2$, $l = 3{,}2 \cdot 10^{-3}\,\text{m}$ und dem λ-Wert aus Tabelle 19.4 in Gleichung 19.14a eingesetzt erhalten wir:

$$\frac{\Delta Q}{\Delta t} = \lambda A \frac{T_1 - T_2}{l} = \frac{(0{,}84\,\text{W}/(\text{m}\cdot\text{K}))(3{,}0\,\text{m}^2)(15{,}0\,°\text{C} - 14{,}0\,°\text{C})}{(3{,}2 \cdot 10^{-3}\,\text{m})} = 788\,\text{J/s}\,.$$

Das ist äquivalent mit $(788\,\text{W})/(4{,}19 \cdot 10^3\,\text{J/kcal}) = 0{,}188\,\text{kcal/s}$ oder

$$(0{,}188\,\text{kcal/s}) \cdot (3600\,\text{s/h}) = 677\,\text{kcal/h}\,.$$

Wind kann viel größeren Wärmeverlust verursachen

Vielleicht ist Ihnen im vorangegangenen Beispiel aufgefallen, dass 15 °C nicht gerade viel sind für ein Wohnzimmer. Der Raum selber mag ja auch viel wärmer sein, ebenso wie es draußen viel kälter sein könnte. Die Temperaturen 15 °C und 14 °C bezogen sich aber auf die Fensteroberflächen, und oft hat man einen beachtlichen Temperaturabfall in der einem Fenster direkt benachbarten Luftschicht, sowohl an der Innen- wie an der Außenseite. Das bedeutet, dass die Luftschicht auf beiden Seiten eines Fensters als Isolator fungiert. Oft findet der Großteil des Temperaturabfalls zwischen Innen- und Außenbereich eines Hauses in der Luftschicht an den Fensterflächen statt. Herrscht starker Wind, so wird die äußere Luftschicht am Fenster ständig durch kalte Luft ersetzt; der Temperaturgradient im Glas wird dadurch größer und es stellt sich demzufolge ein größerer Wärmeverlust ein. Der Wärmeverlust sinkt, wenn die Luftschicht vergrößert wird, indem man die Lücke zwischen zwei Fensterglasscheiben mit Luft füllt. Das wirkt sich stärker aus, als wenn man lediglich die Glasdicke erhöht, denn die Wärmeleitfähigkeit von Luft ist viel geringer als die von Glas.

ANGEWANDTE PHYSIK
Wärmegedämmte Fenster

ANGEWANDTE PHYSIK
Wie Kleidung warm hält

Kleidung schließt die Luft ein

Die wärmeisolierenden Eigenschaften von Kleidung ergeben sich aus den wärmeisolierenden Eigenschaften der Luft. Ohne Kleidung würden unsere Körper die Luft, mit der sie in Berührung sind, erwärmen und sich bald ziemlich wohl fühlen, weil Luft ein guter Isolator ist. Da die Luft sich jedoch bewegt – durch Brisen, Luftzüge und die Bewegung der Menschen selber – wird die erwärmte Luft ständig durch kalte ersetzt. Folglich wächst der Temperaturgradient und der Körpers verliert mehr Wärme. Kleidung hält warm, weil sich die eingeschlossenen Luft nicht so leicht fortbewegen kann. Es ist nicht die Kleidung, die isoliert, sondern die eingeschlossene Luft. Daunen sind ein guter Isolator, weil selbst eine kleine Menge sich aufplustert und eine große Luftmenge einfängt. Verstehen Sie nun, warum vor Fenstern aufgehangene Decken den Wärmeverlust eines Hauses vermindern?

Für praktische Zwecke werden die thermischen Eigenschaften von Baumaterialien, besonders Isolatoren, durch den „Wärmeübertragungswiderstand" R spezifiziert. Bei gegebener Materialdicke l ist er definiert als

$$R = \frac{l}{\lambda}\,.$$

Der Wärmeübergangswiderstand von Stoffen kombiniert also deren Dicke l und die Wärmeleitfähigkeit λ in einer Größe R.

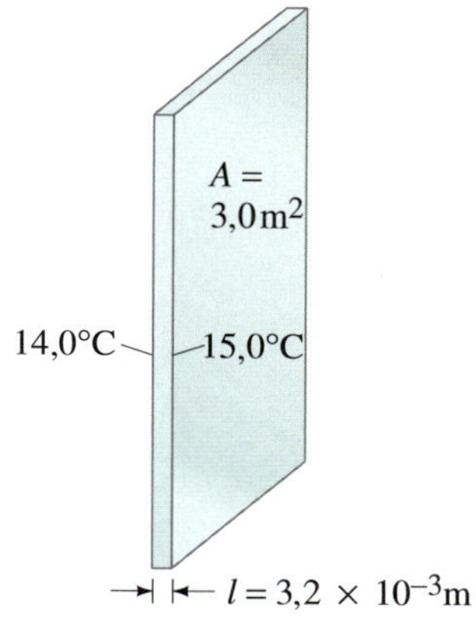

Abbildung 19.20 Beispiel 19.12.

Konvektion

Obgleich Flüssigkeiten und Gase generell keine guten Wärmeleiter sind, können sie Wärme ziemlich schnell mittels Konvektion leiten. **Konvektion** ist der Prozess, in dem Wärme durch die Bewegung der Moleküle von einem Ort zum andern übertragen wird. Während bei der Wärmeleitung die Moleküle (und/oder Elektronen) nur kurze Strecken zurücklegen und kollidieren, bewegen sich bei der Konvektion die Moleküle über große Distanzen.

Ein Heizlüfter, bei dem Luft erwärmt und dann durch einen Ventilator in den Raum geblasen wird, ist ein Beispiel für *erzwungene Konvektion. Natürliche Konvektion* geschieht gleichfalls, ein bekanntes Beispiel dafür ist das Aufsteigen von heißer Luft. Beispielsweise dehnt sich die Luft über einem Heizungskörper aus, wenn sie sich erwärmt, folglich nimmt ihre Dichte ab. Weil ihre Dichte verringert ist, steigt sie, so wie ein in Wasser untergetauchtes Stück Holz aufsteigt, weil seine Dichte geringer ist als die von Wasser. Warme und kalte Strömungen in den Ozeanen wie der Golfstrom stellen natürliche Konvektion im großen Maßstab dar. Wind ist ein weiteres Beispiel für Konvektion, ja, das Wetter insgesamt ist ein Resultat von Konvektionsströmungen der Luft.

Wird ein Topf Wasser erhitzt (► Abbildung 19.21), bauen sich Konvektionsströme auf, da das heiße Wasser am Topfboden wegen seiner verringerten Dichte aufsteigt und durch kühles Wasser von oben ersetzt wird. Das Prinzip wird in vielen Heizsystemen genutzt, etwa durch die Heißwasserheizung aus ► Abbildung 19.22. Wasser wird im Brenner erhitzt, seine Temperatur steigt an, es expandiert und steigt hoch. Das veranlasst das Wasser im System zu zirkulieren. Heißes Wasser fließt dann in die Heizkörper, die Wärme wird durch Wärmeleitung an die Luft übertragen und das abgekühlte Wasser kehrt zum Brenner zurück. Das Wasser zirkuliert also durch Konvektion: Pumpen dienen manchmal dazu, die Zirkulation zu verbessern. Auch die Zimmerluft wird durch Konvektion erwärmt. Die am Heizkörper erwärmte Luft steigt auf und wird durch kühlere Luft ersetzt, was in Konvektionsströmungen der Luft resultiert.

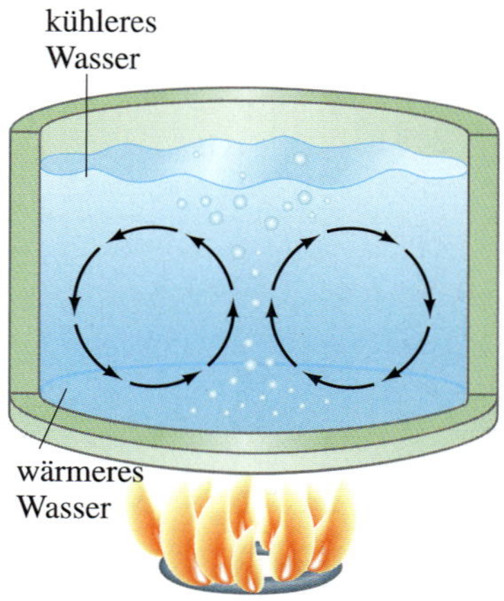

Abbildung 19.21 Konvektion in einem Topf Wasser, der von einem Gasbrenner erhitzt wird.

Andere Heizungstypen nutzen gleichfalls die Konvektion aus. Heißluft-Systeme mit Öffnungsschlitzen in Bodennähe haben oft keine Ventilatoren, sondern nutzen natürliche Konvektion. Andere Systeme verwenden einen Ventilator. In beiden Fällen ist es wichtig, dass die abgekühlte Luft zur Wärmequelle zurückfließen kann, damit die Konvektionsströme durch den gesamten Raum zirkulieren können, wenn er gleichförmig beheizt werden soll.

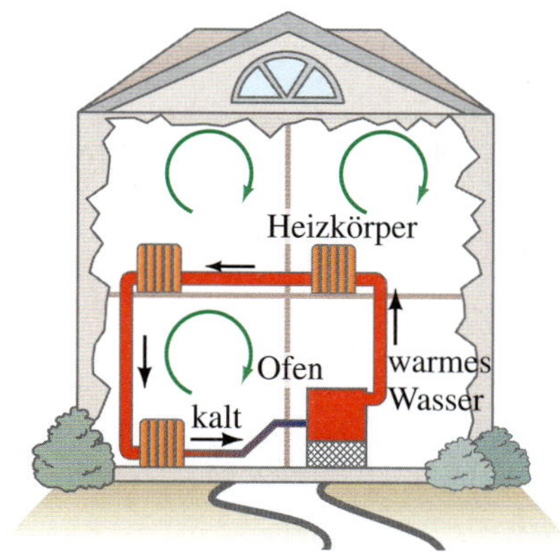

Abbildung 19.22 Konvektion spielt bei der Beheizung eines Hauses eine Rolle. Die runden grünen Pfeile zeigen die Konvektionsströmungen der Luft in den Räumen an.

Wärmestrahlung

Konvektion und Wärmeleitung erfordern die Gegenwart von Materie als Medium, um die Wärme von der heißen zur kalten Region zu übertragen. Ein dritter Transportweg erfolgt ohne jegliche Materie. Das ganze Leben auf der Erde hängt von der Sonnenenergie ab, und diese Energie wird über den leeren (oder fast leeren) Raum übertragen. Die Form der übertragenen Energie ist Wärme – da die Temperatur der Sonne (6000 K) viel größer ist als die der Erde – und heißt **Wärmestrahlung**. Die Wärme, die uns durch ein Feuer zugeführt wird, gelangt über Wärmestrahlung zu uns. (Der größte Teil der von einem Kaminfeuer erwärmten Luft steigt per Konvektion durch den Schornstein auf und erreicht uns nicht.)

Wie wir in späteren Kapiteln noch sehen werden, basiert Wärmestrahlung auf elektromagnetischen Wellen. Im Moment wollen wir uns damit begnügen, dass die Wärmestrahlung von der Sonne aus sichtbarem Licht und anderen elektromagnetischen Wellen besteht, die das Auge nicht wahrnimmt, inklusive der Infrarotstrahlung (IR), die hauptsächlich für die Erwärmung der Erdoberfläche verantwortlich ist.

Die Strahlungsleistung eines Körpers ist, wie man herausgefunden hat, proportional zur vierten Potenz der Temperatur T. Das heißt, ein Körper mit 2000 K strahlt $2^4 = 16$ mal so stark wie ein Körper mit 1000 K. Die Strahlungsleistung ist außerdem proportional zur Fläche A des emittierenden Objekts, so dass die Strahlungsrate $\Delta Q/\Delta t$, mit der Energie von einem Objekt abgestrahlt wird, gleich

Strahlungsleistung $\propto T^4$

$$\frac{\Delta Q}{\Delta t} = e\sigma A T^4 \tag{19.15}$$

ist. Das ist das **Stefan-Boltzmann-Gesetz**. σ ist eine universelle Konstante, die **Stefan-Boltzmann-Konstante**. Sie hat den Wert

Stefan-Boltzmann-Konstante

$$\sigma = 5{,}67 \cdot 10^{-8}\ \mathrm{W/(m^2 \cdot K^4)}\ .$$

Der Faktor e ist der **Emissionsgrad**, er ist eine materialspezifische Zahl zwischen 0 und 1. Sehr schwarze Flächen wie die von Holzkohle haben einen Emissionsgrad nahe 1, während hell glänzende Oberflächen einen e-Wert nahe null haben und wenig Strahlungsleistung liefern. Der Wert von e hängt geringfügig von der Temperatur des Körpers ab.

Hell glänzende Oberflächen emittieren nicht nur wenig Strahlung, sie absorbieren auch wenig Strahlung, die sie erreicht (der Großteil wird reflektiert). Schwarze und sehr dunkle Objekte dagegen absorbieren nahezu sämtliche Strahlung, die auf sie fällt – der Grund dafür, dass man an heißen Tagen helle Kleidung dunkler vorziehen sollte. **Je besser ein Körper absorbiert, desto besser strahlt er auch aus.**

Jeder Körper emittiert nicht nur Strahlungsenergie, sondern absorbiert auch die Strahlungsenergie anderer Körper. Wenn ein Körper mit dem Emissionsgrad e und der Fläche A eine Temperatur T_1 hat, emittiert er eine Strahlungsleistung von $e\sigma A T_1^4$. Hat die Körperumgebung eine Temperatur von T_2 und einen hohen Emissionsgrad (≈ 1), ist die emittierte Strahlungsleistung der Umgebung proportional zu T_2^4. Die absorbierte Strahlungsleistung eines Körpers ist proportional zu T_2^4. Die Nettostrahlungsleistung eines Körpers ist durch die Gleichung

Nettorate der Wärmestrahlung

$$\frac{\Delta Q}{\Delta t} = e\sigma A(T_1^4 - T_2^4) \tag{19.16}$$

gegeben. Darin ist A die Oberfläche des Körpers, T_1 ist seine Temperatur, e sein Emissionsgrad bei der Temperatur T_1 und T_2 ist die Umgebungstemperatur. Beachten Sie, dass die Absorption der Strahlungsleistung durch einen Körper mit $e\sigma A T_2^4$ in die Gleichung einfloss. Das bedeutet, der Proportionalitätsfaktor $e\sigma A$ ist für Emission und Absorption derselbe. Das muss auch so sein, um mit der experimentell bestimmten Tatsache überein zu stimmen, dass das Gleichgewicht zwischen einem Körper und seiner Umgebung dann erreicht ist, wenn sie dieselbe Temperatur haben. Das heißt, $\Delta Q/\Delta t$ wird gleich null, wenn $T_1 = T_2$ wird, mithin müssen die Koeffizienten der Absorption und der Emission gleich sein. Dieser Zusammenhang bestätigt auch die Vorstellung, dass ein guter Emitter ein guter Absorber ist.

Weil sowohl der Körper als auch die Umgebung Energie ausstrahlen, gibt es einen Nettoenergiestrom vom einen zum andern, außer wenn beide dieselbe Temperatur haben. Aus Gleichung 19.16 ist ersichtlich, dass wenn $T_1 > T_2$ ist, der Wärmestrom vom Körper zur Umgebung erfolgt, so dass der Körper abkühlt. Ist jedoch $T_1 < T_2$, fließt der Wärmestrom von der Umgebung zum Körper, und seine Temperatur steigt. Sind verschiedene Teile der Umgebung auf verschiedenen Temperaturen, wird Gleichung 19.16 komplizierter.

Beispiel 19.13 · Abschätzung — Zwei Teekannen

Eine Keramik-Teekanne ($e = 0{,}70$) und eine glänzende Teekanne ($e = 0{,}10$) enthalten jeweils 0,75 l Tee mit einer Temperatur von 95 °C. (a) Schätzen sie die Wärmeverlustrate der beiden Kannen und (b) den Temperaturabfall in beiden Kannen nach 30 Minuten. Berücksichtigen Sie nur die Wärmestrahlung und rechnen Sie mit einer Umgebungstemperatur von 20 °C.

Lösung

a Eine Teekanne mit 0,75 l Inhalt kann näherungsweise durch einen Würfel der Kantenlänge 10 cm ersetzt werden, wobei fünf Seiten Luftkontakt haben. Seine Oberfläche ist damit etwa $5 \cdot 10^{-2}\,\text{m}^2$. Der Wärmeverlust durch Strahlungsleistung wird damit

$$\begin{aligned}\frac{\Delta Q}{\Delta t} &= e\sigma A(T_1^4 - T_2^4)\\ &= e(5{,}67 \cdot 10^{-8}\,\text{W}/(\text{m}^2{\cdot}\text{K}^4))(5 \cdot 10^{-2}\,\text{m}^2)[(368\,\text{K})^4 - (294\,\text{K})^4]\\ &= 30e\,\text{W}\,,\end{aligned}$$

oder etwa 20 W für die Keramikkanne ($e = 0{,}70$) und 3 W für die glänzende ($e = 0{,}10$).

b Um den Temperaturabfall abzuschätzen, nutzen wir die spezifische Wärmekapazität und vernachlässigen den Beitrag der Kannen gegenüber den 0,75 l Wasser. Dann gilt mit Gleichung 19.2

$$\frac{\Delta T}{\Delta t} = \frac{\Delta Q/\Delta t}{mc} = \frac{30e\,\text{W}}{(0{,}75\,\text{kg})(4{,}19 \cdot 10^3\,\text{J/kg}{\cdot}\text{K})} = e(0{,}010)\,\text{K/s}\,,$$

was in 30 min (1800 s) etwa 12 K Temperaturabfall für die Keramik- und 2 K für die glänzende Kanne bedeutet. Diese hält also den Tee länger warm. Konvektion und Wärmeleitung können aber eine größere Rolle spielen als Wärmestrahlung.

Das Erwärmen eines Körpers aufgrund von Sonneneinstrahlung kann mittels Gleichung 19.16 nicht berechnet werden, da diese Gleichung eine gleichförmige Temperatur der Umgebungstemperatur T_2 voraussetzt, während die Sonne im Wesentlichen ein Punktstrahler ist. Folglich muss die Sonne als separate Energiequelle betrachtet werden. Erwärmung durch Sonneneinstrahlung wird berechnet, indem man berücksichtigt, dass ungefähr 1350 J Energie (von der Sonne) auf die Erde pro Sekunde und pro Quadratmeter einer senkrecht zum Strahlungseinfall ausgerichteten Fläche trifft. Die Größe $1350\,\text{W/m}^2$ bezeichnet man als **Solarkonstante**. Die Atmosphäre kann je nach Bewölkung 70 Prozent dieser Energie absorbieren, bevor die Strahlung den Erdboden erreicht. An einem klaren Tag gelangen etwa $1000\,\text{W/m}^2$ auf die Erdoberfläche. Ein Körper mit dem Emissionsgrad e und der Fläche A, das zur Sonne hin ausgerichtet ist, absorbiert Wärme mit einer Leistung (in Watt) von etwa

$$\frac{\Delta Q}{\Delta t} = (1000\,\text{W/m}^2)eA\cos\theta\,,$$

worin θ der Winkel zwischen den Sonnenstrahlen und einer Geraden senkrecht zur Objektfläche A des Körpers ist (▶ Abbildung 19.23). Das bedeutet, $A\cos\theta$ ist die „effektive" Fläche im rechten Winkel zum Strahlungseinfall. Die Jahreszeiten und die eisbedeckten Polkappen (▶ Abbildung 19.24) und die Erklärung, warum die Sonne die Erde mittags mehr als beim Auf- und Untergang erwärmt, hängen ebenfalls mit dem Faktor $\cos\theta$ zusammen.

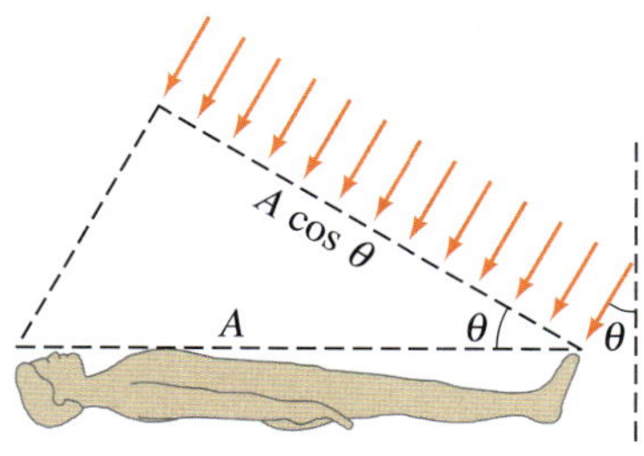

Abbildung 19.23 Strahlungsenergie trifft unter einem Winkel θ auf einen Körper.

Strahlung von der Sonne

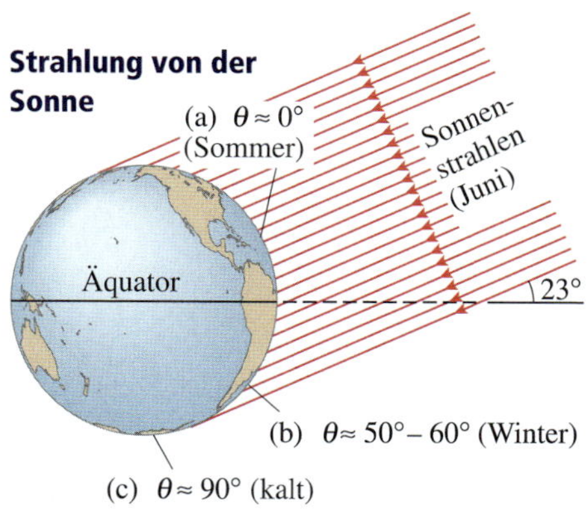

Abbildung 19.24 Die Strahlen der Junisonne schließen einen Winkel von rund 23° mit dem Äquator ein. Somit (a) ist θ im Süden der USA nahezu 0° (direkte Sommersonne), während (b) auf der südlichen Halbkugel θ 50° oder 60° beträgt, so dass weniger Strahlung absorbiert werden kann – folglich herrscht Winter. (c) An den Polen gibt es weniger direkte Sonneneinstrahlung, $\cos\theta$ variiert zwischen 1/2 im Sommer und 0 im Winter. Bei so geringer Wärmeeinstrahlung kann sich Eis bilden.

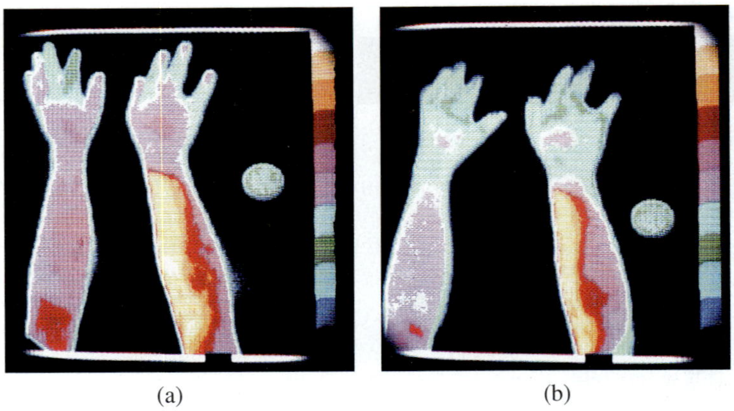

Abbildung 19.25 Thermogramm eines Arms mit Hand einer gesunden Person (a) vor und (b) nach dem Rauchen einer Zigarette. Das Thermogramm zeigt einen Temperaturabfall aufgrund verminderter Blutzirkulation durch das Rauchen. Die Thermogramme sind entsprechend der Temperatur gefärbt; die Skala geht von blau (kalt) bis weiß (warm).

Eine interessante Anwendung der Wärmestrahlung in der diagnostischen Medizin ist die **Thermografie**. Ein spezielles Instrument (der Thermograf) rastert den Körper ab und misst dabei die Strahlungsintensität vieler Punkte. Er konstruiert daraus ein Bild, (► Abbildung 19.25). Flächen mit hoher Stoffwechselaktivität, wie in Tumoren, können häufig in einem Thermogramm als Resultat höherer Temperatur und folglich höherer Wärmestrahlung nachgewiesen werden.

ANGEWANDTE PHYSIK

Astronomie – Größe eines Sterns

Beispiel 19.14 · Abschätzung **Sternradius**

Der Riesenstern Beteigeuze emittiert das 10^4-fache der Strahlungsleistung der Sonne, während die Oberflächentemperatur nur etwa die Hälfte (2900 K) der Temperatur der Sonne beträgt. Schätzen Sie den Radius der Beteigeuze unter Annahme von $e = 1$. Der Sonnenradius ist $r_s = 7 \cdot 10^8$ m.

Lösung

Wir nehmen sowohl Beteigeuze als auch die Sonne als rund an mit einer Oberfläche von $4\pi r^2$. Wir lösen Gleichung 19.15 nach A auf:

$$4\pi r^2 = A = \frac{(\Delta Q/\Delta t)}{e\sigma T^4} .$$

Es gilt

$$\frac{r_B^2}{r_S^2} = \frac{(\Delta Q/\Delta t)_B}{(\Delta Q/\Delta t)_S} \cdot \frac{T_S^4}{T_B^4} = (10^4)(2^4) = 16 \cdot 10^4 .$$

Somit ist $r_B = \sqrt{16 \cdot 10^4} r_S = (400)(7 \cdot 10^8 \text{ m}) \approx 3 \cdot 10^{11}$ m. Wäre Beteigeuze unsere Sonne, würde sie die Erde berühren. (Die Erde ist $1{,}5 \cdot 10^{11}$ m von der Sonne entfernt.)

ZUSAMMENFASSUNG

Die **innere Energie** U bezieht sich auf die gesamte Energie aller Moleküle eines Systems. Für ein ideales, einatomiges Gas gilt

$$U = \frac{3}{2}NkT = \frac{3}{2}nRT .$$

Wärme ist eine Form von Energie und gelangt aufgrund eines Temperaturunterschieds von einem System zum andern. Wärme wird somit in Energieeinheiten wie Joule gemessen.

Wärme und innere Energie werden manchmal auch in Kalorien oder Kilokalorien angegeben, wobei

$$1 \text{ cal} = 4{,}186 \text{ J}$$

ist, der Energiebetrag, der nötig ist, um die Temperatur von Wasser um 1 K anzuheben.

Die **spezifische Wärmekapazität** c eines Stoffes ist definiert als Energie (oder Wärme), die erforderlich ist, die Temperatur einer Masseneinheit eines Stoffes um 1 K anzuheben, als Gleichung geschrieben:

$$Q = mc\Delta T\ ,$$

worin Q die aufgenommene oder abgegebene Wärme bedeutet, ΔT die Temperaturzu- oder -abnahme und m die Masse eines Stoffs.

Fließt Wärme innerhalb eines isolierten Systems, ist gemäß der Energieerhaltung die Wärmemenge, die ein Teil des Systems aufnimmt, gleich der Wärmemenge, die ein anderer Teil dafür abgibt; das ist die Grundlage der **Kalorimetrie**, die sich mit den ausgetauschten Wärmemengen beschäftigt.

Energieaustausch ohne Temperaturänderung geschieht immer dann, wenn ein Stoff seine Phase ändert. Die **Schmelzwärme** ist die Wärme, die erforderlich ist, um 1 kg eines festen Stoffes zu verflüssigen; sie ist gleich der Wärmemenge, die beim Übergang von der flüssigen in die feste Phase freigesetzt wird. Die **Verdampfungswärme** ist die Energie, die erforderlich ist, um 1 kg eines Stoffes von der flüssigen in die gasförmige Phasen zu verwandeln; sie ist gleich der Wärmemenge, die beim Übergang von der gasförmigen in die flüssige Phase freigesetzt wird.

Der **erste Hauptsatz der Thermodynamik** besagt, dass die Änderung der inneren Energie ΔU eines Systems gleich der dem System zugeführten Wärme plus der am System geleisteten Arbeit ist:

$$\Delta U = Q + W$$

Dieser wichtige Satz ist eine fundamentale Aussage über die Energieerhaltung und gilt für alle Zustandsänderungen.

Zwei einfache thermodynamische Prozesse sind die **isotherme** Zustandsänderung, die bei konstanter Temperatur abläuft, und die **adiabatische** Zustandsänderung, ein Prozess ohne Wärmeaustausch.

Die an (oder von) einem Gas verrichtete Arbeit, um sein Volumen um dV zu ändern, ist $dW = -p\,dV$, worin p der Druck ist.

Arbeit und Wärme sind keine Funktionen des Zustands eines Systems (wie es im Gegensatz dazu p, V, T, n und U sind), sondern hängen vom Prozesspfad, den ein System für die Zustandsänderung beschreitet, ab.

Die **molare Wärmekapazität** eines idealen Gases bei konstantem Volumen, C_V, und bei konstantem Druck, C_p, hängen über die Beziehung $C_p - C_V = R$ zusammen, worin R die Gaskonstante ist. Für ein einatomiges Gas ist $C_V = \frac{3}{2}R$.

Für ein ideales Gas bestehend aus zwei- oder mehratomigen Molekülen ist C_V gleich $1/2R$ mal der Anzahl der **Freiheitsgrade** seiner Moleküle. Nur wenn die Temperatur sehr hoch ist, sind sämtliche Freiheitsgrade angeregt und leisten ihren Beitrag. Gemäß dem **Gleichverteilungssatz** ist die Energie gleichmäßig unter den angeregten Freiheitsgraden in Anteilen von $\frac{1}{2}kT$ pro Molekül aufgeteilt.

Expandiert (oder kontrahiert) ein ideales Gas adiabatisch ($Q = 0$), so gilt die Beziehung $pV^\gamma =$ konstant, worin $\gamma = C_p/C_V$ ist.

Wärme wird auf drei unterschiedlichen Wegen von einem zum andern Ort (oder Körper) übertragen. Bei der **Wärmeleitung** wird die Energie von den Molekülen oder Elektronen mit höherer kinetischer Energie zu den Nachbarn mit niedrigerer Energie durch Kollisionen übertragen.

Konvektion ist der Energietransport durch Massenbewegungen der Moleküle über größere Distanzen.

Wärmestrahlung benötigt keine materiellen Träger, der Energietransport geschieht durch elektromagnetische Wellen (wie von der Sonne). Alle Körper strahlen Energie in einer Menge ab, die proportional der vierten Potenz ihrer Temperatur (T^4) und ihrer Oberfläche ist. Die abgestrahlte (oder absorbierte) Leistung hängt auch von der Beschaffenheit der Oberfläche (eine dunkle Oberfläche absorbiert und strahlt mehr als eine hell glänzende Oberfläche) ab, was durch den Emissionskoeffizienten e spezifiziert wird.

Z U S A M M E N F A S S U N G

Verständnisfragen

1 Ist in Joules Experiment (▶ Abbildung 19.1) wirklich Wärme involviert?

2 Was geschieht mit der geleisteten Arbeit, wenn ein Glas Orangensaft heftig geschüttelt wird?

3 Fließt die Temperatur, wenn ein System ein kühleres erwärmt? Ist die Temperaturänderung in den beiden Systemen gleich?

4 (a) Haben zwei Systeme eine unterschiedliche Temperatur und werden miteinander in Kontakt gebracht, fließt dann Wärme auf natürlichem Weg vom System mit der höheren inneren Energie zum System mit der niedrigeren inneren Energie? (b) Ist es möglich, dass Wärme zwischen zwei Systemen ausgetauscht wird, obgleich Sie dieselbe innere Energie haben? Erklären Sie.

5 In wärmeren Regionen, wo tropische Pflanzen wachsen, aber die Temperatur im Winter einige Male unter null sinken kann, lässt sich das Eingehen der Pflanzen durch Frost verhindern, indem man sie abends wässert. Erklären Sie das.

6 Die spezifische Wärmekapazität von Wasser ist ziemlich groß. Erklären Sie, warum sich daher Wasser besonders gut für Heizungssysteme (Heißwasserradiatoren) eignet.

7 Warum bleibt Wasser in einem ummantelten Gefäß länger kühl, wenn der Mantel feucht gehalten wird?

8 Erklären Sie, warum durch Dampf verursachte Verbrennungen oft schlimmer sind als Verbrennungen durch 100 °C heißes Wasser.

9 Erklären Sie anhand der latenten Wärme und der inneren Energie, warum Wasser sich beim Verdampfen abkühlt (seine Temperatur fällt).

10 Kochen Kartoffeln schneller, wenn das Wasser schneller kocht?

11 Die Temperatur sehr hoch oben in der Erdatmosphäre kann 700 °C betragen. Dennoch würde ein Tier dort oben schneller erfrieren als verbrennen. Erklären Sie, warum!

12 Was geschieht mit der inneren Energie von Wasserdampf in der Luft, der an der Außenseite eines Glases kondensiert? Wird Arbeit verrichtet oder Wärme ausgetauscht? Erklären Sie, warum!

13 Benutzen Sie die Energieerhaltung um zu erklären, warum die Temperatur eines Gases zunimmt, wenn es komprimiert wird – etwa dadurch, dass man einen Zylinder herabdrückt –, während die Temperatur bei der Expansion des Gases abnimmt.

14 In einem isothermen Prozess wird von einem idealen Gas eine Arbeit von 3700 J verrichtet. Reicht diese Information aus um zu sagen, wie viel Wärme dem Gas zugeführt wurde? Falls ja, wie viel?

15 Ein Liter Luft wird bei konstantem Druck gekühlt, bis sein Volumen halbiert ist. Dann kann es isotherm auf sein ursprüngliches Volumen expandieren. Skizzieren Sie den Prozess in einem pV-Diagramm.

16 Kann die Temperatur eines Systems konstant bleiben, obgleich Wärme hinein- oder hinausfließt? Falls ja, nennen Sie Beispiele.

17 Diskutieren Sie, wie der erste Hauptsatz der Thermodynamik auf Stoffwechselvorgänge im menschlichen Körper angewendet werden kann. Beachten Sie insbesondere, dass eine Person Arbeit W verrichtet, doch nur sehr wenig Wärme Q dem Körper zugeführt wird (viel eher fließt sie heraus). Warum fällt die innere Energie dennoch nicht drastisch mit der Zeit?

18 Erklären Sie mit Worten, warum C_{p} größer als C_{V} ist.

19 Erklären Sie, warum die Temperatur eines adiabatisch komprimierten Gases zunimmt.

20 Ein ideales einatomiges Gas expandiert langsam bis auf das Zweifache seines Volumens (1) isotherm, (2) adiabatisch, (3) isobar. Skizzieren Sie jeden der drei Prozesse in einem pV-Diagramm. In welchem Prozess ist ΔU am größten, in welchem am kleinsten? In welchem Prozess ist W am kleinsten, in welchem am größten? In welchem Prozess ist Q am größten, in welchem am kleinsten?

21 Manche Deckenventilatoren sind reversibel, so dass sie zu einer Jahreszeit die Luft hinunterblasen, und zu einer anderen Jahreszeit die Luft ansaugen. Wie würden Sie einen solchen Ventilator im Sommer einstellen? Und im Winter?

22 Daunenschlafsäcke und Daunenjacken werden oft als *Luftschichtdicke* spezifiziert, die eigentliche Dicke der Textilie, wenn sie aufgeplustert ist. Erklären Sie, warum!

23 Mikroprozessoren haben eine „Wärmesenke“ an ihrer Stirnseite aufgeklebt, die wie eine Lamellenreihe aussieht. Warum ist sie derartig geformt?

24 Seebrisen gibt es häufig an sonnigen Tagen am Ufer großer Gewässer. Erklären Sie das angesichts der Tatsache, dass die Temperatur an Land schneller ansteigt als die Temperatur über dem nahe gelegenen Wasser.

25 Die Erde kühlt sich bei klarem Himmel nachts viel schneller ab, als wenn es bewölkt ist. Warum?

26 Erklären Sie, warum man die Lufttemperatur stets von einem Thermometer abliest, das im Schatten hängt.

27 Ein zu früh geborenes Kind im Brutkasten kann gefährlich unterkühlt werden, selbst wenn die Lufttemperatur im Brutkasten ausreichend hoch ist. Was könnte geschehen?

28 Wärmeverluste durch Fenster gibt es durch folgende Prozesse: (1) Luftbewegungen (Ventilation) um Ecken; (2) durch Fensterrahmen, besonders wenn sie aus Metall sind; (3) durch die Glasflächen; (4) Wärmestrahlung. (a) Was sind die Mechanismen der ersten drei: Wärmeleitung, Konvektion oder Wärmestrahlung? (b) Welche dieser Wärmeverluste lassen sich durch schwere Vorhänge vermindern? Erklären Sie das detailliert.

29 Ein Stück Holz in der Sonne absorbiert mehr Wärme als ein Stück glänzendes Metall. Dennoch fühlt sich das Holz nicht so warm an, wie das Metall, wenn Sie es aufheben. Erklären Sie, warum!

30 Erklären Sie, warum am Meer gelegene Städte tendenziell weniger unter extremen Temperaturen leiden als weiter landeinwärts liegende Städte derselben Größenordnung.

31 Früh am Tag, wenn die Sonne den Hang eines Berges erklommen hat, verspürt man häufig eine schwache Aufwärtsbrise. Später, wenn der Hang im Schatten liegt, gibt es einen schwachen Luftzug nach unten. Erklären Sie, warum.

32 Auf der nördlichen Halbkugel ist die erforderliche Wärmemenge, um einen Raum mit nordwärts liegenden Fenstern zu heizen, viel größer als die Wärmemenge, die für die Beheizung eines Raums mit Südfenstern nötig ist. Erklären Sie, warum.

Aufgaben zu 19.1

1 (I) Wie viel Wärme (Joule) ist erforderlich, um die Temperatur von 30 kg Wasser von 15 °C auf 95 °C anzuheben?

2 (I) Welche Temperaturerhöhung ergeben 7700 J Wärme für 3,0 kg Wasser bei 10 °C?

3 (II) Wenn ein Geschoss mit 400 m/s durch einen Baum schnellt, reduziert sich seine Geschwindigkeit auf 200 m/s. Wie viel Wärme Q wird dabei erzeugt und zwischen Geschoss und Baum verteilt?

4 (II) Eine britische thermische Einheit (Btu) ist eine Wärmeeinheit im britischen Einheitensystem. Ein Btu ist definiert als die Wärmemenge, die erforderlich ist, um ein Pfund Wasser um 1 F° zu erhöhen. Zeigen Sie, dass

$$1\,\text{Btu} = 0{,}252\,\text{kcal} = 1055\,\text{J} \quad \text{ist} .$$

5 (II) Ein Heißwassergerät erzeugt 7200 kcal/h. Wie viel Wasser kann es pro Stunde von 15 °C auf 50 °C erhitzen?

6 (II) Ein kleiner Tauchsieder hat 350 W. Schätzen Sie, wie lange er für die Erwärmung einer Tasse Suppe (250 mL Wasser) von 20 °C auf 60 °C braucht.

7 (II) Wie viele Kilokalorien Wärme werden erzeugt, wenn ein 1000 kg schweres Auto von 95 km/h auf 0 abgebremst wird?

Aufgaben zu 19.3 und 19.4

8 (I) Wie groß ist die spezifische Wärmekapazität einer metallischen Substanz, wenn 135 kJ Wärme benötigt werden, um 5,1 kg des Metalls von 20 °C auf 30 °C zu erwärmen?

9 (I) Eine Klimaanlage für ein Auto enthält 16 l Wasser. Wie viel Wärme führt sie aus dem Auto ab, wenn ihre Temperatur von 20 °C auf 90 °C steigt?

10 (II) Ein 35 g schweres Glasthermometer zeigt eine Temperatur von 21,6 °C an, bevor es in ein 135-mL-Wasserbad gesetzt wird. Wenn Wasser und Thermometer im thermischen Gleichgewicht sind, liest man einen Wert von 39,2 °C vom Thermometer ab. Welche Temperatur hatte das Wasser ursprünglich?

11 (II) Ein Hammerkopf wiegt 1,20 kg und bewegt sich kurz vor dem Aufschlagen auf einen Nagel mit 6,5 m/s (► Abbildung 19.26) und kommt dann zur Ruhe. Schätzen Sie den Temperaturanstieg eines 14 g schweren Nagels aufgrund 10 solcher Hammerschläge in schneller Folge. Nehmen Sie an, dass der Nagel sämtliche Energie absorbiert.

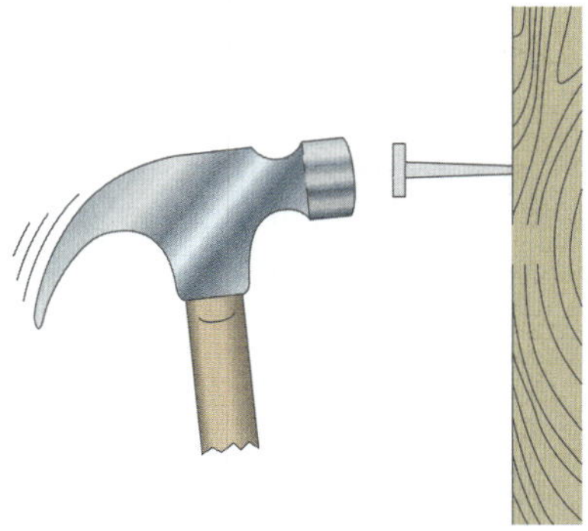

Abbildung 19.26 Aufgabe 11.

12 (II) Wie groß ist die Gleichgewichtstemperatur, wenn ein 245 g schwerer Kupferblock mit 300 °C in ein 150 g schweres Aluminiumkalorimetergefäß gesetzt wird, das 820 g Wasser mit 12 °C enthält?

13 (II) Ein heißes Hufeisen (Masse = 0,40 kg), das soeben geschmiedet wurde, wird in 1,75 l Wasser abgekühlt, das 20 °C hat und sich in einem 0,30 kg schweren Eimer aus Eisen befindet. Schätzen Sie die Anfangstemperatur des heißen Hufeisens, wenn die Gleichgewichtstemperatur 25 °C beträgt.

14 (II) Werden 215 g einer Substanz auf 330 °C erhitzt und anschließend in ein 100 g schweres kalorimetrisches Aluminiumgefäß mit 150 g Wasser bei 12,5 °C getaucht, beträgt die von einem 17 g schweren Glasthermometer abgelesene Endtemperatur 35,0 °C. Wie groß ist die spezifische Wärmekapazität der Substanz?

15 (II) Wie lang braucht eine Kaffeemaschine mit 750 W, um 0,75 l Wasser mit ursprünglich 8,0 °C zum Kochen zu bringen? Nehmen Sie an, dass der Teil der Maschine, der mit dem Wasser gemeinsam erwärmt wird, aus 360 g Aluminium besteht, und dass kein Wasser verdampft.

16 (II) Schätzen Sie den Kalorieninhalt von 100 g Pralinen aus folgenden Messergebnissen. Eine 10-g-Probe der Süßigkeit kann austrocknen, bevor sie in eine Verbrennungskammer gelegt wird. Diese besteht aus Aluminium, wiegt 0,615 kg und wird in 2,0 kg Wasser gesetzt, das sich in einem kalorimetrischen Aluminiumgefäß der Masse 0,524 kg befindet. Die anfängliche Temperatur der Mischung ist 15 °C. Nach der Verbrennung in der Kammer beträgt sie 36,0 °C.

17 (II) (a) Zeigen Sie, dass wenn die spezifische Wärmekapazität als Funktion $c(T)$ der Temperatur variiert, die erforderliche Wärme für eine Temperaturanhebung von T_1 auf T_2 eines Stoffes gegeben ist durch

$$Q = \int_{T_1}^{T_2} mc(T)\,\mathrm{d}T \,.$$

(b) Nehmen Sie für einen Stoff $c(T) = c_0(1 + aT)$ an, worin $a = 2{,}0 \cdot 10^{-3}\,\mathrm{K}^{-1}$ und T die Temperatur in °C ist. Bestimmen Sie die erforderliche Wärme, um die Temperatur von T_1 auf T_2 anzuheben. (c) Wie groß ist der mittlere Wert von c im Bereich T_1 bis T_2 für Teil (b), ausgedrückt durch c_0, der spezifischen Wärmekapazität bei 0 °C?

Aufgaben zu 19.5

18 (I) Wie viel Wärme wird benötigt, um 15,50 kg Silber, das eine Temperatur von 20 °C aufweist, zu schmelzen?

19 (I) Während einer sportlichen Übung verliert eine Person 180 kcal Wärme in 30 min durch Verdampfung des Wassers von der Haut. Wie viel Wasser hat sie verloren?

20 (I) Wie viel Sauerstoff verdampft, wenn $2{,}80 \cdot 10^5$ J Energie einem Behälter mit flüssigem Sauerstoff bei −183 °C zugeführt werden?

21 (II) Welche Phase und Temperatur erhält man, wenn gleich große Stoffmengen Eis (0 °C) und Dampf (100 °C) gemischt werden?

22 (II) Ein 40 g schwerer Eiswürfel befindet sich an seinem Schmelzpunkt und wird in einen Behälter mit flüssigem Stickstoff gebracht. Wie viel Stickstoff verdampft, wenn er an seinem Siedepunkt von 77 K ist und eine latente Verdampfungswärme von 200 kJ/kg hat? Nehmen Sie der Einfachheit halber an, dass die spezifische Wärmekapazität von Eis eine Konstante ist und den Wert nahe seines Schmelzpunktes hat.

23 (II) Ein Eiswürfel wird aus dem Gefrierfach mit −8,5 °C genommen und in ein 75 g schweres Aluminiumkalorimeter mit 300 g Wasser bei 20 °C gelegt. Dadurch wird das Wasser auf 17 °C abgekühlt, der Eiswürfel schmilzt Wie groß war die Masse des Eiswürfels?

24 (II) Ein Kessel aus Eisen wiegt 230 kg und enthält 760 kg Wasser bei 20 °C. Ein Erhitzer liefert Energie mit einer Rate von 52 000 kJ/h. Wie lang braucht das Wasser, um (a) den Siedepunkt zu erreichen und (b) vollständig verdampft zu werden?

25 An einem heißen Tag trinkt ein Radsportler während einer Tour 8,0 l Wasser innerhalb von vier Stunden. Wie viel Energie (kcal) verbraucht der Radfahrer unter der näherungsweisen Annahme, dass das gesamte Wasser als Schweiß verdampft wird? (Da die Effizienz des Sportradfahrers nur 20 Prozent beträgt, wird die meiste zugeführte Energie in Wärme umgewandelt, somit ist unsere Annäherung nicht weit weg von der Realität.)

26 (II) Wie viel Masse Dampf bei 100 °C muss 1,00 kg Eis bei 0 °C zugeführt werden, um 20 °C Wasser zu erhalten?

27 (II) Die spezifische Wärmekapazität von Quecksilber beträgt 138 J/kg·K. Ermitteln Sie die latente Schmelzwärme von Quecksilber anhand der folgenden kalorimetrischen Daten: 1,00 kg festes Quecksilber wird bei seinem Schmelzpunkt von −39,0 °C in ein 0,620 kg schweres Aluminiumkalorimeter mit 0,430 kg Wasser Inhalt bei 12,80 °C gebracht. Die resultierende Mischtemperatur ist 5,06 °C.

28 (II) Ein 54,0 kg schwerer Eisläufer gleitet mit 4,8 m/s und hält dann an. Angenommen, das Eis ist 0 °C kalt und 50 Prozent der Reibungswärme werden vom Eis absorbiert, wie viel Eis schmilzt dann durch den Bremsvorgang?

29 (II) In einem Krimi stellt die Spurensicherung fest, dass ein 8,2 g schweres Bleigeschoss, das in einem Türrahmen steckte, offensichtlich vollständig beim Aufprall geschmolzen ist. Mit welcher minimalen Geschwindigkeit verließ das Geschoss den Gewehrlauf, wenn es bei Raumtemperatur (20 °C) abgefeuert wurde?

Aufgaben zu 19.6 und 19.7

30 (I) Wie groß ist die Änderung der inneren Energie des Gases aus Beispiel 19.9, wenn der Wärmeverlust des Gases bei der Zustandsänderung BD $2{,}78 \cdot 10^3$ J beträgt?

31 (I) Ein ideales Gas dehnt sich isotherm aus und leistet dabei $5{,}00 \cdot 10^3$ J Arbeit. Berechnen Sie (a) die Änderung der inneren Energie des Gases und (b) die während der Expansion absorbierte Wärme.

32 (I) 1,0 l Luft bei einem Druck von $6 \cdot 10^5$ Pa (absolut) dehnt sich isotherm aus, bis der Druck $1{,}0 \cdot 10^5$ Pa beträgt. Anschließend wird es bei konstantem Druck bis zum Ausgangsvolumen komprimiert und zuletzt wieder durch Erwärmen bei konstantem Volumen auf den ursprünglichen Druck gebracht. Zeichnen Sie den Prozess in einem pV-Diagramm inklusive Achsenskalierung und -bezeichnung.

33 (I) Skizzieren Sie ein pV-Diagramm der folgenden Zustandsänderung: 2,0 l eines idealen Gases unter atmosphärischem Druck werden bei konstant gehaltenem Druck gekühlt, bis das Volumen 1,0 l beträgt. Anschließend expandiert das Gas isotherm wieder auf 2,0 l, woraufhin der Druck bei konstantem Volumen bis zum ursprünglichen Wert erhöht wird.

34 (I) Ein Gas ist in einem Zylinder, der mit einem leichten, reibungsfreien Kolben ausgestattet ist, bei Atmosphärendruck eingeschlossen. Werden dem Gas 1400 kcal Wärme zugeführt, nimmt das Volumen langsam von 12,0 m^3 auf 18,2 m^3 zu. Berechnen Sie (a) die vom Gas verrichtete Arbeit, (b) die Änderung der inneren Energie des Gases.

35 (II) Der Druck eines idealen Gas in einem starren Behälter fällt langsam auf die Hälfte seines Anfangswerts. Während des Vorgangs verliert das Gas 1300 kJ Wärme. (a) Wie viel Arbeit wurde während des Vorgangs verrichtet? (b) Wie groß war die Änderung der inneren Energie des Gases in dem Vorgang?

36 (II) In einer Maschine wird ein ideales Gas adiabatisch bis auf die Hälfte seines Volumens komprimiert. Dabei werden 2350 J Arbeit am Gas verrichtet. (a) Wie viel Wärme fließt ins Gas hinein oder aus dem Gas heraus? (b) Um wie viel ändert sich die innere Energie des Gases? (c) Steigt oder fällt seine Temperatur?

37 (II) Ein ideales Gas expandiert bei einem konstantem Druck von $5{,}0 \cdot 10^5$ Pa von 400 ml auf 710 ml. Dann strömt bei konstantem Volumen Wärme aus dem Gas heraus und Druck und Temperatur können fallen, bis die Temperatur ihren ursprünglichen Wert erreicht hat. Berechnen Sie (a) die gesamte vom Gas verrichtete Arbeit in dem Prozess, (b) den gesamten Wärmefluss ins Gas hinein.

38 (II) Betrachten Sie den folgenden Zwei-Stufen-Prozess. Wärme fließt aus einem idealen Gas bei konstantem Volumen heraus, wobei sein Druck von 2,2 bar auf 1,5 bar fällt. Dann expandiert das Gas bei konstantem Druck von 6,9 l auf 10,0 l, wobei die Temperatur ihren ursprünglichen Wert wieder erreicht. Schauen Sie sich ▸ Abbildung 19.27 an. Berechnen Sie (a) die gesamte vom Gas verrichtete Arbeit in dem Prozess, (b) die Änderung der inneren Energie des Gases in dem Prozess, (c) den gesamten Wärmefluss ins Gas hinein oder aus dem Gas heraus.

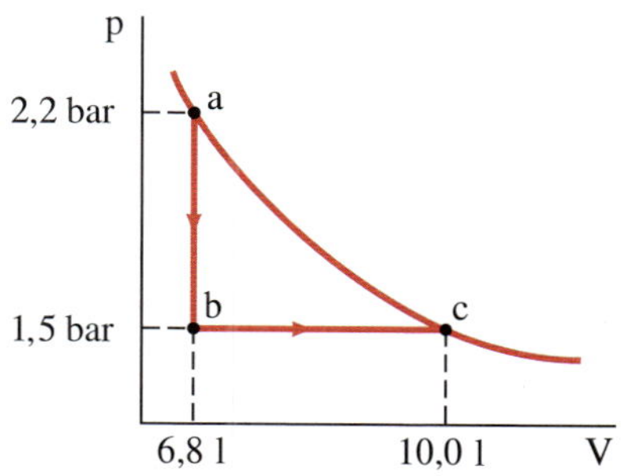

Abbildung 19.27 Aufgabe 38.

39 (II) Nehmen Sie an, 2,00 Mol eines idealen Gases mit dem Volumen $V_1 = 3{,}50$ m^3 und der Temperatur $T_1 = 300$ K können sich isotherm auf $V_2 = 7{,}00$ m^3 ausdehnen, wobei $T_2 = 300$ K beträgt. Bestimmen Sie (a) die vom Gas geleistete Arbeit, (b) die dem Gas zugeführte Wärme, und (c) die Änderung der inneren Energie des Gases.

40 (II) Bestimmen Sie (a) die geleistete Arbeit und (b) die Änderung der inneren Energie von 1,00 kg Wasser, wenn es vollständig verdampft wird. Nehmen Sie einen Druck von 10^5 Pa an.

41 (II) Wie viel Arbeit muss verrichtet werden, wenn 2,50 l Stickstoff bei 0 °C langsam isotherm auf 1,50 l bei 0 °C komprimiert werden?

42 (II) Das pV-Diagramm aus ▶ Abbildung 19.28 zeigt zwei mögliche Zustände eines Systems, das aus 1,45 mol eines einatomigen idealen Gases besteht. ($p_1 = p_2 = 450$ Pa; $V_1 = 2{,}00\,\mathrm{m}^3$, $V_2 = 8{,}00\,\mathrm{m}^3$). (a) Zeichnen Sie den Prozess einer isobaren Expansion von Zustand 1 nach Zustand 2 mit Bezeichnung der Prozessabschnitte (A). (b) Ermitteln Sie die vom Gas verrichtete Arbeit und die Änderung der inneren Energie des Gases in dem Prozess (A). (c) Zeichnen Sie den Prozess einer isothermen Expansion von Zustand 1 nach Volumen V_2, dem eine isochore Temperaturzunahme nach Zustand 2 folgt und kennzeichnen Sie die Prozessabschnitte (B). (d) Bestimmen Sie die Änderung der inneren Energie des Gases für den Zwei-Stufen-Prozess (B).

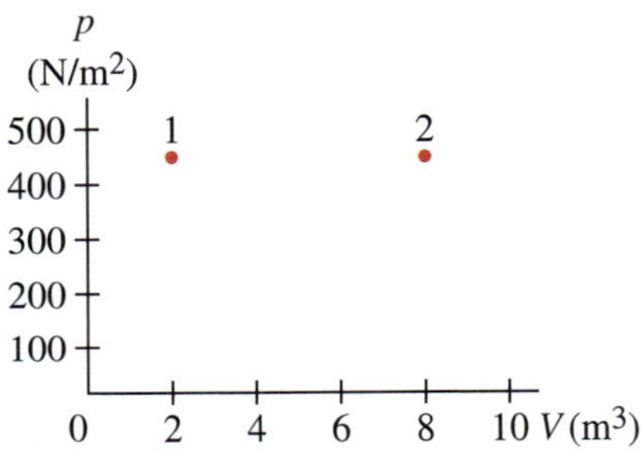

Abbildung 19.28 Aufgabe 42.

43 (II) Zeigen Sie, dass die Gleichungen 19.4 und 19.5 für eine Volumenänderung mit beliebiger Volumenform gilt. Zeichnen Sie dazu eine beliebige geschlossene Kurve, die die Grenze des Volumens markiert. Dann zeichnen Sie eine etwas größere Kurve, die den Volumenzuwachs kennzeichnet. Wählen Sie anschließend einen Ausschnitt ΔA aus der ursprünglichen Region und zeigen Sie, dass für diesen Abschnitt $-\mathrm{d}W = p\Delta A\,\mathrm{d}s = p\mathrm{d}V$ gilt. Integrieren Sie nun über die gesamte Grenze, anschließend über das Endvolumen.

44 (II) Nimmt ein Gas den Weg von a nach c entlang der Kurve aus ▶ Abbildung 19.29, so verrichtet es eine Arbeit $W = -36$ J. Die dem Gas zugeführte Wärme beträgt $Q = -63$ J. Entlang des Pfades abc wird eine Arbeit von $W = -48$ J geleistet. (a) Wie groß ist Q für den Pfad abc? (b) Wenn $p_c = 1/2p_b$ ist, wie groß ist dann die Arbeit des Weges cda? (c) Wie groß ist Q für den Pfad cda? (d) Wie groß ist $U_a - U_c$? (e) Wenn $U_d - U_c = 5$ J ist, wie groß ist Q dann für den Pfad d–a?

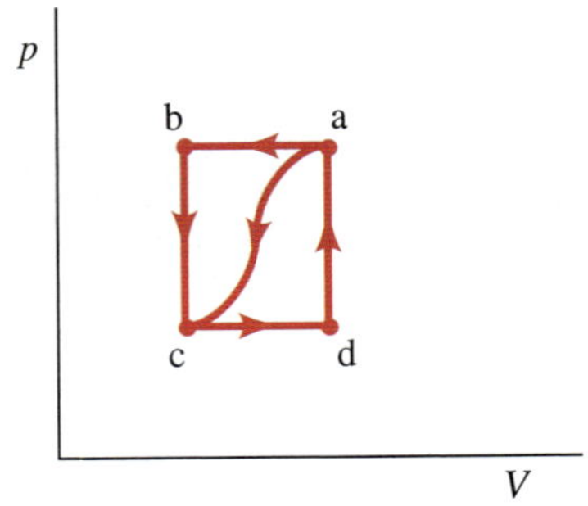

Abbildung 19.29 Aufgaben 44, 45 und 46.

45 (III) Bei einer Zustandsänderung eines Gases von Zustand a nach Zustand c entlang der Kurve aus ▶ Abbildung 19.29 verlassen 80 J Wärme das System und 55 J Arbeit werden am System verrichtet. (a) Bestimmen Sie die Änderung der inneren Energie $U_a - U_c$. (b) Nimmt das Gas den Weg cda, verrichtet es eine Arbeit von $W = 38$ J. Wie viel Wärme Q wird dem System dabei zugeführt? (c) Wenn $p_a = 2{,}5p_d$ ist, wie viel Arbeit verrichtet das System dann im Prozessweg abc? (d) Wie groß ist Q für den Pfad abc? (e) Wenn $U_a - U_b = 10$ J ist, wie groß ist dann Q für den Weg bc? Hier eine Zusammenfassung der angegebenen Werte:

$Q_{ac} = -80\,\mathrm{J}$ $\quad U_a - U_b = 10\,\mathrm{J}$

$W_{ac} = -55\,\mathrm{J}$ $\quad p_a = 2{,}5p_d$

$W_{cda} = -38\,\mathrm{J}$

46 (III) Ein Gas nimmt im Uhrzeigersinn den rechtwinkligen Pfad aus ▶ Abbildung 19.29, wobei es bei b startet, dann sukzessive nach a, d, c und wieder zurück nach b geht. Benutzen Sie die in Aufgabe 45 angegebenen Werte. (a) Beschreiben Sie jede Prozessteilstrecke und berechnen (b) die während des Zyklus verrichtete Nettoarbeit, (c) den Wärmestrom des Zyklus, (d) die gesamte Änderung der inneren Energie des Zyklus. (e) Welcher Prozentsatz der aufgenommenen Wärme wurde in nutzbare Arbeit umgewandelt, das heißt: Wie effizient ist der „rechtwinklige" Zyklus (als Prozentsatz angegeben)?

47 (III) Bestimmen Sie die Arbeit, die 1,00 mol eines van-der-Waals-Gases (Abschnitt 18.5) verrichtet, wenn es vom Volumen V_1 isotherm nach V_2 expandiert.

Aufgaben zu 19.8

48 (I) Wie groß ist die innere Energie von 4,50 mol eines zweiatomigen Gases bei 600 K unter der Annahme, dass alle Freiheitsgrade angeregt sind?

49 (I) Wenn eine Heizung $1{,}8 \cdot 10^6$ J/h für einen Raum liefert, der Luft unter Atmosphärendruck bei 20 °C enthält und der die Abmessungen 6,5 m · 4,6 m · 3,0 m hat, um wie viel wird die Temperatur im Raum in einer Stunde ansteigen, wenn keine Wärmeverluste nach außen auftreten?

50 (I) Zeigen Sie, dass wenn die Moleküle eines Gases n Freiheitsgrade haben, die Theorie $C_V = (n/2)R$ und $C_p = [(n+2)/2]R$ vorhersagt.

51 (I) Schätzen Sie die molare Wärmekapazität und die spezifische Wärmekapazität für Wasserstoff (H_2) bei Raumtemperatur, wenn sowohl Druck als auch Volumen konstant sind.

52 (II) Zeigen Sie, dass die von n mol eines idealen Gases verrichtete Arbeit bei einer adiabatischen Expansion $W = nC_V(T_1 - T_2)$ ist, worin T_1 und T_2 die Anfangs- und Endtemperatur sind und C_V die molare Wärmekapazität bei konstantem Volumen ist.

53 (II) Ein bestimmtes Gas hat die spezifische Wärmekapazität $c_V = 0{,}0356$ kcal/kg·K, die sich nur gering über einen großen Temperaturbereich ändert. Wie groß ist das Atomgewicht dieses Gases? Um welches Gas handelt es sich?

54 (II) Die spezifische Wärmekapazität bei konstantem Volumen eines bestimmten Gases beträgt 0,182 kcal/(kg·K) bei Raumtemperatur. Sein Molekülgewicht ist 34. (a) Wie groß ist die spezifische Wärmekapazität bei konstantem Druck? (b) Wie sieht Ihrer Meinung nach die molekulare Struktur dieses Gases aus?

55 (II) 2500 Personen füllen einen Konzertsaal des Volumens 30 000 m^3. Wenn es keine Klimaanlage gäbe, um wie viel würde die Temperatur aufgrund von Stoffwechselvorgängen (70 W/Person) in zwei Stunden ansteigen?

56 (II) Eine Probe von 770 mol Stickstoffgas wird bei konstantem Druck von 1 bar in einem Behälter mit flexiblen Wänden aufbewahrt. Das Gas wird von 40 °C auf 180 °C erwärmt. Berechnen Sie (a) die dem Gas zugeführte Wärmemenge, (b) die vom Gas verrichtet Arbeit und (c) die Änderung der inneren Energie.

57 (II) Ein mol N_2-Gas bei 0 °C wird bei konstantem Druck (10^5 Pa) auf 100 °C erwärmt. Bestimmen Sie (a) die Änderung der inneren Energie, (b) die vom Gas geleistete Arbeit und (c) die zugeführte Wärme.

58 (III) Eine 1,00-mol-Probe eines idealen zweiatomigen Gases unter dem Druck von 10^5 Pa und einer Temperatur von 490 K durchläuft einen Prozess, bei dem sein Druck linear mit der Temperatur steigt. Endtemperatur und Enddruck betragen 720 K und $1{,}60 \cdot 10^5$ Pa an. Bestimmen Sie (a) die Änderung der inneren Energie, (b) die vom Gas verrichtete Arbeit und (c) die dem Gas zugeführte Wärme. (Rechnen Sie mit 5 angeregten Freiheitsgraden.)

Aufgaben zu 19.9

59 (I) Eine 1,00-mol-Probe eines idealen zweiatomigen Gases mit ursprünglich 10^5 Pa und 20 °C expandiert adiabatisch auf das Doppelte seines Volumens. Wie groß sind Enddruck und Endtemperatur des Gases? (Keine molekularen Schwingungen)

60 (II) Zeigen Sie unter Verwendung der Gleichungen 19.4 und 19.13, dass die von einem Gas verrichtete Arbeit, das langsam adiabatisch vom Druck p_1 und Volumen V_1 nach p_2 und V_2 expandiert, durch $W = (p_1V_1 - p_2V_2)/(\gamma - 1)$ gegeben ist.

61 (II) 1,0 mol eines idealen einatomigen Gases bei 300 K und 3,0 bar expandiert adiabatisch bis zum Enddruck 1,0 bar. Wie groß ist die vom Gas während der Expansion verrichtete Arbeit?

62 (II) Ein ideales Gas mit 400 K expandiert adiabatisch auf das 4,2-fache seines ursprünglichen Volumens. Bestimmen Sie die Endtemperatur, wenn das Gas (a) einatomig, (b) zweiatomig (keine molekularen Schwingungen) und (c) zweiatomig (Moleküle schwingen) ist.

63 (II) Eine 4,65-mol-Probe eines idealen zweiatomigen Gases expandiert adiabatisch vom Volumen 0,1210 m^3 auf 0,750 m^3. Ursprünglich betrug der Druck 1 bar Bestimmen Sie (a) die Anfangs- und die Endtemperatur, (b) die Änderung der inneren Energie, (c) den Wärmeverlust des Gases und (d) die am Gas verrichtete Arbeit (ohne molekulare Schwingungen).

64 (II) 2,6 mol eines idealen einatomigen Gas nehmen ein Volumen von 0,084 m^3 ein und expandieren adiabatisch. Die Anfangs- und die Endtemperatur betragen 25 °C und −68 °C. Wie groß ist das Endvolumen des Gases?

65 (III) Eine 1,00-mol-Probe eines idealen einatomigen Gases hat ursprünglich einen Druck von 1,00 bar und durchläuft einen dreistufigen Prozess: (1) Es expandiert adiabatisch von $T_1 = 550\,\mathrm{K}$ nach $T_2 = 389\,\mathrm{K}$; (2) es wird bei konstantem Druck komprimiert, bis die Temperatur T_3 erreicht; (3) es kehrt zu den ursprünglichen Werten von Druck und Temperatur auf einem Pfad konstanten Volumens zurück. (a) Zeichnen Sie diesen Prozess in einem pV-Diagramm. (b) Bestimmen Sie T_3. (c) Berechnen Sie die Änderung der inneren Energie, die vom Gas verrichtete Arbeit sowie die bei jedem Prozessschritt zugeführte Wärmemenge, und (d) die Wärmemenge für den gesamten Zyklus.

Aufgaben zu 19.10

66 (I) Berechnen Sie den Wärmestrom durch Wärmeleitung in Beispiel 19.12 unter der Annahme starker Winde und dass die Außentemperatur −5 °C beträgt.

67 (I) (a) Wie viel Leistung strahlt eine Wolframkugel (Emissionsgrad $e = 0{,}35$) mit dem Radius 18,0 cm und einer Temperatur von 25 °C aus? (b) Wenn die Kugel in einem Raum eingeschlossen ist, dessen Wände −5 °C haben, wie groß ist dann die Netto-Rate der abgestrahlten Leistung aus der Kugel?

68 (I) Über welche Distanz muss es einen Wärmestrom aufgrund von Wärmeleitung von den Blutkapillaren unter der Haut zur Oberfläche geben, wenn die Temperaturdifferenz 0,50 K beträgt? Nehmen Sie an, dass eine Wärmemenge von 200 W durch die gesamte Körperoberfläche von 1,5 m^2 fließt.

69 (I) Wie groß ist die Absorption der Leistung einer sonnenbadenden Person am Strand, wenn die Sonnenstrahlen an einem klaren Tag einen Winkel von 30° mit der Vertikalen bilden? Nehmen Sie einen Emissionsgrad von $e = 0{,}70$ an. Die Fläche der der Sonne ausgesetzten Körperseite beträgt 0,80 m^2. Die Leistungsdichte der Sonnenstrahlung ist 1000 W pro Quadratmeter.

70 (II) Zwei kubische Räume mit einer Seitenlänge von je 4,0 m sind durch eine 15 cm dicke Ziegelwand voneinander getrennt. Aufgrund einiger 100-W-Glühbirnen in dem einen Raum beträgt die Lufttemperatur darin 30 °C, während im anderen Raum 10 °C herrschen. Wie viele 100-W-Glühbirnen sind erforderlich, um die Temperaturdifferenz durch die Ziegelwand aufrecht zu erhalten?

71 (II) Wie lange braucht die Sonne, um eine 1,6 cm dicke Eisplatte der Fläche 1,0 m^2 bei 0 °C zu schmelzen? Die Sonnenstrahlen bilden einen Winkel von 30° mit der Vertikalen, der Emissionsgrad von Eis beträgt 0,050.

72 (II) Ein Kupfer- und ein Aluminiumstab derselben Länge und derselben Querschnittsfläche berühren sich Ende an Ende (▸ Abbildung 19.30). Das andere Kupferstabende hat Kontakt mit einer 250 °C heißen Feuerung. Das andere Ende der Aluminiumstange steckt in einem Eisbad der konstanten Temperatur 0 °C. Berechnen Sie die Temperatur des Kontaktpunktes.

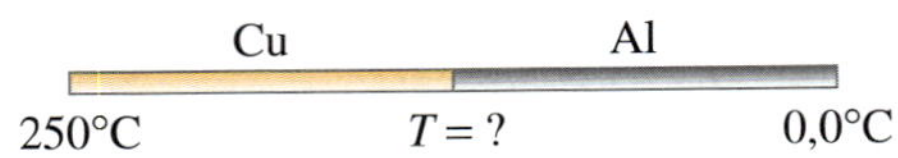

Abbildung 19.30 Aufgabe 72.

73 (II) (a) Schätzen Sie anhand der Solarkonstanten die gesamte Leistung, die die Erde von der Sonne erhält. (b) Nehmen Sie an, die Erde strahlt einen gleich großen Betrag in den Weltraum zurück (das heißt, die Erde befindet sich im Gleichgewichtszustand). Anschließend schätzen Sie unter der Annahme, dass die Erde ein idealer Emitter ($e = 1{,}0$) ist, ihre durchschnittliche Oberflächentemperatur.

74 (II) Die isolierenden Eigenschaften einer Hauswand resultieren hauptsächlich aus einer 10,0 cm dicken Ziegelschicht sowie aus einer R-19–Isolationsschicht (▸ Abbildung 19.31). Wie groß ist die gesamte Verlustleistung durch die Wand, wenn ihre Gesamtfläche 22 m^2 beträgt und der Temperaturunterschied auf beiden Seiten 12 °C ist?

75 (II) Ein Doppelglasfenster besteht aus zwei Glasscheiben, die durch einen luftgefüllten Zwischenraum voneinander getrennt sind (▸ Abbildung 19.32). (a) Zeigen Sie, dass der Wärmestrom pro Zeiteinheit gegeben ist durch

$$\frac{\Delta Q}{\Delta t} = \frac{A(T_2 - T_1)}{l_1/k_1 + l_2/k_2 + l_3/k_3}\,,$$

worin k_1, k_2 und k_3 die Wärmeleitfähigkeiten für Glas, Luft respektive Glas sind. (b) Verallgemeinern Sie diesen Ausdruck für eine beliebige Anzahl Materialien, die, eine auf die andere folgend, benachbart sind.

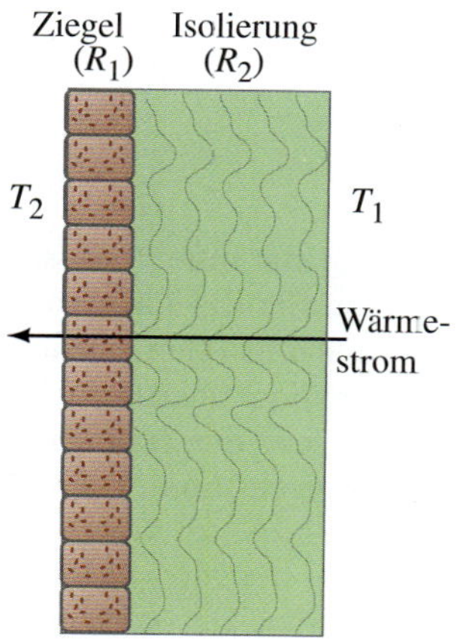

Abbildung 19.31 Zwei Isolationsschichten einer Gebäudemauer. Aufgabe 74.

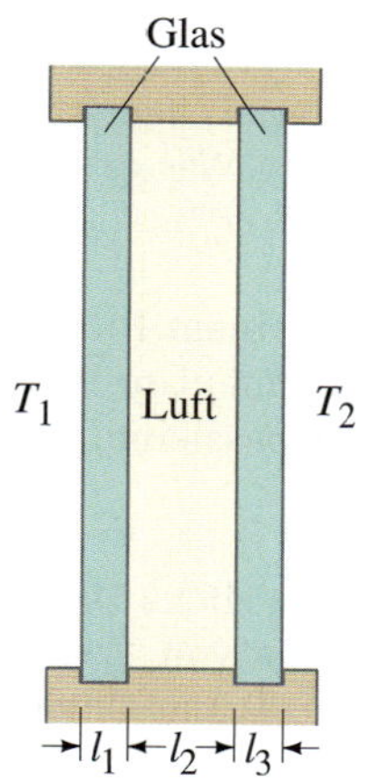

Abbildung 19.32 Aufgabe 75.

76 (III) Wie lang dauert es näherungsweise, bis 8,50 kg Eis bei 0 °C geschmolzen sind, wenn es sich in einer versiegelten Eisbox aus Styropor mit den Maßen 25 cm · 35 cm · 50 cm befindet. Die Wanddicke der Box beträgt 1,5 cm. Nehmen Sie an, dass die Wärmeleitfähigkeit von Styropor doppelt so groß ist wie die von Luft und dass die Außentemperatur 30 °C ist.

77 (III) Ein Hausthermostat ist normalerweise auf 22 °C eingestellt, doch in der Nacht wird er für 7,0 h auf 12 °C abgesenkt. Schätzen Sie, wie viel mehr Wärme benötigt würde (geben Sie einen Prozentsatz des Tagesverbrauchs an), würde man den Thermostat nachts nicht herabregeln. Nehmen Sie an, dass die durchschnittliche Außentemperatur in den 7,0 Nachtstunden nachts 0 °C beträgt und 8 °C für den Rest des Tages. Der Wärmeverlust des Hauses ist proportional zum Temperaturunterschied zwischen innen und außen. Um eine Schätzung auf Basis dieser Daten machen zu können, müssen Sie weitere vereinfachende Annahmen machen. Nennen Sie diese.

78 (III) Ein zylindrisches Rohr hat einen inneren Radius R_1 und einen äußeren R_2. Durch das Rohr wird heißes Wasser der Temperatur T_1 geleitet. Die äußere Temperatur beträgt T_2 ($< T_1$). (a) Zeigen Sie, dass die Verlustwärmeleistung auf einer Länge L des Rohres gleich

$$\frac{\mathrm{d}Q}{\mathrm{d}t} = \frac{2\pi\lambda(T_1 - T_2)L}{\ln(R_2/R_1)}$$

ist. λ ist die Wärmeleitfähigkeit des Rohrs. (b) Nehmen sie an, das Rohr besteht aus Stahl mit $R_1 = 3{,}0\,\mathrm{cm}$, $R_2 = 4{,}0\,\mathrm{cm}$ und $T_2 = 30\,°\mathrm{C}$. Wie groß ist die anfängliche Änderungsrate der Temperatur, wenn die Wassertemperatur im Rohr noch $T_1 = 71\,°\mathrm{C}$ beträgt? (c) Wasser mit 71 °C strömt in das Rohr und bewegt sich mit einer Geschwindigkeit von 8,0 cm/s. Wie groß ist seine Temperaturverminderung pro zurückgelegtem Zentimeter?

Allgemeine Aufgaben

79 Um eine Vorstellung davon zu bekommen, wie groß der Umfang der in den Ozeanen gespeicherten Wärmemenge ist, schätzen Sie die freiwerdende Wärme, wenn ein Würfel voll Ozeanwasser mit 1 km Kantenlänge um 1 K gekühlt wird. (Nehmen Sie an, dass Ozeanwasser reines Wasser ist.)

80 Ein 15 g schweres Bleigeschoss wird durch einen Schuss in einen befestigten Holzblock der Masse 0,92 kg getestet. Schätzen Sie die Einschlagsgeschwindigkeit des Geschosses, wenn der Holzblock und das Geschoss alle erzeugte Wärmeenergie zusammen absorbiert haben und das System nach Erreichen des Gleichgewichts einen gemessenen Temperaturanstieg von 0,020 °C aufweist.

81 Die spezifische Wärmekapazität von Quecksilber ist 0,033 kcal/kg·K. Wenn 1,00 kg festes Quecksilber mit einer Temperatur von −30 °C (Schmelzpunkt) in ein 0,50 kg schweres Kalorimetergefäß aus Aluminium gesetzt wird, in dem sich 1,20 kg Wasser bei 20,0 °C befinden, misst man eine Endtemperatur der Mischung von 16,5 °C. Wie groß ist die Schmelzwärme von Quecksilber in kcal/kg?

82 Ein Taucher setzt in 14,0 m Tiefe eine runde Luftblase mit 3,00 cm Durchmesser frei. Die Temperatur ist konstant bei 298 K, die eingeschlossene Luft benimmt sich wie ein ideales Gas. (a) Wie groß ist die Luftblase, wenn sie die Oberfläche erreicht? (b) Zeichnen Sie ein pV-Diagramm des Prozesses. (c) Wenden Sie den ersten Hauptsatz der Thermodynamik auf die Luftblase an und ermitteln Sie die Arbeit, die die Luft für den Aufstieg an die Oberfläche geleistet hat. Bestimmen Sie außerdem die Änderung der inneren Energie und die beim Aufsteigen zu- oder abgeführte Wärmemenge. Rechnen Sie mit einer Wasserdichte von 1000 kg/m^3.

83 Ein Hubkolbenkompressor ist eine Maschine, die Luft durch eine geradlinige Vor-und-Zurück-Bewegung wie ein Zylinderkolben verdichtet. Betrachten sie einen Hubkolbenkompressor, der mit 400 Umdrehungen pro Minute arbeitet. Während einer Kompressionsphase werden 1,00 mol Luft komprimiert. Die anfängliche Temperatur der Luft ist 390 K und der Kompressormotor leistet dabei 10 kW. Die Wärme wird mit einer Rate von 1,5 kW abgeführt. Berechnen Sie die Temperaturänderung eines Kompressionszyklus.

84 2,0 mol Neon (ein ideales einatomiges Gas) werden unter Normalbedingungen (Standardwerte der Temperatur und des Drucks) langsam und isotherm bis auf 1/5 des Ursprungsvolumens komprimiert. Anschließend expandiert das Gas schnell und adiabatisch zurück auf das Ausgangsvolumen. Geben Sie das Minimum und das Maximum von Temperatur und Druck des Gases an und zeigen Sie in einem pV-Diagramm, wo diese Werte auftreten.

85 Bei sehr niedrigen Temperaturen variiert die molare Wärmekapazität vieler Stoffe mit der dritten Potenz der absoluten Temperatur:

$$C = k\frac{T^3}{T_0^3},$$

was manchmal als Gesetz von Debye bezeichnet wird. Für Steinsalz mit $T_0 = 281\,\mathrm{K}$ ist $k = 1940\,\mathrm{J/mol \cdot K}$. Bestimmen Sie die Wärme, die nötig ist, um 3,5 mol Steinsalz von 22,0 K auf 55,0 K anzuheben.

86 Ermitteln Sie die gesamte von der Sonne in den Weltraum abgestrahlte Leistung unter der Annahme, dass sie ein perfekter Emitter bei $T = 5500\,\mathrm{K}$ ist. Der Sonnenradius beträgt $7{,}0 \cdot 10^8$ m. (b) Bestimmen Sie anschließend die Leistung pro Einheitsfläche der ankommenden Sonnenstrahlung auf der Erde, die $1{,}5 \cdot 10^{11}$ m von der Sonne entfernt ist (▸ Abbildung 19.33).

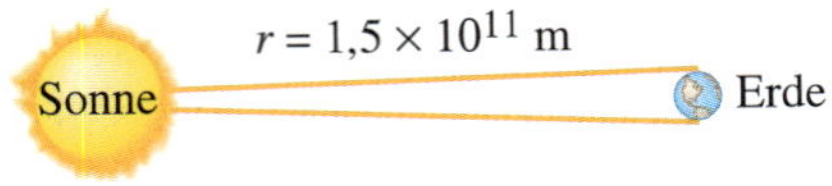

Abbildung 19.33 Aufgabe 86.

87 Bei einer leichten Tätigkeit leistet eine 70 kg schwere Person 200 kcal/h. Berechnen Sie die Körpertemperatur, die sich nach einer Stunde einstellen würde, wenn keine Wärme auf die Umgebung übertragen würde. Nehmen Sie an, dass 20 Prozent der erzeugten Leistung in nutzbare Arbeit übergehen und 80 Prozent in Wärme umgewandelt werden.

88 Die Wärmekapazität C eines Objekts ist definiert als der Wärmebetrag, der nötig ist, um seine Temperatur um 1 K anzuheben. Um die Temperatur um ΔT anzuheben, wird somit eine Wärmemenge von

$$Q = C\Delta T$$

benötigt. (a) Drücken Sie die Wärmekapazität durch die spezifische Wärme c des Materials aus. (b) Wie groß ist die Wärmekapazität von 1,0 kg Wasser? (c) Von 25 kg Wasser?

89 Ein sehr langer Bleistab mit einem Durchmesser von 2,00 cm absorbiert 410 kJ Wärme. Um wie viel ändert sich seine Länge? Was würde passieren, wenn der Stab nur 2,00 cm lang wäre?

90 Ein Bergwanderer trägt 3,5 cm dicke Daunenkleidung mit einer gesamten Oberfläche von 1,9 m^2. Die Temperatur an der Oberfläche der Daunenkleidung beträgt −20 °C, auf der Haut herrschen 34 °C. Bestimmen Sie den Wärmestrom aufgrund der Wärmeleitung durch die Kleidung unter der Annahme, (a) dass sie trocken ist und eine Wärmeleitfähigkeit λ (die von Daunen) hat; und (b), dass die Kleidung feucht ist, so dass λ die Wärmeleitfähigkeit von Wasser annimmt, und dass die Kleidung nur noch 0,50 cm dick ist.

91 Ein Marathonläufer hat eine durchschnittliche Stoffwechselrate von ungefähr 1000 kcal/h. Wie viel Wasser würde der Läufer auf einem 2,5 h dauernden Lauf über die Haut verdampfen, wenn er 65 kg wiegt?

92 Schätzen Sie den Wärmestrom vom Körperinneren an die Oberfläche. Nehmen Sie an, dass das Gewebe 4,0 cm dick ist, dass die Haut 34 °C warm ist und im Körperinnern 37 °C herrschen. Die Körperfläche beträgt 1,5 m^2. Vergleichen Sie den errechneten Wert mit dem gemessenen von rund 230 W, die eine leicht arbeitende Person abbaut. Das zeigt klar die Notwendigkeit an, dass das Blut durch Konvektion gekühlt werden muss.

93 Newtons Gesetz der Kühlung bei kleinen Temperaturunterschieden besagt, dass wenn ein Körper eine Temperatur T_1 hat und sich in einer Umgebung mit Temperatur T_2 befindet, die Auskühlungsrate des Körpers durch

$$\frac{\Delta Q}{\Delta T} = K(T_1 - T_2)$$

gegeben ist. K ist eine Konstante, die die Einflüsse von Wärmeleitung, Konvektion und Wärmestrahlung einschließt. Die Gültigkeit dieser linearen Beziehung ist offensichtlich, wenn nur die Wärmeleitung betrachtet wird. Zeigen Sie, dass sie näherungsweise auch für Wärmestrahlung gültig ist, indem Sie Gleichung 19.16 reduzieren auf

$$\frac{\Delta Q}{\Delta t} = 4\sigma e A T_2^3 (T_1 - T_2) = \text{konst.} \cdot (T_1 - T_2)$$

für kleine Temperaturunterschiede $(T_1 - T_2)$.

94 Ein Haus hat gut isolierte 15,5 cm dicke Wände (nehmen Sie die Wärmeleitfähigkeit von Luft an) mit einer Fläche von 410 m^2, ein 6,5 cm dickes Holzdach mit einer Fläche von 280 m^2 sowie 0,65 cm dicke Glasfenster mit einer Gesamtfläche von 33 m^2. (a) Berechnen Sie unter der Annahme, dass Wärmeverluste nur durch Wärmeleitung stattfinden, den nötigen Wärmestrom, um eine Temperatur von 23 °C aufrecht zu erhalten, wenn draußen eine Temperatur von −10 °C herrscht. (b) Schätzen Sie, wie viel Wärme erforderlich ist, um die Temperatur im Haus von 10 °C auf 23 °C innerhalb von 30 min anzuheben. Nehmen Sie an, dass nur die Luft erwärmt werden muss und dass ihr Volumen 750 m^3 beträgt. Rechnen Sie mit einer spezifischen Wärmekapazität für Luft von 0,24 kcal/kg·K.

95 Ein Blatt mit der Fläche 40 cm^2 und der Masse $4{,}5 \cdot 10^{-4}$ kg ist an einem klaren Tag direkt der Sonne ausgesetzt. Es hat einen Emissionsgrad von 0,85 und eine spezifische Wärme von 0,80 kcal/kg·K. (a) Schätzen sie, mit welcher Rate die Temperatur des Blattes steigt. (b) Berechnen Sie die Temperatur, die sich einstellt, wenn das Blatt sämtliche Wärme durch Strahlung abgeben würde. Die Umgebungstemperatur liegt bei 20 °C. (c) Über welchen anderen Wärmetransport kann das Blatt die Wärme abgeben?

96 Ein Eisenmeteorit schmilzt beim Eintritt in die Erdatmosphäre. Berechnen Sie die Geschwindigkeit des Meteoriten, die er mindestens vor Eintritt in die Erdatmosphäre gehabt haben muss, wenn er im All eine Temperatur von −125 °C hatte.

97 Schreiben Sie eine Formel für die Dichte eines expandierenden Gases auf, (a) als Funktion der Temperatur bei konstantem Druck, und (b) als Funktion des Drucks bei konstanter Temperatur.

98 Wie groß ist die Temperatur von 2,0 mol eines idealen einatomigen Gases, das adiabatisch expandiert und dabei 7500 J Arbeit leistet?

99 $5{,}30 \cdot 10^4$ J Wärme werden einem Gas zugeführt, das mit einem Druck von 10^5 Pa in einem Zylinder eingeschlossen ist, der mit einem reibungsfreien Kolben ausgestattet ist. Aufgrund der Wärmezuführung wächst das Volumen von 2,2 m^3 auf 4,1 m^3 an. Berechnen Sie (a) die Arbeit, die das Gas leistet, und (b) die Änderung der inneren Energie des Gases. (c) Zeichnen Sie den Prozess in einem pV-Diagramm.

100 Ein Dieselmotor entzündet den Treibstoff ohne Funkenschlag mittels einer adiabatischen Kompression von Luft, die dabei eine Temperatur oberhalb der Entzündungstemperatur für Diesel erreicht. Diesel wird auf dem Höhepunkt der Kompression in den Zylinder eingespritzt. Die Luft wird bei 300 K in den Zylinder gesaugt. Sie hat am Anfang das Volumen V_1 und nach der adiabatischen Kompression auf 560 °C ($\approx$ 1000° F) das Volumen V_2. Die Luft verhält sich wie ein ideales Gas, dessen Verhältnis C_p zu C_V 1,4 beträgt. Berechnen Sie das Kompressionsverhältnis V_1/V_2 des Motors.

101 Auf einem See bildet sich eine Eisschicht. Die Luft darüber hat eine Temperatur von −15 °C, während das Wasser 0 °C hat. Nehmen Sie an, dass die Schmelzwärme des gefrierenden Wassers an der unteren Eisschicht durch dieselbe hindurch nach oben an die Luft geleitet wird. Wie lange dauert es, bis sich eine 25 cm dicke Eisschicht gebildet hat?

102 Die Temperatur in der Erdkruste nimmt mit der Tiefe alle 30 m um 1 °C zu. Die Wärmeleitfähigkeit der Kruste beträgt 0,80 W/K·m. (a) Bestimmen Sie die Wärmemenge, die von der Erde pro Tag von innen an die Oberfläche befördert wird. (b) Vergleichen Sie diese Wärmemenge mit dem Energiebetrag, den die Erde an einem Tag als Strahlungsenergie von der Sonne erhält.

103 Eine 100-W-Glühbirne erzeugt 95 W Wärme, die durch den Glaskolben mit 3,0 cm Durchmesser und 1,0 mm Dicke abgeführt wird. Wie groß ist die Temperaturdifferenz zwischen der Innen- und der Außenseite des Glaskolbens?

Der zweite Hauptsatz der Thermodynamik

20

ÜBERBLICK

Zwei Beispiele für eine Wärmekraftmaschine: ein modernes Kohlekraftwerk und eine alte Dampflokomotive. Beide erzeugen Dampf, der Arbeit verrichten kann – an Turbinen, um Elektrizität zu erzeugen, und an einem Kolben, der über ein Gestänge die Lokräder antreibt. Der Wirkungsgrad jeder Maschine – wie sorgsam sie auch konstruiert sein mag – wird von der Natur begrenzt. Das besagt der zweite Hauptsatz der Thermodynamik. Dieser wichtige Satz wird am besten mit einer Größe namens Entropie ausgedrückt, die sich völlig von anderen physikalischen Größen unterscheidet. Die Entropie ist keine *Erhaltungsgröße, sondern muss sich in realen Prozessen stets vergrößern. Die Entropie ist ein Maß für Unordnung. Der zweite Hauptsatz der Thermodynamik sagt, dass mit voranschreitender Zeit die Unordnung im Universum zunimmt. Wir werden in diesem Kapitel zudem praktische Anwendungen wie Wärmekraftmaschinen, Wärmepumpen und Kühlsysteme besprechen.*

20. Der zweite Hauptsatz der Thermodynamik

In diesem letzten Kapitel über Wärme und Thermodynamik besprechen wir den berühmten zweiten Hauptsatz und die Größe „Entropie“, die auf diesem fundamentalen Gesetz basiert und sein wesentlicher Ausdruck ist. Wir werden auch Wärmekraftmaschinen besprechen – Maschinen, die in Fabriken, Zügen und Autos Wärme in Arbeit umsetzen –, weil erst sie uns auf die Notwendigkeit eines neuen Gesetzes hinwiesen. Zum Schluss werden wir noch kurz das dritte Gesetz der Thermodynamik streifen.

20.1 Der zweite Hauptsatz der Thermodynamik – Einführung

Der erste Hauptsatz der Thermodynamik besagt, dass Energie erhalten bleibt. Es gibt jedoch eine Vielzahl von Prozessen, die von der Energiebilanz her möglich wären, die jedoch in der Natur nicht auftreten. Wird zum Beispiel ein heißer Körper mit einem kalten in Berührung gebracht, fließt Wärme vom heißen zum kalten, niemals jedoch spontan in die umgekehrte Richtung. Würde die Wärme vom kalten zum heißen Körper fließen, könnte die Energie dabei erhalten bleiben. Doch spontan[1] geschieht das nicht. Als weiteres Beispiel betrachten Sie einen fallenden Stein, der auf den Boden auftrifft. Die anfängliche potenzielle Energie des Steins wandelt sich im Fallen in kinetische Energie um, und wenn er auf den Boden aufschlägt, wird die kinetische in innere Energie (thermische) des Steins und des Bodens in der Umgebung des Auftreffpunkts umgewandelt; die Moleküle bewegen sich schneller und die Temperatur steigt leicht. Haben Sie aber schon einmal den umgekehrten Vorgang beobachtet – ein auf dem Boden ruhender Stein erhebt sich in die Luft, weil die thermische Energie seiner Moleküle in kinetische Energie des Steines als Ganzem verwandelt wurde? Die Energie würde in so einem Vorgang erhalten bleiben, doch er wird sich niemals ereignen.

Der erste Hauptsatz der Thermodynamik, die Energieerhaltung, würde durch keinen solcher umgekehrten Vorgänge verletzt werden. Um diesen Mangel an Umkehrbarkeit zu erklären, formulierten die Wissenschaftler in der zweiten Hälfte des 19. Jahrhunderts ein neues Prinzip, das als **zweiter Hauptsatz der Thermodynamik** bekannt ist. Er macht eine Aussage darüber, welche Vorgänge in der Natur vorkommen und welche nicht. Er kann auf unterschiedliche Arten formuliert werden, die alle äquivalent sind. Eine Formulierung geht auf R.J.E. Clausius (1822–1888) zurück, sie lautet:

ZWEITER HAUPTSATZ DER THERMODYNAMIK (Clausius'sche Formulierung)

Wärme fließt natürlicherweise vom warmen zum kalten Körper; sie fließt nicht spontan vom kalten zum warmen Körper.

Da sich diese Aussage auf einen bestimmten Prozess bezieht, ist nicht offensichtlich, wie sie sich auf andere Prozesse beziehen soll. Eine allgemeinere Aussage ist nötig, die alle möglichen Prozesse mit einbezieht.

Die Entwicklung einer allgemeingültigen Formulierung des zweiten Hauptsatzes basiert teilweise auf dem Studium von Wärmekraftmaschinen. Eine **Wärmekraftmaschine** wandelt thermische Energie in mechanische Arbeit um, wie Dampfmaschinen und Automotoren. Wir werden nun Wärmekraftmaschinen untersuchen, sowohl vom praktischen Standpunkt aus als auch, um ihre Bedeutung für die Entwicklung des zweiten Hauptsatzes der Thermodynamik aufzuzeigen.

1 Mit „spontan“ meinen wir hier „von allein“, also ohne jegliche Zuführung von äußerer Arbeit. (Ein Kühlschrank bewegt Wärme aus einer kalten in eine wärmere Umgebung, doch nur durch Verrichtung von Arbeit.)

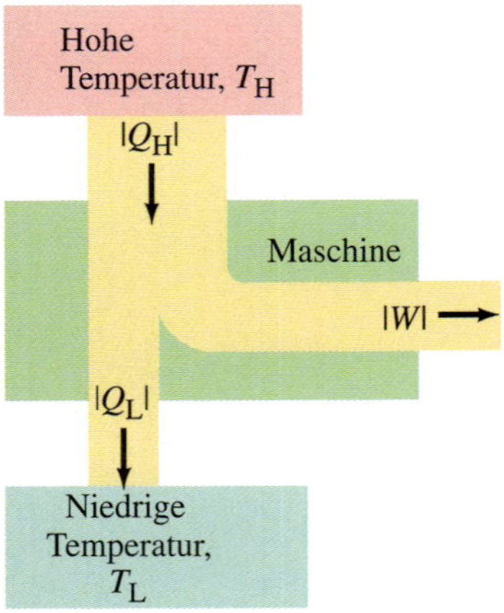

Abbildung 20.1 Schematische Darstellung der Energieübertragung bei einer Wärmekraftmaschine.

20.2 Wärmekraftmaschinen

Es ist leicht, Wärme durch Arbeit zu erzeugen – wenn Sie beispielsweise Ihre Hände aneinander reiben, oder durch jeden Prozess mit Reibung. Doch Arbeit aus Wärme zu erhalten, ist schon schwieriger, und die Erfindung einer Maschine, die dazu fähig ist, wurde erst Anfang des 17. Jahrhunderts in Form der Dampfmaschine gemacht.

Die grundlegende Idee hinter einer Wärmekraftmaschine besteht darin, dass man nur dann mechanische Energie aus thermischer Energie erhalten kann, wenn die Wärme von der höheren zur niedrigeren Temperatur fließen kann. In diesem Prozess lässt sich ein Teil der Wärmeenergie für mechanische Arbeit abzweigen, wie in ▸ Abbildung 20.1 dargestellt. Das bedeutet, Wärme $|Q_H|$ auf der höheren Temperatur T_H wird teilweise in Arbeit $|W|$ umgewandelt und teilweise als Wärme $|Q_L|$ auf niedrigerer Temperatur T_L (Index $_L$ von engl. *lower*) abgeführt. Aufgrund der Energieerhaltung gilt $|Q_H| = |W| + |Q_L|$. Die hohe und die niedrige Temperatur T_H und T_L heißen die **Arbeitstemperaturen** der Wärmekraftmaschine. Wir sind nur an solchen Maschinen interessiert, die zyklisch (das heißt, das System kehrt immer wieder zu seinem Startpunkt zurück) und fortlaufend arbeiten.

Wir schreiben die Wärmemengen Q_L und Q_H sowie die Arbeit W deshalb als Absolutwerte, weil wir uns nur für die Beträge interessieren und uns daher um die Vorzeichenkonventionen, wie in Abschnitt 19.6 eingeführt, nicht zu kümmern brauchen. Diese Größen sind daher positiv, und Pfeile in Diagrammen (wie in ▸ Abbildung 20.1) kennzeichnen die Richtung der Energieübertragung.

Die Temperaturen T_H und T_L können konstant sein oder auch nicht, das hängt vom betrachteten Zyklus ab.

ANGEWANDTE PHYSIK
Motoren

Dampfmaschine und interner Verbrennungsmotor

Die Arbeitsweise von Dampfmaschine und Verbrennungsmotor (in den meisten Autos eingesetzt) sind in ▸ Abbildung 20.2 und ▸ Abbildung 20.3 dargestellt. Bei Dampfmaschinen unterscheidet man zwei Haupttypen, beide nutzen Dampf, der durch die Verbrennung von Kohle, Öl oder Gas (oder Kernbrennstoff) erhitzt wird. Im sogenannten reziproken Typ, ▸ Abbildung 20.2a, strömt der heiße Dampf durch ein offenes Einlassventil, expandiert gegen einen Kolben und bewegt ihn. Erreicht der Kolben das Ende seines Hubs und beginnt, wieder in die Ausgangslage zu-

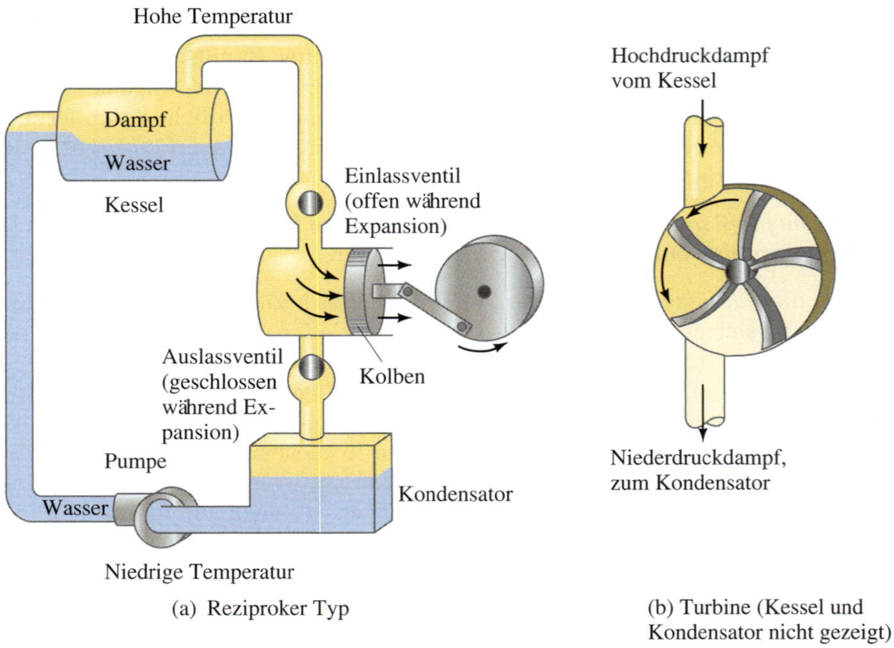

Abbildung 20.2 Dampfmaschinen.

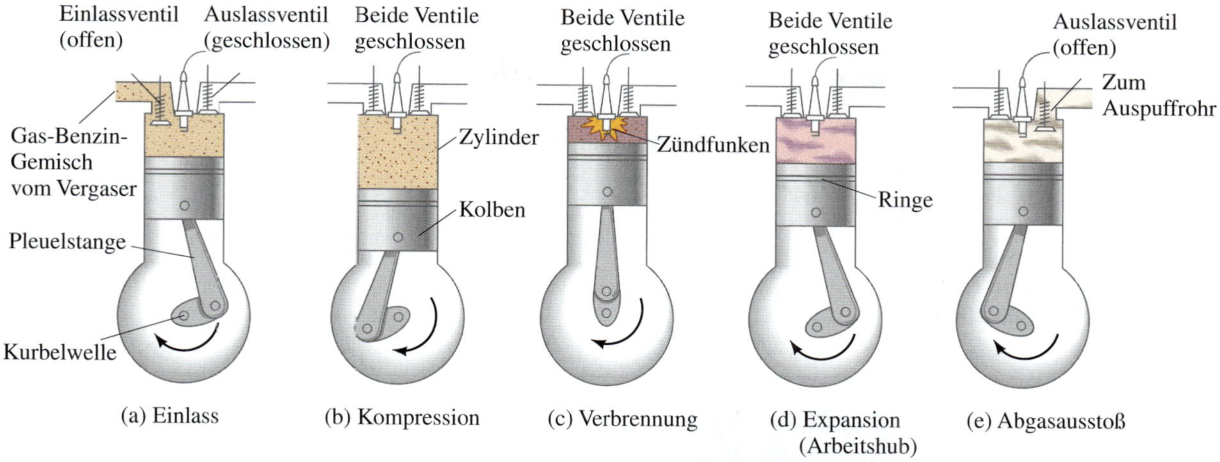

Abbildung 20.3 Vier-Takt-Motor: (a) Das Benzin-Luft-Gemisch fließt in den Zylinder, wenn sich der Kolben nach unten bewegt. (b) Der Kolben bewegt sich nach oben und komprimiert das Gas. (c) Ein Zündfunke entzündet das Benzin-Luft-Gemisch und erhöht die Temperatur im Gasvolumen. (d) Die Gase haben nun hohe Temperatur- und Druckwerte, expandieren gegen den Kolben und erzeugen so den Arbeitshub. (e) Die verbrannten Gase werden in das Auspuffrohr gedrückt, das Einlassventil öffnet sich und der Zyklus beginnt von vorn.

rückzukehren, öffnet das Auslassventil und der Kolben drängt die Gase heraus. In Dampfturbinen, ▶ Abbildung 20.2b, läuft es im Wesentlichen genau so ab, außer dass der Hubkolben durch eine Rotationsturbine ersetzt ist, die einem Schaufelrad gleicht. Der Großteil der heutzutage genutzten Elektrizität wird durch Dampfturbinen[2] erzeugt. Das Material, das sich erwärmt und abkühlt, in diesem Fall der Dampf, heißt das **Arbeitsmittel**. In einer Dampfmaschine wird die hohe Temperatur durch Verbrennen von Kohle, Öl und weiteren Brennstoffen erzeugt. In einem Verbrennungsmotor wird die hohe Temperatur durch Verbrennen des Benzin-Luft-Gemisches im Zylinder selbst erreicht (entzündet durch den Zündfunken), siehe ▶ Abbildung 20.3.

Warum ΔT nötig ist, um eine Wärmekraftmaschine anzutreiben.

Um zu verstehen, warum eine Temperaturdifferenz nötig ist, um einen Motor anzutreiben, wollen wir die Dampfmaschine untersuchen. Beispielsweise eine Kolbenhub-Maschine (▶ Abbildung 20.2a) ohne Kondensator oder Pumpe und mit derselben Temperatur im ganzen System. Das würde bedeuten, dass der Auslassdruck der gleiche wäre wie der Einlassdruck. Obgleich also das expandierende Gas Arbeit am Kolben verrichten würde, müsste der Kolben einen gleich großen Betrag Arbeit verrichten, um das Abgas hinauszudrängen; folglich würde keine Nettoarbeit geleistet. In wirklichen Maschinen werden die Abgase gekühlt und kondensiert, so dass der Auslassdruck kleiner ist als der Einlassdruck. Obgleich also der Kolben Arbeit leisten muss, um das Abgas während des Auslasshubs herauszudrängen, ist sie geringer als die vom Gas verrichtete Arbeit in der Einlassphase. Man erhält folglich einen Nettobetrag Arbeit – doch nur, wenn es einen Temperaturunterschied gibt. Ähnlich bei der Gasturbine: Würde das Gas nicht gekühlt, wäre der Druck auf beiden Seiten der Turbinenschaufeln gleich groß. Durch Kühlen des Gases auf der Auslassseite ist der Druck auf der Einlassseite der Schaufel größer und somit dreht sich die Turbine.

Wirkungsgrad von Wärmekraftmaschinen und der zweite Hauptsatz

Der Wirkungsgrad η einer beliebigen Wärmekraftmaschine kann definiert werden als das Verhältnis der Arbeit, die sie leistet, zur zugeführten Wärmemenge bei der hohen Temperatur $|Q_H|$ (▶ Abbildung 20.1):

$$\eta = \frac{|W|}{|Q_H|} .$$

2 Selbst Kernkraftwerke nutzen Dampfturbinen. Der nukleare Brennstoff – Uran – dient lediglich dazu, den Dampf zu erwärmen.

Das ist eine geeignete Definition, da $|W|$ die von der Maschine verrichtete Arbeit (Ausgangsleistung × Zeit) ist, während $|Q_H|$ das ist, was man hineinsteckt (Eingangsleistung × Zeit) und wofür man als Brennmaterial bezahlt. Weil die Energie erhalten bleibt, muss die zugeführte Wärmemenge $|Q_H|$ gleich der Arbeit plus der abgeführten Wärme auf niedriger Temperatur $|Q_L|$ sein:

$$|Q_H| = |W| + |Q_L| .$$

Folglich ist $|W| = |Q_H| - |Q_L|$, und der Wirkungsgrad einer Maschine ist

Wirkungsgrad einer Wärmekraftmaschine

$$\eta = \frac{|W|}{|Q_H|} = \frac{|Q_H| - |Q_L|}{|Q_H|} = 1 - \frac{|Q_L|}{|Q_H|} \tag{20.1}$$

Beispiel 20.1 **Wirkungsgrad eines Autos**

Ein Automotor hat einen Wirkungsgrad von 20 Prozent und erzeugt im Betrieb durchschnittlich 23 000 J mechanische Arbeit pro Sekunde. Wie viel Wärme führt dieser Motor pro Sekunde ab?

Lösung

Die abgeführte Wärme beträgt $|Q_L|$. Mit $\eta = 0{,}20$ erhalten wir aus Gleichung 20.1

$$\frac{|Q_L|}{|Q_H|} = 1 - \eta = 0{,}80 .$$

Zudem kennen wir per definitionem $\eta = |W|/|Q_H|$, also wird in einer Sekunde

$$|Q_H| = \frac{|W|}{\eta} = \frac{23\,000\,\mathrm{J}}{0{,}20} = 1{,}15 \cdot 10^5\,\mathrm{J}$$

Wärme zugeführt. Es folgt

$$|Q_L| = 0{,}80|Q_H| = (0{,}80)(1{,}15 \cdot 10^5\,\mathrm{J}) = 9{,}2 \cdot 10^4\,\mathrm{J} .$$

Der Motor führt $9{,}2 \cdot 10^4$ J/s = 92 000 Watt ab.

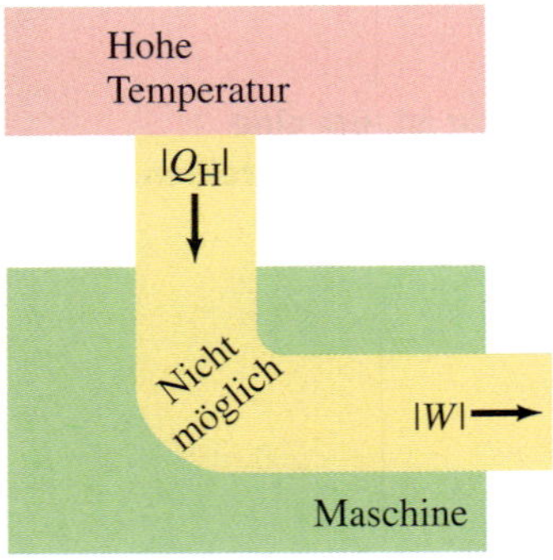

Abbildung 20.4 Schematisches Diagramm einer hypothetischen perfekten Wärmekraftmaschine, in der sämtliche zugeführte Wärme in nutzbare Arbeit umgewandelt wird.

Aus Gleichung 20.1 ist klar, dass der Wirkungsgrad einer Maschine umso größer ist, je kleiner $|Q_L|$ gemacht werden kann. Aufgrund von Erfahrungen mit einer großen Zahl von Systemen weiß man jedoch, dass es unmöglich ist, $|Q_L|$ auf null zu bringen. Könnte man $|Q_L|$ auf null bringen, hätte man einen Wirkungsgrad von 100 Prozent, wie in ▸ Abbildung 20.4 gezeigt. Dass solch eine Maschine (die stetig in einem Zyklus läuft) nicht möglich ist, ist eine weitere Möglichkeit, den zweiten Hauptsatz der Thermodynamik auszudrücken. Formal lässt sich das wie folgt ausdrücken:

ZWEITER HAUPTSATZ DER THERMODYNAMIK (Kelvin-Planck'sche Formulierung)

Es gibt keine Maschine, deren einzige Wirkung darin besteht, eine gegebene Wärmemenge vollständig in Arbeit umzuwandeln.

Diese Aussage ist als **Kelvin-Planck'sche Formulierung des zweiten Hauptsatzes der Thermodynamik** bekannt. Anders ausgedrückt: *Es kann keine Maschine mit 100-prozentigem Wirkungsgrad geben*, wie in ▸ Abbildung 20.4 dargestellt.

Wäre der zweite Hauptsatz nicht wahr, so dass man eine Maschine mit 100% Wirkungsgrad bauen könnte, so könnten sich einige interessante Dinge ereignen. Würde beispielsweise ein Schiffsmotor kein Reservoir auf niedriger Temperatur für die verbrauchte Wärme benötigen, könnte das Schiff den Ozean überqueren und dabei die unerschöpflichen Ressourcen der inneren Energie des Meerwassers nutzen. Wir hätten überhaupt keine Brennstoffprobleme mehr!

20.3 Reversible und irreversible Prozesse; der Carnot-Prozess

Im frühen 19. Jahrhundert untersuchte der französische Wissenschaftler N.L. Sadi Carnot (1796–1832) detailliert die Umwandlung von Wärme in mechanische Energie. Sein Ziel war, herauszufinden, wie man den Wirkungsgrad von Wärmekraftmaschinen erhöhen kann, doch führten ihn seine Studien bald zur Erforschung der eigentlichen thermodynamischen Grundlagen.

Im Jahr 1824 erfand er (auf Papier) einen idealisierten Maschinentyp, der heute als Carnot-Maschine bekannt ist. Die Bedeutung der Carnot-Maschine liegt nicht in ihrem praktischen Nutzen, sondern eher darin, dass sie zum Verständnis von Wärmekraftmaschinen überhaupt beiträgt. Carnot und der von ihm entdeckte Prozess haben zudem zur Begründung und zum Verständnis des zweiten Hauptsatzes der Thermodynamik entscheidend beigetragen.

Reversible und irreversible Prozesse

Die Carnot-Maschine schließt reversible Prozesse ein. Bevor wir daher die Maschine besprechen, müssen wir verstehen, was ein reversibler und ein irreversibler Prozess ist. Ein **reversibler Prozess** läuft unendlich langsam ab, so dass er als eine Reihe von Gleichgewichtszuständen betrachtet werden kann. Der gesamte Prozess könnte auch rückwärts ablaufen, ohne Änderung der dabei auftretenden Arbeit oder der ausgetauschten Wärme. Beispielsweise könnte ein Gas in einem Zylinder, der mit einem reibungsfrei beweglichen Kolben ausgestattet ist, isotherm komprimiert und wieder entspannt werden, in einem reversiblen Prozess, der unendlich langsam abliefe. Jedoch sind nicht alle sehr langsamen (quasistatischen) Prozesse auch reversibel. Ist beispielsweise Reibung wirksam (wie zwischen dem erwähnten Kolben und dem Zylinder), ist die in einer Richtung geleistete Arbeit (von einem Zustand A zu einem Zustand B) nicht gleich der negativen Arbeit in umgekehrter Richtung (von Zustand B nach Zustand A). Ein solcher Prozess würde nicht als reversibel angesehen. Natürlich ist ein vollkommen reversibler Prozess in der Realität nicht möglich, da er eine unbegrenzte Zeit erfordern würde. Reversible Prozesse können aber beliebig angenähert werden, und sie sind theoretisch von großer Bedeutung.

Reversibler Prozess

Alle wirklichen Prozesse sind **irreversibel**: Sie laufen nicht unendlich langsam ab. Zudem können an unterschiedlichen Stellen des Prozesses Reibung und Turbulenzen im Gas auftreten. Jeder Prozess könnte nicht präzise umgekehrt werden, da der Wärmeverlust durch Reibung sich nicht umkehren lässt, die Turbulenzen verliefen auf dem Rückweg anders. Für ein beliebiges gegebenes Volumen gäbe es keine wohldefinierten Druck- und Temperaturwerte, da das System nicht immer im Gleichgewichtszustand wäre. Ein realer, irreversibler Prozess kann somit nicht in einem pV-Diagramm dargestellt werden (nur insofern er sich einem idealen reversiblen Prozess annähert). Doch ein reversibler Prozess lässt sich immer in einem pV-Diagramm darstellen (da er eine quasistatische Reihung von Gleichgewichtszuständen ist). Wird ein reversibler Prozess umgekehrt, folgt er demselben Pfad im pV-Diagramm. Obgleich alle realen Prozesse irreversibel sind, sind reversible Prozesse theoretisch-konzeptuell wichtig, ebenso wie die Vorstellung eines idealen Gases.

Irreversibler Prozess

Die Carnot-Maschine

Wir wollen uns nun Carnots idealisierte Maschine ansehen. Sie durchläuft einen **reversiblen Kreisprozess**, worunter wir eine Serie reversibler Prozesse verstehen, die ein gegebener Stoff, z. B. ein Gas als Arbeitsmittel, von einem anfänglichen Gleichgewichtszustand durch viele weitere Gleichgewichtszustände durchläuft, um schließlich auf demselben Weg zum Ausgangszustand zurückzukehren. Die Carnot-Maschine durchläuft den **Carnot'schen Kreisprozess**, der in ► Abbildung 20.5 dargestellt ist, wobei das Arbeitsmittel ein ideales Gas ist. Wir betrach-

Carnot'scher Kreisprozess

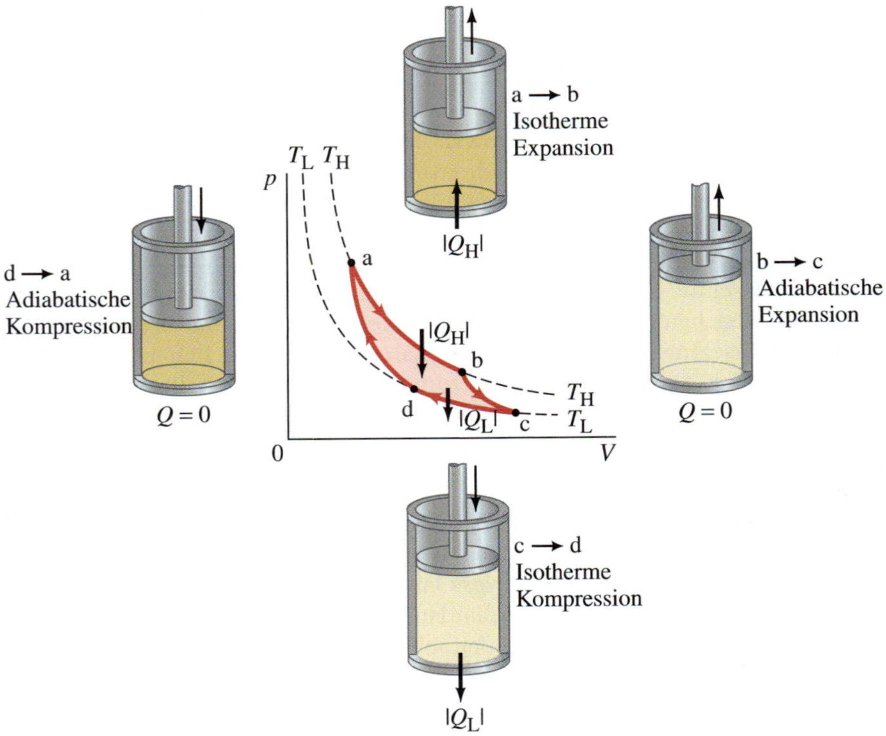

Abbildung 20.5 Der Carnot'sche Kreisprozess. Wärmekraftmaschinen arbeiten zyklisch, der Kreisprozess beginnt an Punkt a in diesem pV-Diagramm. (1) Das Gas expandiert zunächst isotherm unter Aufnahme der Wärme $|Q_H|$ entlang des Pfades a-b bei der Temperatur T_H. (2) Anschließend expandiert das Gas adiabatisch von b nach c – ohne Wärmeaustausch, doch die Temperatur fällt auf T_L. (3) Das Gas wird bei konstanter Temperatur T_L auf dem Pfad c-d komprimiert und führt die Wärme $|Q_L|$ ab. (4) Schließlich wird das Gas auf dem Pfad d-a adiabatisch komprimiert und gelangt zum Ausgangszustand zurück. Eine Carnot-Maschine existiert nicht, doch als theoretische Maschine spielt sie eine wichtige Rolle in der Entwicklung der Thermodynamik.

ten den Punkt a als Ausgangszustand. Das Gas expandiert zunächst isotherm und reversibel auf dem Pfad a-b bei der Temperatur T_H. Wir können uns dabei vorstellen, dass das Gas Kontakt mit einem Wärmereservoir der Temperatur T_H hat. Es stellt dem Arbeitsmittel die Wärme $|Q_H|$ zur Verfügung. Als nächstes expandiert das Gas adiabatisch und reversibel auf dem Pfad b-c. Keine Wärme wird dabei ausgetauscht und die Temperatur des Gases fällt auf T_L. Der dritte Schritt ist eine reversible isotherme Kompression, Pfad c-d, wobei Kontakt mit einem Wärmereservoir auf der niedrigen Temperatur T_L besteht, und das die Wärmemenge $|Q_L|$ aus der Arbeitssubstanz aufnimmt. Zum Schluss wird das Gas auf dem Pfad d-a adiabatisch komprimiert und gelangt zum Ausgangszustand zurück. Der Carnot'sche Kreisprozess besteht also aus zwei isothermen und zwei adiabatischen Teilprozessen.

Es ist leicht einzusehen, dass die pro Zyklus von der Carnot-Maschine (oder einem beliebigen anderen Maschinentyp mit reversiblem Zyklus) verrichtete Arbeit gleich der von der Kurve, die im pV-Diagramm den Gesamtprozess darstellt, eingeschlossenen Fläche ist, also die Kurve a-b-c-d in ▸ Abbildung 20.5 (siehe Abschnitt 19.7).

Carnot'scher Wirkungsgrad und der zweite Hauptsatz der Thermodynamik

Der Wirkungsgrad einer Carnot-Maschine wie jeder anderen Wärmekraftmaschine ist durch Gleichung 20.1 gegeben:

$$\eta = 1 - \frac{|Q_L|}{|Q_H|} .$$

Für eine Carnot-Maschine lässt sich aber zeigen, das der Wirkungsgrad nur von den Temperaturen der Wärmereservoire T_H und T_L abhängt. Im ersten isothermen Prozessabschnitt a-b in ▸ Abbildung 20.5 ist die vom Gas verrichtete Arbeit (siehe Gleichung 19.6) gleich

$$W_{ab} = nRT_H \ln \frac{V_b}{V_a} ,$$

worin n die Anzahl der Mole des idealen Gases ist, das als Arbeitsmittel dient. Da sich die innere Energie eines idealen Gases nicht ändert, wenn die Temperatur konstant bleibt, gleicht aufgrund des ersten Hauptsatzes der Thermodynamik die dem Gas zugeführte Wärme der vom Gas verrichteten Arbeit:

$$|Q_\mathrm{H}| = nRT_\mathrm{H} \ln \frac{V_b}{V_a} \, .$$

Auf ähnliche Weise ist die vom Gas abgeführte Wärme auf dem Pfad c-d gleich

$$|Q_\mathrm{L}| = nRT_\mathrm{L} \ln \frac{V_c}{V_d} \, .$$

Da die Prozesspfade b-c und d-a adiabatisch sind, erhalten wir mit Gleichung 19.13

$$p_b V_b^\gamma = p_c V_c^\gamma \quad \text{und} \quad p_d V_d^\gamma = p_a V_a^\gamma \, .$$

Aus dem idealen Gasgesetz folgt zudem

$$\frac{p_b V_b}{T_\mathrm{H}} = \frac{p_c V_c}{T_\mathrm{L}} \quad \text{und} \quad \frac{p_d V_d}{T_\mathrm{L}} = \frac{p_a V_a}{T_\mathrm{H}} \, .$$

Wenn wir die letzten beiden Gleichungszeilen Term für Term durcheinander dividieren, erhalten wir

$$T_\mathrm{H} V_b^{\gamma-1} = T_\mathrm{L} V_c^{\gamma-1} \quad \text{und} \quad T_\mathrm{L} V_d^{\gamma-1} = T_\mathrm{H} V_a^{\gamma-1} \, .$$

Als nächstes dividieren wir die Gleichung auf der linken durch die Gleichung auf der rechten Seite und erhalten

$$\left(\frac{V_b}{V_a}\right)^{\gamma-1} = \left(\frac{V_c}{V_d}\right)^{\gamma-1} \, .$$

Also gilt

$$\frac{V_b}{V_a} = \frac{V_c}{V_d}$$

oder

$$\ln \frac{V_b}{V_a} = \ln \frac{V_c}{V_d} \, .$$

Wir setzen dieses Ergebnis in die Gleichungen für $|Q_\mathrm{L}|$ und $|Q_\mathrm{H}|$ oben ein und erhalten

$$\frac{|Q_\mathrm{L}|}{|Q_\mathrm{H}|} = \frac{T_\mathrm{L}}{T_\mathrm{H}} \, . \quad \text{(Carnot'scher Kreisprozess)} \qquad (20.2)$$

Der Wirkungsgrad einer reversiblen Carnot'schen Wärmekraftmaschine ist somit

$$\eta_\mathrm{ideal} = 1 - \frac{|Q_\mathrm{L}|}{|Q_\mathrm{H}|} = 1 - \frac{T_\mathrm{L}}{T_\mathrm{H}} \, . \quad \text{(Carnot'scher Wirkungsgrad)} \qquad (20.3)$$

Carnot'scher Wirkungsgrad (idealisiert)

Die Temperaturen T_L und T_H sind absolute oder Temperaturen in K, wie sie auf der Temperaturskala für ideale Gase gemessen werden. Der Wirkungsgrad einer Carnot'schen Wärmekraftmaschine hängt also nur von den Temperaturen T_L und T_H ab.

Es sind weitere reversible Prozesse möglich, die man für eine ideale, reversible Wärmekraftmaschine nutzen könnte. Der **Satz von Carnot**[3] besagt:

Alle reversiblen Wärmekraftmaschinen, die zwischen den gleichen konstanten Temperaturen T_H und T_L arbeiten, haben den gleichen Wirkungsgrad. Eine beliebige irreversible Wärmekraftmaschine, die zwischen zwei gleichen festen Temperaturwerten arbeitet, hat einen Wirkungsgrad, der kleiner ist als dieser.

Satz von Carnot

3 Es kann gezeigt werden, dass der Satz von Carnot direkt aus der Clausius'schen oder Kelvin-Planck'schen Formulierung des zweiten Hauptsatzes der Thermodynamik folgt.

Der Satz von Carnot sagt uns, dass Gleichung 20.3, $\eta = 1-(T_L/T_H)$, sich auf jede reversible Wärmekraftmaschine mit festen Eingangs- und Ausgangstemperaturen T_H und T_L bezieht, und dass diese Gleichung den maximal möglichen Wirkungsgrad einer realen (d. h. irreversiblen) Wärmekraftmaschine angibt.

In der Praxis ist der Wirkungsgrad realer Maschinen stets kleiner als der Carnot'sche Wirkungsgrad. Ein gute konstruierte Wärmekraftmaschine erzielt vielleicht 60 bis 80 Prozent des Carnot'schen Wirkungsgrades.

Beispiel 20.2 Wirkungsgrad einer Dampfmaschine

Eine Dampfmaschine arbeitet zwischen den Temperaturen 500 °C und 270 °C. Wie groß ist der maximal mögliche Wirkungsgrad dieser Maschine?

Lösung

Wir müssen zunächst die Temperaturwerte in Kelvin umrechnen. Dann ist $T_H = 773\,\mathrm{K}$ und $T_L = 543\,\mathrm{K}$. Aus Gleichung 20.3 folgt

$$\eta_{\text{ideal}} = 1 - \frac{543}{773} = 0{,}30\,.$$

Der maximale (oder Carnot'sche) Wirkungsgrad beträgt also 30 Prozent. Realistischerweise erreicht eine Maschine das 0,70-fache dieses Werts, hätte dann also einen Wirkungsgrad von 21 Prozent. Man beachte in diesem Beispiel, dass die Abgastemperatur mit 270 °C noch ziemlich hoch ist. Dampfmaschinen werden oft in Serie betrieben, so dass der verbrauchte Dampf der einen Maschine als Eingangsdampf einer zweiten oder dritten Maschine genutzt wird.

Beispiel 20.3 Eine falsche Behauptung?

Ein Maschinenhersteller behauptet Folgendes: Die einer Maschine pro Sekunde zugeführte Wärme beträgt 9,0 kJ bei 475 K. Die pro Sekunde abgeführte Wärme ist 4,0 kJ bei 325 K. Glauben Sie ihm das?

Lösung

Der Wirkungsgrad der Maschine ist gemäß Gleichung 20.1:

$$\eta = \frac{|Q_H| - |Q_L|}{|Q_H|} = \frac{9{,}0\,\mathrm{kJ} - 4{,}0\,\mathrm{kJ}}{9{,}0\,\mathrm{kJ}} = 0{,}56\,.$$

Der maximale mögliche Wirkungsgrad ist durch den Carnot'schen (Gleichung 20.3) gegeben:

$$\eta_{\text{ideal}} = \frac{T_H - T_L}{T_H} = \frac{475\,\mathrm{K} - 325\,\mathrm{K}}{475\,\mathrm{K}} = 0{,}32\,.$$

Die Behauptung des Maschinenherstellers verletzt also den zweiten Hauptsatz der Thermodynamik.

Aus Gleichung 20.3 folgt, dass eine Maschine mit 100-prozentigem Wirkungsgrad nicht möglich ist. Nur wenn die Abgastemperatur T_L absolut null wäre, wäre ein Wirkungsgrad mit 100 Prozent realisierbar. Doch das Erreichen einer Temperatur von absolut null ist praktisch (ebenso wie theoretisch) unmöglich[4]. Somit kön-

4 Dieses Ergebnis ist als der dritte Hauptsatz der Thermodynamik bekannt, er wird in Abschnitt 20.10 besprochen.

nen wir, wie schon in Abschnitt 20.2, die Aussage machen, dass ***keine Maschine möglich ist, deren einzige Wirkung darin besteht, eine gegebene Wärmemenge vollständig in Arbeit zu verwandeln.*** Wie wir in Abschnitt 20.2 gesehen haben, ist das die *Kelvin-Planck'sche Formulierung des zweiten Hauptsatzes der Thermodynamik*. Sie sagt aus, dass es keine perfekte (100 Prozent Wirkungsgrad) Wärmekraftmaschine geben kann, wie in ▸ Abbildung 20.4 dargestellt.

ZWEITER HAUPTSATZ DER THERMODYNAMIK (Kelvin-Planck'sche Formulierung)

Der Gleichraumprozess (Ottomotoren)

Die Arbeitsweise eines Verbrennungsmotors für ein Auto (siehe ▸ Abbildung 20.3) kann durch einen reversiblen Zyklus angenähert werden, der als Gleichraumprozess für Ottomotoren bekannt ist. Das zugehörige pV-Diagramm ist in ▸ Abbildung 20.6 dargestellt. Im Gegensatz zum Carnot'schen Kreisprozess sind beim Gleichraumprozess die Eingangs- und Ausgangstemperaturen nicht konstant. Die Pfade a-b und c-d sind adiabatisch, die Pfade b-c und d-a sind isochor (konstantes Volumen). Der Treibstoff (ein Benzin-Luft-Gemisch) tritt am Punkt a in den Zylinder und wird adiabatisch komprimiert (Kompressionshub), bis Punkt b erreicht ist. Am Punkt b wird das Gemisch durch einen Zündfunken entzündet, das Verbrennen der Mischung führt dem System bei (in realen Systemen angenähert) konstantem Volumen die Wärme $|Q_H|$ zu. Temperatur und Druck steigen, dann expandiert das Gemisch im Arbeitshub c-d adiabatisch. Im Auslasshub d-a wird die Wärmemenge $|Q_L|$ abgeführt (in realen Motoren verlässt das verbrannte Gemisch den Motor und wird durch ein frisches Benzin-Luft-Gemisch ersetzt).

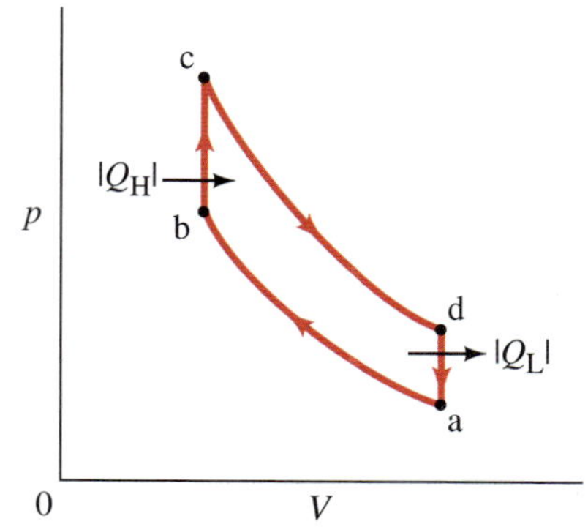

Abbildung 20.6 Der Gleichraumprozess.

Beispiel 20.4 Der Gleichraumprozess

(a) Zeigen Sie, dass für ein ideales Gas als Arbeitsmittel für den Wirkungsgrad eines Ottomotors

$$\eta = 1 - \left(\frac{V_a}{V_b}\right)^{1-\gamma}$$

gilt. Darin ist γ das Verhältnis der spezifischen Wärmen (Abschnitte 19.8 und 19.9) und V_a/V_b ist das Verdichtungsverhältnis. (b) Berechnen Sie den Wirkungsgrad für das Verdichtungsverhältnis $V_a/V_b = 8{,}0$ unter der Annahme, dass es sich um ein zweiatomiges Gas wie O_2 und N_2 handelt.

Lösung

Der Wärmeaustausch findet in einem idealen Gleichraumprozess bei konstantem Volumen statt. Mit Gleichung 19.8a folgt daher

$$|Q_H| = nc_V(T_c - T_b) \quad \text{und} \quad |Q_L| = nc_V(T_d - T_a)\,.$$

Aus Gleichung 20.1 folgt dann

$$\eta = 1 - \frac{|Q_L|}{|Q_H|} = 1 - \left[\frac{T_d - T_a}{T_c - T_b}\right].$$

Um das durch das Verdichtungsverhältnis V_a/V_b auszudrücken, nutzen wir das Ergebnis aus Abschnitt 19.9, Gleichung 19.13, pV^γ = konstant für die adiabatischen Prozessabschnitte a-b und c-d. Somit gilt

$$p_a V_a^\gamma = p_b V_b^\gamma \quad \text{und} \quad p_c V_c^\gamma = p_d V_d^\gamma\,.$$

Wir nutzen das ideale Gasgesetz $p = nRT/V$ und ersetzen p in diesen beiden Gleichungen:

$$T_a V_a^{\gamma-1} = T_b V_b^{\gamma-1} \quad \text{und} \quad T_c V_c^{\gamma-1} = T_d V_d^{\gamma-1}\,.$$

Damit wird der Wirkungsgrad (siehe oben):

$$\eta = 1 - \left[\frac{T_d - T_a}{T_c - T_b}\right] = 1 - \left[\frac{T_c(V_c/V_d)^{\gamma-1} - T_b(V_b/V_a)^{\gamma-1}}{T_c - T_b}\right] .$$

Doch die Teilprozesse b-c und d-a finden bei konstantem Volumen statt, also gilt $V_c = V_b$ und $V_d = V_a$.

Es folgt $V_c/V_d = V_b/V_a$ und

$$\eta = 1 - \left[\frac{(V_b/V_a)^{\gamma-1}(T_c - T_b)}{T_c - T_b}\right] = 1 - \left(\frac{V_b}{V_a}\right)^{\gamma-1} = 1 - \left(\frac{V_a}{V_b}\right)^{1-\gamma} .$$

(b) Für zweiatomige Moleküle (Abschnitt 19.8) gilt $\gamma = C_p/C_V = 1{,}4$, somit

$$\eta = 1 - (8{,}0)^{1-\gamma} = 1 - (8{,}0)^{-0{,}4} = 0{,}56 .$$

Wirkliche Maschinen erreichen diesen Wirkungsgrad nicht, weil sie dem Gleichraumzyklus nicht perfekt folgen, außerdem treten Reibung, Turbulenzen, Wärmeverluste und unvollständige Gasgemisch-Verbrennungen auf.

Thermische Umweltbelastung

ANGEWANDTE PHYSIK

Wärmekraftmaschinen und thermische Umweltbelastung

Viel von der Energie, die wir jeden Tag verbrauchen – von Motorfahrzeugen bis hin zum Großteil der in Kraftwerken gewonnen Elektrizität – stammt aus Wärmekraftmaschinen. Elektrizitätsgewinnung aus Wasserkraft, Windrädern oder Solarzellen (▸ Abbildung 20.7a) erfolgt ohne Wärmekraftmaschinen. Doch über 90 Prozent der elektrischen Energie in den USA stammt aus Kraftwerken, die Fossilien verbrennen (▸ Abbildung 20.7b), und sie verwenden Wärmekraftmaschinen (im Wesentlichen Dampfmaschinen). In Kraftwerken für die Elektrizitätsgewinnung treibt der Dampf Turbinen und Generatoren an, die Elektrizität erzeugen. Selbst Kernkraftwerke nutzen Kernbrennstoffe, um eine Dampfmaschine anzutreiben. Die Abwärme $|Q_L|$, die jede Wärmekraftmaschine abführt – vom Kraftwerk bis zum Auto – stellt eine **thermische Umweltbelastung** dar, weil die Wärme $|Q_L|$ von der Umwelt absorbiert werden muss – etwa von Flüssen und Seen als Kühlwasser oder großen Kühltürmen (▸ Abbildung 20.7c). Die abgeführte Wärme hebt die Temperatur des Kühlwassers an, beeinflusst die Ökologie der Gewässer (im großen Umfang, weil warmes Wasser weniger Sauerstoff enthält). Im Fall von Kühltürmen hebt die Abwärme die Temperatur der Atmosphäre an, was sich auf das Wetter auswirkt. Luftverschmutzung – worunter wir die Emmission chemischer Rückstände aus Fossilienverbrennungen in Autos, Kraftwerken und industriellen Feuerungen verstehen – tragen zu Smog

(a) (b) (c)

Abbildung 20.7 (a) Eine Anordnung von Spiegeln fokussiert das Sonnenlicht auf einen Kessel, um Dampf aus solarer Energie zu gewinnen. (b) Ein fossiles (Kohle, Öl, Gas)Kraftwerk. (c) Große Kühltürme einer Anlage zur elektrischen Energiegewinnung.

und weiteren Problemen bei (CO_2-Anhäufung in der Atmosphäre verursacht den Treibhauseffekt und globale Erwärmung), die bis zu einem gewissen Grad, und in den kommenden Jahren hoffentlich noch besser, beherrscht werden können. Doch thermische Umweltbelastung ist unvermeidbar. Ingenieure können versuchen, die Wirkungsgrade von Maschinen zu erhöhen, doch können sie nicht den Carnot'schen Wirkungsgrad erreichen und müssen damit leben, dass T_L bestenfalls auf die Luft- oder Wassertemperatur gesenkt werden kann. Der zweite Hauptsatz der Thermodynamik zeigt uns die Grenzen auf, die die Natur gezogen hat. Was wir in Anbetracht des zweiten Hauptsatzes tun können, ist weniger Energie verbrauchen, unsere fossilen Vorräte schonen und auf regenerative Energien setzen.

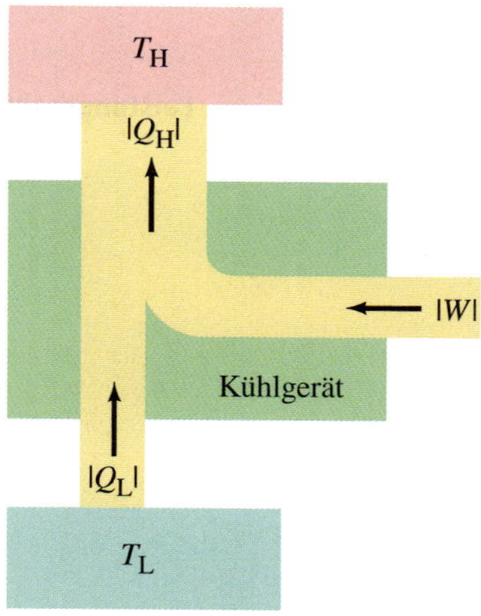

Abbildung 20.8 Schematische Darstellung der Energieübertragung bei einer Kältemaschine oder einer Klimaanlage.

20.4 Kältemaschinen, Klimaanlagen und Wärmepumpen

Das Arbeitsprinzip einer Kältemaschine, einer Klimaanlage und einer Wärmepumpe ist die Umkehrung einer Wärmekraftmaschine. Alle drei transferieren Wärme aus einer kühlen Umgebung in eine wärmere Umgebung. Wie in ▸ Abbildung 20.8 dargestellt, wird Wärme aus einem Bereich niedriger Temperatur T_L (etwa das Innere eines Kühlschranks) durch Verrichten von Arbeit $|W|$ aufgenommen und eine größere Wärmemenge wird bei der Temperatur T_H (z. B. Raumtemperatur) wieder abgeführt. Man kann die erwärmte Luft, die ein Kühlschrank ausstößt, in seiner Nähe oft spüren. Die Arbeit $|W|$ wird normalerweise von einem Kompressor, der eine Flüssigkeit komprimiert, verrichtet (siehe ▸ Abbildung 20.9).

Eine perfekte Kältemaschine – eine, in der keine Arbeit zur Abfuhr der Wärme aus der Zone mit der niedrigen Temperatur in die Hoch-Temperaturzone verrichtet werden muss – ist nicht möglich. Das ist **Clausius'sche Formulierung des zweiten Hauptsatzes der Thermodynamik**, wie bereits in Abschnitt 20.1 erwähnt. Formal lässt es sich wie folgt ausdrücken:

Es gibt keine Maschine, deren einzige Wirkung darin besteht, Wärme von einem System niedriger Temperatur in ein zweites System zu überführen, das eine höhere Temperatur als das erste hat.

ZWEITER HAUPTSATZ DER THERMODYNAMIK (Clausius'sche Formulierung)

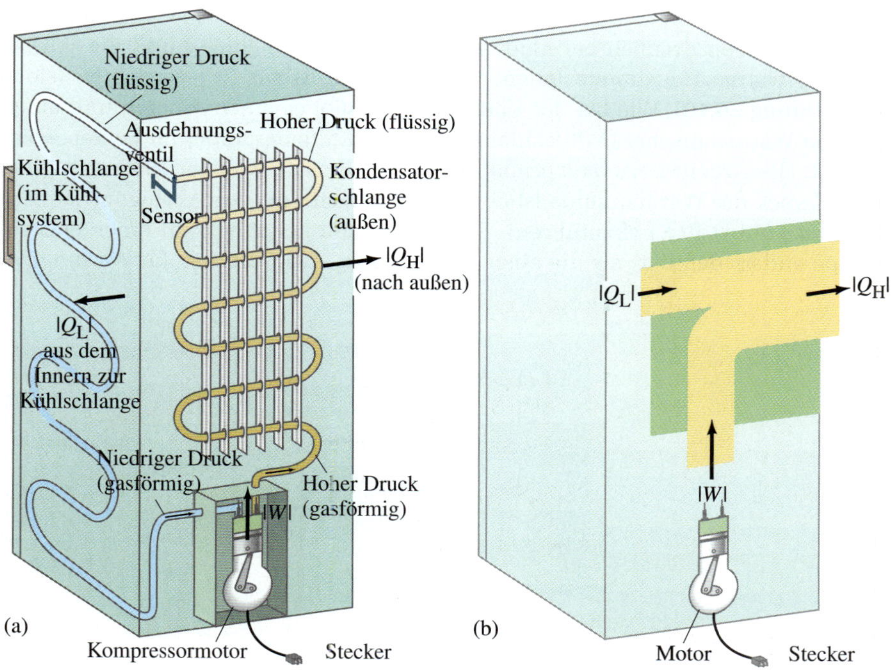

Abbildung 20.9 (a) Typische Kältemaschine. Der Kompressormotor drückt ein Gas bei hohem Druck durch einen Wärmeaustauscher (Kondensator) auf der Außenwand des Kühlsystems, wo $|Q_H|$ abgeführt wird und das Gas flüssig wird. Die Flüssigkeit strömt aus einer Hochdruckzone über ein Ventil in eine Niedrigdruck-Rohrleitung auf der Innenwand des Kühlsystems; die Flüssigkeit verdampft bei diesem niedrigen Druck und absorbiert folglich die Wärme $|Q_L|$ aus dem Innern der Kältemaschine. Die Flüssigkeit kehrt zum Kompressor zurück, wo der Kreislauf erneut beginnt. (b) Schematisches Diagramm, wie Abbildung 20.8.

Um Wärme von einem kühlen zu einem wärmeren System zu überführen, muss Arbeit geleistet werden. Somit *kann es keine perfekte Kältemaschine geben.*

Leistungszahl

Die **Leistungszahl** einer Kältemaschine ist definiert als die Wärme $|Q_L|$, die aus dem Bereich niedriger Temperatur (innerhalb der Kältemaschine) abgeführt wird, dividiert durch die Arbeit $|W|$, die dazu aufgewendet werden muss (▶ Abbildung 20.8 oder ▶ Abbildung 20.9b):

$$LZ = \frac{|Q_L|}{|W|} . \quad \text{(Kältemaschine und Klimaanlage)} \tag{20.4a}$$

Diese Definition ist sinnvoll, denn je mehr Wärme $|Q_L|$ aus dem Innern eines Kühlsystems für einen gegebenen Arbeitsbetrag abgeführt werden kann, desto besser (effizienter) ist es. Die Energie bleibt erhalten, somit können wir mithilfe des ersten Hauptsatzes der Thermodynamik schreiben (siehe ▶ Abbildung 20.8 oder ▶ Abbildung 20.1b): $|Q_L| + |W| = |Q_H|$ oder $|W| = |Q_H| - |Q_L|$. Gleichung 20.4a wird dann

$$LZ = \frac{|Q_L|}{|W|} = \frac{|Q_L|}{|Q_H| - |Q_L|} . \tag{20.4b}$$

Leistungszahl einer Kältemaschine und einer Klimaanlage

Für eine ideale Kältemaschine (keine perfekte, die kann es nicht geben) wäre die beste mögliche Leistungszahl gleich

$$LZ_{\text{ideal}} = \frac{T_L}{T_H - T_L} , \tag{20.4c}$$

äquivalent zur idealen Carnot-Maschine (Gleichung 20.3).

ANGEWANDTE PHYSIK
Klimaanlage

Eine Klimaanlage ähnelt in ihrer Arbeitsweise einer Kältemaschine, obwohl ihre Konstruktion im Detail von der einer Kältemaschine abweicht, da eine Klimaanlage die Wärme $|Q_L|$ aus dem Innern eines Raumes bei niedriger Temperatur abführt und Wärme $|Q_H|$ auf höherer Temperatur nach außen an die Umgebung abgibt. Die Gleichungen 20.4a, 20.4b, 20.4c beschreiben auch die Leistungszahl einer Klimaanlage.

ANGEWANDTE PHYSIK
Wärmepumpe

Wärme fließt natürlicherweise von der hohen zur niedrigen Temperatur. Kältemaschinen und Klimaanlagen arbeiten im Gegensinn, damit Wärme vom Kalten zum Warmen fließt. Wir könnten sagen, dass sie Wärme von kälteren Bereichen in wärmere Bereiche „pumpen“, so wie auch Wasser, gegen seine natürliche Tendenz, abwärts zu fließen, aufwärts gepumpt werden kann. Der Ausdruck **Wärmepumpe** kennzeichnet Systeme, die im Winter ein Haus beheizen, indem sie die Wärme $|Q_L|$ von draußen bei niedriger Temperatur aufnehmen und die Wärme $|Q_H|$ ins warme Hausinnere leiten, wobei sie die Arbeit $|W|$ verrichten (siehe ▶ Abbildung 20.10). Wie bei der Kältemaschine gibt es einen inneren und einen äußeren Wärmetauscher (Kühlschlangen bei der Kältemaschine) und einen Kompressor. Die Arbeitsweise entspricht der einer Klimaanlage oder Kältemaschine, doch Zweck der Wärmepumpe ist es eher, zu heizen ($|Q_H|$ zur Verfügung stellen) denn zu kühlen ($|Q_L|$ abzuführen). Folglich ist die Leistungszahl einer Wärmepumpe anders definiert als die einer Klimaanlage, denn hier ist die Wärme $|Q_H|$

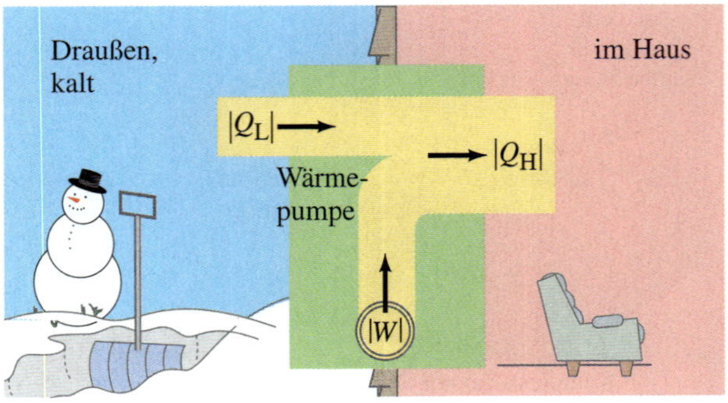

Abbildung 20.10 Eine Wärmepumpe „pumpt“ Wärme von draußen (niedrige Temperatur) ins warme Innere eines Hauses (höhere Temperatur).

die wichtige Größe, da sie ins Hausinnere geleitet wird:

$$LZ = \frac{|Q_H|}{|W|} . \quad \text{(Wärmepumpe)} \tag{20.5}$$

Leistungszahl einer Wärmepumpe

Die meisten Pumpen können jedoch umgestellt werden, so dass sie im Sommer als Klimaanlagen funktionieren.

Beispiel 20.5 **Wärmepumpe**

Eine Wärmepumpe hat eine Leitungszahl von 3,0 und verbraucht 1500 W Leistung. (a) Wie viel Wärme kann sie pro Sekunde einem Raum zuführen? (b) Wie groß ist die Leistungszahl, wenn die Wärmepumpe im Sommer auf „Klimatisierungsbetrieb" umgestellt wird und alles andere gleich bleibt?

Lösung

a Wir benutzen Gleichung 20.5 für die Wärmepumpe, und da sie 1500 W leistet, kann sie eine Wärmemenge von

$$|Q_H| = LZ \cdot |W| = 3{,}0 \cdot 1500\,\text{J} = 4500\,\text{J}$$

pro Sekunde oder 4500 W in den Raum leiten.

b Wird das Gerät im Sommer umgestellt, nimmt es die Wärmemenge $|Q_L|$ aus dem Hausinnern auf, leistet 1500 J Arbeit pro Sekunde und leitet dann $|Q_H| = 4500\,\text{J}$ pro Sekunde nach draußen, wo es wärmer ist. Die Energie bleibt erhalten, also gilt $|Q_L| + |W| = |Q_H|$ (siehe ▸ Abbildung 20.10, doch drinnen und draußen werden umgedreht):

$$|Q_L| = |Q_H| - |W| = 4500\,\text{J} - 1500\,\text{J} = 3000\,\text{J} .$$

Die Leistungszahl als Klimaanlage ist damit (Gleichung 20.4a):

$$LZ = \frac{|Q_L|}{|W|} = \frac{3000\,\text{J}}{1500\,\text{J}} = 2{,}0 .$$

Eine gute Wärmepumpe kann Geld und Energie sparen helfen. Vergleichen Sie beispielsweise die Wärmepumpe aus dem vorangegangenen Beispiel mit einer 1500-W-Elektroheizung. Diese schließen wir an eine Steckdose an, sie verbraucht 1500 W Elektrizität und liefert 1500 W Wärme für die Raumbeheizung. Die Wärmepumpe wird gleichfalls an einer Steckdose angeschlossen und verbraucht gleichfalls 1500 W elektrische Leistung (wofür wir ja auch zahlen müssen), doch sie liefert 4500 W Heizleistung!

20.5 Entropie

Wir haben verschiedene Aspekte des zweiten Hauptsatzes des Thermodynamik kennen gelernt, doch haben wir noch immer keine allgemeingültige Aussage von ihm. Sowohl Clausius' als auch Kelvin-Plancks Formulierung bezieht sich auf spezielle Situationen. Doch gibt es, wie wir am Kapitelanfang bereits erwähnt haben, eine Vielzahl von Vorgängen, die in der Natur nicht vorkommen, obgleich sie den ersten Hauptsatz der Thermodynamik nicht verletzen würden. Um all diese Vorgänge abzudecken, benötigen wir eine allgemeinere Formulierung des zweiten Hauptsatzes. Diese Formulierung erfolgt mit einer Größe, die von Clausius 1860 eingeführt wurde. Sie heißt Entropie, und wir wollen sie nun besprechen.

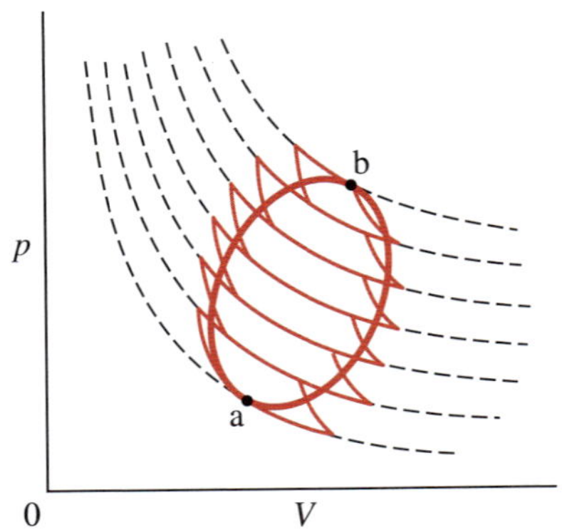

Abbildung 20.11 Ein reversibler Kreisprozess lässt sich durch eine Abfolge von Carnot-Zyklen näherungsweise darstellen (die gestrichelten Linien sind Isotherme).

In unserer Untersuchung des Carnot'schen Kreisprozesses (Gleichung 20.2) haben wir gesehen, dass $|Q_L|/|Q_H| = T_L/T_H$ ist. Wir schreiben das auf als

$$\frac{|Q_H|}{T_H} = \frac{|Q_L|}{T_L} .$$

In dieser Gleichung sind sowohl $|Q_H|$ als auch $|Q_L|$ positiv, da es Absolutbeträge sind. Wir wollen nun die Schreibweise mit Beträgen aufgeben und uns an die ursprüngliche Konvention erinnern, wie sie im ersten Hauptsatz (siehe Abschnitt 19.6) verwendet wurde. Q ist positiv, wenn die Wärme ins System hineinfließt (wie Q_H) und negativ für Wärme, die aus dem System hinausfließt (wie Q_L). Dann wird aus der Gleichung:

$$\frac{Q_H}{T_H} + \frac{Q_L}{T_L} = 0 . \quad \text{(Carnot'sche Zyklen)} \tag{20.6}$$

Wir betrachten nun einen *beliebigen* reversiblen Kreisprozess, dargestellt durch den durchgezogenen, ovalen Graphen in ▸ Abbildung 20.11. Jeder beliebige Zyklus kann durch eine Reihung von Carnot-Zyklen näherungsweise dargestellt werden. ▸ Abbildung 20.11 zeigt nur sechs – die Isothermen (gestrichelte Linien) sind für jeden Prozess durch adiabatische Pfade verbunden – und die Annäherung wird mit wachsender Anzahl von Carnot-Zyklen immer besser. Gleichung 20.6 ist für jeden dieser Zyklen gültig, wir können dann

$$\sum \frac{Q}{T} = 0 \quad \text{(Carnot'sche Zyklen)} \tag{20.7}$$

für die Summe aller dieser Zyklen schreiben. Doch beachten Sie, dass die Wärmeabgabe Q_L eines Zyklus näherungsweise gleich der negativen Wärmeaufnahme Q_H des direkt darunter liegenden Zyklus ist (tatsächlich gleich ist, wenn in der Grenzwertbetrachtung die Anzahl der Carnot-Zyklen gegen unendlich geht). Die Wärmeflüsse aller inneren Pfade dieser Carnot-Zyklen kürzen sich also heraus und die übertragene Nettowärme und verrichtete Arbeit ist für die Carnot-Reihung dieselbe wie für den ursprünglichen Kreisprozess. In der Grenzwertbetrachtung unendlich vieler Carnot-Prozesse lässt sich Gleichung 20.7 also auf jeden beliebigen reversiblen Prozess anwenden. In diesem Fall wird Gleichung 20.7

$$\oint \frac{\mathrm{d}Q}{T} = 0 , \quad \text{(reversibler Zyklus)} \tag{20.8}$$

worin $\mathrm{d}Q$ einen infinitesimalen Wärmefluss bedeutet[5]. Das Symbol $\oint$ bedeutet, dass um einen geschlossenen Weg zu integrieren ist. Ein beliebiger Punkt kann als Startpunkt dienen, wie Punkt a oder b in ▸ Abbildung 20.11, auch die Integrationsrichtung ist beliebig wählbar. Wir wollen den Kreisprozess aus ▸ Abbildung 20.11 in zwei Äste unterteilen, wie in ▸ Abbildung 20.12 angedeutet. Dann schreiben wir Gleichung 20.8 als

$$\mathrm{I}\int_a^b \frac{\mathrm{d}Q}{T} + \mathrm{II}\int_b^a \frac{\mathrm{d}Q}{T} = 0 .$$

Der erste Ausdruck ist das Integral von Punkt a nach Punkt b entlang Pfad I in ▸ Abbildung 20.12, der zweite Term ist das Integral von Punkt b zurück nach a auf Pfad II. (Pfad I plus Pfad II ist der gesamte Zyklus.) Wird ein Pfad rückwärts beschritten, etwa Pfad II, wird $\mathrm{d}Q$ an jedem Punkt $-\mathrm{d}Q$, da der Pfad reversibel ist. Wir können daher schreiben

$$\mathrm{I}\int_a^b \frac{\mathrm{d}Q}{T} = \mathrm{II}\int_b^a \frac{\mathrm{d}Q}{T} . \quad \text{(reversible Pfade)} \tag{20.9}$$

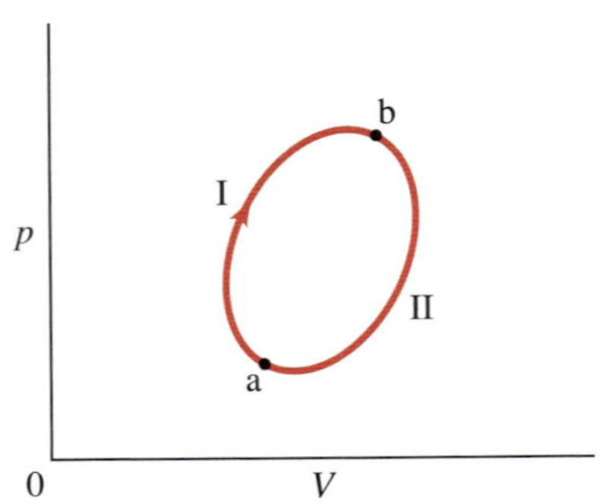

Abbildung 20.12 Das Integral $\oint \mathrm{d}s$ der Entropie für einen reversiblen Kreisprozess ist null. Folglich ist die Differenz der Entropie zwischen den Zuständen a und b $S_b - S_a = \int_a^b \mathrm{d}S$ auf dem Pfad I und auf dem Pfad II dieselbe.

5 $\mathrm{d}Q$ wird oft auch als $đQ$ geschrieben: siehe Fußnote 3 in Kapitel 19 (S. 664).

Da der Zyklus beliebig ist, ist gemäß Gleichung 20.9 das Integral von $\mathrm{d}Q/T$ zwischen zwei beliebigen Gleichgewichtszuständen a und b nicht abhängig vom Prozessweg. Wir definieren daher eine neue Größe, die **Entropie** S, durch die Beziehung

$$\mathrm{d}S = \frac{\mathrm{d}Q}{T}\,. \tag{20.10}$$

Entropie definiert

Aus Gleichung 20.8 wissen wir, dass

$$\oint \mathrm{d}S = 0\,. \quad \text{(reversibler Zyklus)} \tag{20.11}$$

Die Größe ΔS ist gleich

$$\Delta S = S_\mathrm{b} - S_\mathrm{a} = \int_\mathrm{a}^\mathrm{b} \mathrm{d}S = \int_\mathrm{a}^\mathrm{b} \frac{\mathrm{d}Q}{T}\,. \quad \text{(reversible Prozesse)} \tag{20.12}$$

Aus Gleichung 20.9 ist ersichtlich, dass ΔS *unabhängig vom Pfad zwischen den Punkten a und b ist.* Das ist ein wichtiges Ergebnis. Es sagt uns, dass die Differenz der Entropie $S_\mathrm{b} - S_\mathrm{a}$ zwischen zwei Gleichgewichtszuständen eines Systems nicht davon abhängt, welchen Weg es dabei nimmt. Somit *ist die Entropie eine Zustandsvariable* – ihr Wert hängt nur vom Zustand des Systems ab, nicht vom Prozess oder der Vergangenheit[6]. Das ist ein deutlicher Unterschied zu Q und W, die keine Zustandsvariablen sind. Ihre Werte hängen sehr wohl vom Prozessweg ab.

20.6 Entropie und der zweite Hauptsatz der Thermodynamik

Wie ΔS bestimmt werden kann (reversiblen Prozess nutzen)

Wir haben eine neue Größe definiert, die Entropie S, die dazu benutzt werden kann, den Zustand eines Systems gleich wie die Größen p, T, V zu beschreiben. Doch was hat diese ziemlich abstrakte Größe nun mit dem zweiten Hauptsatz der Thermodynamik zu tun? Um die Frage zu beantworten, wollen wir in einigen Beispielen die Änderungen der Entropie in bestimmten Prozessen berechnen. Doch mache man sich zunächst klar, dass Gleichung 20.12 nur auf reversible Prozesse angewandt werden kann. Wie sollen wir dann $\Delta S = S_\mathrm{b} - S_\mathrm{a}$ für reale, mithin irreversible Prozesse berechnen? Was wir tun können, ist das folgende: Wir suchen einen anderen reversiblen Prozess, den das System zwischen denselben beiden Zuständen durchläuft und berechnen ΔS für diesen reversiblen Prozess. Der Wert gleicht dem ΔS für den irreversiblen Prozess, da ΔS nur vom Anfangs- und vom Endzustand abhängt.

Beispiel 20.6 Entropieänderung beim Schmelzvorgang

Ein 1,00 kg Eiswürfel schmilzt bei 0 °C sehr langsam zu Wasser. Das Eis hat Kontakt mit einem Wärmereservoir, dessen Temperatur nur infinitesimal größer als 0 °C ist. Bestimmen Sie die Entropieänderung (a) des Eiswürfels und (b) des Wärmereservoirs.

6 Gleichung 20.12 sagt nichts über den absoluten Wert von S aus; sie liefert nur die Änderung der Entropie S. Das ähnelt sehr der potenziellen Energie (Kapitel 8). Eine Formulierung des dritten Hauptsatzes der Thermodynamik besagt jedoch (Abschnitt 20.10), dass für $T \to 0$ auch $S \to 0$ geht.

Lösung

a Der Prozess läuft bei konstanter Temperatur $T = 273\,\mathrm{K}$ ab. Da er reversibel ist, können wir Gleichung 20.12 benutzen:

$$\Delta S_{\mathrm{Eis}} = \int \frac{\mathrm{d}Q}{T} = \frac{1}{T}\int \mathrm{d}Q = \frac{Q}{T}\,.$$

Da die für den Schmelzvorgang benötigte Wärme $Q = mL$ ist, wobei die Schmelzwärme $L = 3{,}33 \cdot 10^5\,\mathrm{J/kg} = 79{,}7\,\mathrm{kcal/kg} = 3{,}33 \cdot 10^5\,\mathrm{J/kg}$ beträgt, erhalten wir

$$\Delta S_{\mathrm{Eis}} = \frac{mL}{T} = \frac{(1{,}00\,\mathrm{kg})(79{,}7\,\mathrm{kcal})}{273\,\mathrm{K}} = 0{,}292\,\mathrm{kcal/K}\,,$$

oder 1223 J/K.

b Die Wärmemenge $Q = mL$ wird vom Wärmereservoir abgeführt, somit (da $T = 273\,\mathrm{K}$ konstant ist) wird

$$\Delta S_{\mathrm{Res}} = -\frac{Q}{T} = -0{,}292\,\mathrm{kcal/K}\,.$$

Man beachte, dass die gesamte Entropieänderung $\Delta S_{\mathrm{Eis}} + \Delta S_{\mathrm{Res}}$ null ist.

Beispiel 20.7 · Abschätzung — Entropieänderung beim Mischen von Wasser

50,0 kg Wasser bei 20 °C werden mit 50,0 kg Wasser bei 24 °C vermischt. Schätzen Sie die Änderung der Entropie ohne Infinitesimalrechnung.

Lösung

Die Endtemperatur der Mischung wird 22 °C sein, da die beiden Wassermengen gleich groß sind. Die Wärmemenge

$$Q = mc\Delta T = (50{,}0\,\mathrm{kg})(1{,}00\,\mathrm{kcal/kg{\cdot}K})(2{,}0\,\mathrm{K}) = 100\,\mathrm{kcal} = 418{,}7\,\mathrm{kJ}$$

fließt aus dem wärmeren Wasser, wenn es sich von 24 °C auf 22 °C abkühlt, heraus zum kälteren Wasser, das sich von 20 °C auf 22 °C erwärmt. Die gesamte Änderung der Entropie ΔS ist die Summe der Entropieänderungen ΔS_{W} des warmen und ΔS_{K} des kalten Wassers:

$$\Delta S = \Delta S_{\mathrm{w}} + \Delta S_{\mathrm{k}}\,.$$

Wir schätzen die Entropieänderung durch $\Delta S = Q/T_{\mathrm{DS}}$ ab, worin T_{DS} eine „durchschnittliche" Temperatur für jeden Prozessteil ist. Das sollte eine gute Abschätzung ermöglichen, da die Temperaturänderung gering ist. Für das warme Wasser setzen wir eine durchschnittliche Temperatur von 23 °C (296 K) ein, für das kalte Wasser nehmen wir sie mit $T_{\mathrm{DS}} = 21\,°\mathrm{C}$ an (294 K). Damit folgt

$$\Delta S_{\mathrm{w}} \approx -\frac{100\,\mathrm{kcal}}{296\,\mathrm{K}} = -0{,}338\,\mathrm{kcal/K} = -1{,}415\,\mathrm{kJ/K}$$

und

$$\Delta S_{\mathrm{k}} \approx \frac{100\,\mathrm{kcal}}{294\,\mathrm{K}} = 0{,}340\,\mathrm{kcal/K} = 1{,}424\,\mathrm{kJ/K}\,.$$

Beachten Sie, dass die Entropie des warmen Wassers S_{w} abnimmt, da Wärme aus dem warmen Wasser herausfließt. Die Entropie des kalten Wassers S_{k} steigt um einen größeren Betrag. Die gesamte Entropieänderung ist damit

$$\Delta S = \Delta S_{\mathrm{w}} + \Delta S_{\mathrm{k}} \approx -0{,}338\,\mathrm{kcal/K} + 0{,}340\,\mathrm{kcal/K} \approx +0{,}002\,\mathrm{kcal/K}$$
$$= 0{,}008\,\mathrm{kJ/K}\,.$$

Während also die Entropie des einen Systemteils abnimmt, wächst die Entropie des anderen Systemteils um einen größeren Betrag, so dass die resultierende Entropieänderung des Gesamtsystems positiv ist.

Entropie nimmt bei Wärmeübertragung zu

Wir können nun leicht allgemein zeigen, dass bei einem isolierten System aus zwei Teilsystemen der Wärmestrom von dem Teilsystem mit der höheren Temperatur (T_H) zu dem mit der niedrigeren Temperatur (T_L) stets zu einer Zunahme der Entropie führt. Die beiden Teilsystem erreichen möglicherweise eine mittlere Temperatur T_M. Die vom wärmeren Teilsystem abgegebene Wärme ($Q_H = -Q$, wobei Q positiv ist) ist gleich der vom kälteren Teilsystem aufgenommenen Wärme ($Q_L = Q$), so dass die gesamte Entropieänderung durch

$$\Delta S = \Delta S_H + \Delta S_N = -\frac{Q}{T_{HM}} + \frac{Q}{T_{LM}}$$

gegeben ist. In dem Ausdruck ist T_{HM} eine mittlere Temperatur zwischen T_H und T_M für das wärmere Teilsystem, wenn es sich von T_H nach T_M abkühlt. T_{NM} ist das Gegenstück für das kältere Teilsystem. Die Temperatur des wärmeren Teilsystems ist während des ganzen Vorgangs größer als die des kälteren Teilsystems, also $T_{HM} > T_{LM}$. Es folgt

$$\Delta S = Q\left(\frac{1}{T_{LM}} - \frac{1}{T_{HM}}\right) > 0\,.$$

Das eine Teilsystem verliert Entropie, der andere gewinnt Entropie. Die gesamte Änderung ist aber positiv.

Beispiel 20.8 Entropieänderungen bei freier Expansion

Betrachten Sie eine adiabatische freie Expansion eines idealen Gases von Volumen V_1 nach Volumen V_2 mit $V_2 > V_1$, wie bereits in Abschnitt 19.7, ► Abbildung 19.13 besprochen. Berechnen Sie die Änderung der Entropie (a) vom Gas und (b) von der Umgebung. (c) Berechnen Sie ΔS für 1,00 mol mit $V_2 = 2{,}00 V_1$.

Lösung

Wie wir in Abschnitt 19.7 gesehen haben, befindet sich das Gas anfangs in einem geschlossenen Behälter des Volumens V_1. Indem ein Ventil gelöst wird, expandiert das Gas adiabatisch in einen zuvor leeren Behälter. Das Gesamtvolumen der beiden Behälter ist V_2. Die gesamte Apparatur ist thermisch von der Umgebung isoliert, folglich gibt es keinen Wärmestrom ins Gas hinein ($Q = 0$). Das Gas verrichtet keine Arbeit, $W = 0$, also gibt es keine Änderung der inneren Energie, $\Delta U = 0$, Anfangs- und Endtemperatur sind identisch, $T_2 = T_1 = T$.

a Der Prozess läuft sehr schnell ab, ist also irreversibel. Somit können wir Gleichung 20.12 auf diesen Prozess nicht anwenden. Stattdessen müssen wir uns einen reversiblen Prozess vorstellen, den das Gas vom Volumen V_1 nach V_2 bei derselben Temperatur durchläuft. Auf diesen reversiblen Prozess wenden wir dann Gleichung 20.12 an, um ΔS zu erhalten. In einem reversiblen isothermen Prozess ändert sich die innere Energie nicht und aus dem ersten Hauptsatz folgt:

$$dQ = -dW = p\,dV\,.$$

Damit gilt

$$\Delta S_{Gas} = \int \frac{dQ}{T} = \frac{1}{T}\int_{V_1}^{V_2} p\,dV$$

Gemäß dem idealen Gasgesetz ist $p = nRT/V$, also

$$\Delta S_{\text{Gas}} = \frac{nRT}{T} \int_{V_1}^{V_2} \frac{\mathrm{d}V}{V} = nR \ln \frac{V_2}{V_1} \, .$$

Da $V_2 > V_1$ ist, ist $S_{\text{Gas}} > 0$.

b Da keine Wärme an die Umgebung abgeführt wird, gibt es keine Änderung des Zustands der Umgebung aufgrund dieses Prozesses. Somit ist $\Delta S_{\text{Umg}} = 0$. Beachten Sie, dass die gesamte Änderung der Entropie $\Delta S_{\text{Gas}} + \Delta S_{\text{Umg}}$ größer als null ist.

c Da $n = 1{,}00$ und $V_2 = 2{,}00 V_1$ ist, folgt $\Delta S_{\text{Gas}} = R \ln 2{,}00 = 5{,}76\,\text{J/K}$.

Beispiel 20.9 Wärmeleitung

Ein rotglühendes 2,0 kg Stück Eisen, das eine Temperatur von $T_1 = 880\,\text{K}$ besitzt wird in eine Salzlake mit $T_2 = 280\,\text{K}$ geworfen. Die Temperatur der Lake steigt dadurch nicht messbar. Bestimmen Sie die Änderung der Entropie (a) des Eisens und (b) der Umgebung (der Lake).

Lösung

a Der Prozess ist irreversibel, doch dieselbe Entropieänderung tritt bei einem reversiblen Prozess auf. Wir nutzen das Konzept der spezifischen Wärmekapazität, Gleichung 19.2. Wir nehmen die spezifische Wärmekapazität des Eisens mit $c = 0{,}4606\,\text{kJ/(kg}\cdot\text{K)}$ an. Wir vernachlässigen die Temperaturabhängigkeit der spezifischen Wärmekapazitäten. Es gilt $\mathrm{d}Q = mc\,\mathrm{d}T$. In einem quasistatischen, reversiblen Prozess ist

$$\Delta S_{\text{Eisen}} = \int \frac{\mathrm{d}Q}{T} = mc \int_{T_1}^{T_2} \frac{\mathrm{d}T}{T} = mc \ln \frac{T_2}{T_1} = -mc \ln \frac{T_1}{T_2} \, .$$

Mit den angegeben Zahlen erhalten wir

$$\Delta S_{\text{Eisen}} = -(2{,}0\,\text{kg})(0{,}4606\,\text{kJ/kg}\cdot\text{K}) \ln \frac{880\,\text{K}}{280\,\text{K}} = -1{,}055\,\text{kJ/K} \, .$$

b Anfangs- und Endtemperatur der Lake sind gleich, $T = 280\,\text{K}$. Die Lake nimmt vom Eisen die Wärmemenge

$$Q = mc(T_2 - T_1) = (2{,}0\,\text{kg})(0{,}4606\,\text{kJ/kg}\cdot\text{K})(880\,\text{K} - 280\,\text{K}) = 544\,\text{kJ}$$

auf. Genau genommen handelt es sich um einen irreversiblen Prozess (die Salzlake erwärmt sich lokal, bevor das Gleichgewicht erreicht wird), doch verhält er sich äquivalent zu einem reversiblen isothermen Wärmetransfer von $Q = 544\,\text{kJ}$ bei $T = 280\,\text{K}$. Somit ist

$$\Delta S_{\text{Umg}} = \frac{544\,\text{kJ}}{280\,\text{K}} = 1{,}943\,\text{kJ/K}$$

oder 0,46 kcal/K. Obgleich also die Entropie des Eisens abnimmt, ist die gesamte Änderung der Entropie von Eisen plus Umgebung positiv: $1{,}943\,\text{kJ/K} - 1{,}05\,\text{kJ/K} = +0{,}89\,\text{kJ/K}$.

In jedem dieser Beispiele blieb die Entropie des betrachteten Systems plus der Umgebung entweder konstant oder nahm zu. Für jeden reversiblen Prozess, wie der aus Beispiel 20.6, ist die gesamte Entropieänderung null. Das kann man allgemein wie folgt einsehen: Ein beliebiger reversibler Prozess kann als eine Abfolge quasistatischer isothermer Wärmeübertragungen ΔQ zwischen System und Umgebung aufgefasst werden, die sich in der Temperatur nur durch einen infinitesimalen Betrag unterscheiden. Folglich ist die Entropieänderung entweder des Systems oder der Umgebung $\Delta Q/T$ und die jeweils andere ist $-\Delta Q/T$. Die gesamte Entropieänderung ist dann

$$\Delta S = \Delta S_{\text{Syst}} + \Delta S_{\text{Umg}} = 0\,. \quad \text{(für jeden reversiblen Prozess)}$$

In den Beispielen 20.7, 20.8 und 20.9 nahm die gesamte Entropie von System plus Umgebung zu. Tatsächlich wurde herausgefunden, dass bei allen realen (irreversiblen) Prozessen die Gesamtentropie zunimmt. Wir können daher eine *allgemeine Formulierung* des **zweiten Hauptsatzes der Thermodynamik** wie folgt angeben:

Die Entropie eines isolierten Systems nimmt niemals ab. Entweder sie bleibt konstant (reversible Prozesse) oder sie nimmt zu (irreversible Prozesse).

Da alle wirklichen Vorgänge unumkehrbar sind, können wir den zweiten Hauptsatz auch folgendermaßen zusammenfassen:

ZWEITER HAUPTSATZ DER THERMODYNAMIK (allgemeine Formulierung)

Die gesamte Entropie eines jeden Systems plus der seiner Umgebung wächst als Resultat jedes natürlichen Prozesses:

$$\Delta S = \Delta S_{\text{Syst}} + \Delta S_{\text{Umg}} > 0\,. \tag{20.13}$$

Obgleich die Entropie eines Teils des Universums in irgendeinem Prozess abnehmen mag (siehe obige Beispiele), so nimmt doch die Entropie eines anderen Teils des Universums immer um einen größeren Betrag zu, so dass die Gesamtentropie stets wächst.

Entropie wächst in allen realen Prozessen

Nun, da wir endlich eine quantitative allgemeingültige Formulierung des zweiten Hauptsatzes der Thermodynamik gefunden haben, verstehen wir, dass er ein sehr ungewöhnliches Gesetz beschreibt. Es unterscheidet sich erheblich von anderen Gesetzen der Physik, die typischerweise als Gleichungen (wie $\mathbf{F} = m\mathbf{a}$) oder Erhaltungssätze (wie die Energie- oder Impulserhaltung) formuliert sind. Der zweite Hauptsatz führt eine neue Größe ein, die Entropie S, doch sagt er nicht, dass sie erhalten bleibt. Im Gegenteil: Die Entropie wächst unentwegt in der Zeit.

Der zweite Hauptsatz der Thermodynamik fasst äußerst prägnant zusammen, welche Vorgänge in der Natur vorkommen und welche nicht. Oder, um es anders auszudrücken, er sagt etwas über die *Richtung* aus, in die sich Vorgänge entwickeln. Bei der Umkehrung der Prozesse in den vorangegangenen Beispielen nähme die Entropie ab; doch das wird nie beobachtet. Beispielsweise beobachten wir niemals, dass Wärme spontan vom kalten zum warmen Objekt fließt, die Umkehrung von Beispiel 20.9. Ebenso wenig zieht sich ein Gas spontan in ein kleineres Volumen zusammen, die Umkehrung von Beispiel 20.8 (Gase dehnen sich stets aus, um das Gefäß zu füllen). Auch beobachten wir nicht, dass sich die thermische Energie eines Felsblocks in kinetische umwandelt, so dass er sich spontan vom Boden erhebt. Jeder dieser Vorgänge ist im Einklang mit dem ersten Hauptsatz der Thermodynamik (Energieerhaltung). Es ist der zweite Hauptsatz der Thermodynamik, mit dem diese Vorgänge nicht konsistent sind, und das ist der Grund, warum wir den zweiten Hauptsatz benötigen. Wenn Sie einen rückwärts laufenden Film sehen, würden Sie das wahrscheinlich unmittelbar bemerken, weil Sie mit sonderbaren Vorkommnissen konfrontiert würden – beispielsweise wenn ein Felsen sich spontan vom Boden erhebt, oder die Luft in einen leeren Luftballon strömt, um ihn zu füllen (die Umkehrung der freien Expansion). Wenn wir einen Film anschauen, erkennen wir anhand der Entropiezu- oder -abnahme, ob er rückwärts in der Zeit läuft. Die Entropie ist daher der **Zeitpfeil** genannt worden. Sie sagt uns, in welche Richtung die Zeit läuft.

Zeitpfeil

Äquivalenz der unterschiedlichen Formulierungen des zweiten Hauptsatzes

Ist die allgemeine Formulierung des zweiten Hauptsatzes der Thermodynamik – das Prinzip der Entropiezunahme – konsistent mit den Aussagen von Clausius und Kelvin-Planck? Ja, das ist sie. Man kann das leicht einsehen, denn wenn in einem Prozess Wärme spontan vom kälteren (T_L) Reservoir (dessen Entropie damit abnimmt) zum wärmeren (T_H) Reservoir (dessen Entropie dadurch zunimmt) flösse, unter Verletzung der Clausius'schen Formulierung, so wäre die Gesamtänderung der Entropie $\Delta S = Q/T_H - Q/T_L$ kleiner als null, da $T_L < T_H$ ist. Somit impliziert das Prinzip der Entropiezunahme die Clausius'sche Aussage. Können Sie die Äquivalenz des Prinzips der Entropie mit der Planck-Kelvin'schen Formulierung zeigen?

20.7 Aus Ordnung wird Unordnung

Der Begriff der Entropie, so wie wir ihn bis jetzt besprochen haben, mag sehr abstrakt erscheinen. Doch können wir es auf die anschaulichere Vorstellung von Ordnung und Unordnung beziehen. Die Entropie eines Systems lässt sich tatsächlich als ein *Maß für die Unordnung des Systems* betrachten. Dann kann man das zweite Gesetz der Thermodynamik allgemeiner ausdrücken:

ZWEITER HAUPTSATZ DER THERMODYNAMIK (allgemeine Formulierung)

Natürliche Vorgänge führen dazu, dass die Gesamtentropie und damit die Unordnung zunimmt.

Was wir exakt unter Unordnung verstehen, mag nicht immer klar sein, und so wollen wir ein paar Beispiele betrachten. Einige zeigen uns, wie diese sehr allgemeine Formulierung des zweiten Hauptsatzes auch auf Gebiete jenseits dessen angewandt werden kann, was man allgemein als die Thermodynamik ansieht.

Wir wollen einige sehr einfache Beispiele betrachten. Zunächst: Ein Glas, das einzelne Schichten Salz und Pfeffer enthält, hat eine größere Ordnung als ein solches, in dem Salz und Pfeffer vermischt sind. Das Schütteln eines Glases, das Schichten aus Salz und Pfeffer enthält, führt zu einem Gemisch, und kein noch so intensives Schütteln stellt die ursprünglichen Schichten wieder her. Der Vorgang (des Schüttelns) führt von einem Zustand relativer Ordnung (Schichten) zu einem Zustand relativer Unordnung (Mischung), nicht umgekehrt. Das heißt, die Unordnung nimmt zu. Zweitens: Eine Kaffeetasse ist ein geordnetes System als eine zerbrochene Tasse. Tassen zerbrechen, wenn sie fallen, doch sie fügen sich nicht von selbst wieder zusammen (► Abbildung 20.13). Wiederum ist der normale Verlauf der Ereignisse eine Zunahme der Unordnung.

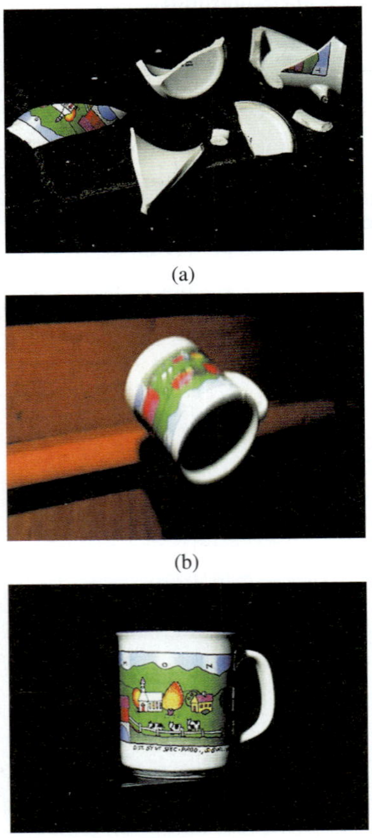

(a) (b) (c)

Abbildung 20.13 Haben Sie jemals eine zerbrochene Tasse beobachtet, die sich spontan wieder zusammenfügt und zum Tisch emporsteigt?

Wir wollen nun einige Vorgänge betrachten, für die wir die Entropieänderung eigentlich schon berechnet haben. Dabei sehen wir, dass eine Zunahme der Entropie in einer Zunahme der Unordnung (und umgekehrt) resultiert. Wenn Eis bei 0 °C zu Wasser schmilzt, nimmt die Entropie des Wassers zu, wie wir in Beispiel 20.6 gesehen haben. Intuitiv stellen wir uns festes Wasser, d.h. kristallines Eis, als geordneter vor als den flüssigen Zustand, der in alle Richtungen fließen kann. Die Änderung von Ordnung nach Unordnung lässt sich auf molekularer Ebene deutlicher erkennen: Die geordnete Ansammlung von Wassermolekülen in einem Eiskristall hat sich in eine unordentliche und zufallsbestimmte Bewegung der Moleküle im flüssigen Zustand verwandelt.

Wird ein warmer Körper oder Stoff in Kontakt mit einem kalten Körper oder Stoff gebracht, fließt Wärme von der höheren Temperatur zur niedrigeren, bis die beiden Körper dieselbe Mischtemperatur erreicht haben. Am Anfang des Vorgangs können wir zwei Klassen von Molekülen unterscheiden – jene mit hoher, und jene mit niedriger kinetischer Durchschnittsenergie. Nach dem Vorgang gehören sämtliche Moleküle derselben Klasse mit derselben durchschnittlichen kinetischen Energie an, die geordnetere Aufteilung von zwei Klassen gibt es nicht mehr. Ordnung hat sich in Unordnung verwandelt. Darüber hinaus könnten die separaten Körper mit unterschiedlicher Temperatur als Reservoir-Bereiche einer Wärmekraftmaschine dienen und somit nutzbare Arbeit leisten. Sind die beiden Körper aber einmal in Kontakt miteinander und erreichen dieselbe Temperatur, kann keine Arbeit mehr daraus gewonnen werden.

Ein interessantes Beispiel der Entropiezunahme handelt von der Theorie der biologischen Evolution und dem Wachstum von Organismen. Sicher ist ein menschliches Wesen ein Organismus hoher Ordnungsstufe. Der evolutionäre Prozess von den frühen Makromolekülen und einfachen Lebensformen zum *Homo sapiens* stellt eine Zunahme der Ordnung dar. Ebenso ist die Entwicklung eines Individuums aus einer einzelnen Zelle zu einem ausgewachsenen Menschen ein Prozess zunehmender Ordnung. Verletzen solche Vorgänge den zweiten Hauptsatz der Thermodynamik? Nein, das tun sie nicht. In den Prozessen der Evolution und des Wachstums, und selbst im Leben eines Individuums, werden Abfallprodukte ausgeschieden. Diese kleinen Moleküle, die als Resultat des Stoffwechsels verbleiben, sind einfache Moleküle ohne große Ordnung im Vergleich mit den Makromolekülen des Lebens wie DNA und Proteinen. Sie repräsentieren daher eine relativ hohe Unordnung oder Entropie. Tatsächlich ist die Gesamtentropie der von den Organismen während der Evolution und des Wachstums ausgeschiedenen Moleküle größer als die Abnahme der Entropie, die mit der zunehmenden Ordnung wachsender Individuen oder evolvierender Spezies verbunden ist.

20.8 Energieverfügbarkeit; Wärmetod

Im Prozess der Wärmeleitung von einem warmen zu einem kalten Körper haben wir gesehen, dass die Entropie zunimmt und Ordnung in Unordnung übergeht. Die getrennten warmen und kalten Körper oder Stoffe könnten als Warm- und Kaltreservoir einer Wärmekraftmaschine dienen und so nutzbare Arbeit verrichten. Doch nachdem die beiden Körper in Kontakt miteinander gebracht sind und dieselbe Temperatur erreicht haben, lässt sich keine Arbeit mehr aus ihnen gewinnen. In Bezug auf die Fähigkeit, nutzbare Arbeit zu leisten, ist in diesem Prozess Ordnung in Unordnung verwandelt worden.

Dasselbe kann über einen fallenden Felsblock gesagt werden, der nach dem Aufschlagen auf dem Boden zur Ruhe kommt. Kurz bevor er aufschlägt, hätte die gesamte kinetische Energie des Felsblocks in nutzbare Arbeit verwandelt werden können. Hat sich die kinetische Energie aber erst einmal in thermische Energie verwandelt, ist das nicht mehr möglich.

Die beiden Beispiele illustrieren einen wichtigen Aspekt im zweiten Hauptsatz der Thermodynamik – *in jedem natürlichen Prozess steht ein gewisser Anteil der Gesamtenergie nicht mehr für nutzbare Arbeit zur Verfügung.* In keinem Vorgang wird Energie jemals verloren (sie bleibt immer erhalten). Es ist eher so, dass ihre Nützlichkeit abnimmt – sie kann weniger nützliche Arbeit verrichten. Mit voranschreitender Zeit wird die **Energie degradiert**. Sie geht von mechanischer Energie in innere Energie oder Wärme über. Die Entropie ist hier deswegen eine wesentliche Größe, weil die Energiemenge, die keine nutzbare Arbeit mehr verrichten kann, proportional zur Entropieänderung während des Prozesses[7] Ist.

Degradation der Energie

Ein Ergebnis unserer Betrachtungen ist, dass im Verlauf der Zeit das Universum einen Zustand maximaler Unordnung erreichen wird. Materie wird zu einer Einheitsmischung werden, alle Wärme wird von Bereichen höherer Temperatur in Bereiche niedriger Temperatur fließen, bis das ganze Universum eine einheitliche Temperatur hat. Keine Arbeit kann dann mehr verrichtet werden. Sämtliche Energie des Universums wird zu thermischer Energie degradieren. Jegliche Veränderung hört auf. Das ist der so genannte **Wärmetod** des Universums, der

„Wärmetod"

7 Man kann zeigen, dass der Energiebetrag, der für nutzbare Arbeit verloren geht, gleich $T_L \Delta S$ ist, worin T_L die niedrigste verfügbare Temperatur und ΔS die Gesamtzunahme der Entropie im Prozess ist.

vielfach von Philosophen diskutiert worden ist. Dieser finale Zustand scheint eine unvermeidbare Konsequenz des zweiten Hauptsatzes der Thermodynamik zu sein, auch wenn er in ferner Zukunft liegt. Er basiert auf der Annahme, dass das Universum begrenzt ist, doch Kosmologen sind sich dessen nicht ganz sicher. Die Antworten sind noch nicht alle gegeben; das macht Wissenschaft so interessant.

20.9 Statistische Interpretation der Entropie und des zweiten Hauptsatzes

Die mit Entropie und Unordnung verbundenen Vorstellungen werden klarer, wenn man den molekularen Zustand eines Systems mit statistischen Mitteln und der Wahrscheinlichkeitsrechnung analysiert. Die statistische Vorgehensweise, die zuerst von Ludwig Boltzmann (1844–1906) gegen Ende des 19. Jahrhunderts angewendet wurden, unterscheidet zwischen dem „Makrozustand" und dem „Mikrozustand" eines Systems. Der **Mikrozustand** eines Systems wäre dann spezifiziert, wenn Position und Geschwindigkeit jedes Teilchens (oder Moleküls) gegeben ist. Der **Makrozustand** eines Systems wird durch seine makroskopischen Eigenschaften spezifiziert – Druck, Temperatur, Anzahl der Mole und so weiter. In der Realität können wir nur den Makrozustand eines Systems kennen. Es gibt im allgemeinen zu viele Moleküle in einem System, als dass man Kenntnis über ihre Geschwindigkeit und Position in jedem Zeitpunkt haben könnte. Dennoch ist es wichtig zu erkennen, dass eine große Anzahl unterschiedlicher Mikrozustände zu *demselben* Makrozustand führen können.

Mikrozustände und Makrozustände

Wir wollen dazu ein einfaches Beispiel betrachten. Nehmen Sie an, Sie schütteln vier Münzen in Ihrer Hand und lassen Sie dann auf den Tisch fallen. Die Anzahl von Zahl und Kopf des Wurfs als Ganzem ist der Makrozustand des Systems. Jede einzelne Münze nach Zahl oder Kopf zu spezifizieren ergibt den Mikrozustand des Systems. In der folgenden Tabelle sind die Anzahlen von Mikrozuständen aufgelistet, die denselben Makrozustand ergeben:

Makrozustand	Mögliche Mikrozustände (Z = Zahl, K = Kopf)	Anzahl der Mikrozustände
4· Kopf	K K K K	1
3· Kopf, 1· Zahl	K K K Z, K K Z K, K Z K K, Z K K K	4
2· Kopf, 2· Zahl	K K Z Z, K Z K Z, Z K K Z, K Z Z K, Z K Z K, Z Z K K	6
1· Kopf, 3· Zahl	Z Z Z K, Z Z K Z, Z K Z Z, K Z Z Z	4
4· Zahl	Z Z Z Z	1

Wahrscheinlichkeiten

Ein Grundprinzip der statistischen Vorgehensweise ist, dass jeder Mikrozustand *gleichermaßen wahrscheinlich* ist. Somit ergibt die Anzahl der Mikrozustände, die zu demselben Makrozustand führen, die relative Wahrscheinlichkeit, dass dieser Makrozustand eintritt. Der Makrozustand von zweimal Kopf und zweimal Zahl ist bei einem Wurf von vier Münzen der wahrscheinlichste. Von den 16 möglichen Mikrozuständen ergeben sechs zweimal Kopf und zweimal Zahl, damit beträgt die Wahrscheinlichkeit, zweimal Kopf und zweimal Zahl zu werfen, 6 geteilt durch 16, oder 38 Prozent. Die Wahrscheinlichkeit, einmal Kopf und dreimal Zahl zuwerfen, ist 4 geteilt durch 16 oder 25 Prozent. Die Wahrscheinlichkeit, viermal Kopf zu werfen, ist 1 geteilt durch 16, also 6 Prozent. Wenn Sie die Münzen 16 mal werfen, werden Sie wahrscheinlich nicht exakt sechsmal die Kombination von zweimal Kopf plus zweimal Zahl oder einmal vier Köpfe erhalten. Es handelt sich lediglich um Wahrscheinlichkeiten oder Durchschnittswerte. Werfen Sie aber 1600 mal, so wird der Prozentsatz der Kombination zweimal Kopf und zweimal Zahl sehr nah bei 38 Prozent liegen. Je größer die Anzahl der Würfe, desto näher rücken die Prozentsätze an die errechneten Wahrscheinlichkeiten heran.

Wenn wir mehr Münzen werfen, beispielsweise 100, ist die Wahrscheinlichkeit, nur Kopf (oder nur Zahl) zu werfen, stark vermindert. Es gibt nur einen Mikrozustand, der mit 100 · Kopf korrespondiert. Für 99 · Kopf und einmal Zahl sind 100 Mikrozustände möglich, da jede der Münzen auf Zahl fallen könnte. Die Wahrscheinlichkeiten für weitere Makrozustände sind in Tabelle 20.1 aufgelistet. Es gibt insgesamt 10^{30} mögliche Mikrozustände[8]. Die Wahrscheinlichkeit, dass alle Münzen Kopf haben, ist 1 zu 10^{30}, ein unglaublich unwahrscheinliches Ereignis! Die Wahrscheinlichkeit, 50 · Kopf und 50 · Zahl zubekommen (siehe Tabelle 20.1), beträgt $1{,}0 \cdot 10^{29}/10^{30} = 0{,}10$ oder 10 Prozent. Die Wahrscheinlichkeit eines Wurfs mit einer Kopfanzahl zwischen 45 und 55 ist 90 Prozent.

Wir sehen also, dass wenn die Anzahl der Münzen zunimmt, die Wahrscheinlichkeit einer geordneten Kombination (nur Kopf oder nur Zahl) sehr klein wird. Die am wenigsten geordnete Kombination (je zur Hälfte Kopf und Zahl) ist die wahrscheinlichste; und die Wahrscheinlichkeit, innerhalb eines bestimmten Prozentsatzes (beispielsweise 5 Prozent) der wahrscheinlichsten Kombination zu liegen, nimmt stark mit der Anzahl der Münzen zu. Diese Gedanken lassen sich auch auf die Moleküle eines Systems übertragen. Beispielsweise ist der wahrscheinlichste Zustand eines Gases (etwa der Raumluft) jener, in dem die Moleküle den gesamten Raum ausfüllen und sich zufallsbestimmt umherbewegen. Das entspricht der Maxwell-Boltzmann-Verteilung, ► Abbildung 20.14a, (siehe Abschnitt 18.2). Andererseits ist eine stark geordnete Verteilung aller Moleküle in einer Raumecke und mit derselben Geschwindigkeit (► Abbildung 20.14b) extrem unwahrscheinlich.

Aus diesen Beispielen wird ersichtlich, dass die Wahrscheinlichkeit direkt mit Unordnung und daher Entropie verbunden ist. Das bedeutet, der wahrscheinlichste Zustand ist derjenige mit der größten Entropie oder größten Unordnung und Zufallsbestimmtheit. Boltzmann zeigte, dass in Übereinstimmung mit Clausius' Definition ($dS = dQ/dT$) die Entropie eines Systems in einem gegebenen (Makro-)Zustand als

$$S = k \ln \mathcal{W} \qquad (20.14)$$

geschrieben werden kann. Darin ist k die Boltzmann-Konstante ($k = R/N_A = 1{,}38 \cdot 10^{-23}$ J/K) und $\mathcal{W}$ die Anzahl der mit dem gegebenen Makrozustand korrespondierenden Mikrozustände. Das heißt, $\mathcal{W}$ ist proportional zur Wahrscheinlichkeit, dass der Makrozustand eintritt.

Beispiel 20.10 Freie Expansion eines Gases – Statistische Bestimmung der Entropie

Wir nutzen Gleichung 20.14, um die Entropieänderung einer freien adiabatischen Expansion eines Gases zu berechnen. Die makroskopische Berechnung erfolgte in Beispiel 20.8. Sei $\mathcal{W}$ die Anzahl der Mikrozustände für jeden Makrozustand, die Anzahl möglicher Positionen.

Lösung

Wir setzen die Anzahl der Mole $n = 1$, dann wird die Anzahl der Moleküle $N = nN_A = N_A$. Zudem verdoppelt sich, wie in Beispiel 20.8, das Volumen.

8 Jede Münze hat zwei Möglichkeiten, Kopf oder Zahl. Die Anzahl möglicher Mikrozustände ist dann $2 \cdot 2 \cdot 2 \cdot \ldots = 2^{100} = 1{,}27 \cdot 10^{30}$ (Taschenrechner oder Logarithmus benutzen).

Tabelle 20.1

Wahrscheinlichkeiten verschiedener Makrozustände für Würfe mit 100 Münzen

Makrozustand Kopf	Zahl	Anzahl der Mikrozustände $\mathcal{W}$
100	0	1
99	1	$1{,}0 \cdot 10^{2}$
90	10	$1{,}7 \cdot 10^{13}$
80	20	$5{,}4 \cdot 10^{20}$
60	40	$1{,}4 \cdot 10^{28}$
55	45	$6{,}1 \cdot 10^{28}$
50	50	$1{,}0 \cdot 10^{29}$
45	55	$6{,}1 \cdot 10^{28}$
40	60	$1{,}4 \cdot 10^{28}$
20	80	$5{,}4 \cdot 10^{20}$
10	90	$1{,}7 \cdot 10^{13}$
1	99	$1{,}0 \cdot 10^{2}$
0	100	1

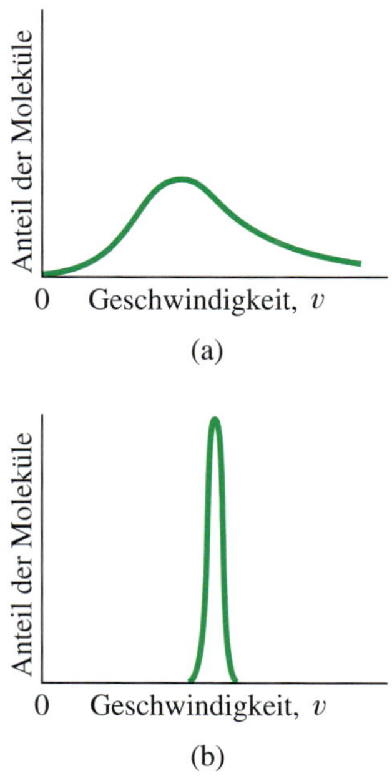

Abbildung 20.14 (a) Wahrscheinlichste Verteilung der Molekülgeschwindigkeiten in einem Gas (Maxwell-Boltzmann-Verteilung oder zufallsbestimmt); (b) geordnete, doch extrem unwahrscheinliche Verteilung der Geschwindigkeiten, bei der nahezu alle Moleküle dieselbe Geschwindigkeit haben.

Damit verdoppelt sich auch die Anzahl möglicher Positionen für jedes Molekül. Da es N_A Moleküle gibt, nimmt die Gesamtanzahl von Mikrozuständen bei einer Volumenverdopplung um den Faktor 2^{N_A} zu. Das heißt

$$\frac{\mathcal{W}_1}{\mathcal{W}_2} = 2^{N_A} .$$

Die Entropieänderung folgt mit Gleichung 20.14:

$$\Delta S = S_2 - S_1 = k(\ln \mathcal{W}_2 - \ln \mathcal{W}_1) = k \ln \frac{\mathcal{W}_2}{\mathcal{W}_1} = k \ln 2^{N_A} = kN_A \ln 2$$
$$= R \ln 2 .$$

Das ist dasselbe Ergebnis wie in Beispiel 20.8.

Verwenden wir statistische Methoden, dann reduziert sich der zweite Hauptsatz der Thermodynamik – demzufolge die Entropie in jedem beliebigen Prozess wächst – auf die Aussage, dass die Vorgänge sich ereignen, die am wahrscheinlichsten sind. Der zweite Hauptsatz wird damit zu einer trivialen Aussage. Doch gibt es jetzt einen zusätzlichen Aspekt. Der zweite Hauptsatz als Wahrscheinlichkeitsaussage *verbietet* nicht eine Abnahme der Entropie. Er sagt nur, dass die Wahrscheinlichkeit extrem gering ist. Es ist nicht ausgeschlossen, dass sich Salz und Pfeffer wieder in Schichten anordnen oder dass sich eine zerbrochene Tasse von selber wieder repariert. Es ist sogar möglich, dass ein See an einem heißen Sommertag gefriert (das heißt: ein Wärmestrom aus dem kalten See heraus in den warmen Sommertag). Doch ist die Wahrscheinlichkeit für solche Ereignisse extrem klein. In unserem obigen Münzwurfbeispiel haben wir gesehen, dass eine Erhöhung der Münzenanzahl von 4 auf 100 die Wahrscheinlichkeit starker Abweichungen vom Durchschnitt oder von der wahrscheinlichsten Anordnung drastisch reduziert. In gewöhnlichen Systemen haben wir es mit es mit unglaublich großen Molekülmengen zu tun: Ein Mol enthält ca. 10^{23} Moleküle. Die Wahrscheinlichkeit einer starken Abweichung vom Durchschnitt ist damit unglaublich klein. Beispielsweise hat man errechnet, dass die Wahrscheinlichkeit, dass ein ruhender Stein 1 Joule innere Energie in mechanische Energie umwandelt und abhebt, geringer ist als die Wahrscheinlichkeit, dass eine Gruppe Affen, die zufallsbestimmt in eine Schreibmaschine tippen, auf diese Weise das komplette Werk Shakespeares reproduzieren.

20.10 Thermodynamische Temperaturskala; absoluter Nullpunkt und der dritte Hauptsatz der Thermodynamik

In Abschnitt 20.3 haben wir die Carnot-Maschine und weitere (ideale) reversibel arbeitende Maschinen kennen gelernt. Wir sahen, dass der Wirkungsgrad einer reversibel zwischen zwei Wärmereservoiren arbeitenden Maschine nur von den Temperaturen dieser beiden Reservoire abhängt. Der Wirkungsgrad hängt nicht vom Arbeitsmittel ab – es könnte Helium sein, Wasser oder ein anderer Stoff, der Wirkungsgrad wäre derselbe. Er ist gegeben durch

$$\eta = 1 - \frac{|Q_L|}{|Q_H|} ,$$

worin $|Q_H|$ die aus dem Reservoir mit der höheren Temperatur aufgenommene Wärme und $|Q_L|$ die Abwärme ist, die ins Reservoir mit der niedrigeren Temperatur abgeführt wird. Da $|Q_L/Q_H|$ denselben Wert für jede zwischen zwei Temperaturen reversibel arbeitende Maschine annimmt, schlug Kelvin vor, diese Tatsache für die Definition einer absoluten Temperaturskala zu nutzen. Das heißt, das Verhältnis der Temperaturen der beiden Reservoire, T_H und T_L, ist als das Verhältnis der Wärmemengen $|Q_H|$ und $|Q_L|$ definiert, die bei einer Carnot- oder anderen reversibel arbeitenden Maschine ausgetauscht werden:

$$\frac{T_H}{T_L} = \frac{|Q_H|}{|Q_L|} \,. \tag{20.15}$$

Diese Gleichung ist die Grundlage für die **Temperaturskala in Kelvin.**

In Abschnitt 20.3 haben wir gesehen, dass dieselbe Beziehung, $T_H/T_L = |Q_H/Q_L|$ für eine Carnot-Maschine (Gleichung 20.2) gilt, wenn die Temperaturen auf der Temperaturskala für ein ideales Gas (Abschnitt 17.10) basieren, die wir bis jetzt benutzt haben. Um die Definition der Temperaturskala zu vervollständigen, ordnen wir dem Tripelpunkt des Wassers den Wert 273,16 K zu, so dass

$$T = (273{,}16\,\mathrm{K})\left(\frac{|Q|}{|Q_{Tp}|}\right)$$

ist. $|Q|$ und $|Q_{Tp}|$ sind die Wärmemengen, die die Carnot-Maschine mit den Reservoiren auf den Temperaturen T und T_{Tp} austauscht. Diese Temperatur tritt auch in der Zustandsgleichung für ein ideales Gas auf. Auch durch die Zustandsgleichung eines idealen Gases ergibt sich daher eine Messvorschrift für die Temperatur, jedoch ist der Gültigkeitsbereich eingeschränkt (unterhalb von 1 K liegt kein Stoff gasförmig vor, folglich kann hier die Temperatur nicht mittels der Zustandsgleichung für ein ideales Gas bestimmt werden.) Mittels Gleichung 20.15 lässt sich also eine beliebige Temperatur bestimmen, wobei diese Temperaturbestimmung unabhängig vom verwendeten Stoff ist. Gleichung 20.15 ist für die Bestimmung tiefer Temperaturen besonders nützlich.

Sehr tiefe Temperaturen lassen sich experimentell nur schwer realisieren. Experimentell findet man, dass, je näher die Temperatur an den absoluten Nullpunkt rückt, desto schwieriger ist es, die Temperatur noch weiter zu erniedrigen. Es ist allgemein akzeptiert, dass es nicht möglich ist, den absoluten Nullpunkt mit einer begrenzten Anzahl von Prozessen zu erreichen. Diese letzte Aussage ist eine Möglichkeit, den **dritten Hauptsatz der Thermodynamik** zu formulieren[9]. Da der maximale Wirkungsgrad einer beliebigen Wärmekraftmaschine der Carnot'sche Wirkungsgrad

Dritter Hauptsatz der Thermodynamik

$$\eta = 1 - \frac{T_L}{T_H}$$

ist, und da T_L nie null sein kann, sehen wir, dass eine Maschine mit einem 100-prozentigen Wirkungsgrad nicht möglich ist.

Problemlösung

Systematische Problemlösung Thermodynamik

1 Definieren Sie das System, mit dem Sie es zu tun haben; seien Sie sorgfältig bei der Abgrenzung zwischen dem zu untersuchenden System und seiner Umgebung.

2 Seien Sie vorsichtig mit den Vorzeichen von Arbeit und Wärme. Im ersten Hauptsatz ist die *vom* System geleistete Arbeit negativ; *am* System verrichtete Arbeit ist positiv. Dem System zugeführte Wärme ist positiv, aus dem System abgeführte Wärme ist negativ. Bei Wärmekraftmaschinen betrachten wir Wärme und Arbeit normalerweise als positiv und schreiben die Gleichungen der Energieerhaltung mit Plus- und Minuszeichen, um Richtungen zu berücksichtigen.

3 Achten Sie auf die für Arbeit und Wärme verwendeten Einheiten. Arbeit wird in Joule ausgedrückt, Wärme in Joule oder Kalorien. Rechnen Sie möglichst mit der SI-Einheit „Joule“, indem Sie Kalorien in Joule umrechnen; 1 cal = 4,187 J.

4 Temperaturen müssen grundsätzlich in Kelvin ausgedrückt werden, Angaben zu Temperatur**differenzen** stehen ebenfalls in K, jedoch entspricht eine Temperaturdifferenz von 1 °C gerade einer Temperaturdifferenz von 1 K.

9 Siehe auch die Aussage in der Fußnote 6 in diesem Kapitel.

5 Der Wirkungsgrad (oder die Leistungszahl) ist das Verhältnis zweier Energien (Arbeit, Wärmemengen), die von der Umgebung ans betrachtete System beziehungsweise vom betrachteten System an die Umgebung übergehen oder geleistet werden. Der Wirkungsgrad (doch *nicht* die Leistungszahl) ist als Zahl immer kleiner als 1, er wird daher oft als Prozentsatz angegeben.

6 Die Entropie eines Systems nimmt zu, wenn dem System Wärme zugeführt wird; sie nimmt ab, wenn Wärme abgeführt wird. Weil die Entropie eine Zustandsgröße ist, kann die Änderung der Entropie, ΔS, für einen irreversiblen Prozess durch Berechnen von ΔS eines reversiblen Prozesses zwischen denselben Zuständen bestimmt werden.

Z U S A M M E N F A S S U N G

Eine **Wärmekraftmaschine** ist eine Maschine, die mit den Mitteln des Wärmeflusses thermische Energie in nutzbare Arbeit umwandelt.

Der **Wirkungsgrad** einer Wärmekraftmaschine ist definiert als das Verhältnis der von der Maschine geleisteten Arbeit W zur zugeführten Wärme $|Q_H|$. Aufgrund der Energieerhaltung ist die nutzbare Arbeit gleich $|Q_H| - |Q_L|$, worin $|Q_L|$ die Abwärme darstellt, die in die Umgebung fließt. Der Wirkungsgrad ist somit

$$\eta = \frac{|W|}{|Q_H|} = 1 - \frac{|Q_L|}{|Q_H|} \,.$$

Carnots idealisierter Kreisprozess besteht aus zwei isothermen und zwei adiabatischen Prozessen in einem reversiblen Zyklus. Eine **Carnot-Maschine** oder eine beliebige andere Maschine, die reversibel zwischen zwei Temperaturen T_H und T_L arbeitet, hat einen Wirkungsgrad von

$$\eta_{\text{ideal}} = 1 - \frac{T_L}{T_H} \,.$$

Irreversible Prozesse haben immer einen Wirkungsgrad kleiner als dieser Wert.

Alle Wärmekraftmaschinen belasten die Umwelt mit Abwärme.

Die Arbeitsweise von **Kältemaschinen** und **Klimaanlagen** ist umgekehrt zu der von Wärmekraftmaschinen: Es wird Arbeit verrichtet, um Wärme aus einer kälteren Umgebung zu entnehmen und einem Reservoir mit höherer Temperatur zuzuführen. Eine **Wärmepumpe** verrichtet Arbeit, um Wärme von draußen, wo eine niedrigere Temperatur herrscht, ins warme Innere zu leiten.

Der **zweite Hauptsatz der Thermodynamik** lässt sich unterschiedlich ausdrücken:

1 Wärme fließt spontan vom warmen zum kalten Körper, nicht jedoch in die umgekehrte Richtung.

2 Es gibt keine Wärmekraftmaschine mit einem 100-prozentigen Wirkungsgrad – das heißt, eine Maschine, die eine gegebene Wärmemenge vollständig in Arbeit umwandelt.

3 Natürliche Prozesse bewirken einen Zustand größerer Unordnung oder größerer **Entropie** des Gesamtsystems.

Aussage (c) ist die allgemeinste Formulierung des zweiten Hauptsatzes der Thermodynamik: Die Gesamtentropie S eines Systems plus der seiner Umgebung nimmt als Resultat jedes natürlichen Prozesses zu:

$$\Delta S > 0 \,.$$

Die Entropie, eine Zustandsvariable, ist ein quantitatives Maß für die Unordnung eines Systems. Die Änderung der Entropie eines Systems in einem reversiblen Prozess ist gegeben durch $\Delta S = \int \mathrm{d}Q/T$.

Der zweite Hauptsatz der Thermodynamik sagt, in welche Richtung sich thermodynamische Prozesse tendenziell bewegen. Mit fortschreitender Zeit degradiert Energie in weniger nutzbare Formen – das heißt, sie eignet sich weniger dazu, nutzbare Arbeit zu verrichten.

Z U S A M M E N F A S S U N G

Verständnisfragen

1 Ist es möglich, an einem heißen Sommertag den Raum zu kühlen, indem man die Kühlschranktür geöffnet lässt?

2 Lässt sich mechanische Energie vollständig in Wärme oder innere Energie umwandeln? Kann das Umgekehrte passieren? Wenn Sie mit nein antworten, begründen Sie das bitte; ist Ihre Antwort ja, nennen Sie Beispiele.

3 Wäre eine Definition des Wirkungsgrades von Wärmekraftmaschinen $\eta = |W|/|Q_L|$ sinnvoll? Begründen Sie Ihre Entscheidung.

4 Was spielt in (a) einem Verbrennungsmotor und (b) einer Dampfmaschine die Rolle des Reservoirs hoher Temperatur, wer die Rolle des Reservoirs niedriger Temperatur? Handelt es sich, genau genommen, um Wärmereservoire?

5 Was wird zu einer stärkeren Anhebung des Wirkungsgrades einer Carnot-Maschine führen, eine 10 K-Anhebung des Reservoirs auf hoher Temperatur oder eine 10 K-Absenkung des Reservoirs auf niedriger Temperatur?

6 Die Ozeane speichern riesige Mengen thermischer Energie. Warum ist es sehr schwierig, diese Energie in nutzbare Arbeit umzuwandeln?

7 Besprechen Sie die Ursachen, die reale Maschinen vom Erreichen des Carnot'schen Wirkungsgrades abhalten.

8 Das Ausdehnungsventil in einem Kühlsystem (▸ Abbildung 20.9) ist entscheidend für die Kühlung der Flüssigkeit. Erklären Sie, wie die Kühlung vonstatten geht.

9 Beschreiben Sie einen Vorgang in der Natur, der nahezu reversibel ist.

10 (a) Beschreiben Sie, wie Wärme einem System reversibel zugeführt werden könnte. (b) Könnte man mit einem Gasbrenner einem System Wärme reversibel zuführen? Begründen Sie.

11 Milchpulver wird sehr langsam (quasistatisch) in Wasser gerührt. Ist das ein reversibler Prozess?

12 Zwei identische Systeme werden durch verschiedene *irreversible* Prozesse von Zustand a nach Zustand b geführt. Ist die Entropieänderung für beide Prozesse dieselbe? Für die Umgebung? Antworten Sie vorsichtig und vollständig.

13 Man kann sagen, dass die gesamte Entropieänderung in einem Prozess ein Maß für die Unumkehrbarkeit des Prozesses ist. Diskutieren Sie, warum das stimmt und beginnen Sie mit dem Argument, dass $\Delta S = 0$ ist in einem reversiblen Prozess.

14 Verwenden Sie andere Argumente als das Prinzip der Entropiezunahme, um zu zeigen, dass für einen adiabatischen Prozess $\Delta S = 0$ ist im Fall der Reversibilität, und $\Delta S > 0$, wenn er irreversibel verläuft.

15 Ein Gas expandiert (a) adiabatisch und (b) isotherm. Nimmt die Entropie in beiden Fällen zu, ab oder bleibt sie gleich?

16 Die Entropie wird oft als „Zeitpfeil“ bezeichnet, weil sie aussagt, in welcher Richtung natürliche Prozesse ablaufen. Nennen Sie beim Anschauen eines rückwärts laufenden Films einige Prozesse, die Ihnen sagen, dass die Zeit rückwärts läuft.

17 Nennen Sie drei Beispiele aus der Natur, jedoch andere als die hier bereits erwähnten, für den Übergang von Ordnung nach Unordnung. Diskutieren Sie die Beobachtbarkeit reversibler Prozesse.

18 Was hat die größere Entropie, 1 kg festes Eisen oder 1 kg flüssiges Eisen? Warum?

19 Was passiert, wenn Sie den Deckel einer Flasche mit Chlorgas entfernen? Geschieht der umgekehrte Vorgang jemals? Warum oder warum nicht?

20 Ersinnen Sie mehrere Prozesse (andere als die bereits erwähnten), die dem ersten Hauptsatz der Thermodynamik Genüge tun, den zweiten aber, falls sie sich zutrügen, verletzten.

21 Beschreiben Sie, wie eine freie Expansion, für die die Entropie zunimmt, als ein Prozess mit anwachsender Unordnung betrachtet werden kann. (*Hinweis*: Vergleichen Sie einen Stapel Papier, der in einer Kiste fallen gelassen wird mit einem Stapel Papier, der in einem Flur verstreut wird.)

22 Angenommen, Sie sammeln eine Menge Papierseiten auf, die in einem Flur verstreut sind, und stecken sie in ein enges Fach. Verletzt das den zweiten Hauptsatz der Thermodynamik? Erklären Sie.

23 Der erste Hauptsatz der Thermodynamik wird manchmal etwas skurril mit der Wendung „Man kann nicht etwas für nichts bekommen“ umschrieben, und der zweite mit „Man muss immer mehr hineinstecken als herauskommt“. Erklären Sie, wie diese Aussagen mit den formalen Aussagen übereinstimmen.

24 Nennen Sie drei Beispiele natürlicher Geschehen, die die Degradation nützlicher Energie in innere Energie illustrieren.

25 Lebende Organismen wandeln während des Wachstums relativ einfach aufgebaute Moleküle aus der Nahrung in komplexe Strukturen um. Ist das eine Verletzung des zweiten Hauptsatzes der Thermodynamik?

Aufgaben zu 20.2

1 (I) Eine Wärmekraftmaschine führt 8500 J Abwärme ab, während sie 2700 J nützliche Arbeit leistet. Wir groß ist ihr Wirkungsgrad?

2 (I) Eine Wärmekraftmaschine verrichtet 8200 J Arbeit pro Zyklus, während sie 18,0 kcal Wärme aus einem Reservoir hoher Temperatur aufnimmt. Wie groß ist ihr Wirkungsgrad?

3 (I) Ein typisches Kraftwerk liefert 500 MW elektrischer Energie. Schätzen Sie die abgeführte Wärme pro Sekunde unter der Annahme, dass der Wirkungsgrad des Kraftwerks 38 Prozent beträgt.

4 (II) Ein Vier-Zylinder-Benzinmotor hat einen Wirkungsgrad von 0,25 und verrichtet 180 J Arbeit pro Zyklus und pro Zylinder. Der Motor erreicht 25 Zyklen pro Sekunde. (a) Bestimmen Sie die verrichtete Arbeit pro Sekunde. (b) Wie groß ist die gesamte aus dem Benzin zugeführte Wärme pro Sekunde? (c) Wie lange halten 10 l Benzin, wenn ihr Energieinhalt 340 MJ beträgt?

5 (II) Das Verbrennen von Benzin in einem Auto setzt ungefähr $0{,}79 \cdot 10^4$ kcal/l frei. Wenn ein Auto bei einer Geschwindigkeit von 90 km/h mit einem Liter durchschnittlich 10 km weit fahren kann, was einer Motorleistung von 20 PS (1 PS = 746 W) entspricht, wie groß ist unter diesen Bedingungen der Wirkungsgrad des Motors?

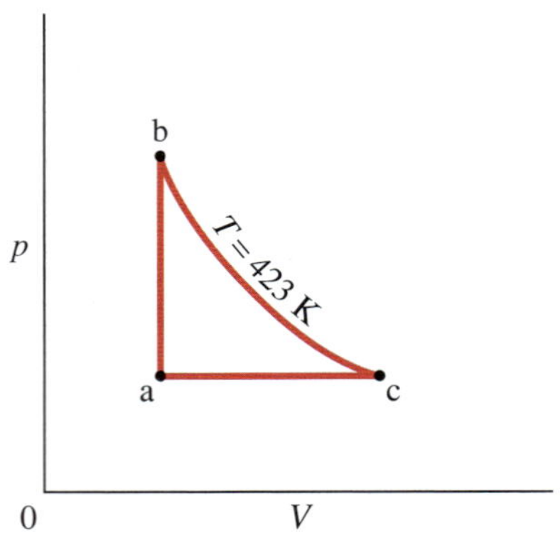

Abbildung 20.15 Aufgabe 6.

6 (II) ▸ Abbildung 20.15 zeigt das pV-Diagramm einer reversibel arbeitenden Wärmekraftmaschine, in der 1,0 mol Argon, ein nahezu ideales einatomiges Gas, ursprünglich unter Normalbedingungen ist (Punkt a). Die Punkte b und c befinden sich auf einer Isothermen mit $T = 423$ K. Der Prozess a-b läuft bei konstantem Volumen ab, der Prozess a-c bei konstantem Druck. (a) Verläuft der gesamte Kreisprozess im Uhrzeigersinn oder entgegengesetzt? (b) Wie groß ist der Wirkungsgrad der Maschine?

7 (II) Ein Kraftwerk mit einem Wirkungsgrad von 38 Prozent leistet 810 MW elektrische Energie. Kühltürme dienen dazu, die Abwärme abzuführen. Wenn ein Temperaturanstieg von 7,5 °C zugelassen wird, welches Luftvolumen (in km^3) wird pro Tag erwärmt? Wird das lokale Klima dadurch signifikant erwärmt? Wenn die erwärmte Luft eine 200 m dicke Schicht bilden würde, wie groß wäre dann die von ihr abgedeckte Fläche bei einer Arbeitsdauer von 24 Stunden? (Die Wärmekapazität von Luft beträgt ungefähr 7,0 cal/mol · K bei konstantem Druck.)

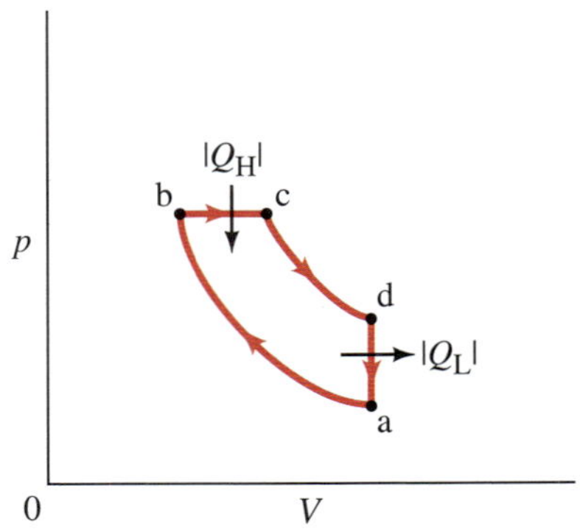

Abbildung 20.16 Aufgabe 8.

8 (III) Die Arbeitsweise eines Dieselmotors kann idealisiert durch den Kreisprozess in ▸ Abbildung 20.16 dargestellt werden. Luft wird während des Einlasshubs in den Zylinder gesogen (nicht Teil des idealisierten Kreisprozesses). Die Luft wird auf dem Pfad a-b adiabatisch komprimiert. Am Punkt b wird der Diesel in den Zylinder injiziert und entzündet sich sogleich, da die Temperatur sehr hoch ist. Die Verbrennung ist langsam, und während des ersten Teils des Arbeitshubs expandiert das Gas auf dem Pfad b-c bei (nahezu) konstantem Druck. Nach dem Brennen ist der Rest des Arbeitshubs adiabatisch, Pfad c-d. Der Pfad d-a korrespondiert mit dem Auslasshub. (a) Zeigen Sie, dass für eine quasistatisch reversibel arbeitende Maschine, die diesen Kreisprozess mit einem idealen Gas durchläuft, der ideale Wirkungsgrad gleich

$$\eta = 1 - \frac{(V_a/V_c)^{-\gamma} - (V_a/V_b)^{-\gamma}}{\gamma[(V_a/V_c)^{-1} - (V_a/V_b)^{-1}]}$$

ist. Darin ist V_a/V_b das „Verdichtungsverhältnis", V_a/V_c ist das „Ausdehnungsverhältnis" und γ ist in Gleichung 19.12 definiert. (b) Berechnen Sie den Wirkungsgrad mit $V_a/V_b = 15$ und $V_a/V_c = 5{,}0$, wenn das Gas ideal und zweiatomig ist (wie N_2 oder O_2).

Aufgaben zu 20.3

9 (I) Wie groß ist der maximale Wirkungsgrad einer Wärmekraftmaschine, deren Arbeitstemperaturen 530 °C und 305 °C betragen?

10 (I) Die Abgastemperatur einer Wärmekraftmaschine beträgt 220 °C. Wie groß muss die Eingangstemperatur sein, wenn der Carnot'sche Wirkungsgrad 36 Prozent betragen soll?

11 (II) (a) Zeigen Sie, dass die von einer Carnot-Maschine verrichtete Arbeit gleich der von einem Carnot'schen Kreisprozess in einem pV-Diagramm eingeschlossenen Fläche ist, ► Abbildung 20.5 (siehe Abschnitt 19.7). (b) Verallgemeinern Sie das für einen beliebigen reversiblen Kreisprozess.

12 (II) Eine Wärmekraftmaschine hat eine Abgastemperatur von 360 °C und einen Carnot'schen Wirkungsgrad von 35 Prozent. Welche Abgastemperatur müsste sie haben, um einen Carnot-Wirkungsgrad von 50 Prozent zu erzielen?

13 (II) Ein Kernkraftwerk arbeitet bei 75 Prozent seines maximalen theoretischen (Carnot) Wirkungsgrades zwischen den Temperaturen 660 °C und 360 °C. Wie groß ist die Abwärmemenge pro Stunde, wenn die elektrische Leistung der Anlage 1,1 GW beträgt?

14 (II) Eine Maschine arbeitet mit dem halben theoretischen (Carnot) Wirkungsgrad zwischen 525 °C und 280 °C, wobei sie eine Leistung von 850 kW verrichtet. Wie viel Abwärme wird pro Stunde abgeführt?

15 (II) Ein Kletterer verbraucht 4000 kcal pro Tag, um seinen Stoffwechsel aufrecht zu erhalten. Schätzen Sie die maximale Höhe, die er mit dieser Energiemenge pro Tag erklimmen kann. Betrachten Sie in grober Näherung den Kletterer als isolierte Wärmekraftmaschine, die zwischen der inneren Temperatur von 37 °C (98,6°F) und der Umgebungstemperatur von 20 °C arbeitet.

16 (II) Eine Carnot-Maschine leistet 570 kW, wobei sie 1350 kcal Wärme pro Sekunde verbraucht. Wie hoch ist die Abgastemperatur, wenn die Temperatur der Wärmequelle 580 °C beträgt?

17 (II) Eine Wärmekraftmaschine nutzt eine Wärmequelle bei 580 °C und hat einen Carnot-Wirkungsgrad von 29 Prozent. Wie hoch muss die Temperatur der Wärmequelle sein, wenn der Wirkungsgrad auf 35 Prozent anwachsen soll?

18 (II) In einem Kohlekraftwerk mit paarweise arbeitenden Dampfmaschinen ist die Wärmeabgabe der ersten Maschine angenähert die Wärmeaufnahme der zweiten Maschine. Die Arbeitstemperaturen der ersten liegen bei 680 °C und 430 °C, die der zweiten bei 415 °C und 280 °C. Wenn die Verbrennungswärme von Kohle $2{,}8 \cdot 10^7$ J/kg beträgt, mit welcher Rate muss die Anlage dann Kohle verbrennen, wenn die Leistung des Kraftwerks 900 MW groß sein soll? Nehmen Sie an, dass der Wirkungsgrad der Maschinen 65 Prozent des idealen (Carnot) Wirkungsgrads beträgt.

19 (II) Um das Kraftwerk aus Aufgabe 18 zu kühlen, wird Wasser eingesetzt. Schätzen Sie die Wassermenge, die das Kraftwerk pro Stunde verbraucht, wenn die Wassertemperatur um nicht mehr als 5,5 °C steigen soll.

20 (II) Zeigen Sie, dass wenn sich zwei unterschiedliche adiabatische Pfade an einem einzelnen Punkt im pV-Diagramm kreuzen, sie durch eine Isotherme zu einem Kreisprozess verbunden werden können. Zeigen Sie dann, dass eine Maschine, die diesen Kreisprozess durchläuft, den zweiten Hauptsatz der Thermodynamik verletzen würde. Welchen Schluss ziehen Sie daraus für sich kreuzende adiabatische Kurven?

21 (III) Ein Carnot'scher Kreiprozess (► Abbildung 20.5) ist durch folgende Werte charakterisiert: $V_a = 6{,}0\,\text{l}$, $V_b = 15{,}0\,\text{l}$, $T_\text{H} = 470\,°\text{C}$ und $T_\text{K} = 290\,°\text{C}$. Das benutzte Gas (0,50 mol) ist zweiatomig und hat $\gamma = 1{,}4$. Berechnen Sie (a) den Druck der Punkte a und b; (b) das Volumen bei c und d. (c) Welche Arbeit wird auf dem Prozessabschnitt a-b verrichtet? (d) Wie groß ist der Wärmeverlust auf dem Pfad c-d? (e) Berechnen Sie verrichtete Netto-Arbeit des gesamten Kreisprozesses. (f) Wie groß ist der mit der Definition $\eta = |W|/|Q_\text{H}|$ berechnete Wirkungsgrad des Zyklus? Zeigen Sie, dass er denselben Wert hat wie der mit Gleichung 20.3 errechnete.

22 (III) Ein Mol eines einatomigen Gases durchläuft einen Carnot'schen Kreisprozess mit $T_\text{H} = 350\,°\text{C}$ und $T_\text{L} = 210\,°\text{C}$. Der Anfangsdruck beträgt 10 bar. Während der isothermen Ausdehnung verdoppelt sich das Volumen. (a) Bestimmen Sie die Werte für Druck und Volumen an den Punkten a, b, c und d (► Abbildung 20.5). (b) Ermitteln Sie Q, W und ΔU für jeden Prozessabschnitt. (c) Berechnen Sie den Wirkungsgrad des Zyklus.

Aufgaben zu 20.4

23 (I) Die niedrige Temperatur einer Kühlschlange ist −15 °C, die Entlade-Temperatur beträgt 30 °C. Wie groß ist die maximale theoretische Leistungszahl?

24 (I) Eine ideale Kühltruhe hält ihren Inhalt auf −15 °C, die Raumtemperatur beträgt 22 °C. Wie groß ist ihre Leistungszahl?

25 (I) Ein Restaurant-Kühlschrank hat eine Leistungszahl von 5,0. Wie groß ist die niedrigstmögliche Temperatur im Kühlschrank, wenn die Temperatur in der Küche 29 °C beträgt?

26 (II) Eine Wärmepumpe soll die Temperatur in einem Haus auf 22 °C halten. Wie groß ist die von der Wärmepumpe zu verrichtende Arbeit, wenn sie bei einer Außentemperatur von (a) 0 °C und (b) −15 °C 2800 J Wärme ins Hausinnere leitet? Setzen sie ideales (Carnot) Verhalten voraus.

27 (II) Eine ideale Wärmekraftmaschine hat einen Wirkungsgrad von 35 Prozent. Wie groß ist ihre Leistungszahl, wenn sie im Rückwärtslauf als Wärmepumpe arbeitet?

28 (II) Die Maschine aus Beispiel 20.2 arbeitet im Rückwärtsgang. Wie lange braucht sie, um zwölf mit Wasser bei Raumtemperatur (20 °C) gefüllte 40-g-Kammern eines Eistabletts in zwölf Eiswürfel bei 0 °C zu verwandeln, wenn sie 450 W elektrische Energie verbraucht? Setzen Sie ideales (Carnot) Verhalten voraus.

29 Eine „Carnot'sche" Kältemaschine (umgekehrte Carnot-Maschine) absorbiert Wärme aus dem Gefrierfach bei einer Temperatur von −17 °C und leitet sie in einen Raum mit 25 °C. (a) Wie viel Arbeit muss die Kühlmaschine verrichten, um 0,50 kg Wasser bei 25 °C in −17 °C kaltes Eis zu verwandeln? (b) Welche minimale Zeit ist erforderlich, um 0,50 kg Wasser bei 25 °C auf 0 °C zu gefrieren, wenn die Ausgangsleistung des Kompressors 200 W beträgt?

30 (II) (a) Die Leistungszahl einer Kältemaschine ist definiert (Gleichung 20.4a) als

$$LZ = \frac{|Q_L|}{|W|} .$$

Zeigen Sie, dass für eine ideale (Carnot) Kältemaschine gilt:

$$LZ_{ideal} = \frac{T_L}{T_H - T_L} .$$

(b) Drücken Sie LZ mit dem Wirkungsgrad η der umgekehrten Wärmekraftmaschine aus, wenn man die Kältemaschine im Rückwärtsgang betreibt. (c) Wie groß ist die Leistungszahl einer idealen Kältemaschine, die ein Gefrierfach bei −16 °C hält, wenn die Temperatur des Kondensators 22 °C beträgt?

31 (II) Welches Wasservolumen bei 0 °C kann eine Gefrierkammer in einer Stunde in Eiswürfel verwandeln, wenn die Leistungszahl 7,0 beträgt und der Leistungsverbrauch 1,0 kW ist?

32 (II) Eine zentrale Wärmepumpe zieht im Arbeitsmodus als Klimaanlage 37,88 MJ pro Stunde aus einem Gebäude und arbeitet zwischen den Temperaturen 24 °C und 38 °C. (a) Wie groß ist ihre effektive Leistungszahl, wenn diese 24 Prozent einer Carnot'schen Klimaanlage beträgt? (b) Welche Leistung erfordert der Kompressormotor? (c) Wie groß ist der Leistungsverbrauch in PS ausgedrückt (1 PS = 746 Watt)?

Aufgaben zu 20.5 und 20.6

33 (I) Eine 10 kg schwere Kiste gleitet mit 3,0 m/s über eine raue Tischfläche und kommt zur Ruhe. Schätzen Sie die Gesamtänderung der Entropie des Universums. Setzen Sie voraus, dass alle Objekte auf Raumtemperatur (293 K) sind.

34 (I) Wie groß ist die Änderung der Entropie, wenn 1,00 m^3 Wasser bei 0 °C zu Eis bei 0 °C gefriert?

35 (II) Wenn das Wasser aus Aufgabe 34 durch Kontakt mit einer großen Eismenge bei −10 °C gefroren würde, wie groß wäre dann die gesamte Entropieänderung?

36 (II) 1,00 kg Wasser bei 100 °C wird durch einen reversiblen Prozess in 100 °C heißen Dampf verwandelt. Bestimmen Sie die Entropieänderung (a) des Wassers, (b) der Umgebung, (c) des Universums als Ganzes. (d) Wie würden sich Ihre Antworten verändern, wenn der Prozess irreversibel wäre?

37 (II) Ein Aluminiumstab leitet 7,50 cal/s aus einer Wärmequelle bei 240 °C in eine große Wassermasse bei 27 °C. Berechnen Sie, mit welcher Rate die Entropie in diesem Prozess zunimmt.

38 (II) Ein 3,8 kg schweres Stück Aluminium bei 30 °C wird in einen Styroporbehälter mit 1,0 kg Wasser bei Raumtemperatur (20 °C) gesetzt. Schätzen Sie die Nettoänderung der Entropie des Systems ab.

39 (II) Schätzen Sie die gesamte Entropieänderung ab, wenn 2,5 kg Wasser bei 0 °C durch Kontakt mit 450 kg Eis bei −15 °C zu Eis bei 0 °C gefrieren.

40 (II) Wie groß ist die Änderung der Gesamtentropie des Systems, wenn 2,0 kg Wasser bei 20 °C mit 3,0 kg Wasser bei 80 °C in einem gut isolierten Gefäß vermischt werden?

41 (II) Zeigen Sie, dass das Prinzip der zunehmenden Entropie mit der Kelvin-Planck'schen Formulierung des zweiten Hauptsatzes der Thermodynamik äquivalent ist.

42 (II) Die Temperatur von 2,0 mol eines idealen, zweiatomigen Gases ändert sich bei konstantem Volumen von 25 °C auf 45 °C. Wie groß ist die Entropieänderung?

43 (II) (a) Berechnen Sie die Änderung der Entropie von 1,00 kg Wasser, wenn es von 0 °C auf 100 °C erwärmt wird. (b) Ändert sich dabei die Entropie der Umgebung? Wenn ja, um wie viel?

44 (II) Ein 150 g schwerer Aluminiumbecher bei 20 °C wird mit 240 g Wasser bei 100 °C gefüllt. (a) Wie groß ist die Endtemperatur der Mischung? (b) Wie groß ist die Gesamtänderung der Entropie als Resultat des Mischvorgangs?

45 (II) Zwei Proben eines idealen Gases haben anfangs dieselbe Temperatur und denselben Druck. Beide werden reversibel vom Volumen V zum Volumen $V/2$ komprimiert, eines isotherm, das andere adiabatisch. (a) In welcher Probe ist der Enddruck größer? (b) Bestimmen Sie die Änderung der Entropie für beide Prozesse. (c) Wie groß ist die Entropieänderung der Umgebung in beiden Prozessen?

46 (II) Ein Mol Stickstoffgas (N_2) und ein Mol Argongas (Ar) befinden sich in getrennten, gleichgroßen und isolierten Behältern bei derselben Temperatur. Die Behälter werden dann verbunden und die beiden Gase (als ideal angenommen) können sich vermischen. Wie groß ist die Entropieänderung (a) des Systems und (b) der Umgebung? (c) Wiederholen Sie Teil (a) mit der Annahme, dass ein Behälter doppelt so groß ist wie der andere.

47 (II) (a) Warum erwarten Sie, dass die gesamte Entropieänderung in einem Carnot'schen Kreisprozess null ist? (b) Zeigen Sie rechnerisch, dass sie tatsächlich null ist.

48 (III) Die spezifische Wärme pro Mol von Kalium bei niedrigen Temperaturen ist durch den Ausdruck $C_V = aT + bT^3$ gegeben, worin $a = 2{,}08\,\text{mJ/mol}\cdot\text{K}^2$ und $b = 2{,}57\,\text{mJ/mol}\cdot\text{K}^4$ ist. Berechnen Sie die Entropieänderung von 0,25 mol Kalium, wenn seine Temperatur von 3,0 K nach 1,0 K verringert wird.

Aufgaben zu 20.8

49 (III) Ein allgemeines Theorem besagt, dass die Energiemenge, die für die Verrichtung nützlicher Arbeit in einem beliebigen Prozess verloren geht, gleich $T_L \Delta S$ ist, worin T_L die niedrigste verfügbare Temperatur und ΔS die gesamte Entropieänderung des Prozesses ist. Zeigen Sie für folgende Spezialfälle, dass das wahr ist: (a) Ein fallender Stein, der nach dem Aufschlag zur Ruhe kommt; (b) die freie, adiabatische Expansion eines idealen Gases; (c) die Leitung von Wärme Q von einem Reservoir höherer Temperatur (T_H) nach einem auf tieferer Temperatur (T_L). (*Hinweis*: In Teil (c) den Vorgang mit einer Carnot-Maschine vergleichen.)

50 (III) Bestimmen Sie die nutzbare Arbeit eines 5,0 kg schweren Kupferblocks bei 420 K, wenn die Umgebungstemperatur 290 K beträgt. Benutzen Sie die Ergebnisse aus Aufgabe 49.

Aufgaben zu 20.9

51 (II) Sie schütteln wiederholt sechs Münzen in der Hand und lassen sie auf den Tisch fallen. Zeichnen Sie eine Tabelle mit den Anzahlen von Mikrozuständen pro Makrozustand. Wie groß ist die Wahrscheinlichkeit, (a) dreimal Kopf und dreimal Zahl, (b) sechsmal Kopf pro Wurf zu erhalten?

52 (II) Berechnen Sie die relativen Wahrscheinlichkeiten, beim Würfeln mit zwei Würfeln (a) eine 7, (b) eine 11 und (c) eine 5 zu bekommen.

53 (II) Ordnen Sie die folgenden Kombinationen von fünf Spielkarten nach wachsenden Wahrscheinlichkeiten:

(a) vier Asse und ein König; (b) Herz 6, Karo 8, Kreuzdame, Herz 3, Pikbube; (c) zwei Buben, zwei Damen, ein Ass; (d) jedes Blatt ohne zwei gleichwertige Karten. Erklären Sie die bestimmte Reihenfolge anhand von Mikro- und Makrozuständen.

54 (II) (a) Sie haben vier Münzen, die alle Zahl zeigen, vor sich. Sie ordnen sie neu an, dass sie zweimal Kopf und zweimal Zahl zeigen. Wie groß ist die Entropieänderung der Münzen? (b) Ihr System ist das mit den 100 Münzen von Tabelle 20.1. Wie groß ist die Entropieänderung der Münzen, wenn sie anfangs 50mal Zahl und 50mal Kopf zeigen, anschließend von Ihnen zu 100mal Kopf neu angeordnet werden? (c) Vergleichen Sie diese Entropieänderung mit normalen, thermodynamischen Entropieänderungen wie aus den Beispielen 20.6, 20.7, 20.8 und 20.9.

Allgemeine Aufgaben

55 Es ist nicht nötig, dass die hohe Reservoirtemperatur einer Wärmekraftmaschine größer ist als die Umgebungstemperatur. Flüssiger Stickstoff (77 K) ist ungefähr so billig wie abgefülltes Wasser. Wie groß wäre der Wirkungsgrad einer Wärmekraftmaschine, die Wärme aus Luft bei Raumtemperatur (293 K) zum flüssigen „Brennstoff" Stickstoff transferierte?

56 Es ist vorgeschlagen worden, eine Wärmekraftmaschine zu konstruieren, die die Temperaturdifferenz von Meerwasser an der Oberfläche und in mehreren hundert Meter Tiefe ausnutzt. In den Tropen können diese Temperaturen 27 °C respektive 4 °C betragen. Wie groß ist der maximal erreichbare Wirkungsgrad einer solchen Wärmekraftmaschine? Warum könnte eine solche Maschine trotz des geringen Wirkungsgrades praktikabel sein? Können Sie sich störende Umwelteinflüsse einer solchen Anlage vorstellen?

57 Zwei 1100 kg schwere Autos fahren mit je 95 km/h aufeinander zu und kollidieren. Schätzen Sie die Entropieänderung des Universums als Resultat der Kollision. Nehmen Sie $T = 20\,°\mathrm{C}$ an.

58 Ein wärmeisolierter, 120 g schwerer Aluminiumbecher bei 15 °C wird mit 210 g Wasser bei 50 °C gefüllt. Nach einigen Minuten hat sich das Gleichgewicht eingestellt. Bestimmen Sie (a) die Endtemperatur, (b) die gesamte Entropieänderung.

59 (a) Wie groß ist die Leistungszahl einer idealen Wärmepumpe, die Wärme aus 6 °C kalter Außenluft ins Hausinnere mit 24 °C leitet? (b) Wie groß ist die maximale Wärmemenge, die die Pumpe pro Stunde ins Haus leiten kann, wenn sie 1000 Watt elektrische Energie verbraucht?

60 Ein Erfinder behauptet, eine Maschine entworfen und gebaut zu haben, die 1,50 MW (Megawatt) nützliche Arbeit verrichtet, während sie 3,00 MW thermische Energie bei 425 K aufnimmt und 1,50 MW thermische Abwärme bei 215 K erzeugt. Stimmt diese Behauptung? Begründen Sie Ihre Entscheidung.

61 Ein Kraftwerk liefert 9000 MW mit Dampfturbinen. Der Dampf strömt mit einer Temperatur von 600 K in die Turbinen, die Abwärme (285 K) wird in Flusswasser geleitet. Nehmen Sie an, dass die Turbinen als ideale Carnot-Maschinen arbeiten. (a) Berechnen Sie den durchschnittlichen Temperaturanstieg des Flusswassers flussabwärts des Kraftwerks, wenn der Fluss eine Strömungsrate von 37 $\mathrm{m^3/s}$ hat. (b) Wie groß ist die Entropiezunahme pro Kilogramm Flusswasser flussabwärts in $\mathrm{J/kg \cdot K}$?

62 Ein Automotor leistet 100 PS und hat einen Wirkungsgrad von 15 Prozent. Die Abgastemperatur des Motors ist die des Kühlwassers, sie beträgt 85 °C. Die Eingangstemperatur (die Temperatur des verbrennenden Benzin-Luft-Gemisches) ist 500 °C. (a) Berechnen Sie seinen Wirkungsgrad relativ zum maximal möglichen (Carnot-) Wirkungsgrad. (b) Schätzen Sie ab, wie viel Leistung (in Watt) in die Bewegung des Autos übergeht und wie groß die in 1 h an die Luft abgegebene Wärmemenge in Joule und in kcal ist.

63 Ein fallender Stein hat kurz vor dem Aufschlagen die kinetische Energie E_{kin}. Wir groß ist die gesamte Änderung der Entropie und der Umgebung aufgrund dieser Kollision, nachdem der Stein zur Ruhe gekommen ist?

64 Ein Aluminiumbehälter mit vernachlässigbarer Wärmekapazität wird mit 500 g Wasser bei 0 °C gefüllt und anschließend in thermischen Kontakt mit einem ähnlichen Behälter gebracht, der mit 50 °C warmem Wasser gefüllt ist. Ermitteln Sie die Änderung der Entropie des Systems, wenn keine Wärme in die Umgebung strömt.

65 (II) Man kann thermodynamische Prozesse nicht nur in pV- und pT-Diagrammen darstellen. Eine weitere nützliche Darstellung ist ein TS-Diagramm (Temperatur-Entropie). (a) Zeichnen Sie ein TS-Diagramm für einen Carnot'schen Kreisprozess. (b) Was stellt die eingeschlossene Fläche dar?

66 (II) Eine reale Wärmekraftmaschine arbeitet zwischen den Reservoiren 400 k und 850 K. Sie erzeugt bei einer Wärmeaufnahme von 1600 J 600 J Arbeit pro Zyklus. (a) Vergleichen Sie den Wirkungsgrad dieser realen Wärmekraftmaschine mit dem einer Carnot-Maschine. (b) Berechnen Sie die gesamte Entropieänderung des Universums pro Zyklus der realen Maschine. (c) Berechnen Sie die gesamte Entropieänderung des Universums für eine Carnot-Maschine, die zwischen denselben Temperaturen arbeitet. (d) Zeigen Sie, dass die Arbeitsdifferenz dieser beiden Maschinen pro Zyklus $T_L \Delta S$ ist, worin T_L die Temperatur des Reservoirs auf niedriger Temperatur (400 K) und ΔS die Entropiezunahme pro Zyklus der realen Maschine ist. (Siehe auch Aufgabe 49 und Abschnitt 20.8.)

67 Ein *Stirling-Kreisprozess* (▸ Abbildung 20.17) ist nützlich, um externe Verbrennungsmotoren wie auch Solaranlagen zu beschreiben. Geben Sie den Wirkungsgrad des Kreisprozesses ausgedrückt mit den dargestellten Parametern an und nehmen Sie ein einatomiges Gas als Arbeitsmittel an. Die Pfade a-b und c-d sind Isotherme, während b-c und d-a Isochore sind. Was ergibt der Vergleich mit dem Carnot'schen Wirkungsgrad?

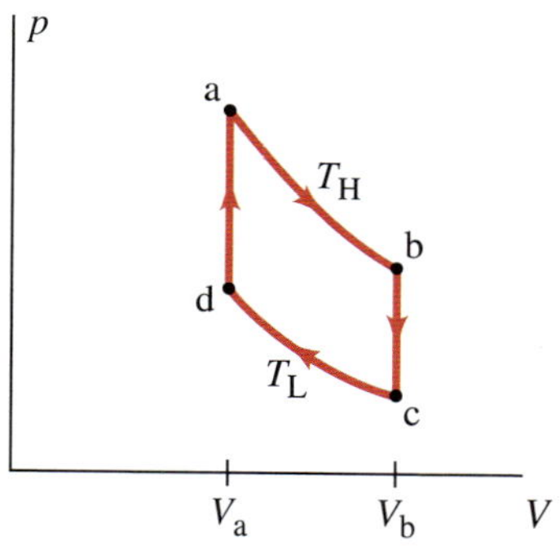

Abbildung 20.17 Aufgabe 67.

68 Ein Mol eines idealen einatomigen Gases unter Normalbedingungen durchläuft zunächst eine isotherme Expansion, so dass das Volumen in Punkt b das 2,5fache des Volumens in Punkt a ist (▸ Abbildung 20.18).Als nächstes wird dem Gas bei konstantem Volumen Wärme entzogen, so dass der Druck fällt. Sodann wird das Gas adiabatisch bis auf das Ursprungvolumen komprimiert. (a) Berechnen Sie die Drücke in den Punkten b und c. Bestimmen Sie die Temperatur in Punkt c. (c) Bestimmen Sie die verrichtete Arbeit, die aufgenommene oder abgegebene Wärme und die Entropieänderung jedes Prozessabschnitts. (d) Wie groß ist der Wirkungsgrad dieses Kreisprozesses?

69 Sie sind Maschinenbau-Ingenieur und sollen für eine Kälteanlage eine neue Gefrierkammer entwerfen. Sie hat eine Innenfläche von $6{,}0\,\text{m}^2$ und 10 cm dicke Wände mit einer Wärmeleitfähigkeit von 0,050 W/mK. Drinnen soll eine konstante Temperatur von −10 °C herrschen, wenn die Außentemperatur 20 °C beträgt. Der Motor der Kälteanlage darf nicht mehr als 15 Prozent der Betriebszeit laufen. Wie groß ist die minimale Leistungsanforderung an den Kühlmotor?

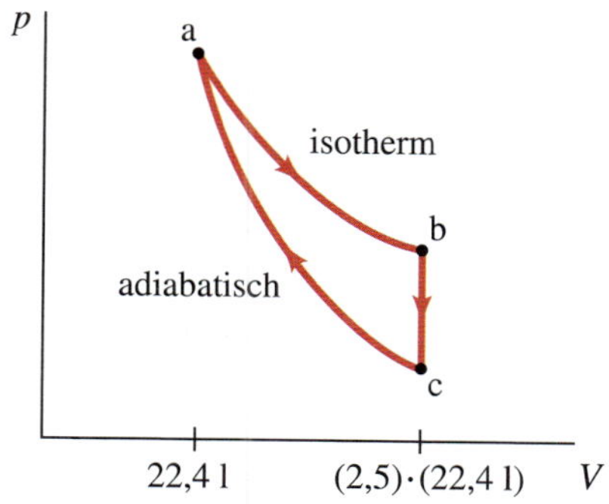

Abbildung 20.18 Aufgabe 68.

70 Eine Gasturbine arbeitet mit dem *Brayton-Zyklus*, der als pV-Diagramm in ▸ Abbildung 20.19 dargestellt ist. Im Prozessabschnitt a-b wird das Luft-Treibstoff-Gemisch adiabatisch komprimiert. Es folgt der Pfad b-c mit einer isobaren (konstanter Druck) Wärmeaufnahme durch Verbrennung. Der Abschnitt c-d ist eine adiabatische Expansion, wobei die Verbrennungsprodukte in die Atmosphäre gelangen. Die Rückkehr nach a über den Pfad d-a findet bei konstantem Druck statt. Wenn sich das Arbeitsgas wie ein ideales Gas verhält, zeigen Sie dann, dass der Wirkungsgrad des Brayton-Kreisprozesses gegeben ist durch

$$\eta = 1 - \left(\frac{p_b}{p_a}\right)^{\frac{1-\gamma}{\gamma}} .$$

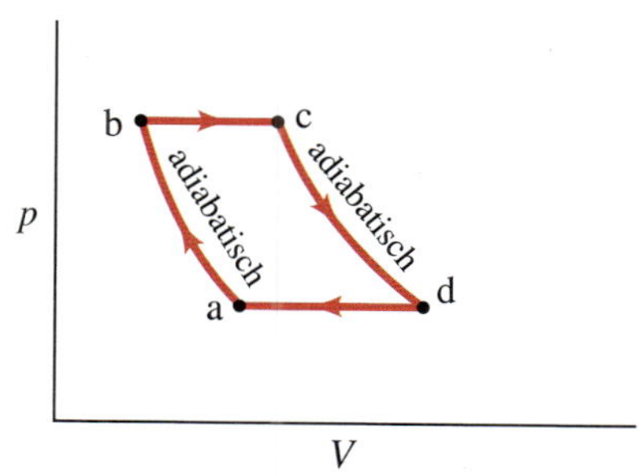

Abbildung 20.19 Aufgabe 70.

71 Schätzen Sie die Wahrscheinlichkeit dafür, dass ein Bridge-Spieler (a) alle vier Asse (in 13 Karten), (b) alle 13 Karten einer Farbe erhält.

Elektrische Ladung und elektrisches Feld

21

ÜBERBLICK

Dieser Kamm ist durchs Haar gezogen oder an einem Kleidungsstück oder Papiertuch gerieben worden, wodurch er eine elektrische Ladung aufgenommen hat. Die Ladung induziert eine Polarisation (Trennung der Ladungen) in den Papierschnipseln und zieht sie daher an. Unsere Einführung in die Elektrizitätslehre behandelt Leiter und Isolatoren sowie das Coulomb'sche Gesetz, das sich auf die Kraft zwischen zwei Punktladungen als Funktion ihres Abstands voneinander bezieht. Wir führen das Konzept des elektrischen Feldes ein, das leicht zu verstehen und vielseitig anwendbar ist.

21. Elektrische Ladung und elektrisches Feld

Das Wort Elektrizität assoziiert man mit komplexer moderner Technologie: Computer, Lichter, Motoren, elektrische Energie. Doch spielt die elektrische Kraft sogar noch eine tiefer gehende Rolle in unserem Leben. Gemäß der Atomtheorie halten elektrische Kräfte Atome und Moleküle zusammen, um Flüssigkeiten und Festkörper zu bilden; elektrische Kräfte sind an den Stoffwechselprozessen in unserem Körper beteiligt. Viele der Kräfte, die wir bisher behandelt haben, wie die elastischen Kräfte, die Normalkraft und andere Kontaktkräfte (Schub und Zug), werden nun als Ausdruck elektrischer Kräfte auf atomarer Ebene betrachtet. Nur die Schwerkraft ist eine durch die Masse bedingte Kraft und steht für sich[1].

Früheste Studien der Elektrizität gehen auf die Antike zurück, doch erst in den letzten zwei Jahrhunderten wurde sie detailliert untersucht. Wir werden in den nächsten zwölf Kapiteln die Entwicklung der Elektrizitätslehre inklusive praktischer Anwendungen besprechen und die Beziehung von Elektrizität und Magnetismus erläutern.

21.1 Statische Elektrizität; elektrische Ladung und ihre Erhaltung

Das Wort Elektrizität geht auf das griechische Wort *elektron* zurück, das Bernstein bedeutet. Bernstein ist versteinertes Baumharz. Die alten Griechen wussten, dass ein an der Kleidung geriebener Bernsteinstab kleine Plättchen oder Staub anzieht. Ein Stück harter Radiergummi, ein Glasstab oder ein Plastiklineal, an einem Kleidungsstück gerieben, zeigen ebenfalls den „Bernsteineffekt" oder **statische Elektrizität**, wie wir heute sagen. Man kann auf einfache Weise Papierschnipsel mit einem Plastikkamm oder Lineal aufheben, die man zuvor heftig an einem Handtuch (oder sogar Papiertuch) gerieben hat. Sehen Sie sich dazu das Foto am Kapitelanfang und ▶ Abbildung 21.1 an. Wahrscheinlich haben Sie statische Elektrizität bereits kennen gelernt, wenn Sie Ihr Haar gekämmt oder eine synthetische Bluse aus dem Wäschetrockner genommen haben. Und vielleicht haben Sie auch schon mal beim Anfassen eines metallischen Türgriffs einen elektrischen Schlag gespürt, nachdem Sie über einen Nylonteppich gegangen oder über einen Autositz geglitten sind. In solchen Fällen wird ein Körper „geladen" aufgrund eines Reibungsvorgangs, und man sagt, es besitzt eine **elektrische Ladung**.

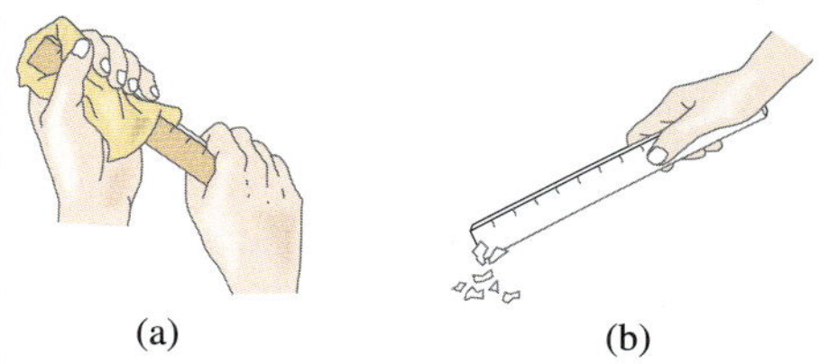

Abbildung 21.1 Reiben Sie ein Plastiklineal (a) und führen Sie es in die Nähe (b) von ein paar Papierschnipseln.

Ist die elektrische Ladung stets dieselbe oder gibt es unterschiedliche Arten? Tatsächlich gibt es zwei Arten elektrischer Ladung, wie das folgende einfache Beispiel zeigt. Ein Plastiklineal wird an einem Faden aufgehängt und dann heftig mit einem Tuch gerieben, um es aufzuladen. Wird dann ein zweites, gleichfalls zuvor auf dieselbe Art aufgeladenes Lineal in die Nähe des ersten gebracht, kann man beobachten, dass sie sich abstoßen. Den Vorgang zeigt ▶ Abbildung 21.2a. Auf ähnliche Weise stoßen sich zwei gerubbelte Glasstäbe ab (▶ Abbildung 21.2b). Wird jedoch der aufgeladene Glasstab in die Nähe des Plastiklineals bewegt, sieht man, dass sie sich anziehen (▶ Abbildung 21.2c). Die Ladung auf dem Glas muss sich daher von der auf dem Plastik unterscheiden. Experimentell lässt sich feststellen, dass alle geladenen Objekte in eine von zwei Klassen fallen. Entweder sie

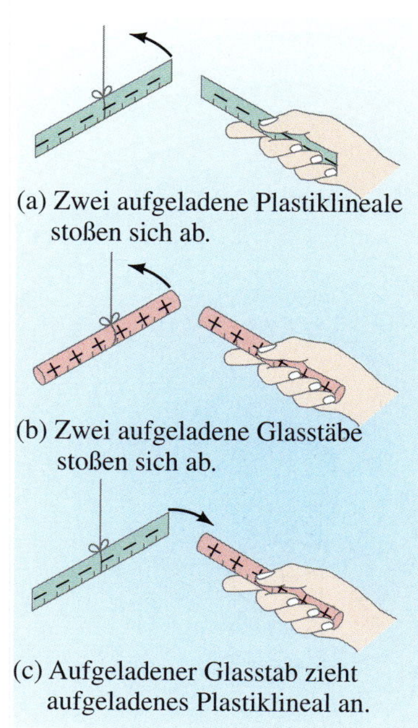

Abbildung 21.2 Ungleiche Ladungen ziehen sich an, gleiche stoßen sich ab.

1 Wie wir in Abschnitt 6.7 besprochen haben, kennt die moderne Physik vier verschiedene Fundamentalkräfte in der Natur: (1) die Schwerkraft, (2) die elektromagnetische Kraft (wie wir später noch sehen werden, sind elektrische und magnetische Kraft eng miteinander verbunden), (3) starke Wechselwirkung und (4) schwache Wechselwirkung. Die beiden Letztgenannten sind im Atomkern wirksam. Eine jüngere Theorie fasst die elektromagnetische und die schwache Wechselwirkung zusammen; sie haben einen gemeinsamen Ursprung, die elektroschwache Wechselwirkung.

werden zum Plastik hingezogen und von Glas abgestoßen, wie beim Glas der Fall; oder sie werden vom Plastik abgestoßen und zum Glas hingezogen, wie es beim Plastiklineal der Fall ist. Es scheint somit zwei, und ausschließlich zwei Arten elektrischer Ladung zu geben. Jede Ladungsart stößt die Ladung derselben Art ab und zieht die entgegengesetzte Ladung an. Das heißt: **Ungleiche Ladungen ziehen sich an, gleiche Ladungen stoßen sich ab**.

Gleiches stößt sich ab, Ungleiches zieht sich an

Die beiden Ladungsarten wurden vom amerikanischen Staatsmann, Philosophen und Wissenschaftler Benjamin Franklin (1706–1790) mit *positiv* und *negativ* bezeichnet. Die Zuordnung von Begriff und Ladungsart war natürlich willkürlich. Franklin setzte die Ladung auf dem gerubbelten Glasstab als positiv, und so wurde die Ladung auf dem geriebenen Plastiklineal (oder Bernstein) negativ genannt. Bis heute halten wir an dieser Konvention fest.

Franklins Gedanke war, dass, wann immer eine bestimmte Ladungsmenge auf einem Körper erzeugt wurde, eine gleich große, aber entgegengesetzte Ladungsmenge auf einem anderen Körper erzeugt wurde. Die zugehörigen Größen sollten algebraisch aufgefasst werden, so dass während eines beliebigen Prozesses die gesamte Ladungserzeugung null ergibt. Wird beispielsweise ein Plastiklineal mit einem Papiertuch gerubbelt, erhält das Plastik die negative Ladung und das Papiertuch einen gleich großen Betrag positiver Ladung. Die Ladungen werden getrennt, doch die Summe der beiden ergibt null. Das ist ein Beispiel für ein Gesetz, das heute fundiert ist: das **Gesetz der Erhaltung der elektrischen Ladung**. Es sagt Folgendes aus:

GESETZ DER ERHALTUNG DER ELEKTRISCHEN LADUNG

Die Gesamtmenge der in einem beliebigen Prozess erzeugten Ladung ist null.

Erhält ein Körper im Raum eine positive Ladung, so findet man einen gleich großen, negativen Ladungsbetrag in der dem Körper benachbarten Umgebung oder Körpern. Nie hat man Ausnahmen von diesem Gesetzes gefunden. Es ist als Erhaltungssatz ebenso fundiert wie der Energie- oder Impulserhaltungssatz.

21.2 Elektrische Ladung im Atom

Erst im 19. Jahrhundert wurde deutlich, dass ein Verständnis der Elektrizität mit dem Verständnis der Atome selbst beginnt. In späteren Kapiteln werden wir die Atomstruktur und die Vorstellungen, die zu unserer heutigen Sicht der Atome geführt haben, detailliert besprechen. Es ist jedoch hilfreich für unser Verständnis der Elektrizität, wenn wir die Atomstruktur hier kurz erläutern.

Ein einfaches Modell des Atoms zeigt, dass es einen punktförmigen, doch schweren, positiv geladenen Kern hat, der von einem oder mehreren negativ geladenen Elektronen umgeben ist (▶ Abbildung 21.3). Der Kern enthält Protonen, die positiv geladen sind, und Neutronen, die keine elektrische Ladung haben. Alle Protonen und alle Elektronen haben exakt den gleichen Ladungsbetrag, jedoch mit entgegengesetzten Vorzeichen. Folglich tragen neutrale Atome keine Nettoladung und haben dieselbe Anzahl Protonen und Elektronen. Manchmal kann ein Atom, wie wir noch sehen werden, ein oder mehrere seiner Elektronen verlieren oder ein zusätzliches Elektron hinzugewinnen. In solchen Fällen hat das Atom eine resultierende positive oder negative Ladung und heißt dann **Ion**.

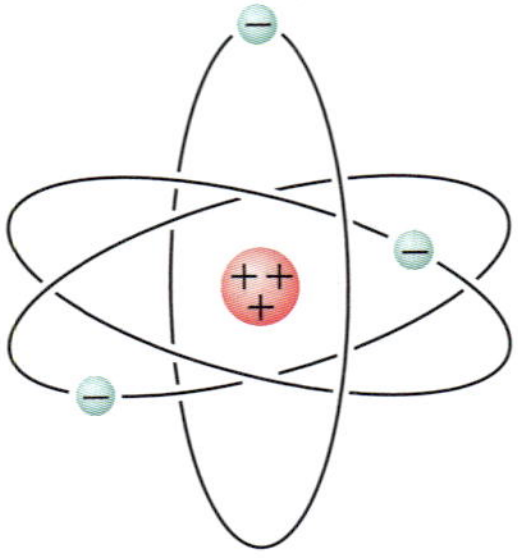

Abbildung 21.3 Einfaches Atommodell.

In Festkörpern gehen wir von Atomen aus, die fest an bestimmten Punkten angeordnet sind (lokalisiert); hingegen können sich Elektronen der äußeren Schale eines Atoms zum Beispiel in Metallen nahezu frei bewegen (delokalisiert). Das Aufladen eines Festkörpers durch Reibung lässt sich als Übertragung von Elektronen vom einen auf den anderen Körper erklären. Wird ein Plastiklineal durch Reiben mit einem Papiertuch negativ aufgeladen, so hinterlässt der Elektronentransfer vom Papier zum Plastik auf dem Papier eine positive Ladung, die genauso groß wie die negative Ladung auf dem Plastik ist. In Flüssigkeiten und Gasen können sich Kerne oder Ionen ebenso bewegen wie Elektronen.

Werden Körper durch Reibung aufgeladen, so behalten sie ihre Ladung normalerweise nur für eine begrenzte Zeit und kehren schließlich in ihren neutralen Zustand zurück. Wohin geht die Ladung? In einigen Fällen wird sie durch Ionen der Luft neutralisiert (die beispielsweise durch Kollisionen mit geladenen Teilchen entstanden sind, die als kosmische Strahlung aus dem Weltall stammt). Die Ladung kann aber auch auf die Wassermoleküle der Luft übergehen. Wassermoleküle sind **polar** – das heißt, obgleich sie neutral sind, ist ihre Ladung nicht gleichmäßig verteilt (▶ Abbildung 21.4). Somit können die zusätzlichen Elektronen, etwa auf einem aufgeladenen Plastiklineal, als „Leckstrom" in die Luft übergehen, weil sie von den positiven Teilladungen der Wassermoleküle angezogen werden. Ein positiv geladener Körper kann andererseits durch nur lose mitgeführte Elektronen auf Wassermolekülen in der Luft neutralisiert werden. An trockenen Tagen ist die statische Elektrizität viel stärker, da die Luft weniger Wassermoleküle, die Leckströme ermöglichen, enthält. An feuchten oder regnerischen Tagen ist es schwierig, einen Körper so zu präparieren, dass er die Nettoladung für längere Zeit hält.

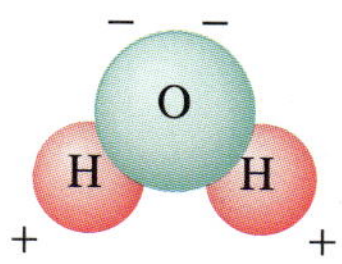

Abbildung 21.4 Darstellung eines Wassermoleküls. Weil es entgegengesetzte Ladungen an den Enden hat, bezeichnet man es als ein „polares" Molekül.

21.3 Isolatoren und metallische Leiter

Angenommen, wir haben zwei Metallkugeln, die eine stark aufgeladen, die andere elektrisch neutral (▶ Abbildung 21.5a). Verbinden wir die beiden Kugeln nun mit einem metallischen Körper wie einem Nagel (▶ Abbildung 21.5b), so findet man heraus, dass sich die zuvor ungeladene Kugel schnell auflädt. Wenn wir stattdessen die beiden Kugeln mit einem Holzstab oder einem Radiergummi verbinden (▶ Abbildung 21.5c), wird die ungeladene Kugel so gut wie nicht aufgeladen. Stoffe wie Eisennägel heißen elektrische **Leiter**, während Holz und Gummi **Nichtleiter** oder **Isolatoren** genannt werden.

Metalle sind gute Leiter

Metalle sind grundsätzlich gute Leiter, während die meisten anderen Stoffe Isolatoren sind (obgleich auch Isolatoren die Elektrizität sehr schwach leiten). Es ist interessant, dass nahezu alle Stoffe in eine dieser beiden klar unterschiedenen Kategorien fallen. Es gibt aber einige Stoffe (von denen Silizium, Germanium und Kohlenstoff besonders wichtig sind), die weder Leiter noch Isolatoren sind. Wir bezeichnen sie als **Halbleiter**. In Halbleitern gibt es nur wenige freie Ladungsträger, in Isolatoren gar keine.

Vom atomaren Standpunkt aus betrachtet sind die Elektronen in Isolatoren sehr fest an den Kern gebunden. In einem guten Leiter andererseits sind einige der Elektronen nur lose gebunden und können sich nahezu frei innerhalb des Festkörpers bewegen. Wird ein positiv geladener Körper nahe an einen Leiter gebracht, werden die freien Elektronen des Leiters durch die positive Ladung angezogen und ordnen sich in deren Nähe an. Andererseits entfernen sich die freien Elektronen eines Leiters, wenn ein negativ geladener Körper in dessen Nähe gebracht wird.

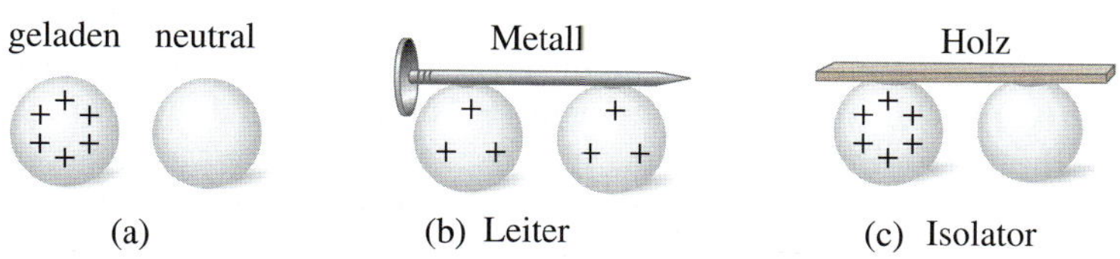

Abbildung 21.5 (a) Eine geladene und eine neutrale Metallkugel. (b) Die beiden Kugeln werden durch einen Metallnagel, der die Ladung von der einen zur anderen Kugel leitet, verbunden. (c) Die beiden Kugeln werden durch einen Isolator (Holz) verbunden; fast keine Ladung fließt.

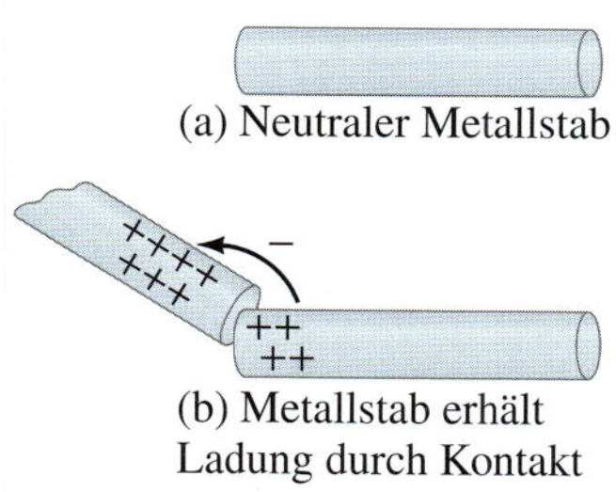

Abbildung 21.6 (a) Ein neutraler Metallstab erhält eine Ladung, wenn er (b) mit einem geladenen Objekt in Kontakt gebracht wird.

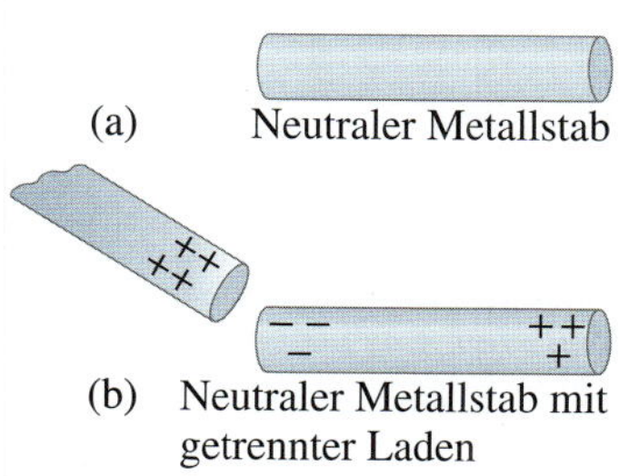

Abbildung 21.7 Aufladung durch Induktion.

21.4 Influenz; das Elektrometer

Stellen Sie sich vor, dass ein positiv geladener metallischer Körper in die Nähe eines ungeladenen Metalls gebracht wird. Wenn sie sich berühren, werden die freien Elektronen in dem neutralen Objekt von dem positiv geladenen angezogen und einige werden hinüberfließen (▶ Abbildung 21.6). Da das zweite Objekt nun

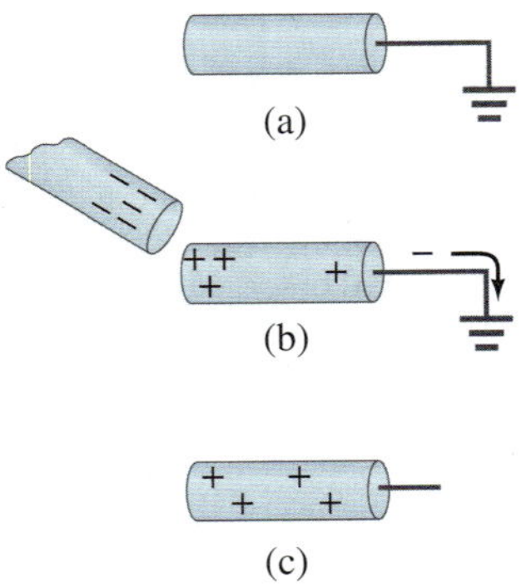

Abbildung 21.8 Eine Ladung auf ein geerdetes Objekt induzieren.

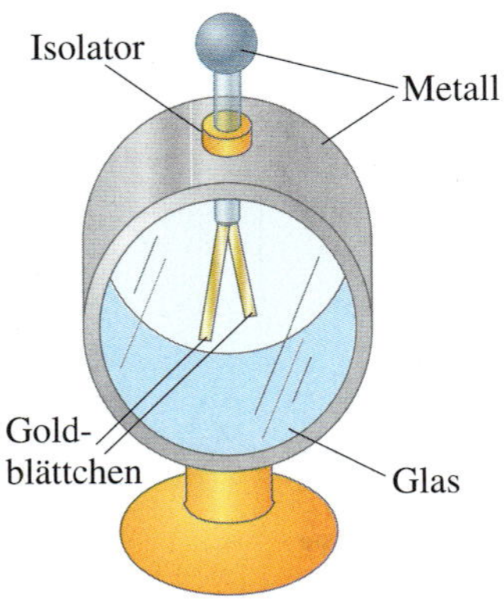

Abbildung 21.9 Elektrometer.

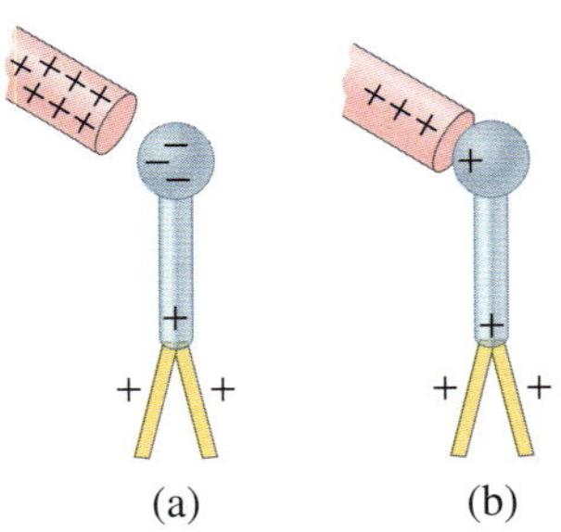

Abbildung 21.10 Geladenes Elektrometer (a) durch Induktion, (b) durch Leitung.

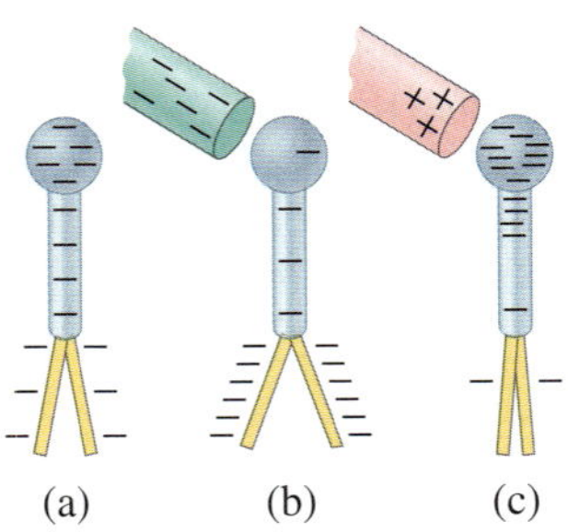

Abbildung 21.11 Ein zuvor aufgeladenes Elektrometer kann dazu benutzt werden, das Vorzeichen einer gegebenen Ladung zu bestimmen.

einige Elektronen weniger hat, trägt es eine resultierende positive Ladung. Dieser Vorgang heißt „Aufladung durch Leitung“ oder „durch Kontakt“, am Ende des Vorgangs haben die Ladungen der beiden Objekte dasselbe Vorzeichen.

Nun stellen wir uns vor, dass ein positiv geladener Körper in die Nähe eines neutralen Metallstabes gebracht wird, ohne ihn zu berühren. Obgleich die Elektronen des Metallstabs den Stab nicht verlassen, bewegen sie sich doch innerhalb des Metalls zum geladenen Körper hin, wodurch eine positive Ladung am gegenüber liegenden Ende entsteht (▸ Abbildung 21.7). Dieses Phänomen bezeichnet man als **Influenz**. Natürlich ist keine Nettoladung im Stab erzeugt worden; die Ladungen sind nur separiert worden. Die resultierende Ladung auf dem Stab ist null. Wenn wir den Stab jedoch in zwei Teile zerbrechen würden, hätten wir zwei geladene Objekte, eines positiv, das andere negativ geladen.

Eine andere Möglichkeit, eine Nettoladung in einem Metall zu induzieren, besteht darin, es über einen leitfähigen Draht mit dem Boden zu verbinden (oder ein leitfähiges Rohr führt in den Boden), wie in ▸ Abbildung 21.8a dargestellt (das Zeichen $\perp$ bedeutet Erdung). Man sagt dann, der Körper ist „geerdet“. Da die Erde aufgrund ihrer Größe und ihrer Leitfähigkeit leicht Elektronen aufnehmen oder abgegeben kann, stellt sie eine Art Ladungsreservoir dar. Wenn ein geladener Körper – in diesem Fall ein negativ geladener – in die Nähe des so geerdeten Metallstabs geführt wird, werden freie Elektronen des Stabs abgestoßen und wandern in die Erde hinein (▸ Abbildung 21.8b). Dadurch wird das Metall positiv aufgeladen. Wird der Draht jetzt durchgeschnitten, trägt das Metall eine positive Ladung (▸ Abbildung 21.8c).Würde der Draht durchgeschnitten, nachdem der negativ geladene Körper entfernt wurde, wären sämtliche Elektronen wieder in das Metall zurückgeflossen und es wäre wieder neutral.

Ein **Elektrometer** ist eine Apparatur, mit der man Ladungen nachweisen kann. Wie in ▸ Abbildung 21.9 dargestellt, sind innerhalb eines Gehäuses zwei bewegliche metallische Plättchen angebracht, die oft aus Gold bestehen. (Manchmal ist auch nur eines der Plättchen beweglich.) Die Plättchen werden durch einen Leiter mit einer Metallelektrode auf der Außenseite des Gehäuses verbunden, sind jedoch vom Gehäuse selber isoliert. Wird ein positiv geladener Körper in die Nähe des Knopfes gebracht, tritt Influenz auf, das heißt Elektronen verlagern sich in Richtung auf die Elektrode und die Plättchen werden positiv aufgeladen (▸ Abbildung 21.10a). Die beiden Plättchen stoßen sich dann ab, wie gezeigt. Wird der Knopf stattdessen durch Leitung aufgeladen, erhält die gesamte Apparatur eine Nettoladung, wie in ▸ Abbildung 21.10b gezeigt. In beiden Fälle ist der Abstand der beiden Plättchen voneinander umso größer, je größer die Ladungsmenge ist.

Beachten Sie aber, dass man auf diesem Weg nicht das Vorzeichen der Ladung bestimmen kann, da eine negative Ladung die Plättchen ebenso weit trennt wie eine gleich große positive Ladung. – in beiden Fällen stoßen sich die beiden Plättchen ab. Ein Elektrometer kann dennoch dazu verwendet werden, das Vorzeichen der Ladung zu bestimmen. Dazu wird es zuerst durch Leitung aufgeladen, beispielsweise negativ, wie in ▸ Abbildung 21.11a dargestellt. Wird nun ein negativ geladenes Objekt in seine Nähe gebracht (▸ Abbildung 21.11b), werden mehr Elektronen influenziert, die sich hinunter in die Plättchen bewegen und sie umso weiter trennen. Wird jedoch eine positive Ladung in die Nähe des Geräts gebracht, werden Elektronen influenziert, die aufwärts fließen, so dass die Plättchen weniger negative Ladung tragen und ihr Abstand voneinander verringert wird (▸ Abbildung 21.11c).

Vom Elektrometer wurde in der Frühzeit der Erforschung der Elektrizität häufig Gebrauch gemacht. Dasselbe Messprinzip, jedoch erweitert mit hochwertiger Elektronik, wird in hochempfindlichen modernen Messgeräten angewendet.

21.5 Das Coulomb'sche Gesetz

Wir haben gesehen, dass eine elektrische Ladung auf andere elektrische Ladungen eine Kraft ausübt. Welche physikalische Größen beeinflussen die Größe dieser Kraft? Um diese Frage zu beantworten, erforschte der französische Physiker Charles Coulomb (1736–1806) in den 80er Jahren des 18. Jahrhundert elektrische Kräfte mit einer Torsionsvorrichtung (▶ Abbildung 21.12), die derjenigen von Cavendish für seine Studien der Gravitationskraft ähnelte (Kapitel 6).

Obgleich zu Coulombs Zeit präzise Messinstrumente zur Bestimmung der Ladung noch nicht verfügbar waren, war er fähig, kleine Kugeln mit unterschiedlichen Ladungsmengen zu präparieren, deren *Ladungsverhältnis* bekannt war. Er stellte fest, dass wenn eine geladene, leitende Kugel in Kontakt mit einer identischen, ungeladenen Kugel gebracht wurde, die Ladung der ersten auf beide Kugeln aufgrund ihrer Symmetrie gleichmäßig verteilt wurde. Er hatte somit einen Weg gefunden, Ladungsmengen herzustellen, die $\frac{1}{2}$-mal, $\frac{1}{4}$-mal usw. so groß waren wie die ursprüngliche Ladung. Seine kleinen geladenen Kugeln entsprachen bei ausreichenden Abständen der Kugeln voneinander in guter Näherung Punktladungen. Obwohl er einige Schwierigkeiten mit influenzierten Ladungen hatte, konnte Coulomb argumentieren, dass die von einer Punktladung auf eine andere ausgeübte Kraft direkt proportional zur Ladungsmenge der beiden Punktladungen ist. Das heißt, wurde die Ladung auf einer der beiden Punktladungen verdoppelt, wurde auch die Kraft verdoppelt; wurde die Ladung auf beiden Punktladungen verdoppelt, nahm die Kraft auf das Vierfache des ursprünglichen Wertes zu. Das alles war dann der Fall, wenn der Abstand zwischen den beiden Ladungen gleich blieb. Konnte sich der Abstand vergrößern, so verminderte sich die Kraft mit dem Quadrat des Abstands zwischen ihnen. Das heißt, wurde der Abstand verdoppelt, ging die Kraft auf ein Viertel ihres Ursprungswertes zurück. Coulomb schlussfolgerte, dass die Kraft, die eine Punktladung auf eine andere ausübte, proportional zum Produkt der Ladungsmengen Q_1 und Q_2 auf den beiden Objekten und umgekehrt proportional zum Quadrat des Abstands r zwischen ihnen sein müsse (▶ Abbildung 21.13). Als Gleichung können wir das **Coulomb'sche Gesetz** aufschreiben als

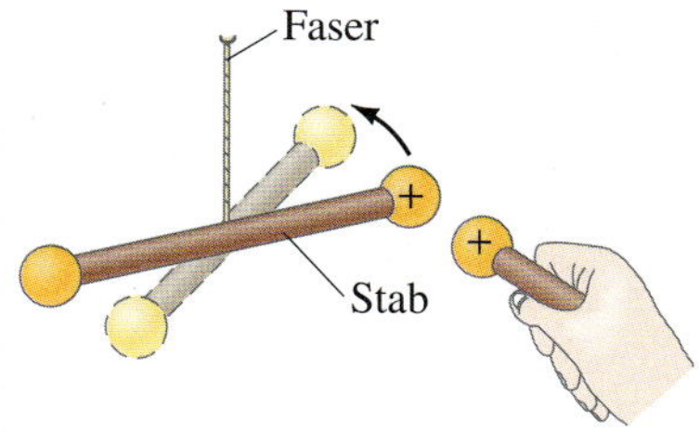

Abbildung 21.12 Prinzip der von Coulomb benutzten Apparatur. Sie ähnelt der von Cavendish für die Gravitation (siehe ▶ Abbildung 6.3). Wird eine geladene Kugel in die Nähe der an dem aufgehängten Stab befestigten Kugel gebracht, dreht sich der Stab etwas. Der Faden widersteht der Drehbewegung, der Drehwinkel ist proportional der ausgeübten Kraft. Mithilfe dieses Aufbaus erforschte Coulomb, wie die elektrische Kraft als Funktion der Ladungsmengen und des Abstands zwischen ihnen variierte.

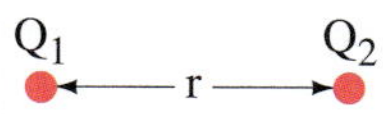

Abbildung 21.13 Das Coulomb'sche Gesetz. Gleichung 21.1 gibt die Kraft zwischen zwei Punktladungen Q_1 und Q_2 an, die einen Abstand r voneinander haben.

COULOMB'SCHES GESETZ

$$F = k\frac{Q_1 Q_2}{r^2}\,, \qquad (21.1)$$

worin k eine Proportionalitätskonstante ist.

Gleichung 21.1 liefert die *Größe* der elektrischen Kraft, die eine von zwei Ladungen auf die jeweils andere ausübt. Die *Richtung* der elektrischen Kraft ist *immer entlang der Verbindungslinie zwischen den beiden Ladungen*. Haben die beiden Ladungen dasselbe Vorzeichen, ist die Kraft abstoßend. Haben die beiden Ladungen ungleiche Vorzeichen, so ist die Kraft anziehend (▶ Abbildung 21.14). Man beachte, dass die Kraft, die eine Ladung auf die andere ausübt, gleich aber entgegengesetzt derjenigen ist, die die zweite auf die erste ausübt, in Übereinstimmung mit Newtons drittem Gesetz.

Die Gültigkeit des Coulomb'schen Gesetzes beruht heute auf präzisen Messinstrumenten, die technisch viel ausgereifter sind als Coulombs Vorrichtung. Der Exponent 2 im Coulomb'schen Gesetz ist bis auf 1 zu 10^{16} genau (das heißt $2 \pm (1 \cdot 10^{-16})$).

Da wir es hier mit einer neuen Größe zu tun haben (elektrische Ladung), könnten wir ihre Einheit so wählen, dass der Proportionalitätsfaktor k in Gleichung 21.1 gleich 1 würde. In der Tat war ein solches Einheitensystem einst in Gebrauch[2]. Die gebräuchlichste Einheit heutzutage ist jedoch das **Coulomb** (C), das SI-Einheit ist. Die exakte Definition des Coulomb erfolgt mit der elektrischen Stromstärke und dem magnetischen Feld und wird später (Abschnitt 28.3) behandelt. In SI-Einheiten hat k den Wert

$$k = 8{,}988 \cdot 10^9\,\mathrm{N{\cdot}m^2/C^2} \approx 9{,}0 \cdot 10^9\,\mathrm{N{\cdot}m^2/C^2}\,.$$

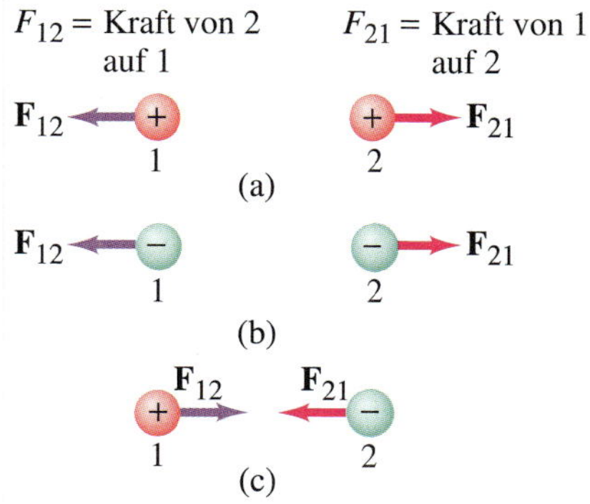

Abbildung 21.14 Die Richtung der Kraft hängt davon ab, ob die Ladungen das gleiche Vorzeichen haben, (a) und (b); oder entgegengesetzte Vorzeichen, (c).

2 Das ist das cgs-Einheiten-System. Die Einheit der elektrischen Ladung heißt dort elektrostatische Einheit (esu, engl. *unit*) oder Statcoulomb. Ein Esu ist definiert als die Ladungsmenge, die, jeweils auf zwei 1 cm voneinander entfernte Punktladungen verteilt, eine Kraft von 1 dyn (10^{-5} N) ausübt.

1 C ist somit der Ladungsbetrag, der, wenn zwei 1,0 m voneinander entfernte Punktladungen eine Kraft von $(9{,}0 \cdot 10^9\,\mathrm{N \cdot m^2/C^2})(1{,}0\,\mathrm{C})(1{,}0\,\mathrm{C})/(1{,}0\,\mathrm{m})^2 = 9{,}0 \cdot 10^9\,\mathrm{N}$ aufeinander ausüben. Das wäre eine sehr große Kraft, die fast gleich dem Gewicht von einer Million Tonnen wäre. Normalerweise haben wir es mit Ladungen zu tun, die deutlich kleiner als 1 C sind.

Ladungen, die durch Reibung eines gewöhnlichen Objekts (wie eines Kamms oder Lineals) erzeugt werden, sind typischerweise bis zu ein Mikrocoulomb groß ($1\,\mu\mathrm{C} = 10^{-6}\,\mathrm{C}$). Körper mit einer positiven Ladung haben ein Elektronendefizit, während negativ geladene Körper einen Elektronenüberschuss haben. Die Größe der Ladung eines Elektrons ist mit etwa $1{,}602 \cdot 10^{-19}\,\mathrm{C}$ bestimmt worden, das Vorzeichen ist negativ. Das ist die kleinste in der Natur vorkommende Ladung[3]. Wegen ihrer fundamentalen Natur hat sie das Symbol e erhalten, die Elementarladung:

Ladung eines Elektrons (die Elementarladung)

$$e = 1{,}602 \cdot 10^{-19}\,\mathrm{C}\,.$$

Beachten Sie, dass e als positive Zahl definiert ist, so dass die Ladung des Elektrons $-e$ beträgt. (Die Ladung des Protons andererseits ist $+e$.) Da ein Objekt nicht den Bruchteil der Elementarladung aufnehmen oder abgeben kann, muss die resultierende Ladung eines Objekts stets ein ganzzahliges Vielfaches dieser Ladung sein. Elektrische Ladung ist somit **quantisiert** (kommt nur in diskreten Beträgen $1e$, $2e$ $3e$ etc. vor). Weil e jedoch so klein ist, bemerken wir normalerweise diese Stückelung bei makroskopischen Ladungen nicht ($1\,\mu\mathrm{C}$ erfordert 10^{13} Elektronen), Sie erscheinen somit kontinuierlich.

Elektrische Ladung ist quantisiert

Beachten Sie die Ähnlichkeit, die das Coulomb'sche Gesetz mit dem Gesetz der universalen Gravitation (Gleichung 6.1) hat. Beide sind inverse Quadratgesetze ($F \propto 1/r^2$). Beide haben zudem eine Proportionalität zum Produkt einer Eigenschaft jedes Objekts – Masse bei der Gravitation, elektrische Ladung bei der Elektrizität. Ein wesentlicher Unterschied zwischen den beiden Gesetzen ist, dass Gravitation immer eine anziehende Kraft ist, während die elektrische Kraft anziehend oder abstoßend sein kann.

Die Konstante k in Gleichung 21.1 wird oft durch eine andere Konstante, ϵ_0, ausgedrückt, die als elektrische Feldkonstante, Influenzkonstante oder **Permittivität des Vakuums** bezeichnet wird. Sie hängt mit k über die Beziehung $k = 1/4\pi\epsilon_0$ zusammen. Das Coulomb'sche Gesetz lautet damit

COULOMB'SCHES GESETZ (mit ϵ_0 ausgedrückt)

$$F = \frac{1}{4\pi\epsilon_0}\frac{Q_1 Q_2}{r^2}\,, \tag{21.2}$$

worin

$$\epsilon_0 = \frac{1}{4\pi k} = 8{,}85 \cdot 10^{-12}\,\mathrm{C^2/N{\cdot}m^2}\,.$$

Gleichung 21.2 sieht komplizierter aus als Gleichung 21.1, doch werden andere fundamentale Gleichungen, die wir noch nicht kennen gelernt haben, durch die Verwendung von ϵ_0 einfacher als mit k. Es ist natürlich egal, welche Form wir nutzen, da die Gleichungen 21.1 und 21.2 äquivalent sind.

Es muss darauf hingewiesen werden, dass die Gleichungen 21.1 und 21.2 sich auf Objekte beziehen, deren Größe viel kleiner ist als der Abstand zwischen ihnen. Im Idealfall beziehen sich die Gleichungen auf **Punktladungen** (Objektgröße vernachlässigbar gegenüber anderen Abständen). Für endlich große Objekte ist nicht immer klar, welcher Wert für r eingesetzt werden soll, besonders dann, wenn die Ladung nicht gleichmäßig auf den Objekten verteilt ist. Sind die beiden Objekte Kugeln und ist die Ladung gleichmäßig auf beiden verteilt, ist r der Abstand ihrer Mittelpunkte.

3 Nach dem Standardmodell der Elementarteilchenphysik tragen subnukleare Teilchen, die man Quarks genannt hat, eine kleinere Ladung als die des Elektrons; sie kann $(1/3)e$ oder $(2/3)e$ betragen. Quarks sind nicht direkt als isolierte Teilchen nachgewiesen worden und gemäß der Theorie sind freie Quarks wahrscheinlich nicht nachweisbar. Verwechseln Sie überdies die Elementarladung e nicht mit dem Symbol für die Euler'sche Zahl, die den Wert $e = 2{,}718\ldots$ hat.

Coulombs Gesetz beschreibt die Kraft zwischen zwei Ladungen, wenn sie in Ruhe sind. Zusätzliche Kräfte kommen ins Spiel, wenn sich die Ladungen bewegen, das werden wir in späteren Kapiteln behandeln. In diesem Kapitel geht es nur um ruhende Ladungen, ihr Studium ist Gegenstand der **Elektrostatik**.

Wenn man mit dem Coulomb'schen Gesetz rechnet, kann man normalerweise die Vorzeichen der Ladungen außer Acht lassen und die Richtung der Kraft dadurch bestimmen, ob sie abstoßend oder anziehend ist.

Beispiel 21.1

Elektrische Kraft auf ein Elektron durch ein Proton

Bestimmen Sie die elektrische Kraft, die ein Elektron in einem Wasserstoffatom aufgrund des Kerns (ein einzelnes Proton mit $Q_2 = +e$) erfährt. Nehmen Sie an, dass sich das Elektron in einer kreisförmigen Bahn mit einer durchschnittlichen Entfernung $r = 0{,}53 \cdot 10^{-10}$ m (▸ Abbildung 21.15) vom Proton befindet.

Lösung

Wir nutzen das Coulomb'sche Gesetz, $F = kQ_1Q_2/r^2$ (Gleichung 21.1) mit $r = 0{,}53 \cdot 10^{-10}$ m und $Q_1 = Q_2 = 1{,}6 \cdot 10^{-19}$ C (Vorzeichen der Ladungen werden außer Acht gelassen):

$$F = \frac{(9{,}0 \cdot 10^9\,\mathrm{N{\cdot}m^2/C^2})(1{,}6 \cdot 10^{-19}\,\mathrm{C})(1{,}6 \cdot 10^{-19}\,\mathrm{C})}{(0{,}53 \cdot 10^{-10}\,\mathrm{m})^2} = 8{,}2 \cdot 10^{-8}\,\mathrm{N}\,.$$

Die Richtung der auf das Elektron ausgeübten Kraft zeigt zum Proton, da die Ladungen unterschiedliche Vorzeichen haben und die Kraft anziehend ist.

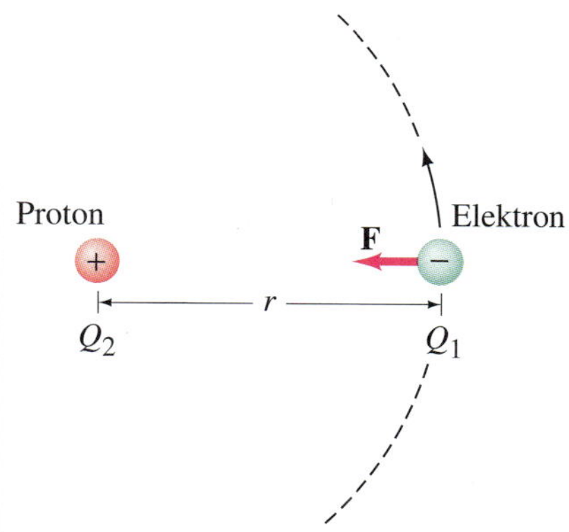

Abbildung 21.15 Beispiel 21.1.

Beispiel 21.2 · Begriffsbildung

Welche Ladung übt die größere Kraft aus?

Zwei positive Punktladungen $Q_1 = 50\,\mu$C und $Q_2 = 1\,\mu$C sind durch einen Abstand l voneinander getrennt (▸ Abbildung 21.16). Welche Kraft ist größer, die von Q_1 auf Q_2 ausgeübte oder die von Q_2 auf Q_1 ausgeübte?

Lösung

Gemäß dem Coulomb'schen Gesetz ist die von Q_2 auf Q_1 ausgeübte Kraft gleich

$$F_{12} = k\frac{Q_1Q_2}{l^2}\,.$$

Die von Q_1 auf Q_2 ausgeübte Kraft ist dieselbe, außer dass Q_1 und Q_2 ausgetauscht sind. Die Gleichung ist in Bezug auf die beiden Ladungen symmetrisch, also ist $F_{21} = F_{12}$. Zudem sagt Newtons drittes Gesetz, dass diese beiden Kräfte gleich groß sein müssen.

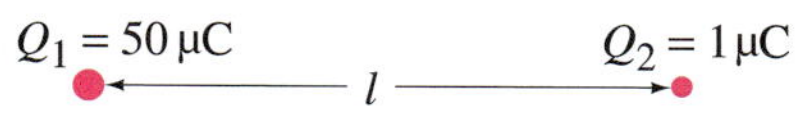

Abbildung 21.16 Beispiel 21.2.

Es ist sehr wichtig, im Kopf zu behalten, dass Gleichung 21.1 (oder 21.2) die Kraft auf eine Ladung aufgrund nur *einer* anderen Ladung angibt. Sind verschiedene (oder viele) Ladungen gegenwärtig, ist *die resultierende Kraft auf eine beliebige dieser Ladungen die Vektorsumme der Kräfte jeder einzelnen der übrigen Ladungen.* Dieses **Prinzip der Superposition** basiert auf Experimenten und besagt, dass elektrische Kraftvektoren wie beliebige andere Vektoren addiert werden. Für kontinuierliche Ladungsverteilungen wird aus der Summe ein Integral.

Superpositionsprinzip: Elektrische Kräfte werden als Vektoren addiert

Haben wir es mit verschiedenen Ladungen zu tun, ist es hilfreich, doppelte Indizes der beteiligten Kräfte zu verwenden. Der erste Index bezieht sich auf das Teilchen, *auf* das die Kraft ausgeübt wird; der zweite Index bezieht sich auf das Teilchen, das die Kraft ausübt. Haben wir beispielsweise drei Ladungen, bedeutet die Schreibweise $\mathbf{F}_{31}$ die Kraft, die Teilchen 1 *auf* Teilchen 3 ausübt.

Wie bei allen Problemlösungen ist es sehr wichtig, eine Skizze anzufertigen, besonders ein Kräfteparallelogramm (Kapitel 4) für jeden Körper, in dem alle auf den Körper wirkenden Kräfte dargestellt sind. Durch Anwendung des Coulomb'schen Gesetzes können wir ausschließlich die Ladungsgrößen (Minuszeichen weglassen) behandeln, um den Betrag jeder Kraft zu erhalten. Dann bestimmen wir die Richtung der Kraft physikalisch (entlang der Verbindungslinie der beiden Teilchen: gleiche Ladungen stoßen sich ab, ungleiche ziehen sich an), und tragen den Kraftvektor in die Skizze ein. Schließlich werden alle Kräfte auf einen Körper vektoriell addiert.

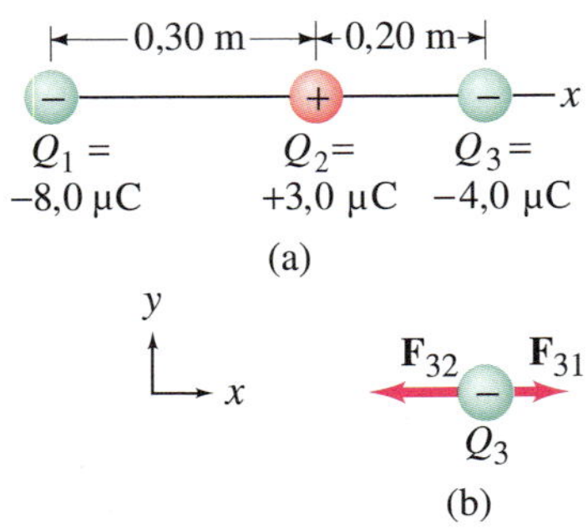

Abbildung 21.17 Diagramm für Beispiel 21.3.

Beispiel 21.3 Drei Ladungen auf einer Geraden

Drei geladene Teilchen werden auf einer Geraden angeordnet (▸ Abbildung 21.17a). Berechnen Sie die resultierende elektrostatische Kraft auf Teilchen 3 (dasjenige mit −4,0 μC auf der rechten Seite) aufgrund der beiden anderen Ladungen.

Lösung

Die resultierende Kraft auf Teilchen 3 ist gleich der Vektorsumme der Kräfte $\mathbf{F}_{31}$, ausgeübt von Teilchen 1, und $\mathbf{F}_{32}$, ausgeübt von Teilchen 2: $\mathbf{F} = \mathbf{F}_{31} + \mathbf{F}_{32}$. Die Beträge dieser beiden Kräfte sind

$$F_{31} = \frac{(9{,}0 \cdot 10^9\,\mathrm{N{\cdot}m^2/C^2})(4{,}0 \cdot 10^{-6}\,\mathrm{C})(8{,}0 \cdot 10^{-6}\,\mathrm{C})}{(0{,}50\,\mathrm{m})^2} = 1{,}2\,\mathrm{N}$$

$$F_{32} = \frac{(9{,}0 \cdot 10^9\,\mathrm{N{\cdot}m^2/C^2})(4{,}0 \cdot 10^{-6}\,\mathrm{C})(3{,}0 \cdot 10^{-6}\,\mathrm{C})}{(0{,}20\,\mathrm{m})^2} = 2{,}7\,\mathrm{N}\,.$$

Da wir die Beträge der Kräfte berechnen, haben wir die Vorzeichen der Ladungen weggelassen; doch müssen wir sie bei der Ermittlung der Richtung berücksichtigen. Die Verbindungsgerade der Teilchen sei die x-Achse und die positive Richtung verlaufe nach rechts. Dann sind die Kräfte $\mathbf{F}_{31}$ (abstoßend) und $\mathbf{F}_{32}$ (anziehend) so gerichtet, wie in ▸ Abbildung 21.17b dargestellt: F_{31} zeigt in positive x-Richtung, F_{32} zeigt in negative x-Richtung. Die resultierende Kraft auf Teilchen 3 ist dann

$$F = -F_{32} + F_{31} = -2{,}7\,\mathrm{N} + 1{,}2\,\mathrm{N} = -1{,}5\,\mathrm{N}\,.$$

Der Betrag der resultierenden Kraft ist 1,5 N. Sie ist nach links gerichtet.

Man beachte in diesem Beispiel, dass die mittlere Ladung (Q_2) in keiner Weise die Wirkung der anderen Ladung (Q_1) beeinträchtigt.

Beispiel 21.4 Elektrostatische Kraft berechnet mit Vektorkomponenten

Berechnen Sie die resultierende elektrostatische Kraft auf Ladung Q_3 aufgrund der Ladungen Q_1 und Q_2 (siehe ▸ Abbildung 21.18).

Lösung

Die Kräfte $\mathbf{F}_{31}$ und $\mathbf{F}_{32}$ haben die Richtungen, wie im Diagramm gezeichnet; Q_1 ist anziehend und Q_2 ist abstoßend. Die Beträge der Kräfte $\mathbf{F}_{31}$ und $\mathbf{F}_{32}$ sind (wir lassen die Vorzeichen außer Acht, da wir die Richtungen kennen):

$$F_{31} = \frac{(9{,}0 \cdot 10^9\,\mathrm{N{\cdot}m^2/C^2})(6{,}5 \cdot 10^{-5}\,\mathrm{C})(8{,}6 \cdot 10^{-5}\,\mathrm{C})}{(0{,}60\,\mathrm{m})^2} = 140\,\mathrm{N}\,,$$

$$F_{32} = \frac{(9{,}0 \cdot 10^9\,\mathrm{N{\cdot}m^2/C^2})(6{,}5 \cdot 10^{-5}\,\mathrm{C})(5{,}0 \cdot 10^{-5}\,\mathrm{C})}{(0{,}30\,\mathrm{m})^2} = 330\,\mathrm{N}\,.$$

Wir lösen $\mathbf{F}_{31}$ in seine Komponenten entlang der x- und y-Achse auf, wie in ► Abbildung 21.18a gezeigt:

$$F_{31x} = F_{31}\cos 30^\circ = 120\,\mathrm{N}$$

$$F_{31y} = -F_{31}\sin 30^\circ = -70\,\mathrm{N}$$

Die Kraft $\mathbf{F}_{32}$ hat nur die y-Komponente. Die resultierende Kraft $\mathbf{F}$ auf Q_3 hat damit die Komponenten

$$F_x = F_{31x} = 120\,\mathrm{N}$$

$$Fy = F_{32} + F_{31y} = 330\,\mathrm{N} - 70\,\mathrm{N} = 260\,\mathrm{N}\,.$$

Der Betrag der resultierenden Kraft ist

$$F = \sqrt{F_x^2 + F_y^2} = \sqrt{(120\,\mathrm{N})^2 + (260\,\mathrm{N})^2} = 290\,\mathrm{N}\,.$$

Diese Kraft wirkt unter einem Winkel θ (► Abbildung 21.18b), der durch $\tan\theta = F_y/F_x = 260\,\mathrm{N}/120\,\mathrm{N} = 2{,}2$ und damit $\theta = 65^\circ$ gegeben ist.

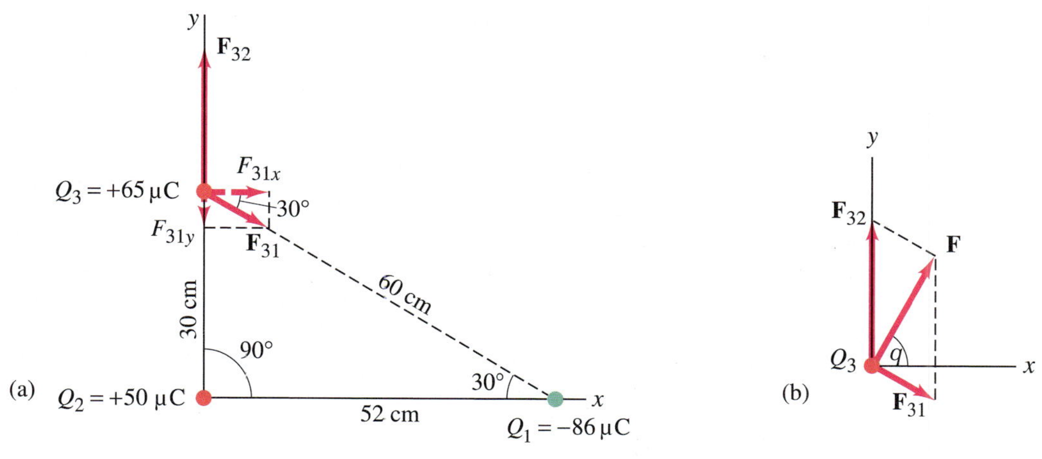

Abbildung 21.18 Ermittlung der Kräfte aus Beispiel 21.4.

Vektorielle Form des Coulomb'schen Gesetzes

Das Coulomb'sche Gesetz lässt sich auch in vektorieller Form schreiben (wie wir das auch für das dritte Newton'sche Gesetz der universellen Gravitation in Kapitel 6, Abschnitt 6.2 getan haben):

$$\mathbf{F}_{12} = k\frac{Q_1 Q_2}{r_{21}^2}\hat{\mathbf{r}}_{21}\,,$$

worin $\mathbf{F}_{12}$ die Vektorkraft auf Ladung Q_1 aufgrund von Q_2 und $\hat{\mathbf{r}}_{21}$ der Einheitsvektor ist, der von Q_2 nach Q_1 zeigt. $\hat{\mathbf{r}}_{21}$ zeigt von der „Quell"-Ladung (Q_2) auf die Ladung (Q_1), von der wir wissen möchten, wie groß die auf sie wirkende Kraft ist. (Siehe ▸ Abbildung 21.19). Die Ladungen Q_1 und Q_2 können entweder positiv oder negativ sein, und das hat einen Einfluss auf die Richtung der elektrischen Kraft. Wenn Q_1 und Q_2 dasselbe Vorzeichen haben, ist das Produkt $Q_1Q_2 > 0$ und die Kraft auf Q_1 zeigt von Q_2 weg – das heißt, sie ist abstoßend. Wenn Q_1 und Q_2 entgegengesetzte Vorzeichen haben, ist $Q_1Q_2 < 0$ und die Kraft $\mathbf{F}_{12}$ zeigt auf Q_2 – das heißt, sie ist anziehend.

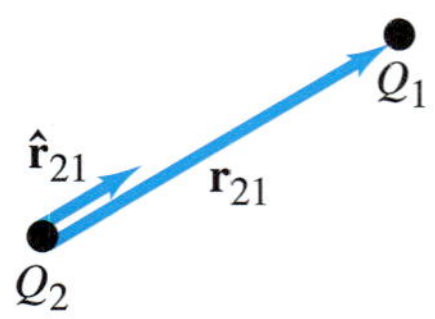

Abbildung 21.19 Ermittlung der Kraft auf Q_1 aufgrund von Q_2, ihre Richtung ist die des Einheitsvektors $\hat{\mathbf{r}}_{21}$.

21.6 Das elektrische Feld

Sowohl die Gravitation als auch die elektrische Kraft wirken über eine Distanz: es gibt eine Kraft auch dann, wenn sich die Objekte nicht berühren. Die Vorstellung einer Kraftwirkung über eine Distanz hinweg war für die frühen Denker nur schwer zu akzeptieren. Selbst Newton fühlte sich nicht wohl bei diesem Gedanken, als er das Gesetz der universellen Gravitation veröffentlichte. Eine Hilfe in dieser Situation bietet die Vorstellung eines **Feldes**, die von dem englischen Wissenschaftler Michael Faraday (1791–1867) entwickelt wurde. Im Fall der Elektrizität hat gemäß Faraday jede Ladung ein elektrisches Feld, das den gesamten Raum durchdringt: ▸ Abbildung 21.20. Wird eine zweite Ladung in die Nähe der ersten gebracht, spürt sie eine Kraft aufgrund des elektrischen Feldes (etwa an Punkt P in ▸ Abbildung 21.20) der ersten Ladung. Man stellt es sich so vor, dass das elektrische Feld am Ort der zweiten Ladung in direkte Wechselwirkung mit dieser Ladung tritt und die Kraftwirkung erzeugt.

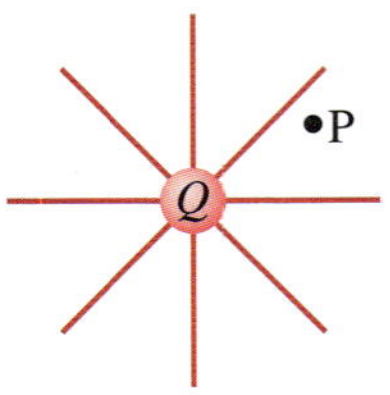

Abbildung 21.20 Jede Ladung ist von einem elektrischen Feld umgeben. P ist ein beliebiger Punkt.

Grundsätzlich können wir das eine oder mehrere Ladungen umgebende elektrische Feld untersuchen, indem wir die Kraft auf eine kleine positive **Testladung** messen. Unter einer Testladung verstehen wir eine Ladung, die so klein ist, dass die von ihr ausgeübte Kraft die Verteilung der Ladungen, deren Feld wir messen wollen, nicht signifikant verändert. Die Kraft auf eine kleine, positive Testladung q, die an unterschiedlichen Orten in der Nachbarschaft einer einzelnen, positiven Ladung Q positioniert wurde, ist so, wie in ▸ Abbildung 21.21 gezeigt. Die Kraft am Punkt b ist kleiner als am Punkt a, weil die Entfernung größer ist (Coulombs Gesetz); die Kraft am Punkt c ist noch kleiner. In jedem Fall ist die Kraft radial von Q wegweisend gerichtet. Das elektrische Feld wird als Kraftwirkung auf so eine positive Testladung definiert. Insbesondere ist das **elektrische Feld E** an jedem Punkt definiert als die Kraft **F** auf eine kleine positive Testladung an dem Punkt dividiert durch den Betrag der Testladung q:

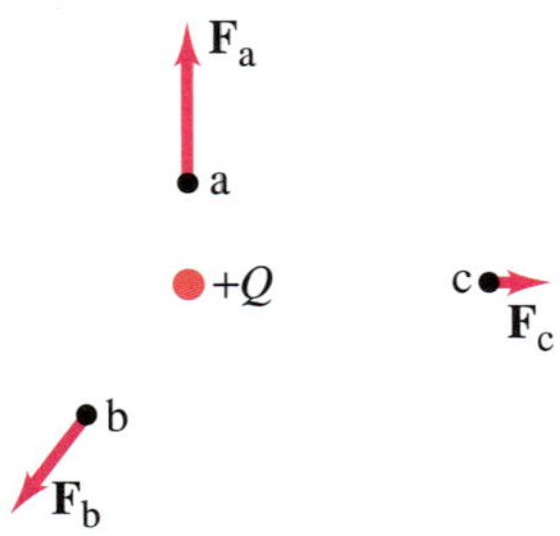

Abbildung 21.21 Kraft einer Ladung $+Q$ auf eine kleine Testladung q an den Orten a, b und c.

Definition des elektrischen Feldes

$$\mathbf{E} = \frac{\mathbf{F}}{q}\,. \qquad (21.3)$$

Idealerweise ist **E** als der Grenzwert von $\mathbf{F}/q$ definiert, wenn q immer kleiner wird und sich null annähert. Aus dieser Definition (Gleichung 21.3) sehen wir, dass das elektrische Feld an jedem Punkt im Raum ein Vektor ist, dessen Richtung mit der Richtung der Kraft auf eine positive Testladung an dem Punkt übereinstimmt, und dessen Betrag die *Kraft pro Einheitsladung* ist. Somit wird **E** in den Einheiten Newton pro Coulomb (N/C) gemessen.

Der Grund, weshalb man **E** als $\mathbf{F}/q$ definiert (mit $q \to 0$), ist, dass **E** so nicht vom Betrag der Testladung q abhängt. Das bedeutet, dass **E** nur die Wirkung der Ladungen beschreibt, die das elektrische Feld an dem Punkt erzeugen.

Das elektrische Feld kann an jedem Ort unter Zugrundelegung der Definitionsgleichung 21.3 gemessen werden. In einfachen Situationen, in denen eine oder ein paar Punktladungen involviert sind, können wir ausrechnen, wie **E** aussieht. Das elektrische Feld im Abstand r von einer einzelnen Punktladung beispielsweise hat den Betrag

$$E = \frac{F}{q} = \frac{kqQ/r^2}{q} = k\frac{Q}{r^2}\,; \quad \text{(einzelne Punktladung)} \qquad (21.4a)$$

oder, mit ϵ_0 ausgedrückt (wie in Gleichung 21.2, $k = 1/4\pi\epsilon_0$):

Elektrisches Feld einer Punktladung

$$E = \frac{1}{4\pi\epsilon_0}\frac{Q}{r^2} \, . \quad \text{(einzelne Punktladung)} \qquad (21.4b)$$

Man beachte, dass E unabhängig von q ist – das heißt, E hängt nur von der Ladung Q ab, die das Feld erzeugt, nicht aber vom Wert der Testladung q. Die Gleichungen 21.4 könnten als Coulomb'sches Gesetz des elektrischen Feldes bezeichnet werden.

Beispiel 21.5 Elektrostatischer Kopierer

Ein elektrostatischer Kopierer ordnet positive Ladungen auf der Oberfläche einer nichtleitenden Trommel selektiv an (im Muster der Kopie) und sprüht dann negativ geladene Tonerteilchen auf die Trommel. Die Tonerteilchen haften temporär auf dem Muster und werden später auf das Papier übertragen und „geschmolzen", um die Kopie anzufertigen. Nehmen Sie an, jedes Tonerteilchen habe eine Masse von $9{,}0 \cdot 10^{-16}$ kg und trage eine Ladung von 20 zusätzlichen Elementarladungen. Berechnen Sie die elektrische Feldstärke in der Nähe der Trommeloberfläche unter der Voraussetzung, dass die elektrische Kraft eines Tonerteilchens seine Gewichtskraft um das zweifache übertreffen muss, um eine ausreichende Anziehung zu gewährleisten (► Abbildung 21.22).

Lösung

Die minimale elektrische Feldstärke genügt der Gleichung

$$qE = 2mg \, ,$$

worin $q = 20e$ ist. Damit folgt

$$E = \frac{2\,\text{mg}}{q} = \frac{2(9{,}0 \cdot 10^{-16}\,\text{kg})(9{,}8\,\text{m/s}^2)}{20(1{,}6 \cdot 10^{-19}\,\text{C})} = 5{,}5 \cdot 10^3\,\text{N/C} \, .$$

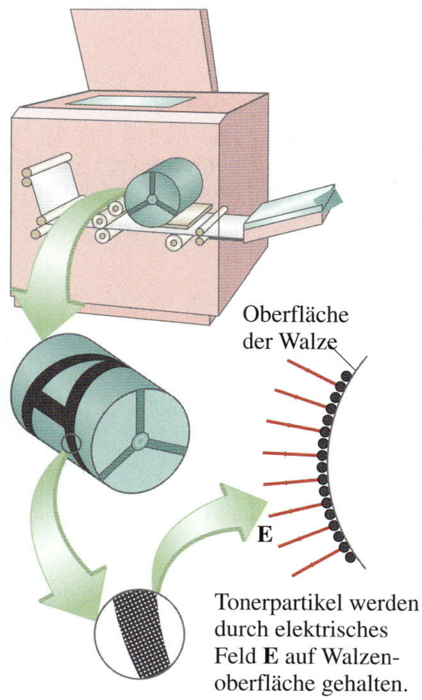

Abbildung 21.22 Beispiel 21.5.

Beispiel 21.6 Elektrisches Feld einer einzelnen Punktladung

Ermitteln Sie Betrag und Richtung des elektrischen Feldes an einem Punkt P, der sich 30 cm rechts von einer Punktladung $Q = -3{,}0 \cdot 10^{-6}$ C befindet.

Lösung

Der Betrag des elektrischen Feldes einer Punktladung ist durch Gleichung 21.4 gegeben:

$$E = k\frac{Q}{r^2} = \frac{(9{,}0 \cdot 10^9\,\text{N·m}^2/\text{C}^2)(3{,}0 \cdot 10^{-6}\,\text{C})}{(0{,}30\,\text{m})^2} = 3{,}0 \cdot 10^5\,\text{N/C} \, .$$

Die Richtung des elektrischen Feldes zeigt auf die Ladung Q, wie in ► Abbildung 21.23a gezeigt, da wir die Richtung als diejenige der Kraft auf eine positive Testladung definiert haben. Wäre Q positiv, wäre das elektrische Feld von der Ladung weggerichtet (► Abbildung 21.23b).

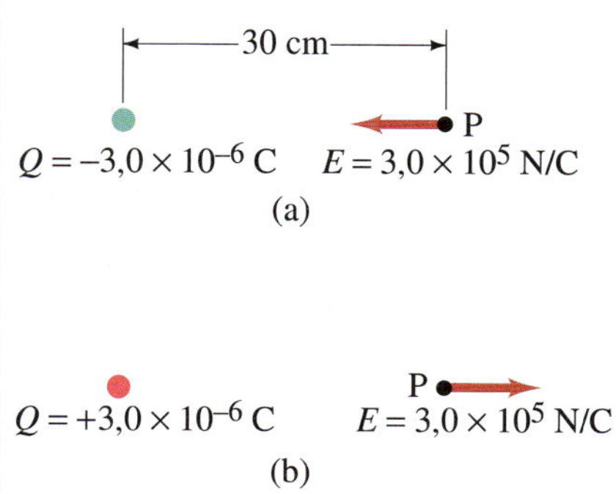

Abbildung 21.23 Beispiel 21.6. Ein elektrisches Feld am Ort P (a) aufgrund einer negativen Ladung Q, und (b) aufgrund einer positiven Ladung Q.

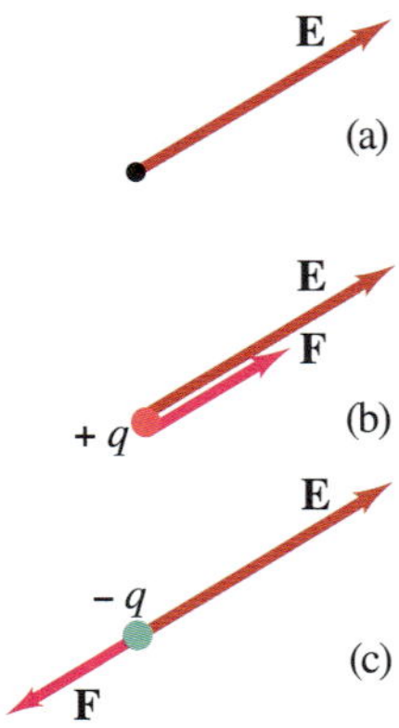

Abbildung 21.24 (a) Elektrisches Feld an einem Ort im Raum; (b) Kraft auf eine positive Ladung; (c) Kraft auf eine negative Ladung.

Das Beispiel illustriert ein allgemeines Ergebnis: Das elektrische Feld aufgrund einer positiven Ladung zeigt von der Ladung weg, während **E** aufgrund einer negativen Ladung zur Ladung hin ausgerichtet ist.

Erzeugen mehrere Ladungen das Feld, werden die einzelnen Felder ($\mathbf{E}_1, \mathbf{E}_2$ etc.) aufgrund jeder einzelnen Ladung vektoriell addiert, um das gesamte Feld an jedem Ort zu erhalten:

$$\mathbf{E} = \mathbf{E}_1 + \mathbf{E}_2 + \cdots \,. \tag{21.5}$$

Die Gültigkeit dieses **Superpositionsprinzips** für elektrische Felder ist experimentell voll bestätigt.

Wenn wir das elektrische Feld **E** an einem Ort kennen, können wir die Kraft **F** auf eine beliebige Ladung q berechnen (auch wenn sie nicht klein ist), die sich an diesem Punkt befindet. Wir schreiben (siehe Gleichung 21.3):

$$\mathbf{F} = q\mathbf{E} \,.$$

Ist q positiv, haben **F** und **E** dieselbe Richtung. Ist q negativ, sind **F** und **E** entgegengesetzt. Siehe ▸ Abbildung 21.24.

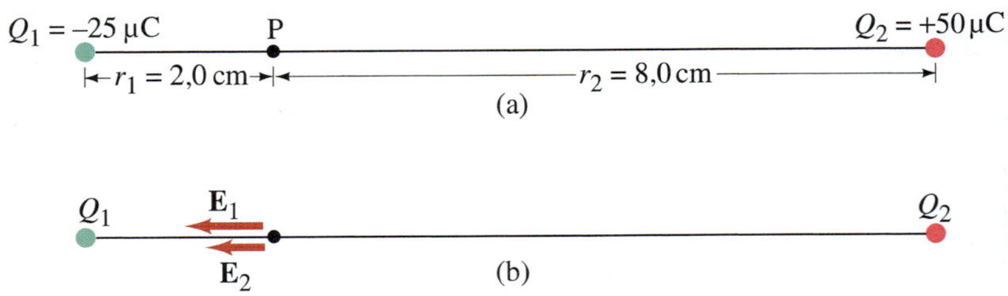

Abbildung 21.25 Beispiel 21.7. In (b) kennen wir die Längen von $\mathbf{E}_1$ und $\mathbf{E}_2$ nicht und müssen diese berechnen.

Beispiel 21.7 Elektrisches Feld zwischen zwei Punktladungen

Zwei Punktladungen sind 10,0 cm voneinander entfernt. Eine trägt die Ladung −25 C, die andere +50 C. (a) Welche Richtung und welchen Betrag hat das elektrische Feld am Ort P, der 2 cm von der negativen Ladung entfernt ist (▸ Abbildung 21.25)? (b) Welche Anfangsbeschleunigung (Richtung und Größe) erfährt ein ruhendes Elektron am Ort P?

Lösung

a Das Feld ist eine Superposition zweier Felder, die beide nach links zeigen: Das Feld der negativen Ladung Q_1 zeigt auf Q_1, das Feld der positiven Ladung Q_2 ist von Q_2 weggerichtet und zeigt ebenfalls nach links (▸ Abbildung 21.25b). Wir können somit die Beträge der beiden Felder algebraisch addieren:

$$E = k\frac{Q_1}{r_1^2} + k\frac{Q_2}{r_2^2} = k\left(\frac{Q_1}{r_1^2} + \frac{Q_2}{r_2^2}\right) = k\frac{Q_1}{r_1^2}\left[1 + \frac{(Q_2/Q_1)}{(r_2^2/r_1^2)}\right] .$$

Im letzten Schritt haben wir die Größe (Q_1/r_1^2) faktorisiert. Wir ersetzen nur $r_1 = 2{,}0\,\text{cm} = 2{,}0 \cdot 10^{-2}\,\text{m}$ und $r^2 = 8{,}0\,\text{cm} \cdot 10^{-2}\,\text{m}$:

$$E = (9{,}0 \cdot 10^9\,\text{N·m}^2/\text{C}^2)\frac{(25 \cdot 10^{-6}\,\text{C})}{(2{,}0 \cdot 10^{-2}\,\text{m})^2}\left[1 + \frac{(50/25)}{(8{,}0/2{,}0)^2}\right]$$

$$= 5{,}6 \cdot 10^8 \left[1 + \frac{1}{8}\right]\text{N/C} = 6{,}3 \cdot 10^8\,\text{N/C} \,.$$

Beachten Sie, wie durch das Faktorisieren von (Q_1/r_1^2) in der ersten Zeile die relativen Stärken der beiden Felder verdeutlicht wurden – nämlich dass das Feld von Q_2 nur 1/8 des Feldes von Q_1 hat (oder 1/9 vom Gesamtfeld).

b Das Elektron wird eine Kraft nach rechts spüren, da es negativ geladen ist; die Beschleunigung wird daher nach rechts gerichtet sein. Aus der Definition des elektrischen Feldes, Gleichung 21.3, folgt, dass die Kraft auf eine beliebige im elektrischen Feld befindliche Ladung q (auch wenn sie nicht klein ist) durch $F = qE$ gegeben ist. Der Betrag der Beschleunigung ist daher

$$a = \frac{F}{m} = \frac{qE}{m} = \frac{(1{,}60 \cdot 10^{-19}\,\mathrm{C})(6{,}3 \cdot 10^{8}\,\mathrm{N/C})}{(9{,}1 \cdot 10^{-31}\,\mathrm{kg})} = 1{,}1 \cdot 10^{20}\,\mathrm{m/s^2}\,.$$

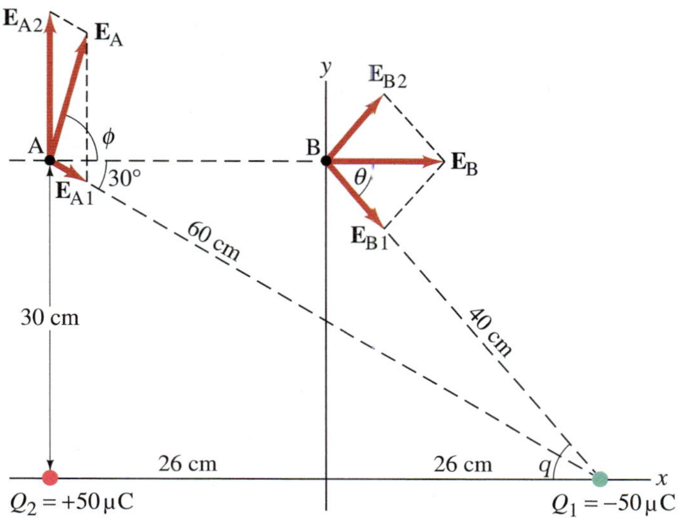

Abbildung 21.26 Berechnung des elektrischen Feldes an den Punkten A und B für Beispiel 21.8.

Beispiel 21.8 Elektrisches Feld zweier Punktladungen

Berechnen Sie das gesamte elektrische Feld (a) an Ort A und (b) an Ort B aus ▸ Abbildung 21.26 der beiden Ladungen Q_1 und Q_2.

Lösung

a Die Rechnung ähnelt stark derjenigen aus Beispiel 21.4, doch haben wir es nun mit elektrischen Feldern zu tun. Das elektrische Feld im Punkt A ist die Vektorsumme der Felder $\mathbf{E}_{A1}$ aufgrund Q_1 und $\mathbf{E}_{A2}$ aufgrund Q_2; für jede Punktladung gilt $E = kQ/r^2$, somit gilt:

$$E_{A1} = \frac{(9{,}0 \cdot 10^9\,\mathrm{N{\cdot}m^2/C^2})(50 \cdot 10^{-6}\,\mathrm{C})}{(0{,}60\,\mathrm{m})^2} = 1{,}25 \cdot 10^6\,\mathrm{N/C}\,,$$

$$E_{A2} = \frac{(9{,}0 \cdot 10^9\,\mathrm{N{\cdot}m^2/C^2})(50 \cdot 10^{-6}\,\mathrm{C})}{(0{,}30\,\mathrm{m})^2} = 5{,}0 \cdot 10^6\,\mathrm{N/C}\,.$$

Die Richtungen sind wie abgebildet, somit hat das gesamte elektrische Feld $\mathbf{E}_A$ am Ort A die Komponenten

$$E_{Ax} = E_{A1} \cos 30° = 1{,}1 \quad 10^6\,\mathrm{N/C}\,,$$

$$E_{Ay} = E_{A2} - E_{A1} \sin 30° = 4{,}4 \cdot 10^6\,\mathrm{N/C}\,.$$

PROBLEMLÖSUNG

Ladungsvorzeichen außer Acht lassen und Richtung des elektrischen Feldes bestimmen, diese Richtungen in eine Skizze eintragen

Der Betrag von $\mathbf{E}_A$ ist somit:

$$E_A = \sqrt{(1{,}1)^2 + (4{,}4)^2} \cdot 10^6\,\mathrm{N/C} = 4{,}5 \cdot 10^6\,\mathrm{N/C}\,.$$

Die Richtung ϕ ist gegeben durch $\tan\phi = E_{Ay}/E_{Ax} = 4{,}4/1{,}1 = 4{,}0$, also $\phi = 76°$.

PROBLEMLÖSUNG

Symmetrien möglichst nutzen, um Aufwand zu sparen

b Da der Ort B von beiden Ladungen den gleichen Abstand hat (40 cm nach dem Satz des Pythagoras), sind die Beträge E_{B1} und E_{B2} gleich. Das bedeutet:

$$E_{B1} = E_{B2} = \frac{kQ}{r^2} = \frac{(9{,}0 \cdot 10^9\,\mathrm{N{\cdot}m^2/C^2})(50 \cdot 10^{-6}\,\mathrm{C})}{(0{,}40\,\mathrm{m})^2}$$
$$= 2{,}8 \cdot 10^6\,\mathrm{N/C}\,.$$

Wegen der Symmetrie sind auch die y-Komponenten gleich und entgegengesetzt. Folglich ist das gesamte Feld E_B horizontal und gleich $E_{B1}\cos\theta + E_{B2}\cos\theta = 2E_{B1}\cos\theta$; Aus dem Diagramm folgt $\cos\theta = 26\,\mathrm{cm}/40\,\mathrm{cm} = 0{,}65$. Dann wird

$$E_B = 2E_{B1}\cos\theta = 2(2{,}8 \cdot 10^6\,\mathrm{N/C})(0{,}65) = 3{,}6 \cdot 10^6\,\mathrm{N/C}\,.$$

Die Richtung von $\mathbf{E}_B$ ist entlang der $+x$-Achse.

Problemlösung

Elektrostatik

Das Lösen von Aufgaben aus der Elektrostatik folgt in groben Zügen der allgemeinen Prozedur, wie sie in Abschnitt 4.8 vorgestellt wurde. Insbesondere ist dabei zu beachten:

1 Fertigen Sie sorgfältig eine Skizze an und erstellen Sie für jeden Körper oder für jede Punktladung ein Kräfteparallelogramm, das *alle* angreifenden Kräfte zeigt bzw. den Vektor des elektrischen Feldes an einem Ort zeigt, das sich aufgrund aller vorhandenen Ladungen ergibt.

2 Wenden Sie das Coulomb'schen Gesetz an und bestimmen Sie die Kraft, die jede einzelne Ladung auf eine Punktladung ausübt. Alternativ können Sie das elektrische Feld mittels des Superpositionsprinzips bestimmen. In einem ersten Schritt lassen Sie zunächst das Vorzeichen der Ladungen außer Acht und bestimmen nur den Betrag der Kraft und der elektrischen Felder. In einem zweiten Schritt bestimmen Sie die Richtungen der Kräfte und elektrischen Felder (gleiche Ladungen stoßen einander ab, ungleiche ziehen einander an). Tragen Sie jeden Kraft- und Feldvektor in eine Skizze ein und kennzeichnen Sie ihn. Dann addieren Sie alle Kräfte, die auf eine Punktladung wirken, oder alternativ, addieren die elektrischen Felder am Ort der Punktladung, um die resultierende Kraft oder das resultierende Feld zu erhalten.

3 Nutzen Sie, wann immer es möglich ist, Symmetrien (der Geometrie) aus.

21.7 Berechnungen des elektrischen Feldes kontinuierlicher Ladungsverteilungen

In vielen Fällen können wir die Ladungen als kontinuierlich verteilt betrachten[4]. Wir können eine Ladungsverteilung in infinitesimale Ladungen $\mathrm{d}Q$ aufteilen, die sämtlich als Punktladungen aufgefasst werden können. Der Beitrag zum elektrischen Feld im Abstand r von jeder Ladung $\mathrm{d}Q$ ist gleich

$$\mathrm{d}E = \frac{1}{4\pi\epsilon_0}\frac{\mathrm{d}Q}{r^2}\,. \tag{21.6a}$$

4 Obwohl wir annehmen, dass es eine Elementarladung (e) gibt, können wir so verfahren, da e gewöhnlich sehr viel kleiner als die makroskopischen Ladungen ist.

Das elektrische Feld **E** an jedem Punkt ergibt sich dann als Summe über alle infinitesimalen Beiträge. Das führt zu dem Integral:

$$\mathbf{E} = \int \mathrm{d}\mathbf{E} \tag{21.6b}$$

Beachten Sie, dass d**E** ein Vektor ist (Gleichung 21.6a ergibt seinen Betrag). (In Situationen, in denen Gleichung 21.6b schwer zu berechnen ist, verwendet man oft andere Techniken, um **E** zu bestimmen. Sie werden in den nächsten beiden Kapiteln vorgestellt. In vielen Fällen kann die numerische Integration benutzt werden.)

Beispiel 21.9 Ein Ladungsring

Ein dünner, ringförmiger Körper mit dem Radius a trägt die Gesamtladung Q, die gleichförmig verteilt ist. Bestimmen Sie das elektrische Feld an einem Punkt P auf seiner Achse im Abstand x vom Zentrum. Siehe ▶ Abbildung 21.27. Die Ladung pro Längeneinheit (C/m) ist λ.

Lösung

Das elektrische Feld d**E** eines bestimmten Ringabschnitts der Länge $\mathrm{d}l$ hat den Betrag

$$\mathrm{d}E = \frac{1}{4\pi\epsilon_0}\frac{\mathrm{d}Q}{r^2}\,.$$

Der gesamte Ring hat eine Länge (Kreisumfang) von $2\pi a$, somit ist die Ladung des Abschnitts $\mathrm{d}l$ gegeben durch

$$\mathrm{d}Q = Q\left(\frac{\mathrm{d}l}{2\pi a}\right) = \lambda\,\mathrm{d}l\,,$$

worin $\lambda = Q/2\pi a$ die Ladung pro Längeneinheit ist. Nun schreiben wir $\mathrm{d}E$ als

$$\mathrm{d}E = \frac{1}{4\pi\epsilon_0}\frac{\lambda\,\mathrm{d}l}{r^2}\,.$$

Der Vektor d**E** hat die Komponenten $\mathrm{d}E_x$ entlang der x-Achse und $\mathrm{d}E_\perp$ senkrecht zur x-Achse (▶ Abbildung 21.27). Wir werden nun das elektrische Feld des gesamten Rings mittels des Superpositionsprinzips bestimmen. Hierzu werden wir die Summe (ein Integral) um den ganzen Ring bilden und so die Beiträge der einzelnen Ringsegmente aufaddieren. Wir bemerken, dass ein gleich langer Ringabschnitt $\mathrm{d}l$, der dem abgebildeten $\mathrm{d}l$ gegenüberliegt, ein d**E** erzeugt, dessen Komponente senkrecht zur x-Achse die abgebildete Komponente $\mathrm{d}E_\perp$ gerade aufhebt. Das gilt für alle Ringabschnitte und daher verläuft **E** aus Symmetriegründen parallel zur x-Achse. Wir brauchen daher nur über die x-Komponenten $\mathrm{d}E_x$ zu summieren. Das gesamte Feld wird dann

$$E = E_x = \int \mathrm{d}E_x = \int \mathrm{d}E\cos\theta = \frac{1}{4\pi\epsilon_0}\lambda\int\frac{\mathrm{d}l}{r^2}\cos\theta\,.$$

Da $\cos\theta = x/r$ ist, wobei $r = (x^2+a^2)^{1/2}$, erhalten wir

$$E = \frac{\lambda}{(4\pi\epsilon_0)}\frac{x}{(x^2+a^2)^{3/2}}\int_0^{2\pi a}\mathrm{d}l = \frac{1}{4\pi\epsilon_0}\frac{\lambda x(2\pi a)}{(x^2+a^2)^{3/2}}$$

$$= \frac{1}{4\pi\epsilon_0}\frac{Qx}{(x^2+a^2)^{3/2}}\,.$$

Aus großer Entfernung $x \gg a$ reduziert sich der Ausdruck auf $E = Q/4\pi\epsilon_0 x^2$. Dieses Resultat erwarten wir auch, da der Ring aus großer Distanz betrachtet zu einer Punktladung wird ($1/r^2$-Abhängigkeit).

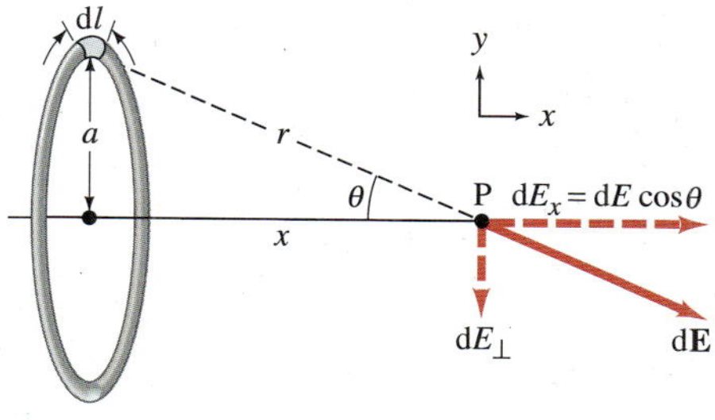

Abbildung 21.27 Beispiel 21.9.

PROBLEMLÖSUNG

Das Resultat dadurch überprüfen, dass der Ring aus großer Distanz wie eine Punktladung aussieht

PROBLEMLÖSUNG

Tipps

In diesem Beispiel sind drei wichtige Problemlösungstechniken oder „Kniffe“ enthalten, die auch in anderen Fällen anwendbar sind: (1) Die Ausnutzung der Symmetrie, um die Komplexität des Problems zu reduzieren; (2) die Ladung dQ durch die Ladungsdichte ausdrücken (hier linear $\lambda = Q/2\pi a$); (3) Überprüfen des Ergebnisses anhand der Grenzwertbetrachtung mit großem r, das als Hinweis (aber nicht Beweis) auf die Korrektheit des Resultats dienen kann – wenn das Ergebnis für große Werte von r nicht plausibel ist, so ist es zweifelsfrei komplett falsch.

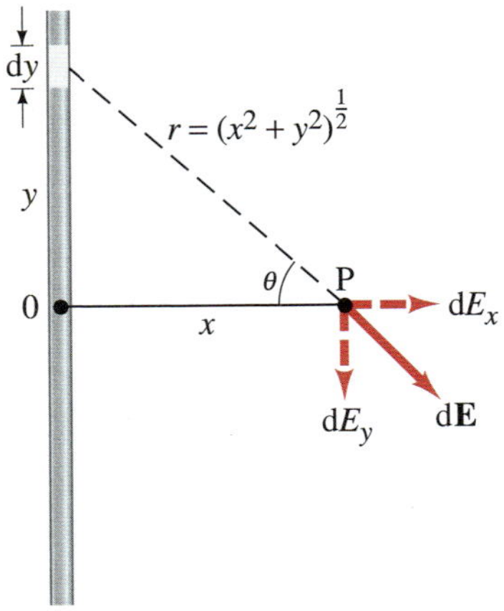

Abbildung 21.28 Beispiel 21.10.

Beispiel 21.10 Ein langer geladener Stab

Bestimmen Sie den Betrag des elektrischen Feldes am Ort P im Abstand x eines sehr (unendlich) langen geladenen Stabes (zum Beispiel ein Draht) mit gleichförmig verteilter Ladung (▶ Abbildung 21.28). Setzen Sie voraus, dass x viel kleiner ist als die Länge des Drahts. Sei λ die Ladung pro Längeneinheit (C/m).

Lösung

Wir wählen ein Koordinatensystem, dessen y-Achse mit dem Draht identisch ist und mit einem Nullpunkt wie abgebildet. Ein Segment dy des Drahtes trägt die Ladung $dQ = \lambda\,dy$. Das Feld $\mathbf{dE}$ eines solchen Segments am Punkt P hat den Betrag

$$dE = \frac{1}{4\pi\epsilon_0}\frac{dQ}{r^2} = \frac{1}{4\pi\epsilon_0}\frac{\lambda\,dy}{(x^2+y^2)},$$

worin $r = (x^2+y^2)^{1/2}$ ist, wie in ▶ Abbildung 21.28 dargestellt. Der Vektor $\mathbf{dE}$ hat wie abgebildet die Komponenten dE_x und dE_y, wobei $dE_x = dE\cos\theta$ und $dE_y = dE\sin\theta$ ist. Wenn der Draht in beiden Richtungen extrem lang ist (so dass entfernte Ladungen verglichen mit nahen nur wenig beitragen), oder wenn 0 der Mittelpunkt des Drahtes ist (gilt auch dann, wenn der Draht kurz ist), ist die y-Komponente von $\mathbf{E}$ gleich 0, da es gleich große Beiträge zu $E_y = \int dE_y$ von oberhalb und unterhalb des Nullpunkts gibt. Also folgt

$$E_y = \int dE\sin\theta = 0\,.$$

Dann haben wir

$$E = E_x = \int dE\cos\theta = \frac{\lambda}{4\pi\epsilon_0}\int\frac{\cos\theta\,dy}{x^2+y^2}\,.$$

Die Integration geht hierbei über y entlang des Drahtes; x wird als konstant behandelt. Wir müssen θ nun als Funktion von y ausdrücken oder y als Funktion von θ. Wir tun letzteres: Da $y = x\tan\theta$ ist, folgt $dy = x\,d\theta/\cos^2\theta$ und $(x^2+y^2) = x^2/\cos^2\theta$. Dann gilt

$$E = \frac{\lambda}{4\pi\epsilon_0}\frac{1}{x}\int\limits_{-\pi/2}^{\pi/2}\cos\theta\,d\theta = \frac{\lambda}{4\pi\epsilon_0}(\sin\theta)\Big|_{-\pi/2}^{\pi/2} = \frac{1}{2\pi\epsilon_0}\frac{\lambda}{x}\,.$$

Hier haben wir vorausgesetzt, dass der Draht in beiden Richtungen extrem lang ist ($y \to \pm\infty$), was mit den Grenzwerten von $\theta = \pm\pi/2$ korrespondiert. Das Feld einer langen Ladungsgeraden nimmt also umgekehrt proportional mit der ersten Potenz des Abstands vom Draht ab. Dieses Ergebnis für einen unendlich langen Draht ist so lange eine gute Annäherung für einen Draht begrenzter Länge, wie x klein im Vergleich mit dem Abstand P von den beiden Drahtenden ist.

Beispiel 21.11 Homogen geladene Scheibe

Ein runde, flache Scheibe mit dem Radius R trägt eine gleichförmig verteilte Ladung. Die Ladung pro Fläche (C/m^2) ist σ. Berechnen Sie das elektrische Feld am Ort P auf der Scheibenachse mit dem Abstand z vom Mittelpunkt der Scheibe (▶ Abbildung 21.29).

Lösung

Wir stellen uns die Scheibe als aus konzentrischen Ringen aufgebaut vor. Dann können wir das Ergebnis aus Beispiel 21.9 auf jeden dieser Ringe anwenden und die Summe über alle Ringe bilden. Für den Ring mit dem Radius r (▶ Abbildung 21.29) hat das elektrische Feld den Betrag

$$dE = \frac{1}{4\pi\epsilon_0} \frac{z\,dQ}{(z^2+r^2)^{\frac{3}{2}}},$$

worin wir das Ergebnis aus Beispiel 21.9 genutzt und für den dünnen Ring der Gesamtladung $dQ dE$ (anstatt E) geschrieben haben. Der Ring hat die Fläche $(dr)(2\pi r)$, und wir setzen die Ladung pro Fläche $\sigma = dQ/(2\pi r\,dr)$ ein:

$$dE = \frac{1}{4\pi\epsilon_0} \frac{z\sigma 2\pi r\,dr}{(z^2+r^2)^{3/2}} = \frac{z\sigma r\,dr}{2\epsilon_0(z^2+r^2)^{3/2}}.$$

Nun summieren wir über alle Ringe; wir beginnen bei $r = 0$ und schreiten bis $r = R$ vor:

$$E = \frac{z\sigma}{2\epsilon_0} \int_0^R \frac{r\,dr}{(z^2+r^2)^{3/2}} = \frac{z\sigma}{2\epsilon_0}\left[-\frac{1}{(z^2+r^2)^{1/2}}\right]_0^R$$

$$= \frac{\sigma}{2\epsilon_0}\left[1 - \frac{z}{(z^2+R^2)^{1/2}}\right].$$

Das ergibt den Betrag von $\mathbf{E}$ an einem beliebigen Punkt z auf der Scheibenachse. Die Richtung jeder Komponente $d\mathbf{E}$ aufgrund jedes Rings weist in Richtung der z-Achse (wie in Beispiel 21.9), daher verläuft $\mathbf{E}$ parallel zu z. Ist Q (und σ) positiv, zeigt $\mathbf{E}$ von der Scheibe fort; ist Q negativ (und σ), zeigt $\mathbf{E}$ zur Scheibe hin.

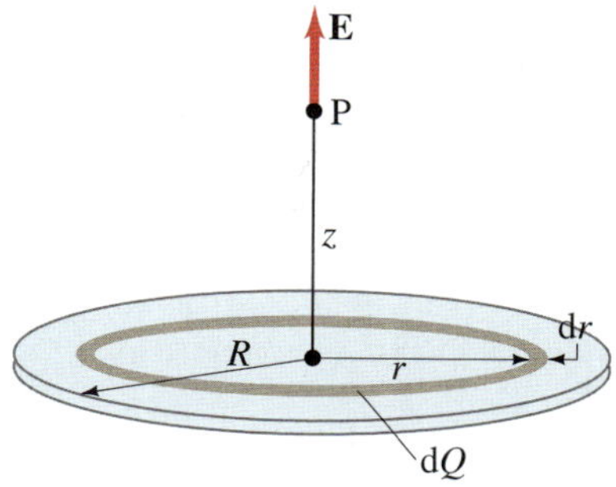

Abbildung 21.29 Beispiel 21.11: gleichförmig geladene flache Scheibe mit dem Radius R.

Wenn der Scheibenradius in Beispiel 21.11 viel größer als der Abstand unseres Punktes P von der Scheibe ist (d. h. $z \ll R$), erhalten wir ein sehr nützliches Ergebnis: Der zweite Term in der Lösung wird dann sehr klein, und somit gilt

Elektrisches Feld in der Nähe einer ebenen, großen Oberfläche

$$E = \frac{\sigma}{2\epsilon_0}. \quad \text{(unbegrenzte Ebene)} \tag{21.7}$$

Das Resultat ist für einen beliebigen Punkt über (oder unter) einer unendlich ausgedehnten Ebene beliebiger Form mit gleichförmiger Ladungsverteilung σ gültig. Es ist zudem gültig für Punkte nahe einer begrenzten Ebene, so lange der Punkt verglichen mit dem Abstand der Kanten nah an der Ebene liegt. Somit ist das Feld in der Nähe einer homogen geladenen Ebene vom Ort unabhängig und zeigt von der Ebene weg, wenn die Ladung positiv ist.

Es ist aufschlussreich, einmal die Abstands-Abhängigkeiten der elektrischen Felder einer Punktladung ($E \sim 1/r^2$), eines sehr langen geladenen Stabs ($E \sim 1/r$) und einer sehr großen geladenen Ebene (E hängt nicht von r ab) zu vergleichen.

Beispiel 21.12 Zwei parallele Platten

Bestimmen Sie das elektrische Feld zwischen zwei großen, parallelen Platten, die sehr dünn sind und durch einen Abstand d, der klein im Vergleich zu ihren Längen und Breiten ist, voneinander getrennt sind. Die eine Platte trägt eine gleichförmige Oberflächenladungsdichte σ, die andere eine gleichförmige Oberflächenladungsdichte $-\sigma$ (▶ Abbildung 21.30).

Lösung

Gemäß Gleichung 21.7 hat jede der beiden Platten ein elektrisches Feld der Größe $E = \pm\sigma/2\epsilon_0$. Das Feld der positiven Platte zeigt von der Platte weg, während das Feld der negativ geladenen Platte auf diese Platte zeigt. Folglich addieren sich die Felder im Zwischenbereich, wie abgebildet:

Elektrisches Feld zwischen zwei großen, entgegengesetzt geladenen parallelen Platten

$$E = E_+ + E_- = \frac{\sigma}{2\epsilon_0} + \frac{\sigma}{2\epsilon_0} = \frac{\sigma}{\epsilon_0} .$$

Das Feld ist gleichförmig, da die beiden Platten verglichen mit ihrem Abstand voneinander sehr groß sind. Folglich gilt das Ergebnis für einen beliebigen Punkt, ob er nun der einen oder anderen Platte nah ist oder sich genau in der Mitte zwischen ihnen befindet – so lange er nur weit genug weg von den Begrenzungen ist. Außerhalb der Platten heben sich die Felder auf,

$$E = E_+ + E_- = \frac{\sigma}{2\epsilon_0} - \frac{\sigma}{2\epsilon_0} = 0 ,$$

wie im Diagramm dargestellt. Diese Resultate sind gültig für unendlich große Platten; sie sind eine gute Näherung für endlich große Platten, wenn ihr Abstand voneinander viel geringer ist als die Abmessungen der Platten sowie für Punkte nicht zu nah an den Kanten. Diese nützlichen und außergewöhnlichen Ergebnisse illustrieren eindrucksvoll das Superpositionsprinzip.

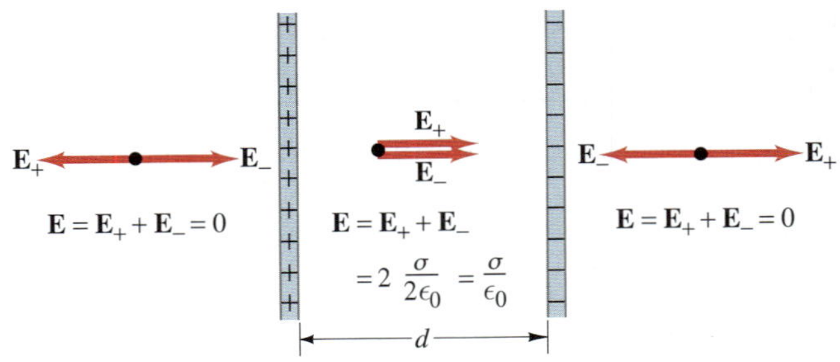

Abbildung 21.30 Beispiel 21.12.

21.8 Feldlinien

Da das elektrische Feld ein Vektor ist, wird es manchmal als *Vektorfeld* bezeichnet. Wir könnten das elektrische Feld in einer gegebenen Situation durch Pfeile an verschiedenen Orten anzeigen, wie in a, b und c in ▶ Abbildung 21.31. Die Richtungen von $\mathbf{E}_a$, $\mathbf{E}_b$ und $\mathbf{E}_c$ sind dieselben wie diejenigen der Kräfte in ▶ Abbildung 21.21, aber ihre Längen (Beträge) sind unterschiedlich, da wir durch q dividieren. Die relativen Längen von $\mathbf{E}_a$, $\mathbf{E}_b$ und $\mathbf{E}_c$ sind jedoch gleich denen der Kräfte, weil wir jedes Mal durch dasselbe q geteilt haben. Würden wir das elektrische Feld in dieser Weise an *vielen* Punkten anzeigen, erhielten wir eine verwirrende Anzahl von Pfeilen. Um das zu vermeiden, nutzen wir eine andere Technik: die der Feldlinien.

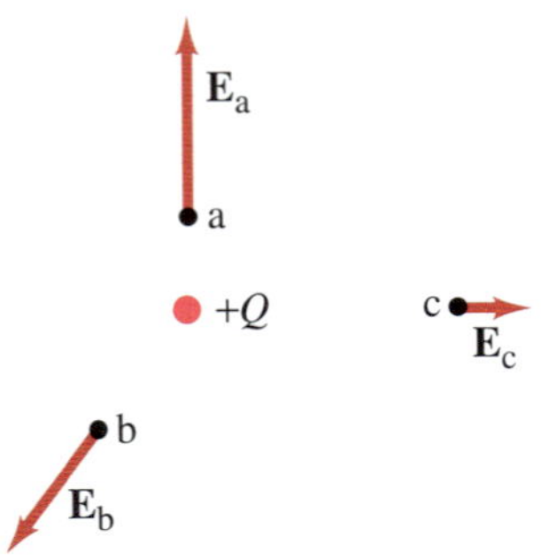

Abbildung 21.31 Elektrische Feldvektoren einer einzelnen Punktladung Q an drei Punkten (bitte mit Abbildung 21.21 vergleichen).

Um das elektrische Feld darzustellen, zeichnen wir eine Serie von Linien, die die Richtung des elektrischen Feldes an verschiedenen Orten angeben. Diese **elektrischen Feldlinien** (manchmal *Kraftlinien* genannt) werden so gezeichnet, dass sie die Richtung der Kraft auf eine positive Testladung anzeigen. Die Kraftlinien einer einzelnen positiven Ladung sind in ▸ Abbildung 21.32a dargestellt, für eine einzelne negative Ladung in ▸ Abbildung 21.32b. In Teil (a) der Abbildung zeigen die Linien radial von der Ladung weg, in Teil (b) zeigen sie radial zur Ladung hin, weil das die Richtung der Kraft auf eine positive Testladung in beiden Fällen wäre (wie in ▸ Abbildung 21.23). Es sind nur einige repräsentative Feldlinien abgebildet. Man könnte ebenso gut Linien in die Zwischenräume der abgebildeten Feldlinien einzeichnen, da das elektrische Feld dort gleichermaßen existiert. Wir können die Linien immer so zeichnen, dass die *Anzahl der Linien, die an der positiven Ladung beginnen oder an der negativen enden, proportional ist zur Ladungsmenge*. Beachten Sie, das in der Nähe der Ladung, wo das elektrische Feld am stärksten ist, die Linien enger zusammen sind. Das ist ein allgemeines Merkmal elektrischer Feldlinien: je enger die Linien zusammen sind, desto stärker ist das elektrische Feld in dem Bereich. Die Linien können stets so gezeichnet werden, dass die Anzahl der Linien, die eine Einheitsfläche senkrecht zu **E** durchkreuzen, proportional zum Betrag (zur Stärke) des elektrischen Feldes ist.

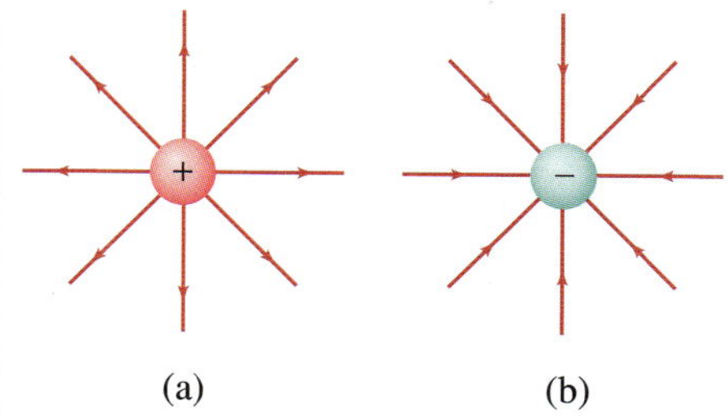

Abbildung 21.32 Elektrische Feldlinien (a) nahe einer einzelnen positiven Punkladung; (b) nahe einer einzelnen negativen Punktladung.

▸ Abbildung 21.33a zeigt die elektrischen Feldlinien zweier Ladungen mit entgegengesetztem Vorzeichen. Die elektrischen Feldlinien sind in diesem Fall gekrümmt und laufen von der positiven zur negativen Ladung. Die Richtung der Feldlinien an jedem Punkt ist tangential, wie durch den Pfeil an Punkt P angedeutet. Um sich selbst zu überzeugen, dass das Muster der elektrischen Feldlinien korrekt ist, können Sie ein paar Berechnungen machen, wie jene in Beispiel 21.8 für eben diesen Fall (siehe ▸ Abbildung 21.26). ▸ Abbildung 21.33b und c zeigen die elektrischen Feldlinien für (b) zwei gleiche positive Ladungen, und (c) für ungleiche Ladungsmengen $+2Q$ und $-Q$. Beachten Sie hier, dass doppelt so viele Linien von $+2Q$ ausgehen wie in $-Q$ eintreten (die Anzahl der Linien ist proportional zur Ladungsmenge Q). In (d) schließlich sehen wir das Feld zwischen zwei entgegengesetzt geladenen Platten. Man beachte, dass die Feldlinien senkrecht zur Oberfläche der Metallplatten stehen (wir werden im nächsten Abschnitt erfahren, warum das immer so ist) und auf direktem Weg von einer zur andern Platte gehen. Das erwarten wir auch, da eine positive Testladung zwischen den beiden Platten eine starke Abstoßung durch die positive Platte und eine starke Anziehung durch die negative Platte erfahren würde. Die Feldlinien zwischen den Platten verlaufen parallel und mit gleichem Abstand im zentralen Bereich weit ab von den Kanten (wie in Beispiel 21.12), doch krümmen sie sich an den Kanten nach außen. Folglich hat das elektrische Feld im zentralen Bereich dieselbe Stärke an allen Punkten und wir können schreiben (siehe Beispiel 21.12):

$$E = \text{konstant} = \frac{\sigma}{\epsilon_0} \quad \text{(zwischen zwei Parallelplatten nahen Abstands)} \qquad (21.8)$$

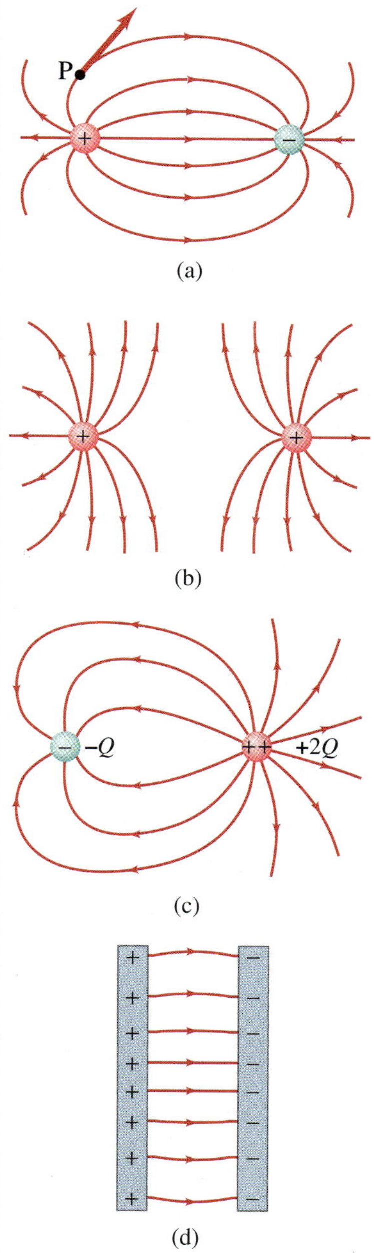

Abbildung 21.33 Elektrische Feldlinien für vier Ladungsanordnungen.

Das Krümmen des Feldes in der Nähe der Kanten kann oft außer Acht gelassen werden, besonders dann, wenn der Plattenabstand klein im Vergleich zur Plattengröße ist.

Wir fassen die Eigenschaften der Feldlinien wie folgt zusammen:

1 Die Feldlinien zeigen die Richtung des elektrischen Feldes an; die Feldrichtung ist an jedem Ort eine Tangente der Feldlinien.

2 Die Feldlinien werden so gezeichnet, dass die Stärke des elektrischen Feldes E proportional zur Anzahl der Linien durch eine Einheitsfläche senkrecht zu den Linien ist. Je enger die Linien beieinander liegen, desto stärker ist das Feld.

3 Elektrische Feldlinien beginnen an der positiven Ladung und enden an der negativen; die Anzahl der an der Ladung austretenden beziehungsweise eintretenden Linien ist proportional zur Ladungsmenge.

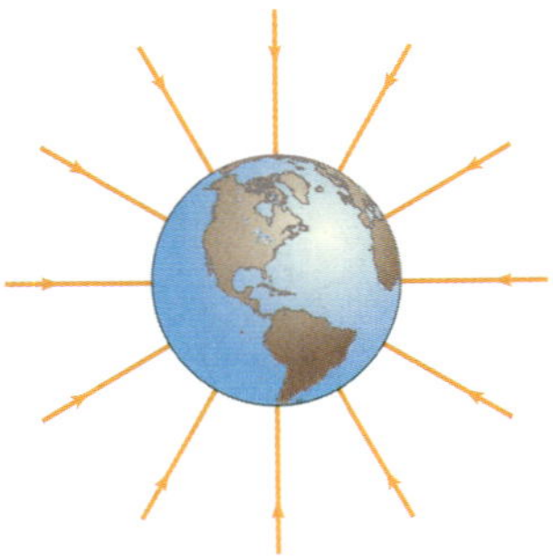

Abbildung 21.34 Das Gravitationsfeld der Erde.

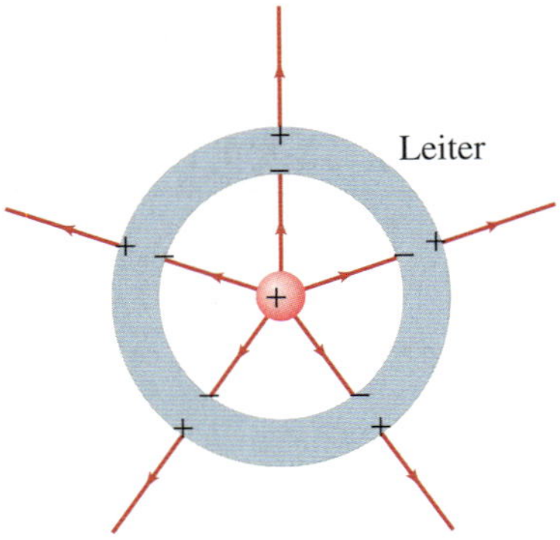

Abbildung 21.35 Eine Ladung befindet sich in einer Kugelschale. Auf der Oberfläche des Leiters werden Ladungen induziert (Influenz). Das elektrische Feld existiert auch außerhalb der Schale, im Leiter selbst verschwindet es.

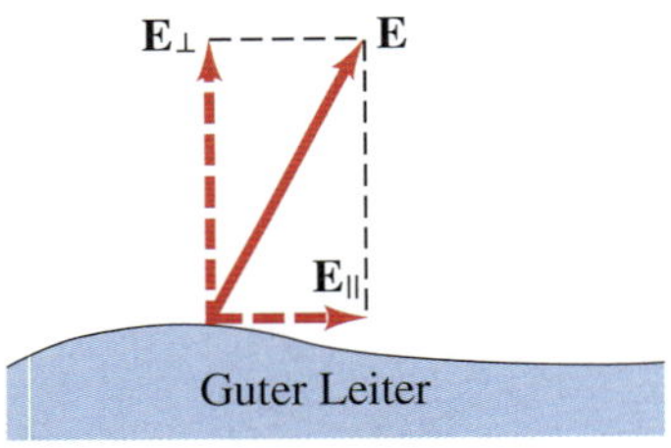

Abbildung 21.36 Hätte das elektrische Feld **E** an der Oberfläche eines Leiters eine parallel zur Oberfläche verlaufende Komponente, $\mathbf{E}_\parallel$, so würde diese die Elektronen beschleunigen. Im statischen Fall (Ladungen ruhen), muss $\mathbf{E}_\parallel$ null sein, also muss das elektrische Feld senkrecht zur Leiteroberfläche stehen: $\mathbf{E} = \mathbf{E}_\perp$.

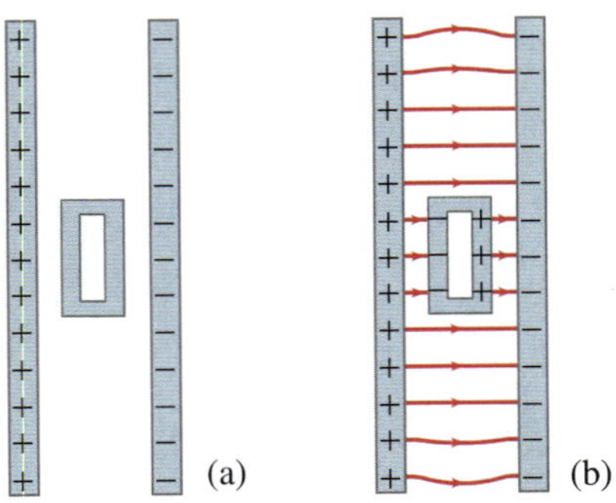

Abbildung 21.37 Beispiel 21.13.

Man beachte auch, dass sich Feldlinien niemals kreuzen. Warum nicht? Weil es für das elektrische Feld keinen Sinn ergäbe, wenn es an einem Punkt zwei unterschiedliche Werte hätte.

Das Feldkonzept kann auch auf die Gravitation angewandt werden, wie in Kapitel 6 erwähnt. Folglich können wir sagen, dass für jedes Objekt mit einer Masse ein **Gravitationsfeld** existiert. Ein Objekt zieht ein anderes durch das Gravitationsfeld an. Die Erde beispielsweise besitzt ein Gravitationsfeld (▸ Abbildung 21.34), das für die Gravitationskraft auf Objekte verantwortlich ist. Das *Gravitationsfeld* ist definiert als *Kraft pro Einheitsmasse.* Die Größe des irdischen Gravitationsfeldes an jedem Punkt ist dann (GM_E/r^2), worin M_E die Masse der Erde ist, r der Abstand des Punktes vom Erdmittelpunkt und G die Gravitationskonstante (Kapitel 6). An der Erdoberfläche ist r einfach der Erdradius, und das Gravitationsfeld ist einfach gleich g, die Erdbeschleunigung aufgrund der Gravitation (da $F/m = mg/m = g$). Jenseits der Erde kann das Gravitationsfeld an jedem Punkt als Summe der Terme von Erde, Sonne und Mond sowie weiteren Körpern mit signifikantem Beitrag berechnet werden.

21.9 Elektrische Felder und metallische Leiter

Wir werden nun einige Eigenschaften von Leitern besprechen. Zuerst: *Das zeitlich konstante elektrische Feld innerhalb eines Leiters ist gleich null* – das heißt, wenn die Ladungen ruhen. Gäbe es ein elektrisches Feld innerhalb eines Leiters, gäbe es eine Kraft auf seine freien Elektronen. Die Elektronen würde sich bewegen, bis sie Orte erreichten, wo das elektrische Feld, und damit die elektrische Kraftausübung auf sie, null würde. Diese Schlussfolgerung hat einige interessante Konsequenzen. Als Erstes: Jede beliebige Nettoladung eines Leiters verteilt sich selbst auf seiner Oberfläche. Bei einem negativ geladenen Leiter können Sie sich vorstellen, dass die negativen Ladungen sich gegenseitig abstoßen und zur Oberfläche eilen, um so weit als möglich voneinander entfernt zu sein. Eine weitere Konsequenz ist die folgende: Stellen Sie sich vor, eine positive Ladung Q ist von einem isolierten, ungeladenen metallischen Leiter in Kugelgestalt umgeben (▸ Abbildung 21.35). Weil es im Metall kein Feld geben kann, müssen die Feldlinien der positiven Ladung an negativen Ladungen auf der Innenseite der Kugelschale enden. Folglich wird eine gleich große negative Ladungsmenge $-Q$ auf der inneren Schalenfläche induziert. Dieser Vorgang wird als Influenz bezeichnet. Da die Kugel neutral ist, muss es eine gleich große positive Ladung $+Q$ auf der äußeren Schalenfläche geben. Obgleich also im Metall selber kein Feld existiert, gibt es ein solches außerhalb desselben, wie in ▸ Abbildung 21.35 dargestellt, als wäre das Metall gar nicht vorhanden.

Eine damit verwandte Eigenschaft statischer elektrischer Felder und Leiter ist, dass *das elektrische Feld immer senkrecht zur äußeren Oberfläche des Leiters steht.* Gäbe es eine Komponente von **E** parallel zur Oberfläche (▸ Abbildung 21.36), so würden sich die Elektronen als Antwort auf diese Kraft so lange entlang der Oberfläche bewegen, bis sie eine Position erreichten, wo keine resultierende Kraft mehr auf sie parallel zur Oberfläche ausgeübt würde – das heißt, bis das elektrische Feld senkrecht zur Oberfläche wäre.

Diese Eigenschaften betreffen nur Leiter. In einem Nichtleiter, welcher keine freien Elektronen hat, kann ein elektrisches Feld existieren, wie wir in Kapitel 24 noch sehen werden. Das elektrische Feld außerhalb eines Nichtleiters bildet nicht notwendigerweise einen Winkel von 90° mit der Oberfläche.

Beispiel 21.13 · Begriffsbildung **Abschirmung, Schutz vor einem Blitz**

Eine hohle Metallkiste wird zwischen zwei parallelen, geladenen Platten gesetzt, wie in ▸ Abbildung 21.37a gezeigt. Wie groß ist das Feld innerhalb der Kiste?

Lösung

Wäre unsere Metallkiste fest und nicht hohl, würden sich die Elektronen im Metall von selbst auf der Oberfläche neu verteilen, so dass die Feldlinien nicht ins leitende Innere des Metalls eindringen könnten. Bei einer hohlen Metallkiste wird das externe Feld nicht verändert, da sich die Elektronen im Metall ebenso frei wie zuvor bewegen können. Also schließen wir, dass das Feld in der hohlen Metallkiste null sein muss. Die Feldlinien müssen etwa so verlaufen, wie in ▸ Abbildung 21.37b dargestellt. Eine leitende Kiste dieser Art ist eine effektive Vorrichtung, um empfindliche Instrumente und elektronische Schaltkreise vor unerwünschten äußeren Feldern abzuschirmen. Wir sehen auch, dass das Innere eines Autos ein relativ sicherer Ort während eines Gewitters ist, da man von Metall umgeben ist. Sehen Sie sich auch ▸ Abbildung 21.38 an, wo sich eine Person in einem durchlässigen „Faraday'schen Käfig" befindet und vor starken elektrischen Entladungen geschützt ist.

Abbildung 21.38 Ein starkes elektrische Feld existiert in der Umgebung dieses „Faraday'schen Käfigs". Es ist so stark, dass Elektronen aus den Atomen der Luft herausgeschlagen werden und Ladung zum (oder vom) Metallkäfig fließt. Doch die Person im Käfig ist davon nicht betroffen.

21.10 Bewegung einer Punktladung in einem elektrischen Feld

Wenn eine Punktladung mit der elektrischen Ladung q an einem Raumpunkt ist, an dem das elektrische Feld **E** herrscht, so ist die Kraft auf das Objekt gegeben durch

$$\mathbf{F} = q\mathbf{E}$$

(Gleichung 21.3). In den letzten Abschnitten haben wir gesehen, wie sich **E** für bestimmte Situationen bestimmen lässt. Wir nehmen nun an, dass wir **E** kennen und die Kraft auf eine Punktladung und die darauf folgende Bewegung bestimmen möchten.

Beispiel 21.14 Beschleunigtes Elektron in einem elektrischen Feld

Ein Elektron (Masse $m = 9{,}1 \cdot 10^{-31}$ kg) wird in einem gleichförmigen elektrischen Feld $\mathbf{E}(E = 2{,}0 \cdot 10^4$ N/C) zwischen zwei parallelen, geladenen Platten beschleunigt. Der Abstand zwischen den Platten beträgt 1,5 cm. Das Elektron wird aus der Ruhelage in der Nähe der negativen Platte beschleunigt und fliegt durch ein kleines Loch in der positiven Platte (▸ Abbildung 21.39). (a) Mit welcher Geschwindigkeit verlässt es das Loch? (b) Zeigen Sie, dass die Gravitation vernachlässigt werden kann. Nehmen Sie an, dass das Loch so klein ist, dass es keinen Einfluss auf das gleichförmige Feld zwischen den Platten hat.

Lösung

a Der Betrag der Kraft auf das Elektron ist

$$F = qE\,,$$

sie ist nach rechts gerichtet. Der Betrag der Beschleunigung des Elektrons ist

$$a = \frac{F}{m} = \frac{qE}{m}\,.$$

Zwischen den Platten ist **E** räumlich homogen, somit erfährt das Elektron die gleichförmige Beschleunigung

$$a = \frac{(1{,}6 \cdot 10^{-19}\,\text{C})(2{,}0 \cdot 10^4\,\text{N/C})}{(9{,}1 \cdot 10^{-31}\,\text{kg})} = 3{,}5 \cdot 10^{15}\,\text{m/s}^2\,.$$

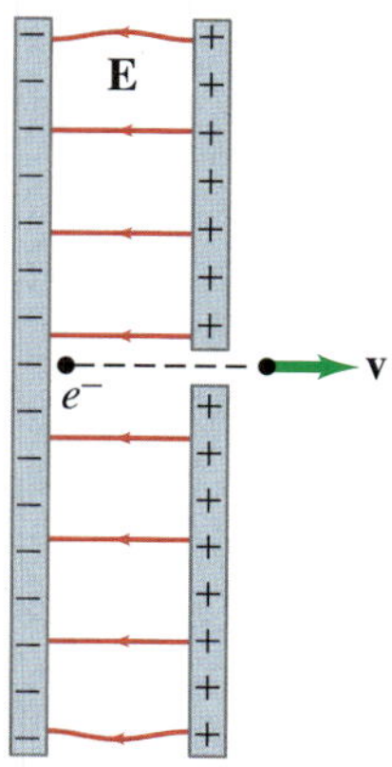

Abbildung 21.39 Beispiel 21.14.

Es legt eine Distanz von $x = 1{,}5 \cdot 10^{-2}\,\mathrm{m}$ zurück, bevor es das Loch erreicht, und da seine anfängliche Geschwindigkeit null war, können wir die kinematische Gleichung $v^2 = v_0^2 + 2ax$ (Gleichung 2.12c) mit $v_0 = 0$ benutzen:

$$v = \sqrt{2ax} = \sqrt{2(3{,}5 \cdot 10^{15}\,\mathrm{m/s^2})(1{,}5 \cdot 10^{-2}\,\mathrm{m})} = 1{,}0 \cdot 10^7\,\mathrm{m/s}\,.$$

Außerhalb der Platten gibt es kein elektrische Feld, also bewegt sich das Elektron mit dieser konstanten Geschwindigkeit weiter, nachdem es das Loch passiert hat.

b Der Betrag der elektrischen Kraft auf das Elektron ist

$$qE = (1{,}6 \cdot 10^{-19}\,\mathrm{C})(2{,}0 \cdot 10^4\,\mathrm{N/C}) = 3{,}2 \cdot 10^{-15}\,\mathrm{N}\,.$$

Die Gravitationskraft ist

$$mg = (9{,}1 \cdot 10^{-31}\,\mathrm{kg})(9{,}8\,\mathrm{m/s^2}) = 8{,}9 \cdot 10^{-30}\,\mathrm{N}\,,$$

was 10^{14} mal kleiner ist! Beachten Sie, dass das elektrische Feld aufgrund des Elektrons nicht in dieses Problem hineinspielt (da eine Punktladung keine Kraft auf sich selbst ausüben kann).

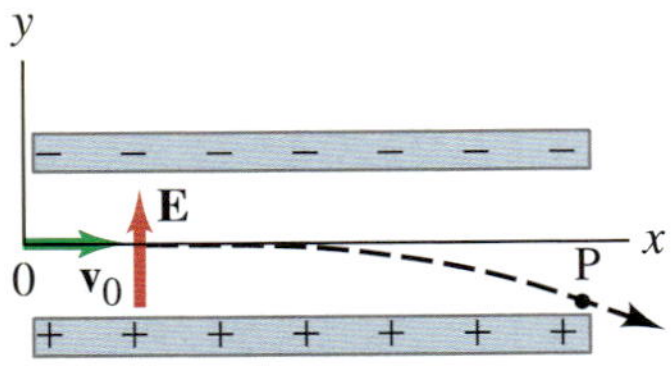

Abbildung 21.40 Beispiel 21.15.

Beispiel 21.15 Elektron bewegt sich senkrecht zu E

Ein Elektron (etwa das aus Beispiel 21.14) bewegt sich mit einer Geschwindigkeit $v_0 = 1{,}0 \cdot 10^7\,\mathrm{m/s}$ in einen Bereich mit einem räumlich homogenen elektrischen Feld **E** hinein, das senkrecht zur Bewegungsrichtung verläuft (► Abbildung 21.40). Ermitteln Sie eine Bewegungsgleichung für seinen Weg durch das elektrische Feld. Vernachlässigen Sie die Gravitation.

Lösung

Wenn das Elektron in das elektrische Feld (bei $x = y = 0$) eintritt, hat es die Geschwindigkeit $\mathbf{v}_0 = v_0\mathbf{i}$ in x-Richtung. Das vertikal aufwärts gerichtete elektrische Feld **E** erteilt dem Elektron eine gleichförmige Beschleunigung in y-Richtung mit dem Betrag

$$a_y = \frac{F}{m} = \frac{qE}{m} = -\frac{eE}{m}\,,$$

worin wir $q = -e$ für das Elektron gesetzt haben. Die Ortskoordinate parallel zur y-Achse ist gegeben durch

$$y = \frac{1}{2}a_y t^2 = -\frac{eE}{2m}t^2\,,$$

da es eine Bewegung konstanter Beschleunigung ist. Die Ortskoordinate parallel zur x-Achse ist gegeben durch

$$x = v_0 t\,,$$

da $a_x = 0$ ist. Wir eliminieren t aus diesen beiden Gleichungen und erhalten

$$y = -\frac{eE}{2mv_0^2}x^2\,,$$

was die Gleichung einer Parabel ist (genau wie die Bewegung eines Projektils, Abschnitt 3.7).

21.11 Elektrische Dipole

Die Anordnung von zwei gleichen Ladungen unterschiedlicher Vorzeichen $+Q$ und $-Q$, die durch einen Abstand l voneinander getrennt sind, heißt **elektrischer Dipol**. Die Größe Ql ist das **Dipolmoment** und wird durch das Symbol p dargestellt[5]. Das Dipolmoment kann als Vektor $\mathbf{p}$ mit dem Betrag Ql aufgefasst werden, der von der negativen zur positiven Ladung zeigt, wie in ▶ Abbildung 21.41 gezeigt. Viele Moleküle, wie das zweiatomige CO-Molekül, haben ein Dipolmoment (C hat eine kleine, positive Ladung, O hat eine kleine, negative Ladung gleicher Größe), sie werden **polare Moleküle** genannt. Obgleich das Molekül als Ganzes neutral ist, gibt es eine Ladungstrennung, die aus einer ungleichen Ladungsverteilung der Elektronen zwischen den beiden Atomen resultiert[6]. (Symmetrische zweiatomige Moleküle wie O_2 haben kein Dipolmoment.) Das Wassermoleküle mit seiner ungleichen Elektronenaufteilung (O ist negativ, die beiden H sind positiv) hat gleichfalls ein Dipolmoment, siehe ▶ Abbildung 21.4 und ▶ Abbildung 21.42.

Dipolmoment

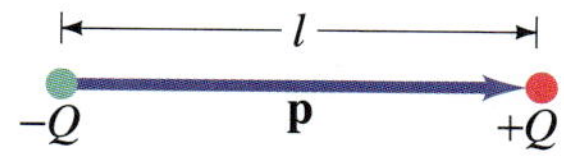

Abbildung 21.41 Ein Dipol besteht aus gleichen, doch entgegengesetzten Ladungen $+Q$ und $-Q$, die durch eine Distanz l voneinander getrennt sind. Das Dipolmoment ist $\mathbf{p} = Q\mathbf{l}$ und zeigt von der negativen zur positiven Ladung.

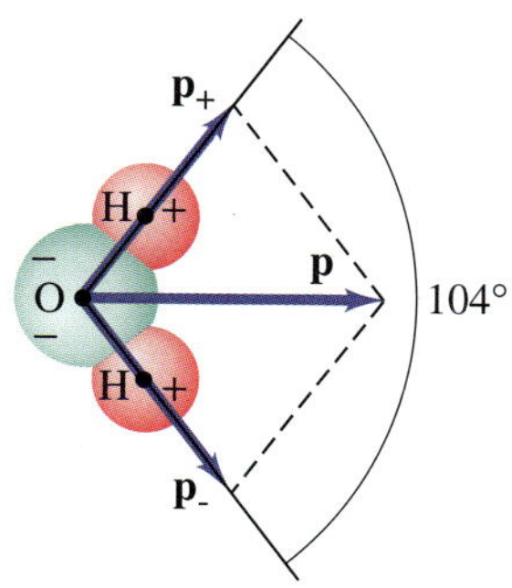

Abbildung 21.42 In einem Wassermolekül (H_2O) sind die Elektronen der Wasserstoffatome zum Sauerstoffatom hin verschoben angeordnet. Das resultierende Dipolmoment $\mathbf{p}$ kann als Vektorsumme der beiden Dipolmomente $\mathbf{p}_1$ und $\mathbf{p}_2$, die wie gezeigt vom O zu je einem H zeigen, aufgefasst werden: $\mathbf{p} = \mathbf{p}_1 + \mathbf{p}_2$.

Dipol in einem äußeren Feld

Wir wollen zunächst einen Dipol mit dem Moment $p = Ql$ betrachten, der in ein gleichförmiges elektrisches Feld $\mathbf{E}$ gebracht wird, wie in ▶ Abbildung 21.43 dargestellt. Ist das Feld räumlich homogen, resultieren die Kräfte $Q\mathbf{E}$ auf die positive und $-Q\mathbf{E}$ auf die negative Ladung, es ergibt sich keine Nettokraft auf den Dipol. Doch erfährt der Dipol ein Drehmoment des Betrags (bezogen auf das Zentrum 0 des Dipols)

$$\tau = QE\frac{l}{2}\sin\theta + QE\frac{l}{2}\sin\theta = pE\sin\theta \tag{21.9a}$$

Das kann in Vektorform als

$$\boldsymbol{\tau} = \mathbf{p} \times \mathbf{E} \tag{21.9b}$$

geschrieben werden. Die Wirkung des Drehmoments besteht darin, den Dipol $\mathbf{p}$ parallel zu $\mathbf{E}$ auszurichten. Die Arbeit, die das elektrische Feld verrichtet, um den Winkel θ von θ_1 nach θ_2 zu verändern (siehe Gleichung 10.22), beträgt

$$W = \int_{\theta_1}^{\theta_2} \tau\,\mathrm{d}\theta\,.$$

Wir müssen das Drehmoment $\tau = -pE\sin\theta$ schreiben, weil seine Ausrichtung wachsenden θ-Werten entgegengesetzt ist (Rechte-Hand-Regel). Wir erhalten:

$$W = \int_{\theta_1}^{\theta_2} \tau\,\mathrm{d}\theta = -pE\int_{\theta_1}^{\theta_2} \sin\theta\,\mathrm{d}\theta = pE\cos\theta \Big|_{\theta_1}^{\theta_2} = pE(\cos\theta_2 = \cos\theta_1)\,.$$

Verrichtet das Feld positive Arbeit, nimmt die potenzielle Energie U des Dipols im Feld ab. Wählen wir $U = 0$, wenn $\mathbf{p}$ senkrecht zu $\mathbf{E}$ steht (das heißt, wir wählen $\theta_1 = 90°$, also $\cos\theta_1 = 0$), und setzen $\theta_2 = 0$, so folgt

$$U = -W = -pE\cos\theta = -\mathbf{p}\cdot\mathbf{E}\,. \tag{21.10}$$

Ist das elektrische Feld *nicht* räumlich homogen, so könnte die Kraft auf die Ladung $+Q$ des Dipols nicht denselben Betrag haben wie die Kraft auf die Ladung $-Q$, dann ergibt sich eine resultierende Kraft neben dem Drehmoment.

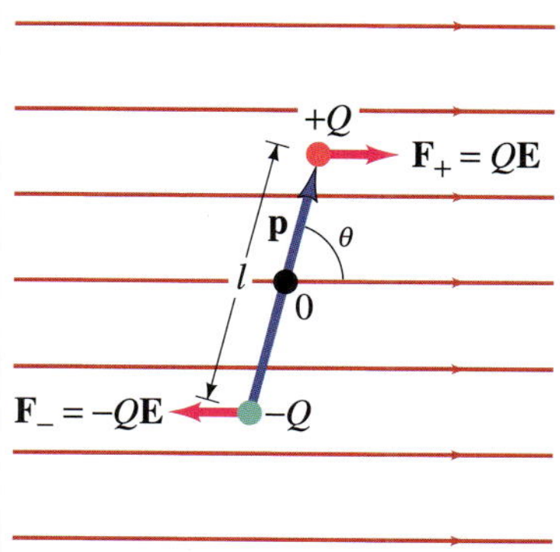

Abbildung 21.43 Ein elektrischer Dipol in einem räumlich homogenen elektrischen Feld.

5 Verwechseln Sie dieses p nicht mit dem p für den Impuls!

6 Der Wert der getrennten Ladungen kann ein Bruchteil von e sein (etwa $\pm 0{,}2e$ oder $0{,}4e$). Man beachte aber, dass solche Ladungen nicht unsere Aussagen über e als kleinstmögliche Ladung verletzen. Diese Ladungen kleiner e können nicht isoliert werden und sagen nur etwas über die Verschiebung des Ladungsmittelpunktes aus.

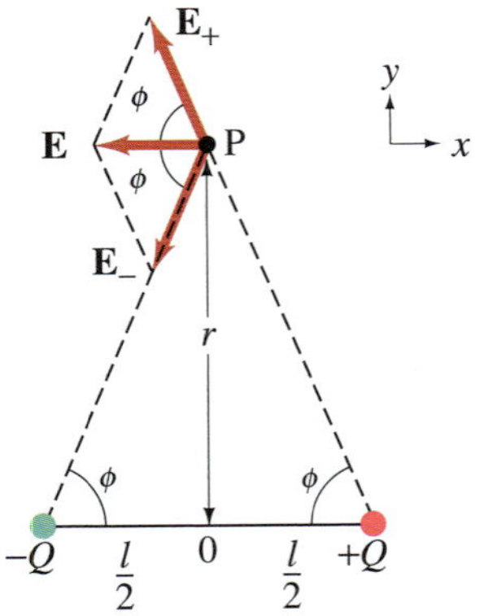

Abbildung 21.44 Elektrisches Feld aufgrund eines elektrischen Dipols

Elektrisches Feld eines Dipols

Wir haben gerade gesehen, welchen Einfluss ein externes elektrisches Feld auf einen elektrischen Dipol hat. Nun betrachten den Dipol ohne externes elektrisches Feld und ermitteln das elektrische Feld, das der Dipol selber erzeugt. Wir beschränken uns dabei der Einfachheit halber auf Punkte, die auf der senkrechten Winkelhalbierenden des Dipols liegen, wie Punkt P in ▸ Abbildung 21.44, der einen Abstand r vom Mittelpunkt des Dipols hat. Man beachte, dass r in ▸ Abbildung 21.44 nicht der jeweilige Abstand von P zu den beiden Ladungen ist; diese Distanz ist gleich $(r^2 + l^2/4)^{1/2}$ und muss in Gleichung 21.4 eingesetzt werden. Das Gesamtfeld am Punkt P ist

$$\mathbf{E} = \mathbf{E}_+ + \mathbf{E}_- \, ,$$

worin $\mathbf{E}_+$ und $\mathbf{E}_-$ die Felder aufgrund der positiven respektive negativen Ladung des Dipols sind. Die Beträge E_+ und E_- sind gleich:

$$E_+ = E_- = \frac{1}{4\pi\epsilon_0} \frac{Q}{r^2 + l^2/4} \, .$$

Ihre y-Komponenten heben sich am Punkt P auf, somit ist der Betrag des gesamten Dipolfeldes $\mathbf{E}$ gegeben durch

$$E = 2E_+ \cos\phi = \frac{1}{2\pi\epsilon_0} \left(\frac{Q}{r^2 + l^2/4} \right) \frac{l}{2(r^2 + l^2/4)^{\frac{1}{2}}}$$

oder

$$E = \frac{1}{4\pi\epsilon_0} \frac{p}{(r^2 + l^2/4)^{\frac{3}{2}}} \, . \qquad \left(\begin{array}{l} \text{senkrecht auf Winkel-} \\ \text{halbierenderdes Dipols} \end{array} \right) \qquad (21.11)$$

In großer Entfernung vom Dipol $r \gg l$ reduziert sich der Ausdruck zu

$$E = \frac{1}{4\pi\epsilon_0} \frac{p}{r^3} \, . \qquad \left(\begin{array}{l} \text{senkrecht auf Winkelhal-} \\ \text{bierender des Dipols; } r \gg l \end{array} \right) \qquad (21.12)$$

Das Feld eines Dipols nimmt also stärker ab mit der Entfernung als das einer Punktladung ($1/r^3$ gegenüber $1/r^2$), was wir auch erwartet haben, da in großer Entfernung die beiden entgegengesetzten Ladungen so nah beieinander erscheinen, dass sie sich gegenseitig neutralisieren. Diese $1/r^3$-Abhängigkeit gilt auch für Punkte, die nicht auf der Winkelhalbierenden liegen (siehe Aufgaben).

Beispiel 21.16 Dipol in einem Feld

Das Dipolmoment eines Wassermoleküls beträgt $6{,}1 \cdot 10^{-30}$ C·m. Ein Wassermolekül wird in ein räumlich homogenes elektrisches Feld der Stärke $2{,}0 \cdot 10^5$ N/C gebracht. (a) Wie groß ist der Betrag des maximalen Drehmoments, den das elektrische Feld auf das Molekül ausübt? (b) Wie groß ist die potenzielle Energie, wenn das Drehmoment sein Maximum erreicht? (c) In welcher Position ist die potenzielle Energie am größten? Warum unterscheiden sich die Positionen maximaler potenzieller Energie und maximalen Drehmoments?

Lösung

a Aus Gleichung 21.9 ist ersichtlich, dass τ bei einem Winkel von $\theta = 90°$ maximal wird. Damit ist $\tau = pE = (6{,}1 \cdot 10^{-30}\,\text{C} \cdot \text{m})(2{,}0 \cdot 10^5\,\text{N/C}) = 1{,}2 \cdot 10^{-24}\,\text{N} \cdot \text{m}$.

b Die potenzielle Energie ist durch Gleichung 21.10 gegeben. Für $\theta = 90°$ ist die potenzielle Energie null. Man beachte, dass die potenzielle Energie für kleinere Werte von θ negativ ist, somit ist U bei $\theta = 90°$ kein Minimum.

c Die potenzielle Energie wird maximal, wenn $\cos\theta = -1$ ist, also bei $\theta = 180°$. Das bedeutet, **E** und **p** sind parallel entgegengesetzt. Die potenzielle Energie wird maximiert, wenn der Dipol so ausgerichtet ist, dass er sich um den größtmöglichen Winkel, 180°, drehen muss, um seine Gleichgewichtslage bei $\theta = 0°$ zu erreichen. Das Drehmoment wird maximal, wenn das elektrische Feld senkrecht zu **p** stehen.

ZUSAMMENFASSUNG

Ein Körper kann durch Reibung aufgeladen werden (dabei werden Elektronen von einem Material auf ein anderes übertragen), durch Leitung (Ladungsübertragung von einem geladenen Körper auf einen anderen durch Kontakt), oder durch Influenz (die Trennung von Ladungen in einem Körper aufgrund der räumlichen Nähe eines anderen, geladenen Körpers ohne Kontakt). Elektrische Ladungen üben eine Kraft aufeinander aus. Wenn zwei Ladungen entgegengesetzt sind, eine positiv und die andere negativ, üben beide eine anziehende Kraft auf die jeweils andere aus. Sind die beiden Ladungen gleichen Typs, stoßen sie sich ab.

Es gibt zwei Arten **elektrischer Ladung**, positive und negative. Die SI-Einheit der Ladung ist das Coulomb (C).

Die elektrische Ladung bleibt **erhalten**: wird eine bestimmte Ladungsmenge in einem Prozess erzeugt, so wird dabei eine gleich große Ladungsmenge mit entgegengesetztem Vorzeichen erzeugt. Die *Netto*ladung ist folglich immer gleich null.

Wir können Elektrizität besser mithilfe der Atomtheorie verstehen. Ihr zufolge besteht ein Atom aus einem positiv geladenen Kern, der von negativ geladenen Elektronen umgeben ist. Jedes Elektron trägt die Ladung $-e = -1{,}6 \cdot 10^{-19}$ C.

Leiter sind Materialien, in denen sich zahlreiche Elektronen nahezu frei bewegen können, während **Isolatoren** fast keine beweglichen Elektronen haben.

Ein Körper ist negativ geladen, wenn er einen Elektronenüberschuss hat, er ist positiv geladen, wenn er weniger Elektronen hat, als er im Zustand elektrischer Neutralität besitzt. Die Ladung eines beliebigen Körpers ist immer ein ganzzahliges Vielfaches von $+e$ oder $-e$. Das bedeutet, die Ladung ist **quantisiert**.

Der Betrag der Kraft, die eine Punktladung auf eine andere ausübt, ist proportional zum Produkt ihrer Ladungen und umgekehrt proportional zum Quadrat ihres Abstands voneinander:

$$F = k\frac{Q_1 Q_2}{r^2} .$$

Das ist das **Coulomb'sche Gesetz**. In SI-Einheiten wird k oft als $1/4\pi\epsilon_0$ geschrieben.

Wir stellen uns vor, dass ein **elektrisches Feld** räumlich um eine Ladung oder um eine Anordnung von Ladungen existiert. Die Kraft auf einen anderen geladenen Körper wird als Kraftwirkung des am Ort dieses Objekts gegenwärtigen elektrischen Feldes aufgefasst.

Das elektrische Feld einer oder mehrerer Ladungen ist an einem beliebigen Punkt definiert als die Kraft pro Einheitsladung, die auf eine an diesen Punkt gebrachte Testladung q ausgeübt wird:

$$\mathbf{E} = \frac{\mathbf{F}}{q} .$$

Elektrische Felder werden durch **elektrische Feldlinien** dargestellt, die an den positiven Ladungen beginnen und an den negativen Ladungen enden. Ihre Richtung zeigt die Richtung der Kraft an, die eine positive, winzige Testladung an einem Punkt im Feld erfahren würde. Die Feldlinien können so gezeichnet werden, dass ihre Anzahl pro Einheitsfläche proportional zur Feldstärke E ist.

Das statische elektrische Feld (das heißt, keine Ladung bewegt sich) innerhalb eines Leiters ist null, und die elektrischen Feldlinien an der Oberfläche eines geladenen Leiters stehen senkrecht zur Oberfläche.

Ein **elektrischer Dipol** ist eine Anordnung zweier gleich großer, doch entgegengesetzter Ladungen $+Q$ und $-Q$, die einen Abstand l voneinander haben. Das **Dipolmoment** ist $p = Ql$. Ein Dipol in einem elektrischen Feld erfährt keine resultierende Kraftwirkung, doch spürt er ein resultierendes Drehmoment (außer wenn **p** parallel zu **E** ist). Das elektrische Feld eines Dipols nimmt mit der dritten Potenz des Abstands r vom Dipol ab ($E \propto 1/r^3$), wenn r verglichen mit l groß ist.

ZUSAMMENFASSUNG

Verständnisfragen

1 Sie reiben einen Taschenkamm mit einem Seidentuch. Wie können Sie bestimmen, ob der Kamm negativ oder positiv aufgeladen wurde?

2 Warum haftet ein T-Shirt oder eine Bluse, frisch aus dem Wäschetrockner genommen, manchmal eng am Körper?

3 Erklären Sie, warum Nebelteilchen oder feine Regentröpfchen dazu tendieren, Ionen oder Elektronen in der Luft zu bilden.

4 Ein positiv geladener Stab wird in die Nähe eines elektrisch neutralen Papierblattes gebracht, das er anzieht. Zeichnen Sie ein Diagramm, das die Ladungstrennung zeigt und aus dem hervorgeht, warum es zur Anziehung kommt.

5 Warum hat ein Plastiklineal, das mit einem Tuch gerieben wurde, die Fähigkeit, kleine Papierschnipsel aufzulesen? Warum gelingt das an feuchten Tagen nur schlecht?

6 Worin besteht der Unterschied zwischen den *Nettoladungen* eines Leiters und den „freien Ladungen" in dem Leiter?

7 ▶ Abbildung 21.7 und ▶ Abbildung 21.8 zeigen, wie ein geladener Stab, der in die Nähe eines ungeladenen, metallischen Objekts gebracht wurde, Elektronen anziehen (oder abstoßen) kann (Influenz). Es gibt eine große Menge Elektronen im Metall, doch nur einige von ihnen bewegen sich wie dargestellt. Warum bewegen sich nicht alle?

8 Wenn ein Elektrometer geladen wird, stoßen sich die beiden Plättchen ab und bilden einen bestimmten Winkel miteinander. Wodurch wird die elektrische Abstoßungskraft so ausbalanciert, dass sich die Plättchen nicht noch weiter voneinander entfernen?

9 Das Coulomb'sche Gesetz ähnelt in seiner Form stark dem Newton'schen Gesetz der universellen Gravitation. Was sind die Unterschiede der beiden Gesetze? Vergleichen Sie auch die schwere Masse mit der elektrischen Ladung.

10 Normalerweise nehmen wir die Schwerkraft oder elektrische Kraft zwischen zwei gewöhnlichen Körpern nicht wahr. Was ist in beiden Fällen der jeweilige Grund dafür? Nennen Sie ein Beispiel, wo und warum wir uns dieser Kräfte bewusst werden.

11 Ist die elektrische Kraft eine konservative Kraft? Warum oder warum nicht?

12 Welche im Text erwähnten Beobachtungen schließen aus, dass der Zähler im Coulomb'schen Gesetz die Summe $(Q_1 + Q_2)$ und nicht das Produkt $(Q_1 Q_2)$ zweier Ladungen enthält?

13 Zieht ein aufgeladenes Lineal Papierschnipsel an, springt manchmal eines der Schnipsel schnell weg, nachdem es mit dem Lineal berührt wurde. Erklären Sie warum.

14 Erklären Sie, warum wir für die Messung des elektrischen Felds *kleine* Testladungen nutzen.

15 Müssen wir für die Messung des elektrischen Feldes eine positive Testladung benutzen, oder würde es ebenso gut eine negative tun? Erklären Sie.

16 Zeichnen Sie die elektrischen Feldlinien zweier negativer Ladungen mit dem Abstand l voneinander.

17 Nehmen Sie an, dass die beiden entgegengesetzt geladenen Punktladungen aus ▶ Abbildung 21.33a 12,0 cm voneinander entfernt sind. Betrachten Sie die elektrische Feldstärke 25 cm von der positiven Ladung entfernt. An welcher Seite der Ladung – oben, unten, links oder rechts – ist das elektrische Feld am stärksten? Und wo ist es am schwächsten?

18 Betrachten Sie das elektrische Feld der ▶ Abbildung 21.45 in den drei Punkten A, B und C. Zeichnen Sie zuerst einen Pfeil an jedem Punkt, der die Richtung der resultierenden Kraft, die eine positive Testladung am betrachteten Punkt erfahren würde, anzeigt. Anschließend listen Sie die Buchstaben in abnehmender Feldstärke auf (Punkt mit stärkster Feldstärke zuerst).

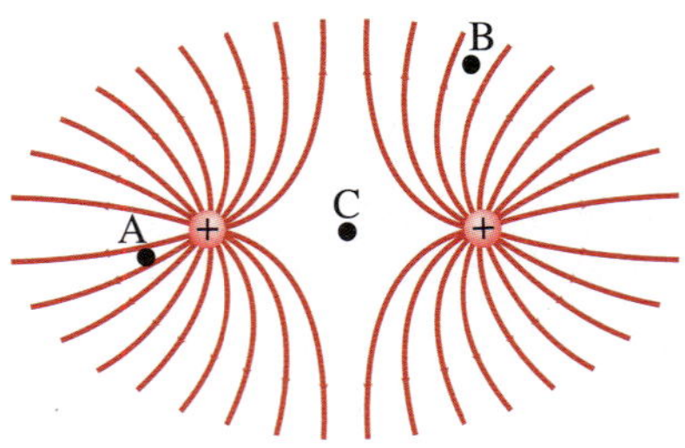

Abbildung 21.45 Frage 18.

19 Warum überkreuzen sich elektrische Feldlinien niemals?

20 Zeigen Sie anhand der drei Regeln für die Feldlinien (Abschnitt 21.8), dass die elektrischen Feldlinien, die an einer einzelnen Punktladung beginnen oder enden, symmetrisch um die Ladung angeordnet sind.

21 Betrachten Sie zwei Punktladungen Q und $2Q$, die einen Abstand l voneinander haben. Gibt es auf der Verbindungsgeraden zwischen den beiden Ladungen einen Punkt, an dem $E = 0$ ist, wenn ihre Vorzeichen (a) entgegengesetzt oder (b) gleich sind? Falls Ja, geben Sie an, wo sich der Punkt in etwa befinden würde.

22 Nehmen Sie an, dass der Ring aus ▶ Abbildung 21.27 eine homogen verteilte Ladung Q hat. Wie groß sind Stärke und Richtung des Feldes E am Punkt P?

23 Betrachten Sie eine kleine positive Testladung in einer elektrischen Feldlinie an einem bestimmten Punkt wie Punkt P in ▶ Abbildung 21.33a. Sind Geschwindigkeit und/oder Beschleunigung der Testladung entlang dieser Feldlinie gerichtet? Diskutieren Sie das Problem.

24 Wir möchten das elektrische Feld an einem Punkt nahe einer positiv geladenen Metallkugel (ein guter Leiter) bestimmen. Zu dem Zweck bringen wir eine kleine Testladung q_0 an den Punkt und messen die auf sie ausgeübte Kraft F_0. Ist F_0/q_0 größer, kleiner oder genau so groß wie das elektrische Feld an dem Punkt, bevor sich die Testladung dort befand?

25 In welcher Hinsicht ähnelt die Bewegung des Elektrons aus Beispiel 21.15 der Bewegung eines Geschosses (Abschnitt 3.7)? In welcher Hinsicht nicht?

26 Beschreiben Sie die Bewegung des Dipols aus ▶ Abbildung 21.43, wenn er aus der abgebildeten Ruhelage freigegeben wird.

27 Erklären Sie, warum es eine resultierende Kraft auf einen elektrischen Dipol in einem nicht homogenen elektrische Feld geben kann.

Aufgaben zu 21.5

1 (I) Berechnen Sie die Kraft zwischen zwei Punktladungen mit je 2,50 C, die 3,0 m voneinander entfernt sind.

2 (I) Wie viele Elektronen ergeben eine Ladung von −30,0 µC?

3 (I) Wie groß ist die elektrische Anziehungskraft zwischen dem Kern eines Eisenatoms ($q = +26e$) und seinem innersten Elektron, wenn ihr Abstand $1{,}5 \cdot 10^{-12}$ m beträgt?

4 (I) Wie groß ist die abstoßende elektrische Kraft zwischen zwei Protonen in einem Atomkern, die $5{,}0 \cdot 10^{-15}$ m voneinander entfernt sind?

5 (I) Welche Kraft übt eine Ladung +25 µC auf eine Ladung +3,0 mC in 35 cm Entfernung aus? ($1\,\mu C = 10^{-6}$ C, $1\,mC = 10^{-3}$ C.)

6 (II) Zwei geladene Rauchteilchen üben eine Kraft $4{,}2 \cdot 10^{-2}$ N aufeinander aus. Wie groß ist die Kraft, wenn ihr Abstand nur noch ein Achtel der ursprünglichen Entfernung beträgt?

7 (II) Zwei geladene Kugeln sind 15,0 cm voneinander entfernt. Sie werden bewegt, anschließend beträgt die aufeinander ausgeübte Kraft das Dreifache. Wie weit sind sie nun voneinander entfernt?

8 (II) Jemand reibt an einem trocknen Tag seine Füße auf einem Wollteppich und erzeugt so eine Ladung von −40 µC. Wie viele überschüssige Elektronen trägt diese Person nun mit sich und um welchen Betrag hat ihre Masse zugenommen?

9 (II) Wie groß ist die Gesamtmasse aller Elektronen in 1,0 kg H_2O?

10 (II) Punktladungen mit +70, +48 und −80 µC werden auf einer Geraden angeordnet (▶ Abbildung 21.46). Die Ladung im Zentrum ist jeweils 0,35 m von den beiden anderen Ladungen entfernt. Berechnen Sie die resultierende Kraft auf jede Ladung aufgrund der jeweils anderen beiden Ladungen.

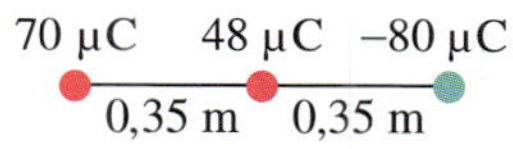

Abbildung 21.46 Aufgabe 10.

11 (II) Drei positive Punktladungen mit 11,0 µC werden an den Eckpunkten eines gleichseitigen Dreiecks der Seitenlänge 15,0 cm angeordnet (▶ Abbildung 21.47). Berechnen Sie Betrag und Richtung der resultierenden Kraft auf jede Punktladung.

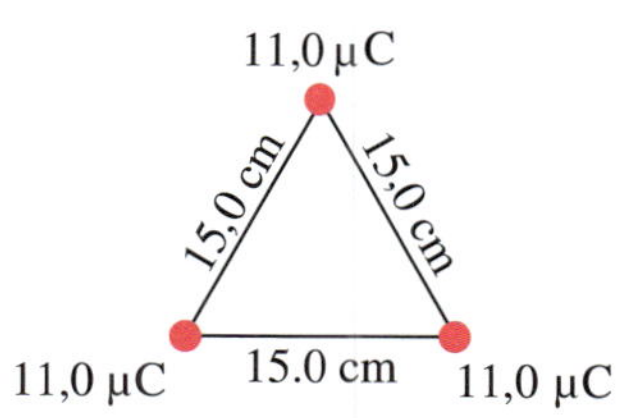

Abbildung 21.47 Aufgabe 11.

12 (II) An jedem Eckpunkt eines Quadrats der Seitenlänge 0,100 m wird eine Ladung je 6,00 mC platziert. Bestimmen Sie Betrag und Richtung der Kraft auf jede Ladung.

13 (II) Wiederholen Sie Aufgabe 12 für den Fall, dass zwei der positiven Ladungen auf gegenüberliegenden Eckpunkten durch gleich große negative Ladungen ersetzt werden (▶ Abbildung 21.48).

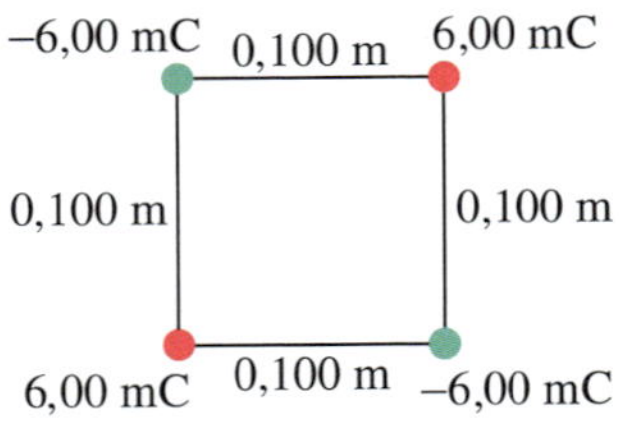

Abbildung 21.48 Aufgabe 13.

14 (II) An jedem Eckpunkt eines Quadrats mit der Seitenlänge l sitzen Punktladungen Q, $2Q$, $3Q$ und $4Q$ (▶ Abbildung 21.49). Bestimmen Sie die Kraft auf jede einzelne Ladung aufgrund der je anderen drei Ladungen.

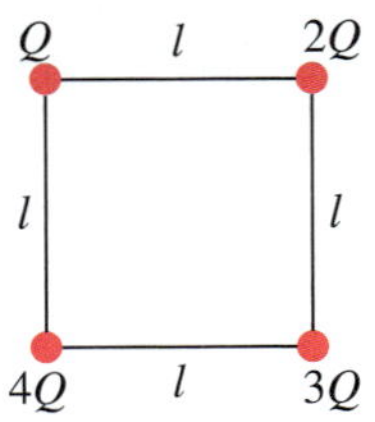

Abbildung 21.49 Aufgabe 14.

15 (II) Wiederholen Sie Aufgabe 14 unter der Annahme, dass die Ladung $3Q$ durch eine Ladung $-3Q$ ersetzt wird (das heißt ihr Vorzeichen wird geändert).

16 (II) Vergleichen Sie die elektrische Kraft, die ein Elektron in der Schale ($r = 0{,}53 \cdot 10^{-10}$ m) eines Wasserstoffkerns (1 Proton) hält, mit der Gravitationskraft zwischen Elektron und Proton. Wie groß ist das Verhältnis dieser beiden Kräfte?

17 (II) Zwei positive Punktladungen werden in fester Distanz voneinander gehalten. Die Summe ihrer Ladungen ist Q_T. Wie groß müssen die Ladungen sein, damit die elektrische Kraft zwischen ihnen (a) maximal und (b) minimal wird?

18 (II) Zwei positive Ladungen haben insgesamt 560 µC. Sind sie 1,10 m voneinander entfernt, üben sie eine abstoßende Kraft von jeweils 22,8 N aufeinander aus. Wie groß sind die beiden Ladungen jeweils?

19 (II) Die beiden Ladungen $-Q_0$ und $-3Q_0$ haben einen Abstand l voneinander. Sie können sich frei bewegen, werden aber durch eine dritte Ladung in ihrer Nähe davon abgehalten. Wie groß muss diese Ladung sein und wo muss sie sich befinden, damit sie die ersten beiden Ladungen im Gleichgewicht halten kann?

20 (III) Zwei Ladungen +7,7 µC und −3,5 µC sind 18,5 cm voneinander entfernt. Wo muss eine dritte Ladung platziert werden, damit die resultierende Kraftwirkung null ist?

21 (III) Zwei kleine, nichtleitende Kugeln tragen zusammen eine Gesamtladung von 90,0 µC. Wenn ihr Abstand voneinander 1,16 m beträgt, üben sie eine abstoßende Kraft von jeweils 12,0 N aufeinander aus. Wie groß sind die beiden einzelnen Ladungen? Was würde passieren, wenn die Kraft anziehend wäre?

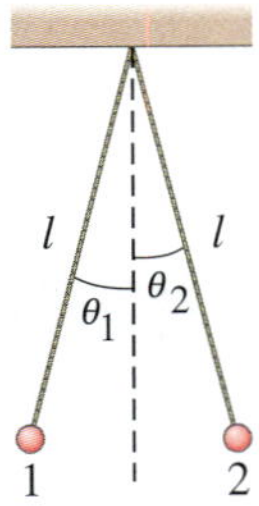

Abbildung 21.50 Aufgabe 22.

22 (III) Zwei kleine geladene Kugeln sind jeweils an einem Faden der Länge l aufgehängt (▶ Abbildung 21.50). Beide Fäden bilden kleine Winkel θ_1 respektive θ_2 mit der Vertikalen. (a) Wie groß ist das Verhältnis θ_1/θ_2, wenn $Q_1 = Q, Q_2 = 2Q$ und $m_1 = m_2 = m$ ist? (b) Bestimmen Sie das Verhältnis θ_1/θ_2, wenn $Q_1 = Q, Q_2 = 2Q$, $m_1 = m$ und $m_2 = 2m$ ist. (c) Schätzen Sie die Abstände der Kugeln voneinander in beiden Fällen.

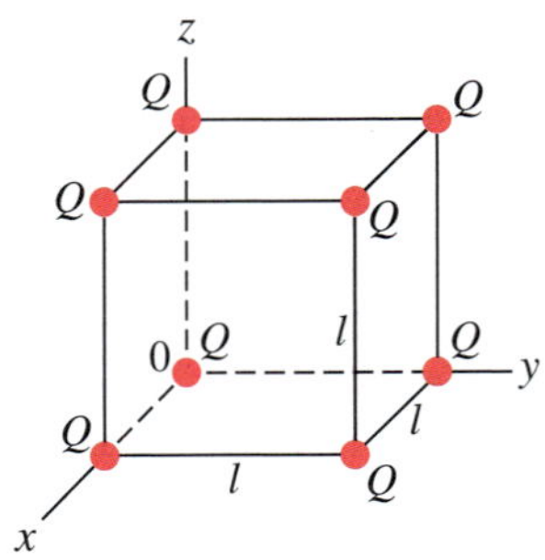

Abbildung 21.51 Aufgabe 23.

23 (III) An jedem Eckpunkt eines Würfels der Seitenlänge l sitzt eine Punktladung Q. Wie groß ist die Kraft auf die Ladung im Ursprung 0 aufgrund der anderen Ladungen? Geben Sie Ihre Antwort in Vektor-Schreibweise an (▶ Abbildung 21.51).

Aufgaben zu 21.6 bis 21.8

24 (I) Welche Beschleunigung erfährt ein Elektron in einem elektrischen Feld der Stärke 600 N/C? Wie hängt die Richtung der Beschleunigung von der Richtung des Feldes im betrachteten Punkt ab?

25 (I) Wie groß sind Betrag und Richtung der elektrischen Kraft auf ein Elektron in einem elektrischen Feld der Stärke 1360 N/C, das ostwärts gerichtet ist?

26 (I) Ein Proton wird in ein räumlich homogenes elektrisches Feld gesetzt, wo es eine südwärts gerichtete Kraft von $2{,}75 \cdot 10^{-14}$ N erfährt. Wie stark ist das elektrische Feld und welche Richtung hat es?

27 (I) Wie stark ist das elektrische Feld 20,0 cm über einer Ladung $33{,}0 \cdot 10^{-6}$ Coulomb? Welche Richtung hat es?

28 (I) Geben Sie Betrag und Richtung des elektrischen Feldes an einem Punkt an, der sich mittwegs auf der Verbindungsgeraden (8,0 cm) zwischen den Ladungen −8,0 µC und +7,0 µC befindet.

29 (I) Die elektrische Kraftwirkung auf eine Ladung +4,20 µC ist $\mathbf{F} = 5{,}85 \cdot 10^{-4}$ N**j**. Wie groß ist das elektrische Feld am Ort der Ladung?

30 (I) Wie groß ist das elektrische Feld an einem Ort, wenn die Kraft auf eine Ladung 1,25 µC an diesem Ort $\mathbf{F} = (3{,}0\mathbf{i} - 5{,}0\mathbf{j}) \cdot 10^{-3}$ N beträgt?

31 (II) Elektrische Feldlinien lassen sich stets so zeichnen, dass die Anzahl der Feldlinien durch eine senkrecht zu ihnen stehende Einheitsfläche proportional zur Feldstärke E ist. Wenn jedoch das Coulomb'sche Gesetz nicht gültig wäre – das heißt, wenn das Feld einer Punktladung nicht exakt mit $1/r^2$ fallen würde (der Exponent von r nicht exakt gleich 2 wäre) – so wäre diese Eigenschaft der Feldlinien ebenfalls nicht mehr gegeben. Zeigen Sie, warum diese Abhängigkeit besteht. (*Hinweis*: Nehmen Sie das Beispiel einer einzelnen Punktladung.)

32 (II) Zeichen Sie (näherungsweise) die Feldlinien zweier Punktladungen $+Q$ und $-3Q$, die einen Abstand l voneinander haben.

33 (II) Zeichnen Sie (näherungsweise) die elektrischen Feldlinien, die von einem homogen geladenen geraden Draht der (kurzen) Länge l ausgehen. Der Abstand der Feldlinien nahe am Draht sollte etwas kleiner als l sein. (*Hinweis*: Betrachten Sie auch sehr weit vom Draht entfernte Punkte.)

34 (II) Wie groß ist die elektrische Feldstärke an einem Punkt, in dem ein Proton ($m = 1{,}67 \cdot 10^{-27}$ kg) eine Beschleunigung von einer Millionen g erfährt?

35 (II) Ein Elektron befindet sich in einem elektrischen Feld und beschleunigt in nördlicher Richtung mit 145 m/s^2. Wie stark ist das Feld und welche Richtung hat es?

36 (II) Die elektrische Feldstärke mittwegs zwischen zwei Punktladungen entgegengesetzter Vorzeichen beträgt 845 N/C. Der Abstand zwischen den Ladungen ist 16,0 cm. Wie groß sind die beiden Ladungen?

37 (II) Benutzen Sie das Coulomb'sche Gesetz, um Stärke und Richtung des elektrischen Feldes an den Punkten A und B in ► Abbildung 21.52 aufgrund der beiden positiven Ladungen ($Q = 7{,}0$ µC) zu bestimmen. Verträgt sich das Ergebnis mit ► Abbildung 21.33b?

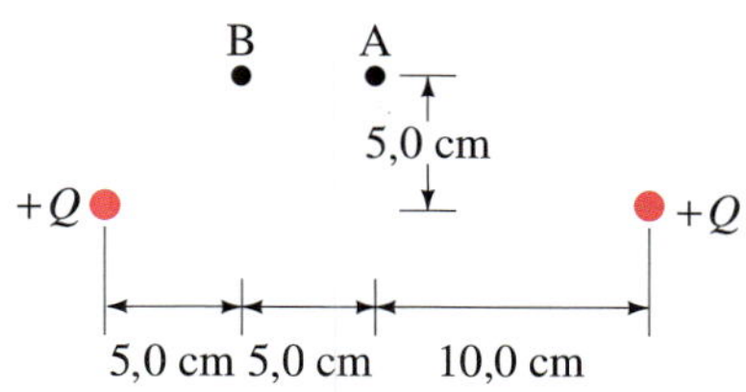

Abbildung 21.52 Aufgabe 37.

38 (II) Berechnen Sie das elektrische Feld im Zentrum eines Quadrats der Seitenlänge 52,5 cm, wenn an einem Eckpunkt eine Ladung +45,0 µC sitzt und sich an den drei anderen Eckpunkten je eine Ladung mit 27,0 µC befindet.

39 (II) Berechnen Sie das elektrische Feld an einem Eckpunkt eines Quadrats der Seitenlänge 1,00 m, wenn an den drei anderen Eckpunkten je eine Ladung mit $3{,}25 \cdot 10^{-6}$ C sitzt.

40 (II) (a) Bestimmen Sie das elektrische Feld E am Ursprung 0 in ► Abbildung 21.53 aufgrund der beiden Ladungen bei A und B. (b) Wiederholen Sie die Rechnung für den Fall, dass die Ladung am Ort B ihr Vorzeichen umkehrt.

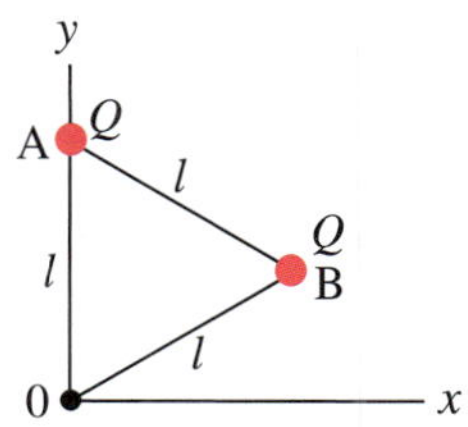

Abbildung 21.53 Aufgabe 40.

41 (II) Gegeben sind zwei unbekannte Punktladungen Q_1 und Q_2. An einem Ort auf der Verbindungsgeraden l zwischen den beiden Ladungen, der $l/3$ von Ladung Q_1 entfernt ist, beträgt die elektrische Feldstärke null (▶ Abbildung 21.54). Wie groß ist das Verhältnis Q_1/Q_2?

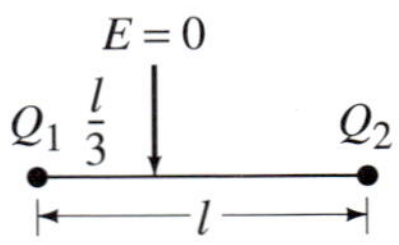

Abbildung 21.54 Aufgabe 41.

42 (II) Zwei parallele Kreisringe des Radius R haben ihre Mittelpunkte auf der x-Achse. Der Abstand zwischen ihnen beträgt l (▶ Abbildung 21.55). Jeder Ring trägt eine homogen verteilte Ladung Q. Bestimmen Sie das elektrische Feld $\mathbf{E}(x)$ auf der x-Achse.

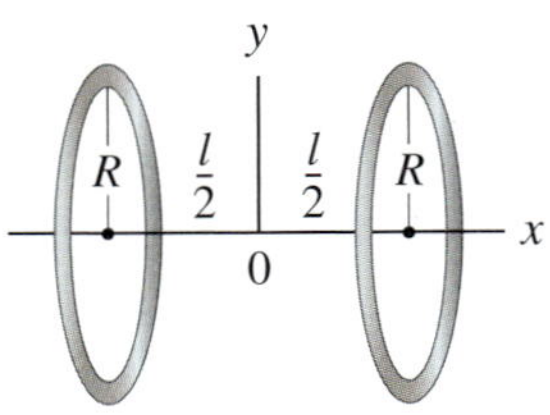

Abbildung 21.55 Aufgabe 42.

43 (II) (a) Zwei gleiche Ladungen Q befinden sich an den Orten $(x = l, y = 0)$ und $(x = -l, y = 0)$. Bestimmen Sie das elektrische Feld als Funktion von y entlang der y-Achse. (b) Zeigen Sie, dass die Feldstärke bei $y = \pm l/\sqrt{2}$ ihr Maximum hat.

44 (II) An welchem Punkt $x = x_M$ hat die elektrische Feldstärke entlang des Rings in Beispiel 21.9 ein Maximum?

45 (II) Nehmen Sie an, dass die Ladung Q aus ▶ Abbildung 21.27 nur über die obere Ringhälfte gleichförmig verteilt ist und die untere Hälfte keine Ladung trägt. Bestimmen Sie dann das elektrische Feld $\mathbf{E}$ am Punkt P. (y verläuft aufwärts vertikal.)

46 (II) Schätzen Sie das elektrische Feld an einem Punkt, der sich 2,8 cm über dem Mittelpunkt eines 2,0 m langen dünnen Drahtes mit der Gesamtladung 4,75 µC befindet.

47 (II) Der homogen geladene Draht aus ▶ Abbildung 21.28 hat die Länge L, wobei 0 der Mittelpunkt ist. Zeigen Sie, dass das Feld am Punkt P in einem senkrechten Abstand x von 0, durch den Ausdruck

$$E = \frac{\lambda}{2\pi\epsilon_0} \frac{L}{x(L^2 + 4x^2)^{1/2}}$$

gegeben ist. λ ist darin ist die Ladung pro Längeneinheit.

48 (III) Ein dünner Stab der Länge l trägt eine Gesamtladung Q, die über die gesamte Länge homogen verteilt ist (▶ Abbildung 21.56). Bestimmen Sie das elektrische Feld $E(x)$ entlang der x-Achse des Stabs für $x \geq 0$.

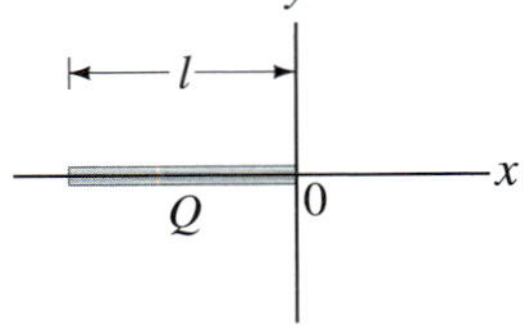

Abbildung 21.56 Aufgabe 48.

49 (III) Ein dünner Kreisbogen mit Radius R trägt eine homogen Ladungsdichte λ. Der Kreisbogen überspannt einen Winkel von $2\theta_0$ symmetrisch zur x-Achse (▶ Abbildung 21.57). Bestimmen Sie das elektrische Feld $\mathbf{E}$ im Ursprung.

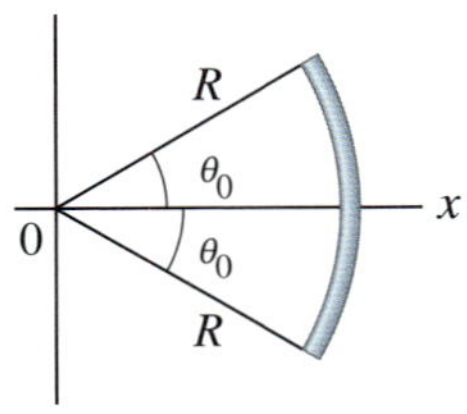

Abbildung 21.57 Aufgaben 49 und 50.

50 (III) Der Kreisbogen aus ▶ Abbildung 21.57 trägt eine von θ abhängige Ladungsdichte $\lambda = \lambda_0 \cos\theta$, wobei θ von der x-Achse gemessen wird. Bestimmen Sie das elektrische Feld $\mathbf{E}$ am Ursprung 0. (b) Wiederholen Sie die Rechnung mit $\lambda = \lambda_0 \sin\theta$.

51 (III) Der Draht mit der homogen verteilten Ladung aus ▶ Abbildung 21.28 beginnt am Punkt 0 und steigt vertikal zur Länge L auf. (a) Bestimmen Sie die Komponenten des elektrischen Feldes E_x und E_y am Punkt P in einer Entfernung x von 0. (Das heißt, berechnen Sie $\mathbf{E}$ nahe am Drahtende in einer Ebene senkrecht zu dem langen Draht.) (b) Der Draht erstrecke sich nun von $y = 0$ nach $y = \infty$ (also $L = \infty$). Zeigen Sie, dass in diesem Fall $\mathbf{E}$ für jedes x einen Winkel von 45° mit der Horizontalen bildet. (*Hinweis*: Sehen Sie sich Beispiel 21.10 und ▶ Abbildung 21.28 an.)

52 (III) Nehmen Sie an, dass in Beispiel 21.10 $x = 0{,}250$ m beträgt und $Q = 3{,}15$ µC ist. Der homogen geladene Draht ist nun nur noch 6,0 m lang und erstreckt sich entlang der x-Achse von $y = -40$ m nach $y = +2{,}0$ m. (a) Berechnen Sie E_x und E_y am Punkt P. (b) Bestimmen Sie den Fehler, wenn Sie vereinfachend das Resultat aus Beispiel 21.10 $E = \lambda/2\pi\epsilon_0 x$ nehmen und drücken Sie den Fehler durch $(E_x - E)/E$ und E_y/E aus.

53 (III) *Homogen geladene Ebene.* Über ein große, quadratische Ebene der Seitenlänge L ist Ladung gleichförmig verteilt (▶ Abbildung 21.58). Die Ladung pro Flächeneinheit ($\mathrm{C/m^2}$) beträgt σ. Berechnen Sie das elektrische Feld am Punkt P in einer Distanz z über dem Zentrum der Ebene für den Grenzfall $L \to \infty$. (*Hinweis*: Teilen Sie die Ebene in lange, schmale Streifen der Breite dy auf und nutzen Sie das Ergebnis aus Beispiel 21.10, um die zu den Streifen gehörenden Felder zum Gesamtfeld zu summieren.)

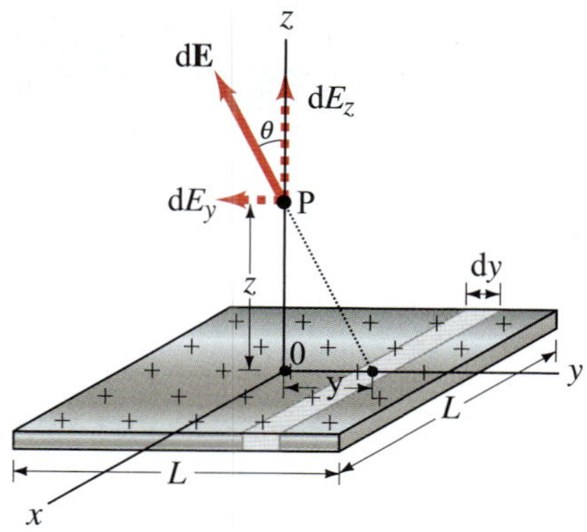

Abbildung 21.58 Aufgabe 53.

Aufgaben zu 21.10

54 (II) Ein Elektron bewegt sich mit der Geschwindigkeit $v_0 = 21{,}5 \cdot 10^6\,\mathrm{m/s}$ parallel zu einem elektrischen Feld ($\mathbf{v}_0 \ll \mathbf{E}$) der Stärke $E = 11{,}4 \cdot 10^3\,\mathrm{N/C}$. (a) Wie weit bewegt es sich, bevor es zum Stillstand kommt? (b) Wie viel Zeit vergeht, bis es wieder an seinem Ausgangspunkt zurückgekehrt ist?

55 (II) Ein Elektron hat eine Anfangsgeschwindigkeit von $\mathbf{v}_0 = 8{,}0 \cdot 10^4\,\mathrm{m/s}\,\mathbf{i}$. Es fliegt in einen Bereich mit $\mathbf{E} = (2{,}0\mathbf{i} + 8{,}0\mathbf{j}) \cdot 10^4\,\mathrm{N/C}$. (a) Bestimmen Sie die vektorielle Beschleunigung des Elektrons als Funktion der Zeit. (b) Wie groß ist der Winkel θ (bezüglich der ursprünglichen Richtung) zum Zeitpunkt $t = 1{,}0\,\mathrm{ns}$?

56 (II) Ein Wassertropfen mit dem Radius 0,020 mm schwebt unbeweglich in der Luft. Wie viele überschüssige Elektronen muss der Wassertropfen tragen, wenn das elektrische Feld der Erde 150 N/C beträgt und abwärts gerichtet ist?

57 (II) Unter welchem Winkel verlassen die Elektronen aus Beispiel 21.15 das gleichförmige elektrische Feld am Ende der parallelen Platten (Punkt P in ▶ Abbildung 21.40)? Die Platten sind 6 cm lang und die Feldstärke beträgt $E = 5{,}0 \cdot 10^3\,\mathrm{N/C}$. Vernachlässigen Sie die Randfelder.

58 (II) Elektronen fliegen unter einem Winkel von 45° in das elektrische Feld zweier Platten (▶ Abbildung 21.59). Welche maximale Geschwindigkeit können die Elektronen haben, um gerade nicht gegen die obere Platte zu prallen? Vernachlässigen Sie die Randfelder.

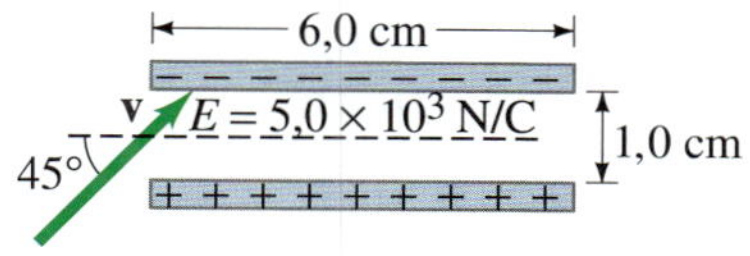

Abbildung 21.59 Aufgabe 58.

59 (III) Eine positive Ladung q wird im Zentrum eines Rings mit dem Radius R positioniert. Der Ring trägt die homogen verteilte Ladung $-Q$. (a) Zeigen Sie, dass die Ladung q in eine einfache harmonische Schwingung übergeht, wenn sie in einen Abstand x vom Zentrum gebracht und dann losgelassen wird (▶ Abbildung 21.60).

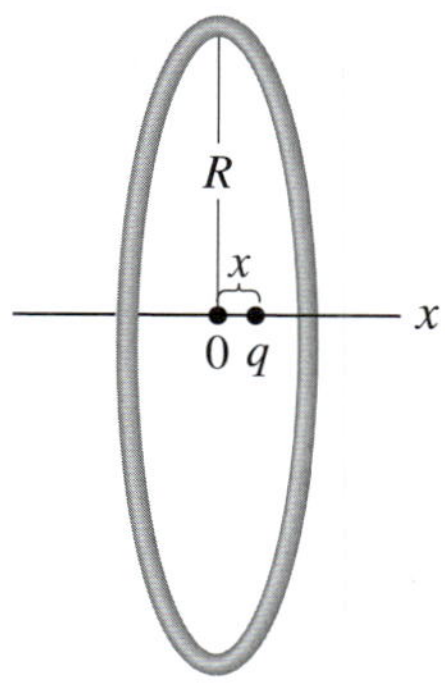

Abbildung 21.60 Aufgabe 59.

Aufgaben zu 21.11

60 (II) Ein Dipol besteht aus den Ladungen $+e$ und $-e$, die 0,68 nm voneinander entfernt sind. Der Dipol befindet sich in einem elektrischen Feld $E = 2{,}7 \cdot 10^4$ N/C. (a) Wie groß ist das Dipolmoment? (b) Wie groß ist das auf den Dipol ausgeübte Drehmoment, wenn er senkrecht zum Feld orientiert ist? (c) Wie groß ist das auf den Dipol ausgeübte Drehmoment, wenn er einen Winkel von 45° mit den Feldlinien bildet? (d) Welche Arbeit ist erforderlich, um den Dipol aus einer Lage parallel zum Feld in eine zum Feld antiparallele Lage zu bringen?

61 (II) Das HCl-Molekül hat ein Dipolmoment von rund $3{,}4 \cdot 10^{-30}$ C · m. Die beiden Atome sind etwa $1{,}0 \cdot 10^{-10}$ m voneinander entfernt. (a) Welche Ladung trägt jedes der beiden Atome? (b) Ist das ein ganzzahliges Vielfaches von e? Falls nicht, erklären Sie das. (c) Welches maximale Drehmoment würde dieser Dipol in einem elektrischen Feld der Stärke $2{,}5 \cdot 10^4$ N/C erfahren? (d) Wie viel Energie ist erforderlich, um das Molekül um 45° aus seiner Gleichgewichtslage (niedrigste potenzielle Energie) zu drehen?

62 (II) Nehmen Sie an, dass beide Ladungen aus ▶ Abbildung 21.44 positiv sind. (a) Zeigen Sie, dass das Feld auf der senkrechten Winkelhalbierenden für $r \gg l$ durch den Ausdruck $(1/4\pi\epsilon_0)(2Q/r^2)$ gegeben ist. (b) Erklären Sie, warum das Feld hier mit $1/r^2$ abnimmt, während es doch für einen Dipol mit $1/r^3$ abnimmt.

63 (II) Ein elektrischer Dipol mit dem Moment **p** und dem Trägheitsmoment J wird in ein gleichförmiges elektrisches Feld **E** gebracht. (a) Unter welchen Bedingungen vollführt der Dipol eine einfache harmonische Schwingung, wenn er, wie in ▶ Abbildung 21.43 gezeigt, um einen Winkel θ gedreht und anschließend losgelassen wird? (b) Wie groß ist die Schwingungsfrequenz?

64 (III) Ein Dipol **p** wird in ein nichtgleichförmiges elektrisches Feld $\mathbf{E} = E\mathbf{i}$ gebracht, dass entlang der x-Achse ausgerichtet ist. Zeigen Sie, dass, wenn **E** nur von x abhängt, die resultierende Kraft auf den Dipol durch den Ausdruck

$$\mathbf{F} = \left(\mathbf{p} \cdot \frac{d\mathbf{E}}{dx}\right)\mathbf{i}$$

gegeben ist. $d\mathbf{E}/dx$ ist der Gradient des Feldes in x-Richtung.

65 (III) (a) Zeigen Sie, dass an Punkten auf der x-Achse eines Dipols (auf der Achse, auf der sich auch die Ladungen $+Q$ und $-Q$ befinden) die elektrische Feldstärke für $x \gg l$ durch

$$E = \frac{1}{4\pi\epsilon_0}\frac{2p}{r^3}$$

gegeben ist (▶ Abbildung 21.44). r ist der Abstand des Punktes vom Mittelpunkt des Dipols. (b) In welche Richtung zeigt **E**?

Allgemeine Aufgaben

66 Wie nah müssen zwei Elektronen aneinander sein, damit die elektrische Kraft zwischen ihnen gleich der Gewichtskraft jedes Elektrons auf der Erdoberfläche ist?

67 Stellen Sie sich vor, Außerirdische würden zusätzliche Elektronenladungen gleichen Betrags auf der Erde und auf Ihrem Auto (Masse: 1050 kg) anbringen. Beachten Sie, dass die Gummireifen isolieren. Wie groß müsste die Ladung auf Ihrem Auto sein (und derselbe Ladungsbetrag auf der Erde), um es anzuheben (die Schwerkraft zu überwinden)? (*Hinweis*: Nehmen Sie an, dass die Ladung auf der Erde so verteilt wurde, als befände sie sich im Erdmittelpunkt; der Ladungsabstand ist dann gleich dem Erdradius.)

68 Ein 3,0 g schwerer Kupferpfennig trägt eine positive Ladung 5,5 μC. Welchen Anteil seiner Elektronen hat der Pfennig verloren?

69 Nehmen Sie an, dass anstelle der Gravitation die elektrische Anziehungskraft den Mond auf seiner Umlaufbahn halten würde. Wie groß müsste die Ladung Q sein, wenn gleich große, doch entgegengesetzte Ladungen auf Erde und Mond verteilt wären? Benutzen Sie die folgenden Daten: Masse der Erde $= 5{,}97 \cdot 10^{24}$ kg, Masse des Monds $= 7{,}35 \cdot 10^{22}$ kg, Radius der Umlaufbahn $= 3{,}84 \cdot 10^8$ m. Behandeln Sie Erde und Mond als Massepunkte bzw. Punktladungen.

70 Ein Typ eines elektrischen Quadrupols besteht aus zwei Dipolen, deren negative Enden überlappen. Das bedeutet, im Zentrum des Quadrupols sitzt die Ladung $-2Q$, flankiert von je einer $+Q$-Ladung links und recht (▶ Abbildung 21.61). Bestimmen Sie das elektrische Feld **E** an Punkten entlang der senkrechten Winkelhalbierenden und zeigen Sie, dass E mit $1/r^4$ abnimmt.

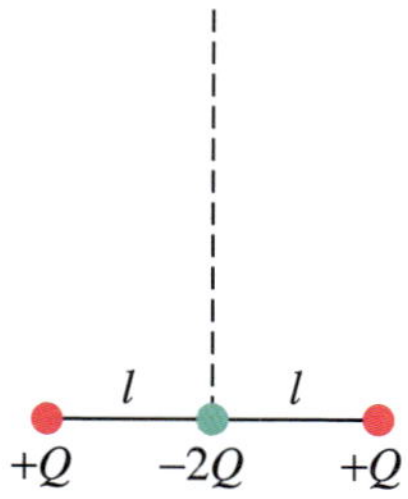

Abbildung 21.61 Aufgabe 70.

71 Drei Punktladungen befinden sich an den Ecken eines gleichseitigen Dreiecks der Seitenlänge 1,20 m (▶ Abbildung 21.62). Die Ladungen betragen +4,0 µC, −8,0 µC und −6,0 µC. Berechnen Sie Größe und Richtung der resultierenden Kraft auf jede Ladung aufgrund der jeweils anderen beiden Ladungen.

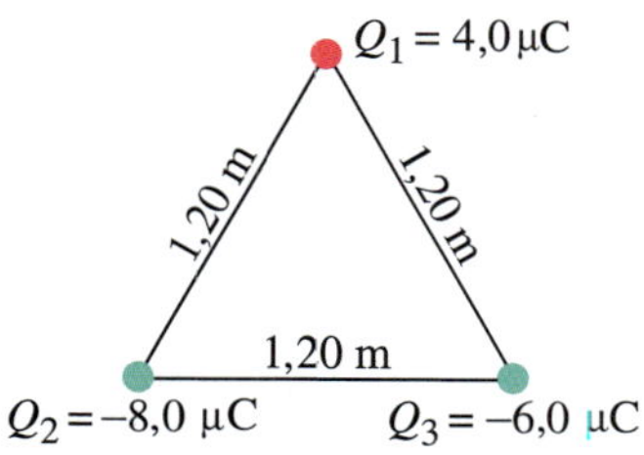

Abbildung 21.62 Aufgabe 71.

72 Ein Proton ($m = 1{,}67 \cdot 10^{-27}$ kg) wird in ein gleichförmiges elektrisches Feld **E** gebracht, wo es ruht. Berücksichtigen Sie die Gravitation und bestimmen Sie **E**.

73 Berechnen Sie die elektrische Feldstärke im Zentrum eines Quadrats der Seitenlänge 35 cm, wenn die Ladungen an den Eckpunkten aufeinanderfolgend 1,0 µC, 2,0 µC, 3,0 µC und 4,0 µC (alle positiv) betragen.

74 In einem einfachen Modell des Wasserstoffatoms bewegt sich das Elektron mit einer Geschwindigkeit von $1{,}1 \cdot 10^6$ m/s auf einer kreisförmigen Bahn um das Proton. Wie groß ist der Radius der Umlaufbahn?

75 Zwei Ladungen $-Q_0$ und $-4Q_0$ haben einen Abstand l voneinander. Die beiden Ladungen könnten sich frei bewegen, doch eine dritte Ladung in ihrer Nähe hält sie davon ab. Wie groß muss die dritte Ladung sein und wo muss sie sich befinden, damit die ersten beiden Ladungen im Gleichgewicht verharren?

76 Eine Punktladung ($m = 1{,}0$ g) befindet sich am Ende eines isolierten Fadens der Länge 55 cm. Sie bleibt in einem gleichförmigen elektrischen Feld der Stärke 10 000 N/C in der Ruhelage, wenn sich das Pendel in der Position, wie in ▶ Abbildung 21.63 dargestellt, befindet. Die Abbildung zeigt die Ladung 12 cm über ihrem niedrigsten (vertikale Pendelposition) Punkt. Bestimmen Sie Betrag und Vorzeichen der Ladung, wenn das Feld, wie abgebildet, nach rechts zeigt.

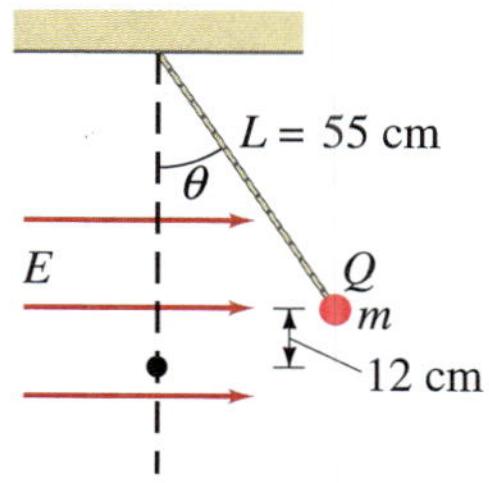

Abbildung 21.63 Aufgabe 76.

77 Eine positive Punktladung $Q_1 = 1{,}85 \cdot 10^{-5}$ C befindet sich fest im Ursprung eines Koordinatensystems. Eine negative Ladung $Q_2 = -7{,}65 \cdot 10^{-6}$ C sitzt fest auf der x-Achse bei $x = +2{,}00$ m. Ermitteln Sie die Punkte (oder den Punkt) auf der x-Achse, wo das elektrische Feld der beiden Ladungen null ist.

78 Schätzen Sie die resultierende Kraft zwischen der CO- und der HN-Gruppe (▶ Abbildung 21.64). C und O haben effektive Ladungen $\pm 0{,}40e$, H und N haben effektive Ladungen $\pm 0{,}20e$, wobei $e = 1{,}6 \cdot 10^{-19}$ C ist. (*Hinweis*: Berücksichtigen Sie in der Rechnung nicht die „inneren" Kräfte zwischen C und O sowie zwischen H und N.)

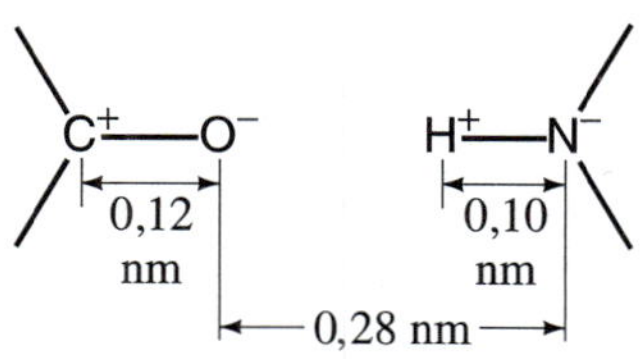

Abbildung 21.64 Aufgabe 78.

79 Ein Elektron bewegt sich mit einer Geschwindigkeit von $2{,}0 \cdot 10^6$ m/s nach rechts und tritt in ein elektrisches Feld ein, dessen Linien parallel zur Bewegungsrichtung des Elektrons sind. In dem Feldraum kommt das Elektron nach 5,4 cm zur Ruhe. (a) Welche Richtung hat das Feld? (b) Wie groß ist die Feldstärke?

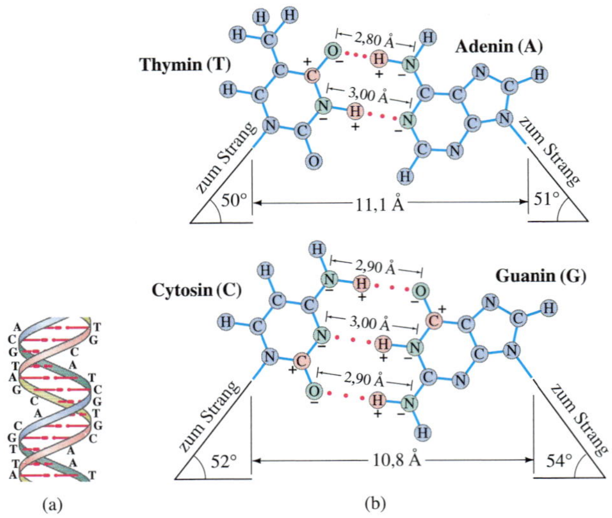

Abbildung 21.65 Aufgabe 80. (a) Abschnitt aus der DNA-Doppelhelix. (b) „Nahansicht" der Helix. Sie zeigt, wie A und T sowie G und C sich jeweils gegenseitig durch elektrostatische Kräfte anziehen und so die Doppelhelix zusammenhalten. Die roten Punkte zeigen die elektrostatische Anziehung (oft „schwache Bindung" oder „Wasserstoffbindung" genannt) an. Beachten Sie, dass es zwei schwache Bindungen zwischen A und T gibt, zwischen C und G aber drei. Die Längeneinheit ist Angström ($1\,\text{Å} = 10^{-10}$ m).

80 Die beiden Stränge eines helixförmigen DNA-Moleküls (das genetische Material lebender Zellen) werden durch elektrostatische Kräfte zusammengehalten (▸ Abbildung 21.65). Nehmen Sie an, dass die durchschnittliche Ladung der HN-Gruppe effektiv $0{,}2e$, die der CO-Gruppe effektiv $0{,}4e$ beträgt. In beiden Submolekülen sind die Atome $1{,}0 \cdot 10^{-10}$ m voneinander entfernt. Alle relevanten Winkel betragen 120°. Schätzen Sie die resultierende Kraft zwischen (a) dem Thymin und dem Adenin; (b) dem Cytosin und dem Guanin. (c) Schätzen Sie die gesamte Kraft eines DNA-Moleküls, das 10^5 Paare derartiger Moleküle enthält.

81 Elektronen fliegen unter einem Winkel θ_0 zur Horizontalen in ein elektrisches Feld zwischen zwei Platten (▸ Abbildung 21.66). Ihre Bahn tangiert die obere Platte und verläuft symmetrisch; sie verlassen die Feldregion also unter demselben Winkel θ_0. Wie groß ist θ_0? Vernachlässigen Sie Randfelder.

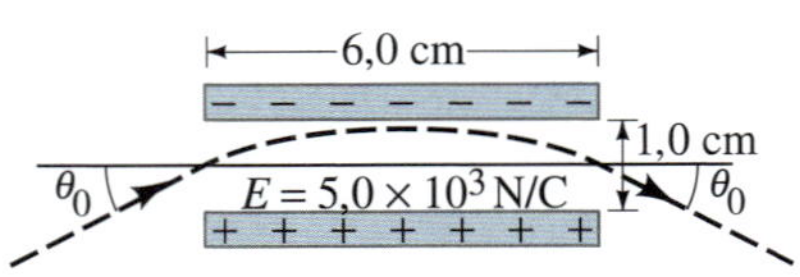

Abbildung 21.66 Aufgabe 81.

82 Zwei Punktladungen $Q_1 = -6{,}7\,\mu\text{C}$ und $Q_2 = 1{,}3\,\mu\text{C}$ werden zwischen zwei entgegengesetzt geladene Platten gebracht (▸ Abbildung 21.67). Die beiden Punktladungen sind $x = 0{,}34$ m voneinander entfernt. Das elektrische Feld zwischen den beiden Platten ist räumlich homogen und beträgt $E = 73\,000$ N/C. Berechnen Sie die resultierende elektrostatische Kraft auf Q_1 und geben Sie ihre Richtung an.

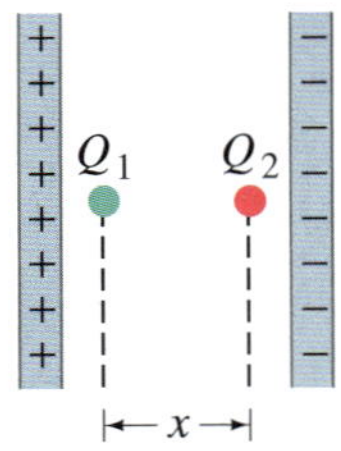

Abbildung 21.67 Aufgabe 82.

83 Eine kleine Bleikugel ist in isolierendem Plastik verpackt und hängt an einer (idealen) Feder ($k = 126$ N/m) über einem Labortisch (▸ Abbildung 21.68). Die Gesamtmasse der ummantelten Kugel ist 0,800 kg, ihr Zentrum befindet sich im Gleichgewicht 15,0 cm über der Tischoberfläche. Die Kugel wird 5 cm unter die Ruhelage herabgezogen und mit einer elektrischen Ladung $Q = -3{,}00 \cdot 10^{-6}$ C aufgeladen. Dann wird sie losgelassen. Nutzen Sie Ihre Kenntnisse über harmonische Schwingungen und geben Sie einen Ausdruck für die elektrische Feldstärke an einem Punkt P auf dem Tisch direkt unter der Kugel als Funktion der Zeit an.

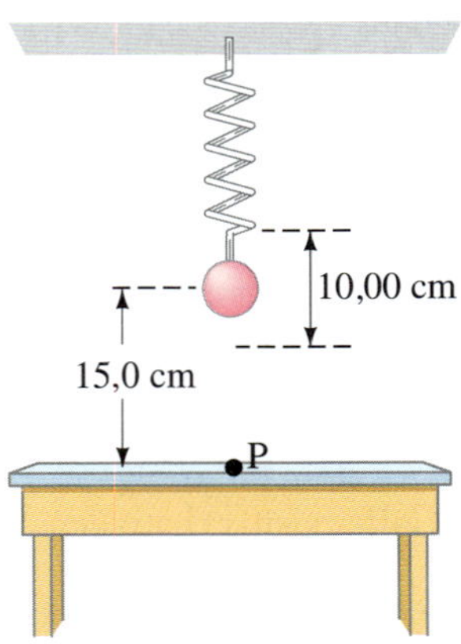

Abbildung 21.68 Aufgabe 83.

84 Ein großes Elektrometer wird aus 75 cm langen Streifen hergestellt, an deren Enden je eine 22 g schwere Kugel befestigt ist. Im aufgeladen Zustand befindet sich fast die gesamte Ladungsmenge auf den Kugeln. Wie groß ist die Gesamtladung des Elektrometers, wenn beide Streifen einen Winkel von 30° mit der Vertikalen bilden (▸ Abbildung 21.69)?

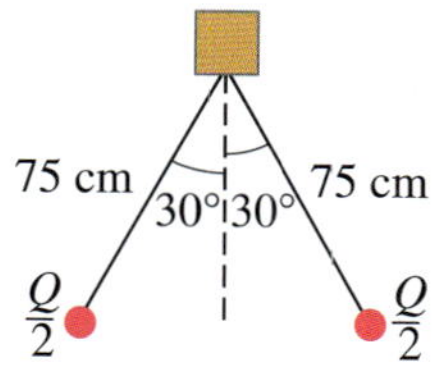

Abbildung 21.69 Aufgabe 84.

85 Drei sehr große quadratische Ebenen tragen Ladung und sind angeordnet, wie in ▸ Abbildung 21.70 gezeigt. Von links nach rechts haben die Ebenen Ladungen pro Einheitsfläche von $-0{,}50\,\mu C/m^2$, $+0{,}10\,\mu C/m^2$ und $-0{,}35\,\mu C/m^2$. Ermitteln Sie das gesamte elektrische Feld (Richtung und Stärke) an den Punkten A, B, C und D. Nehmen Sie an, dass die Ebenen viel größer sind als der Abstand AD.

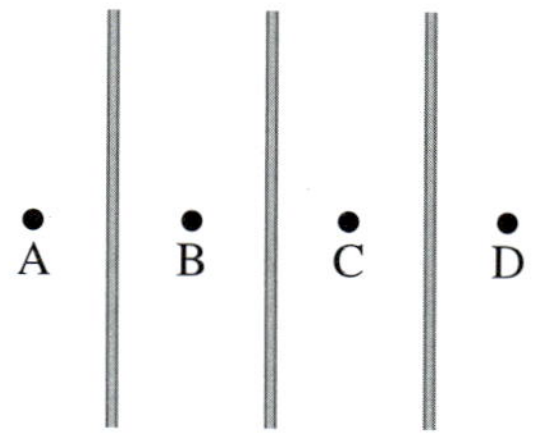

Abbildung 21.70 Aufgabe 85.

86 Wie groß ist die gesamte Ladung sämtlicher Elektronen in einem 15 kg schweren Aluminiumstab? Wie groß ist die Nettoladung des Stabs? (Aluminium hat 13 Elektronen pro Atom und ein Atomgewicht von 27 u.)

87 Gegeben sind zwei Ladungen, wie in ▸ Abbildung 21.71 dargestellt. An welcher Position x (oder Positionen) ist das Feld null? Ist das Feld an allen Punkten, die nicht auf der x-Achse liegen, gleich null?

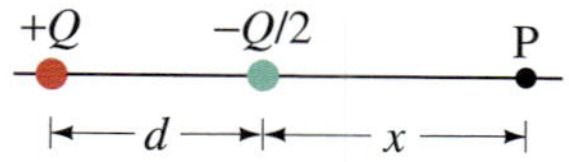

Abbildung 21.71 Aufgabe 87.

88 Ein Elektron bewegt sich auf einer Kreisbahn mit dem Radius r um einen sehr langen, gleichförmig geladenen Draht in einer Vakuumkammer, wie in ▸ Abbildung 21.72 dargestellt. Die Ladungsdichte des Drahtes beträgt $\lambda = 0{,}14\,\mu C/m$. (a) Wie groß ist das elektrische Feld am Ort des Elektrons (Größe und Richtung)? (b) Wie groß ist die Geschwindigkeit des Elektrons?

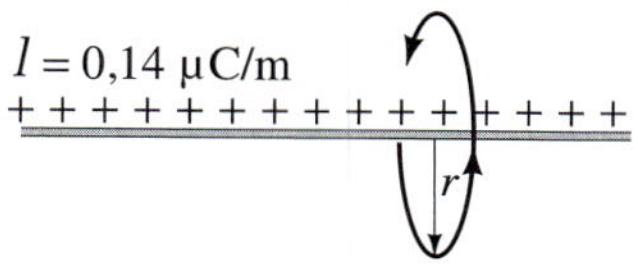

Abbildung 21.72 Aufgabe 88.

Das Gauß'sche Gesetz

22

ÜBERBLICK

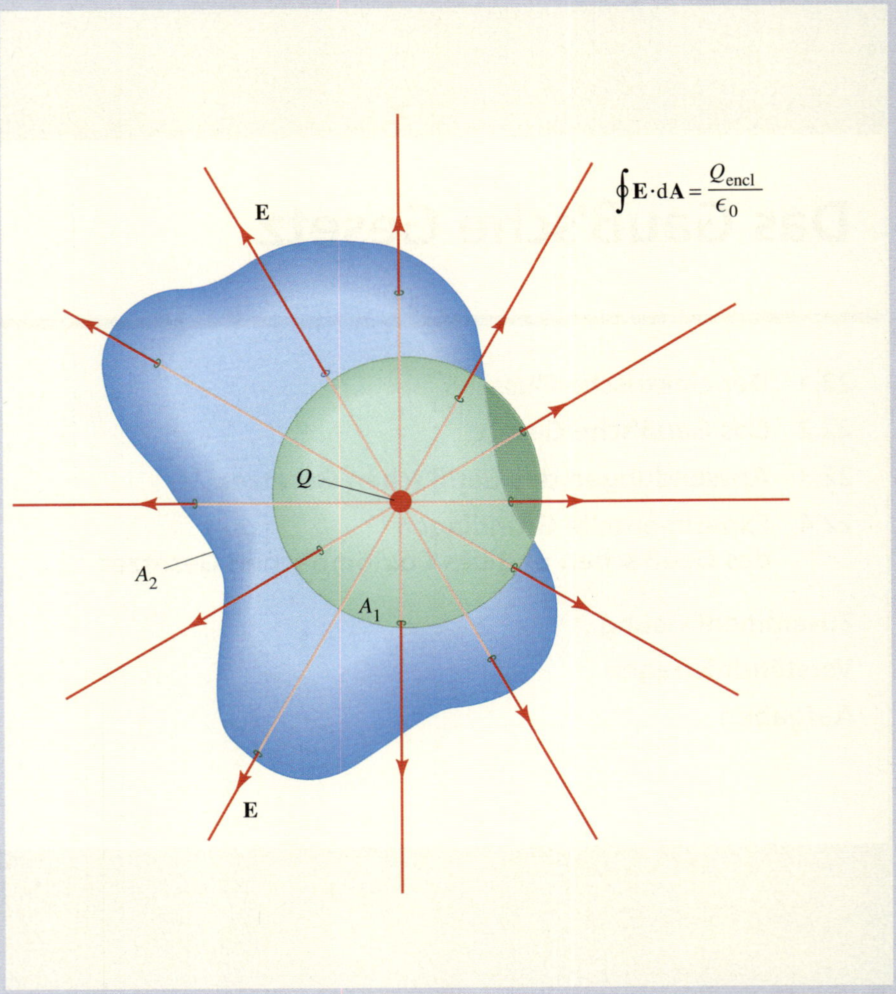

Das Gauß'sche Gesetz beschreibt die Beziehung zwischen elektrischen Ladungen und dem elektrischen Feld. Es enthält ein Integral über das elektrische Feld **E** *in jedem Punkt einer geschlossenen Fläche und die von dieser Fläche eingeschlossene Ladung. Wir wählen ihre Form und ihre Lage so, dass wir das Integral möglichst einfach berechnen können. In dieser Abbildung sind zwei verschiedene Flächen gezeigt, die die gleiche Punktladung Q umschließen. Das Gauß'sche Gesetz besagt, dass das Produkt* $\mathbf{E}\cdot d\mathbf{A}$, *integriert über die gesamte Fläche, gleich der eingeschlossenen Ladung Q geteilt durch* ϵ_0 *ist; dabei ist* $d\mathbf{A}$ *ein infinitesimales Flächenelement der Fläche. Die in der Abbildung dargestellten Flächen umschließen beide die gleiche Ladung Q. In beiden Fällen liefert deshalb die Auswertung des Integrals* $\oint \mathbf{E}\cdot d\mathbf{A}$ *das gleiche Ergebnis,* Q/ϵ_0.

22. Das Gauß'sche Gesetz

Das Gauß'sche Gesetz, das wir in diesem Kapitel herleiten und diskutieren wollen, beschreibt die Beziehung zwischen elektrischer Ladung und elektrischem Feld.

Im Prinzip können wir das elektrische Feld für jede beliebige gegebene Ladungsverteilung mithilfe des Coulomb-Gesetzes bestimmen. In jedem Punkt ist das gesamte elektrische Feld die Summe (bzw. das Integral) über die Beiträge aller vorhandenen Ladungen (siehe Gleichungen 21.5 und 21.6). Abgesehen von ein paar einfachen Fällen kann es recht schwierig sein, die Summe oder das Integral auszuwerten. Wenn es nicht möglich ist, wie in den Beispielen der Abschnitte 21.6 und 21.7 eine analytische Lösung zu erhalten, können Computer zu Hilfe genommen werden.

Manchmal kann das von einer gegebenen Ladungsverteilung erzeugte elektrische Feld auf einfachere und elegantere Weise mithilfe des Gauß'schen Gesetzes berechnet werden, wie wir in diesem Kapitel sehen werden. Das Gauß'sche Gesetz ist eine der vier Maxwell'schen Gleichungen (siehe Kapitel 32), die sämtliche elektromagnetischen Erscheinungen beschreiben.

Bevor wir zum Gauß'schen Gesetz selbst kommen, wollen wir zunächst das Konzept des Flusses diskutieren.

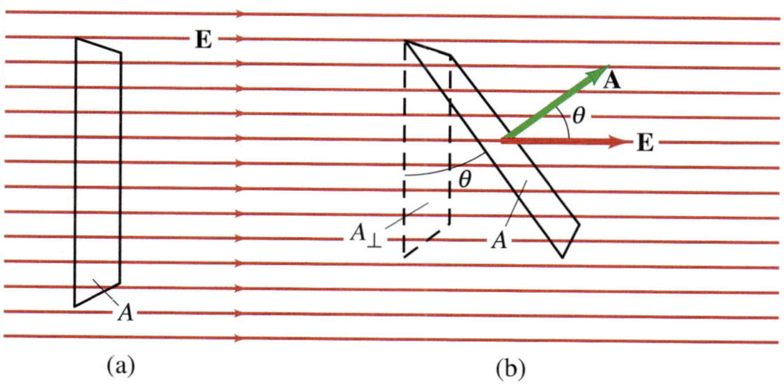

Abbildung 22.1 Ein homogenes Feld **E** (dargestellt durch die parallelen Feldlinien) durchdringt eine Fläche A, die (a) senkrecht zu **E** bzw. (b) nicht senkrecht zu **E** ist. Die gestrichelte Fläche $A_\perp$ in (b) ist die Projektion von **A** senkrecht zum Feld **E**.

22.1 Der elektrische Fluss

Stellen wir uns eine Fläche mit dem Flächeninhalt A vor, die von einem homogenen elektrischen Feld **E** durchdrungen wird (▸ Abbildung 22.1). Die Fläche kann ein Rechteck (wie in der Abbildung), ein Kreis oder von beliebiger anderer Gestalt sein. Steht die Richtung des elektrischen Feldes wie in ▸ Abbildung 22.1a senkrecht zur Fläche, dann ist der **elektrische Fluss** Φ_E durch diese Fläche definiert als das Produkt

$$\Phi_\mathrm{E} = EA\,.$$

Steht die Fläche A nicht senkrecht zum Feld **E**, sondern bildet wie in ▸ Abbildung 22.1b mit diesem einen Winkel θ, dann wird die Fläche von weniger Feldlinien durchdrungen. In diesem Falle ist der elektrische Fluss durch die Fläche durch

$$\Phi_\mathrm{E} = EA_\perp = EA\cos\theta \quad (\mathbf{E}\text{ homogen}) \tag{22.1a}$$

definiert. Dabei ist $A_\perp$ die Projektion der Fläche A auf eine Fläche senkrecht zu **E**. Das Flächenstück A wird durch einen Vektor **A** mit dem Betrag A dargestellt, der senkrecht zur Fläche steht (siehe ▸ Abbildung 22.1b). Ist θ der Winkel zwischen **E** und **A**, dann kann der elektrische Fluss auch in der Form

$$\Phi_{\mathrm{E}} = \mathbf{E} \cdot \mathbf{A} \qquad (\mathbf{E}\text{ homogen}) \tag{22.1b}$$

geschrieben werden.

Gemäß unserer Definition kann der elektrische Fluss auf einfache und anschauliche Weise unter Zuhilfenahme von Feldlinien interpretiert werden. Feldlinien können immer so gezeichnet werden, dass die Anzahl N der Feldlinien, die ein senkrecht zum Feld liegendes Flächenelement $A_{\perp}$ durchdringen, proportional zum Betrag E des Feldes ist (vgl. Abschnitt 21.8), es gilt also $E \propto N/A_{\perp}$. Folglich ist

Der elektrische Fluss ist proportional zur Anzahl der die Fläche senkrecht durchdringenden Feldlinien

$$N \propto EA_{\perp} = \Phi_{\mathrm{E}} ,$$

so dass der Fluss durch ein Flächenstück proportional ist zur Anzahl der dieses Flächenstück durchdringenden Feldlinien.

Beispiel 22.1 **Elektrischer Fluss**

a) Berechnen Sie den elektrischen Fluss durch das in ► Abbildung 22.1a gezeigte Rechteck. Das Rechteck sei 10 cm · 20 cm groß und das elektrische Feld homogen mit einer Stärke von 200 N/C. (b) Der Winkel θ in ► Abbildung 22.1b betrage 30°. Wie groß ist der Fluss?

Lösung

a Der elektrische Fluss ist

$$\begin{aligned}\Phi_{\mathrm{E}} &= EA\cos\theta \\ &= (200\,\mathrm{N/C})(0{,}10\,\mathrm{m}\cdot 0{,}20\,\mathrm{m})\cos 0° = 4{,}0\,\mathrm{N{\cdot}m^2/C}\,.\end{aligned}$$

b In diesem Fall ist der Fluss

$$\Phi_{\mathrm{E}} = (200\,\mathrm{N/C})(0{,}10\,\mathrm{m}\cdot 0{,}20\,\mathrm{m})\cos 30° = 3{,}5\,\mathrm{N{\cdot}m^2/C}\,.$$

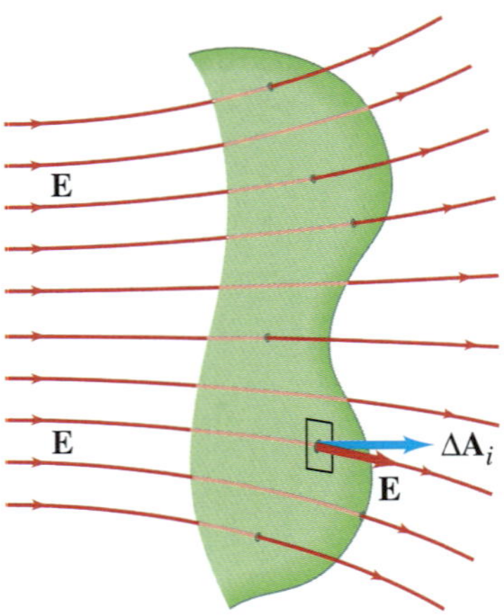

Abbildung 22.2 Elektrischer Fluss durch eine gekrümmte Fläche. Eingezeichnet ist ein kleiner Bereich $\Delta\mathbf{A}_i$ der Fläche.

Betrachten wir nun den allgemeineren Fall mit nicht homogenem elektrischen Feld **E** und nicht ebener Fläche (► Abbildung 22.2).

Wir zerlegen die gewählte Fläche in n kleine Flächenelemente mit den Flächeninhalten $\Delta A_1, \Delta A_2, \ldots, \Delta A_n$. Die Zerlegung wird so gewählt, dass jedes ΔA_i so klein ist, dass es (1) als eben betrachtet werden kann und dass (2) das elektrische Feld dort so wenig variiert, dass es in diesem kleinen Flächenstück als homogen angesehen werden kann. Dann ist der elektrische Fluss durch die gesamte Fläche näherungsweise

$$\Phi_{\mathrm{E}} \approx \sum_{i=1}^{n} \mathbf{E}_i \cdot \Delta\mathbf{A}_i ,$$

wobei das Feld $\mathbf{E}_i$ das Flächenelement $\Delta\mathbf{A}_i$ durchdringt. Im Grenzfall $\Delta\mathbf{A}_i \to 0$ wird die Summe zu einem Integral über die gesamte Fläche und die Beziehung lautet mathematisch exakt

Definition des elektrischen Flusses

$$\Phi_{\mathrm{E}} = \int \mathbf{E} \cdot \mathrm{d}\mathbf{A} . \tag{22.2}$$

Beim Gauß'schen Gesetz haben wir es mit dem Fluss durch eine *geschlossene* Fläche zu tun, wobei die Fläche (wie eine Kugelschale oder die Oberfläche eines Fußballs) ein Volumen vollständig umschließt (siehe ► Abbildung 22.3).

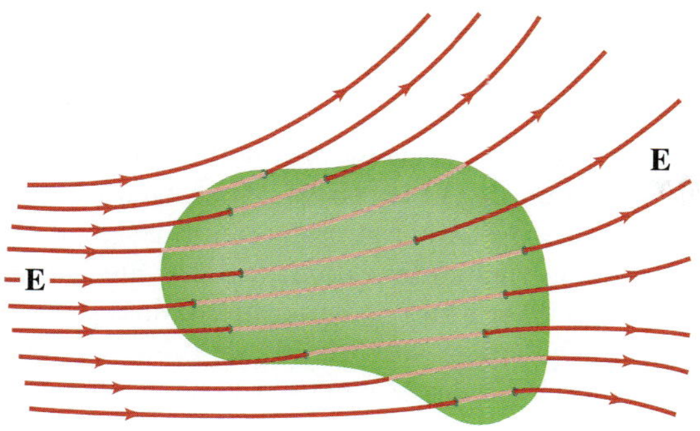

Abbildung 22.3 Elektrischer Fluss durch eine geschlossene Fläche.

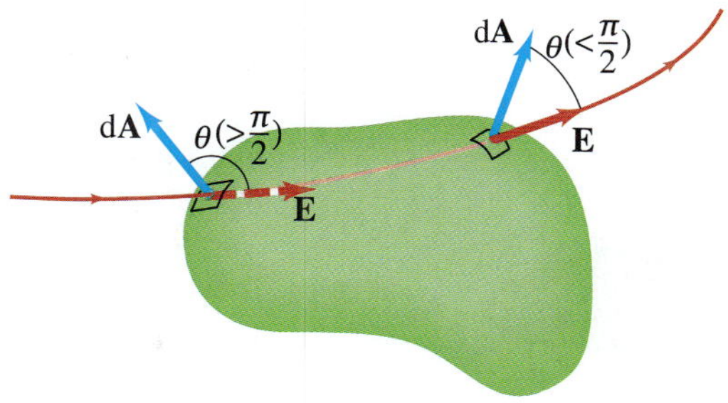

Abbildung 22.4 Die Richtung eines Flächenelements **dA** ist so festgelegt, dass sie aus dem eingeschlossenen Volumen herauszeigt.

In diesem Falle ist der Nettofluss durch die Oberfläche gegeben durch

$$\Phi_{\mathrm{E}} = \oint \mathbf{E} \cdot \mathrm{d}\mathbf{A} \,, \tag{22.3}$$

Elektrischer Fluss durch eine geschlossene Fläche

wobei das Integralzeichen in der Form $\oint$ geschrieben wird, um zu symbolisieren, dass **E** über eine geschlossene Fläche integriert wird.

Für die Richtung des Vektors **A**, der die Fläche beschreibt, gibt es zwei mögliche Interpretationen. Beispielsweise könnte der Vektor **A** in ▸ Abbildung 22.1 wie dargestellt nach rechts oben oder aber nach links unten zeigen; in beiden Fällen steht er senkrecht zur Fläche. Für eine geschlossene Fläche definieren wir (willkürlich) die Richtung von **A** bzw. von d**A** so, dass sie aus dem umschlossenen Volumen *herauszeigt* (▸ Abbildung 22.4).

Für eine Feldlinie, die aus dem umschlossenen Volumen austritt (rechte Seite von ▸ Abbildung 22.4), muss der Winkel θ zwischen **E** und d**A** kleiner als $\pi/2$ ($= 90°$) sein, so dass $\cos\theta > 0$ gilt. Für eine in das Volumen eintretende Feldlinie (linke Seite von ▸ Abbildung 22.4), gilt $\theta > \pi/2$ und damit $\cos\theta < 0$. Das heißt, *der in ein Volumen eintretende Fluss ist negativ* ($\int E\cos\theta \,\mathrm{d}A < 0$), *während der aus einem Volumen austretende Fluss positiv ist.* Gleichung 22.3 gibt also den Nettofluss *aus* dem Volumen an. Wenn Φ_{E} negativ ist, gibt es einen Nettofluss *in* das Volumen.

Eintretender Fluss ist negativ, austretender Fluss ist positiv

In den ▸ Abbildungen 22.3 und ▸ 22.4 tritt jede Feldlinie, die in das Volumen eintritt, auch wieder aus diesem aus. Folglich gilt $\Phi_{\mathrm{E}} = \oint \mathbf{E} \cdot \mathrm{d}\mathbf{A} = 0$; es gibt also keinen Nettofluss in das von der Fläche eingeschlossene Volumen hinein bzw. aus diesem heraus. Der Fluss $\oint \mathbf{E} \cdot \mathrm{d}\mathbf{A}$ ist nur dann ungleich null, wenn eine oder mehrere Linien auf der Fläche beginnen oder enden. Da elektrische Feldlinien nur bei elektrischen Ladungen beginnen oder enden, ist der Fluss nur dann ungleich null, wenn die Fläche eine Nettoladung umschließt. Beispielsweise umschließt die mit A_1 bezeichnete Fläche in ▸ Abbildung 22.5 eine positive Ladung, und es gibt einen Nettofluss aus dieser Fläche ($\Phi_{\mathrm{E}} > 0$). Die Fläche A_2 umschließt eine negative Ladung vom gleichen Betrag, und es fließt ein Nettofluss in dieses Gebiet ($\Phi_{\mathrm{E}} < 0$). In der in ▸ Abbildung 22.6 gezeigten Anordnung ist der Fluss durch die Fläche negativ (zählen Sie die Feldlinien). Das Gauß'sche Gesetz beschreibt Φ_{E} als Funktion der eingeschlossenen Ladungen, unabhängig von der Form der die Ladung umschließenden Fläche.

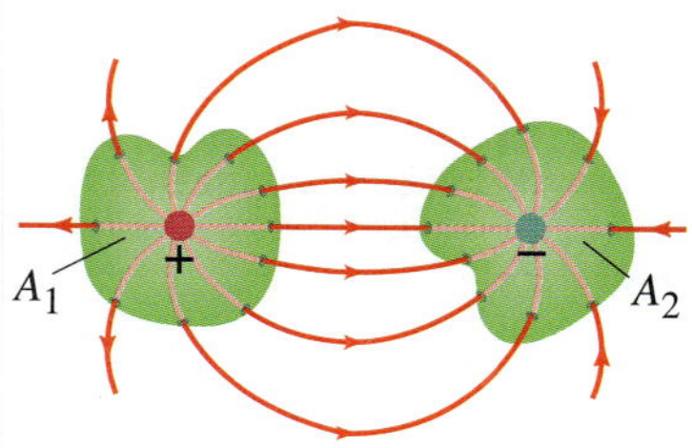

Abbildung 22.5 Fluss durch die Fläche A_1 ist positiv. Der Fluss durch A_2 ist negativ.

Das Konzept des Flusses lässt sich ebenso gut auf einen Flüssigkeitsstrom anwenden, was auf eine interessante Analogie führt. Das elektrische Feld **E** entspricht an jedem Punkt der Strömungsgeschwindigkeit **v** der Flüssigkeit und die elektrischen Feldlinien demzufolge den Stromlinien eines Flüssigkeitsstroms. Im Falle einer Flüssigkeit entspricht der Fluss Φ durch eine Fläche der Durchflussrate und ist durch $\Phi = \int \mathbf{v} \cdot \mathrm{d}\mathbf{A}$ gegeben. Die Linien in den ▸ Abbildungen 22.1, 22.2 und 22.3 könnten beispielsweise den Stromlinien einer laminar fließenden Flüssigkeit ohne Quellen (z. B. durch einen Hahn) und Senken (z. B. durch ein Leck oder Ab-

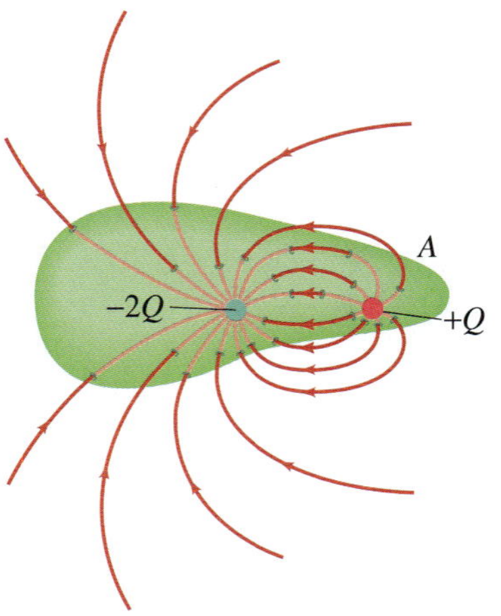

Abbildung 22.6 Der Nettofluss durch die Fläche A ist negativ.

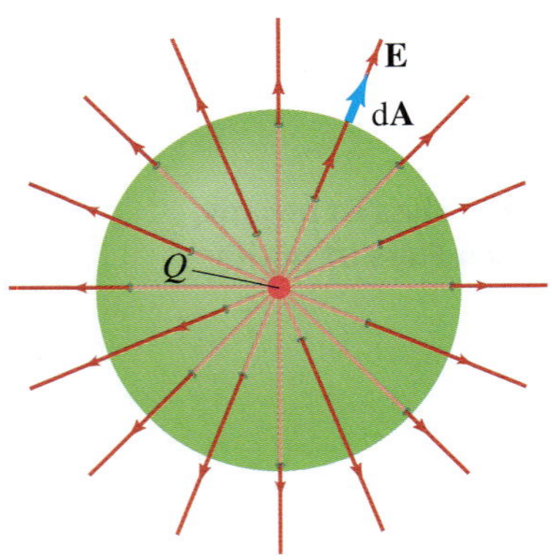

Abbildung 22.7 Eine einzelne Punktladung Q im Zentrum einer gedachten Kugel mit dem Radius r (unsere „Gauß'sche Fläche" – d. h. die geschlossene Fläche, die wir auswählen, um in diesem Fall das Gauß'sche Gesetz anzuwenden).

flussrohr) entsprechen. In diesem Falle ist der Nettofluss durch eine geschlossene Fläche wie in ▶ Abbildung 22.3 null: Alles, was hineinfließt, fließt auch wieder hinaus. In den ▶ Abbildungen 22.5 und 22.6 gibt es sowohl Quellen (sie entsprechen positiven Ladungen), von denen der Fluss ausgeht, als auch Senken (diese entsprechen negativen Ladungen), in denen der Fluss endet. Auch wenn dieser Vergleich zwischen dem elektrischen Fluss und einer strömenden Flüssigkeit interessant ist und vielleicht dem besseren Verständnis dient, sollten Sie beides nicht durcheinander bringen – ein elektrischer Fluss bedeutet nicht, dass irgendeine Substanz fließt. Der Fluss kann für beliebige Vektorfelder definiert werden, und wir werden dieses Konzept später auch für das Magnetfeld verwenden.

22.2 Das Gauß'sche Gesetz

Die Beziehung zwischen dem elektrischen Fluss durch eine geschlossene Fläche und der von dieser Fläche eingeschlossenen Nettoladung Q_{encl} ist durch das **Gauß'sche Gesetz** gegeben:

$$\oint \mathbf{E} \cdot d\mathbf{A} = \frac{Q_{\text{encl}}}{\epsilon_0} \,. \tag{22.4}$$

Dabei ist ϵ_0 die gleiche Konstante, die im Coulomb-Gesetz auftritt (nämlich die elektrische Feldkonstante). Das Integral auf der linken Seite erstreckt sich über die Werte von **E** auf einer geschlossenen Fläche, die wir entsprechend der jeweiligen Situation geeignet wählen. Die Ladung Q_{encl} ist die von der Fläche *eingeschlossene* Nettoladung. Es spielt keine Rolle, wo genau sich die Ladung befindet oder wie sie innerhalb des eingeschlossenen Bereichs verteilt ist. Alle Ladungen außerhalb dieser Fläche sind nicht in Q_{encl} enthalten. Eine außerhalb befindliche Ladung kann die Lage der elektrischen Feldlinien beeinflussen, aber nicht die Nettoanzahl der Linien, die in die Fläche ein- bzw. aus dieser austreten. Beispielsweise ist Q_{encl} für die geschlossene Fläche A_1 in ▶ Abbildung 22.5 die umschlossene positive Ladung; die negative Ladung trägt zwar zum elektrischen Feld auf A_1 bei, sie ist aber *nicht* von A_1 umschlossen und gehört deshalb nicht mit zu Q_{encl}.

Die Berechnung des Integrals ist bei beliebiger Form der Fläche und beliebiger Lage der Feldlinien oft mühsam. Wir werden uns auf die Berechnung einiger Modelle hoher Symmetrie beschränken (siehe Abschnitt 22.3).

Wenden wir uns nun der Frage zu, wie das Gauß'sche Gesetz mit dem Coulomb-Gesetz zusammenhängt[1]. Zunächst zeigen wir, dass das Coulomb-Gesetz aus dem Gauß'schen Gesetz folgt. ▶ Abbildung 22.7 zeigt eine einzelne Ladung Q. Als geschlossene Fläche denken wir uns die Oberfläche einer Kugel mit der Ladung als Mittelpunkt. Das Gauß'sche Gesetz gilt für beliebige, die Ladung umschließende Flächen. Deshalb wählen wir diese so, dass die Berechnung möglichst einfach wird. Die Oberfläche liegt symmetrisch um die Ladung, und daher ist der Betrag von **E** an jedem Punkt gleich groß und die Richtung von **E** weist nach außen (oder innen), parallel d**A**, dem Flächenelement. Folglich schreiben wir das Integral im

1 Beachten Sie, dass das Gauß'sche Gesetz mit der Konstanten $k = 1/4\pi\epsilon_0$, die wir ursprünglich im Coulomb-Gesetz (Gleichung 21.1 oder 21.4a) verwendet haben, komplizierter aussehen würde:

Coulomb-Gesetz	*Gauß'sches Gesetz*
$E = k\dfrac{Q}{r^2}$	$\oint \mathbf{E} \cdot d\mathbf{A} = 4\pi k Q \,,$
$E = \dfrac{1}{4\pi\epsilon_0}\dfrac{Q}{r^2}$	$\oint \mathbf{E} \cdot d\mathbf{A} = \dfrac{Q}{\epsilon_0} \,.$

Das Gauß'sche Gesetz hat eine einfachere Form, wenn ϵ_0 verwendet wird; das Coulomb-Gesetz ist einfacher unter Verwendung von k zu formulieren. Nach der üblichen Konvention wird ϵ_0 anstatt k verwendet, da das Gauß'sche Gesetz als das allgemeinere aufgefasst wird und deshalb eine möglichst einfache Form haben sollte.

Gauß'schen Gesetz in der Form

$$\oint \mathbf{E} \cdot \mathrm{d}\mathbf{A} = \oint E \,\mathrm{d}A = E \oint \mathrm{d}A = E(4\pi r^2) ,$$

da die Oberfläche einer Kugel vom Radius r gleich $4\pi r^2$ ist, der Betrag von **E** in allen Punkten dieser Kugeloberfläche sei E. Mit $Q_{\text{encl}} = Q$ wird das Gauß'sche Gesetz dann zu

$$\frac{Q}{\epsilon_0} = \oint \mathbf{E} \cdot \mathrm{d}\mathbf{A} = E(4\pi r^2) .$$

Lösen wir diese Gleichung nach E auf, erhalten wir

$$E = \frac{Q}{4\pi\epsilon_0 r^2} ,$$

die Form des elektrischen Feldes nach dem Coulomb-Gesetz (siehe Gleichung 21.4b).

Wir wollen nun umgekehrt das Gauß'sche Gesetz aus dem Coulomb-Gesetz für ruhende elektrische Ladungen herleiten. Dazu betrachten wir zunächst eine einzelne Punktladung Q, die, wie in ▸ Abbildung 22.7 dargestellt, von einer gedachten Kugeloberfläche umgeben ist. Nach dem Coulomb-Gesetz ist das elektrische Feld auf der Kugeloberfläche $E = (1/4\pi\epsilon_0)(Q/r^2)$. Aus der Umkehrung des eben benutzten Argumentes erhalten wir

$$\oint \mathbf{E} \cdot \mathrm{d}\mathbf{A} = \oint \frac{1}{4\pi\epsilon_0} \frac{Q}{r^2} \,\mathrm{d}A = \frac{Q}{4\pi\epsilon_0 r^2}(4\pi r^2) = \frac{Q}{\epsilon_0} .$$

Dies ist das Gauß'sche Gesetz mit $Q_{\text{encl}} = Q$. Wir haben es hergeleitet aus dem Spezialfall einer Kugeloberfläche um eine Punktladung, die sich in ihrem Mittelpunkt befindet. Was aber hätten wir für andere Flächen erhalten, etwa für die mit A_2 bezeichnete irreguläre Fläche in ▸ Abbildung 22.8?

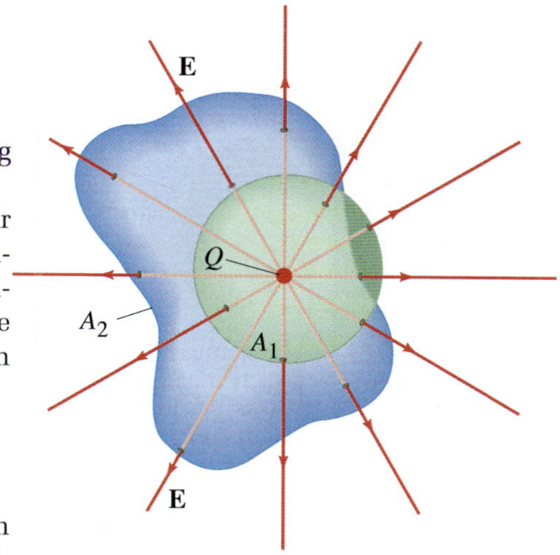

Abbildung 22.8 Eine einzelne Punktladung, umgeben von einer Kugeloberfläche A_1 und einer irregulär geformten Fläche A_2.

Die Fläche A_2 wird von der gleichen Anzahl von Feldlinien durchdrungen wie die Kugeloberfläche A_1 (denn wir betrachten die gleiche Ladung Q). Wie wir in Abschnitt 22.1 gesehen haben, ist der Fluss durch eine Fläche proportional zur Anzahl der sie durchdringenden Feldlinien; der Fluss durch A_2 ist also gleich dem durch A_1:

$$\oint_{A_2} \mathbf{E} \cdot \mathrm{d}\mathbf{A} = \oint_{A_1} \mathbf{E} \cdot \mathrm{d}\mathbf{A} = \frac{Q}{\epsilon_0} .$$

Wir dürfen deshalb erwarten, dass die Gleichung

$$\oint \mathbf{E} \cdot \mathrm{d}\mathbf{A} = \frac{Q}{\epsilon_0}$$

für *beliebige* geschlossene Flächen um eine einzelne Punktladung Q gilt.

Abschließend wollen wir den Fall mehrerer Ladungen betrachten. Für jede Ladung Q_i, die von der betrachteten Fläche umschlossen wird, gilt

$$\oint \mathbf{E}_i \cdot \mathrm{d}\mathbf{A} = \frac{Q_i}{\epsilon_0} ,$$

wobei $\mathbf{E}_i$ das allein von Q_i erzeugte elektrische Feld bezeichnet. Nach dem Superpositionsprinzip für elektrische Felder (Gleichung 21.5) ist das gesamte elektrische Feld **E** gleich der Summe der Felder der einzelnen Ladungen, d. h. $\mathbf{E} = \sum \mathbf{E}_i$. Folglich gilt

$$\oint \mathbf{E} \cdot \mathrm{d}\mathbf{A} = \oint \left(\sum \mathbf{E}_i\right) \cdot \mathrm{d}\mathbf{A} = \sum \frac{Q_i}{\epsilon_0} = \frac{Q_{\text{encl}}}{\epsilon_0} ,$$

wobei $Q_{\text{encl}} = \sum Q_i$ die Gesamtnettoladung ist, die von der Fläche eingeschlossen ist. Wir können also mithilfe einfacher Argumente zeigen, dass das Gauß'sche Gesetz für beliebige Verteilungen elektrischer Ladungen aus dem Coulomb-Gesetz folgt, wobei wir die Fläche, die die Ladungen umschließt, beliebig wählen können.

Die Herleitung des Gauß'schen Gesetzes aus dem Coulomb-Gesetz gilt für elektrische Felder, die von ruhenden elektrischen Ladungen erzeugt werden. Wir werden später sehen, dass elektrische Felder auch von sich ändernden Magnetfeldern erzeugt werden. Solche Felder können mit dem Coulomb-Gesetz nicht beschrieben werden. Das Gauß'sche Gesetz jedoch gilt auch für elektrische Felder, die auf diese Weise erzeugt werden. *Das Gauß'sche Gesetz ist demnach allgemeingültiger als das Coulomb-Gesetz.* Es gilt für beliebige elektrische Felder.

Selbst im Falle statischer elektrischer Felder, die wir in diesem Kapitel behandeln, ist es wichtig festzustellen, dass das Feld **E** auf der linken Seite des Gauß'schen Gesetzes nicht notwendigerweise auf die Ladung Q_{encl} auf der rechten Seite zurückzuführen ist.

In ▶ Abbildung 22.9 beispielsweise gibt es in allen Punkten der gedachten geschlossenen Fläche ein elektrisches Feld **E**, aber dieses wird nicht durch eine im Inneren der Fläche eingeschlossene Ladung erzeugt (es gilt in diesem Falle $Q_{\text{encl}} = 0$). Das elektrische Feld **E** auf der linken Seite des Gauß'schen Gesetzes ist in jedem Punkt der gewählten geschlossenen Fläche das *gesamte* elektrische Feld, nicht nur das Feld, das auf die eingeschlossene Ladung Q_{encl} zurückzuführen ist, die auf der rechten Seite der Gleichung auftritt. Das Gauß'sche Gesetz gilt für das Gesamtfeld bei beliebigen Flächen. Es besagt, dass jeder *Unterschied* zwischen dem in die Fläche eintretenden und dem aus der Fläche austretenden elektrischen Fluss auf elektrische Ladungen im Inneren des eingeschlossenen Volumens zurückzuführen ist.

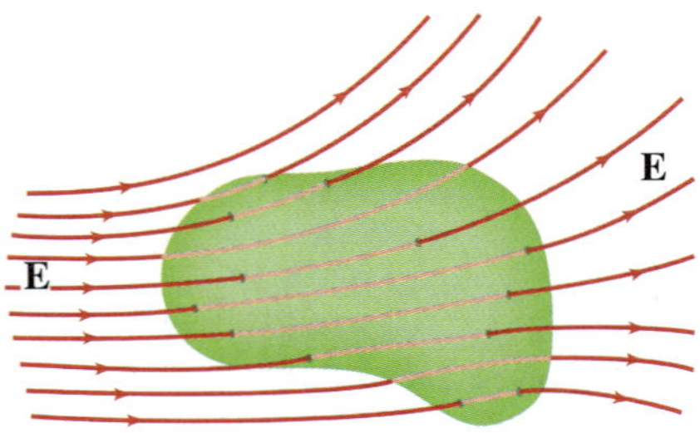

Abbildung 22.9 Elektrischer Fluss durch eine geschlossene Fläche (identisch mit jener aus ▶ Abbildung 22.3). Diese Fläche schließt keine elektrische Ladung ein ($Q_{\text{encl}} = 0$).

Beispiel 22.2 · Begriffsbildung

Der Fluss nach dem Gauß'schen Gesetz

Betrachten wir die beiden in ▶ Abbildung 22.10 dargestellten geschlossenen Flächen A_1 und A_2. Die einzige vorhandene Ladung Q befindet sich im Mittelpunkt der Kugelfläche A_1. Wie lautet der Nettofluss durch jede der beiden Flächen A_1 und A_2?

Lösung

Die Fläche A_1 umschließt die Ladung $+Q$. Der Nettofluss durch A_1 ist nach dem Gauß'schen Gesetz Q/ϵ_0. Die Fläche A_2 umschließt die Ladung $+Q$ nicht, die Nettoladung in ihrem Inneren ist null, so dass nach dem Gauß'schen Gesetz der Nettofluss des elektrischen Feldes durch A_2 null ist. Beachten Sie, dass alle Feldlinien, die in das von A_2 umschlossene Volumen eintreten, dieses auch wieder verlassen.

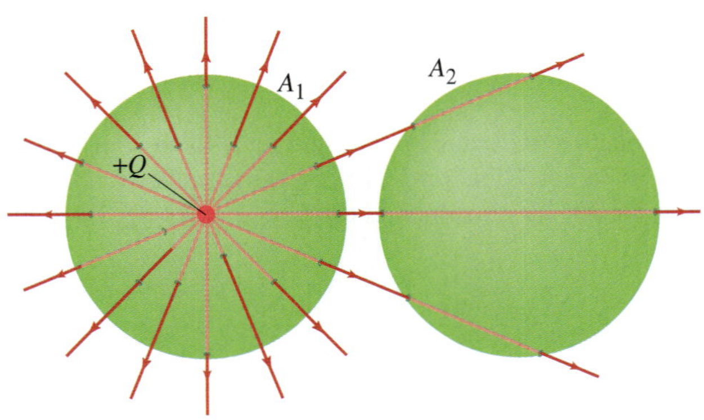

Abbildung 22.10 Beispiel 22.2. Zwei geschlossene Flächen.

22.3 Anwendungen des Gauß'schen Gesetzes

Das Gauß'sche Gesetz ist eine sehr kompakte Formulierung der Beziehung zwischen elektrischer Ladung und elektrischem Feld. Außerdem bietet es eine einfache Möglichkeit das elektrische Feld zu bestimmen, wenn die Ladungsverteilung einfach ist und/oder einen hohen Grad an Symmetrie aufweist. Um allerdings das Gauß'sche Gesetz anwenden und **E** berechnen zu können, müssen wir die geschlossene Fläche für das Integral auf der linken Seite der Gleichung mit Bedacht wählen. Im Normalfall versuchen wir eine Fläche zu wählen, deren Symmetrie bezüglich der Feldlinien gleiches E in allen Punkten oder auf allen Teilen der Fläche gewährleistet. Manchmal wählen wir die Fläche so, dass der Fluss durch Teile der Fläche null ist.

Beispiel 22.3 Kugelkondensator

Eine dünne Kugelschale mit dem Radius r_0 besitzt eine Gesamtnettoladung Q, die homogen auf ihr verteilt ist (siehe ▸ Abbildung 22.11). Bestimmen Sie das elektrische Feld in Punkten (a) außerhalb der Schale und (b) innerhalb der Schale. (c) Was wäre, wenn der Kondensator aus einer massiven Kugel bestünde?

Lösung

a Da die Ladung symmetrisch verteilt ist, muss auch das elektrische Feld symmetrisch sein. Das Feld muss also radial nach außen zeigen (im Falle $Q < 0$ nach innen) und darf nur von r, nicht aber vom Winkel abhängen (wir arbeiten mit sphärischen Koordinaten). Wir wollen zunächst das Feld **E** außerhalb der Kugelschale bestimmen. Wir wählen daher als geschlossene Fläche eine Kugel mit dem Radius r ($r > r_0$), die den gleichen Mittelpunkt wie die Kugelschale hat (in ▸ Abbildung 22.11 durch die gestrichelte Kreislinie A_1 außerhalb der Kugelschale dargestellt). Das elektrische Feld **E** hat dann in allen Punkten der Fläche den gleichen Betrag, und da **E** senkrecht zu dieser Fläche ist, ist der Kosinus des Winkels zwischen **E** und d**A** immer eins. Aus dem Gauß'schen Gesetz (mit $Q_{\mathrm{encl}} = Q$) folgt

$$\oint \mathbf{E} \cdot \mathrm{d}\mathbf{A} = E(4\pi r^2) = \frac{Q}{\epsilon_0}$$

oder

$$E = \frac{1}{4\pi\epsilon_0}\frac{Q}{r^2} \qquad (r > r_0)\,.$$

Das Feld außerhalb der homogenen Kugelladung ist also das gleiche wie für eine Punktladung, in der die gesamte Ladung im Mittelpunkt konzentriert ist.

b Innerhalb der Kugelschale muss das Feld ebenfalls symmetrisch sein. Daher muss E wiederum an allen Punkten einer geschlossenen Kugeloberfläche (A_2 in ▸ Abbildung 22.11), die den gleichen Mittelpunkt wie die Kugelschale hat, den gleichen Wert haben. Folglich kann E aus dem Integral herausgezogen werden, und es gilt mit $Q_{\mathrm{encl}} = 0$

$$\oint \mathbf{E} \cdot \mathrm{d}\mathbf{A} = E(4\pi r^2) = 0\,.$$

Innerhalb der homogen geladenen Kugelschale gilt daher

$$E = 0 \qquad (r < r_0)\,.$$

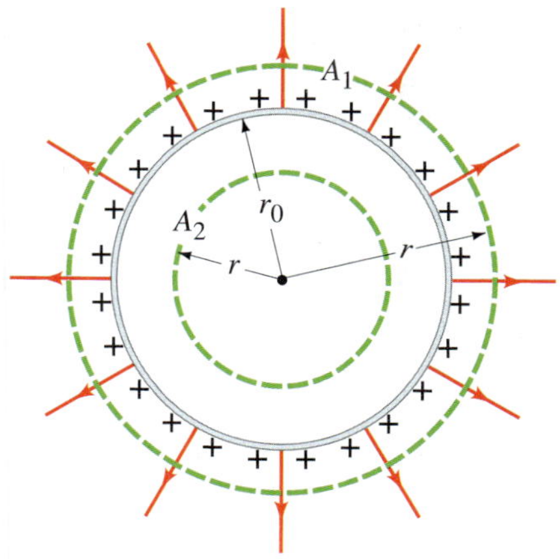

Abbildung 22.11 Schnitt durch eine dünne Kugelschale vom Radius r_0, die eine homogen verteilte elektrische Nettoladung Q trägt. A_1 und A_2 sind zwei geschlossene Flächen, mit deren Hilfe wir **E** bestimmen.

Das Feld außerhalb einer Kugelschale ist das gleiche wie für eine Punktladung im Mittelpunkt der Kugel

Im Inneren einer homogen geladenen Kugelschale gilt $E = 0$

Die obigen Ergebnisse gelten auch für eine massive leitfähige Kugel

c Das Gleiche gilt für einen homogen geladenen massiven Kugelkondensator, da in diesem Falle die gesamte Ladung innerhalb einer dünnen Schicht an der Fläche liegt.

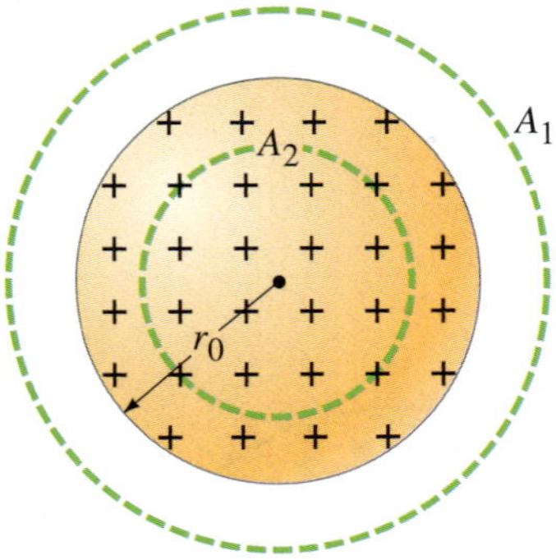

Abbildung 22.12 Eine massive Kugel mit homogener Ladungsdichte.

Beispiel 22.4 Massive geladene Kugel

Eine elektrische Ladung Q ist homogen über eine nicht leitfähige Kugel vom Radius r_0 verteilt (siehe ▸ Abbildung 22.12). Berechnen Sie das elektrische Feld (a) außerhalb der Kugel ($r > r_0$) und (b) im Inneren der Kugel ($r < r_0$).

Lösung

Da die Ladung innerhalb der Kugel homogen verteilt ist, muss auch das elektrische Feld in allen Punkten gleich sein. **E** hängt nur von r ab und ist radial nach außen gerichtet (bzw. nach innen, falls $Q < 0$ gilt).

a Als geschlossene Fläche wählen wir eine Kugel vom Radius r ($r > r_0$), die in ▸ Abbildung 22.12 mit A_1 bezeichnet ist. Da E nur von r abhängt, folgt aus dem Gauß'schen Gesetz mit $Q_{\text{encl}} = Q$

$$\oint \mathbf{E} \cdot \mathrm{d}\mathbf{A} = E(4\pi r^2) = \frac{Q}{\epsilon_0}$$

oder

$$E = \frac{1}{4\pi\epsilon_0}\frac{Q}{r^2}\,.$$

Eine homogen geladene Kugel erzeugt das gleiche elektrische Feld wie eine Punktladung im Kugelmittelpunkt

Das Feld außerhalb der homogen verteilten Kugelladung ist wieder das gleiche wie für eine Punktladung von gleichem Betrag, die sich im Kugelmittelpunkt befindet.

b Im Inneren der Kugel wählen wir als geschlossene Fläche eine konzentrische Kugel vom Radius r ($r < r_0$); in ▸ Abbildung 22.12 ist diese mit A_2 bezeichnet. Aus Symmetriegründen ist der Betrag von **E** für alle Punkte auf A_2 der gleiche und **E** verläuft senkrecht zur Fläche. Daher gilt

$$\oint \mathbf{E} \cdot \mathrm{d}\mathbf{A} = E(4\pi r^2)\,.$$

Dies müssen wir gleich $Q_{\text{encl}}/\epsilon_0$ setzen, wobei Q_{encl} die von A_2 eingeschlossene Ladung ist. Q_{encl} ist nicht die Gesamtladung Q, sondern nur ein Teil davon. Wir definieren die **Ladungsdichte** ρ_{E} als die Ladung pro Volumeneinheit ($\rho_{\mathrm{E}} = \mathrm{d}Q/\mathrm{d}V$). In diesem Falle wissen wir, dass $\rho_{\mathrm{E}} =$ konstant gilt. Die von der geschlossenen Fläche A_2, einer Kugel vom Radius r, eingeschlossene Ladung ist

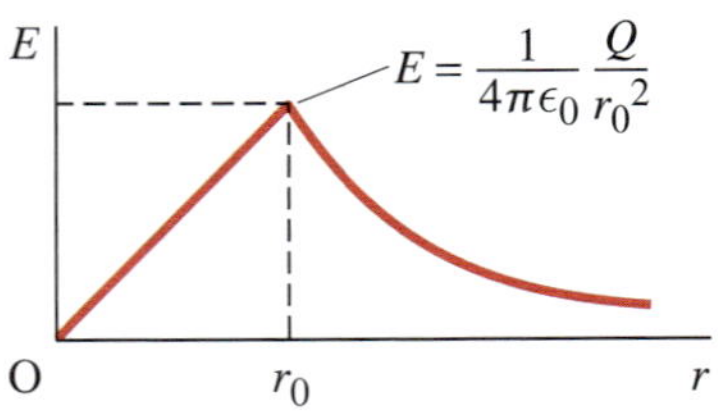

Abbildung 22.13 Betrag des elektrischen Feldes als Funktion des Abstands r vom Mittelpunkt der homogen geladenen massiven Kugel.

$$Q_{\text{encl}} = \left(\frac{\frac{4}{3}\pi r^3 \rho_{\mathrm{E}}}{\frac{4}{3}\pi r_0^3 \rho_{\mathrm{E}}}\right) Q = \frac{r^3}{r_0^3} Q\,.$$

Daher gilt nach dem Gauß'schen Gesetz

$$E(4\pi r^2) = \frac{Q_{\text{encl}}}{\epsilon_0} = \frac{r^3}{r_0^3}\frac{Q}{\epsilon_0}$$

oder

Elektrisches Feld innerhalb einer gleichmäßig geladenen, nichtleitenden Kugel

$$E = \frac{1}{4\pi\epsilon_0}\frac{Q}{r_0^3} r \qquad (r < r_0)\,.$$

Das Feld wächst also linear mit r, bis $r = r_0$ erreicht ist. Dann fällt es wie $1/r^2$ (siehe ▸ Abbildung 22.13).

Es wäre schwierig gewesen, die obigen Ergebnisse aus dem Coulomb-Gesetz durch Integration über die Kugel zu erhalten. Mithilfe des Gauß'schen Gesetzes ist es unter Ausnutzung der vorliegenden Symmetrie recht einfach, dieses Ergebnis zu erhalten, was die Stärke des Gauß'schen Gesetzes demonstriert. Allerdings ist seine Anwendung in dieser Form im Wesentlichen auf Fälle beschränkt, in denen die Ladungsverteilung einen hohen Grad an Symmetrie aufweist. In solchen Fällen *wählen* wir eine einfache Fläche, auf der E konstant ist, so dass die Integration einfach ist. Das Gauß'sche Gesetz gilt natürlich für beliebige Flächen. Die nächsten beiden Beispiele sind symmetrische Fälle, die wir zuvor mithilfe des Coulomb-Gesetzes behandelt haben. Wir können das Ergebnis jedoch auf einfachere Weise mit dem Gauß'schen Gesetz erhalten.

Beispiel 22.5 Homogen verteilte, linienförmige Ladung

Ein sehr langer, gerader Draht besitzt eine homogen verteilte, positive Ladung pro Längeneinheit λ. Berechnen Sie das elektrische Feld in Punkten nahe (aber außerhalb) des Drahtes und weit entfernt von dessen Enden.

Lösung

Aus Symmetriegründen können wir davon ausgehen, dass das Feld radial nach außen gerichtet ist und nur vom Abstand r vom Draht abhängt. Wegen der Zylindersymmetrie muss das Feld in allen Punkten einer zylinderförmigen geschlossenen Fläche, deren Symmetrieachse mit dem Draht zusammenfällt, gleich sein (siehe ▸ Abbildung 22.14). **E** verläuft überall senkrecht zu dieser Fläche. Um das Gauß'sche Gesetz anwenden zu können, benötigen wir eine geschlossene Fläche, weshalb wir die Deckflächen des Zylinders mit einbeziehen. Da **E** parallel zu den Deckflächen verläuft, gibt es keinen Fluss durch die Deckflächen (der Kosinus des Winkels zwischen **E** und d**A** ist auf den Deckflächen $\cos 90° = 0$). Aus dem Gauß'schen Gesetz folgt daher

$$\oint \mathbf{E} \cdot d\mathbf{A} = E(2\pi r l) = \frac{Q_{\text{encl}}}{\epsilon_0} = \frac{\lambda l}{\epsilon_0} \, .$$

Dabei ist l die Länge der von uns gewählten geschlossenen Fläche ($l \ll$ Länge des Drahtes), $2\pi r$ ihr Umfang und λ die Ladung pro Längeneinheit (C/m). Folglich gilt

$$E = \frac{1}{2\pi\epsilon_0} \frac{\lambda}{r} \, .$$

Das gleiche Ergebnis hatten wir in Beispiel 21.10 mithilfe des Coulomb-Gesetzes erhalten (dort hatten wir die Bezeichnung x anstelle von r verwendet). Mit dem Gauß'schen Gesetz ist der Aufwand jedoch viel geringer, was noch einmal dessen Stärke zeigt[2].

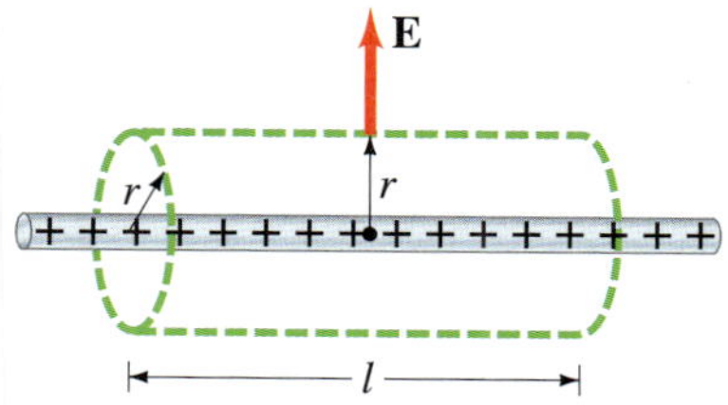

Abbildung 22.14 Berechnung des Feldes **E** für eine sehr lange linienförmige Ladung.

Beispiel 22.6 Unendlich ausgedehnte geladene Platte

Eine Ladung ist homogen mit der Flächenladungsdichte σ (σ = Ladung pro Flächeneinheit $= dQ/dA$) auf der Fläche einer sehr großen, aber dünnen,

2 Es sei jedoch angemerkt, dass die in Beispiel 21.10 verwendete Methode die Berechnung von E auch für einen kurzen Draht erlaubt. Dazu müssen die Integrationsgrenzen geeignet gewählt werden. Das Gauß'sche Gesetz ist in diesem Falle wegen unzureichender Symmetrie nicht unmittelbar anzuwenden.

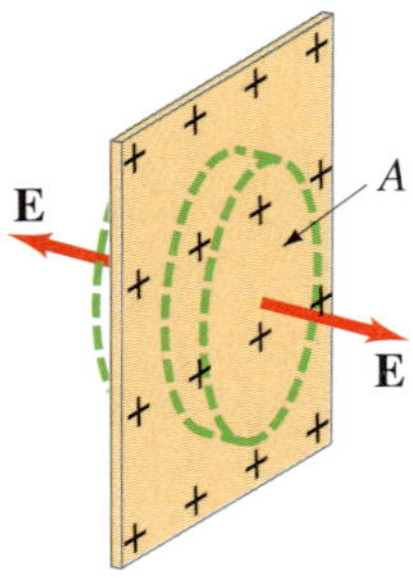

Abbildung 22.15 Berechnung des elektrischen Feldes in der Umgebung einer großen, homogen geladenen, nichtleitenden Platte.

nichtleitenden Platte verteilt. Bestimmen Sie das elektrische Feld in allen Punkten in der Umgebung der Platte.

Lösung

Wir wählen als geschlossene Fläche einen kleinen, geschlossenen Zylinder, dessen Symmetrieachse senkrecht zur Platte steht und der, wie in ▸ Abbildung 22.15 dargestellt, durch die Platte hindurch verläuft. Wegen der Symmetrie erwarten wir, dass **E** auf beiden Seiten der Platte senkrecht zu dieser gerichtet und homogen über die Deckflächen des Zylinders verteilt ist; der Flächeninhalt der Deckflächen sei jeweils A. Da kein Fluss durch die Mantelfläche des Zylinders tritt, geht der gesamte Fluss durch die beiden Deckflächen. Somit folgt aus dem Gauß'schen Gesetz

$$\oint \mathbf{E} \cdot \mathrm{d}\mathbf{A} = 2EA = \frac{Q_{\text{encl}}}{\epsilon_0} = \frac{\sigma A}{\epsilon_0} ,$$

wobei $Q_{\text{encl}} = \sigma A$ die durch den Zylinder eingeschlossene Ladung ist. Das elektrische Feld ist dann

Elektrisches Feld in der Umgebung einer dünnen, homogen geladenen Platte

$$E = \frac{\sigma}{2\epsilon_0} .$$

Das gleiche Ergebnis hatten wir in Kapitel 21 (Gleichung 21.7) mit größerem Aufwand erhalten. In hinreichend großer Entfernung vom Plattenrand und nahe der Plattenoberfläche ist das Feld homogen.

Beispiel 22.7 Das elektrische Feld in der Nähe einer beliebig geformten leitenden Platte

Zeigen Sie, dass das elektrische Feld in unmittelbarer Umgebung der Oberfläche eines guten Leiters von beliebiger Form gegeben ist durch

$$E = \frac{\sigma}{\epsilon_0} ,$$

wobei σ die Flächenladungsdichte auf der Fläche des Leiters in diesem Punkt ist.

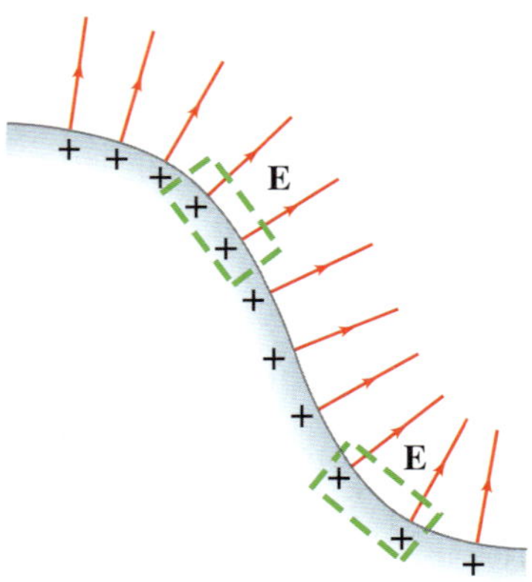

Abbildung 22.16 Elektrisches Feld nahe der Oberfläche eines Leiters.

Lösung

Wir wählen als geschlossene Fläche wie im vorherigen Beispiel einen kleinen Zylinder. Die Höhe des Zylinders wählen wir sehr klein, so dass eine seiner Deckflächen dicht oberhalb des Leiters liegt (siehe ▸ Abbildung 22.16).

Die andere Deckfläche liegt dicht unterhalb der Oberfläche des Leiters und die Mantelfläche verläuft senkrecht durch diese. Das elektrische Feld innerhalb eines Leiters ist null und steht außerhalb senkrecht auf dessen Oberfläche (Abschnitt 21.9). Deshalb fließt der elektrische Fluss nur durch das außerhalb des Leiters liegende Ende des Zylinders. Wir wählen die Fläche A (Deckfläche des Zylinders) hinreichend klein, so dass E in guter Näherung homogen auf dieser ist. Dann folgt aus dem Gauß'schen Gesetz

$$\oint \mathbf{E} \cdot \mathrm{d}\mathbf{A} = EA = \frac{Q_{\text{encl}}}{\epsilon_0} = \frac{\sigma A}{\epsilon_0} ,$$

und damit

Elektrisches Feld an der Oberfläche eines Leiters

$$E = \frac{\sigma}{\epsilon_0} \qquad \text{(an der Oberfläche des Leiters)} . \tag{22.5}$$

Dies ist ein nützliches Ergebnis, das für beliebig geformte Leiter gilt.

Wann ist $E = \sigma/\epsilon_0$ und wann $E = \sigma/2\epsilon_0$?

Warum ist das Feld außerhalb einer großen nichtleitenden Platte $E = \sigma/2\epsilon_0$ (Beispiel 22.6), während es außerhalb eines Leiters $E = \sigma/\epsilon_0$ ist (Beispiel 22.7)? Der Grund für den Faktor 2 ist nicht der Unterschied zwischen Leiter und Nichtleiter, sondern die Art, wie wir die Flächenladungsdichte σ definiert haben. Bei einem Leiter liegt die Ladung an der Oberfläche und sämtliche elektrischen Feldlinien treten auf der einen Seite der Oberfläche aus. Bei einem dünnen ebenen Nichtleiter dagegen treten die Feldlinien auf beiden Seiten aus (▶ Abbildung 22.15). Bei einer großen, dünnen leitfähigen Platte würden sich die Ladungen an beiden Oberflächen ansammeln (▶ Abbildung 22.17) und das Feld würde auf beiden Seiten auftreten.

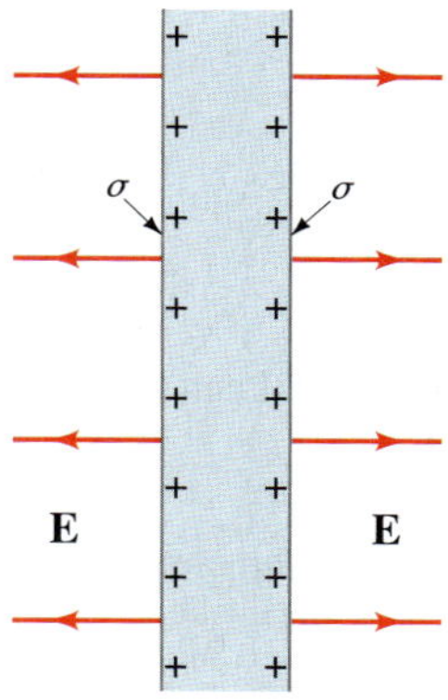

Abbildung 22.17 Dünner, ebener Leiter, der auf beiden Oberflächen die Flächenladungsdichte σ hat. Für den Leiter als Ganzes ist die Ladungsdichte jedoch $\sigma' = 2\sigma$.

Bezeichnen wir mit σ' die Flächenladung der Platte *insgesamt*, dann trägt jede Seite der Platte die Ladung $\sigma = \sigma'/2$, so dass wir aus dem Ergebnis in Beispiel 22.7 $E = (\sigma'/2)/\epsilon_0 = \sigma'/2\epsilon_0$ erhalten, was das Gleiche ist wie für eine nichtleitende Platte. Gewöhnlich verwenden wir jedoch die Bezeichnung σ für die Ladungsdichte auf jeder Seite einer leitenden Platte, und damit erhalten wir $E = \sigma/\epsilon_0$. Der Faktor 2, der die Ergebnisse der Beispiele 22.6 und 22.7 unterscheidet, entsteht also, weil σ auf unterschiedliche Weise definiert ist.

In Abschnitt 21.9 haben wir gesehen, dass im statischen Fall das elektrische Feld innerhalb eines beliebigen Leiters null sein muss, selbst dann, wenn er eine Nettoladung besitzt. (Andernfalls würden sich die freien Ladungen innerhalb des Leiters bewegen, bis die Nettokraft auf jede davon null ist; folglich ist auch **E** null.) Wir hatten auch erwähnt, dass sich jede Nettoladung des Leiters auf dessen Außenfläche befinden muss. Dies ist mithilfe des Gauß'schen Gesetzes leicht zu zeigen. Betrachten wir einen geladenen Leiter von beliebiger Form (▶ Abbildung 22.18), der eine Nettoladung Q trägt. Wir wählen die geschlossene Fläche so, dass sie unmittelbar unter der Oberfläche des Leiters liegt (gestrichelte Linie in ▶ Abbildung 22.18). Die geschlossene Fläche kann der Oberfläche des Leiters beliebig nahe kommen, muss aber *innerhalb* des Leiters bleiben. Das elektrische Feld ist in allen Punkten auf dieser Fläche null, da sich diese innerhalb des Leiters befindet. Folglich muss die Nettoladung im Inneren der Fläche nach dem Gauß'schen Gesetz (Gleichung 22.4) null sein. Es kann also keine Nettoladung innerhalb des Leiters geben. Die gesamte Nettoladung muss auf der Oberfläche des Leiters liegen.

Wenn sich im Inneren des Leiters ein leerer Hohlraum befindet, kann sich die Ladung dann auch auf dieser Innenfläche ansammeln? Wählen wir wie in ▶ Abbildung 22.19 eine geschlossene Fläche (gestrichelte Linie) innerhalb des

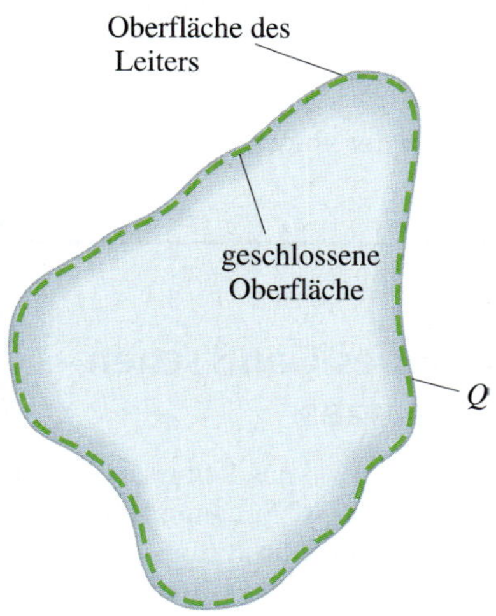

Abbildung 22.18 Ein isolierter, geladener Leiter von beliebiger Form. Dargestellt ist eine geschlossene Fläche (gestrichelte Linie) unmittelbar unterhalb der Oberfläche des Leiters.

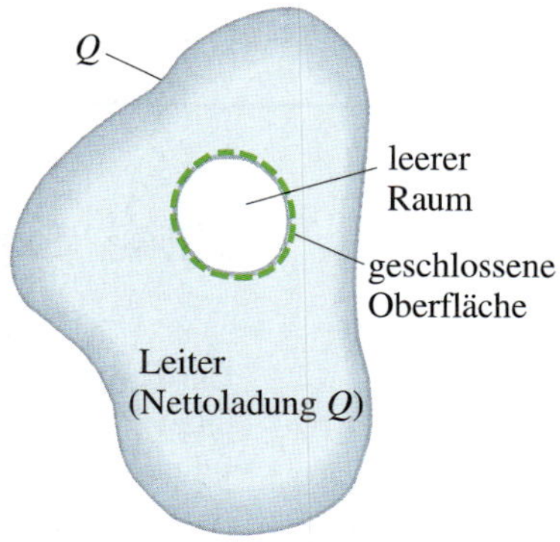

Abbildung 22.19 Ein leerer Raum innerhalb eines stromdurchflossenen Leiters trägt die Nettoladung null.

Leiters und unmittelbar vor dem Hohlraum. Wir wissen, dass **E** überall auf dieser Fläche null sein muss, da sie sich innerhalb des Leiters befindet. Aus dem Gauß'schen Gesetz folgt deshalb, dass es *keine Nettoladung auf der Oberfläche des Hohlraums gibt.*

Wie aber würde sich die Sache verhalten, wenn sich in dem Hohlraum eine Ladung befinden würde?

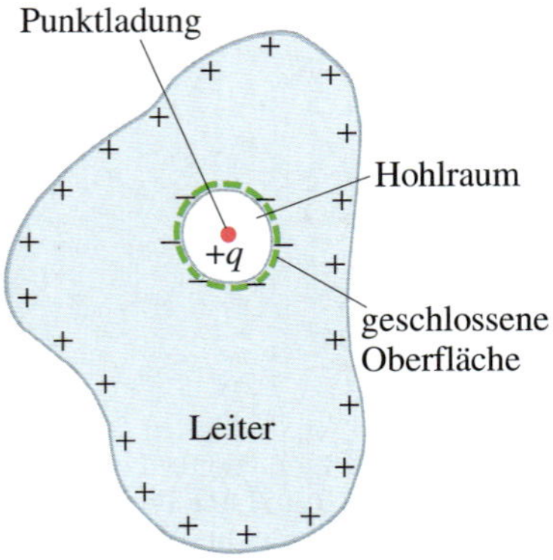

Abbildung 22.20 Beispiel 22.8

Beispiel 22.8 · Begriffsbildung

Leiter mit einer Ladung innerhalb eines Hohlraums

Angenommen, ein Leiter trägt eine Nettoladung $+Q$ und enthält einen Hohlraum, in dem sich eine Punktladung $+q$ befindet. Was können Sie über die Ladungen auf der inneren bzw. der äußeren Begrenzungsfläche des Leiters aussagen?

Lösung

Wie in ▸ Abbildung 22.20 gezeigt, muss eine geschlossene Fläche, die sich innerhalb des Leiters und direkt vor dem Hohlraum befindet, die Nettoladung null haben (innerhalb eines Leiters gilt $E = 0$). Daher muss es eine Nettoladung $-q$ auf der Begrenzungsfläche des Hohlraums geben. Der Leiter selbst trägt die Nettoladung $+Q$; also muss die Außenfläche die Ladung $Q + q$ tragen.

Problemlösung

Das Gauß'sche Gesetz für symmetrische Ladungsverteilungen

1 Finden Sie zunächst heraus, welche Symmetrie die Ladungsverteilung aufweist: Kugelsymmetrie, Zylindersymmetrie oder eine ebene Verteilung. Dies gibt Ihnen einen Hinweis, wie die geschlossene Fläche gewählt werden sollte, damit **E** überall oder auf Teilen der Fläche konstant oder null ist; man wird also bei einer kugelsymmetrischen Verteilung stets eine Kugel, bei Zylindersymmetrie einen Zylinder und bei ebener Verteilung einen flachen Zylinder wählen.

2 Zeichnen Sie eine geeignete geschlossene Fläche, die durch den Punkt geht, an dem Sie das elektrische Feld bestimmen wollen.

3 Verwenden Sie die Symmetrie der Ladungsverteilung, um die Richtung von **E** auf der geschlossenen Fläche zu bestimmen.

4 Werten Sie das Integral $\oint \mathbf{E} \cdot \mathrm{d}\mathbf{A}$ aus, um den Fluss zu bestimmen. Ist die Fläche geeignet gewählt ist, dann sollte das Skalarprodukt $\mathbf{E} \cdot \mathrm{d}\mathbf{A}$ null oder gleich $\pm E\, \mathrm{d}A$ mit konstantem Betrag von E sein.

5 Berechnen Sie die von der Fläche *eingeschlossene* Ladung. Denken Sie daran, dass es die eingeschlossene Ladung ist, auf die es ankommt. Ignorieren Sie alle Ladungen außerhalb der geschlossenen Fläche.

6 Setzen Sie den Fluss gleich der eingeschlossen Ladung und lösen Sie nach E auf.

22.4 Experimentelle Grundlagen des Gauß'schen und des Coulomb'schen Gesetzes

Das Gauß'sche Gesetz sagt voraus, dass jede Nettoladung eines Leiters auf dessen Oberfläche liegen muss. Doch trifft dies in der Realität zu? Schauen wir uns an, wie diese Aussage experimentell überprüft werden kann. Durch die Überprüfung der Aussage des Gauß'schen Gesetzes würde gleichzeitig das Coulomb-Gesetz bestätigt, da dieses, wie wir in Abschnitt 22.2 gesehen haben, aus dem Gauß'schen Gesetz folgt. Dass sich Ladungen nur auf der Außenseite eines Leiters befinden, wurde übrigens von Benjamin Franklin, bereits 30 Jahre vor Coulomb festgestellt.

Abbildung 22.21 (a) Ein geladener Leiter (Metallkugel) wird in eine isolierte Metalldose (guter Leiter) gesenkt, dessen Nettoladung null ist. (b) Die geladene Kugel berührt die Dose und ihre gesamte Ladung fließt schnell zur Außenfläche der Dose. (c) Wenn die Kugel anschließend wieder entfernt wird, stellt man fest, dass ihre Nettoladung null ist.

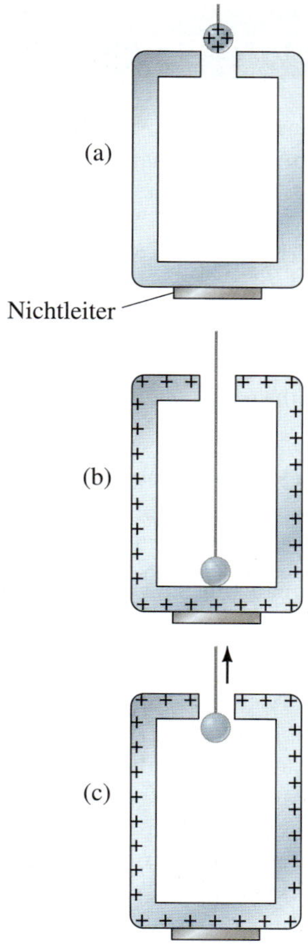

Ein einfaches Experiment ist in ▶ Abbildung 22.21 skizziert. Eine Metalldose mit einer schmalen Öffnung auf der Oberseite ruht auf einem Isolator. Die Dose, ein Leiter, ist anfangs ungeladen (▶ Abbildung 22.21a). Eine geladene Metallkugel (ebenfalls ein Leiter) wird mit einem isolierenden Faden in die Dose gebracht und berührt dort die Dose (▶ Abbildung 22.21b). Kugel und Dose bilden nun zusammen einen Leiter. Das Gauß'sche Gesetz sagt voraus, dass die gesamte Ladung zur Außenfläche der Dose fließt. (Die in solchen Fällen für den Ladungsfluss benötigte Zeit kann gewöhnlich vernachlässigt werden.) Diese Vorhersagen lassen sich experimentell bestätigen, indem man (1) ein Elektroskop mit der Dose verbindet, das anzeigt, ob die Dose geladen ist, und (2) ein Elektroskop mit der Kugel verbindet, nachdem diese wieder aus der Dose herausgezogen wurde (▶ Abbildung 22.21c); dabei wird man feststellen, dass die Kugel keine Ladung mehr trägt.

Die Genauigkeit, mit der das Coulomb-Gesetz und das Gauß'sche Gesetz gelten, kann quantifiziert werden, indem man das Coulomb-Gesetz in der Form

$$F = k\frac{Q_1 Q_2}{r^{2+\Delta}}$$

schreibt. Für ein perfektes $1/r^2$-Gesetz ist $\Delta = 0$. Die neuesten, genauen Experimente (1971) ergeben $\Delta = (2{,}7 \pm 3{,}1) \cdot 10^{-16}$. Das Coulombsche und das Gauß'sche Gesetz gelten also mit einer extrem hohen Genauigkeit!

ZUSAMMENFASSUNG

Für ein homogenes elektrisches Feld **E** ist der **elektrische Fluss**, der durch eine ebene Fläche A fließt,

$$\Phi_E = \mathbf{E} \cdot \mathbf{A} .$$

Für ein inhomogenes Feld ist der Fluss durch das Integral

$$\Phi_E = \int \mathbf{E} \cdot d\mathbf{A}$$

bestimmt. Die Richtung des Vektors **A** oder d**A** wird senkrecht zum Flächenelement A oder dA gewählt und zeigt aus der umschlossenen Fläche heraus. Der Fluss durch eine Fläche ist proportional zur Anzahl der durch sie verlaufenden Feldlinien.

Das **Gauß'sche Gesetz** besagt, dass der Nettofluss aus einer beliebigen geschlossenen Fläche gleich der eingeschlossenen Nettoladung Q_{encl} geteilt durch ϵ_0 ist:

$$\oint \mathbf{E} \cdot d\mathbf{A} = \frac{Q_{encl}}{\epsilon_0} .$$

Prinzipiell kann das Gauß'sche Gesetz verwendet werden, um das von einer gegebenen elektrischen Ladung hervorgerufene elektrische Feld zu bestimmen. Praktisch anwendbar ist es jedoch meist nur, wenn die Ladungsverteilung ein hohes Maß an Symmetrie aufweist, so dass sein Nutzen auf eine geringe Anzahl von Fällen beschränkt ist. Die eigentliche Bedeutung des Gauß'schen Gesetzes besteht darin, dass es eine allgemeinere und elegantere Aussage über die Beziehung zwischen elektrischer Ladung und elektrischem Feld macht als das Coulomb-Gesetz. Im Gauß'schen wie im Coulomb-Gesetz sind Ladungen „Quellen" und „Senken" des elektrischen Feldes. Das Gauß'sche Gesetz macht aber auch Aussagen zur Feldstärke, wenn keine Ladungen vorhanden sind: Ohne Ladungen sind die Feldlinien ohne Beginn und Ende, was nur dann möglich ist, wenn sie geschlossene Kurven bilden. Das Gauß'sche Gesetz stellt eine der Grundgleichungen des Elektromagnetismus dar.

ZUSAMMENFASSUNG

Verständnisfragen

1 Wenn der elektrische Fluss durch eine geschlossene Fläche null ist, ist dann an allen Punkten der Fläche das elektrische Feld notwendigerweise gleich null? Wie verhält es sich mit der Umkehrung: Wenn in allen Punkten der Fläche $\mathbf{E} = 0$ gilt, ist dann der Fluss durch die Fläche gleich null?

2 Ist das elektrische Feld $\mathbf{E}$ im Gauß'schen Gesetz ($\oint \mathbf{E} \cdot d\mathbf{A} = Q_{encl}/\epsilon_0$) allein auf die Ladung Q_{encl} zurückzuführen?

3 Eine Punktladung ist von einer kugelförmigen Fläche mit dem Radius r umgeben. Ist Φ_E größer, kleiner oder gleich, wenn die Kugel durch einen Würfel mit der Kantenlänge r ersetzt wird?

4 Was können Sie über den Fluss durch eine geschlossene Fläche sagen, wenn diese einen elektrischen Dipol einschließt?

5 Das elektrische Feld $\mathbf{E}$ sei in allen Punkten auf einer geschlossenen Fläche gleich null. Kann daraus geschlossen werden, dass es dann im Inneren des eingeschlossenen Volumens keine Nettoladung gibt? Wenn eine Fläche eine Nettoladung von null umschließt, ist dann das elektrische Feld notwendigerweise an allen Punkten der Fläche gleich null?

6 Definieren Sie den Gravitationsfluss analog zum elektrischen Fluss. Gibt es im Gravitationsfeld ebenfalls „Quellen" und „Senken" wie im elektrischen Feld? Erläutern Sie Ihre Antwort.

7 Ist das Gauß'sche Gesetz hilfreich, um das elektrische Feld eines elektrischen Dipols zu bestimmen?

8 Gegeben ist ein kugelförmiger Basketball (dieser ist ein Nichtleiter) mit einer homogenen Oberflächenladung Q. Was können Sie über das elektrische Feld im Inneren des Balles sagen? Eine Person tritt nun auf den Ball, so dass er in sich zusammenfällt und die meiste Luft entweicht, ohne dass sich die Ladung verändert. Was können Sie nun über das elektrische Feld im Inneren des Balls sagen?

9 In Beispiel 22.5 scheint es so, als ob das berechnete elektrische Feld allein auf die Ladung im Draht zurückzuführen ist, die von dem Zylinder eingeschlossen ist, den wir als geschlossene Fläche ausgewählt hatten. Tatsächlich trägt die gesamte Ladung auf der gesamten Länge des Drahtes zum Feld bei. Erläutern Sie, wie die außerhalb der zylindrischen Fläche (▸ Abbildung 22.14) befindliche Ladung zum Feld E auf der Fläche beiträgt. (*Hinweis*: Vergleichen Sie das elektrische Feld mit demjenigen, das sich für den Fall eines kurzen Drahtes ergeben würde.)

10 Nehmen Sie an, dass die linienförmige Ladung in Beispiel 22.5 nur ein kurzes Stück bis zu den Enden des in ▸ Abbildung 22.14 dargestellten Zylinders verlängert wird. Wie würde sich das Ergebnis von Beispiel 22.5 verändern?

11 Eine Punktladung Q liegt im Mittelpunkt einer kugelförmigen Fläche mit dem Radius r_0. Später wird die Ladung um die Entfernung $\frac{1}{2}r_0$ nach rechts bewegt, die Kugel jedoch bleibt, wo sie war (siehe ▸ Abbildung 22.22). Wie verändert sich der elektrische Fluss Φ_E durch die Fläche? Verändert sich das elektrische Feld an der Fläche der Kugel? Falls Sie eine der Fragen mit „Ja" beantworten, beschreiben Sie die Veränderung.

Abbildung 22.22 Frage 11.

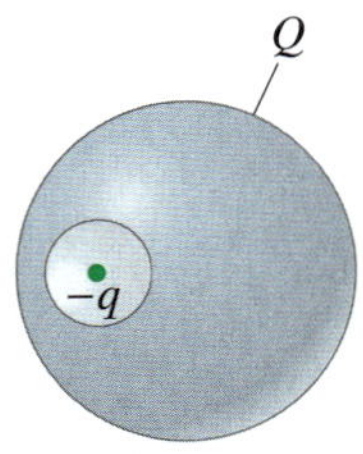

Abbildung 22.23 Frage 12.

12 Ein Leiter trägt eine positive Nettoladung Q. Innerhalb des Leiters gibt es einen Hohlraum, in dessen Mittelpunkt sich eine negative Punktladung $-q$ befindet (siehe ▸ Abbildung 22.23). Wie groß ist die Ladung (a) auf der Außenseite des Leiters und (b) auf dessen Innenseite?

13 Eine Punktladung q befindet sich im Mittelpunkt eines Hohlraums einer dünnen neutralen Metallschale. Wird eine außerhalb der Schale platzierte Ladung Q eine elektrische Kraft spüren? Erläutern Sie Ihre Antwort.

14 In ▸ Abbildung 22.24 besitzen die beiden Körper O_1 und O_2 Ladungen von $+1{,}0\,\mu C$ bzw. $-2{,}0\,\mu C$ und ein dritter Körper O_3 ist elektrisch neutral. (a) Wie groß ist der elektrische Fluss durch die Fläche A_1, die alle drei Körper einschließt? (b) Wie groß ist der elektrische Fluss durch die Fläche A_2, die nur das dritte Objekt einschließt?

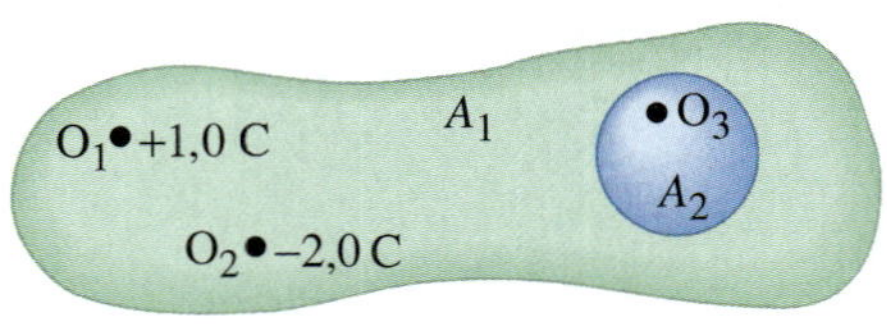

Abbildung 22.24 Frage 14.

Aufgaben zu 22.1

1 (I) Ein flacher Ring mit einem Radius von 15 cm wird in ein homogenes elektrisches Feld mit einer Stärke von $5{,}8 \cdot 10^2$ N/C gebracht. Wie groß ist der elektrische Fluss durch den Ring, wenn seine Oberseite (a) senkrecht zu den Feldlinien gerichtet ist, (b) mit den Feldlinien einen Winkel von 45° bildet oder (c) parallel zu den Feldlinien gerichtet ist?

2 (I) Die Erde besitzt in der Nähe ihrer Oberfläche ein elektrisches Feld von durchschnittlich 150 N/C. Das Feld zeigt radial nach innen. Berechnen Sie den nach außen gerichteten elektrischen Nettofluss durch eine Kugeloberfläche, die die Erdoberfläche dicht umschließt.

3 (II) Ein Würfel mit der Kantenlänge l wird so in einem homogenen Feld $E = 6{,}50 \cdot 10^3$ N/C platziert, dass seine Kanten parallel zu den Feldlinien sind. Wie groß ist der Nettofluss durch den Würfel? Wie groß ist der Fluss durch jede seiner sechs Seiten?

4 (II) Ein homogenes Feld **E** verläuft parallel zur Achse einer leeren Halbkugel mit dem Radius R (siehe ► Abbildung 22.25). (a) Wie groß ist der elektrische Fluss durch die Oberfläche der Halbkugel? (b) Wie lautet das Ergebnis, wenn **E** senkrecht zur Achse verläuft?

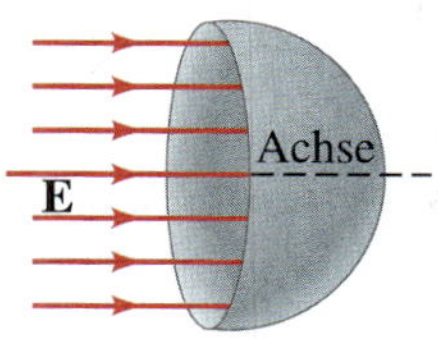

Abbildung 22.25 Aufgabe 4.

Aufgaben zu 22.2

5 (I) Der gesamte elektrische Fluss durch eine würfelförmige Kiste mit einer Kantenlänge von 28,0 cm beträgt $1{,}45 \cdot 10^3$ N·m²/C. Wie groß ist die von der Kiste eingeschlossene Ladung?

6 (I) ► Abbildung 22.26 zeigt fünf geschlossene Flächen, die verschiedene Ladungen umgeben. Bestimmen Sie den elektrischen Fluss durch jede der Flächen S_1, S_2, S_3, S_4 und S_5. Die Flächen dehnen sich jeweils nur geringfügig über und unter die Papierebene aus.

7 (II) In einem bestimmten räumlichen Bereich ist die Richtung des elektrischen Feldes konstant (es zeigt beispielsweise in x-Richtung), aber seine Größe nimmt von $E = 560$ N/C bei $x = 0$ auf $E = 410$ N/C bei $x = 30$ m ab. Bestimmen Sie die Ladung innerhalb einer würfelförmigen Kiste mit einer Kantenlänge von $l = 30$ m, wobei die Kiste so orientiert ist, dass vier ihrer Seiten parallel zu den Feldlinien sind (siehe ► Abbildung 22.27).

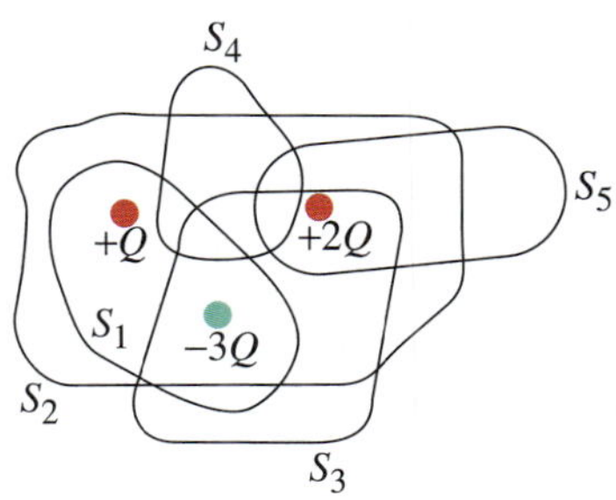

Abbildung 22.26 Aufgabe 6.

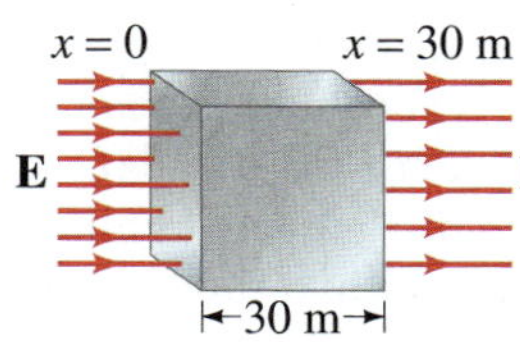

Abbildung 22.27 Aufgabe 7.

8 (II) Eine Punktladung Q wird im Mittelpunkt eines Würfels mit der Kantenlänge l platziert. Wie groß ist der Fluss durch eine Seite des Würfels?

Aufgaben zu 22.3

9 (I) Das Feld unmittelbar außerhalb einer Metallkugel mit einem Radius von 3,50 cm beträgt $2{,}75 \cdot 10^2$ N/C und zeigt in Richtung der Kugel. Wie groß ist die Ladung auf der Kugeloberfläche?

10 (I) Zeigen Sie ausgehend vom Ergebnis des Beispiels 22.3, dass das elektrische Feld unmittelbar außerhalb eines homogen geladenen kugelförmigen Leiters in Übereinstimmung mit Beispiel 22.7 $E = \sigma/\epsilon_0$ ist.

11 (I) Ein langer dünner Draht mit einer Länge von mehreren Hundert Metern trägt eine homogen verteilte Ladung von $-2{,}8$ µC pro Meter. Welchen Betrag und welche Richtung hat das elektrische Feld an den Punkten (a) 5,0 m und (b) 2,0 m des Drahtes.

12 (II) Eine massive Metallkugel mit einem Radius von 3,00 m trägt eine Gesamtladung von −3,50 µC. Wie groß ist das elektrische Feld in einem Abstand von (a) 0,15 m, (b) 2,90 m, (c) 3,10 m und (d) 6,00 m vom Mittelpunkt der Kugel? Wie würden sich die Antworten ändern, wenn wir anstelle der Kugel (e) eine dünne Schale oder (f) einen massiven, homogen geladenen Nichtleiter betrachtet würden?

13 (II) Eine nichtleitende Kugel mit einem Durchmesser von 15,0 cm trägt eine Gesamtladung von 12,0 µC, die homogen über ihr Volumen verteilt ist. Stellen Sie das elektrische Feld E im Bereich $r = 0$ bis $r = 30$ cm als Funktion der Entfernung r vom Mittelpunkt der Kugel dar.

14 (II) Ein flaches quadratisches Stück Aluminiumfolie mit einer Kantenlänge von 25 cm trägt eine homogen verteilte Ladung von 35 nC. Wie groß ist ungefähr das elektrische Feld (a) in einer Entfernung von 1,0 cm und (b) von 20 m über der Aluminiumfolie?

15 (II) Im Mittelpunkt einer Metallkugel mit einem Radius von 18,0 cm befindet sich ein kugelförmiger Hohlraum mit einem Radius von 4,50 cm. Eine Punktladung $Q = 5{,}50\,\mu C$ befindet sich in der Mitte des Hohlraumes, während der metallische Leiter keine Nettoladung trägt. Bestimmen Sie das elektrische Feld an einem Punkt (a) in 3,0 cm Entfernung und (b) in 6,0 cm Entfernung vom Mittelpunkt des Hohlraumes.

16 (II) Eine Punktladung Q befindet sich im Mittelpunkt einer dünnen ungeladenen leitenden Kugelschale. Wie groß ist das elektrische Feld E als Funktion von r (a) wenn r kleiner ist als der Radius der Schale, (b) auf der Schale und (c) außerhalb der Schale? (d) Beeinflusst die Schale das allein durch Q hervorgerufene Feld? Beeinflusst die Ladung Q die Schale?

17 (II) Ein massiver Metallwürfel hat in seiner Mitte einen kugelförmigen Hohlraum (siehe ▸ Abbildung 22.28). Im Mittelpunkt des Hohlraums befindet sich eine Ladung $Q = +8{,}00\,\mu C$. Der Metallwürfel trägt eine Nettoladung $q = -7{,}00\,\mu C$ (ohne die Ladung Q). Bestimmen Sie (a) die Gesamtladung auf der Oberfläche des kugelförmigen Hohlraums und (b) die Gesamtladung auf der Oberfläche des Würfels.

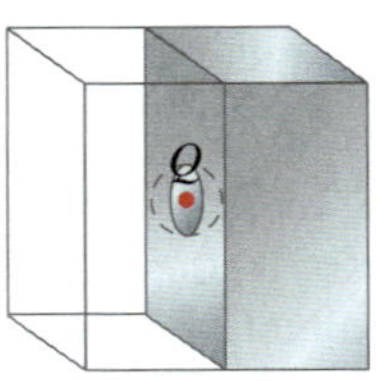

Abbildung 22.28 Aufgabe 17.

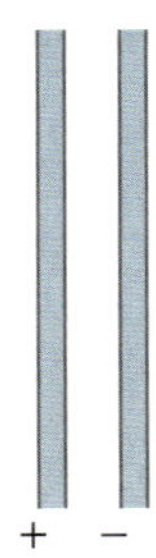

Abbildung 22.29 Aufgaben 18, 19 und 20.

18 (II) Zwei große flache Metallplatten liegen sich parallel gegenüber, wobei ihr gegenseitiger Abstand sehr klein im Verhältnis zu ihren Abmessungen ist. Die beiden Leiter tragen gleich große, aber entgegengesetzte Flächenladungsdichten $\pm\sigma$. Vernachlässigen Sie Kanteneffekte und verwenden Sie das Gauß'sche Gesetz, um zu zeigen, dass für weit von den Kanten entfernte Punkte (a) das elektrische Feld zwischen den Platten $E = \sigma/\epsilon_0$ ist und (b) links von der linken Platte bzw. rechts von der rechten Platte das Feld null ist. (c) Wie würden sich Ihre Ergebnisse ändern, wenn die beiden Platten nichtleitend wären? (Siehe ▸ Abbildung 22.29.)

19 (II) Nehmen Sie an, dass die Ladungen der beiden leitenden Metallplatten aus Aufgabe 18 dasselbe Vorzeichen haben. Wie groß ist dann das entstehende elektrische Feld (a) zwischen ihnen und (b) links von der linken Platte bzw. rechts von der rechten Platte? (c) Was passiert, wenn die Platten/Ebenen nichtleitend sind?

20 (II) Das elektrische Feld zwischen zwei quadratischen Metallplatten beträgt 100 N/C. Die Platten haben eine Seitenlänge von 1,0 m und befinden sich 3,0 cm voneinander entfernt (▸ Abbildung 22.29). Wie groß ist die Ladung an jeder Platte? Vernachlässigen Sie Kanteneffekte.

21 (II) Zwei dünne konzentrische Kugelschalen mit den Radien r_1 und r_2 ($r_1 < r_2$) besitzen die homogenen Flächenladungsdichten σ_1 und σ_2 (siehe ▸ Abbildung 22.30). Bestimmen Sie das elektrische Feld für (a) $r < r_1$, (b) $r_1 < r < r_2$ und (c) $r > r_2$. (d) Unter welchen Bedingungen gilt $E = 0$ für $r > r_2$? (e) Unter welchen Bedingungen gilt $E = 0$ für $r_1 < r < r_2$?

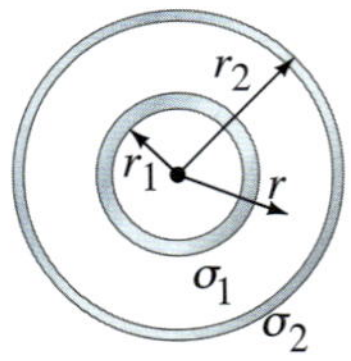

Abbildung 22.30 Zwei Kugelschalen (Aufgabe 21).

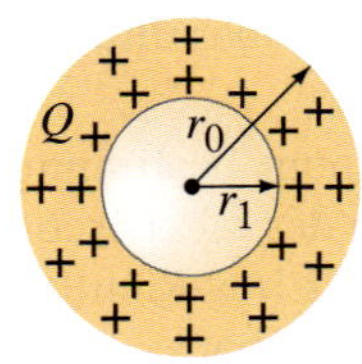

Abbildung 22.31 Aufgaben 22, 23 und 34.

22 (II) Nehmen Sie an, dass die nichtleitende Kugel aus Beispiel 22.4 einen kugelförmigen Hohlraum mit dem Radius r_1 hat, der sich im Mittelpunkt der Kugel befindet (siehe ▸ Abbildung 22.31). Bestimmen Sie unter der Annahme, dass die Ladung Q homogen in der „Schale" verteilt ist (zwischen $r = r_1$ und $r = r_0$), das elektrische Feld als Funktion von r für (a) $r < r_1$, (b) $r_1 < r < r_0$ und (c) $r > r_0$.

23 (II) Nehmen Sie an, dass sich in ▸ Abbildung 22.31, Aufgabe 22, außerdem eine Ladung q in der Mitte des Hohlraums befindet. Bestimmen Sie das elektrische Feld für (a) $0 < r < r_1$, (b) $r_1 < r < r_0$ und (c) $r > r_0$.

24 (II) Nehmen Sie an, dass die dicke Kugelschale aus Aufgabe 22 ein Leiter ist. Sie trägt eine Gesamtnettoladung Q und in ihrem Mittelpunkt befindet sich eine Punktladung q. Wie groß ist die Gesamtladung (a) auf der Innenfläche der Schale und (b) auf deren Außenfläche? Bestimmen Sie das elektrische Feld für (c) $0 < r < r_1$, (d) $r_1 < r < r_0$ und (e) $r > r_0$.

25 (II) Nehmen Sie an, dass sich im Mittelpunkt des Hohlraums in der Schale (Ladung Q) aus ▸ Abbildung 22.11 bzw. Beispiel 22.3 eine Punktladung q ($\neq Q$) befindet. Bestimmen Sie das elektrische Feld für (a) $r < r_0$ und (b) $r > r_0$. Welche Lösungen ergeben sich, wenn (c) $q = Q$ und (d) $q = -Q$ gilt?

26 (II) Ein kugelförmiger Luftballon trägt eine Gesamtladung Q, die homogen auf seiner Oberfläche verteilt ist. Der nichtleitende Ballon hat zum Zeitpunkt $t = 0$ den Radius r_0, wird dann langsam aufgeblasen, so dass r innerhalb einer Zeitspanne T linear auf $2r_0$ anwächst. Bestimmen Sie das elektrische Feld als Funktion der Zeit (a) unmittelbar über der Ballonoberfläche und (b) bei $r = 4r_0$.

27 (II) Eine lange zylindrische Schale mit dem Radius R_0 und der Länge L ($R_0 \ll L$) besitzt eine homogene Flächenladungsdichte (Ladung pro Flächeneinheit) σ (▸ Abbildung 22.32). Bestimmen Sie das elektrische Feld in Punkten (a) außerhalb des Zylinders ($r > R_0$) und (b) innerhalb des Zylinders ($r < R_0$); nehmen Sie an, dass sich die Punkte weit entfernt von den Enden, aber nicht zu weit von der Schale entfernt befinden ($r \ll L$). (c) Vergleichen Sie das Ergebnis mit demjenigen, das wir in Beispiel 22.5 für eine lange, linienförmige Ladung erhalten hatten.

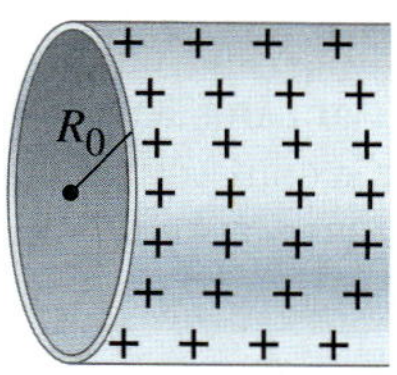

Abbildung 22.32 Aufgabe 27.

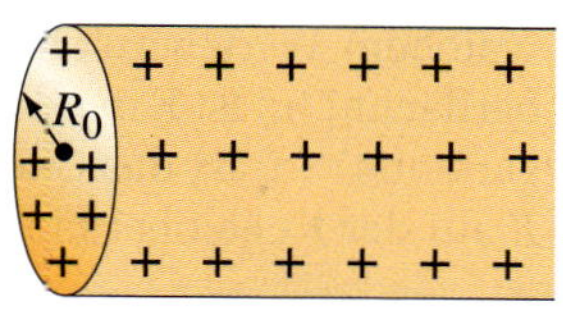

Abbildung 22.33 Aufgabe 28.

28 (II) Ein sehr langer massiver, nichtleitender Zylinder mit dem Radius R_0 und der Länge L ($R_0 \ll L$) besitzt eine homogene Raumladungsdichte ρ_E(C/m^3) (siehe ▸ Abbildung 22.33). Bestimmen Sie das elektrische Feld in Punkten (a) außerhalb des Zylinders ($r > R_0$) und (b) innerhalb des Zylinders ($r < R_0$). Betrachten Sie nur weit von den Enden entfernte Punkte, für die $r \ll L$ gilt.

29 (II) Eine dünne zylindrische Schale vom Radius R_1 ist von einer zweiten konzentrischen zylindrischen Schale vom Radius R_2 umgeben (siehe ▸ Abbildung 22.34). Die innere Schale besitzt eine Gesamtladung von $+Q$ und die äußere Schale von $-Q$. Bestimmen Sie unter der Annahme, dass die Länge L der Schalen viel größer als R_1 oder R_2 ist, das elektrische Feld als Funktion von r (des senkrechten Abstands von der Zylinderachse) für (a) $r < R_1$, (b) $R_1 < r < R_2$ und (c) $r > R_2$. (d) Wie groß ist die kinetische Energie eines Elektrons, das sich auf einer konzentrischen kreisförmigen Bahn vom Radius $(R_1 + R_2)/2$ zwischen den Schalen bewegt?

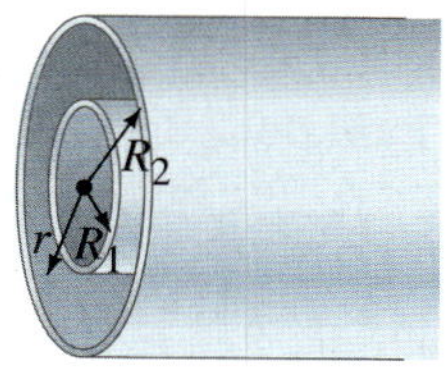

Abbildung 22.34 Aufgaben 29, 30, 31 und 32.

30 (II) Unter welchen Bedingungen gilt in Aufgabe 29 (a) $E = 0$ für $r > R_2$? (b) Unter welchen Bedingungen gilt $E = 0$ für $R_1 < r < R_2$?

31 (II) Eine dünne zylindrische Schale mit dem Radius $R_1 = 5{,}0$ cm ist, wie in ▸ Abbildung 22.34 dargestellt, von einer zweiten zylindrischen Schale mit dem Radius $R_2 = 9{,}0$ cm umgeben. Beide Zylinder sind 5,0 m lang, der innere trägt eine Ladung von $Q_1 = -3{,}8\,\mu C$ und der äußere von $Q_2 = +3{,}2\,\mu C$. Bestimmen Sie das elektrische Feld für weit von den Enden der Zylinder entfernte Punkte, deren radialer Abstand r von der Zylinderachse (a) 3,0 cm, (b) 6,0 cm und (c) 12,0 cm beträgt.

32 (II) (a) Angenommen, ein Elektron ($m = 9{,}1 \cdot 10^{-31}$ kg) tritt mit sehr geringer Geschwindigkeit aus der Oberfläche des inneren Zylinders aus Aufgabe 31 aus (siehe ▸ Abbildung 22.35). Wie groß wird seine Geschwindigkeit sein, wenn es den äußeren Zylinder erreicht? (b) Welche Geschwindigkeit erreicht ein Proton ($m = 1{,}67 \cdot 10^{-27}$ kg), das sich auf einer kreisförmigen Bahn mit dem Radius 6,0 cm (d. h. zwischen den beiden Zylindern) bewegt?

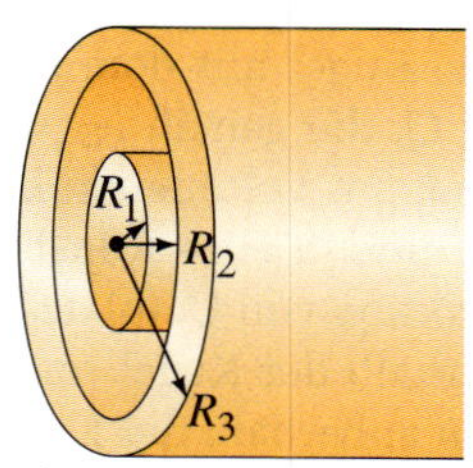

Abbildung 22.35 Aufgabe 33.

33 (II) Ein sehr langer massiver, nichtleitender Zylinder mit dem Radius R_1 hat eine homogene Ladungsdichte ρ_E. Er ist, wie in ▸ Abbildung 22.35 gezeigt, von einem konzentrischen zylindrischen Rohr mit dem Innenradius R_2 und dem Außenradius R_3 umgeben, das ebenfalls die homogene Ladungsdichte ρ_E besitzt. Bestimmen Sie das elektrische Feld als Funktion des Abstands r vom Mittelpunkt des Zylinders für (a) $0 < r < R_1$, (b) $R_1 < r < R_2$, (c) $R_2 < r < R_3$ und (d) $r > R_3$. (e) Stellen Sie E im Bereich $r = 0$ bis $r = 20{,}0\,\text{cm}$ als Funktion von r dar, wenn $\rho_E = 15\,\mu\text{C/m}^3$ und $R_1 = \frac{1}{2}R_2 = \frac{1}{3}R_3 = 5{,}0\,\text{cm}$ gilt. Nehmen Sie an, dass die Zylinder sehr lang im Vergleich zu R_3 sind.

34 (III) Nehmen Sie an, dass die Ladungsdichte zwischen r_1 und r_0 der leeren Kugel aus Aufgabe 22 (▶ Abbildung 22.31) durch $\rho_E = \rho_0 r_1/r$ gegeben ist. Bestimmen Sie das elektrische Feld als Funktion von r für (a) $r < r_1$, (b) $r_1 < r < r_0$ und (c) $r > r_0$. (d) Stellen Sie E für $r \in [0, 2r_0]$ als Funktion von r dar.

35 (III) Eine Punktladung Q befindet sich in der Mitte der Achse eines Zylinders. Der Durchmesser des Zylinders und seine Länge L sind gleichgroß (▶ Abbildung 22.36). Wie groß ist der Gesamtfluss durch die Mantelfläche des Zylinders? (*Hinweis*: Berechnen Sie zunächst den Fluss durch die Deckflächen des Zylinders.)

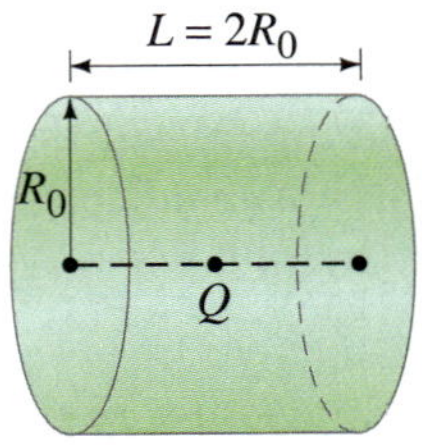

Abbildung 22.36 Aufgabe 35.

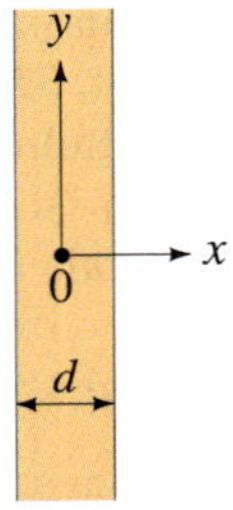

Abbildung 22.37 Aufgabe 36.

36 (III) Eine flache Platte aus nichtleitendem Material (▶ Abbildung 22.37) trägt eine homogene Raumladungsdichte ρ_E. Die Platte hat eine Dicke von d, die klein ist im Vergleich zu ihrer Breite und Höhe. Bestimmen Sie das elektrische Feld als Funktion von x (a) innerhalb und (b) außerhalb der Platte (in Abständen, die viel kleiner als Breite oder Höhe der Platte sind). Legen Sie den Koordinatenursprung in die Mitte der Platte.

Allgemeine Aufgaben

37 Formulieren Sie das Gauß'sche Gesetz für das Gravitationsfeld **g** (siehe Abschnitt 6.6).

38 Die Erde ist nahe ihrer Oberfläche von einem elektrischen Feld der Größe $E \approx 150\,\text{N/C}$ umgeben, das an jedem Punkt nach innen zeigt. (a) Wie groß ist die Nettoladung auf der Erde? (b) Wie vielen freien Elektronen pro Quadratmeter der Erdoberfläche entspricht dies?

39 Ein Würfel mit der Kantenlänge l befindet sich mit einer Ecke im Koordinatenursprung und erstreckt sich entlang der positiven x-, y- und z-Achse. Nehmen Sie an, dass das elektrische Feld in diesem Bereich durch $\mathbf{E} = (a + by)\mathbf{j}$ gegeben ist. Bestimmen Sie die Ladung innerhalb des Würfels.

40 Eine massive, nichtleitende Kugel mit dem Radius r_0 besitzt eine Gesamtladung Q, die gemäß $\rho_E = br$ verteilt ist, wobei ρ_E die Ladung pro Volumeneinheit oder die Ladungsdichte (C/m^3) und b eine Konstante ist. Bestimmen Sie (a) b als Funktion von Q, (b) das elektrische Feld in Punkten innerhalb der Kugel und (c) das elektrische Feld an Punkten außerhalb der Kugel.

41 Eine Punktladung von $3{,}50\,\text{nC}$ befindet sich im Koordinatenursprung und eine zweite Ladung von $-5{,}00\,\text{nC}$ auf der x-Achse bei $x = 1{,}50\,\text{m}$. Berechnen Sie den elektrischen Fluss durch eine Kugel mit einem Radius von $1{,}00\,\text{m}$, deren Mittelpunkt sich im Koordinatenursprung befindet. Wiederholen Sie die Rechnung für eine Kugel mit einem Radius von $2{,}00\,\text{m}$.

42 Eine Punktladung erzeugt einen elektrischen Fluss von $+500\,\text{N·m}^2/\text{C}$ durch eine Kugel mit einem Radius von 15 cm, deren Mittelpunkt sich im Inneren der Ladung befindet. (a) Wie groß ist der Fluss durch eine Kugel mit einem Radius von 35 cm? (b) Welchen Betrag und welches Vorzeichen hat die Ladung?

43 Eine Punktladung Q befindet sich im Abstand von $r_0/2$ oberhalb der Oberfläche einer gedachten Kugelfläche mit dem Radius r_0 (siehe ▶ Abbildung 22.38). (a) Wie groß ist der elektrische Fluss durch die Kugel? (b) In welchem Wertebereich bewegt sich E auf der Kugeloberfläche? (c) Ist **E** in allen Punkten senkrecht zur Kugel gerichtet? (d) Ist das Gauß'sche Gesetz von Nutzen, um E auf der Kugeloberfläche zu bestimmen?

44 Drei große, dünne geladene Bleche sind wie in ▶ Abbildung 22.39 dargestellt parallel zueinander angeordnet, Blech I hat eine Flächenladungsdichte von insgesamt $9{,}0\,\text{nC/m}^2$, Blech II eine Ladung von $-2{,}0\,\text{nC/m}^2$ und Blech III eine Ladung von $5{,}0\,\text{nC/m}^2$. Welche Kraft pro Flächeneinheit in N/m^2 wirkt auf jedes Blech?

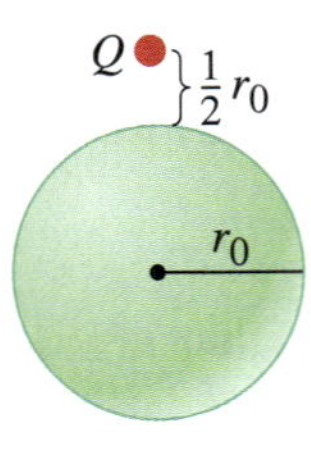

Abbildung 22.38 Aufgabe 43.

Abbildung 22.39 Aufgabe 44.

45 Neutraler Wasserstoff kann durch eine positive Punktladung von $+1{,}6 \cdot 10^{-19}$ C modelliert werden, die von einer negativen Ladungsverteilung mit der Raumladungsdichte $\rho_{\mathrm{E}}(r) = -A\,\mathrm{e}^{-2r/a_0}$ umgeben ist. Dabei ist $\mathrm{e} = 2{,}718\ldots$ die Euler'sche Zahl, $a_0 = 0{,}53 \cdot 10^{-10}$ m der so genannte Bohr'sche Radius und A eine Konstante, die so gewählt wird, dass der Gesamtbetrag der negativen Ladung $1{,}6 \cdot 10^{-19}$ C ist. (a) Wie groß ist die Nettoladung innerhalb einer Kugel mit dem Radius a_0? (b) Welche Stärke hat das elektrische Feld in der Entfernung a_0 vom Kern? (*Hinweis*: Verwechseln Sie nicht die Euler'sche Zahl e mit der Elementarladung e, für die dasselbe Symbol benutzt wird, die aber eine vollkommen andere Bedeutung und einen vollkommen anderen Wert hat ($e = 1{,}6 \cdot 10^{-19}$ C).)

46 Eine sehr große dünne Fläche hat eine homogene Flächenladungsdichte σ. Sie wird auf der rechten Seite (siehe ▶ Abbildung 22.40) von einer langen und dicken Platte mit der Dicke d und der homogenen Raumladungsdichte ρ_{E} berührt. Bestimmen Sie das elektrische Feld (a) links von der Platte, (b) rechts von der Platte und (c) innerhalb der Platte.

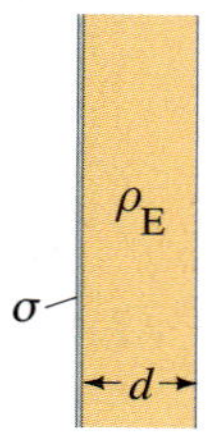

Abbildung 22.40 Aufgabe 46.

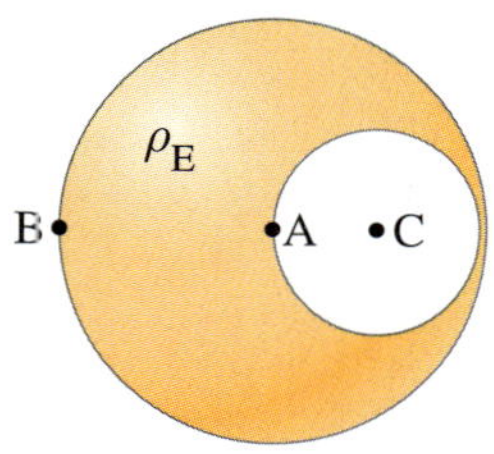

Abbildung 22.41 Aufgabe 47.

47 Eine Kugel vom Radius r_0 besitzt eine Raumladungsdichte ρ_{E} (siehe ▶ Abbildung 22.41). Dann wird ein kugelförmiger Hohlraum mit einem Radius von $r_0/2$ ausgeschnitten. (a) Welchen Betrag und welche Richtung hat das elektrische Feld im Punkt A? (b) Welchen Betrag und welche Richtung hat das elektrische Feld im Punkt B?

48 Trockene Luft schlägt durch und erzeugt einen Funken, wenn das elektrische Feld etwa den Wert $3 \cdot 10^6$ N/C überschreitet. Welche Ladung könnte in eine grüne Erbse (Durchmesser 0,75 cm) gepackt werden, bevor sich die Erbse spontan entlädt?

49 Drei sehr lange Platten werden jeweils 20,0 cm voneinander entfernt angeordnet (siehe ▶ Abbildung 22.42). Die erste und die dritte Platte sind sehr dünn und nichtleitend und haben an der Oberfläche Ladungsdichten von $+5{,}00\,\mu\mathrm{C/m^2}$ bzw. $-5{,}00\,\mu\mathrm{C/m^2}$. Die dritte Platte ist ein Leiter, der aber keine Nettoladung hat. (a) Wie groß ist das elektrische Feld im Inneren der mittleren Platte? Wie groß ist das elektrische Feld (b) zwischen der linken und der mittleren Platte und (c) zwischen der mittleren und der rechten Platte? (d) Wie groß ist die Ladungsdichte auf derjenigen Seite der mittleren Platte, die zur linken Platte zeigt und (e) an jener Seite, die zur rechten Platte zeigt?

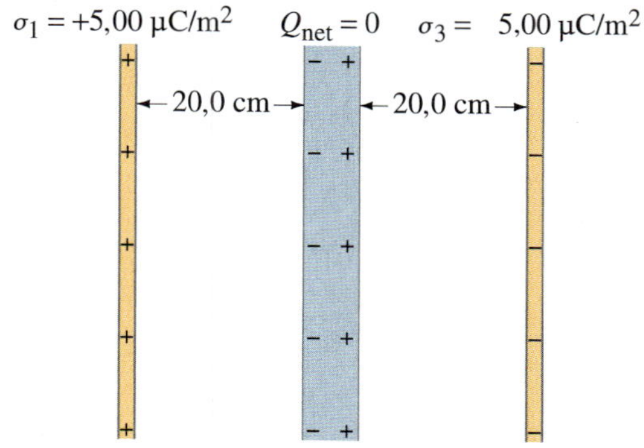

Abbildung 22.42 Aufgabe 49.

50 Sorgfältige Messungen des elektrischen Feldes im Boden können dazu beitragen, nützliche Informationen über die Ladung zu liefern. Ein Techniker hat für ein bestimmtes Gebiet ermittelt, dass das elektrische Feld im Volumen eines Würfels mit einer Kantenlänge von 1,00 m

$$\mathbf{E} = E_0\left(1 + \frac{z}{a}\right)\hat{\mathbf{i}} + E_0\left(\frac{z}{a}\right)\hat{\mathbf{j}}$$

beträgt, wobei $E_0 = 1{,}00$ N/C und $a = 1{,}00$ m ist. Die Seiten des Würfels liegen parallel zu den Koordinatenachsen (siehe ▶ Abbildung 22.43). Bestimmen Sie die Nettoladung innerhalb des Würfels.

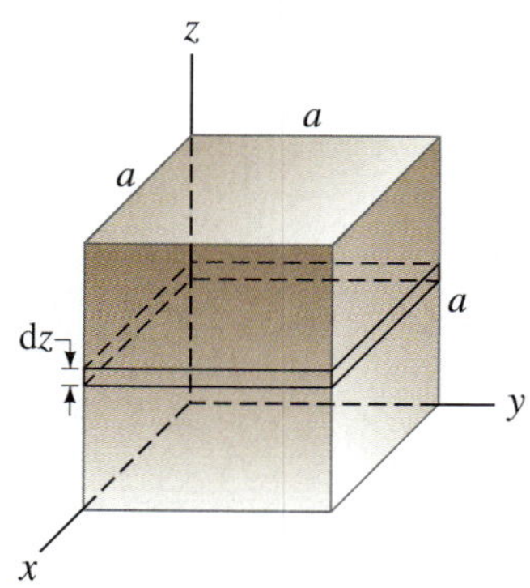

Abbildung 22.43 Aufgabe 50.

Das elektrische Potenzial

23

ÜBERBLICK

Blitze: Die Potenzialdifferenz (Spannung) zwischen Wolken und Erde kann so groß werden, dass Elektronen durch das starke elektrische Feld aus den Atomen der Luft herausgelöst werden. Die Luft wird zum Leiter, indem die schnell bewegten ionisierten Atome und freien Elektronen mit weiteren Atomen zusammenstoßen und so die Ionisierung verstärken. Der starke Ladungsfluss reduziert die Potenzialdifferenz und die „Entladung" ist schnell vorüber. Die Energie, die frei wird, wenn sich Ionen und Elektronen wieder zu Atomen verbinden, zeigt sich in Form von Licht.

23. Das elektrische Potenzial

In den Kapiteln 7 und 8 hatten wir festgestellt, dass das Konzept der Energie bei der Beschäftigung mit Problemen der Mechanik sehr nützlich ist. Zum einen ist die Energie eine Erhaltungsgröße und damit ein wichtiger Begriff, der für das Verständnis der Natur unerlässlich ist. Zum anderen sahen wir, dass man mithilfe des Energiekonzepts Aufgaben auch dann lösen kann, wenn man die Kräfte im Einzelnen nicht kennt oder wenn die Verwendung der Newton'schen Axiome auf sehr umständliche Ansätze führt.

In der Elektrizitätslehre ist die energetische Betrachtung besonders hilfreich. Sie erweitert nicht nur das Gesetz der Energieerhaltung, sondern zeigt auch einen anderen Weg zur Beurteilung elektrischer Phänomene; sie macht die Lösung vieler Aufgaben einfacher als die Verwendung von Kräften und elektrischen Feldern.

23.1 Elektrisches Potenzial und Potenzialdifferenz

Um den Energieerhaltungssatz anwenden zu können, müssen wir wie für andere Arten der potenziellen Energie (Kapitel 8) die elektrische potenzielle Energie definieren. Wie wir sahen, kann die potenzielle Energie nur für konservative Kräfte definiert werden. Erinnern Sie sich: Die von einer konservativen Kraft beim Verschieben eines Körpers zwischen zwei beliebigen Punkten verrichtete Arbeit ist unabhängig vom Verlauf des Wegs. Wie man leicht sieht, ist die elektrostatische Kraft zwischen zwei beliebigen Ladungen ($F = kQ_1Q_2/r^2$) konservativ: Die Ortsabhängigkeit hat die Form $1/r^2$ wie im Falle der Schwerkraft, von der wir aus Abschnitt 8.7 wissen, dass sie konservativ ist. Folglich ist auch die durch das Coulomb-Gesetz gegebene elektrostatische Kraft konservativ und wir können für diese eine potenzielle Energie E_{pot} definieren.

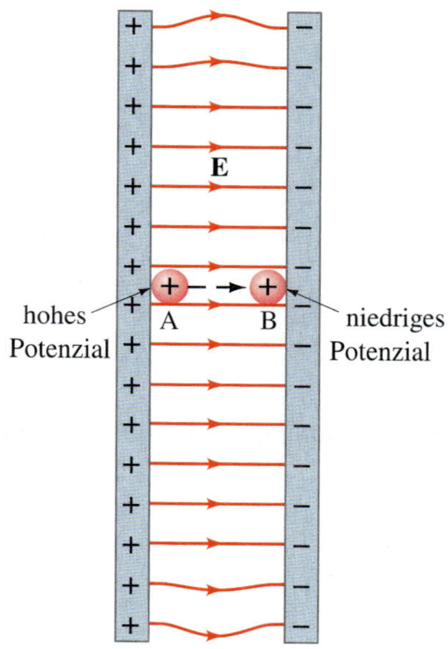

Abbildung 23.1 Das elektrische Feld verrichtet Arbeit, indem es die positive Ladung von Punkt a nach Punkt b verschiebt.

Wir definieren die Änderung der elektrischen potenziellen Energie $E_{\text{pot}}(B) - E_{\text{pot}}(A)$, die sich ergibt, wenn sich eine Ladung q von einem Punkt A zu einem zweiten Punkt B bewegt, als das Negative der Arbeit, die von der elektrischen Kraft beim Verschieben der Ladung von A nach B verrichtet wird. Betrachten wir z. B. das elektrische Feld zwischen zwei gleichgroßen, aber entgegengesetzt geladenen parallelen Platten, deren Abstand klein im Verhältnis zu ihrer Breite und Höhe ist, so dass das Feld **E** weitestgehend als homogen betrachtet werden kann (siehe ▶ Abbildung 23.1). In sehr geringem Abstand von der positiv geladenen Platte wird, wie in der Abbildung dargestellt, im Punkt A eine kleine positive Punktladung platziert. Diese Ladung q sei so klein, dass sie das Feld **E** nicht beeinflusst. Lässt man die Ladung q im Punkt A los, dann wird die elektrische Kraft an ihr Arbeit verrichten und sie zur negativen Platte hin beschleunigen. Dadurch wächst die kinetische Energie E_{kin} des geladenen Teilchens. Aufgrund der Energieerhaltung muss die potenzielle Energie um den gleichen Betrag sinken, was gleich dem Negativen der vom elektrischen Feld verrichteten Arbeit ist. Nach dem Energieerhaltungssatz wird elektrische potenzielle Energie in kinetische Energie umgewandelt, wobei die Gesamtenergie erhalten bleibt. Die positive Ladung q hat ihre größte potenzielle Energie im Punkt A nahe der positiven Platte,[1] so dass $(E_{\text{pot}}(B) - E_{\text{pot}}(A)) < 0$ gilt. Für eine negative Ladung, deren potenzielle Energie nahe der negativen Platte am größten ist, gilt das Gegenteil.

Wir hatten das elektrische Feld als die Kraft pro Ladungseinheit definiert (Kapitel 21). Entsprechend definieren wir das **elektrische Potenzial** als die *potenzielle Energie pro Ladungseinheit*. (Wir werden einfach nur vom **Potenzial** sprechen, wenn aus dem Zusammenhang ersichtlich ist, dass es sich um ein elektrisches handelt.) Das elektrische Potenzial wird mit dem Symbol ϕ bezeichnet. Wenn eine

Das Potenzial ist die potenzielle Energie pro Ladungseinheit

1 In diesem Punkt ist ihre Fähigkeit, an einem anderen Körper oder System Arbeit zu verrichten, am größten.

positive Testladung q in einem Punkt A die potenzielle elektrische Energie $E_{\text{pot}}(\text{A})$ hat (relativ zu einer potenziellen Energie null), dann ist das elektrische Potenzial ϕ_A in diesem Punkt

$$\phi_\text{A} = \frac{E_{\text{pot}}(A)}{q}\,.$$

Potenzialdifferenz

Wie wir in Kapitel 8 begründet hatten, sind nur Differenzen der potenziellen Energie von physikalischer Bedeutung. Folglich ist nur die **Potenzialdifferenz** zwischen zwei Punkten A und B (beispielsweise zwischen den Punkten A und B aus ▸ Abbildung 23.1) messbar. Wenn die elektrische Kraft positive Arbeit an einer Ladung verrichtet, wächst die kinetische Energie und die potenzielle Energie fällt. Die Differenz der potenziellen Energie $E_{\text{pot}}(\text{B}) - E_{\text{pot}}(\text{A})$ ist gleich dem Negativen der Arbeit W_{BA}, die die elektrische Kraft verrichtet, um die Ladung vom Punkt A zum Punkt B zu verschieben. Deshalb ist die Potenzialdifferenz U_{BA} gegeben durch

$$U_{\text{BA}} = \phi_\text{B} - \phi_\text{A} = \frac{E_{\text{pot}}(\text{B}) - E_{\text{pot}}(\text{A})}{q} = -\frac{W_{\text{BA}}}{q}\,. \tag{23.1}$$

Beachten Sie, dass das elektrische Potenzial, ebenso wie das elektrische Feld, nicht von der Testladung q abhängt. ϕ hängt von den anderen Ladungen ab, die das Feld erzeugen, nicht aber von q. Die Ladung q nimmt potenzielle Energie auf, weil sie sich in dem durch die anderen Ladungen erzeugten Potenzial ϕ befindet.

Aus unserer Definition sehen wir, dass die positiv geladene Platte aus ▸ Abbildung 23.1 auf einem höheren Potenzial liegt als die negativ geladene Platte. Deshalb bewegt sich ein positiv geladener Körper von einem hohen Potenzial zu einem niedrigen Potenzial. Für eine negative Ladung gilt das Gegenteil.

Das Volt (1 V = 1 J/C)

Spannung = Potenzialdifferenz

Die Einheit des elektrischen Potenzials bzw. der Potenzialdifferenz ist Joule/Coulomb und wird zu Ehren Alessandro Voltas (1745–1827) **Volt** genannt. (Alessandro Volta ist vor allem für die Erfindung der Batterie bekannt.) Das Volt wird mit V abgekürzt, es gilt also 1 V = 1 J/C. Die Potenzialdifferenz wird auch als **Spannung** bezeichnet (engl. *voltage*).

Wenn wir vom Potenzial ϕ_A in einem Punkt a sprechen, müssen wir uns dessen bewusst sein, dass ϕ_A davon abhängt, an welcher Stelle das Potenzial gleich null gesetzt wurde. Der Nullpunkt des elektrischen Potenzials kann wie die potenzielle Energie beliebig gewählt werden, da nur Potenzialdifferenzen gemessen werden können. Häufig wird der Boden oder ein Leiter, der direkt mit dem Boden verbunden ist (die Erde), als Nullpotenzial gewählt; andere Potenzialwerte werden bezüglich dieses Nullpotenzials angegeben. (Spannung 50 V für einen Punkt heißt in diesem Fall, dass die Potenzialdifferenz zwischen Punkt und Erde 50 V beträgt.) Wie wir sehen werden, kann es in anderen Fällen sinnvoll sein, den Nullpunkt des Potenzials in unendlicher Entfernung ($r = \infty$) zu wählen.

Beispiel 23.1 · Begriffsbildung — Eine negative Ladung

Angenommen, eine negative Ladung, z. B. ein Elektron, befindet sich im Punkt B aus ▸ Abbildung 23.1. Wird die elektrische potenzielle Energie eines Elektrons, das sich frei bewegen kann, wachsen oder fallen?

Lösung

Ein Elektron, das sich im Punkt B befindet, wird sich in Richtung der positiven Platte bewegen. (Ein Elektron im Punkt A würde in Ruhe verharren.) Während sich das Elektron nach links bewegt, *sinkt* seine potenzielle Energie und seine kinetische Energie wächst. Beachten Sie aber, dass sich das Elektron von einem Punkt mit niedrigem Potenzial zu einem Punkt mit höherem Potenzial bewegt; es gilt also $\Delta\phi = \phi_A - \phi_B > 0$. (Die Potenziale ϕ_A und ϕ_B entstehen durch die Ladungen der Platten, nicht durch das Elektron.)

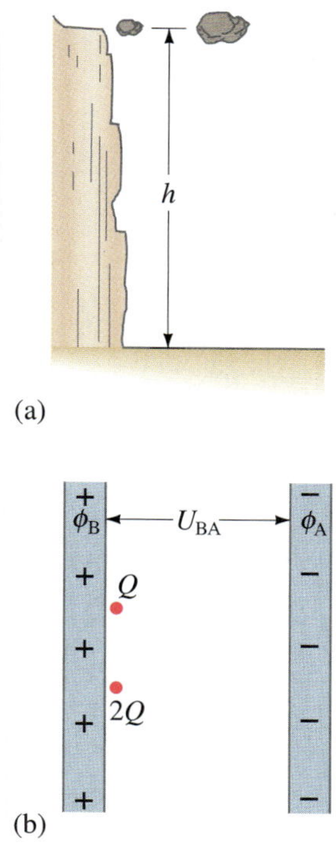

Abbildung 23.2 (a) Zwei Steine befinden sich auf gleicher Höhe. Der größere Stein hat eine größere potenzielle Energie. (b) Zwei Ladungen haben dasselbe elektrische Potenzial. Die Ladung $2Q$ hat eine größere potenzielle Energie.

Da die elektrische Potenzialdifferenz definiert ist als die Differenz der potenziellen Energie pro Ladungseinheit, ist die Änderung der potenziellen Energie einer Ladung q, die zwischen zwei Punkten A und B bewegt wird,

$$E_{pot}(B) - E_{pot}(A) = q(\phi_B - \phi_A) = q\,U_{BA}\,. \qquad (23.2)$$

Das heißt, wenn sich ein Körper mit der Ladung q durch eine Potenzialdifferenz U_{BA} bewegt, dann ändert sich seine potenzielle Energie um den Betrag $q\,U_{BA}$. Wenn zum Beispiel in ▶ Abbildung 23.1 die Potenzialdifferenz zwischen den beiden Platten 6 V beträgt, dann wird eine Ladung von +1 C, die von B nach A bewegt wird (durch eine äußere Kraft), elektrische potenzielle Energie in Höhe von (1 C)(6 V) = 6 J gewinnen. (Und sie wird 6 J an elektrischer potenzieller Energie verlieren, wenn sie sich von a nach b bewegt.) Eine Ladung von 2 C wird entsprechend 12 J gewinnen usw. Die Differenz des elektrischen Potenzials ist also ein Maß dafür, wie viel Energie eine elektrische Ladung in einer bestimmten Situation aufnehmen kann. Da Energie die Fähigkeit ist, Arbeit zu verrichten, ist die Differenz des elektrischen Potenzials auch ein Maß dafür, wie viel Arbeit eine gegebene Ladung verrichten kann. Der genaue Betrag hängt sowohl von der Potenzialdifferenz als auch von der Ladung ab.

Um zu einem tieferen Verständnis des Potenzials zu gelangen, wollen wir eine Analogiebetrachtung heranziehen. Wir betrachten einen Stein, der unter dem Einfluss der Schwerkraft von einer Klippe herabfällt. Je größer die Höhe h der Klippe ist, umso größer ist die potenzielle Energie (= mgh) des Steins an der Spitze der Klippe im Verhältnis zur potenziellen Energie, die er am Boden hat. Entsprechend größer ist die kinetische Energie, die der Stein haben wird, wenn er den Boden erreicht. Das tatsächliche Maß an kinetischer Energie, das er aufnimmt, und demzufolge die Menge an Arbeit, die er verrichten kann, hängt von der Höhe der Klippe und von der Masse m des Steins ab. Ein großer und ein kleiner Stein, die sich in der gleichen Höhe h befinden (▶ Abbildung 23.2a), haben das gleiche „Gravitationspotenzial", aber der größere Stein hat mehr potenzielle Energie.

Im elektrischen Fall verhält es sich ähnlich (▶ Abbildung 23.2b): Die Änderung der potenziellen Energie (oder die Arbeit, die verrichtet werden kann) hängt von der Potenzialdifferenz (entspricht der Höhe der Klippe) und von der Ladung (entspricht der Masse) ab, siehe Gleichung 23.2. (Es gibt allerdings einen wichtigen Unterschied: Während es zwei Formen elektrischer Ladungen gibt, nämlich + und −, ist die schwere Masse immer positiv.)

In der Praxis sind elektrische Energiequellen, wie z. B. Batterien und elektrische Generatoren, dazu gedacht, eine bestimmte Potenzialdifferenz aufrecht zu erhalten. Die tatsächlich verbrauchte oder umgewandelte Energiemenge hängt davon ab, wie viel Ladung fließt. Betrachten wir beispielsweise einen Autoscheinwerfer, der mit einer 12,0 V-Batterie verbunden ist. Die Menge an Energie, die umgewandelt wird (in Licht und thermische Energie) ist proportional zum Ladungsfluss, der wiederum davon abhängt, wie lange das Licht eingeschaltet ist. Wenn über eine gegebene Zeitspanne eine Ladung von 5 C fließt, dann ist die gesamte umgewandelte Energie (5,0 C)(12,0 V) = 60 J. Wenn der Scheinwerfer doppelt so lange eingeschaltet ist, dann fließt eine Ladungsmenge von 10,0 C. Die umgewandelte Energie ist (10,0 C)(12,0 V) = 120 J.

In Tabelle 23.1 sind einige typische Spannungswerte angegeben.

Tabelle 23.1

Einige typische Spannungswerte

Quelle	Spannung (genähert)
zwischen Gewitterwolke und Erdboden	10^8 V
Hochspannungsleitung	10^6 V
Stromversorgung einer Fernsehbildröhre	10^4 V
Zündung eines Kraftfahrzeugs	10^4 V
Haushaltsteckdose	10^2 V
Autobatterie	12 V
Taschenlampenbatterie	1,5 V
Ruhepotenzial auf der Membran von Nervenzellen	10^{-1} V
Potenzialunterschiede auf der Haut (EKG und EEG)	10^{-4} V

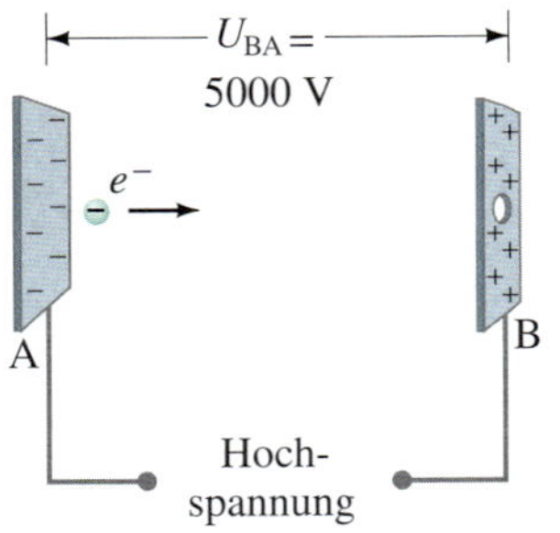

Abbildung 23.3 Beschleunigtes Elektron in einer Bildröhre (Beispiel 23.2).

Beispiel 23.2 Ein Elektron in einer Bildröhre

Angenommen, ein Elektron in der Bildröhre eines Fernsehgeräts wird durch eine Spannung $U_{BA} = +5000$ V aus der Ruhelage beschleunigt (siehe ▸ Abbildung 23.3). (a) Wie groß ist die Änderung der potenziellen Energie des Elektrons? (b) Wie groß wird die Geschwindigkeit des Elektrons (Masse $m = 9{,}1 \cdot 10^{-31}$ kg) durch die Beschleunigung? (c) Wiederholen Sie die Rechnung für ein Proton (Masse $m = 1{,}67 \cdot 10^{-27}$ kg), das durch eine Potenzialdifferenz von $U_{BA} = -5000$ V beschleunigt wird.

Lösung

a Die Ladung eines Elektrons ist $e = -1{,}6 \cdot 10^{-19}$ C. Daher ändert sich seine potenzielle Energie (Gleichung 23.2) um

$$\Delta E_{pot} = q\,U_{BA} = (-1{,}6 \cdot 10^{-19}\,\mathrm{C})(+5000\,\mathrm{V}) = -8{,}0 \cdot 10^{-16}\,\mathrm{J}\,.$$

Das Minuszeichen besagt, dass die potenzielle Energie abnimmt. (Die Potenzialdifferenz U_{BA} hat ein positives Vorzeichen, weil die potenzielle Energie am Ende höher ist als das Anfangspotenzial, d. h. die negativ geladenen Elektronen werden von der negativen Elektrode zur positiven gezogen.)

b Die potenzielle Energie, die das Elektron verliert, wird in kinetische Energie ($= E_{kin}$) umgewandelt. Nach dem Energieerhaltungssatz (Gleichung 8.9) gilt $\Delta E_{kin} + \Delta E_{pot} = 0$ und damit

$$\Delta E_{kin} = -\Delta E_{pot}$$

$$\frac{1}{2}mv^2 - 0 = -q\,U_{BA}\,.$$

Am Anfang ist die kinetische Energie null, da wir angenommen haben, dass das Elektron ursprünglich ruht. Wir stellen die Gleichung nach v um und setzen für m die Masse des Elektrons ($m = 9{,}1 \cdot 10^{-31}$ kg) ein:

$$v = \sqrt{-\frac{2qU_{BA}}{m}} = \sqrt{-\frac{2(-1{,}6 \cdot 10^{-19}\,\mathrm{C})(5000\,\mathrm{V})}{9{,}1 \cdot 10^{-31}\,\mathrm{kg}}} = 4{,}2 \cdot 10^{7}\,\mathrm{m/s}\,.$$

(*Anmerkung*: Bei einer so hohen Geschwindigkeit ($\frac{1}{7}$ der Lichtgeschwindigkeit!) sollten wir besser die Relativitätstheorie verwenden (Kapitel 37) um ein genaueres Ergebnis zu erhalten.)

c Das Proton trägt die gleiche Ladung wie das Elektron, allerdings mit entgegengesetztem Vorzeichen. Demzufolge erwarten wir für die gleiche Potenzialdifferenz U_{BA} die gleiche Änderung von E_{pot}, aber eine niedrigere Geschwindigkeit, da das Proton wesentlich schwerer ist. Wir erhalten

$$\Delta E_{pot} = qU_{BA} = (+1{,}6 \cdot 10^{-19}\,\mathrm{C})(-5000\,\mathrm{V}) = -8{,}0 \cdot 10^{-16}\,\mathrm{J}$$

und

$$v = \sqrt{-\frac{-2qU_{BA}}{m}} = \sqrt{-\frac{2(1{,}6 \cdot 10^{-19}\,\text{C})(-5000\,\text{V})}{(1{,}67 \cdot 10^{-27}\,\text{kg})}}$$
$$= 9{,}8 \cdot 10^5\,\text{m/s}\,.$$

Beachten Sie, dass die Energie nicht von der Masse abhängt, sondern nur von der Ladung und der Spannung. Die *Geschwindigkeit* hängt von m ab.

23.2 Beziehung zwischen elektrischem Potenzial und elektrischem Feld

Der Einfluss einer beliebigen Ladung kann entweder mithilfe des elektrischen Feldes oder des elektrischen Potenzials beschrieben werden. Es ist oft einfacher, mit dem elektrischen Potenzial zu arbeiten, da das Potenzial eine skalare, das elektrische Feld dagegen eine vektorielle Größe ist. Wir wollen nun eine wichtige Beziehung zwischen dem von einer bestimmten Ladungsanordnung erzeugten elektrischen Potenzial und dem von diesen Ladungen hervorgerufenen elektrischen Feld behandeln.

Wir erinnern zunächst an die Beziehung zwischen einer konservativen Kraft **F** und der potenziellen Energie E_{pot}, die mit dieser Kraft verbunden ist. Aus Abschnitt 8.2 wissen wir, dass die Differenz der potenziellen Energie zwischen zwei beliebigen Punkten A und B im Raum durch Gleichung 8.4 gegeben ist:

$$E_{pot}(B) - E_{pot}(A) = -\int_A^B \mathbf{F} \cdot \mathbf{ds}\,.$$

Dabei ist **ds** eine infinitesimale Verschiebung, und das Integral wird entlang eines beliebigen Weges von Punkt A nach Punkt B gebildet. Im Falle einer elektrischen Kraft sind wir mehr an der Potenzialdifferenz $U_{BA} = \phi_B - \phi_A = (E_{pot}(B) - E_{pot}(A))/q$ interessiert (siehe Gleichung 23.1) als an der potenziellen Energie selbst. Des Weiteren ist das elektrische Feld **E** in einem beliebigen Punkt des Raumes definiert als die Kraft pro Ladungseinheit (Gleichung 23.1); es gilt also $\mathbf{E} = \mathbf{F}/q$. Setzen wir diese beiden Beziehungen in die obige Gleichung ein, so erhalten wir

$$U_{BA} = \phi_B - \phi_A = -\int_A^B \mathbf{E} \cdot \mathbf{ds}\,. \tag{23.3}$$

Dies ist die allgemeine Beziehung zwischen dem elektrischen Feld und der Potenzialdifferenz (siehe auch ▸ Abbildung 23.4). Wenn das elektrische Feld einer Ladungsanordnung gegeben ist, können wir Gleichung 23.3 benutzen um U_{BA} zu bestimmen.

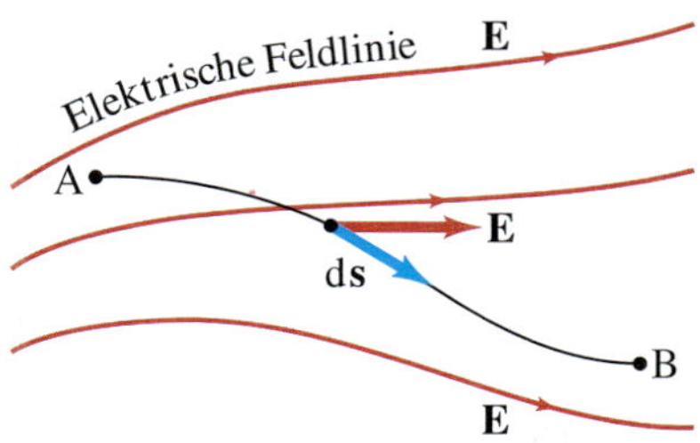

Abbildung 23.4 Integration von $\mathbf{E} \cdot \mathbf{ds}$ vom Punkt A zum Punkt B in einem inhomogenen elektrischen Feld **E**.

Ein einfacher Spezialfall liegt vor, wenn das Feld homogen ist. In ▸ Abbildung 23.1 beispielsweise erhalten wir für einen Weg, der parallel zu den elektrischen Feldlinien von Punkt A (auf der positiv geladenen Platte) nach Punkt B (auf der negativ geladenen Platte) verläuft,

$$\phi_B - \phi_A = -\int_A^B \mathbf{E} \cdot \mathbf{ds} = -E\int_A^B ds = -Ed$$

oder

$$U_{BA} = -Ed \qquad (\text{falls } E \text{ homogen})\,. \tag{23.4}$$

Hierbei ist d der Abstand zwischen den Punkten A und B. Vergewissern Sie sich, dass das elektrische Feld homogen ist, bevor Sie Gleichung 23.4 benutzen.

Sowohl aus Gleichung 23.3 als auch aus 23.4 können wir ablesen, dass wir als Einheit für die Intensität des elektrischen Feldes entweder Volt pro Meter (V/m) oder Newton pro Coulomb (N/C) wählen können. Diese beiden Einheiten sind äquivalent, denn es gilt 1 N/C = 1 N·m/C·m = 1 J/C·m = 1 V/m.

Beispiel 23.3 **Spezialfall: durch Spannung erzeugtes homogenes elektrisches Feld**

An zwei parallele Platten ist eine Ladung von 50 V angelegt. Berechnen Sie das elektrische Feld zwischen den beiden Platten für den Fall, dass der Abstand zwischen ihnen 5,0 cm beträgt (vernachlässigen Sie Randeffekte).

Lösung

Nach Gleichung 23.4 gilt

$$E = \frac{U_{\mathrm{BA}}}{d} = \frac{50\,\mathrm{V}}{0{,}050\,\mathrm{m}} = 1000\,\mathrm{V/m}\,.$$

Beispiel 23.4 **Geladene leitende Kugel**

Bestimmen Sie das Potenzial im Abstand r vom Mittelpunkt einer homogen geladenen leitenden Kugel vom Radius r_0 für (a) $r > r_0$, (b) $r = r_0$ und (c) $r < r_0$. Die Gesamtladung auf der Kugel ist Q.

Lösung

a Die Ladung Q ist auf der Oberfläche der Kugel verteilt, da es sich um einen Leiter handelt. Wir haben in Beispiel 22.3 gesehen, dass das elektrische Feld außerhalb der leitenden Kugel durch

$$E = \frac{1}{4\pi\epsilon_0}\frac{Q}{r^2} \qquad (r > r_0)$$

gegeben ist und radial nach außen zeigt (bzw. nach innen im Falle $Q < 0$). Da wir $\mathbf{E}$ kennen, können wir Gleichung 23.3 verwenden und entlang eines radialen Weges integrieren, für den $\mathrm{d}\mathbf{s}$ parallel zu $\mathbf{E}$ ist (► Abbildung 23.5) und der zwischen zwei Punkten verläuft, die die Abstände r_a und r_b vom Kugelmittelpunkt haben:

$$\phi_\mathrm{B} - \phi_\mathrm{A} = -\int_{r_\mathrm{a}}^{r_\mathrm{b}} \mathbf{E}\cdot \mathrm{d}\mathbf{s} = -\frac{Q}{4\pi\epsilon_0}\int_{r_\mathrm{a}}^{r_\mathrm{b}}\frac{\mathrm{d}r}{r^2} = \frac{Q}{4\pi\epsilon_0}\left(\frac{1}{r_\mathrm{b}} - \frac{1}{r_\mathrm{a}}\right)\,.$$

Setzen wir $\phi = 0$ bei $r = \infty$ (z. B. indem wir $\phi_\mathrm{B} = 0$ bei $r_\mathrm{b} = \infty$ setzen), dann gilt für jeden anderen Punkt $r > r_0$

$$\phi = \frac{1}{4\pi\epsilon_0}\frac{Q}{r} \qquad (r > r_0)\,.$$

Wir werden im nächsten Abschnitt sehen, dass dieselbe Gleichung für das Potenzial im Abstand r von einer Punktladung gilt. Das elektrische Potenzial außerhalb eines kugelförmigen Leiters mit einer homogen verteilten Ladung ist ebenso groß wie im Fall, dass die gesamte Ladung im Mittelpunkt der Kugel konzentriert ist.

b Im Falle $r = r_0$, d. h. auf der Oberfläche des Leiters, gilt

$$\phi = \frac{1}{4\pi\epsilon_0}\frac{Q}{r_0} \qquad (r = r_0)\,.$$

c In Punkten innerhalb des Leiters ist $E = 0$. Daher ergibt das Integral $\int \mathbf{E}\cdot \mathrm{d}\mathbf{s}$ zwischen $r = r_0$ und einem beliebigen Punkt innerhalb des

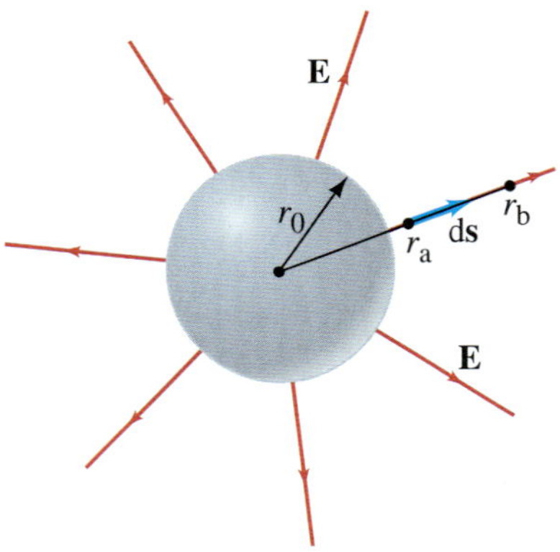

Abbildung 23.5 Beispiel 23.4: Integration von $\mathbf{E}\cdot \mathrm{d}\mathbf{s}$ für ein Feld außerhalb eines kugelförmigen Leiters.

Leiters, dass die Änderung von ϕ null ist. ϕ ist also innerhalb des Leiters konstant:

$$\phi = \frac{1}{4\pi\epsilon_0}\frac{Q}{r_0} \qquad (r \le r_0)\,.$$

Nicht nur die Oberfläche des Leiters, sondern der gesamte Leiter hat das gleiche Potenzial. In ▶ Abbildung 23.6 ist der Verlauf von E und ϕ skizziert.

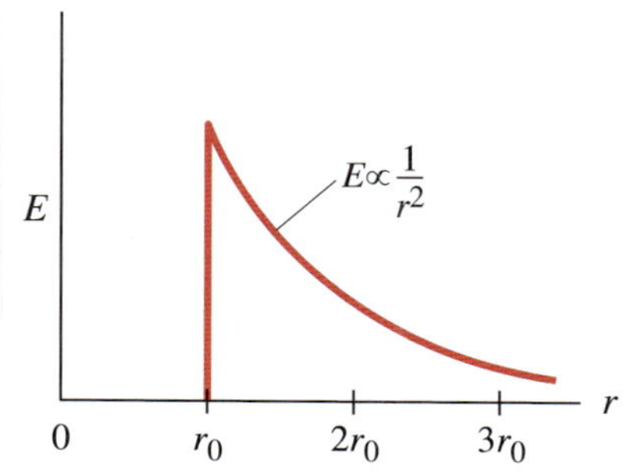

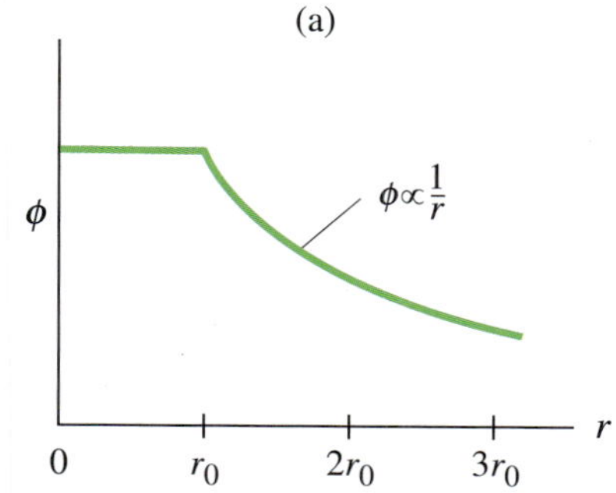

Abbildung 23.6 (a) E als Funktion von r und (b) ϕ als Funktion von r für eine homogen geladene, massive leitfähige Kugel mit dem Radius r_0 (die Ladung verteilt sich von selbst auf der Oberfläche); r ist der Abstand vom Mittelpunkt der Kugel.

Beispiel 23.5 **Durchschlagspannung**

In vielen Geräten werden sehr hohe Spannungen verwendet. Ein Problem im Zusammenhang mit hohen Spannungen besteht darin, dass die Luft aufgrund der starken elektrischen Felder ionisiert werden kann. Die freien Elektronen der Luft (die z. B. durch die kosmische Strahlung induziert werden) können durch diese starken Felder so sehr beschleunigt werden, dass sie O_2- und N_2-Moleküle durch Zusammenstöße ionisieren, indem sie eines oder mehrere ihrer Elektronen herauslösen. Die Luft wird dann leitfähig und die hohe Spannung kann bei fließender Ladung nicht aufrecht erhalten werden. Die Luft schlägt für elektrische Felder von etwa $3 \cdot 10^6$ V/m durch. (a) Zeigen Sie, dass die Durchschlagspannung für einen kugelförmigen Leiter in Luft proportional zum Kugelradius ist. (b) Schätzen Sie den Spannungsabfall in der Luft für eine Kugel mit dem Durchmesser 1,0 cm.

Lösung

a Das elektrische Potenzial auf der Oberfläche eines kugelförmigen Leiters vom Radius r_0 (Beispiel 23.4) bzw. das elektrische Feld unmittelbar über der Oberfläche sind

$$\phi = \frac{1}{4\pi\epsilon_0}\frac{Q}{r_0} \qquad \text{bzw.} \qquad E = \frac{1}{4\pi\epsilon_0}\frac{Q}{r_0^2}\,.$$

Durch Kombination dieser beiden Gleichungen erhalten wir

$$\phi = r_0 E \qquad \text{(auf der Oberfläche des kugelförmigen Leiters)}\,.$$

b Für $r_0 = 5 \cdot 10^{-3}$ m beträgt der Spannungsabfall in der Luft

$$U = (5 \cdot 10^{-3}\,\text{m})(3 \cdot 10^6\,\text{V/m}) = 15\,000\,\text{V}\,.$$

Durch Beispiel 23.5 wird verständlich, warum große, abgerundete Anschlussklemmen ohne scharfe Kanten für Hochspannungsanlagen benutzt werden. Es erklärt auch, weshalb es Durchschläge oder Funken an rauen Kanten oder Spitzen (Bereichen mit kleinem Krümmungsradius) eines Leiters gibt und weshalb Leiter mit möglichst glatter Oberfläche gefertigt werden.

23.3 Das elektrische Potenzial einer Punktladung

Das elektrische Potenzial in einer Entfernung r von einer einzelnen Punktladung Q kann direkt aus Gleichung 23.3 abgeleitet werden; es gilt $\phi_B - \phi_A = -\int \mathbf{E} \cdot d\mathbf{s}$. Das elektrische Feld einer einzelnen Punktladung hat nach Gleichung 21.4 die Stärke

$$E = \frac{1}{4\pi\epsilon_0}\frac{Q}{r^2} \qquad \text{oder} \qquad E = k\frac{Q}{r^2}$$

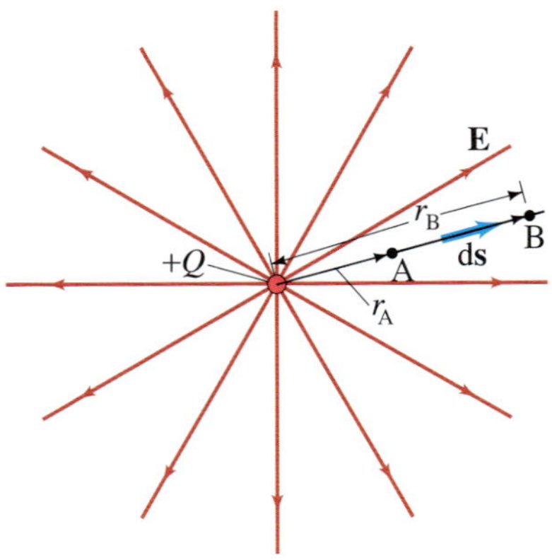

Abbildung 23.7 Wir integrieren Gleichung 23.3 entlang einer geraden Linie (schwarz) von Punkt A zu Punkt B. Die Linie ab verläuft parallel zu einer Feldlinie.

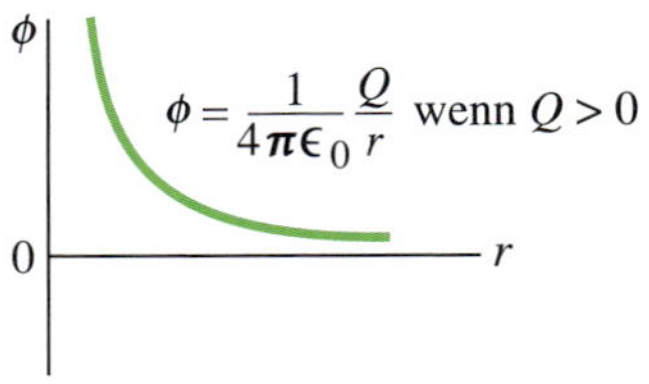

Abbildung 23.8 Das Potenzial ϕ als Funktion der Entfernung r von einer einzelnen positiven Punktladung Q.

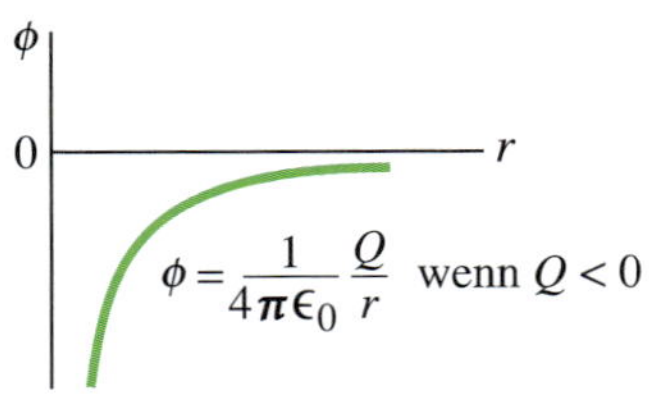

Abbildung 23.9 Das Potenzial ϕ als Funktion der Entfernung r von einer einzelnen Punktladung Q, wenn die Ladung negativ ist.

mit $k = 1/4\pi\epsilon_0 = 8{,}99 \cdot 10^9\,\mathrm{N{\cdot}m^2/C^2}$ und ist von der Ladung ausgehend radial nach außen gerichtet (bzw. nach innen für $Q < 0$). Wir bilden in Gleichung 23.3 das Integral entlang einer (geraden) Feldlinie von Punkt A mit dem Abstand r_A von Q nach Punkt B mit dem Abstand r_B von Q. Dann ist $\mathbf{ds}$ parallel zu $\mathbf{E}$ und es gilt $ds = dr$ (► Abbildung 23.7). Folglich ist

$$\phi_B - \phi_A = -\int_{r_A}^{r_B} \mathbf{E} \cdot \mathrm{d}\mathbf{s} = -\frac{Q}{4\pi\epsilon_0}\int_{r_A}^{r_B} \frac{1}{r^2}\,\mathrm{d}r = \frac{1}{4\pi\epsilon_0}\left(\frac{Q}{r_B} - \frac{Q}{r_A}\right) .$$

Wie bereits erwähnt, haben nur Potenzialdifferenzen eine physikalische Bedeutung. Wir können daher den Wert des Potenzials an einem bestimmten Punkt nach Belieben festlegen. Es ist üblich, das Potenzial bei unendlich gleich null zu setzen (es sei also ϕ_B bei $r = \infty$). Dann lautet das elektrische Potenzial ϕ_B im Abstand r von einer einzelnen Punktladung

$$\phi = \frac{1}{4\pi\epsilon_0}\frac{Q}{r} \quad \text{(einzelne Punktladung: } \phi = 0 \text{ bei } r = \infty\text{)} . \tag{23.5}$$

Wir können uns hierbei ϕ als das absolute Potenzial mit $\phi = 0$ bei $r = \infty$ vorstellen oder ϕ als die Potenzialdifferenz zwischen r und unendlich interpretieren. Beachten Sie, dass ϕ mit der ersten Potenz des Abstands abnimmt, das elektrische Feld (Gleichung 21.4) dagegen mit dem *Abstandsquadrat*. Das Potenzial ist in der Nähe einer positiven Ladung groß und fällt für große Abstände gegen null (siehe ► Abbildung 23.8). Für eine negative Ladung ist das Potenzial negativ und steigt für große Abstände auf null an (siehe ► Abbildung 23.9).

In Beispiel 23.4 haben wir gesehen, dass das Potenzial einer homogen geladenen Kugel für Punkte außerhalb der Kugel durch die gleiche Beziehung gegeben ist (Gleichung 23.5). Wir stellen daher fest, dass das Potenzial außerhalb einer homogen geladenen Kugel gleich dem der im Kugelmittelpunkt konzentrierten gesamten Ladung ist.

Beispiel 23.6

Welche Arbeit ist erforderlich um zwei positive Ladungen zusammenzubringen?

Wie groß ist die Arbeit, die durch eine äußere Kraft mindestens aufgewendet werden muss, um eine Ladung $q = 3{,}00\,\mu\mathrm{C}$ aus großem Abstand (setzen Sie $r = \infty$) zu einem Punkt in 0,500 m Entfernung von einer Ladung $Q = 20{,}0\,\mu\mathrm{C}$ zu bewegen?

Lösung

Die durch das elektrische Feld verrichtete Arbeit ist gleich dem negativen Wert der Änderung der potenziellen Energie:

$$W = -qU_{BA} = -\frac{q}{4\pi\epsilon_0}\left(\frac{Q}{r_B} - \frac{Q}{r_A}\right)$$

mit $r_B = 0{,}500\,\mathrm{m}$ und $r_A = \infty$. Der zweite Term ist null; daher gilt

$$W = -(3{,}00 \cdot 10^{-6}\,\mathrm{C})\frac{(8{,}99 \cdot 10^9\,\mathrm{N{\cdot}m^2/C^2})(2{,}00 \cdot 10^{-5}\,\mathrm{C})}{(0{,}500\,\mathrm{m})} = -1{,}08\,\mathrm{J} .$$

Das elektrische Feld verrichtet in diesem Falle negative Arbeit. Um die Ladung in den vorgegebenen Punkt zu verschieben, müsste eine *äußere Kraft* die Arbeit $W = +1{,}08\,\mathrm{J}$ verrichten, vorausgesetzt, dass die Ladungen nicht beschleunigt werden.

Um das elektrische Feld zu bestimmen, das eine Anordnung von zwei oder mehr Punktladungen umgibt, müssen die elektrischen Felder der einzelnen Ladungen addiert werden. Da das elektrische Feld eine vektorielle Größe ist, ist dies manchmal schwierig. Die Bestimmung des elektrischen Potenzials einer Anordnung von Punktladungen ist wesentlich einfacher, da das elektrische Potenzial eine skalare

Größe ist. Man muss also nur Zahlen addieren, ohne auf Richtungen zu achten. Dies ist ein großer Vorteil bei der Verwendung des elektrischen Potenzials. Die Vorzeichen der Ladungen müssen wir natürlich beachten.

Potenziale werden als Skalare addiert, Felder als Vektoren

Beispiel 23.7 Das Potenzial zweier Ladungen

Berechnen Sie das elektrische Potenzial in den Punkten A und B aus ▶ Abbildung 23.10, das durch die beiden gezeigten Ladungen entsteht. (Es liegt die gleiche Situation vor wie in Beispiel 21.8, ▶ Abbildung 21.26, in dem wir das elektrische Feld in den beiden Punkten berechnet hatten.) Setzen Sie $\phi = 0$ bei $r = \infty$.

Lösung

Das Potenzial im Punkt A ist die Summe der Potenziale der positiven und der negativen Ladung. Wir verwenden für jede der beiden Ladungen Gleichung 23.5:

$$\begin{aligned}\phi_{\mathrm{A}} &= \phi_{\mathrm{A2}} + \phi_{\mathrm{A1}}\\ &= \frac{(9{,}0\cdot 10^9\,\mathrm{N\cdot m^2/C^2})(5{,}0\cdot 10^{-5}\,\mathrm{C})}{0{,}30\,\mathrm{m}}\\ &\quad+\frac{(9{,}0\cdot 10^9\,\mathrm{N\cdot m^2/C^2})(-5{,}0\cdot 10^{-5}\,\mathrm{C})}{0{,}60\,\mathrm{m}}\\ &= 1{,}5\cdot 10^6\,\mathrm{V} - 0{,}75\cdot 10^6\,\mathrm{V}\\ &= 7{,}5\cdot 10^5\,\mathrm{V}\,.\end{aligned}$$

Im Punkt B gilt

$$\begin{aligned}\phi_{\mathrm{B}} &= \phi_{\mathrm{B2}} + \phi_{\mathrm{B1}}\\ &= \frac{(9{,}0\cdot 10^9\,\mathrm{N\cdot m^2/C^2})(5{,}0\cdot 10^{-5}\,\mathrm{C})}{0{,}40\,\mathrm{m}}\\ &\quad+\frac{(9{,}0\cdot 10^9\,\mathrm{N\cdot m^2/C^2})(-5{,}0\cdot 10^{-5}\,\mathrm{C})}{0{,}40\,\mathrm{m}}\\ &= 0\,\mathrm{V}\,.\end{aligned}$$

Offensichtlich ist das Potenzial in allen Punkten, die von den beiden Ladungen den gleichen Abstand haben, null. Die durch diese Punkte gebildete Ebene ist eine Äquipotenzialfläche mit $\phi = 0$.

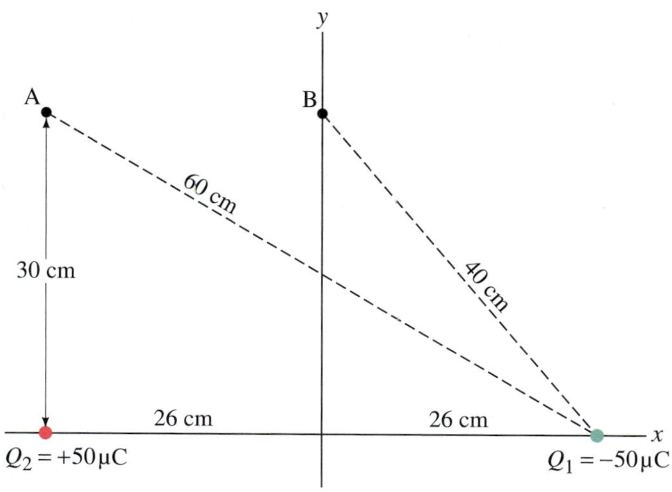

Abbildung 23.10 Beispiel 23.7 (siehe auch Beispiel 21.8, ▶ Abbildung 21.26).

Die in diesem Beispiel durchgeführte Summation kann leicht für den Fall beliebig vieler Ladungen verallgemeinert werden.

23.4 Das Potenzial beliebiger Ladungsverteilungen

Wenn wir in einem räumlichen Gebiet das elektrische Feld für beliebige Ladungsverteilungen kennen, dann können wir mithilfe von Gleichung 23.3, $U_{\mathrm{BA}} = -\int_{\mathrm{a}}^{\mathrm{b}} \mathbf{E} \cdot \mathrm{d}\mathbf{s}$, die Potenzialdifferenz zwischen zwei beliebigen Punkten aus diesem Gebiet berechnen. In vielen Fällen kennen wir das Feld **E** als Funktion des Ortes nicht und es kann schwierig zu berechnen sein. Wir können das Potenzial ϕ einer gegebenen Ladungsverteilung auf andere (oft einfachere Weise) berechnen, indem wir das Potenzial einer einzelnen Punktladung (Gleichung 23.5)

$$\phi = \frac{1}{4\pi\epsilon_0} \frac{Q}{r}$$

mit $\phi = 0$ und $r = \infty$ verwenden. Dann summieren wir über alle Ladungen. Für n verschiedene Punktladungen ist das Potenzial in einem Punkt a (relativ zu $\phi = 0$ bei $r = \infty$)

Potenzial mehrerer Punktladungen

$$\phi_{\mathrm{A}} = \sum_{i=1}^{n} \phi_i = \frac{1}{4\pi\epsilon_0} \sum_{i=1}^{n} \frac{Q_i}{r_{i\mathrm{A}}}, \tag{23.6a}$$

wobei $r_{i\mathrm{A}}$ der Abstand der i-ten Ladung (Q_i) vom Punkt A ist. (Wir haben diese Methode bereits in Beispiel 23.7 verwendet.) Wenn die Ladungsverteilung als stetig betrachtet werden kann, dann gilt

Potenzial einer stetigen Ladungsverteilung

$$\phi = \frac{1}{4\pi\epsilon_0} \int \frac{\mathrm{d}q}{r}. \tag{23.6b}$$

Dabei ist r der Abstand eines kleinen Ladungselements $\mathrm{d}q$ zu dem Punkt, an dem das Potenzial ϕ bestimmt wird.

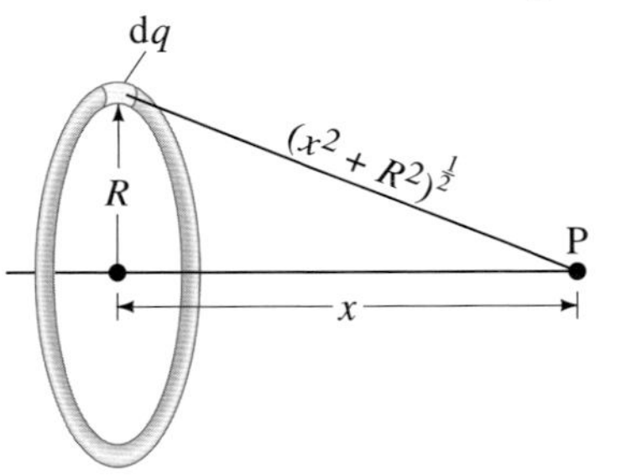

Abbildung 23.11 Berechnung des Potenzials im Punkt P im Abstand x vom Mittelpunkt eines homogen geladenen Ringes (Beispiel 23.8).

Beispiel 23.8 Das Potenzial einer Ringladung

Ein dünner Kreisring vom Radius R besitzt eine homogene Ladungsverteilung Q. Bestimmen Sie das elektrische Potenzial in einem Punkt P, der im Abstand x vom Mittelpunkt auf der Symmetrieachse des Rings liegt (siehe ► Abbildung 23.11).

Lösung

Jeder Punkt auf dem Ring hat den gleichen Abstand vom Punkt P; dieser Abstand ist $(x^2 + r^2)^{\frac{1}{2}}$. Das Potenzial in P ist daher

$$\phi = \frac{1}{4\pi\epsilon_0} \int \frac{\mathrm{d}q}{r} = \frac{1}{4\pi\epsilon_0} \frac{1}{(x^2 + R^2)^{\frac{1}{2}}} \int \mathrm{d}q = \frac{1}{4\pi\epsilon_0} \frac{Q}{(x^2 + R^2)^{\frac{1}{2}}}.$$

Wie zu erwarten reduziert sich dieses Ergebnis für Punkte in großer Entfernung vom Ring ($x \gg R$) auf $(1/4\pi\epsilon_0)(Q/x)$, das Potenzial einer Punktladung.

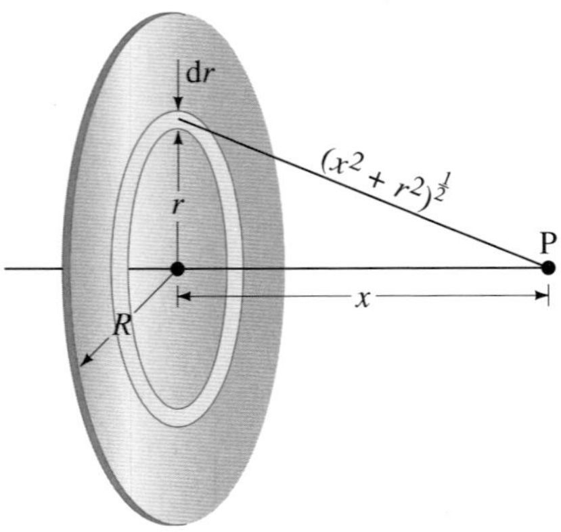

Abbildung 23.12 Berechnung des elektrischen Potenzials im Punkt P auf der Achse einer homogen geladenen, dünnen Kreisscheibe (Beispiel 23.9).

Beispiel 23.9 Das Potenzial einer geladenen Scheibe

Eine flache Scheibe vom Radius R trägt eine homogen verteilte Ladung Q (► Abbildung 23.12). Bestimmen Sie das Potenzial in einem Punkt P, der im Abstand x vom Mittelpunkt auf der Symmetrieachse der Scheibe liegt.

Lösung

Wir zerlegen die Scheibe in schmale Ringe mit dem Radius r und der Breite dr. Da die Ladung homogen verteilt ist, ist die in jedem Ring enthaltene Ladung proportional zu seinem Flächeninhalt. Die Scheibe hat einen Flächeninhalt von πR^2 und jeder schmale Ring einen Flächeninhalt von $dA = (2\pi r)(dr)$. Folglich gilt

$$\frac{dq}{Q} = \frac{2\pi r\,dr}{\pi R^2}$$

und somit

$$dq = Q\frac{(2\pi r)(dr)}{\pi R^2} = \frac{2Qr\,dr}{\pi R^2}\,.$$

Unter Verwendung von Gleichung 23.6b mit $r = (x^2+r^2)^{\frac{1}{2}}$ erhalten wir hieraus für das Potenzial im Punkt P

$$\phi = \frac{1}{4\pi\epsilon_0}\int \frac{dq}{(x^2+r^2)^{\frac{1}{2}}} = \frac{2Q}{4\pi\epsilon_0 R^2}\int_0^R \frac{r\,dr}{(x^2+r^2)^{\frac{1}{2}}} = \frac{Q}{2\pi\epsilon_0 R^2}(x^2+r^2)^{\frac{1}{2}}\Big|_{r=0}^{r=R}$$

$$= \frac{Q}{2\pi\epsilon_0 R^2}\left[(x^2+R^2)^{\frac{1}{2}} - x\right].$$

23.5 Äquipotenzialflächen

Das elektrische Potenzial kann graphisch durch **Äquipotenziallinien** bzw. in drei Dimensionen durch **Äquipotenzialflächen** dargestellt werden. Eine Äquipotenzialfläche ist eine Fläche, auf der alle Punkte das gleiche Potenzial haben. Das bedeutet, dass die Potenzialdifferenz zwischen zwei beliebigen Punkten dieser Fläche null ist und keine Arbeit verrichtet werden muss, um eine Ladung von einem Punkt zum anderen zu verschieben. *Äquipotenzialflächen stehen in jedem Punkt senkrecht zum elektrischen Feld.* Wäre dies nicht der Fall – d. h. gäbe es eine Komponente von **E**, die parallel zur Fläche gerichtet ist –, dann müsste Arbeit aufgewendet werden, um die Ladung auf der Fläche entgegen dieser Komponente zu verschieben; dies würde der Definition der Äquipotenzialfläche widersprechen. Wir können dies auch an Gleichung 23.3, $\Delta\phi = -\int \mathbf{E}\cdot d\mathbf{s}$, sehen. Auf einer Fläche mit konstantem Potenzial gilt $\Delta\phi = 0$; daher muss entweder $\mathbf{E} = 0$, $d\mathbf{s} = 0$ oder $\cos\theta = 0$ gelten, wobei θ der von **E** und **ds** eingeschlossene Winkel ist. Deshalb muss in einem Gebiet, in dem **E** nicht null ist, für den Weg **ds** entlang einer Äquipotenziallinie $\cos\theta = 0$ gelten, also $\theta = 90°$, und **E** steht senkrecht zur Äquipotenzialfläche.

Die Tatsache, dass elektrische Feldlinien und Äquipotenzialflächen zueinander senkrecht stehen, hilft uns bei der Bestimmung von Äquipotenzialflächen, wenn die elektrischen Feldlinien bekannt sind. In einer normalen, zweidimensionalen Skizze stellen wir die *Äquipotenziallinien* dar, die Schnittlinien der Äquipotenzialflächen mit der Zeichenebene. In ▸ Abbildung 23.13 sind einige Äquipotenziallinien (grün gestrichelt) für das elektrische Feld (rote Linien) zwischen zwei parallelen Platten mit einer Potenzialdifferenz von 20 V eingezeichnet.

Die negativ geladene Platte ist willkürlich auf null Volt gelegt und das Potenzial jeder Äquipotenziallinie ist angegeben. Beachten Sie, dass **E** in Richtung tieferer Potenzialwerte zeigt. Die Äquipotenziallinien für den Fall zweier entgegengesetzt geladener Teilchen sind in ▸ Abbildung 23.14 durch grüne gestrichelte Linien dargestellt.

Äquipotenziallinien und -flächen sind im Gegensatz zu Feldlinien immer stetig und ohne Ende; sie setzen sich also außerhalb des in ▸ Abbildung 23.13 bzw. ▸ 23.14 gezeigten Bereichs fort.

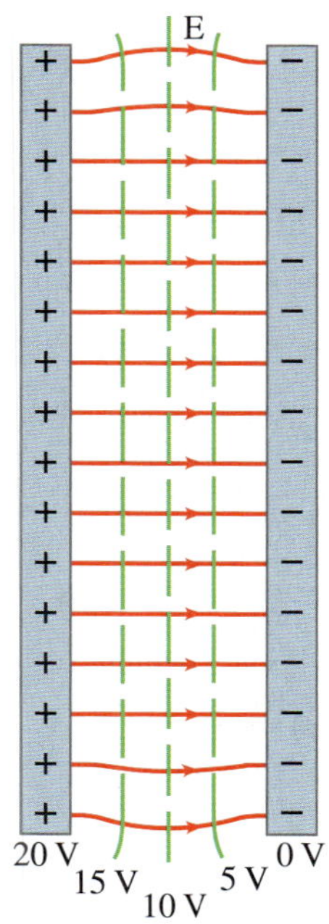

Abbildung 23.13 Äquipotenziallinien (grün, gestrichelt) zwischen zwei entgegengesetzt geladenen parallelen Platten. Die Äquipotenziallinien verlaufen senkrecht zu den elektrischen Feldlinien (rot, durchgezogen).

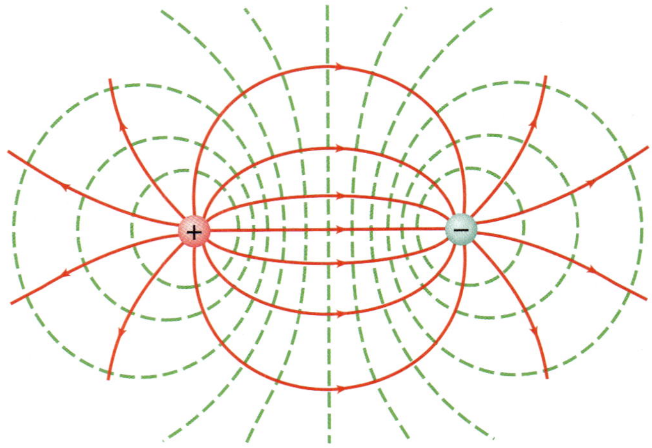

Abbildung 23.14 Äquipotenziallinien (grün, gestrichelt) stehen stets senkrecht zu den elektrischen Feldlinien (rot, durchgezogen), hier für zwei gleich, aber entgegengesetzt geladene Teilchen dargestellt.

Wie wir in Abschnitt 21.9 gesehen haben, kann es im statischen Fall innerhalb eines Leiters kein elektrisches Feld geben, da die freien Elektronen sonst einer Kraft ausgesetzt wären und sich bewegen würden. Tatsächlich muss das gesamte Volumen eines Leiters im statischen Fall das gleiche Potenzial besitzen. Die Oberfläche eines Leiters ist deshalb eine Äquipotenzialfläche.

Leiter sind Äquipotenzialflächen

(Andernfalls würden sich die freien Elektronen auf der Oberfläche bewegen, denn immer, wenn zwischen zwei Punkten eine Potenzialdifferenz besteht, bewegen sich die freien Ladungen.) Dies steht im Einklang mit der weiter vorn diskutierten Tatsache, dass das elektrische Feld auf der Oberfläche eines Leiters senkrecht zu dieser stehen muss.

Eine anschauliche Analogie für Äquipotenziallinien ist eine topographische Karte (► Abbildung 23.15). Die Höhenlinien sind nichts anderes als die Äquipotenziallinien des Gravitiationspotenzials.

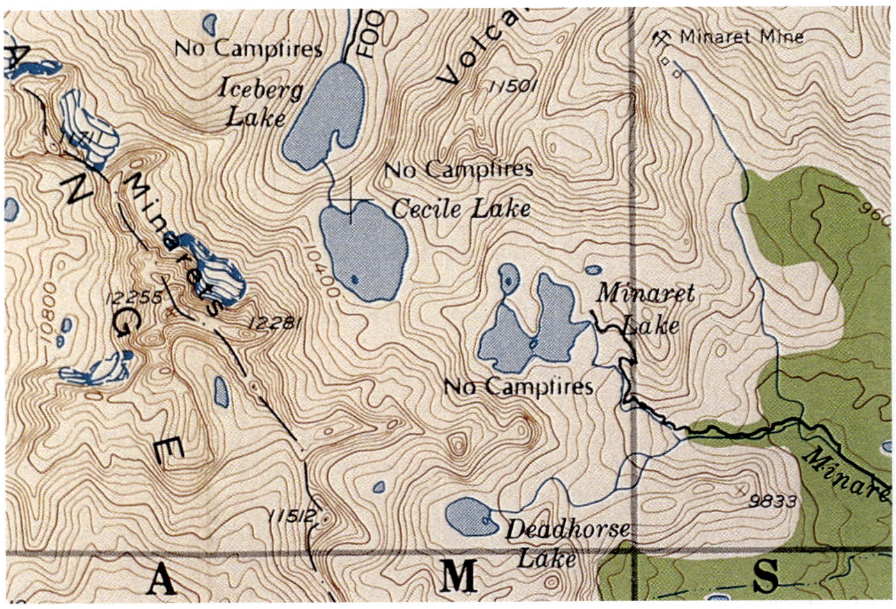

Abbildung 23.15 Eine topographische Karte (hier ein Ausschnitt der Sierra Nevada in Kalifornien) zeigt stetige Höhenlinien, jede von ihnen repräsentiert eine bestimmte Höhe über dem Meeresniveau. Im dargestellten Fall sind die Linien in Höhenintervallen von 80 ft (25 m) angegeben. Wenn Sie entlang einer dieser Linien wandern, müssen Sie weder auf- noch absteigen. Wenn Sie die Linien kreuzen, verändern Sie Ihr Gravitationspotenzial, und zwar umso schneller, je dichter die Linien liegen, maximal also, wenn Sie senkrecht zu den Linien aufsteigen.

23.6 Elektrische Dipole

Zwei gleichgroße, ungleichnamige Punktladungen, die sich in einem Abstand l voneinander befinden, werden als **elektrischer Dipol** bezeichnet (siehe Abschnitt 21.11). Auch die beiden Ladungen in ► Abbildung 23.10 sowie in

► Abbildung 23.14 bilden einen elektrischen Dipol. Für Letztere sind die elektrischen Feldlinien und Äquipotenziallinien eines Dipols dargestellt. Da elektrische Dipole in der Physik und ihren Anwendungen häufig vorkommen, ist es wichtig, sie genauer zu untersuchen.

Wir wollen das elektrische Potenzial eines Dipols in einem beliebigen Punkt P berechnen (► Abbildung 23.16). Wie gewöhnlich wählen wir $\phi = 0$ bei $r = \infty$. Da ϕ die Summe der Potenziale der beiden Ladungen ist, gilt

$$\phi = \frac{1}{4\pi\epsilon_0}\frac{Q}{r} + \frac{1}{4\pi\epsilon_0}\frac{(-Q)}{r+\Delta r} = \frac{1}{4\pi\epsilon_0}Q\left(\frac{1}{r} - \frac{1}{r+\Delta r}\right) = \frac{Q}{4\pi\epsilon_0}\frac{\Delta r}{r(r+\Delta r)} ,$$

wobei r der Abstand von P zur positiven und $r + \Delta r$ der Abstand zur negativen Punktladung ist. Diese Gleichung vereinfacht sich für Punkte P, deren Abstand vom Dipol wesentlich größer ist als der Abstand zwischen den beiden Ladungen, also für $r \gg d$. ► Abbildung 23.16 zeigt, dass in diesem Fall $\Delta r \approx d\cos\theta$ gilt. Wegen $r \gg \Delta r$ können wir Δr im Nenner vernachlässigen. Wir erhalten daher

$$\phi = \frac{1}{4\pi\epsilon_0}\frac{Qd\cos\theta}{r^2} = \frac{1}{4\pi\epsilon_0}\frac{p\cos\theta}{r^2} \qquad \text{(Dipol, } r \gg d\text{)} . \tag{23.7}$$

Die Größe $p = Qd$ wird als **Dipolmoment** bezeichnet. Wenn der Winkel θ zwischen 0° und 90° liegt, ist ϕ positiv; liegt θ zwischen 90° und 180°, ist ϕ negativ (da $\cos\theta$ dann negativ ist). Dies ist physikalisch dadurch zu erklären, dass P im ersten Fall näher bei der positiven und im zweiten Fall näher bei der negativen Ladung liegt. Für $\theta = 90°$ ist das Potenzial null ($\cos 90° = 0$), was mit dem Ergebnis für den Punkt B aus Beispiel 23.7 übereinstimmt. Gemäß Gleichung 23.7 fällt das Potenzial mit dem *Quadrat* des Abstands vom Dipol, während es für eine einzelne Punktladung mit der ersten Potenz des Abstands fällt (Gleichung 23.5). Es ist nicht überraschend, dass das Potenzial für einen Dipol schneller abfällt, denn aus großem Abstand vom Dipol betrachtet, sind die beiden gleichgroßen, ungleichnamigen Ladung so nahe beieinander, dass sie sich gegenseitig neutralisieren.

In Tabelle 23.2 sind die Dipolmomente verschiedener Moleküle angegeben. Die +- und −-Zeichen zeigen an, auf welchen Atomen sich die Ladungen befinden. Die letzten beiden Einträge sind Bestandteile vieler organischer Moleküle und spielen eine wichtige Rolle in der Molekularbiologie.

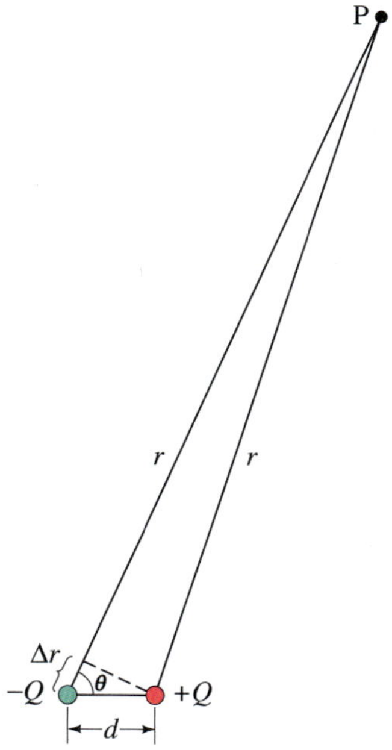

Abbildung 23.16 Berechnung des Potenzials ϕ im Punkt P für einen elektrischen Dipol.

Tabelle 23.2

Dipolmomente ausgewählter Moleküle

Molekül	Dipolmoment (C·m)
$H_2^{(+)}O^{(-)}$	$6{,}1 \cdot 10^{-30}$
$H^{(+)}Cl^{(-)}$	$3{,}4 \cdot 10^{-30}$
$N^{(+)}H_3^{(-)}$	$5{,}0 \cdot 10^{-30}$
$>N^{(-)}{-}H^{(+)}$ [a]	$\approx 3{,}0 \cdot 10^{-30}$
$>C^{(+)}{=}O^{(-)}$ [a]	$\approx 8{,}0 \cdot 10^{-30}$

[a] Diese Gruppen kommen oft bei größeren Molekülen vor. In Abhängigkeit vom Rest des Moleküls variiert der Wert des Dipolmoments leicht.

Beispiel 23.10

Das Dipolmoment der C=O-Gruppe

Der Abstand zwischen dem Kohlenstoff- (+) und Sauerstoffatom (−) in der Gruppe C=O, die in vielen organischen Molekülen vorkommt, beträgt etwa $1{,}2 \cdot 10^{-10}$ m. Das Dipolmoment dieser Gruppe ist etwa $8{,}0 \cdot 10^{-30}$ C·m. Berechnen Sie (a) die effektive Ladung Q auf dem Kohlenstoff- und auf dem Sauerstoffatom und (b) das Potenzial in einem Abstand von $9{,}0 \cdot 10^{-10}$ m vom Dipol (gemessen entlang der Dipolachse, mit Sauerstoff als dem näher liegenden Atom, also in ► Abbildung 23.16 links, so dass $\theta = 180°$ gilt). (c) Wie groß wäre das Potenzial, wenn nur das Sauerstoffatom eine Ladung tragen würde?

Lösung

a Das Dipolmoment ist $p = Qd$. Daher gilt

$$Q = \frac{p}{d} = \frac{8{,}0 \cdot 10^{-30}\,\text{C}\cdot\text{m}}{1{,}2 \cdot 10^{-10}\,\text{m}} = 6{,}7 \cdot 10^{-20}\,\text{C} .$$

Diese Ladung ist kleiner als e, die kleinste bekannte Ladung; sie ist jedoch keine Ladung, die isoliert werden könnte, sondern eine effektive Ladung, die sich durch die ungleiche Aufteilung der Elektronen ergibt (siehe ► Abbildung 23.17).

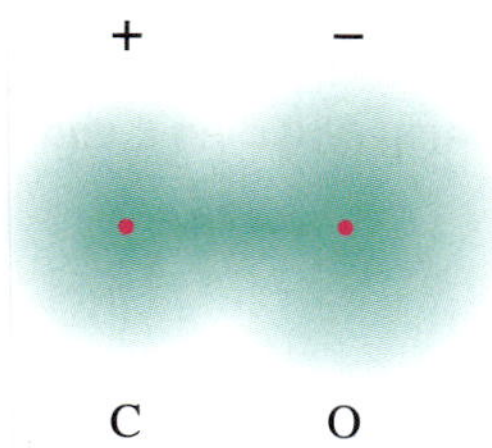

Abbildung 23.17 Elektronenwolke um C und O in der C=O-Gruppe. Die C=O-Gruppe hat ein Dipolmoment, da zwei Elektronen, die ursprünglich zum Kohlenstoffatom gehören, sich auch einige Zeit in der Nähe des Sauerstoffatoms aufhalten.

b Wegen $\theta = 180°$ erhalten wir mithilfe von Gleichung 23.7

$$\phi = \frac{1}{4\pi\epsilon_0}\frac{p\cos\theta}{r^2}$$
$$= \frac{(9{,}0\cdot 10^9\,\mathrm{N{\cdot}m^2/C^2})(8{,}0\cdot 10^{-30}\,\mathrm{C{\cdot}m})(-1.00)}{(9{,}0\cdot 10^{-10}\,\mathrm{m})^2} = -0{,}089\,\mathrm{V}\,.$$

c Wenn wir gemäß Teil (a) annehmen, dass das Sauerstoffatom die Ladung $Q = -6{,}7\cdot 10^{-20}$ C hat und dass das Kohlenstoffatom keine Ladung besitzt, dann können wir die Formel für eine einzelne Punktladung verwenden:

$$\phi = \frac{1}{4\pi\epsilon_0}\frac{Q}{r} = \frac{(9{,}0\cdot 10^9\,\mathrm{N\cdot m^2/C^2})(-6{,}7\cdot 10^{-20}\,\mathrm{C})}{9{,}0\cdot 10^{-10}\,\mathrm{m}} = -0{,}67\,\mathrm{V}\,.$$

Natürlich erwarten wir, dass bei gleicher Entfernung das Potenzial einer einzelnen Ladung einen größeren Betrag haben muss als das Potenzial eines Dipols mit der gleichen Ladung.

23.7 Bestimmung von E aus ϕ

Wir können Gleichung 23.3, $\phi_\mathrm{b} - \phi_\mathrm{a} = -\int_\mathrm{a}^\mathrm{b} \mathbf{E}\cdot \mathrm{d}\mathbf{s}$, benutzen, um die Potenzialdifferenz zwischen zwei Punkten zu bestimmen, wenn das elektrische Feld im Gebiet zwischen den Punkten bekannt ist. Zur Bestimmung des elektrischen Feldes bei bekanntem Potenzial lösen wir Gleichung 23.3 nach dem Feld auf.

Wir schreiben Gleichung 23.3 in differenzieller Form als

$$\mathrm{d}\phi = -\mathbf{E}\cdot\mathrm{d}\mathbf{s} = -E_s\,\mathrm{d}s\,.$$

Hierbei ist $\mathrm{d}\phi$ die infinitesimale Potenzialdifferenz zwischen zwei Punkten mit Abstand $\mathrm{d}s$ und E_s die Komponente des elektrischen Feldes in Richtung der infinitesimalen Verschiebung $\mathrm{d}\mathbf{s}$. Wir können nun schreiben

$$E_s = -\frac{\mathrm{d}\phi}{\mathrm{d}s}\,. \tag{23.8}$$

Die Komponente des elektrischen Feldes in einer beliebigen Richtung ist also gleich dem Negativen der Rate, mit der sich das elektrische Potenzial entlang dieser Richtung ändert. Die Größe $\mathrm{d}\phi/\mathrm{d}s$ wird als der Gradient von ϕ in einer bestimmten Richtung bezeichnet. Ist die Richtung nicht vorgegeben, dann bezieht sich der Begriff *Gradient* auf die Richtung, in der sich V am stärksten ändert, das ist die Richtung von **E** in diesem Punkt, so dass wir schreiben können

$$E_s = -\frac{\mathrm{d}\phi}{\mathrm{d}s} \quad (\text{falls } \mathrm{d}\mathbf{s} \parallel \mathbf{E})\,.$$

In kartesischen Koordinaten x, y, z hat Gleichung 23.8 die Form

Beziehung zwischen E und ϕ

$$E_x = -\frac{\partial\phi}{\partial x},\qquad E_y = -\frac{\partial\phi}{\partial y},\qquad E_z = -\frac{\partial\phi}{\partial z}\,. \tag{23.9}$$

Dabei ist $\partial\phi/\partial x$ die partielle Ableitung von ϕ bezüglich x (y und z werden dabei konstant gehalten)[2].

2 Gleichung 23.9 kann als Vektorgleichung geschrieben werden:

$$\mathbf{E} = -\mathrm{grad}\,\phi = -\nabla\phi = -\left(\mathbf{i}\frac{\partial}{\partial x} + \mathbf{j}\frac{\partial}{\partial y} + \mathbf{k}\frac{\partial}{\partial z}\right)\phi\,.$$

Das Symbol ∇ bezeichnet den *Gradienten*: $\nabla = \mathbf{i}\frac{\partial}{\partial x} + \mathbf{j}\frac{\partial}{\partial y} + \mathbf{k}\frac{\partial}{\partial z}$.

Beispiel 23.11 **Das elektrische Feld E für einen Ring und für eine Scheibe**

Bestimmen Sie das elektrische Feld im Punkt P auf der Symmetrieachse (a) eines Kreisringes mit einer Ladung gemäß ▶ Abbildung 23.11 und (b) einer homogen geladenen Scheibe (▶ Abbildung 23.12).

Lösung

a Es gilt

$$\phi = \frac{1}{4\pi\epsilon_0} \frac{Q}{(x^2 + R^2)^{\frac{1}{2}}}$$

(siehe Beispiel 23.8). Damit erhalten wir

$$E_x = -\frac{\partial\phi}{\partial x} = \frac{1}{4\pi\epsilon_0} \frac{Qx}{(x^2 + R^2)^{\frac{3}{2}}}$$

$$E_y = E_z = 0 \,.$$

Dies ist das gleiche Ergebnis, das wir in Beispiel 21.9 erhalten hatten. Hier war es jedoch nicht nötig, das elektrische Feld in Komponenten zu zerlegen und anschließend zu integrieren.

b Es gilt

$$\phi = \frac{Q}{2\pi\epsilon_0 R^2} \left[(x^2 + R^2)^{\frac{1}{2}} - x\right]$$

(siehe Beispiel 23.9). Damit erhalten wir

$$E_x = -\frac{\partial\phi}{\partial x} = \frac{Q}{2\pi\epsilon_0 R^2} \left[1 - \frac{x}{(x^2 + R^2)^{\frac{1}{2}}}\right]$$

$$E_y = E_z = 0 \,.$$

Für Punkte in unmittelbarer Nähe der Scheibe ($x \ll R$) kann dies durch

$$E_x \approx \frac{Q}{2\pi\epsilon_0 R^2} = \frac{\sigma}{2\epsilon_0}$$

genähert werden, wobei $\sigma = Q/\pi R^2$ die Flächenladungsdichte ist. Auch diese Ergebnisse hatten wir bereits in Kapitel 21 erhalten (Beispiel 21.11 und Gleichung 21.7).

Vergleichen wir das letzte Beispiel mit den Beispielen 21.9 und 21.11, so sehen wir, dass es in diesem Fall, wie auch für viele andere Ladungsverteilungen, einfacher ist, zunächst ϕ und dann **E** nach Gleichung 23.9 zu berechnen als das elektrische Feld **E** jeder Ladung aus dem Coulomb-Gesetz abzuleiten. Der Grund liegt darin, dass das Potenzial eine skalare, das elektrische Feld dagegen eine vektorielle Summe ist.

23.8 Die elektrostatische potenzielle Energie und das Elektronenvolt

Angenommen, eine Punktladung q wird zwischen zwei Punkten A und B im Raum verschoben, wobei das durch andere Ladungen hervorgerufene Potenzial ϕ_A bzw. ϕ_B ist. Die Änderung der elektrostatischen potenziellen Energie von q im Feld dieser anderen Ladungen ist nach Gleichung 23.2

$$\Delta E_{pot} = E_{pot}(B) - E_{pot}(A) = q(\phi_B - \phi_A) = qU_{BA} \,.$$

Betrachten wir nun ein System aus verschiedenen Punktladungen. Wie groß ist das elektrostatische Potenzial des Systems? Am günstigsten ist es, die potenzielle Energie gleich null zu setzen, wenn die Ladungen sehr weit entfernt sind (idealerweise unendlich weit entfernt). Eine isolierte einzelne Punktladung Q_1 hat keine potenzielle Energie, denn da es keine anderen Ladungen in ihrer Umgebung gibt, können keine Kräfte auf sie wirken. Wird eine zweite Punktladung Q_2 in die Nähe von Q_1 gebracht, dann ist das von Q_1 hervorgerufene Potenzial am Ort dieser zweiten Ladung

$$\phi = \frac{1}{4\pi\epsilon_0}\frac{Q_1}{r_{12}}\,,$$

wobei r_{12} der Abstand zwischen beiden Ladungen ist. Die potenzielle Energie der beiden Ladungen ist

Potenzielle Energie, zwei Punktladungen

$$E_{\text{pot}} = Q_2\phi = \frac{1}{4\pi\epsilon_0}\frac{Q_1 Q_2}{r_{12}} \tag{23.10}$$

(bezogen auf $\phi = 0$ bei $r = \infty$). Dies ist die Arbeit, die eine äußere Kraft verrichten muss, um die unendlich weit entfernte Ladung Q_2 ($\phi = 0$) so zu verschieben, dass sie den Abstand r_{12} zur Ladung Q_1 hat. Außerdem kann E_{pot} als das Negative der Arbeit interpretiert werden, die erforderlich ist um die beiden Ladungen unendlich weit voneinander zu entfernen.

Wenn das System aus drei Ladungen besteht, dann ist die gesamte potenzielle Energie gleich der Arbeit, die erforderlich ist, um alle drei Ladungen zusammenzubringen. Gleichung 23.10 gibt die Arbeit an, die notwendig ist, um Q_2 in die Nähe von Q_1 zu bringen; um eine dritte Ladung Q_3 in einen Abstand r_{13} von Q_1 und einen Abstand r_{23} zu Q_2 zu bringen, muss die Arbeit

$$\frac{1}{4\pi\epsilon_0}\frac{Q_1 Q_3}{r_{13}} + \frac{1}{4\pi\epsilon_0}\frac{Q_2 Q_3}{r_{23}}$$

verrichtet werden. Die potenzielle Energie eines Systems aus drei Ladungen ist daher

Potenzielle Energie, drei Punktladungen

$$E_{\text{pot}} = \frac{1}{4\pi\epsilon_0}\left(\frac{Q_1 Q_2}{r_{12}} + \frac{Q_1 Q_3}{r_{13}} + \frac{Q_2 Q_3}{r_{23}}\right) \qquad (\phi = 0 \text{ bei } r = \infty)\,.$$

Für ein System aus vier Punktladungen würde sich die potenzielle Energie aus sechs solchen Termen zusammensetzen usw. (Beim Bilden derartiger Summen ist darauf zu achten, dass keines der Paare doppelt gezählt wird.)

Die Einheit Elektronenvolt

Das Joule ist eine sehr große Einheit, wenn es um die Energien von Elektronen, Atomen oder Molekülen geht (siehe Beispiel 23.2). Für diese Zwecke wird deshalb die Einheit **Elektronenvolt** (eV) verwendet. Ein Elektronenvolt ist definiert als die Energie, die ein Teilchen mit einer Ladung gleich der des Elektrons ($q = e$) aufnimmt, wenn es von einer Potenzialdifferenz von 1 V beschleunigt wird. Wegen $e = 1{,}6 \cdot 10^{-19}$ C und da die Änderung der potenziellen Energie qU ist, ist 1 eV gleich $(1{,}6 \cdot 10^{-19}\,\text{C})(1{,}0\,\text{V}) = 1{,}6 \cdot 10^{-19}\,\text{J}$:

Elektronenvolt (Einheit der Energie)

$$1\,\text{eV} = 1{,}6 \cdot 10^{-19}\,\text{J}$$

Ein Elektron, das durch eine Potenzialdifferenz von 1000 V beschleunigt wird, verliert 1000 eV an potenzieller Energie und gewinnt demzufolge 1000 eV oder 1 keV (Kiloelektronenvolt) kinetische Energie. Ein Teilchen, dessen Ladung doppelt so groß ist wie die des Elektrons ($2e = 3{,}2 \cdot 10^{-19}$ C), ändert seine Energie um 2000 eV.

In Elektronenvolt gibt man Energien von Molekülen und Elementarteilchen an, 1 eV ist jedoch keine SI-Einheit. Für Berechnungen sollte es mit dem oben angegebenen Umrechnungsfaktor durch Joule ersetzt werden. In Beispiel 23.2 etwa ist die aufgenommene kinetische Energie $8{,}0 \cdot 10^{-16}$ J. Normalerweise würden wir diese Energie als 5000 eV (= $8{,}0 \cdot 10^{-16}\,\text{J}1{,}6 \cdot 10^{-19}\,\text{J/eV}$) angeben. Um aber die

Energie in SI-Einheiten zu berechnen, mussten wir für die kinetische Energie J verwenden.

Beispiel 23.12 **Zerlegung eines Wasserstoffatoms**

Berechnen Sie die Arbeit, die aufgewendet werden muss, um ein Wasserstoffatom zu „zerlegen". Nehmen Sie an, dass der Abstand zwischen Proton und Elektron anfangs gleich dem „mittleren" Radius des Wasserstoffatoms im Grundzustand ist $(0{,}529 \cdot 10^{-10}\,\text{m})$ und dass sie am Ende unendlich weit voneinander entfernt sind.

Lösung

Gemäß Gleichung 23.10 gilt anfangs

$$E_{\text{pot}} = \frac{1}{4\pi\epsilon_0}\frac{Q_1Q_2}{r_{12}} = -\frac{1}{4\pi\epsilon_0}\frac{e^2}{r} = \frac{-(8{,}99 \cdot 10^9\,\text{N}\cdot\text{m}^2/\text{C}^2)(1{,}60 \cdot 10^{-19}\,\text{C})^2}{(0{,}529 \cdot 10^{-10}\,\text{m})}$$
$$= -27{,}2(1{,}60 \cdot 10^{-19})\,\text{J} = -27{,}2\,\text{eV}\,.$$

Dies ist die potenzielle Energie. Die Gesamtenergie umfasst außerdem die kinetische Energie des Elektrons, das sich auf einer Kreisbahn mit dem Radius $r = 0{,}529 \cdot 10^{-10}$ m bewegt. Aus $F = ma$ für die Zentripetalkraft folgt $(1/4\pi\epsilon_0)(e^2/r^2) = mv^2/r$. Somit gilt

$$E_{\text{kin}} = \frac{1}{2}mv^2 = \frac{1}{2}\left(\frac{1}{4\pi\epsilon_0}\right)\frac{e^2}{r}\,,$$

was gleich $-\frac{1}{2}E_{\text{pot}}$ ist, so dass sich nach der obigen Rechnung $E_{\text{kin}} = +13{,}6$ eV ergibt. Die Gesamtenergie ist anfangs $E = E_{\text{kin}} + E_{\text{pot}} = 13{,}6\,\text{eV} - 27{,}2\,\text{eV} = -13{,}6\,\text{eV}$. Um ein stabiles Wasserstoffatom in ein Proton und ein in weiter Entfernung ruhendes Elektron ($E_{\text{pot}} = 0$ bei $r = \infty$, $E_{\text{kin}} = 0$ wegen $v = 0$) zu zerlegen, sind +13,6 eV notwendig. Dies ist in der Tat die gemessene Ionisierungsenergie für Wasserstoff.

23.9 Die Kathodenstrahlröhre: Fernseher, Computerbildschirm und Oszilloskop

Ein wichtiges Gerät, das die Spannung ausnutzt und die „Visualisierung" von Spannungen im Sinne einer graphischen Darstellung von zeitlichen Spannungsänderungen erlaubt, ist die **Kathodenstrahlröhre** (abgekürzt **CRT** für engl. **c**athode **r**ay **t**ube). Eine Kathodenstrahlröhre ist das *Oszilloskop*; sehr viel verbreiteter ist die Kathodenstrahlröhre als Bildröhre in Fernsehgeräten und Computerbildschirmen.

Die Funktionsweise der Kathodenstrahlröhre beruht in erster Linie auf der **Glühemission**, die von Thomas Edison (1847–1931) bei Versuchen zur Entwicklung der elektrischen Glühlampe entdeckt wurde und deshalb auch als **Edison-Effekt** bezeichnet wird. Um zu verstehen, worin dieser Effekt besteht, betrachten wir zwei dünne Platten (Elektroden), die sich in einer evakuierten Röhre befinden und auf unterschiedliches Potenzial gelegt werden (beispielsweise durch eine Batterie, siehe ► Abbildung 23.18). Die negative Elektrode wird als **Kathode** bezeichnet, die positive als **Anode**. Wird die Kathode erwärmt (was gewöhnlich durch einen elektrischen Strom geschieht, wie z. B. bei einer Glühlampe), so dass sie zu glühen beginnt, dann treten negative Ladungen aus der Kathode aus und wandern zur Anode. Heute weiß man, dass diese negativen Ladungen Elektronen sind, aber ursprünglich wurden sie als **Kathodenstrahl** bezeichnet, da sie scheinbar von der Kathode ausgingen.

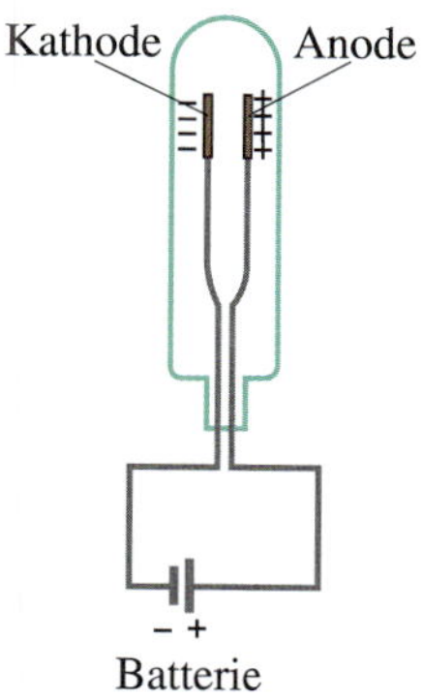

Abbildung 23.18 Wird die Kathode innerhalb der evakuierten Glasröhre bis zum Glühen erhitzt, dann werden Elektronen „verdampft" und als negativ geladene „Kathodenstrahlen" von der Anode (+) angezogen.

Wir können verstehen, wie die Elektronen aus einer heißen Metallplatte herausgelöst werden, wenn wir die Elektronen wie Moleküle in einem Gas betrachten. Diese Annahme ist sinnvoll, wenn sich die Elektronen relativ frei innerhalb des Metalls bewegen, was im Einklang damit steht, dass Metalle gute Leiter sind. Allerdings treten Elektronen nicht ohne weiteres aus dem Metall aus. Wenn ein Elektron aus der Metalloberfläche austreten würde, würde es eine positive Nettoladung hinterlassen, die das Elektron zurückziehen würde. Um tatsächlich auszutreten, benötigt das Elektron eine bestimmte minimale kinetische Energie, wie die Moleküle einer Flüssigkeit eine minimale kinetische Energie benötigen um in den Gaszustand zu „verdampfen". Wie wir in Kapitel 18 gesehen haben, ist die mittlere kinetische Energie $\overline{E_{kin}}$ der Moleküle eines Gases proportional zur absoluten Temperatur. Wir können dieses Bild in grober Weise auf die freien Elektronen in einem Metall übertragen, indem wir uns vorstellen, dass diese ein „Elektronengas" bilden. Natürlich haben einige Elektronen weniger und andere mehr kinetische Energie als die mittlere. Bei Zimmertemperatur haben nur sehr wenige Elektronen genügend Energie um aus dem Metall auszutreten. Bei hohen Temperaturen ist $\overline{E_{kin}}$ größer und es treten mehr Elektronen aus – ebenso wie die Anzahl der aus einer Flüssigkeit verdampfenden Moleküle bei hohen Temperaturen steigt. Eine signifikante Glühemission ist also nur bei erhöhten Temperaturen zu beobachten.

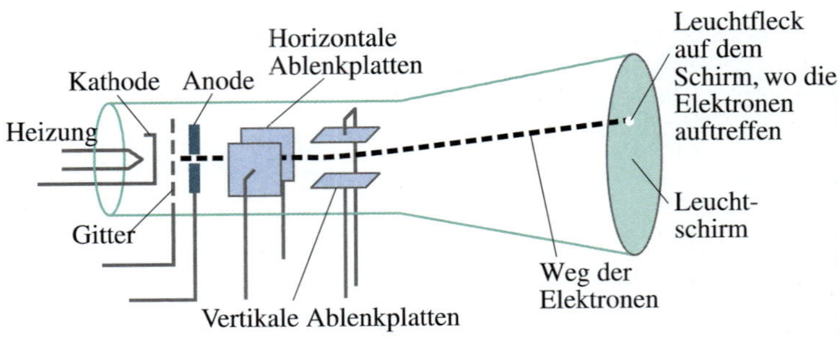

Abbildung 23.19 Eine Kathodenstrahlröhre. Anstelle von elektrischen Ablenkplatten werden häufig magnetische Ablenkspulen verwendet. Die relative Lage der Bauteile wurde zur besseren Übersichtlichkeit übertrieben dargestellt.

ANGEWANDTE PHYSIK

Kathodenstrahlröhre

Die Bezeichnung **Kathodenstrahlröhre** rührt daher, dass innerhalb einer evakuierten Glasröhre ein Bündel von Kathodenstrahlen (Elektronen) auf verschiedene Teile eines Schirms gerichtet ist, um auf diese Weise ein „Bild" zu erzeugen. ▸ Abbildung 23.19 zeigt ein einfaches Schema einer Kathodenstrahlröhre. Die an der erwärmten Kathode emittierten Elektronen werden durch eine an der Anode angelegte hohe Spannung (5000 bis 50 000 V) beschleunigt. Die Elektronen entfliehen aus dieser „Elektronenkanone" durch ein kleines Loch in der Anode. Die Innenseite der Röhre ist mit einem fluoreszierenden Material beschichtet, das leuchtet, wenn es von Elektronen getroffen wird. Dort, wo ein Elektronenstrahl auf den Schirm trifft, ist also ein winziger heller Fleck zu sehen. Zwei horizontale und zwei vertikale Platten lenken den Elektronenstrahl ab, wenn an sie eine Spannung angelegt wird. Die Elektronen werden immer in Richtung der positiven Platte abgelenkt. Durch Variieren der Spannung an den Ablenkplatten kann der helle Fleck in jeden beliebigen Punkt des Schirms gelenkt werden. Heute verwenden viele Kathodenstrahlröhren magnetische Ablenkspulen (Kapitel 27) anstelle elektrischer Platten.

ANGEWANDTE PHYSIK

Fernseher und Computerbildschirm

In der Bildröhre eines Fernsehers oder eines Computermonitors tastet ein Elektronenstrahl in der in ▸ Abbildung 23.20 gezeigten Art und Weise den Schirm ab. Der Strahl wird durch die horizontalen Ablenkplatten oder -spulen horizontal hin- und herbewegt. Wenn das horizontale Ablenkfeld in einer Richtung maximal ist, befindet sich der Strahl an einer Kante des Schirms. Wenn das Feld auf null fällt, bewegt sich der Strahl zur Mitte; wenn das Feld auf den maximalen Wert in der anderen Richtung wächst, dann erreicht der Strahl die andere Kante des Schirms. In diesem Moment ändern sich die Spannung bzw. der Strom abrupt um den Strahl zur entgegengesetzten Kante zu lenken. Gleichzeitig wird der Strahl durch die vertikalen Ablenkplatten oder -spulen ein wenig nach unten abgelenkt.

Beim Standardfernsehen in Europa wird der gesamte Bildschirm in 625 Zeilen abgetastet. (Beim hochauflösenden Fernsehen, engl. *high definition TV*, werden mehr als doppelt so viele Zeilen abgetastet, was ein schärferes Bild ergibt.) Das gesamte Bild, also alle 625 Zeilen, werden in 1/25 s abgetastet. Beim Zeilensprungverfahren (engl. *interlace*) wird das gesamte Bild in 1/50 s abgetastet, wobei jede zweite Linie übersprungen wird. Die übersprungenen Zeilen werden in den nächsten 1/50 s abgetastet. Wir sehen beide als ein Bild, weil sowohl der Fluoreszenzbildschirm als auch unsere Augen jedes Teilbild 1/25 s lang speichern. Das von uns wahrgenommene Bild entsteht durch die unterschiedliche Helligkeit der Flecken auf dem Schirm. Die Helligkeit der einzelnen Punkte wird durch ein Gitter gesteuert (eine „löchrige" Elektrode, etwa ein Drahtgitter, das Elektronen passieren lässt). Das Gitter reguliert den Fluss der Elektronen mithilfe der angelegten Spannung: Je größer der Betrag der (negativen) Spannung ist, umso mehr Elektronen werden abgestoßen und umso weniger können passieren. Die am Gitter anliegende Spannung wird durch das von der Fernsehstation ausgesandte und vom Fernsehgerät empfangene Videosignal bestimmt. Das Videosignal enthält zusätzliche Signale zur Synchronisation der Gitterspannung mit der im Gerät erzeugten Zeilenfrequenz.

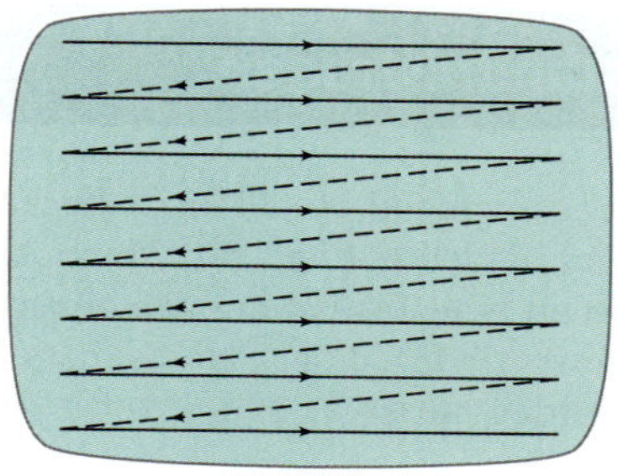

Abbildung 23.20 Ein Elektronenstrahl bewegt sich in horizontalen Linien (Zeilen) über den Fernsehbildschirm.

Ein **Oszilloskop** ist ein Gerät zum Verstärken, Messen und Visualisieren eines elektrischen Signals (gewöhnlich eine sich zeitlich ändernde Spannung), insbesondere für Signale, die sich sehr schnell ändern. Das Signal wird auf dem Schirm einer Kathodenstrahlröhre angezeigt. Im Normalbetrieb liegt die Zeitachse horizontal, eine an die horizontalen Ablenkplatten angelegte Wechselspannung mit Sägezahnprofil führt den Strahl mit konstanter Frequenz von links nach rechts. Das darzustellende Signal wird verstärkt und an die vertikalen Platten angelegt. Die sichtbare Spur auf dem Schirm, die z. B. ein EKG (▶ Abbildung 23.21), die Spannung in einem zu reparierenden elektronischen Gerät oder ein Signal als Ergebnis eines Experiments sein kann, ist also die graphische Darstellung der Signalspannung (vertikal) über der Zeit (horizontal).

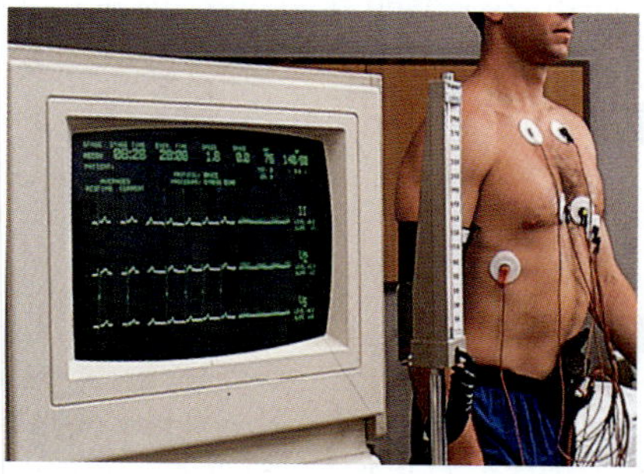

Abbildung 23.21 Darstellung der Spur eines Elektrokardiogramms (EKG) auf einem CRT.

Z U S A M M E N F A S S U N G

Das **elektrische Potenzial** ist definiert als die elektrische potenzielle Energie pro Ladungseinheit. Daraus folgt die **elektrische Potenzialdifferenz** zwischen zwei beliebigen Punkten im Raum als Differenz der potenziellen Energie einer Testladung q in diesen beiden Punkten, geteilt durch q:

$$U_{BA} = \frac{E_{pot}(B) - E_{pot}(A)}{q} .$$

Die Potenzialdifferenz wird in Volt gemessen ($1\,V = 1\,J/C$) und auch als **Spannung** bezeichnet.

Die Änderung der potenziellen Energie einer sich durch eine Potenzialdifferenz U_{BA} bewegenden Ladung q ist

$$\Delta E_{pot} = qU_{BA} .$$

Die Potenzialdifferenz U_{BA} zwischen zwei Punkten A und B ist durch die Beziehung

$$U_{BA} = -\int_A^B \mathbf{E} \cdot d\mathbf{s}$$

gegeben. Mithilfe dieser Gleichung kann U_{BA} bei bekanntem $\mathbf{E}$ bestimmt werden. Wenn das elektrische Feld homogen ist, kann das Integral leicht ausgerechnet werden. Es gilt $U_{BA} = -Ed$, wobei d der Abstand (parallel zu den Feldlinien) zwischen den beiden Punkten ist.

Wenn ϕ bekannt ist, können die Komponenten von $\mathbf{E}$ aus der Umkehrbeziehung gewonnen werden; es gilt

$$E_x = -\frac{\partial\phi}{\partial x}, \quad E_y = -\frac{\partial\phi}{\partial y}, \quad E_z = -\frac{\partial\phi}{\partial z} .$$

Eine **Äquipotenziallinie** oder **Äquipotenzialfläche** hat überall das gleiche Potenzial und liegt in allen Punkten senkrecht zum elektrischen Feld.

Das elektrische Potenzial einer einzelnen Punktladung Q ist gegeben durch

$$\phi = \frac{1}{4\pi\epsilon_0}\frac{Q}{r} \qquad (\phi = 0 \text{ bei } r = \infty) .$$

Das Potenzial einer beliebigen Ladungsverteilung kann durch Summation bzw. Integration über die Potenziale aller Ladungen bestimmt werden.

Z U S A M M E N F A S S U N G

Verständnisfragen

1 Angenommen, zwei Punkte liegen auf gleichem Potenzial. Bedeutet dies, dass keine Arbeit verrichtet wird, wenn eine Testladung von einem Punkt zum anderen bewegt wird? Folgt daraus, dass keine Kraft ausgeübt werden muss?

2 Wird sich eine anfangs ruhende negative Ladung in einem elektrischen Feld in einen Bereich höheren oder niedrigeren Potenzials bewegen? Wie verhält sich eine positive Ladung? Wie verändert sich in jedem der beiden Fälle die potenzielle Energie der Ladung?

3 Geben Sie den Unterschied (a) zwischen dem elektrischen Potenzial und dem elektrischen Feld sowie (b) zwischen dem elektrischen Potenzial und der elektrischen potenziellen Energie an.

4 Ein Elektron wird durch eine Potenzialdifferenz von etwa 0,10 V beschleunigt. Um wie viel größer wäre seine Endgeschwindigkeit, würde es mit der vierfachen Spannung beschleunigt werden?

5 Kann sich ein Teilchen jemals von einem Gebiet niedrigen elektrischen Potenzials zu einem Gebiet hohen elektrischen Potenzials bewegen und dabei seine elektrische potenzielle Energie noch weiter verringern? Erläutern Sie Ihre Aussage.

6 Wenn an einem Punkt des Raumes $\phi = 0$ ist, muss dann $\mathbf{E} = 0$ gelten? Wenn an einem beliebigen Punkt $\mathbf{E} = 0$ gilt, muss dann an diesem Punkt $\phi = 0$ sein? Erläutern Sie Ihre Antworten und geben Sie jeweils Beispiele an.

7 Beim Umgang mit elektrischen Geräten nehmen wir meist an, dass der Boden (die Erde) auf 0 V liegt. (a) Wenn wir stattdessen annehmen, dass der Boden auf −10 V liegt, wie würde dies ϕ und E an anderen Punkten beeinflussen? (b) Beeinflusst die Tatsache, dass die Erde eine Nettoladung trägt, die Wahl von ϕ an ihrer Oberfläche?

8 Können sich zwei Äquipotenziallinien schneiden? Erläutern Sie Ihre Aussage.

9 Zeichnen Sie in die ▶ Abbildungen 21.33b und 21.33c einige Äquipotenziallinien ein.

10 Was können Sie über das elektrische Feld eines Raumes aussagen, dessen Punkte auf dem gleichen Potenzial liegen?

11 Ein Satellit umkreist die Erde entlang einer Äquipotenziallinie der Gravitationskraft. Welche Form muss die Umlaufbahn haben?

12 Nehmen Sie an, dass der Ring aus Beispiel 23.8 nicht homogen geladen ist, und zwar so, dass die Ladungsdichte oben doppelt so groß wie unten ist. Würde dies das Potenzial am Punkt P der Achse (▶ Abbildung 23.11) beeinflussen, wenn angenommen wird, dass die Gesamtladung Q unverändert bleibt? Würde der Wert von $\mathbf{E}$ an diesem Punkt beeinflusst werden? Besteht hierin ein Widerspruch? Erläutern Sie Ihre Antwort.

13 Betrachten Sie einen metallischen Leiter in der Form eines Rugbyballs (dieser hat näherungsweise die Form eines Rotationsellipsoids). Wo würden Sie unter der Annahme, dass dieser eine Gesamtladung Q trägt, die größte Ladungsdichte σ erwarten, an den „Enden" (d. h. den Polen des Rotationsellipsoids) oder in den seitlichen Bereichen, wo die Krümmung flach ist? Erläutern Sie Ihre Antwort. (*Hinweis*: Nahe der Oberfläche eines Leiters gilt $E = \sigma/\epsilon_0$.)

14 Eine leitfähige Kugel trägt eine Ladung Q und eine zweite identische leitfähige Kugel ist neutral. Beide sind zunächst voneinander isoliert und werden dann in Kontakt gebracht. (a) Was können Sie über das Potenzial jeder der beiden Kugeln sagen, wenn sie einander berühren? (b) Wird Ladung von der einen zur anderen Kugel hinüberfließen? Wenn ja, wie viel? (c) Wie ändern sich die Antworten auf die Fragen (a) und (b), wenn die Kugeln nicht denselben Radius haben?

15 An einem bestimmten Punkt zeigt das elektrische Feld nach Norden. In welcher Richtung ist die Potenzialänderung (a) am größten, (b) am kleinsten und (c) null?

16 Wenn Sie ϕ kennen, können Sie dann für einen bestimmten Punkt im Raum $\mathbf{E}$ berechnen? Wenn Sie für einen Punkt $\mathbf{E}$ kennen, können Sie dann für diesen Punkt ϕ berechnen? Wenn nicht, was muss in jedem der beiden Fälle noch bekannt sein?

17 Äquipotenziallinien liegen 1,00 V auseinander. Können Sie aus dem Abstand zwischen den Linien in verschiedenen Gebieten des Raumes Informationen über die relative Stärke von $\mathbf{E}$ in diesen Gebieten ableiten? Wenn ja, welche?

18 Was können Sie für das elektrische Potenzial ϕ folgern, wenn das elektrische Feld $\mathbf{E}$ in einem Gebiet homogen ist? Was können Sie für das elektrische Feld $\mathbf{E}$ folgern, wenn das elektrische Potenzial ϕ in einem Gebiet homogen ist?

19 Ist die elektrische potenzielle Energie zweier entgegengesetzter Ladungen positiv oder negativ? Wie verhält es sich mit zwei gleichnamigen Ladungen? Was sagt das Vorzeichen der potenziellen Energie in jedem der beiden Fälle aus?

Aufgaben zu 23.1

1 (I) Wie viel Arbeit ist notwendig, um eine Ladung von $-7{,}0\,\mu C$ vom Boden bis zu einem Punkt zu bewegen, dessen Potenzial um $+6{,}00$ V höher ist?

2 (I) Wie viel Arbeit ist notwendig, um ein Proton von einem Punkt mit einem Potenzial von $+100$ V bis zu einem Punkt mit einem Potenzial von -50 V zu bewegen?

3 (I) Wie viel kinetische Energie (in Joule) nimmt ein Elektron auf, wenn es in einer Fernsehbildröhre eine Potenzialdifferenz von 21 000 V durchläuft?

4 (I) Ein Elektron nimmt eine kinetische Energie von $16{,}4 \cdot 10^{-16}$ J auf, wenn es durch ein elektrisches Feld von der Platte A zur Platte B beschleunigt wird. Wie groß ist die Potenzialdifferenz zwischen den Platten und welche der Platten hat das höhere Potenzial?

5 (II) Die von einer äußeren Kraft aufzuwendende Arbeit, um eine Ladung von $-8{,}10\,\mu C$ vom Punkt a zum Punkt b zu bewegen, beträgt $8{,}00 \cdot 10^{-4}$ J. Wie groß muss die Potenzialdifferenz zwischen a und b sein, wenn sich die Ladung in Ruhe befindet und beim Erreichen von Punkt b eine kinetische Energie von $2{,}10 \cdot 10^{-4}$ J besitzt?

Aufgaben zu 23.2

6 (I) Das elektrische Feld zwischen zwei mit einer 45 V-Batterie verbundenen parallelen Platten beträgt 1500 V/m. Wie weit sind die Platten voneinander entfernt?

7 (I) Das elektrische Feld zwischen zwei parallelen Platten mit einem Abstand von 11,0 mm soll 640 V/m betragen. Wie groß muss die angelegte Spannung sein?

8 (I) Wie stark ist das elektrische Feld zwischen zwei parallelen Platten mit einem Abstand von 5,0 mm, wenn ihre Potenzialdifferenz 110 V beträgt?

9 (I) Wie groß kann die Ladung maximal sein, die ein kugelförmiger Leiter mit einem Radius von 5,0 cm in Luft halten kann?

10 (I) Wie groß muss der Radius einer großen leitfähigen Kugel eines elektrostatischen Generators mindestens sein, damit sie 30 000 V tragen kann, ohne sich in die Luft zu entladen?

11 (II) Ein homogenes elektrisches Feld $\mathbf{E} = -300\,\mathrm{N/C}\,\mathbf{i}$ zeigt in negative x-Richtung (siehe ▶ Abbildung 23.22). Die x- und y-Koordinaten der Punkte A, B und C sind in der Abbildung angegeben (in Metern). Bestimmen Sie die Potenzialdifferenzen für (a) U_{BA}, (b) U_{CB} und (c) U_{CA}.

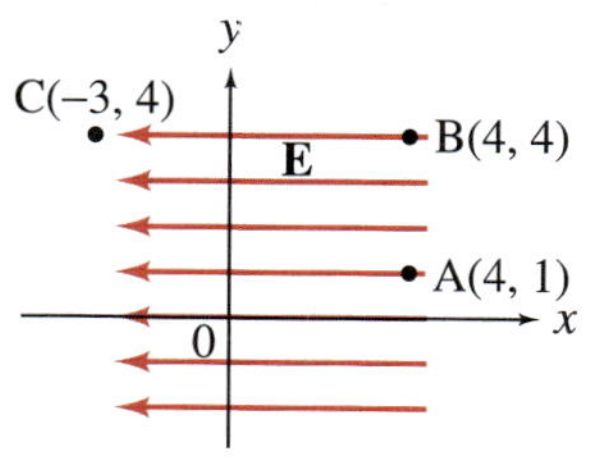

Abbildung 23.22 Aufgabe 11.

12 (II) Das elektrische Potenzial einer sehr großen, flachen Metallplatte ist ϕ_0. Sie trägt eine homogene Flächenladungsdichte σ (C/m^2). Bestimmen Sie ϕ im Abstand x von der Platte. Betrachten Sie den Punkt x als weit von den Kanten entfernt und nehmen Sie an, dass x sehr klein im Vergleich zu den Abmessungen der Platte ist.

13 (II) Die Erde erzeugt nahe ihrer Oberfläche ein nach innen gerichtetes elektrisches Feld der Größenordnung 150 V/m. (a) Wie groß ist das Potenzial an der Erdoberfläche (bezogen auf $\phi = 0$ bei $r = \infty$)? (b) Wie groß ist das Potenzial im Unendlichen, wenn es auf der Erde als null gewählt wurde? (Vernachlässigen Sie zunächst die Tatsache, dass eine positive Ladung in der Ionosphäre die Nettoladung der Erde näherungsweise aufhebt. Wie würde dies Ihre Antwort beeinflussen?)

14 (II) Eine leitfähige Kugel mit einem Durchmesser von 32 cm ist auf 500 V (bezogen auf $\phi = 0$ bei $r = \infty$) geladen. (a) Wie groß ist die Flächenladungsdichte σ? (b) In welchem Abstand beträgt das Potenzial nur 10 V?

15 (II) Ein isolierter kugelförmiger Leiter vom Radius r_1 trägt eine Ladung Q. Ein zweiter kugelförmiger Leiter vom Radius r_2, der anfänglich ungeladen war, wird dann mithilfe eines langen Drahtes mit dem ersten verbunden. (a) Was können Sie über das elektrische Potenzial jeder der beiden Kugeln nach der Verbindung sagen? (b) Wie groß ist die Ladung, die auf die zweite Kugel übertragen wird? Nehmen Sie an, dass die verbundenen Kugeln im Vergleich zu ihren Radien weit voneinander entfernt sind. (Warum machen wir diese Annahme?)

16 (II) Bestimmen Sie die Potenzialdifferenz zwischen zwei Punkten, die sich im Abstand R_a bzw. R_b von einem sehr langen ($\gg R_a$ und R_b), geraden Draht befinden, der eine homogene Ladung pro Längeneinheit λ trägt.

17 (II) Eine nichtleitende Kugel vom Radius r_0 trägt eine Gesamtladung Q, die homogen über ihr Volumen verteilt ist. Bestimmen Sie das elektrische Potenzial als Funktion der Entfernung r vom Kugelmittelpunkt für (a) $r > r_0$ und (b) $r < r_0$. Setzen Sie $\phi = 0$ bei $r = \infty$. (c) Zeichnen Sie ϕ und E als Funktion von r.

18 (III) Wiederholen Sie Aufgabe 17 unter der Annahme, dass die Ladungsdichte ρ_E im Kugelmittelpunkt null ist und mit der Entfernung vom Mittelpunkt quadratisch zunimmt.

19 (III) Ein sehr langer leitender Zylinder der Länge L mit dem Radius R_0 ($R_0 \ll L$) trägt eine homogene Flächenladungsdichte σ (C/m^2). Der Zylinder hat ein elektrisches Potenzial ϕ_0. Wie groß ist das Potenzial für weit vom Ende entfernte Punkte in einem Abstand r vom Mittelpunkt des Zylinders? Bestimmen Sie das Potenzial für (a) $r > R_0$ und (b) $r < R_0$. (c) Gilt $\phi = 0$ bei $r = \infty$ (unter der Annahme $L = \infty$)? Erläutern Sie Ihre Antwort.

20 (III) Ein kugelförmiger Hohlleiter mit einer Nettoladung $+Q$ hat einen Innenradius r_1 und einen Außenradius $r_2 = 2r_1$ (▸ Abbildung 23.23). Im Mittelpunkt der Kugel befindet sich eine Punktladung $+Q/2$. (a) Drücken Sie die elektrische Feldstärke E in allen drei Gebieten als Funktion von r aus. Bestimmen Sie dann das Potenzial als Funktion des Abstandes r vom Mittelpunkt für (b) $r > r_2$, (c) $r_1 < r < r_2$ und (d) $0 < r < r_1$. Zeichnen Sie ϕ und E im Bereich von $r = 0$ bis $r = 2r_2$ als Funktion von r.

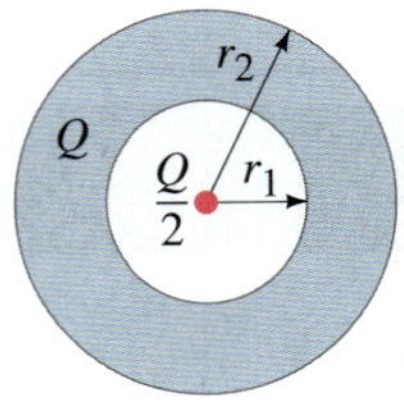

Abbildung 23.23 Aufgabe 20.

Aufgaben zu 23.3

21 (I) (a) Wie groß ist das elektrische Potenzial im Abstand $0{,}50 \cdot 10^{-10}$ m von einem Proton (Ladung $+e$)? Setzen Sie $\phi = 0$ für $x = \infty$. (b) Wie groß ist die potenzielle Energie eines Elektrons an diesem Punkt?

22 (I) Eine Ladung Q erzeugt in einem Abstand von 15 cm ein elektrisches Potenzial von +125 V. Wie groß ist Q?

23 (II) Eine Ladung von +25 µC wird in 6,0 cm Entfernung von einer identischen Ladung platziert. Wie viel Arbeit müsste eine äußere Kraft aufwenden, um eine Testladung von +0,10 µC aus der Mitte zwischen beiden Ladungen zu einem Punkt zu bewegen, der sich um 1,0 cm näher an einer der beiden Ladungen befindet?

24 (II) Zwei Ladungen von 3,0 µC bzw. −2,0 µC sind 4,0 cm voneinander entfernt angeordnet. An welchen Punkten entlang der sie verbindenden Geraden ist (a) das elektrische Feld und (b) das Potenzial null? Setzen Sie $\phi = 0$ bei $r = \infty$.

25 (II) Welche Spannung ist erforderlich, um ein Proton mit einem Radius von $1{,}2 \cdot 10^{-15}$ m so zu beschleunigen, dass es eine ausreichende Energie erhält, um einen Siliziumkern zu berühren? Ein Siliziumkern besitzt eine Ladung von $+14e$ und sein Radius beträgt $3{,}6 \cdot 10^{-15}$ m. Nehmen Sie an, dass das Potenzial dem einer Punktladung entspricht.

26 (II) Betrachten Sie einen Punkt a, der sich 70 cm nördlich einer Punktladung von −3,8 µC befindet, und einen Punkt b 80 cm westlich dieser Ladung (▸ Abbildung 23.24). Bestimmen Sie (a) $U_{BA} = \phi_B - \phi_A$ und (b) $\mathbf{E}_B - \mathbf{E}_A$ (Betrag und Richtung).

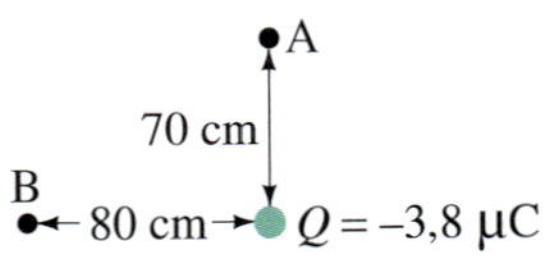

Abbildung 23.24 Aufgabe 26.

27 (II) Ein Elektron befindet sich 72,5 cm von einer festen Punktladung mit $Q = -0{,}125$ µC entfernt in Ruhe. Wie schnell bewegt sich das Elektron in sehr großer Entfernung?

28 (II) Zwei identische Punktladungen von +7,5 µC sind anfänglich 5,5 cm voneinander entfernt und in Ruhe. Wie schnell bewegen sie sich, gleichzeitig losgelassen, in sehr großem Abstand voneinander? Nehmen Sie an, dass ihre Massen (1,0 mg) identisch sind.

29 (II) Zwei gleichgroße, aber entgegengesetzte Ladungen haben voneinander den Abstand d (siehe ▶ Abbildung 23.25). Leiten Sie eine Formel her, die die Potenzialdifferenz $U_{BA} = \phi_B - \phi_A$ für die Punkte B und A angibt, die sich auf der Geraden zwischen den Ladungen befinden.

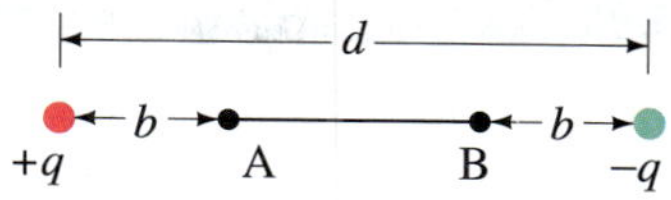

Abbildung 23.25 Aufgabe 29.

Aufgaben zu 23.4

30 (II) Drei Punktladungen sind an den Ecken eines Quadrates mit der Seitenlänge L angeordnet (siehe ▶ Abbildung 23.26). Wie groß ist das Potenzial an der vierten Ecke (Punkt A), wenn man das Potenzial in großer Entfernung gleich null setzt?

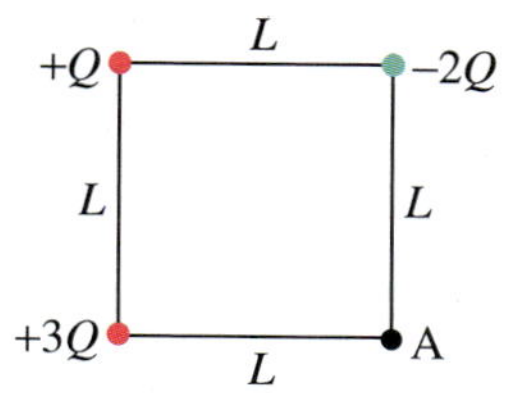

Abbildung 23.26 Aufgabe 30.

31 (II) Ein flacher Ring mit dem Innenradius R_1 und dem Außenradius R_2 (▶ Abbildung 23.27) trägt eine homogene Flächenladungsdichte σ. Bestimmen Sie das elektrische Potenzial für Punkte auf der Symmetrieachse (der x-Achse).

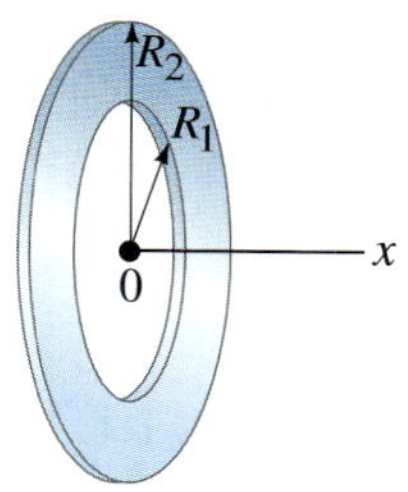

Abbildung 23.27 Aufgabe 31.

32 (II) Eine dünne Stange der Länge $2L$ erstreckt sich entlang der x-Achse, wobei ihr Schwerpunkt im Koordinatenursprung liegt (siehe ▶ Abbildung 23.28). Die Stange trägt eine homogen verteilte Ladung Q. Bestimmen Sie das Potenzial ϕ als Funktion von y für Punkte auf der y-Achse. Setzen Sie im Unendlichen $\phi = 0$.

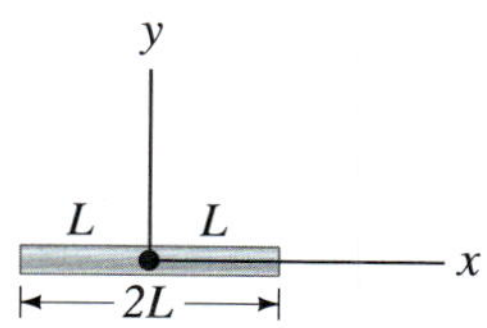

Abbildung 23.28 Aufgaben 32, 33, 34 und 48.

33 (III) Bestimmen Sie das Potenzial $\phi(x)$ für Punkte auf der x-Achse, die sich außerhalb der Stange in ▶ Abbildung 23.28 (Aufgabe 32) befinden.

34 (III) Die Ladung auf der Stange in ▶ Abbildung 23.28 besitzt eine inhomogene, lineare Ladungsverteilung $\lambda = ax$. Bestimmen Sie das Potenzial ϕ (a) für Punkte auf der y-Achse und (b) Punkte auf der x-Achse außerhalb der Stange.

35 (III) Nehmen Sie an, dass die flache rotierende Scheibe in ▶ Abbildung 23.12 (Beispiel 23.9) eine inhomogene Flächenladungsdichte $\sigma = ar^2$ besitzt, wobei r vom Mittelpunkt der Scheibe aus gemessen ist. Bestimmen Sie das Potenzial $\phi(x)$ für Punkte auf der x-Achse (bezogen auf $\phi = 0$ bei $x = \infty$).

Aufgaben zu 23.5

36 (I) Zeichnen Sie einen Leiter in der Form eines Rugbyballs. Dieser Leiter trägt eine negative Nettoladung $-Q$. Skizzieren Sie etwa ein Dutzend elektrische Feldlinien und Äquipotenziallinien.

37 (II) Zeichnen Sie Äquipotenzialflächen mit einem Abstand von 100 V für die Umgebung einer sehr großen, homogen geladenen Platte mit der Ladungsdichte $\sigma = 0{,}55\ \mu\text{C/m}^2$. Wie groß ist die räumliche Entfernung zwischen den Äquipotenzialflächen?

38 (II) Eine Metallkugel mit dem Radius $r = 0{,}30$ m trägt eine Ladung von $Q = 0{,}50\ \mu\text{C}$. Zeichnen Sie für den Bereich außerhalb der Kugel Äquipotenzialflächen in Intervallen von 100 V. Bestimmen Sie den Radius r (a) der ersten, (b) der zehnten und (c) der hundertsten Äquipotenzialfläche (gezählt von der Oberfläche aus).

Aufgaben zu 23.6

39 (I) Ein Elektron und ein Proton sind $0{,}53 \cdot 10^{-10}$ m voneinander entfernt. (a) Wie groß ist ihr Dipolmoment, wenn sie sich in Ruhe befinden? (b) Wie groß ist das mittlere Dipolmoment, wenn das Elektron auf einer kreisförmigen Bahn um das Proton rotiert?

40 (II) Berechnen Sie das elektrische Potenzial für einen Dipol, dessen Dipolmoment an einem Punkt in $1{,}1 \cdot 10^{-9}$ m Entfernung $4{,}8 \cdot 10^{-30}$ C · m beträgt, falls dieser Punkt weit vom Dipol entfernt ist, für folgende Bereiche: (a) auf der Dipolachse und näher an der positiven Ladung; (b) 45° oberhalb der Dipolachse und näher an der positiven Ladung; (c) 45° oberhalb der Dipolachse, aber näher an der negativen Ladung.

41 (II) (a) Berechnen Sie das elektrische Potenzial in Beispiel 23.10, Teil (b), ohne Verwendung der Dipolnäherung (Gleichung 23.7), d. h. nehmen Sie nicht $r \gg d$ an. (b) Wie groß ist der relative Fehler in diesem Falle, wenn die Dipolnäherung verwendet wird?

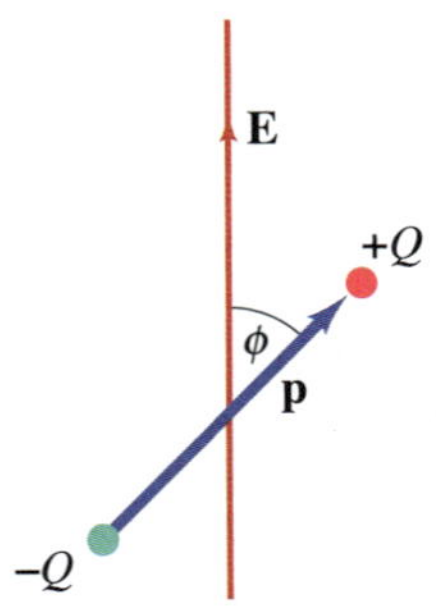

Abbildung 23.29 Aufgabe 42.

42 (III) Zeigen Sie, dass auf einen elektrischen Dipol, der in einem homogenen elektrischen Feld platziert wird, ein Drehmoment gleich $pE \sin\phi$ wirkt, wobei ϕ der Winkel zwischen dem Vektor des Dipolmoments und der Richtung des elektrischen Feldes ist (siehe ▸ Abbildung 23.29). Wie groß ist die auf den Dipol wirkende Nettokraft? Wie würden sich Ihre Antworten ändern, wenn es sich um ein inhomogenes Feld handelte? Das Dipolmoment ist so definiert, dass sein Betrag Qd ist und seine Richtung wie dargestellt vom negativen zum positiven Ende zeigt.

43 (III) Das als Vektor betrachtete Dipolmoment zeigt von der negativen zur positiven Ladung. Das Wassermolekül in ▸ Abbildung 23.30 besitzt ein Dipolmoment **p**, das wie dargestellt als die Summe der beiden Dipolmomente $\mathbf{p}_1$ und $\mathbf{p}_2$ betrachtet werden kann. Der Abstand zwischen jedem der beiden Wasserstoffatome und dem Sauerstoffatom beträgt etwa $0{,}96 \cdot 10^{-10}$ m; die in den Mittelpunkt des Sauerstoffatoms eintretenden Linien bilden mit jedem Wasserstoffatom wie dargestellt einen Winkel von 104° und das Nettodipolmoment wurde mit $6{,}1 \cdot 10^{-30}$ C·m gemessen. (a) Bestimmen Sie die effektive Ladung q jedes der beiden Wasserstoffatome. (b) Bestimmen Sie das elektrische Potenzial für jeden Dipol $\mathbf{p}_1$ und $\mathbf{p}_2$ in großer Entfernung vom Molekül und zeigen Sie, dass

$$\phi = \frac{1}{4\pi\epsilon_0}\frac{p\cos\theta}{r^2}$$

gilt, wobei p der Betrag des Nettodipolmoments $\mathbf{p} = \mathbf{p}_1 + \mathbf{p}_2$ und ϕ das Gesamtpotenzial für $\mathbf{p}_1$ und $\mathbf{p}_2$ ist. Setzen Sie $\phi = 0$ bei $r = \infty$.

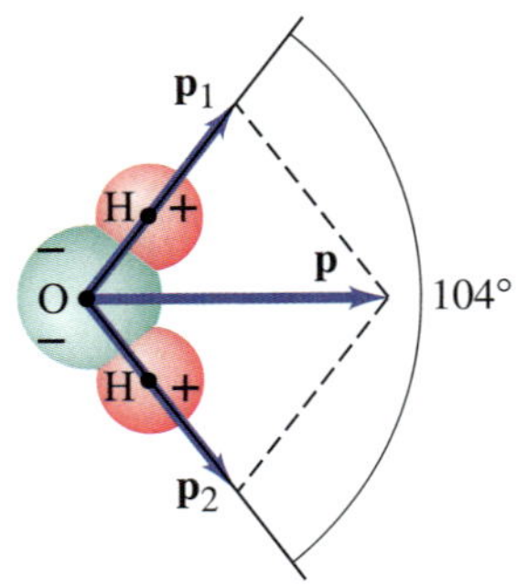

Abbildung 23.30 Aufgabe 43.

Aufgaben zu 23.7

44 (I) Wie groß ist die Potenzialdifferenz unmittelbar außerhalb eines Urankerns ($Q = +92e$), dessen Durchmesser etwa $15 \cdot 10^{-15}$ m beträgt?

45 (I) Zeigen Sie, dass das elektrische Feld einer einzelnen Punktladung (Gleichung 21.4) aus $\phi = (1/4\pi\epsilon_0)/(Q/r)$ (Gleichung 23.5) folgt.

46 (II) Das elektrische Potenzial variiert in einem räumlichen Gebiet wie $\phi = ay/(b^2 + y^2)$. Bestimmen Sie **E**.

47 (II) In einem bestimmten räumlichen Gebiet ist das elektrische Potenzial durch $\phi = y^2 + 2xy - 4xyz$ gegeben. Bestimmen Sie das elektrische Feld **E** in diesem Gebiet.

48 (III) Verwenden Sie die Ergebnisse aus den Aufgaben 32 und 33, um das elektrische Feld für die homogen geladene Stange aus ▸ Abbildung 23.28 für Punkte (a) auf der y-Achse und (b) auf der x-Achse zu bestimmen.

Aufgaben zu 23.8

49 (I) Bestimmen Sie die gemeinsame elektrostatische potenzielle Energie (in Elektronenvolt) von zwei Protonen in einem Urankern (^{235}U), (a) falls sie sich auf gegenüber liegenden Seiten des Kerns an der Oberfläche befinden und (b) falls sich eines von beiden im Mittelpunkt und das andere an der Oberfläche aufhält. Der Durchmesser eines ^{235}U-Kerns beträgt etwa $15 \cdot 10^{-15}$ m. Vernachlässigen Sie bei dieser Berechnung die anderen Protonen.

50 (I) Wie viel Arbeit muss aufgewendet werden, um drei Elektronen aus großer Entfernung in einen Abstand von $1{,}0 \cdot 10^{-10}$ m voneinander zu bringen?

51 (I) Welche Potenzialdifferenz ist erforderlich, um eine kinetische Energie von 48 keV auf einen Heliumkern ($Q = 3{,}2 \cdot 10^{-19}$ C) zu übertragen?

52 (I) Wie groß ist die Geschwindigkeit (a) eines Elektrons und (b) eines Protons mit einer kinetischen Energie von jeweils 3,5 keV?

53 (II) Wie groß ist die gesamte elektrostatische potenzielle Energie E_{pot} für (a) vier Punktladungen und (b) fünf Punktladungen. Fertigen Sie eine Skizze an, um alle Größen zu definieren.

54 (II) Bei einem radioaktiven Zerfall mit einer kinetischen Energie von 5,53 MeV wird ein α-Teilchen (ein Heliumkern mit $Q = +2e$ und $m = 6{,}64 \cdot 10^{-27}$ kg) emittiert. Wie groß ist seine Geschwindigkeit?

55 (II) Ein Elektron, das sich in Ruhe befindet, nimmt bei Bewegung von Punkt A nach Punkt B eine kinetische Energie von 2,0 keV auf. (a) Welche kinetische Energie würde ein Proton aufnehmen, das sich im Punkt B in Ruhe befindet und zum Punkt A bewegt wird? (b) Bestimmen Sie das Verhältnis ihrer Geschwindigkeiten am Ende ihrer jeweiligen Trajektorien.

56 (II) Vier gleiche Punktladungen Q liegen an den Ecken eines Quadrates mit der Seitenlänge b. (a) Wie groß ist ihre gesamte elektrostatische potenzielle Energie? (b) Wie groß wäre die potenzielle Energie einer fünften, im Mittelpunkt des Quadrats befindlichen Ladung Q (bezogen auf $\phi = 0$ bei $r = \infty$)? (c) Befindet sich die fünfte Ladung in einem stabilen oder einem instabilen Gleichgewicht, wenn sie in dieser Ebene gehalten wird? Welche kinetische Energie kann die Ladung maximal erhalten, wenn es sich um ein instabiles Gleichgewicht handelt? (d) Wiederholen Sie Teil (c) für eine negative Ladung $-Q$.

57 (II) Wiederholen Sie Teile (a) und (b) von Aufgabe 56 unter der Annahme, dass zwei an diagonal gegenüberliegenden Ecken befindliche Ladungen durch Ladungen $-Q$ ersetzt werden.

58 (II) Bestimmen Sie die gesamte elektrostatische potenzielle Energie einer leitenden Kugel mit dem Radius r_0, die eine homogen auf ihrer Oberfläche verteilte Gesamtladung Q trägt.

59 (III) Bestimmen Sie die gesamte elektrostatische potenzielle Energie einer nichtleitenden Kugel mit dem Radius r_0, die eine homogen über ihr Volumen verteilte Gesamtladung Q trägt.

Aufgaben zu 23.9

60 (I) Verwenden Sie das ideale Gas als Modell, um die mittlere quadratische Geschwindigkeit eines freien Elektrons in einem Metall bei 300 K bzw. bei 2500 K (der typischen Temperatur der Kathode in einer Kathodenstrahlröhre) zu bestimmen.

61 (III) In einer gegebenen Kathodenstrahlröhre werden Elektronen mit 15 kV horizontal beschleunigt. Sie durchlaufen dann auf einem Weg von 2,8 cm ein homogenes elektrisches Feld E, das sie nach oben ablenkt, so dass sie den Schirm in 22 cm Entfernung erreichen, 11 cm oberhalb der Mitte. Schätzen Sie den Wert für E ab.

Allgemeine Aufgaben

62 Skizzieren Sie das elektrische Feld und die Äquipotenziallinien für zwei im Abstand d voneinander befindliche Ladungen mit gleichem Betrag und gleichem Vorzeichen.

63 Durch Reibung an einem nichtleitenden Material kann eine Ladung von 10^{-8} C erzeugt werden. Schätzen Sie das an der Oberfläche erzeugte Potenzial ab, wenn dies mit einer Kugel vom Radius 10 cm gemacht wird. Setzen Sie $\phi = 0$ bei $r = \infty$.

64 Um wie viel würde das Potenzial auf der Erde ansteigen, wenn die Elektronen eines Regentropfens mit einem Durchmesser von 3 mm von der Erde entfernt werden könnten (ohne die Atomkerne zu entfernen)?

65 Ein Blitz transportiert eine Ladung von 4,0 C und eine Energie von 4,2 MJ zur Erde. (a) Welche Potenzialdifferenz überwindet er dabei? (b) Wie viel Wasser könnte er, ausgehend von der Zimmertemperatur, zum Kochen bringen?

66 An jeder Ecke eines Würfels mit der Kantenlänge l befindet sich eine Punktladung Q (siehe ▸ Abbildung 23.31). (a) Wie groß ist das Potenzial im Mittelpunkt des Würfels ($\phi = 0$ bei $r = \infty$). (b) Wie groß ist das Potenzial an jeder Ecke in Bezug auf die anderen sieben Ladungen? (c) Wie groß ist die potenzielle Gesamtenergie dieses Systems?

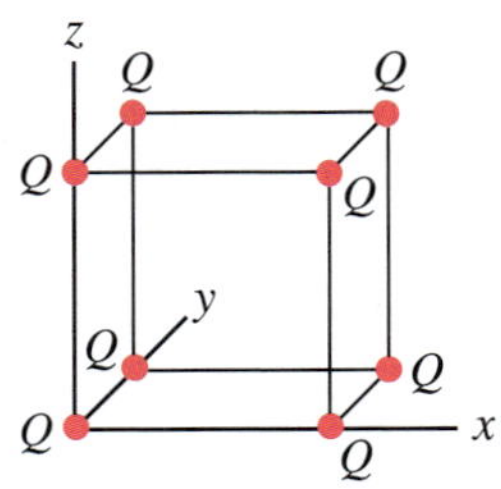

Abbildung 23.31 Aufgabe 66.

67 Welche Spannung muss angelegt werden, um ein Proton so zu beschleunigen, dass es gerade ausreichend viel Energie besitzt, um die Oberfläche eines Eisenkerns zu berühren? Ein Eisenkern trägt die 26-fache Ladung des Protons (= e) und sein Radius beträgt etwa $4{,}0 \cdot 10^{-15}$ m, während das Proton einen Radius von $1{,}2 \cdot 10^{-15}$ m hat. Nehmen Sie an, dass der Kern kugelförmig ist und eine homogene Ladungsverteilung hat.

68 In einer Kathodenstrahlröhre werden Elektronen mit 14 kV beschleunigt. Der Schirm ist 30 cm breit und befindet sich 34 cm von den 2,6 cm langen Ablenkplatten entfernt. Über welchen Bereich muss das horizontal ablenkende elektrische Feld variieren um den gesamten Schirm abzutasten?

69 Nehmen Sie an, dass eine homogene Schicht von Elektronen durch die Gravitationskraft nahe der Erdoberfläche gehalten wird. Wie viele Elektronen können auf diese Weise maximal festgehalten werden? Vernachlässigen Sie alle anderen elektrischen Ladungen und Felder außer denen der Elektronen selbst.

70 An den Ecken eines Quadrates mit einer Seitenlänge von 8,0 cm sind vier Punktladungen angeordnet. Die Ladungen sind im Uhrzeigersinn betrachtet Q, $2Q$, $-3Q$ und $2Q$, wobei $Q = 4{,}8\,\mu$C ist (▸ Abbildung 23.32). Wie groß ist die gesamte, in diesem System enthaltene elektrische potenzielle Energie (bezogen auf $E_{\text{pot}} = 0$ bei unendlichem Abstand)?

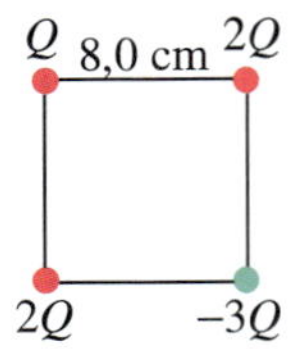

Abbildung 23.32 Aufgabe 70.

71 In einer Fernsehbildröhre werden Elektronen mithilfe von einigen tausend Volt im Vakuum beschleunigt. Wären Elektronen in der Lage, sich entgegen der Erdanziehung aufwärts zu bewegen, wenn ein Fernseher auf seine Rückseite gelegt wird? Welche über eine Entfernung von 3,0 cm wirkende Potenzialdifferenz wäre notwendig, um die Erdanziehung zu kompensieren, so dass ein Elektron in Ruhe bleiben würde? Nehmen Sie an, dass das elektrische Feld homogen ist.

72 Ein ruhendes Proton nimmt eine kinetische Energie von 5,2 keV auf, indem es vom Punkt P zum Punkt Q bewegt wird. (a) Welche kinetische Energie würde ein Elektron aufnehmen, das sich am Punkt Q in Ruhe befindet und zum Punkt P bewegt wird? (b) Bestimmen Sie das Verhältnis ihrer Geschwindigkeiten am Ende ihrer jeweiligen Trajektorien.

73 In einer Photozelle liefert ultraviolettes Licht einigen Elektronen im Barium-Metall eine ausreichende Energie, um mit hoher Geschwindigkeit aus der Oberfläche auszutreten (siehe ▸ Abbildung 23.33). Um die maximale Energie der Elektronen zu messen, wird eine andere Platte oberhalb der Barium-Oberfläche mit einem hinreichend großen negativen Potenzial angeordnet, so dass die emittierten Elektronen abgebremst werden und in die Barium-Oberfläche zurückkehren. Wenn die Spannung der Platte beim Abbremsen der schnellsten Elektronen −3,02 V (im Vergleich zum Barium) beträgt, wie groß war dann die Geschwindigkeit dieser Elektronen, als sie emittiert wurden?

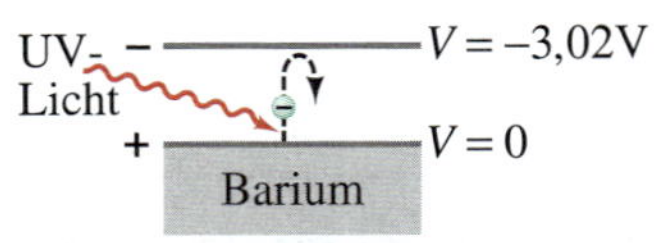

Abbildung 23.33 Aufgabe 73.

74 Nahe der Erdoberfläche gibt es ein nach unten gerichtetes elektrisches Feld von etwa 150 V/m. Zwei identische Bälle mit einer Masse von 0,540 kg werden aus einer Höhe von 2,00 m fallengelassen, wobei einer der

Bälle mit $q_1 = 550\,\mu C$ positiv und der zweite mit $q_2 = -550\,\mu C$ negativ geladen ist. Bestimmen Sie mithilfe des Energieerhaltungssatzes die Geschwindigkeitsdifferenz der beiden Bälle, wenn sie auf dem Boden auftreffen. (Vernachlässigen Sie den Luftwiderstand.)

75 Drei Ladungen befinden sich an den Ecken eines gleichseitigen Dreiecks mit der Seitenlänge L (siehe ▸ Abbildung 23.34). Bestimmen Sie das Potenzial im Mittelpunkt jeder Seite.

76 Bestimmen Sie ausgehend von Gleichung 23.7 die Komponenten E_x und E_y des elektrischen Feldes eines Dipols in einem beliebigen Punkt P in der x-y-Ebene bezüglich eines Dipols (▸ Abbildung 23.35). Nehmen Sie an, dass $r = (x^2 + y^2)^{\frac{1}{2}} \gg d$ gilt.

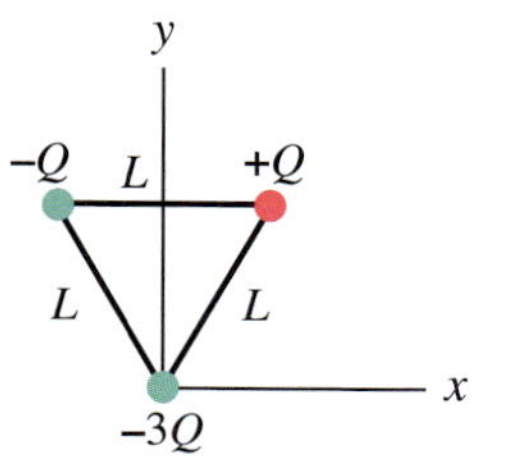

Abbildung 23.34 Aufgabe 75.

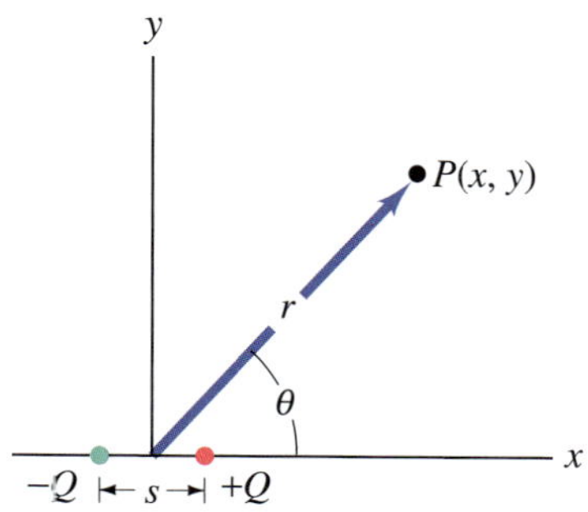

Abbildung 23.35 Aufgabe 76.

77 (a) Wie groß ist das elektrische Potenzial in einer Entfernung von $2{,}5 \cdot 10^{-15}$ m von einem Proton? Setzen Sie $\phi = 0$ für $x = \infty$. (b) Wie groß ist die elektrische potenzielle Energie eines Systems, das aus zwei $2{,}5 \cdot 10^{-15}$ m entfernten Protonen besteht, was in einem typischen Atomkern der Fall sein könnte.

78 Eine dünne, flache nichtleitende Scheibe mit dem Radius R und der Ladung Q habe in ihrer Mitte ein Loch vom Radius $R/2$. Bestimmen Sie das elektrische Potenzial $\phi(x)$ in den Punkten der Symmetrieachse. (Die Symmetrieachse ist eine senkrecht zur Scheibe verlaufende Linie, die durch ihren Mittelpunkt geht. Sie sollten das Koordinatensystem so wählen, dass die x-Achse mit der Symmetrieachse zusammenfällt.) Setzen Sie $\phi = 0$ für $x = \infty$.

79 Ein Geigerzähler wird verwendet, um geladene Teilchen nachzuweisen, die von radioaktiven Kernen emittiert wurden. Er besteht aus einem dünnen, positiv geladenen zentralen Draht vom Radius R_a, der von einem konzentrischen, leitfähigen Zylinder vom Radius R_b mit der gleichen negativen Ladung umgeben ist. Die Ladung pro Längeneinheit des inneren Drahtes ist λ (Einheit C/m). Die zylindrische Anordnung ist mit Edelgas unter niedrigem Druck gefüllt. Einige dieser Gasatome werden von geladenen Teilchen ionisiert; die frei werdenden Elektronen werden vom zentralen Draht angezogen. Wenn der Radialteil des elektrischen Feldes stark genug ist, erlangen die frei gewordenen Elektronen ausreichend Energie, um andere Atome zu ionisieren. Auf diese Weise wird eine „Lawine" von Elektronen hervorgerufen, die auf den zentralen Draht treffen und ein elektrisches „Signal" erzeugen. Finden Sie einen Ausdruck für das elektrische Feld zwischen Draht und Zylinder und zeigen Sie, dass für die Potenzialdifferenz zwischen R_a und R_b

$$\phi_a - \phi_b = \Delta\phi = \left(\frac{\lambda}{2\pi\epsilon_0}\right) \ln\left(\frac{R_b}{R_a}\right)$$

gilt.

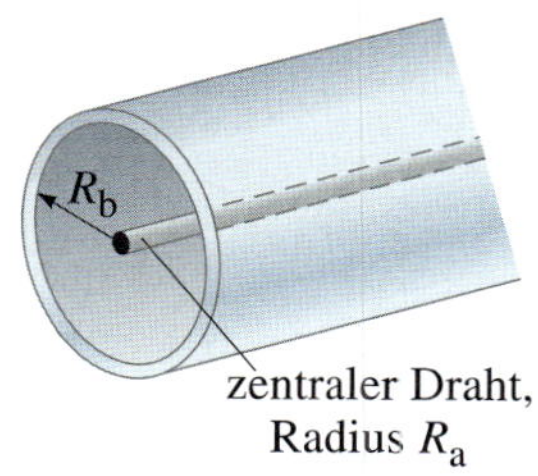

Abbildung 23.36 Aufgabe 79.

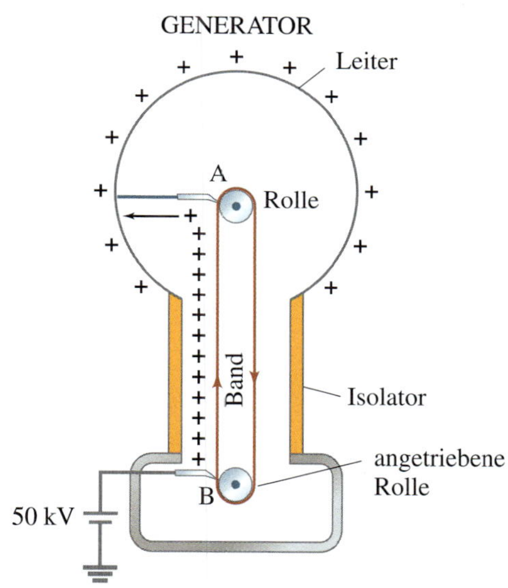

Abbildung 23.37 Aufgabe 80.

80 Ein Van-de-Graaff-Generator (▸ Abbildung 23.37) kann eine sehr große Potenzialdifferenz, sogar Millionen von Volt, erzeugen. Die Elektronen, die im Punkt A der unter hoher Spannung stehenden Spitzenelektrode aus dem Band herausgelöst werden, lassen dieses positiv geladen zurück. Das Band transportiert die positive Ladung innerhalb der kugelförmigen Schale aufwärts, wo sie im Punkt B dem Spitzenleiter übergeben wird und zur anderen Seite der leitfähigen Kugel wandert. Je mehr Ladung nach oben gebracht wird, um so schneller erreicht die Kugel eine extrem hohe Spannung. Betrachten Sie einen Van-de-Graaff-Generator mit einer

Kugel vom Radius 0,15 m. (a) Wie groß ist beim elektrischen Durchschlag das elektrische Potenzial auf der Kugeloberfläche? (Nehmen Sie an, dass $\phi = 0$ für $r = \infty$ gilt.) (b) Wie groß ist die Ladung auf der Kugel für das in Teil (a) ermittelte Potenzial?

81 Zeigen Sie, dass die potenzielle Energie eines Dipols in Gegenwart eines anderen Dipols (ihre „Wechselwirkungsenergie") durch

$$E_{\text{pot}} = -\frac{1}{2\pi\epsilon_0}\frac{p_1 p_2}{r^3}$$

gegeben ist, wenn sich die beiden Dipole mit den Dipolmomenten $\mathbf{p}_1$ und $\mathbf{p}_2$ in einer Geraden befinden (► Abbildung 23.38), wobei r der Abstand zwischen beiden ist. Nehmen Sie an, dass r viel größer als die Länge jedes Dipols ist.

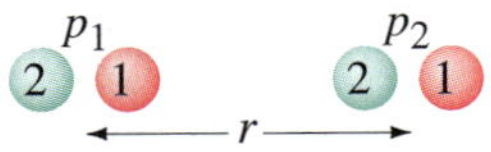

Abbildung 23.38 Aufgabe 81.

82 Zeigen Sie, dass die elektrostatische potenzielle Energie von zwei Dipolen in einer Platte durch

$$E_{\text{pot}} = \frac{1}{4\pi\epsilon_0}\frac{p_1 p_2}{r^3}[\cos(\theta_1 - \theta_2) - 3\cos\theta_1\cos\theta_2]$$

gegeben ist (siehe ► Abbildung 23.39). Nehmen Sie an, dass r viel größer als die Länge jedes Dipols ist. Die vektoriellen Dipolmomente $\mathbf{p}_1$ und $\mathbf{p}_2$ sind von der negativen zur positiven Ladung gerichtet.

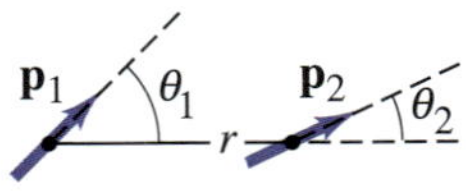

Abbildung 23.39 Aufgabe 82.

83 Eine nichtleitende Kugel mit einem Radius r_2 enthält einen konzentrischen kugelförmigen Hohlraum vom Radius r_1. Das Material zwischen r_1 und r_2 besitzt eine homogene Ladungsdichte $\rho_E(\text{C/m}^3)$. Bestimmen Sie das elektrische Potenzial ϕ (bezogen auf $\phi = 0$ bei $r = \infty$) als Funktion des Abstandes r vom Kugelmittelpunkt für (a) $r > r_2$, (b) $r_1 < r < r_2$ und (c) $r < r_1$. Ist ϕ bei r_1 und r_2 stetig?

Kapazität, Dielektrika und elektrische Energiespeicher

24

ÜBERBLICK

Kondensatoren gibt es in einer Vielzahl von Größen und Formen, von denen nur einige wenige hier abgebildet sind. Ein Kondensator besteht im Wesentlichen aus zwei berührungslosen Leitern, die deshalb Ladungen mit entgegengesetztem Vorzeichen speichern können. Kondensatoren werden in vielen verschiedenen Schaltkreisen benutzt, wie wir in diesem und in späteren Kapiteln sehen werden.

24. Kapazität, Dielektrika und elektrische Energiespeicher

Dieses Kapitel vervollständigt die Behandlung der Elektrostatik. Es beschäftigt sich in erster Linie mit einem wichtigen Bauelement, dem Kondensator, der in fast allen elektronischen Schaltkreisen eingesetzt wird. Außerdem werden wir uns mit der Speicherung elektrischer Energie und dem Einfluss von Isolatoren oder Dielektrika auf elektrische Felder und Potenzialdifferenzen beschäftigen.

24.1 Kondensatoren

ANGEWANDTE PHYSIK

Verwendung von Kondensatoren

Ein **Kondensator** ist ein Bauelement, das elektrische Ladung speichern kann. Er besteht aus zwei leitenden Körpern (gewöhnlich Platten oder Folien), die sehr dicht beieinander liegen, sich aber nicht berühren. Kondensatoren sind in elektronischen Schaltkreisen weit verbreitet: Sie speichern Ladung, die später benutzt werden kann, z. B. in einem Blitzlicht oder als Energiereserve in Computern für den Fall eines Stromausfalls. Kondensatoren sichern Schaltkreise gegen das plötzliche Ansteigen von Ladung und Energie und bilden einen Teil des Tuners eines Radios. Winzige Kondensatoren dienen als Speicher für die Nullen und Einsen des Binärcodes im Arbeitsspeicher (RAM) von Computern. Darüber hinaus gibt es viele weitere Anwendungen, von denen wir einige diskutieren werden.

Ein einfacher Kondensator besteht aus einem Paar paralleler Platten mit der Fläche A im Abstand d (siehe ▶ Abbildung 24.1a). Oft sind die beiden Platten zylindrisch aufgerollt, wobei Papier oder ein anderes isolierendes Material zwischen beiden Platten liegt (▶ Abbildung 24.1b). Auf dem Titelfoto dieses Kapitels sind Kondensatoren für unterschiedliche Anwendungen abgebildet. In Schaltplänen werden Kondensatoren durch das Symbol

—| |— (Kondensatorsymbol)

dargestellt. Ein anderes Symbol für den Kondensator, das Ihnen vielleicht begegnen wird, ist —|(—. Für eine Batterie, die eine Spannungsquelle ist, wird das Symbol

+|| − (Batteriesymbol)

verwendet.

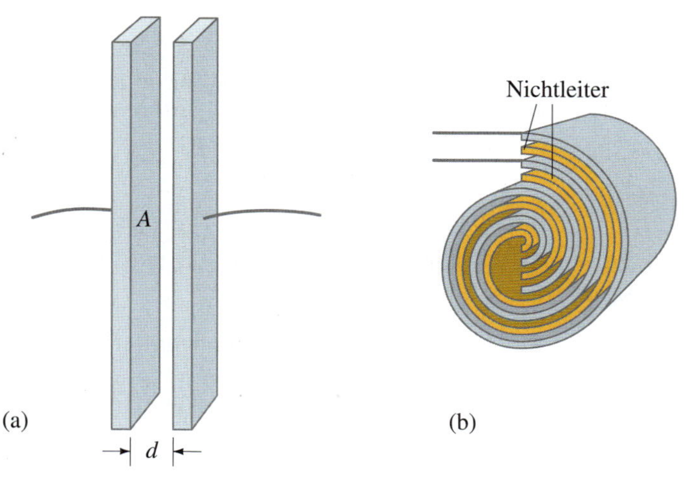

Abbildung 24.1 Kondensatoren: Skizze (a) eines Plattenkondensators, (b) eines Wickelkondensators (aufgerollte parallele Platten).

Wenn eine Spannung an einen Kondensator angelegt wird, z. B. wie in ▶ Abbildung 24.2 durch Anschluss an eine Batterie, dann lädt er sich schnell auf. Eine der beiden Platten nimmt eine negative Ladung auf, die andere eine gleichgroße positive Ladung. Batterieklemmen, Verbindungsdrähte und die Platten des Kondensators sind Leiter und haben das gleiche Potenzial; folglich erscheint die gesamte Batteriespannung am Kondensator. Der Betrag der Ladung Q, die jede der Platten aufnimmt, ist proportional zu der zwischen ihnen bestehenden Potenzialdifferenz U_{ba}:

Kapazität

$$Q = CU_{\mathrm{ba}} \,. \tag{24.1}$$

Einheit Farad (1 F = 1 C/V)

Die in dieser Beziehung auftretende Proportionalitätskonstante C wird als **Kapazität** bezeichnet. Die Einheit der Kapazität ist Coulomb pro Volt und wird als **Farad** (F) bezeichnet. Die meisten Kondensatoren haben Kapazitäten im Bereich von 1 pF (Pikofarad $= 10^{-12}$ F) bis 1 µF (Mikrofarad $= 10^{-6}$ F). Die durch Gleichung 24.1 ausgedrückte Beziehung zwischen Ladung und Spannung wurde erstmals von Volta im späten 18. Jahrhundert vorgeschlagen. Die Kapazität C hängt im Allgemeinen nicht von Q oder U ab, sondern von Größe, Form und relativer Lage der beiden Leiter sowie von dem zwischen beiden befindlichen Material.

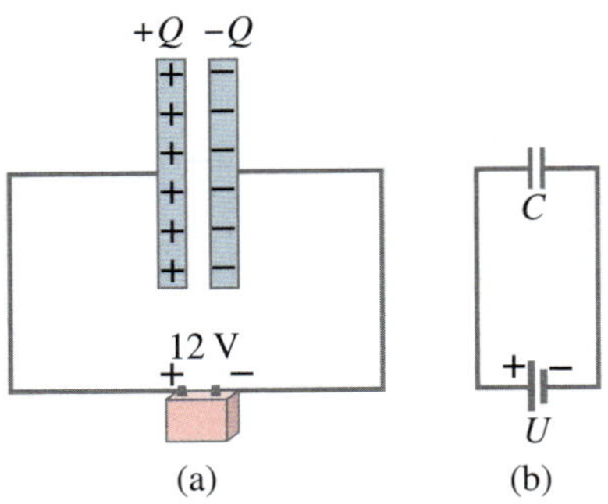

Abbildung 24.2 (a) Plattenkondensator, der mit einer Batterie verbunden ist. (b) Der gleiche Schaltkreis mit den vereinbarten Symbolen.

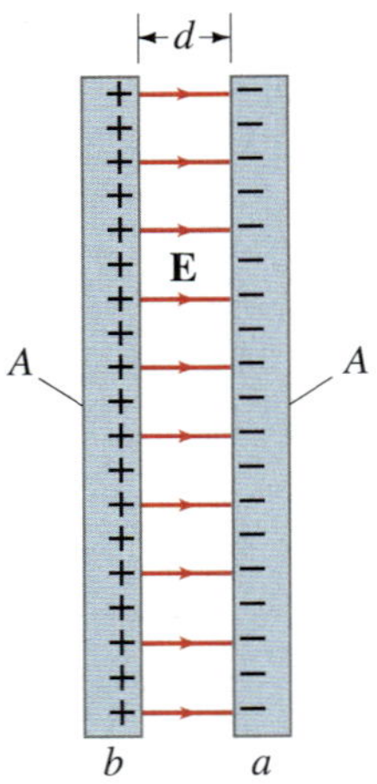

Abbildung 24.3 Plattenkondensator, dessen Platten jeweils den Flächeninhalt A haben; Randeffekte des elektrischen Feldes werden vernachlässigt.

24.2 Bestimmung der Kapazität

Die Kapazität eines Kondensators kann experimentell direkt durch Gleichung 24.1 bestimmt werden, indem Q auf beiden Leitern für eine gegebene Potenzialdifferenz U_{ba} gemessen wird.

Für Kondensatoren mit einfacher Geometrie können wir C analytisch bestimmen. In diesem Kapitel wollen wir annehmen, dass die Leiter durch ein Vakuum oder durch Luft getrennt sind. Zur Illustration berechnen wir zunächst die Ladung C für einen Plattenkondensator (▶ Abbildung 24.3).

Jede der beiden parallelen Platten hat den Flächeninhalt A und die beiden Platten haben voneinander den Abstand d. Der Abstand d sei klein im Verhältnis zu Länge und Breite der Platten, so dass das elektrische Feld $\mathbf{E}$ zwischen den Platten homogen ist und Randeffekte (d. h. Feldlinien, die keine Geraden sind) vernachlässigt werden können. Wir haben bereits gesehen, dass das elektrische Feld zwischen zwei dicht beieinander liegenden parallelen Platten den Betrag $E = \sigma/\epsilon_0$ hat und senkrecht auf den Platten steht. Da σ die Ladung pro Flächeneinheit ist, also $\sigma = Q/A$, gilt für das Feld zwischen den Platten

$$E = \frac{Q}{\epsilon_0 A} \,.$$

Die Beziehung zwischen dem elektrischen Feld und der elektrischen Spannung lautet nach Gleichung 23.4

$$U_{\mathrm{ba}} = -\int_{\mathrm{a}}^{\mathrm{b}} \mathbf{E} \cdot \mathrm{d}\mathbf{s} \,.$$

Wir können das Linienintegral entlang eines Weges wählen, der antiparallel zu den Feldlinien von einer Platte zur anderen verläuft. Dann ist $\theta = 180°$ und wegen $\cos 180° = -1$ gilt

$$U_{\mathrm{ba}} = \phi_{\mathrm{b}} - \phi_{\mathrm{a}} = -\int_{\mathrm{a}}^{\mathrm{b}} E \,\mathrm{d}s \cos 180° = +\int_{\mathrm{a}}^{\mathrm{b}} E \,\mathrm{d}s = \frac{Q}{\epsilon_0 A}\int_{\mathrm{a}}^{\mathrm{b}} \mathrm{d}s = \frac{Qd}{\epsilon_0 A} \,.$$

Dies setzt Q in Beziehung zu U_{ba}. Wir können hieraus die Kapazität C durch die Geometrie der Platten ausdrücken:

Formel für die Kapazität eines Plattenkondensators

$$C = \frac{Q}{U_{\mathrm{ba}}} = \epsilon_0 \frac{A}{d} \qquad \text{(Plattenkondensator)} \,. \tag{24.2}$$

Beachten Sie, dass C nach dieser Formel nur von geometrischen Größen und nicht von Q oder U_{ba} abhängt, so dass Q proportional zu U_{ba} sein muss, was experimentell bestätigt werden kann.

Beispiel 24.1 Kondensatorberechnungen

(a) Berechnen Sie die Kapazität eines Kondensators, dessen Platten 20 cm × 30 cm groß sind und die durch einen 1,0 mm breiten luftgefüllten Zwischenraum getrennt sind. (b) Wie groß ist die Ladung auf jeder der beiden Platten, wenn der Kondensator an eine 12-V-Batterie angeschlossen ist? (c) Wie groß ist das elektrische Feld zwischen den Platten? (d) Schätzen Sie ab, wie groß die Platten sein müssen, damit beim gleichen luftgefüllten Zwischenraum der Breite d eine Kapazität von 1 F erreicht wird.

Lösung

a Der Flächeninhalt beträgt $A = (20 \cdot 10^{-2}\,\text{m})(3{,}0 \cdot 10^{-2}\,\text{m}) = 6{,}0 \cdot 10^{-3}\,\text{m}^2$. Die Kapazität C ist dann

$$C = \epsilon_0 \frac{A}{d} = (8{,}85 \cdot 10^{-12}\,\text{C}^2/\text{N} \cdot \text{m}^2) \frac{6{,}0 \cdot 10^{-3}\,\text{m}^2}{1{,}0 \cdot 10^{-3}\,\text{m}} = 53\,\text{pF}\,.$$

b Die Ladung auf jeder der beiden Platten ist

$$Q = CU = (53 \cdot 10^{-12}\,\text{F})(12\,\text{V}) = 6{,}4 \cdot 10^{-10}\,\text{C}\,,$$

wobei wir einfach U für U_{ba} geschrieben haben.

c Nach Gleichung 23.4 gilt für den Betrag E eines homogenen elektrischen Feldes

$$E = \frac{U}{d} = \frac{12\,\text{V}}{1{,}0 \cdot 10^{-3}\,\text{m}} = 1{,}2 \cdot 10^4\,\text{V/m}\,.$$

d Wir stellen Gleichung 24.2 nach A um und erhalten das Ergebnis, dass ein Kondensator mit einer Kapazität von 1 F und einem luftgefüllten Zwischenraum von 1,0 mm Platten mit einem Flächeninhalt von

$$A = \frac{Cd}{\epsilon_0} \approx \frac{(1\,\text{F})(1{,}0 \cdot 10^{-3}\,\text{m})}{(9 \cdot 10^{-12}\,\text{C}^2/\text{N}{\cdot}\text{m}^2)} \approx 10^8\,\text{m}^2$$

haben muss. Dies ist die Fläche eines Quadrates mit der Seitenlänge 10^4 m = 10 km, was etwa der Größe einer Stadt wie San Francisco oder Boston entspricht.

ANGEWANDTE PHYSIK

Sehr hohe Kapazität

Vor zehn oder fünfzehn Jahren waren Kapazitäten von mehr als 1 µF ungewöhnlich. Heute sind Kondensatoren von 1 oder 2 F erhältlich, die dennoch kleine Abmessungen (etwa 1 cm Seitenlänge) haben. Derartige Kondensatoren werden als Energiepuffer bei niedrigen Spannungen verwendet, z. B. für das Standlicht an Fahrrädern, für Computerspeicher und Videorekorder, wo die Uhrzeit und das Datum durch winzige Ladungsströme erhalten werden können. (Für diese Zwecke sind Kondensatoren wiederaufladbaren Batterien überlegen, da sie mehr als 10^5-mal ohne Verlust wiederaufgeladen werden können.) Wie sind diese Kondensatoren mit extrem hoher Kapazität aufgebaut? Eine Variante verwendet Aktivkohle. Diese ist stark porös und hat deshalb eine sehr große Oberfläche: Ein Zehntel Gramm Aktivkohle kann eine Oberfläche von 100 m² haben. Außerdem kommen die gleichnamigen und ungleichnamigen Ladungen in einer elektrischen „Doppelschicht" vor. Dies ist eine Ladungsschicht an der Berührungsfläche zwischen den Kohleteilchen und der sie umgebenden Schwefelsäure. Die positiven Ladungen befinden sich auf der Seite des Kohlenstoffs und die negativen Ladungen auf der Seite der Säure, wobei der Abstand zwischen beiden etwa 10^{-9} m beträgt. Damit ist die Kapazität von 0,1 g Aktivkohle (Oberfläche bis zu 10^2 m²) $C = \epsilon_0 A/d = (8{,}85 \cdot 10^{-12}\,\text{C}^2/\text{N}{\cdot}\text{m}^2)(10^2\,\text{m}^2)/(10^{-9}\,\text{m}) \approx 1\,\text{F}$.

Computertastaturen

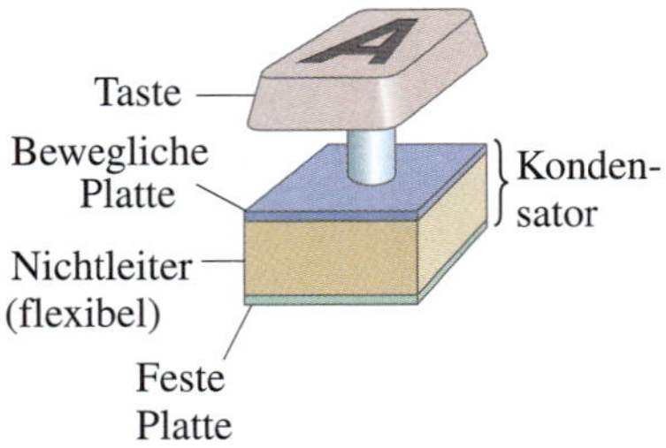

Abbildung 24.4 Eine Taste einer Computertastatur. Beim Drücken der Taste verringert sich der Abstand der Kondensatorplatten, wodurch die Kapazität steigt. Dies wird von einem elektronischen Schaltkreis registriert.

Ein bestimmter Typ von Computertastaturen arbeitet kapazitiv. Wie in ▸ Abbildung 24.4 dargestellt, ist jede Taste mit der oberen Platte eines Kondensators verbunden. Wird die Taste gedrückt, bewegt sich die obere Platte nach unten, wodurch sich der Abstand zwischen den beiden Kondensatorplatten verringert und die Kapazität steigt (Gleichung 24.2: Je kleiner d umso größer C). Die *Kapazität* wird in ein elektrisches Signal umgewandelt, das von einem elektronischen Schaltkreis registriert wird.

Die durch Gleichung 24.2 beschriebene Proportionalität $C \propto A/d$ gilt auch für einen Plattenkondensator, der spiralförmig zu einem Zylinder aufgerollt ist (siehe ▸ Abbildung 24.1b). Der Proportionalitätsfaktor ϵ_0 muss allerdings ersetzt werden, wenn sich wie üblich ein Isolator wie Papier zwischen den Platten befindet. Dies wird in Abschnitt 24.5 diskutiert. Für einen echten, aus zwei langen koaxialen Zylindern bestehenden Zylinderkondensator ändert sich das Ergebnis ein wenig, wie wir im nächsten Beispiel sehen werden.

Beispiel 24.2 Zylinderkondensator

Ein Zylinderkondensator besteht aus einem Zylinder (oder Draht) vom Radius R_b, der von einer koaxialen zylindrischen Hülle mit dem Innenradius R_a umgeben ist (siehe ▸ Abbildung 24.5a).

Beide Zylinder haben die Länge L und wir nehmen an, dass L wesentlich größer ist als der Abstand $R_a - R_b$ zwischen den beiden Zylindern, so dass wir Randeffekte vernachlässigen können. Der Kondensator ist aufgeladen (z. B. indem er mit einer Batterie verbunden wurde). Einer der Zylinder trägt daher die Ladung $+Q$ (nehmen wir an, der innere) und der andere die Ladung $-Q$. Leiten Sie eine Formel für die Kapazität her.

Lösung

Um $C = Q/U_{ba}$ zu erhalten, müssen wir die Potenzialdifferenz U_{ba} zwischen den beiden Zylindern als Funktion von Q bestimmen. Wir können das weiter vorn (Beispiel 21.10 oder 22.5) erhaltene Ergebnis verwenden, wonach das elektrische Feld außerhalb eines langen Drahtes radial nach außen gerichtet ist und den Betrag $E = (1/2\pi\epsilon_0)(\lambda/r)$ hat. Dabei ist r der Abstand von der Achse und λ die Ladung pro Längeneinheit Q/L. Für Punkte zwischen den Zylindern gilt daher $E = (1/2\pi\epsilon_0)(Q/Lr)$.

Um U_{ba} als Funktion von Q zu erhalten, verwenden wir das Ergebnis aus Gleichung 23.3, $U_{ba} = -\int_a^b \mathbf{E} \cdot d\mathbf{s}$ und schreiben das Linienintegral vom äußeren zum inneren Zylinder (so dass $U_{ba} > 0$) entlang eines radialen Weges auf[1]:

$$U_{ba} = -\int_a^b \mathbf{E} \cdot d\mathbf{s} = -\frac{Q}{2\pi\epsilon_0 L} \cdot \int_{Ra}^{R_b} \mathbf{E} \cdot d\mathbf{s}\frac{dr}{r} = -\frac{Q}{2\pi\epsilon_0 L} \ln\frac{R_b}{R_a}$$
$$= \frac{Q}{2\pi\epsilon_0 L} \ln\frac{R_a}{R_b} .$$

Q und U_{ba} sind proportional und die Kapazität C ist

$$C = \frac{Q}{U_{ba}} = \frac{2\pi\epsilon_0 L}{\ln(R_a/R_b)} \qquad \text{(Zylinderkondensator)} .$$

Ist die Abhängigkeit von L, R_a und R_b intuitiv zu verstehen? (Vergleichen Sie dies mit der Diskussion im unmittelbaren Anschluss an Gleichung 24.2.)

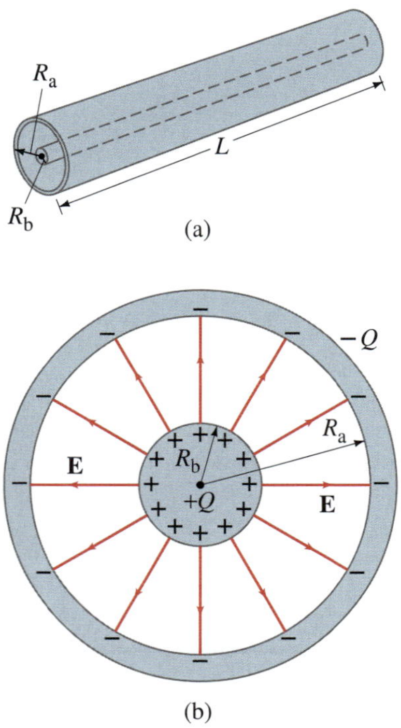

Abbildung 24.5 (a) Zylinderkondensator, bestehend aus zwei koaxialen zylindrischen Leitern. (b) Darstellung der elektrischen Feldlinien in einem Querschnitt des Kondensators.

1 Beachten Sie, dass **E** in ▸ Abbildung 24.5b nach außen gerichtet ist, d**s** für den von uns gewählten Integrationsweg dagegen nach innen. Der Winkel zwischen **E** und d**s** ist also 180° und der Kosinus von 180° ist −1. Außerdem gilt $ds = -dr$, da dr nach außen zunimmt. Diese beiden Minuszeichen heben einander auf.

Beispiel 24.3 **Kugelkondensator**

Ein Kugelkondensator besteht aus zwei dünnen, konzentrischen leitfähigen Kugelschalen mit den Radien r_a und r_b (siehe ► Abbildung 24.6). Die innere Schale trägt auf ihrer Oberfläche eine homogen verteilte Ladung Q und die äußere eine gleichgroße, entgegengesetzte Ladung $-Q$. Bestimmen Sie die Kapazität der beiden Kugelschalen.

Lösung

In Beispiel 22.3 haben wir mithilfe des Gauß'schen Gesetzes gezeigt, dass das elektrische Feld außerhalb einer geladenen, leitfähigen Kugel $E = Q/4\pi\epsilon_0 r^2$ ist, so als ob die gesamte Ladung im Kugelmittelpunkt konzentriert wäre. Wir verwenden nun Gleichung 23.3, $U_{ba} = -\int_a^b \mathbf{E}\cdot d\mathbf{s}$, und integrieren entlang eines radialen Weges, um die Potenzialdifferenz zwischen den beiden leitenden Kugelschalen zu erhalten:

$$U_{ba} = -\int_a^b \mathbf{E} \cdot d\mathbf{s} = -\frac{Q}{4\pi\epsilon_0}\int_{r_a}^{r_b} \frac{1}{r^2}\,dr$$
$$= \frac{Q}{4\pi\epsilon_0}\left(\frac{1}{r_b} - \frac{1}{r_a}\right) = \frac{Q}{4\pi\epsilon_0}\left(\frac{r_a - r_b}{r_a r_b}\right) .$$

Daraus folgt

$$C = \frac{Q}{U_{ba}} = 4\pi\epsilon_0\left(\frac{r_a r_b}{r_a - r_b}\right) .$$

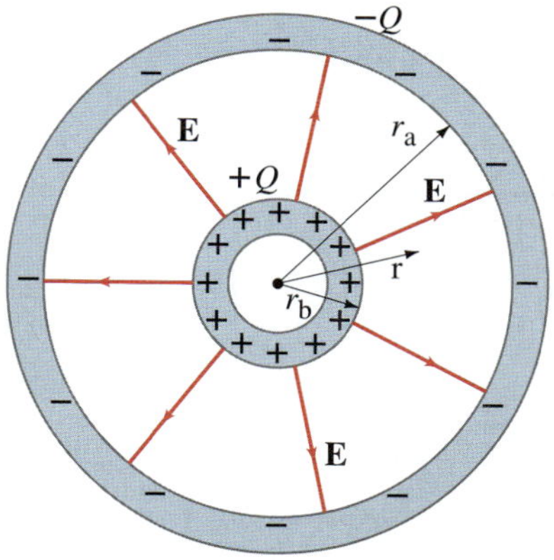

Abbildung 24.6 Querschnitt eines Kugelkondensators. Die dünne innere Kugelschale hat den Radius r_b und die äußere den Radius r_a.

Auch bei einem einzelnen, isolierten Leiter kann man von einer Kapazität C sprechen. Auch in diesem Fall kann C als das Verhältnis zwischen Ladung und absolutem Potenzial $\phi = U$ (bezogen auf $\phi = 0$ bei $r = \infty$) auf dem Leiter definiert werden, so dass die Beziehung

$$Q = CU$$

gültig bleibt. Beispielsweise erhalten wir das Potenzial einer einzelnen, leitenden Kugel vom Radius r_b aus den Ergebnissen von Beispiel 24.3, indem wir r_a gegen unendlich gehen lassen. In diesem Falle gilt

$$\phi = U = \frac{Q}{4\pi\epsilon_0}\left(\frac{1}{r_b} - \frac{1}{r_a}\right) = \frac{1}{4\pi\epsilon_0}\frac{Q}{r_b} ,$$

so dass wir für die Kapazität

$$C = \frac{Q}{U} = 4\pi\epsilon_0 r_b$$

erhalten. Ein einzelner Leiter wird jedoch nicht als Kondensator aufgefasst. In der Praxis befindet sich ein einzelner Leiter meist in der Nähe eines anderen Leiters oder der Erde, die als die andere „Platte" des Kondensators betrachtet werden kann und den Wert der Kapazität beeinflusst.

24.3 Kondensatoren in Reihen- und Parallelschaltungen

Kondensatoren kommen in vielen elektrischen Schaltkreisen vor. Hierunter verstehen wir einen geschlossenen Weg aus Leitern. Gewöhnlich sind dies Drähte, die Kondensatoren und/oder andere Bauelemente verbinden, in denen Ladungen fließen können, sowie eine Spannungsquelle, wie z. B. eine Batterie. Die Batteriespannung wird in der Regel mit dem Symbol U bezeichnet, d. h. U gibt eine

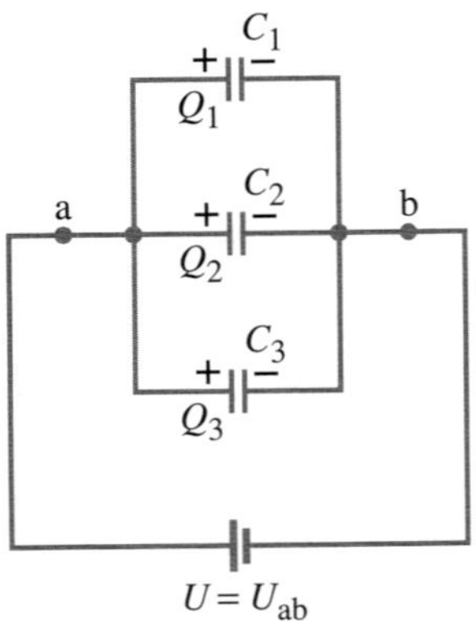

Abbildung 24.7 Für parallel geschaltete Kondensatoren gilt $C = C_1 + C_2 + C_3$.

Potenzial*differenz* an. Kondensatoren können auf verschiedene Weise miteinander verbunden werden. Zwei Möglichkeiten sind die *Reihen-* und die *Parallelschaltung*, die wir an dieser Stelle behandeln wollen.

► Abbildung 24.7 stellt einen Schaltkreis mit drei Kondensatoren dar. Sie sind parallel geschaltet, denn wenn eine Batterie mit der Spannung U mit den Punkten a und b verbunden wird, existiert diese Spannung $U = U_{ab}$ auf jedem der Kondensatoren. Da die linken Platten jedes Kondensators durch Leiter verbunden sind, erreichen sie alle das gleiche Potenzial ϕ_a, wenn sie mit der Batterie angeschlossen werden; die rechten Platten erreichen alle das Potenzial ϕ_b. Jede Kondensatorplatte nimmt eine Ladung auf, die durch $Q_1 = C_1U$, $Q_2 = C_2U$ bzw. $Q_3 = C_3U$ gegeben ist. Die der Batterie entnommene Gesamtladung ist dann

$$Q = Q_1 + Q_2 + Q_3 = C_1U + C_2U + C_3U\,.$$

Wir wollen nun versuchen, einen einzelnen äquivalenten Kondensator zu finden, der bei der gleichen Spannung $U = U_{ab}$ die gleiche Ladung Q trägt. Dieser zeigt eine Kapazität C_{ges}, die durch die Gleichung

$$Q = C_{ges}U$$

festgelegt ist. Kombinieren wir die beiden letzten Gleichungen, so erhalten wir

$$C_{ges}U = C_1U + C_2U + C_3U = (C_1 + C_2 + C_3)U$$

oder

Kondensatoren in Parallelschaltung

$$C_{ges} = C_1 + C_2 + C_3 \qquad \text{(Parallelschaltung)}\,. \qquad (24.3)$$

Der durch das Parallelschalten von Kondensatoren entstehende Nettoeffekt besteht also darin, dass die Kapazität *ansteigt*. Dies ist physikalisch verständlich, da die Plattenfläche, auf der sich die Ladungen ansammeln können, dadurch größer wird (siehe z. B. Gleichung 24.2).

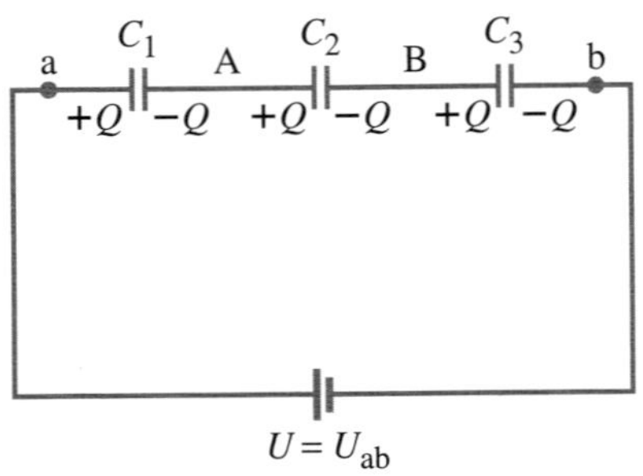

Abbildung 24.8 Für Kondensatoren in Reihenschaltung gilt $\frac{1}{C} = \frac{1}{C_1} + \frac{1}{C_2} + \frac{1}{C_3}$.

Kondensatoren können auch in **Reihe**, d. h. hintereinander, geschaltet werden (siehe ► Abbildung 24.8). Von der Batterie fließt eine Ladung $+Q$ zur linken Platte des Kondensators C_1 und eine Ladung $-Q$ zur rechten Platte des Kondensators C_3. Die Abschnitte A und B zwischen den Kondensatoren waren ursprünglich elektrisch neutral; daher ist die Nettoladung immer noch null. Die Ladung $+Q$ auf der linken Platte von C_1 zieht eine Ladung $-Q$ von der gegenüberliegenden Platte an. Da der Abschnitt A die Nettoladung null haben muss, muss es eine Ladung $+Q$ auf der linken Platte von C_2 geben. Da die gleiche Argumentation auf die anderen Kondensatoren angewendet werden kann, muss jeder Kondensator die gleiche Ladung Q tragen. Um die drei in Reihe geschalteten Kondensatoren durch einen einzelnen äquivalenten Kondensator zu ersetzen (so dass also Q und U gleich bleiben), müsste dieser eine Kapazität C_{ges} haben, die durch die Gleichung

$$Q = C_{ges}U$$

festgelegt ist. Die Gesamtspannung U auf den drei Kondensatoren muss in diesem Falle gleich der Summe der Spannungen auf den einzelnen Kondensatoren sein:

$$U = U_1 + U_2 + U_3\,.$$

Außerdem gilt $Q = C_1U_1$, $Q = C_2U_2$ und $Q = C_3U_3$. Setzen wir die durch diese Gleichungen bestimmten Werte für U_1, U_2 und U_3 in die letzte Gleichung ein, so erhalten wir

$$\frac{Q}{C_{ges}} = \frac{Q}{C_1} + \frac{Q}{C_2} + \frac{Q}{C_3} = Q\left(\frac{1}{C_1} + \frac{1}{C_2} + \frac{1}{C_3}\right)$$

oder

Kondensatoren in Reihenschaltung

$$\frac{1}{C_{ges}} = \frac{1}{C_1} + \frac{1}{C_2} + \frac{1}{C_3} \qquad \text{(Reihenschaltung)}\,. \qquad (24.4)$$

Beachten Sie, dass die Gesamtkapazität C_{ges} kleiner ist als die kleinste Einzelkapazität.

Andere Kondensatorschaltungen können auf die gleiche Weise analysiert werden, indem man die Ladungserhaltung ausnutzt und Reihen- und Paralellschaltungen als Grundbausteine verwendet.

Beispiel 24.4 Gesamtkapazität

Bestimmen Sie die Kapazität, die ein einzelner Kondensator haben muss, um das Gleiche zu bewirken wie die in ▶ Abbildung 24.9 dargestellte Anordnung von Kondensatoren. Setzen Sie $C_1 = C_2 = C_3 = C$.

Lösung

C_2 und C_3 sind parallel geschaltet; sie sind also äquivalent mit einem einzelnen Kondensator mit der Kapazität

$$C_{23} = C_2 + C_3 = 2C\,.$$

C_{23} ist mit C_1 in Reihe geschaltet, so dass für die Gesamtkapazität C_{ges}

$$\frac{1}{C_{ges}} = \frac{1}{C_1} + \frac{1}{C_{23}} = \frac{1}{C} + \frac{1}{2C} = \frac{3}{2C}$$

gilt. Folglich ist die Gesamtkapazität der Kondensatoranordnung $C_{ges} = \frac{2}{3}C$.

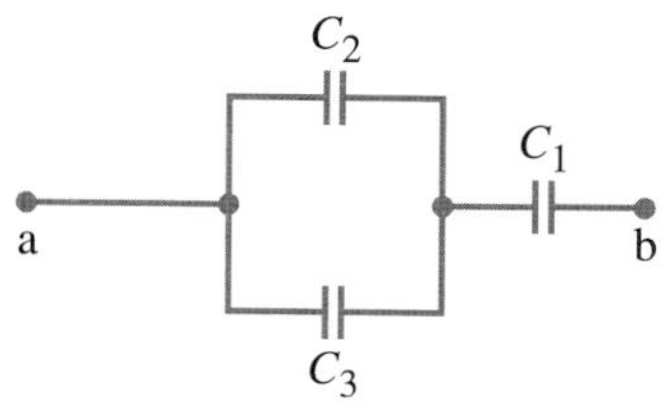

Abbildung 24.9 Beispiel 24.4.

PROBLEMLÖSUNG

Denken Sie daran, dass Sie das Reziproke bilden müssen.

Beispiel 24.5 Kondensatoranordnungen

(a) Bestimmen Sie die Gesamtkapazität der in ▶ Abbildung 24.10a dargestellten Anordnung (d. h. die Kapazität zwischen den Punkten a und b) für $C_1 = 6{,}0\,\mu F$, $C_2 = 4{,}0\,\mu F$ und $C_3 = 8{,}0\,\mu F$. (b) Bestimmen Sie die Ladung und die Potenzialdifferenz für den Fall, dass die Kondensatoren durch eine 12-V-Batterie aufgeladen werden, die sich zwischen den Punkten a und b befindet.

Lösung

a C_2 und C_3 sind parallel geschaltet, sie besitzen also eine Gesamtkapazität von

$$C_{23} = C_2 + C_3 = 4{,}0\,\mu F + 8{,}0\,\mu F = 12{,}0\,\mu F$$

(vgl. Gleichung 24.3). C_{23} ist, wie in ▶ Abbildung 24.3 zu sehen, mit C_1 in Reihe geschaltet. Die Kapazität der gesamten Anordnung ist daher durch Gleichung 24.4 gegeben:

$$\frac{1}{C_{ges}} = \frac{1}{C_1} + \frac{1}{C_{23}} = \frac{1}{6{,}0\,\mu F} + \frac{1}{12{,}0\,\mu F} = \frac{3}{12{,}0\,\mu F}\,.$$

Folglich ist $C = 12{,}0\,\mu F/3 = 4{,}0\,\mu F$.

b Die von der Batterie aus fließende Gesamtladung ist

$$Q = CU = (4{,}0 \cdot 10^{-6}\,F)(12\,V) = 4{,}8 \cdot 10^{-5}\,C\,.$$

Sowohl C_1 als auch C_{23} tragen diese Ladung Q. Die am Kondensator C_1 anliegende Spannung ist dann

$$U_1 = \frac{Q}{C_1} = \frac{4{,}8 \cdot 10^{-5}\,C}{6{,}0 \cdot 10^{-6}\,F} = 8{,}0\,V\,.$$

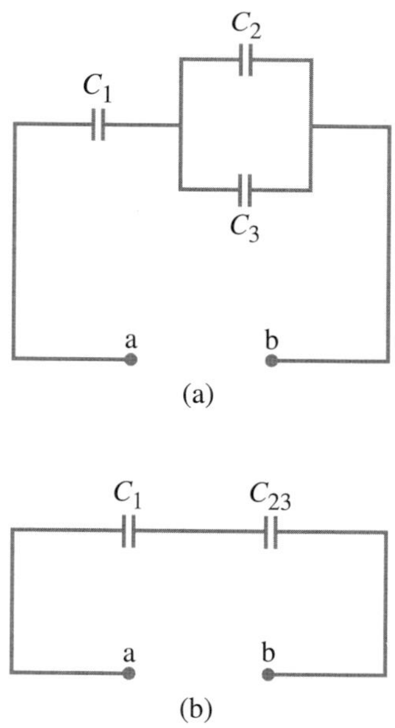

Abbildung 24.10 Beispiel 24.5.

Die an der Anordnung C_{23} anliegende Spannung ist

$$U_{23} = \frac{Q}{C_{23}} = \frac{4{,}8 \cdot 10^{-5}\,\mathrm{C}}{12{,}0 \cdot 10^{-6}\,\mathrm{F}} = 4{,}0\,\mathrm{V}\,.$$

Da die Kondensatoren C_2 und C_3 parallel geschaltet sind, ist dies gleichzeitig die Spannung, die an jedem einzelnen Kondensator anliegt:

$$U_2 = U_3 = 4{,}0\,\mathrm{V}\,.$$

Die Ladungen C_2 und C_3 sind

$$Q_2 = C_2 U_2 = (4{,}0 \cdot 10^{-6}\,\mathrm{F})(4{,}0\,\mathrm{V}) = 1{,}6 \cdot 10^{-5}\,\mathrm{C}$$

$$Q_3 = C_2 U_3 = (8{,}0 \cdot 10^{-6}\,\mathrm{F})(4{,}0\,\mathrm{V}) = 3{,}2 \cdot 10^{-5}\,\mathrm{C}\,.$$

Zusammengefasst gilt also

$$U_1 = 8{,}0\,\mathrm{V} \quad Q_1 = 48\,\mu\mathrm{C}$$
$$U_2 = 4{,}0\,\mathrm{V} \quad Q_2 = 16\,\mu\mathrm{C}$$
$$U_3 = 4{,}0\,\mathrm{V} \quad Q_3 = 32\,\mu\mathrm{C}\,.$$

Wir stellen fest, dass wie erwartet $Q_2 + Q_3 = Q_1 = Q$ gilt.

Beispiel 24.6 Über Kreuz verbundene Kondensatoren

Zwei Kondensatoren mit den Kapazitäten $C_1 = 2{,}2\,\mu\mathrm{F}$ und $C_2 = 1{,}2\,\mu\mathrm{F}$ werden in Parallelschaltung mit einer 24-V-Spannungsquelle verbunden (siehe ► Abbildung 24.11a). Nach dem Aufladen werden sie sowohl von der Spannungsquelle als auch voneinander getrennt und über Kreuz wieder zusammengeschaltet: Das heißt, der zweite wird mit umgekehrter Polung wieder an den ersten angeschlossen (siehe ► Abbildung 24.11b). Bestimmen Sie die Ladung sowie das Potenzial auf jedem der beiden Kondensatoren, nachdem sich das Gleichgewicht eingestellt hat.

Lösung

Zunächst müssen wir berechnen, wie groß die Ladung auf jedem der beiden Kondensatoren ist, nachdem sie durch die Stromquelle voll aufgeladen wurden. Mithilfe von Gleichung 24.1 erhalten wir hierfür

$$Q_1 = C_1 U = (2{,}2\,\mu\mathrm{F})(24\,\mathrm{V}) = 52{,}8\,\mu\mathrm{C}\,,$$
$$Q_2 = C_2 U = (1{,}2\,\mu\mathrm{F})(24\,\mathrm{V}) = 28{,}8\,\mu\mathrm{C}\,.$$

Nun betrachten wir ► Abbildung 24.11b. Die Kondensatoren sind parallel geschaltet und die Potenzialdifferenz auf jedem der beiden muss schnell den gleichen Wert erreichen. Die Ladung kann daher nicht wie in ► Abbildung 24.11b gezeigt bleiben, sondern muss sich so umordnen, dass die Ladungen der oberen Platten zumindest das gleiche Vorzeichen haben und die unteren die entgegengesetzte Ladung (► Abbildung 24.11c). Gleichung 24.1 gilt für beide Kondensatoren:

$$q_1 = C_1 U' \qquad \text{und} \qquad q_2 = C_2 U'\,,$$

wobei U' die Spannung auf den Kondensatoren nach dem Umordnen der Ladungen ist. Wir benötigen noch eine dritte Gleichung, da wir q_1, q_2 und U' nicht kennen. Diese erhalten wir aus der Ladungserhaltung. Die Ladungen haben sich ausgehend von der Anordnung in ► Abbildung 24.11b so umgeordnet, dass die Situation nun durch ► Abbildung 24.11c beschrieben wird. Die Gesamtladung auf den oberen Platten muss in beiden Abbildungen die gleiche sein; es gilt also

$$q_1 + q_2 = Q_1 - Q_2 = 24{,}0\,\mu\mathrm{C}\,.$$

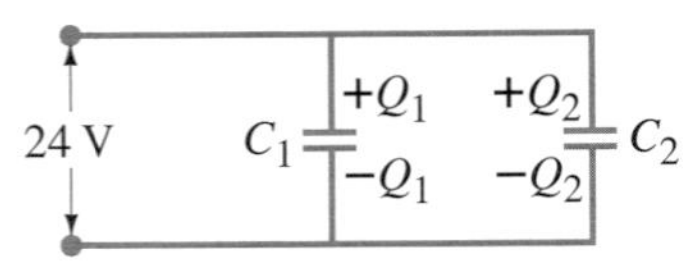

(a) Anfangskonfiguration

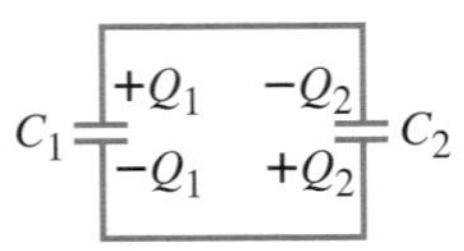

(b) Nur im Moment der Wiederinbetriebnahme

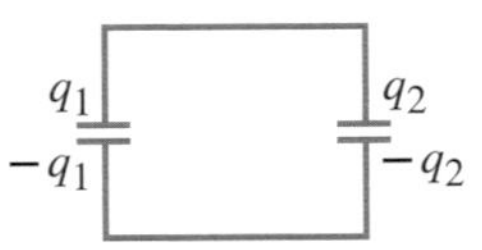

(c) Kurze Zeit später

Abbildung 24.11 Beispiel 24.6.

Kombinieren wir die letzten drei Gleichungen, so erhalten wir

$$U' = (q_1 + q_2)/(C_1 + C_2) = 24{,}0\,\mu\text{C}/3{,}4\,\mu\text{F} = 7{,}06\,\text{V} \approx 7{,}1\,\text{V}$$
$$q_1 = C_1 U' = (2{,}2\,\mu\text{F})(7{,}06\,\text{V}) = 15{,}5\,\mu\text{C} \approx 16\,\mu\text{C}$$
$$q_2 = C_2 U' = (1{,}2\,\mu\text{F})(7{,}06\,\text{V}) = 8{,}5\,\mu\text{C}\,.$$

Die Erhaltungsgrößen bei dieser Aufgabe sind die einzelnen Kapazitäten und die Summen der Ladungen beider Kondensatoren.

24.4 Speicherung elektrischer Energie

Ein geladener Kondensator speichert elektrische Energie. Diese ist gleich der Arbeit, die verrichtet werden muss, um ihn aufzuladen. Der Nettoeffekt beim Aufladen eines Kondensators besteht darin, Ladung von der einen Platte zu entfernen und sie der anderen Platte hinzuzufügen. Genau dies macht eine Batterie, wenn sie mit einem Kondensator verbunden wird. Das Aufladen eines Kondensators benötigt eine gewisse Zeit (siehe Abschnitt 26.4). Anfangs, wenn der Kondensator ungeladen ist, muss keine Arbeit verrichtet werden, um das erste Ladungselement zu speichern. Wenn sich auf jeder Platte etwas Ladung befindet, ist Arbeit erforderlich, um noch mehr Ladung mit dem gleichen Vorzeichen hinzuzufügen, da sich gleichnamige Ladungen abstoßen. Die Arbeit, die notwendig ist, um eine kleine Ladungsmenge $\mathrm{d}q$ hinzuzufügen, ist $\mathrm{d}W = U\,\mathrm{d}q$, wobei U die Potenzialdifferenz zwischen den Platten ist. Da zu jedem Zeitpunkt $U = q/C$ gilt (Gleichung 24.1), ist die zum Speichern einer Gesamtladung Q erforderliche Arbeit

$$W_\mathrm{e} = \int_0^Q U\,\mathrm{d}q = \frac{1}{C}\int_0^Q q\,\mathrm{d}q = \frac{1}{2}\frac{Q^2}{C}\,.$$

Die in einem Kondensator „gespeicherte“ Energie ist also

$$W_\mathrm{e} = \frac{1}{2}\frac{Q^2}{C}\,,$$

wenn der Kondensator auf seinen Platten die Ladung $+Q$ bzw. $-Q$ trägt. Wegen $Q = CU$ (U ist die Potenzialdifferenz zwischen den beiden Platten) können wir auch schreiben

$$W_\mathrm{e} = \frac{1}{2}\frac{Q^2}{C} = \frac{1}{2}CU^2 = \frac{1}{2}QU\,. \qquad (24.5)$$

Im Kondensator gespeicherte Energie

Beispiel 24.7 Im Kondensator gespeicherte Energie

Das Blitzlicht einer Kamera speichert Energie in einem 150 µF-Kondensator bei 200 V. Wie viel elektrische Energie kann der Kondensator speichern?

Lösung

Nach Gleichung 24.5 gilt

$$W_\mathrm{e} = \text{Energie} = \frac{1}{2}CU^2 = \frac{1}{2}(150\cdot 10^{-6}\,\text{F})(200\,\text{V})^2 = 3{,}0\,\text{J}\,.$$

Die Einheit berechnet sich wie folgt: $\text{FV}^2 = \left(\frac{\text{C}}{\text{V}}\right)(\text{V}^2) = \text{CV} = \text{C}\left(\frac{\text{J}}{\text{C}}\right) = \text{J}\,.$

Wenn diese Energie in 1/1000 s freigesetzt werden könnte, wäre dies äquivalent mit einer Leistung von 3000 W.

ANGEWANDTE PHYSIK

Blitzlicht

Man kann sich vorstellen, die elektrische Energie eines Kondensators sei zwischen seinen Platten gespeichert. Als Beispiel wollen wir die in einem Plattenkondensator gespeicherte Energie als Funktion des elektrischen Feldes berechnen.

Wir hatten festgestellt, dass das elektrische Feld **E** zwischen zwei dicht beieinander liegenden parallelen Platten (näherungsweise) homogen ist und dass die Feldstärke und die Potenzialdifferenz über die Gleichung $U = Ed$ zusammenhängen (vgl. Gleichung 23.4), wobei d der Abstand zwischen den Platten ist. Außerdem wissen wir aus Gleichung 24.2, dass für einen Plattenkondensator $C = \epsilon_0 A/d$ gilt. Somit ist

$$W_e = \frac{1}{2}CU^2 = \frac{1}{2}\left(\frac{\epsilon_0 A}{d}\right)(E^2 d^2)$$
$$= \frac{1}{2}\epsilon_0 E^2 Ad\ .$$

Die Größe Ad ist das Volumen zwischen den Platten, in dem das elektrische Feld E existiert. Wenn wir beide Seiten der Gleichung durch das Volumen teilen, erhalten wir einen Ausdruck für die Energie pro Volumeneinheit oder die **Energiedichte** w_e:

Im elektrischen Feld pro Volumeneinheit gespeicherte Energie

$$w_e = \text{Energiedichte} = \frac{1}{2}\epsilon_0 E^2\ . \qquad (24.6)$$

Die in einem beliebigen räumlichen Gebiet pro Volumeneinheit gespeicherte elektrische Energie ist proportional zum Quadrat des elektrischen Feldes in diesem Gebiet. Wir haben Gleichung 24.6 für den Spezialfall eines Plattenkondensators hergeleitet; man kann jedoch zeigen, dass sie für beliebige räumliche Gebiete gilt, in denen es ein elektrisches Feld gibt.

24.5 Dielektrika

Die meisten Kondensatoren haben zwischen den beiden Platten eine isolierende Schicht (z. B. aus Papier oder Kunststoff), die als **Dielektrikum** bezeichnet wird. Dies dient mehreren Zwecken. Zunächst einmal erfolgt bei Dielektrika nicht so schnell ein Spannungsdurchschlag (der erlaubt, dass elektrische Ladungen fließen) wie bei Luft; daher können höhere Spannungen angelegt werden, ohne dass die Ladungen die Lücke zwischen den Leitern überwinden. Außerdem erlaubt ein Dielektrikum, dass die Platten enger beieinander liegen können, ohne sich zu berühren. Wegen der indirekten Proportionalität von C und d (siehe Gleichung 24.2) ermöglicht dies höhere Kapazitäten. Schließlich wurde experimentell festgestellt, dass die Kapazität um einen Faktor K steigt, wenn ein Dielektrikum die Lücke zwischen den beiden Kondensatorplatten ausfüllt. Der Faktor K wird als **Dielektrizitätszahl** bezeichnet. Es gilt

Dielektrizitätszahl

$$C = \epsilon_r C_0\ . \qquad (24.7)$$

Dabei ist C_0 die Kapazität für den Fall, dass der Raum zwischen den beiden Leitern des Kondensators durch ein Vakuum gefüllt ist, und C die Kapazität für den Fall, dass der Raum mit einem Dielektrikum mit der Dielektrizitätszahl ϵ_r gefüllt ist.

In Tabelle 24.1 sind die Dielektrizitätszahlen für verschiedene Materialien angegeben. Beachten Sie, dass die Dielektrizitätszahl von Luft (bei einem Druck von 1 bar), $\epsilon_r = 10\,006$, nur sehr wenig vom Wert 10 000 für das Vakuum abweicht. Daher ist die Kapazität eines Kondensators, dessen Plattenzwischenraum mit Luft gefüllt ist, kaum anders als für einen Kondensator, dessen Platten durch ein Vakuum getrennt sind. Außerdem ist in Tabelle 24.1 die **Durchschlagfestigkeit** angegeben. Dies ist der größte Wert des elektrischen Feldes, für den es keinen Ladungsfluss gibt.

Für einen Plattenkondensator gilt

$$C = \epsilon_r \epsilon_0 \frac{A}{d} \qquad \text{(Plattenkondensator)} \qquad (24.8)$$

(siehe Gleichung 24.2), wenn der Raum zwischen den Platten vollständig mit einem Dielektrikum mit der Dielektrizitätszahl ϵ_r gefüllt ist. (Der Fall, dass das

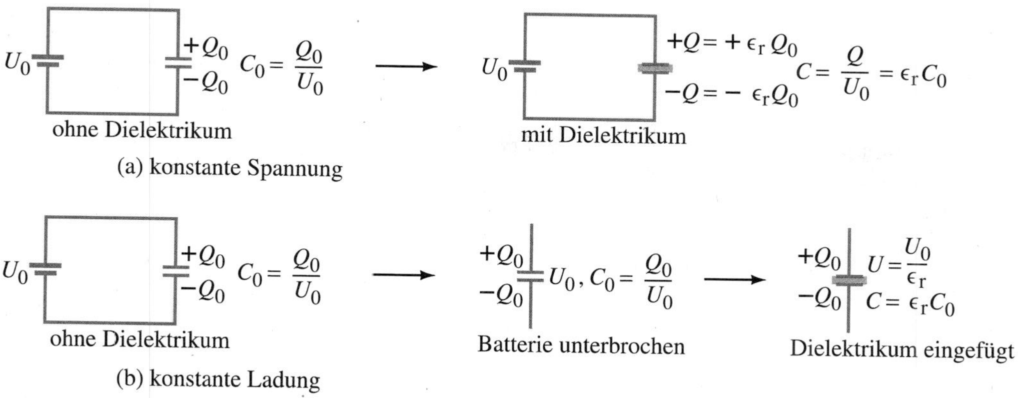

Abbildung 24.12 Zwei Experimente mit einem Kondensator: Es wird ein Dielektrikum eingefügt, wobei (a) die Spannung, (b) die Ladung konstant gehalten wird.

Dielektrikum nur einen Teil des Zwischenraums ausfüllt, wird in Beispiel 24.9 behandelt.) Die Größe $\epsilon_r\epsilon_0$ tritt so häufig auf, dass wir hierfür die neue Größe

$$\epsilon = \epsilon_r\epsilon_0 \tag{24.9}$$

definieren, die als **Permittivität** eines Material bezeichnet wird. Unter Verwendung dieser Größe können wir die Kapazität eines Plattenkondensators in der Form

$$C = \epsilon\frac{A}{d}$$

schreiben. Beachten Sie, dass ϵ_0 die Permittivität des Vakuums ist.

Die in einem elektrischen Feld E eines Dielektrikums gespeicherte Energiedichte (Abschnitt 24.4) ist

$$w_e = \frac{1}{2}\epsilon_r\epsilon_0 E^2 = \frac{1}{2}\epsilon E^2$$

(siehe Gleichung 24.6).

Zwei einfache Experimente veranschaulichen die Wirkung eines Dielektrikums. Bei dem ersten bleibt eine Batterie mit der Spannung U_0 mit einem Kondensator verbunden, während ein Dielektrikum zwischen die beiden Platten gebracht wird (▶ Abbildung 24.12a).

Wenn die Ladung auf den Platten ohne Dielektrikum Q_0 ist, dann zeigt das Experiment (das zuerst von Faraday durchgeführt wurde), dass die Ladung Q auf den Platten durch das Einfügen des Dielektrikums um einen Faktor K erhöht wird:

$$Q = \epsilon_r Q_0 \qquad \text{(konstante Spannung)} .$$

Die Kapazität wird auf $C = Q/U_0 = \epsilon_r Q_0/U_0 = \epsilon_r C_0$ erhöht, was Gleichung 24.7 entspricht. Beim zweiten Experiment (▶ Abbildung 24.12b) wird eine Batterie mit der Spannung U_0 mit einem Kondensator C_0 verbunden, der dann die Ladung $Q_0 = C_0 U_0$ trägt. Die Batterie wird dann abgeklemmt, was den isolierten Kondensator mit der Ladung Q_0 und der Spannung U_0 zurücklässt. Anschließend wird ein Dielektrikum zwischen die Platten des Kondensators gebracht. Die Ladung bleibt Q_0 (denn die Ladung kann nirgendwo hinfließen), aber wie das Experiment zeigt, fällt die Spannung um einen Faktor ϵ_r:

$$U = \frac{U_0}{\epsilon_r} \qquad \text{(konstante Ladung)} .$$

Beachten Sie, dass sich die Kapazität auf $C = Q_0/U = Q_0/(U_0/\epsilon_r) = \epsilon_r Q_0/U_0 = \epsilon_0 C_0$ ändert; das Experiment bestätigt also Gleichung 24.7.

Das elektrische Feld ändert sich in einem Dielektrikum ebenfalls. Ohne Dielektrikum ist das elektrische Feld zwischen den parallelen Platten eines Plattenkondensators durch Gleichung 23.4 gegeben:

$$E_0 = \frac{U_0}{d} ,$$

Tabelle 24.1

Dielektrizitätszahl bei 20 °C

Stoff	Dielektrizitätszahl ϵ_r	Durchschlagfestigkeit (V/m)
Vakuum	10 000	
Luft (1 bar)	10 006	$3 \cdot 10^6$
Paraffin	2,2	$10 \cdot 10^6$
Polystyrol	2,6	$24 \cdot 10^6$
Gummi, Neopren	6,7	$12 \cdot 10^6$
Vinyl	2–4	$50 \cdot 10^6$
Papier	3.7	$15 \cdot 10^6$
Quarz	4.3	$8 \cdot 10^6$
Öl	4	$12 \cdot 10^6$
Glas, Pyrex	5	$14 \cdot 10^6$
Porzellan	6–8	$5 \cdot 10^6$
Glimmer	7	$150 \cdot 10^6$
Wasser (flüssig)	80	
Strontiumtitanat	300	$8 \cdot 10^6$

wobei U_0 die Potenzialdifferenz zwischen den Platten und d der Abstand zwischen ihnen ist. Wenn der Kondensator isoliert wird, bleibt die Ladung auf den Platten konstant. Wird nun ein Dielektrikum zwischen die Platten gebracht, das den Zwischenraum vollständig ausfüllt, dann fällt die Potenzialdifferenz auf $U = U_0/\epsilon_r$. zwischen die Platten gebracht wird, das den Zwischenraum ausfüllt, dann fällt die Potenzialdifferenz auf $V = V_0/K$. Das elektrische Feld im Dielektrikum ist damit

$$E = E_D = \frac{U}{d} = \frac{U_0}{\epsilon_r d}$$

oder

$$E_D = \frac{E_0}{\epsilon_r} \qquad \text{(im Dielektrikum)}\,. \qquad (24.10)$$

Das elektrische Feld in einem Dielektrikum wird also ebenfalls um einen Faktor reduziert, der gleich der Dielektrizitätszahl ist. Obwohl das Feld in einem Dielektrikum (oder Isolator) abgeschwächt wird, wird es nicht bis auf null abgesenkt wie in einem Leiter.

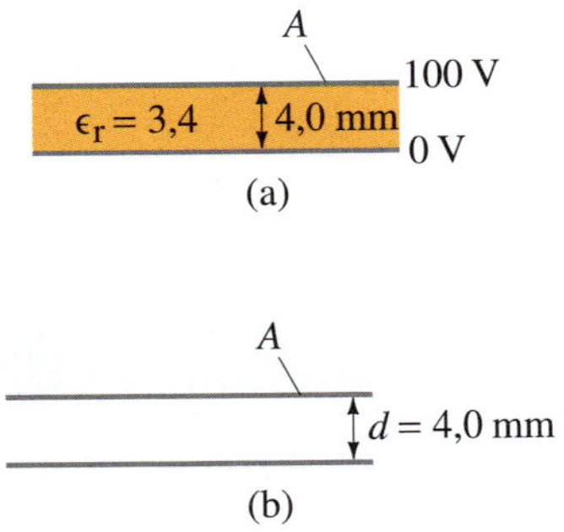

Abbildung 24.13 Beispiel 24.8.

Beispiel 24.8 Entfernen eines Dielektrikums

Ein mit einem Dielektrikum ($\epsilon_r = 3.4$) gefüllter Plattenkondensator wird mit einer 100-V-Batterie verbunden (► Abbildung 24.13a). Nachdem der Kondensator voll aufgeladen ist, wird die Batterie abgeklemmt. Der Flächeninhalt der Platten beträgt $A = 4{,}0\,\text{m}^2$, der Plattenabstand ist $d = 4{,}0$ mm. (a) Bestimmen Sie die Kapazität, die Ladung auf dem Kondensator, die elektrische Feldstärke und die im Kondensator gespeicherte Energie. (b) Das Dielektrikum wird vorsichtig entfernt, ohne dass sich dabei der Plattenabstand ändert oder Ladung den Kondensator verlässt (► Abbildung 24.13b). Bestimmen Sie die neuen Werte für die Kapazität, die elektrische Feldstärke, die Spannung zwischen den Platten und die im Kondensator gespeicherte Energie.

Lösung

a Zunächst ermitteln wir für die Kapazität bei vorhandenem Dielektrikum

$$C = \frac{\epsilon_r \epsilon_0 A}{d} = \frac{3{,}4(8{,}85 \cdot 10^{-12}\,\text{C}^2/\text{N}\cdot\text{m}^2)(4{,}0\,\text{m}^2)}{4{,}0 \cdot 10^{-3}\,\text{m}} = 3{,}0 \cdot 10^{-8}\,\text{F}\,.$$

Weiter erhalten wir für die Ladung Q auf den Platten

$$Q = CU = (3{,}0 \cdot 10^{-8}\,\text{F})(100\,\text{V}) = 3{,}0 \cdot 10^{-6}\,\text{C}\,,$$

für das elektrische Feld zwischen den Platten

$$E = \frac{U}{d} = \frac{100\,\text{V}}{4{,}0 \cdot 10^{-3}\,\text{m}} = 25\,\text{kV/m}$$

und für die gesamte, im Kondensator gespeicherte Energie

$$W_e = \frac{1}{2}CU^2 = \frac{1}{2}(3{,}0 \cdot 10^{-8}\,\text{F})(100\,\text{V})^2 = 1{,}5 \cdot 10^{-4}\,\text{J}\,.$$

b Die Kapazität ohne Dielektrikum ist

$$C_0 = \frac{C}{\epsilon_r} = \frac{(3{,}0 \cdot 10^{-8}\,\text{F})}{3{,}4} = 8{,}8 \cdot 10^{-9}\,\text{F}\,.$$

Die Ladung Q ändert sich nicht, so dass $U = Q/C$ um einen Faktor $\epsilon_r = 3{,}4$ auf 340 V ansteigt. Das elektrische Feld ist

$$E = \frac{U}{d} = \frac{340\,\text{V}}{4{,}0 \cdot 10^{-3}\,\text{m}} = 85\,\text{kV/m}$$

und die gespeicherte Energie

$$W_e = \frac{1}{2}CU^2 = \frac{1}{2}(8{,}8 \cdot 10^{-9}\,\mathrm{F})(340\,\mathrm{V})^2 = 5{,}1 \cdot 10^{-4}\,\mathrm{J}\,.$$

Woher kommt diese zusätzliche Energie? Die Energie wächst, weil Arbeit verrichtet werden musste, um das Dielektrikum zu entfernen. Die aufgewendete Arbeit ist $W = 5{,}1 \cdot 10^{-4}\,\mathrm{J} - 1{,}5 \cdot 10^{-4}\,\mathrm{J} = 3{,}6 \cdot 10^{-4}\,\mathrm{J}$. (Im nächsten Abschnitt werden wir sehen, dass die Arbeit erforderlich ist, weil sich die induzierte Ladung auf dem Dielektrikum und die Ladung auf den Platten anziehen – siehe ▶ Abbildung 24.14c).

24.6 Molekulare Beschreibung von Dielektrika

Molekulare Beschreibung von Dielektrika

In diesem Abschnitt wollen wir auf molekularer Ebene die Frage untersuchen, warum die Kapazität eines Kondensators steigt, wenn ein Dielektrikum zwischen die Kondensatorplatten gebracht wird. Wir betrachten einen Kondensator, dessen Plattenzwischenraum mit Luft gefüllt ist. Dieser Kondensator besitzt auf der einen Platte die Ladung $+Q$ und auf der anderen die Ladung $-Q$ (▶ Abbildung 24.14a). Der Kondensator ist isoliert (d. h. nicht mit einer Batterie verbunden), so dass keine Ladung zu oder von den Platten fließen kann. Die Potenzialdifferenz U_0 zwischen den Platten ist durch Gleichung 24.1 gegeben; es gilt $Q = C_0 U_0$, wobei der Index 0 bedeutet, dass sich nur Luft zwischen den Platten befindet. Nun wird ein Dielektrikum zwischen die Platten gebracht (▶ Abbildung 24.14b). Die Moleküle des Dielektrikums können eine *Polarität* aufweisen, d. h. obwohl die Moleküle elektrisch neutral sind, können sie ein permanentes Dipolmoment besitzen (was z. B. für Wasser der Fall ist). Wegen des elektrischen Feldes zwischen den Platten richten sich die Moleküle vorzugsweise in der in ▶ Abbildung 24.14b gezeigten Richtung aus, wobei die Ausrichtung aufgrund thermischer Fluktuationen (Kapitel 18) nicht perfekt ist. Die Ausrichtung wird umso perfekter sein, je stärker das elektrische Feld ist.

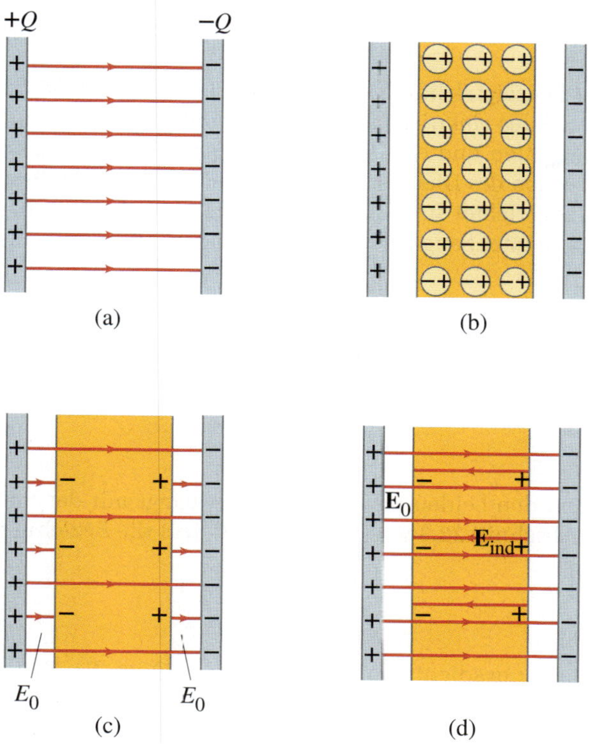

Abbildung 24.14 Molekulare Sichtweise der Effekte eines Dielektrikums.

Selbst wenn die Moleküle keine Polarität besitzen, induziert das elektrische Feld zwischen den Platten eine Ladungstrennung in den Molekülen (induziertes Dipolmoment). Die Elektronen treten zwar nicht aus den Molekülen aus, doch sie bewegen sich innerhalb der Moleküle etwas in Richtung der positiven Platte. Deshalb entspricht die Situation ebenfalls der Darstellung in ► **Abbildung 24.14b**.

Der Nettoeffekt ist in beiden Fällen so, als ob es eine negative Nettoladung auf der an der positiven Platte anliegenden Seite des Dielektrikums gäbe und eine positive Nettoladung auf der gegenüberliegenden Seite (siehe ► **Abbildung 24.14c**).

Wir sehen, dass einige der elektrischen Feldlinien nicht durch das Dielektrikum verlaufen, sondern in den auf der Oberfläche des Dielektrikums induzierten Ladungen enden. Folglich ist das elektrische Feld im Dielektrikum schwächer als in der Luft. Stellen wir uns nun eine positive Testladung im Dielektrikum vor. Da das elektrische Feld schwächer ist, reduziert sich die auf die Testladung wirkende Kraft um einen Faktor ϵ_r (der, wie wir sehen werden, gleich der Dielektrizitätszahl ist). Dadurch wird auch die Arbeit, die erforderlich ist, um die Ladung von der einen Platte zur anderen zu bewegen, um einen Faktor ϵ_r reduziert. (Wir nehmen an, dass das Dielektrikum den Plattenzwischenraum vollständig ausfüllt, wenngleich in ► **Abbildung 24.14** schmale Lücken gelassen wurden, um dort das Feld anzuzeigen.) Die Spannung, also die pro Ladungseinheit verrichtete Arbeit, muss deshalb ebenfalls um den Faktor ϵ_r geringer sein. Die Spannung zwischen den Platten ist deshalb

$$U = \frac{U_0}{\epsilon_r} .$$

Die Ladung Q auf den Platten hat sich nicht geändert, da sie isoliert sind. Es gilt also

$$Q = CU ,$$

wobei C die Kapazität bei vorhandenem Dielektrikum ist. Kombinieren wir dies mit der Beziehung $U = U_0/\epsilon_r$, so erhalten wir

$$C = \frac{Q}{U} = \frac{Q}{U_0/\epsilon_r} = \frac{Q\epsilon_r}{U_0} = \epsilon_0 C_0 .$$

Der letzte Schritt folgt aus $C_0 = Q/U_0$. Somit wird klar, warum sich die Kapazität um einen Faktor ϵ_r erhöht.

Wie in ► **Abbildung 24.14d** gezeigt, kann das elektrische Feld E_D im Dielektrikum als die vektorielle Summe des elektrischen Feldes $\mathbf{E}_0$ aufgrund der „freien" Ladungen auf den leitenden Platten und des Feldes $\mathbf{E}_{ind}$ aufgrund der induzierten Ladungen auf den Oberflächen des Dielektrikums aufgefasst werden. Da diese beiden Felder entgegengesetzt gerichtet sind, ist das resultierende Feld $E_0 - E_{ind}$ kleiner als E_0. Der genaue Zusammenhang ist durch **Gleichung 24.10** gegeben: Es gilt

$$E_D = E_0 - E_{ind} = \frac{E_0}{\epsilon_r}$$

und damit

$$E_{ind} = E_0 \left(1 - \frac{1}{\epsilon_r}\right) .$$

Das elektrische Feld zwischen den beiden parallelen Platten hängt mit der Flächenladungsdichte σ (siehe **Abschnitt 22.3** und **Beispiel 22.7**) über die Beziehung $E = \sigma/\epsilon_0$ zusammen. Daher gilt

$$E_0 = \frac{\sigma}{\epsilon_0} ,$$

wobei $\sigma = Q/A$ die Flächenladungsdichte auf dem Leiter ist. Q ist die Nettoladung auf dem Leiter und wird auch als die **freie Ladung** bezeichnet (da sich die Ladung innerhalb eines Leiters frei bewegen kann). Entsprechend definieren wir eine äquivalente induzierte Flächenladungsdichte σ_{ind} auf dem Dielektrikum. Dann gilt

$$E_{\text{ind}} = \frac{\sigma_{\text{ind}}}{\epsilon_0} ,$$

wobei E_{ind} das elektrische Feld aufgrund der induzierten Ladung $Q_{\text{ind}} = \sigma_{\text{ind}} A$ auf der Oberfläche des Dielektrikums ist (► Abbildung 24.14d). Q_{ind} wird auch als die **gebundene Ladung** bezeichnet, da sie sich auf einem Isolator befindet und sich nicht frei bewegen kann. Wie oben gezeigt, gilt $E_{\text{ind}} = E_0(1 - 1/\epsilon_r)$. Deshalb erhalten wir

$$\sigma_{\text{ind}} = \sigma \left(1 - \frac{1}{\epsilon_r}\right) \tag{24.11a}$$

und

$$Q_{\text{ind}} = Q \left(1 - \frac{1}{\epsilon_r}\right) . \tag{24.11b}$$

Da ϵ_r immer größer ist als 1, ist die durch das Dielektrikum induzierte Ladung stets kleiner als die freie Ladung auf jeder der beiden Kondensatorplatten.

Beispiel 24.9 Kondensator mit einem Dielektrikum, das den Plattenzwischenraum nur teilweise ausfüllt

Ein Plattenkondensator, dessen Platten jeweils einen Flächeninhalt von $A = 250\ \text{cm}^2$ haben und $d = 2{,}00$ mm voneinander entfernt sind, wird auf eine Potenzialdifferenz von $U_0 = 150$ V aufgeladen. Anschließend wird die Batterie abgeklemmt (die Ladung Q auf den Platten bleibt dann gleich) und ein Dielektrikum ($\epsilon_r = 3{,}50$) mit dem gleichen Flächeninhalt und einer Dicke von $l = 1{,}00$ mm zwischen die Kondensatorplatten gebracht (siehe ► Abbildung 24.15). Bestimmen Sie (a) die Anfangskapazität des luftgefüllten Kondensators, (b) die Ladung auf jeder der beiden Platten vor dem Einfügen des Dielektrikums, (c) die auf jeder Seite des Dielektrikums induzierte Ladung, nachdem dieses eingefügt wurde, (d) das elektrische Feld in den Gebieten zwischen einer der Platten und dem Dielektrikum, (e) das elektrische Feld im Dielektrikum, (f) die Potenzialdifferenz zwischen den Platten nach dem Einfügen des Dielektrikums und (g) die Kapazität, nachdem das Dielektrikum eingefügt wurde.

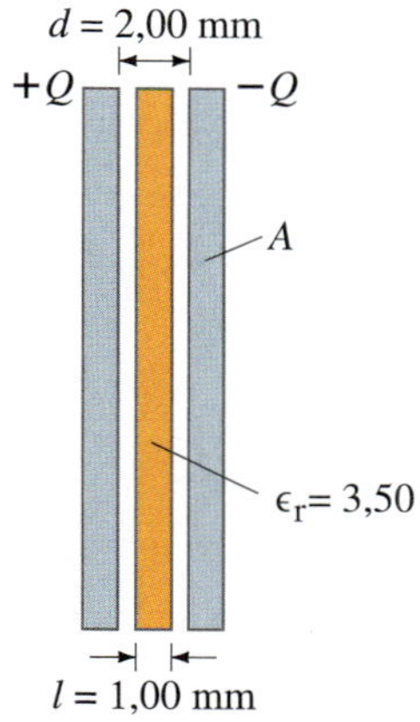

Abbildung 24.15 Beispiel 24.9.

Lösung

a Vor dem Einfügen des Dielektrikums ist die Kapazität

$$C_0 = \epsilon_0 \frac{A}{d} = (8{,}85 \cdot 10^{-12}\ \text{C}^2/\text{N} \cdot \text{m}^2)\left(\frac{2{,}50 \cdot 10^{-2}\ \text{m}^2}{2{,}00 \cdot 10^{-3}\ \text{m}}\right) = 111\ \text{pF} .$$

b Die Ladung auf jeder der beiden Platten ist

$$Q = C_0 U_0 = (1{,}11 \cdot 10^{-10}\ \text{F})(150\ \text{V}) = 1{,}66 \cdot 10^{-8}\ \text{C} .$$

c Gemäß Gleichung 24.11b gilt

$$Q_{\text{ind}} = Q\left(1 - \frac{1}{\epsilon_r}\right) = (1{,}66 \cdot 10^{-8}\ \text{C})\left(1 - \frac{1}{3.50}\right) = 1{,}19 \cdot 10^{-8}\ \text{C} .$$

d Das elektrische Feld in den Lücken zwischen den Platten und dem Dielektrikum (siehe ► Abbildung 24.14c) ist das gleiche wie ohne das Dielektrikum, da sich die Ladung auf den Platten nicht verändert hat. Wie in Beispiel 22.7 kann das Gauß'sche Gesetz angewendet werden, was

$E_0 = \sigma/\epsilon_0$ ergibt. Oder aber wir bemerken, dass ohne das Dielektrikum $E_0 = U_0/d = Q/C_0 d$ (wegen $U_0 = Q/C_0$) $= Q/\epsilon_0 A$ (wegen $C_0 = \epsilon_0 A/d$) gilt, was das gleiche Ergebnis liefert. Damit ist

$$E_0 = \frac{Q}{\epsilon_0 A} = \frac{1{,}66 \cdot 10^{-8}\,\mathrm{C}}{(8{,}85 \cdot 10^{-12}\,\mathrm{C^2/N{\cdot}m^2})(2{,}50 \cdot 10^{-2}\,\mathrm{m^2})} = 7{,}50 \cdot 10^4\,\mathrm{V/m}\,.$$

e Im Dielektrikum ist das elektrische Feld gemäß Gleichung 24.10

$$E_\mathrm{D} = \frac{E_0}{\epsilon_\mathrm{r}} = \frac{7{,}50 \cdot 10^4\,\mathrm{V/m}}{3{,}50} = 2{,}14 \cdot 10^4\,\mathrm{V/m}\,.$$

f Um die Potenzialdifferenz bei Vorhandensein des Dielektrikums zu bestimmen, verwenden wir Gleichung 23.3 und integrieren entlang einer Geraden parallel zu den Feldlinien:

$$U = -\int \mathbf{E} \cdot \mathrm{d}\mathbf{s} = E_0(d-s) + E_\mathrm{D} s\,,$$

was zu

$$\begin{aligned} U &= E_0\left(d - s + \frac{s}{K}\right) \\ &= (7{,}50 \cdot 10^4\,\mathrm{V/m})\left(1{,}00 \cdot 10^{-3}\,\mathrm{m} + \frac{1{,}00 \cdot 10^{-3}}{3{,}50}\right) \\ &= 96{,}4\,\mathrm{V} \end{aligned}$$

vereinfacht werden kann.

g In Anwesenheit des Dielektrikums ist die Kapazität

$$C = \frac{Q}{U} = \frac{1{,}66 \cdot 10^{-8}\,\mathrm{C}}{96{,}4\,\mathrm{V}} = 172\,\mathrm{pF}\,.$$

Wenn das Dielektrikum den Raum zwischen den Platten vollständig ausfüllen würde, dann würden die Antworten auf Teil (f) bzw. (g) 42,9 V bzw. 387 pF lauten.

Z U S A M M E N F A S S U N G

Ein **Kondensator** ist ein Bauteil zum Speichern von Ladung, das aus zwei räumlich voneinander getrennten Leitern besteht. Die beiden Leiter tragen im Allgemeinen gleich große, entgegengesetzte Ladungen. Das Verhältnis dieser Ladung Q zur Potenzialdifferenz U zwischen den beiden Leitern wird als **Kapazität** C bezeichnet; es gilt also

$$Q = CU\,.$$

Die Kapazität eines aus zwei parallelen Platten bestehenden Kondensators ist proportional zur Fläche A der Platten und umgekehrt proportional zu ihrem gegenseitigen Abstand d:

$$C = \epsilon_0 \frac{A}{d}\,.$$

Der Raum zwischen den Platten enthält ein nichtleitendes Material wie Luft, Papier oder Kunststoff. Materialien wie die letzteren werden als **Dielektrika** bezeichnet. Die Kapazität ist proportional zu einer charakteristischen Größe des Dielektrikums, der so genannten **Dielektrizitätszahl** ϵ_r (für Luft ist diese Konstante näherungsweise Eins). Für einen Plattenkondensator gilt

$$C = \epsilon_\mathrm{r}\epsilon_0 \frac{A}{d} = \epsilon \frac{A}{d}\,,$$

wobei $\epsilon = \epsilon_\mathrm{r}\epsilon_0$ die so genannte **Permittivität** des dielektrischen Materials ist.

Wenn Kondensatoren **parallel** geschaltet werden, ist die resultierende Gesamtkapazität gleich der Summe der einzelnen Kapazitäten:

$$C_\mathrm{ges} = C_1 + C_2 + \ldots\,.$$

Wenn Kondensatoren **in Reihe** geschaltet werden, ist die reziproke Gesamtkapazität gleich der Summe der reziproken Einzelkapazitäten:

$$\frac{1}{C_\mathrm{ges}} = \frac{1}{C_1} + \frac{1}{C_2} + \ldots\,.$$

Ein geladener Kondensator speichert eine Energie von

$$W_e = \frac{1}{2}QU = \frac{1}{2}CU^2 = \frac{1}{2}\frac{Q^2}{C} .$$

Diese Energie ist im elektrischen Feld zwischen den Platten gespeichert. In einem elektrischen Feld **E** im Vakuum ist die **Energiedichte** w_e (die Energie pro Volumeneinheit)

$$w_e = \frac{1}{2}\epsilon_0 E^2 .$$

Mit Dielektrikum ist die Energiedichte

$$w_e = \frac{1}{2}\epsilon_r\epsilon_0 E^2 = \frac{1}{2}\epsilon E^2 .$$

ZUSAMMENFASSUNG

Verständnisfragen

1 Angenommen, zwei dicht beieinander liegende Leiter tragen dieselbe negative Ladung. Kann zwischen ihnen eine Potenzialdifferenz bestehen? Wenn ja, kann in diesem Falle die Definition der Kapazität $C = Q/V$ angewandt werden?

2 Angenommen, der Abstand d zwischen den beiden Platten eines Plattenkondensators ist nicht sehr klein im Vergleich zu ihren Abmessungen. Erwarten Sie, dass Gleichung 24.2 die tatsächliche Kapazität über- oder unterschätzt? Erläutern Sie Ihre Antwort.

3 Angenommen, eine der Platten eines Plattenkondensators wurde so bewegt, dass die Überlappungsfläche um die Hälfte reduziert wird, die Platten aber weiterhin parallel bleiben. Wie beeinflusst dies die Kapazität?

4 Erläutern Sie, wie die Beziehung für die Kapazität eines Zylinderkondensators in Beispiel 24.2 intuitiv zu erklären ist. Verwenden Sie die gleiche Argumentation wie unmittelbar nach Gleichung 24.2.

5 Beschreiben Sie eine einfache Methode zur Bestimmung von ϵ_0 mithilfe eines Kondensators.

6 Warum nehmen beide Platten Ladungen vom selben Betrag auf, wenn der Kondensator an eine Batterie angeschlossen ist? Gilt dies auch, wenn die beiden Leiter unterschiedlich groß sind oder verschiedene Formen haben?

7 Ein großes Kupferblech der Dicke l wird zwischen die Platten eines Plattenkondensators gebracht, berührt diese aber nicht. Wie wird die Kapazität hiervon beeinflusst?

8 Angenommen, drei identische Kondensatoren sind an eine Batterie angeschlossen. Werden sie mehr Energie speichern, wenn sie in Reihe oder parallel geschaltet sind?

9 Die parallelen Platten eines isolierten Kondensators tragen entgegengesetzte Ladungen Q. Ist eine Kraft erforderlich, um den Abstand der Platten zu vergrößern? Ändert sich die Potenzialdifferenz? Was passiert mit der beim Wegziehen geleisteten Arbeit?

10 Wie ändert sich die Energie eines Kondensators, wenn (a) die Potenzialdifferenz, (b) die Ladung auf jeder Platte und (c) der Abstand der Platten verdoppelt wird, während der Kondensator an eine Batterie angeschlossen bleibt?

11 Wie ändert sich für Dielektrika, die aus polaren Molekülen bestehen, die Dielektrizitätskonstante mit der Temperatur?

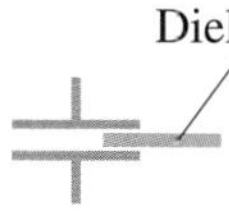

Abbildung 24.16 Frage 12.

12 Zwischen die parallelen Platten eines geladenen Plattenkondensators wird ein Dielektrikum ein kleines Stück hineingeschoben (siehe ► Abbildung 24.16). Wie wird es sich bewegen, wenn man es loslässt?

13 Nehmen Sie an, dass der Kondensator in Frage 12 an eine Batterie angeschlossen bleibt. Was passiert in diesem Falle, wenn das Dielektrikum losgelassen wird?

14 Ein zwischen den Platten eines Kondensators befindliches Dielektrikum wird herausgezogen, während dieser an eine Batterie angeschlossen bleibt. Welche Änderungen ergeben sich für die Kapazität, die Ladung der Platten, die Potenzialdifferenz, die gespeicherte Energie und das elektrische Feld?

15 Wie ändert sich die in einem Kondensator gespeicherte Energie, wenn ein Dielektrikum eingefügt wird, falls (a) der Kondensator isoliert ist, so dass sich Q nicht ändert, oder (b) der Kondensator an eine Batterie angeschlossen bleibt, so dass sich U nicht ändert?

16 Wir haben gesehen, dass die Kapazität C sowohl von der Größe, der Form und der Position der beiden Leiter als auch von der Dielektrizitätszahl ϵ_r abhängt. Was meinen wir dann damit, wenn wir sagen, dass C in Gleichung 24.1 eine Konstante ist?

17 Welchen Wert können wir für die Dielektrizitätskonstante eines guten Leiters angeben? Erläutern Sie Ihre Antwort.

18 *Auflösungsvermögen des Wassers.* Die sehr hohe Dielektrizitätskonstante des Wassers, $\epsilon_r = 80$ (siehe Tabelle 24.1), hat tief greifende Auswirkungen auf Materialien, die in Wasser löslich sind. Gewöhnliches Tafelsalz (Natriumchlorid, NaCl), dessen Kristallstruktur durch die Anziehungskräfte zwischen den Na^+- und Cl^--Ionen zusammengehalten wird (siehe ▸ Abbildung 24.17a), löst sich beispielsweise leicht auf, wenn es mit Wasser in Verbindung kommt. Erläutern Sie, warum wir erwarten können, dass sich das von jedem Ion erzeugte elektrische Feld um einen Faktor gleich der Dielektrizitätskonstante verringert; d. h. diskutieren Sie die Auswirkung von Gleichung 24.10 auf das elektrische Feld einer Punktladung in einem Dielektrikum und erläutern Sie (mithilfe dieses einfachen Modells), wie sich Salz auflöst (siehe ▸ Abbildung 24.17b).

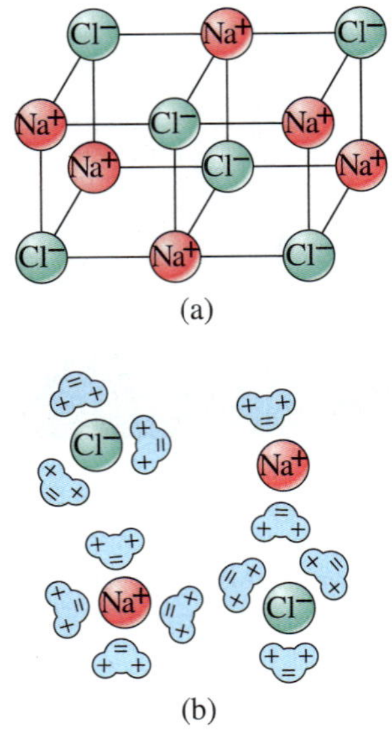

Abbildung 24.17 (a) Natriumchlorid-Kristall; (b) Natriumchlorid, in Wasser aufgelöst, Frage 18.

Aufgaben zu 24.1

1 (I) Auf den Platten eines Kondensators liegt eine Ladung von +2500 μC bzw. −2500 μC, wenn die Potenzialdifferenz 950 V beträgt. Wie groß ist die Kapazität?

2 (I) Die Ladung eines Kondensators mit einer Kapazität von 12 000 pF beträgt $28{,}0 \cdot 10^{-8}$ C. Wie hoch ist die Spannung auf dem Kondensator?

3 (I) Die Potenzialdifferenz zwischen zwei parallelen Drähten in Luft beträgt 12,0 V. Sie tragen gleich große und entgegengesetzte Ladungen von jeweils 75 pC. Wie groß ist die Kapazität der beiden Drähte?

4 (I) Wie viel Ladung fließt von einer 12-V-Batterie, wenn sie an einen Kondensator mit einer Kapazität von 15,6 μF angeschlossen ist?

5 (I) Die Ladung eines Kondensators steigt um 16 μC, wenn seine Spannung von 28 V auf 48 V steigt. Wie groß ist die Kapazität des Kondensators?

6 (II) Ein Kondensator C_1 trägt eine Ladung Q_0. Er wird mit einem zweiten, anfangs ungeladenen Kondensator C_2 verbunden. Welche Ladung befindet sich nun auf jedem der beiden Kondensatoren? Wie groß ist die Potenzialdifferenz auf jedem Kondensator?

7 (II) Um eine Ladung von 0,20 mC von der einen Platte eines Kondensators mit einer Kapazität von 16 μF zur anderen zu bewegen, ist eine Energie von 25 J erforderlich. Wie groß ist die Ladung auf jeder Platte?

8 (II) Ein Kondensator mit einer Kapazität von 2,40 μF ist mit 880 V und ein Kondensator mit einer Kapazität von 4,00 μF mit 560 V geladen. (a) Nun werden diese Kondensatoren von ihren Batterien getrennt und jeweils die beiden positiven und die beiden negativen Platten miteinander verbunden. Wie groß sind die Potenzialdifferenzen und die Ladungen auf jedem Kondensator? (b) Wie groß sind die Spannungen und die Ladungen auf jedem Kondensator, wenn ihre entgegengesetzt geladenen Platten miteinander verbunden werden?

Aufgaben zu 24.2

9 (I) Es soll ein Kondensator mit einer Kapazität von 0,40 μF gebaut werden. Welche Fläche müssen die Platten besitzen, wenn sie durch einen 4,0 mm breiten Luftspalt voneinander getrennt sind?

10 (I) Wie groß ist die Kapazität pro Längeneinheit F/m eines Koaxialkabels, dessen innerer Leiter einen Durchmesser von 1,0 mm und dessen äußere zylindrische Hülle einen Durchmesser von 5,0 mm hat? Nehmen Sie an, dass der Zwischenraum mit Luft gefüllt ist.

11 (I) Bestimmen Sie die Kapazität der Erde unter der Annahme, dass diese ein kugelförmiger Leiter ist.

12 (II) Zeigen Sie mithilfe des Gauß'schen Gesetzes, dass sowohl innerhalb des inneren Leiters eines Zylinderkondensators (siehe ▶ Abbildung 24.5 und Beispiel 24.2) als auch außerhalb des äußeren Zylinders $\mathbf{E} = 0$ gilt.

13 (II) Trockene Luft schlägt durch, wenn das elektrische Feld einen Wert von etwa $3{,}0 \cdot 10^6$ V/m überschreitet. Wie viel Ladung kann auf einem Kondensator platziert werden, wenn die Fläche jeder Platte 8,5 cm^2 beträgt.

14 (II) Zwischen zwei parallelen Platten, die jeweils einen Flächeninhalt von 21,0 cm^2 haben und durch einen Luftspalt von 0,250 cm voneinander getrennt sind, soll das elektrische Feld $2{,}80 \cdot 10^5$ V/m betragen. Wie groß muss die Ladung auf jeder der Platte sein?

15 (II) Zeigen Sie, dass sich die in Beispiel 24.2 hergeleitete Beziehung im Grenzfall eines sehr kleinen Abstands zwischen den beiden Zylindern eines Zylinderkondensators ($R_a - R_b \ll R_a$ in ▶ Abbildung 24.5) auf die Beziehung für einen Plattenkondensator (Gleichung 24.2) reduziert.

16 (II) Angenommen, ein Kondensator trägt eine Ladung von $\pm 4{,}2$ µC und zwischen den 4,0 mm voneinander entfernten und durch Luft getrennten Platten ist ein elektrisches Feld von 2,0 kV/mm erwünscht. Wie groß muss die Fläche jeder Platte sein?

17 (II) Wie stark ist das elektrische Feld zwischen den beiden Platten eines luftgefüllten Kondensators mit einer Kapazität von 0,80 µF, die 2,00 mm voneinander entfernt sind und eine Ladung von jeweils 72 µC besitzen?

18 (II) Zeigen Sie, dass sich die Formel für einen Kugelkondensator (Beispiel 24.3) auf jene für einen Plattenkondensator reduziert, wenn der Abstand zwischen den Kugelschalen sehr klein ist ($r_a - r_b \ll r_a$).

19 (II) Eine große Metallfolie der Dicke l liegt zwischen und parallel zu den Platten eines Plattenkondensators (siehe ▶ Abbildung 24.3). Sie berührt die Platten nicht und erstreckt sich über deren Kanten hinaus. (a) Wie groß ist nun die Nettokapazität ausgedrückt durch A, d und l? Um welchen Faktor ändert sich die Kapazität beim Einfügen der Folie, wenn $l = \frac{2}{3}d$ gilt?

Aufgaben zu 24.3

20 (I) Sechs Kondensatoren mit einer Kapazität von 1,8 µF werden in Parallelschaltung miteinander verbunden. Wie groß ist die Gesamtkapazität? Wie groß ist ihre Gesamtkapazität, wenn sie in Reihe geschaltet werden?

21 (I) Die Kapazität wird in einem Teil eines Stromkreises von 3600 pF auf 1600 pF reduziert. Welche Kapazität kann zu dem Stromkreis hinzugefügt werden, um diesen Effekt zu erreichen, ohne vorhandene Elemente des Stromkreises zu entfernen? Müssen bestehende Verbindungen unterbrochen werden um dies zu bewerkstelligen?

22 (II) Angenommen, drei Plattenkondensatoren, deren Platten die Flächen A_1, A_2 bzw. A_3 und die Abstände d_1, d_2 bzw. d_3 besitzen, sind parallel geschaltet. Zeigen Sie unter alleiniger Verwendung von Gleichung 24.2, dass Gleichung 24.3 gilt.

23 (II) (a) Bestimmen Sie die Gesamtkapazität des in ▶ Abbildung 24.18 dargestellten Stromkreises. (b) Wenn $C_1 = C_2 = 2C_3 = 14{,}0$ µF und $U = 25{,}0$ V gilt, wie groß ist dann die in jedem Kondensator gespeicherte Ladung?

24 (II) Angenommen, in ▶ Abbildung 24.18 gilt $C_1 = C_2 = C_3 = 16{,}0$ µF. Bestimmen Sie für den Fall, dass am Kondensator C_2 die Ladung $Q_2 = 24{,}0$ µC beträgt, die Ladung an jedem der anderen Kondensatoren, die Spannung auf jedem Kondensator und die Spannung U_{ab} auf der gesamten Schaltung.

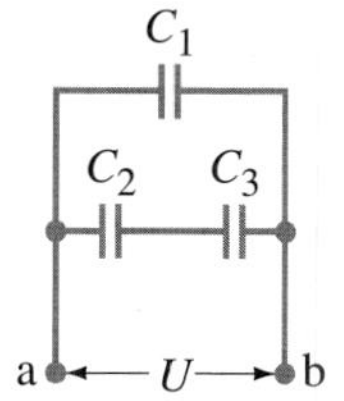

Abbildung 24.18 Aufgaben 23, 24 und 43.

25 (II) Zwei Kondensatoren mit Kapazitäten von 3,00 µF und 4,00 µF sind in Reihe geschaltet. Diese Anordnung ist in Parallelschaltung mit einem Kondensator mit einer Kapazität von 2,00 µF verbunden (siehe ▶ Abbildung 24.19). (a) Wie groß ist die Nettokapazität? (b) Berechnen Sie die Spannung auf jedem der Kondensatoren, wenn an der gesamten Anordnung 26,0 V angelegt sind.

26 (II) Drei leitende Platten mit jeweils der Fläche A sind wie in ► Abbildung 24.20 dargestellt miteinander verbunden. (a) Sind die beiden auf diese Weise gebildeten Kondensatoren in Reihe oder parallel geschaltet? (b) Bestimmen Sie C als Funktion von d_1, d_2 und A. Nehmen Sie an, dass $d_1 + d_2$ im Vergleich zu den Abmessungen der Platten sehr klein ist. (c) Die mittlere Platte kann bewegt werden (wobei sich die Werte d_1 und d_2 ändern) um die Kapazität zu variieren. Wie groß ist der minimale und der maximale Wert der Nettokapazität?

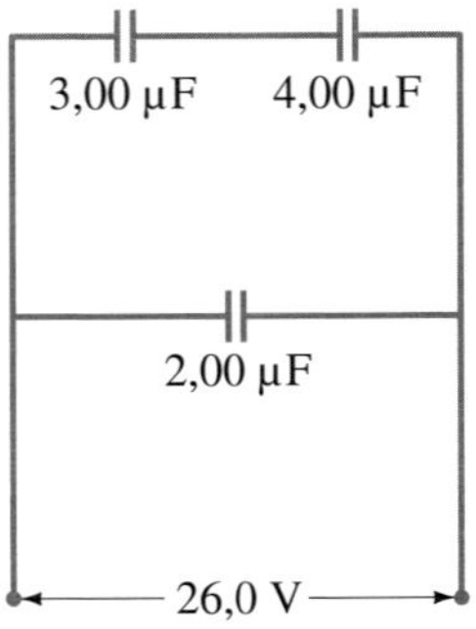

Abbildung 24.19 Aufgabe 25.

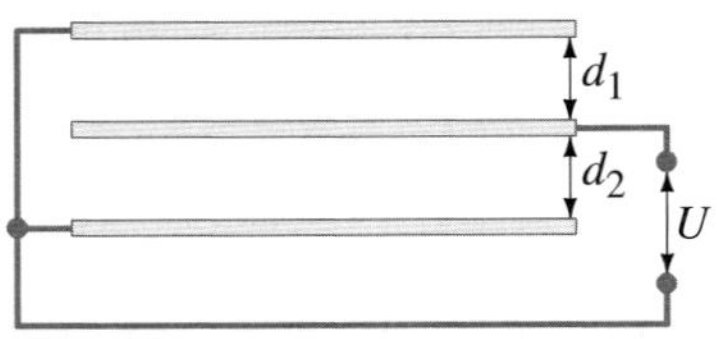

Abbildung 24.20 Aufgabe 26.

27 (II) Betrachten Sie drei Kondensatoren mit einer Kapazität von 3000 pF, 5000 pF und 0,010 μF. Wie groß ist die maximale und die minimale Kapazität, die sich mit diesen drei Kondensatoren bilden lässt? Wie müssen die Kondensatoren dazu angeordnet werden?

28 (II) Ein Kondensator mit einer Kapazität von 0,20 μF und ein Kondensator mit einer Kapazität von 0,30 μF sind in Reihe geschaltet und an eine 9-V-Batterie angeschlossen. Berechnen Sie (a) die Potenzialdifferenz und (b) die Ladung auf jedem der Kondensatoren. (c) Wiederholen Sie die Teile (a) und (b) unter der Annahme, dass die beiden Kondensatoren parallel geschaltet sind.

29 (II) Nehmen Sie an, dass in ► Abbildung 24.21 $C_1 = C_2 = C_3 = C_4 = C$ gilt. (a) Bestimmen Sie die Gesamtkapazität zwischen den Punkten a und b. (b) Bestimmen Sie die Ladung und die Spannung auf jedem der Kondensatoren, wenn $U_{ba} = U$ gilt.

30 (II) Nehmen Sie an, dass in ► Abbildung 24.21 $C_1 = C_2 = C_3 = 16{,}0\,\mu F$ und $C_4 = 36{,}0\,\mu F$ gilt. Bestimmen Sie für den Fall, dass auf dem Kondensator C_2 die Ladung $Q_2 = 12{,}4\,\mu C$ beträgt, die Ladung an jedem der anderen Kondensatoren, die Spannung auf jedem Kondensator und die Spannung V_{ab} auf der gesamten Schaltung.

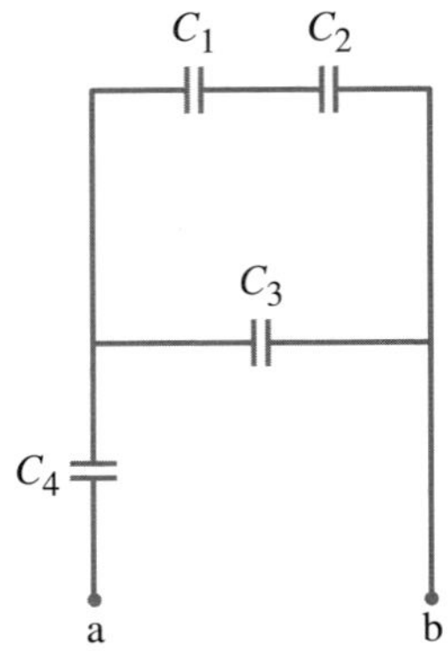

Abbildung 24.21 Aufgaben 29, 30 und 44.

31 (II) Der Schalter S in ► Abbildung 24.22 wird nach unten umgelegt, so dass der Kondensator C_2 von der Batterie mit der Spannung U_0 voll aufgeladen wird. Bestimmen Sie die Ladung auf jedem Kondensator nach dem Umschalten, wenn der Schalter anschließend nach oben umgelegt wird.

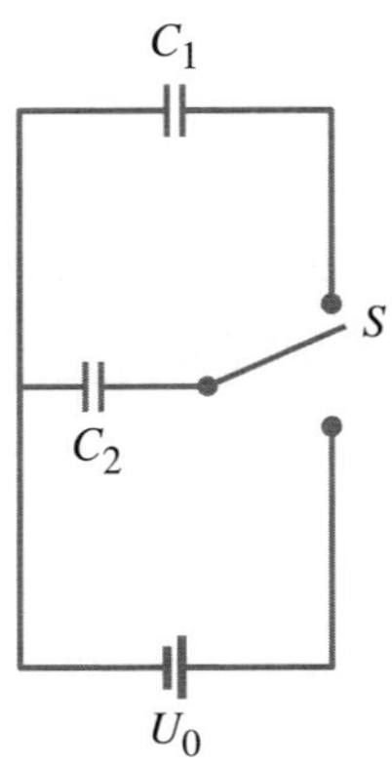

Abbildung 24.22 Aufgabe 31.

32 (II) (a) Bestimmen Sie die Gesamtkapazität zwischen den Punkten a und b für die in ► Abbildung 24.23 dargestellte Anordnung von Kondensatoren. (b) Bestimmen Sie die Ladung und die Spannung auf jedem Kondensator, wenn $U_{ab} = U$ gilt.

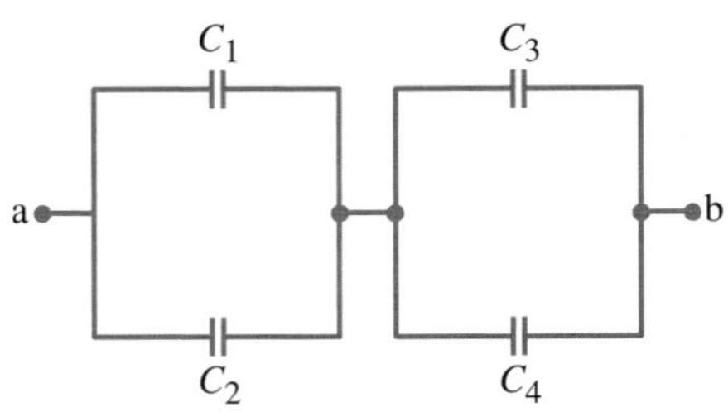

Abbildung 24.23 Aufgaben 32 und 33.

33 (II) Angenommen, in Aufgabe 32, ► Abbildung 24.23 gilt $C_1 = C_3 = 8{,}0\,\mu\text{F}$, $C_2 = C_4 = 16\,\mu\text{F}$ und $Q_3 = 30\,\mu\text{C}$. Bestimmen Sie (a) die Ladung auf jedem der anderen Kondensatoren, (b) die Spannung auf jedem Kondensator und (c) die Spannung U_{ba} auf der gesamten Schaltung.

34 (II) Zwei parallel geschaltete Kondensatoren erzeugen eine Gesamtkapazität von 35,0 µF. Wenn sie dagegen in Reihe geschaltet werden, beträgt ihre Gesamtkapazität nur 4,0 µF. Wie groß ist die Kapazität jedes einzelnen Kondensators?

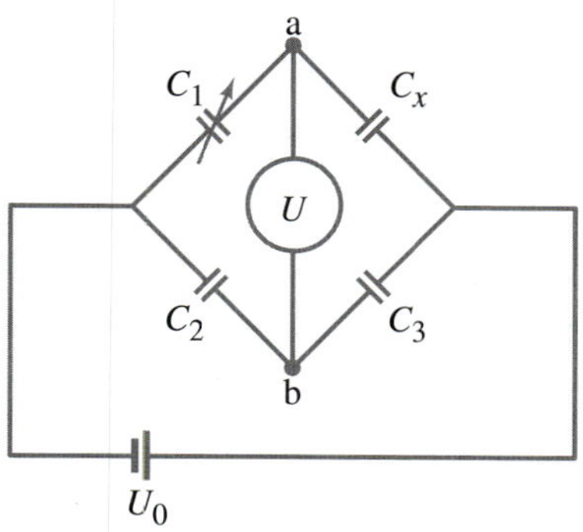

Abbildung 24.24 Aufgabe 35.

35 (II) An die in ► Abbildung 24.24 dargestellte Kapazitätsmessbrücke ist eine Spannung U_0 angelegt und der veränderliche Kondensator C_1 wird so reguliert, bis am Voltmeter (●—Ⓥ—●) zwischen den Punkten a und b keine Spannung mehr gemessen wird. Bestimmen Sie die unbekannte Kapazität C_x, wenn $C_1 = 8{,}9\,\mu\text{F}$ gilt und die unveränderlichen Kondensatoren eine Kapazität von $C_2 = 18{,}0\,\mu\text{F}$ und $C_3 = 6{,}0\,\mu\text{F}$ besitzen.

36 (II) Zwei Kondensatoren $C_1 = 3200\,\text{pF}$ und $C_2 = 2200\,\text{pF}$ sind in Reihe an eine 12-V-Batterie angeschlossen. Die Kondensatoren werden später von der Batterie getrennt und direkt miteinander verbunden, die positive mit der positiven Platte und die negative mit der negativen Platte. Wie groß ist die Ladung an jedem Kondensator nun?

37 (III) Angenommen, eine Platte eines Plattenkondensators wird so gekippt, dass sie einen kleinen Winkel θ mit der anderen Platte bildet (siehe ► Abbildung 24.25). Bestimmen Sie eine Formel für C in Abhängigkeit von A, d und θ, wobei A die Fläche jeder Platte und θ hinreichend klein ist. Nehmen Sie an, dass die Platten quadratisch sind. (*Hinweis*: Stellen Sie sich den Kondensator als eine Parallelschaltung von vielen infinitesimalen Kondensatoren vor.)

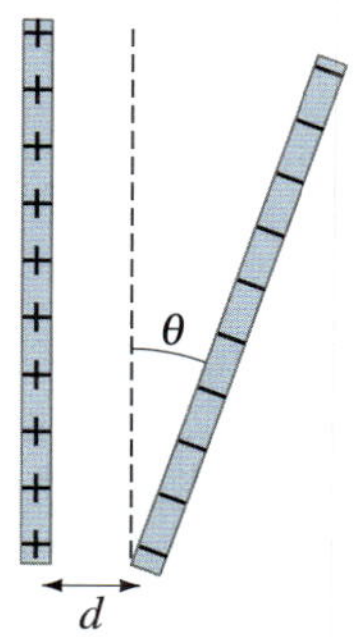

Abbildung 24.25 Aufgabe 37.

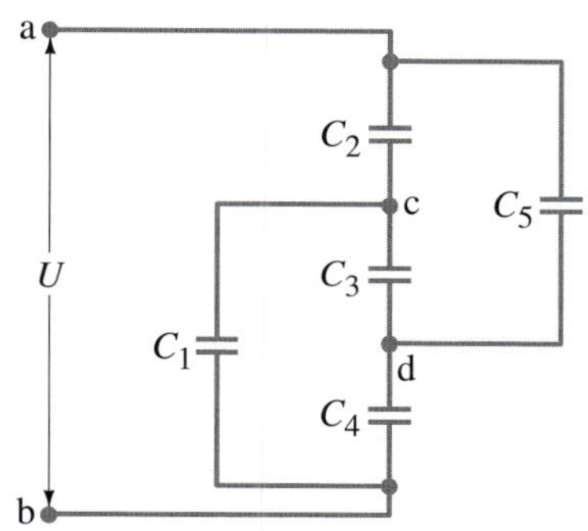

Abbildung 24.26 Aufgabe 38.

38 (III) An das in ► Abbildung 24.26 dargestellte Kondensatornetz wird eine Spannung U angelegt. (a) Wie groß ist die Gesamtkapazität? (*Hinweis*: Nehmen Sie an, dass auf der abgebildeten Anordnung eine Potenzialdifferenz U_{ab} besteht. Drücken Sie die Potenzialdifferenzen für verschiedene Wege durch das Netz von a nach b durch die Ladungen auf den Kondensatoren und die Kapazitäten aus.) (b) Bestimmen Sie die Gesamtkapazität, wenn $C_2 = C_4 = 8{,}0\,\mu\text{F}$ und $C_1 = C_3 = C_5 = 6{,}0\,\mu\text{F}$ gilt.

Aufgaben zu 24.4

39 (I) An einen Kondensator mit einer Kapazität von 2800 pF wird eine Spannung von 1200 V angelegt. Wie groß ist die gespeicherte elektrische Energie?

40 (I) Nahe der Erdoberfläche findet man ein elektrisches Feld mit einer Intensität von etwa 150 V/m. Wie viel Energie wird in diesem Feld pro Kubikmeter gespeichert?

41 (I) Wie viel Energie wird im elektrischen Feld zwischen zwei quadratischen Platten gespeichert, die durch einen 1,5 mm breiten Luftspalt voneinander getrennt sind und deren Seitenlänge 8,0 cm beträgt? Die Ladungen an den Platten sind gleichgroß und entgegengesetzt und haben einen Betrag von 420 µC.

42 (II) Ein Plattenkondensator besitzt feste Ladungen $+Q$ und $-Q$. Nun wird der Plattenabstand verdoppelt. (a) Um welchen Faktor ändert sich die im elektrischen Feld gespeicherte Energie? (b) Wie viel Arbeit muss verrichtet werden, um den Plattenabstand von d auf $2d$ zu verdoppeln? Die Fläche jeder Platte ist A.

43 (II) Setzen Sie in ▸ Abbildung 24.18 $V = 10{,}0\,\text{V}$ und $C_1 = C_2 = C_3 = 2200\,\text{pF}$. Wie viel Energie wird im Kondensatornetz gespeichert?

44 (II) Wie groß ist die Gesamtenergie, die im in ▸ Abbildung 24.21, Aufgabe 29 dargestellten Kondensatornetz gespeichert wird?

45 (II) Wie viel Energie muss eine 12-V-Batterie aufwenden, um einen Kondensator mit einer Kapazität von 0,15 µF und einen Kondensator mit einer Kapazität von 0,20 µF voll aufzuladen, wenn diese (a) parallel und (b) in Reihe geschaltet sind? Wie groß ist jeweils die von der Batterie fließende Ladung?

46 (II) (a) Nehmen Sie an, dass der äußere Radius R_a eines Zylinderkondensators verdoppelt wird, die Ladung aber konstant bleibt. Um welchen Faktor ändert sich die gespeicherte Energie? Woher kommt diese Energie? (b) Wiederholen Sie die Aufgabe unter der Annahme, dass die Spannung konstant bleibt.

47 (II) Ein Kondensator mit einer Kapazität von 3,0 µF ist von einer 12-V-Batterie aufgeladen worden. Er wird nun von der Batterie getrennt und mit einem ungeladenen Kondensator mit einer Kapazität von 5,0 µF verbunden. Bestimmen Sie die gespeicherte Gesamtenergie (a) bevor und (b) nachdem die beiden Kondensatoren miteinander verbunden wurden. (c) Wie groß ist die Energieänderung?

48 (II) Wie viel Arbeit ist erforderlich, um die Metallfolie zwischen den Platten des Kondensators aus Aufgabe 19 zu entfernen, wenn angenommen wird, dass (a) die Batterieverbindung erhalten bleibt, so dass die Spannung konstant bleibt; (b) die Batterieverbindung getrennt wird, so dass die Ladung konstant bleibt?

49 (II) (a) Zeigen Sie, dass jede der Platten eines Plattenkondensators eine Kraft

$$F = \frac{1}{2}\frac{Q^2}{\epsilon_0 A}$$

auf die andere ausübt, indem Sie $\mathrm{d}W/\mathrm{d}x$ berechnen, wobei $\mathrm{d}W$ die Arbeit ist, die benötigt wird, um den Abstand um $\mathrm{d}x$ zu vergrößern. (b) Warum liefert die Formel $F = QE$ eine falsche Antwort (E bezeichnet das elektrische Feld zwischen den Platten)?

50 (II) Zeigen Sie, dass für die elektrostatische Energie, die in einem kugelförmigen Leiter mit dem Radius R und der Nettoladung Q gespeichert ist,

$$W_e = \frac{1}{8\pi\epsilon_0}\frac{Q^2}{R}$$

gilt. Verwenden Sie hierfür drei verschiedene Lösungswege: (a) Verwenden Sie Gleichung 24.6 für die Energiedichte in einem elektrischen Feld. (*Hinweis*: Betrachten Sie Kugelschalen der Dicke $\mathrm{d}r$.) (b) Verwenden Sie Gleichung 24.5 im Zusammenhang mit der Kapazität einer isolierten Kugel (Abschnitt 24.2). (c) Berechnen Sie die Arbeit, die erforderlich ist, um die gesamte Ladung Q aus dem Unendlichen in infinitesimal kleinen Abschnitten $\mathrm{d}q$ aufzubringen.

Aufgaben zu 24.5

51 (I) Wie groß ist die Kapazität eines Paares kreisförmiger Platten mit einem Radius von 5,0 cm, die durch eine 3,2 mm dicke Glimmerschicht getrennt sind?

52 (I) Wie groß ist die Kapazität von zwei quadratischen parallelen Platten mit einer Seitenlänge von 5,5 cm, die durch eine 1,8 mm dünne Schicht Paraffin getrennt sind?

53 (II) Ein luftgefüllter Kondensator mit einer Kapazität von 3500 pF ist an eine 22-V-Batterie angeschlossen. Wie groß ist die von der Batterie fließende Ladung, wenn ein Stück Glimmer zwischen die Platten geschoben wird?

54 (II) Nehmen Sie an, dass der Kondensator aus Beispiel 24.8 an die Batterie angeschlossen bleibt, wenn das Dielektrikum entfernt wird. Welche Arbeit ist erforderlich, um das Dielektrikum in diesem Falle zu entfernen?

55 (II) Wie viel Energie würde in dem Kondensator aus Aufgabe 41 gespeichert, wenn ein Glimmerdielektrikum zwischen den Platten platziert wird? Nehmen Sie an, dass die Glimmerschicht 1,5 mm dick ist und daher den Raum zwischen den Platten ausfüllt.

56 (II) Zwei unterschiedliche Dielektrika füllen jeweils zur Hälfte den Raum zwischen den Platten eines Plattenkondensators aus (siehe ▸ Abbildung 24.27). Bestimmen Sie eine Formel für die Kapazität in Abhängigkeit von $\epsilon_r(1)$, $\epsilon_r(2)$, der Fläche A der Platten und deren Abstand d. (*Hinweis*: Kann dieser Kondensator als Reihen- oder Parallelschaltung zweier Kondensatoren aufgefasst werden?)

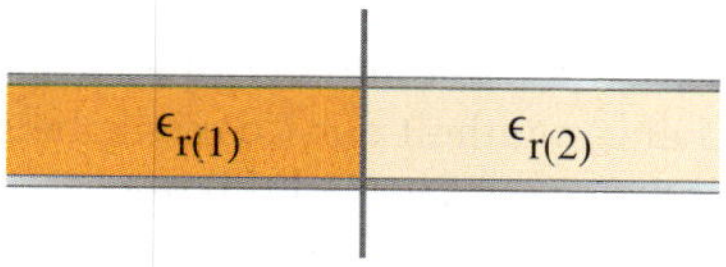

Abbildung 24.27 Aufgabe 56.

57 (II) Zwei unterschiedliche Dielektrika füllen den Raum zwischen den Platten eines Plattenkondensators aus (siehe ▸ Abbildung 24.28). Bestimmen Sie eine Formel für die Kapazität in Abhängigkeit von $\epsilon_r(1)$, $\epsilon_r(2)$, der Fläche A der Platten und deren Abstand $d_1 = d_2 = d/2$. (*Hinweis*: Kann dieser Kondensator als Reihen- oder Parallelschaltung zweier Kondensatoren aufgefasst werden?)

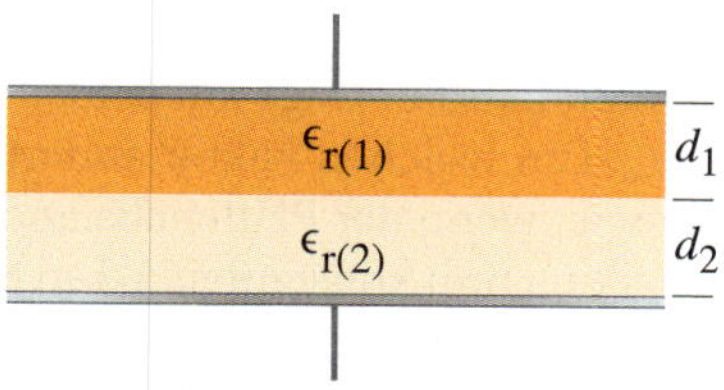

Abbildung 24.28 Aufgaben 57 und 58.

58 (II) Wiederholen Sie Aufgabe 57 (▸ Abbildung 24.28) unter der Annahme, dass für die Abstände $d_1 \neq d_2$ gilt.

59 (II) Zwei identische Kondensatoren sind parallel geschaltet und nehmen eine Ladung Q_0 auf, wenn sie mit einer Spannungsquelle U_0 verbunden sind. Nun wird die Spannungsquelle abgeklemmt und ein Dielektrikum ($\epsilon_r = 4{,}0$) zwischen die Platten eines der Kondensatoren gebracht. Bestimmen Sie (a) die Ladung und (b) die Spannung auf jedem der beiden Kondensatoren.

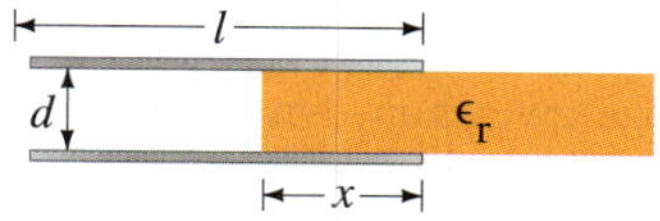

Abbildung 24.29 Aufgabe 60.

60 (III) Ein Stab der Breite d mit der Dielektrizitätszahl ϵ_r wird im Abstand x zwischen die quadratischen parallelen Platten (Seitenlänge l) eines Kondensators gebracht (siehe ▸ Abbildung 24.29). Bestimmen Sie (a) die Kapazität, (b) die gespeicherte Energie, wenn die Potenzialdifferenz U_0 beträgt, und (c) den Betrag und die Richtung der auf den Stab wirkenden Kraft (unter der Annahme, dass U_0 konstant ist) als Funktion von x.

Aufgaben zu 24.6

61 (II) Wiederholen Sie Beispiel 24.9 unter der Annahme, dass beim Einfügen des Dielektrikums die Batterieverbindung erhalten bleibt. Wie groß ist die freie Ladung auf den Platten, nachdem das Dielektrikum hinzugefügt wurde (betrachten Sie dies als Teil (h) der Aufgabe)?

62 (II) Zeigen Sie, dass der Kondensator aus Beispiel 24.9 mit eingefügtem Dielektrikum als äquivalent mit drei in Reihe geschalteten Kondensatoren betrachtet werden kann. Zeigen Sie unter Verwendung dieser Annahme, dass man für die Kapazität denselben Wert erhält wie in Teil (g) des Beispiels.

63 (II) Wie viel Prozent der gespeicherten Energie in Beispiel 24.9 sind im elektrischen Feld des Dielektrikums gespeichert?

64 (II) Leiten Sie mithilfe von Beispiel 24.9 eine Formel für die Kapazität eines Plattenkondensators her, dessen Platten eine Fläche A und einen Abstand d besitzen und zwischen denen sich ein Dielektrikum der Dicke $l (l < d)$ mit der Dielektrizitätszahl ϵ_r befindet.

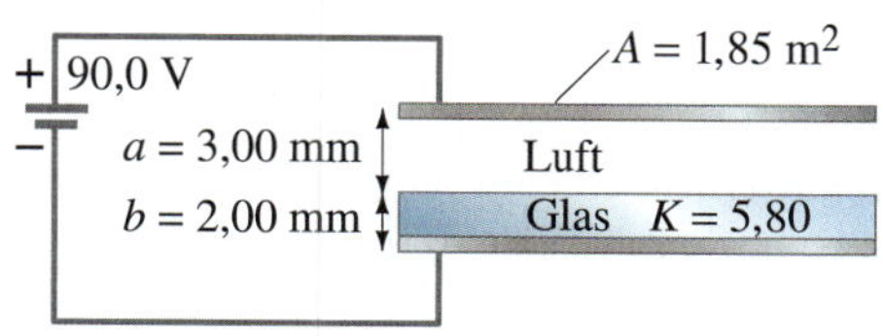

Abbildung 24.30 Aufgabe 65.

65 (III) Der in ▸ Abbildung 24.30 dargestellte Kondensator ist an eine 90,0-V-Batterie angeschlossen. Berechnen und skizzieren Sie das elektrische Feld zwischen den Kondensatorplatten. Bestimmen Sie die freie Ladung an den Kondensatorplatten sowie die induzierte Ladung an den Flächen der dielektrischen Glasplatte.

Allgemeine Aufgaben

66 Beim Aufbau eines Stromkreises wurde versehentlich ein Kondensator mit einer Kapazität von 5,0 µF anstelle eines Kondensators mit einer Kapazität von 16 µF verwendet. Was könnte ein Techniker zu diesem Stromkreis hinzufügen?

67 Ein Herzschrittmacher wird verwendet, um ein unregelmäßig schlagendes Herz mit Elektroschocks zu stimulieren. Ein in diesem Gerät verwendeter Kondensator ist mit 6000 V geladen und speichert eine Energie von 200 J. Wie groß ist seine Kapazität?

68 Man kann einen Kondensator selbst herstellen, indem man zwei Kuchenbleche einer Größe von 9 Zoll (1 Zoll entspricht 2,54 cm) 10 cm voneinander entfernt anordnet und an die entgegengesetzt geladenen Klemmen einer 9-V-Batterie anschließt. Schätzen Sie (a) die Kapazität, (b) die Ladung auf jeder Platte, (c) das elektrische Feld auf halbem Wege zwischen den Platten und (d) die erforderliche Arbeit ab, die von der Batterie zum Aufladen der Platten verrichtet werden muss. (e) Welche der oben genannten Werte ändern sich, wenn ein Dielektrikum eingefügt wird?

69 Wie ändert sich die in einem Kondensator gespeicherte Energie, wenn (a) die Potenzialdifferenz, (b) die Ladung auf jeder Platte und (c) der Abstand der Platten verdoppelt wird, während der Kondensator an eine Batterie angeschlossen bleibt?

70 Ein sehr großer Kondensator mit einer Kapazität von 7,0 F besitzt hinreichend viel gespeicherte Energie, um 2,5 kg Wasser von 20 °C auf 95 °C zu erhitzen. Wie groß ist die Potenzialdifferenz auf den Platten?

71 Ein ungeladener Kondensator wird an eine 24-V-Batterie angeschlossen, bis dieser voll aufgeladen ist. Anschließend wird der Kondensator von der Batterie abgeklemmt und ein Paraffinstab zwischen seine Platten gebracht. Wie groß ist nun die Spannung zwischen den Platten?

72 Um eine Ladung von 13,0 mC von der einen Platte eines Kondensator mit einer Kapazität von 12,0 µF zur anderen zu bewegen, ist eine Energie von 18,5 J erforderlich. Wie groß ist die Ladung auf jeder Platte?

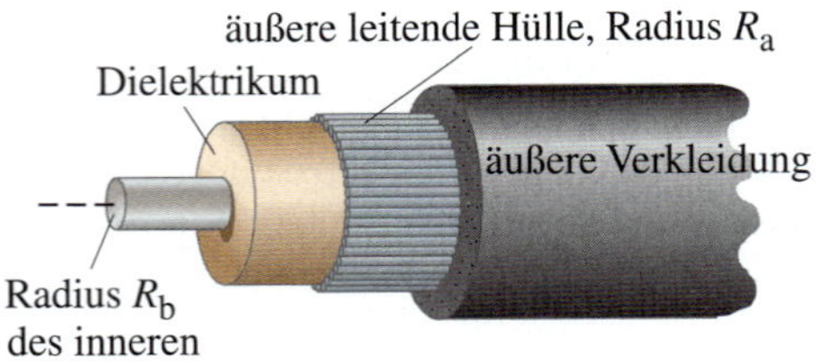

Abbildung 24.31 Aufgabe 73.

73 Ein Koaxialkabel besteht aus einem inneren zylindrischen, leitenden Draht vom Radius R_b, der von einem dielektrischen Nichtleiter umgeben ist (siehe ▶ Abbildung 24.31). Um diesen herum befindet sich eine leitfähige äußere Hülle vom Radius R_a, die gewöhnlich „geerdet" wird. (a) Leiten Sie eine Formel für die Kapazität pro Längeneinheit des Koaxialkabels her, wenn die Dielektrizitätszahl des Nichtleiters ϵ_r beträgt. (b) Für ein Kabel sei $R_b = 3{,}5$ mm und $R_a = 9{,}0$ mm. Die Dielektrizitätszahl des Nichtleiters ist $\epsilon_r = 2.6$. Nehmen Sie an, dass die Potenzialdifferenz zwischen dem inneren leitenden Draht und der äußeren leitfähigen Hülle 1,0 kV beträgt. Bestimmen Sie die Kapazität pro Meter des Kabels.

74 Das elektrische Feld eines mit Papier ($\epsilon_r = 3{,}75$) gefüllten Kondensators sei $9{,}21 \cdot 10^4$ V/m. Die Platten befinden sich 1,95 mm voneinander entfernt und tragen eine Ladung von jeweils 0,475 µC. Bestimmen Sie die Kapazität des Kondensators und den Flächeninhalt jeder Platte.

75 Ein isolierter Plattenkondensator trage auf seinen Platten die Ladungen $\pm Q$. Um welchen Faktor ändert sich die gespeicherte Energie, wenn der Plattenabstand halbiert und ein Dielektrikum (mit konstantem ϵ_r) an Stelle von Luft eingefügt wird? Worauf ist die Änderung der gespeicherten potenziellen Energie zurückzuführen? In welchem Verhältnis steht der neue Wert des elektrischen Feldes zwischen den Platten zum ursprünglichen Wert?

76 Ein Kondensator (C_1) mit einer Kapazität von 3,5 µF wird von einer 12.4-V-Batterie aufgeladen und dann von ihr getrennt. Wenn dieser Kondensator nun mit einem zweiten, anfangs ungeladenen Kondensator C_2 verbunden wird, fällt seine Spannung auf 5,2 V. Wie groß ist der Wert von C_2?

77 Die Stromversorgung für einen gepulsten Stickstofflaser besitzt einen Kondensator mit einer Kapazität von 0,060 µF und einer maximalen Leistung von 25 Kilovolt. (a) Schätzen Sie ab, wie viel Energie in diesem Kondensator gespeichert werden kann. (b) Wenn zehn Prozent dieser gespeicherten elektrischen Energie in Lichtenergie mit einem Impuls von zehn Mikrosekunden Länge umgewandelt werden, wie groß ist dann die Stärke des Laserpulses?

78 Die veränderliche Kapazität eines alten Radiotuners besteht aus vier miteinander verbundenen Platten, die abwechselnd zwischen vier andere, ebenfalls miteinander verbundene Platten bewegt werden (siehe ▶ Abbildung 24.32). Jede ist von ihrer benachbarten Platte durch einen Luftspalt von 1,0 mm getrennt. Eine Plattengruppe kann so bewegt werden, dass die Überlappungsfläche jeder Platte zwischen 2,0 cm^2 und 9,0 cm^2 variiert. (a) Sind diese sieben Kondensatoren in Reihe oder parallel geschaltet? (b) Bestimmen Sie den Bereich der möglichen Kapazitätswerte.

79 Eine Hochspannungsversorgung kann mit einem veränderlichen Kondensator mit überlappenden Platten aufgebaut werden, die, wie in ▸ Abbildung 24.32 dargestellt, gedreht werden können. Ein Kondensator dieser Art mit weiteren Platten habe eine variable Kapazität von 10 pF bis 1 pF. (a) Zunächst wird dieser Kondensator von einer Stromversorgung von 10 000 V aufgeladen, bis seine Kapazität 10 pF beträgt. Wird er dann von der Stromquelle abgeklemmt, reduziert sich die Kapazität aufgrund der Rotation der Platten auf 1,0 pF. Wie groß ist nun die Spannung auf dem Kondensator? (b) Worin besteht der hauptsächliche Nachteil dieser Hochspannungsversorgung?

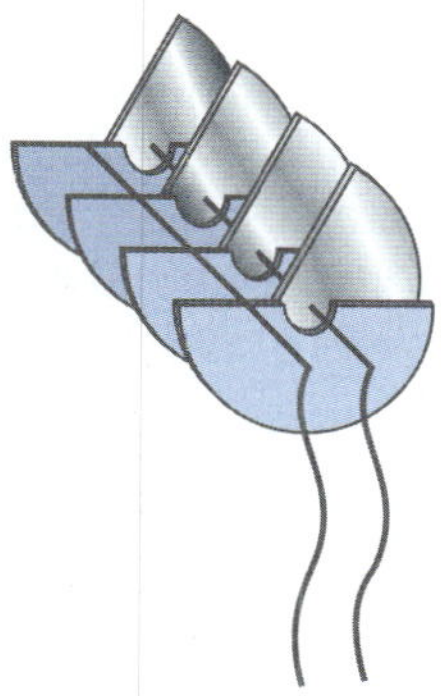

Abbildung 24.32 Aufgaben 78 und 79.

80 Ein Kondensator mit einer Kapazität von 150 pF ist mit einem Kondensator in Reihe geschaltet, dessen Charakteristika unbekannt sind. Beide gemeinsam sind in Reihe an eine 25,0-V-Batterie angeschlossen. Wenn der bekannte Kondensator eine Ladung von 125 pC auf seinen Platten speichert, wie groß ist dann die unbekannte Kapazität?

81 Ein Stromkreis enthält einen einzelnen Kondensator mit einer Kapazität von 330 pF, der an eine Batterie angeschlossen ist. Durch Hinzufügen eines weiteren Kondensators soll dreimal so viel Energie gespeichert werden. Wie würden Sie diesen schalten und welche Kapazität müsste er haben?

82 Welche Werte der effektiven Kapazität kann man erhalten, wenn man vier identische Kondensatoren mit der Kapazität C verbindet?

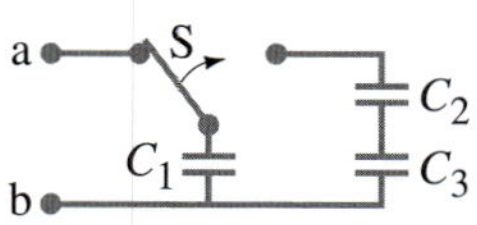

Abbildung 24.33 Aufgabe 83

83 Für den in ▸ Abbildung 24.33 dargestellten Stromkreis gilt $C_1 = 1{,}0\,\mu\text{F}$, $C_2 = 2{,}0\,\mu\text{F}$, $C_3 = 3{,}0\,\mu\text{F}$. Auf den Punkten a und b ist eine Spannung von 24 V angelegt. Nachdem C_1 vollständig aufgeladen ist, wird der Schalter nach rechts umgelegt. Wie groß ist die endgültige Ladung und Potenzialdifferenz auf jedem Kondensator?

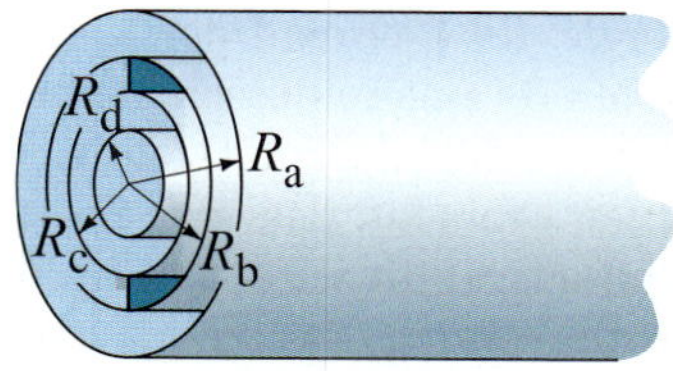

Abbildung 24.34 Aufgabe 84.

84 Der in ▸ Abbildung 24.34 dargestellte Zylinderkondensator besteht aus vier konzentrischen Zylindern mit den Radien R_a, R_b, R_c und R_d. Die Zylinder b und c sind wie dargestellt durch Metallstreifen verbunden. Bestimmen Sie die Kapazität pro Längeneinheit dieser Anordnung. (Nehmen Sie an, dass sich auf dem innersten und dem äußersten Zylinder gleich große ungleichnamige Ladungen befinden.)

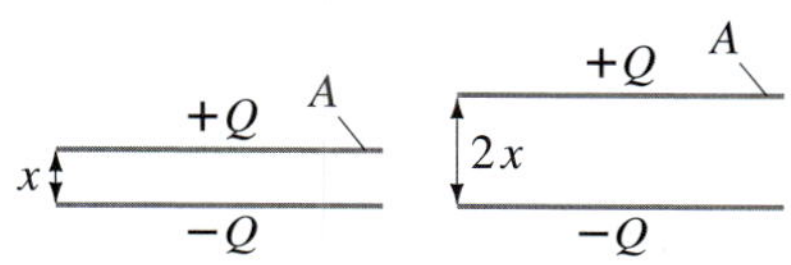

Abbildung 24.35 Aufgabe 85.

85 Ein Plattenkondensator besitzt die Plattenfläche A, den Plattenabstand x und speichert auf seinen Platten eine Ladung Q (siehe ▸ Abbildung 24.35). Bestimmen Sie unter der Annahme, dass die Ladung konstant Q beträgt, den Betrag der Arbeit, die erforderlich ist um den Plattenabstand auf $2x$ zu verdoppeln. Zeigen Sie, dass Ihre Antwort mit der Änderung der im Kondensator gespeicherten Energie konsistent ist.

86 Betrachten Sie die Verwendung von Kondensatoren als Speicherzellen. Ein geladener Kondensator würde eine Eins und ein ungeladener Kondensator eine Null darstellen. Nehmen Sie an, dass sich diese Kondensatoren auf einem Siliziumchip befinden und jeweils eine Kapazität von 30 Femtofarad ($1\,\text{fF} = 10^{-15}\,\text{F}$) besitzen. Das Dielektrikum, das den Raum zwischen den parallelen Platten ausfüllt, hat eine Dielektrizitätszahl $\epsilon_r = 1{,}00 \cdot 10^{-4}$ und eine Durchschlagfestigkeit von $5{,}0 \cdot 10^7\,\text{V/m}$. (a) Wie viele Elektronen können beim Laden auf einem dieser Kondensatoren gespeichert werden, wenn die Arbeitsspannung 3,0 V beträgt? (b) Wie dünn darf eine dielektrische Schicht bei dieser Arbeitsspannung sein, wenn kein Sicherheitsfaktor gestattet ist? (c) Bestimmen Sie die Fläche der Kondensatorplatten, indem Sie die Dicke der dielektrischen Schicht aus Ihrer Antwort von Teil (b) verwenden.

87 Ein Plattenkondensator mit einer Plattenfläche $A = 2{,}5\,\mathrm{m}^2$ und einem Plattenabstand $d = 3{,}0\,\mathrm{mm}$ ist an eine 45-V-Batterie angeschlossen (siehe ► Abbildung 24.36). (a) Bestimmen Sie die Ladung, das elektrische Feld und die Kapazität des Kondensators sowie die gespeicherte Energie. (b) Während der Kondensator weiterhin an die Batterie angeschlossen bleibt, wird ein Kunststoffstab mit der Dielektrizitätszahl $\epsilon_r = 3{,}6$ so zwischen die Platten gebracht, dass der Spalt vom Dielektrikum komplett ausgefüllt wird. Wie groß sind die neuen Werte für die Ladung, das elektrische Feld und die Kapazität des Kondensators sowie die in ihm gespeicherte Energie U?

Abbildung 24.36 Aufgabe 87.

88 Eine leitfähige Kugel mit glatter Oberfläche und dem Radius r_0 trägt eine Ladung Q. Welchen Radius hat eine Kugel mit der Hälfte der im elektrischen Feld der ersten Kugel gespeicherten Energie?

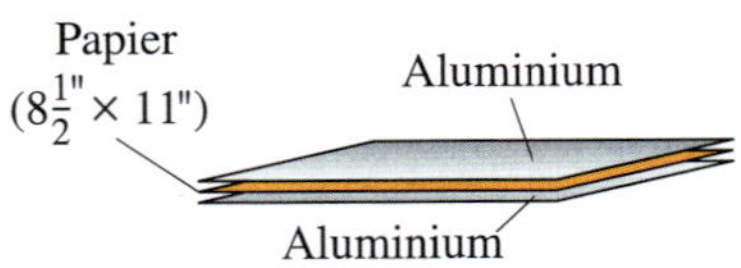

Abbildung 24.37 Aufgabe 89.

89 Papier hat eine Dielektrizitätszahl $\epsilon_r = 3{,}7$ und eine Durchschlagfestigkeit von $15 \cdot 10^6\,\mathrm{V/m}$. Angenommen, ein gewöhnliches Blatt Papier ist 0,030 mm dick. Stellen Sie einen „selbstgebastelten" Kondensator her, indem Sie ein Blatt Papier von 8,5 × 11 Zoll (1 Zoll entspricht 2,54 cm) zwischen zwei Blätter Aluminiumfolie legen (siehe ► Abbildung 24.37). Die Dicke der Aluminiumfolie beträgt 0,040 mm. (a) Wie groß ist die Kapazität C_0 Ihrer Anordnung? (b) Wie viel Ladung könnten Sie in Ihrem Kondensator etwa speichern, bevor er durchschlagen würde? (c) Skizzieren Sie, wie Sie durch Übereinanderlegen von Papierblättern und Aluminiumfolie eine Parallelschaltung konstruieren können. Wenn Sie 100 solche Kondensatoren basteln und die Ränder der Blätter parallel miteinander verbinden würden, so dass ein einziger großer Kondensator mit der Kapazität 100 C_0 entsteht, wie dick wäre dann dieser neue Kondensator? (d) Wie groß ist die Spannung, die Sie maximal an diese 100 C_0 anlegen könnten, ohne dass der Kondensator durchschlägt?

90 In einem Blitz kann die Potenzialdifferenz zwischen der Erdoberfläche und den Gewitterwolken bis zu 35 000 000 V betragen. Die Gewitterwolken befinden sich gewöhnlich in einer Höhe von 1500 m und können eine Ausdehnung von $110\,\mathrm{km}^2$ haben. Betrachten Sie zur Lösung dieser Aufgabe das Erde-Wolken-System als riesigen Kondensator und berechnen Sie (a) die Kapazität dieses Systems, (b) die im „Kondensator" gespeicherte Ladung und (c) die im „Kondensator" gespeicherte Energie.

Elektrische Ströme und der elektrische Widerstand

25

ÜBERBLICK

Das Glühen des dünnen Drahtes in einer Glühlampe wird durch den ihn durchfließenden Strom verursacht. Dabei wird durch Stöße zwischen den sich bewegenden Elektronen elektrische Energie in thermische Energie umgewandelt, wodurch die Temperatur des Drahtes so hoch wird, dass er zu glühen beginnt. Elektrischer Strom und elektrische Leistung in Stromkreisen sind in unserem Alltag von grundlegender Bedeutung. Wir werden in diesem Kapitel sowohl Gleichstrom als auch Wechselstrom behandeln und dabei eine mikroskopische Analyse des elektrischen Stromes ebenso einschließen wie die Diskussion von Gefahren im Umgang mit Elektrizität.

25. Elektrische Ströme und der elektrische Widerstand

In den letzten vier Kapiteln haben wir die Elektrostatik behandelt, d. h. ruhende elektrische Ladungen. In diesem Kapitel beginnen wir mit der Untersuchung von bewegten Ladungen. Das Fließen von Ladungen bezeichnen wir als elektrischen Strom.

Im Alltag sind wir vertraut mit elektrischen Strömen, die durch Drähte oder andere Leiter fließen. Die meisten in der Praxis vorkommenden elektrischen Geräte arbeiten mit elektrischen Strömen: Ströme, die durch Glühlampen fließen, Ströme im Heizelement von Elektroherden oder elektrischen Heizgeräten und natürlich Ströme in elektronischen Geräten. Elektrische Ströme kommen in Leitern wie etwa Drähten vor, aber auch in anderen Geräten, z. B. in Kathodenstrahlröhren von Fernsehern oder Computerbildschirmen, wo sich geladene Elektronen durch den Raum bewegen (Abschnitt 23.9).

Im elektrostatischen Fall (Abschnitt 21.9 und 22.3) muss das elektrische Feld innerhalb eines Leiters null sein (wäre dies nicht der Fall, müssten sich Ladungen bewegen). Wenn sich jedoch Ladungen in einem Leiter bewegen, kann es innerhalb des Leiters ein elektrisches Feld geben. Tatsächlich ist ein elektrisches Feld notwendig, um Ladungen in Bewegung zu versetzen und sie in einem normalen Leiter in Bewegung zu halten.

Zunächst wollen wir den elektrischen Strom vom makroskopischen Standpunkt aus betrachten, also so, wie er im Labor gemessen wird. Weiter hinten in diesem Kapitel untersuchen wir den Strom aus mikroskopischer (theoretischer) Sicht, nämlich als Fluss von Elektronen in einem Draht.

Wie wir bereits diskutiert haben, kann der Ladungsfluss durch elektrische Felder und das elektrische Potenzial (Spannung) gesteuert werden. Damit in einem Draht ein Strom fließt, muss es eine Potenzialdifferenz geben, was z. B. durch eine Batterie erreicht werden kann.

Bis zum Jahre 1800 war das Gebiet der Elektrizität im Wesentlichen soweit entwickelt, dass ruhende Ladungen durch Reibung erzeugt werden konnten. Die Situation änderte sich, als Alessandro Volta (1745–1827, ▶ Abbildung 25.1) die elektrische Batterie erfand und damit den ersten kontinuierlichen Fluss elektrischer Ladungen – also einen kontinuierlichen elektrischen Strom – erzeugte.

Abbildung 25.1 Dieses Gemälde zeigt Alessandro Volta, wie er im Jahre 1801 Napoleon seine Batterie vorführt.

25.1 Die elektrische Batterie

Die Ereignisse, die zur Erfindung der Batterie führten, sind nicht nur deshalb interessant, weil es sich um eine sehr bedeutende Erfindung handelt, sondern auch, weil sie Anlass zu einer berühmten wissenschaftlichen Debatte gaben.

In den 1780er-Jahren führte Luigi Galvani (1737–1798), Professor an der Universität von Bologna, eine Reihe von Experimenten durch, um die Muskelkontraktion in einem Froschschenkel aufgrund statischer Elektrizität zu untersuchen. Galvani stellte fest, dass die Muskelkontraktion auch durch das Einführen verschiedener Metalle in den Froschschenkel erzeugt werden konnte. Galvani glaubte, dass sich die Quelle der elektrischen Ladung in den Muskeln oder Nerven des Froschschenkels selbst befand und dass das Metall die Ladungen nur zu den richtigen Punkten übertragen würde. Als er seine Arbeit 1791 veröffentlichte, nannte er diese Ladung „tierische Elektrizität". Viele Wissenschaftler einschließlich Galvani selbst fragten sich, ob dies die Entdeckung der lange gesuchten „Lebenskraft" sein könnte.

Volta, der im 200 km entfernten Pavia lehrte, betrachtete Galvanis Experimente mit Skepsis und gelangte zu der Überzeugung, dass die Quelle der Elektrizität nicht in dem Tier selbst, sondern im *Kontakt zwischen den verschiedenen Me-*

tallen zu suchen sein müsse. Er erkannte, dass zum Aufbau des Stromkreises ein feuchter Leiter, z. B. ein Muskel eines Froschschenkels oder Feuchtigkeit im Berührungspunkt der beiden verschiedenen Metalle, notwendig ist. Außerdem stellte er fest, dass der kontrahierende Froschmuskel ein empfindliches Instrument zum Anzeigen der elektrischen „Spannung" ist, sogar empfindlicher als die besten verfügbaren, von ihm und anderen Forschern entwickelten Elektroskope.[1] Spannung wurde damals als „elektromotorische Kraft" bezeichnet.

Voltas Untersuchungen ergaben, dass bestimmte Kombinationen von Metallen einen stärkeren Effekt hervorriefen als andere. Entsprechend seiner Messergebnisse listete er sie nach der Stärke des Effekts auf. (Diese „elektrochemische Reihe" wird noch heute von Chemikern verwendet.) Außerdem stellte er fest, dass anstelle eines der Metalle Kohlenstoff verwendet werden konnte.

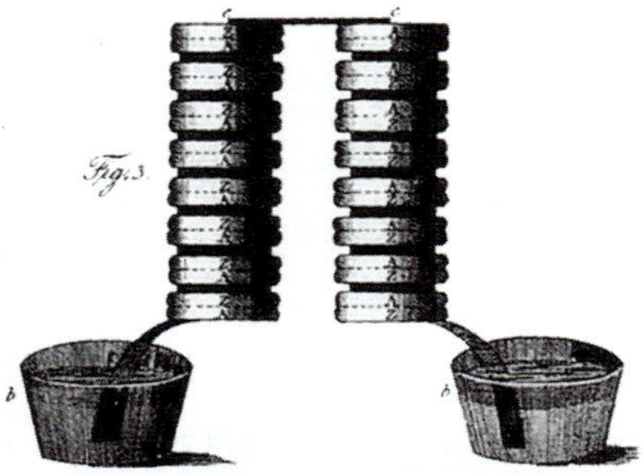

Abbildung 25.2 Eine voltaische Batterie, entnommen aus der Originalveröffentlichung von Volta.

Dann konzipierte Volta ein Experiment, auf dem seine bedeutendste wissenschaftliche Leistung basiert. Zwischen eine Zink- und eine Silberscheibe legte er ein Stück Stoff oder Papier, das mit Salzlösung oder schwach konzentrierter Säure getränkt war, und stapelte eine „Batterie" solcher Anordnungen (siehe ▸ Abbildung 25.2). Dieser „Stapel" oder „Batterie" erzeugte eine wesentlich größere Potenzialdifferenz. Tatsächlich ließ sich ein Funken erzeugen, indem man mit den beiden Enden des Stapels verbundene Metallstreifen dicht zusammen brachte. Volta hatte damit die erste elektrische Batterie konzipiert und gebaut.

Galvanische Elemente und Batterien

Eine Batterie erzeugt Elektrizität, indem sie chemische Energie in elektrische Energie umwandelt. Heute sind galvanische Elemente und Batterien in unterschiedlichen Ausführungen, von Taschenlampenbatterien bis zur Autobatterie, erhältlich. Die einfachsten Batterien enthalten zwei Platten oder Stäbe aus unterschiedlichen Metallen, die so genannten **Elektroden**, wobei eines der Elemente auch aus Kohlenstoff sein kann. Die Elektroden werden in eine als **Elektrolyt** bezeichnete Lösung eingetaucht, beispielsweise in eine schwach konzentrierte Säure. Eine solche Anordnung nennt man **galvanisches Element** und eine Verbindung aus mehreren solchen Elementen **Batterie** (heute verwendet man den Begriff Batterie auch für ein einzelnes galvanisches Element). Die in galvanischen Elementen ablaufenden chemischen Reaktionen sind meist sehr kompliziert. Wir wollen im Folgenden beschreiben, wie ein sehr einfaches galvanisches Element funktioniert und dabei die physikalischen Aspekte in den Vordergrund stellen.

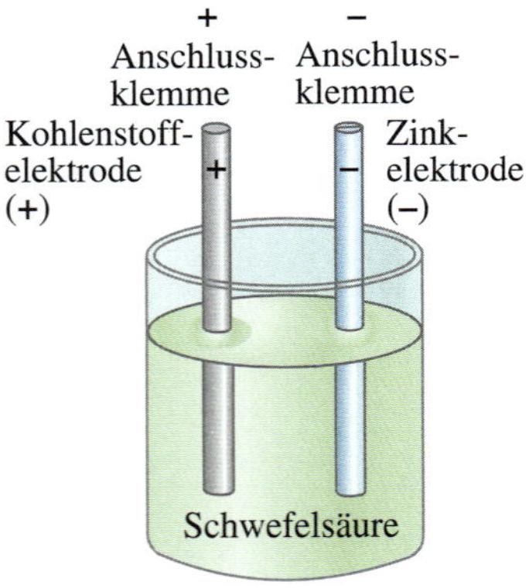

Abbildung 25.3 Ein einfaches galvanisches Element.

Das in ▸ Abbildung 25.3 dargestellte galvanische Element verwendet verdünnte Schwefelsäure als Elektrolytlösung. Eine der Elektroden besteht aus Kohlenstoff, die andere aus Zink. Derjenige Teil jeder Elektrode, der sich außerhalb der Elektrolytlösung befindet, wird als **Anschlussklemme** bezeichnet. Über diese Teile der Batterie wird die Verbindung mit Drähten und Stromkreisen hergestellt. Die Säure reagiert mit der Zinkelektrode und führt dazu, dass diese irgendwann zersetzt wird. Jedes Zinkatom hinterlässt zwei Elektronen und gelangt als positiv geladenes Ion in die Lösung. Die Zinkelektrode bekommt dadurch eine negative Ladung. Da die Elektrolytlösung positiv geladen wird, werden Elektronen aus der Kohlenstoffelektrode herausgelöst. Die Kohlenstoffelektrode wird also positiv geladen. Wegen der entgegengesetzten Ladung auf den beiden Elektroden gibt es eine Potenzialdifferenz zwischen den beiden Anschlussklemmen. In einem galvanischen Element, dessen Anschlussklemmen nicht verbunden sind, wird nur eine geringe Menge Zink zersetzt, denn wenn die negative Ladung der Zinkelektrode zunimmt, werden die eben erzeugten positiven Zinkionen gleich wieder von der Elektrode angezogen. So wird eine bestimmte Potenzialdifferenz oder Spannung zwischen den beiden Anschlussklemmen aufrechterhalten. Wenn Ladung zwischen den Anschlussklemmen fließen kann, beispielsweise durch einen Draht oder eine Glüh-

1 Voltas empfindlichstes (Blättchen-)Elektroskop maß etwa 40 V pro Grad (Winkel zwischen den beiden Blättchen des Elektroskops). Trotzdem konnte er damit die Potenzialdifferenzen abschätzen, die durch unterschiedliche, sich berührende Metalle erzeugt wurden. Für die Kombination Silber-Zink erhielt er etwa 0,7 V, was bemerkenswert nahe an dem heute bekannten Wert von 0,78 V liegt.

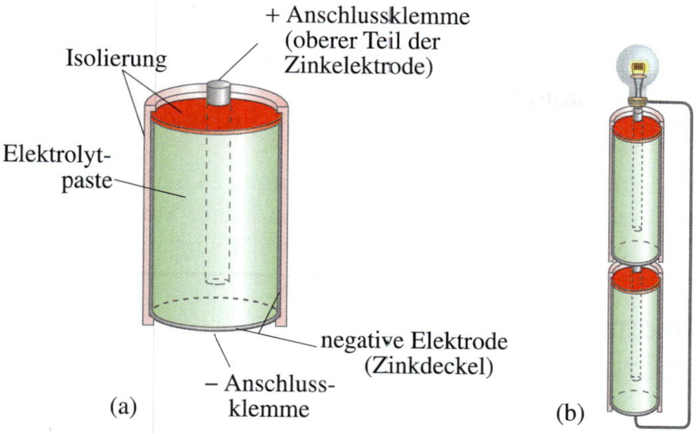

Abbildung 25.4 (a) Skizze eines gewöhnlichen Trockenelements (Typ D oder AA). Die zylindrische Zinkhülle ist an den Seiten verkleidet; ihre flache Unterseite ist der negative Anschluss. (b) Zwei in Reihe geschaltete Trockenelemente (Typ AA). Der positive Anschluss des einen Elements berührt den negativen Anschluss des anderen.

lampe, dann kann mehr Zink zersetzt werden. Nach einer gewissen Zeit ist eine der Elektroden verbraucht und die Batterie ist „leer".

Die zwischen den Anschlussklemmen einer Batterie bestehende Spannung hängt davon ab, aus welchem Material die Elektroden bestehen, sowie von ihrem Zersetzungsvermögen oder ihrer Fähigkeit, Elektronen abzugeben.

Wenn zwei oder mehr galvanische Elemente so kombiniert werden, dass die positive Klemme mit der negativen Klemme des nächsten verbunden ist, dann sind sie *in Reihe* geschaltet und ihre Spannungen addieren sich. Daher beträgt die Spannung zwischen den Enden zweier in Reihe geschalteter 1,5-V-Taschenlampenbatterien 3,0 V und die sechs 2-V-Elemente einer Autobatterie ergeben 12 V. ▸ Abbildung 25.4a zeigt ein gewöhnliches „Trockenelement" oder eine „Taschenlampenbatterie", wie sie in tragbaren Radios, Walkmans, Taschenlampen usw. verwendet werden. Teil (b) der Abbildung zeigt zwei solcher Batterien in Reihe geschaltet.

25.2 Der elektrische Strom

Elektrischer Stromkreis

Wenn ein fortlaufender, leitender Weg mit den Anschlussklemmen einer Batterie verbunden wird, dann ensteht ein elektrischer **Stromkreis** (siehe ▸ Abbildung 25.5a). In Schaltplänen wird eine Batterie durch das Symbol

Batterie

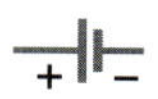

(Batteriesymbol)

dargestellt (vgl. ▸ Abbildung 25.5b). Das durch die Batterie gespeiste Gerät kann eine Glühlampe (also im Wesentlichen ein dünner Draht in einem evakuierten Glaskolben), ein Heizelement, ein Radio oder etwas anderes sein. Wenn ein solcher Stromkreis gebildet wird, kann Ladung durch die Drähte des Stromkreises von einer Klemme der Batterie zur anderen fließen. Dieser Ladungsfluss wird als **elektrischer Strom** bezeichnet. Ein elektrischer Strom kann immer dann fließen, wenn zwischen den Enden eines Leiters eine Potenzialdifferenz besteht oder, einfacher formuliert, wenn sich auf den Enden eines Leiters oder auch im freien Raum entgegengesetzte Ladungen befinden.

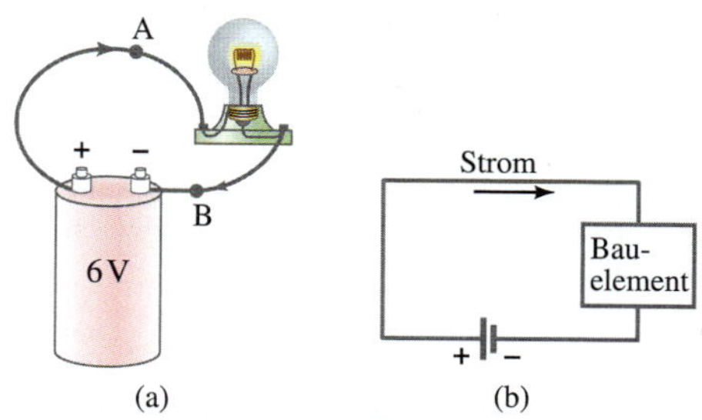

Abbildung 25.5 (a) Ein einfacher elektrischer Stromkreis. (b) Schematische Darstellung desselben Stromkreises.

Elektrischer Strom

Genauer ist der elektrische Strom in jedem Punkt eines Drahtes als der Nettobetrag der Ladung definiert, die pro Zeiteinheit durch den Querschnitt des Drahtes fließt. Der mittlere Strom $\bar{I}$ ist also definiert durch

$$\bar{I} = \frac{\Delta Q}{\Delta t}\,, \qquad (25.1a)$$

wobei ΔQ die Ladung ist, die während des Zeitintervalls Δt in jedem Punkt durch den Leiter fließt. Der Momentanwert des Stroms ist durch den Grenzwert

$$I = \frac{\mathrm{d}Q}{\mathrm{d}t} \qquad (25.1b)$$

Das Ampere (1 A = 1 C/s)

definiert. Der elektrische Strom wird in Coulomb pro Sekunde gemessen. Diese Einheit trägt nach dem französischen Physiker André Ampère (1775–1836) den Namen **Ampere** (abgekürzt durch A). Es gilt also 1 A = 1 C/s. Häufig werden kleinere Stromeinheiten verwendet, z. B. Milliampere ($1\,\text{mA} = 10^{-3}\,\text{A}$) und Mikroampere ($1\,\mu\text{A} = 10^{-6}\,\text{A}$).

In jedem Stromkreis, in dem der Strom wie in ► Abbildung 25.5 nur einem Weg folgen kann, ist der stationäre Strom in allen Punkten in jedem Moment gleich. Dies folgt aus der Ladungserhaltung (Ladungen können nicht verschwinden).

Beispiel 25.1 Strom ist Bewegung elektrischer Ladungen

In einem Draht fließt 4,0 min lang ein stationärer Strom von 2,5 A. (a) Wie groß ist die durch jeden Punkt des Stromkreises fließende Ladung? (b) Wie vielen Elektronen entspricht dies?

Lösung

a Nach Gleichung 25.1 ist die gesamte, innerhalb von 4,0 min (= 240 s) fließende Ladung

$$\Delta Q = I\Delta t = (2{,}5\,\text{C/s})(240\,\text{s}) = 600\,\text{C}\,.$$

b Die Ladung eines Elektrons ist $1{,}60 \cdot 10^{-19}$ C, also würden 600 C aus

$$\frac{600\,\text{C}}{1{,}6 \cdot 10^{-19}\,\text{C/Elektron}} = 3{,}8 \cdot 10^{21}\ \text{Elektronen}$$

bestehen.

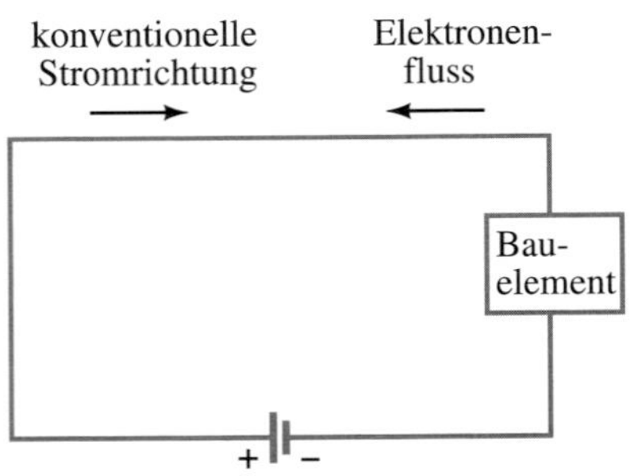

Abbildung 25.6 Die konventionelle Stromrichtung von + nach – entspricht einem negativen (Elektronen-)Strom, der von – nach + fließt.

Aus Kapitel 21 wissen wir, dass Leiter viele freie Elektronen enthalten. Wenn ein leitender Draht mit den Klemmen einer Batterie verbunden ist, fließen daher in diesem Draht negativ geladene Elektronen. Beim Verbinden des Drahtes entsteht durch die Potenzialdifferenz zwischen den Klemmen der Batterie ein elektrisches Feld im Draht und parallel dazu. Dadurch werden freie Elektronen vom einen Ende des Drahtes von der positiven Klemme angezogen; gleichzeitig verlassen Elektronen die negative Klemme der Batterie und treten am anderen Ende in den Draht ein. Sobald der Draht mit *beiden* Klemmen der Batterie verbunden wird, setzt ein kontinuierlicher Fluss von Elektronen durch den Draht ein. Als jedoch vor mehr als 200 Jahren die Konventionen für positive und negative Ladungen festgesetzt wurden, nahm man an, dass in einem Draht positive Ladung fließt. Fast immer ist eine positive Ladung, die in die eine Richtung fließt, äquivalent mit einer negativen Ladung, die in die entgegengesetzte Richtung fließt[2] (siehe ► Abbildung 25.6). Auch heute noch wird die historische Konvention des positiven Stroms verwendet, wenn es um die Stromrichtung geht. Wenn wir also vom Strom in einem Stromkreis sprechen, dann meinen wir die Richtung, in der positive Ladungen fließen würden. Dies wird manchmal als **konventionelle Stromrichtung** bezeichnet. Wenn es um die Richtung geht, in der die Elektronen fließen, werden wir speziell darauf hinweisen. In Flüssigkeiten und Gasen können sich sowohl negative als auch positive Ladungen (Ionen) bewegen.

Konventionelle Stromrichtung

25.3 Widerstände und das Ohm'sche Gesetz

Damit in einem Stromkreis ein elektrischer Strom fließt, ist eine Potenzialdifferenz erforderlich. Diese kann z. B. durch eine Batterie erzeugt werden. Georg Simon

2 Eine Ausnahme wird in Abschnitt 27.8 diskutiert.

Ohm (1787–1854) wies experimentell nach, dass der Strom in einem Metalldraht proportional zu der an seinen Enden angelegten Potenzialdifferenz ist:

$$I \propto U \, .$$

Wenn wir beispielsweise einen Draht mit einer 6-V-Batterie verbinden, ist der Stromfluss doppelt so groß wie für eine 3-V-Batterie. Der Einfachheit halber verwenden wir hier die Bezeichnung U anstatt U_{ba} für die Potenzialdifferenz oder Spannung. Außerdem zeigte sich, dass sich der Betrag des Stroms nicht ändert, wenn man das Vorzeichen der Potenzialdifferenz vertauscht.

Analogiebetrachtung: strömendes Wasser

Zum besseren Verständnis vergleichen wir den elektrischen Strom mit Wasser in einem Fluss oder einem Rohr, das aufgrund der Schwerkraft strömt. Wenn das Rohr oder der Fluss nur ein leichtes Gefälle aufweist, ist die Flussrate klein. Je stärker das Gefälle ist, umso größer ist die Flussrate bzw. der Strom. In einer Analogiebetrachtung in Kapitel 23 haben wir festgestellt, dass das elektrische Potenzial analog zur Höhe einer Klippe ist. In dem hier betrachteten Fall gilt dies entsprechend für die Höhe, die die fließende Flüssigkeit überwindet. Ebenso wie eine größer werdende Höhe einen stärkeren Fluss des Wassers hervorruft, erzeugt eine größere elektrische Potenzialdifferenz oder Spannung einen stärkeren elektrischen Strom.

Wie viel Strom genau in einem Draht fließt, hängt nicht nur von der Spannung, sondern auch vom Widerstand ab, den der Draht den fließenden Elektronen entgegensetzt. Die Wände eines Rohres oder ein Flussbett bieten dem fließenden Wasser Widerstand. Analog werden Elektronen durch Stöße mit den Atomen des Drahtes abgebremst. Je größer dieser Widerstand ist, umso geringer ist bei gegebener Spannung U der Strom. Wir definieren den *Ohm'schen Widerstand* als umgekehrt proportional zum Strom:

$$R = \frac{U}{I} \, . \qquad (25.2a)$$

Dabei ist R der **Widerstand** eines Drahtes oder eines anderen Bauelements, U die Potenzialdifferenz auf diesem Bauelement und I der hindurch fließende Strom. Gleichung 25.2a wird häufig in der Form

$$U = R \cdot I \qquad (25.2b)$$

geschrieben. Wie bereits erwähnt, stellte Ohm fest, dass R in metallischen Leitern eine von U unabhängige Konstante ist. Dieses Ergebnis wird auch als **Ohm'sches Gesetz** bezeichnet. Auch Gleichung 25.2b selbst wird manchmal als Ohm'sches Gesetz bezeichnet, allerdings nur, wenn sie sich auf Materialien oder Bauelemente bezieht, für die R eine von U unabhängige Konstante ist. Für viele Stoffe ist R jedoch keine Konstante, ebensowenig für Bauelemente wie Dioden, Vakuumröhren oder Transistoren. Das „Ohm'sche Gesetz" ist also kein universelles Gesetz, sondern lediglich eine Beschreibung einer bestimmten Klasse von Materialien (nämlich metallischen Leitern). Materialien oder Bauelemente, die nicht dem Ohm'schen Gesetz folgen, werden als *nichtohmsch* bezeichnet (siehe ▸ Abbildung 25.7).

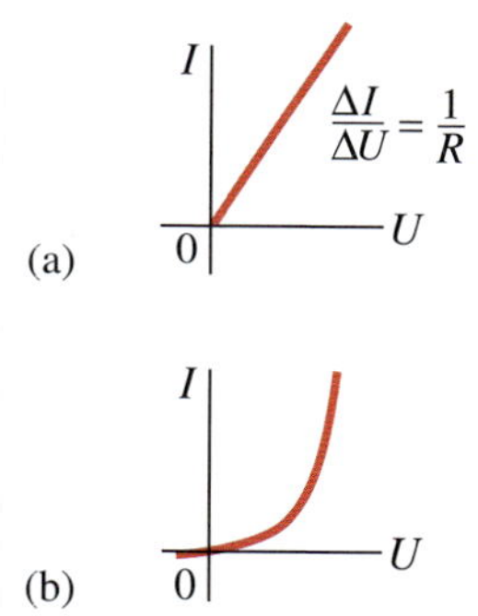

Abbildung 25.7 Graphische Darstellung der Stromstärke als Funktion der Spannung für (a) einen dem Ohm'schen Gesetz genügenden metallischen Leiter und (b) eine Halbleiterdiode, die ein nichtohmsches Bauelement ist.

Das Ohm (1 Ω = 1 V/A)

Die Einheit für den Widerstand ist das **Ohm**, abgekürzt durch den griechischen Großbuchstaben Ω. Wegen $R = U/I$ ist 1,0 Ω das Gleiche wie 1,0 V/A.

Beispiel 25.2 · Begriffsbildung **Strom und Potenzial**

Ein Strom I durchfließt einen Widerstand R (siehe ▸ Abbildung 25.8). (a) Wo ist das Potenzial höher, im Punkt A oder im Punkt B? (b) In welchem der beiden Punkte ist die Stromstärke größer?

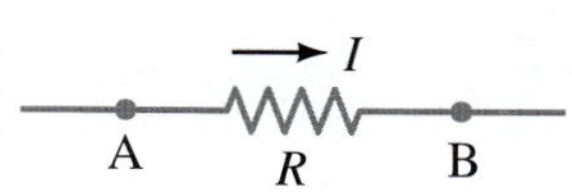

Abbildung 25.8 Beispiel 25.2.

Lösung

a Positive Ladungen fließen immer von + nach −, also vom hohen zum niedrigeren Potenzial. Denken Sie an die Analogie mit der Schwerkraft: Eine Masse fällt immer von oben (hohes mechanisches Potenzial) nach unten (niedrigeres mechanisches Potenzial). Ebenso hat für eine positive Stromstärke I der Punkt A ein höheres Potenzial als der Punkt B.

b Wegen der Ladungserhaltung muss jeglicher Strom, der im Punkt A in den Widerstand hineinfließt, im Punkt B wieder auftauchen. Strom wird durch einen Widerstand ebenso wenig „verbraucht" wie ein frei fallender Körper Masse gewinnt oder verliert. Die Stromstärke ist also in beiden Punkten gleich.

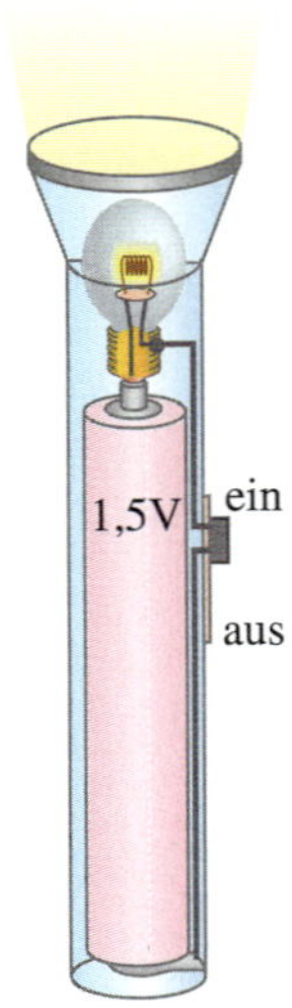

Abbildung 25.9 Der Stromkreis in einer Taschenlampe wird durch den seitlichen Schalter geschlossen (Beispiel 25.3).

Beispiel 25.3 Widerstand einer Glühlampe

Die Glühlampe einer Taschenlampe zieht aus einer 1,5-V-Batterie 300 mA. (a) Wie groß ist der Widerstand der Glühlampe? (b) Wie würde sich die Stromstärke ändern, wenn die Spannung auf 1,2 V fällt?

Lösung

a Nach Gleichung 25.2 gilt

$$R = \frac{U}{I} = \frac{1{,}5\,\mathrm{V}}{0{,}30\,\mathrm{A}} = 5{,}0\,\Omega\,.$$

b Falls sich der Widerstand nicht ändert, ist die Stromstärke

$$I = \frac{U}{R} = \frac{1{,}2\,\mathrm{V}}{5{,}0\,\Omega} = 0{,}24\,\mathrm{A}\,,$$

was einer Verringerung von 60 mA entspricht. In Wirklichkeit hängt der Widerstand von der Temperatur ab (Abschnitt 25.4), so dass dieser Wert nur eine grobe Näherung ist.

Alle elektrischen Geräte wie Heizelemente, Glühlampen oder Stereoanlagen setzen dem Stromfluss einen Widerstand entgegen. Die Glühfäden in Glühlampen und elektrischen Heizelementen sind spezielle Drähte, bei denen der Widerstand dazu führt, dass sie sehr heiß werden. Gewöhnlich haben die Verbindungsdrähte im Vergleich zu den Glühfäden oder Heizspulen einen sehr geringen Widerstand. In vielen Stromkreisen, insbesondere in elektronischen Geräten, werden **Widerstände** verwendet, um die Stromstärke zu regulieren. Diese Bauelemente haben Ohm'sche Widerstände von weniger als einem Ohm bis zu mehreren Millionen Ohm (siehe Abbildungen 25.10 und 25.11).

Die wichtigsten Typen sind „drahtgewickelte" Widerstände, die aus einer Spule aus dünnem Draht bestehen, und Massewiderstände aus halbleitendem Kohlenstoff sowie dünne Metallfilme.

In Schaltkreisen stellen wir Widerstände durch das Symbol

-⁄\/\/\- (Widerstandssymbol)

dar. Drähte, deren Widerstand vernachlässigbar klein ist, werden als einfache Linien gezeichnet.

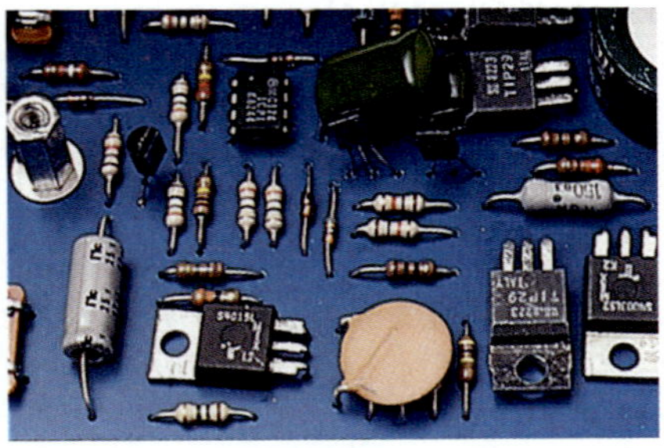

Abbildung 25.10 Unterschiedliche Widerstände auf einer elektronischen Leiterplatte.

Widerstände: Farbcodes

Farbe	Nummer	Faktor	Toleranz
schwarz	0	1	
braun	1	10^1	
rot	2	10^2	
orange	3	10^3	
gelb	4	10^4	
grün	5	10^5	
blau	6	10^6	
violett	7	10^7	
grau	8	10^8	
weiß	9	10^9	
gold		10^{-1}	5%
silber		10^{-2}	10%
keine Farbe			20%

Abbildung 25.11 Der Widerstandswert eines gegebenen Widerstands ist an seiner Außenseite angegeben oder wird durch einen Farbcode angegeben (siehe auch nebenstehende Tabelle). Die ersten beiden Farben repräsentieren die ersten beiden Stellen des Widerstandswertes, die dritte Farbe codiert die Zehnerpotenz, mit der dieser Wert zu multiplizieren ist, und die vierte Farbe die eingebaute Toleranz. Ein Widerstand mit dem Farbcode rot, grün, orange, silber hat beispielsweise einen Ohm'schen Widerstand von 25 000 Ω (25 kΩ) ±10.

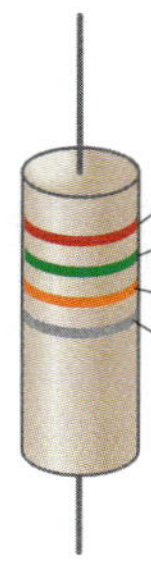

25.4 Der spezifische elektrische Widerstand

Experimentell wurde festgestellt, dass der Ohm'sche Widerstand R eines Metalldrahts direkt proportional zu seiner Länge l und umgekehrt proportional zu seiner Querschnittsfläche A ist. Es gilt also

$$R = \rho \frac{l}{A} \,. \qquad (25.3)$$

Spezifischer elektrischer Widerstand

Die Proportionalitätskonstante ρ wird als **spezifischer elektrischer Widerstand** bezeichnet und hängt vom verwendeten Material ab. Die Einheit von ρ ist Ω·m (vgl. Gleichung 25.3), typische Werte sind in der mittleren Spalte von Tabelle 25.1 angegeben. Die Werte weisen eine leichte Abhängigkeit vom Reinheitsgrad des Materials, der Wärmebehandlung, der Temperatur und anderen Faktoren auf.

Silber hat den geringsten spezifischen elektrischen Widerstand und ist damit der beste Leiter (allerdings ein sehr teurer). Der Wert von Kupfer ist nur wenig größer, und da dieses Metall sehr viel billiger ist, überrascht es nicht, dass die meisten Kabel aus Kupfer gefertigt werden. Aluminium hat zwar einen größeren spezifischen elektrischen Widerstand als Kupfer, ist aber wegen seiner geringen Dichte für manche Anwendungen besser geeignet (der Ohm'sche Widerstand ist bei gleichem Gewicht geringer als für Kupfer).

Das Reziproke des spezifischen elektrischen Widerstands

Elektrische Leitfähigkeit

$$\sigma = \frac{1}{\rho} \qquad (25.4)$$

wird als **elektrische Leitfähigkeit** σ bezeichnet, die Einheit ist $(\Omega{\cdot}\mathrm{m})^{-1}$.

Beispiel 25.4 Lautsprecher

Angenommen, Sie wollen an Ihre Stereoanlage Lautsprecher anschließen (► Abbildung 25.12). (a) Wenn jedes Kabel 20 m lang ist, welchen Durchmesser

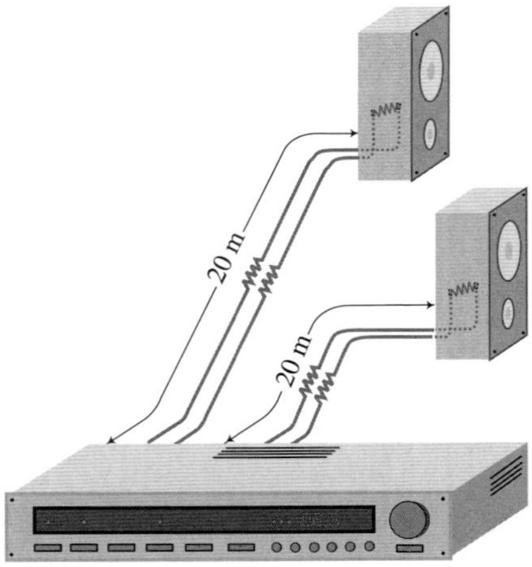

Abbildung 25.12 Beispiel 25.4

muss dann der verwendete Kupferdraht haben, damit der Widerstand für jedes Kabel kleiner als 0,10 Ω ist? (b) Wie groß ist der Spannungsabfall, wenn der Strom durch jeden Lautsprecher 4,0 A ist?

Lösung

a Wir lösen Gleichung 25.3 für die Fläche A und verwenden Tabelle 25.1:

$$A = \rho\frac{l}{R} = \frac{(1{,}68 \cdot 10^{-8}\ \Omega\cdot\text{m}) \cdot (20\ \text{m})}{0{,}10\ \Omega} = 3{,}4 \cdot 10^{-6}\ \text{m}^2\,.$$

Für die Querschnittsfläche A eines runden Kabels mit dem Durchmesser d gilt $A = \pi d^2/4$. Der Durchmesser muss deshalb mindestens

$$d = \sqrt{\frac{4A}{\pi}} = 2{,}1 \cdot 10^{-3}\ \text{m} = 2{,}1\ \text{mm}$$

sein.

b Es gilt

$$U = R \cdot I = (4{,}0\ \text{A})(0{,}10\ \Omega) = 0{,}40\ \text{V}\,.$$

Tabelle 25.1

Spezifischer elektrischer Widerstand und Temperaturkoeffizienten (bei 20°C)

Material	spezifischer elektrischer Widerstand ρ (in $\Omega \cdot$ m)	Temperaturkoeffizient α (in $(°\text{C})^{-1}$)
Leiter		
Silber	$1{,}59 \cdot 10^{-8}$	0,0061
Kupfer	$1{,}68 \cdot 10^{-8}$	0,0068
Gold	$2{,}44 \cdot 10^{-8}$	0,0034
Aluminium	$2{,}65 \cdot 10^{-8}$	0,00429
Wolfram	$5{,}6 \cdot 10^{-8}$	0,0045
Eisen	$9{,}71 \cdot 10^{-8}$	0,00651
Platin	$10{,}6 \cdot 10^{-8}$	0,003927
Quecksilber	$98 \cdot 10^{-8}$	0,0009
Nickelchrom (Legierung aus Ni, Fe, Cr)	$100 \cdot 10^{-8}$	0,0004
Halbleiter[a]		
Kohlenstoff (Graphit)	$(3\text{–}60)10^{-5}$	−0,0005
Germanium	$(1\text{–}500)10^{-3}$	−0,05
Silizium	0,1–60	−0,07
Isolatoren		
Glas	$10^{9}\text{–}10^{12}$	
Hartgummi	$10^{13}\text{–}10^{15}$	

[a] Die angegebenen Werte sind stark abhängig von Verunreinigungen.

Beispiel 25.5 · Begriffsbildung **Strecken ändert den Widerstand**

Ein Draht mit dem Ohm'schen Widerstand R wird gleichmäßig gestreckt, bis er doppelt so lang ist wie zuvor. Was passiert mit dem Ohm'schen Widerstand?

Lösung

Wenn sich die Länge l verdoppelt, dann ist die Querschnittsfläche A nur noch halb so groß, da das Volumen ($V = Al$) des Drahtes gleich bleibt. Aus Gleichung 25.3 ist ersichtlich, dass der Ohm'sche Widerstand dann um den Faktor 4 ($= 2/\frac{1}{2}$) wächst.

Temperaturabhängigkeit des spezifischen elektrischen Widerstands

Der spezifische elektrische Widerstand weist eine gewisse Temperaturabhängigkeit auf. Allgemein wächst der Ohm'sche Widerstand von Metallen mit der Temperatur. Dieses Verhalten weist darauf hin, dass die Wechselwirkung zwischen den Elektronen und den Atomen des Gitters, die bei höherer Temperatur stärker schwingen, mit der Unordnung im Gitter zunimmt. Wenn die Temperaturänderung nicht zu groß ist, dann wächst der spezifische elektrische Widerstand nahezu linear mit der Temperatur. Es gilt also

$$\rho_T = \rho_0[1 + \alpha(T - T_0)] \,. \qquad (25.5)$$

Temperaturabhängigkeit

Dabei ist ρ_0 der spezifische elektrische Widerstand bei einer Referenztemperatur T_0 (etwa 0° oder 20°), ρ_T der spezifische elektrische Widerstand bei der Temperatur T und α der *Temperaturkoeffizient des spezifischen elektrischen Widerstands*. In Tabelle 25.1 sind die Werte von α für verschiedene Materialien angegeben. Beachten Sie, dass der Temperaturkoeffizient für Halbleiter negativ sein kann. Bei höheren Temperaturen können sich offenbar einige Elektronen frei bewegen, die normalerweise nicht frei beweglich sind, und so zum Strom beitragen. Daher kann der Widerstand eines Halbleiters mit wachsender Temperatur fallen, wenngleich dies nicht immer der Fall ist.

Beispiel 25.6 **Widerstandsthermometer**

ANGEWANDTE PHYSIK
Widerstandsthermometer

Die Änderung des spezifischen elektrischen Widerstands in Abhängigkeit von der Temperatur kann für genaue Temperaturmessungen ausgenutzt werden. Gewöhnlich wird dabei Platin verwendet, da es relativ unempfindlich gegenüber Korrosion ist und einen hohen Schmelzpunkt hat. Angenommen, bei 20 °C ist der Ohm'sche Widerstand eines Platinthermometers 164,2 Ω. Bei welcher Temperatur ist der Widerstand 187,4 Ω?

Lösung

Da der Ohm'sche Widerstand R direkt proportional zum spezifischen elektrischen Widerstand ρ ist, können wir Gleichung 25.5 mit 25.3 kombinieren und erhalten

$$R = R_0[1 + \alpha(T - T_0)] \,.$$

Dabei ist $R_0 = \rho_0 L/A$ der Ohm'sche Widerstand eines Drahtes bei $T_0 = 20\,°\text{C}$. Durch Umstellen dieser Gleichung erhalten wir

$$T = T_0 + \frac{R - R_0}{\alpha R_0} = 20°\text{C} + \frac{187{,}4\,\Omega - 164{,}2\,\Omega}{(3{,}927 \cdot 10^{-3}(°\text{C})^{-1})(164{,}2\,\Omega)} = 56{,}0\,°\text{C} \,.$$

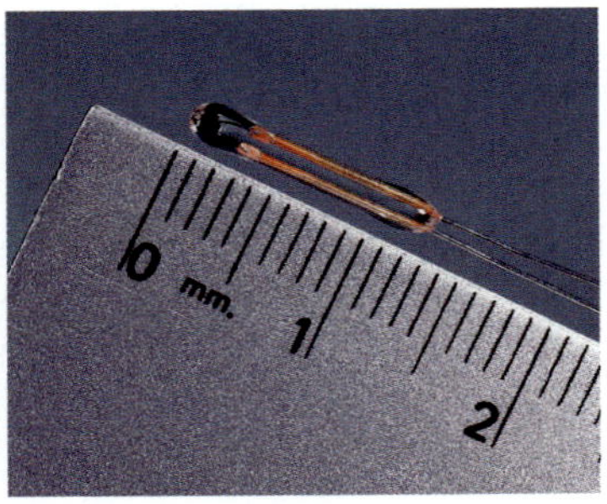

Abbildung 25.13 Ein Thermistor neben der Millimeterskala eines Lineals.

(Den Wert für α haben wir Tabelle 25.1 entnommen.) Für bestimmte Einsatzgebiete besser geeignet ist der *Thermistor* (siehe ► Abbildung 25.13). Dieser besteht aus einem Metalloxid oder einem Halbleiter, Materialien, deren Widerstand ebenfalls temperaturabhängig ist. Thermistoren erlauben eine sehr kleine Bauweise und reagieren sehr schnell auf Temperaturänderungen. Ein weiterer Vorteil von Widerstandsthermometern besteht darin, dass sie auch bei hohen oder niedrigen Temperaturen eingesetzt werden können, wo Gas- oder Flüssigkeitsthermometer nutzlos sind.

Der Wert der in Gleichung 25.5 verwendeten Größe α kann selbst von der Temperatur abhängen. Deshalb ist es wichtig zu überprüfen, in welchem Temperaturbereich der Wert gilt. Ist dieser Bereich groß, dann liefert Gleichung 25.5 keine adäquate Beschreibung. Es müssen dann Terme höherer Ordnung berücksichtigt werden, die jedoch nur größere Beiträge liefern, wenn $T - T_0$ groß ist.

25.5 Die elektrische Leistung

Elektrische Energie ist für uns deshalb von großem Nutzen, weil sie leicht in andere Energieformen umgewandelt werden kann. Motoren z. B. wandeln elektrische Energie in mechanische Arbeit um (Kapitel 27).

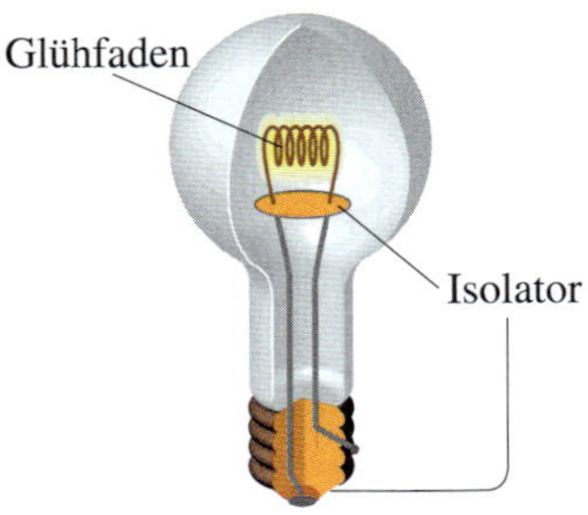

Abbildung 25.14 Glühlampe.

In anderen Geräten wie elektrischen Heizgeräten, Toastern oder Haartrocknern wird elektrische Energie in die thermische Energie eines Drahtwiderstands umgewandelt, der als „Heizelement" bezeichnet wird. In einer gewöhnlichen Glühlampe wird ein dünner Draht so heiß, dass er glüht (siehe ► Abbildung 25.14). Dabei wird nur ein geringer Teil der Energie in sichtbares Licht umgewandelt, der Rest – mehr als 90% – in thermische Energie. Glühfäden von Glühlampen und Heizelemente in Haushaltgeräten haben typischerweise Ohm'sche Widerstände von einigen wenigen bis zu mehreren Hundert Ohm.

Die elektrische Energie wird in solchen Geräten in thermische Energie oder Licht umgewandelt. Dabei gibt es viele Stöße zwischen den sich bewegenden Elektronen und den Atomen des Drahtes. Bei jedem solchen Stoß wird ein Teil der kinetischen Energie des Elektrons auf das Atom übertragen. Dadurch wächst die kinetische Energie der Atome, was wiederum zur Folge hat, dass die Temperatur des Drahtes steigt. Im Falle eines Heizgerätes wird die erhöhte thermische Energie durch Wärmeleitung und -konvektion an die umgebende Luft abgegeben, im Falle eines Toasters durch Wärmestrahlung an das zu toastende Brot. Bei einer Glühlampe wird sie in Form von Licht abgestrahlt. Um die von einem elektrischen Gerät umgewandelte Leistung zu bestimmen, erinnern wir uns daran, dass die Energie, die umgewandelt wird, wenn sich eine infinitesimale Ladung $\mathrm{d}q$ durch eine Potenzialdifferenz V bewegt, durch $\mathrm{d}W_\mathrm{e} = \mathrm{d}q \cdot U$ gegeben ist (Gleichung 23.2). Damit ist die Leistung P, also die Rate, mit der die Energie umgewandelt wird,

$$P = \frac{\mathrm{d}W_\mathrm{e}}{\mathrm{d}t} = \frac{\mathrm{d}q}{\mathrm{d}t} \cdot U$$

wo bei $\mathrm{d}t$ die erforderliche Zeit ist, um die Ladung $\mathrm{d}q$ durch die Potenzialdifferenz U zu bewegen. Die pro Sekunde fließende Ladung $\mathrm{d}q/\mathrm{d}t$ ist der elektrische Strom I. Damit gilt

Elektrische Leistung (allgemein)

$$P = U \cdot I \,. \qquad (25.6)$$

Diese allgemeine Beziehung gibt die durch ein Bauelement umgewandelte Leistung an, wobei I der durch das Gerät fließende Strom und U die an dem Gerät anliegende Spannung ist. Sie gilt auch für die durch eine Quelle (z. B. eine Batterie) gelieferte Leistung. Die SI-Einheit der elektrischen Leistung ist die gleiche wie für jede andere Form der Leistung, nämlich **Watt** (1 W = 1 J/s).

Die Rate der Energieumwandlung in einem Widerstand R kann mithilfe der Beziehung $U = IR$ auch anders geschrieben werden:

$$P = U \cdot I \quad (25.7a)$$

$$= I(IR) = I^2R \quad (25.7b)$$

$$= \left(\frac{U}{R}\right) U = \frac{U^2}{R} \,. \quad (25.7c)$$

Elektrische Leistung (in einem Widerstand *R*)

Die Gleichungen 25.7b und 25.7c gelten nur für Widerstände, während Gleichung 25.7a für beliebige Bauelemente gilt.

Beispiel 25.7 Scheinwerfer

Berechnen Sie den Ohm'schen Widerstand eines 40-W-Autoscheinwerfers, der für 12 V ausgelegt ist (siehe ▶ Abbildung 25.15).

Lösung

Da P und U gegeben sind, verwenden wir Gleichung 25.7c und stellen nach R um:

$$R = \frac{U^2}{P} = \frac{(12\,\text{V})^2}{(40\,\text{W})} = 3{,}6\,\Omega \,.$$

Dies ist der Ohm'sche Widerstand für den Fall, dass der Scheinwerfer mit 40 W brennt. Wenn der Scheinwerfer aus ist, ist der Widerstand wesentlich kleiner (Gleichung 25.5). Da die Stromstärke bei kleinem Widerstand groß ist, brennen Glühlampen in der Regel beim Anschalten am häufigsten durch.

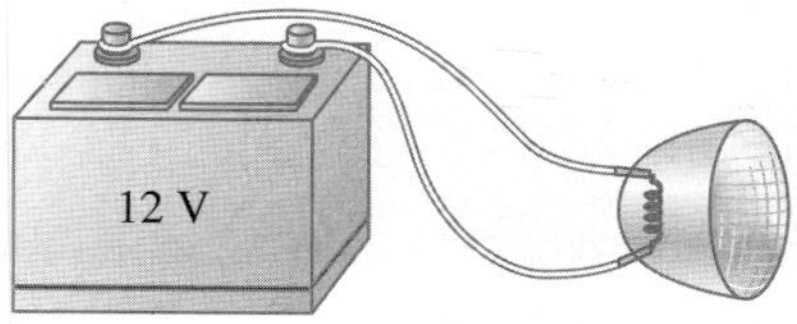

Abbildung 25.15 Beispiel 25.7.

Sie zahlen für Energie

Es ist die Energie und nicht die Leistung, für die Sie Ihre Stromrechnung erhalten. Da die Leistung die *Rate* der umgewandelten Energie ist, ergibt sich die gesamte von einem elektrischen Gerät verbrauchte Energie einfach aus seiner Leistung mal der Zeit, die es eingeschaltet ist. Ist die Leistung in Watt und die Zeit in Sekunden angegeben, dann ist die Einheit für die Energie Joule, denn $1\,\text{W} = 1\,\text{J/s}$. Energieversorgungsunternehmen geben die Energie gewöhnlich in einer viel größeren Einheit, nämlich in **Kilowattstunden** (kWh) an. Eine Kilowattstunde ist gleich $(1000\,\text{W})(3600\,\text{s}) = 3{,}60 \cdot 10^6\,\text{J}$.

Beispiel 25.8 Elektroheizer

Ein elektrisches Heizgerät zieht konstant 15,0 A aus einer 120-V-Leitung. Wie viel Leistung ist erforderlich und welche Kosten entstehen, wenn das Gerät einen Monat lang (30 Tage) drei Stunden pro Tag betrieben wird und das Stromversorgungsunternehmen 10,5 Cent pro kWh verlangt?

Lösung

Die Leistung ist

$$P = IU = (15{,}0\,\text{A})(120\,\text{V}) = 1800\,\text{W}$$

oder 1,80 kW. Es kostet $(1{,}80\,\text{kW})(90\,\text{h})(0{,}105) = €\,17$, das Gerät 90 Stunden lang zu betreiben.

ANGEWANDTE PHYSIK

Blitze

Abbildung 25.16 Beispiel 25.9, ein Blitz (siehe auch die Abbildung am Beginn von Kapitel 23).

Beispiel 25.9 · Abschätzung **Blitz**

Gewitter sind ein eindrucksvolles Beispiel für natürliche Phänomene, bei denen elektrische Ströme vorkommen (▶ Abbildung 25.16). Typischerweise wird bei einem Blitz eine Energie von 10^9 J umgesetzt, wobei innerhalb von etwa 0,2 s eine Potenzialdifferenz von ca. $5 \cdot 10^7$ V überwunden wird. Schätzen Sie mithilfe dieser Angaben den Gesamtumfang der übertragenen Ladung, den Strom und die mittlere Leistung innerhalb der 0,2 s.

Lösung

Nach Gleichung 23.2 gilt Energie $= QU$, also

$$Q \approx \frac{10^9\,\text{J}}{5 \cdot 10^7\,\text{V}} = 20\,\text{C}\,.$$

Der in 0,2 s fließende Strom ist

$$I = \frac{Q}{t} \approx \frac{20\,\text{C}}{0{,}2\,\text{s}} = 100\,\text{A}\,.$$

Da die meisten Blitze aus mehreren Phasen bestehen, kann es sein, dass in einigen davon wesentlich größere Ströme fließen. Die mittlere Leistung ist

$$\overline{P} = \frac{\text{Energie}}{\text{Zeit}} = \frac{10^9\,\text{J}}{0{,}2\,\text{s}} = 5 \cdot 10^9\,\text{W} = 5\,\text{GW}\,.$$

Mithilfe von Gleichung 25.7a erhalten wir

$$P = IU = (100\,\text{A})(5 \cdot 10^7\,\text{V}) = 5\,\text{GW}\,.$$

25.6 Die elektrische Leistung in Haushaltstromkreisen

ANGEWANDTE PHYSIK

Sicherheit: Drähte werden heiß

Die Stromversorgungskabel für Lampen und andere elektrische Geräte haben einen gewissen Widerstand, der normalerweise sehr klein ist. Wenn allerdings der Strom hinreichend groß ist, werden die Drähte heiß und erzeugen thermische Energie mit der Rate I^2R, wobei R der Ohm'sche Widerstand des Drahtes ist. Eine mögliche Gefahr besteht darin, dass ein unter Putz liegendes stromführendes Kabel so heiß wird, dass ein Brand ensteht. Dickere Kabel haben einen geringeren Widerstand (siehe Gleichung 25.3) und können deshalb mehr Strom führen, ohne dabei zu heiß zu werden. Wenn ein Kabel mehr Strom führt, als es der Betriebssicherheit entspricht, dann sagt man, es ist „überlastet". Um Überlastungen zu vermeiden, werden in Stromkreisen Sicherungen oder Lasttrennschalter installiert. Dabei handelt es sich im Prinzip um Schalter, die den Stromkreis unterbrechen, wenn der Strom einen bestimmten Wert überschreitet (siehe ▶ Abbildung 25.17). Eine 20-A-Sicherung oder ein entsprechender Lasttrennschalter beispielsweise unterbricht den Stromkreis, wenn der durchfließende Strom 20 A überschreitet. Wenn in einem Stromkreis wiederholt die Sicherung durchbrennt, dann gibt es zwei mögliche Ursachen. Entweder ziehen zu viele Geräte Strom oder es gibt an einer Stelle des Stromkreises eine Störung, z. B. einen Kurzschluss. Ein Kurzschluss bedeutet, dass sich zwei Drähte kreuzen (z. B. weil die Isolierung durchgescheuert ist), so dass der Weg, den der Strom nimmt, verkürzt ist. Der Widerstand des Stromkreises ist dann sehr klein und der Strom deshalb entsprechend groß. Bei Kurzschlüssen muss selbstverständlich umgehend Abhilfe geschaffen werden.

Sicherungen und Kurzschlüsse

Haushaltstromkreise sind so konzipiert, dass jedes der angeschlossenen Geräte eine Standardspannung (240 V in der EU) erhält (siehe ▶ Abbildung 25.18). Strom-

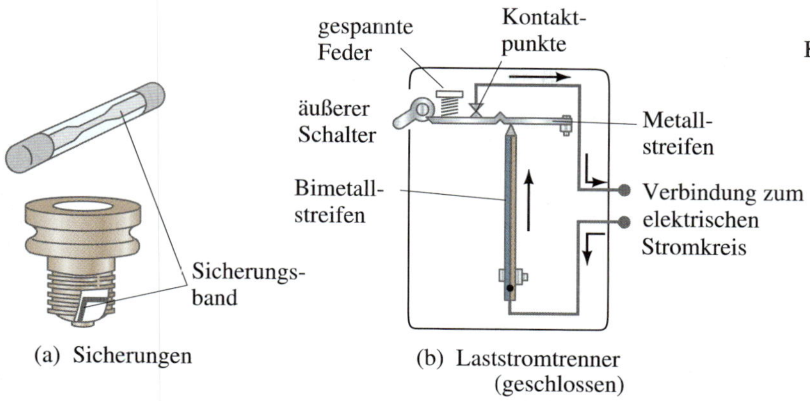

Abbildung 25.17 (a) Sicherungen. Wenn die Stromstärke einen bestimmten Wert überschreitet, schmilzt das metallische Band und der Stromkreis wird unterbrochen. Die Sicherung muss ersetzt werden. (b) Ein Laststromtrenner. Der elektrische Strom fließt über einen Bimetallstreifen in einen Stromkreis. Wenn die Stromstärke hinreichend groß ist (d. h. zu groß, um die Sicherheit zu gewährleisten), wird der Bimetallstreifen erwärmt und so weit nach links gebogen, bis die Kerbe des federgespannten Metallstreifens über dem Ende des Bimetallstreifens einrastet. (c) Der Stromkreis öffnet sich nun an den Kontaktpunkten (einer der beiden ist am Metallstreifen befestigt) und der äußere Schalter springt ebenfalls um. Sobald der Bimetallstreifen abgekühlt ist, kann er mithilfe des äußeren Schalters zurückgesetzt werden.

kreise, in denen die Geräte wie in ▶ Abbildung 25.18 angeschlossen sind, sind *parallele* Stromkreise, die wir ausführlicher im nächsten Kapitel besprechen werden. Wenn eine Sicherung durchbrennt oder ein Lasttrennschalter den Stromkreis unterbricht, dann sollte überprüft werden, wie viel Strom insgesamt in diesem Stromkreis gezogen wird.

Beispiel 25.10 Wird die Sicherung durchbrennen?

Wie viel Strom wird insgesamt von den Geräten in dem Stromkreis aus ▶ Abbildung 25.18 gezogen?

Lösung

Die Glühlampe zieht $I = P/U = 100\ \text{W}/240\ \text{V} = 0{,}4\ \text{A}$, das Heizgerät $1800\ \text{W}/240\ \text{V} = 7{,}5\ \text{A}$, die Stereoanlage maximal $350\ \text{W}/240\ \text{V} = 1{,}4\ \text{A}$ und der Haartrockner $1200\ \text{W}/240\ \text{V} = 5{,}0\ \text{A}$. Wenn alle Geräte eingeschaltet sind, werden

$$0{,}4\ \text{A} + 7{,}5\ \text{A} + 1{,}4\ \text{A} + 5{,}0\ \text{A} = 14{,}3\ \text{A}$$

gezogen.

Wenn der Stromkreis aus ▶ Abbildung 25.18 für 10 A ausgelegt ist, dann sollte die Sicherung durchbrennen und dadurch verhindern, dass überlastete Drähte so heiß werden, dass sie einen Brand auslösen. Eines der Geräte muss ausgeschaltet werden, damit der Strom unter 10 A sinkt. (Eine Wohnung hat gewöhnlich mehrere Stromkreise, die jeweils mit einer eigenen Sicherung abgesichert sind; versuchen Sie eines der Geräte an einen anderen Stromkreis anzuschließen.) Wenn der Stromkreis für eine 20-A-Sicherung ausgelegt ist, sollte die Sicherung nicht durchbrennen. Wenn sie es trotzdem tut, kann ein Kurzschluss die Ursache sein. (Am wahrscheinlichsten tritt dieser im Anschlusskabel eines der Geräte auf.) Die richtige Sicherung wird entsprechend der Stromkabel gewählt; *niemals* sollte eine höher ausgewiesene Sicherung verwendet werden. Eine durchbrennende Sicherung ist wie ein Schalter, der den Stromkreis unterbricht. Dadurch gibt es keinen geschlossenen, leitenden Weg mehr und es kann kein Strom mehr fließen, so als wäre der Widerstand unendlich.

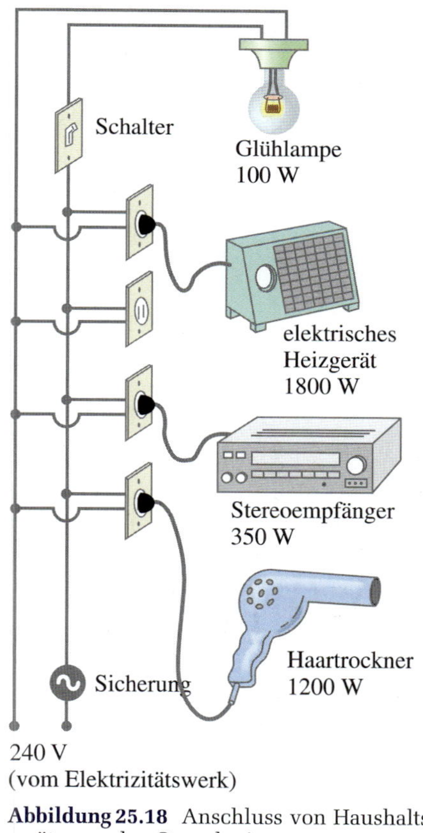

Abbildung 25.18 Anschluss von Haushaltsgeräten an den Stromkreis.

25.7 Wechselstrom

Gleichstrom und Wechselstrom

Wenn eine Batterie mit einem Stromkreis verbunden wird, dann fließt der Strom permanent in die gleiche Richtung. Dies wird als **Gleichstrom** oder **DC** (engl. *direct current*) bezeichnet. Bei einem **Wechselstrom** oder **AC** (engl. *alternating current*) dagegen ändert sich die Richtung des Stroms viele Male in jeder Sekunde und verläuft gewöhnlich sinusförmig (siehe ► Abbildung 25.19). Die Elektronen in einem Draht bewegen sich zunächst in die eine Richtung und dann in die andere. Der von den Energiewerken an die Haushalte und Unternehmen gelieferte Strom ist überall auf der Welt Wechselstrom. In Kapitel 31 werden wir Wechselstromkreise ausführlich behandeln. Da sie jedoch im Alltag so verbreitet sind, wollen wir bereits an dieser Stelle einige einfache Aspekte von Wechselstromkreisen diskutieren.

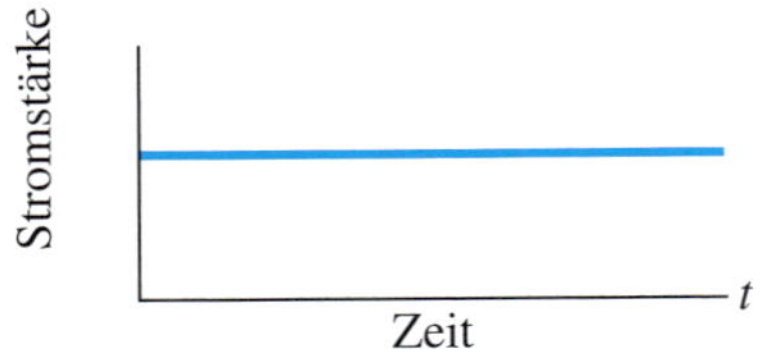

(a) Gleichstrom

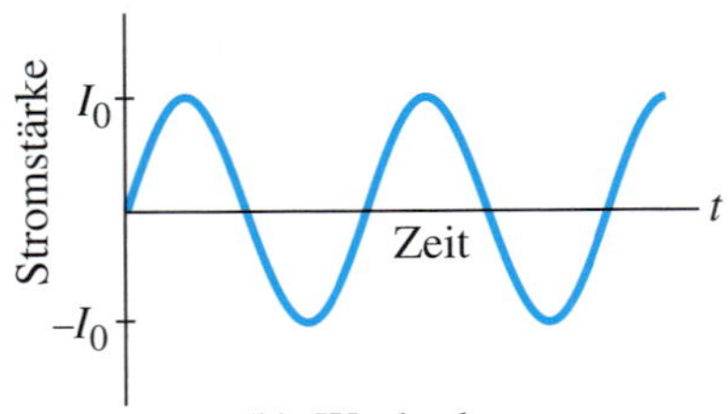

(b) Wechselstrom

Abbildung 25.19 (a) Gleichstrom, (b) Wechselstrom.

Wie wir noch sehen werden, verläuft die von einem elektrischen Generator erzeugte Spannung sinusförmig (► Abbildung 25.19b). Wir können die Spannung folgendermaßen als Funktion der Zeit schreiben:

$$U = U_0 \sin 2\pi ft = U_0 \sin \Omega t \,.$$

Die Spannung U oszilliert zwischen $+U_0$ und $-U_0$. U_0 wird als **Spitzenspannung** bezeichnet. Die Frequenz f ist die Anzahl der Oszillationen pro Sekunde; es gilt $\omega = 2\pi f$. In den meisten Regionen der USA und Kanadas beträgt die Frequenz 60 Hz (die Einheit Hertz bedeutet Perioden pro Sekunde, siehe Kapitel 14). In vielen anderen Ländern ist sie 50 Hz.

Wenn an einem Widerstand R eine Spannung U anliegt, dann ist die Stromstärke I nach Gleichung 25.2

$$I = \frac{U}{R} = \frac{U_0}{R} \sin \omega t = I_0 \sin \omega t \,. \tag{25.8}$$

Die Größe $I_0 = U_0/R$ ist der **Spitzenstrom**. Der Strom wird als positiv betrachtet, wenn sich die Elektronen in die eine Richtung bewegen, und als negativ, wenn sie sich in die andere Richtung bewegen. Wie aus ► Abbildung 25.19b ersichtlich, ist ein Wechselstrom genau so oft positiv wie negativ, so dass der Mittelwert null ist. Dies bedeutet allerdings nicht, dass keine Leistung erforderlich ist oder dass in einem Widerstand keine Wärme erzeugt wird. Elektronen bewegen sich hin und her, wobei selbstverständlich Wärme erzeugt wird. Tatsächlich ist die an einen Widerstand R gelieferte Leistung in jedem Falle

$$P = I^2 R = I_0^2 R \sin^2 \omega t \,.$$

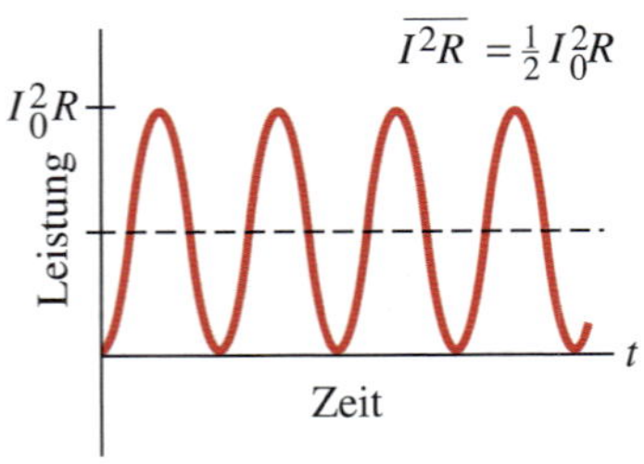

Abbildung 25.20 An einen Widerstand im Wechselstromkreis gelieferte Leistung.

Da die Stromstärke quadriert wird, ist die Leistung immer positiv (siehe ► Abbildung 25.20). Die Größe $\sin^2 \omega t$ variiert zwischen 0 und 1 und man kann leicht zeigen[3], dass ihr Mittelwert $\frac{1}{2}$ ist, wie auch aus der graphischen Darstellung abzulesen ist. Die *mittlere Leistung* $\overline{P}$ ist also

$$\overline{P} = \frac{1}{2} I_0^2 R \,.$$

Da die Leistung auch in der Form $P = U^2/R = (U_0^2/R)\sin^2 \omega t$ geschrieben werden kann, gilt außerdem

$$\overline{P} = \frac{1}{2} \frac{U_0^2}{R} \,.$$

Die Mittelwerte der *Quadrate* von Strom und Spannung sind also die für die Berechnung der mittleren Leistung maßgeblichen Größen: $\overline{I^2} = \frac{1}{2} I_0^2$ und $\overline{U^2} = \frac{1}{2} U_0^2$.

3 Der Graph von $\cos^2 \omega t$ über t ist bis auf eine Verschiebung um eine viertel Periode identisch mit dem von $\sin^2 \omega t$. Daher sind die Mittelwerte von $\sin^2$ und $\cos^2$ (gemittelt über eine oder mehrere vollständige Perioden) gleich, es gilt also $\overline{\sin^2 \omega t} = \overline{\cos^2 \omega t}$. Wegen $\sin^2 \theta + \cos^2 \theta = 1$ können wir schreiben

$$\overline{\sin^2 \omega t} + \overline{\cos^2 \omega t} = 2\overline{\sin^2 \omega t} = 1 \,.$$

Folglich ist der Mittelwert von $\cos^2 \omega t$ gleich $\frac{1}{2}$.

Die Quadratwurzeln dieser beiden Größen sind die **Effektivwerte** (quadratische Mittel von Strom und Spannung):

$$I_{\text{eff}} = \sqrt{\overline{I^2}} = \frac{I_0}{\sqrt{2}} = 0{,}707 I_0 \,, \qquad (25.9a)$$

Effektivstrom

$$U_{\text{eff}} = \sqrt{\overline{U^2}} = \frac{U_0}{\sqrt{2}} = 0{,}707\, V_0 \,. \qquad (25.9b)$$

Effektivspannung

Die Effektivwerte von U und I können direkt in die Gleichung für die Leistung (Gleichung 25.7) eingesetzt werden, um die mittlere Leistung zu erhalten:

$$\overline{P} = \frac{1}{2} I_0^2 R = I_{\text{eff}}^2 R \,, \qquad (25.10a)$$

$$\overline{P} = \frac{1}{2}\frac{U_0^2}{R} = \frac{U_{\text{eff}}^2}{R} \,. \qquad (25.10b)$$

Ein Gleichstrom, für den Werte von I und U gleich den Effektivwerten von I und U eines Wechselstroms sind, erzeugt also die gleiche Leistung wie dieser. Gewöhnlich sind es die Effektivwerte, die angegeben oder gemessen werden. In den USA und Kanada beispielsweise ist die Standard-Versorgungsspannung[4] 120 V AC. Die angegebenen 120 V sind der Effektivwert, die Spitzenspannung U_0 ist

$$U_0 = \sqrt{2}\, U_{\text{eff}} = 170\,\text{V} \,.$$

In Europa ist die Effektivspannung größtenteils 240 V, die Spitzenspannung somit 340 V.

Beispiel 25.11 Haartrockner

(a) Berechnen Sie den Ohm'schen Widerstand und den Spitzenstrom eines 1000-Watt-Haartrockners (► Abbildung 25.21), der mit einer 120-V-Leitung verbunden ist. (b) Was passiert, wenn der Haartrockner in Großbritannien an eine 240-V-Leitung angeschlossen wird?

Lösung

a Wir können Gleichung 25.7a mit den Effektivwerten anwenden. Daraus ergibt sich für den Effektivstrom

$$I_{\text{eff}} = \frac{\overline{P}}{U_{\text{eff}}} = \frac{1000\,\text{W}}{120\,\text{V}} = 8{,}33\,\text{A} \,.$$

Somit ist $I_0 = \sqrt{2}\, I_{\text{eff}} = 11{,}8$ A. Der Widerstand ist daher

$$R = \frac{U_{\text{eff}}}{I_{\text{eff}}} = \frac{120\,\text{V}}{8{,}33\,\text{A}} = 14{,}4\,\Omega \,.$$

Der Widerstand kann auch mithilfe der Spitzenwerte berechnet werden: $R = U_0/I_0 = 170\,\text{V}/11{,}8\,\text{A} = 14{,}4\,\Omega$.

b Wenn das Gerät an eine 240-V-Leitung angeschlossen wird, dann fließt mehr Strom und der Widerstand ändert sich mit steigender Temperatur (Abschnitt 25.4). Wir wollen zumindest eine Abschätzung auf der Basis des 14-Ω-Widerstands angeben. Die mittlere Leistung ist in diesem Fall

$$\overline{P} = \frac{U_{\text{eff}}^2}{R} = \frac{(240\,\text{V})^2}{(14{,}4\,\Omega)} = 4000\,\text{W} \,.$$

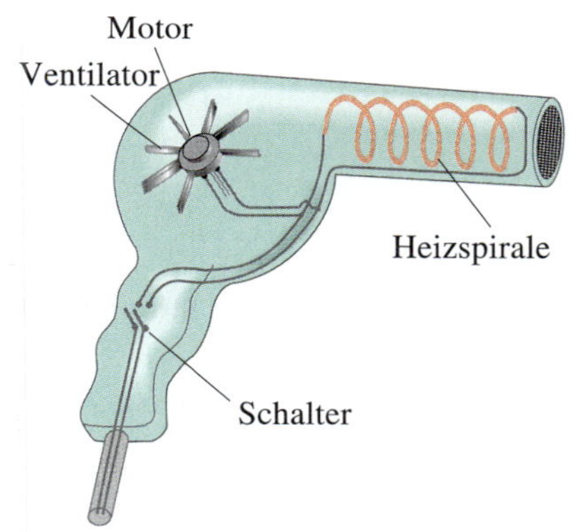

Abbildung 25.21 Ein Haartrockner. Der meiste Strom fließt durch die Heizspirale, einen reinen Ohm'schen Widerstand; einen geringen Teil verbraucht der Motor, um den Ventilator zu bewegen.

4 Die Versorgungsspannung kann in Abhängigkeit von der Gesamtlast schwanken; die Frequenz von 60 Hz bleibt jedoch sehr stabil.

Dies ist viermal so viel wie die Leistung des Haartrockners und würde zweifellos das Heizelement oder die Drahtspule des Motors zum Schmelzen bringen. Vergewissern Sie sich, dass Ihr Haartrockner oder Elektrorasierer einen 120/240-V-Schalter besitzt, bevor Sie damit auf Reisen gehen, oder verwenden Sie einen Transformator (siehe Abschnitt 29.6).

25.8 Mikroskopische Beschreibung des elektrischen Stroms: Stromdichte und Driftgeschwindigkeit

Bisher haben wir uns in diesem Kapitel hauptsächlich mit einer makroskopischen, unseren Alltagserfahrungen entsprechenden Sichtweise auf den elektrischen Strom beschäftigt. Immerhin haben wir erwähnt, dass in einem Metalldraht negativ geladene Elektronen die Träger des elektrischen Stromes sind und dass in Lösungen auch positiv und/oder negativ geladene Ionen diese Rolle übernehmen können. Wir wollen nun dieses mikroskopische Bild näher betrachten.

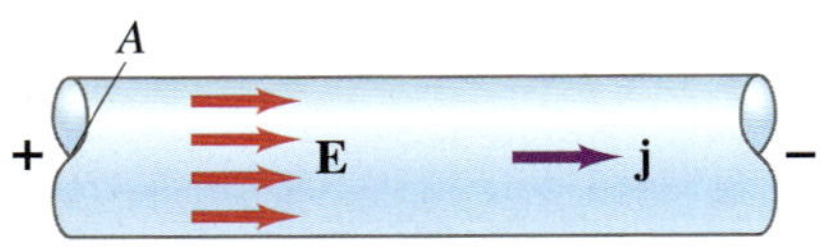

Abbildung 25.22 Das elektrische Feld **E** in einem homogenen Draht mit einer Querschnittsfläche A, durch den ein Strom I fließt. Für die Stromdichte gilt $j = I/A$.

Wenn an die beiden Enden eines Drahtes mit konstantem Querschnitt eine Potenzialdifferenz angelegt wird, dann verläuft das elektrische Feld **E** parallel zum Draht (siehe ▸ Abbildung 25.22). Das Vorhandensein von **E** innerhalb des leitenden Drahtes ist kein Widerspruch zu unserer früheren Aussage, dass im elektrostatischen Fall in einem Leiter $\mathbf{E} = 0$ gilt, denn nun haben wir es nicht mehr mit dem elektrostatischen Fall zu tun. Ladungen können sich in einem Leiter unter dem Einfluss des elektrischen Feldes frei bewegen. Wenn sich alle Ladungen in Ruhe befinden würden, dann wäre **E** gleich null (Elektrostatik).

Wir führen eine weitere mikroskopische Größe, die **Stromdichte j**, ein. Sie ist in jedem Punkt des Raumes definiert als der *elektrische Strom pro Flächenelement des Querschnitts*. Wenn die Stromdichte **j** in einem Draht mit der Querschnittsfläche A auf der Querschnittsfläche homogen ist, dann besteht zwischen j und dem elektrischen Strom die Beziehung

$$j = \frac{I}{A} \quad \text{oder} \quad I = jA\,. \tag{25.11}$$

Definition der Stromdichte

Ist die Stromdichte nicht homogen, dann lautet die Beziehung allgemein

$$I = \int \mathbf{j} \cdot \mathrm{d}\mathbf{A}\,. \tag{25.12}$$

Dabei ist $\mathrm{d}\mathbf{A}$ ein Flächenelement und I der Strom, der die Fläche durchfließt, über die integriert wird. Die Richtung der Stromdichte ist in jedem Punkt diejenige Richtung, in der sich eine positive Ladung bewegen würde, die in diesem Punkt freigelassen wird – die Richtung von **j** ist also in jedem Punkt gleich der Richtung von **E** (siehe ▸ Abbildung 25.22). (Trägheitseffekte können gewöhnlich vernachlässigt werden.) Die Stromdichte existiert für *beliebige* Punkte im Raum. Der Strom I dagegen bezieht sich auf einen Leiter als Ganzes und ist daher eine makroskopische Größe.

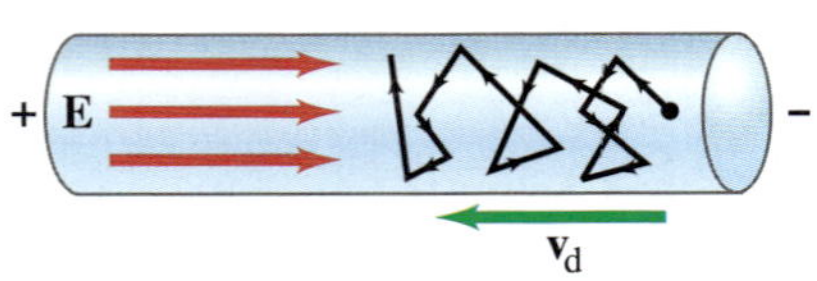

Abbildung 25.23 Das elektrische Feld **E** in einem Draht versetzt die Elektronen in eine ungeordnete Bewegung mit der Driftgeschwindigkeit v_d.

Die Richtung von **j** ist als die Flussrichtung positiver Ladungen gewählt. In einem Leiter sind es die negativ geladenen Elektronen, die sich bewegen; sie bewegen sich also in die Richtung von $-\mathbf{j}$ bzw. $-\mathbf{E}$ (in ▸ Abbildung 25.22 also nach links). Wir können uns freie Elektronen als Teilchen vorstellen, die mit hoher Geschwindigkeit zufällig umherfliegen und gegen die Atome des Drahtes prallen (ähnlich wie die Moleküle eines Gases, siehe Kapitel 18). Wenn in einem Draht ein elektrisches Feld vorhanden ist, dann erfahren die Elektronen eine Kraft und werden zunächst durch diese beschleunigt (▸ Abbildung 25.23). Wegen der Stöße mit den Atomen des Drahtes erreichen sie jedoch bald eine mehr oder weniger stationäre mittlere Geschwindigkeit $\mathbf{v}_d$, die als ihre **Driftgeschwindigkeit** bezeichnet wird. Die Driftgeschwindigkeit ist normalerweise sehr viel kleiner als die mittlere Geschwindigkeit der Elektronen bei ihrer Zufallsbewegung.

Driftgeschwindigkeit

Die Driftgeschwindigkeit v_d kann in Beziehung zur (makroskopischen) Stromstärke I im Draht gesetzt werden. In einem Zeitintervall Δt legen die Elektronen im Mittel eine Distanz von $l = v_\mathrm{d}\Delta t$ zurück. Angenommen, der Draht besitzt die Querschnittsfläche A. Dann passieren im Zeitintervall Δt Elektronen in einem Volumen $V = Al = Av_\mathrm{d}\Delta t$ die Querschnittsfläche A des Drahtes (siehe ▸ Abbildung 25.24). Wenn es pro Volumeneinheit n freie Elektronen gibt ($n = N/V$), von denen jedes die Ladung $-e$ hat, dann ist die Gesamtladung ΔQ, die innerhalb des Zeitintervalls Δt durch die Fläche A fließt,

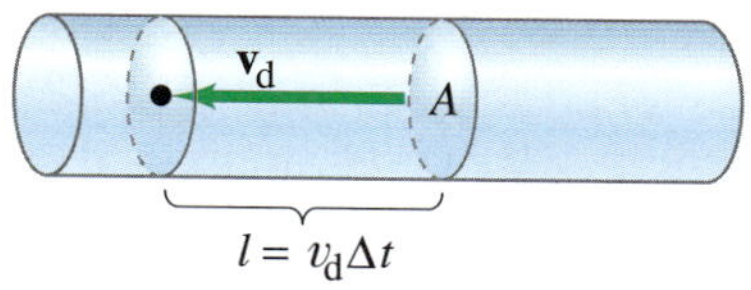

Abbildung 25.24 Die Elektronen im Volumen Al durchqueren die angegebene Querschnittsfläche in einer Zeit Δt, wobei $l = v_\mathrm{d}\Delta t$ gilt.

$$\begin{aligned}\Delta Q &= (\text{Anzahl der Ladungen}, N) \times (\text{Ladung pro Teilchen})\\ &= (nV)(-e) = -(nAv_\mathrm{d}\,\Delta t)(e)\,.\end{aligned}$$

Die Stromstärke I im Draht ist also

Stromstärke (mikroskopische Variablen)

$$I = \frac{\Delta Q}{\Delta t} = -neAv_\mathrm{d}\,. \qquad (25.13)$$

Die Stromdichte $j = I/A$ ist

Stromdichte, ausgedrückt durch die Driftgeschwindigkeit

$$j = -nev_\mathrm{d}\,. \qquad (25.14)$$

In Vektorform lautet diese Gleichung

$$\mathbf{j} = -ne\mathbf{v}_\mathrm{d}\,. \qquad (25.15)$$

Das Minuszeichen bedeutet, dass die Richtung des (positiven) Stromflusses entgegengesetzt zur Driftgeschwindigkeit der Elektronen ist.

Gleichung 25.15 kann auf beliebige Ladungsflüsse verallgemeinert werden, insbesondere auf den Fluss von Ionen in einer Elektrolytlösung. Wenn es verschiedene Typen von Ionen (sowie freie Elektronen) gibt, von denen jede die Dichte n_i (Anzahl pro Volumeneinheit), die Ladung q_i (für Elektronen ist $q_i = -e$) und die Driftgeschwindigkeit $\mathbf{v}_{\mathrm{d}i}$ hat, dann ist die Nettostromdichte in jedem Punkt

$$\mathbf{j} = \sum_i n_i q_i \mathbf{v}_{\mathrm{d}i}\,. \qquad (25.16)$$

Der gesamte Strom I, der durch eine senkrecht zu einem homogenen $\mathbf{j}$ stehende Fläche A fließt, ist dann

$$I = \sum_i n_i q_i v_{\mathrm{d}i} A\,.$$

Beispiel 25.12

Die Geschwindigkeit eines Elektrons in einem Draht

Ein Kupferdraht mit einem Durchmesser von 3,2 mm führt einen Strom von 5,0 A. Bestimmen Sie (a) die Stromdichte in dem Draht und (b) die Driftgeschwindigkeit der freien Elektronen. (c) Schätzen Sie die Effektivgeschwindigkeit der Elektronen unter der Annahme ab, dass sie sich wie ein ideales Gas bei einer Temperatur von 20 °C verhalten. Nehmen Sie an, dass sich ein Elektron pro Kupferatom frei bewegen kann (die anderen Elektronen bleiben im Atom gebunden).

Lösung

a Die Querschnittsfläche des Drahtes ist

$$A = \pi r^2 = (3{,}14)(1{,}60 \cdot 10^{-3}\ \mathrm{m})^2 = 8{,}0 \cdot 10^{-6}\ \mathrm{m}^2\,.$$

Die Stromdichte ist dann

$$j = \frac{I}{A} = \frac{5{,}0\ \mathrm{A}}{8{,}0 \cdot 10^{-6}\ \mathrm{m}^2} = 6{,}2 \cdot 10^5\ \mathrm{A/m}^2\,.$$

b Wegen der Annahme, dass es ein freies Elektron pro Atom gibt, ist die Dichte n der freien Elektronen die gleiche wie die der Kupferatome. Die relative Atommasse von Kupfer ist 63,5 (siehe Periodensystem der Elemente, ganz hinten in diesem Buch), so dass 63,5 g Kupfer ein Mol oder $6{,}02 \cdot 10^{23}$ freie Elektronen enthalten. Die Massendichte von Kupfer (Tabelle 13.1) ist $\rho_D = 8{,}9 \cdot 10^3\,\mathrm{kg/m^3}$, wobei $\rho_D = m/V$ gilt. (Wir verwenden hier die Bezeichnung ρ_D, um die Massendichte vom spezifischen elektrischen Widerstand zu unterscheiden.) Die Anzahl der freien Elektronen pro Volumeneinheit ist daher

$$n = \frac{N}{V} = \frac{N}{m/\rho_D} = \frac{N\,(1\,\mathrm{Mol})}{m\,(1\,\mathrm{Mol})}\rho_D$$

$$n = \left(\frac{6{,}02 \cdot 10^{23}\,\mathrm{Elektronen}}{63{,}5 \cdot 10^{-3}\,\mathrm{kg}}\right)(8{,}9 \cdot 10^3\,\mathrm{kg/m^3}) = 8{,}4 \cdot 10^{28}\,\mathrm{m^{-3}}\,.$$

Die Driftgeschwindigkeit ist dann nach Gleichung 25.14

$$v_d = \frac{j}{ne} = \frac{6{,}2 \cdot 10^5\,\mathrm{A/m^2}}{(8{,}4 \cdot 10^{28}\,\mathrm{m^{-3}})(1{,}6 \cdot 10^{-19}\,\mathrm{C})} = 4{,}6 \cdot 10^{-5}\,\mathrm{m/s}\,,$$

also nur etwa 0,05 mm/s.

c Wenn wir die freien Elektronen als ideales Gas betrachten (was eine sehr grobe Näherung ist), dann können wir Gleichung 18.5 verwenden, um die Effektivgeschwindigkeit der Elektronen abzuschätzen:

$$v_{\mathrm{eff}} = \sqrt{\frac{3kT}{m}} = \sqrt{\frac{3(1{,}38 \cdot 10^{-23}\,\mathrm{J/K})(293\,\mathrm{K})}{9{,}11 \cdot 10^{-31}\,\mathrm{kg}}} = 1{,}2 \cdot 10^5\,\mathrm{m/s}\,.$$

Wir sehen also, dass die Driftgeschwindigkeit (mittlere Geschwindigkeit in Richtung des Stromes) um einen Faktor 10^9 kleiner ist als die thermische Effektivgeschwindigkeit der Elektronen. (Hinweis: Die Schätzung in (c) liegt niedriger als der tatsächliche Wert. Quantentheoretische Berechnungen und Experimente ergeben eine Effektivgeschwindigkeit in Kupfer von etwa $1{,}6 \cdot 10^6\,\mathrm{m/s}$.)

„Geschwindigkeit" der Elektrizität

Die Driftgeschwindigkeit der Elektronen in einem Draht ist offensichtlich sehr klein, im obigen Beispiel nur etwa 0,05 mm/s. Dies bedeutet, dass ein Elektron $20 \cdot 10^3$ s oder $5\frac{1}{2}$ Stunden benötigt, um 1 m zurückzulegen. Dies ist natürlich nicht die Geschwindigkeit, mit der sich „Elektrizität bewegt": Wenn Sie einen Lichtschalter betätigen, dann geht das Licht auch Meter vom Lichtschalter entfernt nahezu gleichzeitig an, da sich elektrische Felder im Wesentlichen mit Lichtgeschwindigkeit ($3 \cdot 10^8$ m/s) ausbreiten. Wir können uns Elektronen in einem Draht wie ein mit Wasser gefülltes Rohr vorstellen. Wenn ein wenig Wasser an dem einen Ende dazukommt, dann tritt fast sofort etwas Wasser am anderen Ende aus.

Gleichung 25.2b, $U = RI$, kann mithilfe der mikroskopischen Größen wie folgt geschrieben werden. Wir drücken den Ohm'schen Widerstand R durch den spezifischen elektrischen Widerstand ρ aus:

$$R = \rho\frac{l}{A}$$

und schreiben U und I in der Form

$$I = jA$$

bzw.

$$U = El\,.$$

Die letzte Gleichung folgt aus Gleichung 23.3, wenn wir annehmen, dass das elektrische Feld innerhalb des Drahtes homogen ist und der Draht, zwischen dessen

Enden die Potenzialdifferenz U angelegt ist, die Länge l hat. Es gilt also

$$U = R \cdot I$$
$$El = \left(\rho \frac{l}{A}\right)(jA) = \rho l j$$

und somit

$$j = \frac{1}{\rho} E = \sigma E \,, \qquad (25.17)$$

wobei $\sigma = 1/\rho$ die elektrische Leitfähigkeit ist (vgl. Gleichung 25.4). Für einen metallischen Leiter hängen ρ und σ nicht von V ab (und folglich auch nicht von E). Daher ist die Stromdichte **j** proportional zum elektrischen Feld **E** im Leiter. Dies ist die „mikroskopische" Formulierung des Ohm'schen Gesetzes. Gleichung 25.17, die auch in der Form

$$\mathbf{j} = \sigma \mathbf{E} = \frac{1}{\rho} \mathbf{E}$$

geschrieben werden kann, wird manchmal auch zur Definition der elektrischen Leitfähigkeit σ und des spezifischen elektrischen Widerstands ρ verwendet.

Beispiel 25.13 **Das elektrische Feld in einem Draht**

Wie groß ist das elektrische Feld innerhalb des Drahtes aus Beispiel 25.12?

Lösung

Aus Tabelle 25.1 entnehmen wir den Wert $\rho = 1{,}68 \cdot 10^{-8}\ \Omega{\cdot}\text{m}$ für Kupfer. Mit $j = 6{,}2 \cdot 10^5\ \text{A/m}^2$ gilt

$$E = \rho j = (1{,}68 \cdot 10^{-8}\ \Omega{\cdot}\text{m})(6{,}2 \cdot 10^5\ \text{A/m}^2)$$
$$= 1{,}0 \cdot 10^{-2}\ \text{V/m}\,.$$

Zum Vergleich: Das elektrische Feld zwischen den Platten eines Kondensators ist oft sehr viel größer, in Beispiel 24.1 etwa hatte E die Größenordnung 10^4 V/m. Es ist also nur ein mäßiges elektrisches Feld notwendig, damit ein Strom fließt.

25.9 Supraleitung

Bei sehr tiefen Temperaturen nahe dem absoluten Nullpunkt wird der mit hochpräzisen Verfahren gemessene spezifische elektrische Widerstand (Abschnitt 25.4) bestimmter Metalle, Verbindungen oder Legierungen null. Materialien, die sich in diesem Zustand befinden, werden als **supraleitend** bezeichnet. Das Phänomen wurde erstmals 1911 von H. K. Onnes (1853–1926) beobachtet. Onnes kühlte Quecksilber unter 4,2 K (−269 °C) ab und stellte dabei fest, dass der Widerstand des Quecksilbers bei dieser Temperatur plötzlich auf null fiel. Allgemein werden Supraleiter erst unterhalb einer bestimmten *kritischen Temperatur* T_C supraleitend. Die kritische Temperatur liegt gewöhnlich nur wenige Grad über dem absoluten Nullpunkt. Man hat beobachtet, dass der Strom in einem ringförmigen supraleitenden Material in Abwesenheit einer Potenzialdifferenz über Jahre hinweg ohne messbaren Abfall fließt. Messungen zeigen, dass der spezifische elektrische Widerstand ρ von Supraleitern kleiner als $4 \cdot 10^{-25}\ \Omega{\cdot}\text{m}$ ist und damit mehr als 10^{16}-mal kleiner als der von Kupfer. Für praktische Zwecke wird er deshalb als null betrachtet (siehe ▸ Abbildung 25.25).

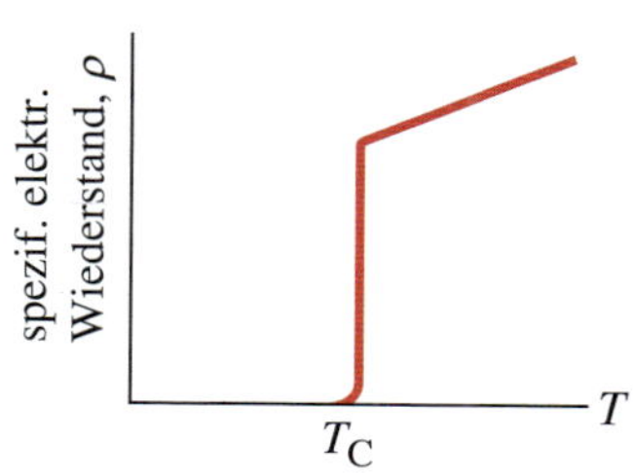

Abbildung 25.25 Ein supraleitendes Material hat einen spezifischen elektrischen Widerstand von null, wenn seine Temperatur niedriger als seine „kritische Temperatur" T_C ist. Bei der Temperatur T_C nimmt der Widerstand sprunghaft einen von null verschiedenen, „normalen" Wert an und wächst dann, wie bei den meisten Materialien üblich, mit der Temperatur (siehe Gleichung 25.5).

In den letzten Jahren wurde viel über Supraleitung geforscht, um deren Ursachen zu verstehen und Materialien zu finden, die bereits bei höheren Temperaturen supraleitend werden. Dies würde den Aufwand und die Kosten für das Kühlen auf die sehr niedrigen Temperaturen senken. Vor 1986 war die höchste Temperatur, bei der Supraleitung festgestellt wurde, 23 K. Um diese Temperatur zu erreichen, war flüssiges Helium erforderlich. 1987 wurde eine Verbindung aus Yttrium, Barium, Kupfer und Sauerstoff entwickelt, die bereits bei 90 K supraleitend wird. Diese Temperatur lässt sich mit flüssigem Stickstoff (Siedepunkt 77 K) erreichen. Die Entdeckung des neuen Materials war ein wichtiger Durchbruch, da flüssiger Stickstoff sehr viel einfacher und billiger zu erhalten ist als flüssiges Helium, das als Kühlmittel für die früheren Supraleiter verwendet wurde. Später wurde sogar bei einer Temperatur von 160 K Supraleitung beobachtet, allerdings in instabilen Verbindungen.

Hochtemperatursupraleitung

Beträchtliche Forschungsarbeit wird geleistet, um Hochtemperatursupraleiter in Form von Drähten zu entwickeln, die so hohe Ströme führen können, dass sie für praktische Zwecke einsetzbar sind. In den meisten heutigen Anwendungen wird ein Wismut-Strontium-Kalzium-Kupferoxid verwendet, das unter der Abkürzung BSCCO bekannt ist. Ein Hauptanwendungsgebiet für Supraleiter sind Elektromagnete (wie wir in Kapitel 27 sehen werden, erzeugen elektrische Ströme magnetische Felder). In großen nicht-supraleitenden Magneten wird sehr viel Energie benötigt, nur um den Strom aufrecht zu erhalten; diese Energie wird als Wärme vergeudet.

Ein Hauptproblem im Zusammenhang mit Supraleitern ist die Herstellung von praktisch verwendbaren, biegsamen Drähten aus dem BSCCO, da dieses Material sehr brüchig ist. Eine Lösung besteht darin, winzige Drähtchen des Hochtemperatursupraleiters in eine Matrix (eine Metalllegierung) einzubetten. Bei der ersten größeren kommerziellen Anwendung dieser Methode wurde Silber als Matrix verwendet; die Drähte wurden zu Kabeln geformt, die im Stromversorgungsnetz der Stadt Detroit eingesetzt werden und sehr hohe Ströme führen. Der supraleitende Draht ist um eine Röhre gewickelt, die mit flüssigem Stickstoff gefüllt ist, um das BSCCO unter die kritische Temperatur T_C abzukühlen. Der Draht ist wegen der Silberverbindungen nicht widerstandslos, der Widerstand ist jedoch sehr viel kleiner als bei einem herkömmlichen Kupferkabel. Die 100 kg dieses 130 Meter langen Kabels können so viel Strom leiten, wie die 8000 kg Kupferkabel, die dadurch ersetzt wurden.

Abbildung 25.26 Ein japanischer Versuchszug, der vom Magnetfeld, das in Stromspulen neben den Gleisen (in den roten Containern) erzeugt wird, getragen wird.

Auch an Elektromotoren, Generatoren und Transformatoren, die Supraleiter verwenden, wird gearbeitet. Diese werden viel kleiner und leichter sein als die entsprechenden konventionellen Geräte. Prototypen von in der Entwicklung befindlichen Motoren sind halb so groß und halb so schwer wie nicht-supraleitende Motoren.

Supraleiter könnten außerdem Elektroautos praxistauglicher und Computer schneller machen. Ein hohes Anwendungspotenzial haben sie auch für Geräte, die Energie für Spitzenlastzeiten speichern. Untersucht werden die Einsatzmöglichkeiten von Supraleitern in Hochgeschwindigkeitszügen. Die durch supraleitende Magneten erzeugten Magnetfelder könnten verwendet werden, um die Fahrzeuge über den Gleisen „schweben" zu lassen, so dass es fast keine Reibung gibt (siehe ▸ Abbildung 25.26). Das Schweben entsteht durch die abstoßende Kraft zwischen dem Magneten und den Wirbelströmen, die im Zug erzeugt werden.

25.10 Gefährdungen durch Elektrizität; Kriechströme

ANGEWANDTE PHYSIK

Stromschlag

Ein Stromschlag stellt eine Gefahr für den Körper dar und kann sogar tödlich sein. Wie ernst ein Stromschlag ist, hängt davon ab, wie stark der Strom ist, wie lange er einwirkt und durch welchen Teil des Körpers er fließt. Ein Strom, der durch lebenswichtige Organe wie das Herz oder das Gehirn fließt, ist besonders gefährlich. Der elektrische Strom heizt das Gewebe auf und kann Verbrennungen verursachen. Außerdem stimuliert er Nerven und Muskeln und man erleidet einen „Schock".

Die meisten Menschen können eine Stromstärke von etwa 1 mA spüren. Ströme von wenigen mA verursachen Schmerz, fügen aber einer gesunden Person kaum einen Schaden zu. Ströme von mehr als 10 mA können jedoch zu einer starken Kontraktion der Muskeln führen, so dass die betroffene Person nicht mehr in der Lage ist, die Stromquelle (z. B. ein defektes Gerät oder ein blankes Kabel) loszulassen. Es kann zum Tod wegen Lähmung des Atmungssystems kommen. Durch künstliche Beatmung kann das Opfer manchmal wiederbelebt werden. Wenn ein Strom von mehr als 70 mA den Rumpf durchfließt, so dass ein Teil davon eine Sekunde oder länger das Herz durchquert, dann kommt es zu irregulären Kontraktionen des Herzmuskels und das Blut wird nicht mehr richtig durch den Körper gepumpt. Dieser Vorgang wird als „Herzkammerflimmern" bezeichnet. Wenn er zu lange anhält, tritt der Tod ein. Merkwürdigerweise kann die Schädigung bei weit höheren Stromstärken (in der Größenordnung von 1 A) geringer sein und der Tod durch Herzversagen unter Umständen weniger wahrscheinlich.[5]

Wie ernst ein Stromschlag ist, hängt vom effektiven Widerstand des Körpers ab. Lebendes Gewebe hat einen sehr geringen Widerstand, da die Zellflüssigkeit Ionen enthält, die sehr gut leiten. Die äußeren Schichten der Haut dagegen haben einen hohen Widerstand, zumindest wenn sie trocken sind. Der effektive Widerstand zwischen zwei Punkten auf entgegengesetzten Seiten des Körpers liegt bei trockener Haut zwischen 10^4 und $10^6\ \Omega$. Wenn die Haut allerdings nass ist, kann der Widerstand $10^3\ \Omega$ oder weniger betragen. Eine Person in gutem Kontakt mit dem Boden, die mit nassen Händen eine 120-V-Gleichstromleitung berührt, kann einen Strom von

$$I = \frac{120\ \text{V}}{1000\ \Omega} = 120\ \text{mA}$$

erleiden. Dies kann, wie oben ausgeführt, tödlich sein.

▸ Abbildung 25.27 zeigt, wie der Stromkreis geschlossen wird, wenn eine Person ein Elektrokabel berührt. Ein Ende einer 120-V-Quelle ist durch einen Draht mit der Erde verbunden, die mit einem vergrabenen Leiter, z. B. einem Wasserrohr verbunden ist. Der Strom fließt daher durch das Hochspannungskabel, durch die Person, durch die Erde; er gelangt durch die Erde zurück zu der anderen Anschlussklemme der Spannungsquelle, so dass der Stromkreis geschlossen ist. Wenn die Person in ▸ Abbildung 25.27 auf einem guten Isolator steht – Schuhe mit dicken Sohlen oder trockene Holzdielen – ist der Widerstand im Stromkreis viel größer und es fließt entsprechend weniger Strom. Wenn die Person allerdings barfuß auf dem Boden steht oder in einer Badewanne sitzt, dann besteht wegen des viel geringeren Widerstands erhebliche Gefahr. Nicht nur, dass man in der Badewanne nass ist, das Wasser befindet sich außerdem im Kontakt mit dem Wasserrohr, das zur Erde führt. Deshalb sollte man in dieser Situation keinerlei elektrische Geräte berühren.

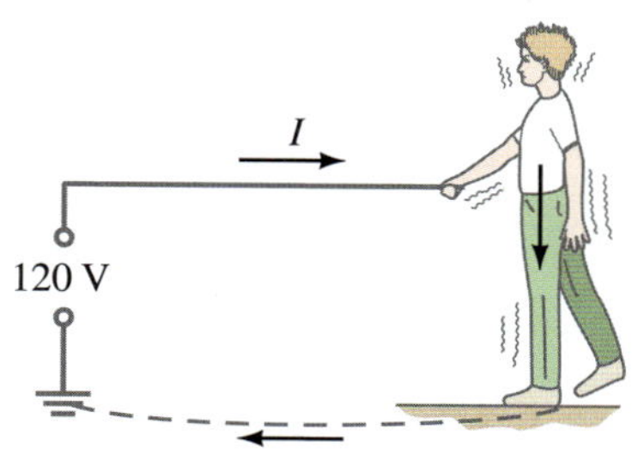

Abbildung 25.27 Eine Person erhält einen Stromschlag, wenn der Stromkreis geschlossen wird.

Eine große Gefahr geht von Kabeln aus, deren Isolierung durchgescheuert ist, sowie von blanken Drähten im Inneren von elektrischen Geräten, an denen Sie herumbasteln. (Ziehen Sie immer den Stecker, bevor Sie das Innenleben von elektrischen Geräten untersuchen!) Manchmal brechen Drähte im Inneren eines Geräts oder verlieren ihre Isolation und kommen in Kontakt mit dem Gehäuse. Wenn das Gehäuse aus Metall ist, dann leitet es die Elektrizität. Eine Person kann dann durch bloße Berührung des Gehäuses einen schweren Stromschlag erleiden (siehe ▸ Abbildung 25.28b). Um solche Unfälle zu vermeiden, müssen Metallgehäuse direkt geerdet sein. Wenn dann ein stromführender Draht das geerdete Gehäuse berührt, entsteht, wie in ▸ Abbildung 25.28c gezeigt, sofort ein Kurzschluss und der größte Teil des Stroms fließt durch das Erdungskabel (das einen geringen Wi-

ANGEWANDTE PHYSIK

Erdung und Stromschläge

5 Anscheinend bringen höhere Stromstärken das ganze Herz zum Stillstand. Wenn der Strom aufhört, kehrt das Herz zu seinem normalen Rhythmus zurück. Im Falle eines Herzflimmerns ist dies nicht ohne weiteres möglich: Wenn es einmal eingesetzt hat, ist das Flimmern oft kaum zu stoppen. Herzflimmern kann auch in der Folge eines Herzinfarkts oder während einer Herzoperation auftreten. Mit einem so genannten *Defibrillator* kann das Herz kurzzeitig einer hohen Stromstärke ausgesetzt werden, was einen vollständigen Herzstillstand und oft die nachfolgende Rückkehr zum normalen Rhythmus bewirkt.

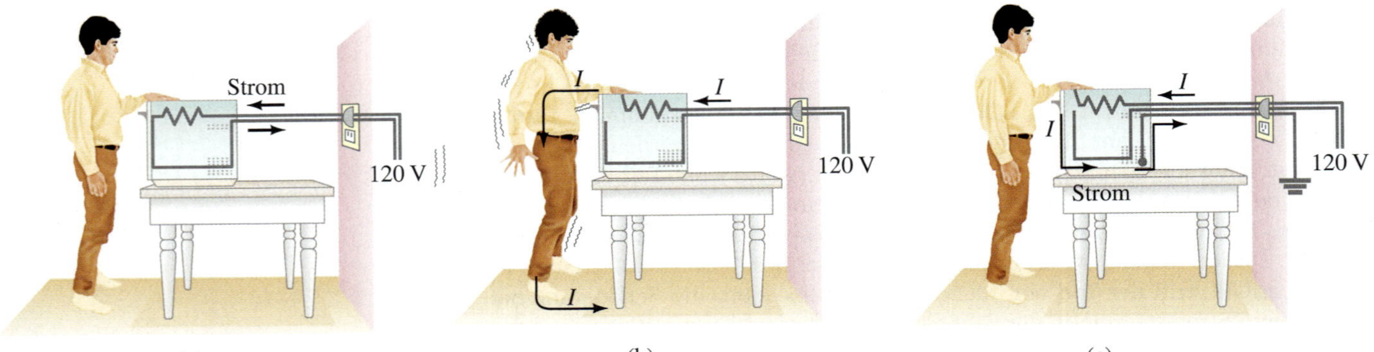

Abbildung 25.28 (a) Ein elektrisches Gerät arbeitet normalerweise mit einem zweipoligen Stecker. (b) Der Kurzschluss mit dem nichtgeerdeten Gehäuse führt zu einem Stromschlag. (c) Kurzschluss mit dem Gehäuse, das mithilfe eines dritten Pols geerdet ist.

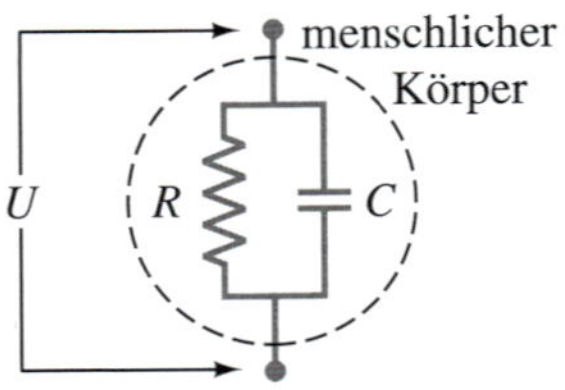

Abbildung 25.29 Der menschliche Körper modelliert durch einen elektrischen Stromkreis aus einem Widerstand und einem parallel dazu geschalteten Kondensator.

derstand hat) anstatt durch die Person. Außerdem brennt wegen des starken Stroms sofort die Sicherung des Stromkreises durch. Die Erdung eines Metallgehäuses geschieht am besten durch ein separates Erdungskabel, das mit dem dritten (runden) Pol eines dreipoligen Steckers verbunden wird. Sie kann aber auch erfolgen, indem man das Gehäuse mit dem auf Erdpotenzial liegenden, längeren Pol eines so genannten „polarisierten" Zweipolsteckers verbindet. Natürlich muss nicht nur das Gerät korrekt geerdet werden, sondern auch die Anschlüsse.

Der menschliche Körper verhält sich wie ein parallel zu einem Widerstand geschalteter Kondensator (siehe ► Abbildung 25.29). Ein Gleichstrom kann den Widerstand durchdringen, nicht aber den Kondensator. Ein Wechselstrom dagegen kann auch im kapazitiven Zweig des Stromkreises fließen (siehe Abschnitt 25.7). Wegen der zusätzlichen Strombahn ist der Wechselstrom für eine gegebene Spannung U_{eff} größer als für dieselbe Gleichspannung. Eine Wechselspannung ist daher gefährlicher als eine gleich große Gleichspannung.

Kriechstrom

Eine weitere Gefahr sind *Kriechströme*. Hierunter versteht man einen Strom entlang eines nicht beabsichtigten Weges. Kriechströme sind häufig kapazitiv gekoppelt. Beispielsweise bildet ein Draht in einer Lampe zusammen mit dem Metallgehäuse einen Kondensator. Ladungen, die sich in einem der beiden Leiter bewegen, wirken anziehend oder abstoßend auf Ladungen in dem anderen Leiter – es fließt also ein Strom. Typische Sicherheitsnormen begrenzen Kriechströme auf 1 mA für jedes Gerät. Ein Kriechstrom von 1 mA ist gewöhnlich harmlos. Für Krankenhauspatienten mit implantierten Elektroden, die durch den medizinischen Apparat geerdet sind, können sie allerdings sehr gefährlich werden. Dies liegt daran, dass dann der Strom direkt durch das Herz fließen kann. Normalweise tritt der Strom durch die Hand ein und verteilt sich dann durch den Körper. Während beim Eintritt des Stroms durch die Hand 70 mA notwendig sind, um Herzkammerflimmern zu verursachen (nur ein kleiner Teil der 70 mA fließt tatsächlich durchs Herz), genügen hierfür erwiesenermaßen 0,02 mA, wenn der Strom direkt zum Herzen fließt. Ein „verdrahteter" Patient ist also selbst durch so simple Aktionen wie das Berühren einer Lampe einer erheblichen Gefahr durch Kriechströme ausgesetzt.

ZUSAMMENFASSUNG

Eine elektrische Batterie dient als Spannungsquelle, indem sie chemische Energie in elektrische Energie umwandelt. Eine einfache Batterie besteht aus zwei Elektroden aus unterschiedlichen Metallen, die in eine Lösung oder Paste eingetaucht sind, die als Elektrolyt bezeichnet wird.

Der **elektrische Strom** I ist die Rate, mit der die elektrische Ladung fließt; er wird in **Ampere** (A) angegeben. 1 A entspricht einem Fluss von 1 C/s an einem gegebenen Punkt.

Die **konventionelle Stromrichtung** ist als die Richtung der positiven Ladungen festgelegt. In einem Draht sind es in Wirklichkeit die negativ geladenen Elektronen, die sich bewegen, d. h. sie bewegen sich entgegengesetzt zur Stromrichtung. Ein positiver Strom fließt immer vom hohen zum niedrigen Potenzial.

Der **Ohm'sche Widerstand** R ist durch die Beziehung

$$U = R \cdot I$$

definiert, wobei I der in dem Gerät fließende Strom ist, wenn an dieses eine Spannung U angelegt ist. Für Metalle ist R eine von U unabhängige Konstante (es gilt als $I \propto U$). Dieser Zusammenhang ist als Ohm'sches Gesetz bekannt.

Die Einheit des Ohm'schen Widerstands ist das **Ohm** (Ω); es gilt $1\,\Omega = 1\,\text{V/A}$ (siehe Tabelle 25.2).

Tabelle 25.2

Einheiten

Strom	1 A = 1 C/s
Potenzialdifferenz	1 V = 1 J/C
Leistung	1 W = 1 J/s
Ohm'scher Widerstand	1 Ω = 1 V/A

Der Ohm'sche Widerstand R eines Drahtes ist umgekehrt proportional zu seiner Querschnittsfläche A und direkt proportional zu seiner Länge l sowie zu einer Materialeigenschaft, die als spezifischer elektrischer Widerstand bezeichnet wird. Es gilt $R = \rho l/A$. Der **spezifische elektrische Widerstand** ρ wächst für Metalle mit der Temperatur, für Halbleiter kann er dagegen auch mit wachsender Temperatur fallen.

Die Rate, mit der elektrische Energie in einem Widerstand R in andere Energieformen umgewandelt wird (z. B. in Wärme oder Licht), ist gleich dem Produkt aus Stromstärke und Spannung. D. h. die in Watt gemessene **Leistung** ist gegeben durch

$$P = I \cdot U$$

und kann für Widerstände auch in der Form

$$P = I^2 R = \frac{U^2}{R}$$

angegeben werden.

In jedem elektrischen Gerät ist die gesamte umgewandelte elektrische Energie gleich dem Produkt aus der Leistung und der Zeitdauer, die das Gerät in Betrieb ist. Die SI-Einheit der Energie ist das Joule ($1\,\text{J} = 1\,\text{W·s}$), die Energieversorgungsunternehmen verwenden jedoch eine größere Einheit, nämlich die **Kilowattstunde** ($1\,\text{kWh} = 3{,}6 \cdot 10^6\,\text{J}$).

Elektrischer Strom tritt als **Gleichstrom (DC)** oder als **Wechselstrom (AC)** auf. Gleichstrom fließt permanent in die gleiche Richtung, während Wechselstrom seine Richtung mit einer bestimmten Frequenz (typischerweise 50 kHz) periodisch ändert. Wechselströme zeigen oft einen sinusförmigen zeitlichen Verlauf $I = I_0 \sin \omega t$ mit $\omega = 2\pi f$; sie werden durch alternierende Spannungen erzeugt.

Die Effektivwerte sinusförmiger Ströme und Spannungen sind gegeben durch

$$I_{\text{eff}} = \frac{I_0}{\sqrt{2}} \quad \text{und} \quad U_{\text{eff}} = \frac{U_0}{\sqrt{2}}\,,$$

wobei I_0 und U_0 die Maxima sind. Die Beziehung für die Leistung, $P = IU = I^2R = U^2/R$, gilt in Wechselstromkreisen für die mittlere Leistung, wenn die Effektivwerte für U und I verwendet werden.

Die *Stromdichte* $\mathbf{j}$ ist der durch den Querschnitt fließende Strom. Mikroskopisch betrachtet hängt die Stromdichte mit der Anzahl n der Ladungsträger pro Volumeneinheit, mit deren Ladung q und ihrer Driftgeschwindigkeit $\mathbf{v}_\text{d}$ gemäß der Beziehung $\mathbf{j} = nq\mathbf{v}_\text{d}$ zusammen.

Das elektrische Feld in einem Draht hängt mit $\mathbf{j}$ über die Gleichung $\mathbf{j} = \sigma \mathbf{E}$ zusammen, wobei $\sigma = 1/\rho$ die **Leitfähigkeit** ist.

Bei sehr tiefen Temperaturen werden bestimmte Materialien **supraleitend**. Dies bedeutet, dass ihr elektrischer Widerstand null wird.

Stromschläge werden durch Ströme verursacht, die den Körper durchfließen. Um dies zu vermeiden, darf der Körper nicht Teil eines Stromkreises werden, indem verschiedene Körperteile Objekte mit unterschiedlichen Potenzialen berühren.

ZUSAMMENFASSUNG

Verständnisfragen

1 Autobatterien werden nach Amperestunden (A·h) eingeteilt. Welche Eigenschaft einer Batterie wird dabei bewertet?

2 Wenn ein galvanisches Element an einen Stromkreis angeschlossen ist, fließen die Elektronen vom negativen Anschluss weg in den Stromkreis. Innerhalb des galvanischen Elements fließen die Elektronen dagegen *zum* negativen Anschluss hin. Erläutern Sie diesen Sachverhalt.

3 Stellen Sie eine Analogie zwischen der Blutzirkulation und einem elektrischen Stromkreis her. Diskutieren Sie, welches Element im elektrischen Falle die Rolle des Herzens übernimmt usw.

4 In einem Fahrzeug wird eine der Batterieklemmen als „geerdet" bezeichnet. Was ist mit dieser Aussage gemeint, da die Klemme nicht wirklich mit dem Erdboden verbunden ist?

5 Wenn Sie einen Wasserhahn aufdrehen, fließt das Wasser gewöhnlich sofort. Sie müssen nicht warten, bis Wasser vom Ventil zum Ausfluss gelaufen ist. Warum nicht? Gilt dies auch, wenn Sie einen Draht mit den Anschlüssen einer Batterie verbinden?

6 Können ein Kupferdraht und ein Aluminiumdraht derselben Länge denselben Ohm'schen Widerstand besitzen? Erläutern Sie Ihre Antwort.

7 Wie würden Sie die Drähte von einer Batterie an einen rechteckigen Festkörper aus Kohlenstoff mit Kantenlängen von a, $2a$ und $3a$ anschließen, um (a) den kleinsten und (b) den größten Ohm'schen Widerstand zu erhalten?

8 Die Gleichung $P = U^2/R$ besagt, dass der Energieverlust in einem Widerstand kleiner wird, wenn der Ohm'sche Widerstand wächst, während die Gleichung $P = I^2R$ das Gegenteil ausdrückt. Gibt es hier einen Widerspruch? Erläutern Sie Ihre Aussage.

9 Was passiert, wenn eine Glühlampe durchbrennt?

10 Erläutern Sie, warum Glühlampen fast immer unmittelbar nach dem Anschalten durchbrennen und nicht, nachdem sie bereits einige Zeit eingeschaltet waren.

11 Zieht eine 100-W- oder eine 75-W-Glühlampe mehr Strom? Welche von beiden besitzt den größeren Ohm'schen Widerstand?

12 Elektrische Energie wird über große Entfernungen bei sehr hohen Spannungen übertragen. Erläutern Sie, warum die Hochspannung die Energieverluste in Überlandleitungen verringert.

13 Warum ist es gefährlich, eine 15-A-Sicherung, die wiederholt durchgebrannt ist, durch eine 25-A-Sicherung zu ersetzen?

14 Warum flackern elektrische Beleuchtungen merklich, wenn sie mit Wechselstrom von geringer Frequenz (etwa 10 Hz) betrieben werden?

15 Angetrieben durch Wechselstrom bewegen sich dieselben Elektronen immer wieder in Ihrer Leselampe hin und her. Erläutern Sie, warum die Lampe stabil leuchtet und nicht nach dem ersten Durchgang der Elektronen erlischt.

16 Das Thermoelement eines Toasters besteht aus Nickelchrom-Draht. Nimmt der Strom I_{eff} unmittelbar nach dem Einschalten des Toasters zu oder ab oder bleibt er konstant? Erläutern Sie Ihre Antwort.

17 Wird der Strom in einem Widerstand aufgebraucht?

18 An einen Draht mit der Länge l und dem Radius r wird eine Spannung U angelegt. Wie wird die Driftgeschwindigkeit der Elektronen beeinflusst, wenn (a) die Länge l, (b) der Radius r bzw. (c) die Spannung U verdoppelt wird?

19 Vergleichen Sie die Driftgeschwindigkeiten und elektrischen Ströme zweier Drähte miteinander, die die gleichen Abmessungen und ähnliche Atomdichten haben, wobei jedoch die Anzahl der freien Elektronen im Material des einen Drahtes doppelt so hoch ist wie in dem des anderen.

20 Warum ist es beim Einschalten eines elektrischen Gerätes gefährlicher, barfuß im Freien zu stehen als sich innerhalb des Hauses zu befinden und Schuhe mit dicken Sohlen zu tragen?

Aufgaben zu 25.2 und 25.3

1 (I) In einem Draht fließt ein Strom von 1,50 A. Wie viele Elektronen fließen pro Sekunde an einem beliebigen Punkt durch den Draht? Die Ladung eines Elektrons ist $1{,}60 \cdot 10^{-19}$ C.

2 (I) In einer Werkstatt wird eine Batterie sieben Stunden lang mit einem Strom von 5,7 A geladen. Wie groß ist die durch die Batterie fließende Ladung?

3 (I) Wie groß ist der Strom (in Ampere), wenn 1000 Na^{+}-Ionen in 7,5 µs durch die Membran eines galvanischen Elements fließen? Die Ladung eines Natriumions hat den gleichen Betrag wie ein Elektron, sie ist allerdings positiv.

4 (I) Wie groß ist der Ohm'sche Widerstand eines Toasters, wenn 100 V einen Strom von 4,2 A erzeugen?

5 (I) Wie groß muss die Spannung sein, um in einem Widerstand von 3000 Ω einen Strom von 0,25 A zu erzeugen?

6 (II) Ein elektrisches Gerät zieht bei 110 V einen Strom von 5,50 A. (a) Wie groß ist der Strom, wenn die Spannung um zehn Prozent abfällt und sonst alles unverändert bleibt? (b) Wie viel Strom wird bei 110 V gezogen, wenn der Ohm'sche Widerstand des Geräts um zehn Prozent verringert wird?

7 (II) Eine 9,0-V-Batterie ist an eine Glühlampe mit einem Ohm'schen Widerstand von 1,6 Ω angeschlossen. Wie viele Elektronen verlassen die Batterie pro Minute?

8 (II) Wenn von einer 12-V-Batterie ein Strom von 0,50 A durch einen Widerstand fließt, wie groß ist dann dessen Ohm'scher Widerstand? Welche Energiemenge (in Joule) gibt die Batterie pro Minute ab?

9 (II) Ein Haartrockner zieht 7,5 A, wenn er an eine 120-V-Leitung angeschlossen ist. (a) Wie groß ist sein Ohm'scher Widerstand? (b) Wie groß ist die Ladung, die innerhalb von 15 Minuten durch den Trockner fließt? (Nehmen Sie Gleichstrom an.)

10 (II) Ein Vogel sitzt auf einer Gleichstrom-Überlandleitung, die einen Strom von 2500 A führt (siehe ► Abbildung 25.30). Die Leitung besitzt einen Ohm'schen Widerstand von $2{,}5 \cdot 10^{-5}$ Ω pro Meter und die Füße des Vogels sind 4,0 cm voneinander entfernt. Welche Potenzialdifferenz spürt der Vogel?

Abbildung 25.30 Aufgabe 10.

Aufgaben zu 25.4

11 (I) Wie groß ist der Durchmesser eines 1,00 m langen Wolframdrahtes mit einem Ohm'schen Widerstand von 0,22 Ω?

12 (I) Wie groß ist der Ohm'sche Widerstand eines 3,5 m langen Kupferdrahtes mit einem Durchmesser von 1,5 mm?

13 (II) Vergleichen Sie den Ohm'schen Widerstand eines 10,0 m langen Aluminiumdrahtes mit einem Durchmesser von 2,0 mm mit dem eines 20,0 m langen Kupferdrahtes mit einem Durchmesser von 2,5 mm.

14 (II) Kann ein Kupferdraht mit einem Durchmesser von 2,5 mm denselben Ohm'schen Widerstand haben wie ein Wolframdraht der gleichen Länge? Geben Sie konkrete Zahlenwerte an.

15 (II) Ein Kupferdraht hat einen Ohm'schen Widerstand von 10,0 Ω. An welcher Stelle muss der Draht durchtrennt werden, damit der Ohm'sche Widerstand des einen Stücks das Fünffache des Ohm'schen Widerstands des anderen Stücks beträgt? Wie groß ist der Ohm'sche Widerstand jedes der beiden Stücke?

16 (II) Um wie viel muss die Temperatur eines Kupferdrahtes (ausgehend von 20 °C) erhöht werden, damit sein Ohm'scher Widerstand um 20% wächst?

17 (II) Ein Aluminiumdraht ist an eine Stromversorgung von 10,00 V angeschlossen. Bei einer Temperatur von 20,0 °C wurde ein Strom von 0,4212 A exakt bestimmt. Nun wird der Draht in eine neue Umgebung mit einer unbekannten Temperatur gebracht und ein Strom von 0,3618 A gemessen. Wie hoch ist die unbekannte Temperatur?

18 (II) Schätzen Sie ab, bei welcher Temperatur Kupfer denselben spezifischen elektrischen Widerstand wie Wolfram bei 20 °C hat.

19 (II) Eine 100-W-Glühlampe besitzt einen Ohm'schen Widerstand von etwa 12 Ω, wenn sie ausgeschaltet ist (bei 20,0 °C) und von 140 Ω, wenn sie eingeschaltet (heiß) ist. Schätzen Sie die Temperatur des Glühfadens unter der Annahme ab, dass der mittlere Temperaturkoeffizient des spezifischen elektrischen Widerstands im eingeschalteten Zustand $\alpha = 0{,}0060\,°\mathrm{C}^{-1}$ beträgt.

20 (II) Die Kanten eines rechteckigen Festkörpers aus Kohlenstoff verlaufen entlang der x-, y- bzw. z-Achse und haben eine Länge von 1,0 cm, 2,0 cm bzw. 4,0 cm (siehe ► Abbildung 25.31). Bestimmen Sie den Ohm'schen Widerstand des Stroms, der (a) in x-Richtung, (b) in y-Richtung und (c) in z-Richtung durch den Körper fließt. Nehmen Sie einen spezifischen elektrischen Widerstand von $\rho = 3{,}0 \cdot 10^{-5}\,\Omega\cdot\mathrm{m}$ an.

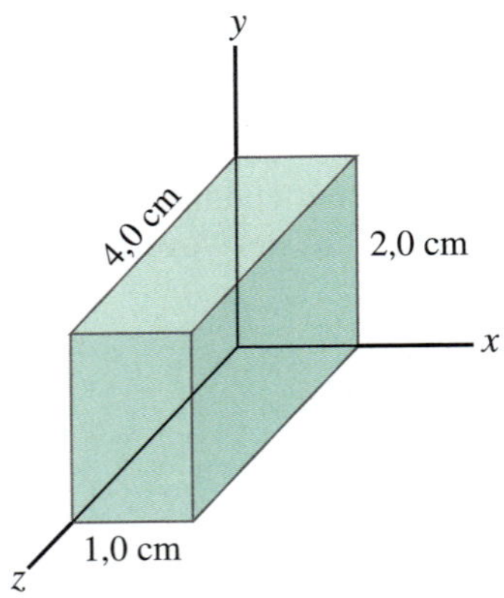

Abbildung 25.31 Aufgabe 20.

21 (II) Ein Stück Draht wird in der Mitte zerschnitten und die beiden Hälften werden zusammengewickelt, um einen neuen, dickeren Draht zu erhalten. Wie groß ist der Ohm'sche Widerstand dieser Anordnung im Vergleich zum Ohm'schen Widerstand des ursprünglichen Drahtes?

22 (II) Für einige Anwendungen ist es wichtig, dass der Wert eines Ohm'schen Widerstandes temperaturunabhängig ist. Nehmen Sie beispielsweise an, dass Sie einen Kohlenstoff-Widerstand und einen drahtgewickelten Nickelchrom-Widerstand so miteinander verbinden, dass der Gesamtwiderstand von 4,70 kΩ der Summe der beiden Einzelwiderstände entspricht. Welchen Wert sollte jeder der beiden Widerstände bei 0 °C haben, damit die Kombination aus beiden temperaturunabhängig ist?

23 (II) (a) Zeigen Sie, dass für einen geraden Draht mit der Querschnittsfläche A, der auf der x-Achse liegt, die Rate, mit der die Ladungen fließen, durch

$$\frac{\mathrm{d}q}{\mathrm{d}t} = -\sigma A \frac{\mathrm{d}U}{\mathrm{d}x}$$

gegeben ist, wobei $\mathrm{d}U/\mathrm{d}x$ der Potenzialgradient und σ die Leitfähigkeit ist. (b) Stellen Sie eine Analogie zur Wärmeleitung (Kapitel 19) her. Würden Sie eine Abhängigkeit zwischen σ und k (Wärmeleitfähigkeit) erwarten?

24 (III) Ein hohler zylindrischer Widerstand mit dem Innenradius r_1, dem Außenradius r_2 und der Länge l besteht aus einem Material mit dem spezifischen elektrischen Widerstand ρ (siehe ► Abbildung 25.32). Zeigen Sie, dass der Ohm'sche Widerstand für einen radial nach außen fließenden Strom

$$R = \frac{\rho}{2\pi l} \ln \frac{r_2}{r_1}$$

ist. [*Hinweis*: Zerlegen Sie den Widerstand in konzentrische Zylinderschalen und führen Sie eine Integration durch.] (b) Ermitteln Sie den Ohm'schen Widerstand R eines Kohlenstoff-Widerstands mit einem Innenradius von 1,0 mm, einem Außenradius von 1,8 mm und einer Länge von 3,0 cm. (c) Wie groß ist der Ohm'sche Widerstand in Teil (b), wenn der Strom *parallel* zur Achse fließt?

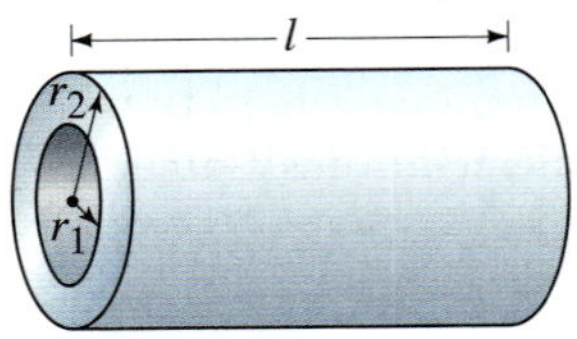

Abbildung 25.32 Aufgabe 24.

25 (III) Leiten Sie eine Formel für den Gesamtwiderstand einer Kugelschale mit dem Innenradius r_1 und dem Außenradius r_2 her, deren Material die elektrische Leitfähigkeit σ besitzt. Nehmen Sie an, dass der Strom radial nach außen fließt.

26 (III) Der Glühfaden einer Glühlampe hat bei 20 °C einen Ohm'schen Widerstand von 12 Ω, wenn er dagegen heiß ist, von 140 Ω (wie in Aufgabe 19). (a) Berechnen Sie die Temperatur des Glühfadens, wenn er heiß ist, und berücksichtigen Sie die Änderung von Länge und Querschnittsfläche des Glühfadens aufgrund der thermischen Ausdehnung (nehmen Sie Wolfram mit einem thermischen Ausdehnungskoeffizienten von etwa $5 \cdot 10^{-6}\,°\mathrm{C}^{-1}$ an). (b) Wie groß ist in diesem Temperaturbereich die prozentuale Änderung des Ohm'schen Widerstands aufgrund der thermischen Ausdehnung? Wie groß ist die prozentuale Änderung des Ohm'schen Widerstands allein aufgrund der Änderung von ρ? Verwenden Sie Gleichung 25.5.

Aufgaben zu 25.5 und 25.6

27 (I) Wie groß ist der maximale Energieverbrauch eines Kassettenrecorders von 9,0 V, der maximal einen Strom von 350 mA zieht?

28 (I) Das Heizelement eines elektrischen Ofens ist so ausgelegt, dass es eine Wärme von 3,1 kW erzeugt, wenn es an eine 240-V-Stromquelle angeschlossen ist. Wie groß muss der Ohm'sche Widerstand des Heizelements sein?

29 (I) Wie groß ist die maximale Spannung, die an einen mit $\frac{1}{4}$ W ausgewiesenen Widerstand von 5,4 kΩ angelegt werden kann?

30 (I) Ein Haartrockner besitzt zwei Einstellungen: 600 W und 1200 W. (a) Bei welcher der beiden Einstellungen ist der Ohm'sche Widerstand höher? Bestimmen Sie den Ohm'schen Widerstand (b) der niedrigeren Einstellung und (c) den der höheren Einstellung.

31 (I) (a) Wie groß sind der Ohm'sche Widerstand und der durch eine 60-W-Glühlampe fließende Strom, wenn diese an eine Spannungsquelle von 120 V angeschlossen ist? (b) Wiederholen Sie die Aufgabe für eine 150-W-Glühlampe.

32 (I) Sie kaufen in Europa, wo die an die Haushalte gelieferte Elektrizität eine Spannung von 240 V besitzt, eine 60-W-Glühlampe. Wenn Sie diese Glühlampe in den USA (unter der Annahme, dass ihr Ohm'scher Widerstand unverändert bleibt) bei 120 V verwenden, wie hell wird sie dann im Vergleich zu 60-W-Glühlampen bei 120 V leuchten? Schätzen Sie ab, wie viel Strom sie verbraucht.

33 (II) Wie viel kWh Energie verbraucht ein Toaster von 550 W, wenn er insgesamt zehn Minuten in Benutzung ist? Um wie viel würde sich Ihre monatliche Energierechnung bei einem Preis von 12 Cent/kWh verteuern, wenn Sie fünfmal wöchentlich toasten?

34 (II) Wie viel kostet es, eine Flurbeleuchtung von 60 W ein Jahr lang Tag und Nacht brennen zu lassen, wenn der Preis pro kWh € 0,110 beträgt?

35 (II) Wie groß ist die Gesamtmenge der gespeicherten Energie in einer 12-V-Autobatterie mit 90 A·h, wenn sie voll aufgeladen ist?

36 (II) Ein Transistor ist für die Verwendung in einem Stromkreis bei einer Spannung von 9,0 V für einen maximalen Strom von 28 mA ausgelegt. (a) Welche Spannung ist für den Transistor maximal zulässig? (b) Wie groß wäre der maximale Wert für den Strom, wenn die angelegte Spannung nur 7,0 V betragen würde?

37 (II) Wie viele 100-W-Glühlampen, die wie in ► Abbildung 25.18 dargestellt, an 120 V angeschlossen sind, können benutzt werden, ohne dass eine 2,5-A-Sicherung durchbrennt?

38 (II) Wie hoch ist der Wirkungsgrad eines Elektromotors von 0,50 PS, der 4,6 A aus einer 120-V-Leitung zieht?

39 (II) Ein Kraftwerk beliefert unter Verwendung von Drähten mit einem Gesamtwiderstand von 3,0 Ω eine Fabrik mit einer Energiemenge von 520 kW. Wie viel Energie geht weniger verloren, wenn die Elektrizität mit 50 000 V anstatt 12 000 V geliefert wird?

40 (II) Ein 2800-W-Herd ist an eine Spannungsquelle von 240 V angeschlossen. (a) Wie groß ist der Ohm'sche Widerstand des Herdes? (b) Wie lange braucht er, um 100 ml Wasser zum Kochen zu bringen, wenn ein Wirkungsgrad von 80% angenommen wird? Wie viel kostet dies bei einem Strompreis von 10 Cent/kWh?

41 (III) Der Strom in einem Elektromagneten, welcher an eine 240-V-Leitung angeschlossen ist, beträgt 14,5 A. Mit welcher Rate muss das Kühlwasser über die Heizspiralen fließen, damit sich die Wassertemperatur um nicht mehr als 6,5 °C erhöht?

42 (III) Ein kleiner Tauchsieder kann verwendet werden, um im Auto Wasser für eine Tasse Kaffee zu erhitzen. Wie viel Strom zieht der Tauchsieder näherungsweise von einer 12-V-Batterie, wenn er in 6,0 min etwa 150 ml Wasser von 5 °C auf 95 °C erhitzen kann? Wie groß ist sein Ohm'scher Widerstand? Nehmen Sie an, dass der Wirkungsgrad 60% ist.

Aufgaben zu 25.7

43 (I) Berechnen Sie den Spitzenwert des Stromes in einem 1,8 kΩ-Widerstand, der an eine Wechselspannungsquelle mit einem Effektivwert von 120 V angeschlossen ist.

44 (I) An einem Widerstand von 330 Ω liegt eine Wechselspannung an, deren Spitzenwert 180 V beträgt. Wie groß sind der Spitzenwert und der Effektivwert des Stromes im Widerstand?

45 (I) Wie groß ist der Ohm'sche Widerstand der Stromkreise in Ihrem Haushalt aus Sicht des Energieunternehmens, wenn (a) alle elektrischen Geräte ausgeschaltet sind und (b) eine einzige 75-W-Glühlampe leuchtet?

46 (II) Der Spitzenwert eines Wechselstroms, der durch ein 1500-W-Gerät fließt, beträgt 6,0 A. Wie groß ist der Effektivwert der Spannung?

47 (II) Berechnen Sie die Spitzenspannung eines Lichtbogen-Schweißgerätes von 1800 W, das an 450 V Wechselspannung angeschlossen ist. Wie groß ist der Spitzenstrom, der durch das Schweißgerät fließt?

48 (II) Wie groß ist die maximale Momentanleistung, die von einer an eine Wechselspannungsquelle von 240 V angeschlossene 3,0-PS-Pumpe verbraucht wird? Wie groß ist der maximale Strom, der durch die Pumpe fließt?

49 (II) Eine Heizspirale, die an eine Leitung von 240 V Wechselspannung angeschlossen ist, besitzt einen Ohm'schen Widerstand von 38 Ω. (a) Wie groß ist der mittlere Energieverbrauch? (b) Wie groß sind die maximalen und minimalen Werte der Momentanleistung?

50 (II) Angenommen, ein Strom ist durch die Gleichung $I = 1.80 \sin 210\,t$ gegeben, wobei I in Ampere und t in Sekunden angegeben sind. (a) Wie groß ist die Frequenz? (b) Wie groß ist der Effektivwert des Stroms? (c) Wie lautet die Gleichung, die die Spannung als Funktion der Zeit beschreibt, für den Fall, dass es sich um den Strom durch einen 42 Ω-Widerstand handelt?

Aufgaben zu 25.8

51 (II) Ein Kupferdraht mit einem Durchmesser von 0,55 mm führt einen winzigen Strom von 2,5 µA. Schätzen Sie (a) die Driftgeschwindigkeit der Elektronen im Draht, (b) die Stromdichte und (c) das elektrische Feld ab.

52 (II) Ein 5,00 m langer Draht mit einem Durchmesser von 2,0 mm führt einen Strom von 750 mA, wenn an seinen Enden 22,0 mV angeschlossen sind. Bestimmen Sie für den Fall, dass die Driftgeschwindigkeit (mithilfe des Hall-Effekts – siehe Abschnitt 27.8) mit $1{,}7 \cdot 10^{-5}$ m/s gemessen wurde, (a) den Ohm'schen Widerstand R des Drahtes, (b) den spezifischen elektrischen Widerstand ρ, (c) die Stromdichte j, (d) das elektrische Feld im Inneren des Drahtes und (e) die Anzahl der freien Elektronen pro Volumeneinheit.

53 (III) An einem Punkt hoch oben in der Erdatmosphäre bewegen sich He^{2+}-Ionen in einer Konzentration von $2{,}8 \cdot 10^{12}/m^3$ mit einer Geschwindigkeit von $2{,}0 \cdot 10^6$ m/s in nördliche Richtung. Außerdem bewegen sich O_2^--Ionen in einer Konzentration von $8{,}0 \cdot 10^{11}/m^3$ mit einer Geschwindigkeit von $7{,}2 \cdot 10^6$ m/s in südliche Richtung. Bestimmen Sie den Betrag und die Richtung der Stromdichte $\mathbf{j}$ in diesem Punkt.

Allgemeine Aufgaben

54 Wie viel Coulomb enthält eine Amperestunde?

55 Eine Person lässt ihr Fahrzeug versehentlich mit eingeschalteten Scheinwerfern stehen. Wenn jedes der beiden Vorderlichter 40 W und jedes der beiden Rücklichter 6 W benötigt, insgesamt also 92 W, wie lange wird dann eine voll aufgeladene 12-V-Batterie ausreichen, wenn sie für 90 A · h ausgelegt ist?

56 Wie groß ist der durchschnittliche Stromverbrauch eines 1,5-PS-Motors bei 120 V?

57 Der elektrische Leitwert G eines Objekts ist als das Reziproke des Ohm'schen Widerstands R definiert, d. h. $G = 1/R$. Die Einheit des elektrischen Leitwerts ist das Siemens (S). Wie groß ist der elektrische Leitwert (in Siemens) eines Objekts, das bei 12,0 V einen Strom von 800 mA zieht?

58 Ein Kabel von 10,0 m Länge besteht aus 5,0 m Kupferdraht, gefolgt von 5,0 m Aluminiumdraht vom gleichen Durchmesser (jeweils 1,0 mm). An das Kabel wird eine Potenzialdifferenz von 25 V angelegt. (a) Wie groß ist der Gesamtwiderstand des Kabels? (b) Wie groß ist der Stromfluss durch das Kabel? (c) Wie groß ist die Spannung im Aluminiumabschnitt und wie groß im Kupferabschnitt des Kabels?

59 Eine gewöhnliche Taschenlampe verwendet 1,5-V-Batterien, die aus zwei in Reihe geschalteten D-Elementen bestehen (siehe ► Abbildung 25.4b). Die Glühlampe zieht 350 mA, wenn sie eingeschaltet ist. (a) Berechnen Sie den Ohm'schen Widerstand der Glühlampe und die verbrauchte Leistung. (b) Um welchen Faktor vergrößert sich der Strom, wenn dieselbe Glühlampe mit vier in Reihe geschaltete D-Elementen betrieben wird? (Vernachlässigen Sie Heizeffekte am Glühfaden.) Warum sollten Sie dies nicht ausprobieren?

60 Das aus Eisen bestehende Heizelement eines 900-W-Heizkörpers, der mit 110 V arbeitet, ist 5,4 m lang. Wie groß muss sein Durchmesser sein?

61 In einem Haushalt werden drei Stunden pro Tag ein 1,8-kW-Heizgerät, sechs Stunden pro Tag vier 100-W-Glühlampen, insgesamt 1,4 Stunden pro Tag ein 3,0-kW-Elektroherd verwendet und sonstige Energie in Höhe von 2,0 kWh pro Tag verbraucht. Wie hoch ist die monatliche (30 Tage) Energierechnung für diesen Haushalt, wenn der Strom 0,105 € pro kWh kostet? Wie viel Kohle (die 7000 kcal/kg erzeugt) muss von einem Kraftwerk mit einem Wirkungsgrad von 35% verheizt werden, um den jährlichen Bedarf dieses Haushalts zu decken?

62 Eine Kleinstadt benötigt eine Energiemenge von etwa 10 MW. Nehmen Sie an, dass der Strom, anstatt per Hochspannungsleitung, bei 120 V durch eine Leitung übertragen wird, die aus zwei Kupferkabeln mit einem Durchmesser von 0,50 cm besteht. Schätzen Sie die Kosten des Energieverlusts durch Umwandlung in thermische Energie pro Stunde pro Meter ab. Nehmen Sie an, dass der Strompreis etwa 10 Cent pro kWh beträgt.

63 Ein 1200-W-Haartrockner ist für 117 V ausgelegt. (a) Wie groß ist die prozentuale Änderung der Leistung, wenn die Spannung auf 105 V fällt? Nehmen Sie an, dass der Ohm'sche Widerstand unverändert bleibt. (b) Wie beeinflusst die tatsächliche Änderung des spezifischen elektrischen Widerstands mit der Temperatur Ihre Antwort?

64 Die elektrischen Leitungen in einem Haus müssen hinreichend dick sein, damit sie nicht zu heiß werden und einen Brand verursachen können. Wie groß muss der Durchmesser eines Kupferkabels sein, wenn es einen maximalen Strom von 30 A führen und nicht mehr als 1,6 W Wärme pro Meter erzeugen soll?

65 Eine Klimaanlage zieht bei einer Wechselspannung von 120 V einen Strom von 12 A. Das Anschlusskabel besteht aus Kupferdraht mit einem Durchmesser von 1,628 mm. (a) Wie viel Strom zieht die Klimaanlage? (b) Wie viel Leistung geht verloren, wenn die Gesamtlänge des Drahtes 15 m beträgt. Wie viel Leistung geht verloren, wenn stattdessen der Draht aus Aufgabe 12 mit einem Durchmesser von 2,053 mm verwendet wird? (c) Angenommen, die Klimaanlage arbeitet täglich 12 Stunden. Wie viel Geld könnte man durch die Verwendung des Drahtes aus Aufgabe 12 pro Tag sparen? Nehmen Sie an, dass die Stromkosten 10 Cent pro kWh betragen.

66 In Falle eines „Brownouts" fällt die vom Energieversorgungsunternehmen gelieferte Spannung ab. Zeigen Sie unter der Annahme, dass der Spannungsabfall prozentual gering ist, dass die Leistung eines bestimmten elektrischen Gerätes um etwa das Doppelte dieses Prozentsatzes abnimmt, wenn sein Ohm'scher Widerstand unverändert bleibt. Wie groß muss der Spannungsabfall sein, damit sich eine 60-W-Glühlampe wie eine 50-W-Glühlampe zu verhalten beginnt?

67 Ein Mikrowellenherd mit einem Wirkungsgrad von 60% versorgt den Innenraum mit einer Energiemenge von 900 W pro Sekunde. Bestimmen Sie (a) den Strom, der aus der Versorgungsquelle gezogen wird und (b) den Effektivwert des gezogenen Stroms. Nehmen Sie eine Spannungsquelle mit einem Effektivwert von 120 V an.

68 Ein Draht mit einem Ohm'schen Widerstand von 1,00 Ω wird auf das Dreifache seiner ursprünglichen Länge ausgezogen. Wie groß ist sein Ohm'scher Widerstand nun?

69 An zwei verschiedene Leiter aus demselben Material sind 220 V angelegt. Ein Leiter ist doppelt so lang und doppelt so dick wie der andere. Wie groß ist das Verhältnis der umgewandelten Leistung bei dem ersten Leiter im Vergleich zum zweiten?

70 Ein elektrisches Heizgerät wird verwendet, um einen Raum mit einem Volumen von 68 m^3 zu beheizen. Die Luft wird mit einer Temperatur von 5 °C in den Raum gebracht und zweimal pro Stunde komplett ausgetauscht. Der Wärmeverlust an den Wänden beträgt etwa 850 kcal/h. Welche Leistung muss der Heizofen mindestens haben, wenn eine Lufttemperatur von 20 °C aufrechterhalten werden soll? (Die spezifische Wärme von Luft ist ca. 0,17 kcal/kg · °C.)

71 Ein Widerstand von 6,50 Ω besteht aus einer Spule aus Kupferdraht mit einem Gesamtgewicht von 18,0 g. Wie groß ist der Durchmesser des Drahtes? Wie lang ist er?

72 Ein Elektroauto benutzt Akkus als Energiequelle. Die Masse des Fahrzeugs beträgt 1300 kg und es wird durch 26 Akkus mit jeweils 12 V und 52 A·h betrieben. Angenommem, das Auto fährt mit einer durchschnittlichen Geschwindigkeit von 40 km/h und der mittlere Reibungswiderstand ist 240 N. Nehmen Sie einen Wirkungsgrad von 100% an und vernachlässigen Sie die für die Beschleunigung notwendige Energie. Beachten Sie, dass keine Energie verbraucht wird, wenn das Fahrzeug stoppt, da der Antrieb nicht in Betrieb ist. (a) Bestimmen Sie die erforderlichen PS. (b) Nach etwa wie vielen Kilometern müssen die Batterien wieder aufgeladen werden?

73 Eine 100-W-Glühlampe hat bei 120 V einen Ohm'schen Widerstand von 12 Ω, wenn sie kalt ist (20 °C) und von 140 Ω, wenn sie eingeschaltet (heiß) ist. Berechnen Sie ihren Energieverbrauch (a) im Moment des Einschaltens und (b) nachdem sie heiß geworden ist.

74 Ein Kondensator wird in der Elektronik häufig verwendet, um den Energiefluss ausgeglichen zu halten, falls es zu einem kurzfristigen Stromausfall kommt. Welche Kapazität ist für einen Fernseher erforderlich, der bei 150 W mit einer internen Gleichspannung von 120 V arbeitet, um während eines Stromausfalls von 0,10 s eine ausreichende Energiemenge zur Verfügung zu stellen?

75 Der Tevatron-Teilchenbeschleuniger am *Fermilab* (Illinois) ist so konstruiert, dass er einen Protonenstrahl von 11 mA nahezu bei Lichtgeschwindigkeit ($3{,}0 \cdot 10^8$ m/s) auf einem Ring mit einem Umfang von 6300 m leitet. Wie viele Protonen sind im Strahl enthalten?

76 Wie weit bewegt sich ein durchschnittliches Elektron entlang der Drähte eines 500-W-Toasters während einer Periode eines Wechselstroms? Das Stromkabel besteht aus Kupferdrähten mit einem Durchmesser von 1,8 mm und ist an 120 V Wechselspannung einer Standardfrequenz von 60 Hz angeschlossen. (*Hinweis*: Der maximale Strom in einer Periode steht mit der maximalen Driftgeschwindigkeit in Beziehung. Die maximale Geschwindigkeit einer Schwingung hängt von der maximalen Verschiebung ab (siehe Abschnitt 14).)

77 Für den in ▶ Abbildung 25.33 dargestellten Draht, dessen Durchmesser wie abgebildet gleichmäßig von a auf b anwächst, wird ein Strom $I = 2{,}0$ A angenommen, der in a eintritt. Wie groß ist die (als homogen angenommene) Stromdichte an jedem der beiden Enden des Drahtes für $a = 3{,}0$ mm und $b = 4{,}0$ mm?

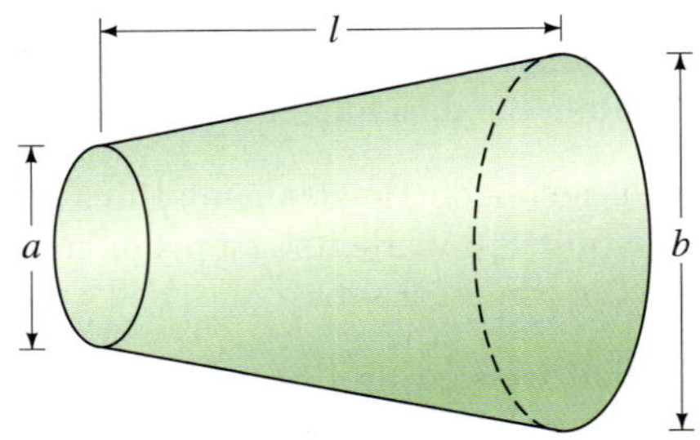

Abbildung 25.33 Aufgaben 77 und 78.

78 Der Querschnitt eines Drahtstücks nimmt gleichmäßig zu (siehe ▶ Abbildung 25.33), so dass es die Form eines Kegelstumpfes hat. Der Durchmesser beträgt an dem einen Ende a und am anderen b, die Gesamtlänge entlang der Achse des Drahtes ist l. Bestimmen Sie den Ohm'schen Widerstand R zwischen den beiden Enden in Abhängigkeit von a, b, l und ρ, wobei ρ der spezifische elektrische Widerstand des Materials ist. Nehmen Sie an, dass der Strom gleichmäßig durch jeden Abschnitt des Drahtes fließt und dass die Querschnittsänderung klein ist (d. h. $(b - a) \ll l$).

Gleichstromkreise

26

ÜBERBLICK

Dieser Walkman enthält Schaltkreise, die z. T. mit Gleichstrom arbeiten. (Das Audiosignal arbeitet mit Wechselstrom.) Der daneben abgebildete Schaltplan zeigt eine mögliche Verstärkerschaltung (tatsächlich werden zwei identische Stromkreise verwendet, für jeden Stereokanal einer.) Während das große Dreieck eine Verstärkerplatine ist, auf der sich Transistoren befinden (in diesem Kapitel nicht behandelt), haben wir die anderen Bestandteile des Schaltkreises, nämlich Widerstände und Kondensatoren, bereits kennen gelernt. In diesem Kapitel wollen wir ihr Verhalten in Stromkreisen diskutieren. Außerdem behandeln wir den Aufbau und die Verwendung von Voltmetern und Amperemetern.

26. Gleichstromkreise

Elektrische Schaltkreise sind die wesentlichen Bestandteile aller elektronischen Geräte, sei es in Radio- und Fernsehgeräten, Computern oder in Autos. Wissenschaftliche Messinstrumente in der Physik, Biologie oder in der Medizin verwenden ebenfalls elektrische Schaltkreise. In Kapitel 25 haben wir die grundlegenden Prinzipien des elektrischen Stroms behandelt. Nun wollen wir diese Prinzipien anwenden, um Gleichstromkreise zu analysieren und die Funktionsweise einiger nützlicher Instrumente zu verstehen.[1]

In Schaltplänen werden Batterien, Kondensatoren und Widerstände durch die in Tabelle 26.1 aufgeführten Symbole dargestellt. Drähte, deren Widerstand im Vergleich zu den übrigen Widerständen des Stromkreises vernachlässigbar sind, werden einfach als gerade Linien gezeichnet. Manche Schaltpläne enthalten das Erdungssymbol. Damit ist entweder eine explizite Verbindung mit der Erde gemeint (z. B. über eine Leitung) oder einfach eine gemeinsame Verbindung, z. B. über die Karosserie eines Autos.

In diesem Kapitel interessieren wir uns hauptsächlich (außer in Abschnitt 26.4) für das Verhalten von Stromkreisen in ihrem stationären Zustand. Wir betrachten also den Stromkreis nicht, nachdem gerade eine Änderung vorgenommen wurde, z. B. durch das Anschließen oder Abklemmen einer Batterie oder eines Widerstands, sondern erst nachdem die Ströme ihre stationären Werte angenommen haben.

Tabelle 26.1

Symbole in einem Schaltkreis

Symbol	Bauelement
	Batterie
	Kondensator
	Widerstand
	Draht mit vernachlässigbarem Widerstand
oder	Erde

26.1 Quellenspannung und Klemmenspannung

Damit in einem elektrischen Stromkreis ein Strom fließt, ist ein Gerät wie eine Batterie oder ein Generator notwendig, das eine bestimmte Form von Energie (chemische Energie, mechanische Energie, Licht usw.) in elektrische Energie umwandelt. Ein solches Gerät wird als Spannungsquelle oder *Quelle* der *elektromotorischen Kraft* (*EMK*) bezeichnet. (Die Bezeichnung „elektromotorische Kraft" ist etwas unglücklich gewählt, da wir es hier nicht mit der physikalischen Größe „Kraft" zu tun haben, die in Newton gemessen wird.) Die Potenzialdifferenz zwischen den Anschlussklemmen einer solchen Quelle für den Fall, dass kein Strom in einen externen Stromkreis fließt, wird als **Quellenspannung** oder **Eigenspannung** der Quelle bezeichnet. Gewöhnlich wird hierfür das Symbol U_Q verwendet.

Quellenspannung

Warum die Batteriespannung nicht konstant ist

Wenn Strom aus einer Batterie gezogen wird, haben Sie vielleicht schon einmal selbst festgestellt, dass die Spannung auf den Anschlussklemmen unter den ausgewiesenen Wert der Quellenspannung fällt. Wenn Sie beispielsweise ein Auto bei eingeschalteten Scheinwerfern starten, leuchten die Scheinwerfer vorübergehend schwächer. Dies geschieht, weil der Anlasser viel Strom zieht und dadurch die Batteriespannung abfällt. Der Spannungsabfall entsteht, weil die chemischen Reaktionen innerhalb der Batterie nicht schnell genug Ladungen liefern, um die volle Quellenspannung aufrecht zu erhalten. Zum einen müssen die Ladungen zwischen den Elektroden der Batterie (innerhalb der Elektrolytlösung) fließen; außerdem gibt es immer ein paar Hindernisse, so dass ein völlig ungestörter Fluss nicht möglich ist. Dies bedeutet, dass die Batterie selbst einen gewissen Widerstand, den so genannten **Innenwiderstand**, hat. Dieser Widerstand wird gewöhnlich mit R_i bezeichnet. Eine reale Batterie wird deshalb durch eine Reihenschaltung aus einer perfekten Quelle mit der Quellenspannung U_Q und einem Widerstand R_i modelliert (siehe ► Abbildung 26.1). Da dieser Widerstand R_i durch die Batterie selbst entsteht, kann er nicht von ihr getrennt werden. Die im Schaltplan eingezeich-

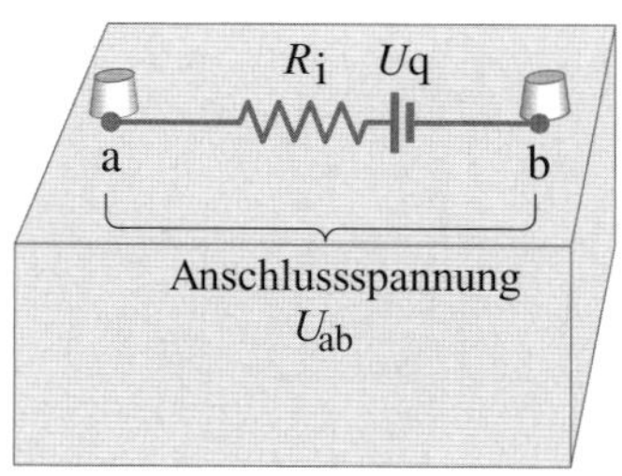

Abbildung 26.1 Schaltplan eines galvanischen Elements oder einer Batterie.

1 Wechselstromkreise, die nur aus einer Spannungsquelle und Widerständen bestehen, können genau so analysiert werden wie die in diesem Kapitel behandelten Gleichstromkreise. Wechselstromkreise, die Kondensatoren und andere Schaltelemente enthalten, sind komplizierter. Wir werden diese in Kapitel 31 behandeln.

neten Punkte a und b repräsentieren die beiden Anschlussklemmen der Batterie. Gemessen wird die **Klemmenspannung** $U_{ab} = \phi_a - \phi_b$. Wenn kein Strom aus der Batterie gezogen wird, ist die Klemmenspannung gleich der Quellenspannung, die durch die chemischen Reaktionen in der Batterie bestimmt wird; es gilt also $U_{ab} = U_Q$. Wenn dagegen ein Strom I aus der Batterie fließt, gibt es einen internen Abfall der Spannung, der gleich $R_i \cdot I$ ist. Die Klemmenspannung (d. h. die tatsächlich gelieferte Spannung) ist[2]

$$U_{ab} = U_Q - R_i \cdot I \,.$$

Wenn z. B. eine 12-V-Batterie einen Innenwiderstand von 0,1 Ω hat und 10 A aus der Batterie gezogen werden, dann ist die Klemmenspannung 12 V−(10 A)(0,1 Ω)= 11 V. Der Innenwiderstand einer Batterie ist gewöhnlich klein. Eine normale, voll aufgeladene Taschenlampenbatterie hat beispielsweise einen Innenwiderstand von etwa 0,05 Ω. (Wenn die Batterie allerdings schon etwas älter ist und die Elektrolytlösung austrocknet, kann der Innenwiderstand auf mehrere Ohm anwachsen.) Autobatterien haben noch geringere Innenwiderstände.

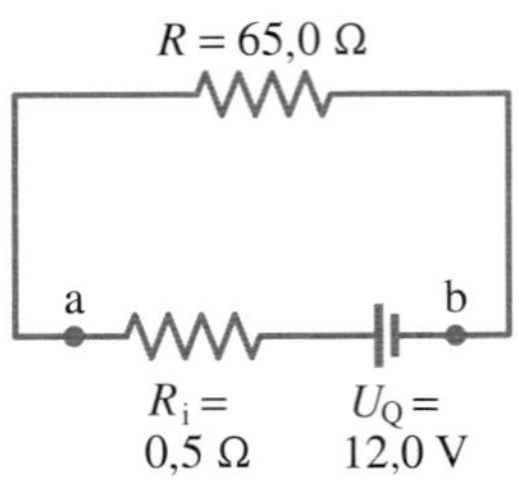

Abbildung 26.2 Beispiel 26.1.

Beispiel 26.1 Batterie mit Innenwiderstand

Ein 65,0-Ω-Widerstand wird mit einer Batterie mit einer Quellenspannung von 12,0 V und einem Ohm'schen Widerstand von 0,5 Ω verbunden (siehe ► Abbildung 26.2). Berechnen Sie (a) den Strom in diesem Stromkreis, (b) die Klemmenspannung U_{ab} der Batterie und (c) die durch den Widerstand R und den Innenwiderstand R_i der Batterie verbrauchte Leistung.

Lösung

a Aus der obigen Gleichung, die die Quellenspannung U_Q mit der Klemmenspannung in Beziehung setzt, erhalten wir

$$U_{ab} = U_Q - R_i \cdot I \,.$$

Dabei ist $U_{ab} = R \cdot I$ (Gleichung 25.2). Folglich gilt $R \cdot I = U_Q - R_i \cdot I$ oder $U_Q = (R + R_i) \cdot I$ und somit

$$I = \frac{U_Q}{R + R_i} = \frac{12{,}0\ \text{V}}{65{,}5\ \Omega} = 0{,}183\ \text{A} \,.$$

b Die Klemmenspannung ist

$$U_{ab} = U_Q - R_i \cdot I = 12{,}0\ \text{V} - (0{,}183\ \text{A})(0{,}5\ \Omega) = 11{,}9\ \text{V} \,.$$

c Die verbrauchte Leistung ist

$$P_R = I^2 R = (0{,}183\ \text{A})^2 (65{,}0\ \Omega) = 2{,}18\ \text{W}$$

$$P_{R_i} = I^2 \cdot R_i = (0{,}183\ \text{A})^2 (0{,}5\ \Omega) = 0{,}02\ \text{W} \,.$$

Wenn nichts anderes angegeben ist, nehmen wir im Folgenden an, dass der Innenwiderstand der Batterie vernachlässigbar ist und dass die angegebene Batteriespannung die Klemmenspannung ist, für die wir einfach U anstatt U_{ab} schreiben.

2 Das Laden einer Batterie bedeutet, dass ein Strom durch diese geleitet wird. Wir müssen dann schreiben $U_{ab} = U_Q + R_i \cdot I$ (siehe Beispiel 26.10).

26.2 Widerstände in Reihen- und Parallelschaltung

Wenn zwei oder mehr Widerstände wie in ▶ Abbildung 26.3 miteinander verbunden werden, spricht man von einer Reihenschaltung. Die Widerstände können einfache Bauelemente wie die in ▶ Abbildung 25.10 gezeigten sein oder auch Glühlampen, Heizelemente oder andere resistive Bauelemente. Jede durch den Widerstand R_1 aus ▶ Abbildung 26.3a fließende Ladung fließt auch durch die Widerstände R_2 und R_3. Folglich fließt durch jedes Bauelement der gleiche Strom I. (Wäre dies nicht der Fall, dann müssten sich an irgendeiner Stelle des Stromkreises Ladungen ansammeln, was im Gleichgewichtszustand nicht möglich ist.) Sei U die an allen drei Widerständen anliegende Spannung. Wir nehmen an, dass der restliche Widerstand innerhalb des Stromkreises vernachlässigt werden kann, so dass U gleich der Klemmenspannung der Batterie ist. Weiter seien U_1, U_2 und U_3 die Potenzialdifferenzen auf den einzelnen Widerständen R_1, R_2 und R_3 (siehe ▶ Abbildung 26.3a). Wegen $U = IR$ können wir schreiben $U_1 = IR_1$, $U_2 = IR_2$ und $U_3 = IR_3$. Da die Widerstände hintereinander geschaltet sind, folgt aus der Energieerhaltung, dass die Gesamtspannung U gleich der Summe der Spannungen der einzelnen Widerstände ist:

$$U = U_1 + U_2 + U_3 = IR_1 + IR_2 + IR_3 \; . \qquad \text{(Reihenschaltung)} \qquad (26.1)$$

Reihenschaltung: Spannungen addieren sich, der Strom ist in jedem Widerstand der gleiche

Um genauer zu verstehen, warum dies gilt, bemerken wir, dass eine elektrische Ladung q, die durch den Widerstand R fließt, potenzielle Energie in Höhe von qU_1 verliert. Beim Durchfließen von R_2 und R_3 sinkt die potenzielle Energie E_{pot} um qU_2 und qU_3, so dass der Energieverlust insgesamt $\Delta E_{pot} = qU_1 + qU_2 + qU_3$ beträgt. Diese Summe muss gleich der Energie qU sein, die von der Batterie auf die Ladung q übertragen wird, so dass die Energie erhalten bleibt. Folglich gilt $qU = q(U_1+U_2+U_3)$ und somit $U = U_1+U_2+U_3$, was Gleichung 26.1 reproduziert.

Wir wollen nun den Gesamtwiderstand R_{ges} bestimmen, d. h. den Widerstand eines einzelnen Bauelementes, das den gleichen Strom zieht wie die gesamte Anordnung (siehe ▶ Abbildung 26.3c). Ein solcher Gesamtwiderstand hängt mit U über die Gleichung

$$U = R_{ges} \cdot I$$

zusammen. Kombiniert mit Gleichung 26.1 ergibt dies

$$R_{ges} = R_1 + R_2 + R_3 \; . \qquad \text{(Reihenschaltung)} \qquad (26.2)$$

Widerstände in Reihe geschaltet

Dies entspricht genau unseren Erwartungen. Wenn wir mehrere Widerstände in Reihe schalten, ist der Gesamtwiderstand die Summe der Einzelwiderstände. Dies gilt für eine beliebige Anzahl von Widerständen. Werden weitere Widerstände zum Stromkreis hinzugefügt, wächst die Stromstärke. Wenn z. B. eine 12-V-Batterie mit einem 4-Ω-Widerstand verbunden wird, dann beträgt die Stromstärke 3 A. Wird sie dagegen mit drei 4-Ω-Widerständen in Reihe geschaltet, dann ist der Gesamtwiderstand 12 Ω und die Stromstärke beträgt nur 1 A.

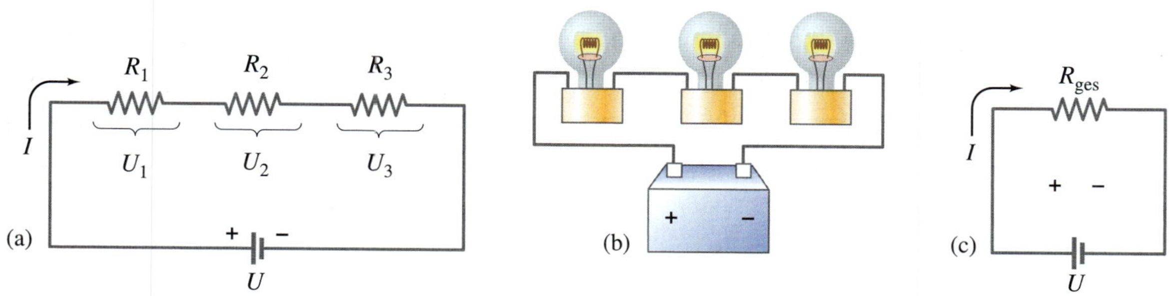

Abbildung 26.3 (a) In Reihe geschaltete Widerstände: $R_{ges} = R_1 + R_2 + R_3$. (b) Bei den Widerständen kann es sich um Glühlampen oder andere Bauelemente handeln. (c) Ein einzelner Gesamtwiderstand R_{ges} zieht denselben Strom.

Eine andere einfache Schaltung aus mehreren Widerständen ist die **Parallelschaltung**. Der von der Quelle fließende Strom teilt sich dann in mehrere Zweige (siehe ► Abbildung 26.4). Die elektrischen Leitungen in Wohnhäusern und anderen Gebäuden sind so konstruiert, dass alle elektrischen Geräte parallel geschaltet sind, wie wir bereits in ► Abbildung 25.18 sehen konnten. Bei einer Parallelschaltung wird durch das Abklemmen eines Gerätes (z. B. von R_1 in ► Abbildung 26.4) der Strom zu den übrigen Geräten nicht unterbrochen. Dagegen wird in einer Reihenschaltung der Strom für *alle* Geräte unterbrochen, wenn ein einziges abgeklemmt wird (in ► Abbildung 26.3 etwa R_1).

In der Parallelschaltung aus ► Abbildung 26.4a teilt sich der gesamte, die Batterie verlassende Strom I in drei Zweige auf. Seien I_1, I_2 und I_3 die Ströme durch die Widerstände R_1, R_2 bzw. R_3. Wegen der Ladungserhaltung muss der in einen Knoten (an dem sich unterschiedliche Drähte oder Leiter treffen) hineinfließende Strom gleich dem aus dem Knoten herausfließenden Strom sein. Für ► Abbildung 26.4a gilt daher

Parallelschaltung: Ströme addieren sich, die Spannung ist auf jedem Widerstand die gleiche

$$I = I_1 + I_2 + I_3 \,. \qquad \text{(Parallelschaltung)}$$

Wenn Widerstände parallel geschaltet werden, dann liegt an jedem die gleiche Spannung an. (Tatsächlich haben zwei beliebige Punkte in einem Stromkreis, der durch einen Draht von vernachlässigbarem Widerstand verbunden ist, das gleiche Potenzial.) Folglich liegt an jedem Widerstand aus ► Abbildung 26.4a die gleiche Spannung an, so dass gilt

$$I_1 = \frac{U}{R_1}\,, \quad I_2 = \frac{U}{R_2} \quad \text{und} \quad I_3 = \frac{U}{R_3}\,.$$

Wir wollen nun berechnen, wie groß ein einzelner Widerstand R_{ges} sein muss, der den gleichen Strom I zieht wie die drei parallel geschalteten Widerstände. Für diesen Gesamtwiderstand muss gelten

$$I = \frac{U}{R_{\text{ges}}}\,.$$

Wir kombinieren nun die obigen Gleichungen:

$$I = I_1 + I_2 + I_3$$

$$\frac{U}{R_{\text{ges}}} = \frac{U}{R_1} + \frac{U}{R_2} + \frac{U}{R_3}\,.$$

Dividieren durch U ergibt

Parallelgeschaltete Widerstände

$$\frac{1}{R_{\text{ges}}} = \frac{1}{R_1} + \frac{1}{R_2} + \frac{1}{R_3}\,. \qquad \text{(parallel)} \qquad (26.3)$$

Nehmen wir z. B. an, wir wollen zwei Lautsprecher mit Widerständen von jeweils 4 Ω zu einem einzigen Ausgabegerät einer Stereoanlage verbinden. (Wir ignorieren

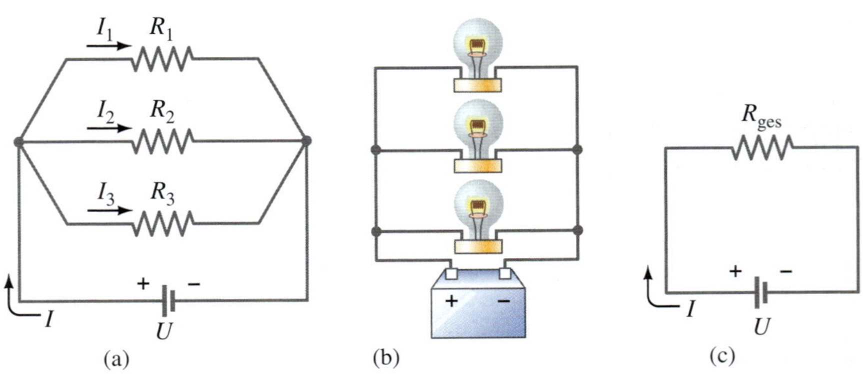

Abbildung 26.4 (a) Widerstände in Parallelschaltung: $1/R_{\text{ges}} = 1/R_1 + 1/R_2 + 1/R_3$, die (b) z. B. Glühlampen sein können. Teil (c) zeigt den äquivalenten Stromkreis mit dem aus Gleichung 26.3 erhaltenen Gesamtwiderstand R_{ges}.

dabei den zweiten Kanal und nehmen an, dass beide Lautsprecher mit dem linken Kanal verbunden werden.) Wir erhalten dann für den Gesamtwiderstand

$$\frac{1}{R_{\text{ges}}} = \frac{1}{4\Omega} + \frac{1}{4\Omega} = \frac{2}{4\Omega} = \frac{1}{2\Omega}\,,$$

d. h. $R_{\text{ges}} = 2\Omega$. Der Nettowiderstand ist also *kleiner* als jeder der Einzelwiderstände. Dies mag zunächst überraschend erscheinen. Es sei jedoch daran erinnert, dass der Strom bei parallel geschalteten Widerständen auf verschiedenen Wegen fließen kann. Der Nettowiderstand wird daher geringer.

Zum besseren Verständnis ist die folgende Analogiebetrachtung hilfreich. Zwei Rohre nehmen nahe der Krone eines Damms Wasser auf und geben es, wie in ► Abbildung 26.5 skizziert, unten wieder frei. Die Differenz des Gravitationspotenzials – das proportional zur Höhe h ist – ist für beide Rohre gleich; genau dies gilt im elektrischen Fall für die beiden parallel geschalteten Widerstände. Wenn beide Rohre anstatt nur einem geöffnet sind, kann doppelt so viel Wasser durch die Anlage fließen, d. h. durch zwei geöffnete Rohre wird der dem strömenden Wasser entgegengesetzte Nettowiderstand halbiert. Wenn beide Rohre geschlossen sind, setzt der Damm dem strömenden Wasser einen unendlichen Widerstand entgegen. Dieser Situation entspricht im elektrischen Fall ein geöffneter Stromkreis. In diesem Falle fließt kein Strom, so dass der elektrische Widerstand unendlich ist.

Beachten Sie, dass die Gleichungen 26.2 und 26.3 jeweils gerade die Umkehrung der entsprechenden Gleichung für Kondensatoren darstellen (Gleichungen 24.3 und 24.4 aus Kapitel 24). Die Gleichung für in Reihe geschaltete Widerstände hat also die gleiche Form wie die Gleichung für parallel geschaltete Kondensatoren und umgekehrt.

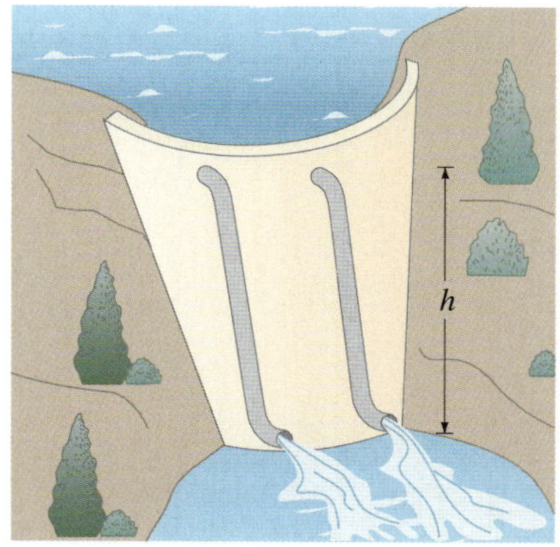

Abbildung 26.5 Parallele Wasserrohre als Analogie zum elektrischen Strom in einer Parallelschaltung.

Beispiel 26.2 · Begriffsbildung — Reihen- oder Parallelschaltung?

(a) Die Glühlampen in ► Abbildung 26.6 sind identisch und haben identische Widerstände R. Welche der beiden Anordnungen erzeugt mehr Licht? (b) Wie sind die Scheinwerfer eines Autos geschaltet?

Lösung

a Die Parallelschaltung hat einen geringeren Widerstand ($= R/2$) als die Reihenschaltung ($= 2R$). Deshalb ist der Gesamtstrom in der Schaltung (2) größer. Die gesamte umgewandelte Leistung – die proportional zu dem erzeugten Licht ist – beträgt $P = U \cdot I$; der größere Strom in Schaltung (2) bedeutet also, dass mehr Licht erzeugt wird.

b In der Parallelschaltung (2) bleibt im Falle, dass eine der beiden Lampen ausgeht, die andere Lampe an. In der Reihenschaltung (1) dagegen wird der Stromkreis unterbrochen, wenn eine der Lampen durchbrennt, so dass kein Strom mehr fließt und auch die andere (intakte) Lampe erlischt.

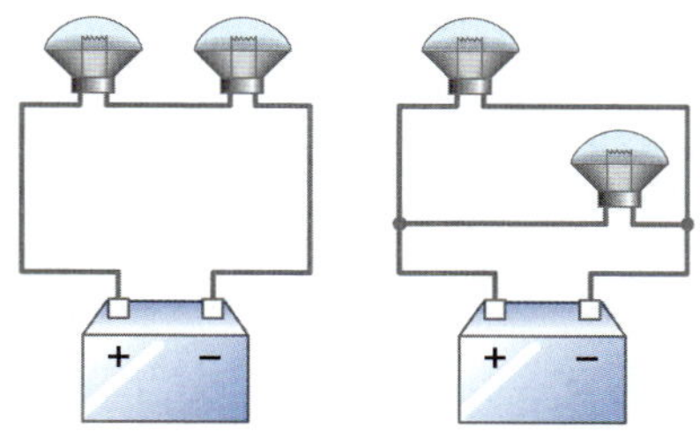

(1) Reihenschaltung (2) Parallelschaltung

Abbildung 26.6 Beispiel 26.2.

Beispiel 26.3 — Widerstände in Reihen- und Parallelschaltungen

Zwei 100-Ω-Widerstände sind (a) in Reihe und (b) parallel an eine 24,0-V-Batterie angeschlossen (siehe ► Abbildung 26.7). Wie groß ist der durch jeden einzelnen Widerstand fließende Strom? Wie groß ist der Gesamtwiderstand in jedem der beiden Stromkreise?

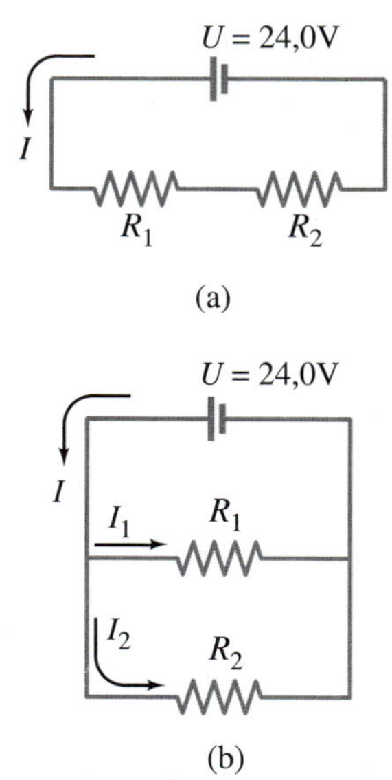

Abbildung 26.7 Beispiel 26.3.

Lösung

a Der gesamte aus der Batterie gezogene Strom durchfließt zuerst R_1 und dann R_2. Der Strom I ist deshalb in beiden Widerständen gleich. Die an der Batterie anliegende Potenzialdifferenz U ist gleich der gesamten Änderung des Potenzials auf den beiden Widerständen:

$$U = U_1 + U_2 = R_1 \cdot I + R_2 \cdot I\,.$$

Folglich gilt

$$I = \frac{U}{R_1 + R_2} = \frac{24{,}0\,\text{V}}{100\,\Omega + 100\,\Omega} = 0{,}120\,\text{A}\,.$$

Für den Gesamtwiderstand erhalten wir mithilfe von Gleichung 26.2 $R_{ges} = R_1 + R_2 = 200\,\Omega$. Wir hätten R_{ges} auch durch Betrachtung der Batterie erhalten können: Der Gesamtwiderstand R_{ges} muss gleich der Batteriespannung geteilt durch den sie verlassenden Strom sein, d. h. $R_{ges} = U/I = 24{,}0\,\text{V}/0{,}120\,\text{A} = 200\,\Omega$. (Beachten Sie, dass die an R_1 anliegende Spannung $U_1 = R_1 \cdot I = (0{,}120\,\text{A})(100\,\Omega) = 12{,}0\,\text{V}$ und diejenige an R_2 gleich $U_2 = R_2 \cdot I = 12{,}0\,\text{V}$ ist; jeder der beiden Werte ist also halb so groß wie die Batteriespannung. Eine einfacher Schaltkreis wie der aus ▸ Abbildung 26.7a wird deshalb auch als einfacher „Spannungsteiler" bezeichnet.)

b Eine gegebene Ladung (oder ein Elektron) fließt entweder durch den einen oder durch den anderen der beiden Widerstände. Ebenso wie sich ein Fluss in zwei Arme teilen kann, wenn er eine Insel umfließt, ist hier der Gesamtstrom I aus der Batterie (▸ Abbildung 26.7b) gleich der Summe der einzelnen Ströme durch die beiden Widerstände:

$$I = I_1 + I_2\,.$$

Die Potenzialdifferenz auf jedem Widerstand ist die Batteriespannung $U = 24{,}0\,\text{V}$. Folglich gilt

$$I = I_1 + I_2 = \frac{U}{R_1} + \frac{U}{R_2} = \frac{24{,}0\,\text{V}}{100\,\Omega} + \frac{24{,}0\,\text{V}}{100\,\Omega} = 0{,}24\,\text{A} + 0{,}24\,\text{A} = 0{,}48\,\text{A}\,.$$

Der Gesamtwiderstand ist

$$R_{ges} = \frac{U}{I} = \frac{24{,}0\,\text{V}}{0{,}48\,\text{A}} = 50\,\Omega\,.$$

Dieses Ergebnis erhält man auch mithilfe von Gleichung 26.3: Es gilt

$$\frac{1}{R_{ges}} = \frac{1}{100\,\Omega} + \frac{1}{100\,\Omega} = \frac{2}{100\,\Omega} = \frac{1}{50\,\Omega}$$

und somit $R_{ges} = 50\,\Omega$.

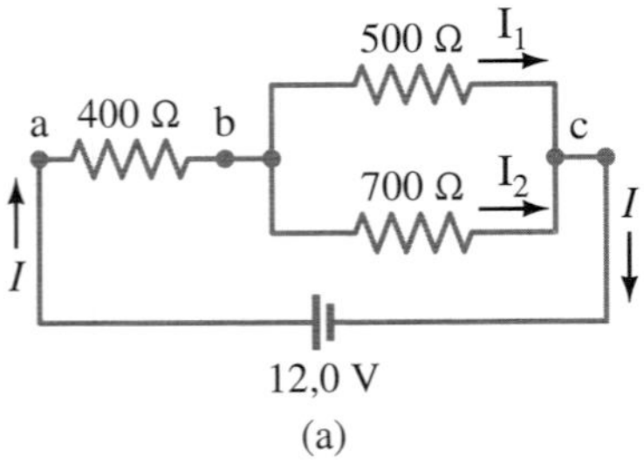

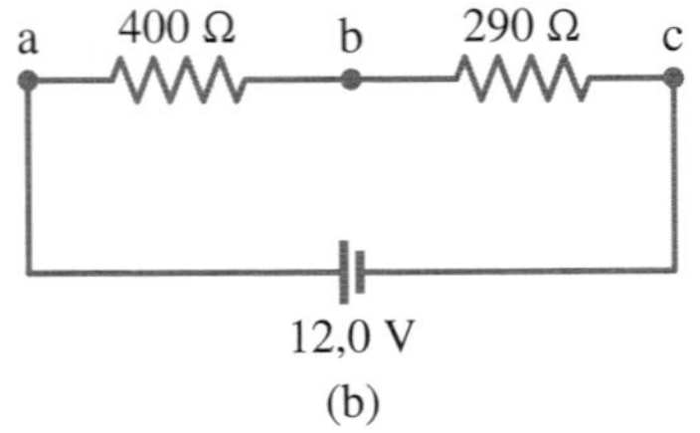

Abbildung 26.8 (a) Schaltplan für die Beispiele 26.4 und 26.5. (b) Derselbe Stromkreis mit einem einzelnen, gleichwertigen Widerstand von 290 Ω anstelle der beiden parallel geschalteten Widerstände aus Abbildung (a).

Beispiel 26.4 Kombinierte Reihen- und Parallelschaltung

Wie viel Strom fließt aus der in ▸ Abbildung 26.8a dargestellten Batterie?

Lösung

Der gesamte aus der Batterie fließende Strom I fließt durch den 400-Ω-Widerstand und teilt sich dann in die Ströme I_1 und I_2, die durch den 500-Ω-Widerstand bzw. den 700-Ω-Widerstand fließen. Diese beiden Widerstände sind parallel geschaltet. Wie der Gesamtwiderstand R_P einer Parallelschaltung zu berechnen ist, wissen wir bereits: Es gilt

$$\frac{1}{R_P} = \frac{1}{500\,\Omega} + \frac{1}{700\,\Omega} = 0{,}0020\,\Omega^{-1} + 0{,}0014\,\Omega^{-1} = 0{,}0034\,\Omega^{-1}\,.$$

Hiervon haben wir noch das Reziproke zu bilden, also

$$R_P = \frac{1}{0{,}0034\,\Omega^{-1}} = 290\,\Omega\,.$$

Diese 290 Ω sind der Gesamtwiderstand der beiden parallel geschalteten Widerstände; dieser Gesamtwiderstand ist in Reihe mit dem 400-Ω-Widerstand geschaltet, was der in ► Abbildung 26.8b gezeigten Anordnung entspricht. Um den Gesamtwiderstand der Kombination aus Parallel- und Reihenschaltung zu finden, addieren wir den 400-Ω- und den 700-Ω-Widerstand, da beide in Reihe geschaltet sind, und erhalten

$$R_{ges} = 400\,\Omega + 290\,\Omega = 690\,\Omega\,.$$

Der gesamte aus der Batterie fließende Strom ist also

$$I = \frac{U}{R_{ges}} = \frac{12{,}0\,\text{V}}{690\,\Omega} = 0{,}017\,\text{A} = 17\,\text{mA}\,.$$

Beispiel 26.5 Strom in einem der beiden Zweige

Wie groß ist der durch den 500-Ω-Widerstand aus ► Abbildung 26.8a fließende Strom?

Lösung

Wir müssen die an dem 500-Ω-Widerstand anliegende Spannung U_{bc} bestimmen und mithilfe der Gleichung $U = R \cdot I$ den Strom bestimmen. Zunächst berechnen wir die Spannung U_{ab} auf dem 400-Ω-Widerstand. Wir wissen, dass durch diesen Widerstand 17 mA fließen, so dass wir U_{ab} aus der Beziehung $U = R \cdot I$ bestimmen können:

$$U_{ab} = (0{,}017\,\text{A})(400\,\Omega) = 6{,}8\,\text{V}\,.$$

Da die Gesamtspannung auf dem Widerstandsnetz $U_{ac} = 12{,}0$ V ist, ist U_{bc} gleich $12{,}0\,\text{V} - 6{,}8\,\text{V} = 5{,}2$ V. Aus dem Ohm'schen Gesetz erhalten wir für den Strom I_1 durch den 500-Ω-Widerstand

$$I_1 = \frac{5{,}2\,\text{V}}{500\,\Omega} = 1{,}0 \cdot 10^{-2}\,\text{A} = 10\,\text{mA}\,.$$

Dies ist die gesuchte Lösung. Wir können außerdem den durch den 700-Ω-Widerstand fließenden Strom I_2 berechnen, da wir wissen, dass die an ihm anliegende Spannung 5,2 V beträgt:

$$I_2 = \frac{5{,}2\,\text{V}}{700\,\Omega} = 7\,\text{mA}\,.$$

Wenn die Ströme I_1 und I_2 zum Gesamtstrom I zusammenfließen (im Punkt c aus ► Abbildung 26.8a), dann ergibt sich als Gesamtstromstärke 10 mA + 7 mA = 17 mA, d. h. der bereits in Beispiel 26.4 berechnete Gesamtstrom.

Beispiel 26.6 · Begriffsbildung Helligkeit einer Glühlampe

Der in ► Abbildung 26.9 dargestellte Stromkreis enthält drei identische Glühlampen, die jeweils den Ohm'schen Widerstand R besitzen. Wie groß ist die

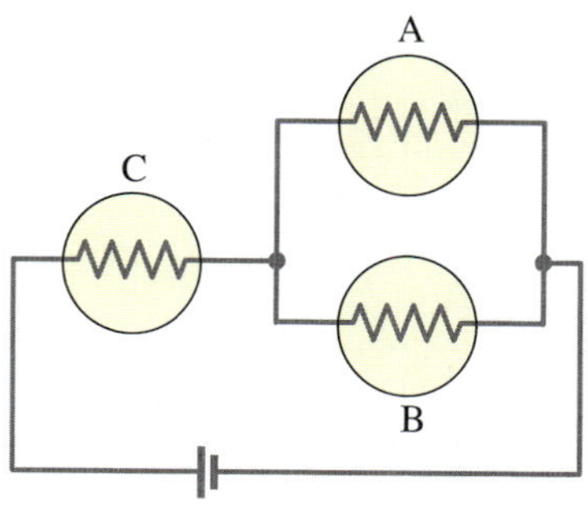

Abbildung 26.9 Beispiel 26.6, drei identische Glühlampen.

Helligkeit der Glühlampen A und B im Vergleich zur Helligkeit von Glühlampe C?

Lösung

Der die Glühlampe C durchfließende Strom teilt sich in zwei Teile auf, wenn er die Anschlüsse erreicht, die zu den Glühlampen A und B führen. Die Stromstärke in beiden Zweigen ist gleich groß, da A und B identisch sind. Die Glühlampen A und B erhalten also halb so viel Strom wie die Glühlampe C und leuchten daher weniger hell als diese.

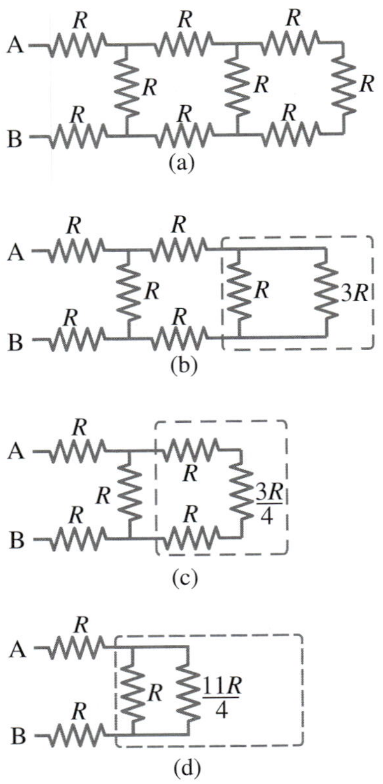

Abbildung 26.10 Beispiel 26.7.

Beispiel 26.7 Widerstandsbehaftete Leiter

(a) Schätzen Sie den Gesamtwiderstand der in ▶ Abbildung 26.10a dargestellten „Leiter" aus Widerständen von jeweils 100 Ω ab. Mit anderen Worten: Welchen Widerstand würde ein Ohmmeter anzeigen, das an die Punkte A und B angeschlossen ist? (b) Wie groß ist der Strom, der die drei linken Widerstände durchfließt, wenn zwischen die Punkte A und B eine 50-V-Batterie geklemmt wird?

Lösung

a Es könnte so scheinen, als wären die Widerstände weder in Reihe noch parallel geschaltet. Betrachten wir jedoch zunächst nur die drei Widerstände ganz rechts: Diese sind offensichtlich untereinander in Reihe geschaltet. Jeder einzelne Widerstand hat den Wert R (= 100 Ω), die betrachteten drei Widerstände zusammen also $3R$ (= 300 Ω). Als nächstes bemerken wir, dass die betrachtete Anordnung mit dem Widerstand links davon parallel geschaltet ist (siehe die gestrichelte Linie in ▶ Abbildung 26.10b). Der Gesamtwiderstand R_{ges1} aller Widerstände innerhalb der gestrichelten Linie (b) ist gegeben durch

$$\frac{1}{R_{\text{ges1}}} = \frac{1}{R} + \frac{1}{3R} = \frac{4}{3R}\,, \quad \text{bzw.} \quad R_{\text{ges1}} = \frac{3R}{4}\,,$$

mit dem Wert 300 Ω/4 = 75 Ω. Dieser Gesamtwiderstand von $3R/4$ wiederum ist mit den beiden nächsten Widerständen in Reihe geschaltet (▶ Abbildung 26.10c). Die Widerstände innerhalb der gestrichelten Linie (c) sind in Reihe geschaltet und haben einen Gesamtwert von $2R+3R/4 = 11R/4$, für die gegebenen Widerstandswerte also 1 100 Ω/4 = 275 Ω. Dieser Widerstand von $11R/4$ ist parallel mit der nächsten Stufe der Leiter geschaltet (▶ Abbildung 26.10d). Der Gesamtwiderstand innerhalb der gestrichelten Linie (d) ist

$$\frac{1}{R_{\text{ges2}}} = \frac{1}{R} + \frac{4}{11R} = \frac{15}{11R}\,, \quad \text{bzw.} \quad R_{\text{ges2}} = \frac{11R}{15}\,.$$

Diese Anordnung wiederum ist in Reihe mit zwei weiteren Widerständen geschaltet. Wir erhalten schließlich den gesuchten Gesamtwiderstand der „Leiter" als

$$R_{\text{ges}} = \frac{11R}{15} + R + R = \frac{41}{15}R\,,$$

mit dem gegebenen Wert $R = 100\,\Omega$ also $R_{\text{ges}} = 273\,\Omega$.

b Wird eine 50-V-Batterie zwischen die Punkte A und B geklemmt, dann ist der von der Batterie ausgehende und die beiden linken Widerstände durchfließende Strom $I = 50\,\text{V}/273\,\Omega = 0{,}183\,\text{A}$. Der Strom durch den ersten quer geschalteten Widerstand ist kleiner als dieser Wert, da dieser

Widerstand R parallel mit dem Nettowiderstand $2\frac{3}{4}R = \frac{11}{4}R$ geschaltet ist (► Abbildung 26.10d). Sei I_1 der Strom durch dieses R und I_2 der Strom durch die $\frac{11}{4}R$, wobei $I_1 + I_2 = I$ gilt. Die an R anliegende Potenzialdifferenz ist die gleich wie die an den $\frac{11}{4}R$ anliegende Potenzialdifferenz. Es gilt daher $R \cdot I_1 = (\frac{11}{4}R) \cdot I_2$ und somit $I_2 = \frac{4}{11}I_1$. Daraus folgt

$$I = I_1 + I_2 = \left(1 + \frac{4}{11}\right) I_1 = \frac{15}{11} I_1$$

und hieraus schließlich $I_1 = \frac{11}{15}I = \frac{11}{15}(0{,}183\ \text{A}) = 0{,}134\ \text{A}$.

26.3 Die Kirchhoff'schen Regeln

In den letzten Beispielen haben wir die durch verschiedene Stromkreise fließenden Ströme bestimmt, indem wir die Widerstände von Reihen- und Parallelschaltungen kombiniert haben. Diese Methode kann in vielen Fällen angewendet werden. Manche Stromkreise sind jedoch zu kompliziert für eine solche Analyse. Beispielsweise können wir durch simples Kombinieren von Widerständen nicht herausfinden, wie viel Strom in jedem Teil des in ► Abbildung 26.11 dargestellten Stromkreises fließt.

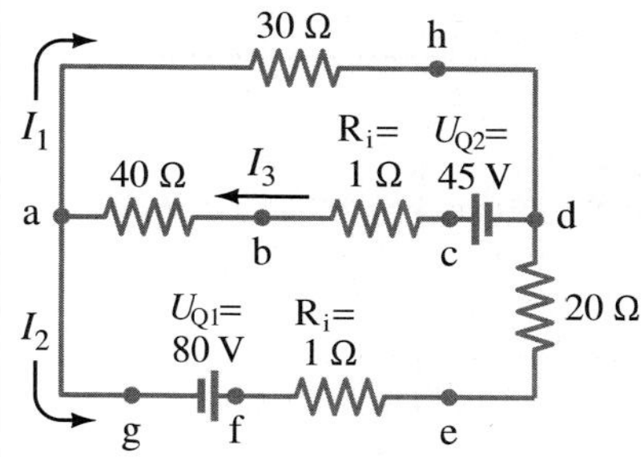

Abbildung 26.11 Die Ströme können mithilfe der Kirchhoff'schen Regeln berechnet werden.

Für komplizierte Stromkreise wie den dargestellten verwendet man die Kirchhoff'schen Regeln, die von Gustav R. Kirchhoff (1824–1887) Mitte des neunzehnten Jahrhunderts ausgearbeitet wurden. Die beiden Kirchhoff'schen Regeln sind einfache Anwendungen der Erhaltungssätze für Ladung und Energie. Die **erste Kirchhoff'sche Regel**, auch **Knotenregel** genannt, beruht auf der Ladungserhaltung. Wir haben sie bereits bei der Herleitung der Regel für parallele Widerstände benutzt. Sie besagt Folgendes:

Knotenregel (Ladungserhaltung)

In jedem Verzweigungspunkt (Knoten) ist die Summe der einfließenden Ströme gleich der Summe der herausfließenden Ströme.

In den Knoten a aus ► Abbildung 26.11 fließt beispielsweise der Strom I_3 hinein, während die Ströme I_1 und I_2 herausfließen. Aus der Kirchhoff'schen Knotenregel folgt also $I_3 = I_1 + I_2$. Ein Beispiel hierfür haben wir bereits in Beispiel 26.5 gesehen.

Die **zweite Kirchoff'sche Regel** oder **Maschenregel** ergibt sich aus dem Energieerhaltungssatz. Sie besagt Folgendes:

Maschenregel (Energieerhaltung)

Die Summe der Potenzialänderungen entlang jedes geschlossenen Stromkreises ist null.

Um zu verstehen, warum dies so ist, betrachten wir eine grobe Analogie mit der potenziellen Energie eines Achterbahnwagens während seiner Fahrt. Wenn die Fahrt am Haltepunkt beginnt, hat der Wagen eine bestimmte potenzielle Energie. Während der Wagen den ersten Berg hochfährt, wächst die potenzielle Energie und erreicht an der Spitze ihr Maximum. Wenn der Wagen dann auf der anderen Seite des Berges hinabfährt, sinkt die potenzielle Energie und erreicht im Tal ein lokales Minimum. Während der weiteren Fahrt des Wagens wächst und fällt seine potenzielle Energie wiederholt. Wenn er jedoch wieder am Haltepunkt ankommt, hat die potenzielle Energie exakt den gleichen Wert wie zu Beginn der Fahrt. Anders formuliert ging die Fahrt genauso viel aufwärts wie abwärts.

Ähnlich kann für einen elektrischen Stromkreis argumentiert werden. Bevor wir den Stromkreis aus ► Abbildung 26.11 analysieren, schauen wir uns die einfachere Anordnung in ► Abbildung 26.12 an. Diese ist mit dem bereits diskutierten Stromkreis aus ► Abbildung 26.8b identisch. Die Stromstärke in diesem Stromkreis ist $I = (12{,}0\ \text{V})/(690\ \Omega) = 0{,}017\ \text{A}$ (siehe Beispiel 26.4). Die positive Klemme der Batterie (Punkt e in ► Abbildung 26.12a) ist auf einem höheren Potenzial als der Punkt d auf der negativen Klemme der Batterie. Punkt e entspricht also der Bergspitze bei der Achterbahnfahrt. Beginnend an einem beliebigen Punkt folgen wir nun dem Strom entlang des Stromkreises. Wir wählen als Startpunkt den Punkt e und folgen einer positiven Testladung, wobei wir sämtliche Potenzialänderungen festhalten. Wenn die Testladung zum Punkt e zurückkehrt, ist das Potenzial das gleiche wie zu Beginn; die Nettoänderung des Potenzials ist also null. Es ist hilfreich, die Potenzialänderung entlang des Stromkreises graphisch darzustellen (siehe ▸ Abbildung 26.12b, dabei wurde Punkt d willkürlich auf null festgesetzt). Während sich die positive Testladung von Punkt e nach Punkt a bewegt, ändert sich das Potenzial nicht, da es weder eine Spannungsquelle noch einen Widerstand gibt. Wenn die Ladung jedoch den 400-Ω-Widerstand durchfließt, um zu Punkt b zu gelangen, fällt das Potenzial um $U = R \cdot I = (0{,}017\ \text{A})(400\ \Omega) = 6{,}8\ \text{V}$. Dies bewirkt, dass die positive Testladung „abwärts" fließt, da sie von der negativen Klemme der Batterie angezogen wird (vgl. ▸ Abbildung 26.12b). Das Absinken des Potenzials zwischen den beiden Enden eines Widerstands ($= R \cdot I$) wird als **Spannungsabfall** bezeichnet. Da es sich um ein *Absinken* des Potenzials handelt, verwenden wir ein *negatives* Vorzeichen, wenn wir die Kirchhoff'sche Maschenregel anwenden. Es gilt also

$$U_{\text{ba}} = U_{\text{b}} - U_{\text{a}} = -6{,}8\ \text{V} .$$

Wenn sich die Ladung von b nach c bewegt, dann gibt es einen weiteren Spannungsabfall von $(0{,}017\ \text{A}) \times (290\ \Omega) = 5{,}2\ \text{V}$. Da es sich wieder um eine Verringerung des Potenzials handelt, schreiben wir

$$U_{\text{cb}} = -5{,}2\ \text{V} .$$

Bei der Bewegung der Testladung von c nach d gibt es keine Potenzialänderung. Bewegt sich die Ladung weiter vom Punkt d (der auf der negativen Klemme der Batterie liegt, wo das Potenzial niedrig ist) zum Punkt e auf der positiven Klemme, dann *steigt* das Potenzial um 12,0 V. Es gilt also

$$U_{\text{ed}} = +12{,}0\ \text{V} .$$

Die Summe aller Potenzialänderungen entlang des Stromkreises aus ▸ Abbildung 26.12 ist

$$-6{,}8\ \text{V} - 5{,}2\ \text{V} + 12{,}0\ \text{V} = 0 .$$

Dies ist das gleiche Ergebnis, das auch die Kirchhoff'sche Maschenregel liefert.

Wenn wir im Folgenden die Kirchhoff'schen Regeln verwenden, dann versehen wir den Strom in jedem separaten Zweig des Stromkreises mit einem Index, d. h. wir schreiben z. B. I_1, I_2 und I_3 wie in ▸ Abbildung 26.13 (dies ist der gleiche Stromkreis wie in ▸ Abbildung 26.11). Es ist nicht notwendig, vorher zu wissen, in welche Richtung diese Ströme tatsächlich fließen. Man macht einfach einen Annahme bezüglich der Richtungen und berechnet unter dieser Annahme die Potenziale. Falls der Strom in Wirklichkeit in die andere Richtung fließt, erhält man ein negatives Vorzeichen.

PROBLEMLÖSUNG

Achten Sie auf die richtigen Vorzeichen.

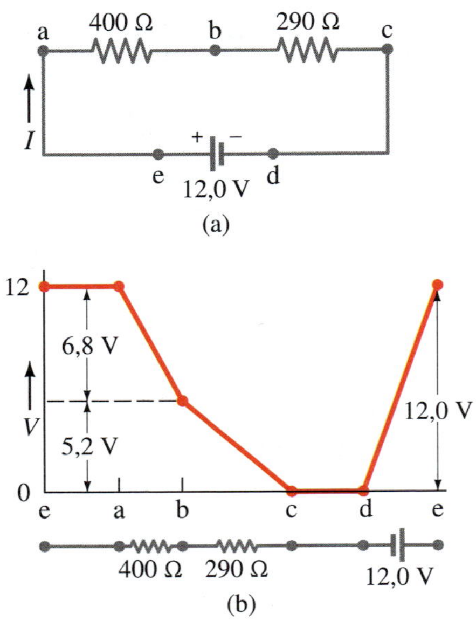

Abbildung 26.12 Die Potenzialänderungen entlang des Stromkreises (a) sind im Teil (b) der Abbildung graphisch dargestellt.

PROBLEMLÖSUNG

Bezüglich der Stromrichtung kann eine willkürliche Annahme getroffen werden.

Beispiel 26.8 Anwendung der Kirchoff'schen Regeln

Berechnen Sie die Ströme I_1, I_2 und I_3, die in den einzelnen Zweigen des in ▸ Abbildung 26.13 dargestellten Stromkreises fließen.

Lösung

Da sich der (positive) Strom immer von der positiven Klemme der Batterie wegbewegt, nehmen wir an, dass I_2 und I_3 die in der Abbildung ausgewiesenen Richtungen haben. Die Richtung von I_1 ist nicht von vornherein offensichtlich, so dass wir sie willkürlich entsprechend der in der Abbildung ausgewiesenen Richtung wählen. Da es drei Unbekannte gibt, benötigen wir drei Gleichungen. Zunächst wenden wir auf die Ströme im Punkt a die Knotenregel an. In diesen Punkt fließt der Strom I_3 hinein und die Ströme I_2 und I_1 fließen heraus; es gilt also

$$I_3 = I_1 + I_2 \,. \tag{a}$$

Dieselbe Gleichung gilt im Punkt d, so dass wir hieraus keine zusätzliche Information erhalten. Wir wenden nun die Maschenregel auf die beiden geschlossenen Wege an, zuerst auf den Weg ahdcba. Wir beginnen (und enden) im Punkt a. Von a nach h gibt es einen Spannungsabfall $U_{\text{ha}} = -(I_1)(30\,\Omega)$. Von h nach d gibt es keine Änderung, aber von d nach c fällt die Spannung um 45 V, d. h. es gilt $U_{\text{cd}} = +45$ V. Von c nach a schließlich fällt die Spannung um den Betrag $U_{\text{ac}} = -(I_3)(40\,\Omega + 1\,\Omega)$. Daher erhalten wir also $U_{\text{ha}} + U_{\text{cd}} + U_{\text{ac}} = 0$ oder

$$-30I_1 + 45 - (40 + 1)I_3 = 0 \,, \tag{b}$$

wobei wir die Einheiten weggelassen haben. Als zweiten geschlossenen Weg betrachten wir ahdefga; wir starten (und enden) also wieder beim Punkt a. Von a nach h gibt es einen Spannungsabfall $U_{\text{ha}} = -(I_1)(30\,\Omega)$, von h nach d gilt $U_{\text{dh}} = 0$. Von d nach e bewegt sich die positive Testladung „bergan", d. h. gegen den Stromfluss (oder zumindest gegen die *angenommene* Stromrichtung, auf die es bei unserer Rechnung ankommt). Deshalb hat $U_{\text{ed}} = I_2(20\,\Omega)$ ein *positives* Vorzeichen. Entsprechend gilt $U_{\text{fe}} = I_2(1\,\Omega)$. Von f nach g sinkt das Potenzial um 80 V, da wir uns von der Batterieklemme mit hohem Potenzial zu derjenigen mit niedrigem Potenzial bewegen. Daher gilt $U_{\text{gf}} = -80$ V. Schließlich ist $U_{\text{ag}} = 0$, und für die Summe der Potenzialänderungen entlang des geschlossenen Weges ergibt sich

$$-30I_1 + (20 + 1)I_2 - 80 = 0 \,. \tag{c}$$

Der Rest der Aufgabe besteht im Lösen eines linearen Gleichungssystems. Gegeben sind die drei Gleichungen (a), (b), (c) in den drei Unbekannten I_1, I_2 und I_3. Aus Gleichung (c) folgt

$$I_2 = \frac{80 + 30I_1}{21} = 3{,}8 + 1{,}4I_1 \,. \tag{d}$$

Aus Gleichung (b) erhalten wir

$$I_3 = \frac{45 - 30I_1}{41} = 1{,}1 - 0{,}73I_1 \,. \tag{e}$$

Wir setzen nun diese Ausdrücke für I_2 und I_3 in Gleichung (a) ein und lösen nach I_1 auf:

$$\begin{aligned} I_1 &= I_3 - I_2 = 1.1 - 0{,}73I_1 - 3{,}8 - 1{,}4I_1 \\ 3{,}1I_1 &= -2{,}7 \\ I_1 &= -0{,}87\ \text{A} \,. \end{aligned}$$

Das negative Vorzeichen bedeutet, dass die tatsächliche Stromrichtung entgegengesetzt zu der von uns willkürlich angenommenen und in ▶ Abbildung 26.13 ausgewiesenen ist. Beachten Sie, dass sich als Einheit automatisch Ampere ergibt, da die verwendeten Werte ausschließlich die Einheiten Volt und Ohm hatten. Aus Gleichung (d) erhalten wir

$$I_2 = 3{,}8 + 1{,}4I_1 = 2{,}6\ \text{A}$$

und aus Gleichung (e)

$$I_3 = 1{,}1 - 0{,}73I_1 = 1{,}7\ \text{A} \,,$$

womit die Lösung vollständig ist.

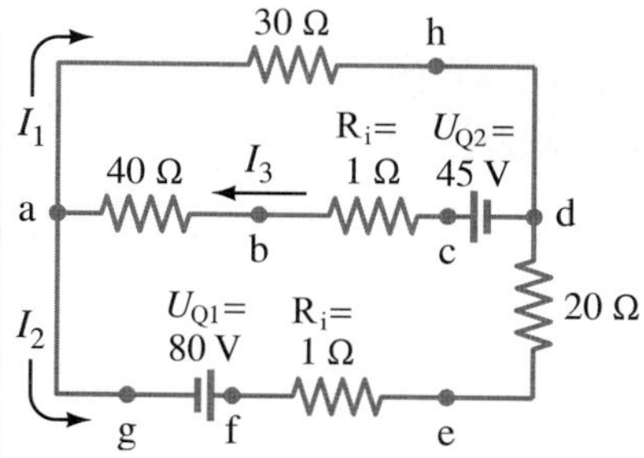

Abbildung 26.13 Die Ströme können mithilfe der Kirchhoff'schen Regeln berechnet werden (siehe Beispiel 26.8).

Problemlösung Kirchhoff'sche Regeln

1 Setzen Sie für jede Batterie die Symbole + und −. Die lange Seite der Batterie erhält das +-Symbol.

2 Markieren Sie den Strom in jedem Zweig des Stromkreises mit einem Symbol und einem Pfeil (vgl. ► Abbildung 26.13). Die Richtung des Pfeils kann beliebig gewählt werden. Falls der Strom in Wirklichkeit in die entgegengesetzte Richtung fließt, wird die Lösung ein negatives Vorzeichen haben.

3 Wenden Sie in einem oder mehreren Knoten die Kirchhoff'sche Knotenregel an sowie für einen oder mehrere geschlossene Wege die Kirchhoff'sche Maschenregel. Sie benötigen so viele linear unabhängige Gleichungen, wie es Unbekannte gibt. Falls Sie noch mehr Gleichungen aufschreiben, werden Sie feststellen, dass einige davon redundant sind (d. h. sie liefern keine zusätzliche Information). Für jeden Widerstand können Sie die Gleichung $U = R \cdot I$ anwenden, wodurch sich manchmal die Anzahl der Unbekannten reduzieren lässt.

4 Folgen Sie bei der Anwendung der Maschenregel jedem geschlossenen Weg nur in einer Richtung. Achten Sie dabei sorgfältig auf Indizes und Vorzeichen: (a) Für einen Widerstand ist das Vorzeichen der Potenzialdifferenz negativ, wenn die gewählte Richtung der Masche mit der tatsächlichen Stromrichtung durch diesen Widerstand identisch ist. Das Vorzeichen ist positiv, wenn Sie sich entgegen der Stromrichtung bewegen. (b) Für eine Batterie ist das Vorzeichen der Potenzialdifferenz positiv, wenn die Richtung der Masche von der negativen Klemme zur positiven verläuft. Das Vorzeichen ist negativ, wenn Sie sich von der positiven zur negativen Klemme bewegen.

5 Lösen Sie das entstehende lineare Gleichungssystem nach den Unbekannten auf. Achten Sie auf die richtigen Vorzeichen. Wenn Sie die Lösung gefunden haben, überprüfen Sie sie, indem Sie sie in die Ausgangsgleichungen und eventuell in zusätzliche, nicht verwendete Gleichungen (Knoten- oder Maschengleichungen) einsetzen.

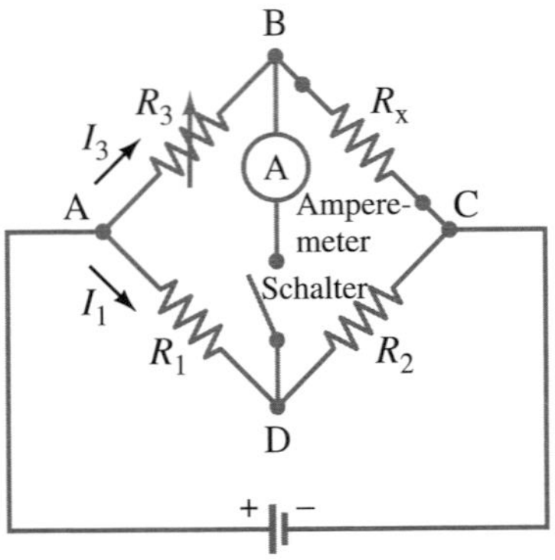

Abbildung 26.14 Beispiel 26.9, Wheatstone-Brücke.

Beispiel 26.9 Wheatstone-Brücke

Eine Wheatstone-Brücke ist eine Variante der „Brückenschaltung", die zur Messung von Widerständen verwendet wird. Der unbekannte, zu messenden Widerstand R_x wird in einen Stromkreis mit den exakt bekannten Widerständen R_1, R_2 und R_3 eingesetzt. R_3 ist ein variabler Widerstand, der so eingestellt ist, dass das Amperemeter •—(A)—• beim Schließen des Schalters den Stromfluss null anzeigt. (Weiter hinten in diesem Kapitel werden wir die Funktionsweise eines Amperemeters behandeln.) (a) Bestimmen Sie R_x in Abhängigkeit von R_1, R_2 und R_3. (b) Wenn eine Wheatstone-Brücke für $R_1 = 630\,\Omega, R_2 = 972\,\Omega$ und $R_3 = 42{,}6\,\Omega$ „balanciert" (abgeglichen) ist, wie groß ist dann der unbekannte Widerstand?

Lösung

a Wir wissen, dass R_3 so abgeglichen wurde, dass kein Strom mehr durch das Amperemeter fließt. Folglich sind die Punkte B und D aus ► Abbildung 26.14 auf dem gleichen Potenzial, es gilt also $U_{AB} = U_{AD}$ oder

$$I_3 R_3 = I_1 R_1 \,.$$

I_1 ist der durch R_1 fließende Strom und auch derjenige, der durch R_2 fließt, wenn die Brücke abgeglichen ist. I_3 ist der Strom durch R_3 und R_x. Wenn die Brücke abgeglichen ist, ist die Spannung am Widerstand R_x gleich der an R_2, so dass gilt

$$I_3 R_x = I_1 R_2 \,.$$

Wir dividieren diese beiden Gleichungen und erhalten

$$R_x = \frac{R_2}{R_1} R_3 \,.$$

In der Praxis ist das Amperemeter sehr empfindlich, deshalb wird der Schalter beim Abgleich von R_3 jeweils kurz geschlossen, um zu überprüfen, ob der Strom null ist.

b $R_x = \frac{R_2}{R_1} R_3 = \left(\frac{972\,\Omega}{630\,\Omega}\right)(42{,}6\,\Omega) = 65{,}7\,\Omega\,.$

Batterien in Reihen- und Parallelschaltung; Aufladen einer Batterie

Werden zwei oder mehrere Spannungsquellen wie in ▸ **Abbildung 26.15a** in Reihe geschaltet, dann ist die resultierende Gesamtspannung die Summe der Einzelspannungen. Wenn dagegen eine 20-V-Batterie und eine 12-V-Batterie verkehrt herum verbunden werden (▸ **Abbildung 26.15b**), ist die Nettospannung U_{ca} gleich 8 V. Das heißt, eine sich von a nach b bewegende positive Testladung erfährt einen Potenzialzuwachs von 20 V, sie verliert aber wieder 12 V, wenn sie sich von b nach c bewegt. Der Nettozuwachs ist also 20 V − 12 V = 8 V. Sie könnten argumentieren, dass das Hintereinanderschalten zweier Batterien auf diese Weise Verschwendung ist. Für die meisten Fälle trifft dies zu. Allerdings entspricht diese Anordnung genau der eines Batterieladegerätes. In ▸ **Abbildung 26.15b** lädt die 20-V-Batterie die 12-V-Batterie auf. Aufgrund ihrer größeren Spannung führt die 20-V-Quelle Ladung zurück in die 12-V-Batterie: Elektronen werden in ihre negative Klemme gezwungen und von der positiven Klemme entfernt. Eine Lichtmaschine sorgt auf diese Weise dafür, dass die Batterie geladen bleibt. Ein zwischen die Anschlüsse einer 12-V-Autobatterie geklemmtes Voltmeter kann bei sehr schnell laufender Maschine Auskunft darüber geben, ob die Lichtmaschine die Batterie lädt. Ist dies der Fall, zeigt das Voltmeter 13 V oder 14 Van. Wenn die Batterie nicht geladen wird, beträgt die Spannung 12 V oder weniger, wenn die Batterie aufgebraucht ist. Autobatterien sind wiederaufladbar, viele andere Batterien jedoch nicht, da die in ihnen ablaufenden chemischen Reaktionen zum Teil nicht reversibel sind. In einem solchen Fall bedeutet die Anordnung in ▸ **Abbildung 26.15b**, dass Energie verschwendet wird.

Spannungsquellen können auch parallel geschaltet werden (siehe ▸ **Abbildung 26.15c**). Dies ist normalerweise nur für gleich große Spannungsquellen sinnvoll. Eine parallele Anordnung wird nicht verwendet um die Spannung zu erhöhen, sondern um mehr Energie zu liefern, wenn hohe Ströme erforderlich sind. Jede der parallel geschalteten Spannungsquellen muss nur einen Teil der Gesamtenergie erzeugen, so dass der Verlust aufgrund des Innenwiderstands kleiner ist als für eine einzelne Spannungsquelle. Die Batterie wird außerdem weniger schnell aufgebraucht.

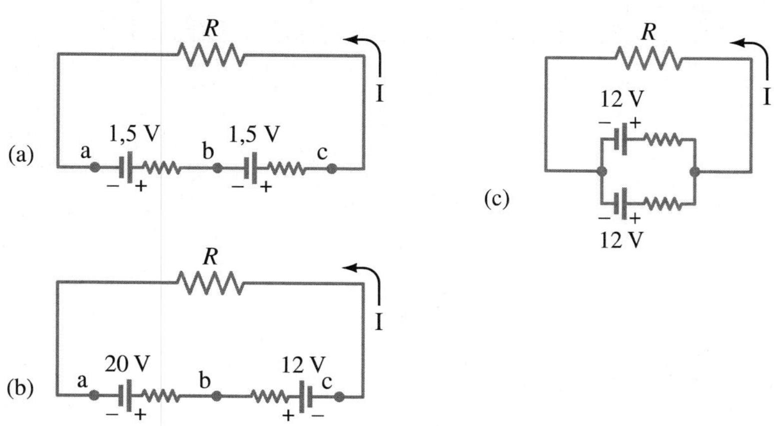

Abbildung 26.15 (a) und (b) Batterien in Reihenschaltung, (c) Batterien in Parallelschaltung.

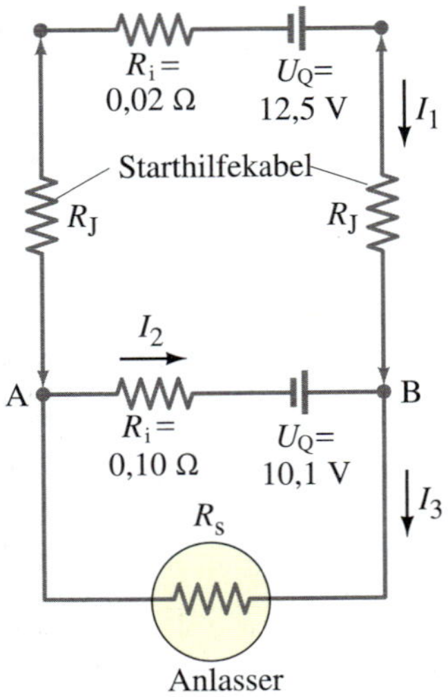

Abbildung 26.16 Beispiel 26.10, Starthilfe.

Beispiel 26.10 Starthilfe

Eine gute Batterie wird zur Starthilfe für ein Auto mit einer schwächeren Batterie verwendet. Die gute Batterie hat eine Quellenspannung von 12,5 V und einen Innenwiderstand von 0,020 Ω. Angenommen, die schwache Batterie hat eine Quellenspannung von 10,1 V und einen Innenwiderstand von 0,10 Ω. Die Starthilfekabel sind jeweils 3,0 m lang und haben einen Durchmesser von 0,50 cm. Sie werden wie in ▸ Abbildung 26.16 dargestellt angeschlossen. Der Anlassermotor wird durch einen Widerstand $R_s = 0{,}15\,\Omega$ repräsentiert. Bestimmen Sie den Strom durch den Spendermotor (a) für den Fall, dass die schwache Batterie mit ihm verbunden ist und (b) für den Fall, dass, wie in ▸ Abbildung 26.16 gezeigt, auch die gute Batterie verbunden ist.

Lösung

a Der Stromkreis ist einfach zu analysieren: Eine Spannungsquelle von 10,1 V wird mit zwei Widerständen in Reihe geschaltet, $0{,}10\,\Omega + 0{,}15\,\Omega = 0{,}25\,\Omega$. Folglich ist der Strom $I = U/R = (10{,}1\,\text{V})/(0{,}25\,\Omega) = 40\,\text{A}$.

b Wir müssen den Widerstand R_J der Starthilfekabel bestimmen, an denen die gute Batterie angeschlossen ist. Nach Gleichung 25.3 gilt $R_J = \rho L/A = (1{,}68 \cdot 10^{-8}\,\Omega{\cdot}\text{m})(3{,}0\,\text{m})/(\pi)(0{,}25 \cdot 10^{-2}\,\text{m})^2 = 0{,}0026\,\Omega$. Die Kirchhoff'sche Maschenregel für die gesamte äußere Masche ergibt

$$12{,}5\,\text{V} - I_1(2R_J + r) - I_3R_S = 0$$
$$12{,}5\,\text{V} - I_1(0{,}025\,\Omega) - I_3(0{,}15\,\Omega) = 0\,. \qquad \text{(a)}$$

Die Maschenregel, angewendet auf die innere Masche, die die schwache Batterie und den Starter enthält, ergibt

$$10{,}1\,\text{V} - I_3(0{,}15\,\Omega) - I_2(0{,}10\,\Omega) = 0\,. \qquad \text{(b)}$$

Die Knotenregel, angewendet auf Punkt B, ergibt

$$I_1 + I_2 = I_3\,. \qquad \text{(c)}$$

Damit haben wir drei Gleichungen mit drei Unbekannten. Wir kombinieren Gleichung (a) und (c), um I_1 zu eliminieren, und erhalten

$$12{,}5\,\text{V} - (I_3 - I_2)(0{,}025\,\Omega) - I_3(0{,}15\,\Omega) = 0$$
$$12{,}5\,\text{V} - I_3(0{,}175\,\Omega) + I_2(0{,}025\,\Omega) = 0\,.$$

Die letzte Gleichung ergibt zusammen mit Gleichung (b) $I_3 = 71\,\text{A}$. Für die beiden anderen Ströme erhalten wir $I_2 = -5\,\text{A}$ und $I_1 = 76\,\text{A}$.

Der in ▸ Abbildung 26.16 dargestellte Stromkreis ohne den Spendermotor entspricht der Anordnung, die zum Aufladen einer Batterie verwendet wird. Die stärkere Batterie sorgt dafür, dass Ladung zurück in die schwächere Batterie fließt. Im vorherigen Beispiel gilt $I_2 = -5\,\text{V}$, d. h. der Strom fließt entgegen der in ▸ Abbildung 26.16 angenommenen Stromrichtung. Die Klemmenspannung der schwächeren Batterie von 10,1 V ist also $U_{BA} = 10{,}1\,\text{V} + (5\,\text{A})(0{,}10\,\Omega) = 10{,}6\,\text{V}$.

Beispiel 26.11 **Verkehrt verbundene Starthilfekabel**

Was passiert, wenn die Starthilfekabel aus Beispiel 26.10 versehentlich anders herum verbunden werden, d. h. die positive Klemme der einen Batterie mit der negativen Klemme der anderen? Warum ist dies gefährlich?

Lösung

Der Stromkreis ist in ► Abbildung 26.17 dargestellt. Schon bevor der Spendermotor angelassen wird (der Schalter S in der Abbildung ist geöffnet), gibt es Probleme, falls die Batterien in der beschriebenen Weise verbunden sind. Aus der Kirchhoff'schen Maschenregel erhalten wir für die einzige stromführende Masche (die obere)

$$12{,}5\ \text{V} - I(2R_\text{J} + 0{,}10\ \Omega + 0{,}02\ \Omega) + 10{,}1\ \text{V} = 0$$

mit $R_\text{J} = 0{,}0026\ \Omega$. Dies lösen wir nach I auf:

$$I = \frac{22{,}6\ \text{V}}{0{,}125\ \Omega} = 180\ \text{A}\,.$$

Der durch die Batterien fließende extrem hohe Strom kann dazu führen, dass diese sehr heiß werden und explodieren. Beispielsweise ist die in der schwachen Batterie verbrauchte Leistung $P = I^2 r = (180\ \text{A})^2(0{,}10\ \Omega) = 3200\ \text{W}$!

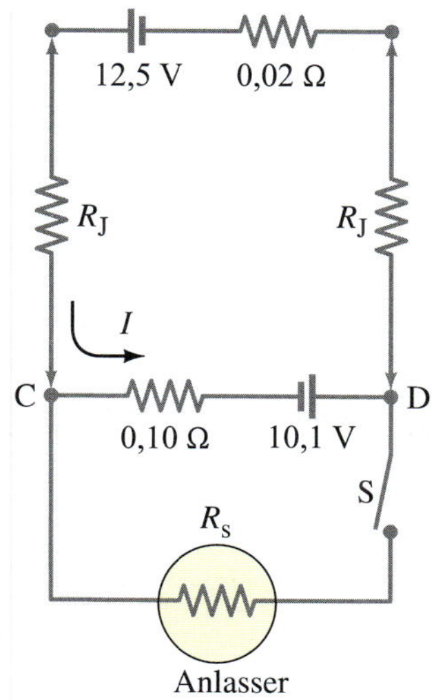

Abbildung 26.17 Beispiel 26.11.

26.4 Schaltkreise mit Widerstand und Kondensator (RC-Schaltkreise)

Bisher haben wir uns in diesem Kapitel auf stationäre Schaltkreise beschränkt, d. h. auf Schaltkreise, die sich zeitlich nicht ändern. Nun wollen wir Schaltkreise untersuchen, die einen Widerstand und einen Kondensator enthalten. Derartige Schaltkreise werden als **RC-Schaltkreise** bezeichnet. RC-Schaltkreise sind allgegenwärtig. Sie werden beispielsweise verwendet, um die Geschwindigkeit von Scheibenwischern oder die Umschaltzeiten von Ampelanlagen zu steuern. Auch in Blitzlichtern von Kameras oder in Herzschrittmachern werden sie eingesetzt.

RC-Schaltkreis

Untersuchen wir zunächst den einfachen RC-Schaltkreis aus ► Abbildung 26.18a. Wenn der Schalter S geschlossen wird, fließt sofort Strom durch den Schaltkreis. Elektronen werden aus der negativen Klemme der Batterie herausgelöst, fließen durch den Widerstand R und sammeln sich auf der oberen Platte des Kondensators. Außerdem fließen Elektronen in die positive Klemme der Batterie, wodurch die andere Platte positiv geladen wird. Durch das Ansammeln von Ladung auf dem Kondensator wächst die an ihm anliegende Potenzialdifferenz und der Strom wird reduziert, bis schließlich die Spannung auf dem Kondensator gleich der Quellenspannung U_Q der Batterie ist. Dann gibt es keine Potenzialdifferenz mehr auf dem Kondensator, so dass kein Strom mehr fließt. Die Ladung Q auf dem Kondensator wächst dann allmählich, wie in ► Abbildung 26.18b dargestellt, und nähert sich dem Grenzwert von $C \cdot U_\text{Q}$ (vgl. Gleichung 24.1, $Q_\text{max} = CU_\text{ba} = CU_\text{Q}$). Die mathematische Form dieser Kurve – d. h. der zeitliche Verlauf von Q – kann aus dem Energieerhaltungssatz abgeleitet werden (oder aus der Kirchhoff'schen Maschenregel). Die Quellenspannung U_Q der Batterie ist gleich der Summe der Potenzialdifferenzen auf dem Widerstand $(R \cdot I)$ und auf dem Kondensator (Q/C):

Aufladen des Kondensators

$$U_\text{Q} = R \cdot I + \frac{Q}{C}\,. \qquad (26.4)$$

Der Widerstand R umfasst alle Widerstände innerhalb des Schaltkreises, einschließlich des Innenwiderstandes der Batterie; I ist der Momentanwert des Stromes und Q der Momentanwert der Ladung. Während U_Q, R und C Konstanten sind, sind Q und I Funktionen der Zeit. Die Rate, mit der die Ladung durch den Widerstand fließt ($I = \mathrm{d}Q/\mathrm{d}t$), ist gleich der Rate, mit der sich die Ladungen auf dem Kondensator akkumulieren. Wir können daher schreiben

$$U_Q = R\frac{\mathrm{d}Q}{\mathrm{d}t} + \frac{1}{C}Q\,.$$

Diese Differenzialgleichung kann durch Trennung der Variablen gelöst werden:

$$\frac{\mathrm{d}Q}{C \cdot U_Q - Q} = \frac{\mathrm{d}t}{RC}\,.$$

Wir integrieren nun von $t = 0$ (wo $Q = 0$ gilt) bis zur Zeit t (zu der sich die Ladung Q auf dem Kondensator befindet):

$$\int_0^Q \frac{\mathrm{d}Q}{CU_Q - Q} = \frac{1}{RC}\int_0^t \mathrm{d}t$$

$$-\ln(CU_Q - Q) - (-\ln CU_Q) = \frac{t}{RC}$$

oder

$$\ln(CU_Q - Q) - \ln(CU_Q) = -\frac{t}{RC}\,,$$

also

$$\ln\left(1 - \frac{Q}{CU_Q}\right) = -\frac{t}{RC}\,.$$

Wir schreiben beide Seiten als Exponenten der e-Funktion und erhalten

$$1 - \frac{Q}{CU_Q} = \mathrm{e}^{-t/RC}$$

oder

Ladung beim Aufladen des Kondensators

$$Q = CU_Q(1 - \mathrm{e}^{-t/RC}) \qquad (26.5a)$$

Die Potenzialdifferenz auf dem Kondensator ist $U_C = Q/C$, so dass gilt

Spannung am Kondensator während des Aufladens

$$U_C = U_Q(1 - \mathrm{e}^{-t/RC}) \qquad (26.5b)$$

Die Gleichungen 26.5 zeigen, dass die Ladung Q auf dem Kondensator und die an ihm anliegende Spannung U_C nach sehr langer Zeit vom Wert null zur Zeit $t = 0$ gegen die Werte $Q_{max} = CU_Q$ und $U_C = U_Q$ streben. Die im Exponenten auftretende Größe RC wird als **Zeitkonstante** τ des Schaltkreises bezeichnet:

Zeitkonstante = *RC*

$$\tau = RC\,.$$

(Die Einheit von RC ist $\Omega \cdot \mathrm{F} = (\mathrm{V/A})(\mathrm{C/V}) = \mathrm{C/(C/s)} = \mathrm{s}$.) Die Größe repräsentiert die Zeit, die der Kondensator benötigt, um das $(1 - \mathrm{e}^{-1}) = 0{,}63$-fache oder 63 Prozent seiner maximalen Ladung zu erreichen. In einem Schaltkreis mit $R = 200\,\mathrm{k\Omega}$ und $C = 3{,}0\,\mu\mathrm{F}$ ist die Zeitkonstante beispielsweise $(2{,}0 \cdot 10^5\,\Omega)(3{,}0 \cdot 10^{-6}\,\mathrm{F}) = 0{,}60\,\mathrm{s}$. Bei geringerem Widerstand ist die Zeitkonstante kleiner. Dies ist physikalisch verständlich, denn der geringere Widerstand kann den Ladungsfluss weniger stark verzögern. Jeder Stromkreis hat einen gewissen Widerstand (und sei es nur durch die Verbindungsdrähte), so dass ein Kondensator niemals im gleichen Moment aufgeladen werden kann, in dem er mit einer Batterie verbunden wird.

Aus den Gleichungen 26.5 ist außerdem ersichtlich, dass Q und U_C ihre jeweiligen Grenzwerte in endlicher Zeit nicht erreichen. In der Zeit $2RC$ erreichen sie 86% des Grenzwerts, in der Zeit $3RC$ 95%, in der Zeit $4RC$ 98% usw., d. h. Q und U_C nähern sich ihren Grenzwerten asymptotisch. Die Zeitkonstante für $R = 20\,\mathrm{k\Omega}$ und $C = 0{,}30\,\mu\mathrm{F}$ ist beispielsweise $(2{,}0 \cdot 10^4\,\Omega)(3{,}0 \cdot 10^{-7}\,\mathrm{F}) = 6{,}0 \cdot 10^{-3}\,\mathrm{s}$. Der Kondensator ist dann innerhalb von weniger als 1/40 s zu mehr als 98% aufgeladen.

Den Strom I durch den in ▸ Abbildung 26.18a gezeigten Schaltkreis kann man für jeden Zeitpunkt t durch Differenzieren von Gleichung 26.5a erhalten:

Strom im Widerstand

$$I = \frac{\mathrm{d}Q}{\mathrm{d}t} = \frac{U_\mathrm{Q}}{R}\,\mathrm{e}^{-t/RC} \,. \tag{26.6}$$

Zum Zeitpunkt $t = 0$ gilt also $I = U_\mathrm{Q}/R$, wie wir für einen Schaltkreis erwarten würden, der nur einen Widerstand enthält (es gibt noch keine Potenzialdifferenz auf dem Kondensator). Der Strom fällt dann exponentiell mit der Zeit, wobei die Zeitkonstante RC ist. Dies ist in ▸ Abbildung 26.18c dargestellt. Die Zeitkonstante RC repräsentiert die Zeit, in der der Strom auf das $1/\mathrm{e} \approx 0{,}37$-fache seines Anfangswertes fällt.

Beispiel 26.12

RC-Schaltkreis mit Spannungsquelle

Die Kapazität in dem in ▸ Abbildung 26.18a dargestellten Schaltkreis ist $C = 0{,}30\,\mu\mathrm{F}$, der Gesamtwiderstand $20\,\mathrm{k\Omega}$ und die Quellenspannung der Batterie 12 V. Bestimmen Sie (a) die Zeitkonstante, (b) die maximale Ladung, die der Kondensator aufnehmen kann, (c) die erforderliche Zeit um 99% dieses Wertes zu erreichen, (d) den Strom I für die Hälfte des Maximalwertes der Ladung, (e) den maximalen Strom und (f) die Ladung Q, wenn der Strom den 0,2-fachen Wert seines Maximums hat.

Lösung

a Die Zeitkonstante ist $RC = (2{,}0 \cdot 10^4\,\Omega)(3{,}0 \cdot 10^{-7}\,\mathrm{F}) = 6{,}0 \cdot 10^{-3}\,\mathrm{s}$.

b Die maximale Ladung ist $Q = CU_\mathrm{Q} = (3{,}0 \cdot 10^{-7}\,\mathrm{F})(12\,\mathrm{V}) = 3{,}6\,\mu\mathrm{C}$.

c Wir setzen in Gleichung 26.5a $Q = 0{,}99CU_\mathrm{Q}$:

$$0{,}99CU_\mathrm{Q} = CU_\mathrm{Q}\left(1 - \mathrm{e}^{-t/RC}\right)$$

oder

$$\mathrm{e}^{-t/RC} = 1 - 0{,}99 = 0{,}01 \,.$$

Dann gilt

$$\frac{t}{RC} = -\ln(0{,}01) = 4{,}6$$

und somit

$$t = 4{,}6RC = 28 \cdot 10^{-3}\,\mathrm{s}$$

oder 28 ms (weniger als 1/30 s).

d Aus Teil (b) wissen wir, dass die maximale Ladung $3{,}6\,\mu\mathrm{C}$ ist. Für den Fall, dass die Ladung halb so groß wie dieser Wert ist, also $1{,}8\,\mu\mathrm{C}$, kann die Stromstärke I unter Verwendung der ursprünglichen Differenzialgleichung 26.4 bestimmt werden:

$$I = \frac{1}{R}\left(U_\mathrm{Q} - \frac{Q}{C}\right) = \frac{1}{2{,}0 \cdot 10^4\,\Omega}\left(12\,\mathrm{V} - \frac{1{,}8 \cdot 10^{-6}\,\mathrm{C}}{0{,}30 \cdot 10^{-6}\,\mathrm{F}}\right) = 300\,\mu\mathrm{A} \,.$$

e Der Strom ist maximal, wenn es auf dem Kondensator keine Ladung gibt ($Q = 0$):

$$I_\mathrm{max} = \frac{U_\mathrm{Q}}{R} = \frac{12\,\mathrm{V}}{2{,}0 \cdot 10^4\,\Omega} = 600\,\mu\mathrm{A} \,.$$

f Wir verwenden wieder Gleichung 26.4 mit $I = 0{,}20I_\mathrm{max} = 120\,\mu\mathrm{A}$ und erhalten $Q = C(U_\mathrm{Q} - RI) = (3{,}0 \cdot 10^{-7}\,\mathrm{F})[12\,\mathrm{V} - (1{,}2 \cdot 10^{-4}\,\mathrm{A})(2{,}0 \cdot 10^4\,\Omega)] = 2{,}9\,\mu\mathrm{C}$.

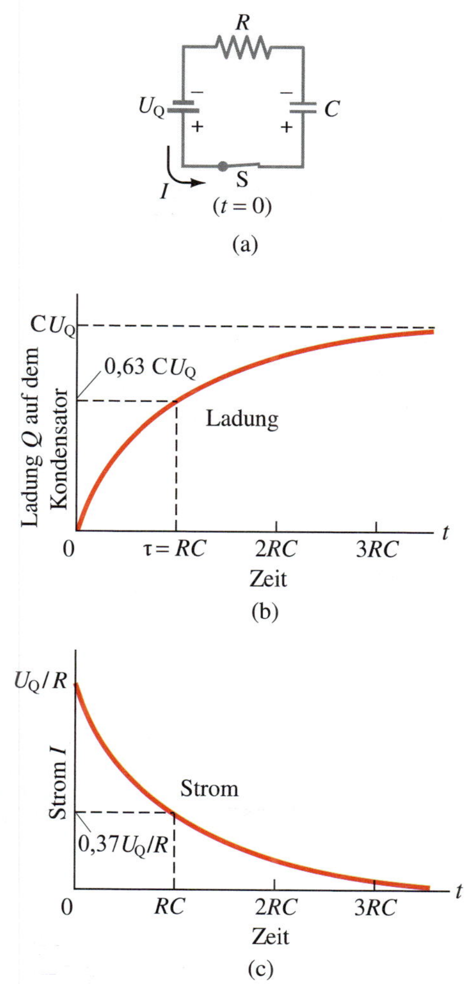

Abbildung 26.18 Für den in (a) dargestellten RC-Stromkreis nimmt die Ladung auf dem Kondensator in Abhängigkeit von der Zeit zu (Teil (b)) und der Strom durch den Widerstand in Abhängigkeit von der Zeit ab (Teil (c)).

Der soeben diskutierte Stromkreis beinhaltet das *Aufladen* eines Kondensators durch eine Batterie mithilfe eines Widerstands. Betrachten wir nun die Situation,

Entladung eines Kondensators

dass ein Kondensator bereits aufgeladen ist (etwa auf eine Spannung U_0) und er sich durch einen Widerstand R, wie in ► Abbildung 26.19a dargestellt, *entladen* kann. (In diesem Fall gibt es keine Batterie.) Wenn der Schalter S geschlossen wird, fließt die Ladung von der einen Seite des Kondensators durch den Widerstand R zur anderen Seite des Kondensators, bis der Kondensator vollständig entladen ist. Die am Widerstand anliegende Spannung ist zu jedem Zeitpunkt gleich der auf dem Kondensator:

$$R \cdot I = \frac{Q}{C} .$$

Die Rate, mit der die Ladung den Kondensator verlässt, ist gleich dem Negativen des Stroms im Widerstand, $I = -\mathrm{d}Q/\mathrm{d}t$, da sich der Kondensator entlädt (Q nimmt ab). Daher schreiben wir die obige Gleichung in der Form

$$-\frac{\mathrm{d}Q}{\mathrm{d}t} R = \frac{Q}{C} .$$

Dies formen wir um zu

$$\frac{\mathrm{d}Q}{Q} = -\frac{\mathrm{d}t}{RC}$$

und integrieren vom Zeitpunkt $t = 0$, zu dem die Ladung auf dem Kondensator Q_0 ist, bis zu einer Zeit t, für die die Ladung gleich Q ist:

$$\ln \frac{Q}{Q_0} = -\frac{t}{RC}$$

oder

Ladung auf einem sich entladenden Kondensator

$$Q = Q_0 \, \mathrm{e}^{-t/RC} . \qquad (26.7)$$

Die Ladung auf dem Kondensator ist eine exponentiell fallende Funktion der Zeit mit der Zeitkonstanten RC. Dies ist in ► Abbildung 26.19b dargestellt. Der Strom ist

Strom im Widerstand

$$I = -\frac{\mathrm{d}Q}{\mathrm{d}t} = \frac{Q_0}{RC} \, \mathrm{e}^{-t/RC} = I_0 \, \mathrm{e}^{-t/RC} \qquad (26.8)$$

und, wie man sieht, ist auch dieser eine exponentiell fallende Funktion der Zeit mit der gleichen Zeitkonstanten RC. Sowohl die Ladung auf dem Kondensator und die an ihm anliegende Spannung ($U_C = Q/C$) als auch der Strom im Widerstand fallen während der Zeit $t = \tau = RC$ auf 37% ihres ursprünglichen Wertes.

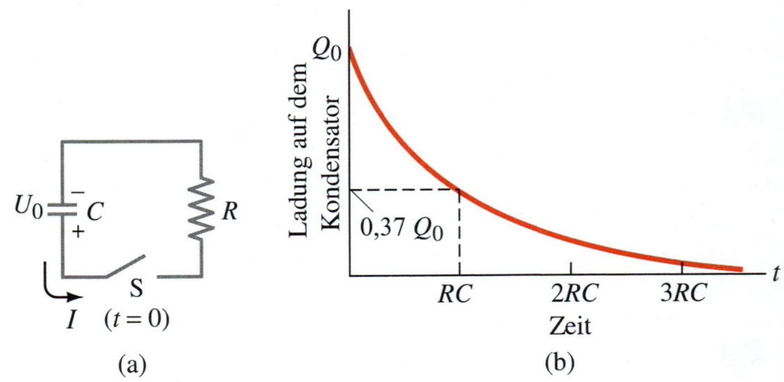

Abbildung 26.19 Für den in (a) dargestellten RC-Stromkreis nimmt die Ladung Q auf dem Kondensator wie in Teil (b) dargestellt in Abhängigkeit von der Zeit ab, nachdem der Schalter S zum Zeitpunkt $t = 0$ geschlossen wurde. Die Spannung auf dem Kondensator folgt demselben Graphen, da $U \propto Q$ gilt.

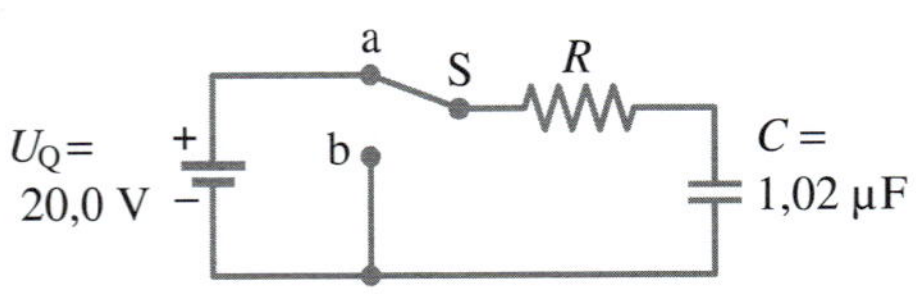

Abbildung 26.20 Beispiel 26.13.

Beispiel 26.13 **Entladung im RC-Schaltkreis**

In dem in ► Abbildung 26.20 dargestellten Schaltkreis hat die Batterie den Kondensator vollständig aufgeladen, so dass $Q_0 = CU_Q$ gilt. Dann wird zum

Zeitpunkt $t = 0$ der Schalter von Position a nach Position b umgelegt. Die Quellenspannung der Batterie beträgt 20,0 V und die Kapazität $C = 1{,}02\ \mu\text{F}$. Der Strom I fällt innerhalb von 40 µs auf die Hälfte seines Anfangswertes. (a) Wie groß ist R? (b) Wie groß ist die Ladung Q des Kondensators zum Zeitpunkt $t = 0$? (c) Wie groß ist Q zur Zeit $t = 60\ \mu\text{s}$?

Lösung

a Zum Zeitpunkt $t = 0$ wird die Batterie aus dem Stromkreis entfernt und der Kondensator beginnt sich durch den Widerstand zu entladen (siehe ▶ Abbildung 26.19). Zu jedem späteren Zeitpunkt t gilt gemäß Gleichung 26.7

$$Q = Q_0\, \mathrm{e}^{-t/RC} = CU_\mathrm{Q}\, \mathrm{e}^{-t/RC}$$

und

$$I = -\frac{\mathrm{d}Q}{\mathrm{d}t} = \frac{U_\mathrm{Q}}{R}\, \mathrm{e}^{-t/RC} = I_0\, \mathrm{e}^{-t/RC}\,.$$

Zur Zeit $t = 40\ \mu\text{s}$ gilt $I = 0{,}50\, I_0$. Folglich ist

$$0{,}50\, I_0 = I_0\, \mathrm{e}^{-t/RC}$$

oder, wenn wir auf beiden Seiten den natürlichen Logarithmus bilden ($\ln 0{,}50 = -0{,}693$)

$$0{,}693 = \frac{t}{RC}$$

und

$$R = \frac{t}{(0{,}693)C} = \frac{(40 \cdot 10^{-6}\ \text{s})}{(0{,}693)(1{,}02 \cdot 10^{-6}\ \text{F})} = 57\ \Omega\,.$$

b Zur Zeit $t = 0$ gilt

$$Q = Q_0 = CU_\mathrm{Q} = (1{,}02 \cdot 10^{-6}\ \text{F})(20{,}0\ \text{V}) = 20{,}4\ \mu\text{C}\,.$$

c Zur Zeit $t = 60\ \mu\text{s}$ gilt

$$Q = Q_0\, \mathrm{e}^{-60\cdot 10^{-6}\ \text{s}/(57\ \Omega)(1{,}02\cdot 10^{-6}\ \text{F})} = 7{,}3\ \mu\text{C}\,.$$

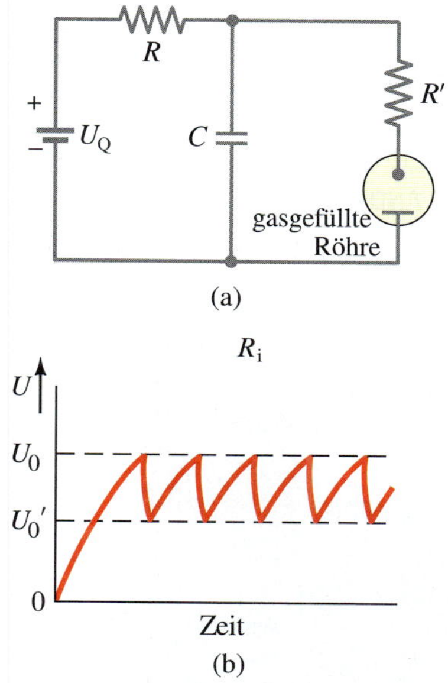

Abbildung 26.21 (a) Ein RC-Schaltkreis, verbunden mit einer gasgefüllten Röhre als Schalter, kann einen sägezahnförmigen Spannungsverlauf erzeugen (Teil (b)).

Anwendung von RC-Schaltkreisen

Das Auf- und Entladen in einem RC-Stromkreis kann ausgenutzt werden, um Spannungspulse mit einer konstanten Frequenz zu erzeugen. Die Ladung auf dem Kondensator wächst, bis die Spannung einen bestimmten Wert erreicht. Dann entlädt sich der Kondensator. Eine einfache Möglichkeit zum Auslösen der Entladung besteht in der Verwendung einer gasgefüllten Röhre, die durchschlägt, wenn die an ihr anliegende Spannung einen Schwellwert U_0 erreicht. Wenn die Entladung abgeschlossen ist, leitet die Röhre keinen Strom mehr und der Aufladungsprozess wiederholt sich mit dem Startwert U_0'. ▶ Abbildung 26.21 zeigt einen möglichen Schaltkreis sowie die von ihm erzeugte Sägezahnspannung.

Die Blinkeinrichtung eines Autos ist eine Anwendung des Sägezahn-Schwingkreises. In diesem Fall wird die Quellspannung ($U_\mathrm{Q} = 12\ \text{V}$) von der Autobatterie geliefert. Das Blinklicht, eine Glimmlampe, leuchtet mit einer Frequenz von etwa zwei Schwingungen pro Sekunde auf. Die Hauptkomponente einer Blinkeinrichtung ist ein mittelgroßer Kondensator.

Bei der Intervallschaltung von Autoscheibenwischern wird manchmal ebenfalls ein RC-Schaltkreis verwendet. Die Zeitkonstante RC bestimmt die Frequenz, mit der sich die Scheibenwischer bewegen. Sie kann durch Schalter geändert werden, die für festes C verschiedene Werte von R liefern.

ANGEWANDTE PHYSIK

Sägezahnspannung, Blinkeinrichtung, Herzschrittmacher

Eine weitere interessante Anwendung des RC-Schaltkreises ist der elektronische Herzschrittmacher, mit dem ein stehengebliebenes Herz zum Weiterschlagen gebracht werden kann, indem es über an der Brust angebrachte Elektroden elektrisch stimuliert wird. Der Stimulus kann, falls notwendig, entsprechend dem normalen Herzrhythmus wiederholt werden. Das Herz selbst enthält *Schrittmacherzellen*, die pro Minute 60 bis 80 winzige elektrische Impulse aussenden. Diese Impulse lösen den Beginn jedes einzelnen Herzschlages aus. Bei einigen Herzkrankheiten funktioniert dieser natürliche Schrittmacher nicht richtig, so dass das Herz seinen natürlichen Schlagrhythmus verliert. Menschen, die an einer solchen Krankheit leiden, verwenden heute oft einen *elektronischen Herzschrittmacher*, der reguläre Spannungspulse liefert, die den Herzschlag auslösen und steuern. Die Elektroden sind im oder in der Nähe des Herzens implantiert und der Schaltkreis enthält gewöhnlich einen Kondensator und einen Widerstand. Die Ladung auf dem Kondensator wächst bis zu einem bestimmten Wert, dann entlädt sich der Kondensator. Anschließend lädt er sich wieder auf. Die Pulsrate hängt von R und C ab.

26.5 Gleichstrom-Amperemeter und Voltmeter

ANGEWANDTE PHYSIK

Elektrische Messgeräte

Ein Amperemeter dient zum Messen der Stromstärke und ein Voltmeter zum Messen von Potenzialdifferenzen oder Spannungen. Analoge Amperemeter bzw. Voltmeter, bei denen die Anzeige durch einen Zeiger auf einer Skala erfolgt (siehe ▸ Abbildung 26.22), bestehen im Wesentlichen aus einem *Galvanometer*. Das Funktionsprinzip eines Galvanometers beruht auf der Kraft zwischen einem Magnetfeld und einer stromführenden Drahtspule. Wir werden das Galvanometer in Kapitel 27 näher behandeln. An dieser Stelle genügt es zu wissen, dass die Ablenkung der Galvanometernadel proportional zu dem durch das Galvanometer fließenden Strom ist. Die maximale *Stromempfindlichkeit* I_m eines Galvanometers ist der Strom, der für den maximalen Ausschlag der Nadel erforderlich ist.

Abbildung 26.22 Verwendung eines Multimeters als Voltmeter.

Amperemeter verwenden Nebenwiderstände

Mit einem Galvanometer können kleine Gleichströme direkt gemessen werden. Beispielsweise kann ein Galvanometer mit einer Empfindlichkeit $I_m = 50\,\mu A$ Ströme zwischen 1 µA und 50 µA messen (kleinere Ströme sind auf der verwendeten Skala kaum noch anzeigbar). Um größere Ströme messen zu können, wird ein Widerstand parallel zum Galvanometer geschaltet. Ein Amperemeter, dargestellt durch das Symbol (•—Ⓐ—•), besteht also aus einem Galvanometer (•—Ⓖ—•) und einem parallel dazu geschalteten Widerstand, der als **Nebenwiderstand** bezeichnet wird (siehe ▸ Abbildung 26.23). Der Nebenwiderstand ist R_{par} und der Widerstand der Galvanometerspule, durch die der Strom fließt, ist R_i. Der Wert von R_{par} wird entsprechend des gewünschten maximalen Ausschlags gewählt und ist normalerweise sehr klein, wodurch das Amperemeter einen sehr kleinen Innenwiderstand bekommt.

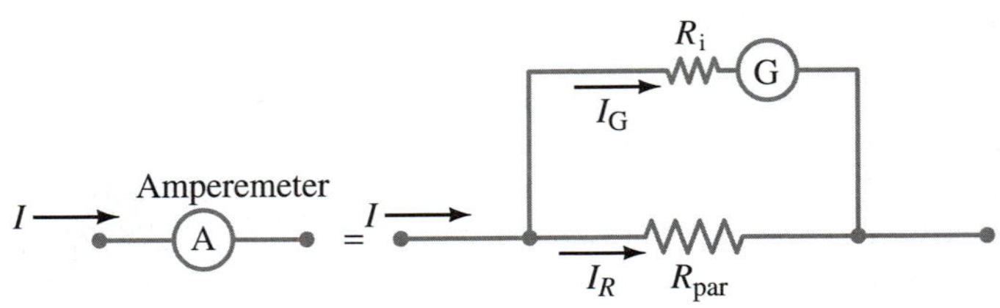

Abbildung 26.23 Ein Amperemeter ist ein parallel mit einem Galvanometer geschalteter Nebenwiderstand, der einen geringen Ohm'schen Widerstand R_{par} besitzt.

Beispiel 26.14 **Entwurf eines Amperemeters**

Entwerfen Sie ein Amperemeter, das maximal 1,0 A anzeigt und ein Galvanometer mit einer maximalen Stromempfindlichkeit von 50 µA und einem Widerstand von $R_i = 30\,\Omega$ verwendet. Prüfen Sie nach, ob die Skala linear ist.

Lösung

Wenn der gesamte in das Amperemeter fließende Strom I gleich 1,0 A ist, dann soll der Strom I_G durch das Galvanometer genau 50 µA betragen (so dass die Nadel maximal ausschlägt, siehe ▶ Abbildung 26.23). Demzufolge müssen 0,999950 A ($= I_R$) durch den Nebenwiderstand R_{par} fließen. Da die Potenzialdifferenz auf dem Nebenwiderstand die gleiche ist wie auf dem Galvanometer, also

$$R_{par} \cdot I_R = R_i \cdot I_G \, ,$$

gilt

$$R_{par} = \frac{I_G R_i}{I_R} = \frac{(5{,}0 \cdot 10^{-5}\,\mathrm{A})(30\,\Omega)}{(0{,}999950\,\mathrm{A})} = 1{,}5 \cdot 10^{-3}\,\Omega$$

oder 0,0015 Ω. Der Nebenwiderstand muss also sehr klein sein, so dass der größte Teil des Stroms hindurchfließen kann.

Wenn der in das Messgerät hineinfließende Strom 0,50 A beträgt, entsteht im Galvanometer ein Strom von $I_G = I_R R_{par}/R_i = (0{,}50\,\mathrm{A})(1{,}5 \cdot 10^{-3}\,\Omega)/30\,\Omega = 25\,\mu\mathrm{A}$, was wie gefordert die Hälfte des Maximalausschlags bewirkt.

Ein Voltmeter (●–Ⓥ–●) besteht ebenfalls aus einem Galvanometer und einem Widerstand. Der Widerstand R_{ser} ist jedoch mit dem Galvanometer in Reihe geschaltet (▶ Abbildung 26.24) und gewöhnlich recht groß, was dem Voltmeter einen großen Innenwiderstand verleiht.

Voltmeter arbeiten mit in Reihe geschalteten Widerständen

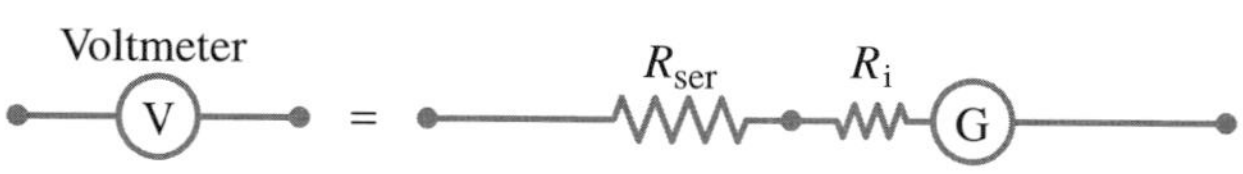

Abbildung 26.24 Ein Voltmeter ist ein in Reihe mit einem Galvanometer geschalteter Widerstand, der einen großen Ohm'schen Widerstand R_{ser} besitzt.

Beispiel 26.15 Entwurf eines Voltmeters

Entwerfen Sie ein Voltmeter, das das gleiche Galvanometer mit einem Innenwiderstand von $R_i = 30\,\Omega$ und einer maximalen Empfindlichkeit von 50 µA verwendet, und zwischen 0 V und 15 V anzeigt. Ist die Skala linear?

Lösung

Wenn an den Anschlüssen des Voltmeters eine Potenzialdifferenz von 15 V anliegt, dann sollten 50 µA durch das Voltmeter fließen, damit die Nadel voll ausschlägt. Nach dem Ohm'schen Gesetz $U = RI$ gilt

$$15\,\mathrm{V} = (R_i + R_{ser})(50\,\mu\mathrm{A})$$

und damit

$$R_{ser} = \frac{15\,\mathrm{V}}{5{,}0 \cdot 10^{-5}\,\mathrm{A}} - R_i = 300\,\mathrm{k}\Omega - 30\,\Omega = 300\,\mathrm{k}\Omega$$

(siehe ▶ Abbildung 26.24). Der Wert $R_i = 30\,\Omega$ ist so klein im Verhältnis zu R_{ser}, dass er die Rechnung nicht signifikant beeinflusst.

Auch in diesem Fall ist die Skala linear. Wenn die zu messende Spannung 6,0 V beträgt, dann ist der das Voltmeter durchfließende Strom $(6{,}0\,\mathrm{V})/(3{,}0 \cdot 10^5\,\Omega) = 2{,}0 \cdot 10^{-5}\,\mathrm{A}$ oder 20 µA. Dies bewirkt wie gefordert einen Ausschlag von zwei Fünfteln des Maximalausschlags ($6{,}0\,\mathrm{V}/15{,}0\,\mathrm{V} = 2/5$).

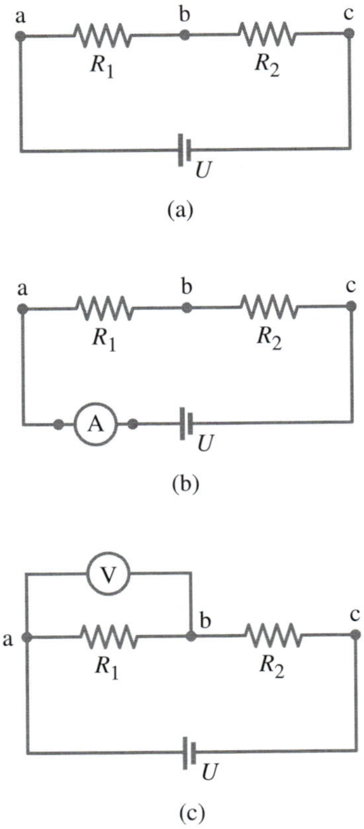

Abbildung 26.25 Messung von Strom und Spannung.

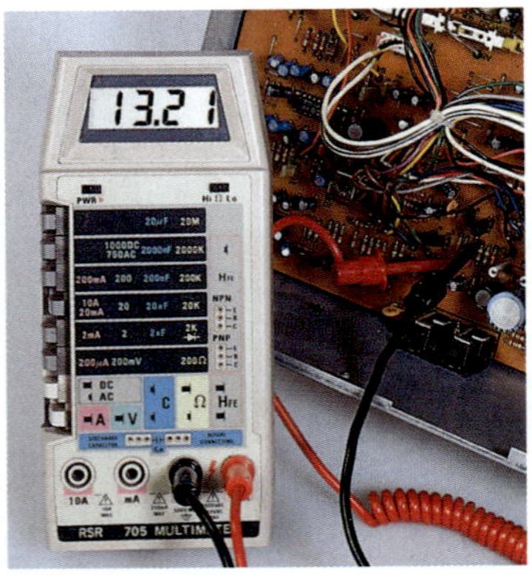

Abbildung 26.26 Ein digitales Multimeter bei der Messung des Ohm'schen Widerstands.

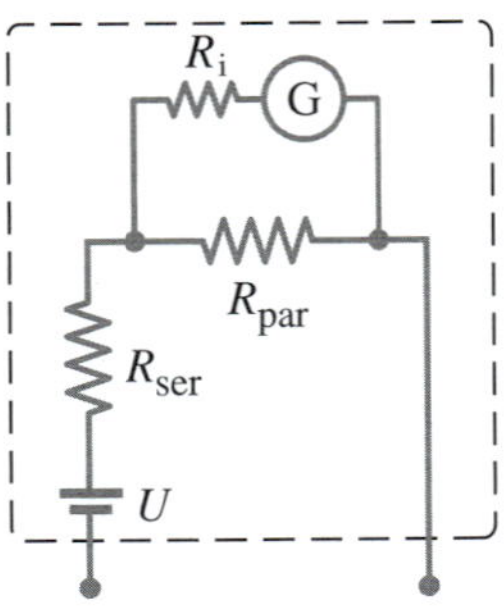

Abbildung 26.27 Ein Ohmmeter.

Verwendung von Voltmetern und Amperemetern

Angenommen, wir wollen in dem in ▸ Abbildung 26.25a dargestellten Stromkreis den Strom I sowie die am Widerstand R_1 anliegende Spannung bestimmen. Wie genau misst das mit dem Stromkreis verbundene Amperemeter bzw. das Voltmeter?

Ein Amperemeter wird verwendet, um den durch den Stromkreis fließenden Strom zu messen, es muss daher direkt, d. h. in Reihe mit den anderen Elementen in den Stromkreis eingebunden werden (siehe ▸ Abbildung 26.25b). Je kleiner sein Innenwiderstand ist, umso weniger beeinflusst es den Stromkreis.

Ein Voltmeter dagegen wird mit dem Element, dessen Spannung gemessen werden soll, parallel geschaltet. Es wird verwendet, um die Potenzialdifferenz zwischen zwei Punkten zu messen. Seine beiden Verbindungsdrähte werden, wie in ▸ Abbildung 26.25c dargestellt, mit den beiden Punkten verbunden, wobei die am Widerstand R_1 anliegende Spannung gemessen wird. Je größer der Innenwiderstand des Voltmeters ist ($R_{ser} + R_i$ in ▸ Abbildung 26.24), umso weniger beeinflusst es den Stromkreis.

Voltmeter und Amperemeter können verschiedene Reihen- oder Nebenwiderstände haben. Dies ermöglicht die Wahl zwischen verschiedenen Messbereichen. **Multimeter** können Spannung, Strom und Widerstand messen. Elektrische Messgeräte mit Digitalanzeige werden als digitale Voltmeter (DVM) oder digitale Multimeter (DMM) bezeichnet (siehe ▸ Abbildung 26.26).

Um den Widerstand zu messen muss das Messgerät eine Batterie von bekannter Spannung enthalten, die in Reihe mit einem Widerstand (R_{ser}) und einem Amperemeter verbunden ist. Dies ergibt ein **Ohmmeter** (siehe ▸ Abbildung 26.27). Der zu messende Widerstand vervollständigt den Stromkreis. Der Ausschlag ist umgekehrt proportional zum Widerstand. Die Skaleneinteilung hängt vom Wert des in Reihe geschalteten Widerstands ab. Da ein Ohmmeter einen Strom durch das Gerät schickt, dessen Widerstand gemessen werden soll, sollte es nicht für sehr empfindliche Geräte verwendet werden, die durch den Strom zerstört werden könnten.

Die **Empfindlichkeit** eines elektrischen Messgeräts ist gewöhnlich an seiner Vorderseite angegeben. Sie gibt die Anzahl von Ohm pro Volt an, die dem Ohm'schen Widerstand im Messgerät pro Volt des vollen Ausschlags entsprechen. Beispielsweise bedeutet eine Empfindlichkeit von 30 000 Ω/V, dass das Messgerät auf der 10-V-Skala einen Widerstand von 300 000 Ω hat. Die weiter vorn eingeführte maximale Stromempfindlichkeit I_m ist das Reziproke der Empfindlichkeit in Ω/V.

Effekte des Widerstands elektrischer Messgeräte

Es ist wichtig die Empfindlichkeit eines elektrischen Messgeräts zu kennen, da dessen Widerstand die Ergebnisse in vielen Fällen erheblich beeinflussen kann. Betrachten wir hierzu die folgenden Beispiele.

Beispiel 26.16 Spannungsanzeige vs. tatsächliche Spannung

Angenommen, Sie wollen einen elektronischen Schaltkreis untersuchen, der in Reihe geschaltet ist und Widerstände R_1 und R_2 von jeweils 15 kΩ enthält (siehe ▸ Abbildung 26.28a). Die Batterie liefert eine Spannung von 8,0 V und hat einen vernachlässigbar kleinen Innenwiderstand. Ein Voltmeter mit einer Empfindlichkeit von 10 000 Ω/V wird auf die 5,0-V-Skala gesetzt. Welche Spannung zeigt das Voltmeter an, wenn es an den Widerstand R_1 angeschlossen wird, und wie groß ist der durch den endlichen Widerstand des Voltmeters verursachte Fehler?

Lösung

Auf der 5,0-V-Skala hat das Voltmeter einen Innenwiderstand von (5,0 V) (10 000 Ω/V) = 50 000 Ω. Wenn es wie in ▸ Abbildung 26.28b mit dem Widerstand R_1 verbunden wird, sind diese 50 kΩ parallel mit $R_1 = 15$ kΩ. Der resultierende Gesamtwiderstand R_{ges} ist durch

$$\frac{1}{R_{ges}} = \frac{1}{50\,\text{k}\Omega} + \frac{1}{15\,\text{k}\Omega} = \frac{13}{150\,\text{k}\Omega}$$

und somit $R_{ges} = 11{,}5$ kΩ gegeben. Dieser Widerstand ist in Reihe mit $R_2 = 15$ kΩ geschaltet, so dass der Gesamtwiderstand des Stromkreises 26,5 kΩ ist. Damit ergibt sich für den durch die Batterie fließenden Strom

$$I = \frac{8{,}0\,\text{V}}{26{,}5\,\text{k}\Omega} = 0{,}30\,\text{mA}\,.$$

Die Potenzialdifferenz an R_1, die gleiche wie jene am Voltmeter, ist damit $(3{,}0 \cdot 10^{-4}\,\text{A})(11{,}5 \cdot 10^3\,\Omega) = 3{,}5$ V. (Die Potenzialdifferenz an R_2 ist $(3{,}0 \cdot 10^{-4}\,\text{A})(15 \cdot 10^3\,\Omega) = 4{,}5$ V, was insgesamt 8,0 V ergibt.) Wenn das Messgerät genau arbeitet, dann zeigt es 3,5 V an. Im einfachen Stromkreis ohne das Messgerät gilt $R_1 = R_2$, die Spannung an R_1 ist also halb so groß wie die der Batterie, also 4,0 V. Daher zeigt das Voltmeter wegen seines Innenwiderstands einen kleinen Wert an. Im vorliegenden Fall weicht es um 0,5 V oder mehr als 10% ab.

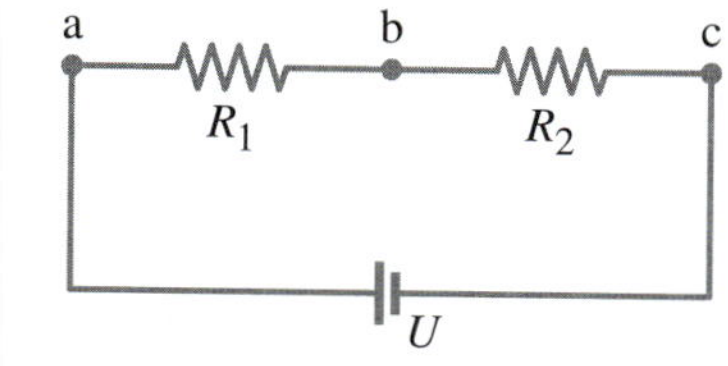

(a)

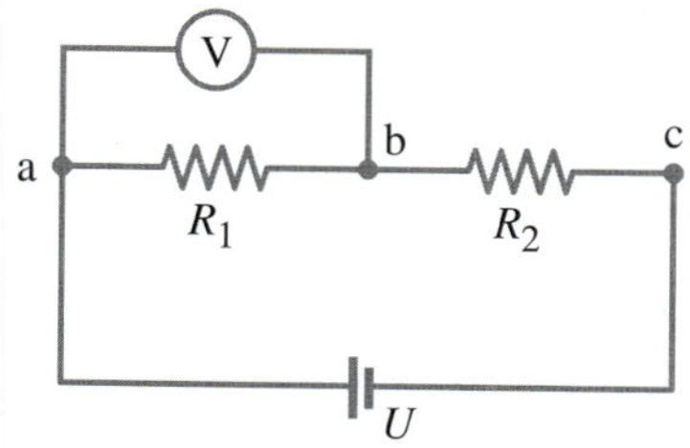

(b)

Abbildung 26.28 Beispiel 26.16.

Beispiel 26.16 illustriert, wie stark ein elektrisches Messgerät einen Schaltkreis beeinflussen und zu irreführenden Ergebnissen führen kann. Wenn der Widerstand eines Voltmeters wesentlich größer als der Widerstand des Schaltkreises ist, hat er jedoch kaum einen Einfluss und man kann davon ausgehen, dass der angezeigte Wert im Rahmen der angegebenen Genauigkeit richtig ist. Für analoge Messgeräte liegt diese Genauigkeit typischerweise bei 3 bis 4% des Maximalausschlags. Auch ein Amperemeter kann einen Schaltkreis beeinflussen. Dieser Einfluss ist dann minimal, wenn sein Widerstand wesentlich kleiner als der des Schaltkreises insgesamt ist. Sowohl für Voltmeter als auch für Amperemeter gilt, dass der Einfluss umso geringer ist, je größer die Empfindlichkeit des Galvanometers ist. Ein 50 000-Ω/V-Messgerät ist wesentlich besser als ein 1000-Ω/V-Messgerät.

Elektronische Voltmeter, die Transistoren verwenden (einschließlich digitaler Messgeräte), haben einen sehr hohen Eingangswiderstand (meist angegeben in Ω) zwischen 10^6 und 10^8 Ω, manchmal sogar noch höher. Sie haben daher kaum einen Einfluss auf die meisten Schaltkreise und ihre Anzeige kann in der Regel als korrekt angesehen werden. Die Genauigkeit digitaler Messgeräte liegt typischerweise bei einem Zehntausendstel (= 0,01%) oder weniger. Modernste Messgeräte erreichen eine Genauigkeit von einem Millionstel.

26.6 Wandler und Thermoelemente

Ein *Wandler* ist ein Gerät, das eine bestimmte Form von Energie in eine andere umwandelt. Ein HiFi-Lautsprecher ist ein solcher Wandler; er wandelt elektrische Energie in Schallenergie um (siehe Kapitel 27). Auch ein Mikrofon ist ein Wandler; es formt Schall in ein elektrisches Signal um.

Wandler werden oft zum Messen bestimmter Größen verwendet. In diesem Fall wandeln sie einen bestimmten Signaltyp in einen anderen um, meist in ein elektrisches Signal. Das *Widerstandsthermometer* und der *Thermistor*, die bereits im letzten Kapitel erwähnt wurden, sind Beispiele hierfür. Im Wesentlichen setzen sie eine Temperaturänderung in eine Änderung des Widerstands, also einer elektrischen Eigenschaft um.

Ein *Dehnungsmessstreifen* (siehe ▸ Abbildung 26.29) nutzt die Elastizität eines Drahtes aus, der sich proportional zur angewendeten Kraft (oder Beanspruchung)

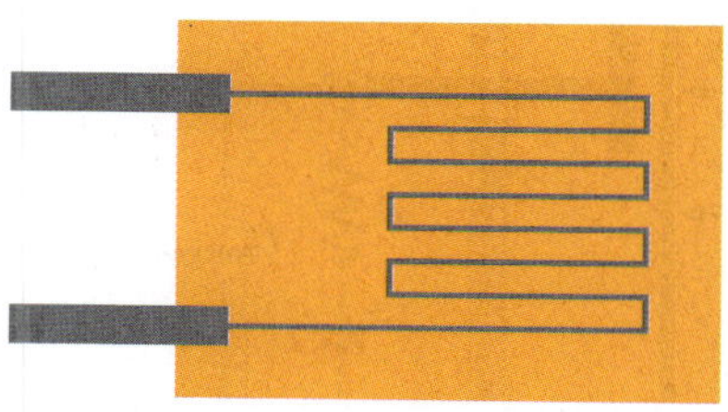

Abbildung 26.29 Ein Dehnungsmessstreifen.

ANGEWANDTE PHYSIK

Dehnungsmessstreifen, Piezoelektrik, Thermoelement, Mikrofon

ausdehnt. Durch das Ausdehnen steigt der Widerstand des Drahtes, da er länger wird und gleichzeitig seine Querschnittsfläche verringert (vgl. Gleichung 25.3). Der dünne Draht eines Dehnungsmessstreifens ist gewöhnlich mit einem flexiblen Grundkörper verbunden. Wenn der Dehnungsmessstreifen fest mit einer Struktur verbunden wird, ändert sich sein Widerstand direkt proportional mit jeder Änderung der Beanspruchung der Struktur. Da der Draht nicht über seine Elastizitätsgrenze hinaus gedehnt werden darf, ist die Längenänderung gewöhnlich sehr klein. Folglich ist auch die Änderung des Widerstands sehr klein (weniger als ein Tausendstel). Zur Messung dieser Änderung wird eine sehr empfindliche Wheatstone-Brücke verwendet. Dehnungsmessstreifen müssen sehr sorgfältig kalibriert werden. Sie werden in vielen Anwendungsbereichen eingesetzt, so z. B. von Architekten und Ingenieuren, um an Modellen die Beanspruchung in kritischen Punkten zu bestimmen. Wenn ein solcher Dehnungsmesser an eine Membran angeschlossen wird, dann verursacht eine Änderung des Drucks gegen die Membran eine Dehnung des Drahtes. Auf diese Weise kann ein Dehnungsmessstreifen zum Messen des Drucks verwendet werden. Er wird in diesem Zusammenhang als *Druckwandler* bezeichnet.

Ein anderer Typ des Druckwandlers basiert auf dem *piezoelektrischen Effekt*. Dieser Effekt tritt in bestimmten Kristallen auf (z. B. in Quarz), die bei mechanischer Beanspruchung polarisiert werden (siehe Abschnitt 24.5) und dadurch eine zur Beanspruchung proportionale elektromotorische Kraft erzeugen.

Das *Thermoelement* ist ein Gerät, das ein elektrisches Signal erzeugt, wenn es unterschiedlichen Temperaturen ausgesetzt ist. Im Unterschied zum Widerstandsthermometer, bei dem sich der Widerstand mit der Temperatur ändert, erzeugt das Thermoelement eine elektromotorische Kraft und beruht auf dem „thermoelektrischen Effekt". Wenn zwei unterschiedliche Metalle, etwa Eisen und Kupfer, wie in ▸ Abbildung 26.30a dargestellt, an den Enden miteinander verbunden werden, dann wird eine elektromotorische Kraft erzeugt, falls die beiden Verbindungen unterschiedliche Temperaturen aufweisen.[3] Die Stärke dieser elektromotorischen Kraft hängt von der Temperaturdifferenz ab. Im normalen Betrieb wird ein Ende auf einer bekannten Temperatur gehalten. Diese „Referenztemperatur" ist häufig 0°C. Das andere Ende liegt an der Messstelle. Die elektromotorische Kraft wird durch ein genaues Messinstrument gemessen (siehe ▸ Abbildung 26.30b), mit Anschlüssen aus gleichem Material und auf gleicher Temperatur, so dass keine zusätzliche elektromotorische Kraft erzeugt wird. Oft sind die Enden eines Thermoelements mit Drähten verbunden, die ebenfalls auf gleicher Temperatur zu halten sind.

Ein *Mikrofon* ist ein Wandler, der Schallwellen in ein elektrisches Signal umwandelt. Ein Typ eines solchen Wandlers ist das Kondensatormikrofon (siehe ▸ Abbildung 26.31). Die mit einer Schallwelle einhergehende Änderung des Luftdrucks bewirkt, dass sich eine der Kondensatorplatten vor- und zurückbewegt. Aus Kapitel 24 wissen wir, dass die Kapazität umgekehrt proportional zum Plattenabstand ist. Eine Schallwelle verursacht also eine Änderung der Kapazität. Dies wiederum bewirkt, dass sich die Ladung Q auf den Platten ändert ($Q = CU$), so dass ein elektrischer Strom mit der Frequenz der einlaufenden Schallwelle erzeugt wird.

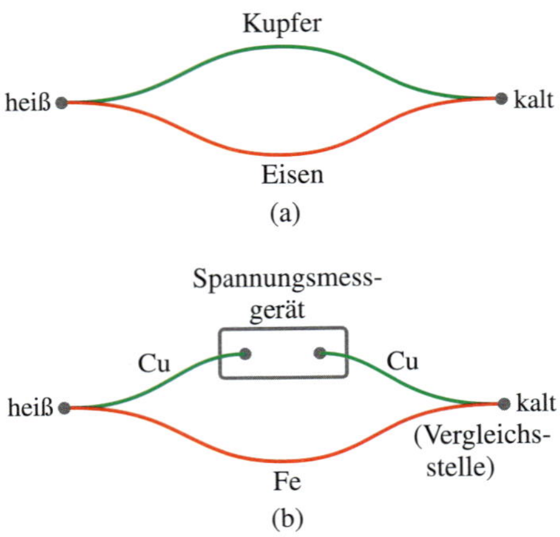

Abbildung 26.30 Ein Thermoelement.

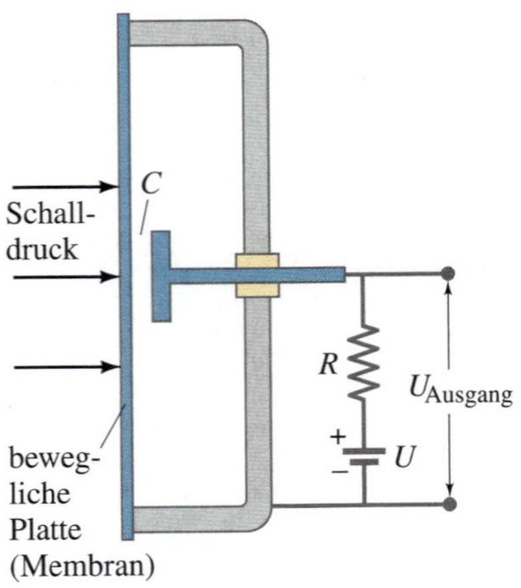

Abbildung 26.31 Darstellung eines Kondensatormikrofons.

3 Ein Teil der theoretischen Erklärung besteht darin, dass die Elektronen in einem der beiden Metalle niedrigere Energiezustände besetzen als in dem anderen und deshalb einige von ihnen über die Verbindung fließen. Dadurch ist das eine Metall stärker positiv als das andere, so dass ein *Kontaktpotenzial* zwischen ihnen besteht. Wenn die beiden Enden die gleiche Temperatur haben, dann ist das Kontaktpotenzial in beiden gleich und es fließt kein Strom. Hat dagegen eines der beiden Enden eine höhere Temperatur, ändern sich die Energiezustände und die Kontaktpotenziale sind unterschiedlich. In diesem Fall gibt es eine effektive elektromotorische Kraft und es fließt ein Strom.

Z U S A M M E N F A S S U N G

Ein Gerät, das Energie einer bestimmten Form in elektrische Energie umwandelt, wird als **Quelle** der **elektromotorischen Kraft** bezeichnet. Eine Batterie verhält sich wie eine Quelle der elektromotorischen Kraft, die in Reihe mit einem **Innenwiderstand** geschaltet ist. Die Quellenspannung der Batterie ist gleich der Potenzialdifferenz, die durch die in der Batterie ablaufenden chemischen Reaktionen bestimmt wird, und gleich der Klemmenspannung, wenn kein Strom gezogen wird. Wird ein Strom gezogen, ist die Spannung an den Klemmen der Batterie kleiner als ihre Quellenspannung, und zwar um die Potenzialdifferenz Ir des Innenwiderstands.

Wenn Widerstände in **Reihe** geschaltet werden, dann ist der Gesamtwiderstand dieser Anordnung gleich der Summe der Einzelwiderstände:

$$R_{\text{ges}} = R_1 + R_2 + \ldots .$$

Werden Widerstände **parallel** geschaltet, dann ist das Reziproke des Gesamtwiderstands gleich der Summe der Reziproken der Einzelwiderstände:

$$\frac{1}{R_{\text{ges}}} = \frac{1}{R_1} + \frac{1}{R_2} + \ldots .$$

Bei einer parallelen Anordnung von Widerständen ist der resultierende Gesamtwiderstand kleiner als jeder Einzelwiderstand.

Mithilfe der **Kirchhoff'schen Regeln** können Ströme und Spannungen in Stromkreisen bestimmt werden. Die Kirchhoff'sche **Knotenregel** beruht auf der Erhaltung der elektrischen Ladung und besagt, dass die Summe aller in einen Knoten hineinfließenden Ströme gleich der Summe der aus dem Knoten herausfließenden Ströme ist. Die Kirchhoff'sche **Maschenregel** beruht auf der Erhaltung der Energie und besagt, dass die Summe der Potenzialänderungen entlang eines geschlossenen Weges innerhalb des Stromkreises null sein muss.

Wenn ein **RC-Stromkreis**, der einen Widerstand R und einen dazu in Reihe geschalteten Kondensator C enthält, mit einer Gleichspannungsquelle verbunden wird, dann wächst die Spannung auf dem Kondensator wie $(1 - e^{-t/RC})$, wobei die **Zeitkonstante** $\tau = RC$ die Zeit ist, die vergeht, bis der Kondensator 63% seines Maximalwertes erreicht hat. Der durch den Widerstand fließende Strom fällt wie $e^{-t/RC}$.

Ein sich durch einen Widerstand entladender Kondensator wird durch die gleiche Zeitkonstante $\tau = RC$ charakterisiert. Die Spannung auf dem Kondensator fällt in dieser Zeit auf 37% ihres Anfangswertes. Die Ladung auf dem Kondensator und die an ihm anliegende Spannung fallen wie $e^{-t/RC}$, ebenso der Strom.

Z U S A M M E N F A S S U N G

Verständnisfragen

1 Warum können Vögel auf Stromleitungen gefahrlos sitzen, während es extrem gefährlich ist, eine metallene Leiter daran anzulehnen, um einen hängen gebliebenen Papierdrachen herunterzuholen?

2 Diskutieren Sie die Vor- und Nachteile von Parallelschaltungen für Weihnachtsbaumbeleuchtungen gegenüber Reihenschaltungen.

3 Ist es möglich, mehrere 6-V-Glühlampen zum Leuchten zu bringen, ohne dass sie durchbrennen, wenn Ihnen nichts außer einer 120-V-Leitung zur Verfügung steht? Erläutern Sie Ihre Antwort.

4 Zwei Glühlampen mit den Ohm'schen Widerständen R_1 und R_2 ($> R_1$) sind in Reihe geschaltet. Welche von beiden leuchtet heller? Was passiert, wenn sie parallel geschaltet werden?

5 Beschreiben Sie den Unterschied zwischen Quellenspannung und Potenzialdifferenz.

6 Bei den Steckdosen im Haushalt handelt es sich meist um Doppelsteckdosen. Sind diese in Reihe oder parallel geschaltet? Woher wissen Sie das?

7 Wie würden Sie zwei identische Glühlampen und zwei identische Batterien in einem Stromkreis anordnen, um die maximal mögliche Gesamtleistung zu erhalten? (Nehmen Sie an, dass die Innenwiderstände der Batterien vernachlässigbar sind.)

8 Erläutern Sie, warum die Kirchhoff'sche Knotenregel auf der Erhaltung der elektrischen Ladung beruht.

9 Erläutern Sie, warum die Kirchhoff'sche Maschenregel aus der Energieerhaltung folgt.

10 Wie ändert sich der Gesamtwiderstand des elektrischen Stromkreises in Ihrem Zimmer, wenn Sie zu einer einzelnen 60-W-Glühlampe zusätzlich eine 100-W-Glühlampe einschalten?

11 Gegeben ist der in ▸Abbildung 26.32 dargestellte Stromkreis. Vervollständigen Sie die folgenden Aussagen durch die Begriffe „nimmt zu", „nimmt ab" oder „bleibt gleich":

(a) Wenn R_7 größer wird, dann ..... die Potenzialdifferenz zwischen A und E (wobei angenommen wird, dass •—(A)—• und U_Q keinen Ohm'schen Widerstand besitzen).

(b) Wenn R_7 größer wird, dann ..... die Potenzialdifferenz zwischen A und E (wobei angenommen wird, dass •—(A)—• und U_Q einen Ohm'schen Widerstand besitzen).

(c) Wenn R_7 größer wird, ... der Spannungsunterschied auf R_4 .....

(d) Wenn R_2 kleiner wird, ... der Strom durch R_1 .....

(e) Wenn R_2 kleiner wird, ... der Strom durch R_6 .....

(f) Wenn R_2 kleiner wird, ... der Strom durch R_3 .....

(g) Wenn R_5 größer wird, ... der Spannungsunterschied auf R_2 .....

(h) Wenn R_5 größer wird, ... der Spannungsunterschied auf R_4 .....

(i) Wenn R_2, R_5 und R_7 größer werden, ... U_Q .....

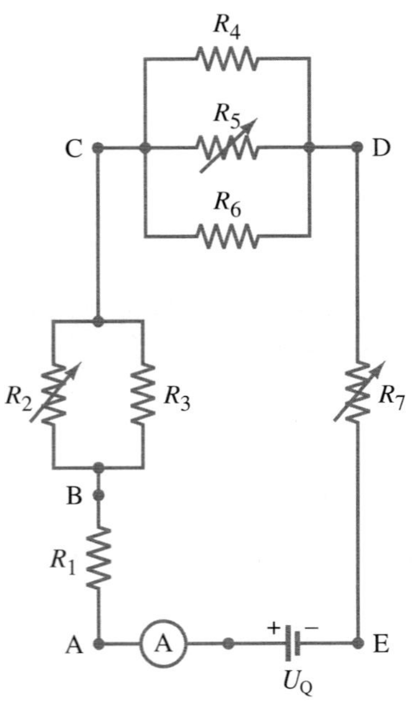

Abbildung 26.32 Frage 11.

12 Zu welchem Zweck werden Batterien in Reihe geschaltet? Zu welchem Zweck werden sie parallel geschaltet? Ist es in den beiden Fällen von Bedeutung, ob die Batterien nahezu identisch sind oder nicht?

13 Kann die Klemmenspannung einer Batterie jemals ihre Quellenspannung überschreiten? Erläutern Sie Ihre Aussage.

14 Die 12-V-Batterie in ▸Abbildung 26.33 wird von der 18-V-Spannungsquelle „geladen". Erläutern Sie, wie dies funktioniert.

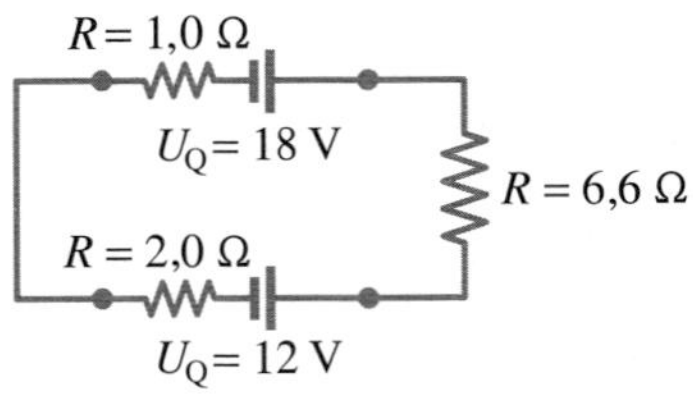

Abbildung 26.33 Fragen 14 und 18, Aufgabe 24.

15 Erläutern Sie detailliert, wie Sie den Innenwiderstand einer Batterie messen können.

16 Vergleichen und diskutieren Sie die Formeln für die Gesamtwerte von Widerständen und Kondensatoren, die in Reihe oder parallel geschaltet sind.

17 Angenommen, drei identische Kondensatoren sind an eine Batterie angeschlossen. Speichern diese mehr Energie, wenn sie in Reihe oder wenn sie parallel geschaltet sind?

18 Hängt bei der Anwendung der Kirchhoff'schen Maschenregel (wie in ▸Abbildung 26.33) das Vorzeichen (und die Richtung) der Quellenspannung einer Batterie von der Richtung des Stromflusses durch die Batterie ab?

19 In einem RC-Stromkreis fließt der Strom von einer Batterie, bis der Kondensator voll aufgeladen ist. Ist die von der Batterie gelieferte Gesamtenergie gleich der gesamten im Kondensator gespeicherten Energie? Wenn nicht, wo ist sie geblieben?

20 Entwerfen Sie einen Stromkreis, in dem mithilfe zweier Schalter von dem in ▸Abbildung 26.34 dargestellten Typ eine Glühlampe von zwei gegenüber liegenden Seiten eines Raumes aus betätigt werden kann.

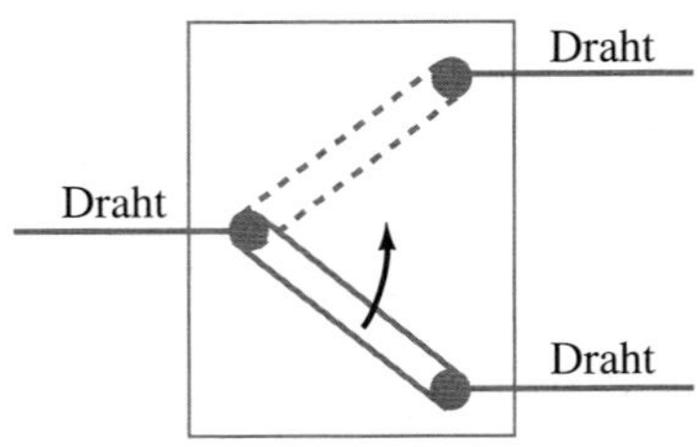

Abbildung 26.34 Frage 20.

21 Worin besteht der Hauptunterschied zwischen einem Voltmeter und einem Amperemeter?

22 Was würde passieren, wenn Sie versehentlich ein Amperemeter anstelle eines Voltmeters verwenden würden?

23 Erläutern Sie, warum ein ideales Amperemeter einen Widerstand von null und ein ideales Voltmeter einen unendlich großen Widerstand besitzt.

Aufgaben zu 26.1

1 (I) Berechnen Sie die Klemmenspannung einer Batterie mit einem Innenwiderstand von 0,900 Ω und einer Quellenspannung von 8,50 V, wenn diese in Reihe (a) mit einem 68,0-Ω-Widerstand und (b) mit einem 680-Ω-Widerstand geschaltet ist.

2 (I) Fünf 2,0-V-Batterien sind mit einer 12-Ω-Glühlampe in Reihe geschaltet. Wenn der resultierende Strom 0,62 A beträgt, wie groß ist dann der Innenwiderstand jeder Batterie, wenn angenommen wird, dass sie identisch sind und die Drähte vernachlässigt werden?

3 (II) Ein Trockenelement von 1,5 V kann geprüft werden, indem es an ein Amperemeter mit einem niedrigen Widerstand angeschlossen wird. Es sollte mindestens 25 A liefern können. Wie groß ist in diesem Falle der Innenwiderstand des Trockenelements?

4 (II) Wie groß ist der Innenwiderstand einer 12-V-Autobatterie, deren Klemmenspannung auf 9,8 V fällt, wenn der Starter 60 A zieht? Wie groß ist der Widerstand des Starters?

Aufgaben zu 26.2

5 (I) Fünf Glühlampen mit einem Widerstand von 90 Ω werden in Reihe geschaltet. Wie groß ist der Gesamtwiderstand dieses Stromkreises? Wie groß ist ihr Widerstand, wenn sie parallel geschaltet werden?

6 (I) Drei Glühlampen mit einem Widerstand von 40 Ω und drei Glühlampen mit einem Widerstand von 80 Ω werden in Reihe geschaltet. (a) Wie groß ist der gesamte Widerstand dieses Stromkreises? (b) Wie groß ist ihr Widerstand, wenn alle sechs Glühlampen parallel geschaltet werden?

7 (I) Geben Sie alle möglichen Werte für den Ohm'schen Widerstand an, die man unter alleiniger Verwendung eines 25-Ω- und eines 70-Ω-Widerstandes erhalten kann.

8 (I) Angenommen, Sie haben einen 500-Ω-, einen 900-Ω- und einen 1,4-kΩ-Widerstand. Wie groß ist (a) der maximale und (b) der minimale Ohm'sche Widerstand, den Sie bei der Kombination der drei Widerstände erhalten können?

9 (II) Angenommen, Sie haben eine 6,0-V-Batterie und wollen nur eine Spannung von 4,0 V anlegen. Wenn Ihnen eine unbegrenzte Menge an 1,0-Ω-Widerständen zur Verfügung steht, wie könnten Sie diese anordnen, um einen „Spannungsteiler" zu konstruieren, der eine 4,0-V-Ausgabe für eine 6,0-V-Eingabe erzeugt?

10 (II) Es gibt vier verschiedene Möglichkeiten, drei 1,2-kΩ-Widerstände miteinander zu verbinden, indem Kombinationen von Reihen- und/oder Parallelschaltungen gebildet werden. Welche vier Möglichkeiten sind dies und wie groß ist der Nettowiderstand in jedem der Fälle?

11 (II) Wie groß ist der Nettowiderstand des mit der Batterie verbundenen Stromkreises aus ► Abbildung 26.35? Jeder der Widerstände ist $R = 2{,}8\ \text{k}\Omega$.

12 (II) Acht Lampen sind in Reihe an eine 110-V-Leitung angeschlossen. (a) Wie groß ist die Spannung auf jeder Glühlampe? (b) Wie groß ist der Widerstand und die verbrauchte Energie jeder Glühlampe, wenn ein Strom von 0,60 A fließt?

13 (II) Acht Lampen sind mit zwei langen Drähten, die einen Gesamtwiderstand von 1,5 Ω besitzen, parallel an eine 110-V-Leitung angeschlossen. (a) Wenn durch jede Glühlampe ein Strom von 340 mA fließt, wie groß ist dann der Widerstand jeder der beiden Glühlampen und welcher Anteil an der Gesamtenergie geht in den Drähten verloren?

14 (II) Acht 7,0-W-Weihnachtsbaumbeleuchtungen sind in Reihe geschaltet und an eine Spannungsquelle von 110 V angeschlossen. Wie groß ist der Widerstand jeder Glühlampe?

15 (II) Eine genaue Untersuchung eines elektrischen Stromkreises ergibt, dass versehentlich ein 480-Ω-Widerstand an einer Stelle angelötet wurde, wo ein 320-Ω-Widerstand benötigt wird. Wie kann dies in Ordnung gebracht werden, ohne dass etwas aus dem bestehenden Stromkreis entfernt wird?

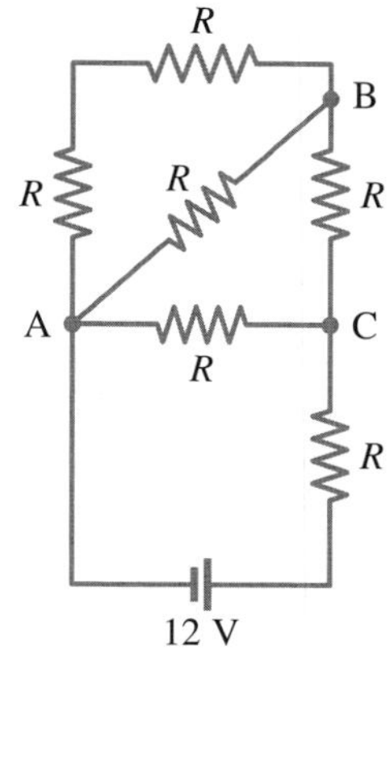

Abbildung 26.35
Aufgaben 11 und 18.

16 (II) Zwei Widerstände verbrauchen, wenn sie in Reihe an eine 110-V-Leitung angeschlossen sind, ein Viertel der Energie, die sie in Parallelschaltung verbrauchen würden. Wenn es sich bei dem einen um einen 1,6-kΩ-Widerstand handelt, wie groß ist dann der Ohm'sche Widerstand des anderen?

17 (II) Eine 75-W-Glühlampe ist bei 110 V parallel mit einer 40-W-Glühlampe verbunden. Wie groß ist der Nettowiderstand?

18 (II) Berechnen Sie den Strom durch jeden der Widerstände in ▶ Abbildung 26.36, wenn ihr Ohm'scher Widerstand jeweils $R = 2{,}20\,\mathrm{k\Omega}$ ist. Wie groß ist die Potenzialdifferenz zwischen den Punkten A und B?

19 (II) Betrachten Sie das in ▶ Abbildung 26.36 dargestellte Widerstandsnetz. Beantworten Sie die folgenden Fragen qualitativ: (a) Was passiert mit der Spannung an jedem Widerstand, wenn der Schalter S geschlossen wird? (b) Was passiert mit dem Strom, der durch jeden der Widerstände fließt, wenn der Schalter S geschlossen wird? (c) Was passiert mit der von der Batterie abgegebenen Energie, wenn der Schalter S geschlossen wird? (d) Setzen Sie $R_1 = R_2 = R_3 = R_4 = 100\,\Omega$ und $V = 45{,}0\,\mathrm{V}$. Bestimmen Sie den Strom durch jeden der Widerstände vor und nach dem Schließen des Schalters. Werden Ihre qualitativen Vorhersagen bestätigt?

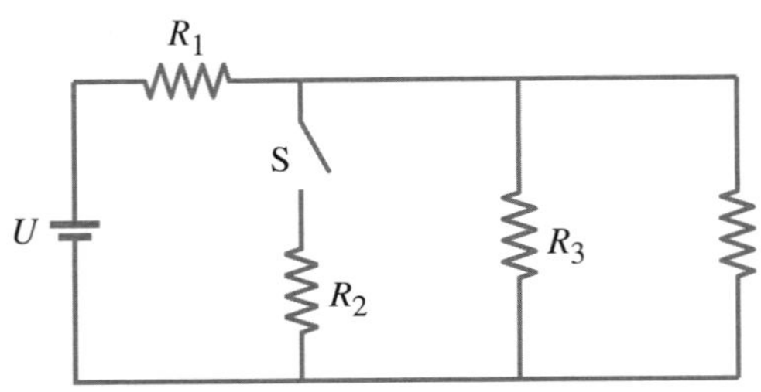

Abbildung 26.36 Aufgabe 19.

20 (II) Drei gleiche Widerstände (R) sind, wie in ▶ Abbildung 26.37 dargestellt, an eine Batterie angeschlossen. Wie wirkt es sich qualitativ (a) auf den Spannungsunterschied auf jedem dieser Widerstände, (b) den Stromfluss durch jeden der Widerstände und (c) die Klemmenspannung der Batterie aus, wenn der Schalter S geöffnet wird, nachdem er lange Zeit geschlossen war? (d) Wie groß ist die Klemmenspannung der Batterie, wenn ihre Quellenspannung 12,0 V beträgt und der Schalter geschlossen ist, wobei ihr Innenwiderstand $0{,}50\,\Omega$ beträgt und $R = 5{,}50\,\Omega$ gilt? (e) Wie groß ist die Klemmenspannung der Batterie, wenn der Schalter S geöffnet ist?

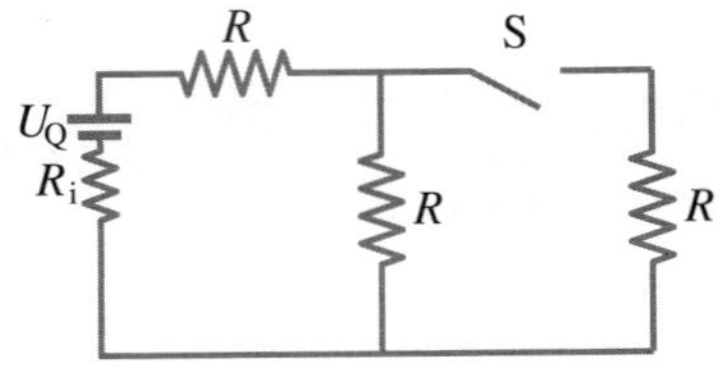

Abbildung 26.37 Aufgabe 20.

21 (II) Eine Batterie mit einer Quellenspannung von 12,0 V zeigt eine Klemmenspannung von 11,8 V an, wenn sie in einem Stromkreis mit zwei Glühlampen zum Einsatz kommt, die jeweils mit 3,0 W (bei 12,0 V) ausgewiesen und parallel mit der Batterie geschaltet sind. Wie groß ist der Innenwiderstand der Batterie?

22 (III) Ein 3,8-kΩ- und ein 2,1-kΩ-Widerstand sind parallel geschaltet, diese Kombination ist in Reihe mit einem 1,8-kΩ-Widerstand verbunden. Wie groß ist die maximale Spannung, die an das gesamte Netz angelegt werden kann, wenn jeder Widerstand mit $\frac{1}{2}$ W ausgewiesen ist?

Aufgaben zu 26.3

23 (I) Berechnen Sie den Strom im Stromkreis aus ▶ Abbildung 26.38 und zeigen Sie, dass die Summe aller Potenzialdifferenzen entlang des Stromkreises null ist.

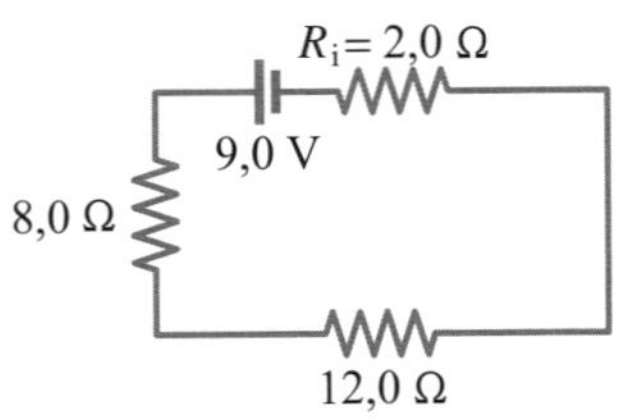

Abbildung 26.38 Aufgabe 23.

24 (II) Bestimmen Sie die Klemmenspannung jeder der Batterien aus ▶ Abbildung 26.33.

25 (II) Bestimmen Sie die Beträge und Richtungen des Stroms durch die Widerstände R_1 und R_2 aus ▶ Abbildung 26.39.

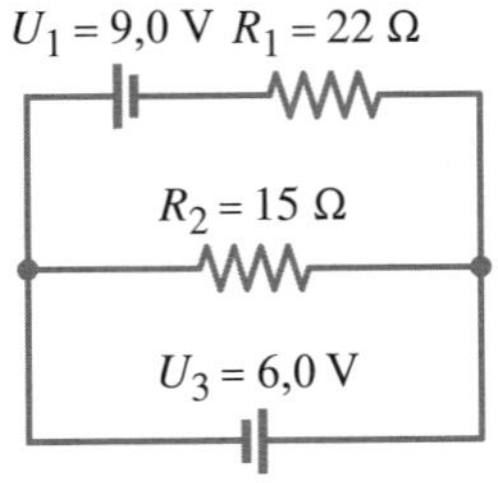

Abbildung 26.39 Aufgaben 25 und 26.

26 (II) Wiederholen Sie Aufgabe 25 unter der Annahme, dass jede Batterie einen Innenwiderstand von R_i = 1,2 Ω besitzt.

27 (II) Bestimmen Sie die Beträge und Richtungen des Stroms durch jeden in ► Abbildung 26.40 dargestellten Widerstand. Die Batterien besitzen Quellenspannungen von U_{Q_1} = 9,0 V und U_{Q_2} = 12,0 V und die Werte der Widerstände sind R_1 = 15 Ω, R_2 = 20 Ω und R_3 = 40 Ω.

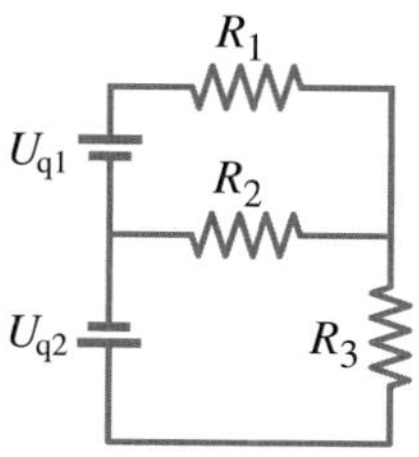

Abbildung 26.40 Aufgaben 27 und 28.

28 (II) Wiederholen Sie Aufgabe 27 unter der Annahme, dass jede der Batterien einen Innenwiderstand von R_i = 1,0 Ω besitzt.

29 (II) Bestimmen Sie den Strom durch jeden der Widerstände aus ► Abbildung 26.41.

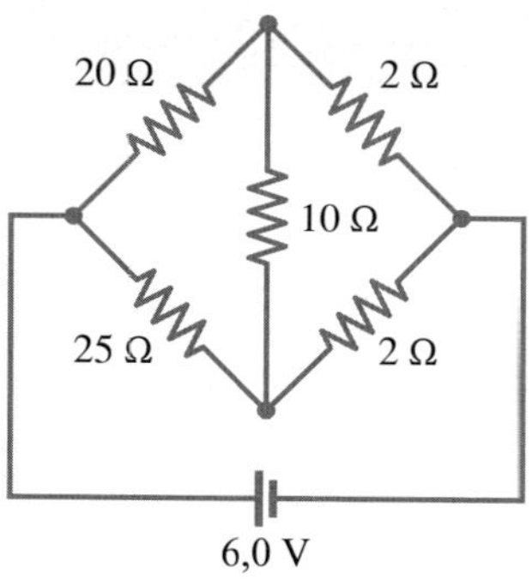

Abbildung 26.41 Aufgaben 29 und 30.

30 (II) Was passiert mit dem Strom durch den 10-Ω-Widerstand, wenn der 20-Ω-Widerstand aus ► Abbildung 26.41 kurzgeschlossen wird?

31 (II) Der Strom durch den 4-kΩ-Widerstand aus ► Abbildung 26.42 beträgt 3,50 mA. Wie groß ist die Klemmenspannung U_ba der „unbekannten“ Batterie? (Es gibt hier zwei Möglichkeiten. Warum?)

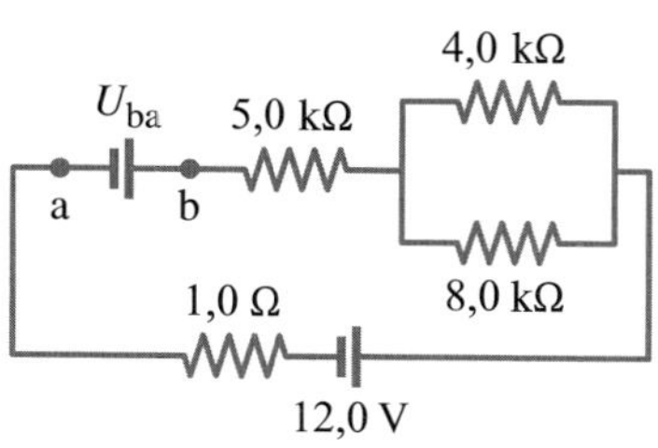

Abbildung 26.42 Aufgabe 31.

32 (II) Angenommen, der 10-Ω-Widerstand aus ► Abbildung 26.43 wurde durch einen unbekannten Widerstand R ersetzt. Wenn der Strom durch diesen unbekannten Widerstand mit I_2 = 0,90 A nach rechts bestimmt wurde, wie groß ist dann R? Nehmen Sie an, dass R_i = 1,0 Ω gilt.

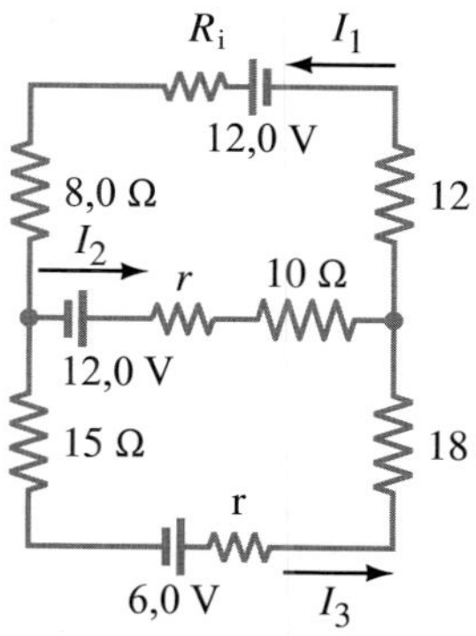

Abbildung 26.43 Aufgaben 32, 33, 34 und 35.

33 (II) Angenommen, die 6,0-V-Batterie aus ► Abbildung 26.43 wird durch eine Spannungsquelle mit unbekannter Quellenspannung U_Q ersetzt. Wenn durch den 10-Ω-Widerstand ein Strom von I_2 = 0,30 A nach links fließt, wie groß ist dann U_Q? Nehmen Sie an, dass R_i = 1,0 Ω gilt.

34 (III) Bestimmen Sie die Ströme I_1, I_2 und I_3 aus ► Abbildung 26.43. Nehmen Sie an, dass jede der Batterien einen Innenwiderstand von r = 1,0 Ω besitzt. Wie groß ist die Klemmenspannung der 6,0-V-Batterie?

35 (III) Wie groß ist der Strom I_1 aus ► Abbildung 26.43 (r = 1,0 Ω), wenn der 18-Ω-Widerstand kurzgeschlossen wird?

36 (III) Bestimmen Sie (a) zwischen den Punkten a und c und (b) zwischen den Punkten a und b den Nettowiderstand für die in ► Abbildung 26.44 dargestellte Anordnung. Nehmen Sie an, dass $R' = R$ gilt. (*Hinweis*: Nutzen Sie die Symmetrie aus.)

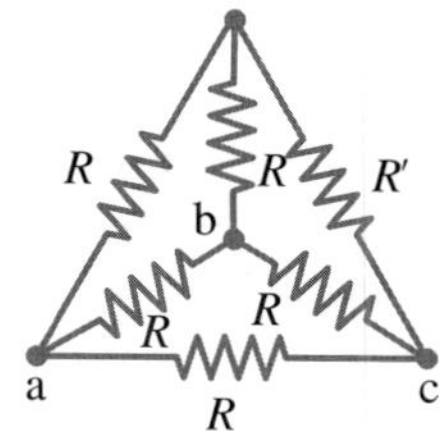

Abbildung 26.44 Aufgaben 36 und 39.

37 (III) An n parallel geschaltete Widerstände ist eine Spannung U angeschlossen. Zeigen Sie, dass die umgewandelte Energie um den Faktor n^2 abnimmt, wenn stattdessen alle Widerstände in Reihe mit der Spannungsquelle geschaltet werden.

38 (III) Bestimmen Sie für den in ► Abbildung 26.45 dargestellten Stromkreis (a) den Strom durch die 14-V-Batterie und (b) die Potenzialdifferenz zwischen den Punkten a und b.

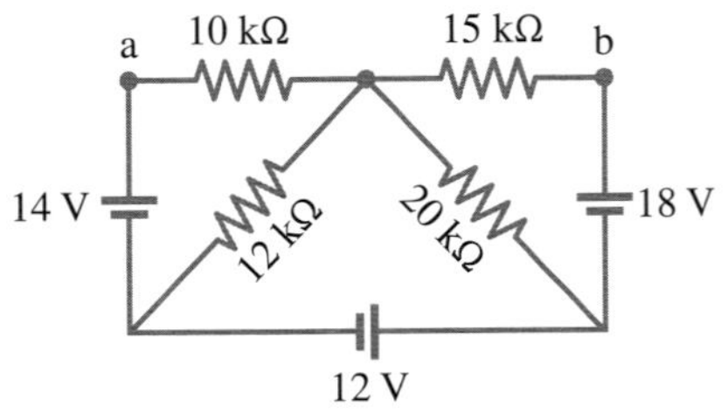

Abbildung 26.45 Aufgabe 38.

39 (III) Bestimmen Sie den Nettowiderstand in ► Abbildung 26.44 (a) zwischen den Punkten a und c und (b) zwischen den Punkten a und b. Nehmen Sie an, dass $R' \neq R$ gilt. (*Hinweis*: Schließen Sie eine Spannungsquelle an und bestimmen Sie die Ströme; nutzen Sie die Symmetrie der Knoten aus.)

40 (III) Zwölf Widerstände, von denen jeder einen Ohm'schen Widerstand R besitzt, sind wie die Kanten eines Würfels angeordnet (siehe ► Abbildung 26.46). Bestimmen Sie den Gesamtwiderstand (a) zwischen den Punkten a und b, den Enden einer Kante; (b) zwischen den Punkten a und c, den Enden einer Flächendiagonalen; (c) zwischen den Punkten a und d, den Enden einer Raumdiagonalen. (*Hinweis*: Schließen Sie eine Spannungsquelle an und bestimmen Sie die Ströme; nutzen Sie die Symmetrie der Knoten aus.)

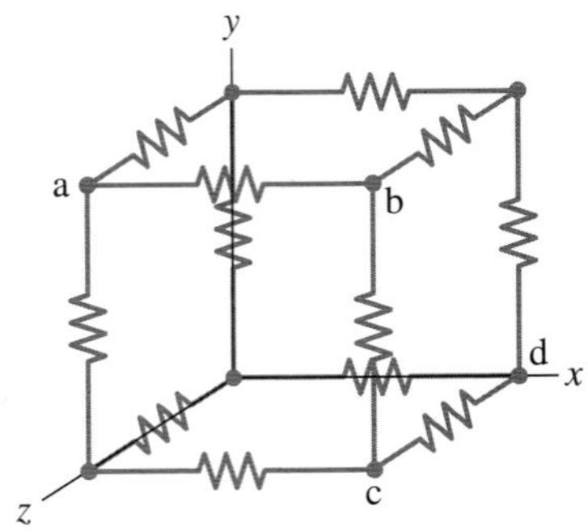

Abbildung 26.46 Aufgaben 40.

Aufgaben zu 26.4

41 (II) Der Gesamtwiderstand der Anordnung aus ► Abbildung 26.18a beträgt 15 kΩ und die Quellenspannung der Batterie ist 24,0 V. Berechnen Sie für den Fall, dass die Zeitkonstante mit 55 µs gemessen wurde, (a) die Gesamtkapazität des Stromkreises und (b) die erforderliche Zeit, bis die Spannung auf dem Widerstand 16,0 V erreicht.

42 (II) Der RC-Stromkreis aus ► Abbildung 26.19a hat einen Widerstand $R = 6{,}7\ \text{k}\Omega$ und eine Kapazität von $C = 6{,}0\ \mu\text{F}$. Der Kondensator hat zum Zeitpunkt $t = 0$, wenn der Schalter geschlossen wird, eine Spannung U_0. Wie lange dauert es, bis der Kondensator auf 1% seiner Anfangsspannung entladen ist?

43 (II) Wie lange dauert es, bis in einer RC-Reihenschaltung (siehe ► Abbildung 26.18a) die in einem Kondensator gespeicherte Energie die Hälfte ihres Maximalwertes erreicht hat. Drücken Sie Ihre Antwort durch die Zeitkonstanten $\tau = RC$ aus.

44 (II) Zwei Kondensatoren mit einer Kapazität von je 6,0 µF, zwei 2,2-kΩ-Widerstände und eine 12,0-V-Spannungsquelle sind in Reihe geschaltet. Wie lange dauert es ausgehend vom ungeladenen Zustand, bis der Strom von seinem Anfangswert auf 1,50 mA gefallen ist?

45 (III) (a) Bestimmen Sie die Zeitkonstante für das Laden des Kondensators in dem in ► Abbildung 26.47 dargestellten Stromkreis. (*Hinweis*: Wenden Sie die Kirchhoff'schen Regeln an.) (b) Wie groß ist die maximale Ladung auf dem Kondensator?

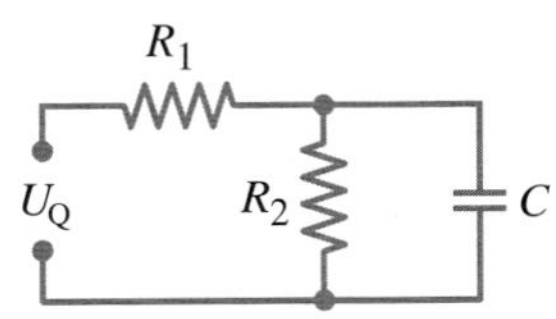

Abbildung 26.47 Aufgabe 45.

46 (III) Zwei Widerstände und zwei ungeladene Kondensatoren sind wie in ► Abbildung 26.48 miteinander verbunden. Nun wird an diese Kombination eine Potenzialdifferenz von 24 V wie dargestellt angelegt. (a) Wie groß ist das Potenzial im Punkt a, wenn der Schalter S geöffnet ist? (Setzen Sie an der negativen Klemme der Spannungsquelle $V = O$.) (b) Wie groß ist das Potenzial im Punkt b, wenn der Schalter S geöffnet ist? (c) Wie groß ist das endgültige Potenzial im Punkt b bei geschlossenem Schalter? (d) Wie groß ist die Ladung, die nach dem Schließen durch den Schalter S fließt?

47 (III) Angenommen, der Schalter S aus ►Abbildung 26.48 ist geschlossen. Wie groß ist die Zeitkonstante (oder die Zeitkonstanten) für das Laden der Kondensatoren, wenn eine Spannung von 24 V angelegt wird?

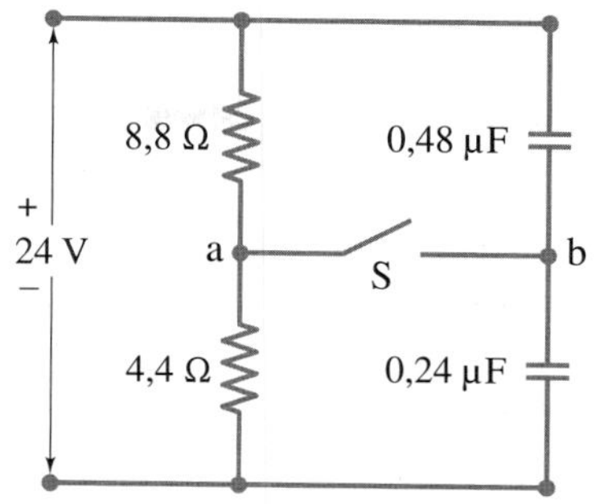

Abbildung 26.48 Aufgaben 46 und 47.

Aufgaben zu 26.5

48 (I) Wie groß ist der Ohm'sche Widerstand eines Voltmeters auf einer 250 V-Skala, wenn die Empfindlichkeit des Messgeräts 50 000 Ω/V beträgt?

49 (I) Ein Amperemeter besitzt eine Empfindlichkeit von 20 000 Ω/V. Wie groß ist der durch das Galvanometer fließende Strom, der einen Maximalausschlag erzeugt?

50 (II) Ein Galvanometer besitzt einen Innenwiderstand von 30 Ω und schlägt bei einem Strom von 50 μA voll aus. Beschreiben Sie, wie dieses Galvanometer zu verwenden ist, damit es (a) als Amperemeter Ströme bis zu 30 A anzeigen und (b) als Voltmeter einen Maximalausschlag von 1000 V anzeigen kann.

51 (II) Ein Galvanometer besitzt eine Empfindlichkeit von 35 kΩ/V und einen Innenwiderstand von 20,0 Ω. Wie können Sie dieses Galvanometer (a) zu einem Amperemeter mit einem Maßstab von 2,0 A und (b) zu einem Voltmeter mit einem Maßstab von 1,00 V machen?

52 (II) Ein Milliamperemeter hat einen Maßstab von 20 mA. Es besteht aus einem 0,20-Ω-Widerstand, der mit einem Galvanometer von 30 Ω parallel geschaltet ist. Wie können Sie dieses Amperemeter verändern, damit es zu einem Voltmeter mit einem Maximalausschlag von 10 V wird, ohne das Amperemeter auseinander zu nehmen? Wie ist die Empfindlichkeit (Ω/V) Ihres Voltmeters?

53 (II) Eine 45-V-Batterie mit einem vernachlässigbaren Innenwiderstand ist in Reihe mit einem 37-kΩ- und einem 28-kΩ-Widerstand verbunden. Welchen Wert zeigt ein Voltmeter mit einem Innenwiderstand von 100 kΩ an, wenn es zur Spannungsmessung auf jedem der Widerstände verwendet wird? Wie groß ist in diesem Falle die prozentuale Ungenauigkeit aufgrund des Ohm'schen Widerstands des Messgeräts?

54 (II) Ein Amperemeter mit einem Innenwiderstand von 60 Ω zeigt einen Strom von 4,25 mA an, wenn es mit einer Batterie und zwei Widerständen von 700 Ω und 400 Ω in Reihe geschaltet ist. Wie groß ist der tatsächliche Strom ohne das Amperemeter?

55 (II) Eine Batterie mit einer Quellenspannung von $U_Q =$ 12,0 V und einem Innenwiderstand von $R_i = 1{,}0\ \Omega$ ist in Reihe mit zwei 9,0-kΩ-Widerständen geschaltet. Ein Amperemeter mit einem Innenwiderstand von 0,50 Ω misst den Strom und ein Voltmeter mit einem Innenwiderstand von 11,5 kΩ misst zur gleichen Zeit die Spannung auf einem der beiden 9,0-kΩ-Widerstände im Stromkreis. Welche Werte zeigen Amperemeter und Voltmeter an?

56 (II) Eine 12,0-V-Batterie, deren Innenwiderstand als null angenommen wird, ist mit zwei Widerständen in Reihe geschaltet. Ein Voltmeter mit einem Innenwiderstand von 15,0 kΩ misst 5,5 V bzw. 4,0 V, wenn es an einen der beiden Widerstände angeschlossen ist. Wie groß sind die Ohm'schen Widerstände der beiden Widerstände?

57 (II) Zwei 8,4-kΩ-Widerstände werden in Reihe angeordnet und an eine Batterie angeschlossen. Ein Voltmeter mit einer Empfindlichkeit von 1000 Ω/V besitzt einen Maximalausschlag von 3,0 V und zeigt 2,0 V an, wenn es an einen der beiden Widerstände angeschlossen wird. Wie groß ist die Quellenspannung der Batterie? (Vernachlässigen Sie ihren Innenwiderstand.)

58 (III) In einem Stromkreis, der eine Batterie (V) und einen in Reihe geschalteten, zusätzlichen Widerstand (R_2) enthält, wird die Spannung auf einem 120-kΩ-Widerstand auf der 100-V-Skala eines 20 000-Ω /V-Meters mit 25 V gemessen. Auf der 30-V-Skala zeigt das Gerät 23 V an. Wie groß ist die tatsächliche Spannung, wenn kein Voltmeter angeschlossen ist? Wie groß ist der Widerstand R_2?

59 (III) (a) Ein Voltmeter und ein Amperemeter können wie in ► Abbildung 26.49a angeordnet werden um einen Ohm'schen Widerstand R zu messen. Der Wert für R wird nicht genau dem Quotienten V/I entsprechen, da V die Anzeige des Voltmeters und I die Anzeige des Amperemeters ist, während tatsächlich ein gewisser Strom durch das Voltmeter fließt. Zeigen Sie, dass der tatsächliche Wert von R durch

$$\frac{1}{R} = \frac{I}{V} - \frac{1}{R_V}$$

gegeben ist, wobei R_V der Ohm'sche Widerstand des Voltmeters ist. Beachten Sie, dass $R \approx V/I$ für $R_V \gg R$ gilt. (b) Ein Voltmeter und ein Amperemeter können auch, wie in ► Abbildung 26.49b dargestellt, geschaltet werden um einen Ohm'schen Widerstand R zu messen. Zeigen Sie, dass in diesem Falle

$$R = \frac{V}{I} - R_A$$

gilt, wobei V und I die Anzeigen des Voltmeters und des Amperemeters sind und R_A der Ohm'sche Widerstand des Amperemeters ist. Beachten Sie, dass $R \approx V/I$ für $R_A \ll R$ gilt.

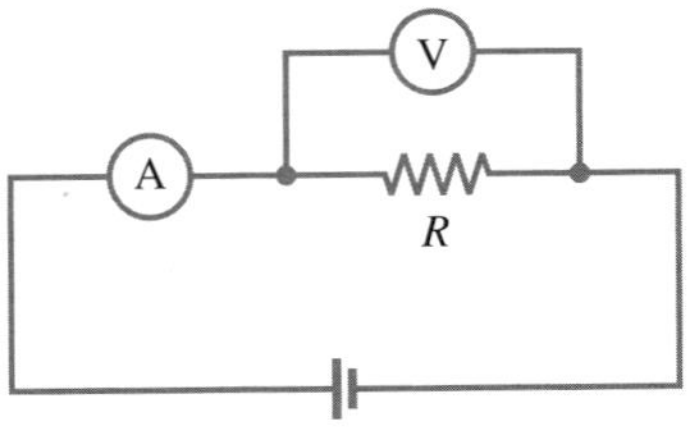

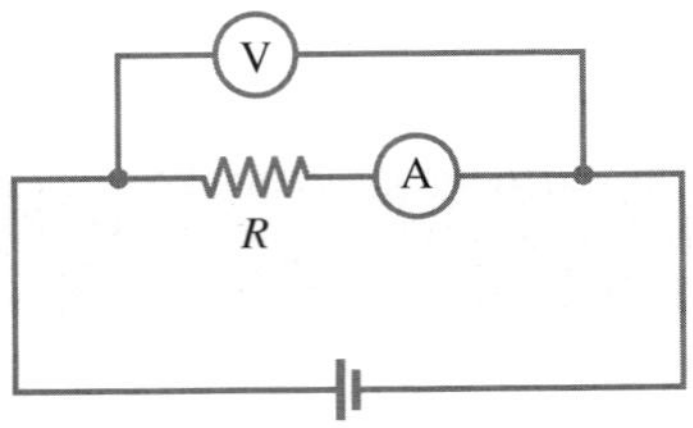

Abbildung 26.49 Aufgabe 59.

Aufgaben zu 26.6

60 (I) Ein aus Kupfer und Konstantan bestehendes Thermoelement erzeugt eine elektromotorische Kraft von etwa 40 μV/°C. Wie hoch muss die Temperatur des Testknotens bei Annahme einer Temperaturzunahme sein, wenn die Vergleichstemperatur 25°C und die erzeugte Quellenspannung 1,72 mV ist?

61 (II) Die von einem Thermoelement erzeugte elektromotorische Kraft liegt für Eisen-Kupfer-Knoten bei Raumtemperatur etwa bei 14 μV/°C. Mit welcher Genauigkeit kann die Temperatur abgelesen werden, wenn Quellenspannungen ab 0,50 μV nachgewiesen werden können?

62 (II) Der Dehnungsfaktor K eines Dehnungsmessstreifens ist definiert als die relative Änderung des Widerstands $(\Delta R/R)$ dividiert durch die relative Längenänderung:

$$K = \frac{\Delta R/R}{\Delta L/L}$$

und bei einer gegebenen Temperatur näherungsweise konstant. Mit anderen Worten ist die Änderung ΔR des Ohm'schen Widerstands proportional zur Längenänderung ΔL des Drahtes. (a) Zeigen Sie, dass diese lineare Beziehung für kleine $\Delta L/L$ gilt. (b) Ein Dehnungsmessstreifen mit einem Dehnungsfaktor von 1,8 ist an einem kleinen Muskel von 4,5 mm Größe befestigt. Das Messgerät ist als der unbekannte Zweig einer Wheatstone-Brücke geschaltet (siehe Beispiel 26.9). Bei entspanntem Muskel ist die Wheatstone-Brücke abgeglichen, wenn $R_2/R_1 = 1.4800$ und $R_3 = 40{,}700\ \Omega$ gilt. Bei angespanntem Muskel ist sie bei $R_3 = 40{,}736\ \Omega$ abgeglichen. Wie weit hat sich der Muskel gedehnt?

Allgemeine Aufgaben

63 Angenommen, Sie wollen zwischen zwei Punkten Ihres Körpers eine Potenzialdifferenz von 0,25 V anlegen. Der Widerstand beträgt etwa 2000 Ω und Ihnen stehen nur 6-V-Batterien zur Verfügung. Wie können Sie einen oder mehrere Widerstände anordnen, so dass Sie die gewünschte Spannung erzeugen?

64 Eine dreistufige Glühlampe kann bei 120 V 50 W, 100 W oder 150 W erzeugen. Eine solche Glühlampe enthält zwei Filamente, die entweder einzeln oder in Parallelschaltung an die 120 V angeschlossen sein können. Beschreiben Sie, wie die Verbindungen der beiden Filamente zu realisieren sind, um jede der drei

Wattzahlen zu erhalten. Wie groß muss der Widerstand jedes Filaments sein?

65 Angenommen, Sie wollen ein elektrisches Gerät betreiben, das 115 m von einer Steckdose entfernt ist. Jeder der Drähte, der das Gerät mit der 120-V-Spannungsquelle verbindet, besitzt einen Ohm'schen Widerstand pro Längeneinheit von 0,0065 Ω /m. Wenn das Gerät einen Strom von 3,0 A zieht, wie groß ist dann die Potenzialdifferenz in den Verbindungsdrähten und welche Spannung liegt an Ihrem Gerät an?

66 Die Elektrizität in Krankenhäusern kann insbesondere für Patienten ein Risiko darstellen, die an Elektroden wie z. B. ein EKG angeschlossen sind. Nehmen Sie an, dass der Motor eines Betts mit dem Bettgestell kurzgeschlossen wird und dass die Verbindung des Bettgestells mit der Erde unterbrochen ist (oder gar nicht vorhanden war). Wenn eine Krankenschwester das Bett und den Patienten gleichzeitig berührt, wird sie zum Leiter und es entsteht ein geschlossener Stromkreis vom Patienten über die EKG-Apparatur zum Erdboden. Dieser Stromkreis ist in ► Abbildung 26.50 schematisch dargestellt. Berechnen Sie den Strom, der durch den Patienten fließt.

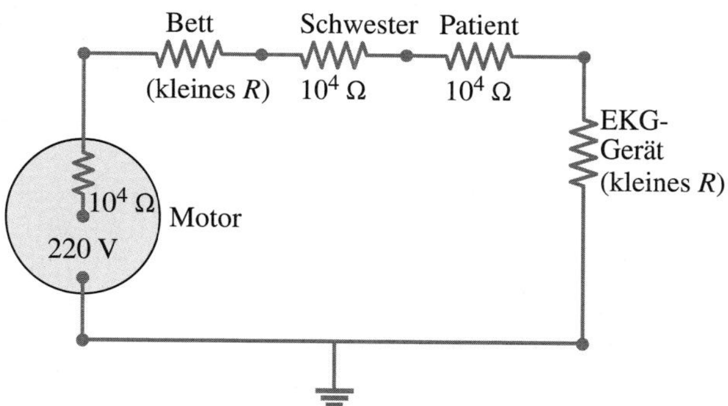

Abbildung 26.50 Aufgabe 66.

67 Ein Herzschrittmacher ist so konstruiert, dass er unter Verwendung eines Kondensators mit einer Kapazität von 7,5 µF in einem einfachen RC-Stromkreis mit 72 Schlägen pro Minute arbeitet. Wie groß sollte der Widerstand sein, damit der Herzschrittmacher einen Impuls gibt (Entladung des Kondensators), nachdem die Spannung 45% ihres Maximums erreicht hat?

68 Der Innenwiderstand einer 1,35-V-Quecksilberbatterie liegt bei 0,030 Ω, während jener eines 1,5-V-Trockenelements 0,35 Ω beträgt. Erläutern Sie, weshalb ein 2-W-Hörgerät, das eine Spannung von 4,0 V erfordert, durch drei Quecksilberbatterien effektiver versorgt werden kann als durch drei Trockenelemente.

69 Angenommen, der Widerstand des Körpers einer bestimmten Person beträgt 1100 Ω. Wie viel Strom fließt durch ihren Körper, (a) wenn dieser versehentlich an 110 V angeschlossen wird, (b) wenn es einen anderen Weg zur Erde mit einem Widerstand von 40 Ω gibt bzw. (c) wenn die Spannungsquelle einen Strom von höchstens 1,5 A erzeugen kann?

70 Ein Stück Platindraht mit einem Durchmesser von 0,920 mm wird als unbekannter Widerstand an eine Wheatstone-Brücke (siehe Beispiel 26.9 und ► Abbildung 26.51) angeschlossen. Die Zweige 1 und 2 besitzen einen Ohm'schen Widerstand von 38,0 Ω bzw. 46,0 Ω. Die Brücke ist abgeglichen, wenn R_3 = 3,48 Ω gilt. Wie lang ist der Platindraht?

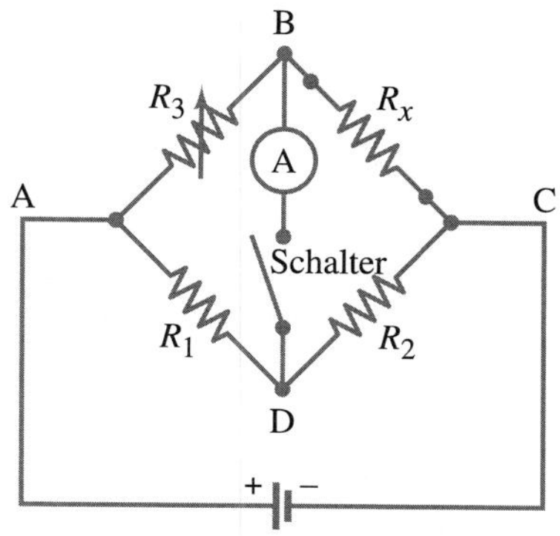

Abbildung 26.51 Wheatstone-Brücke, Aufgabe 70.

71 Angenommen, zwei Batterien besitzen Quellenspannungen von 2,0 V und 3,0 V und sind wie in ► Abbildung 26.52 dargestellt miteinander verbunden. Wie groß ist die Spannung auf dem Widerstand R, wenn dieser einen Ohm'schen Widerstand von 4,0 Ω und jede der beiden Batterien einen Innenwiderstand von R_i = 0,10 Ω besitzt?

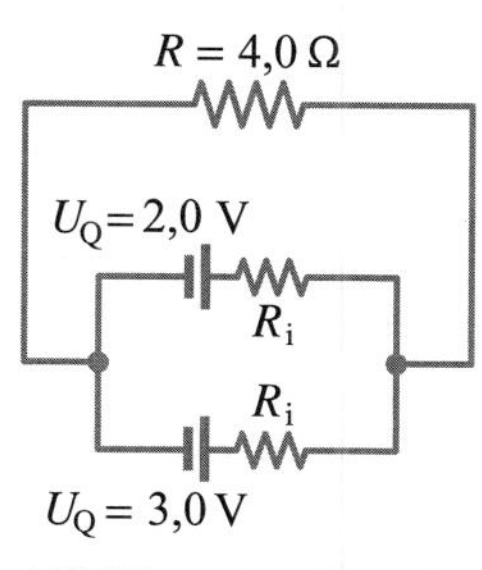

Abbildung 26.52 Aufgabe 71.

72 Elektrokardiographen (EKGs) sind oft wie in ► Abbildung 26.53 dargestellt angeschlossen. Man sagt, die Kabel sind kapazitiv gekoppelt. Die Zeitkonstante von 3,0 s ist gebräuchlich und erlaubt es, kurzfristige Potenzialänderungen exakt aufzuzeichnen. Welchen Wert muss R haben, wenn C = 3,0 µF gilt?

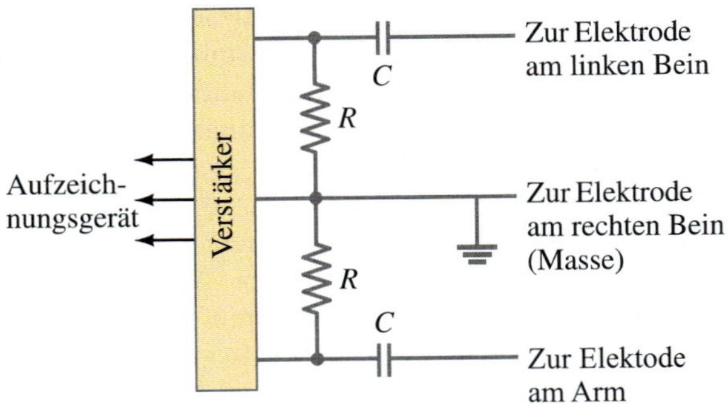

Abbildung 26.53 Aufgabe 72.

73 Eine Batterie erzeugt 40,8 V, wenn aus ihr 7,40 A gezogen werden und 44,5 V, wenn 2,20 A gezogen werden. Wie groß sind die Quellenspannung und der Innenwiderstand der Batterie?

74 Wie viele $\frac{1}{2}$-W-Widerstände mit jeweils demselben Ohm'schen Widerstand müssen verwendet werden, um einen Gesamtwiderstand von 1,2 kΩ und 5 W zu erzeugen? Wie groß ist ihr Ohm'scher Widerstand und in welcher Weise müssen sie geschaltet werden?

75 Manche Dämmerungsschalter verwenden einen Regelwiderstand (siehe ▶ Abbildung 26.54). Der Regler bewegt sich von der Position $x = 0$ nach $x = 1$ und der Ohm'sche Widerstand bis zur Reglerstellung x ist proportional zu x (der Gesamtwiderstand beträgt $R_{\text{pot}} = 100\ \Omega$). Wie groß ist die in der Glühlampe verbrauchte Energie für (a) $x = 1{,}00$, (b) $x = 0{,}50$ bzw. (c) $x = 0{,}25$?

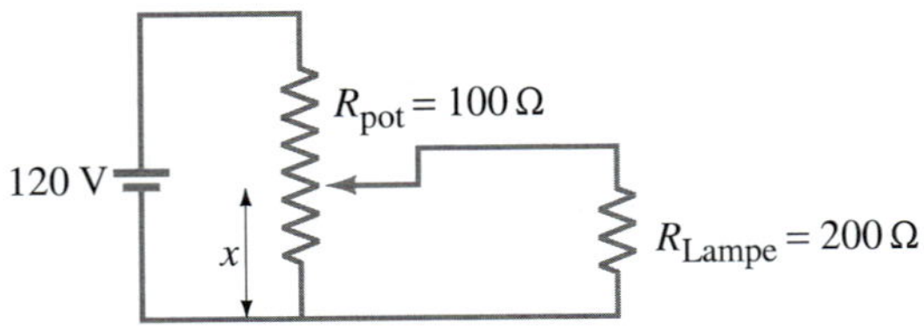

Abbildung 26.54 Aufgabe 75.

76 Ein **Potentiometer** ist ein Gerät zur genauen Messung von Potenzialdifferenzen oder Eigenspannungen unter Verwendung einer „Nulltechnik". In dem in ▶ Abbildung 26.55 dargestellten einfachen Potentiometerstromkreis gibt R' den Gesamtwiderstand des Widerstandes von A nach B an (der ein langer, gleichmäßig „verschiebbarer" Draht sein könnte), während R den Ohm'schen Widerstand des Teilstücks von A bis zum beweglichen Kontakt C bezeichnet. Wenn die unbekannte, zu messende elektromotorische Kraft U_{Qx} wie dargestellt in den Stromkreis eingefügt wird, verschiebt sich der bewegliche Kontakt C, bis das Galvanometer nicht mehr ausschlägt (also null anzeigt), wenn der Schalter S geschlossen ist. Den Ohm'schen Widerstand zwischen A und C bezeichnen wir in diesem Falle mit R_x. Anschließend wird eine exakt bekannte elektromotorische Kraft U_{Qs} anstelle von U_{Qx} in den Stromkreis eingefügt, und der Kontakt C wieder verschoben, bis kein Strom mehr durch das Galvanometer fließt, wenn der Schalter S geschlossen ist. Der nun zwischen A und C vorhandene Ohm'sche Widerstand wird mit R_s bezeichnet. Zeigen Sie, dass die unbekannte Quellenspannung durch

$$U_{\text{Qx}} = \left(\frac{R_x}{R_s}\right) U_{\text{Qs}}$$

gegeben ist, wobei R_x, R_s und U_{Qs} alle exakt bekannt sind. Es wird angenommen, dass die verwendete Batterie voll aufgeladen ist und eine konstante Spannung liefert. (b) Ein Verschiebedraht-Potentiometer ist gegenüber einer 1,0182-V-Standardzelle abgeglichen, wenn der Verschiebedraht mit einer Gesamtlänge von 100,0 cm bei 25,4 cm eingestellt wird. Für eine Spannungsquelle beträgt die Einstellung 45,8 cm. Wie groß ist die Quellenspannung einer unbekannten Batterie? (c) Das Galvanometer eines Potentiometers besitzt einen Innenwiderstand von 30 Ω und kann einen Strom ab 0,015 mA nachweisen. Wie groß ist die geringstmögliche Unsicherheit, die bei der Messung einer unbekannten Spannung auftreten kann? Erläutern Sie die Vorteile dieser „Nullmethode" bei der Messung von Quellenspannungen.

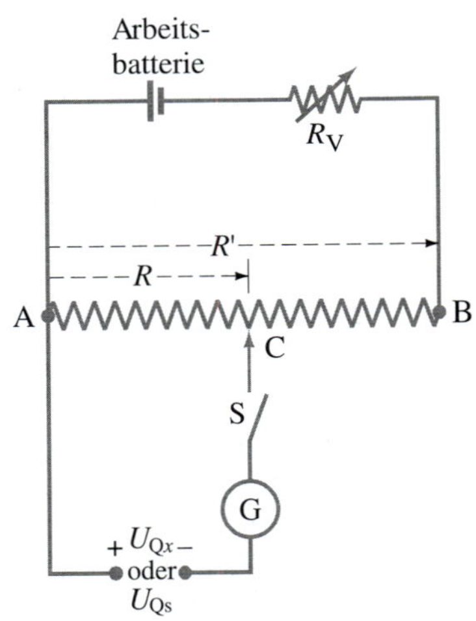

Abbildung 26.55 Potentiometer-Stromkreis, Aufgabe 76.

77 Für elektronische Geräte wird häufig ein RC-Stromkreis zur Absicherung gegen Stromausfälle verwendet (siehe ▶ Abbildung 26.56). (a) Wie groß muss der Ohm'sche Widerstand R eines Gerätes sein, wenn es die Stromversorgung für einen Zeitraum von 0,20 s mit mindestens 70% der Nennspannung aufrecht erhalten soll? Der Kondensator besitzt eine Kapazität von 14 µF. Angenommen, an beiden Klemmen der Spannungsquelle liegt eine Spannung von 0 V und der vom elektronischen Gerät gezogene Strom kann vernachlässigt werden. (b) Zwischen welchen Klemmen sollte das Gerät angeschlossen werden, zwischen a und b, zwischen b und c oder zwischen a und c?

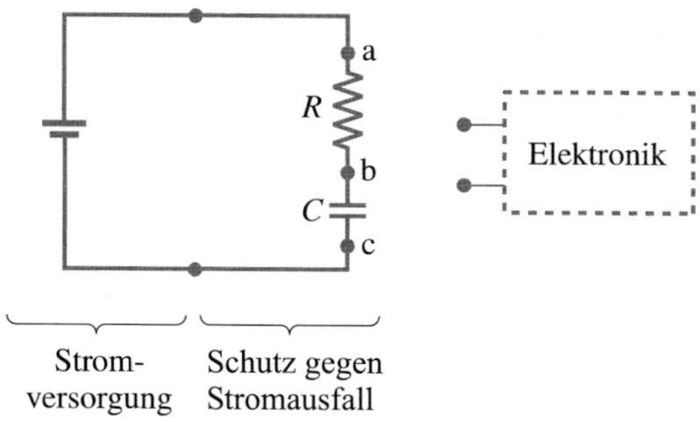

Abbildung 26.56 Aufgabe 77.

78 Zeigen Sie für den in ► Abbildung 26.19a dargestellten Stromkreis, dass die Abnahme der im Kondensator gespeicherten Energie innerhalb einer Zeitkonstanten (vom Zeitpunkt $t = 0$ an) gleich der Energie ist, die im Widerstand als Wärmeenergie verlorengeht.

79 Eine quadratische Solarzelle mit 3,0 cm Seitenlänge gibt bei 0,80 V einen Strom von 350 mA ab, wenn sie dem vollen Sonnenlicht ausgesetzt ist. Es wird ein Sonnenkollektor benötigt, der bei einer Quellenspannung von 100 V einen Strom von 1,0 A an ein externes Gerät liefert. Wie viele Solarzellen sind erforderlich? Wie groß muss der Sonnenkollektor sein und wie sollten die Solarzellen miteinander verbunden werden? Wie können Sie die Leistung des Kollektors optimieren?

80 Bestimmen Sie für den in ► Abbildung 26.57 dargestellten Stromkreis den Strom in jedem Widerstand.

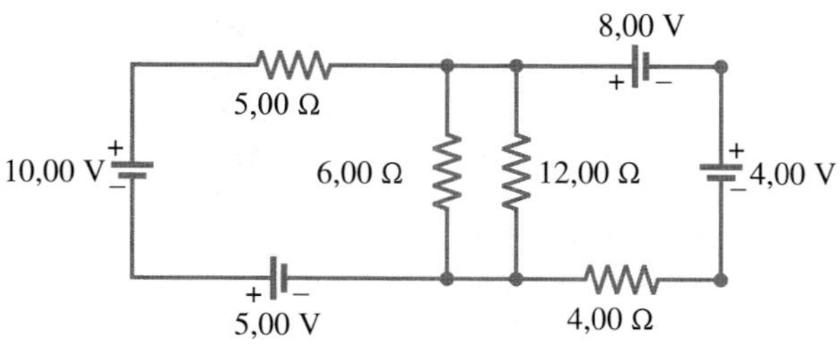

Abbildung 26.57 Aufgabe 80.

81 Zum Zeitpunkt $t = 0$ ist der Schalter S in dem in ► Abbildung 26.58 dargestellten Stromkreis geschlossen. (a) Wie groß ist der Strom I_0, der die Batterie zum Zeitpunkt $t = 0$, unmittelbar nachdem der Schalter geschlossen wurde, verlässt? (b) Wie groß ist der Strom I einige Zeit später? (c) Wie viel Ladung wurde in dieser Zeit im Kondensator angesammelt? (d) Wie lange dauert es, bis der Kondensator nach dem Öffnen des Schalters 80% seiner Ladung wieder abgegeben hat?

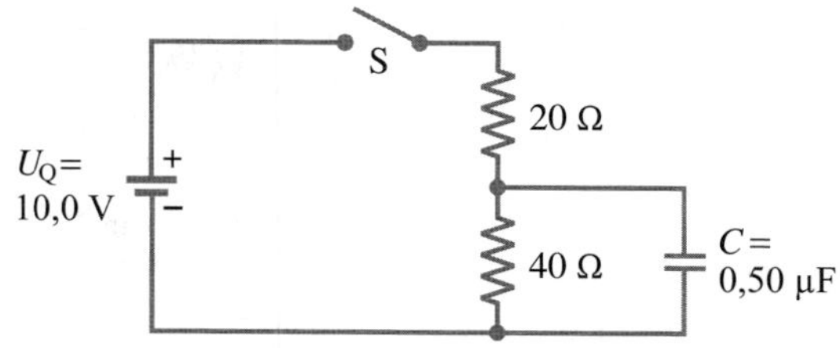

Abbildung 26.58 Aufgabe 81.

82 Eine Stromversorgung hat eine konstante Spannung von 12,0 V. Sie benötigen für ein Experiment jedoch eine Spannung $U_T = 3{,}0$ V. (a) Angenommen, Sie verwenden den in ► Abbildung 26.59 dargestellten Spannungsteiler, wie groß sollte der Widerstand R_2 sein, wenn $R_1 = 10{,}0\ \Omega$ gilt? (b) Wie groß wird die Klemmenspannung U_T sein, wenn Sie an die 3,0-V-Klemme ein Gerät anschließen, das einen Ohm'schen Widerstand von 7,0 Ω besitzt?

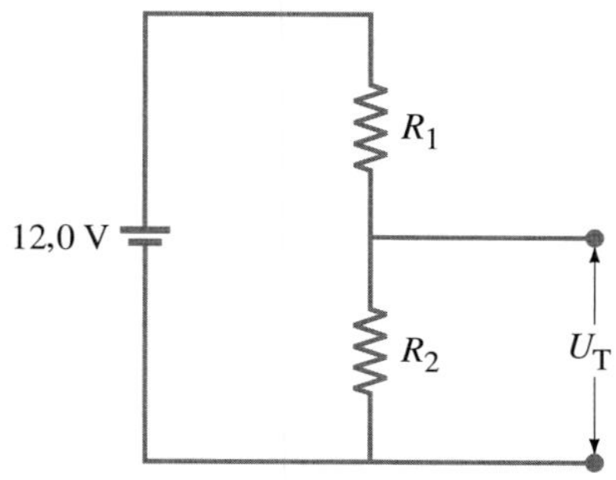

Abbildung 26.59 Aufgabe 82.

83 Zum Zeitpunkt $t = 0$ ist der Schalter S in dem in ► Abbildung 26.60 dargestellten Stromkreis geschlossen. (a) Wie groß ist die Spannung auf dem Kondensator, nachdem dieser voll aufgeladen ist? Wie viel Ladung trägt er? (b) Der Schalter S ist nun geöffnet. Wie lange dauert das Entladen des Kondensators, bis er nur noch 5,0% seiner Anfangsladung besitzt?

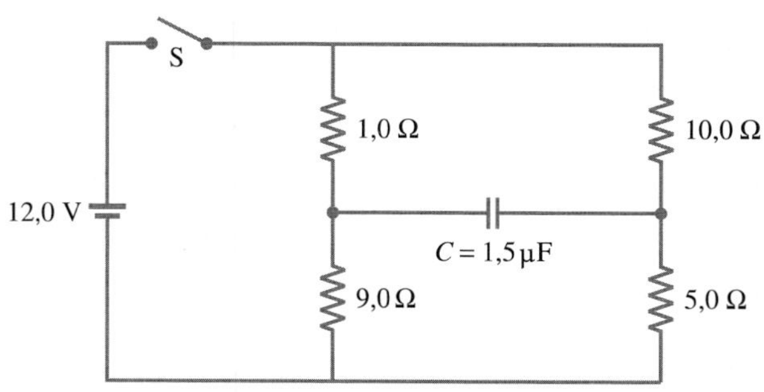

Abbildung 26.60 Aufgabe 83.

84 ► Abbildung 26.61 zeigt den Stromkreis eines einfachen Sägezahnoszillators. Zum Zeitpunkt $t = 0$ ist der Schalter geschlossen. Die Glimmlampe hat zunächst einen unendlich großen Ohm'schen Widerstand, bis die an ihr anliegende Spannung 90,0 V erreicht und sie anfängt, mit einem sehr kleinen Widerstand (praktisch null) zu leiten. Sie hört auf zu leiten (ihr Ohm'scher Widerstand wird unendlich groß), wenn die Spannung unter 70,0 V fällt. (a) Zu welchem Zeitpunkt t_1 erreicht die Glimmlampe eine Spannung von 90,0 V und beginnt zu leiten? (b) Zu welchem Zeitpunkt t_2 erreicht die Glimmlampe ein zweites Mal eine Spannung von 90,0 V und beginnt erneut zu leiten? (c) Skizzieren Sie den Sägezahnverlauf zwischen den Zeitpunkten $t = 0$ und $t = 0{,}50$ s.

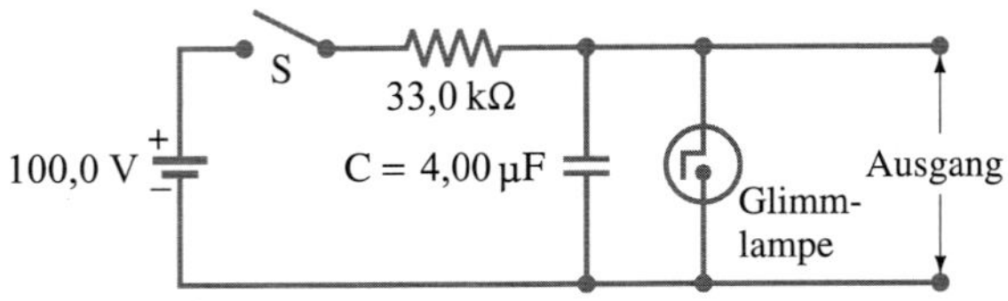

Abbildung 26.61 Aufgabe 84.

Magnetismus

Magnete, aber auch elektrische Ströme, erzeugen Magnetfelder. Ein durch diesen Draht fließender Strom erzeugt ein Magnetfeld, welches bewirkt, dass sich die winzigen Eisenspäne in Feldrichtung anordnen. In diesem Kapitel wird das Magnetfeld definiert und wir werden sehen, dass die Richtung des Magnetfelds dem Muster der Eisenspäne entspricht. In der oben stehenden Abbildung verlaufen die magnetischen Feldlinien kreisförmig um den Draht. Gegenstand dieses Kapitels sind außerdem die Kräfte, die Magnetfelder auf elektrische Ströme und auf geladene Teilchen ausüben, sowie einige nützliche Anwendungen der Wechselwirkung zwischen Magnetfeldern einerseits und elektrischen Strömen und bewegten elektrischen Ladungen andererseits.

27. Magnetismus

Die Geschichte des Magnetismus beginnt vor Tausenden von Jahren mit den frühen Kulturen Kleinasiens. In Magnesia, einem Gebiet in Kleinasien, hatte man Steine gefunden, die einander anzogen. Diese Steine wurden nach dem Ort ihrer Entdeckung „Magnete" genannt.

Erst im 19. Jahrhundert erkannte man jedoch, dass Elektrizität und Magnetismus eng verwandte Phänomene sind. Ein wichtiger Schritt bei dieser Erkenntnis war die Entdeckung, dass elektrische Ströme magnetische Effekte (wir bezeichnen diese als „Magnetfelder") hervorrufen, wie man dies von Magneten kannte. Wir werden in diesem und in späteren Kapiteln sehen, dass viele verschiedene Geräte in irgendeiner Weise vom Magnetismus abhängen. Außer dem Kompass sind dies beispielsweise Motoren, Lautsprecher, Computerspeicher und Generatoren.

27.1 Magnete und Magnetfelder

Wir alle haben schon einmal beobachtet, wie ein Magnet Büroklammern, Nägel oder andere Gegenstände aus Eisen anzieht. Jeder Magnet, ob stab- oder hufeisenförmig, hat zwei Enden, die als **Pole** bezeichnet werden und an denen die Magnetwirkung am stärksten ist. Wird ein Magnet an einem dünnen Faden aufgehängt, richtet sich ein Pol des Magneten immer nach Norden aus. Es ist nicht mit Sicherheit bekannt, wann dieses Phänomen entdeckt wurde, aber man weiß, dass es die Chinesen seit dem 11. Jahrhundert (vielleicht auch früher) für die Navigation ausnutzten. Dies ist nämlich das Prinzip, nach dem ein Kompass funktioniert. Eine Kompassnadel ist einfach ein Magnet, der in seinem Schwerpunkt gelagert ist, so dass er frei rotieren kann. Der zum geografischen Nordpol zeigende Pol eines frei aufgehängten Magneten wird als dessen **Nordpol** bezeichnet. Der andere Pol zeigt zum geografischen Südpol und heißt **Südpol**.

Magnetpole

Es ist bekannt, dass zwei nahe beieinander befindliche Magnete aufeinander eine Kraft ausüben. Die Kraft kann anziehend oder abstoßend sein, und man kann sie auch dann spüren, wenn die Magnete einander nicht berühren. Wenn der Nordpol eines Magneten in die Nähe des Nordpols eines zweiten Magneten gebracht wird, ist die Kraft abstoßend; das Gleiche gilt für zwei Südpole. Dagegen ziehen sich ein Nordpol und ein Südpol an. Dies ist in ▸ Abbildung 27.1 dargestellt und erinnert an die Kraft zwischen elektrischen Ladungen: Gleichnamige Pole stoßen sich ab und ungleichnamige Pole ziehen sich an. *Magnetische Pole sind jedoch von elektrischen Ladungen zu unterscheiden.* Ein wichtiger Unterschied besteht darin, dass positive und negative Ladungen isoliert werden können. Die Isolation eines einzelnen magnetischen Pols scheint dagegen unmöglich. Wenn Sie einen Stabmagneten in der Mitte durchtrennen, erhalten sie selbstverständlich keinen isolierten Süd- und Nordpol, sondern zwei neue Magnete (siehe ▸ Abbildung 27.2). So oft Sie diesen Vorgang auch wiederholen – Sie erhalten immer neue Magnete, die jeweils ihren eigenen Nord- und Südpol haben. Physiker haben versucht, isolierte magnetische Pole (Monopole) zu finden, was jedoch nie gelungen ist.

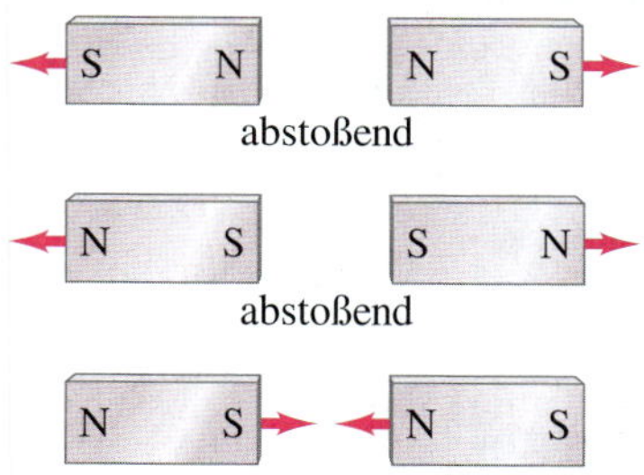

Abbildung 27.1 Gleichnamige Pole eines Magneten stoßen einander ab; ungleichnamige Pole ziehen sich gegenseitig an.

Nur Eisen und einige wenige andere Stoffe wie Cobalt, Nickel, Gadolinium sowie bestimmte Legierungen weisen starke magnetische Effekte auf. Diese Stoffe werden nach dem lateinischen Wort *ferrum* für Eisen als **Ferromagnetika** bezeichnet. Alle anderen Stoffe zeigen einen geringfügigen magnetischen Effekt, der so schwach ist, dass er nur mit feinsten Messinstrumenten nachzuweisen ist. In den Abschnitten 28.7 und 28.9 werden wir das Phänomen Ferromagnetismus genauer behandeln.

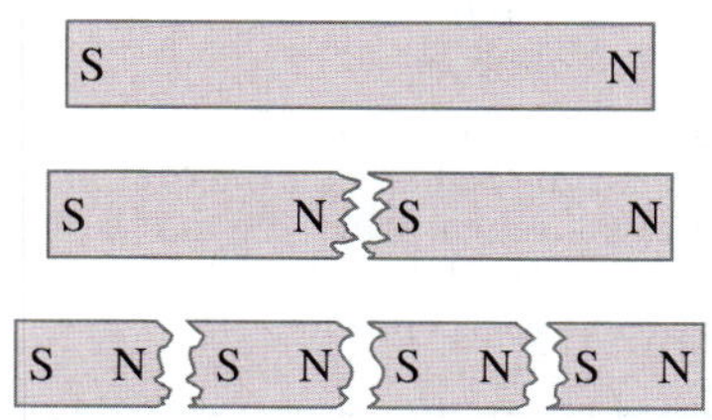

Abbildung 27.2 Wenn man einen Magneten in der Mitte teilt, erhält man keine separaten Nord- und Südpole; stattdessen entstehen zwei neue Magnete, von denen jeder einen eigenen Nord- und Südpol zeigt.

Es ist nützlich, in der Umgebung einer Ladung von einem elektrischen Feld zu sprechen. Analog dazu betrachten wir das **Magnetfeld**, das einen Magneten umgibt. Die von einem Magneten auf einen anderen ausgeübte Kraft kann als Wechselwirkung zwischen dem einen Magneten und dem Magnetfeld des anderen beschrieben

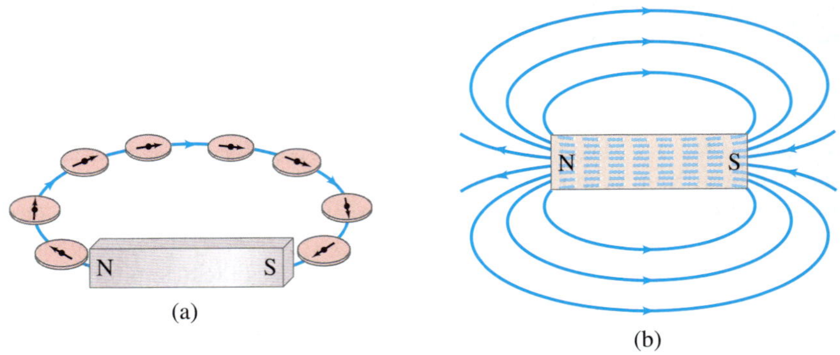

Abbildung 27.3 (a) Darstellung einer magnetischen Feldlinie eines Stabmagneten. (b) Die magnetischen Feldlinien eines Stabmagneten.

Magnetische Feldlinien

werden. Analog zu den elektrischen Feldlinien können wir **magnetische Feldlinien** zeichnen. Wie die elektrischen werden auch die magnetischen Feldlinien so gezeichnet, dass sie 1. in jedem Punkt tangential zur Richtung der magnetischen Feldstärke liegen und 2. ihre Dichte, die Anzahl der Linien pro Flächeneinheit, proportional zur magnetischen Feldstärke ist.

Die *Richtung* des Magnetfeldes in einem gegebenen Punkt kann durch die Richtung definiert werden, in die der Nordpol einer Kompassnadel in diesem Punkt zeigt. (Eine genauere Definition folgt in Abschnitt 27.3.) ▸ Abbildung 27.3a zeigt, wie man mithilfe von Kompassnadeln eine magnetische Feldlinie um einen Stabmagneten findet. Das auf diese Weise bestimmte Magnetfeld um einen Stabmagneten ist in ▸ Abbildung 27.3b dargestellt. Beachten Sie, dass die Feldlinien nach unserer Definition vom Nordpol zum Südpol eines Magneten verlaufen (der Nordpol einer Kompassnadel wird vom Südpol eines anderen Magneten angezogen). ▸ Abbildung 27.4 zeigt, wie die magnetischen Feldlinien eines Stabmagneten durch Eisenspäne sichtbar werden, die sich wie kleine Kompassnadeln ausrichten. Magnetische Feldlinien setzen sich innerhalb eines Magneten fort (siehe ▸ Abbildung 27.3b). Der Grund dafür ist, dass es keine magnetischen Monopole gibt, weshalb die magnetischen Feldlinien geschlossene Linien bilden müssen. Im Gegensatz dazu beginnen elektrische Feldlinien in positiven Ladungen und enden in negativen Ladungen.

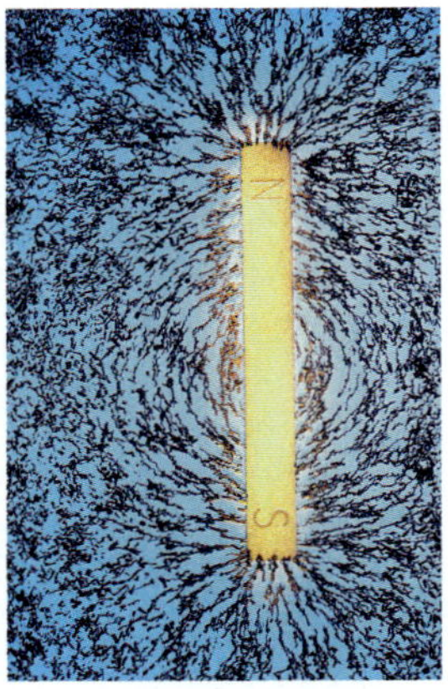

Abbildung 27.4 Dünne Eisenspäne machen die magnetischen Feldlinien in der Umgebung eines Stabmagneten sichtbar.

In ▸ Abbildung 27.5 ist das Magnetfeld der Erde schematisch dargestellt. Die Feldlinien verlaufen so als würde sich im Inneren der Erde ein Stabmagnet befinden. Da der Nordpol einer Kompassnadel von einem (magnetischen) Südpol angezogen wird, ist der magnetische Pol, der sich in der Nähe des geografischen Nordpols befindet, eigentlich ein (magnetischer) Südpol, was in ▸ Abbildung 27.5 durch das S auf dem Stabmagneten im Inneren der Erde symbolisiert ist. Dennoch wird dieser Pol als „magnetischer Nordpol" oder „geomagnetisch Nord" bezeichnet, da er sich im geografischen Norden befindet. Entsprechend ist der südliche magnetische Pol der Erde, der sich in der Nähe des geografischen Südpols befindet, eigentlich ein magnetischer Nordpol. Die Magnetpole der Erde stimmen nicht mit den *geografischen* Polen überein, die durch die Durchstoßpunkte der Rotationsachse der Erde bestimmt sind. Der magnetische Nordpol befindet sich z. B. im Norden Kanadas, etwa 1300 km vom geografischen Nordpol entfernt. Dies ist bei der Benutzung eines Kompasses zu berücksichtigen (siehe ▸ Abbildung 27.6). Der Winkel zwischen dem von einem Kompass angezeigten magnetischen Nordpol und dem geografischen Norden wird als **Deklination** oder **Missweisung** bezeichnet. In den USA variiert die Deklination in Abhängigkeit vom Ort zwischen 0° und 25°.[1]

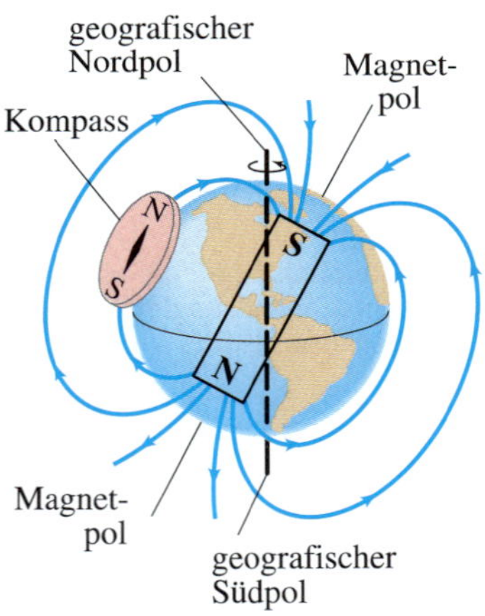

Abbildung 27.5 Die Erde wirkt wie ein riesiger Magnet; ihre magnetischen Pole entsprechen nicht den geografischen Polen, die durch die Durchstoßpunkte der Rotationsachse durch die Erdoberfläche gegeben sind.

Wie in ▸ Abbildung 27.5 zu sehen ist, verläuft das Erdmagnetfeld keineswegs in allen Punkten tangential zur Erdoberfläche. Der Winkel, den es in einem bestimmten Punkt mit der Horizontalen bildet, wird als **Inklination** bezeichnet.

ANGEWANDTE PHYSIK

Gebrauch eines Kompasses

1 In Deutschland liegt dieser Wert zwischen −0,3° in Aachen und +2,3° in Frankfurt/Oder.

Abbildung 27.6 Benutzung von Karte und Kompass in der Wildnis: Richten Sie den Kompass zunächst so ein, dass die Nadel exakt um den Winkel, der auf der Karte als Deklination (in Grad) angegeben ist, von der tatsächlichen Nordrichtung (N) abweicht. Für den in diesem Ausschnitt einer topografischen Karte dargestellten Ort in Kalifornien sind dies 15°. Richten Sie dann die Karte nach der tatsächlichen Nordrichtung aus, *nicht* nach der Kompassnadel.

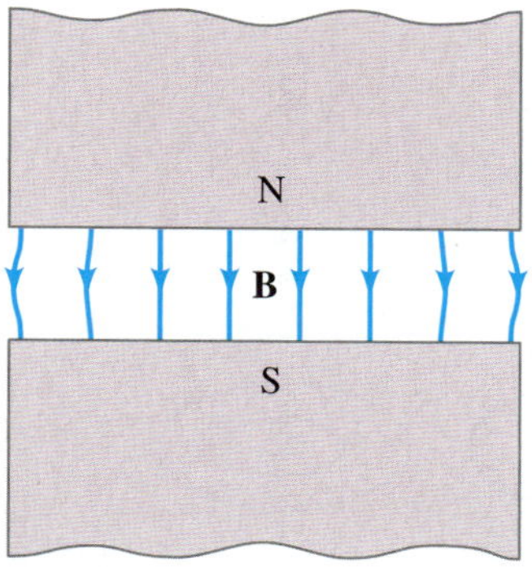

Abbildung 27.7 Das Magnetfeld zwischen zwei breiten Polen eines Magneten ist nahezu homogen, mit Ausnahme der Ränder.

Der einfachste Fall eines Magnetfeldes ist das homogene Magnetfeld, das in jedem Punkt gleich ist. Es ist nicht einfach, ein perfekt homogenes Feld über einen großen räumlichen Bereich zu erzeugen. Das Feld zwischen zwei ebenen, parallelen Magnetpolen kann jedoch in guter Näherung als homogen betrachtet werden, wenn die Ausdehnung der Pole groß im Verhältnis zu ihrem gegenseitigen Abstand ist (siehe ▶ Abbildung 27.7). Lediglich an den Rändern ist das Feld nicht homogen. Die parallelen, äquidistanten Feldlinien in der Abbildung zeigen an, dass das Feld ebenso wie das elektrische Feld zwischen zwei parallelen Platten außer an den Rändern homogen ist (vgl. ▶ Abbildung 23.1).

Abbildung 27.8 Die Ablenkung von Kompassnadeln in der Nähe eines stromführenden Drahtes zeigt das Vorhandensein und die Richtung des Magnetfeldes.

27.2 Elektrische Ströme erzeugen Magnetfelder

Im 18. Jahrhundert versuchten viele Forscher eine Verbindung zwischen den Phänomenen Elektrizität und Magnetismus zu finden. Man wusste, dass eine ruhende elektrische Ladung und ein Magnet sich gegenseitig nicht beeinflussen. Im Jahre 1820 jedoch beobachtete Hans Christian Oersted (1777–1851), dass eine Kompassnadel in der Nähe eines Drahtes ausschlägt, sobald der Draht mit einer Batterie verbunden wird und ein Strom fließt. Die Ursache für die Auslenkung einer Kompassnadel ist, wie wir wissen, ein Magnetfeld. Oersted hatte also eine Verbindung zwischen dem elektrischen Strom und dem Magnetfeld entdeckt: **Elektrische Ströme erzeugen Magnetfelder**.

Elektrische Ströme erzeugen Magnetfelder

Wenn eine Kompassnadel in die Nähe eines geraden Drahtstücks gebracht wird, dann richtet sie sich tangential zu einem um den Draht gezeichneten Kreis aus (siehe ▶ Abbildung 27.8). Die von einem Strom durch einen geraden Leiter erzeugten magnetischen Feldlinien verlaufen also als konzentrische Kreise um den Draht (siehe ▶ Abbildung 27.9a). Diese Feldlinien zeigen in Richtung des Kompassnordpols in ▶ Abbildung 27.8. In diesem Fall gibt es eine einfache Merkregel für die Richtung der magnetischen Feldlinien. Diese Regel wird als **Rechte-Hand-Regel** bezeichnet: Fassen Sie den Draht mit der rechten Hand so, dass Ihr Daumen in die konventionelle Stromrichtung zeigt; dann umschließen Ihre Finger den Draht in der Richtung des Magnetfelds (siehe ▶ Abbildung 27.9b). Die durch einen kreisförmigen stromführenden Leiter erzeugten magnetischen Feldlinien werden auf ähnliche Weise mit einem Kompass bestimmt. Das Ergebnis ist in ▶ Abbildung 27.10 dargestellt. Wieder wird dabei die Rechte-Hand-Regel angewendet (siehe ▶ Abbildung 27.11).

Rechte-Hand-Regel für die Richtung des Magnetfelds

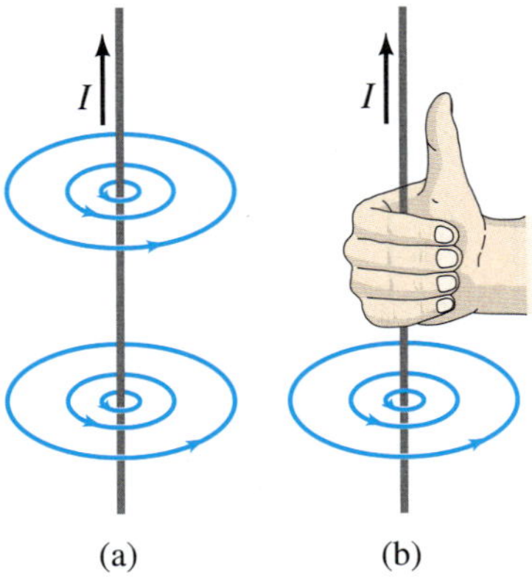

Abbildung 27.9 (a) Magnetische Feldlinien infolge eines elektrischen Stromes in einem geraden Draht. (b) Die Rechte-Hand-Regel als Merkregel für die Richtung des Magnetfeldes: wenn der Daumen in die Richtung des konventionellen Stromes zeigt, geben die Finger, die den Draht umfassen, die Richtung des Magnetfeldes an.

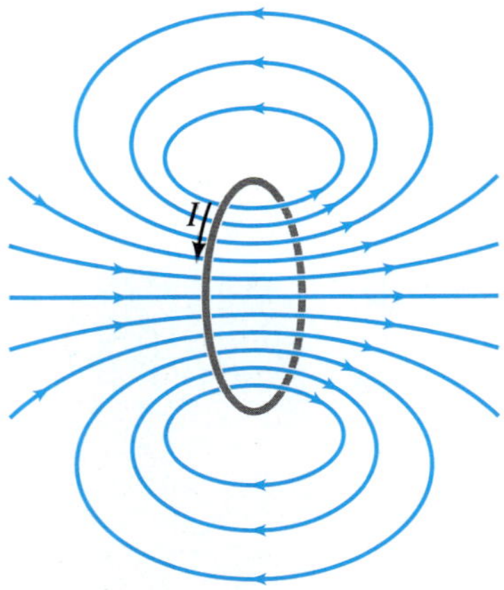

Abbildung 27.10 Die durch eine kreisförmige Drahtschleife erzeugten magnetischen Feldlinien.

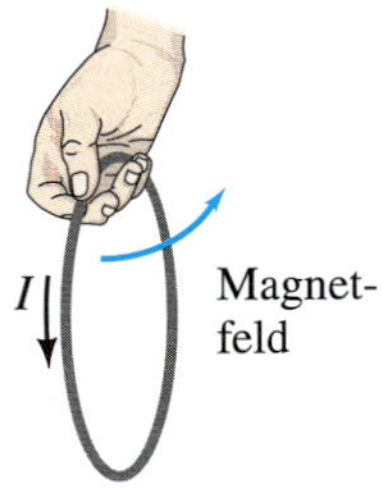

Abbildung 27.11 Die Rechte-Hand-Regel zur Bestimmung der Richtung des Magnetfeldes in Abhängigkeit von der Stromrichtung.

27.3 Die Kraft auf einen elektrischen Strom im Magnetfeld; Definition von B

Ein Magnet übt eine Kraft auf einen elektrischen Strom aus

In Abschnitt 27.2 haben wir gesehen, dass ein elektrischer Strom auf einen Magneten, z. B. eine Kompassnadel, eine Kraft ausübt. Wegen des dritten Newton'schen Axioms sollte man erwarten, dass auch die Umkehrung gilt: *Ein Magnet übt eine Kraft auf einen stromführenden Leiter aus.* Experimente bestätigen diese Vermutung und auch dies wurde zuerst von Oersted beobachtet.

Betrachten wir nun die auf einen stromführenden Leiter ausgeübte Kraft im Detail. Angenommen, ein gerades Stück Draht wird zwischen die Pole eines Hufeisenmagneten gebracht (siehe ▸ Abbildung 27.12). Wenn durch den Draht ein Strom fließt, wird auf den Draht eine Kraft ausgeübt. Diese Kraft wirkt *nicht* in Richtung des einen oder des anderen Magnetpols, sondern rechtwinklig zur Richtung des Magnetfelds nach unten (▸ Abbildung 27.12a). Wenn die Richtung des Stromes umgekehrt wird, wirkt die Kraft in die entgegengesetzte Richtung (▸ Abbildung 27.12b). Wie sich zeigt, steht *die Kraft immer senkrecht zur Richtung des Stroms und senkrecht zur Richtung des Magnetfelds* **B**. Diese Aussage legt die Richtung allerdings noch nicht vollständig fest; in ▸ Abbildung 27.12b beispielsweise kann sie nach oben oder unten zeigen und dabei gleichzeitig senkrecht zum Strom und zum Magnetfeld **B** sein. Die Richtung der Kraft wird, wie in ▸ Abbildung 27.12c dargestellt, durch eine weitere **Rechte-Hand-Regel** festgelegt. Halten Sie Ihre rechte Hand so, dass die ausgestreckten Finger in Richtung des Stroms und die gebeugten Finger in Richtung der magnetischen Feldlinien zeigen. Dann zeigt Ihr Daumen in Richtung der auf den Draht ausgeübten Kraft.

Rechte-Hand-Regel für die Kraft, die B auf den Strom ausübt

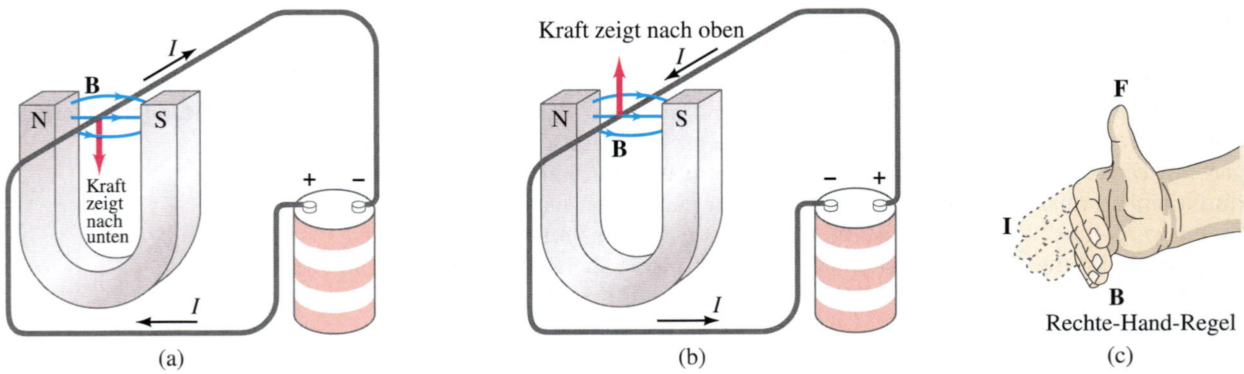

Abbildung 27.12 (a) Die Kraft auf einen stromführenden Draht, der in ein Magnetfeld **B** gebracht wird; (b) die gleiche Situation bei entgegengesetzter Stromrichtung; (c) die Rechte-Hand-Regel für die Anordnung (b).

Damit ist die Richtung der Kraft beschrieben. Wie groß aber ist ihr Betrag? Experimentell wurde beobachtet, dass der Betrag der Kraft direkt proportional zum Strom I durch den im (als homogen angenommenen) Magnetfeld befindlichen Draht sowie zu dessen Länge s ist. Außerdem wächst der Betrag der Kraft proportional mit der Stärke des Magnetfelds. Schließlich hängt die Kraft vom Winkel θ zwischen der Richtung des Stroms und der Richtung des Magnetfelds ab (▶ Abbildung 27.13). Die Kraft ist am größten, wenn der Strom senkrecht zu den Feldlinien fließt ($\theta = 90°$). Wenn der Draht parallel zu den Feldlinien ausgerichtet ist ($\theta = 0°$), wird auf ihn überhaupt keine Kraft ausgeübt. Für alle übrigen Winkel ist die Kraft proportional zu $\sin\theta$ (▶ Abbildung 27.13). Für einen Strom I durch einen Draht der Länge s, der sich in einem homogenen Magnetfeld B befindet, gilt also

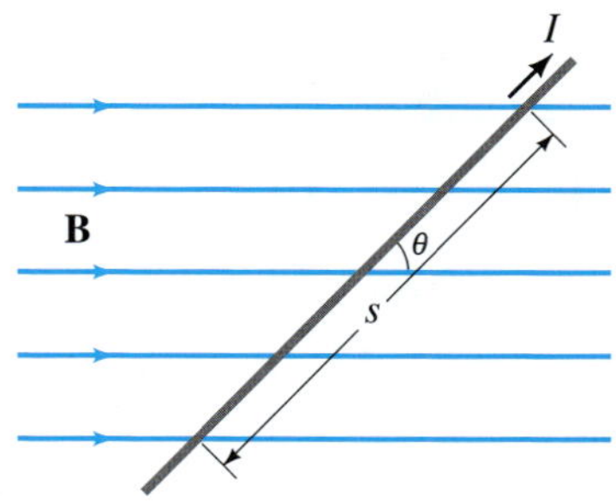

Abbildung 27.13 Ein stromführender Draht in einem Magnetfeld. Die auf den Draht wirkende Kraft ist in die Papierebene hinein gerichtet.

$$F \propto IsB\sin\theta \,.$$

Bisher haben wir noch keine exakte Definition der Stärke des Magnetfelds B gegeben. Tatsächlich wird die magnetische Feldstärke B mithilfe der obigen Proportionalität definiert und zwar so, dass die Proportionalitätskonstante 1 ist. Es gilt also

Kraft auf den elektrischen Strom in einem homogenen Magnetfeld

$$F = IsB\sin\theta \,. \tag{27.1}$$

Steht die Richtung des Stroms senkrecht zum Feld ($\theta = 90°$), dann ist die Kraft

$$F_{\max} = IsB \,. \qquad (\mathbf{I} \perp \mathbf{B}) \tag{27.2}$$

Definition des Magnetfelds

Wenn der Strom parallel zum Feld verläuft ($\theta = 0°$), ist die Kraft null. Der Betrag von **B** kann dann als $B = F_{\max}/Is$ definiert werden. Dabei ist $F_{\max}$ der Betrag der Kraft auf einen Draht der Länge s, durch den ein Strom I fließt, wenn der Draht senkrecht zu **B** steht.

Die Beziehung zwischen der Kraft **F** auf einen Draht, durch den der Strom I fließt, und dem Magnetfeld **B**, das diese Kraft verursacht, kann in Form einer Vektorgleichung geschrieben werden. Hierfür erinnern wir uns, dass die Richtung von **F** durch die Rechte-Hand-Regel gegeben ist (▶ Abbildung 27.13c) und der Betrag durch Gleichung 27.1. Dies ist konsistent mit der Definition von **F** durch das Kreuzprodukt

Kraft auf den elektrischen Strom in einem homogenen Magnetfeld

$$\mathbf{F} = I\mathbf{s} \times \mathbf{B} \tag{27.3}$$

(vgl. Abschnitt 11.1). Hierbei ist **s** ein Vektor mit der Länge des Drahtes als Betrag, dessen Richtung durch den (als gerade angenommenen) Draht und die konventionelle Stromrichtung gegeben ist.

Die obige Diskussion gilt, wenn das Magnetfeld homogen und der Draht gerade ist. Wenn diese Voraussetzungen nicht gegeben sind, kann Gleichung 27.3 zu

Kraft auf ein Stromsegment in einem beliebigen Magnetfeld

$$\mathrm{d}\mathbf{F} = I\,\mathrm{d}\mathbf{s} \times \mathbf{B} \tag{27.4}$$

verallgemeinert werden, wobei d**F** die infinitesimale Kraft ist, die auf ein Stück Draht der differentiellen Länge d**s** ausgeübt wird. Die auf den gesamten Draht ausgeübte Kraft erhält man durch Integration.

Gleichung 27.4 kann (ebenso wie Gleichung 27.2 oder 27.3) als Definition von **B** dienen. Äquivalent kann **B** unter Verwendung der Kraft auf eine bewegte elektrische Ladung definiert werden (siehe nächster Abschnitt).

Das Tesla und das Gauß (Einheiten)

Die SI-Einheit für das Magnetfeld B ist das **Tesla** (T). Aus den Gleichungen 27.1–27.4 ist offensichtlich, dass $1\,\mathrm{T} = 1\,\mathrm{N}\,/\,\mathrm{A}\cdot\mathrm{m}$ gilt. Eine andere häufig verwendete Einheit für die magnetische Feldstärke ist die CGS-Einheit **Gauß** (G): $1\,\mathrm{G} = 10^{-4}\,\mathrm{T}$. Ein in Gauß angegebenes Feld sollte immer in Tesla umgerechnet werden, bevor es zusammen mit anderen SI-Einheiten verwendet wird. Damit Sie ein Gefühl für diese Einheiten bekommen, sei angemerkt, dass das Magnetfeld der Erde an der Oberfläche etwa $\frac{1}{2}$ G oder $0{,}5 \cdot 10^{-4}$ T beträgt. Starke Elektromagneten können Felder in der Größenordnung von einigen Tesla und supraleitende Magnete über 10 T erzeugen.

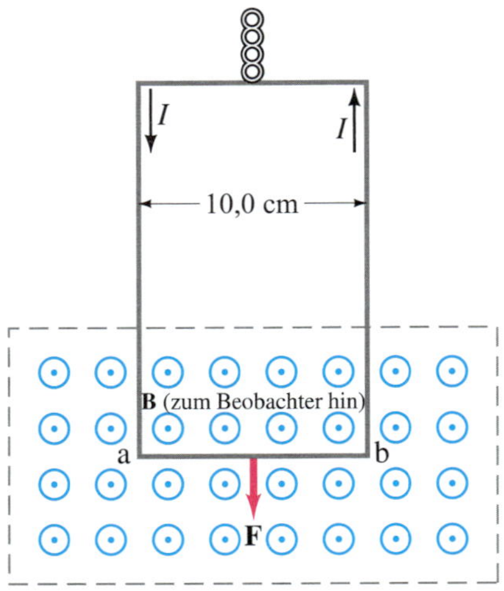

Abbildung 27.14 Messung eines Magnetfeldes **B** (Beispiel 27.1).

In schematischen Darstellungen des Feldverlaufs verwenden wir für ein Magnetfeld, das aus der Papierebene heraus zeigt (also zum Betrachter hin), das Symbol ⊙ und für ein Magnetfeld, das in die Papierebene hinein zeigt (also vom Betrachter weg), das Symbol ⊗. Das Symbol ⊙ soll an die Spitze eines auf den Betrachter gerichteten Pfeils erinnern und das Symbol ⊗ an das Ende eines Pfeils, der vom Betrachter weg fliegt (siehe ▸ Abbildungen 27.14 und ▸ 27.15).

Beispiel 27.1 Messung eines Magnetfelds

Eine rechteckige Drahtschleife ist, wie in ▸ Abbildung 27.14 dargestellt, vertikal aufgehängt. Ein Magnetfeld **B** ist horizontal, senkrecht zum Draht gerichtet und zeigt in Richtung des Betrachters. Das Magnetfeld **B** ist im Abschnitt ab des Drahtes (Länge $s = 10{,}0$ cm), der sich nahe des Zentrums eines sehr großen, das Feld erzeugenden Magneten befindet, in sehr guter Näherung homogen. Der obere Teil des Drahtes befindet sich außerhalb des Magnetfelds. Die Schleife hängt an einer Waage, die eine (zusätzlich zur Schwerkraft wirkende) nach unten gerichtete Kraft $F = 3{,}48 \cdot 10^{-2}$ N misst, wenn der Draht einen Strom von $I = 0{,}245$ A führt. Wie groß ist der Betrag B des Magnetfelds im Zentrum des Magneten?

Lösung

Die magnetischen Kräfte auf die vertikalen Abschnitte der Drahtschleife wirken nach links bzw. rechts. Da sie den gleichen Betrag haben, addieren sie sich zu null. Die effektiv auf die Schleife wirkende magnetische Kraft ist also jene, die auf den Abschnitt ab mit der Länge 0,1 m wirkt (für diesen Abschnitt gilt $\theta = 90°$ und damit $\sin\theta = 1$). Damit ist

$$B = \frac{F}{Is} = \frac{3{,}48 \cdot 10^{-2}\,\text{N}}{(0{,}245\,\text{A})(0{,}1\,\text{m})} = 1{,}42\,\text{T}\,.$$

Mit dieser Methode können Magnetfelder mit hoher Genauigkeit gemessen werden.

Beispiel 27.2 Magnetische Kraft auf einem halbkreisförmigen Draht

Ein fester, von einem Strom I durchflossener Draht besteht aus einem Halbkreis mit dem Radius R und zwei geraden Abschnitten (siehe ▸ Abbildung 27.15). Der Draht liegt in einer senkrecht zum homogenen Magnetfeld $\mathbf{B}_0$ verlaufenden Ebene. Von den geraden Abschnitten des Drahtes liegt jeweils ein Stück der Länge s innerhalb des Magnetfelds. Bestimmen Sie die Kraft, die das Magnetfeld $\mathbf{B}_0$ effektiv auf den Draht ausübt.

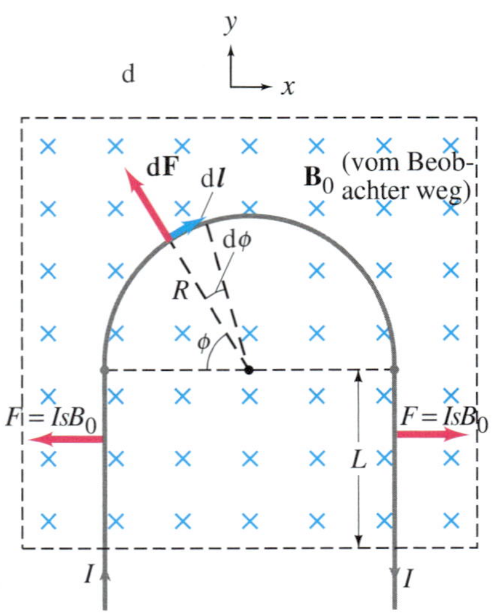

Abbildung 27.15 Beispiel 27.2.

Lösung

Die auf die geraden Abschnitte wirkenden Kräfte haben den gleichen Betrag ($= IsB_0$) und entgegengesetzte Richtungen; sie heben sich gegenseitig auf. Die effektive Kraft ist also die auf den Halbkreis wirkende. Wir zerlegen den Halbkreis in kurze Abschnitte $ds = R\,d\phi$ und erhalten mithilfe von Gleichung 27.4:

$$dF = IB_0R\;d\phi\,.$$

Dabei ist dF die auf einen Abschnitt der Länge $ds = R\,d\phi$ wirkende Kraft, und der Winkel zwischen $\mathbf{ds}$ und $\mathbf{B}_0$ beträgt 90° (so dass sich im Kreuzprodukt $\sin\theta = 1$ ergibt). Die x-Komponente der Kraft $\mathbf{dF}$ auf das dargestellte Linienelement $\mathbf{ds}$ und die x-Komponente von $\mathbf{dF}$ auf das diesem Linienelement auf der anderen Seite des Halbkreises symmetrisch gegenüberliegende Linienelement ds heben einander auf. Die x-Komponente der Kraft ist also für den gesamten Halbkreis null. Wir müssen uns daher nur um die y-Komponenten kümmern. Jede davon ist $dF \sin\phi$, so dass sich für den Gesamtbetrag der Kraft

$$F = \int_0^\pi dF \sin\phi = IB_0R \int_0^\pi \sin\phi \; d\phi = -IB_0R\cos\phi\Big|_0^\pi = 2IB_0R$$

ergibt. Die Richtung der Kraft ist durch die Richtung der y-Achse in ▶ Abbildung 27.15 gegeben.

27.4 Die Kraft auf eine bewegte elektrische Ladung in einem Magnetfeld: Lorentz-Kraft

Wie wir im letzten Abschnitt gesehen haben, wird auf einen stromführenden Leiter eine Kraft ausgeübt, wenn er in ein Magnetfeld gebracht wird. Da ein Strom in einem Leiter aus bewegten elektrischen Ladungen besteht, erwarten wir, dass auch auf frei bewegliche (d. h. nicht in einem Draht gebundene) elektrische Ladungen eine Kraft wirkt, wenn diese ein Magnetfeld durchlaufen. Dies ist tatsächlich der Fall.

Aus dem, was wir bereits wissen, können wir vorhersagen, welche Kraft auf eine einzelne bewegte elektrische Ladung wirkt. Wenn N solcher Teilchen mit jeweils der Ladung q in der Zeit t an einem gegebenen Punkt vorbeikommen, dann bilden sie einen Strom $I = Nq/t$. Sei t die Zeit, die eine Ladung q braucht, um in einem Magnetfeld **B** eine Distanz L zu überwinden. Dann gilt $\mathbf{s} = \mathbf{v}t$, wobei **v** die Geschwindigkeit des Teilchens ist. Nach Gleichung 27.3 ist damit die Kraft auf die N Teilchen $\mathbf{F} = I\mathbf{s} \times \mathbf{B} = (Nq/t)(\mathbf{v}t) \times \mathbf{B} = Nq\mathbf{v} \times \mathbf{B}$. Die auf *eines* der N Teilchen wirkende Kraft ist also

$$\mathbf{F} = q\mathbf{v} \times \mathbf{B} \tag{27.5a}$$

Kraft auf eine bewegte Ladung im Magnetfeld

und wird als Lorentz-Kraft bezeichnet. Dieses grundlegende und wichtige Ergebnis kann alternativ zu Gleichung 27.4 oder 27.3 verwendet werden, um das Magnetfeld **B** zu definieren. Der Betrag der Kraft in Gleichung 27.5a ist

$$F = qvB\sin\theta \,. \tag{27.5b}$$

Dies ist der Betrag der Kraft auf ein Teilchen mit der Ladung q, das sich mit der Geschwindigkeit **v** durch einen Punkt eines Magnetfelds bewegt, das an dieser Stelle den Betrag B hat. Der Winkel zwischen **v** und **B** ist θ. Die Kraft ist am größten, wenn sich das Teilchen senkrecht zu **B** bewegt ($\theta = 90°$):

$$F_{\max} = qvB \,. \qquad (\mathbf{v} \perp \mathbf{B})$$

Die Kraft ist *null*, wenn sich das Teilchen *parallel* zu den Feldlinien bewegt ($\theta = 0°$). Die *Richtung* der Kraft ist senkrecht zum Magnetfeld **B** und zur Geschwindigkeit **v** des Teilchens. Wie bei jedem Kreuzprodukt ist sie durch die Rechte-Hand-Regel (für $q > 0$) gegeben: Halten Sie Ihre Hand so, dass die Finger, wenn sie ausgestreckt sind, in die Bewegungsrichtung des Teilchens zeigen (**v**), und wenn sie gebeugt sind, in die Richtung von **B**. Dann zeigt Ihr Daumen in Richtung der Kraft (in ▶ Abbildung 27.16 nach unten). Dies gilt allerdings nur für *positiv* geladene Teilchen. Für negativ geladene Teilchen zeigt die Kraft in die entgegengesetzte Richtung (in ▶ Abbildung 27.16 nach oben).

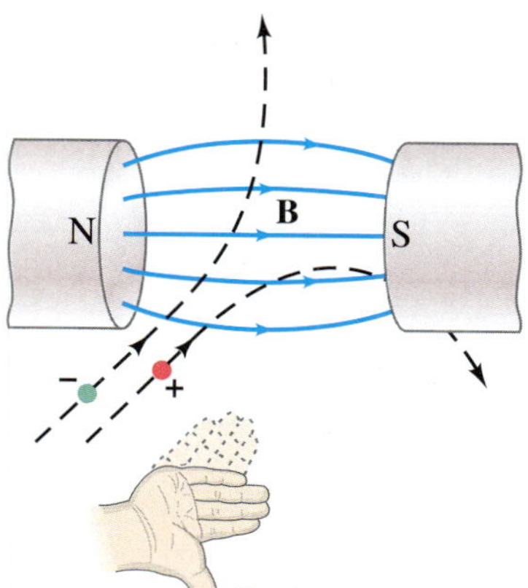

Abbildung 27.16 Die infolge des Magnetfelds auf geladene Teilchen wirkende Kraft ist senkrecht zur Richtung des Magnetfeldes.

Beispiel 27.3 **Die magnetische Kraft auf ein Proton**

Ein Proton, das sich mit einer Geschwindigkeit von $5{,}0 \cdot 10^6$ m/s durch ein Magnetfeld vertikal nach oben bewegt, erfährt eine Kraft von $8{,}0 \cdot 10^{-14}$ N in

Richtung Westen. Wenn es sich horizontal in nördliche Richtung bewegt, erfährt es keine Kraft. Bestimmen Sie Betrag und Richtung des Magnetfelds in diesem Gebiet. (Die Ladung des Protons ist $q = +e = 1{,}6 \cdot 10^{-19}\,\text{C}$.)

Lösung

Da das Proton keine Kraft erfährt, wenn es sich nach Norden bewegt, muss das Feld in Nord-Süd-Richtung verlaufen. Damit eine Kraft in Richtung Westen auf das sich nach oben bewegende Teilchen wirkt, muss **B** nach der Rechte-Hand-Regel nach Norden zeigen. (Ihr Daumen zeigt nur dann nach Westen und die ausgestreckten Finger nach oben, wenn die gebeugten Finger nach Norden zeigen.) Der Betrag von **B** für $\theta = 90°$ ist nach Gleichung 27.5

$$B = \frac{F}{qv} = \frac{8{,}0 \cdot 10^{-14}\,\text{N}}{(1{,}6 \cdot 10^{-19}\,\text{C})(5{,}0 \cdot 10^{6}\,\text{m/s})} = 0{,}10\,\text{T}\,.$$

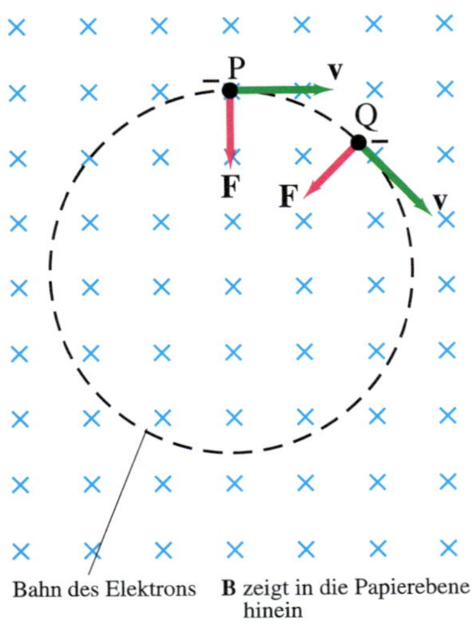

Abbildung 27.17 Die von einem homogenen Magnetfeld erzeugte Kraft auf ein bewegtes geladenes Teilchen (in diesem Falle ein Elektron) zwingt das Teilchen auf eine Kreisbahn.

Die Bahn eines geladenen Teilchens, das sich in einer senkrecht zu einem homogenen Magnetfeld stehenden Ebene bewegt, ist ein Kreis. Dies ist in ▸ Abbildung 27.17 dargestellt, wo die Richtung des Magnetfelds in die Papierebene hinein zeigt. Ein im Punkt P befindliches Elektron bewegt sich nach rechts und die in diesem Punkt auf das Teilchen wirkende Kraft ist nach unten gerichtet (wenden Sie die Rechte-Hand-Regel an und kehren Sie die erhaltene Richtung wegen der negativen Ladung um). Das Elektron wird also nach unten abgelenkt. Wenn das Elektron den Punkt Q erreicht, ist die Kraft immer noch senkrecht zur Geschwindigkeit gerichtet (siehe eingezeichnete Richtung in der Abbildung). Da die Kraft immer senkrecht zu **v** bleibt, ändert sich der Betrag von **v** nicht – das Teilchen bewegt sich mit konstanter Geschwindigkeit. Es ändert allerdings seine Richtung und bewegt sich kreisförmig mit konstanter Zentripetalbeschleunigung (siehe Beispiel 27.4), verursacht durch die magnetische Kraft, die in jedem Punkt in Richtung des Kreismittelpunkts zeigt. Das Elektron in ▸ Abbildung 27.17 bewegt sich im Uhrzeigersinn. Ein positiv geladenes Teilchen würde eine Kraft in die entgegengesetzte Richtung spüren und sich entgegen dem Uhrzeigersinn bewegen.

Beispiel 27.4 Bahn eines Elektrons in einem homogenen Magnetfeld

Ein Elektron bewegt sich mit einer Geschwindigkeit von $2{,}0 \cdot 10^{7}\,\text{m/s}$ in einer Ebene, die senkrecht auf einem Magnetfeld von $0{,}010\,\text{T}$ steht. Beschreiben Sie die Bahn des Elektrons.

Lösung

Das Elektron bewegt sich mit der Geschwindigkeit v auf einer gekrümmten Bahn, deren Krümmung wir mithilfe des zweiten Newton'schen Axioms, $F = ma$, bestimmen können. Die Zentripetalbeschleunigung ist $a = v^2/r$ (Gleichung 3.14). Die Kraft ist durch Gleichung 27.5 gegeben, die wegen $\sin\theta = 1$ die Form $F = qvB$ annimmt. Es gilt also

$$F = ma$$

$$qvB = \frac{mv^2}{r}\,.$$

Dies stellen wir nach r um und erhalten

$$r = \frac{mv}{qB}\,.$$

Da **F** senkrecht zu **v** ist, ändert sich der Betrag der Geschwindigkeit nicht. Aus dieser Gleichung können wir ablesen, dass für **B** = konstant auch **r** = konstant gilt und dass die Bahnkurve ein Kreis sein muss. Um dessen Radius r zu bestimmen, setzen wir die gegebenen Zahlenwerte ein:

$$r = \frac{(9{,}1 \cdot 10^{-31}\,\mathrm{kg})(2{,}0 \cdot 10^{7}\,\mathrm{m/s})}{(1{,}6 \cdot 10^{-19}\,\mathrm{C})(0{,}010\,\mathrm{T})} = 1{,}1 \cdot 10^{-2}\,\mathrm{m} = 1{,}1\,\mathrm{cm}\,.$$

Die Zeit T, die ein Teilchen mit der Ladung q in einem homogenen Magnetfeld **B** ($\perp$**v**) benötigt, um mit konstanter Geschwindigkeit v die Kreisbahn einmal vollständig zu durchlaufen, ist $T = 2\pi r/v$, wobei $2\pi r$ der Kreisumfang ist. In Beispiel 27.4 hatten wir $r = mv/qB$ erhalten, so dass gilt

$$T = \frac{2\pi m}{qB}\,.$$

Aus der Periode T der Rotationsbewegung erhalten wir für die Frequenz

$$f = \frac{1}{T} = \frac{qB}{2\pi m}\,. \tag{27.6}$$

Diese Frequenz wird auch als **Zyklotronfrequenz** eines Teilchens in einem Feld bezeichnet, da sie die Umlauffrequenz von Teilchen in einem Zyklotron ist (siehe Aufgabe 59). Beachten Sie, dass f nicht von der Geschwindigkeit v abhängt. Wenn v groß ist, dann ist auch r bei gegebenem B groß ($r = mv/qB$), aber die Frequenz ist unabhängig von v und r, solange v nicht in die Nähe der Lichtgeschwindigkeit kommt (siehe Abschnitt 7.5 und Kapitel 37).

Beispiel 27.5 · Begriffsbildung — Eine spiralförmige Bahn

Wie verläuft die Bahn eines geladenen Teilchens in einem homogenen Magnetfeld, wenn seine Geschwindigkeit *nicht* senkrecht zum Magnetfeld gerichtet ist?

Lösung

Der Geschwindigkeitsvektor kann in eine parallel und eine senkrecht zum Feld gerichtete Komponente aufgespalten werden. Auf die parallele Geschwindigkeitskomponente wird keine Kraft ausgeübt, sie bleibt also konstant. Die auf die senkrechte Geschwindigkeitskomponente wirkende Kraft zwingt das Teilchen zu einer kreisförmigen Bewegung um die Feldlinien. Beide Bewegungen zusammen ergeben eine spiralförmige Bewegung um die Feldlinien (siehe ▸ Abbildung 27.18).

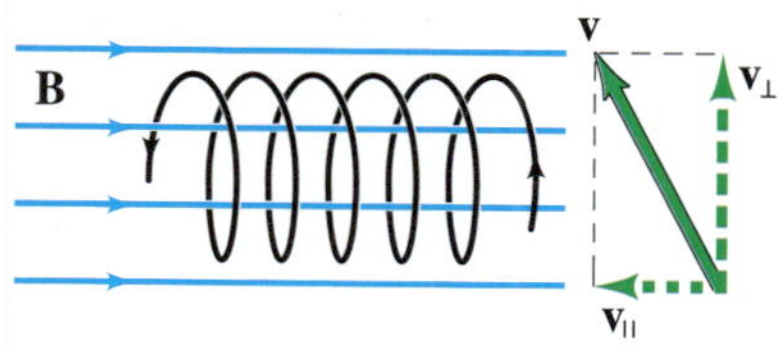

Abbildung 27.18 Beispiel 27.5.

Beispiel 27.6 · Begriffsbildung — Das Polarlicht

Geladene Ionen erreichen die Erde von der Sonne aus („Sonnenwind“). Sie dringen größtenteils in der Nähe der Pole in die Erdatmosphäre ein, wobei sie das in hohen Breiten zu beobachtende Phänomen der *Aurora Borealis* oder des „Polarlichts“ hervorrufen. Warum tritt dies in der Regel nur in der Nähe der Pole auf?

ANGEWANDTE PHYSIK

Das Polarlicht

Lösung

Ein Blick auf ► Abbildung 27.19 beantwortet die Frage (siehe auch ► Abbildung 27.18). Stellen wir uns einen Strom geladener Teilchen vor, der die Erde wie dargestellt erreicht. Die senkrecht zum Feld gerichtete Geschwindigkeitskomponente zwingt jedes der Teilchen auf eine kreisförmige Bahn um die Feldlinien, während die parallel zu den Feldlinien verlaufende Geschwindigkeitskomponente das Teilchen entlang der Feldlinien in Richtung eines der beiden Pole treibt. Durch die hohe Konzentration der geladenen Teilchen wird die Luft ionisiert, bei der Rekombination der Elektronen mit den Ionen zu Atomen wird Licht emittiert (siehe Kapitel 38). Dies sind die Polarlichter, die vor allem in Phasen erhöhter Sonnenaktivität und damit stärkeren Sonnenwinds zu beobachten sind.

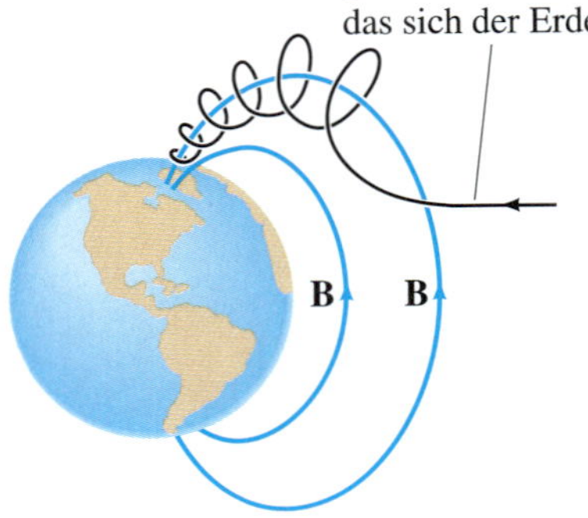

(a)

(b)

Abbildung 27.19 (a) Die Abbildung zeigt ein sich der Erde näherndes geladenes Teilchen, das vom Magnetfeld der Erde „eingefangen" wird. Diese Teilchen folgen wie dargestellt den Feldlinien zu den Polen. (b) Ein Polarlicht.

Wenn sich ein Teilchen der Ladung q mit der Geschwindigkeit **v** durch ein Gebiet bewegt, in dem es sowohl ein Magnetfeld **B** als auch ein elektrisches Feld **E** gibt, dann erfährt es die Kraft

Lorentz-Gleichung

$$\mathbf{F} = q(\mathbf{E} + \mathbf{v} \times \mathbf{B}) \,. \qquad (27.7)$$

Um dies zu erhalten, haben wir die Gleichungen 21.3 und 27.5 verwendet. Gleichung 27.7 ist die **Lorentz-Gleichung,** eine der grundlegenden Gleichungen der Physik.

Beispiel 27.7 Geschwindigkeitsselektor oder Filter

Bei manchen elektronischen Geräten und für verschiedene Experimente wird ein Strahl geladener Teilchen benötigt, die sich alle mit etwa der gleichen Geschwindigkeit bewegen. Dies wird durch ein homogenes elektrisches Feld und ein homogenes Magnetfeld erreicht, die senkrecht aufeinander stehen. Wie in ► Abbildung 27.20a dargestellt, passieren Teilchen mit jeweils der Ladung q, aber unterschiedlichen Geschwindigkeiten den Spalt S_1 und gelangen in das Gebiet, in dem **B** in die Papierebene hinein und **E** von der positiven Platte zur negativen Platte zeigt. Erläutern Sie, wie diese Anordnung eine bestimmte Geschwindigkeit „auswählt" und bestimmen Sie diese Geschwindigkeit.

Lösung

Nach dem Durchfliegen des Spalts S_1 ist jedes Teilchen zwei Kräften ausgesetzt (siehe ▶ Abbildung 27.20b). Im Falle einer positiven Ladung q ist die magnetische Kraft nach oben gerichtet und die elektrische Kraft nach unten. (Für negative Ladungen verhält es sich umgekehrt.) Wir nehmen an, dass der Ausgangsspalt S_2 dem Spalt S_1 direkt gegenüber liegt. In Abhängigkeit von ihrer Geschwindigkeit v werden einige Teilchen nach oben abgelenkt und andere nach unten. Es gelangen nur diejenigen Teilchen durch den Spalt S_2, für die die Nettokraft null ist: $\sum F = qvB - qE = 0$. Die Anordnung wählt also die Teilchen mit der Geschwindigkeit

$$v = \frac{E}{B} \tag{27.8}$$

aus. Dieses Ergebnis ist unabhängig vom Vorzeichen der Ladung q.

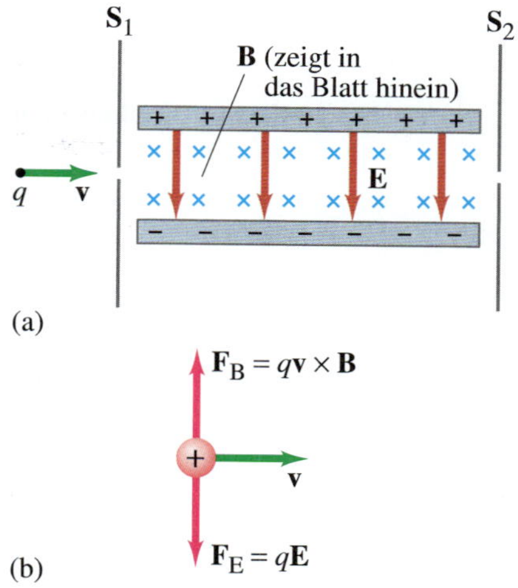

Abbildung 27.20 Ein Geschwindigkeitsselektor: Teilchen mit der Geschwindigkeit $v = E/B$ gelangen durch S_1 und S_2.

27.5 Das auf eine Leiterschleife wirkende Drehmoment und das magnetische Dipolmoment

Wenn ein elektrischer Strom durch eine in einem Magnetfeld befindliche Leiterschleife fließt (siehe ▶ Abbildung 27.21), dann erzeugt die auf den Strom wirkende magnetische Kraft ein Drehmoment. Dies ist das grundlegende Prinzip einer ganzen Reihe wichtiger Geräte, z. B. von Voltmetern, Amperemetern und Motoren. Diese Anwendungen werden wir im nächsten Abschnitt behandeln. Die Wechselwirkung zwischen Strom und Magnetfeld ist auch in anderen Gebieten von Bedeutung, z. B. in der Atomphysik.

Wenn durch die rechteckige Leiterschleife in ▶ Abbildung 27.21a ein Strom fließt und die Leiterebene parallel zum Magnetfeld **B** liegt, dann wirken auf die beiden vertikalen Teilstücke die Kräfte $\mathbf{F}_1$ und $\mathbf{F}_2$ (siehe auch die Draufsicht, ▶ Abbildung 27.21b). Nach der Rechte-Hand-Regel ist die Richtung der Kraft $\mathbf{F}_1$ auf den im linken Teilstück nach unten fließenden Strom entgegengesetzt zur Richtung der auf den im rechten Teilstück nach oben fließenden Kraft $\mathbf{F}_2$, die den gleichen Betrag hat. Die beiden Kräfte erzeugen ein Drehmoment, das die Leiterschleife um ihre vertikale Achse dreht.

Wir wollen nun den Betrag dieses Drehmoments berechnen. Nach Gleichung 27.2 hat die Kraft den Betrag $F = IaB$, wobei a die Länge des vertikalen Teilstücks der Leiterschleife ist. Der Hebelarm ist für jede Kraft $b/2$ (die halbe Länge des horizontalen Teilstücks). Die Drehachse geht durch den Mittelpunkt der Leiterschleife. Das Gesamtdrehmoment ist die Summe der durch die beiden Kräfte erzeugten einzelnen Drehmomente, also

$$M = IaB\frac{b}{2} + IaB\frac{b}{2} = IabB = IAB\,.$$

$A = ab$ ist der Flächeninhalt der Leiterschleife. Wenn anstatt der einfachen Leiterschleife eine Spule mit N Wicklungen betrachtet wird, dann ist das Drehmoment

$$M = NIAB\,.$$

Wenn das zuvor horizontale Teilstück der Leiterschleife oder Spule wie in ▶ Abbildung 27.21c mit dem Magnetfeld einen Winkel θ bildet, dann bleiben die Kräfte unverändert, aber jeder Hebelarm wird von $\frac{1}{2}b$ auf $\frac{1}{2}b\sin\theta$ verkürzt. (θ ist der Winkel zwischen **B** und der Flächennormalen zur Vorderseite der Spule.) Das Drehmoment ist dann

$$M = NIAB\sin\theta\,. \tag{27.9}$$

Diese Formel, die wir hier für den Fall einer rechteckigen Spule hergeleitet haben, gilt für beliebig geformte, flache Spulen.

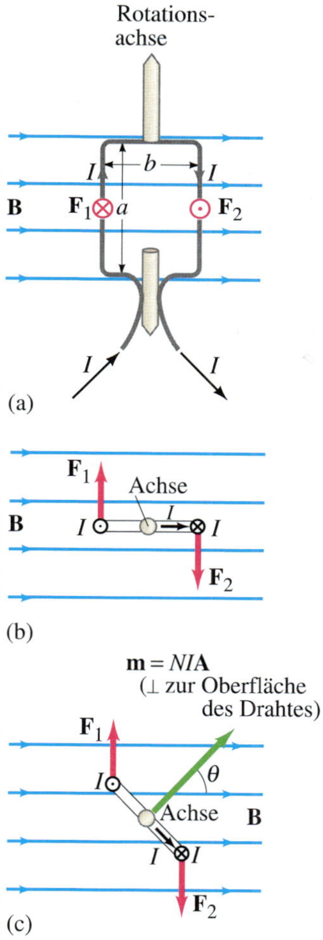

Abbildung 27.21 Berechnung des Drehmoments einer Leiterschleife im Magnetfeld **B**. (a) Die Ebene der Leiterschleife liegt parallel zu den Feldlinien von **B**, (b) Draufsicht. (c) Die Ebene der Leiterschleife bildet einen von null verschiedenen Winkel mit **B**, das Drehmoment wird infolge des verkürzten Hebelarms reduziert.

Die Größe NIA wird als das **magnetische Dipolmoment** der Spule bezeichnet und als Vektor aufgefasst:

Magnetisches Dipolmoment

$$\mathbf{m} = NI\mathbf{A}\,. \tag{27.10}$$

Die Richtung von **A** (und damit von **m**) ist senkrecht zur Spulenebene (der grüne Pfeil in ► Abbildung 27.21c), was mit der Rechte-Hand-Regel in Einklang steht (greifen Sie mit Ihrer rechten Hand die Spule, so dass ihre Finger in Richtung des Stroms zeigen; dann zeigt Ihr Daumen in die Richtung von **m** und **A**). Mit dieser Definition von **m** können wir Gleichung 27.9 in Vektorform schreiben:

$$\mathbf{M} = NI\mathbf{A} \times \mathbf{B}$$

oder

$$\mathbf{M} = \mathbf{m} \times \mathbf{B}\,. \tag{27.11}$$

Damit sind Betrag und Richtung von **M** korrekt angegeben.

Gleichung 27.11 hat dieselbe Form wie die Gleichung für einen elektrischen Dipol (Gleichung 21.9b) in einem elektrischen Feld **E**. Diese lautet $\mathbf{M} = \mathbf{p} \times \mathbf{E}$ (**p** ist das elektrische Dipolmoment). Da ein elektrischer Dipol in einem elektrischen Feld eine potenzielle Energie besitzt, die durch $E_{\text{pot}} = -\mathbf{p} \times \mathbf{E}$ gegeben ist, erwarten wir eine ähnliche Form auch für das magnetische Dipolmoment in einem Magnetfeld. Um eine stromdurchflossene Leiterschleife zu drehen (► Abbildung 27.21) und den Winkel θ zu vergrößern, müssen wir gegen die aufgrund des Magnetfelds wirkende Kraft arbeiten. Folglich hängt die potenzielle Energie vom Winkel gemäß der Gleichung

$$E_{\text{pot}} = \int M\,\mathrm{d}\theta = \int NIAB\sin\theta\;\mathrm{d}\theta = -mB\cos\theta + C$$

ab (siehe auch Gleichung 10.22, das Arbeit-Energie-Prinzip für die Rotationsbewegung). Wenn wir für den Winkel $\theta = \pi/2$ die potenzielle Energie $E_{\text{pot}} = 0$ wählen, dann ist die frei wählbare Konstante C gleich null und die potenzielle Energie ist erwartungsgemäß

$$E_{\text{pot}} = -mB\cos\theta = -\mathbf{m}\cdot\mathbf{B}\,. \tag{27.12}$$

Stabmagneten und Kompassnadeln können ebenso wie Stromschleifen als magnetische Dipole betrachtet werden. Beachten Sie die auffälligen Ähnlichkeiten zwischen den Feldern, die von einem Stabmagneten und einer stromdurchflossenen Leiterschleife erzeugt werden (► Abbildungen 27.3b und ► 27.10).

Beispiel 27.8 Das auf eine Spule wirkende Drehmoment

Eine kreisförmige Drahtspule hat einen Durchmesser von 20 cm und besteht aus 10 Wicklungen. Der durch jede Wicklung fließende Strom beträgt 3 A. Die Spule wird in ein Magnetfeld von 2 T gebracht. Bestimmen Sie das Maximum und das Minimum des Drehmoments, das durch das Feld auf die Spule ausgeübt wird.

Lösung

Gleichung 27.9 gilt für beliebig geformte Spulen. Für die betrachtete kreisförmige Spule ist der Flächeninhalt

$$A = \pi r^2 = \pi(0{,}1\,\mathrm{m})^2 = 3{,}14 \cdot 10^{-2}\,\mathrm{m}^2\,.$$

Das Drehmoment ist maximal, wenn die Vorderseite der Spule parallel zum Magnetfeld liegt, also $\theta = 90°$ in ► Abbildung 27.21c und $\sin\theta = 1$ in Gleichung 27.9:

$$M = NIAB\sin\theta = (10)(3\,\mathrm{A})(3{,}14 \cdot 10^{-2}\,\mathrm{m}^2)(2\,\mathrm{T})(1) = 1{,}88\,\mathrm{Nm}\,.$$

Am kleinsten ist das Drehmoment für $\sin\theta = 0$, d. h. $\theta = 0$. In diesem Fall folgt aus Gleichung 27.9 $M = 0$.

Beispiel 27.9

Das magnetische Moment eines Wasserstoffatoms

Bestimmen Sie das magnetische Dipolmoment des Elektrons, das das Proton eines Wasserstoffatoms umkreist. Gehen Sie vom Bohr'schen Atommodell aus und nehmen Sie an, dass sich das Elektron im Grundzustand befindet und eine kreisförmige Umlaufbahn mit dem Radius $0{,}529 \cdot 10^{-10}$ m besitzt. (*Hinweis*: Dies ist lediglich eine sehr grobe Näherung der tatsächlichen atomaren Struktur, die dennoch auf ein akzeptables Ergebnis führt.)

Lösung

Das Elektron wird durch die Coulomb-Kraft in seiner Bahn gehalten, deshalb gilt nach dem zweiten Newton'schen Axiom, $F = m_e a$,

$$\frac{e^2}{4\pi\epsilon_0 r^2} = \frac{m_e v^2}{r}$$

und damit

$$v = \sqrt{\frac{e^2}{4\pi\epsilon_0 m_e r}} = \sqrt{\frac{(8{,}99 \cdot 10^9\,\mathrm{N{\cdot}m^2/C^2})(1{,}6 \cdot 10^{-19}\,\mathrm{C})^2}{(9{,}11 \cdot 10^{-31}\,\mathrm{kg})(0{,}529 \cdot 10^{-10}\,\mathrm{m})}} = 2{,}19 \cdot 10^6\,\mathrm{m/s}\,.$$

Da der Strom die pro Zeiteinheit durch einen gegebenen Punkt fließende Ladung ist, ist das rotierende Elektron äquivalent mit dem Strom

$$I = \frac{e}{T} = \frac{ev}{2\pi r}\,,$$

wobei $T = 2\pi r/v$ die Umlaufzeit ist. Da die von der Bahnkurve umschlossene Fläche den Inhalt $A = \pi r^2$ hat, ist das magnetische Dipolmoment

$$m = IA = \frac{ev}{2\pi r}(\pi r^2) = \frac{1}{2}evr$$
$$= \frac{1}{2}(1{,}6 \cdot 10^{-19}\,\mathrm{C})(2{,}19 \cdot 10^6\,\mathrm{m/s})(0{,}529 \cdot 10^{-10}\,\mathrm{m}) = 9{,}27 \cdot 10^{-24}\,\mathrm{A{\cdot}m^2}$$

oder $9{,}27 \cdot 10^{-24}$ J/T.

27.6 Anwendungen: Galvanometer, Motoren und Lautsprecher

In Abschnitt 26.5 haben wir behandelt, wie analoge elektrische Messgeräte (Amperemeter, Voltmeter, Ohmmeter) aufgebaut sind. Wir wollen nun untersuchen, wie ihre wesentliche Komponente, das Galvanometer, funktioniert. Wie in ▶ Abbildung 27.22 dargestellt, besteht ein **Galvanometer** aus einer Drahtspule (mit eingearbeitetem Zeiger), die dem Magnetfeld eines Permanentmagneten ausgesetzt ist. Wenn durch die Drahtspule ein Strom fließt, erfährt die Spule durch das Magnetfeld ein Drehmoment $\mathbf{M} = NIAB\sin\theta$ (Gleichung 27.9). Diesem Drehmoment wirkt eine Feder entgegen, die ein Drehmoment $\mathbf{M}_s$ ausübt, welches näherungsweise proportional zum Auslenkungswinkel ϕ ist (Hooke'sches Gesetz). Es gilt also $\mathbf{M} = D_m\phi$, wobei D_m die Federkonstante ist. Die Spule und die daran befestigte Feder werden sich nur so weit drehen, bis das Drehmoment der Nadel mit dem

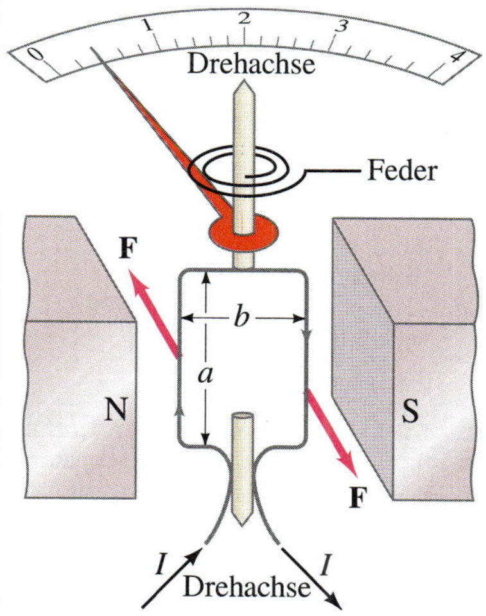

Abbildung 27.22 Ein Galvanometer.

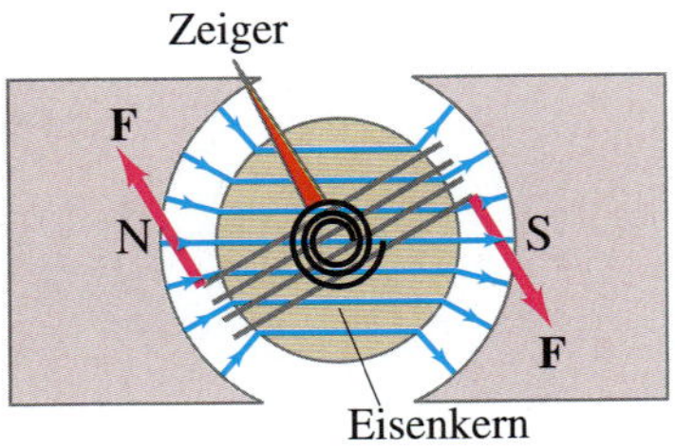

Abbildung 27.23 Eine Galvanometerspule, auf einen Eisenkern gewickelt.

Drehmoment des Magnetfelds im Gleichgewicht steht. Nach Gleichung 27.9 gilt dann $D_m\phi = NIAB\sin\theta$ oder

$$\phi = \frac{NIAB\sin\theta}{D_m} .$$

Die Ablenkung ϕ der Nadel ist also direkt proportional zu dem durch die Spule fließenden Strom I. Außerdem hängt sie vom Winkel θ ab, den die Spule mit dem Magnetfeld **B** bildet. Ein sinnvolles Messgerät sollte jedoch nur vom Strom I abhängen und unabhängig von θ sein. Um dieses Problem zu lösen, verwendet man gekrümmte Polstücke und wickelt die Spule um einen zylindrischen Eisenkern (siehe ▸ Abbildung 27.23). Durch das Eisen laufen die magnetischen Feldlinien zusammen, so dass **B** für den Draht außerhalb des Kerns immer parallel zur Vorderseite der Spule gerichtet ist. Die Kraft steht dann immer senkrecht auf der Vorderseite der Spule und das Drehmoment ist unabhängig vom Winkel. Damit ist ϕ wie gefordert proportional zu I.

ANGEWANDTE PHYSIK

Motor

Ein **Elektromotor** wandelt elektrische Energie in mechanische (Rotations-)Energie um. Er arbeitet nach dem gleichen Prinzip wie ein Galvanometer, mit dem Unterschied, dass er keine Feder besitzt, so dass die Spule kontinuierlich in eine Richtung rotieren kann. Die Spule ist größer und an einem langen Zylinder befestigt, der als **Rotor** oder **Anker** bezeichnet wird (siehe ▸ Abbildung 27.24). In Wirklichkeit gibt es sogar mehrere Spulen, obwohl in der Abbildung nur eine einzige eingezeichnet ist. Der Rotor ist an einer Achse befestigt. In dem in ▸ Abbildung 27.24 dargestellten Augenblick übt das Magnetfeld auf den Strom in der Spule die durch die Pfeile angedeuteten Kräfte aus. Wenn sich die Spule im Uhrzeigersinn aus der vertikalen Position dreht, wird sie durch die Kräfte wieder zurückgetrieben, wenn der Strom gleich bleibt. Wenn allerdings die Stromrichtung in diesem kritischen Moment umgekehrt wird, dann kehren sich die Kräfte um und die Spule dreht sich weiter in die gleiche Richtung. Die für eine kontinuierliche Drehbewegung notwendige Stromumkehr kann in einem **Gleichstrommotor** mithilfe von **Kollektoren** und **Bürsten** erreicht werden. Wie in ▸ Abbildung 27.25 dargestellt, sind die Bürsten stationäre Kontakte, die an den leitenden, an der Motorachse befestigten Kollektoren streifen. Bei jeder halben Umdrehung ändern die beiden Kollektoren ihre Verbindung zu der jeweils anderen Bürste. Dadurch ändert sich die Stromrichtung mit jeder halben Umdrehung der Spule, wie es für die Aufrechterhaltung einer kontinuierlichen Drehbewegung erforderlich ist. Die meisten Motoren enthalten mehrere Spulen (Windungen), die sich jeweils an einer anderen Stelle des Rotors befinden (▸ Abbildung 27.26). Der Strom fließt während jeder Umdrehung nur kurze Zeit durch jede Spule, nämlich zu der Zeit, wenn das Drehmoment aufgrund ihrer Orientierung maximal ist. Auf diese Weise erzeugt der Motor ein wesentlich gleichmäßigeres Drehmoment als mit einer einzelnen Spule. Bei einem **Wechselstrommotor** kann auf die Kollektoren verzichtet werden, da sich die Stromrichtung von selbst ändert. Viele Motoren verwenden anstelle eines Permanentmagneten Drahtspulen, um das Magnetfeld zu erzeugen (Elektromagnete). Der tatsächliche Aufbau der meisten Motoren ist wesentlich komplexer als hier beschrieben, das grundlegende Prinzip ist jedoch das gleiche.

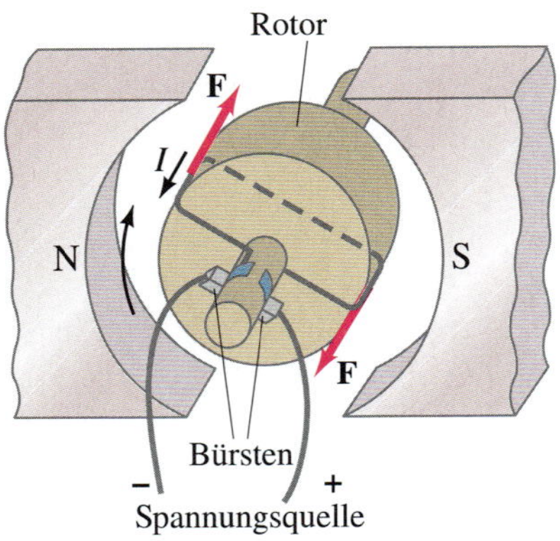

Abbildung 27.24 Darstellung eines einfachen Gleichstrommotors.

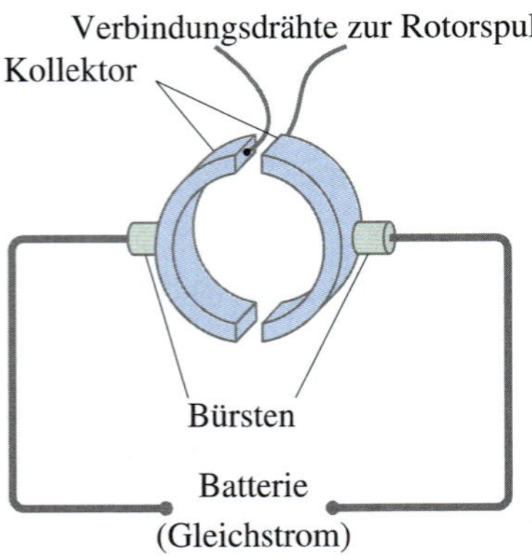

Abbildung 27.25 Die Anordnung von Kollektoren und Bürsten in einem Gleichstrommotor sorgt für den Wechsel der Stromrichtung im Gerät, der für eine kontinuierliche Rotationsbewegung notwendig ist. Die Kollektoren sind an der Achse des Motors befestigt und drehen sich mit ihm, während die Bürsten feststehend sind.

Die Funktionsweise des **Lautsprechers** beruht ebenfalls auf dem Prinzip, dass ein Magnet auf einen stromführenden Draht eine Kraft ausübt. Der elektrische Ausgang einer Stereo- oder Fernsehanlage wird mit den Kabeln des Lautsprechers verbunden. Die Lautsprecherkabel sind intern mit einer Drahtspule verbunden, diese wiederum mit der Kalotte des Lausprechers (siehe ▸ Abbildung 27.27). Die Kalotte ist üblicherweise aus steifem Karton gefertigt und so befestigt, dass sie frei vor- und zurückschwingen kann. Direkt mit der Drahtspule verbunden ist ein Permanentmagnet. Wenn der Wechselstrom des Audiosignals durch die Drahtspule fließt, die sich im Magneten frei bewegen kann, dann wirkt aufgrund des Magnetfeldes eine Kraft auf die Spule. Während sich der Strom entsprechend der Frequenz des Audiosignals ändert, bewegen sich die Spule und die daran befestigte Kalotte mit der gleichen Frequenz vor und zurück und regen die umgebende Luft dadurch zu Schallschwingungen an. Ein Lautsprecher wandelt also elektrische Energie in Schallenergie um, wobei die Frequenzen und Intensitäten der emittierten Schallwelle das elektrische Eingangssignal exakt reproduzieren.

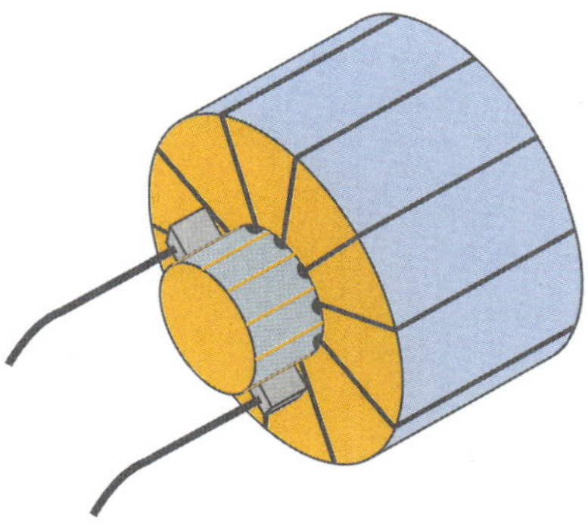

Abbildung 27.26 Ein Motor mit zahlreichen Windungen.

27.7 Das Elektron: Entdeckung und Eigenschaften

Das Elektron ist heute von grundlegender Bedeutung für das Verständnis von Elektrizität und Magnetismus. Allerdings ging man bis in die 1890-er Jahre nicht von seiner Existenz aus. Wir wollen das Elektron an dieser Stelle behandeln, weil Magnetfelder eine wesentliche Rolle bei der Messung seiner Eigenschaften spielten.

Bis zum Ende des 19. Jahrhunderts wurden Untersuchungen zur Entladung der Elektrizität durch verdünnte Gase durchgeführt. Eines der verwendeten Versuchsgeräte war eine Glasröhre, in die Elektroden eingepasst waren, und die evakuiert war, so dass sich nur eine geringe Menge Gas innerhalb der Röhre befand (siehe ▸ Abbildung 27.28). Wurde an die Elektroden eine sehr hohe Spannung angelegt, schien sich ein dunkler Raum von der Kathode aus auszudehnen und das andere Ende der Röhre begann zu leuchten. Indem wie dargestellt einer oder mehrere Schirme mit einem kleinen Loch in die Röhre eingefügt wurden, konnte das Leuchten auf einen winzigen Fleck am Ende der Röhre beschränkt werden. Es schien, als ob etwas von der Kathode emittiert wird und sich zum entgegengesetzten Ende bewegt. Dieses „Etwas“ wurde als **Kathodenstrahl** bezeichnet.

Über die Art dieser Strahlen wurde damals viel diskutiert. Manche Forscher meinten, sie könnten etwas Ähnliches wie Licht sein. Die Beobachtung, dass der helle Fleck am Ende der Röhre durch ein elektrisches oder ein Magnetfeld abgelenkt werden konnte, legte dagegen die Vermutung nahe, dass Kathodenstrahlen aus geladenen Teilchen bestehen. Die Richtung der Ablenkung ließ auf eine negative Ladung schließen. Außerdem konnte man den Weg der Kathodenstrahlen in Form eines schwachen Glühens sichtbar machen, indem man die Röhre mit verschiedenen verdünnten Gasen füllte.

Abschätzungen der Ladung e der (angenommenen) Kathodenstrahl-Teilchen sowie ihres Ladung-Masse-Quotienten e/m wurden 1897 durchgeführt. Gleichzeitig gelang es in diesem Jahr Joseph John Thomson (1856–1940), e/m mithilfe des in ▸ Abbildung 27.29 dargestellten Versuchsgeräts direkt zu messen. Die Kathodenstrahlen werden durch eine hohe Spannung beschleunigt und passieren den Zwischenraum zwischen zwei parallelen Platten, die in die Röhre eingebaut sind. Die an die Platten angelegte Spannung erzeugt ein elektrisches Feld und ein Spulenpaar erzeugt ein Magnetfeld. Wenn nur das elektrische Feld vorhanden ist

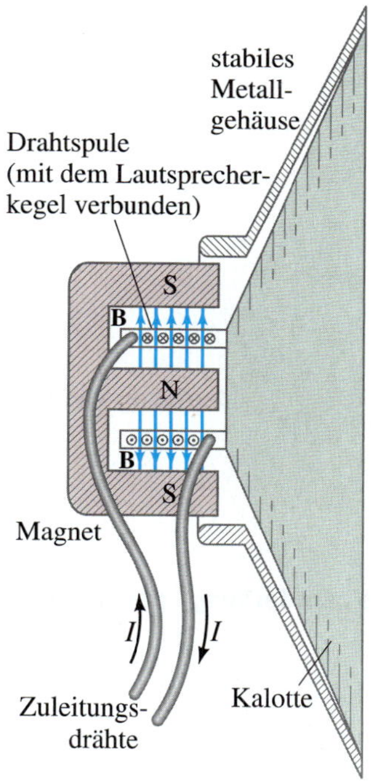

Abbildung 27.27 Ein Lautsprecher.

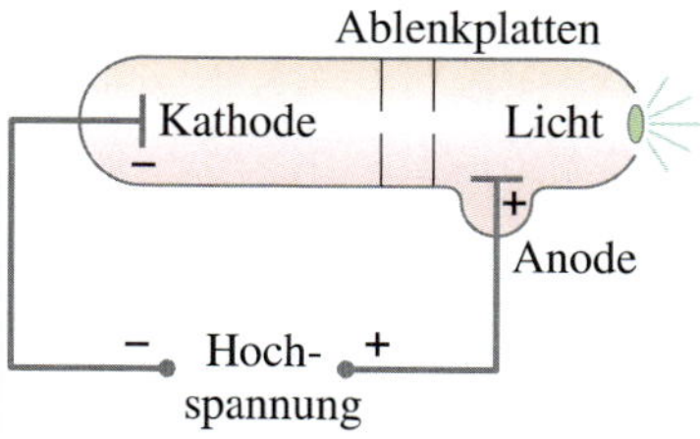

Abbildung 27.28 Eine Entladungsröhre. In einigen Modellen ist eine der Ablenkplatten eine Anode (eine positive Platte).

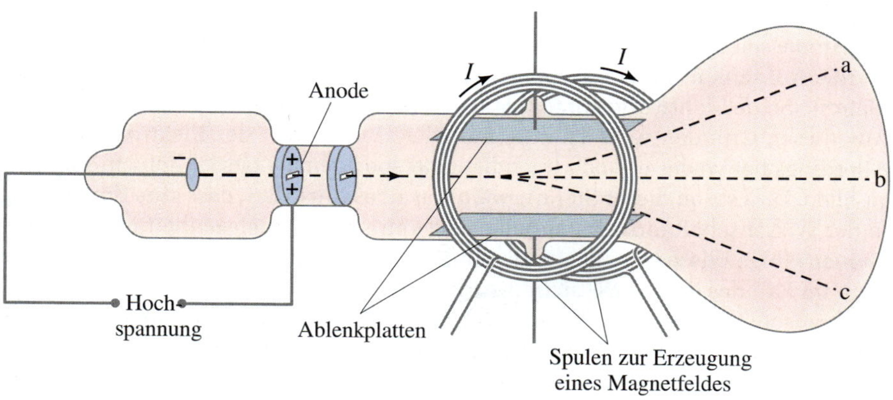

Abbildung 27.29 Kathodenstrahlen werden von elektrischen und magnetischen Feldern abgelenkt.

und wir annehmen, dass die obere Platte positiv geladen ist, dann werden die Kathodenstrahlen nach oben abgelenkt (Weg a in ▶ Abbildung 27.29). Wenn nur das Magnetfeld existiert und wir annehmen, dass es nach innen gerichtet ist, dann werden die Strahlen nach unten abgelenkt (Weg c). Diese Beobachtungen entsprechen genau dem, was für eine negative Ladung zu erwarten ist. Die aufgrund des Magnetfelds auf die Strahlen wirkende Kraft ist $F = evB$, wobei e die Ladung und v die Geschwindigkeit der Kathodenstrahlen ist. In Abwesenheit eines elektrischen Felds werden die Strahlen in eine gekrümmte Bahn abgelenkt. Es gilt wegen $F = ma$

$$evB = m\frac{v^2}{r}$$

und somit

$$\frac{e}{m} = \frac{v}{Br} .$$

Der Krümmungsradius r kann gemessen werden und damit auch die magnetische Feldstärke B. Die Geschwindigkeit v wird bestimmt, indem man zusätzlich zum Magnetfeld ein elektrisches Feld anlegt. Die elektrische Feldstärke E wird so eingestellt, dass die Kathodenstrahlen nicht abgelenkt werden (Weg b in ▶ Abbildung 27.29). Dies entspricht dem Geschwindigkeitsselektor aus Beispiel 27.7, wo die Kraft $F = eE$ aufgrund des elektrischen Felds im Gleichgewicht mit der Kraft $F = evB$ aufgrund des Magnetfelds steht. Es gilt also $eE = evB$ und $v = E/B$. Kombinieren wir diese beiden Gleichungen, so erhalten wir

Messung von *e*/*m*

$$\frac{e}{m} = \frac{E}{B^2 r} . \tag{27.13}$$

Die Größen auf der rechten Seite können alle gemessen werden, so dass man daraus, wenngleich e und m nicht einzeln bestimmt werden können, doch das Verhältnis e/m erhält. Der heute akzeptierte Wert ist $e/m = 1{,}76 \cdot 10^{11}$ C/kg. Kathodenstrahlen wurden bald **Elektronen** genannt.

Die „Entdeckung" des Elektrons

Die „Entdeckung" des Elektrons war wie viele andere wissenschaftliche Entdeckungen keine so klar abzugrenzende Sache wie die Entdeckung von Gold oder Öl. Sollte man die Entdeckung des Elektrons demjenigen zuschreiben, der als erster das Leuchten in einer Glasröhre sah? Oder demjenigen, der hierfür den Begriff Kathodenstrahlen prägte? Möglicherweise keinem von beiden, denn sie hatten keine Vorstellung von dem, was man heute über das Elektron weiß. Tatsächlich wird die Entdeckung des Elektrons heute allgemein Thomson zugeschrieben, aber nicht, weil er der erste war, der das Leuchten in der Röhre gesehen hat, sondern weil er überzeugt war, dass dieses Phänomen auf winzige negativ geladene Teilchen zurückzuführen sein müsse, und weil er sorgfältige Messungen zur Bestätigung seiner Annahme durchführte. Außerdem behauptete er, dass diese Teilchen Bestandteile der Atome seien und keine Ionen oder gar die Atome selbst, wie vielfach vermutet wurde. Auf seinen Annahmen beruhend entwickelte er eine Elektronentheorie der Materie. Seine Sichtweise kommt dem nahe, was heute allgemein akzeptiert wird. Aus diesen Gründen wird Thomson als der „Entdecker" des Elektrons gesehen. Allerdings hat weder er noch irgendjemand sonst jemals tatsächlich ein Elektron gesehen. Dies sei an dieser Stelle erwähnt, weil es illustriert, dass eine Entdeckung in der Wissenschaft nicht immer eine klar umrissene Angelegenheit ist. Vielmehr meinen einige Wissenschaftsphilosophen, dass das Wort „Entdeckung" häufig, wie auch im Fall des Elektrons, nicht ganz zutreffend ist.

Millikan-Versuch

Thomson glaubte, dass das Elektron kein Atom ist, sondern eines seiner Bestandteile. Überzeugende Hinweise für die Richtigkeit dieser Annahme wurden bald durch die Bestimmung von Ladung und Masse der Kathodenstrahlen geliefert. Thomsons Student John Sealey Townsend führte 1897 erste (allerdings grobe) Messungen von e durch. Aber das ausgefeiltere **Öltröpfchen-Experiment** von Robert A. Millikan (1868–1953) lieferte einen genauen Wert für die Ladung des Elektrons und zeigte, dass die Ladung diskrete Werte annimmt. Bei diesem Experiment wurden winzige Tröpfchen Mineralöl, die eine elektrische Ladung trugen, unter dem Einfluss der Schwerkraft zwischen zwei parallele Platten fallen gelassen (▸ Abbildung 27.30). Das elektrische Feld E zwischen den Platten wurde so eingestellt, dass die Tröpfchen in der Luft zwischen den Platten gehalten werden; d. h. die nach unten wirkende Schwerkraft mg wurde ins Gleichgewicht mit der nach oben gerichteten Kraft des elektrischen Feldes gebracht. Es gilt also $qE = mg$, so dass für die Ladung $q = mg/E$ folgt. Die Masse des Tröpfchens wurde durch Messung seiner Endgeschwindigkeit bei Abwesenheit des elektrischen Feldes bestimmt. Manchmal war das Tröpfchen negativ und manchmal positiv aufgeladen, weshalb man vermutete, dass es manchmal Elektronen aufgenommen und manchmal welche abgegeben (durch Reibung beim Verlassen des Zerstäubers) haben muss. Millikans akribische Beobachtungen und Analysen lieferten überzeugende Hinweise dafür, dass jede Ladung ein ganzzahliges Vielfaches einer kleinsten Ladung e sein muss, die auf das Elektron zurückzuführen ist, und dass der Wert von e gleich $1{,}6 \cdot 10^{-19}$ C ist. (Der heute verwendete Wert von e ist $1{,}602 \cdot 10^{-19}$ C, siehe Kapitel 21.) Dieser Wert für e liefert zusammen mit dem ebenfalls gemessenen Quotienten e/m für die Masse des Elektrons den Wert $(1{,}6 \cdot 10^{-19}\,\text{C})/(1{,}76 \cdot 10^{11}\,\text{C/kg}) = 9{,}1 \cdot 10^{-31}$ kg. Dies ist weniger als ein Tausendstel der Masse des kleinsten Atoms und bestätigte deshalb die Annahme, dass das Elektron nur ein Bestandteil des Atoms sein kann. Der heute akzeptierte Wert für die Masse des Elektrons ist $m_e = 9{,}11 \cdot 10^{-31}$ kg.

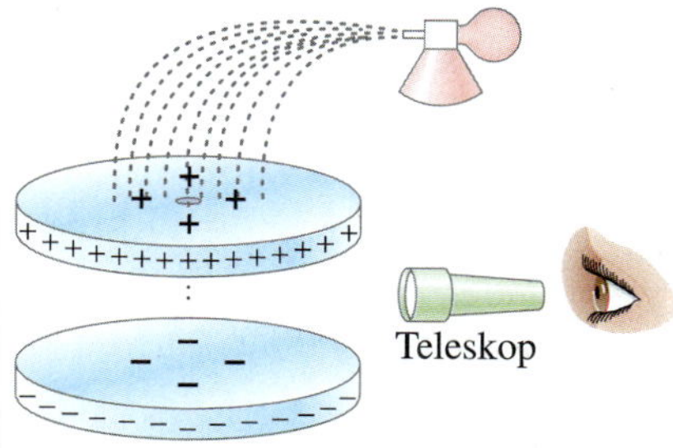

Abbildung 27.30 Millikans Öltröpfchen-Experiment.

Anmerkung zur Kathodenstrahlröhre

Die Kathodenstrahlröhre (CRT), die als Bildröhre von Fernsehgeräten, Oszilloskopen und Computerbildschirmen eine große praktische Bedeutung hat, wurde bereits in Kapitel 23 behandelt. ▸ Abbildung 23.19 zeigte eine mögliche Bauweise, bei der Ablenkplatten zur Steuerung des Elektronenstrahls verwendet werden (d. h. die Ablenkung erfolgt dort durch ein elektrisches Feld). Viele Kathodenstrahlröhren verwenden jedoch von Ablenkspulen erzeugte Magnetfelder. Diese arbeiten ähnlich wie die in ▸ Abbildung 27.29 dargestellten Spulen. Heute werden beide Typen – elektrostatische und magnetische Ablenkung – verwendet.

27.8 Der Hall-Effekt

Wenn ein stromführender Leiter in einem Magnetfeld festgehalten wird, dann übt das Feld eine seitlich gerichtete Kraft auf die Ladungen aus, die sich innerhalb des Leiters bewegen. Wenn sich z. B. in ▸ Abbildung 27.31a Elektronen in dem rechteckigen Leiter nach rechts bewegen, dann übt das in die Papierebene hinein zeigende Magnetfeld auf die Elektronen eine nach unten gerichtete Kraft $\mathbf{F}_B = -e\mathbf{v}_d \times \mathbf{B}$ aus, wobei $\mathbf{v}_d$ die Driftgeschwindigkeit der Elektronen ist (Abschnitt 25.8). Daher haben die Elektronen die Tendenz, sich näher an der Seite D als an der Seite C zu bewegen. Dies wiederum führt zu einer Potenzialdifferenz zwischen den Seiten C und D des Kondensators. Diese Potenzialdifferenz baut sich so lange auf, bis das sie erzeugende elektrische Feld $\mathbf{E}_H$ eine Kraft $e\mathbf{E}_H$ auf die sich bewegenden Ladungen ausübt, die den gleichen Betrag wie die Kraft des Magnetfelds hat und dieser entgegengesetzt gerichtet ist. Dies ist der so genannte **Hall-Effekt**, der 1879 von Erwin Herbert Hall entdeckt und nach ihm benannt wurde. Die erzeugte Potenzialdifferenz wird als **Hall-Spannung** bezeichnet.

Das durch Ladungstrennung entstehende elektrische Feld wird als *Hall-Feld* $\mathbf{E}_H$ bezeichnet. In ▸ Abbildung 27.31a ist es nach unten gerichtet. Im Gleichgewicht ist diese durch das elektrische Feld erzeugte Kraft gleich der magnetischen Kraft ev_dB, also

$$eE_H = ev_dB\,.$$

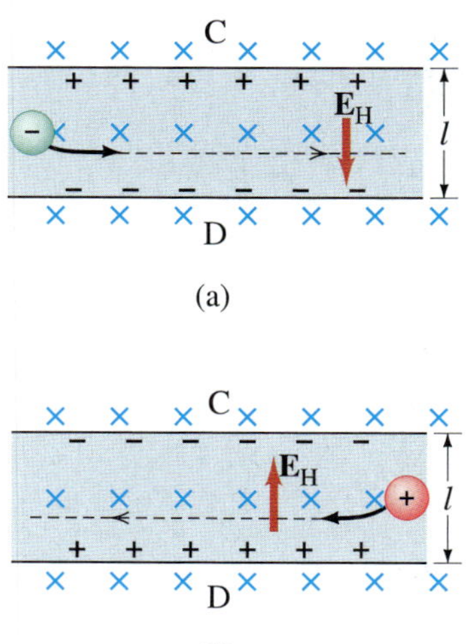

Abbildung 27.31 Der Hall-Effekt. (a) Negative Ladungen bewegen sich mit dem Strom nach rechts. (b) Positive Ladungen bewegen sich mit dem Strom nach links.

Folglich gilt $E_H = v_d B$. Die Hall-Spannung ist dann (unter der Annahme, dass der Leiter lang und dünn, das elektrische Feld mithin homogen ist)

$$U_H = E_H l = v_d B l \, , \tag{27.14}$$

wobei l die Dicke des Leiters ist.

Ein Strom negativer Ladungen, der sich nach rechts bewegt, kann für die meisten Zwecke als äquivalent mit einem Strom positiver Ladungen angesehen werden, der sich nach links bewegt. Durch den Hall-Effekt können diese beiden Fälle jedoch unterschieden werden. Wie aus ▸ Abbildung 27.31b ersichtlich ist, werden positive Ladungen, die sich nach links bewegen, nach unten abgelenkt, so dass die untere Seite des Leiters relativ zur oberen positiv geladen ist. Dies ist die Umkehrung der Situation in Teil (a). Tatsächlich wurde durch den Hall-Effekt, genauer gesagt durch die Richtung der Hall-Spannung, klar, dass es negativ geladene Teilchen sind, die sich in metallischen Leitern bewegen.

Die Größe der Hall-Spannung ist proportional zur magnetischen Feldstärke. Der Hall-Effekt kann daher ausgenutzt werden, um magnetische Feldstärken zu messen. Zunächst wird der als *Hall-Sonde* bezeichnete Leiter mit bekannten magnetischen Feldern kalibriert. Dann ist ihre Hall-Spannung bei gleichem Strom ein Maß für das Magnetfeld B. Hall-Sonden können mit sehr kleinen Abmessungen gefertigt werden; sie sind leicht zu handhaben und sehr genau.

Der Hall-Effekt kann auch verwendet werden, um bei bekannter Stärke B des externen Magnetfelds die Driftgeschwindigkeit von Ladungsträgern zu messen. Eine solche Messung erlaubt außerdem die Bestimmung der Dichte der Ladungsträger im Material.

Beispiel 27.10 Bestimmung der Driftgeschwindigkeit mittels Hall-Effekt

Ein langer Kupferstreifen von 1,8 cm Breite und 1 mm Dicke wird wie in ▸ Abbildung 27.31a in ein Magnetfeld von 1,2 T gebracht. Wenn durch diesen Draht ein stationärer Strom von 15 A fließt, wird eine Hall-Spannung von 1,02 µV gemessen. Bestimmen Sie die Driftgeschwindigkeit der Elektronen und die Dichte der freien (leitenden) Elektronen (d. h. deren Anzahl pro Volumeneinheit) in Kupfer.

Lösung

Die Driftgeschwindigkeit ist gemäß Gleichung 27.14

$$v_d = \frac{U_H}{Bl} = \frac{1{,}02 \cdot 10^{-6}\,\mathrm{V}}{(1{,}2\,\mathrm{T})(1{,}8 \cdot 10^{-2}\,\mathrm{m})} = 4{,}7 \cdot 10^{-5}\,\mathrm{m/s} \, .$$

Die Dichte n der Ladungsträger erhalten wir aus Gleichung 25.13, $I = nev_d A$, wobei A die vom Strom I durchflossene Querschnittsfläche ist. Damit gilt

$$n = \frac{I}{ev_d A} = \frac{15\,\mathrm{A}}{(1{,}6 \cdot 10^{-19}\,\mathrm{C})(4{,}7 \cdot 10^{-5}\,\mathrm{m/s})(1{,}8 \cdot 10^{-2}\,\mathrm{m})(1 \cdot 10^{-3}\,\mathrm{m})}$$
$$= 11 \cdot 10^{28}\,\mathrm{m}^{-3} \, .$$

Dieser Wert für die Dichte der freien Elektronen in Kupfer stimmt mit dem experimentell ermittelten Wert überein. Er bedeutet, dass es *mehr* als ein freies Elektron je Atom gibt, denn dieser Wert liegt, wie wir in Beispiel 25.12 gesehen haben, bei $8{,}4 \cdot 10^{28}\,\mathrm{m}^{-3}$.

27.9 Massenspektrometer

In den frühen Jahren des vergangenen Jahrhunderts wurden verschiedene Methoden entwickelt, um die Massen von Atomen zu bestimmen. Eine der genauesten war das in ► **Abbildung 27.32** skizzierte **Massenspektrometer**. In der Quelle S werden durch Erwärmen oder durch einen elektrischen Strom Ionen erzeugt. Häufig werden die Teilchen beschleunigt und gehen dann durch einen Spalt S_1 in einen Geschwindigkeitsselektor, der durch ein elektrisches und ein quer dazu verlaufendes magnetisches Feld gebildet wird (siehe **Beispiel 27.7**). Nur die Elektronen mit der Geschwindigkeit $v = E/B$ werden nicht abgelenkt und gelangen zum Spalt S_2. Im Gebiet hinter S_2 gibt es nur ein Magnetfeld B', so dass die Ionen einer Kreisbahn folgen. Ihr Bahnradius kann gemessen werden, da die Ionen dort, wo sie auftreffen, die fotografische Platte verdunkeln. Wegen $qvB' = mv^2/r$ und $v = E/B$ gilt

$$m = \frac{qB'r}{v} = \frac{qBB'r}{E} .$$

Durch die Messung der auf der rechten Seite stehenden Größen lässt sich m bestimmen. Beachten Sie, dass für Ionen mit der gleichen Ladung die Masse jedes einzelnen Ions proportional zu seinem Bahnradius ist.

Auf diese Weise wurden die Massen vieler Atome bestimmt. Wenn eine reine Substanz verwendet wurde, beobachtete man mitunter zwei oder mehr dicht benachbarte Spuren auf dem Film. Beispielsweise erzeugte Neon zwei Spuren, deren Radien Atomen mit 20 bzw. 22 atomaren Masseeinheiten (u) entsprachen. Verunreinigungen konnten als Ursache ausgeschlossen werden und man kam deshalb zu dem Schluss, dass es zwei Arten von Neon mit unterschiedlichen Massen geben müsse. Diese unterschiedlichen Arten wurden als **Isotope** bezeichnet. Bald darauf stellte sich heraus, dass es für die meisten Elemente verschiedene Isotope gibt und dass die unterschiedliche Masse in der unterschiedlichen Anzahl von Neutronen begründet liegt. Massenspektrometer können nicht nur zur Unterscheidung von Elementen und Isotopen, sondern auch von Molekülen verwendet werden.

ANGEWANDTE PHYSIK

Das Massenspektrometer

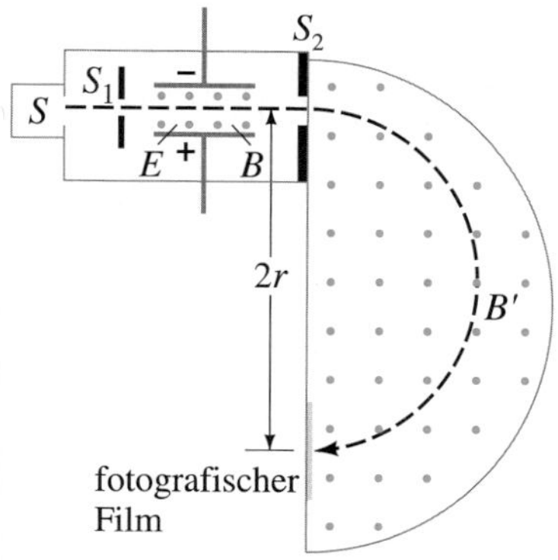

Abbildung 27.32 Das Massenspektrometer von Bainbridge. Die Magnetfelder B und B' sind aus der Papierebene nach außen gerichtet (angedeutet durch die Punkte).

Beispiel 27.11 Massenspektrometer

In einer Substanz werden Kohlenstoffatome mit einer atomaren Masse von 12 u gemischt mit einem anderen, unbekannten Element vorgefunden. In einem Massenspektrometer bewegt sich der Kohlenstoff auf einer Bahn vom Radius 22,4 cm, während die Atome des unbekannten Elements eine Bahn mit dem Radius 26,2 cm beschreiben. Welches ist das unbekannte Element? Nehmen Sie an, dass beide die gleiche Ladung haben.

Lösung

Da die Masse proportional zum Radius ist, gilt

$$\frac{m_x}{m_C} = \frac{26{,}2\ \text{cm}}{22{,}4\ \text{cm}} = 1{,}17 .$$

Für die unbekannte Masse ergibt sich damit $m_x = 1{,}17 \cdot 12{,}0\ \text{u} = 14{,}0\ \text{u}$. Das unbekannte Element ist möglicherweise Stickstoff (siehe Periodensystem der Elemente, innere Umschlagseite hinten). Es könnte sich allerdings auch um ein Kohlenstoff- oder Sauerstoffisotop handeln. Zur Klärung sind also weitere physikalische oder chemische Untersuchungen notwendig.

Z U S A M M E N F A S S U N G

Ein Magnet hat zwei Pole, einen Nord- und einen Südpol. Der Nordpol eines Magneten zeigt in Richtung des geografischen Nordpols, wenn der Magnet frei aufgehängt wird. Ungleichnamige Magnetpole ziehen sich gegenseitig an, gleichnamige stoßen sich ab.

Jeder Magnet ist von einem **Magnetfeld** umgeben. Die SI-Einheit der magnetischen Feldstärke ist das **Tesla** (T).

Elektrische Ströme erzeugen Magnetfelder. Beispielsweise verlaufen die Feldlinien des Magnetfelds, das aufgrund des durch einen geraden Draht fließenden Stroms entsteht, kreisförmig um den Draht und das Feld übt eine Kraft auf Magnete aus, die sich in der Umgebung des Drahtes befinden.

Umgekehrt übt ein Magnetfeld eine Kraft auf einen elektrischen Strom aus. Die Kraft auf ein infinitesimales Stück Draht der Länge d**s**, durch das ein Strom I fließt und das sich in einem Magnetfeld **B** befindet, ist

$$\mathrm{d}\mathbf{F} = I\,\mathrm{d}\mathbf{s} \times \mathbf{B}\,.$$

Wenn das Feld **B** über die gesamte Länge **s** des Drahts homogen ist, dann ist die Kraft

$$\mathbf{F} = I\mathbf{s} \times \mathbf{B}\,;$$

sie hat den Betrag

$$F = IsB\sin\theta\,,$$

wobei θ der Winkel zwischen dem Magnetfeld **B** und dem Draht ist. Die Kraft ist senkrecht zum Draht und zum Magnetfeld gerichtet (Rechte-Hand-Regel). Über diese Beziehung ist das Magnetfeld **B** definiert.

Analog übt ein Magnetfeld **B** eine Kraft auf eine sich mit der Geschwindigkeit **v** bewegende Ladung q aus, die durch

$$\mathbf{F} = q\mathbf{v} \times \mathbf{B}$$

gegeben ist. Der Betrag dieser Kraft ist

$$F = qvB\sin\theta\,,$$

wobei θ der Winkel zwischen **v** und **B** ist. Die Bahn eines geladenen Teilchens, das sich senkrecht zu einem homogenen Magnetfeld bewegt, ist ein Kreis.

Wenn sowohl ein elektrisches als auch ein Magnetfeld vorhanden sind, dann ist die Kraft

$$\mathbf{F} = q\mathbf{E} + q\mathbf{v} \times \mathbf{B}\,.$$

Das Drehmoment auf eine Leiterschleife in einem Magnetfeld **B** ist

$$\mathbf{M} = \mathbf{m} \times \mathbf{B}\,,$$

wobei **m** das **magnetische Dipolmoment** der Schleife ist:

$$\mathbf{m} = NI\mathbf{A}\,.$$

Hierbei ist N die Anzahl der Windungen, die den Strom I führen, und **A** die Flächennormale auf der Leiterschleife (verwenden Sie die Rechte-Hand-Regel); ihr Betrag ist gleich dem Flächeninhalt der Leiterschleife.

Die Messung des Ladung-Masse-Quotienten (e/m) des Elektrons wurde mithilfe magnetischer und elektrischer Felder durchgeführt. Die Ladung e des Elektrons wurde erstmals durch Millikans Öltröpfchen-Experiment bestimmt. Daraus und aus dem bereits bekannten Ladung-Masse-Quotienten e/m erhielt man schließlich auch die Masse des Elektrons.

Z U S A M M E N F A S S U N G

Verständnisfragen

1 Eine Kompassnadel richtet sich nicht immer parallel zur Erdoberfläche ein, vielmehr scheint eines der Enden nach unten zu hängen. Erläutern Sie, warum dies so ist.

2 Zeichnen Sie die magnetischen Feldlinien eines geraden Drahtstücks, das einen horizontal nach links fließenden Strom führt.

3 In welcher Richtung verlaufen die magnetischen Feldlinien um einen geraden Draht, der einen auf Sie zufließenden Strom führt?

4 Ein Hufeisenmagnet wird vertikal gehalten, so dass sich der Nordpol links und der Südpol rechts befindet. Ein Draht, der sich im gleichen Abstand von beiden Polen zwischen diesen befindet, führt einen Strom, der von Ihnen wegfließt. In welcher Richtung wirkt die Kraft auf diesen Draht?

5 Welche Paare der Vektoren **F**, **l** und **B** bilden in der Beziehung $\mathbf{F} = I\mathbf{l} \times \mathbf{B}$ stets einen Winkel von 90°? Für welche Paare kann dies bei anderen Winkeln der Fall sein?

6 In Ihrer Wohnung kann ein Kompass durch das Magnetfeld beeinflusst werden, das infolge des in den Stromversorgungsleitungen fließenden Stromes entsteht.

Diskutieren Sie diesen Effekt in Abhängigkeit von den Strömen und berücksichtigen Sie dabei auch, ob es sich um Wechselstrom oder Gleichstrom handelt.

7 Wird die kinetische Energie eines negativ geladenes Teilchens zunehmen, abnehmen oder gleichbleiben, wenn es in ein Gebiet eintritt, in dem das homogene Magnetfeld senkrecht zur Geschwindigkeit des Teilchens wirkt? Erläutern Sie Ihre Antwort. (Vernachlässigen Sie den Einfluss der Gravitation.)

8 In der Umgebung eines stromführenden Drahtes bewegen sich geladene Teilchen (siehe ► Abbildung 27.33). Der Pfeil gibt für jedes geladene Teilchen die Richtung seiner Bewegung an, die Plus- und Minuszeichen kennzeichnen das Vorzeichen der Ladung. Geben Sie für jedes Teilchen die Richtung der magnetischen Kraft in Abhängigkeit des vom Draht erzeugten Magnetfeldes an.

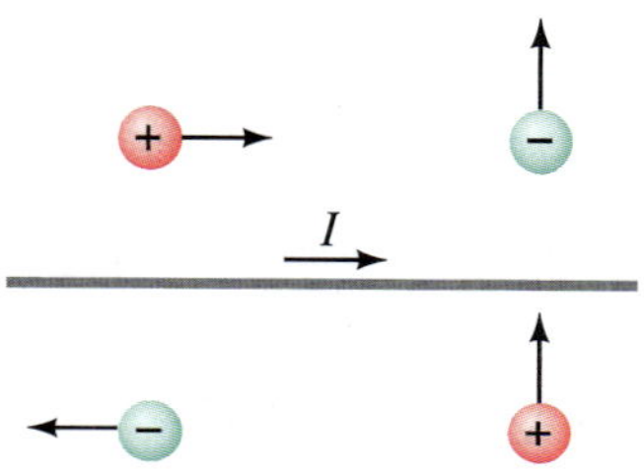

Abbildung 27.33 Frage 8.

9 Ein positiv geladenes Teilchen folgt in einem nichthomogenen Magnetfeld der in ► Abbildung 27.34 dargestellten Bahn. Geben Sie unter der Annahme, dass die Bahn des Teilchens in der Papierebene liegt, für den gesamten Raum die Richtung des Magnetfeldes an. Geben Sie für jedes Gebiet den Betrag des Feldes an.

Abbildung 27.34 Frage 9.

10 Der Verlauf der magnetischen Feldlinien in der Umgebung eines Stabmagneten ähnelt jenem, der sich für das elektrische Feld um einen elektrischen Dipol ergibt. Sagen Sie von dieser Tatsache ausgehend voraus, wie sich das Magnetfeld (a) in der Nähe der Pole eines sehr langen Stabmagneten und (b) in großer Entfernung vom Magneten mit dem Abstand ändert.

11 Weshalb verursacht ein dicht vor den Fernsehbildschirm gehaltener starker Magnet eine Verzerrung des Bildes? Erläutern Sie außerdem, warum das Bild mitunter dort, wo das Feld am stärksten ist, vollkommen schwarz wird. (Aber riskieren Sie keinen Schaden an Ihrem Fernsehgerät, indem Sie dies ausprobieren.)

12 Beschreiben Sie die Bahn eines negativ geladenen Teilchens im Geschwindigkeitsselektor aus ► Abbildung 27.20, wenn seine Geschwindigkeit den Wert E/B überschreitet. Wie sieht seine Bahn im Falle $v < E/B$ aus? Würde es einen Unterschied machen, wenn das Teilchen positiv geladen wäre?

13 Können Sie ein in Ruhe befindliches Elektron mithilfe eines Magnetfeldes in Bewegung versetzen? Ist dies mithilfe eines elektrischen Feldes möglich?

14 Ein geladenes Teilchen bewegt sich unter dem Einfluss eines homogenen Magnetfeldes auf einer Kreisbahn. Beschreiben Sie die Bahn des geladenen Teilchens, wenn ein elektrisches Feld hinzugefügt wird, das in dieselbe Richtung wie das Magnetfeld zeigt.

15 Das Prinzip des *elektromagnetischen Pumpens* beruht auf der im Magnetfeld auf ein Teilchen wirkenden Kraft. Es wird zum Pumpen metallischer Fluide wie z. B. Natrium genutzt und seit kurzem auch, um künstliche Herzen mit Blut zu versorgen. Der Grundaufbau einer solchen Pumpe ist in ► Abbildung 27.35 dargestellt. Ein elektrisches Feld wird senkrecht zu einem Blutgefäß und senkrecht zum Magnetfeld angelegt. Erläutern Sie, wie die Ionen in Bewegung versetzt werden. Wirkt die Kraft auf positive und negative Ionen in derselben Richtung?

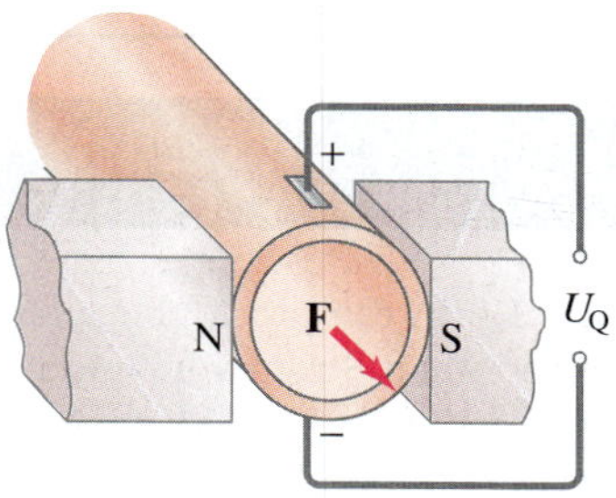

Abbildung 27.35 Frage 15.

16 Ein Elektronenstrahl ist auf einen horizontalen Draht gerichtet, der einen von links nach rechts fließenden Strom führt (siehe ► Abbildung 27.36). In welche Richtung wird der Strahl abgelenkt?

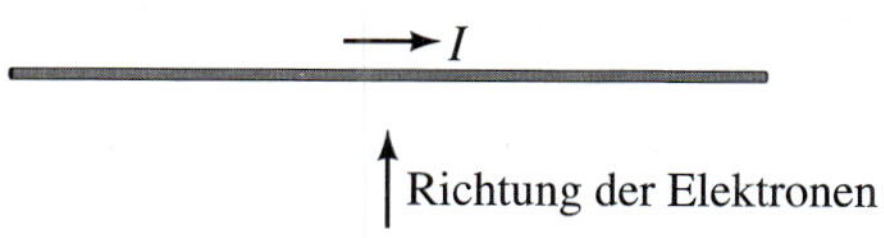

Abbildung 27.36 Frage 16.

17 Von welchem Feld oder welchen Feldern ist eine sich bewegende elektrische Ladung umgeben?

18 Könnte man die Richtung des Magnetfeldes **B** so definieren, dass sie der Richtung der Kraft entspricht, die auf ein sich bewegendes geladenes Teilchen wirkt? Erläutern Sie Ihre Antwort.

19 Ein geladenes Teilchen bewegt sich geradlinig durch ein bestimmtes räumliches Gebiet. Kann es in diesem Gebiet ein von null verschiedenes magnetisches Feld geben? Wenn ja, geben Sie zwei mögliche Fälle an.

20 Können wir für den Fall, dass ein sich bewegendes geladenes Teilchen in einem bestimmten räumlichen Gebiet seitlich abgelenkt wird, mit Sicherheit schlussfolgern, dass in diesem Gebiet $\mathbf{B} \neq 0$ gilt? Erläutern Sie Ihre Aussage.

21 In einem bestimmten räumlichen Gebiet existiert ein homogenes Magnetfeld **B**. Außerhalb dieses Gebietes ist $B = 0$. Können Sie ein Elektron so von außen senkrecht in das Feld einführen, dass es sich in diesem Feld auf einer geschlossenen Kreisbahn bewegt? Was passiert, wenn das Elektron in der Nähe des Mittelpunkts eingeführt wird?

22 Wie können Sie feststellen, ob sich bewegende Elektronen in einem bestimmten räumlichen Gebiet vom elektrischen Feld oder vom Magnetfeld (oder von beiden) abgelenkt werden?

23 Wie können Sie einen Kompass ohne Eisen oder ein anderes Ferromagnetikum herstellen?

24 Erläutern Sie, wie man das Dipolmoment eines Stabmagneten oder einer Kompassnadel bestimmen kann.

25 In welchen Positionen (wenn überhaupt) ist eine in einem homogenen Magnetfeld befindliche Leiterschleife (a) in einem stabilen und (b) in einem instabilen Gleichgewicht?

26 Ein rechteckiges Stück eines Halbleiters wird in ein Magnetfeld gebracht und an seinen Enden mit einer Batterie verbunden (siehe ▸ Abbildung 27.37). Wenn zwischen den Punkten a und b ein empfindliches Voltmeter angeschlossen wird, zeigt sich, dass der Punkt a auf einem höheren Potenzial liegt als der Punkt b. Welches Vorzeichen besitzten die Ladungsträger in diesem Halbleitermaterial?

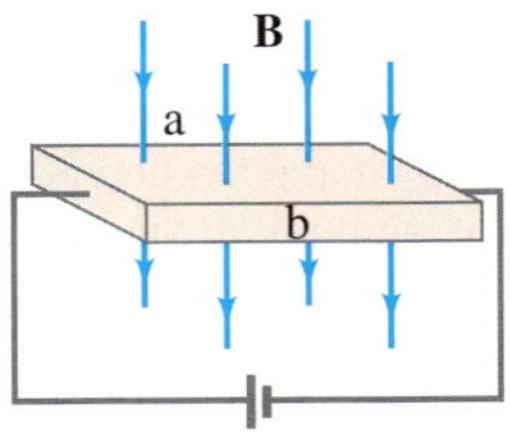

Abbildung 27.37 Frage 26.

27 Zwei Ionen besitzen dieselbe Masse, das eine ist einfach, das andere jedoch doppelt ionisiert. Wie unterscheiden sich ihre Positionen auf dem Film des Massenspektrometers aus ▸ Abbildung 27.32?

Aufgaben zu 27.3

1 (I) (a) Wie groß ist die Kraft, die pro Meter auf einen geraden Draht wirkt, der einen Strom von 7,40 A führt und senkrecht zu einem homogenen Magnetfeld der Stärke von 0,90 T verläuft? (b) Wie groß ist diese Kraft, wenn der Draht und das Magnetfeld einen Winkel von 45° bilden?

2 (I) Berechnen Sie die magnetische Kraft, die auf ein 240 m langes Kabel wirkt, das zwischen zwei Türmen gespannt ist und einen Strom von 150 A führt. Das Kabel bildet einen Winkel von 60° mit dem Erdmagnetfeld, das eine Stärke von $5{,}0 \cdot 10^{-5}$ T hat.

3 (I) Wie groß ist der Strom, der durch einen 4,20 m langen Draht fließt, wenn dieser sich in einem homogenen Magnetfeld der Stärke 0,0800 T befindet und die maximale auf ihn wirkende Kraft 0,900 N beträgt?

4 (I) Ein 1,5 m langer, horizontal verlaufender Draht führt einen Strom von 4,5 A. An diesem Punkt der Erdoberfläche beträgt der Neigungswinkel des Erdmagnetfeldes gegenüber dem Draht 40°. Schätzen Sie die magnetische Kraft ab, die infolge des Erdmagnetfeldes von $5{,}5 \cdot 10^{-5}$ T an diesem Punkt auf den Draht wirkt.

5 (I) Auf einen Draht, der zwischen den Polflächen eines Magneten platziert ist und einen Strom von 8,75 A führt, wirkt eine Kraft von maximal 1,18 N. Wie groß ist näherungsweise die Stärke des Magnetfeldes, wenn die Polflächen einen Durchmesser von 55,5 cm besitzen?

6 (II) Die magnetische Kraft, die pro Meter auf einen Draht wirkt, wird mit nur 45% ihres maximal möglichen Wertes gemessen. Skizzieren Sie die Beziehung zwischen dem Draht und dem Feld für den Maximalwert. Skizzieren Sie die tatsächliche Beziehung, indem Sie den Winkel zwischen dem Draht und dem Magnetfeld berechnen.

7 (II) Auf einen Draht, der zwischen den Polflächen eines Magneten liegt, wirkt eine Kraft von maximal 5,30 N. Der Strom fließt horizontal nach rechts und das Magnetfeld ist vertikal gerichtet. Es ist zu beobachten, dass der Draht in Richtung des Beobachters „springt“, wenn der Strom eingeschaltet wird. (a) Um welchen Magnetpol handelt es sich bei dem oberen Pol? (b) Schätzen Sie für eine magnetische Feldstärke von 0,15 T den durch den Draht fließenden Strom ab, wenn die kreisförmige

Polfläche einen Durchmesser von 10,0 cm hat. (c) Welche Kraft wirkt auf den Draht, wenn er so gekippt wird, dass er mit der Horizontalen einen Winkel von 10° bildet?

8 (II) Angenommen, die geraden Drähte, die an den zum Halbkreis gebogenen Leiter (siehe ► Abbildung 27.15) angeschlossen sind, werden nach außen gebogen, aber so, dass sie noch in der Papierebene liegen, so dass sie an der Basis des Halbkreises horizontal liegen. Wie groß ist die Gesamtkraft, die auf den Leiter insgesamt wirkt, wenn ein Abschnitt der Länge L jedes Drahtes im Magnetfeld **B** verbleibt?

9 (II) Ein gerader Kupferdraht mit einem Durchmesser von 2,0 mm kann infolge der Kraft des Erdmagnetfeldes **B**, das horizontal (und damit senkrecht zum Draht) steht, und $5{,}0 \cdot 10^{-5}$ T beträgt, horizontal in der Luft „schweben". Wie groß ist der durch den Draht fließende Strom?

10 (II) Ein langer Draht erstreckt sich entlang der x-Achse und führt einen nach rechts $(+x)$ fließenden Strom von 3,0 A. Der Draht befindet sich in einem homogenen Magnetfeld von $\mathbf{B} = (0{,}20\mathbf{i} - 0{,}30\mathbf{j} + 0{,}25\mathbf{k})$T. Bestimmen Sie die Komponenten der Kraft, die pro Zentimeter auf den Draht wirkt.

11 (III) Ein gebogener Draht, der die Punkte a und b verbindet und einen Strom I führt, befindet sich in einer Ebene, die senkrecht zu einem homogenen Magnetfeld **B** liegt. Zeigen Sie, dass die resultierende magnetische Kraft auf den Draht ungeachtet seiner Form dieselbe ist wie für den Fall, dass der Draht die beiden Punkte geradlinig verbindet und denselben Strom I führt. Siehe ► Abbildung 27.38.

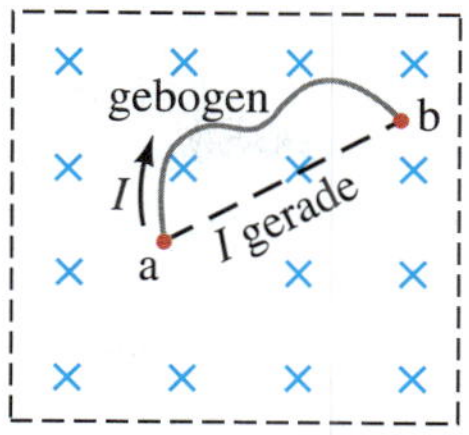

Abbildung 27.38 Aufgabe 11.

12 (III) Eine kreisförmige Drahtschleife mit dem Radius r führt einen Strom I. Sie wird in ein Magnetfeld gebracht, dessen gerade Feldlinien von einem Punkt aus auseinander zu laufen scheinen, der sich im Abstand d unterhalb der Schleife auf deren Achse befindet. (D. h. das Feld bildet an allen Punkten mit dem Ring einen Winkel θ. Siehe ► Abbildung 27.39, wo $\tan\theta = r/d$ gilt.) Bestimmen Sie die auf die Schleife wirkende Kraft.

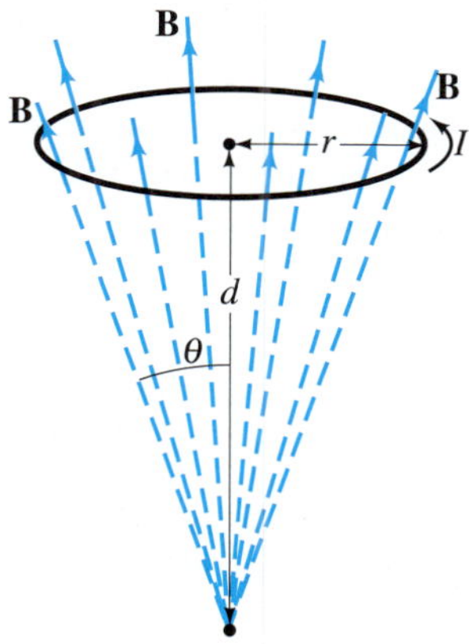

Abbildung 27.39 Aufgabe 12.

Aufgaben zu 27.4

13 (I) Bestimmen Sie den Betrag und die Richtung der Kraft, die auf ein Elektron wirkt, das sich in einem vertikal nach oben gerichteten Magnetfeld der Stärke 0,85 T mit einer Geschwindigkeit von $7{,}75 \cdot 10^5$ m/s horizontal nach Osten bewegt.

14 (I) Ermitteln Sie die Richtung der Kraft auf eine negative Ladung für die in ► Abbildung 27.40 dargestellten Fälle, wobei **v** die Geschwindigkeit der Ladung und **B** die Richtung des Magnetfeldes ist. (⊗ bedeutet, dass der Vektor nach innen, in die Papierebene hinein, zeigt. ⊙ bedeutet, dass er nach außen, zum Betrachter hin gerichtet ist.)

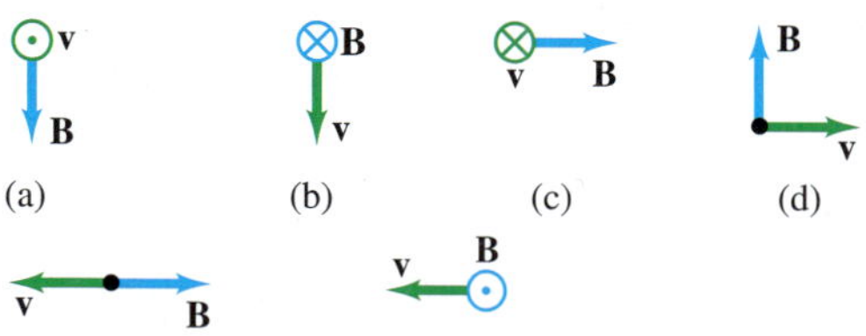

Abbildung 27.40 Aufgabe 14.

15 (I) Bestimmen Sie die Richtung von **B** für die Fälle aus ► Abbildung 27.41, wobei **F** die Kraft auf ein positiv geladenes Teilchen bezeichnet, das sich mit der Geschwindigkeit **v** bewegt.

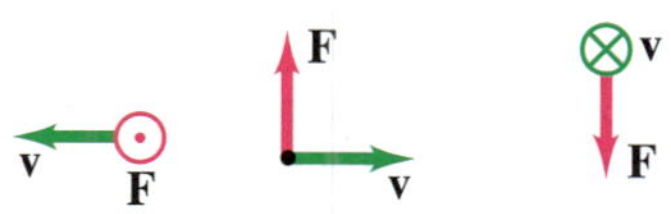

Abbildung 27.41 Aufgabe 15.

16 (I) Ein Elektron wird mit einer Geschwindigkeit von $1{,}80 \cdot 10^6$ m/s senkrecht nach oben in ein homogenes Magnetfeld geschossen, das horizontal vom Beobachter weg gerichtet ist und eine Stärke von 0,250 T hat. Beschreiben Sie die Bahn des Elektrons in diesem Feld.

17 (I) Ein Teilchen mit der Ladung q bewegt sich in einem homogenen Magnetfeld **B** auf einer Kreisbahn mit dem Radius r. Zeigen Sie, dass für seinen Impuls $p = qBr$ gilt.

18 (II) Wie groß ist die Geschwindigkeit eines Elektronenstrahls, der nicht abgelenkt wird, wenn er ein elektrisches Feld mit einem Betrag von $8{,}8 \cdot 10^3$ V/m und ein Magnetfeld von $3{,}5 \cdot 10^{-3}$ T durchquert, wobei diese Felder einander kreuzen? Wie groß ist der Radius der Umlaufbahn des Elektrons, wenn das elektrische Feld abgeschaltet wird?

19 (II) Zeigen Sie für ein Teilchen mit der Masse m und der Ladung q, das sich in einem Magnetfeld B entlang einer Kreisbahn bewegt, (a) dass seine kinetische Energie proportional zu r^2, dem Quadrat des Krümmungsradius seiner Bahn, ist und (b) dass für seinen Drehimpuls am Kreismittelpunkt $L = qBr^2$ gilt.

20 (II) Ein Elektron bewegt sich mit einer Geschwindigkeit $\mathbf{v} = (4{,}0\mathbf{i} - 6{,}0\mathbf{j}) \cdot 10^4$ m/s in einem Magnetfeld $\mathbf{B} = (-0{,}80\mathbf{i} + 0{,}60\mathbf{j})$T. Bestimmen Sie den Betrag und die Richtung der Kraft, die auf das Elektron wirkt.

21 (II) Ein Proton mit einer kinetischen Energie von 5,0 MeV tritt in einer senkrecht zu einem Feld von 0,20 T liegenden Ebene in dieses ein. Wie groß ist der Radius seiner Bahn?

22 (II) Die größte Kraft wirkt auf ein Elektron, das mit einer Geschwindigkeit von $2{,}9 \cdot 10^6$ m/s ein Magnetfeld durchquert, wenn es sich in nördlicher Richtung bewegt. Die Kraft wirkt nach oben und hat einen Betrag von $7{,}2 \cdot 10^{-13}$ N. Welchen Betrag und welche Richtung hat das Magnetfeld?

23 (II) Ein doppelt geladenes Heliumatom mit der Masse $6{,}6 \cdot 10^{-27}$ kg wird durch eine Spannung von 2100 V beschleunigt. (a) Wie groß ist sein Krümmungsradius, wenn es sich in einer senkrecht zu einem homogenen Magnetfeld von 0,340 T befindlichen Ebene bewegt? (b) Wie groß ist seine Umlaufzeit?

24 (II) Ein Projektil mit einem Gewicht von 3,40 g bewegt sich mit einer Geschwindigkeit von 160 m/s senkrecht zum Erdmagnetfeld, das eine Stärke von $5{,}00 \cdot 10^{-5}$ T hat. Wenn das Projektil eine Nettoladung von $13{,}5 \cdot 10^{-9}$ C besitzt, um welchen Abstand wird es dann aufgrund des Erdmagnetfeldes aus seiner Bahn abgelenkt, nachdem es eine Strecke von 1,00 km zurückgelegt hat?

25 (II) Angenommen, das Erdmagnetfeld hat am Äquator einen Betrag von $0{,}40 \cdot 10^{-4}$ T und ist an allen Punkten nach Norden gerichtet. Wie schnell muss sich ein einzelnes ionisiertes Uranion ($m = 238$ u, $Q = e$) bewegen, damit es die Erde 5,0 km über dem Äquator umkreist? Können Sie die Gravitation vernachlässigen?

26 (II) Ein Proton mit der Masse m_p, ein Deuteron ($m = 2m_\text{p}$, $Q = e$) und ein α-Teilchen ($m = 4m_\text{p}$, $Q = 2e$) werden von derselben Potenzialdifferenz U beschleunigt und treten dann in ein homogenes Magnetfeld **B** ein, in dem sie sich auf Kreisbahnen senkrecht zu **B** bewegen. Bestimmen Sie die Bahnradien des Deuterons und des α-Teilchens in Abhängigkeit vom Bahnradius des Protons.

27 (II) Ein Proton bewegt sich durch ein räumliches Gebiet mit einem Magnetfeld $\mathbf{B} = (0{,}45\mathbf{i} + 0{,}20\mathbf{j})$T und einem elektrischen Feld $\mathbf{E} = (3{,}0\mathbf{i} - 4{,}2\mathbf{j}) \cdot 10^3$ V/m. In einem bestimmten Moment beträgt die Geschwindigkeit des Protons $\mathbf{v} = (6{,}0\mathbf{i} + 3{,}0\mathbf{j} - 5{,}0\mathbf{k}) \cdot 10^3$ m/s. Ermitteln Sie die Komponenten der Gesamtkraft, die auf das Proton wirkt.

28 (II) Wenn sich ein Elektron durch ein Magnetfeld $\mathbf{B} = (0{,}35\ \text{T})\mathbf{k}$ bewegt, wirkt eine Kraft $\mathbf{F} = (3{,}8\mathbf{i} - 2{,}7\mathbf{j}) \cdot 10^{-13}$ N auf das Elektron. Bestimmen Sie seine Geschwindigkeit.

29 (II) Ein Elektron tritt in ein homogenes Magnetfeld **B** mit $B = 0{,}23$ T ein, wobei es mit **B** einen Winkel von 45° bildet. Bestimmen Sie den Radius r und den Abstand p zwischen den einzelnen Schleifen der spiralförmigen Bahn des Elektrons unter der Annahme, dass seine Geschwindigkeit $3{,}0 \cdot 10^6$ m/s beträgt. Siehe ▶ **Abbildung 27.42**.

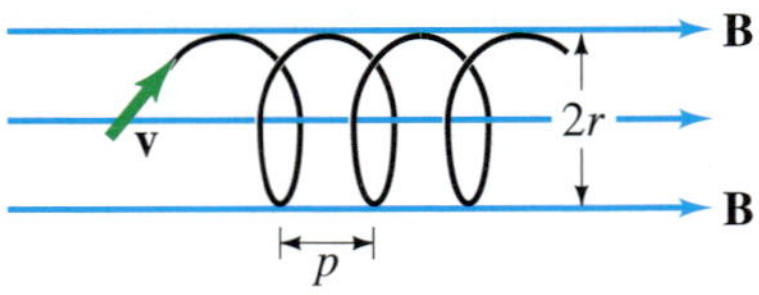

Abbildung 27.42 Aufgabe 29.

30 (II) Die Bahn von Protonen, die in einem Teilchenbeschleuniger erzeugt werden, muss von einem „Ablenkmagneten" um 90° abgeknickt werden, so dass diese im Abstand l vom Austritt aus dem Beschleuniger auf ihrer Bahn auf kein Hindernis treffen. Zeigen Sie, dass das Feld **B** im Ablenkmagneten, das wir als homogen annehmen und sich über eine Fläche von $l \cdot l$ erstrecken kann, einen Betrag von mindestens $B \geq (2mE_\text{kin}/e^2 l^2)^{\frac{1}{2}}$ haben muss, wobei m die Masse des Protons und E_kin seine kinetische Energie ist.

31 (II) Ein Proton, das sich mit einer Geschwindigkeit $v = 2{,}0 \cdot 10^5$ m/s in einem feldfreien Gebiet bewegt, tritt abrupt in ein im Wesentlichen homogenes Magnetfeld $B = 0{,}850$ T ein (siehe ► **Abbildung 27.43**, $\mathbf{B} \perp \mathbf{v}$). Wenn das Proton wie dargestellt in einem Winkel von 45° in das Magnetfelds eintritt, (a) unter welchem Winkel verlässt es dieses dann, (b) in welchem Abstand x tritt es aus dem Feld aus?

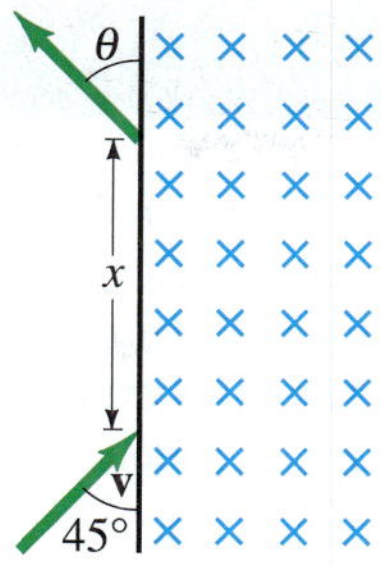

Abbildung 27.43 Aufgabe 31.

Aufgaben zu 27.5

32 (I) Eine kreisförmige Drahtschleife mit einem Durchmesser von 13,0 cm wird so zwischen den Polen eines großen Magneten platziert, dass die Ebene der Schleife parallel zum homogenen Magnetfeld verläuft. Wenn ein Strom von 7,10 A durch die Spule fließt, beträgt ihr Drehmoment 0,185 m · N. Welche Stärke hat das Magnetfeld?

33 (I) Wie viel Arbeit ist erforderlich, um die Leiterschleife aus ► **Abbildung 27.21** in einem homogenen Magnetfeld **B** (a) von $\theta = 0°$ ($\mathbf{m} \parallel \mathbf{B}$) bis $\theta = 180°$ und (b) von $\theta = 90°$ bis $\theta = -90°$ zu drehen?

34 (II) Zeigen Sie, dass das magnetische Dipolmoment m eines Elektrons, das den Protonenkern eines Wasserstoffatoms umkreist, mit dem Drehimpuls L des Elektrons gemäß

$$m = \frac{e}{2m} L$$

zusammemhängt.

35 (II) Eine kreisförmige Spule mit einem Durchmesser von 17,0 cm besitzt zwölf Windungen und liegt flach am Boden. Das Erdmagnetfeld hat an diesem Ort einen Betrag von $5{,}50 \cdot 10^{-5}$ T und weist mit einem Winkel von 66° gegenüber der Nordrichtung ins Erdinnere. (a) Bestimmen Sie unter der Annahme, dass ein Strom von 7,10 A im Uhrzeigersinn durch die Spule fließt, das auf sie wirkende Drehmoment. (b) Welche Kante der Spule zeigt nach oben, die nördliche, östliche, südliche oder westliche?

36 (II) Ein kreisförmige Spule mit 20 Windungen und einem Durchmesser von 20 cm liegt in der x-y-Ebene. Der Strom, der im Uhrzeigersinn durch jede Windung fließt, beträgt 7,6 A und ein äußeres Magnetfeld $\mathbf{B} = (0{,}80\mathbf{i} + 0{,}60\mathbf{j} - 0{,}65\mathbf{k})$T tritt durch die Spule hindurch. Bestimmen Sie (a) das magnetische Moment m der Drahtspule, (b) das Drehmoment, das infolge des äußeren Magnetfeldes auf die Drahtspule wirkt, (c) die potenzielle Energie E_{pot} der Spule im Magnetfeld (nehmen Sie wie bei der Diskussion zu ► **Abbildung 27.21** E_{pot} als null an.)

37 (III) Angenommen, ein nichtleitender Stab der Länge l trägt eine homogen verteilte Ladung Q. Er dreht sich mit der Winkelgeschwindigkeit ω um eine Achse, die an einem Ende des Stabes auf diesem senkrecht steht. Zeigen Sie, dass für das magnetische Dipolmoment dieses Stabes $\frac{1}{6}Q\omega l^2$ gilt. (*Hinweis*: Betrachten Sie die Bewegung von infinitesimal kleinen Stücken des Stabes.)

Aufgaben zu 27.6

38 (I) Die Nadel eines Galvanometers schlägt bei einem Strom von 63,0 µA voll aus. Wie groß ist für den Fall, dass sich das Magnetfeld auf das 0,860-fache seines ursprünglichen Wertes abschwächt, der Strom, der einen Maximalausschlag verursacht?

39 (I) Wenn die Kraft der Rückstellfeder eines Galvanometers im Laufe der Jahre um 20% nachlässt, wie groß ist dann der Strom, der einen Maximalausschlag verursacht, wenn dafür ursprünglich 36 µA notwendig waren?

40 (I) Wenn der Strom in einem Motor um 18% fällt, um welchen Faktor ändert sich dann das Abtriebsdrehmoment?

Aufgaben zu 27.7

41 (I) Wie groß ist der Wert von q/m für ein Teilchen, das sich in einem Magnetfeld von 0,46 T auf einer Kreisbahn mit einem Durchmesser von 8,0 mm bewegt, wenn ein quer zum Magnetfeld gerichtetes elektrisches Feld von 200 V/m dafür sorgt, dass sich das Teilchen geradlinig bewegt?

42 (II) Ein Öltröpfchen, dessen Masse mit $3{,}3 \cdot 10^{-15}$ kg bestimmt wurde, wird zwischen zwei großen Platten mit einem gegenseitigen Abstand von 1,0 cm in der Schwebe gehalten (siehe ► **Abbildung 27.30**). Wie viele freie Elektronen besitzt dieses Tröpfchen, wenn die Potenzialdifferenz zwischen den Platten 340 V beträgt?

Aufgaben zu 27.8

43 (II) Ein rechteckiges Stück Metall ist 3,0 cm breit und 500 µm dick. Wenn es einen Strom von 42 A führt und in einem Magnetfeld von 0,80 T platziert wird, erzeugt es eine Hall-Spannung von 6,5 µV. Bestimmen Sie (a) das Hall-Feld im Leiter, (b) die Driftgeschwindigkeit der Leitungselektronen und (c) die Dichte der freien Elektronen im Metall.

44 (II) In einer Sonde, die unter Verwendung des Hall-Effekts Magnetfelder misst, fließt ein Strom von 12,0 A durch einen 1,50 cm breiten und 1,30 mm dicken Streifen aus Natriummetall. Wie groß ist der Betrag des Magnetfeldes (nehmen Sie es als senkrecht zur flachen Seite des Streifens an), wenn die Hall-Spannung 2,42 µV beträgt? Nehmen Sie an, dass es pro Natriumatom ein freies Elektron gibt.

45 (II) Der Hall-Effekt kann ausgenutzt werden, um die Blutflussrate zu messen, denn Blut enthält Ionen, die einen elektrischen Strom erzeugen. (a) Beeinflusst das Vorzeichen der Ionen den Wert der Hall-Spannung? (b) Bestimmen Sie die Fließgeschwindigkeit in einer Arterie mit einem Durchmesser von 3,3 mm, wenn die gemessene Hall-Spannung 0,10 mV beträgt und $B = 0{,}070$ T ist. (In der Praxis wird ein veränderliches Magnetfeld verwendet.)

Aufgaben zu 27.9

46 (I) In einem Massenspektrometer zeigen Germaniumatome Krümmungsradien von 21,0 cm, 21,6 cm, 21,9 cm, 22,2 cm und 22,8 cm. Der größte Radius entspricht einer Atommasse von 76 u. Wie groß sind die Atommassen der anderen Isotope?

47 (II) Angenommen, das elektrische Feld zwischen den elektrischen Platten des Massenspektrometers aus ► Abbildung 27.42 ist $2{,}48 \cdot 10^4$ V/m und für die Magnetfelder gilt $B = B' = 0{,}58$ T. Die Quelle enthält Isotope mit den Massenzahlen 12, 13 und 14. (Multiplizieren Sie mit $1{,}66 \cdot 10^{-27}$ kg, um die Atommassen abzuschätzen.) Welchen Abstand haben auf dem fotografischen Film die Linien, die von den einfach geladenen Ionen jedes Typs gebildet werden? Was ist, wenn die Ionen doppelt geladen sind?

48 (II) Ein Massenspektrometer wird verwendet, um Luftschadstoffe aufzuzeichnen. Es ist jedoch schwierig, Moleküle mit nahezu gleicher Masse wie CO (28,0106 u) und N_2 (28,0134 u) zu unterscheiden. Wie groß muss der Krümmungsradius eines Spektrometers sein, damit diese beiden Moleküle auf dem Film 0,50 mm voneinander getrennt abgebildet werden?

49 (II) Bestimmte Massenspektrometer beschleunigen Ionen mithilfe einer Spannung U, bevor sie in ein Magnetfeld B eintreten. Es wird angenommen, dass sich die Ionen zunächst in Ruhe befinden. Zeigen Sie, dass für die Masse eines Ions $m = qB^2R^2/2U$ gilt, wobei R der Bahnradius der Ionen im Magnetfeld und q ihre Ladung ist.

Allgemeine Aufgaben

50 Protonen bewegen sich in einem Magnetfeld von 0,725 T auf einer Kreisbahn mit einem Radius von 5,10 cm. Welche Stärke muss ein elektrisches Feld haben, damit sich die Protonen geradlinig bewegen? In welche Richtung muss das elektrische Feld zeigen?

51 Protonen mit einem Impuls von $4{,}8 \cdot 10^{-16}\,\mathrm{kg \cdot m/s}$ werden am *Fermi National Accelerator Laboratory* in Illinois auf einer Kreisbahn mit einem Durchmesser von 2,0 km magnetisch im Uhrzeigersinn gesteuert. Bestimmen Sie den Betrag und die Richtung des Feldes in den Magneten, die die Strahlenröhre umgeben.

52 Ein Proton und ein Elektron seien von gleicher kinetischer Energie, bis sie ein Gebiet mit einem konstanten Magnetfeld erreichen. Wie ist das Verhältnis der Radien ihrer Kreisbahnen?

53 In der Nähe des Äquators zeigt das Magnetfeld der Erde fast horizontal nach Norden und hat eine Stärke von $B = 0{,}50 \cdot 10^{-4}\,\mathrm{T}$. Welchen Betrag und welche Richtung muss die Geschwindigkeit eines Elektrons haben, wenn sein Gewicht durch die magnetische Kraft exakt ausgeglichen werden soll?

54 Berechnen Sie die auf ein Flugzeug wirkende Kraft, wenn dieses eine Nettoladung von 1550 µC besitzt und sich mit einer Geschwindigkeit von 120 m/s senkrecht zum Magnetfeld der Erde bewegt. (*Hinweis*: Das Magnetfeld ist $5{,}0 \cdot 10^{-5}$ T.)

55 Das Stromkabel eines Elektrokarrens führt einen Gleichstrom von 330 A, der horizontal nach Osten gerichtet ist. Das Erdmagnetfeld hat an diesem Ort eine Stärke von $5{,}0 \cdot 10^{-5}$ T und eine Inklination von 22°. Berechnen Sie den Betrag und die Richtung der magnetischen Kraft, die auf ein 10 m langes Stück dieses Kabels wirkt.

56 Zwei starre parallele Drähte, die in einer horizontalen Ebene einen Abstand l voneinander haben, verhalten sich wie Schienen, die einen senkrecht zu beiden Schienen angeordneten, leichten Metallstab der Masse m tragen (siehe ▸ Abbildung 27.44). Im gesamten Gebiet wirkt ein vertikal nach oben (in der Abbildung nach außen) gerichtetes Magnetfeld **B**. Zum Zeitpunkt $t = 0$ werden die an die Schienen angeschlossenen Drähte mit einer konstanten Stromquelle verbunden, so dass ein Strom I durch das System fließt. Bestimmen Sie die Geschwindigkeit des Stabes, der sich zum Zeitpunkt $t = 0$ in Ruhe befindet, als Funktion der Zeit (a) unter der Annahme, dass es zwischen dem Stab und den Schienen keine Reibung gibt und (b) wenn es einen Reibungskoeffizienten μ_k gibt.

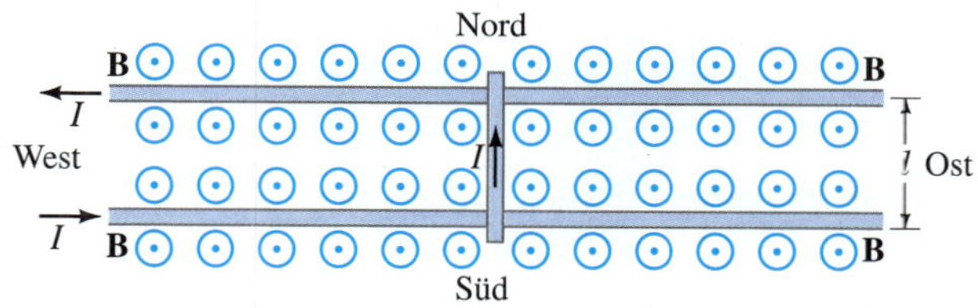

Abbildung 27.44 Ein Stab, der sich auf Schienen bewegt (Draufsicht), Aufgaben 56 und 57.

57 Angenommen, der Stab aus ▸ Abbildung 27.44 besitzt eine Masse $m = 0{,}40$ kg, eine Länge von 22 cm und führt einen Strom $I = 40$ A. Bestimmen Sie das minimale, nicht notwendigerweise vertikal verlaufende Magnetfeld **B**, das gerade noch eine Gleitbewegung des Stabes verursacht, wenn für den Koeffizienten der statischen Reibung $\mu_s = 0{,}50$ gilt. Geben Sie den Betrag von **B** sowie die Richtung relativ zur Vertikalen an.

58 Schätzen Sie die maximale Ablenkung des Elektronenstrahls in der Nähe des Mittelpunktes eines Fernsehbildschirms ab (Stärke $5{,}0 \cdot 10^{-5}$ T). Nehmen Sie an, dass der Bildschirm 20 cm von der Elektronenkanone entfernt ist, die die Elektronen (a) mit 2,0 kV und (b) mit 30 kV beschleunigt. Beachten Sie, dass der Strahl in Farbfernsehgeräten mit einer Genauigkeit von unter einem Millimeter exakt ausgerichtet sein muss, um den richtigen Leuchtpunkt zu treffen. Um den Einfluss des Erdmagnetfeldes auf die Kathodenstrahlröhre zu reduzieren, werden Abschirmungen aus Mu-Metall verwendet (siehe Abschnitt 23.9).

59 Ein **Zyklotron** (siehe ▸ Abbildung 27.45) ist ein Gerät, das verwendet wird, um Elementarteilchen wie Protonen auf hohe Geschwindigkeiten zu beschleunigen. Die Teilchen, die am Punkt A mit einer bestimmten Geschwindigkeit starten, bewegen sich im Magnetfeld B auf Kreisbahnen. Jedesmal wenn sie den Spalt zwischen den metallischen „Halbschalen" überwinden, wo sich ein elektrisches Feld E befindet, werden die Teilchen auf höhere Geschwindigkeiten beschleunigt. (Der Hohlraum innerhalb der metallischen Halbschalen ist feldfrei.) Das elektrische Feld ändert seine Richtung entsprechend einer Wechselstromspannung $U = U_0 \sin 2\pi f t$ mit jeder halben Schwingung, so dass die Geschwindigkeit der Teilchen bei jedem Durchlauf durch den Spalt zunimmt. (a) Zeigen Sie, dass für die Frequenz f der Spannung $f = Bq/2\pi m$ gelten muss, wobei q die Ladung der Teilchen und m ihre Masse ist. (b) Zeigen Sie, dass die kinetische Energie der Teilchen unter der Annahme, dass der Spalt schmal ist, mit jeder

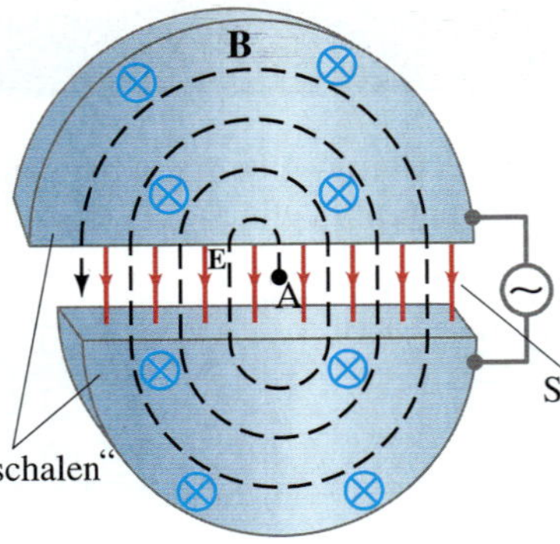

Abbildung 27.45 Ein Zyklotron, Aufgabe 59.

Umdrehung um $2qU_0$ zunimmt. (c) Wie groß ist die maximale kinetische Energie der beschleunigten Teilchen in MeV, wenn das Zyklotron einen Radius von 2,0 m besitzt und das Magnetfeld eine Stärke von 0,50 T besitzt?

60 Die rechteckige Drahtschleife aus ▸ Abbildung 27.21 hat die Masse m und führt einen Strom I. Zeigen Sie für den Fall, dass diese Schleife einen Winkel $\theta \ll 1$ (in Radiant) mit dem Magnetfeld bildet, dass sie eine einfache harmonische Bewegung um $\theta = 0$ ausführt. Berechnen Sie die Periode der Schwingung.

61 Magnetfelder werden sehr häufig in Teilchenbeschleunigern zur „Strahlsteuerung“ eingesetzt; d. h. mithilfe von Magnetfeldern kann die Richtung des Strahls beeinflusst werden, ohne seine Geschwindigkeit zu ändern (siehe ▸ Abbildung 27.46). Diskutieren Sie anhand eines Protonenstrahls diese Funktionsweise. Was passiert mit den Protonen, die sich nicht mit der Geschwindigkeit bewegen, für die das Magnetfeld ausgelegt ist? Um welchen Winkel wird der Protonenstrahl in etwa abgelenkt, wenn dieser sich mit einer Geschwindigkeit von $0{,}75 \cdot 10^7$ m/s bewegt und sich das Magnetfeld über eine Breite von 5,0 cm erstreckt und eine Stärke von 0,33 T hat?

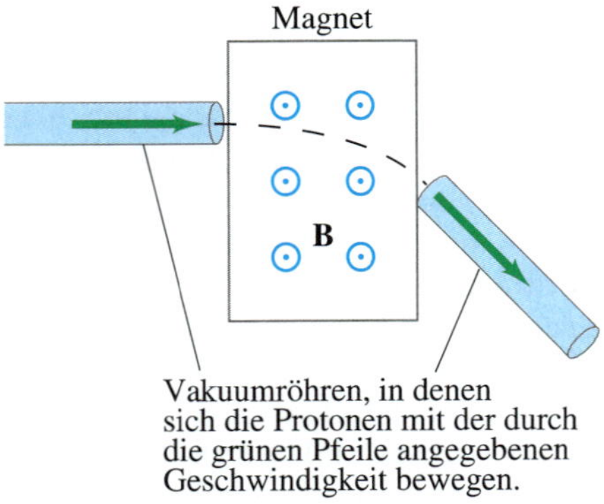

Abbildung 27.46 Aufgabe 61.

62 Eine quadratische Schleife aus Aluminiumdraht hat eine Kantenlänge von 20,0 cm. Sie führt einen Strom von 25,0 A und rotiert in einem homogenen Magnetfeld mit einer Stärke von 1,65 T (siehe ▸ Abbildung 27.47). (a) Wie groß muss der Durchmesser des Drahtes mindestens sein, damit dieser nicht infolge Spannung oder Schub bricht? Nehmen Sie einen Sicherheitsfaktor von 10 an (siehe Tabelle 12.2). (b) Wie groß ist der Widerstand einer einzelnen Schleife dieses Drahtes?

63 In ▸ Abbildung 27.48 ist eine Art „Abschussrampe“ dargestellt. In einer aus starren Schienen gebildeten geschlossenen Schleife fließt ein starker Strom und ein sehr leichter Stab berührt fast ohne Reibung die Schienen. Ein Magnetfeld steht senkrecht auf der Ebene

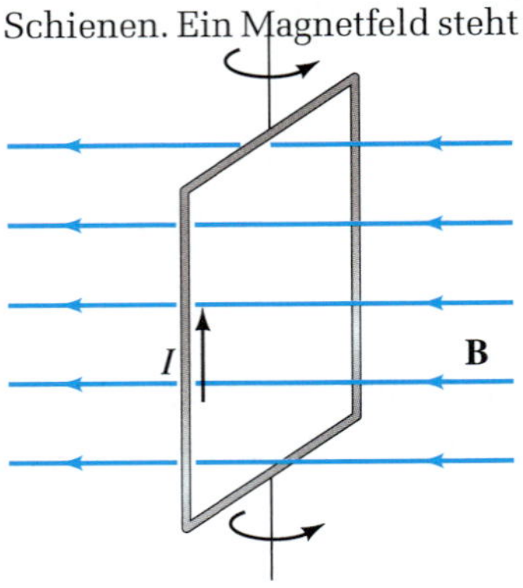

Abbildung 27.47 Aufgabe 62.

des Stromkreises. Wie stark muss ein konstanter Strom mindestens sein, um den Stab in einer Entfernung von 1,0 m auf 30 m/s zu beschleunigen, wenn dieser eine Länge von 20 cm und eine Masse von 1,5 g besitzt und in ein Feld von 1,7 T gebracht wird? In welche Richtung muss das Feld zeigen?

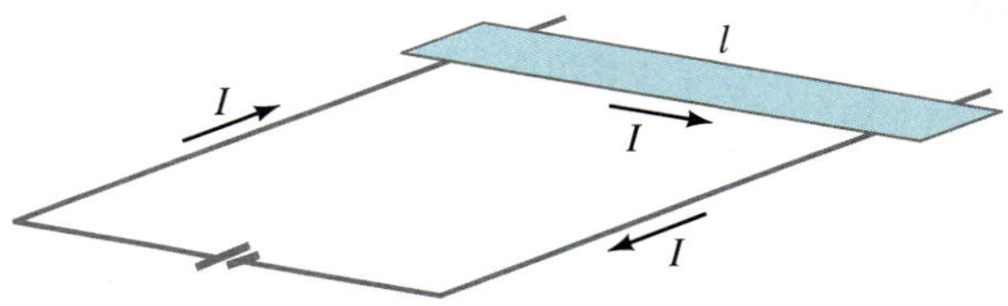

Abbildung 27.48 Aufgabe 63.

64 (a) Ein Elektronenstrahl bewegt sich mit einer Geschwindigkeit von $4{,}8 \cdot 10^6$ m/s nach rechts. Wie groß muss das Magnetfeld sein, damit dieser Elektronenstrahl ohne abgelenkt zu werden ein Gebiet mit einem homogenen, senkrecht nach oben gerichteten elektrischen Feld von 10 000 V/m durchquert? (b) Welche Richtung hat das Magnetfeld, wenn bekannt ist, dass es senkrecht auf dem elektrischen Feld steht? (c) Wie groß ist die Frequenz der kreisförmigen Umlaufbahn der Elektronen, wenn das elektrische Feld ausgeschaltet wird?

65 In einer bestimmten Kathodenstrahlröhre werden Elektronen mit 25 kV horizontal beschleunigt. Sie durchqueren dann auf einer Strecke von 3,5 cm ein homogenes Magnetfeld B, das sie nach oben ablenkt. Sie erreichen die 22 cm entfernte Bildschirmoberfläche daher 11 cm oberhalb des Mittelpunktes. Schätzen Sie den Wert von B ab.

66 Der **Zeeman-Effekt**. Im Bohr'schen Modell des Wasserstoffatoms wird das Elektron infolge der elektrostatischen Anziehung auf einer kreisförmigen Umlaufbahn mit dem Radius r um seinen Protonenkern gehalten. Wenn die Atome in ein schwaches Magnetfeld $\mathbf{B}$ gebracht werden, ändert sich die Rotationsfrequenz der Elektronen, die in einer senkrecht auf $\mathbf{B}$ stehenden Ebene kreisen, um einen Wert

$$\Delta f = \pm \frac{eB}{4\pi m} ,$$

wobei e die Ladung und m die Masse des Elektrons ist. (a) Leiten Sie dieses Ergebnis unter der Annahme her, dass die aufgrund des Magnetfeldes $\mathbf{B}$ wirkende Kraft viel kleiner ist als jene, die auf der elektrostatischen Anziehung des Kerns beruht. (b) Was bedeutet das Vorzeichen $\pm$?

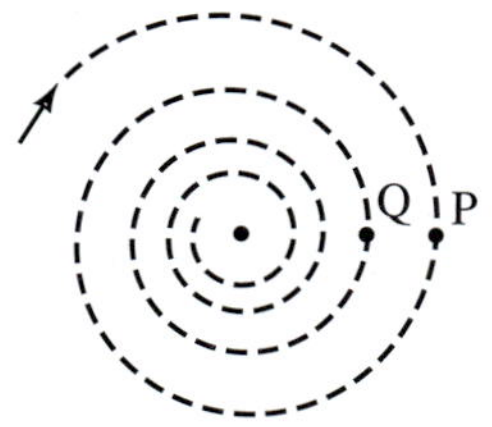

Abbildung 27.49 Aufgabe 67.

67 Ein Proton in einem Magnetfeld von 0,010 T folgt einer spiralförmigen Bahn durch ein Gas. Die Spiralebene steht, wie in ► Abbildung 27.49 dargestellt, senkrecht auf dem Magnetfeld. Die Radien zweier aufeinanderfolgender Schleifen P und Q sind 10,0 mm bzw. 8,5 mm. Berechnen Sie die Änderung der kinetischen Energie des Protons, während sich dieses von P nach Q bewegt.

68 Die in einem homogenen Magnetfeld auf eine Leiterschleife wirkende Nettokraft ist null, da der Beitrag zur Nettokraft von der gegenüberliegenden Seite der Schleife aufgehoben wird. Wenn sich jedoch der Betrag des Magnetfeldes von der einen Seite zur anderen ändert, kann auf der Schleife eine Nettokraft erzeugt werden. Betrachten Sie eine quadratische Leiterschleife mit der Seitenlänge a, die mit einer Seite bei $x = b$ in der x-y-Ebene liegt (siehe ► Abbildung 27.50). Ein Magnetfeld ist in Richtung der z-Achse gerichtet und hat einen Betrag, der sich mit x gemäß der Funktion

$$B = B_0(1 - x/d)$$

ändert. Geben Sie einen Ausdruck für die auf die Schleife wirkende Nettokraft an, wenn der Strom im Uhrzeigersinn durch sie hindurchfließt (d. h. ihr magnetisches Dipolmoment verläuft entlang der z-Achse).

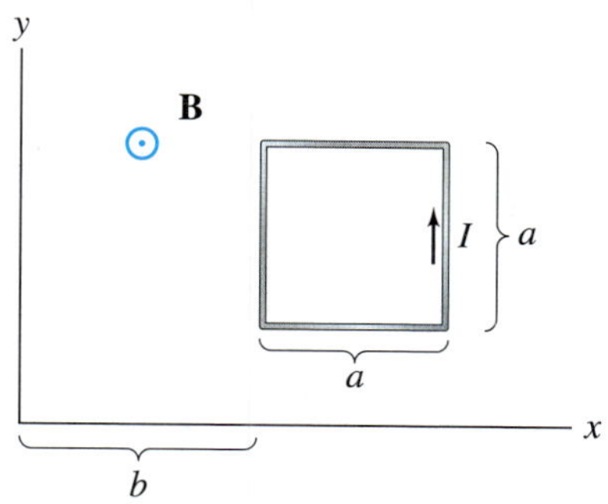

Abbildung 27.50 Aufgabe 68.

Erzeugung von Magnetfeldern

28

ÜBERBLICK

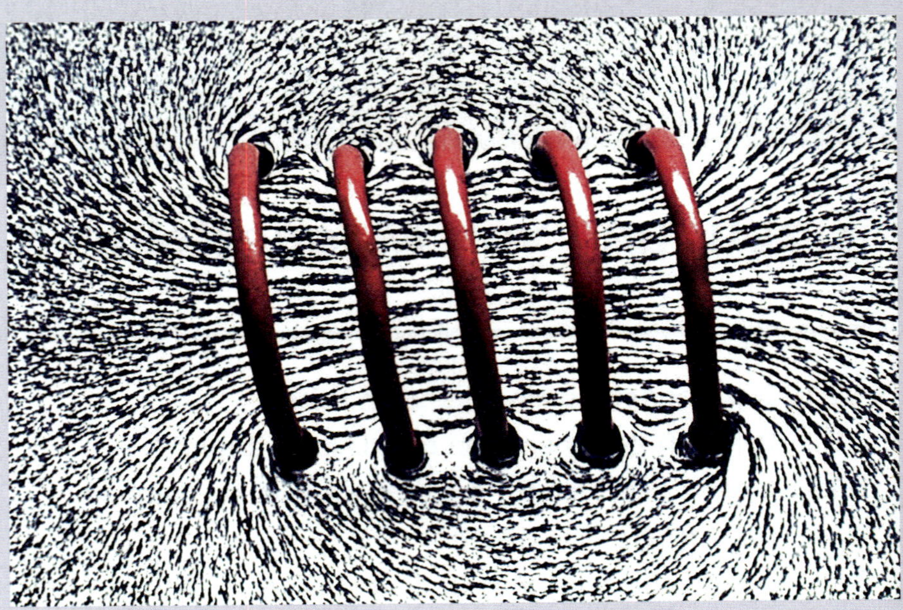

Eine lange Drahtspule mit vielen dicht benachbarten Windungen wird Spule genannt. Wenn eine Spule einen elektrischen Strom führt, wird innerhalb der Windungen ein nahezu homogenes Magnetfeld erzeugt, was durch die Ausrichtung der Eisenspäne in diesem Foto verdeutlicht wird. Mithilfe des Ampère'schen Gesetzes, das Magnetfelder und elektrische Ströme zueinander in Beziehung setzt und das eines der grundlegenden Gesetze des Elektromagnetismus ist, kann der Betrag des Magnetfeldes im Inneren der Spule bestimmt werden. Wir untersuchen diese Beziehungen in diesem Kapitel detaillierter, ebenso andere Möglichkeiten zur Erzeugung von Magnetfeldern.

28. Erzeugung von Magnetfeldern

Im letzten Kapitel haben wir vor allem die Auswirkungen (Kräfte und Drehimpulse) behandelt, die ein Magnetfeld auf elektrische Ströme und bewegte elektrische Ladungen hat. Wie wir gesehen haben, werden Magnetfelder nicht nur von Magneten, sondern auch von elektrischen Strömen erzeugt (Oersteds große Entdeckung). Dieser Aspekt des Magnetismus, die Erzeugung von Magnetfeldern, ist Gegenstand dieses Kapitels. Wir werden sehen, wie die magnetische Feldstärke für einfache Fälle bestimmt werden kann, und untersuchen einige allgemeine Beziehungen zwischen Magnetfeldern und ihren Quellen. Wir beginnen mit dem einfachsten Fall, dem Magnetfeld, das von einem langen geraden Draht erzeugt wird, der einen stationären elektrischen Strom führt. Anschließend untersuchen wir die Kraft, die ein solches Feld auf einen zweiten stromführenden Draht ausübt. Interessanterweise wird diese Wechselwirkung für die exakte Definition der Einheiten des elektrischen Stroms und der elektrischen Ladung, des Amperes und des Coulombs, verwendet.

Anschließend entwickeln wir einen allgemeinen Ansatz, mit dem die als Ampère'sches Gesetz bekannte Beziehung zwischen Strom und Magnetfeld hergeleitet werden kann. Das Ampère'sche Gesetz ist eine der grundlegenden Gleichungen der Physik. Mit dem Biot-Savart-Gesetz behandeln wir eine weitere Methode, mit der das durch einen Strom erzeugte Magnetfeld bestimmt werden kann. Das Biot-Savart-Gesetz ist zwar weniger anschaulich, stellt jedoch für viele Probleme einen einfacheren Lösungsansatz dar als das Ampère'sche Gesetz.

Wir beenden das Kapitel mit einer Diskussion über die Eigenschaften von Eisen und anderen magnetischen Materialien, insbesondere darüber, wie diese Materialien Magnetfelder erzeugen.

28.1 Das Magnetfeld eines geraden Leiters

Die Feldlinien eines Magnetfeldes, das durch einen Strom in einem langen geraden Draht erzeugt wird, verlaufen als konzentrische Kreise um den Draht (▶ Abbildung 28.1, siehe auch Abschnitt 27.2, ▶ Abbildung 27.9). Unsere physikalische Intuition sagt uns, dass die magnetische Feldstärke in einem gegebenen Punkt größer ist, wenn der durch den Draht fließende Strom größer ist, und dass das Feld an weiter vom Draht entfernten Punkten schwächer ist. Dies ist in der Tat der Fall. Sorgfältige Experimente haben gezeigt, dass die magnetische Feldstärke B in der Nähe eines langen geraden Drahtes direkt proportional zu dem durch den Draht fließenden Strom I und indirekt proportional zum Abstand r vom Draht ist:

$$B \propto \frac{I}{r}\,.$$

Diese Beziehung gilt, solange der Abstand r vom Draht viel kleiner als die Länge des Drahtes ist.

Die Proportionalitätskonstante wird in der Form $\mu_0/2\pi$ geschrieben[1], so dass wir die Gleichung

$$B = \frac{\mu_0}{2\pi}\frac{I}{r} \quad \text{(außerhalb eines langen geraden Drahtes)} \tag{28.1}$$

erhalten. Die Konstante μ_0 wird als **magnetische Feldkonstante**, früher auch als **Permeabilität des leeren Raumes** bezeichnet, ihr Wert ist $\mu_0 = 4\pi \cdot 10^{-7}\,T{\cdot}m/A$ (siehe Abschnitt 28.3).

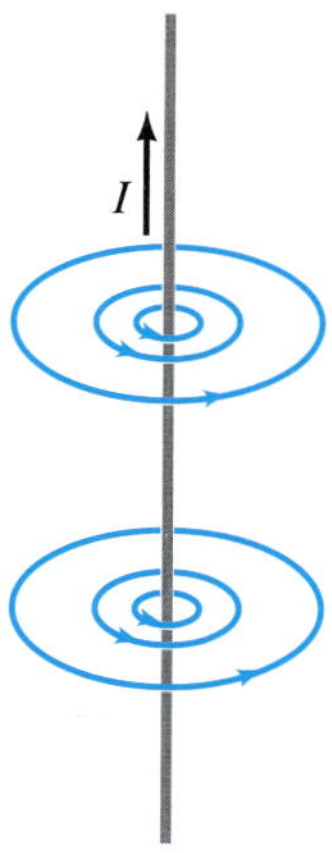

Abbildung 28.1 Magnetische Feldlinien in der Umgebung eines langen geraden Leiters, durch den ein elektrischer Strom I fließt (vgl. Abbildung 27.9a).

Magnetfeld infolge des Stromes in einem langen geraden Draht

1 Die Konstante wird in dieser komplizierten Weise ausgedrückt, damit das fundamentalere Ampère'sche Gesetz (siehe Abschnitt 28.4) eine einfache Form bekommt.

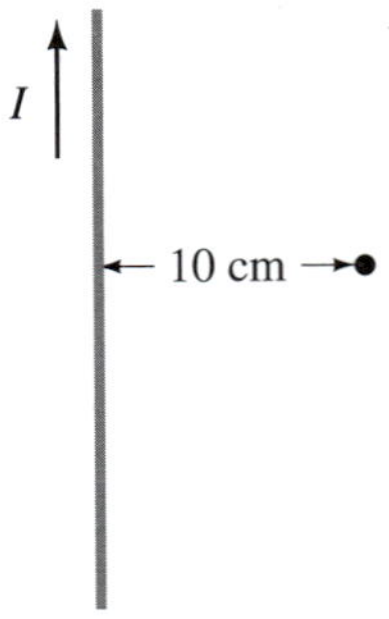

Abbildung 28.2 Beispiel 28.1

ANGEWANDTE PHYSIK

Ein Kompass, der sich in der Nähe eines Stromes befindet, zeigt nicht nach Norden

Beispiel 28.1 **Berechnung des Magnetfeldes B in der Nähe eines Leiters**

Ein unter Putz liegendes Stromkabel führt einen Gleichstrom von 25 A, der senkrecht nach oben fließt. Wie groß ist das Magnetfeld 10 cm nördlich von diesem Kabel (siehe ▶ Abbildung 28.2)?

Lösung

Gemäß Gleichung 28.1 gilt

$$B = \frac{\mu_0 I}{2\pi r} = \frac{(4\pi \cdot 10^{-7}\,\mathrm{T{\cdot}m/A})(25\,\mathrm{A})}{(2\pi)(0{,}10\,\mathrm{m})} = 5{,}0 \cdot 10^{-5}\,\mathrm{T}$$

oder 0,50 G. Nach der Rechte-Hand-Regel (▶ Abbildung 27.9b) zeigt das Feld an diesem Punkt nach Westen (in ▶ Abbildung 28.2 in die Papierebene hinein). Da das Feld etwa die gleiche Größenordnung wie das Erdmagnetfeld besitzt, würde eine Kompassnadel an diesem Punkt nicht nach Norden, sondern in nordwestliche Richtung zeigen.

28.2 Die Kraft zwischen zwei parallelen Drähten

Wir haben gesehen, dass ein stromführender Draht ein Magnetfeld erzeugt (dessen Betrag für einen langen geraden Draht durch Gleichung 28.1 gegeben ist) und dass auf einen solchen Draht eine Kraft wirkt, wenn er in ein Magnetfeld gebracht wird (siehe Abschnitt 27.3, Gleichung 27.1). Daher erwarten wir, dass zwei stromführende Drähte eine Kraft aufeinander ausüben.

Wir betrachten zwei lange parallele Leiter, die den Abstand d voneinander haben (siehe ▶ Abbildung 28.3a). Durch sie fließen die Ströme I_1 bzw. I_2. Jeder der beiden Ströme erzeugt ein Magnetfeld, das der jeweils andere Leiter „spürt", d. h. jeder Leiter übt eine Kraft auf den anderen aus, worauf erstmals Ampère hinwies. Beispielsweise ist das vom Strom I_1 erzeugte Magnetfeld B_1 durch Gleichung 28.1 gegeben. Für den zweiten Leiter ist der Betrag des vom Strom I_1 erzeugten Magnetfeldes

$$B_1 = \frac{\mu_0}{2\pi}\frac{I_1}{d} .$$

In ▶ Abbildung 28.3b ist *nur* das durch den Strom I_1 erzeugte Feld dargestellt. Gemäß Gleichung 27.2 gilt für die Kraft F, die pro Längeneinheit l auf den den Strom I_2 führenden Leiter wirkt,

$$\frac{F}{l} = I_2 B_1 ,$$

wenn der Strom und das Feld senkrecht zueinander stehen. Beachten Sie, dass die Kraft auf I_2 nur aufgrund des von I_1 erzeugten Feldes wirkt. Selbstverständlich erzeugt auch I_2 ein Feld, aber dieses verursacht keine auf I_2 selbst wirkende Kraft. Wir setzen für B_1 den durch die obige Formel gewonnenen Ausdruck ein und erhalten für die auf I_2 pro Längeneinheit wirkende Kraft

$$\frac{F}{l} = \frac{\mu_0}{2\pi}\frac{I_1 I_2}{d} . \tag{28.2}$$

Nach der Rechte-Hand-Regel aus ▶ Abbildung 27.9b verlaufen die Feldlinien von B_1 wie in ▶ Abbildung 28.3b dargestellt. Nun wenden wir die Rechte-Hand-Regel aus ▶ Abbildung 27.12c an und sehen, dass die auf I_2 wirkende Kraft in ▶ Abbildung 28.3b nach links zeigt, d. h. I_1 übt eine Anziehungskraft auf I_2 aus (siehe ▶ Abbildung 28.4a). Dies gilt, wenn die Ströme in dieselbe Richtung fließen. Wenn I_2 in entgegengesetzter Richtung fließt, besagt die Rechte-Hand-Regel, dass

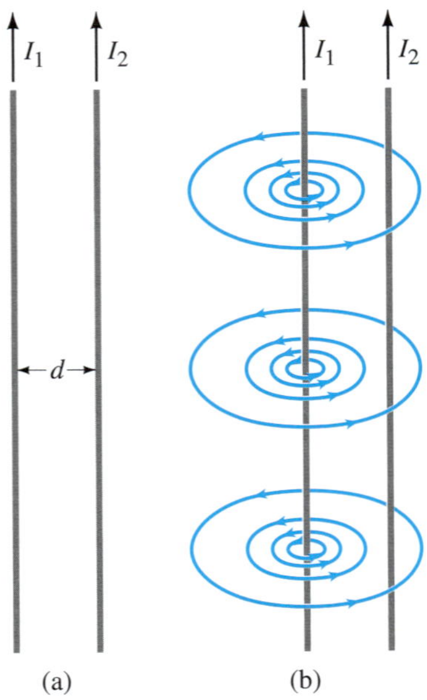

Abbildung 28.3 (a) Zwei parallele Leiter, die von den Strömen I_1 und I_2 durchflossen werden. (b) Das durch den Strom I_1 erzeugte Magnetfeld. (Das durch den Strom I_2 erzeugte Magnetfeld ist nicht dargestellt.)

die Kraft in umgekehrter Richtung wirkt, d. h. I_1 übt eine Abstoßungskraft auf I_2 aus (siehe ► Abbildung 28.4b).

Eine analoge Schlussfolgerung zeigt, dass das von I_2 erzeugte Magnetfeld eine gleichgroße, aber entgegengesetzt gerichtete Kraft auf I_1 ausübt. Dies erwarten wir nach dem dritten Newton'schen Axiom natürlich auch. Parallele Ströme mit gleicher Richtung ziehen also einander an, während Ströme mit entgegengesetzter Richtung einander abstoßen (siehe ► Abbildung 28.4).

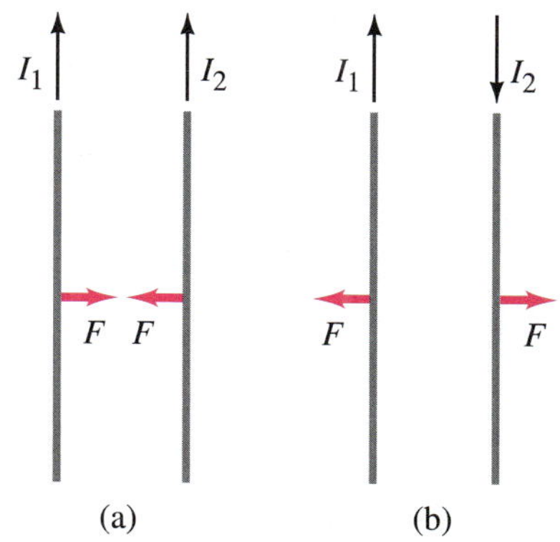

Abbildung 28.4 (a) Parallele Ströme, die in die gleiche Richtung fließen, erzeugen eine Anziehungskraft. (b) Antiparallele Ströme, die in entgegengesetzte Richtungen fließen, erzeugen eine Abstoßungskraft.

Beispiel 28.2 Kraft zwischen zwei stromdurchflossenen Leitern

Die beiden Drähte einer 2,0 m langen Stromleitung haben einen Abstand von 3,0 mm und führen einen Gleichstrom von 8,0 A. Berechnen Sie die zwischen diesen beiden Drähten wirkende Kraft.

Lösung

Gleichung 28.2 liefert

$$F = \frac{(2{,}0 \cdot 10^{-7}\,\mathrm{T{\cdot}m/A})(8{,}0\,\mathrm{A})^2(2{,}0\,\mathrm{m})}{(3{,}0 \cdot 10^{-3}\,\mathrm{m})} = 8{,}5 \cdot 10^{-3}\,\mathrm{N}\,,$$

wobei wir $\mu_0/2\pi = 2{,}0 \cdot 10^{-7}\,\mathrm{T \cdot m / A}$ eingesetzt haben. Da die Ströme in entgegengesetzter Richtung fließen, wirkt die Kraft zwischen den Drähten abstoßend.

Beispiel 28.3 Ein Strom hängt an einem anderen Strom

Ein horizontal verlaufender Draht führt einen Gleichstrom $I_1 = 80\,\mathrm{A}$. Wie groß ist der Strom I_2, den ein zweiter, parallel 20 cm unterhalb des ersten verlaufender Draht (siehe ► Abbildung 28.5) haben muss, damit dieser nicht aufgrund der Erdanziehung nach unten fällt? Der untere Draht hat eine Masse von 0,12 g pro Meter.

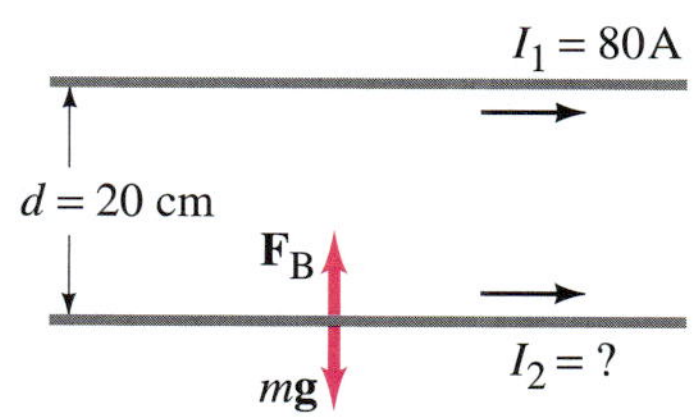

Abbildung 28.5 Beispiel 28.3.

Lösung

Die Erdanziehungskraft auf Draht 2 wirkt nach unten und hat pro Meter einen Betrag von

$$\frac{F}{l} = \frac{mg}{l} = \frac{(0{,}12 \cdot 10^{-3}\,\mathrm{kg})(9{,}8\,\mathrm{m/s^2})}{1{,}0\,\mathrm{m}} = 1{,}18 \cdot 10^{-3}\,\mathrm{N/m}\,.$$

Die auf Draht 2 wirkende magnetische Kraft muss nach oben gerichtet sein (folglich muss I_2 in dieselbe Richtung fließen wie I_1) und mit $d = 0{,}20\,\mathrm{m}$ und $I_1 = 80\,\mathrm{A}$ einen Betrag von

$$\frac{F}{l} = \frac{\mu_0}{2\pi}\frac{I_1 I_2}{d}$$

haben. Wir lösen nach I_2 auf und erhalten

$$I_2 = \frac{2\pi d}{\mu_0 I_1}\left(\frac{F}{l}\right) = \frac{2\pi(0{,}20\,\mathrm{m})}{(4\pi \cdot 10^{-7}\,\mathrm{T{\cdot}m/A})(80\,\mathrm{A})}(1{,}18 \cdot 10^{-3}\,\mathrm{N/m}) = 15\,\mathrm{A}\,.$$

28.3 Messvorschriften für das Ampere und das Coulomb

Sie haben sich vielleicht gefragt, weshalb der Wert der Konstanten μ_0 aus Gleichung 28.1 exakt $4\pi \cdot 10^{-7}$ T · m/A beträgt. Im Folgenden werden Sie sehen, warum dies so ist. Unter Verwendung einer älteren Definition der Einheit Ampere wurde ein Wert für μ_0 gemessen, der sehr nahe an diesem Wert liegt. Heute ist jedoch *definiert*, dass μ_0 exakt $4\pi \cdot 10^{-7}$ T · m/A beträgt. Dies ist natürlich nicht mit einer unabhängigen Definition des Amperes verträglich. Das Ampere, die Einheit des Stroms, wird heute mithilfe des von ihm erzeugten Magnetfelds B definiert, wenn der für μ_0 festgelegte Wert zugrunde gelegt wird.

Insbesondere verwenden wir die Kraft zwischen zwei parallelen stromführenden Drähten (siehe Gleichung 28.2), um das Ampere exakt zu bestimmen. Wenn $I_1 = I_2 = 1$ A exakt gilt und die beiden Drähte genau einen Meter voneinander entfernt sind, dann gilt

$$\frac{F}{l} = \frac{\mu_0}{2\pi}\frac{I_1 I_2}{d} = \frac{(4\pi \cdot 10^{-7}\ \mathrm{T{\cdot}m/A})}{(2\pi)}\frac{(1\ \mathrm{A})(1\ \mathrm{A})}{(1\ \mathrm{m})} = 2 \cdot 10^{-7}\ \mathrm{N/m}\,.$$

Definitionen der Einheiten Ampere und Coulomb

Ein **Ampere** *ist also als der Strom definiert, der durch die beiden einen Meter voneinander entfernten parallelen Leiter fließt und dadurch auf jeden Leiter eine Kraft von exakt* $2 \cdot 10^{-7}$ N/m *ausübt.*

Dies ist die exakte Definition der Einheit Ampere. Das **Coulomb** ist folglich definiert als *exakt* eine Amperesekunde: 1 C = 1 A · s. Der Wert für k oder ϵ_0 im Coulomb'schen Gesetz (siehe Abschnitt 21.5) wurde experimentell ermittelt.

Dies scheint ein ziemlich umständlicher Weg zu sein, um Größen zu definieren. Dahinter steht der Wunsch nach **Messvorschriften**, d. h. Größen so zu definieren, dass sie durch endlich viele Operationen tatsächlich gemessen werden können. Beispielsweise könnte das Coulomb, die Einheit der elektrischen Ladung, in Abhängigkeit der Kraft zwischen zwei gleichgroßen Ladungen definiert werden, nachdem in den Gleichungen 21.1 oder 21.2 Werte für ϵ_0 oder k festgelegt wurden. Es ist jedoch sehr schwierig, tatsächlich ein Experiment zur Messung der Kraft zwischen zwei Ladungen durchzuführen. Zum einen ist es nicht einfach, exakt einen bestimmten Betrag der Ladung zu erhalten. Zum anderen neigt eine Ladung dazu, sich vom Objekt abzulösen und in die Luft zu entweichen. Dagegen kann der Wert des Stromes in einem Draht exakt kontrolliert werden (beispielsweise indem ein veränderlicher Widerstand in den Stromkreis gebracht wird). Daher ist es weitaus einfacher, die Kraft zwischen zwei stromführenden Leitern exakt zu messen. Deshalb wird zuerst das Ampere definiert und dann das Coulomb in Abhängigkeit vom Ampere. Am *National Institute of Standards and Technology* in Maryland werden genaue Messungen des Stromes mithilfe von kreisförmigen Drahtspulen anstatt mit geraden Leitern durchgeführt, da dies bequemer und genauer ist.

Elektrische und magnetische Feldstärken werden ebenfalls mithilfe von Messvorschriften definiert. Das elektrische Feld ist über die auf eine Ladung wirkende Kraft definiert (Gleichung 21.3) und das Magnetfeld über die Kraft, die pro Längeneinheit auf einen stromführenden Draht wirkt (Gleichung 27.2).

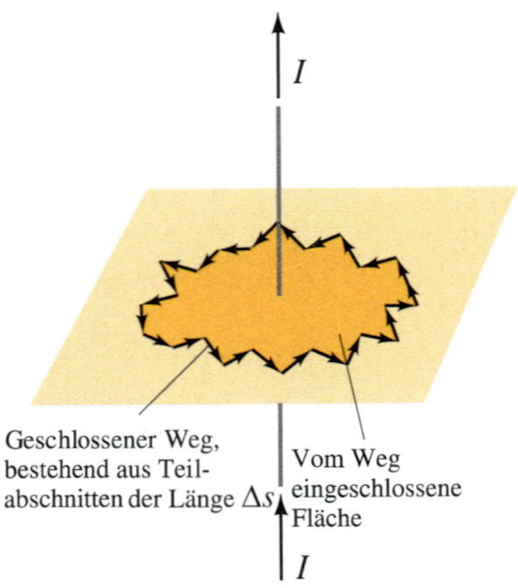

Abbildung 28.6 Ein beliebiger Weg, der einen Strom einschließt, zur Veranschaulichung des Ampère'schen Gesetzes. Der Weg ist in gleichgroße Abschnitte der Länge Δs unterteilt.

28.4 Das Ampère'sche Gesetz

Wie wir in Abschnitt 28.1 gesehen haben, gibt Gleichung 28.1 die Beziehung zwischen dem Strom in einem langen geraden Draht und dem von ihm erzeugten Magnetfeld an. Diese Gleichung gilt jedoch nur für lange gerade Drähte. Es stellt sich also die Frage, ob es eine allgemeine Beziehung zwischen dem Strom in einem beliebig geformten Draht und dem ihn umgebenden Magnetfeld gibt. Die Antwort lautet ja. Der französische Physiker André Marie Ampère (1775–1836) stellte eine solche Beziehung kurz nach der Entdeckung von Oersted auf. Betrachten wir einen beliebigen geschlossenen Weg um einen Strom und stellen wir uns vor, dass dieser Weg aus vielen kurzen Teilabschnitten der Länge Δs besteht (siehe ▸ Abbildung 28.6). Zunächst bilden wir das Produkt aus der Länge jedes Teilabschnittes und der Komponente des Magnetfeldes **B**, die parallel zu diesem Abschnitt verläuft (wir nennen diese Komponente $B_{\parallel}$). Wenn wir alle diese Terme summieren, ist das Ergebnis Ampère zufolge gleich μ_0 mal dem Nettostrom I_{encl}, der die vom Weg eingeschlossene Fläche durchfließt:

$$\sum B_{\parallel} \Delta s = \mu_0 I_{\text{encl}} .$$

Die Länge Δs wird so gewählt, dass $B_{\parallel}$ entlang jedes Abschnitts im Wesentlichen konstant ist. Die Summe muss über einen *geschlossenen Weg* gebildet werden und I_{encl} ist der Nettostrom, der durch die von diesem geschlossenen Weg begrenzte Fläche fließt. Im Limes $\Delta s \to 0$ wird diese Beziehung zu

Ampère'sches Gesetz

$$\oint \mathbf{B} \cdot \mathrm{d}\mathbf{s} = \mu_0 I_{\text{encl}} , \qquad (28.3)$$

wobei d**s** ein infinitesimaler Vektor ist. Das Skalarprodukt bedeutet, dass die parallele Komponente des Magnetfeldes **B** genommen wird. Gleichung 28.3 ist als das **Ampère'sche Gesetz** bekannt. Der Integrand wird entlang eines geschlossenen Weges gebildet und I_{encl} ist der Strom, der durch die von diesem Weg eingeschlossene Fläche fließt.

Um das Ampère'sche Gesetz besser zu verstehen, wollen wir es auf den einfachen Fall eines langen geraden, einen Strom I führenden Drahtes anwenden. Wir haben diesen Fall bereits untersucht und es ist der gleiche, der Ampère selbst als Inspiration für seine Betrachtungen diente. Angenommen, wir wollen den Betrag des Magnetfeldes **B** in einem Punkt A bestimmen, der einen Abstand r vom Draht hat (siehe ▸ Abbildung 28.7). Wir wissen, dass die magnetischen Feldlinien Kreise mit dem Draht als Mittelpunkt sind. Bei der Anwendung von Gleichung 28.3 wählen wir als Integrationsweg einen Kreis mit dem Radius r. Da die Wahl des Integrationsweg uns überlassen ist, wählen wir ihn so, dass die Symmetrie des Problems ausgenutzt wird: In jedem Punkt dieses kreisförmigen Integrationswegs verläuft **B** tangential. Da alle Punkte des Weges denselben Abstand vom Draht besitzen, erwarten wir außerdem aus Symmetriegründen, dass B in jedem Punkt denselben Betrag hat. Folglich verläuft das Magnetfeld **B** für ein beliebiges kurzes Kreissegment (siehe ▸ Abbildung 28.7) parallel zu diesem und es gilt

Bestimmung des Magnetfeldes *B* für einen langen geraden Draht mithilfe des Ampère'schen Gesetzes

$$\mu_0 I = \oint \mathbf{B} \cdot \mathrm{d}\mathbf{s} = \oint B \, \mathrm{d}s = B \oint \mathrm{d}s = B(2\pi r) ,$$

wobei $\oint \mathrm{d}s = 2\pi r$ der Kreisumfang ist und $I_{\text{encl}} = I$ gilt. Wir lösen nach B auf und erhalten

$$B = \frac{\mu_0 I}{2\pi r} .$$

Dies entspricht genau Gleichung 28.3 für das Magnetfeld in der Nähe eines langen geraden Drahtes, das wir weiter oben diskutiert haben.

Das Ampère'sche Gesetz reproduziert also das bereits bekannte Ergebnis für diesen einfachen Fall. Durch eine Vielzahl von Experimenten konnte nachgewiesen werden, dass es allgemeingültig ist. Ebenso wie beim Gauß'schen Gesetz für das elektrische Feld ist sein praktischer Nutzen zur Berechnung des Magnetfeldes vor allem auf einfache und symmetrische Fälle beschränkt. Seine Bedeutung besteht darin, dass es auf einfache und mathematisch elegante Weise Magnetfeld und Strom zueinander in Beziehung setzt. Das Ampère'sche Gesetz wird daher als eines der grundlegenden Gesetze der Elektrizitätslehre und des Magnetismus betrachtet. Es ist für alle Fälle gültig, in denen die Ströme und Magnetfelder stationär und keine magnetischen Materialien beteiligt sind.

Wir sehen nun, weshalb die Konstante aus Gleichung 28.1 in der Form $\mu_0/2\pi$ geschrieben wird. Dadurch tritt in Gleichung 28.3 nur μ_0 auf, anstatt der Faktor $2\pi k$, den wir erhalten hätten, wenn wir in Gleichung 28.1 die Konstante k gewählt hätten. Auf diese Weise bekommt die fundamentalere Gleichung, das Ampère'sche Gesetz, eine einfachere Form.

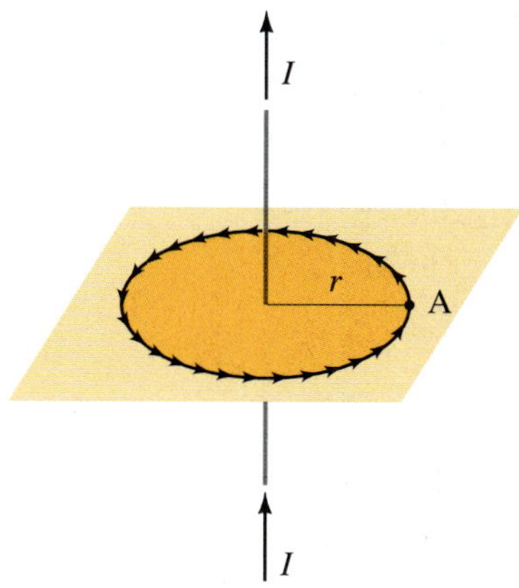

Abbildung 28.7 Kreisförmiger Weg mit dem Radius r.

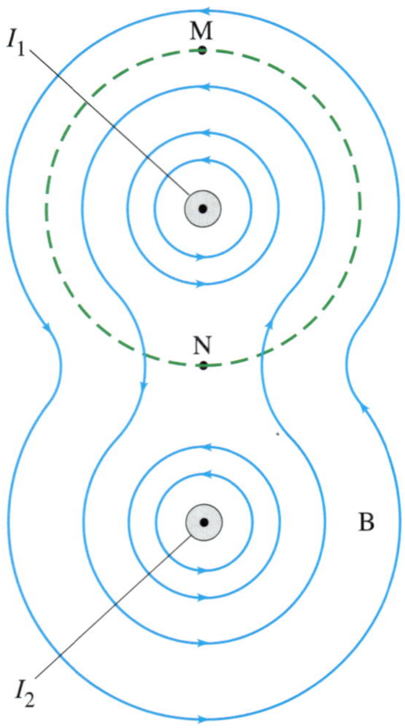

Abbildung 28.8 Magnetische Feldlinien um zwei lange parallele Drähte, deren gleich große Ströme I_1 und I_2 aus der Papierebene heraus in Richtung des Beobachters fließen.

Beachten Sie, dass das Magnetfeld **B** im Ampère'schen Gesetz nicht notwendigerweise nur vom Strom I_{encl} abhängt. Das Ampère'sche Gesetz ist ebenso wie das Gauß'sche Gesetz für das elektrische Feld allgemeingültig. **B** ist das Feld an jedem Punkt des Raumes entlang des gewählten Weges, das sich aufgrund aller Quellen ergibt – dies beinhaltet den von diesem Weg eingeschlossenen Strom I, aber auch beliebige andere Quellen. Beispielsweise ist das Feld, das zwei parallel verlaufende, stromführende Drähte umgibt, die vektorielle Summe der von jedem einzelnen Leiter erzeugten Magnetfelder. Die entsprechenden Feldlinien sind in ▸ Abbildung 28.8 dargestellt. Wenn der gewählte Integrationsweg (Gleichung 28.3) ein Kreis ist, dessen Mittelpunkt sich auf einem der Drähte befindet und dessen Radius geringer als der Abstand zwischen den Drähten ist (in ▸ Abbildung 28.8 gestrichelt dargestellt), dann wird auf der rechten Seite von Gleichung 28.3 nur der Strom I_1 des umschlossenen Drahtes eingesetzt. Das Magnetfeld **B** auf der linken Seite der Gleichung muss in jedem Punkt dem durch beide Drähte erzeugten Gesamtmagnetfeld **B** entsprechen. Beachten Sie auch, dass das Produkt $\oint \mathbf{B} \times d\mathbf{s}$ für den in ▸ Abbildung 28.8 dargestellten Weg dasselbe ist, unabhängig davon, ob der zweite Draht vorhanden ist oder nicht (in beiden Fällen ergibt sich $\mu_0 I_1$). Wie ist das möglich? Der Grund besteht in Folgendem: Während sich die Felder der beiden Drähte in zwischen den Drähten liegenden Punkten, z. B. im Punkt N, tendenziell aufheben (im Falle $I_1 = I_2$ gilt für einen Punkt auf halbem Wege zwischen den Drähten $\mathbf{B} = 0$), addieren sich die Felder beispielsweise im Punkt M und erzeugen ein größeres Feld. In der *Summe* $\oint \mathbf{B} \cdot d\mathbf{s}$ heben sich diese Effekte gerade auf, so dass unabhängig von der Tatsache, ob der zweite Draht existiert oder nicht, $\oint \mathbf{B} \times d\mathbf{s} = \mu_0 I_1$ gilt. Das Integral $\oint \mathbf{B} \times d\mathbf{s}$ ist in jedem Fall dasselbe, obwohl **B** in den beiden Fällen nicht in jedem Punkt gleich ist.

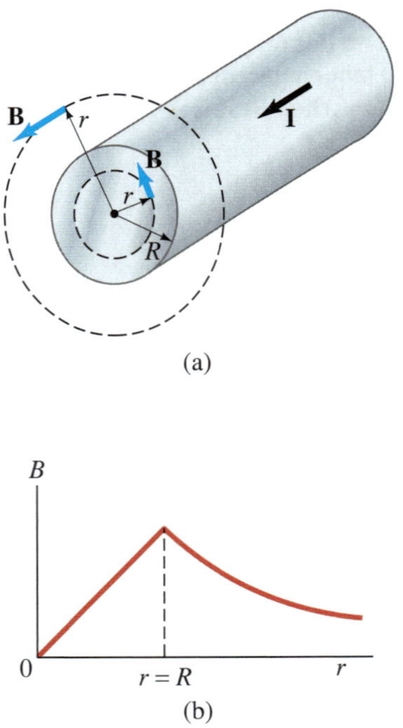

Abbildung 28.9 Das Magnetfeld innerhalb und außerhalb eines zylindrischen Leiters (Beispiel 28.4).

Beispiel 28.4 Das Feld innerhalb und außerhalb eines Drahtes

Ein langer gerader, zylindrischer Leiter mit dem Radius R führt einen Strom I mit homogener Stromdichte. Bestimmen Sie das Magnetfeld (a) außerhalb des Leiters ($r > R$) und (b) innerhalb des Leiters ($r < R$, siehe ▸ Abbildung 28.9). Nehmen Sie an, dass der radiale Abstand r von der Achse sehr viel kleiner als die Länge des Drahtes ist. (c) Wie groß ist das Magnetfeld B für $r = 1{,}0$ mm, $r = 2{,}0$ mm bzw. $r = 3{,}0$ mm, wenn $R = 2{,}0$ mm und $I = 60$ A gilt?

Lösung

a Da der Draht lang, gerade und zylindrisch ist, erwarten wir aus Symmetriegründen, dass das Magnetfeld in allen Punkten gleich ist, die denselben Abstand von der Achse des Leiters haben – es gibt keinen Grund, weshalb ein beliebiger dieser Punkte gegenüber den anderen ausgezeichnet sein sollte (sie sind physikalisch gleichwertig). Daher muss das Magnetfeld B in allen Punkten, die den gleichen Abstand von der Achse haben, gleich groß sein. Wir erwarten außerdem, dass das Magnetfeld **B** tangential zu den um den Draht verlaufenden Kreisen wirkt (siehe ▸ Abbildung 28.1). Also wählen wir wie in ▸ Abbildung 28.7 einen kreisförmigen, konzentrischen Integrationsweg außerhalb des Drahtes ($r > R$). Damit ist $I_{encl} = I$, so dass

$$\oint \mathbf{B} \times d\mathbf{s} = B(2\pi r) = \mu_0 I_{encl}$$

oder

$$B = \frac{\mu_0 I}{2\pi r} \qquad [r > R]$$

gilt, was dasselbe Ergebnis wie für einen dünnen Draht ist.

b Wir wählen erneut einen kreisförmigen, konzentrischen Weg, in diesem Falle innerhalb des Drahtes ($r < R$); wir erwarten, dass das Magnetfeld **B** tangential zu diesem Weg verläuft und aus Symmetriegründen in allen Punkten des Kreises denselben Betrag hat. Der in diesem Falle eingeschlossene Strom ist um einen Faktor kleiner als I, der sich aus dem Verhältnis der Flächen ergibt:

$$I_{\text{encl}} = I\frac{\pi r^2}{\pi R^2}\,.$$

Aus dem Ampère'schen Gesetzes folgt

$$\oint \mathbf{B} \times \mathrm{d}\mathbf{s} = \mu_0\, I_{\text{encl}}\,,$$

$$B(2\pi r) = \mu_0\, I\left(\frac{\pi r^2}{\pi R^2}\right)$$

und somit

$$B = \frac{\mu_0\, Ir}{2\pi R^2}\,. \qquad (r < R)$$

Auf der Achse des Leiters ist das Feld null und nimmt linear mit r zu, bis $r = R$ ist; für $r > R$ nimmt B mit $1/r$ ab (siehe ▶ Abbildung 28.9b). Beachten Sie, dass diese Ergebnisse nur für Punkte gelten, die sich im Vergleich zur Länge des Leiters nahe an dessen Achse befinden. Damit ein Strom fließt, muss es Verbindungsdrähte (z. B. zu einer Batterie) geben. Das von diesen stromführenden Drähten erzeugte Magnetfeld würde die angenommene Symmetrie zerstören, wenn sich die Drähte nicht weit entfernt befinden.

c Bei $r = 2{,}0$ mm befindet sich die Oberfläche des Drahtes ($r = R$), so dass gilt

$$B = \frac{\mu_0 I}{2\pi R} = \frac{(4\pi\cdot 10^{-7}\,\mathrm{T{\cdot}m/A})(60\,\mathrm{A})}{(2\pi)(2{,}0\cdot 10^{-3}\,\mathrm{m})} = 6{,}0\cdot 10^{-3}\,\mathrm{T}\,.$$

Wir haben in Teil (b) gesehen, dass B innerhalb des Drahtes linear in r ist. Daher wird B bei $r = 1{,}0$ mm halb so groß sein wie bei $r = 2{,}0$ mm, also $3{,}0\cdot 10^{-3}$ T. Außerhalb des Drahtes nimmt das Magnetfeld B mit $1/r$ ab, so dass es bei $r = 3{,}0$ mm zwei Drittel des Betrages besitzt, den es bei $r = 2{,}0$ mm hat, also $4{,}0\cdot 10^{-3}$ T. Zur Kontrolle verwenden wir unser Ergebnis $B = \mu_0\, I/2\pi r$ aus Teil (a) und erhalten denselben Wert.

Beispiel 28.5 · Begriffsbildung Koaxialkabel

Ein Koaxialkabel besteht aus einem einfachen Draht, der von einer zylindrischen Metallhülle umgeben ist (siehe ▶ Abbildung 28.10). Die beiden Leiter sind durch einen Dämmstoff voneinander getrennt. Der Draht in der Mitte führt den Strom zu den anderen Enden des Kabels, die äußere Hülle dagegen führt den Rückstrom und wird gewöhnlich als Masse betrachtet. Beschreiben Sie das Magnetfeld (a) in dem Bereich zwischen den Leitern und (b) außerhalb des Kabels.

Lösung

a Für den Bereich zwischen den Leitern können wir das Ampère'sche Gesetz für einen kreisförmigen Weg anwenden, der den inneren Draht umgibt, wie wir es bereits in dem in ▶ Abbildung 28.7 dargestellten Fall getan haben. Die magnetische Feldstärke ergibt sich aus Gleichung 28.1.

ANGEWANDTE PHYSIK

Koaxialkabel (Abschirmung)

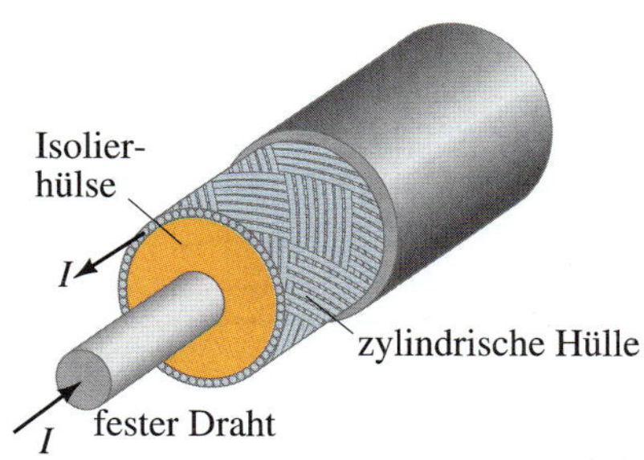

Abbildung 28.10 Ein Koaxialkabel. Beispiel 28.5.

Der durch den äußeren Leiter fließende Strom hat keinen Einfluss auf dieses Ergebnis. (Das Ampère'sche Gesetz verwendet nur den eingeschlossenen Strom, der sich *innerhalb* des Weges befindet. Solange die außerhalb des Weges fließenden Ströme die Symmetrie des Feldes nicht beeinflussen, tragen sie überhaupt nicht zum Feld entlang des Weges bei.)

b Für den Bereich außerhalb des Kabels können wir einen ähnlichen kreisförmigen Weg zeichnen, da wir erwarten, das dieses Feld die gleiche Radialsymmetrie besitzt wie im Fall (a). Nun werden jedoch zwei Ströme vom Weg eingeschlossen, die sich zu null addieren. Das Feld außerhalb des Koaxialkabels ist also null.

Eine interessante Eigenschaft von Koaxialkabeln besteht darin, dass sie selbstabschirmend sind: Keine störenden Magnetfelder gelangen in den Bereich außerhalb des Kabels. Der äußere zylindrische Leiter schirmt außerdem das Kabel gegen äußere elektrische Felder ab (siehe Beispiel 21.13). Aufgrund dieser Eigenschaften sind diese Kabel ideal für die Signalübertragung in der Umgebung von empfindlichen Geräten und Anlagen. Hi-Fi-Fans verwenden Koaxialkabel zwischen den Komponenten der Stereoanlage und sogar für die Lautsprecherboxen.

Beispiel 28.6 Eine interessante Anwendung des Ampère'schen Gesetzes

Zeigen Sie mithilfe des Ampère'schen Gesetzes, dass das Magnetfeld in einem beliebigen Gebiet des Raumes, in dem kein Strom fließt, nicht sowohl in konstanter Richtung verlaufen als auch inhomogen sein kann (siehe ► Abbildung 28.11a).

Lösung

Der größere Abstand der Feldlinien im oberen Bereich von ► Abbildung 28.11a zeigt an, dass die magnetische Feldstärke oben geringer ist als weiter unten. Wir wenden nun das Ampère'sche Gesetz auf den rechteckigen Weg abcd an, der in der Abbildung gestrichelt dargestellt ist. Da dieser Weg keinen Strom einschließt, gilt

$$\oint \mathbf{B} \times d\mathbf{s} = 0 \,.$$

Das Integral entlang der Abschnitte ab und cd ist wegen $\mathbf{B} \perp d\mathbf{s}$ null. Daher gilt

$$\oint \mathbf{B} \times d\mathbf{s} = B_{bc}s - B_{da}s = (B_{bc} - B_{da})s \,,$$

was von null verschieden ist, da das Feld B_{bc} entlang des Weges bc schwächer ist als das Feld B_{da} entlang des Weges da. Folglich ergibt sich ein Widerspruch: $\oint \mathbf{B} \times d\mathbf{s}$ kann nicht gleichzeitig null (da $I = 0$) und verschieden von null sein. Damit haben wir gezeigt, dass ein inhomogenes, in konstanter Richtung verlaufendes Feld nicht im Einklang mit dem Ampère'schen Gesetz steht. Ein inhomogenes Feld mit veränderlicher Richtung (siehe ► Abbildung 28.11b) ist dagegen mit dem Ampère'schen Gesetz konsistent (überzeugen Sie sich selbst davon) und möglich. Das Feld eines Permanentmagneten hat an seinen Rändern die in ► Abbildung 27.7 dargestellte Form.

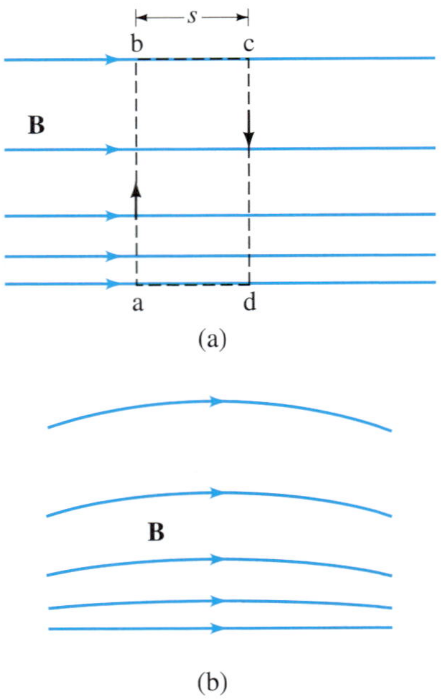

Abbildung 28.11 Beispiel 28.6.

Problemlösung **Ampère'sches Gesetz**

1. Das Ampère'sche Gesetz ist ebenso wie das Gauß'sche Gesetz allgemeingültig. Als Hilfsmittel für Berechnungen ist es allerdings im Wesentlichen auf Systeme mit einem hohen Grad an Symmetrie beschränkt. Der erste Schritt bei der Anwendung des Ampère'schen Gesetzes besteht deshalb darin eine Symmetrie zu erkennen, die sich ausnutzen lässt.

2. Wählen Sie einen Integrationsweg, der diese Symmetrie widerspiegelt. (Sehen Sie sich die Beispiele an um ein Gefühl dafür zu bekommen.) Suchen Sie vor allem nach Wegen, für die die magnetische Feldstärke B entlang des gesamten Weges oder entlang von Abschnitten des Weges einen konstanten Betrag hat. Überzeugen Sie sich davon, dass der Integrationsweg durch den Punkt verläuft, für den Sie das Magnetfeld bestimmen wollen.

3. Nutzen Sie bei der Bestimmung der Richtung des Magnetfeldes **B** entlang des Integrationsweges die Symmetrie aus. Bei einer geschickten Wahl des Weges verläuft das Magnetfeld **B** entweder parallel oder senkrecht zum Weg.

4. Berechnen Sie die rechte Seite des Ampère'schen Gesetzes, indem Sie den eingeschlossenen Strom bestimmen. Achten Sie auf die Vorzeichen. Halten Sie die Finger Ihrer rechten Hand so, dass Ihr Daumen die Richtung des positiven Stroms angibt. Wenn sich die Aufgabenstellung auf einen festen Leiter bezieht und der Integrationsweg nicht den gesamten Strom einschließt, dann berechnen Sie den eingeschlossenen Strom mithilfe des Produkts aus Stromdichte (Strom pro Flächeneinheit) und eingeschlossener Fläche (siehe Beispiel 28.4).

28.5 Das Magnetfeld einer Spule und eines Toroids

Eine aus vielen Windungen bestehende lange Drahtspule wird als **Spule** bezeichnet. Jede Schleife erzeugt ein Magnetfeld, wie in ▸ Abbildung 27.10 gezeigt wurde. In ▸ Abbildung 28.12a ist das Feld einer Spule für den Fall dargestellt, dass die Windungen weit voneinander entfernt sind. Die Feldlinien verlaufen in der Nähe jeder Windung, wie im Falle eines geraden Drahtes, nahezu kreisförmig (d. h. in Entfernungen, die klein sind im Vergleich zur Krümmung der Windung). Zwischen zwei beliebigen Windungen heben sich die Felder der einzelnen Windungen tendenziell auf. In Richtung des Mittelpunktes der Spule ergibt sich aufsummiert ein Feld, das ziemlich stark und ziemlich homogen sein kann. Für eine lange Spule mit eng gewickelten Windungen ist das Feld nahezu homogen und verläuft im gesamten Querschnitt parallel zu den Achsen der Spule (siehe ▸ Abbildung 27.12b). Das Feld außerhalb der Spule ist im Vergleich mit jenem innerhalb der Spule mit Ausnahme der Ränder sehr klein. Bedenken Sie, dass sich dieselbe Anzahl von Feldlinien, die innerhalb der Spule konzentriert sind, in den riesigen äußeren Raum ausbreiten.

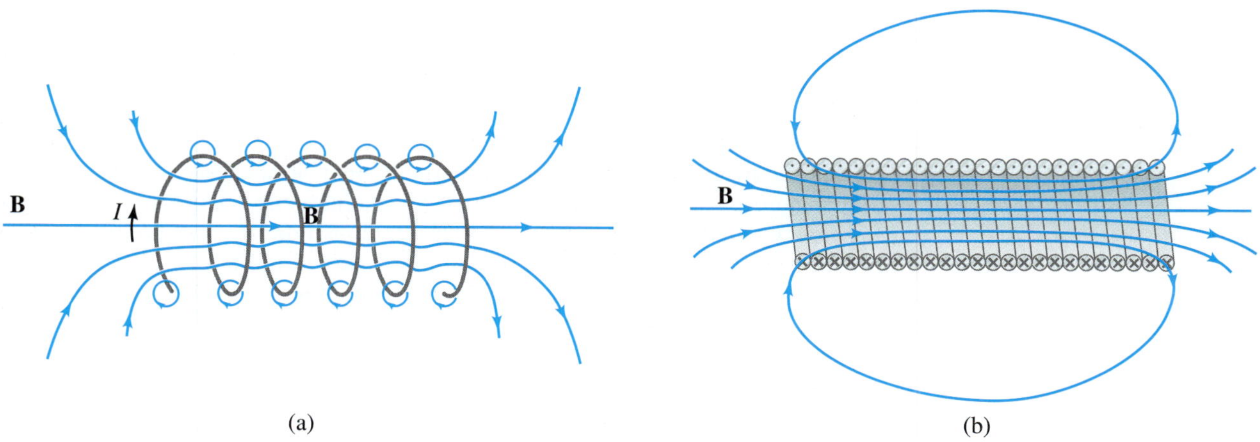

Abbildung 28.12 Das Magnetfeld einer Spule. (a) Windungen mit großem Abstand, (b) Windungen mit geringem Abstand.

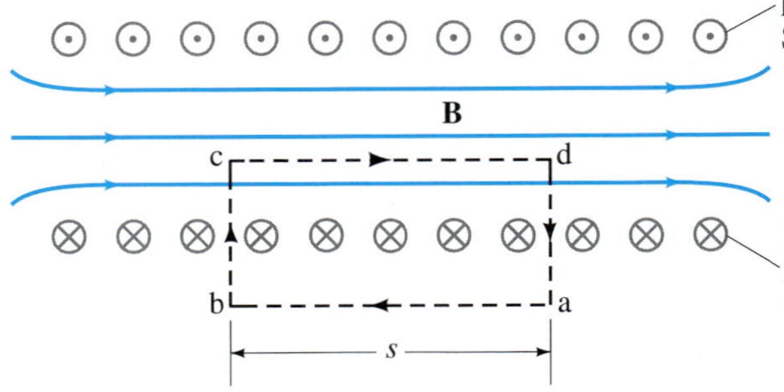

Abbildung 28.13 Das Magnetfeld innerhalb einer langen Spule ist homogen. Die gestrichelten Linien geben den Weg an, der für die Anwendung des Ampère'schen Gesetzes ausgewählt wurde.

Wir bestimmen nun unter Verwendung des Ampère'schen Gesetzes das Magnetfeld innerhalb einer sehr langen (im Idealfall unendlich langen), eng gewickelten Spule. Dazu wählen wir den in ▸ Abbildung 28.13 dargestellten Weg abcd, der von beiden Enden weit entfernt ist. Wir nehmen an, dass dieser Weg aus den vier Rechteckseiten ab, bc, cd und da zusammengesetzt ist. Damit ergibt sich auf der linken Seite des Ampère'schen Gesetzes (Gleichung 28.3)

$$\oint \mathbf{B} \times \mathrm{d}\mathbf{s} = \int_a^b \mathbf{B} \times \mathrm{d}\mathbf{s} + \int_b^c \mathbf{B} \times \mathrm{d}\mathbf{s} + \int_c^d \mathbf{B} \times \mathrm{d}\mathbf{s} + \int_d^a \mathbf{B} \times \mathrm{d}\mathbf{s} \, .$$

Das Feld außerhalb der Spule ist so klein, dass es im Vergleich zum Feld innerhalb der Spule vernachlässigt werden kann. Daher ist der erste Term der Summe null. Weiterhin steht das Feld **B** senkrecht zu den Abschnitten bc und da innerhalb der Spule, und ist zwischen den Windungen und außerhalb von ihnen nahezu null, so dass diese Terme ebenfalls null sind. Somit haben wir das Integral auf den Abschnitt cd reduziert, wo **B** das nahezu homogene Magnetfeld innerhalb der Spule ist. Es verläuft parallel zu d**s** verläuft, so dass

$$\oint \mathbf{B} \times \mathrm{d}\mathbf{s} = \int_c^d \mathbf{B} \times \mathrm{d}\mathbf{s} = Bs$$

gilt, wobei s die Länge des Abschnitts cd ist. Nun bestimmen wir auf der rechten Seite des Ampère'schen Gesetzes (Gleichung 28.3) den von dieser Schleife eingeschlossenen Strom. Wenn im Draht der Spule ein Strom I fließt, ist NI der vom Weg abcd eingeschlossene Gesamtstrom, wobei N die Anzahl der umschlossenen Windungen ist (in diesem Fall fünf Stück, siehe ▸ Abbildung 28.13). Folglich ergibt sich für das Ampère'sche Gesetz

$$Bs = \mu_0 NI \, .$$

Wenn wir mit $n = N/s$ die *Anzahl der Windungen pro Längeneinheit* bezeichnen, ergibt sich

Magnetfeld innerhalb einer Spule

$$B = \mu_0 nI \, . \qquad \text{(Spule)} \tag{28.4}$$

Dies ist die magnetische Feldstärke innerhalb einer Spule. Beachten Sie, dass B nur von der Anzahl n der Windungen pro Längeneinheit und dem Strom I abhängt. Da es unabhängig von der Position innerhalb der Spule ist, ist B homogen. Dies trifft im strengen Sinne nur für eine infinitesimale Spule zu, ist aber eine gute Näherung für Punkte einer realen Spule, die sich nicht in der Nähe seiner Enden befinden.

Beispiel 28.7 Das Feld innerhalb einer Spule

Eine dünne, 10 cm lange Spule, die für schnelle elektromechanische Umschaltungen verwendet wird, hat insgesamt 400 Drahtwindungen und führt einen Strom von 2,0 A. Berechnen Sie das Feld im Inneren der Spule nahe des Zentrums.

Lösung

Die Anzahl der Windungen pro Längeneinheit beträgt $n = 400/0{,}10\,\text{m} = 4{,}0 \cdot 10^3\,\text{m}^{-1}$. Folglich gilt

$$B = \mu_0 nI = (12{,}57 \cdot 10^{-7}\,\text{T}\cdot\text{m/A})(4{,}0 \cdot 10^3\,\text{m}^{-1})(2{,}0\,\text{A}) = 1{,}0 \cdot 10^{-2}\,\text{T}\,.$$

Ein Blick auf ▸ Abbildung 28.12 zeigt, dass das Feld außerhalb einer Spule dem eines Stabmagneten (▸ Abbildung 27.3) entspricht. Tatsächlich verhält sich eine Spule wie ein Magnet, in Abhängigkeit von der Richtung des durch die Schleifen fließenden Stroms bildet das eine Ende der Spule den Nordpol und das andere den Südpol. Da die magnetischen Feldlinien den Magneten am Nordpol verlassen, befindet sich der Nordpol der in ▸ Abbildung 28.12 dargestellten Spule auf der rechten Seite.

Spulen haben zahlreiche praktische Anwendungsmöglichkeiten. Einige davon werden wir weiter hinten in diesem Kapitel behandeln (siehe Abschnitt 28.8).

Beispiel 28.8 Ein Toroid

Eine zu einem Kreis gebogene Spule bezeichnet man als Toroid (siehe ▸ Abbildung 28.14a). Bestimmen Sie mithilfe des Ampère'schen Gesetzes das Magnetfeld (a) innerhalb und (b) außerhalb eines Toroids.

Lösung

a Die magnetischen Feldlinien innerhalb des Toroids sind Kreise mit dem gleichen Mittelpunkt wie das Toroid. (Wenn Sie sich das Toroid als eine Spule vorstellen, die zu einem Kreis gebogen wurde, sind die Feldlinien gemeinsam mit der Spule gebogen.) Wir wählen den Integrationsweg so, dass er einer dieser Feldlinien innerhalb des Toroids mit dem Radius r entspricht, die in ▸ Abbildung 28.14a gestrichelt dargestellt und mit „Weg 1" bezeichnet ist. Diese Wahl nutzt die Symmetrie aus, da das Magnetfeld B in allen Punkten des Weges dasselbe ist (allerdings ist es nicht notwendigerweise auf dem gesamten Querschnitt des Toroids gleich). Somit wird das Ampère'sche Gesetz

$$\oint \mathbf{B} \times d\mathbf{s} = \mu_0 I_{\text{encl}}$$

zu

$$B(2\pi r) = \mu_0 NI\,.$$

Dabei ist N die Gesamtzahl der Windungen und I der Strom, der durch jede Windung fließt. Folglich gilt

$$B = \frac{\mu_0 NI}{2\pi r}\,.$$

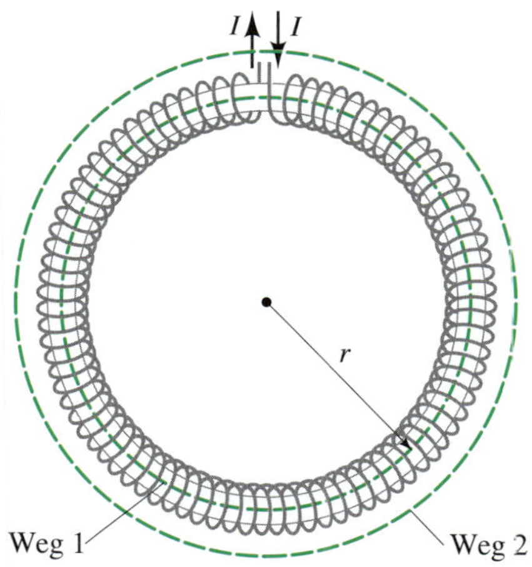

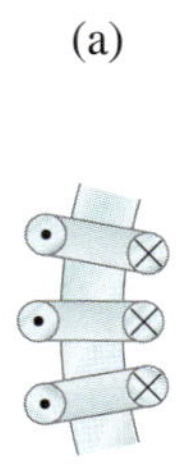

Abbildung 28.14 (a) Ein Toroid. (b) Ein Schnitt durch das Toroid zeigt die Stromrichtung für drei Windungen; dabei bedeutet ⊙, dass der Strom zum Beobachter hin fließt, und ⊗, dass der Strom vom Beobachter weg fließt.

Das Magnetfeld innerhalb des Toroids ist nicht homogen. Am größten ist es an der Innenkante (wo r am kleinsten ist) und am kleinsten an der Außenkante. Wenn es sich jedoch um ein großes und dünnes Toroid handelt (so dass die Differenz zwischen dem Innen- und dem Außenradius im Vergleich zum mittleren Radius klein ist), dann ist das Feld im Inneren des Toroids im Wesentlichen homogen. In diesem Falle vereinfacht sich die Formel für B zu jener für eine gerade Spule $B = \mu_0 nI$, wobei $n = N/(2\pi r)$ die Anzahl der Windungen pro Längeneinheit ist.

b Außerhalb des Toroids wählen wir als Integrationsweg einen konzentrischen Kreis um das Toroid, der in ► Abbildung 28.14a mit „Weg 2" bezeichnet ist. Dieser Weg umfasst N Schleifen, die einen Strom I führen, der in die eine Richtung fließt, und N Schleifen, die denselben in die entgegengesetzte Richtung fließenden Strom I führen. (In ► Abbildung 28.14b sind die Richtungen des Stromes für die innerhalb und außerhalb des Toroids befindlichen Teile der Schleife angegeben.) Daher ist der von Weg 2 eingeschlossene Nettostrom gleich null. Für ein sehr eng gewickeltes Toroid haben alle auf dem Weg 2 befindlichen Punkte den gleichen Abstand vom Toroid, so dass wir erwarten, dass das Magnetfeld B in allen Punkten des Weges gleich groß ist. Folglich ergibt das Ampère'sche Gesetz

$$\oint \mathbf{B} \times d\mathbf{s} = \mu_0 I_{\text{encl}} ,$$

$$B(2\pi r) = 0$$

oder

$$B = 0 .$$

Das Gleiche gilt für einen Weg mit einem Radius, der kleiner ist als der des Toroids. Es gibt daher für ein sehr eng gewickeltes Toroid kein äußeres Feld. Das gesamte Magnetfeld befindet sich innerhalb der Schleifen.

28.6 Das Biot-Savart-Gesetz

Die Eignung des Ampère'schen Gesetzes bei der Bestimmung des Magnetfeldes **B** für elektrische Ströme ist auf die Fälle beschränkt, in denen $\oint d\mathbf{B} \times d\mathbf{s}$ aufgrund der Symmetrie der gegebenen Ströme leicht zu bestimmen ist. Dies schränkt natürlich weder die Gültigkeit des Ampère'sche Gesetzes ein, noch schmälert es seine fundamentale Bedeutung. Rufen wir uns den elektrischen Fall in Erinnerung, wo das Gauß'sche Gesetz als fundamental betrachtet wurde, sein Nutzen für tatsächliche Berechnungen elektrischer Felder dagegen eingeschränkt ist. Wir müssen das elektrische Feld **E** häufig auf andere Weise bestimmen, indem wir mithilfe des Coulomb'schen Gesetzes $dE = (1/4\pi\epsilon_0)(dq/r^2)$ über die Beiträge der infinitesimalen Ladungskomponenten dq summieren. Ein magnetisches Äquivalent dieser infinitesimalen Form des Coulomb'schen Gesetzes wäre für Ströme hilfreich, die keine große Symmetrie aufweisen. Ein solches Gesetz wurde von Jean Baptiste Biot (1774–1862) und Felix Savart (1791–1841) entwickelt, kurz nachdem Oersted im Jahre 1820 entdeckt hatte, dass ein Strom ein Magnetfeld erzeugt.

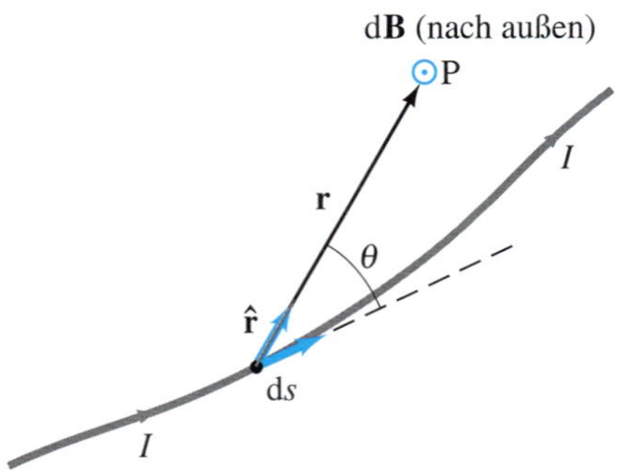

Abbildung 28.15 Das Biot-Savart-Gesetz: Das Feld im Punkt P aufgrund des Stromelementes $I\,d\mathbf{s}$ ist $d\mathbf{B} = (\mu_0 I/4\pi)(d\mathbf{s} \times \hat{\mathbf{r}}/r^2)$.

Biot und Savart zufolge kann ein Strom I, der entlang eines beliebigen Weges fließt, als zusammengesetzt aus vielen winzigen (infinitesimalen) Stromkomponenten aufgefasst werden (siehe den Draht in ► Abbildung 28.15). Wenn $d\mathbf{s}$ eine beliebige infinitesimale Länge darstellt, entlang der der Strom fließt, ist das Magnetfeld $d\mathbf{B}$ für diese Stromkomponente in einem beliebigen Punkt P des Raumes durch

Biot-Savart-Gesetz

$$d\mathbf{B} = \frac{\mu_0 I}{4\pi} \frac{d\mathbf{s} \times \hat{\mathbf{r}}}{r^2} \tag{28.5}$$

gegeben, wobei $\mathbf{r}$ der Abstandsvektor des Elementes $\mathrm{d}\mathbf{s}$ vom Punkt P ist und $\hat{\mathbf{r}} = \mathbf{r}/r$ den Einheitsvektor in der Richtung von $\mathbf{r}$ bezeichnet (siehe ► Abbildung 28.15). Die Gleichung 28.5 ist als das **Biot-Savart-Gesetz** bekannt. Für den Betrag von $\mathrm{d}\mathbf{B}$ gilt

$$\mathrm{d}B = \frac{\mu_0 I \, \mathrm{d}s \sin\theta}{4\pi r^2} , \qquad (28.6)$$

wobei θ der Winkel zwischen $\mathrm{d}\mathbf{s}$ und $\mathbf{r}$ ist (siehe ► Abbildung 28.15). Das Gesamtmagnetfeld im Punkt P wird nun durch Summierung (Integration) über alle Stromkomponenten gebildet:

$$B = \int \mathrm{d}\mathbf{B} .$$

Beachten Sie, dass es sich hierbei um eine *vektorielle* Summe handelt. Das Biot-Savart-Gesetz ist das Äquivalent zum Coulomb-Gesetz in seiner infinitesimalen Form. Es ist wie das Coulomb-Gesetz ein $1/r^2$-Gesetz.

Ein entscheidender Unterschied zwischen dem Biot-Savart-Gesetz und dem Ampère'schen Gesetz (Gleichung 28.3) besteht darin, dass sich im Ampère'schen Gesetz $[\oint \mathbf{B} \times \mathrm{d}\mathbf{s} = \mu_0 I_{\mathrm{encl}}]$ das Magnetfeld $\mathbf{B}$ nicht notwendigerweise nur durch den vom Integrationsweg eingeschlossen Strom ergibt. Im Biot-Savart-Gesetz hingegen bezieht sich das Feld $\mathrm{d}\mathbf{B}$ in Gleichung 28.5 ausschließlich auf die Stromkomponente $I\,\mathrm{d}\mathbf{s}$. Um das Gesamtmagnetfeld $\mathbf{B}$ in einem beliebigen Punkt des Raumes bestimmen zu können, ist es erforderlich, *alle* Ströme zu berücksichtigen. Mit anderen Worten: Das Ampère'sche Gesetz bestimmt aus dem Strom, der durch eine beliebige Fläche fließt, das Produkt Feldstärke mal Weg. Der Wert der Feldstärke an einem bestimmten Punkt bleibt im Allgemeinen unbekannt. Nur in einigen Spezialfällen wie Beispiel 28.4, Feld um einen langen Draht, kann daraus die Feldstärke an einem Ort berechnet werden. Im Gegensatz dazu liefert das Biot-Savart-Gesetz tatsächlich das Feld an jedem beliebigen Ort, allerdings muss dazu der gesamte Raum nach eventuell dazu beitragenden Strömen abgesucht werden.

Beispiel 28.9 Die magnetische Feldstärke *B* aufgrund des Stroms *I* in einem geraden Draht

Zeigen Sie, dass das Biot-Savart-Gesetz für das Magnetfeld in der Nähe eines langen geraden, den Strom I führenden Drahts dasselbe Ergebnis liefert wie Gleichung 28.1, nämlich $B = \mu_0 I / 2\pi r$.

Lösung

Wir berechnen in ► Abbildung 28.16 das Magnetfeld im Punkt P, der einen Abstand R von einem unendlich langen Draht hat. Der Strom fließt nach oben und die Vektoren $\mathrm{d}\mathbf{s}$ und $\hat{\mathbf{r}}$, die im Kreuzprodukt aus Gleichung 28.5 auftreten, liegen in der Papierebene. Folglich muss die Richtung des Feldes $\mathrm{d}\mathbf{B}$ für jede Stromkomponente wie dargestellt in die Papierebene hinein zeigen (Rechte-Hand-Regel für das Kreuzprodukt $\mathrm{d}\mathbf{s} \times \hat{\mathbf{r}}$). Daher haben im Punkt P alle $\mathrm{d}\mathbf{B}$ dieselbe Richtung und aufsummiert ergeben sie für das Magnetfeld $\mathbf{B}$ dieselbe Richtung, die wir weiter oben erhalten hatten (► Abbildungen 28.1, ► 28.7 und ► 28.9). Der Betrag des Magnetfeldes $\mathbf{B}$ ist

$$B = \frac{\mu_0 I}{4\pi} \int_{y=-\infty}^{+\infty} \frac{\mathrm{d}y \sin\theta}{r^2} ,$$

wobei $\mathrm{d}y = \mathrm{d}s$ und $r^2 = R^2 + y^2$ gilt. Beachten Sie, dass wir über die Länge y des Drahtes integrieren, so dass R als konstant betrachtet wird. Sowohl y als

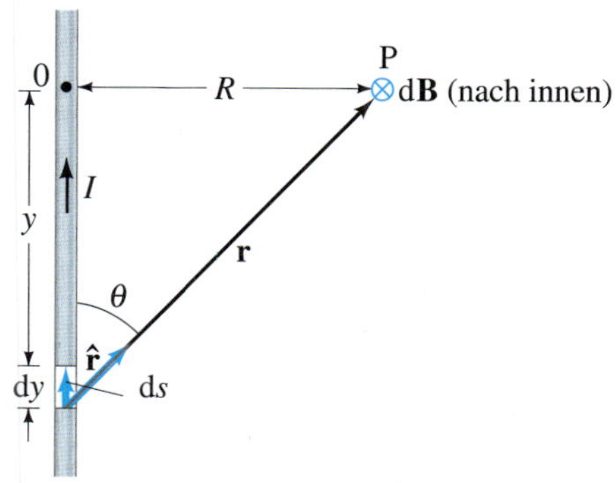

Abbildung 28.16 Bestimmung von **B** für einen langen geraden Draht mithilfe des Biot-Savart-Gesetzes.

auch θ sind Variablen, sie sind allerdings nicht unabhängig. Tatsächlich gilt $y = -R/\tan\theta$. Beachten Sie, dass y oberhalb des Punktes 0 positiv ist, so dass für die betrachtete Stromkomponente $y < 0$ gilt. Es folgt beim Übergang von der Variablen y zu θ

$$\frac{\mathrm{d}y}{\mathrm{d}\theta} = \frac{R}{\sin^2\theta}$$

und mit $\sin\theta = \frac{R}{r}$ wird

$$\mathrm{d}y = \frac{R\,\mathrm{d}\theta}{\sin^2\theta} = \frac{R\,\mathrm{d}\theta}{(R/r)^2} = \frac{r^2\,\mathrm{d}\theta}{R}\,.$$

Somit wird unser Integral zu

$$B = \frac{\mu_0 I}{4\pi}\frac{1}{R}\int_{\theta=0}^{\pi}\sin\theta\,\mathrm{d}\theta = -\frac{\mu_0 I}{4\pi R}\cos\theta\Big|_0^{\pi} = \frac{\mu_0 I}{2\pi R}$$

Dies entspricht genau Gleichung 28.1 für ein Feld in der Nähe eines langen Drahtes, wobei R anstelle von r verwendet wurde.

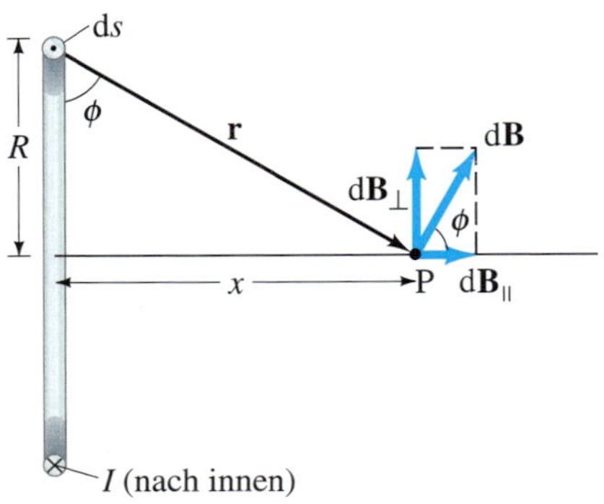

Abbildung 28.17 Bestimmung des Magnetfeldes **B**, das durch eine Leiterschleife erzeugt wird.

Beispiel 28.10 Leiterschleife

Bestimmen Sie das Magnetfeld **B** für Punkte auf der Achse einer kreisförmigen Leiterschleife mit dem Radius R, die einen Strom I führt (siehe ► Abbildung 28.17).

Lösung

Für eine Stromkomponente an der Oberkante der Schleife hat das Magnetfeld d**B** im Punkt P, der sich auf der Achse befindet, die dargestellte Richtung und den Betrag (siehe Gleichung 28.5):

$$\mathrm{d}B = \frac{\mu_0 I\,\mathrm{d}s}{4\pi r^2}\,.$$

Da d**s** senkrecht auf **r** steht, gilt $|\mathrm{d}\mathbf{s}\times\hat{\mathbf{r}}| = \mathrm{d}s$. Wir können d**B** in die Komponenten $\mathrm{d}B_\parallel$ und $\mathrm{d}B_\perp$ zerlegen, die wie dargestellt parallel und senkrecht zur Achse verlaufen. Wenn wir über alle Elemente summieren, folgt aus der Symmetrie der Schleife, dass die senkrechte Komponente auf der gegenüberliegenden Seite verschwindet, so dass $B_\perp = 0$ gilt. Folglich ist das Gesamtmagnetfeld **B** entlang der Achse gerichtet und hat den Betrag

$$B = B_\parallel = \int \mathrm{d}B\cos\phi = \int \mathrm{d}B\frac{R}{r} = \int \mathrm{d}B\frac{R}{(R^2+x^2)^{\frac{1}{2}}}\,,$$

wobei x der Abstand von P vom Mittelpunkt des Ringes ist und $r^2 = R^2 + x^2$ gilt. Nun setzen wir $\mathrm{d}B$ aus der obigen Gleichung ein, integrieren entlang der Leiterschleife und beachten dabei, dass alle Komponenten d**s** des Stromes denselben Abstand $(R^2+x^2)^{\frac{1}{2}}$ vom Punkt P haben. Es gilt:

$$B = \frac{\mu_0 I}{4\pi}\frac{R}{(R^2+x^2)^{\frac{3}{2}}}\int_0^{2\pi R}\mathrm{d}s = \frac{\mu_0 I R^2}{2(R^2+x^2)^{\frac{3}{2}}}\,,$$

da $\int \mathrm{d}l = 2\pi R$ der Kreisumfang der Schleife ist. Im Mittelpunkt der Schleife (wo $x = 0$ gilt), hat das Feld seinen maximalen Wert

$$B = \frac{\mu_0 I}{2R}\,. \qquad \text{(im Mittelpunkt der Schleife)}$$

Rufen wir uns aus Abschnitt 27.5 in Erinnerung, dass eine Leiterschleife, wie die eben diskutierte (siehe ► Abbildung 28.17), als magnetischer Dipol betrachtet wird. Wir haben dort gesehen, dass ein magnetischer Dipol ein Dipolmoment von

$$m = NIA$$

besitzt, wobei A die Fläche der Leiterschleife und N die Anzahl der Windungen in der Schleife ist, von denen jede einen Strom I führt. Wir haben in Kapitel 27 außerdem gesehen, dass ein in einem äußeren Magnetfeld befindlicher magnetischer Dipol ebenso wie ein elektrischer Dipol ein Drehmoment erfährt und potenzielle Energie besitzt. In Beispiel 28.10 haben wir einen anderen Aspekt des magnetischen Dipols betrachtet: Das von ihm *erzeugte* Magnetfeld hat entlang der Dipolachse einen Betrag von

$$B = \frac{\mu_0 IR^2}{2(R^2 + x^2)^{\frac{3}{2}}} \,.$$

Wir können dies in Abhängigkeit vom magnetischen Dipolmoment $m = IA = I\pi R^2$ (für eine einfache Schleife $N = 1$) schreiben:

$$B = \frac{\mu_0}{2\pi} \frac{m}{(R^2 + x^2)^{\frac{3}{2}}} \,. \qquad \text{(magnetischer Dipol)} \qquad (28.7a)$$

Für sehr große Entfernungen von der Schleife ($x \gg R$) wird dies zu

$$B \approx \frac{\mu_0}{2\pi} \frac{m}{x^3} \,. \qquad \text{(auf der Achse, magnetischer Dipol, } x \gg R) \qquad (28.7b)$$

Das Magnetfeld auf der Achse eines magnetischen Dipols nimmt mit der dritten Potenz der Entfernung ab, ebenso wie für einen elektrischen Dipol. Das Magnetfeld B nimmt auch für Punkte, die nicht auf der Achse liegen, mit der dritten Potenz der Entfernung ab, der Proportionalitätsfaktor ist allerdings nicht derselbe. Das durch eine Leiterschleife erzeugte Magnetfeld kann in verschiedenen Punkten mithilfe des Biot-Savart-Gesetzes bestimmt werden, wobei die Ergebnisse mit dem Experiment übereinstimmen. Die um eine Leiterschleife verlaufenden Feldlinien sind in ► Abbildung 28.18 dargestellt.

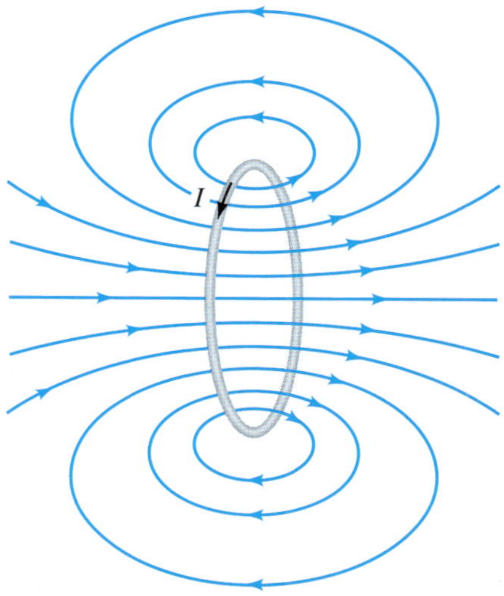

Abbildung 28.18 Das durch eine kreisförmige Leiterschleife erzeugte Magnetfeld.

Beispiel 28.11 Das durch ein Drahtsegment erzeugte Magnetfeld B

Durch ein Viertel eines kreisförmigen Drahtringes fließt ein Strom I (siehe ► Abbildung 28.19). Der Strom I tritt wie dargestellt aus einem geraden Drahtabschnitt in dieses Segment ein und fließt beim Verlassen in einem geraden Drahtabschnitt weiter. Die beiden geraden Abschnitte sind zum Mittelpunkt C des Kreissegments gerichtet. Bestimmen Sie das Magnetfeld im Punkt C.

Lösung

Der Strom in den geraden Abschnitten erzeugt im Punkt C kein Magnetfeld, da $\mathbf{ds}$ und $\hat{\mathbf{r}}$ parallel verlaufen und daher das im Biot-Savart-Gesetz auftretende Kreuzprodukt $\mathbf{ds} \times \hat{\mathbf{r}}$ null ist (siehe Gleichung 28.5). (Anders gesagt, der Betrag von $\mathbf{ds} \times \hat{\mathbf{r}}$ ist $(ds)(r)\sin\theta$, wobei $\theta = 0$ ist.) Jedes Stück $\mathbf{ds}$ eines gekrümmten Drahtabschnitts erzeugt ein Magnetfeld $\mathbf{dB}$, das im Punkt C in die Papierebene hinein gerichtet ist (Rechte-Hand-Regel). Gemäß Gleichung 28.6 ist sein Betrag

$$dB = \frac{\mu_0 I\, ds}{4\pi R^2} \,,$$

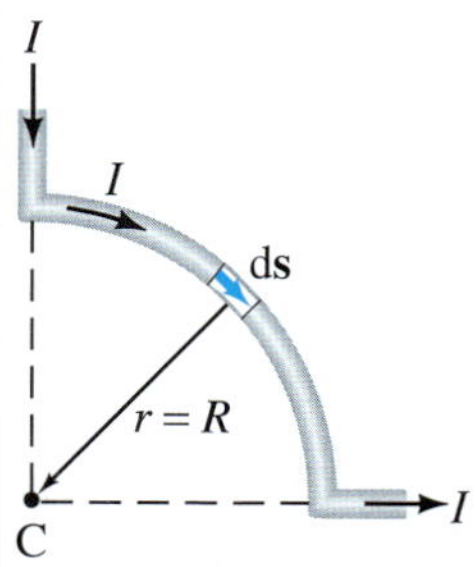

Abbildung 28.19 Beispiel 28.11.

wobei $r = R$ der Radius des gekrümmten Abschnitts ist und für $\sin\theta$ in Gleichung 28.6 $\sin 90° = 1$ gilt. Da $r = R$ für alle Teilstücke $\mathrm{d}\mathbf{s}$ gilt, folgt

$$B = \int \mathrm{d}B = \frac{\mu_0 I}{4\pi R^2} \int \mathrm{d}s = \frac{\mu_0 I}{4\pi R^2}\left(\frac{1}{4}\,2\pi R\right) = \frac{\mu_0 I}{8R}\,.$$

28.7 Magnetische Materialien – Ferromagnetismus

Magnetfelder können entweder durch magnetische Materialien oder durch elektrische Ströme erzeugt werden. Letzteres haben wir in diesem Kapitel ausführlich behandelt. Nun wollen wir einen kurzen Blick auf magnetische Materialien richten, die uns im Alltag häufig begegnen: gewöhnliche Magnete, Eisenkerne in Motoren und Elektromagneten, Magnettonbänder, Disketten für Computerdaten oder auch die Magnetstreifen auf Kreditkarten. Wir haben in Abschnitt 27.1 gesehen, dass Eisen (und einige andere Materialien) zu starken Magneten gemacht werden können. Diese Materialien werden als **ferromagnetisch** bezeichnet. Wir betrachten nun die Entstehung des Ferromagnetismus genauer.

Ein Stabmagnet mit seinen beiden entgegengesetzten Polen erinnert an einen elektrischen Dipol (gleichgroße positive bzw. negative Ladungen, die räumlich voneinander getrennt sind). In der Tat wird ein Stabmagnet mitunter als „magnetischer Dipol“ bezeichnet. Seine entgegengesetzten „Pole“ sind räumlich voneinander getrennt. Darüber hinaus zeigen die magnetischen Feldlinien einen Verlauf, der dem elektrischen Feld eines elektrischen Dipols gleicht (vergleichen Sie die ▸ Abbildungen 21.33a und ▸ 27.3b miteinander).

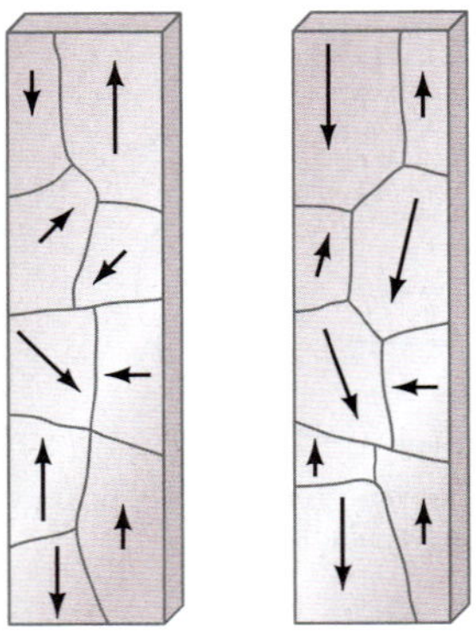

(a) (b)

Abbildung 28.20 (a) Ein unmagnetisiertes Stück Eisen besteht aus zufällig angeordneten Domänen. Jede Domäne verhält sich wie ein winziger Magnet. Die Pfeile geben die Richtung der Magnetisierung an, wobei die Pfeilspitze zum Nordpol zeigt. (b) In einem Magneten sind die Domänen in einer Vorzugsrichtung ausgerichtet und können durch den Magnetisierungsprozess in ihrer Größen variieren.

Abbildung 28.21 Die Eisenspäne richten sich entlang der magnetischen Feldlinien aus.

Eine mikroskopische Untersuchung zeigt, dass ein Magnet tatsächlich aus winzigen Bereichen von höchstens 1 mm Länge und Breite besteht, die als **Domänen** bezeichnet werden. Jede Domäne verhält sich wie ein winziger Magnet, der einen Nord- und einen Südpol besitzt. In einem unmagnetisierten Stück Eisen sind diese Domänen willkürlich ausgerichtet (siehe ▸ Abbildung 28.20a). Die magnetischen Einflüsse der Domänen heben sich gegenseitig auf, so dass dieses Stück Eisen nicht wie ein Magnet wirkt. In einem Magneten sind die Domänen, wie in ▸ Abbildung 28.20b dargestellt, in einer Vorzugsrichtung ausgerichtet (in diesem Falle nach unten). Ein Magnet kann hergestellt werden, indem ein nichtmagnetisiertes Stück Eisen in ein starkes Magnetfeld gebracht wird. (Sie können beispielsweise eine Nadel magnetisieren, indem Sie sie mit einem Pol eines starken Magneten berühren.) Sorgfältige Beobachtungen zeigen in diesem Fall, dass sich die Magnetisierung von Domänen tatsächlich leicht drehen kann, so dass sie sich nahezu parallel zum äußeren Feld ausrichten. Allgemeiner kann man sagen, dass sich die Grenzen der Domänen, die **Domänenwände**, so bewegen, dass die Domänen, deren magnetische Orientierung parallel zum äußeren Feld verläuft, auf Kosten der anderen an Größe zunehmen, wie beim Vergleich der ▸ Abbildungen 28.20a und ▸ 28.20b zu erkennen ist. Dies erklärt, weshalb ein Magnet unmagnetisierte Eisenteile wie Büroklammern oder Haarnadeln aufheben kann. Das Magnetfeld bewirkt in dem unmagnetisierten Objekt eine leichte Ausrichtung der Domänen, so dass es zu einem temporären Magneten wird, dessen Nordpol dem Südpol des Permanentmagneten zugewandt ist und umgekehrt; daher kommt es zur Anziehung. In derselben Weise richten sich in einem Magnetfeld längliche Eisenspäne ähnlich einer Kompassnadel aus und visualisieren den Verlauf des Magnetfeldes (siehe ▸ Abbildung 28.21). Ein Eisenmagnet kann über einen langen Zeitraum magnetisiert bleiben und wird daher als „Permanentmagnet“ bezeichnet. Wenn Sie jedoch den Magneten auf den Boden fallen lassen oder mit dem Hammer gegen ihn schlagen, bringen Sie die Domänen wieder in ihre willkürliche Ausrichtung. Der Magnet kann folglich einen Teil oder seine gesamte Magnetisierung verlieren. Auch zu starke Erhitzung kann einen Verlust der Magnetisierung verursachen, da durch den Temperaturanstieg die thermische Bewegung der Atome zunimmt, was zu einer willkürliche Ausrichtung der Domänen führt. Oberhalb einer bestimmten Temperatur, die als **Curie-Temperatur** bezeichnet wird (für Eisen 1043 K) ist überhaupt keine Magnetisierung mehr möglich.[2]

Die auffallende Ähnlichkeit zwischen den Feldern, die von einem Stabmagneten (siehe ▶ Abbildung 27.3b) und einer elektrischen Leiterschleife (siehe ▶ Abbildung 28.18) erzeugt werden, legt die Vermutung nahe, dass das von einem Strom erzeugte Magnetfeld etwas mit dem Ferromagnetismus zu tun hat. Diese Theorie wurde zuerst im 19. Jahrhundert von Ampère aufgestellt. Der modernen Atomtheorie zufolge enthalten die Atome eines beliebigen Materials Elektronen, die einen zentralen Kern umkreisen. Da die Elektronen geladen sind, bilden sie einen elektrischen Strom und erzeugen folglich ein Magnetfeld. Wenn allerdings kein äußeres Feld vorhanden ist, sind die Umlaufbahnen der Elektronen in den verschiedenen Atomen zufällig angeordnet, so dass sich ihre magnetischen Effekte in den Atomen eines Materials aufheben. Die Elektronen selbst erzeugen jedoch ein zusätzliches, intrinsisches Magnetfeld – sie haben ein intrinsisches magnetisches Moment, das als ihr „Spin" bezeichnet wird.[3] Für die Erzeugung des Ferromagnetismus ist nun das Magnetfeld des Elektronenspins verantwortlich. In den meisten Materialien heben sich die durch den Elektronenspin erzeugten Magnetfelder auf, da diese willkürlich orientiert sind. In Eisen und anderen ferromagnetischen Materialien läuft allerdings ein komplizierter Wechselwirkungsmechanismus ab, der als „Austauschkopplung" bekannt ist. Durch diesen Mechanismus richten sich die zum Ferromagnetismus beitragenden Spins der Elektronen in dieselbe Richtung aus. Folglich summieren sich die winzigen Magnetfelder, die durch die einzelnen Elektronen erzeugt werden, zum Magnetfeld einer Domäne. Wenn alle Domänen gleich ausgerichtet sind, entsteht, wie wir gesehen haben, ein starker Magnet.

28.8 Elektromagneten und Spulen

In einer langen, aus zahlreichen Windungen bestehenden Drahtspule, wie wir sie in Abschnitt 28.5 behandelt haben, kann das Magnetfeld ziemlich groß werden, da es die Summe der Felder ist, die durch die Ströme in den einzelnen Windungen entstehen (siehe ▶ Abbildung 28.22). Die Spule wirkt wie ein Magnet: In Abhängigkeit von der Richtung des durch die Windungen fließenden Stroms bildet das eine Ende der Spule den Nordpol und das andere den Südpol (verwenden Sie die Rechte-Hand-Regel). Da die magnetischen Feldlinien den Magneten am Nordpol verlassen, befindet sich der Nordpol der in ▶ Abbildung 28.22 dargestellten Spule auf der rechten Seite.

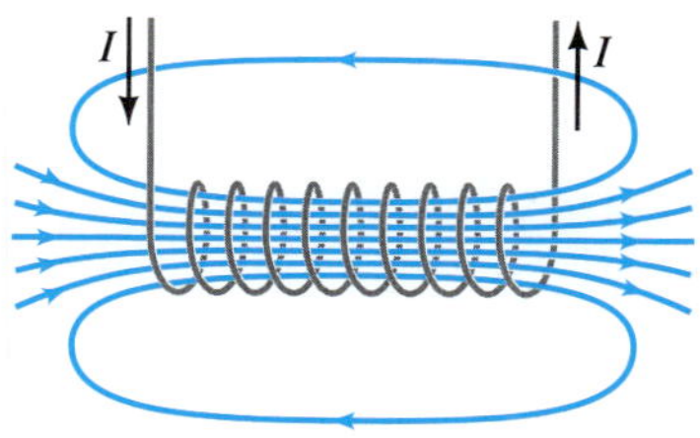

Abbildung 28.22 Das Magnetfeld einer Spule. Der Nordpol dieser als Magnet gedachten Spule befindet sich auf der rechten Seite, der Südpol ist links.

Wenn ein Stück Eisen in das Innere der Spule gebracht wird, wächst die magnetische Feldstärke erheblich an, da sich die Domänen des Eisens nach dem durch den Strom erzeugten Magnetfeld ausrichten. Das entstehende Magnetfeld setzt sich aus dem Feld aufgrund des Stromes und jenem aufgrund des Eisens zusammen und kann das Hundert- oder Tausendfache des vom Strom allein erzeugten Feldes betragen (siehe Abschnitt 28.9). Eine solche Anordnung wird als **Elektromagnet** bezeichnet. Das in Elektromagneten verwendete Eisen erwirbt und verliert seinen Magnetismus relativ leicht, wenn der Strom ein- oder ausgeschaltet wird. Das Material verhält sich also im magnetischen Sinne „weich" und wird deshalb als „Weicheisen" bezeichnet. Eisen, dessen Magnetismus auch ohne angelegtes äußeres Feld erhalten bleibt, wird als „hartes Eisen" bezeichnet. Hartes Eisen wird in Permanentmagneten verwendet. Weicheisen kommt gewöhnlich in Elektroma-

ANGEWANDTE PHYSIK

Elektromagnete und Spulen

2 Eisen, Nickel, Kobalt, Gadolinium und bestimmte Legierungen sind bei Zimmertemperatur ferromagnetisch; verschiedene andere Elemente und Legierungen haben eine geringere Curie-Temperatur und sind daher nur bei niedrigen Temperaturen ferromagnetisch.

3 Der Begriff „Spin" entstammt der mittlerweile verworfenen Annahme, dass sich dieses intrinsische magnetische Moment aus der Drehung des Elektrons um seine eigene Achse (zusätzlich zum „Umkreisen" des Kerns) ergibt, wodurch ein zusätzliches Feld erzeugt wird. Diese Betrachtungsweise eines sich drehenden Elektrons ist zu stark vereinfachend und unzulässig.

gneten zum Einsatz, so dass das Feld in einfacher Weise ein- und ausgeschaltet werden kann. Ob Eisen hart oder weich ist, hängt von der Wärmebehandlung und anderen Faktoren ab.

Elektromagneten werden in vielen praktischen Anwendungen genutzt, beispielsweise in Motoren und Generatoren oder zur Erzeugung von großen Magnetfeldern für Forschungszwecke. Bei einigen Anwendungen ist kein Eisenkern vorhanden – das Magnetfeld entsteht allein aufgrund des durch die Drahtwindungen fließenden Stroms. Wenn der Strom in einem normalen Elektromagneten ununterbrochen fließt, wird eine große Menge an Wärmeenergie (Leistung I^2R) erzeugt und geht verloren. In größeren Aufbauten wird diese Wärme mit Kühlspulen abgeführt, die aus wassergefüllten Rohren bestehen. Die aus supraleitendem Material (siehe Abschnitt 25.9) hergestellten stromführenden Drähte werden unterhalb der Übergangstemperatur gehalten. Ohne Eisenkern können sehr starke Felder erzeugt werden, die mit Eisenkern aufgrund der Sättigung des Eisens (siehe Abschnitt 28.9) nicht erreicht werden können. Um in supraleitenden Spulen große Ströme aufrecht zu erhalten, ist keine elektrische Energie notwendig. Dies bedeutet, dass große Energiemengen gespeichert werden können, ohne dass viel Wärme verlorengeht. Selbstverständlich ist Energie erforderlich, um die supraleitenden Spulen auf der notwendigen niedrigen Temperatur zu halten.

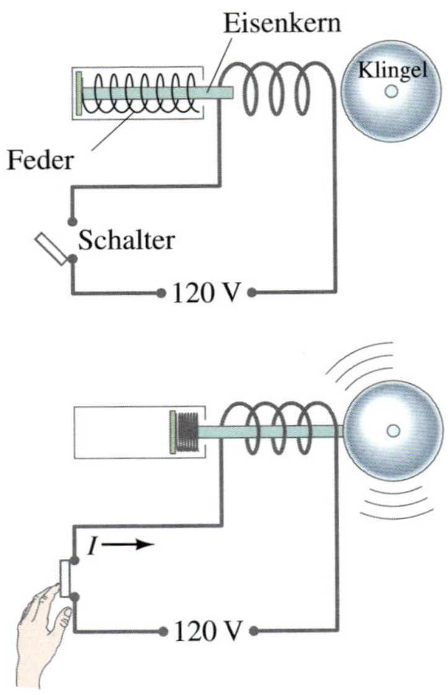

Abbildung 28.23 Verwendung einer Spule als Türklingel.

Ein anderes nützliches Gerät, das elektrischen Strom in Translationsbewegung umwandelt, besteht aus einer Spule mit einem beweglichen Eisenkern (in englischer Sprache bezeichnet man sowohl die Spule als auch das elektromechanische Bauteil als „solenoid"). Eine einfache Anwendung ist eine Türklingel (siehe ► Abbildung 28.23). Wenn der Stromkreis durch das Drücken des Klingelknopfes geschlossen wird, wird die Spule zu einem Magneten und übt eine Kraft auf den Eisenkern aus. Der Kern wird in die Spule hineingezogen und schlägt an die Klingel. Größere Magnete dieser Art sind als „Magnetschalter" am Anlasser von Automobilen angebaut. Beim Anlassen am Zündschloss schließen Sie den Stromkreis der Spule des Magnetschalters. Dadurch wird ein Eisenkern in die Spule hineingezogen, der durch diese Bewegung zunächst das Zahnrad des Anlassers mit dem Zahnkranz auf dem Schwungrad des Motors zum Eingriff bringt und danach durch Schließen eines Kontaktes den Anlasser mit Strom versorgt. Beendet man den Startvorgang, zieht eine Feder den Eisenkern wieder aus der Spule zurück. In vielen anderen Geräten wie z. B. Kassettenrekordern werden kleinere Magnete dieser Art als Schalter verwendet. Sie haben den Vorteil, dass sie mechanische Teile schnell und exakt bewegen.

28.9 Magnetfelder in magnetischen Materialien; Hysterese

Das Feld einer langen Spule ist direkt proportional zum Strom. Gleichung 28.4 besagt, dass die magnetische Feldstärke B_0 innerhalb einer Spule durch

$$B_0 = \mu_0 nI$$

gegeben ist. Dies gilt, wenn sich innerhalb der Windungen nur Luft befindet. Wenn ein Stück Eisen oder ein anderes ferromagnetisches Material in die Spule hineingeschoben wird, wächst die magnetische Feldstärke erheblich an, häufig um das Hundert- oder Tausendfache. Dies passiert, weil sich die Domänen im Eisen vorzugsweise nach dem äußeren Magnetfeld ausrichten. Das resultierende Magnetfeld ergibt sich als die Summe der Magnetfelder, die aufgrund des Stromes bzw. des Eisens entstanden sind. In solchen Fällen ist es mitunter zweckmäßig, das Gesamtfeld als die Summe zweier Terme zu schreiben:

$$\mathbf{B} = \mathbf{B}_0 + \mathbf{B}_M \,. \tag{28.8}$$

Hierbei bezeichnet $\mathbf{B}_0$ das durch den Strom im Draht erzeugte Feld (das „äußere Feld"). Dieses Feld ist auch ohne ferromagnetisches Material vorhanden. $\mathbf{B}_M$ steht für das zusätzliche Feld, das durch das ferromagnetische Material selbst entsteht, meist gilt $\mathbf{B}_M \gg \mathbf{B}_0$.

Die Konstante μ_0 aus Gleichung 28.4 kann in einem solchen Fall durch eine andere Konstante μ, die das Material im Inneren der Spule charakterisiert, ersetzt werden, so dass für das Gesamtmagnetfeld innerhalb einer Spule gilt:

$$B = \mu n I \,. \qquad (28.9)$$

Die Konstante μ wird als die **magnetische Permeabilität** des Materials bezeichnet. Für die meisten Materialien liegt dieser Wert sehr nahe bei μ_0 (siehe Abschnitt 28.10). Für ferromagnetische Materialien dagegen ist μ viel größer als μ_0, der Wert ist jedoch nicht konstant, er hängt von der Stärke des äußeren Magnetfeldes B_0 ab, wie das folgende Experiment zeigt.

Messungen magnetischer Materialien werden im Allgemeinen mithilfe eines Toroids durchgeführt. Ein Toroid ist im Wesentlichen eine in Kreisform gebogene lange Spule (siehe ► Abbildung 28.24), so dass praktisch alle Linien des Magnetfeldes **B** innerhalb des Toroids bleiben. Angenommen, im Toroid liegt ein zunächst unmagnetisierter Eisenkern und in seinen Windungen fließt kein Strom. Nun wächst der Strom I langsam an und B_0 nimmt linear mit I zu. Das Gesamtmagnetfeld B wird ebenfalls stärker, es folgt aber dem Kurvenverlauf in ► Abbildung 28.25. (Beachten Sie die unterschiedlichen Maßstäbe: $B \gg B_0$.) Anfangs, im Punkt a, sind die Domänen (siehe Abschnitt 28.7) zufällig ausgerichtet. Wenn B_0 zunimmt, richten sich die Domänen nach und nach aus, bis im Punkt b fast alle in derselben Richtung orientiert sind. Man sagt, dass sich das Eisen der **Sättigung** nähert. Punkt b befindet sich typischerweise bei 70% der vollständigen Sättigung. (Wenn B_0 weiter zunimmt, steigt B nur sehr langsam weiter an. Um eine Sättigung von 98% zu erreichen, muss der Wert von B_0 um das Tausendfache über dem Wert im Punkt b liegen; das Ausrichten der letzten verbleibenden Domänen ist äußerst schwierig zu erreichen.) Als Nächstes nehmen wir an, dass das äußere Feld B_0 durch einen nachlassenden Stroms in den Spulen verringert wird. Wenn der Strom bis auf null reduziert wird (in ► Abbildung 28.26 durch den Punkt c dargestellt), sind die Domänen nicht vollkommen zufällig angeordnet. Ein gewisser Permanentmagnetismus bleibt erhalten. Wenn nun die Stromrichtung umgekehrt wird, werden hinreichend viele Domänen gedreht, so dass $B = 0$ gilt (Punkt d). Wenn der Strom in der umgekehrten Richtung weiter zunimmt, nähert sich das Eisen im Punkt e in der entgegengesetzten Richtung seinem Sättigungswert. Wird der Strom schließlich bis auf null reduziert und nimmt dann wieder in der ursprünglichen Richtung zu, dann folgt das Gesamtfeld dem Weg efgb und nähert sich im Punkt b wieder seinem Sättigungswert.

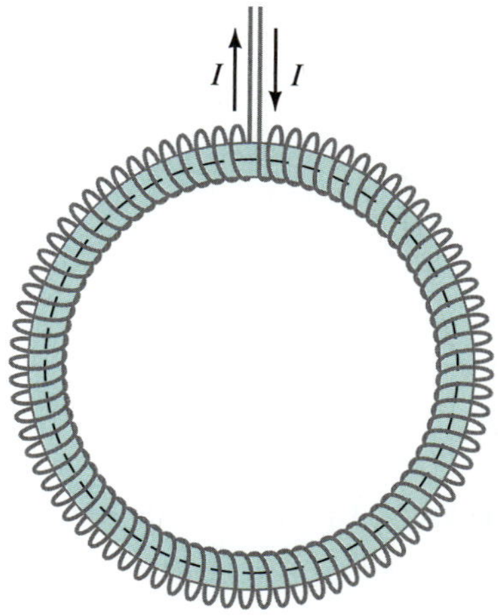

Abbildung 28.24 Ein Toroid mit Eisenkern.

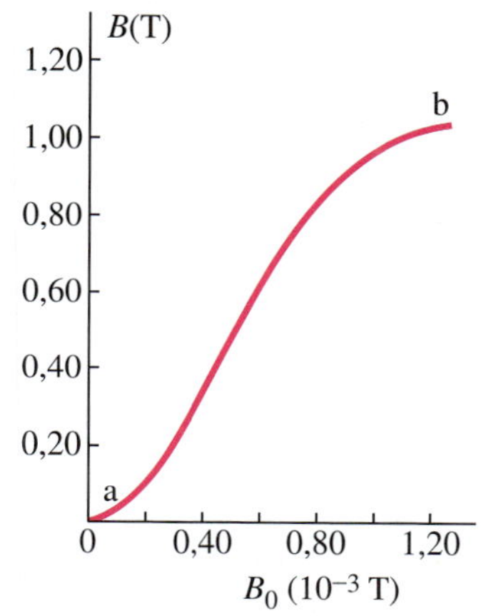

Abbildung 28.25 Das Gesamtmagnetfeld B in einem Toroid mit Eisenkern als Funktion des äußeren Magnetfeldes B_0 (B_0 wird vom Strom I in der Spule erzeugt).

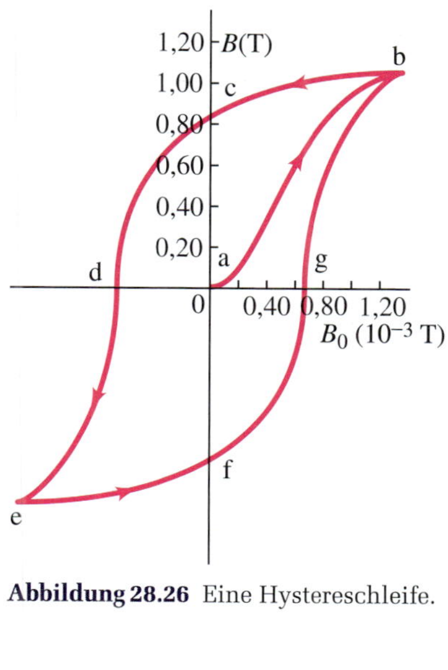

Abbildung 28.26 Eine Hystereschleife.

Tabelle 28.1

Paramagnetismus und Diamagnetismus: Magnetische Suszeptibilitäten

Paramagnetische Substanz	χ_m	Diamagnetische Substanz	χ_m
Aluminium	$2{,}3 \cdot 10^{-5}$	Kupfer	$-9{,}8 \cdot 10^{-6}$
Calcium	$1{,}9 \cdot 10^{-5}$	Diamant	$-2{,}2 \cdot 10^{-5}$
Magnesium	$1{,}2 \cdot 10^{-5}$	Gold	$-3{,}6 \cdot 10^{-5}$
Sauerstoff (STP)	$2{,}1 \cdot 10^{-6}$	Blei	$-1{,}7 \cdot 10^{-5}$
Platin	$2{,}9 \cdot 10^{-4}$	Wasserstoff (STP)	$-5{,}0 \cdot 10^{-9}$
Wolfram	$6{,}8 \cdot 10^{-5}$	Silicium	$-4{,}2 \cdot 10^{-6}$

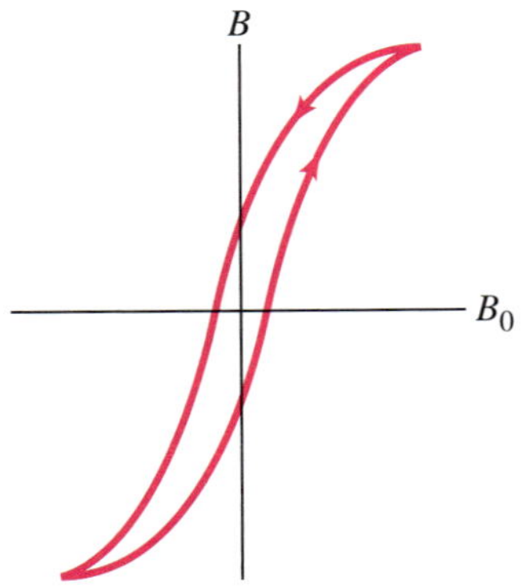

Abbildung 28.27 Hystereseschleife für Weicheisen.

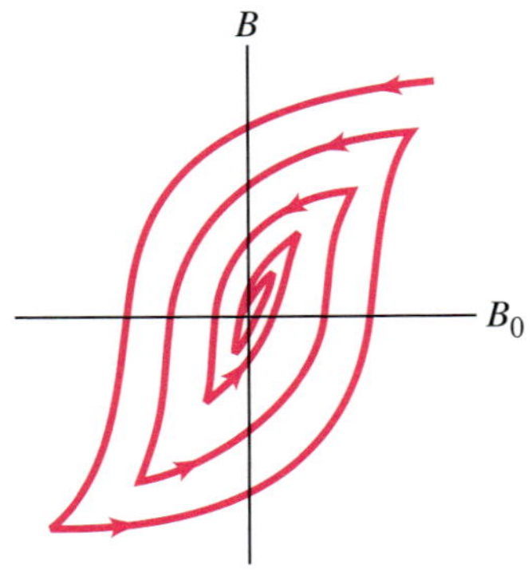

Abbildung 28.28 Fortlaufende Hystereseschleifen während der Entmagnetisierung.

Beachten Sie, dass das Feld in diesem Zyklus nicht durch den Ursprung (Punkt a) verläuft. Die Tatsache, dass die Kurven nicht aufeinander liegen, wird als **Hysterese** bezeichnet. Die Kurve bcdefgb ist die so genannte **Hystereseschleife**. In einem solchen Zyklus wird aufgrund der Neuausrichtung der Domänen eine große Energiemenge in Wärmeenergie (Reibung) umgewandelt. Man kann zeigen, dass die auf diese Weise verloren gegangene Energie proportional zur Fläche der Hystereseschleife ist.

In den Punkten c und f ist der Eisenkern magnetisiert, auch wenn in der Spule kein Strom fließt. Diese Punkte entsprechen einem Permanentmagneten. Für einen Permanentmagneten sollten die Wege ac und af so lang wie möglich sein. Materialien, für die dies zutrifft, besitzen eine hohe **Remanenz**.

Materialien mit einer breiten Hystereseschleife wie in ▶ Abbildung 28.26 werden im magnetischen Sinne als „hart" bezeichnet. Eine Hystereseschleife wie in ▶ Abbildung 28.27 tritt bei „Weich"eisen auf. Solche Materialien werden bevorzugt für *Elektromagneten* und Transformatoren (siehe Abschnitt 29.6) verwendet, da das Feld leichter ausgeschaltet und mit weniger Energieverlust umgekehrt werden kann.

Ein ferromagnetisches Material kann entmagnetisiert werden. Dies wird durch wiederholte Umkehrung des Magnetisierungsstromes bei Verringerung seines Betrages erreicht. Die hieraus resultierende Kurve ist in ▶ Abbildung 28.28 dargestellt. Beispielsweise werden die Magnetköpfe eines Kassettenrekorders auf diese Weise entmagnetisiert. Das an den Köpfen infolge eines Entmagnetisierers wirkende alternierende Magnetfeld ist stark, wenn sich der Entmagnetisierer in ihrer Nähe befindet und nimmt ab, wenn er langsam wegbewegt wird. Video- und Audiokassetten können ebenso wie Disketten durch ein Magnetfeld gelöscht oder zerstört werden.

28.10 Paramagnetismus und Diamagnetismus

Alle Materialien sind bis zu einem gewissen Grad magnetisch. Nichtferromagnetische Materialien lassen sich in zwei Hauptklassen unterteilen: in *paramagnetische*, deren magnetische Permeabilität μ etwas größer als μ_0 ist, und in *diamagnetische*, deren magnetische Permeabilität μ etwas kleiner als μ_0 ist. Für ein gegebenes Material wird der Quotient aus μ und μ_0 als **Permeabilitätszahl** oder **relative Permeabilität** μ_r bezeichnet:

$$\mu_r = \frac{\mu}{\mu_0} \,.$$

Ein weiterer wichtiger Parameter ist die **magnetische Suszeptibilität** χ_m, die durch

$$\chi_\mathrm{m} = \mu_r - 1$$

definiert ist. Für paramagnetische Substanzen gilt $\mu_r > 1$ und $\chi_\mathrm{m} > 0$, während bei diamagnetischen Substanzen $\mu_r < 1$ und $\chi_\mathrm{m} < 0$ ist (siehe Tabelle 28.1).

Der Unterschied zwischen paramagnetischen und diamagnetischen Materialien liegt auf molekularer Ebene darin, dass manche Moleküle ein permanentes magnetisches Dipolmoment zeigen, andere nicht.

Paramagnetismus

In **paramagnetischen Materialien** tragen die Moleküle (oder Ionen) ein permanentes magnetisches Dipolmoment.[4] Ohne die Wirkung eines äußeren Magnetfeldes sind die Moleküle willkürlich angeordnet und es sind keine magnetischen Einflüsse zu beobachten. Wenn jedoch ein äußeres Magnetfeld angelegt wird, beispielsweise indem das Material in eine Spule gebracht wird, dann übt das angelegte Feld einen Drehimpuls auf die magnetischen Dipole aus (siehe Abschnitt 27.5), die sich vorzugsweise parallel zum Feld auszurichten. Das Gesamtmagnetfeld als Summe aus dem äußeren und dem von den ausgerichteten magnetischen Dipolen erzeugten Feld ist etwas größer als B_0. Durch die thermischen Fluktuationen der Moleküle wird allerdings diese Ordnung

4 Daneben gibt es noch andere als die hier beschriebenen Entstehungsmechanismen für Paramagnetismus, beispielsweise in Metallen, wo freie Elektronen mitwirken.

gestört. Eine nützliche Größe ist die **Magnetisierung M**, die als das magnetische Dipolmoment pro Volumeneinheit definiert ist

$$\mathbf{M} = \frac{\mathbf{m}}{V} .$$

Dabei ist **m** das magnetische Dipolmoment des Materials und V sein Volumen. Experimentell wurde festgestellt, dass **M** direkt proportional zum äußeren Magnetfeld ist (das die Tendenz hat, die Dipole auszurichten) und umgekehrt proportional zur (Kelvin)-Temperatur T (da thermische Fluktuationen die Tendenz haben, die Dipolrichtungen willkürlich anzuordnen). Dieser Zusammenhang wird nach Pierre Curie (1859–1906), der ihn als Erster erkannte, als *Curie-Gesetz* bezeichnet. Es lautet als Formel:

$$M = C\frac{B}{T} ,$$

wobei C eine Konstante ist. Wenn der Quotient B/T sehr groß ist (entweder B sehr groß oder T sehr klein), gilt das Curie-Gesetz nicht mehr exakt. Wenn B zunimmt (oder T abnimmt), erreicht die Magnetisierung ihren Maximalwert M_{max}. Dies ist natürlich einleuchtend, da M_{max} der vollständigen Ausrichtung aller permanenten magnetischen Dipole entspricht. Abweichungen vom Curie-Gesetz wurden selbst für sehr große Magnetfelder ($\approx 2{,}0$ T) normalerweise nur bei sehr niedrigen Temperaturen (wenige Kelvin) festgestellt.

Ferromagnetische Materialien sind, wie in Abschnitt 28.7 erwähnt, oberhalb einer als Curie-Temperatur bezeichneten charakteristischen Temperatur (1043 K für Eisen) nicht länger ferromagnetisch. Oberhalb der Curie-Temperatur sind sie im Allgemeinen paramagnetisch.

Diamagnetismus

Diamagnetische Materialien (für die μ etwas kleiner als μ_0 ist) bestehen aus Molekülen, die kein permanentes magnetisches Dipolmoment besitzen. Wenn ein äußeres Magnetfeld angelegt wird, werden magnetische Dipole erzeugt, deren Dipolmoment jedoch entgegengesetzt zu dem des Feldes gerichtet ist. Folglich ist das Gesamtmagnetfeld etwas geringer als das äußere Feld. Im vereinfachten Modell der den Kern umkreisenden Elektronen besteht der Einfluss des äußeren Feldes darin, die „Umlauf“geschwindigkeit der sich in eine Richtung bewegenden Elektronen zu vergrößern; es entsteht ein effektives Dipolmoment, das dem äußeren Feld entgegen wirkt. Diamagnetismus ist in allen Materialien vorhanden. Da er aber schwächer als Paramagnetismus ist, wird er meist von paramagnetischen und ferromagnetischen Effekten überlagert.

ZUSAMMENFASSUNG

Das **Ampère'sche Gesetz** besagt, dass das Linienintegral des Magnetfeldes **B** um eine beliebige geschlossene Schleife gleich dem Produkt von μ_0 und dem von der Schleife eingeschlossenen gesamten Nettostrom I_{encl} ist:

$$\oint \mathbf{B} \times d\mathbf{s} = \mu_0 I_{\text{encl}} .$$

Das Magnetfeld B in einem Abstand r von einem langen geraden Draht ist direkt proportional zum Strom I im Draht und umgekehrt proportional zu r. Die magnetischen Feldlinien sind Kreise mit dem Draht als Mittelpunkt.

Für das Magnetfeld innerhalb einer langen, eng gewickelten Spule gilt $B = \mu_0 nI$, wobei n die Anzahl der Windungen pro Längeneinheit und I den Strom in jeder Windung angibt.

Die von einem langen stromführenden Draht auf einen zweiten, im Abstand d parallel verlaufenden stromführenden Draht ausgeübte Kraft dient als Definition der Einheit Ampere und damit auch der Einheit Coulomb.

Das **Biot-Savart-Gesetz** ist zur Bestimmung des Magnetfeldes von Nutzen, das durch eine gegebene Anordnung von Strömen erzeugt wird. Es lautet

$$d\mathbf{B} = \frac{\mu_0 I}{4\pi}\frac{d\mathbf{s} \times \hat{\mathbf{r}}}{r^2} .$$

Dabei ist $d\mathbf{B}$ derjenige Beitrag zum Gesamtmagnetfeld in einem gegebenen Punkt P, der durch einen Strom I entlang eines infinitesimalen Abschnitts $d\mathbf{s}$ entsteht, und $\hat{\mathbf{r}}$ ist der Einheitsvektor in der Richtung des Verschiebungsvektors **r** von **ds** nach P. Das Gesamtmagnetfeld **B** ist das Integral über alle d**B**.

Eisen und einige andere Materialien können zu starken Permanentmagneten gemacht werden. Sie werden dann als **ferromagnetisch** bezeichnet. Ferromagnetische Materialien bestehen aus **Domänen**, von denen jede ein winziger Magnet ist. In einem Permanentmagneten sind die Domänen in einer Vorzugsrichtung geordnet, in einem nichtmagnetisierten Material dagegen willkürlich ausgerichtet.

Wenn ein ferromagnetisches Material in ein durch einen Strom erzeugtes Magnetfeld B_0 gebracht wird, beispielsweise in eine Spule oder ein Toroid, dann wird es magnetisiert. Das Material bleibt auch dann magnetisch, wenn der Strom abgeschaltet wird. Wird der Strom in entgegengesetzter Richtung erhöht (und dann wieder umgekehrt), entsteht in Abhängigkeit von B_0 ein Kurvenverlauf für das Gesamtfeld B, der als **Hystereseschleife** bezeichnet wird. Die Tatsache, dass die beiden Teilkurven nicht aufeinander liegen, wird als **Hysterese** bezeichnet.

Z U S A M M E N F A S S U N G

Verständnisfragen

1 Das in Ihrer Wohnung durch den Strom in elektrischen Leitungen hervorgerufene Magnetfeld kann einen Kompass beeinflussen. Diskutieren Sie das Problem in Abhängigkeit von der gegenseitigen Entfernung der Ströme und der Tatsache, ob es sich um Wechselstrom oder Gleichstrom handelt.

2 Vergleichen Sie das Magnetfeld eines langen geraden Leiters und das elektrische Feld für eine lange linienförmige Anordnung aus ruhenden elektrischen Ladungen (siehe Abschnitt 21.7).

3 Zwei lange Drähte, die gleichgroße Ströme I führen, verlaufen rechtwinklig zueinander, berühren sich aber nicht. Beschreiben Sie die magnetische Kraft, die ein Draht auf den anderen ausübt.

4 Ein horizontaler Draht führt einen starken Strom. Ein zweiter Draht, durch den ein Strom in derselben Richtung fließt, schwebt darunter. Kann der Strom im oberen Draht den unteren Draht gegen die Erdanziehung im Schweben halten? Unter welchen Bedingungen befindet sich dieser im Gleichgewicht?

5 Ein horizontaler stromführender Draht, der sich frei im Gravitationsfeld der Erde bewegt, schwebt unmittelbar oberhalb eines zweiten stromführenden und parallel verlaufenden Drahtes. (a) In welche Richtung fließt der Strom im unteren Draht? (b) Kann der obere Draht durch die magnetische Kraft des unteren Drahtes in einem stabilen Gleichgewicht gehalten werden? Erläutern Sie Ihre Antwort.

6 (a) Geben Sie das Ampère'sche Gesetz für einen Weg an, der beide Leiter aus ► Abbildung 28.8 umschließt. (b) Wiederholen Sie dies für den Fall, dass der untere Strom I_2 in die entgegengesetzte Richtung fließt ($I_2 = -I_1$).

7 Angenommen, innerhalb des zylindrischen Leiters aus ► Abbildung 28.9a befindet sich ein konzentrischer zylindrischer Hohlraum (ähnlich wie bei einer Flöte). Was können Sie über das Magnetfeld **B** in diesem Hohlraum sagen?

8 Erläutern Sie, weshalb ein Feld wie das in ► Abbildung 28.11b dargestellte mit dem Ampère'schen Gesetz konsistent ist. Können sich die Linien anstatt nach unten auch nach oben krümmen?

9 Welche Auswirkungen ergeben sich für das Magnetfeld B innerhalb einer langen Spule, wenn (a) der Durchmesser aller Windungen, (b) der Abstand zwischen den Windungen oder (c) die Länge der Spule und damit die Gesamtzahl der Windungen verdoppelt wird?

10 Überzeugen Sie sich mithilfe des Biot-Savart-Gesetzes davon, dass das Feld der Leiterschleife aus ► Abbildung 28.18 für Punkte außerhalb der Achse korrekt dargestellt ist.

11 Ist das Magnetfeld **B** für alle in der Ebene der Leiterschleife aus ► Abbildung 28.18 befindlichen Punkte gleich groß?

12 Warum werden die magnetischen Einflüsse der Leitung verringert, wenn verdrillte Zuleitungsdrähte zu einem elektrischen Gerät verwendet werden?

13 Vergleichen Sie das Biot-Savart-Gesetz mit dem Coulomb'schen Gesetz. Welche Gemeinsamkeiten und Unterschiede gibt es?

14 Ein **Relais** ist ein magnetischer Schalter, der ähnlich wie eine Spule arbeitet. Es besteht aus einem Elektromagneten (der Eisenstab innerhalb der Spule bewegt sich nicht), der ein auf der Drehachse gelagertes Stück Weicheisen anzieht, wenn er eingeschaltet wird.

Entwerfen Sie ein Relais, um (a) eine Türklingel zu betätigen und (b) einen elektrischen Schalter zu schließen. Im letzteren Falle wird ein Relais benutzt, wenn Sie einen Stromkreis schließen müssen, durch den ein sehr großer Strom fließt, Sie aber vermeiden wollen, dass dieser große Strom durch den Hauptschalter fließt. Beispielsweise ist der Zündungsschalter eines Fahrzeugs mit einem Relais verbunden, so dass der zum Starten benötigte starke Strom nicht durch den Schalter am Armaturenbrett fließt.

15 Wie kann man das magnetische Dipolmoment der Erde messen?

16 Wie können Sie (a) für einen Stabmagneten und (b) für eine Leiterschleife die magnetische Polstärke (das magnetische Äquivalent einer elektrischen Punktladung) definieren oder bestimmen?

17 Ein ruhender schwerer Magnet zieht einen schweren Eisenblock an. Bevor er den Magneten berührt, hat der Block eine beträchtliche kinetische Energie erhalten. (a) Aus welcher Quelle stammt diese kinetische Energie? (b) Wenn der Block auf den Magneten trifft, werden einige von dessen Domänen zufällig ausgerichtet. Beschreiben Sie die Energieumwandlungen.

18 Zieht ein Magnet ein beliebiges metallisches Objekt an oder tut er dies nur bei den aus Eisen bestehenden? (Probieren Sie es und beobachten Sie.) Warum ist dies so?

19 Ein nichtmagnetischer Nagel zieht eine nichtmagnetische Büroklammer nicht an. Wenn jedoch ein Ende des Nagels mit einem Magneten verbunden wird, dann zieht das andere Nagelende die Büroklammer an. Erläutern Sie diesen Sachverhalt.

20 Was vermuten Sie, welche Form die ersten in Magnesia angefertigten Magneten hatten?

21 Warum ziehen beide Pole eines Magneten ein nichtmagnetisches Stück Eisen an?

22 Angenommen, Sie haben drei Eisenstäbe, zwei davon sind magnetisiert, der dritte jedoch nicht. Wie können Sie die beiden magnetisierten Stäbe bestimmen, ohne zusätzliche Hilfsmittel zu verwenden?

23 Zwei Eisenstäbe ziehen einander an, unabhängig davon, welche Enden zusammengebracht werden. Sind beide Stäbe Magnete? Erläutern Sie Ihre Antwort.

24 Beschreiben Sie die Magnetisierungskurve (a) für eine paramagnetische und (b) für eine diamagnetische Substanz. Vergleichen Sie die Kurven mit jener für eine ferromagnetische Substanz (siehe ▸ **Abbildung 28.26**).

25 Können alle Materialien als (a) diamagnetisch, (b) paramagnetisch und (c) ferromagnetisch betrachtet werden?

Aufgaben zu 28.1 und 28.2

1 (I) Starthilfekabel, die zum Starten eines liegen gebliebenen Fahrzeugs verwendet werden, führen oft einen Strom von 65 A. Wie stark ist das Magnetfeld in einer Entfernung von 7,5 cm? Vergleichen Sie das Ergebnis mit der Stärke des Erdmagnetfelds.

2 (I) Wenn ein elektrischer Draht ein Magnetfeld erzeugt, das in einer Entfernung von 25 cm nicht größer als das Erdmagnetfeld ($0{,}55 \cdot 10^{-4}$ T) ist, wie groß ist dann der Strom, den der Draht maximal führen kann?

3 (I) Wie groß sind der Betrag und die Richtung der Kraft zwischen zwei parallelen Kabeln von 45 m Länge und einem Abstand von 6,0 cm, wenn die Kabel Ströme von jeweils 35 A führen, die in dieselbe Richtung fließen.

4 (I) Ein vertikaler gerader Draht, der einen Strom von 22 A führt, übt eine Anziehungskraft pro Längeneinheit von $8{,}8 \cdot 10^{-4}$ N/m auf einen zweiten Draht aus, der in 7,0 cm Entfernung parallel verläuft. Wie groß sind der Betrag und die Richtung des Stroms, der in dem zweiten Draht fließt?

5 (I) Wie in ▸ **Abbildung 28.29** dargestellt, führt ein langer gerader Draht einen Strom I, der aus der Papierebene heraus in Richtung des Beobachters fließt. Geben Sie durch Pfeile die Richtung des Magnetfeldes **B** in jedem der in der Papierebene befindlichen Punkte C, D und E an.

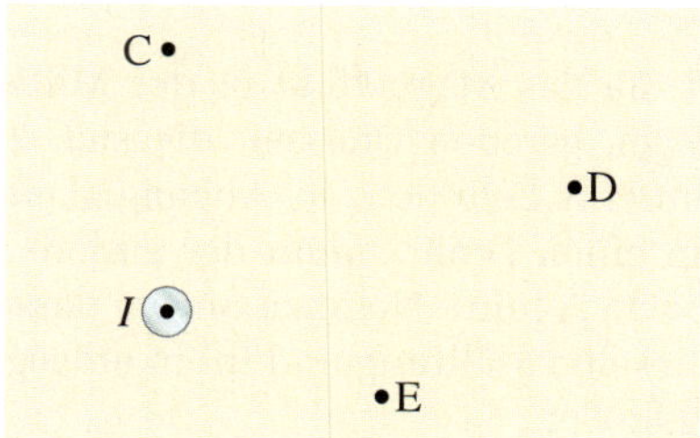

Abbildung 28.29 Aufgabe 5.

6 (II) In einem Meter Entfernung von einem Elektrokabel wird ein Experiment zum Erdmagnetfeld durchgeführt. Wie groß darf der Strom maximal sein, damit das Experiment mit einer Genauigkeit von ±1,0% durchgeführt werden kann?

7 (II) Zwei lange dünne Drähte, die im Abstand von 15,0 cm parallel zueinander verlaufen, führen jeweils einen Strom von 25 A, der in dieselbe Richtung fließt. Bestimmen Sie die Stärke des Magnetfeldes in einem Punkt in 12,0 cm Entfernung von dem einen und 5,0 cm Entfernung von dem anderen Draht (siehe ► Abbildung 28.30).

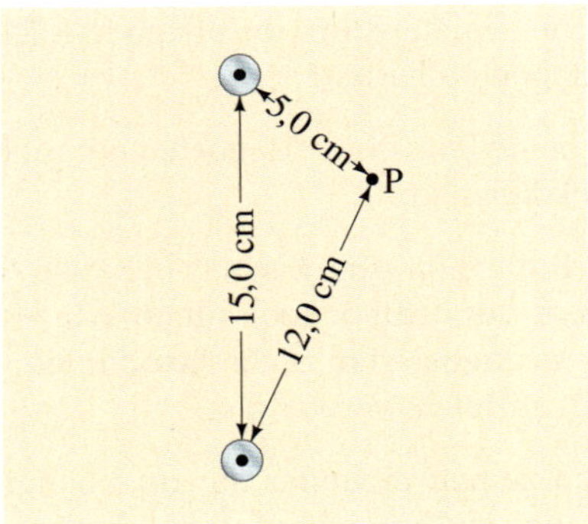

Abbildung 28.30 Aufgabe 7.

8 (II) Ein horizontaler Kompass wird 20 cm südlich eines geraden vertikalen Drahtes gestellt, der einen nach unten fließenden Strom von 40 A führt. In welche Richtung zeigt die Kompassnadel an diesem Ort? Nehmen Sie an, dass die horizontale Komponente des Erdmagnetfeldes an diesem Punkt $0{,}45 \cdot 10^{-4}$ T beträgt und die Deklination 0° ist.

9 (II) Ein langer horizontaler Draht führt einen Strom von 22,0 A, der in nördlicher Richtung fließt. Wie groß ist das Nettomagnetfeld 20,0 cm westlich von dem Draht, wenn das Erdmagnetfeld in diesem Punkt in einem Winkel von 40° zur Horizontalen nach unten gerichtet ist und einen Betrag von $5{,}0 \cdot 10^{-5}$ T hat?

10 (II) Ein geradliniger Protonenstrahl passiert einen gegebenen Punkt im Raum mit einer Rate von $1{,}5 \cdot 10^9$ Protonen/s. Wie groß ist das von den Protonen erzeugte Magnetfeld in einem Abstand von 2,0 m vom Strahl?

11 (II) Bestimmen Sie das Magnetfeld in der Mitte zwischen zwei langen geraden Drähten, die sich 2,0 cm voneinander entfernt befinden, in Abhängigkeit vom Strom I in dem einen Draht, wenn der andere Draht einen Strom von 15 A führt. Nehmen Sie an, dass diese Ströme (a) in dieselbe Richtung und (b) in entgegengesetzte Richtung fließen.

12 (II) Ein Paar langer Drähte dient dazu, ein elektrisches Gerät mit einem Gleichstrom von 25,0 A zu versorgen. Wenn die Drähte von vernachlässigbarem Durchmesser sind und einen Abstand von 2,8 mm voneinander haben, wie groß ist dann das Magnetfeld in einem Punkt, der 10,0 cm entfernt von ihrem Mittelpunkt in der gleichen Ebene wie die Drähte liegt (siehe ► Abbildung 28.31)? Vergleichen Sie das Ergebnis mit dem Magnetfeld der Erde.

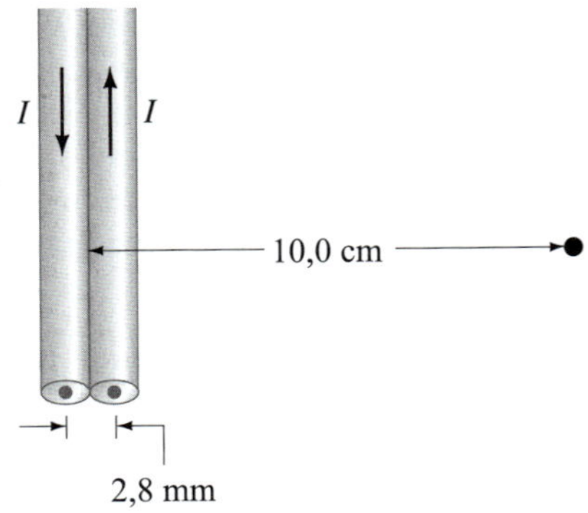

Abbildung 28.31 Aufgabe 12.

13 Eine Kompassnadel weicht draußen aus der Nordrichtung um 20° nach Osten ab. Wenn sie jedoch in einem Gebäude 12,0 cm östlich von einem vertikal verlaufenden Draht steht, weicht sie um 55° nach Osten ab. Wie groß sind der Betrag und die Richtung des Stroms, der durch den Draht fließt? Das Magnetfeld der Erde beträgt $0{,}50 \cdot 10^{-4}$ T und verläuft horizontal.

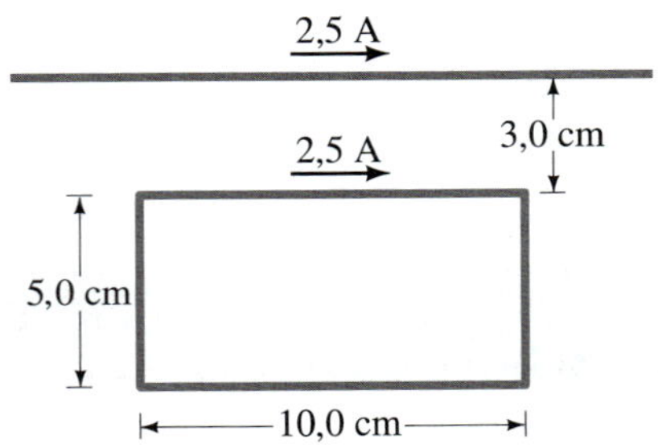

Abbildung 28.32 Aufgabe 14.

14 (II) Eine rechteckige Drahtschleife wird in die Nähe eines geraden Drahtes gebracht (siehe ► Abbildung 28.32). In beiden Drähten fließt ein Strom von 2,5 A. Wie groß sind der Betrag und die Richtung der auf die Schleife wirkenden Nettokraft?

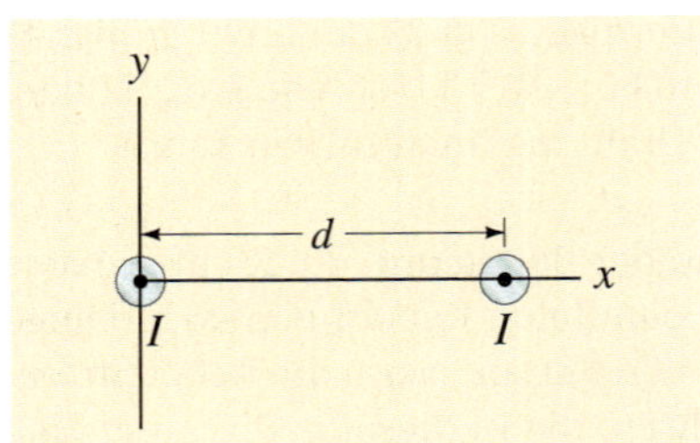

Abbildung 28.33 Aufgaben 15 und 16.

15 (II) Zwei lange parallele Drähte mit dem Abstand d führen gleich große Ströme I, die in derselben Richtung fließen. Wir wählen ein Koordinatensystem so, dass für den einen Draht $x = 0$ und für den anderen $x = d$ gilt (siehe ► Abbildung 28.33). Bestimmen Sie das Magnetfeld $\mathbf{B}$ zwischen den Drähten als Funktion von x.

16 (II) Wiederholen Sie Aufgabe 15 für den Fall, dass der Draht bei $x = 0$ einen doppelt so großen Strom ($2I$) wie der andere Draht führt und in die entgegengesetzte Richtung fließt.

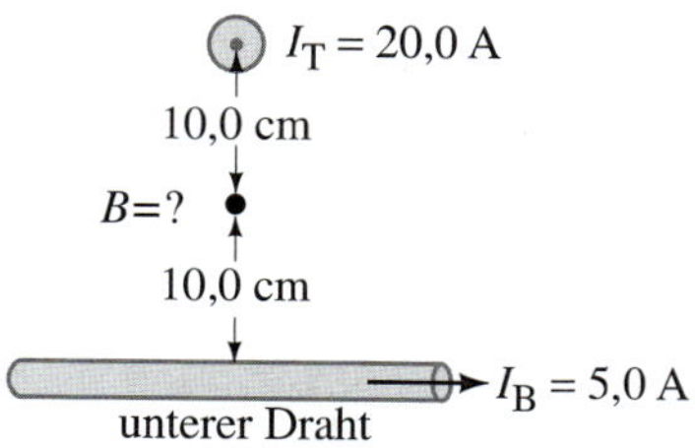

Abbildung 28.34 Aufgabe 17.

17 (II) Zwei lange Drähte sind senkrecht zueinander angeordnet, wobei die kürzeste Entfernung zwischen ihnen 20,0 cm beträgt (siehe ▸ Abbildung 28.34). Welchen Betrag hat das Magnetfeld in einem Punkt in der Mitte zwischen den beiden Drähten, wenn der obere einen Strom von 20,0 A und der untere einen Strom von 5,0 A führt?

18 (II) Zwei lange Drähte, die in einem Abstand von 7,00 cm parallel verlaufen, führen Ströme von jeweils 16,5 A, die in dieselbe Richtung fließen. Bestimmen Sie die Stärke des Magnetfeldes in einem 12,0 cm von dem einen und 13,0 cm von dem anderen Draht entfernten Punkt (siehe ▸ Abbildung 28.35).

19 (III) Ein sehr langer und flacher leitfähiger Streifen mit der Breite L und einer vernachlässigbaren Dicke liegt in einer horizontalen Ebene. Durch seinen Querschnitt fließt eine homogener Strom I. (a) Zeigen Sie, dass das Magnetfeld im Abstand y oberhalb des Mittelpunktes durch

$$B = \frac{\mu_0 I}{\pi L} \tan^{-1} \frac{L}{2y}$$

gegeben ist, wobei der Streifen als unendlich lang angenommen wird. (*Hinweis*: Unterteilen Sie den Streifen in viele „Drähte" und summieren (integrieren) Sie über diese.) (b) Welchem Wert nähert sich das Magnetfeld B für $y \gg L$ an? Ist dies physikalisch sinnvoll? Erläutern Sie Ihre Antwort.

20 (III) Ein Elektron bewegt sich in einer Ebene, in der sich außerdem ein langer gerader stromführender Draht befindet. Das Elektron bewegt sich, wenn es 50 cm entfernt ist, mit einer Geschwindigkeit von $3{,}4 \cdot 10^6$ m/s unter einem Winkel von 45° auf den Draht zu. Das Elektron kommt ihm nur bis auf 1,0 cm nahe, bevor es abgestoßen wird und sich weiterhin in derselben Ebene bewegt. Wie groß ist der Strom in dem Draht?

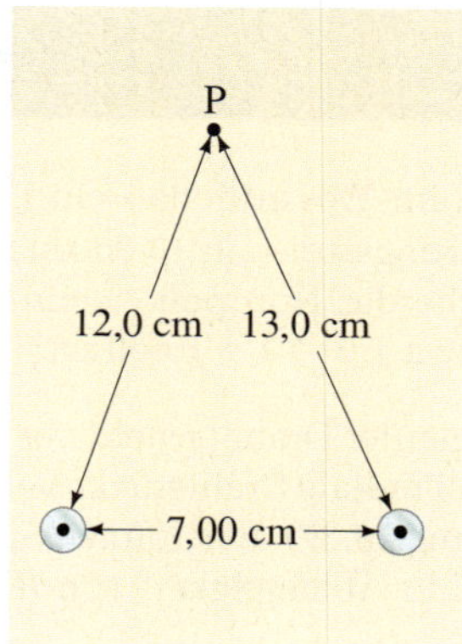

Abbildung 28.35 Aufgabe 18.

Aufgaben zu 28.4 und 28.5

21 (I) Eine 40,0 cm lange Spule mit einem Durchmesser von 1,35 cm soll in ihrer Mitte ein Magnetfeld von 0,385 mT erzeugen. Wie groß muss der Strom sein, den die Spule führt, wenn sie aus 1000 Drahtwindungen besteht?

22 (I) Eine 32 cm lange Spule mit einem Durchmesser von 1,8 cm soll in ihrer Mitte ein Magnetfeld von 0,30 T erzeugen. Wie viele Windungen muss die Spule haben, wenn der maximale Strom 5,7 A beträgt?

23 (I) Ein Kupferdraht mit einem Durchmesser von 2,5 mm führt einen Strom von 40 A. Bestimmen Sie das Magnetfeld (a) an der Oberfläche des Drahtes, (b) innerhalb des Drahtes, 0,50 mm unterhalb der Oberfläche und (c) außerhalb des Drahtes, 2,5 mm von der Oberfläche entfernt.

24 (II) Ein Toroid (siehe ▸ Abbildung 28.36) hat einen Innendurchmesser von 50,0 cm und einen Außendurchmesser von 54,00 cm. Es führt in seinen 500 Windungen einen Strom von 25,0 A. Bestimmen Sie den Wertebereich für das Magnetfeld B innerhalb des Toroids.

25 (II) Ein 20,0 m langer Kupferdraht mit einem Durchmesser von 2,00 mm (inklusive Isolierung) ist in einer Schicht eng gewickelt, so dass sich benachbarte Windungen berühren. Die dadurch entstehende Spule besitzt einen Durchmesser von 2,50 cm. Wie groß ist (a) die Länge der Spule und (b) das Feld in ihrem Mittelpunkt, wenn in dem Draht ein Strom von 20,0 A fließt?

26 (II) (a) Zeigen Sie mithilfe von Gleichung 28.1 und der Vektoreigenschaft des Magnetfeldes **B**, dass die magnetischen Feldlinien in der Umgebung zweier langer paralleler Drähte, die gleich große Ströme $I_1 = I_2$ führen, wie in ► Abbildung 28.8 dargestellt verlaufen. (b) Skizzieren Sie die Äquipotenziallinien in der Umgebung zweier ruhender positiver elektrischer Ladungen. (c) Ähneln sich die beiden Darstellungen? Sind sie identisch? Warum bzw. warum nicht?

27 (II) Ein Koaxialkabel besteht aus einem festen Innenleiter mit dem Radius R_1, der von einem konzentrischen zylindrischen Rohr mit dem Innenradius R_2 und dem Außenradius R_3 umgeben ist (siehe ► Abbildung 28.36). Die Leiter führen gleich große entgegengesetzt gerichtete Ströme I_0, die homogen über ihre Querschnitte verteilt sind. Bestimmen Sie das Magnetfeld im Abstand R von der Achse für (a) $R < R_1$, (b) $R_1 < R < R_2$, (c) $R_2 < R < R_3$ und (d) $R > R_3$.

28 (III) Angenommen, der Strom im Koaxialkabel aus Aufgabe 27, ► Abbildung 28.36 ist nicht homogen verteilt. Stattdessen variiert die Stromdichte j linear mit dem Abstand vom Mittelpunkt. Für den Innenleiter gilt $j_1 = C_1 R$ und für den Außenleiter $j_2 = C_2 R$. Beide Leiter führen noch den Gesamtstrom I_0, allerdings in entgegengesetzten Richtungen. Bestimmen Sie das Magnetfeld in Abhängigkeit von I_0 in denselben vier Gebieten des Raumes wie in Aufgabe 27.

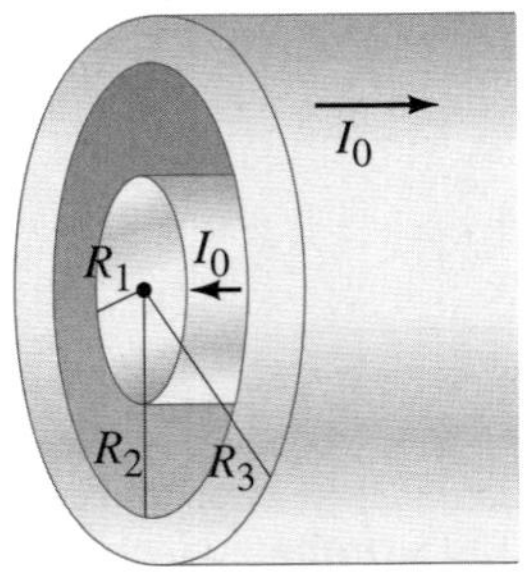

Abbildung 28.36 Aufgaben 27 und 28.

Aufgaben zu 28.6

29 (I) Das Erdmagnetfeld ist im Wesentlichen ein Dipolfeld. Wie stark ist es näherungsweise in 13 000 km Entfernung von der Oberfläche des Nordpols, wenn es in der Nähe des Nordpols etwa $1{,}0 \cdot 10^{-4}$ T beträgt?

30 (II) Ein in einer Ebene liegender Draht besteht aus zwei Kreisbögen, die durch zwei radiale Drahtstücke verbunden sind (siehe ► Abbildung 28.37). Bestimmen Sie das Magnetfeld **B** im Punkt C in Abhängigkeit von R_1, R_2, θ und dem Strom I.

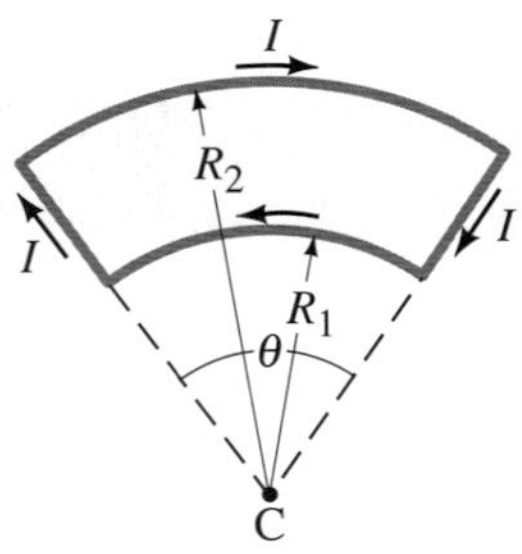

Abbildung 28.37 Aufgabe 30.

31 (II) Ein kreisförmiger leitender Ring vom Radius R ist in zwei sich diametral gegenüber liegenden Punkten von außen mit zwei geraden Drähten verbunden (siehe ► Abbildung 28.38). Der Strom I teilt sich in zwei ungleiche Teile auf, wenn er wie dargestellt durch den Ring fließt. Wie groß ist das Magnetfeld **B** am Mittelpunkt des Rings?

32 (II) Eine kleine Drahtschleife mit einem Radius von 1,8 cm wird in der Mitte einer größeren Drahtschleife von 25,0 cm Radius platziert. Die Ebenen der beiden Schleifen liegen senkrecht zueinander und durch jede von ihnen fließt ein Strom von 7,0 A. Schätzen Sie das Drehmoment ab, das die große Schleife auf die kleinere ausübt. Welche vereinfachende Annahme haben Sie getroffen?

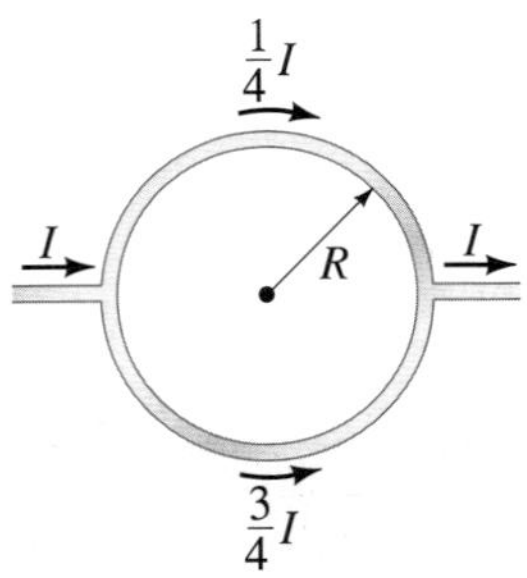

Abbildung 28.38 Aufgabe 31.

33 (II) Ein Draht hat die Form von zwei Halbkreisen, die durch gleich lange gerade Abschnitte verbunden sind (siehe ► Abbildung 28.39). Ein Strom I fließt wie dargestellt im Uhrzeigersinn durch den Stromkreis. Bestimmen Sie (a) den Betrag und die Richtung des Magnetfeldes im Mittelpunkt C und (b) das magnetische Dipolmoment des Stromkreises.

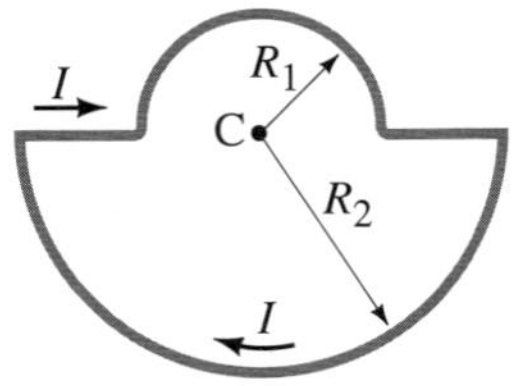

Abbildung 28.39 Aufgabe 33.

34 (II) Gegeben ist eine Punktladung q, die sich im Punkt P mit der Geschwindigkeit **v** bewegt (siehe ► Abbildung 28.40). Zeigen Sie mithilfe des Biot-Savart-Gesetzes, dass das Magnetfeld **B** dieser Punktladung durch

$$\mathbf{B} = \frac{\mu_0}{4\pi} \frac{q\mathbf{v} \times \mathbf{r}}{r^3}$$

gegeben ist, wobei **r** der Ortsvektor des Punktes P bezüglich der Ladung q ist. (Nehmen Sie an, v sei viel kleiner als die Lichtgeschwindigkeit.)

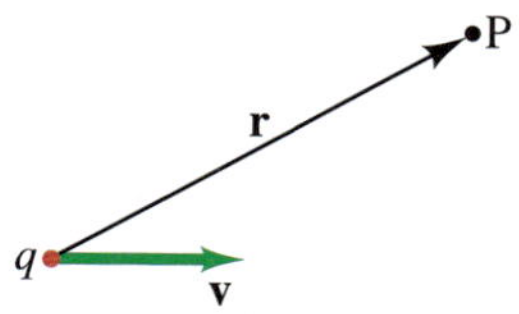

Abbildung 28.40
Aufgabe 34.

35 (II) Eine nichtleitende Kreisscheibe mit dem Radius R trägt eine homogen verteilte elektrische Ladung Q. Die Platte wird mit der Winkelgeschwindigkeit ω in eine Drehbewegung versetzt, wobei die Drehachse senkrecht auf der Platte steht und durch deren Mittelpunkt verläuft (siehe ▶ Abbildung 28.41). Bestimmen Sie (a) das magnetische Dipolmoment der Scheibe und (b) das Magnetfeld in Punkten, die sich in einem Abstand x vom Mittelpunkt auf der Achse der Scheibe befinden. (c) Ist Gleichung 28.7b im Falle $x \gg R$ anwendbar?

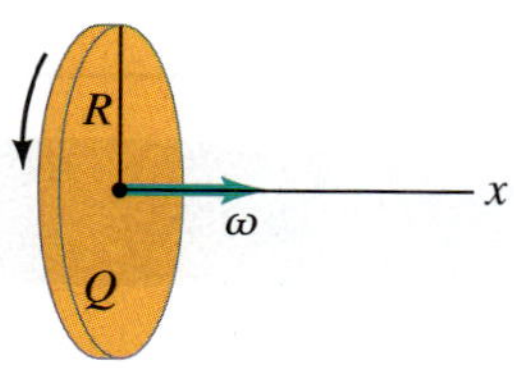

Abbildung 28.41
Aufgabe 35.

36 (II) Betrachten Sie einen geraden Abschnitt eines Drahtes der Länge s (siehe ▶ Abbildung 28.42), der einen Strom I führt. Der Punkt P hat den Abstand R vom Draht und liegt auf dessen senkrechter Halbierenden. (a) Zeigen Sie, dass die magnetische Feldstärke im Punkt P durch

$$B = \frac{\mu_0 I}{2\pi R} \frac{s}{(l^2 + 4R^2)^{\frac{1}{2}}}$$

gegeben ist. (b) Zeigen Sie, dass dies mit Beispiel 28.9 für einen unendlich langen Draht konsistent ist.

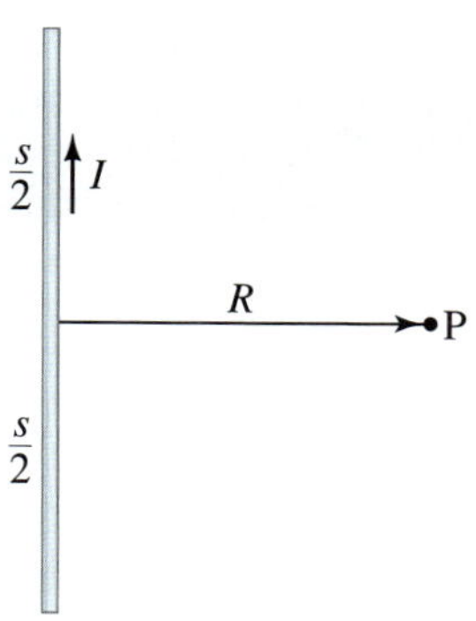

Abbildung 28.42
Aufgabe 36.

37 (II) Ein Drahtabschnitt der Länge s führt einen Strom I (siehe ▶ Abbildung 28.43). (a) Zeigen Sie, dass für Punkte entlang der positiven x-Achse (der Achse des Drahtes), z. B. im Punkt Q, das Magnetfeld **B** null ist. (b) Leiten Sie eine Formel zur Bestimmung des Feldes in Punkten auf der y-Achse, wie z. B. Punkt P, her.

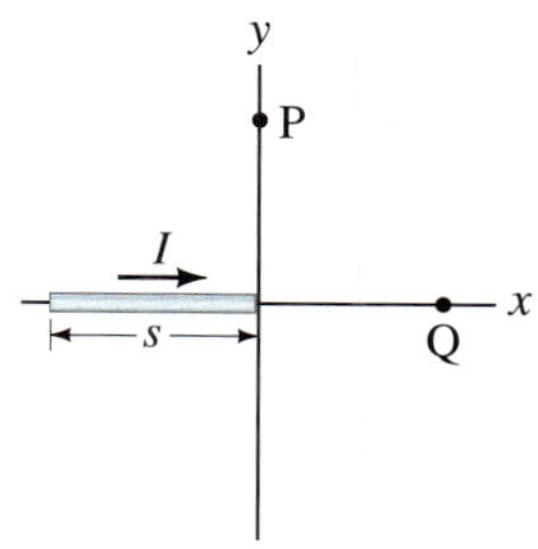

Abbildung 28.43
Aufgabe 37.

38 (II) Verwenden Sie das Ergebnis aus Aufgabe 37, um das Magnetfeld im Punkt P zu bestimmen, das durch den Strom in einer quadratischen Schleife erzeugt wird (siehe ▶ Abbildung 28.44).

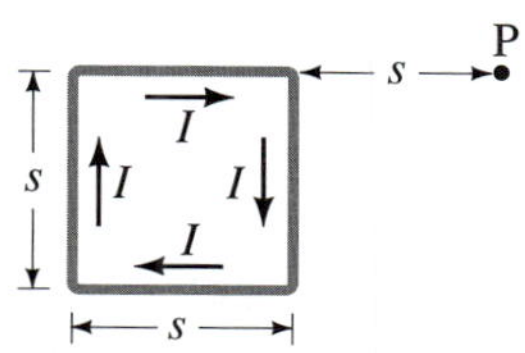

Abbildung 28.44
Aufgabe 38.

39 Ein Draht ist zu einem regulären Polygon mit n Seiten gebogen, dessen Eckpunkte den Abstand R vom Mittelpunkt haben. (▶ Abbildung 28.45 zeigt den speziellen Fall $n = 6$.) (a) Bestimmen Sie für den Fall, dass der Draht einen Strom I_0 führt, das Magnetfeld am Mittelpunkt. (b) Zeigen Sie, dass sich die Formel in Teil (a) auf jene für eine kreisförmige Schleife (siehe Beispiel 28.10) reduziert, wenn n sehr groß wird ($n \to \infty$).

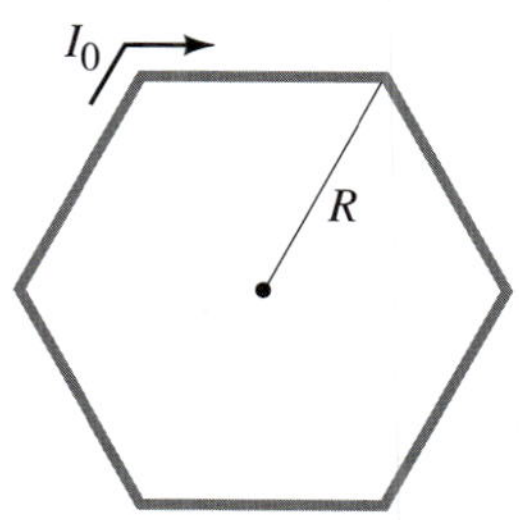

Abbildung 28.45
Aufgabe 39.

40 (III) Gehen Sie vom Ergebnis aus Beispiel 28.10 für das Magnetfeld entlang der Achse einer einzelnen Schleife aus, um das Feld innerhalb einer sehr langen Spule (siehe Gleichung 28.4) zu bestimmen.

41 (III) Eine einzelne rechteckige Drahtschleife mit den Kantenlängen a und b führt einen Strom I. Der Ursprung eines x-y-Koordinatensystems befindet sich in der linken unteren Ecke des Rechtecks und die x-Achse verläuft parallel zur Kante b (siehe ▶ Abbildung 28.46). Bestimmen Sie das Magnetfeld B in allen Punkten (x, y) innerhalb der Schleife.

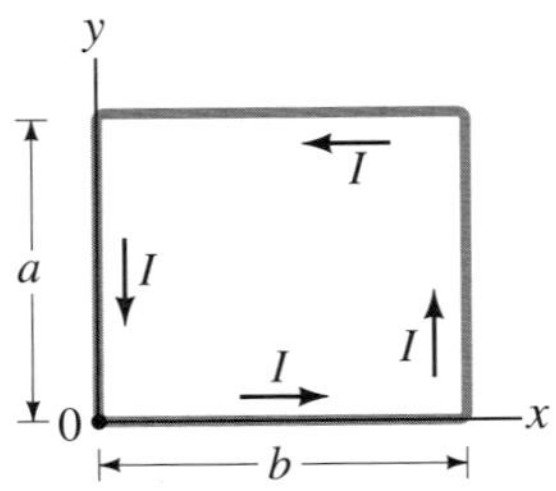

Abbildung 28.46 Aufgabe 41.

42 (III) Eine quadratische Drahtschleife mit der Kantenlänge s führt einen Strom I. (a) Bestimmen Sie das Magnetfeld B in Punkten, die auf einer senkrecht auf der Schleifenebene stehenden Linie liegen, die durch den Mittelpunkt des Quadrates geht (siehe ▶ Abbildung 28.47). Drücken Sie das Magnetfeld B als Funktion von x, dem Abstand vom Mittelpunkt des Quadrates, aus. (b) Wirkt die Drahtschleife für $x \gg s$ als magnetischer Dipol? Wenn ja, wie groß ist dann das Dipolmoment?

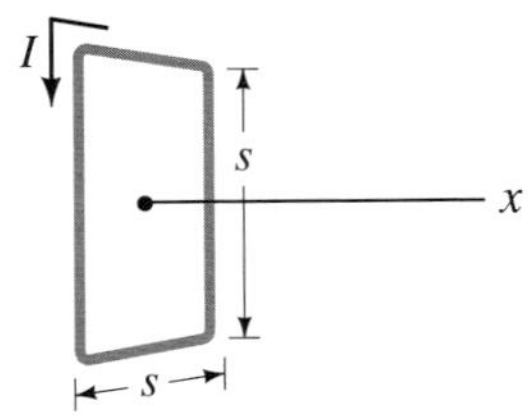

Abbildung 28.47 Aufgabe 42.

Aufgaben zu 28.7

43 (II) Ein Eisenatom hat ein magnetisches Dipolmoment von etwa $1{,}8 \cdot 10^{-23}\,\mathrm{A \cdot m^2}$. (a) Bestimmen Sie das Dipolmoment eines 12 cm langen, 1,2 cm breiten und 1,2 cm dicken Eisenstabes, wenn dieser zu 100% gesättigt ist. (b) Wie groß ist das auf den Stab ausgeübte Drehmoment, wenn dieser in ein rechtwinklig zum Stab wirkendes Magnetfeld von 1,2 T gebracht wird?

Aufgaben zu 28.9

44 (I) Im Folgenden sind einige Werte von B und B_0 für ein glühendes Stück Eisen aufgeführt, das magnetisiert wird:

$B_0(10^{-4}\,\mathrm{T})$	0	0,13	0,25	0,50	0,63	0,78	1,0	1,3
$B(\mathrm{T})$	0	0,0042	0,010	0,028	0,043	0,095	0,45	0,67

$B_0(10^{-4}\,\mathrm{T})$	1,9	2,5	6,3	13,0	130	1300	10 000
$B(\mathrm{T})$	1,01	1,18	1,44	1,58	1,72	2,26	3,15

Bestimmen Sie die magnetische Permeabilität μ für jeden Wert und stellen Sie μ in Abhängigkeit von B_0 graphisch dar.

45 (I) Ein großes dünnes Toroid besitzt 400 Drahtschleifen pro Meter. Durch den Draht fließt ein Strom von 20 A. Wie groß ist das Gesamtmagnetfeld B innerhalb des Toroids, wenn die relative Permeabilität von Eisen bei 3000 liegt?

46 (II) Eine Spule mit 600 Drahtwindungen und einem Eisenkern ist 38 cm lang und hat einen Durchmesser von 1,8 cm. Wenn ein Strom von 48 A durch den Draht fließt, wird ein Magnetfeld von 2,2 T erzeugt. Wie groß ist bei dieser hohen Feldstärke die Permeabilität μ?

Allgemeine Aufgaben

47 Drei lange parallele Drähte sind jeweils 38,0 cm voneinander entfernt. (In der Draufsicht bilden sie die Ecken eines gleichseitigen Dreiecks.) In jedem der Drähte fließt ein Strom von 8 A, der Strom im Draht M fließt allerdings in entgegengesetzter Richtung zu den Strömen in den Drähten N und P (siehe ▶ Abbildung 28.48). Bestimmen Sie für jeden der Drähte die magnetische Kraft pro Längeneinheit, die auf ihn aufgrund des Stroms in den beiden anderen Drähten wirkt.

48 Der obere Draht aus ▶ Abbildung 28.48 ist ein Kupferdraht mit einem Durchmesser von 2 mm, der infolge der

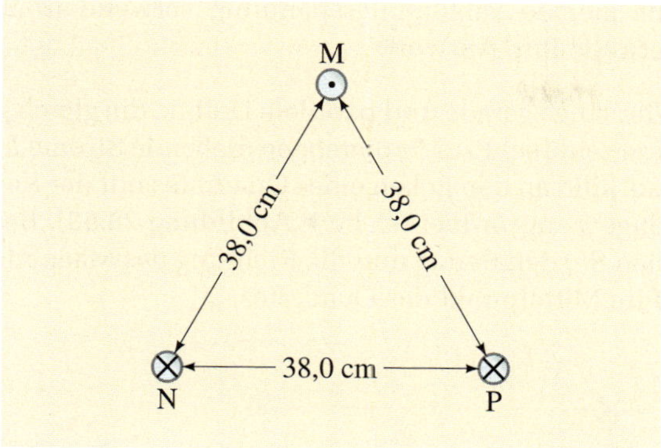

Abbildung 28.48 Aufgaben 47 und 48.

magnetischen Kräfte der beiden unteren Drähte in der Luft schwebt. Durch jeden von ihnen fließt ein Strom von 20 A. Berechnen Sie, wie stark der Strom in dem schwebenden Draht sein muss.

49 Ein Elektron tritt im Winkel von 7° zur Achse in eine große Spule ein. Bestimmen Sie für den Fall, dass das Feld von $3{,}3 \cdot 10^{-2}$ T homogen ist, den Abstand zwischen den Schleifen und den Radius des spiralförmigen Weges des Elektrons, wenn dessen Geschwindigkeit $1{,}3 \cdot 10^{7}$ m/s beträgt.

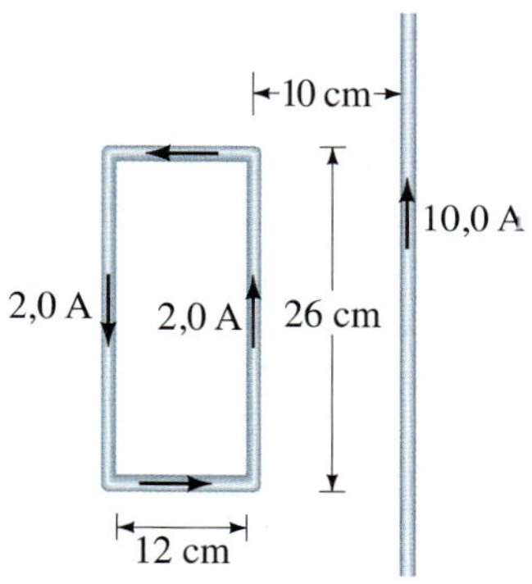

Abbildung 28.49 Aufgabe 50.

50 Eine rechteckige Drahtschleife führt einen Strom von 2,0 A und liegt in einer Ebene, in der sich außerdem ein sehr langer gerader Draht befindet, der einen Strom von 10,0 A führt (siehe ► Abbildung 28.49). Bestimmen Sie (a) die Nettokraft und (b) den Nettodrehimpuls, der infolge des geraden Drahtes auf die Schleife wirkt.

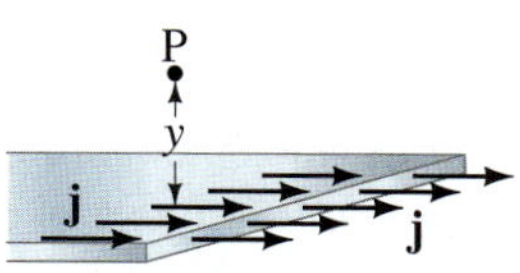

Abbildung 28.50 Aufgabe 51.

51 Eine sehr große leitende Platte der Dicke t trägt eine homogene Stromdichte **j** (siehe ► Abbildung 28.50). Bestimmen Sie den Betrag und die Richtung des Magnetfeldes im Abstand y oberhalb der Ebene. (Nehmen Sie an, die Ebene sei unendlich ausgedehnt.)

52 Ein langes horizontales Kabel führt einen Strom von 48 A. Ein zweites Kabel mit einem Durchmesser von 2,5 mm, das aus Kupferdraht besteht, befindet sich parallel zum ersten Kabel, aber 15 cm unterhalb von diesem, und wird magnetisch in der Schwebe gehalten (siehe ► Abbildung 28.51). (a) Welchen Betrag und welche Richtung hat der Strom in dem unteren Draht? (b) Befindet sich der untere Draht in einem stabilen Gleichgewicht? (c) Beantworten Sie die Fragen (a) und (b) für den Fall, dass sich der zweite Draht durch die Wirkung des Magnetfeldes des ersten Drahtes 15 cm *oberhalb* von diesem befindet.

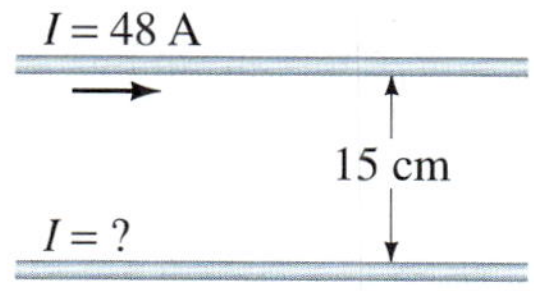

Abbildung 28.51 Aufgabe 52.

53 Angenommen, Ihnen steht 1,0 kg Kupfer zur Verfügung und sie wollen daraus eine Spule mit dem größtmöglichen Magnetfeld herstellen. Betrachten Sie Parameter wie Durchmesser der Spule, Länge usw., um daraus abzuleiten, ob der Kupferdraht lang und dünn, kurz und dick oder noch anders geformt sein soll.

54 Gegeben seien zwei lange parallele Drähte, die einen gegenseitigen Abstand L haben und die Ströme I_1 und I_2 führen (siehe ► Abbildung 28.8). Zeigen Sie, dass in Übereinstimmung mit dem Ampère'schen Gesetz für den kreisförmigen Weg mit dem Radius r ($r < L$), dessen Mittelpunkt auf dem Draht 1 liegt,

$$\oint \mathbf{B} \times d\mathbf{s} = \mu_0 I_1$$

gilt. (Verwenden Sie das Ampère'sche Gesetz dabei aber nicht.)

55 In der Nähe der Pole beträgt das Erdmagnetfeld etwa 1 G ($1 \cdot 10^{-4}$ T). Stellen Sie sich ein einfaches Modell vor, in dem das Feld der Erde durch eine einzelne Leiterschleife erzeugt wird, die um den Äquator verläuft. Wie groß müsste der Strom sein, den diese Schleife führt?

56 Eine quadratische Drahtschleife mit der Kantenlänge s führt einen Strom I. Zeigen Sie, dass für das Magnetfeld im Mittelpunkt der Schleife

$$B = \frac{2\sqrt{2}\,\mu_0 I}{\pi s}$$

gilt. (*Hinweis*: Bestimmen Sie das Magnetfeld **B** für jeden Teilabschnitt der Länge s.)

57 Wird in Aufgabe 56 das Magnetfeld B im Mittelpunkt größer oder kleiner, wenn Sie das Quadrat gegen einen Kreis austauschen?

58 Zwei große Drahtspulen mit jeweils N Windungen, die einen Strom I führen und deren gegenseitiger Abstand dem Radius R der Spulen entspricht, werden als *Helmholtz-Spulen* bezeichnet (siehe ▶ Abbildung 28.52). (a) Bestimmen Sie das Magnetfeld B in Punkten x entlang der Linie, die die Mittelpunkte der beiden Spulen verbindet. Setzen Sie im Mittelpunkt der einen Spule $x = 0$ und $x = R$ im Mittelpunkt der anderen Spule. (b) Stellen Sie B im Intervall $[0;R]$ in Abhängigkeit von x dar. (c) Bestimmen Sie in der Mitte zwischen den Spulen ($x = R/2$) das Magnetfeld B auf der Achse, wenn $R = 20{,}0$ cm und $I = 35$ A gilt und jede Spule $N = 350$ Windungen besitzt. (d) Zeigen Sie, dass das Feld in der Mitte zwischen den Spulen besonders homogen ist, indem Sie nachweisen, dass im Mittelpunkt $\mathrm{d}B/\mathrm{d}x = 0$ und $\mathrm{d}^2B/\mathrm{d}x^2 = 0$ gilt, wenn der Abstand zwischen den Spulen R ist.

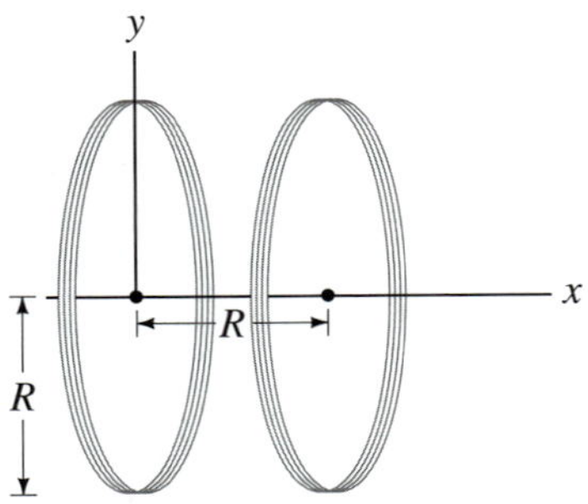

Abbildung 28.52 Aufgabe 58.

59 Ein Modellflugzeug mit einem Gewicht von 175 g trägt eine Ladung von 18,0 mC und fliegt mit einer Geschwindigkeit von 2,8 m/s in einem Abstand von 8,6 cm an einem nahezu parallel zu seiner Flugbahn verlaufenden Draht vorbei, der einen Strom von 30 A führt. Wie groß ist die Beschleunigung (in Vielfachen der Fallbeschleunigung g), die das Flugzeug durch diese Wechselwirkung erhält?

60 Angenommen, in einem Elektromagneten wird eine Spule mit einem Durchmesser von 2,0 m verwendet, die aus einem quadratischen Kupferdraht von 2,0 mm Kantenlänge besteht. Die Stromversorgung liefert eine Spannung von 50 V bei einer maximalen Nutzleistung von 1,0 kW. (a) Wie viele Umdrehungen sind notwendig, damit die Stromversorgung mit maximaler Leistung läuft? (b) Wie groß ist die magnetische Feldstärke im Mittelpunkt der Spule? (c) Wird die magnetische Feldstärke größer, wenn Sie eine höhere Drehzahl und die gleiche Versorgungsspannung verwenden? Erläutern Sie Ihre Antwort.

61 Vier lange gerade und parallele Drähte, die gleich große und senkrecht zur Papierebene fließende Ströme I_0 führen, sind an den Ecken eines Quadrates mit der Kantenlänge s angeordnet (siehe ▶ Abbildung 28.53). Bestimmen Sie den Betrag und die Richtung des Magnetfeldes **B** im Mittelpunkt des Quadrates.

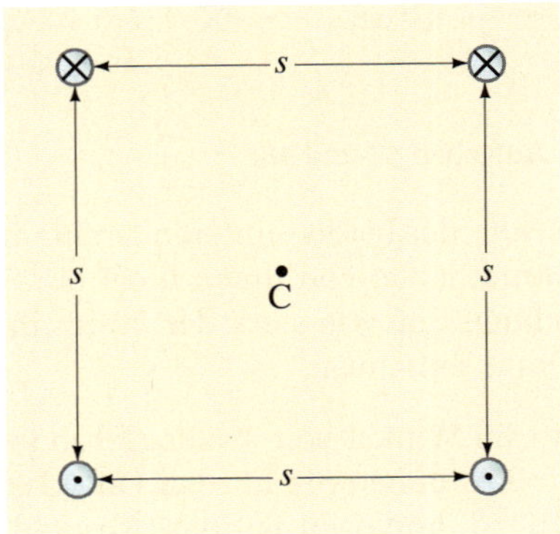

Abbildung 28.53 Aufgabe 61.

62 Bestimmen Sie das Magnetfeld im Punkt P für einen langen Draht, der wie in ▶ Abbildung 28.54 dargestellt gebogen ist. Der Punkt P befindet sich in der Mitte zwischen den beiden Ecken. (*Hinweis*: Verwenden Sie die Ergebnisse der Aufgaben 36 und 37.)

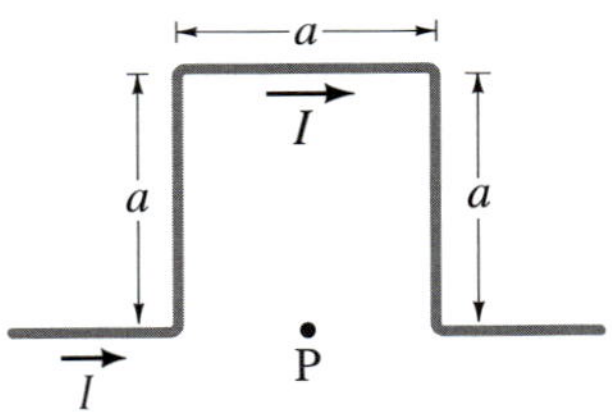

Abbildung 28.54 Aufgabe 62.

63 In welcher Größenordnung liegen etwa die Magnetfelder, die von Überlandleitungen erzeugt werden? Die beiden Kabel verlaufen schätzungsweise 30 m über dem Erdboden in einem Abstand von 3 m. Ein Anruf beim kommunalen Stromversorgungsunternehmen liefert die Information, dass die Leitung mit 10 kV betrieben wird und eine maximale Leistung von 40 MW in das Versorgungsgebiet liefert. Schätzen Sie das maximale Magnetfeld ab, mit dem Sie rechnen müssen, wenn Sie unter diesen Stromleitungen spazieren gehen und vergleichen Sie das Ergebnis mit dem Erdmagnetfeld. (Beachten Sie, dass sich auch das Magnetfeld ändert, wenn in den Leitungen Wechselstrom übertragen wird.)

Elektromagnetische Induktion und das Faraday'sche Gesetz

29

ÜBERBLICK

Eines der bedeutendsten Gesetze der Physik ist das Faraday'sche Induktionsgesetz. Es besagt, dass ein sich änderndes Magnetfeld eine Spannung induziert. Dieses Foto zeigt einen Stabmagneten, der sich im Inneren einer Spule bewegt, und ein Galvanometer, das eine induzierte Spannung anzeigt. Das Phänomen der elektromagnetischen Induktion ist die Grundlage vieler elektrischer Geräte, etwa von Generatoren, Transformatoren, Kassettenrekordern und Speichermedien in Computern.

29. Elektromagnetische Induktion und das Faraday'sche Gesetz

In Kapitel 27 haben wir zwei Zusammenhänge zwischen den Phänomenen Elektrizität und Magnetismus diskutiert. Zum einen erzeugt ein elektrischer Strom ein Magnetfeld und zum anderen übt ein Magnetfeld eine Kraft auf einen elektrischen Strom oder bewegte elektrische Ladungsträger aus. Diese Entdeckungen wurden 1820/21 gemacht. In der Folge begannen die Physiker sich zu fragen: Wenn ein elektrischer Strom ein Magnetfeld erzeugt, sollte es dann nicht auch möglich sein, dass ein Magnetfeld einen elektrischen Strom erzeugt? Zehn Jahre später zeigten der Amerikaner Joseph Henry (1797–1878) und der Engländer Michael Faraday (1791–1867) unabhängig voneinander, dass dies tatsächlich der Fall ist. Henry war eigentlich der Erste, dem diese Entdeckung gelang, doch Faraday veröffentlichte seine Ergebnisse früher und untersuchte das Phänomen detaillierter. Wir werden in diesem Kapitel die elektromagnetische Induktion behandeln sowie einige ihrer revolutionierenden Anwendungen wie den elektrischen Generator.

29.1 Die Induktionsspannung

Bei seinem Versuch, mithilfe eines Magnetfelds einen elektrischen Strom zu erzeugen, verwendete Faraday den in ▸ Abbildung 29.1 skizzierten Versuchsaufbau. Eine Drahtspule X wird mit einer Batterie verbunden. Der durch X fließende Strom erzeugt ein Magnetfeld, das durch den Eisenkern verstärkt wird. Faraday hoffte, dass bei Verwendung einer hinreichend starken Batterie ein stationärer Strom in X ein Magnetfeld erzeugen würde, das stark genug ist, um einen Strom in einer zweiten Spule Y zu erzeugen. Dieser zweite Stromkreis Y enthielt ein Galvanometer zum Anzeigen des Stroms, aber keine Batterie. Faraday hatte keinen Erfolg, solange er mit stationären Strömen arbeitete. Schließlich jedoch gelang es ihm, den seit langem vermuteten Effekt zu bestätigen. In dem Moment, als er den Schalter im Stromkreis X schloss, beobachtete er einen starken Ausschlag des Galvanometers im Stromkreis Y, und als er den Schalter öffnete, schlug das Galvanometer stark in die entgegengesetzte Richtung aus. Ein *stationärer* Strom erzeugte *keinen* Strom im Stromkreis Y, dies geschah nur, wenn der Strom in X eben erst eingeschaltet oder unterbrochen worden war.

Konstantes B induziert keine Spannung

Faraday schloss daraus, dass zwar ein stationäres Magnetfeld keinen elektrischen Strom erzeugt, ein *veränderliches* Magnetfeld aber sehr wohl! Ein solcher Strom wird als **induzierter Strom** bezeichnet. Wenn sich das Magnetfeld innerhalb der Spule Y ändert, dann fließt ein Strom, so als ob im Stromkreis eine Spannungsquelle vorhanden wäre. Wir können deshalb Folgendes festhalten:

Ein sich änderndes Magnetfeld induziert eine elektrische Spannung.

Veränderliches Magnetfeld induziert Spannung

Faraday führte zu diesem Phänomen, das als **elektromagnetische Induktion** bezeichnet wird, weitere Versuche durch. In ▸ Abbildung 29.2 beispielsweise ist

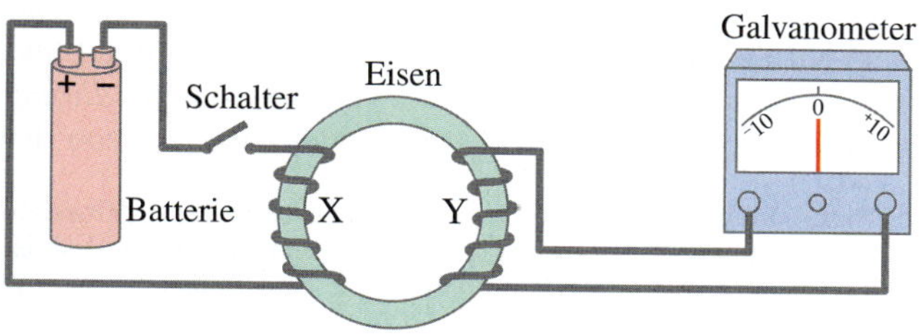

Abbildung 29.1 Das Faraday'sche Induktionsexperiment.

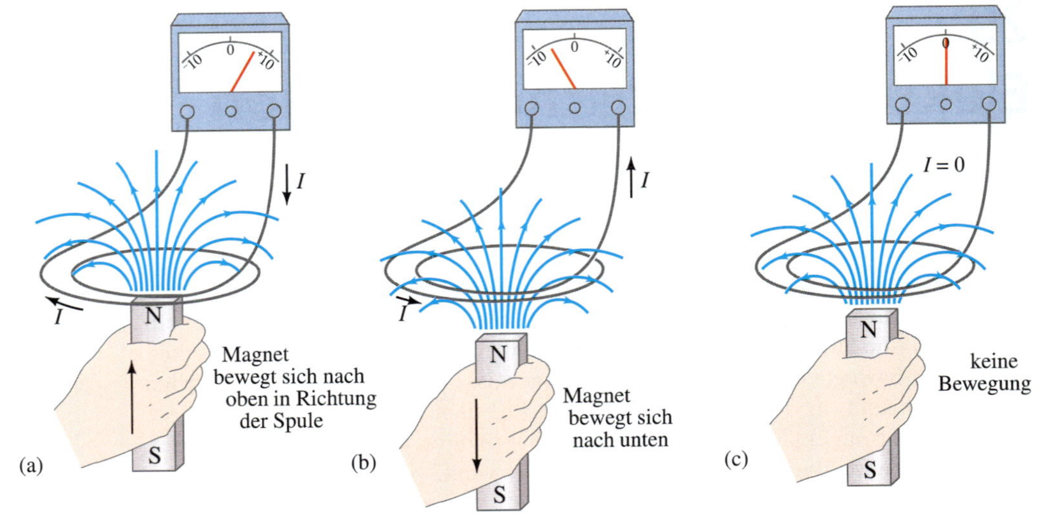

Abbildung 29.2 (a) Ein Strom wird induziert, indem ein Magnet in eine Drahtschleife hineingeschoben wird. (b) Der induzierte Strom ist entgegengesetzt gerichtet, wenn der Magnet aus der Schleife herausgezogen wird. Beachten Sie, dass sich der Nullpunkt des Galvanometers in der Mitte der Skala befindet und dass die Nadel in Abhängigkeit von der Stromrichtung nach links oder rechts ausschlägt. Im Bild (c) wird kein Strom induziert, weil sich der Magnet relativ zur Schleife nicht bewegt. Worauf es bei der Induktion ankommt, ist die relative Bewegung: Auch wenn der Magnet festgehalten und stattdessen die Schleife bewegt wird, wird eine Spannung induziert.

dargestellt, wie in einer Drahtschleife ein Strom induziert wird, indem ein Magnet schnell in diese hineingeschoben wird. Wird der Magnet schnell wieder entfernt, dann fließt der induzierte Strom in die entgegengesetzte Richtung. Hält man den Magneten fest und dreht die Drahtschleife oder bewegt sie zum Magneten hin oder von ihm weg, dann wird ebenfalls eine Spannung induziert und es fließt ein Strom. Um eine Spannung zu induzieren, ist also eine Bewegung oder eine Veränderung notwendig. Dabei kommt es nur auf die Relativbewegung an, es spielt keine Rolle, ob sich der Magnet oder die Spule bewegt.

29.2 Das Faraday'sche Induktionsgesetz und die Lenz'sche Regel

Faraday untersuchte quantitativ, welche Faktoren die Stärke der induzierten Spannung beeinflussen. Als Erstes stellte er fest, dass sie umso größer ist, je schneller sich das Magnetfeld ändert. Allerdings ist die Spannung nicht einfach proportional zur Änderungsrate des Magnetfelds **B**. Stattdessen ist die induzierte Spannung proportional zur Änderungsrate des **magnetischen Flusses** Φ durch die Leiterschleife mit der Fläche A. Der magnetische Fluss ist für ein homogenes Magnetfeld definiert als

$$\Phi = B_\perp A = BA\cos\theta = \mathbf{B} \times \mathbf{A}\,. \qquad (\mathbf{B}\text{ homogen}) \qquad (29.1a)$$

Hierbei ist $B_\perp$ die Komponente von **B**, die senkrecht auf der Schleifenebene steht, und θ der Winkel zwischen **B** und der Flächennormalen **A**. Diese Größen sind in ▸ Abbildung 29.3 für eine quadratische Schleife mit der Kantenlänge l (und damit der Fläche $A = l^2$) dargestellt. Wenn die Fläche eine andere Form hat oder **B** nicht homogen ist, dann kann der magnetische Fluss in der Form

$$\Phi = \int \mathbf{B} \times \mathrm{d}\mathbf{A} \qquad (29.1b)$$

geschrieben werden.[1] Wie wir bereits festgestellt hatten, werden die Feldlinien von **B** (wie die von **E**) üblicherweise so gezeichnet, dass die Anzahl der Feldlinien pro Flächeneinheit proportional zur Feldstärke ist. Deshalb können wir uns den Fluss als *proportional zur Gesamtanzahl der durch die Schleife verlaufenden Feldlinien* vorstellen. Dies ist in ▸ Abbildung 29.4 dargestellt (die Schleife ist hier von der

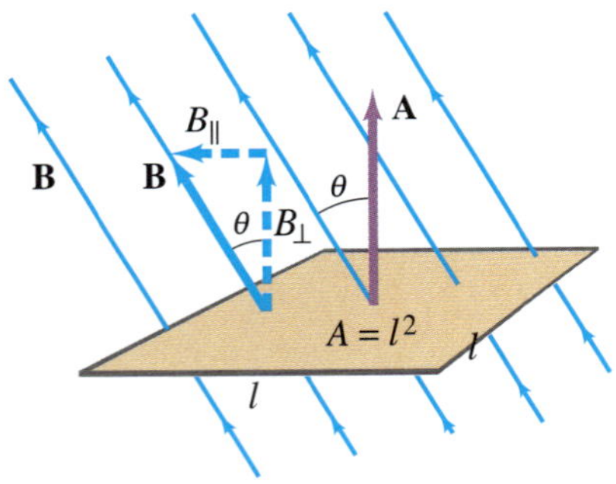

Abbildung 29.3 Bestimmung des Flusses durch eine flache Drahtschleife. Diese Schleife ist quadratisch mit Kantenlänge l und Fläche $A = l^2$.

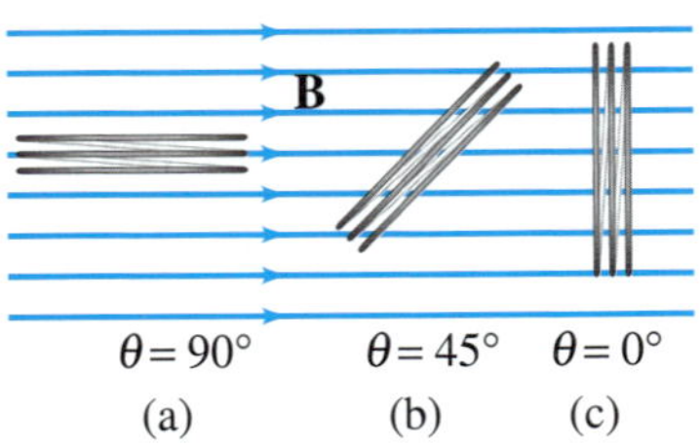

Abbildung 29.4 Der magnetische Fluss Φ ist proportional zur Anzahl der durch die Schleife verlaufenden Feldlinien von **B**.

1 Es wird über eine offene Fläche integriert, d. h. eine Fläche, die durch eine geschlossene Kurve (z. B. einen Kreis oder ein Quadrat) begrenzt ist. Bei der hier geführten Diskussion wird die von der Schleife umschlossene Fläche betrachtet. Diese Fläche ist keine geschlossene Fläche wie beim Gauß'schen Gesetz (Kapitel 22).

Seite gezeigt). Für $\theta = 90°$ gehen keine Feldlinien durch die Schleife und es gilt $\Phi = 0$. Für $\theta = 0°$ erreicht Φ sein Maximum. Der magnetische Fluss wird in der Einheit $\mathrm{T \cdot m^2}$ angegeben. Diese Einheit wird auch **Weber** genannt.

Mit dieser Definition des Flusses können wir das Ergebnis von Faradays Untersuchungen aufschreiben, nämlich die Beobachtung, dass die induzierte Spannung in einem Stromkreis gleich der Änderungsrate des magnetischen Flusses durch den Stromkreis ist:

$$U_{\text{ind}} = -\frac{\mathrm{d}\Phi}{\mathrm{d}t} \,. \qquad (29.2a)$$

FARADAY'SCHES INDUKTIONSGESETZ

Dieses fundamentale Ergebnis ist das **Faraday'sche Induktionsgesetz,** das zu den wichtigsten Gesetzen des Elektromagnetismus gehört.

Wenn der Stromkreis n dicht beieinander liegende Schleifen enthält, dann addieren sich die in den einzelnen Schleifen erzeugten Spannungen und es gilt

$$U_{\text{ind}} = -n\frac{\mathrm{d}\Phi}{\mathrm{d}t} \,. \qquad (29.2b)$$

Das Minuszeichen in Gleichung 29.2 gibt die Richtung an, in der die induzierte Spannung wirkt. Experimente zeigen Folgendes:

Lenz'sche Regel

Eine induzierte Spannung verursacht einen Strom, dessen Magnetfeld der ursprünglichen Änderung des Flusses entgegen gerichtet ist.

Dies ist die **Lenz'sche Regel**. In einer anderen Formulierung, die auch gültig ist, wenn kein Strom fließt, besagt sie:

Eine induzierte Spannung wirkt immer der sie verursachenden Änderung des Flusses entgegen.

Wir wollen nun die Lenz'sche Regel auf den Fall einer Relativbewegung zwischen einem Magneten und einer Leiterschleife anwenden (siehe ► Abbildung 29.2). Die Änderung des Flusses durch die Schleife induziert eine Spannung, die in der Schleife einen Strom erzeugt. Dieser induzierte Strom wiederum erzeugt sein eigenes Magnetfeld. In ► Abbildung 29.2a verringert sich der Abstand zwischen der Schleife und dem Magneten. Das Magnetfeld (und die Anzahl der Feldlinien) und damit auch der Fluss durch die Schleife wachsen. Das Magnetfeld zeigt nach oben. Das Feld innerhalb der Schleife, das durch den induzierten Strom erzeugt wird, wirkt dem entgegen und zeigt nach *unten*. Nach der Lenz'schen Regel fließt der Strom in die angegebene Richtung (wenden Sie die Rechte-Hand-Regel an). In Abbildung 29.2b wird der Fluss *kleiner* (da der Magnet wegbewegt wird); daher erzeugt der induzierte Strom ein nach *oben* gerichtetes Magnetfeld innerhalb der Schleife, die „versucht", diesen Zustand aufrecht zu erhalten. Deshalb verhält sich der Strom wie dargestellt.

Lassen Sie uns überlegen, was passieren würde, wenn die Lenz'sche Regel nicht gelten würde, sondern genau ihr Gegenteil. Der induzierte Strom würde in diesem hypothetischen Fall einen Fluss in Richtung der ihn induzierenden Änderung erzeugen. Damit würde die Flussänderung noch verstärkt, so dass sie einen noch stärkeren Strom induziert, der wiederum eine noch stärkere Flussänderung induziert usw. Der Strom würde sich unendlich selbst verstärken und eine entsprechende Leistung erzeugen ($= I^2R$), selbst nachdem der ursprüngliche Stimulus beendet ist. Dies wäre ein „perpetuum mobile", was den Energieerhaltungssatz verletzen würde. Die oben formulierte Lenz'sche Regel (und nicht ihr Gegenteil) ist konsistent mit dem Energieerhaltungssatz.

Es ist wichtig, sich klar zu machen, dass immer eine Spannung induziert wird, wenn sich der Fluss ändert. Da der magnetische Fluss als $\Phi = \int \mathbf{B} \times \mathrm{d}\mathbf{A} = \int B \cos\theta \,\mathrm{d}A$ definiert ist, gibt es drei Möglichkeiten, eine Spannung zu induzieren: (1) Ändern der magnetischen Feldstärke B, (2) Ändern der dem Feld ausgesetzten Schleifenfläche A oder (3) Ändern der Orientierung θ der Schleife bezüglich des

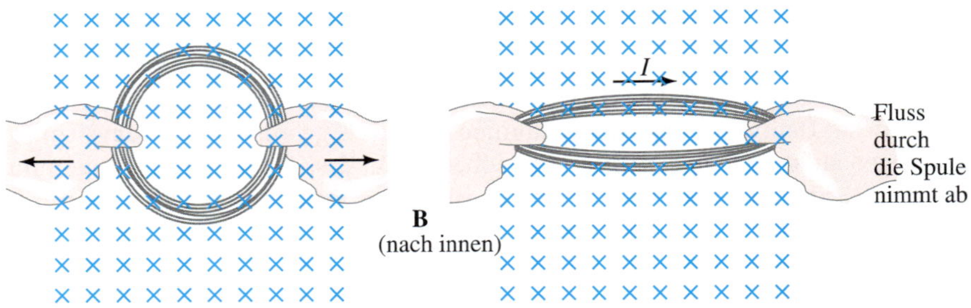

Abbildung 29.5 Ein Strom kann auch induziert werden, indem die von der Schleife umschlossene Fläche geändert wird. Hier wirkt der kurzzeitig induzierte Strom in die angezeigte Richtung, als würde er versuchen, den ursprünglichen Fluss aufrechtzuerhalten, indem er sein eigenes, in die Papierebene hinein zeigendes Magnetfeld erzeugt. Das heißt, während sich A verringert, verstärkt der Strom das Feld B in die ursprüngliche Richtung (in die Papierebene hinein).

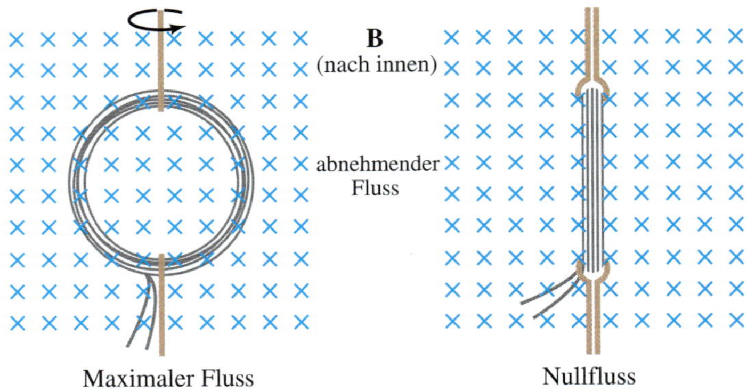

Abbildung 29.6 Auch durch Drehung einer Spule in einem Magnetfeld kann ein Strom induziert werden.

Feldes. Die ▸ Abbildungen 29.1 und ▸ 29.2 illustrieren die erste Möglichkeit. Beispiele für die Fälle 2 und 3 sind in den ▸ Abbildungen 29.5 und ▸ 29.6 dargestellt.

Beispiel 29.1 · Begriffsbildung

Übung zum Lenz'schen Gesetz

In welcher Richtung fließt in den in ▸ Abbildung 29.7 skizzierten Fällen der in der Schleife induzierte Strom?

Lösung

a Die magnetischen Feldlinien gehen vom Nordpol des Magneten aus. Wenn der Magnet in die Schleife hineinbewegt wird, zeigt daher das Feld in die Papierebene hinein und wird stärker. Der induzierte Strom fließt entgegen dem Uhrzeigersinn und erzeugt dadurch ein Feld **B**, das aus der Papierebene *herauszeigt*. Der mit dem induzierten Strom verbundene Fluss wirkt also der äußeren Änderung entgegen.

b Das Feld verläuft in der Papierebene, so dass der Fluss durch die Schleife während des gesamten Vorgangs null ist. Da es keine zeitliche Änderung des magnetischen Flusses gibt, wird in der Schleife keine Spannung und kein Strom induziert.

c Anfangs durchdringt der aus der Papierebene heraus zeigende magnetische Fluss die Schleife. Wenn die Schleife aus dem Feld herausgezogen wird, fließt der induzierte Strom in die Richtung, durch die das Defizit ausgeglichen wird: Der Strom fließt entgegen dem Uhrzeigersinn und erzeugt dadurch ein aus der Papierebene herauszeigendes Magnetfeld.

d Der Fluss zeigt in die Papierebene hinein und die Schleifenfläche wird kleiner; folglich fließt der induzierte Strom im Uhrzeigersinn und erzeugt so seinen eigenen Fluss, der in die Papierebene hineinzeigt, was die Verkleinerung des Flusses kompensiert.

e Anfangs gibt es in der Schleife keinen Fluss (warum nicht?). Wenn Sie anfangen, die Schleife zu drehen, dann beginnt der Fluss, die Schleife nach links zu durchdringen. Dem wirkt der in der Schleife induzierte Strom entgegen, der entgegen dem Uhrzeigersinn fließt und so seinen eigenen Fluss nach rechts erzeugt.

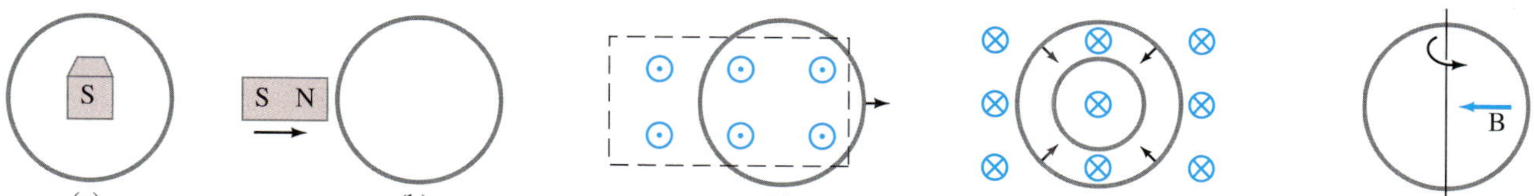

(a) Der Nordpol bewegt sich zur Schleife in die Papierebene hinein

(b) Der Nordpol bewegt sich in die Papierebene zur Schleife

(c) Die Schleife wird nach rechts aus dem Magnetfeld gezogen, das aus der Papierebene heraus zeigt

(d) Zusammenziehen einer Schleife in einem Magnetfeld, das in die Papierebene hinein zeigt

(e) Die Schleife wird gedreht, wobei die Drehachse durch den Kreismittelpunkt geht, und der rechte Teil der Schleife in die Papierebene hinein, der linke herausgedreht wird

Abbildung 29.7 Beispiel 29.1.

Beispiel 29.2 Herausziehen einer Spule aus einem Magnetfeld

Eine quadratische Drahtspule mit der Seitenlänge 5 cm enthält 100 Schleifen und befindet sich senkrecht zu einem Magnetfeld von 0,6 T (siehe ▸ Abbildung 29.8). Die Spule wird schnell und gleichmäßig aus dem Feld in einen Bereich gezogen, in dem B abrupt auf null fällt (die Bewegungsrichtung ist senkrecht zu $\mathbf{B}$). Zum Zeitpunkt $t = 0$ befindet sich die rechte Seite der Spule am rechten Rand des Feldes. Es dauert 0,1 s, bis sich die gesamte Spule im feldfreien Bereich befindet. Bestimmen Sie (a) die Änderungsrate des Flusses durch die Spule und (b) die induzierte Spannung und den induzierten Strom. (c) Wie groß ist die in der Spule verbrauchte Energie, wenn ihr Widerstand 100 Ω ist? (d) Wie groß ist die mittlere aufgewendete Kraft?

Lösung

a Untersuchen wir zunächst, wie sich der magnetische Fluss im Zeitintervall $\Delta t = 0{,}1$ s ändert. Die Fläche der Spule beträgt $A = (5 \cdot 10^{-2}\,\mathrm{m})^2 = 2{,}5 \cdot 10^{-3}\,\mathrm{m}^2$. Der Fluss ist anfangs $\Phi = BA = (0{,}6\,\mathrm{T})(2{,}5 \cdot 10^{-3}\,\mathrm{m}^2) = 1{,}5 \cdot 10^{-3}$ Wb. Nach 0,1 s ist der Fluss null. Die Änderungsrate des Flusses ist konstant, da die Spule quadratisch ist, und beträgt

$$\frac{\Delta\Phi}{\Delta t} = \frac{0 - 1{,}5 \cdot 10^{-3}\,\mathrm{Wb}}{0{,}1\,\mathrm{s}} = -1{,}5 \cdot 10^{-2}\,\mathrm{Wb/s}\,.$$

b Die während dieser Zeitspanne induzierte Spannung ist nach Gleichung 29.2

$$U_{\mathrm{ind}} = -n\frac{\mathrm{d}\Phi}{\mathrm{d}t} = -(100)(-1{,}5 \cdot 10^{-2}\,\mathrm{Wb/s}) = 1{,}5\,\mathrm{V}\,.$$

Der Strom ist

$$I = \frac{U_{\mathrm{ind}}}{R} = \frac{1{,}5\,\mathrm{V}}{100\,\Omega} = 15\,\mathrm{mA}$$

und muss nach der Lenz'schen Regel im Uhrzeigersinn fließen, um dem abnehmenden Fluss in die Papierebene hinein entgegenzuwirken.

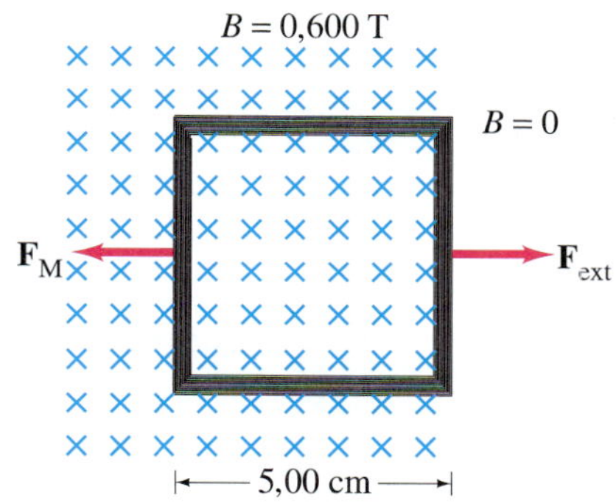

Abbildung 29.8 Beispiel 29.2. Die in einem Magnetfeld mit $B = 0{,}600$ T befindliche quadratische Spule wird abrupt nach rechts in ein Gebiet gerückt, in dem $B = 0$ gilt.

c Die insgesamt verbrauchte Energie ist

$$W = P \cdot \Delta t = I^2 R \cdot \Delta t = (1{,}5 \cdot 10^{-2}\ \mathrm{A})^2 (100\ \Omega)(0{,}1\ \mathrm{s}) = 2{,}25 \cdot 10^{-3}\ \mathrm{J}\,.$$

d Die Kraft können wir direkt aus Gleichung 27.3, $\mathbf{F} = I\mathbf{s} \times \mathbf{B}$, berechnen, wobei **B** konstant ist. Die Kräfte, die das magnetische Feld auf den oberen bzw. unteren Abschnitt der quadratischen Schleife ausübt, sind entgegengesetzt zueinander gerichtet, so dass sie sich aufheben. Die magnetische Kraft $\mathbf{F}_\mathrm{M}$ auf den linken vertikalen Abschnitt wirkt nach links (siehe ▸ Abbildung 29.8), da der Strom nach oben fließt (im Uhrzeigersinn). Der rechte Abschnitt der Spule befindet sich in einem Bereich, in dem **B** null ist. Folglich hat die nach rechts aufzuwendende Kraft den Betrag

$$F_\mathrm{ext} = nIsB = (100)(0{,}015\ \mathrm{A})(0{,}05\ \mathrm{m})(0{,}6\ \mathrm{T}) = 0{,}045\ \mathrm{N}\,,$$

da es 100 stromführende Schleifen gibt. Außerdem können wir die mittlere Kraft berechnen, indem wir das Ergebnis aus Teil (c) verwenden: Nach dem Energieerhaltungssatz ist die verbrauchte Energie E gleich der Arbeit W, die aufgewendet werden muss, um die Spule aus dem Feld herauszuziehen. Wegen $W = \overline{F}d$ mit $d = 5$ cm erhalten wir

$$\overline{F} = \frac{W}{d} = \frac{2{,}25 \cdot 10^{-3}\ \mathrm{J}}{5 \cdot 10^{-2}\ \mathrm{m}} = 0{,}045\ \mathrm{N}\,,$$

also wie erwartet das gleiche Ergebnis wie zuvor.

29.3 Induktion einer Spannung in einem bewegten Leiter

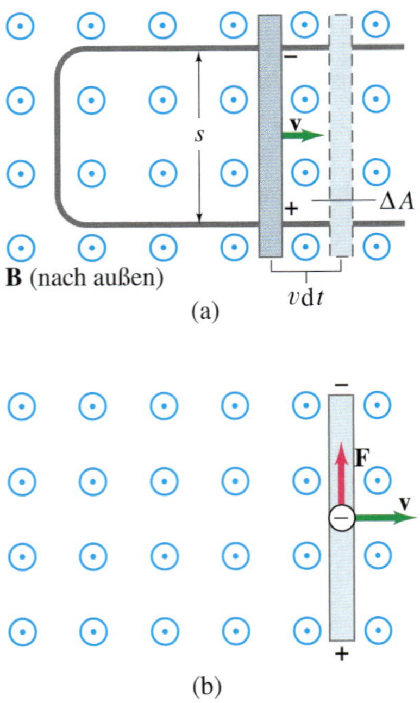

Abbildung 29.9 (a) Ein leitfähiger Stab wird in einem homogenen Magnetfeld **B**, das aus der Papierebene nach außen gerichtet ist, auf einem U-förmigen Leiter nach rechts bewegt. (b) Detailansicht des Stabes mit Darstellung der auf ein Elektron wirkenden Kraft.

Eine andere Möglichkeit zur Induktion einer Spannung ist in ▸ Abbildung 29.9 dargestellt. Diese Variante wird uns helfen, das Wesen der Induktionsspannung zu verstehen. Angenommen, ein homogenes Magnetfeld **B** steht senkrecht auf der Fläche, die durch den U-förmigen Leiter begrenzt ist, und auf dem Leiter ruht ein beweglicher Stab. Wenn der Stab mit der Geschwindigkeit v bewegt wird, legt er in der Zeit $\mathrm{d}t$ die Strecke $v\,\mathrm{d}t$ zurück. Daher wächst die Fläche der Schleife in der Zeit $\mathrm{d}t$ um den Betrag $\mathrm{d}A = sv\,\mathrm{d}t$. Nach dem Faraday'schen Gesetz wird eine Spannung U_ind induziert, deren Betrag durch

$$U_\mathrm{ind} = \frac{\mathrm{d}\Phi}{\mathrm{d}t} = \frac{B\,\mathrm{d}A}{\mathrm{d}t} = \frac{Bsv\,\mathrm{d}t}{\mathrm{d}t} = Bsv \qquad (29.3)$$

gegeben ist.

Diese Gleichung gilt, wenn **B**, **s** und **v** paarweise senkrecht zueinander sind. (Ist dies nicht der Fall, verwenden wir nur die zueinander senkrechten Komponenten.)

Wir können Gleichung 29.3 auch ableiten, ohne auf das Faraday'sche Gesetz zurückzugreifen. In Kapitel 27 haben wir gesehen, dass auf ein geladenes Teilchen, das sich mit der Geschwindigkeit v senkrecht zu einem Magnetfeld bewegt, eine Kraft $\mathbf{F} = q\mathbf{v} \times \mathbf{B}$ ausgeübt wird. Wenn sich der Stab in ▸ Abbildung 29.9a mit der Geschwindigkeit v nach rechts bewegt, dann bewegen sich die Elektronen innerhalb des Stabs mit der gleichen Geschwindigkeit. Wegen $\mathbf{v} \perp \mathbf{B}$ erfährt also jedes Elektron eine nach oben gerichtete Kraft $F = qvB$ (siehe ▸ Abbildung 29.9b). Wenn der Stab den U-förmigen Leiter nicht berühren würde, dann würden sich am oberen Ende des Stabes freie Elektronen sammeln und das untere Ende wäre positiv geladen. Es muss also eine induzierte Spannung geben. Wenn der Stab auf dem U-förmigen Leiter gleitet, fließen die Elektronen in diesen hinein. In diesem Fall gibt es einen im Uhrzeigersinn (bezogen auf die konventionelle Stromrichtung) fließenden Strom in der Schleife. Um die induzierte Spannung zu berechnen, bestimmen wir die Arbeit, die aufgewendet werden muss, um eine Ladung q gegen diese Potenzialdifferenz vom einen Ende des Stabes zum anderen zu bewegen: $W = \text{Kraft} \cdot \text{Weg} = (qvB)(s)$. Die Spannung ist gleich der pro Ladungseinheit verrichteten Arbeit, d. h. $U_{\text{ind}} = W/q = qvBs/q = Bsv$, wie wir bereits auf anderem Wege berechnet hatten.[2]

Diese Spannung erzeugt ein elektrisches Feld E innerhalb des Stabes, durch das die Elektronen in Bewegung versetzt werden (vgl. Abschnitt 25.8). Falls E innerhalb des Stabes homogen ist, gilt $E = U_{\text{ind}}/s = Bv$.

Beispiel 29.3 **Entwickelt ein sich bewegendes Flugzeug eine hohe Spannung?**

Ein Flugzeug bewegt sich mit 1000 km/h in einem Gebiet, in dem das erdmagnetische Feld $5 \cdot 10^{-5}$ T beträgt und nahezu vertikal gerichtet ist (▸ Abbildung 29.10). Wie groß ist die zwischen den Spitzen der Tragflächen induzierte Spannung, wenn diese einen Abstand von 70 m haben?

Lösung

Mit $v = 1000\,\text{km/h} = 280\,\text{m/s}$ und wegen $\mathbf{v} \perp \mathbf{B}$ gilt

$$U_{\text{ind}} = Bsv = (5 \cdot 10^{-5}\,\text{T})(70\,\text{m})(280\,\text{m/s}) = 1\,\text{V}\,.$$

Bei dieser Spannung besteht kein Grund zur Besorgnis.

Abbildung 29.10 Beispiel 29.3.

Beispiel 29.4 **Die auf den Stab wirkende Kraft**

Damit sich der Stab in ▸ Abbildung 29.9a mit der Geschwindigkeit v nach rechts bewegt, muss eine Kraft aufgewendet werden. (a) Erklären Sie dies und bestimmen Sie den Betrag der erforderlichen Kraft. (b) Wie groß ist die externe Leistung, die notwendig ist, um den Stab zu bewegen?

Lösung

a Wenn sich der Stab nach rechts bewegt, dann fließt, wie bereits diskutiert, ein Strom durch den Stab nach unten. Wir können dies auch anhand der Lenz'schen Regel sehen: Der nach oben gerichtete magnetische Fluss durch die Schleife wächst; daher muss der induzierte Strom dem Anwachsen entgegenwirken. Der Strom fließt also im Uhrzeigersinn und erzeugt ein Magnetfeld, das in die Papierebene hineinzeigt (Rechte-Hand-Regel). Die Kraft, die auf den sich bewegenden Stab ausgeübt wird, ist $\mathbf{F} = I\mathbf{s} \times \mathbf{B}$ für konstantes $\mathbf{B}$ (Gleichung 27.3). Nach der Rechte-Hand-Regel wirkt diese Kraft nach links und somit eine „Zugkraft", die unseren Bemühungen entgegenwirkt, den Stab nach rechts zu ziehen.

Der Betrag der externen, nach rechts wirkenden Kraft muss $F = IsB$ sein, wobei für den Strom $I = U_{\text{ind}}/R = Bsv/R$ gilt. R ist der Widerstand des gesamten Stromkreises, d. h. des Leiters und des Stabs. Die erforderliche Kraft F, um den Stab zu bewegen, ist also

$$F = IsB = \frac{B^2 s^2}{R} v\,.$$

2 Dieser Gedankengang, der im Wesentlichen der gleiche ist wie beim Hall-Effekt (Abschnitt 27.8), erklärt diese eine Möglichkeit zur Induktion einer Spannung. Er erklärt jedoch nicht den allgemeinen Fall der elektromagnetischen Induktion.

Wenn B, s und R konstant sind, erzeugt eine konstante Kraft eine konstante Geschwindigkeit v. Konstantes R bedeutet, dass der gesamte Widerstand durch den Stab zustande kommt, während der U-förmige Leiter keinen Widerstand besitzt.

b Die externe Leistung, die notwendig ist, um den Stab bei konstantem R zu bewegen, ist

$$P = Fv = \frac{B^2 s^2 v^2}{R} .$$

Die in dem Widerstand verbrauchte Leistung ist $P = I^2 R$. Mit $I = U_{\text{ind}}/R = Blv/R$ gilt

$$P = I^2 R = \frac{B^2 s^2 v^2}{R} ;$$

die aufgenommene Leistung ist also immer gleich der im Widerstand verbrauchten Leistung.

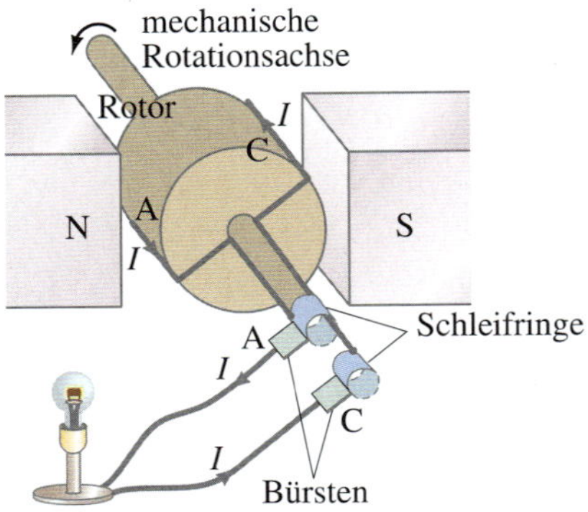

Abbildung 29.11 Ein Wechselstromgenerator.

29.4 Elektrische Generatoren

Die vielleicht wichtigste praktische Konsequenz aus Faradays großer Entdeckung war die Entwicklung des **elektrischen Generators** oder **Dynamos.** Ein Generator wandelt mechanische in elektrische Energie um. Dies ist genau das Gegenteil der Aufgabe eines Motors. Tatsächlich ist der Generator im Grunde genommen die Umkehrung eines Motors. ▸ Abbildung 29.11 ist eine vereinfachte Skizze eines Generators. Ein Generator besteht aus zahlreichen Drahtschleifen (in der Abbildung ist nur eine dargestellt), die um einen Rotor gewickelt sind, der sich in einem Magnetfeld dreht. Die Achse wird mechanisch bewegt (z. B. durch Wasserkraft oder im Auto durch den Motor über einen Antriebsriemen). In der rotierenden Spule wird eine Spannung induziert. Ein elektrischer Strom wird also vom Generator *geliefert*. Aus der Gleichung $\mathbf{F} = q\mathbf{v} \times \mathbf{B}$ wissen wir, dass die (konventionelle) Stromrichtung in dem mit A gekennzeichneten Draht auf dem Rotor in ▸ Abbildung 29.11 nach außen zeigt; der Strom fließt also wie dargestellt nach außen zur Bürste A. (Die Bürsten streifen gegen geschlossene Schleifringe.) Nach einer halben Umdrehung befindet sich der Draht A dort, wo in der Abbildung Draht C eingezeichnet ist, und der Strom an der Bürste A ist dann nach innen gerichtet. Folglich ist der erzeugte Strom ein Wechselstrom. Sehen wir uns dies genauer an.

Angenommen, die Schleife wird in einem homogenen Magnetfeld $\mathbf{B}$ in eine Rotation mit der konstanten Winkelgeschwindigkeit ω versetzt. Nach dem Faraday'schen Gesetz ist die induzierte Spannung

$$U_{\text{ind}} = -\frac{\mathrm{d}\Phi}{\mathrm{d}t} = -\frac{\mathrm{d}}{\mathrm{d}t}\int \mathbf{B} \cdot \mathrm{d}\mathbf{A} = -\frac{\mathrm{d}}{\mathrm{d}t}[BA\cos\theta] ,$$

wobei A die Fläche der Schleife und θ der Winkel zwischen $\mathbf{B}$ und $\mathbf{A}$ ist. Wegen $\omega = \mathrm{d}\theta/\mathrm{d}t$ ist $\theta = \theta_0 + \omega t$. Wir setzen willkürlich $\theta_0 = 0$, so dass gilt

$$U_{\text{ind}} = -BA\frac{\mathrm{d}}{\mathrm{d}t}(\cos\omega t) = BA\,\omega\sin\omega t .$$

Für eine rotierende Spule mit n Schleifen gilt

$$\begin{aligned} U_{\text{ind}} &= nBA\,\omega\sin\omega t \\ &= U_0\sin\omega t . \end{aligned} \qquad (29.4)$$

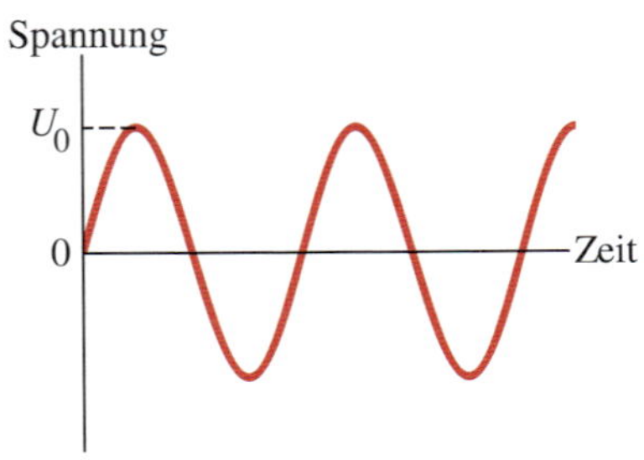

Abbildung 29.12 Ein Wechselstromgenerator erzeugt einen Wechselstrom. Die Ausgabespannung ist $U_{\text{ind}} = U_0 \sin\omega t$ mit $U_0 = nAB\omega$ (siehe Gleichung 29.4).

Die Ausgabespannung ist also sinusförmig (siehe ▸ Abbildung 29.12) mit der Amplitude $U_0 = nBA\omega$. Eine solche in einem Magnetfeld rotierende Spule ist das Funktionsprinzip eines Wechselstromgenerators.

In den USA werden über 99% der Elektrizität durch Generatoren erzeugt (▶ Abbildung 29.13). Die Frequenz $f = \omega/2\pi$ beträgt in den USA und Kanada 60 Hz, während in vielen anderen Ländern 50 Hz verwendet werden. In Kraftwerken ist der Rotor an einer starken Achse befestigt, die mit einer Turbine verbunden ist; dies ist die moderne Variante eines Wasserrads. In einem Wasserkraftwerk treibt der Wasserdruck an einem Staudamm die Turbine an. Der größte Teil der elektrischen Leistung wird in den USA jedoch in Heizkraftwerken erzeugt. In diesen wird Wasser durch Verbrennen fossiler Brennstoffe (Kohle, Öl, Erdgas) zum Sieden gebracht, um Dampf mit hohem Druck zu erzeugen, der die Turbinen antreibt. Entsprechend wird in Kernkraftwerken die freigesetzte Kernenergie genutzt, um Dampf zum Antreiben der Turbinen zu erzeugen. Eine Wärmemaschine (Kapitel 20), die mit einem Generator verbunden ist, ist also das wesentliche Element zur Stromerzeugung.

Die Frequenz von 60 Hz bzw. 50 Hz wird von den Stromversorgern sehr genau eingehalten, und wir werden bei unseren Rechnungen davon ausgehen, dass dieser Wert mindestens die gleiche Genauigkeit hat wie die anderen Werte.

ANGEWANDTE PHYSIK

Kraftwerke

Abbildung 29.13 Wassergetriebene Generatoren am Fuße des Boulder-Staudamms in Nevada.

Beispiel 29.5 Ein Wechselstromgenerator

Der Rotor eines 60-Hz-Wechselstromgenerators rotiert in einem Magnetfeld von 0,15 T. Die Fläche der Spule sei $2 \cdot 10^{-2}\,\mathrm{m}^2$. Aus wie vielen Schleifen muss die Spule bestehen, damit sie eine Spitzenspannung von $U_0 = 170\,\mathrm{V}$ ausgibt?

Lösung

Nach Gleichung 29.4 ist die maximale Spannung $U_0 = nBA\omega$. Mit $\omega = 2\pi f = (6{,}28)(60\,\mathrm{s}^{-1}) = 377\,\mathrm{s}^{-1}$ erhalten wir

$$n = \frac{U_0}{BA\omega} = \frac{170\,\mathrm{V}}{(0{,}15\,\mathrm{T})(2 \cdot 10^{-2}\,\mathrm{m}^2)(377\,\mathrm{s}^{-1})} = 150\,.$$

Ein **Gleichstromgenerator** arbeitet ähnlich wie ein Wechselstromgenerator, mit dem Unterschied, dass die Schleifringe wie bei einem Gleichstrommotor durch geteilte Kommutatoren ersetzt sind (▶ Abbildung 29.14a). Im unteren Teil der Abbildung ist die Ausgabe eines solchen Generators dargestellt. Der zeitliche Verlauf kann durch Parallelschalten eines Kondensators geglättet werden (Abschnitt 26.4). Gebräuchlicher ist die Verwendung von sehr vielen Rotorwindungen (siehe ▶ Abbildung 29.14b), was einen glatteren Verlauf der Ausgabeleistung zur Folge hat.

ANGEWANDTE PHYSIK

Gleichstromgenerator

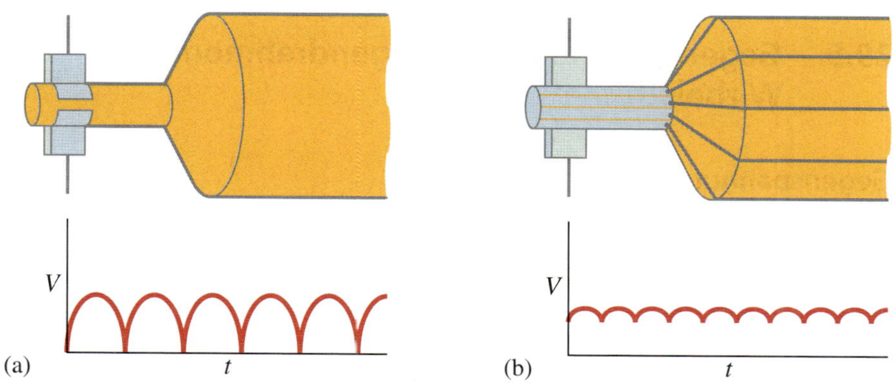

Abbildung 29.14 (a) Ein Gleichstromgenerator mit einer Reihe von Kommutatoren. (b) Ein Gleichstromgenerator mit mehreren Reihen von Kommutatoren und Windungen.

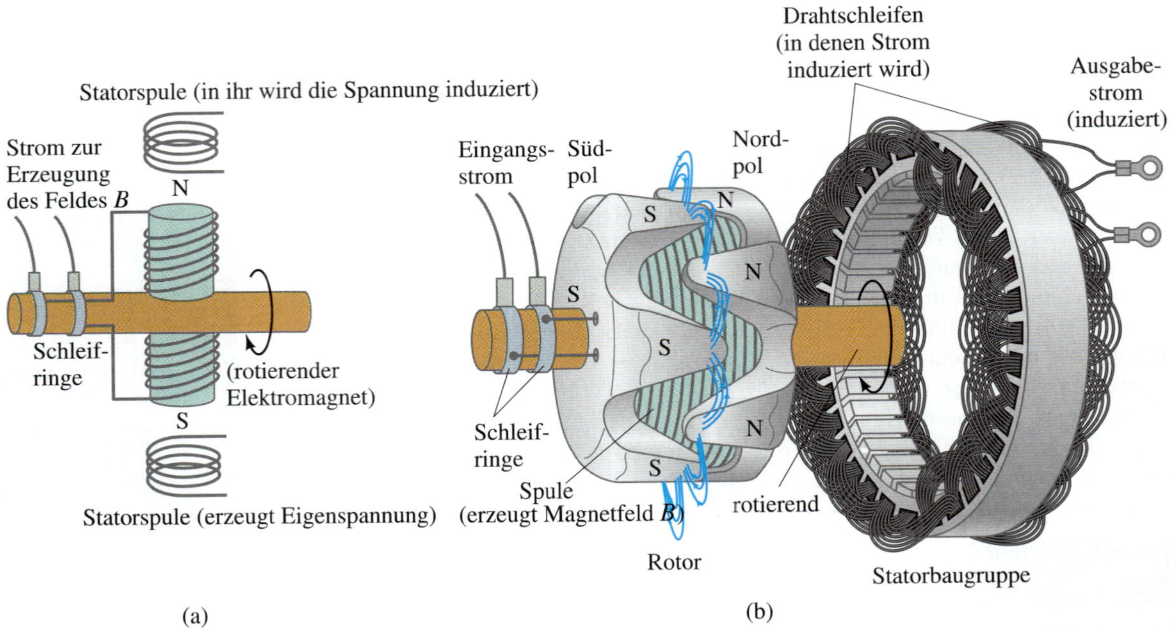

Abbildung 29.15 (a) Vereinfachte schematische Darstellung eines Drehstromgenerators. Der Strom zum Erzeugen des Magnetfelds im Elektromagneten (dem Rotor) wird durch durchgehende Schleifringe verbunden. Manchmal, wie in Fahrraddynamos, wird anstelle des Elektromagneten ein Permanentmagnet verwendet. (b) Tatsächlicher Aufbau eines Drehstromgenerators. Der Rotor wird von der Maschine über einen Keilriemen angetrieben. Der Strom in der Drahtspule des Rotors erzeugt in dieser ein Magnetfeld, das von links nach rechts zeigt und so Nord- und Südpol auf den mit den Enden der Spule verbundenen Platten festlegt. Diese Platten haben am Rand dreieckige Zacken, die über die Spule gebogen sind. Folglich liegen Nord- und Südpole abwechselnd dicht übereinander. Die zwischen ihnen verlaufenden magnetischen Feldlinien sind in der Abbildung blau dargestellt. Während sich der Rotor dreht, laufen diese Feldlinien durch die festen Statorspulen und induzieren in diesen den Ausgabestrom. (In der Abbildung ist der Stator aus Gründen der Übersichtlichkeit rechts vom Rotor gezeichnet, tatsächlich dreht sich der Rotor jedoch innerhalb des Stators.)

ANGEWANDTE PHYSIK

Drehstromgeneratoren

In der Vergangenheit wurden in Kraftfahrzeugen Gleichstromgeneratoren verwendet. Heute sind dagegen Wechselstromgeneratoren oder Drehstromgeneratoren üblich, mit denen die bei Gleichstromgeneratoren auftretenden Probleme durch Verschleiß und Funkenüberschlag am geteilten Kommutator vermieden werden können. In einem Drehstromgenerator erzeugt der Strom aus der Batterie ein Magnetfeld in einem Elektromagneten, der als *Rotor* bezeichnet wird und der über einen Antriebsriemen von der Maschine in Rotation versetzt wird. Der bewegliche Rotor ist von einer Reihe stationärer Spulen umgeben, die als *Statoren* bezeichnet werden (siehe ▸ Abbildung 29.15). Das Magnetfeld des Rotors durchdringt die Statorspulen, und da sich der Rotor dreht, ändert sich dieses Feld. Folglich wird in den Statorspulen ein Wechselstrom induziert, der ausgegeben wird. Dieser Wechselstrom wird durch Halbleiterdioden, die den Strom nur in eine Richtung durchlassen, in einen Gleichstrom umgewandelt, der zum Aufladen der Batterie verwendet wird.

Ausgabespannung eines Wechselstromgenerators

29.5 Gegenspannung und Gegendrehmoment; Wirbelströme

Gegenspannung

Ein Motor dreht sich und erzeugt mechanische Energie, wenn ein Strom in ihn hineinfließt. Aus der Beschreibung eines einfachen Gleichstrommotors in Abschnitt 27.6 könnten Sie den Schluss ziehen, dass der Rotor durch das auf ihn wirkende Drehmoment unendlich beschleunigt wird. Tatsächlich ändert sich jedoch der magnetische Fluss durch die Spule und es wird eine Spannung erzeugt. Diese induzierte Spannung wirkt der Bewegung entgegen (Lenz'sche Regel) und wird als **Gegenspannung** bezeichnet. Je größer die Geschwindigkeit des Motors, umso größer ist auch die Gegenspannung. Normalerweise dreht sich ein Motor, um an einem Objekt Arbeit zu verrichten, aber wenn es keine Last gäbe, würde sich seine Geschwindigkeit solange erhöhen, bis die Gegenspannung gleich der Eingangsspannung ist. Wenn es eine mechanische Last gibt, wird die Geschwindigkeit auch durch die Last beschränkt. Die Gegenspannung ist in diesem Fall kleiner als die von außen angelegte Spannung. Je größer die mechanische Last, umso langsamer dreht sich der Motor und umso niedriger ist die Gegenspannung ($U_{ind} \propto \omega$, Gleichung 29.4).

Gegenspannung

Beispiel 29.6 Gegenspannung in einem Motor

Die Rotorwindungen eines Gleichstrommotors haben einen Widerstand von 5,0 Ω. Der Motor ist an eine 120-V-Leitung angeschlossen. Wenn der Motor in Abhängigkeit von der Nennleistung seine maximale Geschwindigkeit erreicht, ist die Gegenspannung 108 V. Berechnen Sie (a) den in den Motor hineinfließenden Strom, wenn dieser gerade gestartet wird, und (b) den Strom, wenn der Motor seine maximale Geschwindigkeit erreicht.

Lösung

a Anfangs dreht sich der Motor nicht (oder sehr langsam), so dass es keine induzierte Gegenspannung gibt. Der Strom ist deshalb nach dem Ohm'schen Gesetz

$$I = \frac{U}{R} = \frac{120\,\text{V}}{5{,}0\,\Omega} = 24\,\text{A}\,.$$

b Bei voller Geschwindigkeit ist die Gegenspannung eine Spannungsquelle, die der äußeren Spannung entgegenwirkt. In ► Abbildung 29.16 ist diese Gegenspannung durch eine Batterie dargestellt.

In diesem Fall liefert das Ohm'sche Gesetz (oder die Kirchhoff'sche Regel)

$$120\,\text{V} - 108\,\text{V} = I(5{,}0\,\Omega)\,.$$

Daraus folgt

$$I = \frac{12\,\text{V}}{5{,}0\,\Omega} = 2{,}4\,\text{A}\,.$$

Dieses Ergebnis zeigt, dass sehr hohe Ströme entstehen können, wenn ein Motor anläuft. Dies ist auch der Grund, weshalb die Lampen im Haus etwas weniger hell leuchten, wenn sich der Motor des Kühlschranks (oder ein anderer starker Motor) einschaltet. Der starke Anlassstrom bewirkt, dass die Versorgungsspannung etwas abfällt, da die Kabel einen Widerstand haben und auf ihnen eine Potenzialdifferenz entsteht, wenn große Ströme gezogen werden.

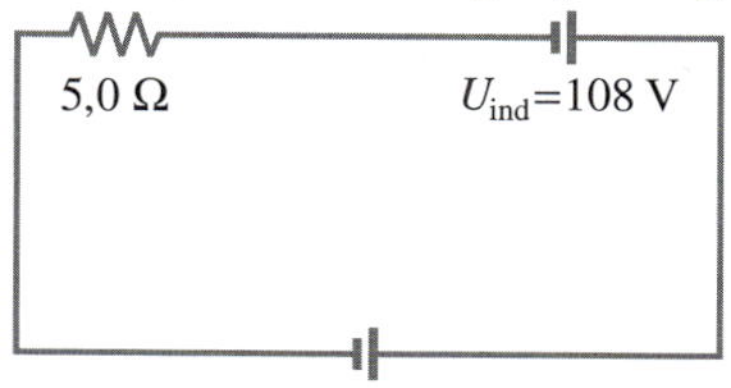

Abbildung 29.16 Schaltkreis eines Motors; die induzierte Gegenspannung ist angegeben.

Einfluss der Gegenspannung auf den Strom

Beispiel 29.7 · Begriffsbildung Überlasten eines Motors

Wenn Sie ein Elektrogerät, z. B. einen Mixer, einen Akkuschrauber oder eine Nähmaschine überlasten oder festklemmen, so dass der Motor merklich langsamer wird oder stehen bleibt während das Gerät noch am Netz hängt, brennt der Motor möglicherweise durch und geht kaputt. Erklären Sie, warum.

ANGEWANDTE PHYSIK

Durchbrennen eines Motors

Lösung

Motoren sind so konstruiert, dass sie bei einer gegebenen Versorgungsspannung mit einer bestimmten Geschwindigkeit laufen, wobei der Konstrukteur die erwartete Gegenspannung berücksichtigen muss. Wenn die Rotationsgeschwindigkeit gedrosselt wird, ist die Gegenspannung nicht so hoch wie erwartet ($U_{\text{ind}} \propto \omega$, siehe Gleichung 29.4). Der Strom wird daher steigen und unter Umständen so groß werden, dass die Windungen des Motors überhitzen, so dass der Motor schließlich zerstört wird.

Gegendrehmoment

Beim Generator liegt genau die umgekehrte Situation vor wie beim Motor. Wie wir gesehen haben, wird durch den mechanischen Antrieb des Rotors in den Schleifen eine Spannung induziert, die abgegeben wird. Wenn der Generator nicht mit einem externen Stromkreis verbunden ist, liegt die Spannung an den Klemmen an, aber es fließt kein Strom. In diesem Fall kostet es wenig Mühe, den Rotor anzutreiben. Wenn der Generator aber mit einem Gerät verbunden ist, das Strom zieht, dann fließt ein Strom in die Windungen des Rotors. Da sich die stromführende Spule in einem Magnetfeld befindet, wirkt auf sie ein Drehmoment (wie beim Motor). Dieses Drehmoment wirkt entgegengesetzt zur Bewegungsrichtung (wenden Sie in ▸ Abbildung 29.11 die Rechte-Hand-Regel für die auf den Draht ausgeübte Kraft an). Es wird als **Gegendrehmoment** bezeichnet. Je größer die elektrische Last ist (d. h. je mehr Strom gezogen wird), umso größer ist das Gegendrehmoment. Folglich muss das von außen aufgewendete Drehmoment größer sein, um den Generator am Laufen zu halten. Dies steht im Einklang mit dem Energieerhaltungssatz: Um mehr elektrische Energie zu erzeugen, muss mehr mechanische Energie aufgewendet werden.

Gegendrehmoment

Wirbelströme

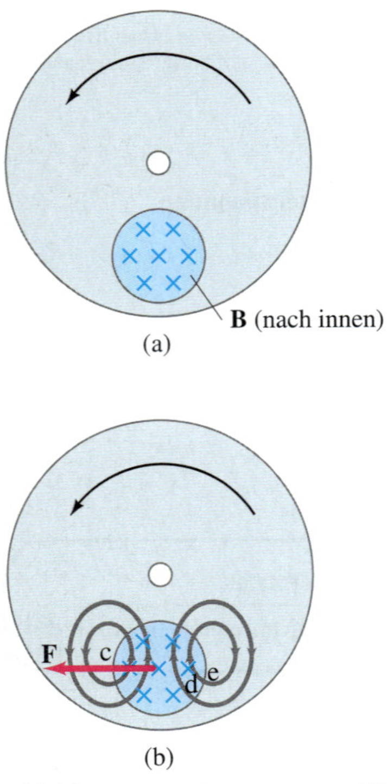

Abbildung 29.17 Erzeugung von Wirbelströmen in einem sich drehenden Rad.

Induktionsströme fließen nicht immer auf wohldefinierten Wegen wie in Kabeln. Betrachten wir z. B. das rotierende Metallrad in ▸ Abbildung 29.17a. In einem begrenzten Gebiet wirkt ein Magnetfeld, das in die Papierebene hineinzeigt. Der Abschnitt des Rades, der sich im Magnetfeld befindet, enthält eine Induktionsspannung, da sich der Leiter bewegt und dabei Elektronen mit sich führt. Der Strom fließt im Bereich des Magnetfelds nach oben (bezogen auf die konventionelle Stromrichtung) und kehrt außerhalb dieses Bereichs nach unten zurück (siehe ▸ Abbildung 29.17b). Warum? Nach der Lenz'schen Regel wirken Induktionsströme der sie verursachenden Änderung entgegen. Betrachten wir den mit dem Buchstaben c gekennzeichneten Bereich des Rades. Dort ist das Magnetfeld null, aber der Bereich ist gerade dabei, sich in das Gebiet zu bewegen, wo **B** in die Papierebene hineinzeigt. Dieser Änderung entgegen wirkt der Induktionsstrom, der entgegen dem Uhrzeigersinn fließt und ein Feld erzeugt, das aus der Seite herauszeigt (Rechte-Hand-Regel). Entsprechend ist das Gebiet d gerade dabei, sich nach e zu bewegen, wo **B** null ist; folglich fließt der Strom im Uhrzeigersinn und erzeugt ein nach innen gerichtetes Feld, das der Änderung entgegenwirkt. Diese Ströme werden als **Wirbelströme** bezeichnet. Sie können in jedem Leiter auftreten, der sich in einem Magnetfeld bewegt oder in dem sich der magnetische Fluss ändert.

In ▸ Abbildung 29.17 übt das Magnetfeld eine Kraft **F** auf die von ihm induzierten Ströme aus, die der Rotationsbewegung entgegenwirkt. Wirbelströme werden beispielsweise in Fahrzeugen bei Bremsen (Wirbelstrombremse) ausgenutzt. Um das Fahrzeug anzuhalten, wird ein Elektromagnet eingeschaltet, dessen Feld entweder auf die Räder oder auf die Schienen wirkt. In schwingenden Systemen können Wirbelströme eingesetzt werden, um Oszillationen zu dämpfen. Wirbelströme können allerdings auch zum Problem werden. Beispielsweise erzeugen Wirbelströme im Rotor eines Motors oder Generators Wärme ($P = IU_{\text{ind}}$) und verschwenden auf diese Weise Energie. Um die Wirbelströme zu reduzieren, werden Rotoren *laminiert*, d. h. sie werden aus sehr dünnen Eisenblättern gefertigt, die gegeneinander isoliert sind (siehe ▶ Abbildung 29.19, nächster Abschnitt). Dadurch wird der Weg, über den die Wirbelströme fließen, jeweils innerhalb der Blätter beschränkt, wodurch sich der Gesamtwiderstand erhöht. Folglich wird der Strom kleiner und es wird weniger Energie verschwendet.

Abbildung 29.18 Reparatur eines Abspanntransformators auf einem Leitungsmast.

29.6 Transformatoren und Stromübertragung

Ein Transformator ist ein Gerät, mit dem eine Gleichspannung erhöht oder verringert werden kann. Transformatoren werden sehr vielfältig eingesetzt, beispielsweise in Fernsehgeräten, um die für die Bildröhre erforderliche hohe Spannung zu erreichen, in „Netzteilen" zum Anschließen eines Walkmans oder an Leitungsmasten (▶ Abbildung 29.18) zum Transformieren der von den Elektrizitätswerken gelieferten Hochspannung auf die in den Haushalten verwendeten 220 V. Ein **Transformator** besteht aus zwei Drahtspulen, die als **Primärspule** und **Sekundärspule** bezeichnet werden. Die beiden Spulen können ineinander geschachtelt sein (wobei sie gegeneinander isoliert sind), oder sie sind durch einen Weicheisenkern verbunden, der laminiert ist, um Verluste durch Wirbelströme zu vermeiden (▶ Abbildung 29.19, siehe auch Abschnitt 29.5). Transformatoren sind so konstruiert, dass (nahezu) der gesamte magnetische Fluss, der durch den Strom in der Primärspule erzeugt wird, auch durch die Sekundärspule geht. Im Folgenden setzen wir dies voraus. Außerdem nehmen wir an, dass Energieverluste durch den Widerstand der Spulen sowie Hystereseerscheinungen im Eisen vernachlässigt werden können. Dies ist eine gute Näherung für reale Transformatoren, die oft einen Wirkungsgrad von mehr als 99% erreichen.

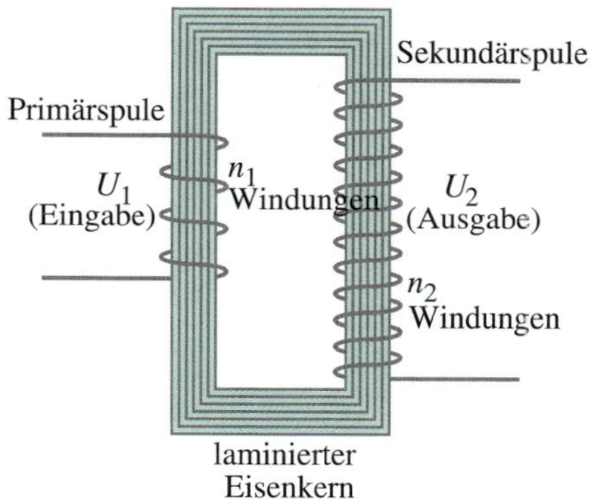

Abbildung 29.19 Ein Aufspanntransformator ($n_1 = 4, n_2 = 12$).

Wenn an die Primärspule eine Wechselspannung angelegt wird, induziert das von ihr erzeugte veränderliche Magnetfeld in der Sekundärspule eine Wechselspannung mit der gleichen Frequenz. Die Spannung unterscheidet sich jedoch aufgrund der unterschiedlichen Anzahl von Schleifen in jeder Spule. Nach dem Faraday'schen Gesetz ist die induzierte Spannung in der Sekundärspule

$$U_2 = n_2 \frac{d\Phi}{dt} ,$$

wobei n_2 die Anzahl der Windungen der Sekundärspule und $d\Phi/dt$ die Änderungsrate des magnetischen Flusses ist.

Die primäre Eingabespannung U_1 hängt ebenfalls mit der Flussänderungsrate zusammen. Es gilt

$$U_1 = n_1 \frac{d\Phi}{dt} ,$$

wobei n_1 die Anzahl der Windungen der Primärspule ist. Dies folgt, weil der sich ändernde Fluss eine Gegenspannung $n_1\, d\Phi/dt$ in der Primärspule erzeugt, die die angelegte Spannung U_1 gerade ausgleicht, wenn der Widerstand der Primärspule vernachlässigt werden kann (Kirchhoff'sche Regeln). Wir dividieren diese beiden Gleichungen, wobei wir annehmen, dass wenig oder kein Fluss verloren geht, und erhalten

$$\frac{U_1}{U_2} = \frac{n_1}{n_2} . \qquad (29.5)$$

Transformatorgleichung

Die Quotienten bezeichnet man als „Übersetzungsverhältnis". Diese als *Transformatorgleichung* bezeichnete Gleichung beschreibt, wie die Sekundärspannung (Ausgabespannung) mit der Primärspannung (Eingangsspannung) zusammenhängt. In Gleichung 29.5 können U_1 und U_2 die Effektivwerte oder Spitzenwerte sein. (Gleichspannung kann in Transformatoren nicht verwendet werden, da sie keinen sich ändernden magnetischen Fluss erzeugt.)

Wenn n_2 größer ist als n_1, spricht man von einem **Aufspanntransformator.** Die Sekundärspannung ist größer als die Primärspannung. Wenn beispielsweise die Sekundärspule doppelt so viele Windungen hat wie die Primärspule, dann ist die Sekundärspannung doppelt so hoch wie die Primärspannung. Ist n_2 dagegen kleiner als n_1, dann spricht man von einem **Abspanntransformator.**

Auch bei Erhöhen oder Verringern einer Wechselspannung mithilfe eines Transformators gilt der Energieerhaltungssatz, daher kann die ausgegebene Leistung nicht größer sein als die eingegebene. Ein gut konstruierter Transformator kann einen Wirkungsgrad von mehr als 99% erreichen, so dass nur sehr wenig Energie in Form von Wärme verloren geht. Die ausgegebene Leistung ist in diesem Fall also fast so groß wie die Eingabeleistung. Da die Leistung durch $P = UI$ gegeben ist (Gleichung 25.6), erhalten wir

$$U_1 I_1 = U_2 I_2$$

oder

Transformatorgleichung II

$$\frac{I_2}{I_1} = \frac{n_1}{n_2} \,. \qquad (29.6)$$

Beispiel 29.8 Transformator in einem Kofferradio

Ein Transformator, der in einem Kofferradio verwendet wird, reduziert einen 220-V-Wechselstrom auf einen 9-V-Wechselstrom. (Ein solches Bauteil enthält außerdem Dioden, die die 9-V-Wechselspannung in eine Gleichspannung umwandeln.) Die Sekundärspule besitzt 30 Windungen und das Radio zieht 400 mA. Berechnen Sie (a) die Anzahl der Windungen in der Primärspule, (b) den Strom in der Primärspule und (c) die transformierte Leistung.

Lösung

a

$$n_1 = n_2 \frac{U_1}{U_2} = \frac{(30)(120\text{ V})}{(9{,}0\text{ V})} = 400 \text{ Windungen} \,.$$

b Nach Gleichung 29.6 gilt

$$I_1 = I_2 \frac{n_2}{n_1} = (0{,}4\text{ A}) \left(\frac{30}{400} \right) = 0{,}03\text{ A} \,.$$

c Die transformierte Leistung ist

$$P = I_2 U_2 = (9{,}0\text{ V})(0{,}4\text{ A}) = 3{,}6\text{ W} \,,$$

was bei einem angenommenen Wirkungsgrad von 100% das Gleiche ist wie die Leistung in der Primärspule, $P = (120\text{ V})(0{,}03\text{ A}) = 3{,}6\text{ W}$.

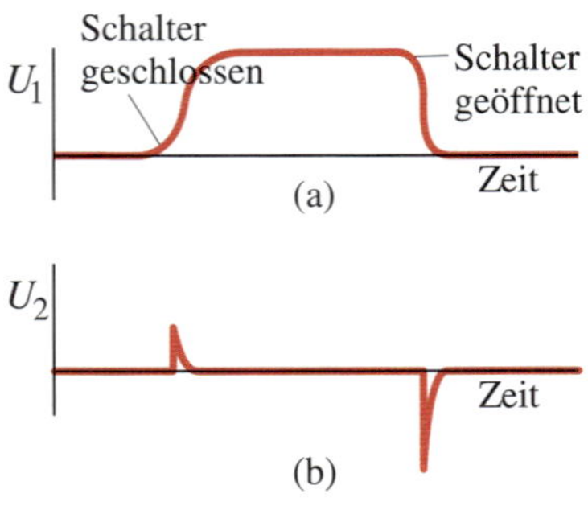

Abbildung 29.20 Beim Ein- und Ausschalten einer Gleichspannung (a) wird in der Sekundärspule ein Spannungspuls erzeugt (b). Der Maßstab für die Spannung muss in (a) und (b) nicht notwendigerweise gleich sein.

Ein Transformator arbeitet nur mit Wechselstrom. Ein Gleichstrom in der Primärspule erzeugt keinen sich ändernden magnetischen Fluss und induziert deshalb auch keine Spannung in der Sekundärspule. Wenn aber ein an die Primärspule angelegter Gleichstrom über einen Schalter zugeschaltet wird, dann induziert dieser Gleichstrom in dem Moment, in dem der Schalter umgelegt wird, in der Sekundärspule einen Strom. ► Abbildung 29.20b zeigt den zeitlichen Verlauf der Induktionsspannung in der Sekundärspule, wenn der Gleichstrom wie in ► Abbildung 29.20a dargestellt ein- und ausgeschaltet wird. Beachten Sie, dass die Sekundärspannung auf null fällt, wenn die Gleichspannung stationär ist. Auf diese Weise wird in der Zündanlage eines Kraftfahrzeugs die hohe Spannung erzeugt,

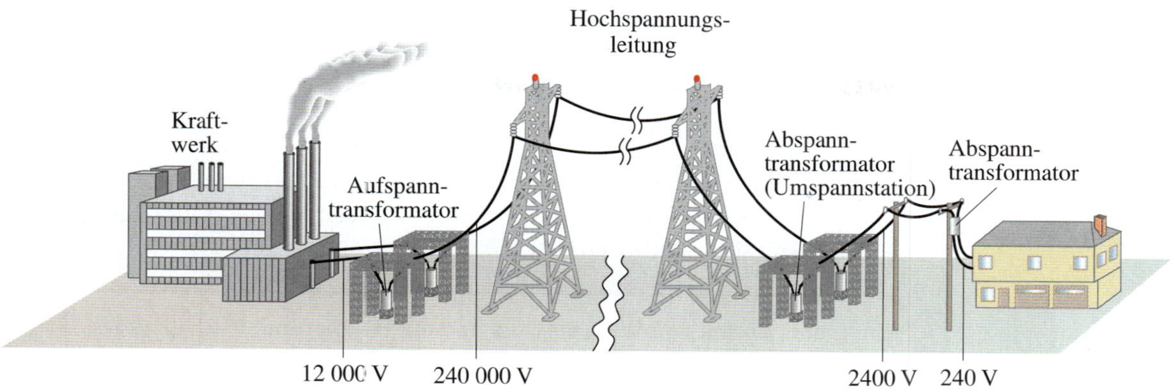

Abbildung 29.21 Bei der Übertragung der elektrischen Energie von Kraftwerken zu den Haushalten kommen in verschiedenen Abschnitten Transformatoren zum Einsatz.

die notwendig ist, damit in der Zündkerze ein Funke entsteht, der das Kraftstoff-Luft-Gemisch entzündet. Der Transformator, der in diesem Fall als „Zündspule" bezeichnet wird, transformiert die 12-V-Spannung der Batterie beim Ausschalten in eine Spannungsspitze von 25 kV.

Transformatoren spielen eine wichtige Rolle bei der Übertragung von Elektrizität. Kraftwerke sind meist ein ganzes Stück von Ballungszentren entfernt, so dass die Elektrizität über lange Strecken übertragen werden muss (siehe ► Abbildung 29.21). Durch die Leitungen geht immer etwas Leistung verloren. Die Verluste können minimiert werden, wenn die Übertragung bei hoher Spannung geschieht. Hierzu werden Transformatoren eingesetzt, wie das folgende Beispiel zeigt.

ANGEWANDTE PHYSIK

Transformatoren in Hochspannungsleitungen

Beispiel 29.9 Hochspannungsleitungen

Ein Kraftwerk liefert eine mittlere Leistung von 120 kW an eine 10 km entfernte Kleinstadt. Die Übertragungsleitungen haben einen Gesamtwiderstand von 0,4 Ω. Berechnen Sie den Leistungsverlust, wenn die Leistung (a) bei 240 V und (b) bei 24 000 V übertragen wird.

Lösung

Die Beziehung $P = U^2/R$ können wir nicht ohne Weiteres verwenden, denn wenn wir für R den Widerstand der Leitungen setzen, dann kennen wir die zugehörige, an ihnen anliegende Spannung nicht. Die in der Aufgabenstellung angegebenen Werte beziehen sich auf die Leitungen zuzüglich der Last (dies ist die Stadt). Wir können jedoch für jeden der beiden Fälle den Strom I in den Leitungen und dann aus $P = I^2R$ den Leistungsverlust berechnen.

a Wenn 120 kW bei 240 V übertragen werden, ist der Gesamtstrom

$$I = \frac{P}{U} = \frac{1{,}2 \cdot 10^5\ \mathrm{W}}{2{,}4 \cdot 10^2\ \mathrm{V}} = 500\ \mathrm{A}\,.$$

Der Leistungsverlust durch die Leitungen ist damit

$$P_\mathrm{L} = I^2R = (500\ \mathrm{A})^2(0{,}4\ \Omega) = 100\ \mathrm{kW}\,.$$

Dies bedeutet, dass mehr als 80% der gesamten Leistung in Form von Wärme über die Leitungen abgegeben werden!

b Wenn 120 kW bei 24 000 V übertragen werden, ist der Gesamtstrom

$$I = \frac{P}{U} = \frac{1{,}2 \cdot 10^5\ \mathrm{W}}{2{,}4 \cdot 10^4\ \mathrm{V}} = 5\ \mathrm{A}\,.$$

Der Leistungsverlust durch die Leitungen ist damit

$$P_L = I^2R = (5\,\text{A})^2(0{,}4\,\Omega) = 10\,\text{W}\,,$$

was weniger ist als ein Hundertstel von einem Prozent. Je höher die Spannung, umso kleiner ist also der Strom und damit der Leistungsverlust in den Übertragungsleitungen. Aus diesem Grund wird die von den Kraftwerken erzeugte Leistung über Hochspannungsleitungen mit Spannungen von etwa 700 kV übertragen.

Ein großer Vorteil von Wechselstrom und ein Hauptgrund, weshalb er fast überall eingesetzt wird, besteht darin, dass die Spannung mit Transformatoren in mehreren Stufen umgesetzt werden kann. Die Ausgabespannung eines Kraftwerks wird vor der Übertragung aufgespannt. Bevor die Leistung an die Verbraucher in einer Stadt verteilt wird, wird die Spannung in Umspannstationen schrittweise abgespannt. Die Spannung in den Straßenleitungen beträgt typischerweise 2400 V. Diese Spannung wird durch Transformatoren in 240 V oder 120 V für die Verwendung in den Haushalten abgespannt (siehe ► Abbildungen 29.18 und ► 29.21).

In diesem Zusammenhang erkennt man die Bedeutung der Sinusform des Wechselstroms. In der Sekundärspule eines Transformators entsteht die induzierte Spannung als zeitliche Ableitung der Spannung in der Primärspule (29.2a, 29.2b). Die Sinusfunktion behält nach beliebig vielen Ableitungen ihre Form, es ändern sich lediglich die Amplitude und die Phase. Deshalb kann die Spannung im öffentlichen Netz von der Erzeugung im Generator bis zum Verbrauch mehrmals transformiert werden. ► Abbildung 29.20 zeigt ein Beispiel für die Transformation einer nicht sinusförmig verlaufenden Spannung: Schon nach einmaliger Transformation erscheinen auf der Sekundärseite nur Spannungspulse, die für eine weitere Transformation ungeeignet sind.

29.7 Ein sich ändernder magnetischer Fluss erzeugt ein Magnetfeld

Wie wir in früheren Kapiteln (insbesondere in Kapitel 25, Abschnitt 25.8) gesehen haben, verursacht ein durch einen Draht fließender elektrischer Strom in dem Draht ein elektrisches Feld, das Arbeit verrichtet, indem es die Elektronen im Draht bewegt. In diesem Kapitel haben wir uns damit befasst, dass ein sich ändernder magnetischer Fluss in einem Draht einen Strom induziert, was bedeutet, dass es in dem Draht ein elektrisches Feld gibt, das durch den sich ändernden magnetischen Fluss erzeugt wurde. Wir kommen also zu der folgenden wichtigen Schlussfolgerung:

Ein sich ändernder magnetischer Fluss erzeugt ein elektrisches Feld.

Diese Aussage gilt nicht nur für Drähte und andere Leiter, sondern für beliebige Gebiete im Raum. Tatsächlich wird in jedem Punkt des Raumes, in dem es ein veränderliches Magnetfeld gibt, ein elektrisches Feld induziert.

Allgemeine Form des Faraday'schen Gesetzes

Um diesen Gedanken in eine mathematische Form zu bringen, verallgemeinern wir die Beziehung zwischen einem elektrischen Feld und der Potenzialdifferenz zwischen zwei Punkten a und b. Gemäß Gleichung 23.3 gilt $U_{ab} = \int_a^b \mathbf{E} \times d\mathbf{s}$, wobei d**s** ein infinitesimales Stück der Verschiebung entlang des Integrationsweges ist. Die in einem Stromkreis induzierte Eigenspannung U_{ind} ist gleich der pro Ladungseinheit vom elektrischen Feld verrichteten Arbeit, was gleich dem Integral über $\mathbf{E} \times d\mathbf{s}$ längs eines geschlossenen Weges ist:

$$U_{ind} = \oint \mathbf{E} \times d\mathbf{s}\,. \tag{29.7}$$

Wenn wir diese Gleichung mit Gleichung 29.2a kombinieren, erhalten wir eine elegante und allgemeine Form des Faraday'schen Gesetzes, die den sich ändernden magnetischen Fluss in Beziehung zu dem durch diese Änderung hervorgerufenen elektrischen Feld setzt:

$$\oint \mathbf{E} \cdot d\mathbf{s} = -\frac{d\Phi}{dt} \, . \qquad (29.8)$$

FARADAY'SCHES GESETZ (allgemeine Form)

Das Integral wird über einen Weg genommen, der die Fläche einschließt, in der sich der magnetische Fluss ändert. Diese Formulierung des Faraday'schen Gesetzes gilt nicht nur für Leiter, sondern für beliebige räumliche Gebiete. Um dies zu illustrieren, betrachten wir ein Beispiel.

Beispiel 29.10 Erzeugung eines elektrischen Feldes durch Änderung des Magnetfelds

Ein Magnetfeld **B** zwischen den Polen eines Elektromagneten ist innerhalb eines kreisförmigen Gebietes mit dem Radius r_0 zu jedem Zeitpunkt näherungsweise homogen (siehe ► Abbildung 29.22). Der durch die Schleifen des Elektromagneten fließende Strom wächst mit der Zeit, so dass sich **B** in jedem Punkt mit einer konstanten Rate $d\mathbf{B}/dt$ zeitlich ändert. Außerhalb des kreisförmigen Gebietes ($r > r_0$) sei **B** für alle t gleich null. Bestimmen Sie das elektrische Feld **E** im Abstand r vom Mittelpunkt des Kreises.

Lösung

Der sich ändernde magnetische Fluss durch einen Kreis vom Radius r (dargestellt in ► Abbildung 29.22b) induziert eine Spannung an diesem Kreis. Da alle Punkte auf der gestrichelten Linie physikalisch gleichwertig sind, wird auch das elektrische Feld diese Symmetrie aufweisen und in einer Ebene mit dem Magnetfeld **B** senkrecht zu diesem liegen. Wir erwarten also, dass **E** senkrecht zu **B** und tangential zum Kreis ist. Die Richtung von **E** ist in ► Abbildung 29.22b angegeben, wobei beachtet wurde, dass durch das induzierte Feld **E** nach der Lenz'schen Regel ein Strom entsteht, der ein Magnetfeld erzeugt, welches der ursprünglichen Änderung von **B** entgegenwirkt. Aus Symmetriegründen erwarten wir außerdem, dass **E** in allen Punkten des Kreises mit dem Radius r den gleichen Betrag hat. Wir wählen daher einen Umlauf auf diesem Kreis in Gleichung 29.8 als Integrationsweg, ignorieren das Minuszeichen und konzentrieren uns auf den Betrag, da wir die Richtung von **E** aus der Lenz'schen Regel kennen. Damit erhalten wir

$$E(2\pi r) = (\pi r^2)\frac{dB}{dt} \, , \qquad (r < r_0)$$

da zu jedem Zeitpunkt $\Phi = BA = B(\pi r^2)$ gilt. Wir lösen nach E auf und erhalten

$$E = \frac{r}{2}\frac{dB}{dt} \, . \qquad (r < r_0)$$

Dies gilt bis zum Rand des Kreises ($r \leq r_0$); außerhalb des Kreises ist das Magnetfeld null. Durch einen Kreis mit dem Radius $r > r_0$ ist der Fluss $\Phi = \pi r_0^2 B$. Gleichung 29.8 liefert dann

$$E(2\pi r) = (\pi r_0^2)\frac{dB}{dt} \qquad (r > r_0)$$

oder

$$E = \frac{r_0^2}{2r}\frac{dB}{dt} \, . \qquad (r > r_0)$$

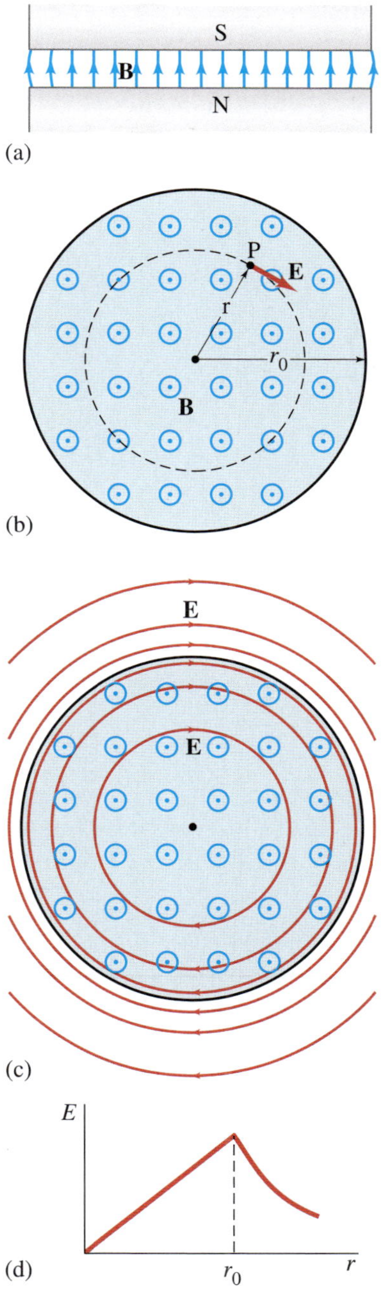

Abbildung 29.22 Beispiel 29.10. (a) Seitenansicht eines nahezu konstanten Magnetfeldes **B**. (b) Draufsicht, zur Bestimmung des elektrischen Feldes **E** im Punkt P. (c) Durch wachsendes **B** (nach außen gerichtet) erzeugte Feldlinien von **E**. (d) Grafische Darstellung von E in Abhängigkeit von r.

Die elektrische Feldstärke wächst also zunächst linear vom Wert null im Mittelpunkt des Magneten bis zum Wert $E = (\mathrm{d}B/\mathrm{d}t)(r_0/2)$ am Rand und fällt dann umgekehrt proportional zum Abstand. Die elektrischen Feldlinien sind Kreise (siehe ▸ Abbildung 29.22c). ▸ Abbildung 29.22d zeigt den Verlauf von E in Abhängigkeit von r.

Ein sich änderndes Magnetfeld erzeugt nichtkonservative Kräfte

Beispiel 29.10 demonstriert einen wichtigen Unterschied zwischen elektrischen Feldern, die von veränderlichen Magnetfeldern erzeugt werden, und elektrischen Feldern, die durch ruhende Ladungen entstehen (elektrostatische Felder). Die im elektrostatischen Fall (Kapitel 21 und 24) erzeugten elektrischen Feldlinien beginnen und enden auf elektrischen Ladungen. Feldlinien, die durch ein veränderliches Magnetfeld entstehen, bilden dagegen geschlossene Kurven. Dieser Unterschied hat wichtige Konsequenzen. Im elektrostatischen Fall ist die Potenzialdifferenz zwischen zwei Punkten durch

$$U_{\mathrm{ab}} = U_{\mathrm{a}} - U_{\mathrm{b}} = \int_{\mathrm{a}}^{\mathrm{b}} \mathbf{E} \times \mathrm{d}\mathbf{s}$$

gegeben. Wenn das Integral entlang eines geschlossenen Weges genommen wird, sind die Punkte a und b gleich, so dass $U_{\mathrm{ab}} = 0$ gilt; d. h., das Integral über $\mathbf{E} \times \mathrm{d}\mathbf{s}$ entlang eines geschlossenen Weges ist null:

$$\oint \mathbf{E} \times \mathrm{d}\mathbf{s} = 0 \,. \qquad \text{(elektrostatisches Feld)}$$

Der Grund hierfür ist letztlich die Tatsache, dass die elektrostatische Kraft (Coulomb-Gesetz) eine konservative Kraft ist, so dass es möglich ist, ein Potenzial einzuführen. Tatsächlich besagt die Beziehung $\oint \mathbf{E} \times \mathrm{d}\mathbf{s} = 0$, dass die pro Ladungseinheit verrichtete Arbeit entlang jedes geschlossenen Weges null ist (oder die zwischen zwei beliebigen Punkten verrichtete Arbeit ist unabhängig vom Weg, siehe Kapitel 8), was nur für konservative Kräfte zutrifft. Wenn das elektrische Feld dagegen von einem veränderlichen Magnetfeld erzeugt wird, ist das Integral entlang eines geschlossenen Weges *nicht* null, sondern ist durch Gleichung 29.8 gegeben:

$$\oint \mathbf{E} \times \mathrm{d}\mathbf{s} = -\frac{\mathrm{d}\Phi}{\mathrm{d}t} \,.$$

Wir können daher schlussfolgern, dass die aufgrund eines veränderlichen Magnetfelds wirkenden Kräfte *nichtkonservativ* sind. Es ist nicht möglich, wie im elektrostatischen Fall ein Potenzial zu definieren. Während statische elektrische Felder *konservative Felder* sind, enstehen durch veränderliche Magnetfelder **nichtkonservative Felder.**

ANGEWANDTE PHYSIK

Mikrofone

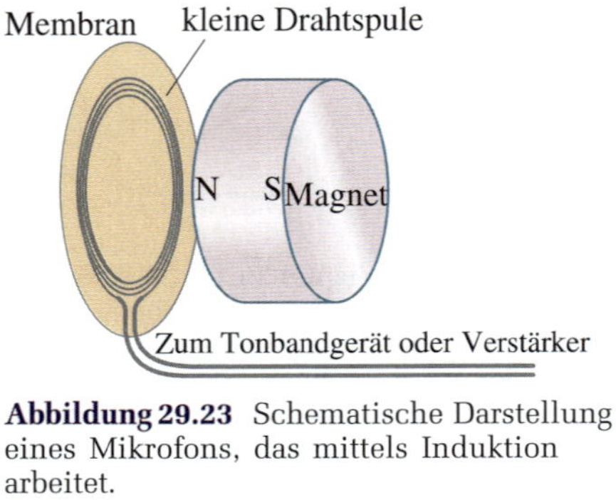

Abbildung 29.23 Schematische Darstellung eines Mikrofons, das mittels Induktion arbeitet.

29.8 Anwendungen des Induktionsgesetzes: Tonsysteme, Datenspeicher und Seismografen

Die Funktionsweise vieler Mikrofone basiert auf dem Prinzip der Induktion. Ein Typ des Mikrofons ist einfach die Umkehrung eines Lautsprechers (Abschnitt 27.6). Eine kleine, mit einer Membran verbundene Spule ist dicht vor einem kleinen Permanentmagneten aufgehängt (siehe ▸ Abbildung 29.23). Wenn Schallwellen gegen die Membran treffen, bewegt sich die Spule im Magnetfeld. Die Frequenz der induzierten Spannung ist genau jene der Schallwellen. Die induzierte Spannung ist das „Signal“, das verstärkt und zu den Lautsprechern oder zum Aufzeichnen auf einen Kassettenrekorder gesendet wird. In einem Bändchenmikrofon ist ein dünnes Metallbändchen zwischen den Polen eines Permanentmagneten aufgehängt. Das Bändchen vibriert aufgrund der Schallwellen, und die in ihm induzierte Spannung ist proportional zu seiner Geschwindigkeit.

Das Aufzeichnen auf und Abspielen von Tonbändern erfolgt über die *Tonköpfe* eines Kassettenrekorders. Magnetband für Audio- und Videoaufzeichnungen besteht aus dünnem Kunststoffband, auf das eine dünne Schicht Magnetoxid aufgebracht ist. Während der Aufzeichnung wird die Audio- oder Videosignalspannung zum Tonkopf gesendet, einem kleinen Elektromagneten, der durch eine schmale Lücke fortwährend winzige Abschnitte des Bandes magnetisiert (▶ Abbildung 29.24). Beim Abspielen ändert sich durch die Bewegung des Bandes ständig die Magnetisierung, was entsprechende Änderungen des Magnetfeldes in dem aus Weicheisen bestehenden Tonkopf verursacht. Durch diese Änderung wird in der Spule eine Spannung induziert (Faraday'sches Gesetz). Die Induktionsspannung ist das Ausgabesignal, welches verstärkt und an einen Lautsprecher gesendet werden kann (oder im Falle eines Videosignals an eine Bildröhre). In Audio- und Videorekordern können die Signale *analog* sein, d. h. ihre Amplitude ändert sich stetig mit der Zeit. Die Veränderung des Magnetisierungsgrads des Bandes spiegelt sich in der Veränderung der Amplitude des Audio- oder Videosignals wider.

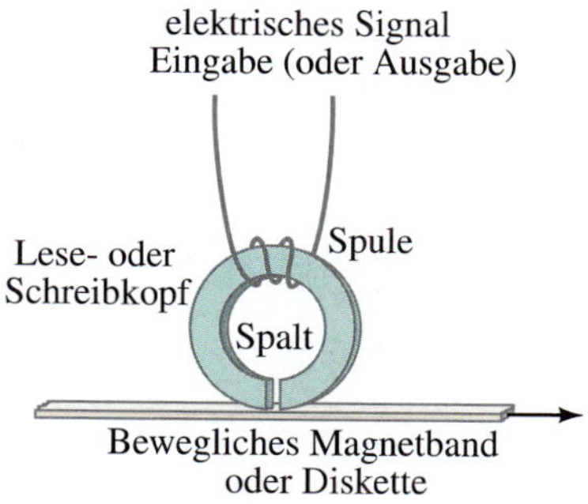

Abbildung 29.24 Lese- und/oder Schreibkopf für Magnetbänder oder Disketten. Beim Aufzeichnen (oder „Schreiben") wird das elektrische Eingabesignal an den Kopf gesendet, der wie ein Elektromagnet wirkt, wodurch das sich bewegende Band magnetisiert wird. Beim Abspielen (oder „Lesen") induziert das veränderliche Magnetfeld des sich vorbeibewegenden Bandes oder der Diskette ein veränderliches Magnetfeld im Kopf. Hierdurch wird in der Spule eine Eigenspannung induziert, die das Ausgabesignal darstellt.

Zum Lesen und Schreiben *digitaler* Informationen auf Disketten, Festplatten oder Magnetspeicherband werden Lese-/Schreibköpfe verwendet, die ganz ähnlich arbeiten wie eben beschrieben. Der wesentliche Unterschied liegt in den Signalen, die nicht analog, sondern digital, genauer gesagt binär, sind. Jede der Speicherzellen (von denen es extrem viele gibt) kann nur zwei mögliche Werte annehmen, die gewöhnlich als 1 und 0 bezeichnet werden. Die Signalspannung ändert sich nicht stetig, sondern sprunghaft zwischen zwei möglichen Werten, z. B. +5 V und 0 V, die den Werten 1 und 0 entsprechen. Träger der Information ist also eine Anzahl von „Bits", die jeweils einen der beiden Werte 1 oder 0 annehmen können.

Ein wichtiges geophysikalisches Gerät, der *Seismograf* (auch *Geofon*), basiert ebenfalls auf der elektromagnetischen Induktion. Ein Seismograf wird in direkten Kontakt mit der Erdoberfläche gebracht und wandelt Bewegungen (Bodenerschütterungen infolge eines Erdbebens oder einer Explosion) in ein elektrisches Signal um. Ein Seismograf enthält einen Magneten und eine Drahtspule. Eines der beiden Elemente ist starr mit dem Gehäuse verbunden, das sich mit dem Erdboden bewegt. Das andere Element ist träge und am Gehäuse an einer Feder aufgehängt. Bei dem in ▶ Abbildung 29.25 gezeigten Typ bewegt sich die Spule mit der Erde, und die Relativbewegung von Magnet und Spule erzeugt in der Spule eine Induktionsspannung, die ausgegeben wird. In vielen Seismografen ist die Spule träge und der Magnet bewegt sich mit der Erde.

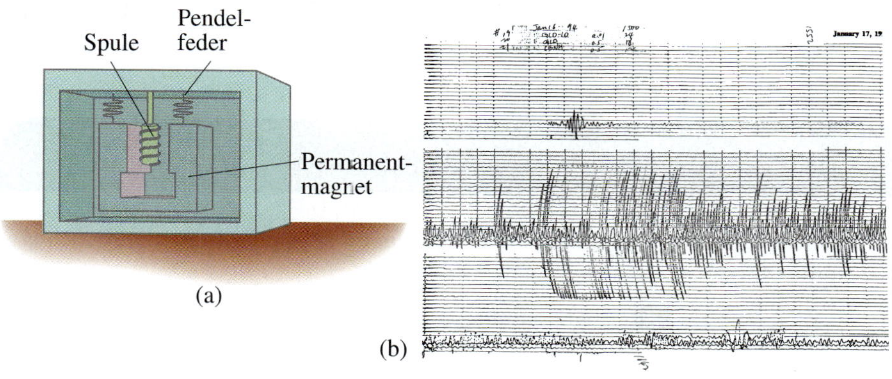

Abbildung 29.25 (a) Ein Seismograf. (b) Eine seismografische Aufzeichnung (Erdbeben in Northridge, Kalifornien, am 17. Januar 1994).

ZUSAMMENFASSUNG

Der eine Schleife durchdringende **magnetische Fluss** ist gleich dem Produkt der Schleifenfläche und der senkrechten Komponente des (homogenen) Magnetfelds: $\Phi = B_\perp A = BA\cos\theta$. Wenn **B** nicht homogen ist, gilt

$$\Phi = \int \mathbf{B} \times \mathrm{d}\mathbf{A}\,.$$

Wenn sich der magnetische Fluss durch eine Drahtspule zeitlich ändert, wird in der Spule eine Spannung induziert. Der Betrag der induzierten Spannung ist gleich der zeitlichen Änderungsrate des magnetischen Flusses mal der Anzahl n der Schleifen der Spule:

$$U_{\text{ind}} = -n\frac{\mathrm{d}\Phi}{\mathrm{d}t}\,.$$

Dies ist das **Faraday'sche Induktionsgesetz.**

Die induzierte Spannung und der durch diese erzeugte Strom wirken der sie verursachenden Änderung des Flusses entgegen **(Lenz'sche Regel).**

Aus dem Faraday'schen Gesetz folgt, dass zwischen den Enden eines geraden Drahtes der Länge s, der sich mit der Geschwindigkeit v senkrecht zu einem Magnetfeld der Stärke B bewegt, eine Spannung

$$U_{\text{ind}} = Bsv$$

induziert wird. Außerdem besagt das Faraday'sche Gesetz, dass *ein sich änderndes Magnetfeld ein elektrisches Feld erzeugt*. Die mathematische Formulierung dieser Beziehung lautet

$$\oint \mathbf{E} \times \mathrm{d}\mathbf{s} = -\frac{\mathrm{d}\Phi}{\mathrm{d}t}\,.$$

Dies ist die allgemeine Form des Faraday'schen Gesetzes. Das Integral auf der linken Seite wird über die Schleife genommen, durch die sich der magnetische Fluss Φ ändert.

Ein elektrischer **Generator** wandelt mechanische Energie in elektrische um. Sein Funktionsprinzip beruht auf dem Faraday'schen Gesetz: Eine Drahtspule wird auf mechanischem Weg in eine gleichmäßige Rotation versetzt, und der sich zeitlich ändernde Fluss durch die Spule induziert einen sinusförmigen Strom, der ausgegeben wird.

Ein Motor ist insofern die Umkehrung eines Generators, als er elektrische in mechanische Energie umwandelt. In der rotierenden Spule eines Motors wird eine **Gegenspannung** induziert. Da diese Gegenspannung der Eingangsspannung entgegengerichtet ist, bewirkt sie, dass der Strom in der Motorspule begrenzt bleibt.

Ein Generator arbeitet insofern wie ein Motor, als ein **Gegendrehmoment** auf seine rotierende Spule wirkt.

Ein **Transformator** dient dazu, den Betrag einer Wechselspannung zu ändern. Er besteht aus einer Primär- und einer Sekundärspule. Der sich aufgrund der an der Primärspule anliegenden Wechselspannung ändernde magnetische Fluss induziert eine Wechselspannung in der Sekundärspule. Bei einem Transformator mit einem Wirkungsgrad von 100% ist das Verhältnis der Ausgangs- zur Eingangsspannung (U_1/U_2) gleich dem Verhältnis der Windungszahlen von Sekundär- und Primärspule, also

$$\frac{U_1}{U_2} = \frac{n_1}{n_2}\,.$$

Das Verhältnis von Sekundär- zu Primärstrom ist invers zum Verhältnis der Windungszahlen:

$$\frac{I_1}{I_2} = \frac{n_2}{n_1}\,.$$

ZUSAMMENFASSUNG

Verständnisfragen

1 Worin besteht der Vorteil, im Faraday'schen Induktionsexperiment (siehe ▸ Abbildung 29.1) Spulen mit einer großen Anzahl von Windungen zu verwenden?

2 Angenommen, Sie halten eine kreisförmige Drahtschleife und plötzlich wird ein Magnet mit dem Südpol voran zum Mittelpunkt des Kreises geführt. Wird in dem Draht ein Strom induziert? Wird ein Strom induziert, wenn der Magnet dauerhaft innerhalb der Schleife gehalten wird? Wird ein Strom induziert, wenn Sie den Magneten herausziehen? Bestimmen Sie für jeden der Fälle, den sie mit ja beantworten, die Richtung des induzierten Stromes.

3 Angenommen, Sie blicken längs einer Linie, die durch die Mittelpunkte zweier kreisförmiger, hintereinander angeordneter (und sich nicht berührender) Drahtschleifen verläuft. Plötzlich wird an die vordere Schleife eine Batterie angeschlossen, die einen im Uhrzeigersinn fließenden Strom liefert. (a) Wird in der zweiten Schleife ein Strom induziert? (b) Falls ja, wann beginnt dieser Strom zu fließen? (c) Wann hört er auf zu fließen? (d) In welche Richtung fließt der Strom? (e) Wirkt zwischen den beiden Schleifen eine Kraft? (f) Wenn ja, in welche Richtung wirkt diese Kraft?

4 Die Batterie aus Frage 3 wird abgeklemmt. Wird in der zweiten Schleife ein Strom induziert? Wenn ja, wann beginnt dieser Vorgang und wann hört er auf? In welche Richtung fließt der Strom?

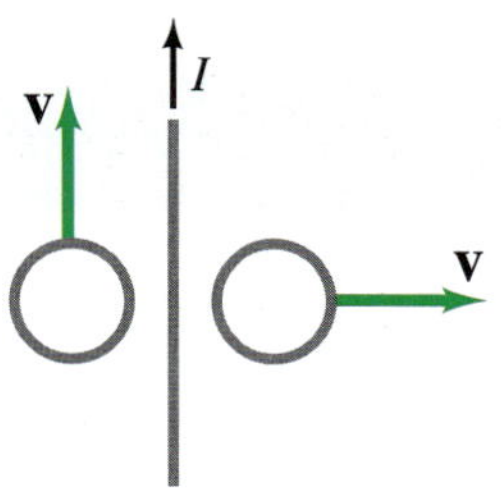

Abbildung 29.26 Frage 5.

5 Zwei Drahtschleifen bewegen sich in der Nähe eines sehr langen, geraden Drahtes, der einen konstanten Strom führt (siehe ▸ Abbildung 29.26). Geben Sie für jede Schleife die Richtung des induzierten Stroms an.

6 Wirkt zwischen den beiden in Frage 5 betrachteten Schleifen eine Kraft? Wenn ja, in welche Richtung wirkt sie?

7 In welche Richtung fließt der Strom aus ▸ Abbildung 29.9, wenn sich der Stab nach links bewegt, wodurch sich die Fläche auf der linken Seite der Schleife verkleinert?

8 Einige moderne Kocher funktionieren mittels Induktion. Dabei fließt Wechselstrom durch eine Spule, den so genannten „Kocher". Dies ist ein Kocher, der niemals heiß wird. Erläutern Sie, weshalb er eine Metallpfanne erwärmt, ein Glasbehältnis aber nicht.

9 Ein Gebiet, das frei von einem Magnetfeld gehalten werden soll, ist von einer Metallfolie mit niedrigem spezifischen elektrischen Widerstand umgeben. (a) Schirmt diese Folie das Innere gegen ein schnell veränderliches Magnetfeld außerhalb dieses Gebietes ab? (b) Wirkt die Folie als Abschirmung gegen ein statisches Magnetfeld? (c) Was passiert, wenn die Folie supraleitend ist, d. h. einen spezifischen elektrischen Widerstand von null hat?

10 Zeigen Sie unter Verwendung des Lenz'schen Gesetzes, dass die in dem bewegten Stab aus ▸ Abbildung 29.9 induzierte Spannung an seiner Unterseite positiv und an seiner Oberseite negativ ist, so dass der Strom in der Leiterschleife auf der linken Seite im Uhrzeigersinn fließt.

11 Welchen Vorteil bringt es, zwei isolierte elektrische Drähte, die einen Wechselstrom führen, dicht beieinander anzuordnen oder sogar miteinander zu verdrillen?

12 Erläutern Sie, warum die Beleuchtung kurz schwächer wird, wenn sich der Motor eines Kühlschranks einschaltet. Wenn ein elektrisches Heizgerät eingeschaltet wird, kann es sein, dass die Beleuchtung abgeschwächt bleibt, solange das Heizgerät eingeschaltet ist. Was ist die Ursache für das unterschiedliche Verhalten?

13 Zeigen Sie mithilfe von Gleichung 29.11 und den Rechte-Hand-Regeln, warum das Gegendrehmoment in einem Generator der Bewegung *entgegenwirkt*.

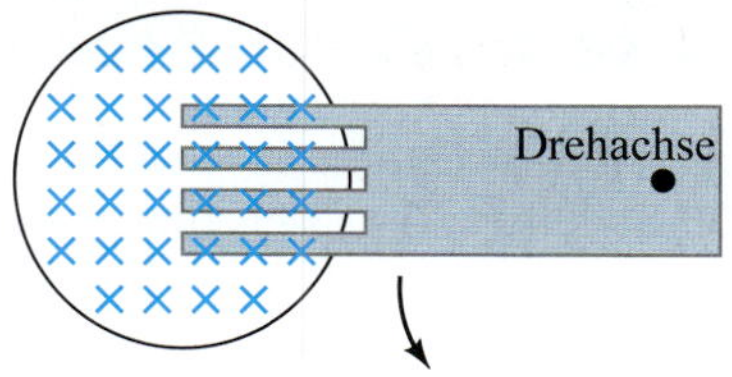

Abbildung 29.27 Frage 16.

14 Funktioniert eine Wirbelstrombremse (siehe ▸ Abbildung 29.17) auch bei einem Rad aus Kupfer oder Aluminium oder nur bei ferromagnetischen Materialien?

15 Es wurde vorgeschlagen, Wirbelströme bei der Müllaufbereitung zum Sortieren fester Abfälle einzusetzen. Der Müll wird zunächst in winzige Stücke zermahlen. Mithilfe eines Gleichstrommagneten werden eisenhaltige Bestandteile herausgesammelt. Dann lässt man den Müll über Permanentmagneten ein Gefälle hinabrutschen. Erläutern Sie, wie sich hierdurch Nichteisenmetalle (Al, Cu, Pb, Messing) von nichtmetallischen Materialien trennen lassen.

16 Der schwenkbare Metallstab mit Kerben aus ▸ Abbildung 29.27 fällt viel schneller durch ein Magnetfeld als ein fester Stab. Erklären Sie warum.

17 Wenn eine Aluminiumfolie zwischen die Pole eines großen Stabmagneten gehalten wird, erfordert es einige Kraft, sie wieder aus dem Magnetfeld zu entfernen. Dies gilt auch, wenn die Folie nicht ferromagnetisch ist und die Polflächen nicht berührt. Erklären Sie warum.

18 Ein an seinem oberen Ende drehbar gelagerter Stab schwingt frei, wenn kein Magnetfeld vorhanden ist. In einem Magnetfeld werden seine Schwingungen dagegen schnell gedämpft. Erklären Sie warum. (Diese *magnetische Dämpfung* kommt in einer Reihe von Geräten in der Praxis zum Einsatz.)

19 Ein verschlossener Transformator besitzt vier Verbindungsdrähte, die aus ihm herausführen. Wie können Sie das Verhältnis der Windungen in den beiden Spulen bestimmen, ohne den Transformator auseinander zu nehmen? Wie können Sie feststellen, welche Drähte paarweise zusammengehören?

20 Ein für 120 V Wechselspannung ausgelegter Transformator brennt häufig durch, wenn er mit einer Gleichspannungsquelle von 120 V verbunden ist. Erläutern Sie, warum dies so ist. (*Hinweis*: Der Widerstand der Primärspule ist üblicherweise sehr gering.)

21 Ein magnetisches Mikrofon ist im Wesentlichen wie ein Lautsprecher konstruiert. Bedeutet dies, dass ein Lautsprecher (siehe Abschnitt 27.6) als Mikrofon verwendet werden kann? D. h., können Sie in einen Lautsprecher sprechen und ein Ausgabesignal erhalten, das verstärkt werden kann? Erläutern Sie Ihre Antwort und diskutieren Sie, wie sich Mikrofon und Lautsprecher im Aufbau unterscheiden.

Aufgaben zu 29.1 und 29.2

1 (I) Der magnetische Fluss durch eine aus zwei Windungen bestehende Drahtspule ändert sich innerhalb von 0,72 s gleichmäßig von −80 Wb auf +58 Wb. Wie groß ist die in der Spule induzierte Eigenspannung?

2 (I) Eine kreisförmige Drahtspule mit einem Durchmesser von 26 cm liegt in einer senkrecht zu einem Magnetfeld von 0,90 T verlaufenden Ebene. Nach 0,15 s wird die Spule aus dem Feld entfernt. Wie groß ist die mittlere induzierte Eigenspannung?

3 (I) Die in ▸ Abbildung 29.28 dargestellte rechteckige Spule wird in das nach innen gerichtete Magnetfeld gebracht. In welche Richtung fließt der induzierte Strom? Erläutern Sie Ihre Antwort.

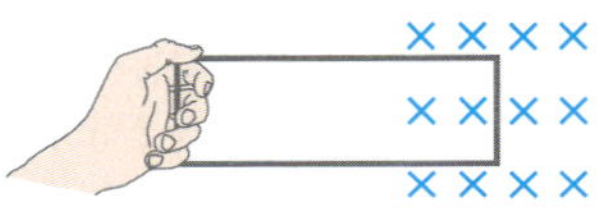

Abbildung 29.28 Aufgabe 3.

4 (I) Der Nordpol des Magneten aus ▸ Abbildung 29.29 wird in die Spule hineingeschoben. In welcher Richtung fließt der induzierte Strom durch den Widerstand *R*? Erläutern Sie Ihre Antwort.

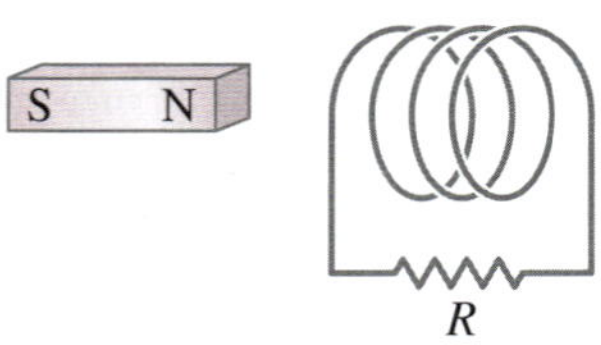

Abbildung 29.29 Aufgabe 4.

5 (I) Eine Drahtschleife mit einem Durchmesser von 7,2 cm steht anfangs senkrecht auf einem Magnetfeld von 1,3 T. Sie dreht sich innerhalb von 0,2 s so, dass die Schleifenebene parallel zur Richtung des Magnetfeldes liegt. Wie groß ist die mittlere in der Schleife induzierte Eigenspannung?

6 (I) Eine Drahtspule mit einem Durchmesser von 9,2 cm steht anfangs senkrecht zu einem Magnetfeld von 0,63 T, das nach oben zeigt. Innerhalb von 0,15 s wird die Richtung des Feldes umgekehrt und auf 0,25 T reduziert. Wie groß ist die mittlere in der Spule induzierte Eigenspannung?

7 (II) Geben Sie für jeden Teil von ▸ Abbildung 29.30 an, in welche Richtung der in der Kreisschleife induzierte Strom fließt? Erläutern Sie Ihre Antworten.

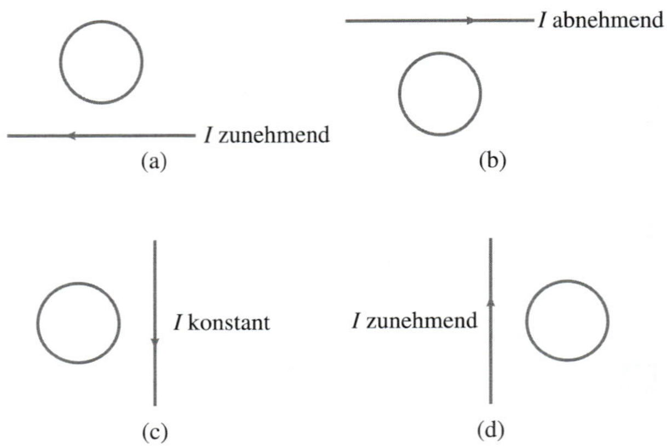

Abbildung 29.30 Aufgabe 7.

8 (II) (a) Wenn der Ohm'sche Widerstand des in ▸ Abbildung 29.31 dargestellten Widerstands allmählich zunimmt, in welche Richtung fließt dann der induzierte Strom in der kleinen Kreisschleife, die sich innerhalb der größeren Schleife befindet? (b) Was würde passieren, wenn sich die kleine Schleife außerhalb und links von der größeren Schleife befinden würde? Erläutern Sie Ihre Antwort.

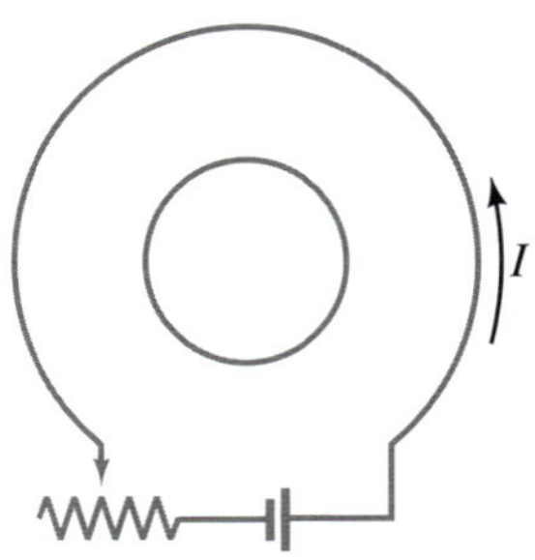

Abbildung 29.31 Aufgabe 8.

9 (II) Wenn die Spule mit Eisenkern aus ▶ Abbildung 29.32 in der angegebenen Richtung von den Schleifen entfernt wird, in welche Richtung fließt dann der in der Schleife induzierte Strom? Erläutern Sie Ihre Antwort.

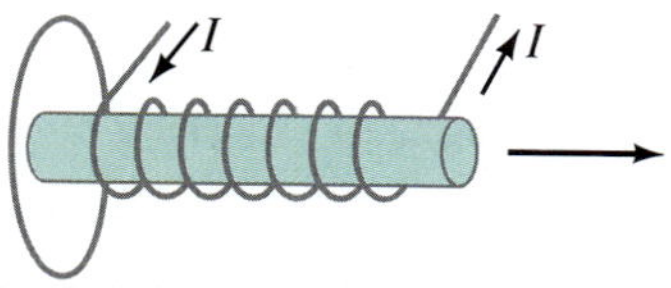

Abbildung 29.32 Aufgabe 9.

10 (II) Das senkrecht zu einer Kreisschleife von 20 cm Durchmesser verlaufende Magnetfeld ändert sich innerhalb von 180 ms von +0,52 T auf −0,45 T, wobei + bedeutet, dass das Feld vom Beobachter weg gerichtet ist, und −, dass es auf den Beobachter zu verläuft. (a) Berechnen Sie die induzierte Eigenspannung. (b) In welche Richtung fließt der induzierte Strom?

11 (II) Eine elastische Kreisschleife liegt in der Papierebene und befindet sich in einem Magnetfeld von 0,75 T, das in die Papierebene hineinzeigt. Bestimmen Sie für den Fall, dass sich der Durchmesser der Schleife innerhalb von 0,50 s von 20,0 cm auf 6,0 cm ändert (a) die Richtung des induzierten Stromes, (b) den Betrag der mittleren induzierten Eigenspannung und (c) den mittleren, während dieser 0,50 s induzierten Strom, wenn der Widerstand der Schleife 2,5 Ω beträgt.

12 (II) Eine quadratische Drahtschleife mit einer Kantenlänge von 15 cm rotiert gleichmäßig um eine Achse, die durch ihren Mittelpunkt und parallel zu zwei ihrer Seiten verläuft. Die Schleife benötigt 45 ms, um in einem senkrecht zur Rotationsachse verlaufenden Magnetfeld **B** eine volle Umdrehung durchzuführen. Wie groß ist die mittlere magnetische Feldstärke B, wenn die mittlere induzierte Eigenspannung 70 mV beträgt?

13 (II) Eine kreisförmige Drahtschleife mit einem Durchmesser von 20 cm hat einen Widerstand von 150 Ω. Sie befindet sich zunächst in einem Magnetfeld **B** von 0,40 T, das senkrecht zur Schleifenebene verläuft, wird dann aber innerhalb von 100 ms aus dem Feld entfernt. Berechnen Sie die bei diesem Prozess verbrauchte elektrische Energie.

14 (II) Eine einzelne rechteckige Drahtschleife mit den in ▶ Abbildung 29.33 angegebenen Abmessungen befindet sich teilweise innerhalb eines Gebietes mit einem homogenen Magnetfeld von 0,450 T und teilweise außerhalb dieses Feldes. Der Gesamtwiderstand der Schleife beträgt 0,230 Ω. Berechnen Sie die erforderliche Kraft, um die Schleife mit einer konstanten Geschwindigkeit von 3,40 m/s aus dem Feld zu entfernen (nach rechts). Vernachlässigen Sie Gravitationseinflüsse.

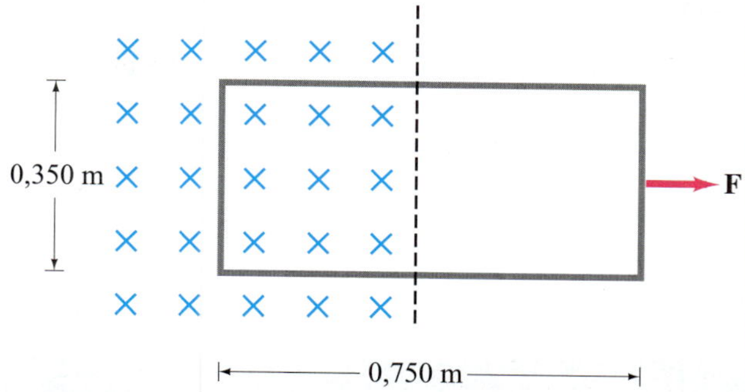

Abbildung 29.33 Aufgabe 14.

15 (II) Eine einzelne, aus Kupferdraht bestehende Kreisschleife von 15,6 cm Durchmesser steht senkrecht zu einem Magnetfeld, das sich gleichmäßig von 0,550 T auf null abschwächt. Wie groß ist die Ladung, die während dieses Vorgangs durch die Schleife fließt, wenn der Durchmesser des Drahtes 2,05 mm beträgt?

16 (II) Der magnetische Fluss durch jede Schleife einer aus 60 Schleifen bestehenden Spule ist durch $(8{,}8\,t - 0{,}51\,t^3) \cdot 10^{-2}\,\mathrm{T \cdot m^2}$ gegeben, wobei die Zeit t in Sekunden gemessen wird. (a) Bestimmen Sie die induzierte Spannung U_{ind} als Funktion der Zeit. (b) Wie groß ist die Spannung U_{ind} zu den Zeitpunkten $t = 1{,}0$ s und $t = 5{,}0$ s?

17 (II) Eine Spule mit einem Durchmesser von 35,0 cm besteht aus 20 Windungen eines runden Kupferdrahtes von 2,0 mm Durchmesser. Ein homogenes Magnetfeld, auf dem die Spulenebene senkrecht steht, ändert sich um $3{,}20 \cdot 10^{-3}$ T/s. Bestimmen Sie (a) den in der Spule fließenden Strom und (b) die Rate, mit der Wärmeenergie erzeugt wird.

18 (II) Eine einzelne kreisförmige Drahtschleife wird in eine lange Spule gebracht, deren Achse senkrecht auf der Schleifenebene steht. Die Fläche der Schleife sei A_1 und die aus n Windungen pro Längeneinheit bestehende Spule habe eine Fläche A_2. In den Windungen der Spule fließt ein Strom $I = I_0 \cos \omega t$. Wie groß ist die in der Schleife induzierte Spannung?

19 (II) Die Fläche einer elastischen Kreisschleife nimmt gleichmäßig mit der Rate $\mathrm{d}A/\mathrm{d}t = -3{,}50 \cdot 10^{-2}\,\mathrm{m^2/s}$ ab. Die Schleife befindet sich in einem Magnetfeld $B = 0{,}48$ T, das senkrecht zur Schleifenebene gerichtet ist. Zum Zeitpunkt $t = 0$ hat die Schleife die Fläche $A = 0{,}285\,\mathrm{m^2}$. Bestimmen Sie die induzierte Eigenspannung zu den Zeitpunkten $t = 0$ und $t = 2$ s.

20 (II) Angenommen, der Radius der elastischen Schleife aus Aufgabe 19 nimmt gleichmäßig mit der Rate $\mathrm{d}r/\mathrm{d}t = 7{,}00$ cm/s zu. Bestimmen Sie die in der Schleife induzierte Eigenspannung zu den Zeitpunkten $t = 0$ und $t = 1$ s.

21 (III) Bestimmen Sie den magnetischen Fluss durch eine quadratische Schleife mit der Kantenlänge a (siehe ► Abbildung 29.34), wenn eine der Kanten im Abstand a parallel zu einem geraden Draht verläuft, der einen Strom I führt.

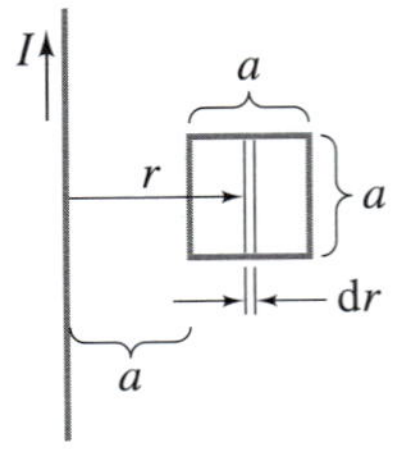

Abbildung 29.34 Aufgabe 21.

Aufgaben zu 29.3

22 (I) Der Stab aus ► Abbildung 29.9 sei 19,0 cm lang und bewege sich mit einer Geschwindigkeit von 25,0 cm/s. Berechnen Sie die bei einem Magnetfeld von 0,750 T entstehende Eigenspannung.

23 (II) Der Stab aus ► Abbildung 29.9 sei 24,0 cm lang, bewege sich mit einer Geschwindigkeit von 1,8 m/s und habe einen Widerstand von 2,2 Ω. Die magnetische Feldstärke sei 0,35 T und der Widerstand des U-förmigen Leiters sei zu einem gegebenen Zeitpunkt 26 Ω. Berechnen Sie (a) die induzierte Eigenspannung, (b) den im U-förmigen Leiter fließenden Strom und (c) die äußere Kraft, die benötigt wird, um die Geschwindigkeit des Stabes zu diesem Zeitpunkt konstant zu halten.

24 (II) Leiten Sie für den Fall, dass der U-förmige Leiter aus ► Abbildung 29.9 einen spezifischen elektrischen Widerstand ρ besitzt, während der Widerstand des beweglichen Stabes vernachlässigt werden kann, eine Formel für den Strom I als Funktion der Zeit her. Nehmen Sie an, dass der Stab die Länge s hat, zum Zeitpunkt $t = 0$ am unteren Ende des U startet und sich im Magnetfeld B mit konstanter Geschwindigkeit v bewegt. Die Querschnittsfläche des Stabes sowie aller Abschnitte des U-förmigen Leiters sei A.

25 (II) Ein leitfähiger Stab liegt auf zwei langen reibungsfreien parallelen Schienen in einem Magnetfeld **B**, das senkrecht zu den Schienen und zum Stab gerichtet ist (siehe ► Abbildung 29.35). (a) Wenn die Schienen horizontal verlaufen und der Stab einen Anfangsstoß bekommt, bewegt sich dieser dann mit konstanter Geschwindigkeit, obwohl ein Magnetfeld vorhanden ist? (b) Angenommen, zum Zeitpunkt $t = 0$, wenn für die Geschwindigkeit des Stabes $v = v_0$ gilt, werden die beiden Schienen durch einen vom Punkt a zum Punkt b verlaufenden Draht elektrisch verbunden. Bestimmen Sie unter der Annahme, der Widerstand des Stabes sei R und in den Schienen vernachlässigbar, die Geschwindigkeit des Stabes als Funktion der Zeit. Erläutern Sie Ihre Antwort.

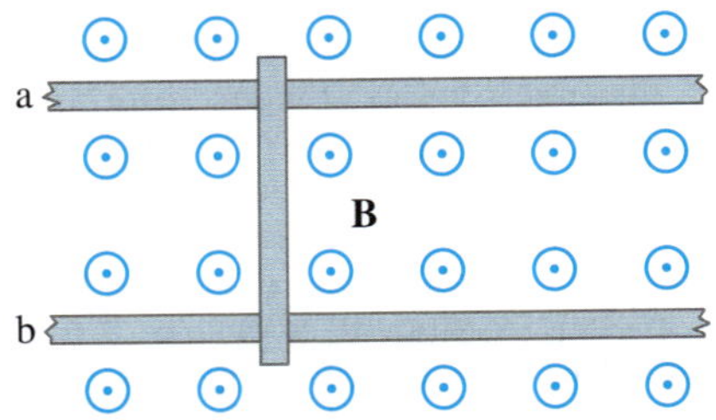

Abbildung 29.35 Aufgaben 25 und 26.

26 (III) Angenommen, ein leitfähiger Stab mit der Masse m und dem Widerstand R liegt auf zwei reibungs- und widerstandsfreien parallelen Schienen mit Abstand l in einem homogenen Magnetfeld **B**, dessen Richtung senkrecht zu den Schienen und zum Stab ist (siehe ► Abbildung 29.35). Zum Zeitpunkt $t = 0$ befindet sich der Stab in Ruhe und in den Punkten a und b wird eine Spannungsquelle angeschlossen. Bestimmen Sie die Geschwindigkeit des Stabes als Funktion der Zeit, (a) wenn die Quelle einen konstanten Strom I abgibt, (b) wenn die Quelle eine konstante Spannung U_0 abgibt. (c) Erreicht der Stab in jedem der Fälle eine stationäre Endgeschwindigkeit? Wenn ja, wie groß ist diese?

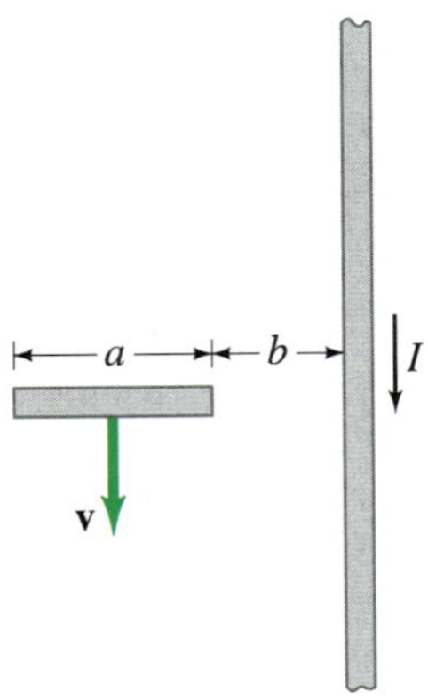

Abbildung 29.36 Aufgabe 27.

27 (III) Ein kurzes Drahtstück der Länge a bewegt sich mit der Geschwindigkeit $\mathbf{v}$ parallel zu einem sehr langen Draht, der einen Strom I führt (siehe ▶ Abbildung 29.36). Das dem langen Draht zugewandte Ende des kurzen Drahtstücks hat von diesem den Abstand b. Der lange Draht sei im Vergleich zu $a + b$ sehr lang. Bestimmen Sie die Spannung zwischen den Enden des kurzen Drahtstücks unter der Annahme, (a) dass sich der Draht in Richtung des Strom I bewegt bzw. (b) dass er sich entgegengesetzt zum Strom bewegt.

Aufgaben zu 29.4

28 (I) Der Generator eines Fahrzeugs läuft mit 950 Umdrehungen/min und erzeugt eine Spannung von 12,4 V. Wie groß ist die Ausgabespannung bei einer Rotationsgeschwindigkeit von 2500 Umdrehungen/min, wenn sonst alles unverändert bleibt?

29 (I) Zeigen Sie, dass die Effektivleistung eines Wechselstromgenerators $U_{\text{eff}} = nAB\omega/\sqrt{2}$ ist.

30 (II) Ein einfacher Generator besitzt eine aus 420 Schleifen bestehende quadratische Spule mit einer Kantenlänge von 21,0 cm. Wie schnell muss er sich in einem Feld von 0,350 T drehen, um eine Spitzenleistung von 120 V zu erzeugen?

31 (II) Eine aus 350 Schleifen bestehende, kreisförmige Rotorspule mit einem Durchmesser von 10,0 cm rotiert mit 60 Umdrehungen/s in einem homogenen Magnetfeld der Stärke von 0,45 T. Wie groß ist die effektive Ausgabespannung des Generators? Wie müssen Sie die Umdrehungsfrequenz verändern, um die effektive Spannungsausgabe zu verdoppeln?

Aufgaben zu 29.5

32 (I) Ein Motor besitzt einen Rotorwiderstand von 3,75 Ω. Wenn er an eine 120-V-Leitung angeschlossen ist und mit voller Leistung läuft, zieht er einen Strom von 9,20 A. Wie groß ist die Gegenspannung?

33 (I) Die Gegenspannung eines Motors betrage 72 V, wenn er mit 1800 Umdrehungen/min läuft. Wie groß ist die Gegenspannung bei 2500 Umdrehungen/min, wenn das Magnetfeld unverändert bleibt?

34 (II) Die Gegenspannung eines Motors betrage 100 V, wenn er mit 1000 Umdrehungen/min läuft. Wie müssen Sie das Magnetfeld des Motors verändern, um die Gegenspannung bei 2500 Umdrehungen/min auf 75 V zu reduzieren?

35 (II) Wie groß ist der Strom im Motor aus **Beispiel 29.6**, wenn er aufgrund der Last mit halber Geschwindigkeit läuft?

36 (II) Ein Gleichstromgenerator ist für 10 kW, 200 V und 50 A ausgelegt, wenn er mit 1000 Umdrehungen/min rotiert. Der Widerstand der Rotorwindungen beträgt 0,40 Ω. (a) Berechnen Sie die „Nulllast"-Spannung bei 1000 Umdrehungen/min (wenn kein Strom an den Generator angeschlossen ist). (b) Berechnen Sie die Volllastspannung (d. h. bei 50 A), wenn der Generator mit 800 Umdrehungen/min läuft. Nehmen Sie an, dass der Betrag des Magnetfelds konstant bleibt.

Aufgaben zu 29.6

37 (I) Ein Transformator besitzt eine Primärspule mit 500 Windungen und ist dafür ausgelegt, 120 V in 8500 V umzuwandeln. Wie viele Windungen hat die Sekundärspule, wenn ein Wirkungsgrad von 100% angenommen wird?

38 (I) Ein Transformator besitzt eine Primärspule mit 720 Windungen und eine Sekundärspule mit 120 Windungen. Handelt es sich hierbei um einen Aufspann- oder einen Abspanntransformator? Um welchen Faktor ändert er die Spannung, wenn ein Wirkungsgrad von 100% angenommen wird? Um welchen Faktor wird der Strom verändert?

39 (I) Ein Aufspanntransformator erhöht die Spannung von 22 V auf 120 V. Wie groß ist der Strom in der Sekundärspule im Vergleich zur Primärspule? Nehmen Sie einen Wirkungsgrad von 100% an.

40 (I) Leuchtreklamen benötigen eine Spannung von 12 V. Wie groß muss das Verhältnis von Sekundär- und Primärwindungen im Transformator sein, damit die Reklamen von einer 220-V-Leitung versorgt werden können? Wie groß ist die Ausgabespannung, wenn der Transformator umgekehrt angeschlossen wird?

41 (II) Der Transformator einer Modelleisenbahn ist an eine Wechselspannung von 120 V angeschlossen und zieht 0,65 A, während er den Zug mit einem Strom von 15 A versorgt. (a) Wie groß ist die an den Schienen anliegende Spannung? (b) Handelt es sich um einen Aufspann- oder einen Abspanntransformator?

42 (II) Die Ausgabespannung eines 100-W-Transformators ist 12 V und der Eingangsstrom beträgt 26 A. (a) Handelt es sich hierbei um einen Aufspann- oder einen Abspanntransformator? (b) Mit welchem Faktor wird die Spannung multipliziert?

43 (II) Ein Transformator besitzt eine Primärspule mit 330 Windungen und eine Sekundärspule mit 1510 Windungen. Die Eingangsspannung ist 120 V und der Ausgabestrom beträgt 15,0 A. Wie groß sind die Ausgabespannung und der Eingangsstrom, wenn ein Wirkungsgrad von 100% angenommen wird?

44 (II) Eine Stadt erhält über eine Hochspannungsleitung mit einem Widerstand von 3,0 Ω eine von einem Generator erzeugte Leistung von 30 MW bei 45 kV. Berechnen Sie (a) die Eigenspannung am Generatorende der Leitung und (b) den Anteil der erzeugten Energie, der in den Leitungen verloren geht.

45 (III) Eine Energiemenge von 65 kW soll mithilfe von zwei Leitungen übertragen werden, die einen Widerstand von 0,1 Ω besitzen. Schätzen Sie ab, wie viel Energie gespart wird, wenn die Spannung von 120 V auf 1200 V transformiert und später wieder reduziert wird, anstatt bei nur 120 V zu übertragen. Nehmen Sie an, dass die Transformatoren einen Wirkungsgrad von 99% besitzen.

46 (III) Entwerfen Sie eine Überlandleitung für Gleichstrom, die eine Energiemenge von 300 MW über eine Entfernung von 200 km mit einem Verlust von nur 2% übertragen kann. Die Drähte sollen aus Aluminium bestehen und die Spannung 600 kV betragen.

Aufgaben zu 29.7

47 (I) Bestimmen Sie das elektrische Feld in dem beweglichen Stab aus Aufgabe 22.

48 (II) Zeichnen Sie in ▸ Abbildung 29.22c zwei identische kleine Kreise ein, von denen sich einer nahe am Mittelpunkt des Magnetfeldes und der andere auf seinem Rand befindet. Zeigen Sie, dass die Spannung auf jedem der beiden Kreise gleich ist, obwohl E im Bereich des äußeren Kreises größer ist.

49 (II) Ein *Betatron* ist ein Gerät, das zur Beschleunigung von Elektronen auf hohe Energie verwendet wird. Es besteht aus einer Vakuumröhre, die sich in einem Magnetfeld befindet und in die Elektronen injiziert werden (siehe ▸ Abbildung 29.37). Der Elektromagnet erzeugt ein Feld, das erstens die Elektronen innerhalb der Röhre auf ihrer kreisförmigen Umlaufbahn hält und zweitens die Geschwindigkeit der Elektronen erhöht, wenn sich die magnetische Feldstärke B ändert. (a) Erläutern Sie, wie die Elektronen beschleunigt werden (siehe ▸ Abbildung 29.37). (b) In welche Richtung bewegen sich die Elektronen in ▸ Abbildung 29.37? (c) Muss die magnetische Feldstärke B zu- oder abnehmen, damit die Elektronen beschleunigt werden? (d) Das Magnetfeld alterniert mit 60 Hz. Zeigen Sie, dass die Elektronen nur während eines Viertels der Schwingung ($\frac{1}{240\,\text{s}}$) beschleunigt werden können. (Während dieser Zeit führen sie Hunderttausende von Umläufen aus und erlangen dabei eine sehr hohe Energie.)

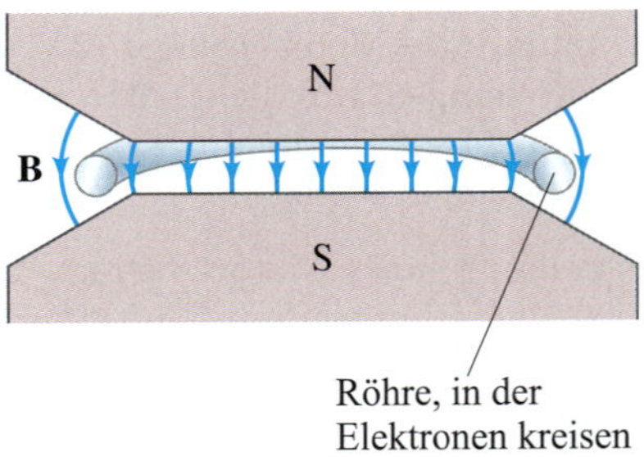

Abbildung 29.37 Aufgaben 49 und 50.

50 (III) Zeigen Sie, dass die Elektronen in einem Betatron (siehe Aufgabe 49 und ▸ Abbildung 29.37) auf einen konstanten Radius beschleunigt werden, wenn die magnetische Feldstärke B_0 auf der Umlaufbahn der Elektronen in der Röhre genau halb so groß ist wie der Durchschnittswert der magnetischen Feldstärke B_{av} über die Fläche der kreisförmigen Umlaufbahn zu jedem einzelnen Zeitpunkt, d. h. wenn $B_0 = \frac{1}{2} B_{av}$ gilt. (Dies ist der Grund, weshalb die Polflächen eine recht ungewöhnliche Form haben, siehe ▸ Abbildung 29.37.)

51 (III) Geben Sie für jeden der Fälle (a) und (b) aus Aufgabe 26 eine Formel für das effektive elektrische Feld innerhalb des beweglichen Stabes als Funktion der Zeit an.

Allgemeine Aufgaben

52 Gegeben seien zwei in der Papierebene liegende Leiterschleifen (siehe ► **Abbildung 29.38**). Angenommen, der Schalter in der linken Schleife wird umgelegt. (a) In welche Richtung fließt der in der anderen Schleife induzierte Strom? (b) Wie stellt sich die Situation nach Verstreichen einer „langen" Zeit dar? (c) In welche Richtung fließt der in der zweiten Schleife induzierte Strom, wenn diese schnell horizontal nach rechts bewegt wird?

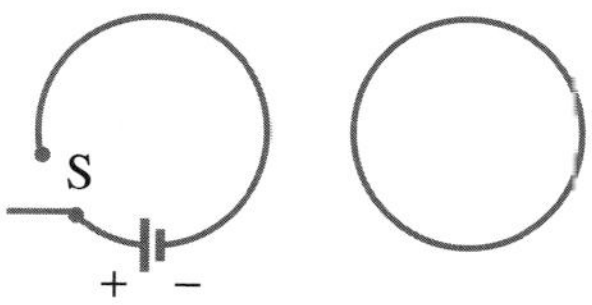

Abbildung 29.38 Aufgabe 52

53 Ein einfacher Generator wird verwendet, um eine maximale Ausgabespannung von 24,0 V zu erzeugen. Der quadratische Rotor besteht aus Windungen mit einer Kantenlänge von 7,0 cm und dreht sich in einem Feld von 0,420 T mit 60 Umdrehungen pro Sekunde. Wie viele Drahtschleifen sind um den quadratischen Rotor gewunden?

54 Eine quadratische Schleife mit einer Kantenlänge von 24,0 cm hat einen Widerstand von 6,50 Ω. Sie befindet sich zunächst in einem Magnetfeld **B** von 0,755 T, das zur Schleifenebene senkrecht steht. Innerhalb von 40,0 ms wird die Schleife aus dem Feld entfernt. Berechnen Sie die bei diesem Prozess verbrauchte elektrische Energie.

55 Zwei leitfähige Schienen von vernachlässigbarem Widerstand befinden sich in einem Abstand von 30 cm auf einer Rampe mit einer Neigung von 5°. Die gesamte Anordnung befindet sich in einem vertikal gerichteten Feld von 0,55 T. Wie groß ist die stationäre Endgeschwindigkeit des Stabes, wenn er reibungsfrei auf den Schienen herabgleitet?

56 Zwei Überlandleitungen haben jeweils einen Widerstand von 0,80 Ω und führen einen Strom von 700 A über eine Enfernung von 9,0 km. Berechnen Sie für den Fall, dass die effektive Eingabespannung 42 kV beträgt (a) die Spannung am anderen Ende der Leitung, (b) die Eingangsleistung, (c) den Energieverlust in den Leitungen und (d) die Ausgabeleistung.

57 In einem Kraftwerk, das sich 100 km von einer Stadt entfernt befindet, die eine Energie von 50 MW bei 12 kV benötigt, wird Energie bei 24 kV erzeugt. Die vom Kraftwerk in die Stadt führenden Überlandleitungen haben einen Gesamtwiderstand von 0,10 Ω / km. Wie groß sollte die Ausgabespannung des Transformators im Kraftwerk sein, damit der Wirkungsgrad der gesamten Energieübertragung 98,5 % beträgt? Nehmen Sie dabei an, dass es sich um einen idealen Transformator handelt.

58 Eine Spule mit Eisenkern mit 200 Windungen pro cm und einem Radius von 4,5 cm ist von einer Spule umgeben, die 150 Windungen, einen Radius von 5,2 cm und einen Widerstand von 11,0 Ω besitzt. Der Strom im Solenoid ändert sich innerhalb von 0,10 s gleichmäßig von 0 A auf 2,0 A. Berechnen Sie den Betrag und die Richtung des in der Spule induzierten Stromes.

59 Ein Ring mit einem Radius von 3,0 cm und einem Widerstand von 0,025 Ω rotiert um eine Achse, die durch seinen Mittelpunkt verläuft und befindet sich in einem Magnetfeld von 0,15 T, das zu dieser Achse senkrecht gerichtet ist. Wie groß ist die maximale Anzahl von Elektronen, die dabei in einem bestimmten Punkt des Ringes vorüberfließen?

60 Gegeben ist ein einfacher Generator, dessen Rotor aus 125 quadratischen Schleifen mit der Kantenlänge 6,60 cm besteht. Bestimmen Sie den Spitzenwert der Ausgabespannung, wenn sich der Rotor mit 120 Umdrehungen pro min in einem Feld von 0,200 T dreht.

61 Ein kleines Elektroauto überwindet eine Reibungskraft von 250 N, wenn es mit 30 km/h fährt. Der Elektromotor wird von zehn 12-V-Batterien versorgt, die in Reihe geschaltet und direkt mit den Rädern verbunden sind. Deren Durchmesser beträgt 50 cm. Die 300 Rotorwindungen haben eine rechteckige Form (10 cm · 15 cm) und drehen sich in einem Magnetfeld von 0,60 T. (a) Wie groß ist der Strom, den der Motor ziehen muss, um das erforderliche Drehmoment zu erzeugen? (b) Wie groß ist die Gegenspannung? (c) Wie viel Energie geht in den Spulen verloren? (d) Wie viel Prozent der Eingangsenergie wird zum Fahren des Elektroautos verwendet?

62 Eine **Suchspule** zur Messung der magnetischen Feldstärke B (auch als *Klappspule* bezeichnet) ist eine kleine Spule mit n Windungen, die jeweils eine Querschnittsfläche A besitzen. Sie ist mit einem so genannten **ballistischen Galvanometer** verbunden. Dies ist ein Gerät, das die während einer kurzen Zeit hindurchfließende Gesamtladung Q bestimmt. Die Klappspule wird so im zu messenden Magnetfeld platziert, dass ihre Polflächen senkrecht zum Feld stehen. Dann wird sie schnell um 180° gedreht. Zeigen Sie, dass die während dieser kurzen „Umdrehzeit" im induzierten Strom fließende

Gesamtladung Q proportional zur magnetischen Feldstärke B ist. Zeigen Sie insbesondere, dass B durch

$$B = \frac{QR}{2nA}$$

gegeben ist, wobei R der Gesamtwiderstand der Schaltung ist, der sich aus dem Widerstand der Spule und dem des ballistischen Galvanometers, das die Ladung Q misst, zusammensetzt.

63 Die Windungen der Primärspule eines Transformators haben einen Wirkungsgrad von 80% und sind an 110-V-Wechselstrom angeschlossen. Die Windungen der Sekundärspule sind mit einer 75-W-Glühlampe mit einem Widerstand von 2,4 Ω verbunden. (a) Berechnen Sie den durch die Primärwindungen des Transformators fließenden Strom. (b) Berechnen Sie das Verhätnis der Anzahl von Primär- und Sekundärwindungen in diesem Transformator.

64 Wie groß ist die in einer aus zehn Windungen bestehenden kreisförmigen Schleife verbrauchte Energie, wenn jede der Windungen einen Radius von 10,0 cm und einen Widerstand von 2 Ω hat und die Schleifenebene senkrecht zu einem Magnetfeld liegt, dessen Stärke den zeitlichen Verlauf

$$B(t) = B_0\, e^{-t/\tau}$$

mit $B_0 = 0{,}50$ T und $\tau = 0{,}10$ s hat?

65 Ein dünner Metallstab der Länge L rotiert mit der Winkelgeschwindigkeit ω um eine Achse, die durch eines seiner Enden geht. Die Rotationsachse verläuft senkrecht zum Stab und parallel zu einem homogenen Magnetfeld $\mathbf{B}$. Bestimmen Sie die zwischen den Enden des Stabes entstehende Spannung.

66 Schreibtischlampen mit hoher Intensität sind für 40 W ausgelegt, benötigen aber nur eine Spannung von 12 V. Sie enthalten einen Transformator, der die Haushaltspannung von 120 V entsprechend umwandelt. (a) Handelt es sich dabei um einen Aufspann- oder einen Abspanntransformator? (b) Wie groß ist der in der Sekundärspule fließende Strom, wenn die Lampe eingeschaltet ist? (c) Wie groß ist der Strom in der Primärspule? (d) Wie groß ist der Widerstand der eingeschalteten Glühlampe?

67 Zeigen Sie, dass für den Energieverlust P_{L} in Hochspannungsleitungen $P_{\mathrm{L}} = (P_{\mathrm{T}})^2 R_{\mathrm{L}}/U^2$ gilt, wobei P_{T} die zum Verbraucher übertragene Leistung, U die gelieferte Spannung und R_{L} der Widerstand der Hochspannungsleitungen ist.

68 Das Magnetfeld eines „parallel gewundenen" Gleichstrommotors wird durch das Feld der Spulen erzeugt, die parallel zu den Rotorspulen angeordnet sind. Angenommen, die für das Feld verantwortlichen Spulen haben einen Widerstand von 36,0 Ω und die Rotorspulen von 3,00 Ω. Die Gegenspannung beträgt bei voller Geschwindigkeit 105 V, wenn der Motor an 115 V Wechselspannung angeschlossen ist. (a) Skizzieren Sie die entsprechende Schaltung für den Fall, dass der Motor gerade gestartet wird sowie für den Fall, dass er mit der vollen Geschwindigkeit läuft. (b) Wie groß ist der Gesamtstrom, der vom Motor bei der Inbetriebnahme gezogen wird? (c) Wie groß ist der Gesamtstrom, der vom Motor gezogen wird, wenn er mit der vollen Geschwindigkeit läuft.

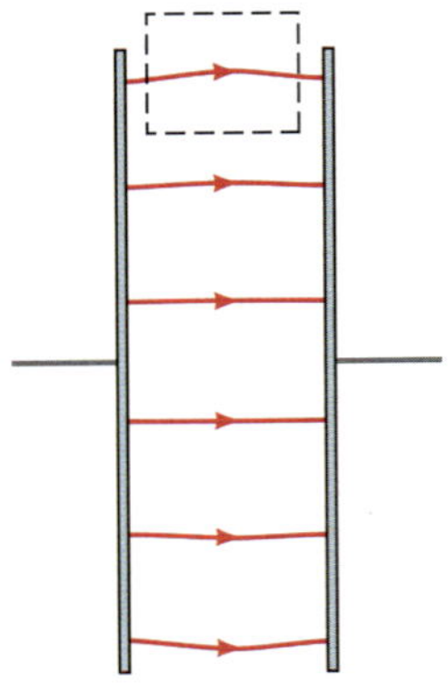

Abbildung 29.39 Aufgabe 69.

69 Wenden Sie das Faraday'sche Gesetz in der in Gleichung 29.8 angegebenen Form an, um zu zeigen, dass das statische elektrische Feld zwischen den parallelen Platten eines Plattenkondensators an den Rändern nicht abrupt auf null fallen kann. Verwenden Sie den gestrichelt dargestellten Weg aus ▸ Abbildung 29.39.

70 Eine kreisförmige Metallscheibe mit dem Radius R dreht sich mit der Winkelgeschwindigkeit ω um eine Achse, die durch ihren Mittelpunkt verläuft und senkrecht auf der Ebene der Scheibe steht. Die Scheibe rotiert in einem homogenen Magnetfeld B, das parallel zur Rotationsachse gerichtet ist. Bestimmen Sie die zwischen dem Mittelpunkt und den Rändern induzierte Spannung.

71 Bestimmen Sie den Betrag und die Richtung des elektrischen Feldes in jedem Punkt der rotierenden Scheibe aus Aufgabe 70.

72 Angenommen, die „Magnetbremse" aus ▸ Abbildung 29.17 wirkt auf eine kreisförmige Metallscheibe mit dem Radius R und der Dicke d, die einen spezifischen elektrischen Widerstand ρ besitzt. Das Magnetfeld $\mathbf{B}$, auf dem die Scheibe senkrecht steht, wirkt auf eine kleine Fläche A, deren Mittelpunkt den Abstand l vom Mittelpunkt des Rades hat. Stellen Sie für einen Zeitpunkt, zu dem die Scheibe mit der Winkelgeschwindigkeit ω um eine durch ihren Mittelpunkt verlaufende Achse rotiert, eine Näherungsformel für das Drehmoment auf, das ihre Bewegung verlangsamt.

Induktivität und elektromagnetische Schwingungen

30

ÜBERBLICK

Der zum Entzünden des Gas-Luft-Gemischs eines mit Benzin betriebenen Motors benötigte Funken entsteht dadurch, dass zwischen den Kontakten der Zündkerze die elektrische Feldstärke so weit erhöht wird, bis aus dem Kraftstoff-Luft-Gemisch abgelöste Elektronen mit einem Funken überspringen. Die zum Aufbau des Feldes benötigte hohe Spannung entsteht ausgehend von den 12 V der Autobatterie durch Gegeninduktion in einer Induktionsspule, die im Wesentlichen ein Transformator ist. Jede Drahtspule besitzt eine Selbstinduktivität. Ein in ihr fließender, sich ändernder Strom bewirkt, dass eine Spannung induziert wird. Induktionsspulen sind in vielen Stromkreisen von Nutzen.

30. Induktivität und elektromagnetische Schwingungen

Im letzten Kapitel haben wir diskutiert, wie ein sich ändernder magnetischer Fluss durch eine Leiterschleife in dieser eine Spannung induzieren kann. Zuvor hatten wir bereits gelernt, dass ein elektrischer Strom ein Magnetfeld erzeugt. Wenn wir diese beiden Gedanken kombinieren, dann sollten wir erwarten, dass das Verändern eines Stroms in einem Stromkreis in einem zweiten, benachbarten Stromkreis oder sogar in diesem Stromkreis selbst eine Spannung und einen Strom induziert. Im letzten Kapitel haben wir hierfür bereits ein Beispiel (den Transformator) kennen gelernt. In diesem Kapitel werden wir den Effekt allgemein behandeln und zu diesem Zwecke die Begriffe Gegeninduktivität und Selbstinduktivität einführen. Das Konzept der Induktivität bietet uns außerdem einen Zugang, um die Energiespeicherung in einem Magnetfeld zu behandeln. Wir beschließen das Kapitel mit der Behandlung von Stromkreisen, die sowohl eine Induktionsspule als auch einen Widerstand und/oder einen Kondensator enthalten.

30.1 Gegeninduktivität

Sind zwei Drahtspulen wie in ► Abbildung 30.1 dicht benachbart, dann induziert ein durch die eine Spule fließender Strom eine Spannung in der anderen. Nach dem Faraday'schen Induktionsgesetz ist die in der Spule 2 induzierte Spannung U_2 proportional zur Änderungsrate des Flusses durch diese Spule. Ursache für diesen Fluss ist der Strom I_1 in der Spule 1. Häufig ist es vorteilhaft, die Spannung in der Spule 2 durch den Strom in Spule 1 auszudrücken.

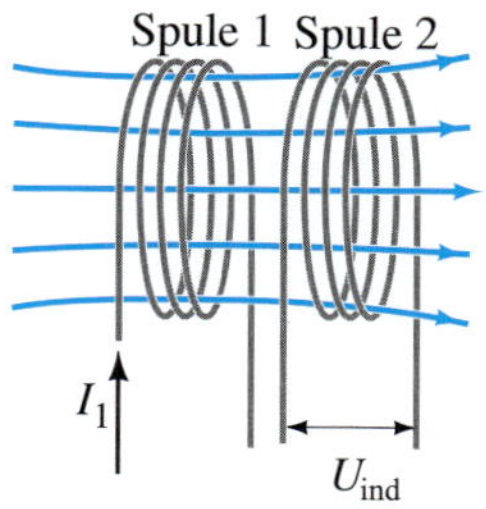

Abbildung 30.1 Ein sich ändernder Strom in der einen Spule induziert in der anderen Spule einen Strom.

Sei Φ der magnetische Fluss in den einzelnen Schleifen von Spule 2, der durch den Strom in Spule 1 induziert wird. Der gesamte Fluss durch die Spule 2 ist $N_2\Phi$, wobei N_2 die Anzahl der Schleifen in Spule 2 ist. Wenn die beiden Spulen räumlich fixiert sind, dann ist $N_2\Phi$ proportional zum Strom I_1 in der Spule 1. Die Proportionalitätskonstante M wird als **Gegeninduktivität** bezeichnet; sie ist definiert durch

Gegeninduktivität

$$M = \frac{N_2\Phi}{I_1} \,. \qquad (30.1)$$

Die aufgrund der Änderung des Stroms in Spule 1 in Spule 2 induzierte Spannung U_{ind} ist nach dem Faraday'schen Induktionsgesetz

$$U_2 = -N_2\frac{\mathrm{d}\Phi}{\mathrm{d}t} \,.$$

Wir formen Gleichung 30.1 um in $\Phi = MI_1/N_2$, bilden die Ableitung und kombinieren das Ergebnis mit der letzten Gleichung. Dies ergibt

Durch Gegeninduktion erzeugte Spannung

$$U_2 = -M\frac{\mathrm{d}I_1}{\mathrm{d}t} \,. \qquad (30.2)$$

Diese Gleichung setzt die Änderung des Stroms in Spule 1 mit der in Spule 2 induzierten Spannung in Beziehung. Die Gegeninduktivität von Spule 2 bezüglich Spule 1, M, hängt nicht von I_1 ab, sondern nur von geometrischen Faktoren wie Größe, Form, Anzahl der Windungen und der relativen Lage der beiden Spulen, sowie davon, ob Eisen oder ein anderes ferromagnetisches Material beteiligt ist. Beispielsweise gehen umso weniger Flusslinien durch die Spule 2, je weiter die beiden Spulen in ► Abbildung 30.1 voneinander entfernt sind, so dass M entsprechend kleiner ist. Für bestimmte Anordnungen kann die Gegenspannung berechnet werden (siehe Beispiel 30.1). Häufiger jedoch wird sie experimentell bestimmt.

Werden Erregung und Induktion vertauscht, indem Spule 2 das Feld aufbaut und Spule 1 die Spannung induziert, bleibt die Gegeninduktivität gleich. Damit gilt

$$U_1 = -M\frac{\mathrm{d}I_2}{\mathrm{d}t} \tag{30.3a}$$

und

$$U_2 = -M\frac{\mathrm{d}I_1}{\mathrm{d}t} \,. \tag{30.3b}$$

Die SI-Einheit für die Gegeninduktivität ist das Henry (H); es gilt $1\,\mathrm{H} = 1\,\mathrm{V}\cdot\mathrm{s/A} = 1\,\Omega\cdot\mathrm{s}$.

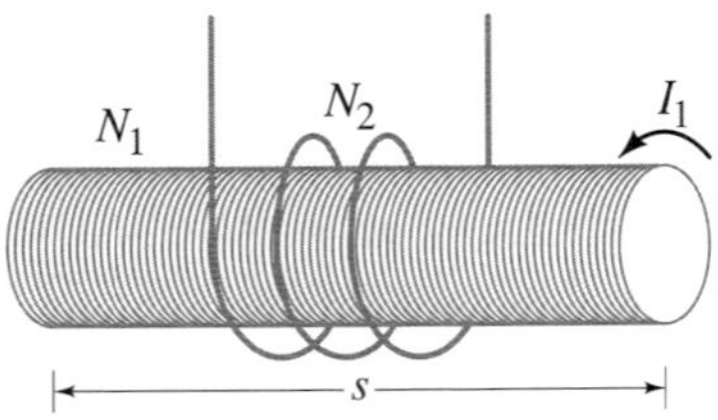

Abbildung 30.2 Beispiel 30.1.

Beispiel 30.1 Spule

Eine lange Spule mit der Länge s und der Querschnittsfläche A enthält N_1 eng gewickelte Drahtschleifen. Um diese Spule herum ist eine zweite Spule mit N_2 Windungen gewickelt (siehe ► Abbildung 30.2). Nehmen Sie an, dass der gesamte Fluss aus der Spule 1 durch die Spule 2 geht und berechnen Sie die Gegeninduktivität.

Lösung

Wir bestimmen zunächst den durch die Spule 1 erzeugten Fluss, der vollständig und homogen durch die Spule 2 geht. Der magnetische Fluss innerhalb einer Spule wurde in Kapitel 28 hergeleitet (Gleichung 28.4); es gilt

$$B = \mu_0 \frac{N_1}{s} I_1 \,,$$

wobei I_1 der in Spule 1 fließende Strom ist. Da diese Spule eng gewickelt ist, können wir voraussetzen, dass der gesamte Fluss die Spule verbindet. Daher ist der Fluss Φ durch die Spule 2

$$\Phi = BA = \mu_0 \frac{N_1}{s} I_1 A \,.$$

Die Gegeninduktivität ist folglich

$$M = \frac{N_2 \Phi}{I_1} = \frac{\mu_0 N_1 N_2 A}{s} \,.$$

Beachten Sie, dass M nur von geometrischen Größen, aber nicht von den Strömen abhängt.

ANGEWANDTE PHYSIK

Gegeninduktion im Transformator

Der Transformator ist ein Beispiel für Gegeninduktion, bei dem die Kopplung maximiert ist, so dass fast alle Flusslinien durch die beiden Spulen gehen. Die Gegeninduktion hat aber auch noch andere Anwendungen. Beispielsweise werden manche Herzschrittmacher, die den Herzrhythmus regulieren und so dafür sorgen, dass der Blutfluss bei herzkranken Patienten stabil bleibt, extern angetrieben. Die Leistung einer externen Spule wird induktiv an eine zweite Spule übertragen, die sich im Schrittmacher befindet. Gegenüber batteriegetriebenen Schrittmachern hat dies den Vorteil, dass kein Eingriff notwendig ist, um die Batterie zu wechseln.

In jedem Stromkreis tritt Gegeninduktion auf

Gegeninduktion kann mitunter auch zum Problem werden. Jede Änderung des Stroms in einem Stromkreis kann in einem anderen Teil des gleichen Stromkreises oder in einem anderen Stromkreis eine Spannung induzieren, auch wenn die Leiter nicht die Form von Spulen haben. Außer wenn die Spulen aus sehr vielen Windungen bestehen und/oder Eisenkerne beteiligt sind, ist die Gegeninduktion in der Regel klein. Trotzdem können durch Gegeninduktion Probleme entstehen, insbesondere wenn Signale mit kleiner Amplitude eine Rolle spielen. Um dieses

Problem zu reduzieren, werden oft abgeschirmte Leitungen verwendet, bei denen ein Innenleiter von einem geerdeten zylindrischen Leiter umgeben ist.

30.2 Selbstinduktivität

Das Konzept der Induktivität kann auch auf den Fall einer einzelnen isolierten Spule mit N Windungen angewendet werden. Ändert sich der Stromfluss in einer Spule, dann wird innerhalb der Spule ein sich änderndes Magnetfeld erzeugt, das in dieser Spule eine Spannung induziert. Die induzierte Spannung wirkt der sie verursachenden Änderung des magnetischen Flusses entgegen (Lenz'sche Regel). Wenn beispielsweise der Strom durch die Spule wächst, dann induziert der wachsende magnetische Fluss eine Spannung, die dem Anwachsen des ursprünglichen Stroms entgegenwirkt. Wenn der Strom in der Spule kleiner wird, dann induziert der kleiner werdende Fluss eine Spannung in Richtung des Stromes, d. h. er hat die Tendenz, den ursprünglichen Strom aufrechtzuerhalten.

Der durch die N Windungen der Spule verlaufende magnetische Fluss Φ ist proportional zum Strom I in der Spule. Wir definieren daher in Analogie zur Gegeninduktivität (Gleichung 30.1) die **Selbstinduktivität** L durch

$$L = \frac{N\Phi}{I} \,. \qquad (30.4)$$

Selbstinduktivität

Die in einer Spule mit der Selbstinduktivität L induzierte Spannung U ist dann nach dem Faraday'schen Induktionsgesetz

$$U = -N\frac{\mathrm{d}\Phi}{\mathrm{d}t} = -L\frac{\mathrm{d}I}{\mathrm{d}t} \,. \qquad (30.5)$$

Durch Selbstinduktivität erzeugte Spannung

Ebenso wie die Gegeninduktivität wird die Selbstinduktivität in der Einheit Henry gemessen. Die Größe von L hängt von der Geometrie und vom Vorhandensein eines Ferromagnetikums ab. Eine Selbstinduktivität kann für beliebige Stromkreise oder Teile von Stromkreisen definiert werden.

In jedem Stromkreis gibt es Selbstinduktivität. Meist ist sie sehr klein, es sei denn, die Spule enthält sehr viele Windungen. Eine Spule mit einer signifikanten Selbstinduktivität wird als **Induktionsspule** bezeichnet. In Schaltplänen werden Induktionsspulen durch das Symbol

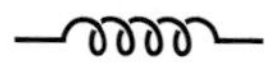

(Symbol für Induktionsspule)

dargestellt. In bestimmten Stromkreisen können sie sinnvoll eingesetzt werden. Oft soll Induktivität in einem Stromkreis vermieden werden. Präzisionswiderstände bestehen normalerweise aus Drahtwindungen und haben daher sowohl eine Induktivität als auch einen Widerstand. Die Induktivität kann minimiert werden, indem der isolierte Draht in umgekehrtem Sinn auf sich selbst gewickelt wird, so dass durch den in entgegengesetzte Richtungen fließenden Strom nur ein geringer effektiver magnetischer Fluss entsteht. Dies wird als „induktionsfreie Wicklung" bezeichnet.

Wenn eine Induktionsspule einen vernachlässigbar kleinen Widerstand hat, dann wird ein sich ändernder Strom durch die Induktivität (bzw. die induzierte Spannung) gesteuert. Wenn eine sich ändernde oder alternierende Spannungsquelle an die Spule angelegt wird, dann wird diese angelegte Spannung gerade durch die induzierte Spannung der Spule (Gleichung 30.5) ausgeglichen. An Gleichung 30.5 lässt sich ablesen, dass für großes L bei gegebenem U die Änderung des Stroms – und damit der Strom selbst, wenn es sich um einen Wechselstrom handelt – klein ist. Je größer die Induktivität, umso kleiner ist der Strom. Eine Induktionsspule wirkt also in gewisser Weise wie ein Widerstand, der den Fluss des alternierenden Stroms behindert. Diese Eigenschaft einer Induktionsspule wird als **Blindwiderstand** oder **Reaktanz** bezeichnet. Wir werden diese Größe in Kapitel 31 ausführlicher behandeln und u. a. feststellen, dass sie nicht nur von L sondern auch von der Frequenz abhängt. An dieser Stelle sei ein Beispiel für die Bedeutung des Blindwiderstands erwähnt. Der Widerstand der Primärspule eines

Transformators ist gewöhnlich sehr gering, vielleicht kleiner als 1 Ω. Wenn allein der Widerstand den Strom im Transformator beschränken würde, würden riesige Ströme fließen, wenn eine hohe Spannung angelegt wird. Tatsächlich kann es passieren, dass ein Transformator durchbrennt, wenn eine Gleichspannung angelegt wird. Die induzierte Spannung (oder der Blindwiderstand) sorgt dafür, dass der Strom nicht über einen vernünftigen Wert hinaus ansteigt.

Gewöhnliche Induktionsspulen haben Induktivitäten zwischen 1 µH und 1 H (1 H = 1 Henry = 1 Ω · s).

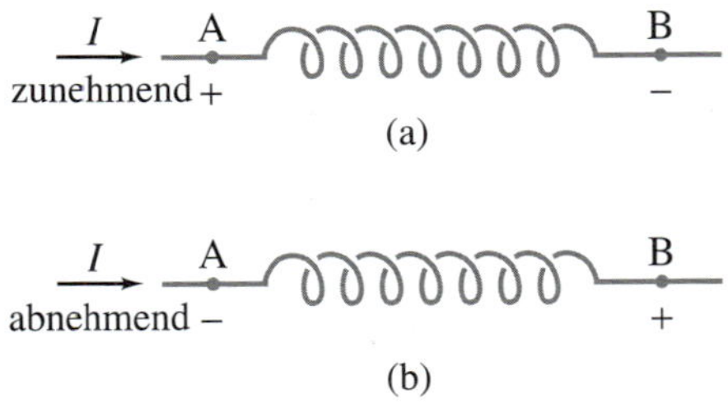

Abbildung 30.3 Beispiel 30.2. Die Symbole + und − beziehen sich auf die durch den veränderlichen Strom induzierte Spannung; die Punkte A und B können als die Klemmen einer Batterie interpretiert werden.

Beispiel 30.2 · Begriffsbildung — Richtung der Spannung in einer Induktionsspule

(a) Angenommen, ein mit der Zeit anwachsender Strom fließt von links nach rechts durch die Spule aus ▸ Abbildung 30.3. Welche Richtung hat die induzierte Spannung? (b) Wie ist die Richtung der induzierten Spannung, wenn der Strom in derselben Richtung durch die Spule fließt, aber mit der Zeit fällt?

Lösung

a Nach der Lenz'schen Regel wirkt die induzierte Spannung der Änderung des magnetischen Flusses entgegen. Wenn der Strom wächst, dann wächst auch der magnetische Fluss. Die induzierte Spannung wirkt dem wachsenden Fluss entgegen, d. h. sie wirkt wie eine Spannungsquelle, die der äußeren, den Strom antreibenden Spannungsquelle entgegenwirkt. Die in der Spule induzierte Spannung wirkt demzufolge dem Strom I in ▸ Abbildung 30.3a entgegen. Mit anderen Worten, man kann sich die Induktionsspule als eine Spannungsquelle vorstellen, wobei sich die positive Klemme im Punkt A und die negative Klemme im Punkt B befindet.

b Wenn der Strom kleiner wird, dann wächst nach der Lenz'schen Regel der Fluss durch die induzierte Spannung, d. h., die induzierte Spannung verstärkt die externe Spannungsquelle. Durch die induzierte Spannung wird der Strom I in ▸ Abbildung 30.3b größer, so dass die induzierte Spannung in diesem Fall als eine Batterie interpretiert werden kann, deren positive Klemme sich im Punkt B befindet.

Beispiel 30.3 — Induktivität einer langen Spule

Gegeben ist eine dicht gewickelte lange Spule mit N Windungen, der Länge s und der Querschnittsfläche A. (a) Leiten Sie eine Formel für die Selbstinduktivität L der Spule her. (b) Berechnen Sie den Wert von L für $N = 100$, $s = 5{,}0\,\text{cm}$, $A = 0{,}3\,\text{cm}^2$, wenn die Spule mit Luft gefüllt ist. (c) Berechnen Sie L, wenn die Spule einen Eisenkern mit $\mu = 4000\,\mu_0$ hat.

Lösung

a Am einfachsten können wir die Induktivität L bestimmen, wenn wir von Gleichung 30.4 ausgehen. Dazu müssen wir zunächst den Fluss bestimmen. Nach Gleichung 28.4 ist das Magnetfeld im Inneren einer Spule (bei Vernachlässigung von Randeffekten) konstant; es gilt $B = \mu_0 n I$ mit $n = N/s$. Der Fluss ist $\Phi = BA = \mu_0 N I A/s$, wir erhalten also

$$L = \frac{N\Phi}{I} = \frac{\mu_0 N^2 A}{s}\,.$$

b Mit $\mu_0 = 4\pi \cdot 10^{-7}\,\mathrm{T \cdot m/A}$ folgt

$$L = \frac{(4\pi \cdot 10^{-7}\,\mathrm{T{\cdot}m/A})(100)^2(3{,}0 \cdot 10^{-5}\,\mathrm{m}^2)}{(5{,}0 \cdot 10^{-2}\,\mathrm{m})} = 7{,}5\,\mu\mathrm{H}\,.$$

c In diesem Fall ersetzen wir μ_0 durch $\mu = 4000\,\mu_0$. Damit ist die Induktivität L 4000-mal so groß: $L = 0{,}03\,\mathrm{H} = 30\,\mathrm{mH}$.

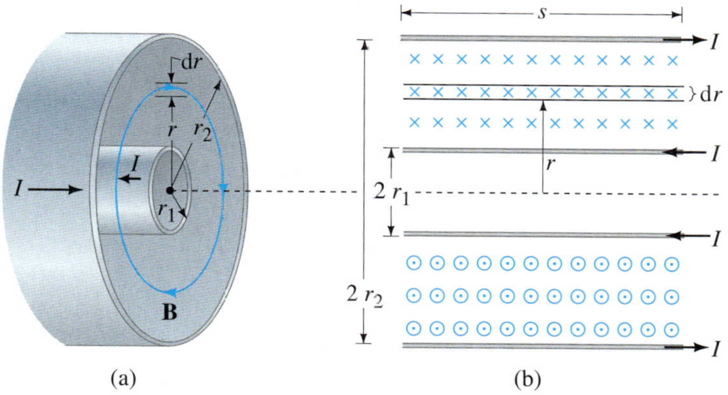

Abbildung 30.4 Beispiel 30.4. Koaxialkabel: (a) Ansicht an einem der Enden, (b) Seitenansicht (Längsschnitt).

Beispiel 30.4 Induktivität eines Koaxialkabels

Bestimmen Sie die Induktivität pro Längeneinheit eines Koaxialkabels, dessen Innenleiter den Radius r_1 und dessen Außenleiter den Radius r_2 hat (siehe ▸ Abbildung 30.4). Nehmen Sie an, dass die Leiter dünn sind, so dass das Magnetfeld zwischen ihnen vernachlässigt werden kann. Die Leiter führen beide in entgegengesetzter Richtung den Strom I.

Lösung

Wir müssen wieder den magnetischen Fluss $\Phi = \int \mathbf{B} \times \mathrm{d}\mathbf{A}$ bestimmen, diesmal zwischen den beiden Leitern. Die Feldlinien von $\mathbf{B}$ sind Kreise um den Innenleiter (in ▸ Abbildung 30.4a ist nur eine Feldlinie dargestellt). Nach dem Ampère'schen Gesetz, $\oint \mathbf{B} \cdot \mathrm{d}\mathbf{s} = \mu_0 I$, ist die Feldstärke im Abstand r vom Mittelpunkt

$$B = \frac{\mu_0 I}{2\pi r}\,,$$

wenn der Innenleiter den Strom I führt (siehe auch Beispiel 28.4). Der magnetische Fluss durch ein Rechteck der Breite $\mathrm{d}r$ und der Länge s (entlang des Kabels, siehe ▸ Abbildung 30.4b), das den Abstand r vom Mittelpunkt hat, ist

$$\mathrm{d}\Phi = B(s\,\mathrm{d}r) = \frac{\mu_0 I}{2\pi r} s\,\mathrm{d}r\,.$$

Der gesamte Fluss durch einen Abschnitt der Länge s ist

$$\Phi = \int \mathrm{d}\Phi = \frac{\mu_0 I s}{2\pi} \int_{r_1}^{r_2} \frac{\mathrm{d}r}{r} = \frac{\mu_0 I s}{2\pi} \ln \frac{r_2}{r_1}\,.$$

Da der gesamte Strom I im Innenleiter in die eine Richtung und ein gleich großer Strom im Außenleiter in die entgegengesetzte Richtung fließt, gibt es nur eine einzige Windung, also $N = 1$. Folglich ist die Selbstinduktivität für einen Abschnitt der Länge s

$$L = \frac{\Phi}{I} = \frac{\mu_0 s}{2\pi} \ln \frac{r_2}{r_1} \,.$$

Die Induktivität pro Längeneinheit ist

$$\frac{L}{s} = \frac{\mu_0}{2\pi} \ln \frac{r_2}{r_1} \,.$$

Beachten Sie, dass L nur von geometrischen Faktoren, aber nicht vom Strom I abhängt.

30.3 Energiespeicherung im Magnetfeld

Wenn eine Induktionsspule mit der Induktivität L einen Strom I führt, der sich mit der Rate $\mathrm{d}I/\mathrm{d}t$ ändert, dann wird der Induktionsspule mit der Rate

$$P = IU = LI \frac{\mathrm{d}I}{\mathrm{d}t}$$

Energie zugeführt. P ist die Leistung und wir haben Gleichung 30.5 verwendet[1]. Wir wollen nun die Arbeit berechnen, die erforderlich ist, um den Strom in einer Induktionsspule von null auf einen Wert I zu erhöhen. Unter Verwendung der letzten Gleichung erhalten wir für die in der Zeit $\mathrm{d}t$ verrichtete Arbeit $\mathrm{d}W$

$$\mathrm{d}W_\mathrm{m} = P\,\mathrm{d}t = LI\,\mathrm{d}I \,.$$

Die erforderliche Arbeit, um den Strom von null auf I zu erhöhen, ist damit

$$W_\mathrm{m} = \int \mathrm{d}W_\mathrm{m} = \int_0^t LI\,\mathrm{d}I = \frac{1}{2}LI^2 \,.$$

Diese verrichtete Arbeit ist gleich der in der Induktionsspule gespeicherten Energie, wenn diese einen Strom I führt (und wir setzen $W = 0$ für $I = 0$):

In einer Induktionsspule gespeicherte Energie

$$W_\mathrm{m} = \frac{1}{2}LI^2 \,. \tag{30.6}$$

Dies kann mit der in einem Kondensator C gespeicherten Energie verglichen werden, wenn an diesem die Potenzialdifferenz U anliegt (siehe Abschnitt 24.4):

$$W_\mathrm{m} = \frac{1}{2}CU^2 \,.$$

Ebenso wie das elektrische Feld als Träger der in einem Kondensator gespeicherten Energie betrachtet werden kann, kann das Magnetfeld einer Induktionsspule als Träger der in der Induktionsspule gespeicherten Energie angesehen werden. Um die Energie durch das Magnetfeld auszudrücken, verwenden wir das in Beispiel 30.3 erhaltene Ergebnis, dass die Induktivität einer idealen langen Spule (bei Vernachlässigung von Randeffekten) $L = \mu_0 N^2 A/s$ ist. Das Magnetfeld B einer langen Spule hängt mit dem Strom I über die Beziehung $B = \mu_0 NI/s$ zusammen. Damit gilt

$$\begin{aligned} W_\mathrm{m} &= \frac{1}{2}LI^2 = \frac{1}{2}\left(\frac{\mu_0 N^2 A}{s}\right)\left(\frac{Bs}{\mu_0 N}\right)^2 \\ &= \frac{1}{2}\frac{B^2}{\mu_0}As \,. \end{aligned}$$

1 Es tritt hier kein Minuszeichen auf, da Leistung zugeführt wird, um der Spannung der Induktionsspule entgegenzuwirken.

Träger dieser Energie ist das durch die Windungen eingeschlossene Volumen As. Die Energie pro Volumeneinheit oder die *Energiedichte* ist

$$w_\mathrm{m} = \text{Energiedichte} = \frac{1}{2}\frac{B^2}{\mu_0}\,. \tag{30.7}$$

Energiedichte im Magnetfeld

Man kann zeigen, dass diese Formel, die wir für den Spezialfall einer langen Spule hergeleitet haben, für beliebige räumliche Gebiete gilt, in denen ein Magnetfeld existiert. Wenn ein Ferromagnetikum involviert ist, ist μ_0 durch μ zu ersetzen. Diese Gleichung ist analog zu Gleichung 24.6, die für ein elektrisches Feld gilt.

Beispiel 30.5 **Gespeicherte Energie in einem Koaxialkabel**

(a) Wie viel Energie wird pro Längeneinheit in einem Koaxialkabel gespeichert, dessen Leiter die Radien r_1 und r_2 haben und einen Strom I führen (vgl. Beispiel 30.4, ▶ Abbildung 30.4)? (b) Wo ist die Energiedichte am größten?

Lösung

a Wie wir in Beispiel 30.4 gesehen haben, ist die Induktivität pro Längeneinheit

$$\frac{L}{s} = \frac{\mu_0}{2\pi}\ln\frac{r_2}{r_1}\,.$$

Hieraus folgt für die pro Längeneinheit gespeicherte Energie

$$\frac{W_\mathrm{m}}{s} = \frac{\frac{1}{2}LI^2}{s} = \frac{\mu_0 I^2}{4\pi}\ln\frac{r_2}{r_1}\,.$$

b Wegen $B = \mu_0 I/2\pi r$ ist das Feld und somit auch die Energiedichte $w_\mathrm{m} = B^2/2\mu_0$ in der Nähe der Oberfläche des Innenleiters am größten.

30.4 LR-Stromkreise

Jede Induktionsspule hat einen gewissen Widerstand. Wir stellen eine Induktionsspule dar, indem wir die Induktivität L und den Widerstand R separat zeichnen (siehe ▶ Abbildung 30.5a). Der Widerstand R kann zusätzlich ein in Reihe geschaltetes, separates resistives Bauelement umfassen. Wir wollen nun diskutieren, was passiert, wenn eine Batterie oder eine andere Gleichspannungsquelle U_0 in Reihe mit einem solchen LR-Stromkreis geschaltet wird. Wenn der Schalter, der die Batterie verbindet, geschlossen wird, beginnt der Strom zu fließen. Der Strom ist anfangs null und wird dann stärker. Diesem Strom wirkt die in der Spule induzierte Spannung entgegen, d. h. Punkt B in ▶ Abbildung 30.5 ist relativ zu Punkt C positiv. Sobald der Strom fließt, gibt es allerdings auch eine Spannung ($= R \cdot I$) am Widerstand. Folglich wird die an der Induktionsspule anliegende Spannung reduziert, der Strom wächst weniger schnell und nähert sich, wie in ▶ Abbildung 30.5b dargestellt, asymptotisch dem Grenzwert $I_\mathrm{max} = U_0/R$, wenn die gesamte Potenzialdifferenz am Widerstand anliegt.

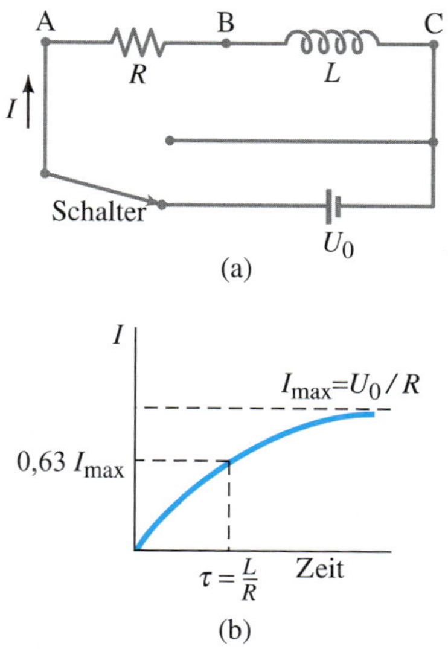

Abbildung 30.5 (a) Ein LR-Stromkreis. (b) Anwachsen des Stroms nach dem Anschließen einer Batterie.

Durch Anwendung der Kirchhoff'schen Maschenregel auf den Stromkreis in ▶ Abbildung 30.5a kann man dies analytisch zeigen. Die Spannungen im Stromkreis sind die Batteriespannung U_0 und die Spannung $U = -L(\mathrm{d}I/\mathrm{d}t)$ in der Induktionsspule, die dem Anwachsen des Stroms entgegenwirkt. Die Summe der Potenzialänderungen entlang der Schleife ist also

$$U_0 - L\frac{\mathrm{d}I}{\mathrm{d}t} - IR = 0\,,$$

wobei I der von der Zeit abhängende Strom im Stromkreis ist. Wir schreiben dies in der Form

$$L\frac{\mathrm{d}I}{\mathrm{d}t} + RI = U_0 \,. \tag{30.8}$$

Dies ist eine lineare Differenzialgleichung, die auf die gleiche Weise integriert werden kann, wie wir dies in Abschnitt 26.4 für einen RC-Stromkreis durchgeführt haben. Wir stellen Gleichung 30.8 um und integrieren:

$$\int_{I=0}^{I} \frac{\mathrm{d}I}{U_0 - IR} = \int_0^t \frac{\mathrm{d}t}{L} \,.$$

Damit folgt

$$-\frac{1}{R}\ln\left(\frac{U_0 - IR}{U_0}\right) = \frac{t}{L}$$

oder

Strom im LR-Stromkreis für $t = 0$ (Batterie wird zugeschaltet)

$$I = \frac{U_0}{R}(1 - \mathrm{e}^{-t/\tau}) \,, \tag{30.9}$$

wobei

Induktive Zeitkonstante $\tau = L/R$

$$\tau = \frac{L}{R} \tag{30.10}$$

die **Zeitkonstante** des LR-Stromkreises ist. τ ist die Zeit, die vergeht, bis der Strom I das $(1-1/\mathrm{e}) = 0{,}63$-fache oder 63% seines Maximums (U_0/R) erreicht. Der zeitliche Verlauf des Stroms gemäß Gleichung 30.9 ist in ▸ Abbildung 30.5b dargestellt. (Vergleichen Sie dies mit dem RC-Stromkreis, Abschnitt 26.4.)

Zum Zeitpunkt $t = 0$ werde der Schalter in ▸ Abbildung 30.5a umgelegt, so dass die Batterie aus dem Stromkreis herausgenommen ist und die Punkte A und C, wie in ▸ Abbildung 30.6 gezeigt, miteinander verbunden sind; wir bezeichnen den Strom zu diesem Zeitpunkt $t = 0$ mit I_0. Dann nimmt die Differenzialgleichung 30.8 wegen $U_0 = 0$ die Form

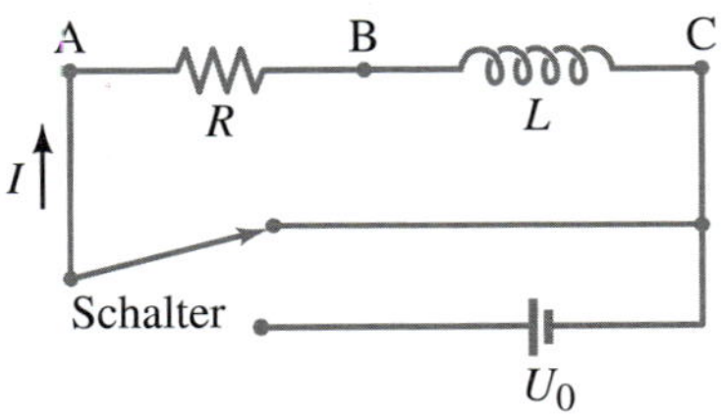

Abbildung 30.6 Der Schalter wird schnell umgelegt, so dass die Batterie abgeklemmt wird, der Stromkreis aber geschlossen bleibt. Der Strom zu diesem Zeitpunkt $t = 0$ sei I_0.

$$L\frac{\mathrm{d}I}{\mathrm{d}t} + RI = 0$$

an. Durch Umstellen dieser Gleichung und Integrieren erhalten wir

$$\int_{I_0}^{I} \frac{\mathrm{d}I}{I} = -\int_0^t \frac{R}{L}\,\mathrm{d}t$$

mit $I = I_0$ zur Zeit $t = 0$ und $I = I$ zur Zeit t. Durch Integration der letzten Gleichung erhalten wir

$$\ln\frac{I}{I_0} = -\frac{R}{L}t$$

oder

$$I = I_0\,\mathrm{e}^{-t/\tau} \,, \tag{30.11}$$

wobei die Zeitkonstante wiederum durch $\tau = L/R$ gegeben ist. Der Strom fällt daher, wie in ▸ Abbildung 30.7 dargestellt, exponentiell gegen null.

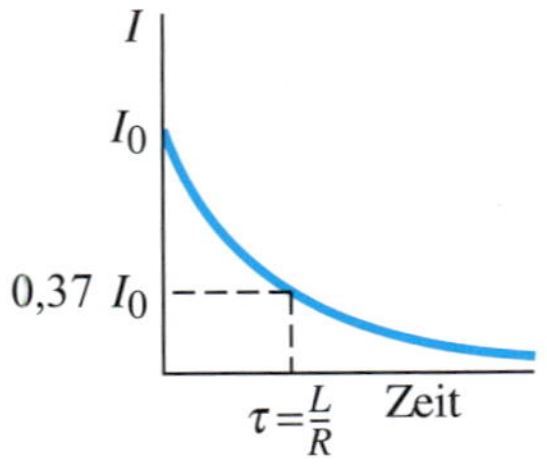

Abbildung 30.7 Stromabfall nach dem Entfernen der Batterie aus dem in Abbildung 30.6 dargestellten Stromkreis.

Diese Analyse zeigt, dass es immer eine gewisse „Reaktionszeit" gibt, wenn z. B. ein Elektromagnet ein- oder ausgeschaltet wird. Außerdem stellen wir fest, dass ein LR-Stromkreis ähnliche Eigenschaften besitzt wie ein RC-Stromkreis (Abschnitt 26.4). Im Unterschied zu Letzterem ist die Zeitkonstante hier allerdings *umgekehrt* proportional zu R.

Beispiel 30.6 Beispiel für einen LC-Stromkreis

Zum Zeitpunkt $t = 0$ wird eine 12-V-Batterie in Reihe mit einem 30-Ω-Widerstand und einer 220-mH-Induktionsspule geschaltet (siehe ► Abbildung 30.8). (a) Wie groß ist der Strom zum Zeitpunkt $t = 0$? (b) Wie groß ist die Zeitkonstante? (c) Wie groß ist der maximale Strom? (d) Wie lange dauert es, bis der Strom die Hälfte seines Maximalwertes erreicht hat? (e) Wie groß ist zu diesem Zeitpunkt die Rate, mit der die Batterie Energie liefert? (f) Wie groß ist zu diesem Zeitpunkt die Rate, mit der im Magnetfeld der Induktionsspule Energie gespeichert wird?

Lösung

a Wenn der Schalter geschlossen wird, kann der Strom nicht instantan von null auf einen anderen Wert springen, da die Induktionsspule der Änderung entgegenwirkt ($U_{ind} = -L(dI/dt)$). Daher ist der Strom zum Zeitpunkt des Schließens des Schalters ($t = 0$) noch immer null und beginnt dann anzusteigen.

b Die Zeitkonstante ist nach Gleichung 30.10 $\tau = L/R = (0{,}22\,\text{H})/(30\,\Omega) = 7{,}3\,\text{ms}$.

c Der Strom erreicht nach langer Zeit, wenn $dI/dt = 0$ gilt, seinen maximalen stationären Wert $I_{max} = U_0/R = 12\,\text{V}/30\,\Omega = 0{,}4\,\text{A}$.

d Wir setzen in Gleichung 30.9 $I = \frac{1}{2}I_{max} = U_0/2R$ und erhalten

$$1 - e^{-t/\tau} = \frac{1}{2}$$

oder

$$e^{-t/\tau} = 1 - \frac{1}{2} = \frac{1}{2}\,.$$

Auflösen nach t ergibt

$$t = \tau \ln 2 = (7{,}3 \cdot 10^{-3}\,\text{s})(0{,}69) = 5{,}0\,\text{ms}\,.$$

e Zu diesem Zeitpunkt ist $I = I_{max}/2 = 200\,\text{mA}$. Die von der Batterie gelieferte Leistung ist daher

$$P = U \cdot I = (0{,}2\,\text{A})(12\,\text{V}) = 2{,}4\,\text{W}\,.$$

f Nach Gleichung 30.6 ist die in einer Induktionsspule mit der Induktivität L gespeicherte Energie

$$W_m = \frac{1}{2}LI^2\,,$$

wobei I der zu diesem Zeitpunkt in der Induktionsspule vorhandene Strom ist. Die *Rate*, mit der sich die Energie ändert, ist

$$\frac{dW_m}{dt} = LI\frac{dI}{dt}\,.$$

Um dI/dt zu erhalten, können wir Gleichung 30.9 differenzieren oder direkt Gleichung 30.8 benutzen:

$$\frac{dW_m}{dt} = I\left(L\frac{dI}{dt}\right) = I(U_0 - RI)$$
$$= (0{,}2\,\text{A})[12\,\text{V} - (30\,\Omega)(0{,}2\,\text{A})] = 1{,}2\,\text{W}\,.$$

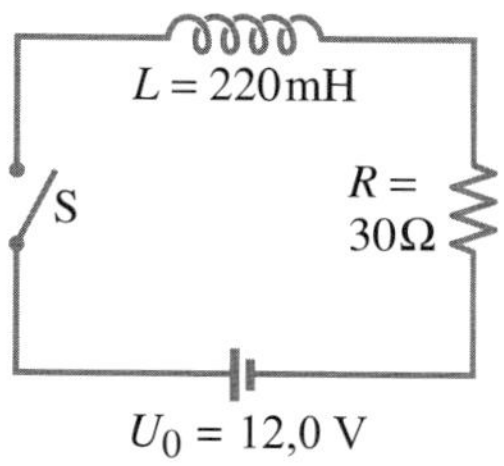

Abbildung 30.8 Beispiel 30.7.

Es wird also nur ein Teil der Batterieleistung in die Induktionsspule eingespeist. Wohin fließt die übrige Energie?

30.5 LC-Stromkreise und elektromagnetische Oszillationen

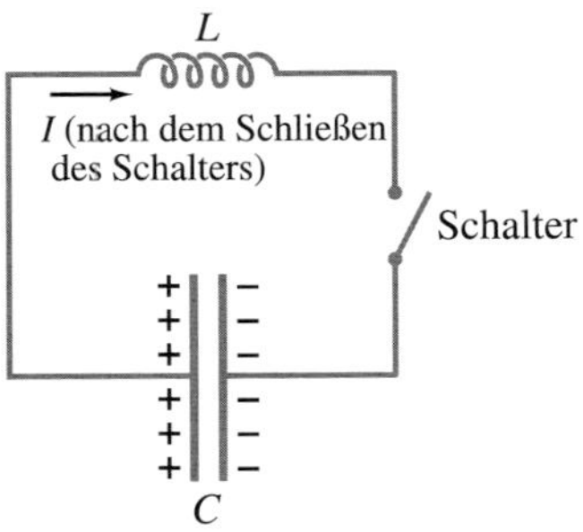

Abbildung 30.9 Ein LC-Stromkreis.

Elektrische Stromkreise können außer einer Spannungsquelle drei grundlegende Elemente enthalten: Widerstände, Kondensatoren und Induktionsspulen. (Außerdem gibt es komplexere Bauelemente wie Dioden und Transistoren.) Bisher haben wir RC- und LR-Stromkreise behandelt und wollen uns nun den LC-Stromkreisen zuwenden. Wir betrachten also einen Stromkreis, in dem es nur eine Kapazität C und eine Induktivität L gibt (siehe ► **Abbildung 30.9**). Dies ist ein idealisierter Stromkreis, da diese Annahme eine Induktionsspule ohne Widerstand voraussetzt. Im nächsten Abschnitt werden wir diese Annahme fallen lassen. Nehmen wir an, der Kondensator in ► **Abbildung 30.9** sei geladen, so dass die eine Platte die Ladung Q_0 und die andere die Ladung $-Q_0$ trägt, und der Schalter werde zum Zeitpunkt $t = 0$ geschlossen. Der Kondensator beginnt sofort sich zu entladen. Währenddessen wächst der Strom I durch die Induktionsspule. Wir wenden nun die Kirchhoff'sche Maschenregel an, die besagt, dass die Summe der Potenzialänderungen entlang einer Masche null ist, und erhalten

$$-L\frac{\mathrm{d}I}{\mathrm{d}t} + \frac{Q}{C} = 0\,.$$

Da die Ladungsträger die positive Platte des Kondensators verlassen und so den Strom I erzeugen (siehe ► **Abbildung 30.9**), wird die Ladung Q auf der positiven Platte kleiner; es gilt $I = -\mathrm{d}Q/\mathrm{d}t$. Wir schreiben die obige Gleichung in der Form

$$\frac{\mathrm{d}^2Q}{\mathrm{d}t^2} + \frac{Q}{LC} = 0\,. \tag{30.12}$$

Dies ist eine uns vertraute Differenzialgleichung. Sie hat die gleiche Form wie die Gleichung für die einfache harmonische Bewegung (**Kapitel 14, Gleichung 14.3**). Die Lösung von **Gleichung 30.12** lautet

$$Q = Q_0\cos(\omega t + \phi)\,, \tag{30.13}$$

wobei Q_0 und ϕ Konstanten sind, die von den Anfangsbedingungen abhängen. Wir fügen **Gleichung 30.13** in **Gleichung 30.12** ein, was auf $\mathrm{d}^2Q/\mathrm{d}t^2 = -\omega^2 Q_0\cos(\omega t + \phi)$ führt. Es gilt also

$$-\omega^2 Q_0\cos(\omega t + \phi) + \frac{1}{LC}Q_0\cos(\omega t + \phi) = 0$$

oder

$$\left(-\omega^2 + \frac{1}{LC}\right)\cos(\omega t + \phi) = 0\,.$$

Diese Beziehung kann nur dann für alle Zeiten t gelten, wenn $(-\omega^2 + 1/LC) = 0$ gilt. Wir erhalten also die Bedingung

Kreisfrequenz im LC-Schwingkreis

$$\omega = 2\pi f = \sqrt{\frac{1}{LC}} \tag{30.14}$$

für die Kreisfrequenz.

Gleichung 30.13 zeigt, dass die Ladung eines Kondensators in einem LC-Stromkreis sinusförmig schwingt. Der Strom in der Induktionsspule ist

$$\begin{aligned} I &= -\frac{\mathrm{d}Q}{\mathrm{d}t} = \omega Q_0\sin(\omega t + \phi) \\ &= I_0(\sin\omega t + \phi)\,, \end{aligned} \tag{30.15}$$

d. h. auch die zeitliche Entwicklung des Stroms verläuft sinusförmig. Der maximale Wert von I ist $I_0 = \omega Q_0 = Q_0/\sqrt{LC}$. Der zeitliche Verlauf von Q und I für $\phi = 0$ ist in ▸ Abbildung 30.10 dargestellt.

Betrachten wir nun die LC-Oszillationen unter dem Gesichtspunkt der Energie. Die im elektrischen Feld des Kondensators gespeicherte Energie ist

$$W_e = \frac{1}{2}\frac{Q^2}{C} = \frac{Q_0^2}{2C}\cos^2(\omega t + \phi)$$

(siehe Gleichung 24.5).

Die im Magnetfeld der Induktionsspule gespeicherte Energie ist zur gleichen Zeit gemäß Gleichung 30.6

$$W_m = \frac{1}{2}LI^2 = \frac{L\omega^2 Q_0^2}{2}\sin^2(\omega t + \phi) = \frac{Q_0^2}{2C}\sin^2(\omega t + \phi)\,.$$

Hierbei haben wir von Gleichung 30.14 Gebrauch gemacht. Setzen wir $\phi = 0$, dann erhalten wir für $t = 0$, $t = \frac{1}{2}T$, $t = T$ usw. $W_e = Q_0^2/2C$ und $W_m = 0$; hierbei ist T die Periode ($T = 1/f = 2\pi\omega$). D. h. die gesamte Energie ist im elektrischen Feld des Kondensators gespeichert. Für $t = \frac{1}{4}T, \frac{3}{4}T$ usw. ist dagegen $W_e = 0$ und $W_m = Q_0^2/2C$, d. h., die gesamte Energie ist im Magnetfeld der Induktionsspule gespeichert. Für beliebige Zeitpunkte t ist die Gesamtenergie

$$\begin{aligned} W = W_e + W_m &= \frac{1}{2}\frac{Q^2}{C} + \frac{1}{2}LI^2 \\ &= \frac{Q_0^2}{2C}[\cos^2(\omega t + \phi) + \sin^2(\omega t + \phi)] = \frac{Q_0^2}{2C}\,. \end{aligned} \tag{30.16}$$

Die Gesamtenergie bleibt also erhalten.

Dieser LC-Stromkreis ist ein **elektromagnetischer Schwingkreis**. Die Ladung Q schwingt zwischen den Platten des Kondensators und entsprechend schwingt auch der Strom. Auch in der Energie spiegelt sich dieses oszillatorische Verhalten wider: Wenn Q maximal ist, ist die gesamte Energie im elektrischen Feld des Kondensators gespeichert; wenn Q den Wert null erreicht, ist der Strom I maximal und die Energie ist im Magnetfeld der Induktionsspule gespeichert (siehe ▸ Abbildung 30.11).

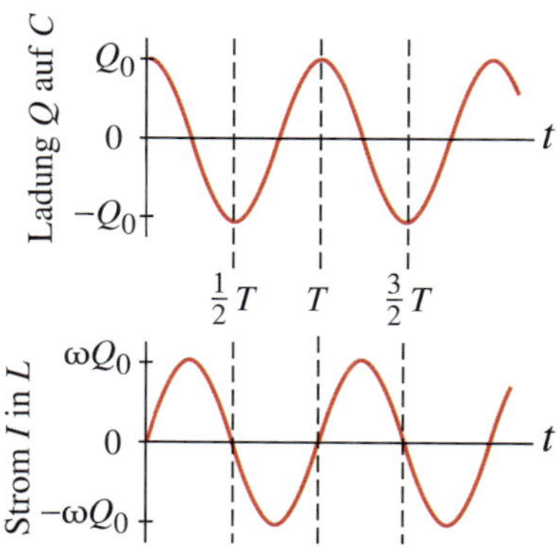

Abbildung 30.10 Die Ladung Q und der Strom I in einem LC-Stromkreis. Die Schwingungsdauer ist $T = \frac{1}{f} = \frac{2\pi}{\omega} = 2\pi\sqrt{LC}$.

Energie

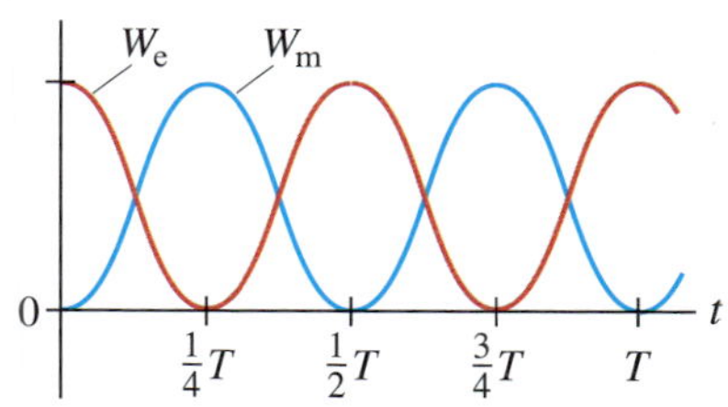

Abbildung 30.11 Die im Kondensator gespeicherte Energie W_e (rote Linie) und die in der Induktionsspule gespeicherte Energie W_m (blaue Linie) als Funktionen der Zeit. Beachten Sie, wie die Energie zwischen elektrischer im Kondensator und magnetischer in der Spule hin und her schwingt.

Beispiel 30.7 LC-Stromkreis

Ein 1200-pF-Kondensator wird durch eine 500-V-Gleichspannungsversorgung voll aufgeladen. Der Kondensator wird von der Spannungsquelle getrennt und zum Zeitpunkt $t = 0$ mit einer 75-mH-Induktionsspule verbunden. Bestimmen Sie (a) die Anfangsladung auf dem Kondensator, (b) den maximalen Strom, (c) die Frequenz f und die Periode T der Oszillation und (d) die Gesamtenergie im System.

Lösung

a Bevor der Kondensator abgeklemmt wird, ist er durch die 500-V-Versorgung auf

$$Q_0 = CU = (1{,}2 \cdot 10^{-9}\,\mathrm{F})(500\,\mathrm{V}) = 6{,}0 \cdot 10^{-7}\,\mathrm{C}$$

aufgeladen.

b Der maximale Strom ist

$$I_{max} = \omega Q_0 = \frac{Q_0}{\sqrt{LC}} = \frac{(6{,}0 \cdot 10^{-7}\,\mathrm{C})}{\sqrt{(0{,}0750\,\mathrm{H})(1{,}2 \cdot 10^{-9}\,\mathrm{F})}} = 63\,\mathrm{mA}$$

(siehe Gleichung 30.15).

c Gleichung 30.14 liefert die Frequenz

$$f = \frac{\omega}{2\pi} = \frac{1}{(2\pi\sqrt{LC})} = 17\,\text{kHz}\,,$$

woraus sich für die Periode

$$T = \frac{1}{f} = 6{,}0 \cdot 10^{-5}\,\text{s}$$

ergibt.

d Die Gesamtenergie (Gleichung 30.16) ist

$$W = \frac{Q_0^2}{2C} = \frac{(6{,}0 \cdot 10^{-7}\,\text{C})^2}{2(1{,}2 \cdot 10^{-9}\,\text{F})} = 1{,}5 \cdot 10^{-4}\,\text{J}\,.$$

30.6 LC-Stromkreis mit Widerstand (LRC-Stromkreis)

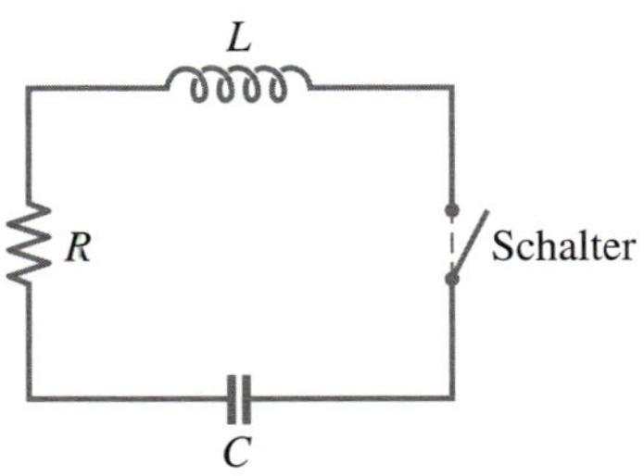

Abbildung 30.12 Ein LRC-Stromkreis.

Der im letzten Abschnitt behandelte LC-Stromkreis ist eine Idealisierung. In jedem Stromkreis gibt es einen gewissen Widerstand R, weshalb wir in diesem Abschnitt einen einfachen LRC-Stromkreis (siehe ► Abbildung 30.12) behandeln wollen.

Wir nehmen wieder an, dass der Kondensator anfangs auf eine Ladung Q_0 aufgeladen und die Batterie oder sonstige Spannungsquelle aus dem Stromkreis entfernt wird. Der Schalter wird zur Zeit $t = 0$ geschlossen. Da es nun einen Widerstand im Stromkreis gibt, erwarten wir, dass ein Teil der Energie in thermische Energie umgewandelt wird und die Oszillationen demzufolge nicht wie im reinen LC-Schwingkreis ungedämpft sein werden. Wenden wir die Kirchhoff'sche Maschenregel auf den Stromkreis an, so erhalten wir

$$-L\frac{\mathrm{d}I}{\mathrm{d}t} - IR + \frac{Q}{C} = 0\,.$$

Gegenüber der Gleichung, die wir in Abschnitt 30.5 verwendet hatten, gibt es eine zusätzliche Potenzialdifferenz IR über dem Widerstand. Wegen $I = -\mathrm{d}Q/\mathrm{d}t$ erhalten wir aus dieser Gleichung

$$L\frac{\mathrm{d}^2Q}{\mathrm{d}t^2} + R\frac{\mathrm{d}Q}{\mathrm{d}t} + \frac{1}{C}Q = 0\,. \qquad (30.17)$$

Dies ist eine Differenzialgleichung zweiter Ordnung in der Variablen Q, die exakt die Form der Differenzialgleichung für den gedämpften harmonischen Oszillator hat (Gleichung 14.15):

$$m\frac{\mathrm{d}^2x}{\mathrm{d}t^2} + b\frac{\mathrm{d}x}{\mathrm{d}t} + kx = 0\,.$$

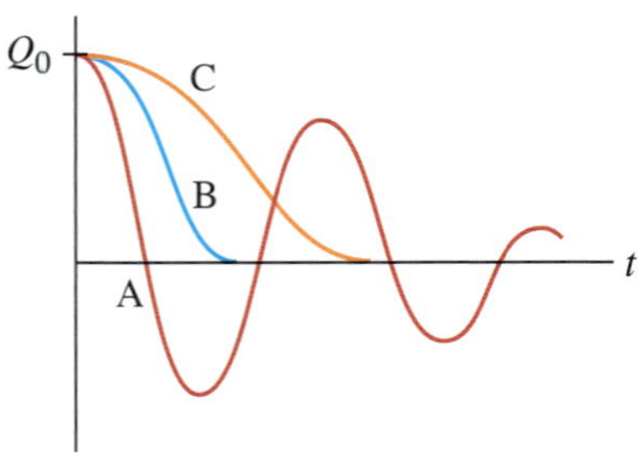

Abbildung 30.13 Darstellung der Ladung Q in einem LRC-Stromkreis als Funktion der Zeit: Kurve A gilt für schwach gedämpfte Schwingungen ($R^2 < 4L/C$), Kurve B für kritisch gedämpfte und Kurve C für überdämpfte Schwingungen.

Wir können den LRC-Schwingkreis daher wie eine gedämpfte harmonische Bewegung behandeln (siehe Abschnitt 14.7). Die möglichen Typen der zeitlichen Entwicklung des Systems sind in ► Abbildung 30.13 dargestellt. Es wird in Abhängigkeit von R, C und L entweder schwach gedämpft (Kurve A), kritisch gedämpft (aperiodischer Grenzfall, Kurve B) oder überdämpft (Kurve C). Ersetzen wir m durch L, b durch R und k durch C^{-1}, so erhalten wir mit den Ergebnissen aus Abschnitt 14.7, dass das System im Falle

$$R^2 < \frac{4L}{C}$$

schwach gedämpft ist und im Falle $R^2 > 4L/C$ überdämpft. Kritische Dämpfung (Kurve B in ► Abbildung 30.13) liegt für $R^2 = 4L/C$ vor. Wenn R kleiner ist als $\sqrt{4L/C}$, dann ist die Kreisfrequenz ω' gegeben durch

Kreisfrequenz (gedämpfter LC-Schwingkreis)

$$\omega' = \sqrt{\frac{1}{LC} - \frac{R^2}{4L^2}} \qquad (30.18)$$

(siehe auch Gleichung 14.20). Der zeitliche Verlauf der Ladung Q ist

$$Q = Q_0 \,\mathrm{e}^{-\frac{R}{2L}t} \cos(\omega' t + \phi) \tag{30.19}$$

mit der Phasenkonstanten ϕ (siehe auch Gleichung 14.19).

Schwingkreise sind ein wichtiger Bestandteil vieler elektronischer Geräte. In Radios und Fernsehgeräten werden sie beim Tuning verwendet, in Kassettenrekordern spielen sie beim Aufnehmen ein Rolle („Biasfrequenz") usw. Da immer ein gewisser Widerstand vorhanden ist, benötigen elektrische Schwingkreise gewöhnlich eine periodische Leistungszufuhr, um die im Widerstand in Wärme umgewandelte Energie zu kompensieren.

Beispiel 30.8 Gedämpfte Oszillationen

Zum Zeitpunkt $t = 0$ wird eine 40-mH-Induktionsspule in Reihe mit einem Widerstand von $R = 3\,\Omega$ und einem geladenen Kondensator von $C = 4{,}8\,\mu\mathrm{F}$ geschaltet. (a) Zeigen Sie, dass dieser Stromkreis schwingt. (b) Bestimmen Sie die Frequenz. (c) Wie lange dauert es, bis die Amplitude der Ladung auf die Hälfte ihres Anfangswertes gefallen ist? (e) Bei welchem Wert von R verschwinden die Oszillationen?

Lösung

a Damit der schwach gedämpfte Fall vorliegt, muss $R^2 < 4L/C$ gelten. Mit $R^2 = 9{,}0\,\Omega^2$ und $4L/C = 4(0{,}04\,\mathrm{H})/(4{,}8 \cdot 10^{-6}\,\mathrm{F}) = 3{,}3 \cdot 10^4\,\Omega^2$ ist diese Bedingung erfüllt, der Stromkreis wird also schwingen.

b Wir verwenden Gleichung 30.18:

$$f' = \frac{\omega'}{2\pi} = \frac{1}{2\pi}\sqrt{\frac{1}{LC} - \frac{R^2}{4L^2}} = 2{,}3 \cdot 10^3\,\mathrm{Hz}\,.$$

c Nach Gleichung 30.19 halbiert sich die Amplitude für

$$\mathrm{e}^{-\frac{R}{2L}t} = \frac{1}{2}$$

oder

$$t = \frac{2L}{R}\ln 2 = 18\,\mathrm{ms}\,.$$

d Wir differenzieren Gleichung 30.19, um $I = -\mathrm{d}Q/\mathrm{d}t$ zu erhalten (siehe Kommentar unmittelbar vor Gleichung 30.12), und beachten, dass ϕ zur Zeit $t = 0$ wegen $Q = Q_0$ null ist. Damit erhalten wir

$$I = -\frac{\mathrm{d}Q}{\mathrm{d}t} = Q_0\,\mathrm{e}^{-\frac{R}{2L}t}\left(\frac{R}{2L}\cos\omega' t + \frac{1}{\sqrt{LC}}\sin\omega' t\right),$$

wobei wir ω' durch $\sqrt{1/LC}$ genähert haben. Da R viel kleiner ist als $\sqrt{4L/C}$ (siehe Teil (a)), können wir den Kosinusterm vernachlässigen, so dass näherungsweise gilt

$$I \approx \frac{Q_0}{\sqrt{LC}}\,\mathrm{e}^{-\frac{R}{2L}t}\sin\omega' t\,.$$

Die Anfangsamplitude des Stroms ist folglich $Q_0/\sqrt{LC}$. Für den Wert $Q_0 = 1\,\mu\mathrm{C}$ ergibt sich beispielsweise
$I_0 = (1 \cdot 10^{-6}\,\mathrm{C})/\sqrt{(40 \cdot 10^{-3}\,\mathrm{H})(4{,}8 \cdot 10^{-6}\,\mathrm{F})} = 2{,}3\,\mathrm{mA}$.

e Damit der Stromkreis kritisch gedämpft oder überdämpft ist, muss $R^2 \geq 4L/C = 3{,}3 \cdot 10^4\,\Omega^2$ gelten. Dies ist der Fall für $R \geq 180\,\Omega$.

Z U S A M M E N F A S S U N G

Ein sich ändernder Strom in einer Drahtspule induziert in einer zweiten, dicht benachbarten Spule eine Spannung. Die **Gegeninduktivität** M ist definiert als die Proportionalitätskonstante zwischen der induzierten Spannung U_2 in der zweiten Spule und der zeitlichen Änderungsrate des Stroms in der ersten Spule:

$$U_2 = -M\,\mathrm{d}I_1/\mathrm{d}t$$

Wir können M auch in der Form

$$M = \frac{N\Phi}{I}$$

schreiben, wobei Φ der magnetische Fluss durch eine Spule (oder einen Stromkreis) mit N Windungen ist, der von dem Strom I in einer zweiten Spule (oder einem Stromkreis) erzeugt wird.

Innerhalb einer einzelnen Spule induziert ein sich ändernder Strom eine diesem Strom entgegenwirkende Spannung U_{ind}. Eine Spule besitzt also eine **Selbstinduktivität** L, die durch

$$U_{\mathrm{ind}} = -L\,\mathrm{d}I/\mathrm{d}t$$

definiert ist. Diese induzierte Spannung wirkt als *Blindwiderstand* auf den Fluss eines Wechselstroms. Wir können L auch in der Form

$$L = N\frac{\Phi}{I}$$

schreiben, wobei Φ der Fluss durch die Induktionsspule ist, wenn in ihren N Windungen ein Strom I fließt.

Die in einer Induktionsspule gespeicherte Energie ist

$$W_{\mathrm{m}} = \frac{1}{2}LI^2\,,$$

wobei I der durch die Spule fließende Strom und L ihre Induktivität ist. Diese Energie kann als im Magnetfeld der Induktionsspule gespeichert betrachtet werden. Die Energiedichte w_{m} in einem beliebigen Magnetfeld B ist gegeben durch

$$w_{\mathrm{m}} = \frac{1}{2}\frac{B^2}{\mu}\,,$$

wobei μ die magnetische Permeabilität in diesem Gebiet ist.

Wenn eine Induktionsspule L und ein Widerstand R in Reihe mit einer Spannungsquelle U_0 geschaltet werden, dann wächst der Strom gemäß

$$I = \frac{U_0}{R}(1 - \mathrm{e}^{-t/\tau})$$

mit der Zeitkonstanten

$$\tau = L/R\,.$$

Der Strom relaxiert schließlich auf den Wert $I = U_0/R$. Wenn die Batterie plötzlich aus dem **LR-Stromkreis** herausgenommen wird, dieser aber geschlossen bleibt, fällt der Strom exponentiell mit der gleichen Zeitkonstanten: $I = I_0\,\mathrm{e}^{-t/\tau}$.

In einem reinen **LC-Stromkreis** würde der Strom (bzw. die Ladung auf dem Kondensator) sinusförmig schwingen. Auch die Energie würde zwischen elektrisch und magnetisch oszillieren und immer wieder vom Kondensator zur Induktionsspule und zurück wechseln. In einem LRC-Stromkreis, in dem der Kondensator zu einem bestimmten Zeitpunkt geladen ist, kann der Strom (oder die Ladung auf dem Kondensator) schwach gedämpft, kritisch gedämpft oder überdämpft sein.

Z U S A M M E N F A S S U N G

Verständnisfragen

1 Um ein schwaches Signal über eine bestimmte Entfernung zu transportieren, wird oft ein „abgeschirmtes Kabel" verwendet. Bei einem solchen Kabel ist der Signaldraht von einem Isolator umgeben und wird außerdem von einem zylindrischen Leiter umschlossen. Warum ist diese „Abschirmung" notwendig?

2 Warum ist es von Vorteil, die beiden Wechselstrom führenden elektrischen Drähte dicht beieinander zu platzieren?

3 Die Primärspule eines Transformators auf einem Telefonmast hat einen Widerstand von 0,10 Ω und eine Eingabespannung von 2400 V Wechselstrom. Können Sie abschätzen, wie viel Strom fließt? Werden es 24 000 A sein? Erläutern Sie Ihre Antwort.

4 Ein für eine Eingabespannung von 120 V Wechselstrom ausgelegter Transformator neigt zum „Durchbrennen", wenn er mit einer Spannungsquelle von 120 V Gleichstrom verbunden ist. Erläutern Sie, warum dies so ist. (*Hinweis*: Der Widerstand der Primärspule ist gewöhnlich sehr gering.)

5 Wie müssen Sie zwei flache kreisförmige Spulen anordnen, damit ihre Gegeninduktion (a) maximal und (b) minimal wird (ohne dass sie durch einen großen Abstand voneinander getrennt werden)?

6 Wenn die beiden Spulen aus ▶ **Abbildung 30.1** miteinander elektrisch verbunden wären, würde es dann noch eine Gegeninduktion geben?

7 Die aus N_2 Windungen bestehende zweite Spule aus ▶ **Abbildung 30.2** werde so verschoben, dass sie sich in der Nähe eines der Enden der langen Spule befindet. Wie beeinflusst dies die Gegeninduktion?

8 Gibt es in zwei Stromkreisen mit Gegeninduktion auch eine Selbstinduktion? Erläutern Sie Ihre Antwort.

9 Ist die Selbstinduktivität pro Längeneinheit einer Spule in der Nähe ihres Mittelpunkts oder ihrer Enden größer?

10 Ist die Energiedichte einer Spule in der Nähe ihrer Enden oder ihres Mittelpunkts am größten?

11 Wie würden Sie ein gegebenes Drahtstück formen, um (a) den größten Wert und (b) den kleinsten Wert der Selbstinduktivität zu erhalten.

12 Die Energie einer Batterie nimmt ab, wenn der Strom und die Eigenspannung dieselbe Richtung haben, während sie zunimmt (wie beim Laden einer Batterie), wenn der Strom in entgegengesetzter Richtung fließt. Gilt dieses Verhalten auch für eine Induktionsspule?

13 Zwei Spulen haben dieselbe Länge und dieselbe kreisförmige Querschnittsfläche. Beide bestehen aus eng gepackten Drahtwindungen; in einer der Spulen wurde allerdings dickerer Draht als in der anderen verwendet. Welche von beiden hat die größere Induktivität? Welche von beiden hat die größere induktive Zeitkonstante?

14 Beeinflusst die Eigenspannung der Batterie aus ▶ **Abbildung 30.5a** die vom LR-Stromkreis benötigte Zeit, um (a) einen bestimmten Prozentsatz des maximal möglichen Stroms und (b) einen vorgegebenen Wert des Stromes zu erreichen?

15 Ein Stromkreis mit einer großen induktiven Zeitkonstanten führt einen konstanten Strom. Wenn ein Schalter geöffnet wird, kann ein sehr großer (und mitunter gefährlicher) Funke oder „Funkenüberschlag" entstehen. Erläutern Sie diesen Sachverhalt.

16 Wenn die Batterie mit dem LR-Stromkreis aus ▶ **Abbildung 30.5a** verbunden wird, dann hat die Spannung in der Induktionsspule zu diesem Zeitpunkt ihren größten Wert, obwohl der Strom null ist. Erläutern Sie diesen Sachverhalt.

17 Erläutern Sie physikalisch, warum man erwarten kann, dass die Zeitkonstante in einem LC-Stromkreis direkt proportional zu L und indirekt proportional zu R ist (siehe **Gleichung 30.10**).

18 Erläutern Sie, wie eine Spule, deren Enden miteinander verbunden sind, von selbst wie ein LC-Stromkreis oszillieren kann. Woher stammt die Kapazität?

19 Warum oszilliert ein LC-Stromkreis weiter, nachdem der Kondensator vollständig entladen ist?

20 Ist der Strom in der Induktionsspule immer derselbe wie im Widerstand des LRC-Stromkreises aus ▶ **Abbildung 30.12**?

Aufgaben zu 30.1

1 (I) Die zweite Spule aus **Beispiel 30.1** (siehe ▶ **Abbildung 30.2**) besitze einen doppelt so großen Durchmesser wie die lange Spule und sei weiterhin konzentrisch mit dieser. Wie groß ist die Gegeninduktivität in diesem Fall? Nehmen Sie an, dass die Spule sehr lang ist.

2 (II) Eine 2,44 m lange Spule besteht aus 300 Windungen und ist zusammen mit einer aus 100 Windungen bestehenden zweiten Spule um einen Eisenkern gewunden (mittleres $\mu = 2000\,\mu_0$). Die Windungen der beiden Spulen haben einen Durchmesser von 2 cm. Bestimmen Sie für den Fall, dass der Strom in der ersten Spule innerhalb von 98,0 ms von 12,0 A auf null fällt (a) die Gegeninduktivität M und (b) die in der zweiten Spule induzierte Spannung.

3 (II) Bestimmen Sie die Gegeninduktivität pro Längeneinheit zwischen zwei langen Spulen, von denen sich eine innerhalb der anderen befindet. Ihre Radien seien r_1 und r_2 ($r_2 < r_1$) und die Anzahl ihrer Windungen pro Längeneinheit sei n_1 bzw. n_2.

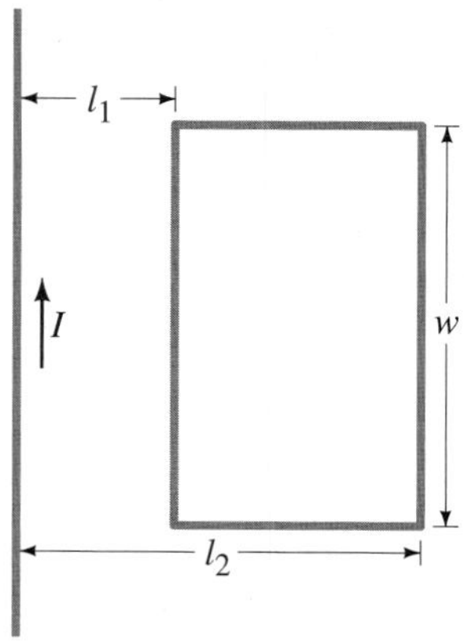

Abbildung 30.14 Aufgabe 5

4 (III) Eine kleine, dünne Spule mit N_2 Windungen, von denen jede eine Fläche A_2 besitzt, wird im Innern einer langen Spule in der Nähe seines Mittelpunkts platziert. Die lange Spule hat N_1 Windungen, die Länge l und die Fläche A_1. Bestimmen Sie die Gegeninduktivität als Funktion von θ, dem Winkel zwischen der Ebene der kleinen Spule und der Achse der langen Spule.

5 (III) Ein langer gerader Draht und eine kleine rechteckige Drahtschleife liegen in derselben Ebene (siehe ▸ Abbildung 30.14). Bestimmen Sie die Gegeninduktivität in Abhängigkeit von l_1, l_2 und w. Nehmen Sie an, dass der Draht im Vergleich zu l_1, l_2 und w sehr lang und der Rest des Stromkreises weit entfernt ist.

Aufgaben zu 30.2

6 (I) Wie groß ist die in einer Spule mit einer Induktivität von 180 mH induzierte Spannung, wenn sich der Strom innerhalb von 340 ms gleichmäßig von 20,0 mA auf 38,0 mA ändert?

7 (I) Schätzen Sie die Induktivität L einer 0,45 m langen, luftgefüllten Spule ab, die einen Durchmesser von 3,7 cm besitzt und aus 20 000 Schleifen besteht.

8 (I) Wie groß ist die Induktivität einer Spule, die eine Spannung von 8,50 V erzeugt, wenn sich der Strom in der Spule innerhalb von 21,0 ms gleichmäßig von −22 mA auf +23 mA ändert?

9 (I) Wie groß ist die Induktivität eines 22,0 m langen Koaxialkabels, wenn seine Innen- und Außenleiter Durchmesser von 2,0 mm bzw. 3,5 mm haben?

10 (I) In einer Spule mit einer Induktivität von 150 mH wird von einem Strom, der innerhalb von 3,0 ms gleichmäßig von null auf I_0 anwächst, eine Spannung von 35 V induziert. Wie groß ist der Strom I_0?

11 (II) Wenn der Außenleiter eines Koaxialkabels einen Radius von 3,0 mm besitzt, wie groß sollte dann der Radius des Innenleiters sein, damit die Induktivität pro Längeneinheit 40 nH pro Meter nicht überschreitet?

12 (II) Gegeben seien zwei Stromkreise (wie die Spulen in ▸ Abbildung 30.1), die die Ströme I_1 und I_2 führen. (a) Zeigen Sie, dass für den magnetischen Fluss durch die beiden Stromkreise $\Phi_1 = L_1 I_1 + M I_2$ und $\Phi_2 = L_2 I_2 + M I_1$ gilt. (b) Geben Sie für jede der beiden Spulen eine Formel zur Bestimmung der erzeugten Eigenspannung in Abhängigkeit von der Änderungsrate des Stroms an.

13 (II) Der Draht einer eng gewickelten Spule wird abgewickelt und zur Herstellung einer anderen, eng gewickelten Spule verwendet, deren Durchmesser dreimal so groß ist. Um welchen Faktor ändert sich die Induktivität?

14 (II) Eine Spule besitzt einen Widerstand von 2,70 Ω und eine Induktivität von 0,418 H. Wenn der Strom 5,00 A beträgt und mit einer Rate von 4,50 A/s wächst, wie groß ist dann zu diesem Zeitpunkt die Potenzialdifferenz auf der Spule?

15 (II) Wie groß ist die effektive Induktivität zweier induktiver Bauelemente, die (a) in Reihe und (b) parallel geschaltet sind, wenn die Gegeninduktivität vernachlässigt wird?

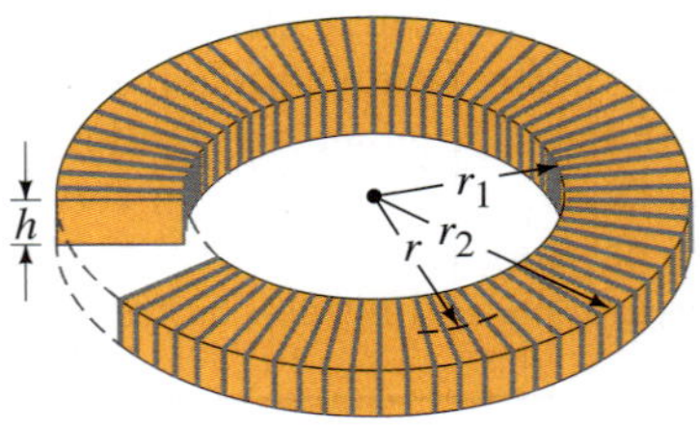

Abbildung 30.15 Aufgaben 16 und 22. Ein Toroid mit rechtwinkligem Querschnitt und N Windungen, die einen Strom I führen.

16 (II) Ein Toroid hat einen rechteckigen Querschnitt (siehe ▸ Abbildung 30.15). Zeigen Sie, dass für die Selbstinduktivität

$$L = \frac{\mu_0 N^2 h}{2\pi} \ln \frac{r_2}{r_1}$$

gilt, wobei N die Gesamtzahl der Windungen ist und r_1, r_2 und h die in ▸ Abbildung 30.15 dargestellten Abmessungen bezeichnen. (*Hinweis*: Verwenden Sie das Ampère'sche Gesetz, um die magnetische Feldstärke B innerhalb des Toroids als Funktion von r zu erhalten, und integrieren Sie.)

Aufgaben zu 30.3

17 (I) Das Magnetfeld innerhalb einer 32,0 cm langen, luftgefüllten Spule mit einem Durchmesser von 2,10 cm beträgt 0,600 T. Wie viel Energie ist näherungsweise in diesem Feld gespeichert?

18 (I) Wie viel Energie ist zum Zeitpunkt, da der Strom 9,0 A beträgt, in einer Induktionsspule mit einer Induktivität von 400 mH gespeichert?

19 (I) Typische große Werte für elektrische Felder und Magnetfelder, die in Labors erreicht werden, sind etwa $1{,}0 \cdot 10^4$ V/m bzw. 2,0 T. (a) Bestimmen Sie die Energiedichte für jedes der beiden Felder und vergleichen Sie die Werte. (b) Wie groß muss der Betrag des elektrischen Feldes sein, um dieselbe Energiedichte wie ein Magnetfeld von 2,0 T zu erzeugen?

20 (II) Wie groß ist die Energiedichte am Mittelpunkt einer kreisförmigen Drahtschleife, die einen Strom von 30 A führt, wenn der Radius der Schleife 28,0 cm hat?

21 (II) Berechnen Sie die magnetische und die elektrische Energiedichte an der Oberfläche eines Kupferdrahtes, der einen Strom von 25 A führt und einen Durchmesser von 3,0 mm besitzt.

22 (II) Das Toroid aus ► Abbildung 30.15 führt in jeder seiner N Schleifen einen Strom I. Bestimmen Sie die Energiedichte im Magnetfeld als Funktion von r $(r_1 < r < r_2)$ und integrieren Sie diese über das Volumen, um die im Toroid gespeicherte Gesamtenergie zu erhalten.

23 (II) Bestimmen Sie die im Magnetfeld zwischen den konzentrischen Zylindern eines Koaxialkabels pro Längeneinheit gespeicherte Gesamtenergie, indem Sie für die Energiedichte die Gleichung 30.7 verwenden und über das Volumen integrieren. Vergleichen Sie Ihre Antwort mit dem in Beispiel 30.5 erhaltenen Ergebnis.

Aufgaben zu 30.4

24 (II) Nach dem Wievielfachen der Zeitkonstanten erreicht der Strom aus ► Abbildung 30.5 (a) 10%, (b) 1,0% und (c) 0,1% seines Maximalwertes?

25 (II) Wie lange dauert es, bis die Potenzialdifferenz auf dem Widerstand eines LR-Stromkreises (siehe ► Abbildung 30.6) auf 1,0% ihres Ursprungswertes fällt? (Geben Sie Ihre Antwort in Vielfachen der Zeitkonstanten an.)

26 (II) Wohin hat die Batterie aus Beispiel 30.6 noch Energie abgegeben außer an das induktive Bauelement? Stellen Sie eine Berechnung an, um zu zeigen, dass Energie gespeichert wird.

27 (II) Bestimmen Sie für den Stromkreis aus ► Abbildung 30.5a den Quotienten dI/dt zum Zeitpunkt $t = 0$ (wenn die Batterie angeschlossen wird) und zeigen Sie, dass der Strom I, wenn er weiterhin mit dieser Rate zunimmt, seinen Maximalwert innerhalb einer Zeitkonstanten erreicht.

28 (II) Der Strom in einem LR-Stromkreis benötigt 2,56 ms, um von null auf die Hälfte seines Maximalwertes anzuwachsen. Bestimmen Sie (a) die Zeitkonstante des Stromkreises und (b) den Widerstand des Stromkreises, wenn $L = 310$ H gilt.

29 (II) (a) Bestimmen Sie für den LR-Stromkreis aus ► Abbildung 30.5a die in der Induktionsspule gespeicherte Energie als Funktion der Zeit. (b) Nach dem Wievielfachen der Zeitkonstanten hat die gespeicherte Energie 99% ihres Maximalwertes erreicht?

30 (II) Bestimmen Sie für den Stromkreis in ► Abbildung 30.16 den Strom in jedem der Widerstände (I_1, I_2, I_3) (a) in dem Moment, in dem der Schalter geschlossen wird und (b) lange nachdem der Schalter geschlossen wurde. Angenommen, der Schalter war lange Zeit geschlossen und wird dann wieder geöffnet. Wie groß sind dann die Ströme (c) unmittelbar nach dem Öffnen des Schalters und (d) lange Zeit danach?

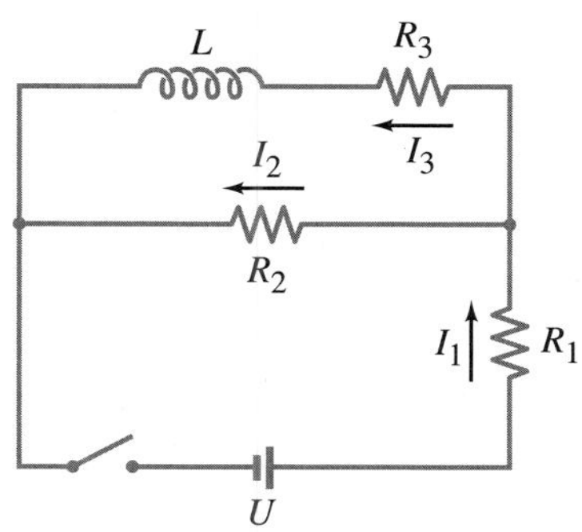

Abbildung 30.16 Aufgabe 30.

Aufgaben zu 30.5

31 (I) Der veränderliche Kondensator im Tuner eines Radios mit Amplitudenmodulation hat eine Kapazität von 1800 pF, wenn das Radio auf einen Sender von 550 kHz eingestellt ist. (a) Wie groß muss die Kapazität für einen Sender sein, der 1600 kHz abstrahlt? (b) Wie groß ist die als konstant angenommene Induktivität?

32 (I) (a) Stellen Sie Q als Funktion der Zeit dar, wenn zum Zeitpunkt $t = 0$ für die Anfangsbedingungen eines LC-Stromkreises $I = I_0$ und $Q = 0$ gilt. (b) Wie können Sie diese Anfangsbedingungen in der Praxis realisieren?

33 (I) Verwenden Sie die Definitionen der Einheiten Farad und Henry, um zu zeigen, dass der Quotient $1/\sqrt{LC}$ die Einheit s^{-1} hat.

34 (II) Ein Kondensator mit einer Kapazität von 760 pF wird auf 135 V aufgeladen und dann schnell mit einer Induktionsspule verbunden (die Induktivität betrage 175 mH). Bestimmen Sie (a) die Schwingungsfrequenz, (b) den Spitzenwert des Stromes und (c) die im Magnetfeld der Induktionsspule maximal gespeicherte Energie.

35 (II) Zum Zeitpunkt $t = 0$ gilt in einem LC-Stromkreis $Q = Q_0$ und $I = 0$. (a) Wie groß ist die Ladung auf dem Kondensator in dem Moment, in dem die Energie zu gleichen Teilen auf die Induktionsspule und den Kondensator verteilt ist? (b) Wie viel Zeit ist bis dahin vergangen (in Abhängigkeit von der Schwingungsdauer T)?

Aufgaben zu 30.6

36 (II) Wie lange dauert es in einem schwingenden LRC-Stromkreis, bis die in den Feldern des Kondensators und der Induktionsspule gespeicherte Energie auf die Hälfte ihres Anfangswertes gefallen ist (nehmen Sie $R \ll \sqrt{4L/C}$ an, siehe ▶ Abbildung 30.12)?

37 (II) Ein gedämpfter LC-Stromkreis gibt pro Schwingung 5,5% seiner elektromagnetischen Energie in Form von Wärmeenergie ab. Wie groß ist der Widerstand R für $L = 65$ mH und $C = 1{,}00$ µF?

38 (II) (a) Leiten Sie eine Differenzialgleichung für den Strom I im LRC-Stromkreis aus ▶ Abbildung 30.12 her, indem Sie Gleichung 30.17 differenzieren. (b) Nehmen Sie an, dass der Stromkreis zum Zeitpunkt $t = 0$ mit der Ladung Q_0 auf dem Kondensator verbunden ist und dass $R \ll \sqrt{4L/C}$ gilt. Geben Sie eine Lösung der Differenzialgleichung für I an. (c) Vergleichen Sie Ihr Ergebnis mit Teil (d) aus Beispiel 30.8 und beschreiben Sie die Unterschiede. (d) Welche Schwierigkeiten treten auf, wenn R nicht viel kleiner als $\sqrt{4L/C}$, beispielsweise $R \approx \sqrt{L/C}$, ist?

39 (II) Zeigen Sie ausgehend von Gleichung 30.19 mit $\phi = 0$, dass der Strom I in einem schwach gedämpften LRC-Stromkreis durch

$$I \approx \frac{Q_0}{\sqrt{LC}} e^{-\frac{R}{2L}t} \sin(\omega' t + \delta)$$

mit

$$\delta = \tan^{-1} \frac{R}{2L\omega'}$$

gegeben ist.

40 (II) Zeigen Sie, dass die Phasenkonstante ϕ aus Gleichung 30.19 durch

$$\phi = -\cot^{-1}\left(\frac{4L}{R^2C}\right)^{\frac{1}{2}}$$

gegeben ist, wenn zum Zeitpunkt $t = 0$ im Stromkreis aus ▶ Abbildung 30.12 $I = 0$ gilt. Nehmen Sie $R^2 \ll 4L/C$ an.

41 (III) Welchen Betrag muss ein Widerstand haben, der zu einem reinen LC-Stromkreis ($L = 300$ mH, $C = 1800$ pF) hinzugefügt wird, damit sich die Schwingungsfrequenz um 0,10% ändert? Nimmt die Schwingungsfrequenz dabei zu oder ab?

42 (III) Angenommen, eine Batterie mit einer konstanten Spannung U_0 ist mit dem LRC-Stromkreis aus ▶ Abbildung 30.12 verbunden. Zum Zeitpunkt $t = 0$ ist der Schalter geschlossen. (a) Bestimmen Sie unter der Annahme, dass dieser Stromkreis überdämpft ist ($R^2 \gg 4L/C$), den Strom als Funktion der Zeit. (b) Stellen Sie I in Abhängigkeit von der Zeit t grafisch dar. (c) Vergleichen Sie Ihr Ergebnis mit einem reinen RC-Stromkreis, für den $L = 0$ gilt. Reale RC-Stromkreise haben immer eine gewisse Induktivität, so dass das Ergebnis dieser Aufgabe realistischer ist als ein reiner RC-Stromkreis.

Allgemeine Aufgaben

43 Eine luftgefüllte, zylindrische Induktionsspule hat 3000 Windungen, einen Durchmesser von 2,5 cm und ist 28,2 cm lang. Wie groß ist ihre Induktivität bei Vernachlässigung von Randeffekten? Wie viele Windungen sind erforderlich, um dieselbe Induktivität zu erzeugen, wenn der Kern der Spule mit Eisen gefüllt ist? Nehmen Sie die magnetische Permeabilität von Eisen mit etwa dem Tausendfachen der Permeabilität des Vakuums an.

44 Zum Zeitpunkt $t = 0$ beträgt der durch eine Induktionsspule mit einer Induktivität von 60,0 mH fließende Strom 50,0 mA. Er nimmt mit einer Rate von 100 mA/s zu. Wie groß ist anfangs die in der Induktionsspule gespeicherte Energie? Wie lange dauert es, bis die Energie auf das Zehnfache des Anfangswertes angewachsen ist?

45 Ein Kondensator mit einer Kapazität von 3000 pF wird auf 120 V aufgeladen und dann schnell mit einer Induktionsspule verbunden. Es wird eine Schwingungsfrequenz von 20 kHz gemessen. Bestimmen Sie (a) die Induktivität, (b) den Spitzenwert des Stromes und (c) die im Magnetfeld der Induktionsspule maximal gespeicherte Energie.

46 Schätzen Sie die Gegeninduktion M zwischen zwei kleinen Schleifen mit den Radien r_1 bzw. r_2 ab, die einen Abstand l voneinander haben, welcher groß ist im Vergleich zu r_1 und r_2 (siehe ► Abbildung 30.17). Geben Sie M als Funktion von θ an, des Winkels zwischen den Ebenen der beiden Spulen. Nehmen Sie an, dass die durch die Mittelpunkte beider Schleifen verlaufende Linie senkrecht auf der Ebene von Schleife 1 steht.

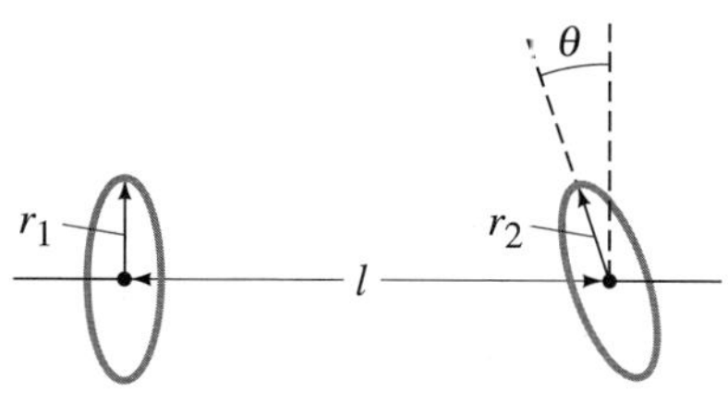

Abbildung 30.17 Aufgabe 46.

47 Wie viele Windungen besitzt eine 17,0 cm lange, luftgefüllte Spule mit einem Durchmesser von 2,2 cm, deren Induktivität 25 mH beträgt? Wie viele Windungen sind erforderlich, wenn die Spule einen Eisenkern besitzt und $\mu = 10^3 \mu_0$ gilt?

48 (a) Gegeben sei ein Toroid mit dem Radius r_0, das aus N Schleifen mit dem Durchmesser d besteht, wobei $r_0 \gg d$ ist (siehe ► Abbildung 30.18). Zeigen Sie, dass für die Selbstinduktion L

$$L \approx \frac{\mu_0 N^2 d^2}{8 r_0} ,$$

gilt. Ist diese Formel tatsächlich zutreffend, wenn das Feld innerhalb des Toroids homogen ist? Ist dieses Ergebnis mit der Induktivität L für eine lange Spule konsistent? Muss es das sein? (b) Berechnen Sie die Induktivität L eines großen Toroids mit dem Spulendurchmesser $d = 2{,}0$ cm und dem Ringdurchmesser $r = 50$ cm. Nehmen Sie an, dass das Toroid aus 550 Drahtschleifen besteht und dass das Feld in seinem Innern homogen ist.

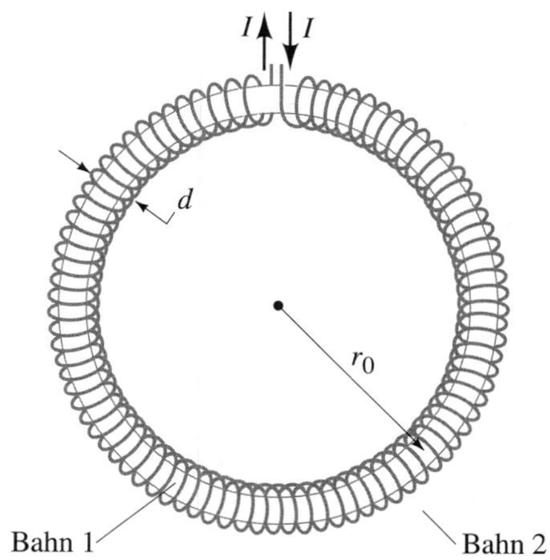

Abbildung 30.18 Ein Toroid, Aufgabe 48.

49 Ein Paar gerader paralleler dünner Drähte (z. B. das Kabel einer Lampe), die beide den Radius r besitzen, haben einen Abstand l und leiten den Strom zu einem in einiger Entfernung befindlichen Stromkreis. Zeigen Sie, dass für die Induktivität pro Längeneinheit $(\mu_0/\pi) \ln[(l-r)/r]$ gilt, wenn Sie das Feld im Innern jedes der beiden Drähte vernachlässigen.

50 Zu einem bestimmten Zeitpunkt beträgt der Strom in einer gegebenen Spule 360 mA und ändert sich mit einer Rate von 340 mA/s. Die Potenzialdifferenz auf der Spule ist zu diesem Zeitpunkt 2,55 V. Zu einem späteren Zeitpunkt ist die Potenzialdifferenz 1,82 V, während der Strom 420 mA beträgt und mit einer Rate von 180 mA/s abnimmt. Bestimmen Sie die Induktivität und den Widerstand der Spule.

51 (a) Zwei dünne Spulen mit den Induktivitäten L_1 und L_2 sind in Reihe geschaltet und nahe beieinander angeordnet. Zeigen Sie, dass für die Nettoselbstinduktion

$$L = L_1 + L_2 \pm 2M$$

gilt, wobei M die Gegeninduktion der Spulen ist. Was bedeutet das Zeichen $\pm$ vor dem letzten Term? (b) Wie kann M auf null (oder nahezu null) gebracht werden? (c) Bestimmen Sie die Nettoinduktivität für den Fall, dass die beiden Spulen parallel geschaltet sind. Nehmen Sie dabei an, dass die Gegeninduktion vernachlässigt werden kann. Wie ändert sich Ihre Antwort, wenn M nicht vernachlässigt werden kann?

52 Die mittlere Stärke des Erdmagnetfeldes beträgt nahe der Oberfläche etwa $0{,}50 \cdot 10^{-4}$ T. Schätzen Sie die in diesem Feld gespeicherte Gesamtenergie in den ersten 10 km oberhalb der Erdoberfläche ab.

53 Zeigen Sie, dass der Anteil der elektrischen Energie, die pro Schwingung in Form von Wärmeenergie verloren geht, in einem schwach gedämpften LRC-Stromkreis ($R^2 \ll 4L/C$) näherungsweise

$$\frac{\Delta W}{W} = \frac{2\pi R}{L\omega} = \frac{2\pi}{Q}$$

beträgt. Die Größe Q, die durch $Q = L\omega/R$ definiert ist, wird als *Q-Wert* oder *Qualitätsfaktor* des Stromkreises bezeichnet und ist ein Maß der vorhandenen Dämpfung. Ein hoher Q-Wert bedeutet, dass die Dämpfung schwach ist und wenig Energie aufgewendet werden muss, um die Schwingungen aufrechtzuerhalten.

54 Zwei eng gewickelte Spulen haben dieselbe Länge und dieselbe kreisförmige Querschnittsfläche. Der in Spule 1 verwendete Draht ist allerdings nur halb so dick wie der in Spule 2 verwendete. (a) In welchem Verhältnis stehen die Induktivitäten der beiden Spulen zueinander? (b) In welchem Verhältnis stehen ihre induktiven Zeitkonstanten?

55 (a) Bestimmen Sie für einen schwach gedämpften LRC-Stromkreis eine Formel für die im elektrischen Feld und im Magnetfeld gespeicherte Energie $W = W_e + W_m$ als Funktion der Zeit. Geben Sie die Formel in Abhängigkeit von der Anfangsladung Q_0 auf dem Kondensator an. (b) Zeigen Sie, wie dW/dt mit der Rate der im Widerstand umgewandelten Energie I^2/R in Beziehung steht.

56 Ein elektronisches Gerät muss gegen plötzliche Stromstöße abgesichert werden. Im Allgemeinen sollte der Strom in den ersten 100 µs nach dem Einschalten um nicht mehr als 7,5 mA zunehmen. Das Gerät besitzt einen Widerstand von 150 Ω und ist für einen Strom von 50 mA ausgelegt. Wie würden Sie dieses Gerät absichern?

57 Der in ▸ Abbildung 30.19a dargestellte Stromkreis kann die Eingangsspannung U_{ein} (im Sinne der Analysis) integrieren, wenn die Zeitkonstante L/R groß ist im Vergleich zu der Zeitspanne, während der sich U_{ein} ändert. Erläutern Sie, wie dieser Integrator arbeitet und skizzieren Sie seine Ausgabe für das rechteckförmige Eingabesignal aus ▸ Abbildung 30.19b. (*Hinweis*: Stellen Sie die Kirchhoff'sche Maschenregel für diesen Stromkreis auf. Multiplizieren Sie in dieser Differenzialgleichung (in I) jeden Term mit dem Faktor $e^{Rt/L}$, um die Integration zu vereinfachen.)

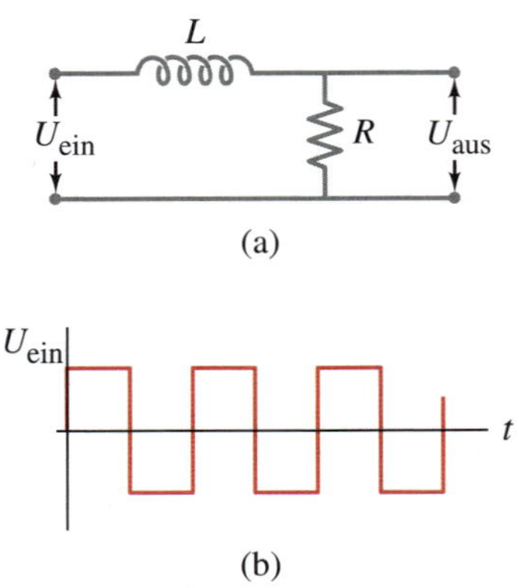

Abbildung 30.19 Aufgabe 57.

Wechselstromkreise

31

ÜBERBLICK

Eine Stereoanlage ist ein sehr komplexer Wechselstromkreis. Die Stromquelle für Geräte der Heimelektronik liefert Wechselstrom. Das Audiosignal ist ein Wechselstrom, der durch die Klangfrequenz erzeugt wird. Die Stromkreise im Inneren der Stereoanlage enthalten Widerstände, Kondensatoren und Induktionsspulen sowie weitere, kompliziertere Bauelemente wie Dioden und Transformatoren. Ein Lautsprecher enthält ebenfalls einen Wechselstromkreis, der als Weiche bezeichnet wird (wir werden diese ebenfalls in diesem Kapitel behandeln) und das Signal in hohe und tiefe Töne zerlegt.

31. Wechselstromkreise

In früheren Kapiteln haben wir Stromkreise behandelt, die aus Kombinationen von Widerständen, Kondensatoren und Induktionsspulen bestehen, allerdings nur für die beiden Fälle, dass eine an den Stromkreis angeschlossene Spannungsquelle eine Gleichspannung liefert oder dass überhaupt keine Spannungsquelle angeschlossen ist, wie beim Entladen eines Kondensators oder bei Schwingungen in einem LC- oder LRC-Stromkreis (siehe Abschnitte 26.4, 30.4, 30.5 und 30.6). Wir untersuchen nun diese Stromkreise, wenn sie an eine Wechselspannungsquelle angeschlossen sind, die einen Wechselstrom erzeugt. Diese **Wechselstromkreise** sind vor allem deshalb von Bedeutung, weil die Ausgabe der meisten Generatoren (siehe Abschnitt 29.4) sinusförmig ist und es sich bei der erzeugten und über Drähte übertragenen Elektrizität überwiegend um Wechselstrom handelt. Außerdem kann eine beliebige, zeitlich veränderliche Spannung unabhängig von ihrer Komplexität als Fourier-Reihe, d. h. als Summe von Sinus- und Kosinustermen unterschiedlicher Frequenzen geschrieben werden. Daher ist die Reaktion von Widerständen, Kondensatoren und Induktionsspulen auf eine sinusförmige Spannungsquelle von grundlegender Bedeutung.

31.1 Einleitung: Wechselstromkreise

Wir haben Wechselströme bereits in Abschnitt 25.7 kurz behandelt und dabei gesehen, dass für sinusförmig schwingende Ströme und Spannungen die Effektiv- und Spitzenwerte über die Beziehungen

$$U_{\text{eff}} = \frac{U_0}{\sqrt{2}}, \quad I_{\text{eff}} = \frac{I_0}{\sqrt{2}}$$

zusammenhängen. Wir wollen nun untersuchen, wie sich ein Widerstand, ein Kondensator und eine Induktionsspule verhalten, wenn sie an eine Wechselspannungsquelle angeschlossen sind, die eine sinusförmige Spannung der Frequenz f erzeugt. Eine Wechselspannungsquelle wird mit dem Symbol

 (Symbol für eine Wechselspannungsquelle)

dargestellt.

Wir betrachten R, C und L zunächst separat und später dann alle gemeinsam. In jedem der Fälle nehmen wir an, dass die Spannung einen Strom

$$I = I_0 \sin 2\pi f t = I_0 \sin \omega t \tag{31.1}$$

mit $\omega = 2\pi f$ zur Folge hat.

31.2 Widerstand im Wechselstromkreis

Wenn eine Wechselspannungsquelle an einen Widerstand angeschlossen ist (siehe ▸ Abbildung 31.1a), dann nimmt der Strom mit der Wechselspannung zu und ab. Die Kirchhoff'sche Maschenregel besagt, dass $U - IR = 0$ ist. Folglich gilt

$$U = I_0 R \sin \omega t = U_0 \sin \omega t \,,$$

wobei $U_0 = I_0 R$ die Spitzenspannung ist. ▸ Abbildung 31.1b zeigt den Verlauf von Spannung (rote Kurve) und Strom (blaue Kurve). Da der Strom ebenfalls null ist, wenn die Spannung null ist, und der Strom seinen Spitzenwert zum selben Zeitpunkt erreicht wie die Spannung, bezeichnen wir Strom und Spannung als **phasengleich**. Die Energie wird mit einer mittleren Rate von

$$\overline{P} = \overline{U \cdot I} = I_{\text{eff}}^2 R = U_{\text{eff}}^2 / R$$

in Wärme umgewandelt (siehe Abschnitt 25.7).

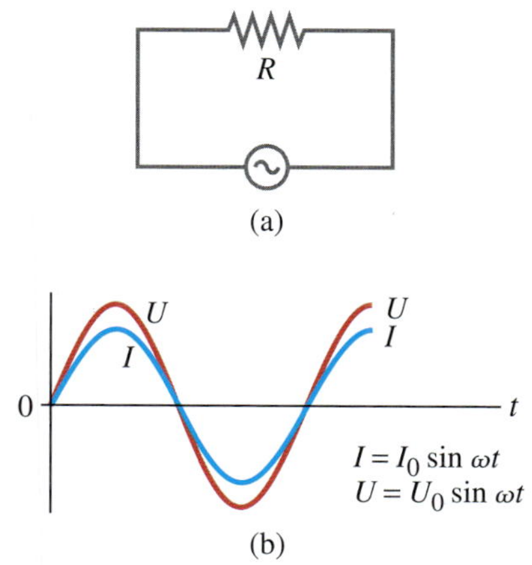

Abbildung 31.1 Mit einer Wechselstromquelle verbundener Widerstand. Strom und Spannung auf dem Widerstand sind phasengleich.

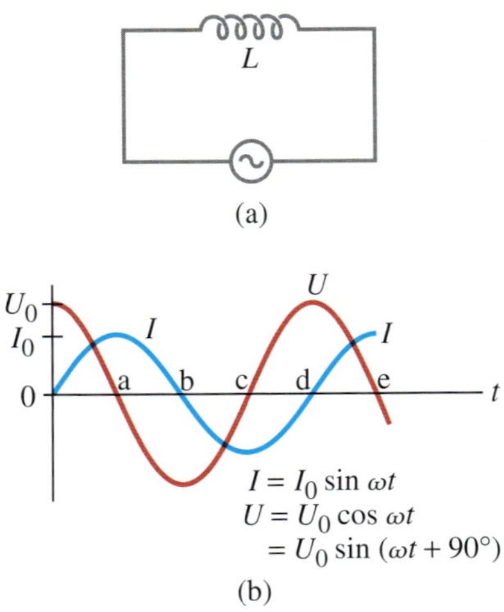

Abbildung 31.2 Mit einer Wechselstromquelle verbundene Induktionsspule. Der Strom (blaue Kurve) bleibt um eine Viertelschwingung oder 90° hinter der Spannung (rote Kurve) zurück.

31.3 Induktionsspule im Wechselstromkreis

In ► Abbildung 31.2a ist die durch das Symbol dargestellte Induktionsspule der Induktivität L mit einer Wechselstromquelle verbunden. Wir vernachlässigen den Widerstand der Induktionsspule (er ist gewöhnlich klein). Die an der Spule anliegende Spannung ist gleich der Spannung, die in ihrem Inneren durch den sich gemäß Gleichung 30.5 ändernden Strom erzeugt wird. Dies gilt, da sich entsprechend der Kirchhoff'schen Regel die Summe der elektrischen Potenzialänderung in einem geschlossenen Stromkreis zu null addiert. Folglich ist

$$U - L\frac{\mathrm{d}I}{\mathrm{d}t} = 0$$

oder

$$U = L\frac{\mathrm{d}I}{\mathrm{d}t} = \omega L I_0 \cos \omega t\,. \tag{31.2}$$

Unter Verwendung der Identität $\cos\theta = \sin(\theta + 90°)$ können wir schreiben

$$U = \omega L I_0 \sin(\omega t + 90°) = U_0 \sin(\omega t + 90°)\,, \tag{31.3a}$$

wobei

$$U_0 = I_0 \omega L \tag{31.3b}$$

die Spitzenspannung ist. In ► Abbildung 31.2b sind der Strom I und die Spannung U auf der Induktionsspule als Funktion der Zeit grafisch dargestellt. Aus dem Kurvenverlauf wie auch aus den Gleichungen 31.3 ist ersichtlich, dass Strom und Spannung um eine Viertelschwingung gegeneinander phasenverschoben sind, was $\pi/2$ oder 90° entspricht. Aus dem Kurvenverlauf können wir Folgendes ablesen:

Induktionsspule: Strom bleibt hinter der Spannung zurück

In einer Induktionsspule bleibt der Strom um 90° hinter der Spannung zurück.

Das heißt, der Strom in einer Induktionsspule erreicht seinen Spitzenwert jeweils eine Viertelschwingung nach der Spannung. Umgekehrt können wir sagen, dass die Spannung dem Strom um 90° vorausgeht.

Da der Strom und die Spannung um 90° gegeneinander phasenverschoben sind, wird in einer Induktionsspule im Allgemeinen keine Energie in andere Energieformen umgewandelt, insbesondere geht keine Energie in Form von Wärmeenergie verloren. Dies kann wie folgt aus ► Abbildung 31.2b abgelesen werden. Von Punkt c nach Punkt d nimmt die Spannung von null bis zu ihrem Maximum zu. Der Strom fließt jedoch in entgegengesetzter Richtung und nähert sich null. Die mittlere Leistung $U \cdot I$ ist in diesem Intervall negativ. Von d nach e dagegen sind sowohl U als auch I positiv, so dass auch $U \cdot I$ positiv ist. Dieser Beitrag gleicht den negativen Beitrag der vorangegangenen Viertelschwingung gerade aus. Für den weiteren Verlauf der Schwingung können ähnliche Betrachtungen angestellt werden. Folglich ist das Mittel der umgewandelten Energie über eine oder mehrere Schwingungen gleich null. Die von der Spannungsquelle gelieferte Energie geht in das Magnetfeld der Induktionsspule über, wo sie vorübergehend gespeichert wird. Dann wird das Feld schwächer und die Energie wird wieder zur Spannungsquelle übertragen. Bei diesem Prozess geht keine Energie verloren. Vergleichen Sie dies mit dem Fall eines Stromkreises mit einem Widerstand, bei dem der Strom stets in dieselbe Richtung wie die Spannung fließt und die Energie aus der Spannungsquelle gezogen wird und niemals zurückübertragen wird. (Das Produkt $U \cdot I$ wird niemals negativ.) Diese Energie wird nicht im Widerstand gespeichert, sondern in Wärmeenergie umgewandelt.

Ebenso wie ein Widerstand den Ladungsfluss verhindert, verhindert auch eine Induktionsspule aufgrund der erzeugten Gegenspannung den Ladungsfluss in einem Wechselstromkreis. Für einen Widerstand R besteht zwischen Spitzenstrom und Spitzenspannung die Beziehung $U_0 = I_0 R$. Für eine Induktionsspule können wir eine ähnliche Beziehung angeben:

$$U_0 = X_L \cdot I_0 \,, \qquad \left(\begin{array}{l}\textit{Achtung:}\text{ die Maximalwerte werden zu}\\ \text{verschiedenen Zeitpunkten angenommen.}\end{array}\right) \tag{31.4a}$$

wobei gemäß Gleichung 31.3b

$$X_L = \omega L \tag{31.4b}$$

Blindwiderstand (Impedanz) einer Induktionsspule

gilt. Der Term X_L wird als *induktiver Blindwiderstand* oder *Impedanz* einer Induktionsspule bezeichnet. Wie man leicht sieht, hat er die Einheit Ohm. Normalerweise benutzen wir den Begriff „Blindwiderstand", um ausschließlich die induktiven Eigenschaften zu bezeichnen. Den Begriff „Impedanz" verwenden wir für die gesamten „hemmenden" Eigenschaften der Spule – sowohl ihre Induktivität als auch einen beliebigen Widerstand, den sie besitzen kann (mehr zu dieser Thematik in Abschnitt 31.5). Wenn kein Widerstand (oder keine Kapazität) vorhanden ist, entspricht die Impedanz dem Blindwiderstand.

Die Größen U_0 und I_0 aus Gleichung 31.4a bezeichnen die Spitzenwerte. (Diese Gleichung gilt auch für die Effektivwerte: $U_{\text{eff}} = X_L \cdot I_{\text{eff}}$.) Beachten Sie, dass diese Gleichung zwar Spitzenstrom und Spitzenspannung in Beziehung setzt, diese Spitzenwerte jedoch nicht zur selben Zeit erreicht werden. Folglich gilt Gleichung 31.4a *nicht für einen bestimmten Zeitpunkt* wie im Falle eines Widerstands ($U = R \cdot I$).

Gleichung 31.4a gilt NICHT für einen bestimmten Zeitpunkt

Beachten Sie, dass es für den Fall $\omega = 2\pi f = 0$ (also bei Gleichstrom) gemäß Gleichung 31.4b keine Gegenspannung und keine Impedanz zum Ladungsfluss gibt.

Beispiel 31.1 Blindwiderstand einer Spule

Eine Spule hat einen Widerstand $R = 1{,}00\,\Omega$ und eine Induktivität von 0,300 H. Bestimmen Sie den in der Spule fließenden Strom, wenn (a) 120 V Gleichspannung oder (b) 120 V Wechselspannung (Effektivwert) bei 60 Hz angeschlossen sind.

Lösung

a In diesem Falle gibt es keinen Blindwiderstand ($X_L = 0$, da $f = 0$), so dass wir für den Widerstand schreiben können:

$$I = \frac{U}{R} = \frac{120\,\text{V}}{1{,}00\,\Omega} = 120\,\text{A}\,.$$

b Der induktive Blindwiderstand ist in diesem Falle

$$X_L = 2\pi f L = (6{,}28)(60{,}0\,\text{s}^{-1})(0{,}300\,\text{H}) = 113\,\Omega\,.$$

Im Vergleich dazu kann der Widerstand von $1{,}00\,\Omega$ vernachlässigt werden. Folglich gilt

$$I_{\text{eff}} \approx \frac{U_{\text{eff}}}{X_L} = \frac{1200\,\text{V}}{113\,\Omega} = 1{,}06\,\text{A}\,.$$

(Man ist versucht zu sagen, dass die Gesamtimpedanz $113\,\Omega + 1\,\Omega = 114\,\Omega$ beträgt. Dies würde bedeuten, dass etwa 1% der Potenzialdifferenz auf den Widerstand entfällt und somit etwa 1 V beträgt, während die übrigen 119 V an der Induktionsspule anliegen. Während die Effektivspannung von 1 V auf dem Widerstand korrekt ist, trifft die andere Schlussfolgerung aufgrund der Phasenveränderung in einer Induktionsspule *nicht* zu. Diese Thematik wird in Abschnitt 31.5 behandelt.)

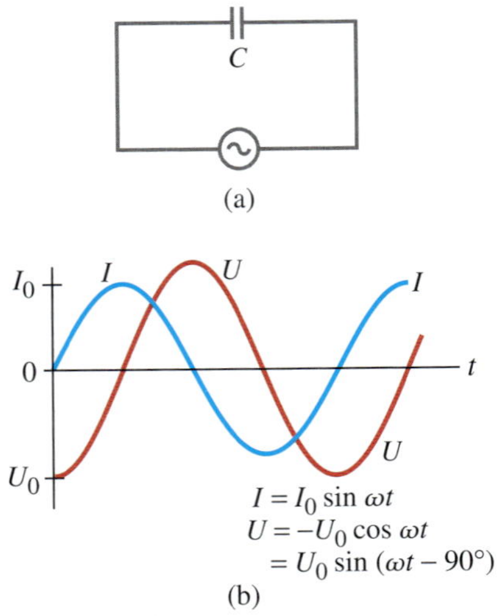

Abbildung 31.3 Mit einer Wechselstromquelle verbundener Kondensator. Der Strom geht der Spannung um eine Viertelschwingung oder 90° voraus.

31.4 Kondensator im Wechselstromkreis

Wenn ein Kondensator mit einer Batterie verbunden ist, nehmen die Kondensatorplatten schnell gleich große entgegengesetzte Ladungen auf, aber im Stromkreis fließt kein kontinuierlicher Strom. Ein Kondensator verhindert den Fluss eines Gleichstroms. Wenn ein Kondensator jedoch wie in ▸ Abbildung 31.3a mit einer Wechselspannungsquelle verbunden ist, fließt kontinuierlich ein Wechselstrom. Wenn die Wechselspannung zum ersten Mal eingeschaltet wird, so dass sich auf der einen Platte eine negative und auf der anderen Platte eine positive Ladung bildet, beginnt die Ladung zu fließen. Wenn sich dann die Spannung umkehrt, fließen auch die Ladungen in entgegengesetzter Richtung. Wenn also an den Stromkreis eine Wechselspannung angelegt ist, fließt im Stromkreis permanent ein Strom.

Sehen wir uns dies etwas detaillierter an. Der Kirchhoff'schen Maschenregel zufolge muss die angelegte Spannung zu jedem Zeitpunkt gleich der Spannung U auf dem Kondensator sein:

$$U = \frac{Q}{C} ,$$

wobei C die Kapazität und Q die Ladung auf den Kondensatorplatten ist. Damit gilt für den Strom $I = I_0 \sin \omega t$ zu einem beliebigen Zeitpunkt

$$I = \frac{\mathrm{d}Q}{\mathrm{d}t} = I_0 \sin \omega t .$$

Folglich ist die Ladung Q auf den Platten zu einem beliebigen Zeitpunkt gegeben durch

$$Q = \int_0^t \mathrm{d}Q = \int_0^t I_0 \sin \omega t \, \mathrm{d}t = -\frac{I_0}{\omega} \cos \omega t .$$

Die Spannung auf dem Kondensator ist

$$U = \frac{Q}{C} = -I_0 \left(\frac{1}{\omega C} \right) \cos \omega t .$$

Unter Verwendung der trigonometrischen Identität $\cos \theta = -\sin(\theta - 90°)$ können wir dies in der Form

$$U = I_0 \left(\frac{1}{\omega C} \right) \sin(\omega t - 90°) = U_0 \sin(\omega t - 90°) \qquad (31.5a)$$

schreiben, wobei

$$U_0 = I_0 \left(\frac{1}{\omega C} \right) \qquad (31.5b)$$

die Spitzenspannung ist. Der Strom $I = I_0 \sin \omega t$ und die Spannung U (siehe Gleichung 31.5a) auf dem Kondensator sind in ▸ Abbildung 31.3b grafisch dargestellt. Sowohl aus dem Graphen als auch aus dem Vergleich der Gleichungen 31.5a und 31.1 geht hervor, dass Strom und Spannung um eine Viertelschwingung oder 90° ($\pi/2$) phasenverschoben sind:

Kondensator: Strom geht der Spannung voraus

Der Strom in einem Kondensator geht der Spannung um 90° voraus.

Umgekehrt kann man sagen, dass die Spannung um 90° hinter dem Strom zurückbleibt. Im Gegensatz dazu bleibt bei einer Induktionsspule der Strom um 90° hinter der Spannung zurück.

Nur *R* (nicht *C* oder *L*) verbraucht elektrische Energie

Da Strom und Spannung um 90° gegeneinander phasenverschoben sind, ist das Mittel der verbrauchten Leistung wie im Falle einer Induktionsspule null. Die Energie aus der Spannungsquelle versorgt den Kondensator, wo sie im elektrischen Feld zwischen den Platten gespeichert wird. Wenn das Feld abnimmt, kehrt die Energie zur Spannungsquelle zurück. Das heißt, *nur in einem Widerstand wird Energie in Wärme umgewandelt.*

Eine Beziehung zwischen der angelegten Spannung und dem Strom in einem Kondensator kann wie für die Induktivität in der Form

$$U_0 = X_C I_0 \qquad \left(\begin{array}{l}\textit{Achtung:}\text{ die Maximalwerte werden zu}\\ \text{verschiedenen Zeitpunkten angenommen.}\end{array}\right) \tag{31.6a}$$

geschrieben werden, wobei X_C der kapazitive Blindwiderstand (oder die *Impedanz*) des Kondensators ist und in der Einheit Ohm angegeben wird. X_C ist gegeben durch

Blindwiderstand (Impedanz) eines Kondensators

$$X_C = \frac{1}{\omega C} \tag{31.6b}$$

(siehe Gleichung 31.5b). Gleichung 31.6 gibt die Beziehung zwischen den Spitzenwerten bzw. den Effektivwerten ($U_{\text{eff}} = I_{\text{eff}} X_C$) von U und I an. Sie gilt jedoch nicht für einen bestimmten Zeitpunkt, da I und U nicht phasengleich sind.

Beachten Sie, dass in Gleichung 31.6b unter Gleichstrombedingungen $\omega = 2\pi f = 0$ gilt und X_C unendlich wird. Genau so sollte es auch sein, da ein reiner Kondensator keinen Gleichstrom durchlässt. Beachten Sie außerdem, dass der Blindwiderstand einer Induktionsspule mit der Frequenz zu-, der Blindwiderstand eines Kondensators dagegen abnimmt.

Beispiel 31.2 Blindwiderstand eines Kondensators

Wie groß sind der Spitzen- und der Effektivstrom im Stromkreis aus ▶ Abbildung 31.3a für $C = 1{,}0\,\mu\text{F}$ und $U_{\text{eff}} = 120\,\text{V}$? Führen Sie die Berechnung für (a) $f = 60\,\text{Hz}$ und für (b) $f = 6{,}0 \cdot 10^5\,\text{Hz}$ durch.

Lösung

a Es gilt $U_0 = \sqrt{2} U_{\text{eff}} = 170\,\text{V}$. Damit ist

$$X_C = \frac{1}{2\pi f C} = \frac{1}{(6{,}28)(60\,\text{s}^{-1})(1{,}0 \cdot 10^{-6}\,\text{F})} = 2{,}7\,\text{k}\Omega\,.$$

Folglich gilt

$$I_0 = \frac{U_0}{X_C} = \frac{170\,\text{V}}{2{,}7 \cdot 10^3\,\Omega} = 63\,\text{mA}\,,$$

$$I_{\text{eff}} = \frac{U_{\text{eff}}}{X_C} = \frac{120\,\text{V}}{2{,}7 \cdot 10^3\,\Omega} = 44\,\text{mA}\,.$$

b Für $f = 6{,}0 \cdot 10^5\,\text{Hz}$ ergibt sich $X_C = 0{,}27\,\Omega$, $I_0 = 630\,\text{A}$ und $I_{\text{eff}} = 440\,\text{A}$. Die Abhängigkeit von der Frequenz f ist also enorm.

ANGEWANDTE PHYSIK

Kondensatoren als Filter

Kondensatoren werden für die verschiedensten Zwecke verwendet, von denen wir einige bereits beschrieben haben. Zwei weitere Anwendungen sind in ▶ Abbildung 31.4 dargestellt. Der Stromkreis A aus ▶ Abbildung 31.4a wird als kapazitiv gekoppelt mit Stromkreis B bezeichnet. Die Funktion des Kondensators besteht darin, eine Gleichspannung von A nach B zu verhindern, aber ein Wechselstromsignal relativ ungedämpft hindurchzulassen. Wenn die Kapazität hinreichend groß ist, wird das Wechselstromsignal nicht nennenswert gedämpft, während der Gleichstrom herausgefiltert wird. Der Kondensator aus ▶ Abbildung 31.4b lässt ebenfalls Wechselstrom durch, Gleichstrom dagegen nicht. In diesem Falle kann zwischen den Stromkreisen A und B eine Gleichspannung aufrechterhalten werden. Wenn die Kapazität C groß genug ist, setzt ein Kondensator einem Wechselstromsignal, das den Stromkreis A verlässt, eine geringe Impedanz entgegen. Ein solches Signal fließt dann zur Masse anstatt zum Stromkreis B. Der

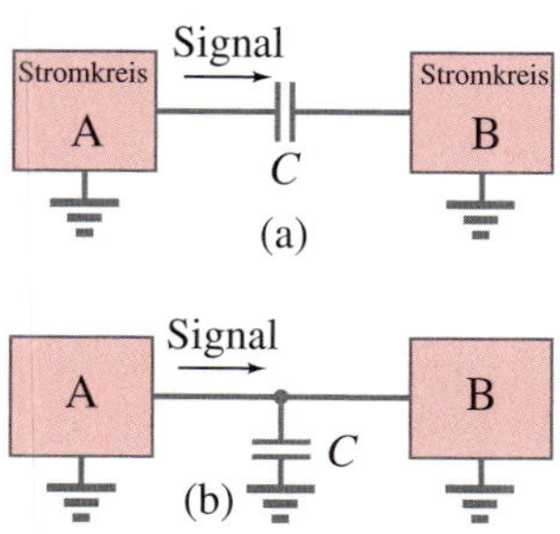

Abbildung 31.4 Zwei gebräuchliche Anwendungen eines Kondensators.

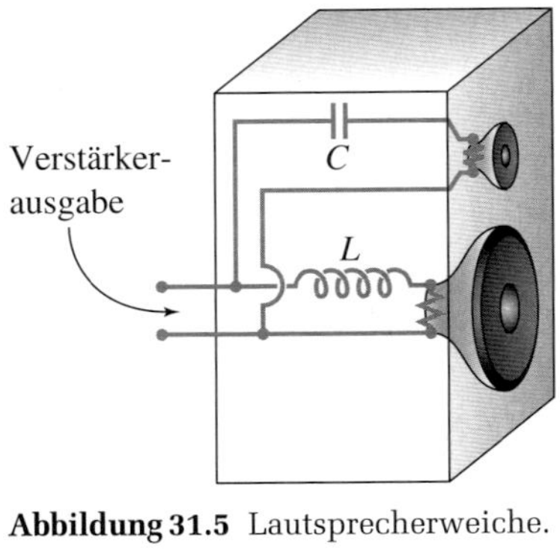

Abbildung 31.5 Lautsprecherweiche.

Kondensator aus ► Abbildung 31.4b wirkt wie ein *Filter*, wenn eine konstante Gleichspannung erforderlich ist; jede scharfe Spannungsänderung fließt zur Masse anstatt zum Stromkreis B. In diesen beiden Varianten kommen Kondensatoren in Stromkreisen sehr häufig zum Einsatz.

Boxen mit separaten Lautsprechern für Niedrig- und Hochfrequenzgeräusche können mit einer einfachen „Weiche“ arbeiten, die Induktionsspulen und Kondensatoren verwendet, um die Frequenzen herauszufiltern, die jeden Lautsprecher erreichen. Geräusche mit niedriger Frequenz werden zum Lautsprecher mit großem Durchmesser, dem so genannten *Tieftonlautsprecher* geleitet, während hochfrequente Signale zum *Hochtonlautsprecher* gehen, der einen kleinen Durchmesser hat. (Rufen wir uns die stehenden Wellen aus Kapitel 16 in Erinnerung – kleine schwingende Objekte haben hohe Schwingungsfrequenzen, große schwingende Objekte niedrigere Frequenzen.) Die vereinfachte Darstellung in ► Abbildung 31.5 zeigt, wie das Ausgabesignal vom Verstärker geteilt wird und in Parallelschaltung sowohl zum Tieftonlautsprecher als auch zum Hochtonlautsprecher geht. Ein Kondensator im Stromkreis des Hochtonlautsprechers sorgt dafür, dass keine niederfrequenten Signale durchgelassen werden (ganz ähnlich wie der Kondensator aus ► Abbildung 31.4a). Eine Induktionsspule im Stromkreis des Tieftonlautsprechers verhindert hochfrequente Signale ($X_L = 2\pi fL$), so dass vom Tieftonlautsprecher hauptsächlich niederfrequente Signale abgesendet werden.

31.5 LRC-Wechselstromkreise in Reihenschaltung

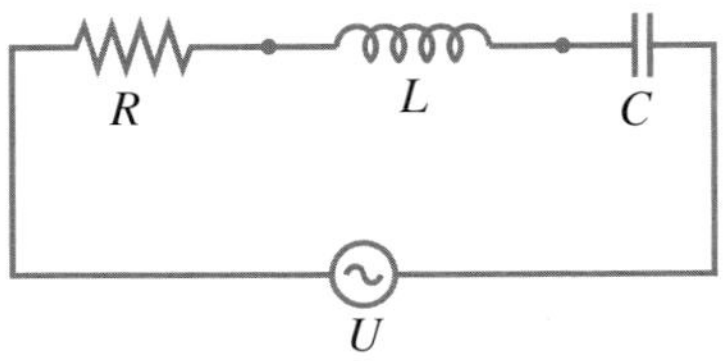

Abbildung 31.6 Ein LRC-Stromkreis.

Wir behandeln nun einen Stromkreis, in dem alle drei Elemente – ein Widerstand R, eine Induktionsspule L und ein Kondensator C – in Reihe geschaltet sind (siehe ► Abbildung 31.6). Wenn ein gegebener Stromkreis nur zwei dieser Elemente enthält, können wir die Ergebnisse dieses Abschnitts ebenfalls verwenden, indem wir je nach Bedarf $R = 0$, $L = 0$ oder $C = \infty$ setzen. Die Größen U_R, U_L und U_C geben die Spannung auf jedem Element zu einem *gegebenen Zeitpunkt* an; U_{R0}, U_{L0} und U_{C0} sind die *Maximal-* bzw. Spitzenwerte dieser Spannungen. Die Spannung auf jedem dieser Elemente genügt dabei den in den vorherigen Abschnitten behandelten Phasenbeziehungen. D. h. U_R ist phasengleich mit dem Strom; U_L geht dem Strom um 90° voraus und U_C folgt dem Strom um 90° nach. Zu einem bestimmten Zeitpunkt gilt gemäß der Kirchhoff'schen Maschenregel für die von einer Quelle gelieferte Spannung U

$$U = U_R + U_L + U_C \,. \tag{31.7}$$

Da die verschiedenen Spannungen jedoch nicht phasengleich sind, erreichen sie ihre Spitzenwerte nicht zum selben Zeitpunkt, so dass die Spitzenspannung U_0 der Quelle nicht gleich der Summe $U_{R0} + U_{L0} + U_{C0}$ ist. Ebenso summieren sich die Effektivspannungen (die gewöhnlich von Wechselstrom-Voltmetern angezeigt werden) *nicht* einfach zur Effektivspannung der Quelle auf.

Untersuchen wir nun den Stromkreis im Detail. Wir interessieren uns insbesondere für die Impedanz des Stromkreises im Ganzen, den hindurchfließenden Spitzenstrom I_0 sowie die Phasenverschiebung zwischen der Quellenspannung und dem Strom.

Zunächst stellen wir fest, dass der Strom zu einem bestimmten Zeitpunkt an allen Punkten des Stromkreises gleich groß ist. Folglich sind *die Ströme in jedem Element miteinander phasengleich, die Spannungen dagegen nicht.* Wir wählen die Anfangszeit $t = 0$ so, dass zu einem bestimmten Zeitpunkt t für den Strom

$$I = I_0 \sin \omega t$$

gilt, wie wir es in den vorangegangenen Abschnitten dieses Kapitels getan haben.

Wir analysieren den LRC-Stromkreis mithilfe eines so genannten **Zeigerdiagramms.**[1] Die in einem x-y-Koordinatensystem durch Pfeile dargestellten Vektoren geben die Amplitude jeder Spannung an. Die *Länge jedes Pfeils gibt den Betrag der Spitzenspannung auf jedem Element an:*

$$U_{R0} = R \cdot I_0 \,, \quad U_{L0} = X_L \cdot I_0 \,, \qquad U_{C0} = X_C \cdot I_0 \,.$$

Der Winkel jedes Vektors stellt die Phase jeder Spannung relativ zum Strom dar. Die Pfeile rotieren mit der Kreisfrequenz ω, wodurch die Zeitabhängigkeit von Spannung und Strom berücksichtigt wird. Insbesondere *gibt der y-Wert jedes Vektors zu einem bestimmten Zeitpunkt die Spannung auf jedem Element an.* Sehen wir uns an, wie dies funktioniert.

Zunächst zeichnen wir das Zeigerdiagramm zum Zeitpunkt $t = 0$. Zu diesem Zeitpunkt gilt für den Strom $I = I_0 \sin \omega t = 0$ und wir zeichnen den I_0 repräsentierenden Vektor entlang der positiven x-Achse ein (siehe ▸ Abbildung 31.7a). (Beachten Sie, dass der y-Wert von I_0 gleich null ist, was mit $I = 0$ bei $t = 0$ übereinstimmt.) Die Spannung auf einem Widerstand ist immer phasengleich mit dem Strom, so dass der U_{R0} repräsentierende Pfeil wie dargestellt parallel zu I_0 entlang der x-Achse gezeichnet wird. Da die Spannung U_L auf der Induktionsspule dem Strom um 90° vorausgeht, geht U_{L0} auch U_{R0} um 90° voraus und wird wie dargestellt senkrecht zu U_{R0} gezeichnet. U_C folgt dem Strom um 90° nach, so dass U_{C0} auch U_{R0} um 90° nachfolgt und folglich U_{C0} senkrecht zu U_{R0} nach unten gezeichnet wird (siehe ▸ Abbildung 31.7a). Wenn wir nun das gesamte Diagramm mit der Kreisfrequenz ω rotieren lassen, erhalten wir das in ▸ Abbildung 31.7b dargestellte Diagramm. Nach einer Zeit t hat sich jeder Pfeil um einen Winkel ωt gedreht. Wie weiter oben bereits erwähnt, gibt in diesem Falle der y-Wert jedes Pfeils die Spannung auf jedem Element zum Zeitpunkt t an (siehe ▸ Abbildung 31.7c). Beispielsweise ist der y-Wert von U_{R0} gleich $U_{R0} \sin \omega t (= I_0 R \sin \omega t = IR$, da $I = I_0 \sin \omega t$ gilt.) Die y-Werte von U_{L0} und U_{C0} sind $U_L = U_{L0} \cos \omega t = U_L \sin(\omega t + 90°)$ und $U_C = -U_{C0} \cos \omega t = U_C \sin(\omega t - 90°)$. Diese Ergebnisse sind konsistent mit den weiter oben in den ▸ Abbildungen 31.1, ▸ 31.2 und ▸ 31.3 dargestellten Ergebnissen, siehe auch die Gleichungen 31.3a und 31.5a. Die Erhaltung des Winkels von 90° zwischen den Vektoren stellt sicher, dass die Phasenbeziehungen korrekt bleiben. Diese Fakten zeigen die Gültigkeit eines Zeigerdiagramms; was wir jedoch eigentlich wissen wollen, ist, wie die Spannungen addiert werden.

Die Summe der y-Werte der drei Vektoren ist gleich dem y-Wert ihrer Summe. Sie gibt allerdings den Momentanwert der Spannung auf dem gesamten Stromkreis an, was der Quellenspannung U entspricht. Wir können nun die Summe dieser Vektoren gleich dem Vektor setzen, der im Zeigerdiagramm dem Spitzenwert U_0 der Quellenspannung entspricht. Dies ist in ▸ Abbildung 31.8 dargestellt. Dabei ist zu erkennen, dass U_0 mit U_{R0} und I_0 einen Winkel ϕ bildet. Mit fortschreitender Zeit dreht sich U_0 gemeinsam mit den anderen Vektoren, so dass sich für den Momentanwert der Spannung U (den y-Wert von U_0)

$$U = U_0 \sin(\omega t + \phi)$$

ergibt (siehe ▸ Abbildung 31.8). Hieraus können wir ablesen, dass die Quellenspannung gegenüber dem Strom um den Winkel ϕ phasenverschoben[2] ist.

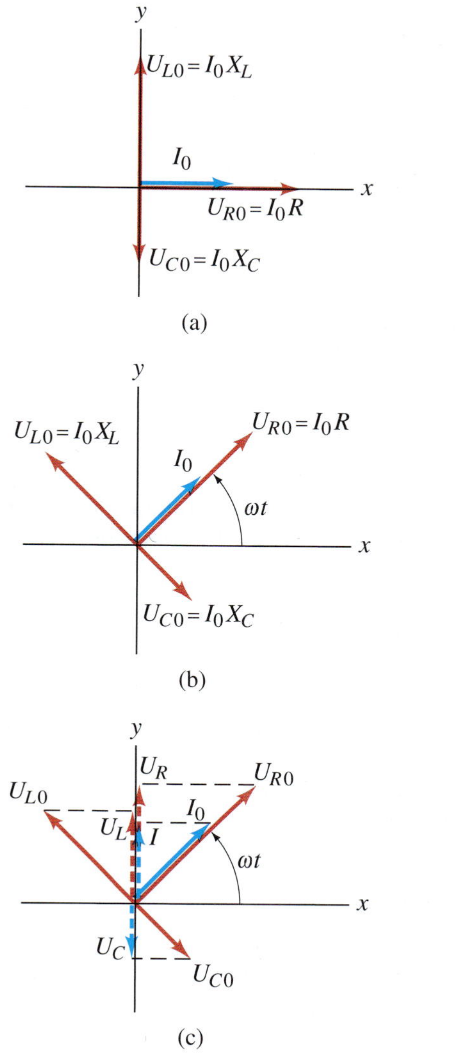

Abbildung 31.7 Zeigerdiagramm für einen in Reihe geschalteten LRC-Stromkreis.

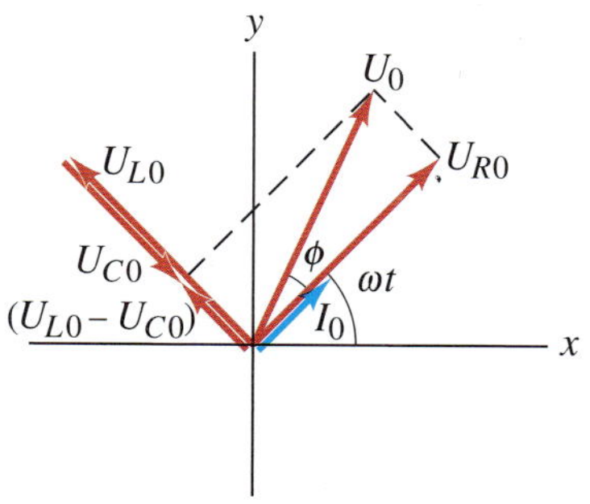

Abbildung 31.8 Zeigerdiagramm für einen in Reihe geschalteten LRC-Stromkreis mit Darstellung des Summenvektors U_0.

1 Stattdessen könnten wir unsere Analyse auch durchführen, indem wir Gleichung 31.7 in differenzieller Form schreiben (wir setzen $U_C = Q/C$, $U_R = IR = (\mathrm{d}Q/\mathrm{d}t)R$ und $U_L = L\,\mathrm{d}I/\mathrm{d}t$) und versuchen, diese Differenzialgleichung zu lösen. Wir würden eine Gleichung erhalten, die dieselbe Form wie Gleichung 14.21 aus Abschnitt 14.8 (über erzwungene Schwingungen) hat und diese Gleichung würde genauso gelöst werden. Zeigerdiagramme sind einfacher zu handhaben und geben uns gleichzeitig einen gewissen physikalischen Einblick in die Situation.

2 Als Kontrolle können Sie den Fall $R = X_C = 0$ betrachten. Dann gilt $\phi = 90°$ und U_0 geht dem Strom um 90° voraus, wie es sein muss, wenn nur eine Induktionsspule vorhanden ist. Entsprechend gilt im Falle $R = L = 0$ $\phi = -90°$, d. h. U_0 folgt dem Strom um 90° nach, wie es sein muss, wenn im Stromkreis nur ein Kondensator vorhanden ist.

Ausgehend von dieser Analyse können wir nun einige nützliche Schlussfolgerungen ziehen. Zunächst bestimmen wir die **Gesamtimpedanz** Z des Stromkreises, die durch die Beziehung

$$U_{\text{eff}} = Z \cdot I_{\text{eff}} \quad \text{oder} \quad U_0 = Z \cdot I_0 \tag{31.8}$$

definiert ist.

Wie wir sehen, ergibt sich aus ► Abbildung 31.8 unter Verwendung des Satzes des Pythagoras (mit U_0 als Hypotenuse)

$$\begin{aligned} U_0 &= \sqrt{U_{R0}^2 + (U_{L0} - U_{C0})^2} \\ &= \sqrt{R^2 \cdot I_0^2 + (X_L \cdot I_0 - X_C \cdot I_0)^2} \\ &= I_0 \sqrt{R^2 + (X_L - X_C)^2} \,. \end{aligned}$$

Damit folgt aus Gleichung 31.8 und weiter aus den Gleichungen 31.4b und 31.6b

Gesamtimpedanz eines LRC-Wechselstromkreises

$$Z = \sqrt{R^2 + (X_L - X_C)^2} \tag{31.9a}$$

$$= \sqrt{R^2 + \left(\omega L - \frac{1}{\omega C}\right)^2} \,. \tag{31.9b}$$

Hieraus ergibt sich die Gesamtimpedanz Z des Stromkreises. Wir können aus ► Abbildung 31.8 außerdem ablesen, dass für den Phasenwinkel ϕ gilt:

Phasenwinkel eines LRC-Wechselstromkreises

$$\tan\phi = \frac{U_{L0} - U_{C0}}{U_{R0}} = \frac{(X_L - X_C)I_0}{RI_0} = \frac{X_L - X_C}{R} \tag{31.10a}$$

oder

$$\cos\phi = \frac{U_{R0}}{U_0} = \frac{RI_0}{ZI_0} = \frac{R}{Z} \,. \tag{31.10b}$$

Beachten Sie, dass ► Abbildung 31.8 den Fall $X_L > X_C$ darstellt und der Strom um ϕ hinter der Quellenspannung zurückbleibt. Wenn dagegen $X_L < X_C$ gilt, dann ist ϕ in Gleichung 31.10 kleiner als null und der Strom geht der Quellenspannung voraus.

Schließlich können wir die im Stromkreis verbrauchte Leistung bestimmen. Wir haben bereits weiter oben festgestellt, dass weder durch eine Induktionsspule noch durch einen Kondensator Leistung verbraucht wird, sondern nur durch einen Widerstand. Daher gilt für die mittlere Leistung $\overline{P} = I_{\text{eff}}^2 R$. Gemäß Gleichung 31.10b ist $R = Z\cos\phi$. Hieraus ergibt sich

Leistungsfaktor

$$\begin{aligned} \overline{P} &= I_{\text{eff}}^2 Z \cos\phi \\ &= I_{\text{eff}} U_{\text{eff}} \cos\phi \,. \end{aligned} \tag{31.11}$$

Der Faktor $\cos\phi$ wird als der **Leistungsfaktor** des Stromkreises bezeichnet. Für einen reinen Widerstand gilt $\cos\phi = 1$ und $\overline{P} = I_{\text{eff}} U_{\text{eff}}$. Für einen Kondensator oder eine Induktionsspule allein ist $\phi = -90°$ bzw. $+90°$, woraus $\cos\phi = 0$ folgt – d. h. es wird keine Leistung verbraucht.

Diese Argumentation ist natürlich durch ein Experiment zu überprüfen; und dieses Experiment bestätigt die hier dargelegten Ergebnisse.[3]

3 Zu Beginn dieses Abschnitts hatten wir die Phase des Stromes so gewählt, dass $I = I_0 \sin\omega t$ gilt. Diese Wahl ist selbstverständlich willkürlich. (Von physikalischer Bedeutung ist die Phasenverschiebung ϕ zwischen Strom und Spannung.) Wenn wir stattdessen

$$U = U_0 \sin\omega t$$

gewählt hätten, würde für den Strom I gelten

$$I = I_0 \sin(\omega t - \phi) \,,$$

wobei ϕ und I_0 die durch die Gleichungen 31.8, 31.9 und 31.10 angegebenen Werte haben.

Beispiel 31.3 LRC-Stromkreis

Angenommen, in ► Abbildung 31.6 gilt $R = 25{,}0\,\Omega$, $L = 30{,}0\,\text{mH}$ und $C = 12{,}0\,\mu\text{F}$ und an den Stromkreis ist eine Wechselspannungsquelle von 90 V (effektiv) bei 500 Hz angeschlossen. Berechnen Sie (a) den im Stromkreis fließenden Strom, (b) die auf jedem Bauelement von einem Voltmeter angezeigten Werte (Effektivwerte), (c) den Phasenwinkel ϕ und (d) die im Stromkreis verbrauchte Leistung.

Lösung

a Zunächst bestimmen wir die einzelnen Impedanzen bei einer Frequenz $f = 550\,\text{Hz} = 500\,\text{s}^{-1}$:

$$X_L = 2\pi fL = 94{,}2\,\Omega\,,$$
$$X_C = \frac{1}{2\pi fC} = 26{,}5\,\Omega\,.$$

Damit ergibt sich

$$Z = \sqrt{R^2 + (X_L - X_C)^2}$$
$$= \sqrt{(25{,}0\,\Omega)^2 + (94.2\Omega - 26{,}5\,\Omega)^2} = 72{,}2\,\Omega\,.$$

Aus Gleichung 31.8 folgt

$$I_{\text{eff}} = \frac{U_{\text{eff}}}{Z} = \frac{90{,}0\,\text{V}}{72{,}2\,\Omega} = 1{,}25\,\text{A}\,.$$

b Die Effektivspannung auf jedem Element ist

$$(U_R)_{\text{eff}} = I_{\text{eff}}R = (1{,}25\,\text{A})(25{,}0\,\Omega) = 31{,}2\,\text{V}$$
$$(U_L)_{\text{eff}} = I_{\text{eff}}X_L = (1{,}25\,\text{A})(94{,}2\,\Omega) = 118\,\text{V}$$
$$(U_C)_{\text{eff}} = I_{\text{eff}}X_C = (1{,}25\,\text{A})(26{,}5\,\Omega) = 33{,}1\,\text{V}\,.$$

Beachten Sie, dass dies aufsummiert *nicht* die Quellenspannung von 90 V (effektiv) ergibt. Tatsächlich *überschreitet* die Effektivspannung auf der Induktionsspule die Quellenspannung sogar. Dies ist möglich, weil die unterschiedlichen Spannungen untereinander nicht phasengleich sind und eine Spannung zu einem beliebigen Zeitpunkt negativ sein kann und eine andere, große positive Spannung kompensiert. Die Effektivspannungen sind jedoch per Definition stets positiv. Während die Effektivspannungen nicht zur Quellenspannung aufsummiert werden können, addieren sich ihre Momentanwerte zu jedem beliebigen Zeitpunkt natürlich zur Quellenspannung für diesen Zeitpunkt.

c Gemäß Gleichung 31.10b gilt für den Phasenwinkel ϕ

$$\cos\phi = \frac{R}{Z} = \frac{25{,}0\,\Omega}{72{,}2\,\Omega} = 0{,}346\,,$$

also $\phi = 69{,}7°$. Beachten Sie, dass ϕ positiv ist, da in diesem Falle $X_L > X_C$ und in ► Abbildung 31.8 $U_{L0} > U_{C0}$ gilt.

d $\overline{P} = I_{\text{eff}}U_{\text{eff}}\cos\phi = (1{,}25\,\text{A})(90{,}0\,\text{V})(25{,}0\,\Omega/72{,}2\,\Omega) = 39{,}0\,\text{W}\,.$

31.6 Resonanz im Wechselstromkreis

Der Effektivstrom in einem LRC-Stromkreis ist gegeben durch

$$I_{\mathrm{eff}} = \frac{U_{\mathrm{eff}}}{Z} = \frac{U_{\mathrm{eff}}}{\sqrt{R^2 + \left(\omega L - \frac{1}{\omega C}\right)^2}} \tag{31.12}$$

(siehe Gleichungen 31.8 und 31.9b). Da die Impedanz von Induktionsspulen und Kondensatoren von der Frequenz f ($= \omega/2\pi$) der Spannungsquelle abhängt, ist auch der Strom in einem LRC-Stromkreis frequenzabhängig. Gemäß Gleichung 31.12 erreicht der Strom sein Maximum, wenn die Frequenz so gewählt ist, dass

$$\left(\omega L - \frac{1}{\omega C}\right) = 0$$

gilt. Wir lösen dies nach ω auf und bezeichnen das Ergebnis mit ω_0:

Resonanz

$$\omega_0 = \sqrt{\frac{1}{LC}}\,. \tag{31.13}$$

Im Falle $\omega = \omega_0$ ist der Stromkreis **resonant** und $f_0 = \omega_0/2\pi$ ist seine **Resonanzfrequenz**. Bei dieser Frequenz gilt $X_C = X_L$, so dass die Impedanz allein vom Widerstand hervorgerufen wird und $\cos\phi = 1$ ist. In ▸ Abbildung 31.9 ist der Graph von I_{eff} in Abhängigkeit von ω für feste Werte von R, L und C dargestellt. Wenn R verglichen mit X_L und X_C klein ist, ist die Resonanzspitze höher und steiler. Für sehr kleine R ist der Stromkreis näherungsweise ein reiner LC-Stromkreis, den wir in Abschnitt 30.5 behandelt haben.

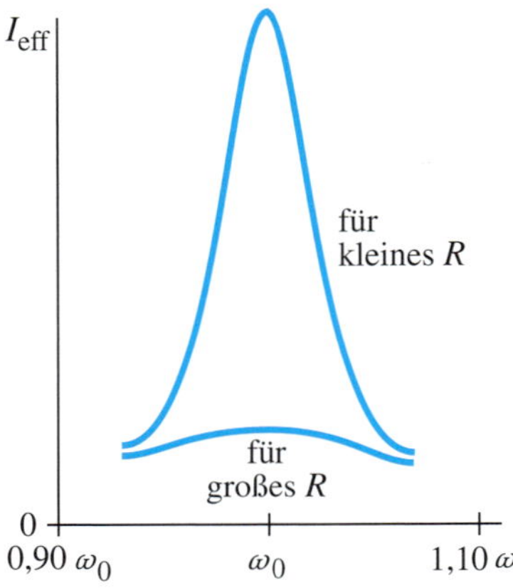

Abbildung 31.9 Der Strom im LRC-Stromkreis als Funktion der Frequenz; die Resonanzspitze liegt bei $\omega = \omega_0 = \sqrt{1/LC}$.

Diese elektrische Resonanz ist analog zur mechanischen Resonanz, die wir in Kapitel 14 behandelt haben. Die Energie, die dem System durch die Quelle zugeführt wird, hat ihr Maximum im Resonanzfall, egal ob es sich um eine elektrische Schwingung, die Oszillation einer Feder oder das Anschieben eines Kindes auf der Schaukel handelt (siehe Abschnitt 14.8). Gleichung 31.11 zeigt, dass dies im elektrischen Falle zutrifft. Wenn der Stromkreis resonant ist, gilt $\cos\phi = 1$ und I_{eff} besitzt ein Maximum. Bei einer konstanten Spannung V_{eff} hat in diesem Falle auch die Leistung ein Maximum. Der Kurvenverlauf der Leistung in Abhängigkeit von der Frequenz zeigt dieselbe Spitze wie für den Strom (siehe ▸ Abbildung 31.9).

Elektrische Resonanz wird in vielen Stromkreisen ausgenutzt. Radios und Fernsehgeräte nutzen beispielsweise resonante Stromkreise zur Senderabstimmung. Obwohl der Stromkreis mehrere Frequenzen empfängt, fließt ein signifikanter Strom nur bei der Resonanzfrequenz oder in ihrer Nähe. Entweder die Induktivität L oder die Kapazität C sind veränderlich, so dass verschiedene Sender eingestellt werden können.

Beispiel 31.4 Oszillator eines Radiosenders

Ein Radiosender strahlt sein Programm auf einer Frequenz von 1040 kHz aus. Wenn Sie einen Empfänger bauen wollen, der diesen Sender empfängt, und bereits eine Spule mit einer Induktivität von 4,0 mH besitzen, wie groß muss dann die Kapazität des Kondensators sein, den Sie benötigen?

Lösung

Der abgestimmte Schwingkreis muss eine Resonanzfrequenz von 1040 kHz haben. Dies lässt sich erreichen, indem man eine Induktionsspule und einen Kondensator in Reihe schaltet. Da die Resonanz bei der Frequenz

$$f_0 = \frac{1}{2\pi}\sqrt{\frac{1}{LC}}$$

auftritt, benötigen Sie einen Kondensator mit einer Kapazität von

$$C = \frac{1}{L(2\pi f_0)^2} = \frac{1}{(4{,}0 \cdot 10^{-3}\,\mathrm{H})(2\pi \cdot 1{,}04 \cdot 10^6\,\mathrm{s}^{-1})^2} = 5{,}85 \cdot 10^{-12}\,\mathrm{F}$$
$$= 5{,}85\,\mathrm{pF}\,.$$

31.7 Impedanzanpassung

Häufig wird ein elektrischer Stromkreis mit einem anderen verbunden. Beispielsweise ist eine Fernsehantenne mit einem Fernsehgerät verbunden, ein UKW-Empfänger mit einem Verstärker, die Ausgabe eines Verstärkers mit einem Lautsprecher und die Elektroden eines EKG- oder EEG-Gerätes[4] mit einem Verstärker oder Aufzeichnungsgerät. In vielen Fällen ist es wichtig, dass die maximale Leistung mit dem geringstmöglichen Verlust von einem Stromkreis zum anderen übertragen wird. Dies lässt sich erreichen, indem man die Ausgabeimpedanz des einen Gerätes auf die Eingangsimpedanz des zweiten Gerätes abstimmt.

Um zu sehen, warum dies der Fall ist, betrachten wir einfache Stromkreise, die nur Widerstände enthalten (siehe ▶ Abbildung 31.10). Bei der Spannungsquelle im Stromkreis 1 kann es sich um eine Steckdose, die Ausgabe eines Verstärkers oder ein Antennensignal, eine Laborprobe oder eine Reihe von Elektroden handeln. R_1 ist der Widerstand des Gerätes; er schließt den Innenwiderstand der Spannungsquelle ein. R_1 wird als Ausgabeimpedanz oder Widerstand des Stomkreises 1 bezeichnet. Die Ausgabe des Stromkreises 1 liegt an den Klemmen a und b an, die mit der Eingabe des Stromkreises 2 verbunden sind. Dieser Stromkreis kann sehr kompliziert sein. R_2 sei der gesamte „Eingangswiderstand" des Stromkreises 2.

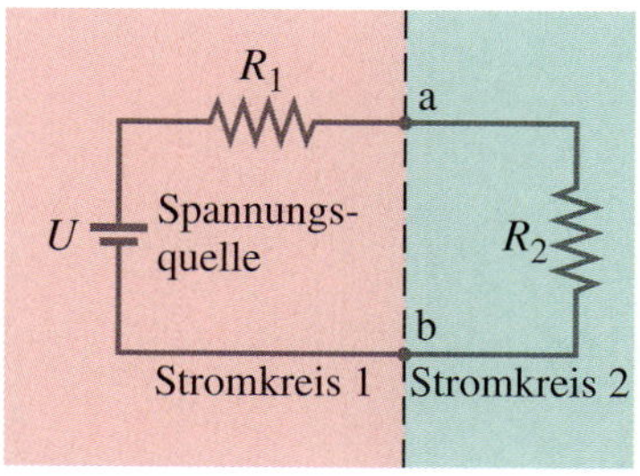

Abbildung 31.10 Die Ausgabe des linken Stromkreises ist die Eingabe des rechten Stromkreises.

Die an Stromkreis 2 gelieferte Leistung ist $P = I^2 R_2$ mit $I = U/(R_1 + R_2)$. Daraus folgt

$$P = I^2 R_2 = \frac{U^2 R_2}{(R_1 + R_2)^2}\,.$$

Wir dividieren auf der rechten Seite Zähler und Nenner durch R_1^2 und erhalten

$$P = \frac{U^2}{R_1} \frac{\left(\frac{R_2}{R_1}\right)}{\left(1 + \frac{R_2}{R_1}\right)^2}\,.$$

Wenn R_1 der Widerstand der Spannungsquelle ist, stellt sich die Frage, welchen Wert der Widerstand R_2 haben sollte, damit die maximale Leistung an den Stromkreis 2 übertragen wird. Um diesen Widerstand zu bestimmen, bilden wir die Ableitung von P bezüglich R_2 und setzen sie gleich null:

$$0 = \frac{\mathrm{d}P}{\mathrm{d}R_2} = \frac{U^2}{R_1^2} \frac{(1 - R_2/R_1)}{(1 + R_2/R_1)^3}\,.$$

Dieser Ausdruck kann nur null werden, wenn $(1 - R_2/R_1)$ null ist, d. h. wenn

$$R_2 = R_1$$

Impedanzanpassung

gilt. Die maximale Leistung wird also dann übertragen, wenn die *Ausgabeimpedanz* eines Gerätes *gleich der Eingangsimpedanz* des zweiten Gerätes ist. Dies ist die so genannte **Impedanzanpassung**.

In einem Wechselstromkreis mit Kondensatoren und Induktionsspulen sind die unterschiedlichen Phasen von Bedeutung und die Analyse wird wesentlich komplizierter. Das Ergebnis bleibt jedoch das gleiche: Um die Leistungsübertragung zu maximieren, müssen die Impedanzen angepasst werden ($Z_2 = Z_1$).

Außerdem ist es möglich, ein Signal ernsthaft zu stören. Wenn beispielsweise ein zweiter Stromkreis angeschlossen ist, kann dieser den ersten Stromkreis in Resonanz versetzen oder die Resonanz beenden.

4 Elektrokardiogramme bzw. Elektroenzephalogramme zeichnen elektrische Spuren von Herz- und Gehirnsignalen auf.

Wenn die beteiligten Impedanzen nicht angemessen berücksichtigt werden, können Messergebnisse völlig bedeutungslos sein. Normalerweise gehören diese Betrachtungen zu den Aufgaben des Ingenieurs beim Entwurf eines Gerätes. Es ist schon passiert, dass Forscher verschiedene Komponenten miteinander verbunden haben, ohne die Impedanzanpassung zu beachten. Daraus resultierte eine neue „Entdeckung", die, wie später peinlicherweise festgestellt wurde, darauf beruhte, dass die Impedanzen nicht angepasst wurden.

Manchmal wird ein Transformator verwendet, um eine Impedanz zu ändern und an diejenige des zweiten Stromkreises anzupassen. Wenn Z_2 die Sekundärimpedanz und Z_1 die Primärimpedanz ist, ergibt sich $U_2 = Z_2 \cdot I_2$ und $U_1 = Z_1 \cdot I_1$ (I und U stehen entweder für die Spitzen- oder die Effektivwerte von Strom und Spannung). Folglich gilt

$$\frac{Z_1}{Z_2} = \frac{U_1 I_2}{U_2 I_1} = \left(\frac{N_1}{N_2}\right)^2 ,$$

wobei wir die Transformatorgleichungen 29.5 und 29.6 verwendet haben.

Einige Geräte wie beispielsweise Oszilloskope benötigen nur eine Signalspannung, aber sehr wenig Leistung. Das Maximum der Leistungsübertragung ist in diesem Fall nicht von Bedeutung. Derartige Geräte können eine hohe Eingangsimpedanz besitzen, was den Vorteil hat, dass das Gerät sehr wenig Strom zieht und den Originalstromkreis kaum stört.

31.8 Drehstrom

Hochspannungsleitungen bestehen typischerweise aus vier Drähten anstatt aus zwei, wie man vermuten könnte. Einer dieser Drähte ist die Masse, auch „Mittelpunktsleiter" M genannt. Die drei verbleibenden Drähte übertragen eine Drehstromleistung, die sich aus einer Überlagerung von drei Wechselspannungen ergibt. Die Spannungen, als „Phasen" R, S und T bezeichnet, weisen untereinander jeweils eine Phasenverschiebung von 120° auf:

$$U_1 = U_0 \sin \omega t$$
$$U_2 = U_0 \sin(\omega t + 2\pi/3)$$
$$U_3 = U_0 \sin(\omega t + 4\pi/3)$$

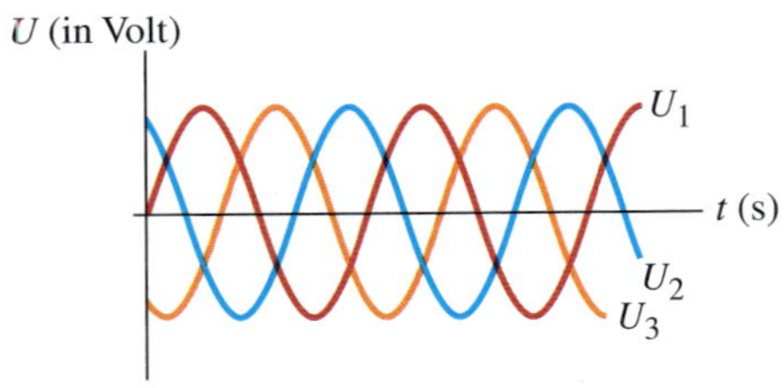

Abbildung 31.11 Die drei Spannungen einer Drehstromleitung mit einer Phasenverschiebung von jeweils 120° (= $\frac{2}{3}\pi$).

(siehe ▸ Abbildung 31.11). Warum wird dabei Drehstrom verwendet? Wir haben in ▸ Abbildung 25.20 gesehen, dass einphasiger Wechselstrom (d. h. nur die Spannung U_1) eine gepulste Leistung an den Verbraucher liefert. Durch die Verwendung von Drehstrom verläuft die Leistung gleichmäßiger. Angenommen, jede der drei Spannungen, die die Drehstromquelle bilden, wird an einen Widerstand angelegt. Die gelieferte Leistung ist dann

$$P = \frac{1}{R}({U_1}^2 + {U_2}^2 + {U_3}^2) .$$

Man kann zeigen, dass diese Leistung konstant gleich $3{U_0}^2/2R$ ist, was dem Dreifachen der Effektivleistung entspricht, die von einer Einzelphasenquelle geliefert wird.

Zu den 230-V-Anschlüssen der Hausinstallation führt Einphasen-Wechselstrom, das ist eine der drei Phasen und die Masse. Für unterschiedliche Stockwerke werden unterschiedliche Phasen verwendet, um annähernd gleiche Belastung aller Phasen zu erreichen. Industriemaschinen mit hohem Leistungsbedarf werden mit allen drei Phasen versorgt, vor allem auch Drehstrommotoren, die sich durch einen besonders einfachen Aufbau auszeichnen.

Drehstromgeneratoren und -motoren

Drehstromgeneratoren enthalten drei feststehende, um 120° gegeneinander versetzte Spulen (siehe ▸ Abbildung 31.12). Auf der Achse rotiert mit konstanter Drehzahl ein Magnet. Die Phasenverschiebung zwischen den in benachbarten

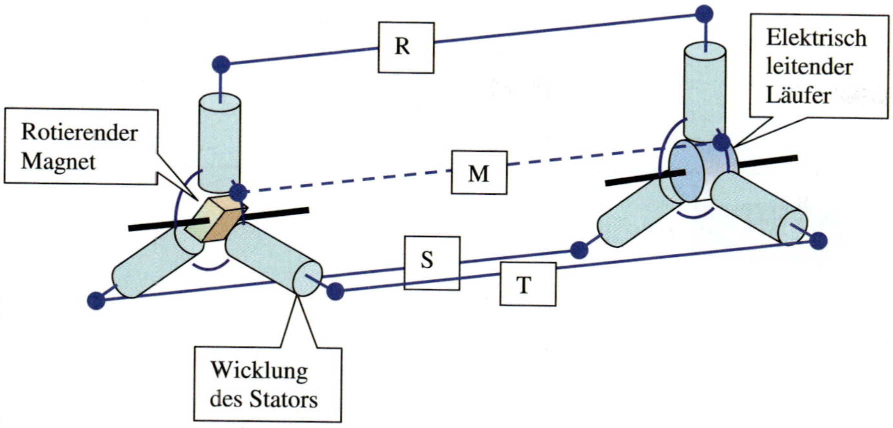

Abbildung 31.12 Schema der Verdrahtung zwischen Drehstromgenerator und Drehstrommotor (Kurzschlussläufer). Generator und Motor enthalten je eine feststehende Spule für jede Phase. Im Generator arbeitet ein angetriebener, rotierender Magnet als Läufer, im Drehstrommotor ein Metallzylinder. Bei symmetrischer Belastung ist die Leitung im Mittelpunkt stromfrei.

Spulen induzierten Spannungen beträgt daher 120°. Der Strom von jeder Spule wird als eine der drei Phasen zum Verbraucher geführt.

Der Aufbau des Motors entspricht dem des Generators: Drei feststehende, um 120° gegeneinander versetzte Spulen sind mit jeweils einer Spule des Generators verbunden. In Phase mit dem Generator erzeugen die Ströme im Motor drei wechselnde Magnetfelder, deren Summe ein rotierendes Magnetfeld ergibt. Befindet sich ein Leiter in diesem „Drehfeld", dann induziert die in Raum und Zeit veränderliche Feldstärke einen Strom, der nach der Lenz'schen Regel seiner Ursache entgegenwirkt. Dem Durchlaufen der Drehfeldlinien kann der Leiter aber nur dadurch entkommen, dass er sich im Drehsinn des Feldes mitdreht. Genau das ist bei Elektromotoren erwünscht. Man erkennt daraus, dass sich Drehstrommotoren durch einen besonders einfachen Aufbau auszeichnen, der insbesondere ohne verschleißenden Kollektor auskommt. Es genügt, einen Leiter auf der Achse drehbar zu lagern. Die in ihm induzierten Wirbelströme nehmen ihn in Drehrichtung des Feldes mit.

Die Anker dieser meistverbreiteten Drehstrommotoren werden als *Kurzschlussläufer* bezeichnet. Mit dicken, im Anker geschlossenen Kupferleitungen für hohe induzierte Ströme erreicht man ein hohes Drehmoment. Die Drehzahl dieser Motoren liegt immer unter der des Drehfeldes, weshalb sie als *Asynchronmotoren* bezeichnet werden. Bei gleicher Drehzahl von Drehfeld und Anker verschwindet das Drehmoment, weil sich der Leiter relativ zum Feld nicht mehr bewegt. Bei zunehmendem „Schlupf" nimmt das Drehmoment zunächst zu, fällt aber wieder,

Abbildung 31.13 Links: Drehstrom Schnellbahn Triebwagen von Siemens, 1903, für Fahrten mit bis zu 210 km/h. Beachten Sie die drei Oberleitungen für die drei Phasen. Rechts: ICE2, diese und andere neue Lokomotiven fahren mit Drehstrom, den bordeigene elektronische „Stromrichter" in beliebiger Frequenz und Spannung aus dem einphasigen Wechselstrom (16 2/3 Hz und 15 kV) der Oberleitung aufbereiten.

wenn sich die Drehzahlen von Anker und Feld um mehr als etwa 15% unterscheiden.

Ist der Anker selbst magnetisch, dann folgt er dem Feld mit dessen Drehfrequenz. So arbeitet der *Synchronmotor*. Sein Drehmoment fällt aber rapide ab, sobald er außer Takt gerät.

Beispiel 31.5 **Drehstromkreis**

In einem Drehstromkreis liegt zwischen der Leitung 1 und der Masse eine Effektivspannung von 230 V an. Wie groß ist die Effektivspannung zwischen den Leitungen 2 und 3?

Lösung

Gegeben ist $U_{\text{eff}} = U_0/\sqrt{2} = 230\,\text{V}$. Folglich ist $U_0 = 325\,\text{V}$. Damit ergibt sich $U_3 - U_2 = U_0[\sin(\omega t + 4\pi/3) - \sin(\omega t + 2\pi/3)] = 2U_0 \sin\frac{1}{2}(\frac{2\pi}{3})\cos\frac{1}{2}(2\omega t)$, wobei wir die Identität $\sin A - \sin B = 2\sin\frac{1}{2}(A-B)\cos\frac{1}{2}(A+B)$ verwenden. Für die Effektivspannung gilt also

$$(U_3 - U_2)_{\text{eff}} = \frac{1}{\sqrt{2}} 2U_0 \sin\frac{\pi}{3} = \sqrt{2}(325\,\text{V})(0{,}866) = 398\,\text{V(effektiv)}\,.$$

Z U S A M M E N F A S S U N G

Kondensatoren und Induktionsspulen setzen dem Fluss eines Wechselstroms ebenso wie ein Widerstand eine *Impedanz* entgegen. Diese Impedanz wird als **Blindwiderstand** X bezeichnet. Ebenso wie für Widerstände ist auch der Blindwiderstand eines Kondensators oder einer Induktionsspule als die Proportionalitätskonstante zwischen Spannung und Strom (entweder der Effektiv- oder der Spitzenwerte) definiert. Auf einem Kondensator gilt

$$U_0 = X_C \cdot I_0$$

und auf einer Induktionsspule

$$U_0 = X_L \cdot I_0\,.$$

Der Blindwiderstand eines Kondensators nimmt mit der Frequenz ab:

$$X_C = 1/\omega C\,,$$

wobei $\omega = 2\pi f$ gilt und f die Frequenz ist.

Der Blindwiderstand einer Induktionsspule nimmt mit der Frequenz zu:

$$X_L = \omega L\,.$$

Während der Strom durch einen Widerstand immer phasengleich mit der auf diesem anliegenden Spannung ist, gilt dies für Kondensatoren und Induktionsspulen nicht. In einer Induktionsspule folgt der Strom der Spannung um 90° nach, in einem Kondensator eilt der Strom der Spannung um 90° voraus.

In einem **in Reihe geschalteten LRC-Stromkreis** ist die Gesamtimpedanz Z, die von R, C und L abhängt, durch

$$Z = \sqrt{R^2 + (X_L - X_C)^2}$$

definiert. Dies ist das Äquivalent der für einen Widerstand gültigen Beziehung $U = R \cdot I$, nämlich $U_0 = Z \cdot I_0$ oder $U_{\text{eff}} = Z \cdot I_{\text{eff}}$.

Der Strom in einem solchen Stromkreis geht der Spannung um einen durch $\cos\phi = R/Z$ definierten Winkel ϕ voraus (oder folgt ihr nach). In einem LRC-Stromkreis verbraucht nur der Widerstand Energie, und zwar den Anteil

$$\overline{P} = I_{\text{eff}}^2 Z \cos\phi\,,$$

wobei der Faktor $\cos\phi$ als **Leistungsfaktor** bezeichnet wird.

Ein in Reihe geschalteter LRC-Stromkreis befindet sich bei einer Frequenz von

$$\omega_0 = \frac{1}{\sqrt{LC}} \quad \text{oder} \quad f_0 = \frac{\omega_0}{2\pi} = \frac{1}{2\pi\sqrt{LC}}$$

in Resonanz. Der Effektivstrom ist in einem solchen Stromkreis am größten, wenn die angelegte Spannung die Frequenz f_0 hat. Je kleiner der Widerstand R ist, umso größer und steiler ist die Resonanzspitze.

Z U S A M M E N F A S S U N G

Verständnisfragen

1 Unter welchen Bedingungen hat die Impedanz in einem LRC-Stromkreis ihr Minimum?

2 Warum können wir annehmen, dass der Strom in einem LRC-Stromkreis dieselbe Frequenz hat wie die angelegte Spannung?

3 Wenn in einem LRC-Stromkreis $X_L > X_C$ gilt, wird dieser als vorwiegend „induktiv" bezeichnet. Im Falle $X_L < X_C$ nennt man ihn vorwiegend „kapazitiv". Diskutieren Sie die Gründe für diese Bezeichnungen. Sagen diese etwas über die jeweiligen Werte von L und C bei einer gegebenen Frequenz aus?

4 Nähern sich die Ergebnisse aus Abschnitt 31.5 den korrekten erwarteten Ergebnissen, wenn sich ω null nähert? Wie lauten diese erwarteten Ergebnisse?

5 Wenn ein Wechselstromgenerator mit einem LRC-Stromkreis verbunden ist, woher stammt dann letztlich die Energie? Wo geht sie hin? Wie beeinflussen die Werte von L, C und R die vom Generator gelieferte Energie?

6 Diskutieren Sie die Gültigkeit der beiden Kirchhoff'schen Regeln (siehe Abschnitt 26.3) für einen Wechselstromkreis, der mehrere Schleifen enthält.

7 Kann der Momentanwert der Ausgabeleistung eines Wechselstromgenerators, der an einen LRC-Stromkreis angeschlossen ist, jemals negativ werden? Erläutern Sie Ihre Antwort.

8 Können Sie sagen, ob der Strom in einem LRC-Stromkreis der angelegten Spannung vorauseilt oder hinter ihr zurückbleibt, wenn Sie den Wert des Leistungsfaktors $\cos\phi$ kennen?

9 Wenn $\cos\phi$ kleiner als null wäre, würde aus Gleichung 31.11 $\overline{P} < 0$ folgen. Ist dies möglich? Kann $\cos\phi$ negativ werden? Erläutern Sie Ihre Antwort.

10 Hängt der Leistungsfaktor $\cos\phi$ von der Frequenz ab? Ist die verbrauchte Leistung in einem LRC-Stromkreis frequenzabhängig?

11 Welche Bedeutung hat das Vorzeichen von ϕ? Ist es durch eine Konvention festgelegt oder folgt es aus einer Regel?

12 Beschreiben Sie den Einfluss der Frequenz einer Spannungsquelle auf die Impedanz (a) eines reinen Widerstands, (b) eines reinen Kondensators, (c) einer reinen Induktionsspule, (d) eines LRC-Stromkreises (kleines R) nahe der Resonanz, (e) eines weit von der Resonanz entfernten LRC-Stromkreises (großes R).

13 Diskutieren Sie das Verhalten eines LRC-Stromkreises für $R \to 0$, wenn die Frequenz (a) resonant, (b) nahe der Resonanz und (c) weit von der Resonanz entfernt ist. Wird in jedem der Fälle Energie dissipiert? Diskutieren Sie die jeweils stattfindenden Energieumwandlungen.

14 Können Sie sagen, ob ein Stromkreis resonant ist, wenn Sie den Wert des Leistungsfaktors $\cos\phi$ kennen ist?

15 Ein resonanter LRC-Stromkreis wird auch als *Schwingkreis* bezeichnet. Was schwingt in einem solchen Stromkreis?

16 Vergleichen Sie Schwingungen eines LRC-Stromkreises mit den Schwingungen einer Masse m an einer Feder. Was entspricht im mechanischen System den Größen L und C?

Aufgaben zu 31.1 bis 31.4

1 (I) Wie groß ist der Blindwiderstand eines Kondensators mit einer Kapazität von 7,2 µF bei einer Frequenz von (a) 60 Hz und (b) 1 MHz?

2 (I) Bei welcher Frequenz hat eine Induktionsspule mit einer Induktivität von 22,0 mH einen Blindwiderstand von 660 Ω?

3 (I) Bei welcher Frequenz hat ein Kondensator mit einer Kapazität von 2,40 µF einen Blindwiderstand von 6,70 kΩ

4 (I) Stellen Sie die Impedanz eines Kondensators mit einer Kapazität von 5,8 µF im Intervall von 10 Hz bis 1000 Hz als Funktion der Frequenz dar.

5 (I) Stellen Sie die Impedanz eines induktiven Bauelements mit einer Induktivität von 5,0 mH als Funktion der Frequenz von 100 Hz bis 10 000 Hz dar.

6 (I) Berechnen Sie die Impedanz von und den Effektivstrom in einer Radiospule mit einer Induktivität von 36,0 mH, die an eine 750-V-Leitung mit 33,3 kHz Wechselstrom angeschlossen ist. Vernachlässigen Sie den Widerstand.

7 (II) Wie groß ist die Induktivität L der Primärspule eines Transformators, dessen Eingangsspannung 110 V bei 60 Hz beträgt, wenn ein Strom von 2,2 A gezogen wird? Nehmen Sie an, dass in der Sekundärspule kein Strom fließt.

8 (II) (a) Wie groß ist die Impedanz eines gut isolierten Kondensators mit einer Kapazität von 0,036 µF, der an eine 22-kV-Leitung mit 600 Hz (effektiv) angeschlossen ist? (b) Wie groß sind der Spitzenwert des Stroms und seine Frequenz?

9 (II) Nehmen wir an, wir wären bei unserer Untersuchung von Wechselstromkreisen nicht von Gleichung 31.1 ausgegangen, sondern hätten eine äußere Spannung $U = U_0 \sin \omega t$ vorausgesetzt. (a) Zeigen Sie, dass für den Strom $I = \omega C U_0 \cos \omega t = \omega C U_0 \sin(\omega t + 90°)$ gilt, wenn diese Spannung nur an den Kondensator C angelegt ist, und (b), dass sich für den Strom $I = -(U_0/\omega L) \cos \omega t = (U_0/\omega L) \sin(\omega t - 90°)$ ergibt, wenn diese Spannung nur an die Induktionsspule L angelegt ist.

10 (II) Ein Strom $I = 1{,}80 \cos 377t$ (I ist in Ampere, t in Sekunden und der „Winkel" in Radiant angegeben) fließt in einem in Reihe geschalteten LR-Stromkreis mit $L = 3{,}85$ mH und $R = 260\ \Omega$. Wie groß ist die mittlere verbrauchte Leistung?

11 (II) Ein Kondensator wird mit einem Gerät B parallel geschaltet (siehe ▸ Abbildung 31.3), um gestreute Hochfrequenzsignale herauszufiltern, aber den gewöhnlichen Wechselstrom mit 60 Hz bei geringem Verlust hindurchzulassen. Angenommen, in dem in ▸ Abbildung 31.4b dargestellten Stromkreis befindet sich ein mit der Masse verbundener Widerstand $R = 400\ \Omega$ und es gilt $C = 0{,}35$ µF. Wie viel Prozent des ankommenden Stroms fließen bei einer Frequenz von (a) 60 Hz und (b) 60 000 Hz durch C anstatt durch R?

Aufgaben zu 31.5

12 (I) Ein Widerstand von 1,20 kΩ und ein Kondensator mit einer Kapazität von 6,8 µF sind in Reihe an eine Wechselstromquelle angeschlossen. Berechnen Sie die Impedanz des Stromkreises, wenn die Frequenz der Stromquelle (a) 60 Hz und (b) 60 000 Hz beträgt.

13 (I) Ein Widerstand von 9,0 kΩ und eine Induktionsspule mit einer Induktivität von 26,0 mH sind in Reihe an eine Wechselstromquelle angeschlossen. Berechnen Sie die Impedanz des Stromkreises, wenn die Frequenz der Stromquelle (a) 50 Hz und (b) 30 000 Hz beträgt.

14 (I) Ein Strom von 70 mA, der eine Sekunde lang durch den Körper fließt, kann bei 120 V und 60 Hz tödlich sein. Wie groß muss die Impedanz des Körpers sein, damit dies der Fall ist?

15 (II) (a) Wie groß ist der Effektivstrom in einem in Reihe geschalteten RC-Stromkreis mit $R = 6{,}0$ kΩ und $C = 0{,}80$ µF, wenn die angelegte Effektivspannung 120 V bei 60 Hz beträgt? (b) Wie groß ist die Phase zwischen Spannung und Strom? (c) Wie groß ist die im Stromkreis verbrauchte Leistung? (d) Welche Werte zeigt das Voltmeter auf dem Widerstand bzw. dem Kondensator an?

16 (II) (a) Wie groß ist der Effektivstrom in einem in Reihe geschalteten LR-Stromkreis mit $R = 765\ \Omega$ und $L = 250$ mH, wenn die angelegte Wechselspannung 120 V bei 60 Hz beträgt? (b) Wie groß ist die Phasenverschiebung zwischen Spannung und Strom? (c) Wie groß ist die im Stromkreis verbrauchte Leistung? (d) Welche Werte werden für die Effektivspannung auf dem Widerstand und der Induktionsspule angezeigt?

17 (II) Eine Induktionsspule mit einer Induktivität von 35 mH und einem Widerstand von 2,0 Ω ist in Reihe mit einer Spannungsquelle von 45 V und 60 Hz und einem Kondensator mit einer Kapazität von 20 µF geschaltet. Berechnen Sie (a) den Effektivstrom, (b) die Phasenverschiebung und (c) die im Stromkreis verbrauchte Leistung.

18 (II) Eine Spule mit einer Induktivität von 40 mH und einem Widerstand von 0,80 Ω ist mit einem Kondensator C und einer 360-Hz-Quellenspannung verbunden. Wie groß ist die Kapazität des Kondensators, wenn Strom und Spannung phasengleich sind?

19 (II) Wie groß ist der Widerstand einer Spule, wenn ihre Impedanz 335 Ω und ihr Blindwiderstand 45,5 Ω beträgt?

20 (II) Im LRC-Stromkreis aus ▸ Abbildung 31.6 sei $I = I_0 \sin \omega t$ und $U = U_0 \sin(\omega t + \phi)$. Bestimmen Sie aus der Beziehung $P = IV$ den Momentanwert der Leistung, die in diesem Stromkreis verbraucht wird, indem Sie zeigen, dass im Mittel $\overline{P} = \frac{1}{2} U_0 I_0 \cos \phi$ gilt, was mit Gleichung 31.11 übereinstimmt.

21 (II) Wenn $U = U_0 \sin \omega t$ gilt, wie groß ist dann der Mittelwert von U für (a) eine ganze Schwingung und (b) jede halbe Schwingung? Vergleichen Sie diese Werte mit U_{eff}.

22 (II) Ein Stromkreis bestehe aus einem Widerstand von 150 Ω, der mit einem 60-V-Wechselstromgenerator und einer Induktionsspule mit einer Induktivität von 40,0 mH in Reihe geschaltet ist. Die durch den Stromkreis dissipierte Leistung beträgt 15,5 W. Wie groß ist die Frequenz des Generators?

23 (II) Wie groß sind die Gesamtimpedanz, die Phasenverschiebung und der Effektivstrom in einem LRC-Stromkreis, der mit einer Spannungsquelle von (effektiv) 800 V und 10,0 kHz verbunden ist, wenn $L = 32{,}0$ mH, $R = 8{,}70$ kΩ und $C = 5000$ pF gilt?

Aufgaben zu 31.6

24 (I) Ein Kondensator mit einer Kapazität von 3200 pF ist mit einer Spule in Reihe geschaltet, die eine Induktivität von 26,0 µH und einen Widerstand von 2,00 Ω hat. Wie groß ist die Resonanzfrequenz dieses Stromkreises?

25 (I) Wie groß ist die Resonanzfrequenz des LRC-Stromkreises aus Beispiel 31.3? Wie groß ist im Mittel der Anteil der Energie, der bei dieser Frequenz vom Generator aufgenommen wird?

26 (II) In einem LRC-Stromkreis sei $L = 4{,}15\,\text{mH}$ und $R = 220\,\Omega$. (a) Wie groß muss C sein, um bei 33 kHz Resonanz zu erzeugen? (b) Wie groß ist der Spitzenstrom im Resonanzfall, wenn der Spitzenwert der von außen angelegten Spannung 136 V beträgt?

27 (II) Wie groß ist der Spitzenstrom in Aufgabe 26, wenn die Kapazität so gewählt wird, dass die Resonanzfrequenz doppelt so groß wie die angelegte Frequenz von 33 kHz ist?

28 (II) Die Resonanzfrequenz eines resonanten Stromkreises, in dem ein Kondensator mit einer Kapazität von 220 µF verwendet wird, soll 18,0 kHz sein. Die luftgefüllte Induktionsspule ist ein eng gewickeltes Solenoid, das aus einem 12 m langen isolierten Draht mit einem Durchmesser von 1,1 mm besteht. Wie viele Schleifen muss die Induktionsspule haben?

29 (II) Zeigen Sie, dass die Ladung Q auf dem Kondensator eines LRC-Stromkreises mit der Amplitude

$$Q_0 = \frac{U_0}{\sqrt{(\omega R)^2 + \left(\omega^2 L - \frac{1}{C}\right)^2}}$$

oszilliert. (a) Bei welcher Kreisfrequenz ω' erreicht Q_0 sein Maximum? Vergleichen Sie mit einem gedämpften harmonischen Oszillator und diskutieren Sie Ihre Feststellungen. (Siehe auch Frage 16 aus diesem Kapitel.)

30 (II) Die Breite einer scharfen Resonanzspitze ist definiert als die Differenz zwischen den beiden Frequenzen, für die $I = \frac{1}{2} I_0$ ist. Zeigen Sie, dass für diese Breite $\Delta\omega \approx \sqrt{3}R/L$ gilt.

31 (II) (a) Leiten Sie eine Formel für die mittlere Leistung $\overline{P}$ her, die in einem LRC-Stromkreis in Abhängigkeit von L, R, C, ω und U_0 verbraucht wird. (b) Bei welcher Frequenz erreicht die Leistung ihr Maximum? (c) Die Breite $\Delta\omega$ einer scharfen Resonanzspitze ist definiert als die Differenz zwischen den beiden Frequenzen, für die $\overline{P}$ die Hälfte seines Maximums annimmt. Leiten Sie unter der Annahme, dass der Peak scharf ist, eine Näherungsformel für die $\Delta\omega$ her.

Aufgaben zu 31.7

32 (I) Die Ausgabe eines EKG-Verstärkers hat eine Impedanz von 35 kΩ. Dieser ist über einen Transformator mit einem Lautsprecher von 8,0 Ω verbunden. Welches Windungsverhältnis sollte der Transformator haben?

33 (I) Ein Audioverstärker hat Ausgabeanschlüsse für 4 Ω, 8 Ω und 16 Ω. Wenn zwei Lautsprecher von 8 Ω parallel geschaltet sind, mit welchen Ausgabeanschlüssen sollten diese dann verbunden werden?

Allgemeine Aufgaben

34 Angenommen, der Stromkreis B aus ► Abbildung 31.4a besteht aus einem Widerstand $R = 800\,\Omega$ und einem Kondensator mit einer Kapazität $C = 1{,}2\,\mu\text{F}$. Kann dieser Kondensator einen Wechselstrom von 60 Hz herausfiltern, ein Hochfrequenzsignal mit einer Frequenz von 60 000 Hz dagegen passieren lassen? Bestimmen Sie, um dies herauszufinden, die Potenzialdifferenz auf dem Widerstand R für ein 130-mV-Signal mit einer Frequenz von (a) 60 Hz und (b) 60 000 Hz.

35 Eine Spule mit einer Induktivität von 230 mH und einem Widerstand von 18,5 Ω ist mit einem Kondensator C und einer Spannungsquelle mit 3360 Hz verbunden. Wie groß muss die Kapazität C sein, damit Strom und Spannung phasengleich sind?

36 Ein Stromkreis enthält zwei Komponenten, es ist allerdings nicht bekannt, ob es sich um L, R oder C handelt. Wenn dieser Stromkreis an eine Spannungsquelle von 120 V und 60 Hz angeschlossen ist, fließt ein Strom von 5,6 A, der um 50° hinter der Spannung zurückbleibt. Um welche beiden Komponenten handelt es sich und welche Werte haben sie?

37 Eine Induktionsspule arbeitet bei 240 V und 60 Hz und zieht einen Strom von 22,8 A. Wie groß ist die Induktivität der Spule?

38 (a) Wie groß ist die Impedanz eines gut isolierten Kondensators mit einer Kapazität von 0,038 µF, der an eine 4,0-kV-Leitung mit 700 Hz (effektiv) angeschlossen ist? (b) Wie groß ist der Spitzenwert des Stroms?

39 Ein Widerstand von 3,5 kΩ ist an eine Energieversorgung angeschlossen, die Wechselstrom liefert, und mit einer Induktionsspule mit einer Induktivität von 620 mH in Reihe geschaltet. Bei welcher Frequenz ist die Impedanz doppelt so groß wie die Impedanz bei 60 Hz?

40 (a) Wie groß ist der Effektivstrom in einem RC-Stromkreis für $R = 8{,}80\,\text{k}\Omega$, $C = 1{,}80\,\mu\text{F}$ und eine angelegte Effektivspannung von 120 V bei 60 Hz? (b) Wie groß ist die Phasenverschiebung zwischen Spannung und Strom? (c) Wie groß ist die im Stromkreis verbrauchte Leistung? (d) Welche Werte zeigt das Voltmeter auf dem Widerstand und dem Kondensator an?

41 Eine Induktionsspule zieht einen Gleichstrom von 2,5 A, wenn sie an eine 36-V-Batterie angeschlossen ist. Wenn sie mit einer Spannungsquelle von 120 V bei 60 Hz verbunden ist, zieht sie (effektiv) einen Strom von 3,8 A. Bestimmen Sie die Induktivität und den Widerstand der Spule.

42 Der **Q-Faktor** eines resonanten Stromkreises kann definiert werden als das Verhältnis der Spannung auf dem Kondensator (oder der Induktionsspule) und der Spannung auf dem Widerstand bei Resonanz. Je größer der Q-Faktor, umso steiler wird die Resonanzkurve und umso feiner die Abstimmung. (a) Zeigen Sie, dass der Q-Faktor durch $Q = (1/R)\sqrt{L/C}$ gegeben ist. (b) Wie groß müssen bei einer Resonanzfrequenz von $f_0 = 1{,}0\,\text{MHz}$ die Werte von L und R sein, damit man einen Q-Faktor von 1000 erhält? Nehmen Sie an, dass $C = 0{,}010\,\mu\text{F}$ gilt. (c) Wie groß ist der Q-Faktor des Stromkreises aus ► Abbildung 31.3? (Anmerkung: Siehe auch Aufgabe 53 aus Kapitel 30.)

43 In einem in Reihe geschalteten LRC-Stromkreis gilt $L = 20\,\text{mH}$, $C = 50\,\text{nF}$ und $R = 200\,\Omega$. Bei welcher Frequenz hat der Leistungsfaktor den Wert 0,17?

44 Angenommen, wir wären bei unserer Untersuchung von LRC-Stromkreisen (siehe ► Abbildung 31.6) von $U = U_0 \sin \omega t$ ausgegangen. (a) Erstellen Sie für diesen Fall ein Zeigerdiagramm in Anlehnung an jenes aus ► Abbildung 31.8. (b) Geben Sie eine Formel für den Strom I an, die alle Terme definiert.

45 Eine Spannung $U = 0{,}95 \sin 754t$ (I ist in Ampere, t in Sekunden und der „Winkel" in Radiant angegeben) ist an einen LRC-Stromkreis mit $L = 22{,}0\,\text{mH}$, $R = 23{,}2\,\text{k}\Omega$ und $C = 0{,}30\,\mu\text{F}$ angeschlossen. (a) Wie groß sind die Impedanz und die Phasenverschiebung? (b) Wie viel Energie wird in diesem Stromkreis verbraucht? (c) Wie groß sind der Effektivstrom und die Spannung auf jedem Element?

46 *Siebschaltung.* In ► Abbildung 31.12 ist eine einfache Siebschaltung dargestellt, die so gestaltet ist, dass eine Gleichspannung mit minimaler Dämpfung hindurchgelassen wird, während so viele Wechselstromkomponenten wie möglich (beispielsweise eine 60 Hz-Spannung, die ein Brummen in der Stereoanlage verursachen könnte) herausgefiltert werden. Nehmen Sie an, dass $U_{\text{ein}} = U_1 + U_2$ gilt, wobei U_1 eine Gleichspannung ist und $U_2 = U_{20} \sin \omega t$ gilt; die Widerstände seien sehr klein. (a) Bestimmen Sie den durch den Kondensator fließenden Strom. Geben Sie die Amplitude und die Phase unter der Annahme $R = 0$ und $X_L > X_C$ an. (b) Zeigen Sie, dass die Wechselstromkomponente $U_{2\text{aus}}$ der Ausgabespannung gleich $(Q/C) - U_1$ ist, wobei Q die zu einem beliebigen Zeitpunkt auf dem Kondensator vorhandene Ladung ist. Bestimmen Sie die Amplitude und die Phase von $U_{2\text{aus}}$. (c) Zeigen Sie, dass die Dämpfung der Wechselspannung bei $X_C \ll X_L$ am größten ist. Berechnen Sie für diesen Fall das Verhältnis von Ausgabe- und Eingangsspannung bei Wechselstrom. (d) Vergleichen Sie die Ausgabe- und Eingangsspannung bei Gleichstrom.

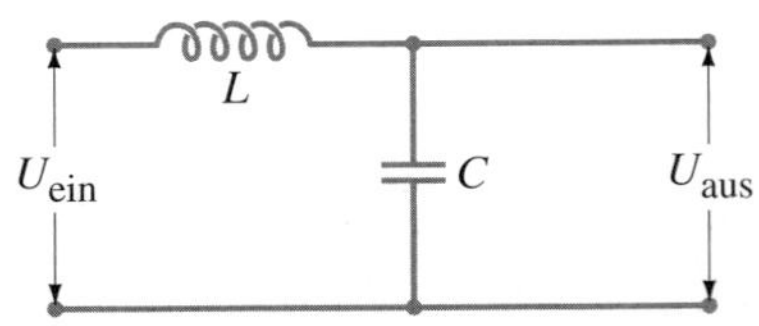

Abbildung 31.14 Aufgaben 46 und 47.

47 Angenommen, in der Siebschaltung aus ► Abbildung 31.12 (Aufgabe 46) wird die Induktionsspule L durch einen großen Widerstand R ersetzt. Zeigen Sie, dass noch eine signifikante Dämpfung der Wechselspannung und eine kleine Dämpfung der Gleichspannung erhalten bleibt, wenn die angelegte Gleichspannung hoch und der Strom (und die Leistung) niedrig ist.

48 Ein Widerstand R, ein Kondensator C und eine Induktionsspule L sind parallel mit einem Wechselstromgenerator geschaltet (siehe ► Abbildung 31.13). Die Quellenspannung ist $U = U_0 \sin \omega t$. Bestimmen Sie den Strom (einschließlich der Amplitude und der Phase) als Funktion der Zeit (a) im Widerstand, (b) in der Induktionsspule und (c) im Kondensator. (d) Wie groß ist der Gesamtstrom, der die Spannungsquelle verlässt? (Geben Sie die Amplitude I_0 und die Phase an.) (e) Bestimmen Sie die durch $Z = U_0/I_0$ definierte Impedanz. (f) Wie groß ist der Leistungsfaktor?

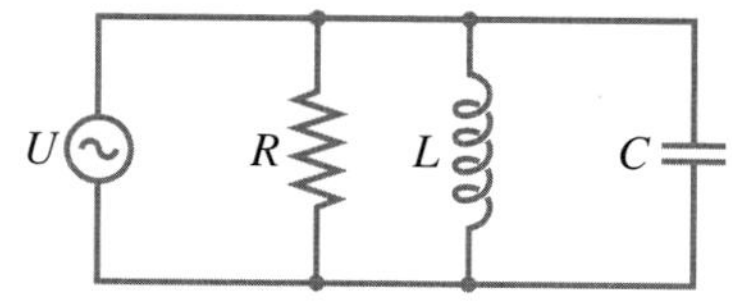

Abbildung 31.15 Aufgabe 48.

49 In einem LRC-Stromkreis seien zwei Widerstände R_1 und R_2, zwei Kondensatoren C_1 und C_2 und zwei Induktionsspulen L_1 und L_2 in Reihe geschaltet. Berechnen Sie die Gesamtimpedanz des Stromkreises.

50 Bestimmen Sie die Induktivität L der Primärspule eines Transformators, dessen Eingabespannung 220 V bei 60 Hz beträgt, wenn ein Strom von 5,8 A gezogen wird. Nehmen Sie an, dass in der Sekundärspule kein Strom fließt.

51 Angenommen, Sie haben einen kleinen Elektromagneten, der 300 W aus dem Stromkreis Ihrer Wohnung verbraucht und mit 120 V bei 60 Hz arbeitet. Verwenden Sie Ihr Wechselstrom-Multimeter, um festzustellen, dass diese Einheit einen Effektivstrom von 4,0 A zieht. Wie groß sind die Induktivität und der Innenwiderstand?

52 Eine mit einem Widerstand R in Reihe geschaltete Induktionsspule, die an eine sinusförmige Spannungsquelle angeschlossen ist, genügt der folgenden Differenzialgleichung:

$$U_0 \sin \omega t = L\frac{\mathrm{d}I}{\mathrm{d}t} + RI\,.$$

Zeigen Sie durch direktes Einsetzen in die Differenzialgleichung, dass der durch den Stromkreis fließende Strom die Form $I = I_0 \sin(\omega t - \phi)$ hat. Bestimmen Sie die Amplitude des Stromes I_0 und die Phasenverschiebung ϕ zwischen dem Strom und der Spannung.

53 Für den Stromkreis aus ► Abbildung 31.14 gelte $U = U_0 \sin \omega t$. Berechnen Sie den Strom in jedem Element des Stromkreises sowie die Gesamtimpedanz.

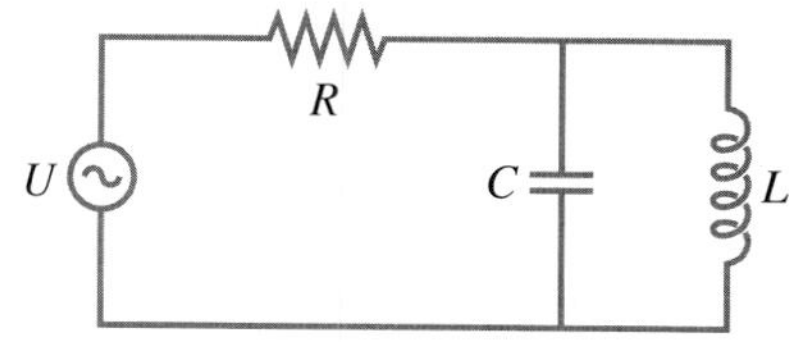

Abbildung 31.16 Aufgabe 53.

54 Zeigen Sie, dass die Potenzialdifferenz zwischen den Punkten a und b aus ► Abbildung 31.15 für alle Frequenzen null ist, wenn im dargestellten Stromkreis die Bedingung $R_1 R_2 = L/C$ erfüllt ist.

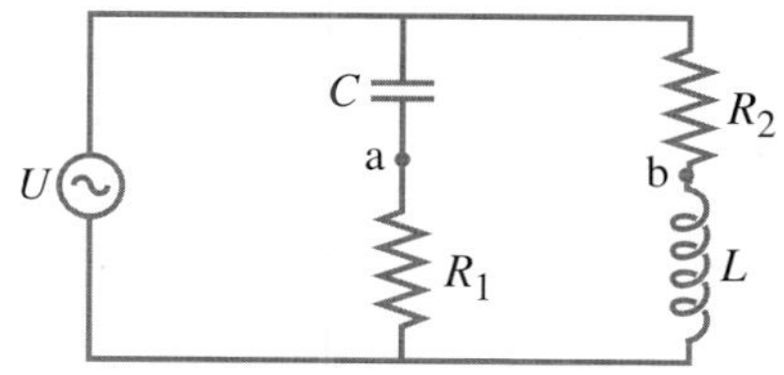

Abbildung 31.17 Aufgabe 54.

Die Maxwell'schen Gleichungen und elektromagnetische Wellen

32

ÜBERBLICK

Diese Parabolantennen mit einem Durchmesser von jeweils 25 m sind ins Weltall gerichtet, um von dort Radiowellen zu empfangen. Radiowellen sind elektromagnetische Wellen mit Frequenzen zwischen einigen Hundert Hz und 100 MHz. Die im Foto gezeigten Antennen sind elektronisch miteinander verbunden, um eine bessere Auflösung zu erreichen. Sie gehören zum Very Large Array (VLA) in New Mexico, das den Himmel nach Signalen aus dem Weltall absucht. Wir werden in diesem Kapitel sehen, dass Maxwell ausgehend von seinen berühmten Gleichungen die Existenz von elektromagnetischen Wellen vorhergesagt hat. Die Maxwell'schen Gleichungen fassen auf geniale Weise die Theorie des Elektromagnetismus zusammen. Außerdem werden wir uns mit der Eigenschaft elektromagnetischer Wellen befassen, Träger von Energie und Impuls zu sein.

32. Die Maxwell'schen Gleichungen und elektromagnetische Wellen

Der Höhepunkt der Theorie des Elektromagnetismus im 19. Jahrhundert war die Vorhersage (und deren Bestätigung), dass sich elektrische und magnetische Felder in Form von Wellen im Raum ausbreiten. Diese Erkenntnis eröffnete völlig neue Möglichkeiten für die Kommunikation. Zunächst entwickelte sich die drahtlose Telegraphie, später Radio und Fernsehen. Außerdem führte sie zu der spektakulären Vorhersage, dass Licht eine spezielle Form elektromagnetischer Wellen ist.

Die theoretische Vorhersage elektromagnetischer Wellen ist die Leistung des schottischen Physikers James Clerk Maxwell (1831–1879, ▸ **Abbildung 32.1**), der die Phänomene Elektrizität und Magnetismus durch eine wunderschöne, konsistente Theorie beschrieb.

Abbildung 32.1 James Clerk Maxwell (1831–1879).

Die Entwicklung der Theorie des Magnetismus im frühen 19. Jahrhundert durch Oersted, Ampère und andere stützte sich zunächst nicht auf das Konzept elektrischer und magnetischer Felder. Dieses wurde etwas später von Faraday eingeführt und fand erst allgemeine Verwendung, nachdem Maxwell gezeigt hatte, dass sämtliche elektrischen und magnetischen Erscheinungen durch vier Gleichungen beschrieben werden können, deren Variablen elektrische und magnetische Felder sind. Diese Gleichungen, die heute als **Maxwell'sche Gleichungen** bezeichnet werden, sind die Grundgleichungen des Elektromagnetismus. Sie sind für diese Theorie ebenso fundamental, wie es die Newton'schen Axiome der Bewegung und das Gravitationsgesetz für die Mechanik sind. In gewissem Sinne sind sie sogar noch fundamentaler, da sie im Einklang mit der speziellen Relativitätstheorie (Kapitel 37) stehen, was für die Newton'schen Axiome nicht der Fall ist. Aufgrund der Tatsache, dass die gesamte Theorie des Elektromagnetismus in diesen vier Gleichungen enthalten ist, werden die Maxwell'schen Gleichungen als einer der ganz großen Triumphe des menschlichen Geistes angesehen.

Bevor wir uns den Maxwell'schen Gleichungen selbst und der Behandlung elektromagnetischer Wellen zuwenden, müssen wir uns zunächst mit einer wichtigen Vorhersage Maxwells über die Erzeugung von Magnetfeldern beschäftigen, die auch das Gauß'sche Gesetz zum Magnetismus betrifft.

32.1 Ein sich änderndes elektrisches Feld erzeugt ein Magnetfeld. Das Ampère'sche Gesetz und der Verschiebungsstrom

Das Ampère'sche Gesetz

Dass ein elektrischer Strom ein Magnetfeld erzeugt, wurde von Oersted entdeckt. Die mathematische Form dieses Zusammenhangs ist durch das Ampère'sche Gesetz (Gleichung 28.3) gegeben:

$$\oint \mathbf{B} \cdot \mathrm{d}\mathbf{s} = \mu_0 I_{\text{encl}} \,.$$

Können Magnetfelder auch auf andere Weise erzeugt werden? Wenn ein sich änderndes Magnetfeld ein elektrisches Feld erzeugt (siehe **Abschnitt 29.7**), gilt dann vielleicht im Umkehrschluss auch die Aussage, dass ein sich änderndes elektrisches Feld ein Magnetfeld erzeugt? Falls dies zuträfe, wäre es ein schönes Beispiel für Symmetrie in der Natur.

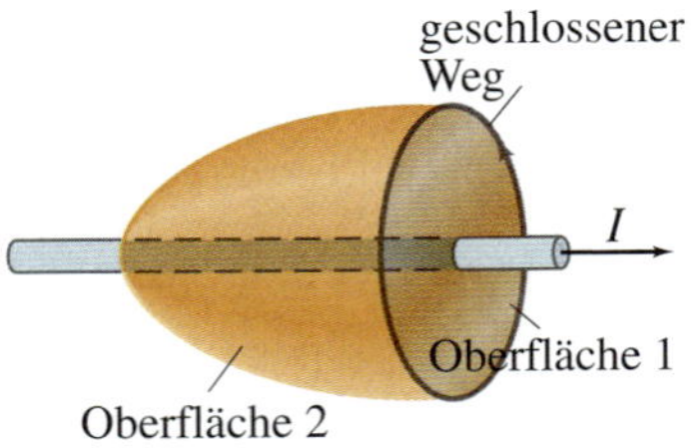

Abbildung 32.2 Das Ampère'sche Gesetz, angewendet auf zwei verschiedene Flächen mit dem gleichen Rand.

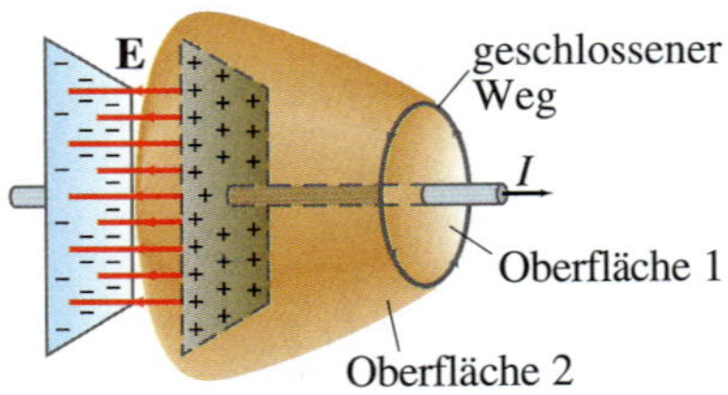

Abbildung 32.3 Ein sich entladender Kondensator. Durch die Fläche 2 fließt kein Leitungsstrom. Im Ampère'schen Gesetz ist ein zusätzlicher Term notwendig.

Um diese Idee zu stützen, verwenden wir eine indirekte Argumentation. Nach dem Ampère'schen Gesetz unterteilen wir jeden geschlossenen Weg in kleine Abschnitte d**s**, bilden für jeden Abschnitt d**s** das Kreuzprodukt mit dem Magnetfeld **B** und summieren (bzw. integrieren) alle Produkte entlang eines geschlossenen Weges. Diese Summe ist gleich μ_0 mal dem Gesamtstrom I, der durch die vom Integrationsweg umschlossene Fläche fließt. Bei der Anwendung des Ampère'schen Gesetzes auf einen geraden Draht (**Abschnitt 28.4**) haben wir uns vorgestellt, dass der Strom durch die Fläche fließt, die von einer kreisförmigen Schleife umschlossen wird (in ▸ **Abbildung 32.2** die ebene Fläche 1). Wir hätten jedoch ebenso gut die sackförmige Fläche 2 aus ▸ **Abbildung 32.2** nehmen können, da durch diese der gleiche Strom I fließt.

Wir betrachten nun den geschlossenen Weg für den in ▸ **Abbildung 32.3** dargestellten Fall, der die Entladung eines Kondensators zeigt. Das Ampère'sche Gesetz ist für die Fläche 1 anwendbar (der Strom I fließt durch diese Fläche), aber nicht für die Fläche 2, da durch diese kein Strom fließt. In der Umgebung des Drahtes existiert ein Magnetfeld, so dass die linke Seite des Ampère'schen Gesetzes null ist; da aber durch die Fläche 2 kein Strom fließt, ist die rechte Seite verschieden von null. Scheinbar führt das Ampère'sche Gesetz also auf einen Widerspruch.

In ▸ **Abbildung 32.3** existiert allerdings nur dann ein Magnetfeld, wenn sich Ladung von den Platten weg oder zu ihnen hin bewegt. Die Änderung der Ladung auf den Platten bedeutet, dass sich das elektrische Feld zwischen den Platten zeitlich ändert. Maxwell löste das Problem des nicht vorhandenen Stroms durch die Fläche 2, indem er annahm, dass es einen zusätzlichen Term im Ampère'schen Gesetz geben müsse, der das sich ändernde elektrische Feld enthält.

Um herauszufinden wie dieser Term aussehen muss, bestimmen wir ihn für das sich ändernde elektrische Feld zwischen den Kondensatorplatten. Die Ladung Q auf einem Kondensator mit der Kapazität C und der Potenzialdifferenz U zwischen den Platten ist $Q = CU$. Außerdem gilt $U = Ed$, wobei d der (kleine) Abstand zwischen den Platten und E die Feldstärke des zwischen ihnen liegenden (homogenen) elektrischen Feldes ist; Randeffekte wollen wir hier ignorieren. Für einen parallelen Plattenkondensator gilt $C = \epsilon_0 A/d$, wobei A der Flächeninhalt einer Platte ist (siehe **Kapitel 24**). Kombinieren wir diese Gleichungen, so erhalten wir

$$Q = CU = \left(\epsilon_0 \frac{A}{d}\right)(Ed) = \epsilon_0 AE\,.$$

Wenn sich nun die Ladung auf der Platte mit der Rate $\mathrm{d}Q/\mathrm{d}t$ ändert, dann ändert sich die elektrische Feldstärke mit der gleichen Rate. Wenn wir die obige Gleichung für Q nach t differenzieren, erhalten wir also

$$\frac{\mathrm{d}Q}{\mathrm{d}t} = \epsilon_0 A \frac{\mathrm{d}E}{\mathrm{d}t}\,.$$

Die Größe $\mathrm{d}Q/\mathrm{d}t$ ist der Strom I, der in den Kondensator hinein- bzw. aus diesem herausfließt:

$$I = \frac{\mathrm{d}Q}{\mathrm{d}t} = \epsilon_0 A \frac{\mathrm{d}E}{\mathrm{d}t} = \epsilon_0 \frac{\mathrm{d}\Phi_\mathrm{E}}{\mathrm{d}t}\,.$$

Hierbei ist Φ_E der **elektrische Fluss** durch die von dem geschlossenen Weg umschlossene Fläche (Fläche 2 in ▸ **Abbildung 32.3**). Damit das Ampère'sche Gesetz für die Fläche 2 ebenso gilt wie für die Fläche 1 (wo der Strom I fließt), schreiben wir

Ampère'sches Gesetz (allgemeiner Fall)

$$\oint \mathbf{B}\cdot \mathrm{d}\mathbf{s} = \mu_0 I_\mathrm{encl} + \mu_0\epsilon_0 \frac{\mathrm{d}\Phi_\mathrm{E}}{\mathrm{d}t}\,. \tag{32.1}$$

Dies ist die allgemeine Form des Ampère'schen Gesetzes[1]. Sie widerspiegelt die Vorstellung Maxwells, dass ein Magnetfeld nicht nur durch einen gewöhnlichen

1 Wenn ein Magnetfeld durch magnetisierte Stoffe erzeugt wird, gibt es noch einen dritten Term auf der rechten Seite. Dieser Fall kann berücksichtigt werden, indem μ_0 durch μ ersetzt wird. Wir interessieren uns hier jedoch hauptsächlich für Fälle, in denen kein magnetischer Stoff involviert ist. In Anwesenheit eines Dielektrikums muss ϵ_0 durch $\epsilon = \epsilon_\mathrm{r}\epsilon_0$ ersetzt werden (siehe **Abschnitt 24.5**).

elektrischen Strom, sondern auch durch ein sich änderndes elektrisches Feld oder einen sich ändernden elektrischen Fluss erzeugt werden kann. Wir haben **Gleichung 32.1** zwar nur für einen Spezialfall abgeleitet, aber sie hat sich auch für den allgemeinen Fall als gültig erwiesen. Der letzte Term auf der rechten Seite ist gewöhnlich sehr klein und nicht ohne weiteres experimentell nachzuweisen.

Beispiel 32.1 Aufladen eines Kondensators

Ein luftgefüllter Kondensator mit einer Kapazität von 20 pF besitzt kreisförmige Platten mit einem Flächeninhalt von jeweils 100 cm^2. Er wird von einer 50-V-Batterie über einen 2-Ω-Widerstand aufgeladen. In dem Moment, in dem die Batterie angeschlossen wird, ändert sich das elektrische Feld zwischen den Platten am stärksten. Berechnen Sie für diesen Zeitpunkt (a) den in die Platten fließenden Strom und (b) die Änderungsrate der elektrischen Feldstärke zwischen den Platten. Nehmen Sie an, dass **E** zwischen den Platten zu jedem Zeitpunkt homogen ist und außerhalb der Platten überall null.

Lösung

a In **Abschnitt 26.4** haben wir uns mit RC-Stromkreisen beschäftigt und gesehen, dass die Ladung auf einem aufgeladenen Kondensator als Funktion der Zeit durch

$$Q = CU_0\left(1 - \mathrm{e}^{-t/RC}\right)$$

gegeben ist; U_0 ist dabei die Batteriespannung. Um den Strom zum Zeitpunkt $t = 0$ zu finden, differenzieren wir diese Gleichung und setzen die Werte $U_0 = 70$ V, $C = 30$ pF und $R = 2\,\Omega$ ein:

$$\left.\frac{\mathrm{d}Q}{\mathrm{d}t}\right|_{t=0} = \left.\frac{CU_0}{RC}\,\mathrm{e}^{-t/RC}\right|_{t=0} = \frac{U_0}{R} = \frac{70\ \mathrm{V}}{2{,}0\ \Omega} = 35\ \mathrm{A}\,.$$

Dies ist die Rate, mit der sich Ladung auf dem Kondensator akkumuliert; sie ist gleich dem Strom, der zu diesem Zeitpunkt im Stromkreis fließt.

b Das elektrische Feld zwischen zwei dicht benachbarten Leitern ist gegeben durch

$$E = \frac{\sigma}{\epsilon_0} = \frac{Q/A}{\epsilon_0}\,,$$

wie wir in **Kapitel 21** gesehen haben (siehe **Beispiel 21.12**). Folglich ist

$$\frac{\mathrm{d}E}{\mathrm{d}t} = \frac{\mathrm{d}Q/\mathrm{d}t}{\epsilon_0 A} = \frac{35\ \mathrm{A}}{(8{,}85\cdot 10^{-12}\ \mathrm{C^2/N{\cdot}m^2})(1{,}0\cdot 10^{-2}\ \mathrm{m^2})}$$
$$= 4{,}0\cdot 10^{14}\ \mathrm{V/m{\cdot}s}\,.$$

c Wir nehmen hier ohne Beweis an, dass die Feldlinien von **B** senkrecht zu den Feldlinien von **E** und aus Symmetriegründen Kreise sind (siehe ▸ **Abbildung 32.4**). Dies ist die gleiche Symmetrie, die wir für den umgekehrten Fall festgestellt hatten, in dem ein sich änderndes Magnetfeld ein elektrisches Feld erzeugt (**Abschnitt 29.7**, ▸ **Abbildung 29.22**). Um die Feldstärke B zwischen den Platten zu bestimmen, wenden wir das Ampère'sche Gesetz (**Gleichung 32.1**) an, wobei wir $I_{\mathrm{encl}} = 0$ setzen:

$$\oint \mathbf{B}\cdot\mathrm{d}\mathbf{s} = \mu_0\epsilon_0\frac{\mathrm{d}\Phi_{\mathrm{E}}}{\mathrm{d}t}\,.$$

Als Integrationsweg wählen wir den Kreis vom Radius r, dessen Mittelpunkt im Mittelpunkt der Platte liegt und der daher mit einer magnetischen Feldlinie, wie der in ▸ **Abbildung 32.4** gezeichneten, überein-

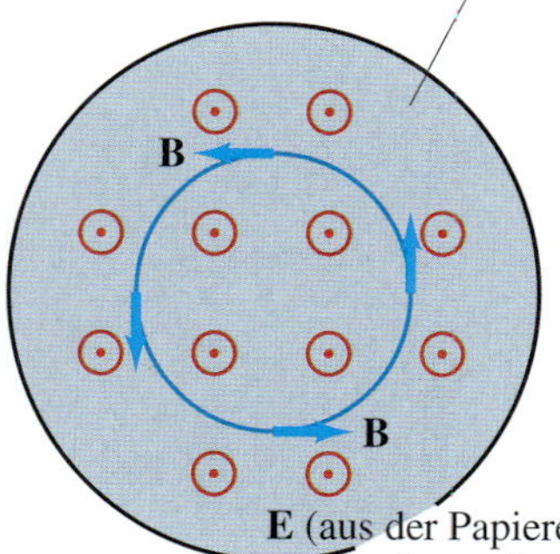

Abbildung 32.4 Draufsicht auf eine runde Platte eines Plattenkondensators mit parallelen Platten. Das elektrische Feld **E** zwischen den Platten zeigt in Richtung des Betrachters; die Feldlinien des Magnetfelds **B** sind Kreise (siehe **Beispiel 32.1**).

stimmt. Für $r \leq r_0$ (r_0 ist der Plattenradius) ist der Fluss durch einen Kreis vom Radius r gleich $E(\pi r^2)$, da wir vorausgesetzt haben, dass E innerhalb der Platten zu jedem Zeitpunkt homogen ist. Aus dem Ampère'schen Gesetz folgt daher

$$B(2\pi r) = \mu_0\epsilon_0 \frac{\mathrm{d}}{\mathrm{d}t}(\pi r^2 E) = \mu_0\epsilon_0 \pi r^2 \frac{\mathrm{d}E}{\mathrm{d}t} \,.$$

Somit gilt

$$B = \frac{\mu_0\epsilon_0}{2} r \frac{\mathrm{d}E}{\mathrm{d}t} \qquad (r \leq r_0) \,.$$

Wir nehmen an, dass das elektrische Feld $\mathbf{E}$ für $r > r_0$ null ist. Für Punkte außerhalb der Platten ist deshalb der gesamte Fluss in den Platten enthalten (diese haben jeweils die Fläche πr_0^2) und es gilt $\Phi_\mathrm{E} = E\pi r_0^2$. Das Ampère'sche Gesetz ergibt daher

$$B(2\pi r) = \mu_0\epsilon_0 \frac{\mathrm{d}}{\mathrm{d}t}(\pi r_0^2 E) = \mu_0\epsilon_0 \pi r_0^2 \frac{\mathrm{d}E}{\mathrm{d}t}$$

oder

$$B = \frac{\mu_0\epsilon_0 r_0^2}{2r} \frac{\mathrm{d}E}{\mathrm{d}t} \,. \qquad (r \geq r_0)$$

B hat sein Maximum bei $r = r_0$. Dieses Maximum erhalten wir aus einer der obigen Beziehungen, indem wir dort $r_0 = \sqrt{A/\pi} = 5{,}6$ cm setzen:

$$\begin{aligned} B &= \frac{\mu_0\epsilon_0 r_0}{2} \frac{\mathrm{d}E}{\mathrm{d}t} \\ &= \frac{1}{2}(4\pi \cdot 10^{-7}\,\mathrm{T{\cdot}m/A})(8{,}85 \cdot 10^{-12}\,\mathrm{C^2/N{\cdot}m^2})(5{,}6 \cdot 10^{-2}\,\mathrm{m}) \\ &\quad \cdot (4{,}0 \cdot 10^{14}\,\mathrm{V/m{\cdot}s}) \\ &= 1{,}2 \cdot 10^{-4}\,\mathrm{T} \,. \end{aligned}$$

Dies ist eine sehr kleine Feldstärke, und sie hält auch nur kurz vor (entsprechend der Zeitkonstanten $RC = 6{,}0 \cdot 10^{-11}$ s), so dass es sehr schwierig wäre, sie zu messen.

Wir wollen nun die magnetische Feldstärke B außerhalb der Kondensatorplatten aus **Beispiel 32.1** durch den Strom I ausdrücken, der die Platten verlässt. Wie wir aus Teil (b) des Beispiels wissen, kann das elektrische Feld zwischen den Platten in der Form $E = \sigma/\epsilon_0 = Q/\epsilon_0 A$ geschrieben werden. Mit $\mathrm{d}Q/\mathrm{d}t = I$ ist B für $r > r_0$ folglich gegeben durch

$$B = \frac{\mu_0\epsilon_0 r_0^2}{2r} \frac{\mathrm{d}E}{\mathrm{d}t} = \frac{\mu_0\epsilon_0 r_0^2}{2r} \frac{I}{\epsilon_0 \pi r_0^2} = \frac{\mu_0 I}{2\pi r} \,.$$

Dies ist die gleiche Formel wie für das Feld um einen Draht (**Gleichung 28.1**), d. h. die magnetische Feldstärke außerhalb des Kondensators ist die gleiche wie außerhalb eines Drahtes. Mit anderen Worten, das Magnetfeld, welches durch das sich ändernde elektrische Feld zwischen den Platten erzeugt wird, ist das gleiche wie das, das durch den in einem Draht fließenden Strom entsteht.

Der Verschiebungsstrom

Maxwell hielt es für nützlich, den zweiten Term auf der rechten Seite von **Gleichung 32.1** als *äquivalent* zu einem elektrischen Strom zu interpretieren. Er nannte diesen Term **Verschiebungsstrom**, bezeichnet mit I_D. Ein gewöhnlicher Strom I wird dann als **Leitungsstrom** bezeichnet. Das Ampère'sche Gesetz kann mit diesen Größen als

$$\oint \mathbf{B} \cdot \mathrm{d}\mathbf{s} = \mu_0 (I + I_\mathrm{D})_\mathrm{encl} \tag{32.2}$$

geschrieben werden, wobei

$$I_\mathrm{D} = \epsilon_0 \frac{\mathrm{d}\Phi_\mathrm{E}}{\mathrm{d}t} \tag{32.3}$$

Verschiebungsstrom

der Verschiebungsstrom ist. Die Bezeichnung „Verschiebungsstrom" bezieht sich auf eine frühere, inzwischen verworfene Theorie. Lassen Sie sich dadurch nicht verwirren: I_D repräsentiert weder einen Fluss elektrischer Ladungsträger[2], noch findet hier eine Verschiebung statt.

32.2 Das Gauß'sche Gesetz für den Magnetismus

Wir sind nun fast so weit, dass wir die Maxwell'schen Gleichungen aufstellen können, aber vorher müssen wir noch das magnetische Analogon zum Gauß'schen Gesetz diskutieren. Wie wir in **Kapitel 29** gelernt haben, ist für ein Magnetfeld **B** der *magnetische Fluss* Φ_B durch eine Fläche definiert als

$$\Phi_\mathrm{B} = \int \mathbf{B} \cdot \mathrm{d}\mathbf{A}\,.$$

Das Integral wird dabei entweder über eine offene oder eine geschlossene Fläche genommen. Der magnetische Fluss durch eine geschlossene Fläche – d. h. eine Fläche, die ein Volumen vollständig umschließt – wird in der Form

$$\Phi_\mathrm{B} = \oint \mathbf{B} \cdot \mathrm{d}\mathbf{A}$$

geschrieben. Für den elektrischen Fall haben wir in **Abschnitt 22.2** gesehen, dass der elektrische Fluss Φ_E durch eine geschlossene Fläche gleich der von der Fläche umschlossenen Nettoladung Q geteilt durch ϵ_0 ist (**Gleichung 22.4**):

$$\oint \mathbf{E} \cdot \mathrm{d}\mathbf{A} = \frac{Q}{\epsilon_0}\,.$$

Dies ist das Gauß'sche Gesetz der Elektrizität.

Für den magnetischen Fluss können wir eine ähnliche Gleichung aufschreiben. Allerdings müssen wir dabei beachten, dass trotz intensiver Suche niemals isolierte magnetische Pole (Monopole) beobachtet wurden, die, wenn es sie gäbe, das magnetische Analogon zu einzelnen elektrischen Ladungen wären. Daher lautet das **Gauß'sche Gesetz des Magnetismus**

$$\oint \mathbf{B} \cdot \mathrm{d}\mathbf{A} = 0\,. \tag{32.4}$$

Formuliert mithilfe von Feldlinien besagt es, dass ebenso viele Feldlinien in das umschlossene Volumen hinein- wie aus ihm herausführen. Da es keine magnetischen Monopole gibt, gibt es auch keine „Quellen" und „Senken", in denen magnetische Feldlinien beginnen oder enden könnten; elektrische Feldlinien dagegen beginnen in positiven Ladungen und enden in negativen. Magnetische Feldlinien müssen also geschlossen sein. Im Falle eines Stabmagneten existiert ein Magnetfeld **B** nicht nur außerhalb, sondern auch innerhalb des magnetischen Materials,

2 Die Interpretation des sich ändernden elektrischen Feldes als Verschiebungsstrom fügt sich gut in unsere Diskussion in **Kapitel 31** ein, wo wir gesehen haben, dass ein Wechselstrom einen Kondensator scheinbar durchdringt (obwohl dies für die Ladung nicht zutrifft). Sie impliziert auch, dass die Kirchhoff'sche Knotenregel sogar für eine Kondensatorplatte gültig bleibt, denn es fließt ein Leitungsstrom in die Platte hinein, aber keiner heraus. Stattdessen fließt aber ein „Verschiebungsstrom" aus der einen Platte heraus (zur anderen Platte hin).

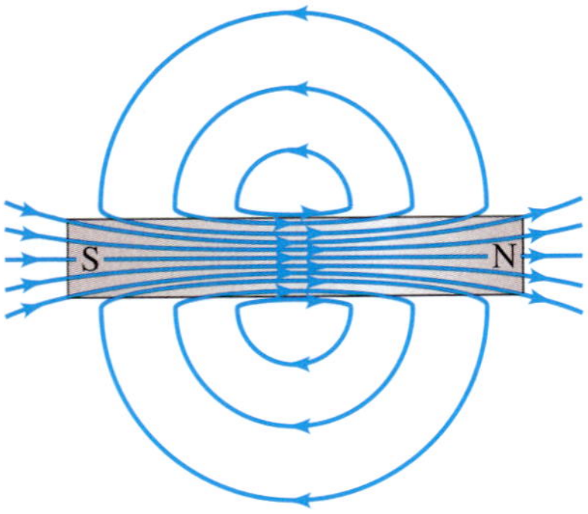

Abbildung 32.5 Magnetische Feldlinien eines Stabmagneten.

und die Feldlinien von **B** sind, wie in ▶ Abbildung 32.5 dargestellt, geschlossene Kurven.

32.3 Die Maxwell'schen Gleichungen

Mit der durch Gleichung 32.1 gegebenen Erweiterung des Ampère'schen Gesetzes und dem Gauß'schen Gesetz des Magnetismus sind wir nun in der Lage, die vier Maxwell'schen Gleichungen zu formulieren. Jeder dieser Gleichungen sind wir in den Kapiteln über Elektrizität schon mehrfach begegnet. Wenn kein Dielektrikum und kein das Magnetfeld beeinflussendes Material vorhanden ist, lauten die **Maxwell'schen Gleichungen**

MAXWELL'SCHE GLEICHUNGEN

$$\oint \mathbf{E} \cdot \mathrm{d}\mathbf{A} = \frac{Q}{\epsilon_0} \tag{32.5a}$$

$$\oint \mathbf{B} \cdot \mathrm{d}\mathbf{A} = 0 \tag{32.5b}$$

$$\oint \mathbf{E} \cdot \mathrm{d}\mathbf{s} = -\frac{\mathrm{d}\Phi_\mathrm{B}}{\mathrm{d}t} \tag{32.5c}$$

$$\oint \mathbf{B} \cdot \mathrm{d}\mathbf{s} = \mu_0 I + \mu_0 \epsilon_0 \frac{\mathrm{d}\Phi_\mathrm{E}}{\mathrm{d}t}\,. \tag{32.5d}$$

Die ersten beiden Gleichungen sind das Gauß'sche Gesetz der Elektrizität (Kapitel 22, Gleichung 22.4) und das Gauß'sche Gesetz des Magnetismus (Abschnitt 32.2, Gleichung 32.4). Die dritte Gleichung ist das Faraday'sche Gesetz (Kapitel 29, Gleichung 29.2) und die vierte das Ampère'sche Gesetz in seiner Modifizierung durch Maxwell (Gleichung 32.1). (Der Einfachheit halber haben wir die Indizes weggelassen.)

Verbal können die Maxwell'schen Gleichungen wie folgt zusammengefasst werden: (1) eine Verallgemeinerung des Coulomb-Gesetzes, die das elektrische Feld mit seinen Quellen, den elektrischen Ladungen, in Beziehung setzt; (2) die analoge Aussage für das Magnetfeld, mit dem Unterschied, dass es keine magnetischen Monopole (und damit keine Quellen) gibt, magnetische Feldlinien sind daher geschlossen; (3) ein elektrisches Feld wird durch ein sich änderndes Magnetfeld erzeugt; (4) ein Magnetfeld wird durch einen elektrischen Strom oder ein sich änderndes elektrisches Feld erzeugt.

Die Maxwell'schen Gleichungen sind die grundlegenden Gleichungen für die gesamte Theorie des Elektromagnetismus. Alle Aussagen dieser Theorie sind in den vier Gleichungen enthalten. Sie sind ebenso fundamental wie die Newton'schen Axiome der Bewegung und das Gravitationsgesetz.

In den vorherigen Kapiteln haben wir gesehen, dass wir elektrische und magnetische Felder separat behandeln können, wenn sie zeitlich konstant sind. Wenn sie sich aber zeitlich ändern, ist es nicht länger möglich, sie unabhängig voneinander zu betrachten, denn ein zeitlich veränderliches Magnetfeld erzeugt ein elektrisches Feld und ein sich änderndes elektrisches Feld erzeugt ein Magnetfeld. Eine wichtige Konsequenz dieser Beziehungen ist die Existenz elektromagnetischer Wellen.

32.4 Erzeugung elektromagnetischer Wellen

Nach Maxwell wird im Vakuum ein Magnetfeld erzeugt, wenn dort ein sich änderndes elektrisches Feld vorhanden ist. Aus dieser Überlegung leitete Maxwell eine andere, verblüffende Schlussfolgerung ab. Wenn ein sich änderndes Magnetfeld ein elektrisches Feld erzeugt, dann muss sich dieses elektrische Feld zwangsläufig selbst ändern. Dieses veränderliche elektrische Feld wiederum erzeugt ein Magnetfeld, das sich seinerseits ändert usw. Als Maxwell seine Gleichungen untersuchte, stellte er fest, dass das Ergebnis der Wechselwirkungen zwischen den veränderlichen Feldern eine *Welle* elektrischer und magnetischer Felder sein muss, die tatsächlich durch den Raum propagiert (sich ausbreitet)! Wir untersuchen nun in vereinfachter Form, wie solche **elektromagnetischen Wellen** entstehen. (In Abschnitt 32.5 folgt eine quantitative Untersuchung der Wellen.)

Betrachten wir zwei leitende Stäbe, die als „Antenne" dienen (siehe ▸ Abbildung 32.6). Die beiden Stäbe seien durch einen Schalter mit den Klemmen der Batterie verbunden. Nach dem Schließen des Schalters wird der obere Stab schnell positiv und der untere negativ aufgeladen. Es entstehen elektrische Feldlinien, die in ▸ Abbildung 32.6 durch die roten Linien angedeutet sind. Während die Ladungen fließen, gibt es einen Strom, dessen Richtung durch die Pfeile gegeben ist. In der Nähe der Antenne wird daher ein Magnetfeld erzeugt. Die magnetischen Feldlinien verlaufen kreisförmig um die Drähte, wobei sie auf der rechten Seite in die Papierebene hinein- und auf der linken Seite aus der Papierebene herauszeigen. Wir fragen nun, wie weit sich das elektrische und das magnetische Feld erstrecken. Im statischen Fall reichen die Felder unendlich weit. Im vorliegenden Fall verhält es sich jedoch anders. Wenn der Schalter in ▸ Abbildung 32.6 geschlossen wird, bilden sich die Felder in der Nähe der Antenne sehr schnell heraus, aber es dauert eine gewisse Zeit, bis sie entfernte Punkte erreichen. Beide Felder sind Träger von Energie, und diese Energie kann nicht unendlich schnell transportiert werden.

Betrachten wir nun die in ▸ Abbildung 32.7 dargestellte Situation, dass die Antenne mit einem Wechselstromgenerator verbunden ist. In ▸ Abbildung 32.7a wurde die Verbindung soeben geschlossen. Es bauen sich Ladungen auf und es entstehen Felder, die die in ▸ Abbildung 32.6 skizzierte Form haben. Die Zeichen + und − in ▸ Abbildung 32.7a symbolisieren die Nettoladung auf jedem der Stäbe. Die schwarzen Pfeile zeigen die Richtung des Stroms an. Das elektrische Feld ist in der Papierebene durch rote Linien dargestellt. Das Magnetfeld zeigt entsprechend der Rechte-Hand-Regel in die Papierebene hinein (⊙) oder aus ihr heraus (⊗). In ▸ Abbildung 32.7b hat sich die durch den Wechselstromgenerator erzeugte Spannung umgekehrt. Der Strom fließt in die andere Richtung und die Richtung des neuen Magnetfelds kehrt sich ebenfalls um. Wegen dieser Richtungsumkehr verbinden sich einige der alten Feldlinien wie dargestellt mit neuen Feldlinien zu geschlossenen Schleifen.[3] Die alten Felder verschwinden jedoch nicht sofort; sie breiten sich zu entfernten Punkten aus. Tatsächlich hält sich diese Kombination aus sich nach außen bewegenden, veränderlichen elektrischen und magnetischen Feldern selbst aufrecht; der Prozess ist nicht mehr von der Antenne abhängig, da ein sich änderndes Magnetfeld ein elektrisches Feld erzeugt und ein sich änderndes elektrisches Feld ein Magnetfeld. Aus der dritten und vierten Maxwell'schen Gleichung ist ersichtlich, dass elektrische und magnetische Felder über ihre zeitlichen Ableitungen verknüpft sind. Zur Induktion einer magnetischen Feldstärke mit gleichem zeitlichen Verlauf wie die elektrische Feldstärke muss deshalb die Funktion der Zeit für die elektrische Feldstärke bei der Ableitung ihre Form beibehalten. Diese Eigenschaften zeigen die Sinus- und die Kosinusfunktion, bei denen sich durch Ableiten nur Amplitude und Phase ändern. Darin liegt der Vorzug dieser Signalform vor allen anderen denkbaren periodischen Signalen, z. B. Signalen mit Rechteck- oder Dreieckfunktionen. Beliebige Signalformen werden deshalb mit der Methode der Fourier-Analyse auf eine Summe von Signalen mit sinusförmigem Verlauf, aber unterschiedlichen Amplituden und Frequenzen zurückgeführt.

Die Felder in der Umgebung der Antenne, die als *Nahfeld* bezeichnet werden, haben eine sehr komplizierte Form. Wir interessieren uns hier aber nicht für die Nahfelder, sondern für die Felder in großer Entfernung von der Antenne, die so genannten **Strahlungsfelder**, denn diese sind es gewöhnlich, die nachgewiesen werden. Die elektrischen Feldlinien bilden, wie in ▸ Abbildung 32.8 dargestellt, geschlossene Linien und bewegen sich weiter nach außen. Die magnetischen Feldlinien, die ebenfalls geschlossene Linien bilden, können in dieser Darstellung

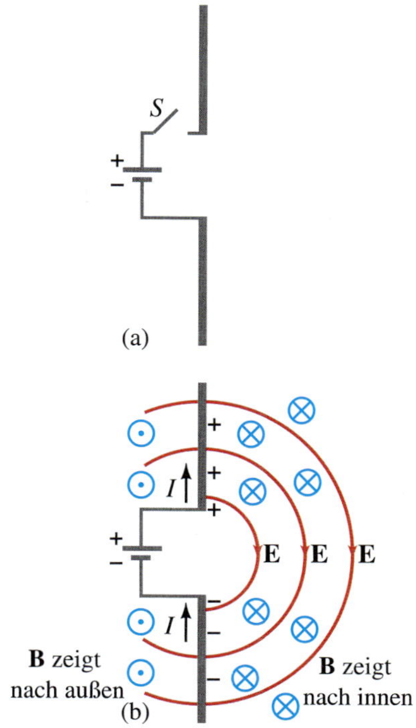

Abbildung 32.6 Feldlinien, die durch fließende Ladungen in Leitern erzeugt werden. Die Felder **E** und **B** benötigen Zeit, um sich ausgehend von der Quelle auszubreiten.

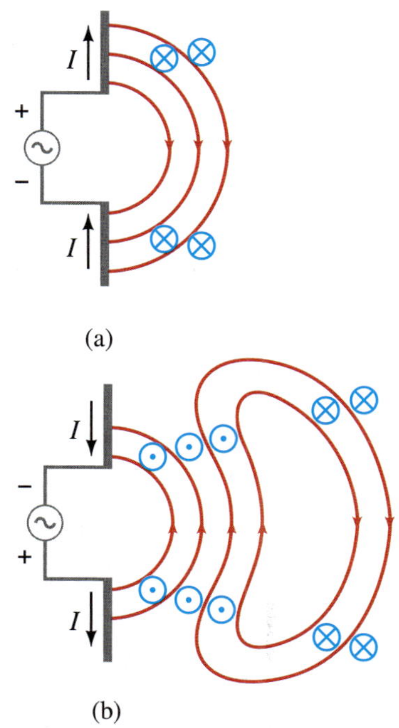

Abbildung 32.7 Zwei Momentaufnahmen von elektrischem und magnetischem Feld. Die Felder breiten sich im Raum aus, ausgehend von den schwingenden Ladungen zwischen zwei Leitern, die mit einer Wechselspannungsquelle verbunden sind (nähere Erläuterung im Text).

3 Wir betrachten Wellen, die sich im Vakuum ausbreiten. Es gibt also keine Ladungen, in denen die elektrischen Feldlinien beginnen oder enden können, so dass sie sich zu Schleifen schließen. Magnetische Feldlinien dagegen sind immer geschlossen, da es allem Anschein nach keine magnetischen Monopole gibt.

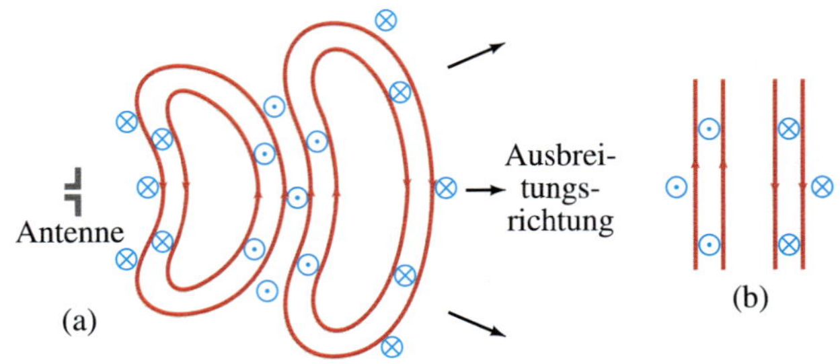

Abbildung 32.8 (a) Strahlungsfelder (d. h. die Felder in großem Abstand von der Antenne), die durch ein sinusförmiges Signal auf der Antenne erzeugt werden. Die geschlossenen Linien repräsentieren die elektrischen Feldlinien. Die durch die Symbole ⊗ und ⊙ dargestellten magnetischen Feldlinien stehen senkrecht auf der Papierebene und bilden ebenfalls geschlossene Linien. (b) In großer Entfernung von der Antenne verlaufen die Wellenfronten (die Feldlinien) in einem sehr großen räumlichen Bereich näherungsweise ungekrümmt. Sie werden deshalb als *ebene Wellen* bezeichnet.

nicht gezeigt werden, da sie senkrecht zur Papierebene verlaufen. Auch wenn die Feldlinien in der Abbildung nur rechts von der Quelle eingezeichnet sind, breiten sich die Felder natürlich ebenso in alle anderen Richtungen aus. Senkrecht zu den schwingenden Ladungen sind die Feldstärken am größten; in der Richtung der Auslenkung, d. h. direkt über und unter der Antenne aus ▸ **Abbildung 32.8**, sind die Feldstärken null.

Die Feldstärken von **E** und **B** fallen mit dem Abstand wie $1/r$. (Vergleichen Sie dies mit dem statischen elektrischen Feld, in dem die Feldstärke nach dem Coulomb-Gesetz wie $1/r^2$ fällt.) Die in der elektromagnetischen Welle gespeicherte Energie ist (wie für jede Welle, siehe **Kapitel 15**) proportional zum Quadrat der Amplitude, d. h. zu E^2 oder B^2, was wir in **Abschnitt 32.7** genauer diskutieren werden. Die Intensität der Welle fällt also wie $1/r^2$.

Aus ▸ **Abbildung 32.8** lassen sich verschiedene Aussagen über das Strahlungsfeld ablesen. Zunächst bemerken wir, dass die elektrische und die magnetische Feldstärke in jedem Punkt *senkrecht zueinander* stehen, zudem sind beide *senkrecht zur Ausbreitungsrichtung*. Weiter stellen wir fest, dass die Richtung der Felder wechselt (**B** zeigt an einigen Stellen in die Papierebene hinein, an anderen aus ihr heraus, das Gleiche gilt für **E**). Die Feldstärken variieren also zwischen einem Maximum in der einen Richtung, null und einem Maximum in der anderen Richtung. Das elektrische und das Magnetfeld sind dabei „in Phase", d. h. sie sind an den gleichen Stellen null und erreichen in den gleichen räumlichen Punkten ihre Maxima. Schließlich bemerken wir, dass die Feldlinien in großem Abstand von der Antenne über einen großen Bereich nur wenig gekrümmt sind (siehe ▸ **Abbildung 32.8b**); solche Wellen werden als **ebene Wellen** bezeichnet.

Wenn die Quellenspannung sinusförmig variiert, dann verlaufen die elektrische und die magnetische Feldstärke des Strahlungsfeldes ebenfalls sinusförmig. Dies ist in ▸ **Abbildung 32.9** skizziert, wo die *Feldstärken* als Funktionen des Ortes gezeichnet sind. Beachten Sie, dass **E** und **B** senkrecht aufeinander sowie zur Ausbreitungsrichtung stehen.

Wir bezeichnen diese Wellen als elektromagnetische Wellen. Es handelt sich hierbei um *Transversalwellen* und sie erinnern an andere Typen von Wellen, die wir in **Kapitel 15** behandelt haben. Elektromagnetische Wellen sind jedoch immer Wellen von *Feldern* und keine Materiewellen wie Wasserwellen oder Wellen auf einem Seil. Da die Wellen Felder sind, können sie sich im Vakuum ausbreiten.

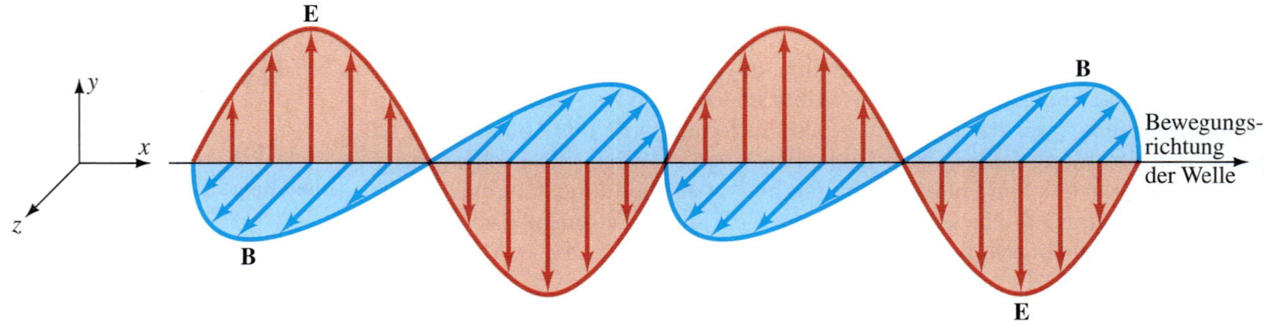

Abbildung 32.9 Die elektrische und die magnetische Feldstärke einer elektromagnetischen Welle. **E** und **B** sind senkrecht zueinander. Das gesamte Muster bewegt sich in einer Richtung, die sowohl zu **E** als auch zu **B** senkrecht ist.

Wie wir festgestellt haben, werden elektromagnetische Wellen durch elektrische Ladungen erzeugt, die innerhalb der Antenne schwingen und folglich einer Beschleunigung unterliegen. Allgemein können wir Folgendes sagen:

Beschleunigte elektrische Ladungen erzeugen elektromagnetische Wellen.

Elektromagnetische Wellen können auch auf andere Weise erzeugt werden. Dies lässt sich auf atomarer bzw. nuklearer Ebene beschreiben, was wir später auch tun werden.

32.5 Elektromagnetische Wellen, Ableitung ihrer Ausbreitungsgeschwindigkeit aus den Maxwell'schen Gleichungen

Sehen wir uns nun an, wie die Existenz elektromagnetischer Wellen aus den Maxwell'schen Gleichungen folgt. Wir werden dabei feststellen, dass diese Vorhersage Maxwells überraschend war. Ebenso überraschend war die vorhergesagte Ausbreitungsgeschwindigkeit.

Wir betrachten zunächst ein räumliches Gebiet im Vakuum, in dem es *keine Ladungen und keine Leitungsströme* gibt – also in großem Abstand von der Quelle, so dass die Wellenfronten (die Feldlinien in ► Abbildung 32.8) in einem großem Bereich näherungsweise ungekrümmt sind. Wir sprechen dann von **ebenen Wellen** und bringen damit zum Ausdruck, dass **E** und **B** zu jedem Zeitpunkt in einer senkrecht zur Ausbreitungsrichtung stehenden ebenen Fläche konstant sind. Die Größe dieser Fläche wächst mit zunehmenden Abstand von der Quelle. Wir nehmen außerdem an, dass sich die Welle in einem geeignet gewählten Koordinatensystem mit der Geschwindigkeit $\mathbf{v} = v\mathbf{i}$ in x-Richtung ausbreitet, dass **E** parallel zur y-Achse steht und **B** parallel zur z-Achse (siehe ► Abbildung 32.9).

Die Maxwell'schen Gleichungen haben mit $Q = I = 0$ die Form

Maxwell'sche Gleichungen für das Vakuum

$$\oint \mathbf{E} \cdot \mathrm{d}\mathbf{A} = 0 \tag{32.6a}$$

$$\oint \mathbf{B} \cdot \mathrm{d}\mathbf{A} = 0 \tag{32.6b}$$

$$\oint \mathbf{E} \cdot \mathrm{d}\mathbf{s} = -\frac{\mathrm{d}\Phi_B}{\mathrm{d}t} \tag{32.6c}$$

$$\oint \mathbf{B} \cdot \mathrm{d}\mathbf{s} = \mu_0\epsilon_0 \frac{\mathrm{d}\Phi_E}{\mathrm{d}t} \, . \tag{32.6d}$$

Beachten Sie die Symmetrie dieser Gleichungen. Wesentlich für diese Symmetrie ist der Term auf der rechten Seite der letzten Gleichung. Ebenso wesentlich ist er für die Erzeugung von elektromagnetischen Wellen, wie wir gleich sehen werden.

Eine sinusförmige Welle mit der Wellenlänge λ und der Frequenz f kann, wie wir in Kapitel 15, Abschnitt 15.4 gesehen haben, in der Form

$$\begin{aligned} E &= E_y = E_0 \sin(kx - \omega t) \\ B &= B_z = B_0 \sin(kx - \omega t) \end{aligned} \tag{32.7}$$

mit

$$k = \frac{2\pi}{\lambda}\,, \quad \omega = 2\pi f \quad \text{und} \quad f\lambda = \frac{\omega}{k} = v \tag{32.8}$$

geschrieben werden. Dabei ist v die Ausbreitungsgeschwindigkeit der Welle. Es ist zwar hilfreich, die Welle bei der grafischen Darstellung sinusförmig zu zeichnen, doch müssen wir im Folgenden größtenteils keinen sinusförmigen Verlauf voraussetzen.

Betrachten wir ein kleines Rechteck, das in der Ebene des elektrischen Feldes liegt (siehe ► Abbildung 32.10). Dieses Rechteck hat die Höhe Δy und die infinitesimale Breite $\mathrm{d}x$. Um zu zeigen, dass **E**, **B** und **v** die dargestellten Richtungen haben, wenden wir auf diese rechteckige Schleife die Lenz'sche Regel an.

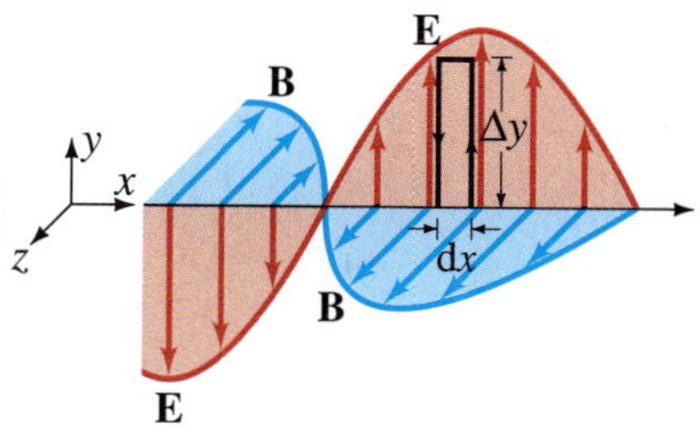

Abbildung 32.10 Anwendung des Faraday'schen Gesetzes auf das Rechteck $(\Delta y)(\mathrm{d}x)$.

Der sich ändernde magnetische Fluss durch diese Schleife hängt über das Faraday'sche Gesetz (die dritte Maxwell'sche Gleichung, 32.6c) mit dem elektrischen Feld um die Schleife zusammen. In der Abbildung fällt die magnetische Feldstärke B mit wachsender Zeit, denn die Welle wandert nach rechts. Das elektrische Feld muss so gerichtet sein, dass es dieser Änderung entgegenwirkt, E muss also wie dargestellt auf der rechten Seite der Schleife größer sein als auf der linken. Dies bedeutet, dass die Richtungen von **E**, **B** und **v** korrekt gezeichnet sind. **v** hat also die Richtung von $\mathbf{E} \times \mathbf{B}$. Wir wenden nun das Faraday'sche Gesetz, d. h. die dritte Maxwell'sche Gleichung (Gleichung 32.6c),

$$\oint \mathbf{E} \cdot \mathrm{d}\mathbf{s} = -\frac{\mathrm{d}\Phi_\mathrm{B}}{\mathrm{d}t} ,$$

auf das in ▶ Abbildung 32.10 dargestellte Rechteck der Höhe Δy und der Breite $\mathrm{d}x$ an. Betrachten wir zunächst den Term $\oint \mathbf{E} \times \mathrm{d}s$. An der Ober- und Unterkante des Rechtecks ist **E** senkrecht zu d**s**, es gilt daher $\mathbf{E} \times \mathbf{s} = 0$. Die elektrische Feldstärke entlang der linken Seite sei E. Auf der rechten Seite ist die Feldstärke etwas größer, also $E + \mathrm{d}E$. Wir erhalten also

$$\oint \mathbf{E} \cdot \mathrm{d}\mathbf{s} = (E + \mathrm{d}E)\Delta y - E\Delta y = \mathrm{d}E\Delta y .$$

Nach dem Faraday'schen Gesetz ändert sich der magnetische Fluss durch die Schleife wie

$$\frac{\mathrm{d}\Phi_\mathrm{B}}{\mathrm{d}t} = \frac{\mathrm{d}B}{\mathrm{d}t}\,\mathrm{d}x\Delta y ,$$

da sich die Schleifenfläche $(\mathrm{d}x)(\Delta y)$ nicht ändert. Das Faraday'schen Gesetz ergibt somit

$$\mathrm{d}E\Delta y = -\frac{\mathrm{d}B}{\mathrm{d}t}\,\mathrm{d}x\Delta y$$

oder

$$\frac{\mathrm{d}E}{\mathrm{d}x} = -\frac{\mathrm{d}B}{\mathrm{d}t} .$$

Tatsächlich sind E und B Funktionen des Ortes und der Zeit. Wir müssen in unserer Schreibweise daher partielle Ableitungen verwenden, also

$$\frac{\partial E}{\partial x} = -\frac{\partial B}{\partial t} . \qquad (32.9)$$

Dabei bedeutet $\frac{\partial E}{\partial x}$ die Ableitung von E bezüglich x bei festgehaltenem t und $\frac{\partial B}{\partial t}$ die Ableitung von B bezüglich t bei festgehaltenem x.

Zusätzlich zu Gleichung 32.9 können wir eine weitere wichtige Beziehung zwischen E und B ableiten. Hierzu betrachten wir ein kleines Rechteck in der Ebene von **B**, das die Länge Δz und die Breite $\mathrm{d}x$ hat (siehe ▶ Abbildung 32.11).

Auf dieses Rechteck wenden wir die vierte Maxwell'sche Gleichung (die Ver-

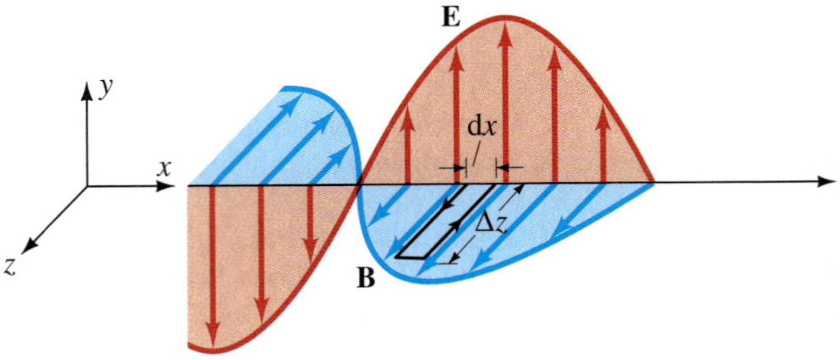

Abbildung 32.11 Anwendung der vierten Maxwell'schen Gleichung auf das Rechteck $(\Delta z)(\mathrm{d}x)$.

allgemeinerung des Ampère'schen Gesetzes) an:

$$\oint \mathbf{B} \cdot \mathrm{d}\mathbf{s} = \mu_0 \epsilon_0 \frac{\mathrm{d}\Phi_\mathrm{E}}{\mathrm{d}t} \,.$$

Hierbei haben wir $I = 0$ gesetzt, da wir annehmen, dass es keine Leitungsströme gibt. Entlang der kurzen Seiten (oben und unten, Länge = $\mathrm{d}x$) ist $\mathbf{B} \times \mathrm{d}\mathbf{s}$ gleich null, da $\mathbf{B}$ senkrecht zu $\mathrm{d}\mathbf{s}$ ist. Die magnetische Feldstärke entlang der linken Seite (Länge = Δz) sei B und entlang der rechten Seite $B = \mathrm{d}B$. Durch Integration erhalten wir

$$\oint \mathbf{B} \cdot \mathrm{d}\mathbf{s} = B\Delta z - (B + \mathrm{d}B)\Delta z = -\mathrm{d}B\Delta z \,.$$

Die rechte Seite der vierten Maxwell'schen Gleichung lautet

$$\mu_0 \epsilon_0 \frac{\mathrm{d}\Phi_\mathrm{E}}{\mathrm{d}t} = \mu_0 \epsilon_0 \frac{\mathrm{d}E}{\mathrm{d}t} \mathrm{d}x\Delta z \,.$$

Mit den letzten beiden Gleichungen erhalten wir also aus der vierten Maxwell'-schen Gleichung

$$-\mathrm{d}B\Delta z = \mu_0 \epsilon_0 \frac{\mathrm{d}E}{\mathrm{d}t} \mathrm{d}x\Delta z$$

oder

$$\frac{\partial B}{\partial x} = -\mu_0 \epsilon_0 \frac{\partial E}{\partial t} \,, \tag{32.10}$$

wobei wir $\mathrm{d}B/\mathrm{d}x$ und $\mathrm{d}E/\mathrm{d}t$ durch die partiellen Ableitungen ersetzt haben.

Mithilfe der **Gleichungen 32.9** und **32.10** erhalten wir eine Beziehung zwischen den Beträgen von **E**, **B** und **v**. Seien E und B als Funktionen von x und t gegeben durch die **Gleichung 32.7**. Wenn wir **Gleichung 32.9** anwenden und gemäß **Gleichung 32.7** die Ableitungen von E und B bilden, erhalten wir

$$kE_0 \cos(kx - \omega t) = \omega B_0 \cos(kx - \omega t)$$

oder wegen $v = \omega/k$

$$\frac{E_0}{B_0} = \frac{\omega}{k} = v$$

(siehe **Gleichung 32.8** oder **15.12**). Da E und B phasengleich sind, stellen wir fest, dass zwischen E, B und der Geschwindigkeit v der Welle in jedem Punkt des Raumes die Beziehung

$$\frac{E}{B} = v \tag{32.11}$$

besteht.

Nun wenden wir **Gleichung 32.10** auf die sinusförmigen Felder (**Gleichungen 32.7**) an und erhalten

$$kB_0 \cos(kx - \omega t) = \mu_0 \epsilon_0 \omega E_0 \cos(kx - \omega t)$$

oder

$$\frac{B_0}{E_0} = \frac{\mu_0 \epsilon_0 \omega}{k} = \mu_0 \epsilon_0 v \,.$$

Da aber $B_0/E_0 = 1/v$ gilt, folgt aus **Gleichung 32.11**

$$\mu_0 \epsilon_0 v = \frac{1}{v}$$

oder

$$v = \frac{1}{\sqrt{\epsilon_0 \mu_0}} \,. \tag{32.12}$$

Die Ausbreitungsgeschwindigkeit elektromagnetischer Wellen im Vakuum ist also eine Konstante und hängt insbesondere nicht von der Wellenlänge und der Frequenz ab. Wenn wir Werte für ϵ_0 und μ_0 einsetzen, erhalten wir

Ausbreitungsgeschwindigkeit elektromagnetischer Wellen im Vakuum ist die Lichtgeschwindigkeit

$$v = \frac{1}{\sqrt{\epsilon_0\mu_0}} = \frac{1}{\sqrt{(8{,}85 \cdot 10^{-12}\ \mathrm{C^2/N{\cdot}m^2})(4\pi \cdot 10^{-7}\ \mathrm{T{\cdot}m/A})}}$$
$$= 3{,}00 \cdot 10^8\ \mathrm{m/s}\ .$$

Dies ist ein bemerkenswertes Ergebnis, denn es entspricht genau der gemessenen Lichtgeschwindigkeit!

Herleitung der Ausbreitungsgeschwindigkeit des Lichts (allgemein)

Mithilfe der **Gleichungen 32.9** und **32.10** können wir die Ausbreitungsgeschwindigkeit elektromagnetischer Wellen auch herleiten, ohne uns auf die Annahme sinusförmiger Wellen zu stützen. Wir bilden in **Gleichung 32.10** die Ableitung bezüglich t:

$$\frac{\partial^2 B}{\partial t \partial x} = -\mu_0\epsilon_0 \frac{\partial^2 E}{\partial t^2}$$

und in **Gleichung 32.9** bezüglich x:

$$\frac{\partial^2 E}{\partial x^2} = -\frac{\partial^2 B}{\partial t \partial x}\ .$$

Da der Ausdruck $\partial^2 B/\partial t\, \partial x$ in beiden Gleichungen auftritt, erhalten wir

$$\frac{\partial^2 E}{\partial t^2} = \frac{1}{\mu_0\epsilon_0}\frac{\partial^2 E}{\partial x^2}\ . \tag{32.13a}$$

Indem wir in den **Gleichungen 32.9** und **32.10** jeweils die anderen partiellen Ableitungen bilden, erhalten wir die gleiche Beziehung für B:

$$\frac{\partial^2 B}{\partial t^2} = \frac{1}{\mu_0\epsilon_0}\frac{\partial^2 B}{\partial x^2}\ . \tag{32.13b}$$

Die **Gleichungen 32.13** haben beide die Form der *Wellengleichung* für eine ebene Welle, die sich in x-Richtung fortpflanzt:

$$\frac{\partial^2 y}{\partial t^2} = v^2 \frac{\partial^2 y}{\partial x^2}$$

(siehe die Diskussion in **Abschnitt 15.5**, **Gleichung 15.16**). Wir stellen fest, dass die Geschwindigkeit v durch

$$v^2 = \frac{1}{\mu_0\epsilon_0}$$

gegeben ist, was mit **Gleichung 32.12** übereinstimmt. Aus den Maxwell'schen Gleichungen folgt also unmittelbar die Aussage, dass E und B die Wellengleichung erfüllen, wobei die Ausbreitungsgeschwindigkeit durch $v = 1/\sqrt{\mu_0\epsilon_0}$ gegeben ist. Hierauf aufbauend konnte Maxwell die Existenz elektromagnetischer Wellen vorhersagen.

32.6 Licht als elektromagnetische Welle und das elektromagnetische Spektrum

Die Rechnungen in **Abschnitt 32.5** liefern das von Maxwell gefundene Ergebnis: Die Ausbreitungsgeschwindigkeit elektromagnetischer Wellen beträgt $3{,}00 \cdot 10^8$ m/s und ist damit genauso groß wie die gemessene Lichtgeschwindigkeit.

Bereits 60 Jahre zuvor war nachgewiesen worden, dass sich Licht wie eine Welle verhält (wir werden dies in **Kapitel 35** behandeln). Aber niemand wusste, um was für eine Art von Welle es sich dabei handelt, oder anders formuliert, *was* in einer Lichtwelle schwingt. Maxwell vermutete in Anbetracht der berechneten Geschwindigkeit elektromagnetischer Wellen, dass Licht eine elektromagnetische Welle sein müsse. Diese Vorstellung wurde bald allgemein von den Wissenschaftlern akzeptiert, jedoch nicht vollständig, bis elektromagnetische Wellen experimentell nachgewisen wurden. Elektromagnetische Wellen wurden erstmals 1887 von Heinrich Hertz (1857–1894) experimentell erzeugt und nachgewiesen, also acht Jahre nach Maxwells Tod. Hertz verwendete eine Funkenstrecke, in der Ladungen schnell oszillierten und dadurch Wellen mit einer Frequenz von 10^9 Hz erzeugten. Mithilfe einer Drahtschleife, in der eine Spannung erzeugt wurde, wenn sie von einem sich ändernden Magnetfeld durchdrungen wurde, konnte er die Wellen in einiger Entfernung nachweisen. Später konnte man zeigen, dass sich diese Wellen mit einer Geschwindigkeit von $3{,}00 \cdot 10^8$ m/s ausbreiten und dass sie alle für Licht typischen Phänomene wie Reflexion, Brechung und Interferenz aufweisen. Der einzige Unterschied bestand darin, dass sie unsichtbar sind. Das Hertz'sche Experiment war eine überzeugende Bestätigung der Maxwell'schen Theorie.

Die Wellenlängen des sichtbaren Lichts wurden in der ersten Dekade des 19. Jahrhunderts gemessen, also lange bevor jemand daran dachte, dass Licht eine elektromagnetische Welle sein könnte. Es zeigte sich, dass die Wellenlängen zwischen $4{,}0 \cdot 10^{-7}$ m und $7{,}5 \cdot 10^{-7}$ m oder 400 nm und 750 nm liegen (1 nm $= 10^{-9}$ m). Die Frequenzen des sichtbaren Lichts finden wir mithilfe von Gleichung 15.1, die wir in der Form

$$f\lambda = c \tag{32.14}$$

schreiben können. Dabei ist f die Frequenz und λ die Wellenlänge der Welle. Die Größe $c = 3{,}00 \cdot 10^8$ m/s ist die Lichtgeschwindigkeit und gleichzeitig die universelle Ausbreitungsgeschwindigkeit aller elektromagnetischen Wellen im Vakuum. Aus Gleichung 32.14 folgt, dass die Frequenz des sichtbaren Lichts zwischen $4{,}0 \cdot 10^{14}$ Hz und $7{,}5 \cdot 10^{14}$ Hz liegt (1 Hz = 1 Periode pro Sekunde $= 1\,s^{-1}$).

Lichtgeschwindigkeit *c*

Das sichtbare Licht macht aber nur einen kleinen Bereich des möglichen Spektrums elektromagnetischer Wellen aus. Hertz hatte beispielsweise elektromagnetische Wellen mit wesentlich kleinerer Frequenz erzeugt (etwa 10^9 Hz). Derartige Wellen werden als **Radiowellen** bezeichnet. Frequenzen in diesem Bereich werden heute verwendet, um Radio- und TV-Signale zu übertragen. Elektromagnetische Wellen (oder elektromagnetische Strahlung, wie wir sie manchmal auch bezeichnen) können über einen sehr großen Frequenzbereich erzeugt bzw. nachgewiesen werden. Dieser Bereich wird als **elektromagnetisches Spektrum** bezeichnet. Üblicherweise wird dieses nach dem in ▶ Abbildung 32.12 dargestellten Schema klassifiziert.

Elektromagnetisches Spektrum

Radiowellen und Mikrowellen können im Labor durch elektronische Geräte erzeugt werden (siehe ▶ Abbildung 32.7). Die Erzeugung höherfrequenter Wellen

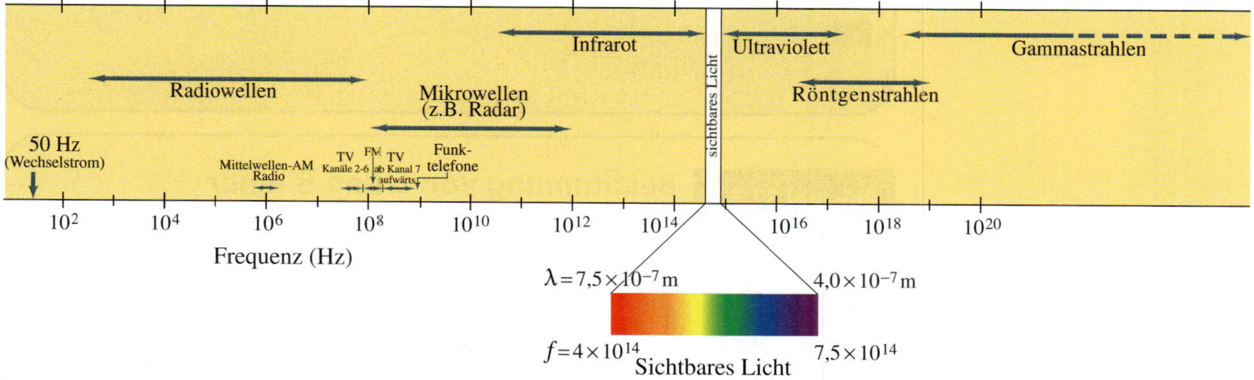

Abbildung 32.12 Das elektromagnetische Spektrum.

auf elektronischem Weg ist sehr schwierig. Diese und andere Typen elektromagnetischer Wellen entstehen durch natürliche Prozesse, z. B. durch die Emission von Atomen, Molekülen und Kernen (in Kürze mehr darüber). Elektromagnetische Wellen können durch die Beschleunigung von Elektronen und anderen geladenen Teilchen erzeugt werden, so wie die beschleunigten Elektronen in der Antenne aus ► **Abbildung 32.7**. Ein weiteres Beispiel sind Röntgenstrahlen. Diese entstehen, wenn sich schnell bewegende Elektronen beim Auftreffen auf ein Metall abrupt abgebremst werden (**Kapitel 36**). Das sichtbare Licht, das von einer gewöhnlichen Glühlampe emittiert wird, entsteht durch Elektronen, die im Glühfaden beschleunigt werden. Wir werden uns später noch mit vielen unterschiedlichen Arten elektromagnetischer Wellen befassen. An dieser Stelle sei erwähnt, dass die Infrarotstrahlung (elektromagnetische Wellen, deren Frequenzbereich etwas unterhalb von dem des sichtbaren Lichts liegt) der Hauptgrund für die wärmende Kraft der Sonne ist. Die Sonne emittiert nicht nur sichtbares Licht, sondern auch gewaltige Mengen an Infrarot- und UV-Strahlung. Die Moleküle unserer Haut schwingen vor allem bei Infrarot-Frequenzen, daher wird vorzugsweise das infrarote Licht absorbiert und wärmt uns. Der Mensch nimmt elektromagnetische Wellen in Abhängigkeit von ihrer Wellenlänge auf unterschiedliche Weise wahr: Unsere Augen können Wellenlängen zwischen 4 und $7 \cdot 10^{-7}$ m erkennen (sichtbares Licht), während die Haut größere Wellenlängen wahrnimmt (Infrarot). Einen großen Bereich des elektromagnetischen Spektrums können wir überhaupt nicht direkt wahrnehmen.

Beispiel 32.2 Wellenlängen elektromagnetischer Wellen

Berechnen Sie die Wellenlängen (a) einer elektromagnetischn Welle der Frequenz $f = 50\,\text{Hz}$, (b) einer Radiowelle von 93,3 MHz und (c) eines Strahls sichtbaren roten Lichts aus einem Laser bei einer Frequenz von $4{,}74 \cdot 10^{14}$ Hz.

Lösung

a Wegen $c = \lambda f$ gilt

$$\lambda = \frac{c}{f} = \frac{3{,}0 \cdot 10^8\,\text{m/s}}{50\,\text{s}^{-1}} = 6{,}0 \cdot 10^6\,\text{m}$$

oder 6000 km. In Europa sind 50 Hz die Frequenz des Wechselstroms, und wie das Ergebnis zeigt, erstreckt sich die Wellenlänge über den ganzen Kontinent.

b

$$\lambda = \frac{3{,}00 \cdot 10^8\,\text{m/s}}{93{,}3 \cdot 10^6\,\text{s}^{-1}} = 3{,}22\,\text{m}\,.$$

Eine UKW-Antenne ist etwa halb so groß.

c

$$\lambda = \frac{3{,}00 \cdot 10^8\,\text{m/s}}{4{,}74 \cdot 10^{14}\,\text{s}^{-1}} = 6{,}33 \cdot 10^{-7}\,\text{m} \quad (= 633\,\text{nm})\,.$$

Beispiel 32.3 Bestimmung von E und B einer elektromagnetischen Welle

Eine sinusförmige elektromagnetische Welle mit einer Frequenz von 60 Hz bewege sich in z-Richtung, wobei das elektrische Feld **E** in x-Richtung zeigt und $E_0 = 2{,}0\,\text{V/m}$ gilt. Geben Sie die Vektoren **E** und **B** als Funktionen der Zeit und des Ortes an.

Lösung

Aus Gleichung 32.8 folgt

$$k = 2\pi/\lambda = \frac{2\pi}{5{,}0 \cdot 10^6\,\text{m}} = 1{,}26 \cdot 10^{-6}\,\text{m}^{-1}$$
$$\omega = 2\pi f = 2\pi(60\,\text{Hz}) = 3{,}77 \cdot 10^2\,\text{rad/s}\,.$$

Setzen wir in Gleichung 32.11 $v = c$, so erhalten wir

$$B_0 = \frac{E_0}{c} = \frac{2{,}0\,\text{V/m}}{3{,}0 \cdot 10^8\,\text{m/s}} = 6{,}7 \cdot 10^{-9}\,\text{T}\,.$$

Die Ausbreitungsrichtung ist die Richtung des Kreuzprodukts $\mathbf{E} \times \mathbf{B}$ (siehe ▶ Abbildung 32.9). Da $\mathbf{E}$ in x-Richtung zeigt und die Welle in z-Richtung propagiert, muss $\mathbf{B}$ in y-Richtung zeigen. Mithilfe der Gleichungen 32.7 ermitteln wir

$$\mathbf{E} = \mathbf{i}(2{,}0\,\text{V/m}) \sin\left[(1{,}26 \cdot 10^{-6}\,\text{m}^{-1})z - (3{,}77 \cdot 10^2\,\text{rad/s})t\right]$$
$$\mathbf{B} = \mathbf{j}(6{,}67 \cdot 10^{-9}\,\text{T}) \sin\left[(1{,}26 \cdot 10^{-6}\,\text{m}^{-1})z - (3{,}77 \cdot 10^2\,\text{rad/s})t\right]\,.$$

Elektromagnetische Wellen können sich nicht nur im Vakuum, sondern auch in Übertragungsleitungen fortpflanzen. Wenn eine Spannungsquelle mit einer Übertragungsleitung verbunden wird – z. B. mit zwei parallelen Drähten und mit einem Koaxialkabel (▶ Abbildung 32.13) – dann baut sich das elektrische Feld in den Drähten nicht gleichzeitig in allen Punkten auf, wie wir in Abschnitt 32.4 festgestellt hatten (siehe auch ▶ Abbildung 32.7). Wenn sich zwischen den Drähten Luft befindet, kann man zeigen, dass sich das elektrische Signal mit der Geschwindigkeit $c = 3{,}0 \cdot 10^8$ m/s fortpflanzt. Wenn Sie beispielsweise einen Lichtschalter einschalten, geht das Licht einen winzigen Sekundenbruchteil später an. Wenn sich die Drähte in einem Medium mit der elektrischen Permittivität ϵ und der magnetischen Permeabilität μ befinden, ist die Geschwindigkeit nicht durch Gleichung 32.12, sondern durch

$$v = \frac{1}{\sqrt{\epsilon\mu}}$$

gegeben.

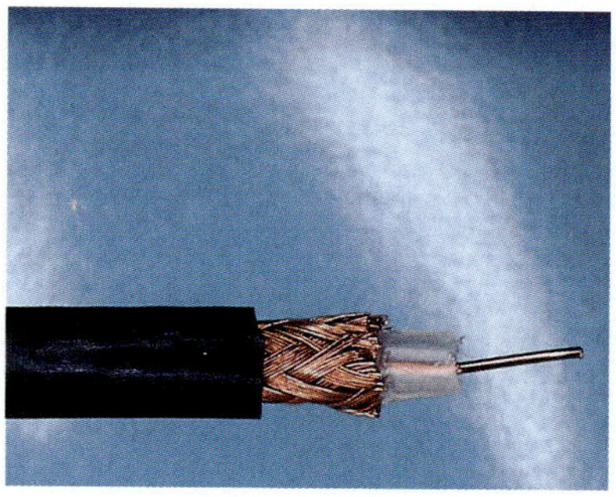

Abbildung 32.13 Koaxialkabel.

32.7 Die Energie in elektromagnetischen Wellen und der Poynting-Vektor

Elektromagnetische Wellen transportieren Energie von einem Gebiet des Raumes zu einem anderen. Diese Energie hängt mit den sich bewegenden elektrischen und magnetischen Feldern zusammen. In Abschnitt 24.4 haben wir gesehen, dass die in einem elektrischen Feld E gespeicherte Energiedichte (J/m^3) durch $w_e = \frac{1}{2}\epsilon_0 E^2$ gegeben ist (w_e ist die Energie pro Volumeneinheit). Die in einem Magnetfeld gespeicherte Energie ist gegeben durch $w_m = \frac{1}{2}B^2/\mu_0$ (siehe Abschnitt 30.3). Die pro Volumeneinheit gespeicherte Gesamtenergie in einem Bereich des Raumes mit einer elektromagnetischen Welle ist also

$$w = \frac{1}{2}\epsilon_0 E^2 + \frac{1}{2}\frac{B^2}{\mu_0}\,. \qquad (32.15)$$

Hierbei repräsentieren E und B die elektrische bzw. magnetische Feldstärke der Welle zu einem bestimmten Zeitpunkt innerhalb eines kleinen räumlichen Bereiches. Wir können Gleichung 32.15 allein durch die elektrische Feldstärke ausdrücken, denn wegen Gleichung 32.12 gilt $\sqrt{\epsilon_0\mu_0} = 1/c$ und aus Gleichung 32.11

Abbildung 32.14 Eine elektromagnetische Welle transportiert Energie durch die Fläche A.

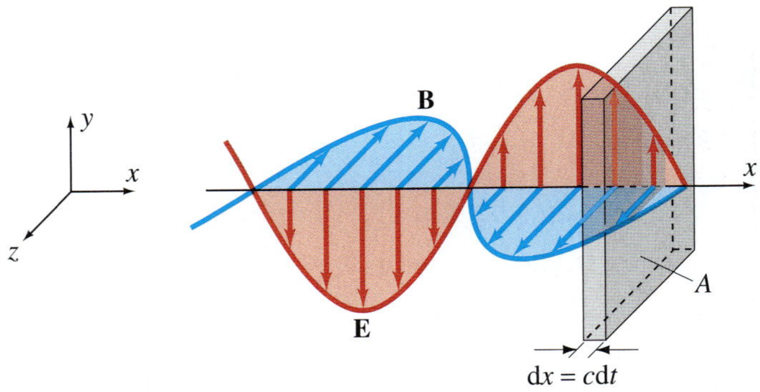

folgt $B = E/c$. Wir setzen dies in Gleichung 32.15 ein und erhalten

$$w = \frac{1}{2}\epsilon_0 E^2 + \frac{1}{2}\frac{\epsilon_0\mu_0 E^2}{\mu_0}$$
$$= \epsilon_0 E^2 \,. \tag{32.16a}$$

Beachten Sie, dass die mit B verbundene Energiedichte gleich der zu E gehörigen Energiedichte ist, d. h., die beiden Felder tragen zu gleichen Teilen zur Gesamtenergie bei. Wir können die Energiedichte auch allein durch B ausdrücken:

$$w = \epsilon_0 E^2 = \epsilon_0 c^2 B^2 = \frac{\epsilon_0 B^2}{\epsilon_0\mu_0} = \frac{B^2}{\mu_0} \,. \tag{32.16b}$$

Schließlich können wir w auch durch einen Term ausdrücken, der sowohl E als auch B enthält:

$$w = \epsilon_0 E^2 = \epsilon_0 EcB = \frac{\epsilon_0 EB}{\sqrt{\epsilon_0\mu_0}}$$

oder

$$w = \sqrt{\frac{\epsilon_0}{\mu_0}}EB \,. \tag{32.16c}$$

Die Gleichungen 32.16 geben die Energiedichte in einem beliebigen räumlichen Gebiet zu einem beliebigen Zeitpunkt an.

Nun wollen wir die Energie bestimmen, die die Welle pro Zeit- und Flächeneinheit transportiert. Sie ist durch einen Vektor **S** gegeben, der als **Poynting-Vektor** bezeichnet wird.[4] **S** hat die Einheit $\mathrm{W/m^2}$. Die Richtung von **S** ist die Richtung, in der Energie transportiert wird und in der sich die Welle fortpflanzt. Nehmen wir an, die Welle läuft durch eine Fläche A, die senkrecht zur x-Achse steht (siehe ▸ Abbildung 32.14). In einem kurzen Zeitintervall $\mathrm{d}t$ bewegt sich die Welle um eine Distanz $\mathrm{d}x = c\,\mathrm{d}t$ nach rechts, wobei c die Ausbreitungsgeschwindigkeit der Welle ist. Die Energie, die im Zeitintervall $\mathrm{d}t$ durch die Fläche A transportiert wird, ist gleich der im Volumen $\mathrm{d}V = A\,\mathrm{d}x = Ac\,\mathrm{d}t$ enthaltenen Energie. Die Energiedichte ist $w = \epsilon_0 E^2$, wobei E die elektrische Feldstärke in diesem Volumen zu einem gegebenen Zeitpunkt ist. Die gesamte im Volumen $\mathrm{d}V$ enthaltene Energie, $\mathrm{d}V$, ist die Energiedichte w mal dem Volumen: $\mathrm{d}W = w\,\mathrm{d}V = (\epsilon_0 E^2)(Ac\,\mathrm{d}t)$. Die pro Zeiteinheit durch die Fläche A transportierte Energie ist also

$$S = \frac{1}{A}\frac{\mathrm{d}W}{\mathrm{d}t} = \epsilon_0 cE^2 \,. \tag{32.17}$$

Wegen $E = cB$ und $c = 1/1\sqrt{\epsilon_0\mu_0}$ kann dies in der Form

$$S = \epsilon_0 cE^2 = \frac{cB^2}{\mu_0} = \frac{EB}{\mu_0}$$

4 Nach John Henry Poynting (1852–1914).

geschrieben werden. Die Richtung von **S** ist die von **v** und somit senkrecht zu **E** und **B**. Der Poynting-Vektor **S** hat also die Form

$$\mathbf{S} = \frac{1}{\mu_0}(\mathbf{E} \times \mathbf{B})\,. \tag{32.18}$$

Poynting-Vektor

Durch Gleichung 32.17 bzw. 32.18 ist die pro Zeit- und Flächeneinheit transportierte Energie für jeden Zeitpunkt gegeben. Oft wollen wir das *Mittel* über einen größeren Zeitraum wissen, da die Frequenzen gewöhnlich so hoch sind, dass man die schnelle zeitliche Variation gar nicht feststellen kann. Wenn E und B sinusförmig variieren, dann gilt $\overline{E^2} = E_0^2/2$, wie für elektrische Ströme und Spannungen (siehe Abschnitt 25.7), wobei E_0 das Maximum von E ist. Wir können daher für den mittleren Betrag des Poynting-Vektors schreiben

$$\overline{S} = \frac{1}{2}\epsilon_0 c E_0^2 = \frac{1}{2}\frac{c}{\mu_0}B_0^2 = \frac{E_0 B_0}{2\mu_0}\,, \tag{32.19a}$$

wobei B_0 das Maximum von B ist. Dieser gemittelte Wert von **S** ist die **Intensität**, die als die mittlere, pro Flächeneinheit transportierte Leistung definiert ist (Abschnitt 15.3). Mit den Effektivwerten $E_{\text{eff}} = \sqrt{\overline{E^2}}$ und $B_{\text{eff}} = \sqrt{\overline{B^2}}$ können wir also schreiben

Intensität

$$\overline{S} = \frac{E_{\text{eff}} B_{\text{eff}}}{\mu_0}\,. \tag{32.19b}$$

Beispiel 32.4 **Die Feldstärken *E* und *B* der Sonnenstrahlung**

Die Strahlung der Sonne erreicht die Erde (oberhalb der Atmosphäre) mit einer Rate von etwa 1350 W/m². Berechnen Sie unter der Annahme, dass es sich dabei um eine einzelne elektromagnetische Welle handelt, die Maxima von E und B.

Lösung

Wegen $\overline{S} = 1350\,\text{W/m}^2 = \epsilon_0 c E_0^2/2$ gilt

$$\begin{aligned} E_0 &= \sqrt{\frac{2\overline{S}}{\epsilon_0 c}} \\ &= \sqrt{\frac{2(1350\,\text{W/m}^2)}{(8{,}85 \cdot 10^{-12}\,\text{C}^2/\text{N}\cdot\text{m}^2)(3{,}0 \cdot 10^8\,\text{m/s})}} \\ &= 1{,}01 \cdot 10^3\,\text{V/m}\,. \end{aligned}$$

Aus $B = E/c$ (Gleichung 32.11) folgt

$$B_0 = \frac{E_0}{c} = \frac{1{,}01 \cdot 10^3\,\text{V/m}}{3{,}00 \cdot 10^8\,\text{m/s}} = 3{,}37 \cdot 10^{-6}\,\text{T}\,.$$

Dieses Beispiel illustriert, dass B im Vergleich zu E einen kleinen numerischen Wert hat. Dies liegt natürlich an den unterschiedlichen Einheiten und der Art, wie diese definiert sind. Wie wir bereits gesehen haben, trägt B ebenso viel zur Gesamtenergie der Welle bei wie E.

32.8 Strahlungsdruck

Da elektromagnetische Wellen, wie wir soeben gelernt haben, Träger von Energie sind, erwarten wir, dass sie auch einen Impuls besitzen. Wenn eine elektromagnetische Welle auf die Oberfläche eines Körpers trifft und absorbiert oder reflektiert wird, dann wird – wie beim Auftreffen eines sich bewegenden Körpers auf eine Oberfläche – infolge des Impulsübertrags eine Kraft auf die Oberfläche ausgeübt ($F = \mathrm{d}p/\mathrm{d}t$). Die pro Flächeneinheit von der Welle ausgeübte Kraft wird als **Strahlungsdruck** bezeichnet. Ihre Existenz wurde ebenfalls von Maxwell vorhergesagt. Er zeigte, dass der Impulsübertrag für ein Bündel elektromagnetischer Strahlung (z. B. Licht), das von einem Körper vollständig absorbiert wird, durch

$$\Delta p = \frac{\Delta W}{c}$$

gegeben ist. Dabei ist ΔW die vom Körper in der Zeit Δt absorbierte Energie und c die Lichtgeschwindigkeit. Wenn die Strahlung dagegen vollständig reflektiert wird (z. B. wenn der Körper ein Spiegel ist), dann ist der Impulsübertrag doppelt so groß (wie im Falle eines Balls, der elastisch von einer Oberfläche zurückspringt, siehe Kapitel 7):

$$\Delta p = \frac{2\Delta W}{c} .$$

Wenn eine Oberfläche einen Teil der Energie absorbiert und einen Teil reflektiert, dann gilt $\Delta p = k\Delta W/c$, wobei die Konstante k einen Wert zwischen 1 und 2 annimmt.

Mithilfe des zweiten Newton'schen Axioms können wir die Kraft und den von der Strahlung ausgeübten Druck auf einen Körper berechnen. Die Kraft F ist gegeben durch

$$F = \frac{\mathrm{d}p}{\mathrm{d}t} .$$

Die mittlere Rate, mit der Energie auf den Körper übertragen wird, hängt über die Beziehung

$$\frac{\mathrm{d}W}{\mathrm{d}t} = \overline{S}A$$

mit dem Poynting-Vektor zusammen; A ist dabei die Querschnittsfläche des Körpers, auf die die Strahlung einfällt. Der Strahlungsdruck P ist bei vollständiger Absorption durch

Strahlungsdruck bei vollständiger Absorption

$$P = \frac{F}{A} = \frac{1}{A}\frac{\mathrm{d}p}{\mathrm{d}t} = \frac{1}{Ac}\frac{\mathrm{d}W}{\mathrm{d}t} = \frac{\overline{S}}{c}$$

gegeben. Wenn das Licht vollständig reflektiert wird, ist der Strahlungsdruck doppelt so groß:

Strahlungsdruck bei vollständiger Reflexion

$$P = \frac{2\overline{S}}{c} .$$

Beispiel 32.5 · Abschätzung

Abschätzung des Strahlungsdrucks der Sonne

Die die Erdoberfläche erreichende Strahlung der Sonne transportiert Energie mit der Rate 1000 $\mathrm{W/m^2}$. Schätzen Sie den Strahlungsdruck und die Kraft ab, die die Sonne auf Ihre ausgestreckte Hand ausübt.

Lösung

Die Strahlung wird zum Teil reflektiert und zum Teil absorbiert. Deshalb nehmen wir einfach an, dass $P = \overline{S}/c$ gilt, was auf

$$P \approx \frac{\overline{S}}{c} = \frac{1000\ \mathrm{W/m^2}}{3\cdot 10^8\ \mathrm{N/m^2}} \approx 3\cdot 10^{-6}\ \mathrm{N/m^2}$$

führt. Ihre ausgestreckte Hand hat schätzungsweise einen Flächeninhalt von $A = 0{,}02\,\text{m}^2$. Die Kraft ist damit

$$F = PA \approx (3 \cdot 10^{-6}\,\text{m/s})(0{,}02\,\text{m}^2) \approx 6 \cdot 10^{-8}\,\text{N}\,.$$

Diese Werte sind verschwindend klein. Zum Vergleich: Mit $m = 0{,}2\,\text{kg}$ ist die auf Ihre Hand wirkende Schwerkraft $mg \approx (0{,}2)(9{,}8\,\text{m/s}^2) \approx 2\,\text{N}$. Wir stellen fest, dass der auf Ihre Hand wirkende Strahlungsdruck nicht wahrnehmbar ist.

Während der Strahlungsdruck über die Sinnesorgane nicht wahrgenommen werden kann, ist sein Effekt auf Atome, die mit einem Laser bestrahlt werden, dramatisch. Ein Atom hat eine Masse in der Größenordnung von 10^{-27} kg und ein Laser kann Energie mit einer Rate von $1000\,\text{W/m}^2$ abgeben. Dies ist die gleiche Intensität, die wir in Beispiel 32.5 verwendet hatten. Für ein Molekül, dessen Masse in der Größenordnung 10^{-23} bis 10^{-26} kg liegt, ist der Strahlungsdruck von $10^{-6}\,\text{N/m}^2$ jedoch signifikant. Es ist sogar möglich, Atome und Moleküle durch einen Laserstrahl zu steuern. Für solche als „optische Pinzetten" bezeichneten Geräte gibt es eine ganze Reihe wichtiger Anwendungen. Von besonderer Bedeutung sind sie in der Biologie, da mit ihrer Hilfe lebendes Gewebe manipuliert werden kann, ohne es zu zerstören. Optische Pinzetten wurden verwendet, um die elastischen Eigenschaften der DNA zu messen, indem an beiden Enden des Moleküls mit einer optischen Pinzette gezogen wurde.

ANGEWANDTE PHYSIK

Optische Pinzetten

32.9 Radio und Fernsehen

Elektromagnetische Wellen stellen eine Möglichkeit dar, Informationen über große Entfernungen zu übertragen. Zu den Ersten, die dies erkannten und die Idee in die Tat umsetzten, gehörte Guglielmo Marconi (1874–1937). Er erfand in den 1890er-Jahren die drahtlose Telegraphie. Mit dieser Technologie konnten Nachrichten über Hunderte von Kilometern mit Lichtgeschwindigkeit übertragen werden, ohne Drähte zu benutzen. Die ersten übertragenen Signale waren einfach Folgen von langen und kurzen Pulsen, die ähnlich wie die Punkte und Striche des Morsecodes Wörter codierten. Im darauffolgenden Jahrzehnt wurden Vakuumröhren entwickelt. Aus diesen frühen Arbeiten entstand das Radio und das Fernsehen. Im Folgenden wollen wir kurz diskutieren, wie Radio- und TV-Signale übertragen und empfangen werden.

ANGEWANDTE PHYSIK

Drahtlose Telegraphie

Übertragung von Radiowellen

Das Schema der Informationsübertragung in einem Radiosender ist in ► Abbildung 32.15 skizziert. Die Audioinformation wird in ein elektrisches Signal gleicher Frequenz umgewandelt, etwa durch ein Mikrofon oder den Tonkopf eines Kassettenrekorders. Dieses elektrische Signal wird als Audiofrequenzsignal bezeichnet, da die Frequenzen im hörbaren Bereich liegen (20 bis 20 000 Hz). Das Signal wird elektronisch verstärkt und dann mit einem Radiosignal gemischt, das

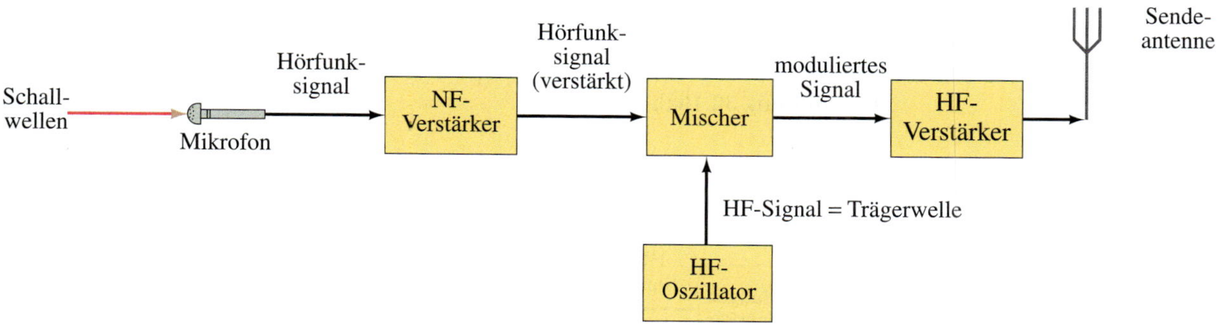

Abbildung 32.15 Blockschaltbild für einen Radiosender.

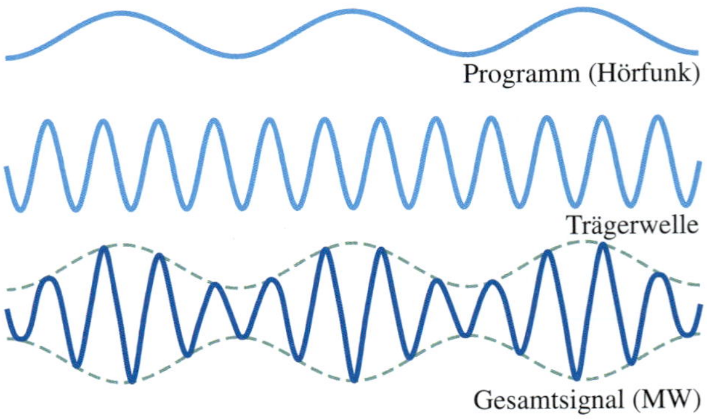

Abbildung 32.16 Bei der Amplitudenmodulation (AM) wird die Amplitude des Trägersignals proportional zur Amplitude des Audiosignals variiert.

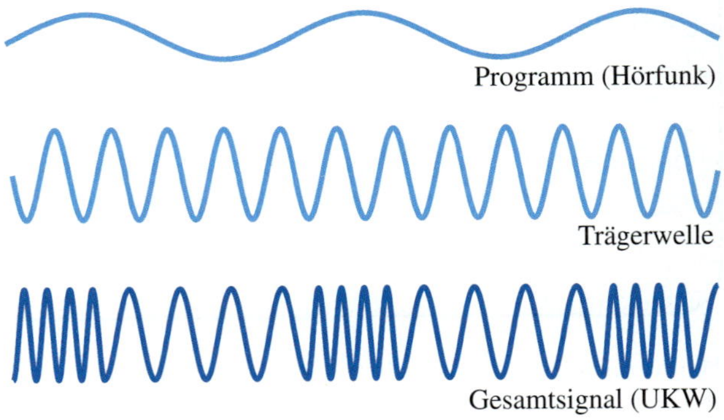

Abbildung 32.17 Bei der Frequenzmodulation (FM) wird die Frequenz des Trägersignals proportional zur Amplitude des Audiosignals variiert. Dieses Verfahren wird beim UKW-Radio und beim Fernsehen angewendet.

Trägerfrequenz

als **Trägerfrequenz** bezeichnet wird. Mittelwellensender benutzen Trägerfrequenzen zwischen 530 und 1600 kHz. „710 auf Ihrer Skala" bedeutet beispielsweise, dass dieser Sender eine Trägerfrequenz von 710 kHz hat. UKW-Sender arbeiten mit wesentlich höheren Frequenzen, nämlich zwischen 88 MHz und 108 MHz. Die Trägerfrequenzen für TV-Sender liegen in den USA zwischen 54 MHz und 88 MHz für die Kanäle 2 bis 6 und zwischen 174 MHz und 216 MHz für die Kanäle 7 bis 13. UHF-Sender (Ultrahochfrequenz) haben sogar noch höhere Trägerfrequenzen (zwischen 470 MHz und 890 MHz).

ANGEWANDTE PHYSIK
Mittelwelle und Ultrakurzwelle

Für das Mischen von Audio- und Trägerfrequenz gibt es zwei Möglichkeiten. Bei der **Amplitudenmodulation** (AM) wird die Amplitude der mit höherer Frequenz schwingenden Trägerwelle im Verhältnis zur Amplitude des Audiosignals variiert (siehe ► Abbildung 32.9). Die Bezeichnung „Amplitudenmodulation" wurde gewählt, weil die Amplitude variiert (oder „moduliert") wird. Bei der **Frequenzmodulation** (FM) wird dagegen die *Frequenz* der Trägerwelle proportional zur Amplitude des Audiosignals variiert (siehe ► Abbildung 32.9).

Anschließend wird das gemischte Signal verstärkt und zur Antenne gesendet, von wo aus die komplexe Frequenzmischung in Form von elektromagnetischen Wellen ausgestrahlt wird.

Ein Fensehsender arbeitet ähnlich (mit Frequenzmodulation), wobei zusätzlich zum Audiosignal auch noch das Videosignal mit den Trägerfrequenzen gemischt wird.

ANGEWANDTE PHYSIK
Radio- und Fernsehempfänger

Antennen

Schauen wir uns nun das andere Ende des Prozesses an: den Empfang von Radio- und Fernsehprogrammen zu Hause. Ein einfacher Radioempfänger ist in ► Abbildung 32.18 dargestellt. Die Antenne empfängt die von den verschiedenen Sendern ausgestrahlten elektromagnetischen Wellen. Ein möglicher Antennentyp besteht aus einem oder mehreren leitenden Stäben. Das elektrische Feld der elektromagnetischen Welle übt eine Kraft auf die Elektronen in dem Leiter aus, wodurch sie sich mit den Frequenzen der Wellen hin und her bewegen (► Abbildung 32.19a).

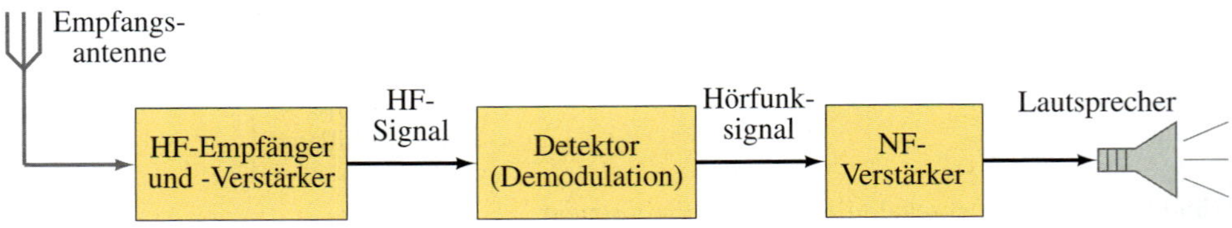

Abbildung 32.18 Blockschaltbild für einen einfachen Radioempfänger.

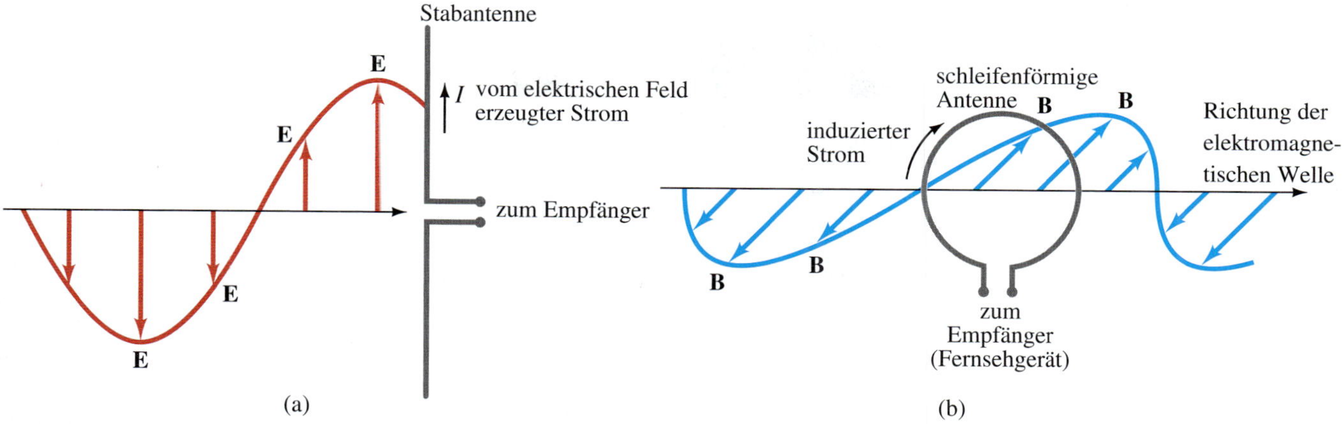

Abbildung 32.19 Antennen: (a) Das elektrische Feld der Welle erzeugt in der aus geraden Drähten oder Stäben bestehenden Antenne einen Strom. (b) Das sich ändernde Magnetfeld induziert eine Spannung und einen Strom in der Antennenschleife.

Ein anderer Antennentyp besteht aus einer röhrenförmigen Drahtspule, wie man sie häufig bei Mittelwellenempfängern findet, oder aus einer einfachen Schleife wie bei einer UHF-Fernsehantenne. Diese Antennen erkennen das Magnetfeld der Welle, da das sich ändernde *B*-Feld eine Spannung in der Spule induziert (siehe ▶ Abbildung 32.19). Das von der Antenne erkannte und an den Empfänger gesendete Signal ist sehr klein und enthält Frequenzen vieler Sender. Der Empfänger wählt mithilfe eines resonanten LC-Stromkreises mit variablem Kondensator oder variabler Induktionsspule (Abschnitte 30.5 und 31.6) eine spezielle Hochfrequenz aus, die einem bestimmten Sender entspricht (genau genommen einen schmalen Frequenzbereich). Ein einfaches Beispiel ist in ▶ Abbildung 32.20 dargestellt. Ein bestimmter Sender wird eingestellt, indem L und C so justiert werden, dass die Resonanzfrequenz des Stromkreises gleich der Trägerfrequenz des Senders ist. Als Nächstes wird das Signal, das sowohl die Audio- als auch die Trägerfrequenz enthält, zum *Detektor* geschickt (siehe ▶ Abbildung 32.18), wo die „Demodulation" stattfindet, d. h. die Trennung der hohen Trägerfrequenz vom Audiosignal. Das Audiosignal wird verstärkt und zum Lautsprecher oder Kopfhörer geschickt.

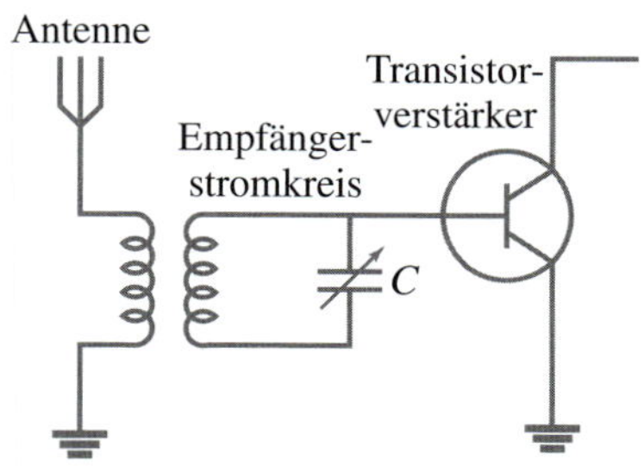

Abbildung 32.20 Einfache Abstimmkomponente eines Radios.

Bei modernen Empfängern werden noch andere als die hier beschriebenen Schritte durchgeführt. Verschiedene Verfahren werden verwendet, um die Empfindlichkeit (die Fähigkeit, schwache Signale zu erkennen) und Selektivität (die Fähigkeit, Signale verschiedener Sender zu unterscheiden) zu verbessern sowie die Störung des ursprünglichen Signals zu minimieren.[5]

Ein Fernsehempfänger verarbeitet auf ähnliche Weise Audio- und Videosignale. Das Audiosignal wird am Ende zum Lautsprecher geschickt und das Videosignal an die Bildröhre, eine *Kathodenstrahlröhre* (CRT), deren Funktionsweise in den Abschnitten 23.9 und 27.7 erläutert wurde.

5 Bei UKW-Stereoübertragungen transportiert die Trägerwelle zwei Signale. Die eine enthält Frequenzen bis etwa 15 kHz, was die meisten Audiofrequenzen einschließt. Das andere Signal umfasst den gleichen Frequenzbereich, aber zusätzlich werden 19 kHz addiert. Ein Stereoempfänger subtrahiert dieses 19 000 Hz-Signal und verteilt die beiden Signale auf den linken und rechten Kanal. Das erste Signal besteht aus der Summe aus linkem und rechtem Kanal ($L + R$), so dass ein Monoempfänger alle Töne erkennt. Das zweite Signal ist die Differenz aus linkem und rechtem Kanal, ($L - R$). Folglich muss der Empfänger die beiden Signale addieren bzw. subtrahieren, um jeweils das reine linke und rechte Signal für jeden Kanal zu erhalten.

Beispiel 32.6 **Einstellen eines Senders**

Eine UKW-Station sendet mit 100 MHz. Berechnen Sie (a) die Wellenlänge und (b) den Wert der Kapazität im Abstimmkreis für $L = 0{,}40\,\mu\text{H}$.

Lösung

a Mit der Trägerfrequenz $f = 100\,\text{MHz} = 1{,}0 \cdot 10^8\,\text{s}^{-1}$ gilt

$$\lambda = \frac{c}{f} = \frac{(3{,}0 \cdot 10^8\,\text{m/s})}{(1{,}0 \cdot 10^8\,\text{s}^{-1})} = 3{,}0\,\text{m}\,.$$

Die Wellenlängen anderer UKW-Signale (88 MHz bis 108 MHz) liegen dicht bei diesem Wert. UKW-Antennen sind typischerweise 1,5 m lang, also etwa eine halbe Wellenlänge. Diese Länge ist gewählt worden, damit die Antenne resonant, d. h. besonders empfindlich auf UKW-Signale reagiert.

b Gemäß Gleichung 30.14 oder 31.13 ist die Resonanzfrequenz $f_0 = 1/(2\pi\sqrt{LC})$. Damit gilt

$$C = \frac{1}{4\pi^2 f_0^2 L} = \frac{1}{4(3{,}14)^2(1{,}0 \cdot 10^8\,\text{s}^{-1})^2(4{,}0 \cdot 10^{-7}\,\text{H})} = 6{,}3\,\text{pF}\,.$$

Natürlich ist entweder der Kondenstor oder die Induktionsspule variabel, so dass auch andere Sender eingestellt werden können.

Die verschiedenen Bereiche des Radiowellenspektrums werden für unterschiedliche Zwecke von Regierungsbehörden vergeben. Außer den bereits erwähnten gibt es Frequenzbänder für die Schifffahrt, den Flugverkehr, für Polizei und Militär, für den Amateurfunk, Satelliten, Raumfahrt und Radar. Mobiltelefone verwenden u. a. das Frequenzband von 824 MHz bis 894 MHz.

Z U S A M M E N F A S S U N G

James Clerk Maxwell stellte eine elegante Theorie auf, die sämtliche elektrischen und magnetischen Phänomene mithilfe von nur vier Gleichungen beschreibt. Diese Gleichungen werden heute als **Maxwell'sche Gleichungen** bezeichnet. Sie basieren auf früheren Ideen, allerdings fügte Maxwell eine weitere hinzu, nämlich die, dass ein sich änderndes elektrisches Feld ein Magnetfeld erzeugt. Die Maxwell'schen Gleichungen lauten

$$\oint \mathbf{E} \times \mathrm{d}\mathbf{A} = \frac{Q}{\epsilon_0} \qquad \oint \mathbf{E} \times \mathrm{d}\mathbf{s} = -\frac{\mathrm{d}\Phi_\mathrm{B}}{\mathrm{d}t}$$

$$\oint \mathbf{B} \times \mathrm{d}\mathbf{A} = 0 \qquad \oint \mathbf{B} \times \mathrm{d}\mathbf{s} = \mu_0 I + \mu_0\epsilon_0\frac{\mathrm{d}\Phi_\mathrm{E}}{\mathrm{d}t}\,.$$

Die beiden Gleichungen auf der linken Seite sind das Gauß'sche Gesetz für die Elektrizität und den Magnetismus, die beiden Gleichungen auf der rechten Seite sind das Faraday'sche und das Ampère'sche Gesetz (Letzteres in der von Maxwell erweiterten Form).

Die Theorie Maxwells sagte vorher, dass durch beschleunigte elektrische Ladungen **elektromagnetische Wellen** erzeugt werden und dass diese Wellen mit der Ausbreitungsgeschwindigkeit des Lichts durch den Raum propagieren, wobei c durch

$$c = \frac{1}{\sqrt{\epsilon_0\mu_0}}$$

gegeben ist. Das schwingende elektrische Feld einer elektromagnetischen Welle ist senkrecht zum ebenfalls schwingenden Magnetfeld gerichtet; außerdem sind beide senkrecht zur Ausbreitungsrichtung der Welle.

Nach dem Nachweis elektromagnetischer Wellen am Ende des 19. Jahrhunderts wurde die Vorstellung, dass Licht eine elektromagnetische Welle ist (allerdings von weit höherer Frequenz als der direkt nachgewiesenen), allgemein akzeptiert. Das **elektromagnetische Spektrum** umfasst einen großen Bereich von Wellenlängen, der von Mikrowellen und Radiowellen über den Bereich des sichtbaren Lichts bis hin zu Röntgen- und Gammastrahlen reicht. Alle diese Wellen breiten sich im Raum mit der Geschwindigkeit $c = 3{,}00 \cdot 10^8$ m/s aus.

Die von elektromagnetischen Wellen getragene Energie wird durch den **Poynting-Vektor**

$$\mathbf{S} = \frac{1}{\mu_0}\mathbf{E} \times \mathbf{B}$$

beschrieben. Dieser gibt die Rate an, mit der Energie pro Zeiteinheit durch eine Flächeneinheit transportiert wird, wobei **E** bzw. **B** das elektrische bzw. das Magnetfeld einer elektromagnetischen Welle im Vakuum bezeichnen.

Z U S A M M E N F A S S U N G

Verständnisfragen

1 Angenommen, Sie schauen in die Richtung eines stärker werdenden elektrischen Feldes **E**. Ist das induzierte Magnetfeld im Uhrzeigersinn oder entgegen dem Uhrzeigersinn gerichtet? Wie verhält es sich, wenn das elektrische Feld **E** in Ihre Richtung zeigt und schwächer wird?

2 In welche Richtung fließt der Verschiebungsstrom aus ▸ Abbildung 32.3? (*Hinweis*: Der Kondensator entlädt sich.)

3 Warum ist es viel schwieriger, in einem Kondensator das Magnetfeld des Verschiebungsstroms nachzuweisen als das des Leitungsstroms?

4 Gibt es gute Gründe, den Term $\mu_0 \epsilon_0 \, d\Phi_E/dt$ aus Gleichung 32.1 als „Strom" zu bezeichnen? Erläutern Sie Ihre Antwort.

5 Das elektrische Feld einer sich nordwärts fortpflanzenden elektromagnetischen Welle schwingt in einer Ost-West-Ebene. Beschreiben Sie die Richtung des Magnetfelds der Welle.

6 Ist Schall eine elektromagnetische Welle? Falls nicht, um welche Art von Welle handelt es sich dann?

7 Können sich elektromagnetische Wellen im perfekten Vakuum ausbreiten? Sind Schallwellen dazu in der Lage?

8 Geht die Deckenbeleuchtung sofort an, nachdem Sie den Lichtschalter betätigt haben? Erläutern Sie Ihre Antwort.

9 Sind die Wellenlängen von Radio- oder Fernsehsignalen länger oder kürzer als jene von Signalen, die durch das menschliche Auge wahrgenommen werden?

10 Was sagt das Ergebnis von Beispiel 32.2 über die Phase eines 50-Hz-Wechselstroms beim Verlassen des Kraftwerks im Vergleich zu seiner Phase in einem 200 km entfernten Haushalt aus?

11 Wenn Sie zwei Lautsprecher an die Ausgänge eines Stereoverstärkers anschließen, sollten Sie beachten, dass die Zuleitungsdrähte gleich lang sind, so dass es zu keiner Zeitverzögerung zwischen beiden Lautsprecherboxen kommt. Erklären Sie, warum dies so ist.

12 Wie heißen die Typen elektromagnetischer Wellen, die im elektromagnetischen Spektrum Wellenlängen von 10^3 km, 1 km, 1 m, 1 cm, 1 mm, 1 µm haben?

13 Eine Person, die sich verirrt hat, kann sich bemerkbar machen, indem sie mit einer Taschenlampe Blinksignale gibt und dabei den Morsecode verwendet. Dabei handelt es sich um eine modulierte elektromagnetische Welle. Ist dies eine Ultrakurz- oder eine Mittelwelle? Wie groß ist näherungsweise die Frequenz der Trägerwelle?

14 Können zwei Radio- oder Fernsehstationen auf derselben Trägerfrequenz senden? Erläutern Sie Ihre Antwort.

15 Angenommen, ein Radiosender besitzt eine vertikale Antenne. Muss die Antenne des Empfängers (Stabvariante) horizontal oder vertikal ausgerichtet sein, um den bestmöglichen Empfang zu gewährleisten?

16 Die Trägerfrequenzen der UKW-Sender sind viel höher als jene der Mittelwellensender. Erläutern Sie, weshalb hinter Hügeln oder Gebäuden Mittelwellensignale leichter als UKW-Signale zu empfangen sind. Wenden Sie Ihre Kenntnisse über die Beugung aus Kapitel 15 an.

17 Diskutieren Sie, wie elektromagnetische Wellen bei schnurlosen Telefonen genutzt werden. Wie verhält es sich bei Mobiltelefonen?

Aufgaben zu 32.1

1 (I) Berechnen Sie die Änderungsrate des elektrischen Feldes zwischen den kreisförmigen Platten eines Kondensators, wenn der Plattendurchmesser 6,0 cm und der Abstand der Platten voneinander 1,3 mm beträgt und sich die anliegende Spannung mit einer Rate von 120 V/s ändert.

2 (I) Berechnen Sie den Verschiebungsstrom I_D zwischen den quadratischen Platten eines Kondensators, wenn die Kantenlänge der Platten 1,60 cm beträgt und sich das elektrische Feld mit einer Rate von $2{,}0 \cdot 10^6$ V / m · s ändert.

3 (II) Zu einem gegebenen Zeitpunkt fließt ein Strom von 1,8 A durch die mit einem Plattenkondensator verbundenen Drähte. Mit welcher Rate ändert sich das elektrische Feld zwischen den Platten, wenn diese eine quadratische Form mit einer Kantenlänge von 1,60 cm haben?

4 (II) Ein Kondensator mit einer Kapazität von 1200 nF und kreisförmigen Platten mit einem Durchmesser von 2,0 cm akkumuliert zu einem bestimmten Zeitpunkt mit einer Rate von 35,0 mC/s Ladung. Wie groß ist die induzierte magnetische Feldstärke in 10 cm Entfernung vom Plattenmittelpunkt? Wie groß ist die magnetische Feldstärke, nachdem der Kondensator voll aufgeladen ist?

5 (II) Zeigen Sie, dass der durch einen Plattenkondensator fließende Verschiebungsstrom in der Form $I_D = C\,dU/dt$ geschrieben werden kann, wobei U die Spannung auf dem Kondensator zu einem bestimmten Zeitpunkt ist.

6 (II) Ein luftgefüllter Kondensator habe kreisförmige Platten mit dem Radius $R = 2{,}5$ cm und dem Abstand $d = 2{,}0$ mm. Am Kondensator liegt eine Spannung $U = U_0 \cos \omega t$ mit einer Frequenz von 96,0 Hz an. Der maximale Verschiebungsstrom beträgt 35 μA. Bestimmen Sie (a) den maximalen Stromfluss I, (b) den Wert von U_0 und (c) den maximalen Wert von $d\Phi_E/dt$ zwischen den Platten. Vernachlässigen Sie Randeffekte.

Aufgaben zu 32.2

8 (II) Welche der Maxwell'schen Gleichungen müsste verändert werden, wenn magnetische Monopole existieren würden? Wie würde die Gleichung in ihrer neuen Form lauten? Setzen Sie analog zur elektrischen Ladung Q für die Stärke eines magnetischen Monopols Q_m.

Aufgaben zu 32.5

9 (I) Wenn das magnetische Feld in einer propagierenden elektromagnetischen Welle einen Spitzenwert von 17,5 nT besitzt, wie groß ist dann der Spitzenwert der elektrischen Feldstärke?

10 (I) Wenn das elektrische Feld in einer elektromagnetischen Welle einen Spitzenwert von $0{,}43 \cdot 10^{-4}$ V/m besitzt, wie groß ist dann der Spitzenwert der magnetischen Feldstärke?

11 (I) In einer westwärts laufenden elektromagnetischen Welle schwingt das Magnetfeld B in vertikaler Richtung und hat eine Frequenz von 80,0 kHz sowie eine Effektivstärke von $6{,}75 \cdot 10^{-9}$ T. Wie groß sind die Frequenz und die Effektivstärke des elektrischen Feldes und welche Richtung hat es?

12 (II) Das elektrische Feld einer ebenen elektromagnetischen Welle ist mit $E_x = E_0 \cos(kz+\omega t)$ und $E_y = E_z = 0$ gegeben. Bestimmen Sie (a) den Betrag und die Richtung des Magnetfeldes **B** und (b) die Ausbreitungsrichtung der Welle.

Aufgaben zu 32.6

12 (I) Wie groß ist die Frequenz einer Mikrowelle der Wellenlänge 1,80 cm?

13 (I) (a) Wie groß ist die Wellenlänge eines Radarsignals der Frequenz $27{,}75 \cdot 10^9$ Hz? (b) Wie groß ist die Frequenz eines Röntgenstrahls der Wellenlänge 0,10 nm?

14 (I) Die Wellenlänge einer elektromagnetischen Welle betrage 850 nm. Wie groß ist die Frequenz und wie würden wir diese Welle klassifizieren?

15 (I) Die Frequenz einer elektromagnetischen Welle sei $9{,}56 \cdot 10^{14}$ Hz. Wie groß ist die Wellenlänge und wie würden wir diese Welle klassifizieren?

16 (I) Ein Lichtjahr ist eine Maßeinheit der Entfernung (nicht der Zeit). Wie viele Meter legt das Licht in einem Jahr zurück?

17 (II) Wie lange dauert es, bis eine mittels Radiowellen gesendete Nachricht von der Erde (a) den Mars und (b) eine Raumsonde in der Nähe des Saturn erreicht?

18 (II) Für wissenschaftliche und medizinische Zwecke verwendete Pulslaser erzeugen sehr kurze elektrische Impulse. Wenn die Wellenlänge des Laserlichtes 1062 nm beträgt (dies entspricht einem Neodymium-YAG-Laser) und der Puls eine Dauer von 30 ps hat, wie viele Wellenlängen kommen innerhalb des Laserpulses vor? Wie kurz müsste der Puls sein, damit er nur eine Wellenlänge enthält?

Aufgaben zu 32.7

19 (I) Das elektrische Feld **E** einer elektromagnetischen Welle hat einen Spitzenwert von 36,5 mV / m. Wie groß ist die mittlere Rate, mit der diese Welle pro Zeiteinheit Energie durch eine Flächeneinheit transportiert?

20 (II) Das magnetische Feld einer sich ausbreitenden elektromagnetischen Welle hat eine Effektivstärke von 32,5 nT. Wie lange dauert es, eine Energie von 335 J zu einer Mauerfläche von 1 cm^2 zu transportieren, die senkrecht zur Ausbreitungsrichtung steht?

21 (II) Wie groß ist die Energie, die von einer elektromagnetischen Welle pro Stunde durch eine Fläche von 1 cm^2 transportiert wird, wenn die Effektivstärke des elektrischen Feldes **E** 28,6 mV/m beträgt?

22 (II) Eine elektromagnetische Welle breite sich kugelförmig von einer 1000-W-Quelle aus. Wie groß ist die Intensität in einer Entfernung von 10 m und wie groß ist der Effektivwert des elektrischen Feldes?

23 (II) Wie groß ist die Energie, die ein nahe der Erdoberfläche befindliches Volumen von 1 m^3 infolge der Strahlungsenergie der Sonne enthält (siehe Beispiel 32.4)?

24 (II) Ein Laser mit einer Leistung von 12,8 mW sendet einen schmalen Strahl mit einem Durchmesser von 2 mm aus. Wie groß sind die mittleren Effektivwerte von E und B in diesem Strahl?

25 (II) Schätzen Sie die mittlere Leistung ab, die von der Sonne abgegeben wird, wenn etwa 1350 W / m^2 die äußere Erdatmosphäre erreichen.

26 (II) Ein Hochenergie-Pulslaser emittiert einen Puls von 1,0 ns mit $2{,}5 \cdot 10^{11}$ W mittlerer Leistung. Der Laserstrahl hat einen Durchmesser von $2{,}2 \cdot 10^{-3}$ m. Bestimmen Sie (a) die mit jedem Puls abgegebene Energie und (b) den Effektivwert des elektrischen Feldes.

27 (III) (a) Zeigen Sie, dass der Poynting-Vektor **S** radial nach innen, zum Mittelpunkt eines kreisförmigen Plattenkondensators zeigt, wenn dieser wie in Beispiel 32.1 geladen wird. (b) Integrieren Sie **S** über den zylindrischen Rand der Lücke zwischen den Kondensatorplatten, um zu zeigen, dass die Rate, mit der Energie in den Kondensator eintritt, gleich der Rate ist, mit der elektrostatische Energie im elektrischen Feld des Kondensators gespeichert wird (siehe Abschnitt 24.4). Vernachlässigen Sie Randeffekte von **E**.

Aufgaben zu 32.8

28 (II) Schätzen Sie den Strahlungsdruck einer 100-W-Glühlampe in einem Abstand von 8 cm vom Mittelpunkt der Glühlampe ab. Schätzen Sie die Kraft ab, die auf Ihre Fingerspitze wirkt, wenn Sie die Glühlampe an diesem Punkt berühren.

29 (III) Es wird angenommen, dass die Sonne, als sie vor langer Zeit heiß und glühend wurde, mithilfe des Strahlungsdrucks Staubpartikel und einzelne Atome ausgestoßen und aus dem Sonnensystem herausgeschleudert hat. Berechnen Sie, wie klein die Staubpartikel gewesen sein müssen, um die auf sie wirkende Gravitationskraft zu überwinden und ausgestoßen zu werden. Nehmen Sie an, dass die Partikel kugelförmig sind, eine Dichte von $2 \cdot 10^3$ kg/m^3 haben und die Sonnenstrahlung vollkommen absorbieren. Die mittlere, von der Sonne abgegebene Energiemenge beträgt $3{,}8 \cdot 10^{26}$ W.

30 (III) Wir haben in diesem Kapitel zwei verschiedene Gleichungen für den Impulsübertrag infolge von Strahlung diskutiert. Die eine der Gleichungen gilt für Totalabsorption, die andere für Totalreflexion. Die zweite Gleichung ist bis auf den Faktor 2 identisch mit der ersten. Geben Sie zur Begründung dieses Faktors ein einfaches Argument aus der Mechanik an. Behandeln Sie dabei Licht als masselose Teilchen (Photonen), von denen jedes den Impuls p trägt. Im Falle der Absorption stoßen die Lichtpartikel vollkommen unelastisch mit einem festen Körper zusammen, während es sich im Falle der Reflexion um einen elastischen Stoß handelt. Analysieren Sie diese Zusammenstöße und erklären Sie den Faktor 2.

Aufgaben zu 32.9

31 (I) Der veränderliche Kondensator im Empfänger eines Mittelwellenradios hat eine Kapazität von 2400 pF, wenn das Radio auf einen Sender mit einer Frequenz von 550 Hz eingestellt ist. Wie groß muss die Kapazität für einen Sender am anderen Ende der Skala sein, der mit einer Frequenz von 1550 kHz sendet?

32 (I) Der Oszillator eines UKW-Senders mit einer Frequenz von 96,1 MHz hat eine Induktivität von 1,8 μH. Wie groß muss seine Kapazität sein?

33 (II) Der Stromkreis eines gegebenen UKW-Empfängers enthält einen Kondensator mit einer konstanten Kapazität $C = 840$ pF. Der Empfang wird mithilfe einer veränderlichen Induktivität realisiert. In welchem Bereich müssen sich die Induktivitätswerte befinden, damit Sender mit Frequenzen von 88 MHz bis 108 MHz empfangen werden können?

34 (II) Ein Amateurfunker möchte einen Empfänger für den Bereich zwischen 14 MHz und 15 MHz bauen. Er benutzt einen veränderlichen Kondensator mit einer minimalenn Kapazität von 92 pF. (a) Welcher Wert der Induktivität ist erforderlich? (b) Wie groß ist das Maximum der Kapazität, das mithilfe des veränderlichen Kondensators erreicht werden kann?

Allgemeine Aufgaben

35 (a) Wie groß ist die Wellenlänge eines Mittelwellensenders mit einer Frequenz von 680 kHz? (b) Eine UKW-Station sendet bei 100,7 MHz. Wie groß ist die Wellenlänge dieser Welle?

36 Vergleichen Sie 940 auf der Mittelwellenskala mit 94 auf der UKW-Skala. Welche der beiden Einstellungen hat die größere Wellenlänge? Um welchen Faktor ist sie größer?

37 Die Sendefrequenzen der Fernsehkanäle liegen zwischen 54,0 MHz für Kanal 2 und 806 MHz für Kanal 69 (und darüber hinaus). Wie groß sind die Wellenlängen für diese beiden Kanäle?

38 Wenn die Sonne verschwinden oder in irgendeiner Weise ihre Energieabgabe extrem verändern würde, wie lange würde es dann dauern, bis wir dies auf der Erde bemerkten?

39 (a) Wie lange dauert es, bis eine von der Erde abgeschickte Nachricht die ersten Astronauten auf dem Mond erreicht? (b) Wie lange dauert es, bis eine von der Erde abgeschickte Nachricht die ersten Astronauten auf dem Mars erreicht? Nehmen Sie an, dass die Entfernung Erde-Mars maximal $78 \cdot 10^6$ km beträgt.

40 Ein Funkspruch der Besatzung des Apollo-Raumschiffs auf dem Mond wird über einen Radiolautsprecher ausgestrahlt. Angenommen, Sie befinden sich 50 m vom Lautsprecher entfernt. Wie groß ist die gesamte Zeitverzögerung zwischen dem Absenden des Funkspruchs auf dem Mond und dem Moment, da Sie die Geräusche aus dem Radiolautsprecher hören?

41 Eine punktförmige Quelle emittiert Lichtenergie mit einer Rate P_0 und einer einzelnen Frequenz f gleichmäßig in alle Richtungen. Zeigen Sie, dass der Spitzenwert des elektrischen Feldes in der Welle durch

$$E_0 = \sqrt{\frac{\mu_0 \, c \, P_0}{2\pi \, r^2}}$$

gegeben ist.

42 Wie stark sind das elektrische Feld E_0 und das magnetische Feld B_0 in zwei Meter Entfernung von einer 100-W-Lichtquelle? Nehmen Sie an, dass die Glühlampe mit einer einzelnen Frequenz gleichmäßig in alle Richtungen strahlt.

43 Schätzen Sie das effektive elektrische Feld im Sonnenlicht ab, das den Mars erreicht. Verwenden Sie dazu die folgenden Informationen: Die Energiemenge, die die Erde erreicht, beträgt 1350 W / m^2; der Mars ist (im Mittel) 1,52-mal so weit von der Sonne entfernt wie die Erde.

44 Zu einem bestimmten Zeitpunkt wird festgestellt, dass das Maximum des Magnetfeldes einer sich ausbreitenden elektromagnetischen Welle nach Westen und das Maximum ihres elektrischen Feldes nach Süden zeigt. In welche Richtung breitet sich die Welle aus? Wie groß ist der Maximalwert der beiden Felder, wenn die Rate des Energieflusses 500 W/m^2 beträgt?

45 Wer hört die Stimme eines Sängers zuerst: eine Person, die 50 m von der Bühne entfernt in der Loge sitzt (siehe ▸ Abbildung 32.21), oder eine Person, die in 3000 km Entfernung zu Hause Radio hört? Um wie viel eher hört sie dies ungefähr? Nehmen Sie an, dass sich das Mikrofon wenige Zentimeter vom Sänger entfernt befindet und die Temperatur im Konzertsaal 20 °C beträgt.

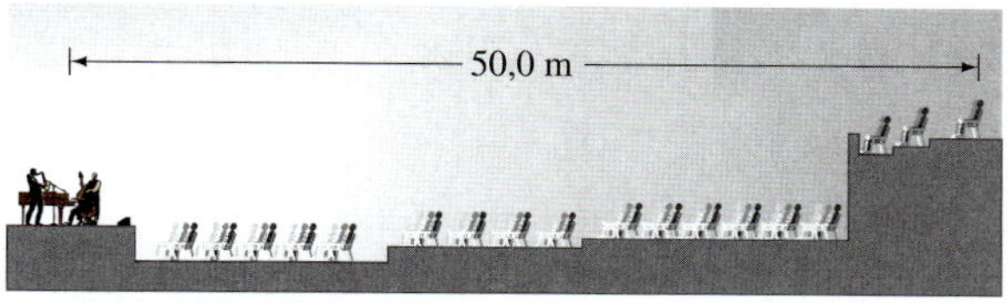

Abbildung 32.21 Aufgabe 45.

46 Eine 1,80 m lange UKW-Empfangsantenne ist parallel zum elektrischen Feld einer elektromagnetischen Welle ausgerichtet. Wie stark muss das elektrische Feld **E** sein, um zwischen den Enden der Antenne eine Effektivspannung von 1 mV zu erzeugen? Wie groß ist die Rate des Energietransports pro Flächeneinheit?

47 Angenommen, ein Radiosender mit einer Leistung von 50 kW emittiert elektromagnetische Wellen gleichmäßig in alle Richtungen. (a) Wie viel Energie durchquert eine Fläche von 1 m^2 in 100 m Entfernung von der Sendeantenne? (b) Wie groß ist der Effektivbetrag des elektrischen Feldes **E** an diesem Punkt, wenn der Sender mit voller Leistung arbeitet? (c) Wie groß ist in dieser Entfernung die in einer 1 m langen vertikalen Autoantenne induzierte Spannung?

48 Wiederholen Sie Aufgabe 47 für eine Entfernung von 100 km vom Sender.

49 Zu Aufgabe 47: Bei welchem Wert der Feldstärke beginnt in 1 m Entfernung von der Antenne die Luft elektrisch durchzuschlagen? Nehmen Sie an, dass es sich bei der Antenne um eine Punktquelle handelt. Luft schlägt in einem elektrischen Feld von etwa $3 \cdot 10^6$ V/m durch. (*Hinweis*: Siehe Aufgabe 41.)

50 Wie groß ist die Effektivspannung, die in einer Antenne aus einer kreisförmigen Spule mit 380 Windungen und 2,2 cm dickem Draht erzeugt wird, wenn die elektromagnetische Welle mit Frequenz 810 kHz und mittlerer Energie $1 \cdot 10^{-4}$ W / m^2 von der Antenne ausgestrahlt wird? (*Hinweis*: Sie können Gleichung 29.4 für einen Generator verwenden, da diese auf einen sich mit der Spule bewegenden Beobachter angewendet werden kann, so dass das Magnetfeld mit der Frequenz $f = \omega/2\pi$ oszilliert.)

51 Die veränderliche Kapazität eines Radiotuners besteht aus sechs miteinander verbundenen Platten, die zwischen sechs anderen, ebenfalls miteinander verbundenen Platten bewegt werden (siehe ▸ Abbildung 32.22). Jede ist von der ihr benachbarten Platte durch einen Luftspalt von 1,1 mm getrennt. Eine Plattengruppe kann so bewegt werden, dass die Überlappungsfläche zwischen 1 cm^2 und 9 cm^2 variiert werden kann. (a) Sind diese Kondensatoren in Reihe oder parallel geschaltet? (b) Bestimmen Sie den Bereich der Kapazitätswerte. (c) Wie groß muss der Induktivitätswert sein, damit das Radio Mittelwellensender von 550 kHz bis 1600 kHz empfängt?

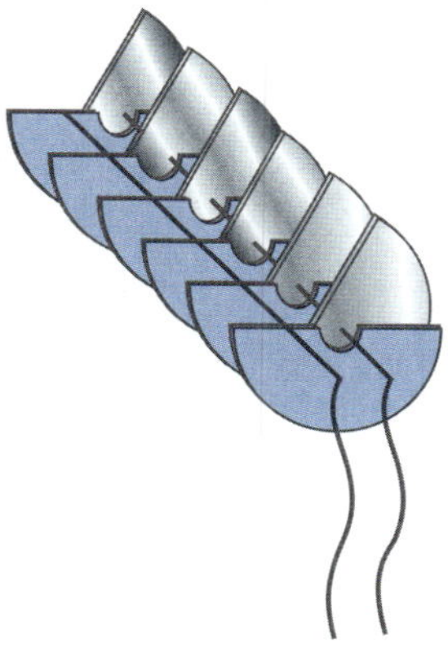

Abbildung 32.22 Aufgabe 51.

52 Ein zylindrischer Leiter mit dem Radius r und dem Leitwert σ führt einen konstanten Strom I, der gleichmäßig über seinen Querschnitt verteilt ist. (a) Bestimmen Sie **E** innerhalb des Leiters. (b) Bestimmen Sie **B** in der unmittelbaren Umgebung des Leiters. (c) Bestimmen Sie den Poynting-Vektor **S** an der Oberfläche des Leiters und zeigen Sie, dass er senkrecht auf der Oberfläche steht und nach innen gerichtet ist. (d) Integrieren Sie über **S**, um zu zeigen, dass die Rate, mit der elektromagnetische Energie in den Leiter eintritt, gleich der Rate I^2R ist, mit der Energie verbraucht wird. Daher können wir uns vorstellen, dass im Leiter die Energie in Form von elektromagnetischen Feldern eher über die Seiten als über die Enden eintritt.

Reflexion und Brechung

33

ÜBERBLICK

Die Reflexion an einer ruhigen Wasseroberfläche kann, wie die an einem gläsernen Spiegel, mithilfe des Strahlenmodells des Lichts analysiert werden. Ist dieses Bild richtig herum dargestellt? Woher wissen Sie das? Was sind die Anhaltspunkte? Die Antwort finden Sie in Beispiel 33.2. In diesem Kapitel über Licht und Optik werden wir das Strahlenmodell des Lichts verwenden, um die Abbildung an ebenen und (sphärisch) gekrümmten Spiegeln zu verstehen. Außerdem werden wir damit beginnen, die Beugung von Licht in transparenten Medien zu behandeln, was uns an die Untersuchung von Linsen im nächsten Kapitel heranführen wird.

33. Reflexion und Brechung

Das Sehen ist eine außerordentlich wichtige Sinneswahrnehmung, denn es liefert uns einen Großteil der Informationen über die Welt. Wie sehen wir? Was ist überhaupt das, was wir *Licht* nennen, was unsere Augen berührt und dadurch die Empfindung des Sehens hervorruft? Woran liegt es, dass sich Licht so verhält, dass wir alles sehen, was wir tun? Wir haben in Kapitel 32 festgestellt, dass Licht als eine Form elektromagnetischer Wellen aufgefasst werden kann. In diesem Kapitel wollen wir das Thema Licht im Detail behandeln.

Es gibt zwei Möglichkeiten, ein Objekt zu sehen: (1) Das Objekt kann eine Lichtquelle sein, z. B. eine Glühlampe, eine Flamme oder ein Stern. In diesem Fall sehen wir das von der Quelle emittierte Licht direkt. (2) Häufiger jedoch sehen wir ein Objekt wegen des von ihm reflektierten Lichts. Dann ist das Licht von der Sonne, einer künstlichen Lichtquelle oder einem Lagerfeuer emittiert worden. Erst in den 1920er-Jahren begann man zu verstehen, wie Körper Licht *emittieren*. Dies wird Gegenstand von Kapitel 38 sein. Wie Licht von Objekten *reflektiert* wird, wusste man dagegen schon weit früher. Wir werden uns damit in Abschnitt 33.3 befassen.

33.1 Strahlenoptik

Es entspricht unserer alltäglichen Beobachtung, dass sich Licht in homogenen Medien *geradlinig ausbreitet*. Beispielsweise bewirkt eine punktförmige Lichtquelle wie die Sonne unterschiedlich lange Schatten und der Strahl einer Taschenlampe scheint eine gerade Linie zu sein. Tatsächlich schließen wir auf die Position von Objekten in unserer Umgebung, indem wir annehmen, dass sich das Licht geradlinig von dem Objekt zu unseren Augen bewegt. Unsere Orientierung in der physikalischen Welt basiert auf dieser Annahme.

Diese Annahmen sind im Fermat'schen Prinzip enthalten und führen zur Strahlenoptik oder geometrischen Optik. Dieses Modell setzt voraus, dass sich das Licht auf geradlinigen Bahnen ausbreitet, die als **Lichtstrahlen** bezeichnet werden. Tatsächlich ist der Strahl eine Idealisierung; er repräsentiert ein extrem schmales Lichtbündel. Wenn wir ein Objekt sehen, dann erreicht nach dem Strahlenmodell von jedem Punkt des Objekts aus ein Lichtstrahl unsere Augen. Obwohl von jedem Punkt Lichtstrahlen in viele Richtungen ausgehen, kann normalerweise nur ein schmales Bündel dieser Strahlen in das Auge eines Beobachters eintreten (siehe ▸ Abbildung 33.1). Wenn der Beobachter seinen Kopf zur Seite dreht, dann wird von jedem Punkt aus ein anderes Bündel von Lichtstrahlen in sein Auge eintreten.

Lichtstrahlen

Wir haben in Kapitel 32 gesehen, dass Licht als elektromagnetische Welle aufgefasst werden kann. Obwohl die Strahlenoptik diese Eigenschaft des Lichts nicht berücksichtigt (wir diskutieren die Wellennatur des Lichts in den Kapiteln 35 und 36), war das Strahlenmodell sehr erfolgreich bei der Beschreibung vieler Erscheinungen der Optik. Hierzu gehören Reflexion, Brechung und die Abbildung durch Spiegel und Linsen. Die Lichtstrahlen werden als Geraden angenommen, die miteinander verschiedene Winkel einschließen. Man bezeichnet die Strahlenoptik deshalb auch als **geometrische Optik.** Wenn wir die Welleneigenschaften des Lichts vernachlässigen, müssen wir darauf achten, dass die Objekte, die das Licht passiert oder die Apparaturen, durch die das Licht hindurchgeht, sehr groß sind im Vergleich zur Wellenlänge des Lichts (denn dann können die Wellenphänomene Interferenz und Beugung, wie in Kapitel 15 diskutiert, vernachlässigt werden). Außerdem ignorieren wir bis zu den Kapiteln 35 und 36, was mit dem Licht an den Kanten von Objekten geschieht.

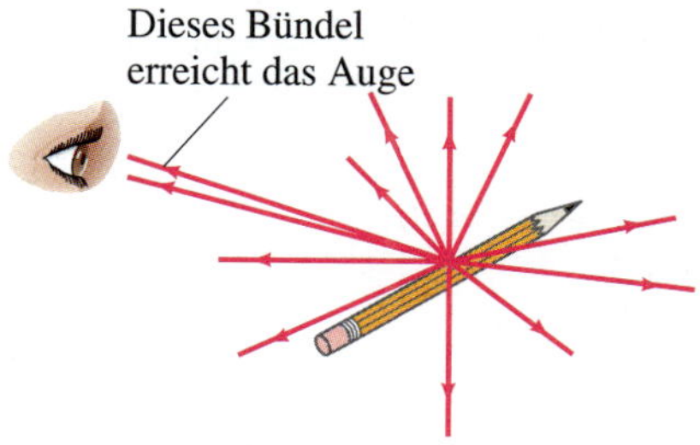

Abbildung 33.1 Von jedem einzelnen Punkt eines Objekts gehen Lichtstrahlen aus. Ein schmales, von einem Punkt ausgehendes Strahlenbündel wird beim Auftreffen auf das Auge eines Beobachters gezeigt.

33.2 Lichtgeschwindigkeit und Brechungsindex

Galilei versuchte die Lichtgeschwindigkeit zu messen, indem er die Zeit maß, die das Licht brauchte, um die bekannte Distanz zwischen zwei Bergkuppen zu überwinden. Er postierte einen Gehilfen auf der einen Bergkuppe und sich selbst auf der anderen. Der Gehilfe war angewiesen, genau dann die Abdeckung von seiner Lampe zu entfernen, wenn er den Lichtblitz von Galileis Lampe sah. Galilei maß die Zeit zwischen dem Lichtblitz von seiner Lampe und dem Zeitpunkt, zu dem ihn das Licht aus der Lampe des Gehilfen erreichte. Diese Zeit war so kurz, dass er schlussfolgerte, sie würde nur die menschliche Reaktionszeit repräsentieren und die Lichtgeschwindigkeit müsse extrem hoch sein.

Die erste Bestätigung, dass die Lichtgeschwindigkeit endlich ist, stammt von dem dänischen Astronomen Ole Rømer (1644–1710). Rømer hatte beobachtet, dass die sorgfältig gemessene Umlaufzeit des Io, eines der Jupitermonde, geringfügig um die mittlere Umlaufzeit von 49,5 Stunden schwankt, wobei die Abweichung von der Relativbewegung von Erde und Jupiter abhängt. Wenn sich die Erde vom Jupiter weg bewegte, war die Umlaufzeit des Mondes etwas länger, wenn sie sich in die gleiche Richtung wie Jupiter bewegte, war sie etwas kürzer. Er schrieb diese Schwankung der zusätzlichen Zeit zu, die das Licht braucht, um die wachsende Distanz zur Erde zurückzulegen, wenn diese sich entfernt, bzw. der kürzeren Zeit, wenn sich die beiden Planeten aufeinander zu bewegen. Rømer schlussfolgerte, dass die Lichtgeschwindigkeit – wenngleich groß – endlich sein müsse.

Seitdem wurde die Lichtgeschwindigkeit mit verschiedenen Methoden gemessen. Zu den wichtigsten Versuchen gehört jener, den der amerikanische Physiker Albert Michelson (1852–1931) durchführte. Michelson verwendete den in ▸ Abbildung 33.2 skizzierten Versuchsaufbau mit einem rotierenden Spiegel für eine Reihe hochpräziser Experimente, die er ab 1880 bis in die 1920er-Jahre durchführte. Das Licht ist dabei von einer Quelle auf eine Fläche eines rotierenden achtseitigen Polygonspiegels gerichtet. Das reflektierte Licht fällt auf einen weit entfernten, feststehenden Spiegel und wird dort reflektiert (siehe Abbildung). Wenn sich der rotierende Spiegel mit exakt der richtigen Frequenz dreht, wird das wieder auf dem rotierenden Spiegel eintreffende Licht in ein kleines Teleskop reflektiert, durch das der Beobachter blickt. Wenn die Rotationsgeschwindigkeit auch nur geringfügig abweicht, wird der Lichtstrahl zur Seite abgelenkt und kann vom Beobachter nicht gesehen werden. Aus der geforderten Rotationsgeschwindigkeit des rotierenden Spiegels und dem bekannten Abstand zu dem feststehenden Spiegel kann die Lichtgeschwindigkeit berechnet werden. In den 1920er-Jahren setzte Michelson den rotierenden Spiegel auf den Gipfel des Mount Wilson in Südkalifornien und den feststehenden Spiegel auf den 35 km entfernten Mount San Antonio. Später bestimmte er die Vakuumlichtgeschwindigkeit mithilfe einer langen evakuierten Röhre.

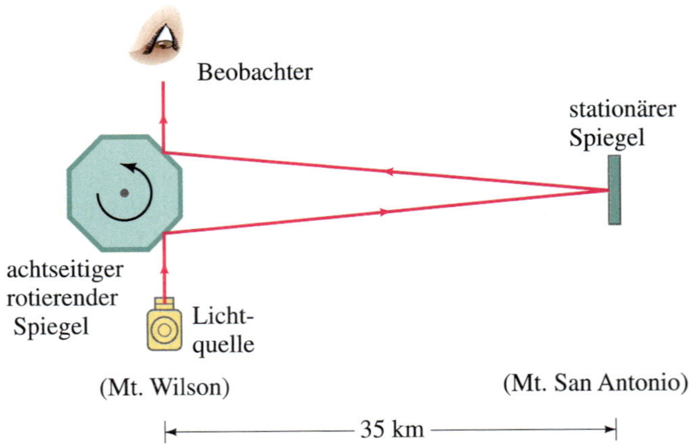

Abbildung 33.2 Versuchsaufbau zur Bestimmung der Lichtgeschwindigkeit nach Michelson (nicht maßstabsgetreu).

Tabelle 33.1

Brechungsindizes[a]

Medium	n
Vakuum	1,0000
Luft[b]	1,0003
Wasser	1,33
Äthylalkohol	1,36
Glas	
Quarzglas	1,46
Kronglas	1,52
leichtes Flintglas	1,58
Plexiglas	1,51
Natriumchlorid	1,53
Diamant	2,42

[a] für $\lambda = 589$ nm
[b] unter Normalbedingungen für Temperatur und Druck

Der heute akzeptierte Wert der Lichtgeschwindigkeit c im Vakuum ist[1]

$$c = 2{,}99792458 \cdot 10^8\ \mathrm{m/s}\,.$$

Sofern keine hohen Anforderungen an die Genauigkeit bestehen, werden wir in diesem Buch meist den gerundeten Wert

$$3{,}00 \cdot 10^8\ \mathrm{m/s}$$

verwenden. In Luft ist die Ausbreitungsgeschwindigkeit des Lichts nur geringfügig niedriger. In jedem anderen transparenten Medium wie Glas oder Wasser breitet sich Licht langsamer aus als im Vakuum, in Wasser beispielsweise mit einer Geschwindigkeit von $\frac{3}{4}c$. Das Verhältnis von Vakuumlichtgeschwindigkeit und der Geschwindigkeit v des Lichts in einem bestimmten Medium wird als dessen **Brechungsindex** n bezeichnet:

$$n = \frac{c}{v}\,. \tag{33.1}$$

Brechungsindex

Der Brechungsindex eines Mediums kann niemals kleiner als 1 sein. Werte für verschiedene Medien sind in Tabelle 33.1 angegeben. Beispielsweise ist die Geschwindigkeit des Lichts in Diamant (Brechungsindex $n = 2{,}42$)

$$v = \frac{c}{n} = \frac{3{,}00 \cdot 10^8\ \mathrm{m/s}}{2{,}42} = 1{,}24 \cdot 10^8\ \mathrm{m/s}\,.$$

Wie wir später sehen werden, variiert n mit der Wellenlänge des Lichts etwas (außer im Vakuum), so dass bei der Angabe eine bestimmte Wellenlänge spezifiziert werden muss. Die Angaben in Tabelle 33.1 beziehen sich auf gelbes Licht mit einer Wellenlänge von $\lambda = 589\ \mathrm{nm}$.

33.3 Reflexion; Abbildung am ebenen Spiegel

Wenn Licht auf die Oberfläche eines Gegenstands trifft, wird ein Teil des Lichts reflektiert. Der andere Teil wird entweder von dem Gegenstand absorbiert (und in thermische Energie umgewandelt) oder, wenn es sich um ein transparentes Medium wie Glas oder Wasser handelt, teilweise durchgelassen. Ein sehr glänzender Gegenstand wie ein versilberter Spiegel kann mehr als 95% des einfallenden Lichts reflektieren.

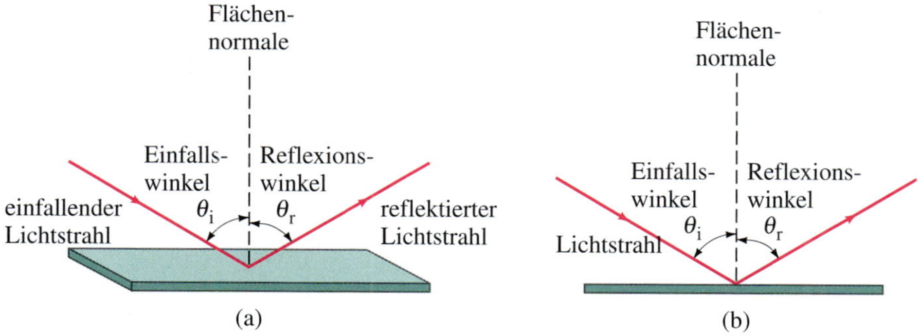

Abbildung 33.3 Reflexionsgesetz:(a) zeigt einen einfallenden Strahl, der an einer ebenen Oberfläche reflektiert wird; (b) zeigt diese Situation in der Seitenansicht, die wir wegen der Klarheit der Darstellung üblicherweise verwenden werden.

Für ein schmales Lichtbündel, das auf eine ebene Oberfläche einfällt (▶ Abbildung 33.3), definieren wir den **Einfallswinkel** θ_i als denjenigen Winkel, den der einfallende Strahl mit der Flächennormale bildet. Der **Reflexionswinkel** θ_r ist der Winkel, den der reflektierte Strahl mit der Flächennormale bildet. Es zeigt sich, dass *einfallender und reflektierter Strahl in einer Ebene mit der Flächennormale liegen,* und es gilt

Einfallswinkel
Reflexionswinkel
Winkel mit der Flächennormale

Einfallswinkel gleich Reflexionswinkel.

Relexionsgesetz

1 Als 1983 das Meter umdefiniert wurde, wurde für die Lichtgeschwindigkeit dieser Wert verwendet und die Definition des Meters auf deren Basis formuliert (siehe Abschnitt 1.4).

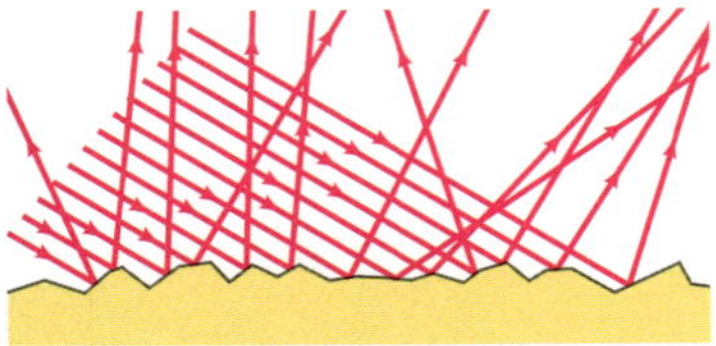

Abbildung 33.4 Diffuse Reflexion an einer rauen Oberfläche.

Dies ist das **Reflexionsgesetz,** es ist in ▶ Abbildung 33.3 graphisch dargestellt. Es war bereits im antiken Griechenland bekannt und Sie können sich selbst davon überzeugen, indem Sie in einem dunklen Raum einen dünnen Lichtstrahl auf einen Spiegel richten.

Wenn Licht auf eine unebene Fläche trifft, wird es in viele verschiedene Richtungen reflektiert (▶ Abbildung 33.4), selbst dann, wenn die Unebenheiten mikroskopisch klein sind, wie es bei dieser Buchseite der Fall ist. Dieses Phänomen wird als **diffuse Reflexion** bezeichnet. Das Reflexionsgesetz gilt natürlich in jedem kleinen Gebiet der Oberfläche immer noch. Wegen der diffusiven Reflexion in alle Richtungen kann ein gewöhnliches Objekt von verschiedenen Betrachtungswinkeln aus gesehen werden. Wenn Sie Ihren Kopf zur Seite drehen, erreichen von jedem Punkt des Objekts (z. B. von dieser Seite) andere reflektierte Strahlen ihr Auge (▶ Abbildung 33.5a). Vergleichen wir die diffuse Reflexion mit der Reflexion durch einen Spiegel: Wenn ein schmales Lichtbündel auf einen Spiegel trifft, erreicht das Licht Ihr Auge nur dann, wenn sich dieses genau an der richtigen, d. h. an der durch das Reflexionsgesetz vorgegebenen Stelle befindet (▶ Abbildung 33.5b). Genau darauf beruhen die speziellen Abbildungseigenschaften von Spiegeln.

Spiegel

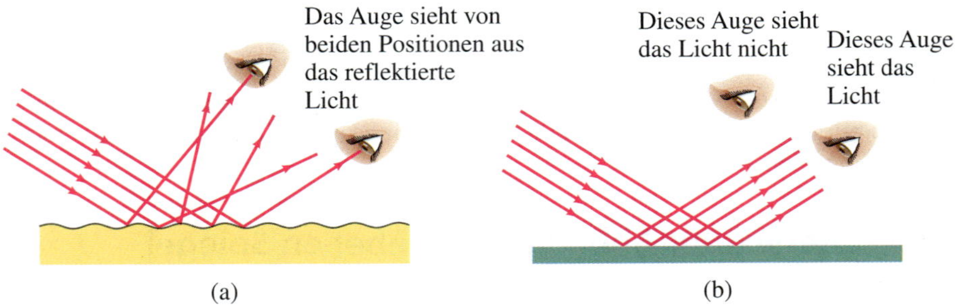

Abbildung 33.5 Der Lichtstrahl einer Taschenlampe scheint auf (a) weißes Papier und (b) einen Spiegel. In Teil (a) sehen Sie, dass das weiße Licht aufgrund der diffusen Reflexion in verschiedene Richtungen reflektiert wird. In Teil (b) sehen Sie das reflektierte Licht nur dann, wenn sich Ihr Auge genau in der Bahn der reflektierten Strahlen befindet ($\theta_r = \theta_i$). (Galilei zeigte durch eine ähnliche Argumentation, dass der Mond eine raue Oberfläche haben muss und keine glatte wie ein Spiegel, wie damals manche Leute glaubten.)

Abbildung 33.6 Wenn Sie in einen Spiegel schauen, dann sehen Sie ein Bild Ihrer selbst und Objekte aus ihrer Umgebung. Sie sehen sich allerdings nicht so, wie andere Menschen Sie sehen, da rechts und links im Bild vertauscht sind.

Wenn Sie frontal in einen Spiegel blicken, dann sehen Sie sich selbst sowie verschiedene Objekte um sich herum und hinter Ihnen (▶ Abbildung 33.6). Ihr Gesicht und die anderen Objekte befinden sich scheinbar vor Ihnen und jenseits des Spiegels; aber das ist natürlich nicht wirklich der Fall. Was Sie im Spiegel sehen, ist das **Bild** der Objekte.

▶ Abbildung 33.7 zeigt, wie nach der Strahlenoptik ein Bild am ebenen Spiegel entsteht. Der Spiegel ist von der Seite gezeigt, und die durchgezogenen Linien zeigen die auf der Vorderseite einfallenden bzw. an dieser reflektierten Strahlen. (Gute Spiegel werden im Allgemeinen hergestellt, indem eine stark reflektierende metallische Beschichtung auf eine Seite einer sehr dünnen Glasscheibe aufgebracht

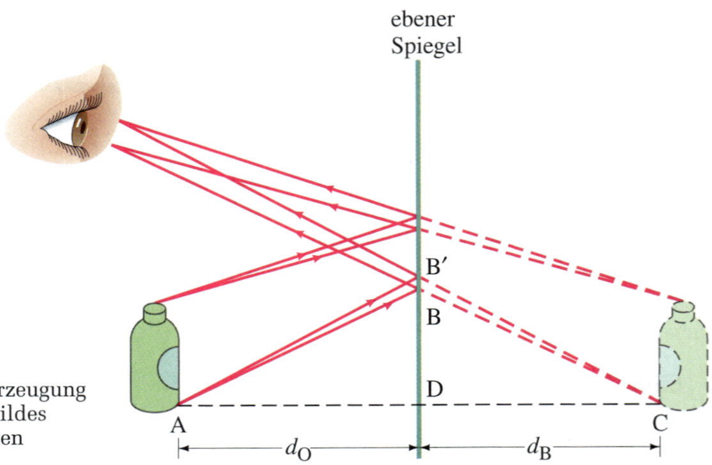

Abbildung 33.7 Erzeugung eines virtuellen Bildes durch einen ebenen Spiegel.

wird.) In ▶ Abbildung 33.7 sind von zwei verschiedenen Punkten des Objekts (Boden und Spitze der Flasche) ausgehende Strahlen dargestellt. Von jedem Punkt des Objekts gehen Strahlen in viele Richtungen, es werden jedoch nur diejenigen gezeigt, die das Auge von den beiden ausgewählten Punkten aus erreichen. Die auseinanderlaufenden Strahlen, die das Auge erreichen, *scheinen* von einem Ort hinter dem Spiegel zu kommen, was durch die gestrichelten Linien angedeutet ist. Das heißt, Ihre Augen bzw. Ihr Gehirn interpretieren alle Strahlen, die das Auge erreichen, so, als hätten sie einen geradlinigen Weg zurückgelegt. Der Punkt, von dem ein Strahlenbündel scheinbar ausgeht, ist ein Punkt des Bildes. Zu jedem Punkt des Objekts gibt es einen entsprechenden Bildpunkt. Konzentrieren wir uns nun auf die beiden Strahlen, die vom Punkt A des Objekts ausgehen und in den Punkten B und B' auf der Spiegeloberfläche auftreffen. Die Winkel ∢ADB und ∢CDB sind rechte Winkel; die Winkel ∢ABD und ∢CBD sind wegen des Reflexionsgesetzes gleich groß. Deshalb sind die beiden Dreiecke △ABD und △CBD kongruent, und der Abstand AD ist gleich dem Abstand CD. Das Bild scheint daher gerade so weit hinter dem Spiegel zu liegen, wie das Objekt auf der anderen Seite des Spiegels von diesem entfernt ist: Die **Bildweite** d_B ist gleich der **Objektweite** d_O. Nach den Gesetzen der Geometrie muss außerdem die Höhe des Bildes gleich der des Objekts sein.

Abbildung nach dem Strahlenmodell

Bildpunkte sind die Schnittpunkte von Strahlen

Bildweite = Objektweite

Die Lichtstrahlen verlaufen nicht wirklich durch den Ort, an dem sich das Bild befindet. Es scheint nur so, als ob das Licht von dem Bild ausgeht, weil unser Gehirn jeden Lichtstrahl, der unsere Augen trifft, geradlinig verlängert. Da die Strahlen nicht wirklich durch das Bild gehen, würde das Bild nicht auf einem am Ort des Bildes platzierten Schirm erscheinen. Es wird daher als **virtuelles Bild** bezeichnet, das von einem **realen Bild** zu unterscheiden ist, bei dem das Licht tatsächlich durch das Bild verläuft und das daher auf einem Schirm erscheinen würde, der am Ort des Bildes aufgestellt ist. Wir werden sehen, dass gewölbte Spiegel und Linsen reale Bilder erzeugen können. Die Linse eines Filmprojektors beispielsweise erzeugt ein reales Bild, das auf der Projektionswand zu sehen ist.

Reale und virtuelle Bilder

Beispiel 33.1 · Begriffsbildung — Wie groß muss ein Spiegel sein, damit man sich vollständig betrachten kann?

Eine 1,60 m große Frau steht vor einem ebenen Spiegel. Wie groß muss der Spiegel mindestens sein, und wie hoch muss sich seine untere Kante über dem Boden befinden, damit sie ihren ganzen Körper betrachten kann? Nehmen Sie an, dass die Augen der Frau 10 cm unterhalb des Scheitels liegen.

Lösung

Die Situation ist in ▶ Abbildung 33.8 skizziert. Betrachten wir zunächst den vom Fuß der Frau ausgehenden Strahl AB, der nach der Reflexion zum Strahl BE wird und das Auge E erreicht. Das Licht vom Punkt A (Füße der Frau) erreicht das Auge nach der Reflexion im Punkt B, deshalb muss sich der Spiegel mindestens bis B erstrecken. Da der Reflexionswinkel gleich dem Einfallswinkel ist, ist die Höhe BD halb so groß, wie die Höhe AE. Wegen AE = 1,60 m − 0,10 m = 1,50 m gilt BD = 0,75 m. Entsprechend muss die obere Kante des Spiegels, damit die Frau ihren Kopf sehen kann, bis zum Punkt F reichen, der sich 5 cm (die Hälfte von GE = 10 cm) unterhalb ihres Scheitels befindet. Daher ist DF = 1,55 m und der Spiegel muss mindestens eine Höhe von 1,55 m − 0,75 m = 0,80 m haben. Die untere Kante des Spiegels muss sich 0,75 m über dem Boden befinden. Allgemein muss ein Spiegel nur halb so groß sein wie eine Person, damit diese sich vollständig darin betrachten kann. Hängt dieses Ergebnis vom Abstand zwischen Person und Spiegel ab?

ANGEWANDTE PHYSIK

Wie groß muss ein Spiegel sein, damit man sich vollständig betrachten kann?

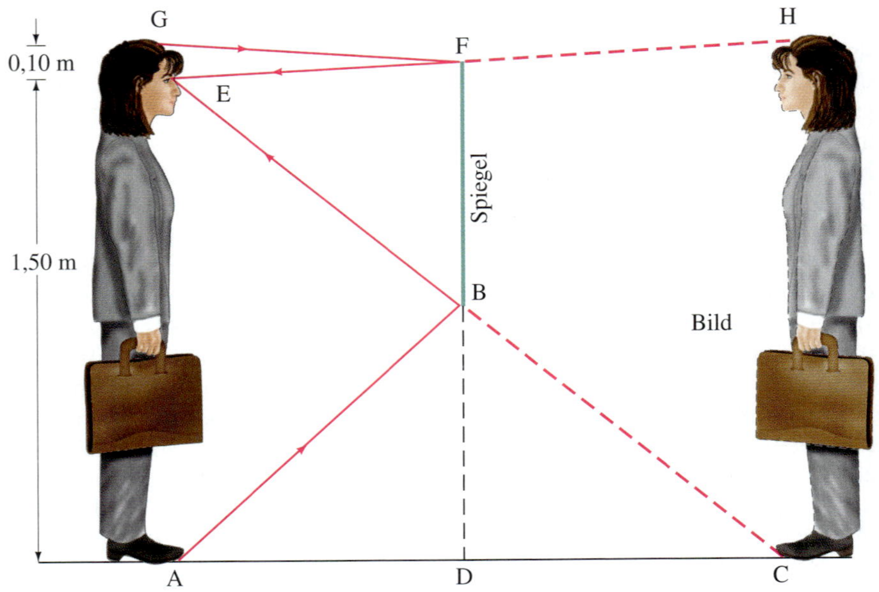

Abbildung 33.8 Abbildung am Spiegel, siehe Beispiel 33.1.

Beispiel 33.2 · Begriffsbildung

Steht das Foto auf dem Kopf?

Eine genaue Betrachtung des Fotos auf Seite 1086 zeigt, dass das Bild der Sonne im oberen Bereich klar zu sehen ist, während das Bild der Sonne im unteren Bereich teilweise von Zweigen verdeckt ist. Warum ist das reflektierte Bild auf dem Wasser keine genaue Kopie der realen Szene? Illustrieren Sie Ihre Lösung durch eine Skizze, die die Sonne, die Kamera, den Zweig und zwei zwischen Kamera und Sonne verlaufende Strahlen (einen einfallenden und einen reflektierten) enthält. Beantwortet Ihre Skizze die Frage, ob das Foto richtig herum gezeigt ist?

Lösung

Wir müssen zwei Skizzen anfertigen, nämlich eine, die davon ausgeht, dass das Foto auf Seite 1086 richtig herum gezeigt ist, und eine, die annimmt, dass das Foto auf dem Kopf steht. ► Abbildung 33.9 ist unter der zweiten Annahme gezeichnet. In diesem Fall ist die durch die Zweige verdeckte Sonne die direkte Ansicht, und die volle Ansicht der Sonne das reflektierte Bild. Wie in ► Abbildung 33.9 gezeigt, verläuft der an der Wasseroberfläche in Richtung Kamera reflektierte Strahl unterhalb der Zweige, während der direkte Strahl zur Kamera durch die Zweige verläuft. Dies funktioniert. Versuchen Sie nun eine Skizze anzufertigen, die davon ausgeht, dass das Foto richtig herum gezeigt ist (dies impliziert die Annahme, dass das Bild der Sonne bei der Reflexion höher über dem Horizont steht als bei direkter Betrachtung). Dies wird nicht funktionieren. Das Foto auf Seite 1086 steht auf dem Kopf.

Außerdem: Was ist mit den Menschen auf dem Foto? Versuchen Sie zu skizzieren, weshalb diese bei der Reflexion nicht zu sehen sind. (*Hinweis*: Nehmen Sie an, dass sie nicht direkt am Ufer sitzen, sondern ein Stück davon entfernt.) Versuchen Sie sich dann an der umgekehrten Skizze (d. h. nehmen Sie an, dass das Foto richtig herum gezeigt ist, so dass die Menschen nur als Reflexion zu sehen sind). Allgemein sind reflektierte Bilder keine perfekten Kopien, wenn die abgebildeten Objekte in verschiedenen Ebenen liegen.

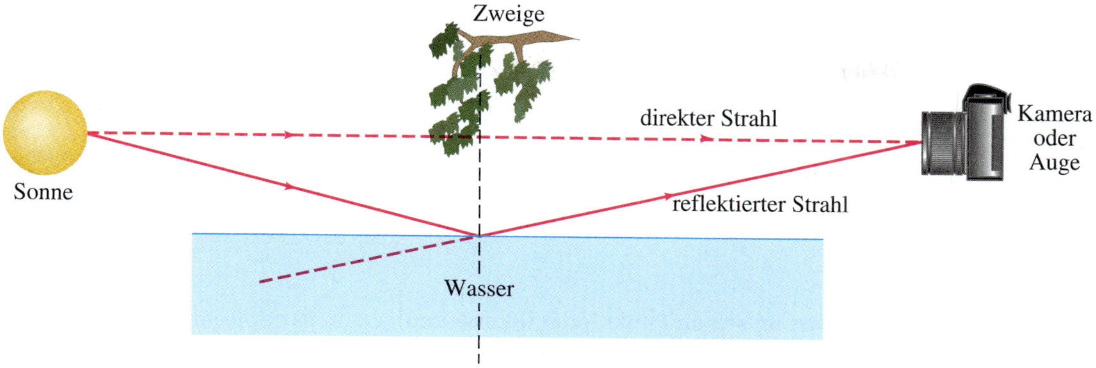

Abbildung 33.9 Beispiel 33.2.

33.4 Abbildung an sphärischen Spiegeln

Reflektierende Oberflächen müssen nicht eben sein. Die gebräuchlichsten *gewölbten* Spiegel sind *sphärisch*, d.h. sie sind ein Segment einer Kugeloberfläche. Ein sphärischer Spiegel heißt **konvex** oder **Wölbspiegel,** wenn die Reflexion an der Außenseite der Kugel stattfindet, so dass sich die Spiegelmitte nach außen, dem Betrachter entgegen, wölbt (▶ Abbildung 33.10a). Ein Spiegel heißt **konkav** oder **Hohlspiegel**, wenn die reflektierende Oberfläche sich auf der Innenseite der Kugel befindet, so dass sich die Spiegelmitte vom Betrachter weg krümmt (▶ Abbildung 33.10b). Konkave Spiegel werden als Rasier- oder Kosmetikspiegel verwendet (▶ Abbildung 33.11a), während konvexe Spiegel bei Autos (als Rückspiegel) und in Läden (zum Beobachten potenzieller Diebe) Verwendung finden, da sie ein großes Sichtfeld einschließen (▶ Abbildung 33.11b).

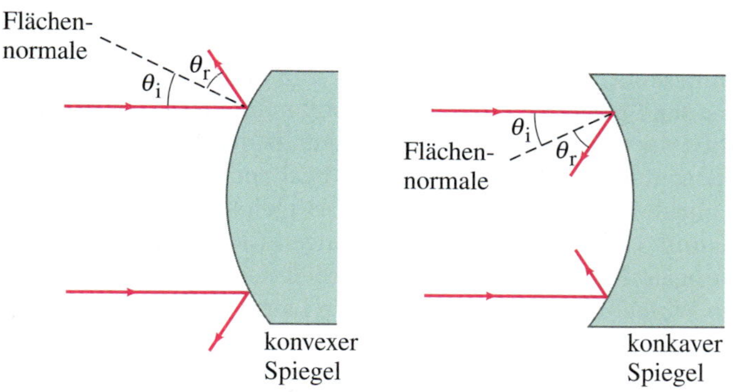

Abbildung 33.10 Konvexe und konkave sphärische Spiegel. Man beachte, dass für jeden Strahl $\theta_r = \theta_i$ gilt.

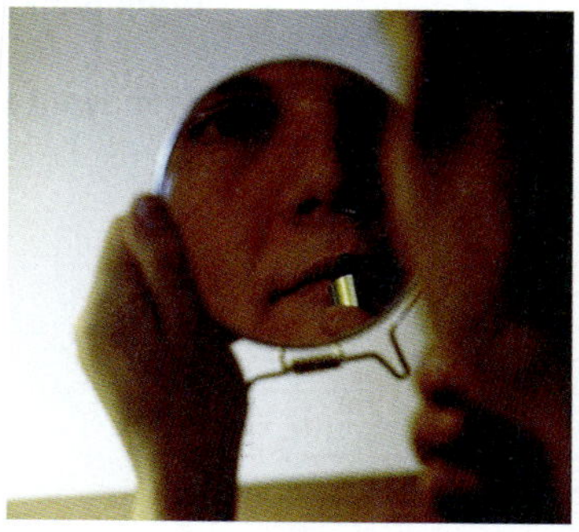

(a)

(b)

Abbildung 33.11 (a) Ein konkaver Kosmetikspiegel erzeugt ein vergrößertes Bild. (b) Ein konvexer Spiegel in einem Supermarkt ergibt ein verkleinertes Bild und schließt deshalb ein größeres Gesichtsfeld ein.

Um die Abbildung an sphärischen Spiegeln zu verstehen, betrachten wir zunächst ein Objekt, das sehr weit von einem konkaven Spiegel entfernt ist. Für ein entferntes Objekt verlaufen die Strahlen, die den Spiegel erreichen, für alle Punkte des Objekts nahezu parallel (▶ Abbildung 33.12). *Für ein unendlich weit entferntes Objekt sind die Strahlen genau parallel* (für die Sonne und andere Sterne kann diese Näherung ohne weiteres angenommen werden). Betrachten wir nun solche parallelen Strahlen, die, wie in ▶ Abbildung 33.13 skizziert, auf einen konkaven Spiegel treffen. Das Reflexionsgesetz gilt für jeden Strahl an dem Punkt, wo er auf dem Spiegel einfällt. Wie zu sehen ist, treffen sich die reflektierten Strahlen nicht alle im selben Punkt. Damit ein scharfes Bild entsteht, müsste dies der Fall sein. Ein sphärischer Spiegel wird daher kein so scharfes Bild erzeugen wie ein ebener Spiegel. Wie wir weiter unten zeigen werden, treffen sich die Strahlen jedoch

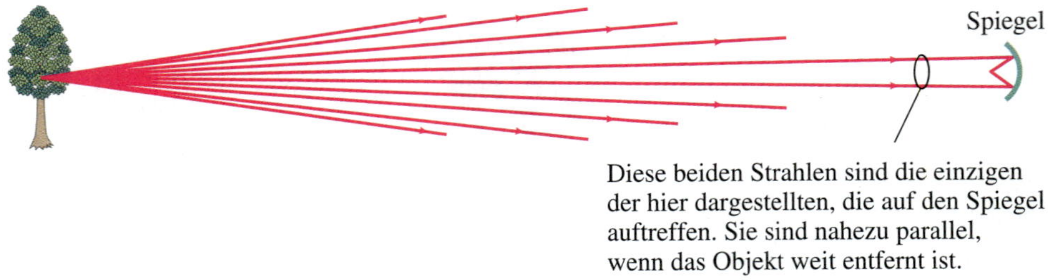

Abbildung 33.12 Wenn die Objektweite groß im Vergleich zu den Abmessungen des Spiegels (oder der Linse) ist, verlaufen die Strahlen nahezu parallel.

Näherung kleiner Winkel

Brennpunkt

Brennweite

dann fast im selben Punkt (oder **fokussieren**), wenn der Spiegel klein im Verhältnis zu seinem Krümmungsradius ist, so dass die Strahlen bei der Reflexion nur einen *kleinen Winkel* bilden (siehe ► Abbildung 33.14). Im dargestellten Fall sind die Strahlen parallel zur **optischen Achse**, die als diejenige Gerade definiert ist, die senkrecht durch den Mittelpunkt der gekrümmten Oberfläche verläuft (in der Abbildung ist dies die Linie CA). Der Punkt F, in dem die zur Hauptachse parallelen Strahlen nach der Reflexion fokussieren, wird als **Brennpunkt** des Spiegels bezeichnet und der Abstand FA zwischen F und dem Mittelpunkt des Spiegels als dessen **Brennweite** f. Alternativ kann man den Brennpunkt auch als den *Bildpunkt eines unendlich weit entfernten, auf der Hauptachse liegenden Objektes* definieren. Beispielsweise würde das Bild der Sonne im Punkt F liegen.

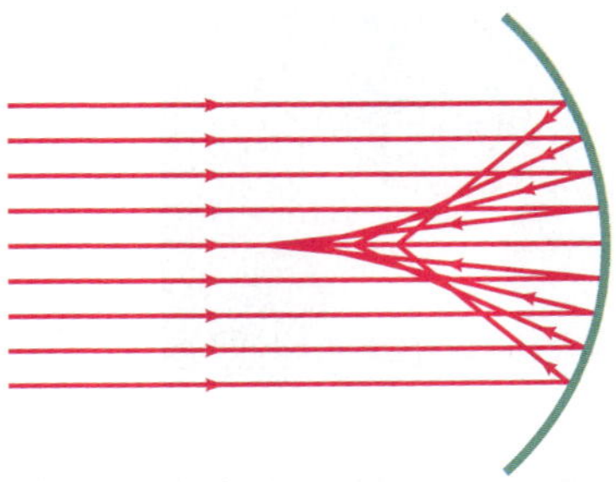

Abbildung 33.13 Parallele Strahlen, die auf einen konkaven sphärischen Spiegel treffen, fokussieren nicht exakt im selben Punkt.

Wir werden nun zeigen, dass die Strahlen für einen Spiegel, dessen reflektierende Fläche klein im Verhältnis zum Krümmungsradius ist, sich nahezu in einem gemeinsamen Punkt F treffen. Außerdem werden wir dessen Brennweite f berechnen. In dieser Näherung betrachten wir nur Strahlen, die kleine Winkel mit der Hauptachse bilden. Solche achsennahen Strahlen werden als **paraxial** bezeichnet. Ihre Winkel sind in ► Abbildung 33.14 stark übertrieben dargestellt, da sonst die Beschriftungen nicht mehr zu erkennen wären. Betrachten wir zunächst einen Strahl, der im Punkt B auf den Spiegel trifft. Der Punkt C ist der Krümmungsmittelpunkt des Spiegels (d. h. der Mittelpunkt der Kugel, aus deren Oberfläche der Spiegel herausgeschnitten ist). Die gestrichelte Linie CB ist also gleich r, dem Krümmungsradius, und steht im Punkt B senkrecht zur Spiegeloberfläche. Der einfallende Strahl, der den Spiegel im Punkt B trifft, bildet mit dieser Senkrechten einen Winkel θ, so dass der reflektierte Strahl BF ebenfalls den Winkel θ mit der Senkrechten bildet. Beachten Sie, dass der Winkel $\sphericalangle$BCF nach den Gesetzen der Geometrie ebenfalls gleich θ ist. Das Dreieck $\triangle$CBF ist gleichschenklig, da zwei seiner Winkel gleich sind. Daher gilt für die Seitenlängen CF = BF. Wir nehmen an, dass die Abmessungen des Spiegels klein im Verhältnis zum Krümmungsradius sind, so dass die Winkel klein sind, und dass die Länge FB näherungsweise gleich der Länge FA ist. In dieser Näherung gilt FA = FC. FA ist aber gleich der Brennweite f und es gilt CA = 2FA = r. Die Brennweite ist also halb so groß wie der Krümmungsradius:

Brennweite des Spiegels

$$f = \frac{r}{2}\,. \tag{33.2}$$

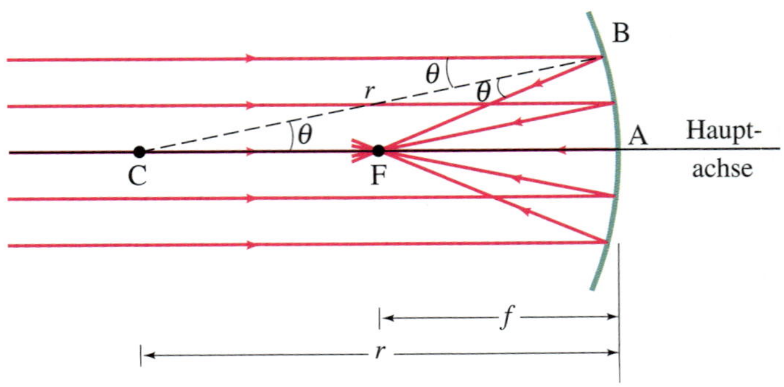

Abbildung 33.14 Wenn der Spiegel klein im Verhältnis zum Krümmungsradius r ist, so dass die Strahlen „paraxial" sind (also nur kleine Winkel mit der Achse bilden), dann fokussieren Strahlen, die parallel zur Hauptachse eines sphärischen Spiegels verlaufen, im Punkt F. Dieser wird als Brennpunkt bezeichnet.

Bei dieser Argumentation haben wir lediglich angenommen, dass der Winkel θ klein ist, so dass das gleiche Ergebnis auch für alle anderen paraxialen Strahlen gilt. Deshalb verlaufen alle paraxialen Strahlen in der paraxialen Näherung durch den gleichen Punkt F.

Da es nur näherungsweise zutrifft, dass die Strahlen in F perfekt fokussieren, ist die Näherung umso schlechter und das Bild umso verschwommener, je stärker der Spiegel gekrümmt ist (siehe ▶ Abbildung 33.13). Dieser „Defekt“ sphärischer Spiegel wird als **sphärische Aberration** bezeichnet. Im Zusammenhang mit Linsen (Kapitel 34) werden wir darauf ausführlicher eingehen. Ein *Parabolspiegel* dagegen reflektiert die Strahlen in einen perfekten Brennpunkt. Da Parabolspiegel aber viel schwieriger zu konstruieren und daher wesentlich teurer sind, werden für die meisten Zwecke sphärische Spiegel eingesetzt. (Viele astronomische Teleskope verwenden Parabolspiegel.) Wir betrachten hier nur sphärische Spiegel und nehmen an, dass sie klein im Verhältnis zu ihrem Krümmungsradius sind, so dass sie ein scharfes Bild liefern und Gleichung 33.2 gilt.

Parabolspiegel

Wir haben gesehen, dass sich das Bild eines unendlich weit entfernten Objektes im Brennpunkt eines konkaven sphärischen Spiegels befindet, wobei für die Brennweite $f = r/2$ gilt. Wo aber liegt das Bild eines Objektes, das nicht unendlich weit entfernt ist? Betrachten wir zunächst das Objekt in ▶ Abbildung 33.15, das durch einen Pfeil dargestellt ist und das sich am Ort O zwischen F und C befindet. Wir wollen bestimmen, wo das Bild eines gegebenen Objektpunktes O′ liegt. Dazu zeichnen wir verschiedene Strahlen zum Spiegel sowie die reflektierten Strahlen, wobei wir darauf achten, dass der Einfallswinkel gleich dem Reflexionswinkel ist. Die Bestimmung der Lage des Bildpunkts wird vereinfacht, wenn wir mit drei besonders einfachen Strahlen arbeiten. Dies sind die in der Abbildung mit 1, 2 und

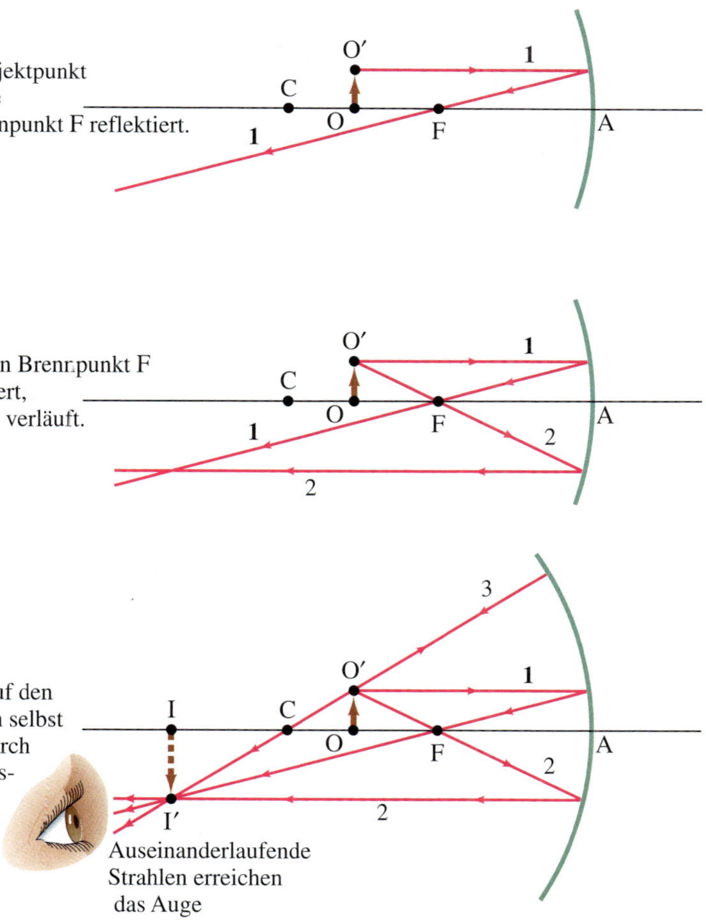

(a) Strahl 1 verläuft vom Objektpunkt O′ aus parallel zur Achse und wird durch den Brennpunkt F reflektiert.

(b) Strahl 2 verläuft durch den Brennpunkt F und wird dann so reflektiert, dass er parallel zur Achse verläuft.

(c) Strahl 3 trifft senkrecht auf den Spiegel, wird dann in sich selbst reflektiert und verläuft durch den Punkt C (Krümmungsmittelpunkt).

Abbildung 33.15 Strahlen gehen vom Punkt O′ des Objekts (dargestellt durch einen Pfeil) aus. Die Abbildung zeigt die drei Strahlen, die am geeignetsten sind, um den Ort des Bildes zu bestimmen. (Beachten Sie, dass die Höhe unseres Spiegels nicht klein im Verhältnis zu f ist, so dass das Diagramm nicht die genaue Position des Bildes angibt.)

3 gekennzeichneten Strahlen, die wir ausgehend vom Objektpunkt O′ wie folgt zeichnen:

Bestimmen der Bildweite für einen gewölbten Spiegel

- Strahl 1 verläuft parallel zur Achse, deshalb muss sein reflektierter Strahl durch den Brennpunkt F gehen (▶ Abbildung 33.15a, siehe auch ▶ Abbildung 33.14).
- Strahl 2 verläuft vom Objektpunkt O′ aus durch den Brennpunkt F; er wird deshalb so reflektiert, dass er parallel zur Achse verläuft (▶ Abbildung 33.15b).
- Strahl 3 ist so gewählt, dass er senkrecht auf den Spiegel trifft. Der einfallende Strahl wird daher wieder in sich selbst reflektiert und verläuft dann durch den Punkt C, den Krümmungsmittelpunkt des Spiegels (▶ Abbildung 33.15c).

Der Punkt, in dem sich die drei reflektierten Strahlen schneiden, ist der gesuchte Bildpunkt I′. Alle anderen Strahlen, die vom gleichen Objektpunkt ausgehen, werden durch diesen Bildpunkt reflektiert. Um den Bildpunkt für einen beliebigen Objektpunkt zu finden, sind nur diese drei Strahlen nötig; eigentlich sogar nur zwei, der dritte dient der Kontrolle.

Wir haben in ▶ Abbildung 33.15 nur den Bildpunkt eines einzelnen Objektpunkts bestimmt. Andere Objektpunkte werden daneben abgebildet, so dass das vollständige Bild des Objektes entsteht, was durch den gestrichelten Pfeil in ▶ Abbildung 33.15c angedeutet ist. Da das Licht tatsächlich durch das Bild verläuft, handelt es sich hier um ein reales Bild, das auf einem dort aufgestellten Schirm erscheinen würde. Im Gegensatz dazu erzeugt ein ebener Spiegel ein virtuelles Bild (das Licht verläuft in diesem Falle nicht wirklich durch das Bild, siehe ▶ Abbildung 33.7.)

Reales Bild

Bildpunkte können wie eben beschrieben näherungsweise durch die drei Strahlen bestimmt werden, allerdings wird man dabei kaum eine hohe Genauigkeit erzielen. Ein Grund hierfür ist, dass es schwierig ist, die kleinen Winkel für „paraxiale" Strahlen einzuhalten. Es ist jedoch möglich, eine Gleichung herzuleiten, die die Bildweite bei bekannter Objektweite und bekanntem Krümmungsradius angibt. Bei der Herleitung beziehen wir uns auf die ▶ Abbildung 33.16. Den Abstand eines Objektpunkts vom Krümmungsmittelpunkt des Spiegels, die **Objektweite,** bezeichnen wir mit d_O, die **Bildweite** mit d_B, die Höhe OO′ des Objekts mit h_O und die Höhe I′I des Bildes mit h_B. Dargestellt sind zwei Strahlen, O′FBI (dies ist Strahl 2 aus der vorherigen Abbildung) und O′AI′. Da der Strahl O′AI′ das Reflexionsgesetz erfüllen muss, sind △O′AO und △I′AI ähnliche Dreiecke. Daher gilt

$$\frac{h_\mathrm{O}}{h_\mathrm{B}} = \frac{d_\mathrm{O}}{d_\mathrm{B}}\,.$$

Für den anderen Strahl, O′FBI′, sind die Dreiecke △O′FO und △AFB ebenfalls ähnlich, da die Länge AB gleich h_B ist (in der Näherung, dass der Spiegel klein im Verhältnis zum Krümmungsradius ist) und $f = \mathrm{FA}$ gilt. Es gilt daher

$$\frac{h_\mathrm{O}}{h_\mathrm{B}} = \frac{\mathrm{OF}}{\mathrm{FA}} = \frac{d_\mathrm{O} - f}{f}\,.$$

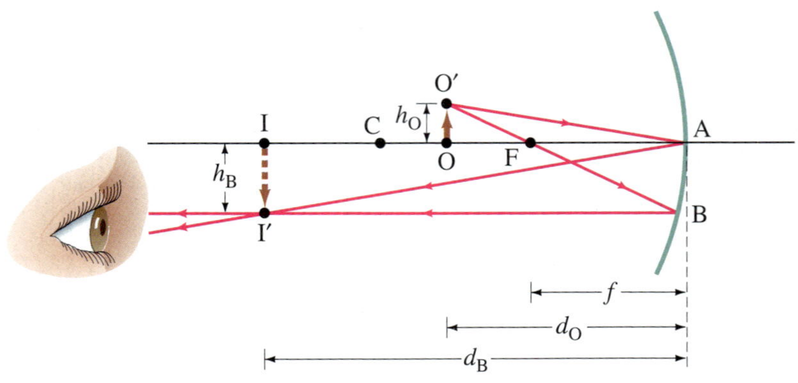

Abbildung 33.16 Strahlendiagramm für die Herleitung der Spiegelgleichung. Für die Herleitung nehmen wir an, dass die Größe des Spiegels im Verhältnis zu seinem Krümmungsradius klein ist.

Die linken Seiten der beiden letzten Gleichungen sind gleich, daher gilt

$$\frac{d_O}{d_B} = \frac{d_O - f}{f} \, .$$

Wir teilen nun beide Seiten durch d_O, formen um und erhalten

$$\frac{1}{d_O} + \frac{1}{d_B} = \frac{1}{f} \, . \qquad (33.3)$$

Spiegelgleichung

Dies ist die gesuchte Gleichung. Sie wird als **Spiegelgleichung** bezeichnet und setzt Objekt- und Bildweite mit der Brennweite f $(= r/2)$ in Beziehung.

Die **Lateralvergrößerung** m eines Spiegels ist definiert als die Höhe des Bildes geteilt durch die Höhe des Objektes. Das erste Paar ähnlicher Dreiecke liefert die Gleichung

$$m = \frac{h_B}{h_O} = -\frac{d_B}{d_O} \, . \qquad (33.4)$$

Lateralvergrößerung für einen gewölbten Spiegel

Das Minuszeichen auf der rechten Seite von **Gleichung 33.4** wurde aus Konventionsgründen eingeführt. Überhaupt müssen wir bei den Vorzeichen aller Größen in den **Gleichungen 33.3** und **33.4** aufpassen. Die Vorzeichenkonventionen sind so gewählt, dass die Orte und die Orientierungen von Bildern korrekt angegeben werden (d. h. so, wie sie laut Strahlendiagramm sein sollten). Die von uns verwendeten Vorzeichenkonventionen lauten: Die Bildhöhe h_B ist positiv, wenn das Bild relativ zum Objekt aufrecht steht, und negativ, wenn es invertiert ist; dabei wird h_O als positiv vorausgesetzt. Objekt- und Bildweite (d_O und d_B) sind positiv, wenn sich Bild und Objekt beide auf der reflektierenden Seite des Spiegels befinden (wie in ▶ **Abbildung 33.16**). Wenn sich dagegen das Bild hinter dem Spiegel befindet, ist die Bildweite negativ (ein Beispiel ist in ▶ **Abbildung 33.17**, **Beispiel 33.5**) gezeigt. Die durch **Gleichung 33.4** gegebene Vergrößerung ist also positiv für Bilder, die aufrecht stehen, und negativ für Bilder, die invertiert sind. Wir werden die Vorzeichenkonventionen ausführlicher zusammenstellen, nachdem wir weiter hinten in diesem Abschnitt konvexe Spiegel diskutiert haben.

Vorzeichenkonventionen

Beispiel 33.3 Abbildung durch einen konkaven Spiegel

Ein 1,5 cm hoher Diamantring wird 20 cm vor einem konkaven Spiegel mit einem Krümmungsradius von 30 cm platziert. Bestimmen Sie (a) die Position und (b) die Größe des Bildes.

Lösung

Die Brennweite ist $f = r/2 = 15$ cm. Das Strahlendiagramm ist im Wesentlichen das gleiche wie in den ▶ Abbildungen 33.15 und ▶ 33.16, da sich das Objekt zwischen F und C befindet. Im vorliegenden Fall gilt $CA = r = 30$ cm, $FA = f = 15$ cm und $OA = d_O = 20$ cm.

a Gemäß Gleichung 33.3 gilt

$$\frac{1}{d_B} = \frac{1}{f} - \frac{1}{d_O} = \frac{1}{15{,}0\,\text{cm}} - \frac{1}{20{,}0\,\text{cm}} = 0{,}0167\,\text{cm}^{-1} \, .$$

Es gilt also $d_B = 1/0{,}0167\,\text{cm}^{-1} = 60$ cm. Das Bild befindet sich in 60 cm Entfernung vom Spiegel auf der gleichen Seite wie das Objekt.

PROBLEMLÖSUNG

Denken Sie daran, den Kehrwert zu bilden

b Gemäß Gleichung 33.4 ist die Lateralvergrößerung gegeben durch

$$m = -\frac{60{,}0\,\text{cm}}{20{,}0\,\text{cm}} = -3{,}00 \, .$$

Die Bildhöhe ist daher

$$h_B = mh_O = (-3{,}00)(1{,}5\text{ cm}) = -4{,}5\text{ cm}\ .$$

Das Minuszeichen bedeutet, dass das Bild invertiert ist, siehe die ► Abbildungen 33.15 und ► 33.16.

Beispiel 33.4 · Begriffsbildung

Reversible Strahlen

Angenommen, das Objekt aus Beispiel 33.3 wird dort platziert, wo in der ursprünglichen Aufgabenstellung das Bild war (siehe ► Abbildung 33.16). Wo befindet sich dann das (neue) Bild?

Lösung

Die Spiegelgleichung ist symmetrisch in d_O und d_B. Daher befindet sich das neue Bild dort, wo in der ursprünglichen Aufgabenstellung das Objekt war. Tatsächlich müssen wir in ► Abbildung 33.16 nur die Richtung der Strahlen umkehren, um die neue Situation zu beschreiben.

Beispiel 33.5

Objekt nahe eines konkaven Spiegels

Ein 1 cm hohes Objekt steht 10 cm vor einem konkaven Spiegel mit einem Krümmungsradius von 30 cm. (a) Zeichnen Sie ein Strahlendiagramm, um (näherungsweise) die Bildposition zu bestimmen. (b) Berechnen Sie die Bildposition und die Vergrößerung.

Lösung

a Da die Brennweite $f = r/2 = 15$ cm ist, befindet sich das Objekt zwischen Spiegel und Brennpunkt. Wir zeichnen, wie weiter vorn beschrieben (► Abbildung 33.15), drei Strahlen (siehe ► Abbildung 33.17). Strahl 1 führt von der Spitze des Objekts parallel zur Achse zum Spiegel und wird durch F reflektiert. Strahl 2 kann nicht zu F führen, da er den Spiegel nicht treffen würde; Strahl 2 muss also so verlaufen, als ob er in F beginnt (gestrichelte Linie), zum Spiegel führt und dann parallel zur Hauptachse reflektiert wird. Strahl 3 trifft senkrecht auf den Spiegel wie zuvor. Die am Spiegel reflektierten Strahlen laufen auseinander und treffen sich somit nicht in einem gemeinsamen Punkt. Es erscheint jedoch so, als ob sie alle von einem gemeinsamen Punkt hinter dem Spiegel ausgehen. Dieser Punkt ist der Ort des virtuellen Bildes der Pfeilspitze. (Weshalb?)

b Wir verwenden Gleichung 33.3, um d_B für den Wert $d_O = 10$ cm zu bestimmen:

$$\frac{1}{d_B} = \frac{1}{15{,}0\text{ cm}} - \frac{1}{10{,}0\text{ cm}} = \frac{2-3}{30{,}0\text{ cm}} = -\frac{1}{30{,}0\text{ cm}}\ .$$

Es ist also $d_B = -30$ cm. Das Minuszeichen bedeutet, dass sich das Bild hinter dem Spiegel befindet. Die Lateralvergrößerung ist $m = -d_B/d_O = -(-30\text{ cm})/(10\text{ cm}) = +3$ cm. Das Bild ist also dreimal so groß wie das

Objekt; das Pluszeichen bedeutet, dass das Bild aufrecht steht (was konsistent mit dem Strahlendiagramm in ▸ Abbildung 33.17 ist). (Beachten Sie, dass Sie die Bildweite nicht aus dem Strahlendiagramm durch genaues Abmessen bestimmen können, da das Diagramm die Annahme paraxialer Strahlen verletzt; wir mussten das Bild in dieser Weise zeichnen, damit alle Strahlen gut zu erkennen sind.)

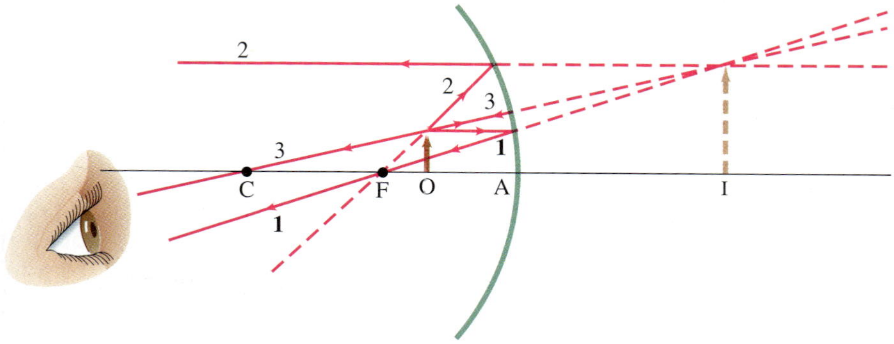

Abbildung 33.17 Das Objekt befindet sich zwischen dem Brennpunkt F und dem Spiegel. Das Bild befindet sich *hinter* dem Spiegel und ist *virtuell*, **Beispiel 33.5**. (Beachten Sie, dass sich zur vereinfachten Darstellung die vertikale Ausdehnung (Höhe des Objekts = 1,0 cm) von der horizontalen Ausdehnung (OA = 10 cm) unterscheidet und dies die Genauigkeit der Zeichnung beeinflusst.)

Es ist hilfreich, die ▸ Abbildungen 33.15 und ▸ 33.17 zu vergleichen. Wir stellen fest, dass das Bild für ein innerhalb der Brennweite befindliches Objekt (wie in ▸ Abbildung 33.17) virtuell, aufrecht und vergrößert ist. In dieser Weise wird ein Rasier- oder Kosmetikspiegel benutzt – Sie müssen Ihren Kopf innerhalb der Brennweite halten, damit Sie sich aufrecht sehen können (▸ Abbildung 33.11a). Wenn sich das Objekt wie in ▸ Abbildung 33.15 hinter dem Brennpunkt befindet, ist das Bild real und invertiert. Ob der Vergrößerungsfaktor in diesem Fall größer oder kleiner als eins ist, hängt von der relativen Postion des Objekts in Bezug auf den Krümmungsmittelpunkt C ab.

ANGEWANDTE PHYSIK

Vergrößerungsspiegel

Die Spiegelgleichung gilt auch für ebene Spiegel: Die Brennweite ist $f = r/2 = \infty$ und Gleichung 33.3 liefert $d_B = -d_O$.

Konvexe Spiegel – Analyse

Die für konkave Spiegel durchgeführte Analyse kann auch auf **konvexe** Spiegel übertragen werden. Selbst die Spiegelgleichung gilt für konvexe Spiegel, wobei allerdings die eingehenden Größen sorgfältig definiert werden müssen. ▸ Abbildung 33.18a zeigt parallele Strahlen, die auf einen konvexen Spiegel treffen. Auch in diesem Fall gibt es eine sphärische Aberration, doch wir nehmen an, dass der Spiegel klein im Verhältnis zum Krümmungsradius ist. Die reflektierten Strahlen laufen auseinander, doch sie scheinen von dem gemeinsamen Punkt F hinter dem Spiegel auszugehen. Dies ist der **Brennpunkt**, sein Abstand vom Mittelpunkt des Spiegels ist die **Brennweite** f. Man kann leicht zeigen, dass auch in diesem Falle $f = r/2$ gilt. Wir stellen fest, dass ein unendlich weit entferntes Objekt in einem konvexen Spiegel ein virtuelles Bild erzeugt. Tatsächlich ist es egal, wo das Objekt auf der reflektierenden Seite des Spiegels aufgestellt wird – das Bild ist immer virtuell und aufrecht (siehe ▸ Abbildung 33.18b). Um das Bild zu bestimmen,

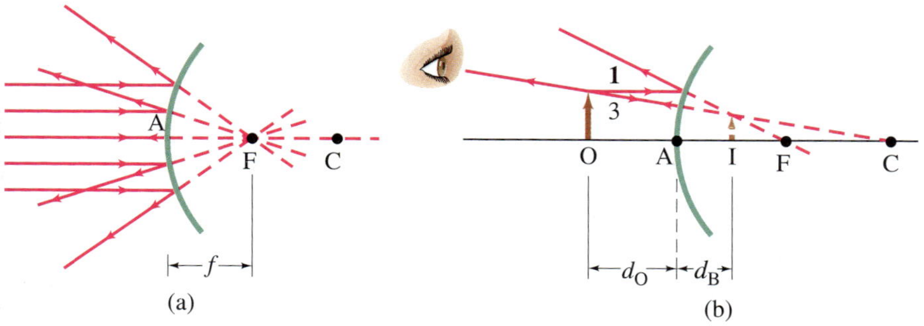

Abbildung 33.18 Konvexer Spiegel: (a) Der Brennpunkt F befindet sich hinter dem Spiegel. (b) Das Bild I des Objektes O ist virtuell, aufrecht und kleiner als das Objekt. (Nicht maßstabsgerecht für **Beispiel 33.6**.)

zeichnen wir die Strahlen 1 und 3 gemäß den beim konkaven Spiegel verwendeten Regeln. Beachten Sie, dass zwar die Strahlen 1 und 3 selbst nicht durch die Punkte F und C gehen, dass dies jedoch für die Verlängerung der Strahlen (gestrichelte Linien) der Fall ist.

Die Spiegelgleichung (**Gleichung 33.3**) gilt auch für konvexe Spiegel, jedoch muss die Brennweite f als negativ betrachtet werden, ebenso der Krümmungsradius. Der Beweis dieser Aussage sei dem Leser als Aufgabe überlassen. Eine weitere Aufgabe ist der Beweis, dass auch die Gleichung für die Vergrößerung (**Gleichung 33.4**) gültig bleibt.

ANGEWANDTE PHYSIK

Konvexe Rückspiegel

Beispiel 33.6 Konvexe Rückspiegel

Ein konvexer Autorückspiegel habe einen Krümmungsradius von 16 m. Bestimmen Sie für ein 10 m entferntes Objekt die Position des Bildes sowie den Vergrößerungsfaktor.

Lösung

Das Strahlendiagramm entspricht ► **Abbildung 33.18**, doch wegen der großen Objektweite ($d_O = 10$ m) ist eine genaue Zeichnung schwierig. Da es sich um einen konvexen Spiegel handelt, ist r per Konvention negativ. Speziell gilt $r = -16$ m und damit $f = -8$ m. Die Spiegelgleichung liefert

$$\frac{1}{d_B} = \frac{1}{f} - \frac{1}{d_O} = \frac{1}{-8{,}0\,\text{m}} - \frac{1}{10{,}0\,\text{m}} = -\frac{18}{80\,\text{m}}\,.$$

Wir erhalten also für die Bildweite $d_B = -80\,\text{m}/18 = -4{,}4\,\text{m}$, d. h. das Bild befindet sich 4,4 m hinter dem Spiegel. Die Lateralvergrößerung ist $m = -d_B/d_O = -(-4{,}4\,\text{m})/(10\,\text{m}) = 0{,}44$.

Das aufrecht stehende Bild ist also knapp halb so groß wie das Objekt. Auf Rückspiegeln findet sich gelegentlich der warnende Hinweis, dass Objekte weiter weg (kleiner) erscheinen, als sie tatsächlich sind; das richtige Einschätzen von Entfernungen in einem sphärischen Spiegel erfordert eine gewisse Übung.

Problemlösung Sphärische Spiegel

1 Zeichnen Sie immer ein Strahlendiagramm, auch wenn Sie vorhaben, eine Berechnung durchzuführen; das Diagramm dient der Kontrolle, auch wenn es nicht sehr genau ist. Zeichnen Sie, wie in ► **Abbildung 33.15** erkärt, mindestens zwei, besser noch drei der leicht zu zeichnenden Strahlen. Zeichnen Sie die Strahlen immer ausgehend von einem Punkt auf dem Objekt, welches sich links vom Spiegel befindet.

2 Verwenden Sie die **Gleichungen 33.3** und **33.4** und beachten Sie dabei sorgfältig die Vorzeichenkonventionen.

3 **Vorzeichenkonventionen** (a) Wenn das Bild, das Objekt oder der Brennpunkt auf der reflektierenden Seite des Spiegels liegen (auf allen unseren Skizzen links), wird die entsprechende Weite als positiv angesehen. Wenn einer dieser Punkte hinter dem Spiegel liegt (also rechts), dann ist die entsprechende Weite negativ.[2] (b) Die Bildhöhe h_B ist positiv, wenn das Bild aufrecht steht, und negativ, wenn es in Bezug auf das Objekt invertiert ist (d. h. wenn h_O als positiv angesehen wird).

2 Objektweiten sind für materielle Objekte positiv, sie können aber in optischen Systemen, die aus mehr als einem Spiegel oder einer Linse bestehen, negativ sein.

33.5 Brechung: Das Snellius'sche Gesetz

Wenn Licht von einem Medium in ein Medium mit einem anderen Brechungsindex übergeht (**Abschnitt 33.2**), dann wird ein Teil des einfallenden Lichts an der Grenzfläche reflektiert. Der andere Teil dringt in das neue Medium ein. Wenn ein Lichtstrahl nicht senkrecht, sondern unter einem anderen Winkel auf die Oberfläche trifft, wird der Strahl beim Eintreten in das neue Medium abgelenkt oder **gebrochen.** ▸ **Abbildung 33.19a** zeigt einen Strahl, der von Luft in Wasser übergeht. Der Winkel θ_1, den der einfallende Strahl mit der Flächennormalen bildet, wird als **Einfallswinkel** bezeichnet, der Winkel θ_2 zwischen Flächennormale und gebrochenem Strahl ist der Brechungswinkel. Beachten Sie, dass der Strahl in Richtung der Normalen abgelenkt wird, wenn er ins Wasser eintritt. Dies ist immer dann der Fall, wenn Licht in ein Medium eintritt, in dem die Ausbreitungsgeschwindigkeit *kleiner* ist als im vorherigen Medium. Wenn dagegen die Ausbreitungsgeschwindigkeit im neuen Medium *größer* ist, wird der Strahl weg von der Normalen gebrochen. Dieser Fall ist in ▸ **Abbildung 33.19b** dargestellt, wo ein Strahl von Wasser in Luft übergeht.

Brechungswinkel

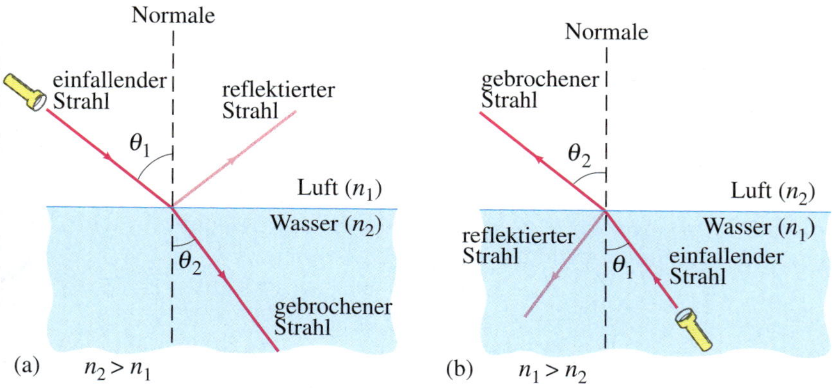

Abbildung 33.19 Brechung des Lichts. (a) Beim Übergang von Luft (n_1) in Wasser (n_2) gilt $n_2 > n_1$. (b) Beim Übergang von Wasser (n_1) in Luft (n_2) gilt $n_1 > n_2$.

Die Brechung ist die Ursache für eine Reihe von optischen Täuschungen. Beispielsweise erscheinen die Beine einer Person, die im hüfttiefen Wasser steht, merkwürdig verkürzt. Wie in ▸ **Abbildung 33.20** dargestellt, werden die Lichtstrahlen, die von den Füßen der Person ausgehen, an der Wasseroberfläche gebrochen. Das Gehirn eines Beobachters nimmt an, dass die Strahlen einen geradlinigen Weg genommen haben, so dass für den Beobachter die Füße weiter oben erscheinen, als sie tatsächlich sind. Einen ähnlichen Effekt können Sie beobachten, wenn sie einen Stift in Wasser eintauchen: Der Stift ist scheinbar geknickt (▸ **Abbildung 33.21**).

ANGEWANDTE PHYSIK

Optische Täuschungen

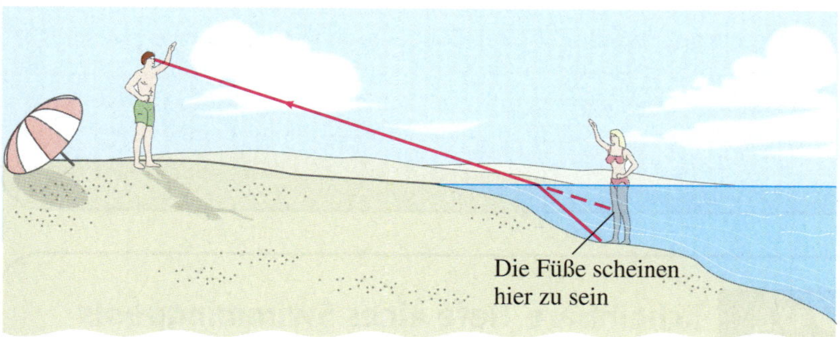

Abbildung 33.20 Das Strahlendiagramm zeigt, warum die Beine einer Person, die in hüfttiefem Wasser steht, kürzer erscheinen: Der Lichtstrahl vom Fuß der Badenden zum Auge des Beobachters wird an der Wasseroberfläche gebrochen. Das Gehirn interpretiert den Lichtstrahl so, als ob er einen geraden Wege nehmen, also von weiter oben ausgehen würde (gestrichelte Linie).

Abbildung 33.21 Ein Stift sieht im Wasser geknickt aus, was er in Wirklichkeit nicht ist.

Der Brechungswinkel hängt von der Ausbreitungsgeschwindigkeit des Lichts in den beiden Medien sowie vom Einfallswinkel ab. Eine analytische Beziehung zwischen θ_1 und θ_2 wurde um 1621 experimentell von Willebrord Snellius (1591–1626) hergeleitet. Das **Snellius'sche Brechungsgesetz** lautet

Snellius'sches Gesetz (Brechungsgesetz)

$$n_1 \sin\theta_1 = n_2 \sin\theta_2\ . \tag{33.5}$$

Dabei ist θ_1 der Einfallswinkel und θ_2 der Brechungswinkel; n_1 und n_2 sind die Brechungsindizes der beiden Medien (siehe ▸ Abbildung 33.19). Einfallender und gebrochener Strahl bilden eine Ebene, in der auch die Flächennormale liegt. Das Snellius'sche Gesetz ist das grundlegende Gesetz der Brechung. Es kann aus der Wellentheorie des Lichts abgeleitet werden (siehe Kapitel 35). Tatsächlich haben wir es bereits in Abschnitt 15.10 abgeleitet, denn Gleichung 15.19 ist einfach eine Kombination aus den Gleichungen 33.5 und 33.1.

Aus dem Snellius'schen Gesetz folgt $n_2 > n_1$, wenn $\theta_2 < \theta_1$ gilt. Licht, das in ein Medium mit größerem Brechungsindex (und kleinerer Ausbreitungsgeschwindigkeit) eintritt, wird also in Richtung der Normalen gebrochen. Für $n_2 < n_1$ gilt dagegen $\theta_2 > \theta_1$, so dass der Strahl weg von der Normalen gebrochen wird. Dies ist in ▸ Abbildung 33.19 dargestellt.

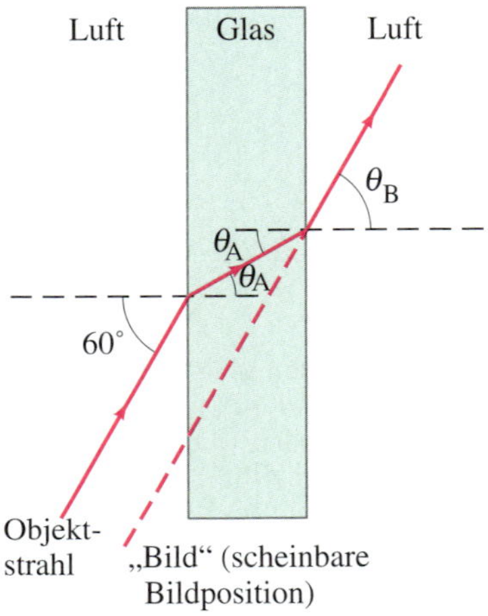

Abbildung 33.22 Brechung des Lichts an einer Glasscheibe (Beispiel 33.7).

Beispiel 33.7 Brechung durch eine Glasscheibe

Licht trifft unter einem Winkel von 60° auf eine gleichmäßig dicke Glasscheibe (siehe ▸ Abbildung 33.22). Der Brechungsindex von Glas ist 1,5. Berechnen Sie (a) den Brechungswinkel θ_A beim Eintritt in das Glas und (b) den Brechungswinkel θ_B, unter dem der Strahl das Glas verlässt.

Lösung

a Wir nehmen an, dass das Medium, aus dem der Strahl in das Glas eintritt, Luft ist; es ist also $n_1 = 1{,}0$ und $n_2 = 1{,}5$. Nach Gleichung 33.5 gilt dann

$$\sin\theta_A = \frac{1{,}0}{1{,}5}\sin 60° = 0{,}577$$

und damit $\theta_A = 35{,}2°$.

b Da die Grenzflächen der Glasscheibe parallel sind, ist der Einfallswinkel auf der zweiten Grenzfläche (Glas-Luft) einfach θ_A bzw. $\sin\theta_A = 0{,}577$. In diesem Falle gilt $n_1 = 1{,}5$ und $n_2 = 1{,}0$. Daraus erhalten wir für θ_B $(= \theta_2)$

$$\sin\theta_B = \frac{1{,}5}{1{,}0}\sin\theta_A = 0{,}866$$

und damit $\theta_B = 60°$. Die Richtung des Lichtstrahls bleibt also insgesamt beim Durchgang durch eine ebene Scheibe unverändert. Dies gilt selbstverständlich für beliebige Einfallswinkel. Allerdings wird der Strahl etwas verschoben. Sie können dies beobachten, wenn Sie ein Objekt durch eine Glasscheibe betrachten und dann Ihren Kopf zur Seite bewegen und das Objekt direkt anschauen.

Beispiel 33.8 Scheinbare Tiefe eines Swimmingpools

Ein Schwimmer hat seine Schwimmbrille am flachen Ende eines Swimmingpools verloren, für das eine Tiefe von 1 m angegeben ist. Es hat aber nicht den

Anschein, als ob die Brille so tief liegt. Warum nicht? Wie weit unten erscheint die Brille, wenn Sie senkrecht von oben ins Wasser schauen?

Lösung

Das Strahlendiagramm in ▶ Abbildung 33.23 zeigt, weshalb das Wasser weniger tief erscheint, als es tatsächlich ist. Die Lichtstrahlen, die von der am Boden liegenden Brille ausgehen, werden an der Wasseroberfläche *weg* von der Flächennormalen gebrochen. Die Strahlen scheinen von einem Punkt auseinander zu laufen, der nicht auf dem Boden des Beckens, sondern weiter oben im Wasser liegt. Um ausgehend von der realen Tiefe $d = 1\,\text{m}$ die scheinbare Tiefe d' zu berechnen, benutzen wir das Snellius'sche Brechungsgesetz mit $n_1 = 1$ für Luft und $n_2 = 1{,}33$ für Wasser: $\sin\theta_1 = n_2 \sin\theta_2$. Da wir nur kleine Winkel betrachten, können wir $\sin\theta \approx \tan\theta \approx \theta$ annehmen. Das Snellius'sche Brechungsgesetz wird damit zu

$$\theta_1 \approx n_2\theta_2 \,.$$

Aus ▶ Abbildung 33.23 sehen wir, dass

$$\theta_1 \approx \tan\theta_1 = \frac{x}{d'} \quad \text{und} \quad \theta_2 \approx \tan\theta_2 = \frac{x}{d}$$

gilt. Setzen wir dies in das Snellius'sche Brechungsgesetz ein, so erhalten wir

$$\frac{x}{d'} \approx n_2\frac{x}{d} \quad \text{und} \quad d' \approx \frac{d}{n_2} = \frac{1{,}0\,\text{m}}{1{,}33} = 0{,}75\,\text{m} \,.$$

Das Becken erscheint also nur drei viertel so tief, wie es tatsächlich ist.

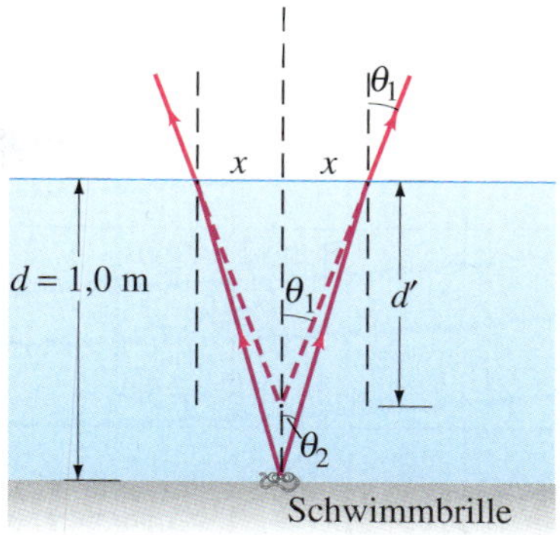

Abbildung 33.23 Beispiel 33.8.

33.6 Sichtbares Spektrum und Dispersion

Eine offensichtliche Eigenschaft des sichtbaren Lichts ist seine Farbe. Die Farbe steht im Zusammenhang mit den Wellenlängen bzw. den Frequenzen des Lichts. (Wie dies entdeckt wurde, erfahren Sie in Kapitel 35.) Sichtbares Licht – also das, was unsere Augen wahrnehmen können – hat Wellenlängen zwischen 400 nm und 750 nm.[3] Dieser Bereich, in dem die unterschiedlichen Farben von Violett bis Rot liegen, wird als das **sichtbare Spektrum** bezeichnet (siehe ▶ Abbildung 33.24). Licht mit kleineren Wellenlängen als 400 nm wird als **ultraviolett** (UV) bezeichnet, Licht mit größeren Wellenlängen als 750 nm als **infrarot** (IR).[4] Während das menschliche Auge UV- bzw. IR-Licht nicht wahrnehmen kann, reagieren bestimmte Typen von fotografischen Filmen sensitiv auf diese Wellenlängen.

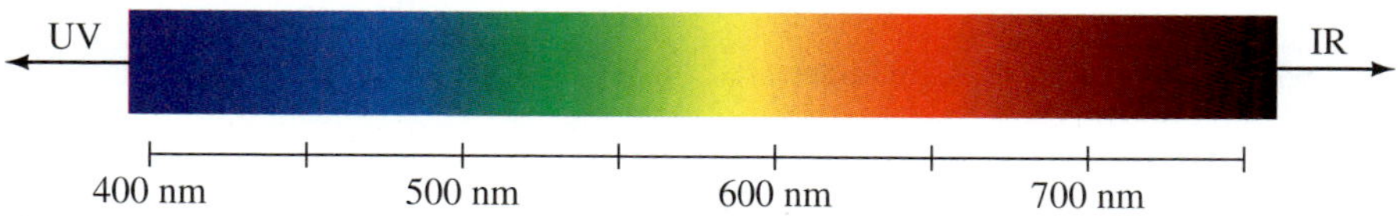

Abbildung 33.24 Das Spektrum des sichtbaren Lichts mit Angabe des Wellenlängenbereichs für die verschiedenen Farben.

Ein Prisma spaltet weißes Licht in die Farben des Regenbogens (siehe ▶ Abbildung 33.25). Der Grund hierfür ist die Abhängigkeit des Brechungsindex eines gegebenen Mediums von der Wellenlänge. In ▶ Abbildung 33.26 ist diese Beziehung für verschiedene Materialien dargestellt. Weißes Licht ist aus allen Wellenlängen des sichtbaren Bereichs zusammengesetzt. Wenn es in ein Prisma einfällt (siehe ▶ Abbildung 33.27), werden die einzelnen Wellenlängen unterschiedlich stark gebrochen. Da der Brechungsindex für kleinere Wellenlängen größer ist, wird violettes Licht am stärksten gebrochen und rotes Licht am wenigsten. Die Aufspaltung von weißem Licht in das volle Spektrum wird als **Dispersion** bezeichnet.

Abbildung 33.25 Weißes Licht wird an einem Prisma in seine einzelnen Farben aufgespalten.

3 Manchmal wird die Einheit Ångstrøm (Å) für die Wellenlängen des Lichts verwendet: $1\,\text{Å} = 1 \cdot 10^{-10}\,\text{m}$. Mit dieser Einheit ist der Wellenlängenbereich des sichtbaren Lichts 4000 Å bis 7500 Å.

4 Das vollständige elektromagnetische Spektrum ist in ▶ Abbildung 32.12 dargestellt.

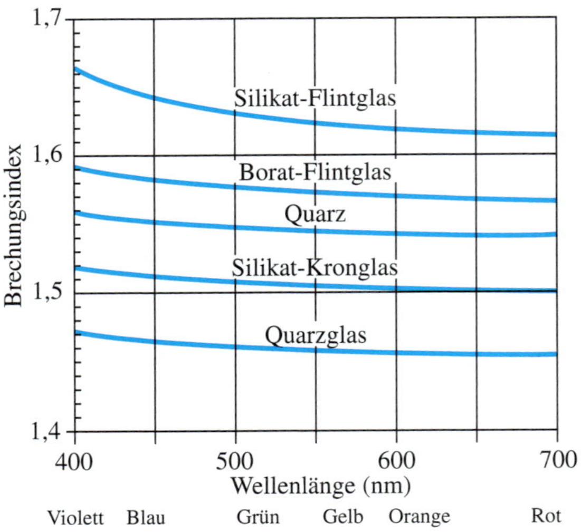

Abbildung 33.26 Der Brechungsindex als Funktion der Wellenlänge für verschiedene transparente Festkörper.

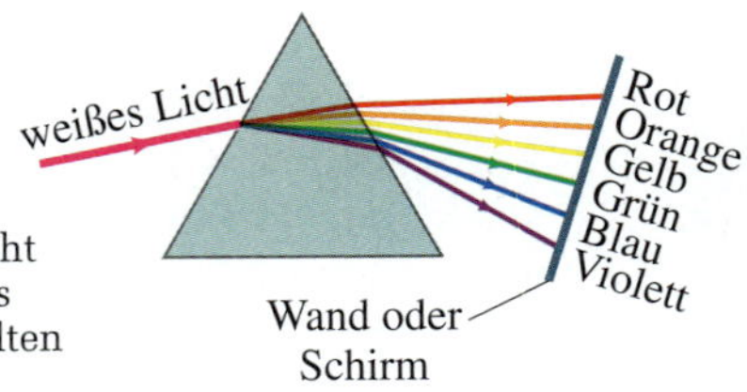

Abbildung 33.27 Weißes Licht wird an einem Prisma in das sichtbare Spektrum aufgespalten (Dispersion).

ANGEWANDTE PHYSIK

Regenbogen

Regenbögen sind ein spektakuläres Beispiel für die Dispersion. In diesem Falle wird das Sonnenlicht an Wassertropfen gebrochen und in die Spektralfarben zerlegt. Sie können einen Regenbogen sehen, wenn Sie in die fallenden Regentropfen blicken und die Sonne dabei in Ihrem Rücken steht. ▶ Abbildung 33.28 zeigt, wie rote und violette Strahlen durch die kugelförmigen Wassertröpfchen gebrochen und an der Rückseite reflektiert werden. Rot wird am wenigsten stark gebrochen und erreicht deshalb die Augen des Betrachters von höher gelegenen Tröpfchen. Die oberste Farbe des Regenbogens ist daher Rot.

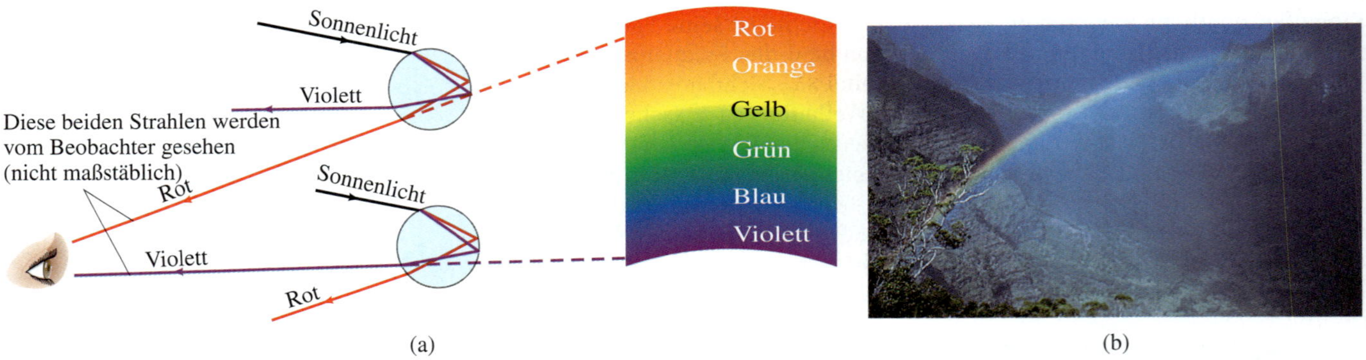

Abbildung 33.28 Das Strahlendiagramm (a) erläutert, wie sich ein Regenbogen (b) bildet.

33.7 Totalreflexion und Faseroptik

Wenn Licht von einem Medium in ein anderes Medium mit kleinerem Brechungsindex übergeht (z. B. von Wasser in Luft), wird das Licht weg von der Flächennormale gebrochen, siehe z. B. die Strahlen I und J in ▶ Abbildung 33.29. Bei einem bestimmten Einfallswinkel ist der Brechungswinkel 90° und der gebrochene Strahl verläuft in diesem Falle entlang der Oberfläche (Strahl K). Der Einfallswinkel, bei dem dies geschieht, wird als **Grenzwinkel der Totalreflexion** θ_T bezeichnet. Aus dem Snellius'schen Gesetz gilt für den Grenzwinkel der Totalreflexion

Grenzwinkel der Totalreflexion

$$\sin\theta_T = \frac{n_2}{n_1}\sin 90° = \frac{n_2}{n_1}\,. \tag{33.6}$$

Für alle Einfallswinkel kleiner θ_T gibt es einen gebrochenen Strahl, ein Teil des Lichts wird aber auch an der Grenzfläche reflektiert. Für Einfallswinkel größer θ_T dagegen folgt aus dem Snellius'schen Gesetz, dass $\sin\theta_2$ größer ist als 1. In

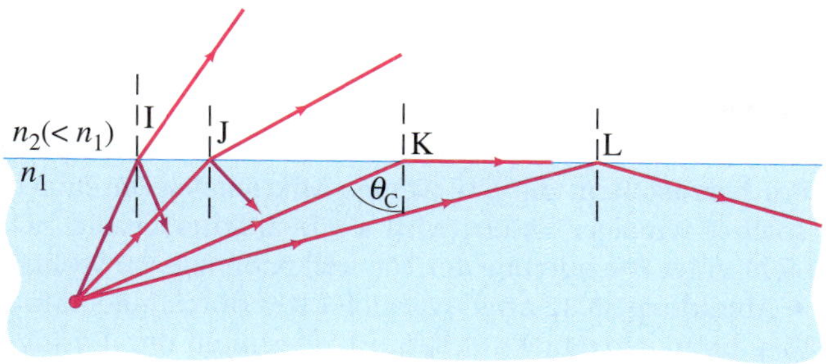

Abbildung 33.29 Im Falle $n_2 < n_1$ werden Lichtstrahlen, für die $\theta > \theta_T$ gilt (z. B. der Strahl L), total reflektiert. Für die Strahlen I und J ist $\theta < \theta_T$ und nur ein Teil des Lichts wird reflektiert, der andere Teil wird gebrochen.

diesem Fall gibt es überhaupt keinen gebrochenen Strahl und *das gesamte Licht wird reflektiert*, wie für den Strahl L in ▶ Abbildung 33.29. Dieser Effekt wird als **Totalreflexion** bezeichnet; er kann nur dann eintreten, wenn das Licht in ein Medium mit kleinerem Brechungsindex übergeht.

Totalreflexion

Beispiel 33.9 · Begriffsbildung — Blick von unten aus dem Wasser

Beschreiben Sie, was eine Person sieht, die ihre Umgebung von unterhalb einer vollkommen glatten Wasseroberfläche betrachtet.

Lösung

Für den Übergang von Wasser in Luft gilt für den Grenzwinkel der Totalreflexion

$$\sin\theta_T = \frac{1{,}00}{1{,}33} = 0{,}75$$

und somit $\theta_T = 49°$. Die Person unter Wasser würde die Umgebung also in einem Kugelausschnitt zusammengestaucht sehen, dessen Winkel mit der Vertikalen 49° beträgt. Außerhalb dieses Kugelausschnitts würde die Person nur die Reflexionen von den Wänden und dem Boden des Beckens sehen (siehe ▶ Abbildung 33.30).

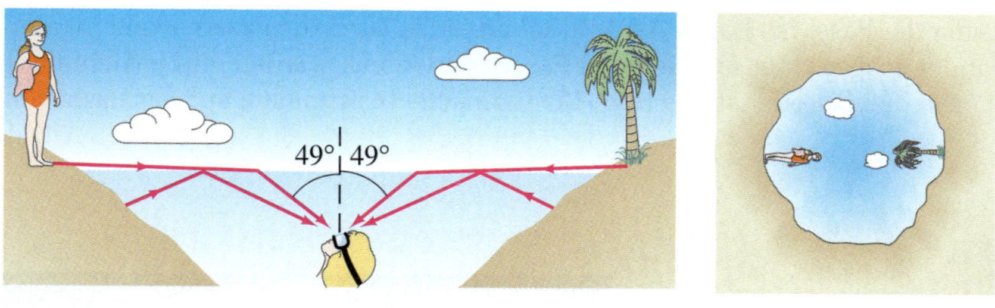

Abbildung 33.30 (a) Lichtstrahlen und (b) Blick nach oben aus der Unterwasserperspektive (die Wasseroberfläche muss dabei sehr ruhig sein).

Diamanten verdanken ihre Brillanz einer Kombination aus Dispersion (siehe vorhergehender Abschnitt) und Totalreflexion. Diamanten haben einen sehr hohen Brechungsindex (etwa 2,4), deshalb ist der Grenzwinkel für Totalreflexion nur 25°. Das Licht trifft daher sehr viele der Innenflächen, bevor es unter einem kleineren Winkel als 25° auf eine Fläche trifft und aus dem Diamanten austritt. Wenn das Licht hinreichend oft reflektiert wurde, dann sind die Farben so stark separiert, dass sie außerhalb des Kristalls einzeln und brillant wahrgenommen werden.

Diamanten

Viele optische Instrumente wie z. B. Ferngläser nutzen die Totalreflexion innerhalb eines Prismas, um Licht zu reflektieren. Der Vorteil besteht darin, dass fast 100% des Lichts reflektiert werden, was selbst die besten Spiegel nicht schaffen.

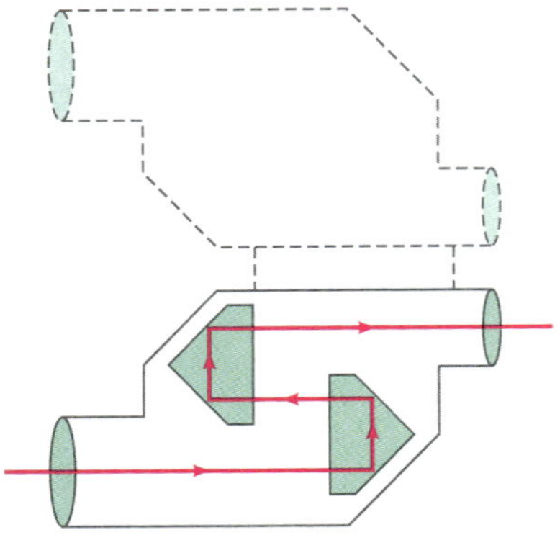

Abbildung 33.31 Totalreflexion des Lichts in den Prismen eines Fernglases.

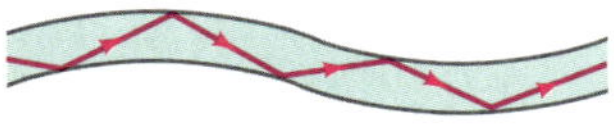

Abbildung 33.32 Totalreflexion des Lichts an der Innenfläche von Glasfasern oder transparenten Kunststofffasern.

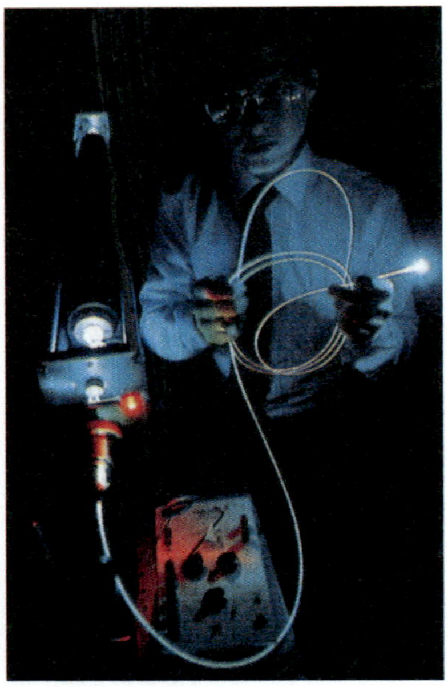

Abbildung 33.33 Die Totalreflexion innerhalb der dünnen Fasern dieses Lichtleiters ermöglicht es, Licht entlang komplizierter Wege mit minimalem Verlust zu übertragen.

Das Bild ist daher heller. Für Glas ($n = 1{,}50$) gilt $\theta_C = 41{,}8°$. 45°-Prismen reflektieren daher das gesamte Licht nach innen, wenn sie wie in dem Fernglas aus ► Abbildung 33.31 ausgerichtet sind.

Die Totalreflexion ist das Prinzip hinter der **Faseroptik**. Heute ist es möglich, Glas- und Kunststofffasern herzustellen, die nur wenige Mikrometer Durchmesser haben. Ein Bündel solcher winziger Fasern wird als **Lichtleiter** bezeichnet. Durch Lichtleiter kann Licht unter Ausnutzung der Totalreflexion nahezu verlustfrei übertragen werden. ► Abbildung 33.32 zeigt, wie sich Licht durch eine dünne Faser fortpflanzt und dabei die Innenwände nur berührt, aber nicht durchdringt, d. h. es findet Totalreflexion statt. Selbst wenn der Lichtleiter in komplizierter Form aufgewickelt ist, wird der Grenzwinkel der Totalreflexion nicht überschritten, so dass das Licht nahezu unvermindert zum anderen Ende übertragen wird (siehe ► Abbildung 33.33). Es entstehen nur sehr geringe Verluste, die vor allem durch Reflexion an den Enden und Absorption in der Faser verursacht werden.

Wichtige Anwendungen von Lichtleiterkabeln gibt es in der Telekommunikationstechnik und in der Medizintechnik. Sie werden eingesetzt, um Telefongespräche, Videosignale oder Computerdaten zu übertragen. Das Signal ist ein modulierter Lichtstrahl (d. h. ein Lichtstrahl, dessen Intensität variiert werden kann). Es wird mit einer wesentlich höheren Rate, geringerem Verlust und weniger Interferenz übertragen als ein elektrisches Signal in einem Kupferdraht. Es sind Lichtfasern entwickelt worden, die mehr als 100 verschiedene Wellenlängen übertragen können, von denen jede so moduliert ist, dass sie bis zu 10 Gigabit (10^{10} Bit) pro Sekunde übertragen kann. Dies macht ein Terabit (10^{12} Bit) pro Sekunde für alle 100 Wellenlänge zusammen. Die raffinierte Anwendung von Lichtleitern zur Übertragung scharfer Bilder ist besonders in der Medizin von Nutzen (siehe ► Abbildung 33.34). Beispielsweise kann die Lunge eines Patienten untersucht werden, indem man einen Lichtleiter (ein so genanntes Bronchoskop) durch den Mund in die Luftröhre einführt. Durch den Lichtleiter wird dann Licht gesendet, wodurch die Lunge ausgeleuchtet wird. Das reflektierte Licht wird über einen inneren Kern von Fasern zurückgeschickt. Das unmittelbar vor jeder Faser vorhandene Licht läuft durch die Faser aufwärts. Am anderen Ende sieht ein Betrachter, ähnlich wie auf einem Fernsehbildschirm, das Bild als eine Reihe heller und dunkler Flecke. An beiden Enden werden Linsen verwendet – auf der Seite des Objekts, um die Strahlen parallel auszurichten, und auf der Seite der Beobachtung als Teleskop. Das Bild kann auf einem Monitor oder einem Film betrachtet werden. Die Fasern müssen gegeneinander optisch isoliert sein. Dies geschieht gewöhnlich durch eine dünne Beschichtung mit einem Material, dessen Brechungsindex kleiner als der der Faser ist. Damit das Bild scharf ist, müssen die Fasern exakt parallel zueinander ausgerichtet sein. Je mehr Fasern verwendet werden und je kleiner sie sind, umso detaillierter ist das Bild. Medizinische Instrumente auf der Basis von

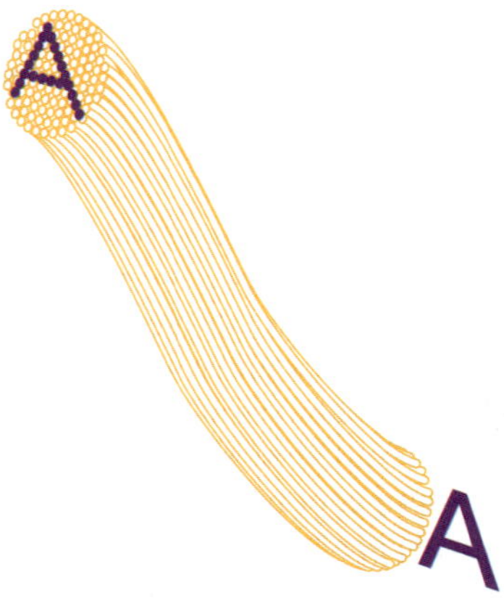

(a)

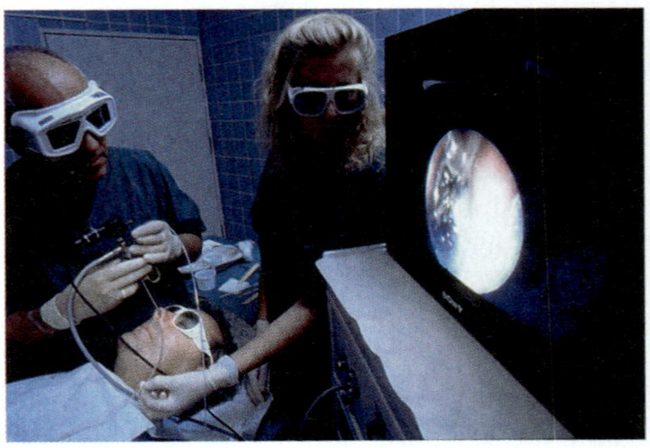

(b)

Abbildung 33.34 (a) Erzeugung eines faseroptischen Bildes. (b) Beispiel eines faseroptischen Instruments, das in die Nase eingeführt wurde, sowie das erzeugte Bild.

Faseroptik, z. B. Bronchoskope, Colonoskope (zur Untersuchung des Dickdarms) und Endoskope (zur Untersuchung des Magens und anderer Organe), sind sehr nützliche Hilfsmittel bei der Untersuchung schwer zugänglicher Organe.

Mit Faseroptik können auch Röntgenstrahlen an der Quelle gebündelt und zum Objekt geleitet werden.

33.8 Brechung an einer sphärischen Oberfläche

Wir untersuchen nun die Brechung von Strahlen an der sphärischen Oberfläche eines transparenten Mediums. Eine solche Oberfläche kann z. B. die Oberfläche einer Linse sein oder die Hornhaut des Auges. Wir betrachten hier den allgemeinen Fall, dass sich ein Objekt in einem Medium mit dem Brechungsindex n_1 befindet und von jedem Punkt des Objektes aus Strahlen in ein Medium mit dem Brechungsindex n_2 gehen können. Der Krümmungsradius der sphärischen Oberfläche sei r und ihr Krümmungsmittelpunkt sei C (siehe ▸ Abbildung 33.35). Wir zeigen nun, dass alle vom Punkt O des Objektes ausgehenden Strahlen in einem gemeinsamen Punkt I, dem Bildpunkt I, fokussiert werden, vorausgesetzt, es handelt sich um paraxiale Strahlen, also Strahlen, die nur kleine Winkel mit der Achse bilden. Wir betrachten einen einzelnen Strahl, der wie in ▸ Abbildung 33.36 dargestellt, vom Punkt O ausgeht. Nach dem Snellius'schen Gesetz (Gleichung 33.5) gilt

$$n_1 \sin\theta_1 = n_2 \sin\theta_2 \ .$$

Wir nehmen an, dass die Winkel $\theta_1, \theta_2, \alpha, \beta$ und γ klein sind, so dass $\sin\theta \approx \theta$ gilt. Das Snellius'sche Gesetz kann dann näherungsweise in der Form

$$n_1\theta_1 = n_2\theta_2$$

geschrieben werden. Außerdem gilt $\beta + \phi = 180°$ und $\theta_2 + \gamma + \phi = 180°$ und somit

$$\beta = \gamma + \theta_2 \ .$$

Entsprechend erhalten wir für das Dreieck OPC

$$\theta_1 = \alpha + \beta \ .$$

Diese drei Gleichungen ergeben zusammen

$$n_1\alpha + n_2\gamma = (n_2 - n_1)\beta \ .$$

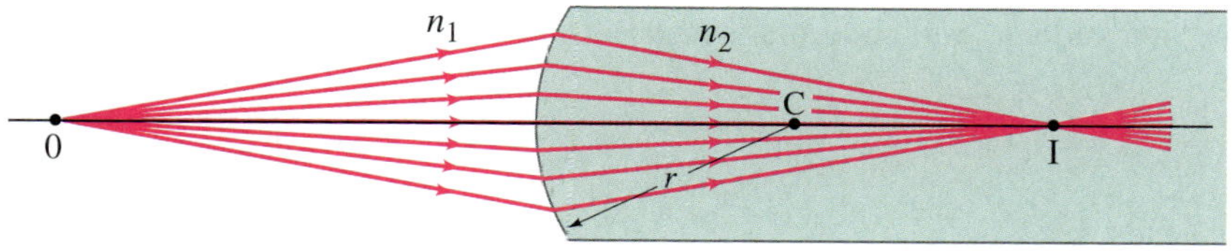

Abbildung 33.35 Vom Punkt O eines Objektes ausgehende Strahlen werden durch eine sphärische Grenzfläche zwischen zwei transparenten Medien ($n_2 > n_1$) in einem gemeinsamen Punkt I – dem Bildpunkt – fokussiert, vorausgesetzt, die Strahlen bilden nur kleine Winkel mit der optischen Achse.

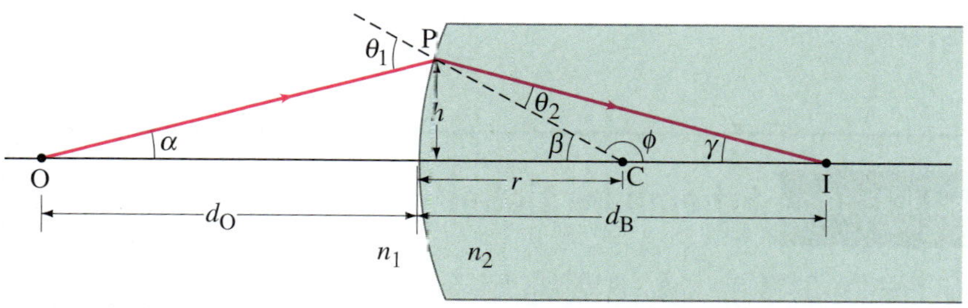

Abbildung 33.36 Diese Skizze zeigt, dass alle von O ausgehenden paraxialen Strahlen im selben Punkt I fokussiert werden ($n_2 > n_1$).

Da wir nur den Fall kleiner Winkel betrachten, können wir näherungsweise schreiben

$$\alpha = \frac{h}{d_O}\,, \quad \beta = \frac{h}{r}\,, \quad \gamma = \frac{h}{d_B}\,,$$

wobei d_O und d_B die Objekt- und die Bildweite sind und h die Höhe (siehe ► Abbildung 33.36). Wir setzen diese Ausdrücke für α, β und γ in die obige Gleichung ein, dividieren durch h und erhalten

$$\frac{n_1}{d_O} + \frac{n_2}{d_B} = \frac{n_2 - n_1}{r}\,. \qquad (33.7)$$

Diese Gleichung besagt, dass bei gegebener Objektweite d_O die Bildweite d_B nicht vom Winkel des Strahls abhängt. Folglich treffen sich alle paraxialen Strahlen im gleichen Punkt I. Dies gilt allerdings nur für Strahlen, die mit der Achse und untereinander kleine Winkel bilden. Dies ist äquivalent mit der Annahme, dass die Ausdehnung der brechenden sphärischen Oberfläche klein im Verhältnis zum Krümmungsradius ist. Wenn die Voraussetzung nicht gegeben ist, laufen die Strahlen nicht in einem gemeinsamen Punkt zusammen; es kommt zur sphärischen Aberration wie im Falle eines Spiegels (siehe ► Abbildung 33.13), und das Bild verschwimmt. (Die sphärische Aberration wird näher in Abschnitt 34.10 behandelt.)

Bei der Ableitung von Gleichung 33.7 haben wir ► Abbildung 33.36 benutzt, wo eine konvexe Oberfläche dargestellt ist (betrachtet aus Sicht des einfallenden Strahls). Die Gleichung gilt aber auch für konkave Oberflächen – was man anhand von ► Abbildung 33.37 leicht sehen kann – wenn wir die folgenden Konventionen vereinbaren.

1 Wenn die Oberfläche konvex ist (d. h. wenn sich der Krümmungsmittelpunkt C hinter der Fläche befindet, die der Fläche gegenüber liegt, von der das Licht kommt), dann ist R positiv; ist die Oberfläche konkav (C liegt auf der Seite, von der das Licht kommt), dann ist R negativ.

2 Für die Bildweite d_B gilt die gleiche Konvention: Sie ist positiv auf der Seite, die derjenigen gegenüberliegt, von der das Licht kommt, und negativ auf der gleichen Seite.

3 Die Objektweite ist positiv auf der Seite, von der das Licht kommt (dies ist der Normalfall, höchstens wenn mehrere Oberflächen das Licht ablenken, verhält es sich anders), und andernfalls negativ.

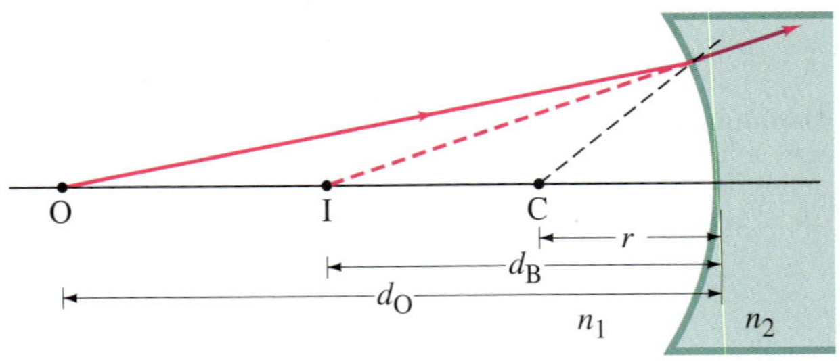

Abbildung 33.37 Die vom Punkt O ausgehenden Strahlen werden an der konkaven Oberfläche gebrochen und erzeugen ein virtuelles Bild ($n_2 > n_1$).

Beispiel 33.10 **Scheinbare Tiefe II**

Eine Person schaut senkrecht nach unten in einen 1 m tiefen Swimmingpool. Wie tief erscheint das Becken?

Lösung

In Beispiel 33.8 haben wir diese Aufgabe mithilfe des Snellius'schen Gesetzes gelöst. Nun wollen wir einen anderen Lösungsweg wählen und verwenden Gleichung 33.7. Das Strahlendiagramm ist in ▶ Abbildung 33.38 skizziert. Der Punkt O repräsentiert einen Punkt auf dem Boden des Beckens. Die Strahlen laufen auseinander und scheinen vom Punkt I, dem Bild auszugehen. Gegeben ist die Objektweite d_O, und da die Wasseroberfläche eben ist, gilt $r = \infty$. Mit diesen Werten liefert Gleichung 33.7

$$\frac{1{,}33}{1\,\mathrm{m}} + \frac{1{,}00}{d_B} = \frac{1{,}00 - 1{,}33}{\infty} = 0\,.$$

Wir erhalten also $d_B = -(1\,\mathrm{m})/(1{,}33) = -0{,}75\,\mathrm{m}$. Das Becken erscheint also nur drei viertel so tief, wie es tatsächlich ist. Dies ist das gleiche Ergebnis, das wir in Beispiel 33.8 erhalten hatten. Das Minuszeichen besagt, dass sich der Bildpunkt I auf der gleichen Seite der Oberfläche befindet wie O und dass das Bild virtuell ist. Für vom rechten Winkel abweichende Blickwinkel muss diese Schlussfolgerung modifiziert werden.

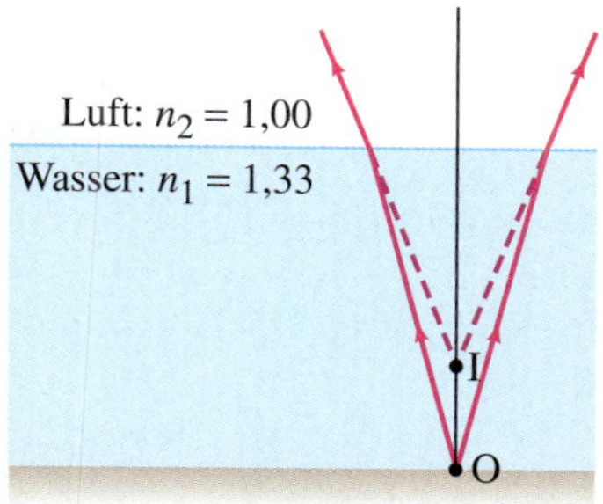

Abbildung 33.38 Beispiel 33.10.

Beispiel 33.11 Eine sphärische „Linse"

Eine punktförmige Lichtquelle wird 25 cm vom Mittelpunkt einer Glaskugel ($n = 1{,}5$, Radius 10 cm) entfernt platziert (siehe ▶ Abbildung 33.39). Bestimmen Sie das Bild der Lichtquelle.

Lösung

Wie in ▶ Abbildung 33.39 dargestellt, werden die von der Quelle ausgehenden Strahlen zweimal gebrochen. Die erste Brechung erfolgt an der konvexen Glasfläche, die der Quelle zugewandt ist (Innenseite der Glaskugel). Wir analysieren diese Brechung, ohne die Rückseite der Kugel zu berücksichtigen, d. h. wir tun so als hätte die Kugel die in ▶ Abbildung 33.35 dargestellte Form. Mithilfe von Gleichung 33.7 und unter der Annahme paraxialer Strahlen erhalten wir für die Werte $n_1 = 1{,}0$, $n_2 = 1{,}5$, $r = 10\,\mathrm{cm}$ und $d_O = 25\,\mathrm{cm} - 10\,\mathrm{cm} = 15\,\mathrm{cm}$

$$\frac{1}{d_{B1}} = \frac{1}{1{,}5}\left(\frac{1{,}5 - 1{,}0}{10\,\mathrm{cm}} - \frac{1{,}0}{15\,\mathrm{cm}}\right) = -\frac{1}{90\,\mathrm{cm}}\,.$$

Das durch die erste Brechung erzeugte Bild befindet sich also 90 cm *links* von der Außenfläche. Dieses Bild dient als Objekt für die Brechung an der Rückseite (Fläche 2) der Kugel. Diese Fläche ist konkav, weshalb wir $r = -10\,\mathrm{cm}$ verwenden. Wir betrachten einen Strahl in der Nähe der Achse. Die Objektweite ist dann $d_{O2} = 90\,\mathrm{cm} + 2(10\,\mathrm{cm}) = 110\,\mathrm{cm}$. Mit $n_1 = 1{,}5$, $n_2 = 1{,}0$ liefert Gleichung 33.7

$$\frac{1}{d_{B2}} = \frac{1}{1{,}0}\left(\frac{1{,}0 - 1{,}5}{-10\,\mathrm{cm}} - \frac{1{,}5}{110\,\mathrm{cm}}\right) = \frac{4}{110\,\mathrm{cm}}$$

und damit $d_{B2} = 28\,\mathrm{cm}$. Das endgültige Bild befindet sich also 28 cm von der Rückseite der Kugel entfernt.

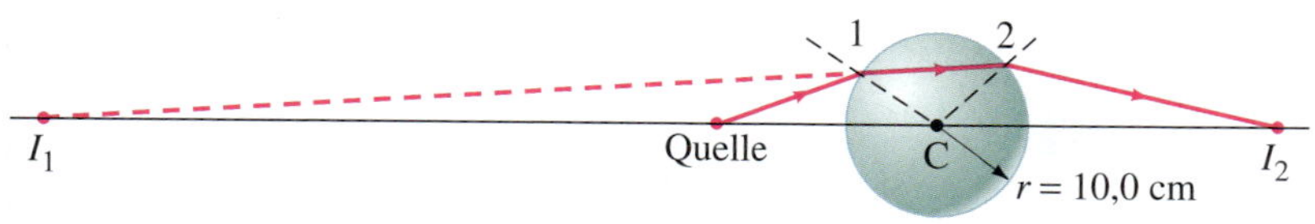

Abbildung 33.39 Beispiel 33.11.

Zusammenfassung

Licht pflanzt sich scheinbar auf geradlinigen Wegen fort, die als **Strahlen** bezeichnet werden. Seine Ausbreitungsgeschwindigkeit v hängt vom **Brechungsindex** n des Mediums ab; es gilt

$$v = \frac{c}{n},$$

wobei c die Ausbreitungsgeschwindigkeit des Lichts im Vakuum ist.

Wenn Licht an einer ebenen Oberfläche reflektiert wird, dann ist der *Reflexionswinkel gleich dem Einfallswinkel.* Dies ist das **Reflexionsgesetz,** und es erklärt, warum Spiegel **Bilder** erzeugen können.

In einem ebenen Spiegel ist das Bild virtuell und aufrecht, seine Größe ist gleich der Objektgröße und es befindet sich genau so weit hinter dem Spiegel, wie das Objekt vor dem Spiegel steht.

Ein sphärischer Spiegel ist entweder konkav oder konvex. Ein konkaver sphärischer Spiegel fokussiert parallele Lichtstrahlen (d. h. Lichtstrahlen, die von einem sehr weit entfernten Objekt ausgehen) in einem Punkt, dem so genannten **Fokus** oder **Brennpunkt.** Die Entfernung dieses Punktes vom Spiegel ist die **Brennweite** f des Spiegels und es gilt

$$f = \frac{r}{2},$$

wobei r der Krümmungsradius des Spiegels ist.

Parallele Strahlen, die auf einen konvexen Spiegel einfallen, werden so reflektiert, als würden sie von einem hinter dem Spiegel liegenden, gemeinsamen Punkt aus auseinander laufen. Der Abstand dieses Punktes vom Spiegel ist die Brennweite. Sie wird per Konvention für konvexe Spiegel als negativ angesehen.

Für ein gegebenes Objekt können Position und Größe des durch einen Spiegel erzeugten Bildes durch Strahlverfolgung bestimmt werden. Algebraisch ist die Beziehung zwischen Bildweite d_B, Objektweite d_O und der Brennweite f durch die **Spiegelgleichung** gegeben:

$$\frac{1}{d_O} + \frac{1}{d_B} = \frac{1}{f}.$$

Das Verhältnis zwischen Bildhöhe und Objekthöhe, die Vergrößerung m, ist

$$m = \frac{h_B}{h_O} = -\frac{d_B}{d_O}.$$

Wenn die bei der Entstehung eines Bildes zusammenlaufenden Strahlen tatsächlich durch das Bild gehen, so dass das Bild auf einem dort befindlichen Film oder Schirm erscheinen würde, dann wird das Bild als **reales Bild** bezeichnet. Wenn die Strahlen nicht durch das Bild verlaufen, handelt es sich um ein **virtuelles Bild.**

Wenn das Licht von einem transparenten Medium in ein anderes übergeht, dann wird der Strahl abgelenkt oder **gebrochen.** Nach dem **Brechungsgesetz (Snellius'sches Gesetz)** gilt

$$n_1 \sin\theta_1 = n_2 \sin\theta_2 .$$

Dabei ist n_1 der Brechungsindex des ersten Mediums und θ_1 der Winkel, den der auf die Grenzfläche einfallende Strahl mit der Flächennormalen bildet; n_2 ist der Brechungsindex des zweiten Mediums und θ_2 der Winkel des gebrochenen Strahls mit der Flächennormalen.

Die Wellenlänge des Lichts bestimmt dessen Farbe; das **sichtbare Spektrum** reicht von 400 nm (violett) bis etwa 750 nm (rot).

Glasprismen (und andere transparente Medien) können weißes Licht in die einzelnen Farbbestandteile aufspalten, weil der Brechungsindex von der Wellenlänge abhängt. Dieses Phänomen wird als **Dispersion** bezeichnet.

Wenn Lichtstrahlen die Grenzfläche eines Mediums erreichen und das neue Medium einen größeren Brechungsindex hat, gibt es eine **Totalreflexion**, falls der Einfallswinkel θ_1 groß genug ist, damit das Snellius'sche Gesetz $\sin\theta_2 > 1$ liefert. Dies ist der Fall, wenn θ_1 den Grenzwinkel θ_T überschreitet, der durch

$$\sin\theta_T = \frac{n_2}{n_1}$$

gegeben ist.

Zusammenfassung

Verständnisfragen

1 Wie würde der Mond aussehen, wenn er (a) eine raue Oberfläche und (b) eine glatte, spiegelähnliche Oberfläche hätte?

2 Es wird behauptet, dass Archimedes die gesamte römische Flotte im Hafen von Syracus in Brand setzte, indem er die Sonnenstrahlen mit einem riesigen sphärischen Spiegel bündelte. Ist diese Behauptung glaubwürdig?

3 Wenn ein konkaver Spiegel ein konkaves Bild erzeugt, ist dieses Bild dann zwangsläufig invertiert?

4 Wenn Sie einen konkaven Spiegel verwenden, dann sehen Sie kein invertiertes Bild von sich, es sei denn, Sie positionieren Ihren Kopf hinter dem Krümmungsmittelpunkt C. Trotzdem ist es möglich, dass Sie ein invertiertes Bild eines anderen Objektes sehen, das sich zwischen C und F befindet (siehe ▸ Abbildung 33.15). Erklären Sie, warum dies so ist. (*Hinweis*: Sie können nur dann ein reales Bild von sich selbst sehen, wenn sich Ihr Auge hinter dem Bild befindet, so dass ein Bild erzeugt werden kann.)

5 Wie groß ist die Brennweite eines ebenen Spiegels? Welche Vergrößerung hat ein ebener Spiegel?

6 Gilt die Spiegelgleichung (Gleichung 33.3) für einen ebenen Spiegel? Erläutern Sie Ihre Antwort.

7 Wie können Sie die Ausbreitungsgeschwindigkeit des Lichts in einem festen, rechteckigen und durchsichtigen Objekt bestimmen?

8 Warum erscheint das Spiegelbild des Mondes auf der gekräuselten Meeresoberfläche verlängert (siehe ▸ Abbildung 33.40)?

Abbildung 33.40 Frage 8.

9 Wie groß ist der Brechungswinkel für einen Lichtstrahl, der senkrecht auf die Grenzfläche zwischen zwei Medien trifft?

10 Wenn man von oben in einen Swimmingpool oder einen See blickt, neigt man dazu, die Wassertiefe zu unterschätzen. Wie verändert sich die scheinbare Wassertiefe mit dem Betrachtungswinkel? (Zeichnen Sie für Ihre Antwort ein Strahlendiagramm.)

11 Zeigen Sie mithilfe eines Strahlendiagramms, warum ein Stock, der sich zum Teil im Wasser befindet, geknickt aussieht (siehe ▸ Abbildung 33.21).

12 Wenn ein breites Bündel paralleler Lichtstrahlen unter einem bestimmten Winkel in Wasser einfällt, wird das Bündel breiter. Erklären Sie, warum dies so ist.

13 Angenommen, Sie schauen in ein Aquarium und betrachten die darin befindlichen Fische. In ▸ Abbildung 33.41 ist ein vom Fisch ausgehender Lichtstrahl dargestellt. Außerdem ist die scheinbare Position des Fisches eingezeichnet, wie sie vom Auge gesehen wird. Stellen Sie in der Zeichnung näherungsweise die scheinbare Position des Fisches dar. Begründen Sie kurz Ihre Antwort.

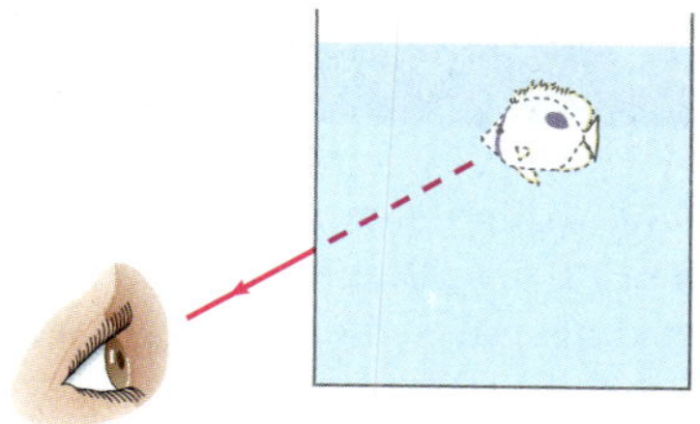

Abbildung 33.41 Frage 13.

14 Warum können Sie einen runden Wassertropfen auf einem Tisch sehen, obwohl Wasser durchsichtig und farblos ist?

15 Kann ein Lichtstrahl, der sich in Luft fortpflanzt, total reflektiert werden, wenn er im rechten Winkel auf eine ruhige Wasseroberfläche trifft?

16 Wenn Sie unter der Wasseroberfläche eines Schwimmbeckens nach oben schauen und ein in der Luft befindliches Objekt betrachten, erscheint dieses dann in derselben Größe, in der Sie es sehen würden, wenn Sie es von oberhalb der Wasseroberfläche betrachten?

17 Welcher Spiegeltyp ist in ▸ Abbildung 33.42 dargestellt?

Abbildung 33.42 Frage 17.

Aufgaben zu 33.2

1 (I) Wie hoch ist die Geschwindigkeit des Lichts (a) in Äthylalkohol und (b) in Plexiglas?

2 (I) Die Geschwindigkeit des Lichts in Eis beträgt $2{,}29 \cdot 10^8$ m/s. Wie groß ist der Brechungsindex von Eis?

3 (I) Die Entfernung der Erde von der Sonne beträgt etwa $1{,}50 \cdot 10^8$ km. Wie lange benötigt das Sonnenlicht bis zu uns?

4 (I) Der der Erde am nächsten liegende Stern (außer der Sonne) ist 4,2 Lichtjahre entfernt, d. h. es dauert 4,2 Jahre, bis sein Licht die Erde erreicht. Wie groß ist die Entfernung dieses Sterns in Metern?

5 (II) Der Glühfaden einer gewöhnlichen Glühlampe emittiert Licht in Wellenzügen von 10^{-8}s Dauer. Welche räumliche Ausdehnung haben diese Wellenzüge?

6 (II) Die Ausbreitungsgeschwindigkeit des Lichts in einem bestimmten Medium beträgt 92% des Wertes in Wasser. Wie groß ist der Brechungsindex dieses Mediums?

7 (II) Wie groß ist die minimale Winkelgeschwindigkeit, mit der ein achtseitiger Michelson-Spiegel rotieren müsste, damit das Licht durch die nachfolgenden Spiegelflächen zum Auge des Beobachters reflektiert wird (siehe ▸ Abbildung 33.2)?

Aufgaben zu 33.3

8 (I) Angenommen, Sie wollen sich selbst fotografieren, während Sie in einen 1,8 m entfernten Spiegel schauen. Auf welche Entfernung muss die Kamera fokussiert werden?

9 (II) Stellen Sie zwei ebene Spiegel so auf, dass sie einen rechten Winkel bilden (siehe ▸ Abbildung 33.43). Wenn Sie sich in diesem Doppelspiegel betrachten, sehen Sie sich selbst so, wie Sie von anderen Personen gesehen werden, nicht seitenverkehrt wie in einem einzelnen Spiegel. Zeichnen Sie hierfür ein Strahlendiagramm.

Abbildung 33.43 Aufgaben 9und 14.

10 (II) Eine Person, deren Augen sich 1,54 m über dem Fußboden befinden, steht in einem Abstand von 2,30 m vor einem vertikalen, ebenen Spiegel, dessen Unterkante 40 cm vom Boden entfernt ist (siehe ▸ Abbildung 33.44). Wie groß ist der horizontale Abstand x der Unterkante der Wand zum nächstliegenden Punkt auf dem Boden, der im Spiegel zu sehen ist?

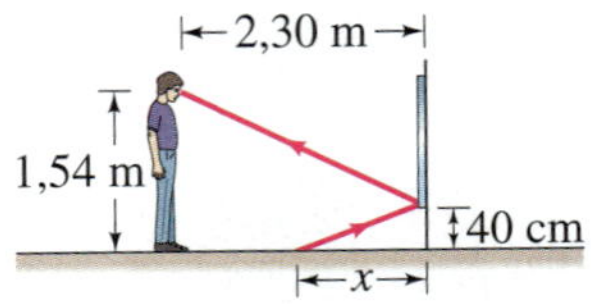

Abbildung 33.44 Aufgabe 10.

11 (II) Zwei ebene Spiegel bilden einen Winkel von 135° (siehe ▸ Abbildung 33.45). Wenn Lichtstrahlen wie dargestellt in einem Winkel von 40° auf dem einen Spiegel auftreffen, unter welchem Winkel ϕ verlassen sie dann den anderen Spiegel?

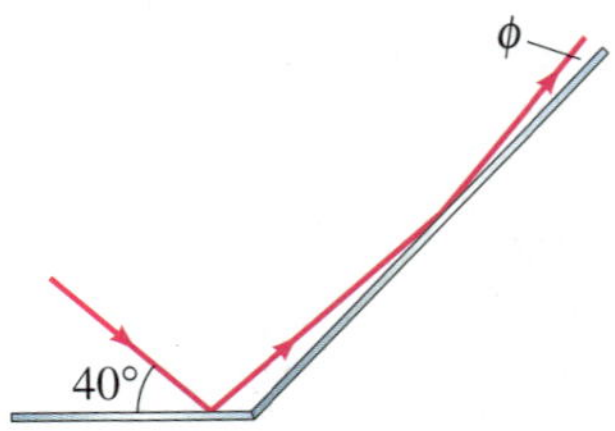

Abbildung 33.45 Aufgabe 11.

12 (II) Angenommen, Sie stehen in 80 cm Entfernung vor einem ebenen Spiegel. Ihr Pupillendurchmesser sei 5 mm. Welcher Bereich des Spiegels reflektiert die Strahlen, die ausgehend von einem Punkt auf Ihrer Nasenspitze auf Ihre Augen treffen?

13 (II) Gegeben seien zwei ebene Spiegel, die miteinander den Winkel ϕ ($< 90°$) bilden. Zeigen Sie, dass ein einzelner Strahl, der genau einmal an jedem der beiden Spiegel reflektiert wird, unabhängig vom Einfallswinkel um den Winkel 2ϕ abgelenkt wird.

14 (III) Angenommen, ein dritter Spiegel wird so neben die beiden in ▶ **Abbildung 33.43** gezeigten Spiegel gestellt, dass alle drei Spiegel senkrecht zueinander stehen. (a) Zeigen Sie, dass bei einem solchen „Eckreflektor“ ein beliebiger einfallender Strahl nach drei Reflexionen wieder in seine ursprüngliche Richtung gelenkt wird. (b) Was passiert, wenn es nur zwei Reflexionen gibt?

Aufgaben zu 33.4

15 (I) Ein gegebener Solarkocher (im Wesentlichen ein zur Sonne gerichteter konkaver Spiegel) fokussiert die Sonnenstrahlen in 18,2 cm Entfernung vor dem Spiegel. Wie groß ist der Krümmungsradius des Spiegels?

16 (I) Wie weit muss ein Objekt von einem konkaven Spiegel (Radius 22 cm) entfernt sein, damit sein Bild unendlich weit entfernt ist?

17 (II) Zeigen Sie mithilfe von Strahlendiagrammen, dass die Vergrößerung eines konkaven Spiegels kleiner als 1 ist, wenn sich das Objekt hinter dem Krümmungsmittelpunkt C befindet, und dass die Vergrößerung größer als 1 ist, wenn sich das Objekt in diesem Punkt befindet.

18 (II) Angenommen, Sie betrachten sich in einer glänzenden Weihnachtsbaumkugel, die einen Durchmesser von 9 cm hat. Wo befindet sich Ihr Bild, wenn Ihr Gesicht 25 cm von der Kugel entfernt ist? Handelt es sich um ein reales oder ein virtuelles Bild? Ist es aufrecht oder invertiert?

19 (II) Ein Spiegel auf einem Jahrmarkt zeigt ein aufrechtes Bild einer Person, die im Abstand von 1,5 m vor dem Spiegel steht. Wie groß ist der Krümmungsradius des Spiegels, wenn das Bild der Person dreimal so groß ist wie ihre tatsächliche Körpergröße?

20 (II) Ein Zahnarzt benötigt einen Spiegel, der, wenn er 2 cm von einem Zahn entfernt ist, ein fünffach vergrößertes, aufrechtes Bild erzeugt. Welche Art von Spiegel muss er benutzen und wie groß muss der Krümmungsradius des Spiegels sein?

21 (II) Einige Rückspiegel erzeugen Bilder von den hinter dem Auto befindlichen Fahrzeugen, die kleiner sind, als sie in einem ebenen Spiegel erscheinen würden. Sind diese Spiegel konkav oder konvex? Wie groß ist der Krümmungsradius eines Spiegels, wenn 20 m entfernte Fahrzeuge eine scheinbare Größe von einem Drittel ihrer tatsächlichen Größe haben?

22 (II) Ein leuchtendes, 3 mm hohes Objekt wird in 20 cm Entfernung vor einem Spiegel aufgestellt. (a) Zeigen Sie durch Betrachtung des Strahlwegs, dass das Bild des Objektes virtuell ist und schätzen Sie die Bildweite ab. (b) Zeigen Sie, dass man bei der Berechnung dieser (negativen) Bildweite gemäß **Gleichung 33.3** für die Brennweite −10 cm annehmen kann. (c) Berechnen Sie mithilfe von **Gleichung 33.4** die Bildgröße.

23 (II) (a) Wo muss ein Objekt vor einem konkaven Spiegel platziert werden, damit das Bild genau dort erzeugt wird, wo sich das Objekt befindet? (b) Ist das Bild real oder virtuell? (c) Steht das Bild auf dem Kopf oder aufrecht? (d) Wie groß ist die Vergrößerung des Bildes?

24 (II) Ein gekrümmter Spiegel erzeugt ein vituelles und sehr kleines Bild eines weit entfernten Baumes. Das Bild erscheint 14 cm hinter dem Spiegel. Um welchen Spiegeltyp handelt es sich und wie groß ist sein Krümmungsradius?

25 (II) Zeigen Sie mithilfe der Spiegelgleichung, dass der Betrag der Vergrößerung eines konkaven Spiegels kleiner als 1 ist, wenn sich das Objekt hinter dem Krümmungsmittelpunkt C ($d_O > r$) befindet, und größer als 1, wenn das Objekt vor dem Krümmungsmittelpunkt liegt ($d_O < r$).

26 (II) Zeigen Sie mithilfe eines Strahlendiagramms, dass für die Vergrößerung m eines konvexen Spiegels – ebenso wie für einen konkaven Spiegel – $m = -d_B/d_O$ gilt. (*Hinweis*: Betrachten Sie einen von der Spitze des Objekts auftreffenden Strahl, der im Mittelpunkt des Spiegels reflektiert wird.)

27 (II) Zeigen Sie mithilfe von Strahlendiagrammen, dass die Spiegelgleichung 33.3 für konvexe Spiegel gültig ist, solange die Brennweite einen hinreichend großen negativen Wert hat.

28 (II) Die Vergrößerung eines konvexen Spiegels sei für 3,2 m vom Spiegel entfernte Objekte +0,55. Wie groß ist die Brennweite dieses Spiegels?

29 (II) Ein 4,5 cm großes Objekt wird in einem Abstand von 28 cm vor einem sphärischen Spiegel platziert. Es soll ein aufrechtes virtuelles Bild erzeugt werden, das 3,5 cm groß ist. (a) Welcher Spiegeltyp sollte verwendet werden? (b) Wo entsteht das Bild? (c) Wie groß ist die Brennweite dieses Spiegels? (d) Wie groß ist der Krümmungsradius des Spiegels?

30 (II) Ein Rasier- bzw. Kosmetikspiegel sei so geformt, dass Ihr Gesicht um den Faktor 1,3 vergrößert wird, wenn es 20 cm vom Spiegel entfernt ist. (a) Um welchen Spiegeltyp handelt es sich? (b) Beschreiben Sie das Bild, das von Ihrem Gesicht entsteht. (c) Berechnen Sie den erforderlichen Krümmungsradius des Spiegels.

31 (III) Ein kurzes dünnes Objekt (z. B. ein Stück Draht) der Länge l wird auf die Hauptachse eines sphärischen Spiegels gelegt, und zwar parallel zu dieser. Zeigen Sie, dass sein Bild die Länge $l' = m^2 l$ hat, so dass die *Longitudinalvergrößerung* gleich $-m^2$ ist, wenn m die Lateralvergrößerung ist (Gleichung 33.4). Woher kommt das Minuszeichen? (*Hinweis*: Bestimmen Sie die Bildpunkte für beide Enden des Stabes; nehmen Sie dabei an, dass l sehr klein ist.)

Aufgaben zu 33.5

32 (I) Der Strahl eines Blitzlichts trifft in einem Winkel von 63° zur Normalen auf eine Glasscheibe ($n = 1{,}50$). Wie groß ist der Brechungswinkel?

33 (I) Ein Taucher richtet den Strahl einer Taschenlampe von unterhalb der Wasseroberfläche schräg nach oben, so dass der Winkel mit der Vertikalen 32,5° beträgt. Unter welchem Winkel verlässt der Lichtstrahl das Wasser?

34 (I) Der Lichtstrahl eines Unterwasserscheinwerfers verlässt das Wasser unter einem Winkel von 76°. Unter welchem Einfallswinkel trifft der Lichtstrahl auf die Grenzfläche zwischen Wasser und Luft?

35 (I) Angenommen, die Sonnenstrahlen bilden unterhalb einer Wasseroberfläche einen Winkel von 43° mit der Vertikalen. Welchen Winkel über dem Horizont hat dann die Sonne?

36 (II) Licht fällt im Winkel von 45° auf eine Seite eines gleichseitigen Glasprismas (siehe ▸ Abbildung 33.46). Berechnen Sie unter der Annahme $n = 1{,}5$ den Winkel, unter dem das Licht auf der anderen Seite aus dem Prisma austritt.

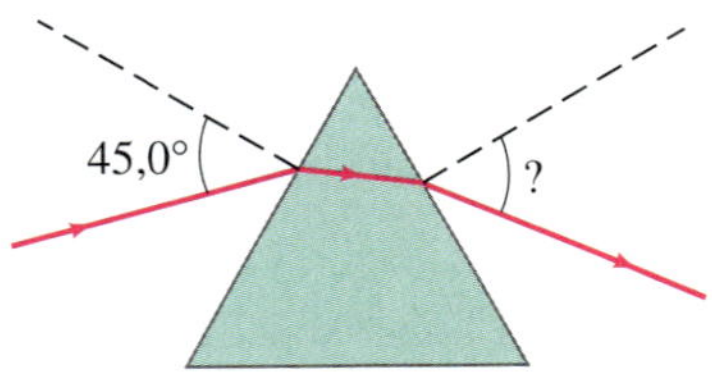

Abbildung 33.46 Aufgaben 36 und 52.

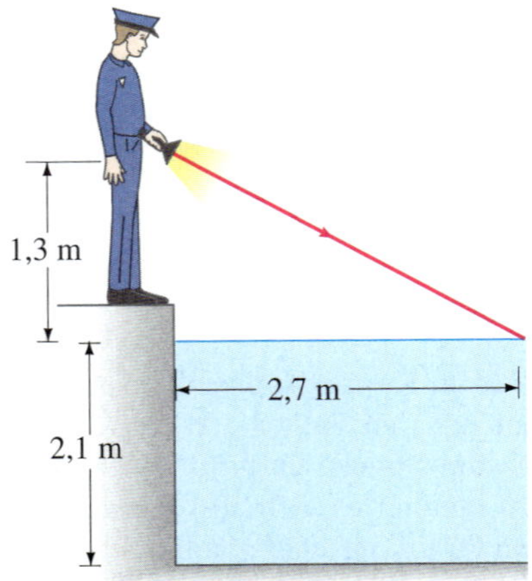

Abbildung 33.47 Aufgabe 37.

37 (II) Ein Wachmann versucht in der Nacht, mit dem schmalen Strahl seiner Taschenlampe eine Perlenkette auf dem Boden eines Swimmingpools zu finden. Nehmen Sie an, dass der Wachmann 1,3 m über der Wasseroberfläche steht und der Lichtstrahl 2,7 m vom Beckenrand entfernt auf die Wasseroberfläche auftrifft (▸ Abbildung 33.47). Wo trifft der Lichtstrahl den Grund des Beckens (gemessen vom Beckenrand unter den Füßen des Wachmanns), wenn das Becken 2,1 m tief ist?

38 (II) Ein sich in Luft ausbreitender Lichtstrahl trifft eine Butzenscheibe ($n = 1{,}52$), wo er teilweise reflektiert und teilweise gebrochen wird. Der Reflexionswinkel sei doppelt so groß wie der Brechungswinkel. Bestimmen Sie den Einfallswinkel.

39 (II) Das Medium links der Glasscheibe in ▸ Abbildung 33.22 sei ein anderes als das auf der rechten Seite (es gibt also drei verschiedene Medien mit entsprechend unterschiedlichen Brechungsindizes). Zeigen Sie, dass der Brechungswinkel in das dritte Medium (auf der rechten Seite der Glasscheibe) genauso groß ist wie für den Fall, dass das Licht direkt vom ersten in das dritte Medium übergeht (d. h. im Grenzfall der Scheibendicke null).

40 (II) Ein mit Wasser gefülltes Aquarium hat ebene Glaswände, deren Brechungsindex 1,58 ist. Von außen fällt ein Lichtstrahl im Winkel von 43,5° mit der Flächennormalen auf das Aquarium (siehe ▸ Abbildung 33.48). Wie groß ist der Winkel des Lichtstrahls, wenn er (a) das Glas und (b) das Wasser trifft? (c) Wie groß wäre der Brechungswinkel, wenn der Strahl direkt auf das Wasser auftreffen würde?

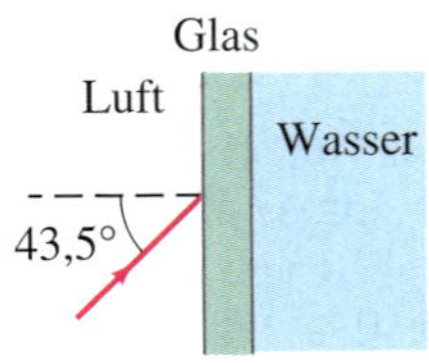

Abbildung 33.48 Aufgabe 40.

41 (II) Beweisen Sie allgemein, dass für einen Lichtstrahl, der auf eine homogene Schicht eines transparenten

Mediums einfällt (siehe ▶ Abbildung 33.22), der austretende Strahl unabhängig vom Einfallswinkel θ parallel zum einfallenden Strahl ist. Nehmen Sie an, dass das Medium auf beiden Seiten der Schicht das gleiche ist.

42 (III) Ein Lichtstrahl fällt wie in ▶ Abbildung 33.22 auf eine Glasscheibe der Dicke t. Zeigen Sie, dass der austretende Lichtstrahl um den Abstand $d = t\theta(n-1)/n$ gegenüber dem einfallenden Strahl verschoben wird, wenn der Einfallswinkel θ klein ist und im Bogenmaß angegeben wird.

Aufgaben zu 33.6

43 (I) Um wie viel Prozent etwa liegt die Geschwindigkeit von rotem Licht (700 nm) in Silikat-Flintglas über der von violettem Licht (400 nm) (siehe ▶ Abbildung 33.26)?

44 (I) Um wie viel Prozent ist die Geschwindigkeit von blauem Licht (450 nm) in Silikat-Flintglas geringer als die von rotem Licht (700 nm) (siehe ▶ Abbildung 33.26)?

45 (II) Ein Lichtstrahl fällt im Winkel von 60° auf ein Stück Glas. Der Strahl enthält die beiden Wellenlängen 450 nm und 700 nm, deren Brechungsindizes für Glas 1,482 bzw. 1,4742 sind. Wie groß ist der Winkel zwischen den beiden gebrochenen Strahlen?

46 (II) Ein paralleles Bündel von Lichtstrahlen, das die beiden Wellenlängen $\lambda_1 = 450$ nm und $\lambda_2 = 650$ nm enthält, tritt in das Silikat-Flintglas eines gleichseitigen Prismas ein (siehe ▶ Abbildung 33.49). Unter welchen Winkeln treten die beiden Strahlen aus dem Prisma aus? (Geben Sie jeweils den Winkel mit der Flächennormalen an.)

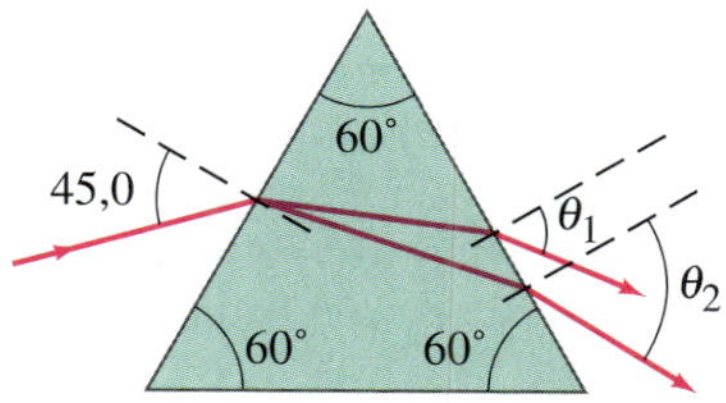

Abbildung 33.49 Aufgabe 46.

Aufgaben zu 33.7

47 (I) Wie groß ist der Grenzwinkel der Totalreflexion an der Grenzfläche zwischen Wasser und Acrylglas? Von welchem Medium muss der Lichtstrahl ausgehen, damit er im Medium zurückreflektiert wird?

48 (I) Der Grenzwinkel der Totalreflexion für eine bestimmte Grenzfläche zwischen einer Flüssigkeit und Luft sei 51,3° Wie groß ist der Brechungsindex der Flüssigkeit?

49 (II) In einem Wasserbecken von 82 cm Tiefe wird ein Lichtstrahl ausgesendet. Wo muss der Lichtstrahl relativ zu dem direkt über der Grenze zwischen Wasser und Luft befindlichen Scheinwerfer auf die Wasseroberfläche treffen, damit er das Wasser *nicht* verlässt?

50 (II) Ein Lichtstrahl tritt in eine Lichtfaser ein, wobei er mit deren Längsachse einen Winkel von 15° bildet (siehe ▶ Abbildung 33.50). Berechnen Sie die Entfernung, die der Lichtstrahl zwischen zwei aufeinander folgenden Reflexionen an den Grenzflächen der Lichtfaser zurücklegt. Nehmen Sie an, dass die Lichtfaser einen Brechungsindex von 1,55 und einen Durchmesser von $1{,}4 \cdot 10^{-4}$ m hat.

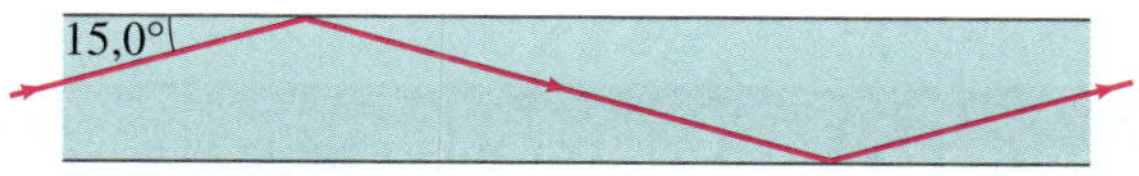

Abbildung 33.50 Aufgabe 50.

51 (II) Ein Lichtstrahl wird 8 cm unterhalb einer Flüssigkeitsoberfläche emittiert und trifft die Oberfläche 7 cm von dem Punkt entfernt, der senkrecht über der Quelle liegt. Was können Sie über den Brechungsindex der Flüssigkeit aussagen, wenn Totalreflexion auftritt?

52 (III) Angenommen, ein Strahl trifft die linke Seite des Prismas aus ▶ Abbildung 33.46 unter einem Winkel von 45°, wo er vollständig zur gegenüberliegenden Seite reflektiert wird. Was können Sie über den Brechungsindex des Prismas aussagen, wenn der Öffnungswinkel des Prismas (der Winkel an der Spitze) 75° ist?

53 (III) Ein Lichtstrahl tritt in das Ende einer optischen Faser ein (siehe ▶ Abbildung 33.51). Zeigen Sie, dass die Totalreflexion an der Seitenfläche des Materials (im Punkt a) sichergestellt werden kann, wenn der Brechungsindex größer als 1,42 ist. Mit anderen Worten, der Lichtstrahl wird unabhängig vom Winkel α im Punkt a in das Material reflektiert.

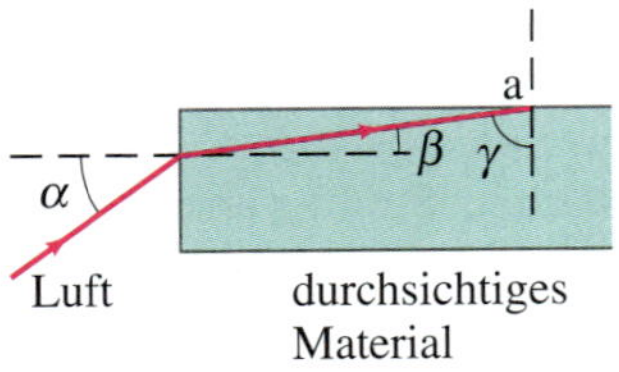

Abbildung 33.51 Aufgabe 53.

54 (III) (a) Wie groß muss der Brechungsindex eines in einem Fernglas verwendeten Glas- oder Kunststoffprismas mindestens sein, damit bei 45° Totalreflexion eintritt (siehe ▶ Abbildung 33.31)? (b) Funktionieren Ferngläser, wenn ihre Prismen in Wasser eintauchen (nehmen Sie $n = 1{,}5$ an)? (c) Wie groß muss n mindestens sein, wenn die Prismen in Wasser eingeaucht sind?

Aufgaben zu 33.8

55 (II) Ein 12 cm dickes, flaches Stück Glas ($n = 1{,}5$) liegt auf der Oberfläche eines 12 cm tiefen Wasserbeckens. Wie weit entfernt erscheint der Grund des Beckens von der Oberseite des Glasstücks, wenn man direkt von oben durch das Glas ins Becken schaut?

56 (II) Ein Fisch schwimmt im Wasser, das sich in einer dünnen, kugelförmigen Glasschale von gleichmäßiger Dicke befindet. Der Radius der Kugel sei 25 cm. Wo erscheint das Bild des Fisches, wenn sich der Fisch (a) in der Mitte der Schale bzw. (b) zwischen dem Beobachter und dem Mittelpunkt der Schale 20 cm entfernt vom Rand befindet. (*Hinweis* für Teil (a): Wie groß ist der Einfallswinkel des Lichts an der Grenzfläche zwischen Wasser und Glas? Wo muss sich dann das Bild befinden? Verifizieren Sie Ihre Überlegungen durch eine Rechnung. Beachten Sie dabei, dass R negativ sein muss.)

57 (III) Zeigen Sie, dass die Gleichung 33.7 sowohl für konvexe als auch für konkave sphärische Oberflächen sowie für an unterschiedlichen Stellen befindliche Objekte gilt, solange die in Abschnitt 33.8 diskutierten Bedingungen eingehalten werden. Fertigen Sie hierzu eine Skizze ähnlich ▶ Abbildung 33.36 für die verschiedenen möglichen Fälle an. Betrachten Sie sowohl den Fall $n_2 > n_1$ als auch $n_2 < n_1$.

58 (III) Eine Münze liegt auf dem Grund eines 1 m tiefen Beckens. Wenn ein Betrachter die Münze unter einem Winkel von 45° sieht, wo befindet sich dann ihr Bild relativ zum Objekt? (*Hinweis*: Sie finden das Bild, indem Sie die beiden Strahlen vom Schnittpunkt zurückverfolgen.)

Allgemeine Aufgaben

59 Zwei ebene Spiegel stehen sich in einem Abstand von 2 m gegenüber (siehe ▶ Abbildung 33.52). Angenommen, Sie stehen 1,5 m entfernt vor einem dieser Spiegel und betrachten sich darin. Sie sehen dabei mehrere Bilder von sich selbst. (a) Wie weit von Ihnen entfernt befinden sich die ersten drei Bilder in dem Spiegel vor Ihnen? (b) In welcher Richtung sind diese ersten drei Bilder ausgerichtet, zu Ihnen hin oder von Ihnen weg?

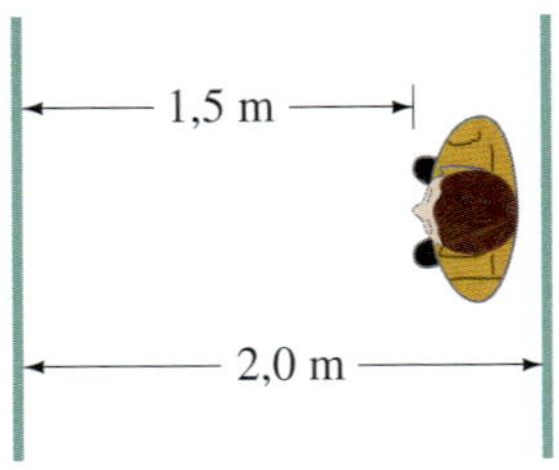

Abbildung 33.52 Aufgabe 59.

60 Wir wollen die Tiefe eines mit Wasser gefüllten Schwimmbeckens bestimmen, indem wir die Breite ($x = 5{,}50$ m) messen und dann beachten, dass die Unterkante des Beckens aus einem Winkel von 14° mit der Horizontalen gerade sichtbar ist (siehe ▶ Abbildung 33.53). Berechnen Sie die Tiefe des Beckens.

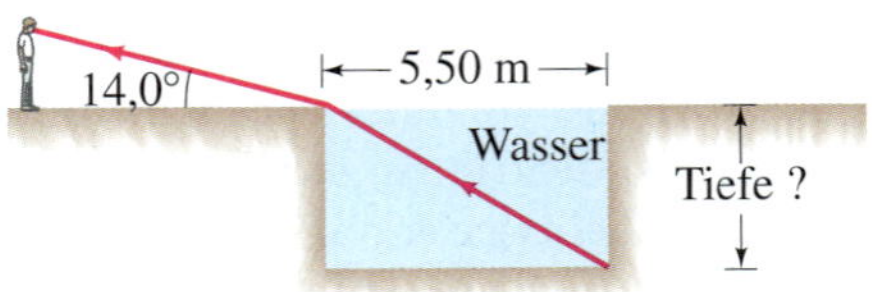

Abbildung 33.53 Aufgabe 60.

61 Eine 1,70 m große Person steht in einem Abstand von 3,80 m vor einem konvexen Spiegel und stellt fest, dass sie exakt halb so groß erscheint wie in einem ebenen Spiegel mit demselben Abstand. Wie groß ist der Krümmungsradius des konvexen Spiegels? (Nehmen Sie $\sin\theta \approx \theta$ an.)

62 Der Grenzwinkel der Totalreflexion eines gegebenen Stücks Kunststoff in Luft sei $\theta_C = 37{,}3°$. Wie groß ist dieser Winkel desselben Stücks Kunststoff, wenn es in Wasser eintaucht?

63 Studenten in einem Physiklabor haben sich in einer bestimmten Anordnung aufgestellt, um den Ort zu ermitteln, an dem ein leuchtendes Objekt platziert werden muss, damit dieses von einem konkaven Spiegel mit dem Krümmungsradius $r = 40$ cm in dreifacher Vergrößerung abgebildet wird. Zwei Studenten vervollständigen die Anordnung zu verschiedenen Zeitpunkten, wobei sie die gleiche Ausrüstung verwenden. Als sie später die Ergebnisse vergleichen, stellen sie fest, dass sie nicht die gleiche Bildweite erhalten. Erklären Sie, warum der Versuch nicht unbedingt wiederholt werden muss, und überprüfen Sie Ihre Antwort durch eine Rechnung.

64 Ein Kaleidoskop erzeugt mithilfe zweier ebener Spiegel, die einen Winkel von 60° miteinander bilden, symmetrische Muster (siehe ▸ Abbildung 33.54). Bestimmen Sie die Stelle, an der die Bilder (einige davon sind Bilder von Bildern) eines zwischen den Spiegeln befindlichen Objekts entstehen.

Abbildung 33.54 Aufgabe 64.

65 Der Öffnungswinkel eines Prismas sei $\phi = 72°$ und sein Brechungsindex $n = 1{,}56$ (siehe ▸ Abbildung 33.55). Wie groß ist der minimale Einfallswinkel für einen Strahl, der auf der gegenüberliegenden Seite das Prisma verlässt (d. h. der nicht total reflektiert wird)?

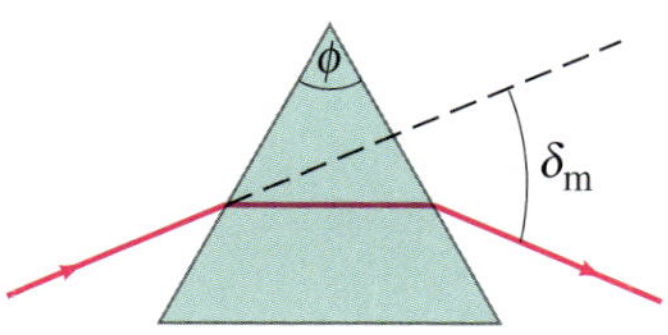

Abbildung 33.55
Aufgaben 65 und 66.

66 Wenn Licht durch ein Prisma geht, dann wird der Winkel zwischen dem gebrochenen Strahl und dem einfallenden Strahl als Ablenkungswinkel δ bezeichnet (siehe ▸ Abbildung 33.55). Zeigen Sie, dass dieser Winkel sein Minimum annimmt, wenn der Strahl symmetrisch durch das Prisma geht, d. h. senkrecht zur Winkelhalbierenden des Öffnungswinkels ϕ. Zeigen Sie ferner, dass der minimale Ablenkungswinkel δ_m mit dem Brechungsindex n des Prismas über die Beziehung

$$n = \frac{\sin \frac{1}{2}(\phi + \delta_m)}{\sin \phi/2}$$

zusammenhängt.

67 Das *Fermat'sche Prinzip* besagt, dass das Licht denjenigen Weg zwischen zwei Punkten nimmt, der die kürzeste Zeit erfordert. Leiten Sie aus dem Fermat'schen Prinzip (a) das Reflexionsgesetz ($\theta_i = \theta_r$) und (b) das Brechungsgesetz (Snellius'sches Gesetz) ab. (*Hinweis*: Wählen Sie zwei Punkte so, dass der zwischen ihnen verlaufende Strahl reflektiert oder gebrochen werden kann. Skizzieren Sie den Verlauf des Strahls zwischen diesen Punkten und schreiben Sie einen Ausdruck auf für die Zeit, die das Licht braucht, um den willkürlich gewählten Weg zurückzulegen. Bilden Sie dann die Ableitung, um das Minimum zu finden.)

68 Die Randflächen an den Enden eines zylindrischen Glasstabs ($n = 1{,}54$) sind senkrecht zu seiner Mantelfläche. Zeigen Sie, dass es an den Seitenflächen zur Totalreflexion kommt, wenn ein Lichtstrahl unter einem beliebigen Winkel in die Randfläche eintritt. Nehmen Sie an, dass der Stab von Luft umgeben ist. Was wäre, wenn er sich im Wasser befinden würde?

69 ▸ Abbildung 33.35 zeigt einen zylindrischen Stab, dessen Ende einen Krümmungsradius von $R = 2$ cm hat und der in Wasser eingetaucht ist (Brechungsindex 1,33). Der Stab hat einen Brechungsindex von 1,50. Bestimmen Sie die Bildposition eines 2 mm hohen Objekts, das 20 cm vom Stab entfernt ist.

70 Eine optische Faser ist ein langer durchsichtiger Zylinder mit dem Durchmesser d und dem Brechungsindex n. Wenn diese Faser stark gebogen wird, können einige der Lichtstrahlen, die auf die Innenseiten des Zylinder treffen, aus der Faser entweichen anstatt wieder zurück in das Innere der Faser reflektiert zu werden (siehe ▸ Abbildung 33.56). Wie groß muss der Krümmungsradius eines kurzen gebogenen Abschnitts mindestens sein, damit eine Totalreflexion der Lichtstrahlen gewährleistet ist, wenn diese anfänglich parallel zur Achse der Faser verlaufen?

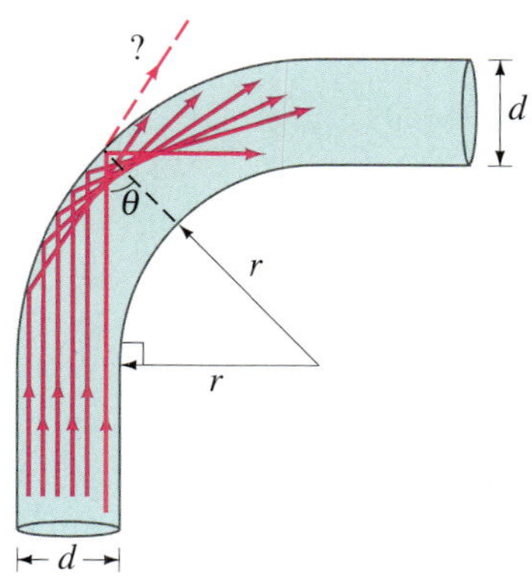

Abbildung 33.56
Aufgaben 70.

Linsen und optische Instrumente

34

ÜBERBLICK

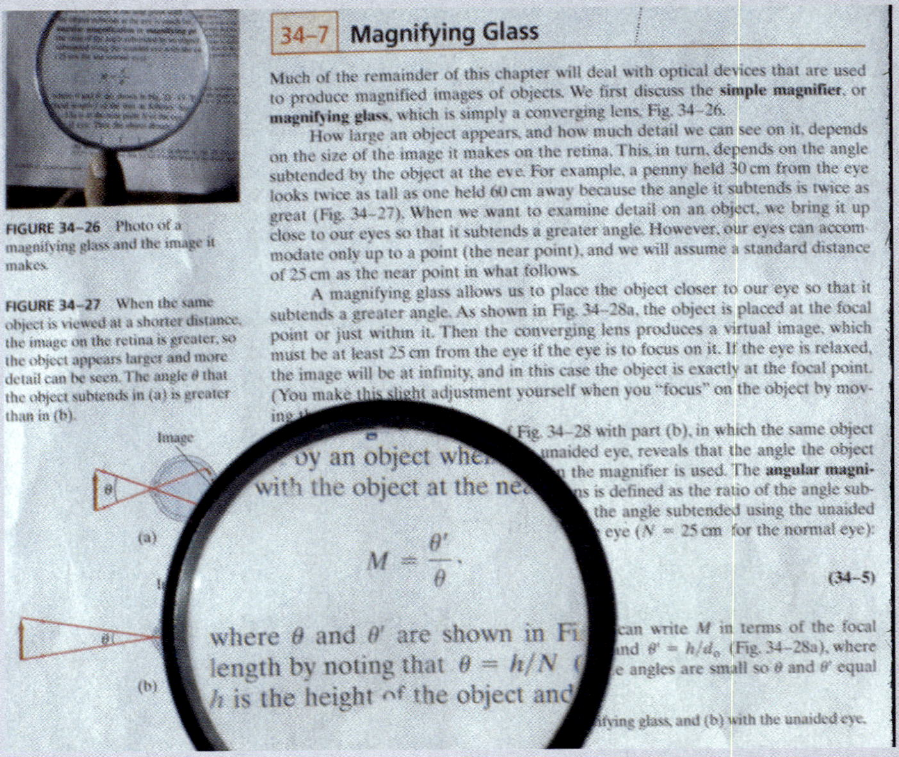

Als eines der vielen verschiedenen optischen Geräte behandeln wir in diesem Kapitel zunächst das Vergrößerungsglas in seiner einfachsten Form. Das oben stehende Foto zeigt eine Lupe, die eine Buchseite vergrößert. Wir werden in diesem Kapitel im Detail untersuchen, wie dünne Linsen funktionieren, und dabei lernen, wie man mithilfe des Strahlenmodells die Bildposition in Abhängigkeit von der Objektposition und der Brennweite bestimmt. Anschließend untersuchen wir verschiedene optische Geräte wie Kameras, Brillen, Fernrohre und Mikroskope.

34. Linsen und optische Instrumente

Die Funktionsweise vieler optischer Geräte beruht auf den Gesetzmäßigkeiten der Reflexion und der Brechung, insbesondere auf letzteren. In diesem Kapitel diskutieren und analysieren wir einfache Linsen anhand des Strahlenmodells der Optik, das wir im letzten Kapitel behandelt haben. Anschließend befassen wir uns mit verschiedenen optischen Instrumenten: mit der Lupe, dem menschliche Auge, mit Fernrohren und Mikroskopen. ► Abbildung 34.1 zeigt eine Reihe unterschiedlicher Linsentypen.

34.1 Dünne Linsen, Aufbau des Strahlenganges

Das wichtigste einfache optische Gerät ist zweifellos die dünne Linse. Die Entwicklung optischer Geräte auf der Basis dünner Linsen begann im 16./17. Jahrhundert; die ältesten Belege für Augengläser stammen sogar aus dem späten 13. Jahrhundert.[1] Heute werden Linsen in Brillen, Kameras, Lupen, Fernrohren, Ferngläsern, Mikroskopen und vielen anderen, zum Teil sehr spezialisierten Geräten verwendet. Dünne Linsen haben gewöhnlich einen kreisförmigen Querschnitt, ihre beiden Seiten sind Ausschnitte aus einer Kugel. (Auch zylindrische Oberflächen sind möglich, doch konzentrieren wir uns hier auf sphärische.) Die beiden Seiten können konkav, konvex oder eben sein; die verschiedenen Typen sind in ► Abbildung 34.1 im Querschnitt dargestellt. Die Bedeutung von Linsen besteht darin, dass sie Objekte abbilden (siehe ► Abbildung 34.2).

Betrachten wir die Strahlen, die parallel zur Achse der bikonvexen Linse verlaufen (siehe ► Abbildung 34.3a). Wir nehmen an, dass die Linse aus Glas oder transparentem Kunststoff besteht, so dass ihr Brechungsindex größer als der von Luft ist. Die **Achse** einer Linse ist eine Gerade, die durch den Mittelpunkt der Linse

1 Rund geschliffene Edelsteine, die als Vergrößerungsgläser verwendet wurden, gab es vermutlich noch früher.

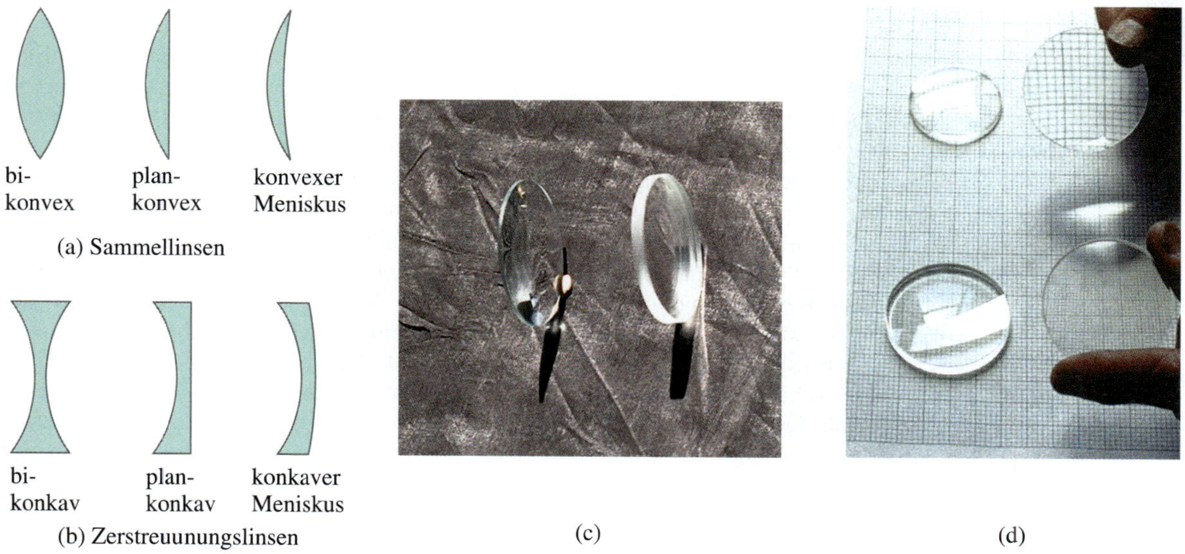

Abbildung 34.1 (a) Sammellinsen und (b) Zerstreuungslinsen. (c) Foto einer Sammellinse (links) und einer Zerstreuungslinse. (d) Sammellinsen (oben) und Zerstreuungslinsen, die jeweils flach auf dem Tisch liegen (links) bzw. angehoben sind, um die Abbildungseigenschaften zu demonstrieren.

Abbildung 34.2 Eine Sammellinse (in der Halterung, links) erzeugt ein Bild (das große „F" auf der rechten Seite) eines leuchtenden Objekts (das helle „F" auf der linken Seite).

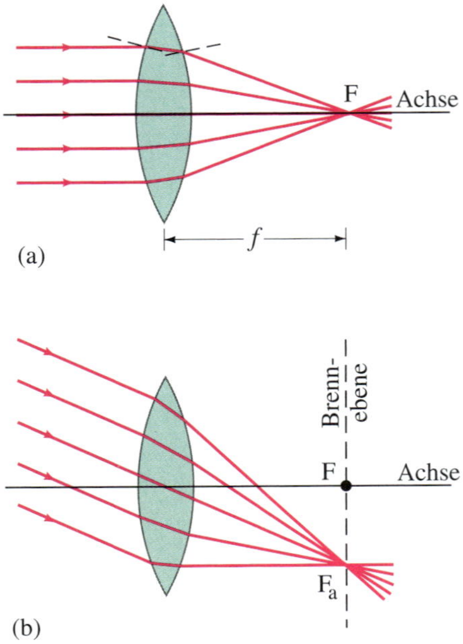

Abbildung 34.3 Parallele Strahlen werden durch eine dünne Sammellinse fokussiert.

Abbildung 34.4 Das Bild der Sonne brennt fast ein Loch in ein Stück Papier.

Brennweite von Linsen

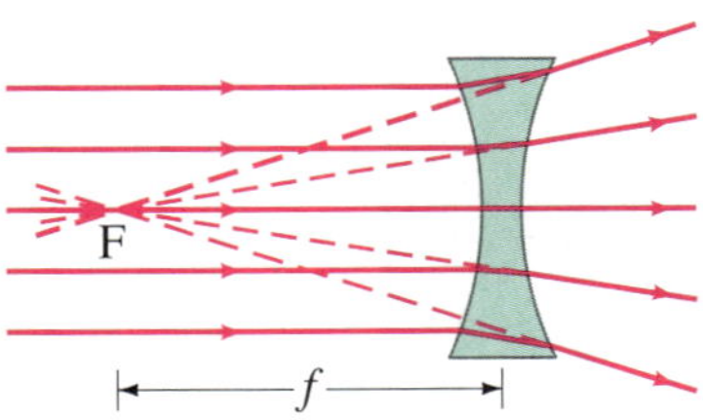

Abbildung 34.5 Eine Zerstreuungslinse.

und senkrecht durch beide Seiten der Oberfläche verläuft (siehe ▶ Abbildung 34.3). Aus dem Snellius'schen Gesetz folgt, dass jeder der Strahlen in ▶ Abbildung 34.3a an beiden Linsenoberflächen in Richtung der Achse abgelenkt wird (beachten Sie die gestrichelten Linien, die die beiden Flächennormalen zu den beiden Teilen der Linsenoberflächen darstellen). Wenn parallel zur Achse verlaufende Strahlen auf eine dünne Linse treffen, werden sie in einem Punkt fokussiert, dem **Brennpunkt** F. Für Linsen mit sphärischen Oberflächen ist dies nicht ganz richtig. Wenn der Durchmesser der Linse klein im Verhältnis zum Krümmungsradius der beiden Linsenoberflächen ist, gilt dies jedoch zumindest näherungsweise, d. h. parallele Strahlen werden in einem sehr kleinen, nahezu punktförmigen Gebiet fokussiert. Dieses Kriterium trifft auf **dünne Linsen** zu, und nur diese werden wir im Folgenden betrachten.

Die von einem Punkt eines weit entfernten Objekts ausgehenden Strahlen verlaufen nahezu parallel (siehe ▶ Abbildung 33.12). Wir können deshalb behaupten, dass der Brennpunkt das Bild eines Objektes ist, welches sich unendlich weit entfernt auf der optischen Achse befindet. Man kann daher den Brennpunkt einer Linse ermitteln, indem man den Punkt sucht, an dem die Sonnenstrahlen (oder die von einem anderen weit entfernten Objekt ausgehenden Strahlen) zu einem scharfen Bild zusammenlaufen (siehe ▶ Abbildung 34.4). Die Entfernung des Brennpunkts vom Mittelpunkt der Linse ist die **Brennweite** f. Eine Linse kann umgedreht werden, so dass das Licht durch die andere Seite hindurch geht. Wie wir später sehen werden, ist die Brennweite auf beiden Seiten die gleiche, selbst wenn die Linse auf ihren beiden Außenseiten unterschiedliche Krümmungen zeigt. Wenn parallele Strahlen unter einem Winkel auf eine Linse einfallen (siehe ▶ Abbildung 34.3b), dann fokussieren sie im Punkt F_a. Die Ebene, in der alle Punkte wie F und F_a liegen, wird als **Brennebene** der Linse bezeichnet.

Jede Linse[2], die in der Mitte dicker ist als am Rand, bewirkt, dass parallele Strahlen in einem Punkt zusammenlaufen. Solche Linsen werden als **Sammellinsen** bezeichnet (siehe ▶ Abbildung 34.1a). Linsen, die in der Mitte dünner sind als am Rand (▶ Abbildung 34.1b), werden als Zerstreuungslinsen bezeichnet, da sie parallel einfallende Lichtstrahlen auseinander laufen lassen (siehe ▶ Abbildung 34.5). Der Brennpunkt F einer Zerstreuungslinse ist als derjenige Punkt definiert, von

2 Wir setzen voraus, dass die Linse einen größeren Brechungsindex als das umgebende Medium hat. Dies ist z. B. für Glas- oder Kunststofflinsen in Luft der Fall, also für die üblicherweise betrachtete Situation.

dem die (in Wirklichkeit parallel einfallenden) gebrochenen Strahlen scheinbar ausgehen. Die Entfernung zwischen F und der Linse ist die **Brennweite,** wie wir sie analog für Sammellinsen definiert hatten.

Optiker und Augenärzte verwenden anstelle der Brennweite deren Kehrwert, um die Stärke von Brillengläsern oder Kontaktlinsen anzugeben. Die Größe

$$B = \frac{1}{f} \tag{34.1}$$

Brechkraft von Linsen

wird als **Brechkraft** B einer Linse bezeichnet. Die Einheit der Brechkraft ist die Dioptrie (D); sie ist der Kehrwert des Meters: $1\,\mathrm{D} = 1\,\mathrm{m}^{-1}$. Beispielsweise hat eine Linse mit einer Brennweite von 20 cm eine Brechkraft von $B = 1/0{,}20\,\mathrm{m} = 5{,}0\,\mathrm{D}$. Wir werden im Weiteren fast ausschließlich die Brennweite verwenden, außer bei der Behandlung von Korrekturlinsen in Abschnitt 34.6, wo es angemessener ist, mit der Brechkraft zu arbeiten.

Der wichtigste Parameter einer Linse ist ihre Brennweite f. Für eine Sammellinse kann f leicht gemessen werden, indem man den Bildpunkt der Sonne oder eines anderen weit entfernten Objekts sucht. Ist f einmal bekannt, kann die Bildposition für jedes beliebige Objekt leicht bestimmt werden. Den Bildpunkt durch das Zeichnen von Strahlen zu bestimmen wäre schwierig, wenn wir alle Brechungswinkel bestimmen müssten. Wir können diese Aufgabe jedoch sehr einfach lösen, indem wir verschiedene bereits bekannte Tatsachen berücksichtigen, z. B. dass parallel zur optischen Achse verlaufende Strahlen durch den Brennpunkt gebrochen werden. Tatsächlich müssen wir, um den Bildpunkt zu bestimmen, nur die drei in ▸ Abbildung 34.6 eingezeichneten Strahlen betrachten. Die Abbildung zeigt ein Objekt (dargestellt durch einen Pfeil) sowie eine Sammellinse, die auf der rechten Seite ein Bild des Objekts erzeugt. Diese Strahlen, die von einem einzelnen Punkt auf dem Objekt ausgehen, sind so gezeichnet, als wäre die Linse unendlich

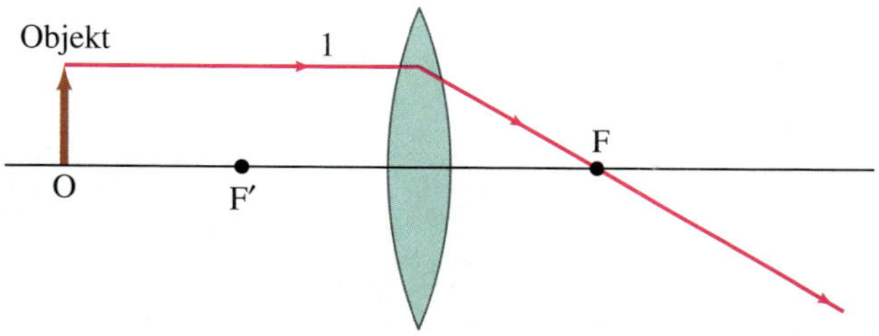

(a) Strahl 1 verläuft von der Spitze des Objekts parallel zur Achse und wird dann durch den Brennpunkt gebrochen.

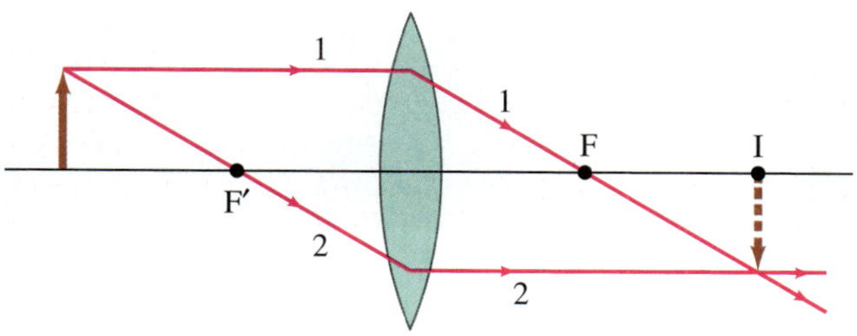

(b) Strahl 2 geht durch F′; daher ist er hinter der Linse parallel zur Achse.

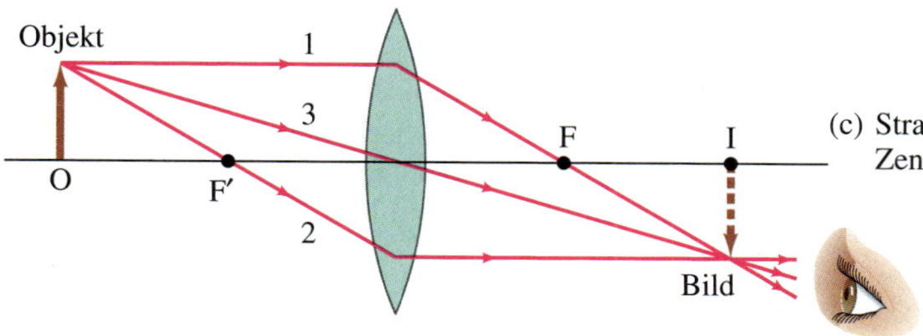

(c) Strahl 3 geht geradlinig durch das Zentrum der Linse (als sehr dünn angenommen).

Abbildung 34.6 Bestimmung des von einer Sammellinse erzeugten Bildes durch Strahlverfolgung.

dünn. Anstelle der beiden Brechungen an den beiden Grenzflächen ist nur eine einzige Brechung innerhalb der Linse dargestellt. Die drei Strahlen werden wie folgt gezeichnet:

Strahlendiagramm: Bestimmung der Position des Bildes, das durch eine dünne Linse erzeugt wird

- Strahl 1 verläuft parallel zur Achse; er wird durch die Linse so gebrochen, dass er den Brennpunkt F durchquert (siehe die ▶ Abbildungen 34.6a und ▶ 34.3a).
- Strahl 2 wird durch den anderen Brennpunkt F′ (Vorderseite der Linse in ▶ Abbildung 34.6) gezeichnet; in der Linse wird er so gebrochen, dass er parallel zur Achse verläuft, siehe ▶ Abbildung 34.6b.
- Strahl 3 verläuft vom Objekt zum Mittelpunkt der Linse, wo die beiden Grenzflächen annähernd parallel zueinander stehen. Ein- und Austrittswinkel sind daher gleich. Wie wir in Beispiel 33.8 gesehen haben, wird der Strahl dabei ein wenig nach einer Seite verschoben. Da wir aber angenommen haben, dass die Linse dünn ist, zeichnen wir den Strahl einfach durchgehend.

Tatsächlich genügen zwei dieser drei Strahlen, um den Bildpunkt zu bestimmen, d. h. den Punkt, in dem sich die Strahlen treffen. Das Zeichnen des dritten Strahls dient der Kontrolle.

Auf diese Weise können wir den Bildpunkt für einen Punkt des Objektes bestimmen (in ▶ Abbildung 34.6 die Spitze des Pfeils). Völlig analog erhalten wir die Bildpunkte aller anderen Objektpunkte und können so das vollständige Bild zusammensetzen. Da die Strahlen in dem in ▶ Abbildung 34.6 gezeigten Fall tatsächlich durch das Bild gehen, handelt es sich um ein **reales Bild** (siehe Seite 1091). Das Bild kann auf einen Film aufgenommen oder auf einer am Ort des Bildes befindlichen weißen Fläche beobachtet werden (siehe ▶ Abbildung 34.2).

Es ist auch möglich, das Bild direkt zu sehen, wenn sich das Auge wie in ▶ Abbildung 34.6c hinter dem Bild befindet. In diesem Falle treten einige der Strahlen, die von jedem Bildpunkt aus auseinander laufen, in das Auge ein (siehe auch ▶ Abbildung 34.7).[3]

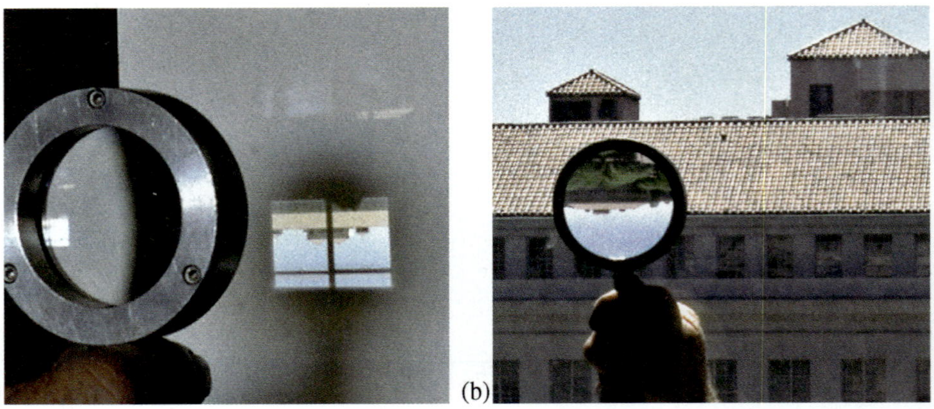

(a) (b)

Abbildung 34.7 (a) Eine Sammellinse kann auf einer Projektionsfläche ein reales Bild erzeugen (hier von einem entfernten Gebäude). (b) Dieses reale Bild ist ebenfalls für das Auge direkt sichtbar. In ▶ Abbildung 34.1d sind für das Auge sichtbare Bilder dargestellt, die von Zerstreuungs- und Sammellinsen erzeugt werden.

Strahlverfolgung für eine Zerstreuungslinse

Analog zur Sammellinse können wir mit drei Strahlen auch die Bildposition des von einer Zerstreuungslinse erzeugten Bildes bestimmen (siehe ▶ Abbildung 34.8). Beachten Sie, dass Strahl 1 parallel zur Achse gezeichnet ist, aber nicht durch den Brennpunkt F′ hinter der Linse geht. Stattdessen scheint er vom Brennpunkt F vor der Linse auszugehen (gestrichelte Linie). Strahl 2 zeigt in Richtung F' und wird durch die Linse so gebrochen, dass er anschließend parallel zur Achse verläuft. Strahl 3 geht direkt durch den Mittelpunkt der Linse. Die drei gebrochenen Strahlen scheinen von einem gemeinsamen Punkt auf der linken Seite der Linse

3 Warum die Strahlen von jedem Bildpunkt aus auseinander laufen müssen, damit man das Bild sehen kann, wird in Abschnitt 34.6 diskutiert. Dies ist wesentlich, da wir reale Objekte sehen, wenn auseinander laufende Strahlen wie in ▶ Abbildung 33.1 in das Auge eintreten.

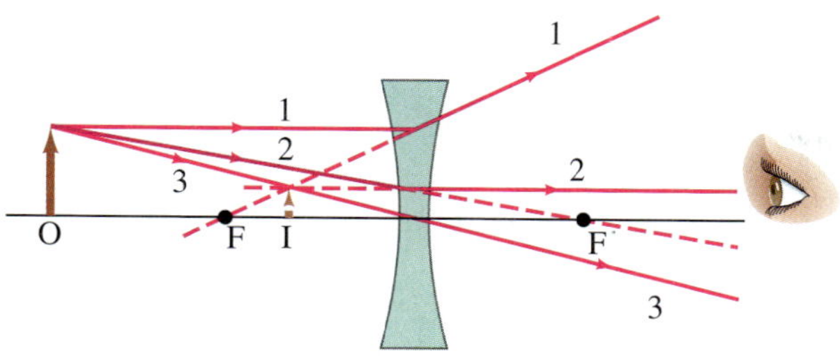

Abbildung 34.8 Erzeugung des Bildes einer Zerstreuungslinse durch Verfolgung des Strahlenverlaufs.

auszugehen. Dies ist das Bild I. Da die Strahlen nicht durch das Bild gehen, handelt es sich um ein **virtuelles Bild.** Beachten Sie, dass das Auge nicht zwischen realen und virtuellen Bildern unterscheidet – beide sind sichtbar.

34.2 Die Linsengleichung

Wir werden nun eine Gleichung ableiten, die die Bildweite mit der Objektweite und der Brennweite der Linse in Beziehung setzt. Durch diese Gleichung wird die Bestimmung der Bildposition schneller und exakter, als es durch Strahlverfolgung möglich ist. Sei d_O die Objektweite, d. h. der Abstand des Objekts vom Mittelpunkt der Linse, und d_B die Bildweite, d. h. der Abstand des Bildes vom Mittelpunkt der Linse. h_O und h_B bezeichnen die Höhen von Objekt und Bild. Betrachten wir die beiden in ▸ Abbildung 34.9 dargestellten Strahlen für eine als sehr dünn angenommene Sammellinse. Die Dreiecke FI′I und FBA (in ▸ Abbildung 34.9 gelb unterlegt) sind einander ähnlich, da der Winkel AFB gleich dem Winkel IFI′ ist. Daher gilt

$$\frac{h_B}{h_O} = \frac{d_B - f}{f} \,,$$

denn die Länge der Strecke AB ist gleich h_O. Die Dreiecke OAO' und IAI' sind ähnlich. Daraus folgt

$$\frac{h_B}{h_O} = \frac{d_B}{d_O} \,.$$

Wir setzen die rechten Seiten der beiden letzten Gleichungen gleich, dividieren durch d_B und erhalten nach Umformung

$$\frac{1}{d_O} + \frac{1}{d_B} = \frac{1}{f} \,. \qquad (34.2)$$

LINSENGLEICHUNG

Dies ist die so genannte **Linsengleichung.** Sie setzt die Bildweite d_B zur Objektweite d_O und zur Brennweite f in Beziehung. Sie ist die nützlichste Gleichung der geometrischen Optik. (Interessanterweise hat sie genau die gleiche Form wie die Spiegelgleichung, Gleichung 33.3). Beachten Sie, dass für ein unendlich weit ent-

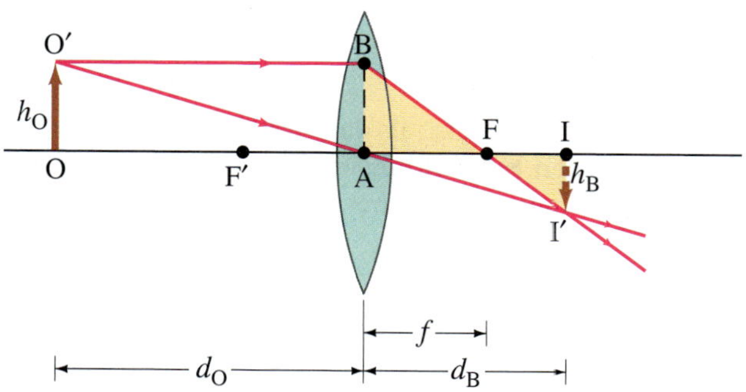

Abbildung 34.9 Herleitung der Linsengleichung für eine Sammellinse.

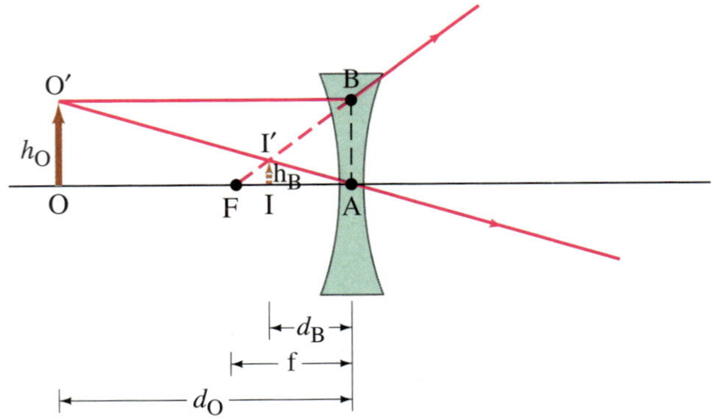

Abbildung 34.10 Herleitung der Linsengleichung für eine Zerstreuungslinse.

ferntes Objekt $1/d_O = 0$ und damit $d_B = f$ gilt. Die Brennweite ist also, wie bereits weiter vorn erwähnt, die Bildweite eines unendlich weit entfernten Objektes.

Für Zerstreuungslinsen können wir die Linsengleichung anhand von ▶ Abbildung 34.10 herleiten. IAI′ und OAO′ sind ähnliche Dreiecke, ebenso IFI′ und AFB. Daher gilt

$$\frac{h_B}{h_O} = \frac{d_B}{d_O} \quad \text{und} \quad \frac{h_B}{h_O} = \frac{f - d_B}{f} \, ,$$

wobei wir berücksichtigt haben, dass die Länge der Strecke AB gleich der Objekthöhe h_O ist. Aus diesen beiden Gleichungen erhalten wir

$$\frac{1}{d_O} - \frac{1}{d_B} = -\frac{1}{f} \, .$$

Dies wird zu Gleichung 34.2, wenn wir f und d_B mit negativem Vorzeichen einsetzen. Wir betrachten also f als *negativ für Zerstreuungslinsen* und d_B als negativ, wenn sich das Bild auf der Seite der Linse befindet, von der das Licht kommt. Gleichung 34.2 gilt also sowohl für Sammellinsen als auch für Zerstreuungslinsen und für *alle* Fälle, wenn wir die folgenden **Vorzeichenkonventionen** festlegen:

PROBLEMLÖSUNG
Vorzeichenkonventionen für Linsen

1. Die Brennweite ist positiv für Sammellinsen und negativ für Zerstreuungslinsen.
2. Die Objektweite ist positiv, wenn sich das Objekt auf derjenigen Seite der Linse befindet, von der das Licht kommt (dies ist der Normalfall; wenn mehrere Linsen zu einem Linsensystem kombiniert werden, kann es sich aber auch anders verhalten). Anderenfalls ist sie negativ.
3. Die Bildweite ist positiv, wenn sich das Bild auf der dem einfallenden Licht gegenüberliegenden Seite befindet. Analog ist die Bildweite positiv, wenn das Bild real ist, und negativ für ein virtuelles Bild.
4. Die Bildhöhe h_B ist positiv, wenn das Bild aufrecht steht, und negativ, wenn das Bild relativ zum Objekt invertiert ist. (h_O wird immer als positiv angenommen.)

Vergrößerung

Die **Lateralvergrößerung** v einer Linse ist definiert als das Verhältnis von Bildhöhe zu Objekthöhe, also $v = h_B/h_O$. Aus den ▶ Abbildungen 34.9 und ▶ 34.10 sowie den eben formulierten Vorzeichenkonventionen schlussfolgern wir

Lateralvergrößerung einer Linse

$$v = \frac{h_B}{h_O} = -\frac{d_B}{d_O} \, . \qquad (34.3)$$

Für ein aufrechtes Bild ist die Vergrößerung positiv, für ein invertiertes Bild dagegen negativ.

Gemäß Konvention 1 ist die in Dioptrien gemessene Brechkraft (Gleichung 34.1) einer Sammellinse positiv, während sie für eine Zerstreuungslinse negativ ist.

Problemlösung

Dünne Linsen

1. Zeichnen Sie ein möglichst genaues Strahlendiagramm. Selbst eine grobe Skizze kann als Bestätigung für ein analytisches Ergebnis dienen. Zeichnen Sie mindestens zwei, besser noch drei der leicht zu zeichnenden Strahlen, die in den Abbildungen 34.6 und 34.8 beschrieben wurden.
2. Analytische Lösungen erhalten Sie mithilfe der Linsengleichung (Gleichung 34.2) und Gleichung 34.3 für die Vergrößerung. In der Linsengleichung treten die Kehrwerte der betrachteten Größen auf, denken Sie also daran, die Kehrwerte zu bilden.
3. Beachten Sie die oben formulierten **Vorzeichenkonventionen**.
4. Überprüfen Sie, ob Ihre analytischen Ergebnisse mit ihrem Strahlendiagramm in Einklang stehen.

Beispiel 34.1

Abbildung durch Sammellinsen

Bestimmen Sie (a) die Bildposition und (b) die Bildhöhe einer 7,6 cm großen Blume, die sich in 1 m Entfernung vor einer Kameralinse mit 50 mm Brennweite befindet.

Lösung

Das Strahlendiagramm ▶ Abbildung 34.11 zeigt nur die Strahlen 1 und 3 für einen einzelnen Punkt der Blume. Wir sehen, dass sich der Bildpunkt ein wenig hinter dem Brennpunkt F auf der rechten Seite der Linse befindet.

a Analytisch finden wir die Bildposition mithilfe der Linsengleichung, Gleichung 34.2. Die Kameralinse ist eine Sammellinse mit $f = 5$ cm und es gilt $d_{\mathrm{O}} = 100$ cm. Die Linsengleichung liefert

$$\frac{1}{d_{\mathrm{B}}} = \frac{1}{f} - \frac{1}{d_{\mathrm{O}}} = \frac{1}{5\,\mathrm{cm}} - \frac{1}{100\,\mathrm{cm}} = \frac{20-1}{100\,\mathrm{cm}} .$$

Wir erhalten also für die Bildweite

$$d_{\mathrm{B}} = \frac{100\,\mathrm{cm}}{19} = 5{,}26\,\mathrm{cm} .$$

Das Bild ist damit 2,6 mm näher an der Linse als das Bild eines unendlich weit entfernten Objekts. Wenn wir eine Kameralinse fokussieren, muss die Linse umso weiter vom Film entfernt sein, je näher das Objekt der Kamera ist.

b Die Vergrößerung ist

$$v = -\frac{d_{\mathrm{B}}}{d_{\mathrm{O}}} = -\frac{5{,}26\,\mathrm{cm}}{100\,\mathrm{cm}} = -0{,}0526 ,$$

woraus wir für die Bildhöhe

$$h_{\mathrm{B}} = v h_{\mathrm{O}} = (-0{,}0526)(7{,}6\,\mathrm{cm}) = -0{,}4\,\mathrm{cm}$$

erhalten. Das Bild ist 4 mm hoch und invertiert ($v < 0$) wie in ▶ Abbildung 34.9 und in unserer ▶ Zeichnung 34.11.

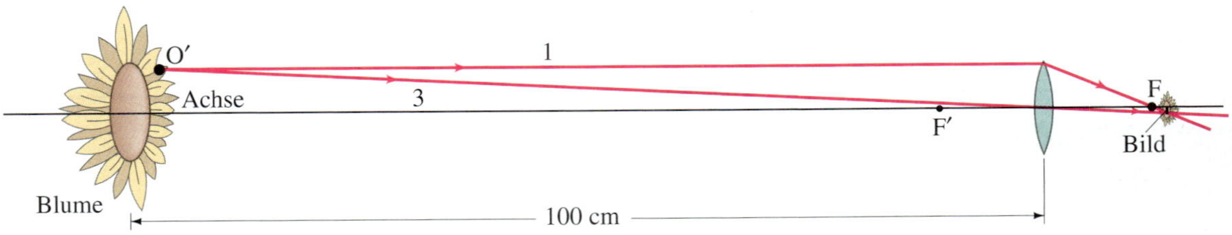

Abbildung 34.11 Beispiel 34.1 (nicht maßstabsgerecht).

Beispiel 34.2 Ein Objekt nahe einer Sammellinse

Ein Objekt ist 10 cm von einer Sammellinse mit 15 cm Brennweite entfernt. Bestimmen Sie die Position und die Höhe des Bildes (a) analytisch und (b) mithilfe eines Strahlendiagramms.

Lösung

a Mit $f = 15\,\text{cm}$ und $d_O = 10\,\text{cm}$ erhalten wir

$$\frac{1}{d_B} = \frac{1}{15\,\text{cm}} - \frac{1}{10\,\text{cm}} = -\frac{1}{30\,\text{cm}} ,$$

d. h. $d_B = -30\,\text{cm}$. Da d_B negativ ist, handelt es sich um ein virtuelles Bild, das sich auf der gleichen Seite der Linse befindet wie das Objekt. Die Vergrößerung ist

$$v = -\frac{d_B}{d_O} = -\frac{-30\,\text{cm}}{10\,\text{cm}} = 3 .$$

Das Bild ist dreimal so groß wie das Objekt und aufrecht. Eine solche Linse wird als einfaches Vergrößerungsglas verwendet, das wir in Abschnitt 34.7 genauer diskutieren wollen.

b Das Strahlendiagramm ist in ▸ Abbildung 34.12 dargestellt und bestätigt das in Teil (a) erhaltene analytische Ergebnis. Für den Punkt O′ auf der Spitze des Objekts ist der Strahl 1 leicht zu zeichnen. Strahl 2 erfordert dagegen einige Überlegung: Würden wir ihn in Richtung F′ zeichnen, wäre dies der falsche Weg. Wir zeichnen ihn also so, als würde er von F′ ausgehen (gestrichelte Linie), die Linse treffen und dort so gebrochen, dass er parallel zur optischen Achse verläuft. Wir setzen diesen Strahl nach hinten fort und tun das Gleiche für den Strahl 1, um den Punkt zu bestimmen, wo beide sich treffen. Strahl 3 ist leicht zu zeichnen; er führt durch den Mittelpunkt der Linse und trifft die anderen beiden Strahlen im Bildpunkt I′.

PROBLEMLÖSUNG

Denken Sie daran, dass Sie den Kehrwert bilden müssen.

Die letzten beiden Beispiele und ▸ Abbildung 34.12 zeigen bereits, dass das Bild eines zwischen einer Linse und deren Brennpunkt befindlichen Objekts virtuell ist.

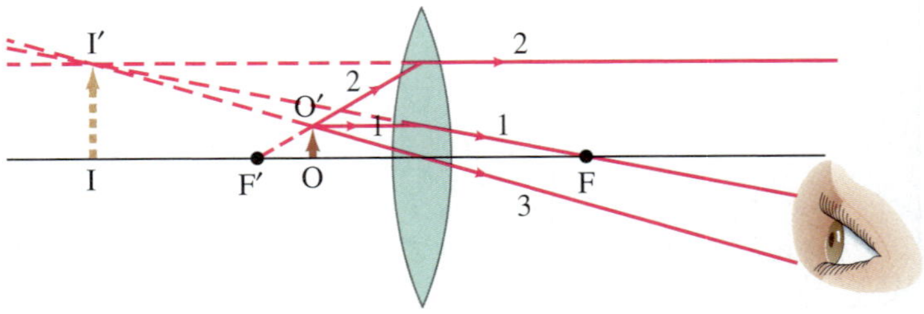

Abbildung 34.12 Ein innerhalb der Brennweite einer Sammellinse befindliches Objekt erzeugt ein virtuelles Bild, siehe auch Beispiel 34.2.

Beispiel 34.3 **Zerstreuungslinsen**

Wo muss sich ein kleines Insekt befinden, damit eine Zerstreuungslinse mit 25 cm Brennweite 20 cm vor der Linse ein virtuelles Bild erzeugt?

Lösung

Das Strahlendiagramm ist im Wesentlichen das gleiche wie in ▶ Abbildung 34.10, da die hier betrachtete Linse eine Zerstreuungslinse ist und sich das Bild innerhalb der Brennweite vor der Linse befindet. (Es wäre eine nützliche Übung, ein genaues, maßstabsgetreues Strahlendiagramm zu zeichnen.) Mit $f = -25$ cm und $d_B = 20$ cm liefert Gleichung 34.2

$$\frac{1}{d_O} = \frac{1}{f} - \frac{1}{d_B} = -\frac{1}{25\,\text{cm}} + \frac{1}{20\,\text{cm}} = \frac{-4+5}{100\,\text{cm}} = \frac{1}{100\,\text{cm}} .$$

Das Insekt muss sich also 100 cm vor der Linse befinden.

34.3 Linsensysteme

In diesem Abschnitt betrachten wir einige Beispiele, die illustrieren sollen, wie Linsen kombiniert werden können. Wenn Licht durch ein System von Linsen fällt, dann betrachten wir zunächst die erste Linse für sich allein und bestimmen wie gewohnt das durch sie erzeugte Bild. Dieses Bild wird dann zum *Objekt* für die zweite Linse, und wir bestimmen hierfür ebenfalls wie gewohnt das Bild. Wenn das Linsensystem nur aus zwei Linsen besteht, ist dies bereits das endgültige Bild. Wie wir sehen werden, ist die Gesamtvergrößerung das Produkt der Vergrößerungen der beiden einzelnen Linsen.

Linsensysteme: Das durch die erste Linse erzeugte Bild wird zum Objekt für die zweite Linse

Beispiel 34.4 **Ein System aus zwei Linsen**

Zwei Sammellinsen mit den Brennweiten $f_1 = 20$ cm und $f_2 = 25$ cm werden 80 cm voneinander entfernt aufgestellt (siehe ▶ Abbildung 34.13a). 60 cm vor der ersten Linse wird ein Objekt platziert (▶ Abbildung 34.13b). Bestimmen Sie (a) die Position und (b) die Vergrößerung des durch das Linsensystem erzeugten Bildes.

Lösung

a Das Objekt hat die Entfernung $d_{O1} = 60$ cm von der ersten Linse. Diese erzeugt ein Bild, dessen Position mithilfe der Linsengleichung bestimmt werden kann:

$$\frac{1}{d_{B1}} = \frac{1}{f_1} - \frac{1}{d_{O1}} = \frac{1}{20\,\text{cm}} - \frac{1}{60\,\text{cm}} = \frac{3-1}{60\,\text{cm}} = \frac{1}{30\,\text{cm}} .$$

Das erste Bild liegt also um $d_{B1} = 30$ cm hinter der ersten Linse. Dieses Bild wird zum Objekt für die zweite Linse. Es liegt um $d_{O2} = 80$ cm − 30 cm = 50 cm vor der zweiten Linse (siehe ▶ Abbildung 34.13b). Das durch die zweite Linse erzeugte Bild hat den Abstand d_{B2} von der zweiten Linse:

$$\frac{1}{d_{B2}} = \frac{1}{f_2} - \frac{1}{d_{O2}} = \frac{1}{25\,\text{cm}} - \frac{1}{50\,\text{cm}} = \frac{4-2}{100\,\text{cm}} = \frac{2}{100\,\text{cm}} .$$

Es liegt also $d_{B2} = 50$ cm hinter der zweiten Linse. Dies ist das endgültige Bild, siehe ▶ Abbildung 34.13b.

Achtung:
Die Objektweite für die zweite Linse ist nicht gleich der Bildweite der ersten!

b Die Vergrößerung der ersten Linse ist

$$v_1 = -\frac{d_{B1}}{d_{O1}} = -\frac{30\ \text{cm}}{60\ \text{cm}} = -0{,}5\ .$$

Das erste Bild ist also invertiert und halb so groß wie das Objekt; wiederum aus Gleichung 34.3 folgt

$$h_{B1} = v_1 h_{O1} = -0{,}5\, h_{O1}\ .$$

Für die zweite Linse ist dieses Bild das Objekt. Sie ändert dessen Höhe um den Faktor

$$v_2 = -\frac{d_{B2}}{d_{O2}} = -\frac{50\ \text{cm}}{50\ \text{cm}} = -1\ .$$

Die Höhe des endgültigen Bildes ist

Die Gesamtvergrößerung ist $v = v_1 v_2$

$$h_{B2} = v_2 h_{O2} = v_2 h_{B1} = v_2 v_1 h_{O1}$$

(zur Erinnerung: Es gilt $h_{O2} = h_{B1}$). Diese Gleichung zeigt, dass die Gesamtvergrößerung das Produkt aus v_1 und v_2 ist. Im konkreten Fall erhalten wir $(-1)(-0{,}5) = +0{,}5$; das endgültige Bild ist also halb so groß wie das Original und aufrecht.

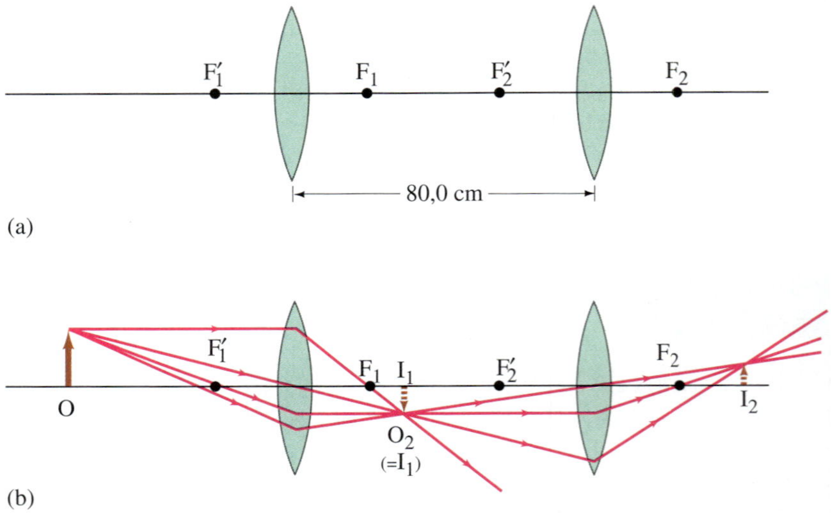

Abbildung 34.13 Beispiel 34.4.

Beispiel 34.5 Messung von *f* für Zerstreuungslinsen

Um die Brennweite einer Zerstreuungslinse zu messen, wird eine Sammellinse in unmittelbarem Kontakt mit ihr aufgestellt (siehe ▶ Abbildung 34.14). Diese Anordnung fokussiert die Sonnenstrahlen in einem 28,5 cm hinter der Linse liegenden Punkt. Wenn die Sammellinse eine Brennweite f_C von 16 cm hat, wie groß ist dann die Brennweite der Zerstreuungslinse? Nehmen Sie an, dass beide Linsen dünn sind und dass der Raum zwischen ihnen zu vernachlässigen ist.

Lösung

Die Sonnenstrahlen werden 28,5 cm hinter der Linsenanordnung fokussiert. Die Brennweite des gesamten Systems ist also $f_T = 28{,}5$ cm. Die Sammellinse allein würde das Bild in ihrem Brennpunkt erzeugen, d. h. im Abstand $f_C = 16\,\text{cm}$ hinter der Linse (gestrichelte Linien in ▸ Abbildung 34.14). Wenn die Zerstreuungslinse unmittelbar hinter der Sammellinse platziert wird, wird das von der ersten Linse erzeugte Bild zum *Objekt* der zweiten Linse. Da sich dieses Objekt rechts von der Zerstreuungslinse befindet, liegt der Fall einer negativen Bildweite vor (siehe Vorzeichenkonventionen Seite 1126). Für die Zerstreuungslinse ist das Bild daher virtuell und es gilt $d_O = -16\,\text{cm}$. Die Zerstreuungslinse erzeugt von diesem virtuellen Objekt ein $d_B = 28{,}5\,\text{cm}$ entferntes Bild (diese Entfernung war gegeben). Daher gilt

$$\frac{1}{f_D} = \frac{1}{d_O} + \frac{1}{d_B} = \frac{1}{-16\,\text{cm}} + \frac{1}{28{,}5\,\text{cm}} = -0{,}0274\,\text{cm}^{-1}\,.$$

Wir bilden den Kehrwert und erhalten $f_D = -1/(0{,}0274\,\text{cm}^{-1}) = -36{,}5\,\text{cm}$. Beachten Sie, dass die Sammellinse „stärker“ sein muss als die Zerstreuungslinse, d. h. ihre Brennweite muss betragsmäßig kleiner sein als die der Zerstreuungslinse, damit die hier angewendete Methode funktioniert.

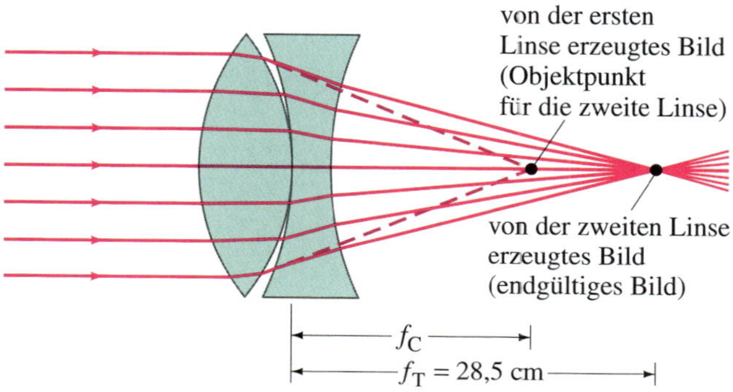

Abbildung 34.14 Bestimmung der Brennweite einer Zerstreuungslinse, siehe Beispiel 34.5.

34.4 Linsenmachergleichung

In diesem Abschnitt werden wir beweisen, dass zwei parallele Strahlen durch eine dünne Linse in einem Punkt fokussiert werden. Außerdem werden wir eine Gleichung ableiten, die die Brennweite einer Linse zu den Krümmungsradien ihrer beiden Oberflächen in Beziehung setzt. Diese Gleichung ist als Linsenmachergleichung bekannt.

In ▸ Abbildung 34.15 wird ein parallel zur optischen Achse einer Linse verlaufender Strahl zunächst im Punkt A_1 an deren vorderen Oberfläche und dann im Punkt A_2 an der hinteren Oberfläche gebrochen. Der aus der Linse austretende Strahl geht durch den Punkt F, den wir als Brennpunkt dieses Strahls bezeichnen. Der Punkt A_1 befindet sich in der Höhe h_1 und A_2 in der Höhe h_2 über der Achse. C_1 und C_2 sind die Krümmungsmittelpunkte der beiden Linsenoberflächen; daher ist die Länge der Strecke C_1A_1 gleich dem Krümmungsradius r_1 der vorderen Oberfläche und entsprechend $C_2A_2 = r_2$. Die Dicke der Linse wurde stark übertrieben dargestellt, so dass die unterschiedlichen Winkel deutlich werden. Wir nehmen jedoch an, dass die Linse sehr dünn ist und dass die Winkel zwischen den Strahlen und der Achse klein sind. In dieser Näherung gilt $h_1 \approx h_2$ und für alle betrachteten Winkel kann der Sinus und der Tangens gleich dem Winkel selbst gesetzt werden, z. B. $\sin\theta_1 \approx \tan\theta_1 = \theta_1$ (im Bogenmaß).

Aus dem Snellius'schen Gesetz folgt dann

$$\theta_1 = n\theta_2$$
$$\theta_4 = n\theta_3\,.$$

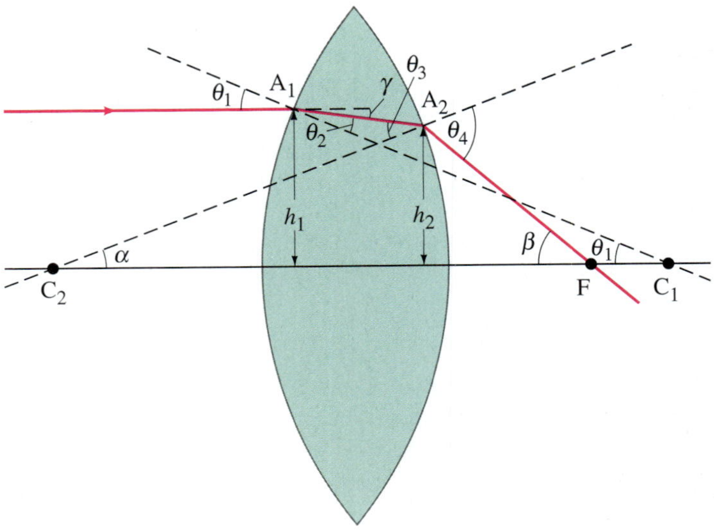

Abbildung 34.15 Darstellung des Strahlenverlaufs durch eine Linse zur Herleitung der Linsenmachergleichung.

Dabei ist n der Brechungswinkel von Glas und wir nehmen an, dass die Linse von Luft umgeben ist ($n = 1$). Außerdem gilt in ▸ Abbildung 34.15

$$\theta_1 \approx \sin\theta_1 = \frac{h_1}{r_1}$$

$$\alpha \approx \frac{h_2}{r_2}$$

$$\beta \approx \frac{h_2}{f} \, .$$

Die letzte Gleichung folgt aus der Tatsache, dass der Abstand F von der (als dünn angenommenen) Linse f ist. Nach dem Strahlendiagramm gilt für den Winkel γ

$$\gamma = \theta_1 - \theta_2 \, .$$

Eine genaue Betrachtung von ▸ Abbildung 34.15 zeigt außerdem, dass

$$\alpha = \theta_3 - \gamma$$

gilt. Um dies zu sehen, ziehen wir von Punkt A_2 aus eine horizontale Linie nach links, die den Winkel θ_3 teilt. Der obere Teil ist gleich γ und der untere Teil gleich α. (Einander gegenüberliegende Winkel zwischen einer schrägen Linie und zwei parallelen Linien sind gleich.) Es gilt daher $\theta_3 = \gamma + \alpha$. Schließlich zeichnen wir eine horizontale Linie rechts vom Punkt A_2, die θ_4 teilt. Der obere Winkel ist gleich α und der untere gleich β. Somit gilt

$$\theta_4 = \alpha + \beta \, .$$

Wir kombinieren nun diese drei Gleichungen und erhalten

$$\alpha = \theta_3 - \gamma = \frac{\theta_4}{n} - (\theta_1 - \theta_2) = \frac{\alpha}{n} + \frac{\beta}{n} - \theta_1 + \theta_2$$

oder

$$\frac{h_2}{r_2} = \frac{h_2}{nr_2} + \frac{h_2}{nf} - \frac{h_1}{r_1} + \frac{h_1}{nr_1} \, .$$

Aufgrund der Annahme, dass es sich um eine dünne Linse handelt, gilt $h_1 \approx h_2$, so dass die Höhen aus der Gleichung herausgekürzt werden können. Nun multiplizieren wir mit n und erhalten nach Umformung

Linsenmachergleichung

$$\frac{1}{f} = (n-1)\left(\frac{1}{r_1} + \frac{1}{r_2}\right) \, . \qquad (34.4)$$

Diese Gleichung wird als **Linsenmachergleichung** bezeichnet. Sie setzt die Brennweite einer Linse mit den Krümmungsradien ihrer beiden Oberflächen und ihrem Brechungsindex in Beziehung. Beachten Sie, dass f nicht von h_1 oder h_2 abhängt. Die Lage des Punktes F hängt also nicht davon ab, wo der Strahl die Linse trifft. Folglich gehen alle Strahlen, die parallel zur Achse einer dünnen Linse verlaufen, durch den gleichen Punkt F. Dies war es, was wir beweisen wollten.

Bei unserer Herleitung sind wir davon ausgegangen, dass beide Oberflächen konvex sind und somit r_1 und r_2 als positiv angesehen werden können.[4] Gleichung 34.4 gilt auch, wenn eine oder beide Seiten der Linse konkav ist, allerdings muss dann der entsprechende Krümmungsradius als *negativ* angesehen werden.

Beachten Sie, dass Gleichung 34.4 symmetrisch in r_1 und r_2 ist. Wenn daher die Linse umgedreht wird, so dass das Licht von der anderen Seite in die Linse eintritt, dann bleibt die Brennweite die gleiche, selbst wenn die beiden Oberflächen unterschiedliche Krümmungen haben.

Beispiel 34.6

Berechnung der Brennweite einer Sammellinse

Ein konvexes Brillenglas (▶ Abbildungen 34.1a und ▶ 34.16) besteht aus Glas, das einen Brechungsindex von $n = 1{,}5$ hat. Der Krümmungsradius der konvexen Seite ist 22,4 cm und der der konkaven Seite 46,2 cm. (a) Berechnen Sie die Brennweite. (b) Wo wird ein 2 m entferntes Objekt fokussiert?

Lösung

a Gegeben ist $r_1 = 22{,}4$ cm und $r_2 = -46{,}2$ cm; der zweite Wert ist negativ, weil es sich um eine konkave Fläche handelt. Damit ist

$$\frac{1}{f} = (1{,}5 - 1)\left(\frac{1}{22{,}4\ \text{cm}} - \frac{1}{46{,}2\ \text{cm}}\right) = 0{,}0115\ \text{cm}^{-1}\,.$$

Somit erhalten wir

$$f = \frac{1}{0{,}0115\ \text{cm}^{-1}} = 87\ \text{cm}\,.$$

Die Linse ist also eine Sammellinse. Beachten Sie, dass wir zu dem gleichen Ergebnis kommen würden, wenn wir die Linse umdrehen und mit $r_1 = -46{,}2$ cm und $r_2 = 22{,}4$ cm rechnen.

b Gemäß der Linsengleichung gilt mit $f = 0{,}87$ m und $d_O = 2$ m

$$\frac{1}{d_B} = \frac{1}{f} - \frac{1}{d_O} = \frac{1}{0{,}87\ \text{m}} - \frac{1}{2\ \text{m}} = 0{,}65\ \text{m}^{-1}$$

und somit $d_B = 1/0{,}65\ \text{m}^{-1} = 1{,}53$ m.

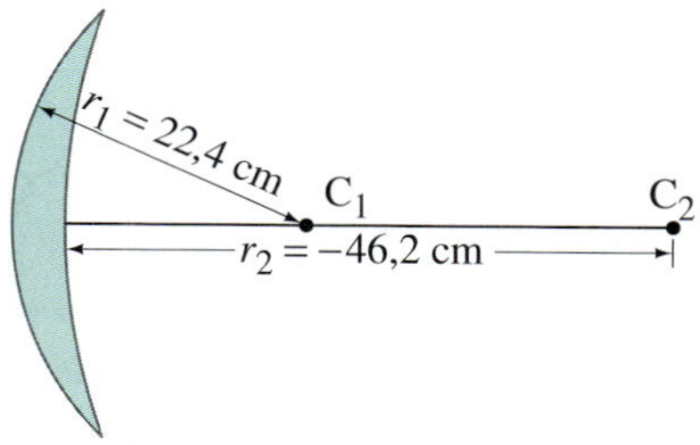

Abbildung 34.16 Beispiel 34.6.

Beispiel 34.7

Berechnung der Brennweite für eine Zerstreuungslinse

Die eine Seite einer Plexiglaslinse (siehe ▶ Abbildung 34.1b) sei eben und die andere konkav. (Eine solche Linse nennt man plankonkav.) Der Krümmungsradius der konkaven Seite ist $r = -18{,}4$ cm. Wie groß ist die Brennweite?

4 In einigen Büchern werden andere Konventionen verwendet – beispielsweise werden r_1 und r_2 als positiv betrachtet, wenn ihr Krümmungsradius rechts von der Linse liegt. In diesem Falle erscheint in Gleichung 34.4 an der entsprechenden Stelle ein Minuszeichen.

Lösung

Den Brechungsindex für Plexiglas, $n = 1{,}51$ entnehmen wir Tabelle 33.1. Eine ebene Oberfläche hat den Krümmungsradius unendlich. Bezeichnen wir diesen mit r_1, so gilt $1/r_1 = 0$. Daher ist

$$\frac{1}{f} = (1{,}51 - 1)\left(-\frac{1}{18{,}4\,\text{cm}}\right) .$$

Wir erhalten also $f = (-18{,}4\,\text{cm})/0{,}51 = -36\,\text{cm}$, d. h. es handelt sich um eine Zerstreuungslinse.

34.5 Kameras

Im verbleibenden Teil des Kapitels diskutieren wir einige der meistverbreiteten optischen Instrumente: die Kamera, das Auge sowie Korrekturlinsen, das Vergrößerungsglas, Fernrohre und Mikroskope. Wir beginnen mit der Kamera.

Die Grundbausteine einer **Kamera** sind eine Linse (Objektiv), ein Gehäuse, ein Verschluss und eine Aufnahmeplatte bzw. ein Film (siehe ▶ Abbildung 34.17). Wenn der Verschluss geöffnet ist, wird Licht von äußeren Objekten aus dem betrachteten Bereich von der Linse fokussiert und auf dem Film abgebildet. Der Film enthält lichtempfindliche Chemikalien, die sich verändern, wenn Licht auftrifft. Bei der Entwicklung bewirken chemische Reaktionen, dass die veränderten Bereiche undurchsichtig werden, so dass das Bild auf dem Film aufgezeichnet wird.[5] Sie können das Bild sehen, wenn Sie die Rückseite der Kamera entfernen und bei geöffnetem Verschluss durch ein Stück Zellstoff oder Wachspapier (Ort des reellen Bildes) blicken, das an der Stelle des Films platziert wurde.

Bei guten Kameras gibt es drei verschiedene Einstellungsmöglichkeiten, die wir im Folgenden vorstellen werden: die Verschlusszeit, die Blende und die Fokussierung (siehe ▶ Abbildung 34.18).

ANGEWANDTE PHYSIK

Die Kamera

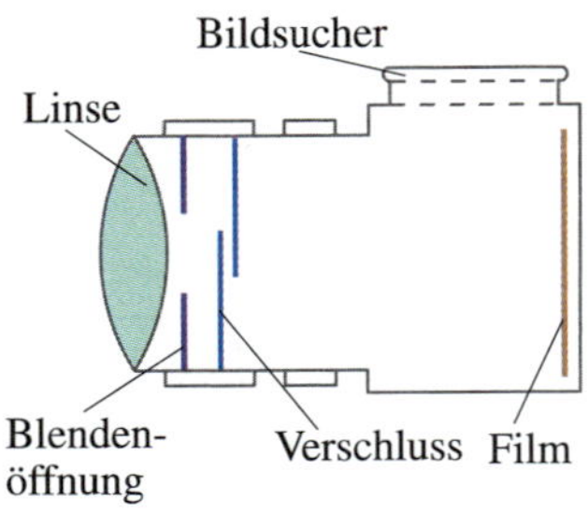

Abbildung 34.17 Eine einfache Kamera.

Abbildung 34.18 Bei dieser Kamera befinden sich die Blenden und der Ring zum Fokussieren auf dem Objektiv. Die Verschlusszeit wird durch ein kleines Rad oben auf der Kamera eingestellt.

Verschlusszeit

Sie regelt, wie lange der Verschluss geöffnet und der Film dem Licht ausgesetzt ist. Sie variiert von einer oder mehreren Sekunden (Langzeitbelichtungen) bis hinunter zu 1/1000 s oder noch weniger. Um das Verwackeln durch Kamerabewegungen zu vermeiden, werden normalerweise Verschlusszeiten von weniger als 1/100 s verwendet. Bei sich bewegenden Objekten sind noch kürzere Verschlusszeiten notwendig. Der Verschluss kann sich wie in ▶ Abbildung 34.17 hinter der Linse oder als beweglicher Vorhang in der Filmebene befinden.

Blende

Die Lichtmenge, die den Film erreicht, muss sorgfältig gesteuert werden, um **Unterbelichtung** oder **Überbelichtung** zu vermeiden. Bei Unterbelichtung steht zu wenig Licht zur Verfügung, so dass außer den hellsten Objekten nichts zu sehen wäre. Bei Überbelichtung gibt es zu viel Licht, so dass alle hellen Objekte gleich aussehen. In diesem Fall hat das Bild zu wenig Kontrast und macht einen „verwaschenen" Eindruck. Um die Aufnahme zu steuern, befindet sich hinter der Linse (▶ Abbildung 34.17) eine Blende mit variabler Öffnung. Der Durchmesser der Öffnung wird variiert, um Schwankungen der Helligkeit an verschiedenen Tagen und der Empfindlichkeit des verwendeten Films[6] sowie die unterschiedlichen Ver-

5 Dieses Bild wird als *Negativ* bezeichnet, da die schwarzen Flächen hellen Objekten entsprechen und umgekehrt. Der gleiche Prozess läuft beim Abziehen ab, bei dem aus dem Negativ ein schwarz-weißes, „positives" Bild hergestellt wird. Farbfilme verwenden drei Farben, entsprechend den drei Primärfarben.

6 Unterschiedliche Filme haben unterschiedliche Lichtempfindlichkeiten, die als ASA-Nummern angegeben werden. Ein höherer Wert bedeutet, dass der Film empfindlicher ist und weniger Licht braucht, um ein gutes Bild zu erzeugen.

schlusszeiten auszugleichen. Die Größe der Öffnung ist durch die **Blendenzahl** festgelegt, die als

$$\text{Blendenzahl} = \frac{f}{D}$$

definiert ist. Hierbei ist f die Brennweite der Linse und D der Durchmesser der Öffnung. Wenn beispielsweise eine Linse mit 50 mm Brennweite einen Öffnungsdurchmesser von $D = 25\,\text{mm}$ hat, so spricht man von Blendenzahl 2. Bei Blendenzahl 8 beträgt der Öffnungsdurchmesser nur $6\frac{1}{4}$ mm ($50/6\frac{1}{4} = 8$). Je kürzer die Verschlusszeit oder je dunkler der Tag, umso größer muss die Öffnung sein, damit eine gute Aufnahme gelingt. Dies entspricht einer kleineren Blendenzahl. Je kleiner die Blendenzahl, umso mehr Licht gelangt durch die Linse zum Film. Die kleinste Blendenzahl einer Linse (größte Öffnung) wird als die *Lichtstärke* der Linse bezeichnet. Heute findet man üblicherweise Linsen mit $D = f/2$ oder noch stärker. Der Vorteil einer lichtstarken Linse besteht darin, dass sie es auch bei schlechten Lichtverhältnissen erlaubt, Bilder aufzunehmen. Qualitativ hochwertige Linsen enthalten eine Reihe von Komponenten, die die Defekte einfacher dünner Linsen (siehe **Abschnitt 34.10**) reduzieren. Gute Linsen tragen standardmäßig Markierungen mit den Blendenzahlen 1,0, 1,4, 2,0, 2,8, 4,0, 5,6, 8, 11, 16, 22 und 32. Jeder dieser Werte entspricht einer Verkleinerung des Durchmessers um einen Faktor $\sqrt{2} = 1{,}4\ldots$. Da die Lichtmenge, die den Film erreicht, proportional zum Flächeninhalt der Öffnung und damit proportional zum Quadrat des Durchmessers ist, entspricht jede Standard-Blendenzahl einem Faktor 2 in der Lichtintensität, die den Film erreicht.

Fokussieren

Fokussieren

Beim Fokussieren wird die Linse relativ zum Film so eingestellt, dass das Bild so scharf wie möglich wird. Die Bildweite hat ihr Minimum, wenn das Objekt unendlich weit entfernt ist (für unendlich wird das Symbol ∞ benutzt), dieses Minimum ist gleich der Brennweite. Für nähere Objekte ist die Bildweite größer als die Brennweite, wie aus der Linsengleichung, $1/f = 1/d_{\text{O}} + 1/d_{\text{B}}$, ersichtlich ist. Um nahe Objekte zu fokussieren, muss die Linse daher weg vom Film bewegt werden, was gewöhnlich durch Drehen eines Rings auf der Linse erreicht wird.

Wenn die Linse auf nahe Objekte fokussiert ist, dann wird von diesen ein scharfes Bild erzeugt, während entfernte Objekte verschwommen sind (siehe ▶ **Abbildung 34.19**). Die Strahlen von einem Punkt auf einem entfernten Objekt gehen

(a) (b)

Abbildung 34.19 (a) Die Kamera ist auf das nahe Objekt fokussiert und das entfernte Objekt erscheint verschwommen. (b) Die Kamera ist auf das entfernte Objekt fokussiert und das nahe Objekt erscheint verschwommen.

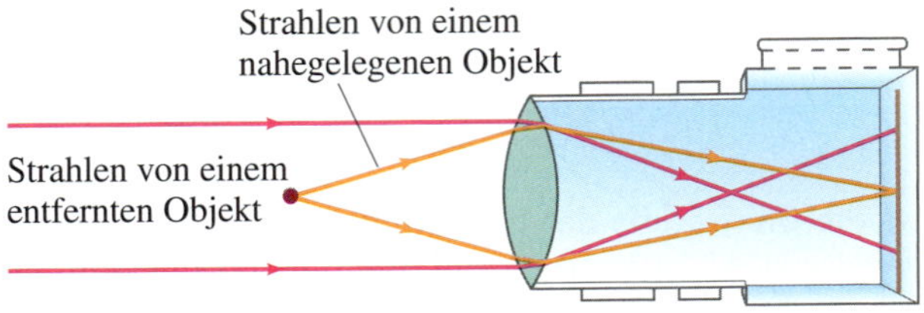

Abbildung 34.20 Wenn die Linse auf ein nahes Objekt fokussiert wird, erzeugen Punkte eines entfernten Objektes Kreise und sind deshalb verschwommen. (Der Effekt ist stark übertrieben dargestellt.)

nicht durch den Brennpunkt – sie bilden auf dem Film einen Kreis, was (übertrieben) in ▶ Abbildung 34.20 dargestellt ist. Das entfernte Objekt erzeugt daher ein Bild aus sich überlappenden Kreisen und wirkt verschwommen. Diese Kreise werden als **Zerstreuungskreise** bezeichnet. Um nahe und entfernte Objekte in ein und demselben Foto abzubilden, kann man versuchen, die Linse auf eine mittlere Weite zu fokussieren. Für eine gegebene eingestellte Weite gibt es einen Abstandsbereich, in dem die Zerstreuungskreise klein genug sind, damit ein Bild von akzeptabler Schärfe entsteht. Dieser Bereich wird als **Schärfentiefe** bezeichnet. Für eine speziell gewählte obere Grenze für den Durchmesser des Zerstreuungskreises (typischerweise 0,03 mm für 35-mm-Kameras) hängt die Schärfentiefe von der Größe der Linsenöffnung ab. Bei kleinerer Linsenöffnung gelangen die Strahlen nur durch den zentralen Teil der Linse, der bei gegebener Objektweite kleinere Zerstreuungskreise bildet. Folglich liegt bei kleinen Linsenöffnungen ein größerer Bereich von Objektweiten unterhalb der Grenze für den Durchmesser des Zerstreuungskreises, so dass die Schärfentiefe größer wird.

Schärfentiefe

Kameralinsen werden üblicherweise in die Kategorien Standardobjektiv, Teleobjektiv und Weitwinkelobjektiv eingeteilt. Die Kriterien für diese Einteilung sind die Brennweite und die Filmgröße. Ein **Standardobjektiv** überdeckt den Film mit einem Aufnahmefeld, das etwa dem normalen Betrachtungsfeld entspricht. Ein Standardobjektiv für 35-mm-Film hat Brennweiten im Bereich von 50 mm.[7] **Teleobjektive** wirken, wie der Name bereits sagt, wie ein Fernrohr, um die Bilder zu vergrößern. Sie haben größere Brennweiten als Standardobjektive. Wie wir in Abschnitt 34.2 gesehen haben, ist die Bildhöhe bei gegebener Objektweite proportional zur Bildweite (Gleichung 34.3), und die Bildweite ist für Objektive mit größeren Brennweiten größer. Für entfernte Objekte ist die Bildhöhe näherungsweise proportional zur Brennweite. (Können Sie dies beweisen?) Ein 200-mm-Teleobjektiv, das in einer 35-mm-Kamera verwendet wird, erzeugt daher Bilder in vierfacher Vergrößerung gegenüber dem 50-mm-Standardobjektiv. **Weitwinkelobjektive** haben kürzere Brennweiten als Standardobjektive. Damit kann ein größeres Aufnahmefeld erfasst werden und die Objekte erscheinen kleiner. Bei einem **Zoomobjektiv** kann die Brennweite verändert werden, so dass sie scheinbar an das Objekt heran- oder von diesem wegrücken.

Teleobjektive und Weitwinkelobjektive

Beispiel 34.8 · Begriffsbildung **Verschlusszeit**

Um die Schärfentiefe zu verbessern, regulieren Sie Ihre Kamera mithilfe von zwei Blenden (z. B. 4 und 8). Wie müssen Sie die Verschlusszeit einstellen, um die gleiche Belichtung zu erhalten?

Lösung

Die durch die Linse durchgelassene Lichtmenge ist proportional zum Flächeninhalt der Linsenöffnung. Wenn Sie die Linsenöffnung um eine Blende

7 Beachten Sie, dass sich die Bezeichnung „35-mm-Kamera" darauf bezieht, dass sie einen 35-mm-Film verwendet; diese 35 mm sind nicht zu verwechseln mit der Brennweite.

reduzieren, dann wird der Öffnungsdurchmesser um den Faktor $\sqrt{2}$ und die Fläche um den Faktor 2 kleiner. Wenn Sie zwei Blenden verwenden, dann wird die Fläche um den Faktor 4 kleiner. Um die gleiche Belichtung zu erhalten, muss der Verschluss viermal so lange geöffnet sein. Wenn also die Verschlusszeit ursprünglich 1/ 250 s war, dann müssen Sie sie auf 1/60 s erhöhen.

34.6 Das menschliche Auge; Korrekturlinsen

Das menschliche (siehe ▶ Abbildung 34.21) Auge ähnelt in seiner grundlegenden Funktionsweise einer Kamera, im Detail ist es allerdings sehr viel komplizierter. Das Auge ist ein umschlossenes Volumen, in das durch eine Linse Licht eindringt. Eine Blende, die so genannte **Iris** (der farbige Teil des Auges), reguliert, wie viel Licht in das Auge eintritt. Das Loch in der Iris, durch das das Licht eintritt (die **Pupille**) wirkt schwarz, da von dort kein Licht und aus dem Augeninneren nur wenig Licht reflektiert wird. Die **Netzhaut** oder **Retina**, die die Rolle des Films in einer Kamera spielt, befindet sich auf der hinteren Innenseite des Auges. Sie besteht aus einer komplexen Schicht von Nervenzellen und Rezeptoren, die als *Stäbchen* und *Zapfen* bezeichnet werden und die die Energie des Lichts in elektrische Signale umwandeln, die auf den Nervenbahnen weitergeleitet werden. Die Rekonstruktion eines Bildes aus all diesen Rezeptorinformationen geschieht vor allem im Gehirn; zum Teil aber auch durch das komplexe Netzwerk aus miteinander verbundenen Nervenzellen in der Netzhaut selbst. Im Zentrum der Netzhaut befindet sich ein kleiner Bereich von 0,25 mm Durchmesser, der als **Fovea centralis** bezeichnet wird und in dem besonders scharfe Bilder entstehen. In diesem Bereich sind die Zapfen besonders dicht gepackt, weshalb die Unterscheidung von Farben dort am besten ist.

Im Unterschied zur Kamera besitzt das Auge keinen Verschluss. Die entsprechende Funktion übernimmt das Nervensystem, das die Signale analysiert, um mit einer Frequenz von etwa 30 pro Sekunde Bilder zu erzeugen. Dies ist vergleichbar mit einer Film- oder TV-Kamera, die mit einer Frequenz von 24 (Film) bzw. 30 (TV) pro Sekunde eine Folge von Standbildern aufnimmt. Durch die schnelle Projektion dieser Bilder auf einen Schirm entsteht der Eindruck einer Bewegung.

Die Linse des Auges spielt nur eine geringe Rolle für die Ablenkung der Lichtstrahlen. Die Brechung erfolgt größtenteils am vorderen Teil der **Hornhaut** oder **Cornea** (Brechungsindex 1,376), die außerdem als Schutzhülle dient. Die Linse bewirkt eine Justierung beim Fokussieren für unterschiedliche Entfernungen. Ermöglicht wird dies durch die Ziliarmuskeln (siehe ▶ Abbildung 34.21), die die Krümmung der Linse und damit ihre Brennweite ändern. Wenn ein entferntes Objekt fokussiert wird, sind die Muskeln entspannt und die Linse ist dünn (▶ Abbildung 34.22a). Wenn die Linse diese Form hat, werden parallel einfallende Strahlen im Brennpunkt (auf der Netzhaut) fokussiert. Um ein nahes Objekt zu fokussieren, werden die Ziliarmuskeln kontrahiert, wodurch die Linse in der Mitte dicker wird (▶ Abbildung 34.22b). Auf diese Weise wird die Brennweite verkürzt, so dass nahe Objekte hinter dem Brennpunkt auf der Netzhaut fokussiert werden können. Diese Anpassung der Linse an die Entfernung des zu fokussierenden Gegenstands wird als **Akkommodation** bezeichnet.

Den Punkt mit der kleinsten Entfernung, an die sich die Linse anpassen kann, nennt man **Nahpunkt** des Auges. Bei jungen Erwachsenen beträgt er typischerweise 25 cm, während kleinere Kinder häufig auch Gegenstände fokussieren können, die näher als 10 cm sind. Zum Alterungsprozess des Menschen gehört unter anderem die nachlassende Fähigkeit zur Akkommodation und damit die wachsende Entfernung des Nahpunkts. Der Fernpunkt eines Menschen ist der am weitesten entfernte Punkt, den dieser Mensch noch scharf sehen kann. Für bestimmte Zwecke ist es nützlich, den Begriff des **normalsichtigen Auges** einzuführen (eine

ANGEWANDTE PHYSIK

Das Auge

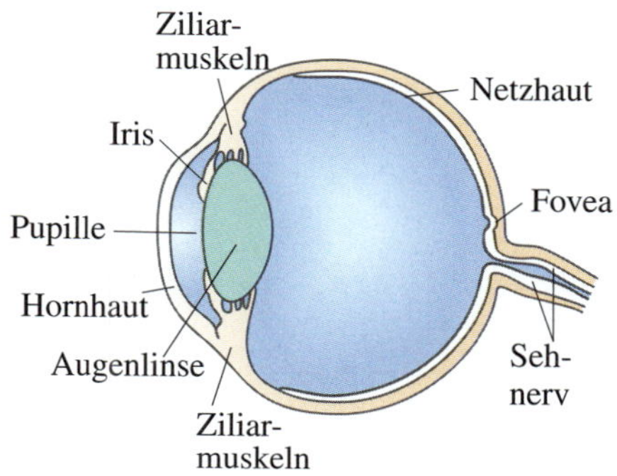

Abbildung 34.21 Schematische Darstellung des menschlichen Auges.

Fokussieren des Auges

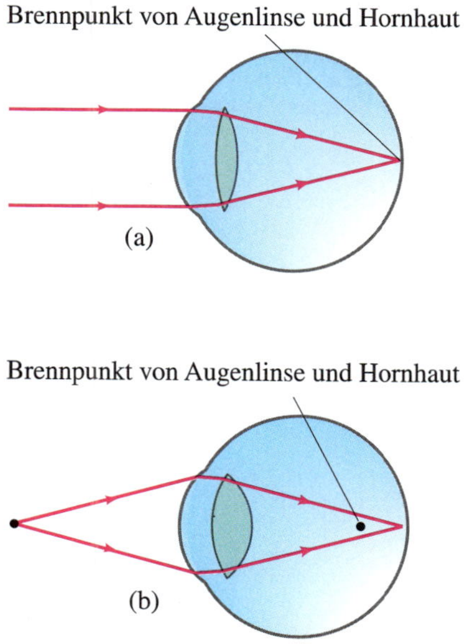

Abbildung 34.22 Akkommodation eines normalsichtigen Auges: (a) entspannte Linse, die den unendlich weit entfernten Punkt fokussiert; (b) verdickte Linse, auf ein nahes Objekt fokussiert.

Art Mittelung über die Gesamtbevölkerung). Es ist definiert als ein Auge, dessen Nahpunkt bei 25 cm und dessen Fernpunkt bei unendlich liegt. Um Ihren eigenen Nahpunkt herauszufinden, können Sie beispielsweise dieses Buch nahe vor ihr Auge halten und es dann langsam vom Auge weg bewegen, bis die Schrift scharf wird.

ANGEWANDTE PHYSIK

Korrekturlinsen

Das normalsichtige Auge ist eher ein Ideal als der Normalfall. Ein großer Teil der Bevölkerung hat Augen, die nicht innerhalb des gesamten Normalbereichs von 25 cm bis unendlich akkommodieren können oder die eine andere Akkommodationsstörung haben. Zwei besonders häufige Störungen sind Kurzsichtigkeit und Weitsichtigkeit. Beides kann weitestgehend mithilfe von Linsen korrigiert werden, entweder durch Brillengläser oder durch Kontaktlinsen.

Kurzsichtigkeit

Kurzsichtigkeit oder *Myopie* ist eine Akkommodationsstörung, bei der das Auge nur nahe Objekte fokussieren kann. Der Fernpunkt liegt nicht bei unendlich, sondern näher, so dass entfernte Objekte nicht scharf gesehen werden können. Kurzsichtigkeit entsteht gewöhnlich dadurch, dass der Augapfel zu lang ist, manchmal aber auch dadurch, dass die Krümmung der Hornhaut zu stark ist. In beiden Fällen wird das Bild eines entfernten Objektes vor der Netzhaut fokussiert. Kurzsichtigkeit kann durch eine Zerstreuungslinse korrigiert werden (siehe ▸ Abbildung 34.23a), da diese bewirkt, dass parallele Strahlen auseinander laufen und so das Bild weiter hinten, nämlich auf der Netzhaut, fokussiert wird.

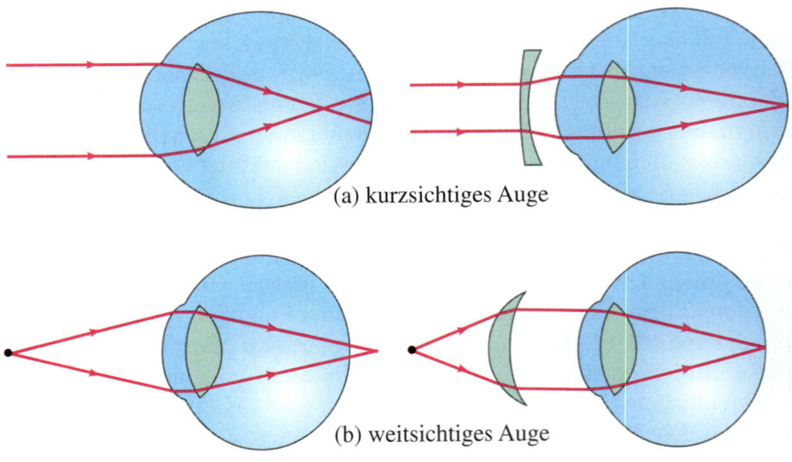

Abbildung 34.23 Korrektur von Fehlsichtigkeiten durch Linsen: (a) Ein kurzsichtiges Auge, das entfernte Objekte nicht klar fokussieren kann, wird mithilfe einer Zerstreuungslinse korrigiert; (b) ein weitsichtiges Auge, das nahe Objekte nicht klar fokussieren kann, wird mithilfe einer Sammellinse korrigiert.

Weitsichtigkeit

Weitsichtigkeit oder *Hyperopie* bedeutet, dass das Auge nicht in der Lage ist, nahe Objekte zu fokussieren. Während entfernte Gegenstände meist scharf gesehen werden können, ist der Nahpunkt etwas weiter entfernt als die „normalen" 25 cm, was z. B. das Lesen schwierig macht. Diese Akkommodationsstörung entsteht durch einen zu kurzen Augapfel oder (seltener) durch eine nicht ausreichend stark gekrümmte Hornhaut. Weitsichtigkeit kann durch Sammellinsen korrigiert werden (siehe ▸ Abbildung 34.23b). Eine der Weitsichtigkeit ähnliche Akkomodationsstörung ist die **Presbyopie** oder **Alterssichtigkeit,** d. h. die nachlassende Akkommodationsfähigkeit des Auges als eine Begleiterscheinung des Alterns, bei der der Nahpunkt hin zu größeren Entfernungen verschoben wird. Sammellinsen können auch diese Störung kompensieren.

Astigmatismus

Astigmatismus wird gewöhnlich durch eine abnorme Krümmung der Hornhaut oder der Linse verursacht. Sie bewirkt, dass Punkte als kurze Linien abgebildet werden – das Bild verschwimmt. Astigmatismus wird durch zylindrische Gläser korrigiert, die für kurzsichtige oder weitsichtige Augen auf sphärische Linsen aufgesetzt sind, so dass der Krümmungsradius der Korrekturlinse in verschiedenen Ebenen unterschiedlich ist.

Beispiel 34.9 Das weitsichtige Auge

Der Nahpunkt einer bestimmten Person liege bei 100 cm. Welche Brechkraft muss ihre Lesebrille haben, damit sie eine Zeitung im Abstand von 25 cm gut lesen kann? Nehmen Sie an, dass die Linsen sehr dicht vor den Augen liegen.

Lösung

Gefordert ist, dass sich das Bild eines 25 cm von der Linse entfernten Gegenstands im Abstand von 100 cm auf der *gleichen* Seite der Linse befindet; es handelt sich also um ein virtuelles Bild (siehe ▸ Abbildung 34.24) und es gilt $d_O = 25\,\text{cm}$ und $d_B = -100\,\text{cm}$. Für diese Werte ergibt die Linsengleichung

$$\frac{1}{f} = \frac{1}{25\,\text{cm}} + \frac{1}{-100\,\text{cm}} = \frac{4-1}{100\,\text{cm}} = \frac{1}{33\,\text{cm}}\,.$$

Wir erhalten also für die Brennweite $f = 33\,\text{cm}$ und damit für die Brechkraft $B = 1/f = +3{,}0\,\text{D}$. Das Pluszeichnen bedeutet, dass es sich um eine Sammellinse handelt.

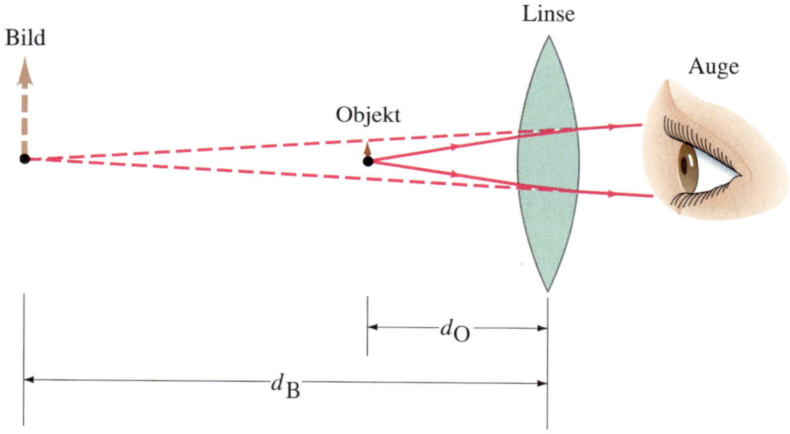

Abbildung 34.24 Linse einer Lesebrille (Beispiel 34.9).

Beispiel 34.10 Das kurzsichtige Auge

Ein kurzsichtiges Auge habe einen Nahpunkt von 12 cm und einen Fernpunkt von 17 cm. (a) Welche Brechkraft müssen die Korrekturlinsen dieser Person haben, damit sie entfernte Objekte scharf sehen kann? (b) Wo befindet sich mit dieser Korrektur der Nahpunkt? Nehmen Sie an, dass die Linse 2 cm vom Auge entfernt ist (dies ist der typische Wert für Brillengläser).

Lösung

a Wir bestimmen zunächst die Brechkraft der Linse, die erforderlich ist, um unendlich weit entfernte Objekte zu fokussieren (in diesem Zustand sind die Ziliarmuskeln entspannt). Für ein entferntes Objekt ($d_O = \infty$) wie in ▸ Abbildung 34.25 muss die Linse das Bild 17 cm vor das Auge bringen, denn dies ist dessen Fernpunkt, der 15 cm vor der Korrekturlinse liegt.

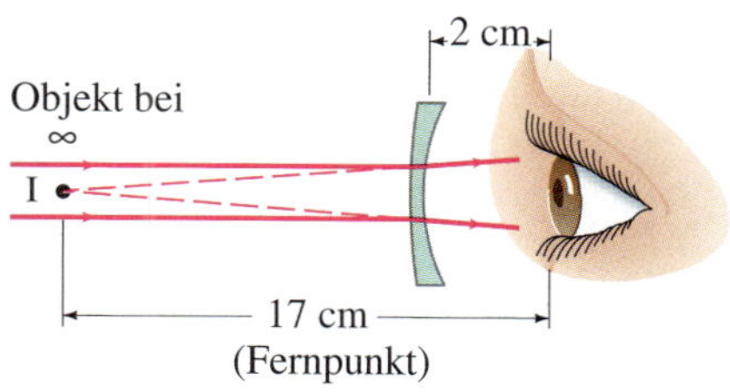

Abbildung 34.25 Beispiel 34.10a.

Es gilt also $d_B = -15$ cm. Aus der Linsengleichung erhalten wir für die Brennweite der benötigten Linse

$$\frac{1}{f} = -\frac{1}{15\,\text{cm}} + \frac{1}{\infty} = -\frac{1}{15\,\text{cm}}\,.$$

Es gilt also $f = -15$ cm bzw. $P = 1/f = -6{,}7$ D. Das Minuszeichen bedeutet, dass eine Zerstreuungslinse verwendet werden muss.

b Um zu berechnen, wo der Nahpunkt der Person liegt, wenn diese die Brille trägt, halten wir zunächst fest, dass sich ein scharfes Bild 12 cm vor den Augen befindet (der Nahpunkt, siehe ▶ Abbildung 34.26). Dieser Punkt liegt 10 cm vor der Linse, so dass die Bildweite d_B gleich $-0{,}1$ m ist und die Linsengleichung

$$\frac{1}{d_O} = \frac{1}{f} - \frac{1}{d_B} = -\frac{1}{0{,}15\,\text{m}} + \frac{1}{0{,}10\,\text{m}} = \frac{1}{0{,}30\,\text{m}}$$

ergibt. Wir erhalten also $d_O = 30$ cm, was bedeutet, dass der Nahpunkt der Person mit Brille 30 cm vor der Korrekturlinse liegt.

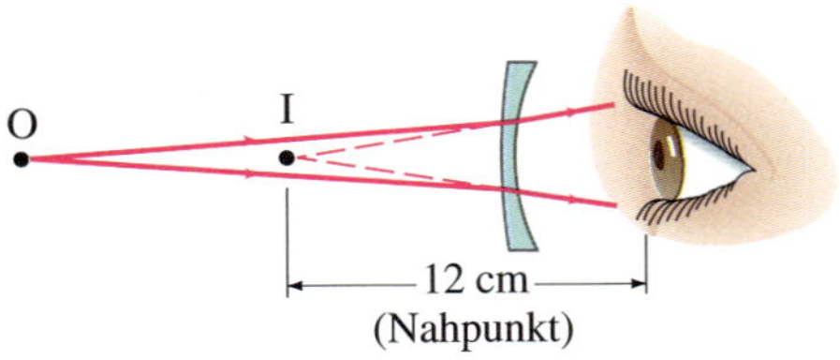

Abbildung 34.26 Beispiel 34.10b.

Kontaktlinsen

Alternativ können Kontaktlinsen verwendet werden, um die Kurzsichtigkeit aus Beispiel 34.10 zu korrigieren. Da Kontaktlinsen direkt auf der Hornhaut liegen, müssen in diesem Fall die 2 cm für den Abstand zwischen Auge und Korrekturlinse nicht abgezogen werden, um die Bildweite zu bestimmen. Für entfernte Objekte gilt also $d_B = -17$ cm, und wir erhalten $B = 1/f = -5{,}9$ dpt (Dioptrien). Der neue Nahpunkt liegt in diesem Fall bei 41 cm. Wir sehen, dass die notwendige Brechkraft der Korrekturlinse für ein bestimmtes Auge davon abhängt, ob Kontaktlinsen oder eine Brille verwendet werden.

34.7 Vergrößerungsgläser

Ein großer Teil des verbleibenden Kapitels beschäftigt sich mit optischen Instrumenten, die verwendet werden, um vergrößerte Bilder von Objekten zu erzeugen. Als erstes diskutieren wir die einfache **Lupe** oder das **Vergrößerungsglas**. Eine Lupe ist nichts anderes als eine Sammellinse (siehe das Foto am Anfang des Kapitels).

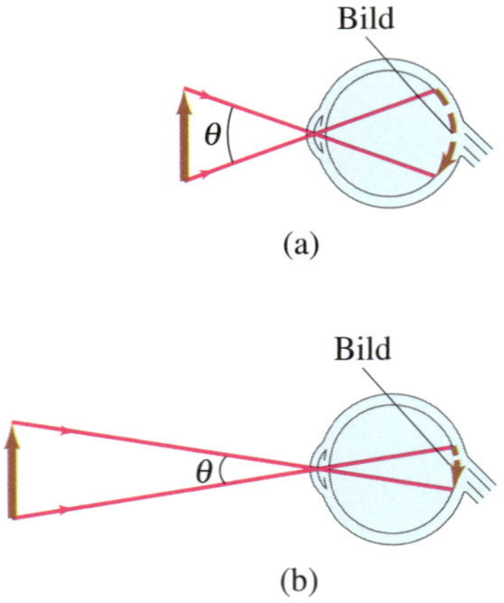

Abbildung 34.27 Wenn dasselbe Objekt aus geringerem Abstand betrachtet wird, ist das auf der Netzhaut entstehende Bild größer und es sind mehr Details zu sehen. Der Winkel θ, den das Objekt überdeckt, ist in Teil (a) größer als in Teil (b).

Wie groß ein Objekt erscheint und wie gut die Details zu erkennen sind, hängt von der Größe des Bildes ab, das auf der Netzhaut entsteht. Dies wiederum hängt vom Winkel ab, den das Objekt für das Auge überdeckt. Beispielsweise erscheint eine Münze, wenn man sie 30 cm vor das Auge hält, doppelt so groß wie bei einer Entfernung von 60 cm (siehe ▶ Abbildung 34.27). Wenn wir einen Gegenstand im Detail betrachten wollen, dann halten wir ihn normalerweise sehr dicht vor die Augen, da dann ein größerer Winkel überdeckt wird. Die Augen können jedoch nur bis zu einem bestimmten Punkt akkommodieren (dem Nahpunkt). Bei der weiteren Diskussion gehen wir von der Standardentfernung von 25 cm für den Nahpunkt aus.

Mithilfe einer Lupe können wir einen Gegenstand näher an das Auge bringen, wodurch ein größerer Winkel überdeckt wird. Wie in ▶ Abbildung 34.28a dargestellt, wird das Objekt im Brennpunkt oder unmittelbar davor platziert. Die Sammellinse erzeugt dann ein Bild, das mindestens 25 cm vom Auge entfernt sein muss, damit es vom Auge fokussiert werden kann. Wenn das Auge entspannt ist, liegt das Bild bei Unendlich und das Objekt genau im Brennpunkt. (Indem Sie die Lupe bewegen, nehmen Sie selbst diese Justierung vor.)

In Teil (b) der ▶ Abbildung 34.28 wird das gleiche Objekt im Nahpunkt mit dem bloßen Auge betrachtet. Ein Vergleich mit Teil (a) der Abbildung zeigt, dass der Winkel, den das Objekt im Auge überdeckt, wesentlich größer ist, wenn die Lupe benutzt wird. Die **Winkelvergrößerung** v einer Linse ist definiert als das

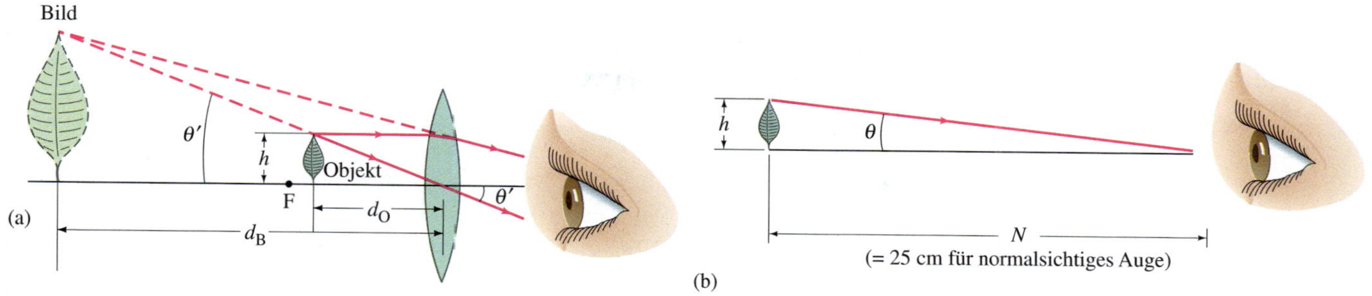

Abbildung 34.28 (a) Ein Blatt wird durch ein Vergrößerungsglas betrachtet. (b) Das Blatt wird mit bloßem Auge betrachtet, wobei das Auge in der Nähe seines Nahpunkts fokussiert ist.

Verhältnis des Winkels, den das Objekt überdeckt, wenn die Linse verwendet wird, und dem Winkel, den das Objekt ohne die Linse überdeckt, wobei sich das Objekt im Nahpunkt N des Auges befindet (wir verwenden hier $N = 25$ cm für das normalsichtige Auge), also

$$v = \frac{\theta'}{\theta} \,. \qquad (34.5)$$

Die Winkel θ und θ' sind in ▶ Abbildung 34.28 erklärt. Wir können v durch die Brennweite ausdrücken, indem wir ausnutzen, dass $\theta = h/N$ (▶ Abbildung 34.28b) und $\theta' = h/d_O$ (▶ Abbildung 34.28a) gilt. Dabei ist h die Objekthöhe und wir nehmen an, dass die Winkel θ und θ' klein sind, so dass wir sie gleich ihrem Sinus und Tangens setzen können. Bei entspanntem Auge erscheint das Bild bei unendlich und das Objekt liegt genau im Brennpunkt (siehe ▶ Abbildung 34.29). Dann gilt $d_O = f$ und $\theta' = h/f$. Hieraus ergibt sich

$$v = \frac{\theta'}{\theta} = \frac{h/f}{h/N} = \frac{N}{f} \,. \quad \text{(Auge fokussiert auf } \infty; N = 25\text{ cm)} \qquad (34.6a)$$

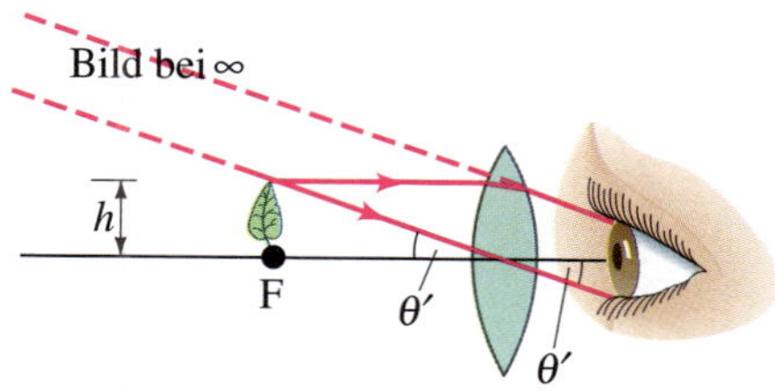

Abbildung 34.29 Für das entspannte Auge liegt das Objekt im Brennpunkt und das Bild bei Unendlich. Vergleichen Sie diese Situation mit ▶ Abbildung 34.28a, wo das Bild im Nahpunkt des Auges liegt.

Winkelvergrößerung einer einfachen Lupe

Die Winkelvergrößerung ist also umso größer, je kürzer die Brennweite. (Allerdings ist die Winkelvergrößerung einfacher Vergrößerungsgläser mit nur einer Linse wegen der sphärischen Aberration auf das Zwei- bis Dreifache beschränkt (Abschnitt 34.10).) Die Winkelvergrößerung einer gegebenen Linse lässt sich ein wenig erhöhen, indem die Linse bewegt und das Auge so eingestellt wird, dass es das Bild im Nahpunkt fokussiert. In diesem Falle gilt $d_B = -N$ (siehe ▶ Abbildung 34.28a), wenn das Auge sehr dicht am Vergrößerungsglas ist. Die Objektweite d_O ist dann gegeben durch

$$\frac{1}{d_O} = \frac{1}{f} - \frac{1}{d_B} = \frac{1}{f} + \frac{1}{N} \,.$$

Da $N/(f+N)$ stets kleiner ist als eins, sehen wir aus dieser Gleichung, dass $d_O < f$ gilt (siehe ▶ Abbildung 34.28a). Mit $\theta' = h/d_O$ ist die Winkelvergrößerung

$$v = \frac{\theta'}{\theta} = \frac{h/d_O}{h/N} = \frac{N}{d_O} = N\left(\frac{1}{f} + \frac{1}{N}\right)$$

oder

$$v = \frac{N}{f} + 1 \,. \quad \text{(Auge fokussiert auf den Nahpunkt } N = 25\text{ cm)} \qquad (34.6b)$$

Die Vergrößerung ist also etwas größer, wenn das Auge nicht entspannt ist, sondern auf seinen Nahpunkt fokussiert.

Beispiel 34.11 · Abschätzung **Juwelierslupe**

Eine Sammellinse mit 8 cm Brennweite wird als „Juwelierslupe“ benutzt (ein Vergrößerungsglas). Schätzen Sie die Vergrößerung für die folgenden Fälle ab: (a) für ein entspanntes Auge, (b) für den Fall, dass das Auge seinen Nahpunkt fokussiert ($N = 25$ cm).

Lösung

a Das entspannte Auge fokussiert den unendlich fernen Punkt. In diesem Falle ist $v = N/f = 25\,\text{cm}/8\,\text{cm} \approx 3$.

b Wenn das Auge den Nahpunkt fokussiert und die Linse nahe am Auge ist, gilt

$$v = 1 + \frac{N}{f} = 1 + \frac{25}{8} \approx 4\,.$$

34.8 Fernrohre

Fernrohre werden verwendet, um sehr weit entfernte Objekte zu vergrößern. In den meisten Fällen kann man voraussetzen, dass das betrachtete Objekt unendlich weit entfernt ist.

Galilei entwickelte das Fernrohr zu einem nützlichen und wichtigen Instrument, wenngleich er selbst nicht dessen Erfinder war.[8] Er war der Erste, der den Himmel mithilfe eines Fernrohrs erkundete (▸ Abbildung 34.30), und er machte auf diese Weise Entdeckungen, die die Welt erschüttern sollten. Hierzu zählen die Entdeckung der Jupitermonde, der Venusphasen, die Struktur der Mondoberfläche und der Milchstraße.

(a)

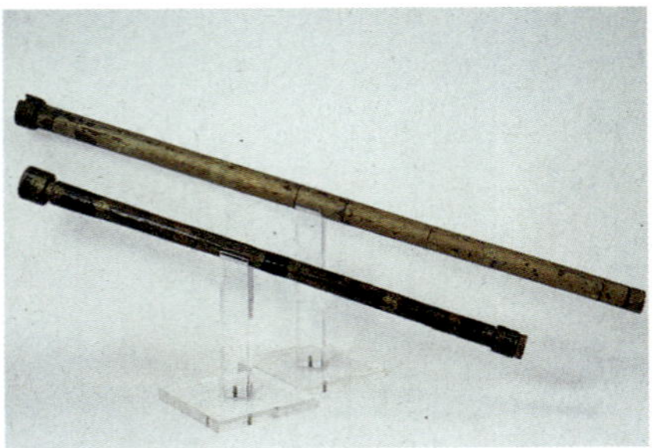

(b)

Abbildung 34.30 (a) Objektiv (heute an einem Eisenrahmen befestigt) des Fernrohrs, mit dem Galilei seine umwälzenden Entdeckungen machte, wie z. B. die Entdeckung der Jupitermonde. (b) Spätere von Galilei entwickelte Fernrohre.

Es gibt verschiedene Typen **astronomischer Fernrohre.** Das gewöhnliche **Kepler-Fernrohr** besteht aus zwei Sammellinsen, die an den gegenüberliegenden Enden eines langen Rohres stehen (siehe ▸ Abbildung 34.31). Die dem Objekt nächstgelegene Linse wird als **Objektiv** bezeichnet. Es erzeugt in der Ebene seines Brennpunkts F_O ein reales Bild I_1 eines weit entfernten Objekts (oder in dessen Nähe, falls das Objekt nicht bei Unendlich liegt). Obwohl dieses Bild kleiner ist als das ursprüngliche Objekt, überdeckt es einen größeren Winkel und ist sehr nahe an der zweiten Linse, dem so genannten **Okular**, das als Vergrößerungsglas wirkt. Das Okular vergrößert also das durch das Objektiv erzeugte Bild, wodurch ein zweites, stark vergrößertes Bild I_2 entsteht, das virtuell und invertiert ist. Wenn das betrachtende Auge entspannt ist, wird das Okular so justiert, dass das Bild I_2 bei Unendlich liegt. Dann liegt das reelle Bild I_1 im Brennpunkt F'_e des Okulars und der Abstand zwischen den Linsen ist für ein unendlich weit entferntes Objekt $f_O + f_e$. Der Index e steht für „eyepiece“, das englische Wort für Okular.

Um die Gesamtvergrößerung dieses Fernrohrs zu bestimmen, bemerken wir, dass der Winkel, den ein von einem bloßen Auge betrachtetes Objekt überdeckt, gerade der vom Objektiv überdeckte Winkel θ ist. Aus ▸ Abbildung 34.31 erkennen wir, dass $\theta \approx h/f_O$ gilt, wobei h die Höhe des Bildes I_1 ist. Wir nehmen außerdem

8 Galilei baute sein erstes Fernrohr im Jahre 1609, nachdem er davon gehört hatte, dass ein solches Instrument in Holland existierte. Die ersten Fernrohre erreichten nur eine drei- bis vierfache Vergrößerung, doch Galilei baute schon bald ein Instrument mit 30-facher Vergrößerung. Das erste holländische Fernrohr wurde vermutlich um 1604 gebaut, allerdings gibt es Hinweise, die nahelegen, dass dieses eine Kopie eines italienischen Fernrohrs aus dem Jahre 1590 ist. Kepler gab eine Beschreibung des Strahlengangs des Kepler-Fernrohrs (1611). Das Fernrohr wurde nach ihm benannt, weil er der Erste war, der es beschrieben hat, allerdings hat er selbst es nicht gebaut.

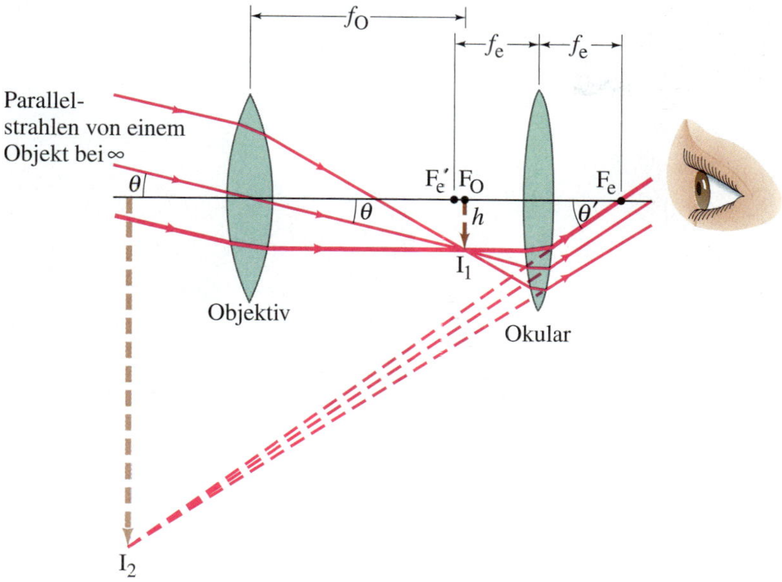

Abbildung 34.31 Astronomisches Linsenfernrohr. Paralleles Licht von einem Punkt eines entfernten Objekts ($d_O = \infty$) wird durch das Objektiv in einen Brennpunkt in der Brennebene gebrochen. Dieses Bild I_1 wird vom Okular vergrößert, um das endgültige Bild I_2 zu erzeugen. Nur bei zwei der dargestellten Strahlen handelt es sich um die in ▶ Abbildung 34.6 beschriebenen Standardstrahlen.

an, dass θ klein ist, so dass $\tan\theta \approx \theta$ gilt. Beachten Sie ferner, dass der dickste der drei Strahlen aus ▶ Abbildung 34.31 parallel zur Achse verläuft, bevor er auf das Okular trifft. Er muss daher durch den Brennpunkt F_e des Okulars gehen. Daher gilt $\theta' \approx h/f_e$ und die Gesamtvergrößerung (Winkelvergrößerung) dieses Fernrohrs ist

$$v = \frac{\theta'}{\theta} = -\frac{f_O}{f_e}\,. \tag{34.7}$$

Winkelvergrößerung des Fernrohrs

Das Minuszeichen bedeutet, dass das Bild invertiert ist. Um eine starke Vergrößerung zu erzielen, muss das Objektiv eine große und das Okular eine kleine Brennweite haben.

Beispiel 34.12 Vergrößerung eines Fernrohrs

Das größte Kepler-Fernrohr der Welt befindet sich am Yerkes-Observatorium in Wisconsin (siehe ▶ Abbildung 34.32). Es wird als 40-Zoll-Fernrohr bezeichnet, was sich auf den Objektivdurchmesser bezieht (40 Zoll ≈ 100 cm). Das Objektiv hat eine Brennweite von 19 m und das Okular von 102 cm. (a) Berechnen Sie die Gesamtvergrößerung dieses Fernrohrs. (b) Schätzen Sie die Länge des Fernrohrs ab.

Lösung

a Aus Gleichung 34.7 erhalten wir

$$v = -\frac{f_O}{f_e} = -\frac{19\,\text{m}}{0{,}1\,\text{m}} = -190\,.$$

b Für ein entspanntes Auge befindet sich das Bild I_1 im Brennpunkt sowohl des Okulars als auch des Objektivs. Der Abstand zwischen den beiden Linsen ist daher $f_O + f_e \approx 19$ m, was im Wesentlichen die Länge des Fernrohrs ist.

Abbildung 34.32 Dieses große Linsenfernrohr wurde im Jahre 1897 gebaut und befindet sich am Yerkes-Observatorium in Wisconsin. Das Objektiv hat einen Durchmesser von 102 cm (40 Zoll), das Fernrohr ist rund 19 m lang.

Damit ein astronomisches Fernrohr ein helles Bild von weit entfernten Sternen erzeugt, muss das Objektiv groß sein, um so viel Licht wie möglich einzufangen. Es gibt einen weiteren wichtigen Grund für einen möglichst großen Objektivdurchmesser, der nur im Wellenbild (Kapitel 35 und 36) verständlich ist. Die in

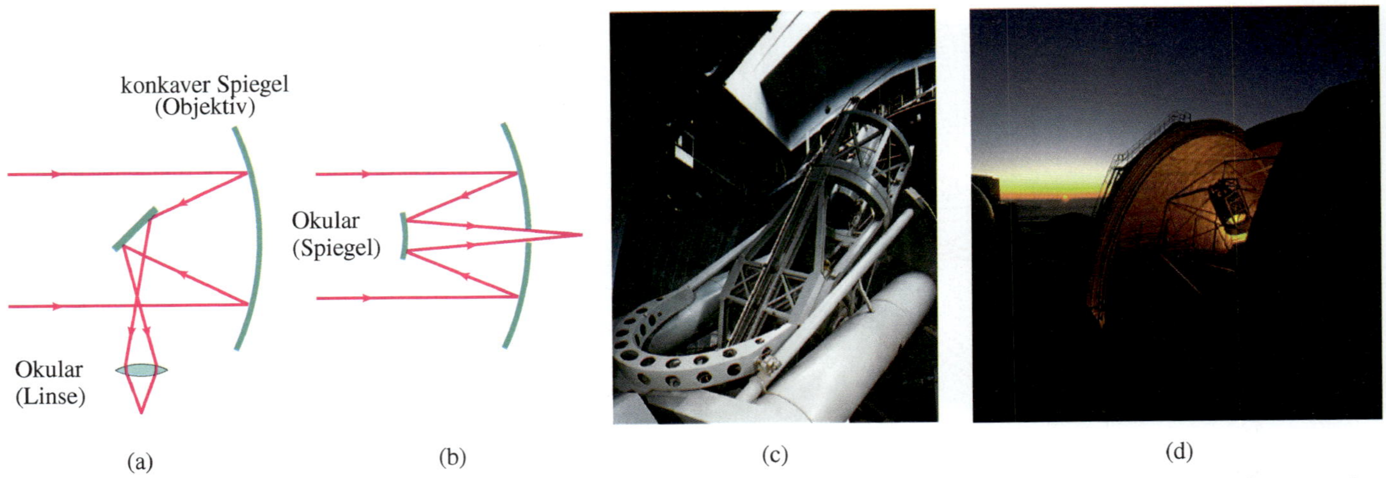

Abbildung 34.33 Ein konkaver Spiegel kann in einem astronomischen Fernrohr als Objektiv verwendet werden. Als Okular werden entweder (a) eine Linse oder (b) ein Spiegel benutzt. Die Anordnung (a) wird als Newton'scher und (b) als Cassegrain'scher Fokus bezeichnet. Andere Anordnungen sind ebenfalls möglich. (c) Das Hale-Teleskop auf dem Palomar Mountain in Kalifornien mit einem Spiegeldurchmesser von 200 Zoll (entspricht 5,08 m). (d) Das Keck-Teleskop auf dem Mauno Kea, Hawaii, mit einem Spiegeldurchmesser von 10 m. Bei diesem Teleskop sind 36 sechsseitige Spiegel mit einem Durchmesser von 1,8 m zu einem einzigen, sehr großen Reflektor mit 10 m Durchmesser zusammengesetzt.

▸ Abbildung 34.31 gezeichneten parallelen Strahlen auf der linken Seite des Objektivs entsprechen einer einzigen Welle mit senkrecht zu den Strahlen stehenden Wellenfronten, die in das Objektiv einlaufen. Beim Eintritt entsteht ein Beugungsbild der Umrandung, das im Brennpunkt bei f_O als ein Scheibchen erscheint. Der Durchmesser des Scheibchens ist zu dem des Objektivs reziprok. Die Größe dieses Scheibchens bestimmt die Auflösung des Instruments, wie die folgende Betrachtung zeigt: Zwei nahe beieinander liegende Sterne senden zwei Wellenzüge in das Objektiv, deren Richtungen sich nur geringfügig unterscheiden und die im idealisierten Strahlenbild zu zwei nahe beieinander liegenden Bildpunkten bei f_O führen. Beide Punkte sind aber von Scheibchen umgeben. Die Grenze der Auflösung ist erreicht, wenn sich die Scheibchen so weit überlappen, dass beide Sterne als ein einziger breiter Fleck erscheinen. Eine starke Vergrößerung ist daher nur in Verbindung mit einem großen Objektivdurchmesser sinnvoll.

Der Objektivdurchmesser ist ein wichtiger Parameter astronomischer Fernrohre. Die größten astronomischen Fernrohre werden anhand des Objektivdurchmessers spezifiziert (etwa das 200-Zoll-Fernrohr auf dem Palomar Mountain). Die Konstruktion und das Schleifen großer Linsen ist sehr schwierig. Daher sind die größten Fernrohre **Spiegelteleskope.** Diese verwenden als Objektiv einen gekrümmten Spiegel (▸ Abbildung 34.33), da ein Spiegel nur eine Oberfläche hat, die geschliffen werden muss und auf seiner gesamten Fläche gestützt werden kann[9] (eine große Linse, die an ihren Rändern gestützt wird, würde die Halterung durch ihr Eigengewicht verbiegen). Normalerweise wird das Okular oder der Spiegel (siehe ▸ Abbildung 34.33) entfernt, so dass das durch den Objektivspiegel erzeugte Bild direkt auf dem Film aufgezeichnet werden kann.

Spiegelteleskop

Terrestrische Fernrohre werden verwendet, um Objekte auf der Erde zu beobachten. Sie müssen ein aufrechtes Bild erzeugen. In ▸ Abbildung 34.34 sind zwei Bautypen des terrestrischen Fernrohrs skizziert. Teil (a) zeigt das **Galilei-Fernrohr,** das Galilei bei seinen großartigen astronomischen Entdeckungen verwendet hat. Es benutzt als Okular eine Zerstreuungslinse, die die zusammenlaufenden Strahlen vom Objektiv auffängt, bevor diese den Brennpunkt erreichen, und bewirkt, dass ein virtuelles aufrechtes Bild entsteht. Dieser Konstruktionstyp wird häufig für Operngläser verwendet. Das Rohr ist verhältnismäßig kurz, doch das Gesichtsfeld

9 Ein weiterer Vorteil von Spiegeln besteht darin, dass sie keine chromatische Aberration aufweisen, da kein Licht durch sie hindurchgeht. Außerdem können sie in parabolischer Form geschliffen werden, um die sphärische Aberration zu korrigieren (siehe Abschnitt 34.10). Das Spiegelteleskop wurde erstmals von Newton vorgeschlagen.

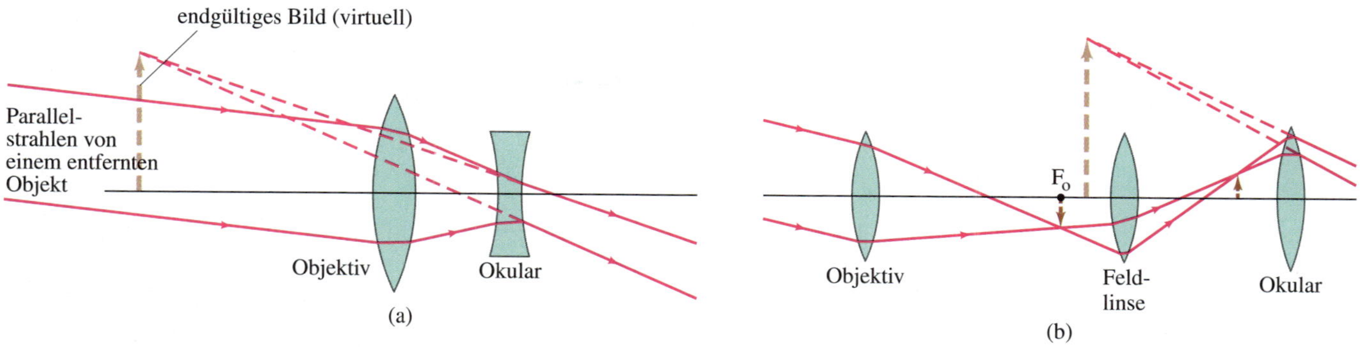

Abbildung 34.34 Ein terrestrisches Fernrohr, das ein aufrechtes Bild erzeugt: (a) Galilei-Fernrohr; (b) Fernglas oder Feldlinsentyp.

ist klein. Der zweite, in ▶ Abbildung 34.34b dargestellte Konstruktionstyp wird oft als **Fernglas** bezeichnet. Es verwendet eine dritte konvexe Linse, die bewirkt, dass das Bild aufrecht steht. Ein Fernglas muss relativ lang sein. Der heute gängigste Konstruktionstyp ist das **binokulare Prisma**, das in ▶ Abbildung 33.31 dargestellt ist. Objektiv und Okular sind Sammellinsen. Die Prismen reflektieren die Strahlen durch Totalreflexion und verkürzen die Bauweise des Instruments. Außerdem sorgen sie dafür, dass ein aufrechtes Bild erzeugt wird. Eines der Prismen invertiert das Bild in der vertikalen Ebene, das andere in der horizontalen.

34.9 Das Mikroskop

ANGEWANDTE PHYSIK

Mikroskope

Das Mikroskop besteht wie das Fernrohr aus einem Okular und einem Objektiv (siehe ▶ Abbildung 34.35). Der Aufbau eines Mikroskops unterscheidet sich von dem des Fernrohrs, da es zum Betrachten sehr naher Objekte verwendet wird, d. h. die Objektweite ist sehr klein. Das Objekt wird unmittelbar hinter dem Brennpunkt des Objektivs platziert (▶ Abbildung 34.35a). Das durch das Objektiv erzeugte Bild I_1 ist real, weit weg von der Linse und stark vergrößert. Dieses Bild wird durch das Okular zu einem sehr großen virtuellen und invertierten Bild I_2 vergrößert, das vom Auge gesehen wird.

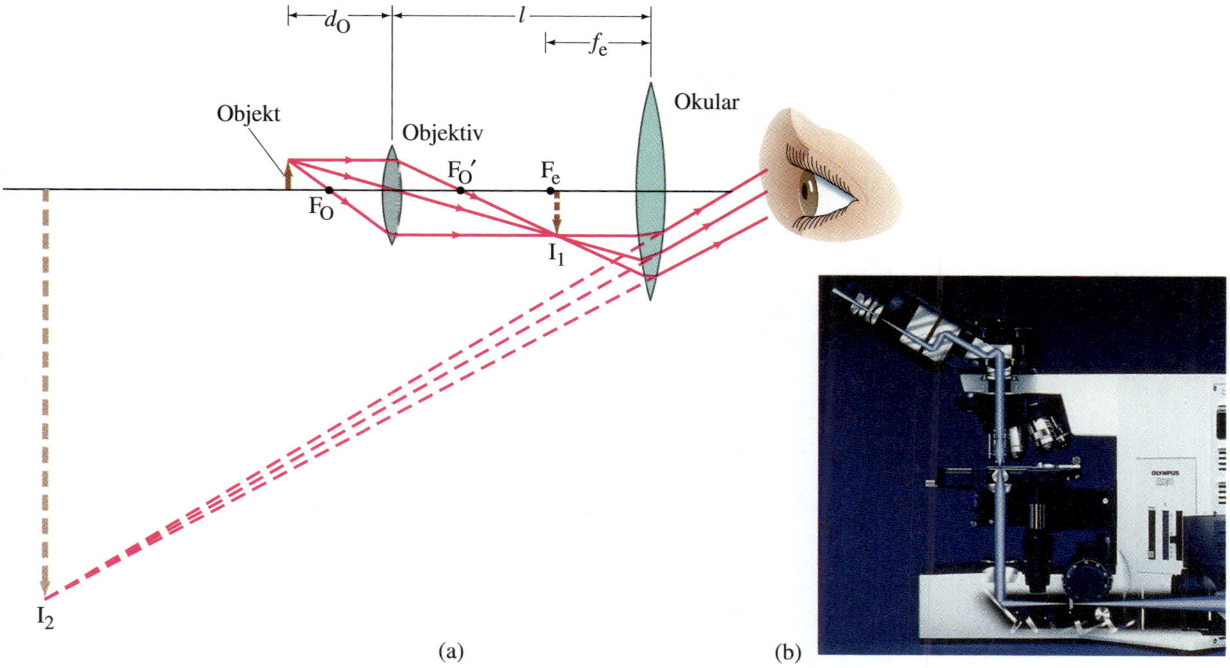

Abbildung 34.35 Mikroskop: (a) Strahlendiagramm, (b) Foto (das Licht fällt von unten auf den Objektträger).

Die Gesamtvergrößerung eines Mikroskops ist das Produkt der Vergrößerungen der beiden einzelnen Linsen. Das durch das Objektiv erzeugte Bild I_1 ist um den Faktor v_O größer als das Objekt. Aus ► Abbildung 34.35a und Gleichung 34.3 für die Lateralvergrößerung einer einfachen Linse erhalten wir

$$v_O = \frac{h_B}{h_O} = \frac{d_B}{d_O} = \frac{l - f_e}{d_O} \,. \tag{34.8}$$

Dabei sind d_O und d_B die Objekt- und die Bildweite für das Objektiv und l der Abstand zwischen den Linsen (gleich der Länge des Zylinders). Das Minuszeichen aus ► Abbildung 34.3 haben wir ignoriert, da es nichts weiter besagt, als dass das Bild invertiert ist. Wir setzen $d_B = l - f_e$ (was allerdings nur für das entspannte Auge gilt), so dass das Bild I_1 im Brennpunkt F_e liegt. Das Okular wirkt wie eine Lupe. Wir nehmen an, dass das Auge entspannt ist und dass die Winkelvergrößerung v_e des Okulars durch

$$v_e = \frac{N}{f_e} \tag{34.9}$$

gegeben ist, wobei wir für den Nahpunkt des Auges den Normwert $N = 25\,\text{cm}$ verwenden. Da das Okular das durch das Objektiv erzeugte Bild vergrößert, ergibt sich die gesamte Winkelvergrößerung als das Produkt aus der Lateralvergrößerung v_O des Objektivs und der Winkelvergrößerung v_e des Okulars (Gleichungen 34.8 und 34.9):

Vergrößerung durch ein Mikroskop

$$v = v_e v_O = \left(\frac{N}{f_e}\right)\left(\frac{l - f_e}{d_O}\right) \tag{34.10a}$$

$$\approx \frac{Nl}{f_e f_O} \,. \tag{34.10b}$$

Die Näherung 34.10b wird exakt, wenn f_e und f_O klein im Vergleich zu l sind, so dass $l - f_e \approx l$ und $d_O \approx f_O$ gilt (siehe ► Abbildung 34.35a). Für starke Vergrößerungen ist dies eine gute Näherung, denn diese erhält man, wenn f_e und f_O sehr klein sind (sie stehen in Gleichung 34.10b im Nenner). Um Linsen mit sehr kleinen Brennweiten zur Verfügung zu haben (am besten als Objektiv), werden Verbundlinsen aus mehreren Elementen eingesetzt, die verschiedene Abbildungsfehler vermeiden.

Beispiel 34.13 Mikroskop

Gegeben ist ein Mikroskop mit 10-facher Vergrößerung durch das Okular und 50-facher Vergrößerung durch das Objektiv, das 17 cm vom Okular entfernt ist. Bestimmen Sie (a) die Gesamtvergrößerung, (b) die Brennweiten der beiden Linsen und (c) die Position des Objekts, wenn das endgültige Bild im Brennpunkt des entspannten Auges liegt. Gehen Sie von einem normalsichtigen Auge mit $N = 25$ cm aus.

Lösung

a Die Gesamtvergrößerung ist $10 \cdot 50 = 500$.

b Die Brennweite des Okulars ist gemäß Gleichung 34.9 $f_e = N/M_e = 25\,\text{cm}/10 = 2{,}5\,\text{cm}$. Für das Objektiv ist es einfacher, zunächst d_O zu bestimmen (Teil (c)) und danach erst f_O, da wir in diesem Falle Gleichung 34.8 benutzen können. Wir erhalten

$$d_O = \frac{l - f_e}{v_O} = \frac{17{,}0\,\text{cm} - 2{,}5\,\text{cm}}{50} = 0{,}29\,\text{cm} \,.$$

Mit $d_B = l - f_e = 14{,}5\,\text{cm}$ (siehe ▶ Abbildung 34.35a) erhalten wir dann

$$\frac{1}{f_O} = \frac{1}{d_O} + \frac{1}{d_B} = \frac{1}{0{,}29\,\text{cm}} + \frac{1}{14{,}5\,\text{cm}} = 3{,}52\,\text{cm}^{-1}$$

und damit $f_O = 0{,}28\,\text{cm}$.

c Wir haben soeben den Wert $d_O = 0{,}29\,\text{cm}$ berechnet, was sehr nahe an der Brennweite f_O liegt.

34.10 Abbildungsfehler von Linsen und Spiegeln

Weiter vorn in diesem Kapitel haben wir eine Abbildungstheorie für dünne Linsen dargelegt. Beispielsweise haben wir festgestellt, dass alle von einem Punkt eines Objektes ausgehenden Strahlen in einem Punkt – dem Bildpunkt – gebündelt werden. Dieses und andere Ergebnisse basieren auf der Näherung, dass die Strahlen nur kleine Winkel miteinander bilden, so dass wir $\sin\theta \approx \theta$ annehmen können. Da dies nur eine Näherung ist, erwarten wir Abweichungen von dieser einfachen Theorie. Diese Abweichungen werden als **Abbildungsfehler** oder **Aberrationen** bezeichnet. Es gibt verschiedene Arten von Abbildungsfehlern, die wir hier separat behandeln. Tatsächlich können sie bei einer bestimmten Abbildung alle gleichzeitig auftreten.

Wir betrachten ein Objekt, dass sich an einem beliebigen Punkt (auch bei Unendlich) auf der optischen Achse einer Linse befindet. Die von diesem Punkt ausgehenden Strahlen, die durch den Randbereich der Linse gehen, werden in einem anderen Punkt fokussiert als die Strahlen, die durch den zentralen Bereich gehen. Dieser Effekt, der in ▶ Abbildung 34.36 übertrieben dargestellt ist, wird als **sphärische Aberration** bezeichnet. Er bewirkt, dass das Bild, welches man beispielsweise auf einem Stück Film sehen kann, kein Punkt, sondern ein kleiner runder Lichtfleck ist. Liegt der Film im Punkt C (wie in der Abbildung), dann hat dieser Kreis seinen kleinsten Durchmesser und wird als **kleinster Zerstreuungskreis** bezeichnet. Sphärische Aberration tritt bei sphärischen Linsen immer auf. Sie kann durch die Verwendung nichtsphärischer Linsen vermieden werden, doch ist das Schleifen solcher Linsen schwierig und teuer. Wenn sphärische Linsen benutzt werden, lässt sich die Aberration minimieren, indem die Krümmung so gewählt wird, dass durch jeden Teil der Linse gleich viele Strahlen gebrochen werden. Allerdings kann eine so konstruierte Linse immer nur für eine bestimmte Objektweite verwendet werden. Die sphärische Aberration lässt sich durch Verwendung einer Kombination aus mehreren Linsen oder nur des zentralen Teils der Linse stark reduzieren.

Sphärische Aberration

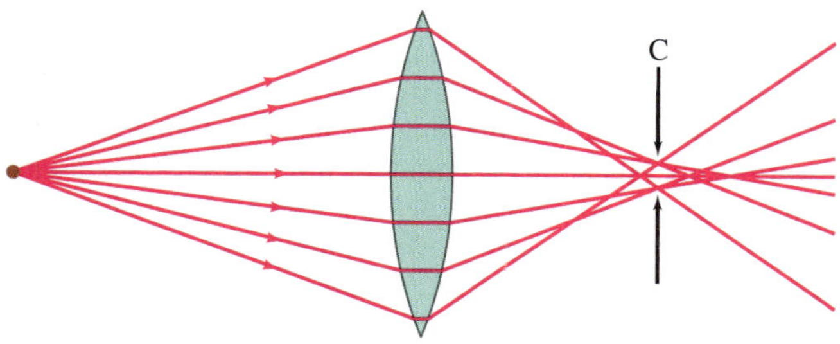

Abbildung 34.36 Sphärische Aberration (übertrieben dargestellt). Der kleinste Zerstreuungskreis liegt bei C.

Für Objektpunkte, die nicht auf der optischen Achse liegen, treten zusätzliche Abbildungsfehler auf. Strahlen, die durch verschiedene Teile der Linse gehen, bewirken ein Aufspreizen des Bildes, das nicht radialsymmetrisch ist. Wir wollen an dieser Stelle nicht ins Detail gehen, sondern nur anmerken, dass es zwei solcher Asymmetrie-Effekte gibt: die **Koma** (so genannt, weil das Bild eines Punktes

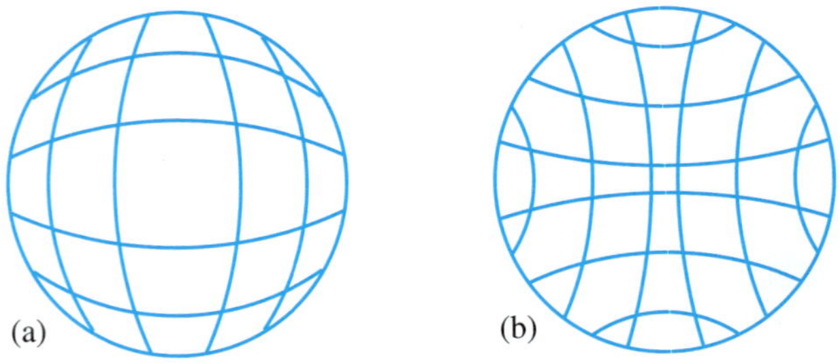

Abbildung 34.37 Verzeichnung. Das Bild, das eine Linse von einem quadratischem Gitter mit senkrecht aufeinander stehenden Linien erzeugt, kann eine tonnenförmige (a) oder kissenförmige (b) Verzeichnung aufweisen.

Astigmatismus

eher einem Kometen samt Schweif als einem Kreis ähnelt) und den **Astigmatismus.**[10] Außerdem befinden sich die Bildpunkte von Objekten, die nicht auf der Achse, aber im gleichen Abstand vor der Linse liegen, nicht in einer Ebene, sondern auf einer gekrümmten Fläche – die Brennebene ist also gar keine Ebene. (Wir erwarten dies, weil die Punkte einer Ebene, z. B. auf dem Film in einer Kamera, nicht den gleichen Abstand von der Linse haben.) Dieser Abbildungsfehler wird als **Bildfeldwölbung** bezeichnet und ist offensichtlich ein Problem bei Kameras und anderen optischen Geräten, bei denen sich der Film in einer flachen Ebene befindet. Beim Auge dagegen ist die Netzhaut gekrümmt, wodurch dieser Effekt kompensiert wird. Ein anderer, **Verzeichnung** genannter Abbildungsfehler entsteht durch die unterschiedliche Vergrößerung bei verschiedenen Abständen von der Achse. Aufgrund dieses Effekts kann ein Objekt mit geradlinigen Begrenzungen, das nicht auf der optischen Achse liegt, ein gekrümmtes Bild haben. Das Bild eines quadratischen Gitters kann eine „tonnenförmige" oder eine „kissenförmige" Verzeichnung sein (siehe ► Abbildung 34.37). Letzteres tritt gewöhnlich bei extremen Weitwinkelobjektiven auf.

Alle oben aufgeführten Abbildungsfehler erscheinen bei monochromatischem Licht und werden deshalb als *monochromatische Abbildungsfehler* bezeichnet. Normales Licht ist nicht monochromatisch, und es gibt zusätzlich eine **chromatische Aberration.** Diese entsteht durch Dispersion, d. h. durch die unterschiedlichen Brechungsindizes eines transparenten Mediums für verschiedene Wellenlängen (siehe Abschnitt 33.6). Beispielsweise bricht Glas blaues Licht stärker als rotes. Fällt weißes Licht auf eine Linse und werden die verschiedenen Farben in unterschiedlichen Punkten fokussiert (► Abbildung 34.38), dann erscheinen farbige Streifen im Bild. Die chromatische Aberration kann für zwei beliebig gewählte Farben eliminiert werden (und für alle anderen stark reduziert), indem zwei Linsen aus verschiedenen Materialien mit unterschiedlichen Brechungsindizes verwendet werden. Üblicherweise ist eine der beiden Linsen eine Sammellinse und die andere eine Zerstreuungslinse. Häufig sind beide miteinander verkittet (siehe ► Abbildung 34.39). Eine solche Kombination von Linsen wird als **zweiteiliger Achromat** bezeichnet.

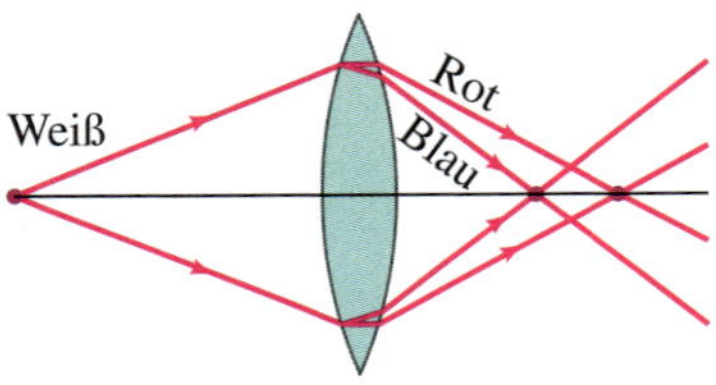

Abbildung 34.38 Chromatische Aberration: Unterschiedliche Farben werden in verschiedenen Punkten fokussiert.

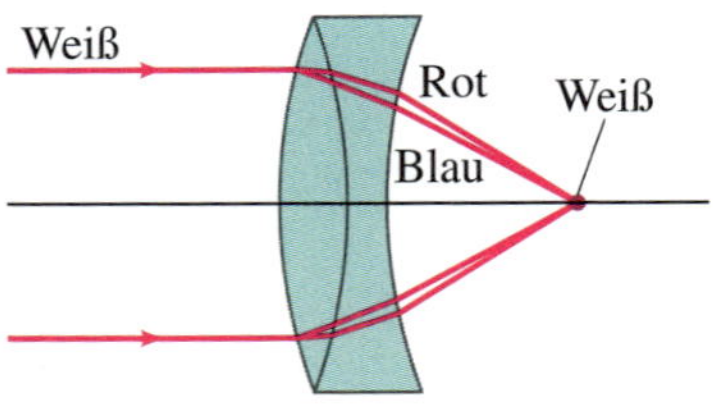

Abbildung 34.39 Zweiteiliger Achromat.

Man kann nicht alle Abbildungsfehler vollständig kompensieren. Durch Kombination zweier oder mehrerer Linsen können sie jedoch reduziert werden. Qualitativ hochwertige Linsen, wie sie in Kameras, Mikroskopen und anderen Geräten verwendet werden, sind **Verbundlinsen**, die aus vielen einfachen Linsen zusammengesetzt sind (diese werden als **Elemente** bezeichnet). Ein typisches hochwertiges Kameraobjektiv besitzt sechs bis acht Elemente (oder sogar noch mehr).

Der Einfachheit halber zeichnen wir Linsen in Strahlendiagrammen üblicherweise in Form einfacher Linsen. Es sollte aber nicht vergessen werden, dass hochwertige Linsen Verbundlinsen sind.

Das menschliche Auge unterliegt ebenfalls Abbildungsfehlern, die jedoch minimal sind. Die sphärische Aberration wird beispielsweise dadurch reduziert,

10 Obwohl der Effekt der gleiche ist wie beim Astigmatismus des Auges, ist die Ursache eine andere. Astigmatismus als Abbildungsfehler ist kein Problem des Auges, da Objekte nur auf der Fovea centralis klar gesehen werden, die auf der optischen Achse liegt.

dass die Hornhaut an den Enden weniger stark gekrümmt ist als in der Mitte und dass die Linse an den Enden nicht so dicht ist wie in der Mitte. Diese beiden Tatsachen bewirken, dass der äußere Bereich die Strahlen weniger stark bricht, was der sphärischen Aberration entgegenwirkt. Die chromatische Aberration wird teilweise dadurch kompensiert, dass die Linse kürzere Wellenlängen bevorzugt absorbiert und die Netzhaut für die Wellenlängen blau und violett weniger empfindlich ist. Dies ist gerade der Bereich des Spektrums, in dem die Dispersion – und damit die chromatische Aberration – am größten ist (siehe ► Abbildung 33.26).

Sphärische Spiegel (Abschnitt 33.4) weisen ebenfalls Abbildungsfehler auf, insbesondere sphärische Aberration (siehe ► Abbildung 33.13). Spiegel können in parabolischer Form geschliffen werden, was aber technisch aufwendig und daher sehr teuer ist. Bei sphärischen Spiegeln gibt es keine chromatische Aberration, da das Licht nicht durch sie hindurchgeht.

ZUSAMMENFASSUNG

Linsen erzeugen durch Brechung reale oder virtuelle Bilder. Sammellinsen fokussieren parallele Lichtstrahlen in einem Punkt, der als **Brennpunkt** bezeichnet wird. Der Abstand des Brennpunkts von der Linse ist deren **Brennweite** f. Wenn parallele Strahlen durch eine Zerstreuungslinse gehen, dann laufen sie scheinbar von einem vor der Linse liegenden Punkt – dem Brennpunkt – ausgehend auseinander. Die zugehörige Brennweite wird als negativ angesehen.

Die **Brechkraft** B einer Linse ist der Kehrwert der Brennweite ($B = 1/f$). Sie wird in Dioptrien angegeben, eine Einheit, die das Inverse des Meters ist.

Für ein gegebenes Objekt können Position und Größe des Bildes durch Konstruktion des Strahlengangs bestimmt werden. Algebraisch ist die Beziehung zwischen Bildweite d_B, Objektweite d_O und Brennweite f durch die **Linsengleichung** gegeben:

$$\frac{1}{d_O} + \frac{1}{d_B} = \frac{1}{f} .$$

Das Verhältnis von Bildhöhe zu Objekthöhe, d. h. die Vergrößerung v, ist

$$v = \frac{h_B}{h_O} = -\frac{d_B}{d_O} .$$

Bei der Verwendung der Gleichungen der geometrischen Optik ist es wichtig, die **Vorzeichenkonventionen** für die beteiligten Größen zu beachten.

Die Linse einer **Kamera** (das Objektiv) erzeugt auf einem Film ein Bild, indem sie Licht durch eine Öffnung hineinlässt. Zum Fokussieren der Linse wird ihr Abstand zum Film variiert. In Abhängigkeit von der Helligkeit und der gewählten Belichtungszeit wird die Blende (oder Linsenöffnung) der Kamera eingestellt. Der Blendenwert ist definiert als das Verhältnis der Brennweite zum Durchmesser der Linsenöffnung.

Das menschliche Auge passt sich ebenfalls an die Helligkeit an, nämlich durch Öffnen und Schließen der Iris. Das Fokussieren erfolgt nicht durch Bewegen der Linse, sondern durch Verändern der Linsenform, wodurch sich deren Brennweite ändert. Das Bild entsteht auf der Netzhaut, die ein Netzwerk von Rezeptoren (Stäbchen und Zapfen) enthält.

Konvexe Brillengläser oder Kontaktlinsen werden zum Korrigieren der Kurzsichtigkeit benutzt. Das kurzsichtige Auge ist nicht in der Lage, weit entfernte Objekte ausreichend gut zu fokussieren. Mithilfe von Sammellinsen können Formen der Fehlsichtigkeit korrigiert werden, bei denen das Auge nahe Objekte nicht fokussieren kann.

Die **Lupe** ist eine Sammellinse, die ein virtuelles Bild von einem im Brennpunkt (oder in dessen Nähe) platzierten Objekt erzeugt. Die Winkelvergrößerung ist für ein entspanntes Auge

$$v = \frac{N}{f} ,$$

wobei f die Brennweite der Linse und N der Abstand des Nahpunkts des Auges ist (für das normalsichtige Auge 25 cm).

Ein **astronomisches Fernrohr** besteht aus einem **Objektiv** (eine Linse oder ein Spiegel) und einem **Okular,** das das vom Objektiv erzeugte reale Bild vergrößert. Die Vergrößerung ist gleich dem Verhältnis der Brennweiten von Objektiv und Okular, und das Bild ist invertiert:

$$v = -\frac{f_O}{f_e} .$$

Ein **Mikroskop** verwendet ebenfalls Objektiv und Okular, und das endgültige Bild ist ebenfalls invertiert. Die Gesamtvergrößerung ist das Produkt der Vergrößerungen der beiden einzelnen Linsen. Näherungsweise gilt

$$v \approx \left(\frac{N}{f_e}\right)\left(\frac{l}{f_O}\right) .$$

Dabei ist l der Abstand zwischen den Linsen, N die Entfernung des Nahpunkts und f_O bzw. f_e die Brennweite von Objektiv bzw. Okular.

Der Schärfe der Bilder von Mikroskopen, Fernrohren und anderen optischen Instrumenten sind durch **Abbildungsfehler** Grenzen gesetzt. Zu diesen Abbildungsfehlern gehört die **sphärische Aberration**: Strahlen, die in größerer Entfernung von der optischen Achse durch die Linse gehen, werden nicht im gleichen Punkt fokussiert wie die Strahlen nahe der optischen Achse (also jene, die durch den zentralen Bereich der Linse gehen). Ein weiterer Abbildungsfehler ist die **chromatische Aberration**: Unterschiedliche Farben werden in unterschiedlichen Punkten fokussiert. Verbundlinsen, die aus mehreren Bestandteilen bestehen, können Abbildungsfehler zum größten Teil korrigieren.

Z U S A M M E N F A S S U N G

Verständnisfragen

1 Wo muss sich der Film befinden, damit ein Kameraobjektiv ein scharfes Bild eines weit entfernten Objekts erzeugt?

2 Ein Fotograf bewegt sich näher an sein Motiv heran und fokussiert die Kamera erneut. Bewegt sich das Objektiv vom Film weg oder näher an diesen heran?

3 Kann eine Zerstreuungslinse unter beliebigen Umständen ein reales Bild erzeugen? Erläutern Sie dies.

4 Zeigen Sie, dass ein von einer dünnen Linse erzeugtes reales Bild immer invertiert ist, während ein virtuelles Bild immer aufrecht ist, falls das Objekt real ist.

5 Lichtstrahlen werden als „reversibel" bezeichnet. Steht dies im Einklang mit der Linsengleichung?

6 Können reale Bilder auf einen Schirm projiziert werden? Ist dies für virtuelle Bilder möglich? Können beide fotografiert werden?

7 Eine dünne Sammellinse wird dichter an ein nahes Objekt heranbewegt. Ändert das erzeugte reale Bild (a) seine Lage und (b) seine Größe? Wenn dem so ist, beschreiben Sie die Veränderung.

8 Vergleichen Sie die Spiegelgleichung mit der Linsengleichung. Diskutieren Sie Ähnlichkeiten und Unterschiede, insbesondere die Vorzeichen der beteiligten Größen.

9 Eine Linse besteht aus einem Material mit dem Brechungsindex $n = 1{,}30$. In Luft ist diese Linse eine Sammellinse. Ist sie dies immer noch, wenn sie in Wasser getaucht wird? Erläutern Sie Ihre Antwort mithilfe eines Strahlendiagramms.

10 Ein Hund schaut in eine Sammellinse, wobei sein Schwanz in die Luft ragt. Wenn Nase und Schwanz des Hundes nacheinander auf einem Schirm fokussiert werden, welcher Körperteil erfährt dann die stärkere Vergrößerung?

11 Eine Katze schaut in eine Sammellinse, wobei ihr Schwanz in die Luft ragt. Unter welchen Umständen (wenn überhaupt) ist das Bild der Nase virtuell und das Bild des Schwanzes real? Wo befindet sich das Bild vom Rest der Katze?

12 Warum muss die Sammellinse aus Beispiel 34.5 eine kleinere Brennweite haben als die Zerstreuungslinse, wenn die letztere Brennweite durch Kombination der beiden Linsen bestimmt werden soll?

13 Eine asymmetrische Linse (z. B. eine plankonvexe) erzeugt ein Bild eines nahen Objekts. Ändert sich die Bildposition, wenn die Linse umgedreht wird?

14 Je dicker eine bikonvexe Linse in der Mitte im Vergleich zu ihrem Rand ist, umso kürzer ist ihre Brennweite bei gegebenem Linsendurchmesser. Erklären Sie, warum dies so ist.

15 Hängt die Brennweite einer Linse davon ab, in welche Flüssigkeit sie eingetaucht ist?

16 Eine Unterwasserlinse besteht aus einem sorgfältig geformten, luftgefüllten Kunststoffbehälter. Welche Form sollte die Linse haben, damit sie (a) als Sammellinse bzw. (b) als Zerstreuungslinse wirkt? Verwenden Sie zur Begründung Ihrer Antwort ein Strahlendiagramm.

17 Warum ist die Schärfentiefe größer, wenn eine Kamera auf eine größere Blendenzahl eingestellt wird? Vernachlässigen Sie die Beugung.

18 Erklären Sie, warum Schwimmer mit guten Augen entfernte Objekte unter Wasser verschwommen sehen. Verwenden Sie für Ihre Argumentation ein Strahlendiagramm und erklären Sie, weshalb eine Schwimmbrille dieses Problem korrigiert.

19 Ist eine kurzsichtige Person, die Korrekturlinsen trägt, in der Lage, auch unter Wasser scharf zu sehen? Verwenden Sie für Ihre Antwort ein Strahlendiagramm.

20 Sie können feststellen, ob eine Person kurzsichtig oder weitsichtig ist, indem Sie ihr Gesicht von vorn durch deren Brille betrachten. Wenn das Gesicht der Person durch die Brille schmaler erscheint, ist sie dann kurz- oder weitsichtig?

21 Das menschliche Auge ähnelt einer Kamera. Doch wenn der Verschluss einer Kamera geöffnet bleibt und die Kamera bewegt wird, dann verschwimmt das Bild, während Sie weiterhin scharf sehen können, wenn Sie Ihren Kopf bewegen und dabei die Augen geöffnet lassen. Was ist der Grund für diesen Unterschied?

22 Bei dem Versuch, Details auf weit entfernten Objekten zu erkennen, blinzeln Menschen manchmal. Erklären Sie, warum dies hilft.

23 Ist das auf der Netzhaut erzeugte Bild aufrecht oder invertiert? Erläutern Sie, was dies für unsere Wahrnehmung von Objekten bedeutet.

24 Lesebrillen verwenden Sammellinsen. Eine einfache Lupe ist ebenfalls eine Sammellinse. Kann man aus diesem Grund Lesebrillen als Vergrößerungsgläser bezeichnen? Diskutieren Sie die Unterschiede und Gemeinsamkeiten von Sammellinsen, die für diese unterschiedlichen Zwecke verwendet werden.

25 Die sphärische Aberration in einer dünnen Linse wird minimiert, wenn die Strahlen durch die beiden Oberflächen gleich stark gebrochen werden. Wenn eine plankonvexe Linse verwendet wird, um ein reales Bild von einem unendlich weit entfernten Objekt zu erzeugen, welche der beiden Oberflächen sollte dann dem Objekt zugewandt sein? Verwenden Sie für Ihre Argumentation ein Strahlendiagramm.

Aufgaben zu 34.1 und 34.2

1 (I) Ein scharfes Bild befindet sich 88 mm hinter einer Sammellinse mit 65 mm Brennweite. Bestimmen Sie die Brennweite (a) mithilfe eines Strahlendiagramms und (b) durch Berechnung.

2 (I) Eine gegebene Linse fokussiert ein 2,85 m entferntes Objekt auf der anderen Seite der Linse in 48,3 cm Entfernung. Um welchen Linsentyp handelt es sich und wie groß ist die Brennweite der Linse? Ist das Bild real oder virtuell?

3 (I) (a) Wie groß ist die Brechkraft einer Linse mit einer Brennweite von 27,5 cm? (b) Wie groß ist die Brennweite einer Linse mit einer Brechkraft von −6,25 Dioptrien? Handelt es sich bei diesen Linsen um Sammellinsen oder Zerstreuungslinsen?

4 (II) Ein Briefmarkensammler verwendet eine Sammellinse mit einer Brennweite von 24 cm, um eine 18 cm von der Linse entfernte Briefmarke zu betrachten. (a) Wo befindet sich das Bild? (b) Welche Vergrößerung hat die Linse?

5 (II) Wie groß ist das Bild der Sonne auf einem Film in einer Kamera, wenn die Brennweite des Objektivs (a) 28 mm, (b) 50 mm und (c) 200 mm beträgt? (*Hinweis*: Der Durchmesser der Sonne beträgt $1{,}4 \cdot 10^6$ km und ihre Entfernung von der Erde $1{,}5 \cdot 10^8$ km.)

6 (II) Ein 35-mm-Dia (Bildgröße $24 \cdot 36$ mm) soll auf einen $1{,}80 \cdot 2{,}70$ m großen Schirm projiziert werden, der 8 m vom Projektor entfernt ist. Welche Brennweite sollte die verwendete Linse haben, damit das Bild den Schirm ausfüllt?

7 (II) Eine Linse mit 80 mm Brennweite wird verwendet, um ein Bild auf dem Film einer Kamera zu fokussieren. Der maximale Abstand zwischen Linse und Filmebene beträgt 120 mm. (a) Wie weit entfernt vom Film sollte die Linse sein, wenn das zu fotografierende Objekt 10 m entfernt ist, (b) wenn es 3 m entfernt ist, (c) wenn es 1 m entfernt ist? (d) Welches ist die Mindestentfernung eines Objekts, das mit dieser Kamera scharf fotografiert werden kann?

8 (II) Ein Linse mit einer Brechkraft von −6,0 Dioptrien wird 12,5 cm vor eine 1 mm große Ameise gehalten. Welchen Typ, welche Höhe und welche Position hat das Bild?

9 (II) Ein Buch wird 8 cm hinter eine Linse gehalten, mit dem Ziel, die Schrift auf das 2,5-fache zu vergrößern. (a) Zeichnen Sie ein Strahlendiagramm und beschreiben Sie den Typ des entstehenden Bildes. (b) Welcher Linsentyp ist hierfür notwendig? (c) Wie groß ist die Brechkraft der Linse in Dioptrien?

10 (II) (a) Wie weit muss ein Objekt von einer Linse mit der Brennweite 50 mm entfernt sein, damit sein Bild auf das Doppelte vergrößert und real ist? (b) Wie weit muss es entfernt sein, damit das Bild auf das Doppelte vergrößert und virtuell ist?

11 (II) (a) Ein 37,5 cm vor einer gegebenen Linse platziertes Objekt wird 8,2 cm vor dieser Linse abgebildet (also auf der gleichen Seite wie das Objekt). Um welchen Linsentyp handelt es sich und wie groß ist ihre Brennweite? Ist das Bild real oder virtuell? (b) Wenn das Bild 46 cm vor der Linse läge, um welchen Linsentyp würde es sich dann handeln und welche Brennweite hätte die Linse?

12 (II) (a) Ein 2,2 cm großes Insekt befindet sich 1,1 m vor einer Linse mit der Brennweite 135 mm. Wo befindet sich das Bild, wie hoch und von welchem Typ ist es? (b) Wie lauten die entsprechenden Ergebnisse für $f = -135$ mm?

13 (II) Ein leuchtendes Objekt und ein Schirm sind 76 cm voneinander entfernt. An welcher Position bzw. an welchen Positionen zwischen Objekt und Schirm sollte eine Linse mit der Brennweite 16 cm platziert werden, damit auf dem Schirm ein scharfes Bild entsteht? (*Hinweis*: Zeichnen Sie zunächst ein Strahlendiagramm.)

14 (II) Wie weit sind ein Objekt und sein Bild voneinander entfernt, wenn das Bild von einer Sammellinse mit 75 cm Brennweite erzeugt wird, die 2,75-fache Größe des Objekts hat und real ist?

15 (II) Zeigen Sie analytisch, dass das durch eine Sammellinse erzeugte Bild real und invertiert ist, falls sich das Objekt hinter dem Brennpunkt befindet ($d_O > f$). Zeigen Sie, dass es virtuell und aufrecht ist, falls das Objekt vor dem Brennpunkt liegt ($d_O < f$). Beschreiben Sie das Bild, das entsteht, wenn das Objekt selbst ein Bild ist, das von einer anderen Linse erzeugt wurde, so dass es hinter der Linse liegt (auf jener Seite der Linse, die dem einfallenden Licht gegenüber liegt).

16 (III) (a) Zeigen Sie, dass die Linsengleichung in der so genannten *Newton'schen Form*

$$xx' = f^2$$

geschrieben werden kann, wobei x der Abstand des Objekts von der Vorderseite der Linse und x' der Abstand des Bildes vom Brennpunkt der Linse auf der anderen Seite ist. Berechnen Sie die Bildposition für den Fall, dass sich das Objekt 45 cm vor einer Sammellinse mit der Brennweite 32 cm befindet, indem Sie (b) die Standardform der Linsengleichung und (c) die oben hergeleitete Newton'sche Form verwenden.

Aufgaben zu 34.3

17 (II) Zwei Sammellinsen, die beide eine Brennweite von 27 cm haben, sind 16,5 cm voneinander entfernt. Vor einer der beiden Linsen wird in 35 cm Abstand ein Objekt platziert. Wo befindet sich das endgültige, von der zweiten Linse erzeugte Bild? Wie groß ist die Gesamtvergrößerung?

18 (II) Eine Zerstreuungslinse mit $f = -31{,}5$ cm wird 14 cm hinter einer Sammellinse mit $f = 20$ cm platziert. Wo wird ein unendlich weit entferntes Objekt fokussiert?

19 (II) Die beiden Sammellinsen aus Beispiel 34.4 werden so angeordnet, dass sie nur 20 cm voneinander entfernt sind. Das Objekt befindet sich unverändert vor der ersten der beiden Linsen (siehe ▸ Abbildung 34.13). Bestimmen Sie für diesen Fall (a) die Position des endgültigen Bildes und (b) die resultierende Vergrößerung. (c) Zeichnen Sie für dieses System ein Strahlendiagramm.

20 (II) Eine Sammellinse mit einer Brennweite von 31 cm befindet sich 24 cm hinter einer Zerstreuungslinse, auf die parallele Lichtstrahlen einfallen. Nachdem diese die Zerstreuungslinse durchquert haben, verlaufen sie wieder parallel. Wie groß ist die Brennweite der Zerstreuungslinse? (*Hinweis*: Zeichnen Sie zunächst ein Strahlendiagramm.)

21 (II) Eine Zerstreuungslinse wird nahe einer Sammellinse mit der Brennweite f_C platziert (siehe ▸ Abbildung 34.14). Zeigen Sie, dass die Brennweite f_D der Zerstreuungslinse durch

$$\frac{1}{f_D} = \frac{1}{f_T} + \frac{1}{f_C}$$

gegeben ist, wobei f_T die Brennweite der Linsenkombination ist.

Aufgaben zu 34.4

22 (I) Die Krümmungsradien einer bikonkaven Linse seien 33,4 cm und 23,8 cm. Wie groß ist die Brennweite für $n = 1{,}58$?

23 (I) Beide Krümmungsradien einer bikonvexen Linse seien 31 cm. Wie groß ist der Brechungsindex der Linse, wenn die Brennweite 28,9 cm beträgt?

24 (I) Angenommen, die Linse aus **Beispiel 34.7** wird umgedreht, so dass das Licht auf die gekrümmte Seite trifft. Zeigen Sie, dass die Brennweite hierdurch nicht verändert wird.

25 (I) Eine plankonvexe Linse (siehe ▸ **Abbildung 34.1a**) soll eine Brennweite von 17,5 cm haben. Wie groß muss der Krümmungsradius der gekrümmten Fläche sein, wenn die Linse aus Quarzglas besteht?

26 (I) Die Brennweite einer plankonkaven Glaslinse ($n = 1{,}50$) sei $-21{,}5$ cm. Wie groß ist der Krümmungsradius der konkaven Seite?

27 (II) Ein Rezept für Korrekturlinsen ist für +2,5 Dioptrien ausgestellt. Der Optiker schleift die Linse aus einem „Rohling“ mit $n = 1{,}56$ und einer vorgefertigten konvexen Vorderfläche mit dem Krümmungsradius 20 cm. Wie groß muss der Krümmungsradius der anderen Fläche sein?

28 (II) Ein Objekt befindet sich 90 cm vor einer Glaslinse ($n = 1{,}56$) mit einer konkaven Seite (Krümmungsradius 22 cm) und einer konvexen Seite (Krümmungsradius 18,5 cm). Wo befindet sich das endgültige Bild? Wie stark ist die Vergrößerung?

29 (III) Die Brechkraft einer Glaslinse ($n = 1{,}50$) in Luft sei +4,5 Dioptrien. Wie groß ist ihre Brechkraft, wenn sie in Wasser eingetaucht ist?

Aufgaben zu 34.5

30 (I) Ein Objektiv mit einer Brennweite von 45 mm hat Blendenzahlen von 1,4 bis 22. In welchem Bereich liegt der zugehörige Durchmesser der Linsenöffnung?

31 (I) Das Objektiv einer Fernsehkamera hat eine Brennweite von 14 cm und einen Linsendurchmesser von 6 cm. Wie groß ist seine Blendenzahl?

32 (I) Ein richtig belichtetes Foto wird mit Blendenzahl 16 und einer Verschlusszeit von 1/60 s aufgenommen. Wie groß muss die Linsenöffnumg sein, wenn die Verschlusszeit 1/1 000 s beträgt?

33 (II) Eine „Lochblendenkamera“ verwendet eine winzige Lochblende anstelle einer Linse. Zeigen Sie mithilfe eines Strahlendiagramms, wie mit einer solchen Kamera Bilder von akzeptabler Schärfe erzeugt werden können. Betrachten Sie speziell zwei Objekte, die 2 cm voneinander und 1 m von einer Lochblende mit 1 mm Durchmesser entfernt sind. Zeigen Sie, dass die beiden Objekte auf einem 7 cm hinter der Lochblende befindlichen Film zwei separate, einander nicht überlappende Kreise erzeugen.

34 (II) Angenommen, die korrekte Belichtungszeit bei Blendenzahl 11 ist 1/250 s. Welche Belichtungszeit würde eine Lochblendenkamera unter den gleichen Bedingungen benötigen, wenn der Durchmesser der Lochblende 1 mm und die Entfernung des Films vom Loch 7 cm ist?

35 (II) Ein Naturfotograf möchte eine 32 m hohen, 55 m entfernten Baum fotografieren. Welche Brennweite muss das benutzte Objektiv haben, damit das Bild die 24 mm Höhe des Films ausfüllt?

Aufgaben zu 34.6

36 (I) Das menschliche Auge ist etwa 2 cm lang und die Pupille hat einen maximalen Durchmesser von etwa 5 mm. Wie groß ist die „Verschlusszeit“ dieser Linse?

37 (II) Eine Person versucht in einem Buch zu lesen, das sie sich mit ausgestrecktem Arm 50 cm vor die Augen hält. Welche Stärke sollte die Lesebrille haben, die dieser Person verschrieben wird, wenn wir annehmen, dass sie im Abstand von 2 cm vom Auge getragen wird und die Person mit dem „normalen“ Nahpunkt von 25 cm liest?

38 (II) Welche Stärke sollte die Lesebrille einer Person haben, deren Nahpunkt bei 120 cm liegt, damit sie die Schrift auf einem 50 cm entfernten Computerbildschirm lesen kann? Nehmen Sie an, dass der Abstand zwischen Brille und Auge 1,8 cm beträgt.

39 (II) Zeigen Sie, dass der Nahpunkt der kurzsichtigen Person aus Beispiel 34.10 bei 41 cm liegt, wenn sie Kontaktlinsen trägt, die den Fernpunkt ($= \infty$) korrigieren. (Wäre eine Brille in diesem Falle besser?)

40 (II) Das linke Auge einer Person wird durch eine Linse von -4 Dioptrien korrigiert, die sich 2 cm vor dem Auge befindet. (a) Ist diese Person kurzsichtig oder weitsichtig? (b) Wo befindet sich der Fernpunkt dieser Person, wenn sie keine Brille trägt?

41 (II) Das rechte Auge einer Person kann nur Objekte klar erkennen, die zwischen 25 cm und 75 cm entfernt sind. (a) Welche Stärke müssen die Kontaktlinsen haben, damit auch weit entfernte Objekte scharf gesehen werden? (b) Wo befindet sich der Nahpunkt der Person, wenn sie ihre Kontaktlinsen trägt?

42 (II) Um wie viel ist das kurzsichtige Auge aus Beispiel 34.10 länger als ein normalsichtiges Auge, dessen Länge 2 cm beträgt?

43 (II) Das Brillenglas einer kurzsichtigen Person hat eine Brennweite von -25 cm und befindet sich 1,8 cm vom Auge entfernt. Wenn diese Person zu Kontaktlinsen wechselt, die sie direkt über dem Auge trägt, wie groß sollte dann die Brennweite der entsprechenden Kontaktlinsen sein?

44 (II) Wie groß ist die Brennweite des Linsensystems des Auges, wenn (a) ein unendlich weit und (b) ein 30 cm vom Auge entferntes Objekt betrachtet wird? Nehmen Sie an, dass die Entfernung zwischen Linse und Netzhaut 2 cm beträgt.

45 (II) Eine kurzsichtige Person hat einen Nahpunkt von 10 cm und einen Fernpunkt von 20 cm. Wo befinden sich der neue Nah- und der Fernpunkt, wenn diese Person Brillengläser mit einer Stärke $B = -4{,}0$ dpt trägt? Vernachlässigen Sie den Abstand zwischen Linse und Auge.

Aufgaben zu 34.7

46 (I) Welche Vergrößerung hat eine bei entspanntem Auge benutzte Linse, wenn ihre Brennweite 11 cm beträgt?

47 (I) Wie groß ist die Brennweite einer Lupe mit dreifacher Vergrößerung für ein entspanntes, normalsichtiges Auge?

48 (I) Eine Lupe ist mit 2,5-facher Vergrößerung für ein normalsichtiges Auge angegeben, das auf ein im Nahpunkt befindliches Bild fokussiert ist. (a) Wie groß ist die Brennweite der Lupe? (b) Wie groß ist die Brennweite, wenn sich die 2,5-fache Vergrößerung auf ein entspanntes Auge bezieht?

49 (II) Sherlock Holmes benutzt eine Linse mit einer Brennweite von 8,5 cm als Lupe. Wo muss sich das Objekt im Falle eines normalsichtigen Auges befinden, um die maximale Vergrößerung zu erhalten? Welche Vergrößerung hat diese Lupe?

50 (II) Ein 3,7 mm breiter Bolzen wird mit einer Linse von 9 cm Brennweite betrachtet. Ein normalsichtiges Auge sieht das Bild in seinem Nahpunkt. Berechnen Sie (a) die Winkelvergrößerung, (b) die Breite des Bildes und (c) den Abstand des Objekts von der Linse.

51 (II) Ein kleines Insekt wird 5,35 cm vor einer Linse mit +6 cm Brennweite platziert. Berechnen Sie (a) die Position des Bildes und (b) die Winkelvergrößerung.

52 (II) Eine Lupe mit einer Brennweite von 9,5 cm wird dazu verwendet, eine 8,5 cm entfernte Schrift zu lesen. Berechnen Sie (a) die Position des Bildes, (b) die lineare Vergrößerung und (c) die Winkelvergrößerung.

53 (II) Eine Lupe ist mit dreifacher Vergrößerung für ein entspanntes, normalsichtiges Auge angegeben. Welche Vergrößerung hat die Lupe für ein entspanntes Auge, dessen Nahpunkt (a) bei 60 cm und (b) bei 18 cm liegt? Erläutern Sie die Unterschiede.

Aufgaben zu 34.8

54 (I) Welche Vergrößerung hat ein astronomisches Fernrohr, dessen Objektiv eine Brennweite von 72 cm und dessen Okular eine Brennweite von 2,8 cm hat? Wie groß ist die Gesamtlänge des Fernrohrs, wenn es auf ein entspanntes Auge eingestellt ist?

55 (I) Ein astronomisches Fernrohr soll eine 25-fache Gesamtvergrößerung haben. Wenn ein Objektiv mit einer Brennweite von 80 cm verwendet wird, wie groß muss dann die Brennweite des Okulars sein? Wie groß ist die Gesamtlänge des Fernrohrs, wenn es für ein entspanntes Auge ausgelegt ist?

56 (I) Ein Fernglas mit achtfacher Vergrößerung hat ein Okular mit einer Brennweite von 3 cm. Wie groß ist die Brennweite des Objektivs?

57 (I) Ein astronomisches Fernrohr besitzt ein Objektiv mit einer Brennweite von 95 cm und ein Okular mit +35 D. Welche Gesamtvergrößerung hat dieses Fernrohr?

58 (II) Die beiden Linsen eines astronomischen Fernrohrs befinden sich 76 cm voneinander entfernt. Welche Vergrößerung hat dieses Fernrohr, wenn die Brennweite des Objektivs 74,5 cm beträgt? Nehmen Sie an, dass es sich um ein entspanntes Auge handelt.

59 (II) Ein auf das entspannte Auge eingestelltes Galilei'sches Fernrohr ist 33 cm lang. Welche Vergrößerung hat dieses Fernrohr, wenn die Brennweite des Objektivs 36 cm beträgt?

60 (II) Welche Vergrößerung hat ein astronomisches Fernrohr, dessen Reflexionsspiegel einen Krümmungsradius von 6,2 m und dessen Okular eine Brennweite von 2,8 cm hat?

61 (II) Das Bild des Mondes erscheint in einem astronomischen Spiegelteleskop mit einem Okular von 3,3 cm Brennweite 120-fach vergrößert. Wie groß sind die Brennweite und der Krümmungsradius des Hauptspiegels?

62 (II) Ein astronomisches Fernrohr mit 130-facher Vergrößerung ist für ein entspanntes Auge eingestellt, wenn die beiden Linsen einen Abstand von 1,25 m haben. Wie groß sind die Brennweiten der beiden Linsen?

63 (III) Das Objektiv eines Fernglases mit siebenfacher Vergrößerung hat eine Brennweite von 26 cm. Welche Vergrößerung hat das Fernglas, wenn es auf ein 4 m vom Objektiv entferntes Objekt fokussiert wird? (Die siebenfache Vergrößerung bezieht sich auf unendlich weit entfernte Objekte; Gleichung 34.7 gilt nur für Objekte im Unendlichen, nicht für nahe Objekte.)

Aufgaben zu 34.9

64 (I) In einem Mikroskop wird ein Okular mit einer Brennweite von 1,6 cm verwendet. Beobachtet das normalsichtige Auge das endgültige Bild im Unendlichen, dann ist die Länge des Beobachtungsrohres 17,5 cm und die Brennweite des Objektivs beträgt 0,65 cm. Welche Vergrößerung hat dieses Mikroskop?

65 (I) In einem Mikroskop mit 650-facher Vergrößerung wird ein Objektiv mit einer Brennweite von 0,40 cm verwendet. Wie groß ist die Brennweite des Okulars, wenn das Beobachtungsrohr eine Länge von 17,5 cm hat? Nehmen Sie an, dass es sich um ein normalsichtiges Auge handelt und dass das endgültige Bild bei Unendlich liegt.

66 (II) Ein Mikroskop hat ein Okular mit zwölffacher Vergrößerung und ein Objektiv mit 56-facher Vergrößerung; der Abstand zwischen beiden beträgt 20 cm. Berechnen Sie (a) die Gesamtvergrößerung, (b) die Brennweiten der beiden Linsen und (c) die Position, an der das Objekt für ein entspanntes, normalsichtiges Auge scharf zu erkennen ist.

67 (II) Ein Mikroskop hat ein Okular mit einer Brennweite von 1,8 cm und ein Objektiv mit einer Brennweite von 0,80 cm. Berechnen Sie unter der Annahme, dass es sich um ein entspanntes normalsichtiges Auge handelt, (a) die Position des Objekts, wenn der Abstand zwischen den Linsen 16 cm beträgt, und (b) die Gesamtvergrößerung.

68 (II) Wiederholen Sie Aufgabe 67 unter der Annahme, dass das endgültige Bild 25 cm vom Okular entfernt entsteht (im Nahpunkt eines normalsichtigen Auges).

69 (II) Das Okular eines Mikroskops hat eine Brennweite von 2,70 cm. Für das Objektiv gilt $f = 0{,}740$ cm. Berechnen Sie für ein 0,79 cm vom Objektiv entferntes Objekt, (a) den Abstand zwischen den beiden Linsen, wenn das Mikroskop für ein normalsichtiges Auge eingestellt ist, und (b) die Gesamtvergrößerung.

Aufgaben zu 34.10

70 (II) Ein Achromat besteht aus zwei sehr dünnen, einander berührenden Linsen mit den Brennweiten $f_1 = -28$ cm und $f_2 = +23$ cm. (a) Werden die eintreffenden Strahlen durch dieses System gesammelt oder zerstreut? (b) Wie groß ist die resultierende Brennweite?

71 (III) In dieser Aufgabe soll die sphärische Aberration für einen speziellen Fall untersucht werden. In ▸ Abbildung 34.40 ist eine plankonvexe Linse mit einem Brechungsindex von 1,50 und einem Krümmungsradius $r = 12$ cm dargestellt. Betrachten wir einen einfallenden Strahl, der eine Höhe h über der optischen Achse hat und parallel zu dieser verläuft. Bestimmen Sie den Abstand d von der ebenen Seite der Linse bis zu dem Punkt, in dem der Strahl die Achse kreuzt, wenn (a) $h = 1$ cm und (b) $h = 6$ cm gilt. (c) Wie weit sind diese „Brennpunkte" voneinander entfernt? (d) Wie groß ist der „Zerstreuungskreis", der vom Strahl bei $h = 6$ cm am „Brennpunkt" für $h = 1$ cm erzeugt wird?

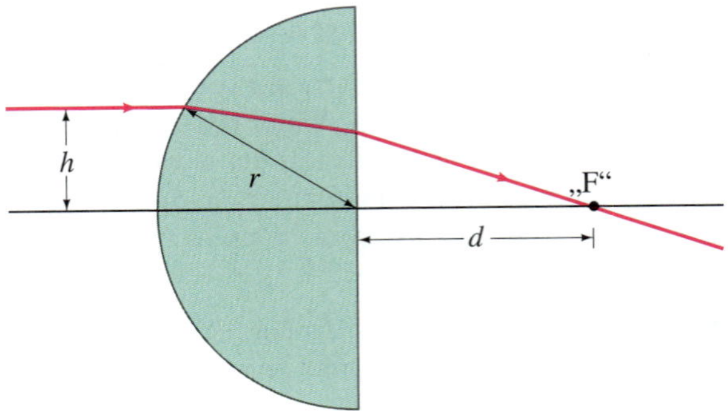

Abbildung 34.40 Aufgabe 71.

Allgemeine Aufgaben

72 Wenn die Linse eines Teleobjektivs für Objektentfernungen von 1,40 m bis unendlich ausgelegt ist, über welche Entfernung muss dann die Linse relativ zur Filmebene bewegt werden?

73 Eine Linse mit einer Brennweite von 200 mm kann so eingestellt werden, dass der Abstand zum Film zwischen 200 mm und 206 mm variiert. Auf welchen Bereich von Objektentfernungen kann diese Linse eingestellt werden?

74 Zeigen Sie, dass die Vergrößerung einer Kameralinse für sehr weit entfernte Objekte (nehmen Sie unendlich an) proportional zu ihrer Brennweite ist.

75 Wie groß ist die Objektentfernung für eine Kamera, die mit einem Objektiv von 50 mm Brennweite ausgestattet ist, wenn die Bildhöhe gleich der Objekthöhe ist? Wie weit ist das Objekt vom Bild auf dem Film entfernt?

76 Welche Vergrößerung erreicht eine +8 D-Linse, die in einem Vergrößerungsglas eingesetzt wird? Nehmen Sie ein entspanntes, normalsichtiges Auge an.

77 Die gekrümmte Seite einer plankonvexen Linse aus Plexiglas habe einen Krümmungsradius von $R = 18{,}4$ cm. Mit der Linse wird ein 66 cm von der Linse entferntes Objekt betrachtet, das rot und gelb aussieht. Der Brechungsindex von Plexiglas liegt bei 1,5106 für rotes und 1,5226 für gelbes Licht. Wo befindet sich das von dieser Linse erzeugte rote bzw. gelbe Bild?

78 Ein Filmstar erwischt einen Reporter dabei, wie er Aufnahmen von ihm zu Hause macht. Er behauptet, dass der Reporter unerlaubt in sein Grundstück eingedrungen sei, und führt als Beweismittel den von ihm sichergestellten Film an. Seine tatsächliche Körpergröße von 1,75 m ist auf dem Film mit 8,25 mm abgebildet. Die Brennweite des Kameraobjektivs war 200 mm. Wie weit war der Reporter bei der Aufnahme von seinem Motiv entfernt?

79 In einem Dia- oder Filmprojektor ist der Film das Objekt, dessen Bild auf einen Schirm projiziert wird (siehe ▸ Abbildung 34.41). Wenn eine Linse mit 100 mm Brennweite ein Bild auf einen 7,5 m entfernten Schirm projizieren soll, wie weit muss die Linse dann vom Dia entfernt sein? Wie breit ist das Bild auf dem Schirm, wenn das Dia 36 mm breit ist?

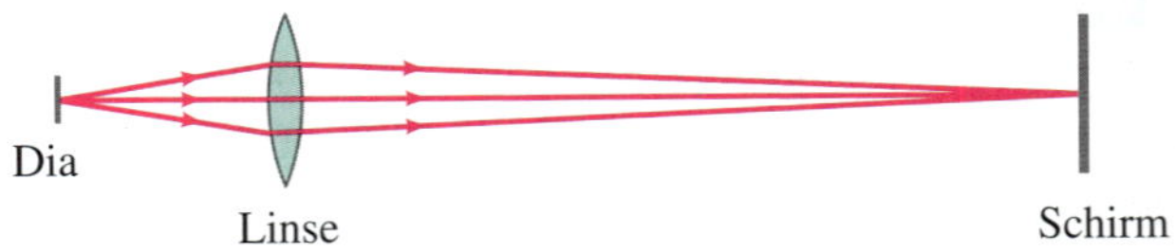

Abbildung 34.41 Diaprojektor, Aufgabe 79.

80 Eine Sammellinse mit einer Brennweite von 12 cm ist mit einer Zerstreuungslinse verbunden, die eine Brennweite von 20 cm hat. Wie groß ist die Brennweite dieses Systems? Sammelt oder zerstreut diese Linsenkombination die eintreffenden Strahlen?

81 Zeigen Sie analytisch, dass eine Zerstreuungslinse niemals ein reales Bild eines realen Objekts erzeugen kann. Können Sie einen Fall beschreiben, in dem eine Zerstreuungslinse ein reales Bild erzeugen kann?

82 Eine angezündete Kerze wird 30 cm vor eine Sammellinse mit der Brennweite $f_1 = 15$ cm gestellt, die ihrerseits 50 cm vor einer zweiten Sammellinse mit der Brennweite $f_2 = 10$ cm steht (siehe ► Abbildung 34.42). (a) Zeichnen Sie ein Strahlendiagramm und schätzen Sie Position und Größe des endgültigen Bildes ab. (b) Berechnen Sie Position und Größe des endgültigen Bildes.

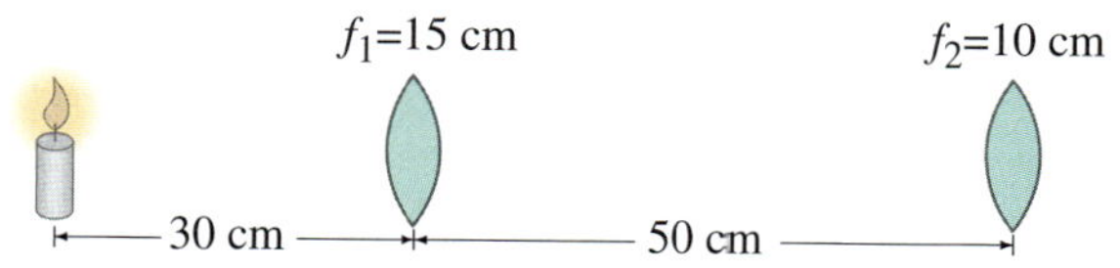

Abbildung 34.42 Aufgabe 82.

83 Ein leuchtendes Objekt wird auf einer Seite einer Sammellinse mit der Brennweite f platziert. Auf der andere Seite befindet sich ein weißer Schirm zum Auffangen des Bildes. Der Abstand $d_T = d_B + d_O$ zwischen Objekt und Bild wird festgehalten, während die Linse verschoben wird. (a) Zeigen Sie, dass es für $d_T > 4f$ zwei Positionen gibt, an denen die Linse ein scharfes Bild erzeugt. (b) Zeigen Sie, dass es für $d_T < 4f$ keine Position gibt, an der die Linse ein scharfes Bild erzeugt. (c) Bestimmen Sie den Abstand zwischen den beiden Linsenpositionen aus Teil (a) sowie das Verhältnis der beiden Bildgrößen.

84 (a) Zeigen Sie, dass für zwei einander berührende, dünne Linsen mit den Brennweiten f_1 und f_2 die Brennweite des gesamten Linsensystems durch $f_T = f_1 f_2/(f_1 + f_2)$ gegeben ist. (b) Zeigen Sie, dass die Brechkraft B des Linsensystems die Summe der einzelnen Brechstärken ist, d. h. $B = B_1 + B_2$.

85 Eine Linse mit dem Brechungsindex n wird in eine Substanz mit dem Brechungsindex $n' \neq 1$ eingetaucht. Leiten Sie das Analogon der Gleichungen 34.2, 34.3 und 34.4 her.

86 Sam kauft sich Brillengläser mit +2,5 Dioptrien, die seine Fehlsichtigkeit korrigieren und seinen Nahpunkt auf 25 cm rücken. (Nehmen Sie an, dass er die Brillengläser 2 cm vor seinen Augen trägt.) (a) Ist Sam kurzsichtig oder weitsichtig? (b) Berechnen Sie die Brennweite von Sams Brillengläsern. (c) Berechnen Sie Sams Nahpunkt ohne Brillengläser. (d) Pam, die normalsichtig mit einem Nahpunkt von 25 cm ist, setzt Sams Brille auf. Berechnen Sie Pams Nahpunkt, wenn sie Sams Brille trägt.

87 Ein Mann hat als 50-Jähriger Gläser mit +2,5 Dioptrien benutzt, um seine 25 cm vor den Augen befindliche Zeitung lesen zu können. Zehn Jahre später stellt er fest, dass er die Zeitung 35 cm weg halten muss, um mit den gleichen Gläsern noch deutlich sehen zu können. Wie stark müssen seine Gläser heute sein? (Die Abstände sind von den Gläsern aus gemessen.)

88 Eine Frau kann mit ihrem rechten Auge nur dann scharf sehen, wenn das betrachtete Objekt zwischen 40 und 150 cm von ihren Augen entfernt ist. Welche Brechstärken muss das ihr verschriebene Bifokalglas haben, damit sie durch den oberen Teil entfernte Objekte scharf sehen und durch den unteren Teil in einem 25 cm entfernten Buch lesen kann? Nehmen Sie an, dass die Brillengläser 2 cm von ihren Augen entfernt sind.

89 Ein Kind hat einen Nahpunkt von 15 cm. Welche maximale Vergrößerung kann das Kind mithilfe einer Lupe von 8 cm Brennweite erreichen? Vergleichen Sie dieses Ergebnis mit dem Wert für das normalsichtige Auge.

90 Während das Sonnenlicht im Verlauf des Morgens bis Mittag immer intensiver wird, macht ein Fotograf wiederholt Aufnahmen vom gleichen Objekt und stellt dabei fest, dass er bei konstant gehaltener Verschlusszeit die Blendenzahl von 5,6 bis 22 ändern musste. Wie stark hat sich die Intensität des Sonnenlichts während dieser Zeit erhöht?

91 Jemand versucht, aus den Gläsern einer Lesebrille ein Fernrohr zu konstruieren. Diese haben Brechstärken von +2 und +5 Dioptrien. (a) Welche Vergrößerung kann das Fernrohr maximal haben? (b) Welche der beiden Linsen sollte als Okular verwendet werden?

92 Die Belichtungszeiten müssen erhöht werden, um Bilder aus sehr kurzen Distanzen aufzunehmen, da in diesem Fall die Entfernung zwischen Linse und Bild für ein scharfes Bild größer ist. (a) Zeigen Sie, dass die Belichtungszeit viermal so groß sein muss wie für ein sehr weit entferntes Objekt, wenn das Objekt so dicht vor der Kamera ist, dass die Bildhöhe gleich der Objekthöhe ist. Nehmen Sie an, dass Blende und Beleuchtungsverhältnisse unverändert bleiben. (b) Zeigen Sie, dass der Zuwachs der Belichtungszeit gegenüber dem Fall, dass das gleiche Objekt sehr weit entfernt ist, vernachlässigbar ist, wenn d_O mindestens vier- oder fünfmal so groß ist wie die Brennweite der Linse.

93 Objektiv und Okular eines Fernrohrs sind 85 cm voneinander entfernt. Wenn das Okular eine Brechkraft von +25 Dioptrien hat, wie groß ist dann die Gesamtvergrößerung des Fernrohrs?

Die Wellennatur des Lichts; Interferenz

35

ÜBERBLICK

Die Wellennatur des Lichts erklärt, wie das an Vorder- und Rückseite dieser dünnen Seifenhaut reflektierte Licht durch konstruktive Interferenz leuchtende Farben erzeugt. Welche Farbe wir sehen, hängt davon ab, wie dick der Film an der betrachteten Stelle ist. Die fotografierte Seifenhaut ist oben sehr dünn und wird aufgrund der Schwerkraft nach unten hin dicker. Können Sie aufgrund der Farben die Dicke der Seifenhaut in jedem Punkt bestimmen? Nach dem Studium dieses Kapitels sollten Sie dazu in der Lage sein.

35. Die Wellennatur des Lichts; Interferenz

Licht ist Träger von Energie, das ist für jeden offensichtlich, der schon einmal mithilfe eines Vergrößerungsglases Sonnenstrahlen auf einem Blatt Papier gebündelt und auf diese Weise ein Loch in dieses gebrannt hat. Aber wie wird Licht transportiert und um welche Form von Energie handelt es sich? Bei der Behandlung von Wellen in Kapitel 15 haben wir festgestellt, dass es grundsätzlich zwei Möglichkeiten gibt, Energie von einem Ort zu einem anderen zu transportieren: durch Teilchen oder durch Wellen. Im ersten Fall sind Materieteilchen die Träger von Energie, z. B. die Teilchen einer Lawine oder des fließenden Wassers. Beispiele für den zweiten Fall sind Wasser- und Schallwellen, die Energie über große Entfernungen transportieren, obwohl sich die Masse selbst nicht über diese Distanz bewegt. Was lässt sich nun über das Wesen des Lichts sagen – bewegt es sich als Teilchenstrom von seiner Quelle weg oder breitet es sich in Form einer Welle von seiner Quelle nach außen aus?

Historisch hat sich diese Frage als eine sehr schwierige erwiesen. Zum einen stellt sich Licht offensichtlich nicht als aus winzigen Teilchen zusammengesetzt dar, aber wir beobachten zum anderen auch nicht, dass kleine Lichtwellen ähnlich wie Wasserwellen an uns vorüberziehen. Bis etwa 1830 schienen die experimentellen Belege die erste Variante gegenüber der zweiten zu favorisieren. Dies änderte sich, nachdem die meisten Physiker die Wellentheorie akzeptiert hatten. Ende des 19. Jahrhunderts wurde Licht allgemein als *elektromagnetische Welle* angesehen (siehe Kapitel 32). Im frühen 20. Jahrhundert wurde nachgewiesen, dass Licht auch Teilcheneigenschaften haben muss, was wir in Kapitel 38 behandeln werden. Die Wellentheorie behält trotzdem ihre Gültigkeit und hat sich als sehr nützlich erwiesen. Im Folgenden untersuchen wir die Belege für die Wellennatur des Lichts, durch die sich zahlreiche Phänomene erklären lassen.

35.1 Huygens-Prinzip und Beugung

Der niederländische Forscher Christiaan Huygens (1629–1695) war ein Zeitgenosse Newtons. Er schlug eine Theorie des Lichts vor, die große Vorzüge hatte. Auch heute noch nützlich ist eine von ihm entwickelte Methode, mit deren Hilfe sich die zukünftige Position einer Wellenfront vorhersagen lässt, wenn die Position zu einem früheren Zeitpunkt bekannt ist. Diese Methode wird als das **Huygens-Prinzip** bezeichnet und kann folgendermaßen formuliert werden: *Jeder Punkt einer Wellenfront kann als Quelle winziger Wellen angesehen werden, die sich in Vorwärtsrichtung mit der Geschwindigkeit der Welle ausbreiten. Die neue Wellenfront ist die Einhüllende der kleinen Wellen, d. h. die an diese angelegte Tangente.*

Als einfaches Beispiel für die Anwendung des Huygens-Prinzips betrachten wir die Wellenfront AB in ▸ Abbildung 35.1, die sich von der Quelle S ausbreitet. Wir nehmen an, dass es sich um ein *isotropes* Medium handelt, d. h. die Geschwindigkeit v der Wellen ist in allen Richtungen die gleiche. Um die Lage der Wellenfront eine kurze Zeit später zu bestimmen, zeichnen wir kleine Kreise vom Radius $r = vt$. Die Mittelpunkte der Kreise liegen auf der Wellenfront AB und die Kreise repräsentieren die Huygens'schen (gedachten) Wellen. Die Tangente an all diese kleinen Wellen, die Linie CD, ist die neue Position der Wellenfront.

Das Huygens-Prinzip ist besonders nützlich, wenn Wellen gegen ein Hindernis treffen und die Wellenfronten teilweise unterbrochen werden. Es sagt in diesem Fall vorher, dass die Wellen hinter dem Hindernis abgelenkt werden (siehe ▸ Abbildung 35.2). Dies entspricht genau dem Verhalten von Wasserwellen, das wir in Kapitel 15 kennen gelernt haben (siehe die ▸ Abbildungen 15.32 und 15.33).

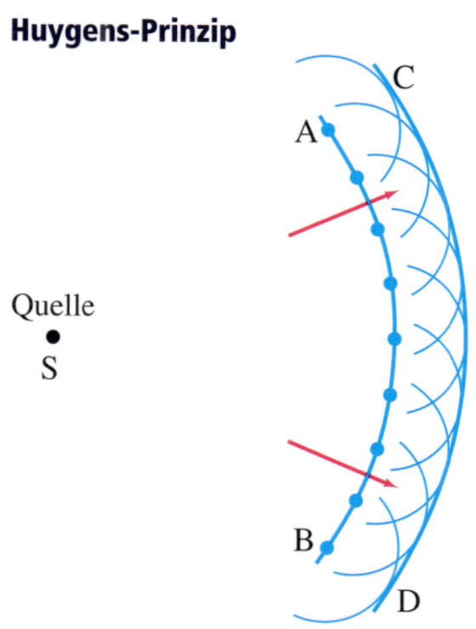

Abbildung 35.1 Bestimmung der Wellenfront CD bei gegebener Wellenfront AB mithilfe des Huygens-Prinzips.

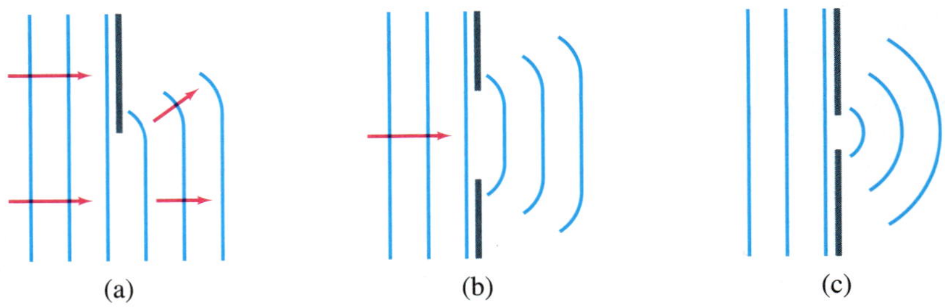

Abbildung 35.2 Das Huygens-Prinzip ist konsistent mit der Beugung (a) an der Kante eines Hindernisses, (b) an einem großen Loch und (c) an einem kleinen Loch, dessen Durchmesser die Größenordnung der Wellenlänge des Lichts hat.

Die Ablenkung von Wellen in den „Schatten" von Hindernissen wird als **Beugung** bezeichnet. Da Beugung für Wellen auftritt, nicht aber für Teilchen, kann sie als Hinweis auf den Wellencharakter des Lichts angesehen werden.

Kann man im Falle von Licht tatsächlich Beugung beobachten? Mitte des 17. Jahrhunderts hatte der Jesuitenpriester Francesco Grimaldi (1618–1663) beobachtet, dass Sonnenlicht, das durch ein winziges Loch in einen verdunkelten Raum fiel, auf der gegenüberliegenden Wand einen Fleck erzeugte, der größer war, als man aufgrund der Strahlenoptik erwarten sollte. Außerdem stellte er fest, dass die Begrenzung des Bildes nicht scharf, sondern von farbigen Streifen umgeben war. Grimaldi führte dies auf die Beugung des Lichts zurück.

Mithilfe des Strahlenmodells (Kapitel 33) kann die Beugung nicht erklärt werden, was dessen Grenzen zeigt. Die geometrische Optik mit ihrem Strahlenmodell ist innerhalb ihres eingeschränkten Geltungsbereichs so erfolgreich, weil normale Öffnungen und Hindernisse sehr viel größer sind als die Wellenlänge des Lichts, so dass die Beugung kaum eine Rolle spielt.

35.2 Huygens-Prinzip und Brechungsgesetz

Die Gesetzmäßigkeiten von Reflexion und Brechung sind seit der Zeit Newtons gut bekannt. Das Reflexionsgesetz kann zwischen Wellen- und Teilchentheorie nicht unterscheiden: Wenn Wellen an einem Hindernis reflektiert werden, dann ist der Einfallswinkel gleich dem Reflexionswinkel (siehe ▸ Abbildung 15.22) – das Gleiche gilt aber auch für Teilchen, z. B. für einen Tennisball, der nicht angeschnitten, d. h. ohne eigenen Drehimpuls, auf eine ebene Fläche trifft.

Mit dem Brechungsgesetz verhält es sich etwas anders. Angenommen, Licht tritt in ein Medium ein, in dem es in Richtung der Normalen abgelenkt wird, etwa wenn es von Luft in Wasser übergeht. Wie in ▸ Abbildung 35.3 dargestellt, kann dieser Effekt mit dem Huygens-Prinzip konstruktiv erklärt werden, wenn wir annehmen, dass die Ausbreitungsgeschwindigkeit des Lichts im zweiten Medium

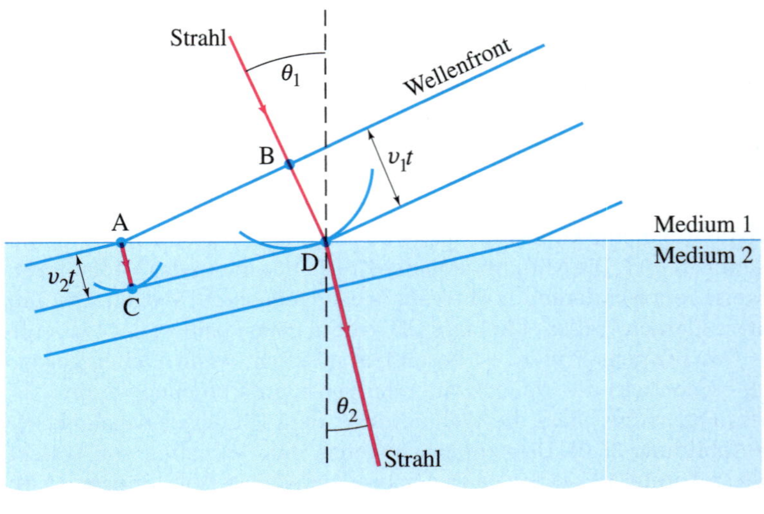

Abbildung 35.3 Erklärung der Brechung mithilfe des Huygens-Prinzips.

kleiner ist ($v_2 < v_1$). Während der Zeit t legt der Punkt B auf der Wellenfront AB die Entfernung $v_1 t$ zurück und erreicht den Punkt D. Punkt A legt in dieser Zeit die Entfernung $v_2 t$ zurück und erreicht den Punkt C; dabei gilt $v_2 t < v_1 t$. Indem wir das Huygens-Prinzip auf A und B anwenden, erhalten wir die in C und D dargestellten Wellen. Die Wellenfront verläuft tangential zu diesen; die neue Wellenfront ist also die Linie CD. Folglich werden die Strahlen, die senkrecht zu den Wellenfronten verlaufen, in Richtung der Normalen abgelenkt, wenn $v_2 < v_1$ gilt.[1] Newton favorisierte die Teilchentheorie des Lichts („Korpuskeltheorie"), die das Gegenteil vorhersagte, nämlich, dass die Geschwindigkeit des Lichts im zweiten Medium größer sein muss ($v_2 > v_1$). Die Wellentheorie sagt also beispielsweise, dass die Ausbreitungsgeschwindigkeit des Lichts in Wasser kleiner ist als in Luft, und Newtons Teilchentheorie behauptet gerade das Gegenteil. Der französische Physiker Jean Foucault führte 1850 tatsächlich ein Experiment zur Messung der Ausbreitungsgeschwindigkeit in Wasser durch und fand die Vorhersage der Wellentheorie bestätigt. Zu diesem Zeitpunkt war die Wellentheorie allerdings bereits allgemein anerkannt, wie wir im nächsten Abschnitt sehen werden.

Man kann leicht zeigen, dass das Snellius'sche Brechungsgesetz unmittelbar aus dem Huygens-Prinzip folgt, wenn man berücksichtigt, dass die Ausbreitungsgeschwindigkeit v des Lichts in einem beliebigen Medium mit der Vakuumlichtgeschwindigkeit c und dem Brechungsindex n über die Beziehung $v = c/n$ (Gleichung 33.1) zusammenhängt. Nach der Huygens'schen Konstruktion von ▶ Abbildung 35.5 ist der Winkel ∢ADC gleich θ_2 und der Winkel ∢BAD ist gleich θ_1. Für die beiden Dreiecke mit der gemeinsamen Seite AD gilt

$$\sin\theta_1 = \frac{v_1 t}{\mathrm{AD}}\,, \quad \sin\theta_2 = \frac{v_2 t}{\mathrm{AD}}\,.$$

Wir dividieren diese beiden Gleichungen und erhalten

$$\frac{\sin\theta_1}{\sin\theta_2} = \frac{v_1}{v_2}\,.$$

Wegen $v_1 = c/n_1$ und $v_2 = c/n_2$ gilt damit

$$n_1 \sin\theta_1 = n_2 \sin\theta_2\,.$$

Dies ist das Snellius'sche Brechungsgesetz, Gleichung 33.5. (Auf ähnliche Weise kann das Reflexionsgesetz aus dem Huygens-Prinzip abgeleitet werden, was als Aufgabe 1 am Ende des Kapitels gestellt ist.)

Wenn sich eine Lichtwelle von einem Medium in ein anderes fortpflanzt, dann ändert sich dabei ihre Wellenlänge, nicht aber ihre Frequenz. Dies ist aus ▶ Abbildung 35.3 ersichtlich, in der jede Wellenfront (dargestellt durch die blauen Linien) einem Wellenberg entspricht. Dann gilt

Die Wellenlänge hängt von *n* ab.

$$\frac{\lambda_2}{\lambda_1} = \frac{v_2\,t}{v_1\,t} = \frac{v_2}{v_1} = \frac{n_1}{n_2}\,,$$

wobei wir im letzten Schritt $v = c/n$ (Gleichung 33.1) benutzt haben. Wenn das erste Medium Vakuum (oder Luft) ist, dann ist $n_1 = 1$, $v_1 = c$ und wir bezeichnen λ_1 einfach mit λ. Die Wellenlänge im zweiten Medium (Brechungsindex $n = n_2$) ist dann durch

$$\lambda_n = \frac{\lambda}{n} \qquad (35.1)$$

gegeben. Wegen $c = f\lambda$ ist dieses Ergebnis konsistent damit, dass f unverändert bleibt. Zusammen mit $v = f\lambda_n$ ergibt sich $\lambda_n = v/f = c/nf = f\lambda/nf = \lambda/n$ für ein Medium mit $v = c/n$.

Durch Wellenfronten lässt sich die Entstehung einer Fata Morgana erklären. Beispielsweise kann man als Autofahrer an heißen Tagen vor sich auf der Fahrbahn das Trugbild von Wasser sehen, in dem sich andere Autos spiegeln (siehe ▶ Abbildung 35.4a). An solchen Tagen entsteht infolge der Sonneneinstrahlung

ANGEWANDTE PHYSIK

Luftspiegelung

1 Diese Diskussion ist im Wesentlichen die gleiche wie zu ▶ Abbildung 15.31.

(a)

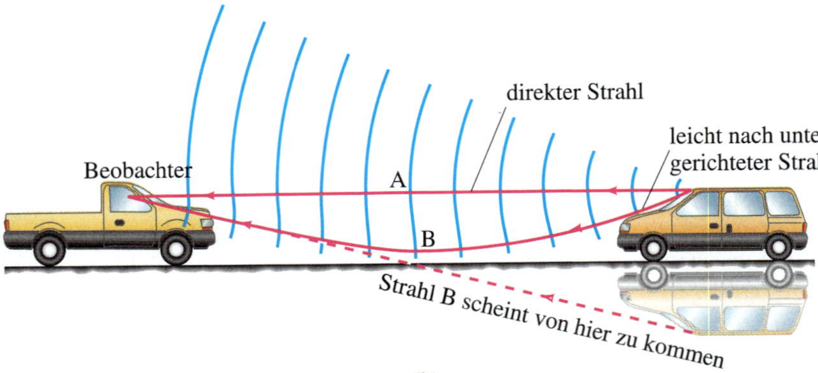

(b)

Abbildung 35.4 (a) Luftspiegelung auf einer Fahrbahn. (b) Stark übertriebene Skizze zur Erklärung von Luftspiegelungen; die Wellenfronten bewegen sich in Bodennähe schneller und sind daher bereits etwas weiter auseinander gezogen.

dicht über der Fahrbahn eine Schicht warmer Luft. Da warme Luft eine geringere Dichte hat als kühle, ist der Brechungsindex in der warmen Luft etwas kleiner. ▶ Abbildung 35.4b zeigt, wie Licht, das von einem weit entfernten Auto (rechts) einfällt, sich nach links in Richtung des Beobachters ausbreitet. Dargestellt sind die Wellenfronten und zwei Strahlen. Strahl A ist direkt zum Beobachter gerichtet und folgt einem geradlinigen Weg. Dieser Strahl repräsentiert die normale Blickrichtung vom Auto aus. Strahl B ist anfangs etwas nach unten gerichtet. Er berührt jedoch den Boden nicht. Stattdessen wird er leicht nach oben abgelenkt und bewegt sich durch die Luftschichten mit unterschiedlichen Brechungsindizes. Die Wellenfronten (in ▶ Abbildung 35.4b blau dargestellt) bewegen sich in den bodennäheren Schichten etwas schneller (siehe ▶ Abbildung 35.3). Daher wird Strahl wie dargestellt gebrochen und scheint für den Beobachter von unten zu kommen (gestrichelte Linie), so als würde er am Boden reflektiert. Auf diese Weise entsteht eine Luftspiegelung oder Fata Morgana.

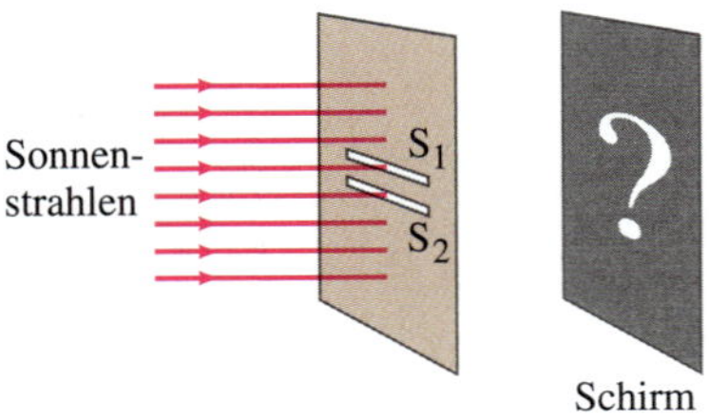

(a)

(b)

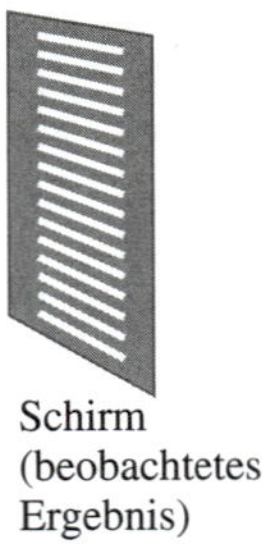

(c)

Abbildung 35.5 (a) Das Young'sche Doppelspaltexperiment. (b) Wenn man davon ausgeht, dass Licht aus Teilchen besteht, dann sind auf dem hinter den Spalten liegenden Schirm zwei helle Linien zu erwarten. (c) Young beobachtete jedoch viele Linien.

35.3 Interferenz – Das Young'sche Doppelspaltexperiment

Im Jahre 1801 fand der Engländer Thomas Young (1773–1829) überzeugende Hinweise auf die Wellennatur des Lichts, wobei es ihm sogar gelang, die Wellenlängen des sichtbaren Lichts zu messen. In ▶ Abbildung 35.5a ist das berühmte Young'sche Doppelspaltexperiment schematisch dargestellt. Aus einer einzelnen Quelle stammendes Licht (Young verwendete die Sonne) fällt auf einen Schirm mit zwei dicht benachbarten Spalten S_1 und S_2. Wenn man davon ausgeht, dass Licht aus winzigen Partikeln besteht, dann sind auf einem hinter den Spalten platzierten Schirm (Teil (b)) zwei helle Linien zu erwarten. Young beobachtete aber etwas anderes, nämlich eine Reihe heller Linien wie in Teil (c). Young konnte dieses Muster als **Interferenzerscheinung** erklären. Um dies zu verstehen, stellen wir uns ebene Lichtwellen einer einzigen Wellenlänge vor (so genanntes **monochromatisches Licht**, da es nur aus einer einzigen Farbe besteht), das auf den Doppelspalt in ▶ Abbildung 35.7 fällt. Wegen der Beugung breiten sich die Wellen hinter den Spalten wie dargestellt aus. Dies ist äquivalent mit dem Interferenzmuster, das durch zwei ins Wasser geworfene Steine entsteht (siehe ▶ Abbildung 15.24), oder auch mit der Interferenz zweier Schallwellen, die von zwei Lautsprechern ausgehen (siehe ▶ Abbildung 16.16).

Um zu sehen, wie das Interferenzmuster auf dem Schirm entsteht, verwenden wir ▶ Abbildung 35.6. Dargestellt sind Wellen der Wellenlänge λ und die Spalte S_1 und S_2 mit dem Abstand d. Nachdem sie die Spalte passiert haben, breiten sich die Wellen in alle Richtungen aus, dargestellt sind sie jedoch nur für drei ver-

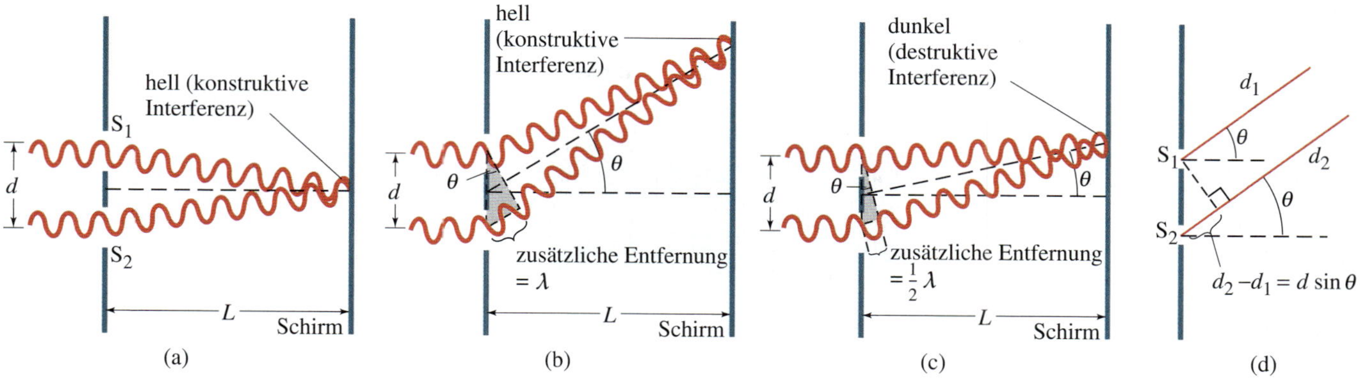

Abbildung 35.6 Erklärung des beim Doppelspaltexperiment auf dem Schirm entstehenden Linienmusters. (a) In der Mitte des Schirms haben die Wellen aus beiden Spalten die gleiche Entfernung zurückgelegt und sind in Phase. (b) Bei diesem Winkel θ hat die untere Welle eine ganze Wellenlänge zusätzlich zurückgelegt, die Wellen sind ebenfalls in Phase. Aus dem grau unterlegten Dreieck kann man ablesen, dass der zusätzlich zurückgelegte Weg gleich $d \sin\theta$ ist. (c) Für diesen Winkel θ legt die untere Welle eine zusätzliche Entfernung von einer halben Wellenlänge zurück, so dass die beiden Wellen auf dem Schirm maximal phasenverschoben sind. (d) Detailliertere Darstellung, die die Geometrie der beiden Teile (b) und (c) zeigt.

schiedene Winkel θ. ▶ Abbildung 35.6a zeigt Wellen bei ihrer Ankunft in der Mitte des Schirms ($\theta = 0$). Beide Wellen haben die gleiche Entfernung zurückgelegt, so dass sie in Phase sind, ein Berg der einen Welle erreicht den Schirm zur gleichen Zeit wie ein Berg der anderen Welle. Folglich addieren sich die Amplituden beider Wellen zu einer größeren Amplitude (siehe ▶ Abbildung 35.8a). In diesem als **konstruktive Interferenz** bezeichneten Fall ist in der Mitte des Schirms ein heller Fleck zu sehen. Konstruktive Interferenz entsteht auch, wenn sich die Wege der beiden Strahlen um ein ganzzahliges Vielfaches der Wellenlänge unterscheiden (siehe ▶ Abbildung 35.6b). Unterscheiden sich die Wege dagegen um eine halbe Wellenlänge (oder $\frac{3}{2}\lambda$, $\frac{5}{2}\lambda$ usw.), dann sind die Wellen maximal phasenverschoben, wenn sie den Schirm erreichen: Die Wellenberge der einen Welle kommen gleichzeitig mit den Wellentälern der anderen an, so dass sie sich zur Amplitude null addieren (siehe ▶ Abbildung 35.8b). Dies ist der Fall **destruktiver Interferenz**, in dem auf dem Schirm eine dunkle Stelle entsteht (▶ Abbildung 35.6c). Auf diese Weise entsteht auf dem Schirm eine Reihe heller und dunkler Linien oder Streifen.

Um die Lage der hellen Linien exakt zu bestimmen, bemerken wir zunächst, dass ▶ Abbildung 35.6 etwas übertrieben gezeichnet ist. In Wirklichkeit ist der Abstand d zwischen den Spalten sehr klein gegenüber dem Abstand L zum Schirm. In jedem der drei Fälle sind die Strahlen durch die Spalt daher nahezu parallel und θ ist der Winkel, den sie mit der Horizontalen bilden (siehe ▶ Abbildung 35.6d). Aus dem rechten Dreieck in ▶ Abbildung 35.6 sehen wir, dass der zusätzliche Weg, den der untere Strahl zurücklegt, $d \sin\theta$ ist. Es liegt konstruktive Interferenz vor und auf dem Schirm erscheint ein heller Streifen. Dies ist immer dann der Fall, wenn die Differenz $d \sin\theta$ der zurückgelegten Wege ein ganzzahliges Vielfaches der Wellenlänge ist:

$$d \sin\theta = m\lambda\,, \quad m = 0, 1, 2, \ldots \qquad \text{(konstruktive Interferenz)} \qquad (35.2a)$$

Die Zahl m wird als **Ordnung** des Interferenzstreifens bezeichnet. Die Streifen erster Ordnung z. B. sind die beiden Streifen links und rechts neben dem mittleren Streifen (bei $\theta = 0$). Destruktive Interferenz tritt auf, wenn die Differenz $d \sin\theta$ der zurückgelegten Wege gleich $\frac{1}{2}\lambda$, $\frac{3}{2}\lambda$ usw. ist:

$$d \sin\theta = \left(m + \frac{1}{2}\right)\lambda\,, \quad m = 0, 1, 2, \ldots \qquad \text{(destruktive Interferenz)} \qquad (35.2b)$$

Die Intensität der hellen Streifen ist für den mittleren Streifen am größten ($m = 0$) und fällt mit steigender Ordnung (siehe ▶ Abbildung 35.9).

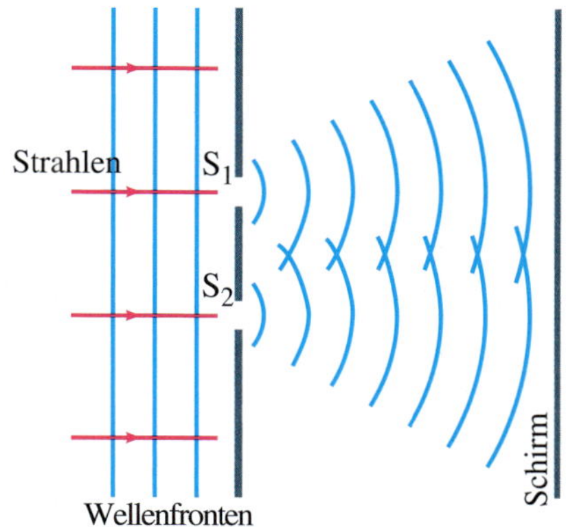

Abbildung 35.7 Wenn man davon ausgeht, dass Licht eine Welle ist, dann sollte das durch den ersten Spalt gehende Licht mit dem durch den zweiten Spalt gehenden interferieren.

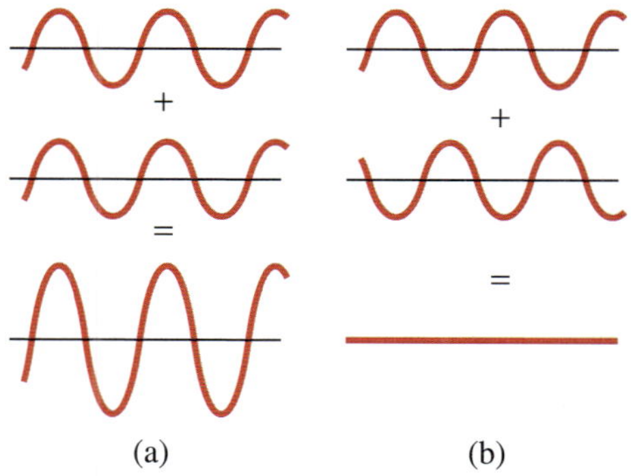

Abbildung 35.8 (a) Konstruktive Interferenz, (b) destruktive Interferenz (siehe auch Abschnitt 15.8).

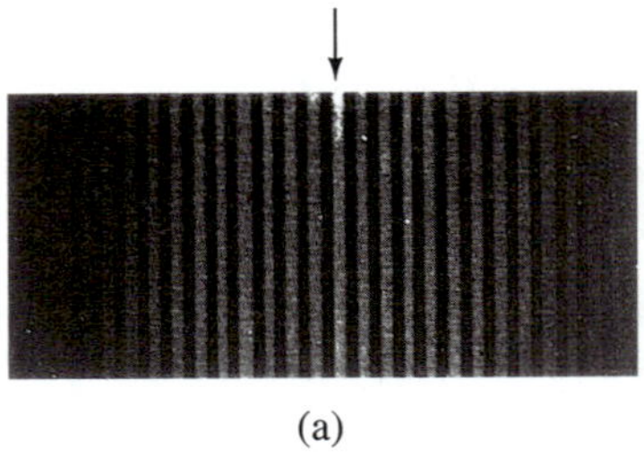

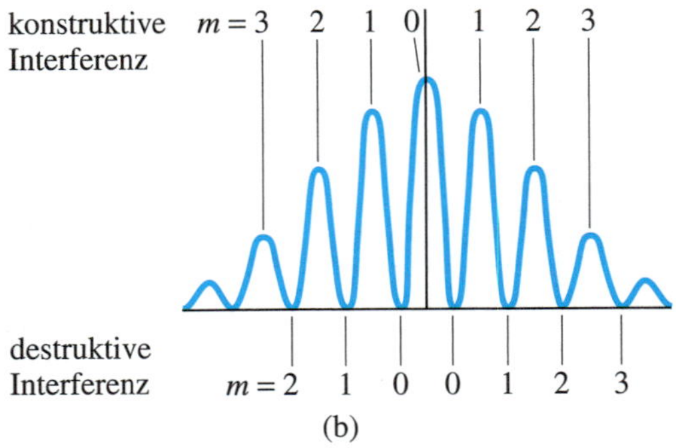

Abbildung 35.9 (a) Interferenzstreifen, die durch ein Doppelspaltexperiment erzeugt und auf einem fotografischen Film aufgefangen wurden. Der Pfeil markiert den mittleren Streifen. (b) Lichtintensität in einem Interferenzmuster. Die Werte m geben die Ordnung der Streifen an (siehe Gleichungen 35.2)

Beispiel 35.1 · Begriffsbildung — Interferenzlinien

(a) Gibt es eine unendliche Anzahl von Punkten, in denen konstruktive Interferenz auftritt oder nur eine endliche? (b) Haben die Punkte konstruktiver Interferenz jeweils den gleichen Abstand voneinander?

Lösung

a Wenn Sie die Gleichungen 35.2 betrachten (insbesondere die Variablenwerte $m = 0, 1, 2, \ldots$), sind Sie vielleicht versucht zu sagen, dass an unendlich vielen Stellen konstruktive und destruktive Interferenz auftritt. Bedenken Sie jedoch, dass $\sin\theta$ den Wert 1 nicht überschreiten kann. Daher gibt es eine obere Grenze für die Werte von m, die in die Gleichungen eingesetzt werden dürfen. Für Gleichung 35.2a ist der maximale Wert von m die kleinste ganze Zahl, die kleiner ist als d/λ. Es gibt daher nur endlich viele Stellen mit konstruktiver bzw. destruktiver Interferenz.

b Die Abstände zwischen benachbarten Streifen sind nicht konstant, sondern wachsen mit dem Winkel θ, was Sie mathematisch überprüfen können. Für kleine Werte von θ sind die Abstände allerdings nahezu konstant, wie Sie in Beispiel 35.2 feststellen werden.

Beispiel 35.2 — Linienabstand für das Doppelspaltexperiment

Zwei Spalte im Abstand von 0,1 mm sind 1,20 m vom Schirm entfernt. Von einer weit entfernten Quelle fällt Licht der Wellenlänge $\lambda = 500$ nm durch die Spalte. Wie weit sind die Interferenzstreifen auf dem Schirm näherungsweise voneinander entfernt?

Lösung

Für $d = 0{,}1\,\text{mm} = 1 \cdot 10^{-4}\,\text{m}$, $\lambda = 500 \cdot 10^{-9}\,\text{m}$ und $L = 1{,}2\,\text{m}$ entsteht der Streifen erster Ordnung ($m = 1$) bei einem Winkel θ, der durch

$$\sin\theta_1 = \frac{m\lambda}{d} = \frac{(1)(500 \cdot 10^{-9}\,\text{m})}{1 \cdot 10^{-4}\,\text{m}} = 5 \cdot 10^{-3}\,.$$

gegeben ist. Dies ist ein sehr kleiner Winkel, so dass wir $\sin\theta = \theta$ annehmen können. Der Streifen erster Ordnung erscheint im Abstand x_1 oberhalb der Mitte des Schirms (siehe ▸ Abbildung 35.10). Dieser Abstand ist durch $x_1/L = \tan\theta_1 = \theta_1$ festgelegt, also

$$x_1 = L\theta_1 = (1{,}2\,\text{m})(5 \cdot 10^{-3}) = 6\,\text{mm}\,.$$

Der Streifen zweiter Ordnung ($m = 2$) entsteht bei

$$x_2 = L\theta_2 = L\frac{2\lambda}{d} = 12\,\text{mm}$$

oberhalb der Mitte usw. Die Streifen niedriger Ordnung sind also jeweils 6 mm voneinander entfernt.

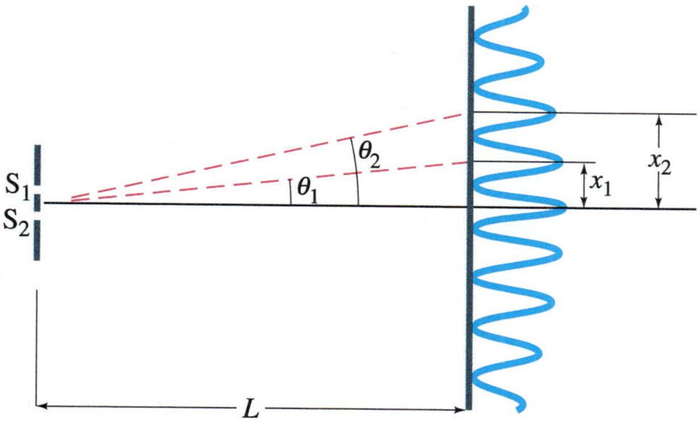

Abbildung 35.10 Für kleine Winkel treten die Interferenzstreifen im Abstand $x = \theta L$ vom Streifen in der Mitte ($m = 0$) auf; θ_1 und x_1 sind die Werte für den Streifen erster Ordnung ($m = 1$), θ_2 und x_2 für den Streifen zweiter Ordnung.

Beispiel 35.3 · Begriffsbildung

Änderung der Wellenlänge

(a) Was passiert mit dem in ► Abbildung 35.10 dargestellten Interferenzmuster (siehe Beispiel 35.2), wenn die Wellenlänge des einfallenden Lichts von 500 nm auf 700 nm geändert wird? (b) Was passiert, wenn der Abstand zwischen den Spalten vergrößert wird?

Lösung

a Wenn λ in Gleichung 35.2a erhöht wird, der Abstand d aber konstant bleibt, dann wächst der Winkel θ für die Maxima und das Interferenzmuster verbreitert sich.

b Bei größer werdendem Abstand d wird der Winkel θ für jede Ordnung kleiner, so dass die Linien enger zusammenrücken.

Aus den Gleichungen 35.2 sehen wir, dass die Lage der Interferenzstreifen von der Wellenlänge abhängt (außer für den Streifen nullter Ordnung). Wenn weißes Licht auf den Doppelspalt fällt, ist demnach, wie Young in seinen Experimenten beobachtete, der Streifen nullter Ordnung weiß, während die Streifen höherer Ordnung ein Spektrum von Farben enthalten. Der Winkel θ ist am kleinsten für violettes Licht und am größten für rotes. Young bestimmte als Erster die Wellenlängen des sichtbaren Lichts, indem er die Lage dieser Streifen maß und den durch die Gleichungen 35.2 gegebenen Zusammenhang ausnutzte. Damit zeigte er, dass der physikalische Unterschied zwischen den einzelnen Farben durch ihre Wellenlängen gegeben ist, eine Idee, die bereits 1665 von Grimaldi vorgelegt worden war.

Die Wellenlänge bzw. die Frequenz bestimmt die Farbe

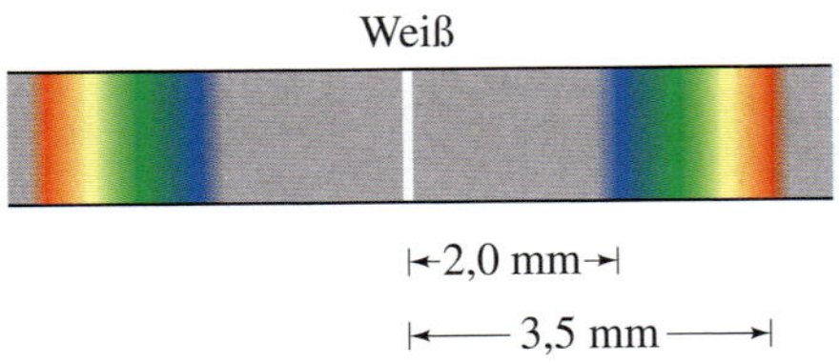

Abbildung 35.11 Beispiel 35.4.

Beispiel 35.4 **Bestimmung von Wellenlängen durch Interferenz am Doppelspalt**

Weißes Licht tritt durch zwei 0,5 mm voneinander entfernte Spalte und erzeugt auf einem 2,5 m entfernten Schirm ein Interferenzmuster. Der Streifen erster Ordnung erinnert an einen Regenbogen mit violettem und rotem Licht an den beiden Rändern. Das violette Licht ist etwa 2 mm und das rote Licht etwa 3,5 mm vom Zentrum des mittleren, weißen Streifens entfernt (siehe ▸ Abbildung 35.11). Schätzen Sie die Wellenlängen des violetten und des roten Lichts ab.

Lösung

Wir verwenden Gleichung 35.2a mit $m = 1$ und $\sin\theta = \theta$. Für das violette Licht mit $x = 2$ mm erhalten wir

$$\lambda = \frac{d\theta}{m} = \frac{d}{m}\frac{x}{L} = \left(\frac{5\cdot 10^{-4}\,\mathrm{m}}{1}\right)\left(\frac{2\cdot 10^{-3}\,\mathrm{m}}{2{,}5\,\mathrm{m}}\right) = 4\cdot 10^{-7}\,\mathrm{m}$$

oder 400 nm (siehe auch ▸ Abbildung 35.10). Für das rote Licht mit $x =$ 3,5 mm ergibt sich

$$\lambda = \frac{d}{m}\frac{x}{L} = \left(\frac{5\cdot 10^{-4}\,\mathrm{m}}{1}\right)\left(\frac{3{,}5\cdot 10^{-3}\,\mathrm{m}}{2{,}5\,\mathrm{m}}\right) = 7\cdot 10^{-7}\,\mathrm{m} = 700\,\mathrm{nm}\,.$$

35.4 Kohärenz

Kohärente und inkohärente Quellen

Die beiden Spalte in ▸ Abbildung 35.6 wirken wie zwei Strahlungsquellen. Sie werden als **kohärente Quellen** bezeichnet, da die von ihnen ausgehenden Wellen für alle Zeitpunkte die gleiche Phasenbeziehung beibehalten. Der Grund hierfür ist, dass die Wellen von einer gemeinsamen Quelle (in ▸ Abbildung 35.6 links von den Spalten) ausgehen. Ein Interferenzmuster wird nur dann beobachtet, wenn die Quellen kohärent sind. Würden die beiden Spalte beispielsweise durch zwei winzige Glühlampen ersetzt, wäre kein Interferenzmuster zu sehen. Das von einer Glühlampe emittierte Licht hätte relativ zu dem Licht aus der anderen Glühlampe eine zufällige Phase und der Schirm wäre mehr oder weniger gleichmäßig erhellt. Zwei Quellen, deren ausgesandte Wellen keine zeitlich konstante Phasenbeziehung haben, werden als **inkohärente Quellen** bezeichnet.

Das Thema Kohärenz ist ein ziemlich kompliziertes, und wir werden es nur kurz streifen. Zwei Lichtstrahlen müssen nicht phasengleich sein, um kohärent zu sein und ein Interferenzmuster zu erzeugen. Nehmen wir beispielsweise an, dass ein Stück Glas vor dem unteren Spalt in ▸ Abbildung 35.6 platziert wird. Das Glas sei gerade dick genug, um das Licht so zu verzögern, dass es gegenüber dem Licht durch den oberen Spalt um eine halbe Wellenlänge später den unteren Spalt erreicht. Die beiden Strahlen wären dann um konstant 180° phasenverschoben, aber es würde immer noch ein Interferenzmuster auf dem Schirm geben. (Wie würde dieses Muster aussehen? Hinweis: Der Mittelpunkt wäre dunkel anstatt hell.) Zwei Strahlen können kohärent sein, auch wenn sie phasenverschoben sind; es kommt darauf an, dass die Phasenbeziehung zeitlich *konstant* bleibt.

Kohärente Wasser- oder Schallwellen sind leichter zu erhalten als kohärentes Licht. Zwei Lautsprecher, die das gleiche Signal von einem Verstärker erhalten, sind beispielsweise kohärente Quellen. Auch zwei Antennen, die mit dem gleichen LC-Schwingkreis verbunden sind, können Quellen niedrigfrequenter elektromagnetischer Wellen sein. Jedoch existieren keine LC-Schwingkreise mit den hohen Frequenzen des sichtbaren Lichts (10^{15} Hz), da L und C nicht hinreichend klein gemacht werden können. Quellen von sichtbarem Licht sind die Oszillationen (oder Beschleunigungen) der elektrischen Ladungen in den Atomen. In einer brennenden Glühlampe z. B. werden die Atome des Glühfadens thermisch angeregt, so dass sie „Wellenzüge" von Licht abgeben, von denen jeder nur etwa 10^{-8} s andauert. Das für uns sichtbare Licht ist die Summe sehr vieler derartiger Wellenzüge, die untereinander in zufälligen Phasenbeziehungen stehen. Zwei Glühlampen sind daher niemals kohärent, so dass kein Interferenzmuster zu sehen ist. Erst in den 1950er-Jahren wurde wirklich kohärentes Licht entwickelt – der *Laser*. Aufgrund seiner Kohärenz erzeugt Laserlicht am Doppelspalt ein sehr „sauberes" Interferenzmuster.

Kohärenz ist ein relativer Begriff. Ein perfekt kohärenter Strahl entspricht einer für alle Zeitpunkte perfekt sinusförmigen Lichtwelle (mit nur einer Frequenz), während vollständige Inkohärenz für Wellen auftritt, deren Phasenbeziehungen über die Zeit vollkommen zufällig sind. Ein Maß für die „relative Kohärenz" kann über die Schärfe des Interferenzmusters am Doppelspalt definiert werden.

35.5 Die Intensität im Interferenzmuster des Doppelspalts

Wir haben in Abschnitt 35.3 gesehen, dass durch Interferenz von kohärentem Licht am Doppelspalt ein Muster aus hellen und dunklen Streifen entsteht (siehe die ▸ Abbildungen 35.6 und ▸ 35.9). Wenn die beiden monochromatischen Wellen der Wellenlänge λ am Doppelspalt in Phase sind, dann treten die Maxima (die hellsten Punkte) für Winkel θ auf, die die Bedingung

$$d \sin\theta = m\lambda \quad (m = 0, 1, 2, \ldots)$$

erfüllen; für die Minima (die dunkelsten Punkte) gilt

$$d \sin\theta = \left(m + \frac{1}{2}\right)\lambda \quad (m = 0, 1, 2, \ldots) .$$

Wir bestimmen nun die Intensität des Lichts für alle Punkte des Musters (d. h. für alle θ). Der Einfachheit halber nehmen wir an, dass, falls einer der beiden Spalte abgedeckt ist, das durch den anderen Spalt gehende Licht hinreichend stark gebeugt wird, um einen großen Teil des Schirms gleichmäßig zu beleuchten. Die Intensität I des Lichts ist in jedem Punkt proportional zum Quadrat der Amplitude der Welle (Abschnitt 15.3). Da wir Licht als elektromagnetische Welle betrachten, können wir sagen, dass I proportional zum Quadrat der elektrischen Feldstärke E oder der magnetischen Feldstärke B ist (Abschnitt 32.7). Da E und B proportional zueinander sind, spielt es keine Rolle, welche der beiden Größen wir verwenden; üblich ist allerdings die Verwendung von E, und wir schreiben die Intensität als $I \propto E^2$. Das elektrische Feld $\mathbf{E}$ in einem beliebigen Punkt P (siehe ▸ Abbildung 35.12) ist die Summe der elektrischen Felder $\mathbf{E}_1$ und $\mathbf{E}_2$ der Wellen, die durch die beiden Spalte gehen. Da $\mathbf{E}_1$ und $\mathbf{E}_2$ nahezu parallel sind (auf einem Schirm, dessen Abstand vom Doppelspalt im Vergleich zum Spaltabstand d sehr groß ist), ist die elektrische Feldstärke für den Winkel θ (d. h. im Punkt P)

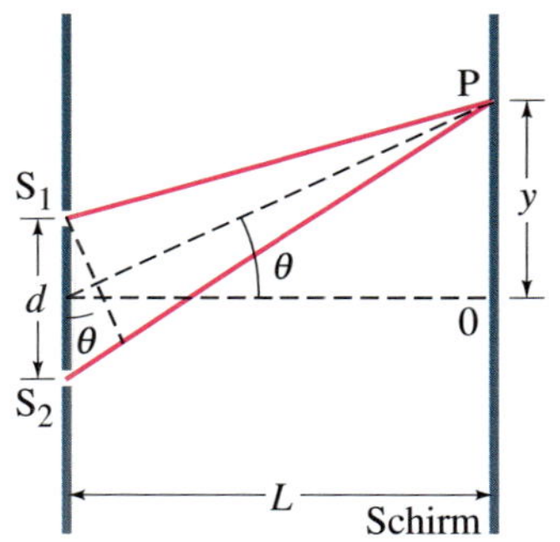

Abbildung 35.12 Bestimmung der Intensität im Interferenzmuster des Doppelspalts. Die Darstellung ist nicht maßstabsgetreu, in Wirklichkeit gilt $L \gg d$ und die beiden Strahlen sind nahezu parallel.

$$E_\theta = E_1 + E_2 .$$

Sowohl E_1 als auch E_2 variieren sinusförmig mit der Frequenz $f = c/\lambda$, sie haben jedoch unterschiedliche Phasen, da sie von den beiden Spalten aus unterschiedlich lange Wege zurücklegen. Mit $\omega = 2\pi f$ kann das elektrische Feld im Punkt P dann für jeden Spalt in der Form

$$E_1 = E_{10} \sin \omega t$$
$$E_2 = E_{20} \sin(\omega t + \delta) \qquad (35.3)$$

geschrieben werden. Dabei sind E_{10} und E_{20} die jeweiligen Amplituden und δ ist die Phasendifferenz. Der Wert von δ hängt vom Winkel θ ab. Im Folgenden bestimmen wir δ als Funktion von θ.

In der Mitte des Schirms (Punkt 0) gilt $\delta = 0$. Wenn die Differenz der Weglängen von P nach S_1 einerseits und von P nach S_2 andererseits $d \sin\theta = \lambda/2$ ist, dann sind die beiden Wellen maximal gegeneinander phasenverschoben; es gilt also $\delta = \pi$ (oder 180°). Für $d \sin\theta = \lambda$ unterscheiden sich die Phasen der beiden Wellen um $\delta = 2\pi$. Allgemein hängt δ mit θ über die Beziehung

$$\frac{\delta}{2\pi} = \frac{d \sin\theta}{\lambda}$$

oder

$$\delta = \frac{2\pi}{\lambda} d \sin\theta \qquad (35.4)$$

zusammen. Um E_θ zu bestimmen, addieren wir die skalaren Größen E_1 und E_2. Beide folgen Sinusfunktionen, die um den Wert δ phasenverschoben sind. Eine Möglichkeit, die Summe von E_1 und E_2 zu bestimmen, ist die Verwendung eines **Zeigerdiagramms.** (Wir haben diese Methode bereits in Kapitel 31 benutzt.) In ► Abbildung 35.13 ist die Amplitude von E_1 (Gleichung 35.3) durch einen Pfeil der Länge E_{10} dargestellt; der Pfeil der Länge E_{20}, den wir so zeichnen, dass er mit E_{10} den Winkel δ bildet, stellt die Amplitude von E_2 dar. Wenn das Diagramm mit der Kreisfrequenz ω um den Ursprung rotiert, dann repräsentieren E_1 und E_2 die y-Werte von E_{10} und E_{20} als Funktionen der Zeit (siehe Gleichung 35.3). Sei $E_{\theta 0}$ die vektorielle Summe[2]; dies ist die Amplitude der Summe $E_\theta = E_1 + E_2$, und die Projektion von $E_{\theta 0}$ auf die vertikale Achse ist E_θ. Wenn die beiden Spalte die gleiche Beleuchtungsstärke liefern, so dass $E_{10} = E_{20} = E_0$ gilt, dann ist gemäß ► Abbildung 35.13 der Winkel $\phi = \delta/2$, und wir können schreiben

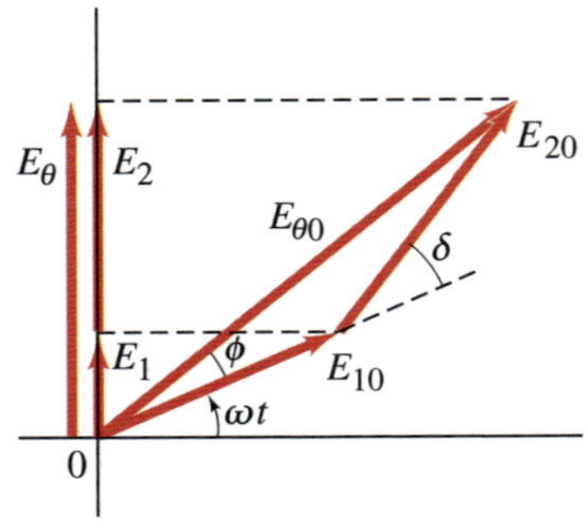

Abbildung 35.13 Zeigerdiagramm für das Interferenzmuster eines Doppelspalts.

$$E_\theta = E_{\theta 0} \sin\left(\omega t + \frac{\delta}{2}\right) . \qquad (35.5a)$$

Nach ► Abbildung 35.13 gilt außerdem

$$E_{\theta 0} = 2E_0 \cos\phi = 2E_0 \cos\frac{\delta}{2} . \qquad (35.5b)$$

Kombinieren wir die Gleichungen 35.5a und b, so erhalten wir

$$E_\theta = 2E_0 \cos\frac{\delta}{2} \sin\left(\omega t + \frac{\delta}{2}\right) , \qquad (35.5c)$$

wobei δ durch Gleichung 35.4 gegeben ist. Wir können diese Gleichung für den Fall $E_{10} = E_{20}$ auch mithilfe der trigonometrischen Gleichung

$$\sin A + \sin B = 2 \sin\left(\frac{A+B}{2}\right) \cos\left(\frac{A-B}{2}\right)$$

ableiten. Das heißt, wir addieren die beiden Gleichungen 35.3 und erhalten 35.5c:

$$E_\theta = E_1 + E_2 = 2E_0 \sin\left(\omega t + \frac{\delta}{2}\right) \cos\frac{\delta}{2} .$$

Wir sind eigentlich nicht am zeitlichen Verlauf von E_θ interessiert, da die Frequenz für sichtbares Licht mit 10^{14} bis 10^{15} Hz viel zu hoch ist, um sie wahrnehmen zu können. Vielmehr interessiert uns die mittlere Intensität, die proportional zum Quadrat der Amplitude, $E_{\theta 0}^2$, ist. Diese mittlere Intensität bezeichnen wir im Folgenden einfach kurz als Intensität. Sei I_θ ($I_\theta \propto E_\theta^2$) die Intensität in einem Punkt P, der mit der Horizontalen den Winkel θ bildet. Weiter sei I_0 die Intensität im Punkt 0, dem Mittelpunkt des Schirms, in dem $\theta = \delta = 0$ und somit $I_0 \propto (E_{10} + E_{20})^2 = (2E_0)^2$ gilt. Dann ist das Verhältnis I_θ/I_0 gleich dem Verhältnis der quadrierten Amplituden des elektrischen Feldes in diesen beiden Punkten, also

$$\frac{I_\theta}{I_0} = \frac{E_{\theta 0}^2}{(2E_0)^2} = \cos^2\frac{\delta}{2} ,$$

2 Wir addieren nicht die elektrischen Felder, sondern die „Zeiger", um die Amplitude zu erhalten, wobei wir die Phasendifferenz der beiden Wellen berücksichtigen.

wobei wir Gleichung 35.5b verwendet haben. Die Intensität I_θ in einem beliebigen Punkt steht demnach mit der maximalen Intensität im Mittelpunkt des Spiegels in der Beziehung

$$\begin{aligned} I_\theta &= I_0 \cos^2 \frac{\delta}{2} \\ &= I_0 \cos^2 \left(\frac{\pi d \sin\theta}{\lambda} \right) , \end{aligned} \tag{35.6}$$

wobei δ durch Gleichung 35.4 gegeben ist. Dies ist die gesuchte Beziehung. Aus Gleichung 35.6 sehen wir, dass die Maxima für $\cos\delta/2 = \pm 1$ erscheinen, also für $\delta = 0, 2\pi, 4\pi, \ldots$ Gemäß Gleichung 35.4 nimmt δ diese Werte an, wenn

$$d \sin\theta = m\lambda \,, \quad m = 0, 1, 2, \ldots$$

Minima gibt es für $\delta = \pi, 3\pi, 5\pi, \ldots$ mit

$$d \sin\theta = \left(m + \frac{1}{2} \right) \lambda \,, \quad m = 0, 1, 2, \ldots$$

Dies sind die gleichen Ergebnisse, die wir bereits in Abschnitt 35.3 erhalten haben. Jetzt kennen wir aber nicht nur die Lage der Maxima und Minima, sondern können auch mithilfe von Gleichung 35.6 in allen Punkten die Intensität bestimmen.

Ist der Abstand L zwischen dem Schirm und den Spalten groß im Vergleich zum Abstand d zwischen den Spalten ($L \gg d$), und betrachten wir nur Punkte P, deren Abstand y zum Mittelpunkt (Punkt 0) klein im Vergleich zu L ist (siehe ▶ Abbildung 35.12), dann gilt

$$\sin\theta = \frac{y}{L} \,.$$

Hieraus folgt (siehe Gleichung 35.4)

$$\delta = \frac{2\pi}{\lambda} \frac{d}{L} y \,.$$

Gleichung 35.6 wird dann zu

$$I_\theta = I_0 \left[\cos\left(\frac{\pi d}{\lambda L} y \right) \right]^2 . \quad (y \ll L, d \ll L) \tag{35.7}$$

In ▶ Abbildung 35.14 ist die Intensität I_θ in Abhängigkeit von der Phasendifferenz δ gezeichnet. In der Näherung von Gleichung 35.7 könnte die horizontale Achse ebenso gut y, die Position auf dem Schirm, darstellen.

Das durch die Gleichungen 35.6 und 35.7 beschriebene und in ▶ Abbildung 35.14 gezeigte Intensitätsmuster weist eine Reihe von Maxima gleicher Höhe auf. Es basiert auf der Annahme, dass jeder der beiden Spalte den Schirm gleichmäßig ausleuchtet, wenn der andere abgedeckt ist. Wie wir im nächsten Kapitel bei der Behandlung der Beugung sehen werden, ist dies niemals völlig zutreffend. Wir werden feststellen, dass das zentrale Maximum am größten ist und die übrigen Maxima mit zunehmender Entfernung von der Mitte immer kleiner werden.

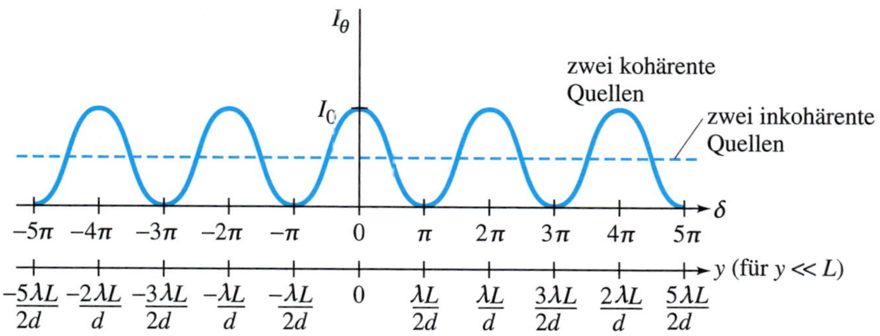

Abbildung 35.14 Die Intensität I als Funktion der Phasendifferenz δ und der Position y auf dem Schirm (unter der Annahme, dass $y \ll L$ gilt).

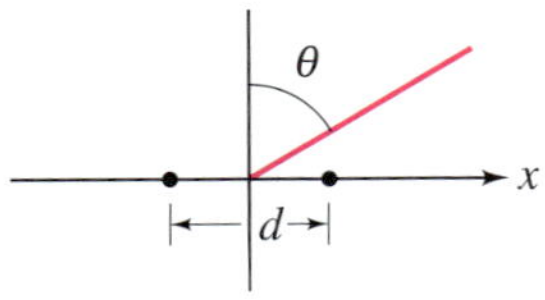

Abbildung 35.15 Beispiel 35.5. Die beiden Punkte stellen die Antennen dar.

Beispiel 35.5 Intensität einer Radarantenne

Zwei Radioantennen befinden sich nahe beieinander im Abstand d (siehe ▶ Abbildung 35.15). Die von den beiden Antennen ausgehenden Wellen sind in Phase und haben jeweils die Intensität I_0 bei der Wellenlänge λ. (a) Berechnen Sie für sehr weit von der Antenne entfernte Punkte die Nettointensität als Funktion von θ. (b) Bestimmen Sie die Intensität I für $d = \lambda$ sowie die Richtungen, in denen I maximal bzw. minimal ist. (c) Wiederholen Sie Teil (b) für $d = \lambda/2$.

Lösung

a Der Aufbau ist ähnlich wie beim Young'schen Doppelspaltexperiment. Die Lage der Punkte konstruktiver bzw. destruktiver Interferenz ist also ebenfalls durch die Gleichungen 35.2a und 35.2b gegeben. Die Nettointensität als Funktion des Ortes ist durch Gleichung 35.6 oder 35.7 gegeben.

b Indem wir in Gleichung 35.6 $d = \lambda$ setzen, erhalten wir für die Intensität

$$I = I_0 \cos^2(\pi \sin\theta)\,.$$

I hat sein Maximum (gleich I_0), wenn $\sin\theta$ gleich $0, 1$ oder -1 ist, also für $\theta = 0°, 90°, 180°, 270°$. Für $\sin\theta = \pm\frac{1}{2}$ ist I gleich null; dies ist für die Winkel $\theta = 30°, 150°, 210°, 330°$ der Fall.

c Für $d = \lambda/2$ wird die Intensität I bei $\theta = 0°$ und $180°$ maximal und bei $90°$ sowie $270°$ minimal.

Antennenfelder sind von Bedeutung, wenn ein gerichtetes Signal übertragen werden soll, z. B. beim Radar. Wie wir in Beispiel 35.5, Teil (b) und (c) gesehen haben, ist die Intensität entlang bestimmter Richtungen maximal und fällt für andere Winkel langsam gegen null. Mithilfe eines schmalen Bündels kann Strahlungsenergie auf ein Ziel gerichtet werden, was sich durch ein Feld aus mehr als zwei Antennen erreichen lässt. Wenn die Phasen der Antennen relativ zueinander verändert werden, dann ändert sich die Ausrichtung des Strahlungsmusters ohne das es notwendig wird, die Antennen physikalisch neu anzuordnen. Ein solches Antennenfeld wird als *elektronisch gesteuertes Phasengitter* bezeichnet.

Intensität für inkohärente Quellen

An dieser Stelle wollen wir kurz das Intensitätsmuster betrachten, das entsteht, wenn das durch einen Doppelspalt (▶ Abbildung 35.12) fallende Licht aus *inkohärenten* Quellen gleicher Stärke ($E_{10} = E_{20} = E_0$) stammt. In diesem Fall entsteht kein Interferenzmuster, sondern der Schirm wird gleichmäßig ausgeleuchtet. Die Phasendifferenz δ zwischen den beiden Wellen variiert in jedem Punkt P zufällig. Wir müssen daher in Gleichung 35.6 das zeitliche Mittel über $\cos^2 \delta/2 = \frac{1}{2}$ verwenden. Die Intensität I_{in} der beiden inkohärenten Quellen ist

$$I_{\text{in}} = \frac{1}{2} I_{\text{ko}}\,,$$

wobei I_{ko} die Intensität der beiden kohärenten Quellen im Maximum ist (I_{ko} entspricht also dem I_0 in Gleichung 35.6). Dieses Ergebnis, das durch die gestrichelte Linie in ▶ Abbildung 35.14 dargestellt ist, ist experimentell bestätigt und kann auch auf andere Weise erhalten werden. Wenn die Quellen kohärent sind, dann addieren wir ihre Amplituden und quadrieren das Ergebnis, um die Intensität

$$I_{\text{ko}} \propto (E_{10} + E_{20})^2$$

zu erhalten. Wenn die Wellen dagegen inkohärent sind, erzeugt jede Welle eine Intensität, die mit der anderen unkorreliert ist, und diese Intensitäten addieren sich zu

$$I_{\text{in}} \propto E_{10}^2 + E_{20}^2 \,.$$

Das heißt, wir quadrieren zuerst die Amplituden und addieren sie erst *danach*. Im Falle $E_{10} = E_{20} = E_0$ nehmen die beiden obigen Relationen die Form

$$I_{\text{ko}} \propto (2E_0)^2 = 4E_0^2$$

$$I_{\text{in}} \propto E_0^2 + E_0^2 = 2E_0^2$$

an, so dass wir wiederum unser obiges Ergebnis

$$I_{\text{in}} = \frac{1}{2} I_{\text{ko}}$$

erhalten.

35.6 Interferenz in dünnen Schichten

Interferenz von Licht ist die Ursache vieler aus dem Alltag vertrauter Phänomene, z. B. der leuchtenden Farben, die bei der Reflexion an Seifenblasen oder dünnen Öl- und Benzinfilmen entstehen (siehe ▸ **Abbildung 35.16**). Die in diesen und ähnlichen Fällen entstehenden Farben sind das Ergebnis konstruktiver Interferenz zwischen den an den beiden Grenzflächen des Films reflektierten Lichtwellen.

(a)
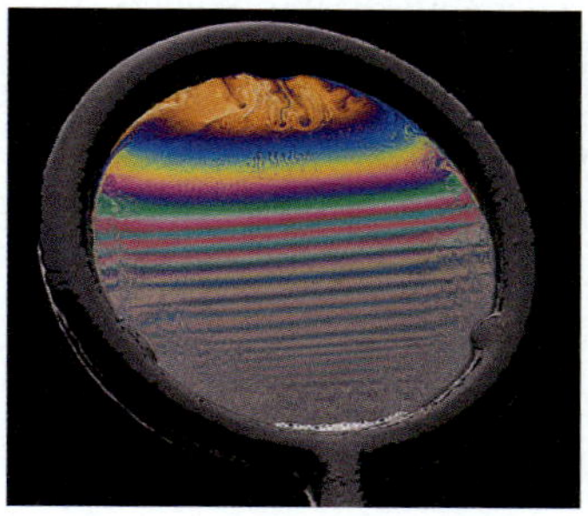
(b)

(c)

Abbildung 35.16 Interferenzmuster in dünnen Schichten; (a) in Seifenblasen, (b) auf einer dünnen Seifenhaut und (c) auf einem dünnen Benzinfilm, der auf Wasser schwimmt.

Um dies zu verstehen, betrachten wir eine glatte Wasseroberfläche, auf der eine dünne, gleichmäßige Schicht einer anderen Substanz schwimmt, deren Brechungsindex kleiner ist als der von Wasser, z. B. Öl (siehe ▸ **Abbildung 35.17**). Wir nehmen zunächst an, dass das einfallende Licht eine einzige Wellenlänge hat. Ein Teil des einfallenden Lichts wird im Punkt A an der oberen Grenzfläche reflektiert, während ein anderer Teil durchgelassen und im Punkt B an der unteren Grenzfläche reflektiert wird. Der an der unteren Grenzfläche reflektierte Teil muss den zusätzlichen Weg ABC zurücklegen. Wenn diese Phasendifferenz gleich einer Wellenlänge im Film oder einem ganzzahligen Vielfachen davon (λ_n) ist, dann erreichen die Wellen das Auge phasengleich und interferieren konstruktiv. Folglich erscheint der Bereich AC an der oberen Grenzfläche der Ölschicht hell. Wenn ABC dagegen gleich $\frac{1}{2}\lambda_n$, $\frac{3}{2}\lambda_n$ usw. ist, sind die beiden Wellen maximal phasenverschoben und es gibt destruktive Interferenz. Die Fläche AC auf der Ölschicht erscheint daher dunkel. Die Wellenlänge λ_n ist die *Wellenlänge im Film*, d. h. $\lambda_n = \lambda/n$, wobei n der Brechungsindex im Film ist und λ die Wellenlänge im Vakuum.

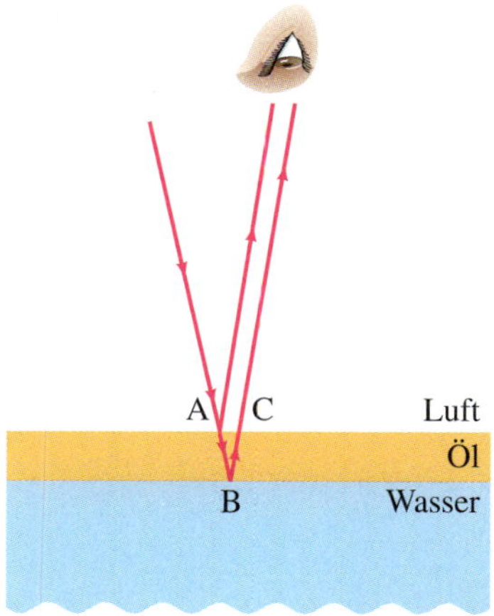

Abbildung 35.17 Licht wird an der oberen und an der unteren Grenzfläche eines dünnen Ölfilms reflektiert, der auf Wasser schwimmt. Bei der Analyse nehmen wir an, dass das Licht senkrecht einfällt, doch aus Gründen der Übersichtlichkeit sind die Strahlen hier in einem leicht von 90° abweichenden Winkel dargestellt.

Fällt weißes Licht auf einen solchen Film, dann ist die Phasendifferenz ABC für einen gegebenen Betrachtungswinkel nur für eine bestimmte Wellenlänge gleich λ_n (oder ein ganzzahliges Vielfaches davon). Die Farbe, die λ (in Luft) entspricht, wird sehr leuchtend wahrgenommen. Für Licht, das aus einem geringfügig anderen Winkel gesehen wird, ist die Phasendifferenz ABC etwas größer oder kleiner, so dass konstruktive Interferenz für eine andere Farbe auftritt. Im Falle einer ausgedehnten (d. h. nicht punktförmigen) Quelle, die weißes Licht emittiert, ist eine

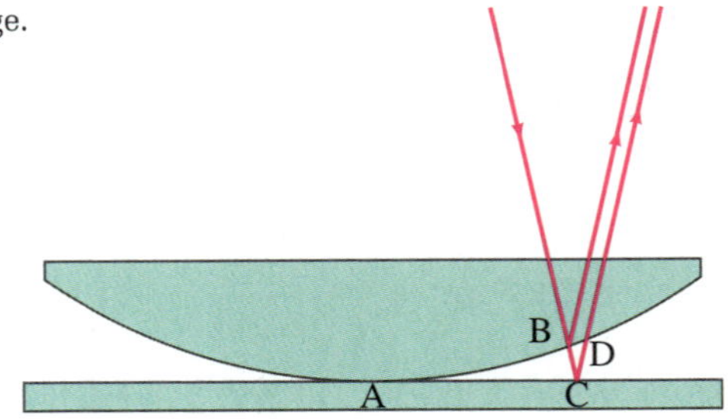

(a)

(b)

Abbildung 35.18 Newton'sche Ringe.

Reihe eng benachbarter leuchtender Farbstreifen zu sehen. Auch aufgrund der unterschiedlichen Dicke des Films variiert die Phasendifferenz ABC, was sich ebenfalls darauf auswirkt, welche Farbe am stärksten reflektiert wird.

Newton'sche Ringe

Wird eine gekrümmte Glasoberfläche in Berührung mit einer ebenen Glasfläche gebracht und das System von unten mit monochromatischem Licht beleuchtet (siehe ▸ Abbildung 35.18), dann sind mehrere konzentrische Ringe zu sehen. Diese werden als **Newton'sche Ringe**[3] bezeichnet. Sie entstehen durch die Interferenz der Strahlen, die an der oberen bzw. unteren Grenzfläche einer sehr dünnen *Luftschicht* zwischen zwei Glasstücken reflektiert werden. Da die Dicke dieser Luftschicht (die äquivalent zu einem dünnen Ölfilm ist) von der Mitte zu den Rändern hin wächst, variiert die zusätzliche Weglänge des unteren Strahls (gleich BCD). Dort, wo sie gleich $0, \frac{1}{2}\lambda, \lambda, \frac{3}{2}\lambda, 2\lambda$ usw. ist, entsteht konstruktive bzw. destruktive Interferenz, also eine Reihe heller und dunkler Linien wie in ▸ Abbildung 35.18b.

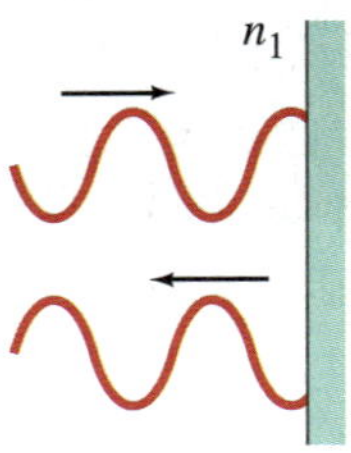

(a)

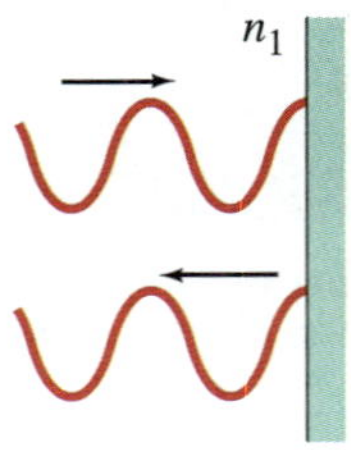

(b)

Abbildung 35.19 (a) Die Phase des reflektierten Strahls ist um 180° oder eine halbe Periode gegenüber dem einfallenden Strahl verschoben, falls $n_2 > n_1$ gilt. (b) Für $n_1 < n_2$ ist dies nicht der Fall.

Der Punkt, an dem sich die beiden Glasflächen berühren (Punkt A in ▸ Abbildung 35.18a), ist in ▸ Abbildung 35.18b dunkel. Da die Phasendifferenz in diesem Fall null ist, erwarten wir, dass die an den beiden Flächen reflektierten Strahlen in Phase sind. Der Mittelpunkt sollte demnach hell sein. Er ist jedoch dunkel, was darauf schließen lässt, dass die beiden Strahlen maximal phasenverschoben sind. Dies ist nur möglich, weil eine der beiden Wellen bei der Reflexion eine Phasenverschiebung von 180° erfährt, was einer halben Periode entspricht. Tatsächlich führten dieses und andere Experimente zu folgender Erkenntnis: *Wenn ein Lichtstrahl an einem Medium reflektiert wird, dessen Brechungsindex größer ist als der des ursprünglichen Mediums, dann ändert sich die Phase der Welle um 180° oder eine halbe Periode.* Dies ist schematisch in ▸ Abbildung 35.19 dargestellt. Wenn der Brechungsindex kleiner ist als der des Mediums, in das der Strahl eindringt, dann tritt keine Phasenverschiebung auf.[4] (Dies kann aus den Maxwell'schen Gleichungen abgeleitet werden. Es entspricht der Reflexion einer Welle, die sich in einem

3 Newton legte zwar eine detaillierte Beschreibung dieser Ringe vor, jedoch war sein Zeitgenosse Robert Hooke der Erste, der sie beobachtete und beschrieb.

4 Beachten Sie in ▸ Abbildung 35.17, dass das an beiden Grenzflächen (Luft-Öl und Öl-Wasser) reflektierte Licht eine Phasenverschiebung von $\frac{1}{2}\lambda$ erfährt, da wir angenommen haben, dass $n_{\text{Wasser}} > n_{\text{Öl}} > n_{\text{Luft}}$. Da die Phasenänderungen gleich sind, spielen sie bei unserer Analyse keine Rolle.

Seil fortpflanzt, wenn diese das Ende erreicht. Wie wir in ▸ **Abbildung 15.19** gesehen haben, ändert sich die Phase, wenn das Ende des Seils festgebunden ist; wenn das Ende dagegen frei ist, gibt es keine Phasenänderung.) Der an der gekrümmten Oberfläche reflektierte Strahl über der Luftschicht in ▸ **Abbildung 35.18a** erfährt also keine Phasenverschiebung. Der an der unteren Fläche reflektierte Strahl (der von Luft auf Glas trifft) erfährt eine Phasenverschiebung von 180° ($\frac{1}{2}\lambda$) und es entsteht ein dunkler Fleck. Weitere dunkle Streifen treten an den Stellen auf, wo die Phasendifferenz BCD in ▸ **Abbildung 35.18a** gleich einem ganzzahligen Vielfachen der Wellenlänge ist. Helle Streifen treten für die Phasendifferenzen $\frac{1}{2}\lambda$, $\frac{3}{2}\lambda$ usw. auf, da zu der Phasenverschiebung an einer Fläche effektiv weitere $\frac{1}{2}\lambda$ durch die Reflexion an der anderen Fläche hinzukommen.

Beispiel 35.6 Keilförmige, dünne Luftschicht

Ein sehr dünner Draht mit einem Durchmesser von $7{,}35 \cdot 10^{-3}$ mm wird zwischen zwei ebene Glasplatten gebracht (siehe ▸ **Abbildung 35.20a**). Licht, dessen Wellenlänge in Luft 600 nm ist, fällt senkrecht auf die Platten und erzeugt eine Reihe heller und dunkler Streifen (▸ **Abbildung 35.20b**). Wie viele helle und dunkle Streifen gibt es in diesem Fall? Ist die Fläche direkt neben dem Draht hell oder dunkel?

Lösung

Die dünne Schicht ist in diesem Fall der Luftkeil zwischen den beiden Glasplatten. Wegen der Phasenänderung an der unteren Fläche entsteht für die Phasendifferenzen 0, λ, 2λ, 3λ, usw. eine dunkle Linie. Da die Lichtstrahlen senkrecht zu den Platten einfallen, ist die zusätzliche Weglänge gleich $2t$, wobei t die Dicke der Luftschicht für einen gegebenen Punkt ist. Dunkle Streifen treten also für

$$2t = m\lambda\,, \quad m = 0, 1, 2, \ldots$$

auf. Helle Streifen erfüllen die Bedingung $2t = (m + \frac{1}{2})\lambda$ mit ganzzahligem m. Da, wo sich der Draht befindet, gilt $t = 7{,}35 \cdot 10^{-6}$ m. Diese Stelle liegt bei $2t/\lambda = (2)(7{,}35 \cdot 10^{-6}\,\text{m})/(6 \cdot 10^{-7}\,\text{m}) = 24{,}5$ Wellenlängen. Dies ist ein „halbzahliger" Wert, so dass die Fläche unmittelbar neben dem Draht hell ist. Es gibt auf den Platten insgesamt 25 dunkle Linien, die den Weglängen $0, \lambda, 2\lambda, 3\lambda, \ldots, 24\lambda$ entsprechen, einschließlich der Linie im Berührungspunkt A ($m = 0$). Zwischen ihnen liegen 24 helle Linien, mit der hellen Linie am Ende gibt es also insgesamt 25. Die hellen und dunklen Streifen sind nur dann gerade, wenn die Glasplatten extrem eben sind. Ist dies nicht der Fall, so entsteht ein unregelmäßiges Muster wie in ▸ **Abbildung 35.20c**. Damit ist eine sehr genaue Überprüfung der Ebenheit einer Glasfläche möglich. Auf ähnliche Weise kann die Präzision gekrümmter Linsen überprüft werden. Dazu wird die Linse auf eine ebene Glasfläche gelegt und nachgeschaut, ob die Newton'schen Ringe (▸ **Abbildung 35.18b**) eine ideale Kreisform haben.

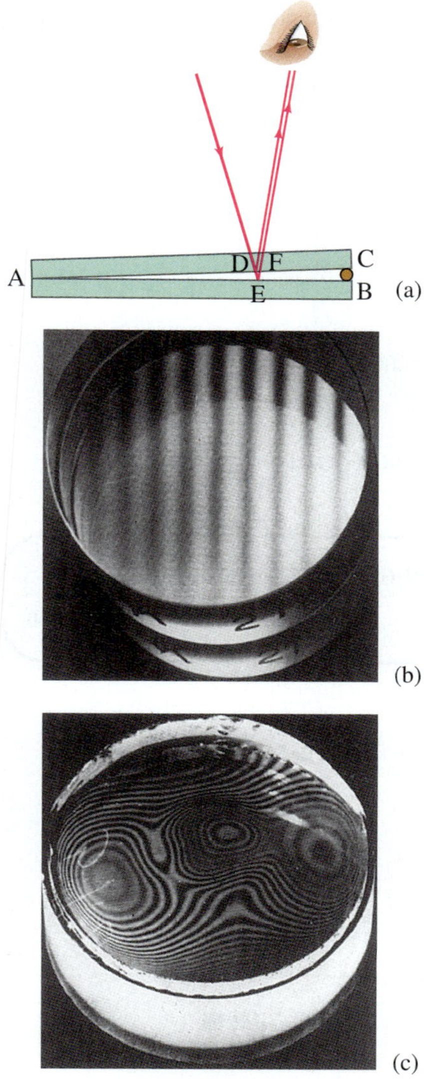

Abbildung 35.20 **Beispiel 35.6**: (a) Lichtstrahlen, die an der oberen und unteren Fläche eines schmalen Luftkeils reflektiert werden, erzeugen durch Interferenz helle und dunkle Streifen. (b) Beobachtetes Muster für optisch ebene Glasplatten; (c) Muster bei nicht ebenen Glasplatten.

Wenn der Keil zwischen den beiden Glasplatten aus **Beispiel 35.6** mit einem anderen transparenten Medium als Luft gefüllt ist (z. B. mit Wasser), dann verschiebt sich aufgrund der unterschiedlichen Wellenlänge das Muster. In einem Medium mit dem Brechungsindex n ist $\lambda_n = \lambda/n$, wobei λ die Wellenlänge im Vakuum ist (siehe **Gleichung 35.1**). Für Wasser wäre z. B. $\lambda_n = 600\,\text{nm}/1{,}33 = 450\,\text{nm}$, und anstatt der 25 dunklen Linien würde es 33 geben.

Wenn weißes Licht (anstelle des monochromatischen) auf den schmalen Keil in ▸ **Abbildung 35.18a** oder ▸ **35.20a** fallen würde, dann wären farbige Streifen zu sehen. Dies liegt daran, dass konstruktive Interferenz des reflektierten Lichts für verschiedene Wellenlängen an verschiedenen Stellen des Keils auftritt. Die unterschiedliche Dicke ist einer der Gründe dafür, dass leuchtende Farben erscheinen, wenn Licht an einer Seifenblase oder an einem dünnen, auf einer Pfütze schwimmenden Ölfilm reflektiert wird (siehe ▶ Abbildung 35.16). Welche Farben am stärksten leuchten, hängt außerdem vom Betrachtungswinkel ab, wie wir weiter vorn gesehen haben.

PROBLEMLÖSUNG

Eine Formel genügt nicht: Sie müssen außerdem die Phasenverschiebung an den Oberflächen beachten.

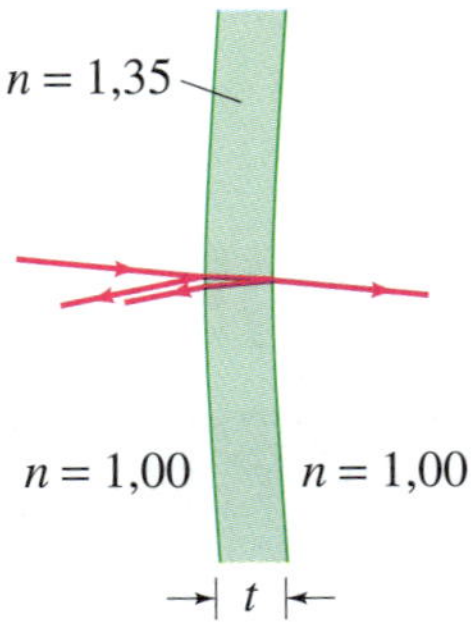

Abbildung 35.21 Beispiel 35.7.

Beispiel 35.7 Dicke einer Seifenblasenhaut

Eine Seifenblase erscheint in dem Punkt, der dem Betrachter am nächsten liegt, grün ($\lambda = 540$ m). Wie dick ist die Seifenblase dort mindestens? Nehmen Sie $n = 1{,}35$ an.

Lösung

Von dem Punkt, der dem Betrachter am nächsten liegt, wird das Licht senkrecht reflektiert (siehe ▶ Abbildung 35.21). Daher ist der Gangunterschied $2t$, wenn t die Dicke der Seifenhaut ist. Das an der ersten Fläche (außen) reflektierte Licht erfährt eine Phasenverschiebung von $\frac{1}{2}\lambda$ (der Brechungsindex von Seifenwasser ist größer als der von Luft), während es bei der Brechung an der zweiten Fläche (innen) keine Phasenverschiebung gibt. Daher leuchtet grünes Licht, wenn der minimale Gangunterschied $\frac{1}{2}\lambda_n$ ist. Es gilt also $2t = \lambda/2n$ und somit

$$t = \frac{\lambda}{4n} = \frac{540\,\text{nm}}{4 \cdot 1{,}35} = 100\,\text{nm}\,.$$

Dies ist die minimale Dicke. Die vordere Fläche erscheint auch grün für $2t = 3\lambda/2n$ und allgemein für $2t = (2m+1)\lambda/2n$ mit einer ganzen Zahl m. Beachten Sie, dass die grüne Farbe in der Luft gesehen wird, weshalb $\lambda = 540$ nm (und nicht λ/n) gilt.

ANGEWANDTE PHYSIK

Linsenbeschichtungen

Eine wichtige Anwendung der Interferenz in dünnen Filmen ist die Beschichtung von Glas, insbesondere von Linsen, um diese „nichtreflektierend" zu machen. Eine Glasoberfläche reflektiert ungefähr 4% des auf sie einfallenden Lichts. Qualitativ hochwertige Kameras, Mikroskope und andere optische Geräte bestehen aus sechs bis zehn dünnen Linsen. Die Reflexion an all diesen Oberflächen kann die Lichtmenge erheblich reduzieren, außerdem erzeugen Mehrfachreflexionen eine Trübung des Hintergrunds, die die Qualität des Bildes mindert. Indem die Reflexion eingeschränkt wird, wird die durchgelassene Lichtmenge erhöht. Durch eine sehr dünne Beschichtung der Linsenoberfläche können die Reflexionen beträchtlich reduziert werden. Dabei wird die Dicke der Schicht so gewählt, dass das Licht (zumindest für eine bestimmte Wellenlänge), das an der Vorderseite reflektiert wird, mit dem an der Rückseite reflektierten Licht destruktiv interferiert. Der Reflexionsgrad an einer Grenzfläche hängt von der Differenz der Brechungsindizes der beiden Medien ab. Idealerweise ist der Brechungsindex des Beschichtungsmaterials das geometrische Mittel der Brechungsindizes von Luft und Glas, so dass der Reflexionsgrad an jeder Grenzfläche gleich ist. In diesem Fall tritt destruktive Interferenz fast ausschließlich für eine ganz bestimmte Wellenlänge auf, die durch die Dicke der Beschichtung bestimmt ist. Benachbarte Wellenlängen interferieren zumindest teilweise destruktiv, doch natürlich kann eine einzelne Beschichtung nicht für alle Wellenlängen die Reflexion eliminieren. Immerhin lässt sich mit einer einzelnen Beschichtung die Reflexion insgesamt von 4% auf 1% des einfallenden Lichts reduzieren. Häufig wird die Beschichtung so gewählt, dass die Reflexion für die mittlere Wellenlänge (rund 550 nm) des reflektierten Spektrums eliminiert wird. Für die am Rand des sichtbaren Spektrums liegenden Farben rot und violett wird die Reflexion kaum reduziert. Da die Mischung von rot und violett purpur ergibt, ist das von einer beschichteten Linse reflektierte Licht purpur (▶ Abbildung 35.22). Linsen mit zwei oder drei separaten Beschichtungen können einen größeren Bereich von reflektierten Wellenlängen effektiver reduzieren.

Abbildung 35.22 Eine beschichtete Linse. Beachten Sie die Farbe des an der Linsenoberfläche reflektierten Lichts.

Beispiel 35.8 **Antireflexbeschichtung**

Wie dick ist eine optische Beschichtung von MgF_2, die einen Brechungsindex von $n = 1{,}38$ hat und die das reflektierte Licht für Wellenlängen um 550 nm eliminieren soll, wenn das Licht senkrecht auf Glas ($n = 1{,}50$) einfällt?

Lösung

▶ Abbildung 35.23 zeigt einen einfallenden Strahl und die beiden an der vorderen und an der hinteren Grenzfläche der Linsenbeschichtung reflektierten Strahlen. Die Strahlen sind nicht genau senkrecht zur Linse gezeichnet, so dass wir sie alle sehen können. Damit die Reflexion eliminiert wird, müssen wir fordern, dass die Strahlen 1 und 2 um eine halbe Wellenlänge gegeneinander phasenverschoben sind, so dass sie destruktiv interferieren. Die Strahlen 1 und 2 erfahren durch die Reflexion *beide* eine Phasenänderung von $\frac{1}{2}\lambda$. Daher fordern wir, dass der zusätzliche Weg, den der Strahl 2 zurücklegt ($= 2t$), ein halbzahliges Vielfaches der Wellenlänge ist. Es muss also gelten $2t = (m+\frac{1}{2})\lambda_n$, wobei m eine ganze Zahl und λ_n die Wellenlänge in der MgF_2-Beschichtung ist. Die minimale Dicke ($m = 0$) wird üblicherweise gewählt, weil die destruktive Interferenz dann über einen größtmöglichen Winkel auftritt. Dann gilt

$$t = \frac{\lambda_n}{4} = \frac{\lambda}{4n} = \frac{550\,\text{nm}}{4 \cdot 1{,}38} = 99{,}6\,\text{nm}\,.$$

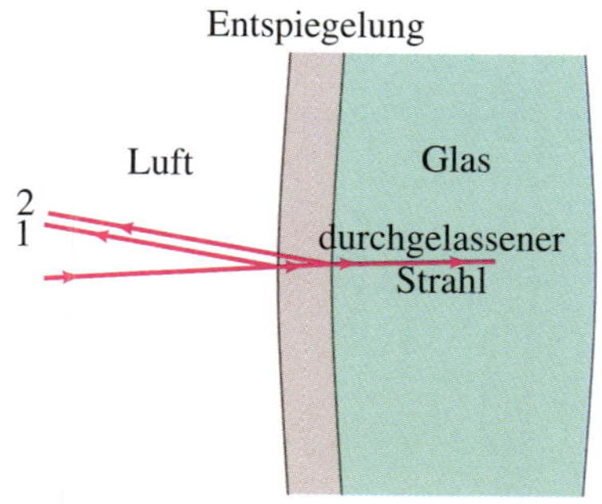

Abbildung 35.23 Der einfallende Lichtstrahl wird an der Oberfläche der Linsenbeschichtung teilweise reflektiert (Strahl 1), und der in die Schicht eindringende Strahl wird wiederum teilweise an der Rückseite der Beschichtung reflektiert (Strahl 2). Der größte Teil der Energie dringt mit dem durchgelassenen Strahl in das Glas ein.

35.7 Das Michelson-Interferometer

Ein nützliches Gerät im Zusammenhang mit der Interferenz von Wellen ist das von dem amerikanischen Physiker Albert A. Michelson erfundene **Michelson-Interferometer**[5] (siehe ▶ Abbildung 35.24). Von einem einzelnen Punkt auf einer räumlich ausgedehnten Lichtquelle trifft monochromatisches Licht auf einen halbseitig versilberten Spiegel M_S. Dieser als **Strahlteiler** wirkende Spiegel trägt eine dünne Silberbeschichtung, die nur die Hälfte des auf sie auftreffenden Lichts reflektiert, während die andere Hälfte durchgelassen wird und auf einen feststehenden Spiegel M_2 trifft, wo es reflektiert wird. Die an M_S reflektierte Hälfte des Strahls trifft auf einen beweglichen Spiegel M_1, wo er ebenfalls reflektiert wird. Bei der Rückkehr zum Spiegel M_S wird ein Teil des Strahls durchgelassen und erreicht das Auge. Ein Teil des Strahls 2 wird bei seiner Rückkehr zum Spiegel M_S an diesem reflektiert, so dass er ebenfalls zum Auge gelenkt wird. Wenn die beiden Weglängen identisch sind, dann interferieren die beiden ins Auge eintretenden Strahlen konstruktiv, so dass das Auge Helligkeit wahrnimmt. Wenn der bewegliche Spiegel um $\lambda/4$ verschoben wird, dann legt einer der Strahlen einen zusätzlichen Weg von $\lambda/2$ zurück (da er die Entfernung $\lambda/4$ einmal in jede Richtung zurücklegt). In diesem Fall interferieren die beiden Strahlen destruktiv und das Auge nimmt Dunkelheit wahr. Wenn der Spiegel M_1 nochmals um die gleiche Entfernung verschoben wird, wird es wieder hell (die Phasendifferenz ist dann λ), dann wieder dunkel usw.

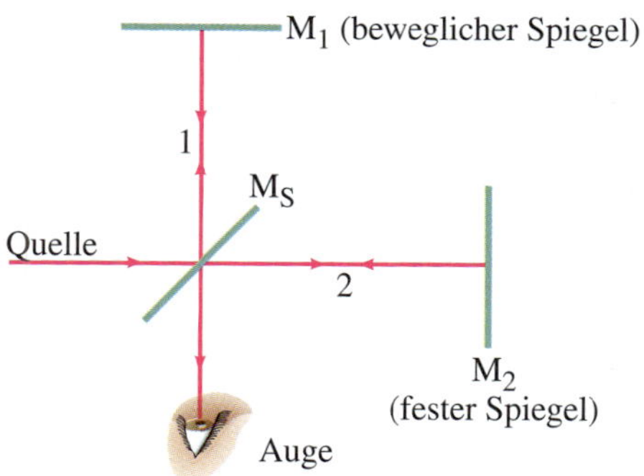

Abbildung 35.24 Michelson-Interferometer.

Mithilfe eines Interferometers sind sehr genaue Längenmessungen möglich. Die Verschiebung des Spiegels M_1 um nur $\frac{1}{4}\lambda$ erzeugt einen klaren Unterschied

5 Es gibt noch andere Typen von Interferometern, aber das Michelson-Interferometer ist das bekannteste.

zwischen hell und dunkel. Für $\lambda = 400\,\text{nm}$ bedeutet dies eine Genauigkeit von 100 nm oder 10^{-4} mm! Wenn der Spiegel M_1 ein wenig angekippt wird, sieht man anstatt der hellen und dunklen Flecken eine Reihe von hellen und dunklen Linien oder Streifen. Auszählen der Streifen ermöglicht sehr genaue Längenmessungen.

Michelson erkannte, dass mithilfe des Interferometers die Länge des Standardmeters auf der Basis der Wellenlänge eines bestimmten Lichts definiert werden konnte. 1960 wurde als Standard eine spezielle orangefarbene Linie im Spektrum von Krypton-86 (Kryptonatome mit der Atommasse 86) festgelegt. Sorgfältig wiederholte Messungen des alten Standardmeters (der Abstand zwischen zwei Markierungen auf einem Platin-Iridium-Barren, der in Paris aufbewahrt wurde) führten zu der *Definition* des Meters als das 1 650 763,73-Fache der Wellenlänge dieses Lichts. 1983 wurde das Meter auf der Basis der Lichtgeschwindigkeit neu definiert (siehe **Abschnitt 1.4**).

35.8 Die Lichtstärke

Die *Intensität* des Lichts ist wie für jede elektromagnetische Welle durch den Poynting-Vektor mit der Einheit W/m^2 gegeben. Die Gesamtausgangsleistung einer Quelle wird in Watt angegeben (der *Strahlungsfluss*). Diese Größen sind jedoch nicht geeignet, um die visuelle Wahrnehmung dessen zu beschreiben, was wir Helligkeit nennen. Der Grund hierfür ist, dass wir nur am sichtbaren Spektrum interessiert sind, während die beiden oben genannten Größen alle Wellenlängen berücksichtigen. Für eine adäquate Beschreibung ist es genauso wichtig, die Sensitivität des Auges für unterschiedliche Wellenlängen zu berücksichtigen. Am empfindlichsten ist das Auge im zentralen Bereich des Spektrums, also um 550 nm (gelb). Eine gelbe Quelle erscheint daher heller als eine rote oder blaue Quelle mit derselben Ausgangsleistung.

Diese Faktoren werden in der Größe **Lichtstrom** (Formelzeichen Φ) berücksichtigt; ihre Einheit ist das **Lumen** (lm). Ein Lumen entspricht 1/683 Watt von Licht der Wellenlänge 555 nm.

Weil der Lichtstrom aus einer Quelle nicht immer in alle Richtungen gleichmäßig ist, definieren wir die **Lichtstärke** I als den Lichtstrom pro Einheit des Raumwinkels. Ihre Einheit ist das **Candela** (cd), wobei $1\,\text{cd} = 1\,\text{lm/sr}$ gilt.

Candela (Einheit)

Die **Beleuchtungsstärke** E ist der auf eine Fläche pro Flächeneinheit einfallende Lichtstrom: $E = \Phi/A$. Ihre Einheit ist Lumen pro Quadratmeter (lm/m^2); sie ist ein Maß für den Lichtstrom pro Flächeneinheit.

Wir werden dieses Thema nicht weiter vertiefen. Wir haben diese Größen der Vollständigkeit halber eingeführt, weil die Einheit der Lichtstärke, das Candela, eine der sieben Basiseinheiten des SI-Systems ist. (Siehe **Abschnitt 1.4, Tabelle 1.5.**) Die anderen sechs Basisgrößen und ihre Einheiten sind uns bereits begegnet: Länge (m), Zeit (s), Masse (kg), Stromstärke (A), Temperatur (K) und Stoffmenge (mol).

Beispiel 35.9 Beleuchtungsstärke einer Glühlampe

Die Helligkeit eines bestimmten Typs von 100-W-Glühlampen ist mit 1700 lm angegeben. Bestimmen Sie (a) die Lichtstärke und (b) die Beleuchtungsstärke in einer Entfernung von 2 m. Nehmen Sie an, dass die Lichtausbeute in allen Richtungen gleich ist.

Lösung

a Eine Vollkugel entspricht einem Raumwinkel von $4\pi\,\text{sr}$. Folglich ist $I_l = 1700\,\text{lm}/4\pi\,\text{sr} = 135\,\text{cd}$. Die Lichtstärke hängt nicht von der Entfernung ab.

b In der Entfernung $d = 2$ m von der Quelle ist der Lichtstrom pro Flächeneinheit

$$E = \frac{\Phi}{4\pi d^2} = \frac{1700\,\text{lm}}{(4\pi)(2\,\text{m})^2} = 34\,\text{lm/m}^2\,.$$

Die Beleuchtungsstärke fällt mit dem Quadrat des Abstands.

Problemlösung: Interferenz

1 Interferenz entsteht bei gleichzeitiger Ankunft von zwei oder mehr Wellen am gleichen Punkt des Raumes.

2 Konstruktive Interferenz entsteht, wenn die Wellen phasengleich sind: An einem gegebenen Punkt trifft ein Wellenberg der einen Welle gleichzeitig mit einem Wellenberg der anderen Welle ein. Die Amplituden der Wellen addieren sich dann zu einer noch größeren Amplitude. Konstruktive Interferenz liegt immer dann vor, wenn der Gangunterschied der beiden Wellen ein ganzzahliges Vielfaches der Wellenlänge ist.

3 Destruktive Interferenz entsteht, wenn ein Wellenberg gleichzeitig mit einem Wellental eintrifft. Die Amplituden haben den gleichen Betrag, aber unterschiedliches Vorzeichen, so dass sie sich zu null addieren. Destruktive Interferenz tritt immer dann auf, wenn der Gangunterschied ein halbzahliges Vielfaches der Wellenlänge ist. Die Amplitude der zusammengesetzten Welle ist also null, wenn die beiden einzelnen Wellen um $(m + \frac{1}{2})\lambda$ phasenverschoben sind (m ganzzahlig).

4 Beachten Sie, dass Sie bei der Interferenz in dünnen Schichten zusätzlich die Phasenverschiebung um eine halbe Wellenlänge berücksichtigen müssen, die durch die Reflexion an einem optisch dichteren Medium entsteht (d. h. beim Übergang in ein Medium mit größerem Brechungsindex).

Z U S A M M E N F A S S U N G

Die Wellentheorie des Lichts wird durch die Beobachtung gestützt, dass das Licht die Phänomene **Interferenz** und **Beugung** zeigt. Mithilfe der Wellentheorie kann auch die Brechung des Lichts erklärt werden, sowie die Tatsache, dass sich Licht in transparenten Medien und Flüssigkeiten langsamer ausbreitet als in Luft. Die Wellenlänge des Lichts in einem Medium mit dem Brechungsindex n ist

$$\lambda_n = \frac{\lambda}{n}\,,$$

wobei λ die Wellenlänge im Vakuum ist. Die Frequenz wird dabei nicht geändert.

Der Young'sche Doppelspaltversuch demonstriert die Interferenz des Lichts. Die hellen Flecken des Interferenzmusters entstehen durch konstruktive Interferenz zwischen den beiden durch die verschiedenen Spalte gehenden Lichtbündeln, wobei sich die Weglängen der Lichtbündel um ganzzahlige Vielfache der Wellenlänge unterscheiden. Die dunklen Stellen zwischen den hellen Flecken entstehen durch destruktive Interferenz, wobei sich die Weglängen um $\frac{1}{2}\lambda$, $\frac{3}{2}\lambda$ usw. unterscheiden. Die Winkel θ, bei denen **konstruktive Interferenz** auftritt, sind durch

$$\sin\theta = m\frac{\lambda}{d}$$

gegeben. Dabei ist λ die Wellenlänge des Lichts, d der Abstand zwischen den Spalten und m eine ganze Zahl. **Destruktive Interferenz** tritt für Winkel θ auf, die durch

$$\sin\theta = \left(m + \frac{1}{2}\right)\frac{\lambda}{d}$$

gegeben sind (m ist wiederum eine ganze Zahl).

Die Lichtintensität I_θ an einem gegebenen Punkt eines durch einen Doppelspalt erzeugten Interferenzmusters kann mithilfe eines Zeigerdiagramms berechnet werden. Dies ergibt

$$I_\theta = I_0 \cos^2\frac{\delta}{2}\,,$$

wobei I_0 die Intensität bei $\theta = 0$ ist. Der Phasenwinkel δ ist

$$\delta = \frac{2\pi d}{\lambda}\sin\theta\,.$$

Zwei Lichtquellen sind perfekt **kohärent**, wenn die von ihnen ausgehenden Wellen sinusförmig und von der gleichen Frequenz sind und für alle Zeiten die gleiche Phasenbeziehung beibehalten. Wenn die Phasenverschiebung zwischen zwei von unterschiedlichen Quellen ausgehenden Wellen mit der Zeit zufällig schwankt (wie im Falle zweier brennender Glühlampen), dann werden die Quellen als **inkohärent** bezeichnet.

Licht, das an der Vorder- und der Rückseite einer dünnen, transparenten Schicht reflektiert wird, kann in Abhängigkeit vom Gangunterschied konstruktiv und destruktiv interferieren. Eine Phasenänderung von 180° oder $\frac{1}{2}\lambda$ tritt auf, wenn das Licht an einer Grenzfläche reflektiert wird und das zweite Medium einen größeren Brechungsindex hat. Diese **Dünnschichtinterferenz** hat viele praktische Anwendungen, z. B. die Beschichtung von Linsen und das Prüfen der Gleichmäßigkeit von Glasoberflächen mithilfe Newton'scher Ringe.

Z U S A M M E N F A S S U N G

Verständnisfragen

1 Gilt das Huygens-Prinzip für Schallwellen? Gilt es für Wasserwellen?

2 Welche Belege gibt es dafür, dass Licht Träger von Energie ist?

3 Weshalb wird Licht manchmal durch Strahlen und manchmal durch Wellen beschrieben?

4 Wir sind in der Lage, um die Ecke zu hören, aber nicht, um die Ecke zu sehen. Was ist der Grund für diesen Unterschied?

5 Kann die Wellenlänge des Lichts durch Messungen von Reflexion und Brechung bestimmt werden?

6 Monochromatisches rotes Licht fällt auf einen Doppelspalt. Das entstehende Interferenzmuster wird auf einem Schirm aufgefangen. Erläutern Sie, wie sich das Muster ändert, wenn das rote Licht durch blaues ersetzt wird.

7 Angenommen, weißes Licht fällt auf den Doppelspalt aus ► **Abbildung 35.6**, wobei ein Spalt von einem Rotfilter (700 nm) und der andere von einem Blaufilter (450 nm) bedeckt ist. Beschreiben Sie das auf dem Schirm sichtbare Muster.

8 Vergleichen Sie das Doppelspaltexperiment für Schallwellen mit dem für Lichtwellen. Diskutieren Sie Unterschiede und Gemeinsamkeiten.

9 Um wie viel müssen sich die Weglängen zweier Lichtstrahlen aus der gleichen Quelle unterscheiden, damit sie destruktiv interferieren?

10 Wie ändert sich das Interferenzmuster, wenn das Young'sche Doppelspaltexperiment unter Wasser ausgeführt wird?

11 Warum weist das Licht von zwei Scheinwerfern eines entfernten Autos kein Interferenzmuster auf?

12 Warum sind Interferenzstreifen nur für *dünne* Schichten wie z. B. eine Seifenblase erkennbar, nicht aber für ein dickes Stück Glas?

13 Warum liegen Newton'sche Ringe (► **Abbildung 35.18**) in größerer Entfernung vom Mittelpunkt dichter beieinander?

14 Eine beschichtete Linse wirkt grünlich-gelb, wenn man sie unter reflektiertem Licht betrachtet. Welche Wellenlängen werden durch die Beschichtung vollständig eliminiert?

15 Ein Ölfilm auf einem Teich erscheint an seinem Rand leuchtend. Dort ist er wesentlich dünner als die Wellenlänge des sichtbaren Lichts. Was können Sie über den Brechungsindex des Öls sagen?

16 Beschreiben Sie, wie man mithilfe eines Michelson-Interferometers den Brechungsindex von Luft messen kann.

Aufgaben zu 35.2 und 35.3

1 (II) Leiten Sie das Reflexionsgesetz (Einfallswinkel gleich Reflexionswinkel) aus dem Huygens-Prinzip ab.

2 (I) Monochromatisches Licht tritt durch zwei 0,016 mm voneinander entfernte Spalte und erzeugt unter einem Winkel von 9,8° einen Interferenzstreifen fünfter Ordnung. Wie groß ist die Wellenlänge des verwendeten Lichts?

3 (I) Bei einem Doppelspaltexperiment mit Licht der Wellenlänge 610 nm wird der Interferenzstreifen dritter Ordnung im Winkel von 18° beobachtet. Wie weit sind die beiden Spalte voneinander entfernt?

4 (II) Monochromatisches Licht fällt durch zwei sehr schmale Spalte, die 0,048 mm voneinander entfernt sind. In der Nähe des Musters, das auf einem 5 m entfernten Schirm aufgefangen wird, sind aufeinanderfolgende Streifen 6,5 cm voneinander entfernt. Wie groß sind Wellenlänge und Frequenz des verwendeten Lichts?

5 (II) Ein paralleles Lichtbündel der Wellenlänge 656 nm aus einem He-Ne-Laser fällt auf zwei sehr schmale Spalte, die 0,06 mm voneinander entfernt sind. Wie groß ist der Abstand zwischen benachbarten Streifen in der Mitte des Musters, das auf einem 3,6 m entfernten Schirm aufgefangen wird?

6 (II) Licht der Wellenlänge 680 nm fällt auf zwei Spalte und erzeugt ein Interferenzmuster, in dem der Streifen vierter Ordnung auf einem 2 m entfernten Schirm 38 mm vom mittleren Streifen entfernt ist. Wie groß ist der Abstand zwischen den beiden Spalten?

7 (II) Wenn Licht der Wellenlängen 720 nm und 660 nm durch zwei 0,58 mm voneinander entfernte Spalte tritt, welchen Abstand haben dann die Interferenzstreifen zweiter Ordnung auf einem 1 m entfernten Schirm?

8 (II) Ein dünnes Stück Glas sei so vor dem unteren Spalt der in ▸ Abbildung 35.6 dargestellten Versuchsanordnung angebracht, dass die beiden Wellen die Spalte um 180° phasenverschoben passieren (siehe ▸ Abbildung 35.25). Geben Sie eine detaillierte Beschreibung des auf dem Schirm entstehenden Interferenzmusters.

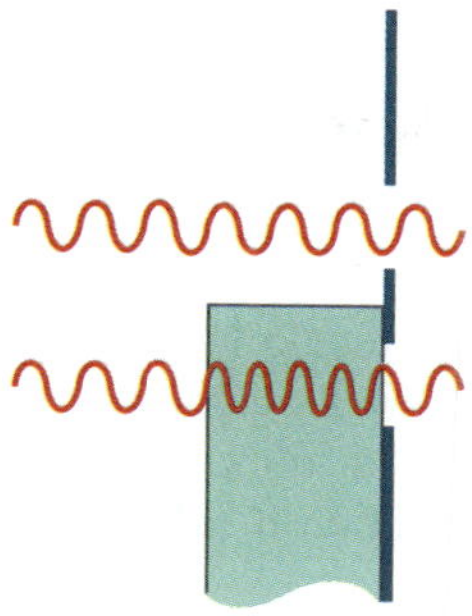

Abbildung 35.25 Aufgabe 8.

9 (II) Bei einem Doppelspaltexperiment wird festgestellt, dass blaues Licht der Wellenlänge 460 nm an einer bestimmten Stelle auf dem Schirm ein Maximum zweiter Ordnung erzeugt. Welche Wellenlänge des sichtbaren Lichts würde an dieser Stelle ein Minimum liefern?

10 (II) Licht der Wellenlänge 480 nm fällt durch Luft auf zwei Spalte, die 0,06 mm voneinander entfernt sind. Die Spalte selbst sowie ein 40 cm von ihnen entfernter Schirm befinden sich in Wasser. Welchen Abstand haben die Streifen auf dem Schirm?

11 (III) Eine sehr dünne Kunststofffolie ($n = 1{,}60$) bedeckt einen Spalt einer Doppelspaltanordnung, die mit Licht der Wellenlänge 640 nm beleuchtet wird. Der Mittelpunkt des auf dem Schirm aufgefangenen Interferenzmusters ist kein Maximum, sondern dunkel. Wie dick ist die Folie mindestens?

Aufgaben zu 35.5

12 (I) Wenn in ▸ Abbildung 35.12 ein Spalt bedeckt wird, um welchen Faktor ändert sich dann die Intensität in der Mitte des Schirms?

13 (II) Zeigen Sie, dass die angulare Halbwertsbreite in einem Doppelspaltexperiment für $\lambda \ll d$ durch $\Delta\theta = \lambda/2d$ gegeben ist.

14 (II) Angenommen, einer der beiden Spalte einer Doppelspaltanordnung ist breiter als der andere, so dass die Intensität des durch ihn gehenden Lichts doppelt so groß ist. Bestimmen Sie für kohärentes Licht die Intensität I als Funktion des Ortes (θ) auf dem Schirm.

15 (III) (a) Betrachten Sie drei äquidistante, kohärente Lichtquellen von gleicher Intensität (so als ob ein dritter Spalt zu den beiden Spalten aus ▸ Abbildung 35.12 hinzugefügt würde). Berechnen Sie mithilfe des Zeigerdiagramms die Intensität als Funktion der Phasenverschiebung δ (Gleichung 35.4). (b) Bestimmen Sie die Lage der Maxima und Minima.

16 (III) Wenden Sie das Zeigerdiagramm für vier parallele Spalte an, die jeweils den gleichen Abstand d voneinander haben. Nehmen Sie an, dass es sich um kohärentes Licht handelt und bestimmen Sie die Intensität als Funktion des Ortes auf dem Schirm sowie die Lage der Maxima und Minima.

Aufgaben zu 35.6

17 (I) Welche Farbe hat eine 120 nm dicke Seifenblase in ihrem Mittelpunkt, wenn sie senkrecht mit weißem Licht beleuchtet wird? Nehmen Sie $n = 1{,}34$ an.

18 (I) Wie weit liegen die dunklen Streifen in Beispiel 35.6 auseinander, wenn die Glasplatten jeweils 26,5 cm lang sind?

19 (II) Wie dick muss eine Seifenhaut ($n = 1{,}34$) mindestens sein, damit sie bei Beleuchtung mit Licht der Wellenlänge 480 nm schwarz erscheint? Nehmen Sie an, dass sich auf beiden Seiten der Seifenhaut Luft befindet.

20 (II) Eine Linse erscheint grünlich-gelb ($\lambda = 570$ nm ist die am stärksten vertretene Wellenlänge), wenn weißes Licht an ihr reflektiert wird. Wie dick muss die Beschichtung ($n = 1{,}28$) einer solchen (Glas-)Linse mindestens sein und warum?

21 (II) Licht der Wellenlänge 650 nm fällt senkrecht auf eine plankonvexe Linse, die auf einer ebenen Glasfläche liegt (siehe ▸ **Abbildung 35.18**). Dabei beobachtet man insgesamt 28 helle und 28 dunkle Newton'sche Ringe (wobei der dunkle Fleck in der Mitte nicht mitgezählt ist). Um wie viel dicker ist die Linse in ihrer Mitte als am Rand?

22 (II) Eine dünne Metallfolie trenne zwei flache Glasscheiben auf einer Seite, wie in ▸ **Abbildung 35.20**. Wenn Licht der Wellenlänge 670 nm senkrecht einfällt, dann beobachtet man 25 dunkle Linien (eine an jedem Ende). Wie dick ist die Folie?

23 (II) Wie dick muss eine Luftschicht zwischen zwei ebenen Glasoberflächen mindestens sein, damit das Glas hell erscheint, wenn Licht der Wellenlänge 480 nm senkrecht einfällt? Wie dick muss sie sein, damit das Glas dunkel erscheint?

24 (II) Ein dünner Alkoholfilm ($n = 1{,}36$) liegt auf einer ebenen Glasscheibe ($n = 1{,}51$). Wenn monochromatisches Licht von veränderlicher Wellenlänge senkrecht einfällt, dann ist die kleinste Wellenlänge des reflektierten Lichts $\lambda = 512$ nm und die größte $\lambda = 640$ nm. Wie dick ist der Film?

25 (II) Wenn eine Versuchsanordnung zur Erzeugung Newton'scher Ringe (siehe ▸ **Abbildung 35.18**) in eine Flüssigkeit eingetaucht ist, verringert sich der Durchmesser des achten dunklen Rings von 2,92 cm auf 2,60 cm. Wie groß ist der Brechungsindex der Flüssigkeit?

26 (II) Eine plankonvexe Linse aus Plexiglas mit 3,4 cm Durchmesser liegt auf einem flachen Stück Glas (siehe ▸ **Abbildung 35.18**). Wenn Licht der Wellenlänge 580 nm senkrecht einfällt, werden 48 helle Ringe beobachtet, der letzte ganz am Rand. Wie groß ist der Krümmungsradius der Linsenoberfläche? Wie groß ist die Brennweite der Linse?

27 (II) Zeigen Sie, dass der Radius r des m-ten Newton'schen Rings gleich $\sqrt{m\lambda R}$ ist, wobei R der Krümmungsradius der gekrümmten Glasfläche ist und λ die Wellenlänge des verwendeten Lichts. Nehmen Sie an, dass die Dicke des Luftspalts überall wesentlich kleiner ist als R und dass $r \ll R$ gilt.

28 (III) Verwenden Sie das Ergebnis aus Aufgabe 27, um zu zeigen, dass der Abstand zwischen benachbarten dunklen Newton'schen Ringen für den m-ten Ring

$$\Delta r \approx \sqrt{\frac{\lambda R}{4m}}$$

ist (nehmen Sie $m \gg 1$ an).

29 (III) Eine einfache optische Beschichtung reduziert die Reflexion für die Wellenlänge $\lambda = 550$ nm auf null. Um welchen Faktor wird die Reflexion durch die Beschichtung für die Wellenlängen $\lambda = 450$ nm und $\lambda = 650$ nm reduziert? Nehmen Sie an, dass das Licht senkrecht einfällt.

Aufgaben zu 35.7

30 (II) Wie groß ist die Wellenlänge des in ein Interferometer eindringenden Lichts, wenn beim Bewegen des Spiegels um 0,125 mm 344 Streifen beobachtet werden?

31 (II) Wie weit muss der Spiegel M_1 eines Michelson-Interferometers bewegt werden, damit 750 Ringe von Licht der Wellenlänge 589 nm durch eine Referenzlinie gehen?

32 (III) Einer der Strahlen eines Interferometers (▸ **Abbildung 35.26**) geht durch einen kleinen Glasbehälter mit einem Hohlraum von **1.30**cm Tiefe. Wenn ein Gas langsam in den Container strömt, bewegen sich 186 dunkle Streifen durch eine Referenzlinie. Das verwendete Licht hat eine Wellenlänge von 610 nm. Berechnen Sie den Brechungsindex des Gases, wenn dieses seine endgültige Dichte erreicht hat. Nehmen Sie an, dass sich das Interferometer im Vakuum befindet.

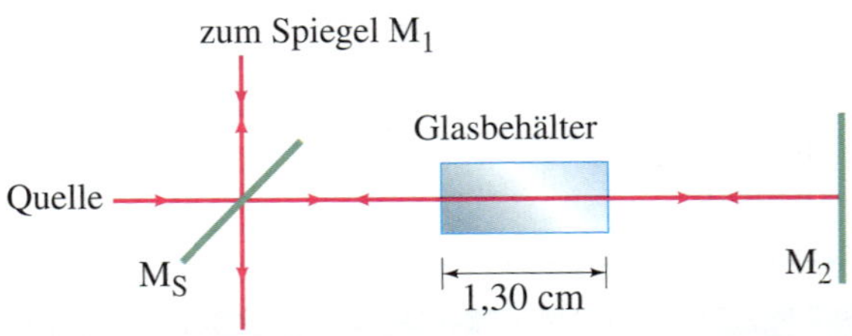

Abbildung 35.26 Aufgabe 32.

33 (III) Die gelben Natriumlinien haben Wellenlängen von 589,0 nm bis 589,6 nm. Wenn sie als Lichtquelle für ein Michelson-Interferometer verwendet werden, dann stellt man fest, dass die Interferenzstreifen periodisch erschwinden und wieder auftauchen, wenn der Spiegel bewegt wird. Woran liegt das? Wie weit muss der Spiegel zwischen einem Verschwinden und dem nächsten bewegt werden?

Aufgaben zu 35.8

34 (I) Die direkte Sonneneinstrahlung auf die Erde beträgt etwa 10^5 lm/m^2. Schätzen Sie den Lichtstrom und die Lichtstärke der Sonne ab.

35 (II) Die *Lichtausbeute* einer Glühlampe ist das Verhältnis von Lichtstrom zur elektrischen Leistungsaufnahme. (a) Wie groß ist die Lichtausbeute einer 100-W-Glühlampe mit 1700 lm? (b) Wie viele Fluoreszenzlampen mit 40 W und 60 lm/W sind notwendig, um auf einer Fläche von 25 · 30 m eine Beleuchtungsstärke von 250 lm/m^2 zu erreichen? Nehmen Sie an, dass sich die Lampen 10 m über dem Boden befinden und dass die Hälfte des Lichtstroms den Boden erreicht.

Allgemeine Aufgaben

36 Licht der Wellenlänge λ trifft unter dem Winkel θ_i mit der Normalen auf einen Schirm mit zwei Spalten, die voneinander den Abstand d haben. Bestimmen Sie den Winkel θ_m, bei dem das Maximum m-ter Ordnung erscheint.

37 Es kann vorkommen, dass TV- und Radiowellen an Bergen oder Flugzeugen reflektiert werden und die reflektierten Wellen mit dem ursprünglich gesendeten Signal interferieren. (a) Um welche Art von Interferenz handelt es sich, wenn 75-MHz-TV-Signale von einem entfernten Sender direkt am Empfänger ankommen und von einem Flugzeug 118 m direkt über dem Empfänger reflektiert werden. (Nehmen Sie an, dass sich die Phase des Signals bei der Reflexion um eine halbe Wellenlänge ändert.) (b) Welche Art von Interferenz tritt auf, wenn sich das Flugzeug 22 m näher am Empfänger befindet?

38 Ein Radiosender sendet mit 102,1 MHz von zwei identischen Antennen, die auf der gleichen Höhe liegen und einen horizontalen Abstand von $d = 7$ m voneinander haben (siehe ▸ **Abbildung 35.27**). Entlang der Mittelsenkrechten von d wird ein maximales Signal beobachtet. Welche(n) Winkel bilden Geraden mit der Mittelsenkrechten, auf denen das Signal ebenfalls ein Maximum bzw. ein Minimum hat? Nehmen Sie an, dass die Entfernung der Messstellen von den Antennen weit über 7 m liegt.

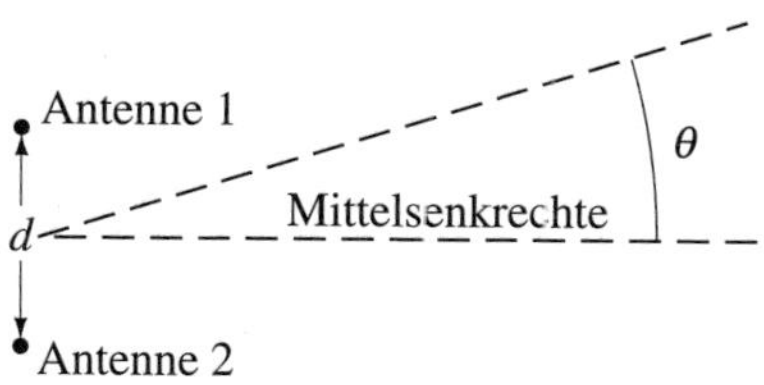

Abbildung 35.27 Aufgabe 38.

39 Licht der Wellenlänge 690 nm geht durch zwei schmale, 0,6 mm voneinander entfernte Spalte. Der Schirm ist 1,5 m entfernt. Eine zweite Quelle von unbekannter Wellenlänge erzeugt ihren Interferenzstreifen zweiter Ordnung 1,13 mm näher am Maximum nullter Ordnung als das 690-nm-Licht. Wie groß ist die Wellenlänge des unbekannten Lichts?

40 Ein Stück eines transparenten Mediums wird auf Glas gelegt um die Reflexion von senkrecht einfallendem Licht der Wellenlänge 600 nm auf fast null zu reduzieren. Wie groß ist der Brechungsindex des Mediums, wenn zu diesem Zweck ein mindestens 150 nm dickes Stück davon notwendig ist? Gibt es für die Antwort mehrere Alternativen?

41 Monochromatisches Licht von variabler Wellenlänge fällt in Luft senkrecht auf einen dünnen Kunststofffilm ($n = 1{,}58$). Die Reflexion ist nur für die Wellenlängen $\lambda = 510$ nm und $\lambda = 680$ nm des sichtbaren Spektrums minimal. Wie dick ist der Kunststofffilm?

42 Bei einem Experiment werden in einem Wassertank Wellen mit 3,5 cm voneinander entfernten, parallelen Wellenbergen erzeugt. Die Wellen laufen durch zwei 6 cm voneinander entfernte Öffnungen in einem langen Holzbrett. Wenn das Ende des Tanks 2 m hinter dem Brett liegt, wo müssen Sie dann relativ zur „geradeaus-Richtung" stehen, damit Sie wenig oder nichts von der Wirkung der Wellen spüren?

43 Vergleichen Sie die minimale Dicke, die eine auf eine Glaslinse aufgebrachte Antireflexbeschichtung ($n = 1{,}38$) haben muss, um (a) blaue (450 nm) oder (b) rote (700 nm) Reflexionen von senkrecht einfallendem Licht zu eliminieren.

44 Angenommen, Sie betrachten das *durchgelassene* Licht durch eine dünne Schicht auf einem ebenen Stück Glas. Zeichnen Sie ein Diagramm ähnlich ▶ Abbildung 35.17 oder ▶ 35.23 und beschreiben Sie die Bedingungen für Maxima und Minima. Betrachten Sie alle möglichen Werte für den Brechungsindex. Diskutieren Sie die relative Größe der Minima in Bezug auf die Maxima und null.

45 Um Tarnkappenbomber für Radar „unsichtbar" zu machen, werden sie mit einer antiflektierenden Beschichtung versehen, die verhindert, dass Radarwellen reflektiert werden. Deren Wellenlänge liegt typischerweise bei 2 cm. Schätzen Sie die Dicke der Beschichtung ab. Vernachlässigen Sie dabei die Änderung der Wellenlänge in der Beschichtung.

46 Spiegel, die eine bestimmte Wellenlänge sehr stark reflektieren, können aus abwechselnden Schichten zweier *transparenter* Materialien mit den Brechungsindizes n_1 und n_2 ($1 < n_1 < n_2$) gebaut werden. Wie groß müssen die Dicken d_1 und d_2 (siehe ▶ Abbildung 35.28), ausgedrückt durch die Wellenlänge λ des einfallenden Lichts, mindestens sein, um die Reflexion zu maximieren?

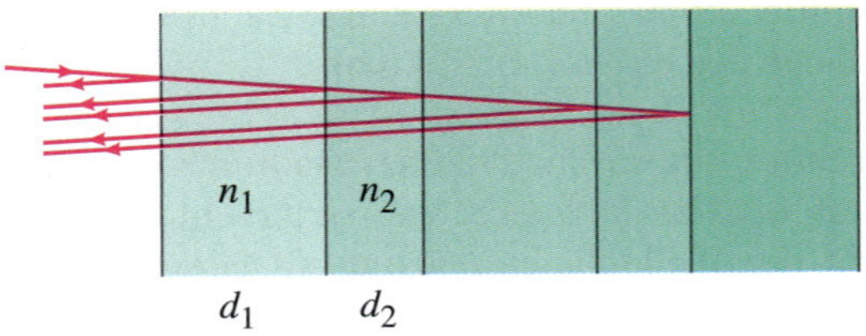

Abbildung 35.28 Aufgabe 46.

47 Wenn sich ein geladenes Teilchen, z. B. ein Proton, mit der Geschwindigkeit v_p durch ein transparentes Medium bewegt, die schneller ist als die Ausbreitungsgeschwindigeit des Lichts in diesem Medium ($v = c/n$), dann emittiert es elektromagnetische Strahlung (Licht), die als **Tscherenkow-Strahlung** bezeichnet wird. Sie ist das elektromagnetische Äquivalent einer Stoßwelle (siehe Abschnitt 16.8) und beschränkt sich auf einen bestimmten Winkel, der von v_p und v abhängt. Bestimmen Sie diesen Winkel für ein Proton, das sich mit einer Geschwindigkeit von $2{,}21 \cdot 10^8$ m/s durch Kunststoff mit dem Brechungsindex 1,52 bewegt.

48 Wie groß ist die minimale (von null verschiedene) Dicke einer Luftschicht zwischen zwei ebenen Glasoberflächen, wenn das Glas beim senkrechten Einfall von Licht der Wellenlänge 640 nm dunkel erscheint? Wie verhält es sich, wenn das Glas hell erscheint?

49 Der *Lloyd'sche Spiegel* ermöglicht die Erzeugung eines Doppelspalt-Interferenzmusters mit einer einzigen Quelle; das Licht ist also kohärent. Wie in ▶ Abbildung 35.29 dargestellt, scheint das an dem ebenen Spiegel reflektierte Licht von dem virtuellen Bild des Spalts zu stammen. Geben Sie eine detaillierte Beschreibung des auf dem Schirm entstehenden Interferenzmusters.

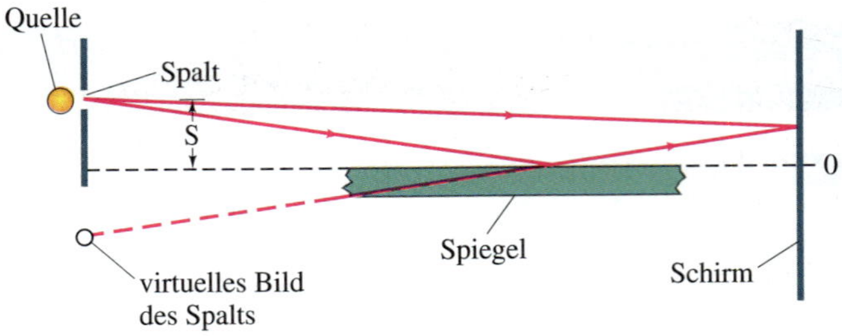

Abbildung 35.29 Aufgabe 49.

50 Betrachten Sie das Antennenfeld aus Beispiel 35.5, ▶ Abbildung 35.15. Es sei $d = \lambda/2$ und die beiden Antennen seien nun um 180° gegeneinander phasenverschoben. Ermitteln Sie die Richtungen, in denen konstruktive und destruktive Interferenz auftritt. Vergleichen Sie das Ergebnis mit dem Fall, dass die Quellen in Phase sind. (Diese Ergebnisse illustrieren die Grundlage für Richtantennen.)

51 Angenommen, die Spiegel eines Michelson-Interferometers sind perfekt angeordnet und die Weglängen zu den Spiegeln M_1 und M_2 sind identisch. Mit diesen Ausgangsbedingungen sieht ein Beobachter ein helles Maximum in der Mitte des Betrachtungsfeldes. Nun wird einer der Spiegel um den Abstand x verschoben. Leiten Sie eine Formel her, die die Intensität in der Mitte des Betrachtungsfeldes als Funktion von x beschreibt.

Beugung und Polarisation

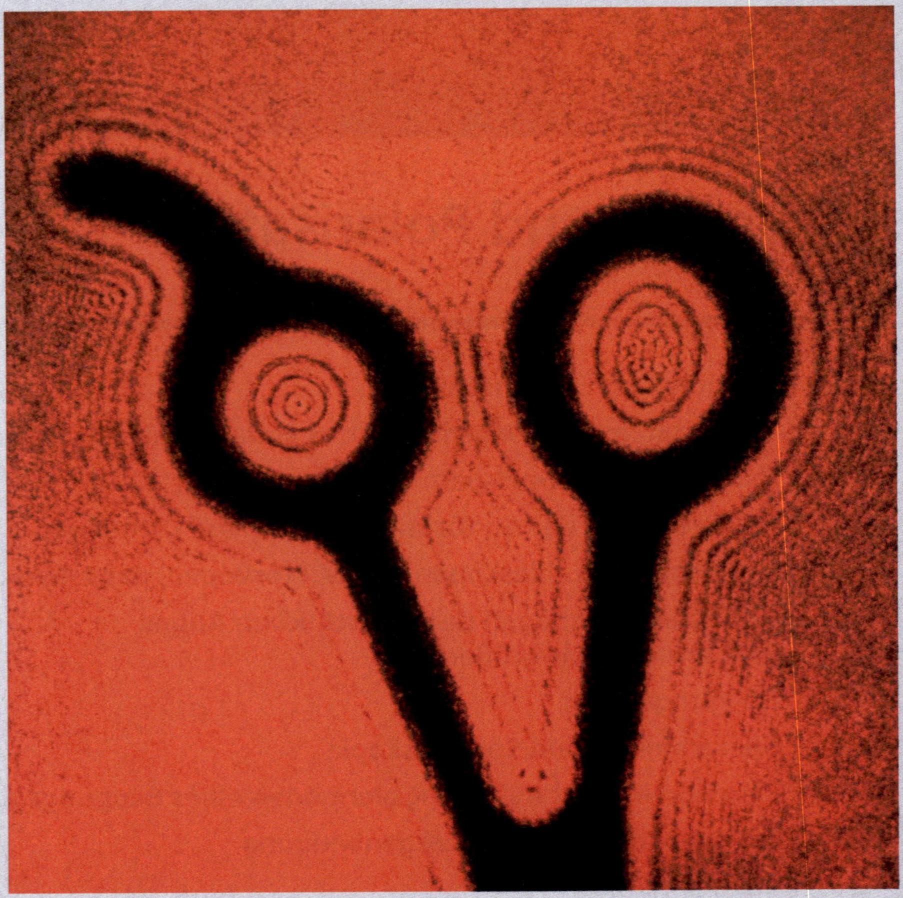

Diese Schere wird von dem parallelen kohärenten Licht eines Lasers angestrahlt, der näherungsweise als Punktquelle betrachtet werden kann. Anstatt eines scharfen Schattens entsteht ein auffälliges Beugungsmuster, was als Bestätigung der Wellentheorie anzusehen ist. Wenn anstelle von Punktquellen gewöhnliche ausgedehnte Lichtquellen verwendet werden, dann verschwimmen die Beugungsmuster und sind schließlich nicht mehr wahrnehmbar, obwohl eine sorgfältige Analyse der Schatten Strukturen zu Tage bringt. In diesem Kapitel untersuchen wir die Beugung an einem Einfachspalt, ihre Auswirkung auf das Doppelspaltmuster sowie Beugungsgitter und Röntgenstrahlen. Wir werden sehen, wie sich die Beugung auf die Auflösung von optischen Instrumenten auswirkt, und dabei u. a. lernen, warum die maximale Auflösung niemals größer sein kann als die Wellenlänge der verwendeten Strahlung. Außerdem behandeln wir die Polarisation von Licht.

36. Beugung und Polarisation

Der Doppelspaltversuch von Young stellte die Wellentheorie des Lichts auf ein sicheres Fundament. Wirklich akzeptiert wurde die Wellentheorie aber erst mehr als ein Jahrzehnt später im Zusammenhang mit der Untersuchung der Beugung.

Wir haben bereits im Abschnitt über Wasserwellen (**Abschnitt 15.11**) und im Zusammenhang mit Licht (**Abschnitt 35.1**) kurz über die Beugung, d. h. über die Änderung der Ausbreitungsrichtung an Hindernissen, gesprochen. In diesem Kapitel wollen wir uns genauer mit der Beugung befassen, insbesondere mit ihren wichtigen praktischen Auswirkungen wie der Begrenzung der *Auflösung* von Teleskopen, Kameras, dem Auge und anderen optischen Instrumenten.

Eine wichtige Rolle in der Geschichte der Wellentheorie spielte Augustin Fresnel (1788–1827). Er legte der französischen Akademie 1819 eine Wellentheorie des Lichts vor, die Interferenz- und Beugungserscheinungen vorhersagen und erklären konnte. Fast zur selben Zeit wies Siméon Poisson (1781–1840) auf eine Interferenzerscheinung hin, die der Intuition widersprach: Wenn Licht von einer Punktquelle auf eine feste Scheibe trifft, dann müsste ein Teil des einfallenden Lichts an der Kante gebeugt werden und im Zentrum das Schattens konstruktiv interferieren (siehe ▸ **Abbildung 36.1**). Diese Vorhersage erschien wenig glaubhaft. Als François Arago das Experiment jedoch tatsächlich durchführte, sah er den vorhergesagten hellen Fleck im Zentrum des Schattens (siehe ▸ **Abbildung 36.2a**), was die Wellentheorie stützte.

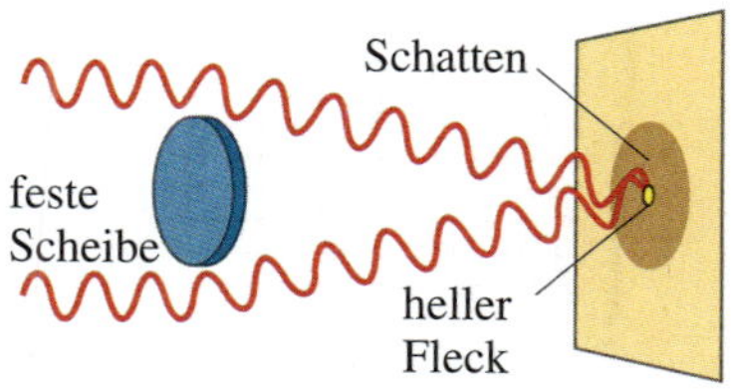

Abbildung 36.1 Wenn Licht eine Welle ist, dann muss im Zentrum des Schattens einer festen Scheibe ein heller Fleck erscheinen, wenn diese mit monochromatischem Licht angestrahlt wird.

▸ **Abbildung 36.2a** zeigt ein Foto des Schattens, den eine Münze wirft, wenn eine punktförmige Lichtquelle verwendet wird (in diesem Falle ein Laser). Der helle Fleck in der Mitte ist deutlich erkennbar. Beachten Sie, dass es auch helle und dunkle Streifen außerhalb des Schattens gibt. Diese erinnern an die Interferenzstreifen beim Doppelspaltversuch. In der Tat entstehen sie durch Interferenz von Wellen, die um eine Scheibe herum gebeugt werden. Dieses Phänomen wird als **Beugungsmuster** bezeichnet. Beugungsmuster entstehen, wenn Objekte mit scharfen Kanten von einer Punktquelle angestrahlt werden (siehe ▸ **Abbildungen 36.2b** und **36.2c**). Wir nehmen die Beugung nicht immer wahr, da die meisten im Alltag verwendeten Lichtquellen nicht punktförmig sind, so dass sich die Muster, die von verschiedenen Teilen der Quelle ausgehen, vermischen.

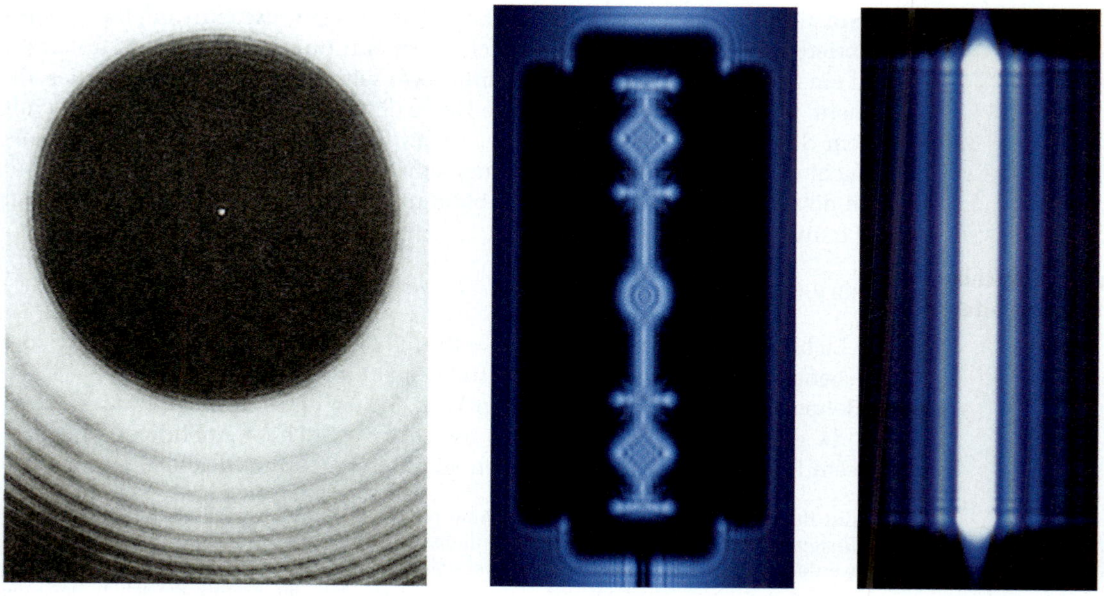

(a) (b) (c)

Abbildung 36.2 Beugungsmuster für Gegenstände, die mit monochromatischem Licht einer (näherungsweise) punktförmigen Quelle angestrahlt werden: (a) Kreisscheibe, (b) Rasierklinge und (c) Doppelspalt.

36.1 Beugung am Einfachspalt

Um zu sehen, wie ein Beugungsmuster entsteht, analysieren wir den wichtigen Fall der Beleuchtung eines schmalen Spalts mit monochromatischem Licht. Wir nehmen an, dass parallele Lichtstrahlen (ebene Wellen) auf den Spalt der Breite a fallen und auf einem sehr weit entfernten Schirm aufgefangen werden. Wenn der Schirm diese Bedingung nicht erfüllt, können die Strahlen mithilfe von Linsen parallel ausgerichtet werden.[1] Wie wir von der Untersuchung von Wasserwellen und aus dem Huygens-Prinzip wissen, breiten sich die durch den Spalt gehenden Wellen in alle Richtungen aus. Wir wollen nun untersuchen, wie die durch verschiedene Teile des Spalts gehenden Wellen miteinander interferieren.

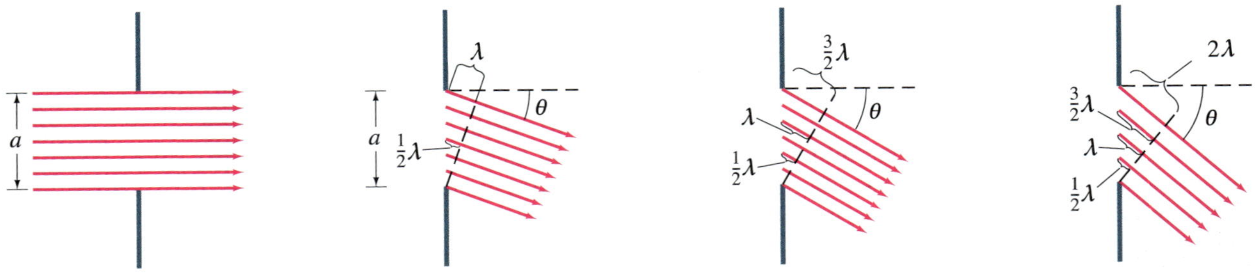

(a) $\theta = 0$ hell

(b) $\sin\theta = \frac{\lambda}{a}$ dunkel

(c) $\sin\theta = \frac{3\lambda}{2a}$ hell

(d) $\sin\theta = \frac{2\lambda}{a}$ dunkel

Abbildung 36.3 Analyse von Beugungsmustern, die entstehen, wenn Licht durch einen schmalen Spalt fällt.

Angenommen, parallele Strahlen monochromatischen Lichts durchqueren einen schmalen Spalt wie in ▸ Abbildung 36.3a dargestellt. Das Licht fällt auf einen weit entfernten Schirm, so dass die auf einen bestimmten Punkt zulaufenden Strahlen näherungsweise parallel sind. Zunächst betrachten wir Strahlen, die senkrecht durch den Spalt gehen (▸ Abbildung 36.3a). All diese Strahlen sind phasengleich, so dass in der Mitte des Schirms ein heller Fleck entsteht. In ▸ Abbildung 36.3b betrachten wir Strahlen, die mit der Ebene des Spalts den Winkel θ bilden. In diesem Fall ist der vom obersten Strahl zurückgelegte Weg genau um eine Wellenlänge länger als der des untersten Strahls. Die beiden Strahlen sind maximal gegeneinander phasenverschoben, so dass sie destruktiv miteinander interferieren. Entsprechend löschen sich ein Strahl direkt oberhalb des untersten und ein Strahl direkt oberhalb der Mitte gegenseitig aus. Tatsächlich gilt dies allgemein: Jeder Strahl durch die untere Hälfte des Spalts interferiert destruktiv mit einem Strahl durch die obere Hälfte. Aufgrund dieses paarweisen Auslöschens erreicht unter diesem Winkel überhaupt kein Licht den Schirm. Der Winkel θ, bei dem dies stattfindet, kann aus der Abbildung abgelesen werden: Es muss gelten $\lambda = a \sin\theta$, also

Beugungsgleichung (Winkel des zentralen Streifens)

$$\sin\theta = \frac{\lambda}{a}. \qquad \text{(erstes Minimum)} \qquad (36.1)$$

Die Lichtintensität ist maximal für $\theta = 0°$ und fällt für den durch Gleichung 36.1 gegebenen Winkel auf ein Minimum (Intensität null).

Betrachten wir nun einen größeren Winkel θ, so dass der oberste Strahl einen um $\frac{3}{2}\lambda$ größeren Weg zurücklegt als der unterste (siehe ▸ Abbildung 36.3c). In diesem Fall löschen sich die Strahlen vom unteren Drittel des Spalts paarweise

1 Ein Beugungsmuster unter der Annahme paralleler Strahlen wird als *Fraunhofer'sche Beugung* bezeichnet. Wenn der Schirm nicht weit entfernt ist und keine Linsen verwendet werden, dann spricht man von *Fresnel'scher Beugung*. In diesem Fall ist die Analyse recht kompliziert, weshalb wir uns auf den Grenzfall der Fraunhofer'schen Beugung konzentrieren.

mit denen im mittleren Drittel aus, da sie um $\lambda/2$ phasenverschoben sind. Das Licht aus dem oberen Drittel des Spalts erreicht dagegen den Schirm, so dass ein heller Fleck entsteht, dessen Zentrum bei $\sin\theta \approx 3\lambda/2a$ liegt. Dieser wird jedoch nicht annähernd so hell sein wie der zentrale Fleck bei $\theta = 0°$. Wenn der Winkel θ noch größer ist, so dass der Weg des obersten Strahls um 2λ länger ist als der des untersten (► Abbildung 36.3d), dann löschen sich die Strahlen des untersten Viertels mit denen des direkt darüber liegenden Viertels aus, da der Gangunterschied $\lambda/2$ ist. Entsprechend löschen sich die Strahlen in den beiden anderen Vierteln aus. Bei diesem Winkel hat das Beugungsmuster also wieder ein Intensitätsminimum. ► Abbildung 36.4 stellt die Intensität als Funktion des Winkels grafisch dar. Dieser Verlauf zeigt sich auch deutlich in ► Abbildung 36.2c. Allgemein treten Minima (Intensität null) für

$$a\sin\theta = m\lambda\,, \qquad m = 1, 2, 3, \ldots \qquad \text{(Minima)} \tag{36.2}$$

Minima für die Beugung am Einfachspalt

auf, jedoch *nicht* für $m = 0$, wo das stärkste Maximum liegt. Zwischen den Minima treten kleinere Intensitätsmaxima auf, für die näherungsweise (aber nicht exakt) $m \approx \frac{3}{2}, \frac{5}{2}, \ldots$ gilt. (Beachten Sie, dass die durch Gleichung 36.2 gegebenen *Minima* eines Beugungsmusters eine sehr ähnliche Bedingung wie die *Maxima* (helle Flecken) der Interferenz am Doppelspalt erfüllen, siehe Gleichung 35.2a.)

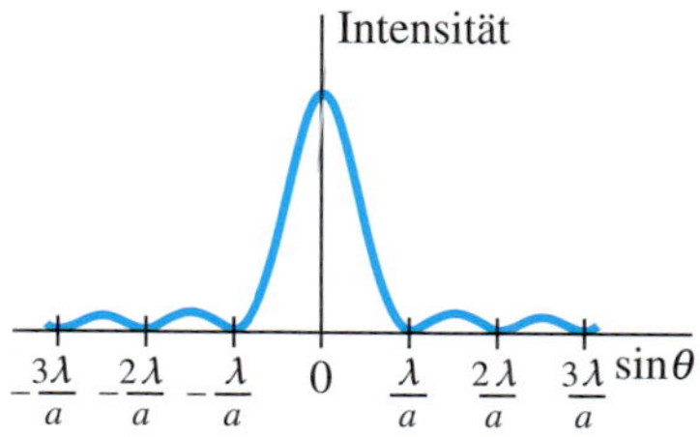

Abbildung 36.4 Die Intensität im Beugungsmuster eines Einfachspalts als Funktion von $\sin\theta$. Beachten Sie, dass das zentrale Maximum nicht nur wesentlich höher ist als die beiden benachbarten Maxima, sondern auch doppelt so breit wie alle anderen (nämlich $2\lambda/a$ anstatt λ/a).

Beispiel 36.1 Beugungsmaximum am einfachen Spalt

Licht mit einer Wellenlänge von 750 nm passiert einen $1 \cdot 10^{-3}$ mm breiten Spalt. Wie breit ist das zentrale Maximum auf dem 20 cm entfernten Schirm (a) in Grad und (b) in Zentimetern?

Lösung

a Das erste Minimum erscheint bei

$$\sin\theta = \frac{\lambda}{a} = \frac{7{,}5 \cdot 10^{-7}\,\text{m}}{1{,}0 \cdot 10^{-6}\,\text{m}} = 0{,}75\,.$$

Somit ist $\theta = 49°$. Dies ist der Winkel zwischen dem zentralen und dem ersten Minimum (siehe ► Abbildung 36.5). Der durch das zentrale Maximum überdeckte Winkel (d. h. der Winkel zwischen den beiden Minima oberhalb und unterhalb des zentralen Maximums) ist doppelt so groß, also 98°.

b Die Breite des zentralen Maximums ist $2x$, wobei gilt $\tan\theta = x/20\,\text{cm}$. Damit ist $2x = 2(20\,\text{cm})(\tan 49°) = 46\,\text{cm}$. Ein großer Bereich des Schirms wird beleuchtet, doch er wird im Normalfall nicht sehr hell sein, da nur sehr wenig Licht durch einen so schmalen Spalt geht und sich dieses über eine große Fläche verteilt.

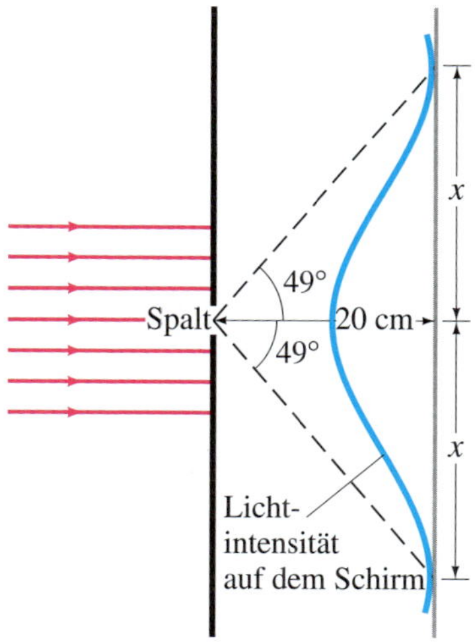

Abbildung 36.5 Beispiel 36.1.

Beispiel 36.2 · Begriffsbildung — Verbreiterung des Lichtkegels durch Beugung

Licht scheint durch ein rechteckiges Loch, dessen horizontale Ausdehnung größer ist als die vertikale (siehe ► Abbildung 36.6). (a) Wird das Beugungsmuster in der horizontalen oder in der vertikalen Richtung ausgedehnter sein? (b) Sollte ein Stadionlautsprecher eher hoch und schmal oder breit und flach sein?

Abbildung 36.6 Beispiel 36.2.

Lösung

a Aus **Gleichung 36.2** sehen wir, dass das Muster für einen schmalen Spalt (Breite a) ausgedehnter ist. Dies ist konsistent mit dem, was wir in **Kapitel 15** über Wellen gelernt haben. Folglich ist die Beugung an dem rechteckigen Loch in vertikaler Richtung ausgedehnter, da die Öffnung in dieser Richtung schmaler ist.

b Im Falle eines Lautsprechers möchte man, dass das Klangmuster horizontal ausgedehnt ist. Der Lautsprecher sollte daher hoch und schmal sein (▸ **Abbildung 36.6** muss um 90° gedreht werden).

36.2 Intensität im Beugungsmuster des Einfachspalts

Im letzten Abschnitt haben wir die Lage der Minima in einem Beugungsmuster bestimmt, das entsteht, wenn Licht einen Einfachspalt durchquert (siehe **Gleichung 36.2**). Wir wollen nun eine Methode vorstellen, mit der für jeden beliebigen Punkt des Musters Amplitude und Intensität bestimmt werden können. Hierzu wird die bereits in **Abschnitt 35.5** diskutierte Technik des Zeigerdiagramms verwendet.

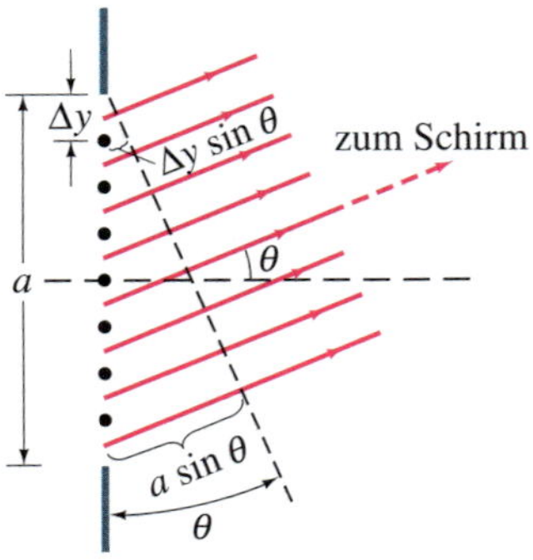

Abbildung 36.7 Der Spalt der Breite a wird in N Streifen der Breite Δy unterteilt.

Wir nehmen an, der Spalt sei in N sehr schmale Streifen von jeweils der Breite Δy unterteilt (▸ **Abbildung 36.7**). Jeder Streifen sendet Licht in alle Richtungen zu einem auf der rechten Seite befindlichen Schirm. Die Strahlen, die auf einen speziellen Punkt auf einem entfernten Schirm zulaufen, seien parallel und bilden alle den gleichen Winkel θ mit der Horizontalen. Der Abstand Δy zwischen den Streifen sei kleiner als die Wellenlänge λ des auf den Spalt fallenden monochromatischen Lichts, so dass das gesamte von einem bestimmten Streifen ausgehende Licht in Phase ist. Die Streifen sind von gleicher Größe, und wenn der gesamte Spalt gleichmäßig angestrahlt wird, können wir annehmen, dass die Amplituden ΔE_0 des elektrischen Feldes für jeden Streifen gleich sind, solange der Winkel θ nicht zu groß ist. Die Phasendifferenz des Lichts, das aus zwei benachbarten Streifen kommt, ist dann (siehe **Abschnitt 35.5**, **Gleichung 35.4**)

$$\Delta\beta = \frac{2\pi}{\lambda}\Delta y \sin\theta\ , \tag{36.3}$$

da der Gangunterschied $\Delta y \sin\theta$ ist.

Die Gesamtamplitude auf dem Schirm bei gegebenem Winkel θ ist die Summe der einzelnen Amplituden für jeden einzelnen Streifen. Diese kleinen Wellen haben die gleiche Amplitude ΔE_0, aber unterschiedliche Phasen. Um die Gesamtamplitude zu erhalten, können wir wie in **Abschnitt 35.5** ein Zeigerdiagramm verwenden (siehe ▸ **Abbildung 35.13**). ▸ **Abbildung 36.8** zeigt die Zeigerdiagramme für vier verschiedene Winkel θ. In der Mitte des Schirms (bei $\theta = 0$) sind die von allen Streifen ausgehenden Wellen in Phase ($\Delta\beta = 0°$, **Gleichung 36.3**). Die Pfeile für die ΔE_0 bilden also eine Linie (▸ **Abbildung 36.8a**). Die Gesamtamplitude des Lichts, das in der Mitte ankommt, ist dann $E_0 = N\Delta E_0$. Für einen kleinen Winkel θ, d. h. für einen Punkt, der auf dem Schirm nicht weit von der Mitte entfernt ist, zeigt ▸ **Abbildung 36.8b**, wie sich die kleinen Wellen der Amplitude ΔE_0 zur Gesamtamplitude E_θ summieren. Beachten Sie, dass die Phase jeder der kleinen Wellen um $\Delta\beta$ von der benachbarten abweicht. Die Phasendifferenz zwischen der Welle an der oberen Kante und der an der unteren Kante des Spalts ist

$$\beta = N\Delta\beta = \frac{2\pi}{\lambda}N\Delta y \sin\theta = \frac{2\pi}{\lambda}a\sin\theta\ , \tag{36.4}$$

wobei $a = N\Delta y$ die Gesamtbreite des Spalts ist. Während der „Bogen“ in ▸ **Abbildung 36.8b** die Länge $N\Delta E_0$ hat und daher gleich E_0 (der Gesamtamplitude bei $\theta = 0$) ist, ist die Amplitude E_θ der Gesamtwelle für den Winkel θ die vektorielle

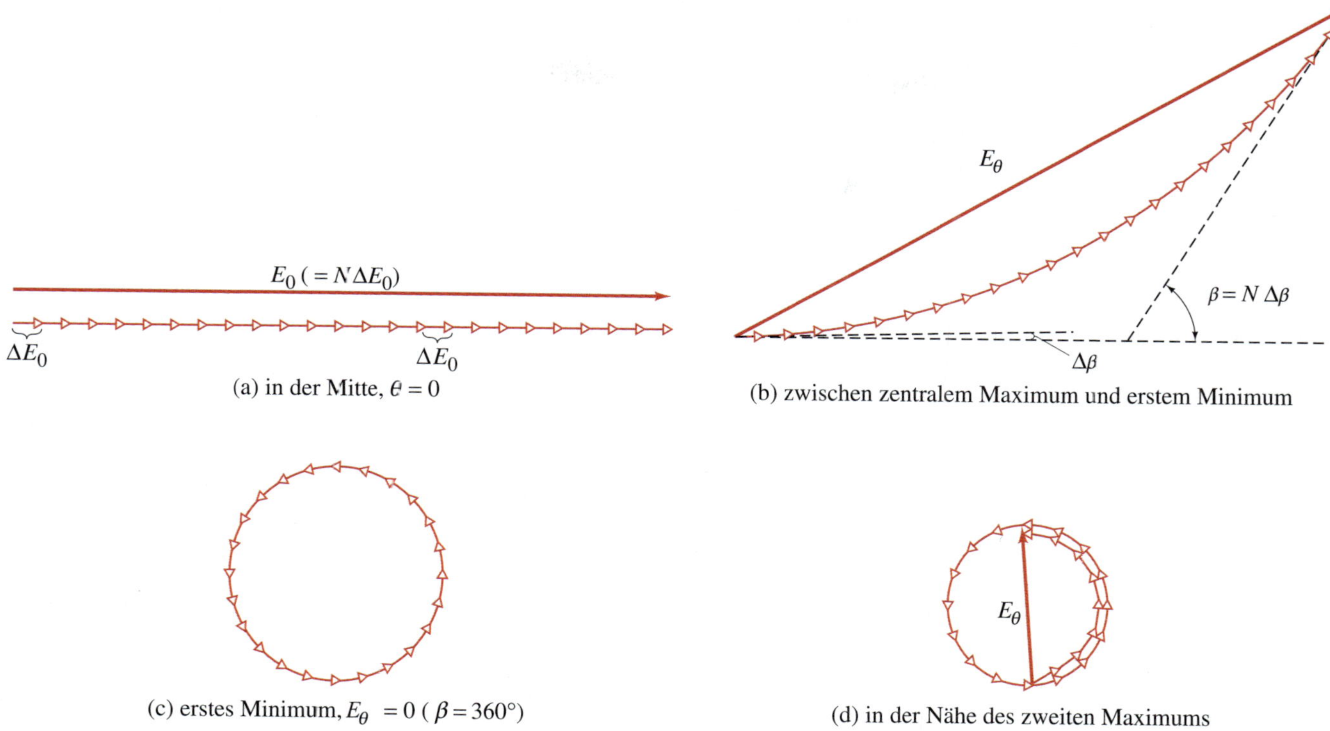

Abbildung 36.8 Zeigerdiagramm für die Beugung am Einfachspalt, das die Gesamtamplitude E_θ für vier verschiedene Winkel θ angibt.

Summe der einzelnen Amplituden und daher gleich der Länge der Sehne. Die Sehne ist kürzer als der Bogen, so dass gilt $E_\theta < E_0$.

Für größer werdende Winkel θ tritt schließlich der in ▸ **Abbildung 36.8c** illustrierte Fall ein, dass sich die Kette der Pfeile schließt. In diesem Fall ist die vektorielle Summe null, so dass wir für diesen speziellen Winkel $E_\theta = 0$ erhalten. Dies entspricht dem ersten Minimum. Da $\beta = N\Delta\beta$ in diesem Fall 360° oder 2π ist, erhalten wir aus **Gleichung 36.3**

$$2\pi = N\Delta\beta = N\left(\frac{2\pi}{\lambda}\Delta y \sin\theta\right)$$

oder, wenn wir berücksichtigen, dass die Spaltbreite $a = N\Delta y$ ist

$$\sin\theta = \frac{\lambda}{a}\,.$$

Das erste Minimum ($E_\theta = 0$) tritt also für $\sin\theta = \lambda/a$ auf. Dies ist das gleiche Ergebnis, das wir im vorhergehenden Abschnitt als **Gleichung 36.1** erhalten haben.

Für noch größere Werte von θ zieht sich die Kette zu einer Spirale zusammen. ▸ **Abbildung 36.8d** zeigt den Fall in der Nähe des zweiten Maximums neben dem ersten Minimum. Hier gilt $\beta = N\Delta\beta \approx 360° + 180° = 540°$ oder 3π. (Auch wenn β gleich 540° ist, kann θ noch immer ein sehr kleiner Winkel sein, was von den Werten von a und λ abhängt.) Für $\beta = 4\pi$ ergibt sich ein Doppelkreis und wieder ein Minimum. Für dieses gilt $\sin\theta = 2\lambda/a$, was $m = 2$ in **Gleichung 36.2** entspricht. Für noch größere Winkel θ entstehen weitere Maxima und Minima. Da aber die Gesamtlänge der Spirale gleich $N\Delta E_0 (= E_0)$ ist, werden die Maxima höherer Ordnung immer kleiner.

Um einen quantitativen Ausdruck für die Amplitude (und die Intensität) in jedem Punkt des Schirms zu erhalten (d. h. für beliebige Winkel θ), betrachten wir nun den Grenzübergang $N \to \infty$, bei dem Δy zur infinitesimalen Breite dy wird. In diesem Fall werden die Zeigerdiagramme in ▸ **Abbildung 36.8** glatte Kurven.

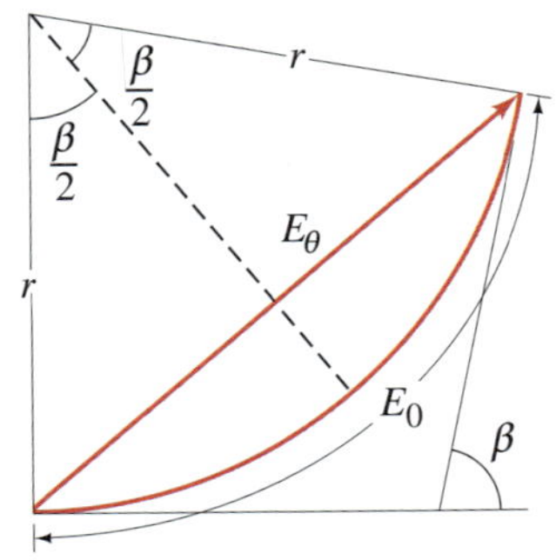

Abbildung 36.9 Bestimmung der Amplitude E_θ als Funktion von θ für die Beugung am Einfachspalt.

Eine dieser Kurven ist in ▶ Abbildung 36.9 gezeigt. Für beliebige Winkel θ ist die Wellenamplitude auf dem Schirm E_θ gleich der Sehne in ▶ Abbildung 36.9. Die Länge des Bogens ist wie zuvor E_0. Sei r der Krümmungsradius des Bogens. Dann gilt

$$\frac{E_\theta}{2} = r \sin \frac{\beta}{2} \, .$$

Wenn wir das Bogenmaß für $\beta/2$ verwenden, gilt außerdem

$$\frac{E_0}{2} = r \, \frac{\beta}{2} \, .$$

Kombinieren wir diese beiden Gleichungen, so erhalten wir

$$E_\theta = E_0 \, \frac{\sin \beta/2}{\beta/2} \, . \tag{36.5}$$

Der Winkel β ist die Phasendifferenz zwischen den Wellen an der oberen und unteren Kante des Spalts. Der Gangunterschied zwischen diesen beiden Strahlen ist $a \sin\theta$ (siehe ▶ Abbildung 36.7 und 36.4), also

$$\beta = \frac{2\pi}{\lambda} a \sin\theta \, . \tag{36.6}$$

Die Intensität ist proportional zum Quadrat der Amplitude. Daher ist die Intensität I_θ für beliebige Winkel θ nach Gleichung 36.5 durch

$$I_\theta = I_0 \left(\frac{\sin \beta/2}{\beta/2} \right)^2 \tag{36.7}$$

gegeben. Dabei ist $I_0 (\propto E_0^2)$ die Intensität bei $\theta = 0°$ (zentrales Maximum). Durch Kombination der Gleichungen 36.6 und 36.7 erhalten wir

Intensität des Beugungsmusters am Einfachspalt

$$I_\theta = I_0 \left[\frac{\sin\left(\frac{\pi a \sin\theta}{\lambda}\right)}{\left(\frac{\pi a \sin\theta}{\lambda}\right)} \right]^2 \, . \tag{36.8}$$

Gemäß Gleichung 36.8 treten Minima ($I_\theta = 0$) für $\sin(\pi a \sin\theta/\lambda) = 0$ auf, was bedeutet, dass $\pi a \sin\theta/\lambda$ gleich $\pi, 2\pi, 3\pi$ usw. sein muss, oder

$$a \sin\theta = m\lambda \, , \quad m = 1, 2, 3, \ldots \quad \text{(Minima)} \, ,$$

was wir bereits zuvor erhalten hatten (Gleichung 36.2). Beachten Sie, dass m nicht null sein kann: Im Falle $\beta/2 = \pi a \sin\theta/\lambda = 0$ verschwindet in Gleichung 36.7 der Nenner ebenso wie der Zähler und 36.8 ist nicht auswertbar. Wir können die Intensität in diesem Fall berechnen, indem wir den Grenzwert $\theta \to 0$ (oder $\beta \to 0$) bilden. Für sehr kleine Winkel gilt $\sin\beta/2 \approx \beta/2$, so dass $(\sin\beta/2)/(\beta/2) \to 1$, und I_θ ist gleich I_0, dem zentralen Maximum des Musters.

Die durch Gleichung 36.8 gegebene Intensität I_θ als Funktion von θ entspricht der grafischen Darstellung in ▶ Abbildung 36.4.

Beispiel 36.3 · Abschätzung

Intensität im Maximum zweiter Ordnung

Schätzen Sie die Intensität der ersten beiden Nebenmaxima zu beiden Seiten des zentralen Maximums ab.

Lösung

Die Nebenmaxima liegen näherungsweise in der Mitte zwischen zwei Minima, also etwa bei

$$\frac{\beta}{2} = \frac{\pi a \sin\theta}{\lambda} \approx \left(m + \frac{1}{2}\right)\pi \, , \quad m = 1, 2, 3, \ldots$$

Tatsächlich liegen die Maxima nicht exakt in diesen Punkten – ihre Lagen können durch Differenzieren von Gleichung 36.7 bestimmt werden, siehe Aufgabe 10 am Ende dieses Kapitels – wir suchen hier nur nach einer Abschätzung. Wenn wir in Gleichung 36.7 oder 36.8 diese Werte für β verwenden, erhalten wir mit $\sin(m+\frac{1}{2})\pi = 1$

$$I_\theta = \frac{I_0}{\left(m+\frac{1}{2}\right)^2 \pi^2}\,, \qquad m = 1, 2, 3, \ldots$$

Für $m = 1$ und $m = 2$ ergibt sich

$$I_\theta = \frac{I_0}{22{,}2} = 0{,}045 I_0 \qquad (m = 1)$$

$$I_\theta = \frac{I_0}{61{,}7} = 0{,}016 I_0 \qquad (m = 2)\,.$$

Das erste Maximum neben dem zentralen Maximum hat nur 1/22 oder 4,5% der Intensität des zentralen Maximums und die nachfolgenden Maxima sind noch kleiner, wie wir in den ► Abbildungen 36.4 und 36.2c sehen können.

Die Beugung an einer runden Öffnung erzeugt ein ähnliches Muster (das allerdings rund statt rechteckig ist). Sie ist von großer praktischer Bedeutung, da Linsen üblicherweise rund sind. Wir werden dies in Abschnitt 36.4 diskutieren und dabei insbesondere darauf eingehen, wie die Beugung die Auflösung (oder Schärfe) des Bildes einschränkt.

36.3 Beugung am Doppelspalt

Bei der Analyse des Young'schen Doppelspaltexperiments in Abschnitt 35.5 haben wir angenommen, dass der zentrale Bereich des Schirms gleichmäßig angestrahlt wird. Dies ist äquivalent mit der Annahme, dass die Spalte infinitesimal schmal sind, so dass sich der zentrale Beugungspeak gleichmäßig über den gesamten Schirm ausdehnt. Dies ist natürlich nur eine Näherung. Für reale Spalte reduziert die Beugung die Intensität der hellen Interferenzstreifen abseits der Mitte, so dass sie nicht alle die gleiche Höhe haben (siehe ► Abbildung 35.14). (Eine genauere Darstellung ist in ► Abbildung 35.9b gegeben.)

Um die Intensität im Interferenzmuster eines Doppelspalts unter Berücksichtigung der Beugung zu berechnen, nehmen wir an, dass die Spalte die gleiche Breite a und ihre Mittellinien den Abstand d haben. Da der Abstand zum Schirm groß im Vergleich zum Spaltabstand d ist, sind die Amplituden der durch jeden Spalt gehenden Wellen in jedem Punkt des Schirms näherungsweise gleich. Die Gesamtamplitude für einen Winkel θ ist dann nicht mehr

$$E_{\theta 0} = 2E_0 \cos\frac{\delta}{2}\,,$$

wie durch Gleichung 35.5b angegeben. Die Gleichung muss aufgrund der Beugung gemäß 36.5 modifiziert werden zu

$$E_{\theta 0} = 2E_0 \left(\frac{\sin\beta/2}{\beta/2}\right) \cos\frac{\delta}{2}\,.$$

(Beachten Sie, dass wir uns bisher in diesem Kapitel nur mit der Amplitude von E befasst haben, so dass wir der Einfachheit halber E_θ anstatt $E_{\theta 0}$ wie in Kapitel 35 geschrieben haben.) Die Intensität ist daher gegeben durch

$$I_\theta = I_0 \left(\frac{\sin\beta/2}{\beta/2}\right)^2 \left(\cos\frac{\delta}{2}\right)^2\,, \qquad (36.9)$$

wobei gemäß Gleichung 36.6 und 35.4

$$\frac{\beta}{2} = \frac{\pi}{\lambda}\,a\sin\theta \quad \text{und} \quad \frac{\delta}{2} = \frac{\pi}{\lambda}\,d\sin\theta$$

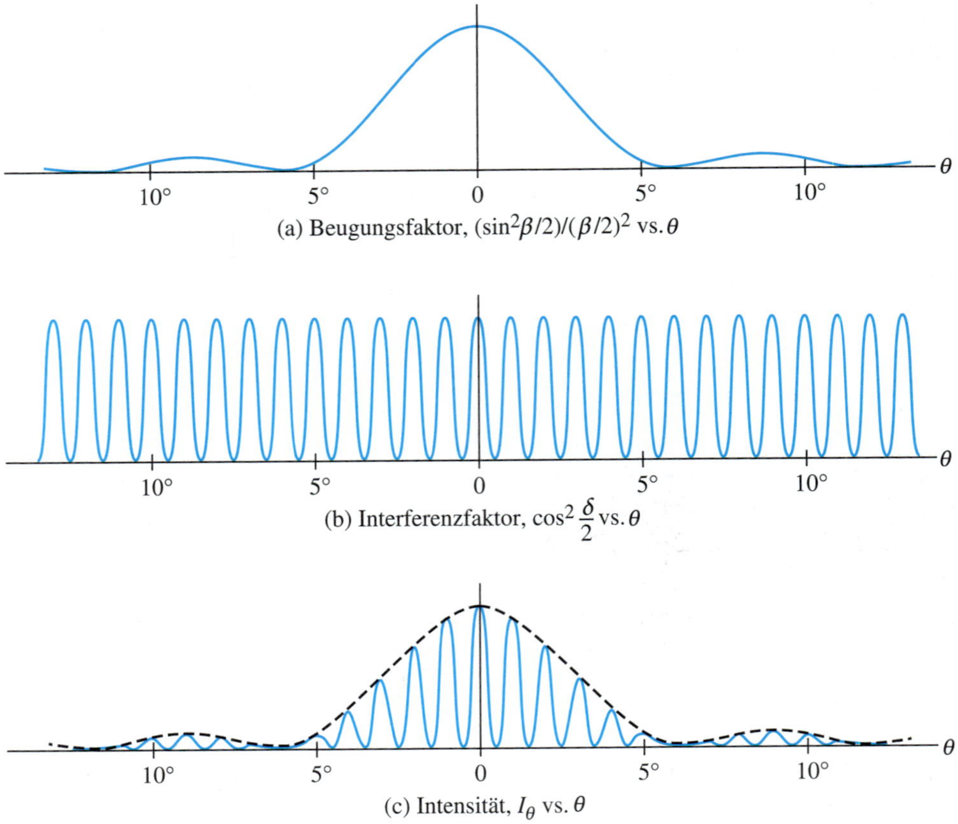

Abbildung 36.10 (a) Beugungsfaktor, (b) Interferenzfaktor und (c) die sich ergebende Intensität I_θ, dargestellt als Funktion von θ für $d = 6a = 60\lambda$.

gilt. Der erste geklammerte Ausdruck in **Gleichung 36.9** wird mitunter als „Beugungsfaktor" und der zweite als „Interferenzfaktor" bezeichnet. Die beiden Faktoren sind in ▸ **Abbildung 36.10a** bzw. **36.10b** für $d = 6a$ und $a = 10\lambda$ dargestellt. (▸ **Abbildung 36.10b** zeigt im Wesentlichen das Gleiche wie ▸ **Abbildung 35.14**.) ▸ **Abbildung 36.10c** zeigt das Produkt dieser beiden Kurven mal I_0, was tatsächlich die Intensität als Funktion von θ (oder für nicht zu große θ von der Position auf dem Schirm) ist, wie sie durch **Gleichung 36.9** gegeben ist. Die gestrichelte Linie in ▸ **Abbildung 36.10c** soll andeuten, dass der Beugungsfaktor als eine Art Einhüllende die Höhe der Interferenzpeaks beschränkt.

Beispiel 36.4 Beugung plus Interferenz

Erläutern Sie, weshalb der zentrale Beugungspeak in ▸ **Abbildung 36.10c** 11 Interferenzstreifen enthält.

Lösung

Das erste Minimum des Beugungsmusters liegt bei

$$\sin\theta = \frac{\lambda}{a}\,.$$

Wegen $d = 2a$ gilt

$$d\sin\theta = 6a\left(\frac{\lambda}{a}\right) = 6\lambda\,.$$

Gemäß **Gleichung 35.2a** treten Interferenzpeaks (Maxima) für $d\sin\theta = m\lambda$ auf, wobei m 0, 1 oder eine beliebige andere positive ganze Zahl sein kann. Das

Beugungsminimum ($d \sin\theta = 6\lambda$) fällt daher mit $m = 6$ im Interferenzmuster zusammen, so dass der Peak für $m = 6$ nicht auftritt. Folglich schließt der zentrale Beugungspeak den zentralen Interferenzpeak ($m = 0$) und jeweils fünf Peaks zu beiden Seiten des zentralen Peaks ein, also insgesamt 11 Peaks. Da der Peak sechster Ordnung nicht erscheint, wird er als fehlende Ordnung bezeichnet.

Das letzte Beispiel zeigt u. a., dass die Anzahl der Interferenzstreifen im zentralen Beugungspeak nur vom Verhältnis d/a abhängt, nicht aber von der Wellenlänge λ. Der tatsächliche Abstand (gemessen als Winkel oder als Position auf dem Schirm) hängt von λ ab. Im dargestellten Fall gilt $a = 10\lambda$, d. h. das erste Beugungsminimum tritt für $\sin\theta = \lambda/a = 0{,}10$ oder rund 6° auf.

Die Abnahme der Intensität der Interferenzstreifen mit zunehmendem Abstand vom Zentrum ist in ▸ Abbildung 36.11 dargestellt.

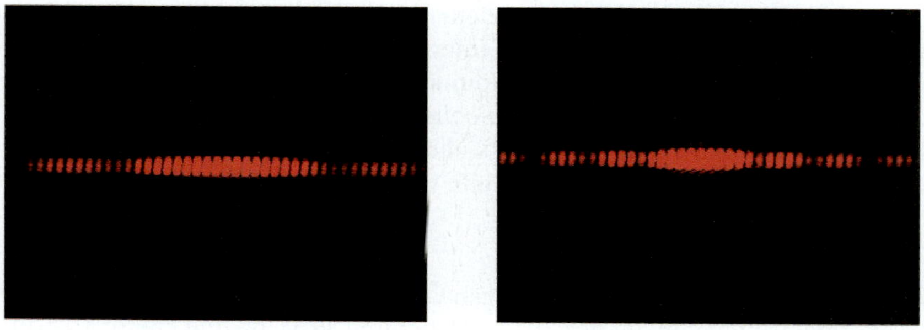

Abbildung 36.11 Fotos von Interferenzmustern am Doppelspalt, auf denen die Effekte der Beugung zu sehen sind. In beiden Fällen gilt $d = 0{,}5$ mm, wobei a in Teil (a) 0,04 mm und in Teil (b) 0,08 mm ist.

Beugungs- und Interferenzmuster beruhen auf dem gleichen Phänomen – der Superposition kohärenter Wellen mit unterschiedlichen Phasen. Ihre Unterscheidung ist also nicht physikalisch begründet, sondern dient der möglichst einfachen Beschreibung, wie in diesem Abschnitt, wo wir das Doppelspaltmuster separat unter dem Gesichtspunkt der Beugung und der Interferenz behandelt haben. Als Interferenz bezeichnet man die Überlagerung von kohärenten Wellen, die von unterschiedlichen Objekten ausgehen. Bei Interferenz an periodischen Objekten (z. B. einem Spalt oder einer Kreisblende) entstehen symmetrische Muster mit großen Helligkeitsunterschieden (siehe ▸ Abbildungen 36.11, 36.12); in diesen Fällen spricht man von Beugung.

36.4 Beschränkung der Auflösung; kreisförmige Öffnungen

Die Fähigkeit einer Linse unterscheidbare Bilder von zwei punktförmigen, dicht benachbarten Objekten zu erzeugen, wird als **Auflösungsvermögen** bezeichnet. Je näher die beiden Bilder beieinander liegen können und trotzdem noch unterscheidbar sind (anstatt überlappende Intensitätsverteilungen zu bilden), umso höher ist die Auflösung. Die Auflösung einer Kameralinse beispielsweise wird durch die Angabe spezifiziert, wie viele Linien pro Millimeter abgebildet werden können.[2] Sie kann bestimmt werden, indem man mit einem standardisierten Aufbau parallele Linien auf einem feinkörnigen Film aufnimmt.

Es gibt zwei Hauptfaktoren, die die Auflösung einer Linse beschränken. Der erste sind Abbildungsfehler der Linse. Wie wir gesehen haben, ist das Bild eines punktförmigen Objektes aufgrund von Abbildungsfehlern kein Punkt, sondern ein kleiner Fleck. Bei sorgfältig konstruierten Verbundlinsen können Abbildungsfehler signifikant reduziert, aber niemals ganz vermieden werden. Der zweite Faktor,

2 Diese Angabe kann sich auf die Mitte des Sehfeldes beziehen oder auf die Ränder, wo der Wert aufgrund von Abbildungsfehlern kleiner ist.

(a)

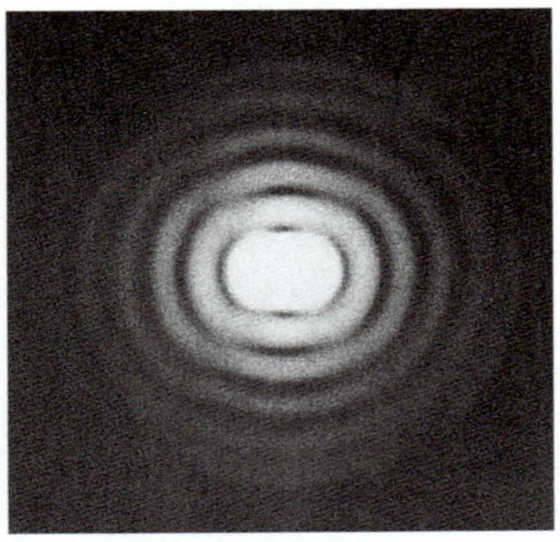

(b)

Abbildung 36.12 Stark vergrößerte Aufnahmen von Bildern, die durch Linsen erzeugt wurden: (a) für ein punktförmiges Objekt, (b) für zwei punktförmige Objekte, deren Bilder kaum aufgelöst sind.

der die Auflösung beschränkt, ist die *Beugung*. Dieser Faktor kann nicht korrigiert werden, da es sich hierbei um eine unvermeidliche Folge der Wellennatur des Lichts handelt. Dies wollen wir im Folgenden diskutieren.

In Abschnitt 36.1 haben wir gesehen, dass das von einer Punktquelle ausgehende Licht, da es sich in Form einer Welle fortbewegt, nach dem Durchgang durch einen Spalt ein Beugungsmuster bildet (► Abbildungen 36.2 und 36.4). Eine Linse wirkt aufgrund der Tatsache, dass sie Ränder hat, wie ein Spalt. Wenn eine Linse ein punktförmiges Objekt abbildet, dann ist das Bild genau genommen ein winziges Beugungsmuster der Umrandung. *Daher wäre das Bild selbst dann etwas verschwommen, wenn es überhaupt keine Abbildungsfehler gäbe.*

Bei der folgenden Analyse nehmen wir an, dass die Linse frei von Abbildungsfehlern ist, so dass wir unsere Aufmerksamkeit ganz den Beugungseffekten widmen können. In ► Abbildung 36.4 haben wir gesehen, dass das Beugungsmuster eines rechteckigen Spalts ein zentrales Maximum zeigt, in das das meiste Licht fällt. Dieses Maximum fällt nach beiden Seiten zu einem Minimum ab, welches etwa beim Winkel $\theta \approx \sin\theta = \lambda/a$ liegt (dies ist Gleichung 36.1), wobei a die Breite des Spalts, λ die Wellenlänge des verwendeten Lichts und θ ein kleiner Winkel ist. Außerdem gibt es zwei Streifen geringer Intensität. Für eine Linse (und für jedes kreisrunde Loch) besteht das Bild eines punktförmigen Objektes aus einem *runden* zentralen Peak (der als *Beugungsscheibchen* oder *Airy-Scheibchen* bezeichnet wird), umgeben von schwachen Ringen (siehe ► Abbildung 36.12a). Das zentrale Maximum hat eine angulare Halbwertsbreite von

$$\theta = \frac{1{,}22\,\lambda}{D}\,,$$

wobei D der Durchmesser der kreisförmigen Öffnung ist.

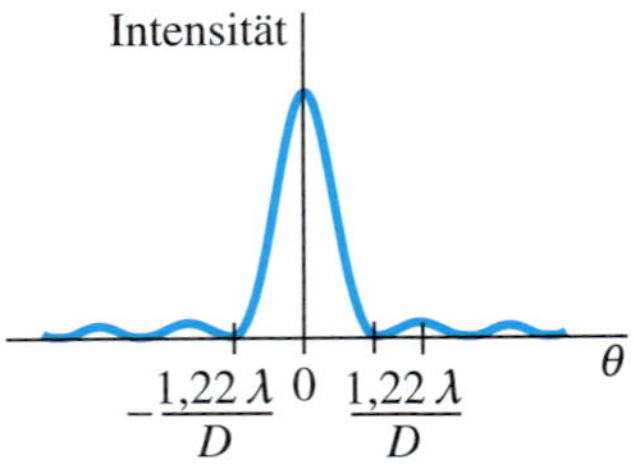

Abbildung 36.13 Lichtintensität für das Beugungsmuster bei einer kreisförmigen Öffnung.

Diese Formel weicht von der des Spalts (Gleichung 36.1) um den Faktor 1,22 ab. Dieser Faktor tritt auf, weil die Breite eines kreisförmigen Loches nicht konstant ist (wie im Falle eines Rechtecks), sondern vom Durchmesser D bis null reicht. Eine genaue Analyse zeigt, dass das „Mittel" gleich $D/1{,}22$ ist. Damit erhalten wir die obige Gleichung anstatt Gleichung 36.1. Die Lichtintensität im Beugungsmuster für Licht, das von einer Punktquelle durch eine kreisförmige Öffnung geht, ist in ► Abbildung 36.13 dargestellt. Für eine nicht punktförmige Quelle ergibt sich das Bild aus der Überlagerung derartiger Muster. Für die meisten Zwecke genügt es, das zentrale Beugungsscheibchen zu betrachten, da die konzentrischen Ringe sehr viel schwächer sind.

Rayleigh-Kriterium (Auflösungsgrenze)

Für zwei dicht benachbarte punktförmige Objekte überlagern sich die Beugungsmuster, wie in ► Abbildung 36.12b dargestellt. Werden die Objekte näher aneinander gerückt, dann kann man nicht mehr unterscheiden, ob es sich um zwei überlappende Bilder oder um ein einziges Bild handelt. Der Abstand, bei dem dies geschieht, wird unter Umständen von verschiedenen Personen unterschiedlich beurteilt. Ein allgemein akzeptiertes Kriterium wurde von Lord Rayleigh (1842–1919) vorgeschlagen. Das **Rayleigh-Kriterium** besagt, dass *zwei Bilder gerade noch auflösbar sind, wenn der Mittelpunkt des Beugungsscheibchens des einen Bildes direkt über dem ersten Minimum des Beugungsmusters des anderen liegt.* Dies ist in ► Abbildung 36.14 dargestellt. Da das erste Minimum um den Winkel $\theta = 1.22\,\lambda/D$ vom zentralen Maximum entfernt ist, zeigt ► Abbildung 36.14, dass zwei Objekte als gerade noch auflösbar betrachtet werden können, wenn sie um eben diesen Winkel θ auseinander liegen:

$$\theta = \frac{1{,}22\,\lambda}{D}\,. \tag{36.10}$$

Dies ist die Auflösungsgrenze, die durch die Wellennatur des Lichts auferlegt ist.

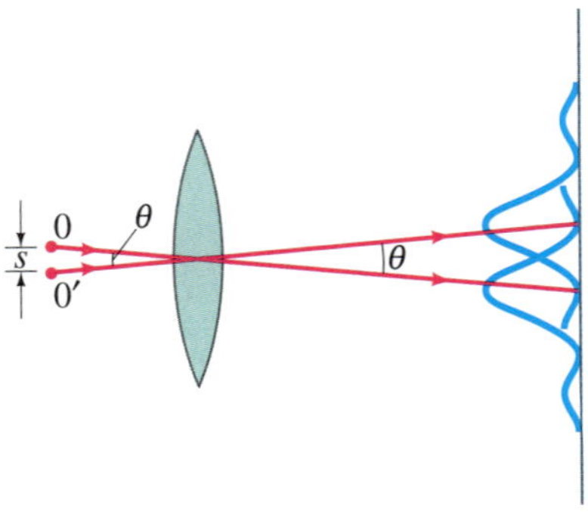

Abbildung 36.14 Das *Rayleigh-Kriterium.* Zwei Bilder sind gerade noch auflösbar, wenn der Mittelpunkt des Beugungspeaks des einen direkt über dem ersten Minimum des Beugungsmusters des anderen liegt. Die Verbindungslinien der beiden punktförmigen Objekte O und O′ mit dem Linsenmittelpunkt bilden einen Winkel θ; für jedes Objekt ist nur ein Strahl dargestellt, um den Mittelpunkt des jeweiligen Beugungsmusters anzuzeigen.

Beispiel 36.5 **Hubble-Teleskop**

Das Weltraumtelskop Hubble ist ein reflektierendes Fernrohr, das in eine Umlaufbahn außerhalb der Erdatmosphäre gebracht wurde, um die Auflösung nicht durch Turbulenzen innerhalb der Atmosphäre zu verschlechtern (siehe ▸ Abbildung 36.15). Der Durchmesser des Objektivs beträgt 2,4 m. Schätzen Sie für sichtbares Licht der Wellenlänge $\lambda = 550$ nm die Verbesserung der Auflösung ab, die Hubble im Vergleich zu terrestrischen Teleskopen liefert, deren Auflösung durch die Bewegung der Atmosphäre auf etwa eine halbe Bogensekunde beschränkt ist (ein Grad ist in 60 Bogenminuten und jede Bogenminute in 60 Sekunden unterteilt, d. h. $1° = 3600$ Bogensekunden).

Lösung

Terrestrische Teleskope sind auf eine Winkelauflösung von

$$\theta = \frac{1}{2}\left(\frac{1}{3600}\right)^{\circ}\left(\frac{2\pi\ \text{rad}}{360^{\circ}}\right) = 2{,}4 \cdot 10^{-6}\ \text{rad}$$

beschränkt. Das Hubble-Teleskop dagegen ist durch die Beugung limitiert (Gleichung 36.10), was für $\lambda = 550$ nm

$$\theta = \frac{1{,}22(550 \cdot 10^{-9}\ \text{m})}{2{,}4\ \text{m}} = 2{,}8 \cdot 10^{-7}\ \text{rad}$$

ergibt, also eine fast um das Zehnfache bessere Auflösung.

Abbildung 36.15 Das Weltraumteleskop Hubble mit der Erde im Hintergrund. Die orangefarbenen Panele sind Solarzellen, die Energie von der Sonne speichern.

36.5 Auflösung von Teleskopen und Mikroskopen; der λ-Grenzfall

Möglicherweise glauben Sie, dass Mikroskope und Teleskope für jede gewünschte Vergrößerung konstruiert werden können, indem die Brennweiten und die Qualität der Linsen geeignet gewählt werden. Dies ist jedoch aufgrund der Beugung nicht möglich. Das Anwachsen der Vergrößerung über einen bestimmten Punkt hinaus bewirkt einfach nur die Vergrößerung des Beugungsmusters. Dies kann unter Umständen zu Missverständnissen führen, wenn der Betrachter meint, Details eines Objektes zu sehen, während es sich tatsächlich nur um die Details des Beugungsmusters handelt. Um dieses Problem zu analysieren, wenden wir das Rayleigh-Kriterium an: Zwei Objekte (oder zwei benachbarte Punkte auf einem Objekt) sind gerade noch auflösbar, wenn sie um einen Winkel θ voneinander entfernt sind (▸ Abbildung 36.14), der durch Gleichung 36.10 gegeben ist:

Auflösung

$$\theta = \frac{1{,}22\,\lambda}{D}\ .$$

Dies gilt sowohl für Mikroskope als auch für Teleskope. D ist der Durchmesser des Objektivs. Für ein Teleskop wird die Auflösung durch die Angabe von θ entsprechend dieser Gleichung spezifiziert.[3]

Bei Mikroskopen ist es günstiger, den tatsächlichen Abstand s zwischen zwei gerade noch auflösbaren Punkten anzugeben. Da ein zu betrachtendes Objekt üblicherweise in der Nähe des Objektivbrennpunkts platziert wird, gilt $\theta = s/f$ oder

3 Teleskope mit großen Objektivdurchmessern sind gewöhnlich nicht durch die Beugung, sondern durch andere Effekte wie Turbulenzen in der Atmosphäre limitiert. Die Auflösung eines hochwertigen Mikroskops wird dagegen normalerweise durch die Beugung beschränkt, da Mikroskopcbjektive komplexe Verbundlinsen sind, die viele Elemente von jeweils kleinem Durchmesser enthalten (denn f ist klein).

$s = f\theta$. Kombinieren wir dies mit Gleichung 36.10, so erhalten wir für das **Auflösungsvermögen**:

Auflösungsvermögen

$$s = f\theta = \frac{1{,}22\,\lambda f}{D}\,. \qquad (36.11)$$

Dieser Abstand s wird als Auflösungsvermögen der Linse bezeichnet, da er der minimale Abstand zwischen zwei Punkten ist, die bei maximaler Qualität der Linse gerade noch aufgelöst werden können, denn diese Einschränkung ist durch die Wellennatur des Lichts gegeben.

Abbildung 36.16 Das 300-m-Radioteleskop in Arecibo, Puerto Rico, arbeitet mit Radiowellen anstatt mit sichtbarem Licht.

Beispiel 36.6 Teleskopauflösung, Radiowellen vs. sichtbares Licht

Wie groß ist das theoretische Minimum der Winkeldifferenz zwischen zwei Sternen, die mit den folgenden Instrumenten gerade noch aufgelöst werden können: (a) mit dem 200-Zoll-Teleskop auf dem Palomar Mountain (▸ Abbildung 34.33c), (b) mit dem Radioteleskop in Arecibo (▸ Abbildung 36.16), das einen Durchmesser von 300 m und einen Krümmungsradius von ebenfalls 300 m hat? Nehmen Sie $\lambda = 550$ nm für das Lichtmikroskop in Teil (a) und $\lambda = 4$ cm (die kürzeste Wellenlänge, für die ein Radioteleskop jemals gearbeitet hat) in Teil (b) an.

Lösung

a Mit $D = 200$ Zoll $= 5{,}1$ m erhalten wir aus Gleichung 36.10

$$\theta = \frac{1{,}22\,\lambda}{D} = \frac{(1{,}22)(5{,}50 \cdot 10^{-7}\,\text{m})}{(5{,}1\,\text{m})} = 1{,}3 \cdot 10^{-7}\,\text{rad}$$

oder $0{,}75 \cdot 10^{-5}$ deg. (Mit dieser Auflösung können zwei Punkte im Abstand von weniger als 1 cm aus 100 km Entfernung noch als getrennt wahrgenommen werden.) Dies ist die durch die Beugung gesetzte Schranke. Aufgrund von Abbildungsfehlern und, wichtiger noch, Turbulenzen in der Atmosphäre ist die Auflösung in Wirklichkeit nicht so gut. Tatsächlich besteht der Vorzug großer Objektivdurchmesser nicht in der besseren Auflösung, sondern in der größeren „Lichtfangleistung", die es erlaubt, lichtschwache Objekte zu beobachten.

b Für Radioteleskope stellen atmosphärische Turbulenzen kein Problem dar. Für Radiowellen mit $\lambda = 0{,}04$ m ist die Auflösung

$$\theta = \frac{(1{,}22)(0{,}04\,\text{m})}{300\,\text{m}} = 1{,}6 \cdot 10^{-4}\,\text{rad}\,.$$

Die Beugung definiert für jedes Objekt eine unüberwindbare untere Schranke für die Größe der beobachtbaren Details. In Gleichung 36.11 bemerken wir, dass die Brennweite einer Linse nicht kleiner gemacht werden kann als (näherungsweise) der Linsenradius, und selbst das ist schwierig – siehe die Linsenmachergleichung (34.4). In diesem günstigsten Fall liefert Gleichung 36.11 mit $f \approx D/2$

$$s \approx \frac{\lambda}{2}\,. \qquad (36.12)$$

Die Auflösung ist durch λ beschränkt

Es ist also nicht möglich, Details eines Objektes aufzulösen, die kleiner sind als die Wellenlänge der verwendeten Strahlung.

Dies ist eine wichtige und nützliche Faustregel.

Verbundlinsen werden heute so gut konstruiert, dass die eigentliche Limitierung der Auflösung durch die Beugung, d. h. durch die Wellenlänge des verwendeten Lichts, gegeben ist. Durch den Einsatz von UV-Strahlung kann die Auflösung etwa um den Faktor 2 erhöht werden. Wichtiger war jedoch die Entdeckung im frühen 20. Jahrhundert, dass Elektronen Welleneigenschaften besitzen (Kapitel 38) und dass ihre Wellenlängen sehr klein sein können. Die Wellennatur von Elektronen wird im Elektronenmikroskop (siehe Abschnitt 38.7) ausgenutzt, das wegen der sehr viel kürzeren Wellenlänge 100- bis 1000-mal stärker vergrößern kann als ein Lichtmikroskop. Röntgenstrahlen haben ebenfalls sehr kurze Wellenlängen und werden deshalb oft verwendet, um Gegenstände in hoher Auflösung zu betrachten (siehe Abschnitt 36.10).

36.6 Auflösungsvermögen des menschlichen Auges und sinnvolle Vergrößerung

Das Auflösungsvermögen des menschlichen Auges ist durch viele Faktoren limitiert, die alle die gleiche Größenordnung haben. Am besten ist die Auflösung in der Fovea centralis, wo der Abstand der Zapfen am kleinsten ist, nämlich etwa 3 µm (= 3000 nm). Der Pupillendurchmesser variiert etwa zwischen 0,1 cm und 0,8 cm. Daher gilt für die Beugung für $\lambda = 550\,\text{nm}$ (wo die Sensitivität des Auges am größten ist) $\theta \approx 1{,}22\,\lambda/D \approx 8 \cdot 10^{-5}$ rad bis $6 \cdot 10^{-4}$ rad. Da das Auge ca. 2 cm lang ist, entspricht dies einem Auflösungsvermögen von bestenfalls $s \approx (8 \cdot 10^{-5}\,\text{rad})(2 \cdot 10^{-2}\,\text{m}) \approx 2\,\mu\text{m}$ und 15 µm im schlechtesten Fall. Sphärische und chromatische Aberration beschränken die Auflösung ebenfalls auf 10 µm. Bei Berücksichtigung aller Effekte kann das Auge zwei Punkte gerade noch auflösen, wenn der Winkelabstand $5 \cdot 10^{-4}$ rad beträgt. Dies entspricht zwei Objekten, die 20 m entfernt sind und voneinander einen Abstand von 1 cm haben.

Der typische Nahpunkt des menschlichen Auges liegt bei etwa 25 cm. In diesem Abstand kann das Auge zwei Objekte gerade noch auflösen, wenn sie $(25\,\text{cm})(5 \cdot 10^{-4}\,\text{rad}) \approx 10^{-4}\,\text{m} = 1/10\,\text{mm}$ voneinander entfernt sind. Da das beste Lichtmikroskop keine Objekte mehr auflösen kann, die kleiner sind als 200 nm (Gleichung 36.12 für violettes Licht, $\lambda = 400\,\text{nm}$), ist die sinnvolle Vergrößerung (das Verhältnis von Auflösung durch das bloße Auge zur Auflösung durch das Mikroskop) auf etwa

$$\frac{10^{-4}\,\text{m}}{200 \cdot 10^{-9}\,\text{m}} = 500$$

beschränkt. In der Praxis werden häufig Vergrößerungen von etwa 1000 verwendet, um die Belastung für die Augen zu minimieren. Jede darüber hinausgehende Vergrößerung würde einfach nur das durch das Objektiv erzeugte Beugungsmuster sichtbar machen.

36.7 Beugungsgitter

Eine Anordnung aus vielen äquidistanten parallelen Spalten wird **Beugungsgitter** genannt, obwohl die Bezeichnung „Interferenzgitter" vielleicht passender wäre. Beugungsgitter können durch Eingravieren sehr dünner paralleler Linien in eine Glasplatte hergestellt werden. Die unberührten Zwischenräume zwischen den Linien dienen als Spalte. Transparente Aufnahmen eines originalen Beugungsgitters dienen als kostengünstige Alternative. Heute sind Beugungsgitter mit 10 000 Linien pro Zentimeter üblich. Diese werden für hochpräzise Messungen von Wellenlängen eingesetzt. Ein Beugungsgitter, das Spalte enthält, wird als **Transmissionsgitter** bezeichnet. Ebenfalls Verwendung finden **Reflexionsgitter**. Bei diesen werden dünne Linien auf eine Metall- oder Glasplatte gezogen, an denen das Licht reflektiert und anschließend analysiert wird. Die Analyse ist im Wesentlichen die gleiche wie für ein Transmissionsgitter, das wir im Folgenden diskutieren.

Die Analyse eines Beugungsgitters ist der des Young'schen Doppelspaltversuchs sehr ähnlich. Wir nehmen an, dass parallele Lichtstrahlen, wie in ▸ Abbildung 36.17 dargestellt, auf das Beugungsgitter fallen. Außerdem setzen wir voraus,

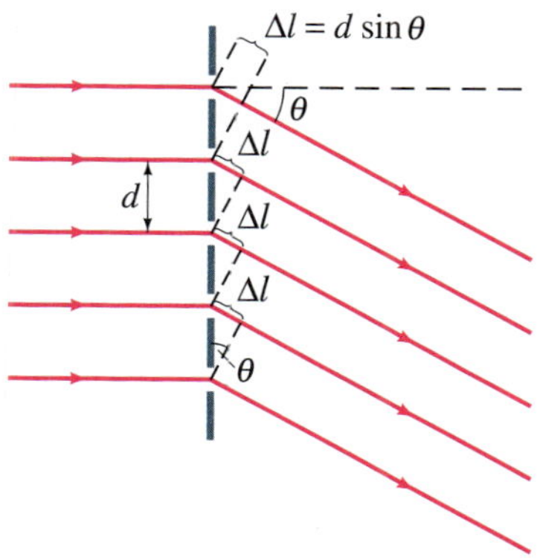

Abbildung 36.17 Beugungsgitter.

dass die Spalte hinreichend schmal sind, damit sich das durch jeden Spalt dringende Licht über einen breiten Winkel auf dem weit entfernten Schirm ausbreiten und mit dem durch andere Spalte gegangenen Licht interferieren kann. Strahlen, die ohne Ablenkung ($\theta = 0°$) durch die Spalte gehen, interferieren konstruktiv und erzeugen eine helle Linie in der Mitte des Schirms. Konstruktive Interferenz tritt auch für Winkel θ auf, für die Strahlen aus benachbarten Spalten einen zusätzlichen Weg von $\Delta l = m\lambda$ zurücklegen, wobei m eine ganze Zahl ist. Sei d der Abstand zwischen den Spalten. Dann sehen wir aus ▶ Abbildung 36.17, dass $\Delta l = d \sin\theta$ und

Maxima des Beugungsgitters

$$\sin\theta = \frac{m\lambda}{d}, \quad m = 0, 1, 2, \ldots \quad \text{(Hauptmaxima)} \qquad (36.13)$$

das Kriterium für ein Helligkeitsmaximum ist. Dies ist dieselbe Gleichung wie im Falle des Doppelspalts und wiederum wird m als Ordnung des Musters bezeichnet.

Warum schmalere Spalte schärfere Bilder liefern

Allerdings gibt es einen wichtigen Unterschied zwischen dem Muster für den Doppelspalt und dem für ein Gitter mit sehr vielen Spalten. Die Helligkeitsmaxima sind für das Beugungsgitter wesentlich *schärfer* und *schmaler*. Der Grund hierfür liegt in Folgendem: Angenommen, der Winkel θ wird ein wenig größer als für ein Maximum erforderlich gewählt. Für nur zwei Spalte sind die beiden Wellen nur leicht gegeneinander phasenverschoben, so dass nahezu vollständige konstruktive Interferenz auftritt. Dies bedeutet, dass die Maxima breit sind (siehe ▶ Abbildung 35.9). Für ein Beugungsgitter sind die Wellen aus zwei benachbarten Spalten ebenfalls nicht signifikant phasenverschoben. Jedoch kann die Welle aus einem bestimmten Spalt gegenüber einer anderen, ein paar hundert Spalte entfernten Welle maximal phasenverschoben sein. Auf diese Weise löschen sich (fast) alle Lichtstrahlen paarweise aus. Nehmen wir beispielsweise an, der Winkel θ unterscheidet sich von seinem Maximum erster Ordnung, so dass die zusätzliche Weglänge für ein Paar benachbarter Spalte nicht genau λ, sondern $1{,}0010\,\lambda$ ist. Die Welle durch einen Spalt und eine andere Welle 500 Spalte weiter unten sind um $1{,}5000\,\lambda$ oder genau $1\frac{1}{2}$ Wellenlängen gegeneinander phasenverschoben, so dass sich beide auslöschen. Das Paar, das jeweils einen Spalt tiefer das Gitter passiert, löscht sich ebenfalls gegenseitig aus, usw. Daher entsteht selbst für einen sehr kleinen Winkel[4], der einer zusätzlichen Weglänge von $\frac{1}{1000}\,\lambda$ entspricht, in starkem Maße destruktive Interferenz, weshalb die Maxima sehr schmal sind. Je mehr Linien das Beugungsgitter hat, umso schärfer werden die Peaks (siehe ▶ Abbildung 36.18). Da ein Gitter sehr viel schärfere und hellere Linien erzeugt als nur zwei Spalte, ist es ein wesentlich genaueres Instrument zum Messen von Wellenlängen.

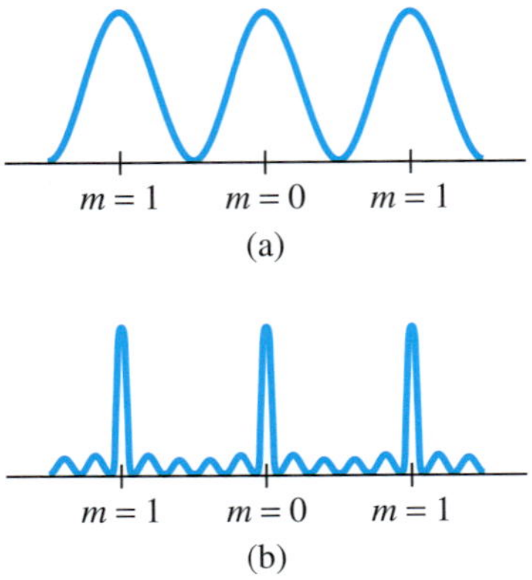

Abbildung 36.18 Die Intensität als Funktion des Sehwinkels θ (oder der Position auf dem Schirm): (a) für zwei Spalte, (b) für sechs Spalte. Ein Beugungsgitter besitzt eine sehr große ($\sim 10^4$) Anzahl von Spalten und die Peaks sind noch schmaler als in Teil (b).

Was geschieht, wenn das auf ein Beugungsgitter fallende Licht nicht monochromatisch ist, sondern aus zwei oder mehr verschiedenen Wellenlängen besteht? In diesem Fall erzeugt jede Wellenlänge wie beim Doppelspalt außer für die Ordnung $m = 0$ Maxima für verschiedene Winkel (▶ Abbildung 36.19a). Wenn weißes Licht auf ein Beugungsgitter trifft, dann ist der zentrale Peak ($m = 0$) ein scharfer weißer Peak. Für alle anderen Ordnungen jedoch gibt es unterschiedliche Spektren von Farben, die sich über einen bestimmten Winkelbereich ausbreiten (siehe ▶ Abbildung 36.19b). Da ein Beugungsgitter das Licht in seine Komponenten aufspaltet, wird das entstehende Muster als **Spektrum** bezeichnet.

4 In Abhängigkeit von der Gesamtanzahl der Spalte kann die Auslöschung für einen solchen Winkel vollständig sein oder auch nicht, so dass es sehr kleine Peaks zwischen den Hauptmaxima gibt (siehe ▶ Abbildung 36.18b). Sie sind jedoch gewöhnlich so klein, dass man sie nicht sehen kann.

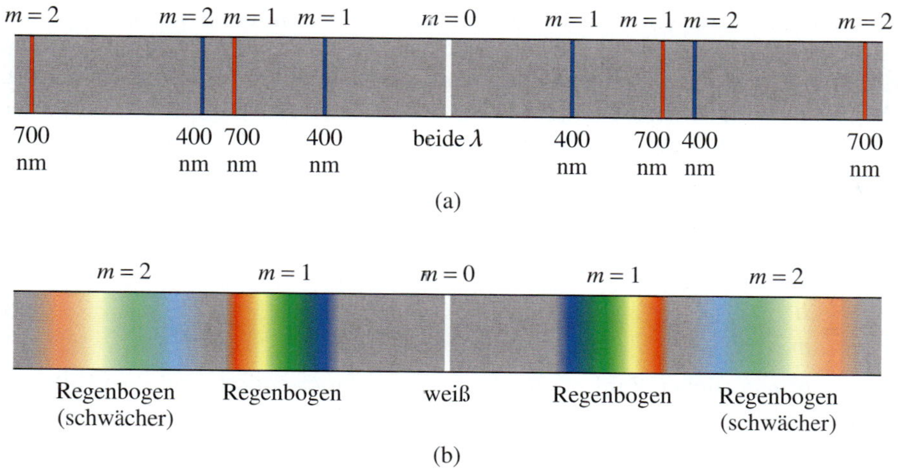

Abbildung 36.19 Durch Beugungsgitter erzeugte Spektren: (a) zwei Wellenlängen, 400 nm und 700 nm; (b) weißes Licht. Das Maximum zweiter Ordnung ist normalerweise schwächer als das erster Ordnung. (Höhere Ordnungen sind nicht dargestellt.) Wenn der Gitterabstand hinreichend klein ist, verschwinden Maxima zweiter und höherer Ordnung.

Beispiel 36.7 **Beugungsgitter: Linien**

Berechnen Sie die Winkel erster und zweiter Ordnung für Licht der Wellenlänge 400 nm und 700 nm, wenn das Beugungsgitter 10 000 Linien pro Zentimeter enthält.

Lösung

Das Gitter enthält 10^4 Linien pro cm oder 10^6 Linien pro m, d. h. der Gitterabstand d ist $(1/10^6)\,\mathrm{m} = 1{,}0 \cdot 10^{-6}\,\mathrm{m}$. In erster Ordnung ($m = 1$) gilt für die Winkel

$$\sin\theta_{400} = \frac{m\lambda}{d} = \frac{(1)(4{,}0 \cdot 10^{-7}\,\mathrm{m})}{1{,}0 \cdot 10^{-6}\,\mathrm{m}} = 0{,}4$$

$$\sin\theta_{700} = 0{,}7\,,$$

also: $\theta_{400} = 23{,}6°$ und $\theta_{700} = 44{,}4°$. In zweiter Ordnung gilt

$$\sin\theta_{400} = \frac{(2)(4{,}0 \cdot 10^{-7}\,\mathrm{m})}{1{,}0 \cdot 10^{-6}\,\mathrm{m}} = 0{,}8$$

$$\sin\theta_{700} = 1{,}4$$

und somit $\theta_{400} = 53{,}1°$. Für $\lambda = 700$ nm existiert das Maximum zweiter Ordnung nicht, da $\sin\theta$ den Wert 1 nicht überschreiten kann. Es treten keine Maxima höherer Ordnung auf.

Das Beugungsgitter ist die wesentliche Komponente des Spektroskops, einem Gerät zum genauen Messen von Wellenlängen, das wir im folgenden Abschnitt behandeln.

36.8 Spektrometer und Spektroskopie

Mithilfe eines **Spektrometers** oder **Spektroskops**[5] können Wellenlängen sehr genau gemessen werden, wobei ein Beugungsgitter oder ein Prisma zur Separation

5 Wenn das Spektrum einer Strahlungsquelle nicht mit dem Auge betrachtet, sondern aufgenommen wird (z. B. auf einem Film), dann wird das Gerät als **Spektrometer** oder Spektrograph bezeichnet, während ein **Spektroskop** nur zum Betrachten dient. Häufig werden die beiden Bezeichnungen jedoch nicht streng unterschieden. Geräte, die gleichzeitig die Intensität des Lichts für eine gegebene Wellenlänge messen können, werden als **Spektrofotometer** bezeichnet.

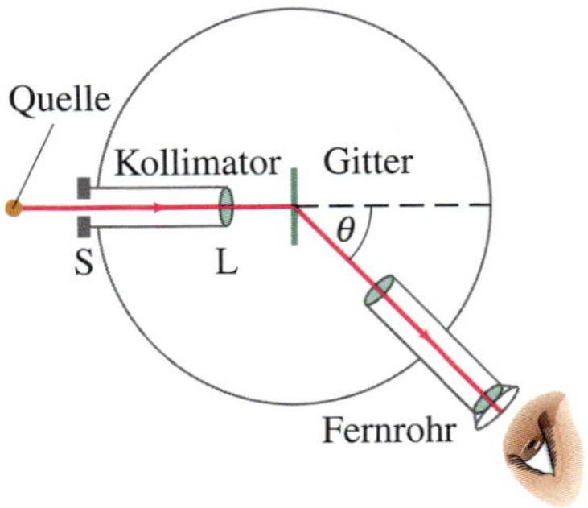

Abbildung 36.20 Spektrometer oder Spektroskop.

der unterschiedlichen Wellenlängen dient (siehe ▶ Abbildung 36.20). Licht fällt aus einer Quelle durch einen schmalen Spalt S in den Kollimator. Der Spalt liegt im Brennpunkt der Linse L, so dass paralleles Licht auf das Beugungsgitter fällt. Mit dem beweglichen Teleskop können die Strahlen fokussiert werden. Durch das Teleskop ist nur dann etwas zu sehen, wenn es in einem Winkel θ positioniert ist, der einem Beugungspeak einer von der Quelle emittierten Wellenlänge entspricht (gewöhnlich wird der Peak erster Ordnung verwendet). Der Winkel θ kann mit sehr hoher Genauigkeit gemessen werden, woraus sich mit großer Genauigkeit die Wellenlänge einer Linie bestimmen lässt. Nach Gleichung 36.13 gilt

$$\lambda = \frac{d}{m} \sin \theta$$

mit einer natürlichen Zahl m, die die Ordnung repräsentiert, und dem Gitterabstand d. Die Linie, die man entsprechend einer bestimmten Wellenlänge in einem Spektrometer sieht, ist eigentlich ein Bild des Spalts S. Je schmaler der Spalt ist, umso schmaler – aber schwächer – ist die Linie, und umso genauer kann die angulare Position gemessen werden. Wenn das Licht einen kontinuierlichen Bereich von Wellenlängen enthält, dann ist im Spektroskop ein kontinuierliches Spektrum zu sehen.

Linienspektrum

Eine wichtige Anwendung des Spektrometers ist die Identifizierung von Atomen und Molekülen. Wenn ein Gas erhitzt wird oder durch dieses ein starker elektrischer Strom fließt, dann emittiert das Gas ein charakteristisches **Linienspektrum**. Dies bedeutet, dass nur Licht mit bestimmten diskreten Wellenlängen emittiert wird. Diese Wellenlängen sind für unterschiedliche Elemente oder Verbindungen verschieden. ▶ Abbildung 36.21 zeigt die Linienspektren für eine Reihe von Elementen im gasförmigen Zustand. Linienspektren treten nur für Gase bei hoher Temperatur und niedrigem Druck auf. Das von heißen Festkörpern abgestrahlte Licht (z. B. vom Glühfaden einer Lampe) und selbst das Licht eines dichten gasförmigen Körpers wie der Sonne erzeugt ein **kontinuierliches Spektrum**, das einen großen Bereich von Wellenlängen umfasst.

▶ Abbildung 36.21 zeigt außerdem das „kontinuierliche Spektrum" der Sonne, das eine Reihe *dunkler* Linien enthält (nur die wichtigsten sind dargestellt), die als **Absorptionslinien** bezeichnet werden. Atome und Moleküle können Licht der gleichen Wellenlängen wie das von ihnen emittierte Licht absorbieren. Die Absorptionslinien des Sonne sind auf die Absorption durch Atome und Moleküle in der kühleren äußeren Sonnenatmosphäre wie auch durch Atome und Moleküle in

Abbildung 36.21 Linienspektren für verschiedene Gase; unten das Spektrum der Sonne mit Absorptionslinien.

der Erdatmosphäre zurückzuführen. Eine genaue Analyse dieser Tausenden von Linien zeigt, dass mindestens zwei Drittel aller Elemente auch in der Atmosphäre der Sonne vorhanden sind. Das Vorhandensein von Elementen in der Atmosphäre anderer Planeten, im interstellaren Raum und auf anderen Sternen wird ebenfalls mittels Spektroskopie nachgewiesen.

36.9 Linienbreite und Auflösungsvermögen eines Beugungsgitters

In diesem Abschnitt untersuchen wir das Muster der durch ein Beugungsgitter erzeugten Maxima mithilfe von Zeigerdiagrammen. Wir werden eine Formel für die Breiten der Peaks bestimmen und sehen, weshalb es zwischen den Hauptmaxima winzige Nebenmaxima gibt (siehe ▶ Abbildung 36.18b). Zunächst einmal halten wir fest, dass die in ▶ Abbildung 36.18 gezeigten Muster für zwei und für sechs Spalte unter der Annahme gezeichnet wurden, dass die Spalte sehr schmal sind, so dass die Beugung die Höhe der Peaks nicht beschränkt. Für reale Beugungsgitter ist dies normalerweise nicht der Fall. Die Spaltbreite a ist häufig nicht viel kleiner als der Spaltabstand d, so dass die Beugung die Intensität und damit die Höhe der Peaks limitiert und der zentrale Peak ($m = 0$) heller als die seitlichen Peaks ist. Wir werden uns nicht weiter um diesen Effekt der Intensität kümmern, außer dass wir festhalten, dass ein bestimmtes Intensitätsmaximum nicht erscheinen wird, wenn ein Beugungsminimum mit diesem Peak zusammenfällt. Beispielsweise verschwinden für $d = 2a$ alle geraden Ordnungen ($m = 2, 4, \ldots$). Den Grund hierfür finden Sie, wenn Sie noch einmal Beispiel 36.4 betrachten.

Die ▶ Abbildungen 36.22 und 36.23 sind Zeigerdiagramme für ein Beugungsgitter mit zwei bzw. sechs Spalten. Jeder kurze Pfeil repräsentiert die Amplitude der Welle aus einem einzelnen Spalt, und ihre vektorielle Summe (als Zeiger) repräsentiert die Gesamtamplitude für einen gegebenen Sehwinkel θ. Teil (a) jeder Abbildung ist das Zeigerdiagramm bei $\theta = 0°$, d. h. in der Mitte des Musters, wo das zentrale Maximum ($m = 0$) liegt. Teil (b) jeder Abbildung zeigt die Bedingung für das benachbarte Minimum. Dieses liegt dort, wo die Pfeile erstmals auf sich selbst zurück zeigen (d. h. sich zu null addieren), so dass die Amplitude E_θ null ist. Für zwei Spalte ist dies der Fall, wenn zwei Amplituden um 180° phasenverschoben sind. Für sechs Spalte ist die Bedingung erfüllt, wenn jede Amplitude einen 60°-Winkel mit ihrem Nachbarn bildet. Für zwei Spalte tritt das Minimum auf, wenn die Phase zwischen den Spalten $2\pi/2$ ist; für sechs Spalte tritt es auf, wenn die Phase δ gleich $2\pi/6$ ist, und im allgemeinen Fall mit N Spalten tritt das Minimum auf, wenn die Phasendifferenz zwischen benachbarten Spalten

$$\delta = \frac{2\pi}{N} \tag{36.14}$$

ist. Welchem Winkel θ entspricht dies? Wir bemerken zunächst, dass δ mit θ über

$$\frac{\delta}{2\pi} = \frac{d \sin\theta}{\lambda} \quad \text{oder} \quad \delta = \frac{2\pi}{\lambda} d \sin\theta \tag{36.15}$$

zusammenhängt (siehe auch Gleichung 35.4). Sei $\Delta\theta_0$ die Winkelposition des Minimums neben dem zentralen Peak ($\theta = 0°$). Dies entspricht einem zusätzlichen Gangunterschied zwischen benachbarten Spalten (siehe ▶ Abbildung 36.17) von $\Delta l = d \sin \Delta\theta_0$, also

$$\frac{\delta}{2\pi} = \frac{\Delta l}{\lambda} = \frac{d \sin \Delta\theta_0}{\lambda}\,.$$

Für δ setzen wir Gleichung 36.14 ein und erhalten

$$\sin \Delta\theta_0 = \frac{\lambda}{Nd}\,. \tag{36.16a}$$

Da $\Delta\theta_0$ gewöhnlich klein ist (denn N ist für ein typisches Beugungsgitter groß),

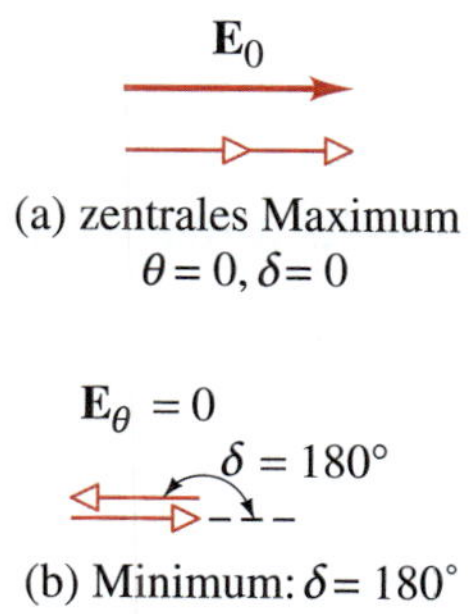

Abbildung 36.22 Zeigerdiagramme für zwei Spalte, (a) für das zentrale Maximum, (b) für das nächstgelegene Minimum.

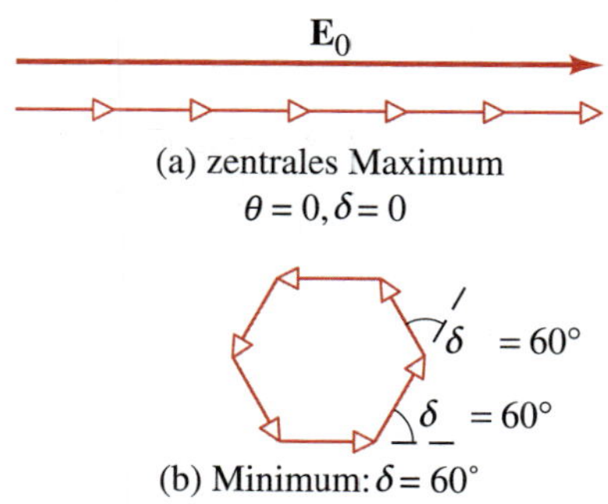

Abbildung 36.23 Zeigerdiagramme für sechs Spalte, (a) für das zentrale Maximum, (b) für das nächstgelegene Minimum.

gilt $\sin\Delta\theta_0 \approx \Delta\theta_0$, so dass wir in der Näherung kleiner Winkel schreiben können

Halbwertsbreite des Peaks ($m = 0$)

$$\Delta\theta_0 = \frac{\lambda}{Nd} \,. \tag{36.16b}$$

Aus den beiden letzten Gleichungen ist ersichtlich, dass der zentrale Peak umso schmaler ist, je größer N ist. (Für $N = 2$ gilt $\sin\Delta\theta_0 = \lambda/2d$, was wir zuvor bereits für den Doppelspalt erhalten hatten, Gleichung 35.2b mit $m = 0$.)

Abbildung 36.24 Zeigerdiagramm für Nebenminima.

Die beiden Gleichungen 36.16 zeigen, warum die Peaks für größer werdendes N schmaler werden. Der Ursprung der kleinen Nebenmaxima zwischen den Hauptpeaks (siehe ▸ Abbildung 36.18b) lässt sich aus ▸ Abbildung 36.24 ableiten. Diese ist lediglich eine Fortsetzung von ▸ Abbildung 36.23b (wo gilt $\delta = 60°$), doch nun wurde die Phase δ auf fast 90° erhöht, wo E_θ ein lokales Maximum hat. Beachten Sie, dass E_θ wesentlich kleiner ist als E_0 (siehe ▸ Abbildung 36.23a), so dass die Intensität in diesem Nebenmaximum wesentlich kleiner ist als in einem Hauptmaximum. Wenn δ (und θ) weiter erhöht werden, fällt E_θ wieder auf null (ein „Doppelkreis"), erreicht dann ein weiteres sehr kleines Maximum usw. Schließlich entfaltet sich das Diagramm wieder, und für $\delta = 360°$ liegen sämtliche Amplituden wieder auf einer geraden Linie (wie in ▸ Abbildung 35.23a), was dem nächsten Hauptmaximum ($m = 1$) entspricht.

Gleichung 36.16b gibt die Halbwertsbreite für den zentralen Peak ($m = 0$) an. Um die Halbwertsbreite $\Delta\theta_m$ für Peaks höherer Ordnung zu bestimmen, differenzieren wir Gleichung 36.15, um die Änderung $\Delta\delta$ der Phase in Beziehung zur Änderung $\Delta\theta$ des Winkels zu bringen:

$$\Delta\delta \approx \frac{d\delta}{d\theta}\,\Delta\theta = \frac{2\pi d}{\lambda}\cos\theta\,\Delta\theta \,.$$

Wenn $\Delta\theta_m$ die Halbwertsbreite eines Peaks m-ter Ordnung ist – d. h. der Winkel zwischen dem Maximum und dem daneben liegenden Minimum – dann gilt nach Gleichung 36.14 $\Delta\delta = 2\pi/N$. Wir setzen dies in die obige Relation ein und erhalten

Halbwertsbreite (Ordnung m)

$$\Delta\theta_m = \frac{\lambda}{Nd\cos\theta_m} \,, \tag{36.17}$$

wobei θ_m der Winkel des m-ten durch Gleichung 36.13 gegebenen Peaks ist. Diese Ableitung gilt natürlich nur für kleine Winkel $\Delta\delta(= 2\pi/N)$, was allerdings für reale Beugungsgitter wegen des großen Wertes von N (10^4 oder mehr) stets erfüllt ist.

Eine wichtige Eigenschaft von Beugungsgittern, die in Spektroskopen eingesetzt werden, ist ihre Fähigkeit, zwei sehr dicht benachbarte Wellenlängen aufzulösen. Das **Auflösungsvermögen** R eines Beugungsgitters ist definiert als

Auflösungsvermögen des Beugungsgitters

$$R = \frac{\lambda}{\Delta\lambda} \,. \tag{36.18}$$

Mit ein wenig Aufwand kann man unter Verwendung von Gleichung 36.17 zeigen, dass $\Delta\lambda = \lambda N/m$ gilt, wobei N die Gesamtanzahl der Gitterlinien und m die Ordnung ist. Es folgt dann

$$R = Nm \,. \tag{36.19}$$

Je größer der Wert von R, um so dichter können zwei noch auflösbare Wellenlängen beieinander liegen. Bei gegebenem R ist der minimale Abstand $\Delta\lambda$ zwischen zwei Wellenlängen in der Umgebung von λ

$$\Delta\lambda = \frac{\lambda}{R}$$

(siehe Gleichung 36.18).

Beispiel 36.8 Auflösen zweier eng benachbarter Linien

Gelbes Natriumlicht, das die beiden Wellenlängen $\lambda_1 = 589{,}0\,\text{nm}$ und $\lambda_2 = 589{,}59\,\text{nm}$ enthält, fällt auf ein Beugungsgitter mit 7500 Linien pro cm.

Bestimmen Sie (a) die größte auftretende Ordnung m für Natriumlicht, (b) die notwendige Breite des Gitters, um die beiden Natriumlinien aufzulösen, (c) die Winkelbreite jeder Natriumlinie.

Lösung

a Wegen $d = 1\,\text{cm}/7500 = 1{,}33 \cdot 10^{-6}\,\text{m}$ kann der größte Wert von m für die Wellenlänge $\lambda = 589\,\text{nm}$ aus Gleichung 36.13 mit $\sin\theta \leq 1$ bestimmt werden:

$$m = \frac{d}{\lambda}\sin\theta \leq \frac{1{,}33 \cdot 10^{-6}\,\text{m}}{5{,}89 \cdot 10^{-7}\,\text{m}} = 2{,}25\,.$$

Also ist $m = 2$ die größte auftretende Ordnung.

b Das erforderliche Auflösungsvermögen ist

$$R = \frac{\lambda}{\Delta\lambda} = \frac{589\,\text{nm}}{0{,}59\,\text{nm}} = 1000\,.$$

Nach Gleichung 36.19 ist die Gesamtanzahl N der erforderlichen Linien $N = R/m = 1000/2 = 500$, so dass das Gitter nur $500/7500\,\text{cm}^{-1} = 0{,}0667\,\text{cm}$ breit sein muss. Ein Beugungsgitter ist typischerweise ein paar Zentimeter breit und daher ohne weiteres in der Lage, die beiden Linien aufzulösen.

c Wir müssen Gleichung 36.17 mit $m = 2$ anwenden, außerdem benötigen wir $\cos\theta_2$. Gemäß Gleichung 36.13 gilt

$$\sin\theta_2 = m\frac{\lambda}{d} = \frac{2(589 \cdot 10^{-9}\,\text{m})}{1{,}33 \cdot 10^{-6}\,\text{m}} = 0{,}886\,.$$

Damit ist $\cos\theta_2 = (1 - \sin^2\theta_2)^{\frac{1}{2}} = 0{,}464$. Für ein Beugungsgitter mit mindestens 500 Linien ist die Winkelbreite für $m = 2$ nach Gleichung 36.17

$$\Delta\theta_2 = \frac{\lambda}{Nd\cos\theta_2} = \frac{589 \cdot 10^{-9}\,\text{m}}{(500)(1{,}33 \cdot 10^{-6}\,\text{m})(0{,}464)} = 0{,}0019\,\text{rad}$$

oder $0{,}11°$.

36.10 Röntgenstrahlen und Röntgenbeugung

Im Jahre 1895 entdeckte Wilhelm Conrad Röntgen (1845–1923), dass fluoreszierende Minerale zu leuchten beginnen und ein fotografischer Film belichtet wird, wenn in einer ein Stück entfernten Vakuumröhre Elektronen durch eine hohe Spannung beschleunigt werden und auf eine Glas- oder Metalloberfläche innerhalb der Röhre treffen. Röntgen führte diese Effekte auf einen bisher unbekannten Typ von Strahlung zurück, der sich von Kathodenstrahlen unterscheidet. Im angelsächsischen Sprachraum werden diese Strahlen nach dem Symbol x für eine unbekannte Größe als **X-Rays** („X-Strahlen") bezeichnet. Im Deutschen heißen sie nach ihrem Entdecker **Röntgenstrahlen**. Röntgen merkte bald, dass die von ihm entdeckten Strahlen bestimmte Stoffe leichter durchdringen als andere, und innerhalb weniger Wochen konnte er die erste Röntgenaufnahme präsentieren (sie zeigte die Hand seiner Frau). Die Erzeugung von Röntgenstrahlen geschieht heute üblicherweise in einer Röhre (siehe ▸ Abbildung 36.25), die der von Röntgen verwendeten ähnelt und mit Spannungen von 30 kV bis 150 kV arbeitet.

Die Erforschung der Röntgenstrahlen zeigte, dass es sich dabei nicht um geladene Teilchen (wie Elektronen) handelte, da sie nicht mittels elektrischer oder magnetischer Felder abgelenkt werden konnten. Es wurde vorgeschlagen, dass die unbekannten Strahlen eine Form von unsichtbarem Licht seien. Jedoch zeigten sie keinerlei Beugungs- oder Interferenzerscheinungen, wenn man gewöhn-

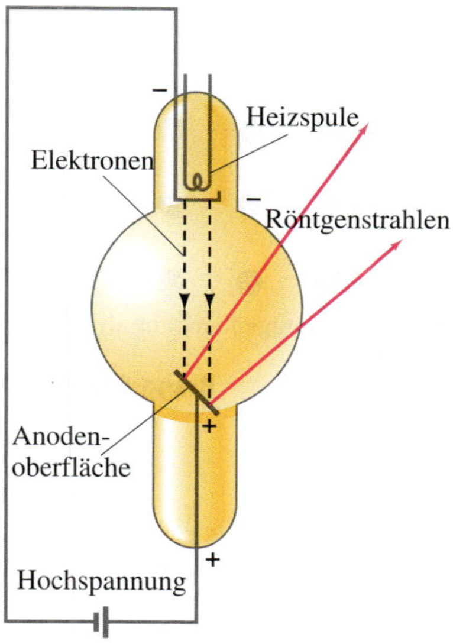

Abbildung 36.25 Röntgenstrahlröhre. Die von einem glühenden Draht emittierten Elektronen in einer Vakuumröhre werden durch eine hohe Spannung beschleunigt. Wenn sie auf die Oberfläche der Anode treffen, dann werden Röntgenstrahlen emittiert.

Röntgenstrahlen

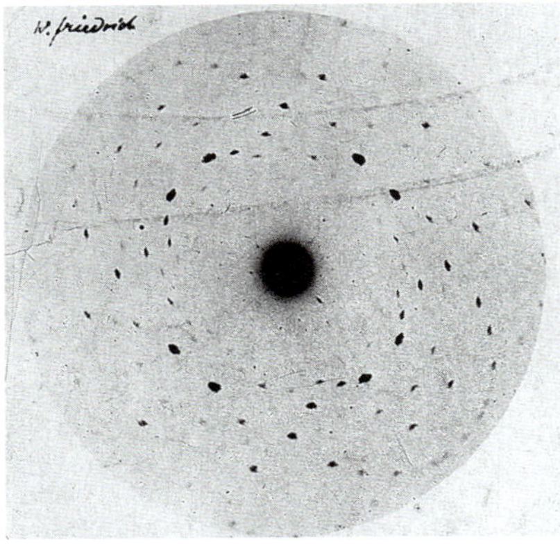

Abbildung 36.26 Dieses Beugungsmuster für Röntgenstrahlen ist eines der ersten, das Max von Laue 1912 beobachtete, als er ein Bündel Röntgenstrahlen durch einen Zinksulfitkristall schickte. Das Beugungsmuster wurde direkt auf einer fotografischen Platte aufgenommen.

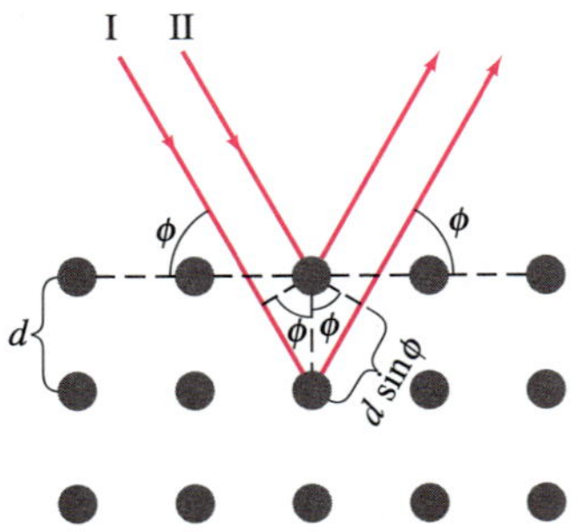

Abbildung 36.27 Röntgenbeugung durch einen Kristall.

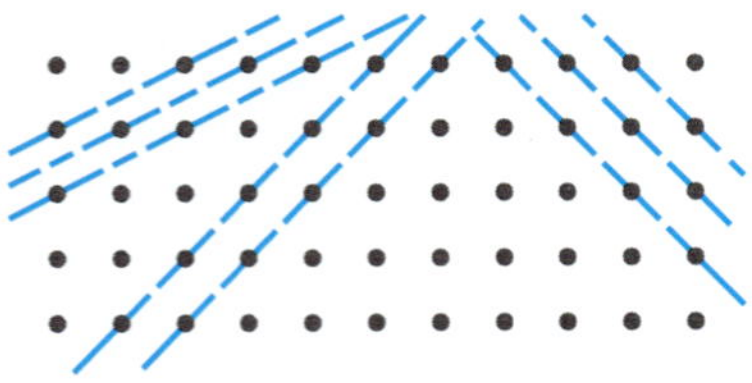

Abbildung 36.28 In einem Kristall gibt es viele Ebenen, an denen Röntgenstrahlen gebeugt werden können.

liche Beugungsgitter benutzte. Wenn allerdings ihre Wellenlängen sehr viel kleiner wären als der typische Gitterabstand von 10^{-6} m (= 10^3 nm), dann wären natürlich auch keine Effekte zu erwarten. Um 1912 schlug Max von Laue (1879–1960) vor, dass man einen Kristall mit periodisch angeordneten Atomen (siehe ▸ Abbildung 17.2a) als Beugungsgitter für sehr kleine Wellenlängen verwenden könnte. Die Wellenlängen könnten in der Größenordnung des Abstands zwischen den Atomen liegen, der auf 10^{-10} m (= 10^{-1} nm) geschätzt wird. Experimentell konnte sehr bald gezeigt werden, dass die an einem Kristall gestreuten Röntgenstrahlen tatsächlich die typischen Berge und Täler eines Beugungsmusters aufwiesen (siehe ▸ Abbildung 36.26). Damit war einerseits gezeigt, dass Röntgenstrahlen Welleneigenschaften besitzen, und andererseits, dass Atome in Kristallen periodisch angeordnet sind. Heute weiß man, dass Röntgenstrahlen eine Form elektromagnetischer Strahlung mit Wellenlängen zwischen 10^{-2} nm und 10 nm sind.

In Abschnitt 36.5 haben wir gesehen, dass bei der Untersuchung von Gegenständen mit dem Mikroskop Licht mit kürzeren Wellenlängen eine bessere Auflösung liefert. Mit Röntgenstrahlen, deren Wellenlänge deutlich kürzer als die des sichtbaren Lichts ist, sollte daher im Prinzip eine viel höhere Auflösung erreichbar sein. Allerdings scheint es für die sehr kurzen Wellenlängen der Röntgenstrahlen kein geeignetes Linsenmaterial zu geben. Stattdessen hat sich die clevere, aber aufwendige Methode der **Röntgenbeugung** (oder **Kristallstrukturanalyse**) bei der Untersuchung der mikroskopischen Welt der Atome und Moleküle als sehr effektiv erwiesen. In einem einfachen Kristall wie NaCl sind die Atome in einem kubischen Gitter angeordnet (siehe ▸ Abbildung 36.27), wobei die Atome jeweils den Abstand d voneinander haben. Wir nehmen an, dass in einem kubischen Gitter Röntgenstrahlen unter einem Winkel θ auf die Oberfläche eines Kristalls einfallen, und dass die beiden gezeigten Strahlen an zwei aufeinanderfolgenden Ebenen reflektiert werden. Die beiden Strahlen interferieren konstruktiv miteinander, wenn der von Strahl I zusätzlich zurückgelegte Weg ein ganzzahliges Vielfaches der Wellenlänge ist. Diese zusätzliche Distanz ist $2d\sin\theta$. Konstruktive Interferenz gibt es also für Winkel θ, die die Gleichung

Bragg-Gleichung

$$m\lambda = 2d\sin\theta\,, \quad m = 1, 2, 3, \ldots \tag{36.20}$$

mit einer natürlichen Zahl m erfüllen. (Beachten Sie, dass θ hier *nicht* der Winkel mit der Flächennormalen ist.) Die obige Gleichung wird nach William Lawrence Bragg (1890–1971) **Bragg-Gleichung** genannt, der sie aufgestellt und in den Jahren 1912/13 zusammen mit seinem Vater, William Henry Bragg (1862–1942), die Theorie und das Verfahren der Röntgenbeugung an Kristallen entwickelt hat. Wenn also die Wellenlänge der Röntgenstrahlen und der Winkel θ, für den konstruktive Interferenz auftritt, bekannt sind, dann kann hieraus d bestimmt werden. Dies ist die Grundlage der Kristallstrukturanalyse.

Reale Röntgenbeugungsmuster sind recht kompliziert. Zunächst einmal ist ein Kristall ein dreidimensionaler Körper und die Röntgenstrahlen werden an verschiedenen Ebenen des Kristalls bei unterschiedlichen Winkeln gebeugt (siehe ▸ Abbildung 36.28). Wenn es sich bei der Substanz nicht um einen einfachen Kristall, sondern um eine Mischung aus vielen winzigen Kristallen handelt – wie im Falle eines Metalls oder Pulvers – dann sind anstatt Flecken wie in ▸ Abbildung 36.26 Kreise zu sehen (▸ Abbildung 36.29), von denen jeder dem Beugungspeak m-ter Ordnung an parallelen Ebenen entspricht.

Die oft sehr aufwendige Analyse der Beugungsmuster ist ein Arbeitsgebiet der Kristallografie. Zunächst erkennt man die Symmetrie des Kristallgitters. Quantitative Aussagen erreicht man mit Methoden der Fourier-Transformation. Auf diese Weise folgen aus den Intensitäten der Reflexe die Abstände zwischen den Atomen. Die Lagen der Atome und die thermische Bewegung könnten aus den Amplituden der einzelnen Reflexe berechnet werden, aber die Amplituden sind Vektoren im Zeigerdiagramm, deren Winkel („die Phase") unbekannt ist. Zur Lösung dieses „Phasenproblems" gibt es unterschiedliche Ansätze.

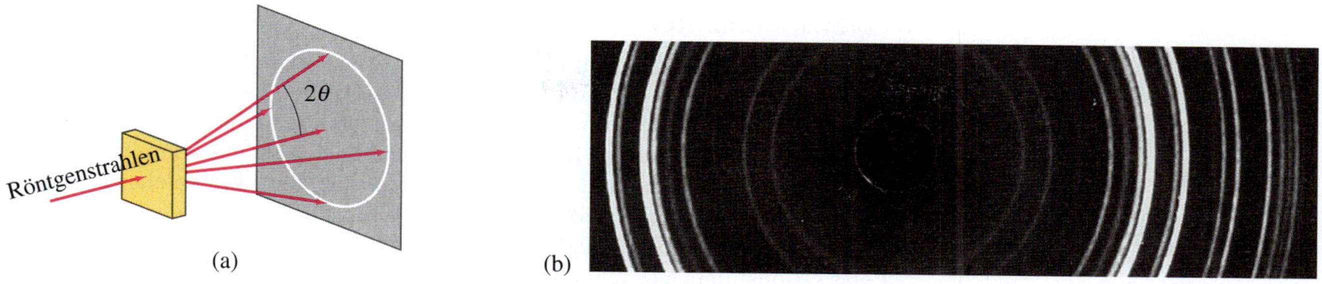

Abbildung 36.29 (a) Die Beugung von Röntgenstrahlen durch eine polykristalline Substanz erzeugt eine Reihe von Ringen wie in Teil (b) der Abbildung, die das Beugungsmuster von polykristallinem Natriumacetat zeigt.

Die Kristallstrukturanalyse mithilfe von Beugungsverfahren liefert strukturelle Information für beliebige Substanzen, vorausgesetzt, es gelingt, sie zu kristallisieren. Sie dient u. a. der Strukturbestimmung wichtiger Biomoleküle. Beispielsweise wurde die Doppelhelix-Struktur der DNA durch James Watson und Francis Crick im Jahre 1953 mithilfe einer Röntgenaufnahme von kristallisierter DNA entdeckt.

36.11 Polarisation

Eine wichtige und nützliche Eigenschaft des Lichts besteht darin, dass es *polarisiert* werden kann. Um zu verstehen, was dies bedeutet, betrachten wir Wellen, die sich in einem Seil ausbreiten. Ein Seil kann in Schwingungen versetzt werden, die sich in einer vertikalen oder horizontalen Ebene ausbreiten (▶ Abbildungen 36.30a und 36.30b). In beiden Fällen wird die Welle als **linear polarisiert** oder **eben polarisiert** bezeichnet, d. h. die Schwingungen liegen in einer Ebene.

Wenn wir der Welle nun ein Hindernis mit einem vertikalen Spalt in den Weg legen (▶ Abbildung 36.31), dann wird eine vertikal polarisierte Welle das Hindernis durchdringen, eine horizontal polarisierte Welle dagegen nicht. Wenn wir einen horizontalen Spalt verwenden, wird dagegen die vertikal polarisierte Welle gestoppt. Beachten Sie, dass Polarisation *nur* für *transversale* Wellen auftritt, nicht aber für longitudinale Wellen, zu denen die Schallwellen gehören. Letztere oszillieren nur entlang ihrer Ausbreitungsrichtung, weshalb sie in keinem Fall durch das Hindernis gestoppt werden können, egal wie der Spalt ausgerichtet ist.

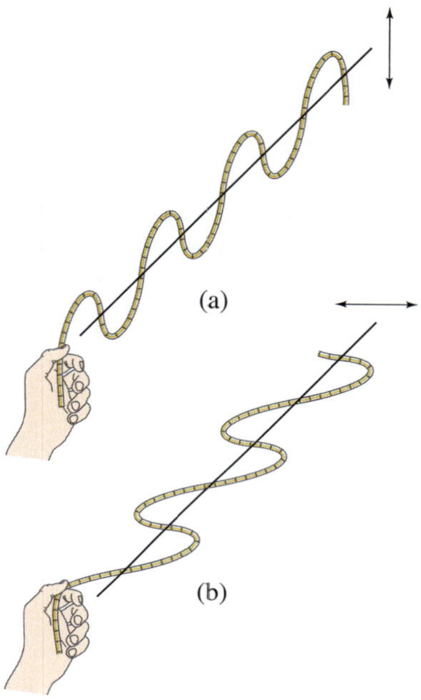

Abbildung 36.30 Transversale Wellen auf einem Seil werden (a) in einer vertikalen und (b) in einer horizontalen Ebene polarisiert.

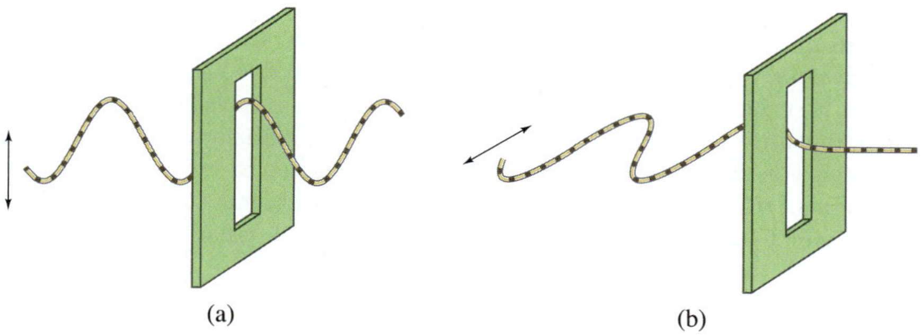

Abbildung 36.31 Eine vertikal polarisierte Welle geht durch einen vertikalen Spalt, was für eine horizontal polarisierte Welle nicht möglich ist. (*Hinweis:* Diese Skizze gilt auch für das Magnetfeld **B** einer elektromagnetischen Welle, siehe Fußnote 6.)

Die Maxwell'sche Theorie sagt vorher, dass Licht polarisiert werden kann, denn als elektromagnetische Welle ist Licht eine Transversalwelle. Die Polarisationsrichtung einer linear polarisierten Welle wird als die Richtung des elektrischen Feldes **E** angenommen.

Licht ist nicht zwangsläufig polarisiert. Es kann **unpolarisiert** sein, was bedeutet, dass Oszillationen in vielen Richtungen gleichzeitig auftreten (siehe ▶ Abbildung 36.32). Eine gewöhnliche Glühlampe emittiert unpolarisiertes Licht, ebenso die Sonne.

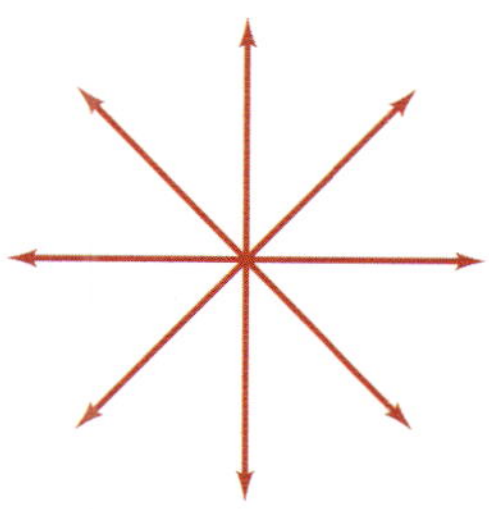

Abbildung 36.32 Oszillation des elektrischen Feldes für unpolarisiertes Licht. Das Licht bewegt sich in die Papierebene hinein oder aus ihr heraus.

Polarisationsfilter

Linear polarisiertes Licht kann mithilfe bestimmter Kristalle (z. B. Turmaline) aus unpolarisiertem Licht hergestellt werden. Alternativ und heute üblicher kann man hierfür **Polarisationsfolien** verwenden. (Polarisierende Materialien wurden 1929 von Edwin Land erfunden.) Eine Polarisationsfolie besteht aus komplizierten langen Molekülen, die parallel zueinander angeordnet sind. Ein solcher Polarisationsfilter wirkt wie eine Reihe paralleler Spalte, die nur eine einzige Polarisierungsrichtung nahezu verlustfrei durchlassen (diese Richtung wird als *Achse* des Polarisationsfilters bezeichnet), während die zur Spaltrichtung senkrechte Polarisierungsrichtung nahezu vollständig absorbiert wird.[6]

Wenn ein Bündel linear polarisierten Lichts auf einen Polarisationsfilter trifft, dessen Achse mit der Polarisierungsrichtung des einfallenden Lichts den Winkel θ bildet, dann wird das Bündel parallel zur Polarisationsachse ausgerichtet und seine Amplitude um den Faktor $\cos\theta$ reduziert (siehe ▸ Abbildung 36.33). Ein Polarisationsfilter lässt also nur diejenige Komponente der Polarisation (des elektrischen Feldes **E**) durch, die parallel zu dessen Achse ist. Da die Intensität eines Lichtbündels proportional zum Quadrat der Amplitude ist (Abschnitte 15.3 und 32.7), sehen wir, dass die Intensität eines linear polarisierten Bündels, das durch einen Polarisator geschickt wird, durch

Die Intensität einer linear polarisierten Welle wird durch einen Polarisator reduziert.

$$I = I_0 \cos^2\theta \tag{36.21}$$

gegeben ist, wobei θ der Winkel zwischen der Achse des Polarisators und der Polarisationsebene der einlaufenden Welle und I_0 die Intensität der einlaufenden Welle ist.[7]

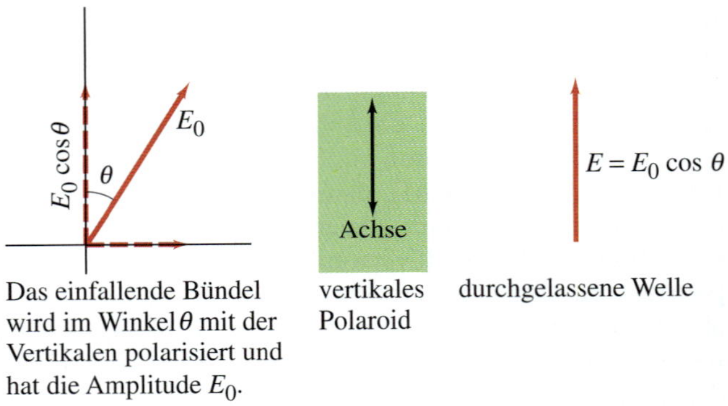

Abbildung 36.33 Ein vertikaler Polarisationsfilter lässt nur die vertikale Komponente einer einfallenden Welle (des elektrischen Feldes) durch.

Ein Polarisationsfilter kann als **Polarisator** verwendet werden, um aus unpolarisiertem Licht linear polarisiertes Licht zu erzeugen, da es nur die Komponente des Lichts durchlässt, die parallel zur Achse ist. Ein Polarisationsfilter kann auch als **Analysator** verwendet werden, um festzustellen, ob das Licht polarisiert ist und falls ja, welches die Polarisationsebene ist. Ein als Analysator fungierender Polarisationsfilter lässt immer dieselbe Menge an unpolarisiertem Licht durch, unabhängig von der Orientierung seiner Achse – versuchen Sie einmal, eine Linse einer Sonnenbrille mit Polarisationsfilter zu drehen, während Sie durch sie hindurch in eine Glühlampe blicken. Wenn das Licht jedoch polarisiert ist und Sie

6 Dies kann auf molekularer Ebene erklärt werden. Ein elektrisches Feld **E**, das parallel zu den Molekülachsen schwingt, ist in der Lage, Elektronen entlang der Moleküle in Bewegung zu versetzen, wobei an den Elektronen Arbeit verrichtet und Energie übertragen wird. Wenn **E** parallel zu den Molekülen ist, wird es folglich absorbiert. Ein elektrisches Feld **E**, das senkrecht zu den langgestreckten Molekülen ist, hat nicht diese Möglichkeit, Arbeit zu verrichten und seine Energie zu übertragen, so dass es unbeeinflusst durchfließt. Mit der *Achse* eines Polarisationsfilters meinen wir die Richtung, in der **E** ungehindert durchgelassen wird. Die Achse eines Polarisationsfilters ist also senkrecht zur Molekülrichtung. (Wenn wir die Vorstellung bemühen, dass sich zwischen den parallelen Molekülen Spalte im Sinne von ▸ Abbildung 36.31 befinden, dann gilt ▸ Abbildung 36.31 für das **B**-Feld der Welle, nicht für das **E**-Feld.)

7 Gleichung 36.21 wird auch als **Malus'sches Gesetz** bezeichnet (nach Etienne Malus, einem Zeitgenossen Fresnels).

den Polarisationsfilter drehen, dann ist das durchgelassene Licht maximal, wenn die Polarisationsebene parallel zur Polarisationsachse ist und minimal, wenn sie senkrecht dazu ist. Wenn Sie dies tun, während Sie zum Himmel schauen, vorzugsweise im rechten Winkel zur Richtung der Sonne, dann sehen Sie, dass das Sonnenlicht polarisiert ist. (Direktes Licht ist unpolarisiert, aber blicken Sie niemals direkt in die Sonne, auch nicht durch einen Polarisator, da dann das Auge schwer geschädigt werden kann.) Wenn das durch einen Analysator durchgelassene Licht in einer bestimmten Orientierung auf null fällt, dann ist das Licht zu 100% linear polarisiert. Erreicht es nur ein Minimum, ist das Licht *partiell polarisiert.*

Unpolarisiertes Licht besteht aus Komponenten mit zufälligen Polarisationsrichtungen. Jede dieser Polarisationsrichtungen kann in zwei zueinander senkrechte Komponenten zerlegt werden. Im Mittel kann man sich einen unpolarisierten Strahl als aus zwei linear polarisierten Bündeln gleicher Größe zusammengesetzt vorstellen. Wenn unpolarisiertes Licht durch einen Polarisator geht, dann wird eine der Komponenten ausgelöscht. Dadurch wird auch die Intensität des durchgelassenen Lichts auf die Hälfte reduziert, $I = \frac{1}{2}I_0$ (siehe ► Abbildung 36.34).

Werden zwei Polarisationsfilter so angeordnet, dass ihre Achsen senkrecht zueinander sind, dann wird unpolarisiertes Licht vollständig ausgelöscht. Wie in ► Abbildung 36.35 dargestellt, wird unpolarisiertes Licht durch den ersten Polarisationsfilter (den Polarisator) linear polarisiert. Der zweite Polarisationsfilter, der Analysator, eliminiert dann diese Komponente, da seine Achse senkrecht zu der des ersten Polarisationsfilters ist. Sie können dies mit einer Polaroidsonnenbrille ausprobieren (► Abbildung 36.36). Beachten Sie, dass Polaroidsonnenbrillen aufgrund ihrer polarisierenden Eigenschaften 50% des unpolarisierten Lichts eliminieren; sie absorbieren sogar noch mehr, da sie farbig sind.

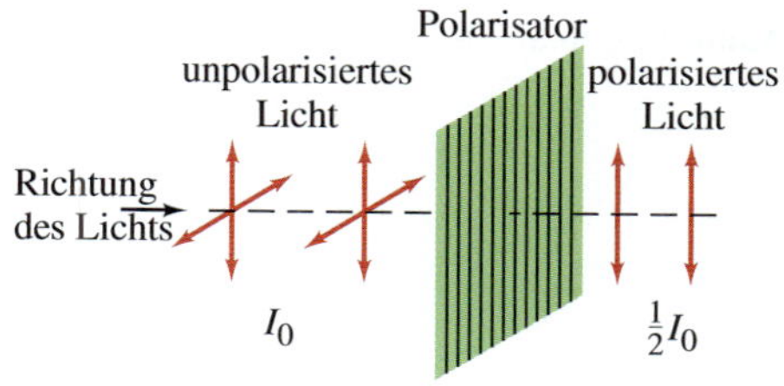

Abbildung 36.34 Unpolarisiertes Licht hat sowohl vertikale als auch horizontale Komponenten. Nach dem Durchgang durch einen Polarisator wird eine dieser Komponenten ausgelöscht. Die Intensität des Lichts wird auf die Hälfte reduziert.

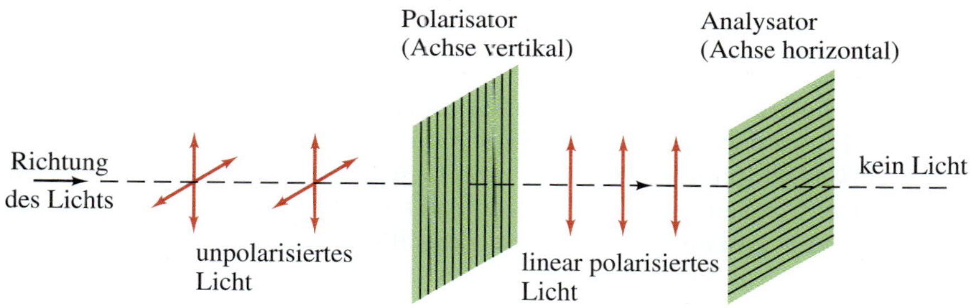

Abbildung 36.35 Zwei Polarisationsfilter, deren Achsen senkrecht zueinander stehen, löschen das Licht vollständig aus.

Beispiel 36.9 Zwei Polarisationsfilter bei 60°

Unpolarisiertes Licht geht durch zwei Polarisationsfilter; die Achse des einen verläuft vertikal und die andere bildet mit der Vertikalen einen Winkel von 60°. Bestimmen Sie Orientierung und Intensität des durchgelassenen Lichts.

Lösung

Der erste Polarisationsfilter eliminiert die Hälfte des Lichts, so dass die Intensität auf die Hälfte reduziert wird, d. h. $I_1 = \frac{1}{2}I_0$. Das Licht, das den zweiten Polarisator erreicht, ist vertikal polarisiert und wird deshalb in seiner Intensität auf

$$I_2 = I_1(\cos 60°)^2 = \frac{1}{4}I_1$$

reduziert (siehe Gleichung 36.21). Somit ist $I_2 = \frac{1}{8}I_0$. Das durchgelassene Licht hat eine Intensität von 1/8 der ursprünglichen Intensität und ist linear polarisiert, wobei die Polarisationsebene einen Winkel von 60° mit der Vertikalen bildet.

Abbildung 36.36 Wenn sich zwei Polaroidgläser überlappen, wobei die Achsen senkrecht zueinander stehen, dann dringt fast kein Licht hindurch.

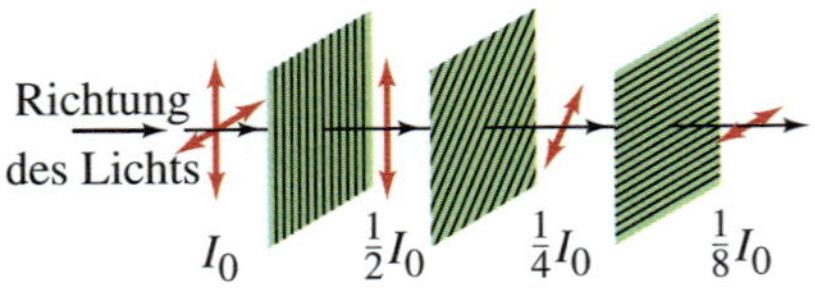

Abbildung 36.37 Beispiel 36.10

Beispiel 36.10 · Begriffsbildung — Drei Polarisationsfilter

In ▸ Abbildung 36.35 haben wir gesehen, dass unpolarisiertes Licht durch zwei hintereinander angeordnete Polarisationsfilter, deren Achsen senkrecht zueinander sind, nicht hindurchgelassen wird. Was geschieht, wenn ein dritter Polarisationsfilter zwischen die beiden ersten Polarisationsfiltern gestellt wird (siehe ▸ Abbildung 36.37), wobei seine Achse mit den beiden anderen jeweils einen Winkel von 45° bildet?

Lösung

Wir beginnen wie in Beispiel 36.9. Der erste Polarisationsfilter wandelt das unpolarisierte Licht in linear polarisiertes um und reduziert seine Intensität von I_0 auf $I = \frac{1}{2}I_0$. Der zweite Polarisator reduziert die Intensität weiter um den Faktor $(\cos 45°)^2$, so dass gilt

$$I_2 = I_1(\cos 45°)^2 = \frac{1}{2}I_1 = \frac{1}{4}I_0 .$$

Das den zweiten Polarisator verlassende Licht ist linear polarisiert mit 45° relativ zum dritten Polarisator, so dass dieser die Intensität auf

$$I_3 = I_2(\cos 45°)^2 = \frac{1}{2}I_2 = \frac{1}{8}I_0$$

reduziert. Es wird also 1/8 der ursprünglichen Intensität durchgelassen. Ohne den mittleren Polarisationsfilter würde die Intensität dagegen auf null reduziert (siehe ▸ Abbildung 36.35). Der um 45° gedrehte Polarisationsfilter muss dabei *zwischen* den beiden anderen platziert werden, andernfalls würde die Intensität ebenfalls auf null reduziert.

ANGEWANDTE PHYSIK

Flüssigkristallanzeigen (LCDs)

Wichtig sind Polarisatoren in **Flüssigkristallanzeigen** (LCDs, engl. *liquid crystal display*). LCDs werden z. B. in Digitaluhren und kleinen Fernsehgeräten verwendet. Jedes Pixel (Bildpunkt) besteht aus einer kleinen Flüssigkristallzelle, die sich zwischen zwei Glasplatten befindet, deren Außenflächen mit einem dünnen polarisierenden Film beschichtet sind. Flüssigkristalle haben bei Zimmertemperatur sowohl Merkmale von Festkörpern als auch von Flüssigkeiten. Sie bestehen aus stäbchenförmigen Molekülen, die in der nematischen Phase (die für LCDs genutzt wird) in einer Vorzugsrichtung orientiert sind. Diese Vorzugsrichtung kann mithilfe elektrischer Felder gesteuert werden. Jedes Pixel kann in Abhängigkeit von der Ausrichtung relativ zu den Polarisatoren hell oder dunkel sein. Der Einsatz von Farbfiltern erlaubt die Konstruktion farbiger Flüssigkristallanzeigen.

Polarisation durch Reflexion

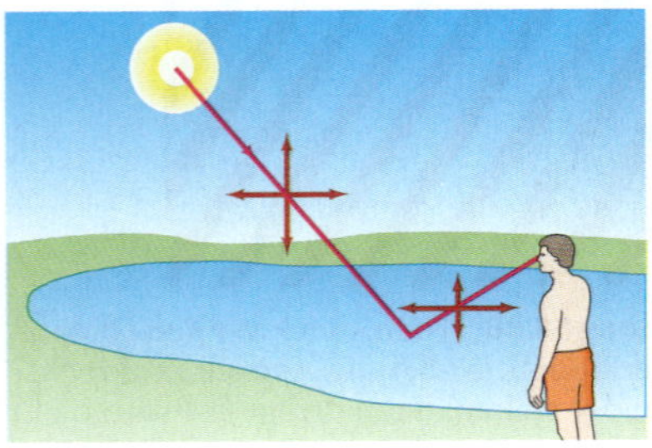

Abbildung 36.38 Licht, das an einer nichtmetallischen Oberfläche reflektiert wird (beispielsweise an einer ruhigen Wasseroberfläche), wird teilweise parallel zur Oberfläche polarisiert.

Eine andere Möglichkeit zur Umwandlung von unpolarisiertem Licht in polarisiertes ist die Ausnutzung der Reflexion. Wenn Licht unter einem anderen Winkel als 90° auf eine nichtmetallische Oberfläche trifft, dann wird der reflektierte Strahl vorzugsweise parallel zur Oberfläche polarisiert (siehe ▸ Abbildung 36.38). Mit anderen Worten, die Komponente, deren Polarisation senkrecht zur Oberfläche ist, wird vorzugsweise durchgelassen oder absorbiert. Sie können dies nachprüfen, indem Sie eine Polaroidsonnenbrille drehen, während Sie durch diese hindurch auf die ruhige Oberfläche eines Sees oder einer Straße blicken. Da im Freien die meisten Oberflächen horizontal sind, werden Polaroidsonnenbrillen so gefertigt, dass ihre Achsen vertikal sind, um die stärker reflektierte horizontale Komponente und somit das Blenden zu reduzieren. Fischer tragen Polaroidsonnenbrillen, um das Blenden durch die Lichtreflexion an der Wasseroberfläche zu vermeiden und so unterhalb der Wasseroberfläche besser sehen zu können (siehe ▸ Abbildung 36.39).

Der Umfang der Polarisation für das reflektierte Licht hängt vom Winkel ab und variiert von 0 (bei senkrechtem Einfall) bis 100° für den so genannten **Polarisa-**

Abbildung 36.39 Die Wasseroberfläche eines Flusses: (a) Das gesamte Licht gelangt in die Kameralinse, (b) Aufnahme unter Verwendung eines Polarisators, der so ausgerichtet ist, dass er den größten Teil des (polarisierten) Lichtes, das an der Wasseroberfläche reflektiert wird, absorbiert. Dadurch kann das schwächere Licht vom Grunde des Flusses (und v. a. ein dort schwimmender Fisch) besser gesehen werden.

tionswinkel θ_p.[8] Dieser Winkel steht mit den Brechungsindizes der Medien zu beiden Seiten der Grenzfläche in der Beziehung

$$\tan\theta_p = \frac{n_2}{n_1}\,, \tag{36.22a}$$

wobei n_1 und n_2 die Brechungsindizes der beiden Medien sind. Wenn das erste Medium Luft ist, dann wird Gleichung 36.22a zu

$$\tan\theta_p = n\,. \tag{36.22b}$$

Der Polarisationswinkel θ_p wird nach dem schottischen Physiker David Brewster (1781–1868) auch als **Brewster-Winkel** und Gleichung 36.22 als *Brewster'sches Gesetz* bezeichnet. Brewster fand dieses Gesetz 1812 auf experimentellem Weg. Gleichung 36.22 kann aus der Wellentheorie des Lichts abgeleitet werden. Für den Brewster-Winkel bilden einfallender und reflektierter Strahl einen Winkel von 90°, d. h. $\theta_p + \theta_r = 90°$, siehe ▸ Abbildung 36.40. Dies kann man sehen, indem man Gleichung 36.22a, $n_2 = n_1 \tan\theta_p = n_1 \sin\theta_p / \cos\theta_p$ in das Snellius'sche Brechungsgesetz, $n_1 \sin\theta_p = n_2 \sin\theta_r$ einsetzt, was auf $\cos\theta_p = \sin\theta_r$ führt. Diese Gleichung ist nur für $\theta_p = 90° - \theta_r$ erfüllt.

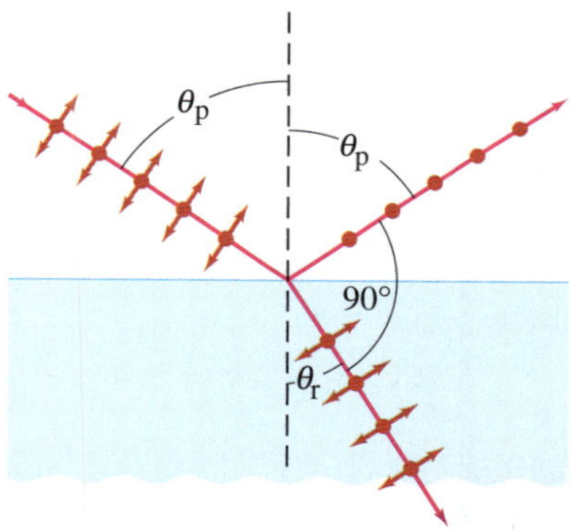

Abbildung 36.40 Für den Brewster-Winkel ist das reflektierte Licht linear polarisiert, wobei die Polarisationsebene parallel zur Oberfläche steht und $\theta_p + \theta_r = 90°$ gilt (θ_r ist der Reflexionswinkel). (Die Punkte repräsentieren die Schwingungen senkrecht zur Papierebene.)

Beispiel 36.11 **Polarisationswinkel**

(a) Bei welchem Einfallswinkel ist das an einem See reflektierte Sonnenlicht linear polarisiert? (b) Wie groß ist der Brechungswinkel?

Lösung

a Aus Gleichung 36.22b mit $n = 1{,}33$ folgt $\tan\theta_p = 1{,}33$ bzw. $\theta_p = 53{,}1°$.

b $\theta_r = 90° - \theta_p = 36{,}9°$.

36.12 Die Streuung des Lichts an der Atmosphäre

Sonnenuntergänge sind rot, der Himmel ist blau und das Licht vom Himmel ist (zumindest teilweise) polarisiert. Diese Erscheinungen lassen sich durch die *Streuung* des Lichts an den Molekülen der Atmosphäre erklären. ▸ Abbildung 36.41 zeigt, wie unpolarisiertes Licht von der Sonne auf ein Molekül der Erdatmosphäre

8 Nur ein Teil des einfallenden Lichts wird an der Oberfläche eines transparenten Mediums reflektiert. Während dieses reflektierte Licht zu 100° polarisiert ist (falls $\theta = \theta_p$), wird das übrige Licht, das in das neue Medium eintritt, nur teilweise polarisiert.

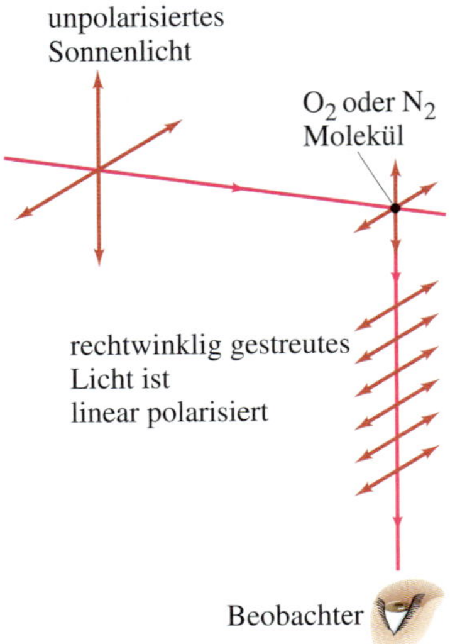

Abbildung 36.41 Unpolarisiertes Sonnenlicht wird durch die Moleküle der Luft gestreut. Ein Beobachter unter rechtem Winkel sieht linear polarisiertes Licht, da die Komponente, die in der Blickrichtung schwingt, in dieser Richtung kein Licht emittiert.

ANGEWANDTE PHYSIK

Warum ist der Himmel blau und warum sind Sonnenuntergänge rot?

trifft. Das elektrische Feld der elektromagnetischen Welle versetzt die elektrischen Ladungen im Molekül in Bewegung, und das Molekül absorbiert einen Teil der einfallenden Strahlung. Dieses Licht wird jedoch schnell wieder emittiert, da die Ladungen schwingen. Wie in Abschnitt 32.4 diskutiert, erzeugen schwingende elektrische Ladungen elektromagnetische Wellen. Das elektrische Feld dieser Wellen liegt in einer Ebene, in der auch die Schwingungsrichtung der Ladung liegt. Die Intensität ist am stärksten entlang einer Linie, die senkrecht zur Schwingung steht und fällt bei Annäherung an die Schwingungsrichtung auf null ab (siehe Abschnitt 32.4). In ▸ Abbildung 36.41 ist die Bewegung der Ladungen in zwei Komponenten zerlegt. Ein Beobachter, der rechtwinklig zur Richtung des Sonnenlichts blickt, sieht linear polarisiertes Licht, da entlang der Schwingungsrichtung der anderen Komponente kein Licht emittiert wird. (Eine andere Erklärungsmöglichkeit ist folgende: Wenn man entlang der Schwingungsrichtung blickt, dann sieht man die Schwingung nicht und folglich auch keine Welle.) Unter anderen Sehwinkeln sind beide Komponenten vorhanden. Eine davon ist jedoch stärker, und das Licht erscheint teilweise polarisiert. Der Prozess der Streuung erklärt also die Polarisation des Sonnenlichts.

Die Streuung des Lichts an der Erdatmosphäre hängt von λ ab. Teilchen, die kleiner sind als die Wellenlänge des Lichts (was für die Moleküle der Luft der Fall ist), werden von kleinen Wellenlängen stärker angeregt als von großen. Tatsächlich wächst die Streuung mit $1/\lambda^4$. Blaues und violettes Licht wird daher viel stärker gestreut als rotes und orangefarbenes, und aus diesem Grund erscheint der Himmel blau. Beim Sonnenuntergang ist der Weg, den die Sonnenstrahlen durch die Atmosphäre zurücklegen, maximal. Der Blauanteil wurde größtenteils durch die Streuung herausgenommen. Das Licht, das die Erde erreicht und an Wolken und Dunst reflektiert wird, enthält also weniger Blau. Dies ist der Grund, weshalb Sonnenuntergänge rötlich erscheinen.

Die Abhängigkeit der Streuung von $1/\lambda^4$ gilt nur, wenn die streuenden Objekte wesentlich kleiner sind als die Wellenlänge des Lichts. Dies gilt für Sauerstoff- und Wasserstoffmoleküle, deren Durchmesser etwa 0,2 nm beträgt. Wolken dagegen enthalten Wassertröpfchen und Kristalle, die viel größer sind als λ. Sie streuen daher alle Wellenlängen in etwa gleich stark. Aus diesem Grund erscheinen Wolken weiß (oder grau, wenn ein Schatten auf sie fällt).

ZUSAMMENFASSUNG

Als **Beugung** bezeichnet man das Phänomen, dass Licht – wie andere Wellenformen – durch Hindernisse, auf die es bei seiner Ausbreitung trifft, abgelenkt wird. Insbesondere breitet sich Licht nach dem Durchgang durch einen schmalen Spalt über einen großen Bereich aus. Durch diese Ablenkung entstehen **Beugungsmuster**, da die einzelnen Strahlen unterschiedlich lange Wege zurücklegen und miteinander interferieren.

Licht, das durch einen sehr schmalen Spalt a geht, erzeugt ein Muster mit einem hellen zentralen Maximum, dessen Halbwertsbreite θ durch

$$\sin\theta = \frac{\lambda}{a}$$

bestimmt ist. Zu beiden Seiten des zentralen Maximums liegen schwächere Linien.

Die Minima des Beugungsmusters treten für

$$a\sin\theta = m\lambda$$

mit $m = 1, 2, 3, \ldots$ auf.

Die **Intensität** für jeden Punkt des Beugungsmusters kann mithilfe von **Zeigerdiagrammen** berechnet werden. Die gleiche Methode kann zur Berechnung der Intensität des von zwei Spalten erzeugten Musters angewendet werden.

Das Muster der Doppelspaltinterferenz kann als eine Reihe von Maxima beschrieben werden, die dadurch entstehen, dass die durch verschiedene Spalte gegangenen Wellen miteinander interferieren. Diese Maxima werden durch eine Einhüllende moduliert, die durch die Beugung an den Spalten entsteht.

Die Wellennatur des Lichts begrenzt die Schärfe oder **Auflösung** der Bilder. Aufgrund der Beugung können *Details nicht erkannt werden, die kleiner sind als die Wellenlänge der verwendeten Strahlung.* Die sinnvolle Vergrößerung von Lichtmikroskopen wird durch die Beugung auf etwa das 1000-fache beschränkt.

Ein **Beugungsgitter** besteht aus vielen parallelen Spalten oder Linien, die von ihren Nachbarn jeweils den Abstand d

haben. Die Peaks der konstruktiven Interferenz treten für Winkel θ auf, die durch die Gleichung

$$\sin\theta = \frac{m\lambda}{d}$$

mit $m = 0, 1, 2, \ldots$ bestimmt sind. Für ein Beugungsgitter sind die Peaks wesentlich heller und schärfer als für eine einfache Doppelspaltanordnung. Die Breite der Peaks ist umgekehrt proportional zur Anzahl der Gitterlinien.

Ein Beugungsgitter (oder Prisma) wird in einem **Spektroskop** zur Aufspaltung der einzelnen Farben verwendet, um ein **Linienspektrum** zu beobachten, da θ für eine gegebene Ordnung m von λ abhängt. Mithilfe eines Spektroskops können Wellenlängen durch Messung von θ exakt bestimmt werden.

Bei **unpolarisiertem Licht** schwingt das elektrische Feld für alle Winkel transversal. Wenn das elektrische Feld nur in einer Ebene schwingt, wird das Licht als **linear polarisiert** bezeichnet. Licht kann auch partiell polarisiert sein.

Tritt ein unpolarisiertes Lichtbündel durch eine Polarisationsfolie, dann ist das austretende Lichtbündel linear polarisiert. Ist ein Lichtbündel polarisiert und geht durch einen Polarisationsfilter, dann ändert sich die Intensität, wenn der Polarisationsfilter gedreht wird. Ein Polarisationsfilter kann daher als Polarisator oder Analysator verwendet werden.

Die Intensität eines linear polarisierten Lichtbündels, das auf einen Polarisationsfilter fällt, wird um den Faktor

$$\cos^2\theta$$

reduziert, wobei θ der Winkel zwischen der Achse des Polarisationsfilters und der ursprünglichen Polarisationsebene ist.

Licht kann auch durch **Reflexion** teilweise oder vollständig polarisiert werden. Wenn Licht, das sich in Luft ausbreitet, an der Grenzfläche zu einem anderen Medium reflektiert wird, dann ist das reflektierte Bündel *vollständig* linear polarisiert, wenn der Einfallswinkel θ_p die Gleichung $\tan\theta_p = n$ erfüllt. Die Tatsache, dass Licht polarisiert werden kann, zeigt, dass es sich um eine transversale Welle handeln muss.

Z U S A M M E N F A S S U N G

Verständnisfragen

1 Sowohl Radiowellen als auch Licht sind elektromagnetische Wellen. Warum können wir Radiowellen hinter einem Berg hören, während wir die Sendeantenne nicht sehen können?

2 Halten Sie eine Hand dicht vor Ihre Augen und fokussieren Sie eine entfernte Lichtquelle durch einen schmalen Spalt zwischen Ihren Fingern. (Richten Sie es so ein, dass Sie ein möglichst gutes Muster erhalten.) Beschreiben Sie das Muster, das Sie sehen.

3 Ein rechteckiger Spalt sei doppelt so hoch wie breit. Breitet sich das Licht mehr in der horizontalen oder mehr in der vertikalen Ebene aus? Beschreiben Sie das Muster.

4 Erklären Sie, weshalb Beugungsmuster mit einer ausgedehnten Lichtquelle viel schwerer zu erhalten sind als mit einer Punktquelle. Vergleichen Sie außerdem eine monochromatische Quelle und weißes Licht.

5 Beschreiben Sie für die Beugung durch einen einfachen Spalt (a) den Einfluss der Spaltbreite, (b) den Einfluss der Wellenlänge.

6 Beschreiben Sie das Beugungsmuster, das entsteht, wenn weißes Licht durch einen Einfachspalt von (a) 50 nm und (b) 50 000 nm Breite fällt.

7 Wie ändert sich das Beugungsmuster für einen Einfachspalt, wenn sich die gesamte Anordnung anstatt in Luft (a) in Wasser, (b) im Vakuum befindet?

8 Beschreiben Sie den Unterschied zwischen den Winkeln θ und β in Gleichung 36.6.

9 Warum tritt im Beugungsmuster eines Einfachspalts das erste Maximum nach dem zentralen Maximum nicht exakt für $\sin\theta = \frac{3}{2}\lambda/a$ auf?

10 ▸ Abbildung 36.10 zeigt ein Doppelspalt-Interferenzmuster für den Fall, dass d größer ist als a. Kann auch der umgekehrte Fall auftreten, dass d kleiner ist als a?

11 Bei einem Doppelspaltversuch werden sowohl Beugung als auch Interferenz berücksichtigt. Was passiert, wenn man (a) die Wellenlänge, (b) den Spaltabstand und (c) die Spaltbreite erhöht?

12 Diskutieren Sie Gemeinsamkeiten und Unterschiede von Doppelspaltinterferenz und Beugung am Einfachspalt.

13 Wird die Auflösung von Bildern durch die Beugung limitiert, wenn das abbildende System (a) ein sphärischer Spiegel, (b) ein ebener Spiegel ist?

14 Treten Beugungseffekte für virtuelle Bilder gleichermaßen wie für reale auf?

15 Was spricht für die Verwendung großer reflektierender Spiegel in astronomischen Fernrohren? Nennen Sie mindestens zwei Argumente.

16 Atome haben Durchmesser von etwa 10^{-8} cm. Kann sichtbares Licht verwendet werden, um ein Atom zu „sehen"? Warum bzw. warum nicht?

17 Welche Farbe des sichtbaren Lichts bringt in einem Mikroskop die beste Auflösung?

18 Wenn monochromatisches Licht in einem Mikroskop verwendet wird, beeinflusst die Farbe dann die Auflösung?

19 Könnte man ein Beugungsgitter ebenso gut als Interferenzgitter bezeichnen?

20 Welche Ordnungen überlappen sich im beobachteten Spektrum von Licht, das auf ein Beugungsgitter fällt und das aus den Wellenlängen 400 nm und 700 nm zusammengesetzt ist? Hängt Ihre Antwort von der Spaltbreite ab?

21 Worin unterscheiden sich die Interferenzmuster, die (i) durch zwei 10^{-4} cm voneinander entfernte Spalte und (ii) durch ein Beugungsgitter mit 10^4 Linien pro cm erzeugt werden?

22 Weißes Licht treffe (a) auf ein Beugungsgitter und (b) auf ein Prisma. In beiden Fällen erscheint ein Regenbogen auf einer Wand direkt unterhalb der Richtung des horizontal einfallenden Lichtbündels. Welches ist in beiden Fällen die oberste Farbe des Regenbogens?

23 Erklären Sie, wodurch die winzigen Nebenmaxima zwischen den Hauptmaxima des Beugungsmusters entstehen, wenn ein Beugungsgitter mit monochromatischem Licht bestrahlt wird.

24 Was sagt uns die Polarisation über die Natur des Lichts?

25 Wie können Sie herausfinden, ob eine Sonnenbrille polarisierend ist oder nicht?

26 Welche Farbe hätte der Himmel, wenn die Erde keine Atmosphäre hätte?

27 Wenn die Erdatmosphäre 50-mal so dicht wäre, wie sie tatsächlich ist, wäre das Sonnenlicht dann trotzdem noch weiß oder hätte es eine andere Farbe?

Aufgaben zu 36.1

1 (I) Wie groß ist die Winkelbreite des zentralen Beugungspeaks, wenn Licht mit einer Wellenlänge von 680 nm auf einen 0,0345 mm breiten Spalt trifft?

2 (I) Monochromatisches Licht trifft auf einen $3 \cdot 10^{-3}$ mm breiten Spalt. Welche Wellenlänge hat das verwendete Licht, wenn der Winkel zwischen den beiden ersten dunklen Streifen beiderseits des Hauptmaximums 37° beträgt?

3 (II) Licht mit einer Wellenlänge von 550 nm trifft auf einen $3{,}5 \cdot 10^{-3}$ mm breiten Spalt. Schätzen Sie ab, wie weit vom Hauptmaximum entfernt sich das Beugungsmaximum erster Ordnung befindet, wenn der Schirm 10 m entfernt ist.

4 (II) Monochromatisches Licht mit einer Wellenlänge von 689 nm trifft auf einen Spalt. Schätzen Sie dessen Breite ab, wenn der Winkel zwischen den beiden ersten hellen Streifen beiderseits des Hauptmaximums 38° beträgt.

5 (II) Wenn ein Spalt Licht mit einer Wellenlänge von 550 nm so beugt, dass das Beugungsmaximum auf einem 2,5 m entfernten Schirm 8 cm breit ist, welche Breite hat dann das Beugungsmaximum für Licht der Wellenlänge 400 nm?

6 (II) (a) Wie groß ist für eine gegebene Wellenlänge λ die maximale Spaltbreite, für die keine Beugungsminima auftreten? (b) Wie groß ist die maximale Spaltbreite, für die sichtbares Licht kein Beugungsminimum zeigt?

7 (II) Wie breit ist der zentrale Beugungspeak auf einem Schirm, der sich 3,5 m hinter einem 0,0655 mm breiten Spalt befindet und von Licht der Wellenlänge 400 nm angestrahlt wird?

8 (II) Beschreiben Sie das Beugungsmuster für den Fall, dass parallele Lichtstrahlen unter einem Winkel von 30° mit der Normalen auf einen Einfachspalt der Breite a treffen.

Aufgaben zu 36.2

9 (II) Wenn Sie die Breite eines Einfachspalts verdoppeln, so wird auch die Intensität des durch den Spalt gehenden Lichts verdoppelt. (a) Zeigen Sie, dass die Intensität im Mittelpunkt des Schirms um den Faktor 4 zunimmt. (b) Erläutern Sie, warum dies nicht den Energieerhaltungssatz verletzt.

10 (III) (a) Erläutern Sie, warum die Nebenmaxima im Beugungsmuster eines Einfachspalts nicht exakt bei $\beta/2 = (m + \frac{1}{2})\pi$ mit $m = 1, 2, 3, \ldots$ liegen. (b) Zeigen Sie durch Differentiation von **Gleichung 36.7**, dass die Nebenmaxima auftreten, wenn $\beta/2$ die Beziehung $\tan(\beta/2) = \beta/2$ erfüllt. (c) Stellen Sie die Funktionen $y = \beta/2$ und $y = \tan(\beta/2)$ exakt grafisch dar. Bestimmen Sie anhand der Schnittpunkte die Werte von β für das erste und zweite Nebenmaximum. Wie groß ist die prozentuale Abweichung von $\beta/2 = (m + \frac{1}{2})\pi$?

11 (III) Bestimmen Sie näherungsweise die Winkelbreite für den halben Wert des Maximums (wo $I = \frac{1}{2}I_0$ gilt) des zentralen Beugungspeaks eines Einfachspalts. (*Hinweis*: Arbeiten Sie mit grafischen Methoden oder lösen Sie die Aufgabe durch Probieren; sie ist nicht analytisch lösbar.) Nehmen Sie $\lambda = 550$ nm und $a = 2{,}6 \cdot 10^{-3}$ mm an.

Aufgaben zu 36.3

12 (II) Entwerfen Sie eine Doppelspaltanordnung, deren zentraler Beugungspeak exakt 15 Streifen enthält.

13 (II) Der zentrale Beugungspeak eines Doppelspaltmusters enthalte sieben Streifen. Was können Sie über die Breite und den Abstand der Spalte sagen?

14 (II) Angenommen, für eine Doppelspaltanordnung gilt $d = a$, so dass die beiden Spalte zusammen einen einzigen Spalt der Breite $2a$ ergeben. Zeigen Sie, dass sich **Gleichung 36.9** in diesem Fall auf die korrekte Gleichung für die Einfachspaltbeugung reduziert.

15 (II) Zwei 0,01 mm breite Spalte haben voneinander den Abstand 0,03 mm (von Mittelachse zu Mittelachse). Bestimmen Sie (a) die Entfernung zweier Interferenzstreifen für Licht der Wellenlänge 550 nm, wenn der Schirm 1 m entfernt ist, und (b) die Entfernung zwischen den beiden Beugungsminima zu beiden Seiten des zentralen Maximums der Einhüllenden.

16 (II) Wie viele Streifen enthält der zentrale Beugungspeak eines Doppelspaltmusters für (a) $d = 2a$, (b) $d = 12a$, (c) $d = 4.5a$ und (d) $d = 7.2a$?

17 (III) Zeichnen Sie Zeigerdiagramme (wie in ▸ **Abbildung 36.8**) für das Doppelspaltexperiment, die sowohl die Interferenz als auch die Beugung berücksichtigen. Zeichnen Sie Diagramme für die wichtigsten Punkte dieses Musters (siehe ▸ **Abbildung 36.10c**), insbesondere für die Mittelachse, das erste Minimum, das nächste Maximum sowie für $\sin\theta = \lambda/a$.

18 (III) (a) Leiten Sie einen Ausdruck für die Intensität des Interferenzmusters von drei Spalten her, die den gleichen Abstand voneinander haben. Formulieren Sie diesen Ausdruck mithilfe der Größe $\delta = 2\pi d \sin\theta/\lambda$, wobei d die Gitterkonstante ist und den Abstand zwischen benachbarten Spalten angibt, und die Spaltbreite mit $a \approx \lambda$ angenommen wird. (b) Zeigen Sie, dass es zwischen den Haupmaxima nur ein Nebenmaximum gibt.

Aufgaben zu 36.4 und 36.5

19 (I) Der Spiegeldurchmesser des Mt. Wilson-Teleskops beträgt 100 Zoll (= 2,54 m). Wo liegt die Grenze der Winkelauflösung, die durch die Beugung gesetzt wird? Nehmen Sie $\lambda = 500$ nm an.

20 (II) Zwei zehn Lichtjahre entfernte Sterne sind mit einem Teleskop (Spiegeldurchmesser 90 cm) kaum noch aufzulösen. Wie weit sind die beiden Sterne voneinander entfernt? Nehmen Sie an, dass die Auflösung durch die Beugung limitiert ist und dass $\lambda = 550$ nm gilt.

21 (II) Das Standardobjektiv einer 35 mm-Kamera hat eine Brennweite von 50 mm. Der Durchmesser ihrer Blende variiert zwischen minimal 3 mm (bei Blende 16) und maximal 25 mm (bei Blende 2). Bestimmen Sie die Auflösungsgrenze, die bei Blende 2 und bei Blende 16 durch die Beugung gesetzt ist. Geben Sie die Anzahl der Linien pro Millimeter an, die auf dem Film aufgelöst werden. Nehmen Sie $\lambda = 500$ nm an.

22 (II) Angenommen, Sie wollen ein Teleskop konstruieren, das 7 km große Objekte auf dem Mond auflösen kann. Dessen Entfernung von der Erde beträgt 384 000 km. Sie haben ein Objektiv mit einer Brennweite von 2 m und einem Durchmesser von 11 cm zur Verfügung. Wie groß muss die Brennweite des Okulars sein, damit Ihr Auge aus 25 cm Entfernung Objekte auflösen kann, die 0,1 mm voneinander entfernt sind? Wo liegt die durch die Größe des Objektivs (d. h. aufgrund von Beugung) gesetzte Auflösungsgrenze? Verwenden Sie die Wellenlänge $\lambda = 500$ nm.

Aufgaben zu 36.7

23 (I) Bei welchem Winkel erzeugt Licht der Wellenlänge 400 nm ein Maximum dritter Ordnung, wenn es auf ein Beugungsgitter fällt, dessen Spalte $1{,}35 \cdot 10^{-3}$ cm voneinander entfernt sind?

24 (I) Wie viele Linien pro Zentimeter besitzt ein Beugungsgitter, wenn das Maximum dritter Ordnung für Licht der Wellenlänge 650 nm bei einem Winkel von 13° auftritt?

25 (I) Ein Beugungsgitter hat 6600 Linien pro Zentimeter. Wie viele Spektralzustände werden sichtbar, wenn dieses Gitter mit weißem Licht bestrahlt wird?

26 (I) Ein Beugungsgitter mit 3500 Linien pro Zentimeter erzeugt bei einem Winkel von 22° einen Streifen dritter Ordnung. Wie groß ist die Wellenlänge des verwendeten Lichts?

27 (I) Eine Quelle erzeugt Linien erster Ordnung unter den Winkeln 29,8°, 37,7°, 39,6° und 48,9°, wenn das senkrecht einfallende Licht auf ein Beugungsgitter mit 10 000 Linien pro Zentimeter auftrifft. Wie groß sind die entsprechenden Wellenlängen?

28 (II) Weißes Licht, das Wellenlängen von 400 nm bis 750 nm enthält, fällt auf ein Beugungsgitter mit 7800 Linien pro Zentimeter. Wie breit ist das Spektrum erster Ordnung auf einem 2,80 m entfernten Schirm?

29 (II) Zeigen Sie, dass sich die durch ein Beugungsgitter erzeugten Spektren zweiter und dritter Ordnung von weißem Licht in jedem Falle überlappen. Welche Wellenlängen überlappen sich dabei?

30 (II) Die beiden Spektrallinien erster Ordnung zu beiden Seiten des Zentrums werden mithilfe eines Spektroskops mit 9550 Linien pro Zentimeter bei den Winkeln $+26°38'$, $+41°02'$, $-26°18'$ bzw. $-40°27'$ gemessen. Wie groß sind die entsprechenden Wellenlängen?

31 (II) Angenommen, die in **Aufgabe 30** gemessenen Winkel werden erzeugt, wenn das Spektrometer (jedoch nicht die Quelle) in Wasser eingetaucht wird. Wie groß wären in diesem Falle die Wellenlängen (in Luft)?

32 (II) Wenn Licht der Wellenlänge 589 nm auf ein Beugungsgitter fällt, wird die Linie erster Ordnung im Winkel von 15,5° beobachtet. Wie weit sind die Spalte voneinander entfernt? Bei welchem Winkel wird eine Linie dritter Ordnung sichtbar?

33 (II) Monochromatisches Licht fällt unter einem Winkel ϕ zur Normalen auf ein Beugungsgitter. Zeigen Sie, dass **Gleichung 36.13** für Beugungsmaxima durch

$$d(\sin\phi \pm \sin\theta) = m\lambda\,, \quad m = 0, 1, 2, \ldots$$

ersetzt werden muss. Erläutern Sie das $\pm$-Zeichen.

Aufgaben zu 36.9

34 (II) Bei einem Beugungsgitter fallen Ordnungen aus, wenn ein Beugungsminimum mit einem Interferenzmaximum zusammenfällt. Es sei a die Breite jedes Spalts und d die Gitterkonstante. (a) Zeigen Sie, dass für $d = 2a$ alle geradzahligen Ordnungen ($m = 2, 4, 6, \ldots$) fehlen. (b) Zeigen Sie, dass immer dann Ordnungen ausfallen, wenn

$$\frac{d}{a} = \frac{m_1}{m_2}$$

gilt, wobei m_1 und m_2 ganze Zahlen sind. (c) Diskutieren Sie den Fall $d = a$, d. h. den Grenzfall, in dem der Abstand zwischen den Spalten vernachlässigbar ist.

35 (II) Licht der Wellenlänge 580 nm fällt rechtwinklig auf ein Beugungsgitter mit $d = 3a = 1200$ nm. (a) Wie viele Hauptmaxima gibt es? (b) Wenn das Gitter 1,8 cm breit ist, wie groß ist dann die volle Winkelbreite für jedes Hauptmaximum?

36 (II) Ein Beugungsgitter mit 6500 Linien pro Zentimeter sei 3,61 cm breit. Wenn Licht mit Wellenlängen um 624 nm auf das Gitter fällt, wie dicht können dann zwei Wellenlängen beieinander liegen, damit sie in einer beliebigen Ordnung aufgelöst werden können? Welche Ordnung ergibt die beste Auflösung?

37 (II) Ein Beugungsgitter habe 16000 Linien auf einer Breite von 2,4 cm. Bestimmen Sie (a) sein Auflösungsvermögen in der ersten und zweiten Ordnung und (b) die minimale Auflösung der Wellenlängen ($\Delta\lambda$), die man für $\lambda \approx 410$ nm erhalten kann.

38 (II) Zeigen Sie für eine feste Wellenlänge und einen festen Beugungswinkel, dass das Auflösungsvermögen eines Beugungsgitters von der Gesamtbreite Nd abhängt, wobei N die Gesamtzahl der Spalte der Breite d ist.

39 (II) Stellen Sie eine Formel für die minimale Frequenzdifferenz Δf auf, die ein Beugungsgitter auflösen kann, wenn Licht mit zwei Frequenzen $f_1 \approx f_2 = f$ auf dieses trifft.

Aufgaben zu 36.10

40 (II) Röntgenstrahlen der Wellenlänge 0,138 nm treffen auf einen Kristall, dessen in Ebenen angeordneten Atome den Abstand 0,265 nm voneinander haben. Unter welchem Winkel müssen die Röntgenstrahlen auftreffen, damit das erste Beugungsmaximum zu sehen ist?

41 (II) Bei einem Kristall, dessen Atome 0,24 nm voneinander entfernt sind, wird unter einem Winkel von 26,2° eine Bragg'sche Beugung erster Ordnung beobachtet. (a) Bei welchem Winkel ist eine Beugung zweiter Ordnung zu beobachten? (b) Wie groß ist die Wellenlänge der Röntgenstrahlen?

42 (II) Ist es möglich, durch Messung der ersten drei Ordnungen ($m = 1, 2$ und 3) die Wellenlänge λ von Röntgenstrahlen und die Gitterkonstante d zu bestimmen?

Aufgaben zu 36.11

43 (I) Auf zwei Polarisatoren, deren Polarisationsebenen einen Winkel von 75° bilden, fällt unpolarisiertes Licht. Wie groß ist der Anteil der Lichtintensität, der durchgelassen wird?

44 (I) Zwei Polarisationsfilter sind so angeordnet, dass die maximale Lichtmenge durch sie hindurchtritt. Unter welchem Winkel sollte einer der beiden Polarisationsfilter ausgerichtet werden, damit die Lichtintensität insgesamt um die Hälfte reduziert wird?

45 (I) Wie groß ist der Brewster-Winkel für die Grenzfläche zwischen Luft und Glas ($n = 1{,}56$)?

46 (I) Wie groß ist der Brewster-Winkel für einen in Wasser eingetauchten Diamanten, wenn Licht, das sich im Wasser ausbreitet, auf den Diamanten trifft?

47 (II) Welchen Winkel sollten die Achsen zweier Polarisationsfilter miteinander bilden, damit die Intensität des einfallenden unpolarisierten Lichts (a) um $\frac{1}{3}$ bzw. (b) um $\frac{1}{10}$ reduziert wird?

48 (II) Der kritische Winkel für Totalreflexion an der Grenzfläche zweier Medien sei 52°. Wie groß ist der Brewster-Winkel an dieser Grenzfläche?

49 (II) Wie groß ist der Brewster-Winkel für Reflexionen an der Wasseroberfläche für Licht, das von unterhalb der Wasseroberfläche kommt? Vergleichen Sie dies mit dem Winkel für die Totalreflexion und mit dem Brewster-Winkel oberhalb der Oberfläche.

50 (II) Zwei Polarisatoren sind in einem Winkel von 34° angeordnet. Polarisiertes Licht, dessen Polarisationsebene mit den beiden Polarisatoren einen Winkel von 17° bildet, geht durch die beiden Polarisatoren hindurch. Wie stark wird die Lichtintensität reduziert?

51 (II) Unpolarisiertes Licht geht durch fünf aufeinanderfolgende Polarisationsfolien, deren Achsen jeweils einen 45°-Winkel mit der vorherigen bilden. Wie groß ist die Intensität des durchgelassenen Strahls?

52 (II) Beschreiben Sie, wie die Polarisationsebene eines linear polarisierten Lichtstrahls von 90° gedreht werden muss, damit bei Verwendung von Polarisatoren ein Intensitätsverlust von nur 10% auftritt.

53 (III) Die prozentuale Polarisation P eines teilweise polarisierten Lichtstrahls ist durch

$$P = \frac{I_{\max} - I_{\min}}{I_{\max} + I_{\min}} \cdot 100$$

definiert, wobei $I_{\max}$ und $I_{\min}$ die maximale und minimale Intensität sind, die sich ergeben, wenn das Licht durch einen langsam rotierenden Polarisator hindurchtritt. Derartiges Licht kann als die Summe von zwei ungleichen, linear polarisierten Strahlen der Intensität I_{max} und I_{min} betrachtet werden, deren Polarisationsebenen senkrecht zueinander stehen. Zeigen Sie, dass von einem Polarisator durchgelassenes Licht, dessen Achse den Winkel ϕ mit der Richtung bildet, in die I_{max} zeigt, die Intensität

$$\frac{1 + p\cos 2\phi}{1 + p} I_{max}$$

hat, wobei $p = P/100$ die „anteilige Polarisation" ist.

Allgemeine Aufgaben

54 Wenn violettes Licht der Wellenlänge 415 nm auf einen Einfachspalt fällt, erzeugt es einen zentralen Beugungspeak, der auf einem 2,55 m entfernten Schirm 9,20 cm breit ist. Wie breit ist der Spalt?

55 Ein Lehrer steht mit dem Rücken zu einer 0,88 m breiten Haustür und spielt Flöte mit einer Frequenz von 750 Hz. Schätzen Sie ab, bei welchem Winkel es *nicht* möglich ist, auf dem vor der Haustür befindlichen Spielplatz die Flöte deutlich zu hören. Vernachlässigen Sie dabei Reflexionen.

56 Auf den Flügeln einer bestimmten Käferart befindet sich eine Reihe paralleler Linien. Wenn senkrecht einfallendes Licht der Wellenlänge 460 nm am Flügel reflektiert wird, erscheint dieser hell, wenn er unter einem Winkel von 50° betrachtet wird. Wie groß ist der Abstand der Linien?

57 Wie viele Linien pro Zentimeter muss ein Beugungsgitter haben, damit es für keine sichtbare Wellenlänge ein Spektrum zweiter Ordnung gibt?

58 Licht fällt auf ein Beugungsgitter mit 7500 Linien pro Zentimeter und das Muster wird auf einem 2,5 m vom Gitter entfernten Schirm aufgefangen. Der einfallende Lichtstrahl enthält die beiden Wellenlängen $\lambda_1 = 4{,}4 \cdot 10^{-7}$ m und $\lambda_2 = 6{,}3 \cdot 10^{-7}$ m. Berechnen Sie den Abstand auf dem Schirm zwischen den hellen Streifen erster Ordnung für diese beiden Wellenlängen.

59 Beschreiben Sie das entstehende Beugungsmuster, wenn parallele Lichtstrahlen unter einem Winkel von 20° zur Normalen auf einen Einfachspalt der Breite a fallen.

60 Wenn gelbes Natriumlicht mit der Wellenlänge $\lambda =$ 589 nm auf ein Beugungsgitter fällt, liegt sein Peak erster Ordnung auf einem 60 cm entfernten Schirm 3,32 cm vom zentralen Peak entfernt. Eine andere Quelle erzeugt eine Linie im Abstand von 3,71 cm zum zentralen Peak. Wie groß ist ihre Wellenlänge? Wie viele Linien hat das Gitter pro Zentimeter?

61 Welche ist die höchste sichtbare Ordnung eines Spektrums, wenn ein Gitter mit 6000 Linien pro Zentimeter von Laserlicht mit einer Wellenlänge von 633 nm angestrahlt wird? Nehmen Sie an, dass das Licht senkrecht einfällt.

62 Auf ein Beugungsgitter fällt weißes Licht, wobei zu beiden Seiten des Maximums exakt zwei volle Spektralordnungen sichtbar werden. Wie groß ist die maximale Anzahl von Linien pro Zentimeter für dieses Gitter?

63 Zwei der Linien des Spektrums von atomarem Wasserstoff haben die Wellenlängen 656 nm und 410 nm. Wie groß ist der Winkelabstand der beiden Wellenlängen im Spektrum erster Ordnung, wenn diese senkrecht auf ein Gitter mit 7600 Linien pro Zentimeter einfallen?

64 Senkrecht auf ein Gitter mit 9850 Linien pro Zentimeter fallendes Licht zeigt im Spektrum erster Ordnung drei Linien unter den Winkeln 31,2°, 36,4° und 47,5°. Wie groß sind die entsprechenden Wellenlängen?

65 (a) Bis zu welcher Entfernung kann das menschliche Auge zwei 2 m entfernte Autoscheinwerfer unterscheiden? Berücksichtigen Sie nur Beugungseffekte und nehmen Sie einen Augendurchmesser von 5 mm und eine Wellenlänge von 500 nm an. (b) Wie groß ist der minimale Winkelabstand, der vom Auge bei der Beobachtung zweier Sterne aufgelöst werden kann, wenn ebenfalls nur Beugungseffekte berücksichtigt werden? Tatsächlich beträgt dieser Abstand etwa eine Bogenminute. Warum weicht Ihre Antwort in Teil (b) von diesem Wert ab?

66 Unter welchem Winkel steht die Sonne über dem Horizont, wenn das von der glatten Oberfläche eines Sees reflektierte Licht am stärksten polarisiert ist?

67 Unpolarisiertes Licht fällt auf zwei Polarisationsfolien, deren Achsen einen rechten Winkel bilden. (a) Wie groß ist der durchgelassene Anteil des einfallenden Lichts? (b) Welcher Anteil wird durchgelassen, wenn ein dritter Polarisator so zwischen die ersten beiden gestellt wird, dass seine Achse mit der des ersten Polarisators einen Winkel von 60° bildet? (c) Wie groß ist der Anteil, wenn der dritte Polarisator vor den anderen beiden angeordnet wird?

68 Vier Polarisatoren stehen hintereinander, wobei ihre vertikalen Achsen die Winkel 30°, 60° und 90° mit der Vertikalen bilden. (a) Berechnen Sie den Anteil des einfallenden unpolarisierten Lichts, das von den vier Polarisatoren durchgelassen wird. (b) Kann das durchgelassene Licht *reduziert* werden, indem einer der Polarisatoren bewegt wird? Wenn ja, welcher? (c) Kann die Intensität des durchgelassenen Lichts ausgelöscht werden, indem einer der Polarisatoren entfernt wird? Wenn ja, welche(r)?

69 Welchen Winkel sollten die Achsen zweier Polarisatoren bilden, damit die Intensität des einfallenden unpolarisierten Lichts um einen zusätzlichen Faktor von (a) 25%, (b) 10% und (c) 1% reduziert wird (nachdem die Intensität durch den ersten Polarisator halbiert wurde)?

70 Auf zwei Polarisatoren, deren Achsen einen Winkel von 40° bilden, fällt linear polarisiertes Licht ein. Wie war die ursprüngliche Polarisierungsrichtung, wenn nur 15% des einfallenden Lichts durch die Polarisatoren geht?

71 Zeigen Sie, dass zwei Lichtquellen mit gleicher Intensität, die linear polarisiertes Licht erzeugen und deren Polarisationsebenen senkrecht zueinander sind, kein Interferenzmuster erzeugen können, da sie zu allen Zeitpunkten phasengleich sind.

72 Aufklärungsflugzeuge fliegen in extrem großen Höhen (25 km), um nicht abgefangen zu werden. Ihre Kameras sind in der Lage, Objekte zu erkennen, die kleiner als 5 cm sind. Wie groß muss die Öffnung der Kameralinse mindestens sein, um diese Auflösung zu erreichen? (Verwenden Sie die Wellenlänge $\lambda = 550\,\text{nm}$.)

73 Röntgenstrahlen mit einer Wellenlänge von 0,0973 nm werden auf einen unbekannten Kristall gerichtet. Das zweite Beugungsmaximum wird bei einem Winkel von 23,4° beobachtet. Wie groß ist der Abstand zwischen den mit Atomen besetzten Ebenen?

74 Röntgenstrahlen mit einer Wellenlänge von 0,10 nm treffen auf ein mikrokristallines Pulver (siehe ▶ **Abbildung 35.3**). Die Probe ist 10 cm von einem fotografischen Film entfernt. In der Kristallstruktur gibt es Abstände von 0,25 nm zwischen den Atomen. Berechnen Sie die Radien der Beugungsringe, die der Streuung erster und zweiter Ordnung entsprechen.

Spezielle Relativitätstheorie

37

ÜBERBLICK

Albert Einstein (1879–1955), einer der großen Denker des 20. Jahrhunderts, war der Schöpfer der speziellen und der allgemeinen Relativitätstheorie. In diesem Kapitel behandeln wir die spezielle Relativitätstheorie, insbesondere wichtige nichtklassische Resultate wie die Längenkontraktion und die Zeitdilatation für bewegte Bezugssysteme sowie die relativistischen Gleichungen für Impuls und Energie.

37. Spezielle Relativitätstheorie

Am Ende des 19. Jahrhunderts konnte die Physik auf eine lange Erfolgsperiode zurückblicken. Die in den drei vorangegangenen Jahrhunderten entwickelten Theorien waren bei der Erklärung einer großen Anzahl natürlicher Phänomene sehr erfolgreich gewesen. Die Newton'sche Mechanik beschrieb die Bewegung von Körpern auf der Erde und am Himmel. Darüber hinaus bildete sie die Grundlage für die erfolgreiche Betrachtung von Fluiden, der Wellenbewegung und des Schalls. Die kinetische Theorie beschrieb das Verhalten von Gasen und anderen Stoffen. Abgesehen davon, dass die Maxwell'sche Theorie des Elektromagnetismus den Zusammenhang zwischen elektrischen und magnetischen Phänomenen herstellte, sagte sie die Existenz der elektromagnetischen Wellen voraus, die sich in jeder Beziehung wie Licht verhalten sollten, so dass Licht ebenfalls als elektromagnetische Welle angesehen wurde. Die Physiker hatten alles in allem das Gefühl, dass sich die natürliche Umwelt mithilfe vorhandener Theorien sehr gut beschreiben lässt. Einige ungelöste Phänomene blieben, wie die Strahlungscharakteristik schwarzer Körper, aber man glaubte, dass diese bald mithilfe bekannter Prinzipien gelöst werden würden.

Dies sollte sich jedoch als Irrtum erweisen. Einige ungelöste Phänomene konnten nur durch zwei neue, revolutionäre Theorien geklärt werden, die Anfang des 20. Jahrhunderts entwickelt wurden und das gesamte Verständnis der Natur verändern sollten: die *Relativitätstheorie* und die *Quantentheorie*.

Abbildung 37.1 Albert Einstein und seine zweite Frau Elsa.

Klassische vs. moderne Physik

Die Physik in der am Ende des 19. Jahrhunderts bekannten Form (der Teil, den wir bisher in diesem Buch behandelt haben) wird als **klassische Physik** bezeichnet. Die neue Physik, die aus der großen Revolution an der Schwelle zum 20. Jahrhundert erwuchs, nennt man **moderne Physik**. In diesem Kapitel stellen wir die spezielle Relativitätstheorie vor, die von Albert Einstein (1879–1955; ► Abbildung 37.1) im Jahre 1905 aufgestellt wurde. Im nächsten Kapitel führen wir die ebenso bedeutsame Quantentheorie ein.

37.1 Galilei-Newton'sches Relativitätsprinzip

Einsteins spezielle Relativitätstheorie beschäftigt sich mit der Betrachtung von Ereignissen, insbesondere damit, wie Körper und Ereignisse von verschiedenen Bezugssystemen aus beobachtet werden. Mit diesem Thema haben sich bereits Galilei und Newton beschäftigt.

Die spezielle Relativitätstheorie behandelt Ereignisse, die von einem so genannten **Inertialsystem** (Abschnitte 4.2 und 11.9) aus beobachtet und gemessen werden. Dabei handelt es ich um Bezugssysteme, in denen das erste Newton'sche Axiom gilt: Wenn auf einen Körper keine Nettokraft wirkt, verharrt er entweder in Ruhe oder in gleichförmiger, geradliniger Bewegung mit konstanter Geschwindigkeit. Ereignisse lassen sich am einfachsten analysieren, wenn sie aus einem Inertialsystem heraus beobachtet und gemessen werden. Auch wenn die Erde nicht wirklich ein Inertialsystem ist (sie rotiert), können wir sie in den meisten Fällen näherungsweise als ein solches betrachten. Davon werden wir im Folgenden Gebrauch machen. Rotierende oder anderweitig beschleunigte Bezugssysteme sind Nichtintertialsysteme und für uns in diesem Kapitel nicht von Belang. (Sie sind Gegenstand der ebenfalls von Einstein entwickelten allgemeinen Relativitätstheorie.)

Ein Bezugssystem, das sich relativ zu einem Inertialsystem mit konstanter Geschwindigkeit bewegt, ist selbst ebenfalls ein Inertialsystem, weil das Newton'sche Axiom darin ebenso gültig ist. Wenn wir sagen, dass wir Beobachtungen oder Messungen aus einem solchen Bezugssystem heraus vornehmen, bedeutet dies, dass wir uns darin in Ruhe befinden.

Relativitätsprinzip: die Grundgesetze der Physik sind in allen Inertialsystemen gleich

Sowohl Galilei als auch Newton waren sich eines Prinzips bewusst, das wir inzwischen als auf die Mechanik angewandtes **Relativitätsprinzip** bezeichnen: *Die Grundgesetze der Physik sind in allen Inertialsystemen gleich.* Sie werden die Gültigkeit dieses Prinzips im Alltag bemerkt haben. Beispielsweise bewegen sich Körper in gleichförmig (mit konstanter Geschwindigkeit) fahrenden Zügen oder Flugzeugen genauso wie auf der Erde. (Dabei gehen wir davon aus, dass keine Schwingungen auftreten, wodurch das Bezugssystem kein Inertialsystem mehr darstellen würde.) Wenn Sie mit konstanter Geschwindigkeit in einem Zug, Flugzeug oder Schiff reisen und dabei laufen, eine Tasse Suppe trinken, Ping-Pong spielen oder einen Bleistift auf den Boden fallen lassen, verhalten sich Körper so wie in einem bezüglich der Erde ruhenden Bezugssystem. Angenommen, Sie befinden sich in einem Auto, das sich schnell und mit konstanter Geschwindigkeit bewegt. Wenn Sie im Auto eine Münze aus Kopfhöhe fallen lassen, wie verläuft ihre Bahn? In Bezug auf das Auto fällt sie senkrecht herunter und trifft den Boden genau unter dem Punkt, an dem sie die Münze fallen gelassen haben (siehe ► Abbildung 37.2a). (Wenn Sie die Münze aus dem Autofenster fallen lassen würden, würde dies nicht passieren, weil der Luftzug die Münze relativ zum Auto nach hinten zieht.) Genauso fallen Körper auf der Erde – senkrecht nach unten – und somit steht unser Experiment im Einklang mit dem Relativitätsprinzip.

Beachten Sie jedoch, dass in diesem Beispiel die Münze für einen Beobachter auf der Erde einer Parabel folgt (siehe ► Abbildung 37.2b). Die von der Münze tatsächlich verfolgte Kurve unterscheidet sich für verschiedene Bezugssysteme. Diese Tatsache verletzt das Relativitätsprinzip nicht, weil dieses Prinzip nur besagt, dass die physikalischen *Gesetze* in jedem Inertialsystem gleich sind. Dasselbe Gravitationsgesetz und dieselben Bewegungsgesetze sind in beiden Bezugssystemen anwendbar. Die Beschleunigung ist in beiden Bezugssystemen gleich. Der Unterschied zwischen den ► Abbildungen 37.2a und ► 37.2b besteht darin, dass die Münze im Bezugssystem der Erde eine Anfangsgeschwindigkeit (gleich der Geschwindigkeit des Autos) besitzt. Die physikalischen Gesetze sagen deshalb voraus, dass die Münze gleich einem Wurfgeschoss einer parabolischen Kurve folgt. Im Bezugssystem des Autos gibt es keine Anfangsgeschwindigkeit und die physikalischen Gesetze sagen voraus, dass die Münze senkrecht nach unten fällt. Die Gesetze sind in beiden Bezugssystemen dieselben, obwohl die speziellen Bahnkurven verschieden sind.

Das Galilei-Newton'sche Relativitätsprinzip beinhaltet bestimmte unbeweisbare Annahmen, die aus der täglichen Erfahrung heraus sinnvoll sind. Es wird angenommen, dass die Länge der Körper in allen Bezugssystemen gleich ist und

Abbildung 37.2 Eine Münze wird in einem fahrenden Auto von einer Person fallen gelassen. (a) Im Bezugssystem des Autos fällt die Münze senkrecht nach unten. (b) In einem an die Erde gekoppelten Bezugssystem fällt die Münze entlang einer Parabel. Die beiden je oberen Darstellungen zeigen den Moment, in dem die Münze fallen gelassen wird, die beiden je unteren Darstellungen zeigen die Verhältnisse kurze Zeit später.

die Zeit in verschiedenen Bezugssystemen mit gleicher Geschwindigkeit abläuft. In der klassischen Mechanik werden also Raum und Zeit als **absolut** angesehen: Ihr Wert ändert sich von einem Bezugssystem zum anderen nicht. Die Masse eines Körpers sowie alle Kräfte werden als unveränderlich betrachtet, wenn man von einem Inertialsystem zum anderen übergeht.

Die Position eines Körpers ist natürlich von unterschiedlichen Bezugssystemen aus gesehen verschieden, genauso wie die Geschwindigkeit. Eine Person läuft beispielsweise mit 5 km/h in einem Bus nach vorn. Wenn sich der Bus aber mit 40 km/h relativ zur Erde bewegt, dann bewegt sich die Person relativ zur Erde mit einer Geschwindigkeit von 45 km/h. Die Beschleunigung eines Körpers ist jedoch im Einklang mit der klassischen Mechanik in jedem Inertialsystem gleich. Das liegt daran, dass die Änderung der Geschwindigkeit und das dafür benötigte Zeitintervall gleich sind. Beispielsweise kann die Person im Bus innerhalb einer Sekunde von 0 auf 5 km/h beschleunigen, so dass im Bezugssystem des Busses $a = 5\,\mathrm{km/h/s}$ gilt. In Bezug auf die Erde beträgt die Beschleunigung $(45\,\mathrm{km/h} - 40\,\mathrm{km/h})/(1{,}0\,\mathrm{s}) = 5\,\mathrm{km/h/s}$, sie besitzt also den gleichen Wert.

Weil sich bei einem Übergang in ein anderes Inertialsystem weder F, m noch a ändern, bleibt auch das zweite Newton'sche Axiom, $F = ma$, unverändert. Somit erfüllt das zweite Newton'sche Axiom das Relativitätsprinzip. Man kann leicht zeigen, dass auch die anderen Gesetze der Mechanik das Relativitätsprinzip erfüllen.

Alle Inertialsysteme sind gleichermaßen zulässig

Weil die Gesetze der Mechanik in jedem Inertialsystem gleich sind, ist kein Inertialsystem in irgendeinem Sinne ausgezeichnet. Wir drücken diese wichtige Schlussfolgerung aus, indem wir sagen, dass **alle Inertialsysteme äquivalent sind**, wenn es um die Beschreibung von mechanischen Phänomenen geht. Kein Inertialsystem ist in irgendeiner Weise besser als ein anderes. Ein Bezugssystem, das mit einem Auto oder einem Flugzeug verankert ist, das sich mit konstanter Geschwindigkeit bewegt, ist genauso gut wie ein an die Erde gebundenes Bezugssystem. Wenn Sie mit gleichmäßiger Geschwindigkeit in einem Auto oder einem Flugzeug reisen, wäre es genauso richtig zu sagen, dass Sie sich in Ruhe befinden und sich die Erde bewegt wie das Gegenteil zu behaupten. Es gibt kein Experiment, mit dessen Hilfe sie entscheiden könnten, welches System sich „tatsächlich" in Ruhe befindet und welches sich bewegt. Deshalb gibt es keine Möglichkeit, ein spezielles Bezugssystem als dasjenige auszuwählen, das sich in absoluter Ruhe befindet.

Dennoch ergab sich in der letzten Hälfte des 19. Jahrhunderts eine Komplikation. Als Maxwell seine umfassende und sehr erfolgreiche Theorie des Elektromagnetismus (**Kapitel 32**) vorstellte, zeigte er, dass Licht als eine elektromagnetische Welle aufgefasst werden kann. Die Maxwell'schen Gleichungen sagten für die Lichtgeschwindigkeit c den Wert $3{,}00 \cdot 10^8\,\mathrm{m/s}$ voraus, was innerhalb experimenteller Fehlerschranken dem gemessenen Wert entspricht. Weil man annahm, dass sich Licht in verschiedenen Bezugssystemen mit unterschiedlicher Geschwindigkeit ausbreiten würde, ergab sich die Frage: In welchem Bezugssystem besitzt die Lichtgeschwindigkeit genau den von Maxwells Theorie vorhergesagten Wert? Wenn sich beispielsweise Beobachter in einem Raumschiff mit einer Geschwindigkeit von $1{,}0 \cdot 10^8\,\mathrm{m/s}$ von einer Lichtquelle weg bewegen, dann könnte man erwarten, dass sie für die Geschwindigkeit des Lichts, das sie von dieser Quelle erreicht, den Wert $3{,}0 \cdot 10^8\,\mathrm{m/s} - 1{,}0 \cdot 10^8\,\mathrm{m/s} = 2{,}0 \cdot 10^8\,\mathrm{m/s}$ messen. In den Maxwell'schen Gleichungen kommen Relativgeschwindigkeiten jedoch nicht vor, die Lichtgeschwindigkeit geht als fester Wert, näherungsweise $3{,}00 \cdot 10^8\,\mathrm{m/s}$, ein. Daraus schien sich die Notwendigkeit für die Existenz eines speziellen Bezugssystems zu ergeben, in dem c genau diesen Wert besitzt.

Wir haben in den **Kapiteln 15** und **16** diskutiert, dass sich Wellen in Wasser und entlang von Seilen und Saiten ausbreiten und sich Schallwellen in der Luft und anderen Stoffen fortpflanzen. Physiker des 19. Jahrhunderts betrachteten die Welt unter dem Gesichtspunkt mechanischer Gesetze, so dass es für sie naheliegend war anzunehmen, dass sich Licht ebenfalls in einem *Medium* ausbreitet. Sie nannten dieses transparente Medium **Äther** und gingen davon aus, dass dieser den

Der „Äther"

gesamten Raum durchdringt.[1] Man nahm deshalb an, dass es sich bei der durch die Maxwell'schen Gleichungen gegebenen Ausbreitungsgeschwindigkeit des Lichts um diejenige im Äther handeln müsste.

Es stellte sich jedoch heraus, dass die Maxwell'schen Gleichungen das Relativitätsprinzip *nicht* erfüllen. Sie waren nicht in allen Inertialsystemen gleich. Am einfachsten waren die Gleichungen im Bezugssystem mit $c = 3{,}00 \cdot 10^8$ m/s, das heißt in einem System, das sich relativ zum Äther in Ruhe befindet. In jedem anderen Bezugssystem mussten zusätzliche Terme hinzugefügt werden, um die Relativgeschwindigkeit zu berücksichtigen. Während also die meisten physikalischen Gesetze dem Relativitätsprinzip folgten, traf dies auf die Gesetze der Elektrizität und des Magnetismus offensichtlich nicht zu. Stattdessen schienen sie ein Bezugssystem gegenüber allen anderen auszuzeichnen – ein Bezugssystem, das man als in absoluter Ruhe befindlich ansehen konnte.

Bald darauf versuchten die Wissenschaftler, die Geschwindigkeit der Erde relativ zu diesem absoluten Bezugssystem zu bestimmen, was immer dies auch sein mochte. Man entwickelte eine Vielzahl raffinierter Experimente. Das direkteste wurde von A.A. Michelson und E.W. Morley in den 1880er Jahren ausgeführt. Die Einzelheiten ihres Experimentes werden im nächsten Abschnitt diskutiert. Das Experiment besteht, kurz gesagt, in der Messung des Unterschieds der Lichtgeschwindigkeit in verschiedenen Raumrichtungen. Sie erwarteten, einen Unterschied in Abhängigkeit von der Orientierung ihrer Apparatur in Bezug auf den Äther zu finden. So wie ein Boot verschiedene Geschwindigkeiten relativ zum Ufer besitzt, wenn es stromaufwärts, stromabwärts oder quer zum Strom fährt, so erwartete man auch für Licht unterschiedliche Geschwindigkeiten, abhängig von der Geschwindigkeit des an der Erde vorüberziehenden Äthers.

Michelson und Morley konnten experimentell jedoch überhaupt keinen Unterschied feststellen. Dies war zunächst sehr überraschend. Über mehrere Jahre hinweg wurden verschiedene Erklärungen hervorgebracht, die jedoch auf Widersprüche führten oder anderweitig allgemein nicht akzeptiert wurden.

Dann stellte Albert Einstein im Jahre 1905 eine radikal neue Theorie vor, die diese vielen Probleme in einfacher Weise beilegte. Gleichzeitig veränderte sie jedoch unsere Vorstellung von Raum und Zeit vollständig, wie wir bald sehen werden.

37.2 Das Michelson-Morley-Experiment

Das Michelson-Morley-Experiment wurde entwickelt, um die Geschwindigkeit des *Äthers* – des Mediums, in dem sich Licht ausbreiten sollte – relativ zur Erde zu messen. Die Experimentatoren hofften auf diese Weise ein absolutes Bezugssystem zu finden, also eines, das man als in Ruhe befindlich betrachten konnte.

Eine Möglichkeit, die die Wissenschaftler des 19. Jahrhunderts in Erwägung zogen, war die Tatsache, dass der Äther relativ zur Sonne fest ist. Sogar Newton hatte die Sonne als Zentrum des Universums angenommen. Wenn dies der Fall gewesen wäre (wofür es natürlich keinen Beweis gab), hätte sich aus der Umlaufgeschwindigkeit der Erde um die Sonne von etwa $3 \cdot 10^4$ m/s für die Lichtgeschwindigkeit ($3{,}0 \cdot 10^8$ m/s) eine Änderung von einem Tausendstel ergeben. Direkte Messungen der Lichtgeschwindigkeit mit dieser Genauigkeit waren nicht möglich. Jedoch konnte A.A. Michelson, später in Zusammenarbeit mit E.W. Morley, sein Interferometer (**Abschnitt 35.7**) benutzen, um den Unterschied der Lichtgeschwindigkeit in verschiedenen Raumrichtungen mit dieser Genauigkeit zu messen.

Dieses berühmte Experiment beruht auf dem in ▶ **Abbildung 37.3** gezeigten Prinzip. Teil (a) ist eine schematische Darstellung des Michelson-Interferometers. Es wird angenommen, dass sich der „Ätherwind" mit der Geschwindigkeit v nach rechts bewegt. Das Licht aus der Quelle wird mithilfe des halbdurchlässigen Spiegels M_S in zwei Strahlenbündel zerlegt. Ein Strahlenbündel bewegt sich zum

1 Das Medium für Lichtwellen konnte nicht Luft sein, weil sich das Licht von der Sonne zur Erde durch einen nahezu luftleeren Raum (Vakuum) ausbreitet.

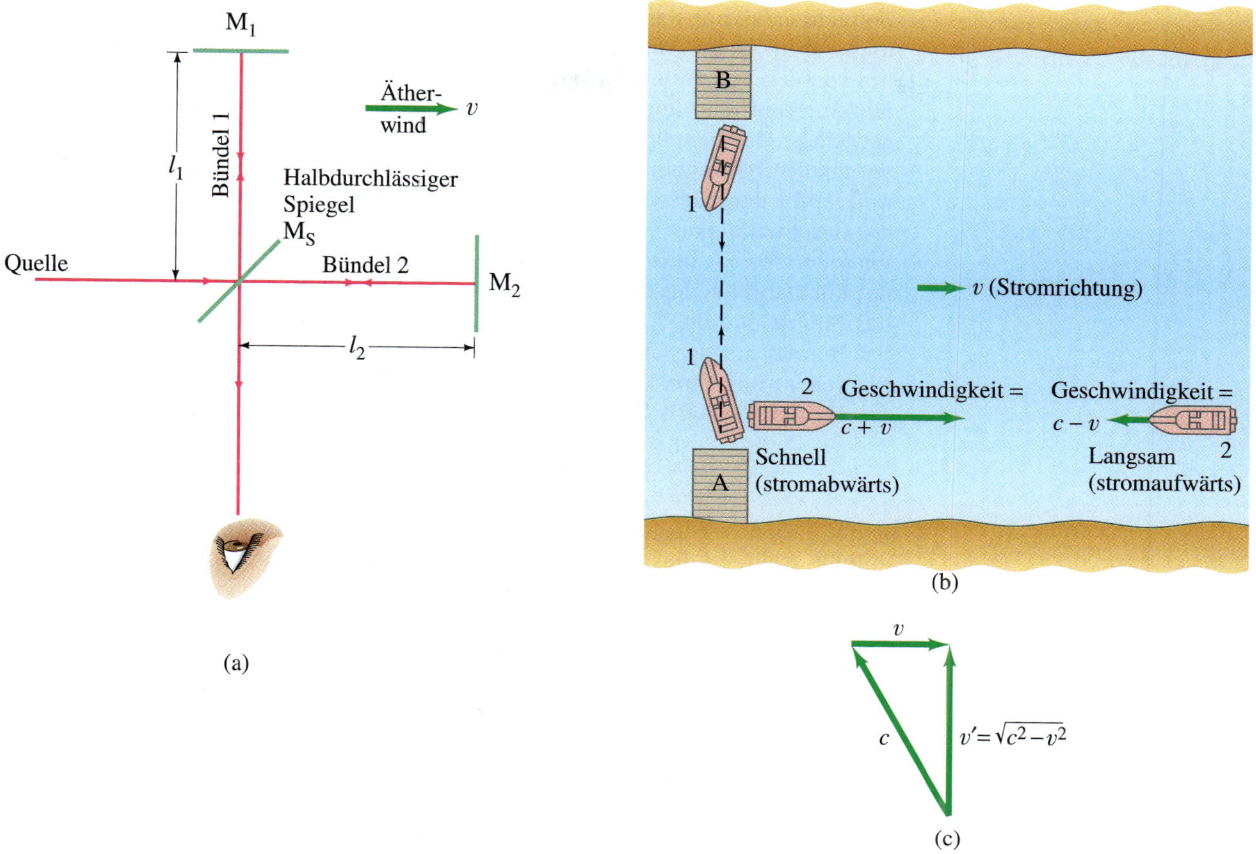

Abbildung 37.3 Das Michelson-Morley-Experiment. (a) Michelson-Interferometer. (b) Analogie zum Boot: Boot 1 fährt senkrecht zum Strom hin und zurück; Boot 2 fährt stromabwärts hin und stromaufwärts zurück. (c) Berechnung der Geschwindigkeit des senkrecht zum Strom (zum Ätherwind) fahrenden Boots (oder sich ausbreitenden Lichtstrahls).

Spiegel M_1 und das andere zum Spiegel M_2. Die Bündel werden von M_1 bzw. M_2 reflektiert und nach dem Durchgang durch M_S wieder zusammengeführt. Diese Bündel interferieren nun miteinander und das Ergebnis wird durch das Auge des Betrachters als Interferenzmuster wahrgenommen (diskutiert in Abschnitt 35.7).

Ob im Zentrum des Interferenzmusters eine konstruktive oder destruktive Interferenz auftritt, hängt von den relativen Phasen der beiden Bündel ab, nachdem sie ihre getrennten Wege durchlaufen haben. Betrachten wir die Analogie zu einem Boot, das einen Fluss mit der Strömungsgeschwindigkeit v aufwärts und abwärts fährt und überquert, wie in ▸ Abbildung 37.3 dargestellt. In ruhigem Wasser kann das Boot mit der Geschwindigkeit c fahren (in diesem Fall ist c nicht die Lichtgeschwindigkeit).

Betrachten wir zunächst das Bündel 2 in ▸ Abbildung 37.3a, das sich parallel zum „Ätherwind" ausbreitet. Wir erwarten, dass sich das Licht auf seinem Weg von M_S nach M_2 mit der Geschwindigkeit $c + v$ ausbreitet, genau wie bei einem stromabwärts fahrenden Boot (siehe ▸ Abbildung 37.3b) die Strömungsgeschwindigkeit des Flusses zur Eigengeschwindigkeit des Bootes addiert wird. Da das Bündel die Entfernung l_2 zurücklegt, ergibt sich für die für den Weg von M_2 nach M_S benötigte Zeit $t = l_2/(c + v)$. Für den Rückweg von M_2 nach M_S muss sich das Licht entgegen dem Ätherwind ausbreiten (wie ein stromaufwärts fahrendes Boot), so dass als Relativgeschwindigkeit $c - v$ zu erwarten ist. Die für den Rückweg benötigte Zeit ist $l_2/(c - v)$. Die vom Bündel 2 benötigte Gesamtzeit, um von M_S nach M_2 und zurück zu M_S zu laufen, ist

$$t_2 = \frac{l_2}{c+v} + \frac{l_2}{c-v} = \frac{2l_2}{c\left(1 - v^2/c^2\right)} \; .$$

Betrachten wir nun das Bündel 1, das sich senkrecht zum Ätherwind ausbreitet. An dieser Stelle ist die Analogie zum Boot (Teil b) besonders hilfreich. Das Boot muss, um von der Anlegestelle A zur Anlegestelle B zu kommen, direkt über den Fluss fahren. Wenn es unmittelbar geradeaus fährt, wird es vom Strom flussabwärts getrieben. Um dennoch die Anlegestelle B zu erreichen, muss das Boot etwas stromaufwärts steuern. Der genaue Winkel hängt von den Werten von c und v ab und ist für uns nicht von Interesse. Teil (c) von ▶ **Abbildung 37.3** zeigt, wie man die Geschwindigkeit v' des Bootes relativ zur Erde berechnet, wenn es den Fluss überquert. Da c, v und v' ein rechtwinkliges Dreieck bilden, gilt $v' = \sqrt{c^2 - v^2}$. Auf der Rückfahrt hat das Boot dieselbe Geschwindigkeit. Wenn wir dieses Prinzip auf das Strahlenbündel 1 in ▶ **Abbildung 37.3** übertragen, stellen wir fest, dass sich das Bündel mit der Geschwindigkeit $\sqrt{c^2 - v^2}$ ausbreitet, wenn es von M_S nach M_1 und zurück läuft. Die insgesamt zurückgelegte Wegstrecke ist $2l_1$, so dass sich für die vom Bündel 1 für Hin- und Rückweg benötigte Zeit $2l_1/\sqrt{c^2 - v^2}$ oder

$$t_1 = \frac{2l_1}{c\sqrt{1 - v^2/c^2}}$$

ergibt. Beachten Sie, dass der Nenner in der Gleichung für t_1 eine Quadratwurzel enthält, während dies auf t_2 nicht zutrifft.

Im Falle $l_1 = l_2 = l$ ergibt sich, dass das Bündel 2 hinter dem Bündel 1 um einen Betrag

$$\Delta t = t_2 - t_1 = \frac{2l}{c}\left(\frac{1}{1 - v^2/c^2} - \frac{1}{\sqrt{1 - v^2/c^2}}\right)$$

zurückbleibt. Wenn $v = 0$ gilt, ist auch $\Delta t = 0$, und beide Strahlenbündel treffen in Phase wieder aufeinander, wenn sie ursprünglich auch in Phase waren. Im Falle $v \neq 0$ ist auch $\Delta t \neq 0$, und beide Strahlenbündel treffen phasenverschoben wieder aufeinander. Würde sich diese Phasenverschiebung vom Zustand $v = 0$ zum Zustand $v = v$ messen lassen, könnte v bestimmt werden. Die Erde lässt sich aber nicht anhalten. Darüber hinaus sollten wir nicht so voreilig sein anzunehmen, dass die Längen nicht von der Bewegung berührt werden; wir können also nicht davon ausgehen, dass $l_1 = l_2$ gilt.

Michelson und Morley erkannten, dass die Phasenverschiebung (unter der Annahme $v \neq 0$) bestimmt werden kann, wenn die Apparatur um 90° gedreht wird, weil sich dann das Interferenzmuster beider Bündel verändern sollte. In der gedrehten Position müsste sich das Bündel 1 parallel zum Äther ausbreiten und Bündel 2 senkrecht dazu. Somit sind die Rollen vertauscht. In der gedrehten Position würden sich folgende Zeiten (durch Striche gekennzeichnet) ergeben:

$$t'_1 = \frac{2l_1}{c\left(1 - v^2/c^2\right)} \quad \text{und} \quad t'_2 = \frac{2l_2}{c\sqrt{1 - v^2/c^2}} \,.$$

Die Zeitdifferenz zwischen den beiden Bündeln ist in der ursprünglichen Position (ohne Strich)

$$\Delta t = t_2 - t_1 = \frac{2l_2}{c\left(1 - v^2/c^2\right)} - \frac{2l_1}{c\sqrt{1 - v^2/c^2}} \,.$$

In der gedrehten Position ergibt sich für die Zeitdifferenz

$$\Delta t' = t'_2 - t'_1 = \frac{2l_2}{c\sqrt{1 - v^2/c^2}} - \frac{2l_1}{c\left(1 - v^2/c^2\right)} \,.$$

Bei der Rotation würden sich die Streifen des Interferenzmusters (**Abschnitt 35.7**) um einen Betrag verschieben, der durch die Zeitdifferenz bestimmt wird:

$$\Delta t - \Delta t' = \frac{2}{c}\left(l_1 + l_2\right)\left(\frac{1}{1 - v^2/c^2} - \frac{1}{\sqrt{1 - v^2/c^2}}\right) \,.$$

Dieser Ausdruck lässt sich durch die Annahme $v/c \ll 1$ wesentlich vereinfachen. In diesem Fall können wir die beiden Ausdrücke in der Klammer jeweils in eine

Binomialreihe entwickeln (Anhang A):

$$\frac{1}{1-v^2/c^2} \approx 1+\frac{v^2}{c^2} \quad \text{und} \quad \frac{1}{\sqrt{1-v^2/c^2}} \approx 1+\frac{1}{2}\frac{v^2}{c^2} \,.$$

Damit gilt

$$\begin{aligned} \Delta t - \Delta t' &\approx \frac{2}{c}(l_1+l_2)\left(1+\frac{v^2}{c^2}-1-\frac{1}{2}\frac{v^2}{c^2}\right) \\ &\approx (l_1+l_2)\frac{v^2}{c^2} \,. \end{aligned}$$

Wir setzen nun $v = 3{,}0 \cdot 10^4$ m/s ein, die Geschwindigkeit der Erde auf ihrer Umlaufbahn um die Sonne. In Michelsons und Morleys Experimenten waren die Arme l_1 und l_2 etwa 11 m lang. Als Zeitdifferenz ergäbe sich dann etwa

$$\frac{(22\,\text{m})(3{,}0 \cdot 10^4\,\text{m/s})^2}{(3{,}0 \cdot 10^8\,\text{m/s})^3} \approx 7{,}0 \cdot 10^{-16}\,\text{s} \,.$$

Sichtbares Licht hat eine Wellenlänge von $\lambda = 5{,}5 \cdot 10^{-7}$ m, also eine Frequenz von $f = c/\lambda = (3{,}0 \cdot 10^8\,\text{m/s})/(5{,}5 \cdot 10^{-7}) = 5{,}5 \cdot 10^{14}$ Hz, so dass Wellenberge einen bestimmten Punkt alle $1/(5{,}5 \cdot 10^{14}\,\text{Hz}) = 1{,}8 \cdot 10^{-15}$ s passieren. Somit hätten Michelson und Morley bei einer Zeitdifferenz von $7{,}0 \cdot 10^{-16}$ s eine Verschiebung des Interferenzmusters um $(7{,}0 \cdot 10^{-16}\,\text{s})\ (1{,}8 \cdot 10^{-15}\,\text{s}) = 0{,}4$ Streifen feststellen müssen. Diese hätten sie leicht messen können, weil sie mit ihrer Apparatur dazu in der Lage waren, Verschiebungen von bis zu 0,01 Streifen zu beobachten.

Das Nullresultat

Aber sie stellten *keine signifikante Verschiebung der Streifen fest*! Sie positionierten ihre Apparatur in verschiedene Richtungen. Sie führten ihre Beobachtungen tagsüber und nachts durch, so dass sie sich gegenüber der Sonne in verschiedenen Ausrichtungen befanden (aufgrund der Erdrotation). Sie versuchten es zu verschiedenen Jahreszeiten (so dass sich die Erde an verschiedenen Positionen auf ihrer Umlaufbahn um die Sonne befand). Doch nie beobachteten sie eine signifikante Verschiebung der Streifen.

Dieses Nullresultat war eines der größten Rätsel der Physik am Ende des 19. Jahrhunderts. Seine Erklärung war eine schwierige Herausforderung. Eine mögliche Erklärung für das **Nullresultat** brachten unabhängig voneinander G.F. Fitzgerald und H.A. Lorentz (in den 1890er Jahren) vor. Ihr Vorschlag war, dass jede Länge (einschließlich der Länge der Arme des Interferometers) in Richtung der Bewegung durch den Äther um einen Faktor $\sqrt{1-v^2/c^2}$ kontrahiert wird. Laut Lorentz konnte diese Kontraktion dadurch entstehen, dass der Äther die Kräfte zwischen den Molekülen einer Substanz beeinflusste, von denen man annahm, dass sie elektrischer Natur waren. Diese Theorie wurde schließlich durch die weitaus umfassendere Theorie, die 1905 von Albert Einstein vorgeschlagene spezielle Relativitätstheorie, ersetzt.

37.3 Die Postulate der speziellen Relativitätstheorie

Die Probleme, die um die Jahrhundertwende in den Bereichen der elektromagnetischen Theorie und der Newton'schen Mechanik existierten, wurden 1905 durch Einsteins spezielle Relativitätstheorie auf geniale Weise aufgelöst. Einstein war jedoch offensichtlich nicht unmittelbar durch das Nullresultat des Michelson-Morley-Experimentes beeinflusst. Was Einstein motivierte, waren bestimmte Fragen in Bezug auf die elektromagnetische Theorie und Lichtwellen. Er fragte sich beispielsweise: „Was würde ich sehen, wenn ich auf einer Lichtwelle reiten würde?" Die Antwort lautete, dass er anstelle von laufenden elektromagnetischen Wellen oszillierende elektrische und magnetische Felder sehen würde, die sich in Ruhe befinden, und deren Stärke sich im Raum, nicht aber in der Zeit ändert. Er erkannte, dass solche Felder noch niemals gemessen worden waren und tatsächlich nicht konsistent mit Maxwells elektromagnetischer Theorie waren. Er vertrat deshalb die Auffassung, dass es unzulässig sei sich vorzustellen, dass sich die

Lichtgeschwindigkeit relativ zu irgendeinem Beobachter auf null reduziert oder sich überhaupt verringert. Diese Idee wurde das zweite Postulat seiner Relativitätstheorie.

Einstein schlussfolgerte, dass sich die Inkonsistenzen innerhalb der elektromagnetischen Theorie deshalb ergaben, weil man von der Existenz eines absoluten Raumes ausging. In seiner berühmten Veröffentlichung aus dem Jahre 1905 schlug er vor, sich von der Idee des Äthers und der damit verbundenen Annahme eines in Ruhe befindlichen, absoluten Bezugssystems vollständig zu lösen. Diesen Vorschlag drückte er in Form von zwei Postulaten aus. Das erste Postulat war eine Erweiterung des Newton'schen Relativitätsprinzips, die nicht nur die Gesetze der Mechanik betraf, sondern auch die übrige Physik, einschließlich der Elektrizität und des Magnetismus:

Erstes Postulat (das Relativitätsprinzip): ***Die Gesetze der Physik haben in allen Inertialsystemen dieselbe Form.***

Die beiden Postulate der speziellen Relativitätstheorie

Das zweite Postulat ist mit dem ersten konsistent:

Zweites Postulat (Konstanz der Lichtgeschwindigkeit): ***Licht breitet sich im Vakuum mit einer bestimmten Geschwindigkeit*** c ***aus, die unabhängig von der Geschwindigkeit der Lichtquelle oder des Beobachters ist.***

Diese beiden Postulate bilden die Grundlage von Einsteins **spezieller Relativitätstheorie.** Man nennt sie „speziell", um sie von Einsteins späterer „allgemeiner Relativitätstheorie" zu unterscheiden, die sich mit Nichtinertialsystemen (beschleunigten Bezugssystemen) beschäftigt. Die spezielle Relativitätstheorie, die wir hier diskutieren, beschäftigt sich lediglich mit Inertialsystemen.

Es mag schwierig erscheinen das zweite Postulat zu akzeptieren, weil es die Vorstellung der klassischen Physik in Bezug auf die Wellenausbreitung verletzt. Zunächst müssen wir uns vorstellen, dass sich Licht im Vakuum ausbreitet. Sich von der Vorstellung des Äthers zu lösen, ist jedoch nicht so schwierig, weil er im Grunde niemals nachgewiesen wurde. Aber das zweite Postulat besagt außerdem, dass die Lichtgeschwindigkeit im Vakuum immer dieselbe ist, nämlich $3{,}00 \cdot 10^8$ m/s, unabhängig von der Geschwindigkeit des Beobachters oder der Lichtquelle. So wird eine Person, die sich auf eine Lichtquelle zu oder von ihr weg bewegt, dieselbe Ausbreitungsgeschwindigkeit für das Licht messen wie jemand, der sich relativ zur Lichtquelle in Ruhe befindet. Dies widerspricht den Vorhersagen der klassischen Physik, die besagt, dass wir die Geschwindigkeit des Beobachters addieren müssen. Die Vorhersagen der klassischen Physik beziehen sich jedoch auf Geschwindigkeiten, die deutlich geringer als die Lichtgeschwindigkeit sind. Das Michelson-Morley-Experiment kann durch die Vorhersagen der klassischen Physik nicht erklärt werden, es steht aber in vollem Einklang mit dem zweiten Postulat der speziellen Relativitätstheorie.[2] Wir müssen deshalb das Additionstheorem für hohe Geschwindigkeiten neu überdenken.

Einsteins Vorschlag ist von besonderer Schönheit. Der Bruch mit der Vorstellung eines absoluten Bezugssystems ermöglichte es, die klassische Mechanik mit Maxwells elektromagnetischer Theorie zu vereinbaren. Die sich aus den Maxwell-Gleichungen ergebende Ausbreitungsgeschwindigkeit des Lichts *ist* die Vakuumlichtgeschwindigkeit in *jedem beliebigen* Bezugssystem.

Aus Einsteins Theorie ergab sich die Notwendigkeit, sich von den gängigen Vorstellungen von Raum und Zeit zu verabschieden. In den folgenden Abschnitten werden wir einige zwar merkwürdig erscheinende, aber interessante Konsequenzen der speziellen Relativitätstheorie behandeln. Unsere Argumente werden größtenteils einfach sein. Wir werden eine Technik benutzen, auf die Einstein selbst

2 Das Michelson-Morley-Experiment kann auch als Beweis des ersten Postulates angesehen werden, weil es entwickelt wurde, um die Bewegung der Erde relativ zu einem absoluten Bezugssystem zu messen. Die Tatsache, dass es darin versagt hat, impliziert die Abwesenheit eines solchen ausgezeichneten Bezugssystems.

zurückgriff: Wir werden uns einfache Experimente vorstellen, für deren Analyse man nur wenig Mathematik braucht. Auf diese Weise können wir uns mit vielen Konsequenzen der speziellen Relativitätstheorie vertraut machen, ohne uns mit umständlichen Berechnungen befassen zu müssen. Einstein prägte hierfür den Begriff „Gedankenexperiment“. Von Abschnitt 37.8 an werden wir uns umfassender mit der Mathematik der Relativität befassen.

37.4 Gleichzeitigkeit

Eine der wichtigsten Konsequenzen der Relativitätstheorie ist, dass wir die Zeit nicht länger als eine absolute Größe ansehen können. Niemand zweifelt daran, dass Zeit fortschreitet und niemals rückwärts abläuft. Wie wir aber in diesem und im nächsten Abschnitt sehen werden, hängen die Zeitdifferenzen zwischen zwei Ereignissen von dem Bezugssystem des Beobachters ab, selbst wenn die beiden Ereignisse gleichzeitig stattfinden.

Man sagt, dass zwei Ereignisse gleichzeitig stattfinden, wenn sie genau zur selben Zeit stattfinden. Aber wie können wir feststellen, dass zwei Ereignisse genau zur selben Zeit stattfinden? Wenn sie am selben Ort stattfinden – wenn beispielsweise zwei Äpfel gleichzeitig auf Ihren Kopf fallen – ist das einfach. Wenn die beiden Ereignisse aber an weit voneinander entfernten Orten stattfinden, ist es viel schwieriger festzustellen, ob zwei Ereignisse gleichzeitig sind, weil wir die Zeit einrechnen müssen, die das Licht bis zu uns braucht. Da sich Licht mit endlicher Geschwindigkeit ausbreitet, muss eine Person, die zwei Ereignisse beobachtet, zurückrechnen, um festzustellen, wann sie tatsächlich stattgefunden haben. Wenn beispielsweise zwei Ereignisse gleichzeitig *beobachtet* werden, das eine aber viel weiter vom Beobachter entfernt stattfand als das andere, dann muss das entferntere eher stattgefunden haben und beide Ereignisse waren nicht gleichzeitig.

Wir werden nun ein einfaches Gedankenexperiment durchführen. Wir stellen uns einen Beobachter O vor, der sich genau auf halber Strecke zwischen den Punkten A und B befindet, an denen die beiden Ereignisse stattfinden (siehe ▸ Abbildung 37.4). Bei den beiden Ereignissen kann es sich, wie in der Abbildung dargestellt, um Blitze handeln, die an den Punkten A und B einschlagen, oder um irgendwelche anderen Ereignisse. Von kurz anhaltenden Ereignissen wie dem Blitzeinschlag gehen nur kurze Lichtpulse von A und B nach O aus. O „sieht“ das Ereignis erst, wenn die Lichtpulse den Punkt O erreichen. Wenn beide Pulse den Punkt O gleichzeitig erreichen, dann müssen die beiden Ereignisse gleichzeitig stattgefunden haben. Dies liegt daran, dass sich die beiden Pulse mit derselben Geschwindigkeit ausbreiten (zweites Postulat) und die Entfernung OA gleich OB ist, weil dann das Licht von A nach O genauso lange braucht wie von B nach O. Der Beobachter O kann somit eindeutig behaupten, dass die beiden Ereignisse gleichzeitig stattgefunden haben. Wenn O dagegen das Licht von einem Ereignis vor dem des anderen sieht, dann trat das erste mit Sicherheit vor dem zweiten auf.

Die Frage, die wir eigentlich erörtern wollen, ist folgende: Wenn zwei Ereignisse für einen Beobachter in einem Bezugssystem gleichzeitig stattfinden, sind

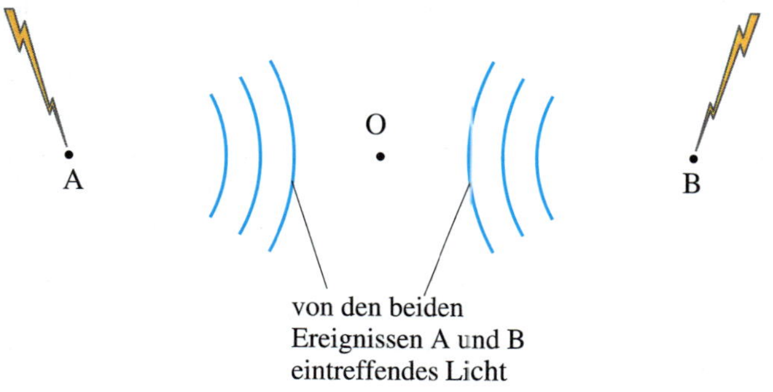

Abbildung 37.4 Einen Moment, nachdem der Blitz an den Punkten A und B eingeschlagen hat, breiten sich die Lichtpulse zum Beobachter O hin aus, aber O „sieht“ den Lichtblitz erst, wenn das Licht den Punkt O erreicht.

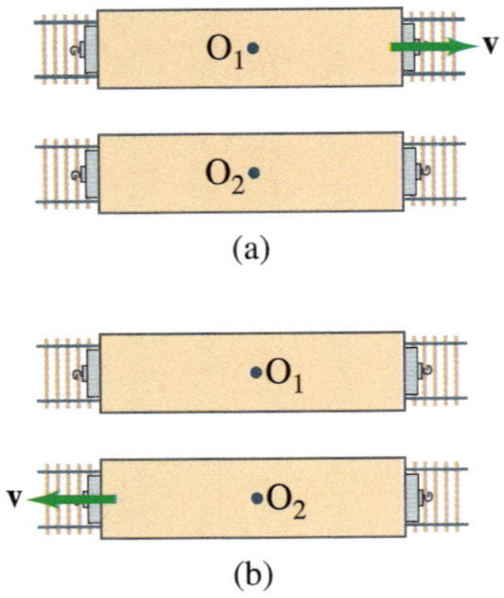

Abbildung 37.5 Die Beobachter O_1 und O_2 auf zwei verschiedenen Zügen (zwei verschiedene Bezugssysteme) bewegen sich mit der Relativgeschwindigkeit v. O_2 behauptet, dass sich O_1 nach rechts bewegt (a); O_1 behauptet dagegen, dass sich O_2 nach links bewegt (b). Beide Standpunkte sind legitim und nur vom jeweiligen Bezugssystem abhängig.

sie dann auch für einen Beobachter gleichzeitig, der sich im Vergleich zum ersten bewegt? Nennen wir die Beobachter O_1 und O_2 und nehmen wir an, dass sie mit den Bezugssystemen 1 und 2 verankert sind, die sich relativ zueinander mit der Geschwindigkeit v bewegen. Man kann sich diese beiden Bezugssysteme als Züge vorstellen (siehe ▶ **Abbildung 37.5**). O_2 behauptet, dass sich O_1 mit der Geschwindigkeit v nach rechts bewegt, wie in ▶ **Abbildung 37.5a**; und O_1 behauptet, dass sich O_2 mit der Geschwindigkeit v nach links bewegt, wie in ▶ **Abbildung 37.5b**. Aufgrund des Relativitätsprinzips sind beide Aussagen korrekt. (Natürlich gibt es keinen dritten Standpunkt, von dem aus wir entschieden könnten, welches das „tatsächlich" bewegte Bezugssystem ist.)

Nun nehmen wir an, dass zwei Ereignisse stattfinden, die von beiden Beobachtern wahrgenommen und gemessen werden. Gehen wir davon aus, dass es sich bei den beiden Ereignissen wiederum um den Blitzeinschlag handelt und dass der Lichtblitz beide Züge an der Stelle seines Auftreffens markiert: an A_1 und B_1 auf dem Zug von O_1 und an A_2 und B_2 auf dem Zug von O_2. Der Einfachheit halber gehen wir davon aus, dass sich O_1 zufällig genau auf halber Strecke zwischen A_1 und B_1 befindet und O_2 genau auf halber Strecke zwischen A_2 und B_2. Wir begeben uns nun in das eine oder das andere Bezugssystem, aus dem heraus wir unsere Beobachtungen und Messungen vornehmen. Begeben wir uns in das Bezugssystem von O_2. Wir beobachten, dass sich O_1 mit der Geschwindigkeit v nach rechts bewegt. Gehen wir zusätzlich davon aus, dass die beiden Ereignisse im Bezugssystem von O_2 *gleichzeitig* und gerade in dem Augenblick stattfinden, in dem sich O_1 und O_2 genau gegenüber befinden (siehe ▶ **Abbildung 37.6a**). Kurze Zeit später (siehe ▶ **Abbildung 37.6b**) erreicht das Licht von A_2 und B_2 den Beobachter O_2 gleichzeitig (davon sind wir ausgegangen). Weil O_2 weiß (oder messen kann), dass die Entfernungen O_2A_2 und O_2B_2 gleich groß sind, weiß O_2, dass die Ereignisse im Bezugssystem O_2 gleichzeitig stattfinden.

Aber was beobachtet und misst O_1? Aus unserem (O_2) Bezugssystem heraus können wir dies vorhersagen. Wir sehen, dass sich O_1 in der Zeit, in der sich das Licht von A_1 und B_1 nach O_1 ausbreitet, nach rechts bewegt. Wie in ▶ **Abbildung 37.6b** dargestellt, können wir von unserem Bezugssystem O_2 aus erkennen, dass das Licht von B_1 bereits O_1 passiert hat, während das Licht von A_1 den Beobachter O_1 noch nicht erreicht hat. Es ist deshalb offensichtlich, dass O_1 das von B_1 ausgehende Licht früher wahrnimmt als das von A_1 ausgehende Licht. Nun ist aber das Bezugssystem von O_1 genauso gut wie das von O_2. Licht breitet sich für O_1 mit derselben Geschwindigkeit c aus wie für O_2 (das zweite Postulat)[3]; und im Bezugssystem von O_1 ist diese Geschwindigkeit c für Licht, das sich von A_1 nach O_1 ausbreitet, genauso groß wie für Licht, das sich von B_1 nach O_1 ausbreitet. Darüber hinaus sind die Abstände O_1A_1 und O_1B_1 gleich. Weil aber O_1 das von B_1 ausgehende Licht vor dem von A_1 ausgehenden Licht beobachtet (wir haben dies oben erläutert, indem wir die Situation vom Bezugssystem O_2 aus betrachtet haben, ▶ **Abbildung 37.6b**), bleibt dem Beobachter O_1 nichts als zu schlussfolgern, dass das Ereignis B_1 vor dem Ereignis A_1 stattfand.

Gleichzeitigkeit ist relativ

Wir stellen somit fest, dass zwei Ereignisse, die für den einen Beobachter gleichzeitig sind, für einen anderen Beobachter nicht notwendigerweise gleichzeitig sein müssen.

Man mag versucht sein zu fragen: „Welcher Beobachter hat Recht, O_1 oder O_2?" Die Antwort der Relativitätstheorie lautet, dass sie *beide* Recht haben. Es gibt kein „bestes" Bezugssystem, das wir auswählen könnten um zu bestimmen, welcher Beobachter Recht hat. Beide Bezugssysteme sind gleich gut. Wir können damit nur schlussfolgern, dass *Gleichzeitigkeit kein absolutes Konzept ist*, sondern von der Wahl des Bezugssystems abhängt. Wir sind uns der Sache jedoch im Alltag nicht bewusst, weil sich der Effekt nur bemerkbar macht, wenn die

3 Beachten Sie, dass O_1 nicht selbst wahrnimmt, dass er das eine Lichtbündel einholt, während er sich von dem anderen entfernt. (Das ist der Standpunkt von O_2 hinsichtlich dessen, was mit O_1 passiert.)

Relativgeschwindigkeit der beiden Bezugssysteme sehr groß (nahe c) ist oder die betreffenden Entfernungen sehr groß sind.

Aufgrund des Relativitätsprinzips können wir beim Gedankenexperiment aus ▶ Abbildung 37.6 auch vom Bezugssystem von O_1 aus argumentieren. In diesem Fall befindet sich O_1 in Ruhe und sieht, dass das Ereignis B_1 vor dem Ereignis A_1 stattfindet. O_1 wird aber erkennen (durch Zeichnen eines Diagramms entsprechend ▶ Abbildung 37.6 – versuchen Sie es und überzeugen Sie sich selbst), dass O_2, der sich mit der Geschwindigkeit v nach links bewegt, die beiden Ereignisse gleichzeitig beobachtet.

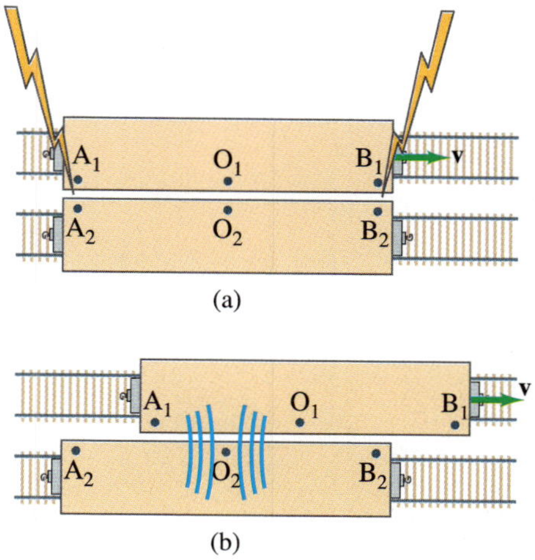

Abbildung 37.6 Gedankenexperiment zur Gleichzeitigkeit. Für den Beobachter O_2 bewegt sich das Bezugssystem von O_1 nach rechts. In (a) schlägt ein Lichtblitz in den Punkten A_1 und A_2 der beiden Bezugssysteme ein, ein zweiter Lichtblitz schlägt in B_1 und B_2 ein. (b) Einen Moment später erreicht das von den beiden Ereignissen ausgehende Licht den Beobachter O_2 zur selben Zeit, die beiden Lichtblitze schlagen gleichzeitig ein. Aber im Bezugssystem von O_2 hat das von B_1 ausgehende Licht bereits O_1 erreicht, während das Licht von A_1 noch nicht bei O_1 angekommen ist. Somit muss im Bezugssystem von O_1 das Ereignis an B_1 vor dem Ereignis an A_1 stattgefunden haben.

37.5 Zeitdilatation und das Zwillingsparadoxon

Die Tatsache, dass zwei für einen Beobachter gleichzeitig stattfindende Ereignisse einem zweiten Beobachter nicht gleichzeitig erscheinen können, legt nahe, dass die Zeit selbst nicht absolut ist. Könnte es sein, dass die Zeit in dem einen Bezugssystem anders abläuft als in dem anderen? Das ist tatsächlich die Vorhersage der Einstein'schen Relativitätstheorie, wie das folgende Gedankenexperiment zeigt.

▶ Abbildung 37.7 zeigt ein Raumschiff, das mit hoher Geschwindigkeit an der Erde vorbeifliegt. Der Standpunkt des Beobachters im Raumschiff ist in Teil (a) dargestellt, und der des Beobachters auf der Erde in Teil (b). Beide Beobachter verfügen über präzise Uhren. Die Person auf dem Raumschiff (a) sendet einen Lichtstrahl aus und misst die Zeit, die das Licht für den Weg durch das Raumschiff hin und – nach Reflexion an einem Spiegel – zurück benötigt. Das Licht legt die Strecke von $2D$ mit der Geschwindigkeit c zurück, so dass die benötigte Zeit Δt_0 gleich

$$\Delta t_0 = \frac{2D}{c}$$

ist. Dies ist das vom Beobachter auf dem Raumschiff gemessene Zeitintervall.

Der Beobachter auf der Erde, ▶ Abbildung 37.7b, nimmt denselben Prozess wahr. Für diesen Beobachter bewegt sich das Raumschiff jedoch. Somit legt das

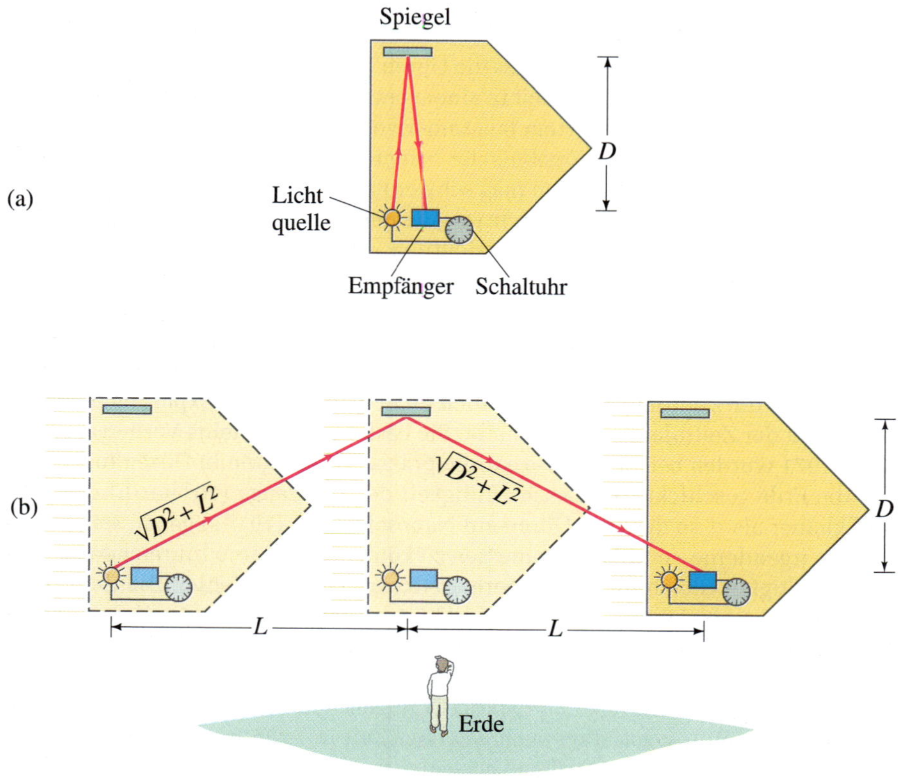

Abbildung 37.7 Die Zeitdilatation kann durch ein Gedankenexperiment veranschaulicht werden: Die Zeit, die das Licht benötigt, um in einem Raumschiff hin und her zu laufen, ist für einen Beobachter auf der Erde (b) länger als für den Beobachter im Raumschiff (a).

Licht den gezeigten diagonalen Weg zurück, der durch das Raumschiff zum Spiegel hin und zurück zum Sender führt. Obwohl sich das Licht für diesen Beobachter mit derselben Geschwindigkeit ausbreitet (das zweite Postulat), legt es eine größere Entfernung zurück. Somit ist die vom Beobachter auf der Erde gemessene Zeit *größer* als die vom Beobachter im Raumschiff gemessene Zeit. Das vom Beobachter auf der Erde gemessene Zeitintervall Δt kann wie folgt berechnet werden. In der Zeit Δt legt das Raumschiff mit der Geschwindigkeit v eine Entfernung von $2L = v\Delta t$ zurück (▶ **Abbildung 37.7b**). Das Licht legt auf seinem Weg durch das Raumschiff also eine Gesamtentfernung von $2\sqrt{D^2 + L^2}$ zurück, und es gilt deshalb

$$c = \frac{2\sqrt{D^2 + L^2}}{\Delta t} = \frac{2\sqrt{D^2 + \frac{v^2(\Delta t)^2}{4}}}{\Delta t} .$$

Wir quadrieren beide Seiten und lösen nach Δt auf. Dies führt auf

$$c^2 = \frac{4D^2}{(\Delta t)^2} + v^2 ,$$

$$\Delta t = \frac{2D}{c\sqrt{1 - v^2/c^2}} .$$

Wir kombinieren dies mit der Gleichung von oben $\Delta t_0 (\Delta t_0 = 2D/c)$ und erhalten:

Gleichung für die Zeitdilatation

$$\Delta t = \frac{\Delta t_0}{\sqrt{1 - v^2/c^2}} . \qquad (37.1)$$

Weil $\sqrt{1 - v^2/c^2}$ immer kleiner als 1 ist, gilt $\Delta t > \Delta t_0$. Das heißt, das Zeitintervall zwischen beiden Ereignissen (dem Aussenden des Lichts und dessen Empfang auf dem Raumschiff) ist für den Beobachter auf der Erde *größer* als für den Beobachter auf dem Raumschiff. Dies ist ein allgemeingültiges Resultat der Relativitätstheorie und als **Zeitdilatation** bekannt. Einfach ausgedrückt, besagt der Effekt der Zeitdilatation, dass

Zeitdilatation: bewegte Uhren laufen langsamer

relativ zu einem Beobachter bewegte Uhren für diesen Beobachter langsamer laufen (als Uhren, die sich im Vergleich dazu in Ruhe befinden).

Wir sollten jedoch nicht denken, dass die Uhren in irgendeiner Weise falsch gehen. Man misst tatsächlich, dass die Zeit in einem bewegten Bezugssystem im Vergleich zur Zeit im eigenen Bezugssystem langsamer vergeht. Dieses bemerkenswerte Resultat ist ein zwangsläufiges Ergebnis der beiden Postulate der Relativitätstheorie.

Weshalb wir die Zeitdilatation gewöhnlich nicht wahrnehmen

Das Konzept der Zeitdilatation mag schwer nachvollziehbar sein, weil es unser Verständnis der Zeit, das heißt die Invarianz der Zeit bezüglich einer Bewegung, verletzt. Aus **Gleichung 37.1** wird ersichtlich, dass der Effekt der Zeitdilatation vernachlässigbar ist, wenn v nicht in der Nähe von c liegt. Wenn v viel kleiner als c ist, dann ist der Ausdruck v^2/c^2 im Nenner von **Gleichung 37.1** viel kleiner als 1 und es gilt $\Delta t \approx \Delta t_0$ (siehe **Beispiel 37.2**). Die Geschwindigkeiten, mit denen wir es im Alltag zu tun haben, sind viel kleiner als c, so dass es nicht verwunderlich ist, dass wir die Zeitdilatation gewöhnlich nicht wahrnehmen. Experimente haben den Effekt der Zeitdilatation untersucht. Sie bestätigten Einsteins Vorhersagen. Im Jahre 1971 wurden beispielsweise extrem präzise Atomuhren in Düsenflugzeugen um die Erde geschickt. Die Geschwindigkeit der Flugzeuge (10^3 km/h) war sehr viel kleiner als c, so dass die Uhren auf Nanosekunden (10^{-9} s) genau sein mussten, um irgendeine Zeitdilatation messen zu können. Sie waren hinreichend genau und bestätigten **Gleichung 37.1** innerhalb experimenteller Fehler. Die Zeitdilatation wurde bereits Jahrzehnte früher bestätigt, als man „Elementarteilchen" beobachtete, die sehr geringe Massen besitzen (typischerweise 10^{-30} bis 10^{-27} kg), und bei denen somit nur geringe Energie erforderlich ist, um sie auf Geschwindigkeiten nahe der Lichtgeschwindigkeit c zu beschleunigen. Viele dieser Elementarteilchen sind nicht stabil und zerfallen nach gewisser Zeit in leichtere Teilchen. Ein Beispiel ist das Myon, dessen mittlere Lebensdauer in Ruhe 2,2 µs beträgt. Sorgfältige

Experimente mit sich schnell bewegenden Myonen zeigten, dass man für diese im Vergleich zu ruhenden Myonen eine längere Lebensdauer misst, genau wie von der Gleichung für die Zeitdilatation vorhergesagt.

Beispiel 37.1 **Lebenszeit eines bewegten Myons**

(a) Wie groß ist die im Labor gemessene mittlere Lebensdauer eines Myons, das sich mit $v = 0{,}60c = 1{,}8 \cdot 10^8$ m/s in Bezug auf das Labor bewegt? In Ruhe beträgt seine mittlere Lebensdauer $2{,}2 \cdot 10^{-6}$ s. (b) Welche Entfernung legt es im Mittel zurück, bevor es zerfällt?

Lösung

a Für einen mitbewegten Beobachter (das Myon würde sich dann aus Sicht dieses Beobachters in Ruhe befinden) hätte das Myon eine mittlere Lebensdauer von $2{,}2 \cdot 10^{-6}$ s. Für einen Beobachter im Labor lebt das Myon aufgrund der Zeitdilatation länger. Aus Gleichung 37.1 erhalten wir mit $v = 0{,}60c$

$$\Delta t = \frac{\Delta t_0}{\sqrt{1 - \frac{v^2}{c^2}}} = \frac{2{,}2 \cdot 10^{-6}\,\text{s}}{\sqrt{1 - \frac{0.36c^2}{c^2}}} = \frac{2{,}2 \cdot 10^{-6}\,\text{s}}{\sqrt{0.64}} = 2{,}8 \cdot 10^{-6}\,\text{s}\,.$$

b Nach der klassischen Physik würde ein Myon mit einer mittleren Lebensdauer von $2{,}2 \cdot 10^{-6}$ s bei einer Geschwindigkeit von $1{,}8 \cdot 10^8$ m/s im Mittel eine Wegstrecke von $d = vt = (1{,}8 \cdot 10^8\,\text{m/s})(2{,}2 \cdot 10^{-6}\,\text{s}) = 400\,\text{m}$ zurücklegen. Die Relativitätstheorie sagt aber eine mittlere Wegstrecke von $d = vt = (1{,}8 \cdot 10^8\,\text{m/s})(2{,}8 \cdot 10^{-6}\,\text{s}) = 500\,\text{m}$ voraus. Tatsächlich wird im Experiment diese längere Wegstrecke gemessen.

Wir müssen die Verwendung von Gleichung 37.1 und die Bedeutung von Δt und Δt_0 noch kommentieren. Die Gleichung gilt nur, wenn Δt_0 für das Zeitintervall zwischen zwei Ereignissen in einem Bezugssystem steht, wobei die beiden Ereignisse *am gleichen Ort* stattfinden (wie in ► Abbildung 37.1a, wo die beiden Ereignisse das Aussenden und Empfangen des Lichtblitzes sind). Dieses Zeitintervall Δt_0 heißt **Eigenzeit**. Dann stellt Δt in Gleichung 37.1 das Zeitintervall zwischen den beiden Ereignissen dar, wie man es in einem Bezugssystem messen würde, das sich in Bezug auf das erste mit einer Geschwindigkeit v bewegt. In Beispiel 37.1 wurde Δt_0 (und nicht Δt) gleich $2{,}2 \cdot 10^{-6}$ s gesetzt, weil nur im ruhenden Bezugssystem des Myons die beiden Ereignisse („Geburt" und „Tod") am gleichen Ort stattfinden.

Eigenzeit

Beispiel 37.2 **Zeitdilatation bei 100 km/h**

Überprüfen wir die Zeitdilatation für alltägliche Geschwindigkeiten. Ein Auto, das mit 100 km/h fährt, legt eine bestimmte Entfernung in 10,00 s zurück, gemessen mit der Uhr des Fahrers. Welches Zeitintervall misst ein Beobachter auf der Erde?

Lösung

Die Relativgeschwindigkeit des Autos gegenüber der Erde beträgt also $100\,\text{km/h} = (1{,}00 \cdot 10^5\,\text{m})/(3600\,\text{s}) = 27{,}8\,\text{m/s}$. Wir setzen in die Gleichung für die Zeitdilatation $\Delta t_0 = 10{,}00\,\mathrm{s}$ ein (der Fahrer befindet sich im Bezugssystem des Autos in Ruhe) und erhalten

$$\Delta t = \frac{\Delta t_0}{\sqrt{1-\frac{v^2}{c^2}}} = \frac{10{,}00\,\mathrm{s}}{\sqrt{1-\left(\frac{27{,}8\,\mathrm{m/s}}{3{,}00\cdot 10^8\,\mathrm{m/s}}\right)^2}} = \frac{10{,}00\,\mathrm{s}}{\sqrt{1-8{,}59\cdot 10^{-15}}}\,.$$

Wenn Sie diese Zahlen in einen Taschenrechner eingeben, erhalten Sie $\Delta t = 10{,}00\,\mathrm{s}$, weil der Nenner nur um einen sehr kleinen Betrag von 1 abweicht. Tatsächlich würde die Zeit, die ein Beobachter auf der Erde messen würde, sich nicht von der vom Fahrer gemessenen Zeit unterscheiden, selbst wenn die besten, gegenwärtig verfügbaren Instrumente verwendet würden. Ein Computer, der in der Lage wäre, bis auf eine große Anzahl von Dezimalstellen genau zu rechnen, könnte einen Unterschied zwischen Δt und Δt_0 aufdecken. Wir können aber die Differenz ziemlich leicht mithilfe der Binomialentwicklung abschätzen (Anhang A),

$$(1\pm x)^n \approx 1 \pm nx \qquad \text{für } x \ll 1\,.$$

In der Gleichung für die Zeitdilatation tritt der Faktor $(1-v^2/c^2)^{-\frac{1}{2}}$ auf. Es gilt also

$$\Delta t = \Delta t_0\left(1-\frac{v^2}{c^2}\right)^{-\frac{1}{2}} \approx \Delta t_0\left(1+\frac{1}{2}\frac{v^2}{c^2}\right)$$

$$\approx 10{,}00\,\mathrm{s}\left[1+\frac{1}{2}\left(\frac{27{,}8\,\mathrm{m/s}}{3{,}00\cdot 10^8\,\mathrm{m/s}}\right)^2\right] \approx 10{,}00\,\mathrm{s} + 4\cdot 10^{-15}\,\mathrm{s}\,.$$

Die Abschätzung für die Differenz zwischen Δt und Δt_0 ist somit $4\cdot 10^{-15}\,\mathrm{s}$, ein extrem kleiner Betrag.

Die Zeitdilatation hat interessante Spekulationen im Zusammenhang mit der Raumfahrt entfacht. Nach der klassischen (Newton'schen) Physik wäre es einem gewöhnlichen Sterblichen unmöglich, einen 100 Lichtjahre entfernten Stern zu erreichen (1 Lichtjahr ist die Entfernung, die Licht in einem Jahr zurücklegt, also $3{,}00\cdot 10^8\,\mathrm{m/s} \times 3{,}15\cdot 10^7\,\mathrm{m} = 9{,}5\cdot 10^{15}\,\mathrm{m}$). Selbst wenn ein Raumschiff nahezu mit Lichtgeschwindigkeit fliegen könnte, würde es über 100 Jahre dauern, einen solchen Stern zu erreichen. Wegen der Zeitdilatation wäre aber der mit der Reise verbundene Zeitaufwand für den Astronauten geringer. In einem Raumschiff, das mit der Geschwindigkeit $v = 0{,}999c$ fliegt, ergäbe sich für die Zeitdauer eines solchen Fluges aus Sicht des Astronauten nur etwa $\Delta t_0 = \Delta t\sqrt{1-v^2/c^2} = (100\,\mathrm{a}\sqrt{1-(0{,}999)^2}) = 4{,}5$ Jahre. Die Zeitdilatation erlaubt also eine solche Reise, aber die enormen praktischen Probleme, solche Geschwindigkeiten zu erreichen, wird man in naher Zukunft nicht überwinden können.

Beachten Sie, dass in diesem Beispiel auf der Erde 100 Jahre vergehen, während für den Astronauten auf seiner Reise nur 4,5 Jahre vergangen sind. Sind es nur die Uhren, die für den Astronauten langsamer laufen? Die Antwort lautet nein. Alle Prozesse, einschließlich des Alterungsprozesses und anderer Lebenskreisläufe, laufen für den Astronauten viel langsamer ab als für den Beobachter auf der Erde. Für den Astronauten würde aber die Zeit völlig normal ablaufen. Der Astronaut würde 4,5 Jahre erleben, ausgefüllt mit den üblichen Verrichtungen Schlafen, Essen, Lesen usw. Die Menschen auf der Erde würden ihrerseits 100 Jahre mit gewöhnlichen Aktivitäten zubringen.

Zwillingsparadoxon

Kurz nachdem Einstein die spezielle Relativitätstheorie aufgestellt hatte, wurde auf ein offensichtliches Paradoxon hingewiesen. Nach dem **Zwillingsparadoxon** nimmt man an, dass ein Zwilling eines 20 Jahre alten Zwillingspaares in ein Raumschiff steigt und mit sehr hoher Geschwindigkeit zu einem entfernten Stern hin- und zurückfliegt, während der andere Zwilling auf der Erde zurückbleibt. Für den Zwilling auf der Erde altert der reisende Zwilling langsamer. Während für den Zwilling auf der Erde möglicherweise 20 Jahre vergehen, wäre es für den Reisenden (abhängig von der Geschwindigkeit des Raumschiffes) vielleicht nur ein Jahr. Somit würde man erwarten, dass bei der Rückkehr des Reisenden der auf der Erde gebliebene Zwilling das Alter von 40 Jahren erreicht hätte, während der Reisende erst 21 Jahre alt wäre.

Das ist der Standpunkt des Zwillings auf der Erde. Aber was ist mit dem reisenden Zwilling? Wenn alle Inertialsysteme gleichberechtigt sind, würde der reisende Zwilling alle Behauptungen wiederholen, die der Zwilling auf der Erde aufgestellt hat, jedoch von seinem Standpunkt aus gesehen. Könnte der Astronaut nicht behaupten, dass die Zeit auf der Erde langsamer abläuft, weil sie sich mit hoher Geschwindigkeit von ihm wegbewegt, und der Zwilling auf der Erde deshalb langsamer altern sollte? Dies ist das Gegenteil von dem, was der Zwilling auf der Erde voraussagt. Sie können nicht beide Recht haben, weil das Raumschiff schließlich zur Erde zurückkehrt und das Alter und die Uhren direkt verglichen werden können.

Tatsächlich gibt es jedoch keinen Widerspruch. Die Konsequenzen der speziellen Relativitätstheorie – in diesem Fall die Zeitdilatation – können nur auf Beobachter in Inertialsystemen angewandt werden. Die Erde ist ein solches Bezugssystem (oder zumindest näherungsweise), das Raumschiff jedoch nicht. Das Raumschiff wird zu Beginn und am Ende und, noch wesentlicher, am Umkehrpunkt der Reise beschleunigt. Während dieser Beschleunigungsphasen befindet sich der Zwilling nicht in einem stationären Inertialsystem, so dass die Vorhersagen des Zwillings im Raumschiff gemäß der speziellen Relativitätstheorie ungültig sind. Es gibt also kein Paradoxon. Der oben beschriebene Standpunkt des reisenden Zwillings ist nicht korrekt. Die Vorhersagen des Zwillings auf der Erde gemäß der speziellen Relativitätstheorie *sind* gültig und die Vorhersage, dass der reisende Zwilling bei der Rückkehr weniger gealtert ist, ist richtig. Einsteins allgemeine Relativitätstheorie, die sich mit beschleunigten Bezugssystemen beschäftigt, bestätigt dieses Ergebnis.

37.6 Längenkontraktion

Nicht nur Zeitintervalle unterscheiden sich in verschiedenen Bezugssystemen. Auch Raumintervalle – Längen und Entfernungen – unterscheiden sich nach der speziellen Relativitätstheorie. Wir werden dies anhand eines Gedankenexperimentes illustrieren.

Angenommen, Beobachter auf der Erde betrachten ein Raumschiff, das sich mit der Geschwindigkeit v von der Erde zum Neptun bewegt (siehe ▸ Abbildung 37.8a). Der Beobachter auf der Erde misst für die Entfernung zwischen den Planeten den Wert L_0. Die für die Reise notwendige Zeit ist, von der Erde aus gemessen, $\Delta t = L_0/v$. In ▸ Abbildung 37.8b sehen wir die Perspektive eines Beobachters im

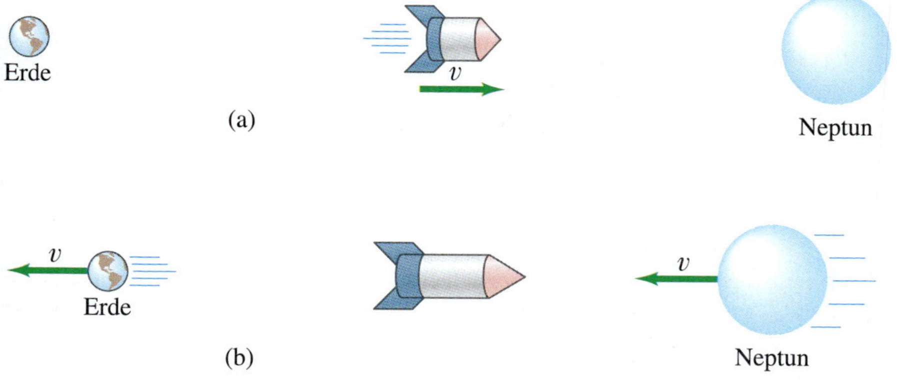

Abbildung 37.8 (a) Ein Raumschiff, das mit sehr hoher Geschwindigkeit von der Erde zum Neptun fliegt, vom Bezugssystem der Erde aus gesehen. (b) Vom Standpunkt eines Beobachters im Raumschiff aus gesehen, bewegen sich Erde und Neptun mit sehr hoher Geschwindigkeit v: Die Erde verlässt das Raumschiff und nach einer Zeit Δt_0 kommt Neptun beim Raumschiff an. (Beachten Sie, dass jeder Planet vom Raumschiff aus gesehen, Teil (b), nicht verkürzt erscheint, weil der Beobachter bei hohen Geschwindigkeiten nur die hintere Flanke sieht (wie in ▸ Abbildung 37.10). Im Nettoeffekt erscheinen die Planeten als Kreisscheibe.)

Raumschiff. In dessem Bezugssystem befindet sich das Raumschiff in Ruhe; Erde und Neptun bewegen sich mit der Geschwindigkeit v. (Wir nehmen an, dass v viel größer als die Relativgeschwindigkeit von Erde und Neptun ist, so dass wir letztere vernachlässigen können.) Die Zeit zwischen der Abreise von der Erde und der Ankunft am Neptun (vom Raumschiff aus gesehen) ist die „Eigenzeit" (da beide Ereignisse am selben Ort stattfinden, in diesem Fall im Raumschiff). Deshalb ist wegen der Zeitdilatation das Zeitintervall für die Beobachter im Raumschiff kleiner als für die Beobachter auf der Erde. Aus Gleichung 37.1 erhalten wir für die Reisedauer vom Raumschiff aus gesehen $\Delta t_0 = \Delta t\sqrt{1 - v^2/c^2}$. Weil die Beobachter im Raumschiff die gleiche Geschwindigkeit, aber eine kleinere Zeitdifferenz zwischen den beiden Ereignissen messen, müssen sie auch eine kleinere Entfernung messen. Wenn L die Entfernung zwischen den Planeten vom Raumschiff aus gesehen ist, dann gilt $L = v\Delta t_0$. Wir haben bereits gesehen, dass $\Delta t_0 = \Delta t\sqrt{1 - v^2/c^2}$ und $\Delta t = L_0/v$ gilt, so dass wir $L = v\Delta t_0 = v\Delta t\sqrt{1 - v^2/c^2} = L_0\sqrt{1 - v^2/c^2}$ erhalten. Es gilt also

Gleichung für die Längenkontraktion

$$L = L_0\sqrt{1 - \frac{v^2}{c^2}}\,. \tag{37.2}$$

Diese Gleichung ist ein allgemeingültiges Resultat der speziellen Relativitätstheorie und sowohl auf die Länge von Körpern als auch auf Entfernungen anwendbar. Am einfachsten lässt sich dieses Ergebnis in folgenden Worten ausdrücken:

Längenkontraktion: bewegte Körper erscheinen (in Bewegungsrichtung) verkürzt

Wenn sich ein Körper relativ zum Beobachter bewegt, erhält man für dessen Länge ein kleineres Messergebnis als wenn er sich relativ zum Beobachter in Ruhe befindet.

Diese Tatsache bezeichnet man als **Längenkontraktion**. Die Länge L_0 in Gleichung 37.2 wird als **Eigenlänge** bezeichnet. Es ist die Länge eines Körpers – oder die Entfernung zwischen zwei Punkten, deren *Positionen gleichzeitig gemessen werden* – die ein relativ zum Körper ruhender Beobachter messen würde. Gleichung 37.2 bestimmt die Länge L, die ein Beobachter messen würde, wenn sich der Körper mit der Geschwindigkeit v an ihm vorbei bewegt. Beachten Sie, dass die Längenkontraktion nur in *Bewegungsrichtung* auftritt. Beispielsweise wird das Raumschiff in ▸ Abbildung 37.8 in der Länge verkürzt, seine Höhe ist genauso groß wie in Ruhe.

Die Längenkontraktion ist, wie die Zeitdilatation, im Alltag nicht zu bemerken, weil der Faktor $\sqrt{1 - v^2/c^2}$ in Gleichung 37.2 nur für sehr große v signifikant von 1 verschieden ist.

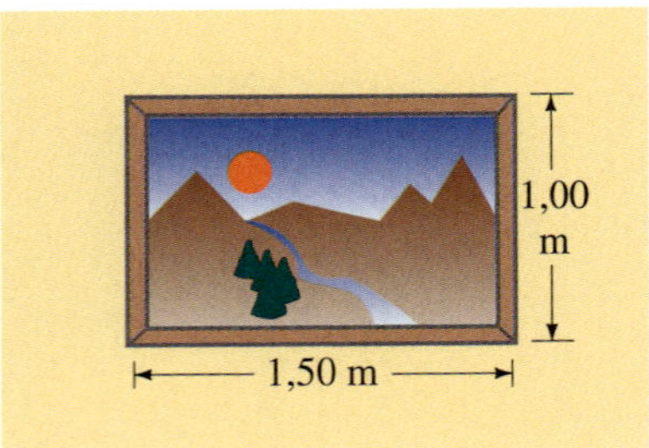

(a)

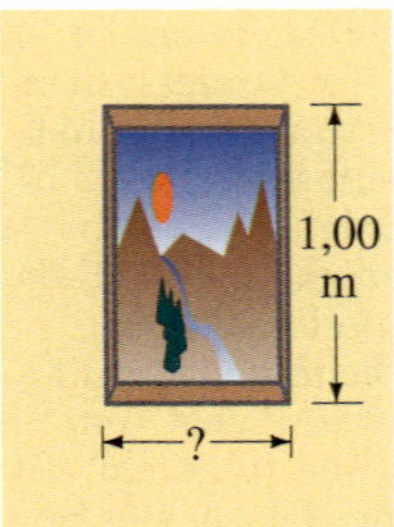

(b)

Abbildung 37.9 Beispiel 37.3.

Beispiel 37.3 **Längenkontraktion eines rechteckigen Gemäldes**

Ein Gemälde ist 1,00 m hoch und 1,50 m breit. Es hängt an der Seitenwand eines Raumschiffes, das mit einer Geschwindigkeit von $0{,}90c$ an der Erde vorbeifliegt (siehe ▸ Abbildung 37.9a). (a) Welche Abmessungen hat das Gemälde für den Kapitän des Raumschiffes? (b) Welche Abmessungen hat das Bild von der Erde aus gesehen?

Lösung

a Das Gemälde (genau wie alles andere im Raumschiff) sieht für jeden Betrachter im Raumschiff völlig normal aus. Der Kapitän nimmt also ein 1,00 m mal 1,50 m großes Gemälde wahr.

b Nur die Abmessung in Bewegungsrichtung wird verkürzt, die Höhe bleibt unverändert 1,00 m (siehe ▶ Abbildung 37.9b). Die Länge verkürzt sich auf

$$L = L_0\sqrt{1-\frac{v^2}{c^2}}$$
$$= (1{,}50\,\mathrm{m})\sqrt{1-(0{,}90)^2} = 0{,}65\,\mathrm{m}\,.$$

Das Gemälde hat also die Abmessungen 1,00 m mal 0,65 m.

Das Erscheinungsbild von bewegten Körpern bei relativistischen Geschwindigkeiten

Das *Erscheinungsbild* von bewegten Körpern

Gleichung 37.2 gibt Auskunft darüber, wie das *Messergebnis* der Länge eines Körpers ausfallen wird, der sich mit der Geschwindigkeit v bewegt. Die äußere Erscheinung ist etwas anderes. Angenommen, Sie bewegen sich mit der Geschwindigkeit $v = 0{,}85c$ links an einem kleinen Gebäude vorbei. Dies ist äquivalent zu der Aussage, dass sich das Gebäude mit der Geschwindigkeit v rechts an Ihnen vorbeibewegt. Das Gebäude wird (bei gleicher Höhe) schmaler aussehen, Sie werden aber auch die Seite des Gebäudes sehen können, selbst wenn Sie sich direkt davor befinden. Dies zeigt ▶ Abbildung 37.10b, Teil (a) zeigt das Gebäude in Ruhe. Die Tatsache, dass Sie die Seite des Gebäudes sehen können, ist kein relativistischer Effekt, sondern beruht auf der endlichen Lichtgeschwindigkeit. Um zu verstehen, wie dies zustande kommt, sehen wir uns ▶ Abbildung 37.10c mit der Draufsicht des Gebäudes an. Dargestellt ist der Moment, in dem sich der Beobachter O direkt vor dem Gebäude befindet. Das Licht von den Punkten A und B erreicht O zur gleichen Zeit. Befände sich das Gebäude in Ruhe, würde Licht von C den Punkt O niemals erreichen. Das Gebäude bewegt sich aber mit sehr hoher Geschwindigkeit und „geht dem Licht aus dem Weg“ , so dass Licht von C den Punkt O erreichen kann. Tatsächlich kann im dargestellten Augenblick Licht den Beobachter erreichen, das vom Punkt C zu einem früheren Zeitpunkt ausgesandt wurde (in der Abbildung Punkt C′), weil sich das Gebäude inzwischen bewegt hat. Damit das Licht von C zeitgleich mit dem Licht von A und B beim Beobachter ankommt, muss das Licht von C früher ausgesandt worden sein, weil es zum Beobachter eine größere Distanz zurücklegen muss. Deshalb ist es das Licht von C′, das den Beobachter gleichzeitig mit dem Licht von A und B erreicht. Dies ist der Grund dafür, dass ein Beobachter sowohl die Front als auch die Seite eines Körpers gleichzeitig sehen kann, selbst wenn er direkt davor steht.[4] Mit derselben Argumentation kann man zeigen, dass kugelförmige Körper auch dann tatsächlich noch ein kreisförmiges Erscheinungsbild haben, wenn sie sich mit hohen

4 Der Eindruck, dass das Gebäude in ▶ Abbildung 37.10b gedreht erscheint, täuscht. Dann müsste Seite A kürzer erscheinen als Seite B. Tatsächlich erscheinen sie einem Beobachter, der direkt vor der Gebäude steht, gleich hoch. Deshalb wirkt die Front des Gebäudes kontrahiert, aber wir sehen, wie oben beschrieben, auch die Seite. Obwohl dies in ▶ Abbildung 37.10b nicht gezeigt ist, erscheinen die Wände gekrümmt, weil die verschiedenen Punkte einer vertikalen Mauer von oben nach unten unterschiedliche Entfernungen zum Auge des Beobachters haben.

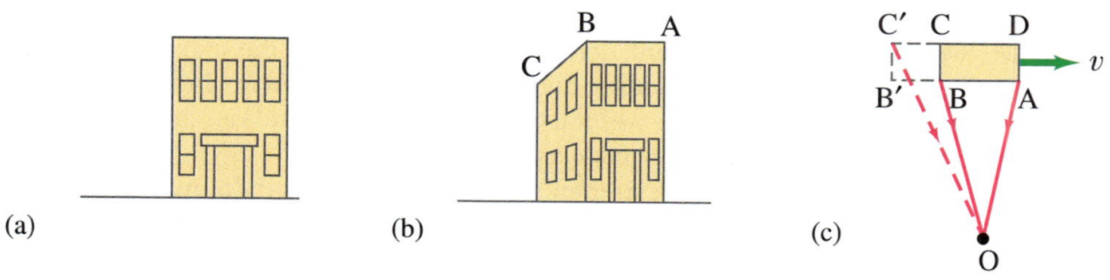

Abbildung 37.10 Gebäude in Ruhe (a) und (b) mit hoher Geschwindigkeit gesehen. (c) Das Diagramm erläutert, weshalb die Seite des Gebäudes zu sehen ist (siehe Text).

Geschwindigkeiten bewegen. Deshalb wurden die Planeten in ▸ Abbildung 37.8b rund und nicht verkürzt gezeichnet.

37.7 Die vierdimensionale Raumzeit

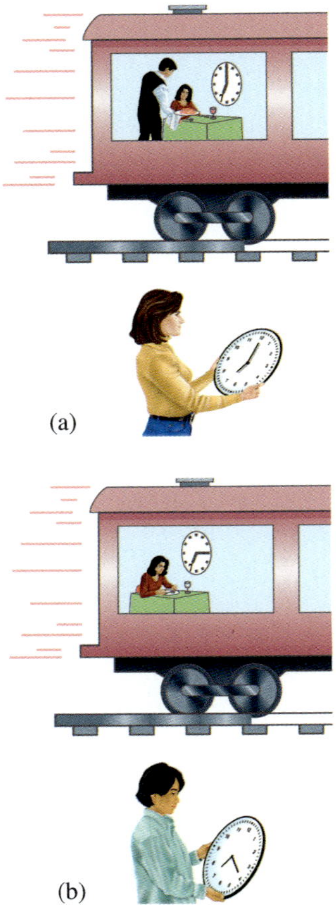

Abbildung 37.11 Gemessen mit einer richtig gehenden Uhr in einem schnell fahrenden Zug (a) beginnt eine Person 7.00 Uhr mit der Mahlzeit und ist (b) 7.15 Uhr damit fertig. Zu Beginn der Mahlzeit stellen die Beobachter auf der Erde ihre Uhren so, dass ihre Zeit mit der im Zug angezeigten Zeit übereinstimmt. Diese Beobachter messen für die Dauer der Mahlzeit 20 Minuten.

Stellen wir uns eine Person in einem Zug vor, der sich mit einer sehr hohen Geschwindigkeit von $0{,}65c$ bewegt (siehe ▸ Abbildung 37.11). Nach der Uhr im Zug beginnt diese Person 7.00 Uhr zu essen und ist 7.15 Uhr mit der Mahlzeit fertig. Die beiden Ereignisse, Beginn und Ende der Mahlzeit, finden im Zug am selben Ort statt. Somit beträgt die Eigenzeit zwischen diesen beiden Ereignissen 15 Minuten. Angenommen, die Mahlzeit wurde auf einem Teller mit 20 cm Durchmesser serviert. Für den Beobachter auf der Erde ist der Teller aufgrund der Längenkontraktion nur 15 cm lang. Deshalb erscheint die Mahlzeit dem Beobachter auf der Erde kleiner, sie ist jedoch von längerer Dauer.

In gewissem Sinne gleichen sich die beiden Effekte, Zeitdilatation und Längenkontraktion, aus. Von der Erde aus betrachtet, verliert die Mahlzeit an Größe, was sie an Dauer gewinnt. Raum oder Länge werden ersetzt durch die Zeit.

Solche Betrachtungen führten auf die Idee der **vierdimensionalen Raumzeit**. Hierbei belegt der Raum drei Dimensionen, die Zeit ist die vierte Dimension. Raum und Zeit sind eng miteinander verknüpft. Genau, wie man durch Quetschen eines Ballons eine seiner (räumlichen) Dimensionen auf Kosten einer anderen vergößert, so wird ein bestimmtes Raumvolumen durch Zeit ersetzt, wenn wir Körper und Ereignisse aus verschiedenen Bezugssystemen heraus beobachten (und umgekehrt).

Die Idee mit den vier Dimensionen mag seltsam erscheinen, sie leitet sich jedoch aus der vernünftigen Vorstellung ab, dass jeder Körper oder jedes Ereignis durch vier Größen spezifiziert ist – drei davon zur Beschreibung des Ortes und eine zur Beschreibung des Zeitpunktes. Der wirklich ungewöhnliche Aspekt der vierdimensionalen Raumzeit ist, dass sich Zeit und Raum miteinander vermischen: Etwas von dem einen kann durch das andere ersetzt werden, wenn man das Bezugssystem wechselt.

Viele Menschen haben Schwierigkeiten damit, die Idee der vierdimensionalen Raumzeit zu verstehen. Irgendwie empfinden wir, genau wie die Physiker vor der Entdeckung der Relativität, dass Raum und Zeit zwei vollkommen verschiedene Dinge sind. Wir haben jedoch bereits durch Gedankenexperimente festgestellt, dass sie nicht vollkommen verschieden sind. Unsere Schwierigkeiten bei der Akzeptanz dieser Tatsache erinnern an die Situation im 17. Jahrhundert, zu Zeiten von Galilei und Newton. Die vertikale Richtung, in der Körper fallen, wurde vor der Zeit Galileis als etwas völlig anderes als die beiden horizontalen Dimensionen angesehen. Galilei zeigte, dass sich die vertikale Dimension lediglich dadurch von den anderen unterscheidet, dass sie zufälligerweise die Richtung ist, in der die Gravitation wirkt. Sonst sind alle drei Dimensionen äquivalent, ein Standpunkt, den wir heute alle akzeptieren. Nun müssen wir eine weitere Dimension akzeptieren, die Zeit, die wir uns zuvor immer als etwas völlig anderes vorgestellt hatten. Das bedeutet nicht, dass es keinen Unterschied zwischen Raum und Zeit gibt. Aber die Relativität hat gezeigt, dass man Raum und Zeit nicht unabhängig voneinander bestimmen kann.

37.8 Galilei- und Lorentz-Transformationen

Wir wollen uns nun näher mit der Mathematik befassen, die man benutzt, um Größen in einem Inertialsystem mit den äquivalenten Größen in einem anderen in Bezug zu setzen. Insbesondere werden wir sehen, wie Orte und Geschwindigkeiten in ein anderes Bezugssystem *transformiert* werden.

Wir beginnen mit dem klassischen oder Galilei'schen Standpunkt. Betrachten wir zwei Bezugssysteme S und S′, die durch Koordinatensysteme festgelegt sind, ▸ Abbildung 37.12.

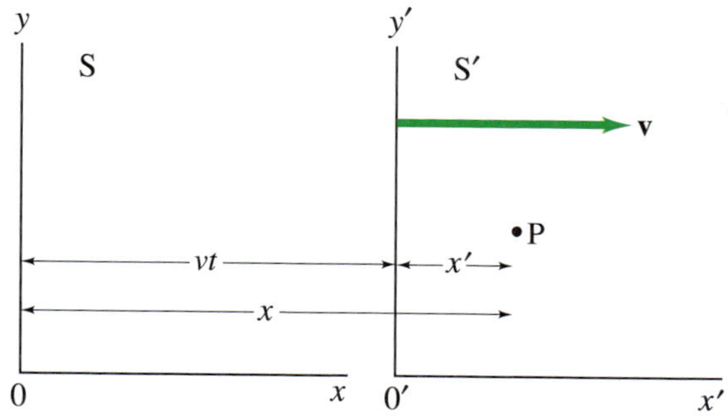

Abbildung 37.12 Das Inertialsystem S′ bewegt sich relativ zum Bezugssystem S mit der Geschwindigkeit v nach rechts.

Die x- und y-Achsen (z ist nicht dargestellt) gehören zu S, x' und y' gehören zu S′. Die x'- und x-Achsen überlappen sich, und wir nehmen an, dass sich das Bezugssystem S' relativ zu S mit der Geschwindigkeit v (in x-Richtung) nach rechts bewegt. Darüber hinaus nehmen wir der Einfachheit halber an, dass die Koordinatenursprünge 0 und 0′ der beiden Bezugssysteme zur Zeit $t = 0$ zusammenfallen.

Betrachten wir nun ein Ereignis, das am Punkt P aus ▸ Abbildung 37.12 eintritt. Dieser Punkt ist im Bezugssystem S′ zur Zeit t' durch die Koordinaten x', y', z' charakterisiert. Wie lauten die Koordinaten von P im Bezugssystem S? Da S und S′ zunächst genau übereinander liegen, hat sich S′ nach der Zeit t' um die Strecke vt' wegbewegt. Deshalb gilt zur Zeit t' die Gleichung $x = x' + vt'$. Die y- und z-Koordinaten werden dagegen durch die Bewegung entlang der x-Achse nicht verändert; somit gilt $y = y'$ und $z = z'$. Am Ende stimmen die beiden Uhren in den Bezugssystemen überein, weil die Zeit in der Galilei-Newton'schen Physik als absolut angenommen wird. Somit gilt $t = t'$. Wir fassen dies in den folgenden Gleichungen für die **Galilei-Transformation** zusammen:

$$\begin{aligned} x &= x' + vt' \\ y &= y' \\ z &= z' \\ t &= t' . \end{aligned} \qquad \text{(Galilei)} \qquad (37.3)$$

Galilei-Transformation

Diese Gleichungen bestimmen die Koordinaten eines Ereignisses im Bezugssystem S, wenn die Koordinaten im Bezugssystem S′ bekannt sind. Sind die Koordinaten im Bezugssystem S gegeben, dann erhält man die Koordinaten in S′ durch

$$x' = x - vt\,, \quad y' = y\,, \quad z' = z\,, \quad t' = t\,. \qquad \text{(Galilei)}$$

Diese vier Gleichungen bilden die inverse Transformation und können leicht aus den Gleichungen 37.3 abgeleitet werden. Beachten Sie, dass es letztlich auf das Austauschen von gestrichenen und ungestrichenen Größen sowie das Ersetzen von v durch $-v$ hinausläuft. Dies ist sinnvoll, weil sich S vom Bezugssystem S′ aus gesehen mit der Geschwindigkeit v nach links (in negative x-Richtung) bewegt.

Nehmen wir nun an, dass der Punkt P in ▸ Abbildung 37.12 ein bewegtes Teilchen darstellt. Die Komponenten seines Geschwindigkeitsvektors in S′ seien u'_x, u'_y, u'_z. (Wir verwenden u im Unterschied zur Relativgeschwindigkeit v der beiden Bezugssysteme.) Es gilt $u'_x = \mathrm{d}x'/\mathrm{d}t'$, $u'_y = \mathrm{d}y'/\mathrm{d}t'$ und $u'_z = \mathrm{d}z'/\mathrm{d}t'$. Von S aus gesehen besitzt P die Geschwindigkeitskomponenten u_x, u_y und u_z. Wir können zeigen, wie diese zu den Geschwindigkeitskomponenten in S′ in Beziehung stehen, indem wir die Gleichungen 37.3 differenzieren. Für u_x erhalten wir

$$u_x = \frac{\mathrm{d}x}{\mathrm{d}t} = \frac{\mathrm{d}(x' + vt')}{\mathrm{d}t'} = u'_x + v\,,$$

da v konstant ist. Für die anderen Komponenten ist $u'_y = u_y$ und $u'_z = u_z$, so dass gilt

Galilei-Transformation der Geschwindigkeiten

$$\begin{aligned} u_x &= u'_x + v \\ u_y &= u'_y \qquad \text{(Galilei)} \\ u_z &= u'_z \,. \end{aligned} \tag{37.4}$$

Dies sind die Gleichungen für die **Galilei-Transformation der Geschwindigkeiten.** Wir sehen, dass die y- und z-Komponenten der Geschwindigkeit unverändert bleiben, während sich die x-Komponente um v unterscheidet: $u_x = u'_x + v$. Das ist gerade die Beziehung, die wir im Zusammenhang mit Relativgeschwindigkeiten verwendet haben.

Die Galilei-Transformationen, Gleichungen 37.3 und 37.4, sind nur gültig, wenn die beteiligten Geschwindigkeiten wesentlich kleiner als c sind. Wir können uns beispielsweise davon überzeugen, dass die erste Gleichung in 37.4 für die Lichtgeschwindigkeit nicht mit dem zweiten Postulat der Relativitätstheorie kompatibel ist; für Licht, das sich in S′ mit der Geschwindigkeit $u'_x = c$ ausbreitet, erhalten wir in S die Geschwindigkeit $c + v$, während die Relativitätstheorie auch in S die Geschwindigkeit c verlangt. Offensichtlich sind neue Transformationsgleichungen notwendig, um relativistische Geschwindigkeiten in unterschiedlichen Bezugssystemen berechnen zu können.

Wir werden die gesuchten Gleichungen auf einfache Weise herleiten, wobei wir uns wiederum ▶ Abbildung 37.12 ansehen. Wir nehmen an, dass es sich um eine lineare Transformation der Form

$$x = \gamma(x' + vt')\,, \quad y = y'\,, \quad z = z' \tag{i}$$

handelt. Das heißt, wir modifizieren die erste Gleichung in 37.3, indem wir sie mit einer noch zu bestimmenden Konstanten γ multiplizieren (nichtrelativistisch gilt $\gamma = 1$). Die Gleichungen für y und z bleiben jedoch unverändert, da es in diesen beiden Richtungen keine Längenkontraktion gibt. Wir werden keine Gleichung für t voraussetzen, sondern diese Gleichung herleiten. Die Gleichungen zur umgekehrten Transformation müssen dieselbe Form haben, wenn v durch $-v$ ersetzt wird. (Das Relativitätsprinzip verlangt dies, weil die Bewegung von S′ bezüglich S nach rechts äquivalent zur Bewegung von S bezüglich S′ nach links sein soll.) Deshalb gilt

$$x' = \gamma(x - vt)\,. \tag{ii}$$

Wenn nun ein Lichtpuls den gemeinsamen Ursprung von S und S′ zur Zeit $t = t' = 0$ verlässt, hat er zur Zeit t eine Entfernung von $x = ct$ oder $x' = ct'$ entlang der x-Achse zurückgelegt. Deshalb ergibt sich aus den Gleichungen i und ii

$$ct = \gamma(ct' + vt') = \gamma(c + v)t'\,, \tag{iii}$$
$$ct' = \gamma(ct - vt) = \gamma(c - v)t\,. \tag{iv}$$

Wir setzen t' aus Gleichung iv in Gleichung iii ein, was auf $ct = \gamma(c + v)\,\gamma(c - v)(t/c) = \gamma^2(c^2 - v^2)t/c$ führt. Wir dividieren durch t und lösen nach γ auf:

$$\gamma = \frac{1}{\sqrt{1 - v^2/c^2}}\,.$$

Nachdem wir γ bestimmt haben, brauchen wir nur noch die Beziehung zwischen t und t' herzuleiten. Dazu setzen wir $x = \gamma(x' + vt')$ in $x' = \gamma(x - vt)$ ein:

$$x' = \gamma(x - vt) = \gamma\left(\gamma\left[x' + vt'\right]\right)\,.$$

Wir lösen nach t auf und erhalten $t = \gamma(t' + vx'/c^2)$. Insgesamt ergibt sich

$$\begin{aligned} x &= \gamma(x' + vt') = \frac{1}{\sqrt{1-v^2/c^2}}(x' + vt') \\ y &= y' \\ z &= z' \\ t &= \gamma(t' + \frac{vx'}{c^2}) = \frac{1}{\sqrt{1-v^2/c^2}}\left(t' + \frac{vx'}{c^2}\right) . \end{aligned} \quad (37.5)$$

Gleichungen für die Lorentz-Transformation

Dies sind die Gleichungen für die **Lorentz-Transformation**. Erstmals wurden sie 1904 in geringfügig anderer Form von Lorentz aufgestellt, der damit das Nullresultat des Michelson-Morley-Experimentes erklären und erreichen wollte, dass die Maxwell-Gleichungen in allen Inertialsystemen die gleiche Form annehmen. Unabhängig davon wurden sie von Einstein ein Jahr später auf Grundlage seiner Relativitätstheorie abgeleitet. Beachten Sie, dass nicht nur die Gleichung für x im Vergleich zur Galilei-Transformation modifiziert ist, sondern auch die Gleichung für t. Tatsächlich können wir an dieser letzten Gleichung unmittelbar erkennen, wie sich Raum- und Zeitkoordinaten mischen.

Beispiel 37.4 Herleitung der Längenkontraktion

Leiten sie die Gleichung für die Längenkontraktion, Gleichung 37.2, aus den Gleichungen für die Lorentz-Transformation ab.

Lösung

Ein Körper der Länge L_0 befinde sich auf der x-Achse von S in Ruhe. Die Koordinaten der beiden Endpunkte sind x_1 und x_2, so dass $x_2 - x_1 = L_0$ gilt. In S′ befinden sich die Endpunkte gemäß den Gleichungen der Lorentz-Transformation an x'_1 und x'_2. Die in S′ gemessene Länge beträgt $L = x'_2 - x'_1$. Ein Beobachter in S′ bestimmt diese Länge, indem er x'_2 und x'_1 gleichzeitig misst (im Bezugssystem S′), somit gilt $t'_2 = t'_1$. Damit ergibt sich aus der ersten Gleichung von 37.5

$$L_0 = x_2 - x_1 = \frac{1}{\sqrt{1-v^2/c^2}}(x'_2 + vt'_2 - x'_1 - vt'_1) .$$

Wegen $t'_2 = t'_1$ gilt

$$L_0 = \frac{1}{\sqrt{1-v^2/c^2}}(x'_2 - x'_1) = \frac{L}{\sqrt{1-v^2/c^2}}$$

oder

$$L = L_0\sqrt{1-v^2/c^2} ,$$

also Gleichung 37.2.

Beispiel 37.5 Herleitung der Zeitdilatation

Leiten Sie die Gleichung für die Zeitdilatation, Gleichung 37.1, aus den Gleichungen für die Lorentz-Transformation her.

Lösung

Die Zeitdifferenz Δt_0 zwischen den beiden Ereignissen, die in S′ am selben Ort ($x'_2 = x'_1$) stattfinden, ist $\Delta t_0 = t'_2 - t'_1$. Wegen $x'_2 = x'_1$ ergibt sich mit der letzten Gleichung von 37.5 für die Zeitdifferenz in S

$$\Delta t = t_2 - t_1 = \frac{1}{\sqrt{1 - v^2/c^2}}\left(t'_2 + \frac{vx'_2}{c^2} - t'_1 - \frac{vx'_1}{c^2}\right)$$
$$= \frac{1}{\sqrt{1 - v^2/c^2}}(t'_2 - t'_1) = \frac{\Delta t_0}{\sqrt{1 - v^2/c^2}} ,$$

also Gleichung 37.1. Beachten Sie, dass wir S′ als das Bezugssystem ausgewählt haben, in dem die beiden Ereignisse am selben Ort stattfinden. Es gilt also $x'_1 = x'_2$, so dass sich die Terme mit x'_1 und x'_2 deshalb gegenseitig aufheben.

Die korrekten relativistischen Gleichungen für die Geschwindigkeiten kann man erhalten, indem man die Gleichungen 37.5 nach der Zeit ableitet. Zum Beispiel ergibt sich (unter Verwendung von $\gamma = 1/\sqrt{1 - v^2/c^2}$ und der Kettenregel):

$$u_x = \frac{\mathrm{d}x}{\mathrm{d}t} = \frac{\mathrm{d}}{\mathrm{d}t}\left[\gamma(x' + vt')\right]$$
$$= \frac{\mathrm{d}}{\mathrm{d}t'}\left[\gamma(x' + vt')\right]\frac{\mathrm{d}t'}{\mathrm{d}t} = \gamma\left[\frac{\mathrm{d}x'}{\mathrm{d}t'} + v\right]\frac{\mathrm{d}t'}{\mathrm{d}t} .$$

Es gilt aber $\mathrm{d}x'/\mathrm{d}t' = u'_x$ und $\mathrm{d}t'/\mathrm{d}t = 1/(\mathrm{d}t/\mathrm{d}t') = 1/\left[\gamma(1 + vu'_x/c^2)\right]$, wobei wir die letzte Gleichung von 37.5 nach der Zeit abgeleitet haben. Deshalb ist

$$u_x = \frac{\left[\gamma(u'_x + v)\right]}{\left[\gamma(1 + vu'_x/c^2)\right]} = \frac{u'_x + v}{1 + vu'_x/c^2} .$$

Auf gleiche Weise erhält man die anderen Gleichungen, die wir hier zusammenfassen:

Transformation der relativistischen Geschwindigkeiten

$$u_x = \frac{u'_x + v}{1 + vu'_x/c^2} \qquad (37.6a)$$

$$u_y = \frac{u'_y\sqrt{1 - v^2/c^2}}{1 + vu'_x/c^2} \qquad (37.6b)$$

$$u_z = \frac{u'_z\sqrt{1 - v^2/c^2}}{1 + vu'_x/c^2} . \qquad (37.6c)$$

Beachten Sie, dass die Geschwindigkeit v und die x-Komponente der Geschwindigkeit eines Teilchens die Transformation aller Komponenten der Geschwindigkeit eines Teilchens beeinflusst, auch wenn die Relativgeschwindigkeit **v** nur in x-Richtung zeigt. Dies traf auf die Galilei-Tranformation nicht zu.

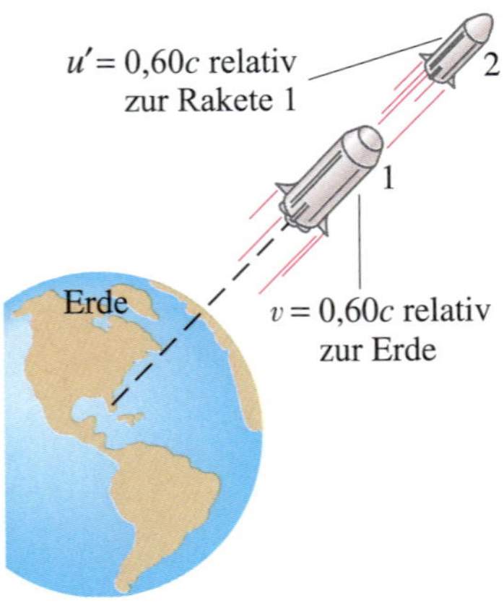

Abbildung 37.13 Die Rakete 2 wird von Rakete 1 aus mit der Geschwindigkeit $u' = 0{,}60c$ gestartet. Welche Geschwindigkeit besitzt die Rakete 2 relativ zur Erde?

Beispiel 37.6 Addition von Geschwindigkeiten

Berechnen Sie die Relativgeschwindigkeit der Rakete 2 aus ▸ Abbildung 37.13 gegenüber der Erde.

Lösung

Rakete 1 bewegt sich relativ zur Rakete 2 mit der Geschwindigkeit $u' = 0{,}60c$. Die Rakete 1 besitzt relativ zur Erde die Geschwindigkeit $v = 0{,}60c$. Die Geschwindigkeiten zeigen in die Richtung, die wir auch als x- und x'-Achse benutzen. Wir müssen deshalb lediglich die erste Gleichung von 37.6 anwenden. Damit ist die Geschwindigkeit von Rakete 2 relativ zur Erde

$$u = \frac{u' + v}{1 + \frac{vu'}{c^2}} = \frac{0{,}60c + 0{,}60c}{1 + \frac{(0{,}60c)(0{,}60c)}{c^2}} = \frac{1{,}20c}{1{,}36} = 0{,}88c\,.$$

(Die Galilei-Transformation führt auf $u = 1{,}20c$.)

Die Gleichungen 37.6 reduzieren sich auf die klassischen (Galilei'schen) Gleichungen, wenn die Geschwindigkeiten klein gegenüber der Lichtgeschwindigkeit sind, da $1 + vu'/c^2 \approx 1$ für v und $u' \ll c$ gilt. Im anderen Extremfall sendet die Rakete 1 einen Lichtstrahl aus, so dass $u' = c$ gilt. Dann erhalten wir aus Gleichung 37.6a für die Geschwindigkeit des Lichts relativ zur Erde

$$u = \frac{0{,}60c + c}{1 + \frac{(0{,}60c)(c)}{c^2}} = c\,,$$

was im Einklang mit dem zweiten Postulat der Relativitätstheorie steht.

37.9 Relativistischer Impuls und relativistische Masse

Bisher haben wir in diesem Kapitel gesehen, dass zwei Grundgrößen der Mechanik, Längen und Zeitintervalle, aufgrund ihrer Relativität modifiziert werden müssen – ihr Wert hängt vom Bezugssystem ab, aus dem heraus ihre Messung erfolgt. Wir können daher erwarten, dass auch andere physikalische Größen durch die Relativitätstheorie modifiziert werden müssen, wie beispielsweise Impuls, Energie und Masse.

Befassen wir uns zunächst mit dem Impuls, der in der klassischen Physik als Masse mal Geschwindigkeit definiert ist, also $\mathbf{p} = m\mathbf{v}$. In der klassischen Physik ist der Impuls eine Erhaltungsgröße. Es wäre von großem Vorteil, wenn die Impulserhaltung auch im relativistischen Bereich gelten würde. Deshalb werden wir versuchen die Impulsdefinition so vorzunehmen, dass diese Forderung erfüllt ist. Ein guter Ansatz für die Anpassung des Impulses wäre die Einführung des Faktors $\gamma = 1/\sqrt{1 - v^2/c^2}$, wie in den Gleichungen 37.1, 37.2 und 37.5. Wir wollen jedoch etwas allgemeiner sein und $p = fmv$ annehmen, wobei f eine Funktion von v ist, also $f(v)$. Wir betrachten nun den Stoß zweier Körper – ein Gedankenexperiment – und schauen uns an, welche Form $f(v)$ annehmen muss, damit der Impuls erhalten bleibt.

Unser Gedankenexperiment behandelt den elastischen Stoß zweier *identischer* Kugeln. Wenn sich beide Kugeln mit der gleichen Geschwindigkeit v bewegen, hat ihr Impuls den gleichen Wert.

Das Gedankenexperiment läuft folgendermaßen ab. Wir betrachten zwei Inertialsysteme S und S′, die sich entlang der x-Achse mit der Geschwindigkeit v relativ zueinander bewegen. Im Bezugssystem S wird eine Kugel A mit der Geschwindigkeit u entlang der y-Achse gestoßen. Im Bezugssystem S′ wird eine zweite Kugel (B) mit der Geschwindigkeit u entlang der negativen y'-Achse gestoßen. Beide Kugeln wurden genau zum richtigen Zeitpunkt abgestoßen, so dass sie sich treffen. Wir nehmen an, dass sie elastisch aneinander abprallen und sich jede aus Symmetriegründen mit derselben Geschwindigkeit u entlang der y-Achse des dazugehörigen Bezugssystems zurückbewegt. ▶ **Abbildung 37.14a** zeigt den Stoß aus der Sicht eines Beobachters im Bezugssystem S, ▶ **Abbildung 37.14b** zeigt den Stoß von S′ aus gesehen. Im Bezugssystem S besitzt die Kugel A vor dem Stoß die Geschwindigkeit $+u$ und nach dem Stoß die Geschwindigkeit $-u$, wobei sie sich stets entlang der y-Achse bewegt. Im Bezugssystem S′ besitzt die Geschwindigkeit der Kugel A sowohl vor als auch nach dem Stoß eine x-Komponente

Abbildung 37.14 Herleitung der Gleichung für den Impuls. Der Stoß (a) vom Bezugssystem S und (b) vom Bezugssystem S′ aus gesehen.

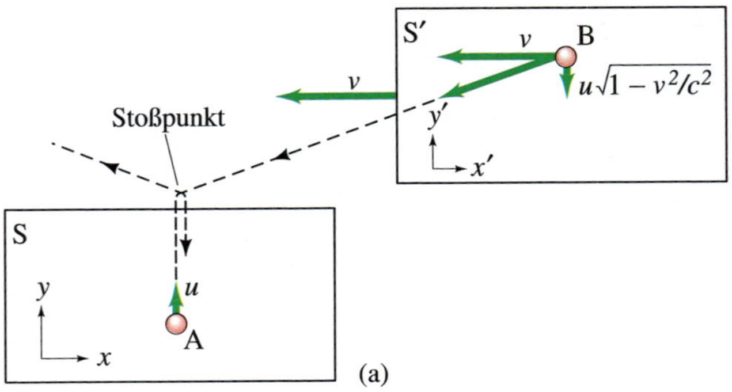

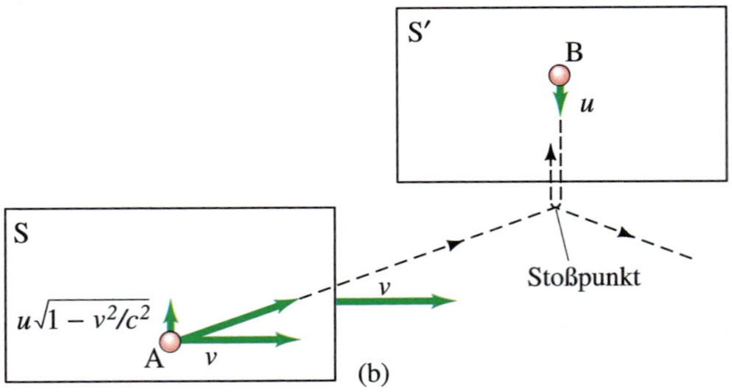

gleich v und eine y-Komponente (siehe **Gleichung 37.6b**, für $u'_x = 0$) mit dem Wert

$$u\sqrt{1-v^2/c^2}\,.$$

Umgekehrt gilt das Gleiche für die Kugel B. Die Geschwindigkeitskomponenten sind in ▶ **Abbildung 37.14** dargestellt. Nehmen wir darüber hinaus $u \ll v$ an, so dass die Geschwindigkeit der Kugel A vom Bezugssystem S′ aus gesehen im Wesentlichen v beträgt, und somit der Impuls als $f(v)mv$ geschrieben werden kann. Analog dazu ist der Impuls von B im Bezugssystem S durch $f(v)mv$ gegeben. Wir verwenden nun die Impulserhaltung, von der wir hoffen, dass sie auch in der Relativitätstheorie gilt, auch wenn der Impuls selbst umdefiniert werden muss. Das heißt, wir nehmen an, dass der Gesamtimpuls vor dem Stoß gleich dem Gesamtimpuls nach dem Stoß ist. Wir wenden dies auf die y-Komponente des Impulses im Bezugssystem S (▶ **Abbildung 37.14a**) an:

$$f(u)mu - f(v)mu\sqrt{1-v^2/c^2} = -f(u)mu + f(v)mu\sqrt{1-v^2/c^2}\,,$$

wobei wir $f(u)$ für die Kugel A benutzen, weil die Geschwindigkeit in S nur u ist.

Wir lösen dies nach $f(v)$ auf und erhalten

$$f(v) = \frac{f(u)}{\sqrt{1-v^2/c^2}}\,.$$

Diese Beziehung gilt für alle u und v, (solange $u \ll v$ gilt). Um nach f auflösen zu können, vereinfachen wir die Betrachtung auf den Fall, dass u sehr klein wird und im Limes gegen null geht (dies entspricht einem Stoß, bei dem sich eine der Kugeln im Wesentlichen in Ruhe befindet, während sich die andere mit der Geschwindigkeit v bewegt). Dann liegt der Impulsterm $f(u)mu$ im nichtrelativistischen Bereich und nimmt die klassische Form an, also einfach mu, das heißt $f(u) = 1$. Damit wird die obige Gleichung zu

$$f(v) = \frac{1}{\sqrt{1 - v^2/c^2}} \,.$$

Wir sehen, dass $f(v)$ genau der Faktor ist, den wir bereits benutzt und γ genannt hatten. Hiermit haben wir seine Gültigkeit für die Kugel A gezeigt. Mithilfe von ▶ **Abbildung 37.14b** können wir dieselbe Relation für die Kugel B herleiten. Hieraus können wir schlussfolgern, dass wir den relativistischen Impuls eines Teilchens definieren müssen als

$$\mathbf{p} = \frac{m\mathbf{v}}{\sqrt{1 - v^2/c^2}} = \gamma m \mathbf{v} \,. \tag{37.7}$$

Wie unser Gedankenexperiment gezeigt hat, bleibt der Impulserhaltungssatz auch im relativistischen Bereich gültig. Die relativistische Gleichung für den Impuls (**Gleichung 37.7**) wurde anhand von Elementarteilchen unzählige Male überprüft und für richtig befunden.

Diese relativistische Definition des Impulses, **Gleichung 37.7**, wird manchmal als Massenzunahme eines Körpers interpretiert. Das bedeutet, dass wir die klassische Form der Definition des Impulses beibehalten können,

$$\mathbf{p} = m_{\text{rel}} \mathbf{v} \,,$$

jedoch nur, wenn wir m_{rel} als **relativistische Masse** interpretieren, die mit der Geschwindigkeit folgendermaßen wächst:

$$m_{\text{rel}} = \frac{m}{\sqrt{1 - v^2/c^2}} \,. \tag{37.8}$$

Ruhemasse

In dieser Gleichung für die „Massenzunahme" wird m als **Ruhemasse** eines Körpers bezeichnet – das ist die Masse, die der Körper in einem Bezugssystem besitzt, in dem er sich in Ruhe befindet; m_{rel} ist die relativistische Masse eines Körpers in einem Bezugssystem, in dem er sich mit der Geschwindigkeit v bewegt. Innerhalb dieser Interpretation *scheint sich die Masse eines Körpers zu erhöhen, wenn sich dessen Geschwindigkeit erhöht.* Wir müssen jedoch bei der Verwendung der relativistischen Masse vorsichtig sein. Wir können sie nicht einfach in Gleichungen wie $F = ma$ oder $E_{\text{kin}} = \frac{1}{2}mv^2$ einsetzen (wie wir es hier im Falle des Impulses tun konnten, was auf **Gleichung 37.7** führte). Wenn wir beispielsweise **Gleichung 37.8** in $F = ma$ einsetzen, erhalten wir eine Gleichung, die keine korrekte Vorhersagen für das Experiment liefert. Wenn wir jedoch das zweite Newton'sche Axiom in seiner allgemeinen Form, $\mathbf{F} = \mathrm{d}\mathbf{p}/\mathrm{d}t$, aufschreiben, erhalten wir ein korrektes Resultat. Das zweite Newton'sche Axiom lautet in seiner allgemeinsten Form also

$$\mathbf{F} = \frac{\mathrm{d}\mathbf{p}}{\mathrm{d}t} = \frac{\mathrm{d}}{\mathrm{d}t}(\gamma m \mathbf{v}) = \frac{\mathrm{d}}{\mathrm{d}t}\left(\frac{m\mathbf{v}}{\sqrt{1 - v^2/c^2}}\right) \tag{37.9}$$

und ist relativistisch gültig.[5]

Wenn wir von der Masse eines Körpers sprechen, meinen wir stets seine Ruhemasse (einen festen Wert). In den seltenen Fällen, in denen wir uns auf die relativistische Masse eines Körpers beziehen, werden wir explizit darauf hinweisen.

37.10 Grenzgeschwindigkeit

Ein grundlegendes Resultat der speziellen Relativitätstheorie ist, dass die Geschwindigkeit eines Körpers nicht gleich oder größer als die Lichtgeschwindigkeit

5 Offensichtlich gilt das zweite Newton'sche Axiom, in der Form $\mathbf{F} = m\mathbf{a}$, nicht, auch wenn wir die relativistische Masse verwenden. Es gibt einen zusätzlichen Term:

$$\mathbf{F} = \frac{\mathrm{d}\mathbf{p}}{\mathrm{d}t} = \frac{\mathrm{d}(\gamma m \mathbf{v})}{\mathrm{d}t} = \frac{\mathrm{d}(m_{\text{rel}}\mathbf{v})}{\mathrm{d}t} = m_{\text{rel}}\mathbf{a} + \frac{\mathrm{d}m_{\text{rel}}}{\mathrm{d}t}\mathbf{v} \,.$$

sein kann. Die Tatsache, dass die Lichtgeschwindigkeit eine natürliche Grenzgeschwindigkeit im Universum darstellt, ist aus den Gleichungen 37.1, 37.2, 37.7 oder den Gleichungen für die Addition von Geschwindigkeiten ersichtlich. Wahrscheinlich erkennt man es aus Gleichung 37.7 am einfachsten. Wird ein Körper auf immer größer werdende Geschwindigkeiten beschleunigt, wird sein Impuls immer größer. Tatsächlich würde der Nenner in dieser Gleichung null, wenn v gleich c wäre, und der Wert des Impulses unendlich. Einen Körper auf $v = c$ zu beschleunigen, würde unendlich viel Energie erfordern und ist somit unmöglich.

37.11 Energie und Masse; $E = mc^2$

Wenn eine konstante Kraft auf einen Körper wirkt, nimmt dessen Geschwindigkeit zu. Da die Kraft über eine Entfernung wirkt, wird am Körper Arbeit verrichtet und seine Energie nimmt zu. Wenn die Geschwindigkeit des Körpers nahe c ist, kann die Geschwindigkeit nicht weiter bis ins Unendliche wachsen, weil sie c nicht überschreiten kann. Andererseits erhöht sich die relativistische Masse des Körpers mit zunehmender Geschwindigkeit. Das heißt, die am Körper verrichtete Arbeit erhöht nicht nur die Geschwindigkeit, sondern führt auch zum Anstieg seiner Trägheit. Gewöhnlich erhöht die am Körper verrichtete Arbeit dessen Energie. Dieser neue Zusammenhang, der sich aus der speziellen Relativitätstheorie ergibt, führt auf die Idee, dass Masse eine Form von Energie ist, ein wesentlicher Punkt der Einstein'schen Relativitätstheorie.

Um die mathematische Beziehung zwischen Masse und Energie zu bestimmen, gehen wir davon aus, dass die Energieerhaltung auch im relativistischen Bereich gültig ist und die Bewegung entlang der x-Achse erfolgt. Die Arbeit, die notwendig ist, um die Geschwindigkeit eines Teilchens von null auf v zu erhöhen, ist

$$W = \int_i^f F\,\mathrm{d}x = \int_i^f \frac{\mathrm{d}p}{\mathrm{d}t}\,\mathrm{d}x = \int_i^f \frac{\mathrm{d}p}{\mathrm{d}t} v\,\mathrm{d}t = \int_i^f v\,\mathrm{d}p\,,$$

wobei sich i und f auf den Zustand mit der Anfangsgeschwindigkeit ($v = 0$) und den Zustand mit der Endgeschwindigkeit ($v = v$) beziehen. Wegen $\mathrm{d}(pv) = p\,\mathrm{d}v + v\,\mathrm{d}p$ können wir

$$v\,\mathrm{d}p = \mathrm{d}(pv) - p\,\mathrm{d}v$$

schreiben, so dass

$$W = \int_i^f \mathrm{d}(pv) - \int_i^f p\,\mathrm{d}v$$

gilt. Weil die Integration die Umkehrung der Differentiation ist, wird der erste Term auf der rechten Seite zu

$$\int_i^f \mathrm{d}(pv) = pv\Big|_i^f = (\gamma m v)v = \frac{mv^2}{\sqrt{1 - v^2/c^2}}\,.$$

Der zweite Term der Gleichung für W kann leicht integriert werden, denn es gilt

$$\frac{\mathrm{d}}{\mathrm{d}v}\left(\sqrt{1 - v^2/c^2}\right) = -\frac{(v/c^2)}{\sqrt{1 - v^2/c^2}}\,,$$

und somit ist

$$\begin{aligned} -\int_i^f p\,\mathrm{d}v = -\int_0^v \frac{mv}{\sqrt{1 - v^2/c^2}}\,\mathrm{d}v &= mc^2\sqrt{1 - v^2/c^2}\Big|_0^v \\ &= mc^2\sqrt{1 - v^2/c^2} - mc^2\,. \end{aligned}$$

Schließlich gilt:

$$W = \frac{mv^2}{\sqrt{1 - v^2/c^2}} + mc^2\sqrt{1 - v^2/c^2} - mc^2\,.$$

Wir multiplizieren den zweiten Term mit $\sqrt{1 - v^2/c^2}/\sqrt{1 - v^2/c^2} = 1$ und erhalten

$$W = \frac{mc^2}{\sqrt{1 - v^2/c^2}} - mc^2 \,.$$

Aufgrund des Energierhaltungssatzes muss die verrichtete Arbeit gleich der kinetischen Energie E_{kin} sein, da das Teilchen aus der Ruhelage gestartet ist. Deshalb gilt

$$E_{\text{kin}} = \frac{mc^2}{\sqrt{1 - v^2/c^2}} - mc^2 \qquad (37.10a)$$

$$= \gamma mc^2 - mc^2 = (\gamma - 1)mc^2 \,. \qquad (37.10b)$$

Relativistische kinetische Energie

Offensichtlich ist die kinetische Energie E_{kin} bei hohen Geschwindigkeiten nicht durch die Gleichung $\frac{1}{2}mv^2$ gegeben. [$\frac{1}{2}mv^2$ gilt weder für die Ruhemasse noch für die relativistische Masse.]

Die **Gleichungen 37.10** bedürfen einer Interpretation. Zunächst fragen wir uns, was der zweite Term in **Gleichung 37.10a**, mc^2, bedeutet. In Übereinstimmung mit der Vorstellung, dass Masse eine Form von Energie ist, bezeichnete Einstein mc^2 als Ruheenergie des Körpers. Wir können **Gleichung 37.10a** umformen und erhalten

Ruheenergie

$$E = E_{\text{kin}} + mc^2 \,, \qquad (37.11a)$$

wobei

$$E = \gamma mc^2 = \frac{mc^2}{\sqrt{1 - v^2/c^2}} \qquad (37.11b)$$

Gesamtenergie (Definition)

als *Gesamtenergie E* eines Körpers bezeichnet wird (mit der Annahme, dass die potenzielle Energie null ist). Die Gesamtenergie ist die Summe aus Ruheenergie und kinetischer Energie.

Für ein in einem gegebenen Bezugssystem in Ruhe befindliches Teilchen ist E_{kin} in **Gleichung 37.11a** null, so dass sich für dessen Ruheenergie

$$E = mc^2 \qquad (37.12)$$

Zusammenhang zwischen Masse und Energie

ergibt. Dies ist die bekannte Einstein'sche Gleichung. Diese Gleichung verbindet die Konzepte von Energie und Masse auf mathematischer Ebene. Damit aber diese Idee vom praktischen Standpunkt aus gesehen irgendeinen Sinn hat, sollte Masse in Energie umwandelbar sein und umgekehrt. Das heißt, wenn Masse lediglich eine spezielle Form von Energie ist, dann sollte sie in andere Energieformen umwandelbar sein, genau wie andere Energieformen umwandelbar sind. Einstein behauptete, dass dies möglich wäre, und tatsächlich wurde die Umwandlung von Masse in andere Energieformen und umgekehrt experimentell bestätigt. Die gegenseitige Umwandlung von Masse und Energie findet man am häufigsten in der Kern- und Elementarteilchenphysik. Beim neutralen Pion (π^0) mit der Ruhemasse $2{,}4 \cdot 10^{-28}$ kg beobachtet man beispielsweise den Zerfall des Teilchens und die Emission von elektromagnetischer Strahlung (Photonen). Das π^0 verschwindet bei diesem Prozess vollständig. Man stellt fest, dass der Betrag der beim Zerfall freigesetzten elektromagnetischen Energie genau so groß ist wie der durch die Einstein'sche Gleichung $E = mc^2$ vorhergesagte. Der umgekehrte Prozess wird im Labor ebenfalls häufig beobachtet: Elektromagnetische Strahlung kann unter bestimmten Bedingungen in massebehaftete Teilchen, wie beispielsweise Elektronen, umgewandelt werden (siehe **Abschnitt 38.4**, Paarerzeugung). In größerem Maßstab ist auch die in Kernkraftwerken produzierte Energie ein Ergebnis des Verlustes an Ruhemasse des Uranbrennstoffes während des Spaltungsprozesses. Selbst die Strahlungsenergie, die wir von der Sonne erhalten, ist ein Beispiel für die Anwendung der Gleichung $E = mc^2$, die Masse der Sonne nimmt kontinuierlich ab, während sie elektromagnetische Energie nach außen abstrahlt.

Masse und Energie sind ineinander umwandelbar

Man nimmt an, dass die Beziehung $E = mc^2$ auf alle Prozesse anwendbar ist, obwohl die Änderungen häufig zu klein sind, um sie messen zu können. Das heißt, wenn sich die Energie eines Systems um den Betrag ΔE ändert, dann ändert sich die Masse des Systems um den Betrag Δm, der durch

$$\Delta E = (\Delta m)(c^2)$$

gegeben ist. Bei einer chemischen Reaktion, bei der Wärme aufgenommen oder abgegeben wird, sind die Massen der Reaktionspartner und die Massen der Produkte verschieden. Selbst wenn Wasser in einem Kocher erhitzt wird, erhöht sich die Masse des Wassers geringfügig.[6]

PROBLEMLÖSUNG

Relativistische kinetische Energie

Beispiel 37.7 Kinetische Energie eines Pions

Ein π^0-Meson ($m = 2{,}4 \cdot 10^{-28}$ kg) fliegt mit der Geschwindigkeit $v = 0{,}80c = 2{,}4 \cdot 10^8$ m/s. Wie hoch ist seine kinetische Energie? Vergleichen Sie sie mit der klassischen Berechnung.

Lösung

Wir setzen die Werte in Gleichung 37.10b,

$$E_{\text{kin}} = (\gamma - 1)mc^2 \,,$$

ein. Mit

$$\gamma = \frac{1}{\sqrt{1 - v^2/c^2}} = \frac{1}{\sqrt{1 - (0{,}80)^2}} = 1{,}67$$

gilt

$$E_{\text{kin}} = (1{,}67 - 1)(2{,}4 \cdot 10^{-28}\,\text{kg})(3{,}0 \cdot 10^8\,\text{m/s})^2 = 1{,}4 \cdot 10^{-11}\,\text{J} \,.$$

Die Einheit von mc^2 ist kg · m² / c², also Joule. Aus einer klassischen Berechnung ergäbe sich $E_{\text{kin}} = \frac{1}{2}mv^2 (2{,}4 \cdot 10^{-28}\,\text{kg})(2{,}4 \cdot 10^8\,\text{m/s})^2 = 6{,}9 \cdot 10^{-12}\,\text{J}$, also etwa die Hälfte, was aber ein falsches Resultat ist.

Beispiel 37.8 Energie aus dem Kernzerfall

Die bei verschiedenen Kernreaktionen und Kernzerfällen erforderliche oder freigesetzte Energie stammt aus der Massendifferenz von Ausgangsteilchen und Reaktionsprodukten. Bei einem bestimmten Typ des radioaktiven Zerfalls zerfällt ein Uranatom ($m = 232{,}03714$ u) in Thorium ($m = 228{,}02873$ u) und ein Heliumatom ($m = 4{,}00260$ u), wobei die Massen (stets die Ruhemassen) in Atommassen ($1\,\text{u} = 1{,}6605 \cdot 10^{-27}$ kg) angegeben sind. Berechnen Sie die bei dieser Reaktion freigesetzte Energie.

Lösung

Die Anfangsmasse beträgt 232,03714 u. Nach dem Zerfall beträgt sie 228,02873 u + 4,00260 u, so dass sich für die Defektmasse 0,00581 u ergibt.

6 Dieses letzte Beispiel ist auch vom Standpunkt der kinetischen Theorie (**Kapitel 18**) heraus einfach zu verstehen: Wenn Wärme zugeführt wird, erhöht sich die Temperatur und damit auch die mittlere Geschwindigkeit der Moleküle. **Gleichung 37.8** besagt, dass die relativistische Masse der Moleküle ebenfalls steigt.

Diese Defektmasse, $(0{,}00581\,\mathrm{u})(1{,}66 \cdot 10^{-27}\,\mathrm{kg}) = 9{,}64 \cdot 10^{-30}\,\mathrm{kg}$, führt zur Freisetzung von kinetischer Energie. Es gilt also

$$E = mc^2 = (9{,}64 \cdot 10^{-30}\,\mathrm{kg})(3{,}0 \cdot 10^8\,\mathrm{m/s})^2 = 8{,}69 \cdot 10^{-13}\,\mathrm{J}\,.$$

Da 1 MeV $= 1{,}60 \cdot 10^{-13}$ J ist, beträgt die freigesetzte Energie 5,4 MeV.

Bei einem Kernprozess freigesetzte Energie

Beispiel 37.9 Massendefekt bei einer chemischen Reaktion

Bei der Reaktion von zwei Mol Wasserstoff und einem Mol Sauerstoff zu zwei Mol Wasser beträgt die freigesetzte Energie 484 kJ. Wie groß ist der Massendefekt bei dieser Reaktion?

Lösung

Aus Gleichung 37.12 ergibt sich für den Massendefekt Δm:

$$\Delta m = \frac{\Delta E}{c^2} = \frac{(-484 \cdot 10^3\,\mathrm{J})}{(3{,}00 \cdot 10^8\,\mathrm{m/s})^2} = -5{,}38 \cdot 10^{-12}\,\mathrm{kg}\,.$$

Die Ausgangsmasse des Systems beträgt 0,002 kg + 0,016 kg = 0,018 kg. Der Massendefekt ist also sehr gering und kann vernachlässigt werden. (Die Masseerhaltung ist deshalb ein zutreffender Erhaltungssatz, wenn es um chemische Reaktionen geht.)

Gleichung 37.10 für die kinetische Energie lautet

$$E_{\mathrm{kin}} = mc^2 \left(\frac{1}{\sqrt{1 - v^2/c^2}} - 1 \right).$$

Für kleine Geschwindigkeiten von ($v \ll c$) können wir den Nenner in eine Binomialreihe entwickeln. Allgemein gilt $(1 \pm x)^n = 1 \pm nx + n(n-1)x^2/2! + \cdots$. Für $n = -\frac{1}{2}$ erhalten wir

$$E_{\mathrm{kin}} \approx mc^2 \left(1 + \frac{1}{2}\frac{v^2}{c^2} + \cdots - 1 \right) \approx \frac{1}{2}mv^2\,,$$

wobei die Punkte im ersten Ausdruck für die Terme höherer Ordnung stehen, die wir aufgrund unserer Annahme $v \ll c$ vernachlässigen können. Demnach reduziert sich die relativistische Gleichung für die kinetische Energie für niedrige Geschwindigkeiten auf die klassische Gleichung $E_{\mathrm{kin}} = \frac{1}{2}mv^2$. Das ist genau das, was wir erhofft hatten. Die spezielle Relativitätstheorie ist also eine viel mächtigere Theorie, weil sie sowohl für niedrige als auch für hohe Geschwindigkeiten korrekte Resultate liefert. In der Tat reduzieren sich bei niedrigen Geschwindigkeiten auch die anderen Gleichungen aus der speziellen Relativitätstheorie auf ihre klassischen Entsprechungen. Das betrifft die Längenkontraktion, die Zeitdilatation und die Modifikation des Impulses und der kinetischen Energie. Alle zusätzlichen Terme verschwinden für $v \ll c$, weil dann $\sqrt{1 - v^2/c^2} \approx 1$ gilt.

Außerdem können wir eine nützliche Relation zwischen der Gesamtenergie E eines Teilchens und dessen Impuls p herleiten. Der Impuls eines Teilchens mit der Masse m und der Geschwindigkeit v ist nach Gleichung 37.7 gegeben durch

$$p = \gamma mv = \frac{mv}{\sqrt{1 - v^2/c^2}}\,.$$

Relativistischer Impuls

Für die Gesamtenergie gilt

$$E = E_{\mathrm{kin}} + mc^2$$

oder

$$E = \gamma mc^2 = \frac{mc^2}{\sqrt{1 - v^2/c^2}} \,.$$

Wir quadrieren diese Gleichung (und fügen den Term $v^2 - v^2$ ein, ein Trick, der uns helfen wird):

$$E^2 = \frac{m^2c^2(v^2 - v^2 + c^2)}{1 - v^2/c^2}$$
$$= p^2c^2 + \frac{m^2c^4(1 - v^2/c^2)}{1 - v^2/c^2}$$

oder

Energie-Impuls-Beziehung

$$E^2 = p^2c^2 + m^2c^4 \,. \tag{37.13}$$

Die Gesamtenergie kann also als Funktion des Impulses p oder als Funktion der kinetischen Energie (Gleichung 37.11) aufgeschrieben werden, wobei wir angenommen haben, dass die potenzielle Energie null ist.

$E^2 - p^2c^2$ ist invariant

Wir können Gleichung 37.13 in der Form $E^2 - p^2c^2 = m^2c^4$ schreiben. Weil die Ruhemasse eines gegebenen Teilchens in jedem Bezugssystem gleich ist, gilt dies auch für den Ausdruck $E^2 - p^2c^2$. Folglich wird zwar die Gesamtenergie E und der Impuls p eines Teilchens zu jedem Zeitpunkt in verschiedenen Bezugssystemen verschieden sein, aber der Ausdruck $E^2 - p^2c^2$ hat in allen Inertialsystemen stets den gleichen Wert. Wir sagen, dass der Ausdruck $E^2 - p^2c^2$ **invariant** ist unter Lorentz-Transformation.

37.12 Doppler-Verschiebung des Lichts

In Abschnitt 16.7 haben wir diskutiert, wie sich die Frequenz und die Wellenlänge von Schallwellen verändern, wenn sich Schallquelle und Beobachter voneinander weg oder aufeinander zu bewegen. Wenn sich eine Quelle auf einen Beobachter zu bewegt, ist die Frequenz höher als wenn sie sich in Ruhe befindet. Bewegt sich die Quelle vom Beobachter weg, ist die Frequenz niedriger. Wir hatten vier verschiedene Gleichungen für die Doppler-Verschiebung aufgestellt (**Gleichungen 16.9a** und **16.9b**, **Gleichungen 16.10a** und **16.10b**), abhängig von der Richtung der Relativbewegung und davon, ob sich die Quelle oder der Beobachter bewegt. Der Doppler-Effekt tritt auch für Licht auf; doch die Verschiebung der Frequenz oder der Wellenlänge ist durch andere Gleichungen gegeben. Außerdem gibt es lediglich zwei Gleichungen, weil wir für Licht – gemäß der speziellen Relativitätstheorie – keinen Unterschied zwischen der Bewegung der Quelle und der Bewegung des Beobachters machen müssen. (Es sei daran erinnert, dass sich Schall in einem Medium wie Luft ausbreitet, während dies auf Licht nicht zutrifft – es gibt keinen Hinweis auf einen Äther.)

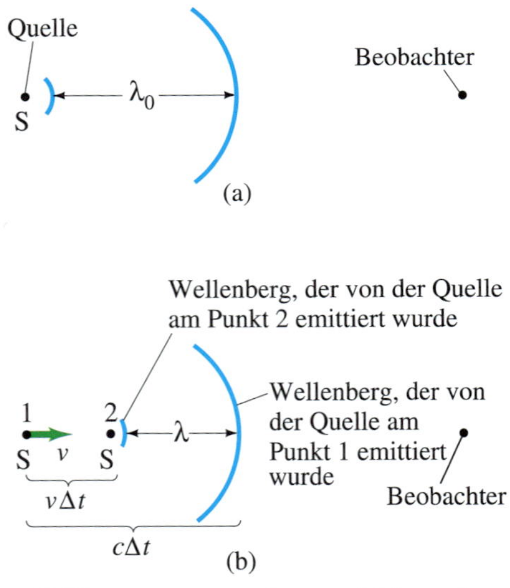

Abbildung 37.15 Doppler-Verschiebung des Lichts. (a) Bezugssystem der Lichtquelle. (b) Bezugssystem des Beobachters, auf den sich die Quelle zu bewegt.

Um die Doppler-Verschiebung von Licht herzuleiten, betrachten wir eine Lichtquelle und einen Beobachter, die sich aufeinander zu bewegen. Ihre Relativgeschwindigkeit sei v, gemessen in einem der beiden Bezugssysteme. ▸ Abbildung 37.15a zeigt eine in Ruhe befindliche Quelle, die Lichtwellen der Frequenz f_0 und der Wellenlänge $\lambda_0 = c/f_0$ emittiert. Dargestellt sind zwei Wellenberge mit der Entfernung λ_0, der zweite Wellenberg wurde gerade emittiert. In ▸ Abbildung 37.15b bewegt sich die Quelle mit der Geschwindigkeit v auf einen ruhenden Beobachter zu, dem die Wellenlänge des Lichts λ etwas geringer als λ_0 erscheint. (Das entspricht im Wesentlichen der ▸ Abbildung 16.20 für Schallwellen.) Δt sei die vom Beobachter gemessene Zeitdifferenz zwischen zwei Wellenbergen. Das Bezugssystem des Beobachters ist in ▸ Abbildung 37.15b dargestellt. Aus dieser Abbildung entnehmen wir

$$\lambda = c\Delta t - v\Delta t \,,$$

wobei $c\Delta t$ die Entfernung ist, die der Wellenberg 1 in der Zeit Δt seit seiner Emission zurückgelegt hat. Die Entfernung, die die Quelle in der Zeit Δt zurückgelegt hat, ist durch $v\Delta t$ gegeben. Bis hierher gibt es zu Schallwellen (Abschnitt 16.7) keinen Unterschied. Nun greifen wir auf die Relativitätstheorie zurück. Die Zeit zwischen der Emission der Wellenberge unterliegt der Zeitdilatation:

$$\Delta t = \Delta t_0 / \sqrt{1 - v^2/c^2} \,,$$

wobei Δt_0 die Zeit zwischen der Emission der Wellenberge im Bezugssystem ist, in dem sich die Quelle in Ruhe befindet (also die „Eigenzeit"). Im Bezugssystem der Quelle (► Abbildung 37.15a) ist

$$\Delta t_0 = \frac{1}{f_0} = \frac{\lambda}{c}$$

(Gleichungen 3.15 und 32.14). Also gilt

$$\lambda = (c - v)\Delta t = (c - v)\frac{\Delta t_0}{\sqrt{1 - v^2/c^2}} = \frac{(c - v)}{\sqrt{c^2 - v^2}}\lambda_0$$

oder

$$\lambda = \lambda_0\sqrt{\frac{c - v}{c + v}} \,. \qquad \left(\begin{array}{l}\text{Quelle und Beobachter}\\ \text{bewegen sich aufeinander zu}\end{array}\right) \qquad (37.14a)$$

Doppler-Verschiebung des Lichts

Für die Frequenz f gilt (wegen $\lambda_0 = c/f_0$)

$$f = \frac{c}{\lambda} = f_0\sqrt{\frac{c + v}{c - v}} \,. \qquad \left(\begin{array}{l}\text{Quelle und Beobachter}\\ \text{bewegen sich aufeinander zu}\end{array}\right) \qquad (37.14b)$$

Hier ist f_0 die Frequenz des Lichts im Bezugssystem der Quelle, und f ist die Frequenz, die ein Beobachter misst, der sich auf die Quelle zu bewegt oder auf den sich die Quelle zu bewegt. Die Gleichungen 37.14 hängen nur von der Relativgeschwindigkeit v ab. Für den Fall, dass sich Beobachter und Quelle *voneinander weg* bewegen, setzen wir in den Gleichungen 37.14 $v < 0$ und erhalten

$$\lambda = \lambda_0\sqrt{\frac{c + v}{c - v}} \qquad (37.15a)$$

$$f = f_0\sqrt{\frac{c - v}{c + v}} \,. \qquad (37.15b)$$

$$\left(\begin{array}{l}\text{Quelle und Beobachter}\\ \text{entfernen sich voneinander}\end{array}\right)$$

Aus den Gleichungen 37.14 und 37.15 entnehmen wir, dass Licht aus einer Quelle, die sich auf uns zu bewegt, eine höhere Frequenz und eine kürzere Wellenlänge hat, während wir für Licht aus einer sich entfernenden Quelle eine niedrigere Frequenz und eine größere Wellenlänge wahrnehmen. Im letzten Fall wird die Wellenlänge des sichtbaren Lichts in den roten Bereich des sichtbaren Spektrums verschoben (► Abbildung 33.24), ein Effekt der als **Rotverschiebung** bezeichnet wird. Wie wir im nächsten Kapitel sehen werden, haben alle Atome ihre eigene unverwechselbare Signatur durch die Frequenzen des von ihnen emittierten Lichts. Der amerikanische Astronom Edwin Hubble (1889–1953) stellte 1929 fest, dass die Strahlung der Atome aus vielen Galaxien rotverschoben ist. Die Frequenzen des von ihnen emittierten Lichts sind also niedriger als bei ruhenden Atomen auf der Erde, was darauf hinweist, dass sich die Galaxien von uns entfernen. Dies ist der Ursprung der Vorstellung von einem expandierenden Universum.

37.13 Die Auswirkungen der speziellen Relativitätstheorie

Sehr viele Experimente wurden ausgeführt, um die Vorhersagen der speziellen Relativitätstheorie zu überprüfen. Innerhalb experimenteller Fehler konnten keine Widersprüche zu den Vorhersagen festgestellt werden. Deshalb haben die Physiker die Relativitätstheorie als eine Theorie akzeptiert, die die Natur zutreffend beschreibt.

Wie wir bereits diskutiert haben, reduzieren sich die relativistischen Gleichungen auf die klassischen, wenn die Geschwindigkeiten viel kleiner als die Lichtgeschwindigkeit sind. Wir hatten natürlich gehofft – oder eher verlangt – dass dies zutrifft, weil die Newton'sche Mechanik hervorragend arbeitet, wenn es um Körper geht, die sich mit Geschwindigkeiten $v \ll c$ bewegen. Diese Forderung, dass eine allgemeinere Theorie (wie die Relativitätstheorie) dieselben Resultate liefert wie eine eingeschränktere Theorie (wie die klassische Mechanik, die für $v \ll c$ funktioniert), wird als **Korrespondenzprinzip** bezeichnet. Beide Theorien müssen dort übereinstimmen, wo sich ihre Gültigkeitsbereiche überlappen. Deshalb widerspricht die Relativitätstheorie der klassischen Mechanik keineswegs. Sie ist vielmehr eine allgemeinere Theorie, die die klassische Mechanik als Grenzfall einschließt.

Korrespondenzprinzip

Die Bedeutung der Relativitätstheorie besteht nicht nur darin, dass sie insbesondere bei sehr hohen Geschwindigkeiten zutreffendere Resultate liefert. Vielmehr hat sie die Art und Weise verändert, in der wir die Welt betrachten. Die Konzepte von Raum und Zeit werden nun unter dem Gesichtspunkt der Relativität betrachtet und als ineinander greifend, während man sie zuvor als absolut und voneinander getrennt ansah. Selbst unsere Vorstellungen von Materie und Energie haben sich geändert: Das eine kann in das andere umgewandelt werden. Die Auswirkungen der Relativitätstheorie reichen weit über die Physik hinaus. Sie hat andere Wissenschaften und selbst die Welt der Kunst und der Literatur beeinflusst; sie hat tatsächlich Eingang in die allgemeine Kultur gefunden.

Vom praktischen Standpunkt aus gesehen, haben wir in unserem Alltag nicht viel Gelegenheit dazu, die mit der Relativitätstheorie verbundenen Gleichungen einzusetzen. Beispielsweise hat der in vielen relativistischen Gleichungen vorkommende Faktor $\sqrt{1 - v^2/c^2}$ für $v = 0{,}10c$ den Wert 0,995. Selbst für so hohe Geschwindigkeiten wie $0{,}10c = 3{,}0 \cdot 10^7$ m/s führt der Faktor $\sqrt{1 - v^2/c^2}$ in relativistischen Gleichungen nur zu einer Korrektur, die weniger als 1 Prozent ausmacht. Abgesehen von dem Fall, dass Masse und Energie ineinander umgewandelt werden, brauchen wir für Geschwindigkeiten, die geringer als $0{,}10c$ sind, gewöhnlich nicht die komplizierteren relativistischen Gleichungen zu verwenden, sondern können die einfacheren klassischen Gleichungen benutzen.

ZUSAMMENFASSUNG

Ein **Inertialsystem** ist ein Bezugssystem, in dem das Newton'sche Trägheitsgesetz gilt. Inertialsysteme können sich relativ zueinander mit konstanter Geschwindigkeit bewegen; beschleunigte Bezugssystem sind keine Inertialsysteme.

Die **spezielle Relativitätstheorie** basiert auf zwei Prinzipien: dem **Relativitätsprinzip**, das besagt, dass die physikalischen Gesetze in allen Inertialsystemen gleich sind, und dem Prinzip der **Konstanz der Lichtgeschwindigkeit**, das besagt, dass die Vakuumlichtgeschwindigkeit in allen Inertialsystemen gleich groß ist.

Eine Konsequenz der Relativitätstheorie ist, dass zwei Ereignisse, die in einem Bezugssystem gleichzeitig stattfinden, in einem anderen nicht gleichzeitig sein müssen. Andere Effekte sind **Zeitdilatation**: bewegte Uhren scheinen langsamer zu laufen; und **Längenkontraktion**: bewegte Körper scheinen (in Bewegungsrichtung) kürzer zu sein als wenn sie sich in Ruhe befinden. Quantitativ bedeutet das

$$L = L_0\sqrt{1 - v^2/c^2}$$

$$\Delta t = \frac{\Delta t_0}{\sqrt{1 - v^2/c^2}},$$

wobei L und Δt für die Länge von Körpern oder für die Zeitintervalle (zwischen Ereignissen) in einem Bezugssystem stehen, das sich mit der Geschwindigkeit v bewegt. L_0 und Δt_0, die **Eigenlänge** und die **Eigenzeit**, sind die entsprechenden Größen im Ruhesystem der Körper oder Ereignisse.

Die **Lorentz-Transformation** stellt einen Zusammenhang her zwischen den Orten und den Zeitpunkten von Ereignissen in einem Inertialsystem und ihren Orten und Zeitpunkten in einem anderen Inertialsystem:

$$x = \gamma(x' + vt')$$
$$y = y'$$
$$z = z'$$
$$t = \gamma\left(t' + \frac{vx'}{c^2}\right) .$$

Dabei ist $\gamma = 1/\sqrt{1 - v^2/c^2}$.

Die Addition von Geschwindigkeit muss ebenfalls in spezieller Weise ausgeführt werden. Alle relativistischen Effekte sind nur bei Geschwindigkeiten nahe der Lichtgeschwindigkeit wesentlich, die selbst die Grenzgeschwindigkeit im Universum darstellt.

Die Relativitätstheorie hat unsere Auffassungen von Raum und Zeit, Impuls und Energie sowie Masse verändert. Raum und Zeit werden als eng miteinander verwoben betrachtet, wobei die Zeit nun die vierte Dimension ist, die die drei Raumdimensionen ergänzt.

Der **Impuls** eines Körpers ist gegeben durch

$$\mathbf{p} = \gamma m \mathbf{v} = \frac{m\mathbf{v}}{\sqrt{1 - v^2/c^2}} .$$

Diese Gleichung kann als Gleichung für die *Massenzunahme* interpretiert werden. Dabei gilt $m_{\mathrm{rel}} = \gamma m$, und m ist die **Ruhemasse** des Körpers ($v = 0$).

Masse und Energie sind ineinander umwandelbar. Die Gleichung

$$E = mc^2$$

besagt, wie viel Energie notwendig ist, um eine Masse m zu erzeugen und umgekehrt. $E = mc^2$ gibt also den Wert der Energie eines Körpers aufgrund seiner Masse m an. Der Energieerhaltungssatz muss die Masse als Energieform einschließen.

Die kinetische Energie E_{kin} eines Körpers, der sich mit der Geschwindigkeit v bewegt, ist gegeben durch

$$E_{\mathrm{kin}} = (\gamma - 1)mc^2 = \frac{mc^2}{\sqrt{1 - v^2/c^2}} - mc^2 ,$$

wobei m die Ruhemasse des Körpers ist. Die Gesamtenergie E ist

$$E = E_{\mathrm{kin}} + mc^2 = \gamma mc^2 .$$

Der Impuls p eines Körpers hängt mit der Gesamtenergie E (ohne potenzielle Energie) folgendermaßen zusammen:

$$E^2 = p^2c^2 + m^2c^4 .$$

Z U S A M M E N F A S S U N G

Verständnisfragen

1 Sie befinden sich in einem fensterlosen Auto in einem außergewöhnlich ruhig fahrenden Zug. Könnten Sie durch ein physikalisches Experiment im Autozug feststellen, ob Sie sich bewegen?

2 Vielleicht haben Sie an einer roten Ampel einmal die Erfahrung gemacht, dass Sie das Auto neben Ihnen, nur aus dem Augenwinkel heraus betrachtet, langsam vorbeiziehen sehen. Instinktiv treten Sie auf die Bremse, weil Sie glauben zurückzurollen. Was lernen Sie daraus über absolute und relative Bewegung?

3 Ein Arbeiter steht auf einem fahrenden Eisenbahnwaggon und wirft einen schweren Ball senkrecht nach oben (von seinem Standpunkt aus gesehen). Landet der Ball auf dem Waggon oder dahinter? (Vernachlässigen Sie bei Ihrer Antwort den Luftwiderstand.)

4 Bewegt sich die Erde tatsächlich um die Sonne? Oder ist es genauso richtig zu sagen, dass sich die Sonne um die Erde bewegt? Diskutieren Sie dies im Hinblick auf das Relativitätsprinzip (also auf die Aussage, dass es kein ausgezeichnetes Bezugssystem gibt).

5 Sie befinden sich auf einem Raumschiff, das sich mit der Geschwindigkeit $0{,}5c$ von einem Stern entfernt. Mit welcher Geschwindigkeit passiert Sie das Licht des Sterns?

6 Finden zwei Ereignisse, die für den einen Beobachter am selben Ort und zur selben Zeit stattfinden, auch für einen zweiten Beobachter gleichzeitig statt, der sich relativ zum ersten bewegt?

7 Analysieren Sie das Gedankenexperiment aus Abschnitt 37.4 vom Standpunkt des Beobachters O_1. (Skizzieren Sie die Situation analog zu ▸Abbildung 37.6.)

8 Der Effekt der Zeitdilatation wird manchmal so umschrieben: „bewegte Uhren laufen langsamer“. Tatsächlich hat dieser Effekt aber nichts damit zu tun, dass die Bewegung die Funktionsweise der Uhren beeinflusst. Womit hat es dann zu tun?

9 Bedeutet die Zeitdilatation, dass die Zeit in bewegten Bezugssystemen tatsächlich langsamer verläuft oder dass sie nur langsamer zu laufen *scheint*?

10 Eine jung aussehende Astronautin ist gerade von einer langen Reise nach Hause gekommen. Sie eilt auf einen alten, grauhaarigen Mann zu und in der Unterhaltung stellt sich heraus, dass er ihr Sohn ist. Wie ist das möglich?

11 Würden Sie eine Veränderung an Ihrem Herzschlag feststellen, wenn Sie sich mit der Geschwindigkeit $0{,}5c$ von der Erde entfernen? Würde sich Ihre Masse, Ihre Größe oder Ihr Taillenumfang verändern? Was würden Beobachter auf der Erde über Sie sagen, die Sie mit Teleskopen betrachten?

12 Tritt Zeitdilatation und Längenkontraktion bei normalen Geschwindigkeiten auf, beispielsweise bei 90 km/h?

13 Angenommen, die Lichtgeschwindigkeit wäre unendlich. Was würde mit den relativistischen Vorhersagen über die Längenkontraktion und die Zeitdilatation passieren?

14 Erklären Sie, wie man mithilfe der Gleichungen für die Längenkontraktion und die Zeitdilatation zeigen kann, dass c die Grenzgeschwindigkeit im Universum ist.

15 Widerspricht die Gleichung $E = mc^2$ dem Energieerhaltungssatz? Begründen Sie Ihre Antwort.

16 Sie haben in diesem Kapitel gelernt, dass Masse eine Energieform ist. Bedeutet es dann, dass eine Feder mehr Masse besitzt, wenn sie zusammengedrückt ist als wenn sie entspannt ist?

17 Es ist falsch zu behaupten „Materie kann weder erzeugt noch vernichtet werden". Was müssen wir stattdessen sagen?

18 Ist unsere intuitive Auffassung über die Addition von Geschwindigkeiten aus Abschnitt 3.10 vollkommen falsch?

Aufgaben zu 37.4 bis 37.6

1 (I) In der Relativitätstheorie hängen die Längen und die Zeitintervalle von dem Faktor

$$\sqrt{1 - v^2/c^2}$$

ab (Gleichungen 37.1 und 37.2). Berechnen Sie diesen Faktor für folgende Geschwindigkeiten: (a) $v = 20\,000$ m/s (typische Geschwindigkeit eines Satelliten); (b) $v = 0{,}0100c$, (c) $v = 0{,}100c$, (d) $v = 0{,}900c$; (e) $v = 0{,}990c$; (f) $v = 0{,}999c$.

2 (I) Ein Raumschiff passiert Sie mit einer Geschwindigkeit von $0{,}750c$. Sie bestimmen für dessen Länge den Wert 28,2 m. Wie lang wäre es in Ruhe?

3 (I) Ein bestimmtes Elementarteilchen fliegt mit der Geschwindigkeit $2{,}70 \cdot 10^8$ m/s. Bei dieser Geschwindigkeit beträgt seine mittlere Lebensdauer $4{,}67 \cdot 10^{-6}$ s. Wie hoch ist die Lebensdauer des Teilchens in Ruhe?

4 (I) Wenn Sie mit der Geschwindigkeit $2{,}50 \cdot 10^8$ m/s zu einem von der Erde 100 Lichtjahre entfernten Stern reisen würden, welchen Wert würden Sie für die Entfernung messen?

5 (II) Wie hoch ist die Geschwindigkeit eines Pions, wenn man für seine mittlere Lebensdauer $4{,}10 \cdot 10^{-8}$ s misst. In Ruhe beträgt seine mittlere Lebensdauer $2{,}60 \cdot 10^{-8}$ s.

6 (II) Angenommen, Sie beschließen, zu einem 75 Lichtjahre entfernten Stern zu reisen. Wie schnell müssten Sie reisen, damit die Entfernung nur noch 25 Lichtjahre betragen würde?

7 (II) Bei welcher Geschwindigkeit unterscheiden sich die Resultate der relativistischen Gleichungen für die Länge und die Zeitdauer von den klassischen Werten um 1 Prozent? (Dies ist ein sinnvoller Weg um abzuschätzen, ab wann relativistische Berechnungen den klassischen vorzuziehen sind.)

8 (II) Angenommen, eine Schlagzeile meldet, dass das Raumschiff *Enterprise* soeben von einer 5-jährigen Reise mit der Geschwindigkeit $0{,}84c$ zurückgekehrt ist. (a) Wenn in der Schlagzeile 5 *Erdjahre* gemeint sind, wieviel Zeit ist auf dem Raumschiff vergangen? (b) Wenn in der Schlagzeile 5 *Raumschiffjahre* gemeint sind, wie viel Zeit ist auf der Erde vergangen?

9 (II) Ein bestimmter Stern ist 95,0 Lichtjahre von uns entfernt. Wie lange würde ein Raumschiff mit der Geschwindigkeit $0{,}96c$ brauchen, um den Stern von der Erde aus zu erreichen, aus Sicht eines Beobachters (a) auf der Erde, (b) im Raumschiff? (c) Wie groß ist die zurückgelegte Entfernung aus Sicht der Beobachter im Raumschiff? (d) Welche Geschwindigkeit würde die Besatzung des Raumschiffes aus den Ergebnissen (b) und (c) berechnen?

10 (II) Ihre Freundin fährt in ihrem schnellen Sportwagen mit der Geschwindigkeit $0{,}660c$ an Ihnen vorbei. Von Ihrem Bezugssystem aus betrachtet, ist das Auto 4,80 m lang und 1,25 m hoch. (a) Welche Abmessungen hat das Auto in Ruhe? (b) Wie viele Sekunden wären auf der Uhr Ihrer Freundin vergangen, wenn auf Ihrer 20,00 s vergangen sind? (c) Mit welcher Geschwindigkeit haben Sie sich für Ihre Freundin scheinbar bewegt? (d) Wie viele Sekunden wären aus der Sicht Ihrer Freundin auf Ihrer Uhr vergangen, wenn sie 20,00 s auf ihrer eigenen misst?

11 (II) Wie schnell muss ein durchschnittliches Pion fliegen, damit es vor seinem Zerfall eine Strecke von 15 m zurückgelegt hat? In Ruhe beträgt die mittlere Lebensdauer $2{,}6 \cdot 10^{-8}$ s.

Aufgaben zu 37.8

12 (I) Angenommen, die Koordinatenursprünge von S und S′ in ▶ **Abbildung 37.12** überdecken sich zur Zeit $t = t' = 0$ und S′ bewegt sich relativ zu S mit der Geschwindigkeit $v = 30\,\text{m/s}$. Eine Person befindet sich in S′ an einem Punkt mit den Koordinaten $x' = 25\,\text{m}$, $y' = 20\,\text{m}$ und $z' = 0\,\text{m}$. Berechnen Sie die Koordinaten des Standpunktes in S (x, y, z) zur Zeit (a) $t = 2{,}5\,\text{s}$, (b) $t = 10{,}0\,\text{s}$. Benutzen Sie die Galilei-Transformation.

13 (I) Wiederholen Sie **Aufgabe 12** unter Verwendung der Lorentz-Transformation und der Relativgeschwindigkeit $v = 1{,}80 \cdot 10^8\,\text{m/s}$, wählen Sie stattdessen die Zeitpunkte (a) $t = 2{,}5\,\mu\text{s}$ und (b) $t = 10{,}00\,\mu\text{s}$.

14 (I) Eine Person in einer Rakete, die sich mit $0{,}50c$ (relativ zur Erde) bewegt, beobachtet einen von hinten ankommenden Meteor, der mit $0{,}50c$ vorbeifliegt. Wie schnell bewegt sich der Meteor relativ zur Erde?

15 (II) Zwei Raumschiffe verlassen die Erde in entgegengesetzte Richtungen, jeweils mit einer Geschwindigkeit von $0{,}50c$. (a) Wie hoch ist die Geschwindigkeit des Raumschiffes 1 relativ zum Raumschiff 2? (b) Wie hoch ist die Geschwindigkeit von Raumschiff 2 relativ zum Raumschiff 1?

16 (II) Ein Raumschiff verlässt die Erde mit der Geschwindigkeit $0{,}71c$. Ein zweites Raumschiff verlässt das erste mit einer Geschwindigkeit von $0{,}87c$ relativ zum ersten. Berechnen Sie die Geschwindigkeit des zweiten Raumschiffes relativ zur Erde, wenn es (a) in die gleiche Richtung gestartet ist wie das erste, (b) in entgegengesetzte Richtung, also auf die Erde zu gestartet ist.

17 (II) Gehen Sie in **Aufgabe 12** von einer Person aus, die sich mit der Geschwindigkeit mit den Komponenten $u'_x = u'_y = 25{,}0\,\text{m/s}$ bewegt. Wie hoch ist ihre Geschwindigkeit relativ zu S? (Geben Sie den Betrag und die Richtung an.)

18 (II) Gehen Sie in **Aufgabe 13** davon aus, dass sich die Person (in einer Rakete) mit der Geschwindigkeit mit den Komponenten $u'_x = u'_y = 2{,}0 \cdot 10^8\,\text{m/s}$ bewegt. Wie hoch ist ihre Geschwindigkeit relativ zu S? (Geben Sie den Betrag und die Richtung an.)

19 (II) Ein Raumschiff, das sich mit $0{,}66c$ von der Erde wegbewegt, schießt senkrecht zu seiner Bahn (aus Sicht des Raumschiffs) ein Projektil ab. Wie hoch ist die Geschwindigkeit des Projektils und wie ist seine Bewegungsrichtung (relativ zur Bewegungsrichtung des Raumschiffes) aus Sicht eines Beobachters auf der Erde?

20 (II) Ein Teilchen bewege sich in der xy-Ebene des Systems S (siehe ▶ **Abbildung 37.12**) mit der Geschwindigkeit u, wobei seine Bewegungsrichtung mit der x-Achse den Winkel θ einschließt. Zeigen Sie, dass in S′ der Winkel θ' durch $\tan\theta' = (sin\theta)\sqrt{1 - v^2/c^2}/(\cos\theta - v/u)$ gegeben ist.

21 (II) Ein Stab der Länge L_0 befindet sich im Bezugssystem S in Ruhe und schließt mit der x-Achse den Winkel θ ein. Bestimmen Sie im Bezugssystem S′, das sich mit der Geschwindigkeit $\mathbf{v} = v\mathbf{i}$ relativ zu S bewegt, (a) die Länge des Stabes und (b) den Winkel θ', den er mit der x-Achse einschließt.

22 (III) Im wilden Westen beobachtet ein Marschall in einem Zug, der mit der Geschwindigkeit 50 m/s fährt, ein Duell zweier Männer, die sich in 50 m Entfernung parallel zum Zug befinden. Die Messinstrumente des Marschalls zeigen an, dass die beiden Männer in seinem Bezugssystem gleichzeitig gefeuert haben. (a) Welcher der beiden Männer muss für das Abfeuern des ersten Schusses eingesperrt werden: (A) Der Mann, an dem der Zug zuerst vorbei fährt oder (B) der zweite? (b) Wie viel früher hat er abgedrückt? (c) Wer wurde zuerst getroffen?

23 (III) Ein Physik studierender Bauernjunge glaubt, dass er einen 13,0 m langen Stab in eine 10,00 m lange Scheune bringen kann, wenn er mit dem Stab nur hinreichend schnell läuft. Geht das? Erläutern Sie Ihre Antwort im Detail. Wie ist das mit der Vorstellung zu vereinbaren, dass der Stab unterwegs sogar kürzer als 10,0 m erscheint?

Aufgaben zu 37.9

24 (i) Wie groß ist der Impuls eines Protons, das sich mit $v = 0{,}85c$ bewegt?

25 (I) Bei welcher Geschwindigkeit ist die relativistische Masse eines Körpers doppelt so groß wie seine Ruhemasse?

26 (II) Ein Teilchen mit der Ruhemasse m bewegt sich mit der Geschwindigkeit $v = 0{,}20c$. Bei welcher Geschwindigkeit hat sich sein Impuls verdoppelt?

27 (II) (a) Ein Teilchen bewegt sich mit $v = 0{,}10c$. Um wie viel Prozent weicht der Wert seines Impulses vom korrekten Wert ab, wenn man zu dessen Berechnung die klassische Gleichung verwendet? (b) Wiederholen Sie die Rechnung für $v = 0{,}50c$.

28 (II) Um wie viel Prozent ändert sich der Impuls eines Protons, das (a) von $0{,}45c$ auf $0{,}90c$, (b) von $0{,}90c$ auf $0{,}98c$ beschleunigt wird?

Aufgaben zu 37.11

29 (I) Eine bestimmte chemische Reaktion erfordert eine Energiezufuhr von $4{,}82 \cdot 10^4$ J. Wie groß ist die Massenzunahme der Reaktionsprodukte gegenüber den Reaktionspartnern?

30 (I) Beim Zerfall eines ruhenden Urankerns im Rahmen der Kernspaltung in einem Reaktor besitzen die entstehenden Spaltprodukte eine kinetische Energie von etwa 200 MeV. Wie viel Masse muss während des Prozesses verloren gegangen sein?

31 (I) Berechnen Sie die Ruheenergie eines Elektrons sowohl in Joule als auch in MeV ($1\,\text{MeV} = 1{,}60 \cdot 10^{-13}$ J).

32 (I) Berechnen Sie die Ruhemasse eines Protons in MeV/c^2.

33 (I) Der jährliche Gesamtenergieverbrauch der Vereinigten Staaten beträgt etwa $8 \cdot 10^{19}$ J. Wie viel Masse müsste vollständig in Energie umgesetzt werden, um diesen Bedarf zu decken?

34 (II) Wie viel Energie erhält man aus der Umwandlung von 1,0 g Masse? Welche Masse könnten Sie mit dieser Energie 100 m emporheben?

35 (II) Zeigen Sie, dass die Geschwindigkeit eines Teilchens etwa $0{,}866c$ beträgt, wenn dessen kinetische Energie gleich seiner Ruheenergie ist.

36 (II) Bei welcher Geschwindigkeit entspricht die kinetische Energie eines Körpers 25 Prozent seiner Ruheenergie?

37 (II) (a) Wie viel Arbeit muss aufgewendet werden, um ein Proton aus der Ruhelage auf eine Geschwindigkeit von $0{,}997c$ zu beschleunigen? (b) Wie groß wäre der Impuls dieses Protons?

38 (II) Berechnen Sie die kinetische Energie und den Impuls eines Protons, das sich mit $2{,}60 \cdot 10^8$ m/s bewegt.

39 (II) Wie groß ist der Impuls eines Protons mit 750 MeV (also mit einer kinetischen Energie von 750 MeV)?

40 (II) Wie groß ist die Geschwindigkeit eines Protons, das durch eine Potenzialdifferenz von 95 MV beschleunigt wird?

41 (II) Wie hoch ist die Geschwindigkeit eines Elektrons mit der kinetischen Energie 1,00 MeV.

42 (II) Wie groß ist die Geschwindigkeit eines Elektrons beim Auftreffen auf den Fernsehschirm, nachdem es durch die Bildröhre mit 25 000 V beschleunigt wurde?

43 (II) Zwei identische Teilchen mit der Ruhemasse m treffen mit gleich großer, entgegengesetzt gerichteter Geschwindigkeit v aufeinander. Bei dem vollkommen inelastischen Stoß entsteht ein einzelnes Teilchen, das sich in Ruhe befindet. Wie groß ist die Ruhemasse des neuen Teilchens? Wie viel Energie ist beim Stoß verloren gegangen? Wie viel kinetische Energie ist beim Stoß verloren gegangen?

44 (II) Berechnen Sie die Geschwindigkeit eines Protons ($m = 1{,}67 \cdot 10^{-27}$ kg), dessen kinetische Energie halb so groß ist wie seine Gesamtenergie.

45 (II) Berechnen Sie die Geschwindigkeit und den Impuls eines Elektrons ($m = 9{,}11 \cdot 10^{-31}$ kg), dessen kinetische Energie gleich seiner Ruheenergie ist?

46 (II) Angenommen, ein Raumschiff mit der Masse 27 000 kg wird auf $0{,}21c$ beschleunigt. (a) Wie viel kinetische Energie besitzt es? (b) Wenn Sie die klassische Gleichung für die kinetische Energie benutzen, wie viel Prozent beträgt ihr Fehler?

47 (II) Berechnen Sie die kinetische Energie und den Impuls eines Protons ($m = 1{,}67 \cdot 10^{-27}$ kg), das sich mit der Geschwindigkeit $8{,}4 \cdot 10^7$ m/s bewegt. Um wie viel Prozent würden Ihre Berechnungen vom korrekten Ergebnis abweichen, wenn Sie die klassischen Gleichungen benutzt hätten?

48 (II) Der Ameritiumkern $^{241}_{95}\mathrm{Am}$ zerfällt in einen Neptuniumkern $^{237}_{93}\mathrm{Np}$, wobei er ein Alphateilchen mit der Masse 4,00260 u und der kinetischen Energie 5,5 MeV emittiert. Schätzen Sie die Masse des Neptuniumkerns ab, wobei Sie den Rückstoß vernachlässigen. Die Masse des Ameritiumkerns beträgt 241,05682 u.

49 (II) Ein Elektron ($m = 9{,}11 \cdot 10^{-31}$ kg) wird durch eine konservative Kraft aus der Ruhelage auf die Geschwindigkeit v beschleunigt. Bei diesem Prozess verringert sich seine potenzielle Energie um $5{,}60 \cdot 10^{-14}$ J. Berechnen Sie die Geschwindigkeit v des Elektrons.

50 (II) Tragen Sie die kinetische Energie gegen den Impuls (a) eines Teilchen mit von null verschiedener Ruhemasse und (b) für ein Teilchen ohne Ruhemasse auf.

51 (II) Welche Intensität muss ein Magnetfeld haben, das Protonen mit 900 GeV auf einer Kreisbahn mit dem Radius 1,0 km halten soll (beispielsweise im Synchrotron des Fermilab)? Verwenden Sie die relativistische Masse. Die Ruhemasse des Protons beträgt $0{,}938\ \mathrm{GeV}/c^2$. (1 GeV = 10^9 eV)

52 (II) Ein negativ geladenes Myon trifft mit 0,33 Prozent der Lichtgeschwindigkeit frontal auf ein positiv geladenes Myon, das sich mit 50 Prozent der Lichtgeschwindigkeit bewegt. Die beiden Myonen (Masse je $105{,}7\ \mathrm{MeV}/c^2$) vernichten sich gegenseitig und erzeugen dabei wie viel elektromagnetische Energie?

53 (II) Zeigen Sie, dass die Energie eines Teilchens mit der Ladung e, das durch ein Magnetfeld B auf einer Kreisbahn mit dem Radius r gehalten wird, im relativistischen Grenzfall ($v \approx c$) durch $E(\text{in eV}) = Brc$ gegeben ist.

54 (II) Zeigen Sie, dass zwischen der kinetischen Energie E_{kin} eines Teilchens mit der Ruhemasse m und dessen Impuls p folgender Zusammenhang besteht:

$$p = \sqrt{E_{\text{kin}}^2 + 2E_{\text{kin}}mc^2}/c\,.$$

55 (III) (a) In einem Bezugssystem S besitzt ein Teilchen entlang der positiven x-Achse den Impuls $\mathbf{p} = p_x\mathbf{i}$. Zeigen Sie, dass der Impuls in einem Bezugssystem S′, das sich wie in ▶ **Abbildung 37.12** relativ zu S mit der Geschwindigkeit v bewegt, die Komponenten

$$p'_x = \frac{p_x - vE/c^2}{\sqrt{1 - v^2/c^2}}$$

$$p'_y = p_y$$

$$p'_z = p_z$$

besitzt. Außerdem gilt

$$E' = \frac{E - p_x v}{\sqrt{1 - v^2/c^2}}\,.$$

(Diese Transformationsgleichungen gelten sogar für jede Richtung von $\mathbf{p}$.) (b) Zeigen Sie, dass sich $p_x, p_y, p_z, E/c$ gemäß der Lorentz-Transformation genauso transformieren wie x, y, z, ct.

Aufgaben zu 37.12

56 (II) Die Doppler-Verschiebung einer bestimmten Galaxie ist durch $f_0 - f = 0{,}797 f_0$ gegeben. Wie schnell entfernt sie sich von uns?

57 (II) Die von einem Quasar emittierten Wasserstofflinien liegen bei einer Wellenlänge, die dreimal so groß ist wie bei Messungen im Labor. (a) Wie groß ist die Geschwindigkeit des Quasars? (b) Welches Resultat ergibt sich unter Verwendung der „klassischen“ Doppler-Verschiebung aus Kapitel 16?

58 (II) Ein Raumschiff, das sich mit $0{,}80c$ auf die Erde zu bewegt, sendet Radiosignale bei 95,0 MHz aus. Auf welche Frequenz müssen die Empfänger auf der Erde eingestellt sein?

59 (II) Zeigen Sie, ausgehend von Gleichung 37.15a, dass die Wellenlänge bei der Doppler-Verschiebung für $v \ll c$ durch

$$\frac{\Delta\lambda}{\lambda} = \frac{v}{c}$$

gegeben ist.

Allgemeine Aufgaben

60 Nach der Faustregel ist jeder Reisende, der sich schneller als $0{,}1c$ bewegt *relativistisch* – für ihn hat also die Korrektur, die sich aus der Anwendung der speziellen Relativitätstheorie ergibt, einen signifikanten Effekt. Ist das Elektron in einem Wasserstoffatom (Radius $0{,}5 \cdot 10^{-10}$ m) relativistisch? (Behandeln Sie das Elektron so, als würde es sich auf einer Kreisbahn um das Proton befinden.)

61 Eine Atomuhr wird zum Nordpol gebracht, die andere verbleibt am Äquator. Wie groß ist der Unterschied zum ursprünglichen synchronisierten Zustand nach einem Jahr?

62 Der erdnächste Stern ist der 4,3 Lichtjahre entfernte Proxima Centauri. (a) Mit welcher konstanten Geschwindigkeit muss ein Raumschiff von der Erde fliegen, damit es den Stern aus Sicht der Reisenden im Raumschiff in 4,0 Jahren erreicht? (b) Wie lange dauert es für die Beoachter auf der Erde?

63 Leiten Sie eine Gleichung dafür her, wie sich die Dichte eines Körpers, der sich mit der Geschwindigkeit v relativ zu einem Beobachter bewegt, verändert. (*Hinweis*: Verwenden Sie die relativistische Masse.)

64 Ein Flugzeug fliegt mit 1500 km/h einmal um die ganze Welt, dabei ist der Bahnradius im Wesentlichen gleich dem Erdradius. Schätzen sie die Zeitdifferenz zwischen der von der Erde aus bestimmten Flugdauer und der Flugdauer ab, die die Beobachter im Flugzeug messen. [Hinweis. Benutzen Sie die Binomialentwicklung, **Anhang A**.]

65 (a) Wie hoch ist die Geschwindigkeit eines Elektrons, dessen kinetische Energie 10 000 mal so groß ist wie seine Ruheenergie? Solche Geschwindigkeiten werden im Stanfort Linear Accelerator, SLAC, erreicht. (b) Wenn sich die Elektronen in einer 3,0 km langen Röhre (wie im SLAC) bewegen, welche Länge besitzt diese Röhre im Bezugssystem des Elektrons?

66 Wie viel Gramm Masse müsste vollständig vernichtet werden, um eine Glühlampe mit 100 W ein Jahr lang zu betreiben?

67 Welche minimale elektromagnetische Energie ist zur Erzeugung eines Elektron-Positron-Paares notwendig? Ein Positron ist ein Teilchen mit derselben Masse wie ein Elektron jedoch mit entgegengesetzter Ladung. (Beachten Sie die Ladungserhaltung bei diesem Prozess. Siehe **Abschnitt 38.4**.)

68 Eine Masse (1,68 kg) schwingt am Ende einer Feder mit der Federkonstanten $k = 48{,}7$ N/m. Das System befindet sich in einem Raumschiff, das sich mit $0{,}9c$ an der Erde vorbei bewegt. Welche Schwingunsperiode misst (a) ein Beobachter im Raumschiff und (b) ein Beobachter auf der Erde?

69 Ein Elektron ($m = 9{,}11 \cdot 10^{-31}$ kg) tritt in ein homogenes Magnetfeld der Stärke $B = 1{,}8$ T ein und bewegt sich mit der Geschwindigkeit $v = 0{,}92c$ senkrecht zu den Feldlinien. Welchen Radius besitzt seine Bahnkurve?

70 Ein Beobachter auf der Erde sieht ein UFO mit der Geschwindigkeit $0{,}60c$ auf die Erde zufliegen. Die *Enterprise* kommt zu Hilfe (▶ **Abbildung 37.16**). Sie überholt das UFO, weil sie sich mit der Geschwindigkeit $0{,}90c$ relativ zur Erde bewegt. Wie groß ist die Relativgeschwindigkeit des einen Raumschiffes von dem anderen aus betrachtet?

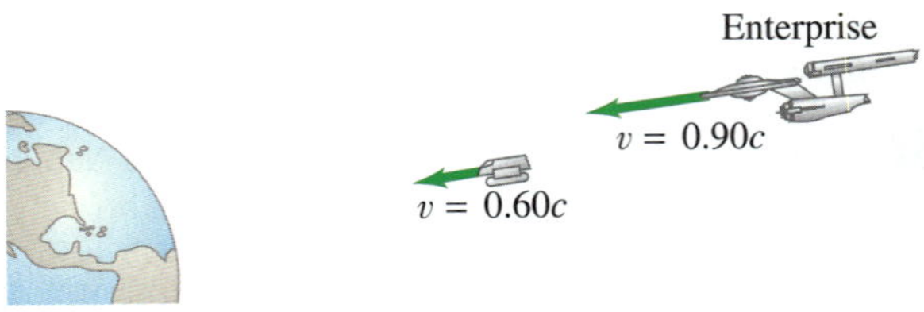

Abbildung 37.16 Aufgabe 70.

71 Ein freies Neutron zerfällt in ein Proton, ein Elektron und ein Neutrino. Angenommen, die Ruhemasse des Neutrinos ist null. Die beiden anderen Massen sind in der Tabelle auf der Innenseite des Buchdeckels zu finden. Bestimmen Sie die kinetische Energie der drei Teilchen, wenn das Neutron aus der Ruhelage heraus zerfällt.

72 Die Strahlungsleistung der Sonne beträgt etwa $4 \cdot 10^{26}$ W. (a) Wie hoch ist der Massenverlust pro Sekunde? Wie lange dauert es, bis die Sonne eine Erdmasse durch Strahlung verloren hat? (c) Schätzen Sie ab, wie lange die Sonne bei dieser konstanten Strahlungsleistung existieren kann.

73 Die Geschwindigkeit eines unbekannten Teilchens mit negativer Ladung wird zu $2{,}24 \cdot 10^8$ m/s bestimmt. Die Messung des Impulses liefert das Ergebnis $3{,}07 \cdot 10^{-22}$ kg · m/s. Identifizieren Sie das Teilchen, indem Sie dessen Masse bestimmen.

74 Wie viel Energie ist erforderlich, um einen Heliumkern in seine Bestandteile, zwei Protonen und zwei Neutronen, zu zerlegen? (Diese Energie wird als Gesamtbindungsenergie des $^4_2$He-Atoms bezeichnet.) Die Ruhemassen eines Protons und Elektrons, eines Neutrons und eines Heliumatoms betragen 1,00783 u, 1,00867 u und 4,00260 u.

75 Um wie viel Prozent steigt die (relativistische) Masse eines Autos mit einer Geschwindigkeit von 110 km/h im Vergleich zu seiner Ruhemasse?

76 Zwei Protonen bewegen sich in einem Laborsystem jeweils mit $0{,}935c$ aufeinander zu. Bestimmen Sie (a) den Gesamtimpuls der beiden Protonen im Laborsystem und (c) den Impuls des einen Protons vom anderen aus gesehen.

77 Zeigen Sie analytisch, dass die Geschwindigkeit eines Teilchen mit dem Impuls p und der Energie E gegeben ist durch

$$v = \frac{pc^2}{E} = \frac{pc}{\sqrt{m^2c^2 + p^2}} \, .$$

78 Eine Glasplatte bewegt sich mit der Geschwindigkeit v nach rechts. Ein Lichtblitz wird vom Punkt A aus emittiert (► Abbildung 37.17), passiert die Glasscheibe und kommt in der Entfernung L am Punkt B an. Das Glas hat im in Ruhe befindlichen Bezugssystem die Dicke d, die Lichtgeschwindigkeit in Glas ist c/n. Wie lange braucht das Licht von A nach B aus Sicht eines Beobachters, der sich in Bezug auf A und B in Ruhe befindet? Überprüfen Sie Ihre Antwort für die Grenzfälle $v = 0$, $n = 1$ und für $v = c$.

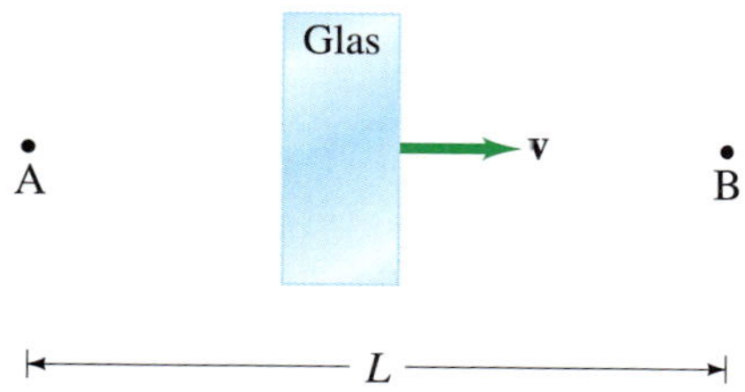

Abbildung 37.17 Aufgabe 78.

79 Zeigen Sie, dass die Raumzeit „Entfernung" $(c\Delta t)^2 - (\Delta x)^2$ invariant ist. Das bedeutet, dass alle Beobachter in jedem Inertialsystem für diese Größe für ein Ereignispaar das gleiche Ergebnis berechnen.

80 Das Science-Fiction-Raumschiff *Enterprise* bezieht seine Energie aus der Vernichtung von Materie und Antimaterie, wobei die gesamte Masse in Energie umgewandelt wird. Die Masse der *Enterprise* beträgt etwa $5 \cdot 10^9$ kg. Wie viel Masse muss in kinetische Energie umgewandelt werden, um das Raumschiff aus der Ruhelage auf zehn Prozent der Lichtgeschwindigkeit zu beschleunigen?

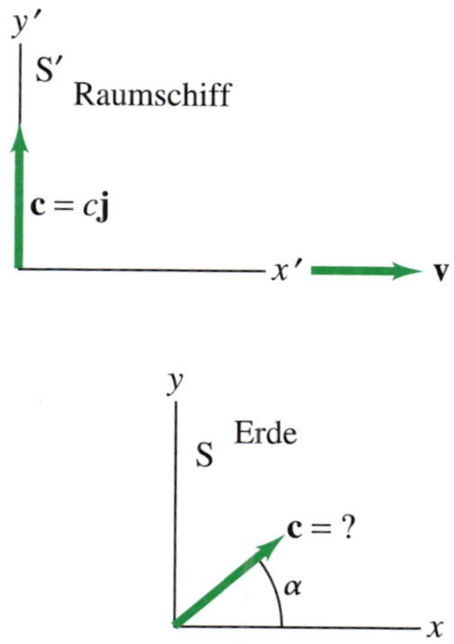

Abbildung 37.18 Aufgabe 81.

81 Ein Raumschiff (Bezugssystem S′) fliegt mit der Geschwindigkeit $\mathbf{v}$ in x- und x'-Richtung an der Erde (Bezugssystem S) vorbei. Das Raumschiff emittiert, wie in ► Abbildung 37.18 gezeigt, Licht entlang der y'-Achse. (a) Welchen Winkel schließt dieses Licht mit der x-Achse im Bezugssystem der Erde ein? (b) Zeigen Sie, dass sich das Licht auch im Bezugssystem der Erde mit der Geschwindigkeit c ausbreitet (bei gegebenem c in S'). (c) Vergleichen Sie diese relativistischen Resultate mit denen, die Sie klassisch (mithilfe der Galilei-Transformation) erhalten hätten.

Frühe Quantentheorie und Atommodelle

38

ÜBERBLICK

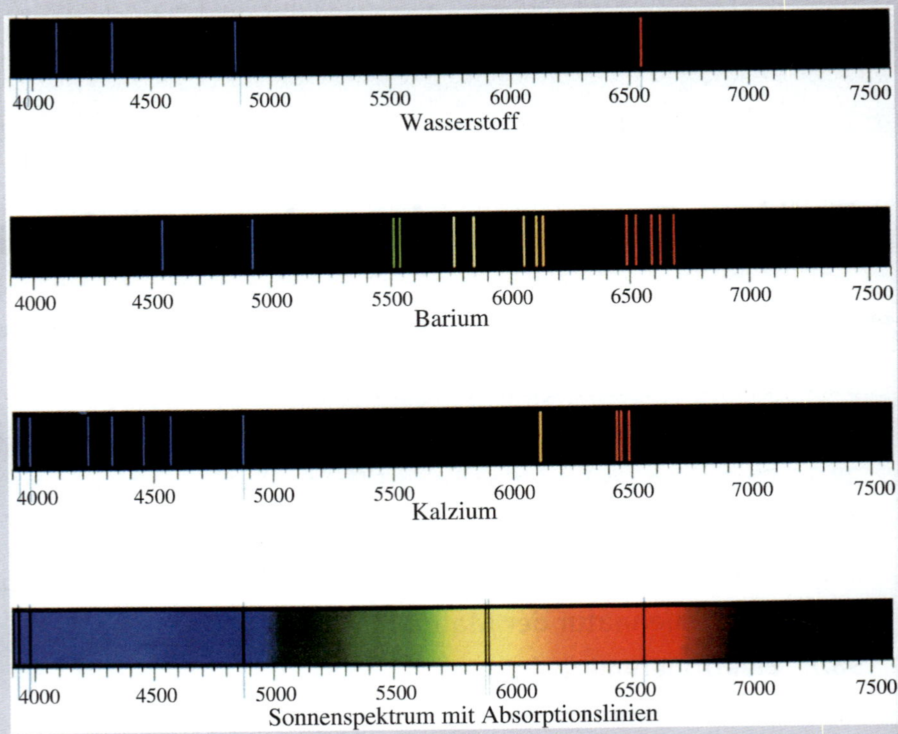

Atome sind klein und mithilfe von sichtbarem Licht nicht auflösbar. Der Versuch, die Struktur von Atomen zu verstehen, ist eine faszinierende Aufgabe. Ein Großteil der Information über die Atome kommt aus der Analyse des Lichts, das von den Atomen eines reinen Stoffes emittiert wird. Hier sind die Linienspektren abgebildet, die von dünnem Gasen aus Wasserstoff (oben), Barium und Kalzium im Bereich des sichtbaren Lichts emittiert werden. Ganz unten sehen wir das Sonnenspektrum für sichtbares Licht, in dem dunkle Linien zu erkennen sind. Sie weisen auf Absorption bei diesen Wellenlängen hin. Welche Informationen liefern uns diese Spektren über den Aufbau der Atome? In diesem Kapitel werden wir sehen, dass wir zu deren Verständnis eine vollkommen neue Theorie benötigen, die Quantentheorie.

38. Frühe Quantentheorie und Atommodelle

Der zweite Teil der Revolution, die die Welt der Physik zu Beginn des 20. Jahrhunderts erreichte, war die Quantentheorie (der erste Teil war Einsteins Relativitätstheorie). Anders als die spezielle Relativitätstheorie brauchte die Revolution der Quantentheorie nahezu drei Jahrzehnte, um sich voll zu entfalten, und viele Wissenschaftler trugen zu ihrer Entwicklung bei. Die Entwicklung begann 1900 mit der Planck'schen Quantenhypothese und gipfelte Mitte der 1920er-Jahre in der Theorie der Quantenmechanik von Schrödinger und Heisenberg, die so überaus effektiv bei der Erklärung der Physik der Materie war.

38.1 Die Planck'sche Quantenhypothese

Das von heißen Körpern emittierte elektromagnetische Spektrum war Ende des 19. Jahrhunderts noch nicht ausreichend erklärt und verstanden. Wir haben in Kapitel 19 gesehen, dass alle Körper Strahlung aussenden, deren Gesamtintensität proportional zur vierten Potenz der Temperatur ist (T^4). Bei Temperaturen nahe der Raumtemperatur bemerken wir diese elektromagnetische Strahlung aufgrund ihrer geringen Intensität nicht. Bei höheren Temperaturen gibt es eine hinreichend starke Infrarotstrahlung, so dass wir die Wärme spüren, wenn wir uns nahe genug an einem Körper befinden. Bei noch höheren Temperaturen (im Bereich von 1000 K) glühen die Körper sogar, wie beispielsweise der rotglühende Brenner eines elektrischen Ofens oder das Heizelement in einem Toaster. Bei Temperaturen über 2000 K glühen die Körper gelb oder weiß, wie beispielsweise weißglühender Stahl und der Draht in einer Glühlampe. Nimmt die Temperatur zu, verschiebt sich also das Intensitätsmaximum der elektromagnetischen Strahlung, die von den Körpern emittiert wird, zu immer höheren Frequenzen.

Das elektromagnetische Spektrum, das von einem heißen, dichten Körper ausgesendet wird, ist in ▶ Abbildung 38.1 für den Fall eines idealisierten **schwarzen Körpers** gezeigt. Ein schwarzer Körper ist ein Körper, der die gesamte einfallende Strahlung absorbiert (und somit schwarz erscheint, wenn er von außen beleuchtet wird, weil keine Strahlung reflektiert wird). Die Strahlung, die ein solcher Körper emittieren würde, wenn er heiß ist und leuchtet, wird als Strahlung des schwarzen

Strahlung des schwarzen Körpers

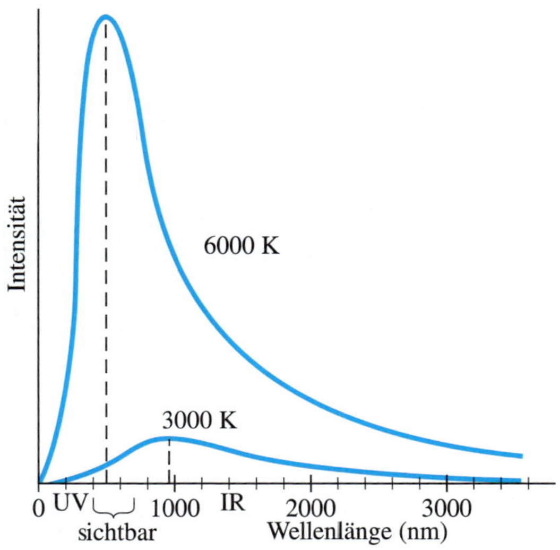

Abbildung 38.1 Elektromagnetisches Spektrum eines schwarzen Körpers bei zwei verschiedenen Temperaturen.

Körpers bezeichnet. Diese Strahlung lässt sich am einfachsten behandeln und beschreibt näherungsweise die Strahlung vieler realer Körper. Wie man leicht sieht, überdeckt die Strahlung einen kontinuierlichen Frequenzbereich. Ein solches kontinuierliches Spektrum wird von jedem erwärmten Festkörper, jeder erwärmten Flüssigkeit und sogar von dichten Gasen emittiert. Die Strahlungsintensität eines Körpers mit einer Temperatur von 6000 K, was etwa der Oberflächentemperatur der Sonne entspricht, besitzt ihr Maximum im sichtbaren Bereich des Spektrums. Bei niedrigeren Temperaturen sinkt die Strahlungsintensität beträchtlich, und das Maximum liegt bei größeren Wellenlängen. Somit erscheint der blaue Teil des sichtbaren Spektrums (und der UV-Bereich) im Vergleich schwächer. (Deshalb erscheinen Körper bei etwa 1000 K rot.) Experimentell wurde festgestellt, dass die Wellenlänge für das Maximum des Spektrums λ_P folgendermaßen mit der Temperatur T zusammenhängt:

$$\lambda_P T = 2{,}90 \cdot 10^{-3}\,\mathrm{m{\cdot}K}\,. \tag{38.1}$$

Diese Relation ist als **Wien'sches Verschiebungsgesetz** bekannt.

Beispiel 38.1 **Die Oberflächentemperatur der Sonne**

Es ist bekannt, dass die Sonne Licht emittiert, dessen Intensitätsmaximum im Bereich des sichtbaren Spektrums bei etwa 500 nm liegt. Schätzen Sie daraus die Oberflächentemperatur der Sonne ab.

Lösung

Aus dem Wien'schen Verschiebungsgesetz ergibt sich

$$T = \frac{2{,}90 \cdot 10^{-3}\,\mathrm{m{\cdot}K}}{\lambda_P} = \frac{2{,}90 \cdot 10^{-3}\,\mathrm{m{\cdot}K}}{500 \cdot 10^{-9}\,\mathrm{m}} = 6000\,\mathrm{K}\,.$$

Beispiel 38.2 **Farbe eines Sterns**

In welcher Farbe erscheint ein Sterm mit einer Oberflächentemperatur von 32 500 K?

Lösung

Aus dem Wien'schen Verschiebungsgesetz ergibt sich

$$\lambda_P = \frac{2{,}90 \cdot 10^{-3}\,\mathrm{m{\cdot}K}}{T} = \frac{2{,}90 \cdot 10^{-3}\,\mathrm{m{\cdot}K}}{3{,}25 \cdot 10^{4}\,\mathrm{K}} = 89{,}2\,\mathrm{nm}\,.$$

Das Maximum befindet sich im UV-Bereich des Spektrums. Im sichtbaren Bereich fällt die Kurve ab (siehe ► Abbildung 38.1), so dass die kürzesten Wellenlängen des sichtbaren Bereichs am stärksten wahrgenommen werden. Deshalb wird der Stern blau (oder bläulich-weiß) erscheinen.

Ein Hauptproblem, dem die Wissenschaftler um 1890 gegenüber standen, war die Erklärung des elektromagnetischen Spektrums eines schwarzen Körpers. Die Maxwell'sche Theorie des Elektromagnetismus hatte vorausgesagt, dass oszillierende elektrische Ladungen elektromagnetische Wellen aussenden und somit die von einem heißen Körper emittierte Strahlung auf die Oszillationen der elektrischen Ladungen in den Molekülen des Materials zurückzuführen sein könnte.

Obwohl diese Annahme den Ursprung der Strahlung erklärt hätte, sagte sie das beobachtete Spektrum des emittierten Lichtes nicht korrekt voraus. Zwei wichtige Vorhersagen auf Grundlage klassischer Theorien stammten von W. Wien (aus dem Jahr 1886) und von Lord Rayleigh (aus dem Jahr 1890). Letztere wurde später von J. Jeans modifiziert und wird seitdem als Rayleigh-Jeans-Gesetz bezeichnet. Als experimentelle Daten verfügbar waren, wurde klar, dass weder Wiens noch Rayleighs Vorhersagen im Einklang mit dem Experiment standen. Wiens Vorhersagen waren bei kürzeren Wellenlängen korrekt, wichen aber bei größeren Wellenlängen vom Experiment ab, während es beim Rayleigh-Jeans-Gesetz genau umgekehrt war (siehe ▸ Abbildung 38.2).

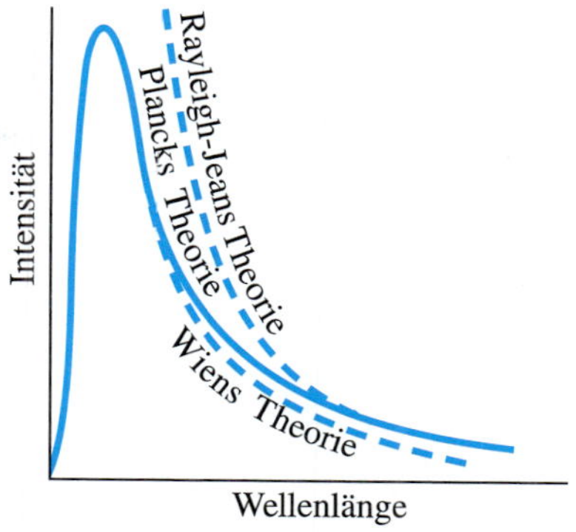

Abbildung 38.2 Vergleich der Vorhersagen von Wien und Rayleigh-Jeans mit denen von Planck, die im Einklang mit dem Experiment stehen.

Der Durchbruch kam Ende 1900, als Max Planck (1858–1947) eine empirische Formel vorschlug, die sehr gut zu den Daten passte:

$$u_\lambda(\lambda, T) = \frac{8\pi hc}{\lambda^5} \frac{1}{e^{hc/\lambda kT} - 1} .$$

$u_\lambda(\lambda, T)$ ist die spektrale Strahlungsenergiedichte in [Im^{-4}], d. h. die Strahlungsenergie pro Volumen und Wellenlängenintervall, als Funktion der Wellenlänge λ und der Temperatur T; k ist die Boltzmann-Konstante, c die Lichtgeschwindigkeit und h eine neue Konstante, die inzwischen als **Planck'sches Wirkungsquantum** bezeichnet wird. Planck schätzte den Wert von h ab, indem er die Kurve gemäß seiner Formel für die Strahlung des schwarzen Körpers an die Daten des Experiments anpasste. Der Wert von h auf vier Stellen gerundet ist

$$h = 6{,}626 \cdot 10^{-34}\,\mathrm{J{\cdot}s} .$$

Planck suchte anschließend nach einer theoretischen Grundlage für seine Formel. Er fand innerhalb von zwei Monaten heraus, dass er zu seiner Formel gelangen konnte, indem er von der neuen und radikalen (obgleich zu dieser Zeit nicht sonderlich anerkannten) Annahme ausging, dass die Energie nicht kontinuierlich über die Oszillationen der Atome innerhalb der Moleküle verteilt ist, sondern aus einer endlichen Anzahl von sehr kleinen diskreten Beträgen besteht. Jeder dieser Beträge ist mit der Frequenz der Oszillation durch

$$E_{\mathrm{min}} = hf$$

verknüpft. Plancks Annahme war, dass die Energie jeder molekularen Schwingung nur ein ganzzahliges Vielfaches von hf sein kann:

$$E = nhf \,, \quad n = 1, 2, 3, \ldots . \tag{38.2}$$

Planck'sche Quantenhypothese

Diese Idee wird häufig als **Planck'sche Quantenhypothese** bezeichnet („Quant" bedeutet soviel wie „diskreter Betrag" im Gegensatz zu einem „kontinuierlichen Betrag"), man schenkte ihr damals jedoch nur wenig Aufmerksamkeit. Es scheint tatsächlich so, als betrachtete Planck diese Idee eher als ein mathematisches Hilfsmittel, um die richtige Lösung für das Strahlungsspektrum eines schwarzen Körpers zu erhalten, und nicht als eine Entdeckung, die mit denen von Newton vergleichbar war. Planck suchte weiterhin nach einer klassischen Begründung für die Einführung von h. Niemand erkannte, dass es sich hier um eine bedeutende und radikale Neuerung handelte, bis sich ungefähr ab 1905 andere Wissenschaftler, insbesondere Einstein, mit dem Thema beschäftigten.

Die Quantenhypothese, Gleichung 38.2, besagt, dass die Energie E eines Oszillators nur die diskreten Werte hf oder $2hf$ oder $3hf$ usw. annehmen kann. Es kann keine Schwingungen geben, deren Energie zwischen diesen Werten liegt. Das heißt, die Energie ist, anders als man über Jahrhunderte hinweg glaubte, keine kontinuierliche Größe sondern **quantisiert**. Der kleinstmögliche Energiebetrag (hf) wird als **Energiequant** bezeichnet. Aus Kapitel 14 wissen wir, dass die Energie einer Schwingung proportional zum Quadrat der Amplitude ist. Eine andere Formulierung der Quantenhypothese wäre also, dass nicht jede beliebige Schwingungsamplitude möglich ist. Die möglichen Werte der Amplitude hängen von der Frequenz f ab.

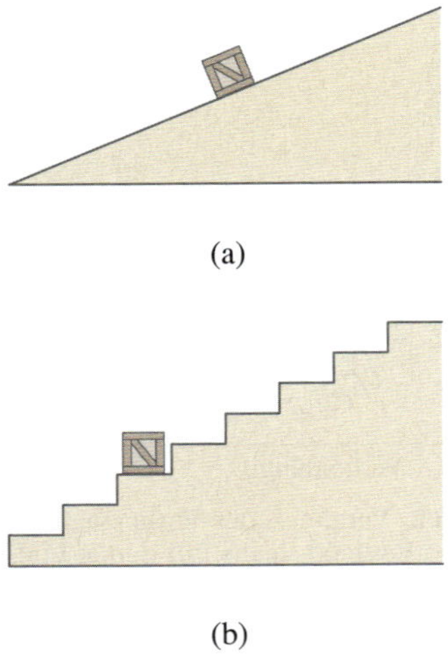

Abbildung 38.3 Rampenanalogie versus Treppenanalogie. (a) Auf einer Rampe kann ein Kasten kontinuierliche Energiewerte annehmen. (b) Dagegen kann der Kasten auf einer Treppe lediglich diskrete (quantisierte) Energiewerte besitzen.

Eine einfache Analogie kann beim Verständnis dieser Tatsache helfen. Man kann auf einem Saiteninstrument, wie beispielsweise auf einer Violine oder auf einer Gitarre, Frequenzen in einem kontinuierlichen Frequenzbereich spielen, indem man die Finger entlang der Saite bewegt. Dagegen ist eine Flöte oder ein Piano in dem Sinne „quantisiert", dass lediglich bestimmte Frequenzen (Noten) darauf gespielt werden können. Oder vergleichen Sie eine Rampe, auf der ein Kasten auf beliebiger Höhe abgestellt werden kann, mit einer Treppe, auf der der Kasten nur bestimmte diskrete Beträge von potentieller Energie besitzt (siehe Abbildung 38.3).

38.2 Photonentheorie des Lichts und der photoelektrische Effekt

Im Jahre 1905, also im gleichen Jahr, in dem er die spezielle Relativitätstheorie einführte, nahm Einstein eine kühne Verallgemeinerung der Quantenidee vor, indem er eine neue Theorie des Lichts vorschlug. Planck hatte in seinen Arbeiten behauptet, dass die Schwingungsenergie von Molekülen strahlender Körper mit der Energie $E = nhf$ und ganzzahligem n quantisiert sei. Einstein argumentierte, dass sich deshalb bei der Emission von Licht durch einen molekularen Oszillator die Schwingungsenergie des Moleküls von nhf um einen Betrag hf auf ein anderes ganzzahliges Vielfaches von hf verringern muss, nämlich auf $(n-1)hf$. Dann sollte das Licht aufgrund der Energieerhaltung in Paketen oder Quanten emittiert werden, jeweils mit einer Energie von

$$E = hf\,. \tag{38.3}$$

Wieder ist h das Planck'sche Wirkungsquantum. Weil Licht letztlich immer von einer Strahlungsquelle stammt, legt dies nahe, dass *Licht in Form von winzigen Lichtquanten übertragen wird* und nicht in Form von Wellen. Heute spricht man in diesem Zusammenhang von **Photonen** und der Teilcheneigenschaft von Licht.[1] Einstein schlug ein Experiment zur Überprüfung der Photonentheorie des Lichts vor: quantitative Messungen des photoelektrischen Effekts.

Photoelektrischer Effekt

Der **photoelektrische Effekt** beschreibt das Phänomen, dass Elektronen von einer metallischen Oberfläche emittiert werden, wenn Licht einfällt. (Der photoelektrische Effekt tritt auch bei anderen Stoffen auf, lässt sich bei Metallen aber am einfachsten beobachten.) Der Effekt kann mithilfe der in Abbildung 38.4 gezeigten Apparatur beobachtet werden. Eine metallische Elektrode P und eine kleinere Elektrode C befinden sich in einer Vakuumröhre, die insgesamt als **Photozelle** bezeichnet wird. Die beiden Elektroden sind mit einem Amperemeter und einer Spannungsquelle verbunden. Liegt die Photozelle im Dunkeln, zeigt das Amperemeter null an, es fließt kein Strom. Erhöht man nun die Frequenz des eingestrahlten Lichts, stellt man fest, dass ab einer bestimmten Frequenz ein Strom im Stromkreis fließt. Durch das eingestrahlte Licht wurden Elektronen aus der Metalloberfläche P herausgeschlagen, die nun zum Kollektor C der Röhre fliegen.

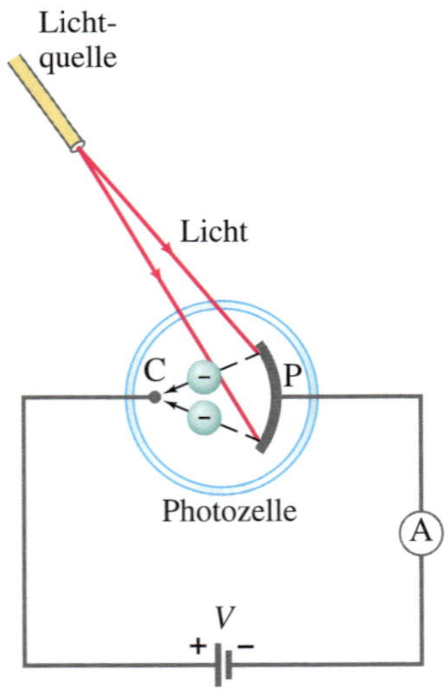

Abbildung 38.4 Der photoelektrische Effekt.

Die Tatsache, dass Elektronen emittiert werden, wenn Licht auf ein Metall trifft, ist mit der elektromagnetischen Wellentheorie des Lichts vereinbar: Das elektrische Feld einer elektromagnetischen Welle übt eine Kraft auf ein Elektron im Metall aus und kann dadurch einige Elektronen herausschlagen. Einstein wies jedoch darauf hin, dass die Wellentheorie und die Photonentheorie des Lichts sehr verschiedene Vorhersagen bezüglich der Details des photoelektrischen Effekts machen. Eine Größe, die mit der in ▸ Abbildung 38.4 gezeigten Apparatur gemessen werden kann, ist beispielsweise die maximale kinetische Energie (E_{kin}^{max}) der emittierten Elektronen. Man verwendet dazu eine variable Spannungsquelle und vertauscht die Anschlüsse, so dass die Elektrode C nun negativ und P positiv

1 Weil Licht sowohl Wellen- als auch Teilcheneigenschaften hat, sprechen wir vom Welle-Teilchen-Dualismus. Die Welleneigenschaft beobachten wir beispielsweise bei Brechung, Interferenz und Beugung des Lichts (Kapitel 33 und 35), die Teilcheneigenschaft beim photoelektrischen Effekt und beim Compton-Effekt (dieses Kapitel).

geladen ist. Die von P emittierten Elektronen werden von der negativ geladenen Elektrode abgestoßen. Wenn diese Gegenspannung jedoch hinreichend klein ist, erreichen die schnellsten Elektronen immer noch C und es fließt Strom. Wird die Gegenspannung erhöht, gelangt man zu einen Wert, an dem kein Strom mehr fließt – kein Elektron hat eine hinreichend große kinetische Energie, um C zu erreichen. Dieser Wert wird als *Bremspotential* oder *Bremsspannung* V_0 bezeichnet. Aus der Energieerhaltung kann durch diese Messung $E_{\text{kin}}^{\text{max}}$ bestimmt werden:

$$E_{\text{kin}}^{\text{max}} = eV_0 \, .$$

Wir wollen nun die Details des photoelektrischen Effekts aus dem Blickwinkel der Wellentheorie untersuchen und die Ergebnisse Einsteins Photonentheorie des Lichts gegenüberstellen. Zunächst geht die Wellentheorie von monochromatischem Licht aus. Die beiden maßgeblichen Eigenschaften einer elektromagnetischen Welle sind ihre Intensität und ihre Frequenz (oder ihre Wellenlänge). Wenn diese beiden Größen verändert werden, kommt die Wellentheorie zu folgenden Vorhersagen:

Vorhersagen der Wellentheorie

1 Wenn die Lichtintensität erhöht wird, sollte sich auch die Anzahl der herausgeschlagenen Elektronen und deren maximale kinetische Energie erhöhen, weil die höhere Intensität einer größeren Amplitude des elektrischen Feldes entspricht und das stärkere elektrische Feld Elektronen mit höherer Geschwindigkeit herausschlagen sollte.

2 Die Frequenz des Lichts sollte sich nicht auf die kinetische Energie der herausgeschlagenen Elektronen auswirken. Lediglich die Intensität sollte $E_{\text{kin}}^{\text{max}}$ beeinflussen.

Die Photonentheorie kommt zu vollkommen anderen Vorhersagen. Zunächst stellen wir fest, dass in einem monochromatischem Strahl alle Photonen die gleiche Energie ($= hf$) besitzen. Eine Erhöhung der Intensität des Lichtstrahls bedeutet eine Erhöhung der Anzahl der Photonen im Strahl, was sich aber nicht auf die Energie jedes Photons auswirkt, solange die Frequenz nicht geändert wird. Nach Einsteins Theorie wird ein Elektron durch einen Stoß mit einem einzelnen Photon aus dem Metall herausgelöst. Bei diesem Prozess wird die gesamte Energie des Photons auf das Elektron übertragen und das Photon hört auf zu existieren, es wird absorbiert. Da die Elektronen im Metall durch Anziehungskräfte gebunden sind, ist eine minimale Energie W_0 erforderlich, um ein Elektron aus der Oberfläche herauszulösen. Diese minimale Energie wird als **Austrittsarbeit** bezeichnet und liegt für die meisten Metalle in der Größenordnung einiger Elektronenvolt. Wenn die Frequenz f des einfallenden Lichts so niedrig ist, dass hf kleiner als W_0 ist, dann besitzen die Photonen nicht genügend Energie, um überhaupt ein Photon herauszuschlagen. Gilt $hf > W_0$, dann werden Elektronen herausgeschlagen, wobei die Energie bei diesem Prozess erhalten bleibt. Das heißt, die Energie des Photons hf ist gleich der kinetischen Energie E_{kin} des Elektrons plus der notwendigen Austrittsarbeit W:

$$hf = E_{\text{kin}} + W \, . \tag{38.4a}$$

Die am schwächsten gebundenen Elektronen werden mit der größten kinetischen Energie ($E_{\text{kin}}^{\text{max}}$) herausgelöst. In diesem Fall wird W in dieser Gleichung zur Austrittsarbeit W_0 und E_{kin} zu $E_{\text{kin}}^{\text{max}}$:

$$hf = E_{\text{kin}}^{\text{max}} + W_0 \, . \tag{38.4b}$$

Für viele Elektronen wird die Energie zum Herauslösen größer als das Minimum (W_0) sein, wodurch die kinetische Energie solcher Elektronen geringer ist als das Maximum.

Aus diesen Betrachtungen kommt die Photonentheorie zu folgenden Vorhersagen:

Vorhersagen der Photonentheorie

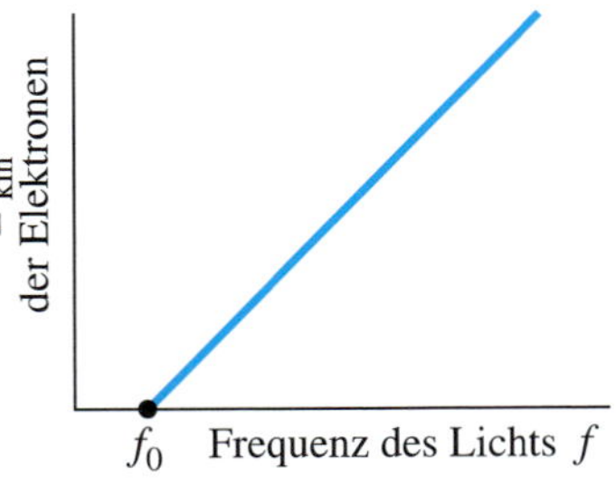

Abbildung 38.5 Der photoelektrische Effekt: Die maximale kinetische Energie der herausgeschlagenen Elektronen wächst linear mit der Frequenz des einfallenden Lichts. Im Falle $f < f_0$ werden gar keine Elektronen emittiert.

1 Eine Erhöhung der Intensität des Lichtstrahls bedeutet, dass mehr Photonen einfallen, so dass mehr Elektronen herausgelöst werden; da sich aber die Energie jedes Photons nicht ändert, wird auch die maximale kinetische Energie der Elektronen durch eine Intensitätserhöhung nicht verändert.

2 Wenn die Frequenz des Lichts erhöht wird, wächst die kinetische Energie der Elektronen linear gemäß Gleichung 38.4b. Es gilt

$$E_{kin}^{max} = hf - W_0 .$$

Diese Beziehung ist in ▶ Abbildung 38.5 dargestellt.

3 Wenn die Frequenz f niedriger als die „Grenzfrequenz“ f_0 ist, bei der $hf_0 = W_0$ gilt, wird unabhängig von der Intensität der einfallenden Lichtwelle überhaupt kein Elektron herausgeschlagen.

Diese Vorhersagen der Photonentheorie sind offensichtlich sehr verschieden von denen der Wellentheorie. Von 1913 bis 1914 wurden von R.A. Millikan sorgfältige Experimente durchgeführt. Die Ergebnisse standen in vollkommenem Einklang mit Einsteins Photonentheorie.

Ein anderer Aspekt des photoelektrischen Effekts bestätigte die Photonentheorie ebenfalls. Wenn eine extrem geringe Lichtintensität verwendet wird, sagt die Wellentheorie eine zeitliche Verzögerung der Emission des Elektrons voraus, die sich daraus ergibt, dass ein Elektron zunächst genügend Energie zum Überwinden der Austrittsarbeit absorbieren muss. Die Photonentheorie sagt keine solche Verzögerung voraus – es ist nur ein Photon (mit hinreichend hoher Frequenz) notwendig, um ein Elektron herauszuschlagen – und auch die Experimente ergaben keine Verzögerung. Diese beiden Tatsachen bestätigten Einsteins Photonentheorie.

Beispiel 38.3 **Energie des Photons**

Berechnen Sie die Energie eines Photons aus blauem Licht mit $\lambda = 450\,\text{nm}$.

Lösung

Wegen $f = c/\lambda$ gilt

$$E = hf = \frac{hc}{\lambda} = \frac{(6{,}63 \cdot 10^{-34}\,\text{J·s})(3{,}0 \cdot 10^{8}\,\text{m/s})}{(4{,}5 \cdot 10^{-7}\,\text{m})} = 4{,}4 \cdot 10^{-19}\,\text{J}$$

oder $(4{,}4 \cdot 10^{-19}\,\text{J})/(1{,}6 \cdot 10^{-19}\,\text{J/eV}) = 2{,}7\,\text{eV}$.

Beispiel 38.4 · Abschätzung **Photonen aus einer Glühlampe**

Schätzen Sie ab, wie viele Photonen eine Glühlampe mit 100 W pro Sekunde im sichtbaren Bereich des Lichts emittiert.

Lösung

Gehen wir von einer durchschnittlichen Wellenlänge im Zentrum des sichtbaren Spektrums aus, also $\lambda \approx 500\,\text{nm}$. Die in einer Sekunde emittierte Energie (= 100 J) ist durch $E = nhf$ bestimmt. Dabei ist n die Anzahl der pro Sekunde emittierten Photonen und $f = c/\lambda$. Folglich gilt

$$n = \frac{E}{hf} = \frac{E\lambda}{hc} = \frac{(100\,\text{J})(500 \cdot 10^{-9}\,\text{m})}{(6{,}63 \cdot 10^{-34}\,\text{J·s})(3{,}0 \cdot 10^{8}\,\text{m/s})} = 2{,}5 \cdot 10^{20} .$$

Damit überschätzen wir die Sache, weil ein Großteil der 100 J an elektrischer Energie in Wärme anstatt in Licht umgewandelt wird. Wenn der Wirkungsgrad der Glühlampe bei einem Prozent liegt, dann liegt die Zahl der emittierten Photonen bei 10^{18} – noch immer eine sehr große Zahl.

Beispiel 38.5

Geschwindigkeit und Energie eines Photoelektrons

Wie groß ist die maximale kinetische Energie und die Geschwindigkeit eines Elektrons, das aus der Oberfläche eines Natriumkristalls mit der Austrittsarbeit $W_0 = 2{,}28\,\text{eV}$ herausgeschlagen wird, wenn Licht der Wellenlänge (a) 410 nm oder (b) 550 nm einfällt?

Lösung

a Im Falle $\lambda = 410\,\text{nm}$ gilt

$$hf = \frac{hc}{\lambda} = 4{,}85 \cdot 10^{-19}\,\text{J} \quad \text{oder} \quad 3{,}03\,\text{eV}\,.$$

Aus Gleichung 38.5 ergibt sich $E_{\text{kin}}^{\text{max}} = 3{,}03\,\text{eV} - 2{,}28\,\text{eV} = 0{,}75\,\text{eV}$ oder $1{,}2 \cdot 10^{-19}\,\text{J}$. Wegen $E_{\text{kin}} = \frac{1}{2}mv^2$ mit $m = 9{,}1 \cdot 10^{-31}\,\text{kg}$ gilt

$$v = \sqrt{\frac{2E_{\text{kin}}}{m}} = 5{,}1 \cdot 10^5\,\text{m/s}\,.$$

Beachten Sie, dass wir für die kinetische Energie die nichtrelativistische Gleichung verwendet haben. Wenn sich für v ein größerer Wert als ein Zehntel der Lichtgeschwindigkeit ergeben hätte, dann würde der berechnete Wert mehr als ein Prozent vom korrekten Wert abweichen, und es wäre besser, die Berechnung unter Verwendung der relativistischen Gleichung 37.10 zu wiederholen.

b Im Falle $\lambda = 550\,\text{nm}$ gilt $hf = 3{,}61 \cdot 10^{-19}\,\text{J} = 2{,}26\,\text{eV}$. Da diese Photonenenergie geringer als die Austrittsarbeit ist, wird kein Elektron herausgeschlagen.

Anwendungen des photoelektrischen Effekts

Abgesehen davon, dass der photoelektrische Effekt eine wichtige historische Rolle bei der Bestätigung der Photonentheorie des Lichts spielte, besitzt er auch viele praktische Anwendungen. Diebstahlsicherungen und automatische Türöffner verwenden häufig die Schaltung mit Photozelle aus ► Abbildung 38.4. Wenn eine Person den Lichtstrahl unterbricht, aktiviert der plötzliche Stromabfall einen Schalter – meist in Form einer Magnetspule – der eine Alarmglocke in Gang setzt oder die Tür öffnet. Wegen seiner Unsichtbarkeit wird in Alarmanlagen manchmal UV- oder IR-Licht verwendet. Viele Rauchmelder benutzen den photoelektrischen Effekt, um winzige Rauchmengen zu erkennen, die den Lichtfluss unterbrechen und somit den elektrischen Strom verändern. Photografische Lichtmesser machen ebenfalls Gebrauch von dieser Schaltung. Photozellen werden auch in vielen anderen Geräten verwendet, wie beispielsweise in Absorptionsspektrometern zur Messung der Lichtintensität. Zum Aufzeichnen des Tonsignals eines Films benutzt man einen schmalen Bereich am Rand des Films, der entsprechend dem Ton unterschiedlich geschwärzt wird. Das durch den Film hindurchlaufende Licht wird durch diesen Bereich „moduliert" und das elektrische Ausgangssignal des Photozell-Detektors folgt den Frequenzen der Tonspur (siehe ► Abbildung 38.6). Bei vielen modernen

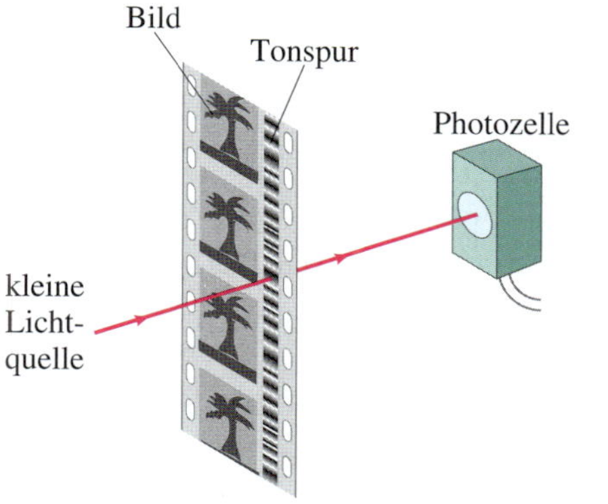

Abbildung 38.6 Optische Tonspur eines Films. Im Projektor passiert Licht aus einer kleinen Quelle (die von der für das Bild verschieden ist) die Tonspur des Films. Durch die hellen und dunklen Bereiche der Tonspur wird die Intensität des durchgehenden Lichts variiert, das die Photozelle erreicht. Deren Ausgangsstrom ist deshalb wie der Originalton moduliert. Der Ausgangsstrom wird verstärkt und an die Lautsprecher geschickt. Hochwertige Projektoren können Filme mit mehreren parallelen Tonspuren zeigen, die an verschiedene Lautsprecher im Kinosaal gehen.

Anwendungen wurde die gewöhnliche Photozelle aus ▶ Abbildung 38.4 durch ein als **Photodiode** bezeichnetes Halbleiterbauelement ersetzt. Die Absorption eines Photons setzt in diesen Halbleitern ein gebundenes Elektron frei, wodurch die Leitfähigkeit des Materials verändert und damit auch der Strom durch die Photodiode modifiziert wird.

ANGEWANDTE PHYSIK

Photosynthese

Beispiel 38.6 **Photosynthese**

Bei der *Photosynthese*, dem Prozess, bei dem Pigmente wie Chlorophyll in Pflanzen die Energie des Sonnenlichts einfangen, um aus CO_2 Kohlenhydrate und O_2 zu gewinnen, werden zur Umwandlung eines CO_2-Moleküls in Kohlenhydrat und Sauerstoff etwa 9 Photonen benötigt. Wie effizient ist der Prozess der Photosynthese unter der Annahme, dass Licht der Wellenlänge $\lambda = 670\,\text{nm}$ einfällt (Chlorophyll absorbiert am stärksten im Bereich von $\lambda = 650\,\text{nm}$ bis $\lambda = 700\,\text{nm}$)? Die umgekehrte chemische Reaktion setzt eine Energie von 4,9 eV pro CO_2-Molekül frei.

Lösung

Die Gesamtenergie von neun Photonen mit einer Energie von jeweils $hf = hc/\lambda$ beträgt $(9)(6{,}6 \cdot 10^{-34}\,\text{J}\cdot\text{s})(3{,}0 \cdot 10^{8}\,\text{m/s})(6{,}7 \cdot 10^{-7}\,\text{m}) = 2{,}7 \cdot 10^{-18}\,\text{J}$ oder 17 eV. Der Prozess besitzt also eine Effizienz von $(4{,}9\,\text{eV}/17\,\text{eV}) = 29$ Prozent.

38.3 Photonen und der Compton-Effekt

Zu Beginn des 20. Jahrhunderts wurde die Photonentheorie auch durch etliche andere Experimente bestätigt. Eines davon bezog sich auf den nach seinem Entdecker, A.H. Compton (1892–1962), benannten **Compton-Effekt** (1923). Compton streute kurzwelliges Licht (genauer Röntgenstrahlung) an verschiedenen Materialien. Er stellte fest, dass das gestreute Licht eine etwas größere Wellenlänge besaß als das einfallende Licht und dass die damit etwas geringere Frequenz ein Zeichen des Energieverlustes ist. Er zeigte, dass diese Feststellung auf Grundlage der Photonentheorie des Lichts erklärt werden kann, indem man sich Photonen vorstellt, die mit den Elektronen des Materials zusammenstoßen (siehe Aufgabe 38.7). Er wendete den Impuls- und den Energieerhaltungssatz auf solche Stöße an und stellte fest, dass die sich daraus ergebenden Vorhersagen für die Energien der gestreuten Photonen mit den experimentellen Resultaten im Einklang standen.

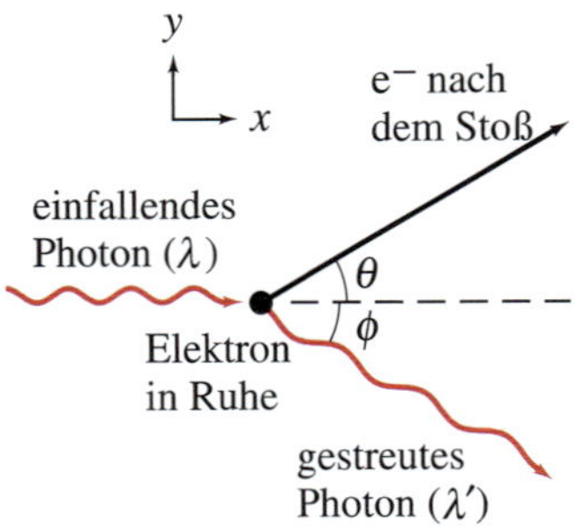

Abbildung 38.7 Der Compton-Effekt. Ein einzelnes Photon der Wellenlänge λ trifft auf ein Elektron im Material und schlägt es aus dem Atom heraus. Das gestreute Photon besitzt weniger Energie (weil es einen bestimmten Betrag an das Elektron abgegeben hat) und somit eine größere Wellenlänge λ'. In den Experimenten wurde gestreute Röntgenstrahlung von genau der Wellenlänge gefunden, die sich aus der Energie- und Impulserhaltung mithilfe der Photonentheorie ergibt.

Sehen wir uns den Compton-Effekt genauer an und versuchen wir, die Verschiebung der Wellenlänge mithilfe der Photonentheorie des Licht und ▶ Abbildung 38.7 zu bestimmen. Zunächst sei darauf hingeweisen, dass das Photon in der Tat ein relativistisches Teilchen ist – es bewegt sich mit Lichtgeschwindigkeit. Deshalb müssen wir die relativistischen Gleichungen verwenden, wenn wir uns mit seiner Masse, seiner Energie und seinem Impuls befassen. Der Impuls eines Teilchen mit der Ruhemasse m ist durch $p = \gamma mv = mv/\sqrt{1 - v^2/c^2}$ gegeben. Da für ein Photon $v = c$ gilt, ist der Nenner null. Die Ruhemasse eines Photons muss also null sein, weil sonst sein Impuls unendlich groß wäre. Natürlich befindet sich ein Photon niemals in Ruhe. Der Impuls eines Photons ist nach Gleichung 37.13 mit $m = 0$ durch $E^2 = p^2c^2$ oder

$$p = \frac{E}{c}$$

gegeben. Wegen $E = hf$ besteht zwischen dem Impuls und der Wellenlänge des Photons die Beziehung

$$p = \frac{hf}{c} = \frac{h}{\lambda}\,. \tag{38.5}$$

Wenn das einfallende Photon in ▸ Abbildung 38.7 die Wellenlänge λ besitzt, dann ist dessen Gesamtenergie und dessen Impuls

$$E = hf = \frac{hc}{\lambda} \quad \text{und} \quad p = \frac{h}{\lambda} \, .$$

Wie in ▸ Abbildung 38.7 gezeigt, besitzt das gestreute Photon nach dem Stoß im Winkel von ϕ eine Wellenlänge λ'. Energie und Impuls des Photons sind

$$E' = \frac{hc}{\lambda'} \quad \text{und} \quad p' = \frac{h}{\lambda'} \, .$$

Das Elektron, das sich vor dem Stoß in Ruhe befindet, ist nach dem Stoß frei beweglich und wird in einem Winkel von θ gestreut (siehe ▸ Abbildung 38.7). Für die kinetische Energie des Elektrons gilt (siehe Gleichung 37.10):

$$E^{\mathrm{e}}_{\mathrm{kin}} = \left(\frac{1}{\sqrt{1 - v^2/c^2}} - 1 \right) m_{\mathrm{e}} c^2 \, ,$$

wobei m_{e} die Ruhemasse des Elektrons ist und v dessen Geschwindigkeit. Der Impuls des Elektrons ist

$$p_{\mathrm{e}} = \frac{1}{\sqrt{1 - v^2/c^2}} m_{\mathrm{e}} v \, .$$

Wir wenden den Energieerhaltungssatz auf den Stoß an (siehe ▸ Abbildung 38.7):

E(einfallendes Photon) = E(gestreutes Photon) + E(Elektron)

$$\frac{hc}{\lambda} = \frac{hc}{\lambda'} + \left(\frac{1}{\sqrt{1 - v^2/c^2}} - 1 \right) m_{\mathrm{e}} c^2 \, .$$

Außerdem wenden wir den Impulserhaltungssatz auf die x- und y-Komponenten des Impulses an:

$$\frac{h}{\lambda} = \frac{h}{\lambda'} \cos\phi + \frac{m_{\mathrm{e}} v \cos\theta}{\sqrt{1 - v^2/c^2}}$$

$$0 = \frac{h}{\lambda'} \sin\phi - + \frac{m_{\mathrm{e}} v \sin\theta}{\sqrt{1 - v^2/c^2}} \, .$$

Wir können diese drei Gleichungen kombinieren und nach v und θ auflösen (die eigentliche Rechnung überlassen wir Ihnen in Aufgabe 25) und erhalten, genau wie Compton, eine Gleichung für die Wellenlänge der gestreuten Photonen als Funktion des Streuungswinkels ϕ:

$$\lambda' = \lambda + \frac{h}{m_{\mathrm{e}} c} (1 - \cos\phi) \, .$$

Für $\phi = 0$ bleibt die Wellenlänge unverändert (es gibt keinen Stoß, wenn das Photon gerade durchfliegt). In jedem anderen Winkel ist λ' größer als λ. Die Wellenlängendifferenz,

$$\Delta\lambda = \lambda' - \lambda = \frac{h}{m_{\mathrm{e}} c} (1 - \cos\phi) \qquad (38.6)$$

wird als **Compton-Verschiebung** bezeichnet. Die Größe $h/m_{\mathrm{e}}c$ mit der Dimension einer Länge wird als Compton-Wellenlänge λ_{C} eines freien Elektrons bezeichnet:

$$\lambda_{\mathrm{C}} = \frac{h}{m_{\mathrm{e}} c} = 2{,}43 \cdot 10^{-3}\,\mathrm{nm} = 2{,}43\,\mathrm{pm} \, . \qquad \text{(Elektron)}$$

Aus Gleichung 38.6 geht hervor, dass λ' vom Beobachtungswinkel ϕ abhängt. Die 1923 von Compton durchgeführten Messungen waren mit dieser Gleichung konsistent. Sie bestätigten den Wert von λ_{C} und die ϕ-Abhängigkeit von λ' (siehe ▸ Abbildung 38.8). Die Wellentheorie des Lichts sagt keine Wellenlängenverschiebung voraus: Eine einfallende elektromagnetische Welle der Frequenz f sollte Elektronen in Schwingungen derselben Frequenz versetzen, die ihrerseits wieder

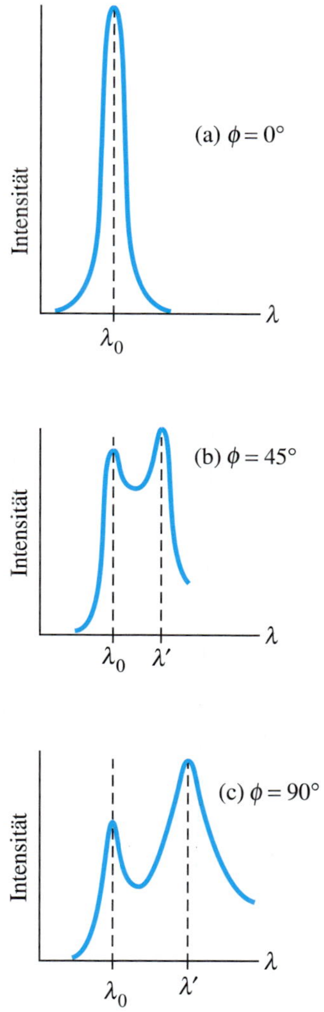

Abbildung 38.8 Strahlungsintensität der an Graphit (Kohlenstoff) gestreuten Photonen bei drei verschiedenen Winkeln. Die Werte von λ' erfüllen Gleichung 38.6. In (a), $\phi = 0°$, gilt $\lambda' = \lambda_0$. In (b) und (c) wurden jeweils zwei Maxima beobachtet: (i) eines bei λ', das sich durch Compton-Streuung an fast freien Elektronen (Valenzelektronen) des Kohlenstoffs ergibt; (ii) ein zweites nahe λ_0. Dieses Maximum geht auf die Streuung an Elektronen zurück, die sehr stark an das Atom gebunden sind, so dass die Masse in Gleichung 38.6 sehr groß (gleich der Atommasse) und $\Delta\lambda$ dadurch sehr klein wird.

elektromagnetische Wellen eben dieser Frequenz f emittieren sollten (Kapitel 32). Diese sollten nicht vom Winkel ϕ abhängen. Somit gehört der Compton-Effekt zu den Experimenten, die die Teilcheneigenschaft und damit die Photonentheorie des Lichts bestätigen.

Beispiel 38.7 **Röntgenstreuung**

Röntgenstrahlung der Wellenlänge 0,140 nm wird an einem Stück Graphit (Kohlenstoff) gestreut. Wie groß ist die Wellenlänge der gestreuten Röntgenstrahlung im Winkel von (a) 0°, (b) 90° und (c) 180°?

Lösung

a Für $\phi = 0°$ ist $\cos\phi = 1$, und aus Gleichung 38.6 folgt $\lambda' = \lambda = 0{,}140\,\text{nm}$. Dies ist vernünftig, weil es in diesem Fall keinen Stoß gibt und das Photon ohne Wechselwirkung geradeaus durchfliegt.

b Für $\phi = 90°$ ist $\cos\phi = 0$, so dass

$$\lambda' = \lambda + \frac{h}{m_e c} = 0{,}140\,\text{nm} + \frac{6{,}63 \cdot 10^{-34}\,\text{J·s}}{(9{,}11 \cdot 10^{-31}\,\text{kg})(3{,}00 \cdot 10^{8}\,\text{m/s})}$$
$$= 0{,}140\,\text{nm} + 2{,}4 \cdot 10^{-12}\,\text{m} = 0{,}142\,\text{nm}$$

gilt, die Wellenlänge ist also um eine Compton-Wellenlänge größer (= 0,0024 nm für ein Elektron).

c Für $\phi = 180°$ ist $\cos\phi = -1$. In diesem Fall (einem direkten frontalen Stoß) wird das Photon rückwärts gestreut, es kehrt also in die Richtung zurück, aus der es gekommen ist. Es gilt

$$\lambda' = \lambda + 2\frac{h}{m_e c} = 0{,}140\,\text{nm} + 2(0{,}0024\,\text{nm}) = 0{,}145\,\text{nm}\,.$$

ANGEWANDTE PHYSIK

Messung der Knochendichte

Der Compton-Effekt wird zur Diagnose von Knochenerkrankungen wie Osteoroporose eingesetzt. Gammastrahlung aus einer radioaktiven Quelle, die aus Photonen noch geringerer Wellenlänge als Röntgenstrahlung besteht, wird am Knochen gestreut. Die Gesamtintensität der gestreuten Strahlung ist proportional zur Elektronendichte, die wiederum proportional zur Knochendichte ist. Veränderungen der Knochendichte können auf beginnende Osteoroporose hinweisen.

38.4 Photonenwechselwirkungen; Paarerzeugung

Wenn Photonen Materie durchdringen, wechselwirken sie mit den Atomen und Elektronen. Es gibt vier wesentliche Arten der Wechselwirkung, denen Photonen unterliegen können:

Photonenwechselwirkungen

1 Ein Photon kann an einem Elektron (oder an einem Kern) gestreut werden und bei diesem Prozess Energie verlieren; das ist der *Compton-Effekt* (siehe ► Abbildung 38.7). Beachten Sie aber, dass dieses Photon nicht abgebremst wird. Es bewegt sich immer noch mit der Geschwindigkeit c, besitzt allerdings eine geringere Frequenz.

2 Der *photoelektrische Effekt*: Ein Photon kann ein Elektron aus einem Atom herausschlagen und bei diesem Prozess selbst absorbiert werden.

3 Das Photon kann ein Elektron in der Atomhülle in einen Zustand mit höherer Energie versetzen, falls die Energie des Photons nicht dafür ausreicht, es ganz herauszuschlagen. Bei diesem Prozess wird das Photon absorbiert und übergibt seine gesamte Energie dem Atom. Ein solches Atom befindet sich in einem *angeregten Zustand*. Wir werden dies später detaillierter diskutieren.

4. Paarerzeugung: Ein Photon kann tatsächlich Materie erzeugen, zum Beispiel durch die Erzeugung eines Elektron-Positron-Paares (siehe ▶ Abbildung 38.9). (Ein Positron besitzt dieselbe Masse wie ein Elektron, jedoch die entgegengesetzte Ladung $+e$.)

Der letzte Prozess wird **Paarerzeugung** genannt, weil das Photon während dieses Prozesses verschwindet und dabei ein Elektron-Positron-Paar erzeugt. Dies ist ein Beispiel für die Erzeugung von Ruhemasse aus der Energie eines Photons, eines Teilchens mit Ruhemasse = 0. Dies geschieht nach der Einstein'schen Gleichung $E = mc^2$. Es sei darauf hingewiesen, dass das Photon kein einzelnes Elektron erzeugen kann, weil dann die Ladung nicht erhalten wäre. Der Umkehrprozess der Paarerzeugung tritt ebenfalls auf: Wenn ein Elektron mit einem Positron zusammenstößt, dann **vernichten** sich die beiden Teilchen gegenseitig, und ihre Energie, also auch ihre Masse, erscheint in Form der elektromagnetischen Energie des Photons. Aufgrund dieses Prozesses hat ein Positron in der Natur gewöhnlich keine lange Überlebensdauer.

Paarerzeugung

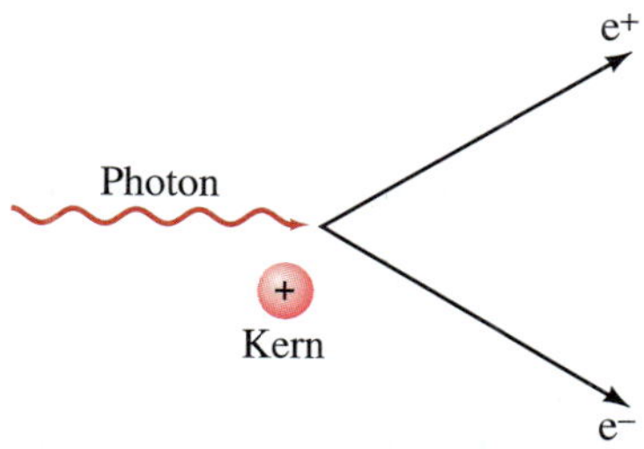

Abbildung 38.9 Paarerzeugung: Ein Photon verschwindet und erzeugt ein Elektron-Positron-Paar.

Beispiel 38.8 Paarerzeugung

Wie groß muss (a) die Energie eines Photons mindestens sein, das ein Elektron-Positron-Paar erzeugen kann? (b) Wie groß ist die Wellenlänge dieses Photons?

Lösung

a. Wegen $E = mc^2$ muss die Energie des Photons gleich der erzeugten Masse sein, das sind also zwei Elektronenmassen

$$E = 2(9{,}11 \cdot 10^{-31}\,\mathrm{kg})(3{,}0 \cdot 10^{8}\,\mathrm{m/s})^2 = 1{,}64 \cdot 10^{-13}\,\mathrm{J} = 1{,}02\,\mathrm{MeV}\,.$$

Ein Photon mit weniger Energie kann kein Elektron-Positron-Paar erzeugen.

b. Wegen $E = hf = hc/\lambda$ ist die Wellenlänge eines Photons mit 1,02 MeV

$$\lambda = \frac{hc}{E} = \frac{(6{,}6 \cdot 10^{-34}\,\mathrm{J{\cdot}s})(3{,}0 \cdot 10^{8}\,\mathrm{m/s})}{(1{,}64 \cdot 10^{-13}\,\mathrm{J})} = 1{,}2 \cdot 10^{-12}\,\mathrm{m}\,,$$

also 0,0012 nm. Solche Photonen liegen im Bereich der Gammastrahlen (oder im Bereich der Röntgenstrahlen mit sehr kurzer Wellenlänge) des elektromagnetischen Spektrums.

Die Paarerzeugung kommt im Vakuum nicht vor, weil dann Energie und Impuls nicht gleichzeitig erhalten bleiben können. Im Beispiel 38.8 etwa ist die Energie erhalten, es stand allerdings nur soviel Energie zur Verfügung wie zur Erzeugung des Elektron-Positron-Paares im Ruhezustand notwendig, und somit fand keine Impulsübertragung des ursprünglichen Impulses des Photons statt. Es lässt sich tatsächlich zeigen, dass zusätzliche Energie in Form eines massebehafteten Körpers, beispielsweise eines Atomkerns, an dem Konversionsprozess beteiligt sein muss, um einen Teil des Impulses aufzunehmen.

38.5 Welle-Teilchen-Dualismus; das Komplementaritätsprinzip

Der photoelektrische Effekt, der Compton-Effekt und andere Experimente haben die Photonentheorie des Lichts auf eine solide experimentelle Basis gestellt. Was ist aber mit den klassischen Experimenten zur Interferenz und Beugung (Kapitel 35 und 36), die zeigten, dass auch die Wellentheorie des Lichts auf einer soliden experimentellen Basis steht?

Welle-Teilchen-Dualismus

Wir scheinen in einem Dilemma zu stecken. Einige Experimente ergeben, dass sich Licht wie eine Welle verhält; andere zeigen, dass es mit einem Teilchenstrom vergleichbar ist. Dieser fundamentale Dualismus ist mit den Konzepten der klassischen Physik nicht erklärbar, die klassische Physik kennt nur „Welle oder Teilchen", nicht aber Welle- und Teilcheneigenschaft. Die besprochenen Experimente haben die Physiker überzeugt, dass dieser **Welle-Teilchen-Dualismus** akzeptiert und auf eine theoretische Grundlage gestellt werden muss. Offenbar ist Licht ein komplexeres Phänomen als eine einfache Welle oder ein einfacher Teilchenstrom.

Komplementaritätsprinzip

Um die Situation zu klären, schlug der große dänische Physiker Niels Bohr (1885–1962, ► Abbildung 38.10) sein berühmtes **Komplementaritätsprinzip** vor. Es besagt, dass wir zum Verständnis eines gegebenen Experiments entweder die Wellentheorie oder die Photonentheorie anwenden müssen, jedoch nicht beide gleichzeitig. Dennoch müssen wir uns sowohl des Wellencharakters als auch des Teilchencharakters des Lichts bewusst sein, wenn wir an einem vollständigen Verständnis des Lichts interessiert sind. Diese beiden Aspekte ergänzen sich also gegenseitig.

Abbildung 38.10 Niels Bohr mit Enrico Fermi bei einem Spaziergang entlang der Via Appia vor den Toren Roms.

Eine Veranschaulichung dieser Dualität ist nicht möglich. Wir können uns keine Kombination aus Welle und Teilchen vorstellen. Stattdessen müssen wir erkennen, dass die beiden Aspekte des Lichts wie zwei verschiedene „Gesichter" sind, die das Licht den Experimentatoren zeigt.

Ein Teil der Probleme hängt mit unserer Denkweise zusammen. Alle visuellen Darstellungen (oder die Modelle) in unseren Köpfen basieren auf unserer alltäglichen Wahrnehmung. Wir wenden die Konzepte von Welle und Teilchen auf das Licht an, weil wir in der makroskopischen Welt erfahren, dass Energie jeweils mit einer dieser beiden Methoden von einem Ort zum anderen transportiert wird. Wir können nicht direkt erkennen, ob Licht eine Welle oder ein Teilchen ist – daher führen wir Experimente durch. Um das Verhalten des Lichts in den Experimenten zu erklären, wenden wir entweder das Wellenmodell oder das Teilchenmodell an. Dabei handelt es sich allerdings um Abstraktionen des menschlichen Geistes. Wenn wir begreifen wollen, was Licht wirklich „ist" , dann suchen wir zunächst nach einer Visualisierung. Es gibt jedoch keinen Grund, weshalb sich Licht den Modellen (oder Visualisierungen) aus der makroskopischen Welt unterwerfen sollte. Die „wirkliche" Natur des Lichts – wenn dies etwas bedeutet – ist nicht visualisierbar. Am besten ist es, sich zu vergegenwärtigen, dass unser Wissen auf indirekte Experimente beschränkt ist und das Licht dabei, in unserer Alltagssprache und durch Alltagsvorstellung ausgedrückt, sowohl Wellen- als auch Teilcheneigenschaften offenbart.

Es sei erwähnt, dass die Einstein'sche Gleichung $E = hf$ selbst die Teilchen- und Welleneigenschaften eines Lichtstrahls miteinander verknüpft. In dieser Gleichung bezieht sich E auf die Energie eines Teilchens; auf der anderen Seite der Gleichung steht die Frequenz der dazugehörigen Welle.

38.6 Die Wellennatur der Materie

Im Jahre 1923 erweiterte Louis de Broglie (1802–1987) den Begriff des Welle-Teilchen-Dualismus. Er erkannte die Symmetrie als wichtiges Prinzip in der Natur. Wenn sich Licht manchmal wie eine Welle und manchmal wie ein Teilchen verhält, so argumentierte er, dann sollten vielleicht umgekehrt auch die Dinge, die wir in der Natur als Teilchen betrachten – wie Elektronen und andere materielle Körper – Welleneigenschaften aufweisen. De Broglie schlug vor, dass die Wellenlänge eines Masseteilchens genauso mit seinem Impuls verknüpft sein sollte wie bei einem Photon, Gleichung 38.5, $p = h/\lambda$. Das heißt, die Wellenlänge λ eines Teilchens mit dem linearen Impuls p ist durch durch

$$\lambda = \frac{h}{p} \qquad (38.7)$$

de-Broglie-Wellenlänge

gegeben. Diese wird manchmal als **de-Broglie-Wellenlänge** eines Teilchens bezeichnet.

Beispiel 38.9 Wellenlänge einer Kugel

Berechnen Sie die de-Broglie-Wellenlänge einer Kugel (0,20 kg), sie sich mit einer Geschwindigkeit von 15 m/s bewegt. Diskutieren Sie das Ergebnis.

Lösung

$$\lambda = \frac{h}{p} = \frac{h}{mv} = \frac{(6{,}6 \cdot 10^{-34}\,\mathrm{J{\cdot}s})}{(0{,}20\,\mathrm{kg})(15\,\mathrm{m/s})} = 2{,}2 \cdot 10^{-34}\,\mathrm{m}\,.$$

Das ist eine extrem kurze Wellenlänge. Selbst wenn die Geschwindigkeit klein wäre, zum Beispiel 10^{-4} m/s, wäre die Wellenlänge etwa 10^{-29} m. Sie ist tatsächlich so gering, dass sich die Wellenlänge eines makroskopischen Körpers einer Messung oder einem Nachweis entzieht, denn die Welleneigenschaften, wie Interferenz und Beugung, sind nur dann maßgeblich, wenn die Abmessungen des dabei verwendeten Körpers oder Spalts die Wellenlänge nicht wesentlich übersteigen. Da es keine Körper oder Spalte gibt, die Wellen mit einer Wellenlänge von 10^{-30} m beugen könnten, bleiben die Welleneigenschaften makroskopischer Körper unentdeckt.

Anders verhält es sich dagegen mit Elementarteilchen wie dem Elektron. Da m im Nenner von Gleichung 38.7 steht, führt eine sehr geringe Masse zu einer größeren Wellenlänge.

Beispiel 38.10 Wellenlänge eines Elektrons

Bestimmen Sie die Wellenlänge eines Elektrons, das durch eine Potenzialdifferenz von 100 V beschleunigt wurde.

Lösung

Wir gehen davon aus, dass die Geschwindigkeit des Elektrons viel kleiner als c ist, so dass wir die nichtrelativistische Mechanik benutzen können. (Wenn sich diese Annahme als falsch herausstellen sollte, müssten wir eine Neuberechnung mithilfe der relativistischen Gleichungen anstellen – siehe Abschnitt 37.9 und 37.11.) Der Gewinn an kinetischer Energie ist gleich dem Verlust an potenzieller Energie, so dass $\frac{1}{2}mv^2 = eV$ ist und

$$v = \sqrt{\frac{2\,eV}{m}} = \sqrt{\frac{(2)(1{,}6 \cdot 10^{-19}\,\mathrm{C})(100\,\mathrm{V})}{(9{,}1 \cdot 10^{-31}\,\mathrm{kg})}} = 5{,}9 \cdot 10^{6}\,\mathrm{m/s}$$

gilt. Dann ist

$$\lambda = \frac{h}{mv} = \frac{(6{,}6 \cdot 10^{-34}\,\mathrm{J{\cdot}s})}{(9{,}1 \cdot 10^{-31}\,\mathrm{kg})(5{,}9 \cdot 10^{6}\,\mathrm{m/s})} = 1{,}2 \cdot 10^{-10}\,\mathrm{m}$$

oder 0,12 nm.

Aus diesem Beispiel erkennen wir, dass Elektronen Wellenlängen im Bereich von 10^{-10} m haben können. Obwohl auch diese Wellenlänge klein ist, kann sie durch Beugung der Elektronen an Kristallen gemessen werden: Kristalle sind regelmäßige, räumlich periodische Anordnungen von Atomen. Sie bilden für die Elektronen ein Beugungsgitter, so wie wir es bereits im Fall der Röntgenstrahlung (Abschnitt 36.10) diskutiert haben. Der Atomabstand und die räumliche Periode des Beugungsgitters liegen im Bereich von 10^{-10} m. C.J. Davisson und L.H. Germer führten die entscheidenden Experimente durch; sie richteten einen Elektronenstrahl auf eine Metalloberfläche (Kristall) und beobachteten Anfang 1927, dass gestreute Elektronen nur in ganz bestimmten Raumrichtungen auftraten. Die gestreuten Elektronen wurden mittels eines Schirms sichtbar gemacht und ergaben ein Beugungsbild, das aus einzelnen Maxima (Peaks) besteht. Die Auswertung des Beugungsbildes ergab Elektronenwellenlängen der gebeugten Elektronen, die genau mit der von de Broglie vorhergesagten übereinstimmten (siehe Gleichung 38.7). Im selben Jahr beobachtete auch G.P. Thomson (der Sohn von J.J. Thomson, dem die Entdeckung der Teilchennatur von Elektronen zugeschrieben wird, wie wir aus Abschnitt 27.7 wissen) die Beugung von Elektronen in einem anderen Experiment (siehe ► Abbildung 38.11). Es ist mit der Röntgenbeugung, Abschnitt 36.10, vergleichbar. Nachfolgende Experimente ergaben, dass auch Protonen, Neutronen und andere Elementarteilchen Welleneigenschaften besitzen.

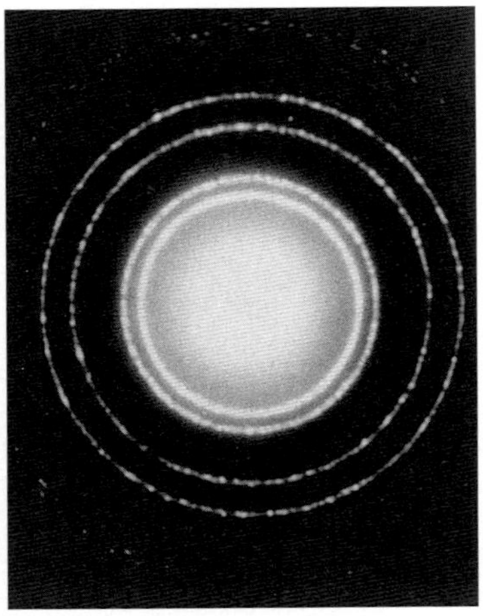

Abbildung 38.11 Elektronen-Beugungsbild einer dünnen Aluminiumfolie, die aus einer großen Zahl von unterschiedlich orientierten Kristallen besteht. Der durchgehende, nicht gebeugte Elektronenstrahl befindet sich in der Mitte des hellen Kreises. Gebeugte Elektronen treten nur in ganz bestimmten Raumrichtungen auf, die in der Projektion Kreisringe ergeben. In diesem Beugungsbild sind 4 vollständige Kreise erkennbar.

Somit lässt sich der Welle-Teilchen-Dualismus auf Teilchen mit Ruhemasse ungleich null genau wie auf Licht anwenden. Auch das Komplementaritätsprinzip ist auf Teilchen mit Ruhemasse ungleich null anwendbar. Wir müssen uns sowohl der Wellen- als auch der Teilchenaspekte bewusst sein, wenn wir eine Vorstellung von Materie einschließlich der Elektronen haben wollen. Doch müssen wir uns abermals vergegenwärtigen, dass eine Visualisierung eines „Welle-Teilchens“ unmöglich ist.

Was ist ein Elektron?

Wir können uns fragen: „Was ist ein Elektron?“ Bei frühen Experimenten von J.J. Thomson (Abschnitt 27.7) zeigte sich in einer Kathodenstrahlröhre eine Leuchtspur, die sich bei Anwendung eines magnetischen Feldes verschob. Die Resultate dieses und anderer Experimente konnten am besten interpretiert werden, wenn man davon ausging, dass die Leuchtspur von winzigen, negativ geladenen Teilchen herrührte, die wir heute als Elektronen bezeichnen. Tatsächlich hat bisher niemand ein Elektron unmittelbar gesehen. Das Bild, das wir uns davon manchmal in Form einer winzigen Kugel mit negativer Ladung machen, ist lediglich ein zweckmäßiges Abbild (das sich jedoch als ungenau erweist). Wiederum müssen wir uns auf Experimente verlassen, von denen einige am besten mithilfe des Teilchenmodells interpretiert werden können, andere dagegen mithilfe des Wellenmodells. Immer handelt es sich aber um Bilder, die wir benutzen, um von der makroskopischen Welt auf die mikroskopische Welt der Atome zu extrapolieren. Es gibt keinen Grund, weshalb man erwarten sollte, dass diese Modelle die Realität eines Elektrons auch nur in irgendeiner Weise widerspiegeln. Wir verwenden also ein Welle- oder Teilchenmodell (je nach Situation), damit wir uns darüber verständigen können, was passiert. Wir sollten allerdings nicht glauben, dass ein Elektron eine Welle oder ein Teilchen *ist*. Stattdessen könnten wir sagen, dass ein Elektron die Menge der von uns messbaren Eigenschaften verkörpert. Bertrand Russell hat diesen Sachverhalt gut formuliert als er schrieb, dass ein Elektron nichts anderes als eine „logische Konstruktion“ sei.

Beispiel 38.11 **Elektronenbeugung**

Die Wellennatur von Elektronen offenbart sich in Experimenten, bei denen ein Elektronenstrahl mit Atomen auf einer Festkörperoberfläche wechselwirkt. Wenn man die Winkelverteilung der gebeugten Elektronen untersucht, kann man indirekt die geometrische Anordnung der Atome bestimmen. Ein solches Experiment haben wir vorhin erläutert, Davisson und Germer haben es als erste durchgeführt. Angenommen, die Elektronen treffen senkrecht auf die Festkörperoberfläche auf (siehe ▶ Abbildung 38.12), und die Energie der Elektronen ist so niedrig, $E_{\text{kin}} = 100\,\text{eV}$, dass sie nur mit den Oberflächenatomen wechselwirken. Wie groß ist der Abstand zwischen den Oberflächenatomen, wenn der kleinste Winkel, bei dem ein Beugungsmaximum festgestellt wird, 24° ist?

Lösung

Wenn wir die Elektronen als Welle behandeln, müssen wir die Bedingungen bestimmen, unter denen der Gangunterschied zwischen zwei Wellen, die an benachbarten Atomen gebeugt werden, ein ganzzahliges Vielfaches der de-Broglie-Wellenlänge ist, so dass konstruktive Interferenz auftritt. Der Gangunterschied beträgt $d \sin\theta$; für den kleinsten Wert von θ muss

$$d \sin\theta = \lambda$$

gelten. Die Wellenlänge λ ist jedoch mit der (nichtrelativistischen) kinetischen Energie E_{kin} durch

$$E_{\text{kin}} = \frac{p^2}{2m_e} = \frac{h^2}{2m_e\lambda^2}$$

verknüpft. Es gilt also

$$\lambda = \frac{h}{\sqrt{2m_e E_{\text{kin}}}} = \frac{(6{,}63 \cdot 10^{-34}\,\text{J·s})}{\sqrt{2(9{,}11 \cdot 10^{-13}\,\text{kg})(100\,\text{eV})(1{,}6 \cdot 10^{-19}\,\text{J/eV})}} = 0{,}123\,\text{nm}\,.$$

Die Abstand zwischen den Oberflächenatomen ist

$$d = \frac{\lambda}{\sin\theta} = \frac{0{,}123\,\text{nm}}{\sin 24°} = 0{,}30\,\text{nm}\,.$$

ANGEWANDTE PHYSIK
Elektronenbeugung

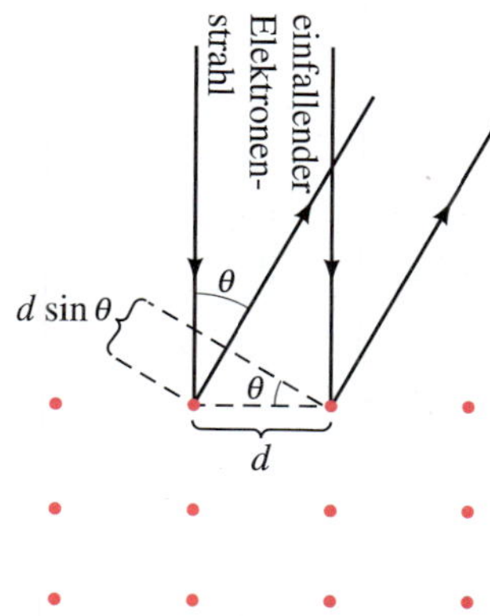

Abbildung 38.12 Beispiel 38.11.

38.7 Elektronenmikroskope

Die Vorstellung, dass Elektronen Welleneigenschaften besitzen, führte zur Entwicklung des **Elektronenmikroskops** , das Bilder mit viel höherer Auflösung produzieren kann als ein Lichtmikroskop. Das erste Elektronenmikroskop konstruierte und betrieb Ernst Ruska (1906–1988) in Berlin im Jahre 1931. Im Jahre 1986 erhielt er dafür den Nobelpreis. Die ▶ Abbildungen 38.13 und ▶ 38.14 zeigen Diagramme von zwei verschiedenen Arten, das **Transmissionselektronenmikroskop**, in dem die Probe durchstrahlt wird, und das **Rasterelektronenmikroskop**, in dem die Oberfläche einer Probe mit einem feinen Elektronenstrahl abgerastert wird und die von der Oberfläche emittierten (Sekundär-) Elektronen als Meßsignal verwendet werden. Bei beiden Mikroskoparten werden Spulen als (magnetische) Linsen verwendet. Die fokussierende Wirkung ergibt sich durch die Lorentz-Kraft auf die Elektronen, die diese Linsen (Spulen) durchlaufen.

ANGEWANDTE PHYSIK
Elektronenmikroskop

Wie in Abschnitt 36.5 diskutiert, liegt das Auflösungsvermögen für Objektdetails im Bereich der Wellenlänge der zur Beobachtung verwendeten Strahlung. Elektronen, die durch Spannungen der Größenordnung 10^5 V beschleunigt wer-

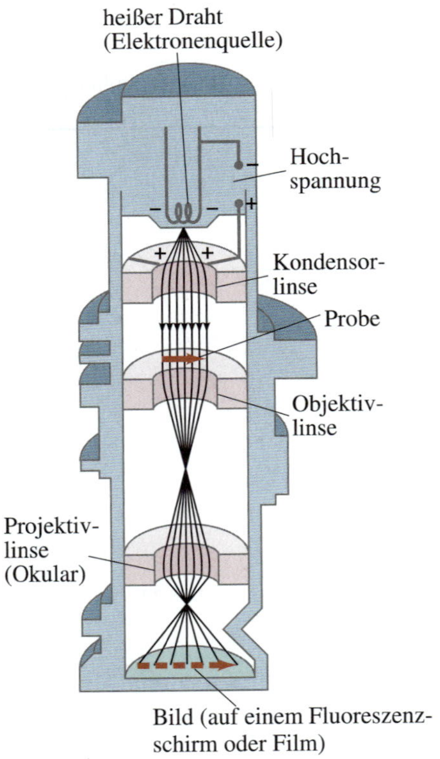

Abbildung 38.13 Transmissionselektronenmikroskop. Die Linsen sind als magnetische Linsen, das heißt Spulen, ausgeführt, die die Elektronen ablenken und wie dargestellt fokussieren.

Abbildung 38.14 Rasterelektronenmikroskop. Die Ablenkspulen bewegen den Elektronenstrahl zeilenweise über die Probenoberfläche. Die beim Auftreffen des Strahls auf der Probe erzeugten Sekundärelektronen werden aufgefangen und ihre Intensität in einem Graustufenbild auf einem Bildschirm dargestellt.

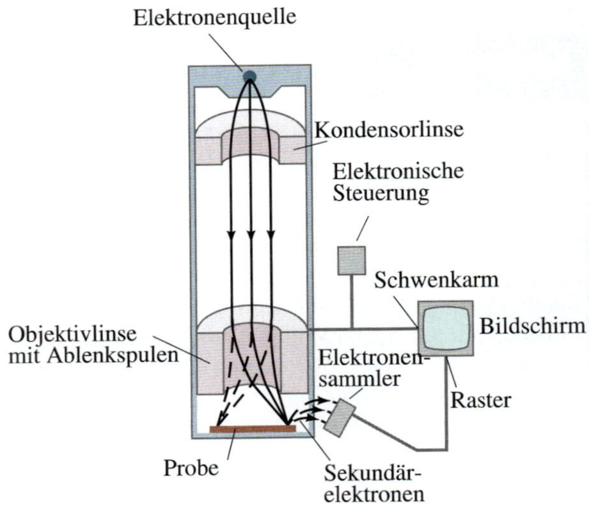

den, besitzen Wellenlängen im Bereich von 0,004 nm. Die maximal erreichbare Auflösung würde ebenfalls in diesem Bereich liegen. Die Abbildungsfehler der magnetischen Linsen begrenzen das Auflösungsvermögen von Transmissionselektronenmikroskopen in der Praxis jedoch auf höchstens 0,1 nm bis 0,5 nm. Diese Auflösung ist 10^4-mal höher als mit einem Lichtmikroskop und ermöglicht detaillierte Einblicke in die Nanowelt von anorganischen, organischen und biologischen Materialien. Mit Transmissionselektronenmikroskopen können Atome in Kristallen direkt sichtbar gemacht werden. Rasterelektronenmikroskope, die die Oberfläche von Proben abbilden, haben ein geringeres Auflösungsvermögen, größer als 1 nm. Elektronenmikroskope sind wegen ihres hohen Auflösungsvermögens Schlüsselwerkzeuge der Nanotechnologie.

38.8 Frühe Atommodelle

Die Vorstellung, dass Materie aus Atomen besteht, wurde 1900 von den meisten Wissenschaftlern akzeptiert. Mit der Entdeckung des Elektrons im Jahre 1890 begannen die Wissenschaftler, den Aufbau der Atome zu erforschen und damit auch die Elektronenzustände in einem Atom. Wir führen Sie nun an unser modernes Verständnis vom Aufbau der Atome und die damit verbundene Quantentheorie heran.[2]

Ein typisches Atommodell aus den 1890er Jahren visualisierte das Atom als Kugel mit homogen verteilter positiver Ladung, in der sich kleine, negativ geladene Elektronen befinden, wie etwa Rosinen in einem Kuchen (siehe ▸ Abbildung 38.15). Bald nachdem J.J. Thomson im Jahre 1897 das Elektron entdeckt hatte, gelangte er zu der Ansicht, dass sich die Elektronen in diesem Atommodell bewegen müssten.

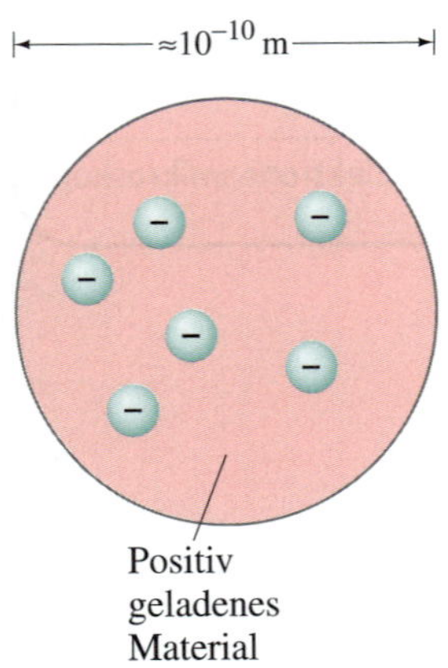

Abbildung 38.15 Rosinenkuchenmodell des Atoms.

Um 1911 führten Ernest Rutherford (1871–1937) und seine Kollegen Experimente durch, deren Resultate dem Thomson'schen Atommodell widersprachen. Bei diesen Experimenten wurde ein Strom positiv geladener α-Teilchen auf eine dünne Metallfolie, beispielsweise eine Goldfolie, gerichtet (siehe ▸ Abbildung 38.16a). (Diese neuentdeckten α-Teilchen werden von bestimmten radioaktiven Materialien emittiert und wurden bald als doppelt ionisierte Heliumatome

2 Einige Leser mögen sagen: „Vermitteln Sie die heute bekannten Fakten und langweilen Sie uns nicht mit dem historischen Hintergrund und den altmodischen Theorien." Eine solche Herangehensweise würde den kreativen Aspekt der Wissenschaft ignorieren und folglich einen falschen Eindruck davon liefern, wie sich Wissenschaft entwickelt. Darüber hinaus ist es nicht möglich, die heutige Sicht auf Atome angemessen zu verstehen, ohne Einblick in die Konzepte zu haben, die dazu führten.

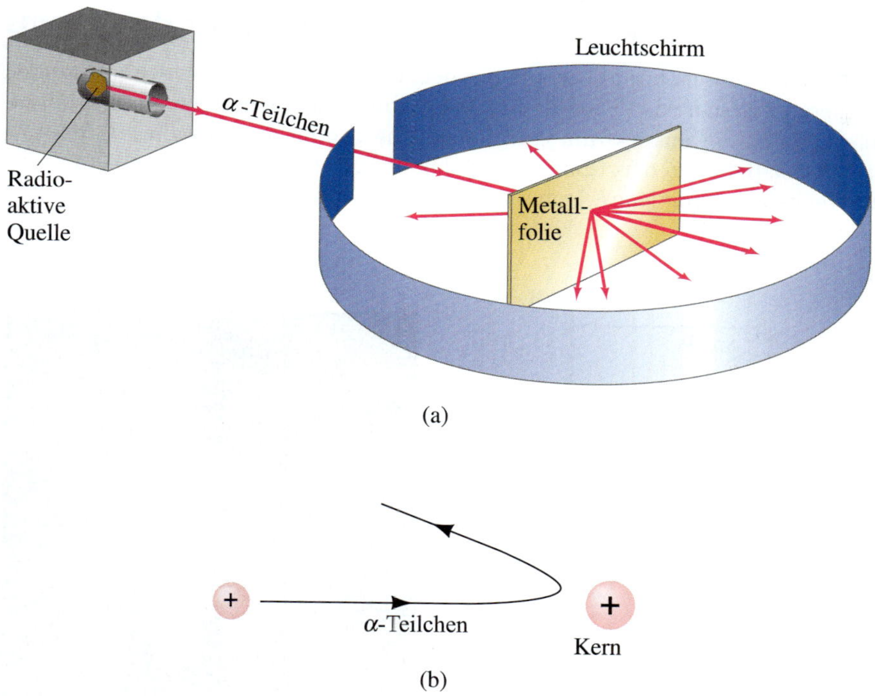

Abbildung 38.16 (a) Versuchsaufbau für das Rutherford'sche Experiment: Die vom Radon emittierten α-Teilchen treffen auf eine Metallfolie, und einige davon werden rückwärts abgelenkt; (b) Rückstreuung der α-Teilchen als Abstoßung von einem schweren, positiv geladenen Kern.

identifiziert – sie besitzen eine Ladung von $+2e$.) Vom Thomson'schen Atommodell ausgehend erwartete man, dass die α-Teilchen nicht signifikant abgelenkt würden, weil die Elektronen so viel leichter als α-Teilchen sind und die α-Teilchen in diesem Modell nicht auf eine massiv konzentrierte positive Ladung treffen sollten, die sie stark abstoßen würde. Die experimentellen Resultate widersprachen diesen Vorhersagen vollständig. Es stellte sich heraus, dass die meisten α-Teilchen die Folie unbeeinflusst passierten, so als wenn die Folie im Wesentlichen aus dem leeren Raum bestehen würde. Von den abgelenkten Teilchen wurden ein paar um sehr große Winkel abgelenkt – einige sogar nahezu in entgegengesetzter Richtung. Rutherford schlussfolgerte, dass dies nur passieren könne, wenn die positiv geladenen α-Teilchen von einer massiven positiven Ladung abgestoßen würden, die sich auf einen sehr kleinen Raum konzentriert (siehe ▸ Abbildung 38.16b). Er entwickelte die Theorie, dass das Atom aus einem sehr kleinen aber massiven, positiv geladenen Kern besteht, der über 99,9 Prozent der Masse des Atoms einschließt und den die Elektronen in einiger Entfernung umkreisen. Die Elektronen würden sich in Umlaufbahnen um den Kern befinden - im Wesentlichen wie die Planeten um die Sonne – weil sie sonst im Ruhezustand aufgrund der elektrischen Anziehung auf den Kern stürzen würden (siehe ▸ Abbildung 38.17). Aus Rutherfords Experimenten ergab sich, dass der Kern einen Radius von etwa 10^{-15} bis 10^{-14} m haben sollte. Aus der kinetischen Theorie und insbesondere aus Einsteins Analyse der Brown'schen Bewegung (siehe Abschnitt 17.1) wurde der Atomradius auf etwa 10^{-10} m geschätzt. Somit würden sich die Elektronen in einer Entfernung von etwa 10 000 bis 100 000 Kernradien befinden. (Wenn der Kern die Größe eines Baseballs hätte, würde das Atom den Durchmesser einer Großstadt von einigen Kilometern besitzen.) Das Atom bestünde also zum Großteil aus leerer Raum.

Rutherford'sches planetarisches Atommodell

Rutherfords „planetarisches" Atommodell (auch als Kernmodell des Atoms bezeichnet) war ein großer Schritt in die Richtung, wie wir heute das Atom sehen. Es war jedoch kein vollkommenes Modell und wies einige größere Schwächen auf, wie wir später sehen werden.

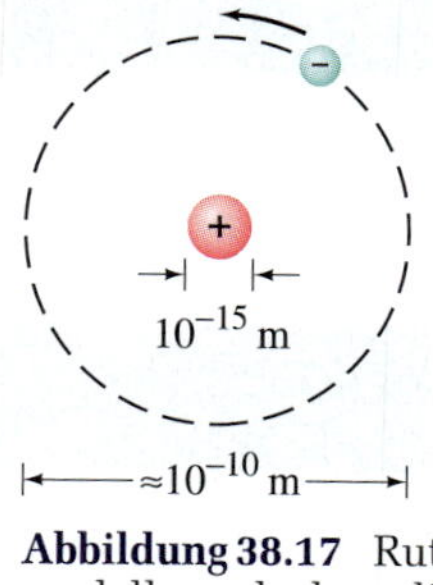

Abbildung 38.17 Rutherford'sches Atommodell, nach dem die Elektronen einen kleinen, positiv geladenen Kern umkreisen (nicht maßstabsgetreu). Das Atom besteht im Wesentlichen aus dem leeren Raum.

38.9 Atomspektren: Schlüssel zur Struktur des Atoms

Wir haben in diesem Kapitel bereits gesehen, dass Festkörper bei einer bestimmten Temperatur (genau wie Flüssigkeiten und dichte Gase) Licht in einem kontinuierlichen Wellenlängenspektrum emittieren. Man nimmt an, dass diese Strahlung auf die Oszillationen der Atome und Moleküle zurückgeht, die weitgehend durch die Wechselwirkung jedes Atoms oder Moleküls mit seinen Nachbarn gesteuert werden.

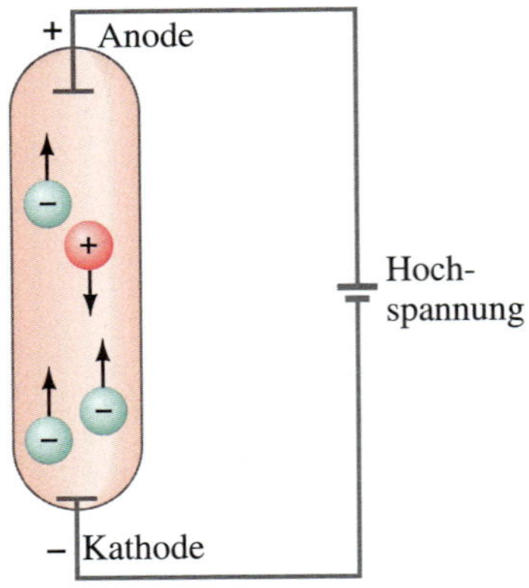

(a)

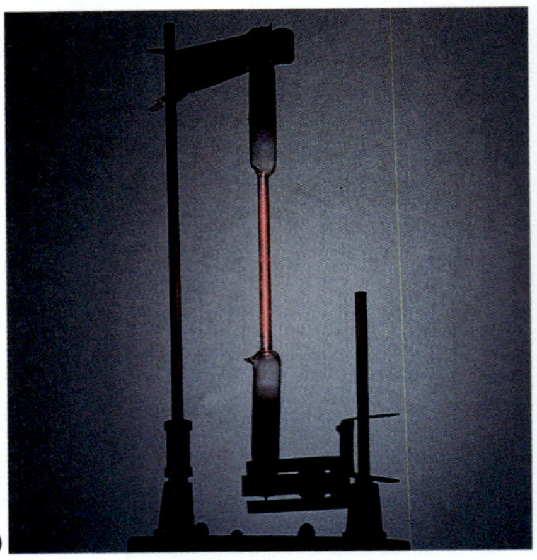
(b)

Abbildung 38.18 Gasentladungsröhre: (a) schematisch; (b) Foto einer wirklichen Gasentladungsröhre für Wasserstoff.

Gase mit geringer Dichte können ebenfalls zur Lichtemission angeregt werden. Dies geschieht durch intensives Erwärmen oder üblicherweise durch Anlegen einer hohen Spannung an eine „Entladungsröhre", die das Gas bei niedrigem Druck enthält (siehe ▸ Abbildung 38.18). Die Strahlung von angeregten Gasen war bereits im frühen 19. Jahrhundert beobachtet worden, jedoch fand man anstelle eines kontinuierlichen Spektrums ein *diskretes*. Weil angeregte Gase nur Licht bestimmter Wellenlängen emittieren, ergibt sich bei der Beobachtung dieses Lichts durch den Spalt eines Spektrometers ein **Linienspektrum** und kein kontinuierliches Spektrum. Die Linienspektren einiger Elemente im sichtbaren Bereich sind hier in ▸ Abbildung 38.19 gezeigt, genau wie zu Beginn dieses Kapitels sowie im Kapitel 35. Das **Emissionsspektrum** ist für das Atom oder Molekül charakteristisch und kann als eine Art „Fingerabdruck" zur Identifikation des Gases dienen.

Abbildung 38.19 Emissionspektren von (a) atomarem Wasserstoff, (b) Helium und (c) Absorptionsspektrum der Sonne.

Wenn Licht mit einem kontinuierlichen Spektrum ein Gas passiert, dann sind, wie wir auch in Kapitel 35 gesehen haben, dunkle Linien im entstehenden Spektrum bei den Wellenlängen zu beobachten, die zu den von diesem Gas emittierten Linien gehören. Dieses wird als **Absorptionsspektrum** (siehe ▸ Abbildung 38.19c) bezeichnet. Es ergibt sich experimentell, dass Gase Licht derselben Frequenz absorbieren können, die sie selbst emittieren. Mithilfe von Filmen, die für ultraviolettes Licht und Infrarotlicht empfindlich sind, wurde festgestellt, dass Gase genau wie im sichtbaren Bereich auch in diesem Bereich Licht diskreter Frequenzen emittieren und absorbieren.

Für unsere Zwecke reicht es aus zu wissen, dass Gase bei niedrigen Drücken und niedriger Dichte Linienspektren emittieren (oder absorbieren). In solchen Gasen sind die Atome im Mittel so weit voneinander entfernt, dass man annehmen kann, dass das emittierte oder absorbierte Licht von *isolierten Atomen* stammt und nicht mit den Wechselwirkungen zwischen den Atomen zusammenhängt, wie bei Festkörpern, Flüssigkeiten und dichten Gasen. Somit sind die Linienspektren Schlüssel zur Struktur der Atome: Jede Theorie dafür muss in der Lage sein zu erklären, weshalb Atome lediglich Licht diskreter Wellenlänge emittieren, und sie muss vorhersagen können, welche Wellenlängen dies genau sind.

Wasserstoff ist das einfachste Atom – es besitzt nur ein Elektron, das seinen Kern umkreist. Es hat auch das einfachste Spektrum. Der Abstand zwischen den Linien im Wasserstoffspektrum verringert sich auf reguläre Weise (siehe ▸ Abbildung 38.20). Tatsächlich zeigte J.J. Balmer (1825–1898) im Jahre 1885, dass die Wellenlängen der vier Linien im sichtbaren Bereich des Wasserstoffspektrums (mit λ gleich 656 nm, 486 nm, 434 nm und 410 nm) die folgende Gleichung erfüllen:

$$\frac{1}{\lambda} = R\left(\frac{1}{2^2} - \frac{1}{n^2}\right), \quad n = 3, 4, \ldots, \tag{38.8}$$

wobei n für die vier Linien die Werte 3,4,5,6 annimmt. R wird als **Rydberg-Konstante** bezeichnet und besitzt den Wert $R = 1{,}0974 \cdot 10^7\,\text{m}^{-1}$. Später stellte man fest, dass sich diese **Balmer-Serie** bis in den UV-Bereich fortsetzt und, wie in ▸ Abbildung 38.20 gezeigt, bei $\lambda = 365\,\text{nm}$ endet. Die Balmer-Formel, Gleichung 38.8, ist auch für diese Linien mit größeren ganzzahligen Werten von n gültig. Die Linien in der Nähe von 365 nm liegen jedoch sehr dicht beieinander und können nicht vollständig aufgelöst werden. Der Grenzwert der Folge bei 365 nm gehört also zu $n = \infty$ (so dass $1/n^2 = 0$ in Gleichung 38.8 gilt).

Die nachfolgenden Experimente an Wasserstoff zeigten, dass es ähnliche Serien von Linien im UV- und IR-Bereich gibt, und jede Serie dasselbe Muster wie die Balmer-Serie aufweist, jedoch bei unterschiedlichen Wellenlängen (siehe ▸ Abbildung 38.21). Jede dieser Serien erfüllt eine Gleichung derselben Form wie Gleichung 38.8, wobei $1/2^2$ durch $1/1^2$, $1/3^2$, $1/4^2$ usw. zu ersetzen ist. Beispielsweise enthält die **Lyman-Serie** Linien der Wellenlängen von 91 nm bis 122 nm (im UV-Bereich) und erfüllt die Gleichung

$$\frac{1}{\lambda} = R\left(\frac{1}{1^2} - \frac{1}{n^2}\right), \quad n = 2, 3, \ldots .$$

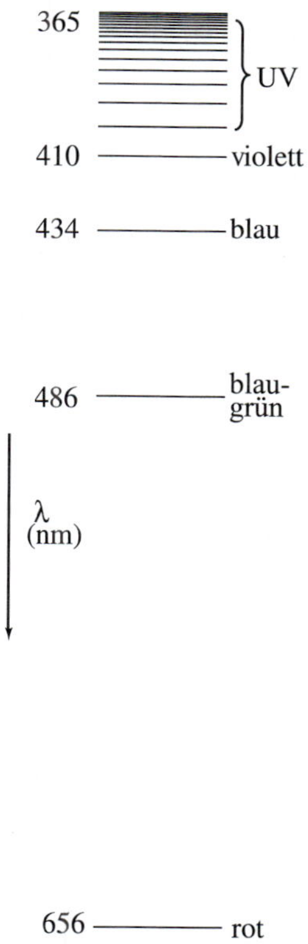

Abbildung 38.20 Balmer-Serie für Wasserstofflinien.

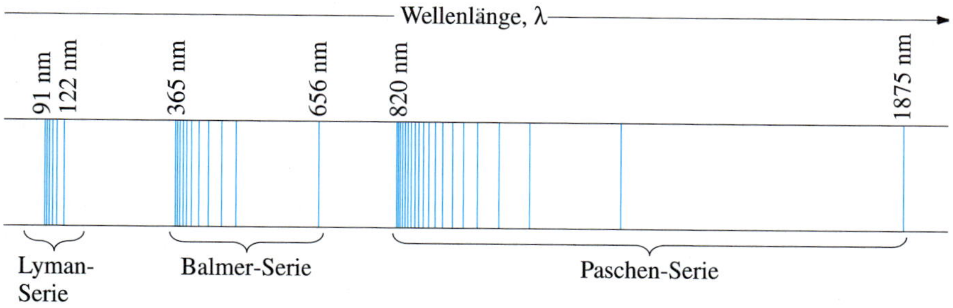

Abbildung 38.21 Linienspektrum von atomarem Wasserstoff. Jede Serie erfüllt die Gleichung $\frac{1}{\lambda} = R\left(\frac{1}{n'^2} - \frac{1}{n^2}\right)$ mit $n' = 1$ für die Lyman-Serie, $n' = 2$ für die Balmer-Serie und $n' = 3$ für die Paschen-Serie usw. n nimmt alle ganzzahligen Werte von $n = n' + 1$ bis unendlich an. Die einzigen Linien im sichtbaren Bereich des elektromagnetischen Spektrums gehören zur Balmer-Serie.

Die Wellenlängen der Paschen-Serie (im IR-Bereich) erfüllen

$$\frac{1}{\lambda} = R\left(\frac{1}{3^2} - \frac{1}{n^2}\right), \quad n = 4, 5, \ldots .$$

Mit dem Rutherford'schen Atommodell konnte man nicht erklären, weshalb Atome Linienspektren emittieren. Außerdem gab es andere Schwierigkeiten. Nach dem Rutherford'schen Atommodell umkreisen die Elektronen den Kern. Weil ihre Bahn gekrümmt ist, sind die Elektronen beschleunigt. Deshalb sollten sie Licht aussenden wie jede andere beschleunigte elektrische Ladung auch (Kapitel 32). Aufgrund der Energieerhaltung muss sich daher die Energie des Elektrons verringern. Man würde erwarten, dass die Elektronen in Spiralbahnen auf den Kern stürzen. Dabei würde sich die Frequenz der Elektronen in kurzer Zeit verringern und somit auch die Frequenz des emittierten Lichts. Die beiden wesentlichen Schwächen des Rutherford'schen Atommodells sind also: (1) Es sagt die Emission von Licht in einem kontinuierlichen Frequenzspektrum voraus, während sich im Experiment Linienspektren zeigen; (2) es sagt voraus, dass Atome instabil sind – Elektronen sollten auf Spiralbahnen schnell auf den Kern stürzen – obwohl wir wissen, dass Atome im Allgemeinen stabil sind, weil die Materie um uns herum stabil ist.

Offensichtlich war das Rutherford'sche Atommodell nicht angemessen und ausreichend. Modifikationen waren notwendig. Es war Niels Bohr, der sie lieferte, indem er eine wichtige Idee integrierte – die Quantenhypothese.

38.10 Das Bohr'sche Atommodell

Bohr hatte 1912 einige Monate in Rutherfords Labor studiert und war von der Gültigkeit des Rutherford'schen planetaren Atommodells überzeugt. Er war jedoch der Ansicht, dass es notwendig sei, die sich neu entwickelnde Quantentheorie in das Rutherford'sche Modell zu integrieren, damit es die experimentellen Ergebnisse erklärte. Die Arbeit von Planck und Einstein hatte gezeigt, dass sich die Energie der oszillierenden elektrischen Ladungen in erwärmten Festkörpern – von einem diskreten Energiezustand zu einem anderen – unter Emission eines Lichtquants diskontinuierlich ändert. Bohr legte dar, dass vielleicht auch die Elektronen in einem Atom nicht kontinuierlich Energie verlieren können, sondern dies in Form von Quantensprüngen tun müssten. Im Zuge der Ausarbeitung dieser Theorie im darauffolgenden Jahr postulierte Bohr, dass sich Elektronen auf Kreisbahnen um den Kern bewegen, jedoch nur bestimmte Bahnen erlaubt sind. Er postulierte weiter, dass ein Elektron auf jeder Bahn eine bestimmte Energie besitzt und sich auf der Kreisbahn bewegt, *ohne Energie abzustrahlen* (auch wenn dies die klassischen Vorstellungen verletzt, weil beschleunigte elektrische Ladungen demnach elektromagnetische Wellen aussenden sollten, siehe Kapitel 32). Er bezeichnete daher die möglichen Bahnen als **stationäre Zustände**. Es stellte die Hypothese auf, dass Licht nur dann emittiert wird, wenn ein Elektron von einem stationären Zustand in einen anderen Zustand mit niedrigerer Energie übergeht. Bei einem solchen Sprung wird ein einzelnes Photon emittiert, dessen Energie aufgrund der Energieerhaltung durch

Stationärer Zustand

$$hf = E_u - E_l \tag{38.9}$$

gegeben ist, wobei sich E_u auf die Energie im energetisch höheren Zustand bezieht und E_l auf die Energie im energetisch niedrigeren Zustand (siehe ► Abbildung 38.22).

Bohr wollte die Energien dieser Bahnen bestimmen, weil dann das Spektrum des emittierten Lichts mithilfe von Gleichung 38.9 vorhergesagt werden konnte. Die Balmer-Serie gab ihm den gesuchten Schlüssel. Bohr fand schnell heraus, dass seine Theorie zur Balmer-Formel passte, wenn er annahm, dass der Drehimpuls L quantisiert und gleich einem ganzzahligen Vielfachen von $h/2\pi$ ist. Wie wir in Kapitel 10 gesehen haben, ist der Drehimpuls durch $L = J\omega$ gegeben, wobei J das Trägheitsmoment und ω die Winkelgeschwindigkeit ist. Für ein einzelnes Teilchen

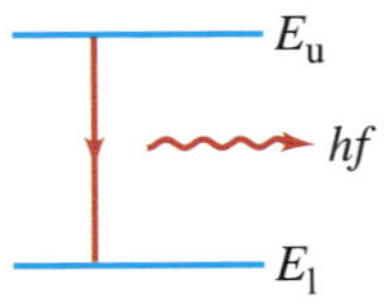

Abbildung 38.22 Ein Atom emittiert ein Photon (Energie = hf), wenn sich seine Energie von E_u auf E_l verringert.

der Masse m, das sich mit der Geschwindigkeit v auf einem Kreis mit dem Radius r bewegt, ist $J = mr^2$ und $w = v/r$. Es gilt also $L = J\omega = (mr^2)(v/r) = mvr$. Die Bohr'sche **Quantenbedingung** lautet

$$L = mvr_n = n\frac{h}{2\pi}\,, \quad n = 1, 2, 3, \ldots\,, \tag{38.10}$$

Quantisierter Drehimpuls

wobei n eine ganze Zahl und r_n der Radius der n-ten möglichen Bahn ist. Die erlaubten Bahnen sind entsprechend ihrer **Quantenzahl** n mit $1, 2, 3, \ldots$, durchnummeriert.

Quantenzahl *n*

Gleichung 38.10 stand jedoch bis dahin auf keiner soliden theoretischen Basis. Bohr hatte nach einer „Quantenbedingung" gesucht, aber solche Ansätze wie $E = hf$ (wobei E die Energie des Elektrons auf der Kreisbahn ist) führten zu Ergebnissen, die nicht im Einklang mit dem Experiment standen. Bohrs Begründung, Gleichung 38.10 zu verwenden, bestand lediglich darin, dass sie die experimentellen Ergebnisse erklärte. Wir werden uns nun ansehen, welche Vorhersagen die Bohr'sche Theorie für die messbaren Wellenlängen des emittierten Lichts eines Wasserstoffatoms macht.

Ein Elektron auf einer Kreisbahn mit dem Radius r_n (siehe ▸ Abbildung 38.23) erfährt die Zentripetalbeschleunigung v^2/r_n, die sich aus der elektrischen Anziehungskraft zwischen dem negativen Elektron und dem positiven Kern ergibt. Diese Kraft ist durch das Coulomb-Gesetz

$$F = \frac{1}{4\pi\epsilon_0}\frac{(Ze)(e)}{r^2}$$

gegeben. Die Ladung des Kerns ist $+Ze$, wobei Z die Anzahl der positiven Ladungen[3] (also der Protonen) angibt.

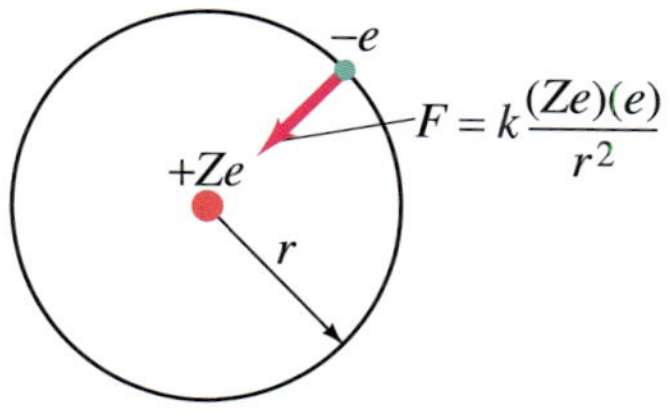

Abbildung 38.23 Die elektrische Kraft (Coulomb-Gesetz) hält das negativ geladene Elektron auf einer Kreisbahn um den positiv geladenen Kern.

Im zweiten Newton'schen Axiom, $F = ma$, ersetzen wir $a = v^2/r_n$ und erhalten

$$F = ma$$
$$\frac{1}{4\pi\epsilon_0}\frac{Ze^2}{r_n^2} = \frac{mv^2}{r_n}\,.$$

Wir lösen nach r_n auf und ersetzen v durch Gleichung 38.10 (also $v = nh/2\pi mr_n$):

$$r_n = \frac{Ze^2}{4\pi\epsilon_0 mv^2} = \frac{Ze^2 4\pi^2 mr_n^2}{4\pi\epsilon_0 n^2h^2}\,.$$

Wir lösen erneut nach r_n auf (weil r_n auf beiden Seiten auftritt, können wir es einmal kürzen) und erhalten

$$r_n = \frac{n^2h^2\epsilon_0}{\pi mZe^2} = \frac{n^2}{Z}r_1 \tag{38.11}$$

mit

$$r_1 = \frac{h^2\epsilon_0}{\pi me^2}\,. \tag{38.12a}$$

Gleichung 38.11 gibt die Radien aller möglichen Kreisbahnen an. Die kleinste ergibt sich für $n = 1$ und $Z = 1$ (Wasserstoff) und besitzt den Wert

$$r_1 = \frac{(6{,}626\cdot 10^{-34}\,\mathrm{J{\cdot}s})^2(8{,}85\cdot 10^{-12}\,\mathrm{C^2/N{\cdot}m^2})}{(3.14)(9{,}11\cdot 10^{-31}\,\mathrm{kg})(1{,}602\cdot 10^{-19}\,\mathrm{C})^2}$$

oder

$$r_1 = 0{,}529\cdot 10^{-10}\,\mathrm{m}\,. \tag{38.12b}$$

Bohr'scher Radius

3 In unserer Herleitung führen wir Z ein, damit wir auch jedes andere („wasserstoffähnliche") Atom mit einen Elektron, wie die Ionen He^+ ($Z = 2$) und Li^{2+} ($Z = 3$), behandeln können. In seinem neutralen Zustand besitzt Helium zwei Elektronen; wenn ein Elektron verloren geht, besteht das verbleibende He^+-Ion aus einem Elektron, das sich um den Kern mit der Ladung $+2e$ bewegt. Analog dazu besitzt ein zweifach ionisiertes Lithiumion Li^{2+} ebenfalls nur ein einzelnes Elektron. In diesem Fall ist $Z = 3$.

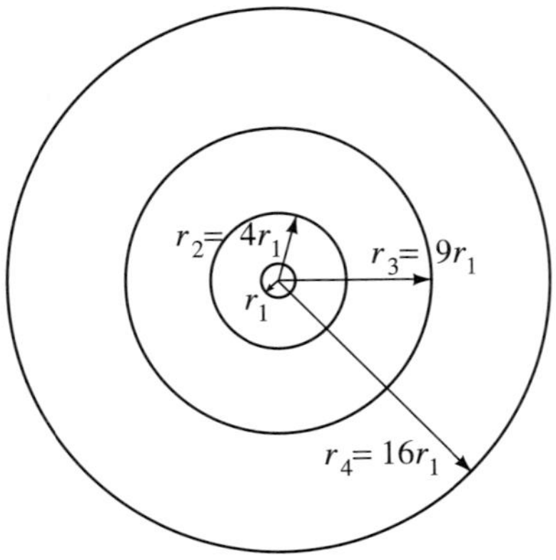

Abbildung 38.24 Mögliche Kreisbahnen im Bohr'schen Atommodell des Wasserstoffs; $r_1 = 0{,}529 \cdot 10^{-10}$ m.

Der Radius der kleinsten Kreisbahn im Wasserstoffatom, r_1, wird auch als **Bohr'scher Radius** bezeichnet. Gleichung 38.11 können wir entnehmen, dass die Radien der größeren Bahnen mit n^2 wachsen, es gilt also

$$r_2 = 4r_1 = 2{,}12 \cdot 10^{-10}\ \text{m}\ ,$$

$$r_3 = 9r_1 = 4{,}76 \cdot 10^{-10}\ \text{m}\ ,$$

$$\vdots$$

$$r_n = n^2 r_1\ .$$

Die ersten vier Kreisbahnen sind in ► Abbildung 38.24 dargestellt. Beachten Sie, dass sich die Elektronen nach dem Bohr'schen Modell nur auf den durch Gleichung 38.11 vorgegebenen Bahnen aufhalten können. Dazwischen gibt es keine erlaubten Bahnen.

Auf jeder der erlaubten Bahnen besitzt das Elektron eine genau festgelegte Energie, wie die folgende Rechnung zeigt. Die Gesamtenergie ergibt sich aus der Summe der kinetischen und der potenziellen Energie. Die potenzielle Energie des Elektrons ist durch $E_{\text{pot}} = qV = -eV$ gegeben, wobei V das durch Gleichung 23.5 gegebene Potenzial einer Punktladung $+Ze$ ist: $V = (1/4\pi\epsilon_0)(Q/r) = (1/4\pi\epsilon_0)(Ze/r)$. Somit gilt

$$E_{\text{pot}} = -eV = -\frac{1}{4\pi\epsilon_0}\frac{Ze^2}{r}\ .$$

Die Gesamtenergie E_n eines Elektrons auf der n-ten Kreisbahn mit dem Radius r_n ist die Summe aus kinetischer und potenzieller Energie:

$$E_n = \frac{1}{2}mv^2 - \frac{1}{4\pi\epsilon_0}\frac{Ze^2}{r_n}\ .$$

Wenn wir v aus Gleichung 38.10 und r_n aus Gleichung 38.11 in diese Gleichung einsetzen, erhalten wir

Energieniveaus

$$E_n = -\left(\frac{Z^2 e^4 m}{8\epsilon_0^2 h^2}\right)\left(\frac{1}{n^2}\right)\ , \quad n = 1, 2, 3, \ldots \tag{38.13}$$

oder

$$E_n = \frac{Z^2}{n^2}E_1\ , \qquad n = 1, 2, 3, \ldots\ ,$$

wobei E_1 das niedrigste Energieniveau ($n = 1$) für Wasserstoff ($Z = 1$) ist. Der Wert von E_1 ist

Grundzustand des Wasserstoffs

$$E_1 = -\frac{me^4}{8\epsilon_0^2 h^2} = -2{,}17 \cdot 10^{-18}\ \text{J} = -13{,}6\ \text{eV}\ ,$$

wobei wir von der Einheit Joule zu Elektronenvolt übergegangen sind, wie in der Atomphysik üblich. Da im Nenner von Gleichung 38.13 nur noch n^2 vorkommt, sind die Energien der höheren Bahnen im Wasserstoff ($Z = 1$) durch

$$E_n = \frac{-13{,}6\ \text{eV}}{n^2}$$

gegeben. Es gilt beispielsweise

Angeregte Zustände (die beiden ersten)

$$E_2 = \frac{-13{,}6\ \text{eV}}{4} = -3{,}40\ \text{eV}\ ,$$

$$E_3 = \frac{-13{,}6\ \text{eV}}{9} = -1{,}51\ \text{eV}\ .$$

Wir erkennen, dass nicht nur die Bahnradien quantisiert sind, sondern dies nach Gleichung 38.13 auch für die Energien gilt. Das niedrigste **Energieniveau** oder der niedrigste **Zustand** besitzt die Energie E_1 und wird als **Grundzustand** bezeichnet. Die höheren Zustände mit den Energien E_2, E_3 usw. sind **angeregte Zustände**.

Auch wenn die Energien der größeren Bahnen einen kleineren numerischen Wert besitzen, ist deren Energie größer, weil ihre Werte im negativen Bereich liegen. Somit ist die Energie $-3{,}4$ eV höher als $-13{,}6$ eV. Die kernnächste Bahn (r_1)

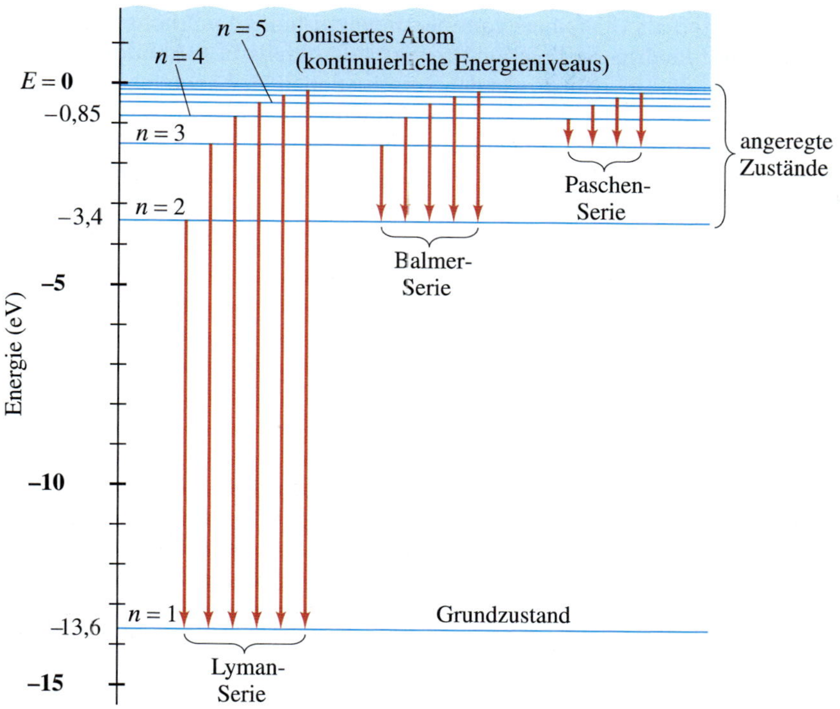

Abbildung 38.25 Energie-Niveau-Diagramm für ein Wasserstoffatom, aus dem der Ursprung für die Spektrallinien der Lyman-, Balmer- und Paschen-Serie ersichtlich wird.

hat die niedrigste Energie. Der Grund, weshalb die Energien negative Werte besitzen, liegt in der Definition der potenziellen Energie (E_{pot}). Die potenzielle Energie $E_{\text{pot}} = kq_1q_2/r$ zweier Punktladungen ist so definiert, dass sie null wird, wenn die beiden Punktladungen unendlich weit voneinander entfernt sind. Für ein Elektron mit dem Radius $r = \infty$, dass ohne kinetische Energie als rein freies Elektron betrachtet werden kann, gilt $E = 0$, was dem Zustand $n = \infty$ in Gleichung 38.13 entspricht. Für ein freies Elektron mit kinetischer Energie gilt $E > 0$. Um ein Elektron aus einem Atom herauszuschlagen, ist Energiezufuhr notwendig (andernfalls wären Atome instabil). Weil für ein freies Elektron $E \geq 0$ gilt, muss für ein gebundenes Elektron $E < 0$ gelten. Es muss also Energie aufgebracht werden, um die Energie eines gebundenen Elektrons von einem negativen Wert auf mindestens null anzuheben, wenn man dieses Elektron aus dem Atom herauslösen will.

Bindungsenergie
Ionisationsenergie

Die minimal notwendige Energie, um ein Elektron aus dem Grundzustand eines Atoms herauszulösen, wird als **Bindungsenergie** oder **Ionisationsenergie** bezeichnet. Der experimentelle Messwert für die Ionisationsenergie von Wasserstoff ist 13,6 eV, was exakt der Energie entspricht, die notwendig ist, um ein Elektron vom Grundzustand $E_1 = -13{,}6$ eV in den freien Zustand mit der Energie $E = 0$ zu versetzen.

Emission von Linienspektren (Erklärung)

Es ist sinnvoll, die verschiedenen möglichen Energien als horizontale Linien in einem Energie-Niveau-Diagramm zu veranschaulichen.[4] ▶ Abbildung 38.25 zeigt ein solches Diagramm für Wasserstoff. Nach der Bohr'schen Theorie kann sich ein Elektron in einem Wasserstoffatom in jedem dieser Zustände befinden. Es kann sich jedoch nicht dazwischen, beispielsweise bei $-9{,}0$ eV befinden. Bei Raumtemperatur befinden sich nahezu alle Wasserstoffatome im Grundzustand ($n = 1$). Bei höheren Temperaturen oder bei einer elektrischen Entladung, wenn es viele Stöße zwischen freien Elektronen und Atomen gibt, befinden sich viele Atome in angeregten Zuständen ($n > 1$). Aus einem angeregten Zustand kann das Elektron unter Emission eines Photons in einen Zustand mit niedrigerer Energie übergehen. Damit erklärt das Bohr'sche Atommodell die experimentell beobachteten Emissionsspek-

4 Beachten Sie, dass ein Elektron oberhalb der Grenze $E = 0$ frei ist und jede beliebige Energie besitzen kann (also nicht quantisiert ist). Deshalb gibt es oberhalb $E = 0$ ein Kontinuum von Energiezuständen, wie im Energie-Niveau-Diagramm von ▶ Abbildung 38.25 dargestellt.

tren von Wasserstoff als Übergänge von Elektronenzuständen mit höherer Energie zu Zuständen mit niedrigerer Energie. Die vertikalen Pfeile in ► Abbildung 38.25 veranschaulichen die Übergänge, die den verschiedenen beobachteten Spektrallinien entsprechen. Beispielsweise führt der Übergang eines Elektrons vom Niveau $n = 3$ zum Niveau $n = 2$ zur Linie bei 656 nm der Balmer-Serie. Der Sprung von $n = 4$ zu $n = 2$ führt zur Linie bei 486 nm (siehe ► Abbildung 38.25). Wir können die Wellenlängen der emittierten Spektrallinien durch Kombination der Gleichungen 38.9 und 38.13 vorhersagen. Wegen $hf = hc/\lambda$ erhalten wir aus Gleichung 38.9

$$\frac{1}{\lambda} = \frac{hf}{hc} = \frac{1}{hc}(E_n - E_{n'})$$

und mithilfe von Gleichung 38.13

$$\frac{1}{\lambda} = \frac{Z^2 e^4 m}{8\epsilon_0^2 h^3 c}\left(\frac{1}{(n')^2} - \frac{1}{(n)^2}\right), \qquad (38.14)$$

wobei n zum Zustand mit höherer Energie und n' zum Zustand mit niedrigerer Energie gehört. Diese theoretische Gleichung hat die gleiche Form wie die experimentell abgeleitete Balmer-Formel, Gleichung 38.8, mit $n' = 2$. Daraus erkennen wir, dass die Linien der Balmer-Serie zu Übergängen oder „Sprüngen" von Elektronen zum zweiten Energieniveau gehören. Analog dazu gehört der Fall $n' = 1$ zur Lyman-Serie und der Fall $n' = 3$ zur Paschen-Serie (siehe ► Abbildung 38.25). Wenn der Wert der Konstanten $(Z^2 e^4 m/8\epsilon_0^2 h^3 c)$ in Gleichung 38.14 mit $Z = 1$ berechnet wird, so entspricht ihr Wert dem experimentell bestimmten Wert der Rydberg-Konstante, $R = 1{,}0974 \cdot 10^7\ \mathrm{m}^{-1}$ in Gleichung 38.8, und steht somit im Einklang mit dem Experiment (siehe Aufgabe 47).

Der große Erfolg der Bohr'schen Theorie besteht darin, dass sie erklärt, weshalb Atome Linienspektren emittieren und dass sie die von Wasserstoff emittierten Linien korrekt vorhersagt. Die Bohr'sche Theorie erklärt auch die Absorptionsspektren: Nur Photonen mit der passenden Wellenlänge können ein Elektron von einem Niveau mit niedrigerer Energie auf eines mit höherer Energie bringen. Aufgrund der Energieerhaltung können nur Photonen mit der passenden Energie (der passenden Frequenz) absorbiert werden. Dies erklärt, wodurch in einem kontinuierliches Lichtspektrum, das ein Gas durchläuft, dunkle (Absorptions-)Linien entstehen, die zu Emissionlinien gehören.

Absorptionslinien (Erklärung)

Die Bohr'sche Theorie ergibt auch die Stabilität der Atome. Sie begründet die Stabilität durch folgende Vorschrift: Der Grundzustand des Elektrons ist der Zustand mit der niedrigsten Energie, und es gibt kein niedrigeres Energieniveau, zu dem das Elektron übergehen könnte, um mehr Energie abzugeben. Schließlich sagt die Bohr'sche Theorie, wie wir uns bereits überzeugt haben, auch die Ionisationsenergie von 13,6 eV korrekt vorher. Wasserstoff ist das Atom mit der einfachsten Struktur. Die Bohr'sche Theorie konnte das Linienspektrum anderer, komplizierter aufgebauter Atome nur unzureichend, das heißt mit großen Abweichungen, erklären. Dazu kommen wir aber später.

Beispiel 38.12 Wellenlänge einer Lyman-Linie

Bestimmen Sie mithilfe von ► Abbildung 38.25 die Wellenlänge der ersten Lyman-Linie, die zum Übergang von $n = 2$ zu $n = 1$ gehört. In welchem Bereich des elektromagnetischen Spektrums liegt diese Linie?

Lösung

In diesem Fall ist $hf = E_2 - E_1 = 13{,}6\ \mathrm{eV} - 3{,}4\ \mathrm{eV} = 10{,}2\ \mathrm{eV} = 1{,}63 \cdot 10^{-18}\ \mathrm{J}$. Wegen $\lambda = c/f$ gilt

$$\lambda = \frac{c}{f} = \frac{hc}{E_2 - E_1} = \frac{(6{,}63 \cdot 10^{-34}\,\mathrm{J{\cdot}s})(3{,}00 \cdot 10^8\,\mathrm{m/s})}{1{,}63 \cdot 10^{-18}\,\mathrm{J}} = 1{,}22 \cdot 10^{-7}\,\mathrm{m}\,,$$

oder 122 nm, was im UV-Bereich liegt (siehe ► Abbildung 38.21).

Beispiel 38.13 Wellenlänge einer Balmer-Linie

Bestimmen Sie mithilfe des Bohr'schen Modells die Wellenlänge des emittierten Lichts, wenn in einem Wasserstoffatom ein Übergang vom Energieniveau mit $n = 6$ zum Energieniveau mit $n = 2$ erfolgt.

Lösung

Wir können entweder Gleichung 38.14 oder die dazu äquivalente Gleichung 38.8 mit $R = 1{,}0974 \cdot 10^7\,\mathrm{m}^{-1}$ verwenden. Daraus ergibt sich

$$\frac{1}{\lambda} = (1{,}097 \cdot 10^7\,\mathrm{m}^{-1})\left(\frac{1}{4} - \frac{1}{36}\right) = 2{,}44 \cdot 10^6\,\mathrm{m}^{-1}\,.$$

Es gilt $\lambda = 1/(2{,}44 \cdot 10^6\,\mathrm{m}^{-1}) = 4{,}10 \cdot 10^{-7}\,\mathrm{m}$ oder 410 nm. Dies ist die vierte Linie der Balmer-Serie, die im violetten Bereich liegt (siehe ► Abbildung 38.20).

Beispiel 38.14 Wellenlänge einer Absorptionslinie

Bestimmen Sie mithilfe von ► Abbildung 38.25 die größte Wellenlänge, die ein Wasserstoffatom aus dem Grundzustand heraus absorbieren kann. Wie groß wäre die nächstkleinere Wellenlänge?

Lösung

Ein maximales λ gehört zu einer minimalen Energie und damit zu einem Übergang vom Grundzustand zum ersten angeregten Zustand (siehe ► Abbildung 38.25), für den sich eine Energie von 13,6 eV − 3,4 eV = 10,2 eV ergibt. Die erforderliche Wellenlänge ist 122 nm, wie wir bereits im Beispiel 38.12 gesehen haben. Der nächstmögliche Übergang ist derjenige vom Grundzustand zum zweiten angeregten Zustand, für den eine Energie von 13,6 eV − 1,5 eV = 12,1 eV erforderlich ist. Die entsprechende Wellenlänge ist

$$\lambda = \frac{c}{f} = \frac{hc}{E_3 - E_1} = \frac{(6{,}63 \cdot 10^{-34}\,\mathrm{J{\cdot}s})(3{,}00 \cdot 10^8\,\mathrm{m/s})}{(12{,}1\,\mathrm{eV})(1{,}60 \cdot 10^{-19}\,\mathrm{J/eV})} = 103\,\mathrm{nm}\,.$$

Beispiel 38.15 Ionisationsenergie

Benutzen Sie das Bohr'sche Modell, um die Ionisationsenergie des He^+-Ions zu bestimmen, die ein einzelnes Elektron besitzt. Berechnen Sie auch die

Wellenlänge, die zur minimalen Energie gehört, die ein Photon zur Ionisation haben muss.

Lösung

Wir wollen die Energie bestimmen, die minimal erforderlich ist, um das Elektron aus dem Grundzustand heraus in einen freien Zustand mit $E = 0$ zu bringen. Der Grundzustand von He^+ ist durch Gleichung 38.13 mit $n = 1$ und $Z = 2$ gegeben. He hat die Kernladungszahl $Z = 2$. Wenn wir die Ionisationsenergie entsprechend Gleichung 38.13 berechnen, ist E_1 für He^+ gleich $Z^2 = 2^2 = 4$ mal E_1 für Wasserstoff. Es gilt also

$$E_1 = 4(-13{,}6\,\text{eV}) = -54{,}4\,\text{eV}\,.$$

Daher sind zur Ionisation des He^+-Ions 54,4 eV erforderlich, was mit dem Experiment übereinstimmt. Das Photon mit der zur Ionisation minimal erforderlichen Energie $hf = 54{,}4$ eV hat also eine Wellenlänge von $\lambda = c/f = hc/hf = (6{,}63 \cdot 10^{-34}\,\text{J} \cdot \text{s})(3{,}00 \cdot 10^8\,\text{m/s})/(54{,}4\,\text{eV})(1{,}60 \cdot 10^{-19}\,\text{J/ev}) = 22{,}8\,\text{nm}$. Wenn das Atom ein Photon mit höherer Energie (also kürzerer Wellenlänge als 22,8 nm) absorbiert, dann wird das Atom ionisiert und das freigesetzte Elektron besitzt selbst kinetische Energie.

Im letzten Beispiel haben wir erkannt, dass E_1 für das He^+-Ion das Vierfache der Ionistationsenergie des Wasserstoffatoms ist. Tatsächlich sieht das Energie-Niveau-Diagramm für das He^+-Ion genau wie das für das Wasserstoffatom aus (siehe ► Abbildung 38.25), nur dass die numerischen Werte der Energieniveaus viermal größer sind. Es sei jedoch nochmals darauf hingewiesen, dass wir von dem He^+-*Ion* sprechen. Das He-Atom besitzt zwei Elektronen und sein Energie-Niveau-Diagramm sieht vollkommen anders aus.

Beispiel 38.16 · Begriffsbildung

Wasserstoff bei 20 °C

Schätzen Sie die mittlere kinetische Energie von Wasserstoffatomen (oder Molekülen) bei Raumtemperatur ab, und benutzen Sie das Ergebnis um zu erklären, weshalb sich nahezu alle Wasserstoffatome bei Raumtemperatur im Grundzustand befinden und somit kein Licht emittieren.

Lösung

Nach der kinetischen Theorie (Kapitel 18) ist die kinetische Energie von Atomen und Molekülen in einem Gas durch Gleichung 18.4,

$$\overline{E_\text{kin}} = \frac{3}{2}kT\,,$$

gegeben, wobei $k = 1{,}38 \cdot 10^{-23}$ J/K die Boltzmann-Konstante ist und T die (absolute) Temperatur in Kelvin. Die Raumtemperatur liegt bei etwa $T = 330$ K, so dass

$$\overline{E_\text{kin}} = \frac{3}{2}(1{,}38 \cdot 10^{-23}\,\text{J/K})(300\,\text{K}) = 6{,}2 \cdot 10^{-21}\,\text{J}$$

gilt oder, in Elektronenvolt angegeben,

$$\overline{E_\text{kin}} = \frac{6{,}2 \cdot 10^{-21}\,\text{J}}{1{,}6 \cdot 10^{-19}\,\text{J/eV}} = 0{,}04\,\text{eV}\,.$$

Die mittlere kinetische Energie ist also sehr klein, verglichen mit der Energiedifferenz zwischen dem Grundzustand und dem nächsthöheren Energieniveau (13,6 eV − 3,4 eV = 10,2 eV). Alle Atome in angeregten Zuständen emittieren

Licht und fallen schließlich in den Grundzustand zurück. Befinden sie sich einmal im Grundzustand, können sie durch Stöße mit anderen Atomen im Mittel 0,04 eV aufnehmen. Ein kleiner Teil der Atome kann viel höhere Energien besitzen (siehe Abschnitt 18.2 über die Verteilung der molekularen Geschwindigkeiten), aber selbst eine kinetische Energie, die 10 mal so groß wie die mittlere Energie ist, reicht nicht ansatzweise dazu aus, Atome über den Grundzustand anzuheben. Die Atome können in höhere Zustände gebracht werden, wenn man das Gas auf sehr hohe Temperaturen erwärmt oder einen Strom hochenergetischer Elektronen hindurch leitet, was bei einer Gasentladungsröhre der Fall ist (siehe ▸ Abbildung 38.18).

Wir sollten betonen, dass Bohr von einigen radikalen Annahmen ausging, die im Widerspruch zu klassischen Ideen standen. Er nahm an, dass Elektronen auf festen Bahnen kein Licht aussenden, auch wenn sie beschleunigt sind (sie bewegen sich auf einer Kreisbahn). Er nannte diese Bahnen stationäre Zustände. Außerdem ging er davon aus, dass der Drehimpuls quantisiert ist. Darüber hinaus war er jedoch nicht in der Lage zu beschreiben, wie sich ein Elektron bewegt, wenn es von einem Energieniveau zu einem anderen übergeht. Man konnte nicht erwarten, dass sich die Elektronen wie makroskopische Körper verhalten, deren Bewegung durch die Newton'sche Mechanik korrekt beschrieben wird. Bei Elektronenzuständen mit hohen Quantenzahlen n sollten jedoch die Energien der Zustände eng beieinander liegen und den Vorhersagen der klassischen Physik entsprechen. Dies ist das **Korrespondenzprinzip**, das wir bereits im Zusammenhang mit der Relativitätstheorie (Abschnitt 37.13) erwähnt haben. Die Bohr'sche Theorie des Wasserstoffatoms erfüllt dieses Prinzip. Die Bahnradien und Energien sind beispielsweise für $n = 1$ und $n = 2$ sehr verschieden. Die Bahnen mit $n = 100\,000\,000$ und $100\,000\,001$ haben dagegen sehr ähnliche Radien und Energien (siehe ▸ Abbildung 38.25). In der Tat sind Übergänge zwischen Bahnen mit solch makroskopischer Größe nicht mehr wahrnehmbar. Es ergibt sich deshalb ein Kontinuum, genau wie wir es in der Alltagswelt erwarten.

Korrespondenzprinzip

Schließlich sei noch bemerkt, dass Sie nicht davon ausgehen sollten, dass die wohldefinierten Bahnen des Bohr'schen Modells tatsächlich existieren. Das Bohr'sche Modell ist wirklich nur ein Modell, nicht die Realität. Einige Jahre später wurde die Idee der Elektronenbahnen verworfen. Die Quantenmechanik erklärt uns, dass ein Elektron in einem Atom ausgedehnt, also **nicht** als Massenpunkt oder Punktladung lokalisiert, vorliegt.

38.11 Die Anwendung der de Brogli'schen Hypothese auf Atome

Bohrs Theorie hatte größtenteils einen *ad hoc* Charakter. Die Annahmen wurden so ausgewählt, dass die Theorie mit dem Experiment übereinstimmt. Bohr konnte jedoch weder eine Begründung dafür angeben, weshalb die Bahnen quantisiert sind, noch wusste er, weshalb es einen stabilen Grundzustand geben sollte. Schließlich lieferte de Broglie zehn Jahre später eine Erklärung.

In Abschnitt 38.6 haben wir erfahren, dass Louis de Broglie im Jahre 1923 die These aufstellte, dass auch Masseteilchen, wie Elektronen, Wellencharakter besitzen; und dass dies einige Jahre später experimentell bestätigt wurde.

Eines von de Broglies ursprünglichen Argumenten für den Wellencharakter der Elektronen war, dass diese Tatsache eine Erklärung für die Bohr'sche Theorie des Wasserstoffatoms liefert. Nach de Broglie hätte ein Teilchen der Masse m, das sich mit der nichtrelativistischen Geschwindigkeit v bewegt, eine Wellenlänge (Gleichung 38.7) von

$$\lambda = \frac{h}{p} .$$

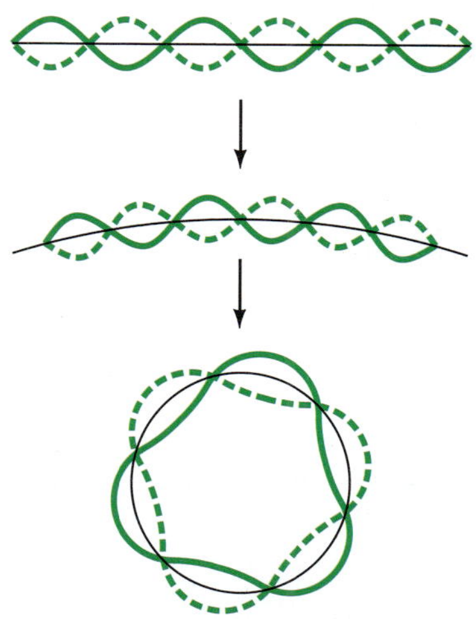

Abbildung 38.26 Eine gewöhnliche stehende Welle im Vergleich zu einer zirkularen stehenden Welle.

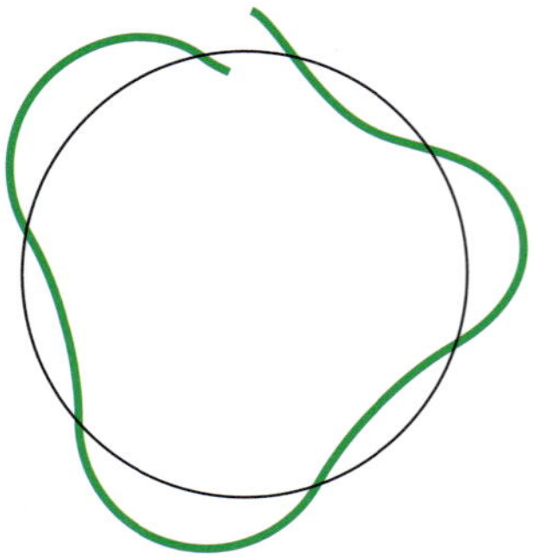

Abbildung 38.27 Wenn sich eine Welle nicht selbst schließt (und somit destruktiv mit sich selbst interferiert), stirbt sie schnell aus.

Er behauptete, dass jede Elektronenbahn in einem Atom in Wirklichkeit eine stehende Welle ist. Wie wir in Kapitel 15 gesehen haben, werden beim Anschlagen einer Violinen- oder Gitarrensaite eine Vielzahl von Schwingungen angeregt. Aber nur spezielle – diejenigen mit Knoten an den Enden – werden verstärkt. Dies sind die *resonanten* Moden der Saite. Schwingungen mit anderer Wellenlänge interferieren aufgrund der Reflexion mit sich selbst, wodurch ihre Amplituden schnell gedämpft werden bis sie schließlich verschwinden. Im Falle der Elektronen, die sich nach der Bohr'schen Theorie auf Kreisbahnen bewegen, sollte die Elektronenwelle nach de Broglies Argumentation eine stehende *zirkulare* Welle sein, die sich selbst schließt (siehe ▸ Abbildung 38.26). Anderenfalls findet, wie in ▸ Abbildung 38.27 gezeigt, destruktive Interferenz statt. Daher sind die einzigen möglichen Wellen diejenigen, für die der Umfang der Kreisbahn ein ganzzahliges Vielfaches der Wellenlänge ist (siehe ▸ Abbildung 38.28). Der Umfang einer Bohr'schen Bahn mit dem Radius r_n ist $2\pi r_n$, so dass

$$2\pi r_n = n\lambda\,, \quad n = 1, 2, 3, \ldots$$

gilt. Wenn wir $\lambda = h/mv$ einsetzen, erhalten wir $2\pi r_n = nh/mv$ oder

$$mvr_n = \frac{nh}{p}\,.$$

Das ist die von Bohr *ad hoc* vorgeschlagene *Quantenbedingung*, Gleichung 38.10. Aus dieser Gleichung wurden auch die diskreten Bahnen und Energieniveaus abgeleitet. Somit haben wir eine Erklärung für die quantisierten Bahnen und Energiezustände im Bohr'schen Modell: Sie gehen auf die Wellennatur des Elektrons zurück und darauf, dass nur resonante „stehende Wellen" bestehen bleiben. Deshalb ist der *Welle-Teilchen-Dualismus* gleichzeitig auch der Schlüssel zur Atomstruktur.

Die quantisierten Bahnen beruhen auf der Wellennatur des Elektrons

Betrachten wir die zirkularen Elektronenwellen in ▸ Abbildung 38.28. Es sei darauf hingewiesen, dass wir uns nicht vorstellen dürfen, dass das Elektron einem oszillierenden Wellenmuster folgt. Im Bohr'schen Modell des Wasserstoffatoms wird das Elektron als ein Teilchen betrachtet, das sich auf einer Kreisbahn bewegt. Die zirkulare Welle stellt dagegen die *Amplitude* der „Materiewelle" des Elektrons dar, und ▸ Abbildung 38.28 zeigt der Anschaulichkeit halber die Wellenamplitude über der zirkularen Teilchenbahn.

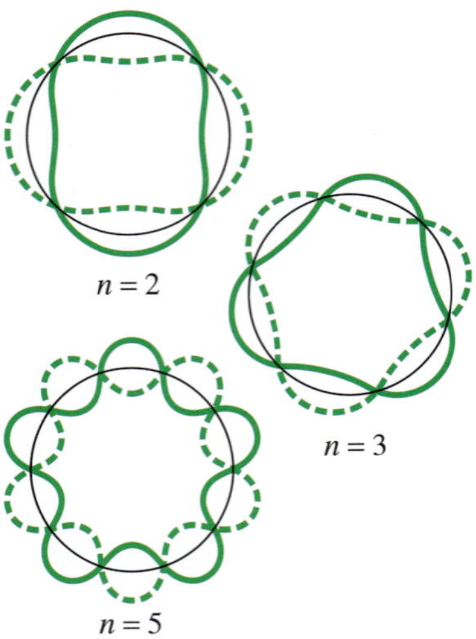

Abbildung 38.28 Stehende zirkulare Wellen im Falle von zwei, drei und fünf Wellenlängen auf dem Umfang; n, die Anzahl der Wellenlängen, ist ebenfalls eine Quantenzahl.

Die Bohr'sche Theorie lieferte für Wasserstoff und Ionen mit einem Elektron eine gute Übereinstimmung mit dem Experiment. Sie erwies sich dagegen als nicht erfolgreich, wenn es um Atome mit mehreren Elektronen ging. Die Bohr'sche Theorie konnte nicht einmal das Linienspektrum des nächsteinfachen Atoms, des Heliums, vorhersagen. Es konnte weder erklären, weshalb einige Emissionslinien breiter als andere sind, noch begründen, weshalb einige Linien sogar in zwei oder mehr eng beieinander liegende Linien aufgespalten werden (die Feinstruktur). Eine neue Theorie wurde benötigt, die in den 1920er Jahren entwickelt wurde. Diese neue und radikale Theorie ist die *Quantenmechanik*, die schließlich das Problem der Atomstruktur löste. Sie vermittelt uns dabei jedoch eine ganz andere Sicht auf das Atom: Die Vorstellung von Elektronen auf wohldefinierten Bahnen wurde durch die Vorstellung von im Raum ausgedehnten Elektronenwolken ersetzt. Zudem hat diese neue Theorie der Quantenmechanik zu einer völlig anderen Sichtweise auf die elementaren Mechanismen geführt, die den physikalischen Prozessen zugrunde liegen.

ZUSAMMENFASSUNG

Die Quantentheorie besitzt ihren Ursprung in der **Planck'schen Quantenhypothese**, die besagt, dass molekulare Schwingungen quantisiert sind: Ihre Energiewerte können nur ganzzahlige (n) Vielfache von hf sein, wobei h das Planck'sche Wirkungsquantum und f die natürliche Schwingungsfrequenz ist. Es gilt also $E = nhf$. Diese Hypothese erklärte das Strahlungsspektrum, das von (schwarzen) Körpern bei hohen Temperaturen emittiert wird.

Einstein stellte die Theorie auf, dass man sich Licht bei einigen Experimenten als Quanten (Teilchen) vorstellen kann, die emittiert oder absorbiert werden. Heute nennt man sie **Photonen**. Jedes Photon hat dabei die Energie

$$E = hf \,.$$

Zur experimentellen Überprüfung der Photonentheorie des Lichts schlug er den photoelektrischen Effekt vor. Die Photonentheorie sagt im Falle des **photoelektrischen Effekts** voraus, dass jedes einfallende Photon auf ein Elektron im Material trifft und dieses herausschlägt, wenn das Photon genug Energie besitzt. Die maximale Energie der herausgeschlagenen Elektronen hängt linear von der Frequenz des einfallenden Lichts ab. Die Photonentheorie wird auch durch den **Compton-Effekt** bestätigt sowie durch die Beobachtung der **Paarerzeugung** eines Elektron-Positron-Paares.

Der Welle-Teilchen-Dualismus bezieht sich auf die Vorstellung, dass Licht und Materie (wie Elektronen) sowohl Wellen- als auch Teilcheneigenschaften besitzen. Die Wellenlänge eines Körpers ist durch

$$\lambda = \frac{h}{p}$$

gegeben, wobei p der Impuls des Körpers ist. Das **Komplementaritätsprinzip** besagt, dass wir uns sowohl die Teilchen- als auch die Welleneigenschaften des Lichts und der Materie vergegenwärtigen müssen, um zu einem vollständigen Verständnis zu gelangen.

Zu den ersten Atommodellen gehören das Rosinenkuchenmodell und das Rutherford'sche Atommodell. Das Rutherford'sche Modell, das zur Erklärung der Rückwärtsstreuung von α-Teilchen an dünnen Metallfolien entwickelt wurde, geht davon aus, dass ein Atom aus einem winzigen, massiven, positiv geladenen Kern besteht, der (in relativ großer Entfernung) von den Elektronen umkreist wird.

Um die von den Atomen emittierten Linienspektren und die Stabilität der Atome zu erklären, postulierte die Bohr'sche Theorie, dass (1) die an ein Atom gebundenen Elektronen nur Bahnen mit quantisiertem Drehimpuls besetzen können, was zu diskreten Werten für die Bahnradien und die Energien führt; dass (2) ein Elektron in einem solchen **stationären Zustand** keine Strahlung emittiert; dass (3) ein Elektron beim Übergang von einem Zustand mit höherer Energie zu einem Zustand mit niedrigerer Energie ein Photon emittiert, dessen Energie gleich der Energiedifferenz der beiden Zustände ist; dass (4) der Drehimpuls der an das Atom gebundenen Elektronen gemäß der Regel

$$L = \frac{nh}{2\pi}$$

quantisiert ist, wobei die ganze Zahl n als **Quantenzahl** bezeichnet wird. Der Zustand mit $n = 1$ ist der **Grundzustand** eines Elektrons, der für ein Wasserstoffatom die Energie $E_1 = -13{,}6$ eV besitzt; größere Werte von n entsprechen **angeregten Zuständen** mit den Energien

$$E_n = -\frac{13{,}6\ \text{eV}}{n^2} \,.$$

Die Elektronen eines Atoms werden zu diesen Zuständen mit höherer Energie angeregt, indem das Atom mit anderen Atomen beziehungsweise Elektronen zusammenstößt oder ein Photon mit der passenden Frequenz absorbiert.

De Broglies Hypothese, dass Elektronen (und andere Körper) eine Wellenlänge $\lambda = h/mv$ besitzen, lieferte eine Erklärung der von Bohr postulierten quantisierten Kreisbahnen, indem sie den Welle-Teilchen-Dualismus einbezog: Die Kreisbahnen entsprechen zirkularen stehenden Wellen, bei denen der Umfang des Kreisbahn ein ganzzahliges Vielfaches der Wellenlänge ist.

Z U S A M M E N F A S S U N G

Verständnisfragen

1 Was können Sie über die Relativtemperatur von weißlich-gelb, rot und blau erscheinenden Sternen sagen?

2 Alle Körper strahlen Energie ab. Weshalb können wir dann im Dunkeln nicht alle sehen? (Siehe auch Abschnitt 19.10.)

3 Liefert eine Glühlampe bei 2500 K genauso weißes Licht wie die Sonne bei 6000 K? Erläutern Sie Ihre Antwort.

4 Ein idealer schwarzer Körper kann näherungsweise durch ein kleines Loch in einem sonst geschlossenen Hohlraum dargestellt werden. Erklären Sie weshalb? (*Hinweis*: Die Pupille Ihres Auges ist in etwa ein solcher Fall.)

5 Dunkelkammern, in denen Schwarzweißfilme entwickelt werden, sind manchmal durch eine rote Glühlampe beleuchtet. Weshalb verwendet man rotes Licht? Wäre ein solche Lampe auch in einer Dunkelkammer sinnvoll, in der Farbfilme entwickelt werden?

6 Ersetzt man das beim photoelektrischen Effekt verwendete Metall durch ein anderes, steigt die Grenzwellenlänge. Welches Metall hat die höhere Austrittsarbeit?

7 Erklären Sie, weshalb die Existenz einer Grenzfrequenz beim photoelektrischen Effekt eher für die Teilchentheorie als für die Wellentheorie des Lichts spricht.

8 Anders als sichtbares Licht verursacht UV-Strahlung Sonnenbrand. Begründen Sie weshalb.

9 Ein Photon aus dem Röntgenbereich wird an einem Elektron gestreut. Ändert sich dabei dessen Wellenlänge? Wenn ja, erhöht oder verringert sie sich?

10 Sowohl beim photoelektrischen Effekt als auch beim Compton-Effekt haben wir es mit einem Photon zu tun, das mit einem Elektron zusammenstößt, wobei dieses Elektron aus dem Material herausgelöst wird. Worin besteht der Unterschied zwischen diesen beiden Prozessen?

11 Zeigen Sie, dass die Einheit des Planck'schen Wirkungsquantums gleich der Einheit des Drehimpulses ist.

12 Betrachten Sie eine punktförmige Lichtquelle. Wie würde sich die Intensität des Lichts mit der Entfernung von der Lichtquelle verändern, wenn man (a) die Wellentheorie, (b) die Photonentheorie (Teilchen) zugrunde legt? Könnte man die beiden Theorien anhand dessen unterscheiden?

13 Erläutern Sie, wie der photoelektrische Schaltkreis aus ► Abbildung 38.4 (a) in einer Alarmanlage, (b) in einem Rauchmelder, (c) in einem photographischen Lichtmesser und (d) in einem Spektrophotometer (siehe Abschnitt 36.8) eingesetzt werden könnte.

14 Weshalb sprechen wir von Welleneigenschaften des Lichts? Weshalb sprechen wir von Teilcheneigenschaften des Lichts?

15 Weshalb sprechen wir von Welleneigenschaften der Elektronen? Weshalb sprechen wir von Teilcheneigenschaften der Elektronen?

16 Worin besteht der Unterschied zwischen einem Photon und einem Elektron? Seien Sie präzise und fertigen Sie eine Liste an!

17 Ein Elektron und ein Proton bewegen sich mit der gleichen Geschwindigkeit. Welches Teilchen besitzt die kürzere Wellenlänge?

18 Was hält das Elektron im Rutherford'schen planetarischen Atommodell auf seiner Bahn?

19 Welche der folgenden Stoffe emittieren ein Linienspektrum: (a) Gase, (b) Flüssigkeiten, (c) Festkörper? Welche der Stoffe emittieren ein kontinuierliches Spektrum?

20 Warum gibt das O_2-Gas in der uns umgebenden Luft kein Licht ab?

21 Wie kann man feststellen, ob es in der Nähe der Sonnenoberfläche Sauerstoff gibt?

22 Wenn Licht mit einem breiten Spektrum durch ein Wasserstoffgas bei Raumtemperatur hindurchläuft, werden Absorptionslinien beobachtet, die zur Lyman-Serie gehören. Weshalb beobachten wir keine Linien anderer Serien?

23 Erläutern Sie, wie die eng beieinander liegenden Energieniveaus des Wasserstoffs im oberen Teil von ► Abbildung 38.25 mit den nah beieinander liegenden Spektrallinien im oberen Teil von ► Abbildung 38.20 zusammenhängen.

24 Diskutieren Sie die Unterschiede zwischen dem Rutherford'schen und dem Bohr'schen Atommodell.

25 Kann die de-Broglie-Wellenlänge eines „Teilchens" größer oder kleiner als dessen Abmessungen sein? Gibt es einen unmittelbaren Zusammenhang?

26 Wie groß müsste h sein, damit sich die Quanteneffekte in der makroskopischen Alltagswelt bemerkbar machen?

27 Ist es sinnvoll, dass die potenzielle Energie des Elektrons in einem Wasserstoffatom in der Bohr'schen Theorie negativ und betragsmäßig größer als die kinetische Energie ist? Was bedeutet das?

28 Ein Heliumatom besitzt zwei Elektronen. Vermuten Sie, dass sich die Elektronen im Vergleich zum Wasserstoffatom im Mittel näher am Kern oder weiter davon entfernt befinden? Begründen Sie Ihre Antwort.

29 Weshalb enthält das Wasserstoffspektrum so viele Linien, obwohl Wasserstoff doch nur ein Elektron besitzt?

30 Die Lyman-Serie ist heller als die Balmer-Serie, weil diese Serie auf den Übergang in den am häufigsten vorkommenden Zustand des Wasserstoffatoms, den Grundzustand, zurückgeht. Weshalb wurde dennoch die Balmer-Serie zuerst entdeckt?

31 Erklären Sie mithilfe der Impulserhaltung, weshalb die von Wasserstoffatomen emittierten Photonen etwas weniger Energie besitzen als von Gleichung 38.9 vorhergesagt.

Aufgaben zu 38.1

1 (I) Wie heiß ist ein Metall, wenn es beim Schweißen am stärksten im Bereich von 440 nm strahlt?

2 (I) (a) Wie hoch ist die Temperatur, wenn sich das Maximum des Spektrums eines schwarzen Körpers bei 25,0 nm befindet? (b) Bei welcher Wellenlänge liegt das Maximum des Spektrums eines schwarzen Körpers mit einer Temperatur von 2800 K?

3 (I) Ein HCl-Molekül schwingt mit einer Eigenfrequenz von $8{,}1 \cdot 10^{13}$ Hz. Wie groß ist die Energiedifferenz (in Joule und Elektronenvolt) zwischen den möglichen Oszillationsenergien?

4 (I) Schätzen Sie ab, bei welcher Wellenlänge das Intensitätsmaximum für die Strahlung (a) von Eis bei 0 °C, (b) einer Flutlichtlampe bei 3300 K, (c) von Helium bei 4 K liegt, wenn Sie die Emission durch einen schwarzen Körper zugrunde legen? In welchem Bereich des elektromagnetischen Spektrums liegt sie jeweils?

5 (II) Die Stufen einer Treppe sind 20,0 cm hoch. Wie hoch ist die potenzielle Energie einer Person (58,0 kg) im Vergleich zum Boden, wenn sie mit beiden Füßen auf (a) der ersten, (b) der zweiten, (c) der dritten, (d) der n-ten Stufe steht? (e) Um welchen Betrag ändert sich die Energie, wenn die Person von der 6. auf die 2. Stufe steigt?

6 (II) Schätzen Sie ab, bei welcher Wellenlänge das Intensitätsmaximum des Lichts liegt, das von der Pupille des menschlichen Auges (die näherungsweise einem schwarzen Körper gleicht) bei normaler Körpertemperatur ausgeht.

7 (III) Das Planck'sche Strahlungsgesetz ist durch

$$u_\lambda(\lambda, T) = \frac{8\pi hc}{\lambda^5}\frac{1}{e^{hc/\lambda kT} - 1}$$

gegeben, wobei $u_\lambda(\lambda, T)$ die abgestrahlte spektrale Strahlungsenergiedichte als Funktion der Wellenlänge λ und der Temperatur T in Kelvin ist. (a) Zeigen Sie, dass sich das Wien'sche Verschiebungsgesetz aus dieser Beziehung ergibt. (b) Bestimmten Sie den Wert von h aus dem im Text angegebenen experimentellen Wert von $\lambda_P T$. (c) Leiten Sie das Stefan-Boltzmann'sche Gesetz (die T^4-Abhängigkeit der abgestrahlten Leistung – Gleichung 19.15) her, indem Sie die Planck'sche Formel über alle Wellenlängen integrieren; sie sollen also

$$\int u_\lambda(\lambda, T) d\lambda \propto T^4$$

zeigen.

Aufgaben zu 38.2

8 (I) Wie groß ist der Energiebereich in eV, den Photonen des sichtbaren Spektrums mit einer Wellenlänge von 400 nm bis 750 nm abdecken?

9 (I) Wie groß ist die Energie der Photonen (in eV), die von einer Radiostation auf der Frequenz 88,5 MHz emittiert werden?

10 (I) Die Gammastrahlung, die typischerweise von einem Kern beim radioaktiven Zerfall ausgesendet wird, besitzt eine Energie von 300 keV. Wie hoch ist deren Wellenlänge? Würde man eine signifikante Beugung dieses Lichts erwarten, wenn es einen makroskopischen Spalt, beispielsweise einen Türspalt, passiert?

11 (I) Es sind etwa 0,1 eV notwendig, um die Wasserstoffbrückenbindung in einem Protein aufzubrechen. Wie hoch muss die Frequenz oder wie niedrig muss die Wellenlänge eines Photons dazu mindestens sein?

12 (I) Wie groß muss die Frequenz von Licht mindestens sein, das Elektronen aus einem Metall mit der Austrittsarbeit $4{,}3 \cdot 10^{-19}$ J herausschlagen soll?

13 (I) Wie groß kann die Wellenlänge von Licht maximal sein, das Elektronen aus einem Metall mit der Austrittsarbeit 3,10 eV herausschlagen soll?

14 (II) Die Austrittsarbeiten von Natrium, Cäsium, Kupfer und Eisen betragen 2,3 eV, 2,1 eV, 4,7 eV beziehungsweise 4,5 eV. Aus welchem dieser Metalle kann sichtbares Licht keine Elektronen herausschlagen?

15 (II) Beim photoelektrischen Effekt wird beobachtet, dass kein Strom fließt, solange die Wellenlänge nicht geringer als 570 nm ist. (a) Wie hoch ist die Austrittsarbeit für dieses Material? (b) Wie hoch ist die Gegenspannung, wenn Licht der Wellenlänge 400 nm verwendet wird?

16 (II) Wie hoch ist die maximale kinetische Energie der Elektronen, die aus Barium (Austrittsarbeit 2,48 eV) herausgeschlagen werden, wenn Licht mit einer Wellenlänge von $\lambda = 400$ nm bis 750 nm einfällt?

17 (II) Wenn UV-Licht der Wellenlänge 255 nm auf eine Metalloberfläche fällt, dann ist die maximale Energie der emittierten Elektronen 1,40 eV. Wie groß ist die Austrittsarbeit für dieses Metall?

18 (II) Die Grenzwellenlänge für das Herausschlagen von Elektronen aus einer gegebenen Oberfläche ist 350 nm. Wie groß ist die maximale kinetische Energie der herausgeschlagenen Elektronen, wenn die Wellenlänge auf (a) 280 nm verringert, (b) 380 nm erhöht wird?

19 (II) Ein spezieller Film ist nur für Licht empfindlich, dessen Wellenlänge geringer als 660 nm ist. Wie groß ist die Energie (in eV und kcal/mol), um die chemische Reaktion zur Veränderung des Films in Gang zu setzen?

20 (II) Wenn Licht der Wellenlänge 230 nm auf ein Metall einfällt, kann der durch den photoelektrischen Schaltkreis (siehe ▸ Abbildung 38.4) fließende Strom durch eine Gegenspannung von 1,64 V zum Erliegen gebracht werden. Wie groß ist die Austrittsarbeit für dieses Material?

Aufgaben zu 38.3

21 (II) Die Größe h/mc mit der Dimension einer Länge wird als *Compton-Wellenlänge* bezeichnet. Bestimmen Sie die Compton-Wellenlänge eines (a) Elektrons, (b) eines Protons. (c) Zeigen Sie folgende Behauptung: Wenn die Wellenlänge eines Photons gleich der Compton-Wellenlänge des Teilchens ist, dann ist die Energie des Photons gleich der Ruheenergie des Teilchens.

22 (II) Röntgenstrahlung der Wellenlänge $\lambda = 0{,}120$ nm wird an einem Graphitblock gestreut. Wie groß ist die Verschiebung der Compton-Wellenlänge für Photonen, die (relativ zum einfallenden Strahl) im Winkel von (a) 45°, (b) 90°, (c) 180° beobachtet werden?

23 (II) Berechnen Sie für die Streuwinkel aus der vorhergehenden Aufgabe (a) den relativen Energieverlust des Photons und (b) die dem gestreuten Elektron übertragene Energie.

24 (II) (a) Zeigen Sie, dass der relative Energieverlust der gestreuten Photonen beim Compton-Effekt als $\Delta\lambda/\lambda$ geschrieben werden kann. (b) Handelt es sich dabei um einen korrekten Ausdruck? Wenn nicht, dann spezifizieren Sie die Größe, die die Genauigkeit einschränkt, und ihren Wert, damit die Gleichung eine Genauigkeit von 0,1 Prozent erreicht.

25 (III) Benutzen Sie die relativistischen Gleichungen für die Energie- und Impulserhaltung, um zu zeigen, dass die Compton-Verschiebung der Wellenlänge beim Compton-Effekt (siehe ▸ Abbildung 38.7) durch Gleichung 38.6 gegeben ist.

26 (III) Ein Photon mit der Wellenlänge 0,100 nm trifft beim Compton-Effekt frontal auf ein freies Elektron, das dadurch in Vorwärtsrichtung gestoßen wird. Das Photon wird genau in die entgegengesetzte Richtung zurückgestoßen. Benutzen Sie die (relativistische) Energie- und Impulserhaltung, um (a) die kinetische Energie des Elektrons und (b) die Wellenlänge des zurückgestoßenen Photons zu bestimmten. (*Hinweis*: Verwenden Sie Gleichung 38.5, aber nicht Gleichung 38.6.)

Aufgaben zu 38.4

27 (I) Wie groß ist die kinetische Gesamtenergie eines Elektron-Positron-Paares, das durch ein Photon mit 2,84 MeV erzeugt wird?

28 (II) Wie groß kann die Wellenlänge eines Photons maximal sein, das ein Positron-Elektron-Paar erzeugen kann? (Beide haben eine Masse von $1{,}67 \cdot 10^{-27}$ kg.)

29 (II) Wie groß ist die minimal notwendige Energie eines Photons zur Erzeugung eines μ^+-μ^--Paares? Die Masse eines μ (Myons) ist die 207fache Elektronenmasse. Wie groß ist die Wellenlänge eines solchen Photons?

30 (II) Ein Photon aus dem Röntgenbereich erzeugt ein Elektron-Positron-Paar, wobei jedes Teilchen eine kinetische Energie von 345 keV besitzt. Wie groß war die Energie und die Wellenlänge des Photons?

Aufgaben zu 38.6

31 (I) Berechnen Sie die Wellenlänge einer Kugel (0,21 kg), die sich mit 0,10 m/s bewegt.

32 (I) Wie groß ist die Wellenlänge eines Neutrons ($m = 1{,}67 \cdot 10^{-27}$ kg), das sich mit der Geschwindigkeit $5{,}5 \cdot 10^4$ m/s bewegt?

33 (I) Durch welche Potenzialdifferenz (in Volt) muss ein Elektron beschleunigt werden, damit es eine Wellenlänge von 0,28 nm erreicht?

34 (II) Berechnen Sie die de-Broglie-Wellenlänge eines Elektrons in ihrem Fernseher, das in der Bildröhre durch 30 000 V beschleunigt wurde. Ist es als relativistisch anzusehen? Wie groß ist dessen Wellenlänge im Vergleich zur Größe des Röhrenhalses von typischerweise 5 cm? Müssen wir uns über Beugungserscheinungen Gedanken machen, die zu einem unscharfen Bild auf dem Schirm führen?

35 (II) Wie hoch ist die Wellenlänge eines Elektrons mit der Energie (a) 10 eV, (b) 100 eV, (c) 1,0 keV?

36 (II) Ein Elektron und ein Proton haben die gleiche nichtrelativistische kinetische Energie. Zeigen Sie, dass das Proton dann die kürzere Wellenlänge besitzt.

37 (II) Berechnen Sie das Verhältnis der kinetischen Energie eines Elektrons zu der eines Protons, wenn sie gleiche Wellenlängen besitzen. Gehen Sie von nichtrelativistischen Geschwindigkeiten aus.

38 (II) Wie groß ist die Wellenlänge eines O_2-Moleküls der Luft bei Raumtemperatur? (*Hinweis*: Siehe Kapitel 18.)

39 (III) Ein Cadillac mit einer Masse von 2000 kg erreicht eine 10 m breite Autobahnbrücke. Mit welcher Geschwindigkeit muss sich das Auto bewegen, damit seine Wellenlänge eine solche Größe erreicht, dass es nach dem Durchfahren dieses „Einzelspaltes" in irgendeiner Weise „gebeugt" wird? Wie groß ist die sich aus dieser Bedingung ergebende Geschwindigkeit im Vergleich zu gewöhnlichen Autobahngeschwindigkeiten von 30 m/s?

Aufgaben zu 38.7

40 (II) Welche Spannung ist notwendig, damit ein Elektron eine Wellenlänge von 0,10 nm erreicht? (Gehen Sie von nichtrelativistischen Elektronen aus.)

41 (II) Elektronen werden in einem Elektronenmikroskop durch 2250 V beschleunigt. Wie hoch ist die maximal erreichbare Auflösung?

Aufgaben zu 38.9 und 38.10

42 (I) Entscheiden Sie, ob es sich bei den drei unten angegebenen Übergängen vom Ausgangszustand n zum Endzustand n' um eine Absorption oder eine Emission handelt? Welcher Zustand ist energetisch höher, der Ausgangszustand oder der Endzustand des Atoms? Bei welchem dieser Übergänge hat das beteiligte Photon die größte Energie? (a) $n = 1$, $n' = 3$, (b) $n = 6$, $n' = 2$, (c) $n = 4$, $n' = 5$.

43 (I) Wie viel Energie ist notwendig, um ein Elektron eines Wasserstoffatoms aus dem Grundzustand in den Zustand mit $n = 2$ zu bringen?

44 (I) Zu welchem Übergang gehört die drittlängste Wellenlänge der Paschen-Serie (siehe ► Abbildung 38.25).

45 Berechnen Sie die Ionisationsenergie von zweifach ionisiertem Li^{2+} mit $Z = 3$ für den Grundzustand.

46 (I) (a) Bestimmen Sie die Wellenlänge der zweiten Linie der Balmer-Serie (Übergang von $n = 4$ nach $n = 2$) mithilfe von ► Abbildung 38.25. Bestimmen sie analog dazu (b) die Wellenlänge der zweiten Linie der Lyman-Serie und (c) die Wellenlänge der dritten Linie der Balmer-Serie.

47 (I) Bestimmen Sie die Rydberg-Konstante R aus der Bohr'schen Theorie (vergleichen Sie die Gleichungen 38.8 und 38.14) und zeigen Sie, dass ihr Wert $R = 1{,}0974 \cdot 10^7\ \text{m}^{-1}$ ist.

48 (II) Wie groß kann die Wellenlänge von Licht maximal sein, das ein Wasserstoffatom aus dem Grundzustand heraus ionisiert?

49 (II) Wie groß muss die Wellenlänge eines Photons sein, das ein Wasserstoffatom aus dem Grundzustand heraus ionisiert und dem freigesetzten Elektron eine kinetische Energie von 10,0 eV übergibt?

50 (II) In der Sonne vollzieht sich im ionisiertem Helium (He^+) unter Photonenemission ein Übergang vom Zustand $n = 6$ zum Zustand $n = 2$. Können diese Photonen von den in der Sonne vorkommenden Wasserstoffatomen absorbiert werden? Wenn dem so ist, zwischen welchen Energiezuständen vollzieht sich der Übergang im Wasserstoffatom?

51 (II) Konstruieren Sie das Energie-Niveau-Diagramm für das He^+-Ion (siehe ▶ Abbildung 38.25).

52 (II) Konstruieren Sie das Energie-Niveau-Diagramm für doppelt ionisiertes Lithium, Li^{2+}.

53 (II) Wie groß ist die potenzielle Energie und die kinetische Energie des Elektrons im Wasserstoffatom im Grundzustand?

54 (II) Ein angeregtes Wasserstoffatom könnte prinzipiell auch einen Radius von 1,00 mm aufweisen. Wie groß wäre n für eine Bohr'sche Bahn dieser Größe? Wie groß wäre deren Energie?

55 (II) Ist die Verwendung nichtrelativistischer Gleichungen im Bohr'schen Atom angebracht? Berechnen Sie dazu die Geschwindigkeit des Elektrons v in Einheiten von c im Grundzustand des Wasserstoffatoms, und berechnen Sie anschließend den Ausdruck $\sqrt{1 - v^2/c^2}$.

56 (II) Angenommen, ein Elektron wäre nicht durch die elektrische Kraft an ein Proton gebunden, sondern durch die Gravitation. Wie groß wären Radius und Energie der ersten Bohr'schen Bahn?

57 (II) Zeigen Sie, dass der Betrag der potenziellen Energie eines Elektrons auf jeder Bohr'schen Bahn des Wasserstoffatoms doppelt so groß wie die kinetische Energie ist.

58 (III) *Korrespondenzprinzip*: Zeigen Sie, dass bei großen Quantenzahlen n die Differenz der Radien Δr zwischen zwei benachbarten Bahnen (mit den Quantenzahlen n und $n - 1$) durch

$$\Delta r = r_n - r_{n-1} \approx \frac{2r_n}{n}$$

gegeben ist, so dass in Übereinstimmung mit dem Korrespondenzprinzip für $n \to \infty$ auch $\Delta r/r_n \to 0$ gilt. (Beachten Sie, dass man das Korrespondenzprinzip entweder durch die Betrachtung von großen n ($n \to \infty$) oder durch die Grenzwertbildung $h \to 0$ überprüfen kann. Ist dies äquivalent?)

59 (III) (a) Zeigen Sie, dass bei sehr großen n die Frequenz des Lichts, das bei einem Elektronenübergang vom Energieniveau n zum Energieniveau $n - 1$ emittiert wird, gleich

$$f = \frac{v}{2\pi r_n}$$

ist. (b) Zeigen Sie, dass es sich dabei gleichzeitig auch um die von der klassischen Theorie vorhergesagte Frequenz handelt, wenn sich ein Elektron auf einer Kreisbahn mit dem Radius r_n mit der Geschwindigkeit v bewegt. (c) Erklären Sie, weshalb dies mit dem Korrespondenzprinzip konsistent ist.

Allgemeine Aufgaben

60 Die Urknalltheorie behauptet, dass der Beginn des Universums von einen riesigen Photonenausbruch begleitet war. Diese Photonen sind heute noch immer präsent und bilden den so genannten kosmischen Mikrowellen-Strahlungshintergrund. Das Universum strahlt wie ein schwarzer Körper bei einer Temperatur von etwa 2,7 K. Berechnen Sie die Wellenlänge des Intensitätsmaximums dieser Strahlung.

61 Bei Raumtemperatur befinden sich nahezu alle Atome eines Wasserstoffgases im Grundzustand. Wie groß muss die Frequenz des Photons sein, damit der photoelektrische Effekt beobachtet werden kann?

62 Ein Strahl aus Elektronen mit 85 eV wird wie bei der Röntgenbeugung an einem Kristall gestreut. Das Maximum erster Ordnung wird bei $\theta = 38°$ beobachtet. Wie groß ist der Abstand zwischen den Ebenen des Beugungsgitters? (Siehe Abschnitt 36.10.)

63 Zeigen Sie, dass die Energie E (in Elektronenvolt) eines Photons mit der Wellenlänge λ (in Meter) durch folgende Gleichung gegeben ist:

$$E = 1{,}24 \cdot 10^{-6}/\lambda\ .$$

64 Eine Mikrowelle erzeugt elektromagnetische Strahlung mit einer Wellenlänge von 12,2 cm und einer Leistung von 760 W. Berechnen Sie die Anzahl der von der Mikrowelle pro Sekunde erzeugten Photonen.

65 Das Sonnenlicht, das die Erdoberfläche erreicht, besitzt eine Intensität von etwa $1000\,\mathrm{W/m^2}$. Schätzen Sie ab, wie viele Photonen das pro Quadratmeter in einer Sekunde sind. Verwenden Sie dazu eine mittlere Wellenlänge von 550 nm.

66 Ein Strahl eines Rubinlasers ($\lambda = 633$ nm) trifft auf eine schwarze Wand und wird vollständig absorbiert. Wie viele Photonen treffen pro Sekunde auf die Wand, wenn dadurch eine Gesamtkraft von $F = 5{,}5$ nN auf die Wand ausgeübt wird?

67 Eine Taschenlampe mit 100 W strahlt 3,0 Prozent der Eingangsenergie in Form von sichtbarem Licht (mittlere Wellenlänge 550 nm) gleichmäßig in alle Richtungen ab. Schätzen Sie ab, wie viele Photonen des sichtbaren Lichts pro Sekunde auf die Pupille (Durchmesser 4,0 mm) eines 1,0 km entfernten Beobachters treffen.

68 Ein Elektron und ein Positron stoßen frontal aufeinander, vernichten sich gegenseitig und erzeugen zwei Photonen mit 0,90 MeV, die sich in entgegengesetzte Richtungen bewegen. Wie groß war die kinetische Energie von Elektron und Positron?

69 Compton beobachtete in seinem ursprünglichen Experiment gestreute Röntgenstrahlung, deren Wellenlänge von 0,0711 nm auf 0,0735 nm verschoben war. In welchem Winkel wurde diese Röntgenstrahlung gestreut?

70 Durch welche Potenzialdifferenz muss (a) ein Proton ($m = 1{,}67 \cdot 10^{-27}$ kg) und (b) ein Elektron ($m = 9{,}11 \cdot 10^{-31}$ kg) beschleunigt werden, damit es eine Wellenlänge von $\lambda = 5{,}0 \cdot 10^{-12}$ m besitzt?

71 In einem von Rutherfords Experimenten (▶ **Abbildung 38.16**) besitzen die α-Teilchen (Masse $= 6{,}64 \cdot 10^{-27}$ kg) eine kinetische Energie von 4,8 MeV. Wie nahe können sie einem Goldkern (Ladung $= 79e$) kommen? Vernachlässigen Sie die Rückstoßbewegung des Kerns.

72 Um welchen Bruchteil sinkt die Masse eines H-Atoms bei einem Übergang vom Zustand $n = 3$ zum Zustand $n = 1$?

73 Bei welcher kinetischen Energie ist der Stoß zwischen einem Elektron und einem Wasserstoffatom im Grundzustand eindeutig elastisch?

74 Leiten Sie aus der Bohr'schen Theorie eine Gleichung für die Winkelgeschwindigkeit ω eines Elektrons in einem Wasserstoffatom und dessen Frequenz f ab. Bestimmen Sie die Werte (a) für den Grundzustand und (b) für den ersten angeregten Zustand ($n = 2$).

75 Berechnen Sie das Verhältnis aus Gravitationskraft und elektrischer Kraft für das Elektron in einem Wasserstoffatom. Kann die Gravitation gefahrlos vernachlässigt werden?

76 Eine Kinderschaukel hat eine Eigenfrequenz von 0,75 Hz. (a) Wie groß ist der Abstand zwischen den möglichen Energiewerten (in Joule)? (b) Welchen Wert hat die Quantenzahl n, wenn die Schaukel am Umkehrpunkt einen Höhenunterschied von 45 cm überwunden hat und (einschließlich Kind) eine Masse von 20 kg besitzt. (c) Wie groß ist die relative Energieänderung, wenn man Energieniveaus mit den Quantenzahlen n (soeben berechnet) und $n+1$ betrachtet? Wäre die Quantisierung in diesem Fall messbar?

77 Elektronen, die durch eine Potenzialdifferenz von 12,3 V beschleunigt wurden, passieren ein Wasserstoffgas bei Raumtemperatur. Welche Wellenlänge besitzt das emittierte Licht?

78 Man kann Atome herstellen, bei denen ein Myon (Masse = 207 Elektronenmassen) ein Elektron des Atoms ersetzt. Berechnen Sie mithilfe der Bohr'schen Theorie die Energie des Photons, das emittiert wird, wenn das Myon im myonischen $^{208}_{82}$Pb-Atom (Kern mit der Masse von 208 Protonenmassen und der Ladung $+82e$) vom Zustand mit $n = 2$ zu einem Zustand mit $n = 1$ übergeht.

79 Bei einem speziellen photoelektrischen Experiment wird eine Gegenspannung von 2,10 Volt gemessen, wenn ultraviolettes Licht mit der Wellenlänge 290 nm auf ein Metall fällt. Wie groß wäre die Grenzspannung, wenn anstelle des violetten Lichts blaues Licht mit der Wellenlänge 440 nm unter den sonst gleichen Vorgaben verwendet würde?

80 In einer Röntgenröhre (siehe ▶ **Abbildung 36.25** und die Diskussion in ▶ **Abschnitt 36.10**) ist V die Hochspannung zwischen dem Filament und dem Target. Nachdem das Elektron durch diese Spannung beschleunigt wurde, trifft es auf das Target, wo es abgebremst wird (durch positiv geladene Kerne). Bei diesem Prozess werden ein oder mehrere Röntgenquanten emittiert. (a) Zeigen Sie, dass für das Photon mit der kürzesten Wellenlänge

$$\lambda_0 = \frac{hc}{eV}$$

gilt. (b) Wie groß ist die kürzeste Wellenlänge der emittierten Röntgenstrahlung, wenn die Elektronen auf den Schirm einer 30 kV Fernsehbildröhre treffen?

81 Zeigen Sie, dass die Wellenlänge eines Teilchens mit der Masse m und der kinetischen Energie E_{kin} durch die relativistische Gleichung $\lambda = hc/\sqrt{E_{\mathrm{kin}}^2 + 2mc^2E_{\mathrm{kin}}}$ gegeben ist.

82 Wie groß ist die kinetische Energie und die Wellenlänge eines „thermischen" Neutrons (das sich bei Raumtemperatur im Gleichgewicht befindet – siehe **Kapitel 18**)?

83 Wie groß ist die theoretische Grenze für das Auflösungsvermögen eines Elektronenmikroskops, dessen Elektronen durch 60 kV beschleunigt wurden? (Sie müssen die relativistischen Gleichungen benutzen.)

84 Die Intensität des Sonnenlichts beträgt in Erdnähe etwa 1000 W/m^2. Stellen Sie sich ein Raumschiff mit einem verspiegelten quadratischen Segel mit der Seitenlänge 1,0 km vor. Schätzen Sie ab, welchen Schub (in Newton) dieses Raumschiff aufgrund der Stöße mit den Photonen der Sonne erfährt. (*Hinweis*: Nehmen Sie an, dass die Photonen ohne Änderung des Impulsbetrags abprallen.)

85 Das menschliche Auge reagiert bereits auf Licht mit einer Energie von bis zu 10^{-18} J. Wie viele Photonen führen zu einem wahrnehmbaren Lichteindruck, wenn das Auge von Licht der Wellenlänge 550 nm getroffen wird, bei der die visuelle Sensitivität maximal ist?

86 Licht mit einer Wellenlänge von 300 nm trifft auf ein Metall mit der Austrittsarbeit 2,2 eV. Wir groß ist die kürzeste de-Broglie-Wellenlänge der auf diese Weise erzeugten Photoelektronen?

Quantenmechanik

39

ÜBERBLICK

A. Piccard E. Henriot P. Ehrenfest Ed. Herzen Th. De Donder E. Schrödinger
E. Verschaffelt W. Pauli W. Heisenberg R.H. Fowler L. Brillouin

P. Debye M. Knudsen W, L. Bragg H.A. Kramers P.A.M. Dirac A.H. Compton
L. de Broglie N. Born N. Bohr

I. Langmuir M. Planck Mme Curie H.A. Lorentz A. Einstein P. Langevin
Ch. E. Guye C.T.R Wilson O.W. Richardson

Teilnehmer der Solvay-Konferenz 1927. Albert Einstein, in der Mitte der ersten Reihe sitzend, fiel es schwer zu akzeptieren, dass sich die Natur nach den Gesetzen der Quantenmechanik verhalten soll. Wir wollen uns in diesem Kapitel mit diesem Thema beschäftigen, wobei wir von der Wellenfunktion und der Unschärferelation ausgehen. Wir untersuchen die Schrödingergleichung und ihre Lösungen in den einfachen Fällen: freies Teilchen, Kastenpotenzial und Tunneln durch eine Barriere.

39. Quantenmechanik

Das Bohr'sche Atommodell hat uns einen ersten (wenn auch nur groben) Eindruck des Atomaufbaus vermittelt. In diesem Modell wurde erklärt, weshalb Atome Licht diskreter Wellenlänge emittieren und absorbieren, aber auch die Stabilität der Atome begründet. Die anhand dieser Theorie vorhergesagten Wellenlängen der Linienspektren und die Ionisationsenergie von Wasserstoff (und von Ionen mit nur einem Elektron) stimmen in exzellenter Weise mit dem Experiment überein. Die Bohr'sche Theorie hatte jedoch auch wesentliche Grenzen. Sie konnte die Linienspektren komplexerer Atome nicht vorhersagen – nicht einmal im Falle des neutralen Heliumatoms, das lediglich zwei Elektronen besitzt. Ebenso konnte sie nicht erklären, warum Emissionslinien, genauer betrachtet, aus zwei oder noch mehr eng beieinander liegenden Linien bestehen (was man als *Feinstruktur* bezeichnet). Die Bohr'sche Theorie konnte auch keine Begründung dafür angeben, weshalb einige Spektrallinien heller waren als andere. Und sie konnte die Bindung von Atomen in Molekülen oder in Festkörpern und Flüssigkeiten nicht erklären.

Vom theoretischen Standpunkt aus gesehen, war auch die Bohr'sche Theorie nicht befriedigend, weil sie eine merkwürdige Mischung aus klassischen und quantentheoretischen Vorstellungen war. Darüber hinaus war das Problem des Welle-Teilchen-Dualismus noch immer nicht hinreichend geklärt.

Wir erwähnen die Grenzen der Bohr'schen Theorie jedoch nicht, um ihren Wert herabzusetzen – denn sie war tatsächlich ein Meilenstein in der Geschichte der Wissenschaft. Wir erwähnen sie vielmehr um zu zeigen, weshalb es in den frühen 1920er Jahren immer offensichtlicher wurde, dass eine neue, umfassendere Theorie notwendig war. Bereits weniger als zwei Jahre nachdem de Broglie seine Hypothese über den Wellencharakter der Materie aufgestellt hatte, entwickelten Erwin Schrödinger (1887–1961; ▸ Abbildung 39.1) und Werner Heisenberg (1901–1976; ▸ Abbildung 39.2) unabhängig voneinander eine neue umfassende Theorie.

Abbildung 39.1 Erwin Schrödinger mit Lise Meitner (siehe Kapitel 43).

Abbildung 39.2 Werner Heisenberg (Mitte) am Comer See mit Wolfgang Pauli (rechts) und Enrico Fermi (links).

Ihre Ansätze waren sehr verschieden, man konnte jedoch bald zeigen, dass sie zueinander kompatibel waren. In diesem Kapitel beschäftigen wir uns mit dieser neuen Theorie, der Quantenmechanik. In den beiden folgenden Kapiteln werden wir die Resultate diskutieren, die sich aus der Anwendung der Quantenmechanik auf das Wasserstoffatom, auf andere Atome sowie auf Moleküle und Festkörper ergeben.

39.1 Die Quantenmechanik: Eine neue Theorie

Die neue, als **Quantenmechanik** bezeichnete Theorie vereinheitlicht den Welle-Teilchen-Dualismus zu einer einzigen konsistenten Theorie. Als Theorie war die Quantenmechanik unheimlich erfolgreich. Mit ihrer Hilfe konnte man die von komplexen Atomen emittierten Spektren und selbst deren Feinstruktur hinreichend behandeln. Sie erklärt die relative Helligkeit der Spektrallinien und die Art und Weise wie Atome Moleküle bilden. Sie ist zudem eine allgemeine Theorie, die alle Quantenphänomene, angefangen mit der Strahlung des schwarzen Körpers bis hin zum Verhalten von Atomen und Molekülen, umfasst. Sie hat ein breites Spektrum natürlicher Phänomene erklärt, und ihre Vorhersagen machten viele neue praktische Instrumente möglich. Sie war tatsächlich so erfolgreich, dass sie heute von nahezu allen Physikern als die fundamentale Theorie akzeptiert wird, die den physikalischen Prozessen zugrunde liegt.

Die Quantenmechanik beschäftigt sich hauptsächlich mit der mikroskopischen Welt der Atome und des Lichts. In unserer makroskopischen Alltagswelt nehmen wir Licht dagegen einfach nur wahr, und wir akzeptieren, dass gewöhnliche makroskopische Körper aus Atomen zusammengesetzt sind. Diese neue Theorie muss deshalb auch dazu in der Lage sein, die bereits bestätigten Resultate der klassischen Physik zu verifizieren. Wenn sie auf makroskopische Phänomene angewendet wird, muss die Quantenmechanik die alten klassischen Resultate reproduzieren. Diese Forderung, als **Korrespondenzprinzip** (bereits in Abschnitt 37.13 erwähnt) bezeichnet, wird von der Quantenmechanik in vollem Umfang erfüllt. Das bedeutet nicht, dass wir nun die klassischen Theorien, wie beispielsweise die Newton'schen Axiome, verwerfen. Im Alltag lassen sich Letztere viel einfacher anwenden und liefern eine korrekte Beschreibung. Wenn wir es jedoch mit hohen Geschwindigkeiten, nahe der Lichtgeschwindigkeit, zu tun haben, müssen wir die Relativitätstheorie anwenden; haben wir es dagegen mit der winzigen Welt des Atoms zu tun, benutzen wir die Quantenmechanik.

Korrespondenzprinzip

Auch wenn wir die Mathematik der Quantenmechanik nicht im Detail behandeln, werden wir die wesentlichen Aspekte diskutieren und darauf eingehen, wie man die Wellen- und Teilcheneigenschaften der Materie benutzt, um die atomare Struktur und andere Anwendungen zu erklären.

39.2 Die Wellenfunktion und ihre Interpretation; das Doppelspaltexperiment

Die wesentlichen Eigenschaften einer Welle sind die Wellenlänge, die Frequenz und die Amplitude. Bei einer elektromagnetischen Welle legt die Wellenlänge fest, ob sich das Licht im sichtbaren Spektrum befindet oder nicht, und mit welcher Farbe es gegebenenfalls erscheint. Wir haben auch gesehen, dass die Wellenlänge (oder die Frequenz) ein Maß für die Energie des zugehörigen Photons ist ($E = hf$). Die Amplitude oder die Auslenkung einer elektromagnetischen Welle an einem bestimmten Ort gibt die Stärke des elektrischen (oder magnetischen) Feldes in diesem Ort an und hängt mit der Intensität der Welle (der Helligkeit des Lichts) zusammen.

Im Falle massebehafteter Teilchen, wie beispi elsweise Elektronen, verbindet die Quantenmechanik die Wellenlänge mit dem Impuls gemäß der de Broglie'schen Formel $\lambda = h/p$. Was entspricht aber der Amplitude oder der Auslenkung einer Materiewelle? In der Quantenmechanik wird diese Rolle von der **Wellenfunktion**

Wellenfunktion

übernommen, der das Symbol Ψ (der griechische Buchstabe Psi) zugeordnet ist. Somit stellt Ψ die Auslenkung als Funktion der Zeit und des Ortes dar, eine Art neues Feld, das wir als „Materiefeld“ oder Materiewelle bezeichnen.

Die Berechnung der Wellenfunktion Ψ ist in einer gegebenen Situation (zum Beispiel für ein Elektron in einem Atom) eine der grundlegenden Aufgaben der Quantenmechanik. In der Tat war die Entwicklung einer Gleichung zur Bewältigung dieser Aufgabe Schrödingers großer Beitrag. Die *Schrödinger'sche Wellengleichung*, wie man sie auch bezeichnet, wird als grundlegende Gleichung zur Beschreibung nichtrelativistischer massebehafteter Teilchen betrachtet. Später werden wir die Schrödingergleichung und ihre Lösungen in einfachen Fällen diskutieren. Wir stellen die Frage: Welche Bedeutung hat die Wellenfunktion Ψ eines Teilchens? Einerseits kann man Ψ einfach als Auslenkung der „Materiewelle“ zu jedem Raum-Zeit-Punkt interpretieren, so dass Ψ die Rolle einnimmt, die E (das elektrische Feld) für eine elektromagnetische Welle spielt. Auf Grundlage des Welle-Teilchen-Dualismus ist jedoch auch eine andere Interpretation möglich. Zum Verständnis dieser Tatsache führen wir eine Analogie zum Licht an.

Aus Kapitel 15 wissen wir, dass die Intensität I jeder Welle proportional zum Quadrat der Amplitude ist. Dies gilt auch für Lichtwellen, denn die Energiedichte einer Lichtwelle ist proportional zum Quadrat der elektrischen Feldstärke E, wie wir in Kapitel 32 gesehen haben. Vom Standpunkt des *Teilchen*bildes aus gesehen, ist die Energiedichte eines Teilchenstrahles proportional zur Anzahl n der Photonen pro Volumeneinheit. Je mehr Photonen (einer gegebenen Wellenlänge) pro Volumeneinheit vorhanden sind, desto größer ist die Energiedichte. Folglich gilt

$$n \propto E^2 \,.$$

Die Photonendichte ist also proportional zum Quadrat der elektrischen Feldstärke.

Wenn der Lichtstrahl sehr schwach ist, sind nur einige Photonen beteiligt. Tatsächlich ist es möglich, eine Fotografie auf einem Film mit sehr schwachem Licht „aufzubauen“, so dass der Effekt der individuellen Photonen sichtbar wird. Wenn wir es mit nur einem Photon zu tun haben, kann die Beziehung ($n \propto E^2$) in etwas anderer Weise interpretiert werden. An jedem Ort ist E^2, das Quadrat der elektrischen Feldstärke E, ein Maß für die *Wahrscheinlichkeit*, dass sich ein Photon innerhalb einer Volumeneinheit an diesem Ort befindet. Anders ausgedrückt, wenn $\mathrm{d}V$ ein infinitesimales Volumenelement um diesen Ort darstellt, dann ist $E^2\,\mathrm{d}V$ proportional zu der Wahrscheinlichkeit, ein Photon im Volumen $\mathrm{d}V$ zu finden. Dort, wo E^2 groß ist, gibt es eine hohe Wahrscheinlichkeit das Photon zu finden; wo E^2 klein ist, ist die Wahrscheinlichkeit für das Auffinden des Photons gering.

In ähnlicher Weise lassen sich Materiewellen interpretieren. Der Betrag der Wellenfunktion Ψ kann von Ort zu Ort und von Zeit zu Zeit variieren. Wenn Ψ eine Menge von Elektronen beschreibt, dann ist $|\Psi|^2\,\mathrm{d}V$ proportional zur Anzahl der Elektronen, die im Volumen $\mathrm{d}V$ an jedem gegeben Ort erwartet werden. Wenn wir es mit einer sehr kleinen Anzahl von Elektronen zu tun haben, können wir keine sehr exakten Vorhersagen treffen, so dass $|\Psi|^2$ den Charakter einer Wahrscheinlichkeit annimmt. Steht das orts- und zeitabhängige Ψ für ein einzelnes Elektron[1] (beispielsweise in einem Atom), dann wird $|\Psi|^2$ folgendermaßen interpretiert: $|\Psi|^2$ *gibt als Funktion von Ort und Zeit die Wahrscheinlichkeit dafür an, das Elektron innerhalb des Volumens* $\mathrm{d}V$ *am gegebenen Ort und zur gegebenen Zeit zu finden.* Daher wird $|\Psi|^2$ häufig als **Wahrscheinlichkeitsdichte** oder **Wahrscheinlichkeitsverteilung** bezeichnet.

Wahrscheinlichkeit $\propto |\Psi|^2$

Zum besseren Verständnis ziehen wir als Gedankenexperiment das bekannte Doppelspaltexperiment heran und untersuchen dies sowohl für Licht als auch für Elektronen.

1 Die Wellenfunktion Ψ ist gewöhnlich eine komplexe Größe (sie beinhaltet also $i = \sqrt{-1}$) und lässt sich deshalb nicht unmittelbar beobachten. Dagegen ist $|\Psi|^2$, das Betragsquadrat von Ψ, immer reell. Daher können wir $|\Psi|^2$ physikalisch interpretieren.

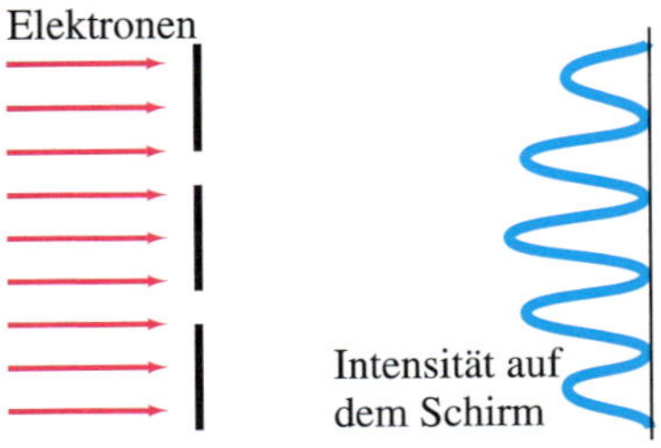

Abbildung 39.3 Parallele Lichtbündel oder Elektronenstrahlen fallen auf zwei Spalte, deren Abmessungen mit der Wellenlänge vergleichbar sind. Es wird ein Interferenzmuster beobachtet. Die Entfernung des Schirms von den zwei Spalten soll im Vergleich zum Abstand der beiden Spalte sehr groß sein.

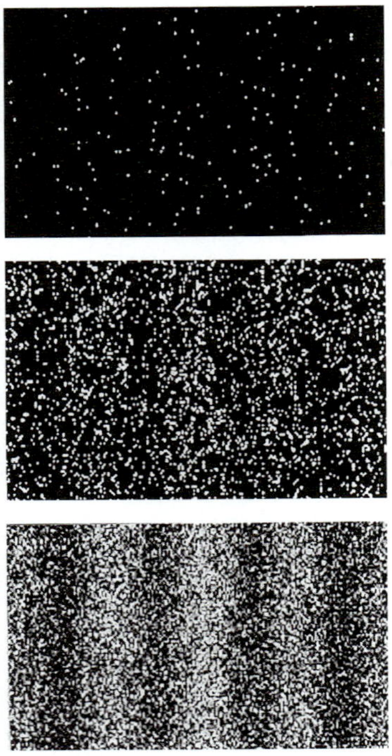

Abbildung 39.4 Youngs Doppelspaltexperiment mit Elektronen. Ein Ausschnitt des Doppelspalt-Interferenzmusters (Kapitel 35) ist als Streifenkontrast zu sehen.

Betrachten wir zwei Spalte, deren Abmessungen und deren Abstand in der Größenordnung der Wellenlänge des verwendeten Objektes liegen, wobei es sich entweder um Licht oder Elektronen handelt (siehe ▸ Abbildung 39.3). Im Falle von Licht wissen wir sehr genau, was passiert, weil wir es dann einfach mit Youngs Doppelspaltexperiment (Abschnitt 35.3) zu tun haben: Auf dem dahinter liegenden Schirm würde sich ein Interferenzmuster abzeichnen. Wenn das Licht durch Elektronen mit einer Wellenlänge ersetzt würde, die vergleichbar zu den Abmessungen der Spalte ist, würde sich ebenfalls ein Interferenzmuster zeigen (siehe ▸ Abbildung 38.11). Im Falle von Licht wäre das Muster für das Auge sichtbar und könnte auf einem Film festgehalten werden. Im Falle von Elektronen würde man einen Floureszenzschirm benutzen.

Dieses Doppelspaltexperiment mit Elektronen war ein Schlüsselexperiment, um die Wellennatur der Elektronen anschaulich zu demonstrieren. Ein solches Experiment gelang Jönsson und Möllenholt in Tübingen im Jahr 1961. In ▸ Abbildung 39.4 sind die Interferenzstreifen zu erkennen, die analog zu einem Doppelspaltexperiment mit Licht damit auch bei Elektronen erhalten wurden. Die Beugung der Elektronen an einem Kristallgitter (siehe ▸ Abbildung 39.11) ist ein ähnliches Experiment, das die Wellennatur von Elektronen verdeutlicht. Es wurde viel früher ausgeführt als das Beugungsexperiment am Doppelspalt.

Da das Interferenzmuster für Elektronen am Doppelspalt auch dann erscheint, wenn jeweils nur ein Elektron (oder Photon) den Spalt durchläuft, entsteht das Interferenzmuster offensichtlich nicht durch die Wechselwirkung eines Elektrons mit einem anderen. Es scheint, als würde das Elektron durch beide Spalte gleichzeitig laufen und mit sich selbst interferieren. Diese Interferenz und das Beugungsbild sind im Teilchenbild des Elektrons nicht erklärbar, das Elektron zeigt uns bei diesen Experimenten seine Wellennatur. Es ist im gleichen Maße eine Welle wie ein Teilchen, und eine Welle kann zweifellos durch beide Spalte gleichzeitig laufen. Was würde aber passieren, wenn wir nacheinander jeweils einen der beiden Spalte abdecken, so dass wir sicher sein können, welchen Spalt das Elektron passiert hat? Am Ende des Experimentes würde sich kein Interferenzmuster zeigen. Wir würden auf dem Schirm stattdessen zwei helle Gebiete (oder Beugungsmuster) wahrnehmen. Dies bestätigt unsere Vorstellung, dass der Schirm im Falle der beiden geöffneten Spalte ein Interferenzmuster zeigt, so als ob jedes Elektron, gleich einer Welle, durch beide Spalte läuft.

Wir können nun zusammenfassen: Wenn wir Elektronen (und andere massebehaftete Teilchen) wie Wellen behandeln, dann stellt Ψ die Amplitude der Welle dar. Wenn wir sie dagegen wie Teilchen behandeln, müssen wir dies auf der Basis von *Wahrscheinlichkeiten* tun. Das Betragsquadrat der Wellenfunktion $|\Psi|^2$ gibt die Wahrscheinlichkeit pro Volumeneinheit an, ein bestimmtes Elektron an einem gegebenen Ort zu finden. Wir können den Weg nicht genau vorhersagen – geschweige denn verfolgen –, den ein einzelnes Elektron in Raum und Zeit zurücklegt.

39.3 Die Heisenberg'sche Unschärferelation

Jede Messung ist mit einer gewissen Unschärfe und Messabweichungen verbunden. Sie können beispielsweise die Länge eines Tisches nicht wirklich fehlerfrei messen. Wenn die Messung mit einem Maßstab ausgeführt wird, dessen Markierungen nur 1 mm auseinander liegen, beträgt die Ungenauigkeit etwa $\frac{1}{2}$ mm. Präzisere Instrumente führen zu präziseren Messergebnissen. Es gibt allerdings immer eine mit der Messung verbundene Unschärfe, unabhängig von der Güte der Messinstrumente. Wir erwarten, dass die mit der Messung verbundene Unschärfe durch Verwendung immer präziserer Instrumente unendlich klein gemacht werden kann.

Die Messunsicherheit ist der Natur inhärent

Nach der Quantenmechanik gibt es jedoch tatsächlich eine Grenze für die Genauigkeit gewisser Messungen. Diese Grenze hängt nicht damit zusammen, mit welcher Präzision Instrumente hergestellt werden können, sondern sie ist der Natur inhärent. Sie ergibt sich aus zwei Faktoren: aus dem Welle-Teilchen-Dualismus und der unvermeidbaren Wechselwirkung zwischen dem beobachteten Gegenstand und dem Messinstrument. Sehen wir uns dies genauer an.

Es ist unmöglich, eine Messung an einem Körper vorzunehmen, ohne ihn zumindest geringfügig zu stören. Betrachten Sie die Aufgabe, einen Tischtennisball in einem vollständig abgedunkelten Raum zu lokalisieren. Sie tasten im Raum herum, um seinen Ort zu bestimmen; und wenn Sie ihn gerade mit dem Finger berührt haben, springt er davon. Immer, wenn wir den Ort eines Körpers feststellen, ob es sich dabei um einen Tischtennisball oder ein Elektron handelt, berühren wir ihn mit einem Instrument, das uns die Information über seinen Aufenthaltsort liefert. Um einen Tischtennisball in einem dunklen Raum zu lokalisieren, können Sie mit ihrer Hand oder einem Stab umhertasten; Sie können aber auch eine Lichtquelle verwenden, und das vom Ball reflektierte Licht messen. Wenn Sie mit Ihrer Hand oder dem Stab suchen, ist der Ort des Balls bestimmt, nachdem Sie ihn berührt haben. Dabei stoßen Sie ihn jedoch unweigerlich an und geben ihm einen Impuls. Folglich kennen Sie seine *zukünftige* Position nicht. Dasselbe würde, wenn auch in geringerem Maße, gelten, wenn Sie den Ball mithilfe von Licht beobachten. Damit Sie den Ball „sehen" , muss mindestens ein Photon daran gestreut werden, und das reflektierte Photon muss ihr Auge oder einen anderen Detektor treffen. Trifft ein Photon einen gewöhnlichen Körper, beeinflusst es dessen Bewegung oder dessen Ort nur unmerklich. Wenn aber ein Photon auf ein so kleines Teilchen wie ein Elektron trifft, kommt es zu einem wesentlichen Impulsübertrag, der die Bewegung und den Ort des Körpers in unvorhersehbarer Weise beeinflusst. Der bloße Messvorgang, der uns die Position eines Körpers zu einem gewissen Zeitpunkt liefert, macht unser Wissen über seinen zukünftigen Ort ungenau.

Sehen wir uns nun an, an welcher Stelle der Welle-Teilchen-Dualismus eine Rolle spielt. Führen wir ein Gedankenexperiment durch, bei dem wir versuchen, den Ort eines Körpers, beispielsweise den eines Elektrons, mithilfe von Photonen zu bestimmen (siehe ▸ Abbildung 39.5). (Die Argumente würden auch gelten, wenn wir ein Elektronenmikroskop benutzen würden.) Aus Kapitel 36 wissen wir, dass der Gegenstand bestenfalls mit einer Genauigkeit in der Größenordnung der Wellenlänge der verwendeten Strahlung wahrgenommen werden kann. Wenn wir an einer präzisen Ortsbestimmung interessiert sind, müssen wir Licht mit einer kurzen Wellenlänge benutzen. Eine kurze Wellenlänge entspricht jedoch einer hohen Frequenz und einem großen Impuls ($p = h/\lambda$); und je mehr Impuls ein Photon besitzt, desto mehr Impuls kann dem Körper beim Zusammenstoß übertragen werden. Wenn dagegen Photonen mit größerer Wellenlänge und damit entsprechend kleinerem Impuls verwendet werden, wird die Bewegung des Körpers beim Zusammenstoß mit dem Photon weniger stark beeinflusst. Die größere Wellenlänge zieht aber eine geringere Auflösung nach sich, so dass wir die Position des Körpers weniger genau kennen. Folglich führt der Beobachtungsvorgang selbst zu einer signifikanten Unschärfe entweder hinsichtlich des *Ortes* oder hinsichtlich des *Impulses*. Dies ist die Essenz der *Unschärferelation*, die 1927 erstmals von Heisenberg formuliert wurde.

Wir können eine quantitative Abschätzung für die Größenordnung dieses Effektes vornehmen. Wenn wir Licht der Wellenlänge λ einsetzen, kann der Ort höchstens mit einer Genauigkeit von λ gemessen werden. Die Unschärfe der Ortsmessung Δx liegt etwa bei

$$\Delta x \approx \lambda \, .$$

Angenommen, ein Teilchen könnte durch ein einzelnes Photon nachgewiesen werden. Das Photon besitzt den Impuls $p = h/\lambda$. Wenn das Photon das Teilchen trifft, überträgt es den gesamten Impuls oder einen Teil davon (siehe ▸ Abbildung 39.5). Daher weist der Ausgangsimpuls des Körpers eine betragsmäßige Unschärfe von

$$\Delta p \approx \frac{h}{\lambda}$$

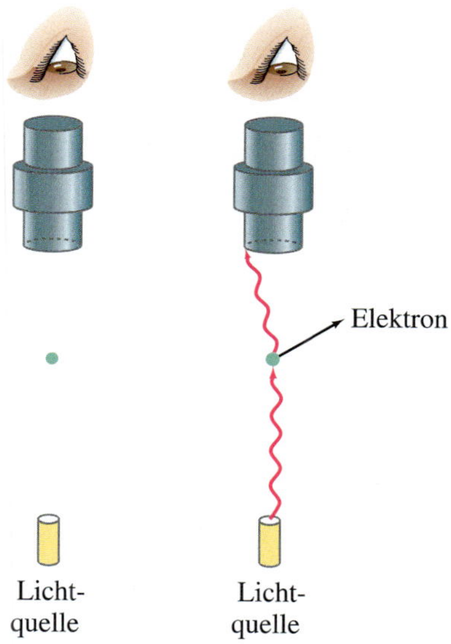

Abbildung 39.5 Gedankenexperiment zur Beobachtung eines Elektrons mit einem leistungsstarken Mikroskop. Mindestens ein Photon muss am Elektron gestreut werden (wobei es einen Impuls überträgt) und danach durch das Mikroskop fliegen.

auf, weil wir im Vorfeld nicht sagen können, wie viel Impuls übertragen wird. Das Produkt dieser Unschärfen ist

$$(\Delta x)(\Delta p) \approx h\,.$$

Natürlich könnte die Unschärfe größer ausfallen, was von der Apparatur und von der Anzahl der zur Messung notwendigen Photonen abhängt. Bei seiner sorgfältigeren Berechnung stellte Heisenberg fest, dass bestenfalls

UNSCHÄRFERELATION (Δx und Δp)

$$(\Delta x)(\Delta p_x) \gtrsim \frac{h}{2\pi} \tag{39.1}$$

gilt, wobei Δp_x die Unschärfe des Impulses in x-Richtung ist.[2] Dies ist die mathematische Formulierung der **Heisenberg'schen Unschärferelation** oder, wie man auch sagt, des **Unbestimmtheitsprinzips**. Aus ihr geht hervor, dass wir Ort und Impuls eines Körpers nicht gleichzeitig genau messen können. Je genauer wir die Ortsmessung vornehmen, umso kleiner wird Δx und desto größer wird die Impulsunschärfe Δp_x. Nehmen wir die Impulsmessung sehr genau vor, dann vergrößert sich die Unschärfe der Ortsmessung. Die Unschärferelation verbietet jedoch nicht die individuelle exakte Messung. Wir könnten beispielsweise den Ort eines Körpers prinzipiell exakt bestimmen. Dann wäre aber sein Impuls vollständig unbekannt. Daher hätten wir überhaupt keine Vorstellung davon, wo sich ein Körper kurze Zeit später befindet, auch wenn wir momentan die exakte Position des Körpers kennen.

Eine andere nützliche Form der Unschärferelation verbindet Energie und Zeit, was wir folgendermaßen nachprüfen können. Der zu beobachtende Körper besitzt eine Ortsunschärfe von $\Delta x \approx \lambda$. Nun bewegt sich das zur Messung verwendete Photon mit der Geschwindigkeit c, wobei es die Zeit $\Delta t \approx \Delta x/c \approx \lambda/c$ benötigt, um den Weg der Ortsunschärfe zurückzulegen. Daher besitzt die gemessene Zeit, wann sich ein Körper an einem gegebenem Ort befindet, ein Unschärfe von etwa

$$\Delta t \approx \frac{\lambda}{c}\,.$$

Da ein Photon einen Teil oder auch den gesamten Betrag seiner Energie ($= hf = hc/\lambda$) dem Körper übergeben kann, beträgt die sich daraus ergebende Energieunschärfe des Körpers

$$\Delta E \approx \frac{hc}{\lambda}\,.$$

Das Produkt dieser beiden Unschärfen ist

$$(\Delta E)(\Delta t) \approx h\,.$$

Heisenbergs sorgfältigere Berechnungen ergaben

UNSCHÄRFERELATION (ΔE und Δt)

$$(\Delta E)(\Delta t) \gtrsim \frac{h}{2\pi}\,. \tag{39.2}$$

Diese Form der Unschärferelation besagt, dass die Energie eines Teilchens für die Zeit $\Delta t \approx h/(2\pi \Delta E)$ um den Betrag ΔE unscharf sein oder sogar die Energieerhaltung verletzen kann.

Die Größe $(h/2\pi)$ taucht in der Quantenmechanik so häufig auf, dass man sie der Einfachheit halber mit dem Symbol $\hbar$ versieht. Es gilt also

$$\hbar = \frac{h}{2\pi} = \frac{6{,}626 \cdot 10^{-34}\,\text{J·s}}{2\pi} = 1{,}055 \cdot 10^{-34}\,\text{J·s}\,.$$

2 Beachten Sie, dass die Quantenmechanik präzise gleichzeitige Messungen von p_x und y erlaubt: Es gilt also $(\Delta y)(\Delta p_x) \gtrsim 0$.

Mithilfe dieser Notation können die Unschärferelationen 39.1 und 39.2 in der Form

$$(\Delta x)(\Delta p_x) \gtrsim \hbar \quad \text{und} \quad (\Delta E)(\Delta t) \gtrsim \hbar$$

geschrieben werden.

Wir haben von dem Ort und der Geschwindigkeit eines Elektrons so gesprochen, als wenn es sich dabei um ein Teilchen handeln würde. Dem ist jedoch nicht so. Tatsächlich gibt es die Unschärferelation gerade deshalb, weil ein Elektron – und Materie im Allgemeinen – sowohl Wellen- als auch Teilcheneigenschaften besitzt. In diesem Zusammenhang besagt die Unschärferelation Folgendes: Wenn wir das Elektron als Teilchen sehen wollen, dann müssen wir bei dieser vereinfachten Sichtweise bestimmte Grenzen in Kauf nehmen – dass nämlich Ort und Geschwindigkeit nicht gleichzeitig genau bekannt sein können und dass die Energie für die Zeit $\Delta t \approx \hbar/\Delta E$ um den Betrag ΔE unscharf sein (oder die Energieerhaltung verletzen) kann.

Aufgrund des geringen Betrages von h ist die in der Unschärferelation ausgedrückte Unbestimmtheit auf makroskopischer Ebene gewöhnlich zu vernachlässigen. Auf atomarer Ebene ist die Unschärfe jedoch signifikant. Da wir uns makroskopische Körper stets aus Atomen zusammengesetzt vorstellen, die aus einem Kern und Elektronen bestehen, ist die Unschärferelation für das Verständnis der gesamten Natur relevant. Die wahrscheinlichkeitstheoretische Natur der Quantenmechanik kommt sicher am deutlichsten durch die Unschärferelation zum Ausdruck. Daher bildete sie häufig die Grundlage philosophischer Diskussionen.

Beispiel 39.1 **Ortsunschärfe eines Elektrons**

Ein Elektron bewegt sich auf einer Geraden mit der konstanten Geschwindigkeit $v = 1{,}10 \cdot 10^6$ m/s, die mit einer Genauigkeit von 0,10 Prozent gemessen wurde. Wie hoch ist die maximale Genauigkeit, mit der man gleichzeitig eine Ortsmessung vornehmen kann?

Lösung

Der Impuls des Elektrons beträgt $p = mv = (9{,}11 \cdot 10^{-31}\,\text{kg}) \cdot (1{,}10 \cdot 10^6\,\text{m/s}) = 1{,}00 \cdot 10^{-24}\,\text{kg} \cdot \text{m/s}$. Die Unschärfe des Impulses beträgt 0,10 Prozent davon oder $\Delta p = 1{,}0 \cdot 10^{-27}\,\text{kg} \cdot \text{m/s}$. Aus der Unschärferelation ergibt sich für die Unschärfe der besten gleichzeitigen Ortsmessung

$$\Delta x = \frac{\hbar}{\Delta p} = \frac{1{,}06 \cdot 10^{-34}\,\text{J·s}}{1{,}0 \cdot 10^{-27}\,\text{kg·m/s}} = 1{,}1 \cdot 10^{-7}\,\text{m}$$

oder 110 nm. Das ist etwa der 1000fache Atomdurchmesser.

Beispiel 39.2 **Ortsunschärfe eines Baseballs**

Wie groß ist die sich aus der Unschärferelation ergebende Ortsunschärfe eines Baseballs (150 g), der mit der Geschwindigkeit von (42 ± 1) m/s geworfen wird?

Lösung

Die Impulsunschärfe ist

$$\Delta p = m\Delta v = (0{,}150\,\text{kg})(1\,\text{m/s}) = 0{,}15\,\text{kg·m/s}\,.$$

Folglich hätte die Ortsmessung lediglich eine Unschärfe von

$$\Delta x = \frac{\hbar}{\Delta p} = \frac{1{,}06 \cdot 10^{-34}\,\mathrm{J{\cdot}s}}{0{,}15\,\mathrm{kg{\cdot}m/s}} = 1 \cdot 10^{-34}\,\mathrm{m}\,,$$

was ein viel geringerer Abstand ist als jeder, den wir jemals messen oder beobachten könnten. In der Tat stellt die Unschärferelation keine relevante Einschränkung für die Messung an makroskopischen Körpern dar.

Beispiel 39.3 **Abschätzung der Lebenszeit des J/ψ-Mesons**

Für die Masse des 1974 entdeckten J/ψ-Mesons wurde ein mittlerer Wert von 3100 MeV/c^2 (achten Sie auf die wegen $E = mc^2$ verwendete Energieeinheit) bestimmt, der eine intrinsische Breite von 63 keV/c^2 aufweist. Das bedeutet, dass sich die Messergebnisse für die Massen verschiedener J/ψ-Mesonen geringfügig unterscheiden. Diese „Massenstreuung" hängt mit der sehr kurzen Lebensdauer des J/ψ-Mesons zusammen, das in andere Teilchen zerfällt. Schätzen Sie die Lebensdauer des J/ψ-Mesons mithilfe der Unschärferelation ab.

Lösung

Einer Unschärfe von 63 keV/c^2 bei der Massenbestimmung des J/ψ-Mesons entspricht einer Unschärfe in dessen Ruheenergie von

$$\Delta E = (63 \cdot 10^3\,\mathrm{eV})(1{,}60 \cdot 10^{-19}\,\mathrm{J/eV}) = 1{,}01 \cdot 10^{-14}\,\mathrm{J}\,.$$

Daher erwarten wir für die Lebensdauer τ (in diesem Fall $= \Delta t$)

$$\tau \approx \frac{\hbar}{\Delta E} = \frac{1{,}06 \cdot 10^{-34}\,\mathrm{J{\cdot}s}}{1{,}01 \cdot 10^{-14}\,\mathrm{J}} \approx 1{,}0 \cdot 10^{-20}\,\mathrm{s}\,.$$

Eine solch kurze Lebensdauer lässt sich experimentell nur schwer unmittelbar bestimmen, weshalb die Zuweisung sehr kurzer Lebensdauern auf dem Einsatz der Unschärferelation beruht (Siehe Kapitel 44).

Die Unschärferelation gilt auch für Größen der Drehbewegung:

$$(\Delta L_z)(\Delta\phi) \gtrsim \hbar\,.$$

Dabei ist L die Komponente des Drehimpulses entlang einer gegebenen (z)-Achse und ϕ ist der Winkel in der Ebene, auf der diese Achse senkrecht steht.

39.4 Philosophische Konsequenzen; Wahrscheinlichkeit vs. Determinismus

Die klassische Newton'sche Weltsicht ist deterministisch (siehe Abschnitt 6.5). Eine der grundlegenden Vorstellungen ist, dass Ort und Geschwindigkeit eines Körpers für alle zukünftigen Zeiten vorhergesagt werden können, wenn Ort und Geschwindigkeit sowie die auf den Körper wirkenden Kräfte zu einer bestimmten Zeit bekannt sind. Wenn beispielsweise ein Stein mehrmals mit derselben Anfangsgeschwindigkeit und demselben Anfangswinkel geworfen wird und die wirkenden Kräfte gleich bleiben, wird die Wurfparabel des Projektils immer dieselbe sein. Sind die Kräfte bekannt (Gravitation und gegebenenfalls der Luftwiderstand), kann die Wurfparabel exakt vorhergesagt werden. Aus dieser Sichtweise folgt, dass die weitere Entwicklung des Universums vollständig vorherbestimmt ist, wenn wir davon ausgehen, dass es nur aus Massenpunkten zusammengesetzt ist.

Diese klassische deterministische Sichtweise der physikalischen Welt wurde durch die Quantenmechanik radikal verändert. Wie wir bei der Analyse des Doppelspaltexperimentes (**Abschnitt 39.2**) gesehen haben, landen nicht alle gleich präparierten Elektronen an derselben Stelle. Nach der Quantenmechanik existieren jeweils bestimmte Wahrscheinlichkeiten dafür, dass ein Elektron an verschiedene Orten auftrifft. Dies unterscheidet sich sehr von dem klassischen Standpunkt, von dem aus gesehen die Teilchenbahn exakt aus dem Anfangsort und der Anfangsgeschwindigkeit sowie den auf das Teilchen wirkenden Kräften vorhersagbar ist. Nach der Quantenmechanik sind nicht einmal der Ort und die Geschwindigkeit des Teilchens gleichzeitig genau bekannt. Diese Tatsache drückt sich in der Unschärferelation aus und ergibt sich daraus, dass Grundbausteine, wie die Elektronen, nicht einfach als Teilchen angesehen werden können: Sie besitzen auch Welleneigenschaften. Die Quantenmechanik erlaubt uns lediglich die Berechnung der Wahrscheinlichkeit[3] dafür, beispielsweise ein Elektron (als Teilchen gesehen) an verschiedenen Orten zu beobachten. Die Quantenmechanik besagt, dass es eine der Natur innewohnende Unvorhersagbarkeit gibt.

Da Materie aus Atomen zusammengesetzt ist, erwartet man sogar von makroskopischen Körpern, dass sie eher von Wahrscheinlichkeiten als durch strengen Determinismus bestimmt werden. Die Quantenmechanik sagt beispielsweise eine endliche (jedoch vernachlässigbar kleine) Wahrscheinlichkeit dafür voraus, dass die Wurfparabel bei einem Steinwurf, anders als bei der Bewegung von Geschossen üblich, nach oben gekrümmt ist. Die Quantenmechanik sagt im Falle gewöhnlicher Körper mit extrem hoher Wahrscheinlichkeit ein Verhalten nach den Gesetzen der klassichen Physik voraus. Diese Vorhersagen sind jedoch als Wahrscheinlichkeiten und nicht als Gewissheit anzusehen. Der Grund dafür, dass sich makroskopische Körper mit solch hoher Wahrscheinlichkeit im Einklang mit den klassischen Gesetzen verhalten, liegt in der großen Anzahl der beteiligten Moleküle: Wenn, statistisch gesehen, eine große Anzahl von Körpern beteiligt ist, dann gehen die Abweichungen vom Mittelwert (oder vom wahrscheinlichsten Wert) gegen null. Es ist die durchschnittliche Konfiguration einer sehr großen Anzahl von Molekülen, die den so genannten starren Regeln der klassischen Physik mit solch hoher Wahrscheinlichkeit folgt, und zu einem offensichtlichen „Determinismus“ führt. Abweichungen von den klassischen Gesetzen werden nur dann beobachtet, wenn man es mit einer kleinen Anzahl von Molekülen zu tun hat. Auch wenn es in der Quantenmechanik keine präzisen deterministischen Gesetzte gibt, so können wir von statistischen Gesetzen auf Grundlage der Wahrscheinlichkeit sprechen.

Es ist wichtig darauf hinzuweisen, dass es einen Unterschied zwischen der durch die Quantenmechanik eingeführten Wahrscheinlichkeit und der Wahrscheinlichkeit gibt, die im 19. Jahrhundert benutzt wurde, um die Thermodynamik und das Verhalten von Gasen unter dem Gesichtspunkt der Moleküldynamik (**Kapitel 18 und 20**) zu verstehen. In der Thermodynamik wird die Wahrscheinlichkeit benutzt, weil die Anzahl der Teilchen zu groß ist, um sie einzeln verfolgen zu können. Man nimmt dabei jedoch noch immer an, dass sich die Moleküle gemäß den Gesetzen der deterministischen Newton'schen Mechanik bewegen und miteinander wechselwirken. Die Wahrscheinlichkeit in der Quantenmechanik ist vollkommen anders; sie wird als der Natur *innewohnend* betrachtet. Sie folgt nicht aus unsereren beschränkten Fähigkeiten beim Berechnen und Messen.

Obwohl einige Physiker ihre deterministischen Sicht auf die Natur nicht aufgeben wollten und sich geweigert haben, die Quantenmechanik als vollständige Theorie anzuerkennen – einer davon war Einstein –, akzeptiert jedoch die große

3 Beachten Sie, dass diese Wahrscheinlichkeiten exakt berechnet werden können, genau wie die exakten Wahrscheinlichkeitsvorhersagen beim Würfeln oder Kartenspielen, jedoch anders als die Wahrscheinlichkeitsvorhersagen bei Sportwetten oder für das Eintreten von Naturkatastrophen oder von Menschen verursachten Katastrophen, bei denen es sich nur um Schätzungen handelt.

Kopenhagener Interpretation

Mehrheit der Physiker die Quantenmechanik und den Wahrscheinlichkeitscharakter der Natur. Die hier dargestellte Sichtweise ist die allgemein akzeptierte und wird zu Ehren des Wohnsitzes von Niels Bohr als **Kopenhagener Interpretation** der Quantenmechanik bezeichnet, weil sie im Wesentlichen dort in Diskussionen zwischen Bohr und anderen prominenten Physikern entwickelt wurde.

Weil Elektronen nicht nur Teilchen sind, ist es auch nicht möglich sich vorzustellen, dass sie speziellen Bahnen in Raum und Zeit folgen. Dies suggeriert, dass eine Beschreibung der Materie in Raum und Zeit nicht vollständig korrekt sein kann. Diese tiefe und weitreichende Schlussfolgerung war Gegenstand einer lebhaften Diskussion unter Philosophen. Der vielleicht wichtigste und einflussreichste Philosoph der Quantenmechanik war Bohr. Er argumentierte, dass eine Raum-Zeit-Beschreibung konkreter Atome und Elektronen nicht möglich sei. Doch muss eine Beschreibung der Experimente an Atomen und Elektronen mithilfe von Raum und Zeit sowie anderen Konzepten erfolgen, die uns aus der alltäglichen Erfahrung bekannt sind, dazu gehören Wellen oder Teilchen. Wir dürfen uns jedoch durch unsere *Beschreibungen* der Experimente nicht zu der Annahme verleiten lassen, dass sich Atome oder Elektronen tatsächlich selbst wie Teilchen in Raum und Zeit bewegen.

39.5 Die Schrödingergleichung in einer Dimension – zeitunabhängige Form

Um physikalische Systeme mithilfe der Quantenmechanik quantitativ beschreiben zu können, müssen wir eine Möglichkeit haben, die Wellenfunktion Ψ mathematisch zu bestimmen. Wie bereits in Abschnitt 39.2 erwähnt, ist die Grundgleichung zur Bestimmung von Ψ (im nichtrelativistischen Zusammenhang) die *Schrödingergleichung*. Wir können die Schrödingergleichung jedoch nicht aus einigen höheren Prinzipien herleiten, wie beispielsweise auch das zweite Newton'sche Axiom nicht hergeleitet werden kann. Die Beziehung $\mathbf{F} = m\mathbf{a}$ wurde von Newton erfunden, um den Zusammenhang zwischen der Bewegung eines Körpers mit den auf diesen einwirkenden Kräften zu beschreiben. Wie wir bereits in diesem Buch gesehen haben, funktioniert das zweite Newton'sche Axiom außerordentlich gut. Im Bereich der klassischen Physik ist es der Ausgangspunkt für die analytische Lösung einer Vielzahl von Problemen, und es führt auf Lösungen, die in vollem Einklang mit dem Experiment stehen. Die Schrödingergleichung ist Bestandteil einer neuen Theorie, und auch sie musste *erfunden* und anschließend am Experiment überprüft werden – ein Test, den sie bestens bestanden hat.

Die Schrödingergleichung kann in zwei Formen aufgeschrieben werden: Es gibt die zeitabhängige und die zeitunabhängige Form. Wir werden uns hauptsächlich für stationäre Zustände interessieren – bei denen es also keine Zeitabhängigkeit gibt – weshalb wir uns zunächst mit der zeitunabhängigen Version beschäftigen. (Wir umreißen die zeitabhängige Version im folgenden Abschnitt.) Zur zeitunabhängigen Version gehört eine rein ortsabhängige Wellenfunktion, die wir mit $\psi(x)$ bezeichnen.

In der klassischen Mechanik haben wir Probleme durch eine von zwei Herangehensweisen gelöst: Einerseits waren das die Newton'schen Axiome mit dem Konzept der Kraft und andererseits die Erhaltungssätze, vor allem die Energieerhaltung. Die Schrödingergleichung ist eine Formulierung der Energierhaltung. Auch wenn sich die Schrödingergleichung nicht herleiten lässt, können wir mithilfe der Energieerhaltung und der Betrachtung eines sehr einfachen Beispiels auf ihre Form schließen: Wir betrachten ein freies Teilchen, auf das keine Kraft wirkt, so dass seine potenzielle Energie E_{pot} konstant ist. Wir nehmen an, dass sich das Teilchen entlang der x-Achse bewegt. Weil keine Kraft auf das Teilchen wirkt, bleibt sein Impuls konstant, und seine Wellenlänge ($\lambda = h/p$) ist fest. Wenn wir eine Welle eines freien Teilchens, wie die des Elektrons, beschreiben, erwarten wir, dass seine Wellenfunktion eine Differentialgleichung erfüllt, die der klassischen

Wellengleichung sehr ähnlich (jedoch nicht mit ihr identisch) ist. Was können wir über diese Gleichung sagen? Betrachten wir eine einfache fortschreitende Welle mit der Wellenlänge λ, deren Auslenkung, wie wir in Kapitel 15 für mechanische Wellen und in Kapitel 32 für elektromagnetische Wellen gesehen haben, durch $A\sin(kx-\omega t)$ gegeben ist. Eine allgemeine Form erhalten wir, wenn wir eine Superposition von sin und cos schreiben: $A\sin(kx-\omega t)+B(kx-\omega t)$. Wir sind lediglich an der Ortsabhängigkeit interessiert, so dass wir die Welle zu einem bestimmten Zeitpunkt, etwa $t=0$, betrachten. Deshalb schreiben wir für die Wellenfunktion des freien Teilchens

$$\psi(x) = A\sin kx + B\cos kx \tag{39.3a}$$

mit den Konstanten[4] A und B sowie $k = 2\pi/\lambda$ (siehe Gleichung 15.11). Die de-Broglie-Wellenlänge eines Teilchens der Masse m und der Geschwindigkeit v ist $\lambda = h/p$, wobei $p = mv$ der Impuls des Teilchens ist. Folglich gilt

$$k = \frac{2\pi}{\lambda} = \frac{2\pi p}{h} = \frac{2\pi}{\hbar}\,. \tag{39.3b}$$

Wir fordern von der Wellengleichung daher, dass sie die durch die Gleichungen 39.3 gegebene Wellenfunktion $\psi(x)$ im Falle eines freien Teilchens als Lösung besitzt. Eine zweite Forderung ist, dass die Wellengleichung mit der Energieerhaltung

$$\frac{p^2}{2m} + E_{\text{pot}} = E$$

konsistent ist. Darin ist E die Gesamtenergie und E_{pot} die potenzielle Energie. Für die kinetische Energie des Teilchens mit der Masse m gilt (da wir den nichtrelativistischen Bereich betrachten) $E_{\text{kin}} = \frac{1}{2}mv^2 = p^2/2m$. Wegen $p = \hbar k$ (Gleichung 39.3b) können wir die Bedingung der Energieerhaltung auch durch

$$\frac{\hbar^2 k^2}{2m} + E_{\text{pot}} = E \tag{39.4}$$

ausdrücken. Wir suchen also nach einer Differentialgleichung, die die Energieerhaltung (Gleichung 39.4) erfüllt, wenn $\psi(x)$ ihre Lösung ist. Bilden wir nun die zweite Ableitung von $\psi(x)$, Gleichung 39.3a, erhalten wir $\psi(x)$ multipliziert mit $-k^2$:

$$\frac{\mathrm{d}\psi(x)}{\mathrm{d}x} = \frac{\mathrm{d}}{\mathrm{d}x}(A\sin kx + B\cos kx) = k\,(A\cos kx - B\sin kx)$$
$$\frac{\mathrm{d}^2\psi(x)}{\mathrm{d}x^2} = k\frac{\mathrm{d}}{\mathrm{d}x}(A\cos kx - B\sin kx) = -k^2\,(A\sin kx + B\cos kx) = -k^2\psi(x)\,.$$

Kann der letzte Term mit dem k^2-Term in Gleichung 39.4 in Beziehung gesetzt werden? Wir können dies tatsächlich tun, wenn wir die letzte Gleichung mit $-\hbar^2/2m$ multiplizieren

$$-\frac{\hbar^2}{2m}\frac{\mathrm{d}^2\psi(x)}{\mathrm{d}x^2} = \frac{\hbar^2 k^2}{2m}\psi(x)\,.$$

Der Term auf der rechten Seite ist nun identisch mit dem mit $\psi(x)$ multiplizierten ersten Term auf der linken Seite von Gleichung 39.4. Wenn wir die gesamte Gleichung 39.4 mit $\psi(x)$ multiplizieren und den ersten Term auf der linken Seite ersetzen, erhalten wir

$$-\frac{\hbar^2}{2m}\frac{\mathrm{d}^2\psi(x)}{\mathrm{d}x^2} + E_{\text{pot}}(x)\psi(x) = E\psi(x)\,. \tag{39.5}$$

SCHRÖDINGER-GLEICHUNG (zeitunabhängige Form)

Dies ist tatsächlich die eindimensionale **zeitunabhängige Schrödinger-Gleichung**, in der wir allgemein $E_{\text{pot}} = E_{\text{pot}}(x)$ geschrieben haben. Sie bildet den Ausgangs-

4 In der Quantenmechanik können die Konstanten komplex sein. (Sie besitzen also einen Realteil und einen Imaginärteil.)

punkt für die Lösung von Problemen in der nichtrelativistischen Quantenmechanik. Im Falle eines Teilchens, das sich im dreidimensionalen Raum bewegt, gibt es zusätzliche Ableitung nach y und z (siehe **Kapitel 40**).

Es sei jedoch darauf hingewiesen, dass wir die Schrödingergleichung keineswegs abgeleitet haben. Vielmehr haben wir sie mit einfachsten mathematischen Mitteln plausibel gemacht.[5]

Es gibt einige Forderungen, die wir an jede Wellenfunktion als Lösung der Schrödinger-Gleichung stellen, damit diese physikalisch sinnvoll ist. In erster Linie fordern wir, dass es sich bei der Wellenfunktion um eine stetige Funktion handelt; Weil $|\psi|^2$ schließlich die Wahrscheinlichkeit dafür darstellt, ein Teilchen an einem bestimmten Ort zu finden, sollte sich diese Wahrscheinlichkeit stetig von Ort zu Ort ändern, ohne dass Sprünge auftreten. Zweitens muss die Wellenfunktion *normiert* sein. Damit ist gemeint, dass die Wahrscheinlichkeit, ein einzelnes Teilchen an irgendeinem Ort zu finden (wenn wir also die Summe über alle Orte bilden), genau 1 ist (oder 100 Prozent). Im Falle eines einzelnen Teilchens stellt $|\psi|^2$ die Wahrscheinlichkeit dar, das Teilchen in einer Volumeneinheit zu finden. Dann gibt

$$|\psi|^2 \,\mathrm{d}V$$

die Wahrscheinlichkeit dafür an, das Teilchen im Volumen $\mathrm{d}V$ zu finden, wobei ψ der Wert der Wellenfunktion im infinitesimalen Volumen $\mathrm{d}V$ ist. Im eindimensionalen Fall gilt $\mathrm{d}V = \mathrm{d}x$. Dann ergibt sich für die Summe über den gesamten Raum – das ist also die Wahrscheinlichkeit, das Teilchen an irgendeinem Punkt zu finden –

Normierung

$$\int_{\text{alle Orte}} |\psi|^2 \,\mathrm{d}V = \int |\psi|^2 \,\mathrm{d}x = 1 \,. \tag{39.6}$$

Diese Gleichung nennen wir **Normierungsbedingung**, und das Integral läuft über das Volumen, in dem sich das Teilchen aufhalten kann, häufig ist das der gesamte Raum von $x = -\infty$ bis $x = \infty$.

39.6 Die zeitabhängige Schrödingergleichung

Die allgemeinere zeitabhängige Form der Schrödingergleichung für ein Teilchen der Masse m, das sich in einer Dimension bewegt, ist

Schrödingergleichung (zeitabhängige Form)

$$-\frac{\hbar^2}{2m}\frac{\partial^2 \Psi(x,t)}{\partial x^2} + E_{\text{pot}}(x)\Psi(x,t) = i\hbar\frac{\partial \Psi(x)}{\partial t} \,. \tag{39.7}$$

Das ist die **zeitabhängige Schrödingergleichung**; dabei ist $E_{\text{pot}}(x)$ die potenzielle Energie des Teilchens als Funktion des Ortes, i ist die imaginäre Zahl $i = \sqrt{1}$. Im Falle eines Teilchens, das sich in drei Dimensionen bewegt, gäbe es zusätzliche Ableitungen nach y und z, genau wie bei der in **Abschnitt 15.5** diskutierten klassischen Wellengleichung. Die Ähnlichkeit zwischen der Schrödingergleichung ohne potenzielle Energie ($E_{\text{pot}} = 0$) und der klassischen Wellengleichung $\partial^2 D/\partial t^2 = v^2 \partial^2 D/\partial x^2$ mit der Wellenauslenkung D (äquivalent zur Wellenfunktion) ist in der Tat erwähnenswert. In beiden Gleichungen gibt es die zweite Ableitung nach der Ortskoordinate x; in der Schrödingergleichung gibt es jedoch nur die erste Ableitung nach t, während in der klassischen Wellengleichung die zweite Ableitung nach der Zeit vorkommt.

Wie wir bereits im vorangegangenen Abschnitt hervorgehoben haben, können wir die zeitabhängige Schrödingergleichung nicht herleiten. Wir können jedoch zeigen, wie man die zeitunabhängige Schrödingergleichung (**Gleichung 39.5**) daraus erhält. Bei vielen Problem der Quantenmechanik ist es möglich, die Wellen-

5 Eine detaillierte Darstellung würde den Rahmen dieses Buches sprengen und sei deshalb den zahlreichen Lehrbüchern vorbehalten, die eine auf mathematischen Methoden basierende Einführung in die Quantenmechanik beinhalten. Die Leser, die über das notwendige mathematische Wissen verfügen oder sich dieses aneigenen wollen, sollten von solchen Lehrbüchern unbedingt Gebrauch machen.

funktion als Produkt von separaten Funktionen des Ortes und der Zeit aufzuschreiben:

$$\Psi(x,t) = \psi(x)f(t)\,.$$

Setzen wir dies in die zeitabhängige Schrödingergleichung (Gleichung 39.7) ein, erhalten wir:

$$-\frac{\hbar^2}{2m}f(t)\frac{\mathrm{d}^2\psi(x)}{\mathrm{d}^2x^2} + E_{\mathrm{pot}}(x)\psi(x)f(t) = i\hbar\psi(x)\frac{\mathrm{d}f(t)}{\mathrm{d}t}\,.$$

Nach Division beider Seiten dieser Gleichung durch $\psi(x)f(t)$ erhalten wir eine Gleichung, die auf der einen Seite nur von x und auf der anderen Seite nur von t abhängt:

$$-\frac{\hbar^2}{2m}\frac{1}{\psi(x)}\frac{\mathrm{d}^2\psi(x)}{\mathrm{d}^2x^2} + E_{\mathrm{pot}}(x) = i\hbar\frac{1}{f(x)}\frac{\mathrm{d}f(t)}{\mathrm{d}t}\,.$$

Trennung der Variablen

Diese *Trennung der Variablen* ist sehr praktisch. Weil die linke Seite nur eine Funktion von x und die rechte Seite nur eine Funktion von t ist, kann die Gleichheit für alle Werte von x und t nur dann erfüllt sein, wenn jede Seite gleich einer Konstanten (natürlich derselben Konstanten) ist, die wir mit C bezeichnen:

$$-\frac{\hbar^2}{2m}\frac{1}{\psi(x)}\frac{\mathrm{d}^2\psi(x)}{\mathrm{d}^2x^2} + E_{\mathrm{pot}}(x) = C \tag{39.8a}$$

$$i\hbar\frac{1}{f(x)}\frac{\mathrm{d}f(t)}{\mathrm{d}t} = C\,. \tag{39.8b}$$

Die erste dieser Gleichungen (Gleichung 39.8a) multiplizieren wir mit $\psi(x)$ und erhalten

$$-\frac{\hbar^2}{2m}\frac{\mathrm{d}^2\psi(x)}{\mathrm{d}^2x^2} + E_{\mathrm{pot}}(x)\psi(x) = C\psi(x)\,. \tag{39.8c}$$

Dies erkennen wir sofort als die zeitunabhängige Schrödingergleichung wieder (Gleichung 39.5), wobei die Konstante C gleich der Gesamtenergie E ist. Somit haben wir uns die zeitunabhängige Schrödingergleichung aus der zeitabhängigen Gleichung verschafft.

Die Gleichung 39.8b ist einfach zu lösen. Setzen wir $C = E$, können wir Gleichung 39.8b in der Form

$$\frac{\mathrm{d}f(t)}{\mathrm{d}t} = -i\frac{E}{\hbar}f(t)$$

schreiben (wegen $i^2 = -1$ gilt $i = -1/i$) und anschließend

$$\frac{\mathrm{d}f(t)}{f(t)} = -i\frac{E}{\hbar}\,\mathrm{d}t$$

schreiben. Wir integrieren beide Seiten und erhalten

$$\ln f(t) = -i\frac{E}{\hbar}t$$

oder

$$f(t) = \mathrm{e}^{-i\left(\frac{E}{\hbar}\right)t}\,.$$

Für die Gesamtwellenfunktion ergibt sich folglich

$$\Psi(x,t) = \psi(x)\,\mathrm{e}^{-i\left(\frac{E}{\hbar}\right)t}\,, \tag{39.9}$$

wobei $\psi(x)$ Gleichung 39.5 erfüllt. Es ist also wirklich die Lösung der zeitunabhängigen Schrödingergleichung (Gleichung 39.5), die die wesentliche Aufgabe der nichtrelativistischen Quantenmechanik darstellt. Dennoch sei darauf hingewiesen, dass die Wellenfunktion $\Psi(x,t)$ im Allgemeinen eine komplexe Funktion ist, da die Gleichung $i = \sqrt{-1}$ beinhaltet. Sie besitzt sowohl einen Real- als auch einen Imaginärteil.[6] Da die Funktion $\Psi(x,t)$ nicht vollständig reell ist, kann sie selbst physikalisch nicht gemessen werden. Vielmehr ist nur $|\Psi|^2$ reell und daher physikalisch messbar.

Beachten Sie auch, dass

$$|f(t)| = \left| \mathrm{e}^{-i\left(\frac{E}{\hbar}\right)t} \right| = 1$$

gilt, so dass auch $|f(t)|^2 = 1$ ist. Somit hängt die Wahrscheinlichkeitsdichte im Raum nicht von der Zeit ab:

$$|\Psi(x,t)|^2 = |\psi(x)|^2 \; .$$

Wir sind daher nur an der zeitunabhängigen Schrödingergleichung (Gleichung 39.5) interessiert, die wir nun in einer Vielzahl von einfachen Situationen untersuchen werden.

39.7 Freie Teilchen; Ebene Wellen und Wellenpakete

Eine **freies Teilchen** ist ein Körper, auf den keine Kraft wirkt, so dass seine potenzielle Energie null ist. (Obwohl wir uns bereits in Abschnitt 39.5 mit dem freien Teilchen beschäftigt haben, um die Schrödingergleichung zu begründen, behandeln wir es nun direkt mithilfe der Schrödingergleichung.) Die Schrödingergleichung (Gleichung 39.5) wird mit $E_{\text{pot}}(x) = 0$ zu

$$-\frac{\hbar^2}{2m}\frac{\mathrm{d}^2\psi(x)}{\mathrm{d}^2x} = E\psi(x) \; ,$$

was wir auch in der Form

$$\frac{\mathrm{d}^2\psi}{\mathrm{d}^2x} + \frac{2mE}{\hbar^2}\psi = 0$$

schreiben können. Dies ist eine bekannte Differentialgleichung, die uns bereits in Kapitel 14 (Gleichung 14.3) im Zusammenhang mit dem einfachen harmonischen Oszillator begegnet ist. Die Lösung dieser Gleichung lautet nach geeignetem Variablenwechsel[7]

$$\psi = A\sin kx + B\cos kx \; , \qquad \text{(freies Teilchen)} \tag{39.10}$$

wobei

$$k = \sqrt{\frac{2mE}{\hbar^2}} \tag{39.11a}$$

gilt. Wegen $E_{\text{pot}} = 0$ ist die Gesamtenergie des Teilchens $E = \frac{1}{2}mv^2 = p^2/2m$ (mit dem Impuls p); daher gilt

$$k = \frac{p}{\hbar} = \frac{h}{\lambda\hbar} = \frac{2\pi}{\lambda} \; . \tag{39.11b}$$

Somit kann ein freies Teilchen mit dem Impuls p und der Energie E durch eine ebene Welle dargestellt werden, die sinusförmig schwingt. Wenn wir nicht an der Phase interessiert sind, können wir in Gleichung 39.10 $B = 0$ wählen. Die resultierende Welle ist in Abbildung 39.6a dargestellt.

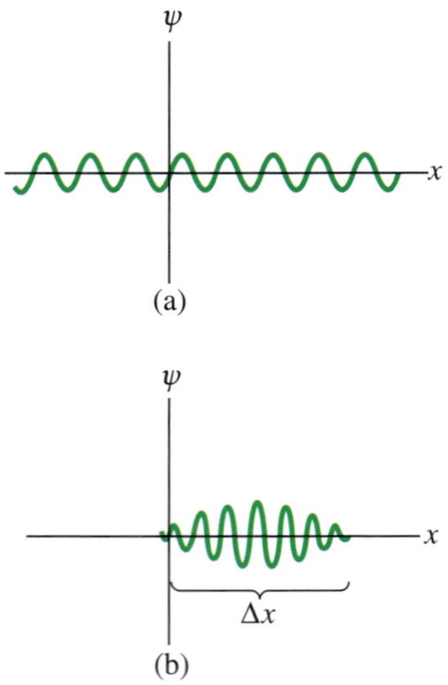

Abbildung 39.6 (a) Eine ebene Welle, die ein freies Teilchen beschreibt. (b) Ein Wellenpaket der „Breite“ Δx.

Beachten Sie, dass sich die Sinuswelle in Abbildung 39.6a sowohl in x- als auch in $-x$-Richtung unendlich[8] ausdehnt. Da $|\psi|^2$ die Wahrscheinlichkeit dafür angibt,

6 Es sei daran erinnert, dass $\mathrm{e}^{-i\theta} = \cos\theta - i\sin\theta$ gilt.

7 In Gleichung 14.3 wird t zu x und ω zu $k = \sqrt{2mE/\hbar^2}$. (Verwechseln Sie dieses k nicht mit der Federkonstanten aus Kapitel 14.)

8 Eine solche unendliche Welle führt zu Problemen bei der Normierung, weil $\int_{-\infty}^{\infty} |\psi|^2\,\mathrm{d}x = A^2\int_{-\infty}^{\infty}\sin^2 kx\,\mathrm{d}x$ für alle von null verschiedenen Werte von A unendlich ist. Für praktische Zwecke können wir die Wellen ($A \neq 0$) gewöhnlich durch die Annahme normieren, dass sich das Teilchen in einem großen, jedoch endlichen Gebiet aufhält. Das Gebiet kann hinreichend groß gewählt werden, so dass sein Impuls noch immer ziemlich genau festgelegt ist.

das Teilchen an einem gewissen Ort zu finden, könnte sich das Teilchen daher zwischen $x = -\infty$ und $x = \infty$ aufhalten. Das ist vollständig mit der Unschärferelation konsistent (Abschnitt 39.3): Der Impuls des Teilchens war gegeben und ist folglich genau bekannt ($p = \hbar k$), so dass der Ort des Teilchen vollkommen unbestimmt sein muss. Mathematisch muss für $\Delta p = 0$ die Beziehung $\Delta x \gtrsim \hbar/\Delta p = \infty$ gelten.

Um ein im Ort lokalisiertes Teilchen zu beschreiben – wenn man also weiß, dass sich das Teilchen in einem eng begrenzten Gebiet aufhält – können wir das Konzept eines **Wellenpaketes** benutzen. ▶ Abbildung 39.6b zeigt ein Beispiel eines Wellenpaketes, dessen Breite, wie angegeben, etwa Δx ist, was bedeutet, dass das Teilchen am wahrscheinlichsten innerhalb dieses Gebietes gefunden wird. Ein lokalisiertes Teilchen, das sich durch den Raum bewegt, kann folglich durch ein sich bewegendes Wellenpaket dargestellt werden.

Wellenpaket

Ein Wellenpaket kann mathematisch als Summe vieler ebener Wellen (sin-Funktionen) mit leicht verschiedenen Wellenlängen dargestellt werden. Eine ähnliche Funktion zeigt Abbildung 16.18. Dort hatten wir lediglich zwei nahe beieinander liegende Frequenzen kombiniert (um zu erklären, weshalb es zum Rhythmus oder Takt kommt) und festgestellt, dass die Summe zweier sinusförmiger Wellen wie eine Reihe von Wellenpaketen aussieht. Wenn wir weitere Wellen mit nahe beieinander liegenden Frequenzen hinzu nehmen, können wir alle Wellenpakete bis auf eines eliminieren und gelangen zur Situation wie in ▶ Abbildung 39.6b. Ein Wellenpaket besteht somit aus Wellen eines *Wellenlängenbereiches*; folglich gibt es keinen eindeutig bestimmten Impuls p $(= h/\lambda)$, sondern vielmehr ein Impulsspektrum. Dies ist wiederum mit der Unschärferelation konsistent: Wir hatten Δx klein gewählt, so dass der Impuls nicht genau bestimmt sein kann; Δp kann also nicht null sein. Stattdessen können wir sagen, dass das Teilchen ein Impulsspektrum besitzt oder dass seine Impulsunschärfe Δp ist. Zumindest in dieser einfachen Situation lässt sich leicht zeigen, dass in Übereinstimmung mit der Unschärferelation $\Delta p \approx h/\Delta x$ gilt (siehe Aufgabe 15).

39.8 Teilchen in einem unendlich tiefen Potenzialtopf (einem festen Kasten)

Die Schrödingergleichung kann nur für einfache Potentialfunktionen E_{pot} gelöst werden. Wir betrachten hier zwei einfache Fälle, die auf den ersten Blick unrealistisch erscheinen mögen, jedoch einfache Lösungen haben, die als Näherungen benutzt werden können, um eine Vielzahl von Phänomenen zu verstehen.

In unserem ersten Fall gehen wir von einem Teilchen der Masse m aus, das in einem eindimensionalen Potentialtopf der Breite L mit vollkommen festen Wänden gefangen ist. (Dies kann beispielsweise als eine sehr grobe Näherung für ein Elektron in einem Metall dienen.) Das Teilchen ist in diesem Kasten gefangen, und die Stöße mit den Wänden sind vollkommen elastisch. Die potenzielle Energie in dieser Situation, die allgemein als **unendlich tiefer Potenzialtopf** oder **fester Kasten** bekannt ist, zeigt ▶ Abbildung 39.7. Für die potenzielle Energie $E_{\text{pot}}(x)$ können wir schreiben

$$E_{\text{pot}}(x) = 0\,, \qquad 0 < x < L$$
$$E_{\text{pot}}(x) = \infty\,, \qquad x \le 0 \quad \text{und} \quad x \ge L\,.$$

Abbildung 39.7 Darstellung der potenziellen Energie E_{pot} als Funktion von x im Falle eines unendlich tiefen kastenförmigen Potenzialtopfes.

Im Bereich $0 < x < L$ mit $E_{\text{pot}}(x) = 0$ kennen wir die Lösung der Schrödingergleichung bereits aus unserer Diskussion in Abschnitt 39.7; sie lautet einfach wie Gleichung 39.10,

$$\psi(x) = A \sin kx + B \cos kx\,,$$

mit

$$k = \sqrt{\frac{2mE}{\hbar^2}}$$

(aus Gleichung 39.11a). Außerhalb des Potenzialtopfes gilt $E_{pot}(x) = \infty$, so dass $\psi(x)$ null sein muss. (Anderenfalls wäre das Produkt $E_{pot}\psi$ in der Schrödingergleichung nicht endlich; abgesehen davon können wir nicht erwarten, dass sich ein Teilchen mit endlicher Gesamtenergie in einem Gebiet mit $E_{pot} = \infty$ aufhält.) Somit beschäftigen wir uns nur mit der Wellenfunktion innerhalb des Potenzialtopfes, und wir müssen die Konstanten A und B sowie alle Einschränkungen für die Werte von k (und folglich der Energie E) bestimmen.

Wir haben die Stetigkeit der Wellenfunktion gefordert. Wenn außerhalb des Potenzialtopfes $\psi = 0$ gelten soll, dann muss es an den Stellen $x = 0$ und $x = L$ gleich null sein:

$$\psi(0) = 0 \quad \text{und} \quad \psi(L) = 0\,.$$

Randbedingungen

Dies sind die **Randbedingungen** dieses Problems. An der Stelle $x = 0$ ist $\sin kx = 0$ jedoch $\cos kx = 1$, so dass

$$0 = \psi(0) = A \sin 0 + B \cos 0 = 0 + B$$

gilt. Folglich muss B gleich null sein. Diese Lösung beschränkt sich also auf

$$\psi(x) = A \sin kx\,.$$

Nun wenden wir die andere Randbedingung, $\psi = 0$ an der Stelle $x = L$ an:

$$0 = \psi(L) = A \sin kL\,.$$

Wir wollen $A = 0$ vermeiden, denn sonst gäbe es überhaupt gar kein Teilchen (überall wäre $|\psi|^2 = 0$). Deshalb setzen wir

$$\sin kL = 0\,,$$

was nur für die Werte $kL = 0, \pi, 2\pi, 3\pi, \cdots$ gilt. Mit anderen Worten gilt

$$kL = n\pi \qquad n = 1, 2, 3, \cdots \tag{39.12}$$

mit ganzzahligem n. Wir schließen den Fall $n = 0$ aus, da auch dies zu $x = 0$ überall führt. Folglich kann k, und somit auch E, nicht jeden Wert annehmen; k ist vielmehr auf die Werte

$$k = \frac{n\pi}{L}$$

beschränkt. Setzen wir diesen Ausdruck in Gleichung 39.11a ein (und ersetzen wir $h/2\pi$ durch $\hbar$), stellen wir fest, dass E lediglich die Werte

$$E = n^2 \frac{h^2}{8mL^2} \qquad n = 1, 2, 3, \ldots \tag{39.13}$$

annimmt. Ein in einem Potenzialtopf gefangenes Teilchen kann also nur bestimmte *quantisierte Energien* besitzen. Die niedrigste Energie (der Grundzustand) mit $n = 1$ ist

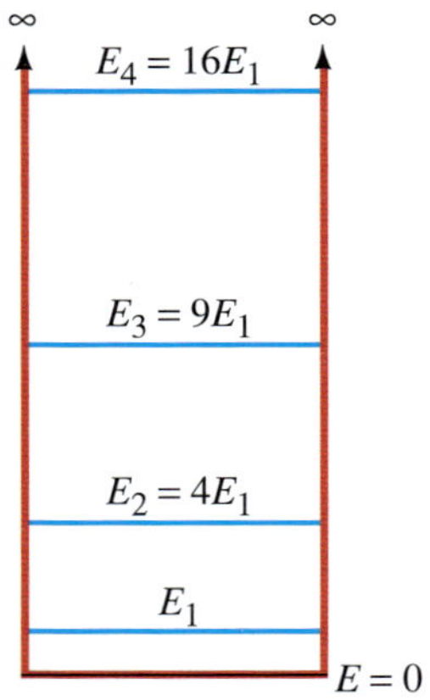

Abbildung 39.8 Mögliche Energieniveaus eines Teilchens in einem Kasten mit vollkommen festen Wänden (in einem unendlich tiefen kastenförmigen Potenzialtopf).

quantisierte Energieniveaus (im unendlich tiefen Potenzialtopf)

$$E_1 = \frac{h^2}{8mL^2}\,. \qquad \text{(Grundzustand)}$$

Die nächsthöhere Energie ($n = 2$) ist

$$E_2 = 4E_1\,,$$

und für die höheren Energien gilt (siehe ▶ Abbildung 39.8)

$$E_3 = 9E_1$$

$$\vdots$$

$$E_n = n^2 E_1\,.$$

Die ganze Zahl n wird als **Quantenzahl** des Zustands bezeichnet. Die Tatsache, dass die niedrigste Energie E_1 ungleich null ist, bedeutet, dass sich das Teilchen im Kasten niemals in Ruhe befinden kann. Dies steht im Gegensatz zu klassischen

Vorstellungen, nach denen ein Teilchen sehr wohl die Energie $E = 0$ haben kann. E_1 wird als **Nullpunktsenergie** bezeichnet. Aus diesem Resultat ziehen wir die Erkenntnis, dass sich die Teilchen im Kasten nach der Quantenmechanik auch im Falle der absoluten Nulltemperatur (0*K*) niemals in Ruhe befinden, sondern die Nullpunktsenergie besitzen.

Nullpunktsenergie

Außerdem stellen wir fest, dass die Energie E_1 und der Impuls $p_1 = \hbar k = \hbar\pi/L$ im Grundzustand umgekehrt proportional zur Breite des Kastens sind. Je kleiner L ist, desto größer sind Impuls und Energie. Dies kann als unmittelbares Resultat der Unschärferelation (siehe Aufgabe 21) angesehen werden.

Die Wellenfunktion $\psi = A \sin kx$ ist für jeden Quantenzustand (wegen $k = n\pi/L$) durch

$$\psi_n = A \sin\left(\frac{n\pi}{L}x\right) \tag{39.14}$$

gegeben. Wir können die Konstante A bestimmen, indem wir von der Normierungsbedingung (Gleichung 39.6) ausgehen:

$$1 = \int_{-\infty}^{\infty} \psi^2 \,\mathrm{d}x = \int_0^L A^2 \sin^2\left(\frac{n\pi}{L}x\right) \mathrm{d}x\,. \tag{39.15}$$

Dabei müssen wir das Integral nur über den Bereich $0 < x < L$ nehmen, weil außerhalb dieser Grenzen $\psi = 0$ gilt. Der Wert des Integrals (siehe Beispiel 39.5) ist $A^2L/2$, so dass

$$A = \sqrt{\frac{2}{L}} \quad \text{und} \quad \psi_n = \sqrt{\frac{2}{L}} \sin\left(\frac{n\pi}{L}x\right)$$

gilt. Die Amplitude A ist für alle Quantenzahlen gleich. ▸ Abbildung 39.9 zeigt die Wellenfunktionen (Gleichung 39.14) für $n = 1, 2, 3$ und 10. Sie erscheinen genau wie stehende Wellen einer schwingenden Saite (siehe Abbildung 15.27). Dies ist nicht überraschend, denn die Lösungen für die Wellenfunktionen (Gleichung 39.14) sind genau wie die Lösungen für die stehenden Wellen einer schwingenden Saite, und auch die Bedingung $kL = n\pi$ ist in beiden Fällen gleich.

▸ Abbildung 39.10 zeigt die Wahrscheinlichkeitsverteilung $|\psi|^2$ für die gleichen Zustände ($n = 1, 2, 3, 10$) wie in ▸ Abbildung 39.9. Wir erkennen sofort, dass sich das Teilchen an bestimmten Orten viel wahrscheinlicher aufhält als an anderen. Beispielsweise hält sich das Teilchen im Grundzustand ($n = 1$) viel wahrscheinlicher in der Nähe der Kastenmitte auf als in der Nähe der Wände. Dies ist offensichtlich ein Unterschied zu klassischen Vorstellungen, die eine gleichmäßige Wahrscheinlichkeitsdichte vorhersagen – das Teilchen würde sich an jeder Stelle des Kastens gleich wahrscheinlich befinden. Die quantenmechanischen Wahrscheinlichkeitsdichten für angeregte Zustände sind noch komplizierter. Es gibt nicht nur an den Wänden eine niedrigere Aufenthaltswahrscheinlichkeit, sondern auch dazwischen in regelmäßigen Abständen.

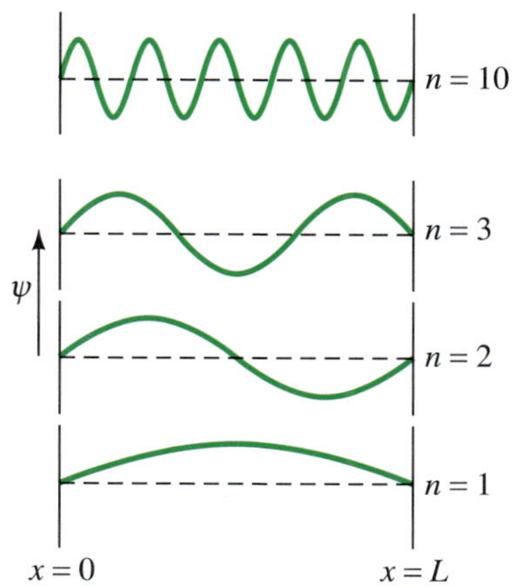

Abbildung 39.9 Die zu den Quantenzahlen $n = 1, 2, 3$ und 10 gehörenden Wellenfunktionen für ein Teilchen, das in einem Potenzialtopf gefangen ist.

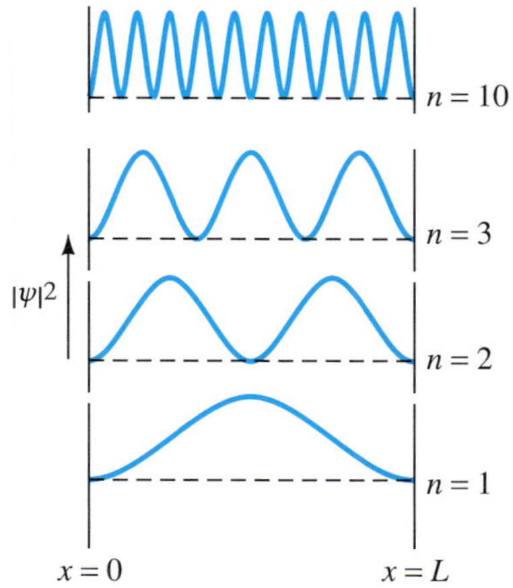

Abbildung 39.10 Wahrscheinlichkeitsverteilung für ein Teilchen in einem Potenzialtopf für die Zustände mit $n = 1, 2, 3$ und 10.

Beispiel 39.4

Elektron in einem unendlichen Potenzialtopf

(a) Berechnen Sie die drei niedrigsten Energieniveaus für ein Elektron, das in einem unendlich tiefen kastenförmigen Potenzialtopf der Breite $L = 1{,}00 \cdot 10^{10}$ m (etwa der Durchmesser des Wasserstoffatoms im Grundzustand) gefangen ist. (b) Wie groß wäre die Wellenlänge eines Photons, das beim Übergang des Elektrons vom Zustand mit $n = 2$ zum Zustand mit $n = 1$ emittiert wird?

Lösung

a Der Grundzustand ($n = 1$) besitzt die Energie

$$E_1 = \frac{h^2}{8mL^2} = \frac{(6{,}63 \cdot 10^{-34}\,\mathrm{J{\cdot}s})^2}{8(9{,}11 \cdot 10^{-31}\,\mathrm{kg})(1{,}00 \cdot 10^{-10}\,\mathrm{m})^2} = 6{,}03 \cdot 10^{-18}\,\mathrm{J}\,.$$

Dies entspricht

$$E_1 = \frac{6{,}03 \cdot 10^{-18}\,\text{J}}{1{,}60 \cdot 10^{-19}\,\text{J/eV}} = 37{,}7\,\text{eV}\,.$$

Dann gilt

$$E_2 = (2)^2 E_1 = 151\,\text{eV}$$
$$E_3 = (3)^2 E_1 = 339\,\text{eV}\,.$$

b Die Energiedifferenz ist $E_2 - E_1 = 151\,\text{eV} - 38\,\text{eV} = 113\,\text{eV}$ oder $1{,}81 \cdot 10^{17}\,\text{J}$, was gleich der Energie des emittierten Photons sein muss (Energieerhaltung). Seine Wellenlänge wäre

$$\lambda = \frac{c}{f} = \frac{hc}{E} = \frac{(6{,}63 \cdot 10^{-34}\,\text{J·s})(3{,}00 \cdot 10^{8}\,\text{m/s})}{1{,}81 \cdot 10^{-17}\,\text{J}} = 1{,}10 \cdot 10^{-8}\,\text{m}$$

oder 11,0 nm, was im ultravioletten Bereich des Spektrums liegt.

Beispiel 39.5 Berechnung der Normierungskonstanten

Zeigen Sie, dass die Normierungskonstante A für alle Wellenfunktionen, die ein Teilchen in einem unendlichen Potenzialtopf der Breite L beschreiben, den Wert $A = \sqrt{2/L}$ besitzt.

Lösung

Die Wellenfunktionen sind

$$\psi = a \sin \frac{n\pi x}{L}\,.$$

Damit ψ normiert ist, muss (Gleichung 39.15)

$$1 = \int_0^L |\psi|^2\,\text{d}x = \int_0^L A^2 \sin^2 \frac{n\pi x}{L}\,\text{d}x$$

gelten. Wir integrieren von 0 bis L, da $\psi = 0$ für alle anderen Werte von x gilt. Zur Berechnung dieses Integrals setzen wir $\theta = n\pi x/L$ und verwenden die trigonometrische Identität $\sin^2\theta = \frac{1}{2}(1 - \cos 2\theta)$. Dann erhalten wir mit $\text{d}x = L\,\text{d}\theta/n\pi$

$$\begin{aligned}1 = A^2 \int_0^{n\pi} \sin^2\theta \left(\frac{L}{n\pi}\right) \text{d}\theta &= \frac{A^2 L}{2n\pi} \int_0^{n\pi} (1 - \cos 2\theta)\,\text{d}\theta \\ &= \frac{A^2 L}{2n\pi} (\theta - 1\frac{1}{2} \sin 2\theta)\Big|_0^{n\pi} \\ &= \frac{A^2 L}{2}\,.\end{aligned}$$

Somit gilt $A^2 = 2/L$ und

$$A = \sqrt{\frac{2}{L}}\,.$$

Beispiel 39.6 · Abschätzung Eingefangenes Bakterium

Ein kleines Bakterium mit einer Masse von etwa $10 \cdot 10^{-14}$ kg ist zwischen zwei festen Wänden mit dem Abstand 0,1 mm gefangen. (a) Schätzen Sie die minimale Geschwindigkeit des Bakteriums ab. (b) Schätzen Sie die Quantenzahl des Zustandes ab, wenn die Geschwindigkeit des Bakteriums stattdessen etwa 1 mm in 100 s beträgt.

Lösung

a Die minimale Geschwindigkeit gehört zum Grundzustand mit $n = 1$; wegen $E = \frac{1}{2}mv^2$ gilt

$$v = \sqrt{\frac{2E}{m}} = \sqrt{\frac{h^2}{4m^2L^2}} = \frac{h}{2mL} = \frac{6{,}6 \cdot 10^{-34}\,\text{J·s}}{2(10^{-14}\,\text{kg})(10^{-4}\,\text{m})} \approx 3 \cdot 10^{-16}\,\text{m/s}\,.$$

Diese Geschwindigkeit ist so gering, dass wir sie nicht messen können, weshalb der Körper in Ruhe erscheinen würde, was mit der klassischen Physik konsistent ist.

b Im Falle $v = 10^{-3}$ m/100 s beträgt die kinetische Energie des Bakteriums

$$E = \frac{1}{2}mv^2 = \frac{1}{2}\left(10^{-14}\,\text{kg}\right)\left(10^{-5}\,\text{m/s}\right)^2 = 0{,}5 \cdot 10^{-24}\,\text{J}\,.$$

Aus Gleichung 39.13 ergibt sich die Quantenzahl dieses Zustands:

$$n = \sqrt{E\left(\frac{8mL^2}{h^2}\right)} = \sqrt{\frac{(0{,}5 \cdot 10^{-24}\,\text{J})(8)(10^{-14}\,\text{kg})(10^{-4}\,\text{m})^2}{(6{,}6 \cdot 10^{-34}\,\text{J·s})^2}}$$
$$\approx \sqrt{1 \cdot 10^{21}} \approx 3 \cdot 10^{10}\,.$$

Die Zahl ist so groß, dass wir zwischen den benachbarten Energiezuständen (mit $n = 3 \cdot 10^{10}$ und $3 \cdot 10^{10} + 1$) nicht unterscheiden können. Die Energiezustände würden als Kontinuum erscheinen. Auch wenn die hier beteiligten Energien klein ($\ll 2$ eV) sind, haben wir es daher noch immer mit einem makroskopischen Körper (obwohl nur unter dem Mikroskop sichtbar) zu tun, und das quantenmechanische Ergebnis ist nicht vom klassischen unterscheidbar. Dies steht im Einklang mit dem Korrespondenzprinzip.

39.9 Endlicher Potenzialtopf

Beschäftigen wir uns nun mit einem Teilchen in einem Kasten, dessen Wände nicht vollkommen fest sind. Das bedeutet, dass das Potenzial außerhalb des Kastens oder Topfes nicht unendlich ist, sondern, wie in ▸ Abbildung 39.11 gezeigt, einen bestimmten Wert E^0_{pot} erreicht. Dies wird als **endlicher Potenzialtopf** bezeichnet. Es kann beispielsweise als Näherung für ein Neutron in einem Atomkern dienen. Es gibt einige signifikante neue Eigenschaften, die beim endlichen Topf im Vergleich zum unendlichen Topf auftreten. Wir teilen den Topf in drei verschiedene Bereiche auf (siehe ▸ Abbildung 39.11). Im Bereich II, innerhalb des Topfes, ist die Schrödingergleichung genau wie vorhin ($E_{pot} = 0$), wir müssen jedoch andere Randbedingungen beachten. Wir schreiben deshalb die Lösung im Bereich II als

$$\psi_{II} = A \sin kx + B \cos kx \quad (0 < x < L)\,,$$

setzen jedoch nicht sofort $B = 0$ und nehmen auch nicht an, dass k durch Gleichung 39.12 bestimmt ist.

In den Bereichen I und III lautet die Schrödingergleichung mit $E_{pot}(x) = E^0_{pot}$ nun

$$-\frac{\hbar}{2m}\frac{d^2\psi}{dx^2} + E^0_{pot}\psi = E\psi\,.$$

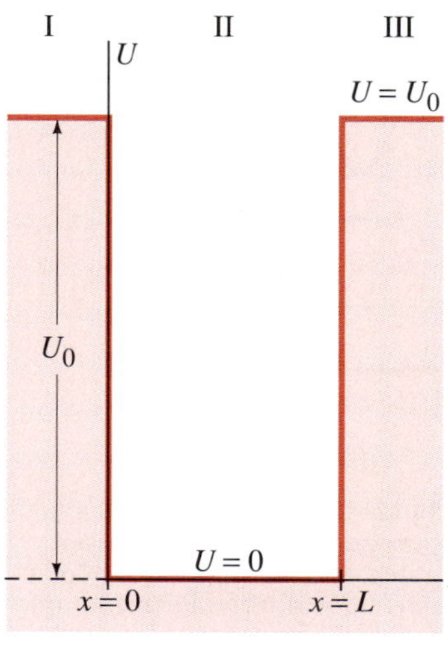

Abbildung 39.11 Die potenzielle Energie E_{pot} als Funktion von x für einen endlichen eindimensionalen Potenzialtopf.

Wir formen dies um zu

$$\frac{d^2\psi}{dx^2} - \left[\frac{2m(E^0_{pot} - E)}{\hbar^2}\right]\psi = 0 \, .$$

Nehmen wir an, dass E kleiner als E^0_{pot} ist, so dass das Teilchen im Topf „ gefangen" ist (zumindest klassisch gesehen). Es kann nun entweder einen **gebundenen Zustand** geben oder mehrere oder sogar gar keinen, wie wir später diskutieren werden. Wir definieren die Konstante G durch

$$G^2 = \frac{2m(E^0_{pot} - E)}{\hbar^2} \tag{39.16}$$

und formen die Schrödingergleichung um zu

$$\frac{d^2\psi}{dx^2} - G^2\psi = 0 \, .$$

Diese Gleichung hat die allgemeine Lösung

$$\psi_{I,III} = C\,e^{Gx} + D\,e^{-Gx} \, ,$$

wovon wir uns durch unmittelbares Einsetzen leicht überzeugen können, weil

$$\frac{d^2}{dx^2}\left(e^{\pm Gx}\right) = G^2\,e^{\pm Gx}$$

gilt. Im Gebiet I ist x stets negativ, so dass D null sein muss (anderenfalls würde $\psi \to \infty$ für $x \to -\infty$ gelten, ein unakzeptables Resultat). Analog dazu ist x im Gebiet III immer positiv, so dass nun C null sein muss. Es gilt also

$$\psi_I = C\,e^{Gx} \qquad (x < 0)$$
$$\psi_{III} = D\,e^{-Gx} \qquad (x > L) \, .$$

In den Gebieten I und III fällt die Wellenfunktion exponentiell mit der Entfernung vom Topf ab. Die mathematischen Formen der Wellenfunktion sind innerhalb und außerhalb des Topfes verschieden, wir fordern jedoch, dass die Wellenfunktion an den beiden Potenzialwänden stetig ist. Wir fordern auch, dass der Anstieg von ψ, also die erste Ableitung, an den Wänden stetig ist. Folglich lauten die Randbedingungen:

$$\psi_I = \psi_{II} \quad \text{und} \quad \frac{d\psi_I}{dx} = \frac{d\psi_{II}}{dx} \quad \text{für } x = 0$$
$$\psi_{II} = \psi_{III} \quad \text{und} \quad \frac{d\psi_{II}}{dx} = \frac{d\psi_{III}}{dx} \quad \text{für } x = L \, .$$

An der linken Wand ($x = 0$) führen die Randbedingungen auf

$$C\,e^0 = A\sin 0 + B\cos 0 \quad \text{oder} \quad C = B \quad \text{und}$$
$$GC\,e^0 = kA\cos 0 - kB\sin 0 \quad \text{oder} \quad GC = kA \, .$$

Dies sind zwei der Relationen, die die Konstanten A, B, C, D und die Energie E verknüpfen. Aus der Randbedingung an der Stelle $x = L$ erhalten wir zwei weitere Relationen und eine fünfte aus der Normierung der Wellenfunktion, $\int_{-\infty}^{\infty} |\psi|^2\,dx = 1$. Diese fünf Relationen erlauben es uns, nach den fünf Unbekannten, einschließlich der Energie E, aufzulösen. Wir werden uns nicht mit den mathematischen Einzelheiten beschäftigen, jedoch einige Ergebnisse diskutieren.

▶ Abbildung 39.12a zeigt die Wellenfunktion ψ für die drei niedrigsten Zustände, und ▶ Abbildung 39.12b zeigt die dazugehörigen Wahrscheinlichkeitsverteilungen $|\psi|^2$. Wir sehen, dass die Wellenfunktionen an den Potenzialwänden glatt sind. Innerhalb des Potenzialtopfes besitzt ψ die Form einer sinusförmigen Welle; im Falle des Grundzustandes passt zwischen die Wände des Potenzialtopfes weniger als eine halbe Wellenlänge. Vergleichen Sie dieses Ergebnis mit der Situation beim unendlichen Potentialtopf (▶ Abbildung 39.9), in der sich die Wellenfunktion im Grundzustand genau über eine halbe Wellenlänge erstreckt:

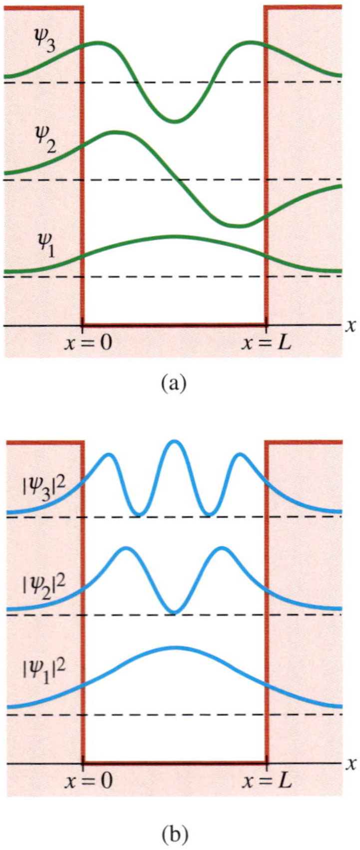

Abbildung 39.12 Die Wellenfunktionen (a) und die Wahrscheinlichkeitsverteilungen (b) für die ersten drei niedrigsten Zustände eines Teilchens im endlichen Potenzialtopf. Der Anschaulichkeit halber wurde jedes ψ und jedes $|\psi|^2$ in der Höhe des dazugehörigen Energieniveaus (gestrichelte Linie) aufgetragen.

$\lambda = 2L$. Im Falle des endlichen Potenzialtopfes gilt $\lambda > 2L$. Folglich ist der Impuls eines Teilchens ($p = h/\lambda$) im Falle des endlichen Potenzialtopfes geringer als im Falle des unendlichen Potenzialtopfes gleicher Breite, was daher auch für die Grundzustandsenergie gilt.

Außerhalb des Potenzialtopfes fällt die Wellenfunktion auf beiden Seiten exponentiell. Die Tatsache, dass ψ außerhalb der Wände von null verschieden ist, bedeutet, dass man das Teilchen mitunter außerhalb des Potenzialtopfes finden kann. Dies widerspricht den klassischen Vorstellungen vollkommen. Außerhalb des Topfes ist die potenzielle Energie des Teilchens größer als seine Gesamtenergie: $E^0_{\text{pot}} > E$, weshalb das Auffinden des Teilchens in diesem Bereich die Energieerhaltung verletzt. Wir können in ► Abbildung 39.12b jedoch deutlich erkennen, dass sich das Teilchen einige Zeit außerhalb des Potenzialtopfes, dort wo $E^0_{\text{pot}} > E$ gilt, aufhalten kann (auch wenn das Eindringen in diesen klassisch verbotenen Bereich im Allgemeinen unwahrscheinlich ist, weil $|\psi|^2$ mit dem Abstand von der Wand exponentiell abfällt). Das Eindringen eines Teilchens in ein klassisch verbotenes Gebiet ist ein sehr wichtiges Resultat der Quantenmechanik. Wie kommt es jedoch dazu? Weshalb können wir die Verletzung der Energieerhaltung akzeptieren? Dazu sehen wir uns die Unschärferelation in der Form

$$\Delta E \Delta t \gtrsim \hbar$$

an. Sie besagt, dass die Energie unscharf ist und somit die Energieerhaltung für sehr kurze Zeiten $\Delta t \sim \hbar/\Delta E$ um den Betrag ΔE verletzt sein kann.

Wir betrachten nun die Situation, in der die Gesamtenergie E des Teilchens größer als E^0_{pot} ist. In diesem Fall handelt es sich um ein freies Teilchen und seine Wellenfunktion ist überall sinusförmig (siehe ► Abbildung 39.13). Die Wellenlänge der Wellenfunktion ist außerhalb des Potenzialtopfes anders als innerhalb, wie in der Abbildung dargestellt. Wegen $E_{\text{kin}} = \frac{1}{2}mv^2 = p^2/2m$ ist die Wellenlänge im Gebiet II

$$\lambda = \frac{h}{p} = \frac{h}{\sqrt{2mE}} \qquad 0 < x < L\,,$$

während die Wellenlänge in den Gebieten I und III mit $p^2/2m = E_{\text{kin}} = E - E^0_{\text{pot}}$ gleich

$$\lambda = \frac{h}{p} = \frac{h}{\sqrt{2m(E - E^0_{\text{pot}})}} \qquad x < 0 \quad \text{und} \quad x > L$$

ist. Im Falle $E > E^0_{\text{pot}}$ ist jede Energie möglich. Wie wir bereits gesehen haben, ist die Energie dagegen im Falle $E < E^0_{\text{pot}}$ quantisiert, und es sind nur bestimmte Zustände sind zulässig.

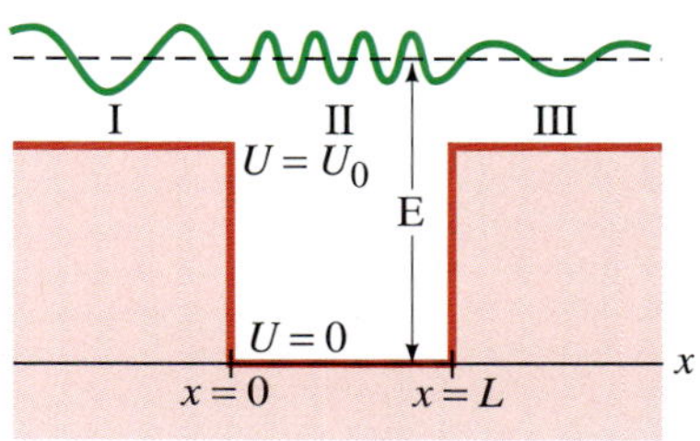

Abbildung 39.13 Ein Teilchen mit der Energie E, das sich über einem Potenzialtopf bewegt, dessen Tiefe E^0_{pot} geringer als E ist (im Potenzialtopf gemessen).

39.10 Tunneln durch eine Potenzialbarriere

Aus Abschnitt 39.9 wissen wir, dass ein Teilchen, wie beispielsweise ein Elektron, nach den Gesetzen der Quantenmechanik eine Potenzialbarriere durchdringen und ein Gebiet erreichen kann, das nach Gesetzen der klassischen Mechanik verboten ist. Es gibt eine Vielzahl wichtiger Anwendungen dieses Phänomens, insbesondere was das Durchdringen einer dünnen Barriere betrifft.

Wir betrachten ein Teilchen der Masse m und der Energie E, das sich entlang der x-Achse im freien Raum mit der potenziellen Energie $E_{\text{pot}} = 0$ bewegt, so dass die Gesamtenergie in kinetischer Energie gespeichert ist. Das Teilchen trifft auf eine schmale Potenzialbarriere mit der Breite L (in Längeneinheiten), deren Höhe E^0_{pot} (in Energieeinheiten) größer als E ist (siehe ► Abbildung 39.14a). Wegen $E < E^0_{\text{pot}}$ erwarten wir, dass das Teilchen nach den Gesetzen der klassischen Physik in die Barriere nicht eindringen kann, sondern einfach reflektiert wird und sich anschließend in entgegengesetzter Richtung zurückbewegt. Im Falle von makroskopischen Körpern passiert in der Tat genau dies. Die Quantenmechanik

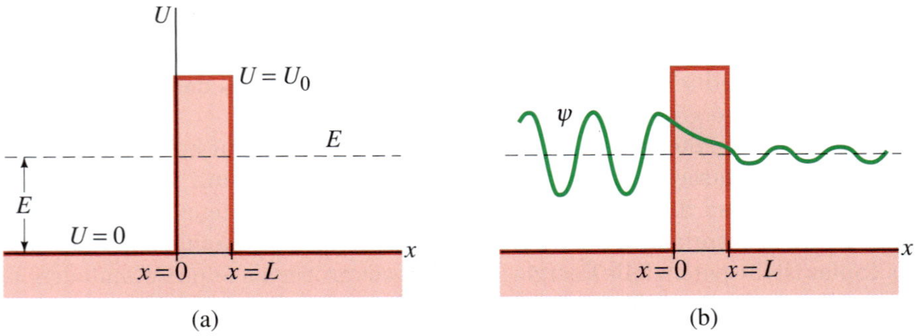

Abbildung 39.14 (a) Dargestellt ist eine Potenzialbarriere der Höhe E^0_{pot} und der Breite L. (b) Die Wellenfunktion eines von links herankommenden Teilchens mit der Energie E ($< E^0_{pot}$). Der Anschaulichkeit halber ist die Wellenfunktion ψ in der Höhe des Energieniveaus (gestrichelte Linie) aufgetragen.

sagt jedoch eine von null verschiedene Wahrscheinlichkeit dafür voraus, das Teilchen auf der anderen Seite der Barriere zu finden. Wir machen uns anhand der in Teil (b) von ▶ Abbildung 39.14 dargestellten Wellenfunktion klar, wie es dazu kommen kann. Das ankommende Teilchen besitzt eine sinusförmige Wellenfunktion. Innerhalb der Barriere ist die Lösung der Schrödingergleichung eine abfallende Exponentialfunktion, genau wie im Fall des endlichen Potenzialtopfes aus Abschnitt 39.9. Jedoch ist das Ende der Barriere (an der Stelle $x = L$) erreicht, bevor die Exponentialfunktion die null erreicht, und für $x > L$ gibt es wieder eine sinusförmige Wellenfunktion, weil $E_{pot} = 0$ und $E = E_{kin} > 0$ gilt. Dabei handelt es sich aber um eine Sinuskurve mit stark reduzierter Amplitude. Da jedoch $|\psi|^2$ hinter der Barriere von null verschieden ist, gibt es auch eine von null verschiedene Wahrscheinlichkeit dafür, dass das Teilchen die Barriere durchdringt. Dieser Prozess wird als **Tunneln** durch eine Barriere oder **Eindringen in eine Barriere** bezeichnet. Obwohl die Beobachtung das Teilchens innerhalb der Barriere nicht möglich ist (dies würde die Energieerhaltung verletzen), können wir es beobachten, nachdem es die Barriere durchdrungen hat.

Quantitativ können wir die Tunnelwahrscheinlichkeit mithilfe eines *Transmissionskoeffizienten* T und eines *Reflexionskoeffizienten* R beschreiben. Wenn wir beispielsweise von $T = 0{,}03$, $R = 0{,}97$ und 100 Teilchen ausgehen, die die Barriere treffen, dann werden im Mittel 3 davon durch die Barriere tunneln und 97 davon würden reflektiert. Es sei darauf hingewiesen, dass $T + R = 1$ gilt, da ein ankommendes Teilchen entweder an der Barriere reflektiert wird oder durch diese hindurch tunneln muss. Der Transmissionskoeffizient kann bestimmt werden, indem man die Wellenfunktion für alle drei Gebiete aufschreibt, genau wie wir es im Falle des endlichen Potenzialtopfes getan haben, und dann die Randbedingungen anwendet, dass ψ und $d\psi/dx$ an den Barrierenrändern ($x = 0$ und $x = L$) stetig sein müssen. Die Rechnung zeigt (siehe Aufgabe 36), dass für kleine T ($\ll 1$)

$$T \approx e^{-2GL} \tag{39.17a}$$

mit

$$G = \sqrt{\frac{2m(E^0_{pot} - E)}{\hbar^2}} \tag{39.17b}$$

gilt. (Dies ist dasselbe G wie in Abschnitt 39.9, Gleichung 39.16.) Wir sehen, dass das Erhöhen der Barriere E^0_{pot} und das Erhöhen der Dicke L den Wert von T drastisch reduziert. In der Tat ist T in makroskopischen Fällen extrem klein, was im Einklang mit der klassischen Physik steht, die kein Tunneln vorhersagt (wiederum gilt das Korrespondenzprinzip).

Beispiel 39.7 Durchdringen einer Barriere

Ein Elektron mit einer Energie von 50 eV erreicht eine kastenförmige Potenzialbarriere mit der Höhe 70 eV und der Dicke (a) 1,0 nm, (b) 0,10 nm. Wie groß ist die Wahrscheinlichkeit, dass das Elektron die Barriere durchdringt?

Lösung

a Zunächst schreiben wir die Energie in SI-Einheiten auf.

$$E^0_{\text{pot}} - E = (70\,\text{eV} - 50\,\text{eV})(1{,}6 \cdot 10^{-19}\,\text{J/eV}) = 3{,}2 \cdot 10^{-18}\,\text{J}\,.$$

Dann gilt unter Verwendung von Gleichung 39.17

$$2GL = 2\sqrt{\frac{2(9{,}11 \cdot 10^{-31}\,\text{kg})(3{,}2 \cdot 10^{-18}\,\text{J})}{(1{,}06 \cdot 10^{-34}\,\text{J}\cdot\text{s})^2}}\,(1{,}0 \cdot 10^{-9}\,\text{m}) = 46$$

und

$$T = \text{e}^{-2GL} = \text{e}^{-46} = 1{,}1 \cdot 10^{-20}\,,$$

was ein extrem kleiner Wert ist.

b Im Falle $L = 0{,}10$ nm gilt $2GL = 4{,}6$ und

$$T = \text{e}^{-4{,}6} = 0{,}010\,.$$

Daher hat das Elektron eine 1-prozentige Chance, die 0,1 nm dicke Barriere zu durchdringen, aber nur eine Chance von 1 zu 10^{20} dafür, die 1 nm dicke Barriere zu durchdringen. Durch Verringern der Barrierendicke um einen Faktor 10 wurde die Tunnelwahrscheinlichkeit 10^{18}-mal erhöht. Offensichtlich ist der Transmissionskoeffizient gegenüber Änderungen der Werte von L, $E^0_{\text{pot}} - E$ und m sehr empfindlich.

Der Tunneleffekt resultiert aus den Welleneigenschaften massebehafteter Teilchen und tritt auch im Fall von klassischen Wellen auf. Aus Abschnitt 33.7 wissen wir beispielsweise, dass Licht zu 100 Prozent totalreflektiert wird, wenn sich in Glas ausbreitendes Licht in einem Winkel auf die Glas-Luft-Grenzfläche trifft, der größer als der kritische Winkel ist. Wir haben dieses Phänomen der inneren Totalreflexion vom Standpunkt der Strahlenoptik aus untersucht, und es ist hier in ▸ Abbildung 39.15a dargestellt. Die Wellentheorie sagt aber voraus, dass Wellen in Wirklichkeit ein paar Wellenlängen in die Luft eindringen – fast so, als wenn sie die Grenzschicht passieren „ müssten“ , um herauszufinden, ob sich dahinter Luft befindet und es folglich zur Totalreflexion kommen muss. Wenn, wie in ▸ Abbildung 39.15b gezeigt, ein zweites Glasstück in die Nähe des ersten gebracht wird, kann experimentell eine Welle beobachtet werden, die durch den Luftspalt getunnelt ist. Sie können dies übrigens selbst beobachten, wenn Sie in einem solchen Winkel auf ein Wasserglas schauen, dass das in Ihrem Auge eintreffende Licht von der äußeren Glasoberfläche totalreflektiert wird (es sieht dann silbrig aus). Wenn Sie eine angefeuchtete Fingerspitze gegen das Glas drücken, können sie die Linien Ihres Fingerabdruckes erkennen, weil es an den Linien zu einer Interferenz mit dem Licht aus der Totalreflexion an der äußeren Glasoberfläche gekommen ist.

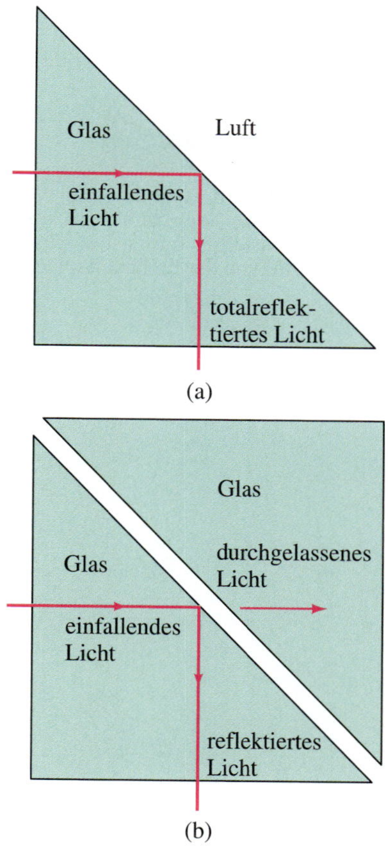

Abbildung 39.15 (a) Das sich in Glas ausbreitende Licht trifft auf die Grenzschicht zur Luft in einem Winkel, der größer als der kritische Winkel ist, und wird totalreflektiert. (b) Ein kleiner Teil des Lichts tunnelt durch einen schmalen Luftspalt zwischen zwei Glasstücken.

Anwendungen des Tunneleffekts

Der Tunneleffekt tritt sogar im Falle von klassischen Wellen auf. Die neue Erkenntnis der Quantenmechanik ist, dass auch massebehaftete Teilchen Welleneigenschaften besitzen und daher tunneln können. Der Tunneleffekt bildet die Grundlage für eine Vielzahl von nützlichen Messinstrumenten. Außerdem kann mit seiner Hilfe eine große Zahl von Phänomenen erklärt werden, von denen wir einige nun kurz erwähnen.

Einige Kerne unterliegen dem **radioaktiven Zerfall**, bei dem ein α-Teilchen emittiert wird, das aus zwei Protonen und zwei Neutronen besteht. Wir nehmen an, dass sich die Protonen und Neutronen innerhalb des radioaktiven Kerns bewegen und sich mitunter jeweils zwei davon verbinden, um dieses stabile α-Teilchen zu bilden. Mit dem α-Zerfall werden wir uns in Kapitel 42 detaillierter beschäfti-

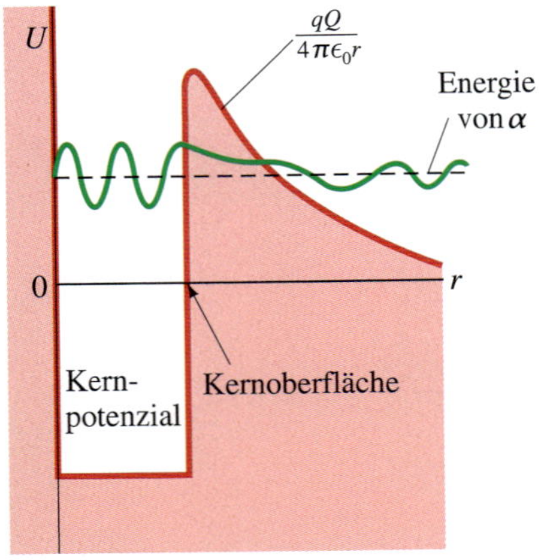

Abbildung 39.16 Dargestellt ist die potenzielle Energie eines Kerns (der Ladung Q) aus Sicht eines tunnelnden α-Teilchens (der Ladung q) mit der dazugehörigen Wellenfunktion.

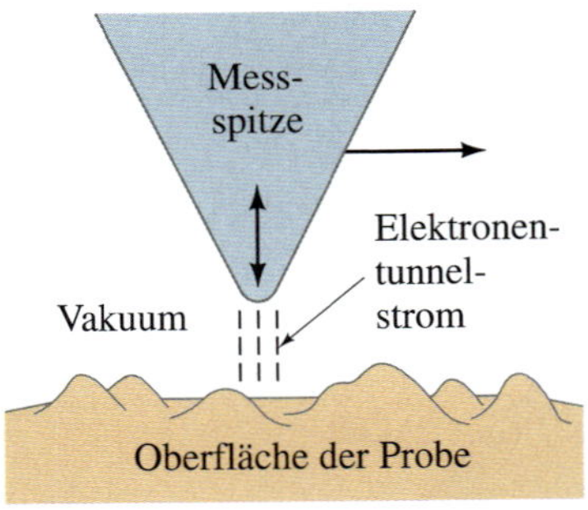

Abbildung 39.17 Die Messsonde eines Rastertunnelmikroskops bewegt sich so auf und ab, dass ein konstanter Tunnelstrom fließt. Dies liefert ein Bild von der Probenoberfläche.

gen. Im Moment sei nur erwähnt, dass das Diagramm für die potenzielle Energie des α-Teilchens im radioaktiven Kern in etwa so wie in ▶ Abbildung 39.16 aussieht. Der kastenförmige Potenzialtopf steht für die anziehende Kernkraft, die für die Stabilität des Kerns sorgt. Dem überlagert ist die potenzielle Coulomb-Energie der Form $1/r$, die für die Abstoßung zwischen dem positiv geladenen α-Teilchen und dem zurückbleibenden positiv geladenen Kern verantwortlich ist. Die sich daraus ergebende Barriere wird als **Coulomb-Barriere** bezeichnet. Zu der Wellenfunktion des in der Abbildung gezeigten tunnelnden Teilchens muss eine positive Energie gehören (anderenfalls wäre die Barriere unendlich breit und der Tunneleffekt könnte nicht auftreten). Andererseits muss die Energie geringer als die Höhe der Barriere sein. Hätte das α-Teilchen eine höhere Energie als die der Barriere, wäre es immer frei und der ursprüngliche Kern würde nicht existieren. Somit hält die Barriere den Kern einerseits zusammen, andererseits kann ein Kern dieser Art jedoch gelegentlich zerfallen, wenn ein α-Teilchen die Barriere durchdringt. Die Wahrscheinlichkeit, dass dies einem α-Teilchen gelingt und damit auch die „Lebensdauer" des Kerns, ist von der Höhe und der Breite der Barriere abhängig und kann in einem sehr breiten Wertebereich liegen, auch wenn die Breite der Barriere nur geringfügig geändert wird, wie wir in Beispiel 39.7 gesehen haben. Die Lebensdauer von radioaktiven Kernen, die dem α-Zerfall unterliegen, reicht von weniger als 1 µs bis 10^{10} Jahren.

Eine **Tunneldiode** ist ein elektronisches Bauelement, das aus zwei Halbleitern mit entgegengesetzt geladenen Ladungsträgern besteht, die durch einen sehr dünnen neutralen Bereich voneinander getrennt sind. Durch den Tunneleffekt kann es zu einem Strom durch die Barriere kommen, der durch die angelegte Spannung kontrolliert werden kann, die die Höhe der Barriere beeinflusst.

Das in den 1980er Jahren von H. Rohrer und G. Binning (Nobelpreis 1986) entwickelte **Rastertunnelelektronenmikroskop** (engl. *scanning tunneling electron microskope* – STM) nutzt den Tunneleffekt im Vakuum aus. Eine winzige Messsonde, deren Spitze nur ein Atom (oder nur wenige Atome) breit sein kann, bewegt sich linienhaft über die zu untersuchende Probe, genau wie der Elektronenstrahl in einer Bildröhre oder beim CRT. Die Spitze befindet sich während des Rastervorgangs sehr nahe an der Probenoberfläche, der Abstand beträgt etwa 1 nm (siehe ▶ Abbildung 39.17). Die zwischen Messsonde und Probenoberfläche angelegte niedrige Spannung führt dazu, dass Elektronen durch das Vakuum tunneln. Dieser Tunnelstrom hängt sehr stark vom Abstand zwischen der Spitze und der Probenoberfläche ab (siehe Beispiel 39.7), so dass man einen Rückkopplungsmechanismus benutzen kann, mit dessen Hilfe die Messssonde angehoben oder abgesenkt wird, damit der Tunnelstrom konstant bleibt. Die vertikale Bewegung der Messsonde, die der Oberflächenstruktur der Probe folgt, wird als Funktion des Ortes aufgetragen, wodurch ein dreidimensionales Abbild der Oberfläche entsteht. Es können Oberflächenstrukturen von der Größe eines Atoms aufgelöst werden: Die Auflösung beträgt horizontal mehr als 0,1 nm und vertikal etwa 10^{-2} bis 10^{-3} nm. Eine so gute Ortsauflösung ist erst durch dieses neue Verfahren möglich geworden und hat zu einer Renaissance der Oberflächenphysik geführt. In Wirklichkeit spiegelt das „topographische" Abbild einer Oberfläche die Verteilung der Elektronenladung wider (die Wahrscheinlichkeitsverteilung der Elektronenwelle).

Das neue **Rasterkraftmikroskop** (engl. *atomic force microscope* – AFM) ist in vielerlei Hinsicht dem STM ähnlich, es kann jedoch für ein größeres Spektrum von Probenmaterialien eingesetzt werden. Anstelle des Elektronenstroms wird beim AFM die Kraft zwischen einer an einem biegsamen Hebelarm befestigten Spitze und der Probe gemessen. Die Kraft hängt stark vom Abstand zwischen der Spitze und der Probe am jeweiligen Ort ab. Die Spitze wird wie im Falle des STM bewegt.

Z U S A M M E N F A S S U N G

Im Jahre 1925 erarbeiteten Schrödinger und Heisenberg unabhängig voneinander eine neue Theorie, die **Quantenmechanik**, die nun als grundlegende Theorie für Phänomene auf atomarer Skala angesehen wird. Der strenge Determinismus der klassischen Physik (Mechanik) ist wegen des Wellencharakters für kleine Teilchen nicht aufrecht zu erhalten. Die Quantenmechanik liefert statistische Aussagen für physikalische Größen, zum Beispiel für den Ort und die Geschwindigkeit eines Teilchens.

Ein wesentlicher Aspekt der Quantenmechanik ist die Heisenberg'sche **Unschärferelation**. Sie ergibt sich aus dem Welle-Teilchen-Dualismus und der unvermeidbaren Wechselwirkung zwischen einem beobachteten Körper und dem Beobachter.

Aus einer Form der Unschärferelation geht hervor, dass der Ort x und der Impuls p_x eines Körpers nicht gleichzeitig exakt gemessen werden können. Das Produkt der Unschärfen $(\Delta x)(\Delta p_x)$ kann nicht kleiner als $\hbar(= h/2\pi)$ sein:

$$(\Delta p_x)(\Delta x) \gtrsim \hbar\,.$$

Eine andere Form besagt, dass die Energie für eine Zeitdauer von Δt eine Unschärfe von ΔE mit

$$(\Delta E)(\Delta t) \gtrsim \hbar$$

besitzen oder die Energieerhaltung um diesen Betrag verletzen kann.

Ein Teilchen, wie beispielsweise ein Elektron, wird durch eine **Wellenfunktion** ψ beschrieben. Das Quadrat der ortsabhängigen Wellenfunktion $|\psi|^2$ gibt die Wahrscheinlichkeit an, das Teilchen am jeweiligen Ort zu finden. Die Wellenfunktion muss **normiert** sein, das Integral $\int |\psi|^2\,\mathrm{d}V$ über den gesamten Raum muss also 1 ergeben, weil sich das Teilchen schließlich an irgendeinem Ort befinden muss.

In der nichtrelativistischen Wellenmechanik erfüllt ψ die **Schrödingergleichung**:

$$-\frac{\hbar}{2m}\frac{\mathrm{d}^2\psi}{\mathrm{d}x^2} + E_{\mathrm{pot}}\psi = E\psi\,,$$

hier in seiner eindimensionalen zeitunabhängigen Form, wobei E_{pot} die potenzielle Energie als Funktion des Ortes und E die Gesamtenergie des Teilchens ist.

Ein **freies Teilchen**, auf das keine Kräfte wirken, besitzt eine sinusförmige Wellenfunktion $\psi = A\sin kx + B\cos kx$ mit $k = p/\hbar$, wobei p der Impuls des Teilchens ist. Eine solche Welle mit festem Impuls wird im Raum als ebene Welle vollständig delokalisiert (verschmiert).

Ein im Raum lokalisiertes **Wellenpaket** ist dagegen eine Überlagerung von sinusförmigen Wellen mit einem Impulsspektrum, das heißt der Impuls des Wellenpakets variiert um einen Mittelwert.

Im Falle eines Teilchens, das in einem **unendlich tiefen kastenförmigen Potenzialtopf** oder in einem **festen Kasten** gefangen ist, besitzt die Schrödingergleichung innerhalb des Potenzialtopfes die Wellenfunktion

$$\psi = A\sin kL$$

mit $A = \sqrt{2/L}$ als Lösung. Die Energie ist gemäß

$$E = \frac{\hbar^2k^2}{2m} = \frac{n^2h^2}{8mL^2}$$

mit ganzzahligem n quantisiert.

Im Falle des **endlichen Potenzialtopfes** erstreckt sich die Wellenfunktion auch auf das Gebiet, in dem die Gesamtenergie geringer als die potenzielle Energie ist. In der klassischen Physik kann sich das Teilchen in diesem Gebiet nicht aufhalten, die Quantenmechanik liefert jedoch eine von null verschiedene Aufenthaltswahrscheinlichkeit. Diese Tatsache ist mit der Unschärferelation konsistent. Die Lösungen der Schrödingergleichung in diesen Gebieten sind abfallende Exponentialfunktionen.

Weil quantenmechanische Teilchen solche klassisch verbotenen Gebiete durchdringen, können sie durch dünne Barrieren **tunneln**, auch wenn die potenzielle Energie innerhalb der Barriere größer als die Gesamtenergie des Teilchens ist.

Z U S A M M E N F A S S U N G

Verständnisfragen

1 Vergleichen Sie eine Materiewelle ψ (a) mit einer schwingenden Saite, (b) mit einer elektromagnetischen Welle. Diskutieren Sie die Gemeinsamkeiten und die Unterschiede.

2 Erklären Sie, weshalb die Bohr'sche Theorie des Atoms nicht mit der Quantenmechanik, insbesondere mit der Unschärferelation, kompatibel ist.

3 Erklären sie die Tatsache, dass der zukünftige Ort eines Teilchens umso genauer vorherzusagen ist, je massereicher dieses Teilchen ist.

4 Erklären Sie im Zusammenhang mit der Unschärferelation, weshalb ein Baseball einen wohldefinierten Ort und eine wohldefinierte Geschwindigkeit zu haben scheint, während das auf ein Elektron nicht zutrifft?

5 Wäre es überhaupt möglich, eine sehr feine Nadel auf ihrer Spitze zu balancieren? Erläutern Sie ihre Antwort.

6 Muss beim Überprüfen des Reifendrucks nicht unweigerlich etwas Luft aus dem Reifen entweichen? Ist es überhaupt möglich, das Entweichen der Luft zu vermeiden? Wie hängt dies mit der Unschärferelation zusammen?

7 Im Text wurde erwähnt, dass die Grundzustandsenergie des Wasserstoffatoms exakt bekannt ist, die Energiewerte der angeregten Zustände dagegen aber eine gewisse Unschärfe besitzen (eine „Energiebreite"). Ist dies mit der Unschärferelation in Energieform konsistent? Erläutern Sie Ihre Antwort.

8 Welche Auswirkungen hätte es im Alltag, wenn der Wert des Planck'schen Wirkungsquantums viel größer wäre?

9 In welcher Hinsicht widerspricht die Quantenmechanik der Newton'schen Mechanik?

10 Diskutieren Sie den Zusammenhang zwischen der Nullpunktsenergie eines Teilchens in einem Kasten und der Unschärferelation.

11 Die Wellenfunktion eines Teilchen in einem Kasten ist an bestimmten Orten gleich null (abgesehen von $n = 1$). Bedeutet dies, dass die Wahrscheinlichkeit, dieses Teilchen an diesen Orten zu finden, gleich null ist? Bedeutet es auch, dass das Teilchen diese Orte nicht passieren kann? Erläutern Sie Ihre Antwort.

12 Wie sieht die Wahrscheinlichkeitsdichte für ein Teilchen in einem unendlich tiefen Potenzialtopf für große n, beispielsweise $n = 100$ oder $n = 1000$, aus? Erreichen Ihre Vorhersagen, in Übereinstimmung mit dem Korrespondenzprinzip, für sehr große n die klassischen Vorhersagen?

13 Im Falle eines Teilchens in einem unendlich tiefen Potenzialtopf erhöht sich der Abstand zwischen den Energiezuständen mit wachsendem n (siehe Gleichung 39.13). Fordert jedoch das Korrespondenzprinzip nicht eine Verringerung des Abstandes mit wachsendem n, damit der klassische (nichtquantisierte) Zustand erreicht wird? Erläutern Sie Ihre Antwort.

14 Ein Teilchen ist in einem unendlich tiefen Potenzialtopf gefangen. Beschreiben Sie, was mit der Grundzustandsenergie und der Wellenfunktion passiert, wenn die Höhe der Potenzialwände endlich wird und schließlich gegen null geht, was dem Zustand $E_{\text{pot}} = 0$ entspricht.

15 Ein Wasserstoffatom und ein Heliumatom mit einer kinetischen Energie von jeweils 4 eV erreichen eine schmale Barriere mit der Höhe 6 MeV. Welches Teilchen tunnelt mir größerer Wahrscheinlichkeit durch die Barriere?

Aufgaben zu 39.2

1 (II) Neutronen mit einer kinetischen Energie von jeweils $\frac{1}{40}$ eV werden in einem parallelen Strahlenbündel auf zwei 1,0 mm voneinander entfernte Spalte gerichtet. Welchen Abstand haben die Interferenzstreifen auf einem 1,0 m entfernten Schirm?

2 (II) Kugeln mit der Masse 2,0 g werden parallel mit einer Geschwindigkeit von 120 m/s durch ein 3,0 mm breites Loch geschossen. In welcher Entfernung vom Loch müssen Sie sich befinden, damit Sie ein Verschmieren des Stroms von 1,0 cm feststellen können.

Aufgaben zu 39.3

3 (I) Ein Proton bewegt sich mit einer Geschwindigkeit von $(4{,}825 \pm 0{,}012) \cdot 10^5$ m/s. Mit welcher Genauigkeit kann der Ort eines Protons maximal bestimmt werden?

4 (I) Ein Elektron in einem Atom verbleibt in einem angeregten Zustand typischerweise 10^{-8} s. Wie groß ist die minimale Energieunschärfe des Zustands (in eV)?

5 (I) Mit welcher Genauigkeit können wir die Geschwindigkeit eines Elektrons bestimmen, wenn der Ort eines Elektrons mit einer Genauigkeit von $1{,}6 \cdot 10^{-8}$ m gemessen werden kann.

6 (II) Ein Geschoss (12 g) verlässt den Gewehrlauf mit einer Geschwindigkeit von 150 m/s. (a) Wie groß ist die Wellenlänge dieses Geschosses? (b) Wie groß ist die minimale Unschärfe des vertikalen Impulses des Geschosses, wenn sein Ort mit einer Genauigkeit von 0,55 cm (Radius des Gewehrlaufs) bekannt ist? (c) Wie stark kann das Geschoss ein 300 m entferntes stecknadelgroßes Ziel verfehlen, wenn die Zielgenauigkeit des Geschosses lediglich durch die Unschärferelation eingeschränkt ist (allerdings eine unrealistische Annahme)?

7 (II) Ein Elektron und ein Baseball (150 g) bewegen sich jeweils mit einer Geschwindigkeit von 75 m/s, die mit einer Genauigkeit von 0,065 Prozent gemessen wurde. Berechnen und vergleichen Sie die Ortsunschärfen beider Körper.

8 (II) Benutzen Sie die Unschärferelation, um (unter Verwendung relativistischer Gleichungen) zu zeigen, dass die kinetische Energie eines Elektrons Hunderte von MeV betragen würde, wenn es sich im Atomkern ($r \approx 10^{-15}$ m) befände. (Da Elektronen mit solch hohen Energien nicht beobachtet werden, schlussfolgern wir, dass sich Elektronen nicht im Kern befinden.) (*Hinweis*: Die Energie eines Teilchens kann genauso groß wie seine Energieunschärfe sein.)

9 (II) Ein Elektron in einem angeregten Zustand des Wasserstoffatoms ($n = 2$) verbleibt dort im Mittel 10^{-8} s bevor es zum Zustand mit $n = 1$ übergeht. (a) Schätzen sie die Energieunschärfe des Zustands mit $n = 2$ ab. (b) Welcher Bruchteil der Übergangsenergie ist das? (c) Wie groß ist die Wellenlänge und die Breite (in nm) dieser Linie im Wasserstoffspektrum?

10 (II) Wie genau kann der Ort eines Elektrons mit 250 keV bestimmt werden, wenn man davon ausgeht, dass seine Energie mit einer Genauigkeit von 1,00 Prozent bekannt ist?

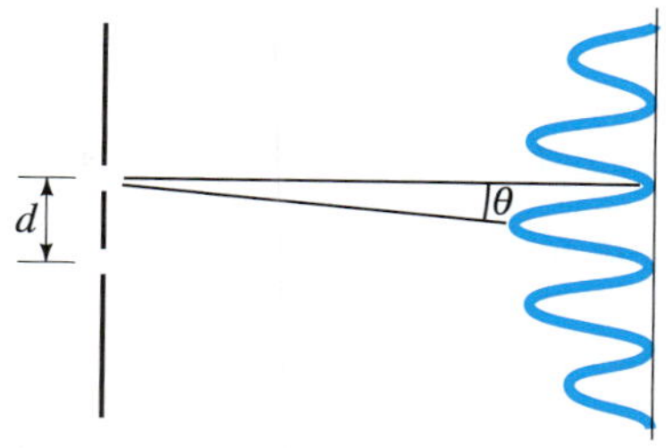

Abbildung 39.18 Doppelspalt-Experiment, Aufgabe 11.

11 (III) Angenommen, wir verwenden bei einem Doppelspaltexperiment mit Elektronen (oder Photonen) Indikatoren, um zu bestimmen, durch welchen Spalt das Elektron gelaufen ist (Abschnitt 39.2). Diese Indikatoren müssen uns die y-Koordinate mit einer Genauigkeit von mindesten $d/2$ liefern, wobei d der Abstand zwischen den beiden Spalten ist. Benutzen Sie die Unschärferelation um zu zeigen, dass das Interferenzmuster zerstört wird. (*Hinweis*: Zeigen Sie zunächst, dass der Winkel θ zwischen Maxima und Minima des Interferenzmusters durch $\frac{1}{2}\lambda/d$ gegeben ist, siehe ▸ Abbildung 39.18.)

Aufgaben zu 39.6

12 (III) (a) Zeigen Sie, dass $\Psi(x,t) = A\mathrm{e}^{i(kx-\omega t)}$ eine Lösung der zeitabhängigen Schrödingergleichung eines freien Teilchens mit $[E_{\text{pot}}(x) = E^0_{\text{pot}} = \text{konstant}]$ ist, was jedoch auf $\Psi(x,t) = A\cos(kx-\omega t)$ und $\Psi(x,t) = A\sin(kx-\omega t)$ nicht zutrifft. (b) Zeigen Sie, dass die Lösung aus Teil (a) die Energieerhaltung erfüllt, wenn die de-Broglie-Beziehungen $\lambda = h/p$ und $\omega = E/\hbar$ gelten. Zeigen Sie also, dass direktes Einsetzen in Gleichung 39.7 auf

$$\hbar\omega = \frac{\hbar^2 k^2}{2m} + E^0_{\text{pot}}$$

führt.

Aufgaben zu 39.7

13 (I) Beschreiben Sie die Wellenfunktion (a) eines freien Elektrons und (b) eines freien Protons, die sich beide jeweils mit einer konstanten Geschwindigkeit von $v = 4{,}0 \cdot 10^5$ m/s bewegen.

14 (I) Ein freies Elektron besitzt die Wellenfunktion $\psi(x) = A\sin(1{,}0 \cdot 10^{10}x)$, wobei x in Metern angegeben wird. Bestimmen Sie (a) die Wellenlänge, (b) den Impuls, (c) die Geschwindigkeit und (d) die kinetische Energie des Elektrons.

15 (II) Zeigen Sie, dass die Unschärferelation für ein „Wellenpaket" gilt, das aus zwei Wellen mit den ähnlichen Wellenlängen λ_1 und λ_2 besteht. Folgen Sie dazu der Argumentation, die auf Gleichung 16.8 geführt hat, verwenden Sie jedoch für die Wellen die Gleichungen $\psi_1 = A\sin k_1 x$ und $\psi_2 = A\sin k_2 x$. Zeigen Sie, dass dann die Breite jedes „Wellenpaketes" $\Delta x = 2\pi/(k_1 - k_2) = 2\pi/\Delta k$ beträgt (von $t = 0{,}05$ s bis $t = 0{,}15$ s in Abbildung 16.18). Zeigen Sie schließlich, dass in diesem einfachen Fall $\Delta x \Delta p = h$ gilt.

Aufgaben zu 39.8

16 (II) Zeigen Sie, dass die Wellenlänge der Wellenfunktion eines Teilchens in einem perfekten festen Kasten in jedem Zustand die de-Broglie-Wellenlänge ist.

17 (II) Wie groß ist die minimale Geschwindigkeit eines Elektrons, das in einem 0,10 nm-breiten unendlich tiefen kastenförmigen Potenzialtopf gefangen ist?

18 (II) Beim Übergang eines Elektrons vom Zustand mit $n = 3$ zum Zustand mit $n = 1$, das in einem festen Kasten gefangen ist, wird ein Photon mit der Wellenlänge 240 nm emittiert. Wie breit ist der Kasten?

19 (II) Die Grundzustandsenergie eines Elektrons, das in einem unendlich tiefen kastenförmigen Potenzialtopf gefangen ist, beträgt $E = 8{,}0$ eV. (a) Wie groß kann die Wellenlänge eines von diesem System emittierten Photons maximal sein? (b) Wie breit ist der Potenzialtopf?

20 (II) Ein Elektron, das in einem unendlich tiefen Potenzialtopf gefangen ist, kann ein Spektrum mit einer maximalen Wellenlänge von 690 nm emittieren. Wie breit ist der Potenzialtopf?

21 (II) Entscheiden Sie, ob die Ergebnisse für den Grundzustand eines Teilchens in einem Kasten mit festen Wänden mit der Unschärferelation konsistent sind, indem Sie das Produkt $\Delta p \Delta x$ berechnen. Benutzen Sie $\Delta c \approx L$, da bekannt ist, dass sich das Teilchen in jedem Fall innerhalb des Kastens befindet. Es sei darauf hingewiesen, dass die Richtung von $\mathbf{p}$ unbekannt ist, auch wenn wir den Betrag von p kennen ($= \hbar k$). Daher kann die x-Komponente von $-p$ bis p variieren. Wir nehmen also $\Delta p \approx 2p$ an.

22 (II) Schreiben Sie eine Gleichung für die Orte der (a) Maxima und (b) Minima von $|\psi|^2$ eines Teilchens auf, das sich im n-ten Zustand in einem unendlich tiefen Potenzialtopf befindet.

23 (II) Bestimmen Sie die vier niedrigsten Energieniveaus und die dazugehörigen Wellenfunktionen eines Elektrons, das in einem unendlich tiefen Potenzialtopf mit einer Breite von 2,0 nm gefangen ist.

24 (II) Ein Elektron ist in einem 0,50 nm breiten festen Kasten gefangen. (a) Bestimmen Sie die Energien und die Wellenfunktionen der ersten vier Zustände. (b) Bestimmen Sie die Wellenlängen der Photonen, die bei allen möglichen Übergängen zwischen diesen Zuständen emittiert werden können.

25 (II) Betrachten Sie einen Atomkern als einen festen Kasten der Breite 10^{-14} m. Wie groß wäre die Grundzustandsenergie (a) eines Elektrons, (b) eines Neutrons und (c) eines Protons?

26 (II) Angenommen, die Wände eines unendlich tiefen Potenzialtopfes befinden sich an den Stellen $x = -L/2$ und $x = L/2$. Bestimmen Sie die Wellenfunktionen der ersten vier Energieniveaus? Skizzieren Sie Wellenfunktionen und die Wahrscheinlichkeitsdichten.

27 (II) Ein Elektron ist in einem unendlich tiefen Potentialtopf der Breite L gefangen. Bestimmen Sie die Wahrscheinlichkeit dafür, das Elektron in einer Entfernung von $\frac{1}{4}L$ von einer der beiden Wände zu finden, wenn es sich (a) im Grundzustand und (b) im Zustand mit $n = 4$ befindet. (*Hinweis*: Berechnen Sie $\int_0^{L/4} |\psi^2|\,dx + \int_{3L/4}^{L} |\psi|^2\,dx$.) (c) Wie lautet die klassische Vorhersage?

28 (II) Ein Elektron ist in einem 1,00 nm breiten festen Kasten gefangen. Bestimmen Sie die Wahrscheinlichkeit, das Elektron im Zustand mit (a) $n = 1$, (b) $n = 5$ und (c) $n = 20$ in einer Entfernung von 0,01 nm vom Mittelpunkt zu beiden Seiten des Kastens zu finden. (d) Vergleichen Sie Ihre Angaben mit den klassischen Vorhersagen.

Aufgaben zu 39.9

29 (II) Skizzieren Sie die Wellenfunktionen und die Wahrscheinlichkeitsverteilungen eines Teilchens in den Zuständen mit $n = 4$ und $n = 5$, das in einem endlichen Potenzialtopf gefangen ist.

30 (II) Ein freies Elektron mit einer kinetischen Energie von 100 eV überquert einen endlichen Potenzialtopf mit einer Tiefe von 50 eV, der sich von $x = 0$ bis $x = 0{,}50$ nm erstreckt. Wie groß ist die Wellenlänge des Elektrons (a) im freien Raum, (b) über dem Potenzialtopf? (c) Zeichnen Sie ein Diagramm mit der potenziellen Energie und der Gesamtenergie als Funktion von x, und skizzieren Sie innerhalb dieses Diagramms eine mögliche Wellenfunktion.

31 (II) Ein Elektron ist in einem 0,10 nm breiten, kastenförmigen Potenzialtopf mit einer Tiefe von 1,0 keV gefangen. Schätzen Sie ab, in welcher Entfernung von den Wänden des Potenzialtopfes die Wellenfunktion des Grundzustands auf 1 Prozent ihres Wertes an den Wänden abgefallen ist.

32 (II) Angenommen, ein Teilchen der Masse m ist in einem endlichen Potenzialtopf mit einer festen Wand an der Stelle $x = 0$ ($E_{pot} = \infty$ für $x < L$ und einer endlich hohen Wand mit $E_{pot} = E^0_{pot}$ an der Stelle $x = L$ gefangen (siehe ▶ Abbildung 39.19). (a) Skizzieren Sie die Wellenfunktionen der ersten drei Zustände. (b) Welche Form besitzt die Wellenfunktion des Grundzustandes in den drei Gebieten $x < 0$, $0 < x < L$ und $x > L$?

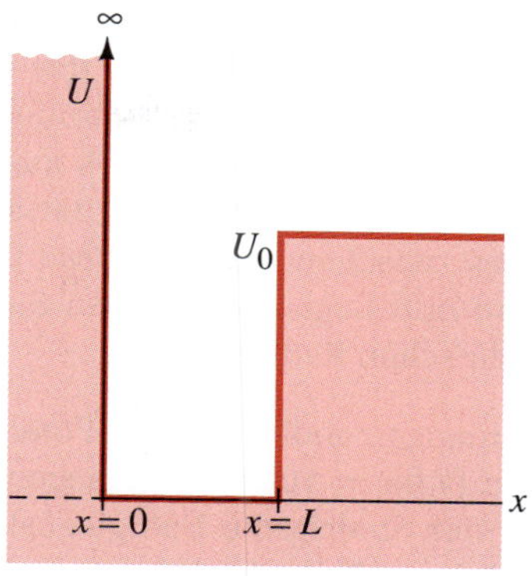

Abbildung 39.19 Aufgabe 32.

Aufgaben zu 39.10

33 (II) Ein Elektron erreicht eine Potenzialbarriere der Höhe 10 eV und der Breite 0,50 nm. Wie groß muss die Energie des Elektrons sein, damit es die Barriere mit einer Wahrscheinlichkeit von 1,0 Prozent durchdringt?

34 (II) Ein Strom mit 1,0 mA von Protonen mit einer Energie von 1,0 MeV trifft auf eine 2,0 MeV hohe Potenzialbarriere mit einer Breite von $2{,}0 \cdot 10^{-13}$ m. Schätzen Sie den durchgelassenen Strom ab.

35 (II) Schauen Sie sich Teil (b) von Beispiel 39.7 an. Wie wirkt es sich auf den Wert des Transmissionskoeffizienten aus, wenn (a) die Barriere um 1 Prozent angehoben wird, (b) sich die Breite der Barriere um 1 Prozent erhöht?

36 (III) Zeigen Sie, dass der Transmissionskoeffizient im Falle einer hohen oder dicken Barriere in etwa durch die Gleichungen 39.17 gegeben ist, indem Sie den Ausdruck $|\psi(x = L)|^2/|\psi(0)|^2$ berechnen. (*Hinweis*: Nehmen Sie an, dass ψ innerhalb der Barriere exponentiell abfällt.)

37 (III) Es dauert etwa $5 \cdot 10^9$ Jahre bis ein $^{238}_{92}$U-Kern ($Z = 92$) unter Emission eines α-Teilchens ($Z = 2, M = 4M_{Proton}$) zerfällt. Schätzen Sie die Höhe der Coulomb-Barriere (das Maximum in ▶ Abbildung 39.16) ab, wobei Sie annehmen, dass das α-Teilchen punktförmig ist und der Kernradius etwa 8 fm (1 fm $= 10^{-15}$ m) beträgt. (b) Das freie α-Teilchen besitzt eine kinetische Energie von etwa 4 MeV. Schätzen Sie die Breite der Barriere ab. (c) Nehmen Sie an, dass im Inneren des kastenförmigen Potenzials $E_{pot} = 0$ gilt (wobei auch in großer Entfernung vom Kern $E_{pot} = 0$ gilt). Berechnen Sie die Geschwindigkeit des α-Teilchens und die Häufigkeit, mit der es auf die Barriere trifft. Schätzen Sie daraus (und aus Gleichung 39.17) seine Lebensdauer ab. (*Hinweis*: Ersetzen Sie die $1/r$-Coulomb-Barriere durch eine „gemittelte" rechteckige Barriere (wie in ▶ Abbildung 39.14) mit $\frac{1}{3}$ der in (b) berechneten Breite.)

Allgemeine Aufgaben

38 Wie genau kann die Geschwindigkeit eines Elektrons bestimmt werden, wenn sein Ort mit einer Genauigkeit von $2{,}0 \cdot 10^{-8}$ m bekannt ist?

39 Schätzen Sie die minimale Energie eines Neutrons ab, das sich in einem typischen Atomkern mit dem Radius $1{,}0 \cdot 10^{-15}$ m befindet. (*Hinweis*: Ein Teilchen kann eine Energie besitzen, die mindestens so groß wie die dazugehörige Unschärfe ist.)

40 Das im Jahre 1985 entdeckte Z^0-Boson ist das Austauschteilchen der schwachen Kernkraft. Es zerfällt gewöhnlich sehr schnell. Seine mittlere Ruheneergie ist 91,19 GeV. Seine kurze Lebensdauer zeigt sich jedoch in einer intrinsischen Breite dieser Energie von 2,5 GeV. Wie groß ist die Lebensdauer dieses Teilchens?

41 Wie groß ist die in eV/c^2 angegebene Massenunschärfe eines Myons ($m = 105{,}7$ MeV/c^2), wenn seine mittlere Lebensdauer 2,20 µs beträgt?

42 Ein freies Neutron ($m = 1{,}67 \cdot 10^{-27}$ kg) besitzt eine mittlere Lebensdauer von 900 s. Wie groß ist seine Massenunschärfe (in kg)?

43 Benutzen Sie die Unschärferelation, um die Ortsunschärfe eines Elektrons im Grundzustand des Wasserstoffatoms zu bestimmen. (*Hinweis*: Bestimmen Sie den Impuls mithilfe des Bohr'schen Modells aus Abschnitt 38.10 und nehmen Sie an, dass der tatsächliche Wert des Impulses zwischen dem auf diese Weise berechneten Wert und null liegt.) Vergleichen Sie das Ergebnis mit dem Bohr'schen Radius.

44 Ein Neutron ist in einem unendlich tiefen Potenzialtopf der Breite 2,0 fm ($1\,\text{fm} = 10^{-15}\,\text{m}$) gefangen. Bestimmen Sie (a) die vier niedrigsten Energiezustände und (b) die dazugehörigen Wellenfunktionen. (c) Wie groß sind Wellenlänge und Energie eines Photons, das bei einem Übergang des Neutrons zwischen den beiden niedrigsten Energiezuständen emittiert wird? In welchem Bereich des elektromagnetischen Spektrums liegt die Wellenlänge des Photons? (*Hinweis*: Hierbei handelt es sich um ein sehr grobes Modell des Atomkerns.)

45 Schätzen Sie die kinetische Energie und die Geschwindigkeit eines α-Teilchens ($q = 2e$, $m = 4$ Protonenmassen) ab, das in einem Kern mit der Breite 10^{-14} m gefangen ist. Gehen Sie von einem unendlich tiefen Potenzialtopf aus.

46 *Einfacher harmonischer Oszillator.* Nehmen Sie an, dass ein Elektron nicht in einem kastenförmigen Potenzialtopf gefangen ist, sondern in einem, dessen potenzielle Energie der des einfachen harmonischen Oszillators entspricht: $E_{\text{pot}}(x) = \frac{1}{2}Cx^2$. Wenn das Elektron aus der Nulllage $x = 0$ ausgelenkt wird, wirkt darauf also eine rücktreibende Kraft von $F(x) = -Cx$ mit der Konstanten C. (a) Skizzieren Sie diese potenzielle Energie. (b) Zeigen Sie, dass $x = A\mathrm{e}^{-Bx^2}$ eine Lösung der Schrödingergleichung ist, und dass die Energie dieses Zustands durch $E = \frac{1}{2}\hbar\omega$ mit $\omega = 2\hbar B/m$ und den Konstanten A und B gegeben ist. (*Hinweis*: Dies ist der Grundzustand, und diese Energie ist die Nullpunktsenergie des harmonischen Oszillators. Die Energien der angeregten Zustände sind $E_n = \left(n + \frac{1}{2} + 1\right)\hbar\omega$ mit ganzzahligem n.)

47 Ein 10 g schwerer und 20 cm langer Bleistift wird auf seiner Spitze balanciert. Klassisch gesehen, befindet er sich in einem (instabilen) Gleichgewicht, so dass der Bleistift nur dann in diesem Zustand verbleibt, wenn er exakt positioniert wurde. Aus der quantenmechanischen Analyse ergibt sich jedoch, dass der Bleistift unweigerlich umfallen muss. (a) Warum ist das der Fall? (b) Schätzen Sie (innerhalb eines Faktors 2) ab, wie lange es dauert, bis der Stift auf dem Tisch aufschlägt, wenn er ursprünglich so gut wie möglich platziert wurde? (*Hinweis*: Verwenden Sie die Unschärferelation für die Winkelvariablen, um sich einen Ausdruck für den Anfangswinkel $\phi_0 \approx \Delta\phi$ zu verschaffen.)

48 Die Wahrscheinlichkeitsdichte dafür, ein Teilchen an einem bestimmten Ort zu finden, ist $|\psi|^2$. Der über viele Messungen gemittelte Wert $\langle x\rangle$ für den Ort eines Teilchens, das sich in einem festen Kasten befindet, ist durch

$$\langle x\rangle = \int_0^L x|\psi|^2\,\mathrm{d}x$$

gegeben. Berechnen Sie den Wert von x für jeden Wert von n.

49 Um welchen Betrag ändert sich der Tunnelstrom durch die Messspitze, wenn sie 0,010 nm gegenüber ihrer ursprünglichen Position über einer Natriumoberfläche mit einer Austrittsarbeit von $W_0 = 2{,}28\,\text{eV}$ angehoben wird? (*Hinweis*: Die Austrittsarbeit (siehe Abschnitt 38.2) sei gleich der Energie, die benötigt wird, um das Elektron auf die Höhe der Barriere anzuheben.)

50 Ein kleiner Ball mit der Masse $1{,}0 \cdot 10^{-6}$ kg wird aus einer Höhe von 2,0 m auf einen Tisch fallen gelassen. Nach jedem Aufkommen erreicht der Ball aufgrund des inelastischen Stoßes mit dem Tisch 80 Prozent der vorangegangenen Höhe. Schätzen Sie ab, wie viele Sprünge notwendig sind, bis die Unschärferelation bei diesem Problem eine Rolle spielt. (*Hinweis*: Bestimmen Sie, wann die Geschwindigkeitsunschärfe des Balls mit der Geschwindigkeit des Balls vergleichbar wird, die er beim Kontakt mit dem Tisch besitzt.)

Quantenmechanik von Atomen

40

ÜBERBLICK

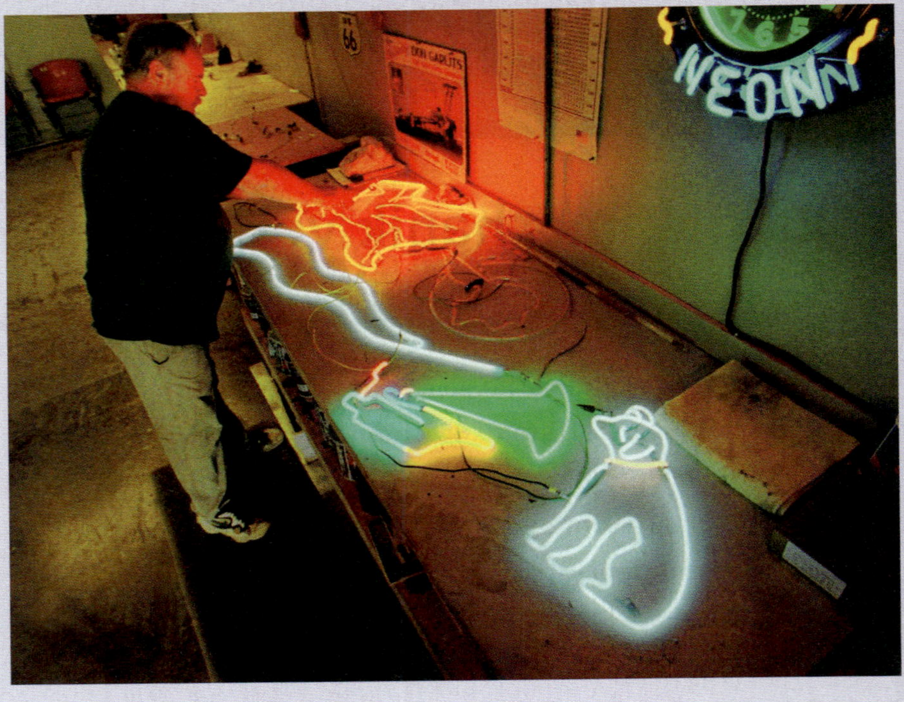

Eine Neonröhre ist eine dünne mit Neon (oder anderem Gas) gefüllte Glasröhre, die unterschiedlich geformt sein kann. Sie leuchtet in einer speziellen Farbe, wenn Strom mit hoher Spannung durch sie hindurch fließt. Die zu höheren Energieniveaus angeregten Gasatome emittieren beim Übergang zu niedrigeren Niveaus Licht (Photonen), dessen Wellenlänge (Farbe) für das Gas charakteristisch ist.

In diesem Kapitel untersuchen wir, welche Aussagen die Quantenmechanik über die Atome, ihre Wellenfunktionen und die Energieniveaus trifft. Dazu gehört auch das Pauli-Prinzip. Darüber hinaus diskutieren wir interessante Anwendungen wie den Laser und die Holographie.

40. Quantenmechanik von Atomen

Zu Beginn des Kapitels 39 haben wir die Grenzen der Bohr'schen Theorie hinsichtlich der Atomstruktur erwähnt und diskutiert, weshalb eine neue Theorie gebraucht wurde. Obwohl die Bohr'sche Theorie sehr erfolgreich war, wenn es um die Vorhersage der Wellenlängen des von Wasserstoffatomen emittierten und absorbierten Lichts ging, versagte sie darin bei komplexeren Atomen. Darüber hinaus konnte sie auch die *Feinstruktur*, das Aufspalten von Emissionslinien in zwei oder mehr nahe beieinander liegende Linien, nicht erklären. Als Theorie war sie eine zwiespältige Mischung aus klassischen und quantenmechanischen Vorstellungen.

Der Quantenmechanik gelang es in den Jahren 1925 und 1926, diesen Zwiespalt aufzulösen. In diesem Kapitel untersuchen wir die quantenmechanische Theorie der Atomstruktur, die viel ausgereifter als die Bohr'sche Theorie ist.

40.1 Quantenmechanische Sicht auf Atome

Auch wenn das Bohr'sche Atommodell als eine nicht exakte Beschreibung der Natur verworfen wurde, stützt sich die Quantenmechanik auf bestimmte Aspekte der älteren Theorie, wie beispielsweise darauf, dass sich Elektronen in einem Atom lediglich in bestimmten diskreten Energiezuständen aufhalten und dass ein Photon emittiert (oder absorbiert) wird, wenn ein Elektron einen Übergang von einem Zustand zu einem anderen vollzieht. Die Quantenmechanik ist allerdings eine viel tiefgreifendere Theorie und hat ein besseres Verständnis des Aufbaus von Atomen geliefert. In der Quantenmechanik existieren Elektronen nicht auf wohldefinierten Bahnen wie in der Bohr'schen Theorie. Stattdessen kann man sich das Elektron (aufgrund seiner Wellennatur) als im Raum delokalisiert (verschmiert) vorstellen, so als handelte es sich dabei um eine „Wolke". Die Unschärferelation der Quantenmechanik zeigt uns, dass wir das Bild des Elektrons der klassischen Physik als Massenpunkt oder Punktladung aufgeben müssen. Die Größe und die Form der „Elektronenwolke" ist durch die Elektronenwellenfunktion bestimmt, diese kann für einen Elektronenzustand im Atom berechnet werden. Im Falle des Grundzustands des Wasserstoffatoms führt die Lösung der Schrödingergleichung, wie wir in Abschnitt 40.3 diskutieren werden, auf

$$\psi(r) = \frac{1}{\sqrt{\pi r_0^3}} \mathrm{e}^{-\frac{r}{r_0}} .$$

Dabei ist $\psi(r)$ die ortsabhängige Wellenfunktion. Sie hängt lediglich von der radialen Entfernung r vom Ursprung, das heißt vom gedachten Mittelpunkt des Atoms, ab, aber nicht von den Winkeln θ oder Φ. (Die Konstante r_0 besitzt denselben Wert wie der erste Bohr'sche Radius.) Aus der Wellenfunktion lässt sich die Elektronendichte $|\psi|^2$ bestimmen, die im Grundzustand des Wasserstoffs kugelsymmetrisch ist (siehe ▸ Abbildung 40.1). Die Ausdehnung der Elektronenwolke, gegeben durch $|\psi|^2$, markiert im Wesentlichen die „Größe" eines Atoms. Aber genau wie eine Wolke keinen definierten Rand aufweist, besitzen auch Atome keine präzise Grenze oder keine wohldefinierte Größe. Nicht alle Elektronenwolken sind kugelförmig, wie wir in diesem Kapitel noch sehen werden. Machen Sie sich in jedem Fall klar, dass $\psi(r)$ in keinem endlichen Gebiet gleich null ist, auch wenn es für große r extrem klein wird (siehe obige Gleichung). Nach der Quantenmechanik kann ein Atom also keineswegs als ein im Wesentlichen leerer Raum betrachtet werden, was aber bei den zuvor aufgestellten Atommodellen (Bohr, Rutherford) der Fall war. Dagegen könnte man sich aufgrund der Tatsache, dass ψ nur für $r \to \infty$ gegen null geht, vielmehr fragen, ob es im Universum überhaupt einen wirklich leeren Raum gibt.

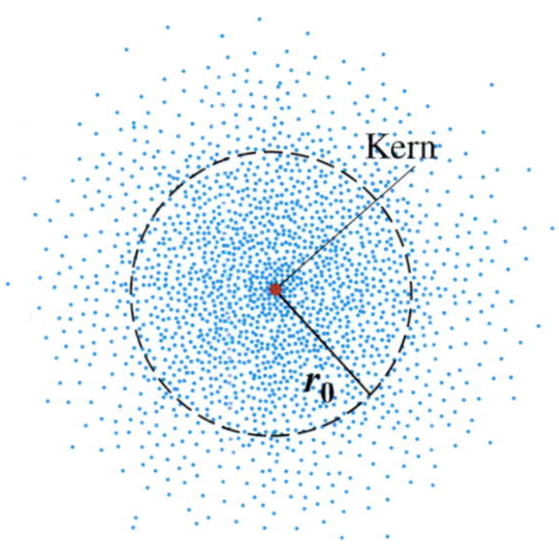

Abbildung 40.1 Elektronenwolke oder „Wahrscheinlichkeitsverteilung" für den Grundzustand des Wasserstoffatoms, von Ferne betrachtet. Der Kreis beschreibt den Bohr'schen Radius.

Die Elektronenwolke kann sowohl vom Teilchenbild als auch vom Wellenbild aus interpretiert werden. Erinnern Sie sich daran, dass mit einem Teilchen ein im Raum lokalisiertes Objekt gemeint ist – es besitzt zu jedem gegebenen Zeitpunkt einen eindeutig bestimmten Ort. Im Gegensatz dazu ist die Welle im Raum delokalisiert. Einerseits ergibt sich die delokalisierte Elektronenwolke (siehe ▸ Abbildung 40.1) aus der Wellennatur der Elektronen. Andererseits können Elektronenwolken aber auch als **Wahrscheinlichkeitsverteilungen** für den Aufenthaltsort eines Teilchens aufgefasst werden. Wie wir in Abschnitt 39.3 gesehen haben, ist der Weg eines Elektrons nicht vorhersagbar. Nach einer Ortsmessung wissen wir nicht mehr genau, wo es sich zu einem späteren Zeitpunkt aufhalten wird. Wir können lediglich die Wahrscheinlichkeit dafür berechnen, es an verschiedenen Orten zu finden. Würden Sie 500 verschiedene Ortsmessungen an einem Elektron vornehmen, würde die Mehrheit der Messergebnisse an Orten liegen, an denen die Wahrscheinlichkeit hoch ist (dunkles Gebiet in ▸ Abbildung 40.1). Nur gelegentlich würde man das Elektron in Bereichen mit niedriger Wahrscheinlichkeit finden.

Wahrscheinlichkeitsverteilungen

40.2 Das Wasserstoffatom: Schrödingergleichung und Quantenzahlen

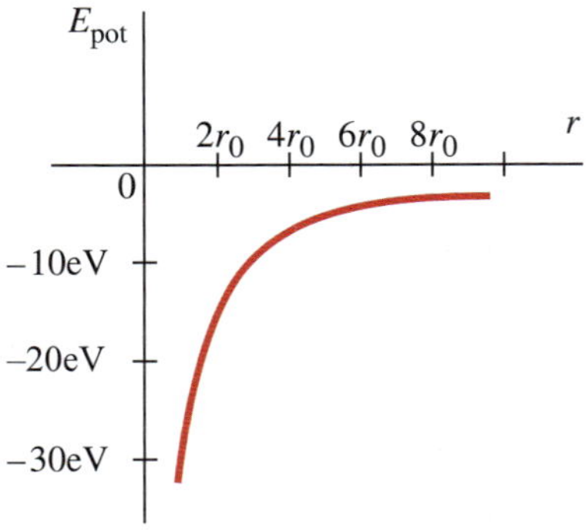

Abbildung 40.2 Die potenzielle Energie $E_{pot}(r)$ des Wasserstoffatoms. Die radiale Entfernung r des Elektrons vom Kern ist als Funktion des Bohr'schen Radius r_0 gegeben.

Das Wasserstoffatom ist das einfachste Atom. Es besteht aus einem einzelnen Elektron der Ladung $-e$, das sich um einen zentralen Kern (ein einzelnes Proton) der Ladung $+e$ bewegt. Eine Untersuchung der Atomstruktur muss also vom Wasserstoffatom ausgehen.

Die Schrödingergleichung (siehe Gleichung 39.5) beinhaltet einen Term mit der potenziellen Energie. Im Falle des Wasserstoffatoms ist die potenzielle Energie aufgrund der Coulomb-Kraft zwischen Elektron und Proton durch

$$E_{pot} = -\frac{1}{4\pi\epsilon_0}\frac{e^2}{r}$$

gegeben, wobei r die radiale Entfernung des Elektrons vom Proton (an der Stelle $r = 0$ befindlich) ist (siehe ▸ Abbildung 40.2). Die (zeitunabhängige) Schrödingergleichung, die wir nun in drei Dimensionen aufschreiben müssen, lautet daher

Dreidimensionale Schrödingergleichung

$$-\frac{\hbar^2}{2m}\left(\frac{\partial^2\psi}{\partial x^2} + \frac{\partial^2\psi}{\partial y^2} + \frac{\partial^2\psi}{\partial z^2}\right) - \frac{1}{4\pi\epsilon_0}\frac{e^2}{r}\psi = E\psi \;, \tag{40.1}$$

wobei $\partial^2\psi/\partial x^2$, $\partial^2\psi/\partial y^2$ und $\partial^2\psi/\partial z^2$ partielle Ableitungen bezüglich x, y und z sind. Zur Lösung der Schrödingergleichung eines Wasserstoffatoms ist es sinnvoll, sie in den Kugelkoordinaten (r, θ, ϕ) aufzuschreiben. Mit dem Lösungsweg werden wir uns jedoch nicht näher beschäftigen. Stattdessen werden wir uns die Eigenschaften der Lösungen ansehen und (im nächsten Abschnitt) die Eigenschaften der Wellenfunktionen selbst.

Aus Kapitel 39 wissen wir, dass die Lösungen der Schrödingergleichung in einer Dimension im Falle des unendlichen Potenzialtopfes durch eine einzelne Quantenzahl charakterisiert waren, die wir mit n bezeichnet hatten und die sich aus der Anwendung der Randbedingungen ergab. Beim dreidimensionalen Problem des Wasserstoffatoms sind die Lösungen der Schrödingergleichung durch drei Quantenzahlen charakterisiert, die zu den in den drei Dimensionen angewendeten Randbedingungen gehören. Jedoch werden tatsächlich vier verschiedene Quantenzahlen benötigt, um jeden Zustand des Wasserstoffatoms zu spezifizieren. Die vierte ergibt sich aus einer relativistischen Behandlung. Wir diskutieren nun jede dieser Quantenzahlen. Ein großer Teil der hier ausgeführten Analyse lässt sich auch auf komplexere Atome anwenden, die wir von Abschnitt 40.4 an diskutieren werden.

Die Quantenmechanik sagt im Falle des Wasserstoffatoms dieselben Energieniveaus vorher wie die Bohr'sche Theorie (siehe ▸ Abbildung 38.25). Es gilt also

$$E_n = -\frac{13{,}6\ \text{eV}}{n^2}\;, \quad n = 1, 2, 3, \ldots, \tag{40.2}$$

wobei n eine ganze Zahl ist, die als **Hauptquantenzahl** bezeichnet wird. Dies ist dieselbe Quantenzahl n wie in der Bohr'schen Theorie. Sie kann ganzzahlige Werte von 1 bis ∞ annehmen. Die Gesamtenergie eines Elektronenzustands im Wasserstoffatom hängt von n ab (siehe Gleichung 40.2).

Die **Nebenquantenzahl** l hängt mit dem Wert des Bahndrehimpulses des Elektrons zusammen; l kann ganzzahlige Werte von 0 bis $(n-1)$ annehmen. Im Grundzustand, $n = 1$, kann l nur gleich null sein.[1] Im Falle $n = 3$ kann l aber beispielsweise 0, 1 oder 2 sein. Der tatsächliche Wert des Bahndrehimpulses L hängt mit der Quantenzahl l folgendermaßen zusammen:

$$L = \sqrt{l(l+1)}\hbar \,. \qquad (40.3)$$

Der Wert von l beeinflusst die Gesamtenergie des Wasserstoffatoms nahezu nicht; lediglich n tut dies in erheblichem Maße.[2] Bei Atomen mit zwei oder mehr Elektronen hängt die Energie hingegen gleichermaßen von l wie von n ab.

Die **magnetische Quantenzahl** m_l hängt mit der Richtung des Bahndrehimpulses des Elektrons zusammen, sie kann ganzzahlige Werte zwischen $-l$ und $+l$ annehmen. Im Falle $l = 2$ kann m_l beispielsweise die Werte $-2, -1, 0, +1$ oder $+2$ annehmen. Da es sich beim Bahndrehimpuls um eine vektorielle Größe handelt, ist es nicht verwunderlich, dass sowohl sein Wert als auch seine Richtung quantisiert ist. Für $l = 2$ sind die fünf zulässigen Richtungen in ▶ Abbildung 40.3 dargestellt. Diese Einschränkung für die Richtung von **L** wird häufig als **Richtungsquantelung** bezeichnet. In der Quantenmechanik wird die Richtung des Bahndrehimpulses gewöhnlich durch die Angabe seiner z-Komponente (diese Wahl ist willkürlich) spezifiziert. Die Beziehung zwischen L_z und m_l lautet daher

$$L_z = m_l\hbar \,. \qquad (40.4)$$

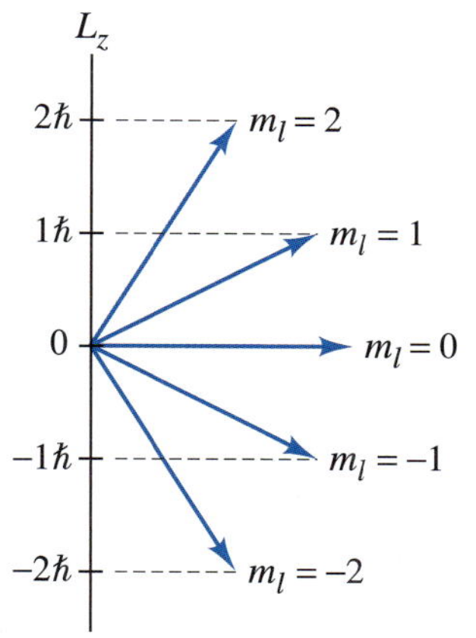

Abbildung 40.3 Die Richtungsquantelung des Bahndrehimpulses im Falle $l = 2$.

Die Werte von L_x und L_y sind jedoch unbestimmt (siehe Aufgabe 65). Die Bezeichnung für m_l ergibt sich nicht aus der Theorie (die m_l mit L_z verbindet), sondern aus dem Experiment. Es stellte sich heraus, dass sich die Spektrallinien in verschiedene, sehr nahe beieinander liegende Linien aufspalten, wenn eine Gasentladungsröhre (▶ Abbildung 38.18) in ein Magnetfeld gebracht wird. Aus dieser als **Zeeman-Effekt** bekannten Aufspaltung folgt, dass sich die Energieniveaus aufspalten müssen (siehe ▶ Abbildung 40.4) und die Energie der Zustände in Anwesenheit eines Magnetfeldes folglich nicht nur von n, sondern auch von m_l abhängt – daher der Name „magnetische Quantenzahl“ . (Weshalb die Energie von der Richtung von **L** abhängen soll, erkennt man aus der semiklassischen Betrachtungsweise eines sich bewegenden Elektrons als einer Art elektrischer Strom, der mit dem Magnetfeld wechselwirkt – siehe Kapitel 27, Abschnitt 27.5 und Abschnitt 40.7.)

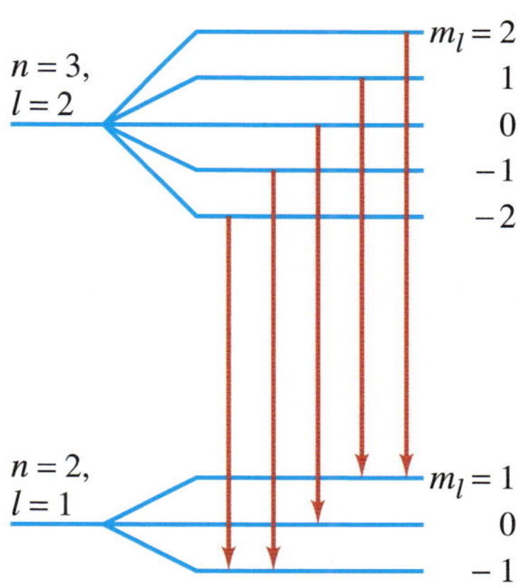

Abbildung 40.4 Bei Anwesenheit eines Magnetfeldes wird das Energieniveau mit $n = 3$ und $l = 2$ in fünf separate Niveaus aufgespalten, die zu den Werten m_l $(2, 1, 0, -1, -2)$ gehören. Das Niveau mit $n = 2$ und $l = 1$ wird in drei Niveaus $(m_l = 1, 0, -1)$ aufgespalten. Zwischen den Niveaus können Übergänge stattfinden (nicht alle Übergänge sind dargestellt), wobei Photonen mit nur geringfügig verschiedenen Frequenzen emittiert werden (der Zeeman-Effekt).

Schließlich gibt es noch die **Spinquantenzahl** m_s, die bei einem Elektron die Werte $m_s = +\frac{1}{2}$ und $m_s = -\frac{1}{2}$ annehmen kann.[3] Die Existenz dieser Quantenzahl ergab sich nicht aus Schrödingers ursprünglicher Theorie, wie die von n, l und m_l. Stattdessen erklärte eine nachfolgende Modifikation von P.A.M. Dirac (1902–1984) ihre Anwesenheit als Folge eines relativistischen Effekts. Der erste Hinweis auf die Notwendigkeit einer Quantenzahl m_s ergab sich jedoch aus dem Experiment (siehe auch Stern-Gerlach-Versuch, Abschnitt 40.7). Eine sorgfältige Analyse der Spektrallinien des Wasserstoffs zeigte, dass jede auch in Abwesenheit eines externen Magnetfeldes tatsächlich aus zwei (oder mehr) sehr nahe beieinander liegenden Linien besteht. Zunächst wurde die Hypothese aufgestellt, dass diese winzige Aufspaltung der Energieniveaus, als **Feinstruktur** bezeichnet, eine

1 Im Gegensatz dazu wurde dem Grundzustand in der Bohr'schen Theorie der Wert $l = 1$ zugewiesen (Gleichung 38.10).

2 Wir verweisen dazu auf die Diskussion der *Feinstruktur* im weiteren Verlauf dieses Abschnitts.

3 Spin S bedeutet Eigendrehimpuls, das heißt das Elektron dreht sich um seine eigene Achse, im Unterschied zum Bahndrehimpuls L, mit dem die Kreisbewegung um den Atomkern ausgedrückt wird.

Tabelle 40.1

Die Quantenzahlen eines Elektrons im Wasserstoffatom

Name	Symbol	mögliche Werte
Hauptquantenzahl	n	$1, 2, 3, \ldots, \infty$.
Nebenquantenzahl	l	Bei gegebenem n kann l die Werte $0, 1, 2, \ldots, n-1$ annehmen.
magnetische Quantenzahl	m_l	Bei gegebenem n und l kann m_l die Werte $l, l-1, \ldots, 0, \ldots, -l$ annehmen.
Spin	m_s	Bei jeder Menge n, l und m_l kann m_s die Werte $+\frac{1}{2}$ oder $-\frac{1}{2}$ annehmen.

Folge des mit der Kreiselbewegung des Elektrons verbundenen Drehimpulses sei. Das Elektron könnte sich also genauso um seine eigene Achse drehen, während es den Kern umkreist, wie sich die Erde auf der Umlaufbahn um die Sonne um ihre eigene Achse dreht. Die Wechselwirkung des winzigen Stroms aus der Kreiselbewegung des Elektrons mit dem Magnetfeld, das sich aus der Bahnbewegung der elektrischen Ladung ergibt, würde dann die beobachtete, kleine Aufspaltung der Energieniveaus verursachen. (Somit hängt die Energie geringfügig von m_l und von m_s ab.) Heute betrachten wir dieses Bild eines kreiselnden Elektrons jedoch als nicht mehr legitim. Wir können ein Elektron nicht einmal als lokalisiertes Teilchen betrachten, geschweige denn als ein kreiselndes. Das Wesentliche ist, dass ein Elektron zwei verschiedene Zustände besitzen kann, was mit einer intrinsischen Eigenschaft zusammenhängt, die sich wie ein Drehimpuls verhält. Wir bezeichnen diese Eigenschaft noch immer als „Spin". Dem Elektron wird eine Spinquantenzahl $s = \frac{1}{2}$ zugeordnet, die zu einem Spindrehimpuls S führt, der durch

Spindrehimpuls

$$S = \sqrt{s(s+1)}\hbar = \frac{\sqrt{3}}{2}\hbar$$

gegeben ist. (Vergleichen Sie mit Gleichung 40.3.) Dieser Spin kann zwei verschiedene Richtungen einnehmen, $m_s = +\frac{1}{2}$ oder $m_s = -\frac{1}{2}$, die man häufig als „Spin aufwärts" und „Spin abwärts" bezeichnet (siehe ▸ Abbildung 40.5). Ein Zustand mit Spin abwärts $(m_s = -\frac{1}{2})$ hat eine etwas niedrigere Energie als einer mit Spin aufwärts. (Wir weisen darauf hin, dass wir in unsere Liste der Quantenzahlen nur m_s und nicht s aufgenommen haben, da s für alle Elektronen gleich ist.)

Die möglichen Werte der vier Quantenzahlen eines Elektrons im Wasserstoffatom sind in Tabelle 40.1 zusammengefasst.

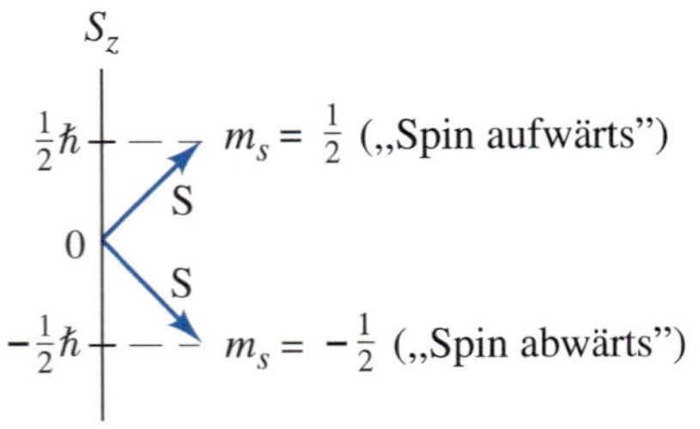

Abbildung 40.5 Der Spindrehimpuls S kann nur zwei Richtungen einnehmen, $m_s = +\frac{1}{2}$ oder $-\frac{1}{2}$, die als „Spin aufwärts" und „Spin abwärts" bezeichnet werden.

Beispiel 40.1 · Begriffsbildung **Zustände bei $n = 3$**

Wie viele verschiedene Zustände kann ein Elektron mit der Hauptquantenzahl $n = 3$ annehmen?

Lösung

Bei $n = 3$ kann l die Werte $l = 2, 1, 0$ annehmen. Im Falle $l = 2$ kann m_l die Werte $2, 1, 0, -1, -2$ annehmen, das sind fünf verschiedene Möglichkeiten. In jedem Fall kann m_s entweder aufwärts oder abwärts zeigen $(+\frac{1}{2}$ oder $-\frac{1}{2})$, so dass es im Falle $l = 2$ genau $2 \times 5 = 10$ Zustände gibt. Im Falle $l = 1$ kann m_l die Werte $1, 0, -1$ annehmen. Weil m_s für jeden dieser Zustände $+\frac{1}{2}$ oder $-\frac{1}{2}$ sein kann, gibt es 6 verschiedene Möglichkeiten. Im Falle $l = 0$ kann m_l schließlich lediglich 0 sein, so dass es nur zwei Zustände gibt, die jeweils zu $m_s = +\frac{1}{2}$ und $m_s = -\frac{1}{2}$ gehören. Die Gesamtzahl der Zustände ist also $10 + 6 + 2 = 18$, wie in der folgenden Tabelle aufgeschlüsselt:

n	l	m_l	m_s	n	l	m_l	m_s
3	2	2	$\frac{1}{2}$	3	2	−2	$-\frac{1}{2}$
3	2	2	$-\frac{1}{2}$	3	1	1	$\frac{1}{2}$
3	2	1	$\frac{1}{2}$	3	1	1	$-\frac{1}{2}$
3	2	1	$-\frac{1}{2}$	3	1	0	$\frac{1}{2}$
3	2	0	$\frac{1}{2}$	3	1	0	$-\frac{1}{2}$
3	2	0	$-\frac{1}{2}$	3	1	−1	$\frac{1}{2}$
3	2	−1	$\frac{1}{2}$	3	1	−1	$-\frac{1}{2}$
3	2	−1	$-\frac{1}{2}$	3	0	0	$\frac{1}{2}$
3	2	−2	$\frac{1}{2}$	3	0	0	$-\frac{1}{2}$

Beispiel 40.2 *E* und *L* im Falle *n* = 3

Bestimmen Sie (a) die Energie und (b) den Bahndrehimpuls für jeden der Zustände aus Beispiel 40.1.

Lösung

a Die Energie eines Zustandes hängt lediglich von n ab, abgesehen von den sehr kleinen, oben erwähnten Korrekturen, die wir ignorieren werden. Da für alle Zustände $n = 3$ gilt, haben alle dieselbe Energie

$$E_3 = -\frac{13{,}6\ \text{eV}}{(3)^2} = -1{,}51\ \text{eV}\,.$$

b Im Falle $l = 0$ gilt

$$L = \sqrt{l(l+1)}\hbar = \sqrt{0(0+1)}\hbar = 0\,.$$

Im Falle $l = 1$ gilt

$$L = \sqrt{1(1+1)}\hbar = \sqrt{2}\hbar$$
$$= 1{,}49 \cdot 10^{-34}\ \text{J·s}\,.$$

Der Drehimpuls von Atomen wird oft als ein Vielfaches von $\hbar$ (in diesem Fall $\sqrt{2}\hbar$) angegeben und nicht in SI-Einheiten. Beachten Sie aber, dass L im Falle $l = 1$ von der Größenordnung $10^{-34}\ \text{J}\cdot\text{s}$ ist. Das bedeutet, dass makroskopische Drehimpulse so extrem hohe Quantenzahlen haben würden, dass die Quantisierung des Drehimpulses nicht messbar wäre: L würde in Übereinstimmung mit dem Korrespondenzprinzip stetig erscheinen. Schließlich gilt im Falle $l = 2$

$$L = \sqrt{2(2+1)}\hbar = \sqrt{2}\hbar\,.$$

Eine andere Vorhersage der Quantenmechanik ist, dass bei der Emission oder der Absorption eines Photons nur Übergänge zwischen Zuständen stattfinden können, deren l-Werte sich um eins unterscheiden:

Auswahlregel

$$\Delta l = \pm 1 \; .$$

Gemäß dieser **Auswahlregel** kann ein Elektron im Zustand mit $l = 2$ lediglich in einen Zustand mit $l = 1$ oder $l = 3$ übergehen. Es kann keinen Zustand mit $l = 2$ oder $l = 0$ erreichen. Ein Übergang, wie der von $l = 2$ zu $l = 0$, wird als **verbotener Übergang** bezeichnet. Tatsächlich ist ein solcher Übergang nicht vollkommen verboten und kann vorkommen, im Vergleich zu **erlaubten Übergängen** – diejenigen also, die die Auswahlregel $\Delta l = \pm 1$ erfüllen – jedoch nur mit sehr geringer Wahrscheinlichkeit. Weil sich der Bahndrehimpuls eines Wasserstoffatoms bei der Emission eines Photons um eins ändern muss, können wir aus der Drehimpulserhaltung schließen, dass das Photon in jedem Falle einen Drehimpuls übertragen bekommt. In der Tat geht aus vielfältigen experimentellen Beweisen hervor, dass dem Photon die Spinquantenzahl 1 zugeordnet werden kann.

Verbotener Übergang

40.3 Die Wellenfunktionen des Wasserstoffatoms

Zur Lösung der Schrödingergleichung für den Grundzustand des Wasserstoffs – dem Zustand mit der niedrigsten Energie E – gehört die Energie $E_1 = -13{,}6\,\text{eV}$, wie wir bereits wissen. Die Wellenfunktion des Grundzustands hängt nur von r ab und ist kugelsymmetrisch. Wie bereits in Abschnitt 40.1 erwähnt, besitzt sie die Form

$$\psi_{100} = \frac{1}{\sqrt{\pi r_0^3}} \mathrm{e}^{-\frac{r}{r_0}} = \psi_{100}(r) \; , \tag{40.5a}$$

wobei $r_0 = h^2 \epsilon_0 / \pi m e^2 = 0{,}0529\,\text{nm}$ der Bohr'sche Radius ist (siehe Abschnitt 39.10). Der Index 100 von ψ steht für die Quantenzahlen n, l und m_l:

$$\psi_{nlm_l} \; .$$

Der Grundzustand ist durch $n = 1$, $l = 0$ und $m_l = 0$ spezifiziert, und es gibt lediglich eine Wellenfunktion, die sowohl für $m_s = +\frac{1}{2}$ als auch für $m_s = -\frac{1}{2}$ gilt (der Wert von m_s beeinflusst die räumliche Abhängigkeit der Wellenfunktion in keinem Zustand, da der Spin eine *innere* oder *intrinsische* Eigenschaft des Elektrons ist). Die Wahrscheinlichkeitsdichte des Grundzustandes ist

$$|\psi_{100}|^2 = \frac{1}{\pi r_0^3} \mathrm{e}^{-\frac{2r}{r_0}} \; . \tag{40.5b}$$

Sie fällt mit r exponentiell ab. Beachten Sie, dass ψ_{100} wie auch alle anderen von uns behandelten Wellenfunktionen normiert wurde:

$$\int_{\mathbb{R}^3} |\psi_{100}|^2 \, \mathrm{d}V = 1 \; .$$

Die Größe $|\psi_{100}(r)|^2 \, \mathrm{d}V$ gibt die Wahrscheinlichkeit dafür an, das Elektron in einem Volumenelement $\mathrm{d}V$ um einen gegebenen Ort zu finden. Häufig ist es sinnvoller, die **radiale Wahrscheinlichkeitsverteilung** P_r zu bestimmen, die als Wahrscheinlichkeit dafür definiert ist, das Elektron zwischen r und $r + \mathrm{d}r$ vom Kern zu finden. $P_r \, \mathrm{d}r$ gibt also die Wahrscheinlichkeit dafür an, das Elektron in einer dünnen Kugelschale der Dicke $\mathrm{d}r$ mit dem inneren Radius r und dem äußeren Radius $r + \mathrm{d}r$ zu finden, was unabhängig von der Richtung des Ortsverktors $\mathbf{r}$ ist (siehe ► Abbildung 40.6). Das Volumen dieser Schale ergibt sich aus dem Produkt ihrer Oberfläche $4\pi r^2$ und ihrer Dicke $\mathrm{d}r$:

$$\mathrm{d}V = 4\pi r^2 \, \mathrm{d}r \; .$$

Daher gilt

$$|\psi|^2 \, \mathrm{d}V = |\psi|^2 4\pi r^2 \, \mathrm{d}r$$

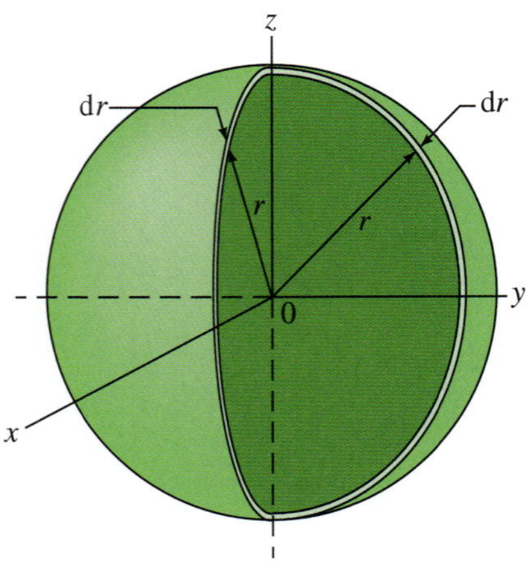

Abbildung 40.6 Eine Kugelschale der Dicke $\mathrm{d}r$ mit dem inneren Radius r und dem äußeren Radius $\mathrm{d}r$. Ihr Volumen beträgt $\mathrm{d}V = 4\pi r^2 \, \mathrm{d}r$.

und die radiale Wahrscheinlichkeitsverteilung ist

$$P_r = 4\pi r^2 |\psi|^2 \,. \tag{40.6}$$

Im Falle des Grundzustands des Wasserstoffs wird P_r zu

$$P_r = 4\frac{r^2}{r_0^3}\,\mathrm{e}^{-\frac{2r}{r_0}}\,, \tag{40.7}$$

was in ▸ Abbildung 40.7 dargestellt ist. Das Maximum der Kurve befindet sich am „wahrscheinlichsten" Wert von r, nämlich $r = r_0$. Das ist genau der Bohr'sche Radius, wie wir nun zeigen werden.

Radiale Wahrscheinlichkeitsverteilung für den Grundzustand des Wasserstoffs

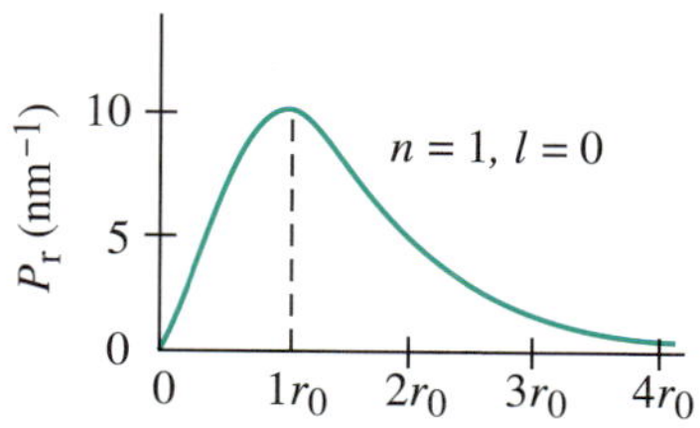

Abbildung 40.7 Die radiale Wahrscheinlichkeitsverteilung P_r für den Grundzustand des Wasserstoffs mit $n = 1$, $l = 0$. Das Maximum tritt an der Stelle $r = r_0$, dem Bohr'schen Radius, auf.

Beispiel 40.3 Wahrscheinlichster Elektronenradius im Wasserstoff

Bestimmen Sie die wahrscheinlichste Entfernung r vom Atomkern, in der man das Elektron im Grundzustand findet.

Lösung

Das Maximum der Kurve in ▸ Abbildung 40.7 befindet sich am wahrscheinlichsten Wert von r. An diesem Punkt besitzt die Kurve den Anstieg null, so dass wir die Ableitung von Gleichung 40.7 bilden und null setzen:

$$\frac{\mathrm{d}}{\mathrm{d}r}\left(4\frac{r^2}{r_0^3}\,\mathrm{e}^{-\frac{2r}{r_0}}\right) = 0$$

$$\left(8\frac{r}{r_0^3} - \frac{8r^2}{r_0^4}\right)\mathrm{e}^{-\frac{2r}{r_0}} = 0\,.$$

Da $\mathrm{e}^{-\frac{2r}{r_0}}$ nur im Falle $r = \infty$ die null erreicht, muss der Term in Klammern null sein:

$$8\frac{r}{r_0^3} - 8\frac{r^2}{r_0^4} = 0\,.$$

Deshalb gilt

$$\frac{r}{r_0^3} = \frac{r^2}{r_0^4}$$

oder

$$r = r_0\,.$$

Die wahrscheinlichste radiale Entfernung des Elektrons vom Atomkern im Wasserstoffatom ist auch nach der Quantenmechanik der Bohr'sche Radius, ein interessanter Umstand.

Beispiel 40.4 Berechnung der Wahrscheinlichkeit

Berechnen Sie die Wahrscheinlichkeit dafür, ein Elektron im Grundzustand eines Wasserstoffatoms innerhalb des doppelten Bohr'schen Radius zu finden.

Lösung

Dazu müssen wir die Wahrscheinlichkeitsdichte von $r = 0$ bis $r = 2r_0$ integrieren: Wir wollen also das Integral

$$P_r = \int_{r=0}^{2r_0} |\psi|^2\,\mathrm{d}V = \int_0^{2r} 4\frac{r^2}{r_0^3}\,\mathrm{e}^{\frac{-2r}{r_0}}\,\mathrm{d}r$$

bestimmen. Wir substituieren zunächst

$$x = 2\frac{r}{r_0}$$

und integrieren dann partiell ($\int u(x)v'(x)\,\mathrm{d}x = u(x)v(x) - \int u'(x)v(x)\,\mathrm{d}x$), wobei wir $u = x^2$ und $\mathrm{d}v/\mathrm{d}x = v'(x) = \mathrm{e}^{-x}$ setzen (es gilt auch $\mathrm{d}x = 2\,\mathrm{d}r/r_0$):

$$P_r = \frac{1}{2}\int_{x=0}^{4} x^2\,\mathrm{e}^{-x}\,\mathrm{d}x = \frac{1}{2}\left[-x^2\,\mathrm{e}^{-x} + \int 2x\,\mathrm{e}^{-x}\,\mathrm{d}x\right]\Bigg|_0^4 .$$

Auch den zweiten Term integrieren wir partiell mit $u = 2x$ und $v'(x) = \mathrm{e}^{-x}$:

$$P_r = \frac{1}{2}\left[-x^2\,\mathrm{e}^{-x} - 2x\,\mathrm{e}^{-x} + 2\int \mathrm{e}^{-x}\,\mathrm{d}x\right]\Bigg|_0^4 = \left(-\frac{1}{2}x^2 - x - 1\right)\mathrm{e}^{-x}\Bigg|_0^4 .$$

Wir berechnen dies an der Stelle $x = 0$ und an der Stelle $x = 2(2r_0)/r_0 = 4$:

$$P_r = (-8 - 4 - 1)\,\mathrm{e}^{-4} + \mathrm{e}^{0} = 0{,}76$$

oder 76 Prozent. Daher würde man das Elektron in 76 Prozent der Fälle innerhalb des doppelten Bohr'schen Radius und in 24 Prozent der Fälle in größerer Entfernung finden. Es sei darauf hingewiesen, dass die Wellenfunktion bei diesen Berechnungen unbedingt normiert sein muss. Dies können wir schnell zeigen, indem wir den Limes $r \to \infty$ nehmen und über den gesamten Raum integrieren: $\int_0^\infty |\psi|^2\,\mathrm{d}V = 1$.

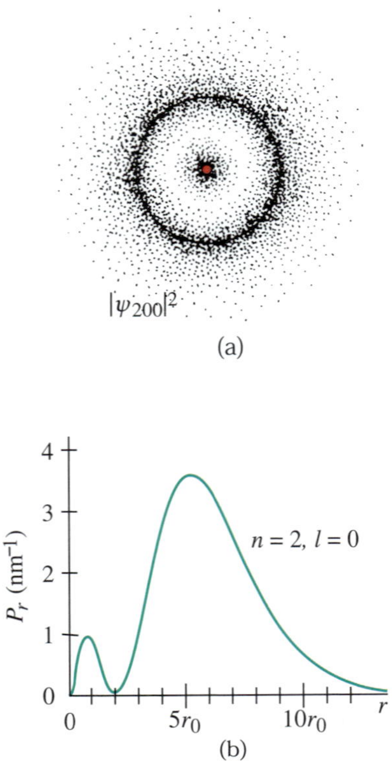

Abbildung 40.8 (a) Die Wahrscheinlichkeitsverteilung $|\psi_{200}|^2$ und (b) die radiale Wahrscheinlichkeitsverteilung P_r für den ersten angeregten Zustand des Wasserstoffs mit $n = 2$ und $l = 0$.

Der erste angeregte Zustand des Wasserstoffs besitzt die Hauptquantenzahl $n = 2$. Im Falle $l = 0$ ist die Lösung der Schrödingergleichung (Gleichung 40.1) eine Wellenfunktion, die wiederum kugelsymmetrisch ist:

$$\psi_{200} = \frac{1}{\sqrt{32\pi r_0^3}}\left(2 - \frac{r}{r_0}\right)\mathrm{e}^{-\frac{r}{2r_0}} . \tag{40.8}$$

► Abbildung 40.8a zeigt die Wahrscheinlichkeitsverteilung $|\psi_{200}|^2$, ► Abbildung 40.8b die Darstellung[4] der radialen Wahrscheinlichkeitsverteilung

$$P_r = \frac{1}{8}\frac{r^2}{r_0^3}\left(2 - \frac{r}{r_0}\right)^2 \mathrm{e}^{-\frac{r}{r_0}} .$$

Die Kurve besitzt zwei Maxima; das zweite, an der Stelle $r \approx 5r_0$, ist stärker ausgeprägt und entspricht dem wahrscheinlichsten Wert von r im Zustand $n = 2$, $l = 0$. Wir erkennen, dass sich das Elektron im Zustand $n = 2$, $l = 0$ vom Atomkern weiter entfernt aufhält als im Zustand $n = 1$, $l = 0$.

Im Zustand $n = 2$, $l = 1$ gibt es drei mögliche Wellenfunktionen, die zu den Werten $m_l = -1$, 0 oder -1 gehören:

$$\begin{aligned}
\psi_{210} &= \frac{z}{\sqrt{32\pi r_0^5}}\,\mathrm{e}^{-\frac{r}{2r_0}}\\
\psi_{211} &= \frac{x + iy}{\sqrt{64\pi r_0^5}}\,\mathrm{e}^{-\frac{r}{2r_0}}\\
\psi_{21-1} &= \frac{x - iy}{\sqrt{64\pi r_0^5}}\,\mathrm{e}^{-\frac{r}{2r_0}}
\end{aligned} \tag{40.9}$$

mit der imaginären Einheit $i = \sqrt{-1}$. Diese Wellenfunktionen sind nicht kugelsymmetrisch. Die Wahrscheinlichkeitsverteilungen $|\psi|^2$ sind in ► Abbildung 40.9a dargestellt, ihre unterschiedlichen räumlichen Ausrichtungen sind gut erkennbar.

4 Wie bei einem Teilchen in einem tiefen kastenförmigen Potenzialtopf (siehe ► Abbildungen 39.9 und 39.10) haben ψ und $|\psi|^2$ auch beim Wasserstoffatom umso mehr Nullstellen, je höher die Energie ist.

Man könnte sich fragen, wie es zu solchen nicht kugelsymmetrischen Wellenfunktionen kommt, wo doch die potenzielle Energie in der Schrödingergleichung kugelsymmetrisch ist. Wie entscheidet sich ein Elektron tatsächlich für einen dieser Zustände? Wenn es keine äußeren Einflüsse gibt, wie beispielsweise ein Magnetfeld, sind alle drei Zustände gleich wahrscheinlich, und sie besitzen alle die gleiche Energie. Wir sprechen von entarteten Zuständen. Ein Elektron kann mit gleicher Wahrscheinlichkeit jeden dieser Zustände besetzen. Die Wahrscheinlichkeit für die Besetzung eines dieser Zustände ist jeweils ein Drittel. Die Wahrscheinlichkeit ein Elektron vorzufinden, ergibt sich dann aus der Summe der Wahrscheinlichkeitsdichten aller drei Wellenfunktionen:

$$|\psi_{210}|^2 + |\psi_{211}|^2 + |\psi_{21-1}|^2 \,,$$

die wegen $x^2 + y^2 + z^2 = r^2$ kugelsymmetrisch ist. Die radiale Wahrscheinlichkeitsverteilung dieser Summe ist in ▸ Abbildung 40.9b dargestellt.

Obwohl man die räumlichen Verteilungen der Elektronenwolke für die verschiedenen Zustände berechnen kann, ist die experimentelle Bestimmung schwierig. In der Tat stammt das meiste experimentelle Wissen über Atome aus der sorgfältigen Analyse ihrer Emissionsspektren und deren Veränderung unter dem Einfluss von elektrischen und magnetischen Feldern.

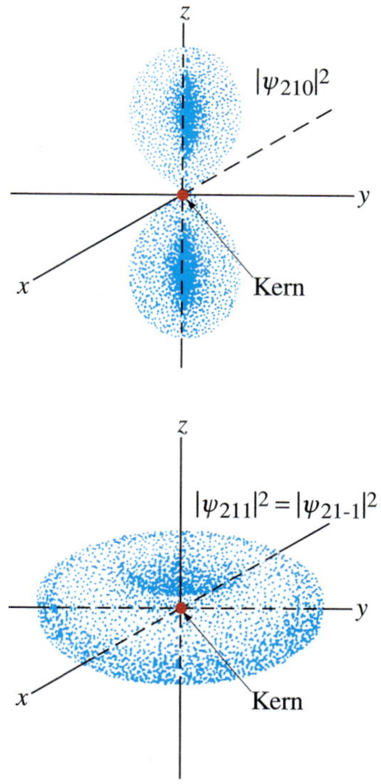

(a)

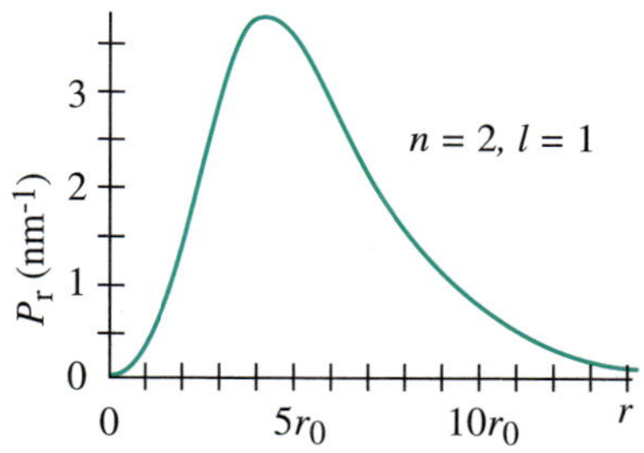

(b)

Abbildung 40.9 (a) Die Wahrscheinlichkeitsverteilung für die drei Zustände mit $n = 2$, $l = 1$. (b) Radiale Wahrscheinlichkeitsverteilung für die Summe der drei Zustände mit $n = 2$, $l = 1$ und $m_l = +1$, 0 und -1.

40.4 Komplexe Atome; das Pauli-Prinzip

Wir haben das Wasserstoffatom detailliert untersucht, weil es am einfachsten zu behandeln ist. Nun werden wir uns kurz mit etwas komplexeren Atomen befassen, die mehr als ein Elektron besitzen und deren Energieniveaus experimentell durch die Analyse der Emissionsspektren bestimmt werden können. Die Energieniveaus sind *nicht* dieselben wie beim Wasserstoffatom, da die Elektronen miteinander wechselwirken, genauso wie mit dem Kern. Die Energieniveaus von Atomen mit mehr als einem Elektron hängen sowohl von n also auch von l ab.

Ordnungszahl

Die Anzahl der Elektronen in einem neutralen Atom wird als seine **Ordnungszahl** Z bezeichnet. Darüber hinaus gibt Z auch die Anzahl der positiven Ladungen (Protonen) im Kern an und bestimmt, um welches Atom es sich handelt. Die Ordnungszahl Z bestimmt also die meisten Eigenschaften, die ein Atom von einem anderen unterscheiden.

Obwohl es Bestrebungen gab, die Bohr'sche Theorie so zu modifizieren, dass man damit komplexe Atome behandeln konnte, erwies sich die Entwicklung der Quantenmechanik in den Jahren nach 1925 als weitaus erfolgreicher. Die Mathematik stellte sich jedoch als sehr schwierig heraus, da in Mehrelektronen-Atomen jedes Elektron nicht nur vom Kern angezogen, sondern auch von den anderen Elektronen abgestoßen wird.

Die einfachste Herangehensweise besteht darin, jedes Elektron in einem Atom so zu behandeln, als würde es einen speziellen Zustand besetzen, der durch die Quantenzahlen n, l, m_l und m_s charakterisiert ist. Um jedoch die Besetzung der Zustände der Elektronen in einem Atom verstehen zu können, wurde ein neues Prinzip gebraucht. Es wurde von Wolfgang Pauli (1900–1958; ▸ Abbildung 39.2) eingeführt und wird als **Pauli-Prinzip** oder **Ausschlussprinzip** bezeichnet. Es besagt folgendes:

Pauli-Prinzip

In einem Atom können zwei Elektronen nicht gleichzeitig denselben Quantenzustand besetzen.

Das bedeutet, das zwei Elektronen in einem Atom nicht genau dieselben Quantenzahlen n, l, m_l und m_s haben können. Das Pauli-Prinzip[5] bildet nicht nur die

5 Das Pauli-Prinzip gilt für identische Teilchen mit halbzahliger Spinquantenzahl ($\frac{1}{2}$, $\frac{3}{2}$ usw.), einschließlich Elektronen, Protonen und Neutronen; solche Teilchen bezeichnet man als **Fermionen** (nach E. Fermi, der die statistische Theorie zu deren Beschreibung entwickelte – siehe Abschnitt 41.6). Das Pauli-Prinzip gilt nicht für Teilchen mit ganzzahliger Spinquantenzahl (0, 1, 2 usw.), wie das Photon und das π-Meson, die man als **Bosonen** bezeichnet (nach S.N. Bose, der die statistische Theorie zu deren Beschreibung entwickelte).

Helium, $Z = 2$

n	l	m_l	m_s
1	0	0	$-\frac{1}{2}$
1	0	0	$\frac{1}{2}$

Lithium, $Z = 3$

n	l	m_l	m_s
1	0	0	$-\frac{1}{2}$
1	0	0	$\frac{1}{2}$
2	0	0	$-\frac{1}{2}$

Natrium, $Z = 11$

n	l	m_l	m_s
1	0	0	$-\frac{1}{2}$
1	0	0	$\frac{1}{2}$
2	0	0	$-\frac{1}{2}$
2	0	0	$\frac{1}{2}$
2	1	1	$-\frac{1}{2}$
2	1	1	$\frac{1}{2}$
2	1	0	$-\frac{1}{2}$
2	1	0	$\frac{1}{2}$
2	1	−1	$-\frac{1}{2}$
2	1	−1	$\frac{1}{2}$
3	0	0	$-\frac{1}{2}$

Grundlage für das Verständnis komplexer Atome, sondern auch für das Verständnis von Molekülen und deren Bindungen sowie von elektronischen Eigenschaften von Kristallen und zahlreichen anderen Phänomenen.

Sehen wir uns nun die Struktur einiger einfacher Atome im Grundzustand an. Das nächsteinfachere Atom nach dem Wasserstoff ist *Helium* mit zwei Elektronen. Beide Elektronen können die Hauptquantenzahl $n = 1$ besitzen, da eines den Zustand Spin aufwärts ($m_s = +\frac{1}{2}$) und das andere den Zustand Spin abwärts ($m_s = -\frac{1}{2}$) einnehmen kann, womit das Pauli-Prinzip erfüllt wäre. Wegen $n = 1$ müssen l und m_l gleich null sein (Tabelle 40.1). Somit besitzen die Elektronen die in der nebenstehenden Tabelle angegebenen Quantenzahlen.

Lithium besitzt drei Elektronen, von denen zwei die Hauptquantenzahl $n = 1$ haben können. Das dritte kann jedoch nicht ebenfalls $n = 1$ besitzen, ohne das Pauli-Prinzip zu verletzen. Folglich muss das dritte Elektron die Hauptquantenzahl $n = 2$ haben. Da der Zustand mit $n = 2$, $l = 0$ eine niedrigere Energie als der Zustand mit $n = 2$, $l = 1$ hat, besitzen die Elektronen im Grundzustand die in der nebenstehenden Tabelle aufgeführten Quantenzahlen. Natürlich könnten die Quantenzahlen des dritten Elektrons auch $(3, 1, -1, -\frac{1}{2})$ lauten. Das Atom würde sich jedoch in diesem Fall in einem angeregten Zustand befinden, da es eine höhere Energie als im Grundzustand aufweisen würde. Es würde nicht lange dauern, bis es unter Emission eines Photons in den Grundzustand zurückkehrt. Wenn keine zusätzliche Energie zugeführt wird (wie etwa bei einer Entladungsröhre), befinden sich die meisten Atome bei Raumtemperatur im Grundzustand, da die mittlere thermische Energie ($E_{\text{kin}} = \frac{3}{2}kT \approx 0{,}04$ eV bei $T = 300$ K) viel geringer ist als die Energie, die zum Anregen von Atomen benötigt wird (1 bis 10 eV).

Wir können in gleicher Weise fortfahren, wenn wir die Quantenzahlen jedes Elektrons im Grundzustand von Atomen mit zunehmender Größe beschreiben wollen. Im Falle von Natrium sind diese Quantenzahlen in der nebenstehenden Tabelle aufgeführt.

► Abbildung 40.10 zeigt ein einfaches Energieniveaudiagramm, in dem die besetzten Zustände durch aufwärts oder abwärts gerichtete Pfeile ($m_s = +\frac{1}{2}$ oder $m_s = -\frac{1}{2}$) gekennzeichnet sind. Unbesetzte Zustände sind als kleine offene Kreise dargestellt.

Die Grundzustandskonfiguration aller Atome ist im **Periodensystem** angegeben, das auf der hinteren, inneren Umschlagseite dieses Buches abgedruckt ist und das wir im nächsten Abschnitt diskutieren.

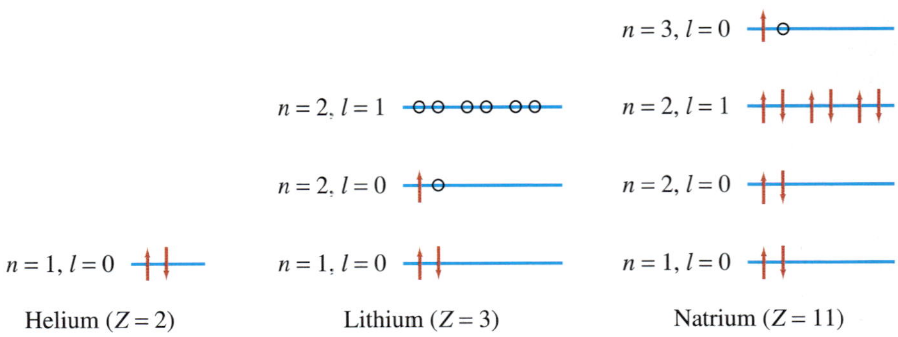

Abbildung 40.10 Energieniveaudiagramm, in dem besetzte Zustände (Pfeile) und unbesetzte Zustände (∘) für He, Li und Na abgebildet sind. Im Falle von Lithium haben wir auch das Niveau mit $n = 2$, $l = 1$ eingezeichnet, obwohl es leer ist.

40.5 Das Periodensystem der Elemente

Vor mehr als einem Jahrhundert stellte Dimitri Mendelejew (1834–1907) die bekannten Elemente im **Periodensystem** der Elemente zusammen. Die Atome wurden nach zunehmender Masse angeordnet, wobei Elemente mit ähnlichen chemischen Eigenschaften in dieselbe Spalte fielen. Die aktuelle Version ist auf der hinteren, inneren Umschlagseite dieses Buches abgedruckt. Jedes Quadrat enthält die Ordnungszahl Z, das Symbol des Elementes und die Atommasse (in atomaren

Masseneinheiten). Schließlich ist in der unteren linken Ecke die Elektronenkonfiguration des Grundzustands angegeben. Dies erfordert ein wenig Erläuterung. Man sagt, dass sich Elektronen mit demselben Wert von n in derselben **Schale** befinden. Elektronen mit $n = 1$ halten sich in einer Schale auf (der K-Schale), diejenigen mit $n = 2$ in einer zweiten Schale (der L-Schale), diejenigen mit $n = 3$ in einer dritten Schale (der M-Schale) usw. Elektronen mit denselben Werten von n und l gehören zur selben **Unterschale**. Häufig werden kleine Buchstaben benutzt, um den Wert von l, wie in Tabelle 40.2 gezeigt, zu spezifizieren. Im Falle $l = 0$ spricht man also von der s-Unterschale; im Falle $l = 1$ von der p-Unterschale; im Falle $l = 2$ von der d-Unterschale, von $l = 3$ an folgen die Buchstaben zur Bezeichnung dem Alphabet, also f, g, h, i usw. (Die ersten Buchstaben s, p, d und f waren ursprünglich Abkürzungen für „sharp", „principal", „diffuse" und „fundamental", experimentelle Bezeichnungen, die sich auf die Spektren bezogen.)

Das Pauli-Prinzip beschränkt die Anzahl der Elektronen, die sich in einer Schale oder Unterschale aufhalten können. Zu jedem Wert von l gibt es $2l+1$ verschiedene m_l-Werte (m_l kann ganzzahlige Werte von 1 bis l, von -1 bis $-l$ oder den Wert null annehmen) und jeweils zwei verschiedene Werte für m_s. Deshalb kann es in jeder $l$ten Unterschale höchstens $2(2l + 1)$ Elektronen geben. Im Falle $l = 2$ sind beispielsweise fünf verschieden m_l-Werte möglich $(2, 1, 0, -1, -2)$, wobei m_s die beiden Werte $+\frac{1}{2}$ und $-\frac{1}{2}$ annehmen kann, was insgesamt $2(5) = 10$ Zustände ergibt. Tabelle 40.2 gibt die maximale Anzahl von Elektronen an, die in jeder Unterschale Zustände besetzen.

Da die Energieniveaus maßgeblich durch die Werte von n und l bestimmt sind, ist es üblich, die Elektronenkonfiguration einfach durch Angabe des Wertes von n und des entsprechenden Buchstaben für l zu spezifizieren, wobei die Anzahl der Elektronen in jeder Unterschale als oberer Index angegeben wird. Die Grundzustandskonfiguration von Natrium wird beispielsweise in der Form $1s^2 2s^2 2p^6 3s^1$ angegeben. Im Periodensystem wurde dies vereinfacht, indem nur die Konfiguration des Außenelektrons und jeder nur teilweise gefüllten Schale angegeben wird (siehe Tabelle 40.3 und das Periodensystem auf der hinteren, inneren Umschlagseite).

Tabelle 40.2

Werte von l

l	Symbol	Max. Anzahl von von Elektronen i. d. Unterschale
0	s	2
1	p	6
2	d	10
3	f	14
4	g	18
5	h	22
⋮	⋮	⋮

Beispiel 40.5 · Begriffsbildung **Elektronenkonfigurationen**

Welche der folgenden Elektronenkonfiguration können vorkommen und welche sind verboten? (a) $1s^2 2s^2 2p^6 3s^3$, (b) $1s^2 2s^2 2p^6 3s^2 3p^5 4s^2$, (c) $1s^2 2s^2 2p^6 2d^1$.

Lösung

a Diese Konfiguration ist verboten, weil es zu viele Elektronen in der s-Unterschale der M-Schale ($n = 3$) gibt. Die s-Unterschale hat den Wert $m_l = 0$ und fasst zwei Elektronen, jeweils mit „Spin aufwärts" und „Spin abwärts".

b Diese Konfiguration ist erlaubt, es handelt sich dabei allerdings um einen angeregten Zustand. Eines der Elektronen aus der 3p-Unterschale ist in die 4s-Unterschale übergegangen. Da es 19 Elektronen gibt, handelt es sich bei dem Element um Kalium.

c Diese Konfiguration ist nicht erlaubt, weil es keine d-Unterschale ($l = 2$) in der Schale mit $n = 2$ gibt (siehe Tabelle 40.1). Das Elektron müsste sich (mindestens) in der Schale mit $n = 3$ befinden.

Die Atome sind im Periodensystem nach steigender Ordnungszahl Z angeordnet. Außerdem gibt es eine strenge Einteilung nach chemischen Eigenschaften. Ob-

Tabelle 40.3

Elektronenkonfiguration einiger Elemente

Z (Anz. der Elektronen)	Element[a]	Konfiguration des Grundzustands (Außenelektronen)
1	H	$1s^1$
2	He	$1s^2$
3	Li	$2s^1$
4	Be	$2s^2$
5	B	$2s^2 2p^1$
6	C	$2s^2 2p^2$
7	N	$2s^2 2p^3$
8	O	$2s^2 2p^4$
9	F	$2s^2 2p^5$
10	Ne	$2s^2 2p^6$
11	Na	$3s^1$
12	Mg	$3s^2$
13	Al	$3s^2 3p^1$
14	Si	$3s^2 3p^2$
15	P	$3s^2 3p^3$
16	S	$3s^2 3p^4$
17	Cl	$3s^2 3p^5$
18	Ar	$3s^2 3p^6$
19	K	$4s^1$
20	Ca	$4s^2$
21	Sc	$3d^1 4s^2$
22	Ti	$3d^2 4s^2$
23	V	$3d^3 4s^2$
24	Cr	$3d^5 4s^1$
25	Mn	$3d^5 4s^2$
26	Fe	$3d^6 4s^2$

[a] Die Namen der Elemente finden Sie in Anhang D.

wohl diese Eigenschaften eigentlich in Chemiebüchern behandelt werden, wollen wir sie hier in Kürze diskutieren, weil sie sich aus der Quantenmechanik ergeben. Vergleichen Sie dazu mit dem Periodensystem auf der hinteren, inneren Umschlagseite dieses Buches.

Alle Edelgase (in der letzten Spalte des Periodensystems) besitzen abgeschlossene Schalen oder Unterschalen. Ihre äußerste Unterschale ist vollständig gefüllt, und die Elektronenverteilung ist kugelsymmetrisch. Eine solche Elektronenkonfiguration ist für sich sehr stabil, diese Elemente können deshalb (i) nur schwache chemische Bindungen eingehen (siehe Kapitel 41, Moleküle und Bindungen) und (ii) die Ionisationsenergie, das heißt die Energie zum Herausschlagen eines Elektrons, ist hoch.

Die siebente Spalte des Periodensystems enthält die **Halogene**, denen ein Elektron zur vollständig gefüllten Schale fehlt. Aufgrund der Form der Orbitale (siehe Abschnitt 41.1) kann ein zusätzliches Elektron von einem anderen Atom aufgenommen werden. Daher gehen diese Elemente chemische Verbindungen ein. In solchen chemischen Bindungen verlagert sich die Elektronendichte der Bindungspartner, und für Halogene erhöht sich die den Atomkern umgebende Elektronendichte. In der Literatur spricht man von Wertigkeit, die Halogene haben also eine Wertigkeit von -1, wenn sie von einem Atom (Bindungspartner) ein zusätzliches Elektron aufnehmen und damit als Ion eine Gesamtladung von $-1e$ tragen.

Die erste Spalte auf der linken Seite des Periodensystems enthält die **Alkalimetalle** mit einem einzelnen s-Außenelektron. Dieses Elektron hält sich meist außerhalb der inneren abgeschlossenen Schalen und Unterschalen auf, die es von einem Großteil der Kernladung abschirmen. Es befindet sich weit vom Kern entfernt und wird aufgrund des Abschirmungseffektes der anderen Elektronen von diesem lediglich durch eine Gesamtladung von etwa $+1e$ angezogen. Dieses Außenelektron hat im Vergleich zu den übrigen Elektronen des Atoms eine geringe potenzielle Energie, es ist nur schwach an den Atomkern gebunden und lässt sich deshalb bei einer chemischen Bindung so verlagern, dass es sich in der Nähe des anderen Atoms (Bindungspartners) aufhält. Das ist die physikalische Grundlage der chemischen Bindung, die zur Bildung von Molekülen führt. Dies ist der Grund, weshalb Alkalimetalle sehr leicht Verbindungen eingehen und die Wertigkeit $+1$ haben. Die anderen Spalten (Gruppen) des Periodensystems kann man analog behandeln.

Das Vorhandensein der Übergangselemente im zentralen Teil der Tabelle sowie der Lanthaniden (der Seltenen Erden) und der Aktinide unterhalb der Tabelle hängt mit nichtabgeschlossenen inneren Schalen zusammen. Im Falle der Elemente mit niedriger Ordnungszahl Z werden die Unterschalen in einfacher Weise gefüllt: zuerst 1s, dann 2s, gefolgt von 2p, 3s und 3p. Man könnte erwarten, dass anschließend die 3d-Unterschale ($n = 3$, $l = 2$) gefüllt wird, dem ist jedoch nicht so. Stattdessen wird zuerst die 4s-Unterschale gefüllt, weil sie (aufgrund der gegenseitigen Elektronenwechselwirkung) eine etwas niedrigere Energie als die 3d-Schale besitzt (das betrifft K und Ca). Erst dann wird, angefangen mit dem Element Sc, die 3d-Unterschale gefüllt. (Die 4s- und 3d-Niveaus liegen energetisch nah beieinander, so dass einige Elemente nur ein 4s-Elektron besitzen, wie beispielsweise Cr.) Die chemischen Eigenschaften dieser **Übergangselemente** werden maßgeblich durch die schwach gebundenen 4s-Elektronen bestimmt, sie weisen eine Wertigkeit von $+1$ oder $+2$ auf (siehe Tabelle 40.3).

Ähnlich verhält es sich mit den Atomen der Seltenen Erden, die am Fuß des Periodensystems angegeben sind. Auch sie haben nicht vollständig aufgefüllte innere Schalen (4f,5f). Ihre ähnlichen chemischen Eigenschaften ergeben sich dadurch, dass sie alle 6s beziehungsweise 7s Außenelektronen besitzen und sich die unterschiedliche Anzahl der Elektronen in den nicht vollständig aufgefüllten inneren Schalen (4f,5f) nur geringfügig auf die chemischen Eigenschaften auswirkt. Die physikalischen Eigenschaften, wie das magnetische Dipolmoment der Elektronen, werden jedoch auch maßgeblich durch die Elektronen der inneren Schale bestimmt.

40.6 Röntgenspektren und Ordnungszahl

Die Linienspektren der Atome im sichtbaren, UV- und IR-Bereich des elektromagnetischen Spektrums gehen auf Übergänge der Außenelektronen zwischen unterschiedlichen Zuständen zurück. Die Kernladung wird gegenüber den Außenelektronen durch die inneren Elektronen größtenteils abgeschirmt. Die inneren Elektronen in der Schale mit $n = 1$ bekommen jedoch die gesamte Kernladung zu spüren. Da die Energie eines Niveaus proportional zu Z^2 ist (siehe Gleichung 38.13) erwarten wir im Falle eines Atoms mit $Z = 50$ um etwa $50^2 = 2500$-mal kürzere Wellenlängen als bei der Lyman-Serie des Wasserstoffs (etwa 100 nm), das sind Wellenlängen von 10^{-2} bis 10^{-1} nm. Solch kurze Wellenlängen liegen im Röntgenbereich des elektromagnetischen Spektrums.

Röntgenstrahlen werden ausgesandt, wenn Elektronen mit einer kinetischen Energie von einigen keV in einer Röntgenröhre auf ein Metalltarget treffen (siehe Abschnitt 36.10). Wenn wir uns das von einer Röntgenröhre emittierte Röntgenspektrum ansehen, erkennen wir, dass es aus zwei Teilen besteht: einem kontinuierlichen Spektrum mit einer Grenzwellenlänge λ_0, die lediglich von der angelegten Spannung abhängt, und einer Folge von Peaks, die dem kontinuierlichen Spektrum überlagert ist. Ein typisches Beispiel zeigt ► Abbildung 40.11. Die glatte Kurve und die Grenzwellenlänge λ_0 bewegen sich nach links, wenn die Spannung in der Röhre erhöht wird. Die (in ► Abbildung 40.11 mit K_α und K_β bezeichneten) Peaks bleiben jedoch bei derselben Wellenlänge, auch wenn die Spannung verändert wird. Bei Verwendung unterschiedlicher Targetmaterialien befinden sie sich aber bei anderen Wellenlängen. Diese Beobachtung legt die Vermutung nahe, dass die Peaks für das verwendete Material charakteristisch sind. Die durch die hohe Spannung in der Röhre beschleunigten Elektronen können so hohe Energien erreichen, dass sie beim Zusammenstoß mit den Targetatomen eines der sehr stark gebundenen inneren Elektronen herausschlagen und damit das Targetatom ionisieren. Nach der Ionisation wird ein Photon, das heißt ein **charakteristisches Röntgenquant**, emittiert (die Peaks aus ► Abbildung 40.11), wenn ein Elektron aus einem Zustand mit höherer Energie auf den freien Zustand mit niedrigerer Energie zurückfällt. Die K-Linien ergeben sich aus Übergängen in die K-Schale ($n = 1$). Die K_α-Linie stammt von einem Übergang aus der L-Schale ($n = 2$), die K_β-Linie von einem Übergang aus der M-Schale ($n = 3$). Eine L-Linie geht auf einen Übergang in die L-Schale zurück usw.

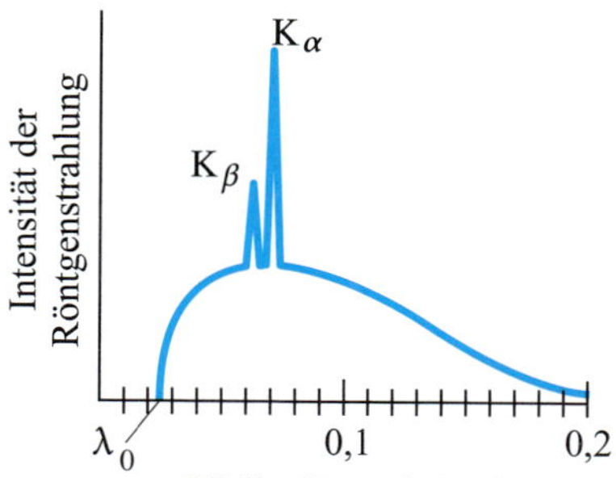

Abbildung 40.11 Das von einem Molybdäntarget emittierte Röntgenspektrum einer Röntgenröhre mit 50 kV.

Charakteristische Röntgenstrahlung

Mithilfe der charakteristischen Röntgenspektren ist es möglich, die inneren Energieniveaus von Atomen zu bestimmen. Darüber hinaus wurde auch die Bestimmung der Ordnungszahl Z vieler Atome möglich, da (wie wir gesehen haben) die kürzeste Wellenlänge der emittierten Röntgenstrahlung (K_α) umgekehrt proportional zu Z^2 ist. Eigentlich ist die Wellenlänge eines Photons, das beim Übergang eines Elektrons vom Zustand mit $n = 2$ zu einem Zustand mit $n = 1$ emittiert wird, umgekehrt proportional zu $(Z - 1)^2$, weil der Kern noch immer von dem einen Elektron im 1s-Niveau abgeschirmt wird. Im Jahre 1914 entdeckte H.G.J. Moseley (1887–1915), dass die Darstellung von $\sqrt{1/\lambda}$ als Funktion von Z auf eine Gerade führt (siehe ► Abbildung 40.12). Die Ordnungszahl Z vieler Elementen wurde durch eine Anpassung an einen solchen **Moseley-Plot** bestimmt. Die Arbeit Moseleys stellt das Konzept der Ordnungszahl auf eine sichere experimentelle Basis.

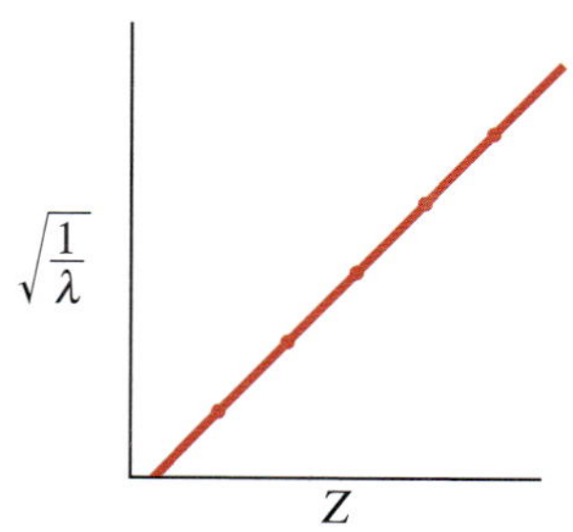

Abbildung 40.12 Darstellung von $\sqrt{1/\lambda}$ als Funktion von Z im Falle der K_α-Linien.

Beispiel 40.6 **Wellenlänge von Röntgenstrahlung**

Schätzen sie die Wellenlänge eines Photons ab, das bei einem Elektronenübergang im Molybdän ($Z = 42$) vom Zustand mit $n = 2$ in den Zustand mit $n = 1$ emittiert wird. Welche Energie besitzt ein solches Photon?

Lösung

Wir verwenden die Bohr'sche Gleichung, Gleichung 38.14, wobei wir Z^2 durch $(Z-1)^2 = (41)^2$ ersetzen. Noch einfacher ist es, wenn wir das Ergebnis aus Beispiel 38.14 für den Übergang vom Zustand mit $n = 2$ in den Zustand mit $n = 1$ im Wasserstoff ($Z = 1$) benutzen. Wegen

$$\lambda \propto \frac{1}{(Z-1)^2}$$

erhalten wir

$$\lambda = \frac{(1{,}22 \cdot 10^{-7}\,\mathrm{m})}{(41)^2} = 0{,}073\,\mathrm{nm}\,.$$

Dies liegt sehr nah an dem gemessen Wert (▸ Abbildung 40.11) von 0,071 nm. Jedes dieser Photonen hätte eine Energie (in eV) von:

$$E = hf = \frac{hc}{\lambda} = \frac{(6{,}63 \cdot 10^{-34}\,\mathrm{J{\cdot}s})(3{,}00 \cdot 10^{8}\,\mathrm{m/s})}{(7{,}3 \cdot 10^{-11}\,\mathrm{m})(1{,}60 \cdot 10^{-19}\,\mathrm{J/eV})} = 17\,\mathrm{keV}\,.$$

Beispiel 40.7 **Bestimmung der Ordnungszahl**

Ein unbekanntes Material wird mit hochenergetischen Photonen beschossen. Der höchste Peak wird für Röntgenstrahlung mit einer Energie von 66 keV beobachtet. Schließen Sie auf das Material.

Lösung

Die stärkste Röntgenstrahlung gehört im Allgemeinen zur K_α-Linie (siehe ▸ Abbildung 40.11), die sich ergibt, wenn Photonen Elektronen aus der K-Schale herausschlagen (die innerste Schale), die durch Elektronen aus der L-Schale aufgefüllt werden. Wir benutzen das Bohr'sche Modell und nehmen an, dass die Elektronen einer Kernladung von $Z-1$ ausgesetzt sind. (Der Kern ist von einem Elektron abgeschirmt.) Beim Übergang der Wasserstoffs vom Zustand mit $n = 2$ in den Zustand mit $n = 1$ werden Photonen mit einer Energie von 10,2 eV beobachtet (siehe ▸ Abbildung 38.25 oder Beispiel 38.12). Da die Energie E proportional zu Z^2 (Gleichung 38.13) ist, oder genauer $(Z-1)^2$, wie wir eben diskutiert haben, können wir

$$\frac{(Z-1)^2}{1^2} = \frac{66 \cdot 10^3\,\mathrm{eV}}{10{,}2\,\mathrm{eV}} = 6{,}5 \cdot 10^3$$

schreiben, so dass $Z - 1 = \sqrt{6500} = 81$ und $Z = 82$ gilt, es handelt sich also um Blei.

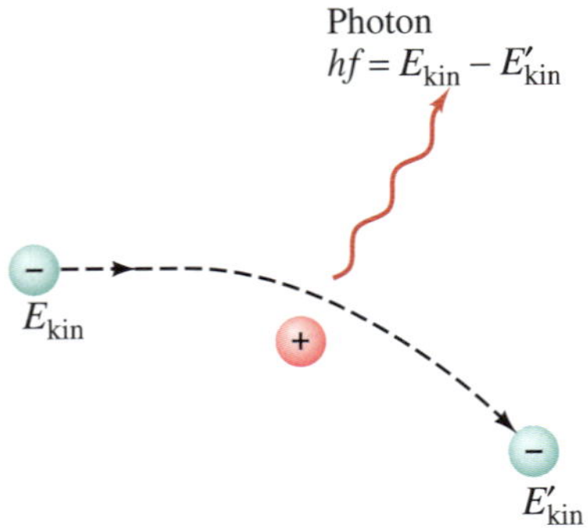

Abbildung 40.13 Photon der Bremsstrahlung, das von einem Elektron erzeugt wird, das durch Wechselwirkung mit einem Targetatom abgebremst wurde.

Nun analysieren wir den kontinuierlichen Teil des Röntgenspektrums (▸ Abbildung 40.11) auf Grundlage der Photonentheorie des Lichts. Wenn Elektronen auf das Target treffen, stoßen sie mit Atomen des Materials zusammen und geben den Großteil ihrer Energie als Wärme ab (etwa 99 Prozent, so dass Röntgenröhren gekühlt werden müssen). Jedoch können Elektronen durch Emission eines Photons auch Energie abgeben. Ein Elektron kann durch Wechselwirkung mit den Targetatomen abgebremst werden (siehe ▸ Abbildung 40.13). In diesem Fall spricht man von Bremsstrahlung. Aufgrund der Energieerhaltung muss die Energie des emittierten Photons hf gleich dem Verlust an kinetischer Energie $\Delta E_{\mathrm{kin}} = E_{\mathrm{kin}} - E'_{\mathrm{kin}}$ des Elektrons sein, so dass

$$hf = \Delta E_{\mathrm{kin}}$$

gilt. Ein Elektron kann bei einem solchen Stoß seine gesamte Energie oder nur einen Teil davon verlieren. Bei dem kontinuierlichen Röntgenspektrum (▶ Abbildung 40.11) handelt es sich also um Bremsstrahlung, die sich aus Stößen der Elektronen mit dem Target ergibt, bei denen das Elektron unterschiedliche Energiebeträge verliert. Die kürzeste Wellenlänge der Röntgenstrahlung (die höchste Frequenz) muss somit von einem Elektron stammen, das seine *gesamte* kinetische Energie abgibt und beim Stoß ein einzelnes Photon erzeugt. Da die kinetische Ausgangsenergie eines Elektrons gleich der Energie sein muss, die es durch die Beschleunigung im elektrischen Feld erfährt, muss $E_{kin} = eV$ sein. Im Falle eines einzelnen Stoßes, bei dem das Elektron zur Ruhe kommt, gilt

$$hf_0 = eV$$

oder

$$\lambda_0 = \frac{hc}{eV}\,, \tag{40.10}$$

wobei $\lambda_0 = c/f_0$ die Grenzwellenlänge ist (siehe ▶ Abbildung 40.11). Diese Vorhersage für λ_0 entspricht genau dem im Experiment beobachteten Wert. Dieses Resultat ist ein weiterer Beweis dafür, dass Röntgenstrahlen eine Form elektromagnetischer Strahlung (Licht)[6] ist und die Photonentheorie des Lichts gilt.

Beispiel 40.8 **Grenzwellenlänge**

Welche ist die kurzwelligste Röntgenstrahlung, die von einer mit 50 kV betriebenen Röntgenröhre emittiert wird?

Lösung

Aus Gleichung 40.10 erhalten wir

$$\lambda_0 = \frac{(6{,}6 \cdot 10^{-34}\,\text{J·s})(3{,}0 \cdot 10^8\,\text{m/s})}{(1{,}6 \cdot 10^{-19}\,\text{C})(5{,}0 \cdot 10^4\,\text{V})}$$

oder 0,025 nm, was gut mit dem Experiment übereinstimmt (siehe ▶ Abbildung 40.11).

40.7 Magnetische Dipolmomente; Gesamtdrehimpuls

Ein Elektron, das sich auf einer Bahn um den Atomkern bewegt, kann klassisch als Stromschleife betrachtet werden. Daher erwartet man, dass ihm ein **magnetisches Dipolmoment** zugeordnet werden kann, wie in Kapitel 27 diskutiert. Wir haben in Beispiel 27.9 eine klassische Berechnung des Dipolmoments eines Elektrons im Grundzustand des Wasserstoffs auf Grundlage des Bohr'schen Modells durchgeführt und dafür den Wert

$$\mu = IA = \frac{1}{2}evr$$

bestimmt. Dabei ist v die Bahngeschwindigkeit des Elektrons. Beachten Sie, dass das magnetische Dipolmoment ein Vektor ist, der senkrecht auf der Fläche A steht und hier nur sein Betrag angegeben ist. Der Betrag des Drehimpulses eines Teilchens (als Massenpunkt), das sich auf einer Kreisbahn mit dem Radius r bewegt, ist

$$L = I\omega = mvr\,.$$

6 Würde es sich bei Röntgenstrahlung nicht um Photonen, sondern vielmehr um neutrale Teilchen mit der Ruhemasse m_0 handeln, würde Gleichung 40.10 nicht gelten.

Somit können wir

$$\mu = \frac{1}{2}\frac{e}{m}L$$

schreiben. Der Drehimpuls **L** steht senkrecht auf der Ebene der Stromschleife. Das gilt auch für den Vektor des magnetischen Dipolmomentes $\boldsymbol{\mu}$, der aber aufgrund der negativen Ladung des Elektrons in die negative Richtung zeigt. Daher können wir folgende Vektorgleichung aufschreiben:

Magnetisches Dipolmoment des Wasserstoffatoms

$$\boldsymbol{\mu} = -\frac{1}{2}\frac{e}{m}\mathbf{L}\,. \tag{40.11}$$

Diese kurze, halbklassische Herleitung stützt sich auf das Bohr'sche Atommodell. Dasselbe Resultat (Gleichung 40.11) ergibt sich mithilfe der Quantenmechanik. Da **L** in der Quantenmechanik quantisiert ist, muss auch das magnetische Dipolmoment quantisiert sein.

Wie wir in Abschnitt 27.5 gesehen haben, erfährt ein magnetisches Dipolmoment in einem Magnetfeld **B** ein Drehmoment, und die potentielle Energie eines solchen Systems hängt von der Orientierung von $\boldsymbol{\mu}$ relativ zu **B** ab (Gleichung 27.12):

$$E_{\text{pot}} = -\boldsymbol{\mu}\cdot\mathbf{B}\,.$$

Wenn das Magnetfeld **B** in z-Richtung zeigt, dann gilt $E_{\text{pot}} = -\mu_z B_z$ und aus Gleichung 40.4 ($L_z = m_l\hbar$) und Gleichung 40.11 erhalten wir

$$\mu_z = -\frac{e\hbar}{2m}m_l\,.$$

(Passen Sie an dieser Stelle auf, dass Sie die Elektronenmasse m und die magnetische Quantenzahl m_l nicht durcheinander bringen.) Es ist sinnvoll, die Größe

Bohr'sches Magneton

$$\mu_{\text{B}} = \frac{e\hbar}{2m} \tag{40.12}$$

zu definieren, die als **Bohr'sches Magneton** bezeichnet wird und den Wert $\mu_{\text{B}} = 9{,}27 \cdot 10^{-24}$ J/T (Joule/Tesla) besitzt. Wir können dann

$$\mu_z = -\mu_{\text{B}} m_l \tag{40.13}$$

schreiben, wobei m_l ganzzahlige Werte von 0 bis $\pm l$ annimmt (siehe Tabelle 40.1). Wenn man ein Atom in ein Magnetfeld bringt, würden sich die Energieniveaus in Niveaus aufspalten, die den Abstand $\Delta E_{\text{pot}} = \mu_{\text{B}} B$ haben; dies ist der *Zeeman-Effekt* (siehe ► Abbildung 40.4).

Zeeman-Effekt

Stern-Gerlach-Versuch

Der erste Hinweis auf die *Richtungsquantelung* des Drehimpulses (Abschnitt 40.2) ergab sich 1922 bei einem berühmten Experiment, dem **Stern-Gerlach-Versuch**. Silberatome (und später auch andere Atome) wurden in einem Ofen erwärmt, aus dem sie wie in ► Abbildung 40.14 gezeigt, austraten. Die Atome mussten einen Kollimator passieren, der nur einen engen Strahl übrig ließ. Danach trat der Strahl in ein *inhomogenes Magnetfeld* ein. Das Feld war bewusst inhomogen gestaltet, so dass es eine Kraft auf die magnetischen Momente der Atome ausüben würde: Erinnern Sie sich daran, dass sich die potenzielle Energie (in diesem Fall $-\boldsymbol{\mu}\cdot\mathbf{B}$) räumlich ändern muss, wenn es eine Kraft geben soll ($F_x = -\mathrm{d}E_{\text{pot}}/\mathrm{d}x$ usw. Abschnitt 8.2). Wenn **B** entlang der z-Achse einen Gradienten besitzt, wie in ► Abbildung 40.14 gezeigt, dann ist die Kraft entlang der z-Achse:

$$F_z = -\frac{\mathrm{d}E_{\text{pot}}}{\mathrm{d}z} = \mu_z\frac{\mathrm{d}B_z}{\mathrm{d}z}\,.$$

Daher müssten die Silberatome in Abhängigkeit von μ für jedes Atom individuell nach oben oder unten abgelenkt werden. Aus klassischer Sicht würde man eine kontinuierliche Verteilung auf dem Schirm erwarten, da man von zufällig

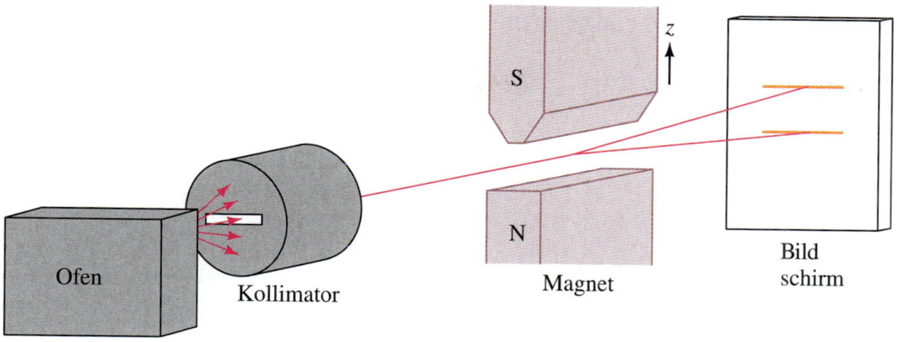

Abbildung 40.14 Der innerhalb einer Vakuumkammer durchgeführte Stern-Gerlach-Versuch.

orientierten magnetischen Momenten der Atome ausgeht. Stattdessen beobachteten Stern und Gerlach im Fall von Silber aber zwei getrennte Linien (für andere Atome manchmal mehr als zwei Linien). Diese Beobachtungen gaben den ersten Hinweis auf die Richtungsquantelung, obwohl sie erst einige Jahre später vollständig erklärt wurden. Wenn sich die Linien aufgrund des Bahndrehimpulses ergäben, müsste es eine ungerade Anzahl von Linien geben, entsprechend den möglichen Werten von m_l (wegen $\mu_z = -\mu_B m_l$). Im Falle $l = 0$ gibt es nur eine Möglichkeit $m_l = 0$. Im Falle $l = 1$ kann m_l die Werte $1, 0$ oder -1 annehmen, und wir erwarten drei Linien usw. Weshalb es lediglich zwei Linien gibt, konnte schließlich mithilfe des Konzeptes des Elektronenspins erklärt werden. Ein Elektron mit dem Spin $\frac{1}{2}$ kann im Raum nur zwei Orientierungen einnehmen, wie wir in ▶ Abbildung 40.5 gesehen haben. Daher ergeben sich für die zum Spin gehörenden magnetischen Dipolmomente nur zwei Ausrichtungen. Folglich gehen die beiden im Falle von Silber im Stern-Gerlach-Versuch beobachteten Zustände auf den Spin des einen Valenzelektrons zurück. Silberatome müssen daher einen Bahndrehimpuls von null haben, jedoch einen Gesamtspin von $\frac{1}{2}$, der auf dieses eine Valenzelektron zurückgeht (von den 47 Elektronen heben sich die Spins der 46 Elektronen gegenseitig auf). Auch im Falle des Wasserstoffs im Grundzustand wurden zwei Linien beobachtet, was wiederum auf den Spin $\frac{1}{2}$ seines einzelnen Elektrons zurückzuführen ist, da der Bahndrehimpuls auch hier null ist.

Die Ablenkung beim Stern-Gerlach-Versuch ist proportional zum magnetischen Dipolmoment μ_z. Bei einem Teilchen mit Spin $\frac{1}{2}$ erwarten wir $\mu_z = -\mu_B m_s = -\left(\frac{1}{2}\right)(e\hbar/2m)$ wie im Falle des Bahndrehimpulses, Gleichung 40.13. Stattdessen wurden für μ_z eines Spins etwa doppelt so große Werte gemessen:

Magnetisches Dipolmoment eines Spins

$$\mu_z = -g\mu_B m_s \,, \qquad (40.14)$$

wobei die Messwerte von g, auch als **g-Faktor** oder **gyromagnetisches Verhältnis** bezeichnet, beim freien Elektron etwas größer als 2 waren: $g = 2{,}0023\ldots$. Dieser unerwartete Faktor von (etwa) 2 macht deutlich, dass der Spin nicht als ein klassischer Drehimpuls betrachtet werden kann. Es handelt sich vielmehr um einen rein quantenmechanischen Effekt. Gleichung 40.14 ist genau wie Gleichung 40.13 für den Bahndrehimpuls, wenn man m_l durch m_s ersetzt. Im Falle des Bahndrehimpulses gilt jedoch $g = 1$.

Gesamtdrehimpuls *J*

Ein Atom kann sowohl einen Bahndrehimpuls als auch einen Spin besitzen. Im 2p-Zustand des Wasserstoffs ist beispielsweise $l = 1$ und $s = \frac{1}{2}$. Im 4d-Zustand ist $l = 2$ und $s = \frac{1}{2}$. Der **Gesamtdrehimpuls** ist die Vektorsumme des Bahndrehimpulses **L** und des Spins **S**:

Gesamtdrehimpuls

$$\mathbf{J} = \mathbf{L} + \mathbf{S} \,.$$

Gemäß der Quantenmechanik ist der Betrag des Gesamtdrehimpulses **J** quantisiert:

$$J = \sqrt{j(j+1)}\hbar \,. \qquad (40.15)$$

Im Falle des einzelnen Elektrons im Wasserstoffatom führt die Quantenmechanik darauf, dass j

$$j = l + s = l + \frac{1}{2}$$

oder

$$j = l + s = l - \frac{1}{2}$$

sein kann, jedoch niemals kleiner als null, genau wie im Falle von l und s. Im 1s-Zustand ist $l = 0$ und $j = \frac{1}{2}$ die einzige Möglichkeit. Im Falle der p-Zustände, beispielsweise des 2p-Zustandes, kann $l = 1$ und j entweder $\frac{3}{2}$ oder $\frac{1}{2}$ sein. Die z-Komponente von j ist wie gewöhnlich quantisiert:

$$m_j = j, j-1, \ldots, -j\,.$$

Beim 2p-Zustand mit $j = \frac{1}{2}$ kann m_j entweder $\frac{1}{2}$ oder $-\frac{1}{2}$ sein; im Falle $j = \frac{3}{2}$ kann m_j entweder $\frac{3}{2}, \frac{1}{2}, -\frac{1}{2}, -\frac{3}{2}$ sein. Es gibt also insgesamt vier Zustände. Beachten Sie, dass der Zustand eines einzelnen Elektrons durch Angabe von n, l, m_l, m_s oder durch Angabe von n, j, l, m_j spezifiziert werden kann (jeweils durch eine dieser beiden Beschreibungen).

Die Wechselwirkung des Magnetfeldes mit den Elektronenzuständen eines Atoms, wie sie beim Zeeman-Effekt und dem Stern-Gerlach-Versuch beobachtet wird, hängt mit dem *Gesamt*drehimpuls zusammen. Daher ergeben sich beim Stern-Gerlach-Versuch mit Wasserstoffatomen im Grundzustand zwei Linien (für $m_j = +\frac{1}{2}$ und $-\frac{1}{2}$), im Falle des ersten angeregten Zustandes ergeben sich jedoch vier Linien, die zu den vier möglichen Werten von m_j ($\frac{3}{2}, \frac{1}{2}, -\frac{1}{2}, -\frac{3}{2}$) gehören.

Spektroskopische Notation

Wir können den Zustand eines Atoms, einschließlich der Quantenzahl für den Gesamtdrehimpuls j, mithilfe folgender **spektroskopischer Notation** beschreiben. Für einen einzelnen Elektronzustand können wir

$$nL_j$$

schreiben, wobei der Wert von L mit denselben Buchstaben wie in Tabelle 40.2 spezifiziert wird, jedoch durch Großbuchstaben:

$$\begin{array}{rccccc} L = & 0 & 1 & 2 & 3 & 4\ldots \\ \text{Buchstabe} = & \text{S} & \text{P} & \text{D} & \text{F} & \text{G}\ldots . \end{array}$$

Der $2\text{P}_{3/2}$-Zustand besitzt also die Quantenzahlen $n = 2$, $l = 1$, $j = \frac{3}{2}$, während $1\text{S}_{1/2}$ den Grundzustand des Wasserstoffs beschreibt.

Feinstruktur; Spin-Bahn-Kopplung

Wie in Abschnitt 40.2 bereits erwähnt, führt ein magnetischer Effekt auch zu der als *Feinstruktur* bezeichneten Aufspaltung, die in Abwesenheit irgendwelcher äußeren Felder auftritt. Vielmehr hängt diese Aufspaltung mit dem vom Atom selbst erzeugten Magnetfeld zusammen. Wir können uns klar machen, wie es dazu kommt, indem wir uns in das Bezugssystem des Elektrons begeben. In diesem Bezugssystem nehmen wir den uns umkreisenden Kern als eine bewegte Landung oder einen elektrischen Strom wahr, der ein Magnetfeld B_n erzeugt. Das Elektron hat ein inneres magnetisches Dipolmoment μ_s (Gleichung 40.14), und folglich wird seine Energie um den Betrag (Gleichung 27.12)

$$\Delta E_{\text{pot}} = -\boldsymbol{\mu}_s \cdot \mathbf{B}_n$$

verändert. Da die Werte von μ_s entsprechend m_s quantisiert sind, spaltet sich die Energie des Einelektronenzustands in zwei nah beieinander liegende Energieniveaus auf (für $m_s = \frac{1}{2}$ und $-\frac{1}{2}$). Diese geringe Aufspaltung der Energieniveaus führt zu einer entsprechenden Aufspaltung der Spektrallinien. Im Wasserstoffatom spaltet sich der 2P $\rightarrow$ 1S-Übergang in zwei Linien auf, die zu $2P_{1/2} \rightarrow 1S_{1/2}$ und $2P_{3/2} \rightarrow 1S_{1/2}$ gehören. Die Energiedifferenz dieser beiden Linien beträgt nur etwa $5 \cdot 10^{-5}$ eV, was im Vergleich zur 2P $\rightarrow$ 1S-Übergangenergie von 13,6 eV − 3,4 eV = 10,2 eV klein ist.

Das von der Bahnbewegung hervorgerufene Magnetfeld $\mathbf{B}_n$ ist zum Bahndrehimpuls $\mathbf{L}$ proportional. Weil $\boldsymbol{\mu}_s$ proportional zum Spin S ist, können wir für $\Delta E_{\text{pot}} = -\boldsymbol{\mu} \cdot \mathbf{B}_n$

$$\Delta E_{\text{pot}} \propto \mathbf{L} \cdot \mathbf{S}$$

Spin-Bahn-Kopplung

schreiben. Diese für die Feinstruktur verantwortliche Wechselwirkung wird daher als **Spin-Bahn-Kopplung** bezeichnet. Ihr Betrag hängt von einer dimensionslosen Konstante ab, die als **Feinstrukturkonstante** bezeichnet wird

$$\alpha = \frac{e^2}{2\epsilon_0 hc} \approx \frac{1}{137}$$

Feinstrukturkonstante

und auch an anderen Stellen in der Atomphysik vorkommt.

40.8 Fluoreszenz und Phosphoreszenz

Wenn ein Atom von einem Zustand durch Absorption eines Photons zu einem Zustand mit höherer Energie angeregt wird, dann kann es zu dem Zustand mit niedrigerer Energie in einer Reihe von zwei (oder mehr) Übergängen zurückkehren, wenn dazwischen weitere Zustände liegen (siehe ▸ Abbildung 40.15). Die emittierten Photonen werden folgerichtig eine niedrigere Energie und Frequenz besitzen als das absorbierte Photon. Stammt das absorbierte Photon aus dem UV-Bereich und liegen die Frequenzen der emittierten Photonen im sichtbaren Bereich des Spektrums, wird dieses Phänomen als **Fluoreszenz** bezeichnet (siehe ▸ Abbildung 40.16).

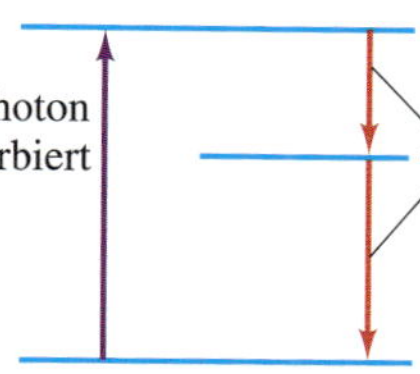

Abbildung 40.15 Fluoreszenz.

Abbildung 40.16 Wenn UV-Licht dieses vielfältige „fluoreszierende" Gebirge beleuchtet, dann findet Fluoreszenz im sichtbaren Bereich des Spektrums statt.

Die Wellenlänge, bei der Fluoreszenz auftritt, hängt von den Energieniveaus des jeweiligen Atoms ab. Da sich die Frequenzen bei unterschiedlichen Stoffe unterscheiden und weil viele Stoffe leicht fluoreszieren, ist die Fluoreszenz ein sehr leistungsstarkes Werkzeug zur Identifikation von Verbindungen. Sie wird auch zur Punzierung benutzt – der Bestimmung des Anteils eines bestimmten Stoffes in einer Verbindung – und zum Verfolgen der natürlichen Ausbreitungswege von Substanzen in Pflanzen und Tieren. Zum Nachweis eines gegebenen Bestandteils einer Verbindung muss das eingestrahlte Licht monochromatisch sein, und die Lösungsmittel oder die anderen Inhaltstoffe dürfen nicht in derselben Region des Spektrums fluoreszierend sein. Zuweilen reicht die bloße Beobachtung des emittierten Fluoreszenzlichtes zur Identifikation eines Bestandteils aus. In anderen Fällen werden Spektrometer verwendet, um die Wellenlänge und die Intensität des emittierten Lichts zu bestimmen. In der Biologie und der Medizin spielt die **Fluoreszenzmikroskopie** eine immer größere Rolle, um Strukturen im sub-µm-Bereich, beispielsweise in Zellen, mithilfe von optischen Verfahren abzubilden.

Leuchtstofflampen arbeiten in einem zweiteiligen Prozess. Die angelegte Spannung beschleunigt Elektronen, die auf die Gasatome in der Röhre treffen und diese anregen. Wenn die angeregten Atome zu ihren Grundzuständen zurückkehren, emittieren sie Photonen im UV-Bereich, die auf eine innere, fluoreszierende Beschichtung treffen. Das von uns wahrnehmbare Licht entsteht als Reaktion des fluoreszierenden Materials auf das auftreffende UV-Licht.

Materialien, wie sie beispielsweise für die Leuchtzifferblätter von Uhren verwendet werden, bezeichnet man als **phosphoreszent**. Wird ein Atom in einen angeregten Zustand gebracht, fällt es in etwa 10^{-8} s zurück. Bei phosphoreszenten Stoffen können Atome durch Absorption eines Photons zu **metastabilen** Energiezuständen angeregt werden, in denen die Atome viel länger verweilen – sogar einige Sekunden oder länger. In einer Menge von Atomen gehen viele Atome ziemlich rasch in den Grundzustand über, einige verbleiben aber mehr als eine

Stunde im angeregten Zustand. Daher wird selbst nach großen Zeitspannen noch Licht emittiert. Wenn Sie das Zifferblatt Ihrer Uhr in die Nähe einer hellen Lampe bringen, werden viele Atome zu metastabilen Zuständen angeregt und Sie können das Leuchten noch lange Zeit später wahrnehmen.

40.9 Laser

Ein Laser ist ein Bauelement, das einen sehr intensiven Strahl monochromatischen kohärenten Lichts erzeugen kann. (Mit *kohärent* meinen wir, dass alle Wellen über jedem Querschnitt des Strahls dieselbe Phase haben.) Bei dem emittierten Strahl handelt es sich um eine nahezu perfekte ebene Welle. Eine gewöhnliche Lichtquelle emittiert Licht in alle Richtungen (so dass die Intensität mit der Entfernung rapide abnimmt), und das emittierte Licht ist inkohärent (die verschiedene Teile des Strahls sind nicht in Phase). Die angeregten Atome, die bei einer gewöhnlichen Lampe zur Lichtemission beitragen, verhalten sich unabhängig voneinander, so dass jedes emittierte Photon als ein kurzer Wellenzug mit einer Dauer von etwa 10^{-8} s betrachtet werden kann. Die Wellenzüge stehen in keiner festen Phasenbeziehung zueinander. Genau das Gegenteil trifft auf einen Laser zu.

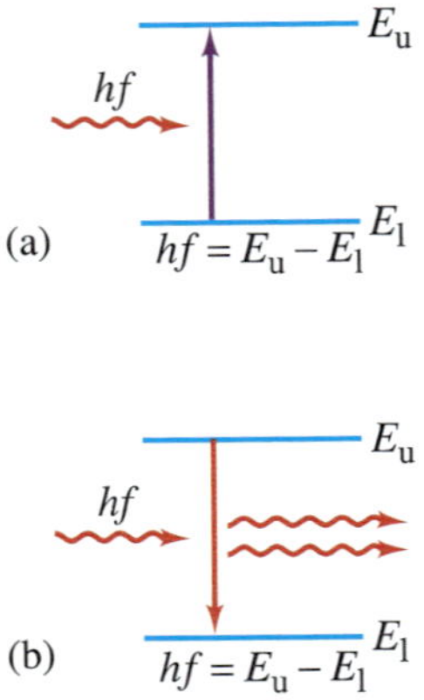

Abbildung 40.17 (a) Absorption eines Photons. (b) Stimulierte Emission.

Die Wirkungsweise eines Lasers basiert auf der Quantentheorie. Wir wissen, dass ein Photon von einem Atom absorbiert werden kann, wenn (und nur genau dann wenn) seine Energie hf gleich der Energiedifferenz zwischen einem besetzten Energieniveau des Atoms und einem unbesetzten angeregten Zustand ist (siehe ▸ Abbildung 40.17a). Dies ist, in gewisser Weise, eine Resonanz. Befindet sich das Atom bereits in einem angeregten Zustand, kann es natürlich spontan (also ohne offensichtliche Anregung) unter Emission eines Photons in einen niedrigeren Zustand übergehen. Wenn jedoch ein Photon derselben Energie ein angeregtes Atom trifft, kann es das Atom dazu stimulieren, diesen Übergang in einen niedrigeren Zustand früher zu vollziehen (siehe ▸ Abbildung 40.17b). Dieses Phänomen wird als **stimulierte Emission** bezeichnet, und man kann sich davon überzeugen, dass es nicht nur das ursprüngliche Photon gibt, sondern auch ein zweites Photon mit derselben Frequenz aus dem Atomübergang. Diese beiden Photonen befinden sich genau *in Phase* und bewegen sich in dieselbe Richtung. Auf diese Weise wird das kohärente Licht in einem Laser erzeugt. Die Bezeichnung „Laser" ist daher ein Akronym für engl. ***l**ight **a**mplification by **s**timulated **e**mission of **r**adiation* (Lichtverstärkung durch angeregte Strahlungsaussendung).

Stimulierte Emission

Die natürliche Besetzung der Atome im thermischen Gleichgewicht bei einer Temperatur T (in K) ist durch die **Maxwell-Boltzmann-Verteilung** (oder den **Boltzmann-Faktor**) gegeben:

$$N_n = C\mathrm{e}^{-\frac{E_n}{kT}} , \tag{40.16a}$$

wobei N_n die Anzahl der Atome im Zustand mit der Energie E_n ist. Für zwei Zustände n und n' ist das Verhältnis der Anzahl der Atome in den beiden Zuständen

$$\frac{N_n}{N_{n'}} = \mathrm{e}^{-\left(\frac{E_n - E_{n'}}{kT}\right)} . \tag{40.16b}$$

Die meisten Atome befinden sich daher im Grundzustand, außer bei sehr hohen Temperaturen. Bei dem System mit zwei Zuständen aus ▸ Abbildung 40.17 befinden sich die meisten Atome gewöhnlich im Zustand mit niedrigerer Energie, so dass der Großteil der einfallenden Photonen absorbiert wird. Um das kohärente Licht aus der stimulierten Emission zu erhalten, müssen zwei Bedingungen erfüllt sein. Erstens müssen Atome zu Zuständen mit höherer Energie angeregt werden, so dass es zu einer **Besetzungsinversion** kommt. Dabei handelt es sich um eine Situation, in der sich mehr Atome im Zustand mit höherer Energie befinden als im Zustand mit niedrigerer Energie (siehe ▸ Abbildung 40.18). Dann *dominiert* die Emission von Photonen gegenüber der Absorption. Daher befindet sich das System nicht im thermischen Gleichgewicht. Zweitens muss es sich beim Zustand mit höherer Energie um einen **metastabilen Zustand** handeln – ein Zustand, in

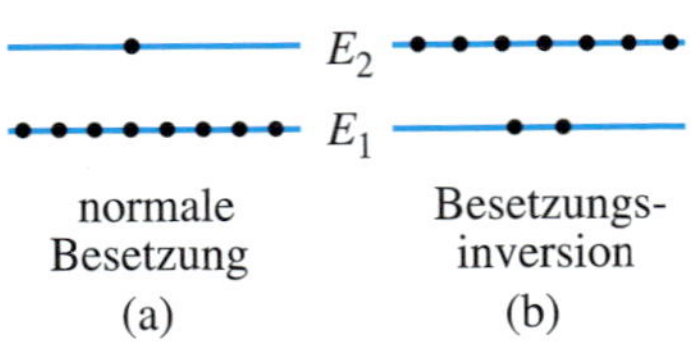

Abbildung 40.18 Zwei Energiezustände für eine Zahl von Atomen. Jeder Punkt markiert den Energiezustand eines Atoms. (a) Eine Anordnung bei Raumtemperatur nahe des thermodynamischen Gleichgewichts; (b) eine Anordnung nach Besetzungsinversion.

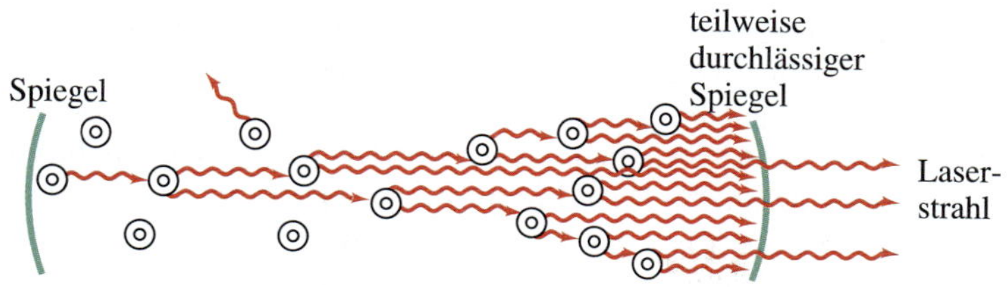

Abbildung 40.19 Schematische Darstellung eines Lasers mit angeregten Atomen, die zur Emission von Licht stimuliert werden.

dem sich Elektronen länger als gewöhnlich[7] aufhalten, so dass sich der Übergang in den Zustand mit niedrigerer Energie vielmehr durch stimulierte Emission und nicht spontan vollzieht. Wir werden gleich diskutieren, wie diese Bedingungen bei verschiedenen Lasern erreicht werden. Vorerst nehmen wir an, dass die Atome zu einem Zustand mit höherer Energie angeregt wurden. ▸ Abbildung 40.19 ist eine schematische Darstellung eines Lasers: Das „Lasermedium" wird in eine lange, enge Röhre gebracht, an deren Enden sich zwei Spiegel befinden, einer davon ist teilweise durchlässig (vielleicht 1 oder 2 Prozent). Einige angeregte Atome gehen recht bald nach der Anregung in einen Zustand mit niedrigerer Energie über. Eines dieser Atome ist in ▸ Abbildung 40.19 ganz links gezeigt. Wenn das emittierte Photon auf ein anderes Atom im angeregten Zustand trifft, stimuliert es dieses Photon zur Emission eines Photons *derselben* Frequenz, das sich in *derselben* Richtung und mit *derselben* Phase bewegt. Diese beiden Atome treffen dann auf andere Atome, was zu weiteren stimulierten Emissionen führt. Im Verlaufe des Prozesses vervielfacht sich die Anzahl der Photonen. Ein Großteil der auf die Spiegel auftreffenden Photonen werden reflektiert und stimulieren auf ihrem Rückweg weitere Atome zur Emission eines Photons. Ein kleiner Prozentsatz der sich zwischen den Spiegeln hin und her bewegenden Photonen passiert den an einem Ende angebrachten, teilweise durchlässigen Spiegel. Diese Photonen bilden den engen, kohärenten Laserstrahl.

Innerhalb der Röhre gibt es auch einige spontan emittierte Photonen, deren Ausbreitungsrichtungen einen Winkel mit der Hauptachse bilden. Diese verlassen die Röhre aber seitlich und beeinflussen die Fokussierung des Strahls nicht. Bei einem gut funktionierenden Laser ist die Streuung nur durch die Beugung bedingt, so dass die Winkelstreuung $\approx \lambda/a$ beträgt (siehe Gleichung 36.1), wobei a der Durchmesser des Spiegels am Ende der Röhre ist. Die Winkelstreuung kann unglaublich klein sein. Die Lichtenergie ist innerhalb eines mm-dünnen Strahls gebündelt und nicht, wie bei gewöhnlichen Lichtquellen, im Raum verteilt.

Rubinlaser

Die Anregung der Atome in einem Laser zur Erzeugung der notwendigen Besetzungsinversion kann auf verschiedene Weise erfolgen. Bei einem Rubinlaser ist das Lasermedium ein rubinroter Stab, der aus Al_2O_3 (Korund) besteht, bei dem ein kleiner Prozentsatz der Aluminiumatome (Al) durch Chromatome (Cr) ersetzt wurde. Diese bilden das eigentliche aktive Lasermedium. Die Atome werden durch starke Lichtblitze der Wellenlänge 550 nm angeregt, was einer Photonenenergie von 2,2 eV entspricht. Wie in ▸ Abbildung 40.20 gezeigt, werden die Atome vom Zustand E_0 in den Zustand E_2 gebracht. Dieser Prozess wird als **optisches Pumpen** bezeichnet. Die Atome fallen schnell entweder in den Zustand mit der Energie E_0 oder in den metastabilen Zwischenzustand mit der Energie E_1 zurück, der eine Verweildauer von etwa $3 \cdot 10^{-3}$ s besitzt (im Vergleich zu 10^{-8} s bei gewöhnlichen Zuständen). Durch starkes Pumpen können mehr Atome in den Zustand E_1 gebracht werden als sich im Zustand E_0 aufhalten. Dadurch ergibt sich die zum Funktionieren des Lasers notwendige Besetzungsinversion. Sobald einige Atome vom Zustand E_1 in den Zustand E_0 übergehen, emittieren sie Photonen, die bei anderen Atomen zur stimulierten Emission führen, und der Laser beginnt

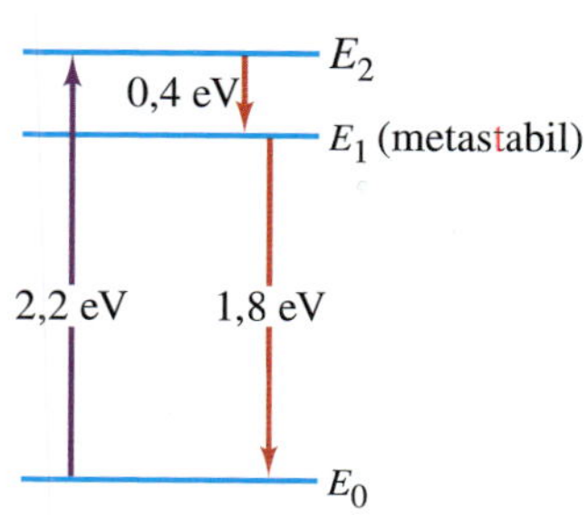

Abbildung 40.20 Energieniveaus von Chrom in einem Korundkristall. Photonen der Energie 2,2 eV „pumpen" die Atome von E_0 nach E_2, von wo sie zum metastabilen Zustand E_1 übergehen. Der Laser arbeitet aufgrund der stimulierten Emission von Photonen beim Übergang von E_1 nach E_0.

7 Ein angeregtes Atom kann zufällig in einen solchen Zustand gelangen und nur durch einen so genannten verbotenen Übergang (in Abschnitt 40.2 diskutiert) in einen Zustand mit niedrigerer Energie übergehen, wodurch die Verweildauer in diesem Zustand länger als gewöhnlich ist.

zu arbeiten. Ein Rubinlaser emittiert daher Photonen mit einer Energie von 1,8 eV und einer Wellenlänge von 694,30 nm (oder „rubinrotes“ Licht).

Helium-Neon-Laser

Bei einem Helium-Neon-Laser ist das Lasermedium ein Gasgemisch, das zu etwa 85 Prozent aus He und zu 15 Prozent aus Ne besteht. Die Atome werden durch Anlegen einer Hochspannung an die Gasröhre angeregt, indem eine Hochspannung an die Gasröhre angelegt wird, so dass eine elektrische Entladung innerhalb der Röhre stattfindet. Bei diesem Prozess werden einige Helium-Atome auf den in ► Abbildung 40.21 gezeigten metastabilen Zustand E_1 angehoben, wozu eine Energiedifferenz von 20,61 eV überwunden werden muss, die fast exakt mit der Energiedifferenz zum Erreichen des angeregten Zustandes im Neon von 20,66 eV übereinstimmt. Die Heiliumatome gehen nicht sofort durch spontane Emission in den Grundzustand über, sondern übergeben ihre überschüssige Energie während eines Stoßes einem Neonatom (siehe ► Abbildung 40.21). Bei einem solchen Stoß fällt das Heliumatom in den Grundzustand zurück und das Neonatom geht in den angeregten Zustand E_3' über (der Strich kennzeichnet die Zustände des Neons). Die geringe Energiedifferenz von (0,05 eV) kommt aus der kinetischen Energie der sich bewegenden Moleküle ($\frac{3}{2}kT \approx 0{,}04$ eV bei $T = 300$ K). Auf diese Weise wird der metastabile Zustand E_3' des Neons stärker besetzt als E_2'. Diese Besetzunginversion zwischen E_3' und E_2' ist die Grundlage für die Arbeitsweise dieses Lasers.

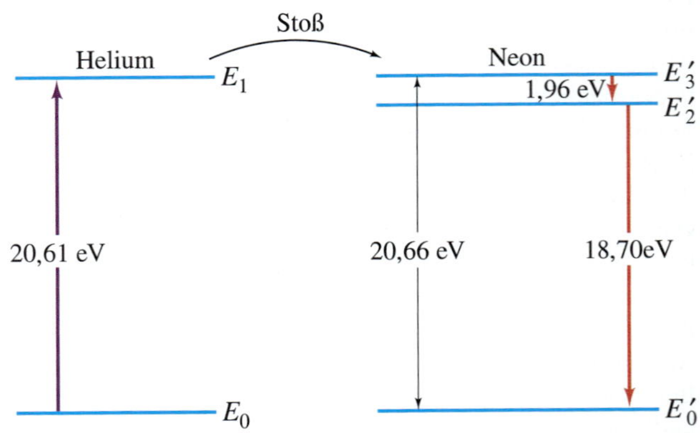

Abbildung 40.21 Energieniveaus von He und Ne. Bei der elektrischen Gasentladung wird He zum Zustand E_1 angeregt. Diese Energie wird bei einem Stoß dem Niveau E_3' von Ne übergeben. E_3' ist metastabil. Das Elektron geht aus diesem Zustand durch stimulierte Emission zum Zustand E_2' über. Dabei wird der eigentliche Laserstrahl erzeugt.

Andere Laser

Andere Lasertypen sind: chemische Laser, bei denen die Eingangsenergie aus einer chemischen Reaktion hochreaktiver Gase stammt; Farbstofflaser mit durchstimmbarer Frequenz; CO_2-Gaslaser mit hoher Ausgangsleistung im Infrarotbereich; Festkörperlaser mit Seltenen Erden wie der leistungsstarke Nd:Yag-Laser und der *pn*-Halbleiter-Sperrschichtlaser, bei dem der Übergang zwischen dem unteren Teil des Leitungsbandes und dem oberen Teil des Valenzbandes stattfindet (Abschnitt 41.7).

Die Anregung der Atome in einem Laser kann kontinuierlich oder in Pulsen erfolgen. Bei einem **gepulstem Laser** werden die Atome durch periodische Energiezufuhr angeregt. Die Photonenvervielfachung setzt sich so lange fort, bis alle Atome zu einem Übergang in einen Zustand mit niedrigerer Energie stimuliert wurden. Der Prozess wiederholt sich bei jedem Eingangspuls. Bei einem kontinuierlichen Laser wird ständig Energie zugeführt, so dass Atome nach dem stimulierten Übergang in den Zustand mit niedrigerer Energie bald wieder in den Zustand mit höherer Energie angeregt werden. Dadurch wird ein kontinuierlicher Laserstrahl erzeugt. Natürlich ist ein Laser keine Energiequelle im Sinne eines perpetuum mobile. Es muss Energie in das System gebracht werden, und der Laser wandelt einen Teil dieser Energie in einen intensiven, feinen Ausgangsstrahl um.

ANGEWANDTE PHYSIK

Medizinische und andere Anwendungen von Lasern

Wie bereits erwähnt, besteht die besondere Eigenschaft des Laserlichts darin, dass es sich dabei um einen kohärenten, feinen Strahl mit einer scharfen Frequenz (oder wenigen getrennten Frequenzen) handelt. Aufgrund dieser Eigenschaft hat der Laser zahlreiche Anwendungen gefunden. Laser sind ein nützliches chirurgisches Hilfsmittel. Mit dem engen und intensiven Strahl kann man Gewebe in einem lokalisiertem Gebiet gezielt zerstören oder Gallen- und Nierensteine zertrümmern. Aufgrund der sich unter Einstrahlung eines Lasers entwickelten Wärme können Laser dazu eingesetzt werden, abgetrenntes Gewebe „zu verschweißen“, wie es beispielsweise bei einer sich ablösenden Netzhaut der Fall ist (siehe ▸ Abbildung 40.22). Bei bestimmten Eingriffen kann der Laserstrahl mithilfe eines Lichtleiters (Abschnitt 33.7) an den Operationsort gebracht werden. Ein Beispiel dafür ist das Entfernen von Ablagerungen, die die Arterien eines Menschen verstopfen. Winzige Organellen wurden mithilfe von Lasern aus einer lebenden Zelle entfernt, weil Wissenschaftler untersuchen, wie sich die Abwesenheit dieser Organelle auf das Verhalten der Zelle auswirkt. Laser wurden dazu benutzt, Krebszellen und entartete Zellen zu zerstören; gleichzeitig versiegelt die entwickelte Wärme Kapillargefäße und Lymphknoten, was die Wunde bei diesem Prozess „ausbrennt“ und somit einer weiteren Ausbreitung der Erkrankung vorbeugt. Die von einem Laserstrahl in ein kleines Gebiet eingebrachte Wärme wird auch zum Schweißen und Bearbeiten von Metallen sowie zum Bohren winziger Löcher in Hartstoffe benutzt. Der Laserstrahl ist von Natur aus scharf (gewöhnlich einige mm). Weil er jedoch auch kohärent, monochromatisch und im Wesentlichen parallel ist, kann man das Licht mithilfe von Linsen auf sehr kleine Volumina fokussieren, ohne die gewöhnlichen Probleme mit Abbildungsfehlern zu haben. Somit wird die Beugung zum einschränkenden Moment und die eingekoppelte Leistungsdichte, das heißt die Energie pro Zeit und Flächeneinheit, kann sehr groß sein. Die präzise Geradlinigkeit des Laserstrahls ist auch für Vermesser zum genauen Ausrichten von Instrumenten nützlich, besonders an unzugänglichen Orten.

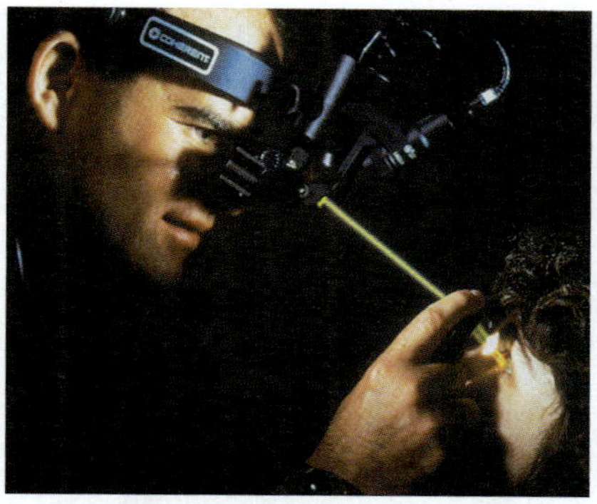

Abbildung 40.22 Laser in der Augenheilkunde.

Im Alltag werden Laser in Barcodescannern (an Kaufhauskassen) und in CD-Playern eingesetzt. Der Laserstrahl gibt die Streifen und Abstände eines Barcodes wieder und auch die winzigen Pits einer CD, wie in ▸ Abbildung 40.23 gezeigt. Die Information ist auf einer CD als eine Folge von Pits und Leerstellen gespeichert, die für „0“ und „1“ (oder „aus“ und „an“) eines digitalisierten Codes stehen, der nach elektronischer Decodierung dem Audio- oder Videosystem übermittelt wird. Ein Barcodescanner arbeitet ähnlich.

ANGEWANDTE PHYSIK

CD-Player und Barcode

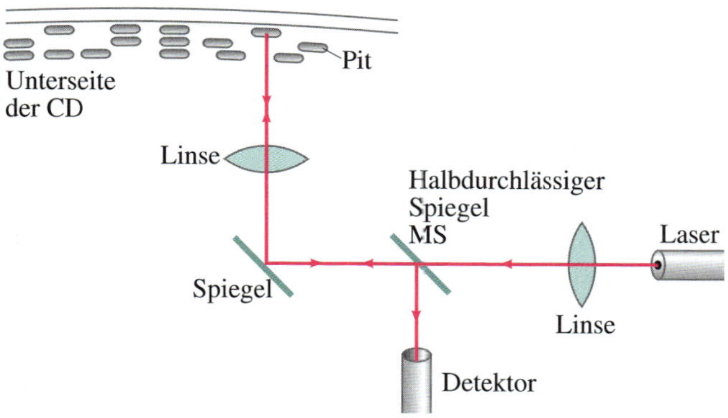

Abbildung 40.23 Lesen einer CD. Der mithilfe von Linsen noch stärker fokussierte feine Laserstrahl wird auf die Unterseite einer rotierenden CD gerichtet. Der Strahl wird von den Leerstellen reflektiert, weniger jedoch von den Pits. Das reflektierte Licht wird wie dargestellt detektiert, nachdem es den halbdurchlässigen Spiegel MS passiert hat. Die starken und schwachen Reflexionen entsprechen den Nullen und Einsen des binären Codes, der das Audio- oder Videosignal repräsentiert.

40.10 Holographie

Eine der interessantesten Anwendungen des Lasers ist die Erzeugung dreidimensionaler Abbilder, die auch als **Hologramme** bezeichnet werden (siehe ▸ Abbildung 40.24). Bei einer gewöhnlichen fotografischen Abbildung zeigt der Film lediglich die Intensität des Lichts, dass ihn an jedem Punkt erreicht. Wenn man die Fotografie oder die Folie betrachtet, erzeugt das davon reflektierte oder hindurchgehende Licht ein zweidimensionales Abbild. Bei der Holographie werden durch Interferenz dreidimensionale Abbilder erzeugt, ohne den Einsatz von Linsen. Ein Laserhologramm wird auf einem Film erzeugt, indem ein aufgeweiteter

ANGEWANDTE PHYSIK

Holographie

(a)

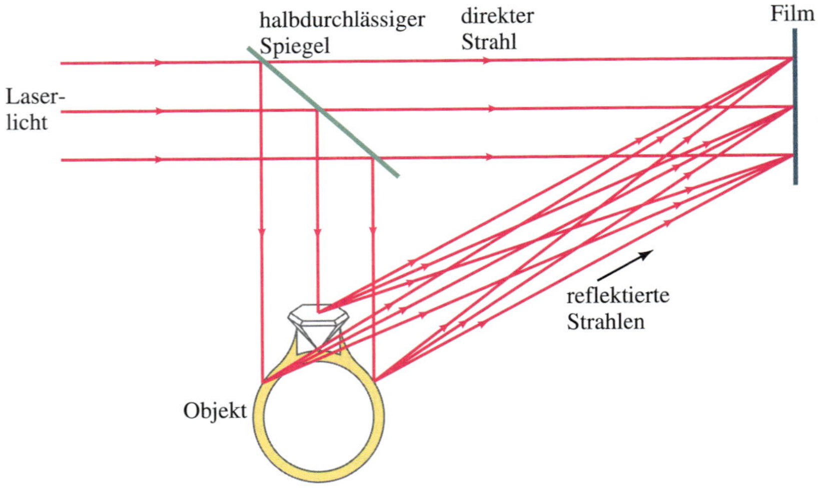

(b)

Abbildung 40.24 (a) Foto eines Hologramms mit Münzen. (b) Erzeugen des Hologramms. Licht, das von verschiedenen Punkten des Objektes reflektiert wird, interferiert (auf dem Film) mit Licht des direkten Strahls.

Laserstrahl mithilfe eines halbdurchlässigen Spiegels in zwei Teile zerlegt wird (siehe ▶ Abbildung 40.24b). Ein Teil gelangt unmittelbar zum Film; der andere Teil passiert das zu fotografierende Objekt, von wo aus es zum Film reflektiert wird. Licht von jedem Punkt des Objektes erreicht jeden Punkt des Films. Die Interferenz der beiden Strahlen erlaubt es, sowohl die Intensität des Lichts als auch dessen relative Phase an jedem Punkt auf dem Film festzuhalten. Für die holographische Abbildung ist ausschlaggebend, dass das verwendete Licht kohärent ist – also an jedem Punkt in Phase – weshalb man auf einen Laser zurückgreift. Bringt man den Film nach der Entwicklung wieder in einen Laserstrahl, wird ein dreidimensionales Abbild des Objektes erzeugt. Sie können um ein solches Bild herumlaufen und es von verschiedene Seiten betrachten, genau wie wenn es sich um das ursprüngliche Objekt handeln würde. Nur wenn Sie es mit Ihrer Hand berühren wollen, greifen Sie ins Leere.

Die Details der Bildentstehung sind recht kompliziert. Wir können jedoch die grundlegende Idee verstehen, wenn wir einen einzelnen Objektpunkt betrachten. In ▶ Abbildung 40.25a sind die Strahlen OA und OB von einem Punkt des Objektes reflektiert worden. Die Strahlen CA und DB kommen unmittelbar von der Quelle und interferieren mit OA und OB an den Punkten A und B auf dem Film. Eine Menge von Interferenzstreifen wird, wie in ▶ Abbildung 40.25b dargestellt, erzeugt. Der Abstand der Streifen ändert sich von oben nach unten wie gezeigt. Wie dies zustande kommt, erklärt ▶ Abbildung 40.26. Ein Hologramm eines punktförmigen Objektes hätte also das in ▶ Abbildung 40.25b gezeigte Muster. Der Film sieht in diesem Fall wie ein Beugungsgitter mit variablem Abstand aus. Daher erscheinen die gebeugten Strahlen des Maximums erster Ordnung aufgrund des variablen Gitterabstandes in etwas verschiedenen Winkeln, wenn der entwickelte Film zum Aufbau des Bildes mit kohärentem Laserlicht beleuchtet wird. (Erinnern Sie sich an Gleichung 36.13, $\sin\theta = \lambda/d$: bei größerem Abstand d ist der Winkel θ kleiner.) Somit scheinen die nach oben gebeugten Strahlen (in erster Ordnung) von einem einzelnen Punkt aus zu divergieren (siehe ▶ Abbildung 40.27). Dies erzeugt ein virtuelles Bild des ursprünglichen Objektes, das mit dem Auge wahrgenommen werden kann. Strahlen erster Ordnung, die *nach unten* gebeugt werden, konvergieren und formen ein reales Bild, das sowohl gesehen als auch fotografiert werden kann. (Beachten Sie, dass die hindurch laufenden, ungebeugten Strahlen dabei

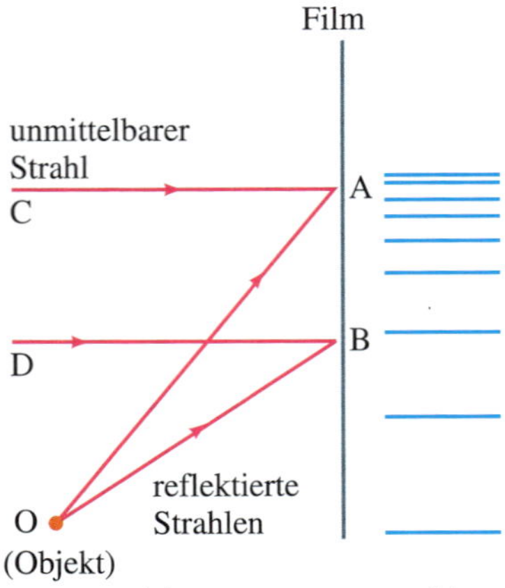

(a) (b)

Abbildung 40.25 Das am Punkt O des Objektes reflektierte Licht interferiert mit dem unmittelbaren Strahl (Strahlen CA und DB).

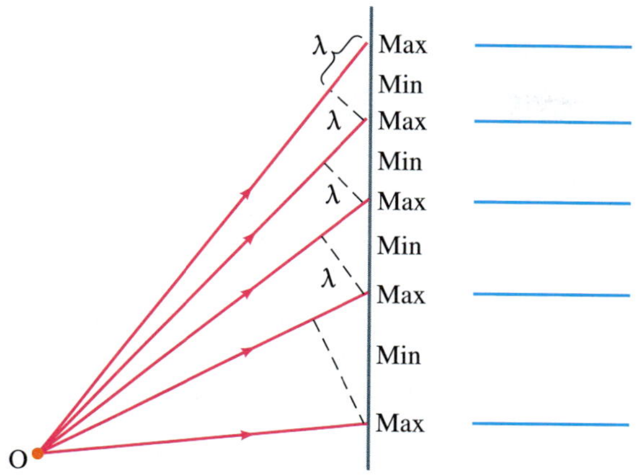

Abbildung 40.26 Jeder der von Punkt O ausgehenden dargestellten Strahlen ist eine Wellenlänge kürzer als der darüber liegende Strahl. Wenn sich der oberste Strahl mit dem unmittelbaren Strahl (nicht dargestellt), der in allen Punkten des Schirm die gleiche Phase besitzt, in Phase ist, führen alle dargestellten Strahlen zu einer konstruktiven Interferenz. Anhand dieses Diagramms wird klar, dass sich der Abstand der Streifen nach unten hin erhöht.

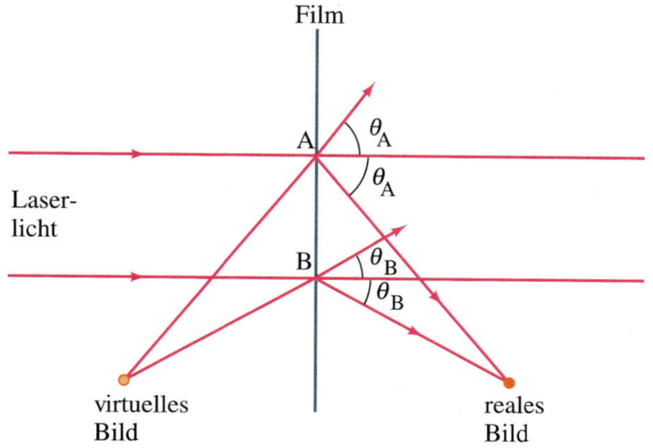

Abbildung 40.27 Rekonstruktion des Bildes eines Objektpunktes. Der Laserstrahl trifft auf einen Film, der wie ein Beugungsgitter mit variablem Gitterabstand wirkt. Strahlen, die zum ersten Beugungsmaximum gehören, sind als austretende Strahlen dargestellt. Es gilt $\theta_A > \theta_B$, weil der Gitterabstand an der Stelle B größer als an der Stelle A ist ($\sin\theta = \lambda/d$). Folglich werden die realen und virtuellen Bilder des Punktes wie dargestellt reproduziert.

nicht von Interesse sind.) Natürlich bestehen reale Objekte aus vielen Punkten, so dass ein Hologramm ein komplexes Interferenzmuster ist, das ein Bild des Objektes reproduziert, wenn Laserlicht darauf fällt. Jeder Bildpunkt befindet sich dann in Bezug auf die anderen Punkte an der korrekten (dreidimensionalen) Position, so dass das Bild das ursprüngliche Objekt in korrekter Weise wiedergibt. Es kann aus verschiedenen Winkel betrachtet werden, so als würde man das ursprüngliche Objekt betrachten. Man kann Hologramme herstellen, bei denen ein Beobachter das Bild (360°) vollständig umlaufen und alle Seiten betrachten kann.

Weißlichthologramme

Zum Betrachten so genannter **Volumen-** oder **Weißlichthologramme** wird kein Laser benötigt, man kann sie stattdessen mit gewöhnlichem weißen Licht betrachten (vorzugsweise aus einer nahe liegenden Punktquelle, wie der Sonne oder einer durchsichtigen Glühlampe mit einem kleinen hellen Glühfaden). Solche Hologramme müssen jedoch auch mit einem Laser hergestellt werden. Sie werden nicht auf einem dünnen Film, sondern auf einer *dicken* Emulsion erzeugt. Das Interferenzmuster ist nicht zweidimensional, wie bei gewöhnlichen Hologrammen, sondern tatsächlich dreidimensional (daher der Name „Volumenhologramm"). Man kann sich das Interferenzmuster in der Filmemulsion als ein Feld von Streifen oder Bändern vorstellen (die aus den am Entwicklungsprozess beteiligten Silberkörnern bestehen), an denen konstruktive Interferenz aufgetreten ist. Dieses Feld und die Rekonstruktion des Bildes können mit der Bragg-Streuung von Röntgenstrahlen an Atomen in einem Kristall verglichen werden (siehe Abschnitt 36.10). Man kann das Bild mithilfe von weißem Licht rekonstruieren, weil die Bragg-Bedingung (Gleichung 36.20) die jeweils passende Wellenlänge auswählt. Wurde das Hologramm ursprünglich mit Lasern erzeugt, die die drei additiven Grundfarben (rot, grün und blau) emittieren, dann erscheint das dreidimensionale Bild auch bei Betrachtung mit weißem Licht in Farbe.

Z U S A M M E N F A S S U N G

Aus quantenmechanischer Sicht des Atoms sind Elektronen keine lokalisierten Massenpunkte oder Punktladungen, sondern sind räumlich ausgedehnt beziehungsweise delokalisiert. Die Wellenfunktion eines Elektrons trägt diesem Umstand Rechnung, sie beschreibt die Masse- beziehungsweise Ladungsverteilung eines Elektrons im Raum. Mithilfe der Wellenfunktion eines Elektrons ergibt sich eine **Wahrscheinlichkeitsverteilung**, mit der man die Aufenthaltswahrscheinlichkeit eines Elektrons in einem bestimmten Volumenelement berechnen kann.

Die Schrödingergleichung für das einfachste Atom, das Wasserstoffatom, enthält die potentielle Energie $E_{\text{pot}} = -(1/4\pi\epsilon_0)(e^2/r)$. Die Lösungen führen auf dieselben Energien der Elektronenzustände wie die Bohr'sche Theorie.

In der Quantenmechanik ist der Zustand eines Elektrons durch vier **Quantenzahlen** spezifiziert: n, l, m_l und m_s:

- die Hauptquantenzahl n kann jeden ganzzahligen Wert $(1, 2, 3, \ldots)$ annehmen und entspricht der Quantenzahl aus der Bohr'schen Theorie;
- l kann Werte von 0 bis $n - 1$ annehmen;
- m_l kann ganzzahlige Werte von $-l$ bis $+l$ annehmen;
- m_s kann $+\frac{1}{2}$ oder $-\frac{1}{2}$ sein.

Die Energiezustände im Wasserstoffatom hängen nur von n ab, während sie bei anderen Atomen von n und l abhängen.

Durch Anlegen eines externen Magnetfeldes werden die Spektrallinien aufgespalten (der **Zeeman-Effekt**), woraus ersichtlich wird, dass die Energie der Elektronenzustände in diesem Fall auch von m_l abhängt.

Auch in Abwesenheit eines Magnetfeldes zeigt sich bei genauen Messungen der Spektrallinien eine geringe Aufspaltung, die **Feinstruktur**. Sie ergibt sich, weil die Energie der Elektronenzustände sehr geringfügig von m_l und m_s abhängt.

Übergänge zwischen Elektronenzuständen, die die Auswahlregel $\Delta l = \pm 1$ erfüllen, sind weitaus wahrscheinlicher als die so genannten „verbotenen" Übergänge.

Der Wellenfunktion des Elektrons im Grundzustand des Wasserstoffatoms ist kugelsymmetrisch, genau wie andere Zustände mit $l = 0$. Zustände mit $l > 0$ haben eine gewisse räumliche Ausrichtung, sie weichen von der Kugelsymmetrie ab.

Die Wahrscheinlichkeitsdichte $|\psi|^2$ und die *radiale Wahrscheinlichkeitsdichte* $P_r = 4\pi r^2|\psi|^2$ sind beide nützlich, um die räumliche Ausdehnung eines Elektrons zu veranschaulichen.

Die Anordnung der Elektronen bei Atomen mit mehreren Elektronen wird durch das **Pauli-Prinzip** geregelt, das besagt, dass zwei Elektronen nicht gleichzeitig denselben Quantenzustand besetzen können – sie können also nicht durch dieselbe Menge von Quantenzahlen n, l, m_l und m_s beschrieben werden.

Folglich werden die Elektronen von Atomen mit mehreren Elektronen in **Schalen** (entsprechend dem Wert von n) und Unterschalen (entsprechend dem Wert von l) angeordnet.

Elektronenkonfigurationen werden mithilfe des Zahlenwertes von n und unter Verwendung von Buchstaben für l: s, p, d, f usw. für $l = 0, 1, 2, 3$ usw. spezifiziert. Dazu kommt ein oberer Index, der die Anzahl der Elektronen in der jeweiligen Unterschale angibt. Der Grundzustand des Wasserstoffs ist also $1s^1$ während der für Sauerstoff durch $1s^2 2s^2 2p^4$ spezifiziert ist. Das Periodensystem ordnet die Elemente horizontal nach steigender Ordnungszahl (Anzahl der Elektronen des neutralen Atoms). Die Schalenstruktur führt zu einer Periodizität in den Eigenschaften der Elemente, so dass jede Spalte (Gruppe) Elemente mit ähnlichen chemischen Eigenschaften enthält.

Röntgenstrahlen, als eine Form elektromagnetischer Strahlung mit sehr kurzen Wellenlängen, werden erzeugt, wenn Elektronen mit Energien von einigen keV auf ein Target treffen. Das auf diese Weise erzeugte Röntgenspektrum besteht aus zwei Teilen, einem kontinuierlichen Spektrum, das beim Abbremsen der Elektronen durch die Targetatome entsteht, und scharfen Maxima (Peaks), die sich aus Emission von Photonen durch Targetatome ergeben, die durch einen Stoß mit den einfallenden Elektronen angeregt wurden. Man bezeichnet letzter als **charakteristische Röntgenstrahlung**. Die Energien der charakteristischen Röntgenstrahlung verwendet man, um die Energien von 1s-Zuständen und die Ordnungszahl Z von Elementen zu bestimmen.

Z U S A M M E N F A S S U N G

Verständnisfragen

1 Diskutieren Sie die Unterschiede zwischen dem Bohr'schen Atommodell und der quantenmechanischen Betrachtung am Beispiel des Wasserstoffatoms.

2 Die Wahrscheinlichkeitsdichte $|\psi|^2$ besitzt im Mittelpunkt des Wasserstoffatoms ($r = 0$) im Grundzustand ein Maximum, während die radiale Wahrscheinlichkeitsdichte $P_r = 4\pi r^2|\psi|^2$ an dieser Stelle null ist. Erklären Sie den Unterschied.

3 Weshalb ergeben sich aus der Schrödinger'schen Theorie drei Quantenzahlen (und nicht etwa vier oder zwei)?

4 Warum gibt es einen Unterschied zwischen der Aufspaltung des unteren und des oberen Energieniveaus in ▶ Abbildung 40.4 bei Anwesenheit eines Magnetfeldes?

5 Nach welchem Modell des Wasserstoffatoms hält sich das Elektron länger in der Nähe des Kerns auf, nach dem Bohr'schen Modell oder dem quantenmechanischen Modell?

6 Die Atomgröße variiert vom größten zum kleinsten Atom lediglich um einen Faktor von etwa drei, während die Elektronenzahl von 1 bis über 100 variiert. Wie erklären Sie sich diese Tatsache?

7 Sowohl angeregte Wasserstoffatome als auch angeregte Heliumatome emittieren Photonen, wenn sie vom Zustand mit $n = 1$, $l = 0$, $m_l = 0$ in den Grundzustand übergehen. Dennoch haben die beiden Elemente sehr verschiedene Emissionsspektren. Begründen Sie diese Tatsache.

8 Die 589-nm Linie im gelben Bereich des elektromagnetischen Spektrums von Natrium besteht bei näherer Betrachtung aus zwei sehr eng beieinander liegenden Linien. Diese Aufspaltung hängt mit einem „internen" Zeeman-Effekt zusammen. Können Sie dies erklären? (*Hinweis*: Begeben Sie sich dazu in das Bezugssystem des Elektrons.)

9 Welche der folgenden Elektronenkonfigurationen sind verboten? (a) $1s^2 2s^2 2p^4 3s^2 4p^2$; (b) $1s^2 2s^2 2p^8 3s^1$; (c) $1s^2 2s^2 2p^6 3s^2 3p^5 4s^2 4d^5 4f^1$.

10 Geben Sie die vollständige Elektronenkonfiguration des Uranatoms an (ein sorgfältiger und genauer Blick auf des Periodensystem auf der hinteren, inneren Umschlagseite liefert nützliche Hinweise).

11 In welcher Spalte des Periodensystems würden Sie die Atome mit den folgenden Elektronenkonfigurationen suchen? (a) $1s^2 2s^2 2p^6 3s^2$; (b) $1s^2 2s^2 2p^6 3s^2 3p^6$; (c) $1s^2 2s^2 2p^6 3s^2 3p^6 4s^1$; (d) $1s^2 2s^2 2p^5$.

12 Wovon hängt die Periodizität des Periodensystems ab? Betrachten Sie das Pauli-Prinzip, die Quantisierung des Drehimpulses, den Spin und andere Faktoren.

13 Wie würde das Periodensystem aussehen, wenn es keinen Elektronenspin gäbe, die übrige Quantenmechanik jedoch weiterhin gültig wäre. Betrachten Sie die ersten 20 Elemente.

14 Die Ionisationsenergie von Neon ($Z = 10$) ist 21,6 eV, die von Natrium ($Z = 11$) ist 5,1 eV. Erklären Sie den großen Unterschied.

15 Weshalb besitzen Chlor und Jod ähnliche chemische Eigenschaften?

16 Erklären Sie, weshalb Kalium und Natrium ähnliche chemische Eigenschaften besitzen.

17 Warum ähneln sich die chemischen Eigenschaften der Seltenen Erden so stark?

18 Weshalb erwartet man keine perfekte Übereinstimmung zwischen den gemessen Wellenlängen von Röntgenstrahlung und den sich aus dem Bohr'schen Atommodell ergebenden Werten, wie in Beispiel 40.6?

19 Das Bohr'sche Atommodell liefert für Übergänge von Außenelektronen von He und Atomen mit höherer Ordnungszahl unzureichende Ergebnisse. Weshalb sagt das Bohr'sche Atommodell die Energien von Röntgenquanten für Übergänge zu Zuständen in den inneren Schalen dennoch einigermaßen gut vorher?

20 Warum deutet die Existenz einer Grenzwellenlänge in ▶ Abbildung 40.11 auf die Gültigkeit der Photonentheorie des Lichts hin?

21 Wie würden Sie herausfinden, welche Linien eines Röntgenspektrums zu den K_α, K_β, L-Übergängen gehören?

22 Weshalb variieren die charakteristischen Röntgenspektren systematisch mit der Ordnungszahl Z, während dies auf die Spektren im sichtbaren Bereich (▶ Abbildung 36.21) nicht zutrifft?

23 Warum erwartet man, dass bei Übergängen von Elektronen in den inneren Schalen eines Atoms kürzere Wellenlängen emittiert werden als bei Übergängen der äußeren Elektronen?

24 Weshalb ist das magnetische Dipolmoment eines Elektrons zu seinem Bahndrehimpuls entgegengesetzt ausgerichtet?

25 Warum wird beim Stern-Gerlach-Versuch ein inhomogenes Feld benutzt?

26 Vergleichen Sie die spontane Emission mit der stimulierten Emission.

27 Fällt die Intensität des Laserlichts umgekehrt proportional zum Quadrat der Entfernung ab?

28 Worin unterscheidet sich Laserlicht von gewöhnlichem Licht? In welcher Hinsicht gleichen sie sich?

29 Erklären Sie, weshalb ein Laserstrahl mit 0,0005 W, aus der Entfernung fotografiert, viel stärker erscheinen kann als eine Straßenlaterne mit 1000 W.

Aufgaben zu 40.2

1 (I) Welche Werte kann l im Quantenzustand mit $n = 6$ annehmen?

2 (I) Welche Werte können m_l und m_s im Zustand mit $n = 5, l = 3$ annehmen?

3 (I) Wie viele Zustände kann ein Elektron annehmen, wenn dessen Hauptquantenzahl $n = 4$ ist? Schreiben Sie die Quantenzahlen jedes Zustands auf.

4 (I) Welche Werte können die Quantenzahlen n, l, m_s im Falle eines Wasserstoffatoms mit $m_l = 3$ annehmen?

5 (I) Ein Wasserstoffatom besitzt die Nebenquantenzahl $l = 4$. Welche Werte sind für n, m_l und m_s möglich?

6 (I) Berechnen Sie den Betrag des Drehimpulses eines Wasserstoffelektrons im Zustand mit $n = 4$ und $l = 2$.

7 (II) Ein Wasserstoffatom befindet sich im 6g-Zustand. Bestimmen Sie (a) die Hauptquantenzahl, (b) die Energie des Zustands, (c) den Bahndrehimpuls sowie seine Quantenzahl l und (d) die möglichen Werte der magnetischen Quantenzahl.

8 (II) (a) Zeigen Sie, dass die Anzahl der verschiedenen möglichen Zustände zu einem gegebenen Wert von l gleich $2(2l + 1)$ ist. (b) Wie groß ist die Anzahl für $l = 0, 1, 2, 3, 4, 5$ und 6?

9 (II) Zeigen Sie, dass die Anzahl der verschiedenen möglichen Elektronenzustände zu einem gegebenem Wert von n gleich $2n^2$ ist (siehe Aufgabe 8).

10 (II) Ein angeregtes Wasserstoffatom befindet sich im 6d-Zustand. (a) Benennen Sie alle Zustände (n, l) zu denen ein Atom unter Emission eines Photons „erlaubter Weise" übergehen kann. (b) Wie viele verschiedene Wellenlänge gibt es (unter Vernachlässigung der Feinstruktur)?

Aufgaben zu 40.3

11 (I) Zeigen Sie, dass die Wellenfunktion des Grundzustands, Gleichung 40.5, normiert ist. (*Hinweis*: Vergleichen Sie mit Beispiel 40.4.)

12 (II) Welche Werte haben (a) ψ, (b) $|\psi|^2$ und (c) P_r an der Stelle $r = r_0$ im Grundzustand des Wasserstoffatoms?

13 (II) Welche Werte haben (a) ψ, (b) $|\psi|^2$ und (c) P_r an der Stelle $r = 5r_0$ im Zustand mit $n = 2$, $l = 0$ des Wasserstoffatoms?

14 (II) Zeigen Sie, dass ψ_{200} aus Gleichung 40.8 normiert ist.

15 (II) Um welchen Faktor ist es wahrscheinlicher, ein Elektron im Grundzustand des Wasserstoffatoms beim Bohr'schen Radius (r_0) zu finden als beim doppelten Bohr'schen Radius $(2r_0)$?

16 (II) Wie groß ist die Wahrscheinlichkeit, ein Elektron im Grundzustand des Wasserstoffatoms innerhalb einer Kugelschale zu finden, die den inneren Radius $0{,}99r_0$ und den äußeren Radius $1{,}01r_0$ besitzt?

17 (II) Wie groß ist die Wahrscheinlichkeit, ein Elektron im Zustand mit $n = 2$, $l = 0$ innerhalb einer Kugelschale zu finden, die den inneren Radius $4{,}00r_0$ und den äußeren Radius $5{,}00r_0$ besitzt?

18 (II) (a) Zeigen Sie, dass die Wahrscheinlichkeit, ein Elektron im Grundzustand des Wasserstoffatoms innerhalb der Entfernung des Bohr'schen Radius vom Atomkern zu finden, 32 Prozent beträgt. (b) Wie groß ist die Wahrscheinlichkeit, ein 1s-Elektron zwischen $r = r_0$ und $r = 2r_0$ zu finden?

19 (II) Bestimmen Sie den Radius r einer Kugel mit dem Kern als Mittelpunkt, innerhalb der die Wahrscheinlichkeit für das Auffinden des Elektrons im Grundzustand des Wasserstoffatoms (a) 50 Prozent, (b) 90 Prozent und (c) 99 Prozent ist.

20 (II) (a) Schätzen Sie die Wahrscheinlichkeit dafür ab, ein Elektron im Grundzustand des Wasserstoffatoms im Atomkern zu finden, wenn Sie annehmen, dass der Kern eine Kugel mit dem Radius $r = 1{,}1$ fm ist. (b) Wie groß wäre die Wahrscheinlichkeit, wenn man das Elektron durch ein Myon ersetzt, das dem Elektron bis auf die 207fache Masse sehr ähnlich ist (Kapitel 44)?

21 (II) Bestimmen Sie die mittlere radiale Wahrscheinlichkeitsverteilung P_r für den Zustand mit $n = 2$, $l = 1$ des Wasserstoffatoms, indem Sie den Ausdruck

$$P_r = 4\pi r^2 \left[\frac{1}{3}|\psi_{210}|^2 + \frac{1}{3}|\psi_{211}|^2 + \frac{1}{3}|\psi_{21-1}|^2\right]$$

berechnen.

22 (II) Verwenden Sie das Ergebnis aus Aufgabe 21 um zu zeigen, dass der wahrscheinlichste Abstand r eines Elektrons vom Atomkern im 2p-Zustand des Wasserstoffatoms $r = 4r_0$ ist, also der zweite Bohr'sche Radius (Gleichung 38.11, ► Abbildung 38.24).

23 (II) Zeigen Sie, dass der Mittelwert von r für ein Elektron im Grundzustand des Wasserstoffatoms $\bar{r} = \frac{3}{2}r_0$ ist, indem Sie den Ausdruck

$$\bar{r} = \int_{\mathbb{R}^3} r|\psi_{100}|^2 \,\mathrm{d}V = \int_0^\infty r|\psi_{100}|^2 4\pi r^2 \,\mathrm{d}r$$

berechnen.

24 (III) Zeigen Sie, dass die Wahrscheinlichkeit dafür, ein Elektron in der Entfernung des 1. Bohr'schen Radius vom Atomkern des Wasserstoffatoms zu finden (a) im Zustand mit $n = 2$, $l = 0$ gleich 3,3 Prozent und (b) im Zustand mit $n = 2$, $l = 1$ gleich 0,37 Prozent ist.

25 (III) Zeigen Sie, dass ψ_{100} (Gleichung 40.5a) die Schrödingergleichung (Gleichung 40.1) mit dem Coulomb-Potenzial erfüllt, wobei die Energie $E = -me^4/8\epsilon_0^2 h^2$ ist.

26 (III) Wie groß ist die Wahrscheinlichkeit, ein Elektron im Zustand mit $n = 2$, $l = 0$ des Wasserstoffatoms innerhalb des kleineren Maximums der radialen Wahrscheinlichkeitsverteilung aus ▶ Abbildung 40.8b zu finden?

27 (III) Die Wellenfunktion eines Elektrons im Zustand des Wasserstoffatoms mit $n = 3$, $l = 0$ ist

$$\psi_{300} = \frac{1}{\sqrt{27\pi r_0^3}} \left(1 - \frac{2r}{3r_0} + \frac{2r^2}{27r_0^2}\right) \mathrm{e}^{-\frac{r}{3r_0}} .$$

(a) Bestimmen Sie die radiale Wahrscheinlichkeitsverteilung P_r dieses Zustands und (b) zeichnen Sie die dazugehörige Kurve. (c) Bestimmen Sie die wahrscheinlichste Entfernung eines Elektrons vom Kern in diesem Zustand.

Aufgaben zu 40.4 und 40.5

28 (I) Schreiben Sie die Quantenzahlen aller Elektronen im Grundzustand des Stickstoffatoms ($Z = 7$) auf.

29 (I) Schreiben Sie die Quantenzahlen aller Elektronen im Grundzustand (a) des Kohlenstoffs ($Z = 6$), (b) des Magnesiums ($Z = 12$) auf.

30 (I) Wie viele Elektronen können sich in der Unterschale mit $n = 6$, $l = 3$ aufhalten?

31 (II) Wie lautet die vollständige Elektronenkonfiguration von (a) Selen (Se), (b) Gold (Au), (c) Uran (U)? (*Hinweis*: Schauen Sie auf das Periodensystem auf der hinteren, inneren Umschlagseite.)

32 (II) Entscheiden Sie, welche der folgenden Übergänge *erlaubt* und welche *verboten* sind. Begründen Sie Ihre Entscheidung: (a) 4p→3p; (b) 2p→1s; (c) 3d→2d; (d) 4d→3s; (e) 4s→2p.

33 (II) Schätzen Sie die mittlere Entfernung eines Elektrons vom Kern auf der innersten ($n = 1$) Schale des Urans ($Z = 92$) ab, indem Sie die Bohr'sche Gleichung für den Radius einer Elektronenbahn benutzen. Welche Energie ist schätzungsweise zum Herausschlagen dieses Elektrons notwendig?

34 (II) Schätzen Sie mithilfe des Bohr'schen Atommodells die Bindungsenergie des dritten Elektrons des Lithiums ab. (*Hinweis*: Dieses Elekron besitzt die Quantenzahl $n = 2$ und „nimmt" eine Nettoladung von etwa $+1e$ „wahr".) Der gemessene Wert beträgt 5,36 eV.

35 (II) Zeigen Sie, dass der Gesamtdrehimpuls im Falle einer gefüllten Unterschale null ist.

36 (II) Wenden Sie das Pauli-Prinzip auf einen unendlich tiefen Potenzialtopf (Abschnitt 39.8) an. Fünf Elektronen seien in diesem festen Kasten der Breite L gefangen. Bestimmen Sie für dieses System den Zustand mit der niedrigsten Energie, indem Sie die Elektronen in Übereinstimmung mit dem Pauli-Prinzip in die jeweils niedrigsten verfügbaren Zustände einordnen.

Aufgaben zu 40.6

37 (I) Welche Wellenlänge hat die kurzwelligste Röntgenstrahlung, die emittiert wird, wenn Elektronen die Front einer Bildröhre mit 30 kV treffen? Wie groß sind die längsten Wellenlängen?

38 (I) Die kurzwelligste Bremsstrahlung der von einer Röntgenröhre emittierten Röntgenstrahlung hat die Wellenlänge $\lambda = 0{,}029\,\mathrm{nm}$. Wie groß ist die Spannung in der Röhre?

39 (I) Zeigen Sie, dass die Grenzwellenlänge λ_0 durch die Gleichung

$$\lambda_0 = \frac{1240\,\mathrm{nm}}{V}$$

gegeben ist, wobei V die Spannung in der Röntgenröhre ist.

40 (II) Benutzen Sie das Ergebnis aus Beispiel 40.6, um die Wellenlänge der Röntgenstrahlung abzuschätzen, die emittiert wird, wenn ein Kobaltatom ($Z = 27$) vom Zustand mit $n = 2$ zum Zustand mit $n = 1$ übergeht.

41 (II) Schätzen Sie die Wellenlänge der Röntgenstrahlung ab, die bei einem Übergang von Eisen vom Zustand mit $n = 2$ zum Zustand mit $n = 1$ emittiert wird.

42 (II) Schätzen Sie mithilfe des Bohr'schen Atommodells ab, welche Wellenlänge Molybdän bei einem Übergang vom Zustand mit $n = 3$ zum Zustand mit $n = 1$ emittiert. Der gemessene Wert beträgt 0,063 nm. Weshalb erwartet man keine perfekte Übereinstimmung?

43 (II) Eine Mischung aus Eisen und einem unbekannten Stoff wird mit Elektronen beschossen. Die Wellenlängen der K_α-Linien sind bei Eisen 194 pm und beim unbekannten Stoff 229 pm. Um welchen Stoff handelt es sich?

44 (II) Zeigen Sie unter Verwendung von Energie- und Impulserhaltung, dass ein sich bewegendes Elektron kein Röntgenquant abgeben kann, wenn nicht ein Atom oder ein Atomkern beteiligt ist.

Aufgaben zu 40.7

45 (I) Prüfen Sie nach, dass das Bohr'sche Magneton den Wert $\mu_B = 9{,}27 \cdot 10^{-24}$ J/T hat (siehe Gleichung 40.12).

46 (II) Angenommen, die in ▸ Abbildung 40.4 dargestellte Aufspaltung der Energieniveaus wurde durch ein Magnetfeld mit 2,0 T erzeugt. (a) Wie groß ist die Energiedifferenz zwischen zwei benachbarten m_l-Niveaus, die zu demselben l gehören? (b) Wie viele verschiedene Wellenlängen gibt es bei den Übergängen von 3d nach 2p, wenn sich m_l nur um ± 1 ändern darf? (c) Welche Wellenlängen haben diese Übergänge?

47 (II) Beim Stern-Gerlach-Versuch passieren die von dem Ofen mit einer mittleren Geschwindigkeit von 700 m/s emittierten Silberatome ein Magnetfeld mit dem Gradienten $dB/dz = 1{,}5 \cdot 10^3$ T/m über eine Länge von 4,0 cm. (a) Wie groß ist der Abstand der beiden Strahlenbündel, wenn sie den Magneten verlassen? (b) Wie groß wäre der Abstand, wenn der g-Faktor für den Elektronenspin 1 wäre?

48 (II) Schreiben Sie die Quantenzahlen für jedes Elektron des Aluminiumatoms auf. (b) Welche Unterschalen sind gefüllt? (c) Das letzte Elektron befindet sich im 3p-Zustand; welche sind die möglichen Werte der Gesamtdrehimpulsquantenzahl j dieses Elektrons? (d) Erklären Sie, weshalb der Drehimpuls dieses letzten Elektrons gleichzeitig den Gesamtdrehimpuls des gesamten Atoms angibt (unter Vernachlässigung eines möglichen Kerndrehimpulses). (e) Wie können Sie mithilfe des Stern-Gerlach-Versuches den Wert von j für das Atom bestimmen?

49 (II) Welche Werte kann j annehmen, wenn sich ein Elektron im (a) 3p-, (b) 4f- und (c) 4d-Zustand des Wasserstoffatoms befindet? Welchen Wert hat J in diesen Fällen?

50 (II) Welche Werte von j, m_j, J und J_z sind möglich, wenn sich ein Elektron im 5g-Zustand befindet?

51 (II) Der Unterschied zwischen dem $2P_{3/2}$- und dem $2P_{1/2}$-Energieniveau des Wasserstoffatoms beträgt aufgrund der Spin-Bahn-Kopplung etwa $5 \cdot 10^{-5}$ eV. Schätzen Sie das interne Magnetfeld aufgrund der Bahnbewegung des Elektrons ab, wobei Sie für das magnetische Moment des Elektrons ein Bohr'sches Magneton annehmen. (b) Schätzen Sie das innere Magnetfeld ab, indem Sie von dem einfachen Modell eines Kerns ausgehen, der sich auf einer Kreisbahn um das Elektron bewegt.

Aufgaben zu 40.9

52 (II) Ein Laser, der dazu dient, eine abgelöste Netzhaut „anzuschweißen“ , sendet 25 ms lange Lichtpulse der Wellenlänge 640 nm aus, was einer Leistung von 0,65 W pro Puls entspricht. Wie viel Energie kann pro Puls abgegeben werden und wie viele Photonen enthält jeder Puls?

53 (II) Schätzen Sie die Winkelaufweitung eines Laserstrahls aufgrund der Beugung ab, wenn der Strahl durch einen halbdurchlässigen Spiegel mit dem Durchmesser 3,0 mm austritt. Nehmen Sie eine Wellenlänge von $\lambda = 694$ nm an. Wie groß wäre der Duchmesser dieses Strahls, wenn er auf einen 300 km entfernten Erdsatelliten trifft?

54 (II) Angenommen, das Energieniveausystem aus ▸ Abbildung 40.20 ist nicht gepumpt, sondern befindet sich im thermischen Gleichgewicht. Bestimmen Sie den Anteil der Atome, der sich bei $T = 300$ K relativ zu E_0 in den Niveaus E_2 und E_1 befindet.

55 (II) Auf welche Temperatur müsste das System in ▶ Abbildung 40.20 gebracht werden (siehe Aufgabe 54), damit sich im thermischen Gleichgewicht halb so viele Atome im Niveau E_2 aufhalten wie in E_0? (Beachten Sie, dass der Mechanismus des Pumpens im thermischen Gleichgewicht nicht aufrecht erhalten werden kann.)

56 (II) Zeigen Sie, dass die Besetzungsinversion zweier Energieniveaus (wie beim gepumpten Laser) einer negativen Temperatur auf der Kelvinskala in der Maxwell-Boltzmann-Verteilung entspricht. Erklären Sie, weshalb eine solche Situation der Vorstellung nicht widerspricht, dass negative Temperaturen auf der Kelvinskala innerhalb des gewöhnlichen Temperaturbegriffs nicht vorkommen können.

Allgemeine Aufgaben

57 Die Ionisationsenergie (Bindungsenergie) des Außenelektrons von Bor beträgt 8,26 eV. (a) Schätzen Sie mithilfe des Bohr'schen Modells die von diesem Elektron wahrgenommene „effektive Ladung" Z_{eff} ab. (b) Schätzen Sie den mittleren Bahnradius ab.

58 Zeigen Sie, dass sich in der g-Unterschale 18 Elektronen aufhalten können.

59 Wie lautet die vollständige Elektronenkonfiguration im Grundzustand der Elemente mit Z gleich (a) 27, (b) 36, (c) 38? (*Hinweis*: Sehen Sie sich das Periodensystem auf der hinteren, inneren Umschlagseite an.)

60 Welche Werte kann der Drehimpuls l eines Elektrons in der Schale mit $n = 5$ minimal und maximal annehmen?

61 Schätzen Sie (a) die zum Bahndrehimpuls gehörende Quantenzahl l für die Bewegung der Erde um die Sonne ab sowie (b) die Anzahl der möglichen Orientierungen der Bahnebene.

62 Zeigen Sie mithilfe des Bohr'schen Atommodells (insbesondere Gleichung 38.14), dass der Moseley-Plot (▶ Abbildung 40.12) die Funktion

$$\sqrt{\frac{1}{\lambda}} = a(Z - b)$$

mit $b \approx 1$ beschreibt, und schätzen Sie a ab.

63 Bestimmen Sie die wahrscheinlichste Entfernung eines Elektrons vom Atomkern im Zustand mit $n = 2$, $l = 0$ des Wasserstoffatoms.

64 Beim so genannten *Vektormodell* des Atoms kann die Richtungsquantelung des Drehimpulses (▶ Abbildung 40.3) wie in ▶ Abbildung 40.28 illustriert werden. Man stellt sich vor, dass der Drehimpulsvektor mit dem Betrag $L = \sqrt{l(l+1)}\hbar$ (wie ein Kreisel oder ein Gyroskop) so um die z-Achse präzisiert, dass die z-Komponente des Drehimpulses $L_z = m_l\hbar$ ebenfalls konstant bleibt. Berechnen Sie die möglichen Werte des Winkels θ zwischen **L** und der z-Achse in den Fällen (a) $l = 1$, (b) $l = 2$ und (c) $l = 3$. (d) Bestimmen Sie den minimalen Wert von θ in den Fällen $l = 100$ und $l = 10^6$. Ist das Ergebnis mit dem Korrespondenzprinzip konsistent?

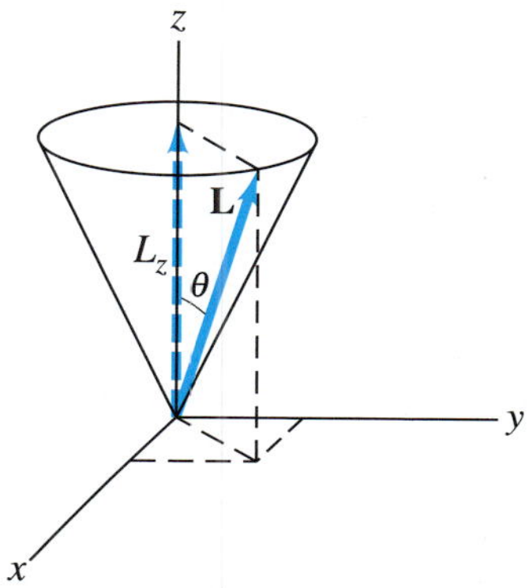

Abbildung 40.28 Das Vektormodell für den Drehimpuls. Man stellt sich vor, dass der Bahndrehimpulsvektor **L** um die z-Achse präzisiert; L und L_z bleiben konstant, L_x und L_y ändern sich jedoch kontinuierlich. Aufgaben 64 und 65.

65 Das Vektormodell (Aufgabe 64) veranschaulicht die Unschärferelation für den Drehimpuls, die im Falle der z-Komponente

$$\Delta L_z \Delta\phi \geq \hbar$$

lautet. An dieser Stelle ist ϕ der Winkel in der Ebene senkrecht zur z-Achse. Ist m_l eines Atoms unbekannt, ist L_z genau bekannt, so dass $\Delta L_z = 0$ gilt. (a) Was wissen Sie daher über ϕ? (b) Welche Aussage können Sie über die *nicht quantisierten* Drehimpulskomponenten L_x und L_y (nur L und L_z sind quantisiert) treffen? (c) Zeigen Sie, dass $(L_x^2 + L_y^2)^{1/2} = [l(l+1) - m_l^2]^{1/2}\hbar$ gilt, auch wenn L_x und L_y nicht quantisiert sind.

66 Zeigen Sie, dass die Winkelaufweitung eines Laserstrahls von $\approx \lambda/a$, wie in Abschnitt 40.9 beschrieben, genau dem entspricht, was wir aus der Unschärferelation erwarten. (*Hinweis*: Weil die Breite des Strahls durch die Abmessungen der Apertur a beschränkt ist, ist die Drehimpulskomponente des Lichts, die senkrecht auf der Laserachse steht, unbestimmt.)

67 Silberatome (Spin $= \frac{1}{2}$) werden in ein Magnetfeld der Stärke 1,0 T gebracht, wodurch der Grundzustand in zwei nahe beieinander liegende Niveaus aufgespalten wird. (a) Wie groß ist die Energiedifferenz dieser beiden Niveaus und (b) welche Wellenlänge müsste ein Photon haben, das einen Übergang vom niedrigeren Energieniveau zum höheren Energieniveau bewirken kann? (c) Wodurch würde sich Ihre Antwort unterscheiden, wenn es sich anstelle der Silberatome um Wasserstoffatome handeln würde?

68 Schätzen Sie die Winkelaufweitung eines Lasers aufgrund der Beugung ab, wenn der Strahl durch einen Spiegel mit einem Durchmesser von 4,00 mm austritt. Gehen Sie von der Wellenlänge $\lambda = 694$ nm aus. Wie groß ist der Durchmesser dieses Strahls, wenn er (a) auf einen 1000 km von der Erde entfernten Satelliten trifft oder (b) auf den Mond?

69 *Besetzungen im Wasserstoffatom.* Benutzen Sie den Boltzmann-Faktor (Gleichung 40.16), um die Anteile von Wasserstoffatomen in den Zuständen mit $n = 2$ und $n = 3$ (relativ zum Grundzustand) zu bestimmen, wenn sie sich im thermischen Gleichgewicht bei (a) $T = 300$ K und (b) $T = 6000$ K befinden. (*Hinweis*: Weil es acht Zustände mit $n = 2$ und nur zwei Zustände mit $n = 1$ gibt, müssen Sie Ihr Ergebnis im Falle $n = 2$ mit $\frac{8}{4} = 4$ multiplizieren; verfahren Sie im Fall $n = 3$ analog.) (c) Schätzen Sie die Anzahl der Atome in jedem Zustand bei der Temperatur $T = 6000$ K ab, wenn Sie 1,0 g Wasserstoff zur Verfügung haben. (d) Schätzen Sie die Anzahl der Photonen aus den Übergängen von $n = 3$ zu $n = 1$ und von $n = 2$ zu $n = 1$ ab, die bei $T = 6000$ K pro Sekunde emittiert werden. Gehen Sie von einer Lebensdauer jedes angeregten Zustandes von 10^{-8} s aus.

70 Ein sehr einfaches Modell für ein „eindimensionales" Metall besteht aus N Elektronen, die in einem festen Kasten der Breite L gefangen sind. Wir vernachlässigen die Coulomb-Wechselwirkung zwischen den Elektronen (dies wird als „Modell unabhängiger Elektronen" bezeichnet und arbeitet bei der Vorhersage von Eigenschaften von Metallen bemerkenswert gut). Die Fermienergie eines Metalls ist die Energie des Außenelektrons, wenn sich das Metall in seinem Grundzustand befindet ($T = 0$ K). (a) Berechnen Sie die Fermienergie dieses eindimensionalen Metalls unter Beachtung des Pauli-Prinzips. Der Einfachheit halber können Sie N gerade annehmen. (b) Welchen Energiebetrag kann dieses Metall minimal absorbieren? Betrachten Sie den Grenzwert für große N. (Der sich ergebende, relativ geringe Wert zeigt, weshalb Metalle so gut leiten.)

71 Wie viele Elemente gäbe es in der Natur, wenn die Hauptquantenzahl auf den Bereich von 1 bis 6 beschränkt wäre?

72 Es ist möglich, Atome zu Zuständen mit einer sehr hohen Hauptquantenzahl anzuregen. Elektronen in diesen so genannten *Rydbergzuständen* haben sehr kleine Ionisationsenergien und riesige Bahnradien. Dies macht sie sehr empfindlich gegenüber externen Störungen, wie beispielsweise bei Vorhandensein eines elektrischen Feldes. Betrachten Sie den Zustand mit $n = 50$ des Wasserstoffatoms. Bestimmen Sie die Bindungsenergie, den Bahnradius und den effektiven Querschnitt dieses Rydbergzustandes.

73 Bei einer Analysetechnik, die man als *Elektronenspinresonanz* (ESR) bezeichnet, werden Atome mit einem oder mehreren ungepaarten Elektronen in ein variables Magnetfeld und ein konstantes, hochfrequentes elektrisches Feld gebracht. Durch das Magnetfeld werden die Energien der ungepaarten Elektronen gemäß den zwei möglichen Spinorientierungen aufgespalten. Wenn die Aufspaltung gleich der Photonenenergie aus der verfügbaren Mikrowellenstrahlung ist, findet Resonanzabsorption statt. Diese kann nachgewiesen werden und ist ein Maß für den g-Faktor der Elektronen in jenen Atomen. Der g-Faktor von Molekülen und Festkörpern kann sich aufgrund der chemischen Bindung von dem der Elektronen in Einzelatomen unterscheiden. Deshalb liefert die ESR einen Fingerabdruck des Elektronensystems. Bei einem einzelnen ESR-Experiment hat die Mikrowellenstrahlung eine feste Wellenlänge von 2,0 cm. Wenn man das Magnetfeld variiert, tritt bei 0,476 T eine Resonanz auf. Wie groß ist der g-Faktor der ungepaarten Elektronen in der Probe?

Moleküle und Festkörper

41

ÜBERBLICK

Dieser Pentiumchip ist einer der Prozessoren, die zur Zeit in Computern eingesetzt werden. Er enthält über drei Millionen Transistoren sowie eine große Anzahl von Dioden und anderen Halbleiterbauelementen. Bevor wir uns im weiteren Verlauf dieses Kapitels mit Halbleitern und ihren Anwendungen beschäftigen, untersuchen wir die quantenmechanische Beschreibung der Bindung von Atomen zu Molekülen und das Verhalten von Molekülen. Anschließend beschäftigen wir uns damit, auf welche Weise Atome und Moleküle Festkörper bilden, wobei wir uns auf Metalle und Halbleiter sowie deren Einsatz in der Elektrotechnik und der Elektronik konzentrieren.

41. Moleküle und Festkörper

Seit ihrer Entwicklung in den 1920er Jahren hat die Quantenmechanik unser Leben sowohl intellektuell als auch technologisch tief greifend beeinflusst. In diesem Kapitel werden wir uns damit beschäftigen, welches Verständnis uns die Quantenmechanik von der Struktur der Moleküle und der Materie insgesamt vermittelt, wozu auch eine Vielzahl von wichtigen Anwendungen einschließlich der Halbleiterbauelemente gehört.

41.1 Molekülbindungen

Einer der größten Erfolge der Quantenmechanik war, dass sie den Wissenschaftlern schließlich ein Verständnis der Natur chemischer Bindungen gebracht hat. Da dies auf physikalischer Grundlage geschieht und dieses Verständnis in vielen Gebieten wesentlich ist, werden wir uns hier mit diesem Thema beschäftigen.

Ein Molekül ist eine Gruppe von zwei oder mehreren Atomen, die so stark miteinander verbunden sind, dass sie wie eine Einheit wirken. Wenn Atome so verbunden sind, spricht man vom Aufbau einer chemischen **Bindung**. Es gibt zwei wesentliche Arten einer starken chemischen Bindung: die kovalente und die ionische Bindung. Viele Bindungen liegen in Wirklichkeit zwischen diesen beiden Typen. Die Molekülbindungen führen zu einem wichtigen Thema über die quantenmechanischen Vielteilchensysteme. Wie müssen sowohl die unterschiedlichen Coulomb-Wechselwirkungen: Atomkern-Atomkern, Atomkern-Elektron und Elektron-Elektron berücksichtigen als auch das Pauli-Prinzip, das lediglich die Besetzung eines Zustands mit nur einem Elektron zulässt. Die quantenmechanische Berechnung solcher Vielteilchensysteme ist aufwändig, spezielle Verfahren wurden dazu entwickelt, auf die wir hier nicht eingehen. Wir wollen vielmehr die Ergebnisse dieser Rechnungen qualitativ diskutieren.

Kovalente Bindungen

Um die Bildung einer **kovalenten Bindung** zu verstehen, gehen wir vom einfachsten Fall, der Bindung zweier Wasserstoffatome, aus, die gemeinsam ein Wasserstoffmolekül bilden. Der Mechanismus ist bei den anderen kovalenten Bindungen ähnlich. Wenn sich die beiden Wasserstoffatome einander nähern, beginnen sich die Elektronenwellenfunktionen beider Atome zu überlappen und jedes Elektron erfährt die Coulomb-Anziehung beider Atomkerne. (Dies wird zuweilen als „gemeinsames Nutzen“ von Elektronen bezeichnet, die beiden Elektronen bilden dann ein gemeinsam genutztes Elektronenpaar.) Wenn sich die beiden Elektronen im Grundzustand ($n = 1$) ihrer jeweiligen Atome befinden, gibt es zwei Möglichkeiten: ihre Spins können parallel ausgerichtet sein (beide sind aufwärts oder abwärts gerichtet), was zu einem Gesamtspin von $S = \frac{1}{2} + \frac{1}{2} = 1$ führt; ihre Spins können auch entgegengesetzt ausgerichtet sein ($m_s = +\frac{1}{2}$ für das eine und $m_s = -\frac{1}{2}$ für das andere Elektron), so dass der Gesamtspin $S = 0$ ist. Wir werden nun sehen, dass es nur im Falle $S = 0$ zu einer Bindung kommt, wenn also die beiden Spins entgegengesetzt gerichtet sind. Zunächst betrachten wir den Zustand mit $S = 1$, in dem beide Spins parallel ausgerichtet sind. Die beiden Elektronen können sich nicht gleichzeitig im niedrigsten Energiezustand befinden, wenn man sie einem Atom zuordnet. Sie hätten dann identische Quantenzahlen, was das Pauli-Prinzip verletzen würde. Das Pauli-Prinzip besagt, dass zwei Elektronen nicht gleichzeitig denselben Quantenzustand besetzen können. Wenn zwei Elektronen dieselben Quantenzahlen besitzen, müssen sie sich also in anderer Weise voneinander unterscheiden – und zwar dadurch, dass sie sich an verschiedenen Orten aufhalten (beispielsweise verschiedenen Atomen zugeordnet werden). Wenn sich die beiden Wasserstoffatome gegenseitig nähern, bleiben die Elektronen voneinander entfernt,

Kovalente Bindung

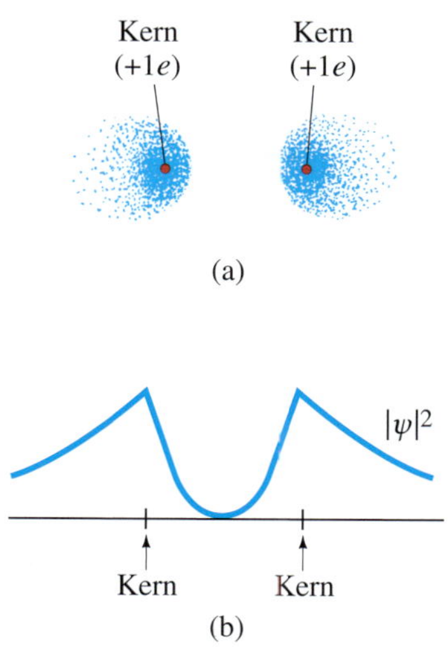

Abbildung 41.1 Wahrscheinlichkeitsverteilung der Elektronen (Elektronenwolke) zweier Wasserstoffatome, wenn die Spins gleich sind ($S = 1$): (a) Elektronenwolke; (b) Projektion von $|\psi|^2$ entlang des Querschnitts durch die Mittelpunkte beider Atome.

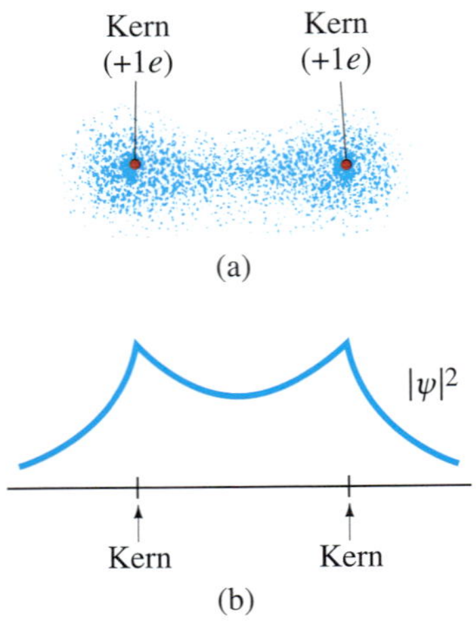

Abbildung 41.2 Wahrscheinlichkeitsverteilung der Elektronen zweier Atome bei entgegengesetzt ausgerichteten Spins ($S = 0$): (a) Elektronenwolke; (b) Projektion von $|\psi|^2$ entlang des Querschnitts durch die Mittelpunkte beider Atome. In diesem Fall kommt es zu einer Bindung, weil die beiden positiv geladenen Kerne von der zwischen ihnen liegenden negativen Ladungskonzentration angezogen werden. Dies ist ein Wasserstoffmolekül, H_2.

wie aus der in ▸ Abbildung 41.1 dargestellten Wahrscheinlichkeitsverteilung ersichtlich wird. Die positiv geladenen Kerne stoßen sich daher gegenseitig ab, und es kommt zu keiner Bindung.

Dagegen sind die Spins der Elektronen im Zustand mit $S = 0$ entgegengesetzt gerichtet. Die Elektronen haben demzufolge unterschiedliche Quantenzustände. Daher können sie sich räumlich annähern. In diesem Fall sieht die Wahrscheinlichkeitsverteilung wie in ▸ Abbildung 41.2 aus. Man erkennt, dass die Elektronen einen Großteil ihrer Zeit zwischen den beiden positiv geladenen Kernen verbringen, wodurch die beiden Kerne von der negativ geladenen Elektronenwolke zwischen ihnen angezogen werden. Diese Anziehung, durch die die Atome zusammengehalten werden und ein Molekül bilden, macht die *kovalente Bindung* aus.

Die Wahrscheinlichkeitsverteilungen aus den ▸ Abbildungen 41.1 und 41.2 kann man sich mithilfe des Wellenbildes vielleicht noch besser veranschaulichen. Das Pauli-Prinzip fordert, dass es bei gleichen Spins im Gebiet zwischen den beiden Atomen zur destruktiven Interferenz der Wellenfunktionen der beiden Elektronen kommt. Sind die Spins dagegen entgegengesetzt gerichtet, tritt im Gebiet zwischen den beiden Atomen konstruktive Interferenz auf. Dadurch kommt es dort zu einer großen Ansammlung negativer Ladung. Die kovalente Bindung lässt sich daher als ein Ergebnis der konstruktiven Interferenz der Wellenfunktionen der Elektronen im Gebiet zwischen den Atomen auffassen. Die elektrostatische Anziehung der beiden positiv geladenen Kerne ergibt sich dann durch die negative Ladungskonzentration zwischen ihnen.

Das Wasserstoffmolekül ist stabiler, weil es eine geringere Gesamtenergie besitzt als die beiden getrennten Atome. Es ist Energie notwendig, um das H_2-Molekül in zwei getrennte Wasserstoffatome zu zerlegen. Diese Tatsache macht eine *Bindung* aus. Die zum Aufbrechen der Bindung notwendige Energie wird als **Bindungsenergie** oder **Dissoziationsenergie** bezeichnet. Beim Wasserstoffmolekül beträgt die Bindungsenergie 4,5 eV.

Ionische Bindung

Ionische Bindung

Eine **ionische Bindung** ist in gewisser Weise ein Spezialfall der kovalenten Bindung. Die Elektronen werden nicht gleich stark gemeinsam genutzt, sondern sind ungleich aufgeteilt, es kommt zu einer stärkeren räumlichen Verlagerung der Elektronenwellenfunktionen. Beispielsweise hält sich das Außenelektron des Natriums beim Natriumchlorid (NaCl) größtenteils in der Nähe des Chlors auf (▸ Abbildung 41.3). Das Chloratom gelangt infolge des zusätzlichen Elektrons zu einer negativen Nettoladung, während sich beim Natriumatom eine positive Nettoladung ergibt. Die elektrostatische Anziehung zwischen diesen beiden Atomen hält diese zusammen. Die sich ergebende Bindung wird als *ionische Bindung* bezeichnet, weil sie durch die Anziehung der beiden Ionen (Na^+ und Cl^-) zustande kommt. Um jedoch die ionische Bindung zu verstehen, müssen wir uns klar machen, weshalb das Außenelektron des Natriums soviel Zeit in der Nähe des Chlors verbringt. Insgesamt ist Chlor neutral; weshalb sollte es ein anderes Elektron anziehen?

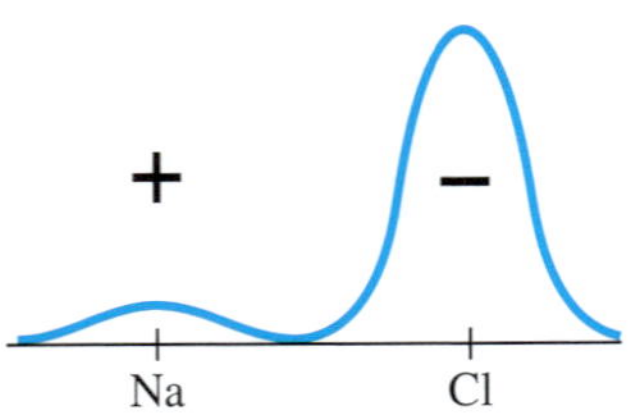

Abbildung 41.3 Wahrscheinlichkeitsverteilung $|\psi|^2$ für das Außenelektron von Na in NaCl.

Die Antwort ergibt sich aus den Wahrscheinlichkeitsverteilungen der beiden neutralen Atome. Natrium enthält 11 Elektronen, von denen sich 10 in kugelsymmetrischen, abgeschlossenen Schalen aufhalten (siehe ▸ Abbildung 41.4). Das Außenelektron verbringt einen Großteil seiner Zeit außerhalb dieser abgeschlossenen Schalen. Da die abgeschlossenen Schalen insgesamt eine Ladung von $-10e$ tragen, und der Kern die Ladung $+11e$ besitzt, „spürt" das Außenelektron des Natriums eine Nettoanziehung von $+1e$. Es ist also nicht sehr stark gebunden. Andererseits bilden 12 der 17 Elektronen des Chlors abgeschlossene Schalen oder Unterschalen (das entspricht $1s^2 2s^2 2p^6 3s^2$). Diese 12 Elektronen bilden eine kugelsymmetrische Abschirmung um den Kern. Die fünf anderen Elektronen befinden sich in 3p-Zuständen, deren Wahrscheinlichkeitsverteilungen nicht kugelsymmetrisch sind und eine ähnliche Form haben wie die in ▶ Abbildung 40.9a dargestellten 2p-Zustände des Wasserstoffs. Vier dieser 3p-Elektronen haben bezüglich des Atomkerns ringförmige Verteilungen, die symmetrisch bezüglich der z-Achse sind, wie in ▶ Abbildung 41.5 gezeigt. Das fünfte hat eine hantelförmige Verteilung (wie im Falle $m_l = 0$ in ▶ Abbildung 40.9a), die in ▶ Abbildung 41.5 lediglich als gestrichelter Umriss dargestellt ist, weil sie nur halb gefüllt ist. Nach dem Pauli-Prinzip könnte sich also ein weiteres Elektron in diesem Zustand aufhalten (sein Spin wäre dem des bereits in dieser Unterschale aufgenommenen Elektrons entgegengesetzt). Wenn sich ein zusätzliches Elektron – beispielsweise das eines Natriumatoms – in der Nähe aufhalten würde, könnte es diesen Zustand an der Stelle x in ▶ Abbildung 41.5 besetzen. Es könnte eine Anziehung von bis zu $+5e$ erfahren, da der mit $+17e$ geladene Kern an dieser Stelle von den 12 inneren Elektronen nur teilweise abgeschirmt wird. Daher wird das Außenelektron des Natriums stärker durch die Ladung $+5e$ des Chlors angezogen, die es an bestimmten Stellen „spürt", als durch die Ladung $+1e$ seines eigenen Kerns. Diese Tatsache, in Verbindung mit der starken Anziehung zwischen den beiden Ionen, wenn sich das zusätzliche Elektron in der Nähe des Chlorions aufhält, führt zu der in ▶ Abbildung 41.3 dargestellten Ladungsverteilung und folglich zur Ionenbindung.

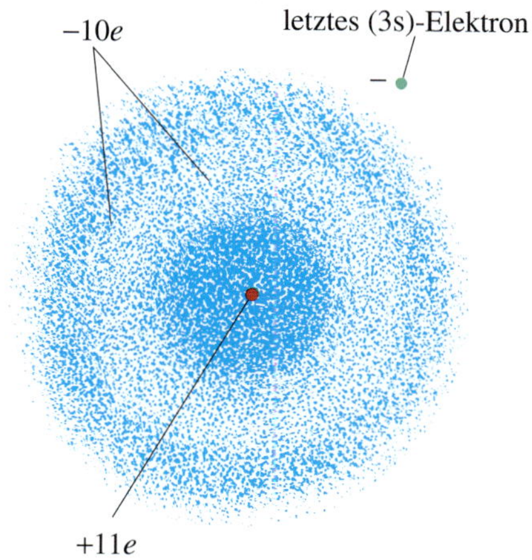

Abbildung 41.4 In einem neutralen Natriumatom schirmen die 10 inneren Elektronen den Kern ab, so dass das einzelne Außenelektron nur durch eine Nettoladung von $+1e$ angezogen wird.

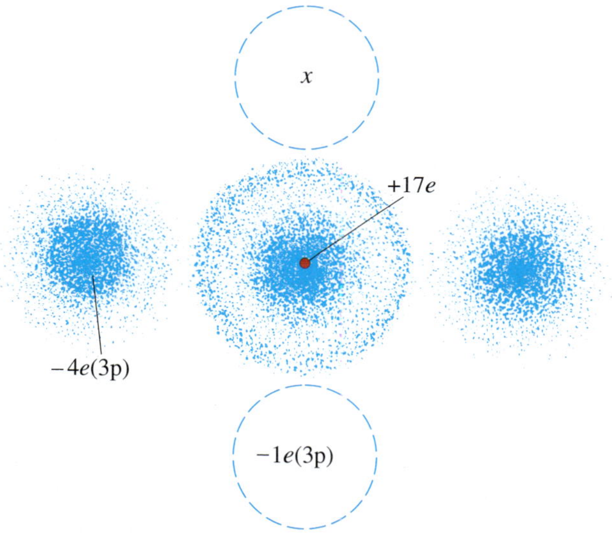

Abbildung 41.5 Neutrales Chloratom. Die Ladung von $+17e$ wird durch die 12 Elektronen in den inneren Schalen und Unterschalen abgeschirmt. Vier der fünf 3p-Elektronen sind als ringförmige Elektronenwolken dargestellt, und das fünfte ist in der Wolke um die vertikale Achse konzentriert (gestrichelte Linie). Ein zusätzliches Elektron wird an der Stelle x durch eine Nettoladung angezogen, die maximal $+5e$ betragen kann.

Teilweise ionischer Charakter kovalenter Bindungen

Eine reine kovalente Bindung, bei der die Elektronen gleichermaßen gemeinsam genutzt werden, kommt hauptsächlich bei symmetrischen Molekülen wie H_2, O_2 und Cl_2 vor. Sind die beteiligten Atome voneinander verschieden, findet man die gemeinsam genutzten Elektronen wahrscheinlicher in der Nähe eines Atoms als in der Nähe des anderen. Der Extremfall ist die ionische Bindung; in Zwischenfällen spricht man davon, dass die kovalente Bindung einen *teilweise ionischen Charakter* besitzt. Die Moleküle selbst sind **polar** – sie haben also ein elektrisches Dipolmoment, weil ein Teil (oder mehrere Teile) des Moleküls eine positive Nettoladung und andere Teile eine negative Nettoladung tragen. Ein Beispiel dafür ist das Wassermolekül, H_2O (▶ Abbildung 41.6). Die gemeinsam genutzten Elektronen halten sich mit größerer Wahrscheinlichkeit in der Nähe des Sauerstoffatoms auf als in der Nähe der beiden Wasserstoffatome. Der Grund dafür ähnelt dem, den wir vorhin im Zusammenhang mit ionischen Bindungen diskutiert hatten. Sauerstoff besitzt acht Elektronen ($1s^2 2s^2 2p^4$), von denen vier eine kugelsymmetrische Hülle bilden. Die anderen vier könnten eine ringförmige Verteilung annehmen. Die hantelförmige Verteilung auf der z-Achse (wie die in ▶ Abbildung 41.5 dargestellte)

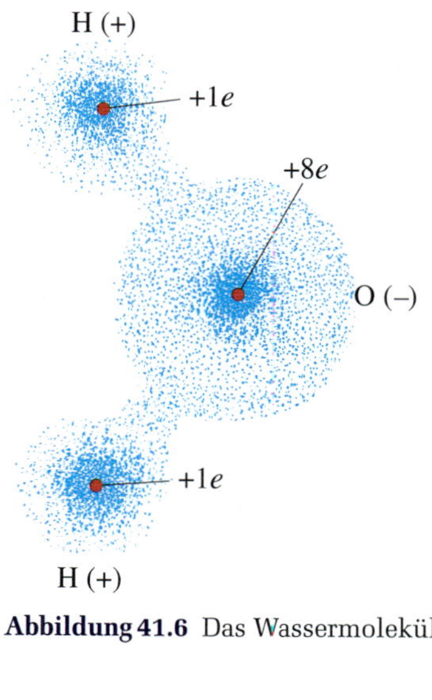

Abbildung 41.6 Das Wassermolekül ist polar.

wäre leer, die Elektronen der Wasserstoffatome könnten durch eine Nettoladung von $+4e$ angezogen werden. Auch die Wasserstoffkerne üben eine anziehende Wirkung auf die Elektronen aus, so dass sie sich teilweise um die Wasserstoffatome und teilweise um das Sauerstoffatom bewegen. Als Ergebnis gibt es an jedem Wasserstoffatom eine positive Nettoladung (weniger als $+1e$), weil die Elektronen nur einen Teil ihrer Zeit dort verbringen. Auf dem Sauerstoffatom gibt es dagegen eine negative Nettoladung.

41.2 Potenzielle Energie von Molekülen

Es ist sinnvoll, die Wechselwirkung zwischen zwei Teilchen – beispielsweise zwischen zwei Atomen oder Molekülen – in einem Diagramm zu analysieren, in dem die potenzielle Energie über dem Atomabstand aufgetragen ist.

Im einfachsten Fall zweier Punktladungen q_1 und q_2 im Abstand r ist die potenzielle Energie E_{pot} durch

$$E_{pot} = \frac{1}{4\pi\epsilon_0} \frac{q_1 q_2}{r}$$

gegeben (siehe Kapitel 23), wobei die Konstante $(1/4\pi\epsilon_0)$ gleich $9{,}0 \cdot 10^9\ \mathrm{N{\cdot}m^2/C^2}$ ist. Wenn es sich um gleichnamige Ladungen handelt, ist die potenzielle Energie für alle Werte von r positiv. Der Graph von E_{pot} über r ist für diesen Fall in ▸ Abbildung 41.7a dargestellt. Die Kraft ist abstoßend (die Ladungen haben das gleiche Vorzeichen) und die Kurve wächst für kleiner werdendes r; dies ist sinnvoll, weil Arbeit verrichtet werden muss, um die beiden Ladungen zusammen zu führen. Dabei erhöht sich ihre potenzielle Energie. Sind die beiden Ladungen dagegen ungleichnamig, ist die potenzielle Energie negativ, weil das Produkt $q_1 q_2$ negativ ist. Die Kraft wirkt anziehend. Der Graph von $E_{pot}(\propto -1/r)$ über r ist in ▸ Abbildung 41.7b dargestellt. Die potenzielle Energie ist stärker *negativ*, wenn r kleiner wird.

Sehen wir uns nun die Darstellung der potenziellen Energie für die Bildung einer kovalenten Bindung an, wie im Falle des Wasserstoffmoleküls. Die potenzielle Energie eines Wasserstoffatoms in Anwesenheit eines zweiten Wasserstoffatoms ist in ▸ Abbildung 41.8 dargestellt. Die potenzielle Energie E_{pot} verringert sich, wenn sich die beiden Atome nähern, weil sich die beiden Elektronen zwischen den Kernen konzentrieren (▸ Abbildung 41.2), so dass es zwischen beiden Kernen zu einer Anziehung kommt. Bei einem sehr geringen Abstand würden die Elektronen jedoch „herausgedrückt“– zwischen den beiden Kernen gibt es keinen Platz mehr dafür. Ohne die dazwischen liegenden Elektronen würde jeder Kern durch den anderen eine abstoßende Kraft erfahren, so dass die Kurve ansteigt, wenn sich r weiter verringert. Es gibt einen optimalen Atomabstand r_0, in ▸ Abbildung 41.8 eingezeichnet, in dem die Energie am niedrigsten ist. Dies ist der Punkt größter Stabilität des Wasserstoffmoleküls und gleichzeitig auch der mittlere Atomabstand

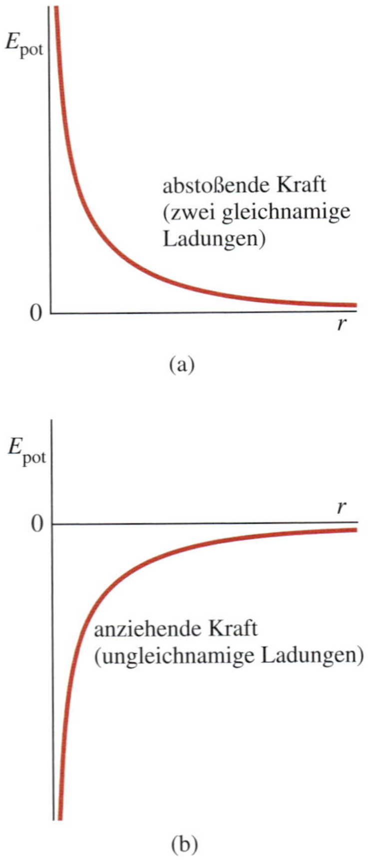

Abbildung 41.7 Potenzielle Energie E_{pot} als Funktion des Abstandes für (a) zwei gleichnamige Punktladungen und (b) zwei ungleichnamige Punktladungen.

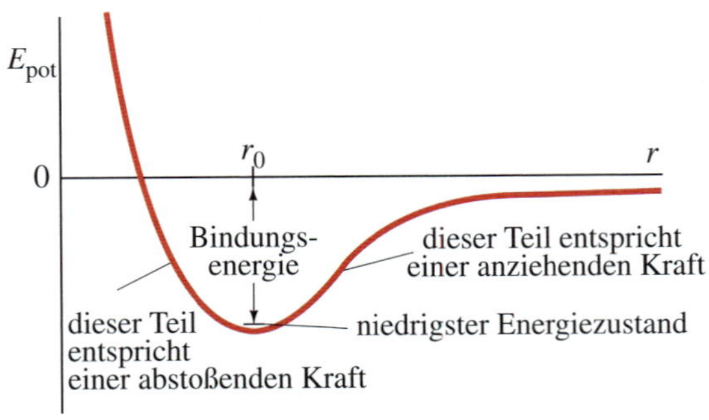

Abbildung 41.8 Potenzielle Energie des H_2-Moleküls; r ist der Abstand der beiden Wasserstoffatome. Die Bindungsenergie (die Energiedifferenz zwischen $E_{pot} = 0$ und dem Zustand mit der niedrigsten Energie in der Nähe des Minimums) beträgt 4,5 eV. Das Minimum wird an der Stelle $r_0 = 0{,}074$ nm angenommen.

im Wasserstoffmolekül. Die Tiefe dieser „Potenzialsenke" ist die *Bindungsenergie*[1] (siehe ▸ Abbildung 41.8). Die Bindungsenergie gibt an, wie viel Energie dem System zugeführt werden muss, um die beiden Atome unendlich weit voneinander zu entfernen, so dass die potenzielle Energie $E_{pot} = 0$ ist. Bei einem Wasserstoffmolekül beträgt die Bindungsenergie etwa 4,5 eV und es gilt $r_0 = 0{,}074$ nm. Bei Molekülen, die aus größeren Atomen zusammengesetzt sind, wie Sauerstoff oder Stickstoff, tritt Abstoßung bei geringeren Abständen auch auf, weil die innersten Elektronenschalen dann beginnen zu überlappen und das Pauli-Prinzip verbietet, dass sie sich zu nahe kommen. Die abstoßende Kraft wächst stärker als $1/r$. Eine vernünftige Näherung für die potenzielle Energie, zumindest in der Umgebung von r_0, ist

$$E_{pot} = -\frac{A}{r^m} + \frac{B}{r^n}\,, \tag{41.1}$$

mit den Konstanten A und B, die zu dem anziehenden und dem abstoßenden Teil der potenziellen Energie gehören, und den kleinen ganzen Zahlen m und n. Bei der ionischen und bei einigen kovalenten Bindungen kann der anziehende Term mit $m = 1$ geschrieben werden (Coulomb-Potenzial).

Bei vielen Bindungen hat die Kurve für die potenzielle Energie die in ▸ Abbildung 41.9 gezeigte Form. Es gibt noch immer einen optimalen Abstand r_0, in dem das Molekül stabil ist. Wenn sich die Atome aber von einem größeren Abstand nähern, ist die Kraft zunächst eher abstoßend als anziehend. Die Atome wechselwirken somit nicht spontan. Stattdessen muss dem System zusätzliche Energie zugeführt werden, um es über die „Schwelle" (oder Barriere) im Energiediagramm zu heben. Die dafür notwendige Energie wird als **Aktivierungsenergie** bezeichnet.

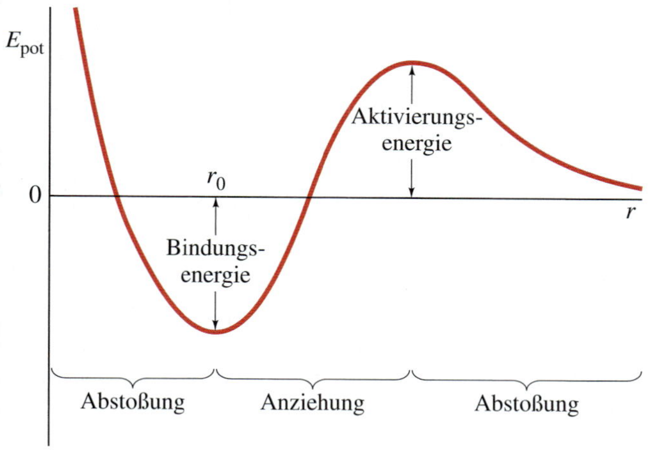

Abbildung 41.9 Potenzielle Energie bei einer Bindung, für die eine Aktivierungsenergie benötigt wird.

Die Kurve in ▸ Abbildung 41.9 ist allgemeiner als die in ▸ Abbildung 41.8. Die Aktivierungsenergie ergibt sich häufig daraus, dass andere Bindungen aufgebrochen werden müssen, bevor die betrachtete Bindung aufgebaut werden kann. Beispielsweise müssen zur Bildung von Wasser aus O_2 und H_2 zunächst die O_2- und H_2-Moleküle unter Energiezufuhr in einzelne Wasserstoffatome und Sauerstoffatome zerlegt werden. Dafür steht die Aktivierungsenergie. Anschließend können die Wasserstoffatome und die Sauerstoffatome ein Wassermolekül bilden, wobei erheblich mehr Energie freigesetzt wird als ursprünglich aufgewendet wurde. Die ursprüngliche Aktivierungsenergie kann durch Verwendung eines elektrischen Funkens in einer Mischung aus H_2- und O_2-Molekülen bereitgestellt werden, wodurch einige dieser Moleküle in einzelne Wasserstoffatome und Sauerstoffatome zerlegt werden. Die darauf folgende explosive Energiefreisetzung bei der Bildung

1 Die Bindungsenergie gehört nicht genau zum Minimum der Kurve für die potenzielle Energie, sondern zum niedrigsten Energiezustand, der sich etwas darüber befindet, wie in ▸ Abbildung 41.8 dargestellt. Vergleichen Sie mit einem Potenzialtopf, ▸ Abbildung 39.8.

von H_2O liefert sehr schnell die für weitere Reaktionen notwendige Aktivierungsenergie, so dass zusätzliche H_2- und O_2-Moleküle zerlegt werden, die neue Wassermoleküle bilden.

Die Diagramme für die potenzielle Energie ionischer Bindungen können ähnliche Formen besitzen. Bei NaCl ziehen sich die Na^+- und Cl^--Ionen beispielsweise bei Abständen an, die etwas größer sind als r_0. Bei kürzeren Abständen führt das Überlappen der inneren Elektronenschalen zu einer Abstoßung. Die beiden Atome sind deshalb in einem mittleren Abstand r_0 am stabilsten, und häufig muss eine Aktivierungsenergie aufgebracht werden.

Beispiel 41.1 · Abschätzung — Natriumchlorid-Bindung

Ein Diagramm für die potenzielle Energie der ionischen Bindung des NaCl zeigt ► Abbildung 41.10. Im Falle der freien und neutralen Na- und Cl-Atome haben wir $E_{\text{pot}} = 0$ gewählt (wie in ► Abbildung 41.10 ganz rechts eingezeichnet). Aus Messungen geht hervor, dass 5,14 eV benötigt werden, um ein Elektron aus einem neutralen Na-Atom zu entfernen, so dass ein Na^+-Ion entsteht; 3,61 eV der Energie wird wieder freigesetzt, wenn ein Elektron von einem Cl-Atom „eingefangen" wird, und dadurch ein Cl^--Ion entsteht. Daher ist zur Bildung eines Na^+- und eines Cl^--Ions aus neutralen Na- und Cl-Atomen eine Energie von 5,14 eV − 3,61 eV notwendig, eine Art Aktivierungsenergie. Diese ist als „Schwelle" in ► Abbildung 41.10 eingezeichnet. Beachten Sie jedoch, dass das Diagramm für die potenzielle Energie von diesem Punkt an bis nach rechts außen keine tatsächliche Funktion des Abstandes mehr ist – die Kurve ist gestrichelt gezeichnet, was daran erinnern soll, dass es sich dabei lediglich um die Energiedifferenz zwischen den Ionen und den neutralen Atomen handelt (wofür wir $E_{\text{pot}} = 0$ gewählt hatten). (a) Berechnen Sie den Abstand r_1 in dem das Potenzial des Na^+- und des Cl^--Ions null wird (der Messwert beträgt $r_1 = 0{,}94\,\text{nm}$). (b) Schätzen Sie die Bindungsenergie der Bindung im NaCl ab, zu der es im Abstand $r_0 = 0{,}24\,\text{nm}$ kommt. Vernachlässigen Sie die bei diesem Abstand auftretende Abstoßung durch die sich überlappenden Elektronenschalen (die zum Anstieg der Kurve der potenziellen Energie für $r < r_0$ führt, ► Abbildung 41.10).

Lösung

a Die potenzielle Energie zweier Punktladungen ist durch das Coulomb-Gesetz gegeben:

$$E'_{\text{pot}} = \frac{1}{4\pi\epsilon_0}\frac{q_1 q_2}{r}\,,$$

wobei wir E'_{pot} von E_{pot} in ► Abbildung 41.10 unterscheiden müssen. Diese Gleichung gilt für die beiden Ionen, wenn wir $E'_{\text{pot}} = 0$ an der Stelle $r = \infty$ setzen, was in ► Abbildung 41.10 der potenziellen Energie $E_{\text{pot}} = -1{,}53\,\text{eV}$ entspricht (► Abbildung 41.10 ist für $E_{\text{pot}} = 0$ bei freien *Atomen* gezeichnet). Der Punkt r_1 in ► Abbildung 41.10 entspricht $E'_{\text{pot}} = -1{,}53\,\text{eV}$ relativ zu den freien Ionen. Wegen $q_1 = +e$ und $q_2 = -e$ gilt

$$\begin{aligned} r_1 &= \frac{1}{4\pi\epsilon_0}\frac{q_1 q_2}{E'_{\text{pot}}} \\ &= \frac{(9{,}0\cdot 10^9\,\text{N}\cdot\text{m}^2/\text{C}^2)(-1{,}60\cdot 10^{-19}\,\text{C})(-1{,}60\cdot 10^{-19}\,\text{C})}{(-1{,}53\,\text{eV})(1{,}60\cdot 10^{-19}\,\text{J/eV})} \\ &= 0{,}94\,\text{nm}\,, \end{aligned}$$

was genau dem gemessenen Wert entspricht.

b An der Stelle $r_0 = 0{,}24\,\text{nm}$ beträgt die potenzielle Energie der beiden Ionen (relativ zu $r = \infty$ für zwei Ionen)

$$E'_{pot} = \frac{1}{4\pi\epsilon_0}\frac{q_1 q_2}{r}$$
$$= \frac{(9{,}0 \cdot 10^9\,\text{N·m}^2/\text{C}^2)(-1{,}60 \cdot 10^{-19}\,\text{C})(-1{,}60 \cdot 10^{-19}\,\text{C})}{(0{,}24 \cdot 10^{-9}\,\text{m})(1{,}60 \cdot 10^{-19}\,\text{J/eV})}$$
$$= -6{,}0\,\text{eV}\,.$$

Daher wird schätzungsweise eine Energie von 6,0 eV frei, wenn Na^+- und Cl^--Ionen eine Bindung zu NaCl eingehen. Umgekehrt werden zum Aufbrechen der NaCl-Bindung in einzelne Na^+- und Cl^--Ionen 6,0 eV benötigt. Die Bindungsenergie – die Energie zum Zerlegen von NaCl in Na- und Cl-Atome – ergibt sich, wenn wir die 1,53 eV zur Ionisation der Atome (die „Schwelle" in ▸ Abbildung 41.10) abziehen:

$$\text{Bindungsenergie} = 6{,}0\,\text{eV} - 1{,}53\,\text{eV} = 4{,}5\,\text{eV}\,.$$

Der gemessene Wert beträgt 4,2 eV (in ▸ Abbildung 41.10 eingetragen). Die Differenz kann auf die Energie zurückgeführt werden, die sich aus der Abstoßung der Elektronenschalen bei diesem Abstand ergibt.

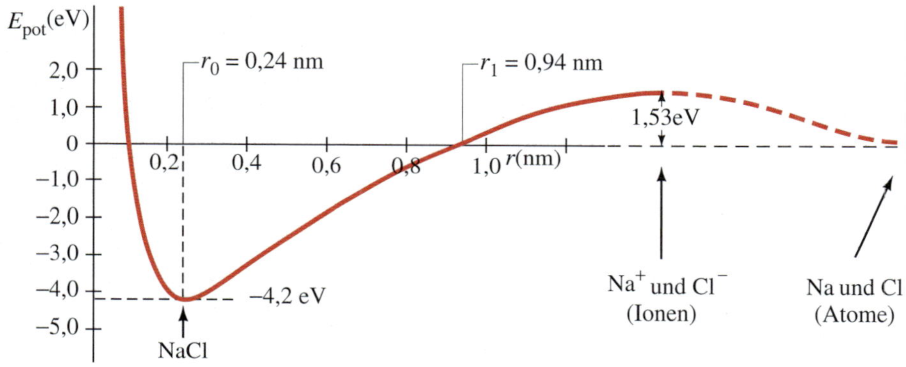

Abbildung 41.10 Potenzielle Energie für die Bindung im NaCl. Ab etwa $r = 1{,}2$ nm ist das Diagramm nur schematisch und zeigt die Energiedifferenz zwischen Ionen und neutralen Atomen. $E_{pot} = 0$ gilt für zwei getrennte Na- und Cl-Atome (nicht für die Ionen). (Bei zwei Ionen, Na^+ und Cl^-, entspricht der Nullpunkt der potenziellen Energie an der Stelle $r = \infty$ im Diagramm $E_{pot} \approx 1{,}53$ eV.)

Mitunter sieht die potenzielle Energie einer Bindung wie die in ▸ Abbildung 41.11 aus. In diesem Fall ist die Energie des gebundenen Moleküls mit dem Abstand r_0 größer als wenn es keine Bindung gibt ($r = \infty$). Zum Bindungsaufbau ist also *Energiezufuhr* notwendig (daher ist die Bindungsenergie negativ), beim Aufbrechen der Bindung wird dagegen Energie freigesetzt. Eine solche Bindung ist nur stabil, weil es die Barriere der Aktivierungsenergie gibt. Diese Bindungsart spielt in lebenden Zellen eine wesentliche Rolle, weil in solchen Bindungen in bestimmten Molekülen effektiv Energie gespeichert werden kann. Ein Beispiel dafür ist ATP (Adenosintriphosphat). Die Bindung, die die letzte Phosphatgruppe (in ▸ Abbildung 41.11 als Ⓟ gekennzeichnet) an den Rest des Moleküls koppelt (ADP für Adenosindiphosphat, weil es nur zwei Phosphate enthält), ist von der in ▸ Abbildung 41.11 dargestellten Form. In dieser Bindung wird tatsächlich Energie gespeichert, da beim Aufbrechen der Bindung (ATP → ADP + Ⓟ) Energie freigesetzt wird, die wiederum zum Ablauf anderer chemischer Reaktionen benutzt werden kann. Diese chemische Reaktion ist für die Energiegewinnung von luftatmenden Organismen von großer Bedeutung und wird als Pyruvat-Kinase bezeichnet.

ANGEWANDTE PHYSIK

Energiefreisetzende Verbindungen

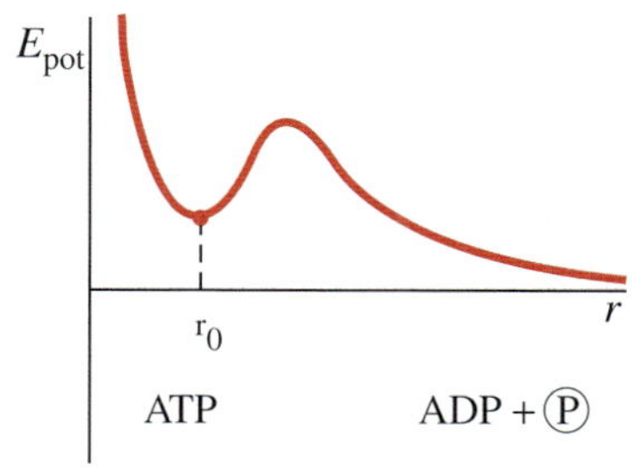

Abbildung 41.11 Darstellung der potenziellen Energie für die Bildung von ATP aus ADP und Phosphat (Ⓟ).

41.3 Schwache (van-der-Waals)-Bindungen

Wurde die Bindung zwischen zwei Atomen oder Ionen einmal aufgebaut, muss gewöhnlich Energie zugeführt werden, um die Bindung aufzubrechen und die Atome zu trennen. Wie in Abschnitt 41.1 erwähnt, wird diese Energie als *Bin-*

dungsenergie bezeichnet. Die Bindungsenergie kovalenter und ionischer Bindungen liegt gewöhnlich im Bereich von 2 bis 5 eV. Diese Bindungen, die Atome zu Molekülen zusammensetzen, werden oft als **starke Bindungen** bezeichnet, um sie von den so genannten „schwachen" Bindungen unterscheiden zu können. Der Ausdruck **schwache Bindung**, wie wir ihn hier benutzen, bezieht sich auf eine schwache Kopplung von Molekülen aufgrund einer einfachen elektrostatischen Anziehung – wie die *zwischen* polaren Molekülen (nicht **innerhalb** des polaren Moleküls, worin es sich um eine starke Bindung handelt). Die Kopplungsstärke ist geringer als bei der starken Bindung. Die Bindungsenergien liegen typischerweise im Bereich von 0,04 eV bis 0,3 eV – daher spricht man von „schwachen Bindungen".

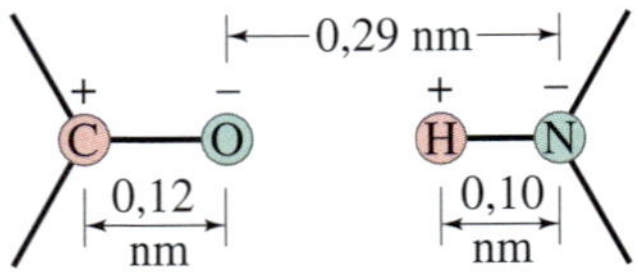

Abbildung 41.12 Die beiden Dipole C^+–O^- und H^+–N^- ziehen einander an. (Diese Dipole können zu komplexeren Molekülen gehören, siehe ▶ Abbildung 41.13.) Die positiven und negativen Ladungen haben gewöhnlich einen Betrag eines Bruchteils von e.

Schwache Bindungen ergeben sich aus der Anziehung zwischen Dipolen. ▶ Abbildung 41.12 zeigt zwei Moleküle mit einem permanenten Dipolmoment, die einander anziehen. Neben solchen **Dipol-Dipol-Bindungen** gibt es auch **Dipol induzierte Bindungen**, bei denen ein polares Molekül mit einem permanenten Dipolmoment in einem sonst nichtpolaren Molekül ein Dipolmoment hervorruft. In Kapitel 21, ▶ Abbildung 21.7 ist die durch Influenz herbeigeführte Ladungstrennung dargestellt. Auch ein Dipol kann über Influenz in einem nicht polaren Molekül ein Dipolmoment erzeugen, indem in diesem Molekül die Ladungsschwerpunkte der positiven und negativen Ladungen gegeneinander verschoben werden. Dies bezeichnen wir als Verschiebungspolarisation. Es kann sogar eine Anziehung zwischen zwei nichtpolaren Molekülen geben. Auch wenn ein Molekül im Mittel kein permanentes Dipolmoment aufweist, können sich die Elektronen darin so bewegen, dass es zu einem Zeitpunkt eine Ladungstrennung gibt. Solche transienten Dipole können ein Dipolmoment in einem nahe gelegenen Molekül erzeugen, was zu einer schwachen Anziehung führt. All diese schwachen Bindungen werden als **van-der-Waals-Bindungen** bezeichnet, die dabei wirkenden Kräfte als **van-der-Waals-Kräfte**. Die potenzielle Energie hat die in ▶ Abbildung 41.8 dargestellte Form, wobei sich die anziehende, potenzielle van-der-Waals-Energie wie $1/r^6$ verhält.

Ist eines der Atome einer Dipol-Dipol-Bindung ein Wasserstoffatom, wie in ▶ Abbildung 41.8, spricht man von einer **Wasserstoffbrückenbindung**. Eine Wasserstoffbrückenbindung ist eine van-der-Waals-Bindung, die aber auch einen kovalenten Charakter aufweist und deshalb eine stärkere Bindung ergibt als reine van-der-Waals-Bindungen. Wasserstoff ist das kleinste Atom und kann daher dem Bindungspartner sehr nahe kommen. Die Elektronen zwischen den beiden Dipolen können gemeinsam genutzt werden, wodurch eine stärkere Bindung entsteht.

Schwache Bindungen sind bei Flüssigkeiten wesentlich (siehe Abschnitt 41.5). Sie spielen auch beim Verständnis der Zellaktivitäten eine sehr wichtige Rolle, wie bei der Doppelhelixstruktur der DNA (▶ Abbildung 41.13) und der DNA-Replikation. Die mittlere kinetische Energie von Molekülen in einer Zelle beträgt etwa $\frac{3}{2}kT \approx 0{,}04$ eV, etwa der Energiebetrag von schwachen Bindungen. Das bedeutet, dass eine schwache Bindung durch einen molekularen Stoß leicht aufge-

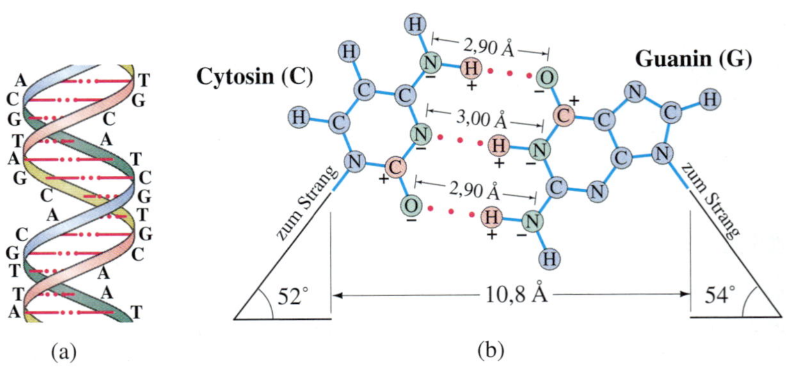

Abbildung 41.13 (a) Ein Abschnitt einer DNA-Doppelhelix. Die roten Punkte stehen für Wasserstoffbrückenbindungen zwischen den beiden Ketten. (b) „Großaufnahme" einer Helix: Cytosin (C) und Guanin (G) auf verschiedenen Strängen einer DNA-Helix werden durch Wasserstoffbrückenbindungen (rote Punkte) verbunden, wobei ein H^+-Ion eines Moleküls an ein N^--Ion oder ein C^+–O^--Ion des anderen Moleküls gebunden ist.

brochen werden kann. Deshalb sind schwache Bindungen nicht sehr beständig – es handelt sich dabei vielmehr um kurzzeitige Kopplungen. Genau deshalb spielen sie innerhalb der Zelle eine so wesentliche Rolle. Starke Bindungen – diejenigen, die die Moleküle zusammenhalten – werden dagegen fast nie durch bloße molekulare Stöße aufgebrochen. Deshalb sind sie relativ beständig. Sie können jedoch durch chemische Reaktionen aufgebrochen werden (wenn noch stärkere Bindungen gebildet werden können). In der Zelle passiert dies gewöhnlich unter Einwirkung eines Enzyms, wobei es sich um ein Proteinmolekül handelt.

Beispiel 41.2 **Energie eines Nukleotids**

Berechnen Sie die Wechselwirkungsenergie zwischen dem C=O-Dipol des Thymins und dem H–N-Dipol des Adenins, unter der Annahme, dass die beiden Dipole wie in ▶ Abbildung 41.12 angeordnet sind. Die Messungen der Dipolmomente (siehe Tabelle 23.2) ergeben $q_H = -q_N = 0{,}19e = 3{,}0 \cdot 10^{-20}$ C und $q_C = -q_O = 0{,}42e = 6{,}7 \cdot 10^{-20}$ C.

Lösung

Die Wechselwirkungsenergie ist gleich der potenziellen Energie eines Dipols in Anwesenheit des anderen, da dies gleich der Arbeit ist, die verrichtet werden muss, um die beiden Dipole unendlich weit voneinander zu entfernen. E_{pot} besteht aus vier Termen:

$$E_{pot} = E_{pot}^{CH} + E_{pot}^{CN} + E_{pot}^{OH} + E_{pot}^{ON} .$$

E_{pot}^{CH} ist die potenzielle Energie von C in Anwesenheit von H, die Bedeutung der übrigen Terme ergibt sich analog. Es gibt keine Terme, die zu Wechselwirkungen zwischen C und O oder N und H gehören, da wir annehmen, dass die beiden Dipole stabil sind (die Bindung C=O und H–N bleiben intakt). Die potenzielle Energie zweier Punktladungen im Abstand r ist $E_{pot}^{12} = (1/4\pi\epsilon_0)(q_1 q_2/r)$. Somit gilt

$$E_{pot} = \frac{1}{4\pi\epsilon_0}\left(\frac{q_C q_H}{r_{CH}} + \frac{q_C q_N}{r_{CN}} + \frac{q_O q_H}{r_{OH}} + \frac{q_O q_N}{r_{ON}}\right) .$$

Unter Verwendung der in ▶ Abbildung 41.12 dargestellten Abstände erhalten wir:

$$\begin{aligned} E_{pot} &= (9{,}0 \cdot 10^9\,\mathrm{N \cdot m^2/C})\left(\frac{(6,7)(3,0)}{(0,31)} + \frac{(6,7)(-3,0)}{(0,41)} + \frac{(-6,7)(3,0)}{(0,19)}\right. \\ &\quad \left. + \frac{(-6,7)(-3,0)}{(0,29)}\right)\frac{(10^{-20}\,\mathrm{C})^2}{(10^{-9}\,\mathrm{m})} \\ &= -1{,}82 \cdot 10^{-20}\,\mathrm{J} = -0{,}11\,\mathrm{eV} . \end{aligned}$$

Diese potenzielle Energie ist negativ, es muss also eine Arbeit von 0,11 eV verrichtet (oder Energie aufgebracht) werden, um die Moleküle zu trennen. Die Bindungsenergie dieser „schwachen" Bindung oder Wasserstoffbrückenbindung beträgt 0,11 eV. Dabei handelt es sich lediglich um eine Abschätzung, da andere Ladungen in der Umgebung ebenfalls Einfluss ausüben würden.

41.4 Molekülspektren

Bei der Bildung von Molekülen aus Atomen überlappen sich die Wellenfunktionen der äußeren Elektronen. Die Elektronen eines Atoms erfahren das Coulomb-Potenzial des jeweils anderen Atoms, die Energiezustände der Elektronen ver-

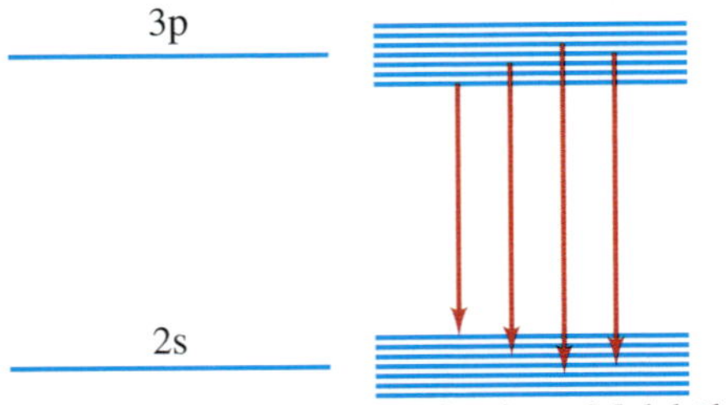

Abbildung 41.14 Aus den einzelnen Energieniveaus eines isolierten Atoms werden bei Molekülen Bänder nahe beieinander liegender Niveaus, genau wie bei Festkörpern und Flüssigkeiten.

ändern sich gegenüber denen des isolierten Atoms, wie sie in Gasen vorliegen. Dennoch gibt es auch bei Molekülen Übergänge zwischen den Energieniveaus der Elektronen, genau wie bei Atomen. Beispielsweise kann das H_2-Molekül ein Photon mit geeigneter Frequenz absorbieren, wobei ein Elektron aus dem Grundzustand in einen angeregten Zustand gebracht wird. Das angeregte Elektron kann dann unter Emission eines Photons in den Grundzustand zurückkehren. Die Energie der von Molekülen emittierten Photonen ist von der gleichen Größenordnung wie die von Atomen, gewöhnlich 1 bis 10 eV.

Bei Molekülen kann es (im Gegensatz zu Atomen) zu einer Aufspaltung von Energiezuständen der Elektronen kommen, weil ein Molekül als Ganzes rotieren kann und die Atome eines Moleküls relativ zu einander schwingen können. Die Aufspaltung der Elektronenzustände aufgrund der Schwingungszustände des Moleküls sind wesentlich kleiner (10^{-3} bis 10^{-1} eV) als die Energiedifferenz der Zustände im Atom. Aus jedem atomaren (entarteten) Elektronenzustand ergibt sich aufgrund der Schwingungen eine Viezahl nahe beeinander liegender Zustände, die zu jeweils einer Schwingungs- und Rotationsmode gehören (siehe ▸ Abbildung 41.14). Die Spektren (zum Beispiel Absorptionsspektren) solcher Moleküle zeigen dann keine einzelne scharfe Linie mehr, sondern um jede Linie eines der Atome ein **Bandenspektrum**. Damit hat jedes Molekül sein eigenes charakteristisches Spektrum, das zur Identifikation und Messung der Struktur des Moleküls verwendet werden kann.

Moleküle als Quantensysteme: Potenzial

Sehen wir uns nun die Rotations- und Schwingungszustände von Molekülen genauer an. Wir beginnen mit der Rotation, wobei wir an dieser Stelle lediglich zweiatomige Moleküle betrachten, obwohl die Analyse auf mehratomige Moleküle ausgedehnt werden kann. Wenn ein zweiatomiges Molekül um eine Achse durch den Schwerpunkt rotiert, die, wie in ▸ Abbildung 41.15 dargestellt, senkrecht auf der Verbindungslinie der beiden Atome steht, beträgt dessen kinetische Rotationsenergie (siehe Abschnitt 10.10, J ist das Trägheitsmoment)

$$E_{\text{rot}} = \frac{1}{2}J\omega^2 = \frac{(J\omega)^2}{2J}$$

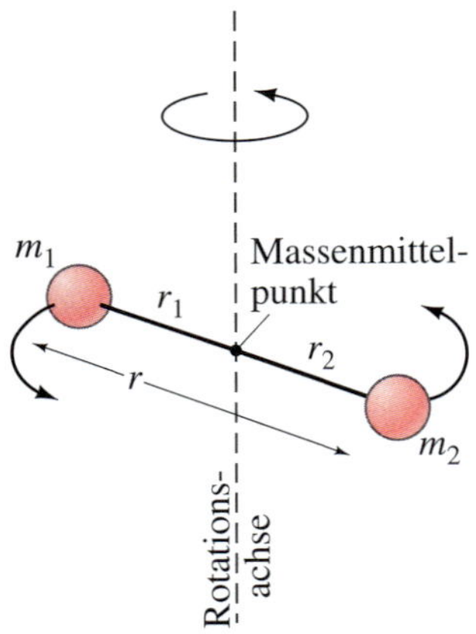

Abbildung 41.15 Ein zweiatomiges Molekül, das um die vertikale Achse rotiert. Die beiden Atome mit den Massen m_1 und m_2 haben einem Abstand von $r = r_1 + r_2$, wobei r_1 und r_2 der Abstand des jweiligen Atoms vom Schwerpunkt ist.

mit dem Drehimpuls $(J\omega)$ (Abschnitt 10.9). Die Quantenmechanik sagt für Atome dieselbe Drehimpulsquantisierung wie bei Elektronen voraus (siehe Gleichung 40.3):

$$J\omega = \sqrt{L(L+1)}\hbar\,, \quad L = 0, 1, 2, \ldots\,,$$

wobei die ganze Zahl L als **Rotations-Drehimpulsquantenzahl** bezeichnet wird. Für die Quantenzahl verwenden wir bei Atomen Großbuchstaben, beispielsweise L, um sie von denen der Elektronen zu unterscheiden: Wir sprechen auch von Zuständen der Rotation, die mit den Quantenzahlen L gekennzeichnet werden. Die Rotationsenergie eines Moleküls ist folgendermaßen quantisiert:

$$E_{\text{rot}} = \frac{(J\omega)^2}{2J} = L(L+1)\frac{\hbar^2}{2J}\,, \quad L = 0, 1, 2, \ldots\,. \tag{41.2}$$

Übergänge zwischen Rotationsenegieniveaus unterliegen der *Auswahlregel* (siehe Ende Abschnitt 40.2):

$$\Delta L = \pm 1\,.$$

Die Energie eines emittierten oder absorbierten Photons ist bei einem Übergang zwischen Rotationszuständen mit den Drehimpulsquantenzahlen L und $L-1$

$$\begin{aligned}\Delta E_{\text{rot}} = E_L - E_{L-1} &= \frac{\hbar^2}{2J}L(L+1) - \frac{\hbar^2}{2J}(L-1)(L) \\ &= \frac{\hbar^2}{J}L\,. \quad \left(\begin{array}{l}L \text{ bezieht sich auf den Zustand}\\ \text{mit höherer Energie}\end{array}\right)\end{aligned} \tag{41.3}$$

sehen, dass die Energiedifferenz benachbarter Zustände proportional zu L wächst. ► Abbildung 41.16 zeigt einige der erlaubten Übergänge zwischen Rotationsenergieniveaus. Die gemessenen Absorptionslinien fallen in den Mikrowellenbereich oder den fernen Infrarotbereich des Spektrums, und deren Frequenzen sind gewöhnlich $2, 3, 4, \ldots$-mal höher als die niedrigste, wie in Gleichung 41.3 angegeben.

Das Trägheitsmoment des um seinen Schwerpunkt rotierenden Moleküls aus ► Abbildung 41.15 ist

$$J = m_1 r_1^2 + m_2 r_2^2 \,,$$

wobei r_1 und r_2 die Abstände jedes Atoms vom gemeinsamen Schwerpunkt sind. Wir zeigen in Beispiel 41.3, dass J in der Form

$$J = \frac{m_1 m_2}{m_1 + m_2} r^2 = \mu r^2 \qquad (41.4)$$

geschrieben werden kann, wobei $r = r_1 + r_2$ der Abstand der beiden Atome des Moleküls ist und $\mu = m_1 m_2/(m_1 + m_2)$ als **reduzierte Masse** bezeichnet wird. Im Falle $m_1 = m_2$ gilt $\mu = \frac{1}{2} m_1 = \frac{1}{2} m_2$.

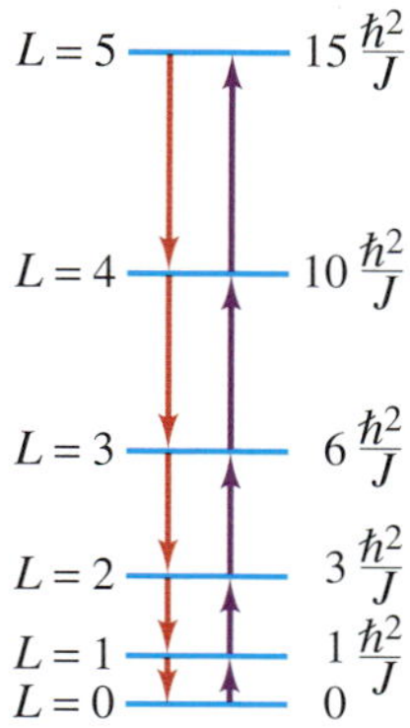

Abbildung 41.16 Rotationsenergieniveaus und erlaubte Übergänge (Emission und Absorption) eines zweiatomigen Moleküls. Nach oben weisende Pfeile stehen für eine Absorption, nach unten weisende Pfeile kennzeichnen eine Emission.

Beispiel 41.3 Reduzierte Masse

Zeigen Sie, dass das Trägheitsmoment eines um seinen Schwerpunkt rotierenden zweiatomigen Moleküls in der Form

$$J = \mu r^2$$

geschrieben werden kann, wobei

$$\mu = \frac{m_1 m_2}{m_1 + m_2}$$

die reduzierte Masse ist, Gleichung 41.4, und die beiden Atome den Abstand r voneinander haben.

Lösung

Das Trägheitsmoment eines einzelnen Massepunktes der Masse m mit dem Abstand r von der Rotationsachse ist $J = mr^2$. Folglich gilt für ein zweiatomiges Molekül (► Abbildung 41.15)

$$J = m_1 r_1^2 + m_2 r_2^2 \,.$$

Nun gilt $r = r_1 + r_2$ und $m_1 r_1 = m_2 r_2$, weil die Rotationsachse durch den Schwerpunkt verläuft. Daher ist

$$r_1 = r - r_2 = r - \frac{m_1}{m_2} r_1 \,,$$

also

$$r_1 = \frac{r}{1 + \frac{m_1}{m_2}} = \frac{m_2 r}{m_1 + m_2} \,.$$

Analog dazu ist

$$r_2 = \frac{m_1 r}{m_1 + m_2} \,.$$

Daher gilt

$$J = m_1 \left(\frac{m_2 r}{m_1 + m_2} \right)^2 + m_2 \left(\frac{m_1 r}{m_1 + m_2} \right)^2 = \frac{m_1 m_2 (m_1 + m_2) r^2}{(m_1 + m_2)^2}$$
$$= \frac{m_1 m_2}{m_1 + m_2} r^2 = \mu r^2$$

mit

$$\mu = \frac{m_1 m_2}{m_1 + m_2} \,.$$

Dies wollten wir zeigen.

Beispiel 41.4 **Rotationsübergang**

Ein Rotationsübergang eines CO-Moleküls vom Zustand mit $L = 1$ zum Zustand mit $L = 0$ hat eine experimentell bestimmte Wellenlänge von $\lambda = 2{,}60\,\mathrm{mm}$ (Mikrowellenbereich). Verwenden Sie diese Angaben, um (a) das Trägheitsmoment und (b) die Bindungslänge r des CO-Moleküls zu bestimmen. (c) Berechnen Sie die Wellenlängen der drei folgenden Rotationsübergänge und die Energie der jeweils bei jedem dieser vier Übergänge emittierten Photonen.

Lösung

a Aus Gleichung 41.3 erhalten wir

$$\frac{\hbar^2}{J} L = \Delta E = hf = \frac{hc}{\lambda_1} \,.$$

Im Falle $L = 1$ (hier im energetisch höheren Zustand) lösen wir nach J auf:

$$J = \frac{\hbar^2 L}{hc}\lambda_1 = \frac{h\lambda_1}{4\pi^2 c} = \frac{(6{,}63 \cdot 10^{-34}\,\mathrm{J{\cdot}s})(2{,}60 \cdot 10^{-3}\,\mathrm{m})}{4\pi^2(3{,}00 \cdot 10^{8}\,\mathrm{m/s})}$$
$$= 1{,}46 \cdot 10^{-46}\,\mathrm{kg{\cdot}m^2} \,.$$

b Die Massen von C beziehungsweise O sind 12,0 und 16,0 u mit $1\,\mathrm{u} = 1{,}66 \cdot 10^{-27}\,\mathrm{kg}$. Daher ist die reduzierte Masse

$$\mu = \frac{m_1 m_2}{m_1 + m_2} = \frac{(12,0)(16,0)}{28,0}(1{,}66 \cdot 10^{-27}\,\mathrm{kg}) = 1{,}14 \cdot 10^{-26}\,\mathrm{kg}$$

oder 6,86 u. Damit ergibt sich aus Gleichung 41.4 für die Bindungslänge

$$r = \sqrt{\frac{J}{\mu}} = \sqrt{\frac{1{,}46 \cdot 10^{-46}\,\mathrm{kg \cdot m^2}}{1{,}14 \cdot 10^{-26}\,\mathrm{kg}}} = 1{,}13 \cdot 10^{-10}\,\mathrm{m} = 0{,}113\,\mathrm{nm} \,.$$

c Aus Gleichung 41.3 ist $\Delta E \propto L$ bekannt. Daher ist $\lambda = c/f = hc/\Delta E$ proportional zu $1/L$. Beim Übergang vom Zustand mit $L = 2$ zum Zustand mit $L = 1$ gilt daher $\lambda_2 = \frac{1}{2}\lambda_1 = 1{,}30\,\mathrm{mm}$. Beim Übergang vom Zustand mit $L = 3$ zum Zustand mit $L = 2$ gilt $\lambda_3 = \frac{1}{3}\lambda_1 = 0{,}87\,\mathrm{mm}$. Und beim Übergang vom Zustand mit $L = 4$ zum Zustand mit $L = 3$ gilt $\lambda_4 = 0{,}65\,\mathrm{mm}$. Alle Werte liegen in der Nähe der gemessenen Werte. Die Photonenenergien $hf = hc/\lambda$ sind jeweils $4{,}8 \cdot 10^{-4}\,\mathrm{eV}$, $9{,}5 \cdot 10^{-4}\,\mathrm{eV}$, $1{,}4 \cdot 10^{-3}\,\mathrm{eV}$ und $1{,}9 \cdot 10^{-3}\,\mathrm{eV}$.

Moleküle als Quantensysteme: Schwingungen

Die potenzielle Energie zweier Atome eines typischen zweiatomigen Moleküls hat die in den ▸ **Abbildungen 41.8** und **41.9** dargestellte Form. ▸ **Abbildung 41.17** zeigt nochmals die potenzielle Energie eines H_2-Moleküls. Wir stellen fest, dass die

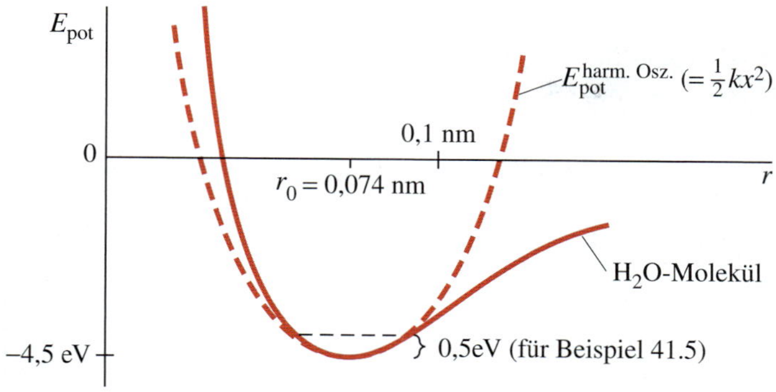

Abbildung 41.17 Potenzielle Energie eines H_2-Moleküls und eines einfachen harmonischen Oszillators ($E_{pot}^{harm. Osz.} = \frac{1}{2}kx^2$ mit $|x| = |r - r_0|$). Die Markierung bei der Energie 0,50 eV dient der Verwendung in Beispiel 41.5 zur Abschätzung von k. (Beachten Sie, dass $E_{pot}^{harm. Osz.} = 0$ nicht dasselbe bedeutet wie $E_{pot} = 0$ bei einem Molekül.)

potenzielle Energie, zumindest in der Umgebung des Gleichgewichtsabstandes r_0, der potenziellen Energie $E_{pot} = \frac{1}{2}kx^2$ des harmonischen Oszillators gleicht, die gestrichelt eingezeichnet ist. Daher erfährt jedes Atom für kleine Auslenkungen von r_0 eine rücktreibende Kraft, die näherungsweise proportional zur Auslenkung ist; das Molekül schwingt wie ein einfacher harmonischer Oszillator. Die klassische Schwingungsfrequenz ist

Klassische Schwingungsfrequenz

$$f = \frac{1}{2\pi}\sqrt{\frac{k}{\mu}}\,, \tag{41.5}$$

wobei k die „Kraftkonstante" (wie bei einer Feder, Kapitel 14) ist. Anstelle der Masse m müssen wir nun wieder die reduzierte Massen $\mu = m_1 m_2/(m_1 + m_2)$ einsetzen. (Dies wird in Aufgabe 58 gezeigt.) Die Schrödingergleichung des einfachen harmonischen Oszillators liefert für die potenzielle Energie Lösungen, die gemäß

$$E_{vib} = (v + \frac{1}{2})hf \quad v = 0, 1, 2, \ldots \tag{41.6}$$

quantisiert sind, wobei f durch Gleichung 41.5 gegeben ist und v eine ganze Zahl ist, die als **Schwingungsquantenzahl** bezeichnet wird. Der Zustand mit der niedrigsten Energie ($v = 0$) ist nicht null (wie bei der Rotation), sondern $E = \frac{1}{2}hf$. Dies wird als **Nullpunktsenergie** bezeichnet.[2] Die höheren Energiezustände sind, wie in ▸ Abbildung 41.18 dargestellt, $\frac{3}{2}hf$, $\frac{5}{2}hf$ usw. Die Übergänge unterliegen der Auswahlregel

$$\Delta v = \pm 1\,,$$

so dass bei den erlaubten Übergänge zwischen benachbarten Zuständen jeweils Photonen der Energie

$$\Delta E_{vib} = hf \tag{41.7}$$

emittiert werden. Dies kommt den experimentellen Werten bei kleinen v ziemlich nahe, jedoch beginnt die Kurve (▸ Abbildung 41.17) bei höheren Energien vom Verhalten eines perfekten, einfachen harmonischen Oszillators abzuweichen, was sich auf die Wellenlängen und Frequenzen der Übergänge auswirkt. Die Energien liegen typischerweise im Bereich von 10^{-1} eV. Das ist etwa 10 bis 100-mal so viel wie bei Rotationsübergängen, deren Wellenlängen im Infrarotbereich des Spektrums liegen ($\approx 10^{-5}$ m).[3]

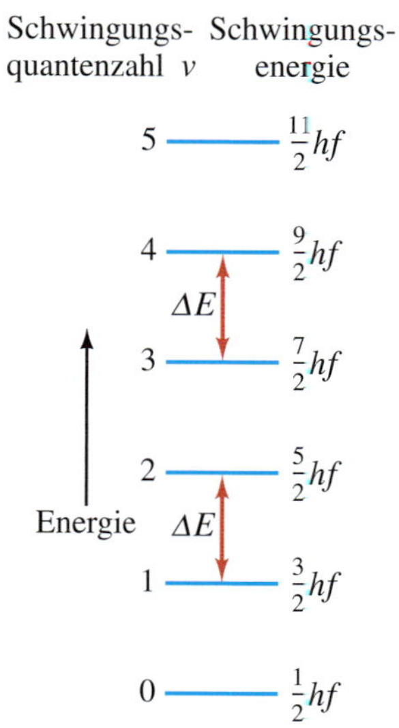

Abbildung 41.18 Erlaubte Schwingungsenergien eines zweiatomigen Moleküls, wobei f die durch Gleichung 41.5 gegebene Grundschwingungsfrequenz ist. Übergänge sind nur zwischen den benachbarten äquidistanten Niveaus erlaubt ($\Delta v = \pm 1$).

2 Vergleichen Sie mit den Ergebnissen beim Potenzialtopf, ▸ Abbildung 39.8.

3 Verbotene Übergänge mit $\Delta v = 2$ kommen mit etwas geringerer Wahrscheinlichkeit vor, deren Beobachtung kann jedoch in einigen Fällen wichtig sein, wie beispielsweise in der Astronomie.

Beispiel 41.5 · Abschätzung

Wellenlänge von H_2

Verwenden Sie die Kurve aus ► Abbildung 41.17, um (a) den Wert der Kraftkonstanten k beim H_2-Molekül und damit (b) die Grundwellenlänge der Schwingungsübergänge abzuschätzen.

Lösung

a Wir wählen willkürlich eine Energie über dem Nullpunkt von 0,5 eV, die in ► Abbildung 41.17 eingezeichnet ist. Wir lesen unmittelbar aus der Kurve ab, dass diese Energie einer Schwingung um $r_0 = 0{,}074$ nm mit der Auslenkung $x = \pm 0{,}017$ nm entspricht. Beim einfachen harmonischen Oszillator gilt $E_{\text{pot}}^{\text{harm. Osz.}} = \frac{1}{2}kx^2$, und an der Stelle $x = 0$ $(r = r_0)$ ist $E_{\text{pot}}^{\text{harm. Osz.}} = 0$; damit ist

$$k = \frac{2E_{\text{pot}}^{\text{harm. Osz.}}}{x^2} \approx \frac{2(0{,}50\,\text{eV})(1{,}6 \cdot 10^{-19}\,\text{J/eV})}{(1{,}7 \cdot 10^{-11}\,\text{m})^2} \approx 550\,\text{N/m}\,.$$

Dieser Wert wäre auch bei einer makroskopischen Feder sinnvoll. Ähnliche Federkonstanten findet man auch bei makroskopischen Federn.

b Die reduzierte Masse ist $\mu = m_1 m_2/(m_1 + m_2) = m_1/2 = \frac{1}{2}(1{,}0\,\text{u})\cdot(1{,}66 \cdot 10^{-27}\,\text{kg}) = 0{,}83 \cdot 10^{-27}\,\text{kg}$. Folglich erhalten wir mit Gleichung 41.5

$$\lambda = \frac{c}{f} = 2\pi c\sqrt{\frac{\mu}{k}} = 2\pi(3{,}0 \cdot 10^8\,\text{m/s})\sqrt{\frac{0{,}83 \cdot 10^{-27}\,\text{kg}}{550\,\text{N/m}}}$$
$$= 2300\,\text{nm}\,.$$

Diese Wellenlänge liegt im Infrarotbereich des Spektrums.

Experimentell gehen wir umgekehrt vor: Die Wellenlängen der Schwingungsübergänge eines gegebenen Moleküls werden gemessen. Daraus kann die Kraftkonstante berechnet werden. Die auf diese Weise berechneten k-Werte sind ein Maß für die Stärke der molekularen Bindung.

Beispiel 41.6

Schwingungsenergieniveaus des Wasserstoffs

Wasserstoffmoleküle emittieren infrarote Strahlung mit einer Wellenlänge von etwa 2300 nm. (a) Wie groß ist der Abstand zwischen verschiedenen Schwingungsniveaus? (b) Welche Energie hat der Schwingungszustand mit der kleinsten Energie?

Lösung

a $$\Delta E_{\text{vib}} = hf = \frac{hc}{\lambda} = \frac{(6{,}63 \cdot 10^{-34}\,\text{J}\cdot\text{s})(3{,}00 \cdot 10^8\,\text{m/s})}{(2300 \cdot 10^{-9}\,\text{m})(1{,}60 \cdot 10^{-19}\,\text{J/eV})} = 0{,}54\,\text{eV}\,.$$

b Der Schwingungszustand mit der niedrigsten Energie besitzt $\nu = 0$ in Gleichung 41.6: $E = \frac{1}{2}hf = 0{,}27$ eV.

Rotations-Schwingungs-Zustände

Wird Energie auf ein Molekül übertragen, können angeregte Zustände des Rotations- und Schwingungsspektrums besetzt werden. Weil die Rotationsenergien von der selben Größenordnung oder kleiner als die Schwingungsenergien sind, die wiederum selbst kleiner als die Energien der elektronischen Niveaus sind, können wir die in ▶ Abbildung 41.19 dargestellte Einteilung vornehmen. Übergänge zwischen Energieniveaus, bei denen ein Photon emittiert wird, müssen folgenden *Auswahlregeln* genügen:

$$\Delta\nu = \pm 1$$

und

$$\Delta L = \pm 1\,.$$

Einige erlaubte und verbotene (mit × markierte) Übergänge sind in ▶ Abbildung 41.19 dargestellt. Es wurden nicht alle Übergänge und Niveaus eingezeichnet, und der Abstand zwischen den Schwingungsniveaus und (noch deutlicher) zwischen den Rotationsniveaus wurde übertrieben dargestellt. Wir können jedoch den Ursprung der eng beieinander liegenden Linien deutlich erkennen, die zu den weiter vorn in ▶ Abbildung 41.14 erwähnten Bandenspektren führen.

Molekülspektren sind recht kompliziert, so dass wir Übergänge zwischen unterschiedlichen Rotations- und Schwingungszuständen desselben elektronischen Niveaus diskutieren, wie die in ▶ Abbildung 41.19 oben gezeigten. Beim Übergang von einem Zustand mit den Quantenzahlen ν und L zu einem Zustand mit den Quantenzahlen $\nu + 1$ und $L \pm 1$ (siehe obige Auswahlregel) wird ein Photon der Energie

$$\begin{aligned}\Delta E &= \Delta E_{\text{vib}} + \Delta E_{\text{rot}}\\ &= hf + (L+1)\frac{\hbar^2}{I} \qquad \begin{bmatrix} L \to L+1 \\ (\Delta L = +1) \end{bmatrix}, \quad L = 0,1,2,3,\ldots\\ &= hf + L\frac{\hbar^2}{I} \qquad \begin{bmatrix} L \to L-1 \\ (\Delta L = -1) \end{bmatrix}, \quad L = 0,1,2,3,\ldots\end{aligned} \tag{41.8}$$

absorbiert[4], wobei wir die Gleichungen 41.3 und 41.7 benutzt haben. Beachten Sie, dass L bei Übergängen mit $L \to L-1$ nicht null sein kann, da es keinen Zustand mit $L = -1$ gibt. Die Gleichungen 41.8 sagen ein Absorptionsspektrum vorher, wie es in ▶ Abbildung 41.20 schematisch dargestellt ist. Links gibt es Übergänge mit $L \to L-1$ und rechts Übergänge mit $L \to L+1$. ▶ Abbildung 41.21 zeigt ein molekulares Absorptionsspektrum von HCl, was dieser schematischen Darstellung sehr gut entspricht. (Jede Linie dieses Spektrums wird in zwei aufgespalten, da Cl zwei Isotope verschiedener Masse besitzt; deshalb gibt es zwei Arten von HCl-Molekülen, die verschiedene Trägheitsmomente I aufweisen.)

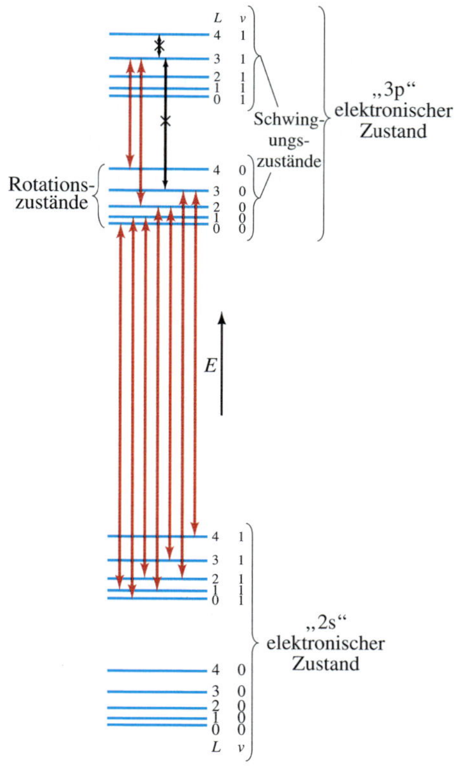

Abbildung 41.19 Termschema eines Moleküls, das elektronische Zustände und Schwingungs- und Rotationszustände beinhaltet. Die mit × gekennzeichneten Übergänge sind aufgrund der Auswahlregel verboten.

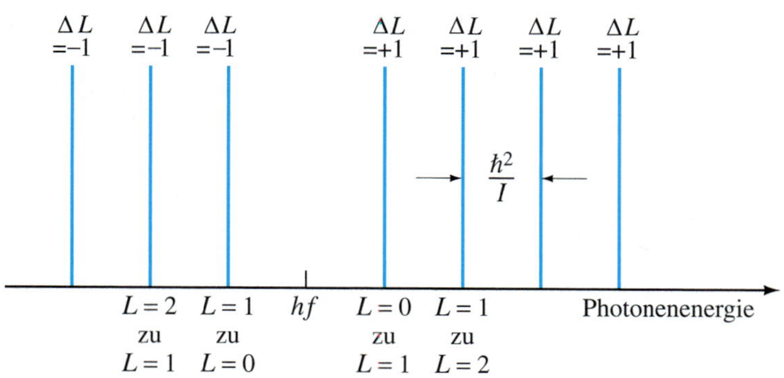

Abbildung 41.20 Spektrum, das man bei einer Kombination aus Rotations- und Schwingungszuständen erwartet.

4 Dies gilt bei der Absorption. Bei der Emission eines Photons würde ein Übergang mit $\nu \to \nu - 1$ und $L \to L \pm 1$ stattfinden.

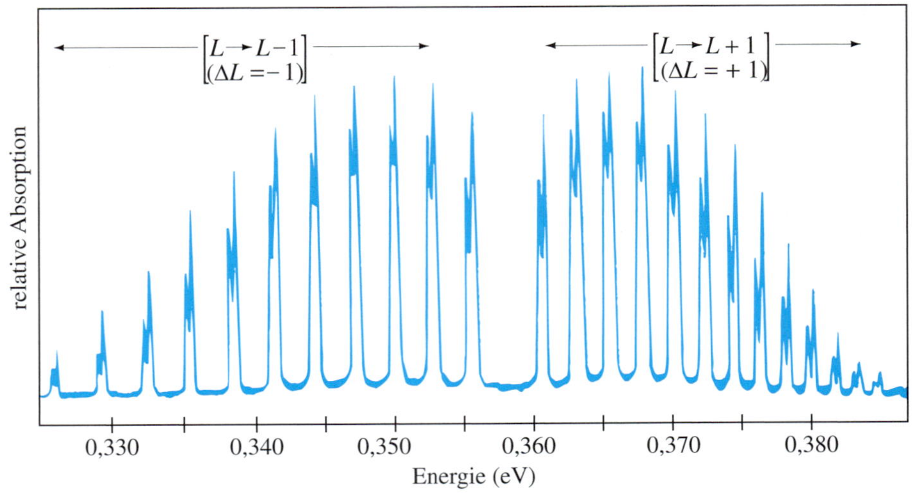

Abbildung 41.21 Absorptionsspektrum eines HCl-Moleküls. Die Linien auf der linken Seite gehören zu Übergängen, bei denen $L \to L-1$ gilt; diejenigen auf der rechten Seite gehören zu Übergängen mit $L \to L+1$. Jede Linie besitzt zwei Peaks, da Chlor zwei Isotope besitzt, die verschiedene Massen und verschiedene Trägheitsmomente haben.

Beispiel 41.7 · Abschätzung

Das HCl-Molekül

Schätzen Sie das Trägheitsmoment des HCl-Moleküls mithilfe von ▸ Abbildung 41.21 ab. Zur schnellen Abschätzung können sie für den Moment ignorieren, dass es zwei verschiedene Isotope gibt.

Lösung

Die Positionen der Peaks in ▸ Abbildung 41.21 sollten den Vorhersagen der Gleichungen 41.8 entsprechen. Zwar wissen wir nicht, welcher Wert von L zu jedem Peak in ▸ Abbildung 41.21 gehört, doch können wir die Energiedifferenz zwischen den Peaks zu etwa $\Delta E' = 0{,}0025$ eV abschätzen. Aus den Gleichungen 41.8 wissen wir, dass die Energiedifferenz zwischen zwei Peaks durch

$$\Delta E' = \Delta E_{L+1} - \Delta E_L = \frac{\hbar^2}{J}$$

gegeben ist. Daher gilt

$$J = \frac{\hbar^2}{\Delta E'} = \frac{(6{,}626 \cdot 10^{-34}\,\mathrm{J \cdot s}/2\pi)^2}{(0{,}0025\,\mathrm{eV})(1{,}6 \cdot 10^{-19}\,\mathrm{J/eV})} = 2{,}8 \cdot 10^{-47}\,\mathrm{kg{\cdot}m^2}\,.$$

Wenn wir auf die Ergebnisse aus Beispiel 41.3 zurückgreifen, können wir uns eine bessere Vorstellung davon machen, was diese Zahl bedeutet. Wir schreiben $J = \mu r^2$ und berechnen μ:

$$\mu = \frac{m_1 m_2}{m_1 + m_2} = \frac{(1{,}0\,\mathrm{u})(35\,\mathrm{u})}{36\,\mathrm{u}}(1{,}66 \cdot 10^{-27}\,\mathrm{kg/u}) = 1{,}6 \cdot 10^{-27}\,\mathrm{kg}\,.$$

Die Bindungslänge ist daher durch

$$r = \left(\frac{J}{\mu}\right)^{\frac{1}{2}} = \left(\frac{2{,}8 \cdot 10^{-47}\,\mathrm{kg{\cdot}m^2}}{1{,}6 \cdot 10^{-27}\,\mathrm{kg}}\right)^{\frac{1}{2}} = 1{,}3 \cdot 10^{-10}\,\mathrm{m}$$

gegeben (Gleichung 41.4).

41.5 Bindungen in Festkörpern

Die Quantenmechanik ist beim Verständnis der physikalischen Eigenschaften von Festkörpern außerordentlich hilfreich. Dieses aktive Forschungsgebiet wird als **Festkörperphysik** oder **Physik der kondensierten Materie** bezeichnet und schließt auch Flüssigkeiten ein. Der übrige Teil dieses Kapitels widmet sich diesem Thema. Wir beginnen mit einem kurzen Überblick über die Kristallstruktur der Festkörper und deren Bindungen.

Obwohl auch einige feste Stoffe eine *amorphe* Struktur aufweisen, bei der Atome und Moleküle keine langreichweitige Ordnung zeigen, werden wir uns hier dagegen mit *kristallinen* Stoffen befassen. Kristalle weisen Translationssymmetrie auf, die Atome, Ionen oder Moleküle sind also im Raum periodisch angeordnet. Diese periodische Anordnung beschreiben wir durch ein *Gitter*, das aus abstrakten periodisch angeordneten Gitterpunkten besteht. Eine kleinste Raumeinheit in diesem Gitter, die sich periodisch wiederholt und Atome, Ionen oder Moleküle enthält, bezeichnen wir als Elementarzelle oder Basis. Eine Kristallstruktur ergibt sich somit durch das Gitter und die Basis. ▸ Abbildung 41.22 zeigt drei unterschiedliche Elementarzellen von Atomen in einem Kristall: einfach kubisch, kubisch flächenzentriert und kubisch raumzentriert. Der NaCl-Kristall ist kubisch flächenzentriert (siehe ▸ Abbildung 41.23) mit jeweils einem Na^+- oder einem Cl^--Ion an jedem Gitterplatz (Na und Cl getrennt betrachtet).

Die Moleküle eines Festkörpers werden auf verschiedene Weise zusammengehalten. Am weitesten verbreitet sind die Metallbindung, die *kovalente* Bindung (wie beispielsweise zwischen den Kohlenstoffatomen eines Diamanten) und die *ionische* Bindung (wie beim NaCl-Kristall). Häufig sind die Bindungen teilweise kovalent und teilweise ionisch. Die bisherige Diskussion dieser Bindungen in diesem Kapitel bei Molekülen lässt sich auf Festkörper übertragen.

Beschäftigen wir uns zunächst mit dem NaCl-Kristall aus ▸ Abbildung 41.23. Jedes Na^+-Ion spürt ein anziehendes Coulomb-Potenzial, das von jedem der es umgebenden sechs nächsten Cl^--Nachbarionen ausgeht. Wegen der langen Reichweite des Coulomb-Potenzials können wir einem Na^+-Ion nicht ein Cl^--Ion zuordnen. Deshalb ist es beim Festkörper mit Ionenbindung notwendig, über das Einzelmolekül hinaus Wechselwirkungen mit weiteren Ionen zu berücksichtigen. Jedes Na^+-Ion erfährt neben der Wechselwirkung mit seinem sechs nächsten Cl^--Nachbarn abstoßende Wechselwirkung durch übernächste Na^+-Nachbarn. Diese abstoßende Wechselwirkung ist jedoch schwächer, da die Na^+-Ionen weiter voneinander entfernt sind. Daher erwarten wir ein anziehendes Gesamtpotenzial

$$E_{\text{pot}} = -\alpha \frac{1}{4\pi\epsilon_0} \frac{e^2}{r} \,.$$

Der Faktor α wird als *Madelung-Konstante* bezeichnet. Wenn jedes Na^+-Ion lediglich von den sechs Cl^--Ionen umgeben wäre, hätte α den Wert 6. Der Einfluss aller anderen Ionen reduziert ihn jedoch beim NaCl-Kristall auf $\alpha = 1{,}75$. Auch das Potenzial muss einen Term enthalten, der die abstoßende Kraft angibt, wenn sich die Wellenfunktionen der Elektronen in den inneren Schalen und Unterschalen überlappen. Dieser Term muss von der Form $E_{\text{pot}} = B/r^m$ sein, wobei m eine kleine ganze Zahl ist. Daher gilt

$$E_{\text{pot}} = -\frac{\alpha}{4\pi\epsilon_0} \frac{e^2}{r} + \frac{B}{r^m} \,. \qquad (41.9)$$

Dieser Term hat dieselbe Form wie Gleichung 41.1 bei Molekülen (Abschnitt 41.2). Man kann zeigen (Aufgabe 19), dass an der Stelle des Gleichgewichtsabstandes r_0

$$E_{\text{pot}} = E^0_{\text{pot}} = -\frac{\alpha}{4\pi\epsilon_0} \frac{e^2}{r_0} \left(1 - \frac{1}{m}\right)$$

gilt. Dieses E^0_{pot} wird als *ionische Kohäsionsenergie* bezeichnet; es ist die (pro Ion) benötigte Energie, um den Festkörper in einzelne, weit entfernte Ionen zu zerlegen.

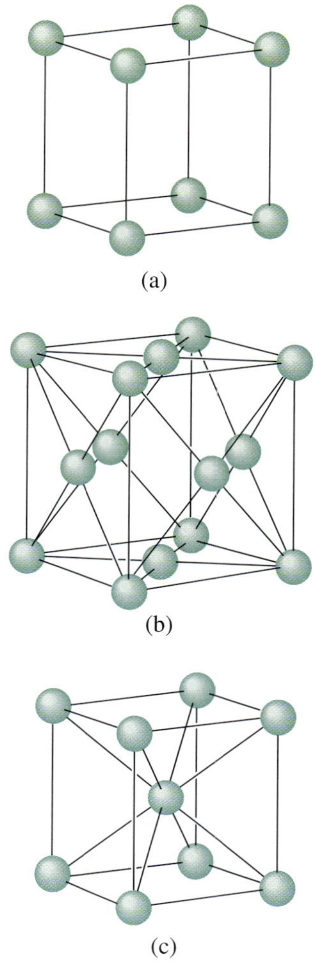

Abbildung 41.22 Anordnung von Atomen (a) in einem einfach kubischen Kristall, (b) in einem kubisch flächenzentrierten Kristall (beachten Sie das Atom im Mittelpunkt jeder Fläche) und (c) in einem kubisch raumzentrierten Kristall. Jeder Teil zeigt auch die Bindungsverhältnisse. Die Elementarzellen werden dreidimensional bis zum Erreichen der Kanten des makroskopischen Kristalls aneinander gesetzt.

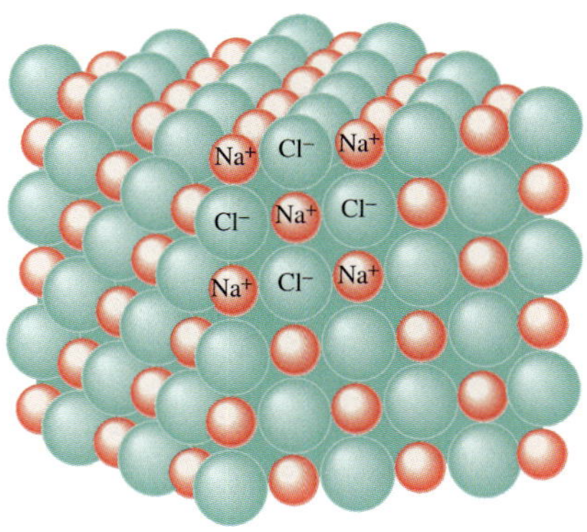

Abbildung 41.23 Schematische Darstellung eines NaCl-Kristalls, die die „Packung" der Atome verdeutlicht.

Bei Metallen kommt noch eine andere Bindungsart hinzu. Metalle besitzen relativ schwach gebundene Außenelektronen. Moderne Theorien über die **metallische Bindung** gehen davon aus, dass sich diese äußeren Elektronen, die Leitungselektronen, in einem metallischen Festkörper nahezu frei zwischen allen Metallatomen bewegen, die aufgrund des Verlustes ihres Außenelektrons wie positive Ionen wirken. Der Zusammenhalt im Festkörper ist zumindest teilweise auf die elektrostatische Anziehung zwischen den Metallionen und diesem negativen Elektronengas zurückzuführen. Die Bindungsenergien von Metallbindungen sind gewöhnlich 1 bis 3 eV, also etwas schwächer als die der ionischen oder kovalenten Bindungen (5 bis 10 eV in Festkörpern). Die freien Elektronen im Metall sind gemäß dieser Theorie für die hohe elektrische und thermische Leitfähigkeit von Metallen verantwortlich (siehe Abschnitte 41.6 und 41.7). Diese Theorie erklärt auch den Glanz glatter Metalloberflächen sehr anschaulich: Die Elektronen sind frei beweglich und können mit jeder Frequenz schwingen, so dass die Elektronen an der Metalloberfläche beim Einfall von Licht mit einem Frequenzspektrum in Schwingungen geraten und Licht derselben Frequenzen emittieren. Daher besteht das reflektierte Licht im Wesentlichen aus denselben Frequenzen wie das einfallende Licht. Vergleichen Sie dieses Verhalten mit der Tatsache, dass nichtmetallische Stoffe eine bestimmte Farbe besitzen – die Elektronen der Atome können sich nur in bestimmten Zuständen aufhalten, so dass die Atome bei Lichteinfall bestimmte Frequenzen absorbieren und andere Frequenzen reflektieren, wodurch die für den Stoff charakteristische Farbe entsteht.

Die Atome oder Moleküle einiger Stoffe, wie die der Edelgase, können nur **schwache Bindungen** miteinander eingehen. Wie wir aus Abschnitt 41.3 wissen, haben schwache Bindungen sehr niedrige Bindungsenergien, von denen man nicht annimmt, dass sie Atome bei Raumtemperatur zusammenhalten, wie es bei Flüssigkeiten und Festkörpern der Fall ist. Die Edelgase kondensieren erst bei sehr tiefen Temperaturen, bei denen die atomare kinetische Energie klein ist und die schwache Anziehung folglich die Atome verbinden kann.

41.6 Elektronentheorie der Metalle

Beschäftigen wir uns genauer mit der Elektronentheorie der Metalle, die wir bereits im vorangegangenen Kapitel erwähnt haben. Wir stellen uns vor, dass die Elektronen im Metall ähnlich wie in einem Potenzialtopf gefangen sind: Innerhalb des Metalls ist die potenzielle Energie null, an den Metallrändern gibt es jedoch hohe Potenzialwände. Da bei Raumtemperatur nur wenige Elektronen aus dem Metall heraustreten, können wir uns die Potenzialwände unendlich hoch vorstellen (wie in Abschnitt 39.8). Bei höheren Temperaturen treten Elektronen aus dem Metall aus (wir wissen, dass thermische Emission stattfindet, Abschnitt 23.9), so dass die Potenzialwand in diesem Fall offensichtlich nur eine endliche Höhe besitzt. Bei diesem Modell sind die Elektronen im Metall gefangen, sie können sich jedoch innerhalb des Potenzialtopfes mit makroskopischer Größe – der Größe des Metallstückes – frei bewegen. Die Energie ist quantisiert, der Abstand zwischen den Energieniveaus ist aber sehr gering (siehe Gleichung 39.13), weil L sehr groß ist. In der Tat ist die Anzahl der Zustände mit einer Energie zwischen 5,0 und 5,5 eV in einem Würfel mit $L = 1\,\mathrm{cm}$ Kantenlänge von der Größenordnung 10^{22} (siehe Beispiel 41.8).

Wenn wir mit einer so großen Anzahl von Zuständen konfrontiert sind, die so nah beieinander liegen, dass sie scheinbar ein Kontinuum bilden, müssen wir für die Berechnung physikalischer Eigenschaften der Leitungselektronen statistische Methoden anwenden. Die Leitungselektronen liefern einen Beitrag zur spezifischen Wärme eines Metalls, sie bestimmen maßgeblich den elektrischen Widerstand und die Wärmeleitfähigkeit, aber auch andere physikalische Größen eines Metalls. Dazu definieren wir eine **Zustandsdichte** $g(E)$, Gleichung 18.6 (siehe Abschnitt 18.2); $g(E)\,\mathrm{d}E$ gibt die Anzahl der Zustände pro Volumeneinheit an, die Energien zwischen E und $E + \mathrm{d}E$ besitzen. Viele physikalische Größen können wir durch Integration über die Einelektronenenergie E erhalten, wobei im Integranden die Zustandsdichte auftritt. Eine sorgfältige Berechnung der Zustandsdichte (siehe Aufgabe 35), bei der wir einen dreidimensionalen Potenzialtopf betrachten müssen, ergibt

$$g(E) = \frac{8\sqrt{2}\pi m^{\frac{3}{2}}}{h^3} E^{\frac{1}{2}} . \qquad (41.10)$$

Zustandsdichte

Diese Funktion zeigt ▶ Abbildung 41.24.

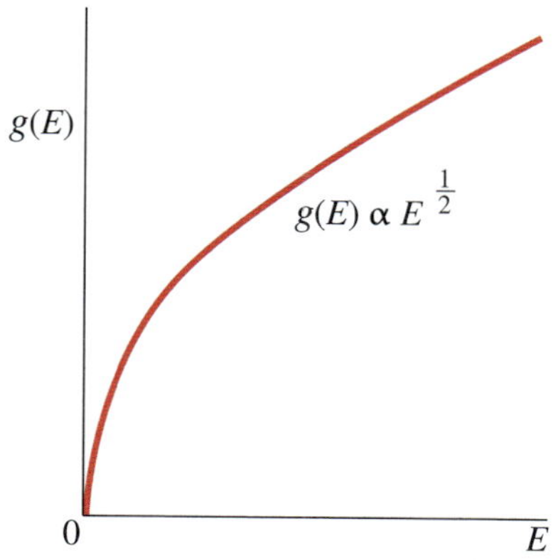

Abbildung 41.24 Zustandsdichte $g(E)$ als Funktion der Energie E (Gleichung 41.10).

Beispiel 41.8 Elektronenzustände in Kupfer

Schätzen Sie die Anzahl der Zustände im Bereich von 5,0 bis 5,5 eV, die Elektronen in einem Kupferwürfel mit 1,0 cm Kantenlänge besetzen können.

Lösung

Da $g(E)$ die Anzahl der Zustände pro Volumeneinheit und Energieintervall angibt, ist die Anzahl N der Zustände etwa (es handelt sich um eine Näherung, da ΔE nicht klein ist)

$$N \approx g(E)V\Delta E ,$$

wobei wir $V = 1{,}0\,\text{cm}^3$ und $\Delta E = 0{,}50\,\text{eV}$ setzen. Wir berechnen $g(E)$ an der Stelle $E = 5{,}25$ eV und erhalten (Gleichung 41.10):

$$N \approx g(E)V\Delta E = \frac{8\sqrt{2}\pi(9{,}1\cdot 10^{-31}\,\text{kg})^{\frac{3}{2}}}{(6{,}63\cdot 10^{-34}\,\text{J·s})^3}\sqrt{(5{,}25\,\text{eV})(1{,}6\cdot 10^{-19}\,\text{J/eV})}\cdot$$
$$(1{,}0\cdot 10^{-6}\,\text{m}^3)(0{,}50\,\text{eV})(1{,}6\cdot 10^{-19}\,\text{J/eV})$$
$$\approx 8\cdot 10^{21}$$

Zustände in einem Volumen von $1{,}0\,\text{cm}^3$. Beachten Sie, dass die Kristallstruktur des Metalls bei der Berechnung keine Rolle spielte.

Gleichung 41.10 gibt die Zustandsdichte für Elektronen in einem Metall an. Nun können wir fragen: Wie sind die Zustände in einem Elektronengas tatsächlich besetzt? Betrachten wir zunächst die Situation am absoluten Nullpunkt, bei $T = 0$ K. Bei einem klassischen idealen Gas würden sich alle Teilchen im Zustand mit der niedrigsten Energie befinden, wobei die kinetische Energie $(= \frac{3}{2}kT = 0)$ null wäre. Die Situation ist bei einem Elektronengas jedoch vollkommen anders, da Elektronen dem Pauli-Prinzip unterliegen. Elektronen folgen nicht der klassischen Statistik (Maxwell-Boltzmann-Statistik), sondern vielmehr einer Quantenstatistik, die als **Fermi-Dirac-Statistik**[5] bezeichnet wird und das Pauli-Prinzip beachtet. Alle Teilchen mit Spin $\frac{1}{2}$ (oder anderem halbzahligem Spin: $\frac{3}{2}, \frac{5}{2}$ usw.), wie Elektronen, Protonen und Neutronen, folgen der Fermi-Dirac-Statistik und werden als **Fermionen**[6] bezeichnet. Das Elektronengas in einem Metall wird häufig als **Fermi-Gas** bezeichnet. Nach dem Pauli-Prinzip kann ein Elektronenzustand mit festen Quantenzahlen nur von einem Elektron besetzt werden. Daher können sich in jedem Zustand des Potenzialtopfes höchstens zwei Elektronen aufhalten: eines mit Spin aufwärts $(m_s = +\frac{1}{2})$ und eines mit Spin abwärts $(m_s = -\frac{1}{2})$. (Dieser Faktor 2 ist in Gleichung 41.10 bereits enthalten.) Daher werden bei der Temperatur $T = 0$ K die möglichen Energieniveaus mit jeweils zwei Elektronen bis zum Errei-

5 Die Statistik entwickelten unabhängig voneinander Enrico Fermi (▶ Abbildungen 39.2, 39.10 und 42.7) Anfang 1926 und P.A.M. Dirac einige Monate später.

6 Teilchen mit ganzzahligem Spin (0, 1, 2 usw.), wie das Photon, folgen der *Bose-Einstein-Statistik* und werden **Bosonen** genannt.

Fermi-Niveau

Fermi-Energie

chen eines maximalen Niveaus gefüllt, das als **Fermi-Niveau** bezeichnet wird. Dies ist in ▸ Abbildung 41.25 dargestellt, wobei die vertikale Achse die Bezeichnung $n_o(E)$ für „Dichte der besetzten Zustände" trägt. Die Energie des Fermi-Niveaus wird als **Fermi-Energie** E_F bezeichnet. Zur Bestimmung von E_F integrieren wir Gleichung 41.10 von $E = 0$ bis $E = E_F$ (alle Zustände bis E_F sind bei $T = 0\,K$ gefüllt):

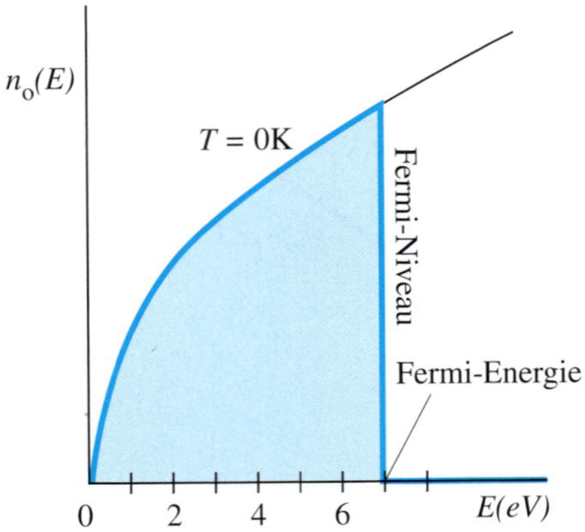

Abbildung 41.25 Besetzungsdichte $n_o(E)$ der Zustände von Leitungselektronen. Bei $T = 0\,K$ sind alle Zustände bis zur Energie E_F besetzt. E_F wird als Fermi-Energie bezeichnet.

$$\frac{N}{V} = \int_0^{E_F} g(E)\,dE\,, \tag{41.11}$$

wobei N/V die Anzahl der Leitungselektronen pro Volumeneinheit im Metall ist. Wenn wir nach E_F auflösen, erhalten wir (siehe Beispiel 41.9)

$$E_F = \frac{h^2}{8m}\left(\frac{3}{\pi}\frac{N}{V}\right)^{\frac{3}{2}}\,. \tag{41.12}$$

Die mittlere Energie dieser Verteilung (siehe Aufgabe 31) ist

$$\overline{E} = \frac{3}{5}E_F\,. \tag{41.13}$$

Bei Kupfer ist $E_F = 7{,}0\,eV$ (siehe Beispiel 41.9) und $\overline{E} = 4{,}2\,eV$. Dies ist sehr viel größer als die Energie der thermischen Bewegung bei Raumtemperatur ($\frac{3}{2}kT \approx 0{,}04\,eV$). Offensichtlich hört am absoluten Nullpunkt nicht jede Bewegung auf.

Daher sind bei $T = 0$ alle Zustände mit einer Energie unterhalb von E_F besetzt und alle oberhalb E_F sind leer. Was passiert im Falle $T > 0$? Wir erwarten, dass einige Elektronen ihre Energie aufgrund der thermischen Bewegung erhöhen. Klassisch wäre die Verteilung der besetzten Zustände durch die Maxwell-Boltzmann-Verteilung gegeben, $e^{-E/kT}$ (siehe Gleichungen 40.16). Beim Elektronengas, einem quantenmechanischen System, das dem Pauli-Prinzip unterliegt, ist die Besetzungswahrscheinlichkeit eines vorgegebenen Zustandes mit der Energie E durch die **Fermi-Durac-Verteilung** (kurz **Fermi-Verteilung** oder **Fermi-Faktor**) gegeben:

Fermi-Verteilung

$$f(E) = \frac{1}{e^{(E-E_F)/kT} + 1} \tag{41.14}$$

mit der Fermi-Energie E_F. Diese Funktion ist in ▸ Abbildung 41.26 für zwei Temperaturen aufgetragen, $T = 0\,K$ und $T = 1200\,K$ (was nur wenig unterhalb des Schmelzpunktes von Kupfer liegt). Bei $T = 0$ (oder für T gegen null) wird der Faktor $e^{(E-E_F)/kT}$ in Gleichung 41.14 im Falle $E < E_F$ null und ∞ im Falle $E > E_F$. Daher gilt

Besetzungsdichte

$$f(E) = \begin{cases} 1 & E < E_F \\ 0 & E > E_F \end{cases} \quad \text{bei } T = 0\,.$$

▸ Abbildung 41.26 zeigt $f(E)$ bei $T = 0$ als schwarze Kurve. Dies ist konsistent mit ▸ Abbildung 41.25: Alle Zustände bis zum Fermi-Niveau sind besetzt (Wahrscheinlichkeit $f(E) = 1$) und alle Zustände oberhalb des Fermi-Niveaus sind unbesetzt. Bei $T = 1200\,K$ hat sich die Fermi-Verteilung nur wenig verändert, wie in ▸ Abbildung 41.26 an der blauen Kurve deutlich wird. Beachten Sie, dass sich bei jeder Temperatur T an der Stelle $E = E_F$ aus Gleichung 41.14 $f(E) = 0{,}50$ ergibt, was bedeutet, dass der Zustand mit $E = E_F$ eine Besetzungswahrscheinlichkeit von 50 Prozent besitzt. Um festzustellen, wie sich $f(E)$ auf die tatsächliche Verteilung der Elektronen in den Energiezuständen auswirkt, müssen wir die Zustandsdichte $g(E)$ mit der Besetzungswahrscheinlichkeit $f(E)$ wichten. Das Produkt der beiden Funktionen führt dann auf die **Besetzungsdichte**

$$n_o(E) = g(E)f(E) = \frac{8\sqrt{2}\pi m^{\frac{3}{2}}}{h^3}\,\frac{E^{\frac{1}{2}}}{e^{(E-E_F)/kT} + 1}\,. \tag{41.15}$$

Der Ausdruck $n_o(E)\,dE$ gibt die Anzahl der Elektronen pro Volumeneinheit an, die im thermischen Gleichgewicht bei der Temperatur T eine Energie zwischen E und $E + dE$ besitzen. Diese Verteilung ist im Falle $T = 1200\,K$ in ▸ Abbildung 41.27

dargestellt. Bei dieser Temperatur ist das Metall glühend heiß. Wir erkennen sofort, dass sich die Verteilung etwas von der bei $T = 0$ unterscheidet. Wir erkennen auch, dass sich die auftretenden Veränderungen um das Fermi-Niveau konzentrieren. Einige Elektronen mit einer Energie, die etwas unterhalb des Fermi-Niveaus liegt, gehen in einen etwas darüber liegenden Energiezustand über. Die mittlere Energie der Elektronen erhöht sich lediglich sehr geringfügig, wenn die Temperatur von $T = 0$ K auf $T = 1200$ K erhöht wird. Dieses Verhalten unterscheidet sich sehr deutlich von dem eines idealen Gases, bei dem sich die kinetische Energie unmittelbar mit T erhöht. Dennoch kann man sich das Verhalten des Elektronengases folgendermaßen erklären. Die Energie der thermischen Bewegung beträgt bei $T = 1200$ K etwa $\frac{3}{2}kT \approx 0{,}1$ eV. Andererseits liegt das Fermi-Niveau in der Größenordnung einiger eV: bei Kupfer ist $E_\text{F} \approx 7{,}0$ eV. Ein Elektron bei $T = 1200$ K kann eine Energie von 7 eV besitzen, es kann jedoch nur einige Male durch einen (thermischen) Stoß mit dem Gitter eine Energie von 0,1 eV aufnehmen. Lediglich Elektronen in der Nähe des Fermi-Niveaus haben die Mögichkeit, hinreichend nahe liegende freie Zustände zu finden, zu denen ein Übergang möglich ist. Dass Elektronen durch Stöße ihre Energie um deutlich mehr als kT erhöhen, ist grundsätzlich möglich, jedoch statistisch sehr unwahrscheinlich. Deshalb werden nur Elektronen nahe des Fermi-Niveaus durch Stöße in andere Zustände übergehen, die wiederum nahe dem Fermi-Niveau liegen. Nur Elektronen an der oberen Grenze der Energieverteilung können thermisch zu höheren Zuständen angeregt werden. Ihre neue Energie ist im Mittel nur geringfügig höher als ihre alte Energie.

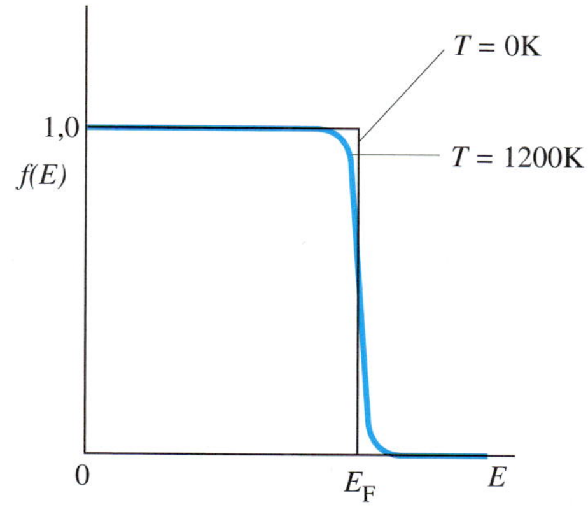

Abbildung 41.26 Die Fermi-Verteilung für zwei verschiedene Temperaturen $T = 0$ K (schwarze Linie) und $T = 1200$ K (blaue Kurve). Im Falle $f(E) = 1$ ist der Zustand mit der Energie E mit Sicherheit besetzt. Im Falle $f(E) = 0{,}5$, was bei $E = E_\text{F}$ der Fall ist, besitzt der Zustand mit E_F eine Besetzungswahrscheinlichkeit von 50 Prozent.

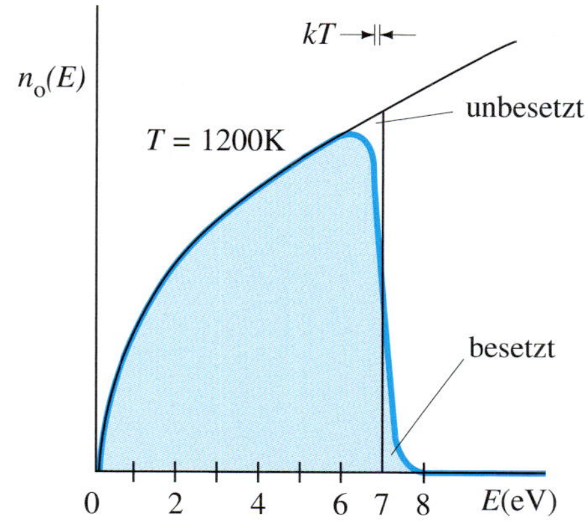

Abbildung 41.27 Besetzungsdichte der Zustände des Elektronengases für Kupfer. Die Breite kT gibt die thermische Energie bei $T = 1200$ K an.

Beispiel 41.9 **Das Fermi-Niveau**

Bestimmen Sie (a) die Fermi-Energie, (b) die mittlere Energie der Elektronen und (c) die Geschwindigkeit der Elektronen am Fermi-Niveau (die *Fermi-Geschwindigkeit*) von Kupfer.

Lösung

a Aus Gleichungen 41.10 und 41.11 erhalten wir:

$$\frac{N}{V} = \frac{8\sqrt{2}\pi m^{\frac{3}{2}}}{h^3}\int_0^{E_\text{F}} E^{\frac{1}{2}}\,\mathrm{d}E = \frac{8\sqrt{2}\pi m^{\frac{3}{2}}}{h^3}\,\frac{2}{3}E_\text{F}^{\frac{3}{2}}\,.$$

Durch Auflösen nach E_F erhalten wir

$$E_\text{F} = \frac{h^2}{8m}\left(\frac{3}{\pi}\frac{N}{V}\right)^{\frac{3}{2}}$$

(*Hinweis*: $(\sqrt{2})^{\frac{3}{2}} = 2(\sqrt{2}/2^{\frac{3}{2}})^{\frac{2}{3}} = 2(\frac{1}{2})^{\frac{2}{3}}$), dies ist Gleichung 41.12. Wir haben N/V, die Anzahl der Leitungselektronen pro Volumeneinheit in Kupfer, in Beispiel 25.12 als $N/V = 8{,}4 \cdot 10^{28}\ \text{m}^{-3}$ bestimmt. Daher gilt für Kupfer

$$E_\text{F} = \frac{(6{,}63\cdot 10^{-34}\ \text{J·s})^2}{8(9{,}1\cdot 10^{-31}\ \text{kg})}\left[\frac{3(8{,}4\cdot 10^{28}\ \text{m}^{-3})}{\pi}\right]^{\frac{2}{3}}\frac{1}{1{,}6\cdot 10^{-19}\ \text{J/eV}} = 7{,}0\ \text{eV}\,.$$

b Aus Gleichung 41.13 folgt $\overline{E} = \frac{3}{5}E_\text{F} = 4{,}2$ eV.

c Bei unserem Modell haben wir innerhalb des Metalls $E_\text{pot} = 0$ gewählt, so dass die kinetische Energie $E_\text{kin} = \frac{1}{2}mv^2$ ist. Daher ist die Fermi-Geschwindigkeit am Fermi-Niveau

$$v_\text{F} = \sqrt{\frac{2E_\text{F}}{m}} = \sqrt{\frac{2(7{,}0\ \text{eV})(1{,}6\cdot 10^{-19}\ \text{J/eV})}{9{,}1\cdot 10^{-31}\ \text{kg}}} = 1{,}6\cdot 10^6\ \text{m/s}\,,$$

eine sehr hohe Geschwindigkeit. Die Temperatur eines klassischen Gases müsste extrem hoch sein, damit die mittlere Geschwindigkeit der Teilchen so groß sein könnte.

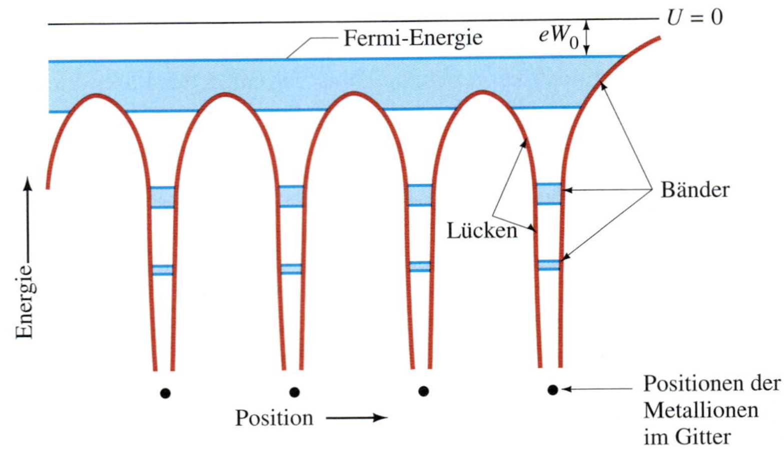

Abbildung 41.28 Potenzielle Energie eines Elektrons in einem Metallkristall, die in der Nähe jedes Ions des Kristallgitters tiefe Potenzialwände aufweist.

Das hier vorgestellte einfache Modell des Elektronengases liefert eine gute Erklärung für die elektrischen und thermischen Eigenschaften von Leitern. Es erklärt jedoch nicht, weshalb einige Stoffe gute Leiter und andere gute Isolatoren sind. Damit auch dieses Phänomen und weitere physikalische Eigenschaften erklärt werden können, benötigen wir eine Lösung des Problems eines Elektrons im periodischen Kristallpotential. ▸ Abbildung 41.28 zeigt ein periodisches Potenzial, das die Anziehung der Elektronen an jedem atomaren Ion des Gitters beachtet. Hier setzen wir für ein freies Elektron des Metalls $E_{pot} = 0$; die Elektronenenergien innerhalb des Metalls sind deshalb kleiner als null (genau wie bei Molekülen oder beim H-Atom, bei dem beispielsweise der Grundzustand eine Energie von $E = -13{,}6\,\text{eV}$ besitzt). Die Größe eW_0 steht für die Energie, die minimal aufgewendet werden muss, um ein Elektron aus dem Metall zu entfernen, W_0 ist die *Austrittsarbeit* (siehe Abschnitt 38.2). Der wesentliche Effekt eines periodischen Potenzials (zur Vereinfachung durch schmale rechteckige Potenzialsenken genähert) in der Schrödingergleichung besteht darin, dass nun die erlaubten Energiezustände in *Bänder* unterteilt sind, zwischen denen sich Energielücken befinden. Lediglich die Elektronen im höchsten Band, nahe dem Fermi-Niveau, können sich innerhalb des Metallkristalls annähernd frei bewegen. Im nächsten Abschnitt werden wir uns damit beschäftigen, weshalb es zur Ausbildung der Bänder kommt und wie dadurch die Eigenschaften von Leitern, Isolatoren und Halbleitern erklärt werden können.

41.7 Das Energiebändermodell für Kristalle

Aus Abschnitt 41.1 wissen wir, dass sich die Wellenfunktionen von Wasserstoffatomen bei Annäherung überlappen und die beiden 1s-Zustände (ein Zustand pro Atom) in zwei Zustände mit unterschiedlicher Energie aufgespalten werden. (Wie wir gesehen haben, hat nur ein Zustand, nämlich $S = 0$, eine so geringe Energie, dass es zu einer Bindung zum H_2-Molekül kommt.) ▸ Abbildung 41.29a zeigt diese Situation bei den 1s- und 2s-Zuständen zweier Atome: Bei der Annäherung der Atome spalten sich die 1s- und 2s-Zustände in jeweils zwei Niveaus auf. Wenn sechs Atome zusammenkommen, wie in ▸ Abbildung 41.29b dargestellt, wird jeder Zustand in sechs Niveaus aufgespalten. Wenn eine große Anzahl von Atomen in einem Festkörper zusammenkommt, wird jedes der ursprünglichen Niveaus zu einem **Band**, wie in ▸ Abbildung 41.29c dargestellt. Die Energieniveaus innerhalb

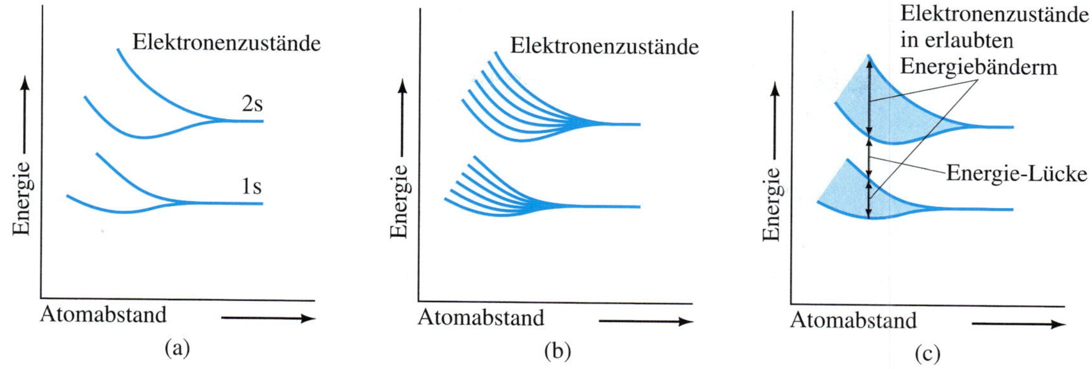

Abbildung 41.29 Aufspaltung der Energien von 1s- und 2s-Elektronenzuständen von Atomen, wenn (a) sich zwei Atome nähern (der Atomabstand verringert sich nach links); (b) derselbe Sachverhalt bei sechs Atomen und (c) bei vielen Atomen, wie bei der Bildung eines Festkörpers üblich.

jedes Bandes liegen so nahe beieinander, dass sie kontinuierlich erscheinen. Dies ist auch der Grund, weshalb die Spektren von Festkörpern (Abschnitt 38.1) bei hohen Temperaturen kontinuierlich verlaufen.

Leiter

Für die elektrische Leitfähigkeit, die Wärmeleitfähigkeit und andere Transportgrößen eines Kristalls ist maßgeblich, wie das höchste mit Elektronen besetzte Energieband gefüllt ist: leer, teilweise gefüllt, vollständig gefüllt. Bei einem guten **Leiter** ist das höchste mit Elektronen besetzte Energieband nur teilweise gefüllt. Betrachten wir beispielsweise Natrium, dessen Energiebänder ▸ Abbildung 41.30 zeigt. Die 1s-, 2s- und 2p-Bänder sind vollständig gefüllt (wie bei einem Na-Atom), das 3s-Band ist jedoch nur halb gefüllt. Um zu verstehen weshalb, erinnern wir uns an das Pauli-Prinzip, das festlegt, dass sich nur zwei Elektronen in einem Atom im 3p-Zustand aufhalten können, eines mit Spin aufwärts, das andere mit Spin abwärts. Diese beiden Zustände haben leicht verschiedene Energien. Bei einem Festkörper, der aus N Atomen besteht, enthält das 3s-Band $2N$ mögliche Zustände. Natrium besitzt nun ein einzelnes 3s-Elektron, so dass es in einer Natriumprobe mit N Atomen im 3s-Band N Elektronen (besetzte Zustände) gibt und N unbesetzte Zustände. Wenn wir an das Metall eine Spannung anlegen, dann können Elektronen mit Beschleunigung und Energieerhöhung darauf reagieren, weil eine Vielzahl unbesetzter Zustände mit etwas höheren Energien verfügbar ist. Daher fließt Strom, so dass Natrium ein guter Leiter ist. Charakteristisch für alle guten Leiter ist die Tatsache, dass das höchste Energieband nur halb gefüllt ist oder sich zwei Bänder überlappen, so dass unbesetzte Zustände verfügbar sind. Ein Beispiel für Letzteres ist Magnesium mit zwei 3s-Elektronen, so dass sein 3s-Band gefüllt ist. Jedoch überlappen das ungefüllte 3p-Band und das 3s-Band, so dass es eine große Zahl von freien Zuständen vorliegen, in die die Elektronen übergehen können. Daher ist auch Magnesium ein guter Leiter.

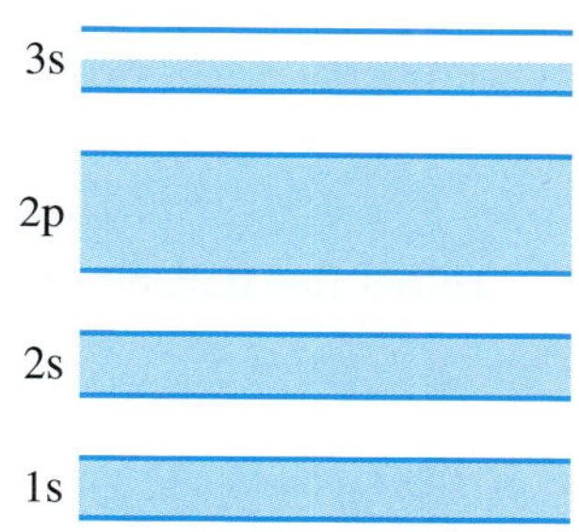

Abbildung 41.30 Schematische Darstellung der Energiebänder des Natriums.

Isolator
Valenz- und Leitungsbänder
Energielücke

Dagegen ist das höchste mit Elektronen gefüllte Band, das **Valenzband**, bei einem Stoff, der als guter **Isolator** bezeichnet wird, vollständig gefüllt. Das nächsthöhere Energieband, das **Leitungsband**, ist durch eine **Energielücke** E_g (oder **Bandlücke**) vom Valenzband getrennt, die typischerweise 5 bis 10 eV beträgt und in der keine Zustände vorliegen. Deshalb können bei Raumtemperatur (300 K), bei der die thermischen Energien (d. h. die mittlere thermische Energie – siehe Kapitel 18) in der Größenordnung von $\frac{3}{2}kT \approx 0{,}04$ eV sind, fast keine Elektronen die 5 eV aufnehmen, die zum Erreichen des Leitungsbandes notwendig sind. Legt man eine Potenzialdifferenz an, sind keine freien Zustände verfügbar, die die Elektronen erreichen können, und es fließt kein Strom. Daher handelt es sich bei dem Stoff um einen guten Isolator.

Halbleiter (reine)

▸ Abbildung 41.31 vergleicht die relevanten Energiebänder von (a) Leitern, (b) Isolatoren und (c) einer wichtigen Stoffklasse, die man als **Halbleiter** bezeichnet. Die Bänder eines reinen (oder **intrinsischen**) Halbleiters, wie Silizium oder Germanium, sind ähnlich wie die eines Isolators, doch ist das ungefüllte Valenzband vom Leitungsband durch eine viel kleinere Energielücke E_g getrennt. Sie

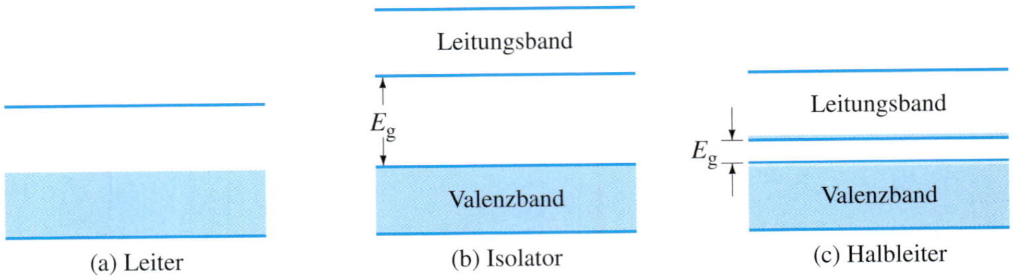

Abbildung 41.31 Energiebänder (a) eines Leiters, (b) eines Isolators und (c) eines Halbleiters. Schattierte Regionen kennzeichnen besetzte Zustände. Die schwache Schattierung in Teil (c) stellt Elektronen dar, die aufgrund thermischer Bewegung (bei Raumtemperatur) vom Valenzband zum Leitungsband wechseln können (übertrieben dargestellt).

beträgt ca. 1 eV. Bei Raumtemperatur können einige Elektronen genügend thermische Energie aufnehmen, um das Leitungsband zu erreichen, so dass ein sehr kleiner Strom fließt, wenn eine Spannung angelegt wird. Bei höheren Temperaturen besitzen immer mehr Elektronen ausreichend Energie zum Überwinden der Lücke und besetzen Zustände im Leitungsband. Die Wahrscheinlichkeit der Besetzung wird durch einen exponentiellen Temperaturverlauf bestimmt, der elektrische Widerstand *sinkt* bei Halbleitern mit steigender Temperatur, im Gegensatz zu Metallen, bei denen der Widerstand mit steigender Temperatur zunimmt (siehe Tabelle 25.1).Wir haben bei der Diskussion der elektrischen Leitfähigkeit und anderer Transportgrößen nur die Bänder betrachtet, die weder vollständig gefüllt noch vollständig leer sind, denn nur Elektronen solcher Bänder liefern einen Beitrag zum Ladungs- beziehungsweise Energietransport. Ist ein Band nahezu leer, dann sprechen wir von Elektronen im Leitungsband, ist ein Band nahezu vollständig gefüllt, dann sprechen wir von Lochzuständen oder **Löchern** im Valenzband.

Löcher (bei Halbleitern)

Ein Loch ist also ein unbesetzter Zustand in einem Band. Wird an einem Halbleiter eine Potenzialdifferenz angelegt, bewegen sich die Elektronen im Leitungsband zur positiven Elektrode. Elektronen im Valenzband haben dieselbe Tendenz. Einigen gelingt es, da es eine kleine Anzahl unbesetzter Zustände gibt, die durch Überwechseln einiger Elektronen ins Leitungsband entstanden sind. Jedes Elektron des Valenzbandes, das bei seiner Bewegung zur positiven Elektrode ein Loch füllt, hinterlässt selbst ein Loch, so dass die Löcher in Richtung der negativen Elektrode wandern. Genau wie sich die Elektronen auf der einen Seite der Probe sammeln, tendieren die Löcher dazu, sich an der entgegengesetzten Seite zu häufen. Wir werden uns mit diesem Phänomen im nächsten Abschnitt detaillierter beschäftigen.

Beispiel 41.10 Berechnung der Energielücke

Es ist bekannt, dass sich die Leitfähigkeit eines bestimmten Halbleiters erhöht, wenn Licht der Wellenlänge 345 nm und kürzer einfällt. Dies legt die Vermutung nahe, dass die Elektronen dadurch vom Valenzband zum Leitungsband angeregt werden. Wie groß ist die Energielücke E_g bei diesem Halbleiter?

Lösung

Das Photon mit der längsten Wellenlänge oder der niedrigsten Energie, das zur Erhöhung der Leitfähigkeit beitragen kann, besitzt die Wellenlänge $\lambda = 345$ nm. Es kommt zu einem Energieübertrag an das Elektron von

$$E_g = hf = \frac{hc}{\lambda} = \frac{(6{,}63 \cdot 10^{-34}\,\mathrm{J{\cdot}s})(3{,}00 \cdot 10^{8}\,\mathrm{m/s})}{(345 \cdot 10^{-9}\,\mathrm{m})(1{,}60 \cdot 10^{-19}\,\mathrm{J/eV})} = 3{,}6\,\mathrm{eV}\,.$$

Beispiel 41.11 · Abschätzung — Freie Elektronen in Halbleitern und Isolatoren

Benutzen Sie die Fermi-Verteilung, Gleichung 41.14, um die Anzahl der freien Elektronen im Leitungsband eines Festkörpers mit 10^{21} Atomen abzuschätzen. Nehmen Sie an, dass sich der Festkörper bei Raumtemperatur ($T = 300\,\mathrm{K}$) befindet, und es sich (a) um einen Halbleiter mit $E_g \approx 1{,}1\,\mathrm{eV}$ und (b) um einen Isolator mit $E_g \approx 5\,\mathrm{eV}$ handelt. Vergleichen Sie die Ergebnisse mit den Verhältnissen bei einem Leiter.

Lösung

Bei $T = 0$ sind alle Zustände oberhalb der Fermi-Energie E_F leer und alle darunter liegenden besetzt. Somit können wir bei Halbleitern und Isolatoren davon ausgehen, dass E_F etwa in der Mitte zwischen Valenzband und Leitungsband liegt (siehe ▸ Abbildung 41.32) und sich E_F nicht wesentlich ändert, wenn man zur Raumtemperatur übergeht.

a Bei einem Halbleiter ist die Lücke $E_g \approx 1{,}1\,\mathrm{eV}$, so dass für die niedrigsten Zustände im Leitungsband $E - E_F \approx 0{,}55\,\mathrm{eV}$ gilt. Da bei Raumtemperatur $kT \approx 0{,}0025\,\mathrm{eV}$ ist, gilt $(E - E_f)/kT \approx 0{,}55\,\mathrm{eV}/0{,}0026\,\mathrm{eV} \approx 21$ und

$$f(E) = \frac{1}{e^{(E-E_F)/kT} + 1} \approx \frac{1}{e^{21}} \approx 10^{-9}\,.$$

Daher leifert etwa 1 Atom von 10^9 Atomen ein Leitungselektron.

b Bei einem Isolator mit $E - E_F \approx 5{,}0\,\mathrm{eV} - \frac{1}{2}(5{,}0\,\mathrm{eV}) = 2{,}5\,\mathrm{eV}$ erhalten wir

$$f(E) \approx \frac{1}{e^{2,5/0,0026} + 1} \approx \frac{1}{e^{96}} \approx 10^{-42}\,.$$

In einer gewöhnlichen Probe mit 10^{21} Atomen gäbe es also in einem Isolator keine freien Elektronen ($10^{21} \cdot 10^{-42} = 10^{-21}$), in einem Halbleiter etwa 10^{12} ($10^{21} \cdot 10^{-9}$) freie Elektronen und in einem guten Leiter etwa 10^{21} freie Elektronen.

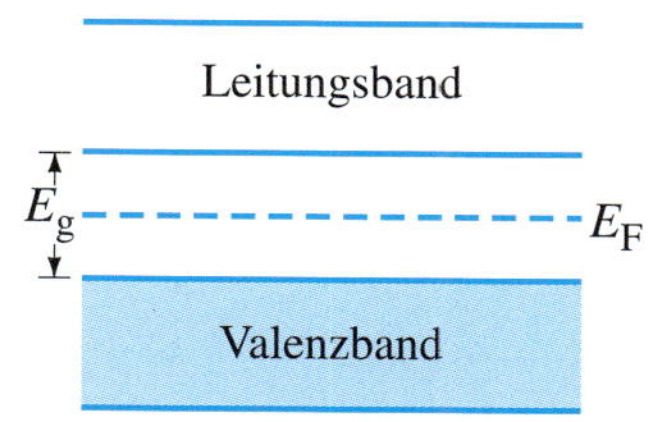

Abbildung 41.32 Schematische Bandstruktur eines Halbleiters. Die Fermi-Energie liegt im Bereich zwischen dem Valenzband und dem Leitungsband.

Beispiel 41.12 · Begriffsbildung — Welcher Kristall ist optisch transparent?

Die Energielücke von Silizium beträgt bei Raumtemperatur 1,14 eV, während die von Zinksulfat (ZnS) 3,6 eV beträgt. Welche Probe ist für sichtbares Licht undurchlässig und welche transparent?

Lösung

Die Energien von Photonen aus dem sichtbaren Bereich des Lichts reichen ungefähr von 1,8 eV bis 3,2 eV ($E = hf = hc/\lambda$, wobei $\lambda = 400\,\mathrm{nm}$ bis $700\,\mathrm{nm}$ und $1\,\mathrm{eV} = 1{,}6 \cdot 10^{-19}\,\mathrm{J}$ ist). Licht wird von den Elektronen des Kristalls absorbiert. Die Bandlücke im Silizium ist hinreichend klein, so dass Photonen absorbiert werden können und dadurch Elektronen in das Leitungsband gebracht werden. Deshalb erscheint Silizium undurchsichtig. Dagegen ist die Energielücke von Zinksulfat für die Absorption von Photonen aus dem sichtbaren Bereich des Spektrums zu groß, so dass Licht den Kristall ungehindert passieren kann; es kann transparent sein.

41.8 Halbleiter und Dotierung

Die in der modernen Elektronik am häufigsten verwendeten Halbleiter sind Silizium (Si) und Germanium (Ge). Ein Silizium- oder Germaniumatom besitzt vier Außenelektronen, die an der Bindung teilnehmen und zu einer kubischen Kristallstruktur (würfelfömig) führen (siehe ▸ Abbildung 41.33a). In einem Metall ist die Zahl und Dichte der Leitungselektronen durch Zugabe von Atomen verschiedener Wertigkeit (Verunreinigungen) gezielt eingestellt wurden. Dies wird als **Dotieren** des Halbleiters bezeichnet. Germanium und Silizium sind einfach aufgebaute Halbleiter, die sich sehr präzise dotieren lassen, deshalb sind sie in der Elektronik von überragender Bedeutung. Der Stoffanteil der Verunreinigungen ist gering, etwa ein Atom von 10^6 beziehungsweise 10^7 wird ersetzt. Es können zwei unterschiedliche Typen von Halbleitern hergestellt werden, was abhängig von der verwendeten Verunreinigung ist. Wenn es sich dabei um ein Element handelt, dessen Atome fünf Außenelektronen besitzen, wie beispielsweise Arsen, liegt die in ▸ Abbildung 41.33b dargestellte Situation vor. Das Arsenatom hält sich an einer Position im Kristall auf, an der sich normalerweise ein Siliziumatom befindet. Nur vier Elektronen des Arsens passen in die vorliegende Bindungsstruktur. Das fünfte ist überzählig und kann sich deshalb relativ frei bewegen, ähnlich wie die Elektronen in einem Metall. Aufgrund dieser geringen Anzahl zusätzlicher Elektronen wird der dotierte Halbleiter leicht leitend. Die Dichte der Leitungselektronen in einem intrinsischen (sehr reinen) Halbleiter beträgt etwa 1 pro 10^9 Atome, wie wir aus Beispiel 41.11 wissen. Beträgt der Anteil der Fremdatome 10^{-6} oder 10^{-7}, wird die Leitfähigkeit durch die Dotierung viel größer und kann mit großer Genauigkeit kontrolliert werden. Ein mit Arsenatomen dotierter Siliziumkristall wird als ***n*-Halbleiter** bezeichnet, weil *n*egative Ladungen (Elektronen) den elektrischen Strom tragen.

Dotierte Halbleiter

***n*-Halbleiter**

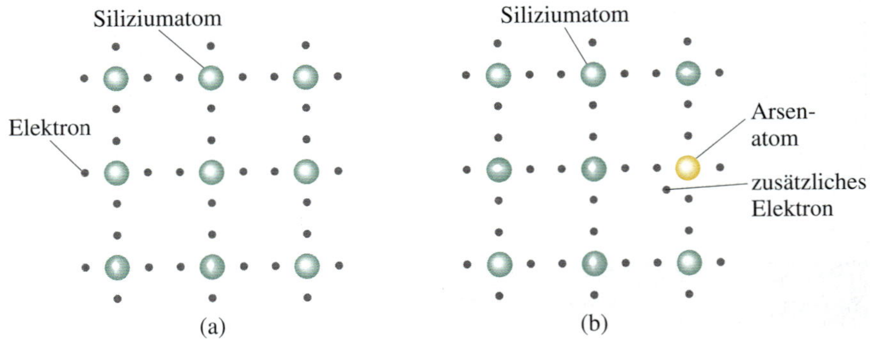

Abbildung 41.33 Zweidimensionale Darstellung eines Siliziumkristalls. (a) Vier (äußere) Elektronen umgeben jedes Siliziumatom. (b) Ein mit Arsenatomen dotierter Siliziumkristall: Die zusätzlichen Elektronen des Arsens werden für die chemische Bindung nicht benötigt und können sich deshalb frei bewegen. Es handelt sich dabei um einen *n*-dotierten Halbleiter.

***p*-Halbleiter**

Bei einem ***p*-Halbleiter** wird ein kleiner Prozentsatz der Halbleiteratome durch Atome mit drei Außenelektronen ersetzt – wie beispielsweise Gallium. Wie in ▸ Abbildung 41.34a dargestellt, gibt es ein „Loch" in der Nähe des Galliumatoms, weil es nur drei Außenelektronen besitzt. Elektronen der umgebenden Siliziumatome können in das Loch springen und es ausfüllen. Jedoch bleibt nun am ursprünglichen Ort des Elektrons ein Loch zurück (siehe ▸ Abbildung 41.34b). Die überwiegende Mehrheit der Atome sind Siliziumatome, so dass sich die Löcher fast immer in der Nähe eines Siliziumatoms befinden. Siliziumatome müssen von vier Außenelektronen umgeben sein, damit sie neutral sind. Aufgrund des fehlenden Außenelektrons gibt es am Loch eine positive Nettoladung. Jedes Mal, wenn ein Elektron ein Loch ausfüllt, wandert das Loch zu der Stelle, an der sich zuvor das Elektron befunden hat. Ein weiteres Elektron kann wiederum dieses Loch füllen, so dass das Loch weiter wandert usw. Diese Halbleiter werden als *p*-Halbleiter bezeichnet, da die positiven Löcher den elektrischen Strom zu tragen scheinen. Sowohl *p*- also auch *n*-Halbleiter sind elektrisch neutral, das heißt insgesamt *weder* positiv *noch* negativ geladen.

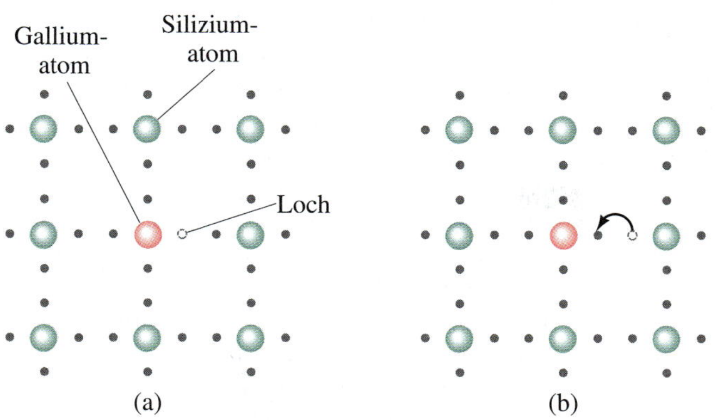

Abbildung 41.34 Ein p-Halbleiter, Gallium dotiertes Silizium. (a) Gallium besitzt nur drei Außenelektronen, so dass es einen leeren Platz oder ein *Loch* innerhalb der Struktur gibt. (b) Elektronen des Siliziumatoms können in das Loch springen und es ausfüllen. Effektiv bewegt sich das Loch an eine andere Stelle (in der Abbildung nach rechts), an der sich vorher das Elektron befunden hat.

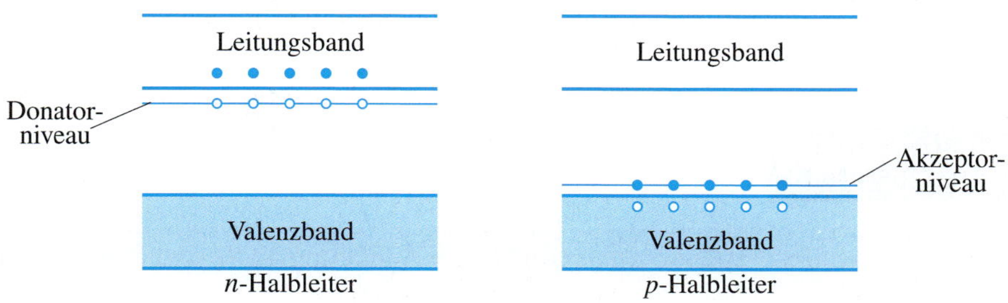

Abbildung 41.35 Durch die Fremdatome werden in dotierten Halbleitern zusätzliche Energieniveaus erzeugt.

Nach dem Bändermodell eines Kristalls (Abschnitt 41.7) liefern die Fremdatome in einem dotierten Halbleiter zusätzliche Energiezustände zwischen den Bändern, wie in ▶ Abbildung 41.35 dargestellt. Bei einem n-Halbleiter liegt das zusätzliche Energieniveau etwas unterhalb des Leitungsbandes. Elektronen auf diesem Niveau benötigen nur eine Energie von etwa 0,05 eV (bei Si; bei Ge sogar noch weniger) zum Erreichen des Leitungsbandes; dies liegt im Bereich der thermischen Energie, $\frac{3}{2}kT$ (= 0,04 eV bei 300 K), so dass bei Raumtemperatur leicht Übergänge stattfinden. Dieses Energieniveau kann daher das Leitungband mit Elektronen versorgen, weshalb es als **Donator**niveau bezeichnet wird. Bei einem p-Halbleiter liegt das zusätzliche Niveau etwas über dem Valenzband (▶ Abbildung 41.35). Es wird **Akzeptor**niveau genannt, weil Elektronen aus dem Valenzband leicht auf dieses Niveau springen können. Im Valenzband bleiben positive Löcher zurück. Springen Elektronen von Loch zu Loch, bewegen sich die Löcher, wie bereits erläutert.

41.9 Halbleiterdioden

Halbleiterdioden und Transistoren sind wesentliche Komponenten moderner Elektronik. Die heute erreichte Miniaturisierung erlaubt es, Tausende von Dioden, Transistoren, Widerständen usw. auf einem einzigen *Chip* mit nur einem Millimeter Kantenlänge unterzubringen. Wir diskutieren nun kurz und qualitativ die Funktionsweise von Dioden und Transistoren.

Wird ein n-Halbleiter mit einem p-Halbleiter verbunden, entsteht eine ***p-n*-Diode**. Räumlich getrennt wären die beiden Halbleiter elektrisch neutral. Nach der Verbindung diffundieren einige Elektronen in der Nähe des Übergangs vom n-Halbleiter in den p-Halbleiter, wo sie einige Löcher füllen. Am n-Halbleiter bleibt eine positive Ladung zurück, am p-Halbleiter sammelt sich eine negative Nettoladung an. Dadurch wird eine Potenzialdifferenz aufgebaut, bei der die n-Seite relativ zur p-Seite positiv geladen ist, was eine weitere Diffusion von Elektronen verhindert.

Wird eine Spannungsquelle, wie in ▶ Abbildung 41.36a dargestellt, an eine Diode angeschlossen, wobei der Pluspol mit der p-Seite und der Minuspol mit der n-Seite verbunden wird, wirkt die von außen angelegte Spannung der internen Potenzialdifferenz entgegen, die Diode ist in **Durchlassrichtung** geschaltet. Wenn

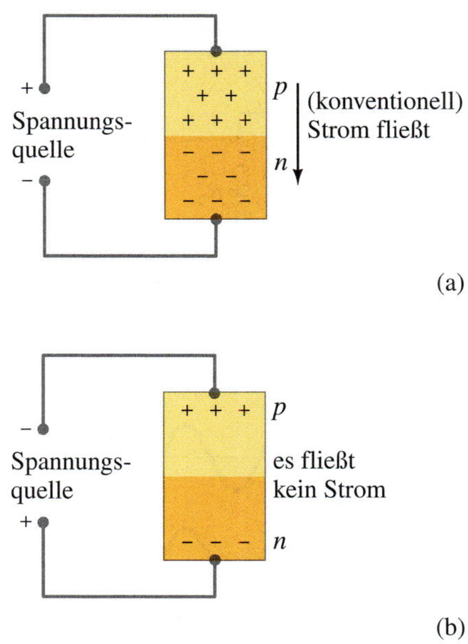

Abbildung 41.36 Schematische Darstellung der Funktionsweise einer Halbleiterdiode. Strom fließt, wenn die Spannung in Vorwärtsrichtung angelegt wird, wie in (a). Wird die Spannung in umgekehrter Richtung angelegt, wie in (b), fließt kein Strom.

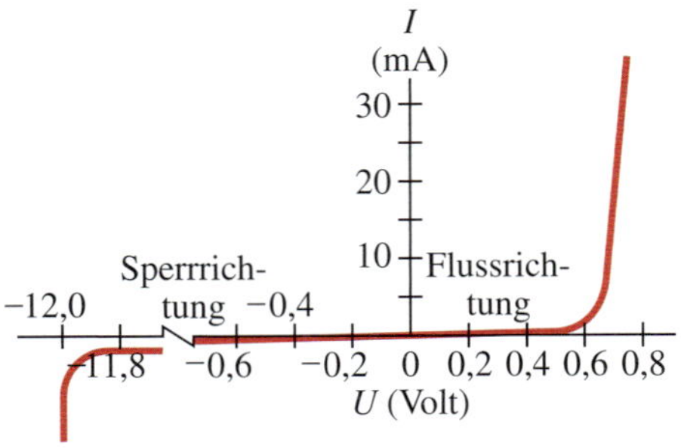

Abbildung 41.37 Strom-Spannungskennlinie einer Diode.

die Spannung hinreichend groß ist (etwa 0,3 eV bei Ge, 0,6 eV bei Si bei Raumtemperatur), fließt Strom. Die positiven Löcher im p-Halbleiter werden vom Pluspol der Batterie und die Elektronen im n-Halbleiter vom Minuspols der Batterie abgestoßen. Die Löcher und Elektronen treffen an der Kontaktfläche aufeinander, und die Elektronen treten über und füllen die Löcher, es fließt ein Strom.

Ist die Diode in **Sperrrichtung** geschaltet, wie in ▸ Abbildung 41.36b, werden die Löcher im p-Teil vom Minuspols der Batterie und die Elektronen im n-Teil vom Pluspol angezogen. Die freien Ladungsträger treffen an der Kontaktfläche nicht mehr aufeinander, idealerweise fließt kein Strom.

Die Strom-Spannungskennlinie einer typischen Diode ist in ▸ Abbildung 41.37 dargestellt. Wie man erkennt, lässt eine reale Diode aufgrund der thermischen Bewegung ($\frac{3}{2}kT$) von Elektronenpaaren einen geringen Stromfluss in umgekehrter Richtung zu. Bei den meisten praktischen Anwendungen ist dieser vernachlässigbar (bei Raumtemperatur einige μA im Falle von Ge und einige pA bei Si; der Gegenstrom wächst jedoch schnell mit der Temperatur und die Sperrfunktion einer Diode über 200 °C verschwindet).

Beispiel 41.13 **Eine Diode**

Eine Diode, deren Spannungskennlinie in ▸ Abbildung 41.37 dargestellt ist, wird mit einer Batterie (4,0 V) und einem Widerstand in Reihe geschaltet. Welchen Wert muss der Widerstand haben, wenn durch die Diode eine Strom von 10 mA fließen soll?

Lösung

▸ Abbildung 41.37 entnehmen wir, dass die Spannung durch die Diode etwa 0,7 eV beträgt, wenn ein Strom von 10 mA fließt. Daher ist die Spannung am Widerstand 4,0 V − 0,7 V = 3,3 V, so dass $R = U/I = (3{,}3\ \text{V})/(1{,}0 \cdot 10^{-2}\ \text{A}) = 330\ \Omega$ gilt.

Zener-Diode

Wenn die an die Diode in Sperrrichtung angelegte Spannung stärker erhöht wird, kommt es bei einer bestimmten Spannung zum Durchschlag. Das elektrische Feld wird an der Grenzschicht so stark, dass es zur Ionisation von Atomen führt. Die auf diese Weise freigesetzten Elektronen tragen im Verlaufe des Durchschlags zu einem immer größer werdenden Strom bei. Die Spannung bleibt über einem großen Strombereich konstant. Das ist in ▸ Abbildung 41.37 ganz links dargestellt. Diese Eigenschaft von Dioden kann zur genauen Regulierung einer Spannungsversorgung ausgenutzt werden. Eine dafür konstruierte Diode heißt **Zener-Diode**. Wird sie mit dem Ausgang einer unregulierten Spannungsversorgung verbunden, kann eine Zener-Diode die Spannung solange an ihrer eigenen Durchschlagspannung halten, wie die angelegte Spannung oberhalb dieser Spannung liegt. Zener-Dioden sind für Spannungen von einigen Volt bis zu Hunderten von Volt erhältlich.

Weil der Strom bei einer p-n-Diode stets nur in eine Richtung fließen kann, (solange die Spannung nicht zu hoch ist), kann sie als **Gleichrichter** eingesetzt werden – zur Umwandlung von Wechselstrom in Gleichstrom. Ein einfacher Gleichrichterschaltkreis ist in ▸ Abbildung 41.38a dargestellt, wobei der Pfeil innerhalb des Diodensymbols die Richtung kennzeichnet, in der die Diode den konventionellen (+) Strom leitet. Durch die Wechselspannungsquelle wird an die Diode abwechselnd eine positive und eine negative Spannung angelegt. Nur während einer halben Periode fließt Strom durch die Diode, so dass es nur dann einen Strom durch den Widerstand R gibt. Daher hat die Spannungskurve V_{ab} von R als Funktion der Zeit die in ▸ Abbildung 41.38b dargestellte Form. Ein solcher **Einweggleichrichter** liefert keinen vollständigen Gleichstrom, sondern arbeitet nur unidirektional. Sinnvoller ist der Einsatz eines Schaltkreises mit einem **Zweiweggleichrichter**, bei

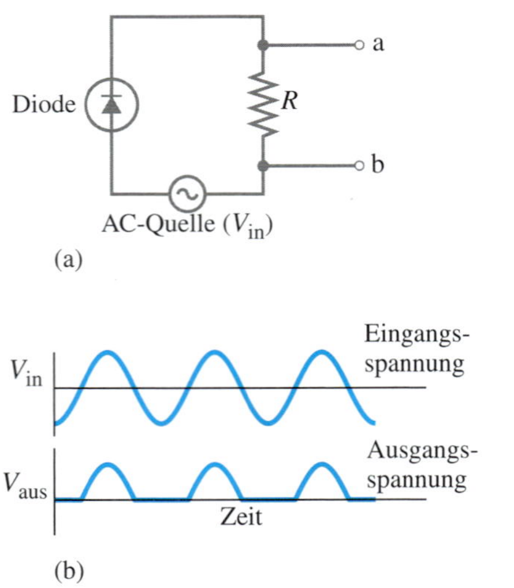

Abbildung 41.38 (a) Ein einfacher (Einweg-) Gleichrichterschaltkreis, bei dem eine Halbleiterdiode eingesetzt wird. (b) Eingangsspannung der Wechselstromquelle und Ausgangsspannung an R als Funktion der Zeit.

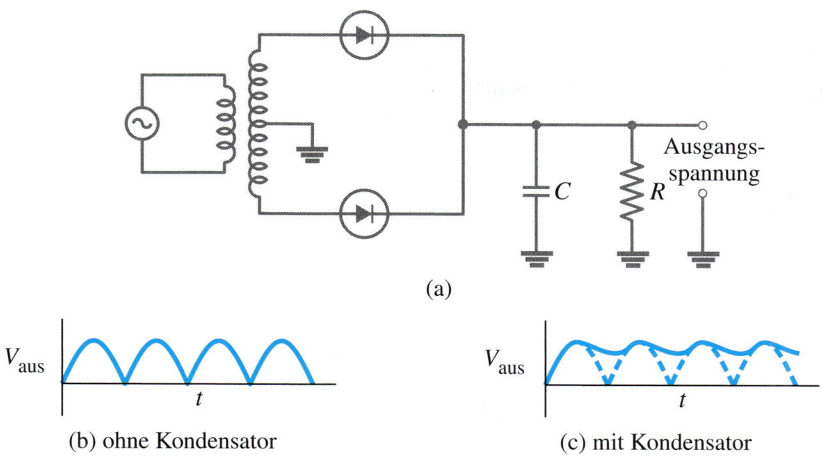

Abbildung 41.39 (a) Ein Schaltkreis mit einem Zweiweggleichrichter (einschließlich eines Transformators zum Ändern des Betrages der Ausgangsspannung). (b) Ausgangsspannung ohne Kondensator C. (c) Ausgangsspannung mit Kondensator im Stromkreis.

dem zwei Dioden (oder mitunter vier) wie in ▸ Abbildung 41.39a geschaltet werden. Zu jedem Zeitpunkt liefert die eine oder die andere Diode Strom. Deshalb hat die Ausgangsspannung über dem Widerstand R die in ▸ Abbildung 41.39b dargestellte Form. Eigentlich ist dies der Spannungsabfall, wenn es keinen Kondensator C im Schaltkreis gibt. Der Kondensator hat die Tendenz Ladung zu speichern, was bei der Glättung des Ausgangsstroms hilft (siehe ▸ Abbildung 41.39c).

Gleichrichterschaltkreise sind von Bedeutung, weil die Spannungsversorgung meist Wechselstrom liefert und viele elektronische Geräte für ihre Arbeit eine Gleichstromversorgung benötigen. Deshalb werden Dioden in nahezu allen elektronischen Geräten verwendet, wozu auch Fernsehapparate, Rechenmaschinen und Computer gehören.

LED

Ein anderes nützliches Bauelement ist die **Leuchtdiode** oder **Luminiszenzdiode** (engl. *light-emitting diode*, LED). Wird ein p-n-Übergang in Durchlassrichtung geschaltet, kommt es zu einem Stromfluss. Elektronen gelangen vom n-Bereich in den p-Bereich und füllen Löcher, wobei ein Photon mit einer Energie emittiert wird, die etwa gleich der Energie der Bandlücke E_g ist (siehe ▸ Abbildungen 41.31c und 41.35). Häufig liegt die Energie und damit die Wellenlänge der Photonen im roten Bereich des sichtbaren Spektrums. Daraus entstehen LED-Displays, die uns von Videorekordern, CD-Playern, Amaturanzeigen in Autos, Uhren usw. vertraut sind. Infrarote (also nichts sichtbare) LEDs werden in Fernbedienungen von Fernsehern, Videorekordern und Stereoanlagen eingesetzt.

Solarzellen

Bei **Photodioden** und **Solarzellen** werden die p-n-Übergänge in umgekehrter Weise genutzt. Durch Absorption eines Photons wird ein Elektron-Loch-Paar erzeugt, falls die Photonenenergie größer als die Energie der Bandlücke E_g ist. Die erzeugten Elektronen und Löcher führen zu einem Strom, wenn die Zelle an einen externen Schaltkreis angeschlossen wird, so dass daraus eine Stromquelle wird.

Eine Diode wird als **nichtlineares Bauelement** bezeichnet, weil der Strom nicht proportional zur Spannung ist; die Strom-Spannungskennlinie (siehe ▸ Abbildung 41.37) ist anders als bei einem Ohm'schen Widerstand (bei dem sie im Idealfall linear verläuft) keine Gerade. Transistoren sind ebenfalls *nichtlineare* Bauelemente.

41.10 Transistoren und integrierte Schaltkreise

Flächentransistoren

Ein einfacher **Flächentransistor** besteht aus einem n- oder p-dotierten Halbleiterkristall, der sich zwischen zwei entgegengesetzt dotierten Kristallbereichen befindet. Es gibt sowohl *pnp*- als auch *npn*-Transistoren, wie in ▸ Abbildung 41.40a schematisch dargestellt. Die drei Halbleiterbausteine werden als *Kollektor*, *Basis* und *Emitter* bezeichnet. Die Symbole für *npn*- und *pnp*-Transistoren sind in ▸ Abbildung 41.40b dargestellt. Der Pfeil wird stets am Emitter platziert und kennzeichnet die (konventionelle) Stromrichtung im Durchlass.

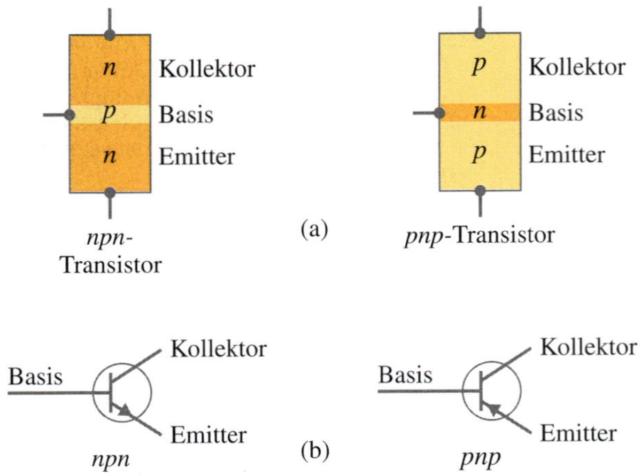

Abbildung 41.40 (a) Schematische Darstellung eines *npn*- und *pnp*-Transistors. (b) Symbole für *npn*- und *pnp*-Transistoren.

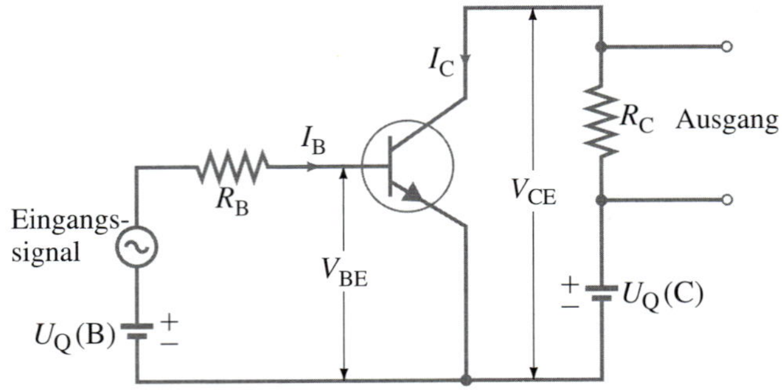

Abbildung 41.41 Ein *npn*-Transistor, der als Verstärker eingesetzt wird.

Die Arbeitsweise eines Transistors kann – sehr knapp – folgendermaßen analysiert werden. Wir betrachten einen *npn*-Transistor, der wie in ▸ Abbildung 41.41 angeschlossen ist. Zwischen dem Kollektor und dem Emitter liegt durch die Batterie $U_Q(C)$ eine Spannung V_{CE} an. Die an die Basis angelegte Spannung wird als *Basisvorspannung* V_{BE} bezeichnet. Ist V_{BE} positiv, werden Leitungselektronen aus dem Emitter in die Basis gezogen. Da der Basisbereich sehr dünn ist (etwa 1 m), bewegen sich die meisten dieser Elektronen unmittelbar zum Kollektor, an dem ebenfalls eine positive Spannung anliegt. Ein starker Strom I_C fließt zwischen dem Kollektor und dem Emitter und über die Basis ein sehr viel kleinerer Strom I_B. Eine geringe Veränderung der Basisvorspannung aufgrund eines Eingangssignals bewirkt eine starke Veränderung im Kollektorstrom und deshalb eine starke Veränderung im Spannungsabfall am Ausgangswiderstand R_C. Daher kann ein Transistor ein schwaches Signal zu einem starken *verstärken*.

Gewöhnlich soll ein schwaches Wechselstromsignal verstärkt werden. Wird dieses der Basisvorspannung überlagert, führt es dazu, dass die Spannung und der Strom am Kollektor wie das Signal variieren, jedoch wesentlich verstärkt. Folglich ist bei der Verstärkung wichtig, welche *Änderung* des Kollektorstroms eine gegebene *Änderung* des Basisstroms bewirkt. Die **Stromverstärkung** ist als folgendes Verhältnis definiert:

Stromverstärkung

$$\beta_I = \frac{\text{Ausgangsstrom (Kollektor)}}{\text{Eingangsstrom (Basis)}} = \frac{i_C}{i_B} \,.$$

Dabei ist i_B der Basisstrom (Eingangssignal) und und i_C der Kollektorstrom (Ausgangssignal). Das Verhältnis β_I beträgt typischerweise 10 bis 100. Analog dazu ist die **Spannungsverstärkung** als

Spannungsverstärkung

$$\beta_I = \frac{\text{Ausgangsspannung (Kollektor)}}{\text{Eingangsspannung (Basis)}}$$

definiert. Transistoren sind die Basiselemente bei allen möglichen modernen elektronischen **Verstärkerschaltungen**.

Ein *pnp*-Transistor arbeitet wie ein *npn*-Transistor, wobei sich jedoch Elektronen anstatt der Löcher bewegen. Die Kollektorspannung ist negativ, genau wie die Basisspannung bei Normalbetrieb.

In ▸ Abbildung 41.41 sind zwei Spannungsquellen eingezeichnet: $U_Q(C)$ liefert die Kollektorspannung und $U_Q(B)$ die Basisvorspannung. Häufig wird in der Praxis nur eine Spannungsquelle verwendet. Die Basisvorspannung kann, wie in ▸ Abbildung 41.42 dargestellt, mithilfe eines Spannungsteilers bereitgestellt werden. Es gibt auch viele andere Möglichkeiten, Transistoren zu schalten, und es haben sich viele neue und innovative Anwendungen dafür ergeben.

Transistoren waren ein großer Fortschritt bei der Miniaturisierung elektronischer Schaltkreise. Obwohl die Einzeltransistoren im Vergleich zu den früher verwendeten Vakuumröhren sehr klein sind, haben sie im Vergleich zu **integrierten Schaltkreisen** riesige Dimensionen (siehe Foto zu Beginn dieses Kapitels). Diese bestehen aus Dioden, Transistoren und Widerständen und erfüllen höherwertige Funktionen als der Einzeltransistor, zum Beispiel als logische Gatter, Verstärker, Prozessoren usw. Kondensatoren und Spulen können genauso modelliert werden, obwohl sie häufig separat angeschlossen sind. Eine kleine integrierte Schaltung auf einem Chip mit nur 1 mm Kantenlänge kann Tausende von Transistoren und anderen Schaltelementen enthalten. Integrierte Schaltkreise bilden heute den Kern von Computern, Fernsehapparaten, Rechenmaschinen, Kameras und von elektronischen Geräten, die zur Steuerung von Flugzeugen, Raumschiffen und Autos eingesetzt werden. Die durch integrierte Schaltkreise ermöglichte Miniaturisierung führt nicht nur dazu, dass komplizierte Schaltkreise auf engem Raum Platz finden, sondern beispielsweise auch zu einer Erhöhung der Arbeitsgeschwindigkeit von Computern, weil die von den elektronischen Signalen zurückzulegenden Entfernungen so klein sind.

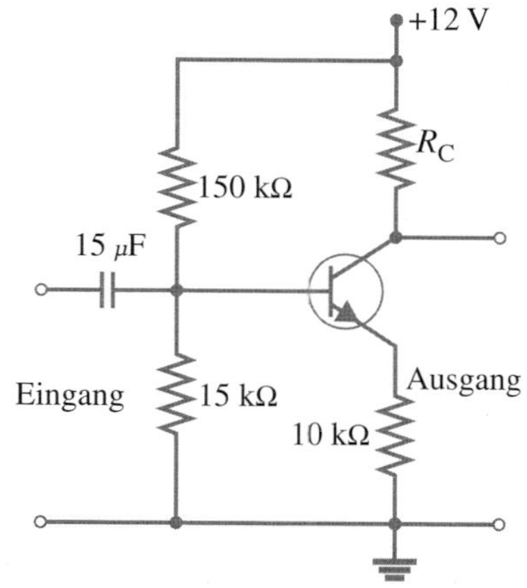

Abbildung 41.42 Typischer Transistorschaltkreis mit einem *npn*-Transistor. Es gilt $U_Q(C) = -12$ V. $U_Q(B)$ ist durch die Ohm'schen Widerstände bestimmt.

ZUSAMMENFASSUNG

Die Quantenmechanik erklärt die chemische Bindung von Atomen zu **Molekülen**. Bei einer **kovalenten Bindung** überlappen die Elektronenwolken von zwei oder mehr Atomen. Die positiv geladenen Kerne werden von dieser negativen Ladungsträgerkonzentration zwischen ihnen angezogen, wodurch eine Bindung entsteht. Eine **ionische Bindung** ist ein Extremfall einer kovalenten Bindung, bei der ein Elektron (oder mehrere Elektronen) eines Atoms in die Nähe eines anderen Atoms verschoben wird. Die Atome verhalten sich dann wie entgegengesetzt geladene Ionen, so dass es durch die gegenseitige Anziehung zu einer Bindung kommt.

Diese **starken Bindungen** halten Moleküle sowie Atome und Moleküle in Festkörpern zusammen. Ebenso von Bedeutung sind **schwache Bindungen** (oder **van-der-Waals-Bindungen**), bei denen es sich im Allgemeinen um Dipolwechselwirkungen zwischen Molekülen handelt.

Wenn sich Atome zu Molekülen zusammenschließen, werden die Elektronenzustände durch die gegenseitige Wechselwirkung der Außenelektronen modifiziert. Es kann auch zusätzliche Energieniveaus geben, weil die Atome gegeneinander schwingen und Moleküle als Ganzes rotieren können. Die Energieniveaus der Schwingungs- und Rotationsbewegungen sind quantisiert und liegen sehr eng beieinander (typischerweise 10^{-1} eV bis 10^{-3} eV). Jedes Energieniveau eines Atoms spaltet sich daher in eine Vielzahl nahe beieinander liegender Zustände auf. Die sich daraus ergebenden Spektren werden als **Bandenspektren** bezeichnet.

Die quantisierten Rotationsenergieniveaus sind durch

$$E_{\text{rot}} = L(L+1)\frac{\hbar^2}{2J}\,, \quad L = 0, 1, 2, \ldots$$

gegeben, wobei J das Trägheitsmoment des Moleküls ist.

Die Schwingungsenergieniveaus sind durch

$$E_{\text{vib}} = \left(\nu + \frac{1}{2}\right)hf\,, \quad \nu = 0, 1, 2, \ldots$$

gegeben, wobei f die klassische Eigenfrequenz des Moleküls ist. Übergänge zwischen den Energieniveaus unterliegen den Auswahlregeln $\Delta L = \pm 1$ und $\Delta\nu = \pm 1$.

Einige **Festkörper** werden genau wie Moleküle durch kovalente und ionische Bindungen zusammengehalten. Bei Metallen führt die elektrostatische Anziehung zwischen freien Elektronen und positiv geladenen Ionen zur Bildung einer **metallischen Bindung**.

In einem Metall gehen wir von nahezu frei beweglichen Leitungselektronen aus. Bei der Besetzung der Zustände muss das Pauli-Prinzip berücksichtigt werden. Bei $T = 0$ K werden alle möglichen Zustände bis zu einem Energieniveau mit der *Fermi-Energie* E_F gefüllt, die einige Elektronenvolt beträgt. Alle Zustände oberhalb von E_F sind bei $T = 0$ K unbesetzt. Bei Raumtemperatur (300 K) ist die Verteilung der besetzten Zustände nur leicht verändert und durch die **Fermi-Verteilung**

$$f(E) = \frac{1}{e^{(E-E_F)/kT} + 1}$$

gegeben.

Bei einem kristallinen Festkörper sind die möglichen Energiezustände zu **Bändern** zusammengefasst. Innerhalb jedes Bandes liegen die Niveaus sehr eng beieinander, zwischen den Bändern kann es jedoch Energiebereiche geben, in denen keine Zustände vorliegen, wir sprechen dann von **Energielücken**. Gute Leiter sind dadurch charakterisiert, dass das energetisch höchste Band (das **Leitungsband**) nur teilweise gefüllt ist, so dass es viele unbesetzte Zustände gibt, in die die Elektronen übergehen können, wenn eine Spannung anliegt. Bei einem guten Isolator ist das höchste besetzte Energieband (das **Valenzband**) vollständig gefüllt, und es gibt eine große Energielücke (5 bis 10 eV) zum nächsten Band, dem *Leitungsband*. Bei Raumtemperatur beträgt die kinetische Energie (thermische Energie) aufgrund von Stößen nur etwa 0,04 eV, so dass fast keine Elektronen aus dem Valenzband ins Leitungsband gelangen können. Bei einem **Halbleiter** ist die Energielücke zwischen Valenzband und Leitungsband viel geringer, in der Größenordnung von 1 eV, so dass einige Elektronen einen Übergang vom nahezu vollständig gefüllten Valenzband zum nahezu leeren Leitungsband vollziehen können.

Bei einem **dotierten** Halbleiter wird ein kleiner Anteil der gewöhnlichen Siliziumatome mit ihren vier Außenelektronen durch Fremdatome ersetzt, die fünf oder drei Valenzelektronen besitzen. Handelt es sich um Atome mit fünf Außenelektronen, entsteht ein ***n*-Halbleiter**, bei dem negativ geladene Elektronen den Strom tragen. Eine Verunreinigung mit Atomen mit drei Außenelektronen führt zu einem ***p*-Halbleiter**, bei dem positiv geladene **Löcher** den Strom tragen. Das Energieniveau der Verunreinigungsatome liegt bei einem *n*-Halbleiter etwas unterhalb des Leitungsbandes und wirkt als **Donator** von Elektronen, die schnell in das Leitungsband gelangen. Das Energieniveau von Fremdatomen bei einem *p*-Halbleiter liegt etwas oberhalb des Valenzbandes und wirkt als **Akzeptor**niveau, da es die Elektronen aus dem Valenzband leicht erreichen können, wobei Löcher zurück bleiben, die als Ladungsträger agieren.

Eine Halbleiter**diode** besteht aus einem *p*-*n*-Übergang und erlaubt nur einen unidirektionalen Stromfluss; sie kann als **Gleichrichter** verwendet werden, der Wechselstrom in Gleichstrom umwandelt. Übliche **Transistoren** bestehen aus drei Halbleiterschichten, entweder in der Form ***pnp*** oder ***npn***. Transistoren können elektrische Signale verstärken und besitzen viele andere Anwendungen. Ein integrierter Schaltkreis besteht aus einem winzigen Halbleiterkristall, bei dem viele Transistoren, Dioden, Widerstände und andere Bauelemente so angeordnet und verschaltet werden, dass sie eine hochwertige Funktion erfüllen, zum Beispiel als logische Gatter, Verstärker, Prozessoren usw.

Z U S A M M E N F A S S U N G

Verständnisfragen

1 Welche Bindungsart erwarten Sie (a) in einem N_2-Molekül, (b) in einem HCl-Molekül, (c) bei Fe-Atomen in einem Festkörper?

2 Beschreiben Sie, wie es zur Bildung des $CaCl_2$-Moleküls kommt.

3 Besitzt das H_2-Molekül ein permanentes Dipolmoment? Was gilt im Falle von O_2 und im Falle von H_2O? Erläutern Sie Ihre Antwort.

4 Im Gegensatz zum H_3-Molekül ist das H_3^+-Ion stabil. Erklären Sie dies mithilfe des Pauli-Prinzips.

5 Die Energie eines Moleküls kann in vier Anteile zerlegt werden. Um welche handelt es sich?

6 Weshalb verlassen Elektronen das Metall nicht, wenn sie sich doch innerhalb des Metalls frei bewegen können?

7 Ein Siliziumhalbleiter ist mit Phosphoratomen dotiert. Wirken diese Atome als Donatoren oder Akzeptoren? Um welche Art Halbleiter handelt es sich?

8 Erklären Sie, warum sich der Widerstand von Metallen mit der Temperatur erhöht, während sich der Widerstand von Halbleitern mit steigender Temperatur verringern kann.

9 Diskutieren Sie die Unterschiede zwischen einem idealen Gas und einem Elektronengas, das der Fermi-Dirac-Statistik gehorcht.

10 Welche Aspekte von ▸ Abbildung 41.27 sind spezifisch für Kupfer, welche gelten im Allgemeinen auch für alle anderen Metalle?

11 Kann eine Diode zur Signalverstärkung eingesetzt werden?

12 ▸ Abbildung 41.43 zeigt eine „Brückenschaltung" eines Zweiweggleichrichters. Erklären Sie, wie der Strom gleichgerichtet wird und wie der Strom während jeder Halbperiode fließt.

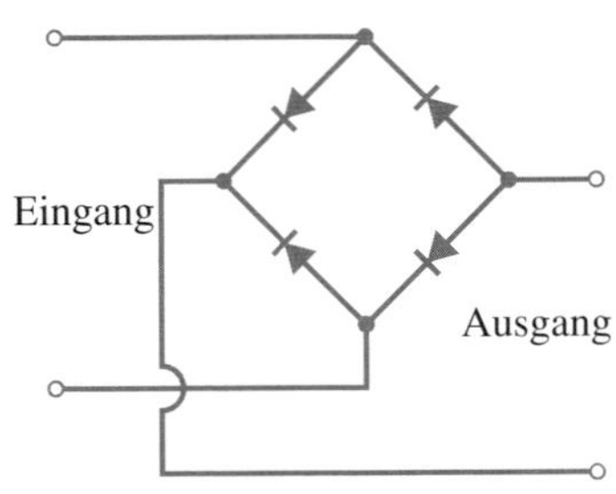

Abbildung 41.43 Frage 12.

13 Vergleichen Sie den Widerstand einer *p-n*-Diode bei Schaltung in Durchlassrichtung mit ihrem Widerstand bei Schaltung in Sperrrichtung.

14 Erklären Sie, wie ein Transistor als Schalter eingesetzt werden kann.

15 Wie verändert sich die Verstärkung, wenn $U_Q(C)$ in ► Abbildung 41.41 umgekehrt wird?

16 Erläutern Sie, wie ein *pnp*-Transistor als Verstärker genutzt werden kann.

17 Erfüllen Dioden und Transistoren das Ohm'sche Gesetz?

18 In einem Transistor handelt es sich beim Basis-Emitter-Übergang und beim Basis-Kollektor-Übergang im Wesentlichen um Dioden. Sind diese Übergänge in ► Abbildung 41.41 in Sperrrichtung oder in Durchlassrichtung geschaltet?

19 Welchem Zweck dient der Kondensator in ► Abbildung 41.42?

Aufgaben zu 41.1 bis 41.3

1 (I) Schätzen Sie die Bindungsenergie eines KCl-Moleküls ab, indem Sie die elektrostatische potenzielle Energie berechnen, wenn sich die K^+-Ionen und die Cl^+-Ionen in ihrem Gleichgewichtsabstand 0,28 nm entfernt befinden. Gehen Sie davon aus, dass jedes Ion eine Ladung vom Betrag 1,0e trägt.

2 (I) Bindungsenergien werden experimentell häufig in kcal pro Mol gemessen. Anschließend wird die Bindungenergie in eV pro Molekül aus dem Messergebnis berechnet. Wie ist der Umrechnungsfaktor beim Übergang von kcal zu eV pro Molekül? Wie groß ist die Bindungsenergie von KCl (= 4,43 eV) in kcal pro Mol?

3 (II) Die gemessene Bindungsenergie von KCl beträgt 4,43 eV. Schätzen Sie mithilfe des Ergebnisses aus Aufgabe 1 den Beitrag der sich abstoßenden Elektronenwolken in der Gleichgewichtsentfernung $r_0 = 0{,}28$ nm zur Bindungsenergie ab.

4 (II) Schätzen Sie die Bindungsenergie des H_2-Moleküls unter der Annahme ab, dass die beiden H-Kerne 0,074 nm voneinander entfernt sind und die beiden Elektronen 33 Prozent ihrer Zeit zwischen den Kernen verbringen.

5 (III) Wenden Sie eine analoge Überlegung wie im Text im Falle der Zustände mit $S = 0$ und $S = 1$ bei der Bildung des H_2-Moleküls an, um zu zeigen, weshalb es *nicht* zur Bildung eines He_2-Moleküls kommt.

Aufgaben zu 41.4

6 (I) Zeigen Sie, dass die Größe $\hbar^2/I$ die Dimension einer Energie besitzt.

7 (I) Wie groß ist die reduzierte Masse der Moleküle (a) NaCl; (b) N_2; (c) HCl?

8 (II) Die charakteristische Rotationsenergie $\hbar^2/2I$ beträgt bei N_2 $2{,}48 \cdot 10^{-4}$ eV. Berechnen Sie die Bindungslänge von N_2.

9 (II) Die Grundschwingungsfrequenz des Co-Moleküls beträgt $6{,}42 \cdot 10^{13}$ Hz. Bestimmen Sie (a) die reduzierte Masse und (b) den effektiven Wert der Federkonstanten k. Vergleichen Sie sie mit dem Wert von k beim H_2-Molekül.

10 (II) Erklären Sie, weshalb es für $E = hf$ in ► Abbildung 41.20 (und 41.21) keinen Übergang gibt.

11 (II) (a) Berechnen Sie die charakteristische Rotationsenergie $\hbar^2/2I$ eines O_2-Moleküls, dessen Bindungslänge 0,21 nm beträgt. (b) Wie groß sind Energie und Wellenlänge der Photonen, die bei einem Übergang vom Zustand mit $L = 2$ zu einem Zustand mit $L = 1$ emittiert werden?

12 (II) Der Gleichgewichtsabstand der Wasserstoffatome in einem H_2-Molekül ist 0,074 nm (siehe ► Abbildung 41.8). Berechnen Sie die Energien und die Wellenlängen der Photonen, die bei den Rotationsübergängen (a) von $L = 1$ zu $L = 0$, (b) von $L = 2$ zu $L = 1$ und (c) von $L = 3$ zu $L = 2$ emittiert werden.

13 (II) Berechnen Sie die Bindungslänge des NaCl-Moleküls unter der Voraussetzung, dass die drei aufeinanderfolgenden Wellenlängen der Rotationsübergänge 23,1 mm, 11,6 mm und 7,71 mm betragen.

14 (II) Leiten Sie Gleichungen 41.8 her.

Aufgaben zu 41.5

15 (I) Schätzen Sie die ionische Kohäsionsenergie von NaCl mit $\alpha = 1,75$, $m = 8$ und $r_0 = 0{,}28$ nm ab.

16 (II) Der Abstand zwischen den nächsten Nachbarn der Na- und Cl-Ionen in einem NaCl-Kristall beträgt 0,24 nm. Wie groß ist der Abstand zwischen den nächsten Na-Ionen?

17 (II) Gewöhnliches Salz, NaCl, besitzt eine Dichte von 2,165 g/cm^3. Das Molekulargewicht von NaCl ist 58.55. Schätzen Sie den Abstand zwischen benachbarten Na- und Cl-Ionen ab. (*Hinweis*: Jedes Ion kann man sich in einen Würfel oder eine Zelle eingebettet vorstellen, die die Kantenlänge s besitzt (die Unbekannte).)

18 (II) Lösen Sie die vorangegangene Aufgabe für KCl mit einer Dichte von 1,99 g/cm^3.

19 (III) (a) Zeigen Sie, ausgehend von Gleichung 41.9, dass die ionische Kohäsionsenergie durch $E^0_{\text{pot}} = -(\alpha e^2/4\pi\epsilon_0 r_0)(1-1/m)$ gegeben ist. Bestimmen Sie E^0_{pot} von (b) NaI ($r_0 = 0{,}33$ nm) und (c) MgO ($r_0 = 0{,}31$ nm). Setzen Sie $m = 10$. (d) Wie stark weichen Ihre Antworten ab, wenn Sie stattdessen $m = 8$ einsetzen?

20 (III) Zeigen Sie, dass die Madelung-Konstante einer langen, eindimensionalen Kette mit alternierend positiven und negativen Ionen $\alpha = 2\ln 2$ ist. (*Hinweis*: Verwenden Sie für den Ausdruck $\ln(1+x)$ eine Reihenentwicklung.)

Aufgaben zu 41.6

21 (I) Schätzen Sie die Anzahl der Elektronenzustände ab, die in einem Kupferkristall mit dem Volumen 1,0 cm^3 zwischen 6,90 und 7,00 eV verfügbar sind.

22 (II) Wie groß ist das Verhältnis zwischen der Moleküldichte in einem idealen Gas bei 300 K und 1 bar (etwa von O_2) zur Dichte der freien Elektronen (ein Elektron pro Atom) in einem Metall (Kupfer) ebenfalls bei 300 K?

23 (II) Berechnen Sie für einen Kupferkristall die Energie eines Elektronenzustands, der eine Besetzungswahrscheinlichkeit von 90 Prozent aufweist, wenn die Temperatur (a) $T = 300$ K; (b) $T = 1200$ K beträgt.

24 (II) Berechnen Sie für einen Kupferkristall die Energie eines Elektronenzustands, der eine Besetzungswahrscheinlichkeit von 10 Prozent aufweist, wenn die Temperatur (a) $T = 300$ K; (b) $T = 1200$ K beträgt.

25 (II) Wie groß ist die Besetzungswahrscheinlichkeit für einen Elektronenzustand in einem Kupferkristall bei $T = 300$ K, wenn die Energie $E = 1,010 E_F$ beträgt?

26 (II) Berechnen Sie die Anzahl der möglichen Elektronenzustände mit einer Energie zwischen $0,99 E_F$ und E_F (= 5,48 eV) in einem Silberkristall mit dem Volumen 1,00 cm^3.

27 (II) Berechnen Sie die Fermi-Energie und die Fermi-Geschwindigkeit bei einem Natriumkristall mit einer Dichte von $0{,}97 \cdot 10^3$ kg/m^3 und einem Leitungselektron pro Atom.

28 (II) Die Atome in einem metallischen Zinkkristall ($\rho = 7{,}1 \cdot 10^3$ kg/m^3) besitzen zwei freie Elektronen. Berechnen Sie (a) die Dichte der Leitungselektronen, (b) ihre Fermi-Energie und (c) ihre Fermi-Geschwindigkeit.

29 (II) Die Fermi-Energie von Aluminium beträgt 11,63 eV. (a) Berechnen Sie die Dichte der freien Elektronen mithilfe von Gleichung 41.12 und (b) bestimmen Sie die Valenz von Aluminium mithilfe dieses Modells und der bekannten Dichte ($2{,}70 \cdot 10^3$ kg/m^3) sowie der atomaren Masse (27.0) von Aluminium.

30 (II) Die Neutronen in einem Neutronenstern (Kapitel 45) können als Fermi-Gas behandelt werden, wobei Neutronen anstelle der Elektronen im Elektronengasmodell gesetzt werden. Bestimmen Sie die Fermi-Energie eines Neutronensterns mit dem Radius 10 km und der doppelten Sonnenmasse. Nehmen Sie an, dass der Stern vollständig aus Neutronen besteht und eine gleichmäßige Dichte besitzt.

31 (II) Zeigen Sie, dass die mittlere Energie der Leitungselektronen in einem Metall bei der Temperatur $T = 0$ K $\overline{E} = \frac{3}{5}E_F$ (Gleichung 41.13) beträgt, indem Sie den Ausdruck

$$\overline{E} = \frac{\int E n_o(E)\,\mathrm{d}E}{\int n_o(E)\,\mathrm{d}E}$$

berechnen.

32 (II) Zeigen Sie, dass die Besetzungswahrscheinlichkeit eines Zustands mit der Fermi-Energie unabhängig von der Temperatur genau $\frac{1}{2}$ beträgt.

33 (II) (a) Betrachten Sie Kupfer bei Raumtemperatur ($T = 300\,\mathrm{K}$). Berechnen Sie den Fermi-Faktor, Gleichung 41.14, eines Elektrons mit einer Energie von 0,10 eV oberhalb der Fermi-Energie. Dies stellt die Besetzungswahrscheinlichkeit dieses Zustands dar. Ist dies vernünftig? (b) Wie groß ist die Wahrscheinlichkeit, dass ein Zustand, der 0,1 eV unterhalb der Fermi-Energie liegt, besetzt ist? (c) Wie groß ist die Wahrscheinlichkeit, dass der Zustand aus Teil (b) unbesetzt ist?

34 (II) Betrachten Sie einen eindimensionalen Potenzialtopf. Gehen Sie von Gleichung 39.13 aus und zeigen Sie, dass die Anzahl der Zustände pro Energieintervall bei einem Elektronengas durch

$$g_L(E) = \sqrt{\frac{8mL^2}{h^2E}}$$

gegeben ist. Beachten Sie, dass es zwei Elektronenzustände (Spin aufwärts und Spin abwärts) für jeden Wert von n gibt. (*Hinweis*: Schreiben Sie die Quantenzahl n als Funktion von E. Dann gilt $g_L(E) = 2\,\mathrm{d}n/\mathrm{d}E$, wobei $\mathrm{d}n$ die Anzahl der Energieniveaus zwischen E und $E + \mathrm{d}E$ ist.)

35 (III) Gehen Sie wie folgt vor, um die Zustandsdichte $g(E)$, die Anzahl der Zustände pro Volumeneinheit und Energieintervall, Gleichung 41.10, zu berechnen. Gegeben sei ein Metallwürfel mit der Kantenlänge L. Übertragen Sie die Diskussion aus Abschnitt 39.8 für den Fall eines unendlichen hohen Potenzialtopfes, der auf die Energieniveaus

$$E = \frac{h^2}{mL^2}\left(n_1^2 + n_2^2 + n_3^2\right)$$

führt. (Erläutern Sie die Bedeutung von n_1, n_2, n_3.) Jedem Triplet von Quantenzahlen n_1, n_2, n_3 entspricht ein Zustand. Stellen Sie sich einen Raum vor, in dem n_1, n_2, n_3 die Achsen sind und jeder Zustand einen Punkt in einem kubischen Gitter in diesem Raum darstellt, wobei jeder Punkt eine Längeneinheit von dem anderen entfernt ist. Betrachten Sie den Oktanten $n_1 > 0$, $n_2 > 0$, $n_3 > 0$. Zeigen Sie, dass die Anzahl der Zustände innerhalb eines Radius $R = (n_1^2 + n_2^2 + n_3^2)^{\frac{1}{2}}$ gleich $2\left(\frac{1}{8}\right)\left(\frac{4}{3}\pi R^3\right)$ ist. Um Gleichung 41.10 zu erhalten, setzen wir anschließend $g(E) = (1/V)(\mathrm{d}N/\mathrm{d}E)$, wobei $V = L^3$ das Volumen des Metalls angibt.

Aufgaben zu 41.7

36 (I) Ein Halbleiter, der mit Licht bei langsam steigender Frequenz bestrahlt wird, beginnt zu leiten, wenn die Wellenlänge 640 nm erreicht. Schätzen Sie die Größe der Energielücke E_g ab.

37 (I) Erklären Sie mithilfe der Energiebänder, weshalb ein NaCl-Kristall ein guter Isolator ist. (*Hinweis*: Betrachten Sie die Schalen von Na^+- und Cl^+-Ionen.)

38 (II) Wir wissen, dass es $2N$ mögliche Elektronenzustände im 3s-Band von Na gibt, wobei N die Gesamtzahl der Atome ist. Wie viele mögliche Elektronenzustände gibt es im (a) 2s-Band, (b) 2p-Band und (c) 3p-Band? (d) Stellen Sie eine allgemeine Formel für die Gesamtzahl der möglichen Zustände in einem gegeben Elektronenband auf.

39 (II) Berechnen Sie, wie groß die Wellenlänge eine Photons maximal sein kann, das in Silizium ein Elektron ($E_g = 1{,}1$ eV) vom Valenzband zum Leitungsband anregen kann.

40 (II) Die Energielücke E_g in Germanium beträgt 0,72 eV. Es soll als Photonendetektor eingesetzt werden. Wie viele Elektronen können in etwa zu einem Übergang vom Valenzband zum Leitungsband angeregt werden, wenn ein Photon mit 710 keV hindurch läuft, das dabei seine gesamte Energie verliert?

Aufgaben zu 41.8

41 (II) Angenommen, ein Siliziumhalbleiter ist so mit Phosphor dotiert, dass von 10^6 Siliziumatomen eines durch ein Phosphoratom ersetzt wurde. Um welchen Faktor erhöht sich die Dichte der Leitungselektronen, wenn wir davon ausgehen, dass das zusätzliche Elektron jedes Phosphoratoms in das Leitungsband abgegeben wird? Silizium hat eine Dichte von $2330\,\mathrm{kg/m^3}$, und die Dichte der Leitungselektronen in reinem (undotiertem) Silizium beträgt bei Raumtemperatur etwa $10^{16}\,\mathrm{m^{-3}}$.

Aufgaben zu 41.9

42 (I) Mit welcher Wellenlänge strahlt eine LED, wenn sie aus einem Halbleiter mit einer Energielücke von $E_g = 1{,}4\,\text{eV}$ hergestellt wurde?

43 (I) Wie groß ist die Energielücke (in eV) zwischen Valenzband und Leitungsband, wenn eine LED Licht der Wellenlänge $\lambda = 650\,\text{nm}$ aussendet?

44 (II) Eine Siliziumdiode, deren Strom-Spannungskennlinie in ▶ Abbildung 41.37 dargestellt ist, wird mit einer Batterie und einem Ohm'schen Widerstand mit $760\,\Omega$ in Reihe geschaltet. Wie groß muss die Batteriespannung sein, damit ein Strom von 12 mA fließt?

45 Angenommen, die in ▶ Abbildung 41.37 dargestellte Diode ist mit einem Ohm'schen Widerstand mit $100\,\Omega$ und einer Batterie mit 12 V in Reihe geschaltet. Welcher Strom fließt durch den Stromkreis? (*Hinweis*: Zeichnen Sie in ▶ Abbildung 41.37 eine Linie ein, die den Strom über dem Ohm'schen Widerstand als Funktion des Spannungsabfalls an der Diode darstellt; der Schnittpunkt dieser Linie mit der Diodenkennlinie gibt die Antwort.)

46 (II) Skizzieren Sie den Widerstand der in ▶ Abbildung 41.37 dargestellten Diode als Funktion des Stroms im Falle $V > 0$.

47 (II) Eine Wechselspannung mit dem Effektivwert 120 V soll verstärkt werden. Schätzen Sie den mittleren Strom am Ausgangswiderstand R ($28\,\text{k}\Omega$) grob ab, wenn (a) ein Einweggleichrichter (▶ Abbildung 41.38) und (b) ein Zweiweggleichrichter (▶ Abbildung 41.39) ohne Kondensator eingesetzt wird.

48 (III) Eine Siliziumdiode lässt nur dann einen signifikanten Stromfluss zu, wenn die Durchlassspannung den Wert 0,6 V übersteigt. Schätzen Sie den mittleren Strom am Widerstand R ab, wenn (a) ein Einweggleichrichter (▶ Abbildung 41.38) und (b) ein Zweiweggleichrichter (▶ Abbildung 41.39) ohne Kondensator eingesetzt wird. Gehen Sie dabei jeweils von einem Ohm'schen Widerstand von $R = 150\,\Omega$ und einer Wechselspannung mit dem Effektivwert 9,0 V aus.

49 (III) Eine Spannung mit dem Effektivwert 120 V und 60 Hz soll mit einem Zweiweggleichrichter wie in ▶ Abbildung 41.39 gleichgerichtet werden. Dabei sind $R = 18\,\text{k}\Omega$ und $C = 25\,\text{F}$. (a) Schätzen Sie den mittleren Strom grob ab. (b) Was passiert bei $C = 0{,}10\,\text{F}$? (*Hinweis*: Siehe Abschnitt 26.4.)

Aufgaben zu 41.10

50 (II) Angenommen, die Stromverstärkung beim Transistor aus ▶ Abbildung 41.41 ist $\beta = i_C/i_B = 80$. Berechnen Sie die Ausgangswechselspannung im Falle eines Eingangswechselstroms von 2,0 A, wenn $R_C = 3{,}3\,\text{k}\Omega$ gilt.

51 (II) Betrachten Sie den Transistor aus ▶ Abbildung 41.41. Ein Basisstrom von 1,0 A führt zu einer Ausgangsspannung von 0,4 V. Welchen Wert hat in diesem Fall R_C, wenn Sie von einer Stromverstärkung von $\beta = i_C/i_B = 100$ ausgehen?

52 (II) Ein Transistor mit der Stromverstärkung $\beta = i_C/i_B = 70$ wird wie in ▶ Abbildung 41.41 mit $R_B = 3{,}2\,\text{k}\Omega$ und $R_C = 6{,}8\,\text{k}\Omega$ geschaltet. Berechnen Sie (a) die Spannungsverstärkung und (b) die Leistungsverstärkung.

53 (II) Ein Verstärker weist eine Spannungsverstärkung von 80 und einen Lastwiderstand (Ausgangswiderstand) von $15\,\text{k}\Omega$ auf. Wie groß ist der maximale Stromfluß durch den Lastwiderstand, wenn als Eingangsspannung ein Wechselspannungssignal mit einem Maximalwert von 0,080 V anliegt?

Allgemeine Aufgaben

54 Schätzen Sie die Bindungsenergie eines H_2-Moleküls ab, indem Sie mithilfe der Unschärferelation die Differenz zwischen den kinetischen Energien der Elektronen abschätzen, wenn sie sich in getrennten Atomen oder in einem Molekül aufhalten. Setzen Sie dabei für den Abstand der Elektronen in den getrennten Atomen Δx den Radius der ersten Bohr'schen Bahn 0,053 nm ein. Beim Molekül ist Δx der Kernabstand von 0,074 nm.

55 Die mittlere kinetische Energie der Translationsbewegung eines Atoms oder Moleküls ist etwa $\overline{E_{kin}} = \frac{3}{2}kT$ (siehe Kapitel 18) mit der Boltzmann-Konstante $k = 1{,}38 \cdot 10^{-23}\,\text{J/K}$. Bei welcher Temperatur T ist $\overline{E_{kin}}$ von der Größenordnung der Bindungsenergie (so dass die Bindung durch die thermische Bewegung aufgebrochen werden kann) im Falle (a) einer kovalenten Bindung (wie bei H_2) mit der Bindungsenergie 4,5 eV und

(b) einer schwachen Wasserstoffbrückenbindung mit der Bindungsenergie 0,15 eV?

56 Bei dem ionischen Salz KF ist der Abstand zwischen den Ionen etwa 0,27 nm. (a) Schätzen Sie die elektrostatische potenzielle Energie zwischen den Ionen ab, indem Sie die Ionen als Punktladungen (mit dem Betrag $1e$) ansehen. (b) Es ist bekannt, dass F einen Energiebetrag von 4,07 eV abgibt, wenn es ein Elektron einfängt, und 4,34 eV zur Ionisation von K benötigt werden. Bestimmen Sie die Bindungenergie von KF relativ zu den Energien der freien K- und F-Atome, wobei Sie die Abstoßungsenergie vernachlässigen.

57 Die Grundschwingungfrequenz eine HCl-Moleküls beträgt $8{,}66 \cdot 10^{13}$ Hz. Bestimmen Sie (a) die reduzierte Masse und (b) den Effektivwert der Federkonstanten k. Vergleichen Sie mit dem Wert von k bei einem H_2-Molekül.

58 Gehen Sie von dem Bild aus, dass zwei Atome eines zweiatomigen Moleküls durch eine Feder miteinander verbunden sind (siehe ▸ Abbildung 41.44). Zeigen Sie, dass die klassische Schwingungfrequenz durch Gleichung 41.5 gegeben ist. (*Hinweis*: Wenn x_1 und x_2 die Auslenkungen jedes Massenpunktes von der ursprünglichen Gleichgewichtslage sind, dann gilt $m_1\,\mathrm{d}^2x_1/\mathrm{d}t^2 = -kx$ und $m_2\,\mathrm{d}^2x_2/\mathrm{d}t^2 = -kx$ mit $x = x_1 + x_2$. Finden Sie eine weitere Beziehung zwischen x_1 und x_2, indem Sie annehmen, dass der Schwerpunkt des Systems in Ruhe verharrt. Zeigen Sie anschließend die Gültigkeit von $\mu\,\mathrm{d}^2x/\mathrm{d}t^2 = -kx$.)

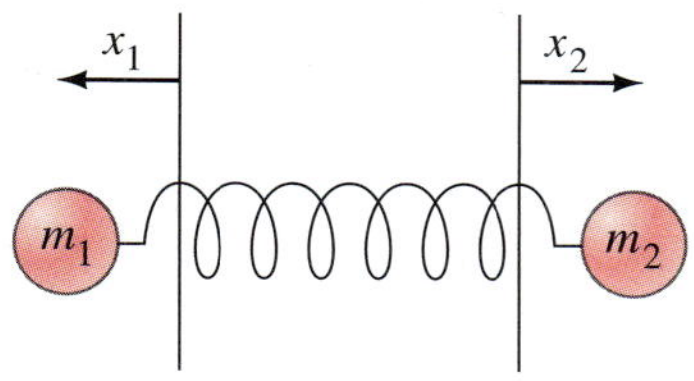

Abbildung 41.44 Aufgabe 58.

59 Erklären Sie mithilfe der Maxwell-Boltzmann-Verteilung (Gleichung 40.16), weshalb sich die Peaks in ▸ Abbildung 41.21 unterscheiden. Erklären Sie auch, weshalb die Linien nicht äquidistant sind. (*Hinweis*: Bleibt das Trägheitsmoment notwendigerweise konstant?)

60 Müssen wir bei der Rotation von Alltagsgegenständen Quanteneffekte beachten? Schätzen Sie den Unterschied zwischen den Rotationsenergieniveaus eines sich drehenden Stabes und der Energie des Stabes ab. Nehmen Sie an, dass der Stab aus einer gleichmäßigen, 30 cm langen Leiste mit der Masse 200 g besteht, an deren Enden zwei kleine Massen von jeweils 300 g angebracht sind, und dass sich der Stab mit 1,6 U/s um seinen Schwerpunkt dreht.

61 Die beim Schmelzen von festem Argon bei −189°C zugeführte latente Schmelzwärme wird direkt zum Aufbrechen der Bindungen zwischen den Atomen verwendet. Festes Argon bildet ein schwach gebundenes kubisches Gitter, wobei jedes Atom sechs Nachbaratome besitzt und die Bindungenergie jeder Bindung $3{,}9 \cdot 10^{-3}$ eV beträgt. Wie groß ist die Schmelzwärme von Argon in J/kg? (*Hinweis*: Zeigen Sie, dass es in einem einfachen kubischen Gitter (▸ Abbildung 41.45) *drei* Mal so viele Bindungen gibt wie Atome, wenn die Anzahl der Atome groß ist.)

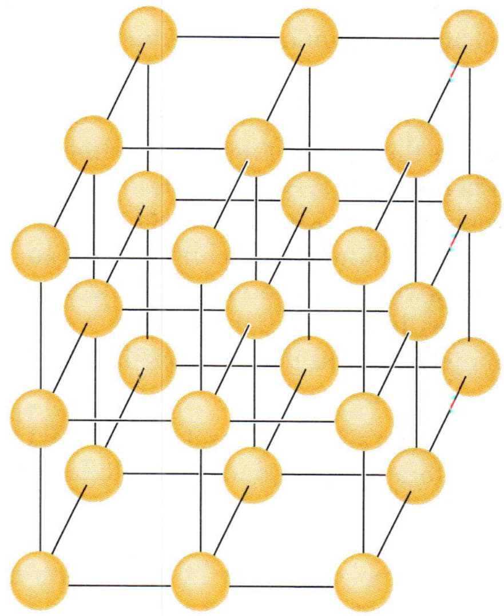

Abbildung 41.45 Aufgabe 61.

62 Ein Streifen Silizium der Breite 1,5 cm und der Dicke 1,0 mm wird in ein Magnetfeld der Stärke 1,6 T gebracht, das senkrecht auf dem Streifen steht (▸ Abbildung 41.46). Läuft durch den Streifen ein Strom von 0,20 mA, ergibt sich aus dem Hall-Effekt eine Spannungsdifferenz von 14 mV an den beiden, zum Strom parallelen Kanten des Siliziums (Abschnitt 27.8). Wie viele Elektronen pro Siliziumatom befinden sich im Leitungsband? Die Dichte des Siliziums beträgt 2330 kg/m³.

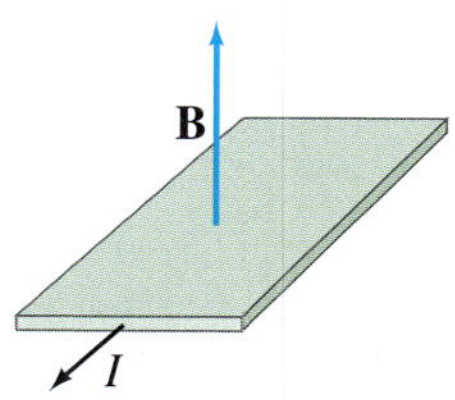

Abbildung 41.46 Aufgabe 62.

63 Die Strahlung der Sonne besteht größtenteils aus Photonen mit Wellenlängen, die kleiner als 1000 nm sind. Welche Energielücke müsste ein Material einer Solarzelle haben, die all diese Strahlung absorbieren soll.

64 Die Energielücke zwischen dem Valenzband und dem Leitungsband von Germanium beträgt 0,72 eV. In welchem Bereich muss die Wellenlänge eines Photons liegen, das Elektronen vom oberen Rand des Valenzbandes zum Leitungsband anregen kann?

65 Eine TV-Fernbedienung emittiert Infrarotstrahlung. Kann Silizium mit einer Energielücke von $E_g = 1{,}14$ eV als Fenster benutzt werden, wenn der Detektor des Fernsehapparates *nicht* auf sichtbares Licht reagieren soll? Welche Wellenlänge muss Licht mindestens haben, das auf einen Siliziumstreifen trifft, ohne Elektronen vom Valenzband zum Leitungsband anzuregen?

66 Die *Fermi-Temperatur* T_F ist als die Temperatur definiert, bei der die thermische Energie kT (ohne $\frac{3}{2}$) gleich der Fermi-Energie ist: $kT_F = E_F$. (a) Bestimmen Sie die Fermi-Temperatur eines Kupferkristalls. (b) Zeigen Sie, dass die Fermi-Verteilung (Gleichung 41.14) im Falle $T \gg T_F$ der Maxwell-Boltzmann-Verteilung entspricht. (*Hinweis*: Dieses letzte Ergebnis ist beim Verständnis von Leitern nicht sehr hilfreich. Weshalb?)

67 Nehmen Sie an, dass sich das „zusätzliche" Elektron eines Arsendonators in einem dotierten Siliziumhalbleiter auf einer Bohr'schen Bahn um das Arsenion bewegt. Verwenden Sie bei diesem Elektron im Grundzustand die dielektrische Konstante $\epsilon_r = 12$ des Si-Gitters (die die Abschwächung der Coulomb-Kraft durch alle anderen Atome oder Ionen im Gitter einbezieht), und schätzen Sie (a) die Bindungsenergie und (b) den Bahnradius dieses zusätzlichen Elektrons ab. (*Hinweis*: Ersetzen Sie im Coulomb-Gesetz $\epsilon = \epsilon_r\epsilon_0$.)

68 In einem Zweiweggleichrichter (▶ Abbildung 41.39) werden zwei Dioden eingesetzt, um eine Spannung mit dem Effektivwert 75 V und 50 Hz gleichzurichten. Wie groß ist die prozentuale Schwankung der Ausgangsspannung, wenn $R = 8{,}8\,\text{k}\Omega$ und $C = 30\,\text{F}$ ist? Die Schwankung der Ausgangsspannung (▶ Abbildung 41.39c) wird als *Brummspannung* bezeichnet. (*Hinweis*: Siehe Abschnitt 26.4. Nehmen Sie darüber hinaus an, dass die Entladung des Kondensators annähernd linear verläuft.)

69 Ein Zener-Dioden-Spannungsregler ist in ▶ Abbildung 41.47 dargestellt. Nehmen Sie an, dass $R = 1{,}80\,\text{k}\Omega$ gilt und die Durchschlagspannung der Diode 130 V beträgt. Die Diode ist für einen maximalen Strom von 110 mA ausgelegt. (a) Über welchen Bereich der angelegten Spannung hält der Schaltkreis die Spannung von 130 V, wenn $R_{Last} = 16{,}0\,\text{k}\Omega$ gilt? (b) In welchem Bereich muss der Lastwiderstand liegen, damit eine angelegte Spannung von 200 V reguliert werden kann?

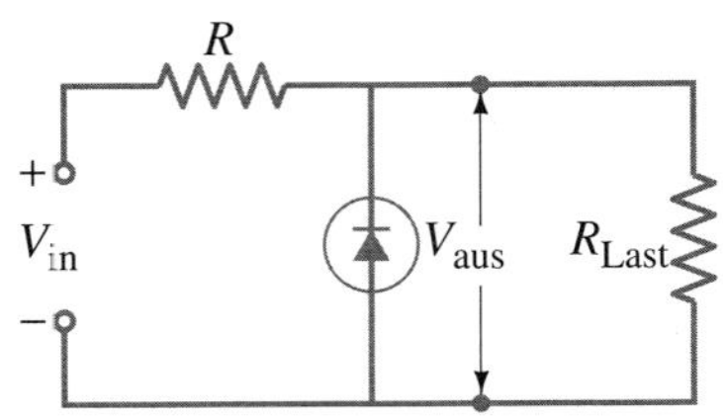

Abbildung 41.47 Aufgabe 69.

Kernphysik und Radioaktivität

42

ÜBERBLICK

Diese Archäologin hat die Überreste einer Wasserschildkröte in einem alten, von Menschen gebauten Steinkreis ausgegraben. Aus der Kohlenstoffanalyse der Überreste kann sie entnehmen, wann Menschen diese Stätte bewohnten. In diesem Kapitel beginnen wir mit dem Studium der Kernphysik. Wir werden die Eigenschaften von Atomkernen und die verschiedenen Formen der Radioaktivität diskutieren und uns damit beschäftigen, wie der radioaktive Zerfall in verschiedenen Fachgebieten zur Altersbestimmung von alten Gegenständen, Knochen und Bäumen bis hin zu Gesteinen und anderen Mineralien eingesetzt werden kann und wie wir daraus Informationen über die Geschichte der Erde ableiten.

42. Kernphysik und Radioaktivität

Zu Beginn des 20. Jahrhunderts führten die Rutherford'schen Experimente zu der Vorstellung, dass es im Mittelpunkt eines Atoms einen winzigen, jedoch massiven Kern gibt. Als die Quantentheorie entwickelt wurde und die Wissenschaftler zu einem Verständnis der Struktur des Atoms und seiner Elektronen kamen, begann man gleichzeitig auch, sich mit dem Atomkern selbst zu beschäftigen. In diesem und im folgenden Kapitel werfen wir einen kurzen Blick auf die *Kernphysik*.

42.1 Struktur und Eigenschaften des Atomkerns

Eine wichtige Frage, die sich die Physiker zu Beginn des vergangenen Jahrhunderts stellten, war, ob der Atomkern eine Struktur aufweist und welche Struktur dies sein könnte. Es stellte sich heraus, dass der Atomkern ein kompliziertes Objekt ist, das wir selbst heute noch nicht vollkommen verstehen. In den frühen 1930er Jahren wurde ein Kernmodell entwickelt, das auch heute noch nützlich ist. In diesem Modell wird der Kern als Ansammlung von zwei Teilchenarten aufgefasst: Protonen und Neutronen. (Natürlich müssen wir daran denken, dass die „Teilchen" auch Welleneigenschaften besitzen, zur Veranschaulichung und im Sprachgebrauch werden wir sie jedoch häufig einfach als „Teilchen" bezeichnen.) Im Kern des einfachsten Atoms, des Wasserstoffatoms, befindet sich ein **Proton**. Es besitzt eine positive Ladung ($= +e = +1{,}60 \cdot 10^{-19}$ C) und die Masse

Proton

$$m_{\text{p}} = 1{,}67262 \cdot 10^{-27}\ \text{kg}\,.$$

Das **Neutron**, dessen Existenz von dem Engländer James Chadwick (1891 – 1974) erst im Jahre 1932 nachgewiesen wurde, ist elektrisch neutral ($q = 0$), wie bereits der Name sagt. Seine Masse, die fast identisch mit der eines Protons ist, beträgt

Neutron

$$m_{\text{n}} = 1{,}67493 \cdot 10^{-27}\ \text{kg}\,.$$

Nukleonen

Diese beiden Bestandteile eines Kerns, Neutronen und Protonen, bezeichnet man insgesamt als **Nukleonen**.

Abgesehen vom Wasserstoffkern, der nur aus einem einzigen Proton besteht, enthalten alle anderen Elemente sowohl Protonen als auch Neutronen. Die verschiedenen Arten von Kernen werden häufig als **Nuklide** bezeichnet. Die Anzahl der Protonen im Kern (oder Nuklid) wird als **Ordnungszahl** bezeichnet, der das Symbol Z zugeordnet ist. Die Gesamtzahl der Nukleonen, also die Anzahl der Neutronen und Protonen, hat das Symbol A und wird (relative) **Atommasse** genannt. Diese Bezeichnung wird verwendet, weil die Masse eines Kerns nahezu die A-fache Masse eines Nukleons ist, die als atomare Masseneinheit dient. Ein Nuklid mit 7 Protonen und 8 Neutronen besitzt daher die Ordnungszahl $Z = 7$ und die Atommasse $A = 15$. Die **Neutronenzahl** N ergibt sich aus $N = A - Z$.

Z* und *A

Zur Spezifikation eines Nuklids müssen wir lediglich A und Z angeben. Man verwendet dazu gewöhnlich ein spezielles Symbol von der Form

$$^{A}_{Z}\text{X}\,.$$

Dabei ist X das chemische Symbol des Elements (siehe Anhang D und das Periodensystem auf der hinteren, inneren Umschlagseite), A die Atommasse und Z die Ordnungszahl. Zum Beispiel steht $^{15}_{7}$N für einen Stickstoffkern mit 7 Protonen und 8 Neutronen, also insgesamt 15 Nukleonen. In einem neutralen Atom ist die Anzahl der Elektronen, die den Kern umkreisen, gleich der Ordnungszahl Z (da die Ladung eines Elektrons denselben Betrag hat wie die eines Protons, jedoch mit entgegengesetztem Vorzeichen). Die wesentlichen Eigenschaften eines Atoms und die Art seiner Wechselwirkungen mit anderen Atomen sind weitestgehend durch die Anzahl der Elektronen bestimmt. Die Ordnungszahl Z legt daher fest, um welches Atom es sich handelt: Kohlenstoff, Sauerstoff, Gold usw. Es ist redundant, das Symbol eines Kerns und seine Ordnungszahl Z wie oben beschrieben anzugeben. Wenn es sich bei dem Kern um Stickstoff handelt, dann wissen wir sofort, dass $Z = 7$ ist. Deshalb wird der Index von Z mitunter weggelassen und $^{15}_{7}\mathrm{N}$ einfach als $^{15}\mathrm{N}$ geschrieben; man spricht von „Stickstoff-15“ .

Bei bestimmten Atomen (wie beispielsweise Kohlenstoff) findet man Kerne, die unterschiedlich viele Neutronen enthalten, obwohl alle dieselbe Anzahl von Protonen haben. Kohlenstoffkerne haben zum Beispiel stets 6 Protonen, sie können jedoch 5, 6, 7, 8, 9 oder 10 Neutronen enthalten. Kerne mit derselben Protonenzahl, aber unterschiedlicher Neutronenzahl werden als **Isotope** bezeichnet. Folglich sind $^{11}_{6}\mathrm{C}$, $^{12}_{6}\mathrm{C}$, $^{13}_{6}\mathrm{C}$, $^{14}_{6}\mathrm{C}$, $^{15}_{6}\mathrm{C}$ und $^{16}_{6}\mathrm{C}$ Kohlenstoffisotope. Natürlich kommen nicht alle Isotope eines gegebenen Elements gleich häufig vor. Bei dem (auf der Erde) natürlich vorkommenden Kohlenstoff handelt es sich beispielsweise zu 98,9 Prozent um das Isotop $^{12}_{6}\mathrm{C}$ und zu etwa 1,1 Prozent um $^{13}_{6}\mathrm{C}$. Diese Prozentzahlen geben die **natürlichen Häufigkeiten**[1] an. Viele Isotope ohne natürliches Vorkommen können im Labor durch Kernreaktionen (darüber später mehr) erzeugt werden. In der Tat haben alle Elemente jenseits von Uran ($Z > 92$) kein natürliches Vorkommen, sie können nur künstlich erzeugt werden, ebenso wie viele Nuklide mit $Z \leq 92$.

Isotope

Die ungefähre Größe von Atomkernen wurde ursprünglich von Rutherford bei Streuversuchen mit geladenen Teilchen bestimmt. Wir können natürlich wegen des Welle-Teilchen-Dualismus nicht davon sprechen, dass Atomkerne eine feste Größe haben: Sie haben keine wirkliche räumliche Begrenzung. Dennoch kann man die „Größe“ grob messen, indem man schnelle Elektronen an Kernen streut. Man stellt fest, dass die Kerne im Wesentlichen kugelförmig sind und einen Radius aufweisen, der mit A gemäß der Näherungsformel

$$r \approx (1{,}2 \cdot 10^{-15}\ \mathrm{m})(A^{\frac{1}{3}}) \qquad (42.1)$$

wächst. Wir sehen, dass das Volumen eines Kerns proportional zur Anzahl der Nukleonen ist, $V \propto A$, da für das Volumen einer Kugel $V = \frac{4}{3}\pi r^3$ gilt. Genau dies würden wir erwarten, wenn Nukleonen so etwas wie harte Billardkugeln wären: Wird die Anzahl der Kugeln verdoppelt, verdoppelt sich auch das Gesamtvolumen. Daher haben alle Kerne nahezu die gleiche Dichte, und diese ist enorm (siehe Aufgabe 5).

Beispiel 42.1 · Abschätzung — Kerngrößen

Schätzen Sie den Durchmesser der folgenden Kerne ab: (a) $^{1}_{1}\mathrm{H}$, (b) $^{40}_{20}\mathrm{Ca}$, (c) $^{208}_{82}\mathrm{Pb}$, (d) $^{235}_{92}\mathrm{U}$.

Lösung

a Bei Wasserstoff mit $A = 1$ führt Gleichung 42.1 auf

$$d = \text{Durchmesser} = 2r \approx 2{,}4 \cdot 10^{-15}\ \mathrm{m}\,,$$

weil $A^{\frac{1}{3}} = 1^{\frac{1}{3}} = 1$ ist.

b Bei Kalzium gilt $d = 2r \approx (2{,}4 \cdot 10^{-15}\ \mathrm{m})(40)^{\frac{1}{3}} = 8{,}2 \cdot 10^{-15}\ \mathrm{m}$.

c Bei Blei gilt $d \approx (2{,}4 \cdot 10^{-15}\ \mathrm{m})(208)^{\frac{1}{3}} = 14 \cdot 10^{-15}\ \mathrm{m}$.

1 Die Masse jedes Elementes ist im Periodensystem (hintere, innere Umschlagseite) als Mittelwert der Massen aller Isotope angegeben, der mit deren natürlichen Häufigkeiten gewichtet ist.

d Bei Uran gilt $d \approx (2{,}4 \cdot 10^{-15}\,\mathrm{m})(235)^{\frac{1}{3}} = 15 \cdot 10^{-15}\,\mathrm{m}$.

Die Kerndurchmesser liegen lediglich in einem Bereich von 2,4 fm bis 15 fm.

Die Masse von Atomkernen kann man bestimmen, indem man den Radius der Bahnkurve eines sich in einem Magnetfeld schnell bewegenden Kerns mithilfe eines Massenspektrometers misst, wie in **Abschnitt 27.9** diskutiert. Wie bereits erwähnt, wurde durch dieses Gerät tatsächlich die Existenz verschiedener Isotope desselben Elementes entdeckt. Kernmassen können in **atomaren Masseneinheiten** (u) angegeben werden. Auf dieser Skala wird dem neutralen $^{12}_{6}$C-Atom der exakte Wert 12,000000 u zugeordnet. Ein Neutron hat demnach eine Masse von 1,008665 u, ein Proton die Masse von 1,007276 u und ein neutrales Wasserstoffatom $^{1}_{1}$H (Proton plus Elektron) eine Masse von 1,007825 u. Die Massen vieler Nuklide sind in Anhang D angegeben. Es sei darauf hingewiesen, dass die Massen in dieser Tabelle, wie üblich, für ein *neutrales Atom* und nicht für einen bloßen Kern angegeben sind.

PROBLEMLÖSUNG

Es werden die Massen der neutralen Atome angegeben

Massen werden häufig auch in Elektronenvolt angegeben. Dies ist aufgrund der Masse-Energie-Beziehung möglich, die exakte Beziehung liefert die Einstein'sche Gleichung $E = mc^2$ (**Kapitel 37**). Die Masse eines Protons ist $1{,}67262 \cdot 10^{-27}$ kg oder 1,007276 u. Dann gilt

$$\begin{aligned} 1{,}0000\,\mathrm{u} &= \left(\frac{1{,}0000\,\mathrm{u}}{1{,}007276\,\mathrm{u}}\right)(1{,}67262 \cdot 10^{-27}\,\mathrm{kg}) \\ &= 1{,}66054 \cdot 10^{-27}\,\mathrm{kg}\,; \end{aligned}$$

dies ist äquivalent zu einer Energie (siehe Tabelle auf der vorderen, inneren Umschlagseite) von

$$\begin{aligned} E = mc^2 &= \frac{(1{,}66054 \cdot 10^{-27}\,\mathrm{kg})(2{,}9979 \cdot 10^{8}\,\mathrm{m/s})^2}{(1{,}6022 \cdot 10^{-19}\,\mathrm{J/eV})} \\ &= 931{,}5\,\mathrm{MeV}\,. \end{aligned}$$

Daher gilt

Atomare Masseneinheit

$$1\,\mathrm{u} = 1{,}6605 \cdot 10^{-27}\,\mathrm{kg} = 931{,}5\,\mathrm{MeV}/c^2\,.$$

Die Ruhemassen einiger wichtiger Teilchen sind in **Tabelle 42.1** angegeben.

Genau wie ein Elektron einen intrinsischen Spin und eine Drehimpulsquantenzahl besitzt, so besitzen dies auch Kerne und deren Bestandteile, die Protonen und Neutronen. Sowohl das Proton als auch das Neutron sind Teilchen mit dem

Tabelle 42.1

Ruhemassen in Kilogramm, atomare Masseneinheiten und MeV/c^2

Objekt	kg	Masse u	MeV/c^2
Elektron	$9{,}1094 \cdot 10^{-31}$	0,00054858	0,51100
Proton	$1{,}67262 \cdot 10^{-27}$	1,007276	938,27
$^{1}_{1}$H-Atom	$1{,}67353 \cdot 10^{-27}$	1,007825	938,78
Neutron	$1{,}67493 \cdot 10^{-27}$	1,008665	939,57

Spin $\frac{1}{2}$. Ein aus Protonen und Neutronen zusammengesetzter Kern besitzt eine **Kernspinquantenzahl** I, die ganzzahlig oder halbzahlig sein kann, abhängig davon, ob der Kern aus einer geraden oder ungeraden Anzahl von Nukleonen besteht. Der *Kerndrehimpuls* eines Kerns ist, wie zu erwarten (siehe Abschnitt 40.2), durch $\sqrt{I(I+1)}\hbar$ gegeben.

Die *magnetischen Momente von Kernen* werden in Einheiten des **Kernmagnetons**

$$\mu_\mathrm{N} = \frac{e\hbar}{2m_\mathrm{P}} \tag{42.2}$$

gemessen, das in Analogie zum Bohr'schen Magneton bei Elektronen definiert wurde ($\mu_\mathrm{B} = e\hbar/2m_\mathrm{e}$, Abschnitt 40.7). Da μ_N anstelle der Elektronenmasse die Protonenmasse m_p enthält, ist sein Wert etwa 2000-mal kleiner als der des Bohr'schen Magnetons. Das magnetische Moment des Elektrons beträgt etwa 1 Bohr'sches Magneton, so dass wir erwarten würden, dass das Proton ein magnetisches Moment μ_p von etwa 1 μ_N besitzt. Stattdessen ist es aber

$$\mu_\mathrm{p} = 2{,}7928\,\mu_\mathrm{N}\,.$$

Es gibt keine befriedigende Erklärung für diesen großen Faktor. Ebenso überraschend ist die Tatsache, dass das Neutron ein magnetisches Moment von

$$\mu_\mathrm{n} = -1{,}9135\,\mu_\mathrm{N}$$

besitzt. Daraus lässt sich schließen, dass es innerhalb des Neutrons eine Art elektrischen Strom geben muss, auch wenn das Neutron selbst keine Nettoladung trägt. Das Minuszeichen bei μ_n weist darauf hin, dass das magnetische Moment des Neutrons zu seinem Spin entgegengesetzt gerichtet ist.

Wichtige Anwendungen auf Basis des Kernspins sind die magnetische Kernspinresonanz (engl. *nuclear magnetic resonance*, NMR) und die bildgebende Kernspintomographie (engl. *magnetic resonance imaging*, MRI). Wir werden uns im nächsten Kapitel (Abschnitt 43.10) damit beschäftigen.

42.2 Bindungsenergie und Kernkräfte

Die Gesamtmasse eines stabilen Atomkerns ist stets geringer als die Summe der Massen seiner einzelnen Protonen und Neutronen, wie das folgende Beispiel zeigt.

Beispiel 42.2 Die Masse von $^4_2$He im Vergleich zu der seiner Bestandteile

Vergleichen Sie die Masse eines $^4_2$He-Kerns mit der Summe der Massen seiner Bestandteile.

Lösung

Die Masse eines neutralen $^4_2$He-Atoms ist 4,002603 u, wie wir Anhang D entnehmen. Die Masse zweier Neutronen und zweier Protonen (einschließlich der beiden Elektronen) ist

$$\begin{aligned} 2m_n &= 2{,}017330\,\mathrm{u} \\ 2m(^1_1\mathrm{H}) &= \underline{2{,}015650\,\mathrm{u}} \\ &\ 4{,}032980\,\mathrm{u}\,. \end{aligned}$$

PROBLEMLÖSUNG

Beachten Sie die Elektronenmassen

Wir haben es fast immer mit Massen neutraler Atome zu tun – also mit Atomkernen mit Z Elektronen – weil man im Experiment genau diese Masse bestimmt. Wir müssen deshalb aufpassen, dass wir beim Massenvergleich die Elektronen beachtet haben. Aus diesem Grund haben wir in diesem Beispiel anstelle der Masse des einzelnen Protons die Masse von $^1_1$H verwendet.

Die experimentell bestimmte Masse von $^4_2$He ist also um 4,032980 u − 4,002603 u = 0,030377 u kleiner als die Summe der Massen der einzelnen Bestandteile. Wo ist diese Masse geblieben?

Sie wurde in eine andere Energieform umgewandelt (wie Strahlung oder kinetische Energie). Die Massendifferenzen (oder Energiedifferenzen) betragen im Falle von $^4_2$He, in Energieeinheiten angegeben, (0,030377 u)(931,5 MeV/u) = 28,30 MeV. Diese Differenz bezeichnet man als **Gesamtbindungsenergie** des Kerns. Die Gesamtbindungsenergie steht für den Energiebetrag, der dem Kern zugeführt werden muss, um ihn in seine einzelnen Bestandteile, die Protonen und Neutronen, zu zerlegen. Wenn beispielsweise die Masse des $^4_2$He-Kerns exakt mit der Masse der beiden Protonen und der beiden Neutronen übereinstimmen würde, könnte der Kern ohne Energiezufuhr einfach auseinander fallen. Zum Erreichen der Stabilität *muss* die Masse des Kerns geringer sein als die seiner einzelnen Nukleonen, so dass Energiezufuhr notwendig ist, um ihn zu zerlegen. Beachten Sie, dass der Kern nicht über die Bindungsenergie verfügt – es ist vielmehr Energie, die ihm im Vergleich zur Masse seiner einzelnen Bestandteile „fehlt“ .

Bindungsenergie

Die Kernbindungsenergie lässt sich mit der Bindungsenergie von Elektronen in einem Atom vergleichen. Wir wissen aus Kapitel 38, dass die Bindungsenergie des einzelnen Elektrons im Wasserstoffatom 13,6 eV beträgt. Die Masse des $^1_1$H-Atoms ist um 13,6 eV geringer als die des einzelnen Protons zusammen mit dem Elektron. Verglichen mit der Gesamtmasse des Atoms (939 MeV) ist dies unglaublich klein (1 Teil von 10^8), und für praktische Zwecke kann die Massendifferenz vernachlässigt werden. Die Bindungsenergien von Kernen sind größenordnungsmäßig 10^6-mal größer als die Bindungsenergien von Elektronen in Atomen.

Mittlere Bindungsenergie pro Nukleon

Die **mittlere Bindungsenergie pro Nukleon** ist definiert als die Gesamtbindungsenergie eines Kerns dividiert durch A, die Gesamtzahl der Nukleonen. Bei $^4_2$He beträgt sie 28,3 MeV/4 = 7,1 MeV. ► Abbildung 42.1 zeigt die mittlere Bindungsenergie pro Nukleon als Funktion von A für stabile Kerne. Die Kurve wächst mit

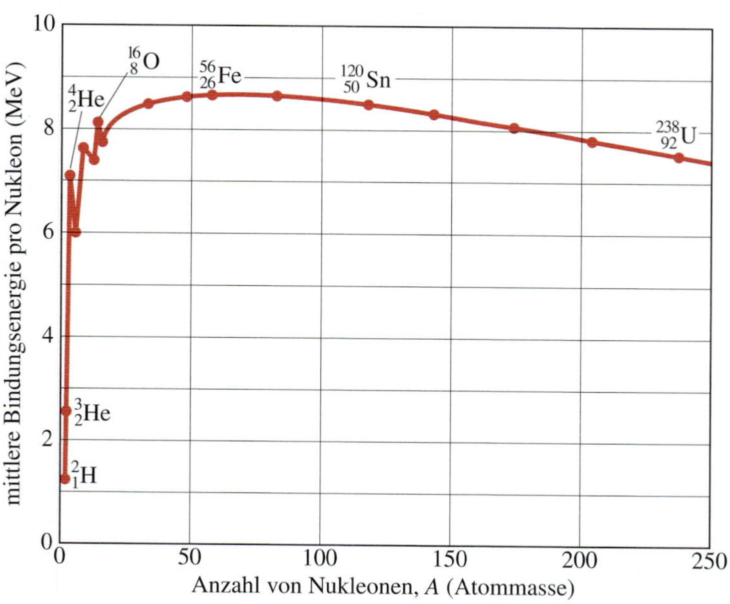

Abbildung 42.1 Mittlere Bindungsenergie pro Nukleon als Funktion der Atommasse A für stabile Kerne.

zunehmendem A und erreicht bei etwa 8,7 MeV pro Nukleon und $A \approx 40$ ein Plateau. Nach etwa $A \approx 80$ fällt die Kurve langsam ab, was darauf hinweist, das größere Kerne etwas weniger stark zusammengehalten werden als diejenigen im Zentrum des Periodensystems. (Wir werden später sehen, dass diese Eigenschaft das Freisetzen von Kernenergie bei den Prozessen der Spaltung und der Fusion ermöglicht.)

Beispiel 42.3 Bindungsenergie von Eisen

Berechnen Sie die Gesamtbindungsenergie und die mittlere Bindungsenergie pro Nukleon von $^{56}_{26}\text{Fe}$, dem am häufigsten vorkommenden stabilen Eisenisotop.

Lösung

$^{56}_{26}\text{Fe}$ besitzt 26 Protonen und 30 Neutronen. Deren Massen betragen einzeln:

$$\begin{aligned} (26)(1{,}007825\,\text{u}) &= 26{,}2035\,\text{u} \quad \text{einschließlich Elektronen} \\ (30)(1{,}008665\,\text{u}) &= \underline{30{,}2600\,\text{u}} \\ \text{insgesamt} &= 56{,}4635\,\text{u} \end{aligned}$$

Wir subtrahieren die Masse von $^{56}_{26}\text{Fe}$:

$$\begin{aligned} & \underline{-55{,}9349\,\text{u}} \quad \text{(Anhang D)} \\ \Delta m &= 0{,}5286\,\text{u}\,. \end{aligned}$$

Die Gesamtbindungsenergie ist daher

$$(0{,}5286\,\text{u})(931{,}5\,\text{MeV/u}) = 492{,}4\,\text{MeV}$$

und die mittlere Bindungsenergie pro Nukleon ist

$$\frac{492{,}4\,\text{MeV}}{56\,\text{Nukleonen}} = 8{,}8\,\text{MeV}\,.$$

Beispiel 42.4 Bindungsenergie des letzten Neutrons

Wie groß ist die Bindungsenergie des letzten Neutrons in $^{13}_{6}\text{C}$?

Lösung

Wir vergleichen die Masse von $^{13}_{6}\text{C}$ mit der Summe aus der Masse eines Atoms, das ein Neutron weniger enthält, $^{12}_{6}\text{C}$, und der Masse eines freien Neutrons (Anhang D):

$$\begin{aligned} \text{Masse von } ^{12}_{6}\text{C} &= 12{,}000000\,\text{u} \\ \text{Masse von } ^{1}_{0}\text{n} &= \underline{1{,}008665\,\text{u}} \\ \text{Insgesamt} &= 13{,}008665\,\text{u} \end{aligned}$$

$$\begin{aligned} \text{Wir subtrahieren die Masse von } ^{13}_{6}\text{C}: & \quad \underline{-13{,}003355\,\text{u}} \\ \Delta m &= 0{,}005310\,\text{u}\,. \end{aligned}$$

Dies entspricht einer Energie von $(931{,}5\,\text{MeV/u})(0{,}005310\,\text{u}) = 4{,}95\,\text{MeV}$. Es wäre also ein Energieaufwand von 4,95 MeV notwendig, um ein Neutron aus $^{13}_{6}\text{C}$ zu entfernen.

Wir können Kerne nicht nur vom energetischen Standpunkt aus analysieren, sondern auch aus dem Blickwinkel der sie zusammenhaltenden Kräfte. Man erwartet nicht, dass sich eine Ansammlung von Protonen und Neutronen spontan vereinigt, da alle Protonen positiv geladen sind und daher eine abstoßende Kraft aufeinander ausüben. Indessen stellt sich die Frage, weshalb ein Kern überhaupt stabil bleibt, wo doch die elektrischen Kräfte zwischen den Protonen darauf hinwirken, dass er auseinander bricht. Da stabile Kerne *tatsächlich* existieren, muss offensichtlich eine andere Kraft wirken. Weil diese neue Kraft stärker als die elektrische Kraft ist (die wiederum auf atomarer Ebene viel stärker als die Gravitation ist), wird sie als **starke Kernkraft** bezeichnet. Die starke Kernkraft ist eine anziehende Kraft, die zwischen allen Nukleonen, den Protonen und Neutronen gleichermaßen, wirkt. Folglich ziehen sich Protonen aufgrund der Kernkraft an und stoßen sich gleichzeitig aufgrund der elektrischen Kraft ab. Neutronen, da elektrisch neutral, wirken über die Kernkraft nur anziehend auf andere Neutronen oder Protonen.

Starke Kernkraft

Es stellt sich heraus, dass die Kernkraft weitaus komplizierter als die Gravitation und die elektromagnetische Kraft ist. Eine genaue mathematische Beschreibung ist gegenwärtig immer noch nicht möglich. Dennoch ist schon ein großer Teil des Weges zum Verständnis der Kernkraft geschafft. Ein wesentlicher Aspekt der starken Kernkraft ist, dass es sich dabei um eine **kurzreichweitige** Kraft handelt: Sie wirkt nur über sehr geringe Entfernungen. Sie ist zwischen zwei Nukleonen sehr stark, wenn sie weniger als 10^{-15} m voneinander entfernt sind, sie ist im Wesentlichen null, wenn der Abstand der Nukleonen größer als dieser Wert ist. Vergleichen Sie dies mit der elektrischen Kraft und der Gravitation, die über sehr große Entfernungen wirken und deshalb als **langreichweitige** Kräfte bezeichnet werden. Die starke Kernkraft zeigt einige Besonderheiten. Wenn beispielsweise ein Kern zu viele oder zu wenige Neutronen im Vergleich zur Anzahl der Protonen besitzt, wird die Bindung der Nukleonen reduziert; Nuklide, die unter diesem Aspekt nicht ausbalanciert sind, sind instabil. Wie ▸ Abbildung 42.2 zeigt, haben stabile Kerne bis etwa $A \approx 30$ oder 40 tendenziell die gleichen Anzahl von Protonen und Neutronen ($N = Z$). Über diese Grenze hinaus enthalten stabile Kerne eher mehr Neutronen als Protonen. Dies ist sinnvoll, da mit steigendem Z auch die elektrische Abstoßung wächst, so dass eine größere Anzahl von Neutronen – die nur der anziehenden Kernkraft unterliegen – notwendig ist, um die Stabilität aufrecht zu erhalten. Bei sehr großen Ordnungszahlen Z kann keine noch so große Anzahl von Neutronen die stark wachsende elektrische Abstoßung ausgleichen. In der Tat gibt es über $Z = 82$ keine vollkommen stabilen Kerne.

Lang- und kurzreichweitige Kräfte

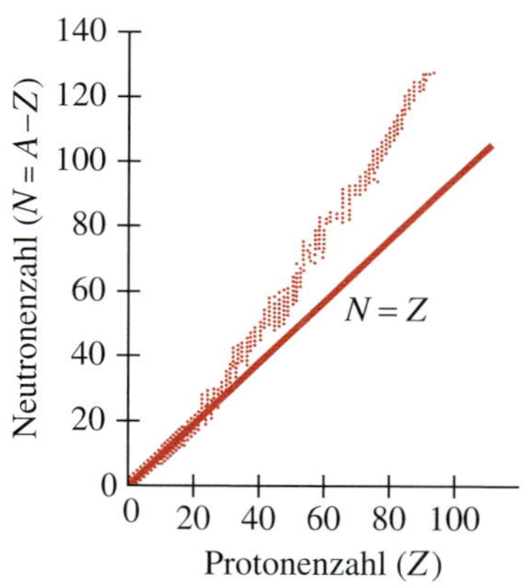

Abbildung 42.2 Die Neutronenzahl als Funktion der Protonenzahl bei stabilen Kernen, durch Punkte gekennzeichnet. Die Gerade stellt die Funktion $N = Z$ dar.

Mit einem stabilen Kern meinen wir einen Kern, der unendlich lange existiert. Was verstehen wir dann unter einem instabilen Kern? Das ist ein Kern, der auseinander bricht; und genau das passiert beim radioaktiven Zerfall. Bevor wir uns mit dem wichtigen Gebiet des radioaktiven Zerfalls (im nächsten Abschnitt) beschäftigen, wollen wir darauf hinweisen, dass es noch eine zweite Art Kernkraft gibt, die viel schwächer als die starke Kernkraft ist. Sie wird als **schwache Kernkraft** bezeichnet, und wir spüren ihre Existenz nur deshalb, weil sie sich bei bestimmten Arten des radioaktiven Zerfalls selbst offenbart. Diese beiden Kernkräfte, die starke und die schwache, bilden zusammen mit der Gravitation und der elektromagnetischen Kraft die vier in der Natur bekannten Kräfte (mehr dazu in Kapitel 44).

Schwache Kraft

42.3 Radioaktivität

Die Entwicklung der Kernphysik geht auf das Jahr 1896 zurück. In diesem Jahr machte Henri Becquerel (1852–1908) eine wichtige Entdeckung: Bei seinen Untersuchungen zur Phosphoreszenz stellte er fest, dass ein bestimmtes Mineral (das manchmal Uran enthält) eine fotografische Platte schwärzt, selbst wenn die Platte unter Lichtabschluss gehalten wurde. Das Mineral musste offensichtlich eine neue Strahlungsart emittieren, die im Gegensatz zu Röntgenstrahlen ohne externe Anregung auftrat. Dieses neue Phänomen wurde schließlich als **Radioaktivität** bezeichnet.

Entdeckung der Radioaktivität

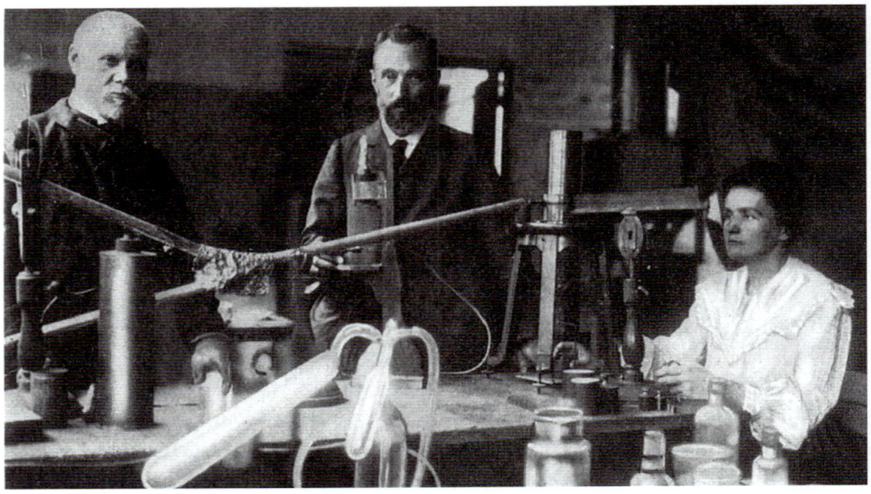

Abbildung 42.3 Marie und Pierre Curie (etwa 1906) in ihrem Labor, in dem sie Radium entdeckten.

Bald nach Becquerels Entdeckung isolierten Marie Curie (1867–1934) und ihr Ehemann Pierre Curie (1859–1906) zwei bis dahin unbekannte Elemente, die hoch radioaktiv waren (siehe ▸ Abbildung 42.3). Man nannte sie Polonium und Radium. Bald wurden auch andere radioaktive Elemente entdeckt. Man stellte fest, dass die Radioaktivität auch von den stärksten physikalischen und chemischen Einflüssen unberührt blieb, wozu starke Erwärmung oder Kühlung und die Einwirkung von starken chemischen Reagenzien gehörten. Es war klar, dass sich der Ursprung der Radioaktivität tief im Inneren des Atoms befinden musste, dass sie vom Kern ausgehen musste. Es stellte sich heraus, dass die Radioaktivität das Ergebnis der *Zerstörung* oder des *Zerfalls* instabiler Kerne ist. Bestimmte Isotope sind unter der Wirkung der Kernkraft nicht stabil, und sie zerfallen unter Emission einer Art von Strahlung oder von „Strahlen“ .

Viele instabile Isotope kommen natürlich vor. Diese Radioaktivität wird als „natürliche Radioaktivität“ bezeichnet. Andere Isotope können im Labor durch Kernreaktionen hergestellt werden; man sagt, dass sie „künstlich“ erzeugt wurden und „künstliche Radioaktivität“ besitzen.

Rutherford und andere begannen 1898 mit der Untersuchung der Natur der bei der Radioaktivität emittierten Strahlung. Sie stellten fest, dass die Strahlen nach ihrem Durchdringungsvermögen in drei verschiedene Kategorien eingeteilt werden konnten. Eine Strahlungsart konnte lediglich ein Blatt Papier durchdringen. Eine zweite Art konnte 3 mm starkes Aluminium durchdringen. Die dritte Art war extrem stark: Sie konnte einige Zentimeter dickes Blei durchdringen und war danach auf der anderen Seite immer noch detektierbar. Diese drei Arten wurden nach den ersten drei Buchstaben des griechischen Alphabets Alpha- (α), Beta- (β) beziehungsweise Gamma- (γ) Strahlung genannt.

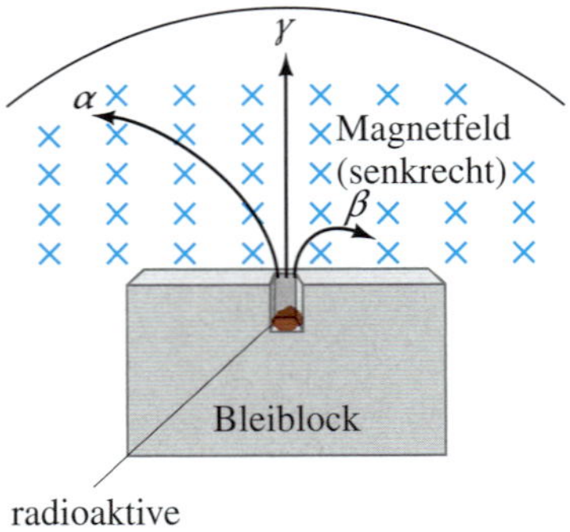

Abbildung 42.4 Alpha- und Betastrahlen werden in einem Magnetfeld in entgegengesetzte Richtungen abgelenkt, während bei Gammastrahlen überhaupt keine Ablenkung erfolgt.

Es stellte sich heraus, dass jede der drei Arten eine andere Ladung besitzt und daher in einem Magnetfeld unterschiedlich stark abgelenkt wird (siehe ▸ Abbildung 42.4; α-Strahlen sind positiv geladen, β-Strahlen sind negativ geladen und γ-Strahlen sind neutral. Man stellte bald fest, dass alle drei Strahlungsarten aus bekannten Teilchen bestanden. Bei Gammastrahlen handelt es sich um sehr hochenergetische Photonen, deren Energie höher als die von Röntgenstrahlen ist. Betastrahlen sind Elektronen, die identisch mit denen sind, die den Kern umkreisen (ihr Ursprung liegt allerdings innerhalb des Kerns selbst). Bei Alphastrahlung (oder α-Teilchen) handelt es sich einfach um Heliumkerne, ${}^4_2He$; ein α-Teilchen besteht also aus zwei Protonen und zwei Neutronen, die miteinander verbunden sind.

Wir diskutieren nun jede dieser drei Arten der Radioaktivität oder des radioaktiven Zerfalls im Detail.

42.4 Alphazerfall

Wenn ein Kern ein α-Teilchen (${}^{4}_{2}\text{He}$) emittiert, kommt es zu einer Kernumwandlung: Der ursprüngliche Kern hat zwei Protonen und zwei Neutronen verloren. Radium-226, ${}^{226}_{88}\text{Ra}$, ist beispielsweise ein α-Strahler. Ein ${}^{226}_{88}\text{Ra}$-Kern zerfällt zu einem Kern mit $Z = 88 - 2 = 86$ und $A = 226 - 4 = 222$. Der Kern mit $Z = 86$ ist Radon (Rn) – siehe Anhang D oder das Periodensystem. Daher zerfällt Radium unter Emission eines α-Teilchens in Radon. Dies schreibt man als

α-Zerfall

$$ {}^{226}_{88}\text{Ra} \to {}^{222}_{86}\text{Rn} + {}^{4}_{2}\text{He} $$

(siehe ▶ Abbildung 42.5).

Offensichtlich wird beim α-Zerfall ein neues Element gebildet. Der **Tochter**kern (in diesem Fall ${}^{222}_{86}\text{Rn}$) ist vom **Mutter**kern (in diesem Fall ${}^{226}_{88}\text{Ra}$) verschieden. Die Umwandlung eines Elementes in ein anderes wird als **Transmutation** bezeichnet. Der Alphazerfall kann in der Form

Tochterkern
Mutterkern
Transmutation

$$ {}^{A}_{Z}\text{N} \to {}^{A-4}_{Z-2}\text{N}' + {}^{2}_{4}\text{He} \qquad (\alpha\text{-Zerfall}) $$

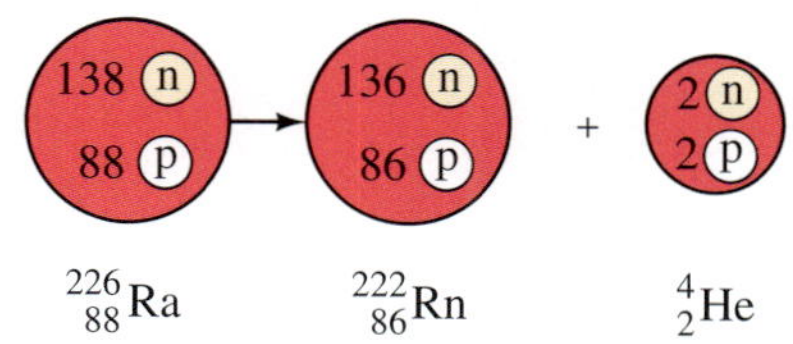

Abbildung 42.5 Radioaktiver Zerfall von Radium in Radon unter Emission eines α-Teilchens.

geschrieben werden. Dabei ist N der Mutterkern, N' der Tochterkern und Z und A die Ordnungszahl beziehungsweise die Atommasse des Mutterkerns.

Der α-Zerfall findet statt, weil die starke Kernkraft bei großen Kernen nicht mehr ausreicht, um sie zusammenzuhalten. Da es sich bei dieser Kernkraft um eine kurzreichweitige Kraft handelt, wirkt sie nur zwischen benachbarten Nukleonen. Die elektrische Kraft kann dagegen über den gesamten großen Kern wirken. Bei sehr großen Kernen kommt es durch das wachsende Z zu einer immer stärkeren elektrischen Kraft (Coulomb-Gesetz); sie wirkt zwischen allen Protonen. Da die anziehende starke Kernkraft, anders als die elektrische Kraft, nur zwischen benachbarten Nukleonen wirkt, wird sie durch die elektrische Kraft übertroffen und kann den Kern nicht mehr zusammenhalten.

Warum die starke Kernkraft den Kern nicht zusammenhalten kann

Wir können diese Instabilität in Form von Energie (oder Masse) ausdrücken: Die Masse des Mutterkerns ist größer als die Masse des Tochterkerns plus der Masse des α-Teilchens. Die Massendifferenz erscheint als kinetische Energie, die das α-Teilchen und der zurückgestoßene Tochterkern tragen. Die bei dem Prozess freigesetzte Gesamtenergie wird als **Zerfallsenergie** Q oder Q-Wert des Zerfalls bezeichnet. Aus der Energieerhaltung ergibt sich

Zerfallsenergie

$$ M_{\text{P}}c^2 = M_{\text{D}}c^2 + m_\alpha c^2 + Q\,, $$
$$ Q = M_{\text{P}}c^2 - (M_{\text{D}} + m_\alpha)c^2\,. \qquad (42.3) $$

M_{P}, M_{D} und m_α sind die Massen des Mutterkerns, des Tochterkerns beziehungsweise des α-Teilchens. Wenn der Mutterkern *weniger* Masse als der Tochterkern mit dem α-Teilchen hätte (also $Q < 0$), könnte kein Zerfall stattfinden, weil sonst die Energieerhaltung verletzt wäre.

Beispiel 42.5 **Energiefreisetzung beim Uranzerfall**

Berechnen Sie die Zerfallsenergie beim Zerfall von ${}^{232}_{92}\text{U}$ (Masse = 232,037146 u) in ${}^{228}_{90}\text{Ra}$ (228,028731 u) unter Emission eines α-Teilchens. (Wie üblich sind die Massen neutraler Atome angegeben.)

Lösung

Da die Masse von ${}^{4}_{2}\text{He}$ 4,002603 u beträgt (Anhang D), ist die Gesamtmasse im Endzustand

$$ 228{,}028731\,\text{u} + 4{,}002603\,\text{u} = 232{,}031334\,\text{u}\,. $$

Der Massenverlust beim Zerfall von $^{232}_{92}\mathrm{U}$ beträgt

$$232{,}037146\,\mathrm{u} - 232{,}031334\,\mathrm{u} = 0{,}005812\,\mathrm{u}\,.$$

Wegen 1 u = 931,5 MeV ist die freigesetzte Energie

$$Q = (0{,}005812\,\mathrm{u})(931{,}5\,\mathrm{MeV/u}) \approx 5{,}4\,\mathrm{MeV}\,.$$

Diese Energie erscheint als kinetische Energie des α-Teilchens und des Tochterkerns. (Mithilfe der Impulserhaltung kann man zeigen, dass das vom ruhenden $^{232}_{92}\mathrm{U}$-Kern emittierte α-Teilchen eine kinetische Energie von etwa 5,3 MeV besitzt. Daher hat der Tochterkern – der in entgegengesetzter Richtung des α-Teilchens zurückgestoßen wird – eine kinetische Energie von etwa 0,1 MeV. Siehe Aufgabe 68.)

Warum existiert der Mutterkern überhaupt, wenn doch die Masse des Tochterkerns plus die Masse des α-Teilchens geringer als die Masse des Mutterkerns ist (so dass der Mutterkern aus energetischen Gründen zerfallen darf)? Weshalb sind also radioaktive Kerne nicht schon lange zerfallen, gleich nachdem sie in den frühen Stadien des Universums gebildet wurden? Wir können uns die Sache klarmachen, wenn wir von einem Kernmodell ausgehen, in dem es (zumindest eine gewisse Zeit) ein herumschwirrendes α-Teilchen gibt. Die vom α-Teilchen „wahrgenommene" potenzielle Energie hat in etwa die in ▸ Abbildung 42.6 gezeigte Form. Der (nahezu rechteckige) Potenzialtopf zwischen $r = 0$ und $r = R_0$ stellt die kurzreichweitige anziehende Kernkraft dar. Über den Radius $r = R_0$ hinaus dominiert die Coulomb-Abstoßung (weil die Kernkraft null ist), und wir erkennen die charakteristische $1/r$-Abhängigkeit des Coulomb-Potenzials. Man kann sich vorstellen, dass das im Kern gefangene α-Teilchen zwischen den Potenzialwänden hin und her gestoßen wird. Da die potenzielle Energie unmittelbar nach $r = R_0$ größer als die Energie des α-Teilchens ist (gestrichelte Linie), könnte das α-Teilchen nach den Gesetzen der klassischen Physik nicht entkommen. Nach der Quantenmechanik besteht jedoch eine gewisse Wahrscheinlichkeit, dass das α-Teilchen durch die Coulomb-Barriere vom Punkt A zum Punkt B in ▸ Abbildung 42.6 tunnelt, wie wir in Abschnitt 39.10 diskutiert hatten. Die Höhe und die Breite der Barriere beeinflussen die Zerfallsrate (Abschnitt 42.8) des Kerns. Aufgrund dieser Barriere kann die Lebensdauer α-instabiler Kerne ziemlich groß sein, sie reicht von einem Bruchteil einer Mikrosekunde bis zu mehr als 10^{10} Jahren. Beachten Sie, dass der Q-Wert in ▸ Abbildung 42.6 die kinetische Gesamtenergie des α-Teilchens darstellt, nachdem es sich vom Kern entfernt hat.

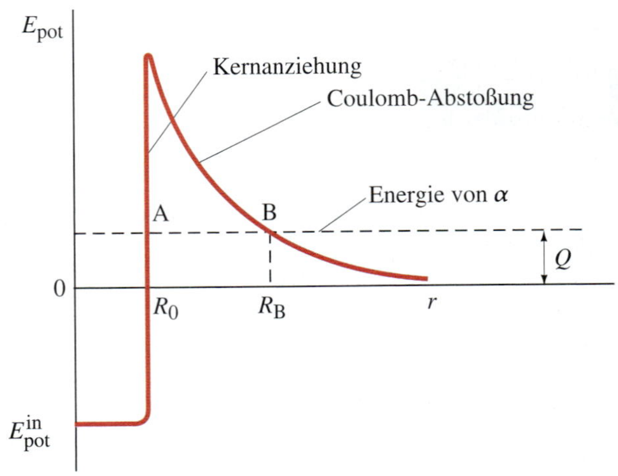

Abbildung 42.6 Potenzielle Energie des α-Teilchens und des Tochterkerns mit der Coulomb-Barriere, durch die das α-Teilchen tunneln muss. Auch der Q-Wert der Reaktion ist eingezeichnet.

Sie könnten sich nun fragen, weshalb Kerne gerade diese Kombination aus vier Nukleonen, die man als α-Teilchen bezeichnet, emittieren. Weshalb sind es nicht vier einzelne Nukleonen oder sogar mehr? Die Antwort lautet, dass das α-Teilchen sehr stark gebunden ist, so dass seine Masse signifikant kleiner als die von vier einzelnen Nukleonen ist. Wie wir aus **Beispiel 42.2** wissen, haben zwei Protonen und zwei Neutronen, getrennt betrachtet, eine Gesamtmasse von etwa 4,032980 u. Die Gesamtmasse eines $^{228}_{90}$Th-Kerns plus die Masse von vier einzelnen Nukleonen beträgt 232,061771 u, das ist mehr als die Masse des Mutterkerns. Ein solcher Zerfall kommt nicht vor, da er die Energieerhaltung verletzt. Ähnlich ist es in fast allen Fällen mit der Emission eines einzelnen Nukleons, dies ist energetisch nicht möglich. Oder, anders gesagt, bei jedem Kern, bei dem ein solcher Zerfall möglich wäre (Masse des Mutterkerns > Masse des Tochterkerns + Masse des Neutrons), findet der Zerfall so kurz nach der Bildung des Mutterkerns statt, dass wir den Mutterkern in der Natur nicht finden.

Warum α-Teilchen?

Eine weit verbreitete Anwendung der Kernphysik ist in vielen Häusern in Form eines gewöhnlichen **Rauchmelders** zu finden. Die am häufigsten vorkommende Art ist ein Detektor, der etwa 0,2 mg des radioaktiven Americiumisotops $^{241}_{95}$Am in Form von AmO_2 enthält. Die Strahlung ionisiert die Stickstoff- und Sauerstoffmoleküle im luftgefüllten Raum zwischen zwei entgegengesetzt geladenen Platten. Die sich daraus ergebende Leitfähigkeit erlaubt einen kleinen konstanten Strom. Füllt Rauch diesen Zwischenraum aus, wird die Strahlung eher von den Rauchpartikeln absorbiert als von den Luftmolekülen, was den Strom reduziert. Der Stromabfall wird durch die Elektronik des Rauchmelders gemessen und führt zum Anspringen der Alarmanlage. Die von einem intakten Americium-Rauchmelder ausgehende Strahlungsdosis ist viel geringer als der natürliche radioaktive Hintergrund und kann deshalb als unschädlich angesehen werden. Vielmehr ist es zweifellos so, dass Rauchmelder Leben sichern und Sachschäden reduzieren.

ANGEWANDTE PHYSIK

Rauchmelder

42.5 Betazerfall

Die Umwandlung von Elementen kommt auch beim β-Zerfall eines Kerns vor, der sich unter Emission eines Elektrons oder β^--Teilchens vollzieht. Der Kern $^{14}_{6}$C emittiert beispielsweise bei seinem Zerfall ein Elektron:

$$^{14}_{6}\mathrm{C} \to ^{14}_{7}\mathrm{N} + \mathrm{e}^- + \text{Neutrino} ,$$

wobei e^- das Symbol für das Elektron ist. (Mitunter wird für das Elektron das Symbol $^{0}_{-1}$e geschrieben, weil dessen Ladung $Z = -1$ entspricht. Es wird ihm $A = 0$ zugeordnet, weil es kein Nukleon ist und eine sehr kleine Masse besitzt.) Das als Neutrino bekannte Teilchen mit der Ruhemasse $m = 0$ (siehe jedoch Fußnote zur **Tabelle 44.2** und **Abschnitt 45.7**, insbesondere **Beispiel 45.8**) und der Ladung $q = 0$ wurde anfangs nicht beobachtet. Seine Existenz wurde erst später hypothetisch vorhergesagt, wie wir in diesem Abschnitt noch diskutieren werden. Bei der Emission eines Elektrons gehen keine Nukleonen verloren, und die Gesamtzahl der Nukleonen A ist beim Tochterkern genauso groß wie beim Mutterkern. Da der Kern selbst jedoch ein Elektron emittiert hat, ist die Ladung des Tochterkerns um $+1e$ größer als die des Mutterkerns. In unserem Fall hatte der Mutterkern $Z = +6$, so dass der zurückbleibende Kern aufgrund der Ladungserhaltung eine Ladung von $+7e$ tragen muss. Der Tochterkern besitzt folglich $Z = 7$, es handelt sich also um Stickstoff.

Es muss deutlich gesagt werden, dass das beim β-Zerfall emittierte Elektron *kein* Hüllenelektron ist. Das Elektron wird stattdessen *innerhalb des Kerns selbst* erzeugt. Tatsächlich wird ein Neutron in ein Proton umgewandelt, wobei während dieses Prozesses (zur Ladungserhaltung) ein Elektron abgegeben wird. Freie Neutronen zerfallen folgendermaßen:

Das emittierte Elektron stammt vom Kern

$$\mathrm{n} \to \mathrm{p} + \mathrm{e}^- + \text{Neutrino} .$$

Aufgrund ihres Ursprungs im Kern werden die beim β-Zerfall emittierten Elektronen häufig als „β-Teilchen“ bezeichnet, was uns an ihren Entstehungsort erinnern soll. Dennoch sind sie von Hüllenelektronen nicht unterscheidbar.

Beispiel 42.6 Energiefreisetzung beim ${}^{14}_{6}$C-Zerfall

Wie viel Energie wird freigesetzt, wenn ${}^{14}_{6}$C unter Emission eines β-Teilchens zu ${}^{14}_{7}$N zerfällt? Verwenden Sie Anhang D.

Lösung

Die im Anhang D angegebenen Massen sind die eines neutralen Atoms, und wir müssen auf die beteiligten Elektronen achten. Angenommen, der Mutterkern hat sechs Bahnelektronen und ist neutral. Seine Masse beträgt 14,003242 u. Der Tochterkern, bei diesem Zerfall ${}^{14}_{7}$N, ist nicht neutral, weil er dieselben sechs Bahnelektronen besitzt, der Kern jedoch eine Ladung von $+7e$ aufweist. Dennoch ist die Masse dieses Tochterkerns mit den sechs Elektronen plus dem emittierten Elektron (das sind insgesamt sieben Elektronen) gleich der Masse eines neutralen Stickstoffatoms. Die Gesamtmasse im Endzustand beträgt also

$$(\text{Masse des } {}^{14}_{7}\text{N-Kerns} + 6 \text{ Elektronen}) + \text{Masse des einen Elektrons}\,,$$

und dies ist gleich der

$$\text{Masse des neutralen } {}^{14}_{7}\text{N (einschließlich 7 Elektronen)}\,.$$

Wie wir Anhang D entnehmen, entspricht dies einer Masse von 14,003074 u. (Beachten Sie, dass das Neutrino weder beim Massenausgleich noch beim Ladungsausgleich eine Rolle spielt, da für ein Neutrino $m = 0$ und $q = 0$ gilt.) Die Masse beträgt nach dem Zerfall also 14,03074 u, während sie vor dem Zerfall 14,003242 u betrug. Die Massendifferenz ist daher 0,000168 u, dies entspricht 0,156 MeV oder 156 keV.

Nach diesem Beispiel würde man erwarten, dass das emittierte Elektron eine kinetische Energie von 156 keV besitzt. (Der Tochterkern wird aufgrund seiner im Vergleich zum Elektron viel größeren Masse nur sehr geringfügig zurückgestoßen und erhält daher nur sehr wenig kinetische Energie.) Sehr sorgfältige Messungen bestätigten, dass einige der emittierten β-Teilchen in der Tat eine kinetische Energie besitzen, die nahe an diesem berechneten Wert liegt. Die große Mehrzahl der Elektronen besaß jedoch eine etwas geringere Energie. In Wirklichkeit kann die Energie des emittierten Elektrons irgendwo zwischen null und dem oben berechneten Maximalwert liegen. Dieser Wertebereich der kinetischen Energie des Elektrons zeigte sich bei jedem β-Zerfall. Es schien, als wäre der Energieerhaltungssatz verletzt, und Bohr zog diese Möglichkeit tatsächlich in Erwägung. Sorgfältige Experimente zeigten, dass auch der Impuls und der Drehimpuls nicht erhalten zu sein schienen. Die Physiker waren beunruhigt über die Aussicht, Gesetze aufgeben zu müssen, die sich bis dahin so gut bewährt hatten. Im Jahre 1930 schlug Wolfgang Pauli eine Alternative vor: Vielleicht würde beim β-Zerfall neben dem Elektron ein neues, schwer nachweisbares Teilchen emittiert. Dieses hypothetische Teilchen könnte die fehlende Energie, den fehlenden Impuls und den fehlenden Drehimpuls tragen. Dieses neue Teilchen wurde von dem großen italienischen Physiker Enrico Fermi (1901–1954; ► Abbildung 42.7), der 1934 eine detaillierte Theorie des β-Zerfalls ausarbeitete, **Neutrino** getauft. (Es war Fermi, der innerhalb dieser Theorie die Existenz der vierten Grundkraft in der Natur postulierte, die wir als schwache Kernkraft bezeichnen.) Das Elektron-Neutrino trägt die Ladung

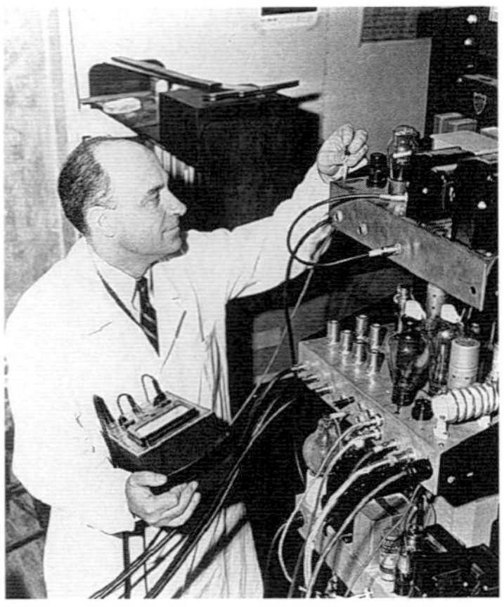

Abbildung 42.7 Enrico Fermi. Fermi trug sowohl zur theoretischen als auch zur experimentellen Physik wesentlich bei, eine Leistung, die für das 20. Jahrhundert geradezu einzigartig ist.

null, den Spin $\frac{1}{2}\hbar$ und scheint eine verschwindende Ruhemasse zu haben, obwohl wir die Möglichkeit bisher nicht ausschließen können, dass es eine winzige Masse besitzt. Falls seine Ruhemasse null ist, ähnelt es dem Photon in der Hinsicht, dass es neutral ist und sich mit Lichtgeschwindigkeit bewegt. Das Neutrino ist jedoch weitaus schwieriger nachzuweisen. Im Jahre 1956 lieferten komplexe Experimente einen weiteren Hinweis auf die Existenz des Neutrinos; jedoch hatten die meisten Physiker bis dahin bereits seine Existenz akzeptiert.

Das Symbol für das Neutrino ist der griechische Buchstabe (ν). Die korrekte Schreibweise des Zerfalls von $^{14}_{6}$C lautet dann

β^--Zerfall

$$^{14}_{6}\mathrm{C} \rightarrow ^{14}_{7}\mathrm{N} + \mathrm{e}^- + \overline{\nu} \,.$$

Der Strich ($^-$) über dem Neutrinosymbol zeigt, dass es sich um ein „Antineutrino" handelt. (Warum dies als Antineutrino und nicht als einfaches Neutrino bezeichnet wird, muss uns jetzt nicht interessieren; es wird in Kapitel 44 diskutiert.)

Viele Isotope zerfallen unter Elektronenemission. Es handelt sich dabei stets um Isotope, die im Vergleich zur Protonenzahl zu viele Neutronen besitzen. Es sind also Isotope, die in ► Abbildung 42.2 oberhalb der Linie für stabile Isotope liegen. Was ist aber mit instabilen Isotopen, die im Vergleich zu ihrer Protonenzahl zu wenig Neutronen besitzen – die also in ► Abbildung 42.2 unterhalb der Linie für die stabilen Isotope liegen? Wie sich herausstellt, zerfallen diese unter Emission eines **Positrons** anstatt eines Elektrons. Ein Positron (mitunter auch als e^+ oder als β^+-Teilchen bezeichnet) hat dieselbe Masse wie das Elektron, es besitzt jedoch eine positive Ladung von $+1e$. Weil es, abgesehen von seiner Ladung, einem Elektron gleich, wird das Positron als **Antiteilchen**[2] des Elektrons bezeichnet. Ein Beispiel für den β^+-Zerfall ist der von $^{19}_{10}$Ne:

$$^{19}_{10}\mathrm{Ne} \rightarrow ^{19}_{9}\mathrm{F} + \mathrm{e}^+ + \nu \,,$$

wobei das Symbol e^+ (oder $^{0}_{1}$e) für ein Positron steht. Beachten Sie, dass in diesem Fall ein Neutrino ν emittiert wird, während es sich beim β^--Zerfall um ein Antineutrino handelt. Folglich wird mit einem Antielektron (= Positron) ein Neutrino emittiert, während ein Antineutrino mit einem Elektron emittiert wird; dies wird in Kapitel 44 diskutiert.

Wir können den β^-- und den β^+-Zerfall des Mutterkerns N in den Tochterkern N' im Allgemeinen folgendermaßen schreiben:

$$^{A}_{Z}\mathrm{N} \rightarrow ^{A}_{Z+1}\mathrm{N}' + \mathrm{e}^- + \overline{\nu} \qquad (\beta^-\text{-Zerfall})$$
$$^{A}_{Z}\mathrm{N} \rightarrow ^{A}_{Z-1}\mathrm{N}' + \mathrm{e}^+ + \nu \,. \qquad (\beta^+\text{-Zerfall})$$

Neben der β^-- und der β^+-Emission gibt es einen dritten damit zusammenhängenden Prozess. Dies ist der **Elektroneneinfang** (in Anhang D als EC abgekürzt, engl. *electron capture*), bei dem ein Kern eines seiner Hüllenelektronen absorbiert. Ein Beispiel dafür ist $^{7}_{4}$Be, das zu $^{7}_{3}$Li wird. Den Prozess schreibt man als

Elektroneneinfang

$$^{7}_{4}\mathrm{Be} + \mathrm{e}^- \rightarrow ^{7}_{3}\mathrm{Li} + \nu \,,$$

oder allgemein als

$$^{A}_{Z}\mathrm{N} + \mathrm{e}^- \rightarrow ^{A}_{Z-1}\mathrm{N}' + \nu \,. \qquad (\text{Elektroneneinfang})$$

Gewöhnlich wird ein Elektron aus der innersten (K)-Schale eingefangen. In diesem Fall spricht man vom „K-Einfang". Das Elektron verschwindet während des Prozesses und ein Proton des Kerns wird zu einem Neutron; schließlich wird ein Neutrino emittiert. Auf diesen Prozess lässt sich experimentell durch Beobachtung der Röntgenstrahlung schließen, die emittiert wird, wenn ein weiteres Hüllenelektron mit genau der richtigen Energie den frei gewordenen Zustand in der K-Schale füllt.

K-Einfang

2 Die Diskussion folgt in Kapitel 44. Im Moment nur so viel: Ein Antiteilchen besitzt dieselbe Masse wie sein Partnerteilchen, jedoch die entgegengesetzte Ladung.

Beim β-Zerfall spielt die schwache Kernkraft eine wesentliche Rolle. Das Neutrino ist so einzigartig, weil es mit Materie nur über die schwache Kraft wechselwirkt und deshalb so schwierig nachzuweisen ist.

42.6 Gammazerfall

Gammastrahlen sind Photonen mit sehr hoher Energie. Sie entstehen beim Zerfall eines Kerns, ähnlich wie die von angeregten Atomen emittierten Photonen. Wie ein Atom kann sich auch ein Kern selbst in einem angeregten Zustand befinden. Beim Übergang in einen energetisch niedrigeren Zustand oder in den Grundzustand emittiert es ein Photon, das wir als γ-Strahl bezeichnen. Die möglichen Energieniveaus eines Kerns sind viel weiter voneinander entfernt als die eines Atoms: in der Ordnung von keV oder MeV. Im Vergleich dazu sind es bei Elektronen in einem Atom einige eV. Daher haben die emittierten Photonen Energien, die im Bereich von einigen keV bis zu mehreren MeV liegen können. Bei jedem gegebenem Zerfall haben die γ-Strahlen dieselbe Energie. Da γ-Strahlen keine Ladung tragen, ändert sich beim γ-Zerfall das Element nicht.

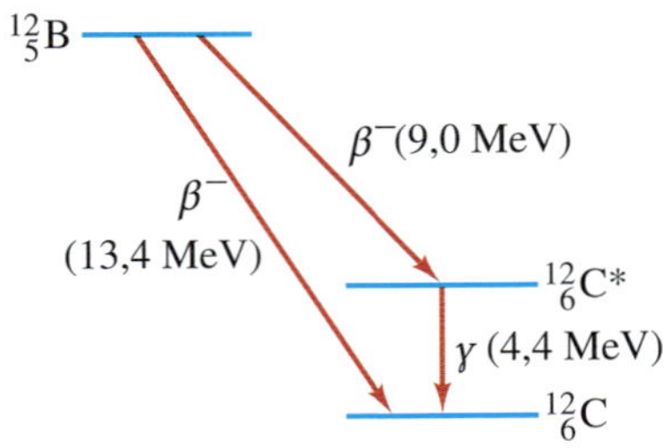

Abbildung 42.8 Energieniveaudiagramm, das veranschaulicht, wie $^{12}_{5}$B durch β-Zerfall entweder in $^{12}_{6}$C im Grundzustand (insgesamt freigesetzte Energie = 13,4 MeV) oder stattdessen in $^{12}_{6}$C im angeregten Zustand (durch * gekennzeichnet) übergehen kann, von wo aus anschließend der Grundzustand durch Emission von γ-Strahlung mit einer Energie von 4,4 MeV erreicht wird.

Wie kommt der Kern in einen angeregten Zustand? Eine Möglichkeit ist ein heftiger Zusammenstoß mit einem anderen Teilchen. Häufiger gelangt es in den angeregten Zustand jedoch in Folge eines vorangegangenen radioaktiven Zerfalls. Ein typisches Beispiel zeigt das Energieniveaudiagramm aus ▶ Abbildung 42.8. $^{12}_{5}$B kann durch β-Zerfall unmittelbar in $^{12}_{6}$C im Grundzustand übergehen; es kann aber auch in $^{12}_{6}$ im angeregten Zustand übergehen. Erst nach Emission von γ-Strahlung mit 4,4 MeV wird dann der Grundzustand erreicht.

Wir können den γ-Zerfall in der Form

$$^{A}_{Z}\mathrm{N}^* \to {}^{A}_{Z}\mathrm{N} + \gamma \qquad (\gamma\text{-Zerfall})$$

schreiben, der Stern bedeutet „angeregter Zustand" dieses Kerns.

In einigen Fällen kann der Kern einige Zeit in einem angeregten Zustand verbleiben, bevor er γ-Strahlung emittiert. Man sagt, dass sich der Kern dann in einem **metastabilen Zustand** befindet, der als **Isomer** bezeichnet wird.

Innere Konversion

Ein angeregter Kern kann mitunter durch einen anderen Prozess in den Grundzustand übergehen, den man als **innere Konversion** bezeichnet. Dabei werden keine γ-Strahlen emittiert. Vielmehr wechselwirkt bei diesem Prozess der angeregte Kern mit einem der Hüllenelektronen und entfernt dieses Elektron aus dem Atom, wobei es dieselbe kinetische Energie trägt (minus der Bindungsenergie des Elektrons), die die emittierte γ-Strahlung gehabt hätte.

Sie könnten sich nun fragen, worin der Unterschied zwischen γ-Strahlung und Röntgenstrahlung besteht? Es handelt sich in beiden Fällen um elektromagnetische Strahlung (Photonen), deren Energiebereiche sich in gewissem Maße überlappen, obwohl γ-Strahlen gewöhnlich höhere Energien besitzen als Röntgenstrahlen. Der Unterschied ist nicht intrinsisch. Wir benutzen die Bezeichnung Röntgenstrahlung, wenn das Photon bei einer Elektron-Atom-Wechselwirkung erzeugt wird, und sprechen von γ-Strahlung, wenn das Photon während eines Kernprozesses entsteht.

Tabelle 42.2

Die drei Arten des radioaktiven Zerfalls

α-Zerfall:
$^{A}_{Z}\mathrm{N} \to {}^{A-4}_{Z-2}\mathrm{N}' + {}^{4}_{2}\mathrm{He}$

β-Zerfall:
$^{A}_{Z}\mathrm{N} \to {}_{Z+1}^{A}\mathrm{N}' + e^- + \overline{\nu}$
$^{A}_{Z}\mathrm{N} \to {}_{Z-1}^{A}\mathrm{N}' + e^+ + \nu$
$^{A}_{Z}\mathrm{N} + e^- \to {}_{Z+1}^{A}\mathrm{N}' + \nu$ [EC][b]

γ-Zerfall:
$^{A}_{Z}\mathrm{N}^{a} \to {}^{A}_{Z}\mathrm{N} + \gamma$

[a] kennzeichnet den angeregten Zustand eines Kerns.
[b] Elekroneneinfang.

42.7 Erhaltung der Nukleonenzahl und weitere Erhaltungssätze

Bei allen drei Arten des radioaktiven Zerfalls gelten die klassischen Erhaltungssätze. Die Energie, der Impuls, der Drehimpuls und die Ladung bleiben erhalten. Diese Werte sind vor und nach dem Zerfall gleich. Es zeigt sich allerdings ein weiterer Erhaltungssatz, der **Erhaltungssatz der Nukleonenzahl**. Nach dem Erhaltungssatz bleibt die Gesamtzahl der Nukleonen (A) bei jedem Prozess konstant, obwohl eine Nukleonenart in die andere umgewandelt werden kann (Protonen in Neutronen und umgekehrt). Dieses Gesetz ist bei allen drei Zerfallsarten erfüllt. Tabelle 42.2 gibt eine Zusammenfassung zum α-, β- und γ-Zerfall.

42.8 Halbwertszeit und Zerfallsrate

Eine makroskopische Probe eines radioaktiven Isotops besteht aus einer großen Menge radioaktiver Kerne. Diese Kerne zerfallen nicht alle gleichzeitig. Sie zerfallen vielmehr einzeln innerhalb eines gewissen Zeitintervalls. Es handelt sich dabei um einen Zufallsprozess: Wir können nicht genau vorhersagen, wann ein bestimmter Kern zerfallen wird. Wir können jedoch auf Grundlage von Wahrscheinlichkeiten ungefähr abschätzen, wie viele Kerne in einer Probe in einem gegebenen Zeitintervall zerfallen, indem wir annehmen, dass jeder Kern in jedem Moment seiner Existenz die gleiche Zerfallswahrscheinlichkeit besitzt.

Die Anzahl der in einem sehr kurzen Zeitintervall Δt stattfindenden Zerfälle ΔN ist dann proportional zu t und der Gesamtzahl N der vorhandenen radioaktiven Kerne:

$$\Delta N = -\lambda N \Delta t\,. \tag{42.4}$$

In dieser Gleichung ist λ die als **Zerfallskonstante** bezeichnete Proportionalitätskonstante, die bei unterschiedlichen Nukliden verschieden ist. Je größer λ ist, desto größer ist die Zerfallsrate und desto „stärker radioaktiv“ ist ein Isotop bei einer vorgegebenen Anzahl von Kernen. Die Anzahl der in dem kurzen Zeitintervall Δt stattfindenden Zerfälle wird mit ΔN bezeichnet, weil sich bei jedem Zerfall die Anzahl der vorhandenen Kerne um eins verringert. Der radioaktive Zerfall ist also ein „ einmaliger“ Prozess (siehe ▸ Abbildung 42.9). Nachdem ein spezieller Mutterkern in seinen Tochterkern zerfallen ist, kann er es nicht nochmals tun. Das Minuszeichen in Gleichung 42.4 zeigt, dass sich N verringert.

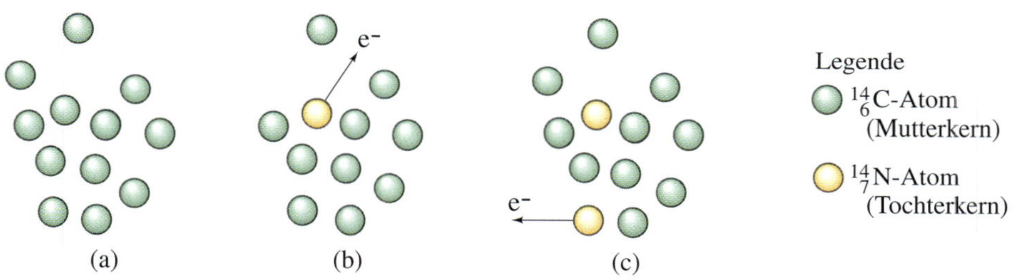

Abbildung 42.9 Radioaktive Kerne zerfallen einzeln. Daher sinkt die Anzahl der Mutterkerne in einer Probe fortwährend. Emittiert der $^{14}_{6}$C-Kern ein Elektron, wird er zu einem $^{14}_{7}$N-Kern.

Wenn wir in Gleichung 42.4 den Limes $\Delta t \to 0$ bilden, ist ΔN im Vergleich zu N klein, und wir können die Gleichung in infinitesimaler Form schreiben:

$$\mathrm{d}N = -\lambda N \,\mathrm{d}t\,. \tag{42.5}$$

Wir können N als Funktion von t bestimmten, indem wir diese Gleichung zu

$$\frac{\mathrm{d}N}{N} = -\lambda \,\mathrm{d}t$$

umformen und von $t = 0$ bis $t = t$ integrieren:

$$\int_{N_0}^{N} \frac{\mathrm{d}N}{N} = -\int_0^t \lambda \,\mathrm{d}t\,,$$

wobei N_0 die Anzahl der zur Zeit $t = 0$ vorhandenen Mutterkerne ist und N die Anzahl der zur Zeit t verbliebenen. Die Integration führt auf

$$\ln \frac{N}{N_0} = -\lambda t$$

oder

Radioaktives Zerfallsgesetz

$$N = N_0 \mathrm{e}^{-\lambda t}\,. \tag{42.6}$$

Gleichung 42.6 wird als **radioaktives Zerfallsgesetz** bezeichnet. Es besagt, dass die Anzahl der radioaktiven Kerne in einer gegebenen Probe mit der Zeit exponentiell abfällt. Dies zeigt ▸ Abbildung 42.10a im Fall von $^{14}_{6}$C mit einer Zerfallskonstante

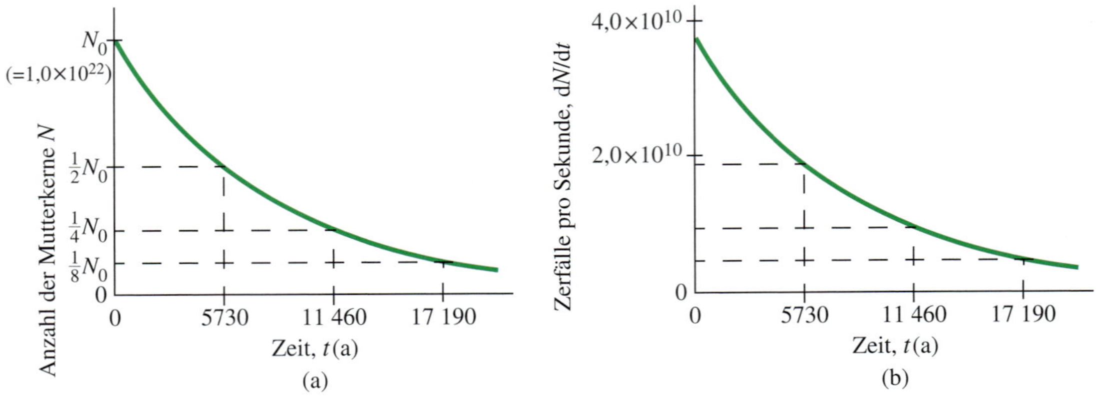

Abbildung 42.10 (a) Die Anzahl N der Mutterkerne in einer gegebenen $^{14}_{6}$C-Probe fällt exponentiell. (b) Die Anzahl der Zerfälle pro Sekunde fällt ebenfalls exponentiell. Die Halbwertszeit von $^{14}_{6}$C beträgt etwa 5730 a, was bedeutet, dass sich die Anzahl der Mutterkerne N und die Zerfallsrate $\mathrm{d}N/\mathrm{d}t$ nach 5730 a halbieren.

von $\lambda = 3{,}8 \cdot 10^{-12}\,\mathrm{s}^{-1}$. Die Zerfallsrate oder die Anzahl der Zerfälle pro Sekunde ist in einer reinen Probe

$$\frac{\mathrm{d}N}{\mathrm{d}t}\,,$$

was auch als **Aktivität** einer gegebenen Probe bezeichnet wird. Aus den Gleichungen 42.5 und 42.6 erhalten wir

$$\frac{\mathrm{d}N}{\mathrm{d}t} = -\lambda N = -\lambda N_0 \mathrm{e}^{-\lambda t}\,. \tag{42.7a}$$

Bei $t = 0$ ist die Aktivität

$$\left(\frac{\mathrm{d}N}{\mathrm{d}t}\right)_0 = -\lambda N_0\,. \tag{42.7b}$$

Daher gilt

Aktivität

$$\frac{\mathrm{d}N}{\mathrm{d}t} = \left(\frac{\mathrm{d}N}{\mathrm{d}t}\right)_0 \mathrm{e}^{-\lambda t}\,, \tag{42.7c}$$

so dass die Aktivität zeitlich mit derselben Rate exponentiell abfällt wie N (siehe ▶ Abbildung 42.10b).

Die Zerfallsrate eines Isotops spezifiziert man häufig eher durch Angabe seiner Halbwertszeit als durch Angabe der Zerfallskonstanten λ. Die **Halbwertszeit** eines Isotops ist als die Zeit definiert, nach der sich die Menge eines Isotops in einer gegebenen Probe halbiert hat. Die Halbwertszeit von $^{14}_{6}$C beträgt beispielsweise 5730 a. Wenn ein versteinertes Holzstück $1{,}00 \cdot 10^{22}$ $^{14}_{6}$C-Kerne enthält, dann enthält es 5730 a später nur noch $0{,}50 \cdot 10^{22}$ Kerne. Nach weiteren 5730 a enthält es noch $0{,}25 \cdot 10^{22}$ Kerne usw. Dieses Verhalten ist für eine exponentielle Funktion charakteristisch, wie in ▶ Abbildung 42.10a gezeigt. Da die Zerfallsrate $\mathrm{d}N/\mathrm{d}t$ proportional zu N ist, verringert sie sich bei jeder Halbwertszeit um einen Faktor zwei (siehe ▶ Abbildung 42.10b).

Die Halbwertszeiten bekannter radioaktiver Isotope variieren von so geringen Werten wie 10^{-22} s bis etwa 10^{28} s (etwa 10^{21} a). Die Halbwertszeiten vieler Isotope[3] sind in Anhang D angegeben. Es versteht sich, dass für die Halbwertszeit (die wir mit $T_{\frac{1}{2}}$ bezeichnen) eine inverse Beziehung zur Zerfallskonstante besteht. Je

3 Manchmal kann die *mittlere Lebensdauer* eines Isotops angegeben sein. Die mittlere Lebensdauer τ ist als $\tau = 1/\lambda$ definiert (siehe Aufgabe 76), so dass Gleichung 42.6 in der Form $n = N_0 \mathrm{e}^{-t/\tau}$ geschrieben werden kann, genau wie bei Schwingkreisen und Regelschaltkreisen (Kapitel 26 und Kapitel 30), wo τ als Zeitkonstante bezeichnet wurde. Wegen

$$\tau = \frac{1}{\lambda} = \frac{T_{\frac{1}{2}}}{0{,}693}$$

unterscheiden sich die Werte von mittlerer Lebensdauer und Halbwertszeit signifikant, so dass eine Verwechslung zu einem schwer wiegenden Fehler führt.

größer die Halbwertszeit eines Isotops ist, desto langsamer zerfällt es, und folglich ist λ kleiner. Die genaue Beziehung erhält man aus Gleichung 42.6 mit $N = N_0/2$ bei $t = T_{\frac{1}{2}}$:

$$\frac{N_0}{2} = N_0 e^{-\lambda T_{\frac{1}{2}}} \quad \text{oder} \quad e^{\lambda T_{\frac{1}{2}}} = 2 \, .$$

Wir logarithmieren beide Seiten mit dem natürlichen Logarithmus („ln" und „e" sind inverse Operationen, das bedeutet $\ln(e^x) = x$) und erhalten

$$\ln\left(e^{\lambda T_{\frac{1}{2}}}\right) = \ln 2 \, , \quad \text{also} \quad \lambda T_{\frac{1}{2}} = \ln 2$$

und

$$T_{\frac{1}{2}} = \frac{\ln 2}{\lambda} = \frac{0,693}{\lambda} \, . \tag{42.8}$$

Halbwertszeit

Wir können Gleichung 42.6 als

$$N = N_0 e^{-0,693 t / T_{\frac{1}{2}}}$$

schreiben. Wenden wir nun diese Konzepte und Gleichungen in Übungsbeispielen an.

Beispiel 42.7 Aktivität einer Probe

Das Isotop $^{14}_{6}C$ besitzt eine Halbwertszeit von 5730 a. Wie groß ist die Aktivität einer Probe, wenn sie zu einer gewissen Zeit $1{,}00 \cdot 10^{22}$ Kohlenstoff-14-Kerne enthält?

Lösung

Zunächst berechnen wir aus Gleichung 42.8 die Zerfallskonstante λ. Wir erhalten

$$\lambda = \frac{0,693}{T_{\frac{1}{2}}} = \frac{0,693}{(5730\,\text{a})(3{,}156 \cdot 10^7\,\text{s/a})} = 3{,}83 \cdot 10^{-12}\,\text{s}^{-1} \, .$$

Die Anzahl der Sekunden in einem Jahr ist $(60)(60)(24)(365\frac{1}{4}) = 3{,}156 \cdot 10^7$ s. Aus Gleichung 42.5 wissen wir, dass die Aktivität oder die Zerfallsrate durch

$$\frac{dN}{dt} = \lambda N = (3{,}83 \cdot 10^{-12}\,\text{s}^{-1})(1{,}00 \cdot 10^{22}) = 3{,}83 \cdot 10^{10}\,\text{Zerfälle/s}$$

gegeben ist. (Die Einheit „Zerfälle/s" wird häufig einfach s^{-1} geschrieben, da „Zerfälle" keine Einheit hat und nur eine Zahl angibt.) Beachten Sie, dass der Graph aus ► Abbildung 42.10b bei diesem Wert beginnt, entsprechend der ursprünglichen Anzahl der Kerne von $N = 1{,}0 \cdot 10^{22}$ in ► Abbildung 42.10a.

Beispiel 42.8 Eine Probe des radioaktiven $^{13}_{7}N$

In einem Labor befinden sich 1,49 μg von reinem $^{13}_{7}N$ mit einer Halbwertszeit von 10,00 min (600 s). (a) Wie viele Kerne sind anfangs vorhanden? (b) Wie groß ist die ursprüngliche Aktivität? (c) Wie groß ist die Aktivität nach 1,00 h? (d) Wie lange dauert es ungefähr, bis die Aktivität auf weniger als eins pro Sekunde gefallen ist?

Lösung

a Da die Atommasse 13,00 beträgt, enthalten 13,0 g des Isotops $6{,}02 \cdot 10^{23}$ Kerne (Avogadro-Konstante). Da nur $1{,}49 \cdot 10^{-6}$ g vorhanden sind, ist die Anzahl der ursprünglich vorhandenen Kerne N_0 durch das Verhältnis

$$\frac{N_0}{1{,}49 \cdot 10^{-6}\,\mathrm{g}} = \frac{6{,}02 \cdot 10^{23}}{13{,}0\,\mathrm{g}}$$

gegeben, das sind also $N_0 = 6{,}90 \cdot 10^{16}$ Kerne.

b Aus Gleichung 42.8 erhalten wir $\lambda = (0{,}693)/(600\,\mathrm{s}) = 1{,}16 \cdot 10^{-3}\,\mathrm{s}^{-1}$. Dann gilt an der Stelle $t = 0$ (Gleichung 42.7b)

$$\left(\frac{\mathrm{d}N}{N}\right)_0 = \lambda N_0 = (1{,}16 \cdot 10^{-3}\,\mathrm{s}^{-1})(6{,}90 \cdot 10^{16}) = 8{,}00 \cdot 10^{13}\,\mathrm{s}^{-1}\,.$$

c Nach $1{,}00\,\mathrm{h} = 3600\,\mathrm{s}$ ist die Aktivität (Gleichung 42.7c)

$$\frac{\mathrm{d}N}{\mathrm{d}t} = \left(\frac{\mathrm{d}N}{\mathrm{d}t}\right)_0 \mathrm{e}^{-\lambda t}$$
$$= (8{,}00 \cdot 10^{13}\,\mathrm{s}^{-1})\mathrm{e}^{-(1{,}16 \cdot 10^{-3}\,\mathrm{s}^{-1})(3600\,\mathrm{s})} = 1{,}23 \cdot 10^{12}\,\mathrm{s}^{-1}\,.$$

Zu diesem Ergebnis kommt man auch auf anderem Wege: 1,00 h entspricht sechs Halbwertszeiten ($6 \times 10{,}0$ min). In dieser Zeit verringert sich die Aktivität auf $\left(\frac{1}{2}\right)\left(\frac{1}{2}\right)\left(\frac{1}{2}\right)\left(\frac{1}{2}\right)\left(\frac{1}{2}\right)\left(\frac{1}{2}\right) = \left(\frac{1}{2}\right)^6 = \frac{1}{64}$ seines ursprünglichen Wertes, also $(8{,}00 \cdot 10^{13}\,\mathrm{s}^{-1})/64 = 1{,}25 \cdot 10^{12}\,\mathrm{s}^{-1}$. (Die geringfügige Diskrepanz zwischen den beiden Werten ergibt sich aus der Tatsache, dass wir bei unserer Rechnung nur drei signifikante Stellen betrachten.)

d Wir wollen die Zeit t bestimmen, nach der $\mathrm{d}N/\mathrm{d}t = 1{,}00\,\mathrm{s}^{-1}$ gilt. Aus Gleichung 42.7c erhalten wir

$$\mathrm{e}^{-\lambda t} = \frac{(\mathrm{d}N/\mathrm{d}t)}{(\mathrm{d}N/\mathrm{d}t)_0} = \frac{1{,}00\,\mathrm{s}^{-1}}{8{,}00 \cdot 10^{13}\,\mathrm{s}^{-1}} = 1{,}25 \cdot 10^{-14}\,.$$

Wir logarithmieren auf beiden Seiten und dividieren durch λ. Dies führt auf

$$t = -\frac{\ln(1{,}25 \cdot 10^{-14})}{\lambda} = \frac{32{,}0}{1{,}16 \cdot 10^{-3}\,\mathrm{s}^{-1}} = 2{,}76 \cdot 10^4\,\mathrm{s} = 7{,}67\,\mathrm{h}.$$

42.9 Zerfallsreihen

Häufig kommt es vor, dass ein radioaktives Nuklid in ein ebenfalls radioaktives Nuklid zerfällt. Mitunter zerfällt dieser Tochterkern sogar in ein drittes, wiederum radioaktives Nuklid. Man sagt, dass solche aufeinanderfolgenden Zerfälle eine **Zerfallsreihe** bilden. Ein wichtiges Beispiel illustriert ▸ Abbildung 42.11. Wie man erkennt, zerfällt $^{238}_{92}\mathrm{U}$ unter Emission eines α-Teilchens in $^{234}_{90}\mathrm{Th}$, das wiederum durch β-Zerfall in $^{234}_{91}\mathrm{Pa}$ übergeht. Die Serie setzt sich wie dargestellt fort, mit verschiedenen möglichen Verzweigungen am unteren Ende. Zum Beispiel kann $^{218}_{84}\mathrm{Po}$ entweder durch α-Zerfall in $^{214}_{82}\mathrm{Pb}$ oder durch β-Zerfall in $^{218}_{85}\mathrm{At}$ übergehen. Die Reihe endet beim stabilen Bleiisotop $^{206}_{82}\mathrm{Pb}$. Daneben existieren auch andere Zerfallsreihen.

Aufgrund solcher Zerfallsreihen können in der Natur bestimmte radioaktive Elemente gefunden werden, die anderenfalls nicht natürlich vorkommen würden. Man nimmt an, dass, als das Sonnensystem in seiner jetzigen Form vor etwa 5 Milliarden Jahren entstand, nahezu alle Nuklide (durch den Fusionsprozess, Abschnitte 43.4 und 45.2) gebildet wurden. Viele Isotope mit kurzen Lebensdauern zerfielen schnell und kommen heute nicht mehr natürlich vor. Langlebige Isotope,

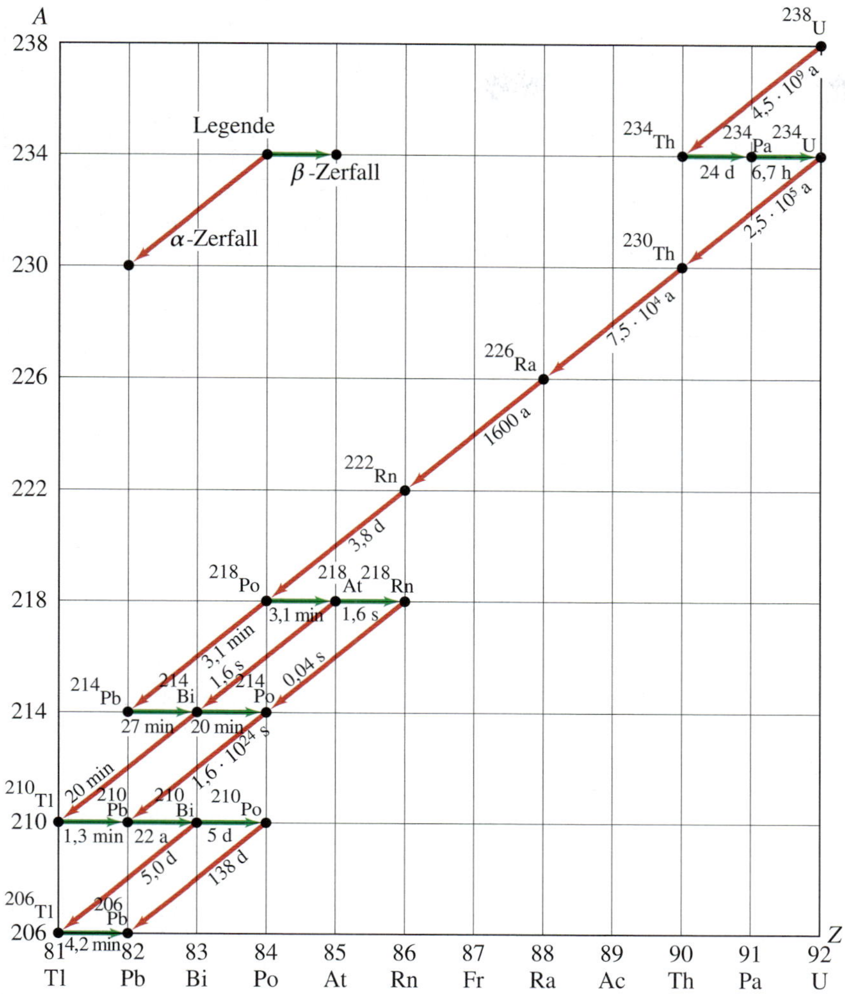

Abbildung 42.11 Zerfallsreihe des Uran $^{238}_{92}$U. Die Kerne werden in dieser Reihe durch Punkte mit den Koordinaten A und Z gekennzeichnet. Die Halbwertszeiten sind in Sekunden (s), Minuten (min), Stunden (h), Tagen (d) und Jahren (a) angegeben. Beachten Sie, dass ein horizontaler Pfeil einen β-Zerfall kennzeichnet (A ändert sich nicht), während eine Diagonale zu einem α-Zerfall gehört (A ändert sich um 4, Z ändert sich um 2).

wie beispielsweise $^{238}_{92}$U mit einer Halbwertszeit von $4{,}5 \cdot 10^9$ a, kommen heute immer noch natürlich vor. In der Tat sind etwa die Hälfte der ursprünglichen $^{238}_{92}$U-Vorkommen noch vorhanden (wenn man annimmt, dass das Sonnensystem vor etwa $5 \cdot 10^9$ a entstand). Dagegen könnten wir erwarten, dass Radium ($^{226}_{88}$Ra), mit einer Halbwertszeit von 1600 a, seit langem von der Erde verschwunden ist. Tatsächlich müssen alle ursprünglichen $^{226}_{88}$Ra-Kerne bis jetzt zerfallen sein. Da jedoch $^{238}_{92}$U (in verschiedenen Schritten) in $^{226}_{88}$Ra zerfällt, wird der Vorrat an $^{226}_{88}$Ra ständig aufgefüllt, weshalb man es heute auf der Erde immer noch findet. Gleiches gilt auch für viele andere radioaktive Nuklide.

Beispiel 42.9 · Begriffsbildung **Zerfallsreihe**

Die mit ^{234}U beginnende Zerfallsreihe aus ▸ Abbildung 42.11 enthält Nuklide mit Halbwertszeiten von 250 000 a, 75 000 a, 1600 a beziehungsweise etwas weniger als 4 Tagen. Zu jedem Zerfall in der Kette gehört ein α-Teilchen mit einer charakteristischen Energie, und so können wir die radioaktive Zerfallsrate jedes Nuklids verfolgen. Von welchem α-Zerfall erwarten Sie in einer Probe die höchste Aktivitätsrate, wenn Sie davon ausgehen, dass die Probe vor einer Millionen Jahre aus reinen ^{234}U bestand?

Lösung

Auf den ersten Blick würde man sagen, dass sich für den Prozess mit der kürzesten Halbwertszeit die höchste Aktivität ergibt. Überraschenderweise sind alle Aktivitätsraten in dieser Probe gleich! Der Grund liegt darin, dass der Zerfall des Mutterkerns stets den Zerfall des Tochterkerns drosselt. Im Vergleich zur 1600jährigen Halbwertszeit von ^{226}Ra zerfällt der Tochterkern ^{222}Rn nahezu unverzüglich, er kann jedoch nicht zerfallen, bevor er entstanden ist. (Dies ist wie bei einem Automontageband: Wenn Arbeiter A 20 Minuten für einen Arbeitsgang braucht und Arbeiter B für den nächsten Arbeitsgang nur 1 Minute benötigt, dann schafft auch Arbeiter B nur ein Auto in 20 Minuten.)

42.10 Die Radiokarbonmethode

ANGEWANDTE PHYSIK

Radiokarbonmethode

Der radioaktive Zerfall hat viele interessante Anwendungen. Eine davon ist die *Radiokarbonmethode*, mit der das Alter von historischen und fossilen Gegenständen bestimmt werden kann.

Das Alter jedes Gegenstandes, der einmal aus lebender Materie bestand, wie beispielsweise Holz, kann mithilfe der natürlichen Radioaktivität von $^{14}_{6}$C bestimmt werden. Alle Pflanzen absorbieren Kohlendioxid (CO_2) aus der Luft, das sie zur Bildung organischer Moleküle benutzen. Bei der überwiegenden Mehrheit dieser Kohlenstoffatome handelt es sich um $^{12}_{6}$C, bei einem kleinen Teil, etwa $1{,}3 \cdot 10^{-12}$, handelt es sich jedoch um das radioaktive Isotop $^{14}_{6}$C. Das Verhältnis von $^{14}_{6}$C zu $^{12}_{6}$C ist in der Atmosphäre über viele Tausende von Jahren im Wesentlichen konstant geblieben, obwohl $^{14}_{6}$C mit einer Halbwertszeit von etwa 5730 a zerfällt. Der Grund liegt in Folgendem. Die aus dem Weltraum auf der Erde ankommenden energiegeladenen Kerne der kosmischen Strahlung treffen auf Atomkerne der Atmosphäre, die sie in Einzelteile, darunter auch freie Neutronen, spalten. Die freien Neutronen können dann auf Stickstoffatome der Atmosphäre treffen, wobei sich folgende Kernumwandlung ergibt: $n + ^{14}_{7}N \rightarrow ^{14}_{6}C + p$. Ein auftreffendes Neutron wird also von einem $^{14}_{7}$N-Kern absorbiert. Bei diesem Prozess wird ein Proton abgegeben. Der verbleibende Kern ist $^{14}_{6}$C. Diese kontinuierliche Erzeugung von $^{14}_{6}$C gleicht den Verlust an $^{14}_{6}$C durch radioaktiven Zerfall im Wesentlichen aus. So lange eine Pflanze oder ein Baum lebt, wird der Kohlenstoff aus dem Kohlendioxid der Luft kontinuierlich zur Bildung von neuem oder zum Ersetzen von altem Gewebe benutzt. Organismen können nicht zwischen $^{14}_{6}$C und $^{12}_{6}$C unterscheiden[4], und weil das Verhältnis von $^{14}_{6}$C zu $^{12}_{6}$C in der Atmosphäre nahezu konstant bleibt, bleibt auch das Verhältnis der beiden Isotope innerhalb des lebenden Organismus nahezu konstant. Stirbt jedoch ein Organismus, wird kein Kohlendioxid mehr absorbiert und verwendet. Aufgrund des radioaktiven Zerfalls von $^{14}_{6}$C sinkt das Verhältnis von $^{14}_{6}$C zu $^{12}_{6}$C in einem toten Organismus im Laufe der Zeit. Da die Halbwertszeit von $^{14}_{6}$C etwa 5730 a beträgt, hat sich das Verhältnis von $^{14}_{6}$C zu $^{12}_{6}$C in 5730 a halbiert. Wenn beispielsweise das Verhältnis $^{14}_{6}C/^{12}_{6}C$ in einem sehr alten Holzwerkzeug halb so groß ist wie in lebenden Bäumen, dann muss der Gegenstand aus Holz hergestellt worden sein, das vor etwa 7730 a gefällt wurde. Eigentlich müssen noch Korrekturen aufgrund dessen angebracht werden, dass das Verhältnis $^{14}_{6}C/^{12}_{6}C$ in der Atmosphäre während dieser Zeit nicht exakt konstant geblieben ist. Zur Bestimmung dieses Verhältnisses über Jahrhunderte ist es erforderlich, den erwarteten Wert des Verhältnisses mit dem tatsächlichen Wert anhand von Gegenständen zu vergleichen, deren Alter bekannt ist. Dies gilt beispielsweise für sehr alte Bäume, deren Jahresringe gezählt werden können.

4 Organismen funktionieren fast ausschließlich über chemische Reaktionen, an diesen sind nur die Außenelektronen des Atoms beteiligt; zusätzliche Neutronen im Kern haben im Wesentlichen keinen Effekt.

Beispiel 42.10 **Ein fossiles Tier**

Ein Tierknochenfragment, das in einer archäologischen Ausgrabungsstätte gefunden wurde, besitzt eine Kohlenstoffmasse von 200 g. Man registriert eine Aktivität von 16 Zerfällen pro Sekunde. Wie alt ist der Knochen?

Lösung

Zu Lebzeiten des Tieres war das Verhältnis von $^{14}_{6}C$ zu $^{12}_{6}C$ in einem 200 g schweren Knochenstück $1{,}3 \cdot 10^{-12}$. Die Anzahl der $^{14}_{6}C$-Kerne war zu dieser Zeit

$$N_0 = \left(\frac{6{,}02 \cdot 10^{23}\ \text{Atome}}{12\ \text{g}}\right)(200\ \text{g})(1{,}3 \cdot 10^{-12}) = 1{,}3 \cdot 10^{13}\,.$$

Gleichung 42.7b lautet, betragsmäßig betrachtet,

$$\left(\frac{\mathrm{d}N}{\mathrm{d}t}\right)_0 = \lambda N_0$$

mit $\lambda = 3{,}83 \cdot 10^{-12}\ \text{s}^{-1}$ (Beispiel 42.7). Somit war die ursprüngliche Aktivität

$$\left(\frac{\mathrm{d}N}{\mathrm{d}t}\right)_0 = (3{,}83 \cdot 10^{-12}\ \text{s}^{-1})(1{,}3 \cdot 10^{13}) = 50\ \text{s}^{-1}\,.$$

Wir schreiben Gleichung 42.7c,

$$\frac{\mathrm{d}N}{\mathrm{d}t} = \left(\frac{\mathrm{d}N}{\mathrm{d}t}\right)_0 \mathrm{e}^{-\lambda t}\,,$$

als

$$\mathrm{e}^{\lambda t} = \left[\frac{(\mathrm{d}N/\mathrm{d}t)_0}{(\mathrm{d}N/\mathrm{d}t)}\right].$$

Wir logarithmieren auf beiden Seiten und erhalten

$$t = \frac{1}{\lambda}\ln\left[\frac{(\mathrm{d}N/\mathrm{d}t)_0}{(\mathrm{d}N/\mathrm{d}t)}\right] = \frac{1}{3{,}83 \cdot 10^{-12}\ \text{s}^{-1}}\ln\left[\frac{50\ \text{s}^{-1}}{16\ \text{s}^{-1}}\right]$$
$$= 2{,}98 \cdot 10^{11}\ \text{s} = 9400\ \text{a}\,.$$

Das ist die seit dem Tod des Tieres verstrichene Zeit.

ANGEWANDTE PHYSIK
Archäologische Altersbestimmung

Die Radiokarbonmethode ist nur zur Altersbestimmung von Gegenständen sinnvoll, die weniger als etwa 60 000 Jahre alt sind. Der in älteren Gegenständen verbliebene $^{14}_{6}C$-Anteil ist für eine exakte Messung gewöhnlich zu gering, obwohl neue Techniken die Messung immer geringerer $^{14}_{6}C$-Anteile ermöglichen und somit das Zeitfenster nach hinten ausdehnen. Radioaktive Isotope mit größeren Halbwertszeiten können dagegen unter bestimmten Umständen zur Alterbestimmung älterer Gegenstände herangezogen werden. Beispielsweise ist der Zerfall von $^{238}_{92}U$ aufgrund seiner großen Halbwertszeit von $4{,}5 \cdot 10^9$ Jahren nützlich, wenn es um die Altersbestimmung von Gesteinen auf geologischer Zeitskala geht. Wenn Lava bei fallender Temperatur zu Gestein erstarrt, verfestigen sich die unterschiedlichen Bestandteile gemäß ihrer Schmelzpunkte, so dass die verschiedenen Bestandteile in gewissem Maße getrennt werden. Das in diesem Gemisch enthaltene Uran ist dann in einem räumlichen Bereich konzentriert, die beim Zerfall des Urans entstandenen Tochterkerne befinden sich in demselben Bereich. Daher kann durch die Messung der verbliebenen $^{238}_{92}U$-Menge relativ zur Menge der Tochterkerne die Zeit bestimmt werden, zu der das Gestein erstarrte.

ANGEWANDTE PHYSIK
Geologische Altersbestimmung

Die isotopische Alterbestimmung mithilfe von $^{238}_{92}U$ und anderen Isotopen ergab, dass das Alter des ältesten Erdgesteins etwa $4 \cdot 10^9$ a beträgt. Das Alter des

ANGEWANDTE PHYSIK
Ältestes Erdgestein und frühestes Leben

Gesteins mit den ältesten Fossilien lässt vermuten, dass das Leben vor mindestens 3 Milliarden Jahren entstand. Die ältesten Fossilien von Säugetieren wurden in 200 Millionen Jahren altem Gestein gefunden, und die ersten menschenähnlichen Wesen scheinen vor etwa 2 Millionen Jahren aufgetaucht zu sein. Ohne die isotopische Altersbestimmung wäre die Rekonstruktion der Erdgeschichte undenkbar.

42.11 Strahlungsmessung

Einzelne Teilchen, wie Elektronen, Protonen, α-Teilchen, Neutronen und γ-Strahlen sind nicht unmittelbar mit unseren Sinnen wahrnehmbar. Infolgedessen wurde eine Vielzahl von Instrumenten zur Strahlungsmessung entwickelt.

Am weitesten verbreitet ist der **Geiger-Zähler**. Er besteht, wie in Abbildung 42.12 dargestellt, aus einem zylinderförmigen Metallrohr, das mit einem bestimmten Gas gefüllt ist. Ein langer Draht läuft durch dessen Mitte hindurch und wird gegenüber dem Zylindermantel auf hoher positiver Spannung gehalten ($\approx 10^3$ V). Die Spannung liegt etwas unterhalb derjenigen, die zur Ionisation des Gases erforderlich ist. Tritt ein geladenes Teilchen durch das „dünne" Fenster an einem Ende des Rohres, ionisiert es einige Gasatome. Die freigesetzten Elektronen werden von dem positiven Draht angezogen. Während ihrer Beschleunigung treffen sie auf weitere Atome und ionisieren sie. Schnell kommt es zu einer „Lawine" von Elektronen, die beim Erreichen der Anode einen Spannungspuls erzeugt. Nach einer Verstärkung kann dieser Puls an eine Zählerschaltung weitergeleitet werden, die feststellt, wie viele Teilchen gemessen wurden. Alternativ können die Pulse auch zu einem Lautsprecher geleitet werden, wodurch jedes gemessen Teilchen als ein „Klick" wahrgenommen werden kann.

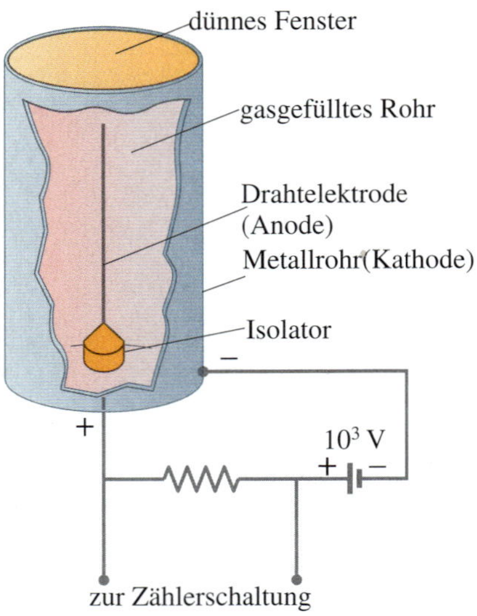

Abbildung 42.12 Schematische Darstellung eines Geiger-Zählers.

Ein **Szintillationszähler** basiert auf einem **Szintillator** oder **Leuchtstoff**, der fest, flüssig oder gasförmig sein kann. Die Atome eines Szintillators können durch ein einfallendes Teilchen leicht in einen angeregten Zustand gebracht werden und emittieren bei ihrem Übergang in den Grundzustand sichtbares Licht. Typische Szintillatoren sind NaI-Kristalle und bestimmte Kunststoffe. Eine Seite des festen Szintillators ist an einem Elektronenvervielfacher befestigt. Die gesamte Anordnung ist zur Lichtabschirmung entweder von einem lichtundurchlässigen Material umgeben oder in einem lichtundurchlässigen Behälter abgelegt. Der Elektronenvervielfacher (EV) wandelt die Energie der durch den Szintillator emittierten Photonen in ein elektrisches Signal um. Ein EV besteht aus einer Vakuumröhre, die einige Elektroden (typischerweise 8 bis 14) enthält, die als *Dynoden* bezeichnet werden. Diese werden, wie in ► Abbildung 42.13 dargestellt, auf sukzessive höheren Spannungen gehalten. An seinem oberen Rand befindet sich eine als *Fotokathode* bezeichnete photoelektrische Oberfläche, deren Austrittsarbeit (Abschnitt 38.2) so klein ist, dass durch ein auf den Szintillator auftreffendes Photon leicht ein Elektron freigesetzt werden kann. Ein freigesetztes Elektron wird in Richtung der ersten Dynode beschleunigt. Beim Auftreffen auf der ersten Dynode hat das Elektron hinreichend viel kinetische Energie aufgenommen, um zwei bis fünf weitere Elektronen herausschlagen zu können. Diese werden wiederum in Richtung der zweiten Dynode beschleunigt, und ein Vervielfältigungsprozess beginnt. Die Anzahl der Elektronen, die auf die letzte Dynode auftreffen, kann 10^6 und mehr betragen. Daher kann der Durchlauf eines Teilchens durch den Szintillator ein elektronisches Signal am EV erzeugen, das genau wie beim Geiger-Zähler an eine elektronische Zählerschaltung weitergeleitet werden kann. Da ein Kristallszintillator ein Festkörper und deshalb viel dichter als das Gas eines Geiger-Zählers ist, handelt es sich dabei um einen effizienteren Detektor – insbesondere bei γ-Strahlen, die weniger mit Materie wechselwirken als β-Strahlen.

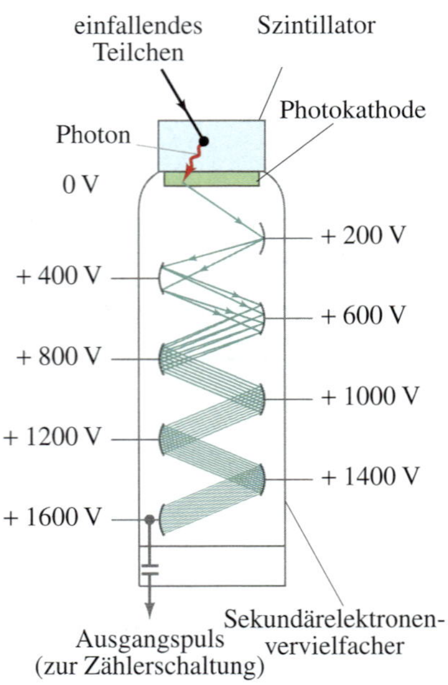

Abbildung 42.13 Szintillationszähler mit einem Elektronenvervielfacher.

Bei der Arbeit mit Indikatoren (Abschnitt 43.8) werden häufig **Flüssigszintillationszähler** eingesetzt. Radioaktive Proben werden einem Organismus zu verschiedenen Zeiten oder aus unterschiedlichen Teilen entnommen. Diese legt man direkt in eine kleine Flasche, die den Flüssigszintillator enthält. Dieses Verfahren ist besonders geeignet, wenn es um die Messung der von ${}^3_1$H und ${}^{14}_6$C ausgehenden β-Strahlen geht. Sie haben sehr geringe Energien und gelangen daher nur schwer durch die äußere Abdeckung eines Kristallszintillators oder Geiger-Zählers. Auch hier wird das elektrische Signal mithilfe eines Elektronenvervielfachers erzeugt.

Ein **Halbleiterdetektor** besteht aus einer in Sperrrichtung geschalteten p-n-Diode (Abschnitte 41.8 und 41.9). Ein Teilchen, das die Übergangsschicht passiert, kann Elektronen ins Leitungsband anregen, wobei im Valenzband Löcher zurückbleiben. Die freigesetzten Ladungsträger erzeugen einen kurzen elektrischen Puls, der genau wie beim Geiger-Zähler oder dem Szintillationszähler gemessen werden kann.

In Kapitel 44 diskutieren wir weitere Detektoren, und zwar solche, die eine Visualisierung der Teilchenspuren erlauben und in Verbindung mit Kernreaktionen und Elementarteilchen eingesetzt werden.

Z U S A M M E N F A S S U N G

Die **Kernphysik** befasst sich mit dem Studium der Atomkerne. Kerne enthalten **Protonen** und **Neutronen**, die man gemeinsam als **Nukleonen** bezeichnet. Die Gesamtzahl der Nukleonen A wird als **Atommasse** oder **atomare Massenzahl** bezeichnet. Die Anzahl der Protonen Z ist die **Ordnungszahl**. Die Anzahl der Neutronen ist gleich $A - Z$. **Isotope** sind Kerne mit demselben Z, jedoch verschiedenen Neutronenzahlen. Die Darstellung der Isotope eines Elementes X mit gegebenem Z und A erfolgt durch

$${}^A_Z\mathrm{X}\,.$$

Der Kernradius ist proportional zu $A^{\frac{1}{3}}$, was zeigt, dass alle Kerne etwa die gleiche Dichte besitzen. Kernmassen werden in **atomaren Masseneinheiten** (u) angegeben, bei der die Masse von ${}^{14}_6$C (einschließlich seiner 6 Elektronen) als exakt 12,000000 u definiert ist. Das Energieäquivalent dazu ist (wegen $E = mc^2$)

$$1\,\mathrm{u} = 931{,}5\,\mathrm{MeV}/c^2 = 1{,}66 \cdot 10^{-27}\,\mathrm{kg}\,.$$

Die Masse eines stabilen Kerns ist geringer als die Summe der einzelnen Massen der Nukleonen, aus denen er zusammengesetzt ist. Die Massendifferenz (mal c^2) ergibt die **Gesamtbindungsenergie**. Das ist die Energie, die benötigt wird, um den Kern in seine einzelnen Nukleonen zu zerlegen. Die **Bindungsenergie pro Nukleon** liegt im Mittel bei etwa 8 MeV pro Nukleon. Sie ist bei Kernen mit niedriger und mit hoher Masse am geringsten.

Instabile Kerne unterliegen dem **radioaktiven Zerfall**; sie gehen unter Emission eines α-, β- oder γ-Teilchens in andere Kerne über. Ein α-Teilchen ist ein ${}^4_2$He-Kern; ein β-Teilchen kann ein Elektron oder ein Positron sein; bei γ-Strahlung handelt es sich um ein hochenergetisches Photon. Beim β-Zerfall wird darüber hinaus ein **Neutrino** emittiert. Die Umwandlung des Mutterkerns in den Tochterkern wird als **Transmutation** der Elemente bezeichnet. Der radioaktive Zerfall tritt nur dann spontan auf, wenn die Ruhemasse der dabei erzeugten Teilchen geringer als die Masse des Mutterkerns ist. Der Energieverlust offenbart sich als kinetische Energie der erzeugten Teilchen.

Kerne werden durch die **starke Kernkraft** zusammengehalten. Die **schwache Kernkraft** offenbart sich beim β-Zerfall. Diese beiden Kräfte bilden zusammen mit der Gravitation und der elektromagnetischen Kraft die vier bekannten Grundkräfte. Elektrische Ladung, Impuls und Drehimpuls, Masse-Energie und **Nukleonenzahl** bleiben bei allen Zerfällen **erhalten**.

Der radioaktive Zerfall ist ein statistischer Prozess. Bei einer gegebenen Sorte von radioaktiven Kernen ist die Anzahl der in der Zeit Δt zerfallenden Kerne (ΔN) proportional zur Anzahl der vorhandenen Mutterkerne N:

$$\Delta N = -\lambda N \Delta t\,.$$

Die Proportionalitätskonstante λ wird als **Zerfallskonstante** bezeichnet und ist für einen gegebenen Kern charakteristisch. Die Anzahl der nach der Zeit t noch immer vorhandenen Kerne fällt exponentiell

$$N \propto \mathrm{e}^{-\lambda t}\,,$$

genau wie die Aktivität $\mathrm{d}N/\mathrm{d}t$. Die **Halbwertszeit** $T_{\frac{1}{2}}$ ist die Zeit, in der die Hälfte der Kerne einer radioaktiven Probe zerfallen ist. Sie ist mit der Zerfallskonstanten über die Beziehung $T_{\frac{1}{2}} = 0{,}693/\lambda$ verknüpft.

Z U S A M M E N F A S S U N G

Verständnisfragen

1 Was haben die verschiedenen Isotope eines Elementes gemeinsam? Worin unterscheiden sie sich?

2 Welche Elemente X werden durch folgende Symbole bestimmt: (a) ${}^{232}_{92}X$; (b) ${}^{18}_{7}X$; (c) ${}^{1}_{1}X$; (d) ${}^{82}_{38}X$; (e) ${}^{247}_{97}X$?

3 Wie viele Protonen und wie viele Neutronen hat jedes der Isotope aus Frage 2?

4 Weshalb liegen die Atommassen vieler Elemente (siehe Periodensystem) nicht in der Nähe von ganzen Zahlen?

5 Woher wissen Sie, dass eine Kraft wie die starke Kernkraft existiert?

6 Welche Gemeinsamkeiten und welche Unterschiede gibt es zwischen der starken Kernkraft und der elektrischen Kraft?

7 Welcher experimentelle Hinweis spricht dafür, dass die Radioaktivität ein Kernprozess ist?

8 Das radioaktive Isotop ${}^{64}_{29}\mathrm{Cu}$ kommt selten vor, weil es unter Emission von γ-Strahlung sowie von β^-- und β^+-Teilchen zerfällt. Welches Nuklid ergibt sich in diesen Fällen?

9 Ein ${}^{232}_{92}\mathrm{U}$-Kern zerfällt in einen Kern mit wie vielen Neutronen?

10 Beschreiben Sie so viele Unterschiede zwischen α-, β- und γ-Strahlen wie möglich.

11 Welches Element wird beim radioaktiven Zerfall von (a) ${}^{24}_{11}\mathrm{Na}$ (β^-); (b) ${}^{22}_{11}\mathrm{Na}$ (β^+); (c) ${}^{210}_{84}\mathrm{Po}$ (α) gebildet?

12 Welches Element wird beim radioaktiven Zerfall von (a) ${}^{32}_{15}\mathrm{P}$ (β^-); (b) ${}^{35}_{16}\mathrm{S}$ (β^-); (c) ${}^{211}_{83}\mathrm{Bi}$ (α) gebildet?

13 Ergänzen Sie das fehlende Teilchen oder den fehlenden Kern:

(a) ${}^{45}_{20}\mathrm{Ca} \to ? + e^- + \overline{\nu}$; (b) ${}^{58}_{29}\mathrm{Cu} \to ? + \gamma$;

(c) ${}^{46}_{24}\mathrm{Cr} \to {}^{46}_{23}\mathrm{V} + ?$; (d) ${}^{234}_{94}\mathrm{Pu} \to ? + \alpha$

(e) ${}^{239}_{93}\mathrm{Np} \to {}^{239}_{94}\mathrm{Pu} + ?$.

14 Erklären Sie den α-Zerfall durch Tunneln mithilfe der Unschärferelation.

15 Unmittelbar nach dem Zerfall von ${}^{239}_{92}\mathrm{Pu}$ zu ${}^{234}_{90}\mathrm{Th} + {}^{4}_{2}\mathrm{He}$ umkreisen den Thorium-Tochterkern noch immer 92 Elektronen. Thorium besitzt gewöhnlich jedoch nur 90 Elektronen. Was passiert Ihrer Meinung nach mit dem beiden zusätzlichen Elektronen?

16 Was passiert mit den Energieniveaus der Hüllenelektronen, wenn ein Kern einem β^-- oder β^+-Zerfall unterliegt? Was passiert mit diesen Elektronen nach dem Zerfall am wahrscheinlichsten?

17 Die α-Teilchen eines gegebenen Nuklids, das dem α-Zerfall unterliegt, sind monoenergetisch, sie haben also alle dieselbe Energie. Die β-Teilchen eines Nuklids, das dem β-Zerfall unterliegt, haben dagegen ein Energiespektrum. Erklären Sie den Unterschied zwischen diesen beiden Fällen.

18 Liegen die Isotope, bei denen ein Elektroneneinfang vorkommt, im Allgemeinen über oder unterhalb der Linie der Stabilität in ► Abbildung 42.2?

19 Kann Wasserstoff oder Deuterium ein α-Teilchen emittieren?

20 Weshalb kommen viele künstlich erzeugte radioaktive Isotope in der Natur selten vor?

21 Ein Isotop besitzt eine Halbwertszeit von einem Monat. Ist eine gegebene Probe dieses Isotops nach zwei Monaten vollständig zerfallen? Falls nicht, wie viel ist übrig?

22 Beschreiben Sie, worin sich die Kurve für die potentielle Energie eines α-Teilchens in einem α-instabilen Kern von der eines stabilen Kerns unterscheidet.

23 Erklären Sie in der Zerfallsreihe aus ► Abbildung 42.11 das Fehlen von Kernen, die β^+-Teilchen emittieren.

24 Kann die Radiokarbinmethode eingesetzt werden, um das Alter von Steinmauern und Gesteinstafeln alter Kulturen zu bestimmen?

25 Von welchen Annahmen geht man bei der Radiokarbonmethode aus? Was könnte diese Annahmen, Ihrer Ansicht nach, in Frage stellen?

Aufgaben zu 42.1

1 (I) Wie groß ist die Ruhemasse eines α-Teilchens in MeV/c^2?

2 (I) Ein Pion (auch π-Meson) besitzt eine Masse von $139\,\mathrm{MeV}/c^2$. Wie groß ist diese Masse in atomaren Masseneinheiten?

3 (I) Wie groß ist etwa der Radius eines α-Teilchens (${}^{4}_{2}\mathrm{He}$)?

4 (I) Um wie viel Prozent übersteigt der Radius des Isotops ${}^{14}_{6}\mathrm{C}$ den seines Nachbarn ${}^{12}_{6}\mathrm{C}$?

5 (II) (a) Bestimmen Sie die Dichte der Kernmaterie in $\mathrm{kg/m^3}$, und zeigen Sie, dass sie für alle Kerne im Wesentlichen gleich ist. (b) Wie groß wäre der Erdradius, wenn die Erde ihre tatsächliche Masse, jedoch die Dichte von Kernen hätte? (c) Wie groß wäre der Radius eines $^{238}_{92}$U-Kerns, wenn er die Dichte der Erde hätte?

6 (II) (a) Wie groß ist ungefähr der Radius eines $^{64}_{29}$Cu-Kerns? (b) Welchen Wert hat A bei einem Kern mit dem Radius $3{,}9 \cdot 10^{-15}$ m schätzungsweise?

7 (II) Wie groß muss die Energie eines α-Teilchens sein, damit es die Oberfläche eines $^{238}_{92}$U-Kerns gerade „berührt"?

8 (II) Ein α-Teilchen wird aus dem Ruhezustand in der Nähe der Oberfläche eines $^{243}_{95}$Am-Kerns freigesetzt. Wie groß wäre die kinetische Energie des Teilchens in großer Entfernung?

9 (II) Welcher stabile Kern besitzt einen Radius, der etwa halb so groß wie der eines Urankerns ist? (*Hinweis*: Bestimmen Sie A und entnehmen Sie Z Anhang D.)

Aufgaben zu 42.2

10 (I) Schätzen Sie die Gesamtbindungsenergie von $^{40}_{20}$Ca mithilfe von ▸ Abbildung 42.1 ab.

11 (I) Benutzen Sie ▸ Abbildung 42.1, um die Gesamtbindungsenergie von (a) $^{238}_{92}$U und (b) $^{84}_{36}$Kr abzuschätzen.

12 (II) Berechnen Sie mithilfe von Anhang D die Bindungsenergie von $^{2}_{1}$H (Deuterium).

13 (II) Berechnen Sie die Bindungsenergie pro Nukleon bei einem $^{14}_{7}$N-Kern.

14 (II) Bestimmen Sie die Bindungsenergie des letzten Neutrons in einem $^{40}_{19}$K-Kern.

15 (II) Berechnen Sie die Gesamtbindungsenergie und die Bindungsenergie pro Nukleon bei (a) $^{6}_{3}$Li, (b) $^{208}_{82}$Pb. Benutzen Sie Anhang D.

16 (II) Berechnen Sie die Bindungsenergie (a) des letzten Protons und (b) des letzten Neutrons in einem $^{12}_{6}$C-Kern. Benutzen Sie Anhang D.

17 (II) Vergleichen Sie die Bindungsenergie eines Neutrons in $^{23}_{11}$Na mit der eines Neutrons in $^{24}_{11}$Na.

18 (II) Wie viel Energie ist notwendig um (a) ein Proton, (b) ein Neutron aus $^{16}_{8}$O zu entfernen? Erläutern Sie den Unterschied in Ihren Antworten.

19 (II) (a) Zeigen Sie, dass der Kern $^{8}_{4}$Be (Masse = 8,005305 u) in zwei α-Teilchen zerfällt. (b) Ist $^{12}_{6}$C im Hinblick auf den Zerfall in drei α-Teilchen stabil? Zeigen Sie weshalb oder weshalb nicht.

Aufgaben zu 42.3 bis 42.7

20 (I) Wie viel Energie wird freigesetzt, wenn Tritium $^{3}_{1}$H unter Emission eines β^--Teilchens zerfällt?

21 (I) Wie groß ist die maximale kinetische Energie eines Elektrons, das beim β-Zerfall eines freien Neutrons emittiert wird?

22 (I) Zeigen Sie, dass der Zerfall $^{11}_{6}\text{C} \rightarrow ^{10}_{5}\text{B} + \text{p}$ nicht möglich ist, weil er die Energieerhaltung verletzt.

23 (II) $^{22}_{11}$Na ist radioaktiv. Handelt es sich dabei um einen β^-- oder um einen β^+-Strahler? Schreiben Sie die Zerfallsgleichung auf und schätzen Sie die maximale kinetische Energie des emittierten β-Teilchens ab.

24 (II) Geben Sie das Resultat einer Berechnung an, die zeigt, ob die folgenden Zerfälle möglich sind oder nicht:

(a) $^{236}_{92}\text{U} \rightarrow ^{235}_{92}\text{U} + \text{n}$; (b) $^{16}_{8}\text{O} \rightarrow ^{16}_{8}\text{O} + \text{n}$;
(c) $^{23}_{11}\text{Na} \rightarrow ^{22}_{11}\text{Na} + \text{n}$.

25 (II) Ein $^{236}_{92}$U-Kern emittiert ein α-Teilchen mit der kinetischen Energie 5,32 MeV. Was ist der Tochterkern und wie groß ist ungefähr die Atommasse (in u) des Tochteratoms? Ignorieren Sie den Rückstoß des Tochterkerns.

26 (II) Wie groß ist die maximale kinetische Energie des beim Zerfall von $^{23}_{10}$Ne (Masse = 22,9945 u) in $^{23}_{11}$Na (Masse = 22,9898 u) emittierten Elektrons? Wie groß ist dessen Energie mindestens? Wie groß ist die Energie des Neutrinos in beiden Fällen?

27 (II) Das Nuklid $^{32}_{15}$P zerfällt unter Emission eines Elektrons, dessen kinetische Energie maximal 1,71 MeV sein kann. (a) Was ist der Tochterkern? (b) Wie groß ist dessen Atommasse (in u)?

28 (II) Das Isotop $^{218}_{84}$Po kann unter Emission eines α- oder eines β^--Teilchens zerfallen. Welche Energie wird in beiden Fällen freigesetzt? Die Masse von $^{218}_{84}$Po ist 228,008965 u.

29 (II) Welche Energie wird beim Elektroneneinfang durch Beryllium freigesetzt: ${}^{7}_{4}\mathrm{Be} + {}^{0}_{-1}\mathrm{e} \to {}^{7}_{3}\mathrm{Li} + \nu$?

30 (II) Zerfallsreihen, wie die in ► Abbildung 42.11 dargestellte, können in vier Klassen unterteilt werden, abhängig davon, ob die Massenzahlen für ganzzahliges n die Form $4n$, $4n+1$, $4n+2$ oder $4n+3$ haben. Begründen Sie diese Behauptung und zeigen Sie, dass die Tochterkerne eines Nuklids jeder Familie wieder in derselben Familie liegen.

31 (III) Wie groß ist die Energie eines α-Teilchens, das beim Zerfall von ${}^{210}_{84}\mathrm{Po} \to {}^{206}_{82}\mathrm{Pb} + \alpha$ emittiert wird? Beachten Sie in diesem Falle den Rückstoß des Tochterkerns.

32 (III) Das beim Zerfall von ${}^{238}_{92}\mathrm{U}$ emittierte α-Teilchen besitzt eine kinetische Energie von 4,20 MeV. Berechnen Sie die Rückstoßenergie des Tochterkerns und den Q-Wert des Zerfalls.

33 (III) (a) Zeigen Sie, dass die beim β^+-Zerfall eines Kerns freigesetzte Gesamtenergie gleich

$$(M_\mathrm{P} - M_\mathrm{D} - 2m_\mathrm{e})c^2$$

ist. Dabei sind M_P und M_D die Massen des Mutteratoms bzw. des (neutralen) Tochteratoms, m_e ist die Masse eines Elektrons oder Positrons. (b) Bestimmen Sie die maximale kinetische Energie eines β^+-Teilchens, das beim Zerfall von ${}^{11}_{6}\mathrm{C}$ in ${}^{11}_{5}\mathrm{B}$ freigesetzt wird. Wie groß ist die maximale kinetische Energie des freigesetzten Neutrinos? Was ist seine minimale Energie?

34 (III) (a) Berechnen Sie die kinetische Energie eines α-Teilchen, das beim Zerfall von ${}^{238}_{92}\mathrm{U}$ emittiert wird. (b) Benutzen Sie Gleichung 42.1, um den Radius eines α-Teilchens und eines ${}^{232}_{90}\mathrm{Th}$-Kerns abzuschätzen. Verwenden Sie das Ergebnis, um (c) die maximale Höhe der Coulomb-Barriere und (d) dessen Breite AB in ► Abbildung 42.6 abzuschätzen.

Aufgaben zu 42.8 bis 42.10

35 (I) Bei einem radioaktiven Stoff kommen zu einer bestimmten Zeit 1280 Zerfälle pro Minute vor, 6 h später sind es nur noch 320 Zerfälle pro Minute. Wie groß ist die Halbwertszeit des radioaktiven Stoffes?

36 (I) (a) Wie groß ist die Zerfallskonstante von ${}^{238}_{92}\mathrm{U}$ mit einer Halbwertszeit von $4{,}5 \cdot 10^9$ a? (b) Die Zerfallskonstante eines gegebenen Kerns beträgt $8{,}2 \cdot 10^{-5}\ \mathrm{s}^{-1}$. Wie groß ist dessen Halbwertszeit?

37 (I) Wie groß ist die Aktivität einer ${}^{14}_{6}\mathrm{C}$-Probe mit $3{,}1 \cdot 10^{20}$ Kernen?

38 (I) Welcher Bruchteil einer ${}^{68}_{32}\mathrm{Ge}$-Probe mit einer Halbwertszeit von etwa 9 Monaten bleibt nach 3,0 a übrig?

39 (I) Wie viele ${}^{238}_{92}\mathrm{U}$-Kerne halten sich in einem Felsbrocken auf, bei dem man 875 Zerfälle pro Sekunde registriert?

40 (II) Welcher Bruchteil einer Probe bleibt nach (a) genau 4 Halbwertszeiten und (b) genau $4\frac{1}{2}$ Halbwertszeiten übrig?

41 (I) In einer Zerfallsreihe wird das Nuklid ${}^{235}_{92}\mathrm{U}$ zu ${}^{207}_{82}\mathrm{Pb}$. Wie viele α- und β^--Teilchen werden in dieser Reihe emittiert?

42 (II) Das Iodisotop ${}^{131}_{53}\mathrm{I}$ wird in Krankenhäusern zur Diagnose der Schilddrüsenfunktion benutzt. Bestimmen Sie die Aktivität, (a) unmittelbar nachdem ein Patient 632 µg davon aufgenommen hat, und (b) 1,0 h später, beim Test der Schilddrüsenfunktion, und (c) 6 Monate später. Benutzen Sie Anhang D.

43 (II) ${}^{124}_{55}\mathrm{Cs}$ hat eine Halbwertszeit von 30,8 s. Wie viele Cs-Kerne sind ursprünglich in 9,8 µg enthalten? (b) Wie viele gibt es 2 Minuten später? (c) Wie groß ist die Aktivität zu dieser Zeit? (d) Nach welcher Zeit ist die Aktivität auf weniger als etwa 1 Prozent gefallen?

44 (II) Berechnen Sie die Aktivität einer Probe von 7,7 µg reinen ${}^{32}_{15}\mathrm{P}$ ($T_{\frac{1}{2}} = 1{,}23 \cdot 10^6$ s).

45 (II) Die Aktivität einer ${}^{35}_{16}\mathrm{S}$-Probe ($T_{\frac{1}{2}} = 7{,}56 \cdot 10^6$ s) beträgt $2{,}65 \cdot 10^5$ Zerfälle pro Sekunde. Welche Masse hat die Probe?

46 (II) Eine ${}^{233}_{92}\mathrm{U}$-Probe ($T_{\frac{1}{2}} = 1{,}59 \cdot 10^5$ a) enthält $7{,}50 \cdot 10^{19}$ Kerne. (a) Wie groß ist die Zerfallskonstante? (b) Wie viele Zerfälle treten pro Minute auf?

47 (II) Die Aktivität einer Probe fällt um einen Faktor 10 in 8, 6 Minuten. Wie groß ist die Halbwertszeit?

48 (II) Eine Probe von 185 g reinem Kohlenstoff besteht zu 1, 3 Teilen von 10^{12} (Atomen) aus ${}^{14}_{6}\mathrm{C}$. Wie viele Zerfälle treten in einer Minute auf?

49 (II) Eine ${}^{40}_{19}\mathrm{K}$-Probe zerfällt mit einer Rate von $8{,}70 \cdot 10^2$ Zerfällen/s. Wie groß ist die Masse der Probe?

50 (II) Das Rubidiumisotop ${}^{87}_{37}\mathrm{Rb}$ ist ein β-Strahler mit einer Halbwertszeit von $4{,}75 \cdot 10^{10}$ a. Es wird verwendet, um das Alter von Gesteinen und Fossilien zu bestimmen. Bei fossilem Gestein mit Einschlüssen frühzeitlichen Lebens hat das Verhältnis von ${}^{87}_{38}\mathrm{Sr}$ zu ${}^{87}_{37}\mathrm{Rb}$ den Wert

0,0160. Berechnen Sie das Alter dieser Fossilien unter der Annahme, dass bei Gesteinsbildung kein $^{87}_{38}Sr$ vorhanden war.

51 (II) Berechnen Sie anhand von ► Abbildung 42.11 die relativen Zerfallsraten für den α-Zerfall von $^{218}_{84}Po$ und $^{214}_{84}Po$.

52 (II) $^{7}_{4}Be$ zerfällt mit einer Halbwertszeit von etwa 53 d. Es wird in den oberen Schichten der Atmosphäre gebildet und lagert sich auf der Erdoberfläche ab. Bei einem Blatt einer Pflanze werden 250 Zerfälle/s von $^{7}_{4}Be$ festgestellt. Wie lange müssen wir warten bis die Zerfallsrate auf $10/s$ gefallen ist? Schätzen Sie die ursprüngliche Masse des $^{7}_{4}Be$ auf dem Blatt ab.

53 (II) Welches radioaktive Bleiisotop wurde bei einer Reaktion gebildet, wenn die gemessene Aktivität einer Probe innerhalb von 4,00 h auf 1,050 Prozent seiner ursprünglichen Aktivität fällt?

54 (II) Man stellt fest, dass eine urzeitliche Keule 190 g Kohlenstoff enthält und eine Aktivität von 5, 0 Zerfällen pro Sekunde aufweist. Bestimmten Sie deren Alter unter der Annahme, dass das Verhältnis von ^{14}C- zu ^{12}C-Atomen etwa $1{,}3 \cdot 10^{-12}$ beträgt.

55 (II) Bei $t = 0$ enthält eine reine Probe radioaktiver Kerne genau N_0 Kerne mit einer Zerfallskonstanten von λ. Bestimmen Sie die Anzahl der Tochterkerne N_D als Funktion der Zeit. Gehen Sie davon aus, dass der Tochterkern stabil ist und zur Zeit $t = 0$ noch keine Tochterkerne vorhanden waren.

56 (III) Bei $t = 0$ enthält eine reine Probe eines radioaktiven Nuklids (der Mutterkern) N_{P0} Kerne mit einer Halbwertszeit von T_P. Das Tochternuklid ist ebenfalls radioaktiv und besitzt eine Halbwertszeit von T_D. (a) Bestimmen Sie die Anzahl der Tochterkerne N_D als Funktion der Zeit unter der Annahme, dass bei $t = 0$ noch keine Tochterkerne vorhanden waren. (b) Stellen Sie N_D als Funktion der Zeit in den Fällen $T_P = T_D$, $T_P = 3T_D$, $T_P = \frac{1}{3}T_D$ grafisch dar. (*Hinweis*: Gleichung 42.5 muss modifiziert werden.)

Allgemeine Aufgaben

57 (a) Welcher Anteil der Masse des Wasserstoffatoms ist im Kern konzentriert? (b) Welchen Anteil des Volumens des Wasserstoffatoms nimmt der Kern ein? (c) Wie groß ist die Dichte der Kernmaterie? Vergleichen Sie die Ergebnisse mit den Verhältnissen bei Wasser.

58 Schätzen Sie mithilfe der Unschärferelation und des Kernradius die minimal mögliche kinetische Energie eines Nukleons, beispielsweise des Eisens ab. Vernachlässigen Sie relativistische Korrekturen. (*Hinweis*: Die Teilchenenergie muss mindestens so groß sein wie deren Unschärfe.)

59 Welche Rückstoßenergie bekommt der $^{40}_{19}K$-Kern bei der Emission von γ-Strahlen mit 1,46 MeV?

60 Ein altes Holzwerkzeug enthält nur 9,0 Prozent des $^{14}_{6}C$, das ein frisches Holzstück enthalten würde. Wie alt ist das Werkzeug?

61 Ein Neutronenstern besteht aus Neutronen bei nahezu Kerndichte. Bestimmen Sie (a) die Massenzahl, (b) die Masse (kg) und (c) die Gravitationsbeschleunigung auf der Oberfläche eines Neutronensterns mit 10 km Durchmesser.

62 Das Wasserstoffisotop $^{3}_{1}H$ wird als *Tritium* bezeichnet (weil es drei Nukleonen enthält). Es besitzt eine Halbwertszeit von 12,33 a. Es kann eingesetzt werden, um das Alter von etwa 100 a alten Gegenständen zu bestimmen. Es entsteht durch kosmische Strahlen in der oberen Atmosphäre und gelangt durch den Regen auf die Erde. Bestimmen Sie das ungefähre Alter einer Flasche Wein, deren $^{3}_{1}H$-Strahlung etwa $\frac{1}{10}$ der eines neuen Weines ist.

63 In einigen Theorien der Elementarteilchenphysik (Abschnitt 44.11) deutet sich an, dass das Proton instabil sein könnte, wobei dessen Halbwertszeit $\geq 10^{32}$ a ist. Wie lange müssten Sie warten, bis ein Proton Ihres Körpers zerfällt (gehen Sie davon aus, dass Ihr Körper nur aus Wasser besteht)?

64 Wird Wasser in die Nähe einer Neutronenquelle gebracht, können die Neutronen durch Stöße mit den Wassermolekülen abgebremst und schließlich von einem Wasserstoffkern eingefangen werden, wodurch das stabile Isotop Deuterium $^{2}_{1}H$ entsteht. Dabei werden γ-Strahlen freigesetzt. Welche Energie haben die γ-Strahlen?

65 Wie lange müssen Sie (in Halbwertszeiten angegeben) warten, bis die Aktivität einer radioaktiven Probe auf 1, 00 Prozent ihres ursprünglichen Wertes gefallen ist?

66 Schätzen Sie ab, wie viel $^{40}_{19}K$ und gewöhnliches $^{39}_{19}K$ sich in einem Liter Milch befindet, wenn die Menge des Kaliumisotops $^{40}_{19}K$ in einem Liter Milch zu 60 Zerfällen/s führt. Benutzen Sie Anhang D.

67 Zeigen Sie anhand der in Abschnitt 42.5 angegebenen Zerfälle, dass das Neutrino den Spin $\frac{1}{2}$ haben muss.

68 Zeigen Sie, dass beim α-Zerfall eines Kerns, beispielsweise eines $^{226}_{88}Ra$-Kerns, der Kern den Anteil von

$1/(1+A_D/4)$ der verfügbaren Gesamtenergie trägt. Dabei ist A_D die Atommasse des Tochterkerns. (*Hinweis*: Benutzen Sie sowohl die Impulserhaltung als auch die Energieerhaltung.) Wie viel Prozent der verfügbaren Energie trägt das α-Teilchen schätzungsweise im betrachteten Fall?

69 Strontium-90 entsteht als Reaktionsprodukt der Kernspaltung von Uran sowohl in Reaktoren als auch bei der Atombombe. Sehen Sie sich dessen Position im Periodensystem an und überlegen Sie, welchen anderen Elementen es chemisch ähnelt. Weshalb könnte es Ihrer Meinung nach gefährlich sein, es mit der Nahrung aufzunehmen? Es besitzt zu viele Neutronen, und es zerfällt mit einer Halbwertszeit von etwa 19 a. Wie lange müssen wir warten, damit die Menge von $^{90}_{38}$Sr auf der Erdoberfläche nur noch 1 Prozent seines derzeitigen Wertes erreicht, wenn Sie annehmen, dass kein neues Material verbreitet wird? Schreiben Sie die Zerfallsreaktion einschließlich des Tochterkerns auf. Ist der Tochterkern radioaktiv? Schreiben Sie im positivem Fall auch dessen Zerfall auf. Setzen Sie die Zerfallsreihe fort, bis Sie bei einem stabilen Kern ankommen.

70 Das Nuklid $^{191}_{76}$Os zerfällt unter Emission eines β^--Teilchens von 0,14 MeV, begleitet von γ-Strahlen der Energie 0,042 MeV und 0,129 MeV. (a) Was ist der Tochterkern? (b) Zeichnen Sie ein Energieniveaudiagramm mit den Grundzuständen des Mutter- und des Tochterkerns sowie den angeregten Zuständen des Tochterkerns. Zu welchem Zustand des Tochterkerns erfolgt der β^--Zerfall des $^{191}_{76}$Os?

71 Benutzen Sie die Unschärferelation um zu zeigen, weshalb das Auffinden von Elektronen im Kern unwahrscheinlich ist. Benutzen Sie die Relativitätstheorie. (*Hinweis*: Die Energie eines Teilchens muss mindestens so groß wie seine Unschärfe sein.)

72 Schätzen Sie die Gesamtbindungsenergie von Kupfer ab, und schätzen Sie anschließend die Energie (in Joule) ab, die zum Zerlegen einer 3,0 g schweren Kupfermünze in seine einzelnen Bestandteile benötigt wird.

73 Anstatt, wie in Anhang D, die Atommasse von Nukliden anzugeben, führen manche Tabellen den *Massenüberschuss* Δ auf, der als $\Delta = M - A$ definiert ist. Dabei ist A die Atommasse und M die Masse in u. Bestimmen Sie den Massenüberschuss in u und MeV/c^2 bei: (a) $^4_2$He; (b) $^{14}_6$C; (c) $^{107}_{47}$Ag; (d) $^{235}_{92}$U. (e) Können Sie eine allgemeine Aussage über das Vorzeichen von Δ als Funktion von Z und A treffen, wenn Sie einen kurzen Blick in Anhang D werfen?

74 (a) Eine Probe von 100 g natürlichem Kohlenstoff enthält den üblichen Anteil an $^{14}_6$C. Wie lange dauert es im Mittel, bis nur noch ein $^{14}_6$C-Kern übrig ist? Wie ändert sich die Antwort in (a), wenn die Probe 200 g wiegt? Welche Schlussfolgerungen ziehen Sie daraus für die Grenzen der Radiokarbonmethode?

75 Würde die Masse des Protons nur geringfügig näher an der Masse des Neutrons liegen, wäre die folgende Reaktion selbst bei niedrigen Stoßenergien möglich:

$$e^- + p \rightarrow n + \nu \,.$$

Warum wäre diese Situation katastrophal? Um wie viel Prozent müsste die Masse des Protons erhöht werden, damit eine solche Reaktion möglich wäre?

76 (a) Zeigen Sie, dass die *mittlere Lebensdauer* oder die *mittlere Lebenszeit* eines Nuklids mit der Definition

$$\tau = \frac{\int_0^\infty N(t)t\,\mathrm{d}t}{\int_0^\infty N(t)\,\mathrm{d}t}$$

gleich $\tau = 1/\lambda$ ist. (b) Welcher Bruchteil der ursprünglichen Anzahl der Kerne ist nach einer mittleren Lebensdauer übrig?

77 Zwei der natürlich vorkommenden radioaktiven Zerfallsreihen beginnen mit $^{232}_{90}$Th und $^{235}_{92}$U. Die ersten fünf Zerfälle dieser Reihen sind:

$$\alpha, \beta, \beta, \alpha, \alpha$$

und

$$\alpha, \beta, \alpha, \beta, \alpha \,.$$

Bestimmen Sie anhand dieser Information die sich in beiden Fällen ergebenden Tochterkerne.

78 Wie groß ist das Verhältnis der kinetischen Energien eines α-Teilchens und eines β-Teilchens, wenn beide in einem senkrecht zu den Teilchenbahnen stehenden Magnetfeld Bahnen mit dem gleichen Krümmungsradius durchlaufen.

79 In einer groben Theorie für den α-Zerfall bewegt sich das α-Teilchen innerhalb des Mutterkerns mit der Geschwindigkeit v_{in} hin und her, wobei es alle $2R_0/v_{\mathrm{in}}$ Sekunden an die Coulomb-Barriere (siehe ► Abbildung 42.6) stößt. (a) Zeigen Sie, dass man die Zerfallskonstante λ in diesem Modell grob (mithilfe von Gleichung 39.17) als $\lambda = (v_{\mathrm{in}}/2R_0)^{-2GL}$ schreiben kann. Dabei ist L die „mittlere" Barrierenbreite (weil die Barriere nicht rechteckig ist) und $G = \sqrt{2m(E^0_{pot} - E)/\hbar^2}$. (b) Verwenden Sie dieses Ergebnis zusammen mit den Abschätzungen für die Barrierenhöhe und deren Breite (wie in Aufgabe 34), um die Halbwertszeit von $^{236}_{92}$U abzuschätzen. Setzen Sie zur Abschätzung der Barrierenbreite (► Abbildung 42.6) zuerst $L = \frac{1}{2}(R_B - R_0)$ und anschließend (c) $L = \frac{1}{3}(R_B - R_0)$ als mittlere Breite, da es sich um keine rechteckige Barriere handelt. Wählen Sie das Potenzial E^{in}_{pot} so, dass es innerhalb der Wände null ist. (d) Welche Barrierenbreite würde in diesem einfachen Modell zu einer Halbwertszeit führen, die gleich der gemessenen Halbwertszeit von 210^7 a ist?

Kernenergie; Auswirkungen und Anwendungsmöglichkeiten der Strahlung

43

ÜBERBLICK

Innenansicht des Tokamak-Fusionstestreaktors in Princeton mit einem Wissenschaftler (in gelb) zum Größenvergleich. Ein Plasma aus Elektronen und leichten Kernen kann auf Temperaturen gebracht werden, die denen in der Sonne gleichkommen. Der Einschluss des Plasmas durch Magnetfelder hat sich als schwierig erwiesen. Weitere intensive Forschungsarbeit wird notwendig sein, wenn die Fusion leichter Kerne die großen Erwartungen erfüllen soll, die in sie als eine unerschöpfliche und relativ saubere Energiequelle gesetzt werden. In diesem Kapitel beschäftigen wir uns auch mit der Spaltung großer Kerne, die in modernen Kernkraftwerken genutzt wird. Darüber hinaus widmen wir uns den Kernreaktionen, der Dosimetrie und den Anwendungsmöglichkeiten der Strahlung, was Strahlentherapie und bildgebende Kernspintomographie einschließt.

43. Kernenergie; Auswirkungen und Anwendungsmöglichkeiten der Strahlung

In diesem Kapitel setzen wir unser Studium der Kernphysik fort. Wir beginnen mit einer Diskussion der Kernreaktionen. Danach wenden wir uns den wichtigen Energie freisetzenden Prozessen Spaltung und Fusion zu. Der übrige Teil des Kapitels beschäftigt sich mit den Auswirkungen der radioaktiven Strahlung beim Durchdringen von Materie, einschließlich des menschlichen Körpers, und damit, wie die Strahlung medizinisch zur Therapie und Diagnose genutzt werden kann. Dazu gehören auch nützliche bildgebende Verfahren.

43.1 Kernreaktionen und Transmutation von Elementen

Unterliegt ein Kern dem α- oder β-Zerfall, gehört der Tochterkern zu einem anderen Element als der Mutterkern. Die Umwandlung eines Elementes in ein anderes, als *Transmutation* bezeichnet, tritt auch bei Kernreaktionen auf. Eine **Kernreaktion** liegt vor, wenn ein bestimmter Kern von einem anderen Kern oder einem einfacheren Teilchen, wie von einem γ-Strahl oder von einem Neutron, getroffen wird und es zu einer Wechselwirkung kommt. Ernest Rutherford war der erste, der über die Beobachtung einer Kernreaktion berichten konnte. Im Jahre 1919 beobachtete er, dass einige durch Stickstoffgas geleitete α-Teilchen absorbiert und dabei Protonen emittiert wurden. Er schlussfolgerte daraus, dass die Stickstoffkerne durch die Reaktion

$$^{4}_{2}\text{He} + {}^{14}_{7}\text{N} \to {}^{17}_{8}\text{O} + {}^{1}_{1}\text{H}$$

in Sauerstoffkerne umgewandelt worden waren. Dabei ist $^{4}_{2}\text{He}$ ein α-Teilchen und $^{1}_{1}\text{H}$ ein Proton.

Seitdem wurden sehr viele Kernreaktionen beobachtet. Tatsächlich sind viele der im Labor verwendeten radioaktiven Isotope durch Kernreaktionen entstanden. Kernreaktionen können im Labor künstlich verursacht werden, sie kommen jedoch auch regulär in der Natur vor. Im Kapitel 42 haben wir ein Beispiel dafür kennen gelernt: $^{14}_{6}\text{C}$ wird in der Atmosphäre durch die Kernreaktion $\text{n} + {}^{14}_{7}\text{N} \to {}^{14}_{6}\text{C} + \text{p}$ fortwährend erzeugt.

Kernreaktionen schreibt man mitunter in abgekürzter Form: Zum Beispiel wird die Reaktion

$$\text{n} + {}^{14}_{7}\text{N} \to {}^{14}_{6}\text{C} + \text{p}$$

als

$$^{14}_{7}\text{N}(\text{n}, \text{p})^{14}_{6}\text{C}$$

abgekürzt. Die Symbole links und rechts außerhalb der Klammern stellen den Ausgangskern beziehungsweise das Reaktionsprodukt dar. Die Symbole innerhalb der Klammern kennzeichnen das Projektilteilchen (das erste) und das kleine emittierte Teilchen (das zweite).

Bei jeder Kernreaktion bleibt sowohl die elektrische Ladung als auch die Nukleonenzahl erhalten. Diese Erhaltungssätze sind beim „Finden“ von Kernreaktionen nützlich, wie das folgende Beispiel zeigt.

Beispiel 43.1 · Begriffsbildung **Deuteriumreaktion**

Deuterium

Man beobachtet, wie ein Neutron auf einen ${}^{16}_{8}$O-Kern trifft und ein Deuteron abgegeben wird. (Ein **Deuteron** ist der Kern von **Deuterium**, das ist das Wasserstoffisotop mit einem Proton und einem Neutron ${}^{2}_{1}$H; mitunter ordnet man ihm das Symbol d oder D zu.) Welcher Kern entsteht?

Lösung

Es liegt die Reaktion $\mathrm{n} + {}^{16}_{8}\mathrm{O} \rightarrow ? + {}^{2}_{1}\mathrm{H}$ vor. Die Gesamtzahl der Nukleonen ist anfangs $1 + 16 = 17$ und die Gesamtladung ist $0 + 8 = 8$. Gleiches gilt für die rechte Seite der Reaktionsgleichung. Der erzeugte Kern hat daher $Z = 7$ und $A = 15$. Aus dem Periodensystem entnehmen wir, dass das Element mit $Z = 7$ Stickstoff ist, so dass es sich bei dem erzeugten Kern um ${}^{15}_{7}$N handelt. Die Reaktion kann in der Form ${}^{16}_{8}\mathrm{O}(\mathrm{n, d}){}^{15}_{7}\mathrm{N}$ geschrieben werden, wobei d für Deuterium ${}^{2}_{1}$H steht.

Bei Kernreaktionen bleibt die Energie (genau wie der Impuls) erhalten. Dies kann ausgenutzt werden, um zu entscheiden, ob eine gegebene Reaktion ablaufen kann oder nicht. Wenn zum Beispiel die Gesamtmasse der Reaktionsprodukte geringer als die Gesamtmasse der Ausgangsteilchen ist, erscheint dieser Massenverlust (denken Sie an $E = mc^2$) als kinetische Energie (E_{kin}) der Reaktionsprodukte. Ist dagegen die Gesamtmasse der Reaktionsprodukte größer als die Gesamtmasse der Ausgangsteilchen, erfordert die Reaktion Energiezufuhr. Die Reaktion findet erst dann statt, wenn das Projektilteilchen ausreichend kinetische Energie besitzt. Wir betrachten eine Kernreaktion der allgemeinen Form

$$\mathrm{a} + \mathrm{X} \rightarrow \mathrm{Y} + \mathrm{b} \,.$$

Dabei ist a ein Projektilteilchen (oder ein kleiner Kern), der auf den Kern X trifft. Dadurch werden der Kern Y und das Teilchen b erzeugt (gewöhnlich p, n, α, γ).

Reaktionsenergie

Wir definieren die **Reaktionsenergie** oder den **Q-Wert** als Funktion der beteiligten Massen:

$$Q = (M_{\mathrm{a}} + M_{\mathrm{X}} - M_{\mathrm{b}} - M_{\mathrm{Y}})c^2 \,. \tag{43.1}$$

Aufgrund der Energieerhaltung ist Q gleich der Änderung der kinetischen Energie (Endzustand minus Ausgangszustand):

$$Q = E^{\mathrm{b}}_{\mathrm{kin}} + E^{\mathrm{Y}}_{\mathrm{kin}} - E^{\mathrm{a}}_{\mathrm{kin}} - E^{\mathrm{X}}_{\mathrm{kin}} \,. \tag{43.2}$$

Gewöhnlich gilt $E^{\mathrm{X}}_{\mathrm{kin}} = 0$, da der Targetkern X gegenüber dem ankommenden Teilchen a (nahezu) ruht. Im Falle $Q > 0$ wird die Reaktion als *exotherm* oder *wärmeabgebend* bezeichnet. Bei dieser Reaktion wird Energie frei, so dass die kinetische Gesamtenergie nach der Reaktion größer ist als davor. Bei negativem Q ($Q < 0$) bezeichnet man die Reaktion als *endotherm* oder *wärmeaufnehmend*. In diesem Fall ist die kinetische Gesamtenergie nach der Reaktion geringer als die kinetische Anfangsenergie, und es muss Energie zugeführt werden, damit die Reaktion abläuft. Diese Energie stammt aus der kinetischen Energie der aufeinander treffenden Ausgangsteilchen (a und X).

Beispiel 43.2 **Eine Reaktion mit langsamen Neutronen**

Man beobachtet, dass die Kernreaktion

$$\mathrm{n} + {}^{10}_{5}\mathrm{B} \to {}^{7}_{3}\mathrm{Li} + {}^{4}_{2}\mathrm{He}$$

auch dann abläuft, wenn sehr langsame Neutronen ($M_n = 1{,}0087\,\mathrm{u}$) ein ruhendes Boratom treffen. Bei einer Reaktion, bei der $E^{\mathrm{n}}_{\mathrm{kin}} \approx 0$ ist, werden Heliumatome ($M_{\mathrm{He}} = 4{,}0026\,\mathrm{u}$) mit einer Geschwindigkeit von $9{,}30 \cdot 10^6\,\mathrm{m/s}$ beobachtet. Bestimmen Sie (a) die kinetische Energie des Lithiums ($M_{\mathrm{Li}} = 7{,}0160\,\mathrm{u}$) und (b) den Q-Wert der Reaktion.

Lösung

a Da sich das Neutron und das Boratom im Wesentlichen in Ruhe befinden, ist der Gesamtimpuls nach der Reaktion ebenso wie vor der Reaktion null. Deshalb gilt

$$M_{\mathrm{Li}} v_{\mathrm{Li}} = M_{\mathrm{He}} v_{\mathrm{He}}\,.$$

Wir lösen nach v_{Li} auf und setzen es in die Gleichung für die kinetische Energie ein. Wir können die klassische Gleichung verwenden, weil der Fehler gegenüber der relativistischen Gleichung aufgrund der gegen die Lichtgeschwindigkeit kleinen Geschwindigkeit $v_{\mathrm{He}} = 9{,}30 \cdot 10^6\,\mathrm{m/s}$ gering ist, was wegen $M_{\mathrm{Li}} > M_{\mathrm{He}}$ erst recht auf v_{Li} zutrifft. Somit können wir folgende Gleichung aufschreiben:

$$E^{\mathrm{Li}}_{\mathrm{kin}} = \frac{1}{2} M_{\mathrm{Li}} v_{\mathrm{Li}}^2 = \frac{1}{2} M_{\mathrm{Li}} \left(\frac{M_{\mathrm{He}} v_{\mathrm{He}}}{M_{\mathrm{Li}}}\right)^2 = \frac{M_{\mathrm{He}}^2 v_{\mathrm{He}}^2}{2 M_{\mathrm{Li}}}\,.$$

Wir setzen die Zahlenwerte ein, wandeln die Massen von u in kg um und beachten $1{,}60 \cdot 10^{-13}\,\mathrm{J} = 1\,\mathrm{MeV}$:

$$\begin{aligned} E^{\mathrm{Li}}_{\mathrm{kin}} &= \frac{(4{,}0026\,\mathrm{u})^2 (1{,}66 \cdot 10^{-27}\,\mathrm{kg/u})^2 (9{,}30 \cdot 10^6\,\mathrm{m/s})^2}{2(7{,}0160\,\mathrm{u})(1{,}66 \cdot 10^{-27}\,\mathrm{kg/u})} \\ &= 1{,}64 \cdot 10^{-13}\,\mathrm{J} = 1{,}02\,\mathrm{MeV}\,. \end{aligned}$$

b Wir wissen, dass in Gleichung 43.2 $E^{\mathrm{a}}_{\mathrm{kin}} = E^{\mathrm{X}}_{\mathrm{kin}} = 0$ ist, so dass $Q = E^{\mathrm{Li}}_{\mathrm{kin}} + E^{\mathrm{He}}_{\mathrm{kin}}$ gilt. Mit

$$\begin{aligned} E^{\mathrm{He}}_{\mathrm{kin}} &= \frac{1}{2} M_{\mathrm{He}} v_{\mathrm{He}}^2 = \frac{1}{2} (4{,}0026\,\mathrm{u})(1{,}66 \cdot 10^{-27}\,\mathrm{kg/u})(9{,}30 \cdot 10^6\,\mathrm{m/s})^2 \\ &= 2{,}87 \cdot 10^{-13}\,\mathrm{J} = 1{,}80\,\mathrm{MeV}\,. \end{aligned}$$

ist $Q = 1{,}02\,\mathrm{MeV} + 1{,}80\,\mathrm{MeV} = 2{,}82\,\mathrm{MeV}$.

Beispiel 43.3 **Kommt die Reaktion in Gang?**

Kommt die Reaktion ${}^{13}_{6}\mathrm{C}(\mathrm{p},\mathrm{n})^{13}_{7}\mathrm{N}$ in Gang, wenn ${}^{13}_{6}\mathrm{C}$ mit Protonen mit 2,0 MeV beschossen wird?

Lösung

Wir benutzen Gleichung 43.1, wobei wir die Kernmassen Anhang D entnehmen. Die Gesamtmassen vor und nach der Reaktion sind:

vor der Reaktion		nach der Reaktion	
$M({}^{13}_{6}\mathrm{C}) =$	13,003355	$M({}^{13}_{7}\mathrm{N}) =$	13,005739
$M({}^{1}_{1}\mathrm{H}) =$	1,007825	$M(\mathrm{n}) =$	1,008665
	14,011180		14,014404

(Wir müssen die Masse des ${}^{1}_{1}$H benutzen und nicht die des reinen Protons, weil die Massen von ${}^{13}_{6}$C und ${}^{13}_{7}$N die der Elektronen beinhalten und wir auf beiden Seiten der Gleichung dieselbe Anzahl von Elektronen eintragen müssen, da kein Elektron erzeugt oder vernichtet wurde.) Die Reaktionsprodukte haben einen Massenüberschuss von (14,014404 − 14,011180)u = 0,003224 u × 931,5 MeV/u = 3,00 MeV. Daher gilt $Q = -3{,}00$ MeV, die Reaktion ist endotherm. Diese Reaktion benötigt also Energiezufuhr. Die 2,0 MeV des Protons sind jedoch dafür nicht ausreichend.

Das Proton aus dem letzten Beispiel müsste eine kinetische Energie von etwas mehr als 3,00 MeV besitzen, damit die Reaktion in Gang kommt; bei einer Protonenenergie von 3,00 MeV wäre die Energieerhaltung gesichert. Das hätte jedoch zufolge, dass ${}^{13}_{7}$N und n keine kinetische Energie und damit keinen Impuls besitzen. Dadurch wäre die Impulserhaltung verletzt, weil ein ankommendes Proton mit 3,00 MeV sehr wohl einen Impuls besitzt. Eine kompliziertere Berechnung zeigt, dass die minimale Protonenenergie, auch als **Schwellenenergie** bezeichnet, in diesem Fall 3,23 MeV betragen muss, damit sowohl die Energie- als auch die Impulserhaltung gesichert ist (siehe Aufgabe 14).

Einen großen Fortschritt gab es in den 1930er Jahren bei der künstlichen Transmutation von Elementen, als Enrico Fermi bemerkte, dass Neutronen die effektivsten Projektilteilchen sind, wenn es um das in Gang setzen von Reaktionen geht, insbesondere um die Erzeugung neuer Elemente. Da Neutronen keine elektrische Nettoladung tragen, werden sie von positiv geladenen Kernen, wie Protonen oder α-Teilchen, auch nicht abgestoßen. Daher ist die Wahrscheinlichkeit dafür, dass ein Neutron einen Kern erreicht und dort eine Reaktion bewirkt, viel größer als bei geladenen Projektilen[1], was insbesondere bei niedrigen Energien gilt. Zwischen 1934 und 1936 erzeugten Fermi und seine Mitarbeiter in Rom durch Neutronenbeschuss verschiedener Elemente viele bis dahin unbekannte Isotope. Fermi wurde klar, dass es möglich sein müsse, neue Elemente mit Atomgewichten oberhalb dem von Uran zu erzeugen, wenn man das schwerste bekannte Element, das Uran, mit Neutronen beschösse. Nach einigen Jahren harter Arbeit vermutete man zunächst, dass zwei neue Elemente erzeugt worden waren, Neptunium ($Z = 93$) und Plutonium ($Z = 94$). Der vollständige Beweis, dass solche „transuranen" Elemente tatsächlich erzeugt werden können, wurde jedoch erst einige Jahre später an der *University of California* in Berkeley geliefert. Die Reaktionen sind in ▶ Abbildung 43.1 dargestellt.

(a) 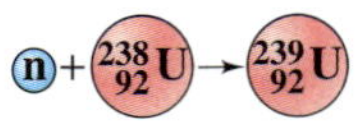

Neutroneneinfang von ${}^{238}_{92}$U.

(b) 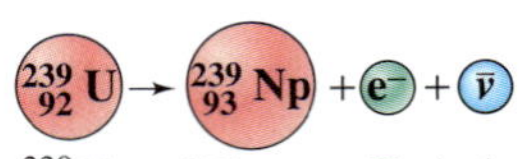

${}^{239}_{92}$U zerfällt unter Emission eines β-Teilchens zu Neptunium-239.

(c) 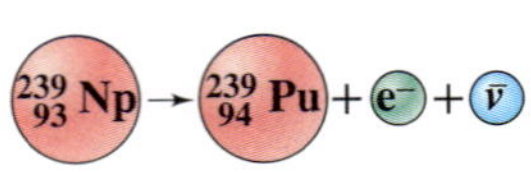

${}^{239}_{93}$Np zerfällt selbst unter Emission eines β-Teilchens zu Plutonium-239.

Abbildung 43.1 Nach Neutronenbeschuss von ${}^{238}_{92}$U werden in dieser Reihe von Reaktionen Neptunium und Plutonium erzeugt.

Es stellte sich bald heraus, dass Fermi beim Beschuss von Uran tatsächlich einen noch merkwürdigeren Prozess beobachtet hatte – einen, der in der Welt als Ganzes noch eine außerordentliche Rolle spielen sollte. Wir diskutieren dies in Abschnitt 43.3.

43.2 Der Wirkungsquerschnitt

Einige Reaktionen haben eine höhere Ereigniswahrscheinlichkeit als andere. Die Reaktionswahrscheinlichkeit ist über den *Wirkungsquerschnitt* definiert. Der Umfang eines Kerns, wie der eines Atoms, ist keine klar definierte Größe, weil die Ränder, anders als bei einem Tennisball oder einem Baseball, nicht scharf bestimmt

1 Damit sind positiv geladene Teilchen gemeint. Elektronen bewirken nur selten Kernreaktionen, da sie nicht über die starke Kernkraft wechselwirken.

sind. Dennoch können wir mithilfe einer Analogie einen **Wirkungsquerschnitt** für die an Stößen beteiligten Kerne definieren. Angenommen, ein Projektilteilchen trifft auf ein ruhendes Target mit dem Flächeninhalt A und der Dicke t, wie in ▸ Abbildung 43.2 dargestellt. Wir gehen davon aus, dass das Target aus identischen Objekten (wie Kugeln oder Kernen) mit einem Querschnitt σ besteht. Wir nehmen an, dass die Objekte vollständig voneinander getrennt sind, so dass wir uns nicht um Überlappungen kümmern müssen; dies ist häufig eine vernünftige Annahme, da die Kerne Durchmesser im Bereich von 10^{-14} m besitzen, die Abstände jedoch selbst bei Festkörpern mindestens 10^{-10} m (die Größe eines Atoms) betragen. Gibt es pro Volumeneinheit n solcher Objekte, ist der Gesamtflächeninhalt all dieser winzigen Targets

$$A' = nAt\sigma \ ,$$

weil $nAt = (n)$(Volumen) die Gesamtzahl der einzelnen Targets mit dem Flächeninhalt σ ist. Im Fall $A' \ll A$ durchdringen die meisten einfallenden Teilchen das Target ohne Stoß. Wenn R_0 die Rate angibt, mit der die Projektilteilchen auf das Target treffen (in Anzahl/Sekunde), dann ist die Stoßrate R

$$R = R_0 \frac{A'}{A} = R_0 \frac{nAt\sigma}{A} \ ,$$

also

$$R = R_0 n t \sigma .$$

Daher können wir durch Messung der Stoßrate R den Wert von σ bestimmen:

$$\sigma = \frac{R}{R_0 n t} \ . \qquad (43.3)$$

Wirkungsquerschnitt

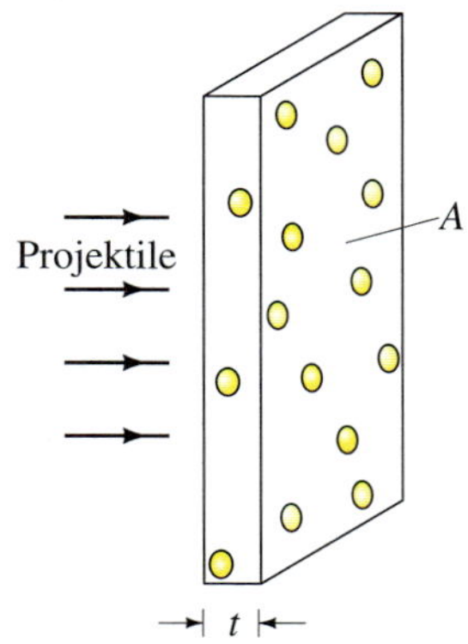

Abbildung 43.2 Projektilteilchen fallen auf ein Target mit dem Flächeninhalt A und der Dicke t, das aus n Kernen pro Volumeneinheit besteht.

Wenn Kerne Billardkugeln wären und R die Anzahl der pro Sekunde abgelenkten Teilchen, dann wäre σ der Querschnitt jeder Kugel. Kerne sind jedoch komplizierte Gebilde ohne scharf bestimmte Ränder. Zudem können Stöße entweder elastisch oder inelastisch sein, und es können Reaktionen vorkommen, bei denen sich die Natur der Teilchen ändert. Durch Messung von R bei jedem möglichen Prozess können wir einen **effektiven Wirkungsquerschnitt** σ für jeden Prozess bestimmen. Keiner dieser Wirkungsquerschnitte muss unbedingt etwas mit einem geometrischen Querschnitt zu tun haben. Vielmehr ist σ eine „effektive" Targetfläche. Es ist *ein Maß der Stoßwahrscheinlichkeit oder die Wahrscheinlichkeit für das Auftreten einer bestimmten Reaktion* pro Targetkern, unabhängig von den Dimensionen des gesamten Targets. Das Konzept des Wirkungsquerschnitts ist nützlich, weil σ lediglich von den Eigenschaften der wechselwirkenden Teilchen abhängt, während R von der Dicke und dem Flächeninhalt des physikalischen (makroskopischen) Targets sowie von der Anzahl der Teilchen im einfallenden Strahl usw. abhängt.

Wir können den elastischen Wirkungsquerschnitt σ_{el} mithilfe von Gleichung 43.3 definieren. Dabei ist R die Rate der elastischen Stöße (oder der **elastischen Streuung**) bei einem gegebenen Experiment. Bei elastischen Stößen sind die Endteilchen dieselben wie die Ausgangsteilchen ($a = b$, $X = Y$), und es gilt $Q = 0$. Analog dazu hängt der inelastische Wirkungsquerschnitt σ_{inel} mit der Rate der inelastischen Stöße oder der **inelastischen Streuung** zusammen, woran wieder dieselben End- und Ausgangsteilchen beteiligt sind, jedoch $Q \neq 0$ gilt, weil gewöhnlich angeregte Zustände dabei vorkommen. Auch bei jeder möglichen Reaktion gibt es einen speziellen Wirkungsquerschnitt. Treffen beispielsweise Protonen (p) auf $^{13}_{6}C$, können verschiedene Reaktionen vorkommen, wie $p + {}^{13}_{6}C \to {}^{13}_{7}N + n$ oder $p + {}^{13}_{6}C \to {}^{10}_{5}B + {}^{4}_{2}He$ usw. Die Summe aller einzelnen Reaktionswirkungsquerschnitte wird als **Gesamter Reaktionswirkungsquerschnitt** σ_R bezeichnet. Der **Gesamte Wirkungsquerschnitt** σ_T ist

Elastische Streuung

Inelastische Streuung

$$\sigma_T = \sigma_{el} + \sigma_{inel} + \sigma_R$$

Gesamtwirkungsquerschnitt

und ein Maß für alle möglichen Wechselwirkungen oder Stöße. Anders ausgedrückt, ist σ_T ein Maß dafür, wie viele Teilchen in irgendeiner Weise wechselwirken und somit aus dem einfallenden Strahl verschwinden. Man kann auch „differentielle Wirkungsquerschnitte" definieren, die die Wahrscheinlichkeit dafür angeben, dass die abgelenkten (oder emittierten) Teilchen in einem bestimmten Winkel zu finden sind.

Das Barn

Es wird berichtet, dass ein Physiker bei einer der ersten Messungen eines Kernwirkungsquerschnitts so überrascht über dessen Größe ($\approx 10^{-28}\,\mathrm{m}^2$) war, dass er die Bemerkung machte: „Er ist so groß wie eine Scheune" (engl. *barn*). Seitdem wurden Kernwirkungsquerschnitte in „Barn" gemessen, wobei $1\,\mathrm{barn(b)} = 10^{-28}\,\mathrm{m}^2$ ist.

Der Wert von σ hängt bei einer gegebenen Reaktion auch von der kinetischen Energie der einfallenden Teilchen ab. Typische Kernwirkungsquerschnitte liegen im Bereich von Barn, sie können jedoch von Millibarn bis 1000 b und mehr variieren. ▸ Abbildung 43.3 zeigt den Wirkungsquerschnitt des Neutroneneinfangs bei Cadmium ($\mathrm{n} + {}^{114}\mathrm{Cd} \to {}^{115}\mathrm{Cd} + \gamma$) als Funktion der kinetischen Energie des Neutrons. Die Wirkungsquerschnitte von Neutronen sind bei den meisten Stoffen bei niedrigeren Energien größer, wie ▸ Abbildung 43.3 zeigt. Um zu Kernreaktionen mit einer hohen Rate zu kommen, ist es deshalb wünschenswert, dass die auftreffenden Neutronen niedrige Energien haben. Neutronen, die abgebremst wurden und ein Gleichgewicht mit der Materie bei Raumtemperatur erreicht haben ($\frac{3}{2}kT \approx 0{,}04\,\mathrm{eV}$ bei $T = 300\,\mathrm{k}$), werden als **thermische Neutronen** bezeichnet.

Thermische Neutronen

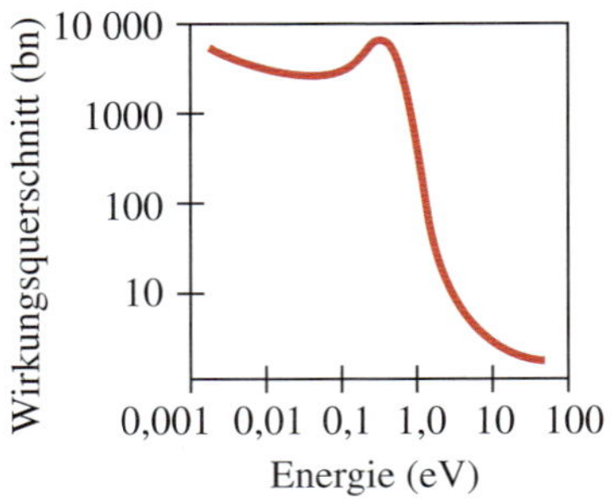

Abbildung 43.3 Der Wirkungsquerschnitt eines Neutrons mit $E_{\mathrm{kin}} \lesssim 1\,\mathrm{eV}$ ist bei Cadmium außerordentlich groß. Beide Skalen sind logarithmisch.

Beispiel 43.4 **Anwendung des Wirkungsquerschnitts**

Die Reaktion

$$\mathrm{p} + {}^{56}_{26}\mathrm{Fe} \to {}^{56}_{27}\mathrm{Co} + \mathrm{n}$$

besitzt einen Wirkungsquerschnitt von 0,65 b, wenn Protonen mit einer bestimmten Energie einfallen. Das Eisentarget hat einen Flächeninhalt von $1{,}5\,\mathrm{cm}^2$ und ist $2{,}0\,\mu\mathrm{m}$ dick. Die Dichte von Eisen ist $7{,}8 \cdot 10^3\,\mathrm{kg/m}^3$. Berechnen Sie die Erzeugungsrate der Neutronen, wenn die Protonen mit einer Rate von $2{,}0 \cdot 10^{13}$ Teilchen/s einfallen.

Lösung

Wir benutzen Gleichung 43.3 in der Form:

$$R = R_0 n t \sigma \,.$$

Hier gilt $R_0 = 2{,}0 \cdot 10^{13}$ Teilchen/s, $t = 2{,}0 \cdot 10^{-6}\,\mathrm{m}$ und $\sigma = 0{,}65\,\mathrm{b}$. Aus Kapitel 17 wissen wir, dass ein Mol (Masse = 56 g bei Eisen) $6{,}02 \cdot 10^{23}$ Moleküle enthält. Danach ist die Anzahl der Eisenatome pro Volumeneinheit

$$n = \frac{(7{,}8 \cdot 10^3\,\mathrm{kg/m}^3)(6{,}02 \cdot 10^{23}\,\mathrm{Atome/Mol})}{(56 \cdot 10^{-3}\,\mathrm{kg/Mol})} = 8{,}4 \cdot 10^{28}\,\mathrm{Atome/m}^3 \,.$$

Daraus ergibt sich die Rate, mit der Neutronen erzeugt werden,

$$\begin{aligned} R &= (2{,}0 \cdot 10^{13}\,\mathrm{Teilchen/s})(8{,}4 \cdot 10^{28}\,\mathrm{Atome/m}^3) \\ &\quad (2{,}0 \cdot 10^{-6}\,\mathrm{m})(0{,}65 \cdot 10^{-28}\,\mathrm{m}^2) \\ &= 2{,}2 \cdot 10^8\,\mathrm{Teilchen/s} \,. \end{aligned}$$

43.3 Kernspaltung; Kernreaktoren

Im Jahre 1938 machten die deutschen Wissenschaftler Otto Hahn und Fritz Strassmann eine erstaunliche Entdeckung. In Anknüpfung an Fermis Arbeiten stellten sie fest, dass nach dem Neutronenbeschuss von Uran mitunter kleinere Kerne erzeugt wurden, die annähernd halb so groß wie der ursprüngliche Urankern waren. Lise Meitner und Otto Frisch, beide in Skandinavien arbeitende Flüchtlinge aus Nazi-Deutschland, bemerkten schnell, was passiert war: Der Urankern hatte sich nach der Absorption des Neutrons in zwei nahezu gleich große Teile gespalten. Dies war überraschend, weil bei allen bis dahin bekannten Kernreaktionen nur ein winziges Fragment aus dem Kern herausgeschlagen wurde (wie n, p oder α).

Tröpfchenmodell

Dieses neue Phänomen wurde als **Kernspaltung** bezeichnet, weil es an die biologische Spaltung (die Zellteilung) erinnert. Sie geht bei $^{235}_{92}\mathrm{U}$ leichter vonstatten als bei dem verbreiteteren $^{238}_{92}\mathrm{U}$. Man kann sich den Prozess veranschaulichen, indem man sich den Urankern als einen flüssigen Tropfen vorstellt. Nach diesem **Tröpfchenmodell** gibt das von $^{235}_{92}\mathrm{U}$ absorbierte Neutron dem Kern zusätzliche innere Energie (wie beim Erwärmen eines Wassertropfen). Dieser Zwischenzustand oder **Compoundkern** ist $^{236}_{92}\mathrm{U}$ (mit dem nun absorbierten Neutron). Die zusätzliche Energie dieses Kerns – er befindet sich in einem angeregten Zustand – offenbart sich in einer verstärkten Bewegung der einzelnen Nukleonen, die dazu führt, dass der Kern abnormale gestreckte Formen annimmt (siehe ▸ Abbildung 43.4b). Wenn sich der Kern (in diesem Modell) weiter in die in ▸ Abbildung 43.4c dargestellte Form streckt, wird die Anziehung der beiden Enden aufgrund der kurzreichweitigen Kernkraft wegen des zunehmenden Abstands schwächer und die elektrische abstoßende Kraft dominiert. Folglich teilt sich der Kern. Die beiden entstandenen Kerne, N_1 und N_2, heißen **Spaltfragmente**, wobei während des Prozesses auch einige Neutronen (typischerweise zwei oder drei) abgegeben werden. Die Reaktion kann insgesamt als

$$n + {}^{235}_{92}\mathrm{U} \rightarrow {}^{236}_{92}\mathrm{U} \rightarrow \mathrm{N}_1 + \mathrm{N}_2 + \text{Neutronen} \qquad (43.4)$$

geschrieben werden. Der Compoundkern $^{236}_{92}\mathrm{U}$ existiert weniger als 10^{-12} s, so dass der Prozess sehr schnell abläuft. Die beiden Spaltfragmente teilen die ursprüngliche Masse des Urankerns häufiger im Verhältnis von 40 Prozent zu 60 Prozent unter sich auf als zu genau gleichen Teilen. Eine typische Spaltreaktion ist

$$n + {}^{235}_{92}\mathrm{U} \rightarrow {}^{141}_{56}\mathrm{Ba} + {}^{92}_{36}\mathrm{Kr} + 3n\,, \qquad (43.5)$$

obwohl auch viele andere stattfinden können. ▸ Abbildung 43.5 zeigt die Massenverteilung der Spaltfragmente. Beachten Sie, dass nur sehr selten ($\sim$ 1 in 10^4) eine Spaltung zu Fragmenten mit gleicher Masse führt (kleiner Pfeil in ▸ Abbildung 43.5).

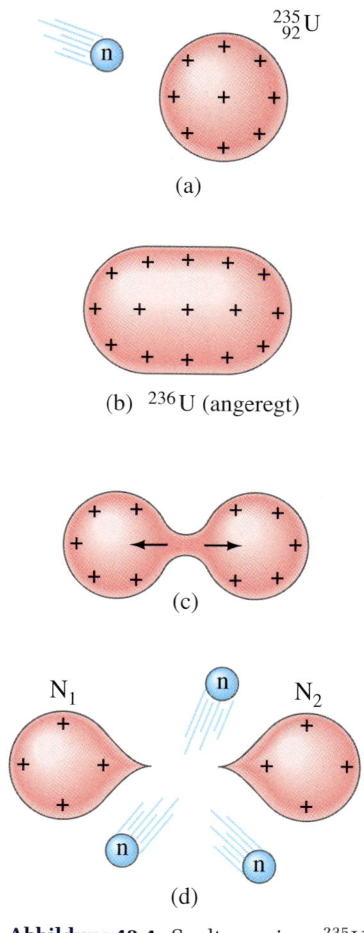

Abbildung 43.4 Spaltung eines $^{235}_{92}\mathrm{U}$-Kerns nach einem Neutroneneinfang nach dem Tröpfchenmodell.

Bei einer Spaltreaktion wird eine gewaltige Energiemenge freigesetzt, weil die Masse von $^{235}_{92}\mathrm{U}$ beträchtlich größer ist als die Gesamtmasse von Spaltfragmenten und Neutronen. Dies kann man der Kurve für die Bindungsenergie pro Nukleon aus ▸ Abbildung 42.1 entnehmen; die Bindungsenergie pro Nukleon beträgt bei Uran 7,6 MeV/Nukleon, aber für Spaltfragmente von mittlerer Masse (im zentralen Bereich des Graphen, $A \approx 100$) beträgt die mittlere Bindungsenergie pro Nukleon etwa 8,5 MeV/Nukleon. Wegen ihrer höheren Bindungsenergie haben die Spaltfragmente eine geringere Masse. Die Massendifferenz (oder die Energiedifferenz) zwischen dem ursprünglichen Urankern und den Spaltfragmenten beträgt etwa $8{,}5 - 7{,}6 = 0{,}9$ MeV pro Nukleon. Da bei jeder Reaktion 236 Nukleonen beteiligt sind, ist die bei der Spaltung freigesetzte Gesamtenergie

$$(0{,}9\,\text{MeV/Nukleon})(236\text{Nukleonen}) \approx 200\,\text{MeV}\,.$$

Kettenreaktion

Dies ist ein enormer Energiebetrag für eine einzelne Kernreaktion. Praktisch gesehen, ist die bei einer Spaltung freigesetzte Energie natürlich winzig. Wenn jedoch viele solcher Spaltungen in einer kurzen Zeit ablaufen könnten, wäre auch auf makroskopischer Ebene ein enormer Energiebetrag verfügbar. Etliche Physiker, darunter auch Fermi, stellten fest, dass die bei jeder Spaltung freigesetzten Neutronen (Gleichungen 43.3 und 43.5) dazu eingesetzt werden könnten, eine **Kettenreaktion** zu erzeugen. Ein Neutron führt also zunächst zu einer Spaltung eines Urankerns;

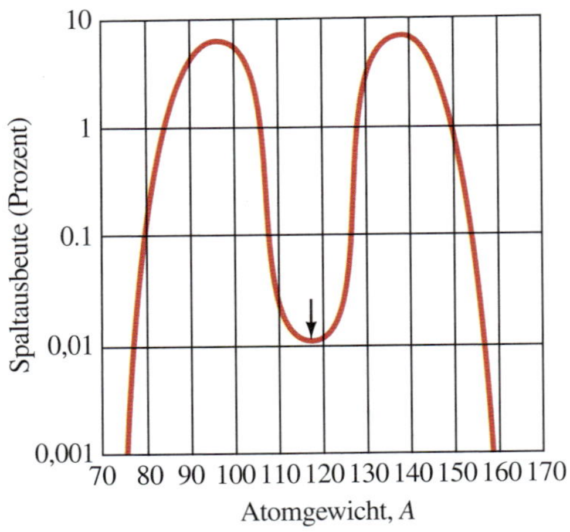

Abbildung 43.5 Massenverteilung der Spaltfragmente bei der Reaktion $^{235}_{92}\text{U} + \text{n}$. Der kleine Pfeil kennzeichnet Fragmente mit gleichen Massen ($\frac{1}{2} \times (236 - 1) = 117$). Die vertikale Skala ist logarithmisch.

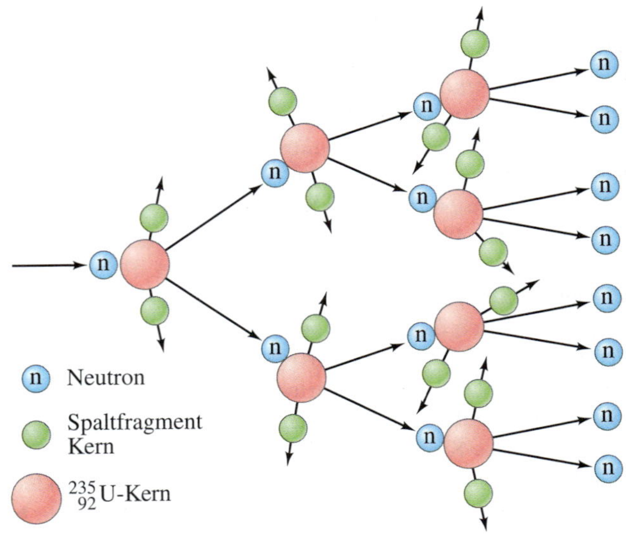

Abbildung 43.6 Kettenreaktion.

die zwei oder drei freigesetzten Neutronen können zu weiteren Spaltungen von Urankernen führen, so dass sich der Prozess, wie in ▸ Abbildung 43.6 schematisch dargestellt, vervielfältigt. Wenn in der Praxis tatsächlich eine **selbsterhaltende Kettenreaktion** möglich wäre, könnte die bei einer Spaltung verfügbare enorm große Energie in größerem Umfang freigesetzt werden. Fermi und seine Mitarbeiter zeigten (an der University of Chicago), dass dies möglich war, indem sie im Jahre 1942 den ersten **Kernreaktor** konstruierten (siehe ▸ Abbildung 43.7).

Moderator

Es mussten verschiedene Probleme bewältigt werden, bis der Kernreaktor funktionstüchtig war. Das erste Problem bestand darin, dass die Wahrscheinlichkeit für die Absorption eines Neutrons durch einen $^{235}_{92}$U-Kern nur für langsame Neutronen groß ist. Die während einer Spaltung emittierten Neutronen, die zum Aufrechterhalten der Kettenreaktion gebraucht werden, bewegen sich dagegen sehr schnell. Eine Substanz, die als **Moderator** bezeichnet wird, muss zum Abbremsen der Neutronen eingesetzt werden. Der effektivste Moderator besteht aus Atomen, deren Masse so nah wie möglich an der Neutronenmasse liegt. (Sie können sich davon überzeugen, wenn Sie sich an Kapitel 9 erinnern, insbesondere an die Beispiele 9.7 und 9.8. Dort trifft eine Billardkugel auf eine ruhende Kugel gleicher Masse und wird selbst durch den Stoß gestoppt; dagegen prallt eine Billardkugel mit nahezu

Abbildung 43.7 Farbgemälde des ersten Kernreaktors, der von Fermi unter der Tribüne des Football-Stadions der University of Chicago gebaut wurde. (Aus Gründen der Geheimhaltung gibt es keine Fotografien des ursprünglichen Reaktors.) Es wurde natürliches Uran mit Graphit als Moderator eingesetzt. Am 2. Dezember 1942 zog Fermi langsam die Cadmium-Kontrollstäbe heraus und der Reaktor wurde kritisch. Diese erste selbsterhaltende Kettenreaktion wurde telefonisch von Arthur Compton, der das Ereignis miterlebte, nach Washington gemeldet: „Der italienische Seefahrer ist soeben in der neuen Welt gelandet."

der ursprünglichen Geschwindigkeit zurück, wenn sie auf einen schwereren Gegenstand trifft.) Der beste Moderator bestünde daher aus $^{1}_{1}$H-Atomen. Unglücklicherweise neigt $^{1}_{1}$H zur Absorption von Neutronen. Das Wasserstoffisotop *Deuterium*, $^{2}_{1}$H, ist dagegen gegenüber Neutronen weniger absorptionsfreudig und daher ein fast idealer Moderator. $^{1}_{1}$H und $^{2}_{1}$H können beide in Form von Wasser genutzt werden. In letzterem Fall handelt es sich um **schweres Wasser**, bei dem die Wasserstoffatome durch Deuterium ersetzt wurden. Ein anderer gebräuchlicher Moderator ist *Graphit*, das aus $^{12}_{6}$C-Atomen besteht.

Ein zweites Problem besteht darin, dass die bei einer Spaltung erzeugten Neutronen möglicherweise absorbiert werden und andere Kernreaktionen mit anderen Kernen im Reaktor auslösen können, anstatt zu weiteren Spaltungen zu führen. In einem Reaktor mit „leichtem Wasser" absorbieren die $^{1}_{1}$H-Kerne Neutronen, genau wie $^{238}_{92}$U bei der Reaktion $\mathrm{n} + {}^{238}_{92}\mathrm{U} \rightarrow {}^{239}_{92}\mathrm{U} + \gamma$ zur Bildung von $^{239}_{92}$U. Natürlich vorkommendes Uran[2] enthält zu 99,3 Prozent $^{238}_{92}$U und nur zu 0,7 Prozent spaltbares $^{235}_{92}$U. Um die Wahrscheinlichkeit für die Spaltung der $^{235}_{92}$U-Kerne zu erhöhen, kann natürliches Uran zur Erhöhung des Prozentsatzes von $^{235}_{92}$U **angereichert** werden. Dazu benutzt man solche Prozesse wie die Diffusion oder das Zentrifugieren. Das Anreichern ist bei Reaktoren mit schwerem Wasser als Moderator üblicherweise nicht notwendig, weil schweres Wasser keine Neutronen absorbiert.

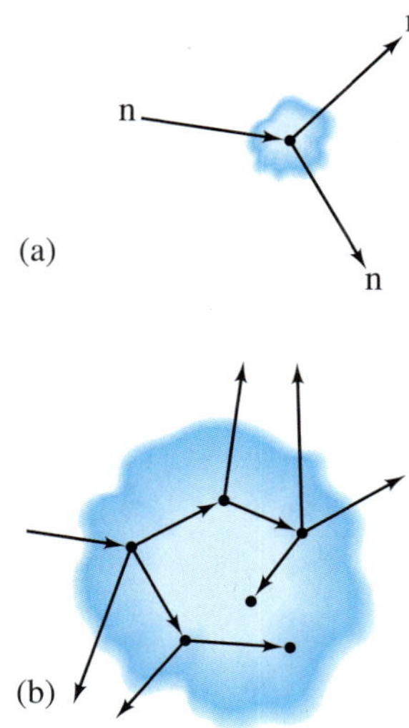

Abbildung 43.8 Übersteigt der Urananteil die kritische Masse, wie in (b), ist eine selbsterhaltende Kettenreaktion möglich. Ist die Masse geringer als die kritische Masse, wie in (a), entweichen die meisten Neutronen, bevor weitere Spaltungen auftreten können, und die Kettenreaktion kommt nicht in Gang.

Kritische Masse

Das dritte Problem ist, dass einige Neutronen den Reaktorkern durch dessen Oberfläche verlassen, noch ehe sie zu weiteren Spaltungen geführt haben (siehe ▶ Abbildung 43.8). Daher muss die Brennstoffmasse hinreichend groß ein, damit es zu einer selbsterhaltenden Kettenreaktion kommen kann. Die dazu mindestens benötigte Uranmasse wird als **kritische Masse** bezeichnet. Der Wert der kritischen Masse hängt vom Moderator, vom Brennstoff (man kann $^{239}_{94}$Pu anstelle von $^{235}_{92}$U verwenden) und gegebenenfalls vom Anreicherungsgrad des Brennstoffes ab. Typische Werte liegen im Bereich von einigen Kilogramm (es sind also weder Gramm noch Tausende Kilogramm).

Kritische Reaktion

Es ist klar, dass im Mittel mindestens eines der bei einer Spaltung erzeugten Neutronen zu einer weiteren Spaltung führen muss, damit es zu einer selbsterhaltenden Kettenreaktion kommt. Die mittlere Neutronenzahl pro Spaltung, die zu weiteren Spaltungen führt, wird als **Multiplikationsfaktor** f bezeichnet. Bei einer selbsterhaltenden Kettenreaktion muss $f \geq 1$ gelten. Im Falle $f < 1$ ist der Reaktor „subkritisch". Im Falle $f > 1$ ist er „superkritisch". Reaktoren sind mit beweglichen **Kontrollstäben** (gewöhnlich aus Cadmium oder Bor) ausgestattet, die zur Absorption von Neutronen dienen und den Reaktor einfach im „kritischen" Zustand $f = 1$ halten. Die Freisetzung von Neutronen und die darauf folgenden, durch diese verursachten weiteren Spaltungen treten so schnell auf, dass eine Steuerung der Kontrollstäbe zur Erhaltung des kritischen Zustands $f = 1$ nicht möglich wäre, wenn es nicht zu einem kleinen Prozentsatz ($\sim$ 1 Prozent) die so genannten **verzögerten Neutronen** gäbe. Sie stammen aus dem Zerfall neutronenreicher Spaltfragmente (oder ihrer Tochterkerne) mit Halbwertszeiten im Sekundenbereich – dies schafft ausreichend Reaktionszeit zur Steuerung der Kontrollstäbe und damit auch zum Erhalt des kritischen Zustands $f = 1$.

Reaktortypen

Kernreaktoren wurden zu Forschungszwecken und zur Erzeugung von elektrischer Energie gebaut. Bei der Spaltung werden viele Neutronen erzeugt und ein „Forschungsreaktor" ist in erster Linie eine intensive Neutronenquelle. Diese Neutronen können bei Kernreaktionen als Projektile eingesetzt werden, um nicht natürlich vorkommende Nuklide zu erzeugen. Dies schließt auch Isotope ein, die als Indikatoren und zur Therapie benutzt werden. Ein „Leisungsreaktor" wird zur Erzeugung von elektrischer Energie benutzt. Die beim Spaltprozess freigesetzte Energie erscheint als Wärme, die zum Erwärmen von Wasser und zur Erzeugung

2 $^{238}_{92}$U spaltet sich, jedoch nur mit schnellen Neutronen ($^{238}_{92}$U ist stabiler als $^{235}_{92}$U). Die Wahrscheinlichkeit für die Absorption eines schnellen Neutrons und den Beginn einer selbsterhaltenden Kettenreaktion ist zu gering.

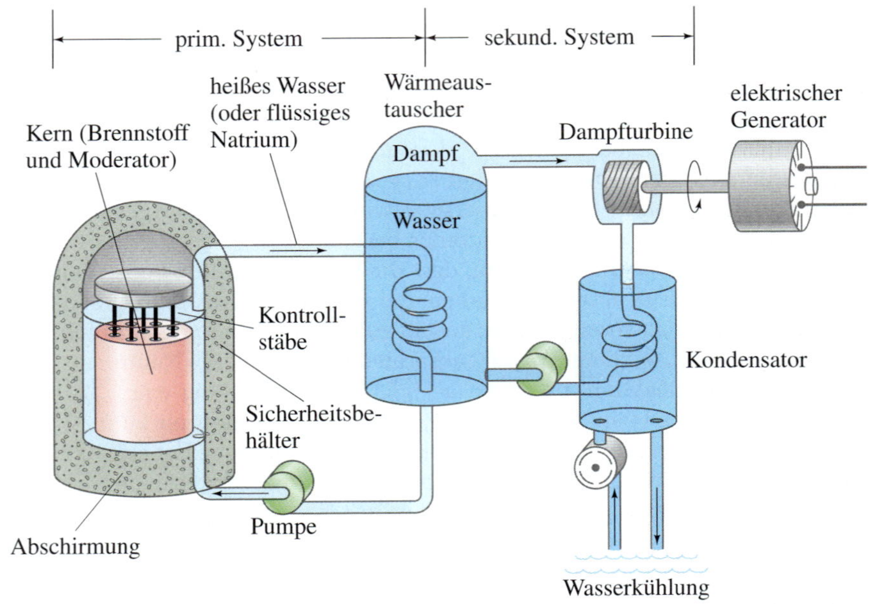

Abbildung 43.9 Ein Kernreaktor. Die während des Spaltungsprozesses in den Brennstäben erzeugte Wärme wird von heißem Wasser oder flüssigem Natrium aufgenommen und zur Erzeugung von Wasserdampf in einem Wärmeaustauscher benutzt. Der Dampf treibt eine Turbine an, die elektrische Energie erzeugt, und wird anschließend im Kondensator gekühlt.

von Wasserdampf benutzt wird, der eine an einen elektrischen Generator angeschlossene Turbine antreibt (siehe ▶ Abbildung 43.9). Der **Kern** eines Kernreaktors besteht aus dem Brennstoff und einem Moderator (bei den meisten amerikanischen Reaktoren Wasser). Der Brennstoff ist gewöhnlich angereichertes Uran, das zwischen 2 und 4 Prozent $^{235}_{92}U$ enthält. Es kann Wasser unter hohem Druck oder eine andere Flüssigkeit (wie flüssiges Natrium) durch den Kern fließen. Die von ihm aufgenommene thermische Energie wird benutzt, um Dampf in einem Wärmeaustauscher zu erzeugen, so dass der spaltbare Brennstoff als Wärmelieferant für eine Wärmekraftmaschine dient (siehe Kapitel 20).

Es gibt viele Probleme, die mit Kernkraftwerken verbunden sind. Neben der gewöhnlichen thermischen Verschmutzung, die mit jeder Wärmekraftmaschine einher geht (Ende des Abschnittes 20.3), gibt es das Entsorgungsproblem für die im Reaktor erzeugten radioaktiven Spaltfragmente sowie die radioaktiven Nuklide, die bei der Wechselwirkung der Reaktorbauteile mit den Neutronen entstehen. Spaltfragmente haben, wie ihre Mutterkerne Uran und Plutonium, 50 Prozent mehr Neutronen als Protonen. Kerne mit Atomgewichten im für Spaltfragmente typischen Bereich ($Z \approx 30$ bis 60) sind nur dann stabil, wenn sie eher eine nahezu gleiche Anzahl von Protonen und Neutronen haben (siehe ▶ Abbildung 42.2). Daher sind die höchst neutronenreichen Spaltfragmente sehr instabil und zerfallen radioaktiv. Die unbeabsichtigte Abgabe hoch radioaktiver Spaltfragmente in die Atmosphäre stellt eine ernsthafte Bedrohung der menschlichen Gesundheit dar (Abschnitt 43.5), ebenso wie das mögliche Austreten radioaktiven Abfalls bei der Entsorgung. Die Unfälle auf Three Mile Island (1979) und in Tschernobyl (1986) haben einige Gefahren verdeutlicht und gezeigt, dass Kernkraftwerke mit großer Sorgfalt und Präzision konstruiert, unterhalten und betrieben werden müssen (siehe ▶ Abbildung 43.10). Schließlich ist die Lebensdauer von Kernkraftwerken auf 30 Jahre beschränkt. Dies liegt an der Bildung der Radioaktivität und an der Tatsache, dass das Material des Reaktordruckbehälters selbst durch die extremen Bedingungen im Inneren geschwächt wird. Für die Außerbetriebnahme eines Kernkraftwerkes gäbe es eine Vielzahl von Möglichkeiten, die Kosten jeder dieser Möglichkeiten wären jedoch bei einem großen Kraftwerk sehr hoch.

Abbildung 43.10 Verwüstung um Tschernobyl in Russland nach dem Kernkraftwerksunfall 1986.

So genannte **Brutreaktoren** sollten das Problem der Versorgung mit spaltbarem Uran lösen. Ein Brutreaktor ist einer, in dem die bei der Spaltung von $^{235}_{92}U$ erzeugten Neutronen von $^{238}_{92}U$ absorbiert werden und $^{239}_{94}Pu$ durch die Reihe von Reaktionen aus ▶ Abbildung 43.1 erzeugt wird. $^{239}_{94}Pu$ ist mit langsamen Neutronen spaltbar, so dass es nach Trennung von den anderen Spaltprodukten als Brennstoff in einem Kernreaktor eingesetzt werden kann. Somit „brütet" ein Brutreaktor neuen Brennstoff[3] ($^{239}_{94}$Pu) aus dem sonst nutzlosen $^{238}_{92}$U. Da natürliches Uran zu 99,3 Prozent aus $^{238}_{92}$U besteht, bedeutet dies eine Erhöhung der spaltbaren Brennvorräte um mehr als einen Faktor 100. Jedoch gibt es bei Brutreaktoren nicht nur dieselben Probleme wie bei anderen Reaktoren, sondern gegenwärtig zusätzliche ernsthafte Schwierigkeiten. Dies liegt nicht nur daran, dass Plutonium von vielen als ein ernsthaftes Gesundheitsrisiko angesehen wird (radioaktiv mit einer Halbwertszeit von 24 000 Jahren), sondern das in einem Reaktor erzeugte Plutonium kann auch leicht in einer Bombe verwendet werden. Daher ist der Einsatz von Brutreaktoren, noch mehr als der Einsatz von konventionellen Uranreaktoren, mit der Gefahr der Verbreitung von Kernwaffen und der Möglichkeit des Diebstahls von Brennstoffen durch Terroristen verbunden, die daraus eine Bombe bauen könnten.

Es ist klar, dass Kernenergie viele Risiken birgt. Auch andere großtechnische Energieumwandlungsmethoden, wie mit Kohle betriebene Dampfkraftwerke, stellen Gesundheits- und Umweltrisiken dar, einige davon wurden in Kapitel 20 diskutiert. Dazu gehören Luftverschmutzung, Ölkatastrophen und Freisetzung von CO_2-Gas, was zum Treibhauseffekt und zum Anstieg der Erdtemperatur führen kann. Die Lösung des Problems des globalen Energiebedarfs kann nicht nur technologischer Natur sein, sie muss auch ökonomisch und politisch sein. Eine wesentliche Bedeutung kommt sicherlich dem Einsparen zu – Energie also nicht zu verschwenden und mit so geringen Mengen wie möglich auszukommen.

Beispiel 43.5 Uranbrennstoffmenge

Schätzen Sie die minimale $^{235}_{92}$U-Menge ab, die gespalten werden muss, um einen Leistungsreaktor mit 1000 MW pro Jahr kontinuierlich zu betreiben. Gehen Sie von einer Effizienz (siehe Kapitel 20) von 33 Prozent aus.

Lösung

Für eine Ausgangsleistung von 1000 MW müssen insgesamt 3000 MW erzeugt werden, wovon 2000 MW als „Wärmeabfall" verloren gehen. Daher ist die in einem Jahr (310^7 s) durch Spaltung freizusetzende Gesamtenergie etwa

$$(3 \cdot 10^9\ \mathrm{J/s})(3 \cdot 10^7\ \mathrm{s}) \approx 10^{17}\ \mathrm{J}\,.$$

Wenn die bei jeder Spaltung freigesetzte Energie 200 MeV beträgt, ist die Anzahl der notwendigen Spaltungen

$$\frac{(10^{17}\ \mathrm{J})}{(2 \cdot 10^8\ \mathrm{eV/Spaltung})(1{,}6 \cdot 10^{-19}\ \mathrm{J/eV})} \approx 3 \cdot 10^{27}\,.$$

Die Masse eines einzelnen Uranatoms beträgt etwa $(235\ \mathrm{u})(1{,}66 \cdot 10^{-27}\ \mathrm{kg/u}) \approx 4 \cdot 10^{-25}$ kg, so dass die benötigte Gesamtmasse $(4 \cdot 10^{-25}\ \mathrm{kg})(3 \cdot 10^{27}$ Spaltungen) $\approx$ 1000 kg, also etwa eine Tonne, ist. Weil $^{235}_{92}$U lediglich einen Bruchteil des gewöhnlichen Urans ausmacht, der selbst nach Anreicherung nicht mehr als 10 Prozent der Gesamtmasse beträgt, liegt der jährliche Uranbedarf in der Größenordnung von zehn Tonnen. Dies liegt einige Größenordnungen unter dem Kohlebedarf, was sowohl die Masse als auch das Volumen betrifft (siehe Aufgabe 18 in Kapitel 20).

Atombombe

Erstmalig kam jedoch die Spaltung nicht zur Erzeugung elektrischer Energie zum Einsatz. Stattdessen wurde sie in der Atombombe genutzt. Anfang 1940 verbot Hitler den Verkauf von Uran aus tschechischen Minen, die er zuvor eingenommen

3 Ein Brutreaktor erzeugt *nicht* mehr Brennstoff, als ihm zugeführt wird.

Abbildung 43.11 J. Robert Oppenheimer (links) mit General Leslie Groves, der während des Krieges Verwaltungsleiter von Los Alamos war. Die Aufnahme wurde an dem Ort (Trinity site) in der Wüste New Mexikos aufgenommen, an dem die erste Atombombe explodierte.

Abbildung 43.12 Foto, das einen Monat nach dem Atombombenabwurf auf Nagasaki aufgenommen wurde. Die Baracken wurden danach aus dem zwischen den Ruinen liegenden Schutt gebaut.

hatte. Die Forschungen zum Spaltprozess wurden unverzüglich unter Geheimhaltung gestellt. Physiker in den Vereinigten Staaten wurden alarmiert. Eine Gruppe von ihnen bat Einstein – dessen Name in aller Munde war – Präsident Roosevelt einen Brief über die Möglichkeit der Nutzung der Kernspaltung in einer Bombe zu schreiben, die viel schlagkräftiger als alles zuvor Bekannte sein würde, und ihn darüber zu informieren, dass Deutschland bereits mit der Entwicklung einer solchen Bombe begonnen haben könnte. Roosevelt reagierte darauf, indem er das als Manhattan-Projekt bekannte Forschungsprogramm autorisierte zu prüfen, ob eine solche Bombe gebaut werden könne. Die Arbeit begann tatsächlich, nachdem Fermi 1942 gezeigt hatte, dass eine selbsterhaltende Kettenreaktion möglich war. Ein neues, geheimes Labor, als Los Alamos bekannt, entstand auf einem abgeschiedenen Tafelberg in New Mexiko. Unter der Leitung von J. Robert Oppenheimer (1904–1967; siehe ► **Abbildung 43.11**) wurde es zur Heimat berühmter Wissenschaftler aus ganz Europa und den Vereinigten Staaten.

Zum Bau einer solchen Bombe, die während des Transports subkritisch war, jedoch im richtigen Moment (zum in Gang setzen einer Kettenreaktion) superkritisch gemacht werden konnte, benutzte man zwei Uranstücke, deren Einzelmassen jeweils geringer als die kritische Masse waren, deren Gesamtmasse aber die kritische Masse überstieg. Die beiden Massen wurden bis zum Moment der Detonation getrennt gehalten. Danach wurden die beiden Stücke durch eine konventionelle Explosion sehr schnell zusammen gebracht, wodurch eine Kettenreaktion mit explosiven Charakter in Gang kam, und eine gewaltige Energiemenge unverzüglich freigesetzt wurde. Die erste Atombombe wurde im Juli 1945 in der Wüste von New Mexiko getestet. Der Test verlief erfolgreich. Anfang August wurde eine auf Uran basierende Atombombe über Hiroshima abgeworfen und eine zweite mit Plutoniumbrennstoff über Nagasaki (siehe ► **Abbildung 43.12**). Bald darauf endete der Zweite Weltkrieg.

Neben einer großen Zerstörungskraft erzeugt die Atombombe viele hoch radioaktive Spaltfragmente, genau wie ein Kernreaktor. Bei der Explosion einer Atombombe werden diese radioaktiven Isotope in die Atmosphäre abgegeben und als *radioaktiver Niederschlag* bezeichnet.

Die Atombombentests in der Atmosphäre nach dem Zweiten Weltkrieg waren besorgniserregend, weil die Bewegung der Luftmassen den radioaktiven Niederschlag über den gesamten Globus verteilte. Der radioaktive Niederschlag setzt sich schließlich auf der Erde ab, insbesondere wenn Regen fällt, wird von Pflanzen und Gräsern absorbiert und gelangt so in die Nahrungskette. Dies ist ein weitaus ernsteres Problem als dieselbe Radioaktivität außerhalb unseres Körpers, weil α- und β-Teilchen größtenteils durch Kleidung und die äußeren (toten) Hautschichten absorbiert werden. Sind die radioaktiven Isotope über die Nahrung jedoch erst einmal in unsere Körper gelangt, stehen sie in direktem Kontakt mit lebenden Zellen. Ein besonders gefährliches radioaktives Isotop ist $^{90}_{38}\text{Sr}$, das Kalzium chemisch sehr ähnelt und sich in den Knochen konzentriert, wo es zu Knochenkrebs und der Zerstörung des Knochenmarks führt. Das 1963 von über 100 Nationen unterzeichnete Abkommen, das Kernwaffentests in der Atmosphäre verbietet, war durch die Gefahren des radioaktiven Niederschlags motiviert.

43.4 Fusion

Die Masse jedes stabilen Kerns ist geringer als die Summe der einzelnen Massen der Protonen und Neutronen, aus denen er zusammengesetzt ist. Die Masse des Heliumisotops $^{4}_{2}\text{He}$ ist geringer als die Masse von zwei Protonen plus die Masse von zwei Neutronen, wie wir in Beispiel 42.2 gesehen haben. Würden also zwei Protonen und zwei Neutronen zur Bildung eines Heliumkerns zusammenkommen, gäbe es einen Massenverlust. Dieser Massenverlust zeigt sich in der Freisetzung einer großen Energiemenge.

Der Prozess, bei dem durch das Aufeinandertreffen einzelner Protonen und Neutronen Kerne gebildet werden oder größere Kerne aus der Kombination von

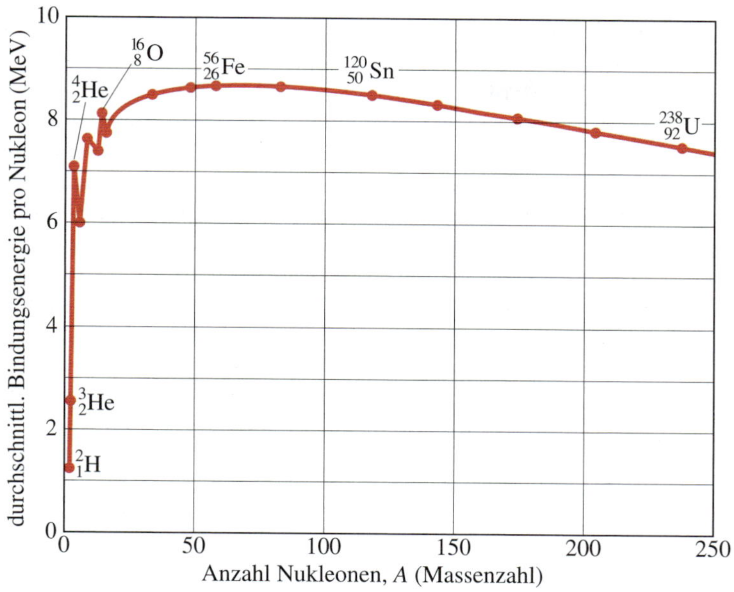

Abbildung 43.13 Mittlere Bindungsenergie pro Nukleon als Funktion des Atomgewichts A für stabile Kerne. Genau wie ▶ Abbildung 42.1.

kleineren entstehen, heißt **Kernfusion**. Ein Blick auf ▶ Abbildung 43.13 (ebenso wie ▶ Abbildung 42.1) zeigt, weshalb kleine Kerne unter Energiefreisetzung zu größeren zusammengesetzt werden können: Es liegt daran, dass die Bindungsenergie pro Nukleon für leichte Kerne kleiner ist als für die mit zunehmender Masse (bis etwa $A \approx 60$). Man geht davon aus, dass viele Elemente im Universum ursprünglich durch den Prozess der Fusion gebildet wurden (siehe Kapitel 45), und dass auch heute die Fusion in Sternen, einschließlich der Sonne, fortwährend stattfindet, wodurch die ungeheuren, durch sie emittierten Strahlungsmengen erzeugt werden.

Beispiel 43.6 Energiefreisetzung bei der Fusion

Eine der einfachsten Fusionsreaktionen ist die Bildung von Deuterium ^2_1H aus einem Neutron und einem Proton: $^1_1\text{H} + \text{n} \rightarrow {}^2_1\text{H} + \gamma$. Wie viel Energie wird bei dieser Reaktion freigesetzt?

Lösung

Anhang D entnehmen wir, dass die Ruhemasse der Ausgangsteilchen gleich 1,007825 u + 1,008665 u = 2,016490 u ist. Nach der Reaktion ist die Masse gleich der Masse des ^2_1H, nämlich 2,014102 u. Die Massendifferenz beträgt 0,002388 u, so dass die freigesetzte Energie (0,002388 u)(931,5 MeV/u) = 2,22 MeV beträgt. Sie wird vom ^2_1H-Kern und der γ-Strahlung weggetragen.

Es wird vermutet, dass der Energieausstoß der Sonne auf folgende Kette von Fusionsreaktionen zurückgeht:

Fusionsreaktionen in der Sonne (Proton-Proton-Zyklus)

$$^1_1\text{H} + {}^1_1\text{H} \rightarrow {}^2_1\text{H} + e^+ + \nu \qquad (0{,}42\ \text{MeV}) \qquad (43.6a)$$

$$^1_1\text{H} + {}^2_1\text{H} \rightarrow {}^3_2\text{He} + \gamma \qquad (5{,}49\ \text{MeV}) \qquad (43.6b)$$

$$^3_2\text{He} + {}^3_2\text{He} \rightarrow {}^4_2\text{He} + {}^1_1\text{H} + {}^1_1\text{H} \qquad (12{,}86\ \text{MeV})\,, \qquad (43.6c)$$

wobei die freigesetzte Energie (der Q-Wert) bei jeder Reaktion in Klammern angegeben ist. Der Nettoeffekt dieser Kette, die als **Proton-Proton-Zyklus** bezeichnet wird, besteht in der Kombination von vier Protonen zu einem ${}^4_2$He-Kern und zwei Positronen, zwei Neutrinos und zwei Gammastrahlen:

$$4\,{}^1_1\mathrm{H} \rightarrow {}^4_2\mathrm{He} + 2\mathrm{e}^+ + 2\nu + 2\gamma\,. \tag{43.7}$$

Beachten Sie, dass jeweils zwei der ersten beiden Reaktionen (Gleichungen 43.6a und 43.6b) stattfinden müssen, damit die dritte Reaktion zur Erzeugung von ${}^4_2$He ablaufen kann, so dass die bei der Nettoreaktion, Gleichung 43.7, freigesetzte Gesamtenergie $(2 \times 0{,}42\,\mathrm{MeV} + 2 \times 5{,}49\,\mathrm{MeV} + 12{,}86\,\mathrm{MeV}) = 24{,}7\,\mathrm{MeV}$ ist. Die beiden Positronen e^+ (bei der Reaktion in Gleichung 43.6a gebildet) annihilieren schnell mit einem Elektron und erzeugen dabei $2m_\mathrm{e}c^2 = 1{,}02\,\mathrm{MeV}$, so dass die freigesetzte Gesamtenergie nun $(24{,}7\,\mathrm{MeV} + 2 \times 1{,}02\,\mathrm{MeV}) = 26{,}7\,\mathrm{MeV}$ ist. Die erste Reaktion, die Bildung von Deuterium aus zwei Protonen (Gleichung 43.6a), besitzt eine sehr geringe Wahrscheinlichkeit, und die Seltenheit dieser Reaktion ist ein Faktor, der die Energieerzeugungsrate der Sonne einschränkt.

In Sternen, die heißer sind als die Sonne, stammt die Energie hauptsächlich aus dem **Kohlenstoff-Stickstoff-Zyklus**, mit der folgenden Reaktionskette:

Kohlenstoff-Stickstoff-Zyklus

$$\begin{aligned}
{}^{12}_{6}\mathrm{C} + {}^1_1\mathrm{H} &\rightarrow {}^{13}_{7}\mathrm{N} + \gamma \\
{}^{13}_{7}\mathrm{N} &\rightarrow {}^{13}_{6}\mathrm{C} + \mathrm{e}^+ + \nu \\
{}^{13}_{6}\mathrm{C} + {}^1_1\mathrm{H} &\rightarrow {}^{14}_{7}\mathrm{N} + \gamma \\
{}^{14}_{7}\mathrm{N} + {}^1_1\mathrm{H} &\rightarrow {}^{15}_{8}\mathrm{O} + \gamma \\
{}^{15}_{8}\mathrm{O} &\rightarrow {}^{15}_{7}\mathrm{N} + \mathrm{e}^+ + \gamma \\
{}^{15}_{7}\mathrm{N} + {}^1_1\mathrm{H} &\rightarrow {}^{12}_{6}\mathrm{C} + {}^4_2\mathrm{He}\,.
\end{aligned}$$

(Siehe Aufgabe 38.) Die Theorie zum Proton-Proton-Zyklus und zum Kohlenstoff-Stickstoff-Zyklus als Energiequelle der Sonne und anderen Sternen wurde zuerst im Jahre 1939 von Hans Bethe (1906–2005) ausgearbeitet.[4]

Beispiel 43.7 · Begriffsbildung **Fusion in Sternen**

Was ist das schwerste Element, das beim Fusionsprozess in Sternen gebildet wird?

Lösung

Fusion ist so lange möglich, wie das Endprodukt eine größere Bindungsenergie (eine geringere Masse) als die Reaktionspartner hat, weil sonst keine Energie freigesetzt würde. Da die Kurve für die Bindungsenergie aus ▸ Abbildung 43.12 (oder 42.1) ihr Maximum in der Umgebung von $A \approx 56$ bis 58 annimmt, was Eisen oder Nickel entspricht, wäre es energetisch ungünstig, wenn schwerere Elemente gebildet würden. Dennoch gibt es im Inneren massiver Sterne und bei Supernova-Explosionen genug Energie, um endotherme Reaktionen in Gang zu setzten, bei denen auch schwerere Elemente gebildet werden.

Fusionsreaktor

Die Möglichkeit, die bei der Fusion freigesetzte Energie in einem Leistungsreaktor auszunutzen, ist sehr attraktiv. In einem Reaktor sind diejenigen Fusionsreaktionen am erfolgversprechendsten, bei denen die Wasserstoffisotope ${}^2_1$H (Deuterium) und ${}^3_1$H (Tritium) beteiligt sind. Es handelt sich um folgende Reaktionen (wobei

4 Der Kohlenstoff-Stickstoff-Zyklus trägt deshalb auch den Namen **Bethe-Weizsäcker-Zyklus**.

die freigesetzte Energie in Klammern angegeben ist):

Fusionsreaktionen bei einem möglichen Reaktor

$$^2_1\text{H} + {}^2_1\text{H} \rightarrow {}^3_1\text{H} + {}^1_1\text{H} \qquad (4{,}03\ \text{MeV}) \qquad (43.8a)$$

$$^2_1\text{H} + {}^2_1\text{H} \rightarrow {}^3_2\text{He} + \text{n} \qquad (3{,}27\ \text{MeV}) \qquad (43.8b)$$

$$^2_1\text{H} + {}^3_1\text{H} \rightarrow {}^4_2\text{He} + \text{n}\,. \qquad (17{,}59\ \text{MeV}) \qquad (43.8c)$$

Vergleicht man die gelieferten Energien mit der bei der Spaltung von $^{235}_{92}\text{U}$, erkennt man, dass die bei Fusionsreaktionen freigesetzte Energie bei gegebener Brennstoffmasse größer sein kann als bei der Spaltung. Darüber hinaus kann in einem Fusionsreaktor Deuterium benutzt werden, das im Wasser der Ozeane reichlich vorhanden ist (das natürliche Vorkommen von ^2_1H ist 0,015 Prozent, etwa 1 g Deuterium auf 60 l Wasser). Die einfache Proton-Proton-Reaktion aus Gleichung 43.6a, die eine noch reichlicher vorhandene Brennstoffquelle hat, ^1_1H, hat eine so kleine Eintrittswahrscheinlichkeit, dass sie auf der Erde nicht in Erwägung gezogen werden kann.

Obwohl man bisher noch keinen erfolgreichen Fusionsreaktor entwickeln konnte, wurden beachtliche Erfolge dabei erzielt, die dem Problem innewohnenden Schwierigkeiten zu überwinden. Die Probleme haben mit der Tatsache zu tun, dass alle Kerne eine positive Ladung besitzen und sich daher abstoßen. Wenn sie jedoch einander hinreichend nahe gebracht werden können, so dass die kurzreichweitige anziehende Kernkraft ins Spiel kommt, kann Letztere die Kerne zusammen bringen und die Fusion findet statt. Damit die Kerne einander hinreichend nahe gebracht werden können, müssen sie ziemlich große kinetische Energien besitzen, um die elektrische Abstoßung überwinden zu können. Hohe kinetische Energien können leicht mit Teilchenbeschleunigern, wie dem Zyklotron, erreicht werden, jedoch ist die Anzahl der beteiligtem Teilchen zu klein. Um realistische Energiebeträge zu erreichen, müssen wir mit ungebundener Materie umgehen, bei der eine hohe kinetische Energie höhere Temperaturen bedeutet. In der Tat sind sehr hohe Temperaturen notwendig, damit die Fusion stattfindet. Fusionsreaktoren werden daher häufig als **thermonukleare Reaktoren** bezeichnet. Die Sonne und andere Sterne sind sehr heiß, viele Millionen Kelvin, so dass sich die Kerne dort hinreichend schnell bewegen und die Fusion stattfinden kann. Die freigesetzte Energie erhält die hohe Temperatur aufrecht, so dass es zu weiteren Fusionsreaktionen kommt. Die Sonne und die anderen Sterne sind riesige selbsterhaltende thermonukleare Reaktoren, die durch ihre große Gravitationsmasse zusammengehalten werden; auf der Erde hat sich jedoch der Einschluss des Plasmas bei den hohen erforderlichen Temperaturen und Drücken als schwierig erwiesen.

Nach dem Zweiten Weltkrieg stellte man fest, dass die in einer Kernspaltungs-Atombombe erreichten Temperaturen beinahe 10^8 K betragen. Dies legte den Schluss nahe, dass eine solche Atombombe zum Zünden einer Fusionsbombe (populär als thermonukleare Bombe oder Wasserstoffbombe bekannt) benutzt werden könnte, um die gewaltige Energie der Fusion freizusetzen. Die unkontrollierte Freisetzung der Fusionsenergie in einer Wasserstoffbombe konnte man relativ leicht erzielen. Sich jedoch nutzbare Energie aus einer langsamen und kontrollierten Fusion zu verschaffen, erwies sich als schwierig.

Beispiel 43.8 Die zur d-t-Fusion benötigte Temperatur

Schätzen Sie die zum Ablauf der Deuterium-Tritium-Fusion (d-t-Fusion) notwendige Temperatur ab.

Lösung

Wir nehmen an, dass die Kerne jeweils mit der kinetischen Energie E_{kin} frontal aufeinander treffen und dass die Kernkraft ins Spiel kommt, wenn der Abstand zwischen den Kernmittelpunkten gleich der Summe ihrer durch Gleichung 42.1 gegebenen Radien ist, nämlich $r_d \approx 1{,}5$ fm und $r_t \approx 1{,}7$ fm. Die elektrostatische potenzielle Energie (Kapitel 23) der beiden Teilchen muss bei diesem Abstand gleich der kinetischen Gesamtenergie der beiden weit entfernten Teilchen sein:

$$2E_{\text{kin}} \approx \frac{1}{4\pi\epsilon_0}\frac{e^2}{(r_d + r_t)}$$
$$\approx \left(9{,}0 \cdot 10^9 \frac{\text{N·m}^2}{\text{C}^2}\right)\frac{(1{,}6 \cdot 10^{-19}\,\text{C})^2}{(3{,}2 \cdot 10^{-15}\,\text{m})(1{,}6 \cdot 10^{-19}\,\text{J/eV})}$$
$$\approx 0{,}45\,\text{MeV}\,.$$

Es muss $E_{\text{kin}} \approx 0{,}22$ MeV gelten. Wenn wir nach der Temperatur fragen, bei der die mittlere kinetische Energie so hoch ist, erhalten wir aus Gleichung 18.4, $\frac{3}{2}kT = \overline{E_{\text{kin}}}$,

$$T = \frac{2E_{\text{kin}}}{3k} = \frac{2(0{,}22\,\text{MeV})(1{,}6 \cdot 10^{-13}\,\text{J/MeV})}{3(1{,}38 \cdot 10^{-23}\,\text{J/K})} \approx 2 \cdot 10^9\,\text{K}\,.$$

Sorgfältigere Berechnungen zeigen, dass die zur Fusion benötigte Temperatur tatsächlich etwa eine Größenordnung geringer ist als diese grobe Abschätzung ergibt. Dies liegt teilweise daran, dass es nicht notwendig ist, dass die *mittlere* Energie der Teilchen 0,22 MeV beträgt – ein kleiner Prozentsatz von Teilchen mit entsprechender Energie (Teilchen im hochenergetischen Schwanz der Maxwell-Boltzmann-Verteilung, siehe ► Abbildung 18.3) würde ausreichen – und teilweise am Durchtunneln der Coulomb-Barriere. Vernünftige Abschätzungen der Temperaturen für brauchbare Fusionsreaktoren liegen im Bereich von $T \gtrsim 2$ bis $4 10^8$ K.

Es ist nicht nur eine hohe Temperatur, die man bei einem Fusionsreaktor braucht. Auch die Dichte der Kerne muss hoch sein, damit die Stoßrate hinreichend groß ist. Die wirkliche Schwierigkeit bei einer kontrollierten Fusion ist, die Kerne hinreichend lange und bei ausreichend hohen Drücken einzuschließen, damit so viele Reaktionen stattfinden, dass man zu einer verwertbaren Energiemenge kommt. Bei den zur Fusion notwendigen Temperaturen sind die Atome ionisiert, und die sich dabei ergebende Ansammlung von Kernen und Elektronen wird als **Plasma** bezeichnet. Gewöhnliche Materialien verdampfen bestenfalls bei einigen Tausend Grad und können daher nicht als Behälter für das Hochtemperaturplasma verwendet werden. Zwei wesentliche Einschlusstechniken wurden bisher entwickelt: *der magnetische Einschluss* und *der Trägheitseinschluss*.

Plasma

Magnetischer Einschluss

Beim **magnetischen Einschluss** versucht man mit Magnetfeldern, das heiße Plasma einzuschließen. Eine Möglichkeit dazu ist die in ► Abbildung 43.14 dargestellte magnetische Flasche. Die Bahnkurven der geladenen Plasmateilchen werden durch das Magnetfeld abgelenkt. Dort, wo die Flusslinien eng beieinander liegen, wirkt eine Kraft auf die Teilchen, die sie wie ein „magnetischer Spiegel" ins Zentrum reflektiert. Leider entwickeln sich bei magnetischen Flaschen „undichte Stellen", und die geladenen Teilchen entweichen, bevor eine ausreichende Fusion stattfindet. Eine komplexere Einrichtung ist der **Tokamak** (von russisch ***to****ridalnaja* ***ka****mera* ***ma****gnitnoj* ***k****atuschki*), der zuerst in der Sowjetunion entwickelt wurde und wesentlich vielversprechender ist. Ein Tokamak (siehe ► Abbildung 43.15) ist toroidförmig und benutzte komplizierte Magnetfelder: Zunächst erzeugen stromführende Leiter ein Magnetfeld entlang der Toroidachse (Toroidfeld); ein weiteres Feld wird durch die Ströme innerhalb des Plasmas selbst erzeugt (Poloidfeld). Aus der Kombination beider Felder ergibt sich, wie in ► Abbildung 43.15 gezeigt, ein spiralförmiges Feld, das das Plasma zumindest kurzzeitig einschließt, so dass es die Metallwände der Vakuumkammer nicht berührt.

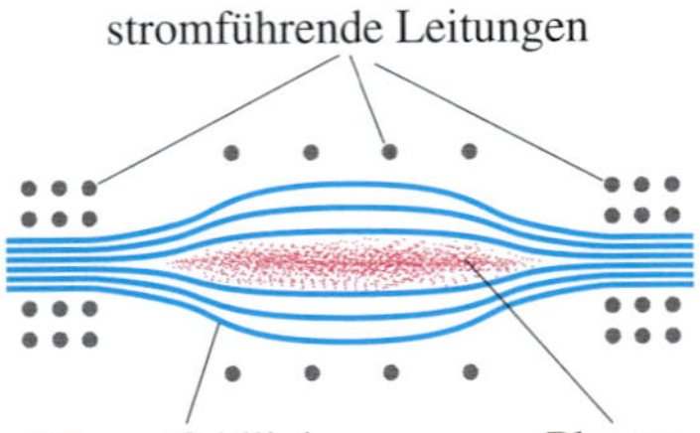

Abbildung 43.14 „Magnetische Flasche", die zum Einschluss des Plasmas benutzt wird.

Im Jahre 1957 zeigte J. D. Lawson, dass das Produkt aus Ionendichte n und Einschlusszeit τ mindestens etwa

Lawson-Kriterium

$$n\tau \gtrsim 3 10^{20}\,\text{s/m}^3$$

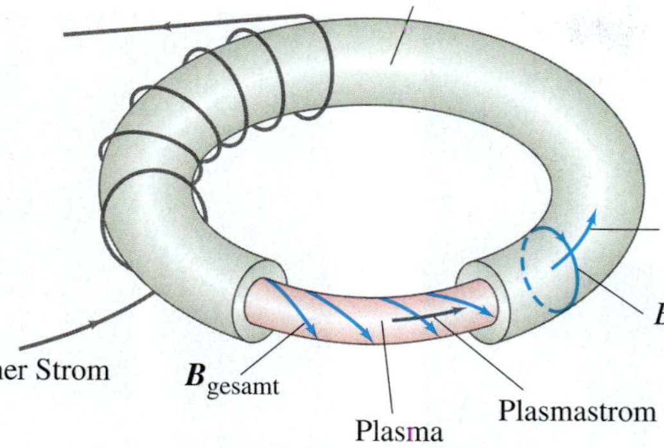

Abbildung 43.15 Aufbau des Tokamak. Dargestellt ist das **B**-Gesamtfeld, das durch den externen Strom und den Strom im Plasma erzeugt wird.

betragen muss. Dieses **Lawson-Kriterium** muss erfüllt sein, damit es zur **Zündung** kommt, womit man ein selbsterhaltendes thermonukleares „Brennen" meint, dass sich auch dann fortsetzt, wenn alle externen Heizeinrichtungen abgeschaltet werden. Zum Erreichen der **Nutzschwelle**, dem Punkt, an dem die durch die Fusion erzeugte Energie gleich der zum Heizen des Plasmas aufgebrachten Energie ist, muss $n\tau$ etwa eine Größenordnung geringer sein. Man ist der Nutzschwelle beim Tokamak Fusionstestreaktor (TFTR) in Princeton sehr nahe gekommen, und die zur Zündung benötigten Temperaturen ($4 10^8$ K) wurden übertroffen – jedoch konnte bisher nicht beides gleichzeitig erreicht werden. Man nimmt an, dass ein funktionierender Fusionsreaktor in der ersten Dekade dieses Jahrhunderts Realität werden könnte.

Zündung

Nutzschwelle

Die zweite Methode für den Einschluss des Fusionsbrennstoffes ist der **Trägheitseinschluss**: Ein kleines Pellet aus Deuterium und Tritium wird von verschiedenen Seiten von sehr intensiven Laserstrahlen getroffen. Die intensive Energiezufuhr in einer solchen Laser-Fusionsapperatur erhitzt und erwärmt und ionisiert das Pellet so, dass es zu Plasma wird. Die äußeren Schichten verdampfen explosionsartig, jedoch führt der Verdampfungsdruck zur Kompression des Pellets im Inneren. Diese Implosion erhöht die Dichte auf das etwa 10^3-fache der Normaldichte und erhitzt den Kern weiter auf Temperaturen, bei denen Fusion auftritt. Die Einschlusszeit ist sehr kurz, in der Größenordnung von 10^{-11} bis 10^{-9} s. Während dieser Zeit bewegen sich die Ionen aufgrund ihrer eigenen Trägheit nicht merklich. Sehr schnell danach tritt die Fusion ein und das Pellet explodiert.

Trägheitseinschluss

Der zu Forschungszwecken zur Kernfusion am *Lawrence Livermore Laboratory* eingesetzte NOVA-Laser (siehe ▶ Abbildung 43.16) kann dem Pellet in einem 10^{-9} s langem Puls 10^5 J übertragen. Das entspricht einer mittleren Leistung von 10^{14} W, mehr als die Gesamtkapazität der elektrischen Generatoren der Vereinigten Staaten! Diese Leistung wird jedoch nur über ein extrem kurzes Zeitintervall aufrecht erhalten. In einem zukünftigen Reaktor könnten 100 solcher Pellets pro Sekunde implodieren, wozu im Mittel eine Zufuhr von $10^5\,\text{J} \times 100\,\text{s}^{-1}$ notwendig ist. Der Trägheitseinschluss hängt von der hohen Teilchendichte n über sehr kurze Zeitintervalle τ ab. Zuletzt wurde das Lawson-Kriterium erreicht, die Temperatur war jedoch niedriger als zur Zündung erforderlich.

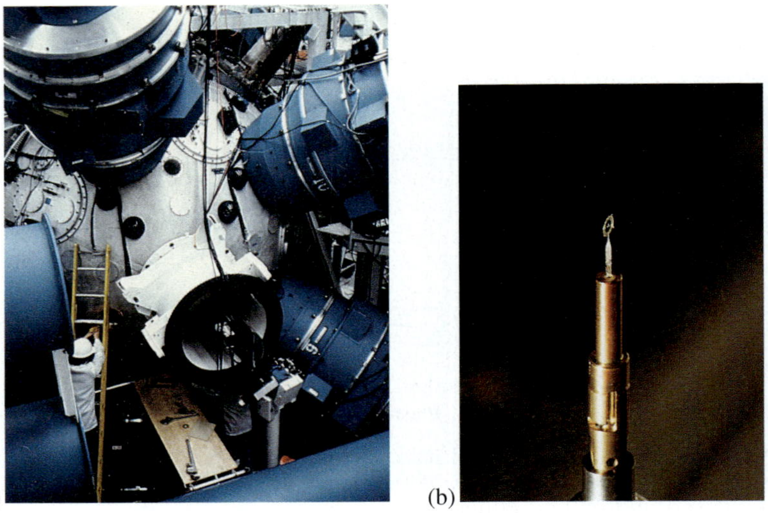

(a) (b)

Abbildung 43.16 (a) Targetkammer (Durchmesser 5 m) des NOVA-Lasers im *Lawrence Livermore Laboratory*, in der 10 Laserstrahlen auf einem Target fokussieren. (b) Ein Deuterium-Tritium-Target mit 1 mm Durchmesser auf seinem Träger im Zentrum der Targetkammer.

43.5 Durchgang der Strahlung durch Materie; Strahlungsschäden

Wenn wir von *Strahlung* sprechen, meinen wir α-, β-, γ- und Röntgenstrahlen genauso wie Protonen, Neutronen und Pionen (siehe Kapitel 44). Weil geladene Teilchen Atome oder Moleküle jedes Materials ionisieren können, das sie durchlaufen, spricht man auch von **ionisierender Strahlung**. Und aufgrund dieser Ionisierung kann Strahlung zu beträchtlichen Schäden an Materialien und insbesondere an biologischem Gewebe führen.

Geladene Teilchen, wie α- und β-Teilchen sowie Protonen führen aufgrund der elektrischen Kraft zur Ionisation. Sie können also beim Durchgang durch das Material Elektronen so stark anziehen oder abstoßen, dass sie diese aus dem Atom oder dem Material herauslösen. Da die von radioaktiven Substanzen emittierten α- und β-Strahlen Energien in der Größenordnung von einem MeV (10^4 bis 10^7 eV) besitzen, während die Ionisation von Atomen und Molekülen nur größenordnungsmäßig 10 eV erfordert, kann ein einzelnes α- oder β-Teilchen offensichtlich zu Tausenden von Ionisationen führen.

Auch neutrale Teilchen führen zur Ionisation, wenn sie Stoffe durchlaufen. Beispielsweise können Röntgen- und γ-Strahlen Atome ionisieren, indem sie Elektronen aufgrund des photoelektrischen Effekts oder des Compton-Effekts (Kapitel 38) herausschlagen. Darüber hinaus kann es bei hinreichender Energie des γ-Strahls (mehr als 1,02 MeV) zur Paarerzeugung kommen: Ein Elektron und ein Positron werden erzeugt (Abschnitt 38.4). Die bei jedem dieser drei Prozesse erzeugten geladenen Teilchen können selbst zu weiteren Ionisationen führen. Andererseits wechselwirken Neutronen mit Materie hauptsächlich durch Stöße mit Kernen über die starke Kernkraft. Häufig wird der Kern bei einem solchen Stoß geteilt, wodurch das Molekül verändert wird, dessen Teil dieser Kern war. Und auch die dabei erzeugten Fragmente können wiederum zu Ionisationen führen.

Wenn Strahlung durch Materie läuft, kann sie beachtlichen Schaden verursachen. Metalle und andere strukturierte Stoffe werden spröde und deren Festigkeit kann bei sehr intensiver Strahlung geschwächt werden, wie es bei Kernreaktoren und bei Raumschiffen der Fall ist, die Bereiche mit intensiver kosmischer Strahlung durchqueren müssen.

Biologische Strahlungsschäden

Die in lebenden Organismen verursachten Strahlungsschäden gehen in erster Linie auf die in den Zellen erzeugte Ionisation zurück. Es können verschiedene, damit zusammenhängende Prozesse auftreten. Es kommt zur Bildung von Ionen oder freien Radikalen, die hochreaktiv sind und an chemischen Reaktion teilnehmen, die in die normalen Funktionen der Zelle eingreifen. Alle Formen der Strahlung können Atome ionisieren, indem sie Elektronen herausschlagen. Handelt es sich dabei um Bindungselektronen, können die Moleküle auseinander brechen oder ihre Struktur ändern, so dass sie ihre gewöhnlichen Funktionen nicht mehr ausführen können oder schädliche Funktionen ausüben. Wenn viele Zellen absterben, ist der Organismus nicht mehr in der Lage, diese wieder herzustellen. Andererseits kann eine Zelle überleben, jedoch defekt sein. Sie kann sich weiter teilen und damit viele neue defekte Zellen erzeugen, was dem gesamten Organismus schadet. So kann Strahlung Krebs verursachen – die schnelle Erzeugung entarteter Zellen.

Die Strahlungsschäden bei lebenden Organismen werden häufig in zwei Kategorien unterteilt. *Körperliche Schäden* betreffen alle Teile des Körpers, die reproduktiven Organe ausgeschlossen, und beeinträchtigen einen einzelnen Organismus, führen zu Krebs und bei hohen Dosen zur Strahlenkrankheit (die durch Brechreiz, Müdigkeit, Verlust der Körperbehaarung und andere Symptome charakterisiert ist) oder selbst zum Tod. *Genetische Schäden* beziehen sich auf reproduktive Zellen. Sie führen zu meist gesundheitsgefährdenden Mutationen, die an zukünftige Generationen weitergegeben werden. Die durch den medizinischen Einsatz von Röntgenstrahlung und anderer Strahlung möglicherweise verursachten Schäden müssen gegenüber dem medizinischen Nutzen und der durch ihren Einsatz erzielten lebensverlängernden Wirkung abgewogen werden.

43.6 Strahlungsmessung – Dosimetrie

Obwohl der Durchgang von ionisierender Strahlung durch den menschlichen Körper beachtliche Schäden verursachen kann, kann Strahlung auch zur Behandlung bestimmter Krankheiten eingesetzt werden. Das betrifft insbesondere Krebs, bei dem man häufig sehr stark fokussierte Strahlen auf das Krebsgeschwür richtet, um es zu zerstören (Abschnitt 43.7). Es ist deshalb wichtig, dass man die Strahlungsmenge oder die **Strahlendosis** quantitativ bestimmen kann. Dies ist die Aufgabe der **Dosimetrie**.

Die Stärke einer Quelle kann zu einer gegebenen Zeit durch Angabe ihrer **Quellenaktivität** spezifiziert werden. Damit ist die Anzahl der Zerfälle pro Sekunde gemeint. Die traditionelle Einheit ist **Curie** (Ci), die als

Quellenaktivität

$$1\,\text{Ci} = 3{,}70 \cdot 10^{10}\ \text{Zerfälle pro Sekunde}$$

definiert ist. (Diese Zahl stammt aus der ursprünglichen Definition als die Aktivität von 1 Gramm Radium.) Obwohl die Einheit Curie noch immer gebräuchlich ist, ist die vorschriftsmäßige SI-Einheit für die Quellenaktivität **Becquerel** (Bq), die man als

$$1\,\text{Bq} = 1\ \text{Zerfall/s}$$

definiert. Kommerzielle Anbieter von **Radionukliden** (radioaktiven Nukliden) spezifizieren die Aktivität zu einer gegebenen Zeit. Da sich die Aktivität mit der Zeit verringert, ist es besonders bei kurzlebigen Isotopen wichtig, diese zu beachten.

Die Quellenaktivität $(\mathrm{d}N/\mathrm{d}T)$ hängt folgendermaßen mit der Halbwertszeit $T_{\frac{1}{2}}$ (siehe Abschnitt 42.8) zusammen:

$$\left|\frac{\mathrm{d}N}{\mathrm{d}t}\right| = \lambda N = \frac{0,693}{T_{\frac{1}{2}}} N\,.$$

Beispiel 43.9 **Die von Zellen aufgenommene Radioaktivität**

Bei einem speziellen Experiment wird ${}^{32}_{15}\text{P}$ mit 0,016 μCi einem Medium mit einer Bakterienkultur injiziert. Nach 1 h werden die Zellen gespült, und ein

Detektor mit einer Effizienz von 70 Prozent (zählt 70 Prozent der emittierten β-Teilchen) zeichnet 720 von den Zellen ausgehende Ereignisse pro Minute auf. Welcher Prozentsatz des ursprünglichen $^{32}_{15}P$ wurde von den Zellen aufgenommen?

Lösung

Bei einer Halbwertszeit von $^{32}_{15}P$ von etwa 14 Tagen kann der Aktivitätsverlust innerhalb einer Stunde vernachlässigt werden. Die Gesamtzahl der Zerfälle pro Sekunde war ursprünglich $(0{,}016 \cdot 10^{-6})(3{,}7 \cdot 10^{10}) = 590$. Man erwartet, dass der Zähler 70 Prozent davon registriert, also 410 Zerfälle pro Sekunde. Da der Zähler $720/60 = 12$ Ereignisse pro Sekunde aufzeichnet, wurden $12/410 = 0{,}029$ oder 2,9 Prozent des $^{32}_{15}P$ in die Zellen eingebaut.

Aufgenommene Dosis

Ein anderes Maß ist die Belastung oder die **aufgenommene Dosis** – das ist der Einfluss, den die Strahlung auf den absorbierenden Stoff ausübt. Die älteste Einheit der Dosis ist das **Röntgen** (R), die in Abhängigkeit vom Umfang der durch die Strahlung erzeugten Ionisation definiert wurde ($1{,}6 \cdot 10^{12}$ Ionenpaare pro Gramm in Luft unter Normalbedingungen). Heute ist 1 R als die Menge von Röntgen- oder γ-Strahlung definiert, die eine Energie von $0{,}878 \cdot 10^{-2}$ J pro Kilogramm Luft hinterlässt. Das Röntgen wurde danach weitestgehend von einer anderen Einheit, der aufgenommenen Strahlendosis, abgelöst, die sich auf jede Strahlungsart anwenden lässt: *rad ist die Strahlungsmenge, die Energie mit einer Rate von* $1{,}00 \cdot 10^{-2}$ J/kg *in einem absorbierenden Material hinterlässt.* (Dies kommt dem Röntgen bei Röntgen- und γ-Strahlen recht nah.) Die offizielle SI-Einheit für die aufgenommene Strahlendosis ist das **Gray** (Gy):

Das Rad (Einheit)

Das Gray (Einheit)

$$1\,\text{Gy} = 1\,\text{J/kg} = 100\,\text{rad}\,. \tag{43.9}$$

Tabelle 43.1

Qualitätsfaktor (QF) verschiedener Strahlungsarten

Typ	QF
Röntgen- und γ-Strahlen	≈ 1
β-Teilchen (Elektronen)	≈ 1
schnelle Protonen	1
langsame Neutronen	≈ 3
schnelle Neutronen	bis zu 10
α-Teilchen und schwere Ionen	bis zu 20

Die aufgenommene Dosis hängt nicht nur von der Stärke einer bestimmten Strahlung (Anzahl der Teilchen pro Sekunde) und von der Energie pro Teilchen ab, sondern auch von dem Material, das diese Strahlung absorbiert. Da Knochen beispielsweise dichter als Fleisch sind und mehr von der gewöhnlich verwendeten Strahlung absorbieren, hinterlässt dieselbe, den menschlichen Körper durchdringende Strahlung eine größere Dosis (in rad oder Gray) im Knochen als im Fleisch.

Gray und rad sind physikalische Einheiten der Dosis – der pro Masseneinheit des Materials hinterlassenen Energie. Sie sind jedoch nicht die aussagekräftigsten Einheiten zum Messen der durch Strahlung verursachten Schäden. Dies liegt daran, dass gleiche Dosen verschiedener Strahlungsarten Schäden von unterschiedlichem Umfang verursachen. Beispielsweise führt 1 rad α-Strahlung zu 10 bis 20 mal schwereren Schäden als 1 rad β- oder γ-Strahlung. Dieser Unterschied kommt hauptsächlich deshalb zu Stande, weil sich α-Strahlen (und andere schwere Teilchen wie Protonen und Neutronen) aufgrund ihrer höheren Masse bei gleicher Energie viel langsamer als β- und γ-Strahlen bewegen. Folglich treten ionisierende Stöße näher beieinander auf, so dass es zu irreparableren Schäden kommen kann. Die **relative biologische Effektivität** (RBE) oder der **Qualitätsfaktor** (QF) einer bestimmten Strahlungsart ist als die Anzahl von rad von Röntgen- oder γ-Strahlung definiert, die dieselben biologischen Schäden verursacht wie 1 rad der gegebenen Strahlung. Tabelle 43.1 gibt den Qualitätsfaktor verschiedener Strahlungsarten an. Es handelt sich um ungefähre Zahlenwerte, weil diese etwas von der Energie der Teilchen und der Art der als Kriterium zugrunde gelegten Schädigung abhängen.

RBE oder QF

Effektive Dosis

Die **effektive Dosis** kann als Produkt der Dosis in rad und dem Qualitätsfaktor angegeben werden und ist als **rem** (dies steht für engl. *rad equivalent man*) bekannt:

Das Rem (Einheit)

$$\text{effektive Dosis (in rem)} = \text{Dosis (in rad)} \cdot \text{QF}\,. \tag{43.10a}$$

Diese Einheit wurde durch die SI-Einheit für die effektive Dosis, das **Sievert** (Sv), ersetzt:

$$\text{effektive Dosis (Sv)} = \text{Dosis (Gy)} \cdot \text{QF}\,. \qquad (43.10b)$$

Das Sievert (Einheit)

Nach dieser Definition verursacht 1 rem jeder Strahlungsart ungefähr die gleichen biologischen Schäden. Beispielsweise führen 50 rem schwerer Neutronen zu den gleichen Schäden wie 50 rem γ-Strahlung. Beachten Sie jedoch, dass 50 rem schnelle Neutronen nur 5 rad sind, während 50 rem bei γ-Strahlung 50 rad sind.

Natürlicher radioaktiver Strahlungshintergrund

Wir sind ständig einer niedrigen Strahlungsmenge, die von natürlichen Quellen ausgeht, ausgesetzt: Dazu gehören die kosmische Strahlung, die natürliche Radioaktivität in Fels und Erdreich und die natürlich vorkommenden radioaktiven Isotope in unserer Nahrung, wie $^{40}_{19}$K. Radon, $^{222}_{86}$Rn, ist heute von besonderem Belang. Es ist das Produkt des Radiumzerfalls und gehört zur Zerfallsreihe des Urans (siehe ▶ **Abbildung 42.11**). Die meisten Zwischennuklide verbleiben im Gestein, am Ort ihrer Bildung, aber Radon ist ein Gas, das aus dem Gestein (und Baumaterialien wie Gasbeton) entweichen kann und in die Atmosphäre gelangt, wo wir es einatmen. Obwohl Radon, chemisch betrachtet, reaktionsträge ist (es ist ein Edelgas), ist es physikalisch nicht inaktiv – es zerfällt unter Emission eines α-Teilchens, und seine Zerfallsprodukte sind ebenso radioaktiv, chemisch *nicht* reaktionsträge und können sich im Inneren der Lunge ablagern.

Der natürliche radioaktive Hintergrund beträgt im Jahr im Mittel etwa 0,36 rem (3,6 mSv) pro Kopf, auch wenn es große Schwankungen gibt. Aus der medizinischen Anwendung von Röntgenstrahlen ist die durchschnittliche pro Kopf Belastung etwa 40 mrem (0,4 mSv) pro Jahr. Die Regierung der Vereinigten Staaten legt den empfohlenen oberen Strahlungsgrenzwert für eine Einzelperson aus der normalen Bevölkerung auf 0,5 rem (5 mSv) pro Jahr fest, wobei natürliche Quellen ausgenommen sind. Es ist bekannt, dass bei steigender Anzahl niedriger Strahlendosen die Krebsgefahr oder die Gefahr genetischer Defekte steigt, so dass es heute darum geht, sorgfältig mit Strahlung umzugehen und die Strahlendosis niedrig zu halten.

Die Obergrenzen für Menschen, die mit Strahlung in ihrer Arbeitsumgebung zu tun haben – in Krankenhäusern, in Kraftwerken und in der Forschung – wurde etwas höher gesetzt, sie liegt im Bereich von 5 rem/a einer Ganzkörperdosis (vermutlich, weil solche Leute wissen, worauf sie sich einlassen). Im Allgemeinen tragen Menschen, die mit Strahlung arbeiten, ein Dosimeter, gewöhnlich ein **Strahlungs-Filmdosimeter**. Dabei handelt es sich um ein Stück Film, der von lichtundurchlässigem Material umgeben ist. Der Durchgang von ionisierender Strahlung schwärzt den Film und zeigt somit die empfangene Dosis an.

Strahlenkrankheit

Große Strahlendosen können eine Vielzahl von unerfreulichen Symptomen verursachen, wie Übelkeit, Müdigkeit und den Verlust der Körperbehaarung. Solche Auswirkungen werden mitunter als **Strahlenkrankheit** bezeichnet. Große Dosen können sogar tödlich wirken, wobei es aber auch auf die Zeitspanne ankommt. Eine über einen kurzen Zeitraum verabreichte Dosis von 1000 rem (10 Sv) wirkt nahezu immer tödlich. Eine Dosis von 400 rem (4 Sv) über einen kurzen Zeitraum ist in 50 Prozent der Fälle tödlich. Der Körper verfügt jedoch über bemerkenswerte Reparaturmechanismen, so dass eine über einige Wochen verabreichte Dosis von 400 rem gewöhnlich nicht tödlich wirkt. Dennoch hinterlässt sie im Körper beträchtliche Schäden.

Beispiel 43.10 Ganzkörperdosis

Welche Ganzkörperdosis empfängt ein 70 kg schwerer Laborarbeiter, der einer $^{60}_{27}$Co-Quelle mit 40 mCi ausgesetzt ist, wenn Sie annehmen, dass der Querschnittsfläche der Person 1,5 m^2 beträgt und sie sich sich 4,0 h pro Tag im

Mittel 4,0 m entfernt davon aufhält? $^{60}_{27}$Co emittiert γ-Strahlen mit einer Energie von 1,33 MeV und 1,17 MeV in kurzer Folge. Etwa 50 Prozent der γ-Strahlen wechselwirken mit dem Körper und hinterlassen ihre gesamte Energie. (Der übrige Teil läuft hindurch.)

Lösung

Die Gesamtenergie der γ-Strahlung pro Zerfall ist $(1,33 + 1,17)$MeV = 2,50 MeV, so dass die durch die Quelle insgesamt emittierte Energie

$$(0{,}040\,\text{Ci})(3{,}7 \cdot 10^{10}\text{Zerfälle/Ci} \cdot \text{s})(2{,}50\,\text{MeV}) = 3{,}7 \cdot 10^{9}\,\text{MeV/s}$$

ist. Der davon vom Körper aufgenommene Anteil ist sein Querschnitt von 1,5 m^2 geteilt durch die Oberfläche der Kugel mit dem Radius 4,0 m (siehe ► Abbildung 43.17)

$$\frac{1{,}5\,\text{m}^2}{4\pi r^2} = \frac{1{,}5\,\text{m}^2}{4\pi(4{,}0\,\text{m})^2} = 7{,}5 \cdot 10^{-3}\,.$$

Der Anteil der davon im Körper hinterlassenen Energie (erinnern Sie sich, dass nur die Hälfte der γ-Strahlen mit dem Körper wechselwirkt) ist somit

$$E = \left(\frac{1}{2}\right)(7{,}5 \cdot 10^{-3})(3{,}7 \cdot 10^{9}\,\text{MeV/s})(1{,}6 \cdot 10^{-13}\,\text{J/MeV})$$
$$= 2{,}2 \cdot 10^{-6}\,\text{J/s}\,.$$

Mit 1 Gy = 1 J/kg ist die Rate der Ganzkörperdosis bei dieser 70 kg schweren Person $(2{,}2 \cdot 10^{-6}\,\text{J/s})(70\,\text{kg}) = 3{,}1 \cdot 10^{-8}\,\text{Gy/s}$. Im Zeitraum von 4,0 h entspricht dies einer Dosis von $(4{,}0\,\text{h})(3600\,\text{s/h})(3{,}1 \cdot 10^{-8}\,\text{Gy/s}) = 4{,}5 \cdot 10^{-4}\,\text{Gy}$. Da bei γ-Strahlung QF $\approx$ 1 gilt, ist die effektive Dosis, Gleichung 43.10, 450 μSv oder (siehe Gleichung 43.9):

$$(100\,\text{rad/Gy})(4{,}5 \cdot 10^{-4}\,\text{Gy})(1) = 45\,\text{mrem}\,.$$

Diese effektive Dosis von 45 mrem entspricht etwa 10 Prozent der normalerweise zulässigen Jahresdosis (500 mrem/a) oder 1 Prozent der zulässigen Jahresdosis für mit Strahlung arbeitende Menschen. Dieser Arbeiter sollte nicht täglich eine solche Dosis aufnehmen und nach Möglichkeiten suchen, die Strahlendosis zu reduzieren (die Quelle abschirmen, die Arbeit variieren, weiter entfernt arbeiten usw.).

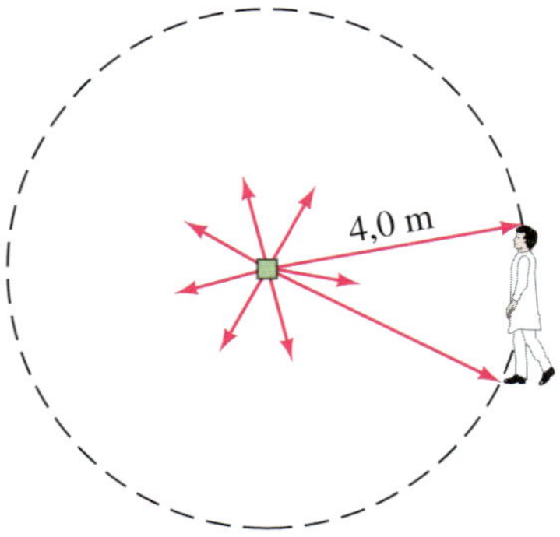

Abbildung 43.17 Strahlung breitet sich in alle Richtungen aus. Eine 4,0 m entfernte Person empfängt nur einen Teil davon: Es entspricht ihrer Querschnittsfläche geteilt durch die Oberfläche einer Kugel mit dem Radius 4,0 m.

43.7 Strahlentherapie

ANGEWANDTE PHYSIK

Strahlentherapie

Die Anwendungen der Radioaktivität und der Strahlung auf die Menschen und andere Organismen ist ein weites Feld, das viele Bücher füllt. Im medizinischen Bereich gibt es zwei grundlegende Aspekte: (1) *Strahlentherapie* – zur Behandlung von Krankheiten (hauptsächlich Krebs) –, mit der wir uns in diesem Abschnitt befassen; und (2) die *Diagnose* von Krankheiten, die wir im folgenden Abschnitt dieses Kapitels diskutieren.

Strahlung kann Krebs verursachen. Sie kann auch zu dessen Behandlung eingesetzt werden. Schnell wachsende Krebszellen sind besonders strahlungsempfindlich. Dennoch werden große Dosen zum Abtöten der Krebszellen benötigt, und einige der umgebenden Gewebezellen werden unvermeidlich mit zerstört. Dies ist der Grund dafür, weshalb Krebspatienten, die eine Strahlentherapie erhalten, häufig unter den für die Strahlenkrankheit charakteristischen Nebenwirkungen leiden. Um die Zerstörung der normalen Zellen zu minimieren, wird häufig ein schmaler γ- oder Röntgenstrahl eingesetzt, wenn das Krebsgeschwür gut lokalisiert ist. Der Strahl wird direkt auf das Geschwür gerichtet und die Quelle (oder der Körper) rotiert, so dass der Strahl durch verschiedene Körperregionen läuft, damit die Dosis an jedem Ort so gering wie möglich ist – abgesehen von dem Tumor und dem diesen unmittelbar umgebenden Gewebe, das der Strahl die ganze Zeit trifft (siehe ▸ Abbildung 43.18). Die Strahlung stammt von einer radioaktiven Quelle, wie beispielsweise $^{60}_{27}$Co, oder von einem Röntgengerät, das Photonen mit Energien im Bereich von 200 keV bis 5 MeV erzeugt. Protonen, Neutronen, Elektronen und Pionen, die aus Teilchenbeschleunigern (Abschnitt 44.2) stammen, werden ebenfalls in der Strahlentherapie eingesetzt.

In einigen Fällen kann eine winzige Strahlenquelle direkt in den Tumor eingebracht werden, was schließlich die Mehrheit der Zellen tötet. Eine ähnliche Technik wird bei der Behandlung von Schilddrüsenkrebs mit dem radioaktiven Isotop $^{131}_{53}$I angewendet. Das Schilddrüsengewebe neigt dazu, das gesamte, im Blut vorhanden Jod anzureichern, so dass sich das ins Blut injizierte $^{131}_{53}$I in der Schilddrüse sammelt, insbesondere in den Gewebegebieten, in denen ein abnormales Wachstum stattfindet. Die intensive emittierte Radioaktivität kann dann die defekten Zellen zerstören.

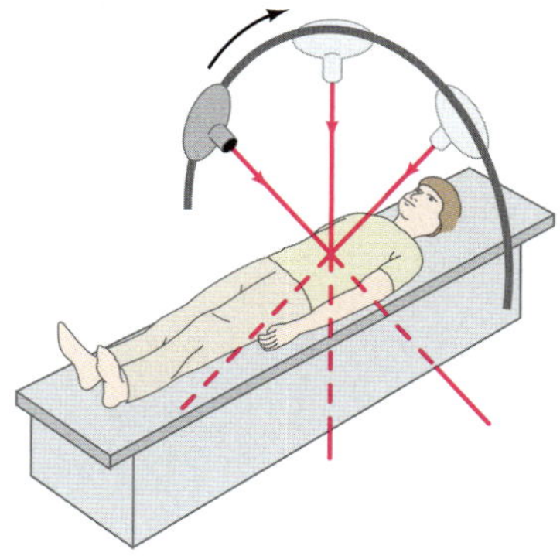

Abbildung 43.18 Die Strahlungsquelle rotiert, so dass der Strahl immer das erkrankte Gewebe trifft, die Dosis für den übrigen Teil des Körpers jedoch minimiert wird.

43.8 Indikatoren

Radioaktive Isotope werden üblicherweise in der biologischen, chemischen und medizinischen Forschung als **Indikatoren** eingesetzt. Eine gegebene Verbindung wird mit einem radioaktiven Isotop, wie beispielsweise $^{14}_{6}$C oder $^{3}_{1}$H, künstlich synthetisiert. Solche „markierten" Moleküle kann man anschließend auf ihrem Weg durch den Organismus oder während der Teilnahme an einer chemischen Reaktion verfolgen. Die Anwesenheit dieser markierten Moleküle (oder markierten Molekülteile, wenn eine chemische Reaktion stattgefunden hat) kann mithilfe eines Geiger-Zählers oder eines Szintillationszählers festgestellt werden (siehe Abschnitt 42.2).

Bei der medizinischen Diagnose ist heutzutage der Einsatz des Radionuklids $^{99m}_{43}$Tc am geläufigsten. Dabei handelt es sich um einen langlebigen angeregten Zustand von Technetium-99 (das „m" im Symbol steht für „metastabiler" Zustand). Es wird beim Zerfall von $^{99}_{42}$Mo gebildet. Die gute Brauchbarkeit von $^{99}_{42}$Mo ergibt sich aus seiner geeigneten Halbwertszeit von 6 h (kurz, jedoch nicht zu kurz) und der Tatsache, dass es sich an eine Vielzahl von Verbindungen anlagert. Mit dem Radionuklid wird eine Verbindung markiert, die sich in dem Organ oder der Körperregion ansammelt, deren Anatomie untersucht werden soll. Detektoren außerhalb des Körpers zeichnen dann die Verteilung der radioaktiv markierten Verbindung auf oder erstellen ein Bild. Die Messung kann durch einen einzelnen Detektor (siehe ▸ Abbildung 43.19) erfolgen, der über den Körper bewegt wird und dabei die Intensität der Radioaktivität an einer großen Anzahl von Punkten misst. Das Bild stellt dann die relative Intensität der Radioaktivität an jedem Punkt dar. Die relative Radioaktivität ist ein diagnostisches Werkzeug. Beispielsweise kann eine hohe oder niedrige Aktivität eine Über- oder Unterfunktion des betreffenden Organs oder Organabschnitts kennzeichnen oder anderenfalls auf einen Tumor oder eine Verletzung hinweisen. Bei komplexeren *Gammakameras* werden viele Detektoren eingesetzt, die die Radioaktivität an vielen Punkten gleichzeitig aufzeichnen. Die gemessenen Intensitäten können auf einer Kathodenstrahlröhre (TV-Monitor oder Oszilloskop) dargestellt werden und ermöglichen „dynamische" Untersuchungen (zeitaufgelöste Bildgebung).

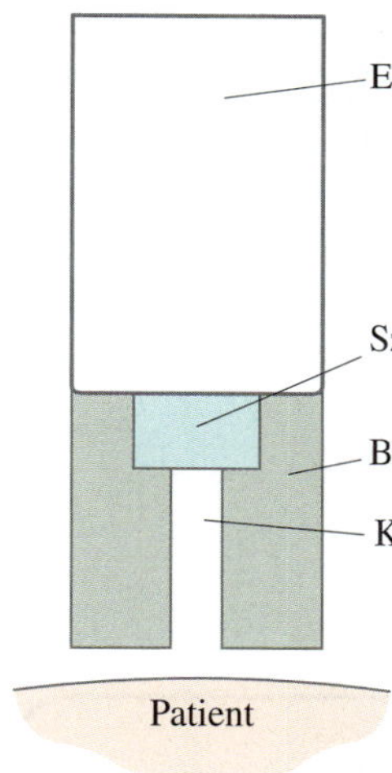

Abbildung 43.19 Gerichteter Gammastrahlendetektor zur Untersuchung eines Patienten. Der Kollimator dient dazu, Gammastrahlen auszuwählen, die vom Patienten senkrecht ankommen. Ohne Kollimator würden Gammastrahlen vom gesamten Körper auf den Szintillator treffen und ein sehr schlechtes Bild produzieren.

43.9 Bildgebung durch Tomographie: Computertomographie (CT) und Positronen-Emissions-Tomographie (PET)

Gewöhnliche Röntgenaufnahme

Bei einer konventionellen medizinischen (oder zahnmedizinischen) Röntgenaufnahme durchdringen die von einer Röhre ausgehenden Röntgenstrahlen (▸ Abbildung 36.25, Abschnitt 36.10) den Körper und werden auf einem Film oder einem Fluoreszenzschirm festgehalten (siehe ► Abbildung 43.20a). Die Strahlen gelangen nahezu parallel, mit minimaler Abweichung durch den Körper, da es im Bereich der Röntgenwellenlängen wenig Beugung oder Brechung gibt. Es gibt jedoch Absorption (und Streuung); und die unterschiedliche Absorption durch verschiedene Strukturen im Körper führt zu dem Bild, das durch die hindurchgelassenen Strahlen erzeugt wird. Je geringer die Absorption ist, umso mehr Strahlen gelangen durch den Körper und umso stärker wird der Film geschwärzt. Das Bild ist in gewissem Sinne ein „Schatten" dessen, was von den Strahlen durchleuchtet wurde.

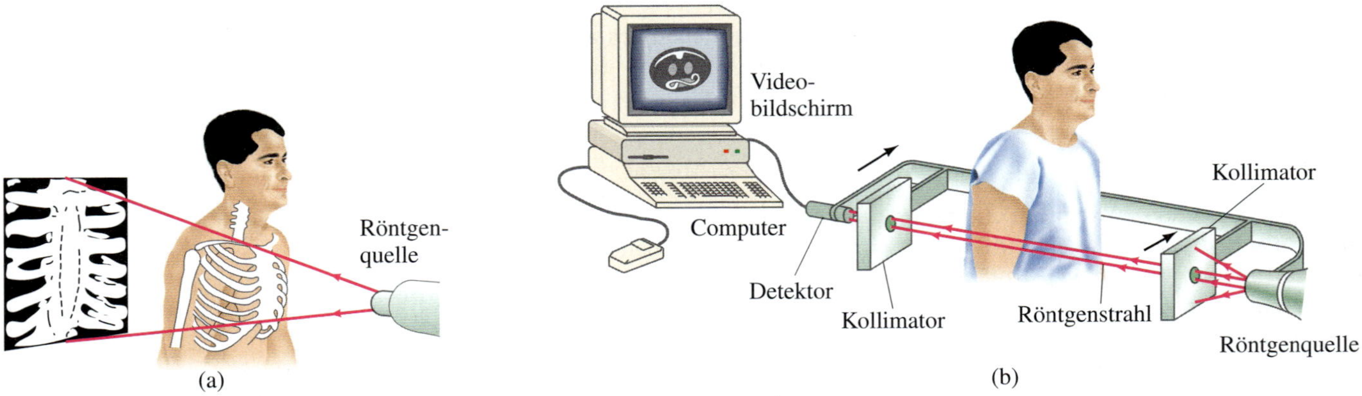

Abbildung 43.20 (a) Konventionelle Röntgenaufnahme, die im Wesentlichen schattiert ist. (b) Bildgebende Tomographie: Die Röntgenquelle und der Detektor bewegen sich gemeinsam über den Körper, die durchgelassene Intensität wird an einer Vielzahl von Punkten gemessen. Anschließend wird die Quelle-Detektor-Anordnung geringfügig gedreht (beispielsweise 1°) und ein weiterer Scan wird durchgeführt. Dieser Prozess wird bis zum Erreichen von etwa 180° wiederholt. Der Computer rekonstruiert das Bild des Schnitts und stellt es auf einem TV-Bildschirm (einer Kathodenstrahlröhre) dar.

Computertomographie (CT)

ANGEWANDTE PHYSIK

CT-Bilder

Bei konventionellen Röntgenbildern wird die gesamte Dicke des Körpers auf den Film projiziert; Strukturen überlappen sich und sind in vielen Fällen nur schwer zu unterscheiden. In den 1970er Jahren wurde eine revolutionäre neue, auf Röntgenstrahlen basierende Technik entwickelt, die als Computertomographie (CT) bezeichnet wird. Sie erzeugt das Bild eines *Schnittes* durch den Körper. (Das Wort **Tomographie** stammt aus dem Griechischem: *tomos* = Schnitt, *graph* = Bild.) Strukturen und Läsionen, die man bisher nicht visualisieren konnte, kann man nun mit beachtlicher Klarheit erkennen. Das Prinzip hinter der CT ist in ► Abbildung 43.20b dargestellt: Ein dünner gerichteter Röntgentstrahl durchdringt den Körper und erreicht einen Detektor, der die hindurchgelassene Intensität registriert. Die Messungen werden an einer Vielzahl von Punkten durchgeführt, während die Quelle und der Detektor gemeinsam über den Körper bewegt werden. Anschließend wird die Apparatur etwas um die Körperachse gedreht und wieder ein Scanvorgang gestartet, dies wird in Schritten von (vielleicht) 1° solange wiederholt, bis 180° erreicht sind. Die Intensitäten des Durchgangsstrahls an den vielen Punkten jedes Scans unter den verschiedenen Winkeln werden an einen Computer weitergeleitet, der ein Bild des Schnitts rekonstruiert. Beachten Sie, dass das Schnittbild senkrecht auf der Längsachse des Körpers steht. Aus diesem Grund wird die CT mitunter auch als Computer-Axial-Tomographie (CAT) bezeichnet, obwohl man die Abkürzung CAT, wie in CAT-Scan, auch als ‚Computer gestützte Tomographie' (engl. *computer-assisted tomography*) lesen kann.

CAT-Scan

Beim Einsatz eines einzelnen Detektors, wie in ► Abbildung 43.20b dargestellt, würde es einige Zeit dauern, bis die vielen notwendigen Scans ein vollständiges Bild ergeben. Schnellere Scanner benutzen einen Fächerstrahl, ► Abbildung 43.21a, bei dem Strahlen, die durch den gesamten Querschnitt des Körpers

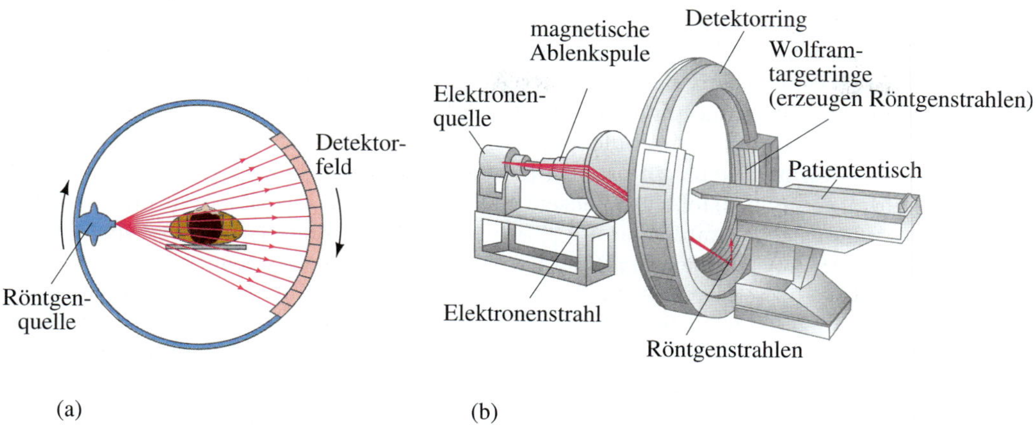

Abbildung 43.21 (a) Fächerstrahlscanner. Strahlen, die durch den gesamten Körper hindurch laufen, werden gleichzeitig in jedem Winkel gemessen. Die Quelle und der Detektor rotieren, um die Messungen in verschiedenen Winkel vorzunehmen. Bei einer anderen Art Fächerscanner gibt es Detektoren überall entlang des Kreises, die fest bleiben, während sich die Quelle bewegt. (b) Bei einer anderen Art wird ein Elektronenstrahl von der Quelle durch Magnetfelder auf Wolframtargets gerichtet, die den Patienten umgeben.

hindurchlaufen, von vielen Detektoren gleichzeitig erfasst werden. Die Quelle und die Detektoren werden dann um den Patienten gedreht, und die Aufnahme eines Bildes dauert nur ein paar Sekunden. Noch schneller, und deshalb für Herzscans nützlich, sind Apparate mit fester Quelle, in denen ein Elektronenstrahl (durch Magnetfelder) auf den Patienten umgebende Wolframringe gerichtet wird, die Röntgenstrahlen erzeugen (siehe ▸ Abbildung 43.21b).

Wie wird das Bild jedoch erstellt? Wir können uns den Schnitt aus vielen kleinen winzigen Bildelementen (oder **Pixeln**) zusammengesetzt vorstellen. Es könnten Quadrate sein. Bei der CT ist die Breite jedes Pixels entsprechend der Breite des Detektors und/oder gemäß der Breite des Röntgenstrahls gewählt. Dies bestimmt die Auflösung des Bildes, die 1 mm betragen kann. Ein Röntgendetektor misst die Intensität des hindurchgegangenen Strahls. Subtrahiert man diesen Wert von der Intensität des Strahls an der Quelle, erhält man die Absorption (als „Projektion" bezeichnet) entlang des Strahls. Komplizierte mathematische Verfahren, wie die Fourier-Transformation, werden eingesetzt, um alle Absorptionsprojektionen zu analysieren, die von der riesigen Anzahl der aufgenommenen Strahlenscans stammen. Dadurch erhält man die Absorption an jedem Pixel, und man weist jedem Pixel einem der Absorption entsprechenden „Grauwert" zu. Das Bild wird nun aus winzigen Tupfen (Pixeln) mit verschiedenen Graustufen zusammengesetzt. Häufig wird die Absorptionsmenge farbcodiert. Die Farben in dem sich ergebenden Bild („Falschfarben") haben jedoch nichts mit der wirklichen Farbe des Objektes zu tun.

▸ Abbildung 43.22 illustriert, wie ein tatsächliches CT-Bild aussieht. Es ist allgemein anerkannt, dass das CT-Verfahren einige Bereiche der Medizin revolutioniert hat, weil es weniger invasive und/oder genauere Diagnosen zulässt.

Das Verfahren der Computertomographie kann auch auf Ultraschallaufnahmen (Abschnitt 16.9), bei Emissionen von Radioisotopen und bei der Kernspinresonanz angewendet werden, womit wir uns als Nächstes beschäftigen.

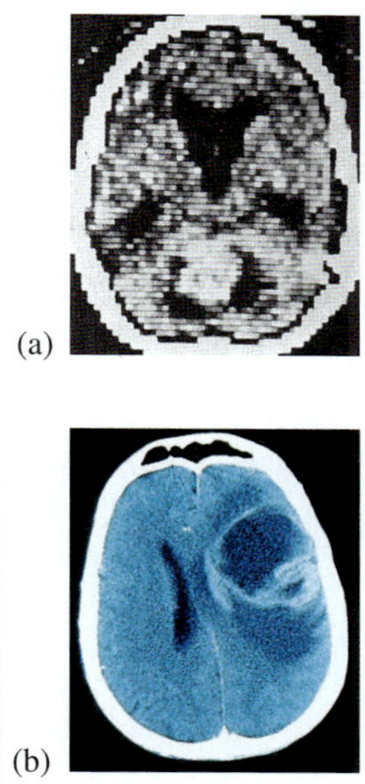

Abbildung 43.22 Zwei CT-Bilder mit verschiedenen Auflösungen. Beide zeigen einen Querschnitt desselben Gehirns. Foto (a) hat eine niedrige Auflösung, Foto (b), mit einer höheren Auflösung, zeigt einen Gehirntumor (dunkles Gebiet rechts).

Emissions-Tomographie

Es ist möglich, die Emissionen eines radioaktiven Indikators (siehe Abschnitt 43.8) in einer einzelnen Ebene oder einem Querschnitt durch einen Körper mithilfe des Verfahrens der Computertomographie bildlich darzustellen. Man kann einen einfachen Gammadetektor (siehe ▸ Abbildung 43.19) um einen Patienten bewegen, um die radioaktive Intensität des Indikators an verschiedenen Punkten und unter verschiedenen Winkeln zu messen; die Daten werden in ziemlich derselben Weise bearbeitet wie bei Röntgen-CT-Scans. Diese Technik wird als **Einzel-Photonen-Emissions-Tomographie** (engl. *single photon emission tomography*, SPET)[5] bezeichnet.

ANGEWANDTE PHYSIK

Medizinische Bildgebung

SPET

5 Auch als SPECT (engl. *single photon emission computed tomography*) bekannt.

PET

Eine andere wichtige Technik ist die **Positronen-Emissions-Tomographie** (PET), die auf Positronen-Strahler, wie beispielsweise $^{11}_{6}C$, $^{13}_{7}N$, $^{15}_{8}O$ und $^{18}_{9}F$, zurückgreift. Diese Isotope sind in Moleküle eingebaut, die sich nach Inhalation oder Injektion in dem Organ oder in dem Bereich des Körpers ansammeln, der untersucht werden soll. Unterliegt ein solches Nuklid dem β^+-Zerfall, bewegt sich das emittierte Positron höchstens ein paar Millimeter, bevor es mit einem gewöhnlichen Elektron zusammenstößt. Bei diesem Stoß annihilieren sich Positron und Elektron, wobei zwei γ-Strahlen ($e^+ + e^- \rightarrow 2\gamma$) emittiert werden. Beide haben eine Energie von 511 keV. Die beiden γ-Strahlen entfernen sich in entgegengesetzte Richtungen ($180^\circ \pm 0{,}25^\circ$), weil sie zur Impulserhaltung nahezu die gleichen und entgegengesetzt gerichteten Impulse haben müssen (die Impulse von e^+ und e^- sind im Vergleich zum Impuls der γ-Strahlen vernachlässigbar). Da sich die Photonen entlang derselben Linie in entgegengesetzten Richtungen bewegen, legt deren gemeinsame Messung, durch um den Patienten ringförmig angeordnete Detektoren (siehe ▸ Abbildung 43.23), sofort die Linie fest, entlang der die Emission stattfand. Könnte man die Zeitdifferenz zwischen der Ankunft der beiden Photonen exakt messen, könnte man die tatsächliche Position des emittierenden Nuklids entlang dieser Linie berechnen. Moderne Elektronik kann die Zeit bestenfalls mit einer Genauigkeit von ± 300 ps messen, so dass die tatsächliche Position bei der Geschwindigkeit der γ-Strahlen ($c = 3 \cdot 10^8$ m/s) mit einer Genauigkeit von etwa $vt \approx (3 \cdot 10^8\,\text{m/s})(300 \cdot 10^{-12}\,\text{s}) \approx 10$ cm bestimmt werden könnte, was nicht sehr sinnvoll ist. Obwohl es in Zukunft möglich sein mag, mithilfe von Flugzeitmessungen die Position zu bestimmen, werden heute stattdessen Methoden der Computertomographie eingesetzt, die denen der CT mit Röntgenstrahlen ähneln. Diese können PET-Bilder mit einer Auflösung von 3 – 5 mm rekonstruieren. Ein großer Vorteil der PET ist, dass keine Kollimatoren notwendig sind (wie bei der Messung von Einzelphotonen – siehe ▸ Abbildung 43.19). Folglich werden bei der PET weniger Photonen „verschwendet", und dem Patienten können geringere Dosen verabreicht werden.

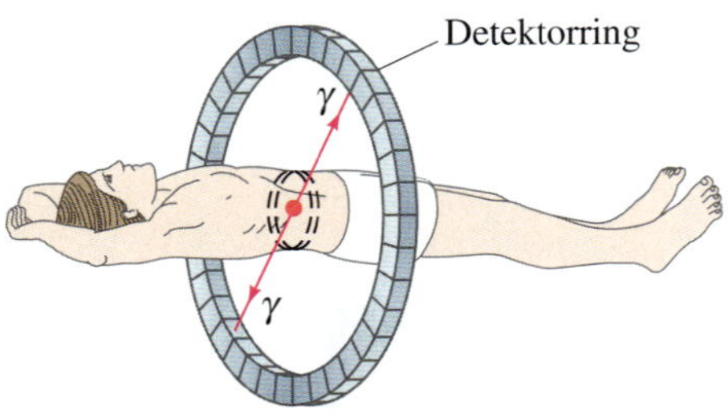

Abbildung 43.23 System zur Positron-Emissions-Tomographie (PET). Dargestellt ist der Detektorring, mit dem die beiden bei der Positron-Elektron-Annihilation im Winkel von 189° zueinander emittierten γ-Strahlen ($e^+ + e^- \rightarrow 2\gamma$) gemessen werden.

Sowohl PET- als auch SPET-Systeme können Bilder liefern, die über die Biochemie, den Stoffwechsel und die Funktionsweise von Körperregionen Auskunft geben. Dies ist vergleichbar mit den CT-Scans mit Röntgenstrahlung, deren Bilder die Form und die Struktur widerspiegeln – also die Anatomie der dargestellten Region.

43.10 Kernspinresonanz (NMR) und bildgebende Kernspintomographie (MRI)

Die Kernspinresonanz (engl. *nuclear magnetic resonance*, NMR) ist ein Phänomen, das bald nach seiner Entdeckung im Jahre 1946 in einer Vielzahl von Fachgebieten, von der Physik bis zur Chemie und Biochemie, zu einem leistungsstarken Forschungswerkzeug wurde. Es ist auch ein wichtiges medizinisches bildgebendes Verfahren. Wir beschäftigen uns zunächst kurz mit dem Phänomen und sehen uns dann dessen Anwendungen an.

Kernspinresonanz (NMR)

Aus Kapitel 40 wissen wir, dass die Energieniveaus in Atomen aufgrund des Drehimpulses oder Spins des Zustands aufgespalten werden, wenn die Atome in ein Magnetfeld **B** gebracht werden (der Zeeman-Effekt). Die Aufspaltung ist proportional zu B und dem magnetischen Moment μ. Auch Kerne haben magnetische Momente (Abschnitt 42.1), und wir untersuchen nur den einfachsten, den Wasserstoffkern (^1_1H), der aus einem einzelnen Proton besteht. Sein Spindrehimpuls (und sein magnetisches Moment) kann in Anwesenheit eines Magnetfeldes, wie beim Elektron, nur zwei Werte annehmen: Spin aufwärts (parallel zum Feld) und Spin abwärts (antiparallel zum Feld), wie in ▸ Abbildung 43.24 angedeutet. In Anwesenheit eines Magnetfeldes spaltet sich die Energie, wie in ▸ Abbildung 43.25

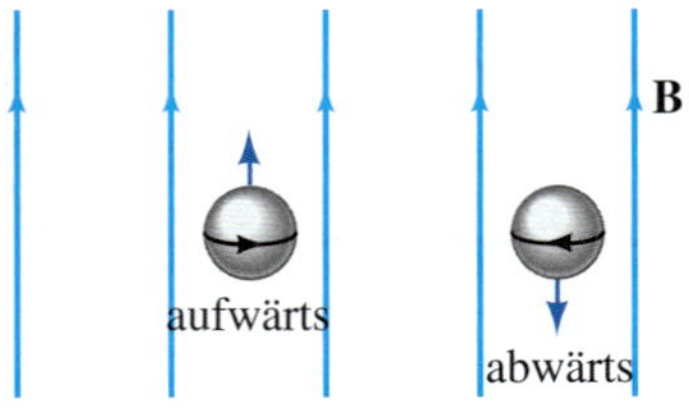

Abbildung 43.24 Schematische Darstellung eines Protons in einem Magnetfeld **B** (aufwärts gerichtet) mit seinen zwei möglichen Spinzuständen, aufwärts und abwärts.

dargestellt, in zwei Zustände auf, wobei der Zustand mit Spin aufwärts (parallel zum Feld) die niedrigere Energie besitzt. Der Zustand mit Spin abwärts erwirbt eine zusätzliche Energie von μB_T, die des Zustands mit Spin aufwärts verringert sich um μB_T (Gleichung 27.12 und Abschnitt 40.7), wobei B_T das Magnetfeld am Kern ist. Die Energiedifferenz zwischen beiden Zuständen (siehe ▶ Abbildung 43.25) ist daher

$$\Delta E = 2\mu_p B_T$$

mit dem magnetischen Moment des Protons μ_p.

Bei der gewöhnlichen Kernspinresonanz (NMR) wird die Probe in ein statisches Magnetfeld gebracht. Ein Radiofrequenzpuls (RF) elektromagnetischer Strahlung (also Photonen) wird auf die Probe gesandt. Wenn die Frequenz dieses Pulses exakt mit der Energiedifferenz zwischen den beiden Energieniveaus (▶ Abbildung 43.25) übereinstimmt, so dass

$$hf = \Delta E = 2\mu_p B_T \tag{43.11}$$

gilt, werden die Photonen des RF-Pulses absorbiert, wobei viele Kerne von dem niedrigeren Zustand in den höheren gelangen. Es handelt sich dabei um ein Resonanzphänomen, da eine signifikante Absorption nur dann stattfindet, wenn f in der Nähe von $f = 2\mu_p B_T/h$ liegt; daher der Name „Kernspinresonanz". Beim ${}^1_1$H-Kern muss die Frequenz bei einem Magnetfeld von $B_T = 1{,}0\,\mathrm{T}$ (Beispiel 43.11) 42,58 MHz betragen. Sind die Wasserstoffatome in einem Molekül gebunden, ist das Gesamtmagnetfeld B_T am Kern die Summe aus dem extern angelegten Feld (B_{ext}) und dem lokalen Magnetfeld (B_{loc}), das durch die Elektronen und die Kerne der benachbarten Atome erzeugt wird. Da f proportional zu B_T ist, unterscheidet sich der Wert von f eines gegebenen externen Feldes bei gebundenen Wasserstoffatomen geringfügig von dem bei freien Atomen:

$$hf = 2\mu_p (B_{ext} - B_{loc}) .$$

Diese messbare Frequenzänderung wird als „chemische Verschiebung" bezeichnet. Mithilfe dieser NMR-Technik hat man sehr viel über die Struktur von Molekülen und deren Bindungen gelernt.

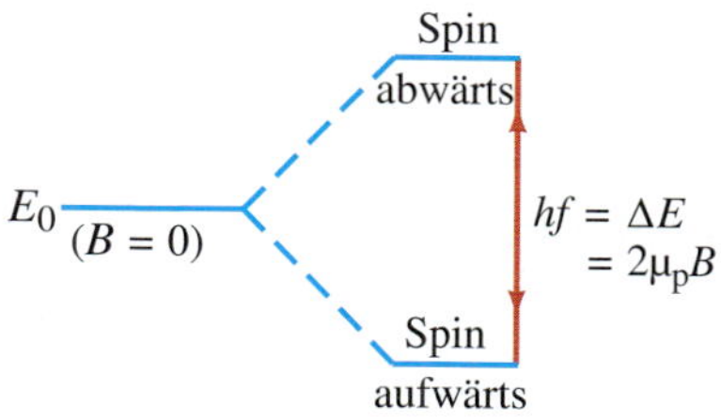

Abbildung 43.25 Die Energie E_0 ohne Magnetfeld spaltet sich in Anwesenheit eines Magnetfeldes in zwei Niveaus auf.

Beispiel 43.11 NMR bei freien Protonen

Berechnen Sie die Resonanzfrequenz bei freien Protonen in einem Magnetfeld von 1,000 T.

Lösung

Aus Abschnitt 42.1 wissen wir, dass das magnetische Moment des Protons

$$\mu_p = 2{,}7928\mu_N = 2{,}7928\left(\frac{e\hbar}{2m_p}\right)$$

ist. Dann gilt

$$f = \frac{\Delta E}{h} = \frac{2\mu_p B}{h} = (2{,}7928)\left(\frac{eB}{2\pi m_p}\right)$$
$$= 2{,}7928\left[\frac{(1{,}6022\cdot 10^{-19}\,\mathrm{C})(1{,}000\,\mathrm{T})}{2\pi(1{,}6726\cdot 10^{-27}\,\mathrm{kg})}\right]$$
$$= 42{,}58\,\mathrm{MHz} .$$

ANGEWANDTE PHYSIK

NMR-Bildgebung (MRI)

Bildgebende Kernspintomographie (MRI)

Zur Erzeugung medizinisch nützlicher NMR-Bilder – heute üblicherweise als MRI (engl. *magnetic resonance imaging*) oder **bildgebende Kernspintomographie** bezeichnet – wird meist das Element Wasserstoff eingesetzt, da es das häufigste Element im menschlichen Körper ist und zu den stärksten NMR-Signalen führt. Die experimentelle Anordnung ist in ▸ Abbildung 43.26 dargestellt. Die großen Spulen erzeugen das statische Magnetfeld, und die FR-Spulen erzeugen die RF-Pulse elektromagnetischer Wellen (Photonen), die bewirken, dass der Kern vom energetisch niedrigeren Zustand in den höheren übergeht (siehe ▸ Abbildung 43.25). Mit denselben Spulen (oder einer anderen Spule) kann die Energieabsorption oder die bei der Rückkehr in den energetisch niedrigeren Zustand emittierte Strahlung (ebenfalls mit der Frequenz $f = \Delta E/h$) gemessen werden.

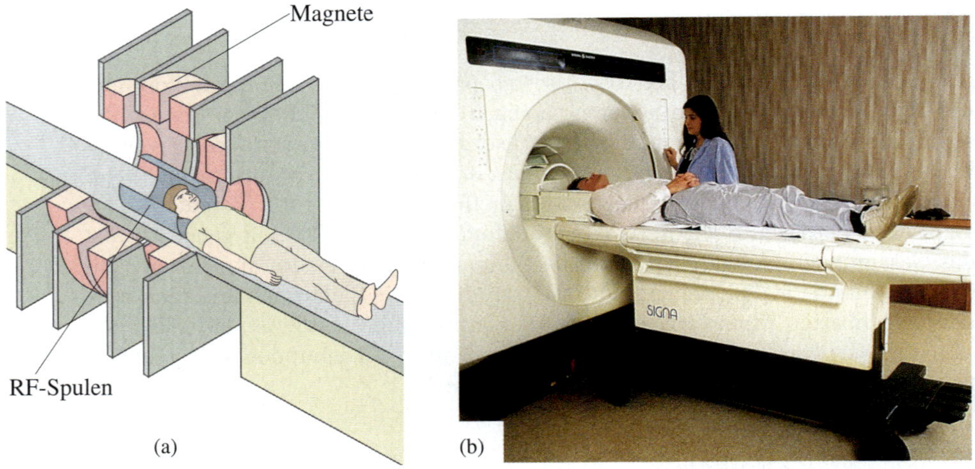

Abbildung 43.26 Typischer Aufbau einer MRI-Anlage: (a) schematische Darstellung; (b) Fotografie.

Zu einem zweidimensionalen oder dreidimensionalen Bild gelangt man mit ähnlichen Verfahren wie bei der Computer-Tomographie (Abschnitt 43.9). Zum Erstellen eines Bildes misst man am einfachsten die Intensität der von vielen verschiedenen Stellen des Körpers absorbierten und/oder wieder emittierten Strahlung, die ein Maß für die Dichte der Wasserstoffatome an der entsprechenden Stelle ist. Wie stellt man jedoch fest, von welcher Stelle des Körpers ein gegebenes Photon stammt? Eine Technik besteht darin, das statische Magnetfeld mit einem Gradienten zu versehen; man legt also anstelle eines gleichförmigen Magnetfeldes B_T ein Feld an, das entlang der Probe (oder des Patienten) in Abhängigkeit vom Ort variiert. Die von den H-Kernen absorbierte Frequenz ist proportional zu B_T (Gleichung 43.11). Nur in einer Ebene innerhalb des Körpers hat N_T den zu einer Absorption von Photonen einer speziellen Frequenz f geeigneten Wert. Durch Variation von f kann die Absorption in verschiedenen Ebenen gemessen werden. Alternativ dazu ist die Frequenz der emittierten Photonen ein Maß für ihren Herkunftsort, wenn der Gradient erst *nach* dem RF-Puls angelegt wird (siehe ▸ Abbildung 43.27). Wenn der in einer Richtung wirkende Magnetfeldgradient während der Anregung (Absorption der Photonen) angelegt wird und Photonen einer einzigen Frequenz ausgesendet werden, dann werden nur H-Kerne in einer dünnen Schicht angeregt. Wendet man bei der Reemission einen Magnetfeldgradienten an, der senkrecht auf dem zuvor eingesetzten steht, dann erhält man durch die Frequenz f der reemittierten Strahlung eine Tiefendarstellung innerhalb dieser Ebene. Man kann auch andere Möglichkeiten der Veränderung des Magnetfeldes über das Körpervolumen verwenden, um die NMR-Frequenz mit dem Ort zu verknüpfen.

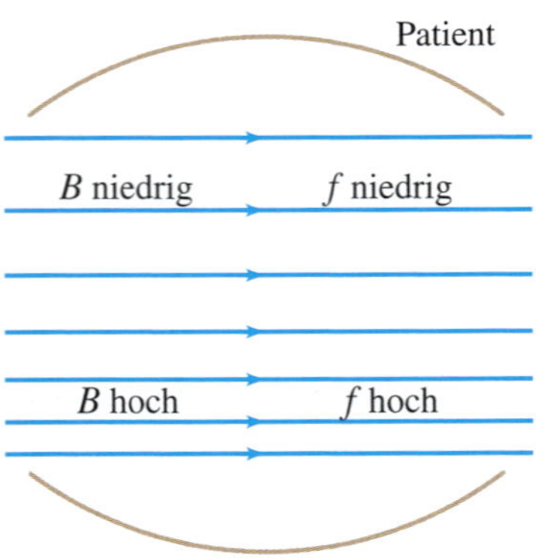

Abbildung 43.27 Ein statisches Magnetfeld, das im unteren Bereich stärker als im oberen ist. Die Frequenz der bei der NMR absorbierten oder emittierten Strahlung ist proportional zu B.

Ein rekonstruiertes Bild auf Basis der Dichte der H-Atome (also der Intensität der absorbierten oder emittierten Strahlung) ist nicht sehr interessant. Nützlicher sind Bilder, die auf der Rate beruhen, mit der die Kerne in den Grundzustand zurückkehren. Solche Bilder können mit einer Auflösung von 1 mm oder besser erzeugt werden. Durch diese NMR-Technik (mitunter als **Spinecho**-Verfahren bezeichnet) kommt man zu Bildern mit großem diagnostischen Wert, sowohl in der Darstellung der Struktur (Anatomie) als auch beim Studium von Stoffwechselfunktionen. Ein NMR-Bild zeigt ▸ Abbildung 43.28.

NMR-Bildgebung wird als nichtinvasive Methode angesehen. Wir können die Energie der beteiligten Photonen berechnen: Wie wir in Beispiel 43.11 bestimmt hatten, ist in einem Magnetfeld mit 1,0 T im Falle von ${}^1_1\mathrm{H}$ $f = 42{,}58$ MHz. Dies entspricht einer Energie von $hf = (6{,}6 \cdot 10^{-34}\,\mathrm{J{\cdot}s})(43 \cdot 10^6\,\mathrm{Hz}) \approx 310^{-26}$ J oder etwa 10^{-7} eV. Da Molekülbindungen im Bereich von 1 eV liegen, können RF-Photonen offensichtlich nur wenig Störungen in den Zellen verursachen. Dies sollte man mit Röntgen- oder γ-Strahlen vergleichen, deren Energien zwischen 10^4 und 10^6 eV liegen, und die somit einen signifikanten Schaden verursachen können. Man glaubt, dass die statischen Magnetfelder trotz ihrer Stärke ($\sim$ 0,1 bis 1 T) harmlos sind, obwohl es auf diesem Gebiet noch ziemlich wenig Forschungsergebnisse gibt.

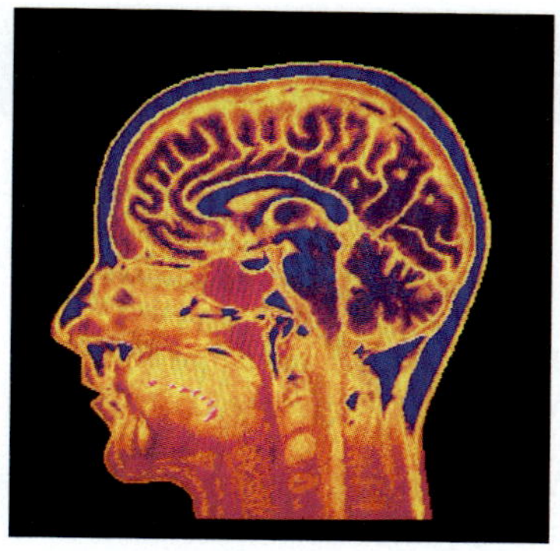

Abbildung 43.28 Falschfarben-NMR-Bild (MRI) eines vertikalen Schnitts durch den Kopf, auf dem Strukturen im normalen Gehirn zu erkennen sind.

Z U S A M M E N F A S S U N G

Eine Kernreaktion läuft ab, wenn zwei Kerne zusammenstoßen und zwei oder mehr Kerne (oder Teilchen) erzeugt werden. Dieser Prozess ist, wie die Radioaktivität, von einer **Transmutation** (Änderung) von Elementen begleitet.

Die **Reaktionsenergie** oder der **Q-Wert** einer Reaktion $\mathrm{a} + \mathrm{X} \to \mathrm{Y} + \mathrm{b}$ ist

$$Q = (M_\mathrm{a} + M_\mathrm{X} - M_\mathrm{Y} - M_\mathrm{b})c^2$$
$$= E^\mathrm{b}_\mathrm{kin} + E^\mathrm{Y}_\mathrm{kin} - E^\mathrm{a}_\mathrm{kin} - E^\mathrm{X}_\mathrm{kin}$$

Der effektive **Wirkungsquerschnitt** einer Reaktion ist ein Maß für die Reaktionswahrscheinlichkeit pro Targetkern.

Bei der **Spaltung** teilt sich ein schwerer Kern, wie beispielsweise Uran, nachdem er von einem Neutron getroffen wurde, in zwei mittelgroße Kerne. ${}^{235}_{92}\mathrm{U}$ kann durch langsame Neutronen gespalten werden, während zur Spaltung anderer Kerne schnelle Neutronen erforderlich sind. Bei der Spaltung wird viel Energie freigesetzt, weil die Bindungsenergie pro Nukleon bei schweren Kernen niedriger ist als bei mittleren Kernen, so dass die Masse eines schweren Kerns größer ist als die Gesamtmasse seiner Spaltprodukte. Beim Spaltungsprozess werden weitere Neutronen freigesetzt, so dass es zu einer **Kettenreaktion** kommen kann. Die **kritische Masse** ist die minimale Brennstoffmasse, die zum Erhalt einer Kettenreaktion benötigt wird. In einem **Kernreaktor** oder bei der Atombombe ist ein Moderator zum Abbremsen der freigesetzten Neutronen notwendig.

Während des **Fusionsprozesses**, bei dem kleinere Kerne zu größeren verschmelzen, wird ebenfalls Energie freigesetzt. Man nimmt an, dass die Sonnenenergie von einer Fusionsreaktion stammt, die als **Proton-Proton-Zyklus** bezeichnet wird. Dabei verschmelzen vier Protonen zu einem ${}^4_2\mathrm{He}$-Kern, wobei über 25 MeV freigesetzt werden. Der experimentelle Nachweis für die Existenz eines arbeitstüchtigen Fusionsreaktors zur Energiegewinnung konnte bisher noch nicht erbracht werden. Dies hängt mit der Schwierigkeit zusammen, den Brennstoff (beispielsweise Deuterium) hinreichend lange bei entsprechend hohen Temperaturen einzuschließen. Dennoch gab es große Fortschritte, was den Einschluss einer Ansammlung geladener Ionen betrifft, die als **Plasma** bezeichnet werden. Die beiden wesentlichen Methoden sind der **magnetische Einschluss** und der **Trägheitseinschluss**. Beim magnetischen Einschluss wird das Plasma in einem Gerät, wie dem toroidförmigen **Tokamak**, mithilfe eines Magnetfeldes gefangen. Beim Trägheitseinschluss komprimieren intensive Laserstrahlen ein Brennstofftröpfchen aus Deuterium und Tritium.

Strahlung kann an Material, einschließlich biologischem Gewebe, Schaden verursachen. Die quantitative Festlegung von Strahlungsmengen ist Gegenstand der **Dosimetrie**. Das **Curie** (Ci) und das **Becquerel** (Bq) sind Einheiten zur Messung der **Quellenaktivität** oder der Zerfallsrate einer Probe: $1\,\mathrm{Ci} = 3{,}70 \cdot 10^{10}$ Zerfälle pro Sekunde, dagegen ist $1\,\mathrm{Bq} = 1$ Zerfall pro Sekunde. Die **aufgenommene Dosis**, häufig in **rad** angegeben, misst die pro Masseneinheit im absorbierenden Material hinterlassene Energiemenge: 1 rad ist die Strahlungsmenge, die Energie mit einer Rate von 10^{-2} J/kg im Material hinterlässt. Die SI-Einheit für die aufgenommene Dosis ist das **Gray**: $1\,\mathrm{Gy} = 1\,\mathrm{J/kg} = 100\,\mathrm{rad}$. Die **effektive Dosis** wird häufig in **rem** = rad · QF angegeben, wobei QF der „Qualitätsfaktor" einer gegebenen Strahlungsart ist; 1 rem jeder Strahlungsart verursacht in etwa denselben biologischen Schaden. Die pro Person pro Jahr empfangene mittlere Dosis beträgt in den Vereinigten Staaten etwa 0,36 rem. Die SI-Einheit für die effektive Dosis ist das **Sievert**: $1\,\mathrm{Sv} = 10^2$ rem.

Z U S A M M E N F A S S U N G

Verständnisfragen

1 Ergänzen Sie die fehlenden Teilchen oder Kerne: (a) $^{137}_{56}\mathrm{Ba}(\mathrm{n},\gamma)$?; (b) $^{137}_{56}\mathrm{Ba}$ (n, ?) $^{137}_{55}\mathrm{Cs}$; (c) $^{2}_{1}\mathrm{H}(\mathrm{d},?)^{4}_{2}\mathrm{He}$; (d) $^{197}_{79}\mathrm{Au}$ (α, d)?. Dabei steht d für Deuterium.

2 Das Isotop $^{32}_{15}\mathrm{P}$ wird bei einer (n, p)-Reaktion erzeugt. Was ist der Targetkern?

3 Wird $^{22}_{11}\mathrm{Na}$ mit Deuteronen ($^{2}_{1}\mathrm{H}$) beschossen, kommt es zur Emission eines α-Teilchens. Welcher Kern entsteht dabei?

4 Weshalb eignen sich Neutronen so gut als Projektile zum in Gang setzen von Kernreaktionen?

5 Ein Proton trifft einen $^{20}_{10}\mathrm{Ne}$-Kern und ein α-Teilchen wird emittiert. Was ist der verbleibende Kern? Schreiben Sie die Reaktionsgleichung auf.

6 Sind Spaltfragmente β^+- oder β^--Strahler?

7 Wäre eine Kettenreaktion möglich, wenn bei der Spaltung von $^{235}_{92}\mathrm{U}$ im Mittel nur 1,5 Neutronen freigesetzt würden? Was wäre im positivem Fall anders?

8 $^{235}_{92}\mathrm{U}$ setzt im Mittel 2,5 Neutronen pro Spaltung frei, bei $^{239}_{94}\mathrm{Pu}$ sind es im Vergleich dazu 2,9. Bei welchem dieser beiden Kerne wäre Ihrer Ansicht nach die kritische Masse einer reinen Probe geringer?

9 Die Energie wird bei der Kernspaltung in Form von thermischer Energie freigesetzt – aber thermische Energie wovon?

10 Weshalb kann Uran nicht chemisch angereichert werden?

11 Wie kann ein Neutron, dass praktisch keine kinetische Energie besitzt, einen Kern in dem in ► Abbildung 43.4 gezeigtem Maße anregen?

12 Weshalb ist es wahrscheinlicher, dass ein poröser, unter Wasser gehaltener Uranblock explodiert als ein an der Luft aufbewahrter?

13 Ein Reaktor, bei dem hoch angereichertes Uran eingesetzt wird, kann mit gewöhnlichem Wasser (anstelle von schwerem Wasser) als Moderator betrieben werden. Dabei kommt es noch immer zu der selbsterhaltenden Kettenreaktion. Erklären Sie, warum.

14 Weshalb müssen beim Spaltungsprozess Neutronen freigesetzt werden, wenn er nutzbar sein soll?

15 Diskutieren Sie die jeweiligen Vorzüge und Nachteile, einschließlich der Verschmutzung und der Sicherheit, der Energiegewinnung durch fossile Brennstoffe, durch Kernspaltung und durch Kernfusion.

16 Warum gibt es in einem Kernreaktor das „sekundäre System“ (siehe ► Abbildung 43.9)? Mit anderen Worten: Weshalb wird das durch den Brennstoff im Kernreaktor erwärmte Wasser nicht unmittelbar zum Antrieb der Turbinen benutzt?

17 Diskutieren Sie, wie sich der Gang der Geschichte hätte ändern können, wenn die Wissenschaftler es während des zweiten Weltkrieges abgelehnt hätten, die Atombombe zu entwickeln. Wäre es Ihrer Ansicht nach möglich gewesen, den Bau der Atombombe auf unbestimmte Zeit zu verschieben?

18 Die Forschungen in der Molekularbiologie richten sich darauf, genetische Manipulationen am Erbgut des Menschen ausführen zu können. Die moralischen Folgen zukünftiger Entdeckungen in dieser Richtung haben zu der Warnung geführt, dass es sich dabei um das molekularbiologische „Hiroshima“ handeln könnte. Diskutieren Sie dies.

19 Gilt $E = mc^2$ bei (a) der Spaltung, (b) der Fusion, (c) Kernreaktionen?

20 Die von der Sonne und anderen Sternen in Form von Licht emittierte Energie stammt aus dem Fusionsprozess. Welche Bedingungen im Innern der Sterne machen dies möglich?

21 Wie bewerkstelligen die Sterne, darunter auch die Sonne, den Einschluss des Plasmas bei der Fusion?

22 Worin besteht der grundlegende Unterschied zwischen der Spaltung und der Fusion?

23 Menschen, die mit Metallen zu tun haben, die α-Teilchen emittieren, wissen, dass wenig Gefahr in der Umgebung oder sogar bei der Berührung des Metalls besteht. Dagegen müssen extreme Vorsichtsmaßnahmen getroffen werden, um eine direkte Aufnahme in den Körper zu verhindern. Daher gibt es strenge Verbote, während der Arbeit zu essen und zu trinken und das Metall zu bearbeiten. Weshalb ist das so?

24 Warum ist die empfohlene maximale Strahlendosis für ältere Frauen, die das gebärfähige Alter überschritten haben, höher als für jüngere Frauen?

25 Zur Zündung des Deuterium-Deuterium-Gemischs sind höhere Temperaturen erforderlich als beim Deuterium-Tritium-Gemisch. Erklären Sie diesen Sachverhalt.

26 Strahlung wird mitunter zur Sterilisation medizinischer Geräte und selbst der Nahrung benutzt. Erklären Sie, wie dies funktioniert.

27 Wie können Indikatoren eingesetzt werden, um eine undichte Stelle in einem Rohr zu finden?

Aufgaben zu 43.1

1 (I) Natürliches Aluminium ist $^{27}_{13}$Al. Um welches Element handelt es sich nach Absorption eines Neutrons? Findet ein β^+- oder ein β^--Zerfall satt? Was ist der Produktkern?

2 (I) Bestimmen Sie, ob die Reaktion $^2_1$H(d, n)$^3_2$He eine Schwellenenergie erfordert? (d steht für Deuterium, $^2_1$H.)

3 (I) Ist die Reaktion $^{238}_{92}$U(n, γ)$^{239}_{92}$U mit langsamen Neutronen möglich? Erläutern Sie Ihre Antwort.

4 (II) Benötigt die Reaktion $^7_3$Li(p, α)$^4_2$He Energie oder wird Energie freigesetzt? Um wie viel Energie handelt es sich?

5 (II) Berechnen Sie die bei der Reaktion $^9_4$Be(α, n)$^{12}_6$C freigesetzte (oder notwendige) Energie.

6 (II) (a) Kann die Reaktion $^{24}_{12}$Mg(n, d)$^{23}_{11}$Na ablaufen, wenn die Projektilteilchen eine kinetische Energie von 10,00 MeV besitzen? (b) Wie viel Energie wird im positivem Fall freigesetzt?

7 (II) (a) Kann die Reaktion $^7_3$Li(p, α)$^4_2$He ablaufen, wenn das einfallende Proton eine kinetische Energie von 2500 keV besitzt? (b) Wie groß ist die kinetische Gesamtenergie der Reaktionsprodukte im positivem Fall?

8 (II) Bei der Reaktion $^{14}_7$N(α, p)$^{17}_8$O haben die einfallenden α-Teilchen eine kinetische Energie von 7,68 MeV. (a) Kann diese Reaktion ablaufen? (b) Wie groß ist die kinetische Gesamtenergie im positivem Fall? Die Masse von $^{17}_8$O ist 16,999131 u.

9 (II) Berechnen Sie den Q-Wert der „Einfangs"-Reaktion $^{16}_8$O(α, γ)$^{20}_{10}$Ne.

10 (II) Berechnen Sie die kinetische Gesamtenergie der Reaktionsprodukte bei der Reaktion $^{13}_6$C(d, n)$^{14}_7$N, wenn das einfallende Deuteron (d) eine Energie von E_{kin} = 36,3 MeV hat.

11 (II) Ein Beispiel für eine Abstreifreaktion ist $^6_3$Li(d, p)X. (a) Welcher Kern X entsteht? (b) Weshalb wird dies als Abstreifreaktion bezeichnet? (c) Wie groß ist der Q-Wert dieser Reaktion? Ist die Reaktion endotherm oder exotherm?

12 (II) Ein Beispiel für eine Aufpickreaktion ist $^{12}_6$C($^3_2$He, α)X. (a) Weshalb wird dies als Aufpickreaktion bezeichnet? (b) Welcher Kern entsteht? (c) Wie groß ist der Q-Wert dieser Reaktion? Ist die Reaktion endotherm oder exotherm?

13 (II) (a) Vervollständigen Sie die folgende Kernreaktion ?(p, γ)$^{32}_{16}$S. (b) Wie groß ist der Q-Wert?

14 (III) Zeigen Sie mithilfe der Energie- und Impulserhaltung, dass das Projektilproton eine Energie von 3,23 MeV haben muss, damit die Reaktion $^{13}_6$C(p, n)$^{13}_7$N ablaufen kann. (Siehe Beispiel 43.3).

Aufgaben zu 43.2

15 (I) Wie groß ist der effektive Wirkungsquerschnitt beim Stoß zweier harter Kugeln mit den Radien R_1 und R_2?

16 (I) Der Wirkungsquerschnitt der Reaktion n $+^{10}_5$ B $\rightarrow^7_3$ Li $+^4_2$ He ist bei einem einfallenden Neutron mit niedriger Energie (kinetische Energie ≈ 0) etwa 40 b. Das Bor ist in einem Gas mit $n = 1{,}7 \cdot 10^{21}$ Kernen/m^2 enthalten, und das Target besitzt eine Dicke von $t = 12{,}0$ cm. Welcher Anteil der einfallenden Neutronen wird gestreut?

17 (II) Bei einem dicken Target ist die Rate, mit der die Projektilteilchen mit den Kernen zusammenstoßen, im hinteren Teil des Targets geringer als im vorderen, da es in den vorderen Schichten zu einer gewissen Streuung (also zu Stößen) kommt. Sei R_0 die Rate, mit der die einfallende Teilchen den vorderen Teil des Targets treffen, und R_x die Rate an der Stelle x innerhalb des Targets (an der Stelle $x = 0$ gilt $R_x = R_0$). Zeigen Sie, dass dann die Rate, mit der Teilchen gestreut werden (und deshalb dem einfallenden Strom verloren gehen) in der Dicke dx gleich $-\mathrm{d}R_x = R_x n\sigma\,\mathrm{d}x$ ist. Das Minuszeichen bedeutet, dass R_x fällt. n ist die Anzahl der Kerne pro Volumeneinheit. Zeigen Sie anschließend, dass mit dem Gesamtwirkungsquerschnitt σ die Gleichung $R_x = R_0 \mathrm{e}^{-n\sigma x}$ gilt. Was bedeutet $R_x = R_0 \mathrm{e}^{-n\sigma t}$, wenn die Dicke des Target t ist?

18 (II) Ein 1,0 cm dickes Bleitarget reduziert einen γ-Strahl auf 30 Prozent seiner ursprünglichen Intensität. Welche Dicke des Bleitargets führt dazu, dass nur noch ein γ-Teilchen von 10^6 das Target durchdringt (siehe Aufgabe 17)?

19 (II) Schätzen Sie anhand von ► Abbildung 43.3 ab, welche Dicke von Cd ($\rho = 8650\,\mathrm{kg/m^3}$) zu einer 1-prozentigen Reaktionsrate $(R/R_0) = 0.01$ bei (a) Neutronen mit 0,1 eV und (b) Neutronen mit 10 eV führt.

Aufgaben zu 43.3

20 (I) Berechnen Sie die bei der Spaltungsreaktion $n + {}^{235}_{92}U \rightarrow {}^{88}_{38}Sr + {}^{136}_{54}Xe + 12n$ freigesetzte Energie. Verwenden Sie Anhang D und nehmen Sie an, dass die kinetische Anfangsenergie des Neutrons sehr klein ist.

21 (I) Welche Energie wird bei der Spaltungsreaktion aus Gleichung 43.5 freigesetzt? (Die Massen von ${}^{141}_{56}Ba$ und ${}^{92}_{36}Kr$ sind 140,91440 u beziehungsweise 91,92630 u.)

22 (I) Wie viele Spaltungen finden pro Sekunde in einem Reaktor mit 200 MW statt? Nehmen Sie an, dass pro Spaltung 200 MeV freigesetzt werden.

23 (II) Angenommen, der mittlere Energieverbrauch beträgt in einem gewöhnlichen Haus tags- und nachtsüber 300 W. Welche Anfangsmasse von ${}^{235}_{92}U$ muss gespalten werden, um den Energiebedarf eines solchen Hauses für ein Jahr zu decken? (Gehen Sie von einer 100-prozentigen Effizienz und von einer pro Spaltung freigesetzten Energie von 200 MeV aus.)

24 (II) Welche Anfangsmasse von ${}^{235}_{92}U$ ist erforderlich, um einen Reaktor mit 500 MW ein Jahr lang zu betreiben? Gehen Sie von einer 40-prozentigen Effizienz aus.

25 (II) Das bei einer Spaltungsreaktion mit 1,0 MeV emittierte Neutron verliert bei einem Stoß mit einem Moderatorkern die Hälfte seiner kinetischen Energie. Wie viele Stöße müssen stattfinden, damit die thermische Energie ($\frac{3}{2}kT = 0{,}040$ eV) erreicht wird?

26 (II) Angenommen, der Neutronenvervielfachungsfaktor beträgt 1,0004. Um welchen Faktor erhöht sich die Reaktionsrate innerhalb einer Sekunde, wenn die mittlere Zeit zwischen zwei aufeinanderfolgenden Spaltungen in einer Kettenreaktion 1,0 ms beträgt?

27 (II) Schätzen Sie das Verhältnis der Höhe der Coulomb-Barriere beim α-Zerfall zu der bei der Spaltung von ${}^{235}_{92}U$ ab. (Beide werden durch eine potenzielle Energie der in ► Abbildung 42.6 dargestellten Form beschrieben.)

28 (II) Angenommen, es findet eine Spaltung von ${}^{236}_{92}U$ in zwei im Wesentlichen gleich große Fragmente statt. Schätzen Sie die elektrische potenzielle Energie genau in dem Moment ab, wenn sich die beiden Fragmente voneinander trennen. Gehen Sie von kugelförmigen Fragmenten aus (siehe Gleichung 42.1), und vergleichen Sie Ihr Ergebnis mit der freigesetzten Kernspaltungsenergie von etwa 200 MeV.

Aufgaben zu 43.4

29 (I) Wie groß ist die mittlere kinetische Energie von Protonen im Inneren eines Sterns, wo Temperaturen von 10^7 K herrschen?

30 (II) Zeigen Sie, dass die bei der Fusionsreaktion ${}^{2}_{1}H + {}^{3}_{1}H \rightarrow {}^{4}_{2}He + n$ freigesetzte Energie 17,59 MeV ist.

31 (II) Zeigen Sie, dass die freigesetzte Energie 3,27 eV beträgt, wenn zwei Deuteriumkerne zu ${}^{3}_{2}He$ fusionieren.

32 (II) Überprüfen Sie die bei den Reaktionen in den Gleichungen 43.6 angegebenen Q-Werte. (*Hinweis*: Achten Sie auf die Elektronen.)

33 (II) Berechnen Sie die bei den Reaktion aus den Gleichungen 43.8a, b und c pro Gramm Brennstoff freigesetzte Energie. Vergleichen Sie die Ergebnisse mit der pro Gramm bei der Uranspaltung freigesetzten Energie.

34 (II) Welche Menge Deuteriumbrennstoff müsste innerhalb eines Jahres mindestens eingesetzt werden, um den Energiebedarf eines gewöhnlichen Hauses von im Mittel 300 W pro Tag zu decken? Gehen Sie von der Reaktion aus Gleichung 43.8b aus.

35 (II) Zeigen Sie, dass die von dem ${}^{4}_{2}He$-Kern und dem Neutron bei der Reaktion aus Gleichung 43.8c davongetragenen Energien 3,5 MeV beziehungsweise 14 MeV betragen. Handelt es sich dabei im feste Werte, die unabhängig von der Plasmatemperatur sind?

36 (II) Nehmen Sie an, dass ein Fusionsreaktor mit den „d-d"-Reaktionen aus Gleichung 43.8a und b arbeitet. Schätzen Sie ab, wie viel Wasser als Brennstoff pro Stunde gebraucht wird, um einen Reaktor mit 1000 MeV zu betreiben. Gehen Sie von einer 30-prozentigen Effizienz aus.

37 (II) Wie viel Energie (J) enthält 1,00 kg Wasser, wenn bei der Fusionsreaktion aus Gleichung 43.8a natürliches Deuterium eingesetzt wird? Vergleichen Sie das Ergebnis mit der Energie von 510^7 J, die man bei der Verbrennung von 1,0 kg Benzin gewinnt.

38 (III) Man nimmt an, dass die von einem massereichen Stern abgegebene Energie aus dem *Kohlenstoff-Stickstoff-Zyklus* gewonnen wird (siehe Text). (a) Zeigen Sie, dass in diesem Zyklus kein Kohlenstoff verbraucht wird, und dass der Nettoeffekt derselbe wie beim Proton-Proton-Zyklus ist. (b) Wie groß ist die insgesamt freigesetzte Energie? (c) Bestimmen Sie die bei jeder Reaktion und jedem Zerfall abgegebene Energie.

(d) Weshalb ist für den Kohlenstoff-Stickstoff-Zyklus eine höhere Temperatur erforderlich ($\approx 210^7$ K) als beim Proton-Proton-Zyklus ($\approx 1{,}5 \cdot 10^7$ K)?

39 (III) (a) Vergleichen Sie die für die erste Reaktion des Kohlenstoff-Stickstoff-Zyklus erforderliche Energie mit der für die Deuteron-Tritium-Reaktion erforderlichen Energie (Beispiel 43.8). (b) Schätzen Sie die für die erste Reaktion des Kohlenstoff-Stickstoff-Zyklus' notwendige Temperatur ab, wenn die Deuteron-Tritium-Reaktion eine Temperatur von $T \approx 310^8$ K erfordert.

40 (III) Ein Deuterium-Tritium-Pellet in einer Laser-Fusionsapparatur enthält gleich viele $^2_1$H- und $^3_1$H-Atome, die durch die Laserpulse auf eine Dichte von $200 \cdot 10^3\,\mathrm{kg/m^3}$ gebracht werden. Schätzen Sie (a) die Dichte der α-Teilchen in diesem verdichteten Zustand und (b) die Zeitdauer τ ab, die das Tröpfchen eingeschlossen bleiben muss, damit das Lawson-Kriterium für die Zündung erreicht wird.

Aufgaben zu 43.6

41 (I) Eine Verabreichung einer Dosis von 4,0 Sv von γ-Strahlen über eine kurze Periode wäre für die Hälfte der Menschen tödlich. Wieviel Gray entspricht dies?

42 (I) Zu wie viel rad Röntgenstrahlung sind fünfzig rad α-Strahlung im Hinblick auf den biologischen Schaden äquivalent?

43 (I) Wie viel rad langsamer Neutronen verursachen genauso viel biologischen Schaden wie 50 rad schneller Neutronen?

44 (I) Wie viel Energie wird in einem 70 kg schweren Erwachsenen hinterlassen, der einer Dosis von 50 rad ausgesetzt wird?

45 (II) Zur Untersuchung mit Indikatoren wird einem Tier eine $^{32}_{15}$P-Probe mit 0,025μCi injiziert. Wie groß ist die Zählrate, wenn der Geiger-Zähler 20 Prozent der emittierten β-Teilchen registriert und Sie von einer Effizienz von 90 Prozent ausgehen.

46 (II) Ein β^--Strahler wird in Form einer $^{32}_{15}$P-Quelle (aus $NaHPO_4$) mit 1,0 mCi in ein Organ implantiert, dem 36 Gy verabreicht werden sollen. Die Halbwertszeit von $^{32}_{15}$P beträgt 14,3 Tage, und 1 mCi setzt etwa 10 mGy/min frei. Wie lange sollte die Probe ungefähr implantiert bleiben?

47 (II) Etwa 35 eV sind zur Erzeugung eines Ionenpaares in der Luft notwendig. Zeigen Sie, dass dies mit den beiden im Text angegebenen Definitionen des Röntgen konsistent ist.

48 (II) $^{57}_{27}$Co emittiert γ-Strahlen mit 122 keV. Wie groß wäre die über den gesamten Körper gemittelte Dosis (Gy/Tag), wenn eine 70 kg schwere Person $^{57}_{27}$Co mit 1,85μCi verschluckt? Nehmen Sie an, dass 50 Prozent der Energie der γ-Strahlung im Körper verbleibt.

49 (II) Wie groß ist die Masse einer $^{14}_{6}$C-Quelle mit 1,00 µCi?

50 (II) Riesige Mengen des radioaktiven $^{131}_{53}$I wurden während des Tschernobyl-Unfalls im Jahre 1986 freigesetzt. Jod setzt sich chemisch in der menschlichen Schilddrüse ab. (Ärzte können es zur Diagnose und zur Behandlung von Schilddrüsenerkrankungen verwenden.) Bei einer gesunden Schilddrüse kann die $^{131}_{53}$I-Absorption Schäden in der Schilddrüse verursachen. (a) Schreiben Sie das Zerfallsschema für $^{131}_{53}$I auf. (b) Seine Halbwertszeit beträgt 8,0 Tage. Wie lange würde es dauern, bis von dem aufgenommenem $^{131}_{53}$I nur noch 10 Prozent der ursprünglichen Menge übrig sind? (c) Die Absorption von 1 mCi von $^{131}_{53}$I kann schädlich sein. Welcher Masse von Jod entspricht dies?

51 (II) Angenommen, ein Liter Milch besitzt aufgrund seines $^{40}_{19}$K-Anteils typischerweise eine Aktivität von 2000 pCi. Schätzen Sie die pro Jahr aufgenommene Gesamtdosis (in Sv und rem) ab, wenn jemand zwei Gläser (0,5 l) pro Tag davon trinkt? Gehen Sie von der einfachen Vorstellung aus, dass die Milch 12 h im Magen verweilt und anschließend abgegeben wird. Nehmen Sie außerdem an, dass, sehr grob geschätzt, 10 Prozent der pro Zerfall freigesetzten Energie von 1,5 MeV vom Körper aufgenommen werden. Vergleichen Sie Ihr Ergebnis mit der gewöhnlich zulässigen Jahresdosis. Wiederholen Sie die Abschätzung, wenn es sich (a) um einen 50 kg schweren Erwachsenen und (b) um ein 5 kg schweres Baby handelt.

52 (II) Radongas, $^{222}_{86}$Rn, wird als eine ernsthafte Gesundheitsgefährdung angesehen (siehe Diskussion im Text). Es zerfällt unter α-Emission. (a) Was ist der Tochterkern? (b) Ist der Tochterkern stabil oder radioaktiv? (c) Handelt es sich beim Tochterkern ebenfalls um ein Edelgas oder reagiert er chemisch? (d) Angenommen 1,0 ng von $^{222}_{86}$Rn sickert in einen Keller. Wie groß ist dessen Aktivität? Wie groß ist die Aktivität einen Monat später, wenn der Keller anschließend versiegelt wurde?

Aufgaben zu 43.9

53 (II) (a) Gehen Sie davon aus, dass die Röntgenstrahlen bei einer gewöhnlichen Röntgenaufnahme als parallel angesehen werden können. Wie groß ist die Auflösung der Aufnahme? (b) Gehen Sie stattdessen davon aus, dass die Röntgenstrahlen von einer Punktquelle stammen (wie in ▶ Abbildung 43.20a), die sich 15 cm vor einem 25 cm dicken menschlichen Körper befindet, und dass der Film gegen den Rücken der Person gepresst wird. Bestimmen und diskutieren Sie den sich ergebenden Auflösungsbereich.

Aufgaben zu 43.10

54 (I) Berechnen Sie die Wellenlänge von Photonen, die NMR-Übergänge in freien Protonen in einem Magnetfeld mit 1,000 T bewirken sollen. In welchem Bereich des elektromagnetischen Spektrums liegt diese Wellenlänge?

Allgemeine Aufgaben

55 J. Chadwick entdeckte das Neutron, als er $^{9}_{4}$Be mit dem damals populären Projektil, den α-Teilchen, beschoss. (a) Eines der Reaktionspodukte war das bis dahin unbekannte Neutron. Worum handelte es sich bei dem anderen Produkt? (b) Wie ist der Q-Wert dieser Reaktion?

56 Fusionstemperaturen werden häufig in keV angegeben. Bestimmen Sie den Umrechnungsfaktor von Kelvin in keV, wenn sie, wie in diesem Bereich üblich, $\overline{K} = kT$ ohne den Faktor $\frac{3}{2}$ verwenden.

57 Eine Möglichkeit zur Anreicherung von Uran besteht in der Gasdiffusion von UF_6. Berechnen Sie das Verhältnis der Molekülgeschwindigkeiten dieses Gases, das $^{235}_{92}$U und $^{238}_{92}$U enthält, wovon dieser Prozess abhängt.

58 (a) Welche Masse $^{235}_{92}$U wurde bei der ersten Atombombe tatsächlich gespalten, deren Energie etwa der von 20 Kilotonnen TNT entsprach (1 Kilotonne TNT setzt $5 \cdot 10^{12}$ J frei)? (b) Wie groß war die in Energie umgewandelte tatsächliche Masse?

59 In einer Stadt beträgt die über das Jahr gemittelte Hintergrundstrahlung 21 mrad Röntgen- und γ-Strahlung und 3,0 mrad von Teilchen mit einem QF von 10. Wie viel rem erhält eine Person im Jahr im Mittel?

60 Deuterium macht 0,015 Prozent des natürlichen Wasserstoffs aus. Schätzen Sie das Gesamtvorkommen an Deuterium in der Ozeanen der Erde grob ab. Schätzen Sie die freigesetzte Gesamtenergie ab, wenn das gesamte Vorkommen in einem Fusionsreaktor benutzt würde.

61 Eine abgeschirmte γ-Quelle gibt eine Dosis mit der Rate von 0,052 rad/h in einer Entfernung von 1,0 m auf eine mittelgroße Person ab. In welcher Entfernung von der Quelle können Menschen arbeiten, wenn eine Maximaldosis mit einer Rate von 5,0 rem/a für einen Arbeiter zulässig ist. Gehen Sie von einer 40 h-Woche aus. Nehmen Sie an, dass die Strahlungsintensität mit dem Quadrat der Entfernung abfällt. (Tatsächlich fällt sie aufgrund der Absorption in der Luft etwas schneller als $1/r^2$ ab, so dass die obige Antwort einen Wert beinhaltet, der besser als der zulässige ist.)

62 Radongas, $^{222}_{86}$Rn, wird durch α-Zerfall gebildet. (a) Schreiben Sie die Zerfallsgleichung auf. (b) Schätzen Sie die kinetische Energie der erzeugten α-Teilchen ab, wenn Sie die kinetische Energie des Tochterkerns (aufgrund seiner großen Masse) ignorieren. (c) Schätzen Sie den Impuls des α-Teilchens und des Tochterkerns ab. (d) Schätzen Sie die kinetische Energie des Tochterkerns ab, und zeigen Sie, dass Ihre Näherung in (b) berechtigt war.

63 Die Reaktion $^{18}_{8}$O(p, n)$^{18}_{9}$F erfordert eine Energiezufuhr von 2,453 MeV. Wie groß ist die Masse des $^{18}_{9}$F?

64 Betrachten Sie ein System von Kernkraftwerken, das 3400 MW erzeugt. (a) Welche Gesamtmasse an $^{235}_{92}$U-Brennstoff wäre erforderlich, um diese Kraftwerke ein Jahr zu betreiben? Gehen Sie davon aus, dass pro Spaltung 200 MeV freigesetzt werden. (b) Typischerweise 6 Prozent der $^{235}_{92}$U-Kerne zerfallen zu $^{90}_{38}$Sr, einem β^--Strahler mit einer Halbwertszeit von 29 Jahren. Wie groß ist die in einem Jahr insgesamt erzeugte Radioaktivität von $^{90}_{38}$Sr in Curie? (Vernachlässigen Sie die Tatsache, dass einige $^{90}_{38}$Sr-Kerne im Verlaufe des Jahres zerfallen.)

65 Bei der Nettoreaktion, Gleichung 43.7, des Proton-Proton-Zyklus in der Sonne entweichen die Neutrinos mit einer Energie von etwa 0,5 MeV. Die verbleibende Energie von 26,2 MeV steht der Sonne zur Verfügung. Benutzen Sie diesen Wert, um die „Verbrennungswärme" pro Kilogramm Wasserstoffbrennstoff zu berechnen, und vergleichen Sie dies mit der Verbrennungswärme von Kohle, die etwa $3 \cdot 10^7$ J/kg beträgt.

66 Die Energie der Sonne erreicht die Erde mit einer Rate von etwa 1400 W/m^2. Berechnen Sie (a) die von der Sonne insgesamt abgegebene Energie und (b) die Anzahl der von der Reaktion aus Gleichung 43.7 pro Sekunde benötigten Protonen, wenn Sie annehmen, dass dies die alleinige Energiequelle der Sonne ist. (c) Angenommen, die Sonne mit einer Masse von $2{,}0 \cdot 10^{30}$ kg würde ursprünglich ausschließlich aus Protonen bestehen und alle könnten an den Kernreaktionen im Inneren der Sonne teilnehmen. Wie lange würde die Sonne mit ihrer jetzigen Rate weiter „glühen"?

67 Schätzen Sie ab, wie viele Sonnenneutrinos eine Zimmerdecke mit dem Flächeninhalt 100 m^2 in einer geografischen Breite von 40° im Jahr durchdringen. (*Hinweis*: Siehe Aufgabe 65 und 66.)

68 Zeigen Sie mithilfe der Energie- und Impulserhaltung, dass die minimale kinetische Energie des Projektilteilchens bei einer endothermen Kernreaktion (die *Grenzenergie*) gleich $[-Qm_{\mathrm{pr}}/(m_{\mathrm{pr}} - m_{\mathrm{b}})]$ ist. Dabei ist $-Q$ die erforderliche Energie (Gesamtmassendifferenz der Reaktionsprodukte und der Reaktanten), m_{b} die Ruhemasse des Projektilteilchens und m_{pr} die Gesamtruhemasse der Reaktionsprodukte. Nehmen Sie an, dass sich der Targetkern vor der Wechselwirkung in Ruhe befindet und alle Teilchen nichtrelativistisch sind.

69 Die frühen, um 1910 im Labor von Ernest Rutherford in England ausgeführten Streuexperimente erbrachten den Beweis, dass ein Atom aus einem schweren Kern besteht, der von Elektronen umgeben ist. Bei einem dieser Experimente traf ein α-Teilchen auf ein Target aus Goldfolie mit 4,0 cm Dicke, in dem sich $5{,}9 \cdot 10^{26}$ Goldatome pro Kubikmeter befanden. Obwohl die meisten α-Teilchen entweder gerade durch die Folie hindurch flogen oder in kleinen Winkeln gestreut wurden, kam es bei etwa $1{,}6 \cdot 10^{-3}$ Prozent der Teilchen zu eine Streuung mit Winkeln größer als 90° – also in Rückwärtsrichtung. (a) Berechnen Sie den Wirkungsquerschnitt in Barn bei der Rückwärtsstreuung. (b) Rutherford schlussfolgerte, dass die Rückwärtsstreuung nur auftreten könne, wenn ein Atom aus einem sehr winzigen, massiven und positiv geladenen Kern bestünde, der von Elektronen mit weiter entfernten Bahnen umgeben ist. Schätzen Sie den Durchmesser eines Goldkerns unter der Annahme ab, dass die Rückwärtsstreuung bei nahezu direkten Stößen auftritt (das heißt $\sigma \approx$ Querschnitt des Kerns).

70 Einige Sterne beginnen in einem späteren Entwicklungsstadium, $^{12}_{6}$C-Kerne zu $^{24}_{12}$Mg-Kernen zu verschmelzen. (a) Wie viel Energie würde bei einer solchen Reaktion freigesetzt? (b) Wie viel kinetische Energie müssen zwei weit voneinander entfernte Kohlenstoffkerne besitzen, wenn sie sich dann einander bis auf eine Entfernung von 6,0 fm (Kernmittelpunkt zu Kernmittelpunkt) nähern sollen? (c) Welche Temperatur wäre dazu schätzungsweise erforderlich?

71 Der Körper eines durchschnittlicher Erwachsenen enthält $^{40}_{19}$K mit etwa 0,10 µCi aus der aufgenommenen Nahrung. (a) Wie viel Zerfälle treten pro Sekunde auf? (b) Der Zerfall des Kaliums wird von der Emission von β-Teilchen mit Energien um 1,4 MeV begleitet. Berechnen Sie die Jahresdosis in Sievert bei einem 50 kg schweren Erwachsenem. Ist dies ein signifikanter Anteil der Rate der Hintergrundstrahlung von 3,6 mSv/Jahr?

72 Beim Reaktorunfall im Jahre 1986 in Tschernobyl wurden $2 \cdot 10^7$ Ci in die Atmosphäre freigesetzt. Angenommen, diese Strahlung hätte sich gleichmäßig über die Erdoberfläche verteilt. Wie groß wäre die Aktivität pro Quadratmeter? (Die tatsächliche Aktivität war nicht gleichmäßig; selbst innerhalb Europas sind feuchte Gebiete durch den Regen stärker mit Radioaktivität belastet.)

Elementarteilchen

44

ÜBERBLICK

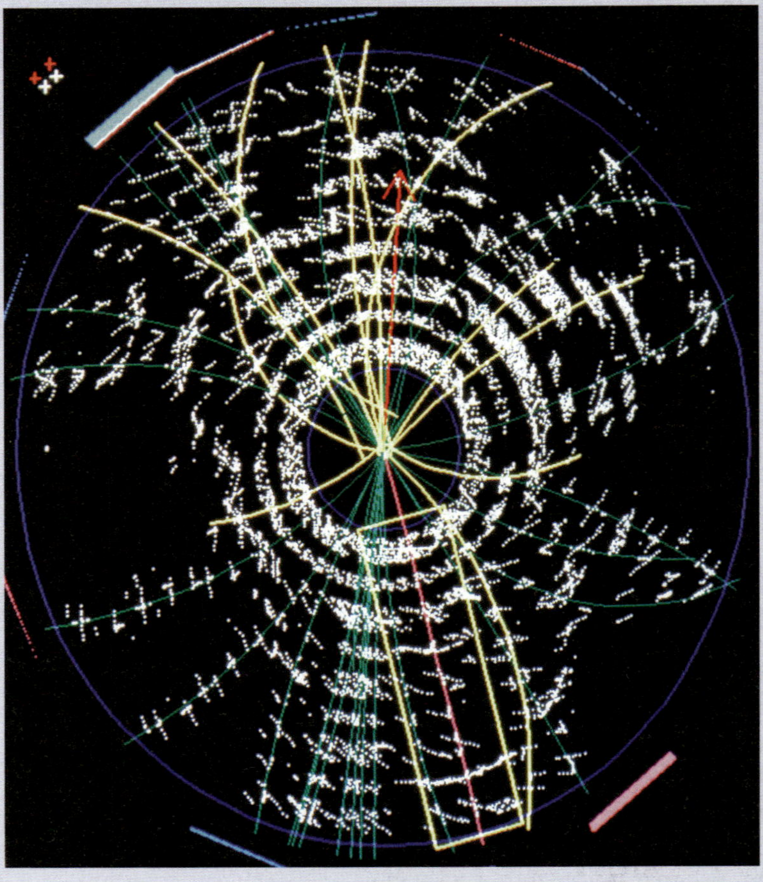

Dies ist die computergenerierte Rekonstruktion eines Proton-Antiproton-Stoßes, der am Fermilab aufgezeichnet wurde (siehe ▸ Abbildung 44.4). Die Stoßenergie betrug insgesamt nahezu 2 TeV. *Es handelt sich dabei um eines der Ereignisse, die im Jahre 1995 die Existenz des Top-Quark belegten. Die Teilchenspuren sind aufgrund des Magnetfeldes gekrümmt, und der Krümmungsradius ist ein Maß für den Impuls jedes Teilchens (Kapitel 27). Die Lebensdauer des Top-Quarks (t) ist zu kurz (*$\approx 10^{-23}$ s*), um dieses Teilchen selbst messen zu können, so dass man nach seinen möglichen Zerfallsprodukten sucht. Aus der Analyse ergeben sich folgende Wechselwirkungen und dadurch bedingte Zerfälle:*

$p + \overline{p} \rightarrow t + \overline{t}$
- $\overline{t} \rightarrow W^- + \overline{b}$
  - $\overline{b} \rightarrow$ Jet
  - $W^- \rightarrow \mu^- + \overline{\nu}_\mu$
- $t \rightarrow W^+ + b$
  - $b \rightarrow$ Jet
  - $W^+ \rightarrow u + \overline{d}$
    - $\overline{d} \rightarrow$ Jet
    - $u \rightarrow$ Jet

Die Spuren auf dem Foto zeigen auch Jets (Teilchengruppen, die sich im Wesentlichen in dieselbe Richtung bewegen) und ein Myon (μ^-*), dessen Spur pinkfarben gekennzeichnet ist und durch ein gelbes Rechteck hervorgehoben wurde. Versuchen Sie nach der Lektüre dieses Kapitels jedes oben stehende Symbol zu benennen, und erörtern Sie, ob alle Erhaltungssätze erfüllt sind.*

44. Elementarteilchen

In den beiden letzten Kapiteln dieses Buches beschäftigen wir uns mit den beiden reizvollsten Gebieten der modernen Physik: (1) Elementarteilchenphysik und (2) Kosmologie und Astrophysik. Dies sind Fachgebiete, die an der Grenze unseres Wissens stehen – das eine behandelt die kleinsten Objekte im Universum, das anderes widmet sich seinen größten (und ältesten) Erscheinungen. Der Leser, der einen Eindruck von der großen Schönheit der modernen Wissenschafft gewinnen will, wird diese Kapitel gern lesen, selbst wenn in der Physikvorlesung für deren Behandlung keine Zeit bleibt.

In diesem vorletzten Kapitel beschäftigen wir uns mit *Elementarteilchen*physik. Dieses Fachgebiet verkörpert das menschliche Bedürfnis nach dem Verständnis der Grundbausteine der Materie. In den Jahren nach dem Zweiten Weltkrieg stellte man fest, dass neue Teilchenarten erzeugt werden konnten, wenn das bei einer Kernreaktion einfallende Teilchen ausreichend Energie besitzt. Die ersten Experimente griffen auf **kosmische Strahlen** zurück – Teilchen, die aus dem Weltraum auf die Erde treffen. Um jedoch auch im Labor hochenergetische Teilchen erzeugen zu können, wurden verschiedene Arten von Teilchenbeschleunigern konstruiert. Am häufigsten werden Protonen oder Elektronen beschleunigt, obwohl man in Abhängigkeit von der Bauweise auch schwere Ionen beschleunigen kann. Diese Hochenergiebeschleuniger dienten dazu, die Kernstruktur zu erforschen, neue Teilchen zu erzeugen und zu untersuchen und uns Information über die Grundkräfte und die Bausteine der Natur zu vermitteln. Da die Projektilteilchen hohe Energien besitzen, wird dieses Gebiet mitunter als **Hochenergiephysik** bezeichnet.

44.1 Hochenergetische Teilchen

Teilchen, die auf sehr hohe Energien beschleunigt werden, sind Projektile, mit denen man das Innere der Kerne und Nukleonen erforschen kann, auf die sie treffen. Ein wesentlicher Faktor ist, dass sich schneller bewegende Projektile auch mehr Details aufdecken können. Die Wellenlänge von Projektilteilchen ist durch die Formel für die de-Broglie-Wellenlänge (Gleichung 38.7)

$$\lambda = \frac{h}{p} \tag{44.1}$$

de-Broglie-Wellenlänge

gegeben, aus der hervorgeht, dass die Wellenlänge des Teilchens umso kürzer ist, je größer der Impuls p ist. Wie in Kapitel 36 zur Beugung diskutiert, ist das Auflösungsvermögen von Bildern durch die Wellenlänge beschränkt: je kürzer die Wellenlänge, desto feinere Details können aufgelöst werden. Dies ist der Grund, weshalb in den letzten Jahren Teilchenbeschleuniger für immer höhere Energien gebaut wurden.

Beispiel 44.1 **Hochauflösende Elektronen**

Wie groß ist die Wellenlänge und damit das erwartete Auflösungsvermögen eines Elektronenstrahls mit 1,3 GeV?

Lösung

Die 1,3 GeV = 1300 MeV beziehen sich auf die kinetische Energie eines Teilchens. Sie ist 2500-mal so groß wie die Ruheneergie (Ruhemasse) des Elektrons ($mc^2 = 0{,}51$ MeV). Wir haben es hier offensichtlich mit relativistischen

Geschwindigkeiten zu tun. Man überzeugt sich leicht (siehe Gleichungen 37.10 und 37.13), dass die Geschwindigkeit des Elektrons nahezu $3{,}0 \cdot 10^8$ m ist. Deshalb müssen wir $K = (\gamma - 1)mc^2 \approx \gamma(mc^2) = 1300$ MeV setzen, und es gilt

$$\lambda = \frac{h}{p} = \frac{h}{p\gamma mv} \approx \frac{h}{\gamma mc} = \frac{hc}{\gamma mc^2} \approx \frac{hc}{K}$$

$$= \frac{(6{,}6 \cdot 10^{-34}\,\mathrm{J\cdot s})(3{,}0 \cdot 10^8\,\mathrm{m/s})}{(1{,}3 \cdot 10^9\,\mathrm{eV})(1{,}6 \cdot 10^{-19}\,\mathrm{J/eV})} = 0{,}96 \cdot 10^{-15}\,\mathrm{m}$$

oder 0,96 fm. Das maximale Auflösungsvermögen dieses Elektronenstrahls ist weitaus größer als das eines Lichtstrahls in einem Lichtmikroskop ($\lambda \approx$ 500 nm). Tatsächlich liegt diese Auflösung von etwa 1 fm im Bereich der Größenordnung von Kernen (siehe Gleichung 42.1).

Ein anderer wesentlicher Grund für den Bau von Hochenergiebeschleunigern ist, dass bei höheren Energien neue Teilchen mit größerer Masse erzeugt werden können, wie wir in Kürze diskutieren werden. Werfen wir nun zunächst einen kurzen Blick auf verschiedene Arten von Teilchenbeschleunigern.

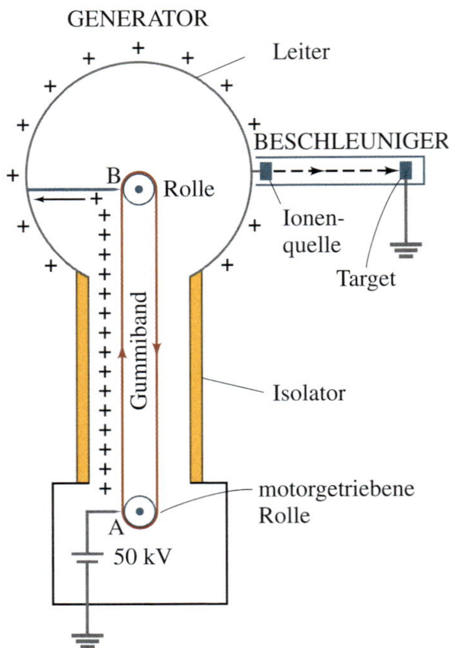

Abbildung 44.1 Schematische Darstellung eines Van-de-Graaff-Generators und Beschleunigers.

Abbildung 44.2 Ernest O. Lawrence, um 1930, der das erste Zyklotron hält. (Man sieht die Vakuumkammer, die es umschließt.)

44.2 Teilchenbeschleuniger und Detektoren

Van-de-Graaff-Beschleuniger

Die Schlüsselkomponente eines Van-de-Graaff-Beschleunigers (siehe Abbildung 44.1) ist der Van-de-Graaff-Generator, der im Jahre 1931 entwickelt wurde. Eine große, leitende Hohlkugel wird durch ein nichtleitendes, umlaufendes Gummiband folgendermaßen stark aufgeladen: Eine Hochspannung von typischerweise 50 000 V wird an einen spitzen Leiter A angelegt, der positive Ladungen auf das bewegliche Gummiband „sprüht". (Tatsächlich werden Elektronen aus dem Gummiband zur Elektrode A abgezogen.) Das Band trägt die positiven Ladungsträger ins Innere der Kugel, wo sie an der Stelle B von dem Band „gelöscht" werden und zur äußeren Oberfläche wandern. (Sie wissen, dass sich Ladungen an der äußeren Oberfläche eines Leiters sammeln, weil sich die Ladungen gegenseitig abstoßen und daher versuchen, sich so weit wie möglich voneinander entfernt aufzuhalten.) Auf diese Weise kann man sehr hohe Potenzialdifferenzen erreichen. Häufig werden den beschleunigten Teilchen bis zu 30 MeV kinetische Energie übergeben, wenn mehrere Generatoren hintereinander eingesetzt werden. Mit dem Van-De-Graaff-Generator ist eine Vakuumröhre verbunden, die als Teilchenbeschleuniger dient. Innerhalb der Röhre befindet sich eine H- oder He-Ionenquelle (p oder α). Die Ionen werden von der großen positiven Spannung abgestoßen und dadurch in Richtung des geerdeten Targets am Ende der Röhre beschleunigt (siehe ▶ Abbildung 44.1).

Zyklotron

Das 1930 von E.O. Lawrence (1901–1958, siehe ▶ Abbildung 44.2) an der *University of California*, Berkeley entwickelte Zyklotron konnte mithilfe eines Magnetfeldes geladene Ionen – gewöhnlich Protonen – auf nahezu kreisförmigen Bahnen halten (Kapitel 27). Die Protonen bewegen sich in zwei D-förmigen Hohlräumen, wie in ▶ Abbildung 44.3 dargestellt. Jedes Mal, wenn sie die Lücke zwischen den „Duanden" durchqueren, werden sie durch das angelegte elektrische Feld beschleunigt, wodurch sich ihre Geschwindigkeit und damit auch der Krümmungsradius ihrer Bahn erhöht. Nach vielen Umläufen haben die Protonen eine hohe kinetische Energie erworben und erreichen den äußeren Rand des Zyklotrons. Sie treffen entweder auf ein Target innerhalb des Zyklotrons oder sie verlassen das Zyklotron über einen sorgfältig ausgerichteten „Ablenkmagneten", der den Strahl auf ein externes Target richtet. Beschleunigung findet nur statt, während sich die Elektronen in der Lücke *zwischen* den Duanden befinden, so dass die angelegte

Spannung wechseln muss. Wenn sich die Protonen in ▶ Abbildung 44.3 in der Lücke nach rechts bewegen, muss der rechte Duand negativ geladen sein und der linke Duand positiv. Einen halben Umlauf später bewegen sich die Protonen nach links, so dass der linke Duand nun negativ geladen sein muss, damit die Protonen beschleunigt werden. Die Frequenz f der angelegten Spannung muss gleich der Frequenz der umlaufenden Protonen sein. Dabei handelt es sich gerade um die in Abschnitt 27.4, Gleichung 27.6, bestimmte **Zyklotronfrequenz**

$$f = \frac{1}{T} = \frac{qB}{2\pi m} \,. \tag{44.2}$$

Zyklotronfrequenz

Dabei ist q die Ladung und m die Masse der sich im Magnetfeld B bewegenden Teilchen.

Beispiel 44.2 Zyklotron

Ein kleines Zyklotron mit dem maximalen Radius $R = 0{,}25$ m beschleunigt Protonen in einem Magnetfeld mit 1,7 T. Berechnen Sie (a) die notwendige Frequenz der angelegten Spannung und (b) die kinetische Energie der Protonen beim Verlassen des Zyklotrons.

Lösung

a Aus Gleichung 44.2 ergibt sich

$$f = \frac{qB}{2\pi m} = \frac{(1{,}6 \cdot 10^{-19}\,\mathrm{C})(1{,}7\,\mathrm{T})}{(6{,}28)(1{,}67 \cdot 10^{-27}\,\mathrm{kg})} = 2{,}6 \cdot 10^{7}\,\mathrm{Hz} = 26\,\mathrm{Mhz}\,,$$

eine Frequenz, die im Radiowellenbereich des elektromagnetischen Spektrums liegt (siehe ▶ Abbildung 32.12).

b Die Protonen verlassen das Zyklotron bei $r = R = 0{,}25$ m. Aus $F = ma$ erhalten wir (Gleichung 27.5) $qvB = mv^2/r$, so dass $v = qBr/m$ gilt und die kinetische Energie

$$E_{\mathrm{kin}} = \frac{1}{2}mv^2 = \frac{1}{2}\frac{q^2B^2R^2}{2m} = \frac{(1{,}6 \cdot 10^{-19}\,\mathrm{C})^2(1{,}7\,\mathrm{T})^2(0{,}25\,\mathrm{m})^2}{(2)(1{,}67 \cdot 10^{-27}\,\mathrm{kg})} = 1{,}4 \cdot 10^{-12}\,\mathrm{J} = 8{,}7\,\mathrm{MeV}$$

ist. Bemerkenswert ist, dass der Betrag der an die Duanden angelegten Spannung die erreichte Energie nicht beeinflusst. Jedoch werden bei höherer Spannung weniger Umläufe benötigt, um die Protonen auf die volle Energie zu bringen.

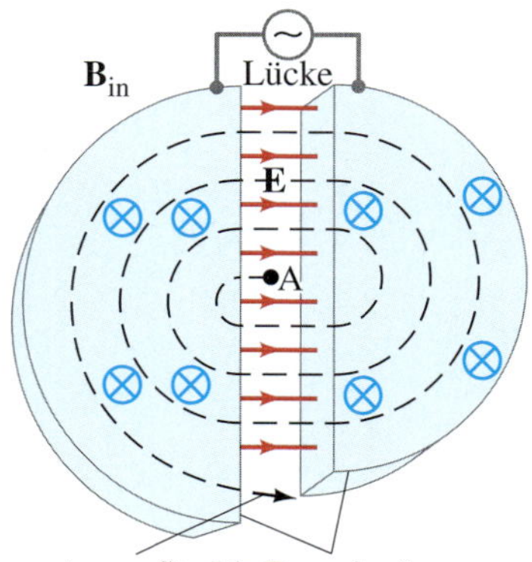

Abbildung 44.3 Schematische Darstellung eines Zyklotrons. Das durch einen großen Elektromagneten erzeugte Magnetfeld zeigt in die Buchseite. A ist die Ionenquelle. Die dargestellten Feldlinien beziehen sich auf das elektrische Feld in der Lücke.

Ein wichtiger Aspekt bei einem Zyklotron ist, dass die durch Gleichung 44.2 gegebene Frequenz der angelegten Spannung nicht vom Radius r abhängt. Die Frequenz muss also nicht geändert werden, wenn das Ion bei der Quelle startet und auf eine Bahn mit größer werdendem Radius gebracht wird. Dies gilt jedoch nur bei nichtrelativistischen Energien. Bei höheren Geschwindigkeiten ist der Impuls (Gleichung 37.7) $p = mv/\sqrt{1 - v^2/c^2} = \gamma mv$, so dass wir m in Gleichung 44.2 durch γm ersetzen müssen. Eine Möglichkeit, ein Gerät zu konstruieren, das auch für höhere Geschwindigkeiten geeignet ist, beruht auf dem Einsatz eines Magnetfeldes, das sich mit wachsendem Radius und Impuls der Teilchen so erhöht, dass das Verhältnis $B/\gamma m$ konstant bleibt. Dadurch kann die Frequenz der angelegten Spannung konstant bleiben. Eine andere Möglichkeit besteht darin, die Frequenz bei gleich bleibendem Magnetfeld B so zu verringern, dass sie sich der zunehmenden Geschwindigkeit und der damit zunehmenden Masse der Ionenpakete anpasst, und die Bahnen größer werden. Ein solches Gerät wird als **Synchrozyklotron** bezeichnet.

Synchrozyklotron

Synchrotron

Eine andere Möglichkeit, mit der relativistischen Zunahme der effektiven Masse (γm) bei zunehmenden Geschwindigkeiten fertig zu werden, ist, das Magnetfeld mit der Zeit zu vergrößern, wenn die Teilchen beschleunigen. Solche Geräte werden als **Synchrotron** bezeichnet. Heutzutage können sie enorme Ausmaße annehmen. Der *Tevatron*-Beschleuniger am Fermilab (dem *Fermi National Accelerator Laboratory*) in Batavia, Illinois, hat einen Radius von 1,0 km, und der des CERN (*European Center for Nuclear Research*) in Genf einen Radius von 4,3 km. Im Tevatron werden supraleitende Magnete zur Beschleunigung der Protonen bis auf etwa 1000 GeV = 1 TeV (daher der Name; 1 TeV = 10^{12} eV) eingesetzt. Bei diesen großen Synchrotonen wird ein Ring aus eng benachbarten Magneten eingesetzt (siehe ▸ Abbildung 44.4), in dem sich jeder Magnet in der gleichen Entfernung vom Kreismittelpunkt befindet. Zwischen den Magneten befinden sich Lücken, in denen die Teilchen durch Hochspannung beschleunigt werden. Sind die Teilchen also einmal in den Beschleuniger gelangt, müssen sie sich auf Kreisbahnen mit konstantem Radius bewegen. Man erreicht dies, indem man die Teilchen in einem kleineren Beschleuniger zunächst auf beachtliche Anfangsenergien bringt. Anschließend wird das Magnetfeld erhöht, wenn die Teilchen im großen Synchrotron beschleunigt werden.

Synchrotron

Ein Problem bei einem Beschleuniger ist, dass die beschleunigten elektrischen Ladungen elektromagnetische Strahlung aussenden (siehe Kapitel 32). Da in einem Beschleuniger Ionen oder Elektronen beschleunigt werden, muss man mit einem beachtlichen Energieverlust durch Strahlung rechnen. Der Effekt nimmt mit der Geschwindigkeit zu und ist besonders bei kreisförmigen Geräten wichtig, in denen es eine Zentripetalbeschleunigung gibt, insbesondere bei Synchrotronen, weshalb die Strahlung auch als **Synchrotronstrahlung** bezeichnet wird. Synchrotronstrahlung kann jedoch auch nützlich sein. Mitunter werden intensive Photonenstrahlen benötigt. Man erhält sie gewöhnlich aus einem Elektron-Synchrotron.

(a)

(b)

Abbildung 44.4 (a) Luftbild des Fermilab in Batavia, Illinois; der Beschleuniger besteht aus einem Ring mit dem Radius 1 km. (b) Innenansicht des Tunnels des Hauptbeschleunigers am Fermilab. Der obere (rechteckige) Ring gehört zum älteren Teilchenbeschleuniger mit 500 GeV. Unten befindet sich der Ring mit supraleitenden Magneten, der zum 1 TeV-Tevatron gehört.

Linearbeschleuniger

Ein Van-de-Graaff-Beschleuniger ist im Wesentlichen ein Linearbeschleuniger, da sich die Ionen auf geradlinigen Bahnen bewegen. Die Bezeichnung *Linearbeschleuniger* (engl. *linear accelerator*, linac) ist jedoch gewöhnlich für eine komplexere Anordnung reserviert, bei der die Teilchen viele Male entlang eines geradlinigen

Linac

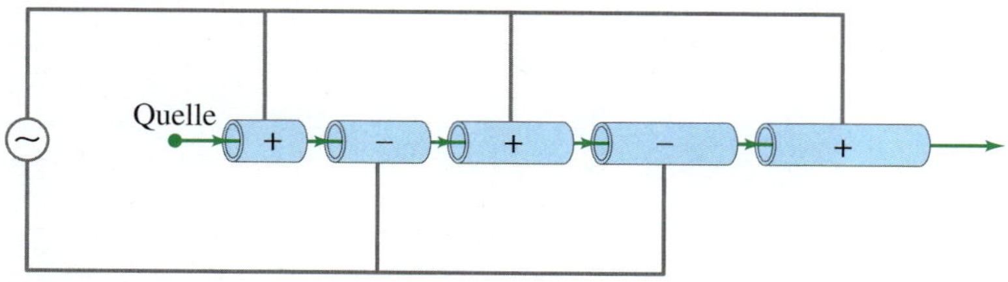

(a)

(b)

Abbildung 44.5 (a) Schematische Darstellung eines einfachen Linearbeschleunigers. (b) Foto des *Stanford Linear Accelerator* (SLAC) in Kalifornien.

Pfades beschleunigt werden. ▸ Abbildung 44.5a zeigt eine schematische Darstellung eines einfachen „Linac". Die Ionen laufen durch eine Reihe röhrenförmiger Leiter. An die Röhren muss eine Wechselspannung angelegt werden. Erreichen beispielsweise positive Ionen eine Lücke, muss die Röhre vor ihnen negativ geladen sein und diejenige, die sie soeben durchlaufen haben, positiv. Das stellt sicher, dass die Ionen in jeder Lücke beschleunigt werden. Mit zunehmender Geschwindigkeit legen die Ionen in gleicher Zeit eine größere Entfernung zurück. Daher müssen die Röhren umso länger werden, je weiter sie von der Quelle entfernt sind. Linearbeschleuniger sind besonders bei der Beschleunigung von Elektronen wichtig. Aufgrund ihrer geringen Masse erreichen Elektronen hohe Geschwindigkeiten sehr schnell; ein Linac für Elektronen, wie der aus ▸ Abbildung 44.5a, hätte Röhren nahezu gleicher Länge, weil sich die Elektronen fast die gesamte Strecke über mit nahezu Lichtgeschwindigkeit bewegen. Der von Elektronen in einem linearen Gerät abgestrahlte Energiebetrag ist viel geringer als bei einer kreisförmigen Anordnung (siehe obige Bemerkung über Synchrotronstrahlung). Der größte lineare Elektronenbeschleuniger befindet sich in Stanford (SLAC für engl. *Stanford Linear Accelerator Center*, siehe ▸ Abbildung 44.5b). Er ist etwa 3 km lang (2 Meilen) und kann Elektronen auf 50 GeV beschleunigen. Viele Krankenhäuser verfügen über Linacs mit 10 MeV zur Bestrahlung von Tumoren.

Kollidierende Strahlenbündel

Ursprünglich wurden Experimente in der Hochenergiephysik so ausgeführt, dass ein Teilchenbündel aus einem Beschleuniger auf ein ruhendes Target gerichtet wurde. Eine neuere, sehr leistungsfähige Technik erlaubt es, die maximal mögliche Stoßenergie bei einem gegebenem Beschleuniger zu erzielen: zwei Teilchenströme werden auf sehr hohe Energien beschleunigt und so gesteuert, dass sie frontal aufeinander treffen. Eine Möglichkeit, solche **kollidierenden Strahlenbündel** mithilfe eines einzelnen Beschleunigers zu erzeugen, bietet der Einsatz von **Speicherringen**, in denen die Teilchen eines Bündels weiterhin zirkulieren können, während das zweite Bündel beschleunigt wird. Die beiden Bündel werden dann so ausgerichtet, dass sie sich schneiden und frontal aufeinander treffen. Beispielsweise wurden bei den Experimenten, die einen starken Hinweis auf die Existenz des Top-Quark lieferten (siehe Foto am Kapitelanfang und Abschnitt 44.9), Protonen und Antiprotonen mithilfe des Fermilab-Beschleunigers Tevatron auf jeweils 900 GeV beschleunigt, so dass die Gesamtenergie der frontalen Kollision 1,8 TeV betrug. Der derzeit größte Speicherring ist der Große Elektron-Positron-Speichering (LEP für engl. *Large Electron-Positron Collider*) am CERN mit einem Umfang von 26,7 km

Abbildung 44.6 Der große Kreis beschreibt die Position des Tunnels, der im Moment den LEP-Speicherring am CERN (in der Nähe von Genf) mit einem Durchmesser von 8,5 km birgt. Der Speicherring befindet sich in der Nähe der französisch-schweizerischen Grenze etwa 100 m unter der Erdoberfläche. Der LHC wird in demselben Tunnel gebaut. Der kleinere Kreis kennzeichnet die Position des Protonen-Teilchenbeschleunigers (SPS für engl. *Super Proton Synchrotron*), der die Protonen für den LHC beschleunigt.

(siehe ▶ Abbildung 44.6). Er erzeugt gegenläufige e^+- und e^--Strahlenbündel, jeweils mit einer Energie von 95 GeV, was insgesamt zu einer Wechselwirkungsenergie von 190 GeV führt. Bald wird dieser durch den Großen Hadronenbeschleuniger (LHC für engl. *Large Hadron Collider*) am CERN abgelöst, der ab 2007 in Betrieb gehen soll. Die beiden kollidierenden Strahlenbündel werden jeweils Protonen mit 7 TeV enthalten, was insgesamt eine Wechselwirkungsenergie von 14 TeV ergibt.

Beispiel 44.3 Protonen bei relativistischen Geschwindigkeiten

Bestimmen Sie, wie viel Energie erforderlich ist, um ein Proton in einem Hochenergiebeschleuniger (a) aus der Ruhelage auf $v = 0{,}900c$ und (b) von $v = 0{,}900c$ auf $v = 0{,}999c$ zu beschleunigen. (c) Welche kinetische Energie erreicht jedes Proton?

Lösung

Wir wenden die Arbeit-Energie-Beziehung an, die auch im relativistischen Bereich gültig ist, wie wir in Abschnitt 37.11 gesehen haben: $W = \Delta E_{\text{kin}}$. Die kinetische Energie eines Protons ist durch Gleichung 37.10 gegeben:

$$E_{\text{kin}} = (\gamma - 1)mc^2$$

mit dem relativistischen Faktor

$$\gamma = \frac{1}{\sqrt{1 - v^2/c^2}} \,.$$

Die Arbeit-Energie-Beziehung wird zu

$$W = \Delta E_{\text{kin}} = (\Delta\gamma)mc^2 \,,$$

weil die Ruhemasse m und c konstant sind.

a Im Falle $v = 0, \gamma = 1$ ist bei $v = 0{,}900c$

$$\gamma = \frac{1}{\sqrt{1 - (0{,}900)^2}} = 2{,}29 \,.$$

Die Ruhemasse des Protons ist $mc^2 = 938$ MeV. Folglich ist die benötigte Arbeit

$$W \Delta E_{\text{kin}} = (\Delta\gamma)mc^2 = (2{,}29 - 1{,}00)(938\,\text{MeV}) = 1{,}21\,\text{GeV} \,.$$

b Im Falle $v = 0{,}999c$ ist

$$\gamma = \frac{1}{\sqrt{1-(0{,}999)^2}} = 22{,}4\,.$$

Somit ist die zur Beschleunigung eines Protons von $v = 0{,}900c$ auf $v = 0{,}999c$ erforderliche Arbeit

$$W\Delta E_{\text{kin}} = (\Delta\gamma)mc^2 = (22{,}4 - 2{,}29)(938\,\text{MeV}) = 18{,}9\,\text{GeV}\,.$$

c Die vom Proton im Fall (a) erreichte kinetische Energie ist gleich der an ihm verrichteten Arbeit, also $K = 1{,}21$ GeV. Die im Fall (b) vom Proton bei einer Geschwindigkeit von $v = 0{,}999c$ am Ende erreichte kinetische Energie ist

$$E_{\text{kin}} = (\gamma - 1)mc^2 = (21{,}4)(938\,\text{MeV}) = 20{,}1\,\text{GeV}\,.$$

Dies erscheint sinnvoll, da wir vom Ruhezustand ausgehend eine Arbeit von $W = 1{,}21\,\text{GeV} + 18{,}9\,\text{GeV} = 20{,}1\,\text{GeV}$ am Proton verrichtet haben.

Teilchendetektoren

Teilchendetektoren, wie Szintillatoren, Elektronenvervielfacher und Halbleiterdetektoren, die wir in Abschnitt 42.11 diskutiert hatten, werden auch beim Studium von Kernreaktionen und in der Elementarteilchenphysik eingesetzt. Inzwischen wurden anspruchsvollere Geräte entwickelt, mit denen man die Spur geladener Teilchen *sehen* kann. Am einfachsten ist die **lichtempfindliche Schicht** oder Fotoemulsion (die aufgrund ihrer geringen Größe und ihrer Einfachheit transportabel ist und nun hauptsächlich zur Untersuchung kosmischer Strahlen von Ballons aus eingesetzt wird). Ein Teilchen, das die lichtempfindliche Schicht durchdringt, ionisiert die Atome entlang seiner Bahn. Dies erzeugt an den entsprechenden Stellen eine chemische Veränderung. Nach Entwicklung der Emulsion kann man die Spur erkennen.

In einer **Nebelkammer** wird Gas auf eine Temperatur kurz unterhalb seines Kondensationspunktes gebracht (man sagt „unterkühlt"). Die Gasmoleküle kondensieren an jedem vorhandenem ionisierten Molekül. Daher dienen die Ionen, die entstehen, wenn ein Teilchen die Nebelkammer durchquert, als Kondensationskeime, an denen sich winzige Tropfen bilden (siehe ▸ Abbildung 44.7a). Licht wird an diesen Tropfen stärker gestreut als vom Gashintergrund, so dass ein Foto

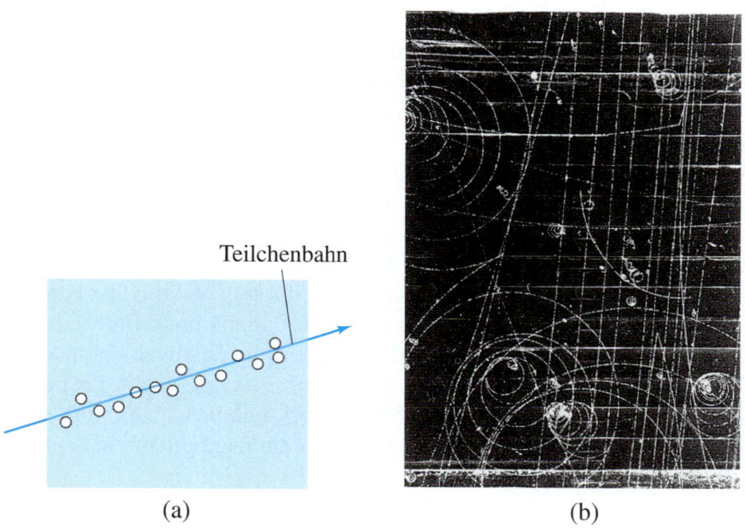

Abbildung 44.7 (a) In einer Nebel- oder Blasenkammer werden Tropfen oder Blasen um Ionen gebildet, die bei der Passage geladener Teilchen entstehen. (b) Foto einer Blasenkammer mit Teilchenspuren, die Hinweise auf das Ω^--Teilchen erkennen lassen. Die Teilchenspuren sind durch das Magnetfeld gekrümmt.

der Nebelkammer im richtigen Moment die Spur eines Teilchens zeigt. Die Nebelkammer ist ein wichtiges Instrument aus den Anfängen der Kernphysik, das heute nur noch selten eingesetzt wird.

Die 1952 von D.A. Glaser (*1926) entwickelte **Blasenkammer** benutzt eine überhitzte Flüssigkeit. Die Flüssigkeit wird in der Nähe ihres gewöhnlichen Siedepunktes gehalten. Um Ionen, die wiederum durch geladene Teilchen erzeugt werden, die die Flüssigkeit durchlaufen, bilden sich die für das Sieden charakteristischen Blasen (▸ Abbildung 44.7b). Eine Fotografie des Inneren einer Blasenkammer zeigt daher die Spuren dieser Teilchen. Da sich in der Blasenkammer eine Flüssigkeit befindet – häufig flüssiger Wasserstoff – ist die Dichte der Atome dort größer als in einer Nebelkammer. Folglich kann man die Spuren geladener Teilchen und ihre Wechselwirkungen mit den Kernen der Flüssigkeit effizienter beobachten. Gewöhnlich wirkt in der Kammer ein Magnetfeld, so dass man den Impuls der sich bewegenden Teilchen aus dem Krümmungsradius ihrer Bahnkurve bestimmen kann.

Abbildung 44.8 Foto des großen und komplizierten CDF-Detektors am Fermilab, der mithilfe von Vieldraht-Proportionalkammern Teilchen gemessen und daraus das zu Beginn dieses Kapitels gezeigte Bild ihrer Spuren erstellt hat.

Häufiger kommt heute die **Vieldraht-Proportionalkammer** zum Einsatz, die aus einer Menge von eng benachbarten feinen Drähten besteht, die in ein Gas eingebettet sind. Viele Drähte sind geerdet. Dazwischen befinden sich Drähte, an denen eine sehr hohe Spannung anliegt. Ein durch das Gas hindurchlaufendes Teilchen erzeugt Ionen. Die dabei freigesetzten Elektronen bewegen sich in Richtung des nächsten Hochspannungsdrahtes, was zu einer „Lawine" führt und einen elektrischen Puls oder ein elektrisches Signal an diesem Draht erzeugt. Die Teilchenpositionen können sowohl durch die Position des Drahtes als auch durch die Zeit bestimmt werden, die der Puls zum Erreichen des Detektors am Ende des Drahtes benötigt. Die Teilchenspuren werden mithilfe von Computern elektronisch rekonstruiert, die dann ein Bild der Spuren „zeichnen" können, wie man es auf dem Foto zu Beginn dieses Kapitels sieht: Die weißen Punkte sind Drähte, und die farbigen Linien gehören zu Teilchenspuren. Das Gerät, das dieses Foto erstellt hat, zeigt ▸ Abbildung 44.8. (Ein anderes Beispiel zeigt ▸ Abbildung 44.12.)

44.3 Anfänge der Elementarteilchenphysik – Teilchenaustausch

(a) abstoßende Kraft (Kinder werfen sich Kissen zu)

(b) anziehende Kraft (Kinder ziehen Kissen einander aus den Händen)

Abbildung 44.9 Kräfte sind äquivalent zu einem Austausch von Teilchen. (a) Abstoßende Kraft (die Kinder werfen die Kissen einander zu). (b) Anziehende Kraft (die Kinder ziehen die Kissen einander aus den Händen).

Mitte der 1930er Jahre stellte man fest, dass man alle Atome als aus Neutronen, Protonen und Elektronen zusammengesetzt betrachten kann. Die grundlegenden Bausteine des Universums waren nicht mehr Atome, sondern Proton, Neutron und Elektron. Neben diesen drei *Elementarteilchen* waren auch verschiedene andere bekannt: das Positron (ein positives Elektron), das Neutrino und das γ-Teilchen (oder Photon), also insgesamt 6 Elementarteilchen.

In den darauf folgenden Jahrzehnten wurden Hunderte subnukleare Teilchen entdeckt. Die Eigenschaften und die Wechselwirkungen dieser Teilchen, die man als fundamental oder „elementar" betrachtet, wurden der Forschungsgegenstand der **Elementarteilchenphysik**.

Heute betrachtet das Standardmodell der Elementarteilchenphysik noch fundamentalere Gebilde, *Quarks* und *Leptonen*, als die Grundbausteine der Materie. Um das Standardmodell verstehen zu können, müssen wir uns mit den Ideen beschäftigen, die zu seiner Formulierung führten.[1] Man kann sagen, dass die Anfänge der Elementarteilchenphysik im Jahre 1935 liegen, als der japanische Physiker Hideki Yukawa (1907–1981) die Existenz eines neuen Teilchens postulierte, das in irgendeiner Weise die starke Kernkraft vermitteln sollte. Um Yukawas Vorstellung verstehen zu können, betrachten wir zunächst die elektromagnetische Kraft. Als wir uns erstmals mit der Elektrizität beschäftigt hatten, haben wir erkannt, dass die elektrische Kraft eine fernwirkende Kraft ist, die ohne mechanischen Kontakt

1 Ihnen einfach nur mitzuteilen, wie der heutige Stand ist, entspräche keiner wissenschaftlichen Diskussion, sondern einem Dogma – siehe Fußnote auf Seite 1280.

auskommt. Zum besseren Verständnis der Fernwirkung einer Kraft hatte Faraday die Vorstellung von einem **Feld** eingeführt. Man kann sagen, dass die Kraft, die ein geladenes Teilchen auf ein zweites ausübt, durch das vom ersten aufgebaute elektrische Feld vermittelt wird. Analog dazu kann man sagen, dass das Magnetfeld die magnetische Kraft überträgt. Später (in Kapitel 32) haben wir gesehen, dass sich das elektromagnetische Feld in Form von Wellen durch den Raum ausbreitet. In Kapitel 38 haben wir schließlich erkannt, dass man elektromagnetische Strahlung (Licht) entweder als Welle oder als eine Menge von Teilchen, den *Photonen*, ansehen kann. Aufgrund dieses Welle-Teilchen-Dualismus kann man sich vorstellen, dass die elektromagnetische Kraft zwischen geladenen Teilchen

1. entweder auf das elektromagnetische Feld zurückzuführen ist, das ein geladenes Teilchen aufbaut, und welches das andere spürt,
2. oder durch den Austausch von Photonen oder γ-Teilchen zwischen beiden Teilchen vermittelt wird.

Wir wollen uns hier auf Punkt (2) konzentrieren und eine grobe Analogie dafür angeben, wie ein Austausch von Teilchen zu einer Kraftwirkung führt (siehe ▶ Abbildung 44.9). In Teil (a) beginnen zwei Kinder, sich gegenseitig zwei schwere Kissen zuzuwerfen; beim Fangen wird das Kind jedes Mal durch den Impuls des Kissens etwas zurückgestoßen. Dies entspricht einer abstoßenden Kraft. Wenn die Kinder die Kissen dagegen austauschen, indem sie sie aus der Hand des anderes herausziehen, werden sie gegeneinander gedrückt, genau wie bei einer anziehenden Kraft.

Bei der elektromagnetischen Kraft sind es Photonen, die zwischen zwei geladenen Teilchen ausgetauscht werden und zu der Kraft zwischen ihnen führen. Ein einfaches Diagramm zur Beschreibung dieses Photonenaustauschs zeigt ▶ Abbildung 40.10. Ein solches Diagramm wird (nach seinem Erfinder, dem amerikanischen Physiker Richard Feynman (1918–1988)) als **Feynman-Diagramm** bezeichnet. Es basiert auf den Erkenntnissen der **Quantenelektrodynamik** (QED).

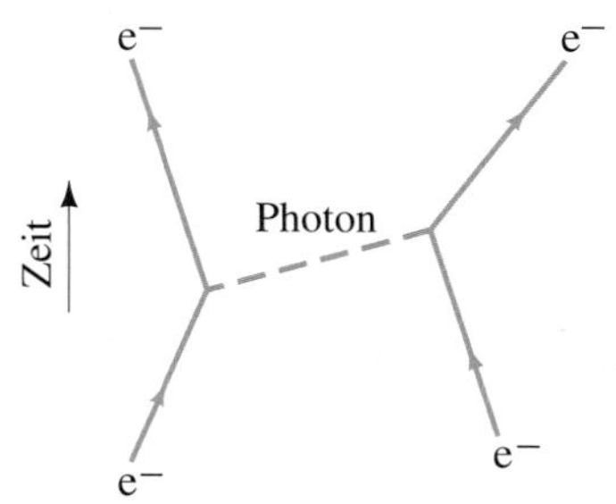

Abbildung 44.10 Feynman-Diagramm mit einem Photon, das als Träger der elektromagnetischen Kraft zwischen zwei Elektronen wirkt. Dabei wird in einer gewissen Weise x versus t aufgetragen, wobei t nach oben wächst. Von unten ausgehend nähern sich zwei Elektronen einander (der Abstand zwischen ihnen verringert sich mit der Zeit). Kommen sie sich näher, werden Impuls und Energie zwischen den Teilchen ausgetauscht, wobei ein Photon (oder möglicherweise mehr als eines) als Träger wirkt, und die beiden Elektronen stoßen einander wieder ab.

▶ Abbildung 44.10 veranschaulicht den einfachsten Fall, bei dem ein einzelnes Photon ausgetauscht wird. Eines der geladenen Teilchen emittiert das Photon und wird dadurch etwas zurückgestoßen; und das zweite Teilchen absorbiert das Photon. Bei jedem Stoß oder jeder *Wechselwirkung* werden Energie und Impuls zwischen den Teilchen ausgetauscht, wobei das Photon als Träger dient. Da das Photon vom zweiten Teilchen schon kurz nach seiner Emission durch das erste absorbiert wird, kann es nicht beobachtet werden. Man bezeichnet es deshalb als *virtuelles* Photon, im Gegensatz zu einem freien Photon, das mithilfe von Instrumenten gemessen werden kann. Man sagt, dass das Photon die elektromagnetische Kraft *vermittelt* oder *überträgt*.

Teilchen, die Kräfte vermitteln oder „übertragen"

Aufgrund der Analogie mit dem Photonenaustausch, der die elektromagnetische Kraft vermittelt, so argumentierte Yukawa in seiner frühen Theorie, müsste es auch Teilchen geben, die die starke Kernkraft vermitteln.

Yukawa bezeichnete diese vorhergesagten Teilchen als **Mesonen** (was soviel wie „von mittlerer Masse" bedeutet), und ▶ Abbildung 44.11 zeigt ein Feynman-Diagramm eines Mesonenaustauschs. Wir können die Masse eines Mesons folgendermaßen grob abschätzen. Angenommen, das Proton aus ▶ Abbildung 44.11 links befindet sich in Ruhe. Damit es ein Meson emittieren kann, ist Energie erforderlich (zur Bildung der Masse des Mesons), die aus dem Nichts kommen müsste, was die Energieerhaltung verletzen würde. Die Unschärferelation erlaubt jedoch die Verletzung der Energieerhaltung um einen Betrag ΔE, solange dies nur über eine Zeit Δt geschieht, die durch $(\Delta E)(\Delta t) \approx h/2\pi$ gegeben ist. Wir setzten ΔE gleich der zur Erzeugung der Masse m des Mesons benötigten Energie: $\Delta E = mc^2$. Die Energieerhaltung ist nur so lange verletzt, wie das Meson existiert. Dies ist die Zeit Δt, die das Meson für den Weg von einem Nukleon zum anderen braucht. Wenn wir annehmen, dass sich das Meson mit relativistischer Geschwindigkeit bewegt, nahe der Lichtgeschwindigkeit c, dann darf Δt höchstens d/c sein, wobei

Abschätzung der Masse von Austauschteilchen

d der maximale Abstand zwischen zwei wechselwirkenden Nukleonen ist. Daher können wir

$$\Delta E \Delta t \approx \frac{h}{2\pi}$$
$$mc^2\left(\frac{d}{c}\right) \approx \frac{h}{2\pi}$$

schreiben, also

Masse des Austauschteilchens

$$mc^2 \approx \frac{hc}{2\pi d} \,. \tag{44.3}$$

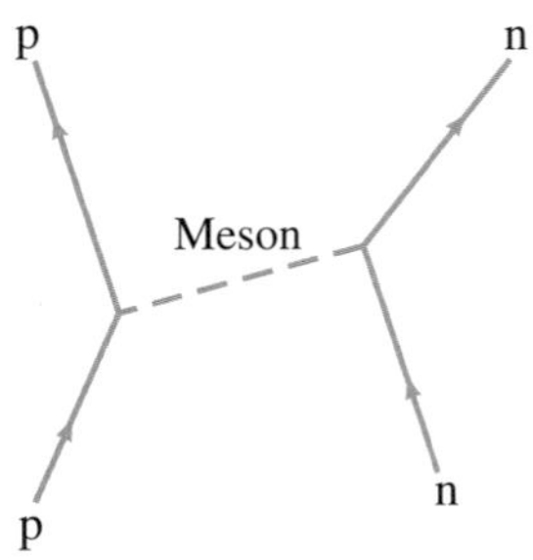

Abbildung 44.11 Mesonenaustausch bei der Wechselwirkung eines Protons mit einem Neutron über die starke Kernkraft.

Die Reichweite der starken Kernkraft (der maximale Abstand, in der sie wirkt) ist gering – nicht viel mehr als die Größe eines Nukleons oder eines kleinen Kerns (siehe Gleichung 42.1) – wir nehmen daher $d \approx 1{,}5 \cdot 10^{-15}$ m an. Wir erhalten aus Gleichung 44.3

$$mc^2 \approx \frac{hc}{2\pi d} = \frac{(6{,}6 \cdot 10^{-34}\,\text{J·s})(3{,}0 \cdot 10^8\,\text{m/s})}{(6{,}28)(1{,}5 \cdot 10^{-15}\,\text{m})}$$
$$\approx 2{,}1 \cdot 10^{-11}\,\text{J} = 130\,\text{MeV}\,.$$

Die Masse des vorhergesagten Mesons ist grob geschätzt 130 MeV/c^2 oder etwa die 250fache Elektronenmasse von 0,51 MeV/c^2. (Übrigens folgt aus der unendlichen Reichweite der elektromagnetischen Kraft ($d = \infty$) mit Gleichung 44.3, dass das Austauschteilchen der elektromagnetischen Kraft, das Photon, eine verschwindende Ruhemasse haben muss.)

Das von Yukawa vorhergesagte Teilchen wurde von C.F. Powell und G. Occianlini 1947 nachgewiesen. Es wird mit „π“ oder als Pi-Meson bezeichnet oder einfach als **Pion**. Es kommt in drei Ladungszuständen vor +, – oder 0. Die Massen von π^+ und π^- betragen 139,6 MeV/c^2, und das π^0 hat eine Masse von 135,0 MeV/c^2. Alle drei wechselwirken stark mit Materie. Die mithilfe eines Teilchenbeschleunigers im Labor beobachteten Reaktionen sind

Pion

$$\begin{aligned} &p + p \to p + p + \pi^0\,, \\ &p + p \to p + n + \pi^+\,. \end{aligned} \tag{44.4}$$

Das aus dem Beschleuniger stammende Proton muss ausreichend Energie besitzen, damit die zusätzliche Masse des freien Pions erzeugt werden kann.

Yukawas Theorie des Pionenaustauschs als Träger der starken Wechselwirkung ist inzwischen veraltet und wurde durch die *Quantenchromodynamik* ersetzt, bei der die Grundbausteine *Quarks* sind, zwischen denen *Gluonen* als Träger der starken Kraft ausgetauscht werden, wie wir in Kürze diskutieren werden. Die grundlegende Vorstellung hinter der alten Theorie, dass man die Wirkung von Kräften als Austausch von Teilchen ansehen kann, bleibt jedoch weiterhin gültig, genau wie Gleichung 44.3 zur Abschätzung der Masse von Austauschteilchen.

Es gibt in der Natur vier bekannte Grundkräfte oder Wechselwirkungen. Wir haben bisher zwei erwähnt. Was ist mit den beiden anderen: der schwachen Kernkraft und der Gravitation? Die Theoretiker glauben, dass auch diese durch Teilchen vermittelt werden. Die Teilchen, von denen man annimmt, dass sie die schwache Kraft vermitteln, werden als W^+, W^- und Z^0 bezeichnet. Sie wurden 1983 in einem Experiment nachgewiesen (siehe ► Abbildung 44.12). Das Austauschteilchen der Gravitation wird als **Graviton** bezeichnet, und falls es existiert, ist es bisher noch nicht nachgewiesen worden. Ein Vergleich der vier Kräfte findet sich in Tabelle 44.1, in der die Kräfte entsprechend ihrer (ungefähren) relativen Stärke aufgeführt sind. Auch wenn die Gravitation in unserem Alltag (aufgrund der großen Erdmasse) die offenkundigste Kraft sein mag, ist sie auf subatomarer Skala die weitaus schwächste der vier Grundkräfte, und ihr Einfluss kann auf subatomarer und atomarer Ebene fast immer vernachlässigt werden.

Graviton

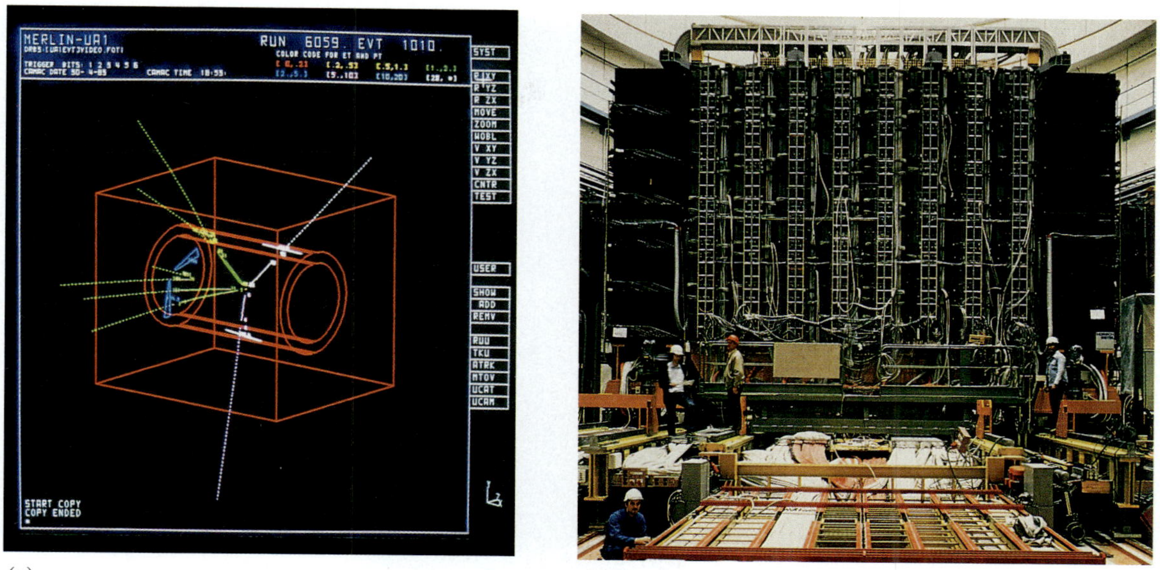

(a) (b)

Abbildung 44.12 (a) Computergestützte Rekonstruktion eines Zerfalls eines Z-Teilchens in ein Elektron und ein Positron ($Z^0 \rightarrow e^+ + e^-$), deren Spuren weiß gezeichnet sind. Der Zerfall wurde im UA1-Detektor am CERN gemessen. (b) Foto des UA1-Detektros am CERN während der Bauphase.

Tabelle 44.1

Die vier in der Natur bekannten Kräfte

Typ	relative Stärke (ca., bei zwei Protonen im Kern)	Austauschteilchen
starke Kernkraft	1	Gluonen[a] (Mesonen)
elektromagnetische Kraft	10^{-2}	Photon
schwache Kernkraft	10^{-6}	$W^{\pm}$ und Z^0
Gravitation	10^{-38}	Graviton (?)

[a] Bis in die 1970er Jahre vermutete man Mesonen, nun aber Gluonen (siehe Abschnitt 44.10).

44.4 Teilchen und Antiteilchen

Wie wir gesehen haben, ist das Positron im Wesentlichen ein positives Elektron. Viele Eigenschaften sind also genauso wie beim Elektron, beispielsweise die Masse, es besitzt jedoch die entgegengesetzte Ladung. Das Positron wird als **Antiteilchen** des Elektrons bezeichnet. Nach seiner Entdeckung im Jahre 1932 wurde vorhergesagt, dass auch andere Teilchen Antiteilchen besitzen sollten. Im Jahre 1955 wurde das Antiteilchen des Protons gefunden, das **Antiproton** ($\overline{\text{p}}$), das eine negative Ladung trägt (siehe ▶ Abbildung 44.13). (Der Strich über dem p dient der Markierung als Antiteilchen.) Bald darauf wurde das Antineutron ($\overline{\text{n}}$) nachgewiesen. Alle anderen Teilchen besitzen ebenfalls Antiteilchen. Wenige Teilchen, wie das Photon oder das π^0, haben jedoch kein separates Antiteilchen – man sagt, dass sie ihr eigenes Antiteilchen sind.

Antiteilchen werden bei Kernreaktionen erzeugt, wenn ausreichend Energie vorhanden ist, und sie überleben in Anwesenheit von Materie nur kurz. Ein Positron ist beispielsweise, für sich genommen, stabil, begegnet es jedoch einem

Abbildung 44.13 Fotografie einer Blasenkammer mit Flüssigwasserstoff, auf der ein Antiproton ($\overline{\mathrm{p}}$) mit einem Proton kollidiert, wobei ein Xi-Anti-Xi-Paar erzeugt wird ($\overline{\mathrm{p}} + \mathrm{p} \rightarrow \Xi^- + \Xi^+$), das anschließend in andere Teilchen zerfällt. Die Skizze verdeutlicht, welche Spur welchem Teilchen zugewiesen wird. Die Zuweisungen erfolgen danach, wie und ob das Teilchen zerfällt, und welche Masse sich aus dem gemessenem Impuls (Krümmungsradius der Spur im Magnetfeld) und der gemessenen Energie (beispielsweise Dicke der Spur) ergibt. Die Bahnen neutraler Teilchen sind gestrichelt gezeichnet, weil diese im Experiment keine Blasen erzeugen und damit auch keine Spuren hinterlassen.

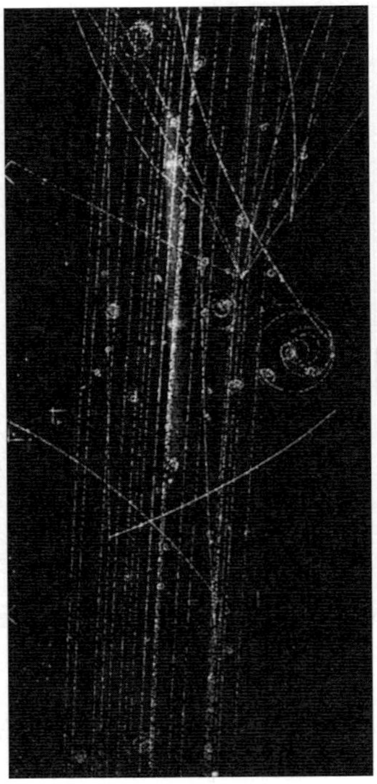

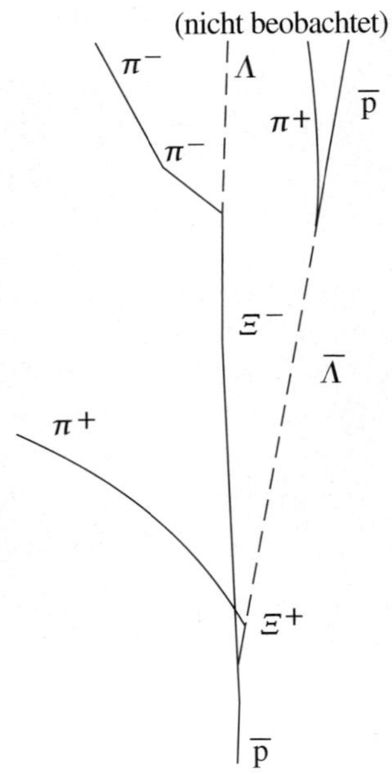

Elektron, annihilieren sich beide gegenseitig. Die Energie ihrer verschwundenen Massen und ihre kinetische Energie wird in die Energie der γ-Strahlen oder der anderer Teilchen umgewandelt. Die Annihilation tritt auch bei allen anderen Teilchen-Antiteilchen-Paaren auf.

44.5 Wechselwirkungen von Teilchen und Erhaltungssätze

Eine der wesentlichen Anwendungen von Hochenergiebeschleunigern ist die Untersuchung der Wechselwirkungen von Elementarteilchen untereinander. Als Werkzeug zum Ordnen der subatomaren Welt sind die Erhaltungssätze unverzichtbar. Man stellt fest, dass die Energieerhaltung, die Impulserhaltung, die Drehimpulserhaltung und die Erhaltung der elektrischen Ladung bei allen Teilchenwechselwirkungen erfüllt sind.

Das Studium der Teilchenwechselwirkungen hat etliche neue Erhaltungssätze aufgedeckt, bei denen es sich (genau wie bei den bereits bekannten) um Ordnungsprinzipien handelt: Sie erklären, weshalb bestimmte Reaktionen ablaufen und andere nicht. Zum Beispiel tritt folgende Reaktion nicht auf:

$$\mathrm{p} + \mathrm{n} \not\rightarrow \mathrm{p} + \mathrm{p} + \overline{\mathrm{p}}\,,$$

obwohl die Ladung, die Energie usw. erhalten ist ($\overline{\mathrm{p}}$ ist das Antiproton, und das Symbol $\not\rightarrow$ bedeutet, dass die Reaktion nicht abläuft). Um sich zu erklären, weshalb eine solche Reaktion nicht abläuft, stellten die Physiker einen neuen hypothetischen Erhaltungssatz auf, die Erhaltung der **Baryonenzahl**. (Die Baryonenzahl ist eine Verallgemeinerung der Nukleonenzahl, von der wir bereits wissen, dass sie bei Kernreaktionen und Zerfällen erhalten bleibt.) Ein wichtiger Zusatz zu diesem Erhaltungssatz ist der Vorschlag, dass alle Antinukleonen (Antiprotonen, Antineutronen) die Baryonenzahl $B = -1$ besitzen, während alle Nukleonen $B = 1$ haben. Bei der eben beschriebenen Reaktion ist die Baryonenzahl nicht erhalten, da auf der linken Seite $B = (+1) + (+1) = +2$ und auf der rechten $B = (+1) + (+1) + (-1) = +1$ gilt. Dagegen ist B bei folgender Reaktion erhal-

Baryonenzahl

ten, die somit auch abläuft, wenn das ankommende Proton ausreichend Energie besitzt:

$$\mathrm{p}+\mathrm{p} \rightarrow \mathrm{p}+\mathrm{p}+\overline{\mathrm{p}}+\mathrm{p}\,,$$
$$B=+1+1=+1+1-1+1\,.$$

Wie angegeben, ist auf beiden Seiten dieser Gleichung $B = +2$. Aus dieser Reaktion und anderen Reaktionen hat sich die Erhaltung der Baryonenzahl als ein grundlegendes Gesetz des Physik erwiesen.

Leptonenzahlen

Ebenso nützlich sind die Erhaltungssätze für die drei **Leptonenzahlen**, die mit der schwachen Wechselwirkung verbunden sind, was auch den radioaktiven Zerfall einschließt. Bei einem gewöhnlichen β-Zerfall wird eine Elektron oder ein Positron zusammen mit einem Neutrino oder Antineutrino emittiert. Bei einem ähnlichen Zerfall kann es stattdessen zur Emission eines **Myons** kommen. Ein Myon scheint so ähnlich wie ein Elektron zu sein, abgesehen von seiner 207fachen Masse ($106\,\mathrm{MeV}/c^2$). Das Neutrino (ν_e), das die Emission eines Elektrons begleitet, scheint sich von dem Neutrino (ν_μ) zu unterscheiden, das die Emission eines Myons begleitet. Jedes dieser beiden Neutrinos verfügt über ein Antiteilchen: $\overline{\nu}_\mathrm{e}$ und $\overline{\nu}_\mu$. Der gewöhnliche β-Zerfall läuft beispielsweise folgendermaßen ab:

$$\mathrm{n} \rightarrow \mathrm{p}+\mathrm{e}^-+\overline{\nu}_\mathrm{e}\,,$$

aber weder $\mathrm{n} \rightarrow \mathrm{p}+\mathrm{e}^-+\overline{\nu}_\mu$ noch $\mathrm{n} \rightarrow \mathrm{p}+\mathrm{e}^-+\overline{\nu}_\mathrm{e}+\nu_\mathrm{e}$ kommen vor. Um zu verstehen, weshalb diese Zerfälle nicht auftreten, wurde das Konzept der Leptonenzahl L_e entwickelt. Wenn man dem Elektron (e^-) und dem Elektron-Neutrino (ν_e) die Leptonenzahl $L_\mathrm{e} = +1$ und e^+ und $\overline{\nu}_\mathrm{e}$ die Leptonenzahl $L_\mathrm{e} = -1$ zuweist, während alle anderen Teilchen $L_\mathrm{e} = 0$ besitzen, dann bleibt bei allen beobachteten Zerfällen L_e erhalten. Bei dem Beispiel $\mathrm{n} \rightarrow \mathrm{p}+\mathrm{e}^-+\overline{\nu}_\mathrm{e}$ ist vor dem Zerfall $L_\mathrm{e} = 0$ und nach dem Zerfall $L_\mathrm{e} = 0+(+1)+(-1) = 0$. Zerfälle, bei denen L_e nicht erhalten bleibt, jedoch alle anderen Erhaltungssätze erfüllt sind, konnte man nicht beobachten. Daher glaubt man, dass bei allen[2] Wechselwirkungen die Leptonenzahl L_e erhalten bleibt.

Bei einem Zerfall, bei dem ein Myon erzeugt wird, wie beispielsweise

$$\pi^+ \rightarrow \mu^+ + \nu_\mu\,,$$

bleibt eine zweite Quantenzahl, die Myonenleptonenzahl (L_μ), erhalten. Den Teilchen μ^- und ν_μ wird $L_\mu = +1$ und μ^+ und $\overline{\nu}_\mu$ wird $L_\mu = -1$ zugewiesen, während alle anderen Teilchen $L_\mu = 0$ haben. Man glaubt, dass L_μ bei allen Wechselwirkungen oder Zerfällen erhalten bleibt. Ähnliche Zuweisungen kann man bei einer dritten Leoptonenzahl L_τ vornehmen, die mit dem kürzlich entdeckten τ-Lepton und dessen Neutrino ν_τ zusammenhängt.

Antiteilchen haben entgegengesetzte *Q*, *B*, *L*

Merken Sie sich, dass Antiteilchen nicht nur die entgegengesetzte elektrische Ladung ihrer Teilchen besitzen, sondern auch die Werte für B, L_e, L_μ und L_τ entgegengesetzt sind.

Beispiel 44.4 · Begriffsbildung

Leptonenzahl beim Myonzerfall

Welche der folgenden Zerfallsmoden sind beim Myonzerfall möglich: (a) $\mu^- \rightarrow \mathrm{e}^- + \overline{\nu}_\mathrm{e}$; (b) $\mu^- \rightarrow \mathrm{e}^- + \overline{\nu}_\mathrm{e} + \nu_\mu$; (c) $\mu^- \rightarrow \mathrm{e}^- + \nu_\mathrm{e}$? All diese Teilchen haben $L_\tau = 0$.

Lösung

Ein μ^- besitzt $L_\mu = +1$ und $L_\mathrm{e} = 0$. Dies ist der Anfangszustand und im Endzustand (nach dem Zerfall) muss ebenso $L_\mu = +1$, $L_\mathrm{e} = 0$ gelten. In (a) gilt

2 Neueste Hinweise deuten darauf hin, dass der Grundsatz der Erhaltung der Leptonenzahl unter bestimmten Bedingungen verletzt werden kann.

im Endzustand $L_\mu = 0 + 0 = 0$ und $L_e = +1 - 1 = 0$; L_μ wäre nicht erhalten, und tatsächlich wird dieser Zerfall auch nicht beobachtet. Der Endzustand bei (b) besitzt $L_\mu = 0 + 0 + 1 = +1$ und $L_e = +1 - 1 + 0 = 0$, so dass sowohl L_μ und L_e erhalten sind. Dabei handelt es sich tatsächlich um die am häufigsten beobachtete Zerfallsmode des μ^-. Schließlich tritt (c) nicht auf, weil weder L_e (= +2 im Endzustand) noch L_μ erhalten sind.

Beispiel 44.5 **Energie und Impuls sind erhalten**

Zusätzlich zu den „Teilchenzahl-Erhaltungssätzen", die beim Verständnis der Zerfallsmoden von Teilchen helfen, können wir auch die Energie- und Impulserhaltung anwenden. Der Zerfall eines Σ^+-Teilchens mit einer Ruhemasse von 1189 MeV/c^2 (siehe Tabelle 44.2 im nächsten Abschnitt) führt am häufigsten zu einem Proton (Ruhemasse 938 MeV/c^2) und einem neutralen Pion π^0 (Ruhemasse 135 MeV/c^2). Wie groß sind die kinetischen Energien der Zerfallsprodukte unter der Annahme, dass sich das Σ^+-Mutterteilchen in Ruhe befand?

Lösung

Die beim Zerfall freigesetzte Energie kann aus der Änderung der Ruheenergien berechnet werden, wie wir es bei den Kernprozessen getan hatten (Gleichung 42.3 oder 43.1):

$$Q = \left[m_{\Sigma^+} - (m_\mathrm{p} + m_{\pi^0})\right] c^2 = \left[1189 - (938 + 135)\right] \mathrm{MeV} = 116\,\mathrm{MeV}\,.$$

Diese Energie wird in kinetische Energie der beim Zerfall gebildeten Teilchen p und π^0 umgesetzt:

$$Q = E^\mathrm{p}_\mathrm{kin} + E^{\pi^0}_\mathrm{kin}\,,$$

wobei die kinetische Energie jedes Teilchen mit seinem Impuls durch die Gleichungen 37.11 und 37.13 verknüpft ist:

$$E^\mathrm{p}_\mathrm{kin} = E_\mathrm{p} - m_\mathrm{p}c^2 = \sqrt{(p_\mathrm{p}c)^2 + (m_\mathrm{p}c^2)^2} - m_\mathrm{p}c^2\,.$$

Die Gleichung für das Pion ist analog. Aus der Impulserhaltung ergibt sich, dass Proton und Pion über den gleichen Impulsbetrag verfügen, da sich das ursprüngliche Teilchen in Ruhe befand: $p_\mathrm{p} = p_{\pi^0}$. Damit ist

$$\begin{aligned} Q = 116\,\mathrm{MeV} &= \left[\sqrt{(pc)^2 + (938\,\mathrm{MeV})^2} - 938\,\mathrm{MeV}\right] \\ &\quad + \left[\sqrt{(pc)^2 + (135\,\mathrm{MeV})^2} - 135\,\mathrm{MeV}\right]. \end{aligned}$$

Wenn wir nach pc auflösen, ergibt sich $pc = 189$ MeV. Setzen wir dies zunächst in den Ausdruck für die kinetische Energie des Protons und anschließend in den für das Pion ein, erhalten wir $E^\mathrm{p}_\mathrm{kin} = 19$ MeV und $E^{\pi^0}_\mathrm{kin} = 97$ MeV.

44.6 Teilchenklassifikation

In den Jahrzehnten nach der Entdeckung des π-Mesons in den späten 1940er Jahren wurden sehr viele andere subnukleare Teilchen entdeckt, deren Anzahl in die Hunderte geht. Es ist sinnvoll, die Teilchen gemäß ihrer Eigenschaften in

Kategorien zu unterteilen. Ein Möglichkeit dafür ist die Einteilung nach ihren Wechselwirkungen, da nicht alle Teilchen über alle vier Grundkräfte der Natur wechselwirken (obwohl alle der Gravitation unterliegen). Tabelle 44.2 führt einige der bekannteren Teilchen mit vielen ihrer Eigenschaften auf, die auf diese Weise klassifiziert wurden. Unter den aufgeführten Teilchen sind die stabilen und viele instabile Teilchen. Im oberen Teil der Tabelle finden sich die **Eichbosonen** (nach der Theorie benannt[3], durch die sie beschrieben werden: „Eichfeldtheorie"), zu denen das *Photon* sowie das W- und das Z-Teilchen gehören, die über die elektromagnetische beziehungsweise die schwache Kraft wechselwirken.

Eichbosonen

Danach folgen in Tabelle 44.2 die **Leptonen**, bei denen es sich um Teilchen handelt, die nicht über die starke Kraft, sondern über die schwache Kernkraft wechselwirken (genau wie über die viel schwächere Graviation); diejenigen, die eine elektrische Ladung tragen, wechselwirken auch über die elektromagnetische Kraft. Zu den Leptonen gehören das Elektron, das Myon und das Tau (oder τ, 1976 entdeckt und mehr als 3000-mal schwerer als das Elektron) sowie die drei Neutrinoarten: das Elektron-Neutrino (ν_e), das Myon-Neutrino (ν_μ) und das Tau-Neutrino (ν_τ). Sie haben alle jeweils ein Antiteilchen (wie in Tabelle 44.2 aufgeführt).

Leptonen

Die dritte Teilchenkategorie in Tabelle 44.2 bilden die **Hadronen**. Hadronen sind Teilchen, die über die starke Kernkraft wechselwirken. Deshalb bezeichnet man sie als **stark wechselwirkende Teilchen**. Sie wechselwirken auch über die anderen Kräfte, aber die starke Kraft herrscht gegenüber den anderen bei geringen Abständen vor. Zu den Hadronen gehören Nukleonen, Pionen und eine große Anzahl anderer Teilchen. Sie werden in zwei Untergruppen unterteilt: **Baryonen** – Teilchen mit der Baryonenzahl +1 (oder −1 im Falle ihrerer Antiteilchen); und **Mesonen** mit der Baryonenzahl = 0.

Hadronen

Baryonen

Mesonen

Es sei darauf hingewiesen, dass die Baryonen Λ, Σ, Ξ und Ω alle in Baryonen mit geringerer Masse zerfallen. Da es kein leichteres Teilchen mit $B = +1$ als das Proton gibt, kann das Proton selbst nicht zerfallen und ist daher stabil, wenn die Baryonenzahl streng erhalten bleibt (siehe aber Abschnitt 44.11).

44.7 Stabilität von Teilchen und Resonanzen

Die Lebensdauer hängt von der wirkenden Kraft ab

Viele der in Tabelle 44.2 aufgeführten Teilchen sind instabil. Die Lebensdauer eines instabilen Teilchens hängt davon ab, welche Kraft beim Zerfall am intensivsten wirkt. Wenn wir sagen, dass die starke Kernkraft stärker als die elektromagnetische ist, meinen wir, dass zwei Teilchen unter Einwirkung dieser Kraft stärker und schneller wechselwirken. Wenn eine stärkere Kraft einen Zerfall bewirkt, dann tritt der Zerfall schneller ein. Teilchen, die aufgrund der schwachen Kraft zerfallen, haben typischerweise Lebensdauern von 10^{-13} s und länger. Teilchen, die aufgrund der elektromagnetischen Kraft zerfallen, haben viel kürzere Lebendauern, typischerweise 10^{-16} bis 10^{-19} s. (Ausnahmen bilden das W- und das Z-Teilchen, die aufgrund der schwachen Kraft zerfallen, aber dennoch aufgrund ihrer besonderen Natur als Austauschteilchen sehr kurze Lebensdauern besitzen.) Die in Tabelle 44.2 aufgeführten instabilen Teilchen unterliegen entweder der schwachen oder der elektromagnetischen Wechselwirkung. Zerfälle, bei denen ein γ-Teilchen (Photon) vorkommt, beruhen auf der elektromagnetischen Wechselwirkung (wie beispielsweise $\pi^0 \rightarrow 2\gamma$). Die anderen angegebenen Zerfälle erfolgen aufgrund der schwachen Wechselwirkung und werden häufig von der Emission eines Neutrinos begleitet, das lediglich über die schwache Kraft wechselwirkt: Beispiele sind $\pi^+ \rightarrow \mu^+\nu_\mu$ und $\Sigma^+ \rightarrow n\pi^-$.

Man hat festgestellt, dass sehr viele Teilchen über die starke Wechselwirkung zerfallen, und diese sind in Tabelle 44.2 nicht aufgeführt. Solche Teilchen zerfallen in andere stark wechselwirkende Teilchen (beispielsweise n, p, π, wozu jedoch γ, e, ν usw. nicht gehören) und ihre Lebensdauern sind sehr kurz, typi-

3 Bosonen sind Teilchen, die nicht dem Pauli-Prinzip unterliegen (siehe Abschnitte 40.4, 41.6 und 44.10.)

Tabelle 44.2

Teilchen (stabil gegenüber starkem Zerfall)[a]

Kategorie	beteiligte Kräfte[b]	Name	Symbol	Antiteilchen	Spin	Ruhemasse (MeV/c^2)	B	L_e	L_μ	L_τ	S	Lebensdauer (s)	Hauptzerfallsmoden
Eichbosonen	em	Photon	γ	selbst	1	0	0	0	0	0	0	stabil	
	w, em	W	W^+	W^-	1	$80{,}41 \cdot 10^3$	0	0	0	0	0	$3 \cdot 10^{-25}$	$e\nu_e$, $\mu\nu_\mu$, $\tau\nu_\tau$, Hadronen
	w	Z	Z^0	selbst	1	$91{,}19 \cdot 10^3$	0	0	0	0	0	$3 \cdot 10^{-25}$	e^+e^-, $\mu^+\mu^-$, $\tau^+\tau^-$, Hadronen
Leptonen	w, em[c]	Elektron	e^-	e^+	$\frac{1}{2}$	0,511	0	+1	0	0	0	stabil	
		Neutrino (e)	ν_e	$\overline{\nu}_e$	$\frac{1}{2}$	$0(< 4 \cdot 10^{-6})^2$	0	+1	0	0	0	stabil	
		Myon	μ^-	μ^+	$\frac{1}{2}$	105,7	0	0	+1	0	0	$2{,}20 \cdot 10^{-6}$	$e^-\overline{\nu}_e\nu_\mu$
		Neutrino (μ)	ν_μ	μ^+	$\frac{1}{2}$	$0(< 0{,}17)^2$	0	0	+1	0	0	stabil	
		Tau	τ^-	τ^+	$\frac{1}{2}$	1777	0	0	0	+1	0	$2{,}91 \cdot 10^{-13}$	$\mu^-\overline{\nu}_\mu\nu_\tau$, $e^-\overline{\nu}_e\nu_\tau$, Hadronen + ν_τ
		Neutrino (τ)	ν_τ	$\overline{\nu}_\tau$	$\frac{1}{2}$	$0(< 18)^2$	0	0	0	+1	0	stabil	
Hadronen (ausgewählte)													
Mesonen	s, em, w	Pion	π^+	π^-	0	139,6	0	0	0	0	0	$2{,}60 \cdot 10^{-8}$	$\mu^+\nu_\mu$
			π^0	selbst	0	135,0	0	0	0	0	0	$0{,}84 \cdot 10^{-16}$	2γ
		Kaon	K^+	K^-	0	493,7	0	0	0	0	+1	$1{,}24 \cdot 10^{-8}$	$\mu^+\nu_\mu$, $\pi^+\pi^0$
			K^0_S	$\overline{K}^0_S$	0	497,7	0	0	0	0	+1	$0{,}89 \cdot 10^{-10}$	$\pi^+\pi^-$, $2\pi^0$
			K^0_L	$\overline{K}^0_L$	0	497,7	0	0	0	0	+1	$5{,}17 \cdot 10^{-8}$	$\pi^\pm e^\mp \overset{(-)}{\nu}_e$, $\pi^\pm\mu^\mp\overset{(-)}{\nu}_\mu$, 3π
		Eta	η^0	selbst	0	547,3	0	0	0	0	0	$5 \cdot 10^{-19}$	2γ, $3\pi^0$, $\pi^+\pi^-\pi^0$
		und andere											
Baryonen	s, em, w	Proton	p	$\overline{p}$	$\frac{1}{2}$	938,3	+1	0	0	0	0	stabil	
		Neutron	n	$\overline{p}$	$\frac{1}{2}$	939,6	+1	0	0	0	0	887	$pe^-\overline{\nu}_e$
		Lambda	Λ^0	$\overline{\Lambda}^0$	$\frac{1}{2}$	1115,7	+1	0	0	0	−1	$2{,}63 \cdot 10^{-10}$	$p\pi^-$, $n\pi^0$
		Sigma	Σ^+	$\overline{\Sigma}^-$	$\frac{1}{2}$	1189,4	+1	0	0	0	−1	$0{,}80 \cdot 10^{-10}$	$p\pi^0$, $n\pi^+$
			Σ^0	$\overline{\Sigma}^0$	$\frac{1}{2}$	1192,6	+1	0	0	0	−1	$7{,}4 \cdot 10^{-20}$	$\Lambda^0\gamma$
			Σ^-	$\overline{\Sigma}^+$	$\frac{1}{2}$	1197,4	+1	0	0	0	−1	$1{,}48 \cdot 10^{-10}$	$n\pi^-$
		Xi	Ξ^0	$\overline{\Xi}^0$	$\frac{1}{2}$	1314,9	+1	0	0	0	−2	$2{,}90 \cdot 10^{-10}$	$\Lambda^0\pi^0$
			Ξ^-	$\overline{\Xi}^+$	$\frac{1}{2}$	1321,3	+1	0	0	0	−2	$1{,}64 \cdot 10^{-10}$	$\Lambda^0\pi^-$
		Omega	Ω^-	Ω^+	$\frac{1}{2}$	1672,5	+1	0	0	0	−3	$0{,}82 \cdot 10^{-10}$	$\Sigma^0\pi^-$, Λ^0K^-, $\Sigma^-\pi^0$
		und andere											
		Xi	Ξ^0	$\overline{\Xi}^0$	$\frac{1}{2}$	1314,9	+1	0	0	0	−2	$2{,}90 \cdot 10^{-10}$	$\Lambda^0\pi^0$
			Ξ^-	$\overline{\Xi}^+$	$\frac{1}{2}$	1321,3	+1	0	0	0	−2	$1{,}64 \cdot 10^{-10}$	$\Lambda^0\pi^-$
		Omega	Ω^-	Ω^+	$\frac{1}{2}$	1672,5	+1	0	0	0	−3	$0{,}82 \cdot 10^{-10}$	$\Sigma^0\pi^-$, Λ^0K^-, $\Sigma^-\pi^0$
		und andere											

[a] Siehe auch Tabelle 44.4 für Teilchen mit Charm und Bottomness.
[b] Hierbei wurden die Abkürzungen em (elektromagnetische Kraft), s (starke Kernkraft) und w (schwache – engl. *weak* – Kernkraft) benutzt.
[c] Neutrinos unterliegen lediglich der schwachen Wechselwirkung. Die experimentellen Obergrenzen für die Neutrinomassen sind in Klammern angegeben. Die letzten Hinweise (2000) deuten darauf hin, dass mindestens eines der Neutrinos eine Masse besitzt, selbst wenn diese sehr klein sein kann (< 1 eV).

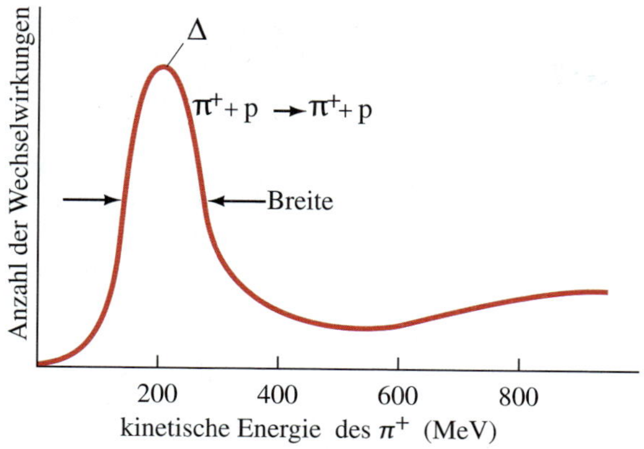

Abbildung 44.14 Anzahl der an einem Protonentarget gestreuten π^+-Teilchen als Funktion der kinetischen Energie der einfallenden π^+-Teilchen. Die Resonanzkurve deutet auf die Bildung eines kurzlebigen Teilchens hin, des Δ, das in diesem Fall eine Ladung von $+2e(\Delta^{++})$ trägt.

scherweise etwa 10^{-23} s. Aufgrund ihrer geringen Lebensdauer bewegen sie sich nicht hinreichend weit, um vor ihrem Zerfall gemessen werden zu können. Ihre Zerfallsprodukte lassen sich jedoch nachweisen, woraus man auf die Existenz solcher kurzlebigen Teilchen schließt. Um zu verstehen, wie man dabei vorgeht, betrachten wir das erste, auf diese Weise (von Fermi) entdeckte Teilchen. Fermi verwendete einen π^+-Strahl verschiedener Energien, den er auf ein Wasserstofftarget (Protonen) richtete. Die Anzahl der Wechselwirkungen (gestreute π^+) ist in ▸ Abbildung 44.14 als Funktion der kinetischen Energie der Pionen dargestellt. Das deutlich zu erkennende Maximum um 200 MeV war viel ausgeprägter als erwartet und hat eine zweifellos viel höhere Anzahl von Wechselwirkungen als die benachbarten Energien. Dies führte Fermi zu der Schlussfolgerung, dass das π^+ und das Proton vorübergehend ein kurzlebiges Teilchen bilden, bevor sie sich wieder trennen oder zumindest kurzzeitig eine Resonanz zwischen beiden vorliegt. Tatsächlich ähnelt das ausgeprägte Maximum in ▸ Abbildung 44.14 einer Resonanzkurve (siehe ▸ Abbildungen 14.24, ▸ 14.27 und ▸ 31.9), und dieses neue „Teilchen" – inzwischen Δ genannt – wird auch als **Resonanz** bezeichnet. Hunderte andere Resonanzen sind auf ähnliche Weise gefunden worden. Viele Resonanzen werden als angeregte Zustände anderer Teilchen angesehen, wie beispielsweise eines Nukleons (Proton oder Neutron).

Auf sehr kurzlebige Teilchen wird über ihre Zerfallsprodukte geschlossen

Resonanz

Die Breite der Resonanz – in ▸ Abbildung 44.14 die Breite des Δ-Peaks in der Größenordnung von 100 MeV – ist eine interessante Anwendung der Unschärferelation. Lebt ein Teilchen nur 10^{-23} s, dann besitzt dessen Masse (das heißt auch seine Ruheenergie) eine Unschärfe von $\Delta E \approx h/2\pi\Delta t \approx (6{,}6 \cdot 10^{-34}\,\mathrm{J\cdot s})/(6)(10^{-23}\,\mathrm{s}) \approx 10^{-11}\,\mathrm{J} \approx 100\,\mathrm{MeV}$, was genau der Beobachtung entspricht. Tatsächlich werden aber die Lebensdauern solcher Resonanzen durch die umgekehrte Vorgehensweise abgeleitet: nämlich aus der gemessenen Breite von ≈ 100 MeV.

44.8 Seltsame Teilchen

In den frühen 1950er Jahren stellte man fest, dass sich einige der neu entdeckten Teilchen, nämlich das K, das Λ und das Σ in zweierlei Hinsicht sehr merkwürdig verhielten. Erstens wurden sie stets in Paaren erzeugt. Beispielsweise tritt die Reaktion

$$\pi^- + \mathrm{p} \rightarrow \mathrm{K}^0 + \Lambda^0$$

mit sehr hoher Wahrscheinlichkeit auf, während die Reaktion $\pi^- + \mathrm{p} \rightarrow \mathrm{K}^0 + \mathrm{n}$ niemals beobachtet wurde. Dies erschien seltsam, da die unbeobachtete Reaktion keinen bekannten Erhaltungssatz verletzt hätte und reichlich Energie vorhanden war. Die zweite Eigenschaft dieser **seltsamen Teilchen** (wie man sie inzwischen nennt) war, dass sie nicht mit einer für die starke Wechselwirkung charakteristischen Rate zerfallen, obgleich sie in stark wechselwirkende Teilchen zerfallen (beispielsweise $\mathrm{K} \rightarrow 2\pi$, $\Sigma^+ \rightarrow \mathrm{p} + \pi^0$) und obwohl sie offensichtlich unter Einfluss der starken

Wechselwirkung erzeugt wurden (das heißt mit einer hohen Rate). Anstelle der bei stark wechselwirkenden Teilchen üblichen Lebensdauer von 10^{-23} s haben seltsame Teilchen Lebensdauern von 10^{-10} bis 10^{-8} s, die eher für die schwache Wechselwirkung chrakteristisch sind.

Strangeness und der dazugehörige Erhaltungssatz

Zur Erklärung dieser Beobachtungen wurde eine neue Quantenzahl, die **Seltsamkeit** (engl. *strangeness*), und ein neuer Erhaltungssatz, die Erhaltung der Strangeness, eingeführt. Nachdem man den Teilchen die in Tabelle 44.2 angegebene Strangeness (S) zugeordnet hatte, konnte die Erzeugung der seltsamen Teilchen in Paaren schnell erklärt werden. Den Antiteilchen wurde die entgegengesetzte Strangeness der zugehörigen Teilchen zugeordnet: einem Teilchen dieses Paares wurde $S = +1$ und dem anderen $S = -1$ zugewiesen (siehe Tabelle 44.2). Zum Beispiel hat die Strangeness bei der Reaktion $\pi^- + \mathrm{p} \to \mathrm{K}^0 + \Lambda^0$ im Anfangszustand den Wert $S = 0 + 0 = 0$ und im Endzustand ist $S = +1 - 1 = 0$, so dass die Strangeness erhalten bleibt. Bei der Reaktion $\pi^- + \mathrm{p} \to \mathrm{K}^0 + \mathrm{n}$ ist jedoch im Anfangszustand $S = 0$ und im Endzustand $S = +1 + 0 = +1$, so dass die Strangeness nicht erhalten wäre; deshalb wird diese Reaktion nicht beobachtet.

Die Strangeness bleibt bei starken Wechselwirkungen erhalten, jedoch nicht bei schwachen

Um den Zerfall von seltsamen Teilchen erklären zu können, nimmt man an, dass bei starken Wechselwirkungen die Strangeness erhalten bleibt, dies bei der schwachen Wechselwirkung jedoch *nicht* gilt. Auch wenn es seltsamen Teilchen aufgrund der Erhaltung der Strangeness verboten ist, durch starke Wechselwirkung in gewöhnliche Teilchen mit niedrigeren Massen zu zerfallen, können sie somit aufgrund der schwachen Wechselwirkung einem solchen Zerfall unterliegen. Dies läuft natürlich viel langsamer ab, was für ihre längeren Lebensdauern von 10^{-10} bis 10^{-8} s verantwortlich ist.

Die Erhaltung der Strangeness war das erste Beispiel für eine „teilweise erhaltene“ Größe. In diesem Fall bleibt die Strangeness bei der starken Wechselwirkung erhalten, während das auf die schwache Wechselwirkung nicht zutrifft.

Beispiel 44.6 · Begriffsbildung

Finden des fehlenden Teilchens

Bestimmen sie mithilfe von Erhaltungssätzen bei Teilchenwechselwirkungen das bei der Reaktion

$$\pi^- + \mathrm{p} \to \mathrm{K}^0 + ?\,,$$

gebildete Teilchen, zusätzlich zu dem Fall $\mathrm{K}^0 + \Lambda^0$.

Lösung

Wir schreiben Gleichungen für die bei dieser Reaktion erhaltenen Quantenzahlen auf. Dabei sind B, L_e, S und Q Unbekannte, deren Bestimmung uns einen Hinweis darüber liefert, um welches Teilchen es sich handeln könnte:

Baryonenzahl:	$0+1$	$0+B$
Leptonenzahl:	$0+0$	$0+L_e$
Ladung:	$-1+1$	$0+Q$
Strangeness:	$0+0$	$1+S$

Das unbekannte Produktteilchen müsste diese Quantenzahlen aufweisen:

$$B = +1 \qquad L_e = 0 \qquad Q = 0 \qquad S = -1\,.$$

Neben dem Λ^0 ist auch das neutrale Sigma-Teilchen Σ^0 mit diesen Zahlen vereinbar.

44.9 Quarks

Aus der Diskussion zu Tabelle 44.2 wissen wir, dass alle Teilchen, abgesehen von den Eichbosonen, in eine der beiden Kategorien Leptonen und Hadronen fallen. Der wesentliche Unterschied zwischen diesen beiden Gruppen ist, dass die Hadronen über die starke Kraft wechselwirken, während das auf Leptonen nicht zutrifft. Ein anderer wichtiger Umstand, mit dem die Physiker in den 1960er Jahren konfrontiert waren, ist, dass damals nur vier Leptonen bekannt waren (e^+, μ^-, ν_e und ν_μ; τ und ν_τ waren noch nicht entdeckt), gegenüber weit mehr als Hundert Hadronen.

Die Leptonen werden als echte Elementarteilchen angesehen, weil sie sich scheinbar nicht in kleinere Bestandteile zerlegen lassen, keine innere Struktur haben und keine messbare Größe. (Die Versuche, die Größe von Leptonen zu bestimmen, haben zu einer Obergrenze von 10^{-18} m geführt.)

Hadronen sind dagegen komplexer. Experimente zeigen, dass sie eine innere Struktur aufweisen. Aus ihrer großen Anzahl lässt sich schließen, dass sie nicht elementar sein können. Zur Lösung dieses Problems schlugen 1963 M. Gell-Mann und G. Zweig unabhängig voneinander vor, dass keine bis dahin beobachteten Hadronen, nicht einmal das Proton und das Neutron, elementar seien. Sie postulierten, dass die Hadronen stattdessen aus einer Kombination von drei fundamentaleren, punktartigen Elementen bestehen, die **Quarks**[4] genannt wurden. Heute ist die Quarktheorie allgemein akzeptiert, und man sieht die Quarks als die wirklichen Elementarteilchen an, genau wie Leptonen. Die drei Quarks haben die

4 Gell-Mann entnahm das Wort einem Satz in James Joyces *Finnegans Wake*.

Tabelle 44.3

Eigenschaften von Quarks und Antiquarks

Name	Symbol	Spin	Ladung	Baryonenzahl	Strangeness	Charm	Bottomness	Topness
Quarks								
Up	u	$\frac{1}{2}$	$+\frac{2}{3}e$	$\frac{1}{3}$	0	0	0	0
Down	d	$\frac{1}{2}$	$-\frac{1}{3}e$	$\frac{1}{3}$	0	0	0	0
Strange	s	$\frac{1}{2}$	$-\frac{1}{3}e$	$\frac{1}{3}$	−1	0	0	0
Charmed	c	$\frac{1}{2}$	$+\frac{2}{3}e$	$\frac{1}{3}$	0	+1	0	0
Bottom	b	$\frac{1}{2}$	$-\frac{1}{3}e$	$\frac{1}{3}$	0	0	−1	0
Top	t	$\frac{1}{2}$	$+\frac{2}{3}e$	$\frac{1}{3}$	0	0	0	+1
Antiquarks								
Name	Symbol	Spin	Ladung	Baryonenzahl	Strangeness	Charm	Bottomness	Topness
Up	$\bar{u}$	$\frac{1}{2}$	$-\frac{2}{3}e$	$-\frac{1}{3}$	0	0	0	0
Down	$\bar{d}$	$\frac{1}{2}$	$+\frac{1}{3}e$	$-\frac{1}{3}$	0	0	0	0
Strange	$\bar{s}$	$\frac{1}{2}$	$+\frac{1}{3}e$	$-\frac{1}{3}$	+1	0	0	0
Charmed	$\bar{c}$	$\frac{1}{2}$	$-\frac{2}{3}e$	$-\frac{1}{3}$	0	−1	0	0
Bottom	$\bar{b}$	$\frac{1}{2}$	$+\frac{1}{3}e$	$-\frac{1}{3}$	0	0	+1	0
Top	$\bar{t}$	$\frac{1}{2}$	$-\frac{2}{3}e$	$-\frac{1}{3}$	0	0	0	−1

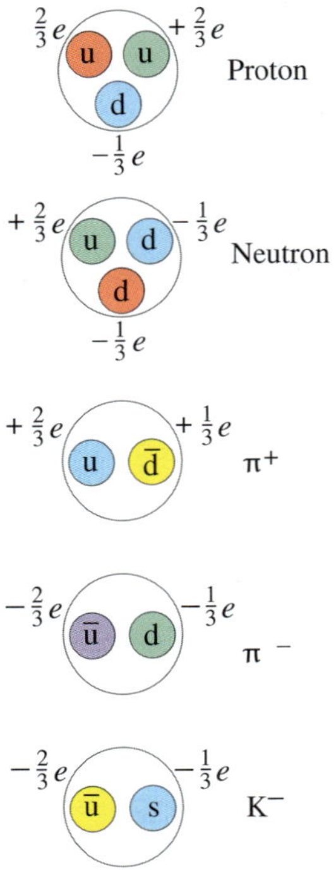

Abbildung 44.15 Quarkbausteine einiger Teilchen.

Abkürzungen u, d, s für ihre Namen *up*, *down* und *strange*. Man nimmt an, dass sie eine gebrochene Ladung tragen ($\frac{1}{3}$ oder $\frac{2}{3}$ der Ladung des Elektrons – also weniger als die bis dahin vermutete kleinste Ladung). Andere Eigenschaften der Quarks und Antiquarks sind in Tabelle 44.3 aufgeführt. Alle bisher bekannten Hadronen können theoretisch aus diesen drei Quarktypen zusammengesetzt werden. Mesonen bestünden demnach aus einem Quark-Antiquark-Paar. Beispielsweise wird das π^+-Meson als ein u$\bar{\text{d}}$-Paar angesehen (beim u$\bar{\text{d}}$-Paar gilt $Q = \frac{2}{3}e + \frac{1}{3}e = 1e$, $B = \frac{1}{3} - \frac{1}{3} = 0$, $S = 0 + 0 = 0$, wie es bei einem π^+ sein muss); das K^+ ist ein u$\bar{\text{s}}$-Paar mit $Q = +1$, $B = 0$ und $S = +1$. Baryonen bestünden dagegen aus drei Quarks. Beispielsweise gilt für eine Neutron n = ddu, während für eine Antiproton $\bar{\text{p}} = \bar{\text{u}}\bar{\text{u}}\bar{\text{d}}$ gilt (siehe ▶ Abbildung 44.15).

Bald nach der Entwicklung der Quarktheorie begannen die Physiker nach diesen drittelzahlig geladenen Teilchen zu suchen, der unmittelbare Nachweis gelang jedoch nicht. Tatsächlich legen aktuelle Modelle den Schluss nahe, dass Quarks so eng gebunden sind, dass sie niemals in einem freien Zustand existieren können.[5]

Charm

Im Jahr 1964 postulierten einige Physiker die Existenz eines vierten Quarks. Ihr Argument basierte auf der Erwartung einer tieferen Symmetrie in der Natur, was eine Verbindung zwischen Quarks und Leptonen einschließt. Wenn es vier Leptonen gibt (wovon man in den 1960er Jahren ausging), dann sollte es aus Symmetriegründen auch vier Quarks geben. Das vierte Quark erhielt den Namen *charmed*. Seine Ladung sollte $+\frac{2}{3}e$ sein, und es würde sich in seinen sonstigen Eigenschaften nicht von den übrigen Quarks unterscheiden. Diese neue Eigenschaft oder Quantenzahl, wurde **Charm** (siehe Tabelle 44.3) getauft. Charm sollte

5 Bei hohen Temperaturen und Dichten postuliert die QCD jedoch die Existenz eines Quark-Gluonen-Plasmas, in dem sich Quarks wie quasi-freie Teilchen verhalten. Experimente am CERN liefern Indizien für dessen Existenz.

Tabelle 44.4

Liste ausgewählter Hadronen, denen Charm und Bottomness zugeordnet ist ($L_e = L_\mu = L_\tau = 0$)

Kategorie	Teilchen	Antiteilchen	Spin	Ruhemasse (MeV/c^2)	Baryonenzahl	Strangeness	Charm	Bottomness	Lebensdauer (s)	Hauptzerfallsmoden
Mesonen	D^+	D^-	0	1869,4	0	0	+1	0	$10{,}6 \cdot 10^{-13}$	K + andere, e + andere
	D^0	$\overline{D}^0$	0	1864,6	0	0	+1	0	$4{,}2 \cdot 10^{-13}$	K + andere, μ oder e + andere
	D_S^+	D_S^-	0	1969	0	+1	+1	0	$4{,}7 \cdot 10^{-13}$	K + andere
	J/ψ (3097)	selbst	1	3096,9	0	0	0	0	$0{,}8 \cdot 10^{-20}$	Hadronen, e^+e^-, $\mu^+\mu^-$
	Υ (9460)	selbst	1	9460,4	0	0	0	0	$1{,}3 \cdot 10^{-20}$	Hadronen, $\mu^+\mu^-$, e^+e^-, $\tau^+\tau^-$
	B^-	B^+	0	5279	0	0	0	−1	$1{,}5 \cdot 10^{-12}$	D^0 + andere
	B^0	$\overline{B}^0$	0	5279	0	0	0	−1	$1{,}5 \cdot 10^{-12}$	D^0 + andere
Baryonen	Λ_c^+	Λ_c^-	$\frac{1}{2}$	2285	+1	0	+1	0	$2{,}0 \cdot 10^{-13}$	Hadronen (z. B. Λ+ andere)
	Σ_c^{++}	Σ_c^{--}	$\frac{1}{2}$	2453	+1	0	+1	0	?	$\Lambda_c^+\pi^+$
	Σ_c^+	Σ_c^-	$\frac{1}{2}$	2454	+1	0	+1	0	?	$\Lambda_c^+\pi^0$
	Σ_c^0	$\overline{\Sigma}_c^0$	$\frac{1}{2}$	2452	+1	0	+1	0	?	$\Lambda_c^+\pi^-$
	Λ_b^0	$\overline{\Lambda}_b^0$	$\frac{1}{2}$	5640	+1	0	0	−1	$1{,}1 \cdot 10^{-12}$	$J/\psi\Lambda^0$, $pD^0\pi^-$, $\Lambda_c^+\pi^+\pi^-\pi^-$

Tabelle 44.5

Liste der Elementarteilchen[a] aus heutiger Sicht

	erste Generation	zweite Generation	dritte Generation
Quarks	u, d	s, c	b, t
Leptonen	e, ν_e	μ, ν_μ	τ, ν_τ
Eichbosonen	γ(Photon)	$W^{\pm}$, Z^0	Gluonen

[a] Quarks und Leptonen sind jeweils in drei Generation unterteilt und die Eichteilchen sind nach den Kräften geordnet, die sie vermitteln.

sich genauso wie Strangeness verhalten: Sie bleibt, anders als bei der schwachen Wechselwirkung, bei der starken und elektromagnetischen Wechselwirkung erhalten. Das neue Quark hätte Charm $C = +1$ und sein Antiquark $C = -1$. Das erste Teilchen mit Charm, das J/ψ-Meson, wurde 1974 entdeckt.

Charm-Quark

Ebenso in den 1970er Jahren ergaben sich deutliche Hinweise auf das Tau-Lepton (τ) mit einer Masse von 1777 MeV/c^2. Dieses Lepton besitzt, wie das Elektron und das Myon, ein zugehöriges Neutrino. Man nimmt daher derzeit an, dass die Familie der Leptonen sechs Mitglieder hat. Dies würde die Balance zwischen Leptonen und Quarks, den vermutlichen Grundbausteinen der Materie, außer Kraft setzen, wenn nicht zwei zusätzliche Quarks existieren. Tatsächlich postulierten die theoretischen Physiker die Existenz eines fünften und sechsten Quarks, mit den Namen **Top** und **Bottom**. Die Namen gelten auch für die neuen Eigenschaften (die Quantenzahlen), welche die beiden neuen Quarks von den alten unterscheiden (siehe Tabelle 44.3), und die (wie die Strangeness) bei der starken, jedoch nicht der schwachen, Wechselwirkung erhalten bleiben. Neue Mesonen mit Bottom-Quarks wurden bald darauf nachgewiesen (Tabelle 44.4). Überzeugende Hinweise auf die Existenz des Top-Quarks ergaben sich nach Jahren erfolgloser Suche 1995 (siehe Foto am Kapitelanfang). Seine extrem hohe Masse beträgt etwa 175 GeV/c^2. Demnach ist zu dessen Erzeugung eine riesige Energie erforderlich, was zu den Schwierigkeiten seines Nachweises beigetragen hat.

Zwei weitere Leptonen

Top- und Bottom-Quarks

Heute sieht man als die eigentlichen Elementarteilchen die sechs Quarks, die sechs Leptonen und die Eichbosonen an, die die fundamentalen Kräfte vermitteln. Vergleichen Sie dazu Tabelle 44.5, in der die Quarks und Leptonen in drei Gruppen (Generationen) unterteilt sind.

Die Elementarteilchen

Beispiel 44.7 · Begriffsbildung — Gebundene Quarkzustände

Bestimmen Sie die Baryonenzahl, die Ladung und die Strangeness der folgenden gebundenen Quarkzustände und identifizieren Sie das Hadron, das dadurch gebildet wird: (a) udd, (b) $u\bar{u}$, (c) uss, (d) sdd und (e) $b\bar{u}$.

Lösung

Wir entnehmen Tabelle 44.3 die Eigenschaften der Quarkzustände und bestimmen anschließend mithilfe der Tabellen 44.2 und 44.4 das Teilchen, das diese Eigenschaften besitzt. (a) Die Kombination udd besitzt die Eigenschaften

$$Q = +\frac{2}{3}e - \frac{1}{3}e - \frac{1}{3}e = 0\,,$$
$$B = \frac{1}{3} + \frac{1}{3} + \frac{1}{3} = 1\,,$$
$$S = 0 + 0 + 0 = 0$$

sowie $C = 0$, Bottomness $= 0$, Topness $= 0$. Das einzige Baryon ($B = +1$) mit $Q = 0, S = 0$ usw. ist das Neutron (siehe Tabelle 44.2). (b) u$\bar{u}$ besitzt $Q = \frac{2}{3}e - \frac{2}{3}e = 0$, $B = 0$ und alle anderen Quantenzahlen $= 0$. Das könnte π^0 sein. (c) uss besitzt $Q = 0, B = +1, S = -2$, alle anderen $= 0$. Das ist Ξ^0. (d) sdd besitzt $Q = -1, B = +1, S = -1$, es muss also Σ^- sein. (e) b$\bar{u}$ besitzt $Q = -1, B = 0, S = 0, C = 0$, Bottomness $= -1$, Topness $= 0$. Es muss sich um das B^--Meson handeln (siehe Tabelle 44.4).

44.10 Das „Standardmodell": Quantenchromodynamik (QCD) und die elektroschwache Theorie

Kurz nach der Entwicklung der Quarktheorie deutete sich an, dass Quarks noch eine andere Eigenschaft (oder Qualität) besitzen, die **Farbe** (meist engl. *Color*). Die Unterscheidung zwischen den sechs Quarks (u, d, s, c, b, t) wurde anhand der Eigenschaft **Geschmack** (meist engl. *Flavor*) getroffen. Nach der Theorie kann jedes Quark drei Farben besitzen, gewöhnlich wählt man rot, grün und blau. (Dies sind die Grundfarben, die sich, wie beispielsweise auf dem Fernsehbildschirm, zu weiß mischen.) Dabei haben die Bezeichnungen „Color" und „Flavor" nichts mit der wörtlichen Bedeutung und den entsprechenden Sinneseindrücken zu tun, sondern sind einfach nur skurril – genau wie die anderen Bezeichnungen, zum Beispiel Charm, in diesem neuen Gebiet. (Dennoch haben wir in ▸ Abbildung 44.15 die Quarks „gefärbt".) Die Antiquarks haben die Farben antirot, antigrün und antiblau. Baryonen sind aus drei Quarks zusammengesetzt, eines von jeder Farbe. Mesonen bestehen aus einem Quark-Antiquark-Paar einer einzelnen Farbe und seiner Antifarbe. Daher sind sowohl Baryonen als auch Mesonen farblos.

Ursprünglich schlug man die Einführung der Farbe vor, um das Pauli-Prinzip (Abschnitt 40.4) erfüllen zu können. Jedoch unterliegen nicht alle Teilchen diesem Prinzip. Teilchen, die es erfüllen, wie Elektronen, Protonen und Neutronen, heißen **Fermionen**. Die anderen werden als **Bosonen** bezeichnet. Diese beiden Kategorien unterscheiden sich auch in ihrem Spin (Abschnitt 40.2): Bosonen haben einen ganzzahligen Spin (0,1,2 usw.), während Fermionen über einen halbzahligen Spin verfügen, gewöhnlich $\frac{1}{2}$, wie Elektronen und Nukleonen, er kann jedoch auch $\frac{3}{2}$, $\frac{5}{2}$ usw. sein. Materie besteht hauptsächlich aus Fermionen. Die Austauschteilchen (γ, W, Z und Gluonen) sind, wie wir später sehen werden, jedoch alle Bosonen. Quarks sind Fermionen (sie haben den Spin $\frac{1}{2}$) und sollten deshalb

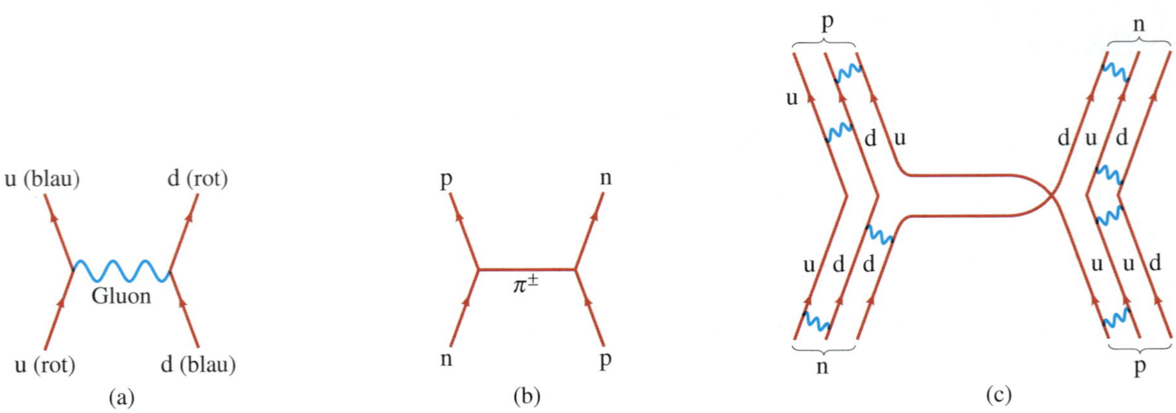

Abbildung 44.16 (a) Die Kraft zwischen zwei Quarks, die sie beispielsweise als Teile eines Protons zusammenhält, wurde über Gluonen vermittelt, was in diesem Fall eine Änderung der Farbe beinhaltet. (b) Die starke Wechselwirkung $n + p \to n + p$ mit dem Austausch eines geladenen π-Mesons (+ oder − in Abhängigkeit davon, ob man die Reaktion von links oder rechts betrachtet). (c) Quark-Darstellung derselben Wechselwirkung $n + p \to n + p$. Die Wellenlinien zwischen Quarks symbolisieren den Austausch von Gluonen, durch den die Hadronen zusammengehalten werden.

dem Pauli-Prinzip unterliegen. Schon bei drei speziellen Baryonen (uuu, ddd und sss) haben alle drei Quarks dieselben Quantenzahlen, und bei mindestens zwei von ihnen zeigt der Spin in die gleiche Richtung (da es nur zwei Möglichkeiten gibt, Spin aufwärts $[m_s = +\frac{1}{2}]$ oder Spin abwärts $[m_s = -\frac{1}{2}]$). Das scheint eine Verletzung des Pauli-Prinzips zu sein; wenn jedoch die Quarks eine zusätzliche Quantenzahl hätten (die Farbe), die sich bei jedem Quark unterscheidet, wäre das Pauli-Prinzip erfüllt. Obwohl die Farbe der Quarks und die sich daraus ergebende Verdreifachung der Anzahl der Quarks ursprünglich eine *ad hoc*-Annahme war, hat sie auch zu einer besseren Übereinstimmung der Theorie mit dem Experiment geführt, was beispielsweise auf die Vorhersage der Lebensdauer des π^0-Mesons zutrifft. Die Vorstellung von der Farbe wurde zudem ein zentrales Merkmal der Theorie, weil sie die Kraft festlegt, die die Quarks in einem Hadron bindet. Man nimmt an, dass jedes Quark in Analogie zur elektrischen Ladung eine *Farbladung* trägt, und die starke Kraft zwischen Quarks wird häufig als **Farbkraft** bezeichnet. Diese neue Theorie der starken Kraft heißt **Quantenchromodynamik** (*chroma* = griechisch für Farbe) oder kurz QCD, um zu verdeutlichen, dass die Kraft zwischen Farbladungen (und nicht etwa zwischen elektrischen Ladungen) wirkt. Die starke Kraft zwischen zwei Hadronen[6] wird als Kraft zwischen den Quarks angesehen, aus denen sie bestehen, wie ▶ **Abbildung 44.16** veranschaulicht. Die Teilchen, die die Farbkraft vermitteln (wie die Photonen bei der elektromagnetischen Kraft), werden als **Gluonen** (in Anlehnung an das englische Wort für Leim: glue) bezeichnet. Sie sind in **Tabelle 44.5** aufgeführt. Es gibt acht Gluonen, die nach der Theorie alle masselos sind, sechs davon tragen eine Farbladung[7]. Folglich haben Gluonen die Mesonen als Teilchen ersetzt (siehe **Tabelle 44.1**), die die starke (Farb-)Kraft vermitteln.

QCD

Gluonen

Die Farbkraft hat die interessante Eigenschaft, dass ihre Stärke mit zunehmendem Abstand wächst (wie die von einer gespannten Feder ausgeübte Kraft, **Kapitel 14**); wenn sich zwei Quarks einander sehr stark nähern (äquivalent dazu also eine hohe Energie haben), wird die Kraft zwischen ihnen sehr klein. Dieser Aspekt wird als **asymptotische Freiheit** bezeichnet.

Man nimmt an, dass die schwache Kraft durch die W^+-, W^-- und Z^0-Teilchen vermittelt wird, wie wir bereits wissen. Sie wirkt zwischen den „schwachen Ladungen", über die jedes Teilchen verfügt. Jedes Elementarteilchen kann daher eine elektrische Ladung, eine schwache Ladung, eine Farbladung und eine schwere Masse besitzen, auch wenn eine oder mehrere davon null sein können. Zum Beispiel haben alle Leptonen die Farbladung null, so dass sie nicht über die starke Kraft wechselwirken.

Zusammenfassend lässt sich Folgendes sagen: Nach dem Standardmodell sind die wirklichen Elementarteilchen (**Tabelle 44.5**) Leptonen, Quarks und die Eichbosonen (Photon, W und Z sowie die Gluonen). Einige Theorien postulieren auch die Existenz noch weiterer Bosonen. Das Photon und die Leptonen werden in Experimenten beobachtet, wie schließlich auch W^+, W^- und Z^0. Bisher sind jedoch nur gebundene Zustände von Quarks beobachtet worden (Baryonen und Mesonen), und freie Quarks und Gluonen scheinen unbeobachtbar zu sein.

Ein wesentlicher Aspekt der neuen theoretischen Arbeiten ist das Bestreben, eine einheitliche Basis für die verschiedenen Kräfte in der Natur zu schaffen. Diese zu finden, war eine langgehegte Hoffnung Einsteins, die sich jedoch nicht erfüllte. Eine so genannte **Eichfeldtheorie**, die die schwache und die elektromagnetische Wechselwirkung vereinheitlicht, wurde in den 1960er Jahren von S. Weinberg, S. Glashow und A. Salam vorgelegt. In dieser **elektroschwachen Theorie** werden die schwache und die elektromagnetische Kraft als verschiedene Erscheinungs-

Elektroschwache Theorie

6 Die starke Kraft zwischen Hadronen erscheint jedoch im Vergleich zur Kraft zwischen Quarks innerhalb der Hadronen schwach.

7 Vergleichen Sie dies mit der elektromagnetischen Wechselwirkung, bei der die Photonen keine elektrische Ladung tragen. Weil Gluonen über eine Farbladung verfügen, können sie einander anziehen und Teilchen bilden (im Gegensatz zu Photonen). Nach diesen „Leimteilchen" wird gesucht.

formen einer einzigen, fundamentaleren *elektroschwachen* Wechselwirkung angesehen. Die elektroschwache Theorie war in vielerlei Hinsicht erfolgreich, dies schließt die Vorhersage der $W^{\pm}$-Teilchen als Träger der schwachen Wechselwirkung mit Massen von $81 \pm 2\,\text{GeV}/c^2$ ein. Die Vorhersagen stehen in exzellenter Übereinstimmung mit den gemessenen Werten von $80{,}41 \pm 0{,}10\,\text{GeV}/c^2$ (gleiches gilt in ähnlicher Genauigkeit für das Z^0.) Die elektroschwache Theorie und die QCD für die starke Wechselwirkung werden zusammen häufig als das Standardmodell bezeichnet. Die Theoretiker fragten sich, weshalb W und Z große Massen haben und nicht masselos sind wie das Photon. Die elektroschwache Theorie liefert eine Erklärung dafür in Form eines neuen **Higgs-Feldes** und dem dazugehörigen Teilchen, dem **Higgs-Boson**, das mit W und Z wechselwirkt und sie dabei „abbremst". Wenn sie gezwungen werden, sich langsamer als mit Lichtgeschwindigkeit zu bewegen, müssen sie Masse gewinnen.

Standardmodell

44.11 Die große vereinheitlichte Theorie

GUT

Vereinheitlichung der Kräfte

Nach dem Erfolg der vereinheitlichten elektroschwachen Theorie wurden Versuche unternommen, diese Theorie mit der QCD für die starke (Farb-)Kraft zur so genannten **großen vereinheitlichten Theorie** (engl. *grand unified theory*, GUT) zu vereinigen. Eine solche große vereinheitlichte Theorie der elektromagnetischen, der schwachen und der starken Kraft wurde unter dem Aspekt ausgearbeitet, dass es nur eine Klasse von Teilchen gibt – Leptonen und Quarks gehören zur selben Familie und können frei ineinander übergehen – und die drei Kräfte verschiedene Erscheinungsformen einer einzigen zugrunde liegenden Kraft sind. Die Vereinheitlichung tritt jedoch erst auf einer Skala von etwa 10^{-30} m auf. Nähern sich zwei Elementarteilchen (Leptonen oder Quarks) einander bis zur **Vereinheitlichungsskala**, gäbe es auf dieser Ebene keinen augenscheinlichen Unterschied zwischen ihnen, und ein Quark könnte sich unmittelbar in ein Lepton umwandeln und umgekehrt. Baryonenzahl und Leptonenzahl wären nicht erhalten. Die schwache, elektromagnetische und starke (Farb-)Kraft würden sich zu einer Kraft mit einer einzigen Stärke vereinigen.

Wie könnte aus einem Quark ein Lepton werden und umgekehrt? Die Theorie postuliert die Existenz von so genannten X-Bosonen, die zwischen einem Quark und einem Lepton ausgetauscht werden und die Umwandlung zwischen beiden ermöglichen. Dieses Teilchen ist so ähnlich wie das geladene Pion, das zwischen dem p und dem n aus ► Abbildung 44.16b ausgetauscht wird und den Übergang des Protons in ein Neutron erlaubt. Die Masse des postulierten X-Bosons beträgt in Übereinstimmung mit der Unschärferelation (wie bereits in diesem Kapitel angewendet, Gleichung 44.3 mit $d \approx 10^{-30}$ m) etwa $10^{14}\,\text{GeV}/c^2$ oder 10^{14} Protonenmassen. Aufgrund seiner unglaublich hohen Masse gibt es wenig Hoffnung, es im Labor beobachten zu können. Der Grund für die Erhaltung der Baryonen- und Leptonenzahl bei beobachteten Reaktionen liegt auch in dieser großen Masse, weil die Wahrscheinlichkeit, auch bei den höchsten im Labor verfügbaren Energien, extrem klein ist, ein solch massives Teilchen, und sei es nur als virtuelles Austauschteilchen, zu erzeugen.

Symmetriebrechung

Der Vorgang, der sich beim Übergang von der Vereinheitlichungslänge von 10^{-30} m zu gewöhnlichen (größeren) Längen vollzieht, wird als **Symmetriebrechung** bezeichnet. Betrachten Sie zur Analogie ein Atom in einem Kristall. Tief im Inneren des Atoms gibt es eine große Symmetrie – die inneresten Bereiche der Elektronenwolke sind kugelsymmetrisch (Kapitel 40). In größerem Abstand bricht diese Symmetrie zusammen – die Elektronenwolken verteilen sich vorzugsweise entlang von bestimmten Achsen (Bindungen), die die Atome in einem Kristall zusammenhalten. Ähnlich wird die Kraft zwischen Elementarteilchen bei 10^{-30} m nach der Theorie zu einer einzigen Kraft – sie ist symmetrisch und bevorzugt keine bestimmte „Ladung" gegenüber einer anderen. Bei größeren Abständen wird jedoch diese Symmetrie gebrochen, und wir erkennen drei verschiedene Kräfte.

(Beim Standardmodell der elektroschwachen Wechselwirkungen, Abschnitt 44.10, tritt die Symmetriebrechung zwischen der elektromagnetischen und der schwachen Wechselwirkung bei etwa 10^{-18} m auf.)

Beispiel 44.8 · Begriffsbildung **Symmetrie**

Der Tisch aus ▸ Abbildung 44.17 zeigt vier identische Gedecke. Vier Personen nehmen am Tisch Platz, um zu essen. Beschreiben Sie die Symmetrie an diesem Tisch und die Veränderungen, die eintreten, wenn jemand mit der Mahlzeit beginnt.

Lösung

Der Tisch weist verschiedene Symmetrien auf. Er ist symmetrisch gegenüber Drehungen um 90°: Der Tisch würde genauso aussehen, wenn jeder einen Platz nach links oder rechts rücken würde. Es besteht auch eine Symmetrie zwischen Nord und Süd sowie Ost und West, so dass ein Austausch über den Tisch das Aussehen des Tisches nicht beeinflusst. Es ist ebenfalls egal, ob jeder die Gabel von rechts oder von links nimmt. Sobald jedoch der Erste die Gabel aufgenommen hat, ist die Wahl am gesamten Tisch getroffen. Die Symmetrie ist *gebrochen*. Die darunter liegende Symmetrie ist noch immer vorhanden – die Wassergläser können noch immer auf die eine oder die andere Weise aufgenommen werden – es muss jedoch eine Entscheidung getroffen werden, und in diesem Moment ist die Symmetrie zwischen den Gästen gebrochen.

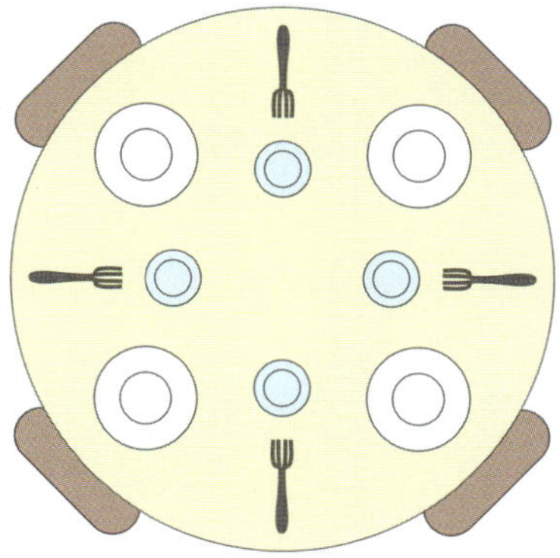

Abbildung 44.17 Symmetrie an einem Tisch, zu Beispiel 44.8.

Die Vereinheitlichung tritt bei solch winzigen Abständen und solch riesigen Energien auf, dass sich die Theorie schwer experimentell überprüfen lässt. Es ist jedoch nicht vollkommen unmöglich. Eine möglicherweise überprüfbare Vorhersage ist die Grundlage für die Vorstellung, dass das Proton zerfallen könnte (beispielsweise über $p \to \pi^0 + e^+$) und dabei die Erhaltung der Baryonenzahl verletzt. Dies könnte vorkommen, wenn sich zwei Quarks auf 10^{-31} m nähern. Dies ist jedoch bei normaler Temperatur und Energie sehr unwahrscheinlich, so dass es sich beim Zerfall des Protons nur um einen sehr unwahrscheinlichen Prozess handeln könnte. In der einfachsten Form der GUT ist die theoretische Abschätzung der Lebensdauer des Protons für die Zerfallsmode $p \to \pi^0 + e^+ \approx 10^{31}$ a, was gerade in den Bereich der Überprüfbarkeit gekommen ist. Protonenzerfälle sind bisher noch nicht beobachtet worden, und Experimente haben die Untergrenze für die Lebensdauer des Protons in der obigen Mode auf $2{,}5 \cdot 10^{32}$ a heraufgesetzt. Das ist eine Größenordnung über der ursprünglichen Vorhersage. Das mag enttäuschend sein, andererseits ist es aber eine Herausforderung. Allerdings werden komplexere Kandidaten für die GUT durch dieses Ergebnis nicht berührt.

Zerfällt das Proton?

Beispiel 44.9 · Abschätzung **Protonenzerfall**

In einem Experiment sucht man nach einem Protonenzerfall vom Typ $p \to \pi^0 + e^+$, indem man 3300 Tonnen Wasser beobachtet. Geben Sie eine Abschätzung für die Untergrenze der Lebensdauer des Protons an, wenn das Experiment vier Jahre läuft, ohne dass ein Zerfall nachgewiesen wurde.

Lösung

Wie beim radioaktiven Zerfall ist die Anzahl der Zerfälle proportional zur Anzahl der Mutterelemente (N), zum Zeitintervall (Δt) und zur Zerfallskonstanten (λ), die mit der Halbwertszeit $T_{\frac{1}{2}}$ verknüpft ist (siehe Gleichungen 42.4 und 42.8)

$$\Delta N = -\lambda N \Delta t = -\frac{\ln 2}{T_{\frac{1}{2}}} N \Delta t \,.$$

Betragsmäßig gilt

$$T_{\frac{1}{2}} = \frac{N}{\Delta N} \Delta t \ln 2 \,,$$

woraus wir aus dem Ergebnis des vierjährigen Experimentes $\Delta N < 1$

$$T_{\frac{1}{2}} > N(4\,\text{a})(0{,}69)$$

erhalten, wobei N die Anzahl der Protonen in 3300 Tonnen Wasser ist. Zur Bestimmung von N vergegenwärtigen wir uns, dass jedes H_2O-Molekül $(2 + 8 =)$ 10 Protonen enthält. Somit enthält ein Mol Wasser (18 g) 10^{23} Protonen, das sind etwa $3 \cdot 10^{26}$ Protonen pro Kilogramm. Eine Tonne sind 10^3 kg, so dass die Wasserkammer $(3{,}3 \cdot 10^6\,\text{kg})(3 \cdot 10^{26}\,\text{Protonen/kg}) \approx 1 \cdot 10^{33}$ Protonen enthält. Dann ergibt die sehr grobe Abschätzung für die Untergrenze der Lebensdauer des Protons $T_{\frac{1}{2}} > (10^{33})(4\,\text{a})(0{,}7) \approx 3 \cdot 10^{33}$ a.

Zusammenhang mit der Kosmologie

Eine interessante Vorhersage der vereinheitlichten Theorie hängt mit der Kosmologie (siehe Kapitel 45) zusammen. Man glaubt, dass während der ersten 10^{-35} s nach dem Urknall, bei dem das Universum entstand, die Temperatur so hoch war, dass die Teilchen Energien im Bereich der Vereinheitlichungsskala hatten. Die Baryonenzahl wäre dann nicht erhalten, was ein Ungleichgewicht erlaubt, das für die beobachtete Vorherrschaft der Materie ($B > 0$) gegenüber der Antimaterie ($B < 0$) verantwortlich sein könnte.

Dieses letzte Beispiel ist interessant, weil es den tiefen Zusammenhang zwischen den Forschungen an beiden Enden der Größenskala veranschaulicht: Theorien über die winzigsten Objekte (Elementarteilchen) haben einen starken Einfluss auf das Verständnis des Universums als Ganzes. Wir werden uns damit im nächsten Kapitel eingehender beschäftigen.

Noch ehrgeiziger als die großen vereinheitlichten Theorien sind die Versuche, auch die Gravitation einzubeziehen und damit alle vier Kräfte in der Natur zu einer einzige Theorie zu vereinigen. (Solche Theorien werden mitunter missverständlich als **Theorien von Allem** (TOE für engl. *Theories of Everything*) bezeichnet.)

Stringtheorie

Die bisher einzige konsistente Theorie, die versucht, alle vier Kräfte zu vereinigen, ist die **Stringtheorie**, bei der man sich die Elementarteilchen (Tabelle 44.5) nicht als Punkte, sondern als eindimensionale Strings mit 10^{-35} m Länge vorstellt.

Damit verbunden ist die Vorstellung der **Supersymmetrie**, deren Anwendung auf die Stringtheorie zur **Superstringtheorie** führt. Die Supersymmetrie sagt vorher, dass es Wechselwirkungen gibt, die Fermionen in Bosonen umwandeln und umgekehrt, und dass alle Fermionen supersymmetrische Bosonenpartner haben. Folglich gäbe es zu jedem Quark ein *Squark* und zu jedem Lepton ein *Slepton*. Analog dazu gäbe es zu jedem bekannten Boson (beispielsweise Photonen und Gluonen) supersymmetrische Fermionen (*Photinos* und *Gluinos*). Weshalb wurde aber diese „fehlende Hälfte" des Universums niemals bemerkt? Die beste Antwort gibt die Vermutung, dass supersymmetrische Teilchen schwerer sein könnten als ihre konventionellen Gegenstücke, möglicherweise zu schwer, um in gegenwärtigen Beschleunigern erzeugt werden zu können. Solange jedoch kein supersymmetrisches Teilchen gefunden wurde, ist die Supersymmetrie nur eine elegante Vermutung.

Die Welt der Elementarteilchen eröffnet neue Perspektiven. Wir dürfen gespannt sein, was sich in näherer Zukunft ergibt.

Z U S A M M E N F A S S U N G

Teilchenbeschleuniger werden eingesetzt, um geladene Teilchen, wie Elektronen und Protonen, auf sehr hohe Energie zu beschleunigen. Hochenergetische Teilchen haben kurze Wellenlängen und können damit eingesetzt werden, um die Struktur der Materie auf sehr kleinen Längenskalen mit großer Genauigkeit zu untersuchen. Die hohen kinetischen Energien erlauben zudem die Bildung neuer Teilchen durch Stöße (über $E = mc^2$).

Bei Van-De-Graaff-Beschleunigern und linearen Beschleunigern wird eine Hochspannung eingesetzt, um die Teilchen entlang einer Geraden zu beschleunigen. Zyklotrone und Synchrotone halten die Teilchen mithilfe eines Magnetfeldes auf einer kreisförmigen Bahn und beschleunigen Sie durch Hochspannungsintervalle. **Kollidierende Strahlenbündel** ermöglichen höhere Wechselwirkungsenergien.

Zu den Teilchen**detektoren**, die Teilchenspuren sichtbar machen können, gehören lichtempfindliche Schichten, Nebelkammern, Blasenkammern und moderne Vieldraht-Proportionalkammern.

Ein **Antiteilchen** besitzt die gleiche Masse wie das Teilchen, jedoch eine entgegengesetzte Ladung. Auch andere Eigenschaften können entgegengesetzt sein: beispielsweise hat das Antiproton die entgegengesetzte **Baryonenzahl** (Nukleonenzahl) wie das Proton.

Bei allen Kern- und Teilchenreaktionen gelten Erhaltungssätze für folgende Größen: Impuls, Drehimpuls, Masse-Energie, elektrische Ladung, Baryonenzahl und die drei **Leptonenzahlen**.

Bestimmte Teilchen verfügen über die Eigenschaft **Strangeness**, die unter der starken Kraft erhalten bleibt, jedoch nicht unter der schwachen Kraft. Man nimmt an, dass auch die erst vor kurzem eingeführten Eigenschaften **Charm**, **Bottomness** und **Topness** unter der starken Kraft erhalten bleiben, jedoch nicht unter der schwachen Kraft.

Genau wie man die elektromagnetische Kraft auf den Austausch von Photonen zurückführen kann, nahm man zunächst an, dass die starke Kernkraft durch *Mesonen* mit verschwindender Ruhemasse vermittelt wird. Nach der aktuelleren Theorie sind es jedoch die masselosen **Gluonen**. Die W- und Z-Teilchen vermitteln die schwache Kraft. Diese fundamentalen Austauschteilchen (Photon, W und Z, Gluonen) werden als **Eichbosonen** bezeichnet.

Die anderen Teilchen werden in *Leptonen* und *Hadronen* unterteilt. **Leptonen** unterliegen der schwachen und elektromagnetischen Wechselwirkung. **Hadronen**, die nach heutiger Ansicht aus **Quarks** zusammengesetzt sind, unterliegen zudem der starken Wechselwirkung. Die Hadronen können in **Mesonen** mit der Baryonenzahl null und **Baryonen** mit nicht verschwindender Baryonenzahl unterteilt werden.

Alle Teilchen, abgesehen vom Photon, Elektron, den Neutrinos und dem Proton, zerfallen mit messbaren Halbwertszeiten, die zwischen 10^{-25} s und 10^3 s liegen. Die Halbwertszeit hängt davon ab, welche Kraft beim Zerfall dominiert. Bei Zerfällen aufgrund der schwachen Kraft sind die Halbwertszeiten gewöhnlich größer als 10^{-13} s. Bei Zerfällen aufgrund der elektromagnetischen Kraft liegen die Halbwertszeiten zwischen 10^{-16} bis 10^{-19} s. Die kurzlebigsten Teilchen, als **Resonanzen** bezeichnet, zerfallen aufgrund der starken Wechselwirkung und überleben gewöhnlich nur etwa 10^{-23} s.

Das derzeitige Standardmodell der Elementarteilchen betrachtet **Quarks** als die Grundbausteine der Hadronen. Die sechs Quarks heißen **Up**-, **Down**-, **Strange**-, **Charmed**-, **Bottom**- und **Top**-Quark. Man erwartet, dass es genauso viele Quarks wie Leptonen gibt (jeweils sechs), und dass Quarks und Leptonen zusammen mit den Eichbosonen (γ, W, W, Gluonen) die wirklichen Elementarteilchen sind. Quarks wird die Eigenschaft der **Farbe** zugeordnet. Nach der **Quantenchromodynamik** (QCD) wirkt die starke Farbkraft zwischen ihren Farbladungen, die durch **Gluonen** vermittelt wird. Die **Elektroschwache Theorie** betrachtet die schwache und die elektromagnetische Kraft als zwei Erscheinungsformen einer einzigen zugrunde liegenden Wechselwirkung. QCD und elektroschwache Theorie werden zusammen als **Standardmodell** bezeichnet.

Nach den **großen vereinheitlichten Theorien** der Kräfte erscheinen bei sehr kurzen Abständen (10^{-30} m) und sehr hohen Energien die schwache, die elektromagnetische und die starke Kraft als eine einzige Kraft, und der fundamentale Unterschied zwischen Quarks und Leptonen verschwindet.

Z U S A M M E N F A S S U N G

Verständnisfragen

1 Geben Sie eine Reaktion wie Gleichung 44.4 zwischen zwei Nukleonen an, bei der ein π^- erzeugt wird.

2 Ein Proton bewegt sich mit sehr hoher Geschwindigkeit, so dass dessen kinetische Energie sehr viel größer als dessen Ruheenergie (m_0c^2) ist. Kann es dann über $\mathrm{n} \to \mathrm{n} + \pi^+$ zerfallen?

3 Woraus würde ein „Antiatom" bestehen, das aus den Antiteilchen der Bestandteile des normalen Atoms zusammengesetzt ist? Was würde geschehen, wenn *Antimaterie*, die aus solchen Antiatomen zusammengesetzt ist, mit der normalen Materiewelt in Kontakt käme?

4 Welches Teilchen signalisiert bei einem Zerfall die elektromagnetische Wechselwirkung?

5 Bedeutet die Anwesenheit eines Neutrinos unter den Zerfallsprodukten eines Teilchens notwendigerweise, dass der Zerfall aufgrund der schwachen Wechselwirkung stattgefunden hat? Kommt bei allen Zerfällen, die auf der schwachen Wechselwirkung beruhen, ein Neutrino vor?

6 Wie kommt es, dass ein Neutron über die schwache Wechselwirkung zerfällt, obwohl das Neutron und eines seiner Zerfallsprodukte (das Proton) der starken Wechselwirkung unterliegen?

7 Bei welcher der vier Wechselwirkungen (starke, elektromagnetische, schwache und Gravitation) kommt ein Elektron vor? Bei welcher ein Neutrino? Bei welcher ein Proton?

8 Überprüfen Sie, ob bei jedem der Zerfälle aus Tabelle 44.2 Ladung und Baryonenzahl erhalten bleiben.

9 Welche der Teilchenzerfälle aus Tabelle 44.2 erfolgen über die elektromagnetische Wechselwirkung?

10 Welche der Teilchenzerfälle aus Tabelle 44.2 erfolgen über die schwache Wechselwirkung?

11 Über welche Wechselwirkung und weshalb zerfällt ein $\Sigma^\pm$ in ein Λ_0? Wie ist es mit dem Zerfall eines Σ_0 in ein Λ_0?

12 Das Δ Baryon hat den Spin $\frac{3}{2}$, die Baryonenzahl 1 und die Ladung $Q = +2, +1, 0$ oder -1. Weshalb gibt es keinen Ladungszustand mit $Q = -2$?

13 Welche der Teilchenzerfälle aus Tabelle 44.4 erfolgen über die elektromagnetische Wechselwirkung?

14 Welche der Teilchenzerfälle aus Tabelle 44.4 erfolgen über die schwache Wechselwirkung?

15 Quarks haben den Spin $\frac{1}{2}$. Wie ist es zu erklären, dass Baryonen den Spin $\frac{1}{2}$ oder $\frac{3}{2}$ und Mesonen den Spin 0 oder 1 haben?

16 Stellen Sie sich vor, es gäbe eine Art „Neutrinolet", das masselos wäre, keine Farbladung oder elektrische Ladung besitzen und auch nicht der schwachen Wechselwirkung unterliegen würde? Könnte man dann überhaupt von der Existenz dieses Teilchens sprechen?

Aufgaben zu 44.1 und 44.3

1 (I) Wie groß ist die Gesamtenergie eines Protons mit der kinetischen Energie 6,35 GeV?

2 (I) Berechnen Sie die Wellenlänge eines Elektrons mit 35 GeV.

3 (I) Wie groß ist das Magnetfeld, das in einem Zyklotron eingesetzt wird, in dem die Protonen $2{,}8 \cdot 10^7$ Umdrehungen pro Sekunde erreichen?

4 (I) Wie lange braucht ein sehr hochenergetisches Proton für einen kompletten Umlauf im Fermilab-Beschleuniger mit einem Radius von 1,0 km?

5 (I) Welche Frequenz muss die Spannung haben, wenn α-Teilchen im Zyklotron aus Beispiel 44.2 beschleunigt werden sollen?

6 (II) (a) Welche Energie könnten α-Teilchen maximal aufnehmen, wenn sie im Zyklotron aus Beispiel 44.2 beschleunigt würden? (b) Wiederholen Sie die Betrachtung für Deuteronen $^2_1$H. (c) Welche Frequenz wird in jedem der Fälle benötigt?

7 (II) Womit kann man die Kernstruktur besser bestimmen: α-Teilchen mit 30 MeV oder Protonen mit 30 MeV? Vergleichen Sie jeweils deren Wellenlängen mit der Größe eines Nukleons in einem Kern.

8 (II) Die Spannung an den Duanden des Zyklotrons beträgt 55 kV. Wie viele Umläufe vollführen Protonen, bis sie eine kinetische Energie von 25 MeV erreichen?

9 (II) Wie groß ist die Wellenlänge und das maximale Auflösungsvermögen von Protonen mit 900 GeV aus dem Fermilab?

10 (II) Ein Zyklotron mit einem Radius von 1,0 m soll Deuteronen $^2_1$H auf eine Energie von 10 MeV beschleunigen. (a) Wie groß ist das erforderliche Magnetfeld? (b) Welche Frequenz wird für die Spannung zwischen den Duanden benötigt? (c) Wie viele Umläufe vollführen die Teilchen vor ihrem Austritt, wenn die Potenzialdifferenz zwischen den Duanden durchschnittlich 22 kV beträgt? (d) Wie lange braucht ein Deuteron, um vom Start zum Ausgang zu gelangen und (e) welche Strecke hat es während dieser Zeit zurückgelegt?

11 (II) Protonen mit einer Energie von 8,0 GeV werden in das Fermilab-Tevatron mit einem Radius von 1,0 km gebracht. Bei jedem Umlauf werden sie mit 2,5 MV beschleunigt. Welche Strecke legen sie zurück und wie lange dauert es, bis sie eine Energie von 900 GeV erreichen?

12 (II) Das Fermilab-Tevatron benötigt 20 Sekunden, um die Energie der gespeicherten Protonen von 150 GeV auf 900 GeV zu bringen. Die Beschleunigung erfolgt ein Mal pro Umlauf. Schätzen Sie die Energie, die die Protonen bei jedem Umlauf gewinnen. (Nehmen Sie an, dass die Geschwindigkeit der Protonen die ganze Zeit über im Wesentlichen c ist.)

13 (II) Zeigen Sie, dass die Energie eines Teilchens (mit Ladung e) in einem Synchrotron im relativistischen Grenzfall ($v \approx c$) durch die Beziehung $E = Brc$ gegeben ist, wobei B die Stärke des Magnetfeldes und r der Radius der Kreisbahn ist (SI-Einheiten).

14 (II) Wie groß muss die Intensität des Magnetfeldes bei Protonen mit 900 GeV im Fermilab-Synchrotron mit dem Radius 1,0 km sein?

Aufgaben zu 44.3 und 44.6

15 (I) Wie viel Energie wird bei dem Zerfall

$$\pi^+ \rightarrow \mu^+ + \nu_\mu$$

freigesetzt?

16 (I) Wie viel Energie wird etwa freigesetzt, wenn ein Λ^0 in n + π^0 zerfällt? (Siehe Tabelle 44.2.)

17 (I) Wie viel Energie wird gebraucht, um ein Neutron-Antineutron-Paar zu erzeugen?

18 (I) Schätzen Sie die Reichweite der starken Kraft ab, wenn das vermittelnde Teilchen ein Kaon anstelle eines Pions wäre.

19 (II) Zwei Protonen stoßen frontal mit gleichen Geschwindigkeiten aufeinander. Welche minimale kinetische Energie muss jedes der beiden Teilchen haben, damit bei diesem Prozess ein π^0-Meson erzeugt werden kann? (Siehe Tabelle 44.2.)

20 (II) Welche der folgenden Zerfälle sind möglich? Erklären Sie, welche Gesetze bei den anderen verletzt werden.
(a) $\Xi^0 \rightarrow \Sigma^+ + \pi^-$ (b) $\Omega^- \rightarrow \Sigma^0 + \pi^- + \nu$
(c) $\Sigma^0 \rightarrow \Lambda^0 + \gamma + \gamma$.

21 (II) Schätzen Sie mithilfe von Gleichung 44.3 die Reichweite der schwachen Kraft ab, wenn die Massen der W- und Z-Teilchen 80 bis 90 GeV/c^2 betragen.

22 (II) Wie groß sind die Wellenlängen der beiden Photonen, die erzeugt werden, wenn ein ruhendes Proton und ein ruhendes Antiproton annihilieren?

23 (II) (a) Zeigen Sie mithilfe der Impuls- und Energieerhaltung, dass ein isoliertes Elektron kein einzelnes Photon emittieren kann. (b) Was können Sie, mit dem Ergebnis aus (a) im Sinn, zur Verteidigung der schematischen Darstellung des Photonenaustauschs aus ▶ Abbildung 44.10 vorbringen?

24 (II) Wie groß sind die Wellenlängen der beiden Photonen, die erzeugt werden, wenn ein Elektron und ein Positron mit einer kinetischen Energie von jeweils 420 keV annihilieren?

25 (II) Wie groß ist die kinetische Energie des Positrons bei dem seltenen Zerfall $\pi^+ \rightarrow e^+ + \nu_e$? Nehmen Sie an, dass sich das π^+ in Ruhe befindet.

26 (II) Ein Neutron und ein Proton laufen mit derselben Geschwindigkeit aufeinander zu. Welche kinetische Energie müssen beide jeweils mindestens haben, wenn bei der Kollision neben dem Neutron und dem Proton ein K^+K^--Paar erzeugt wird? (Siehe Tabelle 44.2.)

27 (II) Berechnen Sie die kinetische Energie der beiden Produkte bei dem Zerfall $\Xi^- \rightarrow \Lambda^0 + \pi^-$. Nehmen Sie an, dass sich das Ξ^- in Ruhe befindet.

28 (III) Kann ein π^+-Meson erzeugt werden, wenn ein Proton mit 100 MeV auf ein ruhendes Proton trifft? Welche kinetische Energie muss das ankommende Proton mindestens haben?

29 (III) Berechnen Sie die maximale kinetische Energie des Elektrons beim Zerfall $\mu^- \rightarrow e^- + \bar{\nu}_e + \nu_\mu$. (*Hinweis*: In welche Richtung bewegen sich die beiden Neutrinos relativ zum Elektron, damit letzteres die maximale kinetische Energie bekommt? Sowohl Energie als auch Impuls bleiben erhalten; verwenden Sie relativistische Formeln.)

Aufgaben zu 44.7 und 44.11

30 (I) Entnehmen Sie die Energiebreite der Δ-Resonanz aus ▸ Abbildung 44.14. Schätzen Sie daraus mithilfe der Unschärferelation die Lebensdauer des Δ-Teilchens ab.

31 (I) Die gemessene Peakbreite ist beim J/ψ-Meson 88 keV. Schätzen Sie dessen Lebensdauer ab.

32 (I) Die gemessene Peakbreite ist beim $\psi(3685)$-Meson 277 keV. Schätzen Sie dessen Lebensdauer ab.

33 (I) Was ist die Energiebreite (oder Unschärfe) eines (a) η^0 und (b) Σ^0?

34 (I) Man vermutet, dass es sich beim B^--Meson um eine $b\overline{u}$-Quarkkombination handelt. (a) Zeigen Sie, dass dies mit allen Quantenzahlen konsistent ist. (b) Wie lauten die Quarkkombinationen bei B^+, B^0, $\overline{B}^0$?

35 (II) Aus welchen Quarkkombination besteht (a) ein Neutron, (b) ein Antineutron, (c) ein Λ^0, (d) ein $\overline{\Sigma}^0$?

36 Um welche Teilchen handelt es sich bei den folgenden Quarkkombinationen? (a) uud, (b) $\overline{uus}$, (c) $\overline{u}s$, (d) $d\overline{u}$, (e) $\overline{c}s$.

37 Aus welcher Quarkkombination besteht ein D^0-Meson ($Q = B = S = 0$, $C = +1$)?

38 (II) Das D_S^+-Meson hat $S = C = +1$, $B = 0$. Aus welcher Quarkkombination besteht es?

39 (II) Zeichnen Sie die möglichen Feynman-Diagramme mit Quarks (wie in ▸ Abbildung 44.16c) für die Reaktionen (a) $\pi^- + p \to \pi^0 + n$, (b) $\overline{p} + p \to 2\pi^0$.

40 (II) Zeichnen Sie ein mögliches Feynman-Diagramm mit Quarks (siehe ▸ Abbildung 44.16c) für die Reaktion $K^- + p \to K^- + p$.

Allgemeine Aufgaben

41 Wie groß ist die Gesamtenergie eines Protons mit einer kinetischen Energie von 25 GeV? Wie groß ist dessen Wellenlänge?

42 Nehmen Sie an, dass $5 \cdot 10^{13}$ Protonen mit 900 GeV im Tevatronring mit dem Radius 1,0 km eingeschlossen sind. (a) Welcher Strom (Ampere) wird durch diesen Strahl transportiert? (b) Wie schnell müsste ein Auto mit der Masse von 1500 kg fahren, damit es dieselbe kinetische Energie wie dieser Strahl besitzt?

43 Der LEP-Tunnel mit einem Radius von 4,25 km wird zur Unterbringung der Magnete für den *Large Hadron Collider* (LHC) benutzt. Welches Magnetfeld ist erforderlich, wenn das Design für Protonen-Strahlen mit einer Energie von 7,0 TeV ausgelegt sein soll?

44 (a) Wie viel Energie wird freigesetzt, wenn ein Elektron und ein Positron einander annihilieren? (b) Wie viel Energie wird freigesetzt, wenn ein Proton und ein Antiproton einander annihilieren?

45 Welche der folgenden Reaktionen sind möglich, und durch welche Wechselwirkung treten sie auf? Erklären Sie, weshalb manche Reaktionen nicht möglich sind.

(a) $\pi^- + p \to K^+ + \Sigma^-$
(b) $\pi^+ + p \to K^+ + \Sigma^+$
(c) $\pi^- + p \to \Lambda^0 + K^0 + \pi^0$
(d) $\pi^+ + p \to \Sigma^0 + \pi^0$
(e) $\pi^- + p \to p + e^- + \overline{\nu}_e$
(f) $\pi^- + p \to K^0 + p + \pi^0$
(g) $K^- + p \to \Lambda^0 + \pi^0$
(h) $K^+ + n \to \Sigma^+ + \pi^0 + \gamma$
(i) $K^+ \to \pi^0 + \pi^0 + \pi^+$
(j) $\pi^+ \to e^+ + \nu_e$.

46 Betrachten Sie den Zerfall $\Lambda^0 \to p + \pi^-$. Berechnen Sie (a) den Q-Wert (die freigesetzte Energie) und (b) die kinetische Energie des p und π^-, unter der Annahme, dass sich das Λ^0 in Ruhe befindet. (Verwenden Sie relativistische Formeln).

47 In der elektroschwachen Theorie tritt die Symmetriebrechung bei etwa 10^{-18} m auf. Zeigen Sie, dass dies einer Energie entspricht, die in der Größenordnung des Masse des $W^\pm$ liegt.

48 Die Masse des π^0 kann durch die Beobachtung der Reaktion $\pi^- + p \to \pi^0 + n$ bei sehr niedriger kinetischer Energie des einfallenden π^- bestimmt werden (nehmen Sie dafür null an). Man beobachtet, dass das emittierte Neutron eine kinetische Energie von 0,60 MeV besitzt. Verwenden Sie die Energie- und Impulserhaltung, um die Masse des π_0 zu ermitteln.

49 Berechnen Sie den Q-Wert jeder Reaktionen aus Gleichung 44.4 zum Erzeugen eines Pions.

50 Berechnen Sie den Q-Wert der Reaktion $\pi^- + \mathrm{p} \rightarrow \Lambda^0 + \mathrm{K}^0$, wenn negative Pionen auf ruhende Protonen treffen. Welche kinetische Energie muss das Pion mindestens schätzungsweise besitzen, damit diese Reaktion abläuft?

51 Wie viele fundamentale Fermionen gibt es in einem Wassermolekül?

52 Bestimmen Sie die maximale kinetische Energie (a) eines Positrons und (b) des π^- beim Zerfall $\mathrm{K}^0 \rightarrow \pi^- + \mathrm{e}^+ + \nu_\mathrm{e}$.

53 (a) Zeigen Sie, dass die so genannte Vereinheitlichungslänge von 10^{-30} m in der großen vereinheitlichten Theorie einer Energie von 10^{14} GeV entspricht. Verwenden Sie entweder die Unschärferelation oder die Wellenlängenformel von de Broglie, und erläutern Sie deren Anwendung. (b) Berechnen Sie, welcher Temperatur dies entspricht.

54 Betrachten Sie die Reaktion $\mathrm{p} + \mathrm{p} \rightarrow 3\mathrm{p} + \overline{\mathrm{p}}$. Eines der Protonen befindet sich dabei anfangs in Ruhe. Nutzen Sie relativistische Formeln, um zu zeigen, dass die Grenzenergie $6m_\mathrm{p}c^2$ gleich dem Dreifachen des Q-Wertes der Reaktion ist. m_p ist die Protonenmasse.

55 Die in Tabelle 44.2 aufgeführten Lebensdauern sind in Einheiten der *Eigenzeit* angegeben, die in dem Bezugssystem gemessen werden, in dem das Teilchen ruht. Ein Tau-Lepton wird mit einer Energie von 450 MeV erzeugt. Wie lange kann man es im Labor durchschnittlich verfolgen, wenn Stöße vernachlässigt werden?

56 Ein ruhendes Teilchen mit der Ruheenergie $m_\mathrm{p}c^2$ zerfällt in zwei Fragmente mit den Ruheenergien $m_{\mathrm{D}1}c^2$ und $m_{\mathrm{D}2}c^2$. Zeigen Sie, dass die kinetische Energie des Fragmentes D1 durch

$$E_\mathrm{kin}^\mathrm{D1} = \frac{1}{2m_\mathrm{p}c^2}\left[\left(m_\mathrm{p}c^2 - m_{\mathrm{D}1}c^2\right)^2 - \left(m_{\mathrm{D}2}c^2\right)^2\right]$$

gegeben ist.

57 Verwenden Sie das Quarkmodell, um die Reaktion

$$\overline{\mathrm{p}} + \mathrm{n} \rightarrow \pi^- + \pi^0$$

zu beschreiben.

58 Welchem Bruchteil der Lichtgeschwindigkeit c entspricht die Geschwindigkeit eines Protons mit 7 TeV?

Astrophysik und Kosmologie

45

ÜBERBLICK

Ein mit dem Hubble-Weltraumteleskop aufgenommenes Foto von Gas- und Staubsäulen in M16, dem Adlernebel. Der Adlernebel scheint eine astronomisch sehr junge Region mit Sternbildung zu sein. Um die Natur des Universums aus heutiger Sicht diskutieren zu können, beschäftigen wir uns zunächst mit Sternen und Galaxien sowie deren Bildung und Entwicklung, einschließlich der Rolle der Kernsynthese. Wir werfen einen kurzen Blick auf Einsteins allgemeine Relativitätstheorie, die sich mit der Schwerkraft und der Krümmung des Raumes beschäftigt. Zum Schluss beschäftigen wir uns mit den Hinweisen auf die Expansion des Universums und dem kosmologischen Standardmodell, nach dem sich das Universum von einem Urknall (Big Bang) ausgehend entwickelt hat.

45. Astrophysik und Kosmologie

Im vorangegangen Kapitel haben wir die winzigsten Objekte im Universum untersucht – die Elementarteilchen. Nun wagen wir den Sprung zu den größten – den Sternen und Galaxien. Diese beiden extremen Gebiete, die Elementarteilchen und der Kosmos, gehören zu den faszinierendsten und spannendsten Forschungsgegenständen der Wissenschaft. Und, so überraschend es sein mag, diese voneinander entfernten Gebiete hängen auf fundamentale Weise miteinander zusammen, was bereits in **Kapitel 44** angedeutet wurde.

Die Untersuchung des Himmels mithilfe physikalischer Methoden und Ideen wird oft als **Astrophysik** bezeichnet. Die Basis unseres gegenwärtigen theoretischen Verständnisses des Universums ist Einsteins *allgemeine Relativitätstheorie* und seine Theorie der Gravitation – weil bei den großräumigen Strukturen des Universums die Schwerkraft die dominierende Kraft ist. Die allgemeine Relativitätstheorie dient auch als Grundlage der modernen **Kosmologie**, bei der es um die Untersuchung des Universums als Ganzes geht. Die Kosmologie beschäftigt sich insbesondere mit der Suche nach einem theoretischen Rahmen zum Verständnis des beobachteten Universums, seinem Ursprung und seiner Zukunft. Die von der Kosmologie gestellten Fragen sind komplex und schwierig; die möglichen Antworten sind häufig unvorstellbar. Es gibt Fragen wie „Hat das Universum schon immer existiert oder gab es einen zeitlichen Anfang?“ Beide Alternativen kann man sich nur schwer vorstellen: Die Zeit reicht unendlich in die Vergangenheit zurück oder nur bis zu dem Moment, in dem das Universum entstand (wenn dem so ist, was war aber davor?). Und wie ist es mit der Größe des Universums? Es ist schwer, sich dessen Unendlichkeit vorzustellen. Oder hat es nur einen endliche Größe? Dies kann man sich ebenfalls nur schwer vorstellen, denn bei einem endlichen Universum macht es keinen Sinn danach zu fragen, was dahinter ist, weil das Universum alles ist, was es gibt.

Unser Streifzug durch die Astrophysik und Kosmologie muss kurz und nur qualitativ bleiben, dennoch werden wir die wesentlichen Vorstellungen berühren. Wir sehen uns nun an, was wir jenseits der Erde erkennen können.

45.1 Sterne und Galaxien

In der antiken Vorstellung waren die Sterne, abgesehen von den wenigen, die sich zu bewegen schienen (die Planeten), an einer Kugelschale hinter dem letzten Planeten befestigt. Das Universum war klar in sich abgeschlossen, und die Erde befand sich in der Nähe seines Zentrums oder unmittelbar darin. Doch in den Jahrhunderten seit Galileis ersten Teleskopbeobachtungen des Himmels im Jahre 1610 hat sich unsere Sicht auf das Universum dramatisch verändert. Wir sehen uns nicht mehr im Zentrum, und wir betrachten das Universum als gewaltig größer. Die damit zusammenhängenden Entfernungen sind so groß, dass wir sie in Abhängigkeit von der Zeit angeben, die das Licht zum Zurücklegen einer gegebenen Entfernung benötigt: Es gilt beispielsweise 1 Lichtsekunde $= (3{,}0 \cdot 10^8\,\text{m/s})(1{,}0\,\text{s}) = 3{,}0 \cdot 10^8\,\text{m} = 3{,}0 \cdot 10^5\,\text{km}$; 1 Lichtminute $= 18 \cdot 10^6\,\text{km}$; und 1 **Lichtjahr** (Lj) ist

Lichtjahr

$$\begin{aligned} 1\,\text{Lj} &= (2{,}998 \cdot 10^8\,\text{m/s})(3{,}156 \cdot 10^7\,\text{s/a}) \\ &= 9{,}46 \cdot 10^{15}\,\text{m} \approx 10^{13}\,\text{km}\,. \end{aligned}$$

Um die Entfernungen zur Sonne oder zum Mond anzugeben, verwenden wir gewöhnlich Meter oder Kilometer, wir könnten sie jedoch auch in Einheiten des Lichts angeben. Die Entfernung Erde-Mond beträgt 384 000 km, also 1,28 Lichtsekunden. Die Entfernung Erde-Sonne ist $1{,}5 \cdot 10^{11}$ m oder 150 000 000 km; das entspricht 8,3 Lichtminuten. Der äußerste Planet des Sonnensystems, Pluto, ist etwa $6 \cdot 10^9$ km von der Sonne entfernt, das sind $6 \cdot 10^{-4}$ Lj. Sehen wir von der

Abbildung 45.1 Ein Ausschnitt der Milchstraße. Die dünne Linie ist die Spur eines künstlichen Erdsatelliten.

Sonne ab, ist der von uns aus gesehen nächste Stern Proxima Centauri etwa 4,3 Lj entfernt. (Beachten Sie, dass der nächste Stern 10 000-mal weiter von uns entfernt ist als der äußerste Planet des Sonnensystems.)

In einer klaren mondlosen Nacht kann man Tausende von Sternen unterschiedlicher Helligkeitsgrade beobachten, genau wie den langegezogenen trüben Streifen, der als Milchstraße bekannt ist (siehe ▶ Abbildung 45.1). Galilei war der erste, der etwa 1610 beobachtete, dass die Milchstraße aus unzähligen einzelnen Sternen besteht. Anderthalb Jahrhunderte später (etwa 1750) äußerte Thomas Wright die Vermutung, dass die Milchstraße eine flache Scheibe aus Sternen sei, die sich auf weite Entfernungen in einer Ebene erstreckt. Diese bezeichnet man als Galaxis (griechisch für „Milchstraße").

Unsere Galaxis hat einen Durchmesser von nahezu 100 000 Lichtjahren und eine Dicke von ungefähr 3000 Lichtjahren. Sie besitzt einen wulstartigen zentralen Kern (*Bulge*) und Spiralarme (siehe ▶ Abbildung 45.2). Unsere Sonne, die lediglich ein Stern unter vielen zu sein scheint, befindet sich etwa 28 000 Lichtjahre vom Zentrum entfernt. Das ist mehr als die Hälfte der Entfernung zwischen dem Zentrum und dem Rand der Galaxis. Unsere Galaxis enthält etwa 10^{11} Sterne. Die Sonne umkreist das galaktische Zentrum ungefähr ein Mal in 230 Millionen Jahren, was einer Rotationsgeschwindigkeit von etwa 220 km/s entspricht. Die Gesamtmasse aller Sterne in unserer Galaxis beträgt etwa $3{,}6 \cdot 10^{41}$ kg.

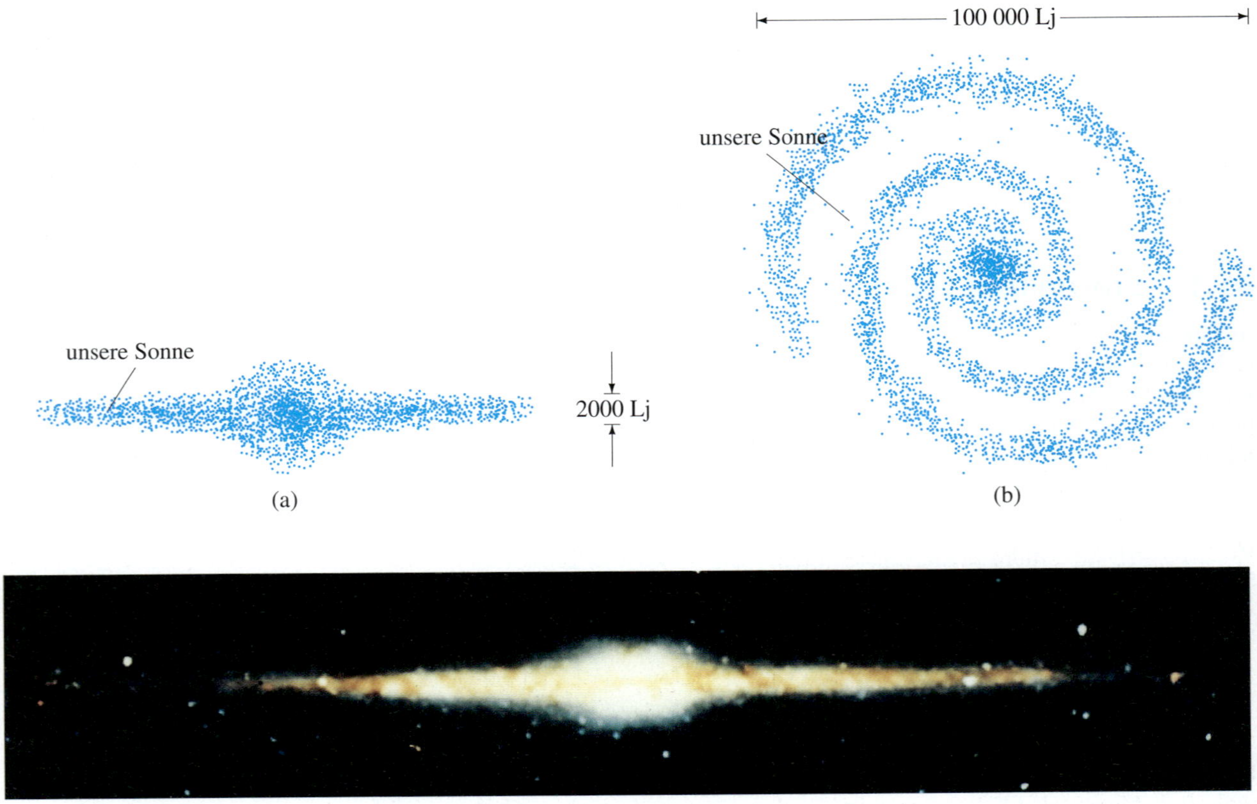

Abbildung 45.2 Unsere Galaxis, wie sie von außen erscheint: (a) „Seitenansicht" in der Ebene der Scheibe; (b) „Draufsicht". (Wenn wir es nur so wahrnehmen könnten – von außen!) (c) Infrarotaufnahme des inneren Bereiches der Milchstraße mit dem zentralen Bulge (englisch für Ausbauchung) unserer Galaxis. Diese Weitwinkelaufnahme erstreckt sich über 180° des Himmels. Zur richtigen Wahrnehmung müsste sie in einem Halbkreis aufgestellt werden, in dessen Mittelpunkt sich Ihre Augen befinden. Die weißen Punkte sind benachbarte Sterne.

Beispiel 45.1 · Abschätzung **Die Masse unserer Galaxis**

Schätzen Sie die Gesamtmasse unserer Galaxis mithilfe der Bahndaten für den Umlauf der Sonne (einschließlich des Sonnensystems) um das Zentrum der Galaxis ab. Nehmen Sie an, dass der Großteil der Masse der Galaxis in einer Kugel mit gleichmäßiger Massenverteilung konzentriert ist (dem zentralen Bulge, siehe ► Abbildung 45.2a).

Lösung

Unsere Sonne und das Sonnensystem umkreisen das Zentrum unserer Galaxis nach den oben genannten besten Messungen mit einer Geschwindigkeit von etwa 250 km/s in einer Entfernung von etwa $r = 28\,000$ Lj. Wir benutzen das zweite Newton'sche Axiom, $F = ma$, mit der Zentripetalbeschleunigung $a = v^2/r$ und dem allgemeinen Gravitationsgesetz (Kapitel 6)

$$F = ma$$

$$G\frac{Mm}{r^2} = m\frac{v^2}{r}\,,$$

wobei M die Masse der Galaxis und m die Masse unserer Sonne und des Sonnensystems ist. Lösen wir dies nach M auf, dann erhalten wir

$$M = \frac{rv^2}{G} \approx \frac{(28\,000\,\text{Lj})(10^{16}\,\text{m/Lj})(2{,}5\cdot 10^5\,\text{m/s})^2}{6{,}67\cdot 10^{-11}\,\text{N}\cdot\text{m}^2/\text{kg}^2} \approx 3\cdot 10^{41}\,\text{kg}\,.$$

In der *Anzahl* von Sternen ausgedrückt, gäbe es etwa $(3\cdot 10^{41}\,\text{kg})/(2\cdot 10^{30}\,\text{kg}) \approx 10^{11}$ oder etwa 100 Milliarden Sterne, wenn man von Sternen mit Sonnenmasse ($m = 2{,}0\cdot 10^{30}$ kg) ausgeht.

Mit dem Teleskop können wir neben den Sternen innerhalb und außerhalb der Milchstraße viele undeutliche, trübe Stellen am Himmel erkennen, die man früher als „Nebulae“ (lateinisch für „ Nebel“) bezeichnet hat. Einige von ihnen, wie die in den Sternbildern Andromeda und Orion, kann man in einer klaren Nacht sogar mit bloßem Auge erkennen. Bei einigen handelt es sich um **Sternhaufen** (siehe ► Abbildung 45.3), das sind Gruppen von Sternen, die so zahlreich sind, dass sie als Nebel erscheinen. Bei anderen handelt es sich um leuchtende Nebel aus Gas oder Staub (siehe ► Abbildung 45.4), und für diese werden wir nun hauptsächlich das Wort **Nebel** gebrauchen. Am faszinierendsten sind Objekte, die zu einer dritten Kategorie gehören: Sie haben oft ziemlich regelmäßige elliptische Formen und scheinen sich in großer Entfernung von unserer Galaxis zu befinden. Es scheint, als hätte Immanuel Kant (etwa 1755) als Erster vermutet, dass es sich bei Letzteren um Kreisscheiben handeln könnte, die jedoch elliptisch erscheinen, weil wir sie aus einem Winkel betrachten, und dass sie verschwommen sind, weil sie so weit entfernt sind. Zunächst wurde allgemein nicht akzeptiert, dass diese Objekte **extragalaktisch** sein könnten – sich also außerhalb unserer Galaxis befinden. Die im 20. Jahrhundert konstruierten sehr großen Teleskope machten jedoch deutlich, dass einzelne Sterne innerhalb dieser extragalaktischen Objekte aufgelöst werden konnten, und dass viele zu Spiralarmen gehörten. Edwin Hubble (1889–1953), der mit einem 2,5 m-Teleskop[1] am Mount-Wilson-Observatorium in der Nähe von Los Angeles in Kalifornien in den 1920er Jahren viele Beobachtungen durchführte, konnte ebenfalls zeigen, dass diese Objekte aufgrund ihrer großen Entfernungen tatsächlich extragalaktisch waren. Zum Beispiel beträgt die

Abbildung 45.3 Dieser Kugelsternhaufen befindet sich im Sternbild Herkules.

Sternhaufen

Abbildung 45.4 Dieser Emissionsnebel im Sternbild Schiffskiel (Carina) ist etwa 9000 Lichtjahre von uns entfernt.

1 2,5 m bezieht sich auf den Durchmesser des gekrümmten Objektivspiegels. Je größer der Spiegel ist, desto mehr Licht wird gesammelt und umso weniger Beugung tritt auf, so dass mehr und lichtschwächere Sterne beobachtet werden können. Siehe Kapitel 34 und 36.

(a) (b) (c)

Abbildung 45.5 Fotografien verschiedener Galaxien. (a) Spiralgalaxie im Sternbild Wasserschlange (Hydra). (b) Zwei Galaxien: die größere und dramatisch wirkende ist als Whirlpool-Galaxie bekannt. (c) Dieselben Galaxien wie in (b), jedoch diesmal in einer Falschfarben-Infrarotaufnahme, auf der man erkennt, dass die Spiralarme regulärer sind als es auf dem Foto aus (b) erscheint; die verschiedenen Farben entsprechen verschiedenen Leuchtstärken.

Tabelle 45.1

Himmelsentfernungen

Objekt	ungefähre Entfernung von der Erde (Lj)
Mond	$4 \cdot 10^{-8}$
Sonne	$1{,}6 \cdot 10^{-5}$
entferntester Planet im Sonnensystem (Pluto)	$6 \cdot 10^{-4}$
nächster Stern (Proxima Centauri)	4,3
Zentrum unserer Galaxis	$3 \cdot 10^{4}$
nächste Galaxie	$2 \cdot 10^{6}$
entfernteste Galaxien	$1 \cdot 10^{10}$

Entfernung des Andromedanebels (oder der Galaxie) über 2 Millionen Lichtjahre, eine Entfernung, die 20-mal größer als der Durchmesser unserer Galaxis ist. Folglich stellte man fest, dass diese Nebel **Galaxien** waren, die unserer Galaxis ähneln. Heute können wir mit den größten Teleskopen etwa 10^{11} Galaxien beobachten (siehe ▸ Abbildung 45.5).

Galaxien neigen dazu, Galaxiencluster zu bilden, die nur ein paar bis zu vielen Tausend Galaxien pro Cluster enthalten. Darüber hinaus scheinen sich Cluster selbst zu noch größeren Gebilden zu vereinigen: Cluster von Galaxienclustern, also **Supercluster**. Die nächsten Galaxien sind etwa 2 Millionen Lichtjahre von uns entfernt. Die am weitesten entfernten, beobachtbaren Galaxien sind tausendmal weiter entfernt, das sind Größenordnungen von 10^{10} Lichtjahren (siehe Tabelle 45.1).

Beispiel 45.2 · Begriffsbildung

In die Vergangenheit blicken

Astronomen betrachten ihre Teleskope häufig als Zeitmaschinen, mit denen sie in die Vergangenheit in Richtung des Ursprungs des Universums blicken können. Wie weit können sie sehen?

Lösung

Die Entfernung in Lichtjahren entspricht genau der Entfernung, die das Licht auf dem Weg zu uns in einem Jahr zurückgelegt hat. Somit teilt uns Tabelle 45.1 auch mit, wie weit wir in die Vergangenheit blicken. Wenn wir zum Beispiel heute sehen würden, wie Proxima Centauri in einer Supernova explodierte, dann hätte das Ereignis in Wirklichkeit bereits vor 4,3 Jahren stattgefunden. Die entferntesten Objekte, 10^{10} Lichtjahre entfernte Galaxien, haben das von uns heute wahrgenommene Licht vor 10^{10} Jahren emittiert. Wir sehen also, wie sie damals gewesen sind, ungefähr am Anfang des Universums.

Neben den gewöhnlichen Sternen, Sternhaufen, Galaxien sowie Galaxienclustern und Superclustern von Galaxien enthält das Universum eine Vielzahl anderer interessanter Objekte. Zu ihnen gehören Sterne, die als *Rote Riesen*, *Weiße Zwerge*, *Neutronensterne*, *Schwarze Löcher* (zumindest theoretisch) bekannt sind, und explodierende Sterne, die man als *Nova* und *Supernova* bezeichnet. Dazu gibt es *Quasare* („quasistellare Radioquellen"), wobei es sich um Galaxien handelt, die

Tausende Male heller als gewöhnliche Galaxien sind, wenn wir ihre Entfernungen richtig bestimmt haben. Darüber hinaus erreicht die Erde Strahlung, die nicht von hellen, punktähnlichen Objekten, den Sternen, stammt: Es handelt sich dabei um Hintergrundstrahlung, die vom Universum aus allen Richtungen gleichmäßig zu kommen scheint. All diese Phänomene diskutieren wir in diesem Kapitel.

Wie man astronomische Entfernungen misst

Wir haben bereits über die riesigen Entfernungen der Objekte im Universum gesprochen. Aber wie messen wir diese Entfernungen? Bei einer grundlegenden Methode wendet man einfache Geometrie zur Messung der **Parallaxe** von Sternen an. Mit der Parallaxe ist die scheinbare Bewegung eines Sterns gegenüber dem Hintergrund entfernterer Sterne gemeint, die sich aus der Bewegung der Erde um die Sonne ergibt. Wie in ▸ Abbildung 45.6 dargestellt, wird der Sichtwinkel eines Sterns relativ zur Ebene der Erdumlaufbahn (der Winkel θ) zu verschiedenen Zeiten im Jahr gemessen. Da die Entfernung d von der Erde zur Sonne bekannt ist, können wir die in der Abbildung eingezeichneten, rechtwinkligen Dreiecke rekonstruieren und die Entfernung D zum Stern bestimmen.[2]

Beispiel 45.3 · Abschätzung **Entfernungsbestimmung eines Stern mithilfe der Parallaxe**

Schätzen Sie die Entfernung D eines Sterns ab, wenn der in ▸ Abbildung 45.6 eingezeichnete Winkel 89,9994° ist.

Lösung

Der Winkel ϕ aus ▸ Abbildung 45.6 beträgt 0,00006° oder etwa $1{,}0 \cdot 10^{-6}$ rad. Aus $\tan\phi = d/D$ erhalten wird die Entfernung D zum Stern:

$$D = \frac{d}{\tan\phi} = \frac{d}{\phi} = \frac{1{,}5 \cdot 10^{8}\,\text{km}}{1{,}0 \cdot 10^{-6}\,\text{rad}} = 1{,}5 \cdot 10^{14}\,\text{km}\,.$$

Das sind etwa 15 Lichtjahre. (Wir können $\tan\phi \approx \phi$ setzen, weil ϕ sehr klein ist.)

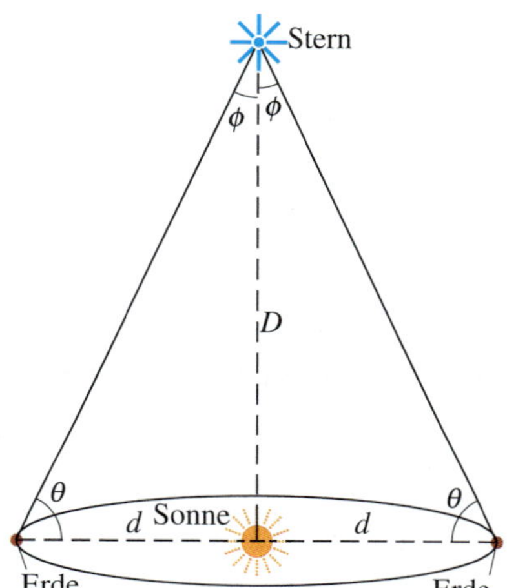

Abbildung 45.6 Entfernungsbestimmung eines Sterns (nicht maßstabsgetreu).

Parsec

Die Entfernungen von Sternen werden häufig über Parallaxenwinkel in Bogensekunden angegeben: 1 Bogensekunde (1″) ist $\frac{1}{60}$ einer Bogenminute (′), was wiederum $\frac{1}{60}$ Grad ist, so dass $1'' = \frac{1}{3600}$ Grad gilt. Die Entfernung wird dann in Parsec (abgekürzt für Parallaxensekunde) angegeben, wobei das **Parsec** (pc) als $1/\phi$ definiert ist, und ϕ in Bogensekunden angegeben wird. Im gerade vorgeführten Beispiel ist $\phi = (6 \cdot 10^{-5})^\circ(3600) = 0{,}22''$, so dass man sagt, dass sich der Stern in einer Entfernung von $1/0{,}22''$pc befindet. Man zeigt leicht, dass das Parsec durch

$$\begin{aligned} 1\,\text{pc} &= 3{,}26\,\text{Lj} \\ &= (3{,}26\,\text{Lj})(9{,}46 \cdot 10^{15}\,\text{m}) = 3{,}08 \cdot 10^{16}\,\text{m} \end{aligned}$$

gegeben ist.

Die Parallaxe kann zur Entfernungsbestimmung von Sternen eingesetzt werden, die bis zu 100 Lichtjahren (≈ 30 Parsec) von uns entfernt sind. Über diese Entfernung hinaus sind die Parallaxenwinkel zu klein, um sie noch messen zu können. Bei größeren Entfernungen müssen kompliziertere Methoden eingesetzt werden. Man kann beispielsweise die scheinbaren Helligkeiten von Galaxien vergleichen, und – mithilfe der umgekehrt proportional zum Quadrat der Entfernung abfallenden Intensität – deren relative Entfernung bestimmen. Diese Methode ist nicht besonders genau, da wir nicht erwarten können, dass alle Galaxien dieselbe intrinsische Helligkeit haben. Zu einer besseren Abschätzung gelangt man, wenn man die hellsten Sterne in Galaxien vergleicht oder die hellsten Galaxien in Galaxienclustern. Es ist beispielsweise vernünftig anzunehmen, dass die hellsten Sterne

2 Dies ist im Wesentlichen die Methode, mit der man auch die Höhe von Bergen bestimmt, die „Triangulation" (siehe Beispiel 1.7).

in allen Galaxien ähnlich sind und ungefähr die selbe intrinsische Leuchtkraft besitzen. Infolgedessen ist deren *scheinbare* Helligkeit ein Maß dafür, wie weit sie von uns entfernt sind.

Eine andere wichtige Methode zur Abschätzung der Entfernung beruht auf der „Rotverschiebung" in den Linienspektren von Elementen, die mit der Expansion des Universums zusammenhängt, wie wir in Abschnitt 45.4 diskutieren werden.

Wenn wir in immer weitere Entfernungen schauen, werden die Messmethoden immer unzuverlässiger, so dass es einen immer größer werdenden Fehler bei den Messungen großer Entfernungen gibt.

45.2 Sternentwicklung: Die Geburt und der Tod von Sternen

Die Sterne erscheinen unveränderlich. Nacht für Nacht zeigt der Himmel keine signifikanten Veränderungen. Tatsächlich verändert sich, gemessen an der menschlichen Zeitskala, bei der überwiegenden Mehrheit der Sterne nur sehr wenig (abgesehen von Novae und Supernovae). Obwohl Sterne im Bezug zueinander festzustehen *scheinen*, bewegen sich viele so stark, dass man ihre Bewegung messen kann. In der Tat können die Geschwindigkeiten von benachbarten Sternen relativ zueinander Hunderte von km/s betragen, weil sie aber so weit von uns entfernt sind, kann man diese Bewegung nur durch sorgfältige Messungen feststellen. Darüber hinaus kann die Helligkeit von Sternen über einen großen Bereich variieren. Die Helligkeitsunterschiede gehen sowohl auf die Lichtmenge zurück, die die Sterne emittieren, als auch auf die Entfernungen der Sterne von uns selbst.

Leuchtkraft und Helligkeit von Sternen

Ein nützlicher Parameter für Sterne oder Galaxien ist ihre **absolute Leuchtkraft** L, womit die insgesamt abgestrahlte Leistung in Watt gemeint ist. Genauso wesentlich ist die **scheinbare Helligkeit** l, die als die Leistung definiert ist, die pro Flächeneinheit senkrecht zum Strahlengang auf die Erde trifft. Unter der Voraussetzung, dass die Energie erhalten bleibt, und unter Vernachlässigung der Absorption im Raum, wird die insgesamt abgestrahlte Leitung L in der Entfernung d vom Stern über eine Kugel mit der Oberfläche $4\pi d^2$ verteilt. Ist d die Entfernung des Sternes von der Erde, dann muss L gleich $4\pi d^2$ mal l (die Leistung pro Flächeneinheit auf der Erde) sein. Es gilt also

$$l = \frac{L}{4\pi d^2} \,. \tag{45.1}$$

Beispiel 45.4 **Scheinbare Helligkeit**

Angenommen, ein einzelner Stern besitzt dieselbe absolute Leuchtkraft wie die Sonne, ist jedoch 10 pc von der Erde entfernt. Um welchen Faktor erscheint der Stern lichtschwächer als die Sonne?

Lösung

Die Leuchtkraft L ist bei beiden Sternen gleich, so dass die scheinbare Helligkeit lediglich von ihren Entfernungen von der Erde abhängt. Wir benutzen den oben erwähnten Abfall der Intensität mit dem Quadrat der Entfernung in Gleichung 45.1: Der Stern erscheint um den Faktor

$$\frac{l_1}{l_2} = \frac{d_2^2}{d_1^2} = \frac{(1{,}5 \cdot 10^8\ \text{km})^2}{(10\ \text{pc})^2(3{,}26\ \text{Lj/pc})^2(10^{13}\ \text{km/Lj})^2} \approx 2 \cdot 10^{-13}$$

lichtschwächer, wobei d_1 und d_2 die Entfernungen zwischen Erde und Stern beziehungsweise zwischen Erde und Sonne sind.

Die Leuchtkraft erhöht sich mit zunehmender Sternenmasse

Sorgfältige Untersuchungen an benachbarten Sternen haben gezeigt, dass die absolute Leuchtkraft bei den meisten Sternen von der Masse[3] abhängt: *Je massereicher der Stern ist, desto größer ist seine Leuchtkraft.* Ein anderer wichtiger Parameter eines Sterns ist dessen Oberflächentemperatur, die sich aus dem Spektrum der elektromagnetischen Frequenzen bestimmen lässt, die der Stern emittiert, genau wie bei einem schwarzen Körper (Abschnitt 38.1). Wie wir in Kapitel 38 gesehen haben, verschiebt sich das Spektrum von immer heißer werdenden Körpern von vorwiegend niedrigeren Frequenzen (und größeren Wellenlängen, wie beispielsweise rot) zu höheren Frequenzen (und kürzeren Wellenlängen, wie beispielsweise blau). Quantitativ ist diese Beziehung durch das Wien'sche Verschiebungsgesetz (Gleichung 38.1) festgelegt: Das Wellenlängenmaximum λ_P im Spektrum des von einem schwarzen Körper emittierten Lichts (und Sterne sind ziemlich gute Approximationen schwarzer Körper) ist umgekehrt proportional zu seiner Temperatur T; es gilt also $\lambda_P T = 2{,}90 \cdot 10^{-3}$ m·K. Die Oberflächentemperatur von Sternen reicht typischerweise von etwa 3500 K (rötlich) bis etwa 50 000 K (bläulich).

Hertzsprung-Russell-Diagramm

Hauptreihensterne

Rote Riesen

Um 1900 machte man eine wichtige astronomische Entdeckung. Man fand heraus, dass die Farbe der meisten Sterne mit ihrer absoluten Leuchtkraft und deshalb mit ihrer Masse zusammenhängt. Eine nützliche Darstellungsart dieser Beziehung ist das so genannte Hertzsprung-Russell-Diagramm (H-R-Diagramm). Im Hertzsprung-Russell-Diagramm ist auf der horizontalen Achse die Temperatur T aufgetragen, während die vertikale Achse die Leuchtkraft L angibt. Jeder Stern stellt einen Punkt im Diagramm dar (siehe ▶ Abbildung 45.7). Die meisten Sterne fallen in ein diagonales Band, die **Hauptreihe**. Unten rechts finden wir die kältesten Sterne, die von der Farbe her rötlich erscheinen; sie sind am leuchtschwächsten und haben deshalb niedrige Massen. Bewegen wir uns weiter nach links oben, finden wir heißere und leuchtkräftigere Sterne, die gelblich-weiß erscheinen, wie beispielsweise unsere Sonne. Weiter oben finden wir noch massereichere und leuchtkräftigere Sterne, die blau erscheinen. Sterne, die in dieses diagonale Band fallen, heißen *Hauptreihensterne*. Es gibt auch Sterne die nicht in die Hauptreihe fallen. Oben rechts davon finden wir extrem große Sterne mit hoher Leuchtkraft, jedoch mit niedriger Temperatur (rötlich erscheinend): Man nennt sie *Rote Rie-*

3 Die Masse eines Sterns kann durch Beobachtung ihrer Gravitationswirkungen bestimmt werden. Die meisten Sterne gehören zu einem Cluster, wobei es sich im einfachsten Fall um ein Doppelsternsystem handelt, in dem zwei Sterne einander umkreisen. Aus der Bewegung können ihre Massen mithilfe der Newton'schen Mechanik bestimmt werden.

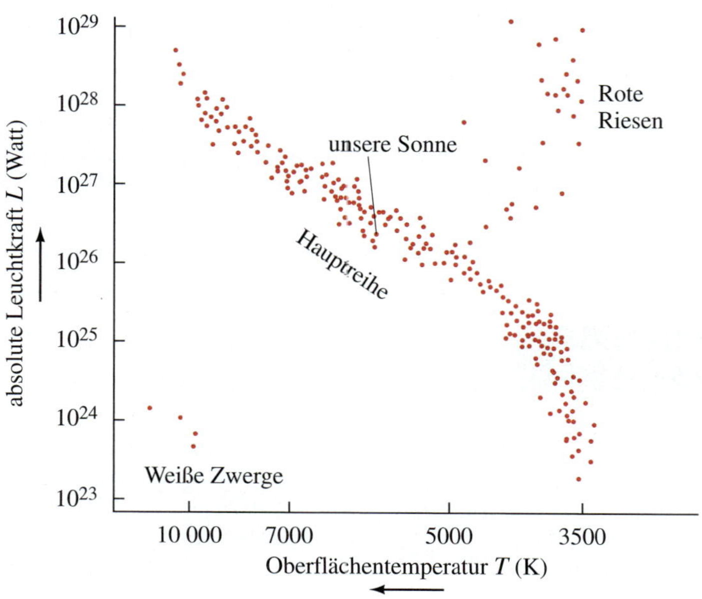

Abbildung 45.7 Hertzsprung-Russell-Diagramm (H-R-Diagramm).

sen. Links unten gibt es einige Sterne mit niedriger Leuchtkraft, jedoch mit hoher Temperatur: Das sind die *Weißen Zwerge.*

Weiße Zwerge

Bevor wir die verschiedenen Arten von Sternen betrachten, sehen wir uns zunächst eine Reihe von Beispielen an, wie physikalische Prinzipien ausgenutzt werden können, um Informationen über die Sterne zu gewinnen.

Beispiel 45.5 Bestimmen der Temperatur eines Sterns und dessen Größe

Angenommen, die Entfernungen zu zwei benachbarten Sternen können vernünftig abgeschätzt werden, und aufgrund dieser Daten und der gemessenen scheinbaren Helligkeit vermutet man, dass die beiden Sterne etwa dieselbe absolute Leuchtkraft L besitzen. Das Spektrum des einen Sterns hat sein Maximum bei etwa 700 nm (er erscheint rötlich). Das Spektrum des anderen besitzt bei etwa 350 nm sein Maximum (der Stern erscheint bläulich). Benutzen Sie das Wien'sche Verschiebungsgesetz (Gleichung 38.1) und das Stefan-Boltzmann-Gesetz (Abschnitt 19.10), um (a) die Oberflächentemperatur jedes Sterns zu bestimmen, und (b) zu entscheiden, wie viel größer der eine Stern als der andere ist.

Lösung

a Nach dem Wien'schen Verschiebungsgesetz ist $\lambda_\mathrm{P} T = 2{,}90 \cdot 10^{-3}\,\mathrm{m \cdot K}$. Somit ist die Temperatur des rötlich erscheinenden Sterns

$$T_\mathrm{r} = \frac{2{,}90 \cdot 10^{-3}\,\mathrm{m{\cdot}K}}{700 \cdot 10^{-9}\,\mathrm{m}} = 4140\,\mathrm{K}\,.$$

Die Temperatur des bläulich erscheinenden Sterns ist doppelt so hoch, weil die Wellenlänge halb so groß ist (350 nm gegenüber 700 nm); wir überprüfen nur noch:

$$T_\mathrm{b} = \frac{2{,}90 \cdot 10^{-3}\,\mathrm{m{\cdot}K}}{350 \cdot 10^{-9}\,\mathrm{m}} = 8280\,\mathrm{K}\,.$$

b Nach dem Stefan-Boltzmann-Gesetz, in Kapitel 19 (siehe Gleichung 19.15) diskutiert, ist die *pro Oberflächeneinheit* von einem Körper abgestrahlte Leistung proportional zur vierten Potenz der Temperatur, T^4. Da nun die Temperatur des bläulich erscheinenden Sterns doppelt so groß ist wie die des rötlich erscheinenden, muss der bläuliche $(2^4) = 16$-mal so viel Energie pro Flächeneinheit abstrahlen. Es ist jedoch vorausgesetzt, dass beide die gleiche Leuchtkraft haben (dieselbe Gesamtleistung), so dass die Oberfläche des blauen Sterns $\frac{1}{16}$ der des roten Sterns sein muss. Aus der Tatsache, dass die Oberfläche einer Kugel $4\pi r^2$ ist, schlussfolgern wir, dass der Radius des rötlich erscheinenden Sterns $\sqrt{16} = 4$-mal größer als der des bläulich erscheinenden Sterns sein muss (oder das $4^3 = 64$-fache Volumen haben muss).

Beispiel 45.6 · Abschätzung Entfernungsbestimmung eines Stern aus dem H-R-Diagramm und der Farbe

Vorausgesetzt, die gründliche Untersuchung eines bestimmten Sterns lässt vermuten, dass er wahrscheinlich in die Hauptreihe des H-R-Diagramms fällt. Seine gemessene scheinbare Helligkeit ist $I = 1{,}0 \cdot 10^{-12}\,\mathrm{W/m^2}$. Das Wellenlängenmaximum seines Spektrums liegt bei $\lambda_\mathrm{P} \approx 600\,\mathrm{nm}$. Schätzen Sie, wie weit der Stern von uns entfernt ist.

Lösung

Die Temperatur des Sterns ist nach dem Wien'schen Verschiebungsgesetz (Gleichung 38.1)

$$T \approx \frac{2{,}90 \cdot 10^{-3}\,\mathrm{m{\cdot}K}}{600 \cdot 10^{-9}\,\mathrm{m}} \approx 4800\,\mathrm{K}\,.$$

Ein Hauptreihenstern hat im H-R-Diagramm bei dieser Temperatur eine absolute Leuchtkraft von etwa $L \approx 1 \cdot 10^{26}\,\mathrm{W}$, wie man aus ▶ Abbildung 45.7 abliest. Dann ergibt sich aus Gleichung 45.1

$$d = \sqrt{\frac{L}{4\pi l}} \approx \sqrt{\frac{1 \cdot 10^{26}\,\mathrm{W}}{4(3{,}14)(1{,}0 \cdot 10^{-12}\,\mathrm{W/m^2})}} \approx 3 \cdot 10^{18}\,\mathrm{m}\,.$$

Die in Lichtjahren und Parsec angegebene Entfernung ist

$$d = \frac{3 \cdot 10^{18}\,\mathrm{m}}{10^{16}\,\mathrm{m/Lj}} \approx 300\,\mathrm{Lj} \approx \frac{300\,\mathrm{Lj}}{3{,}26\,\mathrm{Lj/pc}} \approx 90\,\mathrm{pc}\,.$$

Weshalb gibt es verschiedene Sterntypen, wie die Roten Riesen und die Weißen Zwerge sowie die Hauptreihensterne? Wurden sie von Anfang an alle so geboren? Oder stellen die verschiedenen Typen verschiedene Entwicklungsstufen im Lebenszyklus eines Sterns dar? Astronomen und Astrophysiker glauben heute, dass eher Letzteres der Fall ist. Beachten Sie jedoch, dass wir nicht mehr als den winzigsten Teil des Lebenszyklus eines Sterns verfolgen können, denn ihre Lebenszeiten sind gewaltig größer als unsere, sie liegen in der Größenordnung von Millionen oder Milliarden Jahren. Trotzdem wollen wir den Prozess der **Sternentwicklung** von der Geburt bis zum Tod eines Sterns verfolgen, wie ihn Astrophysiker heute theoretisch rekonstruiert haben.

Geburt eines Sterns

Man glaubt, dass Sterne geboren werden, wenn Gaswolken (hauptsächlich Wasserstoff) aufgrund des Gravitationsdrucks kontrahieren. Eine riesige Gaswolke kann in viele kontrahierende Massen zerfallen, wobei jede Masse im Mittelpunkt eines Gebietes liegt, in dem die Dichte nur geringfügig größer war als an benachbarten Punkten. Haben sich solche „Globulen" erst einmal gebildet, führt die Gravitation dazu, dass jede in Richtung ihres Schwerpunkts kontrahiert. Werden die Teilchen eines solchen *Protosterns* nach Innen beschleunigt, nimmt ihre kinetische Energie zu. Ist die kinetische Energie hinreichend groß, kann die Coulomb-Abstoßung, die die Wasserstoffkerne auseinander hält, überwunden werden und Kernfusion setzt ein. In einem Stern wie der Sonne läuft das „Verbrennen" des Wasserstoffs[4] über den Proton-Proton-Zyklus ab (siehe Abschnitt 43.4, Gleichung 43.6), bei dem vier Protonen zu einem ${}^4_2$He-Kern fusionieren, wobei γ-Strahlen und Neutrinos freigesetzt werden. Diese Reaktionen erfordern eine Temperatur von etwa 10^7 K, was einer mittleren kinetischen Energie (kT) von etwa 1 keV entspricht. Bei massereicheren Sternen führt der Kohlenstoff-Stickstoff-Zyklus zu demselben Nettoeffekt: Vier ${}^1_1$H-Kerne verschmelzen zu einem ${}^4_2$He-Kern (siehe Abschnitt 43.4). Die Fusionsreaktion läuft in erster Linie im Kern des Sterns ab, wo die Temperatur ausreichend hoch ist. (Die Oberflächentemperatur ist natürlich viel geringer – in der Größenordnung von einigen Tausend Kelvin.) Die enorme Energiefreisetzung bei diesen Fusionsreaktionen erzeugt einen Druck, der ausreicht, um den Gravitationskollaps aufzuhalten, und der Protonenstern, der nun zu einem jungen Stern geworden ist, stabilisiert sich in der Hauptreihe. An welcher Stelle der Stern genau in der Hauptreihe ankommt, hängt von seiner Masse ab. Je massereicher ein Stern

Kontraktion aufgrund der Gravitation

Die Fusion setzt ein, wenn T (und $\overline{K}$) ausreichend hoch sind

4 Das Wort „Verbrennen" ist in Anführungsstriche gesetzt, weil diese Fusionsreaktionen bei hohen Temperaturen über einen *Kern*prozess ablaufen und nicht mit der gewöhnlichen Verbrennung (wie der von Papier, Holz oder Kohle) an der Luft verwechselt werden dürfen, bei denen es sich um chemische Reaktionen auf *atomarer* Ebene (und bei viel niedrigeren Temperaturen) handelt.

Erreichen der Hauptreihe

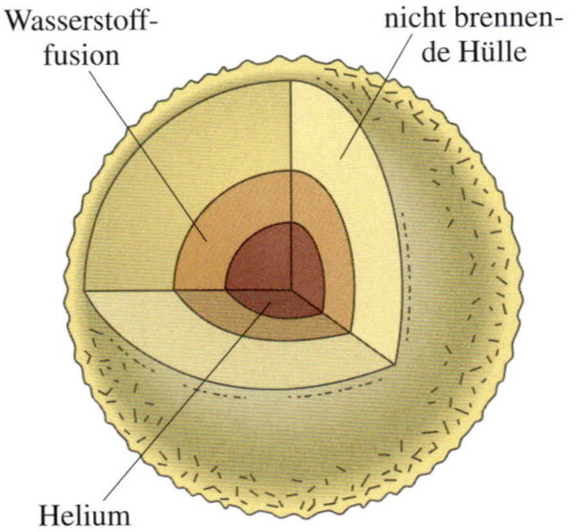

Abbildung 45.8 Eine Hülle aus „brennendem“ Wasserstoff (der zu Helium fusioniert) umgibt den Kern, wo das neu gebildete Helium Gravitation ausübt.

ist, desto weiter oben (und weiter links) ordnet er sich im Diagramm ein. Bis zum Erreichen der Hauptreihe vergehen vielleicht 30 Millionen Jahre, wenn es sich um einen Stern wie unsere Sonne handelt. Und – falls die Theorie richtig ist – verbleibt er dort[5] etwa 10 Milliarden Jahre (10^{10} a). Obwohl die meisten Sterne Milliarden Jahre alt sind, gibt es Hinweise, dass Sterne genau in diesem Moment geboren werden.

Wenn Wasserstoff „verbrennt“ – also zu Helium fusioniert – ist das gebildete Helium dichter als der Wasserstoff und hat daher die Tendenz, sich im zentralen Kern zu sammeln, wo es gebildet wurde. Während der Heliumkern wächst, „brennt“ der Wasserstoff in einer Hülle um diesen Kern weiter (siehe ▸ Abbildung 45.8). Ist ein Großteil des Wasserstoffs innerhalb des Kerns verbraucht, nimmt die Energieproduktion ab und reicht nicht mehr aus, um zu verhindern, dass die riesigen Gravitationskräfte abermals zur Kontraktion und Erwärmung des Kerns führen. Der Wasserstoff in der Hülle um den Kern „verbrennt“ aufgrund des erneuten Temperaturanstiegs noch heftiger. Dies führt dazu, dass die äußere Hülle des Stern expandiert und sich abkühlt. Die auf diese Weise reduzierte Oberflächentemperatur führt zu einem Lichtspektrum, das sein Maximum bei längeren Wellenlängen besitzt. Zu diesem Zeitpunkt hat der Stern die Hauptreihe verlassen. Er erscheint jetzt rötlicher und hat an Größe gewonnen, er erscheint leuchtstärker. Somit hat er sich im H-R-Diagramm nach rechts oben bewegt, wie ▸ Abbildung 45.9 zeigt. Bei seiner Aufwärtsbewegung erreicht der Stern den Zustand des **Roten Riesens**. Daher erklärt die Theorie den Zustand des Roten Riesen als einen natürlichen Schritt in der Sternentwicklung. Unsere Sonne hält sich beispielsweise bereits etwa $4\frac{1}{2}$ Milliarden Jahre in der Hauptreihe auf. Sie wird wahrscheinlich noch weitere 4 bis 5 Milliarden Jahre dort verbleiben. (Wir können uns damit trösten!) Man nimmt an, dass die Sonne beim Verlassen der Hauptreihe (als Roter Riese) bis zu einer Größe anwächst, die das gesamte Volumen bis zur gegenwärtigen Erdumlaufbahn umfasst.

Roter Riese

Während die Hülle eines Sterns expandiert, schrumpft der Kern und heizt sich dabei weiter auf. Erreicht die Temperatur etwa 10^8 K, unterliegen selbst Helium-

5 Massereichere Sterne „verbrennen“ viel schneller, weil sie heißer sind und die Coulomb-Abstoßung leichter überwunden werden kann. Sie verbrauchen deshalb ihren Brennstoff schneller, was zu kürzeren Lebensdauern führt. Ein Stern, der beispielsweise 10-mal massereicher ist als unsere Sonne, hält sich lediglich etwa 10^7 Jahre in der Hauptreihe auf. Sterne, die weniger Masse als unsere Sonne besitzen, leben länger als 10^{10} a (Lebensdauer der Sonne).

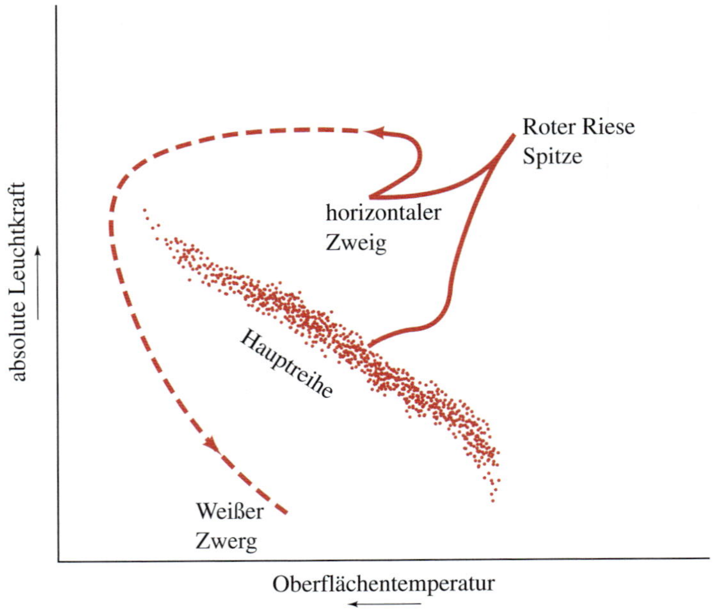

Abbildung 45.9 Evolution eines sonnenähnlichen Sterns im H-R-Diagramm.

kerne trotz ihrer größeren Ladung und daher größeren Abstoßung der Fusion. Die ablaufenden Reaktionen sind

$$\begin{aligned} &{}^4_2\mathrm{He} + {}^4_2\mathrm{He} \rightarrow {}^8_4\mathrm{Be} + \gamma \qquad (Q = -95\,\mathrm{keV}) \\ &{}^4_2\mathrm{He} + {}^8_4\mathrm{Be} \rightarrow {}^{12}_6\mathrm{C} + \gamma\,. \qquad (Q = 7{,}4\,\mathrm{MeV}) \end{aligned} \tag{45.2}$$

Nukleosynthese

Die erste Reaktion ist (leicht) endotherm, und das gebildete ${}^8_4\mathrm{Be}$ ist instabil und kann schnell (10^{-16} s) zu zwei α-Teilchen zerfallen. Somit muss die zweite Reaktion sehr schnell nach der ersten erfolgen, wozu der besonders große Wirkungsquerschnitt der zweiten Reaktion beiträgt. Der Nettoeffekt ist

$$3{}^4_2\mathrm{He} \rightarrow {}^{12}_6\mathrm{C}\,. \qquad (Q = 7{,}3\,\mathrm{MeV})$$

Die Verbrennung von Helium bewirkt eine rasche und wesentliche Veränderung im Stern, und der Stern bewegt sich schnell zum „horizontalen Zweig" im H-R-Diagramm (siehe ▸ Abbildung 45.9). Weitere Reaktionen sind möglich, wobei Elemente mit immer höherem Z, bis zu $Z = 10$ oder 12, gebildet werden. Ist die Sternmasse größer als 0.7 Sonnenmassen, dann können Elemente mit noch größerem Z gebildet werden. Der Stern kann noch heißer werden, und im Bereich von $T = 2{,}5 - 5 \cdot 10^9$ K kann es zur Bildung so schwerer Elemente wie ${}^{56}_{26}\mathrm{Fe}$ und ${}^{56}_{28}\mathrm{Ni}$ kommen. An dieser Stelle endet jedoch der Prozess der **Nukleosynthese**, die Bildung von schweren Kernen aus leichteren durch Fusion. Wie wir aus ▸ Abbildung 42.1 wissen, fällt die mittlere Bindungsenergie allmählich, wenn A größer als etwa 60 ist. Eine weitere Fusion würde Energie *erfordern* anstatt sie freizusetzen. (Elemente, die schwerer als Ni sind, werden vor allem von Neutronensternen bei Supernovaexplosionen gebildet, wie wir in Kürze diskutieren werden.)

Erzeugung schwerer Elemente

Wie es weiter geht, hängt von der Masse des Sterns ab. Wenn der Stern eine Restmasse von weniger als etwa 1,4 Sonnenmassen besitzt[6] (als *Chandrasekhar-Grenze* bekannt), kann keine weitere Fusionsenergie bereitgestellt werden und der Stern kollabiert unter der Gravitation. Während des Schrumpfens kühlt er sich ab und folgt typischerweise der in ▸ Abbildung 45.9 dargestellten Route. Nach der Theorie steigt er von links oben ab und wird zu einem **Weißen Zwerg**. Ein Weißer Zwerg mit Sonnenmasse wäre in etwa so groß wie die Erde. Die Größe ist dadurch bestimmt, dass der Stern solange kollabiert, bis die Elektronenwolken der Atome beginnen sich zu überlappen: An dieser Stelle kollabiert der Stern nicht weiter, weil das Pauli-Prinzip besagt, dass zwei Elektronen sich nicht im gleichen Quantenzustand aufhalten können. Ein Weißer Zwerg verliert weiter Energie, während die Temperatur fällt und er immer lichtschwächer wird, bis sein Licht verlöscht. Er ist dann zu einem *Schwarzen Zwerg* geworden, ein dunkles, kaltes Stück Asche.

Weißer Zwerg

Man nimmt an, dass sich bei massereicheren Sternen (Restmasse größer als 1,4 Sonnenmassen) ein ganz anderes Szenario vollzieht. Ein Stern mit einer solch großen Masse kann weiter unter der Gravitation kollabieren und sich aufheizen, wobei extrem hohe Temperaturen erreicht werden. Die kinetische Energie der Kerne ist dann so hoch, dass die Fusion schwererer Elemente als Eisen möglich wird, selbst wenn die Reaktionen Energiezufuhr erfordern ($Q < 0$). Darüber hinaus können die hochenergetischen Stöße zum Aufbrechen der Eisen- und Nickelkerne in He-Kerne führen, so dass schließlich sogar nur noch Protonen und Neutronen übrig bleiben:

$$\begin{aligned} &{}^{56}_{26}\mathrm{Fe} \rightarrow 13{}^4_2\mathrm{He} + 4\mathrm{n} \\ &{}^4_2\mathrm{He} \rightarrow 2\mathrm{p} + 2\mathrm{n}\,. \end{aligned}$$

Dies sind endotherme Reaktionen, bei denen Energie zugeführt werden muss. Doch ist bei den extrem hohen Temperaturen und Drücken, wie sie in solchen massereichen Sternen herrschen, reichlich Energie vorhanden. Sie reicht sogar dazu

6 Diese Grenze bezieht sich auf die Masse des Sterns, *nachdem* er das Stadium des Roten Riesens durchlaufen hat.

aus, dass sich Elektronen und Protonen in einem inversen β-Zerfall zu Neutronen vereinen:

$$e^- + p \rightarrow n + \nu \,.$$

Während der Kern unter der riesigen Gravitationskraft kontrahiert, wird die riesige Masse im Wesentlichen zu einem gewaltigen Kern, der fast außschließlich aus Neutronen besteht. Die Größe des Sterns ist nun nicht mehr durch das auf die Elektronen angewendete Pauli-Prinzip beschränkt, sondern durch dessen Anwendung auf die Neutronen, und der Stern kollabiert schnell zu einem enorm dichten **Neutronenstern**. Die Kontraktion des Kerns bedeutet ein große Verringerung der potenziellen Gravitationsenergie des Kerns. In irgendeiner Weise muss diese Energie freigesetzt werden. Tatsächlich schlug man in den 1930er Jahren vor, dass der endgültige Kollaps zu einem Neutronenstern von einer katastrophalen Explosion begleitet sein könnte, deren kolossale Energie praktisch zur Bildung aller Elemente des Periodensystems ausreicht und bei der die gesamte äußere Schale des Sterns nach außen abgestoßen wird (siehe ▸ Abbildung 45.10). Dabei breitet sich deren Inhalt über den gesamten interstellaren Raum aus. Man glaubt, dass solche Explosionen zu einem Typ der beobachteten **Supernovae** führen (es gibt auch andere Mechanismen). Tatsächlich weist das Vorhandensein schwerer Elemente auf der Erde und in unserem Sonnensystem darauf hin, dass sich unser Sonnensystem aus den Trümmern mindestens einer Supernova gebildet hat.

Neutronenstern

Supernova

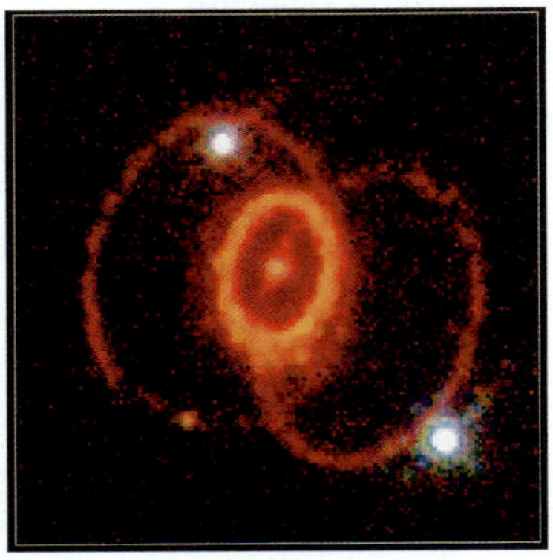

Abbildung 45.10 Diese leuchtenden, expandierenden Gasringe mit einem Lichtjahr Durchmesser wurden vom Hubble-Weltraumteleskop ein Jahrzehnt nach der Supernovaexplosion SN1987a aufgenommen.

Abbildung 45.11 SN 1987a, die Supernova vom Februar 1987, ist der sehr helle „Stern“ rechts. Das helle Objekt links ist der Krebsnebel.

Man beobachtet, dass sich die Helligkeit eines Sterns bei einer Supernovaexplosion unversehens innerhalb weniger Tage milliardenfach erhöht und der Stern dann in den nächsten Monaten verschwindet. Im Februar 1987 fand eine solche Supernova in einem Begleiter unserer Galaxis, der nur 170 000 Lj entfernten Großen Magellan'schen Wolke, statt. Sie war auf der südlichen Halbkugel mit bloßem Auge zu erkennen (siehe ▸ Abbildung 45.11). Supernovae kann man in entfernten Galaxien relativ oft beobachten, die kürzlich beobachtete Supernova SN1987a ist jedoch die erste, die seit der berühmten, von Kepler und Galilei im Jahre 1604 beobachteten Supernova mit bloßem Auge zu erkennen war. (Folglich ist SN1987a die erste seit der Erfindung des Teleskops.) Eine mit bloßem Auge sichtbare Supernova wurde auch von chinesischen Astronomen im Jahre 1054 beobachtet. Ihre Überreste sind am Himmel noch immer sichtbar (im Krebsnebel), in dessen Zentrum sich nun ein **Pulsar** befindet. Pulsare sind astronomische Objekte, die scharfe Strahlungspulse in regelmäßigen Intervallen von einigen Sekunden emittieren. Man glaubt inzwischen, dass es sich dabei um Neutronensterne handelt, deren Rotationsgeschwindigkeit sich aufgrund der Drehimpulserhaltung drastisch erhöhte, weil sich das Trägheitsmoment aufgrund der Kontraktion verringert. Das starke Magnetfeld eines so schnell rotierenden Sterns (vielleicht in der Größenordnung von 10^6 bis 10^{10} T) kann geladene Teilchen einfangen und beschleunigen, die dann elektromagnetische Wellen in einem Strahl aussenden, der mit dem Stern rotiert. Die Entdeckung des Pulsars im Jahre 1967 hat die Theorie untermauert, dass Neutronensterne das Ergebnis von Supernovaexplosionen sind.

Der Kern eines Neutronensterns kontrahiert so lange, bis alle Neutronen so eng wie in einem Kern benachbart sind. Die Dichte eines Neutronensterns ist also größenordnungsmäßig 10^{14}-mal so hoch wie in gewöhnlichen Festkörpern und Flüssigkeiten auf der Erde. Ein Neutronenstern mit der 1,5-fachen Sonnenmasse hätte einen Durchmesser von etwa 10 km.

Ist die Masse eines Neutronensterns geringer als etwa zwei oder drei Sonnenmassen, geht man davon aus, dass die darauffolgende Entwicklung so ähnlich wie bei den Weißen Zwergen abläuft. Ist die Masse größer, kann die Gravitationskraft so stark werden, dass noch kleinere Durchmesser und damit noch höhere Dichten erreicht werden, wobei in gewissem Sinne sogar das Pauli-Prinzip überwunden wird. Die Gravitation wäre dann so stark, dass selbst das vom Stern emittierte Licht ihr nicht entkommen könnte – es würde aufgrund der Gravitation nach Innen zurückgeworfen. Mit anderen Worten, die Fluchtgeschwindigkeit ist bei einem solchen Stern großer als die Lichtgeschwindigkeit c. Weil keine Strahlung einen solchen Stern verlassen kann, könnten wir ihn nicht sehen – er wäre schwarz. Ein vorbeifliegender Körper kann durch das Gravitationsfeld des Sterns abgelenkt werden, kommt der Körper jedoch zu nah, würde er verschluckt und niemals entkommen. Dies ist ein **Schwarzes Loch**. Die Theorie sagt die Existenz von Schwarzen Löchern voraus. Die experimentellen Hinweise auf ihre Existenz sind stark, aber nicht jeder ist davon überzeugt, dass sie für die Bestätigung der Existenz Schwarzer Löcher ausreichen. Es ist möglich, dass sich im Zentrum unserer Galaxis ein riesiges Schwarzes Loch befindet – man schätzt seine Masse auf einige Millionen Sonnenmassen – und möglicherweise befindet sich im Zentrum vieler oder aller Galaxien ein Schwarzes Loch.

Schwarzes Loch

45.3 Allgemeine Relativitätstheorie: Die Schwerkraft und die Krümmung des Raumes

Wir wissen, dass die Gravitation bei Prozessen eine herrschende Rolle spielt, die in Sternen ablaufen und auch allgemein bei der Entwicklung des Universums als Ganzes. Die Gründe, weshalb die Gravitation, und nicht eine andere der vier Grundkräfte der Natur, eine herrschende Rolle spielt, sind: (1) Es handelt sich um eine langreichweitige Kraft, und (2) sie ist immer anziehend. Die starke und die schwache Kernkraft wirken nur über sehr kurze Entfernungen, die im Bereich der Größe eines Kerns liegen; daher wirken sie nicht über astronomische Entfernungen hinweg (obwohl sie natürlich zwischen Kernen und Nukleonen bei Kernreaktion wirken). Die elektromagnetische Kraft ist, wie die Gravitation, langreichweitig; sie kann jedoch entweder anziehend oder abstoßend sein. Und da das Universum keine großen Gebiete mit elektrischer Nettoladung zu enthalten scheint, kommt es auch zu keiner großen Nettokraft. Die Gravitation wirkt jedoch zwischen *allen* Massen als anziehende Kraft, und es gibt große Ansammlungen im Universum mit Masse nur eines „Vorzeichens" (nicht + und − wie bei der elektrischen Ladung).

Dennoch weist die Gravitationskraft, wie sie Newton in seinem universellen Gravitationsgesetz beschreibt, auf kosmischer Skala Diskrepanzen auf. Einstein entwickelte in seiner allgemeinen Relativitätstheorie eine Theorie der Gravitation, die diese Probleme löst und die Grundlage der kosmologischen Dynamik bildet.

In der *speziellen Relativitätstheorie* (Kapitel 37) schlussfolgerte Einstein, dass es keine Möglichkeit für einen Beobachter gibt, zu entscheiden, ob sich ein gegebenes Bezugssystem in Ruhe befindet oder sich mit konstanter Geschwindigkeit auf einer Geraden bewegt. Daher müssen die physikalischen Gesetze in allen Inertialsystemen gleich sein. Wie verhält es sich aber mit dem allgemeineren Fall, der Bewegung in einem *beschleunigten* Bezugssystem?

Es ist die **allgemeine Relativitätstheorie**, in der sich Einstein dem Problem der beschleunigten Bezugssysteme gewidmet und eine Theorie der Gravitation entwickelt hat. Die Mathematik der allgemeinen Relativitätstheorie ist sehr komplex, so dass unsere Diskussion hauptsächlich qualitativ bleibt.

Wir beginnen mit Einsteins berühmten **Äquivalenzprinzip** (in Kapitel 6 kurz diskutiert), nach dem

kein Experiment ausgeführt werden kann, das zwischen einem gleichmäßigen Gravitationsfeld und einer äquivalenten gleichmäßigen Beschleunigung unterscheiden könnte.

Wenn Beobachter eine Beschleunigung spüren (wie in einem Fahrzeug, das in einer scharfen Kurve beschleunigt), könnten sie mit keinem Experiment prüfen, ob sie nicht in Wirklichkeit einfach die Anziehungskraft eines Gravitationsfeldes spüren. Umgekehrt könnten man glauben, dass man der Gravitationsanziehung unterliegt, während man in Wirklichkeit einer „trägen" Beschleunigung ausgesetzt ist, die nichts mit Gravitation zu tun hat.

Betrachten wir in einem Gedankenexperiment eine Person, die sich in einem frei fallenden Fahrstuhl in der Nähe der Erdoberfläche befindet. Was würde pas-

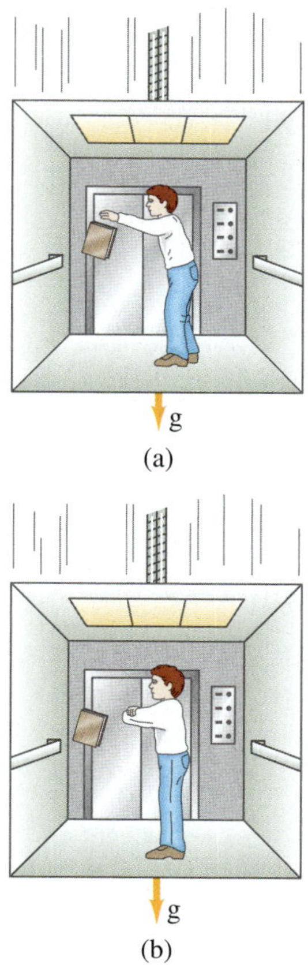

Abbildung 45.12 Ein frei fallender Fahrstuhl. Das losgelassene Buch schwebt in der Nähe der Hand des Eigentümers.

sieren, wenn der Beobachter ein Buch in seiner ausgestreckten Hand hält und es dann fallen lässt? Aufgrund der Gravitation würde es in Richtung Erde gezogen, was jedoch im gleichen Maße ($g = 9{,}8\,\text{m/s}^2$) passieren würde wie die Person und der Fahrstuhl fallen. So würde das Buch in der Nähe der Hand der Person schweben (siehe ► Abbildung 45.12). Der Effekt ist genau derselbe wie bei einem ruhenden Bezugssystem, in dem *keine* Kräfte wirken. Gehen wir andererseits davon aus, dass sich der Fahrstuhl irgendwo im Raum befindet, wo es kein Gravitationsfeld gibt. Ließe die Person das Buch fallen, würde es schweben, genau wie in ► Abbildung 45.12. Würde der Fahrstuhl stattdessen (irgendwo im Raum) mit einer Beschleunigung von $9{,}8\,\text{m/s}^2$ nach oben beschleunigt, würde das Buch mit einer Beschleunigung von $9{,}8\,\text{m/s}^2$ zu Boden fallen, als ob es aufgrund der Gravitation fallen würde. Nach dem Äquivalenzprinzip kann der Beobachter kein Experiment ausführen, anhand dessen er entscheiden könnte, ob das Buch fällt, weil der Fahrstuhl fernab von jeder Gravitation mit einer Beschleunigung von $9{,}8\,\text{m/s}^2$ nach oben beschleunigt wurde oder weil ein nach unten gerichtete Gravitationsfeld mit $g = 9{,}8\,\text{m/s}^2$ wirkt und er sich in Ruhe (beispielsweise auf der Erde) befindet. Die beiden Beschreibungen sind äquivalent.

Masse: träge vs. schwere Masse

Das Äquivalenzprinzip hängt mit dem Konzept zusammen, dass es zwei Arten von Masse gibt. Das zweite Newton'sche Axiom, $F = ma$, benutzt **träge Massen**. Man könnte sagen, dass die träge Masse so etwas wie einen „Widerstand" gegenüber irgendeiner Kraft darstellt. Die zweite Art von Masse ist die **schwere Masse**. Zieht ein Körper einen anderen aufgrund der Gravitationskraft an (Newton'sches Gesetz über die universelle Gravitation, $F = Gm_1m_2/r^2$, Kapitel 6), ist die Stärke der Kraft proportional zum Produkt der schweren Massen der beiden Körper. Dies ist so ähnlich wie die elektrische Kraft zwischen zwei Körpern, die proportional zum Produkt ihrer elektrischen Ladungen ist. Die elektrische Ladung eines Körpers hängt nicht mit der trägen Masse zusammen; weshalb sollten wir also erwarten, dass die schwere Masse (Sie können sie als schwere Ladung bezeichnen, wenn Sie wollen) mit seiner trägen Masse zusammenhängt? Wir haben bisher angenommen, dass sie gleich sind. Warum konnten wir davon ausgehen? Weil kein Experiment – nicht einmal hochpräzise Experimente – in der Lage war, irgendeinen messbaren Unterschied zwischen der trägen und der schweren Masse zu erkennen. Dies ist eine andere Möglichkeit, das Äquivalenzprinzip auszudrücken: *Die schwere Masse ist der trägen Masse äquivalent.*

Mithilfe des Äquivalenzprinzips kann man zeigen, dass Licht unter der Gravitationskraft eines massereichen Körpers abgelenkt werden kann. Betrachten wir ein anderes Gedankenexperiment, bei dem sich ein Fahrstuhl in einem Raum ohne Gravitation befindet. Dringt durch ein Loch im Fahrstuhl Licht, bewegt sich der Strahl geradlinig durch den Fahrstuhl und verursacht auf der gegenüber liegenden Seite einen Lichtpunkt, falls sich der Fahrstuhl in Ruhe befindet (siehe ► Abbildung 45.13a). Wird der Fahrstuhl wie in ► Abbildung 45.13b nach oben beschleunigt, verläuft der Lichtstrahl von einem ruhenden Bezugssystem aus betrachtet noch immer geradlinig. Im nach oben beschleunigten Fahrstuhl wird der Strahl jedoch nach unten abgelenkt. Weshalb ist das so? Weil sich der Fahrstuhl mit wachsender Geschwindigkeit nach oben bewegt, während der Lichtstrahl von einer Seite des Fahrstuhls zur anderen läuft. Nun ist nach dem Äquivalenzprinzip ein nach oben beschleunigtes Bezugssystem zu einem nach unten wirkenden Gravitationsfeld äquivalent. Folglich können wir uns den gebogenen Lichtstrahl aus ► Abbildung 45.13b auch als Folge eines nach unten gerichteten Gravitationsfeldes vorstellen. Daher erwarten wir, dass die Gravitation auf einen Lichtstrahl eine Kraft ausübt und ihn von seiner geradlinigen Ausbreitungsrichtung ablenkt.

Die Tatsache, dass Licht durch Gravitation beeinflusst wird, ist eine wesentliche Vorhersage der Einstein'schen allgemeinen Relativitätstheorie. Und sie lässt sich überprüfen. Der Betrag, um den ein Lichtstrahl von seiner geradlinigen Ausbreitungsrichtung abgelenkt wird, muss selbst beim Vorbeigang an einem massereichen Körper klein sein. (Zum Beispiel sagt die Theorie voraus, dass Licht, dass 1 km in der Nähe der Erde zurücklegt, lediglich um 10^{-10} m in Richtung Erde

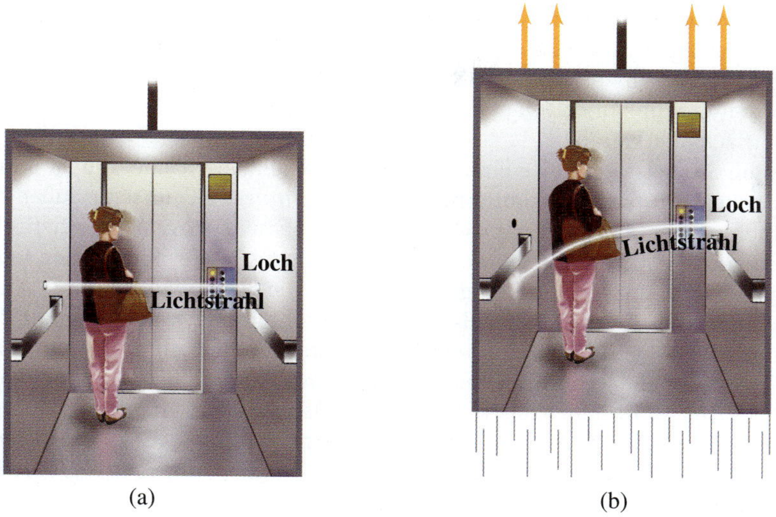

Abbildung 45.13 (a) Der Lichtstrahl in einem nicht beschleunigten Fahrstuhl läuft geradeaus. (b) Der Lichtstrahl in einem nach oben beschleunigten Fahrstuhl ist gekrümmt (übertrieben dargestellt).

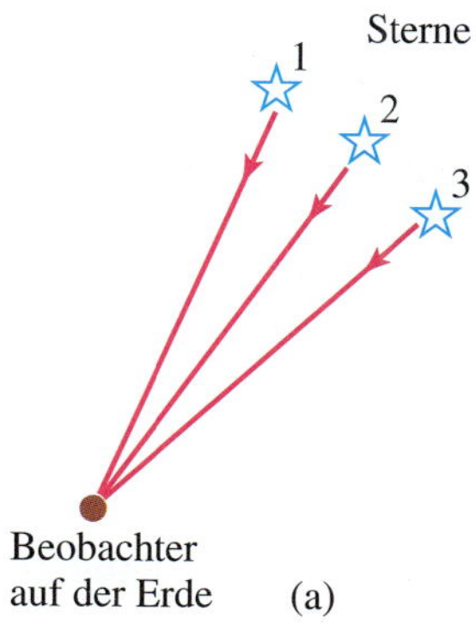

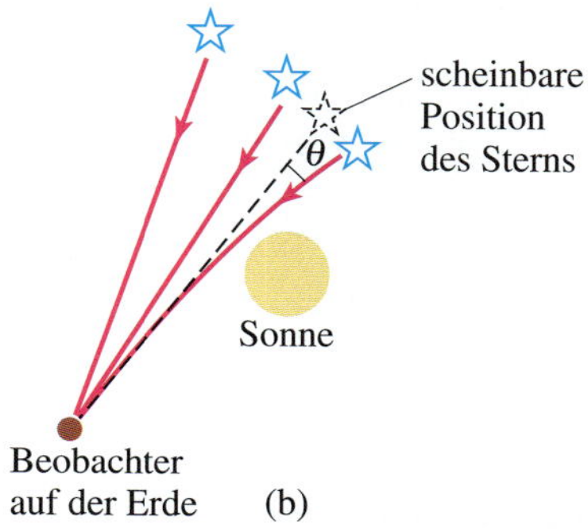

Abbildung 45.14 (a) Drei Sterne am Himmel. (b) Wenn Licht eines dieser Sterne sehr nah an der Sonne vorbei läuft, durch deren Gravitation die Strahlen abgelenkt werden, erscheint der Stern höher, als er tatsächlich ist.

gezogen wird, was dem Durchmesser eines kleinen Atoms entspricht und somit nicht messbar ist.) Der massivste Körper in unserer Umgebung ist die Sonne. Man hat berechnet, dass Licht von einem entfernten Stern um 1,75″ (winzig, aber messbar) abgelenkt wird, wenn es die Sonne passiert (siehe ▸ Abbildung 45.14). Eine solche Messung kann jedoch nur während einer totalen Sonnenfinsternis vorgenommen werden, so dass die enorme Helligkeit der Sonne nicht das sie passierende Sternenlicht überdeckt. Eine günstige Sonnenfinsternis gab es im Jahre 1919, und Wissenschaftler reisten zum Südatlantik, um sie zu beobachten. Ihre Aufnahmen von Sternen um die Sonne bestätigten Einsteins Vorhersagen (siehe ▸ Abbildung 45.15).

Ein Lichtstrahl muss den kürzesten, direktesten Weg zwischen zwei Punkten nehmen. Wäre es nicht so, könnte ein anderes Objekt den Weg zwischen den beiden Punkten in kürzerer Zeit zurücklegen und hätte somit eine größere Geschwindigkeit als das Licht – ein klarer Widerspruch zur speziellen Relativitätstheorie. Wenn das Licht einen gekrümmten Weg nehmen kann (wie oben diskutiert), dann muss dieser Weg die kürzeste Entfernung zwischen zwei Punkten sein – was bedeutet, dass *der Raum selbst gekrümmt ist* und dass die Krümmung durch das Gravitationsfeld hervorgerufen wurde. In der Tat ist die Krümmung des Raumes – oder eher der vierdimensionalen Raumzeit – ein grundlegender Aspekt der allgemeinen Relativitätstheorie.

Der Raum ist gekrümmt

Was ist mit einem *gekrümmten Raum* gemeint? Um dies zu verstehen müssen wir uns vergegenwärtigen, dass unsere gewöhnliche Weltsicht auf der Euklid'schen Geometrie beruht. In der Euklid'schen Geometrie gibt es viele Axiome und Theoreme, die wir als gegeben ansehen, wie beispielsweise die Tatsache, dass die Innenwinkelsumme im Dreieck 180° ist. Andere, nicht Euklid'sche Geometrien

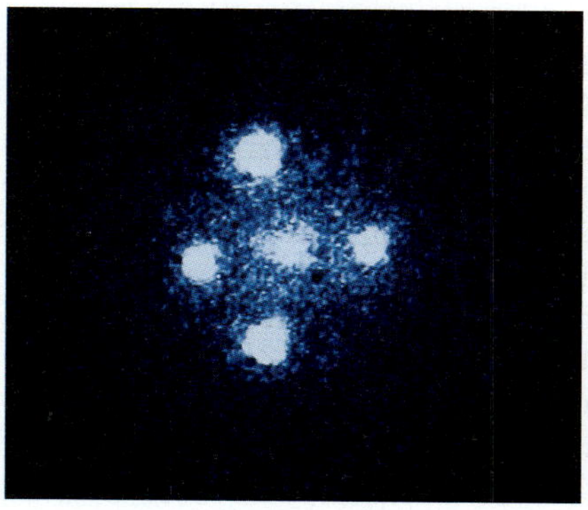

Abbildung 45.15 Mit dem Hubble-Weltraumteleskop aufgenommenes Foto, welches das so genannte „Einstein-Kreuz" (oder das nach seinem Entdecker John Huchra benannte Huchra-Kreuz) zeigt. Man glaubt, dass es sich dabei um eine „Gravitationslinse" handelt: Der zentrale Lichtpunkt ist eine relativ nahe Galaxie, während man annimmt, dass die vier äußeren Lichtpunkte von einem einzigen Quasar *hinter* der Galaxie stammen. Die Galaxie lenkt das vom Quasar ankommende Licht ab und erzeugt dabei vier Bilder (siehe auch ▸ Abbildung 45.14). Wäre die Form der nahen Galaxie perfekt symmetrisch, würde man als „Bild" des entfernten Quasars anstelle der vier Lichtpunkte einen kreisförmigen Ring oder ein Halo erwarten.

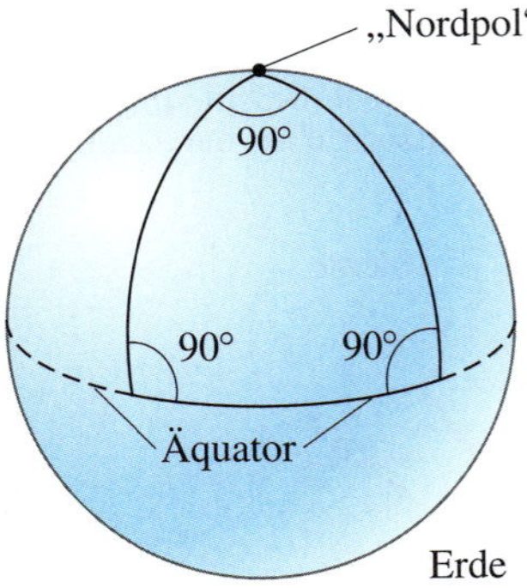

Abbildung 45.16 Auf einer zweidimensionalen, gekrümmten Oberfläche kann die Innenwinkelsumme eines Dreiecks nicht 180° sein.

Geodäte

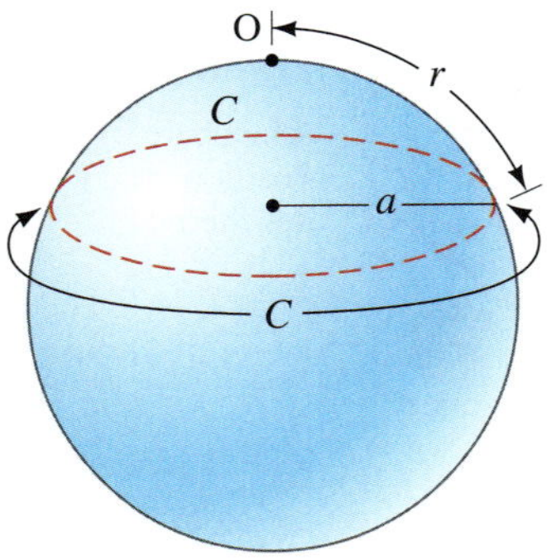

Abbildung 45.17 Auf einer Kugeloberfläche wird ein Kreis mit dem Umfang C um den Punkt O als Mittelpunkt gezogen. Der Radius des Kreises (nicht der Kugel) ist der Abstand r entlang der Oberfläche. (Beachten Sie, dass wir aus unserer dreidimensionalen Sicht $2\pi a = C$ angeben können; wegen $r > a$ ist $2\pi r > C$.)

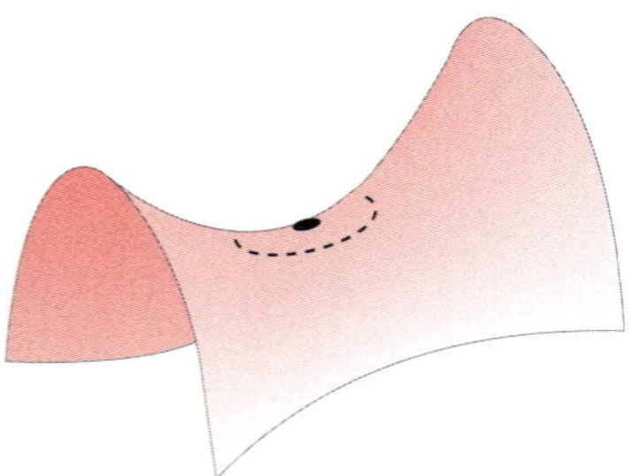

Abbildung 45.18 Beispiel einer zweidimensionalen Oberfläche mit negativer Krümmung.

mit gekrümmtem Raum, sind ebenfalls von Mathematikern betrachtet wurden. Nun ist es schwer genug, sich einen dreidimensionalen gekrümmten Raum vorzustellen, ganz zu schweigen von der gekrümmten vierdimensionalen Raumzeit. Daher wollen wir die Vorstellung vom gekrümmten Raum mithilfe zweidimensionaler Oberflächen erklären.

Betachten Sie beispielsweise eine zweidimensionale Oberfläche. Sie ist offensichtlich gekrümmt (siehe ► Abbildung 45.16), zumindest aus unserer außenstehenden Sichtweise – der dreidimensionalen Welt. Aber wie würden hypothetische zweidimensionale Wesen feststellen, ob ihr zweidimensionaler Raum eben (eine Ebene) oder gekrümmt ist? Eine Möglichkeit wäre, die Innenwinkelsumme eines Dreiecks zu messen. Ist die Oberfläche eben, ergibt die Innenwinkelsumme 180°, wie wir aus der ebenen Geometrie wissen. Ist der Raum jedoch gekrümmt, und hat man ein hinreichend großes Dreieck konstruiert, dann beträgt die Innenwinkelsumme *nicht* 180°. Zur Konstruktion eines Dreiecks auf einer gekrümmten Oberfläche, beispielsweise einer Kugel, müssen wir das Äquivalent zu einer Geraden bilden: Das ist der kürzeste Weg zwischen zwei Punkten, den man als **Geodäte** bezeichnet. Auf einer Kugel ist eine Geodäte ein Teil eines Großkreises (ein Bogen, der zu einer Ebene gehört, die durch den Mittelpunkt der Kugel verläuft). Beispiele dafür sind der Erdäquator und die Längengrade der Erde. Betrachten Sie zum Beispiel das Dreieck aus ► Abbildung 45.16, wovon zwei Seiten „Längengrade“ sind, die vom „Nordpol“ zum Äquator verlaufen. Ein Stück des Äquators bildet die dritte Seite. Die beiden Längengrade schließen mit dem Äquator einen Winkel von 90° ein (schauen Sie auf einen Globus, um es genauer zu erkennen). Wenn Sie am Nordpol beispielsweise einen Winkel von 90° miteinander bilden, dann beträgt die Innenwinkelsumme dieses Dreiecks $90° + 90° + 90° = 270°$. Dies ist offensichtlich *kein* Euklid'scher Raum. Beachten Sie jedoch, dass die Winkel nahezu 180° ergeben, wenn das Dreieck im Vergleich zum Radius der Kugel klein ist, und das Dreieck (und der Raum) daher flach erscheint.

Eine andere Möglichkeit, die Krümmung des Raumes zu bestimmen, ist die Messung des Radius r, der zu einem Kreis mit dem Umfangs C gehört. Auf einer ebenen Fläche gilt $C = 2\pi r$. Auf einer zweidimensionalen Kugeloberfläche ist jedoch C geringer als $2\pi r$, wie wir ► Abbildung 45.17 entnehmen können. Die Proportionalitätskonstante zwischen C und r ist *kleiner* als 2π. Man sagt, dass eine solche Fläche eine *positive Krümmung* besitzt. Auf der sattelartigen Oberfläche aus ► Abbildung 45.18 ist der Umfang des Kreises größer als $2\pi r$, und die Innenwinkelsumme eines Dreiecks ist kleiner als 180°. Man sagt, dass eine solche Fläche eine *negative Krümmung* besitzt.

Wie ist es aber mit unserem Universum? Wie ist die Gesamtkrümmung des Universums auf einer größeren Skala (nicht nur in der Nähe einer großen Masse)? Besitzt es eine positive Krümmung, eine negative Krümmung oder ist es eben (Krümmung null)? Im 19. Jahrhundert versuchte Carl Friedrich Gauss (1777–1855) herauszufinden, ob unser natürlicher dreidimensionale Raum vom Euklid'schen Raum abweicht, indem er die Winkel eines Dreiecks bestimmte, das durch drei Berggipfel gebildet wurde. Die Seiten des Dreiecks wurden durch Lichtstrahlen markiert. Er konnte keine Abweichung von 180° festzustellen, und auch derzeitige Experimente haben keine Abweichung festgestellt.

Ist das Universum offen oder geschlossen?

Dennoch ist die Frage nach der Krümmung des Raumes in der Kosmologie wesentlich. Hätte das Universum eine positive Krümmung, wäre es *endlich* oder *geschlossen*. Das bedeutet nicht, dass die Sterne und Galaxien in einem solchen Universum nur bis an eine bestimmte Grenze reichen, hinter der sich nichts weiter als der leere Raum befindet. Vielmehr wären die Galaxien über den Raum verteilt und der Raum wäre auf sich zurückgefaltet und „in sich geschlossen“ . In einem solchen Universum gibt es keine Grenze oder keinen Rand. Würde sich ein Teilchen auf einer Geraden in eine spezielle Richtung bewegen, käme es schließlich wieder am Ausgangspunkt an – wenngleich Äonen später. Die Frage „Was ist hinter einem solchen geschlossenen Universum?“ ist sinnlos, weil der Raum des Universums alles ist, was es gibt. Ist dagegen die Krümmung des Raumes null oder negativ, wäre das Universum *offen*. Es würde immer weitergehen und sich niemals in sich selbst zurückfalten. Ein offenes Universum wäre *unendlich*. Ob das Universum offen oder geschlossen ist, hängt teilweise davon ab, wie viel Gesamtmasse im Universum existiert, wie wir in Abschnitt 45.7 diskutieren werden. Wäre die Masse hinreichend groß, könnte sie dem Raum eine positive Krümmung verleihen und ihn abgeschlossen und endlich machen.

Nach Einsteins Theorie ist die Raumzeit gekrümmt, insbesondere in der Nähe massereicher Körper. Zur Veranschaulichung dessen stellen wir uns den Raum als dünnes Gummituch vor; wird eine Kugel von großem Gewicht hinein gelegt, krümmt es sich wie in ▶ Abbildung 45.19 dargestellt. Das Gewicht entspricht einer riesigen Masse, die die Krümmung des Raumes (des Raumes selbst!) bewirkt. Daher spricht man in Einsteins Theorie[7] nicht von der „Kraft" der Gravitation, die auf Körper wirkt. Stattdessen sagt man, dass sich Körper und Lichtstrahlen entlang von geodätischen Linien in der gekrümmten Raumzeit bewegen (die zu Geraden in der ebenen Geometrie äquivalent sind). Daher würde ein Körper, der sich in der Nähe der großen Masse aus ▶ Abbildung 45.19 zunächst in Ruhe befindet oder sich langsam bewegt, einer geodätischen Linie in Richtung der großen Masse folgen.

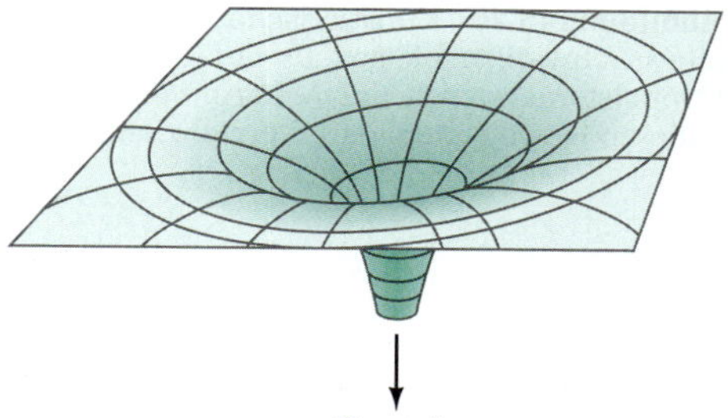

Abbildung 45.19 Gummituch als Analogie für die Krümmung des Raumes durch Materie.

Schwarzes Loch

Die in ▶ Abbildung 45.19 dargestellte extreme Krümmung der Raumzeit könnte durch ein **Schwarzes Loch** verursacht worden sein. Ein Schwarzes Loch ist, wie wir aus dem vergangenem Abschnitt wissen, so dicht, dass das Licht es nicht verlassen kann. Um ein Schwarzes Loch zu werden, muss ein Körper der Masse M einem **Gravitationskollaps** unterliegen, bei dem er unter der eigenen Gravitationswirkung bis zu einem Radius kollabiert, den man als **Schwarzschild-Radius** bezeichnet:

$$R = \frac{2GM}{c^2}\,.$$

Dabei ist G die Gravitationskonstante und c die Lichtgeschwindigkeit. Wenn ein Körper unter diesen Radius kollabiert, dann kollabiert er nach der allgemeinen Relativitätstheorie sehr schnell ($\approx 10^{-5}$ s) auf einen Punkt $r = 0$, wobei er eine unendlich dichte **Singularität** bildet. Diese Vorhersage ist jedoch unbestimmt, da in diesem Zusammenhang die Quantentheorie mit der Gravitation kombiniert werden muss. Eine Vereinigung dieser Theorien wurde jedoch noch nicht erreicht.

Ereignishorizont

Der Schwarzschildradius stellt auch gleichzeitig den **Ereignishorizont** eines Schwarzen Loches dar. Mit Ereignishorizont meinen wir die Oberfläche, von der uns Signale von dahinter liegenden Ereignissen niemals erreichen, um uns über deren Ablauf zu informieren. Während ein Stern zu einem Schwarzen Loch kollabiert, wird das von ihm emittierte Licht immer stärker durch die Gravitation beeinflusst, wir können ihn jedoch noch immer sehen. Hat die Materie jedoch einmal den Ereignishorizont unterschritten, kann das emittierte Licht das Gravitationsfeld nicht verlassen, sondern wird durch die Gravitation[8] nach innen gezogen.

Alles, was wir über ein Schwarzes Loch in Erfahrung bringen können, ist seine Masse, sein Drehimpuls (es könnte rotierende Schwarze Löcher geben) und seine elektrische Ladung. Keine weitere Informationen, keine Details über die Struktur oder die Art der Materie, aus der es gebildet wurde, sind ermittelbar.

Wie könnten wir Schwarze Löcher beobachten? Wir können sie nicht sehen, weil kein Licht sie verlässt. Es wären schwarze Objekte an einem schwarzen

7 Alexander Pope (1688–1744) schrieb ein berühmtes Gedicht über Newton:

„Nature, and nature's laws lay hid in night:
God said, *Let Newton be!* and all was light."

Sir John Squire (1884–1958), dem Einsteins tiefgründige Gedanken vielleicht unbehaglich waren, fügte hinzu:

„It did not last: the Devil howling '*Ho!*
Let Einstein be!' restored the status quo."

8 Nach der Quantenmechanik kann Materie und Strahlung das Schwarze Loch durch Tunneln verlassen, man erwartet jedoch, dass die Rate, mit der dies geschieht, extrem klein ist.

Abbildung 45.20 Künstlerische Darstellung eines Schwarzen Loches als ein Teil eines Doppelsternsystems, das Materie von dem anderen (gewöhnlicheren) Stern abzieht.

Himmel. Sie üben jedoch eine Gravitationskraft auf benachbarte Körper aus. Die Vermutung, dass sich im Zentrum unserer Galaxis ein Schwarzes Loch befindet, beruht auf der Beobachtung der Bewegung der Materie in seiner Umgebung. Eine andere Methode ist die Untersuchung von Sternen, die so rotieren als wären sie ein Teil eines *Doppelsternsystems* (zwei Sterne, die um ihren gemeinsam Schwerpunkt rotieren), obwohl der Begleiter unsichtbar ist. Wenn es sich bei dem unsichtbaren Begleiter um ein Schwarzes Loch handelt, könnte man erwarten, dass er gasförmiges Material aus dem sichtbaren Begleiter abzieht (siehe ► Abbildung 45.20). Erreicht diese Materie das Schwarze Loch, würde sie stark beschleunigt und sollte charakteristische Röntgenstrahlung emittieren. Einer der Kandidaten für ein Schwarzes Loch gehört zum Doppelsternsystem Cygnus X-1.

45.4 Das expandierende Universum

In Abschnitt 45.2 haben wir diskutiert, wie sich einzelne Sterne von ihrer Geburt bis zu ihrem Tod als Weiße Zwerge, Neutronensterne und Schwarze Löcher entwickeln. Wie sieht es aber mit dem Universum als Ganzes aus: Ist es statisch oder entwickelt es sich? Die Entwicklung der Sterne lässt darauf schließen, dass sich das Universum als Ganzes entwickelt. Eine der wichtigsten wissenschaftlichen Vorstellungen des vergangenen Jahrhunderts besagt, dass entfernte Galaxien von uns flüchten und dass sie sich um so schneller bewegen, je weiter sie von uns entfernt sind. Wie Astronomen zu dieser erstaunlichen Vorstellung gekommen sind und was dies für die Vergangenheit des Universums und dessen Zukunft bedeutet, wird uns für den Rest des Buches beschäftigen.

Hubble und die Rotverschiebung

Die Vorstellung von einem expandierenden Universum wurde zuerst von Edwin Hubble im Jahre 1929 hervorgebracht. Sie basierte auf der Beobachtung der Doppler-Verschiebung des Lichts, das von Sternen emittiert wird. In Kapitel 16 haben wir diskutiert, wie sich die Frequenz und die Wellenlänge von Schallwellen in Abhängigkeit davon ändert, ob sich die Quelle von einem Beobachter weg oder auf einen Beobachter zu bewegt. Bewegt sich die Quelle auf uns zu, ist die Frequenz höher und die Wellenlänge kürzer. Bewegt sich die Quelle von uns weg, ist die Frequenz niedriger und die Wellenlänge höher. Der **Doppler-Effekt** tritt auch bei Licht auf, aber die geänderte Wellenlänge oder die geänderte Frequenz ist durch eine etwas andere Formel gegeben als bei Schallwellen, weil wir bei Licht (nach der speziellen Relativitätstheorie) keinen Unterschied zwischen der Bewegung der Quelle und der Bewegung des Beobachters machen können. (Wir wissen, dass sich Schall in einem Medium wie Luft ausbreitet, was aber für Licht nicht gilt; nach der Relativitätstheorie gibt es keinen Äther.) Nach der speziellen Relativitätstheorie lautet diese Formel (siehe Abschnitt 37.12)

$$\lambda = \lambda_0 \sqrt{\frac{1+v/c}{1-v/c}}\,, \qquad \left(\begin{array}{c}\text{Quelle und Beobachter}\\ \text{entfernen sich voneinander}\end{array}\right) \qquad (45.3)$$

wobei λ_0 die emittierte Wellenlänge von einem gegenüber der Quelle ruhenden Bezugssystem aus gesehen ist, und λ die Wellenlänge ist, die in einem Bezugssystem gemessen wird, das sich entlang einer Geraden mit der Geschwindigkeit v von der Quelle entfernt. Beachten Sie, dass diese Relation nur von der Relativgeschwindigkeit v abhängt. (Erfolgt die Relativbewegung aufeinander zu, gilt in dieser Formel $v < 0$.) Emittiert eine sich von uns weg bewegende Quelle Licht einer speziellen Wellenlänge, erscheint uns dessen Wellenlänge daher größer: Die Farbe des Lichtes (falls sichtbar) wird in Richtung des roten Bereichs des sichtbaren Spektrums verschoben, ein Effekt, der als **Rotverschiebung** bekannt ist. Bewegt sich die Quelle auf uns zu, wird die Farbe zum blauen Ende des sichtbaren Spektrums hin verschoben (also zu kürzeren Wellenlängen). Der Betrag der Verschiebung hängt von der Geschwindigkeit der Quelle ab (Gleichung 45.3). Liegen die Geschwindigkeiten nicht zu nahe bei der Lichtgeschwindigkeit, kann man leicht zeigen (Aufgabe 30), dass die relative Änderung der Wellenlänge proportional zur Geschwindigkeit der sich von uns weg bewegenden Quelle ist (wie es auch bei Schallwellen der Fall war):

Rotverschiebung

$$\frac{\Delta\lambda}{\lambda_0} = \frac{\lambda - \lambda_0}{\lambda_0} \approx \frac{v}{c}\,. \qquad (v \ll c) \qquad (45.4)$$

In Spektren von Sternen und Galaxien werden Linien beobachtet, die zu Linien aus bekannten Spektren bestimmter Atome gehören (siehe Abschnitt 38.9). Hubble stellte fest, dass die in Spektren von Galaxien beobachteten Linien im Allgemeinen *rotverschoben* waren und dass der Betrag der Verschiebung ungefähr proportional zur Entfernung der Galaxien zu sein scheint. Die Geschwindigkeit v einer Galaxie, die sich von uns weg bewegt, ist also proportional zu ihrer Entfernung d:

$$v = Hd\,. \qquad (45.5)$$

Hubble-Gesetz

Das ist das **Hubble-Gesetz**, eines der wichtigsten astronomischen Konzepte des vergangenen Jahrhunderts. Die Konstante H heißt **Hubble-Konstante**. Bei benachbarten Galaxien gilt das Hubble-Gesetz nicht – einige bewegen sich in Wirklichkeit auf uns zu (sie haben eine „Blauverschiebung“); man glaubt aber, dass es sich dabei lediglich um eine zufällige Bewegung von Galaxien handelt. Bei entfernteren Galaxien ist die Fluchtgeschwindigkeit (Hubble-Gesetz) viel größer als die zufällige Bewegung, so dass diese dominiert.

Der Wert von H ist nicht genau bekannt. Man schätzt ihn im Moment auf etwa

$$H \approx 70\,\text{km/s/Mpc}$$

Hubble-Konstante

(das sind also 70 km/s pro Megaparsec Entfernung) mit einem Fehler von etwa 20 Prozent. Benutzen wir als Einheit für die Entfernung Lichtjahre, dann ist $H \approx$ 20 km/s pro einer Million Lichtjahre Entfernung.

Was bedeutet die Tatsache, dass sich entfernte Galaxien von uns weg bewegen und dass die Entfernung umso größer ist, je höher die Fluchtgeschwindigkeit ist? Es ist so, als hätte es in ferner Vergangenheit eine große Explosion gegeben. Und auf den ersten Blick scheinen wir uns in deren Mittelpunkt zu befinden. Das sind wir jedoch durchaus nicht. Die Expansion erscheint von jedem Punkt des Universums gleich. Um dies zu verstehen, sehen wir uns ► Abbildung 45.21 an. ► Abbildung 45.21a zeigt die Sicht von der Erde (oder von unserer Galaxis). Die Geschwindigkeiten der um uns herum liegenden Galaxien sind durch Pfeile gekennzeichnet, die von uns weg zeigen. Sie sind umso länger, je weiter die Galaxien von uns entfernt sind. Was wäre, wenn wir uns in der in ► Abbildung 45.21a mit A bezeichneten Galaxie befänden? Von der Erde aus betrachtet, scheint sich die Gala-

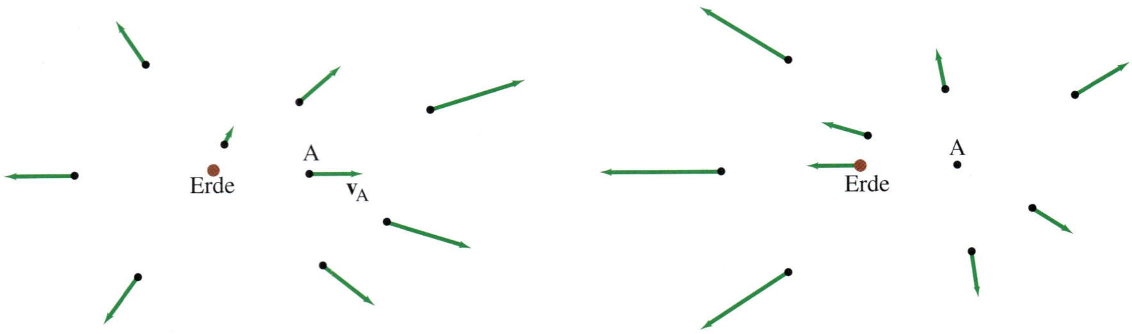

(a) (b)

Abbildung 45.21 Die Expansion des Universums sieht von allen Stellen des Universums gleich aus.

xie A mit der Geschwindigkeit $\mathbf{v}_A$ nach rechts zu bewegen, durch den nach rechts zeigenden Pfeil symbolisiert. Befänden wir uns *in* der Galaxie A, würde sich die Erde scheinbar mit der Geschwindigkeit $-\mathbf{v}_A$ nach links bewegen. Wollten wir die Geschwindigkeiten der andereren Galaxien relativ zu A bestimmen, würden wir den Geschwindigkeitsvektor $-\mathbf{v}_A$ zu all den in ▶ Abbildung 45.21a dargestellten Geschwindigkeitsvektoren vektoriell addieren. Dies führt auf ▶ Abbildung 45.21b, woraus wir offensichtlich entnehmen, dass das Universum von A aus betrachtet ebenfalls expandiert; und die Fluchtgeschwindigkeiten der Galaxien gegenüber A sind proportional zu ihrer Entfernung gegenüber A.

Daher kann die Expansion des Universums wie folgt beschrieben werden: Alle Galaxien bewegen sich mit einer mittleren Rate von etwa 70 km/s pro Megaparsec Entfernung *voneinander* weg. Die Auswirkungen dieser Vorstellung sind tiefgreifend, und wir werden sie gleich diskutieren.

Quasare

Es gibt jedoch eine Klasse von Objekten, die als **Quasare** oder „quasistellare Radioquellen“ bezeichnet werden, die nicht mit dem Hubble-Gesetz vereinbar zu sein scheinen. Quasare sind so hell wie benachbarte Galaxien, weisen aber sehr große Rotverschiebungen auf. Wären Quasare gewöhnliche Teilnehmer der allgemeinen Expansion des Universums, müsste es sich nach dem Hubble-Gesetz und ihrer starken Rotverschiebung um sehr weit entfernte Galaxien handeln. Wenn sie wirklich so weit entfernt sind, müssen sie unglaublich hell sein – mitunter Tausende Male heller als gewöhnliche Galaxien. Andererseits wurde die Vermutung geäußert, dass zumindest einige Quasare nicht von ungewöhnlicher Helligkeit sein könnten, weil sie uns näher sind als ihre Rotverschiebung vermuten lässt. Im ersten Fall hätten wir ein ungelöstes Helligkeitsproblem, im zweiten ein ungelöstes Problem mit der Rotverschiebung. Ein interessanter Fakt ist, dass sich die Populationsdichte der Quasare mit zunehmender Entfernung zu erhöhen scheint. Befänden sie sich tatsächlich in großen Entfernungen von uns – wie ihre Rotverschiebung vermuten lässt – bedeutet das lediglich, dass sie im frühen Universum häufiger auftraten als jetzt. Wären sie dagegen weniger weit entfernt – wie man aus ihrer Helligkeit schließen könnte – würden *wir* uns scheinbar an einem ausgezeichneten Ort im Universum befinden, nämlich an einem Ort, an dem Quasare weniger häufig vorkommen. Die meisten Astronomen sind nicht bereit, letztere Möglichkeit zu akzeptieren, weil sie eine grundlegende Annahme der Gleichmäßigkeit verletzen würde, das so genannte *kosmologische Prinzip*, das wir gleich diskutieren. Eine neuere Vermutung, die die Unklarheiten über die Quasare möglicherweise beseitigt, ist, dass es sich bei diesen mysteriösen Objekten um Kerne von Galaxien handelt, die enorme Energiebeträge emittieren, während sie umgebendes Material ansaugen, wie es beispielsweise bei der „Kollision“ von Galaxien der Fall ist. Wäre das Zentrum einer Galaxie ein Schwarzes Loch, würden die riesigen, von ihm angezogenen und beschleunigten Materiemengen ungeheure Energiemengen aussenden. Es wäre also möglich, dass Quasare von Schwarzen Löchern angetrieben werden.

Kosmologisches Prinzip

Eine grundlegende Annahme der Kosmologie war, dass sich das Universum einem Beobachter an verschiedenen Stellen des Raumes auf einer großen Skala gleich darstellt. Mit anderen Worten, das Universum ist sowohl isotrop (sieht in allen Beobachtungsrichtungen gleich aus) als auch homogen (stellt sich einem Beobachter unabhängig vom Ort überall gleich dar, beispielsweise in einer anderen Galaxie). Diese Annahme wird als **kosmologisches Prinzip** bezeichnet. Auf einer lokalen Skala, zum Beispiel in unserem Sonnensystem oder innerhalb unserer Galaxis, ist es offensichtlich nicht anwendbar (der Himmel sieht in verschiedenen Richtungen unterschiedlich aus). Aber man hat lange geglaubt, dass es gültig ist, wenn man den Himmel nur auf einer ausreichend großen Skala betrachtet, so dass die mittlere Populationsdichte von Galaxien und Galaxienclustern in verschiedenen Bereichen des Himmels gleich sein sollte. Die Expansion des Universums (▶ Abbildung 45.21) ist mit dem kosmologischen Prinzip vereinbar; und die Gleichmäßigkeit der kosmischen Mikrowellen-Hintergrundstrahlung untermauert dies. Jedoch scheint Materie (das heißt Galaxien) selbst auf der größten Skala nicht homogen zu sein, sondern neigt zur Klumpenbildung, wie bereits diskutiert. Obwohl die Astronomen nur widerwillig das kosmologische Prinzip aufgeben würden, gibt es nun einige Zweifel an seiner Gültigkeit. Eine mögliche Lösung könnte sein, dass das Universum zu über 90 Prozent aus nicht leuchtender, dunkler Materie besteht, die gleichmäßig verteilt sein könnte. In jedem Fall hat uns das kosmologische Prinzip dabei geholfen, das Universum als ein einziges, sich entwickelndes Gebilde zu betrachten und nicht als eine zufällige Ansammlung materieller Körper. Anders könnte man das kosmologische Prinzip auch so ausdrücken: Die Erde ist auf kosmologischer Skala nichts Besonderes; unsere großräumigen Beobachtungen unterscheiden sich nicht von denen, die irgendwo anders im Universum vorgenommen werden könnten.

Die durch das Hubble-Gesetz beschriebene Expansion des Universums lässt stark vermuten, dass Galaxien in der Vergangenheit einander näher gewesen sein müssen als heute. Darüber hinaus ist die Vorstellung mit dem Hubble-Gesetz vereinbar, dass alle Galaxien zu einem gewissen Zeitpunkt in der Vergangenheit einander sehr nahe waren. In der Tat ist dies die Grundlage der *Urknalltheorie* (Big Bang Theory) über den Ursprung des Universums (die wir im nächsten Abschnitt diskutieren). Sie veranschaulicht den Anfang des Universums als große Explosion. Sehen wir uns an, was sich daraus über das Alter des Universums sagen lässt.

Das Alter des Universums

Wir können das Alter des Universums mithilfe des Hubble-Parameters abschätzen. Mit $H \approx 20\,\text{km/s}$ pro einer Million Lichtjahre ist die Zeit, die die Galaxien zum Erreichen ihrer jetzigen Entfernungen gebraucht haben, (wenn wir von $v = d/t$ ausgehen und Gleichung 45.5 verwenden) ungefähr:

$$t = \frac{d}{v} = \frac{d}{Hd} = \frac{1}{H} \approx \frac{(10^6\,\text{Lj})(10^{13}\,\text{km/Lj})}{(20\,\text{km/s})(3 \cdot 10^7\,\text{s/a})} \approx 15 \cdot 10^9\,\text{a}\,,$$

das sind grob 15 Milliarden Jahre. Das so berechnete Alter des Universums heißt *charakteristische Expansionszeit* oder „Hubble-Alter“. Es ist keine sehr genaue Abschätzung, was zum Teil daran liegt, dass wir den exakten Wert von H nicht kennen.

Es gibt zwei weitere, davon unabhängige Möglichkeiten, das Alter des Universums zu testen. Die erste ist die Altersbestimmung der Erde (und des Sonnensystems) aus Messungen der Radioaktivität, vorrangig mithilfe von Uran, die das Alter des Sonnensystems auf etwa $4\frac{1}{2}$ Milliarden Jahre festlegen. Zweitens wurde das Alter von Sternen nach der Theorie über die Sternentwicklung auf etwa 10 bis 15 Milliarden Jahre geschätzt. Diese unabhängigen und nicht verwandten Alterbestimmungen sind mit einem Urknall vereinbar, der nach den heutigen besten Schätzungen vor 10 bis 15 Milliarden Jahren stattgefunden hat. Der niedrigere Wert, der sich aus der Altersbestimmung mithilfe der Radioaktivität ergibt, ist konsistent mit der Urknalltheorie, weil man den Ursprung der Erde (und die Verfestigung von Gestein) erst einige Zeit nach dem Ursprung des Universums als Ganzes erwarten kann.

Steady-State-Theorie

Bevor wir uns mit der Urknalltheorie detaillierter beschäftigen, diskutieren wir kurz eine der Alternativen zur Urknalltheorie – die **Steady-State-Theorie** – die davon ausgeht, dass das Universum unendlich alt ist und im Wesentlichen genauso aussieht, wie es immer ausgesehen hat.[9] Nach der Steady-State-Theorie haben sich keine großräumigen Veränderungen im Universum als Ganzes vollzogen, insbesondere gab es keinen Urknall. Wenn diese Vorstellung angesichts der Fluchtbewegung der Galaxien aufrechterhalten werden soll, muss die Masse-Energie-Erhaltung verletzt sein. Man nimmt daher an, dass Materie kontinuierlich erzeugt wird, wodurch die Dichte des Universums konstant bleibt. Die Rate der Massenerzeugung ist sehr klein – etwa ein Nukleon pro Kubikmeter alle 10^9 Jahre. Die Steady-State-Theorie war vor etwa einen halben Jahrhundert eine ernsthafte Konkurrenz zur Urknalltheorie. Die Entdeckung des kosmischen Mikrowellenhintergrunds (nächster Abschnitt) sowie die beobachtete Expansion des Universums hat jedoch die Urknalltheorie zum fast allgemein akzeptierten Modell gemacht.

45.5 Der Urknall und der kosmische Mikrowellenhintergrund

Der Urknall

Wie wir bereits gesehen haben, legt die Expansion des Universums nahe, dass die Materie des Universums früher auf einem viel kleineren Raum konzentriert war als jetzt. Dies ist die Grundlage für die Vorstellung, dass das Universum vor etwa 15 Milliarden Jahren mit einer riesigen Explosion begann, die liebevoll als **Urknall** (*Big Bang*) bezeichnet wird.

Falls es einen Urknall gab, muss er an allen Punkten im Universum gleichzeitig aufgetreten sein. Ist das Universum *endlich*, hätte die Explosion in einem winzigen, näherungsweise punktförmigen Volumen stattgefunden. Jedoch stellt man sich diesen Zustand extrem dichter Materie nicht als eine konzentrierte Masse vor, die sich im Zentrum eines viel größeren Raumes befindet. Vielmehr *war* dieser dichte Zustand das Universum – das gesamte Universum. Es hätte nichts anderes gegeben. Falls das Universum dagegen *unendlich* ist, dann hatte die Explosion an *allen* Punkten des Universums gleichzeitig stattgefunden, weil ein unendliches Universum, selbst wenn es zu einem früheren Zeitpunkt kleiner war, immer noch unendlich gewesen wäre. In beiden Fällen meinen wir, dass der Abstand zwischen den Galaxien früher geringer war, wenn wir sagen, dass das Universum kurz nach dem Urknall kleiner war als jetzt. Daher ist es *die Größe des Universums selbst*, die seit dem Urknall zugenommen hat.

Abbildung 45.22 Robert Wilson (links) und Arno Penzias vor ihrer „Horn-Antenne".

Welche Hinweise deuten auf den Urknall hin? Zunächst weisen alle Altersberechnungen des Universums aus der Hubble-Expansion, der Sternentwicklung und der Alterbestimmung mithilfe der Radioaktivität konsistent auf eine bestimmte Zeit für den Beginn des Universums hin, wie wir aus dem letzten Abschnitt wissen. Ein weiterer und entscheidender Hinweis war die Entdeckung des Strahlung des **kosmischen Mikrowellenhintergrunds** (engl. *cosmic microwave background*, CMP) in den 1960er Jahren, zu der es folgerndermaßen kam.

Die 2,7 K kosmische Mikrowellen-Hintergrundstrahlung

Im Jahre 1964 waren Arno Penzias und Robert Wilson bei ihrem Radioteleskop (einer großen Antenne zur Messung von Radiowellen, siehe ▶ Abbildung 45.22) mit etwas konfrontiert, das sie für Hintergrundrauschen oder „statisch" im Teleskop vorhanden hielten.

Schließlich kamen sie zu der Überzeugung, dass das Signal echt war und es von Bereichen außerhalb unserer Galaxis kam. Ihre präzisen Messungen ergaben eine Wellenlänge von $\lambda = 7{,}35\,\text{cm}$, was im Mikrowellenbereich des elektromagnetischen Spektrums liegt. (Siehe ▶ Abbildung 32.12; diese Strahlung wird als „Mikrowellenstrahlung" bezeichnet, weil die Wellenlänge, wenngleich viel größer als die von sichtbarem Licht, etwas geringer als bei gewöhnlichen Radiowellen ist,

9 Die Behauptung, dass das Universum nicht nur im Raum, sondern auch in der Zeit gleichmäßig sein sollte, ist eine wesentliche Erweiterung des kosmologischen Prinzips und wird mitunter als *perfektes kosmologisches Prinzip* bezeichnet.

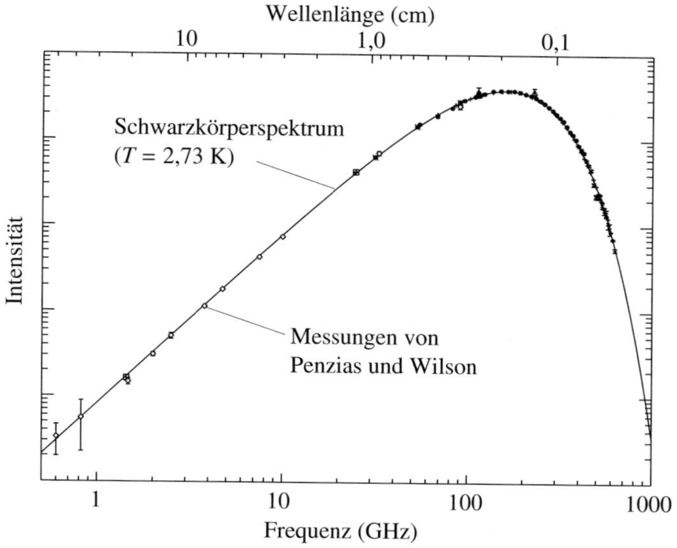

Abbildung 45.23 Spektrum der kosmischen Mikrowellen-Hintergrundstrahlung mit der Kurve für den schwarzen Körper und den experimentellen Messergebnissen, einschließlich der von Penzias und Wilson. (Ein Dank an G.F. Smoot und D. Scott. Die vertikalen Balken stellen den experimentellen Fehler bei der Messung dar.)

die typischerweise Meter bis Hunderte von Metern betragen.) Bei der Intensität dieser Strahlung konnten anfangs weder zwischen Tag und Nacht noch das Jahr über richtungsabhängige Veränderungen festgestellt werden. Sie traf von allen Richtungen im Universum mit gleicher Intensität ein (die Abweichung betrug weniger als ein Tausendstel). Die einzig mögliche Schlussfolgerung war, dass diese Strahlung von außerhalb der Galaxie stammte, vom Universum als Ganzem. Die bemerkenswerte Gleichmäßigkeit der kosmischen Mikrowellen-Hintergrundstrahlung stand im Einklang mit dem kosmologischen Prinzip. Den Theoretikern war jedoch klar, dass es kleine Inhomogenitäten in der Strahlung geben müsste, die die „Keime" zur Galaxienbildung geliefert hätten. Solche kleinen Inhomogenitäten, in der Größenordnung von Millionsteln, wurden schließlich im Jahre 1992 nachgewiesen.

Die gemessene Intensität dieser Strahlung bei $\lambda = 7{,}35$ cm entspricht der Strahlung eines schwarzen Körpers (siehe Abschnitt 38.1) bei einer Temperatur von etwa 3 K, genauere Messungen ergeben inzwischen $2{,}73 \pm 0{,}01$ K. Es stellte sich heraus, dass die gemessenen Strahlungsintensitäten bei anderen Wellenlängen auf die Strahlungsintensitätskurve eines schwarzen Körpers bei einer Temperatur von 2,73 K fielen, wie in ▶ Abbildung 45.23 dargestellt.

Die Bedeutung der kosmischen Hintergrundstrahlung: Der Urknall

Die Entdeckung der kosmischen Hintergrundstrahlung bei einer Temperatur von 2,7 K ist als eine der beiden bedeutendsten kosmologischen Entdeckungen des 20. Jahrhunderts einzuordnen. (Die andere war Hubbles Vorstellung vom expandierenden Universum.) Sie ist ausgesprochen bedeutsam, weil sie einen starken Hinweis zur Untermauerung der Urknallthese liefert und sie uns eine Vorstellung von den Bedingungen im sehr frühen Universum vermittelt. In der Tat hatten George Gamow und seine Mitarbeiter in den späten 1940er Jahren berechnet, dass der Urknall als Ursprung des Universums genau eine solche Mikrowellen-Hintergrundstrahlung erzeugen sollte.

Zum Verständnis dessen sehen wir uns an, wie ein Urknall abgelaufen sein könnte. Es hätte eine enorme Energiefreisetzung gegeben. Die Temperatur wäre so extrem hoch gewesen, dass es in den sehr frühen Zuständen des Universums keine Atome gegeben haben könnte. Das Universum hätte stattdessen ausschließlich aus Strahlung (Photonen) und Elementarteilchen bestanden. Das Universum wäre dann undurchsichtig gewesen – die Photonen in gewissem Sinne „gefangen" –, weil sie bald nach ihrer Emission hauptsächlich durch Elektronen gestreut oder absorbiert würden. In der Tat ist die Mikrowellen-Hintergrundstrahlung ein starkes Indiz dafür, dass sich Materie und Strahlung bei hohen Temperaturen einst im Gleichgewicht befanden. Mit der Expansion des Universums hätte sich die Energie über ein zunehmend größeres Volumen verteilt und die Temperatur wäre gefallen. Erst wenn die Temperatur ungefähr 300 000 Jahre später etwa 3000 K erreicht hätte, könnten sich aus Kernen und Elektronen Atome gebildet haben. Mit dem Verschwinden von freien Elektronen durch die Bindung an Kerne zu Atomen wäre die Strahlung frei – von der Materie „abgekoppelt“ , könnte man sagen – um sich im Universum zu verteilen. Mit der Expansion des Universums hätte sich auch die Wellenlänge der Strahlung erhöht (denken Sie an stehende Wellen, Abschnitt 15.9), so dass es zu einer Rotverschiebung gekommen wäre, was einer Verringerung der Temperatur entspricht (erinnern Sie sich an das Wien'sche Verschiebungsgesetz $\lambda_P T =$ konstant, Abschnitt 38.1), bis sie die heute beobachtete 2,7 K-Hintergrundstrahlung erreicht hätte.

„Abkopplung“ der Photonen

Obwohl die mit der kosmischen Mikrowellen-Hintergrundstrahlung verbundene Gesamtenergie viel größer ist als die von anderen Strahlungsquellen (wie das von Sternen emittierte Licht), ist sie klein im Vergleich zu der Energie, und der Masse ($E = mc^2$), die mit Materie verbunden ist. Vielmehr glaubt man heute, dass die Strahlung weniger als $\frac{1}{1000}$ der Energie des Universums ausmacht: Das heutige Universum ist *materiedominiert*. So war es jedoch nicht immer. Die kosmische Mikrowellen-Hintergrundstrahlung deutet stark darauf hin, dass das Universum in seiner frühen Geschichte *strahlungsdominiert*[10] war. Wie wir jedoch im nächsten Abschnitt sehen werden, nimmt diese Periode weniger als $\frac{1}{10\,000}$ der (bisherigen) Geschichte des Universums ein.

45.6 Das kosmologische Standardmodell: Die Frühgeschichte des Universums

Man ist sich inzwischen allgemein darüber einig, dass die Entwicklung des Universums in den ersten Momenten des Urknalls festgelegt wurde. In den letzten beiden Dekaden ist eine überzeugende Theorie über den Ursprung und die Entwicklung des Universums entstanden, die inzwischen als **Standardmodell** bekannt ist. Ein Großteil dieser Theorie basiert auf neueren theoretischen und experimentellen Erkenntnissen in der Elementarteilchenphysik. In der Tat haben sich Kosmologie und Elementarteilchenphysik in überaschendem Ausmaß gegenseitig befruchtet.

Gehen wir nun zu den frühesten Zeitpunkten zurück – so nah wie möglich an den Urknall – und folgen wir den Ereignissen, die sich nach dem Szenario des Standardmodells während der Expansion und der Abkühlung des Universums nach dem Urknall abgespielt haben. Am Anfang werden wir über extrem kleine Zeitintervalle sprechen, ebenso wie über extrem hohe Temperaturen, die weit über die heute im Universum vorkommenden Temperaturen hinausgehen. ► Abbildung 45.25 ist eine grafische Darstellung der Ereignisse, und es könnte nützlich sein, sie heranzuziehen, während wir voranschreiten.

Standardmodellszenario von der Geschichte des Universums nach dem Urknall

Wir beginnen mit einer Zeit, die nur einen unbedeutenden Bruchteil einer Sekunde nach dem Urknall liegt, 10^{-43} s. Obwohl dies eine unvorstellbar kurze Zeitspanne ist, reichen Vorhersagen auf Grundlage der derzeitigen Theorie bis zu diesem Zeitpunkt heran, auch wenn sie etwas spekulativ sind. Über die Geschehnisse vor diesem Zeitpunkt können wir nichts sagen, weil uns noch keine Theorie über Quantengravitationseffekte zur Verfügung steht, die bei den unglaublich hohen Dichten und Temperaturen notwendig wäre.

Alle vier Kräfte waren vereinheitlicht

Man glaubt jedoch, dass bis zum Zeitpunkt von 10^{-43} s nach dem Urknall die vier Grundkräfte vereinheitlicht waren – es gab nur eine Kraft. Die Temperatur hätte 10^{32} K betragen, was Teilchen entspricht, die mit einer mittleren kinetischen Energie E_{kin} von 10^{19} GeV (siehe Gleichung 18.3) überall umherschwirren würden:

$$E_{\text{kin}} \approx kT \approx \frac{(1{,}4 \cdot 10^{-23}\,\text{J/K})(10^{32}\,\text{K})}{1{,}6 \cdot 10^{-19}\,\text{J/eV}} \approx 10^{28}\,\text{eV} = 10^{19}\,\text{GeV}\,.$$

10 Hätte es nicht eine solche intensive Strahlung in den ersten Minuten des Universums gegeben, hätten Kernreaktionen einen viel größeren Anteil schwerer Kerne erzeugt, als wir ihn heute beobachten. Stattdessen besteht die sichtbare Materie zu 75 Prozent aus Wasserstoff, hauptsächlich weil die intensive Strahlung jeden schweren Kern sofort wieder in seine Bestandteile, Protonen und Neutronen, zerlegt hätte.

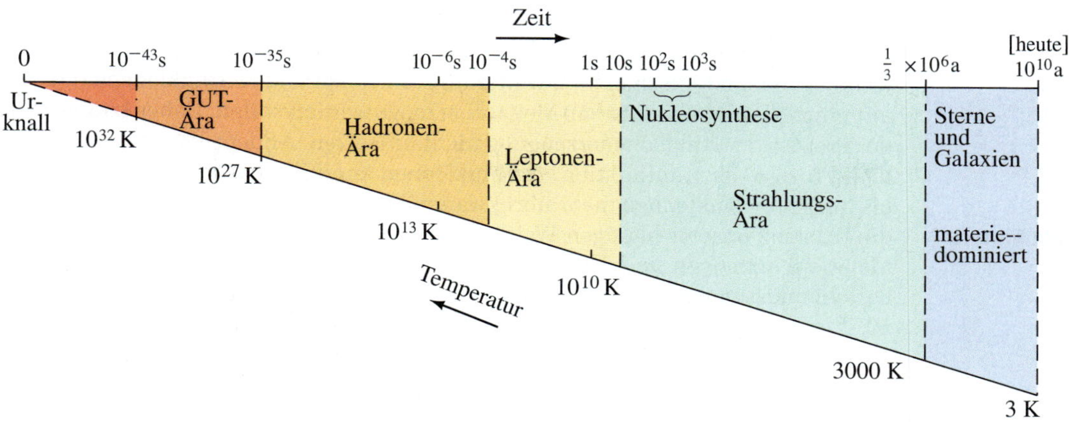

Abbildung 45.24 Grafische Darstellung der Entwicklung des Universums nach dem Urknall, gemäß dem Standardmodell.

(Beachten Sie, dass der Faktor $\frac{3}{2}$ in Gleichung 18.4 bei solchen Berechnungen gewöhnlich vernachlässigt wird.) Man nimmt an, dass zur Zeit $t = 10^{-43}$ s eine Art „Phasenübergang" stattfand, bei dem die Gravitationskraft tatsächlich als eigenständige Kraft „auskondensierte" . Diese und darauffolgende Phasenübergänge ähneln den Phasenübergängen von Wasserdampf, der durch Kühlen zuerst vom gasförmigen in den flüssigen und dann weiter in den gefrorenen Zustand übergeht. Die Symmetrie zwischen den vier Kräften war gebrochen, jedoch waren die starke, die schwache und die elektromagnetische Kraft noch vereinheitlicht. An diesem Zeitpunkt ging das Universum in die so genannte **GUT-Ära** über (GUT nach der großen vereinheitlichten Theorie – siehe Kapitel 44). Es gab keinen Unterschied zwischen Quarks und Leptonen; die Baryonenzahl und die Leptonenzahlen waren nicht erhalten. Sehr kurz darauf, während das Universum beachtlich expandierte und die Temperatur auf etwa 10^{27} K fiel, gab es einen anderen Phasenübergang, bei dem sich die starke Kraft abspaltete. Dies trat vermutlich etwa 10^{-35} s nach dem Urknall auf. Das Universum war mit einer Suppe aus Leptonen und Quarks gefüllt. Zu den Leptonen gehörten Elektronen, Myonen, Tau-Teilchen, Neutrinos sowie deren Antiteilchen. Die Quarks waren ursprünglich frei (etwas, das wir in unserem derzeitigen Universum nicht beobachten konnten), aber bald begannen sie zu gewöhnlicheren Teilchen zu „kondensieren": Nukleonen und andere Hadronen sowie deren Antiteilchen. Mit diesem **Einfangen der Quarks** ging das Universum in die **Hadronen-Ära** über.

Symmetriebrechung (die Gravitation spaltet sich ab)

Einfangen der Quarks (Hadronen-Ära)

Wir stellen uns diese „Suppe" als eine Mischung aus Teilchen und Antiteilchen sowie Photonen vor – alle im Wesentlichen in gleicher Anzahl – die miteinander durch Stöße Energie austauschten.

Zu diesem Zeitpunkt war das Universum erst etwa eine Mikrosekunde (10^{-6} s) alt, es hatte sich auf etwa 10^{13} K abgekühlt, was einer mittleren kinetischen Energie von 1 GeV entspricht, und die überwiegende Mehrheit der Hadronen verschwand. Um dies zu verstehen, beschränken wir uns auf die bekanntesten Hadronen: Nukleonen und ihre Antiteilchen. Als die mittlere kinetische Energie von Teilchen etwas höher als 1 GeV war, wurden Protonen, Neutronen und deren Antiteilchen kontinuierlich aus den Energien bei Stößen von Photonen und anderen Teilchen erzeugt, wie zum Beispiel

Die meisten Hadronen verschwinden

$$\text{Photonen} \rightarrow \mathrm{p} + \overline{\mathrm{p}}$$
$$\rightarrow n + \overline{\mathrm{n}} + \overline{\mathrm{n}}\,.$$

Aber genauso schnell annihilierten sich Teilchen und Antiteilchen wieder, zum Beispiel über

$$\mathrm{p} + \overline{\mathrm{p}} \rightarrow \text{Photonen oder Leptonen}\,.$$

So befanden sich die Prozesse der Erzeugung und der Annihilation von Teilchen im Gleichgewicht. Die Anzahl der Nukleonen und Antinukleonen war hoch – ungefähr so groß wie die der Elektronen, Positronen oder Photonen. Als das Universum jedoch expandierte und sich abkühlte, fiel die mittlere kinetische Energie der Teilchen unter etwa 1 GeV. Diese Energie ist jedoch mindestens erforderlich, wenn bei einem typischen Stoß weiterhin Nukleonen und Antinukleonen (jeweils mit einer Masse von etwa 940 MeV/c^2) erzeugt werden sollen. Daher konnte sich der Prozess der Nukleonenerzeugung nicht fortsetzen. Anders war es dagegen mit dem Prozess der Annihilation. Antinukleonen annihilierten sich mit Nukleonen bis fast keine Nukleonen mehr übrig waren. Es waren jedoch nicht ganz null. Um die Existenz unserer heutigen Welt erklären zu können, die im Wesentlichen aus Materie (Nukleonen und Elektronen) und nur sehr wenig sichtbarer Antimaterie besteht, müssen wir annehmen, dass sich im Universum sehr früh, vielleicht etwa 10^{-35} s nach dem Urknall, ein leichter Überschuss von Quarks gegenüber Antiquarks gebildet hat.[11] Dies hätte zu einem geringfügigen Nukleonenüberschuss gegenüber Antinukleonen geführt. Und es sind diese „übrig gebliebenen" Nukleonen, aus denen wir heute bestehen. Der Nukleonenüberschuss gegenüber den Antinukleonen betrug etwa eins zu 10^9. Vor und während der Hadronen-Ära sollte es ungefähr so viele Nukleonen wie Photonen gegeben haben. Danach betrug die Anzahl der „übrig gebliebenen" Nukleonen nur noch ein Nukleon pro 10^9 Photonen, und dieses Verhältnis hat sich bis heute erhalten. Die Anzahl der Protonen, Neutronen und aller anderen schwereren Teilchen hatte sich folglich etwa in den ersten 10^{-6} s nach dem Urknall gewaltig verringert. Die leichtesten Hadronen, die Pionen, verschwanden genauso wie die Nukleonen; aufgrund der Tatsache, dass sie die leichtesten Hadronen sind (140 MeV), sind sie als letztes verschwunden, etwa 10^{-4} s nach dem Urknall. Leichtere Teilchen, einschließlich der Elektronen, Positronen, Neutrinos und Photonen – zu gleichen Teilchen – dominierten, und das Universum trat in die **Leptonen-Ära** ein.

Warum gibt es heute Materie?

Leptonen-Ära

Zu diesem Zeitpunkt war die erste volle Sekunde vergangen (offensichtlich die ereignisreichste Sekunde der Geschichte!), das Universum hatte sich auf etwa 10 Milliarden Kelvin abgekühlt. Die mittlere kinetische Energie betrug etwa 1 MeV. Diese Energie war immer noch zur Erzeugung von Elektronen und Positronen ausreichend, weil die Massen der beiden Teilchen jeweils 0,5 MeV betragen. Dadurch wurden die Annihilationsreaktionen kompensiert. So gab es etwa genauso viele e^+ und e^- wie Photonen. Innerhalb weniger Sekunden war jedoch die Temperatur signifikant gefallen, so dass keine e^+ und e^- mehr gebildet werden konnten. Die Annihilation ($e^+ + e^- \rightarrow$ Photonen) fand jedoch weiter statt. Und wie die Nukleonen zuvor, verschwanden fast alle Elektronen und Positronen aus dem Universum – abgesehen von einem kleinen Überschuss der Elektronen gegenüber den Positronen (die später zusammen mit Kernen Atome bilden). Folglich trat das Universum etwa $t = 10$ s nach dem Urknall in die **Strahlungs-Ära** ein. Es bestand nun hauptsächlich aus Photonen und Neutrinos. Die Neutrinos, die nur der schwachen Kraft unterliegen, wechselwirken jedoch nur selten. So wurde das Universum, in dem bis dahin eine Energiebalance zwischen Materie und Strahlung bestanden hatte, **strahlungsdominiert**: Es war mehr Energie in Form von Strahlung vorhanden als in Form von Materie, eine Situation, die über Hundertausende von Jahren anhalten sollte (siehe ► **Abbildung 45.24**).

Strahlungsdominiertes Universum

Indessen fanden während der nächsten Minuten entscheidende Ereignisse statt. Mit Beginn der ersten 2 oder 3 Minuten nach dem Urknall setzte die Kernfusion ein. Die Temperatur war auf etwa 10^9 K gefallen, was einer mittleren kinetischen Energie von $\overline{E_{\text{kin}}} \approx 100$ keV entspricht. Das Universum war nun hinreichend kühl, so dass Stöße zwischen Nukleonen auftreten und zur Fusion führen konnten (siehe **Abschnitt 43.4**), ohne dass die neu gebildeten Kerne durch darauffolgende Stöße sofort wieder auseinander gebrochen wurden. Es kam vermutlich zur Bildung von

11 Eine Alternative dazu ist, dass es eine perfekte Symmetrie zwischen Quarks und Antiquarks, Materie und Antimaterie, gab, dass sich jedoch das Universum irgendwie in Gebiete getrennt hat, die jeweils entweder nur Materie oder nur Antimaterie enthalten. Wäre dies der Fall, müssten uns von solchen entfernten Gebieten, zumindest gelegentlich, Antiteilchen mit der kosmischen Strahlung erreichen; davon ist bisher jedoch noch nichts festgestellt worden.

Bildung von He-Kernen

Deuterium, Helium und sehr kleinen Mengen von Lithium. Das Universum kühlte sich jedoch zu schnell ab, so dass keine größeren Kerne gebildet werden konnten. Schon nach einigen Minuten, wahrscheinlich nicht einmal eine viertel Stunde nach dem Urknall, war die Temperatur so weit gefallen, dass die Nukleosynthese gestoppt wurde und für Millionen von Jahren nicht wieder in Gang kommen sollte (erst wieder in Sternen). Daher bestand die Materie nach etwa der ersten Stunde des Universums hauptsächlich aus nackten Wasserstoffkernen (etwa 75 Prozent) und Heliumkernen (etwa 25 Prozent)[12] und Elektronen. Die Strahlung (Photonen) dominierte jedoch weiterhin.

Die Geschichte ist fast vollständig. Man vermutet, dass das nächste wesentliche Ereignis etwa 300 000 Jahre später eintrat. Das Universum war bis auf $\frac{1}{10\,000}$ seiner jetzigen Größe expandiert, und es hatte sich auf eine Temperatur von etwa 3000 K abgekühlt. Die mittlere Energie der Kerne, Elektronen und Photonen war geringer als ein Elektronenvolt. Da die Ionisationsenergien von Atomen in der Größenordnung von einigen eV liegen, konnten sich nun die Elektronen dauerhaft in den Orbits der bloßen Kerne aufhalten (ohne durch Stöße wieder herausgelöst zu werden). Es wurden also Atome gebildet. Mit der Entstehung der Atome wurden die Photonen freier – während sie bisher kontinuierlich an den freien Elektronen gestreut wurden – und konnten sich ungehindert durch das Universum ausbreiten. Man sagt, dass sich die Photonen von der Materie entkoppelten. Die in der Strahlung enthaltene Gesamtenergie hatte sich verringert (die Wellenlänge hatte sich mit der Expansion des Universums vergrößert), während sie bis dahin etwa genauso groß wie die in der Materie enthaltene Energie gewesen war. Als das Universum weiter expandierte, nahm die Strahlungstemperatur weiter ab (auf derzeit 2,7 K, das ist die kosmische Hintergrundstrahlung, die wir heute aus allen Richtungen des Universums messen) und verlor Energie. Die Masse der materiellen Teilchen verringerte sich jedoch nicht, die Energie des Universum konzentrierte sich nicht mehr in Strahlung, sondern zunehmend in Materie: Das Universum wurde **materiedominiert**, so wie es bis heute geblieben ist.[13]

Materiedominertes Universum

Nach der Geburt der Atome konnten sich Sterne und Galaxien bilden – vermutlich unter Eigengravitation im Bereich von Massenkonzentrationen (Inhomogenitäten). Diese setzte wahrscheinlich eine Million Jahre nach dem Urknall ein. Das Universum entwickelte sich (siehe **Abschnitt 45.2**) auf diese Weise bis zu seinem heutigen Alter von etwa 15 Milliarden Jahren weiter.

Dieses Szenario ist keineswegs „bewiesen". Und es beantwortet auch nicht alle Fragen. Es liefert jedoch zum ersten Mal ein vages Bild davon, wie das Universum entstand und wie es sich entwickelte. Es enthält Probleme, von denen einige jedoch durch eine Modifikation gelöst werden konnten. Sie stammt aus den frühen 1980er Jahren und ist als **inflationäres Szenario** bekannt. Nach dem inflationären Szenario unterlag das Universum in seinen frühesten Zuständen, etwa 10^{-35} s nach dem Urknall, einer sehr schnellen exponentiellen Expansion, die mit dem Phasenübergang (der Symmetriebrechung) einherging, bei dem sich die starke Kraft von der elektroschwachen Kraft (wie bereits in diesem Abschnitt diskutiert) abspaltete. Nach der kurzen inflationären Phase kehrt das Szenario zu der bereits diskutierten, gewöhnlichen Expansion zurück. Der Reiz des inflationären Szenarios besteht darin, dass es natürliche Erklärungen für eine Reihe von Problemen

Inflation

12 Diese Vorhersage des Standardmodells, dass ursprünglich 25 Prozent Helium erzeugt wurden, steht in vollem Einklang mit den heutigen Beobachtungen – das Universum *enthält tatsächlich* 25 Prozent He – dies ist ein starker Hinweis zur Untermauerung der Standard-Urknalltheorie. Darüber hinaus besagt die Theorie, dass das 25-prozentige He-Vorkommen vollkommen konsistent mit den drei Neutrinoarten ist, die wir bis heute beobachtet haben. Und sie legt die Obergrenze für die möglichen Neutrinoarten auf vier fest. Bei dem vierten könnte es sich zum Beispiel sogar um ein weiteres leichtes Teilchen, ein *Photino* oder *Gravitino*, handeln. Hier liegt eine Situation vor, in der die Kosmologie tatsächlich spezifische Vorhersagen im Bereich der Elementarteilchenphysik trifft.

13 Obwohl die heutige Materie mehr Energie des Universums enthält als die Strahlung, gibt es viel mehr Photonen (etwa 10^9-mal mehr) als Atome, Kerne und Elektronen. Jedoch besitzt jedes einzelne Photon (bei $T \approx 2{,}7$ K) sehr wenig Energie.

liefert, die vom Standardmodell nicht gelöst werden konnten. Dazu gehören beispielsweise die Fragen, weshalb das Universum nahezu flach zu sein scheint und weshalb der kosmische Mikrowellenhintergrund so gleichmäßig ist.

Es gibt jedoch Fragen, die wir noch nicht behandelt haben. Das betrifft auch die Zukunft des Universums, in die wir als Nächstes blicken werden, im letzten Abschnitt dieses Buches.

45.7 Die Zukunft des Universums?

Ist das Universum offen oder geschlossen?

Gibt es einen Endknall?

Nach dem Standardmodell entwickelt und verändert sich das Universum. Einzelne Sterne entwickeln sich und sterben als Weiße Zwerge, Neutronensterne und Schwarze Löcher. Gleichzeitig expandiert das Universum als Ganzes. Eine wesentliche Frage ist, ob das Universum immer weiter expandieren wird. Diese Frage hängt mit der Krümmung des Raumes (**Abschnitt 45.3**) und damit zusammen, ob das Universum offen (und unendlich) oder geschlossen (und endlich) ist. Wie in ▶ **Abbildung 45.25** dargestellt, gibt es drei Möglichkeiten. Wäre die Krümmung des Universums *negativ*, dann hört die Expansion des Universums niemals auf, obwohl die Expansionsrate aufgrund der Massenanziehung seiner Bestandteile möglicherweise abnimmt. Ein solches Universum wäre *offen* und unendlich. Falls das Universum *flach* ist (keine Krümmung), dann wäre es immer noch offen und unendlich, die Expansionsrate würde jedoch langsam gegen null gehen. Hätte das Universum schließlich eine *positive* Krümmung, wäre es *geschlossen* und endlich. Die Gravitationseffekte wären in diesem Fall so stark, dass die Expansion schließlich aufhören und das Universum sich wieder zusammenziehen würde. Die gesamte Materie würde in einem *Endknall* in sich zusammenfallen. Entspräche in letzterem Fall die maximale Ausdehnung des Universums einer intergalaktischen Entfernung, die doppelt so hoch wie heute ist, dann hätte das Universum seine maximale Ausdehnung in etwa 30 oder 40 Milliarden Jahren erreicht. Würde das Universum dann anfangen zu kontrahieren, käme es 100 Milliarden Jahre nach dem Urknall zum Endknall.

Ob wir in einem offenem und kontinuierlich expandierenden Universum oder in einem geschlossenen Universum leben, das schließlich wieder kontrahiert, hängt auch von der mittleren Massendichte des Universums ab. Läge die mittlere Massendichte oberhalb einer **kritischen Dichte** mit dem Wert von etwa

$$\rho_c \approx 10^{-26}\,\text{kg/m}^3$$

(im Mittel also ein paar Nukleonen/m^3), würde die Gravitation eine unendliche Expansion verhindern, und das Universum würde sich schließlich in einem Endknall

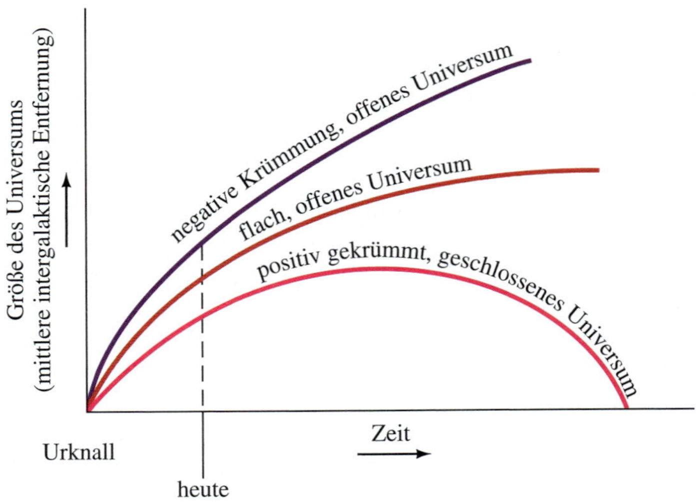

Abbildung 45.25 Drei Möglichkeiten für die Zukunft des Universums.

in sich zusammenziehen. Anders ausgedrückt, im Falle $\rho > \rho_c$ gäbe es ausreichend Masse, so dass die Gravitation der Raum-Zeit eine positive Krümmung verleihen würde. Wäre die tatsächliche Dichte stattdessen gleich der kritischen Dichte, also $\rho = \rho_c$, wäre das Universum flach und offen. Falls die tatsächliche Dichte geringer als die kritische Dichte ist, hätte das Universum eine negative Krümmung und wäre offen, es würde ewig expandieren.

Beispiel 45.7 · Abschätzung

Kritische Dichte des Universums

Schätzen Sie mithilfe der Energieerhaltung und des Konzepts der Fluchtgeschwindigkeit (**Abschnitt 8.7**) die kritische Dichte des Universums ab.

Lösung

Bei der kritischen Dichte ρ_c könnte sich jede gegebene Galaxie der Masse m gerade eben von uns entfernen. Wie wir aus **Abschnitt 8.7** wissen, kann sie der Gravitation gerade entkommen, wenn die Gesamtenergie der Galaxie

$$E = E_{\text{kin}} + U = \frac{1}{2}mv^2 - G\frac{mM}{R} = 0$$

erfüllt. Dabei ist R die Entfernung dieser Galaxie m von unserer Galaxis. Bei den riesigen Skalen im Universum gehen wir davon aus, dass jede Galaxie durch einen Punkt repräsentiert wird. Die Gesamtmasse M, durch die m angezogen wird, ist die Gesamtmasse aller Galaxien innerhalb einer Kugel mit dem Radius R (siehe **Anhang C**). Gehen wir davon aus, dass die Dichte der Galaxien im Wesentlichen konstant ist, dann gilt $M = \frac{4}{3}\pi\rho_c R^3$. Setzen wir dieses M in obige Gleichung ein und setzen $v = HR$ (das Hubble-Gesetz aus **Gleichung 45.4**), erhalten wir

$$\frac{GM}{R} = \frac{1}{2}v^2$$

oder

$$\frac{G(\frac{4}{3}\pi\rho_c R^3)}{R} = \frac{1}{2}(HR)^2 \,.$$

Wir lösen nach ρ_c auf:

$$\rho_c = \frac{3H^2}{8\pi G} \approx \frac{3\left[(70 \cdot 10^3\,\text{m/s/Mpc})(1\,\text{Mpc}/3{,}08 \cdot 10^{22}\,\text{m})\right]^2}{8(3{,}14)(6{,}67 \cdot 10^{-11}\,\text{N·m}^2/\text{kg}^2)}$$
$$\approx 10^{-26}\,\text{kg/m}^3 \,.$$

Fehlende Masse und dunkle Materie

Es wurden große Anstrengungen unternommen, die tatsächliche Dichte des Universums zu bestimmen. Schätzungen der Menge an sichtbarer Materie im Universum legen die tatsächliche Dichte auf eine Größenordnung fest, die ein oder zwei Größenordnungen unter der kritischen Dichte liegt, was auf ein offenes Universum schließen lässt. Es gibt jedoch Hinweise darauf, dass es im Universum signifikante Mengen nichtleuchtender Materie gibt, die häufig als **fehlende Masse** oder **dunkle Materie** bezeichnet werden. Das würde die Dichte auf fast genau ρ_c bringen. Beispielsweise deuten Beobachtungen der Rotationsgeschwindigkeit von Galaxien darauf hin, dass sie beachtlich mehr Masse enthalten, als zu sehen ist. Und auch Beobachtungen der Bewegung von Galaxien in Galaxienclustern lassen vermuten, dass mehr Masse vorhanden ist als tatsächlich sichtbar. Darüber hinaus bietet die höchst angesehene Inflationstheorie ein starkes Argument dafür, dass ρ in der Nähe von ρ_c liegt und das Universum daher auf großer Skala ein Euklid'scher Raum ist. Falls es im Universum nichtleuchtende Materie gibt, woraus könnte sie bestehen? Es könnte sich dabei einerseits um bisher unbekannte, schwach wechselwirkende massereiche Teilchen (engl. *weakly interacting massive particles*, WIMPS) handeln. Möglicherweise sind das supersymmetrische Teilchen, die „Neutralinos", oder kleine primordiale Schwarze Löcher, die in den frühen Zuständen des Universums gebildet wurden. Andererseits könnte die fehlende Masse (oder Teile davon) auf MACHOS (engl. *massive compact halo objects*) zurückzuführen sein, bei denen es sich um große Materieklumpen in Form von großen Planeten (wie Jupiter) oder Sterne handelt, die zu klein sind, um die Fusion aufrecht zu erhalten; sie könnten aufgrund der durch den Gravitationskollaps freigesetzten Energie schwach glimmen (deshalb werden sie mitunter als *Braune Zwerge* bezeichnet), wären jedoch zu schwach, um gesehen zu werden. Hinweise auf MACHOS fand man 1993. Man konnte darauf durch den (angenommenen) Gravitationslinseneffekt schließen, den ein solches Objekt auf Licht eines entfernten Sterns ausübt.

Andere Kandidaten für die fehlende Masse sind Neutrinos. Früher glaubte man, sie seien masselos, tatsächlich könnten sie jedoch eine von null verschiedene Masse haben. Da das Universum wahrscheinlich grob genauso viele Neutrinos jeder Art wie Photonen enthält (das sind etwa 10^9-mal so viele wie Nukleonen, obwohl dieser Neutrinohintergrund noch gemessen werden muss), könnten Neutrinomassen von nur einigen eV dazu beitragen, die tatsächliche Dichte des Universums auf die kritische Dichte zu bringen. Die Supernova von 1987 eröffnete eine Gelegenheit, die Masse des Elektron-Neutrinos abzuschätzen. Hätten Neutrinos eine von null verschiedene Ruhemasse, müssten ihre Geschwindigkeiten kleiner als die Lichtgeschwindigkeit sein ($v < c$). Von der Supernova emittierte hochenergetische Neutrinos hätten die Erde in diesem Fall eher erreichen müssen als niederenergetische (und deshalb langsamere) Neutrinos, die zur gleichen Zeit emittiert wurden. Da sie von SN1987a bis zu uns eine Entfernung von etwa 170 Lj zurückgelegt hätten, sollte die Zeitdifferenz messbar sein. Um eine Vorstellung von den Ausmaßen dieses Effektes zu bekommen, betrachten wir das folgende Beispiel.

Beispiel 45.8 · Abschätzung

Abschätzung der Neutrinomasse aus einer Supernova

Angenommen, auf der Erde würden zwei Neutrinos von SN1987a im Abstand von 10 Sekunden gemessen (über die Reaktion $\overline{\nu}_e + \mathrm{p} \to \mathrm{n} + \mathrm{e}^+$). Die gemessenen kinetischen Energien betragen etwa 20 MeV und 10 MeV. (a) Schätzen Sie anhand dieser Daten die Ruhemasse des Neutrinos m_ν ab. Nehmen Sie an, dass beide Neutrinos gleichzeitig emittiert wurden. (b) Nach theoretischen Modellen für Supernova-Explosionen werden die Neutrinos bei Ausbrüchen emittiert, die von einer Sekunde bis zu 10 s andauern. Welche Aussagen können wir anhand der obigen Daten über die Neutrinomasse treffen, wenn wir annehmen, dass die Neutrinos nicht gleichzeitig emittiert wurden, sondern innerhalb eines Zeitintervalls von 10 s?

Lösung

a Wir erwarten, dass die Neutrinomasse kleiner als 100 eV ist (aus der experimentellen Erfahrung). Da die Neutrinos eine kinetische Energie von 20 MeV und 10 MeV besitzen, können wir die Näherung $m_\nu c^2 \ll E$ anwenden, wobei E (die Gesamtenergie) im Wesentlichen gleich der kinetischen Energie ist. Aus Gleichung 37.11 wissen wir

$$E = \frac{m_\nu c^2}{\sqrt{1 - v^2/c^2}} \, .$$

Wir lösen nach der Geschwindigkeit v eines Neutrinos mit der Energie E auf:

$$v = c\left(1 - \frac{m_\nu^2 c^4}{E^2}\right)^{\frac{1}{2}} = c\left(1 - \frac{m_\nu^2 c^4}{2E^2} + \ldots\right).$$

Dabei haben wir die Binomialentwicklung $(1+x)^{\frac{1}{2}} = 1 + \frac{1}{2}x + \cdots$ eingesetzt und Terme höherer Ordnung wegen $m_\nu^2 c^2 \ll E^2$ vernachlässigt. Die Zeit t, die ein Neutrino zum Zurücklegen der Entfernung $d\,(= 170\,000$ Lj) benötigt, ist

$$t = \frac{d}{v} = \frac{d}{c\left(1 - \frac{m_\nu^2 c^4}{2E^2}\right)} \approx \frac{d}{c}\left(1 + \frac{m_\nu^2 c^4}{2E^2}\right).$$

Auch hier haben wir wieder von der Binomialentwicklung $(1+x)^{-1} = 1 - x + \cdots$ Gebrauch gemacht. Die Differenz der Ankunftszeiten der beiden Neutrinos mit den Energien $E_1 = 20$ MeV und $E_2 = 10$ MeV ist

$$t_2 - t_1 = \frac{d}{c}\frac{m_\nu^2 c^4}{2}\left(\frac{1}{E_2^2} - \frac{1}{E_1^2}\right).$$

Wir lösen dies nach $m_\nu c^2$ auf und setzen $t_2 - t_1 = 10$ s:

$$m_n u c^2 = \left[\frac{2c(t_2 - t_1)}{d}\frac{E_1^2 E_2^2}{E_1^2 - E_2^2}\right]^{\frac{1}{2}}$$

$$= \left[\frac{2(3 \cdot 10^8\ \mathrm{m/s})(10\ \mathrm{s})}{(1{,}7 \cdot 10^5\ \mathrm{Lj})(10^{16}\ \mathrm{m/Lj})}\frac{(400\ \mathrm{MeV}^2)(100\ \mathrm{MeV}^2)}{(4000\ \mathrm{MeV}^2 - 100\ \mathrm{MeV}^2)}\right]^{\frac{1}{2}}$$

$$= 22 \cdot 10^{-6}\ \mathrm{MeV} = 22\ \mathrm{eV}.$$

Wir schätzen deshalb die Masse des Neutrinos auf $22\ \mathrm{eV}/c^2$, natürlich gibt es dabei experimentelle Fehler.

b Würden die beiden Neutrinos mit den Energien $E_1 = 20$ MeV und $E_2 = 10$ MeV zu unbestimmten Zeiten innerhalb des Intervalls von 10 s emittiert, könnte die Differenz ihrer Ankunftszeit von 10 s auf die Differenz bei der Emission zurückzuführen sein. In diesem Fall wären unsere Daten mit einer verschwindenden Neutrinomasse konsistent. Die ungefähre *Obergrenze* der Neutrinomasse wird auf $22\ \mathrm{eV}/c^2$ festgelegt.

Bei den realen Experimenten bestand der empfindlichste Detektor aus einigen Tausend Tonnen Wasser in einer unterirdischen Kammer. Er stellte 11 Ereignisse in 12 Sekunden fest, vermutlich über die Reaktion $\overline{\nu}_e + p \rightarrow n + e^+$. Es gab keine offensichtliche Korrelation zwischen der Energie und dem Zeitintervall. Dennoch hat sich aus der sorgfältigen Analyse dieser und anderer Experimente eine grobe obere Grenze für die Masse des Elektron-Antineutrinos von etwa 4 eV ergeben. Die Obergrenzen für die Massen der anderen Neutrinos sind viel höher (siehe Tabelle 44.2). Neueste Experimente, die die Massendifferenzen zwischen Neutrinos untersuchen, legen nahe, dass mindestens ein Neutrino eine von null verschiedene Masse hat.

Die hier beschriebenen Szenarien basieren auf einigen wohlbegründeten Annahmen. Als dieses Buch geschrieben wurde (im Jahre 2000) wurde eine dieser grundlegenden Annahmen – dass die Gravitation die Expansion des Universums bremsen sollte – in Frage gestellt, und es gibt Hinweise darauf, dass es eine zuvor unentdeckte abstoßende Komponente der Gravitation gibt.

Letzte Experimente

Schließlich sind die zuletzt ausgeführten Experimente zur frühen kosmischen Hintergrundstrahlung mit der Vorstellung von einem flachen Universum konsistent, und sie stehen in vollem Einklang mit der Theorie über die inflationäre Expansion.

Die von der Kosmologie aufgeworfenen Fragen können bisweilen absurd erscheinen, sie sind von der „Realität“ des Alltags so weit entfernt. Wir können natürlich immer sagen „Die Sonne scheint, sie wird für eine unvorstellbar lange Zeit weiter brennen, und damit ist alles gut.“ Dennoch sind es die tiefgreifenden Fragen der Kosmologie, die den menschlichen Geist faszinieren. Ein besonders faszinierender Aspekt ist vor allem dieser: Es wurden Berechnungen über die Bildung und die Entwicklung des Universums ausgeführt, bei denen die Werte bestimmter physikalische Konstanten absichtlich – nur geringfügig – abgeändert wurden. Das Ergebnis? Ein Universum, in dem Leben, wie wir es kennen, nicht existieren könnte. (Wenn beispielsweise die Massendifferenz zwischen Proton und Neutron null oder klein wäre (geringer als die Elektronenmasse 0,511 MeV/c^2), gäbe es keine Atome: Elektronen würden von Protonen eingefangen und nie wieder frei.) Solche Ergebnisse haben zur Formulierung des so genannten **anthropischen Prinzips** geführt, das besagt, dass wir nicht hier sein könnten, wenn das Universum nur geringfügig anders wäre, als es ist. Es scheint, als wäre das Universum ausgezeichnet eingestellt, fast so als sollte es uns beherbergen.

ZUSAMMENFASSUNG

Der Nachthimmel enthält Myriaden von Sternen. Dazu gehören auch die Sterne der Milchstraße, wobei es sich um eine „Seitenansicht“ unserer **Galaxis** entlang der galaktischen Ebene handelt. Unsere Galaxis enthält etwa 10^{11} Sterne. Neben unser Galaxis gibt es noch Milliarden anderer Galaxien.

Astronomische Entfernungen werden in **Lichtjahren** (1 Lj $\approx 10^{13}$ km) gemessen. Der nächste Stern ist etwa 4 Lj entfernt, und die nächste Galaxie befindet sich in einer Entfernung von 2 Millionen Lichtjahren. Die galaktische Scheibe hat einen Durchmesser von etwa 100 000 Lj. Entfernungen werden häufig in **Parsec** angegeben, 1 Parsec = 3,26 Lj.

Man nimmt an, dass die Sternentwicklung beginnt, wenn Wasserstoffgas unter der eigenen Gravitation kollabiert (Protostern). Während der Kontraktion heizt sich das Gas auf (potenzielle Energie wird in kinetische Energie umgewandelt). Erreicht die Temperatur 10 Millionen Grad, setzt Kernfusion ein, bei der schwerere Elemente gebildet werden (**Nukleosynthese**), zunächst vor allem Helium. Die bei diesen Reaktionen freigesetzte Energie gleicht die Gravitationskraft aus, und der junge Stern stabilisiert sich als **Hauptreihenstern**. Die enorme Helligkeit eines Sterns entwickelt sich durch die bei diesen Reaktionen freigesetzte thermonukleare Energie. Hat sich nach Milliarden von Jahren das Helium im Kern gesammelt und ist der Wasserstoffvorrat aufgebraucht, kontrahiert der Kern erneut und heizt sich weiter auf. Die Hülle expandiert und kühlt sich ab, der Stern wird zu einem **Roten Riesen** (größerer Durchmesser, rötlichere Farbe). Der in der Sternentwicklung darauffolgende Zustand hängt von der Sternmasse ab. Sterne mit einer Restmasse von weniger als 1,4 Sonnenmassen kühlen sich weiter ab und werden zu **Weißen Zwergen**, die schließlich verblassen und gänzlich verlöschen. Schwerere Sterne kontrahieren weiter, bis die Dichte aufgrund der größeren Gravitation die Kerndichte erreicht. Der riesige Druck zwingt die Elektronen, sich mit Protonen zu Neutronen zu vereinen, und der Stern wird im Wesentlichen zu einem riesigen Kern aus Neutronen. Dies ist ein **Neutronenstern**, und man nimmt an, dass die bei dieser endgültigen Kontraktion des Kerns freigesetzte Energie zu **Supernova**explosionen führt. Ist die Restmasse des Sterns größer als zwei oder drei Sonnenmassen, kann er sogar noch weiter kontrahieren und ein **Schwarzes Loch** bilden, das so dicht ist, dass weder Materie noch Licht seiner Gravitationswirkung entkommen können.

In der **allgemeinen Relativitätstheorie** besagt das **Äquivalenzprinzip**, dass ein Beobachter Beschleunigung nicht von einem Gravitationsfeld unterscheiden kann. Anders ausgedrückt, schwere Masse und träge Masse sind gleich. Die Theorie sagt eine Ablenkung von Lichtstrahlen aufgrund der Gravitationswirkung in einem Maße vorher, das mit dem Experiment übereinstimmt. Die Gravitation wird als Krümmung der Raumzeit behandelt, die Krümmung ist in der Nähe massereicher Körper stärker. Das Universum als Ganzes kann gekrümmt sein. Falls ausreichend Masse vorhanden ist, besitzt das Universum eine positive Krümmung, und das Universum ist **geschlossen** und **endlich**; anderenfalls ist es **offen** und **unendlich**.

Entfernte Galaxien weisen eine **Rotverschiebung** ihrer Spektrallinien auf, die als Doppler-Verschiebung interpretiert wird. Das Universum scheint zu **expandieren**, die Galaxien entfernen sich mit Geschwindigkeiten voneinander, die zu ihrer Entfernung (d) proportional sind:

$$v = Hd\,.$$

Das ist als **Hubble-Gesetz** bekannt (H ist die **Hubble-Konstante**). Diese Expansion des Universum lässt einen explosiven Beginn des Universums vermuten, den **Urknall**, der wahrscheinlich vor etwa 15 Milliarden Jahren stattfand.

Quasare sind Objekte mit einer großen Rotverschiebung (also einer großen Entfernung) und hoher Leuchtkraft (lässt auf hohe Dichte oder wahrscheinlicher auf außergewöhnlichen Energieausstoß schließen).

Das **kosmologische Prinzip** nimmt an, dass das Universum auf einer großen Skala homogen und isotrop ist.

Ein wesentlicher Beweis für die Urknalltheorie des Universums war die Entdeckung der **kosmischen Mikrowellen-Hintergrund**strahlung (CMB), die mit der Kurve für die Strahlung eines schwarzen Körpers bei einer Temperatur von 2,7 K übereinstimmt.

Das **Standardmodell** des Urknalls liefert ein mögliches Szenario für die Entwicklung des Universums, während es nach dem Urknall expandierte und sich abkühlte. Ausgehend von 10^{-43} s nach dem Urknall gab es nach diesem Modell eine Reihe von **Phasenübergängen**, bei denen die zuvor vereinheitlichten Kräfte der Natur nacheinander „auskondensierten“ . Im **inflationären Szenario** nimmt man an, dass das Universum während eines dieser Phasenübergänge einer kurzen aber schnellen exponentiellen Expansion unterlag. Bis etwa 10^{-35} s gab es keinen Unterschied zwischen Quarks und Leptonen. Kurz darauf wurden Quarks in Hadronen **eingeschlossen** (die **Hadronen-Ära** begann). Etwa 10^{-4} s nach dem Urknall verschwand die Mehrzahl der Hadronen. Sie hatten sich mit Antihadronen annihiliert, wobei Photonen, Leptonen und Energie freigesetzt wurden. Die Photonen und Leptonen waren im Wesentlichen frei beweglich. Dies war der Beginn der **Leptonen-Ära**. Zu diesem Zeitpunkt war das Universum etwa 10 s alt. Auch die Elektronen waren im Wesentlichen verschwunden, weil sie sich mit ihren Antiteilchen annihiliert hatten. Das Universum wurde **strahlungsdominiert**. Einige Minuten später setzte die Nukleosynthese ein, die jedoch nur einige Minuten fortwährte. Dann brauchte es einige hunderttausend Jahre bis das Universum so kühl war, dass sich Elektronen mit Nukleonen verbinden konnten, um Atome zu bilden. Ebenfalls etwa zu dieser Zeit hatte sich die Hintergrundstrahlung ausgedehnt und so stark abgekühlt, dass ihre Gesamtenergie genauso groß war wie die in Form von Materie vorliegende Energie. Als sich die Strahlung weiter abkühlte und an Energie verlor, wurde das Universum **materiedominiert** (nicht der Anzahl nach, sondern nach der Energie). Anschließend bildeten sich Sterne und Galaxien, was zu einem Universum führte, dessen Zustand sich nicht wesentlich von dem heutigen unterscheidet – ungefähr 15 Milliarden Jahre danach.

Falls das Universum offen ist, expandiert es unendlich weiter. Bei einem geschlossenen Universum könnte die Gravitation die Expansion aufhalten, und das Universum würde sich schließlich in sich selbst zusammenziehen, bis es zum *Endknall* käme. Ob das Universum offen oder geschlossen ist, hängt davon ab, ob seine mittlere Massendichte über oder unter der kritischen Dichte liegt. Die derzeitigen Hinweise deuten auf ein flaches Universum hin.

Z U S A M M E N F A S S U N G

Verständnisfragen

1 Früher nahm man an, dass die Milchstraße „wolkig“ sei. Das glaubt man heute nicht mehr. Erläutern Sie dies.

2 Welche Korrekturen müssten Sie machen, wenn Sie Parallaxen vom Mond anstatt von der Erde aus messen wollen? Welche Veränderungen würden auftreten, wenn Sie Parallaxen vom Mars aus messen?

3 Gewisse Sterne, die man als *Cepheiden* bezeichnet, ändern ihre Leuchtkraft mit einer Periode von einigen Tagen. Es stellte sich heraus, dass die Periode eine definierte Beziehung zur absoluten Leuchtkraft des Sterns hat. Wie können diese Sterne zum Messen der Entfernung von Galaxien verwendet werden?

4 Ein Stern befindet sich im Gleichgewicht, wenn er an seiner Oberfläche die gesamte Energie abstrahlt, die in seinem Kern erzeugt wurde. Was passiert, wenn der Stern mehr Energie zu erzeugen beginnt, als er abstrahlt? Wie ist es bei weniger Energie? Erklären Sie dies.

5 Beschreiben Sie einen Roten Riesen. Führen Sie einige seiner Eigenschaften auf.

6 Wählen Sie einen Stern im H-R-Diagramm. Markieren Sie verschiedene Richtungen von diesem Punkt. Beschreiben Sie die Veränderungen, die in einem Stern stattfinden würden, der sich in diese Richtungen bewegt.

7 Enthüllt das H-R-Diagramm etwas über den Kern eines Sterns?

8 Weshalb enden einige Sterne als Weiße Zwerge und andere als Neutronensterne oder Schwarze Löcher?

9 Können wir beim Betrachten der Population im H-R-Diagramm sagen, dass heißere Sonnen kürzere Lebensdauern haben? Erklären Sie dies.

10 Was ist eine Geodäte? Welche Rolle spielt sie in der allgemeinen Relativitätstheorie?

11 Wie würde sich unsere Sicht des Universums verändern, wenn wir entdeckt hätten, dass die Rotverschiebung der Spektrallinien der Galaxien von etwas anderem herrührt als der Ausdehnung des Universums. Würde es dann widersprüchliche Beweise geben? Diskutieren Sie.

12 Alle Galaxien bewegen sich scheinbar von uns weg. Befinden wir uns deswegen im Mittelpunkt des Universums? Erklären Sie Ihre Antwort.

13 Befänden Sie sich in einer der Galaxien in der Nähe der Grenze des beobachtbaren Universums, würden sich Galaxien in Richtung der Milchstraße von Ihnen wegbewegen oder auf Sie zufliegen? Erklären Sie dies.

14 Was ist der Unterschied zwischen dem Hubble-Alter des Universums und dem tatsächlichen Alter? Welches ist größer?

15 Vergleichen Sie eine Explosion auf der Erde mit dem Urknall. Ziehen sie solche Fragen in Betracht wie: Würden sich die Trümmer mit einer größeren Geschwindigkeit ausbreiten, je weiter die Stücke entfernt sind, wie es beim Urknall der Fall ist? Kämen die Trümmer zur Ruhe? Welchem Typ eines Universums würde das entsprechen, einem offenen oder einem geschlossenen?

16 Als der Urkern des Universums explodierte und das Universum entstand, worin dehnte es sich aus? Diskutieren Sie Ihre Antwort.

17 Woher wissen wir von der Existenz Schwarzer Löcher, wenn nicht einmal Licht einem Schwarzen Loch entkommt?

18 Worum handelt es sich bei der kosmischen 2,7 K-Strahlung? Woher stammt sie? Weshalb ist deren Temperatur nun so niedrig?

19 Zur Geburt von Atomen – also zur Kombination von Elektronen mit einem Kern, den sie umkreisen – kam es, als sich das Universum auf etwa 3000 K abgekühlt hatte. Man spricht in diesem Zusammenhang gewöhnlich von Rekombination. Weshalb ist diese Bezeichnung irreführend?

20 Weshalb gab es bis zum Zeitpunkt von mehreren hunderttausend Jahren nach dem Urknall keine Atome?

21 Erklären Sie, weshalb das heutige Universum als materiedominiert bezeichnet wird, obwohl es vermutlich mehr als 10^9-mal mehr Photonen als Teilchen gibt.

22 Was wird möglicherweise mit der kosmischen Hintergrundstrahlung passieren, falls das Universum offen ist? Was passiert bei einem geschlossenen Universum?

23 Unter welchen Bedingungen zieht sich das Universum schließlich wieder in sich selbst zusammen?

Aufgaben zu 45.1 und 45.2

1 (I) Zeigen Sie unter Verwendung der Definitionen von Parsec und Lichtjahr, dass 1 pc = 3,26 Lj ist.

2 (I) Ein Stern weist eine Parallaxe von 0,38 Bogensekunden auf. Wie weit ist er entfernt?

3 (I) Der Parallaxenwinkel eines Sterns ist 0,00019°. Wie weit ist der Stern entfernt?

4 (I) Ein Stern ist 36 Parsec entfernt. Was ist sein Parallaxenwinkel? Geben Sie ihn in (a) Bogensekunden und (b) in Grad an.

5 (I) Wie groß ist der Parallaxenwinkel eines Sterns, der 55 Lichtjahre entfernt ist? Wie viel Parsec sind das?

6 (I) Ein Stern ist 35 Parsec entfernt. Wie lange dauert es, bis uns sein Licht erreicht?

7 (I) Ist der Parallaxenwinkel eines Sterns, der doppelt so weit entfernt ist wie ein zweiter Stern, größer oder kleiner als der des zweiten? In welchem Faktor unterscheiden sich die beiden Winkel?

8 (II) Wir wissen (Kapitel 19), dass der Energiebetrag, der die Erde von der Sonne erreicht (die „Solarkonstante"), etwa $1{,}3 \cdot 10^3\ \mathrm{W/m^2}$ beträgt. Wie groß ist dann (a) die scheinbare Helligkeit l der Sonne und (b) die absolute Leuchtkraft L der Sonne?

9 (II) Wie groß ist die scheinbare Helligkeit der Sonne vom Jupiter aus gesehen? (Jupiter ist 5,2-mal so weit von der Sonne entfernt wie die Erde).

10 (II) Schätzen Sie die Winkelausdehnung, die unsere Galaxie einnehmen würde, wenn man sie von der nächsten Galaxie aus betrachten würde (Tabelle 45.1). Vergleichen Sie dies mit der Winkelausdehnung des Mondes von der Erde aus.

11 (II) Wie groß wird die durchschnittliche Dichte der Sonne sein, wenn sie sich während ihrer Entwicklung zu einem Roten Riesen über die Umlaufbahn der Erde hinaus ausdehnt ($1{,}5 \cdot 10^{11}$ m von der Sonne entfernt)?

12 (II) Man erwartet, dass die Sonne die Größe des Mondes annimmt, wenn sie sich zu einem Weißen Zwerg entwickelt. Welche Winkelausdehnung nimmt sie dann von der Erde aus gesehen an?

13 (II) Berechnen Sie die Dichte eines Weißen Zwerges, dessen Masse gleich der Sonne ist und dessen Radius dem der Erde entspricht. Um wie viel ist diese Dichte größer als die Dichte der Erde?

14 (II) Ein Neutronenstern mit 1,5 Sonnenmassen hat einen Radius von etwa 11 km. Berechnen Sie dessen durchschnittliche Dichte, und vergleichen Sie diese mit der eines Weißen Zwergs (Aufgabe 13) und der von Kernmaterie.

15 (II) Berechnen Sie die Q-Werte des He-Brennens aus Gleichung 45.2. (Die Masse von $^{8}_{4}\mathrm{Be}$ ist 8,005305 u.)

16 (II) In den späteren Stadien der Sternentwicklung beginnt ein Stern (sofern seine Masse hinreichend groß ist) mit der Fusion von Kohlenstoffkernen beispielsweise zu Magnesium:

$$^{12}_{6}\mathrm{C} + {}^{12}_{6}\mathrm{C} \rightarrow {}^{24}_{12}\mathrm{Mg} + \gamma\,.$$

(a) Wie viel Energie wird bei dieser Reaktion freigesetzt (siehe Anhang D)? (b) Wie viel kinetische Energie muss jeder Kohlenstoffkern beim zentralen Stoß besitzen (nehmen Sie beide gleich an), wenn sich diese gerade berühren müssen (Gleichung 42.1), so dass die starke Kernkraft ins Spiel kommt? (c) Welcher Temperatur entspricht diese kinetische Energie?

17 (II) Wiederholen Sie Aufgabe 16 für die Reaktion

$$^{16}_{8}\mathrm{O} + {}^{16}_{8}\mathrm{O} \rightarrow {}^{28}_{14}\mathrm{Si} + {}^{4}_{2}\mathrm{He}\,.$$

18 (II) Angenommen, zwei Sterne der gleichen scheinbaren Helligkeit l haben die gleiche Größe. Das Spektrum des einen Sterns hat ein Maximum bei 800 nm, während das Spektrum des anderen ein Maximum bei 400 nm aufweist. Verwenden Sie das Wien'sche Verschiebungsgesetz (Abschnitt 38.1) und das Stefan-Boltzmann-Gesetz (Gleichung 19.15) um deren Entfernungen abzuschätzen. (*Hinweis*: Schauen Sie sich die Beispiele 45.5 und 45.6 an.)

19 (III) Man nimmt an, dass in einem bestimmten Cluster lokalisierte Sterne etwa die gleiche Entfernung von uns besitzen. Zwei solche Sterne haben Spektren mit einem Maximum bei $\lambda_1 = 500\,\mathrm{nm}$ und $\lambda_2 = 700\,\mathrm{nm}$, und das Verhältnis ihrer scheinbaren Helligkeiten ist $l_1/l_2 = 0{,}091$. Schätzen Sie deren relative Größen ab (geben Sie das Verhältnis ihrer Durchmesser an). (*Hinweis*: Verwenden Sie das Stefan-Boltzmann-Gesetz, Gleichung 19.15.)

Aufgaben zu 45.3

20 (I) Beschreiben Sie ein auf die Oberfläche einer Kugel gezeichnetes Dreieck, dessen Innenwinkelsumme (a) 360° und (b) 180° ist.

21 (I) Zeigen Sie, dass der Schwarzschildradius eines Sterns (a) mit Sonnenmasse gleich 2,95 km und (b) mit Erdmasse gleich 8,9 mm ist.

22 (II) Wie groß ist der Schwarzschildradius einer typischen Galaxie?

23 (II) Wie groß ist die maximale Innenwinkelsumme eines Dreiecks auf einer Kugel?

24 (II) Berechnen Sie mithilfe der Newton'schen Mechanik die Fluchtgeschwindigkeit bei einem Körper, der auf seinen Schwarzschildradius kollabiert ist.

Aufgaben zu 45.4

25 (I) Wie weit ist eine Galaxie von uns entfernt, wenn sie sich mit 1 Prozent der Lichtgeschwindigkeit von uns entfernt?

26 (I) Die Rotverschiebung einer Galaxie weist auf eine Geschwindigkeit von 3500 km/s hin. Wie weit ist sie entfernt?

27 (I) Schätzen Sie die Geschwindigkeit einer Galaxie (relativ zu uns) ab, die sich in der Nähe des „Randes" des Universums befindet, also etwa 12 Milliarden Lichtjahre entfernt.

28 (I) Schätzen Sie die beobachtete Wellenlänge der 656 nm-Linie der Balmer-Serie von Wasserstoff im Spektrum einer Galaxie ab, deren Entfernung (a) $1{,}0 \cdot 10^{6}$ Lj, (b) $1{,}0 \cdot 10^{8}$ Lj, (c) $1 \cdot 10^{10}$ Lj beträgt.

29 (II) Schätzen die die Geschwindigkeit einer Galaxie und deren Entfernung von uns, wenn die Wellenlänge der Wasserstofflinie von 434 nm auf der Erde bei 610 nm gemessen wird.

30 (II) Zeigen Sie von Gleichung 45.3 ausgehend, dass bei $v \ll c$ die Dopplerverschiebung der Wellenlänge $\Delta\lambda/\lambda_0 \approx v/c$ ist (Gleichung 45.4). (*Hinweis*: Verwenden Sie die Binomialentwicklung.)

Aufgaben zu 45.5 und 45.7

31 (I) Berechnen Sie die Wellenlänge am Maximum der Strahlungsverteilung eines Schwarzen Körpers bei 2,7 K unter Anwendung des Wien'schen Verschiebungsgesetzes.

32 (II) Die kritische Dichte für ein geschlossenes Universum beträgt etwa $\rho_c \approx 10^{-26}\,\text{kg/m}^3$. Drücken Sie ρ_c als Funktion der mittleren Anzahl von Nukleonen pro Kubikmeter aus.

33 (II) Man nimmt an, dass die Größe des Universums (der durchschnittliche Abstand zwischen Galaxien) zu jedem Zeitpunkt umgekehrt proportional zur absoluten Temperatur ist. Schätzen Sie die Größe des Universums im Vergleich zur heutigen bei (a) $t = 10^6$ a, (b) $t = 1$ s, (c) $t = 10^{-6}$ s und (d) $t = 10^{-35}$ s.

34 (II) Zu welcher Zeit hatte sich das Universum unter die Schwellentemperatur abgekühlt, so dass es zur Bildung von (a) Kaonen ($M \approx 500\,\text{MeV}/c^2$), (b) Y($M \approx 9500\,\text{MeV}/c^2$) und (c) Myonen ($M \approx 100\,\text{MeV}/c^2$) kommen konnte?

Allgemeine Aufgaben

35 Angenommen, drei Hauptreihensterne durchlaufen die durch die drei Pfeile A, B und C gekennzeichneten Veränderungen im H-R-Diagramm aus ▸ Abbildung 45.26. Beschreiben Sie die Veränderungen in Temperatur, Leuchtkraft und Größe in jedem der drei Fälle.

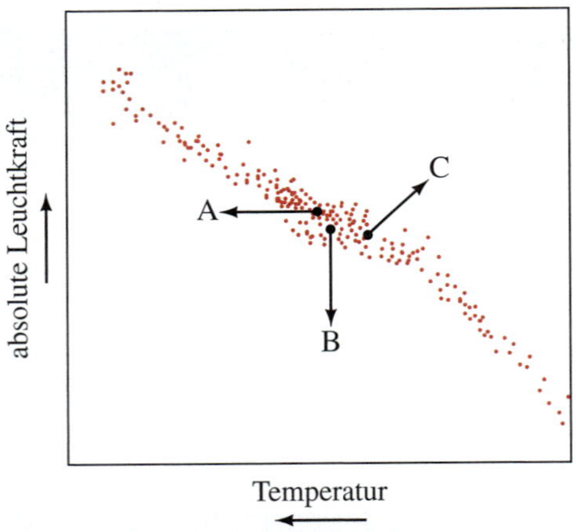

Abbildung 45.26 Aufgabe 35.

36 Nehmen Sie an, dass die uns am nächsten liegenden Sterne etwa die gleiche Leuchtkraft haben wie die Sonne. Ihre scheinbare Helligkeit ist jedoch 10^{11}-mal geringer. Schätzen Sie daraus die Entfernungen zu den nächsten Sternen ab. (Newton führte diese Rechnung aus, obwohl er einen numerischen Fehler mit einem Faktor von 100 machte.)

37 Schätzen Sie mithilfe der Drehimpulserhaltung die Winkelgeschwindigkeit eines Neutronensterns ab, der auf den Durchmesser von 10 km kollabiert ist. Ursprünglich war der Radius des Sterns bei 1,5 Sonnenmassen gleich dem der Sonne ($7 \cdot 10^8$ m) und er rotierte (wie die Sonne) einmal pro Monat um sich selbst.

38 Um welchen Faktor ändert sich die kinetische Energie, wenn der Stern aus Aufgabe 37 zu einem Neutronenstern kollabiert?

39 Man nimmt an, dass es sich bei einem Neutronenstern mit 1,5 Sonnenmassen und einem Durchmesser von 10 km, bei dem man eine Rotationsgeschwindigkeit von 1 Umdrehung pro Sekunde beobachtet, um einen Pulsar handelt. Wie groß ist abgegebene Leistung, wenn der Stern Rotationsenergie mit einer Rate von 1 zu 10^9 am Tag verliert, die vollständig in Strahlung umgesetzt wird?

40 Mit welcher Rate müssten schätzungsweise beim Steady-State-Modell Wasserstoffatome gebildet werden, damit die derzeitige Dichte des Universums von etwa $10^{-27}\,\text{kg/m}^3$ aufrecht erhalten wird? Gehen Sie von einer Hubble-Konstante von $H = 70\,\text{km/s/Mpc}$ aus.

41 Schätzen Sie die Ruhemasse des Neutrinos (in eV) ab, die zum Erreichen der kritische Dichte für ein geschlossenes Universum führen würde. Nehmen Sie an, dass die Dichte der Neutrinos, wie die der Photonen, etwa 10^9-mal größer als die der Nukleonen ist und dass Nukleonen nur (a) 2 Prozent oder (b) 5 Prozent der dazu benötigten Masse beitragen.

42 Zwei Sterne, deren Strahlungsmaxima sich bei 600 nm beziehungsweise 400 nm befinden, liegen auf der Hauptreihe. Schätzen Sie aus dem Wien'schen Verschiebungsgesetz, dem Stefan-Boltzmann-Gesetz und dem H-R-Diagramm (siehe ▸ Abbildung 45.7) das Verhältnis ihrer Durchmesser ab. (*Hinweis*: Schauen Sie sich die Beispiele 45.5 und 45.6 an.)

43 Die größte Entfernung, die sich mithilfe der Parallaxe messen lässt, ist etwa 30 Parsec. Wie groß ist die minimale Winkelauflösung (in Grad), die sich aus dieser Information ergibt?

44 Zufällig überlappen die Linien der Balmer-Serie von einfach ionisiertem Helium in einem entfernten Stern mit den Linien der Balmer-Serie des Wasserstoffs (siehe ▶ **Abbildung 38.20**) der Sonne. Welche Fluchtgeschwindigkeit besitzt der Stern?

45 Wir hoch ist die Temperatur, die den Stößen am Fermilab-Beschleuniger mit 1,8 TeV entspricht? Welcher Ära in der kosmologischen Geschichte entspricht dies?

46 Astronomen haben kürzlich die Rotation von Gas um ein Objekt gemessen, bei dem es sich um ein supermassives Schwarzes Loch mit ungefähr 2 Milliarden Sonnenmassen im Zentrum einer Galaxie handeln könnte. Welche Dopplerverschiebung $\Delta\lambda/\lambda_0$ sollten die Wissenschaftler Ihrer Ansicht nach beobachten, wenn der Abstand der Gaswolken vom galaktischen Zentrum 60 Lichtjahre beträgt?

47 Astronomen benutzen die Skala der *scheinbaren Größenklassen* (m), um die scheinbaren Helligkeiten zu beschreiben. Dabei wird eine logarithmische Skala verwendet, bei der eine größere Zahl zu einem Stern mit geringerer Helligkeit gehört. (Die Sonne hat beispielsweise eine Größenklasse von -27, während die Zahl bei den meisten Sternen positiv ist.) Auf dieser Skala entspricht einer Änderung der scheinbaren Größenklasse um $+5$ einer Verringerung der scheinbaren Helligkeit um einen Faktor 100. Welches Objekt ist heller, die Venus mit einer scheinbaren Größenklasse von $-4{,}4$ oder Sirius mit einer scheinbaren Größenklasse von $-1{,}4$? Wie groß ist das Verhältnis der scheinbaren Helligkeiten dieser beiden Objekte?

48 Wie groß wäre die Sonne, wenn sie die Dichte der kritischen Dichte des Universums von $\rho_c \approx 10^{26}\,\text{kg/m}^3$ hätte? Drücken Sie Ihre Antwort in Lichtjahren aus und vergleichen Sie diese mit der Entfernung zwischen Erde und Sonne und der Größe unserer Galaxis.

49 Berechnen Sie den Schwarzschild-Radius mithilfe der klassischen (Newton'schen) Gravitationstheorie, indem Sie den minimalen Radius R einer Masse M so berechnen, dass ein Photon (Ruhemasse $= 0$) von der Oberfläche entkommen kann. (Die allgemeine Relativitätstheorie liefert $R = 2GM/c^2$.)

50 Schätzen Sie den Radius eines Weißen Zwerges mit Sonnenmasse ab, indem Sie folgendes Verfahren anwenden. Nehmen Sie dabei an, dass es N Nukleonen und $\frac{1}{2}N$ Elektronen (weshalb $\frac{1}{2}$?) gibt: (a) Zeigen Sie mithilfe der Fermi-Dirac-Statistik (**Abschnitt 41.6**), dass die Gesamtenergie aller Elektronen gleich

$$E_e = \frac{3}{5}\left(\frac{1}{2}N\right)\frac{h^2}{8m_e}\left(\frac{3}{\pi}\frac{N}{2V}\right)^{\frac{2}{3}}$$

ist. (*Hinweis*: Sehen Sie sich die **Gleichungen 41.12** und **41.13** an; wir nehmen an, dass Elektronen die Energieniveaus von 0 bis zum Fermi-Niveau auffüllen.) (b) Die Nukleonen tragen zur Gesamtenergie hauptsächlich über die Gravitationskraft bei (die Fermi-Energie ist bei Nukleonen im Vergleich zu der bei Elektronen vernachlässigbar – warum?). Benutzen Sie das Gauss-Gesetz für die Gravitationskraft, um zu zeigen, dass die potenzielle Gesamtenergie der Gravitation einer gleichförmigen Kugel mit dem Radius R gleich

$$-\frac{3}{5}\frac{GM^2}{R}$$

ist, indem Sie davon ausgehen, dass die potenzielle Energie einer Kugelschale mit dem Radius r nur durch die von ihr umschlossene Masse bestimmt ist (weshalb?), und integrieren Sie von $r = 0$ bis $r = R$. (Siehe auch Anhang C.) (c) Schreiben Sie die Gesamtenergie als Summe dieser beiden Terme auf und setzen Sie $\mathrm{d}E/\mathrm{d}R = 0$ um den Gleichgewichtsradius zu bestimmen. Berechnen Sie ihn bei einer Sonnenmasse ($2{,}0 \cdot 10^{30}$ kg).

51 Bestimmen Sie den Radius eines Neutronensterns anhand der selben Argumentation wie in **Aufgabe 50**, nun jedoch für lediglich N Neutronen. Zeigen Sie, dass der Radius eines Neutronensterns mit 1,5 Sonnenmassen etwa 11 km beträgt.

52 (a) Zeigen Sie mithilfe der speziellen Relativitätstheorie und dem Newton'schen Gravitationsgesetz, dass ein Photon der Masse $m = E/c^2$, das die Sonne streift, unter einem Winkel $\Delta\theta$ abgelenkt wird, der durch

$$\Delta\theta = \frac{2GM}{c^2R}$$

gegeben ist. Dabei ist G die Gravitationskonstante, R und M der Radius und die Masse der Sonne und c die Lichtgeschwindigkeit. (b) Setzen Sie die Werte ein und zeigen Sie, dass $\Delta\theta = 0{,}87''$ beträgt. (Die allgemeine Relativitätstheorie sagt einen doppelt so großen Winkel von $1{,}74''$ voraus.)

Anhang

ÜBERBLICK

A Mathematische Formeln

A.1 Quadratische Gleichungen

Die Lösungen der Gleichung

$$ax^2 + bx + c = 0$$

sind

$$x_{1/2} = \frac{-b \pm \sqrt{b^2 - 4ac}}{2a}$$

A.2 Binomialreihen

$$(1 \pm x)^n = 1 \pm nx + \frac{n(n-1)}{2!}x^2 \pm \frac{n(n-1)(n-2)}{3!}x^3 + \cdots$$

$$(x + y)^n = x^n\left(1 + \frac{y}{x}\right)^n = x^n\left(1 + n\frac{y}{x} + \frac{n(n-1)}{2!}\frac{y^2}{x^2} + \cdots\right)$$

A.3 Weitere Reihenentwicklungen

$$\mathrm{e}^x = 1 + x + \frac{x^2}{2!} + \frac{x^3}{3!} + \cdots$$

$$\ln(1 + x) = x - \frac{x^2}{2} + \frac{x^3}{3} - \frac{x^4}{4} + \cdots$$

$$\sin\theta = \theta - \frac{\theta^3}{3!} + \frac{\theta^5}{5!} - \cdots$$

$$\cos\theta = 1 - \frac{\theta^2}{2!} + \frac{\theta^4}{4!} - \cdots$$

$$\tan\theta = \theta + \frac{\theta^3}{3} + \frac{2}{15}\theta^5 + \cdots \qquad |\theta| < \frac{\pi}{2}$$

Allgemein gilt

$$f(x) = f(0) + \left(\frac{\mathrm{d}f}{\mathrm{d}x}\right)_0 x + \left(\frac{\mathrm{d}^2 f}{\mathrm{d}x^2}\right)_0 \frac{x^2}{2!} + \cdots$$

A.4 Flächen und Volumen

Körper	Oberfläche	Volumen
Kreis, Radius r	πr^2	—
Kugel, Radius r	$4\pi r^2$	$\frac{4}{3}\pi r^3$
gerader Kreiszylinder, Radius r, Höhe h	$2\pi r^2 + 2\pi rh$	$\pi r^2 h$
gerader Kreiskegel, Radius r, Höhe h	$\pi r^2 + \pi r\sqrt{r^2 + h^2}$	$\frac{1}{3}\pi r^2 h$

A.5 Ebene Geometrie

1 Für zwei parallele Geraden a_1 und a_2 gilt $\theta_1 = \theta_2$.

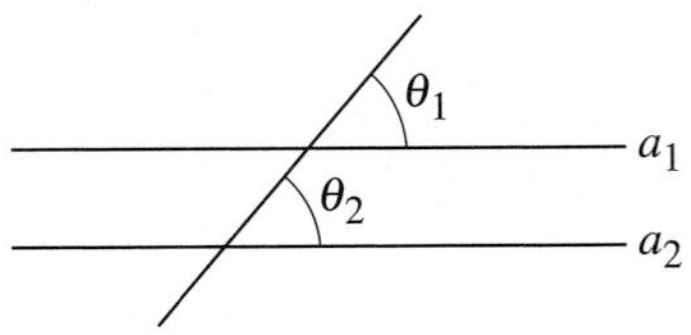

Abbildung A.1

2 Im Falle $a_1 \perp a_2$ und $b_1 \perp b_2$ gilt $\theta_1 = \theta_2$.

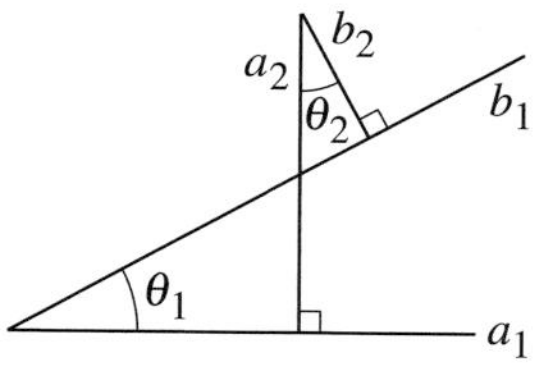

Abbildung A.2

3 In jedem ebenen Dreieck ist die Summe der Innenwinkel 180°.

4 *Satz des Pythagoras:*
In jedem rechtwinkligen Dreieck gilt für die Kantenlängen a, b und c

$$a^2 + b^2 = c^2 \,,$$

wobei c die Länge der Hypotenuse ist (diese liegt dem 90°-Winkel gegenüber).

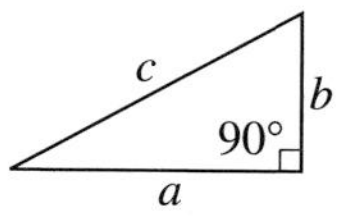

Abbildung A.3

A.6 Trigonometrische Funktionen und Gleichungen

(siehe hierzu ► Abbildung A.4)

$$\sin\theta = \frac{b}{c} \qquad \csc\theta = \frac{1}{\sin\theta} = \frac{c}{b}$$

$$\cos\theta = \frac{a}{c} \qquad \sec\theta = \frac{1}{\cos\theta} = \frac{c}{a}$$

$$\tan\theta = \frac{b}{a} = \frac{\sin\theta}{\cos\theta} \qquad \cot\theta = \frac{1}{\tan\theta} = \frac{a}{b}$$

$$a^2 + b^2 = c^2 \,. \qquad \text{(Satz des Pythagoras)}$$

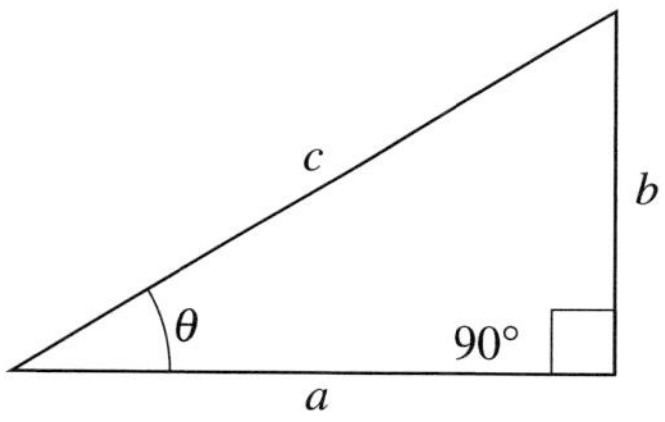

Abbildung A.4

► **Abbildung A.5** zeigt die Vorzeichen (+ oder −), die die Winkelfunktionen annehmen, wenn der Winkel θ im ersten, zweiten, dritten bzw. vierten Quadranten liegt. Beachten Sie, dass der Winkel bezüglich der x-Achse entgegen dem Uhrzeigersinn gemessen wird; es gilt also $-30° = +330°$ usw.

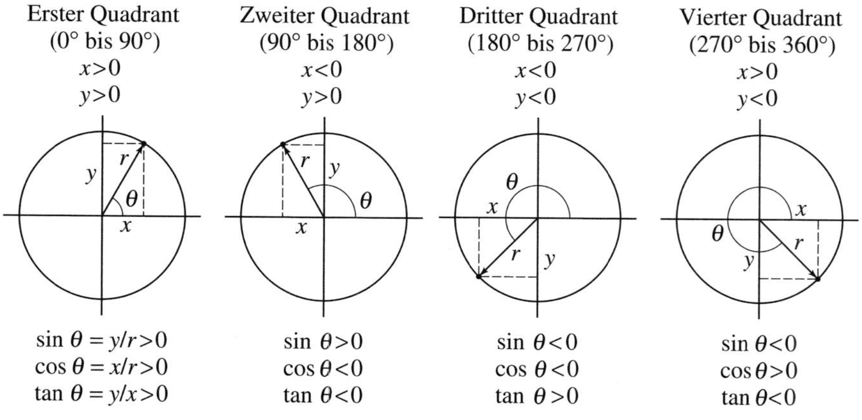

Abbildung A.5

Es folgen einige nützliche Identitäten zwischen den trigonometrischen Funktionen:

$$\sin^2\theta + \cos^2\theta = 1, \quad \sec^2\theta - \tan^2\theta = 1, \quad \csc^2\theta - \cot^2\theta = 1$$

$$\sin 2\theta = 2\sin\theta\cos\theta$$

$$\cos 2\theta = \cos^2\theta - \sin^2\theta = 2\cos^2\theta - 1 = 1 - 2\sin^2\theta$$

$$\tan 2\theta = \frac{2\tan\theta}{1-\tan^2\theta}$$

$$\sin(A \pm B) = \sin A\cos B \pm \cos A\sin B$$

$$\cos(A \pm B) = \cos A\cos B \mp \sin A\sin B$$

$$\tan(A \pm B) = \frac{\tan A \pm \tan B}{1 \mp \tan A\tan B}$$

$$\sin(180^\circ - \theta) = \sin\theta$$

$$\cos(180^\circ - \theta) = -\cos\theta$$

$$\sin(90^\circ - \theta) = \cos\theta$$

$$\cos(90^\circ - \theta) = \sin\theta$$

$$\cos(-\theta) = \cos\theta$$

$$\sin(-\theta) = -\sin\theta$$

$$\tan(-\theta) = -\tan\theta$$

$$\sin\frac{1}{2}\theta = \sqrt{\frac{1-\cos\theta}{2}}, \quad \cos\frac{1}{2}\theta = \sqrt{\frac{1+\cos\theta}{2}}, \quad \tan\frac{1}{2}\theta = \sqrt{\frac{1-\cos\theta}{1+\cos\theta}}$$

$$\sin A \pm \sin B = 2\sin\left(\frac{A \pm B}{2}\right)\cos\left(\frac{A \mp B}{2}\right)$$

Für beliebige Dreiecke (siehe ► Abbildung A.6)) gilt

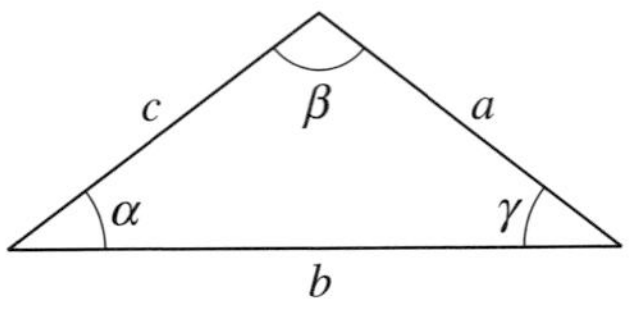

Abbildung A.6

$$\frac{\sin\alpha}{a} = \frac{\sin\beta}{b} = \frac{\sin\gamma}{c} \qquad \text{(Sinussatz)}$$

$$c^2 = a^2 + b^2 - 2ab\cos\gamma \qquad \text{(Kosinussatz)}$$

A.7 Logarithmen

Die folgenden Identitäten gelten für Logarithmen mit beliebigen Basen, insbesondere also für die häufig verwendeten gewöhnlichen (Basis 10) und natürlichen (Basis e) Logarithmen (Letzterer wird meist mit ln abgekürzt).

$$\log(ab) = \log a + \log b$$

$$\log\left(\frac{a}{b}\right) = \log a - \log b$$

$$\log a^n = n\log a$$

A.8 Vektoren

Die *Vektoraddition* wird in den Abschnitten 3.2 bis 3.5 behandelt, die *Vektormultiplikation* in den Abschnitten 3.3, 7.2 und 11.1.

B Ableitungen und Integrale

B.1 Allgemeine Ableitungsregeln

(Siehe hierzu auch Abschnitt 2.3)

$$\frac{\mathrm{d}x}{\mathrm{d}x} = 1$$

$$\frac{\mathrm{d}}{\mathrm{d}x}[af(x)] = a\frac{\mathrm{d}f}{\mathrm{d}x} \qquad (a = \text{konstant})$$

$$\frac{\mathrm{d}}{\mathrm{d}x}\,[f(x)+g(x)] = \frac{\mathrm{d}f}{\mathrm{d}x} + \frac{\mathrm{d}g}{\mathrm{d}x}$$

$$\frac{\mathrm{d}}{\mathrm{d}x}\,[f(x)g(x)] = \frac{\mathrm{d}f}{\mathrm{d}x}\,g + f\frac{\mathrm{d}g}{\mathrm{d}x}$$

$$\frac{\mathrm{d}}{\mathrm{d}x}\,[f(y)] = \frac{\mathrm{d}f}{\mathrm{d}y}\,\frac{\mathrm{d}y}{\mathrm{d}x} \qquad \text{(Kettenregel)}$$

$$\frac{\mathrm{d}x}{\mathrm{d}y} = \frac{1}{\left(\frac{\mathrm{d}y}{\mathrm{d}x}\right)} \qquad \text{falls } \frac{\mathrm{d}y}{\mathrm{d}x} \neq 0$$

B.2 Spezielle Ableitungsregeln

$$\frac{\mathrm{d}a}{\mathrm{d}x} = 0 \quad (a = \text{konstant})$$

$$\frac{\mathrm{d}}{\mathrm{d}x}\,x^n = nx^{n-1}$$

$$\frac{\mathrm{d}}{\mathrm{d}x}\,\sin ax = a\cos ax$$

$$\frac{\mathrm{d}}{\mathrm{d}x}\,\cos ax = -a\sin ax$$

$$\frac{\mathrm{d}}{\mathrm{d}x}\,\tan ax = a\sec^2 ax$$

$$\frac{\mathrm{d}}{\mathrm{d}x}\,\ln ax = \frac{1}{x}$$

$$\frac{\mathrm{d}}{\mathrm{d}x}\,\mathrm{e}^{ax} = a\mathrm{e}^{ax}$$

B.3 Allgemeine Regeln für unbestimmte Integrale

(Siehe hierzu auch Abschnitt 7.3)

$$\int \mathrm{d}x = x$$

$$\int af(x)\,\mathrm{d}x = a\int f(x)\,\mathrm{d}x \qquad (a = \text{konstant})$$

$$\int [f(x)+g(x)]\,\mathrm{d}x = \int f(x)\,\mathrm{d}x + \int g(x)\,\mathrm{d}x$$

$$\int u\;\mathrm{d}v = uv - \int v\;\mathrm{d}u \qquad \text{(partielle Integration)}$$

B.4 Unbestimmte Integrale für spezielle Funktionen

(Auf der rechten Seite jeder Gleichung kann eine beliebige Konstante addiert werden.)

$$\int a\;\mathrm{d}x = ax \qquad (a = \text{konstant})$$

$$\int x^m\;\mathrm{d}x = \frac{1}{m+1}\,x^{m+1} \qquad (m \neq -1)$$

$$\int \sin ax\;\mathrm{d}x = -\frac{1}{a}\,\cos ax$$

$$\int \cos ax\;\mathrm{d}x = \frac{1}{a}\,\sin ax$$

$$\int \tan ax\;\mathrm{d}x = \frac{1}{a}\,\ln|\sec ax|$$

$$\int \frac{1}{x}\,\mathrm{d}x = \ln x$$

$$\int \mathrm{e}^{ax}\,\mathrm{d}x = \frac{1}{a}\,\mathrm{e}^{ax}$$

$$\int \frac{\mathrm{d}x}{x^2+a^2} = \frac{1}{a}\tan^{-1}\frac{x}{a}$$

$$\int \frac{\mathrm{d}x}{x^2-a^2} = \frac{1}{2a}\ln\left(\frac{x-a}{x+a}\right) \quad (x^2 > a^2)$$

$$= -\frac{1}{2a}\ln\left(\frac{a+x}{a-x}\right) \quad (x^2 < a^2)$$

$$\int \frac{\mathrm{d}x}{\sqrt{x^2 \pm a^2}} = \ln(x + \sqrt{x^2 \pm a^2})$$

$$\int \frac{\mathrm{d}x}{(x^2 \pm a^2)^{3/2}} = \frac{\pm x}{a^2\sqrt{x^2 \pm a^2}}$$

$$\int \frac{x\,\mathrm{d}x}{(x^2 \pm a^2)^{3/2}} = \frac{-1}{\sqrt{x^2 \pm a^2}}$$

$$\int \sin^2 ax\,\mathrm{d}x = \frac{x}{2} - \frac{\sin 2ax}{4a}$$

$$\int x\mathrm{e}^{-ax}\,\mathrm{d}x = -\frac{\mathrm{e}^{-ax}}{a^2}(ax+1)$$

$$\int x^2\mathrm{e}^{-ax}\,\mathrm{d}x = -\frac{\mathrm{e}^{-ax}}{a^3}(a^2x^2+2ax+2)$$

B.5 Einige bestimmte Integrale

$$\int_0^\infty x^n\,\mathrm{e}^{-ax}\,\mathrm{d}x = \frac{n!}{a^{n+1}}$$

$$\int_0^\infty \mathrm{e}^{-ax^2}\,\mathrm{d}x = \sqrt{\frac{\pi}{4a}}$$

$$\int_0^\infty x\mathrm{e}^{-ax^2}\,\mathrm{d}x = \frac{1}{2a}$$

$$\int_0^\infty x^2\,\mathrm{e}^{-ax^2}\,\mathrm{d}x = \sqrt{\frac{\pi}{16a^3}}$$

$$\int_0^\infty x^3\,\mathrm{e}^{-ax^2}\,\mathrm{d}x = \frac{1}{2a^2}$$

$$\int_0^\infty x^{2n}\,\mathrm{e}^{-ax^2}\,\mathrm{d}x = \frac{1\cdot 3\cdot 5\cdot \ldots \cdot (2n-1)}{2^{n+1}a^n}\sqrt{\frac{\pi}{a}}$$

C Gravitationskraft und sphärische Masseverteilung

In Kapitel 6 (Abschnitt 6.1) haben wir behauptet, dass die von einer homogenen Kugel auf ein außerhalb der Kugel befindliches Teilchen ausgeübte Gravitationskraft so wirkt, als ob die gesamte Masse der Kugel in ihrem Mittelpunkt konzentriert wäre, d. h. die Kraft ist

$$F = G\frac{mM}{r^2} \quad \text{(die Masse } m \text{ befindet sich außerhalb der Kugel der Masse } M\text{)},$$

wobei m die Masse des Teilchens, M die Masse der Kugel und r der Abstand des Teilchens vom Mittelpunkt der Kugel ist. Wir wollen nun dieses Ergebnis herleiten. Dabei benutzen wir die Konzepte der Infinitesimalrechnung.

Wir betrachten zunächst eine sehr dünne, homogene sphärische Kugelschale der Masse M, deren Dicke t klein im Vergleich zum Radius R ist (siehe ► **Abbildung C.7**). Die Kraft, die auf ein im Abstand r vom Mittelpunkt befindliches Teilchen der Masse m wirkt, ist die Summe der Kräfte, die von den einzelnen Teilchen

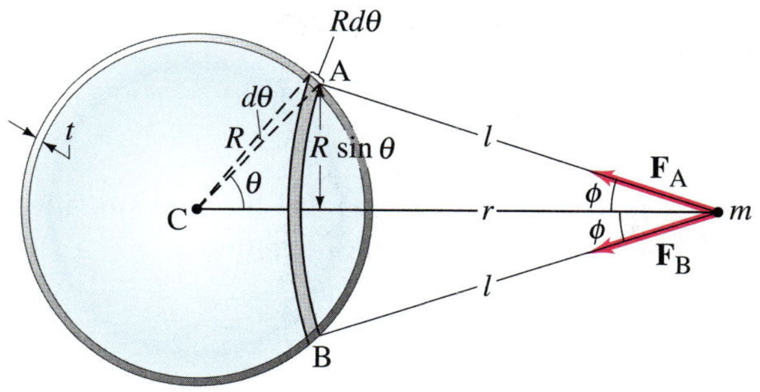

Abbildung C.7

der Kugelschale ausgehen. Wir stellen uns vor, dass die Kugelschale in infinitesimal dünne Streifen unterteilt ist, sodass alle Punkte eines Streifens den gleichen Abstand vom betrachteten Teilchen der Masse m haben. Einer dieser Streifen (bezeichnet mit AB) ist in ▸ Abbildung C.7 dargestellt. Er hat die Breite $R\mathrm{d}\theta$, die Dicke t und den Radius $R\sin\theta$. Die Kraft auf das Teilchen aufgrund eines kleinen Teils des Streifens im Punkt A ist durch den Vektor $\mathbf{F}_\mathrm{A}$ dargestellt, entsprechend repräsentiert der Vektor $\mathbf{F}_\mathrm{B}$ die Kraft aufgrund eines kleinen Teils des Streifens im Punkt B, der Punkt A diametral gegenüber liegt. Wir nehmen an, dass die beiden Teile in A und B die gleiche Masse haben, also $F_\mathrm{A} = F_\mathrm{B}$. Die horizontalen Komponenten von $\mathbf{F}_\mathrm{A}$ und $\mathbf{F}_\mathrm{B}$ sind beide gleich

$$F_\mathrm{A}\cos\phi$$

und zeigen zum Mittelpunkt der Kugelschale. Die vertikalen Komponenten von $\mathbf{F}_\mathrm{A}$ und $\mathbf{F}_\mathrm{B}$ haben den gleichen Betrag und entgegengesetzte Richtungen, sodass sie sich gegenseitig aufheben. Da jeder Punkt des Streifens einen ihm diametral gegenüberliegenden Punkt hat, zeigt die resultierende Gesamtkraft zum Mittelpunkt der Kugelschale. Ihr Betrag ist

$$\mathrm{d}F = G\frac{m\,\mathrm{d}M}{l^2}\cos\phi\,,$$

wobei $\mathrm{d}M$ die Masse des gesamten Streifens und l der Abstand aller Punkte vom Teilchen ist. Wir drücken nun $\mathrm{d}M$ mithilfe der Dichte ρ aus, d. h. durch die Masse pro Volumeneinheit (siehe Abschnitt 13.1). Damit gilt $\mathrm{d}M = \rho\,\mathrm{d}V$. Das Volumen $\mathrm{d}V$ des Streifens ist gleich $(2\pi R\sin\theta)(t)(R\mathrm{d}\theta)$. Die Kraft $\mathrm{d}F$ aufgrund des gezeigten Streifens ist dann

$$\mathrm{d}F = G\frac{m\rho 2\pi R^2\,t\sin\theta\,\mathrm{d}\theta}{l^2}\cos\phi\,. \tag{C.1}$$

Um die Gesamtkraft F zu erhalten, den der Streifen auf das Teilchen der Masse m ausübt, müssen wir über alle Streifen integrieren, also von $\theta = 0°$ bis $\theta = 180°$. Unser Ausdruck für $\mathrm{d}F$ enthält jedoch l und ϕ, die beide Funktionen von θ sind. Aus ▸ Abbildung C.7 sehen wir, dass

$$l\cos\phi = r - R\cos\theta$$

gilt. Außerdem können wir für das Dreieck CmA den Kosinussatz aufschreiben:

$$\cos\theta = \frac{r^2 + R^2 - l^2}{2rR}\,. \tag{C.2}$$

Mithilfe dieser beiden Gleichungen können wir die Variablen θ und ϕ eliminieren, sodass wir nur noch die Variable l übrig behalten. Den durch Gleichung C.2 gegebenen Ausdruck für $l\cos\phi$ setzen wir zunächst in die darüber stehende Gleichung ein und erhalten

$$\cos\phi = \frac{1}{l}(r - R\cos\theta) = \frac{r^2 + l^2 - R^2}{2rl}\,.$$

Außerdem differenzieren wir beide Seiten von Gleichung C.2 (da im Ausdruck für $\mathrm{d}F$, Gleichung C.1, $\sin \mathrm{d}\theta$ auftritt):

$$-\sin\theta\,\mathrm{d}\theta = -\frac{2l\,\mathrm{d}l}{2rR} \quad \text{oder} \quad \sin\theta\,\mathrm{d}\theta = \frac{l\,\mathrm{d}l}{rR}\,,$$

da r und R als Konstanten betrachtet werden, wenn über den Streifen summiert wird. Dies setzen wir nun für $\mathrm{d}F$ in Gleichung C.1 ein und erhalten

$$\mathrm{d}F = Gm\rho\pi t\frac{R}{r^2}\left(1 + \frac{r^2 - R^2}{l^2}\right)\mathrm{d}l\,.$$

Um hieraus die effektiv auf die Kugelschale vom Radius R wirkende Kraft zu erhalten, integrieren wir über alle Streifen ($\theta = 0°$ bis $\theta = 180°$), d. h. von $l = r - R$ bis $l = r + R$ (siehe ► Abbildung C.7). Somit ist

$$F = Gm\rho\pi t\frac{R}{r^2}\left[l - \frac{r^2 - R^2}{l^2}\right]_{l=r-R}^{l=r+R}$$
$$= Gm\rho\pi t\frac{R}{r^2}\,(4R)\,.$$

Das Volumen V der Kugelschale ist gleich der Fläche $4\pi R^2$ mal der Dicke t. Folglich ist die Masse $M = \rho V = \rho 4\pi R^2 t$, sodass wir schließlich erhalten

$$F = G\frac{mM}{r^2}\,. \quad \left(\begin{array}{l}\text{Teilchen der Masse } m \text{ außerhalb einer dünnen}\\ \text{homogenen Kugelschale der Masse } M\end{array}\right)$$

Dieses Ergebnis liefert uns die Kraft, die eine dünne Kugelschale auf ein Teilchen der Masse m ausübt, das sich im Abstand r vom Kugelmittelpunkt *außerhalb* der Kugelschale befindet. Wir stellen fest, dass die Kraft die gleiche ist wie zwischen dem betrachteten Teilchen der Masse m und einem Teilchen der Masse M im Mittelpunkt der Kugelschale. Mit anderen Worten, bei der Berechnung der Gravitationskraft, die von einer oder auf eine Kugelschale ausgeübt wird, können wir annehmen, dass die gesamte Masse im Kugelmittelpunkt konzentriert ist.

Was wir hier für eine Kugelschale abgeleitet haben, gilt ebenso für eine massive Kugel, da man sich diese als aus vielen konzentrischen Kugelschalen zusammengesetzt vorstellen kann. Da jede dieser Schalen die Masse $\mathrm{d}M$ hat, schreiben wir für jede $\mathrm{d}F = Gm\,\mathrm{d}M/r^2$. Dabei ist r der Abstand zwischen dem Mittelpunkt C und der Masse m, der für alle Schalen gleich ist. Die Gesamtkraft ist dann die Summe oder das Integral über $\mathrm{d}M$, was die Gesamtmasse M ergibt. Daher gilt das Ergebnis

$$F = G\frac{mM}{r^2} \quad \left(\begin{array}{l}\text{Teilchen der Masse } m \text{ außerhalb}\\ \text{einer massiven Kugel der Masse } M\end{array}\right) \tag{C.3}$$

für eine massive Kugel der Masse M, selbst wenn die Dichte mit dem Abstand vom Kugelmittelpunkt variiert. (Es gilt nicht, wenn die Dichte innerhalb der Kugelschalen variiert, d. h. wenn sie nicht allein von R abhängt.) Daher kann die von oder auf kugelförmige Körper ausgeübte Gravitationskraft so behandelt werden, als ob diese Körper punktförmig wären. Dies gilt auch für Körper wie Erde, Sonne und Mond, die nur näherungsweise Kugelgestalt haben.

Gleichung C.3 gilt nur, wenn sich die Masse m außerhalb der Kugel befindet. Abschließend betrachten wir eine Punktmasse m, die sich innerhalb der in ► Abbildung C.7 dargestellten Kugelschale befindet. In diesem Fall ist r kleiner als R und die Integration über l erstreckt sich von $l = R - r$ bis $l = R + r$, so dass

$$\left[l - \frac{r^2 - R^2}{l}\right]_{R-r}^{R+r} = 0\,.$$

Die Kraft auf eine innerhalb der Kugelschale befindliche Masse ist also null. Dieses Ergebnis hat insbesondere Bedeutung für die elektrostatische Kraft, die ebenfalls einem invers-quadratischen Gesetz folgt. Im Falle der Gravitation sehen wir, dass für alle Punkte innerhalb einer massiven Kugel, beispielsweise 1000 km unterhalb der Erdoberfläche, nur die Masse bis zu diesem Radius zur effektiven Kraft beiträgt. Die äußeren Kugelschalen hinter dem fraglichen Punkt liefern keinen Beitrag zur Gavitationskraft.

Die hier abgeleiteten Ergebnisse erhält man auch durch eine Analogiebetrachtung mit dem Gaußschen Gesetz der Elektrostatik (siehe **Kapitel 22**).

D Ausgewählte Isotope

Ordnungszahl Z	Element	Symbol	Massenzahl A	Atomare Masse[1]	Prozentuale Häufigkeit (oder radioaktive Zerfallsrate)	Halbwertzeit (wenn radioaktiv)
0	(Neutron)	n	1	1,008665	β^-	10,4 Min.
1	Wasserstoff	H	1	1,007825	99,985%	
	Deuterium	d oder D	2	2,014102	0,015%	
	Tritium	t oder T	3	3,016049	β^-	12,33 Jahre
2	Helium	He	3	3,016029	0,000137%	
			4	4,002603	99,999863%	
3	Lithium	Li	6	6,015122	7,5%	
			7	7,016004	92,5%	
4	Beryllium	Be	7	7,016929	Elektroneneinfang, γ	53,12 Tage
			9	9,012182	100%	
5	Bor	B	10	10,012937	19,9%	
			11	11,009305	80,1%	
6	Kohlenstoff	C	11	11,011434	β^+, Elektroneneinfang	20,39 Min.
			12	12,000000	98,90%	
			13	13,003355	1,10%	
			14	14,003242	β^-	5730 Jahre
7	Stickstoff	N	13	13,005739	β^+	9,965 Min.
			14	14,003074	99,63%	
			15	15,000108	0,37%	
8	Sauerstoff	O	15	15,003065	β^+, Elektroneneinfang	122,24 s
			16	15,994915	99,76%	
			18	17,999160	0,20%	
9	Fluor	F	19	18,998403	100%	
10	Neon	Ne	20	19,992440	90,48%	
			22	21,991386	9,25%	
11	Natrium	Na	22	21,994437	β^+, Elektroneneinfang, γ	2,6019 Jahre
			23	22,989770	100%	
			24	23,990963	β^-, γ	14,9590 h
12	Magnesium	Mg	24	23,985042	78,99%	
13	Aluminium	Al	27	26,981538	100%	
14	Silizium	Si	28	27,976927	92,23%	
			31	30,975363	β^-, γ	157,3 Min.
15	Phosphor	P	31	30,973762	100%	
			32	31,973907	β^-	14,262 Tage
16	Schwefel	S	32	31,972071	95,02%	
			35	34,969032	β^-	87,32 Tage

[1] Die hier angegebenen Massen gelten für das neutrale Atom, einschließlich der Z Elektronen.

Ordnungszahl Z	Element	Symbol	Massenzahl A	Atomare Masse[1]	Prozentuale Häufigkeit (oder radioaktive Zerfallsrate)	Halbwertzeit (wenn radioaktiv)
17	Chlor	Cl	35	34,968853	75,77%	
			37	36,965903	24,23%	
18	Argon	Ar	40	39,962383	99,600%	
19	Kalium	K	39	38,963707	93,2581%	
			40	39,963999	0,0117%, β^-, Elektroneneinfang, γ, β^+	$1{,}28 \cdot 10^9$ Jahre
20	Calcium	Ca	40	39,962591	96,941%	
21	Scandium	Sc	45	44,955910	100%	
22	Titan	Ti	48	47,947947	73,8%	
23	Vanadium	V	51	50,943964	99,750%	
24	Chrom	Cr	52	51,940512	83,79%	
25	Mangan	Mn	55	54,938049	100%	
26	Eisen	Fe	56	55,934942	91,72%	
27	Kobalt	Co	59	58,933200	100%	
			60	59,933822	β^-, γ	5,2714 Jahre
28	Nickel	Ni	58	57,935348	68,077%	
			60	59,930791	26,233%	
29	Kupfer	Cu	63	62,929601	69,17%	
			65	64,927794	30,83%	
30	Zink	Zn	64	63,929147	48,6%	
			66	65,926037	27,9%	
31	Gallium	Ga	69	68,925581	60,108%	
32	Germanium	Ge	72	71,922076	27,66%	
			74	73,921178	35,94%	
33	Arsen	As	75	74,921596	100%	
34	Selen	Se	80	79,916522	49,61%	
35	Brom	Br	79	78,918338	50,69%	
36	Krypton	Kr	84	83,911507	57,0%	
37	Rubidium	Rb	85	84,911789	72,17%	
38	Strontium	Sr	86	85,909262	9,86%	
			88	87,905614	82,58%	
			90	89,907737	β^-	28,79 Jahre
39	Yttrium	Y	89	88,905848	100%	
40	Zirkonium	Zr	90	89,904704	51,45%	
41	Niob	Nb	93	92,906377	100%	
42	Molybdän	Mo	98	97,905408	24,13%	
43	Technetium	Tc	98	97,907216	β^-, γ	$4{,}2 \cdot 10^6$ Jahre
44	Ruthenium	Ru	102	101,904349	31,6%	
45	Rhodium	Rh	103	102,905504	100%	
46	Palladium	Pd	106	105,903483	27,33%	
47	Silber	Ag	107	106,905093	51,839%	
			109	108,904756	48,161%	
48	Cadmium	Cd	114	113,903358	28,73%	
49	Indium	In	115	114,903878	95,7%; β^-, γ	$4{,}41 \cdot 10^{14}$ Jahre
50	Zinn	Sn	120	119,902197	32,59%	

Ordnungszahl Z	Element	Symbol	Massenzahl A	Atomare Masse[1]	Prozentuale Häufigkeit (oder radioaktive Zerfallsrate)	Halbwertzeit (wenn radioaktiv)
51	Antimon	Sb	121	120,903818	57,36%	
52	Tellur	Te	130	129,906223	33,80%	$7{,}9 \cdot 10^{20}$ Jahre
53	Jod	I	127	126,904468	100%	
			131	130,906124	β^-, γ	8,0207 Tage
54	Xenon	Xe	132	131,904154	26,9%	
			136	135,907220	8,9%	
55	Cäsium	Cs	133	132,905446	100%	
56	Barium	Ba	137	136,905821	11,23%	
			138	137,905241	71,70%	
57	Lanthan	La	139	138,906348	99,9098%	
58	Zer	Ce	140	139,905434	88,48%	
59	Praseodym	Pr	141	140,907647	100%	
60	Neodym	Nd	142	141,907718	27,13%	
61	Promethium	Pm	145	144,912744	Elektroneneinfang, γ, α	17,7 Jahre
62	Samarium	Sm	152	151,919728	26,7%	
63	Europium	Eu	153	152,921226	52,2%	
64	Gadolinium	Gd	158	157,924101	24,84%	
65	Terbium	Tb	159	158,925343	100%	
66	Dysprosium	Dy	164	163,929171	28,2%	
67	Holmium	Ho	165	164,930319	100%	
68	Erbium	Er	166	165,930290	33,6%	
69	Thulium	Tm	169	168,934211	100%	
70	Ytterbium	Yb	174	173,938858	31,8%	
71	Lutetium	Lu	175	174,940767	97,4%	
72	Hafnium	Hf	180	179,946549	35,100%	
73	Tantal	Ta	181	180,947996	99,988%	
74	Wolfram	W	184	183,950933	30,67%	
75	Rhenium	Re	187	186,955751	62,60%; β^-	$4{,}35 \cdot 10^{10}$ Jahre
76	Osmium	Os	191	190,960927	β^-, γ	15,4 Tage
			192	191,961479	41,0%	
77	Iridium	Ir	191	190,960591	37,3%	
			193	192,962923	62,7%	
78	Platin	Pt	195	194,964774	33,8%	
79	Gold	Au	197	196,966551	100%	
80	Quecksilber	Hg	199	198,968262	16,87%	
			202	201,970625	29,86%	
81	Thallium	Tl	205	204,974412	70,476%	
82	Blei	Pb	206	205,974449	24,1%	
			207	206,975880	22,1%	
			208	207,976635	52,4%	
			210	209,984173	β^-, γ, α	22,3 Jahre
			211	210,988731	β^-, γ	36,1 Min.
			212	211,991887	β^-, γ	10,64 h
			214	213,999798	β^-, γ	26,8 Min.

Ordnungszahl Z	Element	Symbol	Massenzahl A	Atomare Masse[1]	Prozentuale Häufigkeit (oder radioaktive Zerfallsrate)	Halbwertzeit (wenn radioaktiv)
83	Wismut	Bi	209	208,980383	100%	
			211	210,987258	α, γ, β^-	2,14 Min.
84	Polonium	Po	210	209,982857	α, γ	138,376 Tage
			214	213,995185	α, γ	164,3 s
85	Astatin	At	218	218,008681	α, β^-	1,5 s
86	Radon	Rn	222	222,017570	α, γ	3,8235 Tage
87	Francium	Fr	223	223,019731	β^-, γ, α	21,8 Min.
88	Radium	Ra	226	226,025402	α, γ	1600 Jahre
89	Actinium	Ac	227	227,027746	β^-, γ, α	21,773 Jahre
90	Thorium	Th	228	228,028731	α, γ	1,9116 Jahre
			232	232,038050	100%; α, γ	$1{,}405 \cdot 10^{10}$ Jahre
91	Protactinium	Pa	231	231,035878	α, γ	$3{,}276 \cdot 10^{4}$ Jahre
92	Uran	U	232	232,037146	α, γ	68,9 Jahre
			233	233,039628	α, γ	$1{,}592 \cdot 10^{5}$ Jahre
			235	235,043923	0,720%, α, γ	$7{,}038 \cdot 10^{8}$ Jahre
			236	236,045561	α, γ	$2{,}342 \cdot 10^{7}$ Jahre
			238	238,050782	99,2745%, α, γ	$4{,}468 \cdot 10^{9}$ Jahre
			239	239,054287	β^-, γ	23,45 Min.
93	Neptunium	Np	237	237,048166	α, γ	$2{,}144 \cdot 10^{6}$ Jahre
			239	239,052931	β^-, γ	2,3565 Tage
94	Plutonium	Pu	239	239,052157	α, γ	24 110 Jahre
			244	244,064197	α	$8{,}08 \cdot 10^{7}$ Jahre
95	Americium	Am	243	243,061373	α, γ	7370 Jahre
96	Curium	Cm	247	247,070346	α, γ	$1{,}56 \cdot 10^{7}$ Jahre
97	Berkelium	Bk	247	247,070298	α, γ	1380 Jahre
98	Californium	Cf	251	251,079580	α, γ	898 Jahre
99	Einsteinium	Es	252	252,082972	α, Elektroneneinfang, γ	472 Tage
100	Fermium	Fm	257	257,095099	α, γ	101 Tage
101	Mendelevium	Md	258	258,098425	α, γ	51,5 Tage
102	Nobelium	No	259	259,10102	α, Elektroneneinfang	58 Min.
103	Lawrencium	Lr	262	262,10969	α, Elektroneneinfang, Kernspaltung	216 Min.
104	Rutherfordium	Rf	261	261,10875	α	65 s
105	Dubnium	Db	262	262,11415	α, Kernspaltung, Elektroneneinfang	34 s
106	Seaborgium	Sg	266	266,12193	α, Kernspaltung	21 s
107	Bohrium	Bh	264	264,12473	α	0,44 s
108	Hassium	Hs	269	269,13411	α	9 s
109	Meitnerium	Mt	268	268,13882	α	0,07 s
110			271	271,14608	α	0,06 s
111			272	272,15348	α	1,5 ms
112			277	277	α	0,24 ms
114			289	289	α	20 s
116			289	289	α	0,6 ms
118			293	293	α	0,1 ms

E Lösungen zu den Aufgaben mit ungerader Nummerierung

Kapitel 1

1. (a) $1 \cdot 10^{10}$ Jahre; (b) $3 \cdot 10^{17}$ s

3. (a) $1{,}156 \cdot 10^3$; (b) $2{,}18 \cdot 10^1$; (c) $6{,}8 \cdot 10^{-3}$; (d) $2{,}7635 \cdot 10^1$; (e) $2{,}19 \cdot 10^{-1}$; (f) $2{,}2 \cdot 10^1$

5. 7,7%

7. (a) 4%; (b) 0,4%; (c) 0,07%

9. $1{,}0 \cdot 10^5$ s

11. 9%

13. (a) 0,2866 m; (b) 0,000085 V; (c) 0,000760 kg; (d) 0,0000000000600 s; (e) 0,0000000000000225 m; (f) 2 500 000 000 Volt

15. 1,8 m

17. (a) 0,111 yd^2; (b) 10,76 ft^2

19. (a) $3{,}9 \cdot 10^{-9}$ Inch; (b) $1{,}0 \cdot 10^8$ Atome

21. (a) 0,621 mi/h; (b) 1 m/s = 3,28 ft/s; (c) 0,278 m/s

23. (a) $9{,}46 \cdot 10^{15}$ m; (b) $6{,}31 \cdot 10^4$ AU; (c) 7,20 AU/h

25. (a) 10^3; (b) 10^4; (c) 10^{-2}; (d) 10^9

27. ≈ 20%

29. $1 \cdot 10^5\ \text{cm}^3$

31. (a) ≈ 600 Zahnärzte

33. ≈ $3 \cdot 10^8$ kg/Jahre

35. 51 km

37. $A = [\text{L/T}^4] = \text{m/s}^4$, $B = [\text{L/T}^2] = \text{m/s}^2$

39. (a) 0,10 nm; (b) $1{,}0 \cdot 10^5$ fm; (c) $1{,}0 \cdot 10^{10}$ A; (d) $9{,}5 \cdot 10^{25}$ A

41. (a) $3{,}16 \cdot 10^7$ s; (b) $3{,}16 \cdot 10^{16}$ ns (c) $3{,}17 \cdot 10^{-8}$ Jahre

43. (a) 1000 Fahrer

45. $1 \cdot 10^{11}$ gal/Jahre

47. 9 cm

49. $4 \cdot 10^5$ t

51. ≈ 4 Jahre

53. $1{,}9 \cdot 10^2$ m

55. (a) 3%, 3%; (b) 0,7%, 0,2%

Kapitel 2

1. 5,0 h

3. 61 m

5. 0,78 cm/s (in positiver x-Richtung)

7. ≈ 300m/s

9. (a) 10,1 m/s;

11. (a) 0,28 m/s; (b) 1,2 m/s; (c) 0,28 m/s; (d) 1,6 m/s; (e) −1,0 m/s

13. (a) 13,4 m/s;

15. 24 s

17. 55 km/h

19. 6,73 m/s

21. 5,2 s

23. $-7{,}0\ \text{m/s}^2$, 0,72

25. (a) $4{,}7\ \text{m/s}^2$; (b) $2{,}2\ \text{m/s}^2$; (c) $0{,}3\ \text{m/s}^2$; (d) $1{,}6\ \text{m/s}^2$

27. $v = (6{,}0\ \text{m/s}) + (17\ \text{m/s}^2)t$, $a = 17\ \text{m/s}^2$

29. $1{,}5\ \text{m/s}^2$, 99 m

31. $1{,}7 \cdot 10^2$ m

33. $4{,}41\ \text{m/s}^2$, $t = 2{,}61$ s

35. 55,0 m

37. (a) $2{,}3 \cdot 10^2$ m; (b) 31 s; (c) 15 m, 13 m

39. (a) 103 m; (b) 64 m

41. 31 m/s

43. (b) 3,45 s

45. 32 m/s (110 km/h)

47. 2,83 s

49. (a) 8,81 s; (b) 86,3 m/s

51. 1,44 s

53. 15 m/s

55. 5,44 s

59. 0,035 s

61. 1,8 m über der oberen Fensterkante

63. 52 m

65. 19,8 m/s, 20 m

67. (a) $v = (g/k)(1 - e^{-kt})$; (b) $v_{\text{end}} = g/k$

69. $6h_{\text{Erde}}$

71. 1,3 m

73. (b) $H_{50} = 9{,}8$ m; (c) $H_{100} = 39$ m

75. (a) 1,3 m; (b) 6,1 m/s; (c) 1,2 s

77. (a) 3,88 s; (b) 73,9 m; (c) $38{,}0\ \text{m/s}^2$, 48,4 m/s

79. (a) 52 min; (b) 31 min

81. (a) $v_0 = 26$ m/s; (b) 35 m; (c) 1,2 s; (d) 4,1 s

83. (a) 4,8 s; (b) 37 m/s; (c) 75,2 m

85. Sie sollten sich entschließen anzuhalten!

87. $\Delta v_{0\,\text{abwärts}} = 0{,}8$ m/s, $\Delta v_{0\,\text{aufwärts}} = 0{,}9$ m/s

89. 29,0 m

Kapitel 3

1. 263 km, 13° südlich von Westen

3. $\mathbf{V}_{\text{falsch}} = \mathbf{V}_2 - \mathbf{V}_1$

5. 13,6 m, 18° nördlich von Osten,

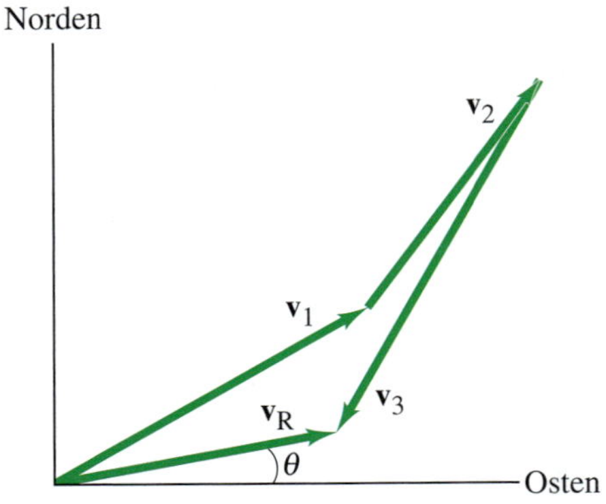

7. (a)

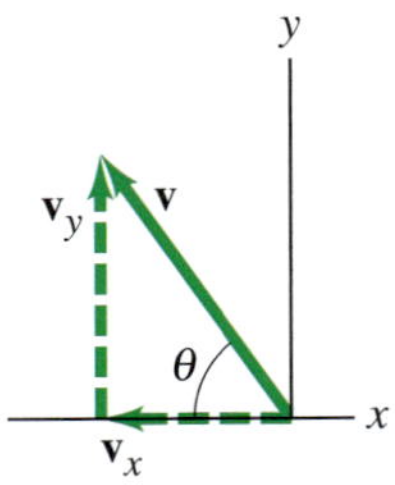

(b) $V_x = -11{,}7$, $V_y = 8{,}16$;
(c) 14,3, 34,9° oberhalb der negativen x-Achse

9. (a) $V_N = 476$ km/h, $V_W = 421$ km/h;
(b) $d_N = 1{,}43 \cdot 10^3$ km, $d_W = 1{,}26 \cdot 10^3$ km

11. (a) 4,2, 45° unterhalb der positiven x-Achse;
(b) 5,1, 79° unterhalb der positiven x-Achse

13. (a) 53,7, 1,40° oberhalb der negativen x-Achse;
(b) 53,7, 1,40° unterhalb der positiven x-Achse

15. (a) 94,5, 11,8° unterhalb der negativen x-Achse;
(b) 150, 53,3° unterhalb der positiven x-Achse

17. (a) $A_x = \pm 82{,}9$;
(b) 166,6, 12,1° unterhalb der negativen x-Achse

19. $(7{,}60\,\text{m/s})\mathbf{i} - (4{,}00\,\text{m/s})\mathbf{k}$; 8,59 m/s

21. (a) unbekannt; (b) 4,11 m/s², 33,2° nördlich von Osten; (c) unbekannt

23. (a) $\mathbf{v} = (4{,}0\,\text{m/s}^2)t\mathbf{i} + (3{,}0\,\text{m/s}^2)t\mathbf{j}$;
(b) $(5{,}0\,\text{m/s}^2)t$;
(c) $\mathbf{r} = (2{,}0\,\text{m/s}^2)t^2\mathbf{i} + (1{,}5\,\text{m/s}^2)t^2\mathbf{j}$;
(d) $\mathbf{v} = (8{,}0\,\text{m/s})\mathbf{i} + (6{,}0\,\text{m/s})\mathbf{j}$, $|\mathbf{v}| = 10{,}0\,\text{m/s}$, $\mathbf{r} = (8{,}0\,\text{m})\mathbf{i} + (6{,}0\,\text{m})\mathbf{j}$

25. (a) $-(18{,}0\,\text{m/s})\sin(3{,}0\,\text{s}^{-1})t\mathbf{i} + (18{,}0\,\text{m/s})\cos(3{,}0\,\text{s}^{-1})t\mathbf{j}$;
(b) $-(54{,}0\,\text{m/s})\sin(3{,}0\,\text{s}^{-1})t\mathbf{i} - (54{,}0\,\text{m/s})\cos(3{,}0\,\text{s}^{-1})t\mathbf{j}$;
(c) Kreisbahn;
(d) $a = (9{,}0\,\text{s}^{-2})r$, 180°

27. 44 m, 6,3 m

29. 38° und 52°

31. 1,95 s

33. 22 m

35.

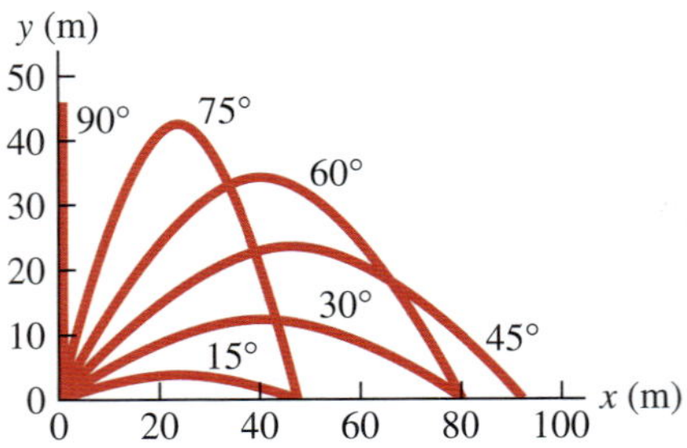

37. 5,71 s

39. (a) 65,7 m; (b) 7,32 s; (c) 267 m; (d) 42,2 m/s, 30,1° oberhalb der Horizontalen

43. Kein Torerfolg, 34,7 m

45. (a) $\mathbf{v}_0 = 3{,}42$ m/s, 47,5° oberhalb der Horizontalen;
(b) 5,32 m über der Wasseroberfläche;
(c) $\mathbf{v}_f = 10{,}5$ m/s, 77° unterhalb der Horizontalen

47. $\theta = \tan^{-1}(gt/v_0)$ unterhalb der Horizontalen

49. $\theta = \frac{1}{2}\tan^{-1}(-\cot\phi)$

51. 7,29g nach oben

53. $5{,}9 \cdot 10^{-3}$ m/s² zur Sonne hingerichtet

55. 0,94g

59. 2,7 m/s, 22° vom Ufer aus

61. 23,1 s

63. 1,41 m/s

65. (a) 1,82 m/s; (b) 3,22 m/s

67. (a) 60 m; (b) 75 s

69. 58 km/h, 31°, 58 km/h gegenüber $\mathbf{v}_{12}$

71. 0,0889 m/s²

73. $D_x = 60$ m, $D_y = -35$ m, $D_z = -12$ m; 70 m; $\theta_h = 30°$ von der x-Achse in Richtung negativer y-Achse, $\theta_v = 9{,}8°$ unterhalb der Horizontalen

75. 7,0 m/s

77. ±28,5°, ±25,2

79. 170 km/h, 41,5° nördlich von Osten

81. 1,6 m/s²

83. 2,7 s, 1,9 m/s

85. (a) $Dv/(v^2 - u^2)$; (b) $D/(v^2 - u^2)^{1/2}$

87. 54,6° unterhalb der Horizontalen

89. (a) 464 m/s; (b) 355 m/s

91. Rudern in einem Winkel von 23° flussaufwärts und 243 m laufen in einer Gesamtzeit von 20,7 min.

93. $1{,}8 \cdot 10^3$ Umdrehungen/Tag

Kapitel 4

3. $6{,}9 \cdot 10^2$ N

5. (a) $5{,}7 \cdot 10^2$ N; (b) 99 N; (c) $2{,}1 \cdot 10^2$ N; (d) 0

7. 107 N

9. $-9{,}3 \cdot 10^5$ N, 25% des Gewichtes des Zuges

11. $m > 1{,}9$ kg

13. $2{,}1 \cdot 10^2$ N

15. $-1{,}40$ m/s² (nach unten gerichtet)

17. a (nach unten gerichtet) $\geq 1{,}2$ m/s²

19. $a_{max} = 0{,}557$ m/s²

21. (a) 2,2 m/s²; (b) 18 m/s; (c) 93 s

23. $3 \cdot 10^3$ N nach unten gerichtet

25. (a) $1{,}4 \cdot 10^2$ N; (b) 14,5 m/s

27. In südwestlicher Richtung

29.

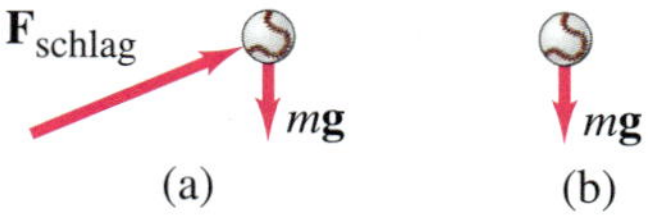

31. (a) $1{,}13\,\text{m/s}^2$, $52{,}2°$ unterhalb der negativen x-Achse; (b) $0{,}814\,\text{m/s}^2$, $42{,}3°$ oberhalb der positiven x-Achse

33. (a) $m_1 g - F_\text{T} = m_1 a$, $F_\text{T} - m_2 g = m_2 a$

35. (a) unterer Eimer 34 N, oberer Eimer 68 N; (b) unterer Eimer 40 N, oberer Eimer 80 N

37. $1{,}4 \cdot 10^3\,\text{N}$

39. $F_\text{B} = 6890\,\text{N}$, $\mathbf{F}_\text{A} + \mathbf{F}_\text{B} = 8860\,\text{N}$

41. (a) 2,2 m nach oben; (b) 2,2 s

43. $\frac{5}{2}(F_0/m)t_0^2$

47. (a)

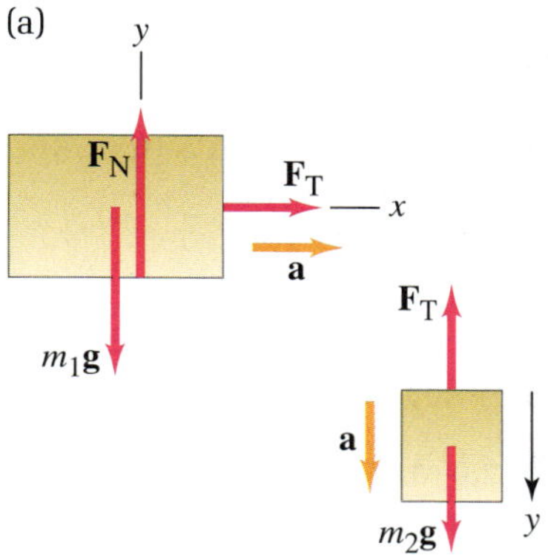

(b) $a = m_2 g/(m_1 + m_2)$, $F_\text{Z} = m_1 m_2 g/(m_1 + m_2)$

49. $a = [m_2 + m_\text{S}(l_2/l)]g/(m_1 + m_2 + m_\text{S})$

51. $1{,}74\,\text{m/s}^2$, $F_{\text{Z}1} = 22{,}6\,\text{N}$, $F_{\text{Z}2} = 20{,}9\,\text{N}$

53. $(m + M)g \tan\theta$

55. $F_{\text{T}1} = \left[4m_1m_2m_3/(m_1m_3 + m_2m_3 + 4m_1m_2)\right] g$, $F_{\text{T}3} = \left[8m_1m_2m_3/(m_1m_3 + m_2m_3 + 4m_1m_2)\right] g$, $a_1 = \left[(m_1m_3 - 3m_2m_3 + 4m_1m_2)/(m_1m_3 + m_2m_3 + 4m_1m_2)\right] g$, $a_2 = \left[(-3m_1m_3 + m_2m_3 + 4m_1m_2)/(m_1m_3 + m_2m_3 + 4m_1m_2)\right] g$, $a_3 = \left[(m_1m_3 + m_2m_3 - 4m_1m_2)/(m_1m_3 + m_2m_3 + 4m_1m_2)\right] g$

57. $v = \left\{[2m_2 l_2 + m_\text{C}(l_2^1/l)]g/(m_1 + m_2 + m_\text{C})\right\}^{1/2}$

59. $2{,}0 \cdot 10^{-2}\,\text{N}$

61. 4,3 N

63. $1{,}5 \cdot 10^4\,\text{N}$

65. 1,2 s, keine Veränderung

67. (a) $2{,}45\,\text{m/s}^2$ (nach oben); (b) 0,50 kg; (c) 7,35 N, 4,9 N

69. $1{,}3 \cdot 10^2\,\text{N}$

71. 8,8°

73. 82 m/s (300 km/h)

75. (a) $F = \frac{1}{2}Mg$; (b) $F_{\text{Z}1} = F_{\text{Z}2} = \frac{1}{2}Mg$, $F_{\text{Z}3} = \frac{3}{2}Mg$, $F_{\text{Z}4} = Mg$.

77. $-8{,}3 \cdot 10^2\,\text{N}$

79. (a) $0{,}606\,\text{m/s}^2$; (b) 150 kN

Kapitel 5

1. 35 N, keine Kraft

3. (a)

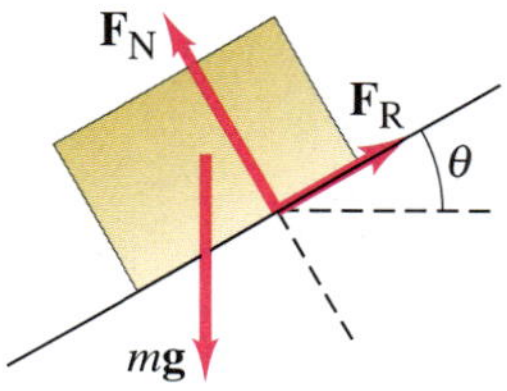

(b)

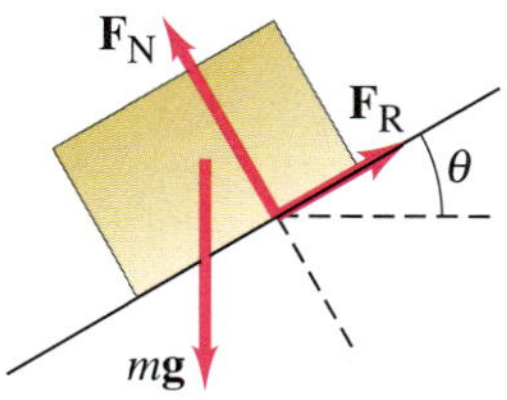

(c)

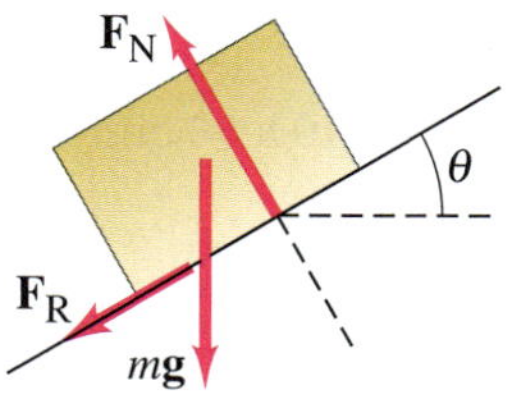

5. 0,20

7. 69 N, $\mu_\text{k} = 0{,}54$

9. 8,0 kg

11. 1,3 m

13. $1{,}3 \cdot 10^3\,\text{N}$

15. (a) 0,58; (b) 5,7 m/s; (c) 15 m/s

17. (a) $1{,}4\,\text{m/s}^2$; (b) $5{,}4 \cdot 10^2\,\text{N}$; (c) $1{,}4\,\text{m/s}^2$, $2{,}1 \cdot 10^2\,\text{N}$

19. (a) 86 cm die Ebene hoch; (b) 1,5 s

21. (a) $2{,}8\,\text{m/s}^2$; (b) 2,1 N

23. $a = \left\{\sin\theta - [(\mu_1 m_1 + \mu_2 m_2)/(m_1 + m_2)]\cos\theta\right\} g$, $F_\text{Z} = [m_1 m_2(\mu_2 - \mu - 1)/(m_1 + m_2)]g\cos\theta$

25. (a) $\mu_\text{k} = (v_0{}^2/2gd\,\cos\theta) - \tan\theta$; (b) $\mu_\text{s} \geq \tan\theta$

27. (a) $2{,}0\,\text{m/s}^2$ die Ebene hinauf; (b) $5{,}4\,\text{m/s}^2$ die Ebene hinab

29. $\mu_\text{k} = 0{,}40$

31. (a) $c = 14\,\text{kg/m}$; (b) $5{,}7 \cdot 10^2\,\text{N}$

33. $F_\text{min} = (m + M)g(\sin\theta + \mu\cos\theta)/(\cos\theta - \mu_\text{s}\sin\theta)$

35. $v_\text{max} = 21\,\text{m/s}$, unabhängig von der Masse

37. (a) $0{,}25\,\text{m/s}^2$ zum Mittelpunkt hin gerichtet; (b) 6,3 N zum Mittelpunkt hin gerichtet

39. Ja, $v_\text{top,min} = (gR)^{1/2}$

41. 0,34

43. $2{,}1 \cdot 10^2\,\text{N}$

45. 5,91°, 14,3 N

47. (a) $5{,}8 \cdot 10^3\,\text{N}$; (b) $4{,}1 \cdot 10^2\,\text{N}$; (c) 31 m/s

49. $F_\text{T} = 2\pi mRf^2$

51. $66\,\text{km/h} < v < 123\,\text{km/h}$

53. (a) $(1{,}6\,\text{m/s}^2)\mathbf{i}$; (b) $(0{,}98\,\text{m/s}^2)\mathbf{i} - (1{,}7\,\text{m/s}^2)\mathbf{j}$; (c) $(-4{,}9\,\text{m/s}^2)\mathbf{i} - (1{,}6\,\text{m/s}^2)\mathbf{j}$

55. (a) $9{,}0\,\text{m/s}^2$; (b) $15\,\text{m/s}^2$

57. $\tau = m/b$

59. (a) $v = (mg/b) + [v_0 - (mg/b)]\mathrm{e}^{-bt/m}$;
(b) $v = -(mg/b) + [v_0 + (mg/b)]\mathrm{e}^{-bt/m}$, $v \geq 0$

61. (b) 1,8°

63. 10 m

65. $\mu_s = 0{,}41$

67. 2,3

69. 101 N; $\mu_k = 0{,}719$

71. (b) würde rutschen

73. Er kommt mit einer Geschwindigkeit von 13 m/s heraus.

75. 27,6 m/s, 0,439 U/s

77. $\Sigma F_{\tan} = 3{,}3 \cdot 10^3$ N, $\Sigma F_R = 2{,}0 \cdot 10^3$ N

79. (a) $F_{NC} > F_{NB} > F_{NC}$; (b) Bei C am schwersten, bei A am leichtesten; (c) $v_{A\,\max} = (gR)^{1/2}$

81. (a) 1,23 m/s; (b) 3,01 m/s

83. $\phi = 31°$

85. (a) $r = v^2/g \cos\theta$; (b) 92 m

87. (a) 59 s;
(b) eine größere Normalkraft

89. 29,2 m/s

91. 302 m, 735 m

93. $g(1 - \mu_s \tan\phi)/4\pi^2 f^2(\tan\phi + \mu_s) < r < g(1 + \mu_s \tan\phi)/4\pi^2 f^2(\tan\phi - \mu_s)$

Kapitel 6

1. $1{,}52 \cdot 10^3$ N

3. $1{,}6$ m/s^2

5. $g_h = 0{,}91 g_{\text{Oberfläche}}$

7. $1{,}9 \cdot 10^{-8}$ N zum Mittelpunkt des Quadrates hin gerichtet

9. $Gm^2\left\{(2/x_0{}^2) + [3x_0/(x_0{}^2 + y_0{}^2)^{\frac{3}{2}}]\right\}\mathbf{i} + Gm^2 \cdot \left\{[3y_0/(x_0{}^2 + y_0{}^2)^{\frac{3}{2}}] + (4/y_0{}^2)\right\}\mathbf{j}$

11. 1,26

13. $3{,}46 \cdot 10^8$ m vom Erdmittelpunkt

15. (b) g nimmt mit zunehmender Höhe ab; (c) 9, 493 m/s^s

19. $7{,}56 \cdot 10^3$ m/s

21. 2,0 h

23. (a) 56 kg; (b) 56 kg; (c) 75 kg; (d) 38 kg; (e) 0

25. (a) 22 N (zum Mond hin gerichtet); (b) $-1{,}7 \cdot 10^2$ N (vom Mond weg)

27. (a) Die Gravitationskraft liefert die erforderliche Zentripetalbeschleunigung. (b) $9{,}6 \cdot 10^{26}$ kg

29. $7{,}9 \cdot 10^3$ m/s

31. $v = (Gm/L)^{1/2}$

33. 0,0587 Tage (1,41 h)

35. $1{,}6 \cdot 10^2$ Jahre

37. $2 \cdot 10^8$ Jahre

39. $r_{\text{Europa}} = 6{,}71 \cdot 10^5$ km, $r_{\text{Ganymed}} = 1{,}07 \cdot 10^6$ km, $r_{\text{Callisto}} = 1{,}88 \cdot 10^6$ km

41. 9,0 Erdtage

43. (a) $2{,}1 \cdot 10^2$ AE ($3{,}1 \cdot 10^{13}$ m); (b) $4{,}2 \cdot 10^2$ AE; (c) $4{,}2 \cdot 10^2$

45. (a) $5{,}9 \cdot 10^{-3}$ N/kg;
(b) ohne Bedeutung

47. $2{,}7 \cdot 10^3$ km

49. $6{,}7 \cdot 10^{12}$ m/s^2

51. $4{,}4 \cdot 10^7$ m/s^2

53. $G' = 1 \cdot 10^{-4}\ \mathrm{N \cdot m^2/kg^2} \approx 10^6 G$

55. 5 h 35 min, 19 h 50 min

57. (a) 10 h; (b) 6,5 km; (c) $4{,}2 \cdot 10^{-3}$ m/s^2

59. $5{,}4 \cdot 10^{12}$ m, im Sonnensystem, Pluto

61. $2{,}3 g_{\text{Erde}}$

63. $m_P = g_P r^2/G$

67. $7{,}9 \cdot 10^3$ m/s

Kapitel 7

1. $6{,}86 \cdot 10^3$ J

3. $1{,}27 \cdot 10^4$ J

5. $8{,}1 \cdot 10^3$ J

7. $1\ \mathrm{J} = 1 \cdot 10^7$ erg

9. $1{,}0 \cdot 10^4$ J

13. (a) $3{,}6 \cdot 10^2$ N; (b) $-1{,}3 \cdot 10^3$ J; (c) $-4{,}6 \cdot 10^3$ J; (d) $5{,}9 \cdot 10^3$ J; (e) 0

15. $W_{FN} = W_{mg} = 0$; $W_{FP} = -W_{fr} = 2{,}0 \cdot 10^2$ J

21. (a) $-16{,}1$; (b) -238; (c) $-3{,}9$

23. $\mathbf{C} = -1{,}3\mathbf{i} + 1{,}8\mathbf{j}$

25. $\theta_x = 42{,}7°$, $\theta_y = 63{,}8°$, $\theta_z = 121°$

27. 95°, −35° von der x-Achse

31. 0,089 J

33. $2{,}3 \cdot 10^3$ J

35. $2{,}7 \cdot 10^3$ J

37. $(kX^2/2) + (aX^4/4) + (bX^5/5)$

39. (a) $5{,}0 \cdot 10^{10}$ J

41. (a) $\sqrt{3}$; (b) $\frac{1}{4}$

43. $-5{,}02 \cdot 10^5$ J

45. $3{,}0 \cdot 10^2$ N in Richtung der Bewegung des Balles

47. 24 m/s (87 km/h), die Masse hebt sich auf

49. (a) 72 J; (b) −35 J; (c) 37 J

51. 10,2 m/s

53. $\mu_k = F/2mg$

55. (a) $6{,}5 \cdot 10^2$ J; (b) $-4{,}9 \cdot 10^2$ J; (c) 0; (d) 4,0 m/s

57. (a) $1{,}66 \cdot 10^5$ J; (b) 21,0 m/s; (c) 2,13 m

59. $v_p = 2{,}0 \cdot 10^7$ m/s, $v_{pc} = 2{,}0 \cdot 10^7$ m/s, $v_e = 2{,}9 \cdot 10^8$ m/s, $v_{ec} = 8{,}4 \cdot 10^8$ m/s

61. $1{,}74 \cdot 10^3$ J

63. (a) 15 J; (b) $4{,}2 \cdot 10^2$ J; (c) $-1{,}8 \cdot 10^2$ J; (d) $-2{,}5 \cdot 10^2$ J; (e) 0; (f) 10 J

65. (a) 12 J; (b) 10 J; (c) $-2{,}1$ J

67. 86 kJ, $\theta = 42°$

69. $(A/k)\mathrm{e}^{-(0{,}10\ \mathrm{m})k}$

71. 1,5 N

73. $5{,}0 \cdot 10^3$ N/m

75. (a) 6,6°; (b) 10,3°

Kapitel 8

1. 0,924 m

3. $2{,}2 \cdot 10^3$ J

5. (a) 51,7 J; (b) 15,1 J; (c) 51,7 J

7. (a) konservativ; (b) $\frac{1}{2}kx^2 - \frac{1}{4}ax^4 - \frac{1}{5}bx^5$ + eine Konstante

9. (a) $\frac{1}{2}k(x^2 - x_0{}^2)$; (b) dasselbe Ergebnis

11. 45,4 m/s

13. 6,5 m/s

15. (a) $1{,}0 \cdot 10^2$ N/m; (b) 22 m/s^2

17. (a) 8,03 m/s; (b) 3,44 m

19. (a) $v_{\max} = [v_0{}^2 + (kx_0{}^2/m)]^{1/2}$; (b) $x_{\max} = [x_0{}^2 + (mv_0{}^2/k)]^{1/2}$

21. (a) 2,29 m/s; (b) 1,98 m/s; (c) 1,98 m/s; (d) $F_{\mathrm{T}a} = 0{,}87$ N, $F_{\mathrm{T}b} = 0{,}80$ N, $F_{\mathrm{T}c} = 0{,}80$ N; (e) $v_a = 2{,}59$ m/s, $v_b = 2{,}31$ m/s, $v_c = 2{,}31$ m/s

23. $k = 12Mg/h$

25. $4{,}5 \cdot 10^6$ J

27. (a) 22 m/s; (b) $2{,}9 \cdot 10^2$ m

29. 13 m/s

31. 0,23

33. 0,40

35. (a) 0,13 m; (b) 0,77; (c) 0,46 m/s

37. (a) $E_{\mathrm{kin}} = GM_{\mathrm{E}}m_{\mathrm{S}}/2r_{\mathrm{S}}$; (b) $E_{\mathrm{pot}} = -GM_{\mathrm{E}}m_{\mathrm{S}}/r_{\mathrm{S}}$; (c) $-\frac{1}{2}$

39. (a) $6{,}2 \cdot 10^5$ m/s; (b) $4{,}2 \cdot 10^4$ m/s, $v_{\mathrm{F}}/v_{\mathrm{Umlaufbahn}} = \sqrt{2}$

45. (a) $1{,}07 \cdot 10^4$ m/s; (b) $1{,}17 \cdot 10^4$ m/s; (c) $1{,}12 \cdot 10^4$ m/s

47. (a) $\mathrm{d}v_{\mathrm{esc}}/\mathrm{d}r = -\frac{1}{2}(2GM_{\mathrm{E}}/r^3)^{1/2} = -v_F/2r$; (b) $1{,}09 \cdot 10^4$ m/s

49. $GmM_{\mathrm{E}}/12r_{\mathrm{E}}$

51. $1{,}1 \cdot 10^4$ m/s

55. $5{,}4 \cdot 10^2$ N

57. (a) $1{,}0 \cdot 10^3$ J; (b) $1{,}0 \cdot 10^3$ W

59. $2{,}1 \cdot 10^4$ W; 28 PS

61. $4{,}8 \cdot 10^2$ W

63. $1{,}2 \cdot 10^3$ W

65. $1{,}8 \cdot 10^6$ W

67. (a) -25 W; (b) $+4{,}3 \cdot 10^3$ W; (c) $+1{,}5 \cdot 10^3$ W

69. (a) 80 J; (b) 60 J; (c) 80 J; (d) 5,7 m/s bei $x = 0$; (e) 32 m/s^2 bei $x = \pm x_0$

71. $a^2/4b$

73. 8,0 m/s

75. 32,5 PS

77. (a) 28 m/s; (b) $1{,}2 \cdot 10^2$ m

79. (a) $(2gL)^{1/2}$; (b) $(1{,}2gL)^{1/2}$

81. (a) $1{,}1 \cdot 10^6$ J; (b) 60 W (0,081 PS); (c) $4{,}0 \cdot 10^2$ W (0,54 PS)

83. (a) 40 m/s; (b) $2{,}6 \cdot 10^5$ W

87. (a) 29°; (b) $6{,}4 \cdot 10^2$ N; (c) $9{,}2 \cdot 10^2$ N

89. (a) $-\frac{E_{\mathrm{pot0}}}{r}\left(\frac{r_0}{r} + 1\right)\mathrm{e}^{-r/r_0}$; (b) 0,030; (c) $F(r) = -C/r^2$, 0,11

91. 6,7 PS

93. (a) 2,8 m; (b) 1,5 m; (c) 1,5 m

95. 76 PS

97. (a) $5{,}0 \cdot 10^3$ m/s; (b) $2{,}89 \cdot 10^3$ m/s

Kapitel 9

1. $6{,}0 \cdot 10^7$ N, nach oben

3. (a) 0,36 kg · m/s; (b) 0,12 kg · m/s

5. $(26\ \mathrm{N \cdot s})\mathbf{i} - (28\ \mathrm{N \cdot s})\mathbf{j}$

7. (a) $(8h/g)^{1/2}$; (b) $(2gh)^{1/2}$; (c) $-(8m^2gh)^{1/2}$ (nach oben); (d) mg (nach unten), ein überraschendes Ergebnis

9. $3{,}4 \cdot 10^4$ kg

11. $4{,}4 \cdot 10^3$ m/s

13. $-0{,}667$ m/s (der Richtung des Paketes entgegengesetzt)

15. 2, weniger kinetische Energie hat eine größere Masse

17. $\frac{3}{2}v_0\mathbf{i} - v_0\mathbf{j}$

19. $1{,}1 \cdot 10^{-22}$ kg · m/s, 36° von der Richtung, die der des Elektrons entgegengesetzt ist

21. (a) $(100\ \mathrm{m/s})\mathbf{i} + (50\ \mathrm{m/s})\mathbf{j}$; (b) $3{,}3 \cdot 10^5$ J

23. 130 N, nicht groß genug

25. $1{,}1 \cdot 10^3$ N

27. (a) $2mn/\Delta t$; (b) $2mv/t$

29. (a)

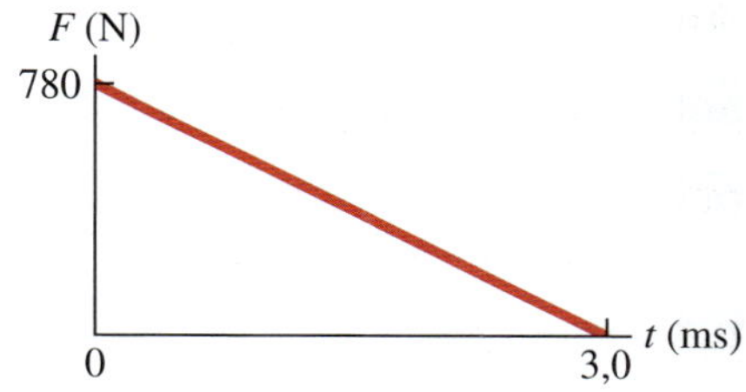

(b) 1,2 N · s; (c) 1,2 N · s; (d) 3,9 g

31. (a) $(0{,}84\ \mathrm{N}) + (1{,}2\ \mathrm{N/s})t$; (b) 18,5 N; (c) $(0{,}12\ \mathrm{kg/s})\{[(49\ \mathrm{m^2/s^2}) - (1{,}18\ \mathrm{m^2/s^3})t]^{1/2} + (9{,}80\ \mathrm{m/s^2})t\}$, 18,3 N

33. $v_1{}' = -1{,}40$ m/s (Rückstoß), $v_2{}' = 2{,}80$ m/s

35. (a) 2,7 m/s; (b) 0,84 kg

37. $3{,}2 \cdot 10^3$ m/s

39. (a) 1,00 ; (b) 0,89; (c) 0,29; (d) 0,019

41. (a) 0,32 m; (b) $-3{,}1$ m/s (Rückstoß), 4,9 m/s; (c) Ja

43. (a) $+M/(m + M)$; (b) 0,964

45. 141°

47. (b) $e = (h'/h)^{1/2}$

49. (a) $v_1' = v_2' = 1{,}9\,\text{m/s}$;
(b) $v_1' = -1{,}6\,\text{m/s}$, $v_2' = 7{,}9\,\text{m/s}$;
(c) $v_1' = 0$, $v_2' = 5{,}2\,\text{m/s}$;
(e) $v_1' = -4{,}0\,\text{m/s}$, $v_2' = 12\,\text{m/s}$;
Ergebnis für (c) ist plausibel, Ergebnisse für (d) und (e) sind nicht sinnvoll

51. 61° von der Richtung des ersten Adlers, 6,8 m/s

53. (a) 30°; (b) $v_2' = v/\sqrt{3}$, $v_1\prime = v/\sqrt{3}$; (c) $\frac{2}{3}$

55. $\theta_1' = 76°$, $v_n' = 5{,}1 \cdot 10^5\,\text{m/s}$, $v_{He}' = 1{,}8 \cdot 10^5\,\text{m/s}$

59. $6{,}5 \cdot 10^{-11}$ m vom Kohlenstoffatom

61. 0,030 nm über dem Mittelpunkt des H-Dreiecks

63. $x_S = 1{,}10$ m (Osten); $y_S = -1{,}10$ m (Süden)

65. $x_S = 0$, $y_S = 2r/2\pi$

67. $x_S = 0$, $y_S = 0$, $x_{CM} = 3h/4$ über dem Punkt

69. (a) $4{,}66 \cdot 10^6$ m

71. (a) $x_S = 4{,}6$ m; (b) 4,3 m; (c) 4,6 m

73. $mv/(M+m)$ nach oben, der Ballon hält ebenfalls an

75. 55 m

77. 0,899 PS

79. (a) $2{,}3 \cdot 10^3$ N; (b) $2{,}8 \cdot 10^4$ N; (c) $1{,}1 \cdot 10^4$ PS

81. ein „Ein Streifschuss“

83. $1{,}4 \cdot 10^4$ N, 43,3°

85. $5{,}1 \cdot 10^2$ m/s

87. $m_2 = 4{,}00$ m

89. 50%

91. (a) Nein; (b) $v_1/v_2 = -m_2/m_1$; (c) m_2/m_1; (d) bewegt sich nicht; (e) Massenmittelpunkt bewegt sich

93. 8,29 m/s

95. (a) $2{,}5 \cdot 10^{-13}$ m/s; (b) $1{,}7 \cdot 10^{-17}$; (c) 0,19 J

97. $m \leq M/3$

99. 29,6 km/s

101. (a) 2,3 N · s; (b) $4{,}5 \cdot 10^2$ N

103. (a) Inelastischer Stoß; (b) 0,10 s; (c) $-1{,}4 \cdot 10^5$ N

105. 0,28 m, 1,1 m

Kapitel 10

1. (a) $\pi/6\,\text{rad} = 0{,}524\,\text{rad}$;
(b) $19\pi/60 = 0{,}995\,\text{rad}$;
(c) $ßpi/2 = 1{,}571\,\text{rad}$;
(d) $2\pi = 6{,}283\,\text{rad}$;
(e) $7\pi/3 = 7{,}330\,\text{rad}$

3. $2{,}3 \cdot 10^3$ m

5. (a) 0,105 rad/s;
(b) $1{,}75 \cdot 10^{-3}$ rad/s;
(c) $1{,}45 \cdot 10^{-4}$ rad/s; (d) null

7. (a) 464 m/s; (b) 185 m/s; (c) 355 m/s

9. (a) 262 rad/s;
(b) 46 m/s, $1{,}2 \cdot 10^4\,\text{m/s}^2$ radial

11. 7,4 cm

13. (a) $1{,}75 \cdot 10^{-4}\,\text{rad/s}^2$;
(b) $a_R = 1{,}17 \cdot 10^{-2}\,\text{m/s}^2$, $a_{tan} = 7{,}4410 \cdot 10^{-4}\,\text{m/s}^2$

15. (a) $0{,}58\,\text{rad/s}^2$; (b) 12 s

17. (a) $(1{,}67\,\text{rad/s}^4)t^3 - (1{,}75\,\text{rad/s}^3)t^2$;
(b) $(0{,}418\,\text{rad/s}^4)t^4 - (0{,}583\,\text{rad/s}^3)t^3$;
(c) 6,4 rad/s, 2,0 rad

19. (a) ω_1 verläuft in negativer x-Richtung, ω_2 in positive z-Richtung;
(b) $\omega = 61{,}0$ rad/s, 35° über der x-Achse;
(c) $-(1{,}75 \cdot 10^3\,\text{rad/s}^2)\mathbf{j}$

21. (a) 35 m · N; (b) 30 m · N

23. 1,2 m · N (im Uhrzeigersinn)

25. $3{,}5 \cdot 10^2$ N, $2{,}0 \cdot 10^3$ N

27. 53 m · N

29. (a) $3{,}5\,\text{kg·m}^2$; (b) 0,024 m·N

31. $2{,}25 \cdot 10^3\,\text{kg·m}^2$, $8{,}8 \cdot 10^3$ m·N

33. $9{,}5 \cdot 10^4$ m·N

35. 10 m/s

37. (a)

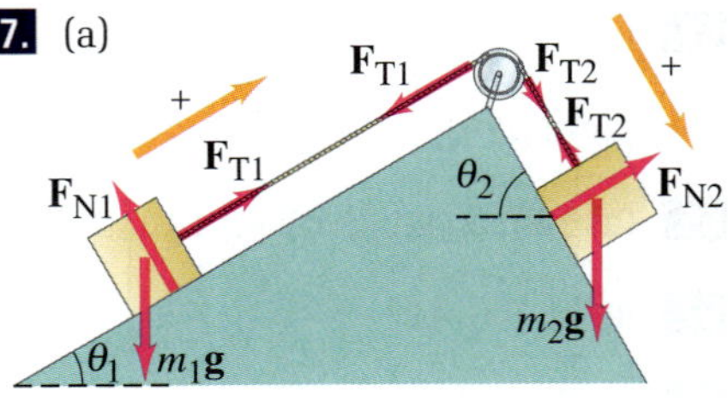

(b) $F_{T1} = 47\,\text{N}$, $F_{T2} = 75\,\text{N}$;
(c) 7,0 m·N, $1{,}7\,\text{kg·m}^2$

39. Dünner Reifen (durch Mittelpunkt): $r_G = R_0$,
dünner Reifen (durch Durchmesser): $r_G = [(R_0^2/2) + (b^2/12)]^{1/2}$;
massiver Zylinder (durch Mittelpunkt): $r_G = R/\sqrt{2}$;
Hohlzylinder (durch Mittelpunkt): $r_G = [(R_1^2 + R_2^2)/2]^{1/2}$;
gleichförmige Kugel (durch Mittelpunkt): $r_G = (2_0^2/5)^{1/2}$;
Stange (durch Mittelpunkt): $r_G = l/\sqrt{12}$;
Stange (durch Ende): $r_G = l/\sqrt{3}$;
Platte (durch Mittelpunkt): $r_G = [(lg^2 + b^2)/12)]^{1/2}$

41. (a) $4{,}18\,\text{rad/s}^2$; (b) $8{,}37\,\text{m/s}^2$;
(c) $421\,\text{m/s}^2$; (d) $3{,}07 \cdot 10^3$ N;
(e) 1,14°

43. (a) $I_a = Ms^2/12$; (b) $I_b = Ms^2/12$

45. (a) $5{,}30MR_0^2$; (b) −15%

47. (a) $9MR_0^2/16$; (b) $MR_0^2/4$; (c) $5MR_0^2/4$

51. (b) $Ml^2/12, Mw^2/12$

53. 0,38 rev/s

55. (a) Da das Trägheitsmoment zunimmt, muss die Winkelgeschwindigkeit abnehmen. (b) 1,6

57. (a) $7{,}1 \cdot 10^{33}\,\text{kg} \cdot \text{m}^2/\text{s}$;
(b) $2{,}7 \cdot 10^{40}\,\text{kg} \cdot \text{m}^2/\text{s}$

59. 0,45 rad/s, 0,80 rad/s

61. $2{,}33 \cdot 10^4$ J

63. 5×10^9, Verlust an potenzieller Energie als Folge der Graviatation

65. 1,4 m/s

67. (a) $2{,}5\,\text{kg} \cdot \text{m}^2$; (b) $0{,}58\,\text{kg} \cdot \text{m}^2$;
(c) 0,35 s; (d) −72 J;
(e) wenn die Plattform sich dreht

69. 12,4 m/s

71. $1{,}4 \times 10^2$ J

73. (a) 4,48 m/s; (b) 1,21 J; (c) $\mu_H \geq 0{,}197$

75. $v = [10g(R_0 - r_0)/7]^{1/2}$

77. (a) $4{,}5 \cdot 10^5$J; (b) 0,18 (18%); (c) 1,71 m/s^2; (d) 6,4%

79. (a) $12v_0^2/49\,\mu_G\, g$; (b) $v = 5v_0/7, \omega = 5v_0/7R$

81. (a) 4,5 m/s^2, 19 rad/s^2; (b) 5,8 m/s; (c) 15,3 J; (d) 1,4 J; (e) $K = 16{,}7$ J, $\Delta E = 0$; (f) $a = 4{,}5$ m/s^2, $v = 5{,}8$ m/s, 14,1 J

83. $\theta_{\text{Sonne}} = 9{,}30 \cdot 10^{-3}$ rad (0,53°), $\theta_{\text{Mond}} = 9{,}06 \cdot 10^{-3}$ rad (0,52°)

85. $\omega_1/\omega_2 = R_2/R_1$

87. $l/2, l/2$

89. (a) $-(J_R/J_P)\omega_R$ (nach unten); (b) $-(J_R/2J_P)\omega_R$ (nach unten); (c) $(J_R/J_P)\omega_R$ (nach oben); (d) 0

91. (a) $\omega_H/\omega_V = N_V/N_H$; (b) 4,0; (c) 1,5

93. (a) $1{,}5 \cdot 10^2$ rad/s^2

95. (a) 0,070 rad/s^2; (b) 40 U/min

97. 7,9 N

99. (b) $2{,}2 \cdot 10^3$ rad/s; (c) 24 min

101. (a) 2,9 m; (b) 3,6 m

103. (a) 1,2 rad/s; (b) $2{,}0 \cdot 10^3$ J, $1{,}2 \cdot 10^3$ J, Verlust von $8{,}0 \cdot 10^2$ J Abnahme von 40%

105. (a) 1,7 m/s

107. (a) $h_{\text{min}} = 2{,}7R_0$; (b) $h_{\text{min}} = 2{,}7R_0 - 1{,}7r_0$

109. (a) 0,84 m/s; (b) 0,96

Kapitel 11

7. (a) $-7{,}0\mathbf{i} - 14{,}0\mathbf{j} + 19{,}3\mathbf{k}$; (b) 164°

11. $-(30{,}3\text{ m} \cdot \text{N})\mathbf{k}$ (in negativer z-Richtung)

13. $(18\text{ m} \cdot \text{kN})\mathbf{i} \pm (14\text{ m} \cdot \text{kN})\mathbf{j} \mp (19\text{ m} \cdot \text{kN})\mathbf{k}$

19. $(-55\mathbf{i} - 90\mathbf{j} + 42\mathbf{k})\text{kg} \cdot \text{m}^2/\text{s}$

21. (a) $[(7m/9) + (M/6)]l^2\omega^2$; (b) $[(14m/9) + (M/3)]l^2\omega^2$

23. 2,30 m/s^2

25. (a) $L = [R_0M_1 + R_0M_2 + (I/R_0)]v$; (b) $a = M_2g/[M_1 + M_2 + (I/R_0^2)]$

27. Der Stange dreht sich mit 7,8 rad/s um den Massenmittelpunkt, der sich mit einer konstanten Geschwindigkeit von 0,21 m/s bewegt.

31. $F_1 = [(d + r\cos\phi/2d]m_1r\omega^2 \sin\phi$, $F_2 = [(d - r\cos\phi/2d]m_1r\omega^2 \sin\phi$

33. 16 N, −7,5 N

35. $3m^2v^2/g(3m + 4M)(m + M)$

37. $1 - 4{,}7 \cdot 10^{-13})\omega_E$

39. (a) 14 m/s; (b) 6,8 rad/s

41. $1{,}02 \cdot 10^{-3}$ kg · m^2

43. 2,2 rad/s (0,35 U/s)

45. $\tan^{-1}(r\omega^2/g)$

47. (a) g, entlang einer radialen Linie; (b) 0,998 g, 0,0988° südlich einer radialen Linie (c) 0,997 g entlang einer radialen Linie

49. Nördliche oder Südliche Richtung

51. (a) Südlich; (b) $\omega D^2 \sin\lambda/v_0$; (c) 0,46 m

53. (a) $(-9{,}0\mathbf{i} + 12\mathbf{j} - 8{,}0\mathbf{k})$kg·m^2/s; (b) $(9{,}0\mathbf{i} - 6{,}0\mathbf{k})$m·N

55. (a) Drehung in Neigungsrichtung; (b) $\Delta L = 0{,}98$ kg·m^2/s; $\Delta L = 0{,}18L_0$

57. (a) $1{,}8 \cdot 10^3$ kg·m^2/s^2

59. $c_{CM} = (3gl)^{1/2}$

61. $(19\text{ m/s})(1 - \cos\theta)^{1/2}$

63. (a) $2{,}3 \cdot 10^4$ U/s; (b) $5{,}7 \cdot 10^3$ U/s

Kapitel 12

1. 379 N, 141°

3. $1{,}6 \cdot 10^3$ m · N

5. 6,52 kg

7. 2,84 m von dem Erwachsenen entfernt

9. 0,32 m

11. $F_{Z1} = 3{,}4 \cdot 10^3$ N, $F_{Z2} = 3{,}9 \cdot 10^3$ N

13. $F_1 = -2{,}94 \cdot 10^3$ N (nach unten), $F_2 = 1{,}47 \cdot 10^4$ N

15. Oberes Scharnier: $F_Ax = 55{,}2$ N, $F_Ay = 63{,}7$ N; Unteres Scharnier: $F_Bx = -55{,}2$ N, $F_By = 63{,}7$ N

17. (a)

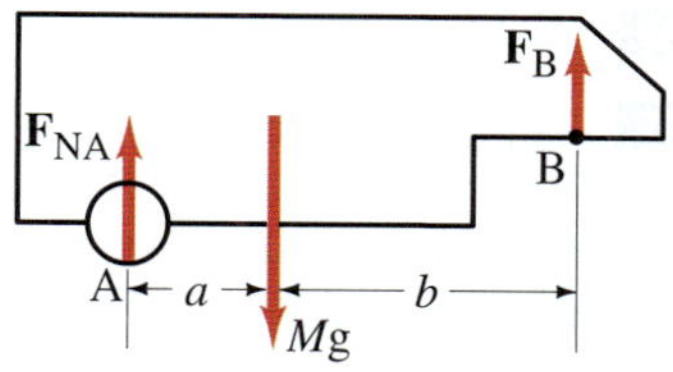

(b) $1{,}5 \cdot 10^4$ N (nach oben)

19. $F_Z = 1{,}4 \cdot 10^3$ N (nach oben), $F_{\text{Knochen}} = 2{,}1 \cdot 10^3$ N (nach unten)

21. $2{,}7 \cdot 10^3$ N

23. 89,5 cm von den Füßen entfernt

25. $F_1 = 5{,}8 \cdot 10^3$ N, $F_2 = 5{,}6 \cdot 10^3$ N

27. (a) $42{,}1 \cdot 10^2$ N; (b) $2{,}0 \cdot 10^3$ N

29. $7{,}1 \cdot 10^2$ N

31. $F_Z = 2{,}5 \cdot 10^2$ N, $F_{AH} = 2{,}5 \cdot 10^2$ N, $F_{AV} = 2{,}0 \cdot 10^2$ N

33. (a) 1,00 N; (b) 1,25 N

35. $\theta_{\text{max}} = 40°$, dieselbe Antwort

37. (a) $F_Z = 182$ N; $F_{N1} = 352$ N, $F_{N2} = 236$ N; (c) $F_B = 298$ N, 52,4°

39. $1{,}0 \cdot 10^2$ N

41. (a) $1{,}2 \cdot 10^5$ N/m^2; (b) $2{,}4 \cdot 10^{-6}$

43. (a) $1{,}3 \cdot 10^5$ N/m^2; (b) $6{,}5 \cdot 10^{-7}$ (c) 0,0062 mm

45. $9{,}6 \cdot 10^6$ N/m^2

47. $9{,}0 \cdot 10^7$ N/m^2, $9{,}0 \cdot 10^2$ atm

49. $2{,}2 \cdot 10^7$ N

51. (a) $1{,}1 \cdot 10^2$ m · N; (b) die Wand; (c) alle drei

53. $3{,}9 \cdot 10^2$ N, dickere Saiten, die maximale Festigkeit wird überschritten

55. (a) $4{,}4 \cdot 10^{-5}$ m^2; (b) 2,7 mm

57. 1,2 cm

61. (a) $F_Z = 129$ kN;
$F_A = 141$ kN, 23,5°;
(b) $F_{DE} = 64{,}7$ kN (Spannung),
$F_{CE} = 32{,}3$ kN (Druck),
$F_{CD} = 64{,}7$ kN (Druck),
$F_{BD} = 64{,}7$ kN (Spannung),
$F_{BC} = 64{,}7$ kN (Spannung),
$F_{AC} = 97{,}0$ kN (Druck),
$F_{AB} = 64{,}7$ kN (Druck),

63. (a) $4{,}8 \cdot 10^{-2}$ m²; (b) $6{,}8 \cdot 10^{-2}$ m²

65. $F_{AB} = 5{,}44 \cdot 10^4$ N (Druck),
$F_{ACx} = 2{,}72 \cdot 10^4$ N (Spannung),
$F_{BC} = 5{,}44 \cdot 10^4$ N (Spannung),
$F_{BD} = 5{,}44 \cdot 10^4$ N (Druck),
$F_{CD} = 5{,}44 \cdot 10^4$ N (Spannung),
$F_{CE} = 2{,}72 \cdot 10^4$ N (Spannung),
$F_{DE} = 5{,}44 \cdot 10^4$ N (Druck)

67. 12 m

69. $M_C = 0{,}191$ kg, $M_D = 0{,}0544$ kg

71. (a) $Mg[h/(2R-h)]^{1/2}$;
(b) $Mg[h/(2R-h)]^{1/2}/(R-h)$

73. $\theta_{max} = 29°$

75. 6, 2,0 m voneinander entfernt

77. 3,8

79. $5{,}0 \cdot 10^5$ N, 3,2 m

81. (a) 600 N; (b) $F_A = 0, F_B = 1200$ N;
(c) $F_A = 150$ N, $F_B = 1050$ N;
(d) $F_A = 750$ N, $F_B = 450$ N

83. $6{,}5 \cdot 10^2$ N

85. 0,67 m

87. Nur das rechte Ende ist sicher, das linke nicht, 0,10 m

89. (a) $F_L = 3{,}3 \cdot 10^2$ N nach oben,
$F_R = 2{,}3 \cdot 10^2$ N nach unten;
(b) 65 cm von der rechten Hand;
(c) 123 cm von der linken Hand

91. $\theta \geq 40°$

93. (b) Über den Tisch hinaus;
(c) $D = L\sum_{i=1}^{n} \frac{1}{2i}$;
(d) 32 Ziegelsteine

95. $F_{TB} = 134$ N, $F_{TA} = 300$ N

97. 2,6w, 31° über der Horizontalen

Kapitel 13

1. $3 \cdot 10^{11}$ kg

3. $4{,}3 \cdot 10^2$ kg

5. 0,8477

7. (a) 3×10^7 N/m²; (b) 2×10^5 N/m²

9. 1,1 m

11. $8{,}28 \cdot 10^3$ kg

13. $1{,}2 \cdot 10^5$ N/m², $2{,}3 \cdot 10^7$ N (nach unten), $1{,}2 \cdot 10^5$ N/m²

15. $6{,}54 \cdot 10^2$ kg/m³

17. $3{,}36 \cdot 10^4$ N/m²(0,331 atm)

19. (a) $1{,}41 \cdot 10^5$ Pa; (b) $9{,}8 \cdot 10^4$ Pa

21. (a) 0,34 kg;
(b) $1{,}5 \cdot 10^4$ N (nach oben)

23. (c) $\geq 0{,}38h$, nein

27. $4{,}70 \cdot 10^3$ kg/m³

29. $8{,}5 \cdot 10^2$ kg

31. Kupfer

33. (a) $1{,}14 \cdot 10^6$ N; (b) $4{,}0 \cdot 10^5$ N

35. (b) Über dem Schwerpunkt

37. 0,88

39. $7{,}9 \cdot 10^2$ kg

43. 4,1 m/s

45. 9,5 m/s

47. $1{,}5 \cdot 10^5$ N/m² = 1,5 atm

49. $4{,}11 \cdot 10^{-3}$ m³/s

51. $1{,}7 \cdot 10^6$ N

59. (a) $2[h_1(h_2-h_1)]^{1/2}$;
(b) $h\prime = h_2 - h_1$

61. 0,072 Pa·s

63. $4{,}0 \cdot 10^3$ Pa

65. 11 cm

67. (a) Laminar; (b) 3200, turbulent

69. 1,9 m

71. $9{,}1 \cdot 10^{-3}$ N

73. (a) $\gamma = F/4\pi$; (b) 0,024 N/m

75. (a) 0,88 m; (b) 0,55 m; (c) 0,24 m

77. $1{,}5 \cdot 10^2$N $\leq F \leq 2{,}2 \cdot 10^2$ N

79. 0,051 atm

81. 0,63 N

83. 5 km

85. $5{,}3 \cdot 10^{18}$ kg

87. 2,6 m

89. 39 Personen

91. 37 N, schwimmt nicht

93. $d = D[v_0^2/(v_0^2 + 2gy)]^{1/4}$

95. (a) 3,2 m/s; (b) 19 s

97. $1{,}9 \cdot 10^2$ m/s

Kapitel 14

1. 0,60 m

3. 1,15 Hz

5. (a) 2,4 N/m; (b) 12 Hz

7. (a) 0,866 x_{max}; (b) 0,500 x_{max}

9. 0,866 A

11. $[(k_1 + k_2)/m]^{1/2}/2\pi$

13. (a) 8/7 s, 0,875 Hz; (b) 3,3 m, −10,4 m/s; (c) +18 m/s, −57 m/s²

15. 3,6 Hz

19. (a) $y = -(0{,}220\,\text{m})\sin[(37{,}1\,\text{s}^{-1})t]$;
(b) maximale Ausdehnung bei 0,0423 s, 0,211 s, 0,381 s, …;
minimal Auslenkung bei 0,127 s, 0,296 s, 0,465 s, …

21. $f = (3k/M)^{1/2}/2\pi$

25. (a) $x = (12{,}0\,\text{cm}) \cdot \cos[(25{,}6\,\text{s}^{-1})t + 1{,}89\,\text{rad}]$;
(b) $t_{max} = 0{,}294$ s, 0,53 s, 0,784 s, …;
$t_{min} = 0{,}171$ s, 0,416 s, 0,661 s, …;
(c) −3,77 cm;
(d) +13,1 N (nach oben);
(e) 3,07 m/s, 0,110 s

27. (a) 0,650 m; (b) 1,34 Hz; (c) 29,8 J;
(d) $E_{kin} = 25{,}0$ J, $E_{pot} = 4{,}8$ J

29. 9,37 m/s

31. $A_1 = 2{,}24A_2$

33. (a) $4{,}2 \cdot 10^2$ N/m; (b) 3,3 kg

35. 352,6 m/s

39. 0,9929 m

41. (a) 0,248 m; (b) 2,01 s

43. (a) $-12°$; (b) $+1{,}9°$; (c) $-13°$

45. $\frac{1}{3}$

47. 1,08 s

49. 0,31 g

51. (a) 1,6 s

53. 3,5 s

55. (a) 0,727 s; (b) 0,0755; (c) $x = (0{,}189\,\mathrm{m})\,\mathrm{e}^{-(0{,}108/\mathrm{s})t} \cdot \sin[(8{,}64\,\mathrm{s}^{-1})t]$

57. (a) $8{,}3 \cdot 10^{-4}$%; (b) 39 Perioden

59. (a) 5,03 Hz; (b) $0{,}0634\,\mathrm{s}^{-1}$; (c) 110 Schwingungen

61.

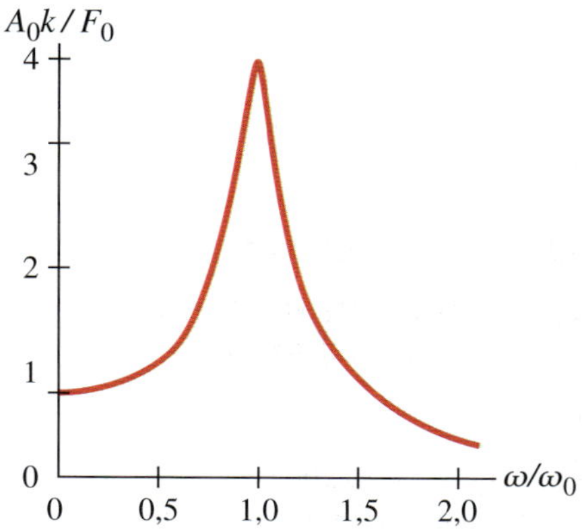

65. (a) 198 s; (b) $8{,}7 \cdot 10^{-6}$ W; (c) $8{,}8 \cdot 10^{-4}$ Hz auf jeder Seite von f_0

69. (a) 0,63 Hz; (b) 0,65 m/s; (c) 0,077 J

71. 151 N/m; 20,3 m

73. 0,11 m

75. 3,6 Hz

77. (a) 1,1 Hz; 13 J

79. (a) 90 N/m; (b) 8,9 cm

81. $k = \rho_{\mathrm{Wasser}} g A$

83. Das Wasser schwingt harmonisch, $k = 2\rho g A$, von der Dichte und dem Querschnitt

85. $T = 2\pi(ma/2k\,\Delta a)^{1/2}$

87. (a) 1,64 s; (b) 0,67 m

Kapitel 15

1. 2,3 m/s

3. 1,26 m

5. 0,72 m

7. 2,7 N

9. (a) 75 m/s; (b) $7{,}8 \cdot 10^3$ N

11. (a) $1{,}3 \cdot 10^3$ km; (b) kann nicht bestimmt werden

13. (a) 0,25; (b) 0,50

17. (a) 0,30; (b) 0,25

19. $S = S_{\mathrm{M}} \sin[2\pi(x/\lambda + t/T) + \phi]$

21. (a) 41 m/s; (b) $6{,}4 \cdot 10^4\,\mathrm{m/s^2}$; (c) 41 m/s, $8{,}2 \cdot 10^3\,\mathrm{m/s^2}$

23. (a) und (c)

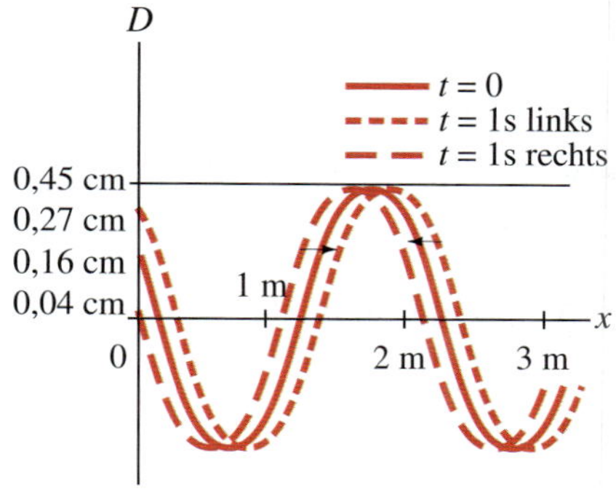

(b) $S = (0{,}45\,\mathrm{m}) \cdot \cos[(3{,}0\,\mathrm{m}^{-1})x - (6{,}0\,\mathrm{s}^{-1})t + 1{,}2\,]$
(d) $S = (0{,}45\,\mathrm{m}) \cdot \cos[(3{,}0\,\mathrm{m}^{-1})x + (6{,}0\,\mathrm{s}^{-1})t + 1{,}2\,]$

25. $S = -(0{,}45\,\mathrm{m})\cos[(8{,}01\,\mathrm{m}^{-1})x - (2{,}76 \cdot 10^3\,\mathrm{s}^{-1})t]$

27. Die Funktion ist eine Lösung.

31. (a) $v_2/v_1 = (\mu_1/\mu_2)^{1/2}$; (b) $\lambda_2/\lambda_1 = v_2/v_1 = (\mu_1/\mu_2)^{1/2}$; (c) Im leichtereN Seil.

33. (c) $A_Z = [2k_1/(k_2 + k_1)]A = [2v_1/(v_2 + v_1)]A$

35. (b) $2S_{\mathrm{M}} \cos(\frac{1}{2}\phi)$, rein sinusförmig; (d) $S = \sqrt{2}D_{\mathrm{M}} \sin(kx - \omega t + \pi/4)$

37. 440 Hz, 880 Hz, 1320 Hz, 1760 Hz

39. $f_n = n(0{,}50\,Hz), n = 1, 2, 3, \ldots$; $T_n = (2{,}0\,\mathrm{s})/n, n = 1, 2, 3, \ldots$

41. 70 Hz

45. 4

47. (a) $D_2 = (4{,}2\,\mathrm{cm})\sin[(0{,}71\,\mathrm{cm}^{-1})x + (47\,\mathrm{s}^{-1})t + 2{,}1]$; (b) $D_{\mathrm{res}} = (8{,}4\,\mathrm{cm})\sin[(0{,}71\,\mathrm{cm}^{-1})x + 2{,}1]\cos[(47\,\mathrm{s}^{-1})t]$

49. 308 Hz

51. (a)

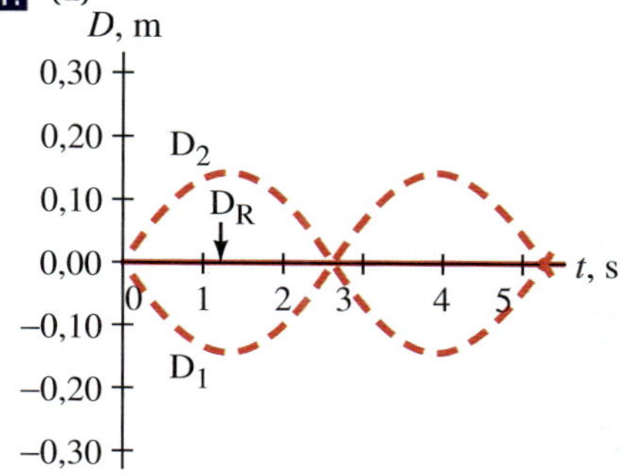

(b)

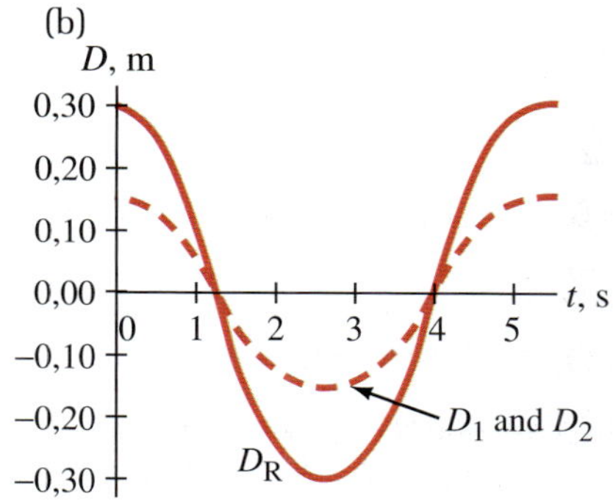

53. 5,4 km/s

55. 29°

57. 24°

59. Die Geschwindigkeit ist in dem Stab mit der geringeren Dichte um einen Faktor $\sqrt{2}$ größer.

61. (a) 0,050 m; (b) 2,3

63. 0,99 m

65. (a) durchgezogene Kurven; (c) gestrichelete Kurven;

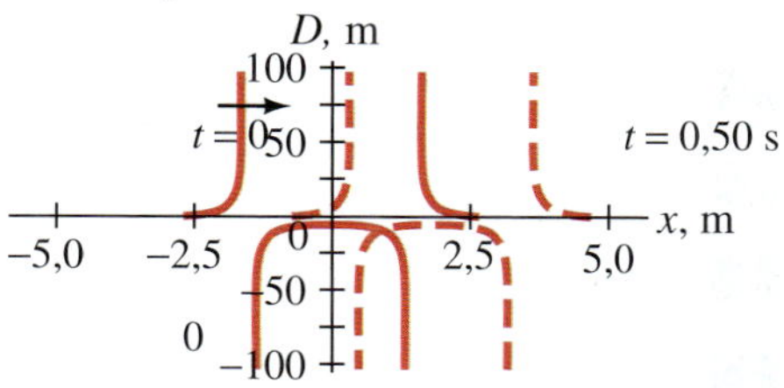

(b) $D = (4{,}0\,\text{m}^3)/\{[x - (3{,}0\,\text{m/s})t]^2 - 2{,}0\,\text{m}^2\}$;

(d)

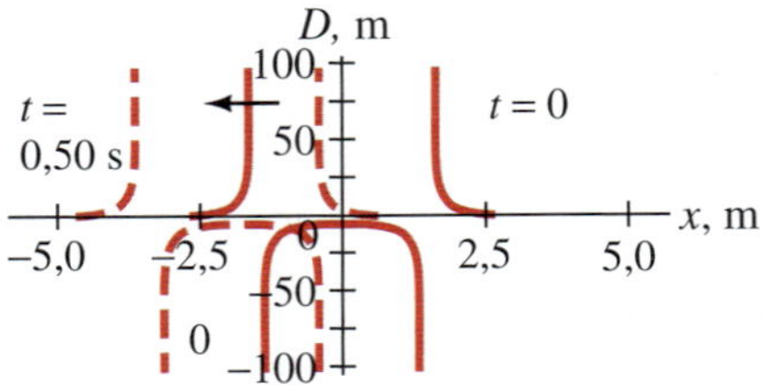

$D = (4{,}0\,\text{m}^3)/\{[x + (3{,}0\,\text{m/s})t]^2 - 2{,}0\,\text{m}^2\}$

67. (a) 784 Hz, 1176 Hz, 880 Hz, 1320 Hz; (b) 1,26; (c) 1,12; (d) 0,794

69. $\lambda_n = 4L/(2n-1), n = 1, 2, 3, \ldots$

71. $y = (3{,}5\,\text{cm}) \cdot \cos[(1{,}05\,\text{cm}^{-1})x - (1{,}39\,\text{s}^{-1})t]$

73.

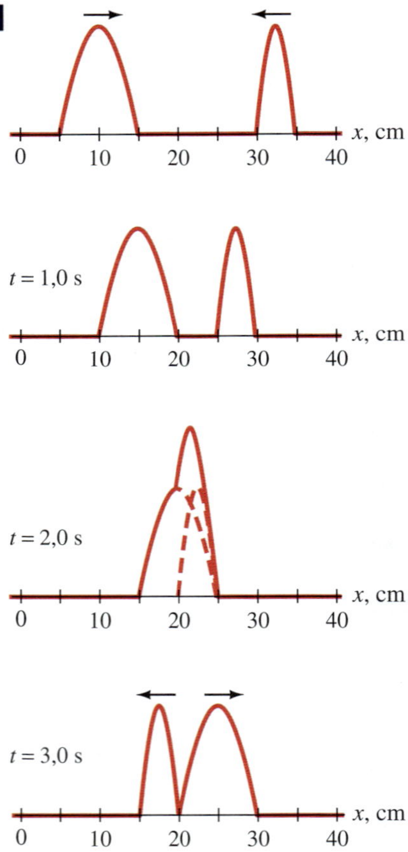

Kapitel 16

1. $2{,}6 \cdot 10^2$ m

3. $5{,}4 \cdot 10^2$ m

5. 1200 m, 300 m

7. (a) $1{,}1 \cdot 10^{-8}$ m; (b) $1{,}1 \cdot 10^{-10}$ m

9. (a) $\Delta P = (4 \cdot 10^{-5}\,\text{Pa}) \cdot \sin[(0{,}949\,\text{m}^{-1})x - (315\,\text{s}^{-1})t]$; (b) $\Delta P = (4 \cdot 10^{-3}\,\text{Pa}) \cdot \sin[(94{,}9\,\text{m}^{-1})x - (3{,}15 \cdot 10^4\,\text{s}^{-1})t]$

11. (a) 49 bD; (b) $3{,}2 \cdot 10^{-10}\,\text{W/m}^2$

13. 150 Hz bis 20 000 Hz

15. (a) 9; (b) 9,5 bB

17. (a) die höhere Frequenz ist um den Faktor 2 größer; (b) 4

19. (a) $5{,}0 \cdot 10^{-13}$ W; (b) $6{,}3 \cdot 10^4$ Jahre

21. 87 dB

23. (a) $5{,}10 \cdot 10^{-5}$ m; (b) 29,8 Pa

25. (a) $1{,}5 \cdot 10^3$ W; (b) $3{,}4 \cdot 10^2$ m

27. (b) 190 dB

29. (a) 570 Hz; (b) 860 Hz

31. 8,6 mm $< L <$ 8,6 m

33. (a) 110 Hz, 330 Hz, 550 Hz, 770 Hz; (b) 220 Hz, 440 Hz, 660 Hz, 880 Hz

35. (a) 0,656 m; (b) 262 Hz, 1,31 m; (c) 1,31 m, 262 Hz

37. −2,6%

39. (a) 0,578 m; (b) 869 Hz

41. 215 m/s

43. 0,64, 0,20, −2 dB, −7 dB

45. 28,5 kHz

47. (a) 130,5 Hz oder 133,5 Hz; (b) ±2,3%

49. (a) 343 Hz; (b) 1030 Hz, 1715 Hz

53. 346 Hz

57. (a) 1690 Hz; (b) 1410 Hz

59. 30 890 Hz

61. 120 Hz

63. 91 Hz

65. 90 Schläge pro Minute

67. (a) 570 Hz; (b) 570 Hz; (c) 570 Hz; (d) 570 Hz; (e) 594 Hz; (f) 595 Hz;

71. (a) 120; (b) 0,96°

73. (a) 37°; (b) 1,7

75. 0,278 s

77. 55 m

79. 410 km/h

81. 1, 0,444, 0,198, 0,0878, 0,0389

83. 18,1 W

85. 15 W

87. 2,3 Hz

89. $\Delta P_\text{M}/\Delta P_\text{M0} = \Delta D_\text{M}/\Delta D_\text{M0} = 10^6$

91. 50 dB

93. 17,5 m/s

95. 2,3 kHz

97. 550 Hz

99. (a) $2{,}8 \cdot 10^3$ Hz; (b) 1,80 m; (c) 0,12 m

101. (a) $2{,}2 \cdot 10^{-7}$ m; (b) $5{,}4 \cdot 10^{-5}$ m

Kapitel 17

1. 0,548

3. (a) 20 °C; (b) ≈ 3300 °F

5. 104,4°F

7. −40°F = −40 °C

9. $\Delta L_\text{Invar} = 2{,}0 \cdot 10^{-6}$ m, $\Delta L_\text{Stahl} = 1{,}2 \cdot 10^{-4}$ m, $\Delta L_\text{Marmor} = 2{,}5 \cdot 10^{-5}$ m

11. −69 °C

13. 5,1 mL

15. 0,06 cm^3

19. −40 min

21. $-2{,}8 \cdot 10^{-3}$ (0,28%)

23. $3{,}5 \cdot 10^7\,\text{N/m}^2$

25. (a) 27 °C; (b) $4{,}3 \cdot 10^3$ N

27. −459,7°F

29. 1,07 m^3

31. 1,43 kg/m^3

33. (a) 14,8 m^3; (b) 1,81 atm

35. $1{,}80 \cdot 10^3$ atm

37. 37 °C

39. 3,43 atm

41. 0,588 kg/m^3,
Wasserdampf ist kein ideales Gas

43. $2{,}69 \cdot 10^{25}$ Moleküle pro m^3

45. $4{,}9 \cdot 10^{22}$ Moleküle

47. $7{,}7 \cdot 10^3$ N

49. (a) 71,2 torr; (b) 157 °C

51. (a) 0,19 K; (b) 0,051%

53. (a) niedrig; (b) 0,017%

55. 1/6

57. $5{,}1 \cdot 10^{27}$ Moleküle, $8{,}4 \cdot 10^3$ mol

59. 11 L, nicht zu empfehlen

61. (a) $9{,}3 \cdot 10^2$ kg; (b) $1{,}0 \cdot 10^2$ kg

63. $1{,}1 \cdot 10^{44}$ Moleküle

65. $3{,}3 \cdot 10^{-7}$ cm

67. $1{,}1 \cdot 10^3$ m

69. 15 h

71. $0{,}66 \cdot 10^3$ kg/m^3

73. ±0,11 °C

77. 3,6 m

Kapitel 18

1. (a) $5{,}65 \cdot 10^{-21}$ J; (b) $7{,}3 \cdot 10^3$ J

3. 1,17

5. (a) 4,5; (b) 5,2

7. $\sqrt{2}$

11. (a) 461 m/s; (b) 19 s^{-1}

13. 1,00429

15. Dampf

17. (a) Gas, Flüssigkeit, Dampf

19. (b) Gas, Flüssigkeit,
Festkörper, Dampf

21. 0,69

23. 11 °C

25. 1,96 atm

27. 120 °C

29. (a) $5{,}3 \cdot 10^6$ Pa; (b) $5{,}7 \cdot 10^6$ Pa

31. (b) $b = 4{,}28 \cdot 10^{-5}$ m^3/mol,
$a = 0{,}365$ N · m^4/mol^2

33. (a) 10^{-7} atm; (b) 300 atm

35. (a) 6,3 cm; (b) 0,58 cm

37. $2 \cdot 10^{-7}$ cm

39. (b) $4{,}7 \cdot 10^7$ s^{-1}

43. 7,8 h

45. (b) $4 \cdot 10^{-11}$ mol/s; (c) 0,7 s

47. $2{,}6 \cdot 10^2$ m/s,
$4 \cdot 10^{-17}$ N/m^2 $\approx 4 \cdot 10^{-22}$ atm

49. (a) $2{,}9 \cdot 10^2$ m/s; (b) 12 m/s

51. ja, 70 cm

53. $mgh = 4{,}3 \cdot 10^{-5}\,(\frac{1}{2}mv_{\text{eff}}^2)$, ja

55. $P_2/P_1 = 1{,}43$, $T_2/T_1 = 1{,}20$

57. $1{,}4 \cdot 10^5$ K

59. (a) $1{,}7 \cdot 10^3$ Pa; (b) $7{,}0 \cdot 10^2$ Pa

61. $2 \cdot 10^{13}$ m

Kapitel 19

1. $1{,}0 \cdot 10^7$ J

3. $1{,}8 \cdot 10^2$ J

5. $2{,}1 \cdot 10^2$ kg/h

7. 83 kcal

9. $4{,}7 \cdot 10^6$ J

11. 40 °C

13. 186 °C

15. 7,1 min

17. (a) $mc_0[(T_2 - T_1) + (T_2^2 - T_1^2)/2]$;
(c) $c_{\text{mittel}} = c_0[1 + \frac{1}{2}a(T_2 + T_1)]$

19. 0,334 kg (0,224 L)

21. $\frac{2}{3}m$ Dampf und $\frac{4}{3}m$ Wasser
bei 100 °C

23. 9,4 g

25. $4{,}7 \cdot 10^3$ kcal

27. $1{,}22 \cdot 10^4$ J/kg

29. 360 m/s

31. (a) 0; (b) $5{,}00 \cdot 10^3$ J

33.

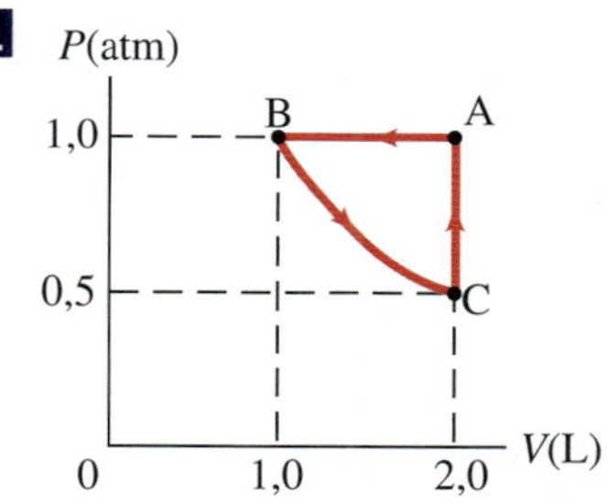

35. (a) 0; (b) −1300 kJ

37. (a) $1{,}6 \cdot 10^2$ J; $+1{,}6 \cdot 10^2$ J

39. $W = 3{,}46 \cdot 10^3$ J, $\Delta U = 0$,
$Q = +3{,}46 \cdot 10^3$ J

41. +129 J

45. (a) +25 J; (b) +63 J; (c) −95 J;
(d) −120 J; (e) −15 J

47. $W = RT \ln\left(\frac{V_2 - b}{V_1 - b}\right) + a\left(\frac{1}{V_2} - \frac{1}{V_1}\right)$

49. 22 °C/h

51. 4,98 cal/mol · K, 2,49 cal/mol · K;
6,97 cal/mol · K, 3,48 cal/mol · K

53. 83,7 g/mol, Krypton

55. 46 °C

57. (a) $2{,}08 \cdot 10^3$ J; (b) $8{,}32 \cdot 10^2$ J;
(c) $2{,}91 \cdot 10^3$ J

59. 0,379 atm, −51 °C

61. $1{,}33 \cdot 10^3$ J

63. (a) $T_1 = 317$ K, $T_2 = 153$ K;
(b) $-1{,}59 \cdot 10^4$ J; (c) $-1{,}59 \cdot 10^4$ J;
(d) $Q = 0$

65. (a)

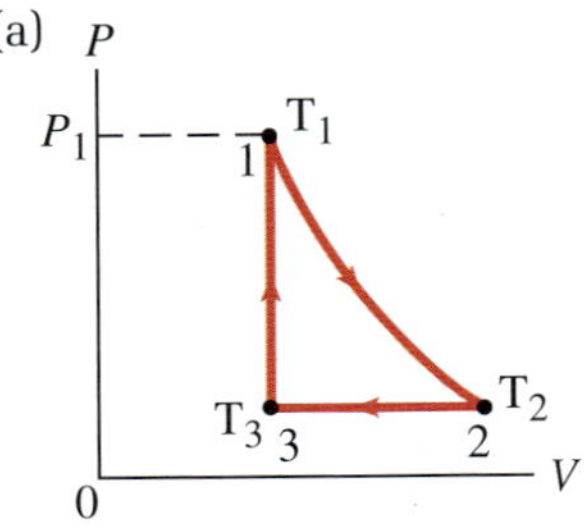

(b) 231 K; (c) $Q_{1\to 2} = 0$;
$\Delta U_{1\to 2} = -2{,}01 \cdot 10^3$ J,
$W_{1\to 2} = +2{,}01 \cdot 10^3$ J,
$W_{2\to 3} = -1{,}31 \cdot 10^3$ J,
$\Delta U_{2\to 3} = -1{,}97 \cdot 10^3$ J,
$Q_{2\to 3} = -3{,}28 \cdot 10^3$ J,
$W_{3\to 1} = 0$;
$\Delta U_{3\to 1} = +3{,}98 \cdot 10^3$ J,
$Q_{3\to 1} = +3{,}98 \cdot 10^3$ J;
(d) $W_{\text{Kreisprozess}} = +0{,}70 \cdot 10^3$ J;
$Q_{\text{Kreisprozess}} = +0{,}70 \cdot 10^3$ J;
$\Delta U_{\text{Kreisprozess}} = 0$

67. (a) 64 W; (b) 22 W

69. $4{,}8 \cdot 10^2$ W

71. 31 h

73. (a) $1{,}7 \cdot 10^{17}$ W; (b) 278 K (5 °C)

75. (b) $\Delta Q/\Delta t = A(T_2 - T_1)/\Sigma(l/k_i)$

77. 22%

79. $4 \cdot 10^{15}$ J

81. 2,8 kcal/kg

83. 30 °C

85. 682 J

87. 2,8 °C

89. 2,58 cm,
der Stab würde verdampfen

91. 4,3 kg

95. (a) 2,3 °C/s; (b) 84 °C; (c) Konvektion, Wärmeleitung, Verdampfung

97. (a) $\rho = m/V = (mP/nR)/T$;
(b) $\rho = (mP/nR)P$

99. (a) $1{,}9 \cdot 10^5$ J; (b) $-1{,}4 \cdot 10^5$ J;
(c)

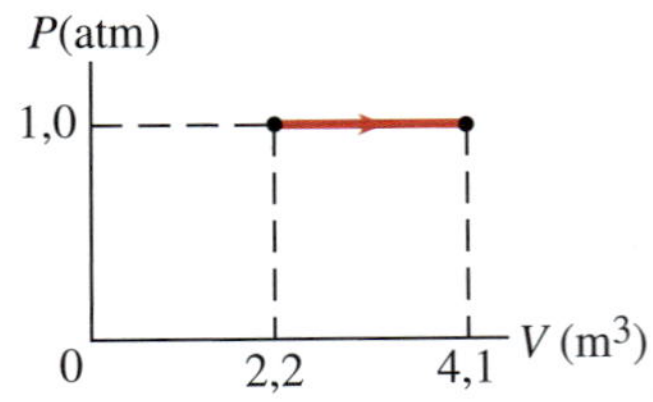

101. $3{,}2 \cdot 10^5$ s = 3,7 d

103. 10 °C

Kapitel 20

1. 24%

3. 816 MW

5. 18%

7. 13 km³ pro Tag, 63 km²

9. 28,0%

13. $1{,}2 \cdot 10^{13}$ J/h

15. $1{,}4 \cdot 10^3$ m pro Tag

17. 660 °C

19. $3{,}7 \cdot 10^8$ kg/h

21. (a) $P_a = 5{,}15 \cdot 10^5$ Pa;
$P_b = 2{,}06 \cdot 10^5$ Pa;
(b) $V_c = 30{,}0$ L, $V_d = 12{,}0$ L;
(c) $2{,}83 \cdot 10^3$ J; (d) $-2{,}14 \cdot 10^3$ J;
(e) $0{,}69 \cdot 10^3$ J; (f) 24%

23. 5,7

25. −21 °C

27. 2,9

29. (a) $3{,}9 \cdot 10^4$ J; (b) 3,0 min

31. 76 L

33. 0,15 J/K

35. +11 kcal/K

37. +0,0104 cal/K · s

39. $1{,}7 \cdot 10^2$ J/K

43. (a) 0,312 kcal/K;
(b) > −0,312 kcal/K

45. (a) adiabatischer Prozess;
(b) $\Delta S_i = -nR \ln 2$, $\Delta S_a = 0$;
(c) $\Delta S_{\text{umg, i}} = nR \ln 2$, $\Delta S_{\text{umg, a}} = 0$

47. (a) Die Entropie ist eine Zustandsgröße.

51. (a) 5/16; (b) 1/64

53. (b), (a), (c), (d)

55. 69%

57. $2{,}6 \cdot 10^3$ J/K

59. (a) 17; (b) $5{,}9 \cdot 10^7$ J/h

61. (a) 5,3 °C; (b) +77 J/kg · K

63. $\Delta S = K/T$

65. (a)

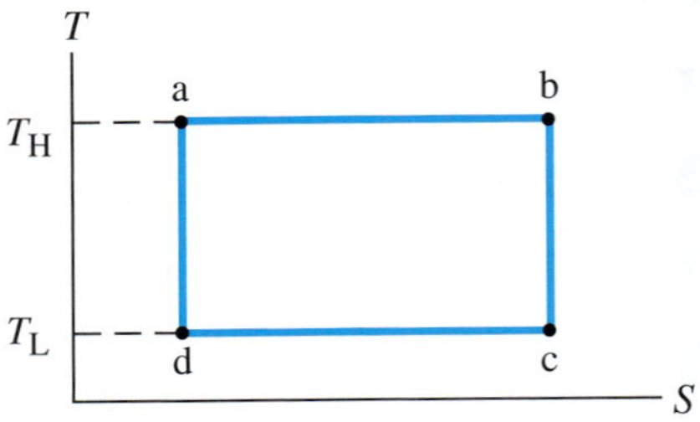

(b) Fläche = $Q_{\text{net}} = W_{\text{net}}$

67. $e_{\text{Stirling}} = (T_H - T_L)\ln(V_b/V_a)/[T_H \ln(V_b/V_a) + \frac{3}{2}(T_H - T_L)]$,
$e_{\text{Stirling}} < e_{\text{Carnot}}$

69. 0,091 PS

71. (a) 1/379; (b) $1/1{,}59 \cdot 10^{11}$

Kapitel 21

1. $6{,}3 \cdot 10^9$ N

3. $2{,}7 \cdot 10^{-3}$ N

5. $5{,}5 \cdot 10^3$ N

7. 8,66 cm

9. $-5{,}4 \cdot 10^7$ C

11. 83,8 N weg vom Mittelpunkt des Dreiecks

13. $2{,}96 \cdot 10^7$ N in Richtung Mittelpunkt des Quadrats

15. $\mathbf{F}_1 = (kQ^2/l^2)[(-2 + 3\sqrt{2}/4)\mathbf{i} + (4 - 3\sqrt{2}/4)\mathbf{j}]$,
$\mathbf{F}_2 = (kQ^2/l^2)[(2 + 2\sqrt{2})\mathbf{i} + (-6 + 2\sqrt{2})\mathbf{j}]$,
$\mathbf{F}_3 = (kQ^2/l^2)[(-12 - 3\sqrt{2}/4)\mathbf{i} + (6 + 3\sqrt{2}/4)\mathbf{j}]$,
$\mathbf{F}_1 = (kQ^2/l^2)[(12 - 2\sqrt{2})\mathbf{i} + (-4 - 2\sqrt{2})\mathbf{j}]$,

17. (a) $Q_1 = Q_2 = \frac{1}{2}Q_T$;
(b) Q_1 (oder Q_2) = 0

19. $0{,}402Q_0$, $0{,}366l$ von Q_0

21. $60{,}2 \cdot 10^{-6}$ C, $29{,}8 \cdot 10^{-6}$ C; $-16{,}8 \cdot 10^{-6}$ C, $106{,}8 \cdot 10^{-6}$ C

23. $\mathbf{F} = -(1{,}90kQ^2/l^2)(\mathbf{i} + \mathbf{j} + \mathbf{k})$

25. $2{,}18 \cdot 10^{-16}$ N (westlich)

27. $7{,}43 \cdot 10^6$ N/C (nach oben)

29. $(1{,}39 \cdot 10^2\ \text{N/C})\mathbf{j}$

33.

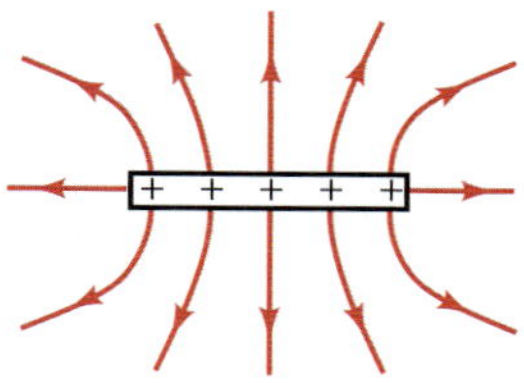

35. $8{,}26 \cdot 10^{-10}$ N/C (südlich)

37. $4{,}5 \cdot 10^6$ N/C nach oben, $1{,}2 \cdot 10^7$ N/C, 56° über dem Horizont

39. $5{,}61 \cdot 10^4$ N/C weg von der gegenüberliegenden Ecke

41. $Q_1/Q_2 = \frac{1}{4}$

43. (a) $2Qy/4\pi\epsilon_0(y^2 + l^2)^{3/2}\mathbf{j}$

45. $\frac{Q}{4\pi\epsilon_0}\left[\frac{x\mathbf{i} - (2a/\pi)\mathbf{j}}{(x^2+a^2)^{3/2}}\right]$

49. $\frac{-2\lambda \sin\theta_0}{4\pi\epsilon_0 R}\,\mathbf{i}$

51. (a) $\frac{\lambda}{4\pi\epsilon_0 x(x^2+L^2)^{1/2}} \cdot \{L\mathbf{i} + [x - (x^2 + L^2)^{1/2}]\mathbf{j}\}$

53. $(\sigma/2\epsilon_0)\mathbf{k}$

55. (a) $\mathbf{a} = -(3{,}5 \cdot 10^{15}\ \text{m/s}^2)\mathbf{i} - (1{,}41 \cdot 10^{16}\ \text{m(s}^2))\mathbf{j}$; (b) $\theta = -104°$

57. $\theta = -28°$

59. (b) $2\pi(4\pi\epsilon_0 mR^{37} qQ)^{1/2}$

61. (a) $3{,}4 \cdot 10^{-20}$ C; (b) nein; (c) $8{,}5 \cdot 10^{-26}$ m · N; (d) $2{,}5 \cdot 10^{-26}$ J

63. (a) $\theta \ll 1$; (b) $(\rho E/I)^{1/2}/2\pi$

65. (b) in Richtung des Dipols

67. $6{,}8 \cdot 10^3$ C

69. $5{,}7 \cdot 10^{13}$ C

71. $\mathbf{F}_1 = 0{,}30$ N, 265° mit der x-Achse, $\mathbf{F}_2 = 0{,}26$ N, 139° mit der x-Achse, $\mathbf{F}_3 = 0{,}26$ N, 30° mit der x-Achse

73. $4{,}2 \cdot 10^5$ N/C nach oben

75. $0{,}444Q_0$, $0{,}333l$ von Q_0

77. 5,60 m von der positiven Ladung und 3,60 m von der negativen Ladung

79. (a) in Richtung der Geschwindigkeit, nach rechts; (b) $2{,}1 \cdot 10^2$ N/C

81. $\theta_0 = 18°$

83. $(1{,}08 \cdot 10^7\ \text{N/C}\{3{,}00 - \cos[(12{,}5\ \text{s}^{-1})t]\}^2$, nach oben

85. $E_A = 4{,}2 \cdot 10^4$ N/C (rechts),
$E_B = -1{,}4 \cdot 10^4$ N/C (links),
$E_C = -2{,}8 \cdot 10^3$ N/C (links),
$E_D = -4{,}2 \cdot 10^4$ N/C (links)

87. $d(1 + \sqrt{2})$ von der negativen Ladung und $d(2 + \sqrt{2})$ von der positiven Ladung

Kapitel 22

1. (a) 41 N · m² /C;
(b) 29 N · m² / C;
(c) 0

3. $\Phi_{\text{net}} = 0$
$\Phi_{x=0} = -(6{,}5 \cdot 10^3\ \text{N/C})\,l^2$,
$\Phi_{x=l} = +(6{,}5 \cdot 10^3\ \text{N/C})\,l^2$,
$\Phi_{sonst} = 0$

5. 12,8 nC

7. −1,2 μC

9. $-3{,}75 \cdot 10^{-11}$ C

11. (a) $-1{,}0 \cdot 10^4$ N/C (in Richtung des Drahtes)
(b) $-2{,}5 \cdot 10^4$ N/C (in Richtung des Drahtes)

13.

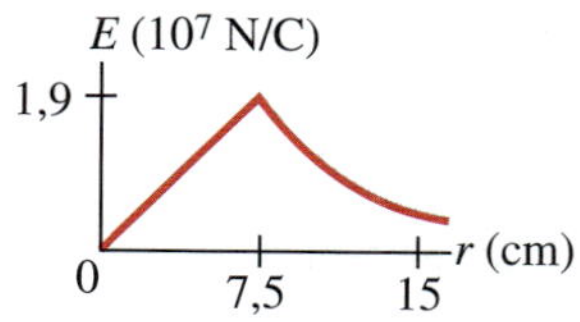

15. (a) $5{,}5 \cdot 10^7$ N/C (weg vom Mittelpunkt); (b) 0

17. (a) −8,00 μC; (b) +1,00 μC

19. (a) 0; (b) σ/ϵ_0 (c) unbeeinflusst

21. (a) 0; (b) $\sigma_1 r_1^2/\epsilon_0 r^2$;
(c) $(\sigma_1 r_1^2 + \sigma_2 r_2^2)/\epsilon_0 r^2$;
(d) $\sigma_2/\sigma_1 = -(r_1/r_2)^2$; (e) $\sigma_1 = 0$

23. (a) $q/4\pi\epsilon_0 r^2$; (b) $(1/4\pi\epsilon_0)[Q(r^2 - r_1^3) + q(r_0^3 - r_1^3)]/(r_0^3 - r_1^3)r^2$;
(c) $(q + Q)/4\pi\epsilon_0 r^2$

25. (a) $q/4\pi\epsilon_0 r^2$; (b) $(q + Q)/4\pi\epsilon_0 r^2$;
(c) $E(r < r_0) = Q/4\pi\epsilon_0 r^2$,
$E(r > r_0) = 2Q/4\pi\epsilon_0 r^2$;
(d) $E(r < r_0) = -Q/4\pi\epsilon_0 r^2$,
$E(r > r_0) = 0$

27. (a) $\sigma R_0/\epsilon_0 r$; (b) 0;
(c) Die Antwort bleibt die gleiche.

29. (a) 0; (b) $Q/2\pi\epsilon_0 Lr$; (c) 0;
(d) $eQ/4\pi\epsilon_0 L$

31. (a) 0; (b) $-2{,}3 \cdot 10^5$ N/C (in Richtung der Achse); (c) $-1{,}8 \cdot 10^4$ N/C (in Richtung der Achse)

33. (a) $\rho_E r/2\epsilon_0$; (b) $\rho_E R_1^2/2\epsilon_0 r$;
(c) $\rho_E(r^2 + R_1^2 - R_2^2)/2\epsilon_0 r$;
(d) $\rho_E(R_3^2 + R_1^2 - R_2^2)/2\epsilon_0 r$; (e)

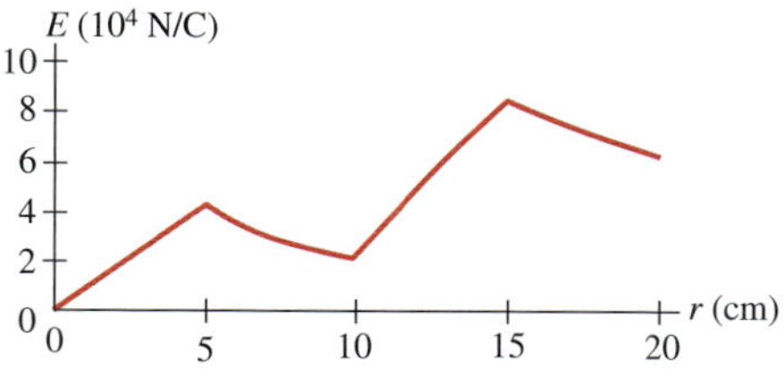

35. $Q/\epsilon_0\sqrt{2}$

37. $\oint \mathbf{g} \cdot d\mathbf{A} = -4\pi GM$

39. $Q_{\text{encl}} = \epsilon_0 b l^3$

41. $3{,}95 \cdot 10^2$ N · m² / C,
$-1{,}69 \cdot 10^2$ N · m² / C

43. (a) 0; (b) $Q/25\pi\epsilon_0 r_0^2 \le E \le Q/\pi\epsilon_0 r_0^2$;
(c) nicht senkrecht;
(d) nicht nützlich

45. (a) $0{,}677e = +1{,}08 \cdot 10^{-19}$ C;
(b) $3{,}5 \cdot 10^{11}$ N/C

47. (a) $\rho_E r_0/6\epsilon_0$ (rechts);
(b) $-17\rho_E r_0/54\epsilon_0$ (links)

49. (a) 0; (b) $5{,}65 \cdot 10^5$ N/C (rechts);
(c) $5{,}65 \cdot 10^5$ N/C (rechts);
(d) $-5{,}00 \cdot 10^{-6}$ C/m^2;
(e) $+5{,}00 \cdot 10^{-6}$ C/m^2

Kapitel 23

1. $-4{,}2 \cdot 10^{-5}$ J
(verrichtet durch das Feld)

3. $3{,}4 \cdot 10^{-15}$ J

5. $U_a - U_b = +72{,}8$ V

7. 7,04 V

9. 0,8 µC

11. (a) $U_{BA} = 0$; (b) $U_{CB} = -2100$ V;
(c) $U_{CA} = -2100$ V

13. (a) $-9{,}6 \cdot 10^8$ V
(b) $V(\infty) = +9{,}6 \cdot 10^8$ V

15. (a) die gleiche
(b) $Q_2 = r_2 Q/(r_1 + r_2)$

17. (a) $Q/4\pi\epsilon_0 r$;
(b) $(Q/8\pi\epsilon_0 r_0)[3 - (r^2/r_0^2)]$;
(c)

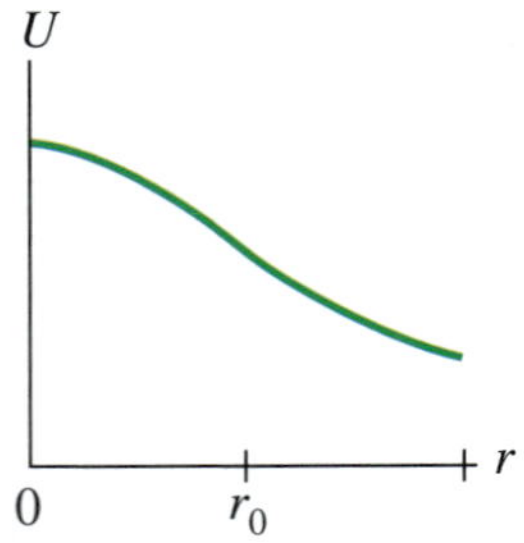

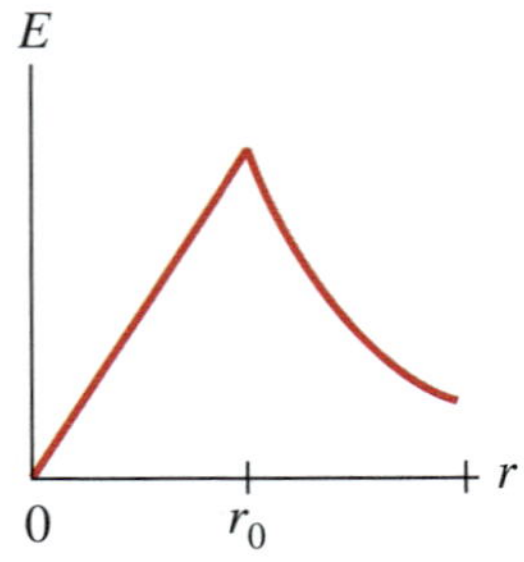

19. (a) $U_0 + (\sigma R_0/\epsilon_0)\ln(R_0/r)$;
(b) $U = U_0$; (c) $U \neq 0$

21. (a) 29 V; (b) -29 eV$(-4{,}6 \cdot 10^{-18}$ J)

23. +0,19 J

25. 4,2 MV

27. $2{,}33 \cdot 10^7$ m/s

29. $U_{BA} = (1/2\pi\epsilon_0)q(2b-d)/b(d-b)$

31. $\frac{\sigma}{2\epsilon_0}\left[(x^2+R_2^2)^{1/2} - (x^2+R_1^2)^{1/2}\right]$

33. $\frac{Q}{8\pi\epsilon_0 L}\ln\left(\frac{x+L}{x-L}\right), x > L$

35. $\frac{a}{6\epsilon_0}\left[(x^2+R^2)^{1/2}(R^2-2x^2)+2x^3\right]$

37. 3,2 mm

39. (a) $8{,}5 \cdot 10^{-30}$ C · m; (b) null

41. (a) $-0{,}088$ V; (b) 1%

43. (a) $5{,}2 \cdot 10^{-20}$ C

47. $\mathbf{E} = 2y(2z-1)\mathbf{i} - 2(y+x-2xz)\mathbf{j}$
$+(4xy)\mathbf{k}$

49. (a) $9{,}6 \cdot 10^4$ eV; (b) $1{,}9 \cdot 10^5$ eV

51. $-2{,}4 \cdot 10^4$ V

53. (a) $U = (1/4\pi\epsilon_0)(Q_1Q_2/r_{12} + Q_1Q_3/r_{13} + Q_1Q_4/r_{14} + Q_2Q_3/r_{23} + Q_2Q_4/r_{24} + Q_3Q_4/r_{34})$;
(b) $U = (1/4\pi\epsilon_0)(Q_1Q_2/r_{12} + Q_1Q_3/r_{13} + Q_1Q_4/r_{14} + Q_1Q_5/r_{15} + Q_2Q_3/r_{23} + Q_2Q_4/r_{24} + Q_2Q_5/r_{25} + Q_3Q_4/r_{34} + Q_3Q_5/r_{35} + Q_4Q_5/r_{45})$

55. (a) 2,0 keV; (b) 42,8

57. (a) $(-4+\sqrt{2})Q^2/4\pi\epsilon_0 b$; (b) 0

59. $3Q^2/20\pi\epsilon_0 r$

61. $5{,}4 \cdot 10^5$ V/m

63. $9 \cdot 10^2$ V

65. (a) 1,1 MV; (b) 13 kg

67. 7,2 MV

69. $1{,}58 \cdot 10^{12}$ Elektronen

71. $1{,}7 \cdot 10^{-12}$ V

73. $1{,}03 \cdot 10^6$ m/s

75. $U_a = -3{,}5Q/4\pi\epsilon_0 L$
$U_b = -5{,}2\,Q/4\pi\epsilon_0 L$
$U_c = -6{,}8\,Q/4\pi\epsilon_0 L$

77. (a) $5{,}8 \cdot 10^5$ V; (b) $9{,}2 \cdot 10^{-14}$ J

79. $U_a - U_b = (\lambda/2\pi\epsilon_0)\ln(R_b/R_a)$

83. (a) $\rho_E(r_2^3 - r_1^3)/3\epsilon_0 r$;
(b) $(\rho_E/6\epsilon_0)[3r_2^2 - r^2 - (2r_1^3/r)]$;
(c) $(\rho_E/2\epsilon_0)(r_2^2 - r_1^2)$, das Potenzial ist in r_1 und r_2 stetig

Kapitel 24

1. 2,6 pF

3. 6,3 pF

5. 0,80 µF

7. 2,0 C

9. $1{,}8 \cdot 10^2$ m^2

11. $7{,}1 \cdot 10^{-4}$ F

13. 23 nC

17. $4{,}5 \cdot 10^4$ V/m

19. (a) $\epsilon_0 A/(d-l)$; (b) 3

21. 2880 pH, ja

23. (a) $(C_1C_2 + C_1C_3 + C_2C_3)/(C_2 + C_3)$;
(b) $Q_1 = 350$ µC, $Q_2 = 117$ µC

25. (a) 3,71 µF; (b) $U_{ab} = U_1 = 26{,}0$ V, $U_2 = 14{,}9$ V, $U_3 = 11{,}1$ V

27. 18 nF (parallel), 1,6 nF (in Reihe)

29. (a) $3C/5$; (b) $Q_1 = Q_2 = CU/5$,
$Q_3 = 2CU/5$, $Q_4 = 3CU/5$,
$U_1 = U_2 = U/5$, $U_3 = 2U/5$,
$U_4 = 3U/5$

31. $Q_1' = C_1C_2U_0/(C_1 + C_2)$
$Q_2' = C_2^2U_0/(C_1 + C_2)$

33. (a) $Q_1 = Q_3 = 30$ µC;
$Q_2 = Q_4 = 60$ µC;
(b) $U_1 = U_2 = U_3 = U_4 = 3{,}75$ V;
(c) 7,5 V

35. 3,0 µF

37. $C \approx (\epsilon_0 A/d)[1 - \frac{1}{2}(\theta\sqrt{A}/d)]$

39. $2{,}0 \cdot 10^{-3}$ J

41. $2{,}3 \cdot 10^3$ J

43. $1{,}65 \cdot 10^{-7}$ J

45. (a) $2{,}5 \cdot 10^{-5}$ J; (b) $6{,}2 \cdot 10^{-6}$ J;
(c) $Q_{par} = 4{,}2$ µC, $Q_{ser} = 1{,}0$ µC

47. (a) $2{,}2 \cdot 10^{-4}$ J; (b) $8{,}1 \cdot 10^{-5}$ J; (c) $-1{,}4 \cdot 10^{-4}$ J; (d) die gespeicherete Energie ist keine Erhaltungsgröße

51. $1{,}5 \cdot 10^{-10}$ F

53. 0,46 µC

55. $3{,}3 \cdot 10^{2}$ J

57. $C = 2\epsilon_0 A\epsilon_r(1)\epsilon_r(2)/d(\epsilon_r(1) + \epsilon_r(2))$

59. (a) $0{,}40Q_0$, $1{,}60Q_0$; (b) $0{,}40U_0$

61. (a) 111 pF; (b) $1{,}66 \cdot 10^{-8}$ C; (c) $1{,}84 \cdot 10^{-8}$ C; (d) $1{,}17 \cdot 10^{5}$ V/m; (e) $3{,}34 \cdot 10^{4}$ V/m; (f) 150 V; (g) 172 pF; (h) $2{,}58 \cdot 10^{-8}$ C

63. 22%

65. $Q = 4{,}41 \cdot 10^{-7}$ C
$Q_{\text{ind}} = 3{,}65 \cdot 10^{-7}$ C
$E_{\text{Luft}} = 2{,}69 \cdot 10^{4}$ V/m
$E_{\text{Glas}} = 4{,}64 \cdot 10^{3}$ V/m

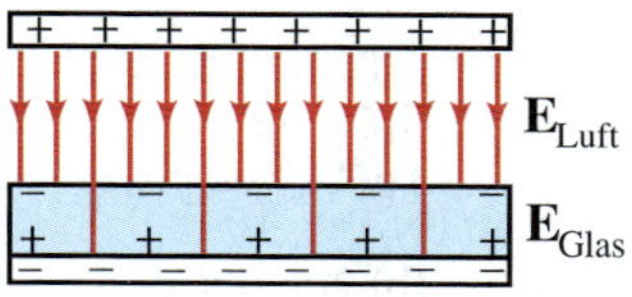

67. 11 µF

69. (a) 4-fach; (b) 4-fach; (c) 1/2-fach

71. 10,9 V

73. (b) $1{,}5 \cdot 10^{-10}$ F/m

75. $U_2/U_1 = 1/2\epsilon_r$, $E_2/E_1 = 1/\epsilon_r$

77. (a) 19 J; (b) 0,19 MW

79. (a) 0,10 MV; (b) die Spannung fällt exponentiell

81. 660 pF bei Parallelschaltung

83. $Q_1 = 11$ µC, $Q_2 = Q_3 = 13$ µC
$U_1 = 11$ V, $U_2 = 6{,}5$ V, $U_3 = 4{,}4$ V

85. $Q^2x/2A\epsilon_0$

87. (a) 7,4 nF, 0,33 µC, $1{,}5 \cdot 10^{4}$ V/m, $7{,}5 \cdot 10^{-6}$ J; (b) 27 nF, 1,2 µC, $1{,}5 \cdot 10^{4}$ V/m, $2{,}7 \cdot 10^{-5}$ J

89. (a) 66 pF; (b) 30 µC; (c) 7,0 mm; (d) 450 V

Kapitel 25

1. $9{,}38 \cdot 10^{18}$ Elektronen/s

3. $2{,}1 \cdot 10^{-11}$ A

5. $7{,}5 \cdot 10^{2}$ V

7. $2{,}1 \cdot 10^{21}$ Elektronen/min

9. (a) 16 Ω; (b) $6{,}8 \cdot 10^{3}$ C

11. 0,57 mm

13. $R_{\text{A1}} = 1{,}2R_{\text{Cu}}$

15. 1/6 der Länge, 8,3 Ω, 1,7 Ω

17. 58,3 °C

19. $1{,}8 \cdot 10^{3}$ °C

21. $R_2 = \frac{1}{4}R_1$

25. $R = (r_2 - r_1)/4\pi\sigma r_1 r_2$

27. 3,2 W

29. 37 V

31. (a) 240 Ω, 0,50 A; (b) 96 Ω, 1,25 A

33. 0,092 kWh, 22 Cent pro Monat

35. 1,1 kWh

37. 3

39. 5,3 kW

41. 0,128 kg/s

43. 0,094 A

45. (a) unendlich; (b) $1{,}9 \cdot 10^{2}$ Ω

47. 636 V, 5,66 A

49. 1,5 kW, 3,0 kW, 0

51. (a) $7{,}8 \cdot 10^{-10}$ m/s; (b) 10,5 A/m²; (c) $1{,}8 \cdot 10^{-7}$ V/m

53. 2,7 A/m² Nord

55. 12 h

57. $6{,}67 \cdot 10^{-2}$ S

59. (a) 8,6 Ω, 1,1 W; (b) 4-fach

61. (a) 44 €; (b) $1{,}8 \cdot 10^{3}$ kg pro Jahr

63. (a) −19,5%; (b) der prozentuale Leistungsabfall wäre kleiner

65. (a) $1{,}44 \cdot 10^{3}$ W; (b) 17 W; (c) 11 W; (d) 0,8 Cent pro Tag

67. (a) 1,5 kW; (b) 12,5 A

69. 2

71. 0,303 mm, 28,0 m

73. (a) 1,2 kW; (b) 100 W

75. $1{,}4 \cdot 10^{12}$ Protonen

77. $j_a = 2{,}8 \cdot 10^{5}$ A/m², $j_b = 1{,}6 \cdot 10^{5}$ A/m²

Kapitel 26

1. (a) 8,39 V; (b) 8,49 V

3. 0,060 Ω

5. 360 Ω, 23 Ω

7. 25 Ω, 70 Ω, 95 Ω, 18 Ω

9. Reihenschaltung

11. 4,6 kΩ

13. 310 Ω, 3,7%

15. 960 Ω parallel

17. 105 Ω

19. (a) U_1 und U_2 steigen; U_3 und U_4 fallen; (b) $I_1(=I)$ und I_2 steigen; I_3 und I_4 fallen; (c) wächst;
(d) $I = I_1 = 0{,}300$ A, $I_2 = 0$;
$I_3 = I_4 = 0{,}150$ A; $I = 0{,}338$ A,
$I_2 = I_3 = I_4 = 0{,}113$ A

21. 0,4 Ω

23. 0,41 A

25. $I_1 = 0{,}68$ A, $I_2 = -0{,}40$ A

27. $I_1 = 0{,}18$ A rechts, $I_2 = 0{,}32$ A links $I_3 = 0{,}14$ A nach oben

29. $I_1 = 0{,}274$ A, $I_2 = 0{,}222$ A,
$I_3 = 0{,}266$ A, $I_4 = 0{,}229$ A,
$I_5 = 0{,}007$ A, $I = 0{,}496$ A

31. 52 V, −28 V. Das nagative Vorzeichen bedeutet, dass die Batterie anders herum angeschlossen ist.

33. 70 V

35. $I_1 = 0{,}783$ A

39. (a) $R(3R + 5R')/8(R + R')$; (b) $R/2$

41. (a) 3,7 nF; (b) 22 µs

43. $t = 1{,}23\tau$

45. (a) $\tau = R_1R_2C/(R_1 + R_2)$;
(b) $Q_{max} = U_QR_2C/(R_1 + R_2)$

47. 2,1 µs

49. 50 µA

51. (a) $2{,}9 \cdot 10^{-4}$ Ω bei Parallelschaltung;
(b) 35 kΩ bei Reihenschaltung

53. 22 V, 17 V, 14%

55. 0,85 mA, 4,3 V

57. 9,6 V

61. $3{,}6 \cdot 10^{-2}$ °C

63. zwei Widerstände in Reihe

65. 2,2 V, 116 V

67. 0,19 MΩ

69. (a) 0,10 A; (b) 0,10 A; (c) 53 mA

71. 2,5 V

73. 46,1 V, 0,71 Ω

75. (a) 72,0 W; (b) 14,2 W; (c) 3,76 W

77. (a) 40 kΩ; (b) zwischen b und c

79. 375 Zellen, 3,8 m · 0,090 m

81. (a) 0,50 A; (b) 0,17 A;
(c) 3,3 µC; (d) 32 µs

83. (a) +6,8 V, 10,2 µC; (b) 28 µs

Kapitel 27

1. (a) 6,7 N/m; (b) 4,7 N/m

3. 2,68 A

5. 0,243 T

7. (a) Südpol; (b) $3{,}5 \cdot 10^2$ A; (c) 5,3 N

9. $5{,}5 \cdot 10^3$ A

13. $1{,}05 \cdot 10^{-13}$ N Nord

15. (a) nach unten; (b) nach innen;
(c) rechts

21. 1,6 m

23. (a) 2,7 cm; (b) $3{,}8 \cdot 10^{-7}$ s

25. $1{,}034 \cdot 10^8$ m/s (westlich), die Gravitation kann vernachlässigt werden

27. $(6{,}4\mathbf{i} - 10{,}3\mathbf{j} - 0{,}24\mathbf{k}) \times 10^{-16}$ N

29. $5{,}3 \cdot 10^{-5}$ m, $3{,}3 \cdot 10^{-4}$ m

31. (a) 45°; (b) $3{,}5 \cdot 10^{-3}$ m

33. (a) 2 µB; (b) 0

35. (a) $4{,}33 \cdot 10^{-5}$ m · N;
(b) die nördliche Kante

39. 29 µA

41. $1{,}2 \cdot 10^5$ C/kg

43. (a) $2{,}2 \cdot 10^{-4}$ V/m;
(b) $2{,}7 \cdot 10^{-4}$ m/s;
(c) $6{,}4 \cdot 10^{28}$ Elektronen/m³

45. (a) Bestimmen Sie die Polarität der Quellenspannung; (b) 0,43 m/s

47. 1,53 mm, 0,76 mm

51. 3,0 T, nach oben

53. $1{,}1 \cdot 10^{-6}$ m/s, nach Westen

55. 0,17 N, 68° über der Horizontalen in Richtung Norden

57. 0,20 T, 26,6° neben der Vertikalen

59. (c) 48 MeV

61. Langsamere Protonen werden stärker abgelenkt als schnelle, $\theta = 12°$.

63. 2,0 A, nach unten

65. $7{,}3 \cdot 10^{-3}$ T

67. $-2{,}1 \cdot 10^{-20}$ J

Kapitel 28

1. $1{,}7 \cdot 10^{-5}$ T, 3,1

3. 0,18, anziehend

5.

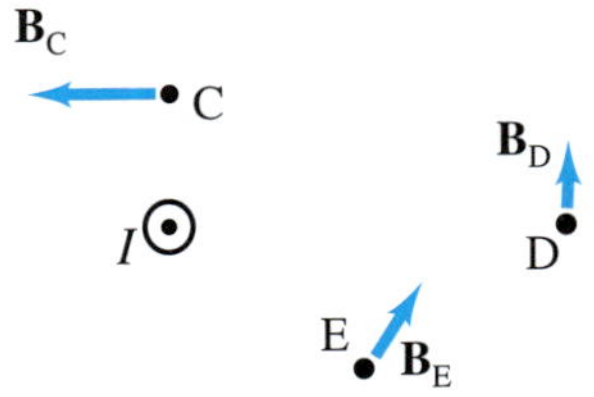

7. $8{,}9 \cdot 10^{-5}$ T, 70° über der Horizontalen

9. $4{,}0 \cdot 10^{-5}$ T, 15° unter der Horizontalen

11. (a) $(2{,}0 \cdot 10^{-5}$ T/A$)(15$ A $- I)$, nach oben; (b) $(2{,}0 \cdot 10^{-5}$ T/A$)(15$ A $+ I)$, nach unten

13. 21 A, nach unten

15. $[(\mu_0/4\pi)2I(d - 2x)/x(d - x)]\mathbf{j}$

17. $4{,}12 \cdot 10^{-5}$ T

19. (b) $(\mu_0/4\pi)(2I/y)$

21. 0,123 A

23. (a) $6{,}4 \cdot 10^{-3}$ T; (b) $3{,}8 \cdot 10^{-3}$ T;
(c) $2{,}1 \cdot 10^{-3}$ T

25. (a) 51 cm; (b) $1{,}3 \cdot 10^{-2}$ T

27. (a) $(\mu_0I_0/2\pi R_1^2)r$; (b) $\mu_0I_0/2\pi r$;
(c) $(\mu_0I_0/2\pi r)(R_3^2 - r^2)/(R_3^2 - R_2^2)$;
(d) 0

29. $3{,}6 \cdot 10^{-6}$ T

31. $\mu_0I/8R$,
aus der Papierebene heraus

33. (a) $\mu_0I(R_1 + R_2)/4R_1R_2$,
in die Papierebene hinein;
(b) $\frac{1}{2}\pi I(R_1^2 + R_2^2)$,
in die Papierebene hinein

35. (a) $\frac{Q\omega R^2}{4}\,\mathbf{i}$;
(b) $\frac{\mu_0 Q\omega}{2\pi R^2}\left[\frac{R^2+2x^2-2x\sqrt{R^2+x^2}}{\sqrt{R^2+x^2}}\right]\mathbf{i}$;
(c) ja

37. (b) $B = \mu_0IL/4\pi y(L^2 + y^2)^{1/2}$,
kreisförmig

39. (a) $(\mu_0I_0/2\pi R)n\,\tan(\pi/n)$,
in die Papierebene hinein

41.
$$B = \frac{\mu_0 I}{4\pi}\left\{\frac{(x^2+y^2)^{1/2}}{xy} + \frac{[(b-x)^2+y^2]^{1/2}}{y(b-x)}\right.$$

$$+\frac{[(a-y)^2+(b-x)^2]^{1/2}}{(a-y)(b-x)}$$
$$\left.+\frac{[x^2+(a-y)^2]^{1/2}}{x(a-y)}\right\},$$
aus der Papierebene heraus

43. (a) 26 $\mathrm{A \cdot m^2}$; (b) 31 $\mathrm{m \cdot N}$

45. 30 T

47. $F_M/L = 5{,}84 \cdot 10^{-5}$, nach oben
$F_N/L = 3{,}37 \cdot 10^{-5}$ N/m 60° unterhalb der Linie in Richtung P
$F_P/L = 3{,}37 \cdot 10^{-5}$ N/m 60°

49. 0,27 mm, 1,4 cm unterhalb der Linie in Richtung N

51. $B = \mu_0 jt/2$ parallel zur Papierebene, senkrecht zum Strom (entgegengesetzte Richtungen auf den beiden Seitem)

53. zwischen lang, dünn und kurz, dick

55. $3 \cdot 10^9$ A

57. B fällt

59. $2{,}1 \cdot 10^{-6} g$

61. $2\mu_0 I/L\pi$ (links)

63. $4 \cdot 10^{-6}$ T, etwa 10% der Erdoberfläche

Kapitel 29

1. $-3{,}8 \cdot 10^2$ V

3. entgegen dem Uhrzeigersinn

5. 0,026 V

7. (a) entgegen dem Uhrzeigersinn; (b) im Uhrzeigersinn; (c) null; (d) entgegen dem Uhrzeigersinn

9. entgegen dem Uhrzeigersinn

11. (a) im Uhrzeigersinn; (b) 43 mV; (c) 17 mA

13. $1{,}1 \cdot 10^{-5}$ J

15. 4,21 C

17. (a) $5{,}2 \cdot 10^{-2}$ A; (b) 0,32 mW

19. $1{,}7 \cdot 10^{-2}$ V

21. $(\mu_0 Ia/2\pi)\ln 2$

23. (a) 0,15 V; (b) $5{,}4 \cdot 10^{-3}$ A; (c) $4{,}5 \cdot 10^{-4}$ N

25. (a) bewegt sich mit konstanter Geschwindigkeit; (b) $v = v_0\,\mathrm{e}^{-B^2 l^2 t/mR}$

27. (a) $\frac{\mu_0 Iv}{2\pi}\ln\left(\frac{a+b}{b}\right)$ in Richtung des langen Drahtes; (b) $\frac{\mu_0 Iv}{2\pi}\ln\left(\frac{a+b}{b}\right)$ weg vom langen Draht

31. 0,33 kV, 120 Umdrehungen pro Sekunde

33. 100 V

35. 13 A

37. $3{,}54 \cdot 10^4$ Umdrehungen

39. 0,18

41. (a) 5,2 V; (b) Abspanntransformator

43. 549 V; 68,6 A

45. 56,8 kW

47. 0,188 V/m

49. (b) im Uhrzeigersinn; (c) $\mathrm{d}B/\mathrm{d}t > 0$

51. (a) IR/l (konstant); (b) $\frac{U_0}{l}\,\mathrm{e}^{-B^2 l^2 t/mR}$

53. 31 Umdrehungen

55. $v = 0{,}76$ m/s

57. 184 kV

59. $1{,}5 \cdot 10^{17}$

61. (a) 23 A; (b) 90 V; (c) $6{,}9 \cdot 10^2$ W; (d) 75%

63. (a) 0,85 A; (b) 8,2

65. $\frac{1}{2}B\omega L^2$ in Richtung Zentrum

71. $B\omega r$, radial nach außen

Kapitel 30

1. $M = \mu_0 N_1 N_2 A/l$

3. $M/l = \mu_0 n_1 n_2 \pi r_2^2$

5. $M = (\mu_0 w/2\pi)\ln(l_2/l_1)$

7. 1,2 H

9. $2{,}5 \cdot 10^{-6}$ H

11. $r_1 \geq 2{,}5$ mm

13. 3

15. (a) $L_1 + L_2$; (b) $= L_1 L_2/(L_1 + L_2)$

17. 15,9 J

19. (a) $u_E = 4{,}4 \cdot 10^{-4}\ \mathrm{J/m^3}$, $u_B = 1{,}6 \cdot 10^6\ \mathrm{J/m^3}$, $u_B \gg u_E$; (b) $E = 6{,}0 \cdot 10^8$ V/m

21. $4{,}4\ \mathrm{J/m^3}$, $1{,}6 \cdot 10^{-14}\ \mathrm{J/m^3}$

23. $(\mu_0 I^2/4\pi)\ln(r_2/r_1)$

25. $t/\tau = 4{,}6$

27. $(\mathrm{d}I/\mathrm{d}t)_0 = V_0/L$

29. (a) $(LV^2/2R^2)(1 - 2\,\mathrm{e}^{-t/\tau} + \mathrm{e}^{-2t/\tau})$; (b) $t/\tau = 5{,}3$

31. (a) 213 pF; (b) 46,5 µH

35. (a) $Q = Q_0/\sqrt{2}$; (b) $T/8$

37. $R = 2{,}30\ \Omega$

41. fällt, 1,15 kΩ

43. 20 mH, 95 Windungen

45. (a) 21 mH; (b) 45 mA; (c) $2{,}2 \cdot 10^{-5}$ J

47. $3{,}0 \cdot 10^3$ Windungen, 95 Windungen

51. (b) indem die eine Spule senkrecht zur anderen platziert wird; (c) $L_1 L_2/(L_1 + L_2)$, $(L_1 L_2 - M^2)/(L_1 + L_2 \mp 2M)$

55. (a) $\frac{1}{2}(Q_0^2/C)\,\mathrm{e}^{-Rt/L}$

57.

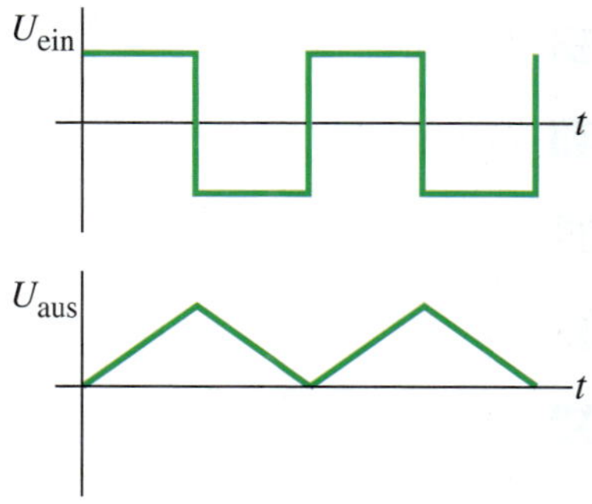

Kapitel 31

1. (a) $3{,}7 \cdot 10^2\ \Omega$; (b) $2{,}2 \cdot 10^{-2}\ \Omega$

3. 9,90 Hz

5.

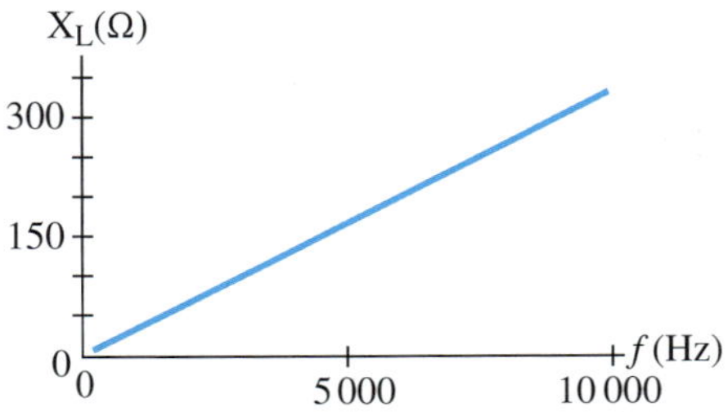

7. 0,13 H

11. (a) 5,0%; (b) 98%

13. (a) 9,0 kΩ; (b) 10,2 kΩ

15. (a) 18 mA; (b) −29°; (c) 1,8 W; (d) $U_R = 105$ V; $U_C = 58$ V

17. (a) 0,38 A; (b) −89°; (c) 0,29 W

19. 332 Ω

21. (a) 0; (b) $\frac{2}{\pi}V_0$; $\overline{V}_{1/2} = \frac{2\sqrt{2}}{\pi}V_{\text{eff}}$

23. 8,78 kΩ, −7,66°, 91,1 mA

25. 265 Hz, 324 W

27. 52,5 mA

29. (b) $\omega'^2 = [(1/LC) - (R^2/2L^2)]$; (c) $k \leftrightarrow 1/C$, $m \leftrightarrow L$, $b \leftrightarrow R$

31. (a) $U_0^2 R/[2R^2 + 2(\omega L - 1/\omega C)^2]$; (b) $\omega'^2 = 1/LC$; (c) $\Delta\omega = R/L$

33. 4 Ω

35. 9,76 nF

37. 27,9 mH

39. 1,6 kHz

41. 14 Ω, 75 mH

43. $2{,}2 \cdot 10^3$ Hz, $1{,}1 \cdot 10^4$ Hz

45. (a) 23,6 kΩ, 10,8°; (b) $1{,}88 \cdot 10^{-5}$ W; (c) $2{,}8 \cdot 10^{-5}$ A, 0,66 V, $4{,}7 \cdot 10^{-4}$ V, 0,126 V

49. $\{(R_1 + R_2)^2 + [\omega(L_1 + L_2) - (C_1 + C_2)/\omega C_1 C_2]^2\}^{1/2}$

51. 19 Ω, 62 mH

53.
$$I = \left(\frac{V_0}{Z}\right)\sin(\omega t + \phi)\,,$$
$$I_C = \left(\frac{V_0}{X_C}\right) \cdot \left[-\left(\frac{R}{Z}\right)\cos(\omega t + \phi) + \cos(\omega t)\right],$$
$$I_L = \left(\frac{V_0}{X_L}\right) \cdot \left[\left(\frac{R}{Z}\right)\cos(\omega t + \phi) - \cos(\omega t)\right],$$
$$Z = \sqrt{R^2 + \left(\frac{X_C X_L}{X_L - X_C}\right)^2} \cdot \tan\phi = \frac{X_C X_L}{(X_L - X_C)R}$$

Kapitel 32

1. $9{,}2 \cdot 10^4$ V/m · s

3. $7{,}9 \cdot 10^{14}$ V/m · s

7. $\oint \mathbf{B} \cdot \mathrm{d}\mathbf{A} = \mu_0 Q_m$
$\oint \mathbf{E} \cdot \mathrm{d}\mathbf{s} = \mu_0\, \mathrm{d}Q_m/\mathrm{d}t - \mathrm{d}\Phi_B/\mathrm{d}t$

9. $1{,}4 \cdot 10^{-13}$ T

11. (a) $B_0 = E_0/c$, negative y-Richtung; (b) negative z-Richtung

13. (a) 1,08 cm; (b) $3{,}0 \cdot 10^{18}$ Hz

15. 314 nm, ultraviolett

17. (a) 4,3 min; (b) 71 min

19. $1{,}77 \cdot 10^{-6}$ W/m²

21. $7{,}82 \cdot 10^{-7}$ J/h

23. $4{,}50 \cdot 10^{-6}$ J

25. $3{,}8 \cdot 10^{26}$ W

29. $r < 3 \cdot 10^{-7}$ m

31. 302 pF

33. 2,59 nH ≤ L ≤ 3,89 nH

35. (a) 441 m; (b) 2,979 m

37. 5,56 m, 0,372 m

39. (a) 1,28 s; (b) 4,3 min

43. 469 V/m

45. Die Person am Radio hört die Stimme 0,14 s früher.

47. (a) 0,40 W; (b) 12 V/m; (c) 12 V

49. $1{,}5 \cdot 10^{11}$ W

51. (a) parallel; (b) 8,9 pF ≤ C ≤ 80 pF; (c) 1,05 mH ≤ L ≤ 1,12 mH

Kapitel 33

1. (a) $2{,}21 \cdot 10^8$ m/s; (b) $1{,}99 \cdot 10^8$ m/s

3. 8,33 min

5. 3 m

7. $3{,}4 \cdot 10^3$ rad/s

9. I_3 ist das gewünschte Bild:

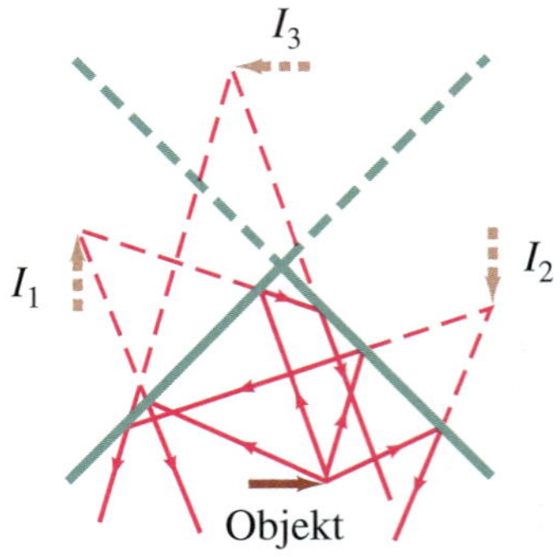

In Abhängigkeit von der Position des Auges können auch zwei andere Bilder sichtbar sein.

11. 5°

15. 36,4 cm

19. 4,5 m

21. konvex, −20 m

23. (a) Krümmungsmittelpunkt; (b) real; (c) invertiert; (d) −1

29. (a) konvexer Spiegel; (b) 22 cm hinter der Oberfläche; (c) −98 cm; (d) −196 cm

33. 45,6°

35. 24,9°

37. 4,6 m

43. 3,0%

45. 0,22°

47. 61,7°, Plexiglas

49. 93,5 cm

51. $n_{\text{Flüssigkeit}} \geq 1{,}5$

55. 17,0 cm unterhalb der Glasoberfläche

59. (a) 3,0 cm, 4,0 cm, 7,0 cm;
(b) zu Ihnen hin, von Ihnen weg, zu Ihnen hin

61. $-3{,}80\,\mathrm{m}$

63. Wählen Sie verschiedene Vorzeichen für die Vergrößerungen; 13,3 cm, 26,7 cm

65. $\geq 56{,}1°$

69. 81 cm (innerhalb des Glases)

Kapitel 34

1. (a)

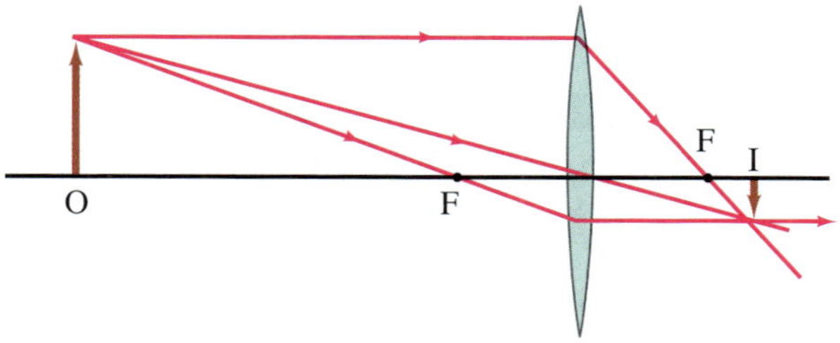

(b) 24,9 cm

3. (a) 3,64 D, sammelnd;
(b) $-16{,}0$ cm zerstreuend

5. (a) $-0{,}26$ mm; (b) $-0{,}47$ mm;
(c) $-1{,}9$ mm

7. (a) 81 mm; (b) 82 mm;
(c) 87 mm; (d) 24 cm

9. (a) virtuelle; (b) Sammellinsen;
(c) 7,5 D

11. (a) $-10{,}5$ cm (sammelnd), virtuell;
(b) $+203$ cm (zerstreuend)

13. 22,9 cm, 53,1 cm

15. real und aufrecht

17. real, 21,3 cm hinter der zweiten Linse, $-0{,}708$ (invertiert)

19. (a) $+7{,}14$ cm;
(b) $-0{,}357$ (invertiert);
(c)

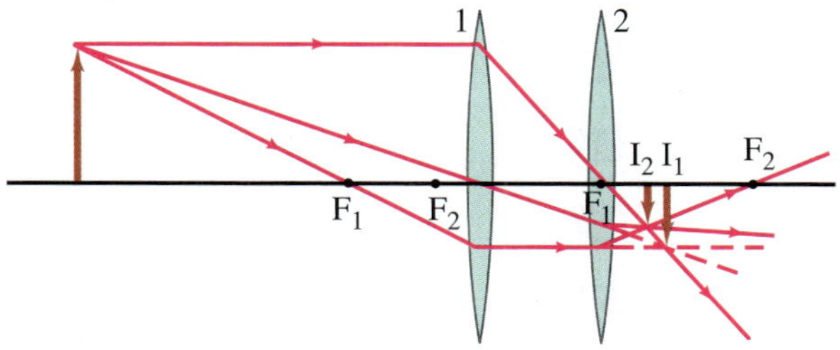

23. 1,54

25. 8,1 cm

27. $-1{,}87$ m (konkav)

29. $+1{,}15$ D

31. $f/2{,}3$

35. 41 mm

37. $+2{,}3$ D

39. Gläser wären besser.

41. (a) $-1{,}33$ D; (b) 38 cm

43. $-26{,}8$ cm

45. 17 cm, 100 cm

47. 8,3 cm

49. 6,3 cm von der Linse entfernt, 3,9-fach

51. (a) $-49{,}4$ cm; (b) 4,7-fach

53. (a) 7,2-fach; (b) 2,2-fach

55. 3,2 cm, 83 cm

57. -33-fach

59. 12-fach

61. $f_o = 4{,}0\,\mathrm{m}$, $r = 8{,}0\,\mathrm{m}$

63. 7,5-fach

65. 1,7 cm

67. (a) 0,85 cm; (b) 230-fach

69. (a) 14,4 cm; (b) 137-fach

71. (a) 15,9 cm; (b) 14,3 cm;
(c) 1,6 cm; (d) $r = 0{,}46$ cm

73. $6{,}87\,\mathrm{m} \leq d_o \leq \infty$

75. 100 mm, 200 mm

77. 79,4 cm, 75,5 cm

79. 0,101 m, $-2{,}7$ m

81. $0 < -d_o < -f$

83. (c) $\Delta d = \sqrt{d_T^2 - 4d_T f}$

$$m = \left(\frac{d_T + \sqrt{d_T^2 - 4d_T f}}{d_T - \sqrt{d_T^2 - 4d_T f}}\right)^2$$

85. $1/f' = [(n/n') - 1][(1/R_1) + (1/R_2)]$;
$(1/d_o) + (1/d_i) = 1/f'$
mit $1/f' = [(n/n') - 1]/f(n-1)$;

87. $+3{,}6$ dpt

89. 2,9-fach, 4,1-fach

91. (a) $-2{,}5$-fach; (b) 5,0 dpt

93. -20-fach

Kapitel 35

3. 5,9 µm

5. 3,9 cm

7. 0,21 mm

9. 613 nm

11. 533 nm

15. (a) $I_\theta/I_0 = (1 + 4\cos\delta + 4\cos^2\delta)/9$;
(b) $\sin\theta_{max} = m\lambda/d$;
$m = 0, \pm1, \pm2, \ldots$;
$\sin\theta_{min} = (m + \frac{1}{3}k)\lambda/d$; $k = 1, 2$;
$m = 0, \pm1, \pm2, \ldots$

17. orange-rot

19. 179 nm

21. 9,1 µm

23. 120 nm, 240 nm

25. 1,26

29. 0,47, 0,23

31. 0,221 mm

33. 0,289 mm

35. (a) 17 lm/W; (b) 156

37. (a) konstruktiv; (b) destruktiv

39. 464 nm

41. 646 nm

43. (a) 81,5 nm; (b) 127 nm

45. 0,5 cm

47. $\theta = 63{,}3°$

49. $\sin\theta_{\max} = (m + \frac{1}{2})\lambda/2S$, $m = 0, 1, 2, \ldots$, $\sin\theta_{\min} = m\lambda/2S$, $m = 0, 1, 2, \ldots$,

51. $I/I_0 = \cos^2(2\pi x/\lambda)$

Kapitel 36

1. 2,26°

3. 2,4 m

5. 5,8 cm

7. 4,28 cm

9. (b) die mittlere Intensität wird verdoppelt

11. 10,7°

13. $d = 4a$

15. (a) 1,8 cm; (b) 11,0 cm

17.

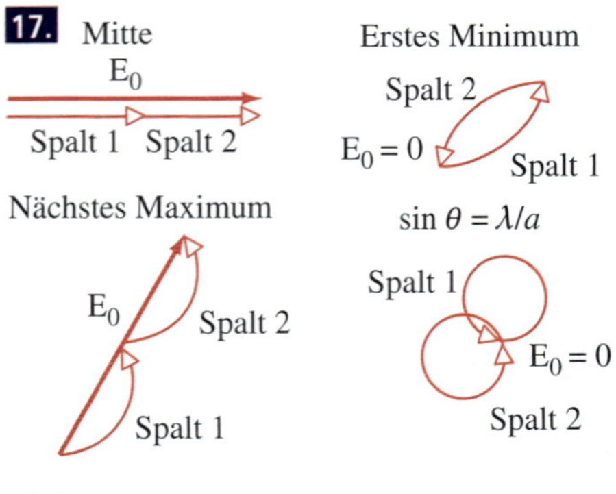

19. $2{,}4 \cdot 10^{-7}$ rad $= (1{,}4 \cdot 10^{-5})° = 0{,}050''$

21. 820 Linien pro Millimeter, 102 Linien pro Millimeter

23. 5,61°

25. zwei ganze Ordnungen

27. 497 nm, 612 nm, 637 nm, 754 nm

29. 600 nm bis 750 nm des Maximums zweiter Ordnung überlappen sich mit 400 nm bis 500 nm des Maximums dritter Ordnung

31. 621 nm, 909 nm

35. (a) zwei Ordnungen; (b) $6{,}44 \cdot 10^{-5}$ rad $= 13{,}3''$, $7{,}36 \cdot 10^{-5}$ rad $= 15{,}2''$, $2{,}52 \cdot 10^{-4}$ rad $= 52{,}0''$

37. (a) $1{,}60 \cdot 10^4$, $3{,}20 \cdot 10^4$, (b) 0,026 nm, 0,013 nm

39. $\Delta f = f/mN$

41. (a) 62,0°; (b) 0,21 nm

43. 0,033

45. 57,3°

47. (a) 35°; (b) 63°

49. 36,9°, 53,1°

51. $I_0/32$

55. 31° zu beiden Seiten der Normalen

57. 12 500 Linien pro cm

59. $\sin\theta = \sin 20° - (m\lambda/a)$, $m = \pm 1, \pm 2, \ldots$

61. zwei Ordnungen

63. 11,7°

65. (a) 16 km; (b) 0,42′

67. (a) 0; (b) $0{,}094 I_0$; (c) es wird kein Licht durchgelassen

69. (a) 30°; (b) 18°; (c) 5,7°

73. 0,245 nm

Kapitel 37

1. (a) 1,00; (b) 0,99995; (c) 0,995; (d) 0,436; (e) 0,141; (f) 0,0447.

3. $2{,}07 \cdot 10^{-6}$ s

5. $0{,}773c$

7. $0{,}141c$

9. (a) 99,0 Jahre; (b) 27,7 Jahre; (c) 26,6 Lichtjahre; (d) $0{,}960c$

11. $0{,}89c = 2{,}7 \cdot 10^8$ m/s

13. (a) (470 m, 20 m, 0); (b) (1820 m, 20 m, 0)

15. (a) $0{,}80c$; (b) $-0{,}80c$

17. 60 m/s, 24°

19. $2{,}7 \cdot 10^8$ m/s, 43°

21. (a) $L_0\sqrt{1 - (v/c)^2 \cos^2\theta}$; (b) $\tan\theta' = \tan\theta/\sqrt{1 - (v/c)^2}$

23. Dies ist im Bezugssystem des Studenten nicht möglich.

25. 0,866 c

27. (a) 0,5%; (b) 13%

29. $5{,}36 \cdot 10^{-13}$ kg

31. $8{,}20 \cdot 10^{-14}$ J, 0,511 MeV

33. $9 \cdot 10^2$ kg

37. (a) 11,2 GeV ($1{,}79 \cdot 10^{-9}$ J); (b) $6{,}45 \cdot 10^{-18}$ kg · m/s

39. $7{,}49 \cdot 10^{-19}$ kg · m/s

41. 0,941 c

43. $M = 2m/\sqrt{1 - (v^2/c^2)}$, $K_{\text{Verlust}} = 2mc^2\{[1/\sqrt{1 - (v^2/c^2)}] - 1\}$

45. $0{,}866c$, $4{,}73 \cdot 10^{-22}$ kg · m/s

47. 39 MeV ($6{,}3 \cdot 10^{-12}$ J), $1{,}5 \cdot 10^{-19}$ kg · m/s, −6%, −4%

49. $0{,}804c$

51. 3,0 T

57. (a) $0{,}80c$; (b) $2{,}0c$

61. $3{,}8 \cdot 10^{-5}$ s

63. $\rho = \rho_0/[1 - (v^2/c^2)]$

65. (a) 1,5 m/s kleiner als c; (b) 30 cm

67. 1,02 MeV($1{,}64 \cdot 10^{-13}$ J)

69. 2,2 mm

71. 0,78 MeV

73. Elektron

75. $5{,}19 \cdot 10^{-13}\%$

81. (a) $\alpha = \tan^{-1}[(c^2/v^2) - 1]^{1/2}$;
(c) $\tan\theta = c/v$, $u = \sqrt{v^2 + c^2}$

Kapitel 38

1. $6{,}59 \cdot 10^3$ K

3. $5{,}4 \cdot 10^{-20}$ J, 0,34 eV

5. (a) 114 J; (b) 228 J;
(c) 342 J; (d) $114n$ J; (e) -456 J

7. (b) $h = 6{,}63 \cdot 10^{-34}$ J · s

9. $3{,}67 \cdot 10^{-7}$ eV

11. $2{,}4 \cdot 10^{13}$ Hz, $1{,}2 \cdot 10^{-5}$ m

13. 400 nm

15. (a) 2,18 eV; (b) 0,92 V

17. 3,46 eV

19. 1,88 eV, 43,3 kcal/mol

21. (a) $2{,}43 \cdot 10^{-12}$ m; (b) $1{,}32 \cdot 10^{-15}$ m

23. (a) $5{,}90 \cdot 10^{-3}$, $1{,}98 \cdot 10^{-2}$, $3{,}89 \cdot 10^{-2}$;
(b) 60,8 eV, 204 eV, 401 eV

27. 1,82 MeV

29. 212 MeV, $5{,}85 \cdot 10^{-15}$ m

31. $3{,}2 \cdot 10^{-32}$ m

33. 19 V

35. (a) 0,39 nm; (b) 0,12 nm
(c) 0,039 nm

37. $1{,}84 \cdot 10^3$

39. $3{,}3 \cdot 10^{-38}$ m/s, keine Beugung

41. 0,026 nm

43. 3,4 eV

45. 122 eV

49. 52,5 nm

51.

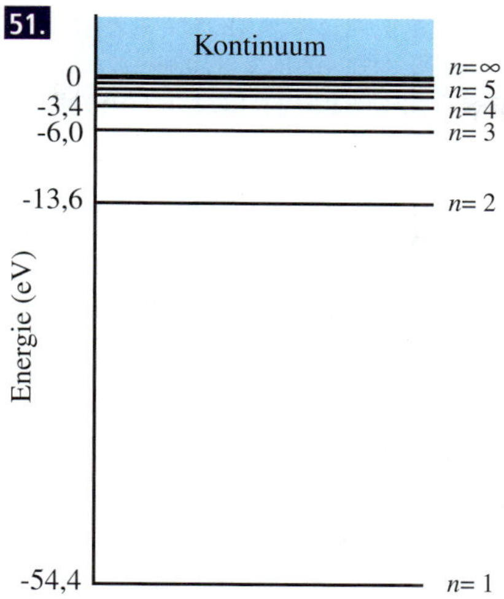

53. $U = -27{,}2$ eV, $K = +13{,}6$ eV

55. berechtigt

61. $3{,}28 \cdot 10^{15}$ Hz

65. $2{,}78 \cdot 10^{21}$ Photonen pro Sekunde und m^2

67. $8{,}3 \cdot 10^6$ Photonen pro Sekunde

69. $\theta = 89{,}4°$

71. $4{,}7 \cdot 10^{-14}$ m

73. 10,2 eV

75. $4{,}4 \cdot 10^{-40}$, ja

77. 653 nm, 102 nm, 122 nm

79. 0,64 V

83. $5 \cdot 10^{-12}$ m

85. 3

Kapitel 39

1. $1{,}8 \cdot 10^{-7}$ m

3. $\pm 1{,}3 \cdot 10^{-11}$ m

5. $7{,}2 \cdot 10^3$ m/s

7. $2{,}4 \cdot 10^{-3}$ m, $1{,}4 \cdot 10^{-32}$ m

9. (a) $6{,}6 \cdot 10^{-8}$ eV; (b) $6{,}5 \cdot 10^{-9}$;
(c) $7{,}9 \cdot 10^{-7}$ nm

13. (a) $\psi = A\sin(3{,}5 \cdot 10^9\ \text{m}^{-1})x + B\cos(3{,}5 \cdot 10^9\ \text{m}^{-1})x$;
(b) $\psi = A\sin(6{,}3 \cdot 10^{12}\ \text{m}^{-1})x + B\cos(6{,}3 \cdot 10^{12}\ \text{m}^{-1})x$

17. $3{,}6 \cdot 10^6$ m/s

19. (a) 52 nm; (b) 0,22 nm

23. $E_1 = 0{,}094$ eV,
$\psi_1 = (1{,}00\ \text{nm}^{-1/2}) \cdot \sin(1{,}57\ \text{nm}^{-1}x)$;
$E_2 = 0{,}38$ eV,
$\psi_2 = (1{,}00\ \text{nm}^{-1/2}) \cdot \sin(3{,}14\ \text{nm}^{-1}x)$;
$E_3 = 0{,}85$ eV,
$\psi_3 = (1{,}00\ \text{nm}^{-1/2}) \cdot \sin(4{,}71\ \text{nm}^{-1}x)$;
$E_4 = 1{,}51$ eV,
$\psi_4 = (1{,}00\ \text{nm}^{-1/2}) \cdot \sin(6{,}28\ \text{nm}^{-1}x)$

25. (a) 4 GeV; (b) 2 MeV; (c) 2 MeV

27. (a) 0,18; (b) 0,50; (c) 0,50

29.

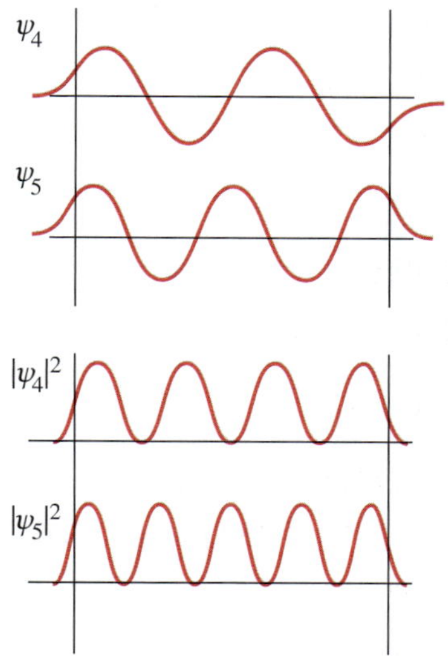

31. 0,03 nm

33. 9,2 eV

35. (a) fällt um 8%; (b) fällt um 5%

37. (a) 32 MeV; (b) 56 fm;
(c) $8{,}8 \cdot 10^{20}$ s^{-1}, 10^{10} a

39. 21 MeV

41. $3{,}00 \cdot 10^{-10}$ eV/c^2

43. r_1, der Bohr'sche Radius

45. 0,5 MeV, $5 \cdot 10^6$ m/s

47. (b) 4 s

49. fällt um 14%

Kapitel 40

1. $l = 0, 1, 2, 3, 4, 5$

3. 32 Zustände, $(4, 0, 0, -\frac{1}{2})$,
$(4, 0, 0, +\frac{1}{2})$, $(4, 1, -1, -\frac{1}{2})$,
$(4, 1, -1, +\frac{1}{2})$, $(4, 1, 0, -\frac{1}{2})$,
$(4, 1, 0, +\frac{1}{2})$, $(4, 1, 1, -\frac{1}{2})$,
$(4, 1, 1, +\frac{1}{2})$, $(4, 2, -2, -\frac{1}{2})$,
$(4, 2, -2, +\frac{1}{2})$, $(4, 2, -1, -\frac{1}{2})$,
$(4, 2, -1, +\frac{1}{2})$, $(4, 2, 0, -\frac{1}{2})$,
$(4, 2, 0, +\frac{1}{2})$, $(4, 2, 1, -\frac{1}{2})$,
$(4, 2, 1, +\frac{1}{2})$, $(4, 2, 2, -\frac{1}{2})$,
$(4, 2, 2, +\frac{1}{2})$, $(4, 3, -3, -\frac{1}{2})$,
$(4, 3, -3, +\frac{1}{2})$ $(4, 3, -2, -\frac{1}{2})$,
$(4, 3, -2, +\frac{1}{2})$ $(4, 3, -1, -\frac{1}{2})$,
$(4, 3, -1, +\frac{1}{2})$, $(4, 3, 0, -\frac{1}{2})$
$(4, 3, 0, +\frac{1}{2})$, $(4, 3, 1, -\frac{1}{2})$,
$(4, 3, 1, +\frac{1}{2})$ $(4, 3, 2, -\frac{1}{2})$,
$(4, 3, 2, +\frac{1}{2})$, $(4, 3, 3, -\frac{1}{2})$
$(4, 3, 3, +\frac{1}{2})$

5. $n \geq 5$,
$m_l = -4, -3, -2, -1, 0, 1, 2, 3, 4$;
$m_S = -\frac{1}{2}, +\frac{1}{2}$

7. (a) 6; (b) −0,378 eV; (c) $l = 4$,
$\sqrt{20}\hbar = 4,72 \cdot 10^{-34}\ \mathrm{kg \cdot m^2/s}$;
(d) $m_l = -4, -3, -2, -1, 0, 1, 2, 3, 4$

13. (a) $-[3/(32\pi r_0^3)^{1/2}]\ \mathrm{e}^{-5/2}$;

15. 1,85

17. 17,3%

19. (a) 1,34 r_0; (b) 2,7 r_0; (c) 4,2 r_0

21. $\dfrac{r^4}{24 r_0^5}$

27. (a) $\frac{4r^2}{27r_0^3}\left(1 - \frac{2r}{3r_0} + \frac{2r^2}{27r_0^2}\right)^2 \mathrm{e}^{-2r/3r_0}$
(b) P_r

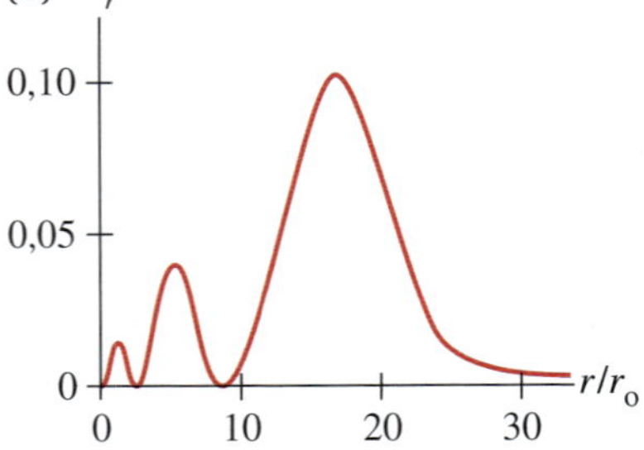

(c) $r = 13r_0$

29. (a) $(1, 0, 0, -\frac{1}{2})$, $(1, 0, 0, +\frac{1}{2})$,
$(2, 0, 0, -\frac{1}{2})$, $(2, 0, 0, +\frac{1}{2})$,
$(2, 1, -1, -\frac{1}{2})$, $(2, 1, -1, +\frac{1}{2})$;
(b) $(1, 0, 0, -\frac{1}{2})$, $(1, 0, 0, +\frac{1}{2})$,
$(2, 0, 0, -\frac{1}{2})$, $(2, 0, 0, +\frac{1}{2})$,
$(2, 1, -1, -\frac{1}{2})$, $(2, 1, -1, +\frac{1}{2})$,
$(2, 1, 0, -\frac{1}{2})$, $(2, 1, 0, +\frac{1}{2})$,
$(2, 1, -1, -\frac{1}{2})$, $(2, 1, -1, +\frac{1}{2})$,
$(3, 0, 0, -\frac{1}{2})$, $(3, 0, 0, +\frac{1}{2})$

31. (a) $1s^2 2s^2 2p^6 3s^2 3p^6 3d^{10} 4s^2 4p^4$;
(b) $1s^2 2s^2 2p^6 3s^2 3p^6 3d^{10} 4s^2 4p^6$
$4d^{10} 4f^{14} 5s^2 5p^6 5d^{10} 6s^1$;
(c) $1s^2 2s^2 2p^6 3s^2 3p^6 3d^{10} 4s^2 4p^6$
$4d^{10} 4f^{14} 5s^2 5p^6 5d^{10} 6s^2 6p^6 5f^3$
$6d^1 7s^2$

33. $5,8 \cdot 10^{-13}$ m, 0,115 MeV

37. 0,041 nm, 1 nm

41. 0,19 nm

43. Chrom

47. (a) 0,25 mm; (b) 0,13 mm

49. (a) $\frac{1}{2}, \frac{3}{2}, \frac{1}{2}\sqrt{3}\hbar, \frac{1}{2}\sqrt{15}\hbar$;
(b) $\frac{5}{2}, \frac{7}{2}, \frac{1}{2}\sqrt{35}\hbar, \frac{1}{2}\sqrt{63}\hbar$;
(c) $\frac{3}{2}, \frac{5}{2}, \frac{1}{2}\sqrt{15}\hbar, \frac{1}{2}\sqrt{35}\hbar$;

51. (a) 0,4 T; (b) 0,4 T

53. $5,6 \cdot 10^{-4}$ rad, $1,7 \cdot 10^2$ m

55. $3,7 \cdot 10^4$ K

57. (a) 1,56; (b) $1,4 \cdot 10^{-10}$ m

59. (a) $1s^2 2s^2 2p^6 3s^2 3p^6 3d^7 4s^2$;
(b) $1s^2 2s^2 2p^6 3s^2 3p^6 3d^{10} 4s^2 4p^6$;
(c) $1s^2 2s^2 2p^6 3s^2 3p^6 3d^{10} 4s^2 4p^6 5s^2$;

61. (a) $2,5 \cdot 10^{74}$; (b) $5,0 \cdot 10^{74}$

63. $r = 5,24 r_0$

65. (a) ϕ ist unbekannt;
(b) L_x und L_y sind unbekannt

67. (a) $1,2 \cdot 10^{-4}$ eV; (b) 1,1 cm;
(c) kein Unterschied

69. (a) $3 \cdot 10^{-171}$, $7 \cdot 10^{-203}$;
(b) $1,1 \cdot 10^{-8}$, $6,3 \cdot 10^{-10}$;
(c) $6,6 \cdot 10^{15}$, $3,8 \cdot 10^{14}$;
(d) $7 \cdot 10^{23}$ Photonen pro Sekunde,
$4 \cdot 10^{22}$ Photonen pro Sekunde

71. 182

73. 2,25

Kapitel 41

1. 5,1 eV

3. 0,7 eV

7. (a) 13,941 u; (b) 7,0034 u;
(c) 0,9801 u

9. (a) 6,86 u; (b) $1,85 \cdot 10^3$ N/m

11. (a) $1,79 \cdot 10^{-4}$ eV;
(b) $7,16 \cdot 10^{-4}$ eV, 1,73 mm

13. $2,36 \cdot 10^{-10}$ m

15. −7,9 eV

17. 0,283 nm

19. (b) −6,9 eV; (c) −10,8 eV; (d) 3%

21. $1,8 \cdot 10^{21}$

23. (a) 6,9 eV; (b) 6,8 eV

25. 6,3%

27. 3,2 eV, $1,05 \cdot 10^6$ m/s

29. (a) $1,79 \cdot 10^{29}\ \mathrm{m^{-3}}$; (b) 3

33. (a) 0,021, sinnvoll; (b) 0,979;
(c) 0,021

37. Es ist hohe Energie erforderlich, um ein Leitungselektron zu erzeugen, indem man ein Elektron aus dem Valenzband ins Leitungsband befördert.

39. 1,1 µm

41. $5 \cdot 10^6$

43. 1,91 eV

45. 13 mA

47. (a) 2,1 mA; (b) 4,3 mA

49. (a) 9,4 mA (glatt);
(b) 6,7 mA (wellig)

51. 4,0 kΩ

53. 0,43 mA

55. (a) $3,5 \cdot 10^4$ K; (b) $1,2 \cdot 10^3$ K

57. (a) 0,9801 u; (b) 482 N/m, 88% der Konstante für H_2

59. Zustände mit höheren Werten von L werden mit geringerer Wahrscheinlichkeit besetzt, so dass sie mit geringerer Wahrscheinlichkeit ein Photon absorbieren; I hängt von L ab.

61. $2{,}8 \cdot 10^4$ J/kg

63. 1,24 eV

65. 1,09 µm, kann verwendet werden

67. (a) 0,094 eV; (b) 0,63 nm

69. (a)$145\ \text{V} \le V \le 343\ \text{V}$;
(b) $3{,}34\ \text{k}\Omega \le R_{\text{Ladung}} < \infty$

Kapitel 42

1. 3729 MeV/c^2

3. $1{,}9 \cdot 10^{-15}$ m

5. (a) $2{,}3 \cdot 10^{17}$ kg/m^3; (b) 184 m;
(c) $2{,}6 \cdot 10^{-10}$ m

7. 28 MeV

9. $^{31}_{15}$P

11. (a) $1{,}8 \cdot 10^3$ MeV; (b) $7{,}3 \cdot 10^2$ MeV

13. 7,48 MeV

15. (a) 32,0 MeV, 5,33 MeV;
(b) 1636 MeV, 7,87 MeV

17. 12,4 MeV, 7,0 MeV, im ^{23}Na ist das Neutron stärker gebunden

19. (b) stabil

21. 0,782 MeV

23. β^+-Strahler, 1,82 MeV

25. $^{228}_{90}$Th, 228,02883 u

27. (a) $^{32}_{16}$S; (b) 31,97207 u

29. 0,862 MeV

31. 5,31 MeV

33. (b) 0,961 MeV, 0,961 MeV bis 0

35. 3,0 h

37. $1{,}2 \cdot 10^9$ Zerfälle pro Sekunde

39. $1{,}78 \cdot 10^{20}$ Kerne

41. 7 α-Teilchen, 4 β^--Teilchen

43. (a) $4{,}8 \cdot 10^{16}$ Kerne; (b) $3{,}2 \cdot 10^{15}$ Kerne; (c) $7{,}2 \cdot 10^{13}$ Zerfälle pro Sekunde; (d) 26 min

45. $1{,}68 \cdot 10^{-10}$ g

47. 2,6 min

49. 3,4 mg

51. $8{,}6 \cdot 10^{-7}$

53. $^{211}_{82}$Pb

55. $N_{\text{D}} = N_0(1 - \text{e}^{-\lambda t})$

57. (a) 0,99946; (b) $1{,}2 \cdot 10^{-14}$;
(c) $2{,}3 \cdot 10^{17}$ kg/m^3; 10^{14}-fach

59. 28,6 eV

61. (a) $7{,}2 \cdot 10^{55}$; (b) $1{,}2 \cdot 10^{29}$ kg;
(c) $3{,}2 \cdot 10^{11}$ m/s^2

63. $6 \cdot 10^3$ a

65. 6,64 $T_{1/2}$

69. in den Knochen gespeichertes Calcium, 193 a,
$^{90}_{38}\text{Sr} \rightarrow ^{90}_{39}\text{Y} + ^{0}_{-1}\text{e} + \overline{\nu}$, $^{90}_{39}$Y ist radioaktiv, $^{90}_{39}\text{Y} \rightarrow ^{90}_{40}\text{Sr} + ^{0}-1\,\text{e} + \overline{\nu}$,
$^{90}_{40}$Sr ist stabil

73. (a) 0,002603 u, 2,425 MeV/c^2; (b) 0;
(c) −0,094909 u, −88,41 MeV/c^2;
(d) 0,043924 u, 40,92 MeV/c^2;
(e) $\Delta \ge 0$ für $\le Z \le 8$ und
$Z \ge 85$, $\Delta < 0$ für $9 \le Z \le 84$

75. 0,083%

77. $^{228}_{88}$RA, $^{228}_{89}$Ac, $^{228}_{90}$Th, $^{224}_{88}$Ra, $^{220}_{87}$Rn, $^{231}_{90}$Th, $^{231}_{91}$Pa, $^{227}_{89}$Ac, $^{227}_{90}$Th, $^{223}_{88}$Ra

79. (b) $\approx 10^{17}$a; (c) $\approx$ 60a; (d) 0,4

Kapitel 43

1. $^{28}_{13}$Al, β^--Strahler, $^{28}_{14}$Si

3. möglich

5. 5,701 MeV werden freigesetzt

7. (a) kann auftreten; (b) 19,85 MeV

9. +4,730 MeV

11. (a) $^{7}_{3}$Li; (b) das Neutron wird aus dem Deuteron entfernt;
(c) +5,025 MeV, exotherm

13. (a) $^{31}_{15}\text{P}(\text{p},\gamma)^{32}_{16}\text{S}$; (b) +8,864 MeV

15. $\sigma = \pi(R_1 + R_2)^2$

17. Rate, mit der die einfallenden Teilchen ohne Streuung durch das Target gelangen.

19. (a) 0,7 µm; (b) 1 mm

21. 173,2 MeV

23. 0,116 g

25. 25

27. 0,11

29. 1,3 keV

33. $6{,}1 \cdot 10^{23}$ MeV/g, $4{,}9 \cdot 10^{23}$ MeV/g, $2{,}1 \cdot 10^{24}$ MeV/g, $5{,}1 \cdot 10^{23}$ MeV/g

35. nicht unabhängig

37. $3{,}23 \cdot 10^9$ J, 65-fach

39. (a) 4,9-fach; (b) $1{,}5 \cdot 10^9$ K

41. 400 rad

43. 167 rad

45. $1{,}7 \cdot 10^2$ Zerfälle pro Sekunde

49. 0,225 µg

51. (a) 0,03 mrem $\approx$ 0,006% der erlaubten Dosis;
(b) 0,3 mrem $\approx$ 0,06% der erlaubten Dosis

53. (a) 1; (b) $1 \le m \le 2{,}7$

55. (a) $^{12}_{6}$C; (b) +5,70 MeV

57. 1,004

59. 51 mrem/a

61. 4,6 m

63. 18,000953 u

65. $6{,}31 \cdot 10^{14}$ J/kg, $\approx$ das 10^7-fache der Verbrennungswärme von Kohle

67. $1 \cdot 10^{24}$ Neutrinos pro Jahr

69. (a) 6,8 bn; (b) $3 \cdot 10^{-14}$ m

71. (a) $3{,}7 \cdot 10^3$ Zerfälle pro Sekunde;
(b) $5{,}2 \cdot 10^{-4}$ Sv/a $\approx$ 0,15 Hintergrund

Kapitel 44

1. 7,29 GeV

3. 1,8 T

5. 13 MHz

7. $\lambda_\alpha = 2{,}6 \cdot 10^{-15}$ m ≈ Größe des Nukleons, $\lambda_\mathrm{p} = 5{,}2 \cdot 10^{-15}$ m ≈ zweifache Größe des Nukleons, α-Teilchen ist besser

9. $1{,}4 \cdot 10^{-18}$ m

11. $2{,}2 \cdot 10^6$ km, 7,5 s

15. 33,9 MeV

17. 1,879 GeV

19. 67,5 MeV

21. $2{,}3 \cdot 10^{-18}$ m

23. (b) Die Unschärferelation erlaubt eine Verletzung der Energieerhaltung.

25. 69,3 MeV

27. 8,6 MeV, 57,4 MeV

29. 52,3 MeV

31. $7{,}5 \cdot 10^{-21}$ s

33. (a) 1,3 keV; (b) 8,9 keV

35. (a) n = d d u; (b) $\bar{\mathrm{n}} = \bar{\mathrm{d}}\,\bar{\mathrm{d}}\,\bar{\mathrm{u}}$; (c) $\Lambda^0 = \mathrm{u\,d\,s}$; (d) $\Sigma^0 = \bar{\mathrm{u}}\,\bar{\mathrm{d}}\,\bar{\mathrm{s}}$

37. $\mathrm{D}^0 = \mathrm{c}\bar{\mathrm{u}}$

39. (a)

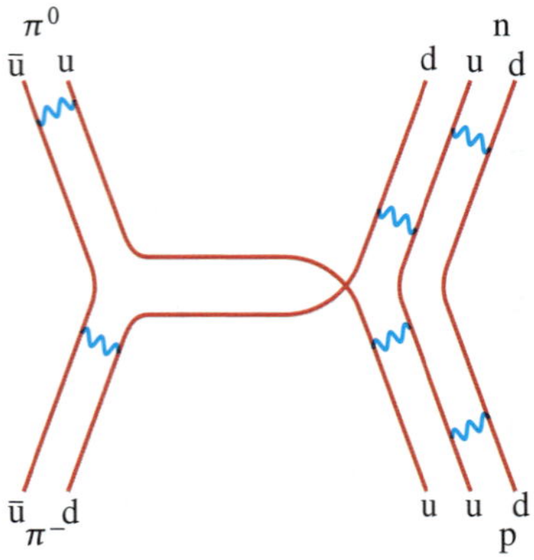

(b)

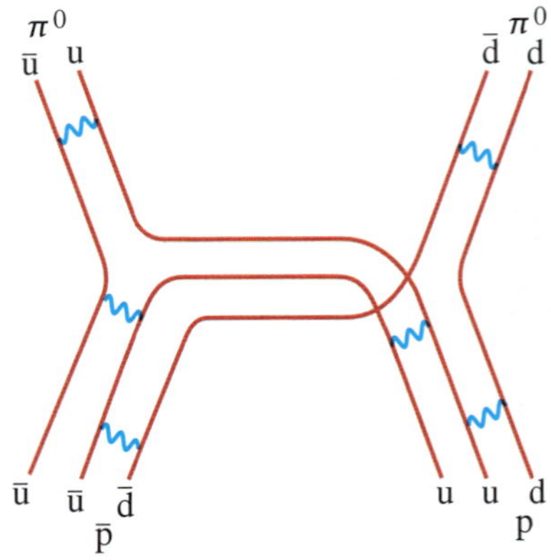

41. 26 GeV, $4{,}8 \cdot 10^{-17}$ m

43. 5,5 T

45. (a) möglich aufgrund der starken Wechselwirkung;
(b) möglich aufgrund der starken Wechselwirkung;
(c) möglich aufgrund der starken Wechselwirkung;
(d) verboten, die Ladung bleibt nicht erhalten;
(e) möglich aufgrund der schwachen Wechselwirkung;
(f) verboten, die Ladung bleibt nicht erhalten;
(g) möglich aufgrund der starken Wechselwirkung;
(h) verboten, Strangeness bleibt nicht erhalten;
(i) möglich aufgrund der schwachen Wechselwirkung;
(j) möglich aufgrund der schwachen Wechselwirkung;

49. −135,0 MeV, −140,9 MeV

51. 64

53. (b) 10^{27} K

55. $6{,}58 \cdot 10^{-5}$ m

57. $\bar{\mathrm{u}}\bar{\mathrm{u}}\bar{\mathrm{d}} + \mathrm{u\,d\,d} \to \bar{\mathrm{u}}\,\mathrm{d} + \mathrm{d}\bar{\mathrm{d}}$

Kapitel 45

3. 4,8 Lichtjahre

5. 0,059″, 17 pc

7. weniger, $\phi_1/\phi_2 = \frac{1}{2}$

9. 48 W/m^2

11. $1{,}4 \cdot 10^{-4}$ kg/m^3

13. $1{,}8 \cdot 10^9$ kg/m^3, $3{,}3 \cdot 10^5$

15. −92,2 keV, 7,366 MeV

17. (a) 9,594 MeV werden freigesetzt; (b) 7,6 MeV; (c) $6 \cdot 10^{10}$ K

19. $d_2/d_1 = 6{,}5$

23. 540°

25. $1{,}4 \cdot 10^8$ Lichtjahre

27. $0{,}86c$

29. $0{,}328c$, $4{,}6 \cdot 10^9$ Lichtjahre

31. 1,1 mm

33. (a) 10^{-3}; (b) 10^{-10}; (c) 10^{-13}; (d) 10^{-27}

35. (a) Temperatur steigt, Helligkeit ist konstant, Größe nimmt ab;
(b) Temperatur konstant, Helligkeit nimmt ab, Größe nimmt ab;
(c) Temperatur fällt, Helligkeit nimmt zu, Größe nimmt zu

37. $8 \cdot 10^3$ Umdrehungen pro Sekunde

39. $7 \cdot 10^{24}$ W

41. (a) 46 eV; (b) 18 eV

43. $\approx (2 \cdot 10^{-5})°$

45. $1{,}4 \cdot 10^{16}$ K, Hadronenära

47. Venus ist heller, $l_\mathrm{V}/l_\mathrm{S} = 16$

49. $R \geq GM/c^2$

51. $R = \dfrac{h^2}{16 m_\mathrm{n}^{8/3} G M^{1/3}} \left(\dfrac{18}{\pi^2}\right)^{2/3}$

F Physikalische Größen: Verwendete Symbole und ihre Einheiten

Symbol	Physikalische Größe	SI-Einheit oder abgeleitete SI-Einheit	SI-fremde Einheit
$\mathbf{a}$	Beschleunigung	m/s^2	
$\mathbf{a}_C$	Coriolisbeschleunigung	m/s2	
$\mathbf{a}_R$	Radialbeschleunigung	m/s^2	
$\mathbf{a}_{tan}$	Tangentialbeschleunigung	m/s^2	
A	Fläche	m^2	
A	Aktivität (Zerfälle pro Zeiteinheit)	Bq (Becquerel)	
A	(relative) Atommasse	(dimensionslos)	
$\alpha = 1/137$	Feinstrukturkonstante	(dimensionslos)	
α	Winkelbeschleunigung	rad/s^2	
$\mathbf{B}$	Magnetfeld, magnetische Feldstärke	T (Tesla)	
B	Baryonenzahl	(dimensionslos)	
B	Brechkraft	1/m	
β_I	Stromverstärkung	(dimensionslos)	
β_V	Spannungsverstärkung	(dimensionslos)	
c	spezifische Wärmekapazität	J/(kg·K)	
c	Lichtgeschwindigkeit im Vakuum	m/s	
C	Kapazität	C/V = F (Farad)	
D	Wellenauslenkung	m	
D	aufgenommene Dosis	Gray (1 Gy = 1 J/kg)	
D	Diffusionskonstante	m^2/s	
D	Energiedosis	Gy (Gray)	rad (Rad) (1 rad = 10^{-2} Gy)
D_m	Direktionsmoment, Winkelrichtgröße	N·m	
dN/dt	Quellenaktivität	1 Bq = 1 Zerfall pro Sekunde	1 Ci = $3{,}7 \cdot 10^{10}$ Zerfälle pro Sekunde
d_O	Objektweite, Gegenstandsweite	m	
d_B	Bildweite	m	
e	Elementarladung	C (Coulomb)	
E	Energie	J (Joule)	eV (Elektronenvolt) (1 eV = $1{,}6 \cdot 10^{-19}$ J) erg (Erg) (1 erg = $10 \cdot 10^{-7}$ J)
E	Elastizitäzsmodul	N/m^2	
E	Beleuchtungsstärke	lm/m^2	
$\mathbf{E}$	elektrisches Feld, elektrische Feldstärke	V/m	
E_g	Energielücke	J	
E_{kin}	kinetische Energie	J	
E_{pot}	potenzielle Energie	J	
$E_{pot}(A)$	potenzielle Energie am Punkt A	J	
E_{vib}	Schwingungsenergie	J	
E_F	Fermienergie	J	eV (Elektronenvolt)

Symbol	Physikalische Größe	SI-Einheit oder abgeleitete SI-Einheit	SI-fremde Einheit
ϵ	Emissionsgrad	(dimensionslos)	
ϵ_0	Permittivität (Influenzkonstante)	C/Vm	
ϵ_K	Leistungszahl Kältemaschine	(dimensionslos)	
ϵ_r	Dielektrizitätszahl, Permittivitätszahl	(dimensionslos)	
ϵ_W	Leistungszahl Wärmepumpe	(dimensionslos)	
η	Viskosität	Pa·s	P (Poise) (1 P = 0,1 Pa·s)
η	Wirkungsgrad	(dimensionslos)	
f	Frequenz	1/s	
f	Brennweite	m	
$f(E)$	Fermi-Durac-Verteilungsfunktion	(dimensionslos)	
f_r	Resonanzfrequenz	Hz (Hertz)	
$\mathbf{F}$	Kraft	N (Newton)	
$\mathbf{F}_A$	Auftriebskraft	N	
$\mathbf{F}_C$	Corioliskraft	N	
$\mathbf{F}_G$	Gewichtskraft	N	
$\mathbf{F}_N$	Normalkraft	N	
$\mathbf{F}_{net}$	Nettokraft	N	
$\mathbf{F}_r$	Zentripetalkraft	N	
$\mathbf{F}_R$	Reibungskraft	N	
$\mathbf{F}_T$	Trägheitskraft	N	
$\mathbf{F}_W$	Widerstandskraft	N	
$\mathbf{F}_Z$	Zugkraft/Zentrifugalkraft	N	
g	g-Faktor, gyromagnetisches Verhältnis	(dimensionslos)	
$g(E)$	Zustandsdichte	(dimensionslos)	
G	Gravitationskonstante	$N{\cdot}m^2/kg^2$	
G	elektrischer Leitwert	$S = 1/Ohm$ (Siemens)	
γ	Oberflächenspannung	N/m	
$\gamma = \frac{1}{\sqrt{1-\frac{v^2}{c^2}}}$	relativistischer Faktor	(dimensionslos)	
$h,\ \hbar = \frac{h}{2\pi}$	Planck'sches Wirkungsquantum	J·s	
h_O	Objekthöhe, Gegenstandshöhe	m	
h_B	Bildhöhe	m	
H	Äquivalentdosis	Sv (Sievert) = J/kg	rem (Rem) (1 rem = 10^{-7} Sv)
H	Hubble-Konstante	m/s/Mpc	
I	elektrischer Strom	A (Ampere)	
I	Lichtstärke	cd (Candela)	
$\mathbf{J}$	Gesamtdrehimpuls	J·s	
J	Trägheitsmoment	$kg{\cdot}m^2$	
$\mathbf{j}$	elektrische Stromdichte	A/m^2	

Symbol	Physikalische Größe	SI-Einheit oder abgeleitete SI-Einheit	SI-fremde Einheit
k	Boltzmann-Konstante	J/K	
K	Kompressionsmodul	N/m^2	
I	scheinbare Helligkeit	$J/s/m^2$	
l	Nebenquantenzahl	(dimensionslos)	
L	absolute Leuchtkraft	J/s	
L	Induktivität	H (Henry)	
L	Leptonenzahl	(dimensionslos)	
LF	Schmelzwärme	J/kg	
LV	Verdampfungswärme	J/kg	
$\mathbf{L}$	Drehimpuls	$kg{\cdot}m^2/s$, J·s	
L_e	Elektronleptonenzahl	(dimensionslos)	
L_μ	Myonenleptonenzahl	(dimensionslos)	
L_τ	Tauonleptonenzahl	(dimensionslos)	
λ	Wärmeleitfähigkeit	W/(m·K)	
λ	Wellenlänge	m	
λ	Zerfallskonstante	1/s	
λ_C	Compton-Wellenlänge	m	
m	Masse	kg (Kilogramm)	
m	Vergrößerung	(dimensionslos)	
m_l	magnetische Quantenzahl	(dimensionslos)	
m_s	Spinquantenzahl	(dimensionslos)	
$\mathbf{m}$	magnetisches Dipolmoment	$A{\cdot}m^2$	
M	Gegeninduktivität	H (Henry)	
$\mathbf{M}$	Drehmoment	Nm	
$\mathbf{M}$	Magnetisierung	A/m	
μ	reduzierte Masse	kg	
μ_0	magnetische Feldkonstante (Induktionskonstante)	Vs/Am	
μ_r	Permeabilitätszahl / relative Permeabilität	(dimensionslos)	
μ_B	Bohr'sches Magneton	J/T	
μ_G	Gleitreibungszahl	(dimensionslos)	
μ_H	Haftreibungszahl	(dimensionslos)	
μ_N	Kernmagneton	J/T	
μ_R	Rollreibungszahl	(dimensionslos)	
n	Brechungsindex	(dimensionslos)	
n	Hauptquantenzahl	(dimensionslos)	
n	Stoffmenge	mol	
n_0	Elektronen-Besetzungsdichte	$1/J{\cdot}m^3$	
N	Nahpunkt	m	
N	Neutronenzahl	(dimensionslos)	

Symbol	Physikalische Größe	SI-Einheit oder abgeleitete SI-Einheit	SI-fremde Einheit
N_A	Avogadro-Konstante	mol^{-1}	
ν	Schwingungsquantenzahl	(dimensionslos)	
$\boldsymbol{\omega}$	Winkelgeschwindigkeit, Kreisfrequenz	rad/s	
p	Druck	Pa (Pascal)	atm (Atmosphäre, 1 atm = $1{,}013 \cdot 10^5$ Pa) bar (Bar, 1 bar = 10^5 Pa) mmHg = Torr Torr (760 Torr = 10^5 Pa)
$\mathbf{p}$	Impuls	kg·m/s	
$\mathbf{p}$	elektrisches Dipolmoment	C·m	
P	Leistung	W (Watt)	
P_r	radiale Wahrscheinlichkeitsverteilung	1/m	
pc	Parsec (Parallaxensekunde)	km	
Φ	Lichtstrom	lm (Lumen)	
Φ	magnetischer Fluss	Wb (Weber) = $T \cdot m^2$	
Φ	Braggwinkel, Glanzwinkel	rad (Radiant)	° (Grad) (1° = 0,0175 rad)
Φ_E	elektrischer Fluss	C	
Φ_T	Grenzwinkel der Totalreflexion	rad (Radiant)	° (Grad) (1° = 0,0175 rad)
ϕ_Y	Phasenwinkel	(dimensionslos)	
ϕ_A	elektrisches Potenzial im Punkt A	V (Volt)	
$\phi_B - \phi_A > 0$	Potenzialdifferenz, Spannung zwischen den Punkten A und B	V	
Ψ	Wellenfunktion	$m^{-3/2}$	
Q	Wärme	J (Joule)	cal (Kalorie) (1 cal = 4,187 J)
Q	Güte	dimensionslos	
Q	Ladung	C (Coulomb)	
Q	Zerfallsenergie	J	
q	Punktladung	C	
r_G	Gyrationsradius	m	
R	elektrischer Widerstand	Ω (Ohm)	
R	Reflexionskoeffizient	(dimensionslos)	
R	Schwarzschildradius	m	
R	Stoßrate	1/s	
R	universelle Gaskonstante	J/(mol·K)	
Re	Reynoldszahl	(dimensionslos)	
R_i	Innenwiderstand	Ω (Ohm)	
ρ	Dichte	kg/m^3	
ρ	spezifischer elektrischer Widerstand	Ω·m	
ρ_c	kritische Dichte	kg/m^3	
ρ_E	Ladungsdichte	C/m^2	

Symbol	Physikalische Größe	SI-Einheit oder abgeleitete SI-Einheit	SI-fremde Einheit
$\mathbf{s}$	Weg	m (Meter)	Lj (Lichtjahr) (1 Lj $= 9{,}46 \cdot 10^{15}$ m) pc (Parsec) (1 pc $= 3{,}08 \cdot 10^{16}$ m)
S	Entropie	J/K	
S	Spindrehimpuls	J·s	
$\mathbf{S}$	Poyntingvektor	W/m^2	
σ	elektrische Leitfähigkeit	$(\Omega \cdot m)^{-1}$	
σ	Stefan-Boltzmann-Konstante	$W/(m^2 \cdot K^4)$	
σ	Wirkungsquerschnitt	m^2	b (Barn) (1 b $= 10^{-28}$ m^2)
σ_R	totaler Reaktionswirkungsquerschnitt	m^2	1 barn (b) $= 10^{-28}$ m^2
t	Zeit	s (Sekunde)	
T	Temperatur	K (Kelvin)	
T	Transmissionskoeffizient	(dimensionslos)	
T	Periode einer Schwingung	s	
$T_{1/2}$	Halbwertszeit	s	
τ	Zeitkonstante	s	
U_H	Hall-Spannung	V (Volt)	
U_Q	Quellenspannung	V	
$\mathbf{v}$	Geschwindigkeit	m/s	
$\mathbf{v}_e$	Endgeschwindigkeit	m/s	
$\mathbf{v}_F$	Fluchtgeschwindigkeit	m/s	
$\mathbf{v}_F$	Fermi-Geschwindigkeit	m/s	
$\mathbf{v}_{rms}$	Effektivgeschwindigkeit	m/s	
V	Vergrößerung / Winkelvergrößerung	(dimensionslos)	
w_e	Energiedichte des elektrischen Feldes	J/m^3	
W	Arbeit	J	
W_0	Austrittsarbeit	J	
W_{BA}	Arbeit, die zwischen den Punkten *B* und *A* verrichtet wird	J	
W_e	elektrische Energie	J	
W_m	Energie des Magnetfelds	J	
w_m	Energiedichte des Magnetfelds	J/m^3	
X	Blindwiderstand	Ω	
X_L	Blindwiderstand der Spule	Ω	
X_C	Blindwiderstand des Kondensators	Ω	
Z	komplexer Widerstand, Impedanz	Ω	
Z	Kernladungszahl	(dimensionslos)	
Z	Ordnungszahl	(dimensionslos)	
x, y, z	Ortskoordinaten	m	

G Index

A

B

E

F

G

H

L

M

N

Q

R

S

T

Y

Z

Bildnachweis

CO-1 NOAA/Phil Degginger/Color-Pic, Inc. **1-1a** Philip H. Coblentz/Tony Stone Images **1-1b** Richard Berenholtz/The Stock Market **1-1c** Antranig M. Ouzoonian, P.E./Weidlinger Associates, Inc. **1-2** Mary Teresa Giancoli **1-3a** Oliver Meckes/E.O.S./MPI-Tubingen/Photo Researchers, Inc. **1-3b** Douglas C. Giancoli **1-4** International Bureau of Weights and Measures, Sevres, France **1-5** Douglas C. Giancoli **1-6** Doug Martin/Photo Researchers, Inc. **1-9** David Parker/Science Photo Library/Photo Researchers, Inc. **1-10** The Image Works **CO-2** Joe Brake Photography/Crest Communications, Inc. **2-22** Justus Sustermans, painting of Galileo Galilei/The Granger Collection **2-23** Photograph by Dr. Harold E. Edgerton, © The Harold E. Edgerton 1992 Trust. Courtesy Palm Press, Inc. **CO-3** Michel Hans/Vandystadt Allsport Photography (USA), Inc **3-19** Berenice Abbott/Commerce Graphics Ltd., Inc. **3-21** Richard Megna/Fundamental Photographs **3-30a** Don Farrall/PhotoDisc, Inc. **3-30b** Robert Frerck/Tony Stone Images **3-30c** Richard Megna/Fundamental Photographs **CO-4** Mark Wagner/Tony Stone Images **4-1** AP/Wide World Photos **4-3** Central Scientific Company **4-5** Sir Godfrey Kneller, Sir Isaac Newton, 1702. Oil on canvass. The Granger Collection **4-6** Gerard Vandystadt/Agence Vandystadt/Photo Researchers, Inc. **4-8** David Jones/Photo Researchers, Inc. **4-11** Tsado/NASA/Tom Stack & Associates **4-31** Lars Ternblad/The Image Bank **4-34** Kathleen Schiaparelli **4-36** Jeff Greenberg/Photo Researchers, Inc. **CO-5a** Jess Stock/Tony Stone Images **CO-5b** Werner H. Muller/Peter Arnold, Inc. **5-12** Jay Brousseau/The Image Bank **5-17** Guido Alberto Rossi/The Image Bank **5-33** C. Grzimek/Okapia/Photo Researchers, Inc. **5-34** Photofest **5-38** Cedar Point Photo by Dan Feicht **CO-6** Earth Imaging/Tony Stone Images **6-9** NASA/Johnson Space Center **6-13** I. M. House/Tony Stone Images **6-14**L Jon Feingersh/The Stock Market **6-14**M © Johan Elbers 1995 **6-14**R Peter Grumann/The Image Bank **CO-7** Eric Miller/Reuters/Corbis **7-20a** Stanford Linear Accelerator Center/Science Photo Library/Photo Researchers, Inc. **7-20b** Account Phototake/Phototake NYC **7-24** Official U.S. Navy Photo **CO-8** and **8-10** Photograph by Dr. Harold E. Edgerton, © The Harold E. Edgerton 1992 Trust. Courtesy Palm Press **8-11** David Madison/David Madison Photography **8-16** AP/Wide World Photos **8-23** M. C. Escher's „Waterfall" © 1996 Cordon Art-Baarn-Holland. All rights reserved. **CO-9** Richard Megna/Fundamental Photographs **9-9** Photograph by Dr. Harold E. Edgerton, © The Harold E. Edgerton 1992 Trust. Courtesy Palm Press **9-16** D.J. Johnson **9-20** Courtesy Brookhaven National Laboratory **9-22** Berenice Abbott/Photo Researchers, Inc. **CO-10** Ch. Russeil/Kipa/Sygma Photo News **10-10b** Mary Teresa Giancoli **10-14a** Richard Megna/Fundamental Photographs **10-14b** Photoquest, Inc. **10-47** Jens Hartmann/AP/Wide World Photos **10-48** Focus on Sports, Inc. **10-49** Karl Weatherly/PhotoDisc, Inc **CO-11** AP/Wide World Photos **11-19c** NOAA/Phil Degginger/Color-Pic, Inc. **11-19d** NASA/TSADO/Tom Stack & Associates **11-34** Michael Kevin Daly/The Stock Market **CO-12** Steve Vidler/Leo de Wys, Inc. **12-2** AP/Wide World Photos **12-7** T. Kitchin/Tom Stack & Associates **12-10** The Stock Market **12-21** Douglas C. Giancoli **12-23** Mary Teresa Giancoli **12-27** Fabricius & Taylor/Liaison Agency, Inc. **12-36** Henryk T. Kaiser/Leo de Wys, Inc. **12-38** Douglas C. Giancoli **12-39** Galen Rowell/Mountain Light Photography, Inc. **12-41** Douglas C. Giancoli **12-43** Giovanni Paolo Panini (Roman, 1691-1765), Interior of the Pantheon, Rome c. 1734. Oil on canvas. 1.283 × .991 (50 1y2 × 39); framed: 1.441 × 1.143 (56 3/4 × 45). © 1995 Board of Trustees, National Gallery of Art, Washington. Samuel H. Kress Collection. Photo by Richard Carafelli. **12-44** Robert Holmes/Corbis **12-45** Italian Government Tourist Board **CO-13** Steven Frink/Tony Stone Images **13-12** Corbis **13-20** Department of Mechanical and Aerospace Engineering, Princeton University **13-31** Rod Planck/Thomas Stack & Associates **13-33** Alan Blank/Bruce Coleman Inc. **13-42** Douglas C. Giancoli **13-45** Galen Rowell/Mountain Light Photography, Inc. **13-51** NASA/Goddard Space Flight Center/Science Source/Photo Researchers, Inc. **CO-14** Richard Megna/Fundamental Photographs **14-4** Mark E. Gibson/Visuals Unlimited **14-14** Fundamental Photographs **14-15** Douglas C. Giancoli **14-22** Taylor Devices, Inc. **14-25** Martin Bough/Fundamental Photographs **14-26a** AP/Wide World Photos **14-26b** Paul X. Scott/Sygma Photo News **CO-15** Richard Megna/Fundamental Photographs **15-1** Douglas C. Giancoli **15-24** Douglas C. Giancoli **15-30** Martin G. Miller/Visuals Unlimited **15-32** Richard Megna/Fundamental Photographs **CO-16** Photographic Archives, Teatro alla Scala, Milan, Italy **16-6** Yoav Levy/Phototake NYC **16-9a** David Pollack/The Stock Market **16-9b** Andrea Brizzi/The Stock Market **16-10** Bob Daemmrich/The Image Works **16-13** Bildarchiv Foto Marburg/Art Resource, N.Y. **16-24a** Norman Owen Tomalin/Bruce Coleman Inc. **16-25b** Sandia National Laboratories, New Mexico **16-28a** P. Saada/Eurelios/Science Photo Library/Photo Researchers, Inc. **16-28b** Howard Sochurek/Medical Images Inc. **CO-17** Le Matin de Lausanne/Sygma Photo News **17-3** Bob Daemmrich/Stock Boston **17-5** Leonard Lessin/Peter Arnold, Inc. **17-14** Leonard Lessin/Peter Arnold, Inc. **17-17** Brian Yarvin/Photo Researchers, Inc. **CO-18** Tom Till/DRK Photo **18-9** Paul Silverman/Fundamental Photographs **18-14** Mary Teresa Giancoli **CO-19** Tom Bean/DRK Photo **19-25** Science Photo Library/Photo Researchers, Inc. **CO-20a** David Woodfall/Tony Stone Images **CO-20b** AP/Wide World Photos **20-7a** Sandia National Laboratories, New Mexico **20-7b** Martin Bond/Science Photo Library/Photo Researchers, Inc **20-7c** Lionel Delevingne/Stock Boston **20-13** Leonard Lessin/Peter Arnold, Inc. **CO-21** Fundamental Photographs **21-38** Michael J. Lutch/Boston Museum of Science **CO-23** Gene Moore/Phototake NYC **23-21** Jon Feingersh/The Stock Market **CO-24** Paul Silverman/Fundamental Photographs **CO-25** Mahaux Photography/The Image Bank **25-1** J.-L. Charmet/Science Photo Library/Photo Researchers, Inc. **25-10** T.J. Florian/Rainbow **25-13** Richard Megna/Fundamental Photographs **25-16** Barbara Filet/Tony Stone Images **25-26** Takeshi Takahara/Photo Researchers, Inc. **25-33** Liaison Agency, Inc. **CO-26a** Steve Weinrebe/Stock Boston **CO-26b** Sony Electronics, Inc. **26-22** Paul Silverman/ Fundamental Photographs **26-26** Paul Silverman/Fundamental Photographs **CO-27** Richard Megna/Fundamental Photographs **27-4** Richard Megna/Fundamental

Photographs **27-6** Mary Teresa Giancoli **27-8** Richard Megna/Fundamental Photographs **27-19** Pekka Parviainen/Science Photo Library/Photo Researchers, Inc. **CO-28** Manfred Kage/Peter Arnold, Inc. **28-21** Richard Megna/Fundamental Photographs **CO-29** Richard Megna/Fundamental Photographs **29-10** Werner H. Muller/Peter Arnold, Inc. **29-15** Tomas D.W. Friedmann/Photo Researchers, Inc. **29-20** Jon Feingersh/Comstock **29-28b** National Earthquake Information Center, U.S.G.S. **CO-30** Adam Hart-Davis/Science Photo Library/Photo Researchers, Inc. **CO-31v1** Albert J. Copley/Visuals Unlimited **CO-31v2** Mary Teresa Giancoli **CO-32** Richard Megna/Fundamental Photographs **32-1** AIP Emilio Segre' Visual Archives **32-14** The Image Works **CO-33** Douglas C. Giancoli **33-6** Douglas C. Giancoli **33-11a** Mary Teresa Giancoli and Suzanne Saylor **33-11b** Mary Teresa Giancoli **33-21** Mary Teresa Giancoli **33-25** David Parker/Science Photo Library/Photo Researchers, Inc. **33-28b** Michael Giannechini/Photo Researchers, Inc. **33-34b** S. Elleringmann/Bilderberg/Aurora & Quanta Productions **33-40** Douglas C. Giancoli **33-42** Mary Teresa Giancoli **CO-34** Mary Teresa Giancoli **34-1c** Douglas C. Giancoli **34-1d** Douglas C. Giancoli **34-2** Douglas C. Giancoli and Howard Shugat **34-4** Douglas C. Giancoli **34-7a** Douglas C. Giancoli **34-7b** Douglas C. Giancoli **34-18** Mary Teresa Giancoli **34-19a** Mary Teresa Giancoli **34-19b** Mary Teresa Giancoli **34-26** Mary Teresa Giancoli **34-30a** Franca Principe/Istituto e Museo di Storia della Scienza, Florence, Italy **34-32** Yerkes Observatory, University of Chicago **34-33c** Palomar Observatory/California Institute of Technology **34-33d** Joe McNally/Joe McNally Photography **34-35b** Olympus America Inc. **CO-35** Larry Mulvehill/Photo Researchers, Inc. **35-4a** John M. Dunay IV/Fundamental Photographs **35-9a** Bausch & Lomb Incorporated **35-16a** Paul Silverman/ Fundamental Photographs **35-16b** Richard Megna/Fundamental Photographs **35-16c** Yoav Levy/Phototake NYC **35-18b** Ken Kay/ Fundamental Photographs **35-20b** Bausch & Lomb Incorporated **35-20c** Bausch & Lomb Incorporated **35-22** Kristen Brochmann/Fundamental Photographs **CO-36** Richard Megna/Fundamental Photographs **36-2a** Reprinted with permission from P.M. Rinard, American Journal of Physics, Vol. 44, #1, 1976, p. 70. Copyright 1976 American Association of Physics Teachers. **36-2b** Ken Kay/ Fundamental Photographs **36-2c** Ken Kay/Fundamental Photographs **36-11a** Richard Megna/Fundamental Photographs **36-11b** Richard Megna/Fundamental Photographs **36-12a** and b Reproduced by permission from M. Cagnet, M. Francon, and J. Thrier, The Atlas of Optical Phenomena. Berlin: Springer-Verlag, 1962. **36-15** Space Telescope Science Institute **36-16** The Arecibo Observatory is part of the National Astronomy and Ionosphere Center which is operated by Cornell University under a cooperative agreement with the National Science Foundation. **36-21** Wabash Instrument Corp./Fundamental Photographs **36-26** Photo by W. Friedrich/Max von Laue. Burndy Library, Dibner Institute for the History of Science and Technology, Cambridge, Massachusetts. **36-29b** Bausch & Lomb Incorporated **36-36** Diane Schiumo/Fundamental Photographs **36-39a** Douglas C. Giancoli **36-39b** Douglas C. Giancoli **CO-37** Image of Albert Einstein licensed by Einstein Archives, Hebrew University, Jerusalem, represented by Roger Richman Agency, Beverly Hills, California **37-1** AIP Emilio Segre Visual Archives **CO-38** Wabash Instrument Corp./Fundamental Photographs **38-10** Photo by S.A. Goudsmit, AIP Emilio Segre' Visual Archives **38-11** Education Development Center, Inc. **38-20b** Richard Megna/Fundamental Photographs **38-21a**bc Wabash Instrument Corp./Fundamental Photographs **CO-39** Institut International de Physique/American Institute of Physics/Emilio Segre Visual Archives **39-01** American Institute of Physics/Emilio Segre Visual Archives **39-02** F.D. Rosetti/American Institute of Physics/Emilio Segre Visual Archives **39-04** Advanced Research Laboratory/Hitachi Metals America, Ltd. **39-18** Driscoll, Youngquist, and Baldeschwieler, Caltech/Science Photo Library/Photo Researchers, Inc. **CO-40** Patricia Peticolas/Fundamental Photographs **40-16** Paul Silverman/Fundamental Photographs **40-22** Yoav Levy/Phototake NYC **40-24b** Paul Silverman/Fundamental Photographs **CO-41** Charles O'Rear/Corbis **CO-42** Reuters Newmedia Inc/Corbis **42-03** Chemical Heritage Foundation **42-07** University of Chicago, Courtesy of AIP Emilio Segre Visual Archives **CO-43** AP/Wide World Photos **43-07** Gary Sheahan „Birth of the Atomic Age“ Chicago (Illinois); 1957. Chicago Historical Society. **43-10** Liaison Agency, Inc. **43-11** LeRoy N. Sanchez/Los Alamos National Laboratory **43-12** Corbis **43-16a** Lawrence Livermore National Laboratory/Science Source/Photo Researchers, Inc. **43-16b** Gary Stone/Lawrence Livermore National Laboratory **43-22a** Martin M. Rotker/Martin M. Rotker **43-22b** Simon Fraser/Science Photo Library/Photo Researchers, Inc. **43-26b** Southern Illinois University/Peter Arnold, Inc. **43-28** Mehau Kulyk/Science Photo Library/Photo Researchers, Inc. **CO-44** Fermilab Visual Media Services **44-06** CERN/Science Photo Library/Photo Researchers, Inc. **44-08** Fermilab Visual Media Services **CO-45** Jeff Hester and Paul Scowen, Arizona State University, and NASA **45-01** NASA Headquarters **45-02c** NASA/Johnson Space Center **45-03** U.S. Naval Observatory Photo/NASA Headquarters **45-04** National Optical Astronomy Observatories **45-05a** R.J. Dufour, Rice University **45-05b** U.S. Naval Observatory **45-05c** National Optical Astronomy Observatories **45-10** Space Telescope Science Institute/NASA Headquarters **45-11** National Optical Astronomy Observatories **45-15** European Space Agency/NASA Headquarters **45-22** Courtesy of Lucent Technologies/Bell Laboratories